# A KEY-WORD-IN-CONTEXT CONCORDANCE TO TARGUM NEOFITI

Publications of *The Comprehensive Aramaic Lexicon* Project

*An Aramaic Bibliography, Part I*
*Old, Official, and Biblical Aramaic*
Joseph A. Fitzmyer, S.J., and Stephen A. Kaufman

*A Key-Word-in-Context Concordance*
*to Targum Neofiti*
*A Guide to the Complete Palestinian*
*Aramaic Text of the Torah*
Stephen A. Kaufman and Michael Sokoloff

# A KEY-WORD-IN-CONTEXT CONCORDANCE TO TARGUM NEOFITI

## A Guide to the Complete Palestinian Aramaic Text of the Torah

Stephen A. Kaufman and Michael Sokoloff

With the assistance of Edward M. Cook

The Johns Hopkins University Press
Baltimore and London

Preparation of the text was made possible by grants from the National Endowment for the Humanities, a federal agency, and by the Henry Englander–Eli Mayer Publication Fund of the Hebrew Union College–Jewish Institute of Religion.


Printed in the United States of America on acid-free paper

The Johns Hopkins University Press
2715 North Charles Street
Baltimore, Maryland 21218-4319
The Johns Hopkins Press Ltd., London

Library of Congress Cataloging-in-Publication Data

Kaufman, Stephen A.
A key-word-in-context concordance to Targum Neofiti : a guide to the complete Palestinian Aramaic text of the Torah / Stephen A. Kaufman and Michael Sokoloff with the assistance of Edward M. Cook.
p. cm.—(Publications of the Comprehensive Aramaic Lexicon Project ; 2)
Includes bibliographical references and index.
ISBN 0-8018-4707-9
1. Bible. O.T. Pentateuch. Aramaic. Targum Yerushalmi—Concordances, Aramaic. 2. Bible. O.T. Pentateuch. Aramaic. Targum Yerushalmi—Marginal readings. I. Sokoloff, Michael. II. Cook, Edward M. III. Title. IV. Series.
BS1224.A77K38 1993
222'.1042—dc20 93-17304
CIP

A catalog record for this book is available from the British Library.

# CONTENTS

# PREFACE

## Origins

This KWIC (Key-Word-In-Context) concordance is the fruit of the labors of many individuals. It has its origin in the text input and analysis directed by Michael Sokoloff during the early stages of the preparation of his *A Dictionary of Jewish Palestinian Aramaic of the Byzantine Period* (Bar Ilan University Press: Ramat Gan, 1990; hereafter *DJPA*). At that time, the entire main text of Targum Neofiti was input into computer-readable form, along with selections of marginal variants deemed by Sokoloff to be of lexical significance. The data was lexicographically parsed using programs developed for Sokoloff by the staff of the Responsa Project at Bar Ilan. Concordances were prepared from the corrected output of that parsing, and Sokoloff used the printouts of those concordances in the preparation of *DJPA*. A very raw version of the material was made available to members of the Targumic Studies Seminar of the Institute for Advanced Studies of the Hebrew University during the academic year 1985–86.

The original data entry was based entirely on a collation of photographs of the manuscript (rather than on the well-known edition of A. Diez Macho), much of that work having been undertaken by Jerome A. Lund, currently an associate research scholar for the CAL project. The CAL itself began its work in 1986—incorporating the ground-breaking work of data gathering and analysis accomplished by Sokoloff for the Jewish Palestinian material—at which time it was decided that one of the project's first publications should be this concordance. Dr. Edward M. Cook was given the task of completing database entry and analysis for the marginalia. Stephen A. Kaufman was responsible for transferring Sokoloff's data into CAL-compatible format, and for the elimination of the inevitable errors and coding inconsistencies. After all of this work was finished, a complete printout of both main text and marginalia was made and collated yet again with the manuscript, using both microfilm and the Makor facsimile edition. At this stage the careful eye of Hebrew Union College graduate student Martin Abegg was indispensable. Over several drafts, thousands of errors have been corrected.

Final responsibility for all readings, parsings, lexicographical decisions, and semantic interpretations used here, misguided or otherwise, as well as the development and organization of the volume, rests with Kaufman.

## Contents

The concordance contains the entire main text of the Targum (without *custodes*). It includes all of the marginalia with the exception of the following regular and ubiquitous margin-main text alternations, except where they are part of larger variants:

1) מימריה דייי and the like for ייי.
2) די for ־ד.
3) מן for ־מ.
4) gentilic plurals in יי for plurals in אי, e.g. מצראי.

Each of these alternations can go in either direction. We know that some scholars would have desired to have this kind of information. Nonetheless, we judged these thousands of minor variants to be of little linguistic value and decided to omit most of them in order to save time, pages in an already enormous volume, and public funds. (Some of the gentilics are included. Data entry was inconsistent here, and we thought users would prefer access to whatever information we did have in our files over consistency in this regard.)

## Principles of Arrangement

The entries are divided into three large units: 1) main Aramaic vocabulary; 2) proper nouns; 3) Hebrew. As the user is undoubtedly aware, the Targum contains many Hebraisms, so that determining whether or not a given word is quoted from Hebrew or is used as an Aramaic word is not always easy. Here we have been more conservative than *DJPA* and have excluded from the main Aramaic section only those words in an extended or explicit Hebrew context. Occasional Hebrew-like spellings of good Aramaic words, e.g. בן for בר, are listed under the expected Aramaic spelling (בר),

with cross references provided (under בן). Other Hebrew words, such as הנני, 'here I am', are used so regularly here as to deserve to be recognized as an authentic word in the Jewish Aramaic dialect of the text. Even more difficult to distinguish are words generally associated with other Jewish Aramaic dialects. They, too, have been included along with an indication of their origin as BA (Biblical Aramaic), BTA (Babylonian Talmudic Aramaic), or LJLA (Late Jewish Literary Aramaic; i.e. the dialect of targums Pseudo-Jonathan, Psalms, and Job, among others). *DJPA* includes some words of this type, but by no means all. Names of rivers are included in the main section, conforming to the practice in our CAL files. Names of months are included in the main section both here and in *DJPA*.

The arrangement of the main entries is by consonantal shape rather than by root, and, unlike *DJPA*, compounds are listed in strict alphabetic order. (Explicitly marked *Sin* precedes *shin* in the listing of headwords.) Homonymous entries of different parts of speech are ordered as follows: verb (vb.), adjective (adj.), adverb (adv.), interjection (interj.), noun (n. and v.n. for verbal noun), numeral (num.), pronoun (pron.), preposition (prep.), and conjunction (conj.).* Note that this differs somewhat from the sequence used in *DJPA*. Totally homonymous entries in our database (where homonymy refers to both the consonantal skeleton of the lemma and its part of speech) are indicated by # followed by a numeral, as in *DJPA*. The numerals, therefore, refer to the entire CAL lexical database as currently constituted, not necessarily to the number of homonyms of the same form in the Neofiti corpus. For example, ברי vb. and **4#** ברי vb. are found in Neofiti, but neither **2#** ברי nor **3#** ברי appears.

Within entries, the arrangement is as follows:

Nouns, adjectives, numerals:

1) singular absolute or construct; listed together since these two states are indistinguishable for most (non-feminine) singular nouns.
2) singular emphatic or with pronominal suffixes. (NB: *Yod*-bearing suffixes for the plural pronouns such as יהון- and יכון- are regularly used with singular nouns in this dialect!)
3) plural absolute.
4) plural construct.
5) plural emphatic or with pronominal suffixes.

Verbs:

1) *peal.*
2) *pael.*
3) *afel* (*hafel*).
4) *etpeel.*
5) *etpaal.*
6) *ettafal.*
7) *poel.*
8) *polel.*
9) other quadriliteral.
10) *t* stems of 7–9.

Within each stem, the arrangement is:

1) forms without preformatives (i.e. perfects, imperatives, and *peal* participles).
2) forms with morphological preformatives (i.e. imperfects and derived participles).

Prepositions:

1) base forms.
2) forms with pronominal suffixes.
3) forms prefixed to infinitives (distinct from the following only for ל–).
4) forms prefixed to other words.

---

* The several 'parts of speech' are used here in conformance with *DJPA* practice, a treatment currently reflected in our database as well. (That is to say, we have here used the theory of *DJPA* but not, as indicated above, its details.) This should not be taken to be indicative of the practice to be followed in the final CAL, however, which will attempt to reflect the fact that many of these distinctions are of a grammatical rather than a lexical nature in the Semitic languages. For example, here we have three entries under מן בתר, an adverb, a preposition, and a conjunction. Lexicographically there is no justification for separating these into three words. Those who consult the concordance, however, should find these distinctions of usage quite helpful. Also in conformance with *DJPA*, the headwords for the teens of the numerals have been listed according to the classical Aramaic composite type, e.g. שבע עשר, as opposed to the Hebraic pattern (m.) שבעה/ת עשר, (f.) שבע עשרה frequently used here as well as in other targumic texts and well attested in the other Palestinian dialects.

In all cases, forms with lexical preformatives (e.g. ־ו, ־ד, or the bound prepositions) come at the end of the entry.

Where forms are otherwise identical, the sequence is determined by the following context, so that forms used in identical context follow each other. (In terms of context priority, the sequence is PN [personal name], GN [geographical name], other words.) We recognize that such an ordering differs from the traditional practice of biblical concordances, where the order of chapter and verse predominates; but that practice stems from a time when very little context was or could be cited. Modern concordance theory assumes that most users are interested in patterns of usage, not chance sequence in the biblical text. Those who need other kinds of sortings can retrieve them from the electronic version of the material. Similarly, many users might have preferred more detailed grammatical analysis and concomitant sorting of the various verbal forms. However, since tense is not a matter of lexical importance (whereas stem surely is), and since the CAL is a lexical project, we have deliberately refrained from that extra, costly stage of analysis at this point. In almost all cases, the various tense forms are readily identifiable from the data.

In order to place the entries where the reader of the Targum is most likely to look for them, the spelling of the headwords follows the practice most common in the manuscript itself. It is thus often at odds with *DJPA*, which has attempted to use a theoretical ideal. Each entry, therefore, is accompanied by a page reference to *DJPA* and, if our spelling differs, with the corresponding headword of that volume. (An index to these *DJPA* references is found at the end of the volume.) Cross-references are widely used in cases of alternative spellings and emendations to be found booked under headwords not obvious from the spelled form of the text. Where the spelling of the headword includes vowel letters, cross-references appear under the defective form. When the headword itself is defectively spelled, however, we have not included copious cross-references, since simple subtraction should guide the reader to the appropriate place.

Emendation has been used here in a much more limited fashion than in the uncollated text adopted for the citations in *DJPA* and widely distributed on the original CCAT CD-ROM. We have tried to eliminate obvious scribal errors, but not to emend away orthographies that might prove meaningful upon further research, such as the pronominal suffix ־יה instead of an expected ־י, or ־יו instead of ־וי.

The definition given with each headword is not intended to be complete, but is rather merely a guide for identifying the word in question; nor are specific definitions provided for each verbal stem. There are quite a few intentional interpretive differences from *DJPA*, though; these are noted by exclamation points. Note that such differences extend to the presence or absence of square brackets around entries in order to clarify their status as legitimate Palestinian Targumic Aramaic vocabulary.

**Editorial practice and sigla**

The following marks are used in the text, as general in CAL text files:

| | |
|---|---|
| < > | editorial addition. |
| { } | editorial deletion. |
| ^ ^ | interlinear insertion. |
| << >> | scribal addition. |
| {{ }} | scribal deletion. |
| / / | variants. |
| \ | starting point in the main text equivalent to the following variant. |
| # # | source of the variant (see below). |
| overdot | (e.g. אׄ) indicates uncertain reading. |

These conventions have been slightly modified here in order to deal with the complex details of this manuscript. We felt that it was superfluous to attempt to distinguish all the hands of the marginal and interlinear variants. Instead, we have grossly distinguished among the various cursive and square hands as follows:

| | |
|---|---|
| << >> | additions in the formal square script, both interlinear and marginal. |
| ^ #1#^ | interlinear insertions in a semi-formal square hand. |
| ^ #2#^ | interlinear insertions in a cursive hand. |
| / #1#/ | marginal insertions in a semi-formal square hand. |
| ^^ ^^ | major omissions from the main text added in the margin in square script. |

/ #2#/ marginal corrections, annotations, and insertions (this latter marked by V #2#/) in a cursive hand. Where there are both marginal and interlinear annotations in cursive for the same text, ^ #2#^ is used to mark the interlinear variant, as opposed to its normal strict use for interlinear insertions. In the coordinate (verse indicator) for each passage, 'M' corresponds to #2# as used here, whereas 'I' is equivalent to #1#.

Errors, of course, there must be, of both readings and interpretation. Readers are urged to communicate such discoveries to: The Comprehensive Aramaic Lexicon, Hebrew Union College, 3101 Clifton Ave., Cincinnati, OH 45220 USA.

**Electronic Version**

Attached to this publication is an order form for a free copy of the electronic edition of the text of the Targum according to the readings used for this concordance. Purchasers of this volume are also entitled to receive the lexically tagged version of the text along with an electronic copy of the lexicon for Neofiti and the CAL search engine allowing boolean searches (lexical and morphological) and browsing of the data. Using this software, students or scholars may also scan the text, select any word, and see its parsing and the corresponding lexical entry. The engine is currently available for MSDOS and UNIX machines. Macintosh users should check with us for availability. This material will be provided in return for proof of purchase of this volume and a nominal payment of $30 to cover reproduction costs. (Users will be required to sign and return limited use licenses for this data and software.) Checks should be made payable to The Comprehensive Aramaic Lexicon.

Finally, it is our pleasure to acknowledge the fact that this volume would never have been possible without the substantial financial (and moral!) support of the National Endowment for the Humanities, Division of Research Tools, for both the *DJPA* and CAL projects. In particular, the support of Mrs. Helen C. Agüera, Program Officer of that division, has been invaluable. Few scholars, we guess, can imagine just how many thousands of hours of work are required for an endeavor of this magnitude and accuracy, even with the advantages of modern computer technology. In addition to those researchers mentioned above, then, we would also like to express our gratitude to Zecharia Levi, Chaya Pinchuk, Sara Natan, Naicong Li, Stephan F. Bennett, and Steven W. Boyd, all of whom made substantial contributions to the effort; and, of course, to the Johns Hopkins University Press and our editor, Ms. Jacqueline Wehmueller, for seeing yet another difficult production through to a noteworthy, if somewhat weighty, conclusion.

# PART ONE

# ARAMAIC KWIC

# א

## father *n.* אב

[31]

|  |  |  |  |  |  |  |
|---|---|---|---|---|---|---|
| 001 | אב | s ab/cn | Gn44:19 | עבדוי למימר הא אית לכון | אב | או אח: |
| 002 | | | Nu30:17 | משה בין גבר לאתתיה בין | אב | לברתה ברביותה בביתה דאבוה: |
| 003 | אבי | | Gn19:37 | בר וקרת שמה מואב הוא | אבי | אבוהון דמואביה עד זמן יומא |
| 004 | אב' | s em/sf | Dt 6:04M | \דאבונן יעקב /דיע' | אב'#2#/ | למתכנש/^<למתכנ>שא#2#^ |
| 005 | אבא | | Gn27:34 | לאבוי ברך יתי אף אנא | אבא: | |
| 006 | | | Gn50:05 | | אבא | אשבע יתי למימר הא אנה מאית |
| 007 | | | Gn33:14M | בירכתא רברבתא דברכיה | אבא | בעלמא הדין קדם עבדיה ואנא |
| 008 | | | Gn27:38 | הא ברכה חדא אית לך | אבא | ברך יתי אף אנה אבא ונטל |
| 009 | | | Gn50:05 | אסוק כען ואקבור ית | אבא | ואחזור: |
| 010 | | | Gn22:07 | לאברהם אבוהי ואמר | אבא | ואמר הנני ברי ואמר הא אשתא |
| 011 | | | Gn27:18 | ואתא לוות אבוי ואמר | אבא | ואמר הנני מה את ברי: |
| 012 | | | Gn27:41M | ימטון יומי אבלא דמיתת | אבא | ובכן אנא קטל ית יעקב אחי |
| 013 | | | Gn27:31 | לאבוי ואמר לאבוי יקום | אבא | ויאכל מן ציידיה דברה |
| 014 | | | Gn27:12 | מה {ל} דלמה דימוש יתי | אבא | ונהוי באפוי כמגחך בה |
| 015 | | | Gn27:38 | לך אבא ברך יתי אף אנה | אבא | ונטל עשו קליה ובכה: |
| 016 | | | Gn22:10 | ואמר לאברהם אבוהי | אבא | כפות יתי יאות דלא נבעוט |
| 017 | | | Gn45:13 | ותוחון ותחתון ית | אבא | להכא: |
| 018 | | | Gn19:34 | הא שמשת ברמשא עם | אבא | נשקי יתיה חמר אף ליליא |
| 019 | אבה | | Gn44:34 | אחמי בבישתא די יארע ית | אבה: | |
| 020 | | | Gn38:25 | ואמרית ליעקב {אבר} | <אבה> | אכר כען הא היא פרגודא |
| 021 | | | Gn48:18 | ואמר יוסף לאבוי לא כדן | אבה | ארום דין בכורה שוי ימינך |
| 022 | | | Gn45:03 | לאחוי אנה יוסף העד כען | אבה | בחיין ולא יכלו אחוי למעני |
| 023 | | | Gn48:22 | רשיעא ויהב יתיה ליצחק | אבה | ויצח«ק» אבה יהב יתיה |
| 024 | | | Gn47:01 | ותני לפרע«ה» ואמר | אבה | ואחיי ועניהון ותוריהון וכל |
| 025 | | | Gn32:10 | ואמר יעקב אלהה דאברהם | אבה | ואלהה דיצחק אבה ײי דאמר |
| 026 | | | Gn44:18 | וערבת ית טליא מן לוות | אבה | ואמרי ליה למימר אין לא |
| 027 | | | Gn44:34 | ארום היך כדין אסק לוות | אבה | וטליא לית הוא עמי דלא אחמי |
| 028 | | | Gn44:30 | וכדון כמעלי לוות עבדך | אבה | וטליה לית הוא עמן ונפשיה |
| 029 | | | Gn45:09 | אוחו ופקו לוות | אבה | ותימרון ליה כדן אמר ברך |
| 030 | | | Gn44:24 | ארום סלקנן לוות עבדך | אבה | ותנינן ליה ית מלוי |
| 031 | | | Gn44:25 | ואמר | אבה | חזרו זבנ{ן}<ו> לן קליל |
| 032 | | | Gn48:22 | ליצחק אבה ויצח«ק» | אבה | יהב יתיה לעשו אחוי ואנה |
| 033 | | | Gn32:10 | אבה ואלהה דיצחק | אבה | ײי דאמר לי חזור לארעך |
| 034 | | | Dt 8:05M | היך כמה דמפרגל | אבה | ית בריה ײי אלהך מפרגל לך |
| 035 | | | Gn44:32 | ערב ית טליא מן לוות | אבה | למימר אן לא אייתת יתה |
| 036 | | | Gn44:27 | <ואמר> עבדך | אבה | לן אתון ידעתון ארום תרין |
| 037 | | | Gn49:02 | בנוי דקטורה ויצחק | אבה | קם מיניה פסולה עשו אחוי |
| 038 | | | Dt 6:04 | דקטורה ויצחק | אבה | קם מיניה פסילה עשו אחי |
| 039 | | | Gn44:18 | דמצרים כן אנה ויעקב | אבה | שליטין בארעא דכנען: |
| 040 | אבו' | | Gn50:02 | עבדוי ית אסיא למחנט ית | אבו' | וחנטו אסיא את ישראל: |
| 041 | אבוה | | Dt22:15 | ויסב | אבוה | דרביתה ואמה ויפקון ית |
| 042 | | | Dt22:16 | ויימר | אבוה | דרביתה לחכימייה ית ברתי |
| 043 | | | Lv21:09 | כהן ארום טעוה ומפסה ית | אבוה | היא מטער' בנורא תתוקד: |
| 044 | | | Gn32:10M | אלהה \דאברהם | אבה/אבוה#2#/ | ואלהה דיצחק אבה |
| 045 | | | Nu30:05 | קיימ' על נפשה וישתוק לה | אבוה | ויקומון כל נדרה וכל קיים |
| 046 | | | Dt21:13 | בגו בייתיך ותבכי ית | אבוה | וית אמה ירח דיומין ובתר |
| 047 | | | Gn19:33 | הוא ועלת רבתא ושמישת עם | אבוה | ולא ידע בדמכה ובמקמה: |
| 048 | | | Nu30:05 | וישמע | אבוה | ית נדרה וקיימה די קיימ' על |
| 049 | | | Nu30:06 | ואין בטל | אבוה | יתה ביומא דשמע כל נדרה |
| 050 | | | Nu30:06 | ײי ישתבק לה ארום בטל | אבוה | יתה: |
| 051 | | | Ex22:16 | אין מסרבה יסרב | אבוה | למסבה יתה ליה כסף יתקל |
| 052 | אבוהו' | | Gn 9:22 | וחמא חם | אבוהו' | דכנענאי ית עריתה דאבוי |
| 053 | אבוהון | | Gn19:36 | תרתין בנתיה דלוט מן | אבוהון: | |
| 054 | | | Gn37:02 | טבהון דאחוי ביש לוות | אבוהון: | |
| 055 | | | Gn45:25 | דכנען לוות יעקב | אבוהון: | |
| 056 | | | Gn45:27 | ונחת רוחיה דיעקב | אבוהון: | |
| 057 | | | Nu 3:04 | ואיתמר בחיוי דאהרן | אבוהון: | |
| 058 | | | Nu36:12 | {כ}<ע>ל שבט אחסנות | אבוהון: | |
| 059 | | | Gn43:11 | ואמר להון ישראל | אבוהון | אן כדן גמרתון דא עבדו סבא |
| 060 | | | Ex 1:19 | אינון מצליין קדם | אבוהון | בשמ«י»א והוא עני יתהון |
| 061 | | | Gn36:09 | יחוס «תלדוותא» דעשו | אבוהון | דאדומיי בטורא דגבלא: |
| 062 | | | Gn36:43 | תותבותיהון הוא עשו | אבוהון | דאדומיי: |
| 063 | | | Gn19:38 | ^ית#2#^ שמה בר עמי הוא | אבוהון | דבני עמוניי עד זמן יומא |
| 064 | | | Nu20:21 | דהוון מפקדין מן | אבוהון | דבשמיא דלא לסדרה לקבליהון |
| 065 | | | Dt33:24 | <בשמיטה> בין אחוי לבין | אבוהון | דבשמייא וארעא תיהווי |
| 066 | | | Gn 4:20 | וילידת עדה ית יבל הוא | אבוהון | דדרי משכנא וקניין בעיר: |
| 067 | | | Gn 4:21 | דאחוי יובל הוא הוה | אבוהון | דכל תפשי כנורא ואבובא: |
| 068 | | | Gn10:21 | ולשם אתילד אף הוא | אבוהון | דכל בני עבריא אחוי דיפת |
| 069 | | | Gn 9:18 | וחם ויפת וחם הוא | אבוהון | דכנענאי: |
| 070 | | | Gn19:37 | וקרת שמה מואב הוא אבי | אבוהון | דמואביה עד זמן יומא הדין: |
| 071 | | | Ex 2:18 | ואתיין לוות רעואל | אבוהון | ואמר {בגלל מן} <מן בגלל> |
| 072 | | | Gn37:32 | דיוסף ואייתון לוות | אבוהון | ואמרין דא אשכחנן חכם כען |
| 073 | | | Gn50:15 | אחוי דיוסף ארום מית | אבוהון | ואמרין מה דלמה דיסטם |
| 074 | | | Ex40:15 | יתהון היך מה דרביתה ית | אבוהון | וישמשון קדמיי בכהונתה |
| 075 | | | Gn46:05 | בני ישראל ית יעקב | אבוהון | וית טפליהון וית נשיהון |
| 076 | | | Gn22:14 | מדכר עקדתיה דיצחק | אבוהון | ושמע בקל צלותהון ועני |
| 077 | | | Nu27:07 | ירתו ואחסנה בגו אחי | אבוהון | ותעברון ית אחסנות אבוהון |
| 078 | | | Gn43:02 | ממצרי' ואמר להון | אבוהון | חזורו זבונן לן זעיר מזון: |
| 079 | | | Gn19:33 | ואשקיין ית | אבוהון | חמר בליליא הוא ועלת רבתא |
| 080 | | | Gn19:35 | אף בליליא ההוא ית | אבוהון | חמר וקמת זעיראתא ושמשת |
| 081 | | | Gn42:36 | ואמר להון יעקב | אבוהון | יתי תכלתון יוסף מן דשלחת |
| 082 | | | Nu24:05M | בהון ישראל | אבוכון/<אבו>הון#2#/ | כמה טבן ונחמן |
| 083 | | | Gn34:31 | ולוי ואמרין ליעקב | אבוהון | לא יאה הוא דיהוון אמרין |
| 084 | | | Nu26:11M | בעצתה דאבוהון/דקרח | אבוהון#2#/ | לא מיתו: |
| 085 | | | Dt33:28 | ברכתה דברך יתהון יעקב | אבוהון | לארע עבדה עיבור וחמר לחוד |
| 086 | | | Gn42:29 | ואתון לוות יעקב | אבוהון | לארעא דכנען ותנון לה ית |
| 087 | | | Nu27:07 | ותעברון ית אחסנות | אבוהון | להון: |
| 088 | | | Nu24:05M | בהון ישראל | אבוכון/<אבו>הון#2#/ | מה יאי הוא משכן |
| 089 | | | Gn37:04 | ארום יתיה הוה רחים | אבוהון | מן כל אחוי וסנין יתיה ולא |
| 090 | | | Gn15:11 | ישראל בזכוותיה דאברם | אבוהון | משיזבה להון: |
| 091 | אבוהי | | Gn22:10 | ענה יצחק ואמר לאברהם | אבוהי | אבא כפות יתי יאות דלא |
| 092 | | | Gn11:28 | ומית הרן בחיוי דתרח | אבוהי | בארע תלדוותיה באתון |
| 093 | | | Gn22:07 | ואמר יצחק לאברהם | אבוהי | ואמר אבא ואמר הנני ברי |
| 094 | | | Gn31:18 | למיזל לוות יצח«ק» | אבוהי | לארעא דכנען: |
| 095 | אבוהן | | Gn22:14M | להון עקידתא דיצחק | אבוהן | ושרי ושבק לחוביהון |
| 096 | | | Gn19:35M | בליליא ההוא ית | אבוהון/<אבו>הן#2#/ | חמר וקמת/וקמתה#2#/ |
| 097 | | | Nu36:06M | שבט | אבהתהון/אבוהן#2#/ | יהוויין לנשין: |
| 098 | אבוי | | Gn26:18 | בשמהתא די קרא להון | אבוי: | |
| 099 | | | Gn27:14M | אבו{ת}י /דהוה רחים | אבוי#2#/: | |
| 100 | | | Gn27:14 | תבשילין היך מה דרחם | אבו{ת}י: | |
| 101 | | | Gn28:08 | דכנענעאי באפוי דיצחק | אבוי: | |
| 102 | | | Gn37:22 | למחזרה יתיה לוות | אבוי: | |
| 103 | | | Gn37:35 | ברי לשאולה ובכה יתיה | אבוי: | |
| 104 | | | Gn50:14 | ית אבוי בתר דקבר ית | אבוי: | |
| 105 | | | Lv19:03M | מן אמה ומן | אבוי | |

|  |  | | | | |
|---|---|---|---|---|---|
| 106 | Gn50:10 | רב ותקיף לחדא ונטר על | אבוי | אבל שבעה יומין: | |
| 107 | Gn35:27 | ואתא יעקב לוות יצחק | אבוי | ממרא קרתהון דגיבריא היא | |
| 108 | Lv20:17 | וגבר די יסב ית אחתה ברת | אבוי | או ברתה דאמה ויחמי ית | |
| 109 | Dt27:22 | די ישמש עם אחתיה ברת | אבוי | או ברת אמיה ויאמרון כל עמה | |
| 110 | Gn44:22 | יכל טליא למשבק{ת}<ה> ית | אבוי | אן שבק טליא ית אבוי מית | |
| 111 | Dt27:20 | גברה די ישמש עם אתת | אבוי | ארום בזי עריתה דאבוי | |
| 112 | Gn34:13 | ית שכם וית חמור | אבוי | בסגי חכמתהון ומללו די סאב | |
| 113 | Gn50:01 | ונשק ליה וארבע יוסף ית | אבוי | בערס דשנדפין מחפיא דהב | |
| 114 | Gn50:14 | מן דסלק עמיה למקבר ית | אבוי | בתר דקבר ית אבוי: | |
| 115 | Dt 6:04 | אחי דלמה לטעוות דהוה | אבוי | דאברהם פלח אתון פלחין או | |
| 116 | Gn22:21 | בוז אחוי וית קמואל | אבוי | דארם: | |
| 117 | Gn11:29 | דנחור מלכה ברת הרן | אבוי | דמלכה ואבוי דיסכה: | |
| 118 | Gn33:19 | מלוות בנוי די חמור | אבוי | דשכם במאה מרגליין: | |
| 119 | Gn34:06 | ונפק חמור | אבוי | דשכם לוות יעקב לממללה | |
| 120 | Gn48:22 | קדמיי נסב יתיה אברהם | אבוי | דאבה מן ידוי דנמרוד רשיעא | |
| 121 | Gn49:02 | יעקב ואמר להון אברהם | אבוי | דאבה קם מניה פסול ישמעל | |
| 122 | Dt 6:04 | יעקב ואמר להון אברהם | אבוי | דאבה קם מיניה פסילה | |
| 123 | Gn28:02 | לבייתיה דבתואל | אבוי | דאמך וסב לך מן תמן אתה מן | |
| 124 | Lv21:03M | דקריבה לוותיה/ליה מן | אבוי#2/ | די לא אתנסבה לגבר | |
| 125 | Gn41:43 | והוון מקלסין קדמוי יחי | אבוי | דמלכא דרב בחכמתא וזעיר | |
| 126 | Gn49:22 | והוון מקלסין קדמיך יחי | אבוי | דמלכא דרב בחכמתא וזעירא | |
| 127 | Gn27:30 | יעקב מן לוות אפי יצחק | אבוי | ועשו אחוי על מן צידיה: | |
| 128 | Gn27:41M | וחזר/והדר#2/ ^\ | אבוי#2/^ | ואוליד ית שת וקרא ית | |
| 129 | Dt21:19 | ויתפשון ביה | אבוי | ואימיה ויפקון יתיה לוות | |
| 130 | Dt27:16M | כל עמא אמן /דמבזי | אבוי | ואמה ויענון כל עמא אמן#2/ | |
| 131 | Lv20:09M | וית אימה מתקטלה יתקטל | אבוי | ואמ' בזי חובוי יקבל | |
| 132 | Gn22:07M | יצחק לאברהם | אבוה/אבוי#2/ | ואמר אבא ואמר הנני | |
| 133 | Gn25:27M | הוא ומטול הכנא ברכיה | אבוי | ואמר ליה ועל חרבך תחיה | |
| 134 | Gn27:18 | ואתא לוות | אבוי | ואמר אבא ואמר הנני מה את | |
| 135 | Gn27:39 | וענה יצחק | אבוי | ואמר ליה הא מן טובא דארעא | |
| 136 | Gn27:41 | על ברכתא די ברך יתה | אבוי | ואמר עשו בלבא לית אנא עבד | |
| 137 | Gn37:10 | ולאחוי ו{ס}<נז>ף בה | אבוי | ואמר ליה מה חלמא הדין די | |
| 138 | Gn48:19 | וסרב | אבוי | ואמר ידע אנא ברי ידע אנה | |
| 139 | Gn47:07 | ואייתי יוסף ית יעקב | אבוי | ואקים יתיה קדם פרעה וברך | |
| 140 | Lv16:32 | בכהונתה רבתה בתר | אבוי | וילבוש ית לבושי בוצה לבושי | |
| 141 | Gn47:11 | ואשרי יוסף ית | אבוי | וית אחוי <....>: | |
| 142 | Lv20:09M | יבזי ית | אבוי | וית אימה מתקטלה יתקטל | |
| 143 | Dt 5:16 | יוקר כל אנש מנכון ית | אבוי | וית אמיה היך מה דפקד ייי | |
| 144 | Lv22:27M | סדר ברכתה מן יצחק | אבוי | ולמקמה תרי עשר שיבטין | |
| 145 | Gn27:22 | וקרב יעקב לוות יצחק | אבוי | ומשש יתה ואמר הא קלה קלה | |
| 146 | Gn50:07 | וסליק יוסף למקבר ית | אבוי | וסלקו עמיה כל שליטוי דפרעה | |
| 147 | Gn26:18 | די חפרו בימוי דאברהם | אבוי | וסתמו יתהון פלישתאי מן בתר | |
| 148 | Gn35:22M | ית בלהה ^פילגש | אבוי#2/ | ושמע ישראל והוון בנוי | |
| 149 | Gn48:17 | וחמא יוסף ארום שוי | אבוי | ית ימיניה על רישה דאפרים | |
| 150 | Gn46:29 | ונפק לקדמות ישראל | אבוי | לגשנה וחמה יתיה ואתרכן על | |
| 151 | Gn34:04 | ואמר שכם לחמור | אבוי | למימר אסב ית רביתה הדא | |
| 152 | Nu24:03 | אמר גברא דיקיר מן | אבוי | מה דאכסי מן כל נבואה אתגלי | |
| 153 | Nu24:15 | בעור אמר גברה דיקיר מן | אבוי | מה דאתכסי מן כל נביאיה | |
| 154 | Gn44:22 | ית אבוי אן שבק טליא ית | אבוי | מית הוא: | |
| 155 | Gn27:32 | ואמר לה יצחק | אבוי | מן את ואמר אנה ברך בוכרא | |
| 156 | Gn25:21M | פולחנא אתר דכפתיה תמן | אבוי | על עסקי את' | |
| 157 | Gn27:26 | ואמר ליה יצחק | אבוי | קרב כען ושק יתי ברי: | |
| 158 | Gn43:08 | ואמר יהודה לישראל | אבוי | שלח טליא עמי ונקום ונזל | |
| 159 | Lv16:32M | רבתה בתר אבוי /חולף | אבוי#2/ | וילבוש/<ויל>בש#2/ ית | |
| 160 | Gn26:03 | דיקיימית לאברהם | אבוך: | | אבוך |
| 161 | Gn26:24M | בזכוותא דאברהם | עבדי/אבוך#2/: | | |
| 162 | Lv18:09M | אמך מן גבר /דילידת מן | אבוך | או מה דיילדת מן גב#2/ | |
| 163 | Lv18:11 | דאיתתה דאבוך מה דאולד | אבו«ך» | אחתך היא לא תבזי עריתה: | |
| 164 | Gn48:01 | האליין ואיתמר ליוסף הא | אבוך | ביש ודבר ית תרין בנוהי | |
| 165 | Dt32:06 | ולא חכימייה הלא הוא | אבוך | די קנה יתכון ודי ברה יתכון | |
| 166 | Gn50:06 | ואמר פרעה סק וקבור ית | אבוך | היך מה דאשבע יתך: | |
| 167 | Gn47:05 | ואמר פרעה ליוסף למימר | אבוך | ואחך אתון לוותך: | |
| 168 | Gn28:13 | אנה ייי אלהה דאברהם | אבוך | ואלהה דיצחק ארעא «די» | |
| 169 | Gn47:06 | בבית שפר ארעא אשרי ית | אבוך | וית אחך ישרון בארעא דגשן | |
| 170 | Lv18:11M | אחתך היא /דילידת מן | אבוך | חתך היא#2/ לא תבזי | |
| 171 | Gn26:24 | <אנה> הוא אלה' דאברהם | אבוך | לא תדחל ארום עמך אנה וברכת | |
| 172 | Lv18:09 | ברתה דאמ«ך» מה דאולד | אבוך | מן אתה חורי או מה דילידת | |
| 173 | Gn50:16M | דרחל למימ' ליוסף | אבוך#2/ | פקיד קדם עד לא ימות | |
| 174 | Gn50:16 | למרביתה דיוסף למימר לה | אבוך | פקיד קדם עד לא ימות למימר: | |
| 175 | Gn31:06 | בכל חיילי פלחית קדם | אבוכון: | | אבוכון |
| 176 | Gn44:17 | ואתון סקון בשלם לוות | אבוכון: | | |
| 177 | Dt 6:04 | פלחין או לאלהיה דיעקב | אבוכון | אתון פלחין עניין | |
| 178 | Gn21:33M | ואמ' להון צלון קדם | אבוכון | דבשמיא דמן דידיה אכלתון | |
| 179 | Gn45:18 | ותסבון ית | אבוכון | וית אנשי בתיכון ותיתון | |
| 180 | Gn45:19 | ולנשיכון וטענון ית | אבוכון | ותיתון: | |
| 181 | Nu24:05 | דיתיב בהון ישראל | אבוכון | כמה טבן ונחמן ממריה עתיד | |
| 182 | Nu24:05 | דשמיש בהון ישראל | אבוכון | מה יאי הוא משכן זימנא | |
| 183 | Gn43:27 | בשלם ואמר הא שלם הוא | אבוכון | סבא דאמריתון הא עד כען | |
| 184 | Gn43:07 | ולתלדותן למימר הא כען | אבוכון | קיים הא אית לכון אחוי | |
| 185 | Gn31:07M | ואבוכון שקר בי ופרג/ | אבוכן | ית אגרי דנה עשרה#2/ | אבוכן |
| 186 | Nu27:04 | הב לן אחסנה בגו אחי | אבונן: | | אבונן |
| 187 | Gn18:01 | מלאכין אש<ת>לחו לוות | אבונן | אברהם בזימנא די גזר ית | |
| 188 | Gn21:33M | מה דאכלו ושתין עני | אבונן | אברהם ואמ' להון צלון | |
| 189 | Gn35:09 | יתן למבקרא ית בישיא מן | אבונן | אברהם צדיקא כד אתגליתא | |
| 190 | Gn28:10 | חמישאה כיון דארים | אבונן | יעקב ית אבנא מעלוי פומא | |
| 191 | Gn28:10 | חמישיתי נסיא אתעבדו עם | אבונן | יעקב בזמנא די נפק מן | |
| 192 | Gn28:10 | וניסא תנינא אבניא דנסב | אבונן | יעקב ושוי יתהון תחות | |
| 193 | Gn28:10 | חמשה נסין אתעבדו עם | אבונן | יעקב בזמנא דנפק | |
| 194 | Gn28:10 | וניסא תליתאה כיון דנטל | אבונן | יעקב רגלוי למזל לחרן | |
| 195 | Gn28:10 | הוון יכלין כיון דאתא | אבונן | יעק«ב» ארים יתה בחדא | |
| 196 | Gn35:09M | למברכה ית אבליה מן | אבונן | יעקב צדיקא כד איתגליון | |
| 197 | Gn35:09 | יתן למנחמה ית אבליה מן | אבונן | יעקב צדיקא אורחיה דעלמא | |
| 198 | Gn35:09M | רחל באורחא ויתב ליה | אבונן | יעקב צווח ומיילל ומספד | |
| 199 | Gn49:01 | לדרגש«ה» דדהבא דהוה | אבונן | יעקב רביע בגוויה מן | |
| 200 | Gn49:01 | ליה תרעא אטרד מנה ענה | אבונן | יעקב וברך יתהון גבר לפם | |
| 201 | Gn49:02 | ברכתא ואתכסי מניה עני | אבונן | יעקב ואמר להון אברהם | |
| 202 | Gn49:07 | ארום קשיא הוות אמר | אבונן | יעקב אן שריין שמעון | |
| 203 | Gn49:18 | אמר | אבונן | יעקב לא לפורקנא דגדעון | |
| 204 | Dt 6:04 | לדרגשיה דדהבה עני | אבונן | יעקב ואמר להון אברהם | |
| 205 | Dt26:05M | עם לבן ארמייה פלח | אבונן | יעקב מן שירוייה ובעה | |
| 206 | Gn42:32 | וזעירא יומא דן עם | אבונן | בארעא דכנען: | |
| 207 | Gn44:31 | עבדך ית שיביתיה דעבדך | אבונן | בדוויי לשאול: | |
| 208 | Gn19:32 | חמר ונשמש עמה ונקים מן | אבונן | בנין: | |
| 209 | Gn19:34 | ושמש עמה ונקיים מן | אבונן | בני«ן»: | |
| 210 | Ex15:02M | להון דין הוא | אבונן | דהווה מינק יתן דבש מן | |
| 211 | Gn43:28 | ואמרין שלם לעבדך | אבונן | הא הוא בחיין ועקדו ואודו | |
| 212 | Gn44:30M | כמעלי לוות עבדך | אבה/אבונן#2/ | וטליה לית הוא עמן | |
| 213 | Lv22:27 | לן עקידתיה דיצחק | אבונן | ומן בתר כדין אתבחר גדייה | |

|  |  |  |  |
|---|---|---|---|
| 214 | | Gn44:24M | סלקנן לוות עבדך אבה/אבונן#2#/ ותנינן ליה ית מלוי |
| 215 | | Gn44:25M | ואמר אבה/אבונן#2#/ חזרו זבנ{ן}<ו> לן |
| 216 | | Gn19:32 | אתוי ונשקי ית אבונן חמר ונשמש עמה ונקים מן |
| 217 | | Gn42:13 | דכנען והא זעירא עם אבונן יומא הדין וחד מנן מן דנפק |
| 218 | | Gn49:02 | ואמרין שמע מנן ישראל אבונן ייי אלהן ייי חד ענה יעקב |
| 219 | | Dt 6:04 | ואמרין שמע מנן ישראל אבונן ייי אלהן ייי חד הוא יהא |
| 220 | | Nu27:03 | אבונן מית במדברה והוא לא הוה |
| 221 | | Nu27:04 | למה כען יתמנע שם אבונן מן גו זרעיתיה ארום לית |
| 222 | | Gn19:31 | ואמרת רבתא לזערתא אבונן סב וגבר לית בארעא למיעול |
| 223 | | Gn44:20 | ואמרנן לריבוני אית לן אבונן סב וטלי בר סיבו זעיר |
| 224 | אביה | Nu36:08M | /לחד מן זרעייתה שבט אביה תיהווי#2#/ לאתה מן בגלל |
| 225 | אביהון | Gn 4:20M | משכנא וקניין בעיר /אביהון כל דשריין במשכנין ומרי |
| 226 | דא' | Gn19:26M | מה יהוי בסוף בייתיה דא' |
| 227 | דאבא | Gn24:40 | מן זרעיתי ומן ביתיה דאבא: |
| 228 | | Gn41:51 | וית כל אנשי ביתיה דאב«א»: |
| 229 | | Gn31:42 | אלולי אלהיה דאבא אלהא דאברהם ותקיפא דיצחק |
| 230 | | Ex18:04 | אליעזר ארום מימר אלהה דאבא בסעדי ושיזב יתי מחרבא |
| 231 | | Gn46:31 | ליה אחוי ואנשי בייתיה דאבא די בארע«א» דכנען אתון |
| 232 | | Gn44:18 | מעבד על {על} כורחיה דאבא הא לא אשתמע לך ולא אתני לך |
| 233 | | Gn44:18 | אנה לך בחיי רישיה דאבא היך מה דאת משתבע בחיי |
| 234 | | Gn27:41 | דיקרבון יומי אבלא דאבא ואקטול ית יעקב אח{ו}י |
| 235 | | Gn24:07 | די דבר יתי מן בייתא דאבא ומן ארעא תלדוותי ודי מלל |
| 236 | | Gn26:18M | אברהם /בתר מיתותא דאבא#2#/ וקרא להן שמהן/שמהון#2#/ |
| 237 | | Dt 6:04M | דהוה אבוי דאברהם/דאבא#2#/ פלח אתון פלחין או |
| 238 | | Gn38:25 | אחוי ואינשי בייתי דאבא קבילו מיני טב לי יקד בעלמא |
| 239 | | Gn24:38 | ארום אלהין לביית' דאבא תיזל ולוות זרעייתי ותיסב |
| 240 | דאבה | Gn44:19 | רבא על דהוא מן עילעא דאבה אין לא הווה כשר למעבד כדין |
| 241 | | Gn31:05 | היך דקדמוי ומימר אלהה דאבה הווה בסעדי: |
| 242 | | Gn20:12 | מן קושטא אחתי ברתה דאבה היא לחוד לא ברתה דאמה |
| 243 | | Gn20:13 | דייי דבר יתיה מן ביתה דאבה ואמרית לה דין חסדיך די |
| 244 | | Gn16:05 | ובית תלדוותי ובייתי' דאבה ואתית יתיה עמך בהימנו עלית |
| 245 | | Gn28:21 | ואחזר בשלם לביתיה דאבה ויהווה ייי לי לאלה פריק: |
| 246 | | Gn44:18 | נהוי מרחק מן שאלת שלמה דאבה כל יומייא או דלמא דלא |
| 247 | | Gn44:32 | מרחק מן שאלת שלמה דאבה כל יומיא: |
| 248 | | Gn48:22 | נסב יתיה אברהם אבוי דאבה מן ידוי דנמרוד רשיעא ויהב |
| 249 | | Gn49:02 | ואמר להון אברהם אבוי דאבה קם מניה פסול ישמעל וכל |
| 250 | | Dt 6:04 | ואמר להון אברהם אבוי דאבה קם מיניה פסילה ישמעאל וכל |
| 251 | דאבוה | Nu30:04 | ייי ותקיים קיים בביתה דאבוה ברביותה: |
| 252 | | Lv21:09M | ית כליל כהונתה דאבוה היא מפסה |
| 253 | | Gn19:26 | יהווי בסופה דבייתיה דאבוה והא היא קיימא עמוד דמלח |
| 254 | | Dt22:21 | ית רביתה לתרע בייתה דאבוה וירגמון יתה עמא דקרתה |
| 255 | | Dt22:21 | למזנייה בייתיה דאבוה ותבערון עבדי בישתה |
| 256 | | Gn32:10M | ואלהה \דיצחק אבה/דאבוה#2#/ ייי דאמר לי חזור |
| 257 | | Lv22:13 | לית לה ותחזור לביתה דאבוה כרביותה מן לחמה דאבוה |
| 258 | | Lv22:13 | דאבוה כרביותה מן לחמה דאבוה תאכל וכל חלוני לא יאכל |
| 259 | דאבוהון | Ex 2:16 | למשקייה ית ענה דאבוהון: |
| 260 | | Gn37:12 | אחוי למרע ית ענא דאבוהון בשכם: |
| 261 | | Gn 9:23 | וכסון ית עריתה דאבוהון ואפיהון הפיכו לבתרהון |
| 262 | | Gn31:53 | ידינון בינינן אלהה דאבוהון ואשתבע יעקב בתקיפה |
| 263 | | Gn 9:23 | הפיכו לבתרהון ועריתה דאבוהון לא חמון: |
| 264 | | Nu26:11 | על דילא הוון בעצתה דאבוהון לא מיתו: |
| 265 | | Nu36:11 | דצלפחד לבנוי דאחוי דאבוהון לנשין: |
| 266 | דאבוהן | Nu36:12M | אבוהון/זרעייתה דאבוהן#2#/: |
| 267 | דאבוי | Gn49:24 | למבעיה רחמין מן תקיפא דאבוי יעקב מן תחות אדרע |
| 268 | | Gn46:01 | ונכס נכסין לאלה דאבוי יצחק: |
| 269 | | Gn34:19 | יקר מן כל אנשי ביתיה דאבוי: |
| 270 | | Nu27:10 | ית אחסנתיה לאחוי דאבוי: |
| 271 | | Dt23:01 | ולא יבזי כנף עריתה דאבוי: |
| 272 | | Lv20:17M | \ברת אבוי /ברת דאבוי#2#/ או ברתה דאמה ויחמי |
| 273 | | Lv25:49 | או אחוי דאבוי או בר אחוי דאבוי יפרוק |
| 274 | | Dt27:22M | ויאמרון כל /ברתה דאבוי או ברתה דאמיה ויענון |
| 275 | | Gn46:31 | לאחוי ולאנשי בייתיה דאבוי אסוק כען ואתני לפרעה ואמר |
| 276 | | Dt27:20M | /דמשמש עם אתתה דאבוי#2#/ ארום בזי עריתה דאבוי |
| 277 | | Gn37:01 | יעקב בארעא תותבותיה דאבוי בארעא דכנען: |
| 278 | | Lv20:11M | אתתה דאבוי \/עריתה דאבוי בזי#2#/ מתקטלה יתקטל |
| 279 | | Gn31:53 | ואשתבע יעקב בתקיפה דאבוי דיצחק: |
| 280 | | Gn37:02 | ועם בנוי דזלפה נשוי דאבוי ואייתי יוסף ית טבהון |
| 281 | | Gn40:23 | דלוי יתיה מן בייתה דאבוי ואתרחיץ ברב מזוגיה בבשר |
| 282 | | Ex20:12 | זהירין גבר ביקירא דאבוי וביקרה דאימיה מן בגלל |
| 283 | | Gn49:26 | דמצרים וזהיר ביקירא דאבוי וביקרהון דאחוי: |
| 284 | | Gn50:01 | ^בכין#2#^ על צווריה דאבוי ובכא עלוי יוסף ונשק |
| 285 | | Gn50:01 | ונפל יוסף על אפוי דאבו«י» ובכה עלוי ונשק ליה |
| 286 | | Dt21:18 | לית הוא שמע בקלה דאבוי ובקלה דאימיה וירדון יתיה |
| 287 | | Lv19:03 | גבר באיקריה דאבוי ודאימיה תהוון זהירין וית |
| 288 | | Lv20:09 | ודאמה ממת ימות אקריה דאבוי ודאימיה זל אדמיה ביה: |
| 289 | | Lv20:09 | גבר די יזלזל איקריה דאבוי ודאמה ממת ימות אקריה |
| 290 | | Dt27:16 | יהווי גברא דזלא יקריה דאבוי ודאמה ויאמרון כל עמא אמן: |
| 291 | | Gn27:41 | די קטל להבל בחיובי דאבוי וחזר ואוליד ית שת וקרא |
| 292 | | Gn50:22 | הוא ואנשי בייתיה דאבוי וחי«ה» יוסף מאה ועשר |
| 293 | | Dt27:20 | אבוי ארום בזי עריתה דאבוי ויאמרון כל עמה אמן: |
| 294 | | Dt23:01 | לא יסב גבר ית אתתה דאבוי ולא יבזי כנף עריתה דאבוי: |
| 295 | | Gn 2:24 | כן יפרש גבר מדמכיה מן דאבוי ומן דאימיה וידבק באתתיה |
| 296 | | Gn27:34 | כד שמע עשו ית מלוי דאבוי וצוח צווחה רבה תקיפא |
| 297 | | Gn 9:22 | דכנענאי ית עריתה דאבוי ותני לתרין אחוי בשוק: |
| 298 | | Lv25:49 | אחוי דאבוי או בר אחוי דאבוי יפרוק יתיה או מן קריב |
| 299 | | Ex 6:20 | ית יוכבד ברת אחוי דאבוי לה לאתה דילדת לה |
| 300 | | Gn50:08 | דיוסף ואחוי ובייתיה דאבוי לחוד טפלהון ועניהון |
| 301 | | Gn48:17 | שפר באפוי ואתוקף בידה דאבוי למחזרה יתה מעילוי רישה |
| 302 | | Gn47:12M | וית כל \אנשי ביתה לחם /דאבוי מזון#2#/ לפם טפליא: |
| 303 | | Lv20:11 | וגבר די ישמש עם אתתה דאבוי מתקטלה יתקטל תריהון חובת |
| 304 | | Gn28:12 | דילוון יתיה מן בייתי דאבוי סלקון למבשר{י}<א> |
| 305 | | Gn26:15 | וכל באריא דחפרו עבדוי דאבוי סתמו יתהון פלשתאי ומלון |
| 306 | דאבוך | Gn49:08 | ושאלין בשלמך כל בנוי דאבוך: |
| 307 | | Lv18:09 | עיריתה דאחתך ברתה דאבוך או ברתה דאמ«ך» מה דאולד |
| 308 | | Ex 3:06 | ואמר אנה הוא אלהה דאבוך אלהה דאברהם אלהה דיצחק |
| 309 | | Nu18:02 | אחך שבטה דלוי שבטה דאבוך אקרב לוותך ויזדמנון לוותך |
| 310 | | Gn24:23 | כען לי האית בביתה ^דאבוך#2#^ אתר לנ{ון}<א> למבתה: |
| 311 | | Lv18:07 | היא לא תיגלי עיריתה דאבוך הוא: |
| 312 | | Lv18:08 | דאבוך לא תבזי עיריתה דאבוך הוא: |
| 313 | | Lv18:12 | לא תבזי קריבת בשרה דאבוך היא: |
| 314 | | Gn50:17 | דעבדוי די אלהה דאבוך ובכה יוסף במלל יתיה עמה: |
| 315 | | Lv18:07 | עירית' דאבוך ועריתה דאמך לא תיבזי אמך |
| 316 | | Gn49:25 | מימר אלהא דאבוך יהווי בסעדך ואלה שמיא |
| 317 | | Gn49:26 | ברכתא דאבוך יתוספון לך על ברכתא די |
| 318 | | Gn46:03 | ואמר אנה הוא אלהיה דאבוך לא תדחל מיחות מצרים ארום |
| 319 | | Lv18:08 | עריתה דאתתה דאבוך לא תבזי עיריתה דאבוך הוא: |
| 320 | | Lv18:12 | עריתה דאחתה דאבוך לא תבזי קריבת בשרה דאבוך |
| 321 | | Lv18:14 | עריתה דאחוי דאבוך לא תבזי ולאתתה לא תקרב |

|  |  | |  |  |  |  |
|---|---|---|---|---|---|---|
| 322 | | | Lv20:19 | דאחתה דאמך ואחתה | דאבוך | לא תבזי ארום ית קריבת |
| 323 | | | Gn12:01 | ומן בייתי | דאבוך | לארעא די אחוי יתך: |
| 324 | | | Gn31:30 | מתחמדה אתחמדת לבייתיה | דאבוך | למה גנבת ית דחלתי: |
| 325 | | | Lv18:11 | ערייתה דברתה דאיתתה | דאבוך | מה דאולד אבו«ך» אחתך |
| 326 | | | Gn27:06 | למימר הא שמעית ית קלא | דאבוך | ממלל עם עשו אחוך למימר: |
| 327 | | | Gn38:11 | תבי ארמלה בבייתיה | דאבוך | עד זמן דיתרבי שלה ברי |
| 328 | | | Nu18:01M | תקבלון ית /ובייתה | דאבוך | עמך תסבלון ית#2#/ חובי |
| 329 | דאבוכון | | Gn31:29 | למבאשא לכון ואלה | דאבוכון | ברמשא אמר לי למימר אזדהר |
| 330 | | | Dt 5:16M | הוון זהירין באיקרא | דאבוכון | ובאיקרא דאמכון |
| 331 | | | Gn31:05 | חמה אנה ית סבר אפוי | דאבוכון | והא לית אנון שפין לקבלי |
| 332 | | | Gn31:09 | ורוקן ייי ית נכסוי | דאבוכון | ויה«ב» לי: |
| 333 | דאבונן | | Gn49:02 | דרגשא דדהבא | דאבונן | יעקב רביע בגוויה סברין |
| 334 | | | Dt 6:04 | כיון דמטה קצה | דאבונן | יעקב למתכנש בשלם מן גו |
| 335 | | | Gn31:14 | לנא חלק ואחסנא בביתא | דאבונן: | |
| 336 | | | Gn31:01 | נסב יעקב ית כל מה | דאבונן | ומן דאבונן קנה ית כל |
| 337 | | | Gn42:32 | תרין עשר אנן אחין בנוי | דאבונן | חד מנן מן דנפק מלוותן לית |
| 338 | | | Gn31:01 | ית כל מה דאבונן ומן | דאבונן | קנה ית כל נכסיא האלין: |
| 339 | דאביה | | Gn29:12 | יעקב לרחל ארום אחוי | דאביה | הוא וארום בר רבקה הוא |
| 340 | ואבה | | Gn44:18 | ארום יקיר אנה כוותך | וא{נ}<ב>ה | כוות פרעה רבך ארום דאת |
| 341 | | | Nu12:14 | ואמר ייי למשה | ואבוה | נזפה נזף בה בדינה הוא |
| 342 | ואבוהון | | Gn42:35 | דכספיהון אינון | ואבוהון | ודחילו: |
| 343 | ואבוי | | Gn11:29 | ברת הרן אבוי דמלכה | ואבוי | דיסכה: |
| 344 | | | Gn35:18 | הוה וקרא שמה בר צערי | ואבוי | ^הוה#2#^ קרי ליה בלשון |
| 345 | | | Gn37:11 | וקנון ביה אחוי | ואבוי | הוי מנטר ית פתגמא: |
| 346 | | | Gn44:20 | הוא בלחודוי לאמיה | ואבוי | רחים יתיה: |
| 347 | ואבוכון | | Gn31:07 | | ואבוכון | שקר בי ושלחף ית אגרי |
| 348 | ואבוכן | | Gn31:07M | ושלחף ית אגרי עשרה | /ואבוכן | שקר בי ופרג אבוכן ית |
| 349 | ולאבוי | | Lv21:02 | דקריב לוותיה לאמיה | ולאבוי | ולברי' ולברתיה ולאחוי: |
| 350 | | | Gn45:23 | | ולאבוי | שלח כדורון דא עשרה חמרין |
| 351 | לאבא | | Gn45:13 | ותתנון | לאבא | ית כל אקרי במצרי' וית כל |
| 352 | | | Gn45:08 | אלהן ייי ושוי יתיה | לאבא | {לא} לפרעה ולרבון לכל |
| 353 | לאבוה | | Gn29:12M | ורהטת ותניית | לאבוה/לאבוה#2#/: | |
| 354 | | | Gn31:19 | רחל ית צלמייה די | לאבוה: | |
| 355 | | | Dt22:19 | מאה סלעין דכסף ויתנון | לאבוה | דרביתה ארום אפיק שום ביש |
| 356 | | | Dt22:29 | ויתן גברא דמשמש עמה | לאבוה | דרביתה חמשין סלעין דכסף |
| 357 | | | Gn34:11 | ואמר שכם | לאבוה | ולאחיה אשכח חן וחסד |
| 358 | | | Gn31:35 | ואמרת | לאבוה | לא יבאש באפוי דריבוני |
| 359 | לאבוהא | | Gn29:09M | ענה די לאבוהי/דאית | לאבוהא#2#/ | ארום {{רעיא}} רעייה \ |
| 360 | לאבוהי | | Gn29:12 | הוא ורהטת ותניית | לאבוהי: | |
| 361 | | | Gn29:09 | ורחל אתת עם ענה די | לאבוהי | ארום {{רעיא}} רעייה הוות: |
| 362 | | | Gn27:38 | ואמר עשו | לאבוהי | הא ברכה חדא אית לך אבא |
| 363 | לאבוי | | Gn50:10M | על אבוי /ועבד | לאבוי#2#/ | אבל שבעה יומין: |
| 364 | | | Gn48:09 | ואמר יוסף | לאבוי | בני אנון די יהב לי ייי |
| 365 | | | Gn27:34 | ומרירא עד לחדא ואמר | לאבוי | ברך יתי אף אנא אבא: |
| 366 | | | Gn27:38M | ואמר עשו | לאבוה/לאבוי#2#/ | הא ברכה חדא אית לך |
| 367 | | | Lv22:27M | ועבד תבשילין ואייתי | לאבוי | ואייכל לאבוי מן תבשילוי |
| 368 | | | Ex21:15M | \לאבוי ולאמה | /לאבוי | ואמה#2#/ מתקטלה יתקטיל: |
| 369 | | | Gn27:31 | אף הוא תבשילין ואייתי | לאבוי | ואמר לאבוי יקום אבא ויאכל |
| 370 | | | Lv22:27 | עבד ואייכ{ו}ל | לאבוי | ו<ז>כה למקבלה ית סדר |
| 371 | | | Gn37:10 | ותני | לאבוי | ולאחוי ו{ט}<נז>ף בה אבוי |
| 372 | | | Dt33:09 | דאמיר על שבטה דלוי | לאבוי | ולאימיה לא נסב אפין בדינה |
| 373 | | | Gn28:07 | ושמע יעקב | לאבוי | ולאמה ואזל לפדן ארם: |
| 374 | | | Ex21:15 | ומן דימחי | לאבוי | ולאמה מתקטלה יתקטיל: |
| 375 | | | Lv21:11 | כל נפש דמית לא ייעול | לאבוי | ולאמה לא יסתאב: |
| 376 | | | Nu 6:07 | | לאבוי | ולאמיה לאחוי ולאחתיה לא |
| 377 | | | Nu27:11 | ואין לית אחין | לאבוי | ותתנון ית אחסנתיה לקריבות |
| 378 | | | Gn27:31 | ואייתי לאבוי ואמר | לאבוי | יקום אבא ויאכל מן ציידיה |
| 379 | | | Gn48:18 | ואמר יוסף | לאבוי | לא כדן אבה ארום דין בכורה |
| 380 | | | Gn45:23 | עבור ולחם ומזון | לאבוי | לארחא: |
| 381 | | | Gn42:37 | ואמר ראובן | לאבוי | למימר ית תרין בניי תקטול |
| 382 | | | Lv22:27M | ואייתי לאבוי ואייכל | לאבוי | מן תבשילוי וחמר אשקי |
| 383 | לאבוך | | Gn27:09 | ואעביד יתהון תבשילין | לאבוך | היך מה דהוא רחים: |
| 384 | | | Gn27:10 | ותייתי | לאבוך | וייכול מן בגלל די יברך |
| 385 | לאבונן | | Gn18:01 | קדמאה ישתלח למבשרא | לאבו«נן» | אברהם די שרה ילדה לה |
| 386 | | | Gn28:10M | נסיא אתעבדו \עם | אבונן/לאבונן#2#/ | יעקב בזמנא די נפק |
| 387 | | | Gn49:21 | בשורן טבן דהוא בשר | לאבונן | יעקב מן שירויה דעד כדון |
| 388 | | | Dt26:05 | ארמייה סבר למובדה | לאבונן | יעקב מן שירויה ושיזבת |
| 389 | | | Gn50:01 | ואמר לאחוי איתון נבני | לאבונן | ארזא רמא לרישיה מטי |
| 390 | | | Gn31:01M | דאבונן קנה ית /דאית | לאבונן | ומן {מן} <מה> דאית |
| 391 | | | Gn31:01M | ומן {מן} <מה> דאית | לאבונן | תקף ית#2#/ כל נכסיא |
| 392 | לאביו | | Gn27:19 | ואמר יעקב | לאביו | אנה עשו בכורך עבדת |
| 393 | מאבוהן | | Gn19:36M | דלוט \מן | אבוהון/מאבוהן#2#/: | |
| 394 | מאבונן | | Gn31:16 | כל נכסיא די אפיק ייי | מאבונן | דידן אינון ודבנן וכדון מה |
| 395 | אבהן | p abs | Dt24:16 | ובנין לא ימותון בחובי | אבהן | גבר בחובי נפשיה ימות: |
| 396 | | | Dt24:16 | לא ימותון | אבהן | {על} בחובי בנין ובנין לא |
| 397 | | | Ex34:07 | ביום דינא רבה מדכר חובי | אבהן | רשיעין על בנין ועל בני |
| 398 | | | Nu14:18 | ביום דינה רבה מדכר חובי | אבהן | רשיען על בנין מרודין על דר |
| 399 | | | Dt 5:09 | מתפרע בקנאה מדכר חובי | אבהן | רשיען על בנין מרודין על דר |
| 400 | אבהת | p const | Nu31:26 | אתה ואלעזר כהנה וראשי | אבהת | כנישתה: |
| 401 | | | Ex 6:25 | ית פינחס אליין רישי{ה} | אבהת | לווייה לזרעיותיהון: |
| 402 | | | Gn40:12 | תלתי שרביטיה תלתי | אבהת | עלמא אנון אברהם יצחק |
| 403 | | | Lv22:27 | תלתי קרבני קרבני תלתי | אבהת | עלמא אינון אברהם יצחק |
| 404 | | | Nu32:28 | בר נון וית ראשיה | אבהת | שבטיה דבני ישראל: |
| 405 | ואבהת | | Ex10:06 | די לא חמון אבהתך | ואבהת | אבהתך מן יומא די הוון על |
| 406 | אבה' | p em/sf | Nu 1:47M | לשבטה | דאבהתהון/אבה'#2#/ | לא אסתכמו |
| 407 | אבהתא | | Gn23:02 | שרה בקרתהון דארבעתי | אבהתא | היא חברון בארעא דכנען |
| 408 | | | Ex17:12 | בצלו מדכרא הימנות | אבהתא | צדיקייא אברהם יצחק |
| 409 | אבהתה | | Dt18:08M | דזבינו לה על | אבהתה#2#/: | |
| 410 | | | Ex12:23 | מימריה דייי על תרע | אבהתה | דבני ישראל ולא יתן רשו |
| 411 | | | Nu36:01 | משה וקדם רברבני ראשי | אבהתה | דבני ישראל: |
| 412 | | | Dt33:15M | /בזכות#2#/ | דיאבהתן/אבהתה#2#/ | דמתילין בטוורייא |
| 413 | | | Lv25:41 | לזרעית«י»ה ולאחסנות | אבהתה | יחזור: |
| 414 | | | Nu36:08 | לבר מן זרעיית שבט | אבהתה | ייהוויין לאתה מן בגלל |
| 415 | | | Nu36:01M | \שיבטייה לזרעיית בנוי | /אבהתה | לזרעייתה דבנוי#2#/ |
| 416 | | | Nu23:09 | מדברין ואתיין בזכות | אבהתה | צדיקיה דמתילין בטוריה |
| 417 | אבהתהון | | Dt18:08 | די אחסינו להון | אבהתהון: | |
| 418 | | | Ex 4:05 | אתגלי עלך ייי אלה | אבהתהון | אלהה דאברהם אלהה דיצחק |
| 419 | | | Lv26:40 | ית חוביהון וית חובי | אבהתהון | בשקריהון די שקרו קדמי |
| 420 | | | Dt29:24 | ית קיימה דייי אלה | אבהת{כ}הון | די קיים עמהון באפקותיה |
| 421 | | | Nu36:06 | להוד לזרעיית שבט | אבהתהון | יהוויין לנשין: |
| 422 | | | Nu26:55 | ארעא בשמ{ת}<ה>ת שבטי | אבהתהון | יחסנון: |
| 423 | | | Lv26:39 | ולהוד בחובי | אבהתהון | עמהון ימסון: |
| 424 | | | Nu 1:16 | עם כנשתא רברבני שבטי | אבהתהון | רישי אלפי דבני ישראל |
| 425 | | | Nu13:02 | ישראל גבר חד לשבט | אבהתהון | תשלחון כל רברביה דבהון: |
| 426 | אבהתהן | | Ex20:05 | משלמין בחטאה בתר | אבהתהן | להון אנה קרא שנאיי: |
| 427 | אבהתי | | Gn48:16 | ויתקרי בהון שמי ושם | אבהתי | אברהם ויצחק ויסגון |
| 428 | | | Gn49:26 | על ברכתא די ברכו יתי | אבהתי | אברהם ויצחק דלהון |
| 429 | | | Gn47:09 | ארעו ית יומי שני חיי | אבהתי | ביומי תותבותיהון: |

| | | | | | |
|---|---|---|---|---|---|
| 430 | | Gn49:29 | מתכנש לעמי קברו יתי גב | אבהתי | במערת«א» דבחקלא דעפרון |
| 431 | | Gn47:30 | ואתכנש לוות | אבהתי | ותסב יתי מן מצריים ותקבר |
| 432 | | Gn38:25 | עבו{ד}<ר> ולא נבהת קדם | אבהתי | צדיקיא בעלמא דאתי וקבילו |
| 433 | | Gn48:15 | יוסף ואמר ייי די הלכו | אבהתי | קדמוי בקושטא אברהם |
| 434 | אבהתיה | Nu36:08 | בני ישראל גבר אחסנות | אבהתיה: | |
| 435 | | Nu36:07 | ארום גבר באחסנות שבט | אבהתיה | ידבקון בני ישראל: |
| 436 | | Nu13:02M | גבר חד לשבט | אבהתהון/אבהתיה#2#/ | תשלחון כל רברביה |
| 437 | אבהתך | Gn15:15 | ואת תתכנש לות | אבהתך | בשלם תקבר בשיבו טבא: |
| 438 | | Ex10:06 | דכל מצריי די לא חמון | אבהתך | ואבהת אבהתך מן יומא די |
| 439 | | Dt31:16 | הא את מתכנש בשלם עם | אבהתך | וקיימין עמה האיליין |
| 440 | | Gn31:03 | ייי ליעקב חזור לארע | אבהתך | לתלדוותך ואהוי בממרי עמך: |
| 441 | | Ex10:06 | די לא חמון אבהתך ואבהת | אבהתך | מן יומא די הוון על ארעא |
| 442 | | Dt 1:21M | די מלל ייי אלה | אבהתכון/אבהתך#2#/ | לכון/יתך#2#/ לא |
| 443 | אבהתכון | Gn48:21 | ויחזור יתכון לארעא | אבהתכון: | |
| 444 | | Dt30:05 | לכון ויסגי יתכון מן | אבהתכון: | |
| 445 | | Dt30:09 | לטב היך מה די חדה על | אבהתכון: | |
| 446 | | Dt32:17 | דלא אתעסקו בהון | אבהתכון: | |
| 447 | | Ex 3:15 | לבני ישראל ייי אלהה | אבהתכון | אלהה דאברהם אלהה דיצחק |
| 448 | | Ex 3:16 | ותימר להון ייי אלהה | אבהתכון | אתגלי עלי אלה«ה» |
| 449 | | Dt10:22 | בשובעין נפשן נחתון | אבהתכון | במצרים וכדון שווי יתכון |
| 450 | | Dt 4:31 | ולא מנשי ית קיים | אבהתכון | די קיים להון: |
| 451 | | Dt 4:37 | וחלף ארום רחם ית | אבהתכון | ויתרעי בבניהון |
| 452 | | Dt30:05 | אלהכון לארעא די ירתו | אבהתכון | ותירתון יתה וייטב לכון |
| 453 | | Dt 4:01 | ית ארעא דייי אלה | אבהתכון | יהב לכון: |
| 454 | | Dt 1:11 | ייי אלהי | אבהתכון | יוסף עליכון כוותכון אלף |
| 455 | | Nu32:08 | כדן עבדו | אבהתכון | כד שלחת יתהון מן רקם |
| 456 | | Dt 1:21 | היך מה די מלל ייי אלה | אבהתכון | לכון לא תדחלון ולא |
| 457 | | Dt 6:03 | היך מה די מלל ייי אלה | אבהתכון | לכון ארע עבדה פירין |
| 458 | | Dt12:01 | בארעא די יהב ייי אלה | אבהתכון | לכון למירת יתה כל יומיא |
| 459 | | Dt27:03M | מלל ייי אלהכון/אלה | אבהתכון#2#/ | לכון: |
| 460 | | Dt 8:03 | לא חכמתון ולא חכימן | אבהתכון | מן בגלל למודעה יתכון |
| 461 | | Dt 8:16 | מנה במדברה די לא חכמו | אבהתכון | מן בגלל למצערה יתכון |
| 462 | | Dt 1:01 | לכון קיימה די קיים עם | אבהתכון | עם אברהם עם יצחק ועם |
| 463 | | Ex 3:13 | ישראל ואמר להון אלה | אבהתכון | שלח יתי לוותכון ויאמרו |
| 464 | | Nu33:54 | דידיה יהווי לשבטיה | אבהתכון | תאחסנון: |
| 465 | | Nu32:14 | והא קמת{ת}<ון> חלף | אבהתכון | תרבו דגברין חייבין |
| 466 | אבהתכן | Nu31:26M | כהנה וראשי | אבהת/<אבהת>כן#2#/ | כנישתה/עמה דכ'#2# |
| 467 | אבהתן | Gn47:03 | עבדך להוד אנון ולחוד | אבהתן: | |
| 468 | | Nu27:04M | אחסנה בגו אחי | אבונן/אבהתן#2#/: | |
| 469 | | Nu20:15 | ונחתו | אבהתן | מצרימה ושרינן במצרים |
| 470 | | Ex15:02 | הוא אלהן ונשבחיניה אלה | אבהתן | ונרוממנה: |
| 471 | | Dt26:07 | וצלינן קדם ייי אלה | אבהתן | ושמיע קדם ייי קל צלותן |
| 472 | | Nu36:03 | אחסנתהון מן אחסנות | אבהתן | ותתוסף על אחסנות שבטה די |
| 473 | | Nu36:04 | להון ומן אחסנות שבט | אבהתן | יתמנע אחסנתהון: |
| 474 | | Gn46:34M | להוד אנן להוד/לחוד | אבהתן#2#/ | מן בגלל דתישרון בארעא |
| 475 | | Nu27:04M | למה כען יתמנע שם | אבונן/אבהתן#2#/ | מן גו זרעיתיה ארום |
| 476 | | Dt 5:03 | לא עם | אבהתן | קיים ייי ית קיימה הדין |
| 477 | אבותהון | Ex15:02M | ונשבחה יתיה אלה | אבותהון | ונרוממה יתיה |
| 478 | באבהתכון | Dt10:15 | לחוד | באב<ה>תכון | אתרעי ממרה דייי |
| 479 | דא' | Nu26:55M | בשמ{ת}<ה>ת שבטי | אבהתהון/דא'#2#/ | יחסנון: |
| 480 | דאב' | Dt 1:11M | \אלהי אבהתכון /אלהה | דאב'#2#/ | יוסף עליכון כוותכון אלף |
| 481 | דאבהתהון | Nu 1:47 | וליויי לשבטה | דאבהתהון | לא אסתכמו ביניהון: |
| 482 | דאבהתכון | Gn43:23 | אלה{ת}כון ואלהה | דאבהתכון | יהב לכון סימן בטעוניכון |
| 483 | דיאבהתן | Dt33:15 | פירין טבין בזכותה | דיאבהתן | דמתילין בטווריי'א אברהם |
| 484 | ואבהתכון | Dt13:07 | די לא חכמתון אתון | ואבהתכון: | |
| 485 | | Dt28:36 | די לא חכמתון אתון | ואבהתכון | ותפלחון תמן טעוון |
| 486 | | Dt28:64 | דלא חכמתון אתון | ואבהתכון | טעון דקיס וטעוון דאבן: |
| 487 | ולאבהתכון | Ex13:11 | היך מה די קיים לך | ולאבהתכון | ויהב יתה לכון: |
| 488 | ולאבהתן | Nu20:15 | סגין ואבאשו לן מצריי | ולאבהתן: | |
| 489 | לא' | Dt10:15M | לחוד/להוד#2#/ | באב<ה>תכון/לא'#2#/ | אתרעי/ית'#2#/ ממרה |
| 490 | לאב' | Lv26:29M | מרירין אינון חטייה | לאב' | |
| 491 | לאבהתה | Nu11:12M | {די} קיימת | לאבהתהון/לאבהתה#2#/: | |
| 492 | לאבהתהון | Nu11:12 | על ארעא {די} קיימת | לאבהתהון: | |
| 493 | | Dt32:27 | להון קיימה דקיימת | לאבהתהון | אברהם יצחק ויעקב דלא |
| 494 | | Dt31:20 | יתהון לארעא די קיימת | לאבהתהון | ארע דעבדה פרין טבין |
| 495 | | Nu14:23 | ית ארע' די קיימת | לאבהתהון | וכל דארגזו קדמי לא יחמון |
| 496 | | Dt 7:13M | די קיים | לאבהתכון/<לאבהת>הון#2#/ | למיתן להון: |
| 497 | | Dt31:07 | לארעא די קיים ייי | לאבהתהון | «למיתן להון» ואת תחסן |
| 498 | | Dt10:11 | ית ארעא די קיימת | לאבהתהון | למתן להון: |
| 499 | לאבהתכון | Dt 1:35 | טבתה דקיימת למיתן | לאבהתכון: | |
| 500 | | Dt 6:18 | טבתה די קיים ייי | לאבהתכון: | |
| 501 | | Dt 7:12 | וית חסדייה די קיים | לאבהתכון: | |
| 502 | | Dt 8:01 | ית ארעא די קיים ייי | לאבהתכון: | |
| 503 | | Dt13:18 | יתכון היך מה דקיים | לאבהתכון: | |
| 504 | | Dt19:08 | ארעא די מלל למיתן | לאבהתכון: | |
| 505 | | Dt 7:08 | ית שבועתה די קיים | לאבהתכון | אפק יתכון פריקין ביד |
| 506 | | Dt32:07 | דכל דר ודר שאלו | לאבהתכון | דרברבין מנכון באורית' |
| 507 | | Dt19:08 | היך מה די קיים | לאבהתכון | ויתן לכון ית כל ארעא די |
| 508 | | Lv22:33 | אנה הוא ייי דפרקת | לאבהתכון | ועתיד למפרק יתכון: |
| 509 | | Dt 8:18 | ית קיימיה די קיים | לאבהתכון | כיומא הדין: |
| 510 | | Dt 1:08 | ית ארעא דקיים ייי | לאבהתכון | לאברהם ליצחק וליעקב |
| 511 | | Dt 6:10 | אלהכון לארעא די קיים | לאבהתכון | לאברהם ליצחק וליעקב |
| 512 | | Dt 9:05 | ית פתגם די קיים ייי | לאבהתכון | לאברהם ליצחק וליעקב: |
| 513 | | Dt29:12 | לכון והיך מה» דקיים | לאבהתכון | לאברהם ליצחק וליעקב: |
| 514 | | Dt30:20 | על ארעא דקיים ייי | לאבהתכון | לאברהם ליצחק וליעקב |
| 515 | | Dt 7:13 | על ארעא די קיים | לאבהתכון | למיתן להון: |
| 516 | | Dt11:09 | על ארעא די קיים ייי | לאבהתכון | למיתן להון ולבניהון ארע |
| 517 | | Dt11:21 | די קיים ממרא דייי | לאבהתכון | למיתן לכון כיומי שמייא |
| 518 | | Dt28:11 | על ארעא די קיים ייי | לאבהתכון | למיתן לכון: |
| 519 | | Ex13:05 | ויבוסיי די קיים ייי | לאבהתכון | למתן לכון ארעא דעבדא |
| 520 | לאבהתן | Dt 6:23 | לן ית ארעא די קיים | לאבהתן: | |
| 521 | | Nu21:34M | /דן עוג דחסד#2#/ | לאברהם/לאבהתן | אברהם#2#/ ושרה |
| 522 | | Dt 3:02M | רשיעא דהווה מחסר | לאבהתן | אברהם שרה ואמר להון |
| 523 | | Dt26:15 | יהבת לן היך מה דקיימת | לאבהתן | ארע עבדה פירין טבין נקיין |
| 524 | | Lv26:29 | ותקיפין חטאיה דגרמו | לאבהתן | בירושלם למיכל בשר בניהון |
| 525 | | Dt26:03 | לארעא די קיים ייי | לאבהתן | למיתן לן: |
| 526 | לאבתהון | Ex15:02M | ינקיא באצבעתהון | לאבתהון | ו{מא}<אם>רין להון דין |

## אבד *vb.* to be lost [32]

| | | | | | | |
|---|---|---|---|---|---|---|
| 001 | peal | אבדנן | Nu17:27 | הא ספינן אשתיצינן כלן | אבדנן | מינן מיתו במגפתה ומנן |
| 002 | | יאבד | Gn40:18 | בניהון לנהרא ברם פרעה | יאבד | וחיילותיה ישתצון ובני |
| 003 | | | Dt22:03 | וכדן תעבד לכל אבידתה די | יאבד | מניה ותשכח יתיה לית רשיי |
| 004 | | ייבד | Gn40:18M | /בנהרא וסופי' דפרעה | ייבד#2#/ | וחיילותיה ישתצון ובני |
| 005 | | ייבידון | Nu24:24M | ודאיליין לאובדן עלמא | ייבידון | |
| 006 | | תאבדון | Dt22:09 | כרמיכון כלאים דלא | תאבדון | מליתה דזרעא די תזרעון |
| 007 | | תיבד | Dt22:03M | די \יאבד מניה | /תיבד | מנה#2#/ ותשכח יתיה |
| 008 | | אבידי | Dt32:28 | ארום אומה | אבידי | עיצן בישן אינון ולית בהון |
| 009 | | ויבדן | Gn 4:23M | /דנתחבלה תחותוי | ויבדן | זרעיתי#2#/ מן בתרי: |

|  |  |  |  |  |  |  |
|---|---|---|---|---|---|---|
| 010 | ותיבדון | | Lv26:38 | | ותיבדון | באומיה ותאכל יתכון ארע |
| 011 | למבד | | Gn 6:03M | הוא דינה דדרה דמבולא | למבד | ולמשתציה מחה גמירא הלא |
| 012 | נובד | afel | Nu12:12M | הדין וייחי דלא | נובד | זכותה |
| 013 | מובדין | | Gn40:12 | בסופא ואת רב מזוגיא לא | מובדין | אגרין דחלמת חלמא טבא הדין |
| 014 | | | Gn49:22M | לבר נשא מן עלמא /הנון | מובדין | ית בר נשא מן גו עלמ#2#/ |
| 015 | דמובדין | | Gn49:22 | הרהורי לבוי אינון | דמובדין | לבר נשא מן עלמא בגין |
| 016 | למובדה | | Gn 6:03 | סדר דינא דדר' דמבולא | למובדה | ולמישיציה מן גוא עלמא הא |
| 017 | | | Dt28:63 | כדן יחדי ייי עליכון | למובדה | יתכון ול«מ»סייפה יתכון |
| 018 | | | Dt26:05 | לבן ארמייה סבר | למובדה | לאבונן יעקב מן שירויה |

## destruction, ruin *n.* אבדן [32]

|  |  |  |  |  |  |  |
|---|---|---|---|---|---|---|
| 001 | לאבדן | s ab/cn | Nu24:20 | סדרי קרבה וסופיהון | לאבדן | יהווי וא«ב»דנהון עד |
| 002 | | | Nu24:24 | עבר נהרא וסופיהון | לאבדן | יהוון ואבדנהון עד לעולם: |
| 003 | לאובדן | | Nu24:24M | דאיליין ודאילייין | לאובדן | עלמא ייבידון |
| 004 | | | Nu24:20M | יתהון ברם סופיהון | לאובדן | עלמיא |
| 005 | ואבדנהון | s em/sf | Nu24:20 | לאבדן יהווי | וא«ב»דנהון | עד לעולם: |
| 006 | | | Nu24:24 | וסופיהון לאבדן יהוון | ואבדנהון | עד לעולם: |

## flute *n.* אבוב [32]

|  |  |  |  |  |  |  |
|---|---|---|---|---|---|---|
| 001 | ואבובא | s em/sf | Gn 4:21 | דכל תפשי כנורא | ואבובא: | |

## (uncertain) *n.* אבטי [32]

|  |  |  |  |  |  |  |
|---|---|---|---|---|---|---|
| 001 | ואבטיתך | s em/sf | Dt28:05M | /בריכין סלי ביכורייך | ואבטיתך | ובטיתך#2#/: |
| 002 | ובטיתך | | Dt28:05M | ביכורייך ואבטיתך | ובטיתך#2#/: | |

## Spring, early ripening *n.* אביב [32]

|  |  |  |  |  |  |  |
|---|---|---|---|---|---|---|
| 001 | דאביבא | s em/sf | Ex13:04 | פריקין בזמן ירחא | דאביבא: | |
| 002 | | | Dt16:01 | אלהכון ארום בזמן ירחה | דאביבא | אפיק יתכון ייי אלהכון |
| 003 | | | Ex23:15 | דפקדת יתכון בזמן ירחא | דאביבא | ארום בה נפקתון פריקין |
| 004 | דאביבה | | Ex34:18 | בזמן ירחא {דאברכה} | <דאביבה> | <ארום בירחא דאביבה |
| 005 | | | Dt16:01 | טורו ית ירחא | דאביבה | ותעבדון פסחא קדם ייי |
| 006 | | | Ex34:18 | <דאביבה> <ארום בירחא | דאביבה> | נפקתון פריקין מן מצרים: |

## loss *n.* אבידה [32]

|  |  |  |  |  |  |  |
|---|---|---|---|---|---|---|
| 001 | אביד' | s ab/cn | Lv 5:22 | או אשכח | אביד' | ויכפר בה וישתבע על שקר על |
| 002 | אבדתה | s em/sf | Lv 5:23 | די אתפקד לוותי' או ית | אבדתה | די אשכח: |
| 003 | אבידתה | | Dt22:03 | ללבושה וכדן תעבד לכל | אבידתה | די יאבד מניה ותשכח יתיה |

## mourner *n.* אביל [33]

|  |  |  |  |  |  |  |
|---|---|---|---|---|---|---|
| 001 | אבילה | s em/sf | Lv13:45 | בזיעין היך דמבזעין על | אבילה | וראשיה יהווי מכסי ועל |
| 002 | | | Lv10:19M | "אונ' ...": | אבילה | רבה כדין יומא |
| 003 | דאבילא | | Gn35:09M | "וברכת יתה ...": וברכת' | דאבילא | ברכת יתיה ונחמת יתיה וכן |
| 004 | דאבילה | | Gn35:09 | עלוי וברכת יתה ברכת | דאבילה | ברכת יתיה ונחמת יתיה דכן |
| 005 | אבליה | p em/sf | Gn35:09M | אלפת יתן למיברכה ית | אבליה | מן אבונן יעקב צדיקא כד |
| 006 | | | Gn35:09 | אלפתא יתן למנחמה ית | אבליה | מן אבונן יעקב צדיקא |
| 007 | דאבלייה | | Gn35:09M | ונחמת יתיה וברכתה | דאבלייה | ברכת יתיה על אימיה |

## mourning *n.* אבילו [33]

|  |  |  |  |  |  |  |
|---|---|---|---|---|---|---|
| 001 | באבילו | s ab/cn | Dt26:14M | לא אכלנן | באבילותן/<בא>בילו#2#/ | מניה ולא |
| 002 | באבילותן | s em/sf | Dt26:14 | לא אכלנן | באבילותן | מניה ולא אפרש{ו}<י>נן |

## to mourn *vb.* אבל [33]

|  |  |  |  |  |  |  |
|---|---|---|---|---|---|---|
| 001 | אבל | peal | Lv10:19 | תרין נדב ואביהוא ואנה | אבל | עליהון הא אילו אכלית מן |
| 002 | ואתאבל | etpeel | Gn37:34 | לבושוי ושוי שקא תחתוי | ואתאבל | על בריה יומין סגין: |
| 003 | ואתאבלו | | Ex33:04M | הדין | ואתאבלון/^וית#2#^/ואתאבלו#2#/ | ולא שוון |
| 004 | | | Nu14:39 | עם כל בני ישראל | ואתאבלו | עמא לחדה: |
| 005 | ואתאבלון | | Ex33:04 | ית פתגמא בישא הדין | ואתאבלון | ולא שוון גבר מני |
| 006 | וית' | | Ex33:04M | הדין | ואתאבלון/^וית#2#^/ואתאבלו#2#/ | ולא שוון |

## mourning *n.* אבל [33]

|  |  |  |  |  |  |  |
|---|---|---|---|---|---|---|
| 001 | אבל | s ab/cn | Gn50:11 | למצראי בגין כן קרא שמה | אבל | מצרים די בעבר ירדנה: |
| 002 | | | Gn50:10 | ותקיף לחדא ונטר על אבוי | אבל | שבעה יומין: |
| 003 | | | Gn50:11 | אבלה באדר אטדה ואמרין | אבל | תקיף הוא למצראי בגין כן |
| 004 | אבלא | s em/sf | Gn 7:10 | והוה לסוף שבעת יומי | אבלא | דמתושלח ומוי דמבולא הוון |
| 005 | | | Gn27:41 | עד זמן דיקרבון יומי | אבלא | דאבא ואקטול ית יעקב |
| 006 | | | Gn27:41M | עד זמן די ימטון יומי | אבלא | דמיתת אבא ובכן אנא קטל ית |
| 007 | אבלה | | Gn50:11 | דיירי ארעא דכנען ית | אבלה | באדר אטדה ואמרין אבל תקיף |
| 008 | | | Dt34:08 | ואשלימו יומי בכיתה | אבלה | דמש': |

## stone *n.* אבן [33]

|  |  |  |  |  |  |  |
|---|---|---|---|---|---|---|
| 001 | אבן | s ab/cn | Ex28:11M | \אבניה גליף חקיק תגלף | /אבן | גלף דחתום תג#2#/ ית תרין |
| 002 | | | Nu35:23 | או בכל | אבן | די ימות בה דלא חמה יתיה |
| 003 | | | Gn31:45 | ונסב יעקב | אבן | ואקם יתה קיימא: |
| 004 | | | Ex17:12 | הויין זקיפן בצלו ונסבו | אבן | ושוון תחותוי ויתב עליה |
| 005 | באבן | | Ex21:18 | וימחי גבר ית חבריה | באבן | או במרתוק ולא ימות ויטלק |
| 006 | | | Nu35:17 | ואן | באבן | מלא ידא די ימות בה מחת |
| 007 | דאבן | | Dt28:36 | דקי{ם}<ס> וטעוון | דאבן: | |
| 008 | | | Dt28:64 | טעון דקיס וטעוון | דאבן: | |
| 009 | | | Ex28:17 | ותשלם ביה אשלמיה | דאבן | ארבעה סדרי«ן» דאבן טבא |
| 010 | | | Dt 4:28 | בר נש טעוון דקיס טעוון | דאבן | די לא חזיין ולא שמעין ולא |
| 011 | | | Gn35:14 | קיימא <....> | דאבן | ונסך עלה נסוכין ואריק עלה |
| 012 | | | Ex28:17 | דאבן ארבעה סדרי«ן» | דאבן | טבא סדרא קדמיה סמקתה |
| 013 | | | Ex39:10 | ואשלימו בה ארבעה סדרין | דאבן | טבה סדרה קדמ<י>ה סמקתה |
| 014 | | | Dt29:16M | טעוון דקיס וטעוון | דאבן | טעוון דכסף טעוון דדהב |
| 015 | | | Ex31:18 | לווחין סהדותא לווחין | דאבן | כתיבין באצבע דגבורה מן קדם |
| 016 | ואבן | | Lv26:01 | וקיימה לא תקימון לכון | ואבן | דמתכה לא תתנון בארעכון |
| 017 | | | Gn29:02M | ההוא ישקון עדריא | ואבנא/ואבן#2#/ | רבא על פימ«ה» |
| 018 | לאבן | | Gn28:10 | בצפרא ואשכח כולהון | לאבן | חדא היא אבנא דאקים קיימא |
| 019 | אבנא | s em/sf | Gn28:10 | כולהון לאבן חדא היא | אבנא | דאקים קיימא ואריק משח על |
| 020 | | | Gn28:10 | יתיב בחרן וניסא רביעאה | אבנא | דהוון כל רעיא מתכנשין |
| 021 | | | Gn28:18 | יעקב בצפרא ונסב ית | אבנא | די שוי אסדי ראשה ושוי יתה |
| 022 | | | Lv14:45 | ויפגר ית ביתה ית | אבנא | וית קיסוי וית כל עפרא |
| 023 | | | Ex28:10 | ששה אשתה מן שמהתהון על | אבנא | חדתה{} וית שמהת שתתה |
| 024 | | | Ex28:10 | אשתה מן שמ<ה>תהון על | אבנא | חדתה{{ וית שמהת בני ישראל |
| 025 | | | Ex31:05 | ובאומנות | אבנא | טבתא לאשלמתא ובנגרות קיסא |
| 026 | | | Ex35:33 | ובאומנות | אבנא | טבתה לאשלמותה ובנגרות קיסה |
| 027 | | | Gn29:03 | תמן כל עדריא ומגלין ית | אבנא | מעילוי פמא דבארה ומשקין ית |
| 028 | | | Gn28:10 | דארים אבונן יעקב ית | אבנא | מעלוי פומא דבארה טפת בארה |
| 029 | | | Gn29:08 | כל עדריא ויגלון ית | אבנא | מעלוי פמה דבארה ונשקי ית |
| 030 | | | Gn29:10 | דאמה וקרב יעקב וגלי ית | אבנא | מעלוי פימא דבארה ואשקי ית |

|  |  |  |  |  |  |
|---|---|---|---|---|---|
| 031 | | Gn29:03 | ית ענא ומחזירין ית | אבנא | על פמה בבארה לאתרה: |
| 032 | | Ex28:10 | שמהת שתתה דאשתיירן על | אבנא | תניינ{ו}תא כיחוסיה«ו»ן: |
| 033 | אבניה | Ex28:11 | עובד אומ«ן» תהוי | אבניה | גליף חקיק תגלף ית תרין |
| 034 | באבנ' | Gn50:01M | טבין ומרגלין ומחזקין | באבנ' | דבר' וארגוונה תמן שפכן |
| 035 | באבנא | Gn50:01 | מרגליין מליא ומחזקא | באבנא | בועה בוצה וארגונא שפיכין |
| 036 | ואבנא | Gn28:22 | | ואבנא | הדא דישווית קיימא יהווי |
| 037 | | Gn29:02 | בארה ההוא ישקון עדריא | ואבנא | רבא על פימ«ה» דבארה: |
| 038 | ואבנה | Dt28:36M | /לטעוון אחרניין אעא | ואבנה#2#/: | |
| 039 | | Dt28:64M | וטעוון דאבן/אעא | ואבנה#2#/: | |
| 040 | | Gn35:03 | ונקום ונסק לבית אל | ואבנה | תמן מדבח לשמה דייי דענה |
| 041 | ודאבנה | Dt29:16M | דדהב טעוותה דקיסה | ודאבנה | הוון מטלקין יתהון |
| 042 | לאבנ' | Gn28:11M | איסדוהי ואתעבדן | לאבנ' | חדא ביהוא זמנא ידע דהוא |
| 043 | לאבנא | Ex15:05 | במצולתיה דמיא אדמון | לאבנא: | |
| 044 | אבנין p abs | Gn31:46M | בית קודשא אחוי לקטון | <א>בנין | |
| 045 | | Lv14:42 | ויסבון | אבנין | אחרניין ויעלון יתהון תחות |
| 046 | | Ex39:07 | יתהון על כתפתה דאפודה | אבנין | דדוכרין לבני ישראל |
| 047 | | Ex28:12 | על תרתין כתפתה {דאפודה | אבנין | דדוכרן} לדכרן טב: |
| 048 | | Ex28:12 | אבניה על כתפתה דאפודה | אבנין | דדוכרן טב לבני ישראל |
| 049 | | Gn31:46 | יעקב לאחוהי כנש{י}<ו> | אבנין | ונסבו אבנין ועבדו אוגר |
| 050 | | Gn31:46 | כנש{י}<ו> אבנין ונסבו | אבנין | ועבדו אוגר ואכלו תמן על |
| 051 | | Ex25:07 | | אבנין | טבין ואבנין דאשלמן למקבעא |
| 052 | | Dt27:06 | | אבנין | טבין שלמן מן מום תבנון ית |
| 053 | | Dt33:21 | ליה תמן מקב<ע>ן | אבנין | טבן ומרגליין ארום תמן |
| 054 | | Gn28:11M | טמע שמשה ונסיב ארב' | אבנין | מן אבני אתרא קדישא ההוא |
| 055 | | Dt27:02 | יהיב לכון ותקימון לכון | אבנין | רברבן ותשועון יתהון |
| 056 | באבנין | Gn50:01M | <דהב> טב ומקבעין | באבנין | טבין ומרגלין ומחזקין |
| 057 | דאבנין | Ex34:04 | בידיה תרין לווחין | דאבנין: | |
| 058 | | Dt 5:22 | יתהון על תרין לוחין | דאבנין | ויהב יתהון לי אמר משה: |
| 059 | | Dt10:03 | וחצבית תרין לוחין | דאבנין | כקדמיה וסליקית לטורא |
| 060 | | Ex34:01 | חצב לך תרין לוחין | דאבנין | כקדמיי ואכתוב על לוחיא ית |
| 061 | | Ex34:04 | וחצב תרין לווחין | דאבנין | כקדמיי ואקדם משה בצפרא |
| 062 | | Dt10:01 | חצוב לך תרין לווחין | דאבנין | כקדמייה וסק לוותי לטורא |
| 063 | | Dt27:05 | קדם ייי אלהכון מדבח | דאבנין | לא תעברון עליהון מן |
| 064 | | Ex20:25 | ואם מדבח | דאבנין | תבנון לשמי לא תבנון יתהון |
| 065 | ואבנין | Ex35:09 | ואבנין טבין | ואבנין | דאשלמו{י} למקבעא יתהון |
| 066 | | Ex25:07 | אבנין טבין | ואבנין | דאשלמן למקבעא באפודא |
| 067 | | Ex35:09 | | ואבנין | טבין ואבנין דאשלמו{י} |
| 068 | לאבנין | Gn11:03 | והוין להון לבניה | לאבנין | וחמרא הווה להון לשיע: |
| 069 | אבני p const | Gn28:11M | ונסיב ארב' אבנין מן | אבני | אתרא קדישא ההוא ושוינון |
| 070 | ואבני | Ex14:24 | עליהון נפטה ואישתא | ואבני | בר{ר}דא וערבב ית |
| 071 | אבנוי p em/sf | Gn28:11 | ליה שמשא ונסב מן | אבנוי | דאתרא ושוי תחות אסדי ראשה |
| 072 | | Lv14:45M | ית ביתה ית | אבנא/<אב>נוי#2#/ | וית קיסוי וית כל |
| 073 | אבני | Ex35:27 | ורברבני אייתון ית | אבני | טבתה וית אבניה דאשלמותא |
| 074 | אבניא | Gn28:10 | {ליה} עמיה וניסא תנינא | אבניא | דנסב אבונן יעקב ושוי |
| 075 | | Ex24:12 | תמן ואתן לך ית לוחוי | אבניא | ואורייתא וקיימא די כתבית |
| 076 | אבניה | Dt 8:09M | כל מנדעם בה ארע די | אבניה | ברירין כפורזלא וטוריה |
| 077 | | Ex40:20M | משה ית תרין לוחי | אבניה | דאיתיהיבו ליה בחורב |
| 078 | | Ex35:27 | ית אבני טבתה וית | אבניה | דאשלמותא לאפדה ולחשנה: |
| 079 | | Lv14:40 | ויפקד כהנא וישמטון ית | אבניה | די בהן מכתשה ויטלקון |
| 080 | | Lv14:43 | בביתה מן בתר די שמט ית | אבניה | ובתר דקליף ית ביתיה |
| 081 | | Lv14:42 | ויעלון יתהון תחות | אבניה | ועפר אחרן יסב וישוע ית |
| 082 | | Ex28:09 | ותסב ית תרין | אבניה | טבתא ותגלף עליהון שמהת |
| 083 | | Ex39:06 | ועבדו ית | אבניה | טבת{ן}<ה> מקפן מאחדן דהב |
| 084 | | Ex28:21 | | <אבניה | יהוויין> על שמהת בני |
| 085 | | Ex28:11 | גליף חקיק תגלף ית תרין | אבניה | על שמהת בני ישראל מקפן |
| 086 | | Ex28:12 | ותשוי ית תרתין | אבניה | על כתפתה דאפודה אבנין |
| 087 | אבנייה | Dt 4:13 | יתהון על תרין לוחי | אבנייה: | |
| 088 | | Lv14:40M | ויטלקון ית | אבנייה | דבהון מכתשה למברה לקרתה |
| 089 | | Dt27:04 | ית ירדנה ותקימון ית | אבנייה | האליין די אנא מפקד יתכון |
| 090 | | Ex31:05M | ובגלפות | אבנייה | טבתה דאשלמוותה ובנגרות |
| 091 | | Ex35:33M | ובגלפות | אבנייה | טבתה דאשלמוותה |
| 092 | | Dt27:08 | ותכתבון על | אבנייה | ית כל פתגמי אוריתה הדה |
| 093 | | Dt 9:10 | אמר משה ית תרין לוחי | אבנייה | כתיבין באצבע דגבורה |
| 094 | | Dt 9:09 | לטורה למיסב לוחי | אבנייה | לוחי קיימה די קיים ייי |
| 095 | | Dt 9:11 | אמר משה ית תרין לוחי | אבנייה | לוחי קיימה: |
| 096 | באבניא | Nu14:10 | עם כנישתה מרגום יתהון | באבניא | ואיקר שכינתה דייי אתגליית |
| 097 | באבנייה | Lv20:02 | עמה דארעא ירגמון יתה | באבנייה: | |
| 098 | | Dt13:11 | ותירגמון יתיה | באבנייה | וימות ארום בעא {{למיטעי}} |
| 099 | | Nu15:36 | משריתה ורגמו יתיה | באבנייה | ומית היך מה די פקד ייי ית |
| 100 | | Lv20:27 | זכורון מתקטלה יתקטלון | באבנייה | ירגמון יתהון חובת אדמיהון |
| 101 | | Nu15:35 | ימות גברא ירגמון יתה | באבנייה | כל עם כנישתה לבר מן |
| 102 | באבנייא | Dt17:05 | אתתה ותרגמון יתהון | באבנייא | וימותון: |
| 103 | באבנייה | Lv24:23 | משריתה ורגמו יתיה | באבנייה | ובני ישראל עבדו היך מה |
| 104 | | Dt21:21 | יתיה כל עמא דקרתה | באבנייה | וימות ותבערון עבדי בישתה |
| 105 | | Dt22:24 | ההיא ותרגמון יתהון | באבנייה | וימותון ית רביתה על עסק |
| 106 | | Dt22:21 | יתה עמא דקרתה | באבנייה | ויקטלון יתה ארום עבדת |
| 107 | דאבניה | Dt 8:09 | כל מן דעם בה ארע | דאבניה | שריין וברירן היך פרזלה |
| 108 | ואבניא | Gn 2:12 | טב מן תמן בדלחא נפק | ואבניא | טבתה ומרגליתא: |
| 109 | ואבניה | Ex39:14 | | ואבניה | על שמהת בני ישראל אינין |
| 110 | ובאבניא | Ex 7:19 | ארעא דמצרים בקיסיא | ובאבניא: | |
| 111 | ודאבנייה | Dt29:16 | וית טעוותה דקיסה | ודאבנייה | <....> יהיבן גבהון בגו |
| 112 | כאבנייא | Ex15:16 | יהוון קיימין דמימין | כאבנייא | עד זמן דיעברון עמך ייי |

## dust *n.* אבק

[33]

|  |  |  |  |  |  |
|---|---|---|---|---|---|
| 001 | אבק s ab/cn | Dt28:24 | ית מטרה דארעכון | אבק | ועפר מן שמייא וייחות |
| 002 | לאבק | Ex 9:09 | ויהוי | לאבק | על כל ארע«א» דמצרים |

## member, limb *n.* אבר

[33]

|  |  |  |  |  |  |
|---|---|---|---|---|---|
| 001 | אבר s ab/cn | Lv22:23 | ותור או אמר דחסיר | אבר | או יתיר אבר נסיבה תפרשון |
| 002 | | Lv22:23 | אמר דחסיר אבר או יתיר | אבר | נסיבה תפרשון יתיה ולנדר לא |
| 003 | אברי p const | Ex12:42M | "נירי ... ישתיצון:" | אברי | רשיעיא ונירי פרזלא |
| 004 | אברוי p em/sf | Dt32:11 | וטען יתהון על תקוף | אברוי: | |
| 005 | | Ex22:12M | יתקטל יתיה ליה מן | אברוי | שהד#2#/ קטילא לא ישלם |

## lead *n.* אבר 2#

[33]

|  |  |  |  |  |  |
|---|---|---|---|---|---|
| 001 | איברא s em/sf | Ex15:10 | דימא נחיתו ושקעו היך | איברא | במיא תקיפ«י»א: |
| 002 | איברה | Nu31:22 | בעצה וית כסיטרה וית | איברה: | |
| 003 | כאיברא | Ex15:10M | /ימא רבה ושקעו | כאיברא | במיא משבחי{ן}<א>#2#/: |

## awl *n.* אברז

[34]

|  |  |  |  |  |  |
|---|---|---|---|---|---|
| 001 | באברזי' s em/sf | Ex21:06M | ית אוזנ<יה> ימינ' | בא{ר}<ב>רזי' | ויהוי פלח עמא עד |

אברך *n.* ⇐ אביב

## אברקסין *n.* short trousers [34]

|  |  |  |  |  |  |  |
|---|---|---|---|---|---|---|
| 001 | אברקסין | s ab/cn | Ex28:42M | ותעבד להון | מכנסין/אברקסין#2#/ | דבוץ למכסיה בשר |
| 002 | | | Ex39:28M | עבד קובעיה בוץ וית | אברקסין | דבוץ בוץ#2#/ שזיר: |
| 003 | ואברקסין | | Lv16:04M | {ו}<י'>לבש | ומכנסין/ואברקסין#2#/ | דבוץ יהוון על |
| 004 | | | Lv 6:03M | לבושין דבוץ | ומכניסין/ואברקסין#2#/ | דבוץ ילבש על |

## אבתו *n.* sleeping place [בית אבתותה 92]

|  |  |  |  |  |  |  |
|---|---|---|---|---|---|---|
| 001 | אבתותה | s em/sf | Ex 4:24 | והוה באורחא בבית | אבתותה | וארע יתיה מלא«כא» |
| 002 | | | Gn43:21 | והוה ארום עלינן לבית | אב<ת>ותה | ופתחנן ית טעונינן והא |
| 003 | אבתותתה | | Gn42:27 | למיתן כסה לחמריה בבית | אבתותתה | וחמא ית כספא והא הוא |

## [אגב] *prep.* on, on top of [BTA] [!!]

|  |  |  |  |  |  |  |
|---|---|---|---|---|---|---|
| 001 | אגב | | Lv27:18M | שנייה דאשת«יירן» | /אגב | שנייה דמשתיירן#2#/ עד שתה |

## אגיר *n.* hired man [34]

|  |  |  |  |  |  |  |
|---|---|---|---|---|---|---|
| 001 | אגיר | s ab/cn | Ex22:14 | אם מריה עמי' לא ישלם אין | אגיר | הוא אתקבל באגרא: |
| 002 | | | Lv25:50 | במניין שנין כיומי | אגיר | יהווי עימיה: |
| 003 | דאגי' | | Lv25:50M | אגיר יהווי /כיומה | דאגי' | יה#2#/ עימיה: |
| 004 | כאגיר | | Lv25:40 | | כאגיר | כתותב יהווי עמך עד שתה |
| 005 | | | Lv25:53 | | כאגיר | שנה בשנה יהוי עמה לא |
| 006 | אגירא | s em/sf | Ex12:45M | תותב דגבר | אגירא | כד הוא בר עממין לא יאכל |
| 007 | דאגירה | | Dt24:14 | לא תעצי אגריה | דאגירה | דמסכינה וצריכה מן אחיכון |
| 008 | | | Lv19:13 | תגזול לא יבית אגרה | דאגירה | עמך עד צפרא: |
| 009 | | | Dt15:18 | ארום בכפלה אגריה | דאגירה | פלח קדמיך שית שנין דיומין |
| 010 | ואגירא | | Ex12:45M | \תותב בר עממין /תותב | ואגירא | בר עממי#2#/ לאגירא לא |
| 011 | | | Lv22:10M | לא יאכל /תותבה דכהנה | ואגירא | כד הוא בר עממין לא |
| 012 | ואגירה | | Lv22:10 | קדש תותב בר עממין | ואגירה | לא יאכל קדש: |
| 013 | ולאגירך | | Lv25:06 | לך ולעבדך ולאמהתך | ולאגירך | ולתותבך ולגיורה |
| 014 | לאגירא | | Ex12:45 | ישראל תותב בר עממין | לאגירא | לא ייכול מנה: |
| 015 | ולאגיריכון | p em/sf | Lv25:06M | ולאמהתכון | ולאגיריכון | ולתותביכון אליין |

## אגם *n.* meadow, swamp [34]

|  |  |  |  |  |  |  |
|---|---|---|---|---|---|---|
| 001 | באגמא | s em/sf | Gn41:18 | ברווהון והוויין רעיין | באגמא: | |
| 002 | באגמין | p abs | Gn41:02 | בבשריהון והויו רעין | באגמין: | |

## אגר *vb.* to hire [35]

|  |  |  |  |  |  |  |
|---|---|---|---|---|---|---|
| 001 | אגרו | peal | Dt23:05 | פריקין מן מצרים ודי | אגרו | עליכון ית בלעם בר בעור |
| 002 | אגרית | | Gn30:16 | לוותי תיעול ארום מגיר | אגרית | יתך ב«י»ברוחוי דבר{ו}י |
| 003 | מגיר | | Gn30:16 | לה לוותי תיעול ארום | מגיר | אגרית יתך ב«י»ברוחוי |

## אגר *n.* hire, wages [34]

|  |  |  |  |  |  |  |
|---|---|---|---|---|---|---|
| 001 | אגר | s ab/cn | Ex21:19 | מן דמחה יתה לחוד | אגר | בטלוניה יתן ואגר אסיא |
| 002 | | | Gn40:18 | אף את רב נחתומי' תקבל | אגר | ביש דחלמת חלמא הדין |
| 003 | | | Dt23:19 | לא תיעלון | אגר | דזנו ופרוק כלב לבית מוקדשה |
| 004 | | | Nu18:31 | אתון ואינשי בתיכון ארום | אגר | הוא לכון חלף פולחנכון |
| 005 | | | Gn 4:08 | ואית עלם אוחרן ואית מתן | אגר | טב לצדיקיא ואית מתפרעה מן |
| 006 | | | Gn 4:08 | ולית עולם חורן לית מתן | אגר | טב לצדיקיא ולית מתפרעה מן |
| 007 | | | Gn40:12M | חלמא טבא הדין /קבל | אגר | טב בחלמא דחלמת#2#/ ברם |
| 008 | | | Lv10:03M | וקבל \עלוהי מכלת דינה | /אגר | טב על משתוקיה#2#/: |
| 009 | | | Lv22:31 | יתהון אנה הוא ייי דיהב | אגר | טב לנטרי מצוותה דאורייתי: |
| 010 | | | Nu23:23 | נבותה טוביכון צדיקיה מה | אגר | טב מתקן לכון קדם ייי לעלמא |
| 011 | | | Dt 7:10 | לעלמא דאתי ולא משהי | אגר | טב לשנאוי עד אנון יהיבין |
| 012 | | | Dt 7:10M | משהי למשל{ו}<'> לסנאוי | אגר | מצוון קלילן דאיתי בידיה |
| 013 | | | Dt 7:10 | בעלמא הדין משלם להון | אגר | מצוון קליל{י}ן דהוי |
| 014 | | | Gn15:01 | כען עלי דלמא איתקבלת | אגר | מצוותה בעלמא הדין ולית לי |
| 015 | | | Dt 7:10M | "ומשלם ...": <ומשלם> | אגר | מצוותה קלילן דאתי' |
| 016 | | | Lv10:20M | לי ועל דאשפל קבל עלה | אגר | סגי ושמע משה ושפר פתגמי |
| 017 | | | Nu12:16 | דאנש עבד הוא מקבל עילוי | אגר | סגיא לפם דקמת לה מרים |
| 018 | | | Dt 7:10 | ומשלם לשנאוי בעלמא הדין | אגר | עובדהון טבייה מן בגלל |
| 019 | | | Gn15:01 | קדמיך בעלמא הדין | אגר | עובדיך טביא מתקנין לך |
| 020 | ואגר | | Ex21:19 | לחוד אגר בטלוניה יתן | ואגר | אסיא דמאסי יתיה: |
| 021 | | | Gn33:14M | רבוני ויקבל חולקיה | ואגר | בירכתא רברבתא דברכיה אבא |
| 022 | | | Gn31:38M | ועזיך לא אתכלו | ואמריי/ואגר#2#/ | דכרי ענך לא אכלית: |
| 023 | ולאגר | | Dt24:15 | שמשא ארום מסכן הוא | ולאגר | פעליה הוא מסר קדמך ית |
| 024 | אגרא' | s em/sf | Ex22:14M | \אתקבל באגרא /מקבל | אגרא'#2#/: | |
| 025 | אגרה | | Lv19:13 | חברך ולא תגזול לא יבית | אגרה | דאגירה עמך עד צפרא: |
| 026 | אגרהון | | Nu24:23 | מן רשיעיה למיתן | אגרהון | דצדיקיה ובזמ{ז}נה די יגרה |
| 027 | אגרי | | Gn30:32 | ונמר וקרח בעזייא ויהוי | אגרי: | |
| 028 | | | Gn30:18 | ואמרת לאה יהב ייי | אגרי | די יהבת אמתי לבעלי וקראת |
| 029 | | | Gn31:07M | שקר בי ופרג אבוכן ית | אגרי | דנה עשרה#2#/ זמנין ולא |
| 030 | | | Gn31:07 | ואבוכון שקר בי ושלחף ית | אגרי | עשרה זמנין ולא יהב ייי |
| 031 | | | Gn31:41 | שנין בענך ושלחפת ית | אגרי | עשרה זמנין: |
| 032 | | | Gn30:33 | ודמחר ארום תיעול למקבלה | אגרי | קדמיך כל די לית הוא קרח |
| 033 | אגרי' | | Ex22:14M | "אתקבל באגרא": יזל | אגרי' | בפסדי' |
| 034 | אגריה | | Ex22:14M | אעל כל פסיד' | אגריה | |
| 035 | | | Dt15:18 | מן לוותך ארום בכפלה | אגריה | דאגירה פלח קדמיך שית שנין |
| 036 | | | Dt24:14 | לא תעצי | אגריה | דאגירה דמסכינה וצריכה מן |
| 037 | | | Dt24:15M | ומן בגין | אגריה | הוא סבל לך ית נפ' דלא |
| 038 | | | Dt24:15 | ביומיה תתן | אגריה | ולא יטמע עלוי שמשא ארום |
| 039 | אגריך | | Gn31:08 | הוה אמר קרחין יהוי | אגריך | הוות ילדה כל ענה <....> |
| 040 | | | Ex 2:09 | יתה לי ואנה אתן ית | אגריך | ונסבת אתתא ית טליא ואונקת |
| 041 | | | Gn15:01M | ומגן עלך כל יומיא ברם | אגריך | ועבדך טבייה מתקנין לך |
| 042 | אגרך | | Gn29:15 | מגן תנה לי כען מה הוא | אגרך: | |
| 043 | | | Gn31:08 | ענה <....> נמרין יהווי | אגרך | הוות ילדה כל ענה נמרין: |
| 044 | | | Gn30:28 | ואמר קוץ כען | אגרך | קדמיי ואתן: |
| 045 | באגרא | | Ex22:14 | אין אגיר הוא אתקבל | באגרא: | |
| 046 | אגרין | p abs | Gn40:12 | רב מזוגיא לא מובדין | אגרין | דחלמת חלמא טבא הדין ברם |
| 047 | אגריה' | p em/sf | Nu24:23M | רשיעיה למיתן | אגרהון/<אג>ריה'#2#/ | דצדיקיה ובזמ{ז}נה |
| 048 | אגריהון | | Gn49:01 | קיצייה גניזייא מתן | אגריהון | דצדקייא ופורענתהון |

## אגרה *n.* letter [איגרה 48]

|  |  |  |  |  |  |  |
|---|---|---|---|---|---|---|
| 001 | אגרא | s ab/cn | Dt24:03 | גברא אחרייה ויכתוב לה | אגרא | דשיבוקין וישווי בידה |
| 002 | אגרת | | Dt24:03M | לה \אגרא דשיבוקין | /<אג>רת | שיבוק#2#/ וישווי בידה |
| 003 | | | Dt24:01 | בה עריה דמלה ויכתב לה | אגרת | שיבוקין וישוי בידה וישלח |
| 004 | ואגרן | p abs | Nu22:07M | דקסמין חתימין בידהון | /ואגרן | חתימן ביד#2#/ ואתון |

## אדומיי *adj.* Edomite [35]

|  |  |  |  |  |  |  |
|---|---|---|---|---|---|---|
| 001 | אדומייה | s em/sf | Nu20:18M | "להון": <לה> | אדומייה | לית את עבר בתחומי דלא |
| 002 | אדומאי | p em/sf | Nu20:21M | אדומיי מן למשבק /וסרב | אדומאי | דלא למשבוק#2#/ ית ישראל |
| 003 | | | Nu20:20M | ונפקו | אדומיי/אדומאי#2#/ | לקדמותהון בעמא |
| 004 | | | Ex15:15 | בכדן אתבהלו רברבני | אדומאי | תקיפי מואביי אחדת יתהון |
| 005 | אדומיי | | Dt23:08 | לא תרחקון | אדומיי | ארום אחיכון אנון לא |
| 006 | | | Gn36:43 | עירם אלין רברבני{{י}} | אדומיי | למדוריהון לארעא |
| 007 | | | Nu20:20 | ואמר לא תעבר ונפקו | אדומיי | לקדמותהון בעמא תקיפה |

008 Nu20:21 וסרבו אדומיי מן למשבק ית ישראל עברין
009 דאדומאי Gn32:04 לארע גבלא לתחומהון דאדומאי:
010 Nu21:04M ואתעקת/וית#2/ /דאדומאי ואיתעקת#2/ נפשהון דעמה
011 Nu20:23M דאדומיי/ ארעהון דאדומאי#2/ למימר:
012 דאדומיי Gn36:43 הוא עשו אבוהון דאדומיי:
013 Nu33:37 טורא בסיפי ארעהון דאדומיי:
014 Gn36:16 דאליפז בארעהון דאדומיי אלין בניה דעדה:
015 Gn36:17 דרעואל בארעהון דאדומיי אלין בנוי דבשמת אתתיה
016 Gn36:09 דעשו אבוהון דאדומיי בטורא דגבלא:
017 Nu21:04 למקפה ית ארעהון דאדומיי ואתעקת נפשהון דעמה
018 Nu34:03 דצין עד תחומיהון דאדומיי ויהוי לכון תחום דרומה
019 Nu20:18M ואמר להון מלכיהון\ דאדומיי לא תעברו בתחומין דלא
020 Nu20:23 טורה סמיך לתחומיהון דאדומיי למימר:
021 Gn36:21M דגבלה בארעהון דאדומיי#2/ לרברבניהון בארעא
022 Gn36:31 די מלכו בארעהון דאדומיי קדם עד לא ימלך מלך לבני
023 דאדמיי Nu20:14 רקם לוות מלכיהון {{דאדמיי}} כדן אמרין אחיכון ישראל

## master *n.* אדון [35]

001 אדוניה s em/sf Gn39:20 ונסב אדוניה דיוסף יתיה ושוי יתיה

## sprinkling *n.* אדייה [35]

001 אדיא s ab/cn Nu19:09 דבני ישראל למטרה למי אדיא חטאת היא:
002 Nu19:13 ההיא מישראל ארום מי אדיא לא אזרק עלוי מסאב הוא עד
003 אדיה Nu31:23 בנורא וידכא להוד במי אדיה ידכא וכל מה די לא ייעול
004 Nu19:21 לבושוי ומן די יקרוב במי אדיה יהווי מסאב עד רמשה:
005 Nu19:21 לקיים עלם ומן דמדי מי אדיה יחוור לבושוי ומן די יקרוב
006 Nu19:20 בית מקדשא דייי סאב מי אדיה לא אזרק עלוי מסאב הוא:
007 הדייא Nu19:09M ישראל למטרה למי אדיא/הדייא#2/ חטאת היא:

## invocation of God's name *n.* אדכרה [35]

001 לאדכרה s ab/cn Lv24:07 ברירה ותהוי ללחם לאדכרה קדם ייי:
002 Lv24:07M קדם ייי /מזונה לאדכרה קרבן מתקבל לשמה דייי#2
003 אדכרתה s em/sf Lv 2:09 וירים כהנא ית מנחתה ית אדכרתה ויסדר על גבי מדבחא קרבן
004 Lv 5:12 מניה מלא קומציה ית אדכרתה ויסדר על גבי מדבחא על
005 Nu 5:26 ויקמוץ כהנה מן מנחתה ית אדכרתה ויסדר על גבי מדבחה
006 Lv 6:08 מדבח' ריח דרעוה אדכרתה לשמה דייי:
007 Lv 2:16 ויסדר כהנא ית אדכרתה מן גרשה ומן טובה על כל
008 Lv 2:02 לבונתה ויסד' כהנא ית אדכרתה על גבי מדבחה קרבן מתקבל

## blood *n.* אדם [35]

001 אדם s ab/cn Gn49:12M ודי לא חמון בהון למשפך אדם
002 Lv17:12 ביניכון לא יוכלון אדם:
003 Ex 4:25 לא שבק יתיה וכפר כען אדם גזירתה הדא על חובוי דחתניה
004 Gn18:01 בתקפה דיומא מתחמם מן אדם גזירתיה במיח' יומא:
005 Gn35:09M ועד כען הווה צער מן \אדם#2/ גזרתא ועוד אלפתא יתן
006 Dt17:08 מנכון פתגם בדינה בין אדם דבתול{ו}<י>ן לאדם דקטולין
007 Dt17:08M בין אדם דקטולין לבין אדם דבתולין בין מכתש
008 Lv12:04 ותלתה יומין תתב תטר על אדם דדכי בכל קדשין לא תקרב
009 Lv12:04M דדכי בכל קדשין לא תקרב /אדם דכי בכל קדש לא תקרב#2/
010 Lv12:05 ושתה יומין תתב תטר על אדם דכי:
011 Lv12:05M אדם/דם#2/ /ותיטור א<דם>#2/ דכי:
012 Dt17:08M לסדר דדין בין אדם דקטולין לבין אדם דבתולין

013 Lv17:10M "יאכל ... אדמה": יכול כל אדם ואשר' אפי רוגזי בנפשה
014 Lv17:10M "יאכל ...": כל אדם ואשווי תקוף רוגזי בנפש'
015 Lv17:12 כל נפש מנכון לא תאכל אדם וגיוריה דמתגיירין ביניכון
016 Lv17:13M וישפוך ית אדמיה/אדם#2/^דמיה#2/^ ויכסי יתיה
017 Gn34:31M דלית לה> תבוע אדם ולא תבוע עלבן כן הוה
018 Nu35:12M מן תבוע אדמא/דמא#2/אדם#2/ ולא ימות קטולא
019 Lv 7:27 כל נפש די תאכל כל אדם ותשתיצא נפשה ההיא מן גו
020 Gn37:22 להון ראובן לא תשפכון אדם זכיי טלקו יתיה לגובא הדין
021 Ex22:01 לית ליה חובת שפיכות אדם זכיי:
022 Ex22:02 אית ליה חובת שפיכות אדם זכיי שלמא ישלם אן לית ליה
023 Lv17:04 יתחשב לגברה ההוא כילו אדם זכיי שפך וישתצי גברא ההוא
024 Nu35:27 לי{ת}<ה> חובת שפיכות אדם זכיי:
025 Dt19:10 עליכון חובת שפיכות אדם זכיי:
026 Dt19:10 ולא ישתפך אדם זכיי בגו ארעכון דייי
027 Dt21:08 ולא תשוי חובת שפיכות אדם זכיי בגו עמך ישראל ויתכפר
028 Dt22:08 ולא תשווי חובת שפיכות אדם זכיי לגו בייתך דלא יפול מן
029 Dt24:06M מלמקרב ארום כאשדיות אדם זכיי הוא מתחשב ונפשתה הוא
030 Dt27:25 נסיב שחוד למקטול נפיש אדם זכיי ויאמרון כל עמא אמן:
031 Ex30:10M יזדמן בכל שנה מן אדם חטאת כיפורייה יזדמן בכל
032 Ex30:10 קרנתה חדא זמן בשתא מן אדם חטאתה דכיפוריה חדא זמן
033 Lv17:04 קדם ייי קדם משכנה דייי אדם יתחשב לגברה ההוא כילו אדם
034 Nu23:24 דאכיל פשוט ושתי {ארום} <אדם> כדן עמא האליין לא נייחין
035 Lv17:14 הוא ואמרת לבני ישראל ^אדם#2^ כל בשר{י} לא תיכלון ארום
036 Lv 3:17 כל תרבה וכל אדם לא תיכלון:
037 Lv 7:33M מן דמקרב ית נכסת/אדם נכיס#2/ קודשוהי וית
038 Ex23:18 לא תכסון על חמיע אדם נכסת קדשי ולא יבית מן חלבי
039 Ex34:25 לא תכסון על חמיע אדם נכסת קדשיי ולא יבית בצפרא
040 Lv 7:14 לשמה דייי לכהנא דזרק ית אדם נכסת קדשיה דידיה יהווי:
041 Gn 9:05 ולחוד ית אדם נפשתכון אתבע מלות כל חיא
042 Lv19:26M סנהדרין /לא תוורון על אדם קס{ו}<י>ל{ו}<י> סנ#2/
043 Lv19:16 לא תשתוק לא תיקום על אדם קטולוי דחברך בזמנה דאת ידע
044 Nu23:24 וישפכון אדם קטוליהון כמייא:
045 Dt32:42 וחרבי תתכל בשרהון מן אדם קטיליהון דעמי ושבייהון מן
046 Ex24:08 וזרק על עמא ואמר הא אדם קיימא דקיים ייי עמכון ית
047 Lv15:19M דייבה/דובה#2/ דם/אדם#2/ תיהוי דובה בבשרה שבעה
048 דם Lv17:12M לא יוכלון/יא#2/ אדם/דם#2/:/
049 Ex 4:26 שבחת צפרה ואמרת מה חביב דם ^גזירתא#2^ הדא דשיזב
050 Gn 4:10M היא דא דעבדת קלא אדמהון/דם#2/ דאוכלוסין צדיקין
051 Dt17:08M פתגם בדינה בין אדם/דם#2/ דבתול{ו}<י>ן לאדם
052 Dt17:08M "... בקוריכון": דם דכי לדם מסאב בין דיני נפשא
053 Lv17:12M לא תאכל/תיכר#2/ אדם/דם#2/ וגיוריה דמתגיירין
054 Lv12:05M יומין תתב \תטר על אדם/דם#2/ /ותיטור א<דם>#2/ דכי:
055 Gn24:31M גלוי עריתא ומן שפיכות דם זכאי ואתרא אתקינת לגמליא
056 Gn13:13M /עריית#2/ ובשפיכות אדמייה/דם זכאי#2/אדמה זכייה#2
057 Gn49:12 גילוי עריין מלמשפך בהון דם זכיי שנוי נקיין מחלך{א}} בא
058 Lv17:04M לגברה ההוא כילו אדם/דם#2/ זכיי שפך וישתצי גברא
059 Nu35:27M חובת שפיכות אדם/דם#2/ זכיי:
060 Dt19:10M עליכון חובת שפיכות אדם/דם#2/ זכיי:
061 Dt19:10M ולא ישתפך אדם/דם#2/ זכיי בגו ארעכון דייי
062 Dt22:08M תשווי חובת שפיכות אדם/דם#2/ זכיי לגו בייתך
063 Dt27:25M למקטול נפש#2/ אדם/דם#2/ זכיי ויאמרון/ויענון#2
064 Lv17:04M ייי קדם משכנה דייי אדם/דם#2/ יתחשב לגברה ההוא כילו
065 Lv 7:26 וכל דם לא תאכלון בכל אתר
066 Nu23:24M וישפכון אדם/דם#2/ קטוליהון כמייא:

|  |  |  |  |  |  |
|---|---|---|---|---|---|
| 067 | | Lv19:26M | ישראל /לא תיכלון על | דם | קטילי סנהדרין /לא תוורון |
| 068 | | Lv15:19 | ואתה ארום תיהוי דייבה | דם | תיהוי דובה בבשרה שבעה יומין |
| 069 | | Lv 7:27M | /דיתיכול#2#/ כל | אדם/דם#2# | ותשתיצא/וישתצי#2#/ |
| 070 | | Ex34:25M | לא תכסון על חמיע | אדם/דם#2# | נכסת/נכיסת#2#/ קדשיי |
| 071 | | Lv 7:14M | דזרק/דמזרק#2#/ ית | אדם/דם#2# | נכסת/נכיסת#2#/ קדשיה |
| 072 | בדם | Lv14:51M | ויצבוע#2#/ יתהון | באדמה/בדם#2# | \דצפרה נכיסתה/ צפרתה |
| 073 | ודם | Dt12:27 | על מדבחה דייי אלהכון | ודם | נכסת קודשיכון ישתפך על |
| 074 | | Dt32:43 | בית ישראל ארום עולבן | ודם | עבדוי צדיקייה הוא תבע |
| 075 | | Dt12:27 | ותקרבון עלוותכון בשר | ודם | על מדבחה דייי אלהכון ודם |
| 076 | לאדם | Ex 7:17 | מיא די בנהרא ויהפכון | לאדם: | |
| 077 | | Ex 7:20M | כל מיא נהרא | לדמא/לאדם#2#/: | |
| 078 | | Ex 4:09 | די תסב מן נהרא ויהוון | לאדם | ביבשתא: |
| 079 | | Dt17:08 | בין אדם דבתול{ו}<י>ן | לאדם | דקטולין בין דיני ממון |
| 080 | | Ex 7:19 | כנישת{א} מימיהון ויהון | לאדם | ויהוי אדמה בכל ארעא |
| 081 | לדם | Ex 7:17M | /ויתהפכון#2#/ | לאדם/לדם#2#/: | |
| 082 | | Dt17:08M | דם דכי | לדם | מסאב בין דיני נפשא לדיני |
| 083 | מד' | Dt32:42M | /<בבש>ריה#2#/ \מן | אדם/מד'#2#/ | קטיליהון דעמי |
| 084 | מדם | Nu21:15M | "מן אדמיהון ... קרתה": | מדם | קטולהון והוו ישראל |
| 085 | | Gn49:11 | עם שלטונין מסמק טורייא | מדם | קטיליהון ומחוור גלמתא |
| 086 | א' s em/sf | Lv17:10M | רוגזי בנפש' די תאוכל ית | א' | |
| 087 | אדמ' | Lv17:10M | רוגזי בנפשה דאכלה ית | אדמ' | |
| 088 | | Gn 9:04 | לחוד בשרא | אדמ' | בנפשא לא תאכלון: |
| 089 | | Lv 8:30 | משה מן משחה דרבותה ומן | אדמ' | די על גבי מדבחה ואדי על |
| 090 | | Lv 4:17 | ויצבע כהנא ית אצבעיה מן | אדמ' | וידי שבעה [זמנין] קדם ייי |
| 091 | | Lv10:18 | הא לא אתעל ית | אדמ' | לבית קדשה מלגו מ«י»כל |
| 092 | אדמא | Ex12:22 | ועל תרתין מזוזתייא מן | אדמא | די במנה ואתון לא תיפקון |
| 093 | | Dt21:07 | ידינן לא שפכן ית | אדמא | הדין ועינינן לא חמון יתה: |
| 094 | | Nu35:19 | תבוע | אדמא | הוא יקטול ית קטולה בזמנה |
| 095 | | Nu35:33M | אתון שרין בה ארום | דמא/אדמא#2#/ | הוא יחייב/דמחייב#2#/ |
| 096 | | Nu35:25 | ית קטולא מן ידוי דתבע | אדמא | ויחזרון יתה עם כנישתה |
| 097 | | Dt19:12 | וימסרון יתיה בידוי דתבע | אדמא | ויקטל יתיה: |
| 098 | | Nu35:12 | קוריאן לשיזבו מן תבוע | אדמא | ולא ימות קטולא עד זמן די |
| 099 | | Ex24:06M | ונסב משה פלגא | דדמא/אדמא#2#/ | ושוי בספלא ופלגא |
| 100 | | Ex29:12 | ותסב מן | אדמא | ותתן על קרנתה דמדבחא |
| 101 | | Nu35:27 | שיזבותה ויקטול תבוע | אדמא | ית קטולה לית לי{ת}<ה> חובת |
| 102 | | Dt15:23 | לחוד ית | אדמא | לא תיכלון על ארעא תשפכון |
| 103 | | Nu35:24 | בין קטולא ובין תבוע | אדמא | עם עסק דיניא האילין: |
| 104 | אדמה | Lv 1:05M | דאהרן כהניא ית | דמא/אדמה#2#/ | <...> על גבי מדבחא |
| 105 | | Lv20:18 | ויבזי ית עריתה וית מבוע | אדמה | אפס והיא בזיית ית מבוע |
| 106 | | Dt12:23 | לחוד אתוקפו דלא למיכל | אדמה | ארום אדמה הוא נפשה לא |
| 107 | | Lv 8:15 | ורבי ית מדבחה וית | אדמה | אריק על יסודוי דמדבחה וקדש |
| 108 | | Lv 9:09M | דמדבחה וית כל | דמה/אדמה#2#/ | אריק על יסודוי |
| 109 | | Nu19:04 | ויסב אלעזר כהנא מן | אדמה | באיצבעי ויידי כל קבל אפי |
| 110 | | Lv16:19 | וידי עלוי מן | אדמה | באצבעה שבעה זמנין וידכי |
| 111 | | Lv 4:30 | ויסב כהנא מן | אדמה | באצבעיה ויתן על קרנתיה |
| 112 | | Lv16:14 | ידי{ה} שבעה זמנין מן | אדמה | באצבעיה: |
| 113 | | Ex 7:19 | ויהון לאדם ויהוי | אדמה | בכל ארעא דמצרים בקיסיא |
| 114 | | Ex 7:21 | למשתי מיא מן נהרא והות | אדמה | בכל ארעא דמצרים: |
| 115 | | Lv17:14 | ארום נפש כל בשרא | אדמה | בנפשה הוא ואמרת לבני |
| 116 | | Dt19:06 | דלא ירדוף תבע | אדמה | בתר קטולה ארום יזדעזע |
| 117 | | Gn 4:11 | ית פומי^ה#2#^ למקבלה ית | אדמה | דאחוך מן ידיך: |
| 118 | | Lv14:14 | ויסב כהנא מן | אדמה | דאשמה ויתן כהנא על רום |
| 119 | | Lv14:17 | אליון רגליה דימינה על | אדמה | דאשמה: |
| 120 | | Lv14:25 | ^^דאשמה ויסב כהנא מן | אדמה^^ | דאשמה ויתן על רום אדניה |
| 121 | | Lv14:28 | רגליה דימינה על אתר | אדמה | דאשמה: |
| 122 | | Lv19:16M | עלה חבריכון ולא תשתוק | אדמה | דחברך בזמן דאת ידע בה |
| 123 | | Lv19:18 | בדינה ולא תתחשד בחובת | אדמה | דחברך ולא תהוון נוקמנין |
| 124 | | Lv 5:09 | וידי מן | אדמה | דחטאת' על כתלא דמדבחא ומה |
| 125 | | Lv 4:25 | ויסב כהנא מן | אדמה | דחטאתה באצבעיה ויתן על |
| 126 | | Lv 4:34 | ויסב כהנא מן | אדמה | דחטאתה באצבעיה ויתן על |
| 127 | | Ex12:22M | ועל תרתין מזוזיתא מן | אדמה | די במנא |
| 128 | | Ex29:21 | ותסב מן | אדמה | די על גבי מדבחא ומן משח |
| 129 | | Lv16:18 | ויסב מן אדמה דתורא ומן | אדמה | דצפירה ויתן על קרנתה |
| 130 | | Lv 4:05M | דמתרבי מן | ^מדמה#2#^/אדמה#2#/ | דתורא ויעל |
| 131 | | Lv 4:07M | זימנא וית כל | דמה/אדמה#2#/ | דתורא ישפוך על יסודי |
| 132 | | Lv 4:16 | וייתי כהנא דמתרבי מן | אדמה | דתורא למשכן זמנא: |
| 133 | | Lv16:18 | ייי ויכפר עלוי ויסב מן | אדמה | דתורא ומן אדמה דצפירה ויתן |
| 134 | | Dt21:08 | עמך ישראל ויתכפר להון | אדמה | הדין: |
| 135 | | Lv17:11 | למכפרה על נפשתכון ארום | אדמה | הוא על חובי נפשה יכפר: |
| 136 | | Lv17:14 | ארום נפש כל <בשר> | אדמה | הוא כל דיאכל יתיה ישתיצא: |
| 137 | | Dt12:23 | דלא למיכל אדמה ארום | אדמה | הוא נפשה לא תאכלון נפשה עם |
| 138 | | Lv17:10 | די יאכל <....> ית | אדמה | ואישיצא יתה מן גו עמה: |
| 139 | | Ex24:08 | ונסב משה ית | אדמה | וזרק על עמא ואמר הא אדם |
| 140 | | Lv 9:12 | בנוי דאהרן לוותיה ית | אדמה | וזרק יתיה על גבי מדבחה |
| 141 | | Lv16:14 | ויסב מן | אדמה | וידי באצבעה על אפי כפרתה |
| 142 | | Lv 8:15 | ונכס ונסב משה ית | אדמה | ויהב על קרנתיה «ד»מדבחה |
| 143 | | Lv 8:23 | ונכס ונסיב משה מן | אדמה | ויהב על רום אדנה דאהרן |
| 144 | | Lv20:18 | אפס והיא בזיית ית מבוע | אדמה | וישתיצון תריהון מן גו |
| 145 | | Ex12:07 | ויסבון מן | אדמה | ויתנון על תרתין מזוזייתא |
| 146 | | Gn13:13M | אדמייה/דם זכאי#2#/ | אדמה | זכייה#2#/ ובפלחנא |
| 147 | | Dt19:13M | /ותשיצון חובת שפיכות | אדמה | זכייה#2#/ מן ישראל וטב |
| 148 | | Dt19:13 | עלוי ותבערון שפוכי | אדמה | זכייה מן ישראל וטב לכון: |
| 149 | | Ex24:06M | בספלייא ופלגא | אדמה | זרק |
| 150 | | Lv15:25 | ואתה ארום ידוב דוב | ^אדמה#2#^ | יומין סגין בלא אשון |
| 151 | | Nu35:21 | יתקטיל קטולה הוא תבוע | אדמה | יקטול ית קטולה בזמנה די |
| 152 | | Lv 4:18 | די במשכ' זימנא וית כל | אדמה | ישפוך על יסודי דמדבחה |
| 153 | | Lv 4:25 | דמדבחה דעלתה וית כל | אדמה | ישפוך על יסודי מדבחה |
| 154 | | Lv 4:30 | דמדבחא דעלתה וית כל | אדמה | ישפוך על יסודי דמדבחא: |
| 155 | | Lv 4:18 | ומן | אדמה | יתן על קרנותיה דמדבחה די |
| 156 | | Dt12:16M | לחוד/להוד#2#/ | דמה/אדמה#2#/ | לא תאכלון על ארעא |
| 157 | | Nu35:27 | ויערע יתיה תבוע | אדמה | לבר מן תחום קורי שיזבותה |
| 158 | | Lv16:15 | דחטאתה דמן עמא וייתי ית | אדמה | לגו מן פרכתה ויעבד לאדמה |
| 159 | | Lv 9:09 | וקרבו בנוי דאהרן ית | אדמה | לוותה וצבע אצבעיה באדמה |
| 160 | | Lv 9:18 | וזמינו בנוי דאהרן ית | אדמה | לוותה וזרק יתיה על גבי |
| 161 | | Ex12:13 | ויהוי | אדמה | לכון לסימן על בתייה די |
| 162 | | Lv 6:23 | וכל חטאתה די יתעל מן | אדמה | למשכן זימנה למכפרה בגו |
| 163 | | Dt21:09 | ואתון תבערון | ^אדמה#2#^ | מה דשפר ותקן קדם ייי: |
| 164 | | Ex12:23 | ית מצריי ויחמ{ו}<י> ית | אדמה | על שקופא ועל תרתין |
| 165 | | Lv 1:15 | על גבי מדבחה וימציא | אדמה | על כותלה דמדבח': |
| 166 | | Lv 4:07 | ויתן כהנא מן | אדמה | על קרנתיה דמדבחה דקטרת |
| 167 | | Lv 6:20M | עלוי /יתקדש ודי ידי מן | אדמה | על לבוש ודי ידי על#2#/ |
| 168 | | Lv 8:24 | דאהרן ונסב משה מן | אדמה | על רום אדניהון דימינה ועל |
| 169 | | Lv17:06 | ויזרק כהנא ית | אדמה | על מדבחה דייי בתרע משכן |
| 170 | | Ex29:20 | רגליהון דימינא ותזרק ית | אדמה | על גבי מדבחה מן חזור חזור: |
| 171 | | Lv 1:11 | בנוי דאהרן כהנא ית | אדמה | על גבי מדבחה מן חזור חזור: |
| 172 | | Lv 8:19 | ונכס וזרק משה ית | אדמה | על גבי מדבח' מן חזור חזור: |
| 173 | | Lv 8:24 | דימינה וזרק משה ית | אדמה | על גבי מדבחא מן חזור חזור: |
| 174 | | Nu19:05 | וית בשרה וי{א}<ת> | אדמה | עם רעייה יוקד יתה: |

|  |  |  |  |  |  |
|---|---|---|---|---|---|
| 175 | | Nu19:04 | אפי משכן זימנה מן | אדמה | שובעה זמנין: |
| 176 | | Ex29:12 | דמדבחא באצבעך וית כל | אדמה | תשפך על יסודוי דמדבחא: |
| 177 | | Lv16:15M | לאדמה/ית דמא#2#/ית | אדמה#2#/ | היך מה/כמא#2#/ דעבד |
| 178 | אדמהון | Lv20:11 | יתקטל תריהון חובת | אדמהון | בהון: |
| 179 | | Lv20:12 | מרחקה עבדו חובת | אדמהון | בהון: |
| 180 | | Lv20:13 | יתקטלון חובת | אדמהון | בהון: |
| 181 | | Lv20:16 | מתקטלה יתקטלו' חובת | אדמהון | בהון: |
| 182 | | Gn 4:10 | מה היא דא דעבדת קלא | אדמהון | דאוכלוסין צדיקין דהון |
| 183 | | Nu21:15M | ונג{ר}<ד>ו נחלייה מן | אדמהון | ולחיית קרתה |
| 184 | | Dt32:42 | ארווי גיריין מן | אדמהון | וחרבי תתכל בבשרהון מן אדם |
| 185 | | Lv16:27 | צפירה דחטאתה די אתועל | אדמהון | למכפרה לגו בית מקדשה יפק |
| 186 | | Nu18:17 | לא תפרקון קדש אינון ית | אדמהון | תזרוק על גבי מדבחה וית |
| 187 | אדמיה | Gn37:26 | ית אחונן ונכסי ית | אדמיה: | |
| 188 | | Gn 9:06 | על ידי בר נש ישתפך | אדמיה | ארום בדמו מן קדם ייי ברא |
| 189 | | Lv20:09 | אקריה דאבוי ודאימיה זל | אדמיה | ביה: |
| 190 | | Gn 9:06 | מן דשפך | אדמיה | דבר נש על ידי בר נש ישתפך |
| 191 | | Ex12:13 | שריין תמן ואחמי ית | אדמיה | ואפסח ואגן במימרי עליכון |
| 192 | | Lv17:13 | עוף די יתאכל וישפוך ית | אדמיה | ויכסי יתיה בעפרא: |
| 193 | | Ex29:16 | ותכוס ית דיכרא ותסב ית | אדמיה | ותזרק יתיה על גבי מדבחא |
| 194 | | Ex29:20 | ותכוס ית דיכרא ותסב מן | אדמיה | ותתן על רום אודנה דאהרן |
| 195 | | Lv 7:02 | עלתא תכסון ית אשמה וית | אדמיה | יזרוק על גבי מדבחה |
| 196 | | Lv 4:34 | דמדבחה דעלתה וית כל | אדמיה | ישפוך על יסודי דמדבחה: |
| 197 | | Gn 9:06M | \ישתפך אדמיה ארום | /אדמיה | משתפך אר'#2#/ בדמו |
| 198 | | Lv 3:02 | בנוהי דאהרן כהניא ית | אדמיה | על גבי מדבחה |
| 199 | | Lv 3:08M | בנוי דאהרן ית | דמיה/אדמיה#2#/ | על גבי מדבחה |
| 200 | | Lv 3:13M | בנוי דאהרן ית | דמיה/אדמיה#2#/ | על גבי מדבחה |
| 201 | אדמכון | Gn 9:05M | ולחוד ית אדם | נפשתכון/אדמכון | לנפ'#2#/ אתבע מלות |
| 202 | דמ' | Nu19:04M | אלעזר כהנא מן | אדמה/דמ'#2#/ | באיצבעי ויידי כל קבל |
| 203 | | Dt19:12M | דתבע/דתבוע#2#/ | אדמא/דמ'#2#/ | \ויקטל יתיה/ויתקטל#2# |
| 204 | | Ex29:12M | ותסב מן | אדמא/דמ'#2#/ | ותתן על קרנתה דמדבחא |
| 205 | | Lv16:27M | אתועל/דית'#2#/ | אדמהון/דמ'#2#/ | למכפרה לגו/בג'#2#/ |
| 206 | | Ex29:20M | ותזרק ית | אדמה/דמ'#2#/ | על גבי מדבחה |
| 207 | | Nu19:04M | אפי משכן זימנה מן | אדמה/דמ'#2#/ | שובעה זמנין: |
| 208 | | Nu18:17M | קדש אינון ית | אדמהון/דמ'#2#/ | תזרוק על גבי מדבחה |
| 209 | | Ex29:12M | באצבעך וית כל | אדמה/דמ'#2#/ | תשפך על יסודוי |
| 210 | | Lv20:13M | יתקטלון חובת | אדמהון/דמ'#2#/ | בהון/בראשיהון#2#/: |
| 211 | | Lv20:16M | יתקטלו' חובת | אדמהון/דמ'#2#/ | בהון/בראשיהון#2#/: |
| 212 | דמא | Lv 1:05 | בנוי דאהרן כהניא ית | דמא | <...> על גבי מדבחא |
| 213 | | Lv16:19M | וידי עלוי מן | אדמה/דמא#2#/ | באצבעה שבעה זמנין |
| 214 | | Dt19:06M | /ירדף תבוע#2#/ | אדמה/דמא#2#/ | בתר קטולה ארום יזדעזע |
| 215 | | Dt21:07M | שפכן/שפכו#2#/ ית | אדמא/דמא#2#/ | הדין ועינינן לא חמון |
| 216 | | Lv17:11M | על נפשתכון ארום | אדמה/דמא#2#/ | הוא על חובי נפשה |
| 217 | | Lv17:14M | ארום נפש כל <בשר> | אדמה/דמא#2#/ | הוא כל דיאכל/דאכל#2#/ |
| 218 | | Nu35:33 | די אתון שרין בה ארום | דמא | הוא יחייב ית ארעא ולארעא |
| 219 | | Lv 8:15M | ונכס ונסב משה ית | אדמה/דמא#2#/ | ויהב על קרנתיה |
| 220 | | Nu35:12M | מן תבוע | אדמא/דמא#2#/אדם#2#/ | ולא ימות קטולא |
| 221 | | Lv 4:30M | דעלתה וית כל | אדמה/דמא#2#/ | ישפוך על יסודי |
| 222 | | Dt15:23M | לחוד/להוד#2#/ ית | אדמא/דמא#2#/ | לא תיכלון על ארעא |
| 223 | | Lv16:15M | לעמא#2#/ וייתי ית | אדמה/דמא#2#/ | לגו מן פרכתה ויעבד |
| 224 | | Lv 9:09M | בנוי דאהרן ית | אדמה/דמא#2#/ | לוותה וצבע אצבעיה |
| 225 | | Lv 4:06 | אצבעיה באדמה וידי מן | {מ}דמא | שבע זמנין קדם ייי ית אפי |
| 226 | | Lv16:15M | ויעבד לאדמה/ית | דמא#2#/ית | אדמה#2#/ היך מה |
| 227 | | Dt12:23M | אדמה/דמה#2#/ ארום | אדמה/דמא#2#/ | הוא/היא#2#/ נפשה לא |
| 228 | | Nu23:24M | ושתי {ארום} | <אדם>/דמא#2#/ | כדן/כן#2#/ עמא |
| 229 | דמה | Dt12:23M | אתוקפו דלא למיכל | אדמה/דמה#2#/ | ארום אדמה/דמא#2#/ הוא |
| 230 | | Lv 8:15M | ית מדבחה וית | אדמה/דמה#2#/ | אריק על יסודוי דמדבחה |
| 231 | | Lv 9:09 | על קרנתה דמדבחה וית כל | דמה | אריק על יסודוי דמדבחה: |
| 232 | | Lv17:14M | /נפשה#2#/ כל בשרא | אדמה/דמה#2#/ | בנפשה הוא ואמרת לבני |
| 233 | | Lv12:07M | ותדכי מן מבוע | אדמיה/דמה#2#/ | דא גזרת אורייתה |
| 234 | | Lv14:17M | רגליה דימינה על | אדמה/דמה#2#/ | דאשמה: |
| 235 | | Lv14:28M | דימינה על אתר | אדמה/דמה#2#/ | דאשמה: |
| 236 | | Lv19:18M | ולא תתחשד בחובת | אדמה/דמה#2#/ | דחברך ∧כדין אמר |
| 237 | | Lv 4:07 | די במשכן זימנא וית כל | דמה | דתורא ישפוך על יסודי |
| 238 | | Nu35:19M | תבוע/<ת>ביע#2#/ | אדמא/דמה#2#/ | הוא יקטול ית קטולה |
| 239 | | Lv17:10M | <....> ית | אדמה/דמה#2#/ | ואישיצא יתה מן גו |
| 240 | | Lv 9:12M | דאהרן לוותיה ית | אדמה/דמה#2#/ | וזרק יתיה על גבי |
| 241 | | Nu35:25M | דתבע/<דת>ביע#2#/ | אדמא/דמה#2#/ | ויחזרון יתה עם |
| 242 | | Ex29:16M | ית דיכרא ותסב ית | אדמיה/דמה#2#/ | ותזרק יתיה על גבי |
| 243 | | Dt21:09M | ואתון תבערון | ^אדמה#2#^/דמה#2#/ | ∧זכייה מן ביניכון |
| 244 | | Nu35:21M | תבוע/תביע#2#/ | אדמה/דמה#2#/ | יקטול ית קטולה בזמנה |
| 245 | | Lv 4:18M | זימנא וית כל | אדמה/דמה#2#/ | ישפוך על יסודי דמדבחה |
| 246 | | Lv 4:25M | דעלתה וית כל | אדמה/דמה#2#/ | ישפוך על יסודי |
| 247 | | Nu35:27M | ויקטול תבוע | אדמא/דמה#2#/ | ית קטולה לית לי{ת}<ה> |
| 248 | | Lv 3:17M | כל תרבה וכל | אדם/דמה#2#/ | לא תיכלון: |
| 249 | | Dt12:16 | לחוד | דמה | לא תאכלון על ארעא תשפכון |
| 250 | | Lv10:18M | אתעל/ית'#2#/ ית | אדמ'/דמה#2#/ | לבית קדשה מלגו |
| 251 | | Nu35:27M | ויערע יתיה תבוע | אדמה/דמה#2#/ | לבר מן תחום קורי |
| 252 | | Lv 9:18M | בנוי דאהרן ית | אדמה/דמה#2#/ | לוותה וזרק יתיה |
| 253 | | Lv 3:02M | דאהרן כהניא ית | אדמיה/דמה#2#/ | על גבי מדבחה |
| 254 | | Lv 8:19M | ונכס וזרק משה ית | אדמה/דמה#2#/ | על גבי מדבח' |
| 255 | | Dt21:08M | ויתכפר להון | אדמה/דמה#2#/ | ∧זכייה#2#/ הדין: |
| 256 | דמי' | Lv20:09M | דאבוי ודאימיה זל | אדמיה/דמי'#2#/ | ביה: |
| 257 | דמיה | Gn42:22 | ולא שמעתון ולחוד | דמיה | הא מתבע: |
| 258 | | Lv17:13M | וישפוך ית | אדמיה/אדם#2#/^דמיה#2#^/ | ויכסי יתיה |
| 259 | | Lv 7:02M | ית אשמה וית | אדמיה/דמיה#2#/ | יזרוק על גבי מדבחה |
| 260 | | Lv 4:34M | דעלתה וית כל | אדמיה/דמיה#2#/ | ישפוך על יסודי |
| 261 | | Lv 1:15M | מדבחה וימציא | אדמה/דמיה#2#/ | על כותלה/שפולי#2#/ |
| 262 | | Lv 1:11M | /<כה>ניא#2#/ ית | אדמה/דמיה#2#/ | על גבי מדבחה |
| 263 | | Lv 3:08 | ויזרקון בנוי דאהרן ית | דמיה | על גבי מדבחה מן חזור חזור: |
| 264 | | Lv 3:13 | ויזרקון בנוי דאהרן ית | דמיה | על גבי מדבחה מן חזור חזור: |
| 265 | | Nu35:24M | קטולא ובין תבוע | אדמא/דמיה#2#/ | עם עסק דיניא האילין |
| 266 | באדמה | Gn37:31 | עזין וצבעו ית פרגודה | באדמה: | |
| 267 | | Gn42:21 | לאחוי ברם חייבין אנן | באדמה | דאחונה די חמינן בעקת |
| 268 | | Ex12:22 | מיסרא דאיזוב ותצבעון | באדמה | די במנה ואתון ותתנון על |
| 269 | | Nu35:33 | ארעא ולארעא לא יכפר | באדמה | דיאשתפך בה ארום אלהין |
| 270 | | Nu35:33 | דיאשתפך בה ארום אלהין | באדמה | דמן דשפך יתיה: |
| 271 | | Nu 7:16 | חובין ולשלוון למכפרה | באדמה | דצפירה על חובוי ועל חובי |
| 272 | | Nu 7:22 | חובין ולשלוון למכפרה | באדמה | דצפ«י»רה על חובוי ועל |
| 273 | | Nu 7:28 | חובין ולשלוון למכפרה | באדמה | דצפירה על חובוי ועל חובי |
| 274 | | Nu 7:34 | חובין ולשלוון למכפרה | באדמה | דצפירה על חובוי ועל חובי |
| 275 | | Nu 7:40 | חובין ולשלוון למכפרה | באדמה | דצפירה על חובוי ועל חובי |
| 276 | | Nu 7:46 | חובין לשלוון למכפרה | באדמה | דצפירה על חובוי ועל חובי |
| 277 | | Nu 7:52 | חובין ולשלוון למכפרה | באדמה | דצפירה על חובוי ועל חובי |
| 278 | | Nu 7:58 | חובין ולשלוון למכפרה | באדמה | דצפירה על חובוי ועל חובי |
| 279 | | Nu 7:64 | חובין ולשלון למכפרה | באדמה | דצפירה על חובוי ועל חובי |
| 280 | | Nu 7:70 | חובין ולשלוון למכפרה | באדמה | דצפירה על חובוי ועל חובי |
| 281 | | Nu 7:76 | חובין ולשלוון למכפרה | באדמה | דצפירה על חובוי ועל חובי |
| 282 | | Nu 7:82 | ולשלוון לכפרה | באדמה | דצפירה על חובוי ועל חובי |

|  |  |  |  |
|---|---|---|---|
| 283 | | Lv14:06 | יתהון וית צפרה חייתה באדמה דצפרה דנכיסתה על מיא |
| 284 | | Lv14:51 | דחייתה ויצבע יתהון באדמה דצפרה נכיסתה ובמיא דמבועה |
| 285 | | Lv14:52 | וידכי ית ביתה באדמה דצפרה ובמיא דמבועא ובצפרה |
| 286 | | Lv17:11 | ארום נפש בשרה באדמה היא ואנה יהבת לכון יתה |
| 287 | | Lv 4:06 | ויצבע כהנא ית אצבעיה באדמה וידי מן {מ} דמא שבע זמנין |
| 288 | | Lv 9:09 | לוותה וצבע אצבעיה באדמה ויהב על קרנתה דמדבחה וית |
| 289 | | Lv 5:09 | דמדבחא ומה דמשתייר באדמה ימצה על יסודוי דמדבחא |
| 290 | | Lv14:06M | צפרתה דבחיין באדמה צפרתה דנכיסה על מיין |
| 291 | בדמא | Gn38:25 | דיוסף אחי ואצבעת יתיה בדמא דצפירא ואמרית ליעקב {אבר} |
| 292 | | Nu 7:70M | ולשלוון למכפרה באדמה/בדמא#2# /# דצפירה על חובוי ועל |
| 293 | | Lv14:06M | וית צפרה חייתה באדמה/בדמא#2# /# דצפרה דנכיסתה |
| 294 | | Lv 4:17M | אצבעה#2# /#\ מן אדמ'/בדמא#2# /# וידי שבעה [זמנין] |
| 295 | | Lv 5:09M | ומה דמשתייר באדמה/בדמא#2# /# ימצה על יסודוי |
| 296 | | Gn49:11 | לבושוי מעגעגין בדמא מדמי לרפוס ענבים: |
| 297 | בדמה | Ex12:22M | דאיזוב ותצבעון באדמה/ב<ב>דמה#2# /# \די במנה /דאית |
| 298 | | Nu35:33M | לא מתכפר#2# /# באדמה/בדמה#2# /# דיאשתפך בה ארום |
| 299 | | Nu35:33M | בה ארום אלהין באדמה/בדמה#2# /# דמן דשפך יתיה: |
| 300 | | Nu 7:16M | ולשלוון למכפרה באדמה/בדמה#2# /# דצפירה על חובוי ועל |
| 301 | | Nu 7:22M | ולשלוון למכפרה באדמה/בדמה#2# /# דצפ«י»רה על חובוי |
| 302 | | Nu 7:34M | ולשלוון למכפרה באדמה/בדמה#2# /# דצפירה על חובוי ועל |
| 303 | | Nu 7:40M | ולשלוון למכפרה באדמה/בדמה#2# /# דצפירה על חובוי ועל |
| 304 | | Nu 7:46M | לשלוון למכפרה באדמה/בדמה#2# /# דצפירה על חובוי ועל |
| 305 | | Nu 7:52M | ולשלוון למכפרה באדמה/בדמה#2# /# דצפירה על חובוי ועל |
| 306 | | Nu 7:58M | ולשלוון למכפרה באדמה/בדמה#2# /# דצפירה על חובוי ועל |
| 307 | | Nu 7:64M | ולשלוון למכפרה באדמה/בדמה#2# /# דצפירה על חובוי ועל |
| 308 | | Nu 7:76M | ולשלוון למכפרה באדמה/בדמה#2# /# דצפירה על חובוי ועל |
| 309 | | Nu 7:82M | ולשלוון לכפרה באדמה/בדמה#2# /# דצפירה על חובוי ועל |
| 310 | | Lv14:52M | וידכי ית ביתה באדמה/בדמה#2# /# דצפרה ובמיא דמבועא |
| 311 | | Lv17:11M | ארום נפש בשרה באדמה/בדמה#2# /# היא ואנה יהבת |
| 312 | | Lv 4:06M | כהנא ית אצבעיה באדמה/בדמה#2# /# וידי מן {מ} דמא שבע |
| 313 | | Lv 9:09M | וצבע אצבעיה באדמה/בדמה#2# /# ויהב על קרנתה דמדבחה |
| 314 | דדמא | Ex24:06 | ונסב משה פלגא דדמא ושוי בספלא ופלגא דדמ«א» |
| 315 | | Ex24:06 | ושוי בספלא ופלגא דדמ«א» זרק על גבי מדבחא: |
| 316 | ואדמה | Dt12:27M | \בשר ודם /בשרא ואדמה#2# /# על מדבחה דייי אלהכון |
| 317 | ומדמה | Lv 8:30M | משחה דרבותה \ומן אדמ'/ומדמה#2# /# די/דאית#2# /# על גבי |
| 318 | לאדמה | Lv16:15 | לאדמה היך מה דעבד לאדמה דתורה וידי יתיה על כפרתה |
| 319 | | Lv16:15 | לגו מן פרכתה ויעבד לאדמה היך מה דעבד לאדמה דתורה |
| 320 | לדמא | Ex 7:20 | ואתהפכו כל מיא נהרא לדמא: |
| 321 | | Lv16:15M | /כמא#2# /# דעבד לאדמה/לדמא#2# /# דתורה וידי יתיה על |
| 322 | מדמ' | Lv14:14M | ויסב כהנא \מן אדמה/מדמ'#2# /# דאשמה ויתן כהנא על |
| 323 | | Dt32:42M | ארווי גיריין \מן אדמהון/מדמ'#2# /# וחרבי תתכל בבשרהון |
| 324 | | Ex29:20M | ית דיכרא ותסב מן אדמיה/מדמ'#2# /# ותתן על רום אודנה |
| 325 | מדמא | Lv 4:30M | ויסב כהנא \מן אדמה/מדמא#2# /# באצבעיה ויתן על |
| 326 | | Lv16:14M | זמנין \מן אדמה/מדמא#2# /# באצבעיה: |
| 327 | | Lv 5:09M | וידי \מן אדמה/מדמא#2# /# דחטאת' על כתלא |
| 328 | | Lv 4:25M | ויסב כהנא \מן אדמה/מדמא#2# /# דחטאתה באצבעיה ויתן |
| 329 | | Lv 4:16M | כהנא דמתרבי \מן אדמה/מדמא#2# /# דתורא למשכן זמנא: |
| 330 | | Ex30:10M | חדא זמן בשתא \מן אדם/מדמא#2# /# חטאתה דכיפוריה חדא |
| 331 | | Lv 4:18M | \ומן אדמה/מדמא#2# /# יתן על קרנותיה |
| 332 | | Lv 8:24M | ונסב משה \מן אדמה/מדמא#2# /# על רום אדניהון |
| 333 | מדמה | Lv 4:05M | ויסב כהנא דמתרבי מן^מדמה#2# /^ דתורא ויעל {ל} יתיה |
| 334 | | Lv16:18M | עלוי ויסב \מן אדמה/מדמה#2# /# דתורא ומן אדמה |
| 335 | | Lv 6:23M | /יתועל#2# /# \מן אדמה/מדמה#2# /# למשכן זימנה למכפרה |
| 336 | | Lv 4:07M | ויתן כהנא \מן אדמה/מדמה#2# /# על קרנתיה דמדבחה |
| 337 | מדמיה | Lv 8:23M | ונסיב משה \מן אדמה/מדמיה#2# /# ויהב על רום אדנה |
| 338 | אדמיה p em/sf | Lv12:07 | עלה ותדכי מן מבוע אדמיה דא גזרת אורייתה דילדתה |
| 339 | אדמיהון | Lv20:27 | ירגמון יתהון חובת אדמיהון בהון: |
| 340 | | Nu21:15 | ושטפו נחליה מן אדמיהון ולא הוון ידעין נסיה |
| 341 | אדמייה | Gn13:13 | בגילוי עריתה ובשפיכות אדמייה ובפלחנא נכרייה קדם ייי |

## אדמה *n.* earth [36]

|  |  |  |  |
|---|---|---|---|
| 001 | אדמתא s em/sf | Gn 2:07 | אלהים ית אדם עפר מן אדמתא ונפח בנחירוי נשמ' דחיין |
| 002 | | Gn 2:09 | ורבי ייי אלהים מן אדמתא כל אילן דיאי למחמי וטב |
| 003 | | Gn 2:19 | וברא ייי אלהים מן אדמתא כל חיתא דאפי ברא וית כל |

## אדן *n.* ear [36]

|  |  |  |  |
|---|---|---|---|
| 001 | אדנה s em/sf | Lv 8:23 | מן אדמה ויהב על רום אדנה דאהרן דימינה ועל אליון |
| 002 | | Lv14:14 | דאשמה ויתן כהנא על רום אדנה דמן דמדכי דימינה ועל אליון |
| 003 | | Lv14:17 | ידיה יתן כהנא «על רום אדנה» דמן דמדכי דימינה ועל |
| 004 | | Lv14:28 | די על כף ידיה על רום אדנה דמן דמדכי דימינה ועל אליון |
| 005 | אדניה | Ex21:06 | וירצע רבוניה ית אדניה במרצעא ויהוי ליה עבד |
| 006 | | Lv14:25 | דאשמה ויתן על רום אדניה דמן דמדכ' דימינה ועל |
| 007 | אודנה | Ex29:20 | מן אדמיה ותתן על רום אודנה דאהרן ועל רום אודניהון |
| 008 | אוניה | Ex21:06M | ויברז רבונ' ית אונ<יה> ימינ' בא{ר}<ב>רזי' |
| 009 | באדנה | Dt15:17M | ובתרע /ותרצע יתיה באדנה#2# /# בית דינה ויהווי לך עבד |
| 010 | באדנהון | Gn35:04 | בידיהון וית קדשיא די באדנהון וטמר יתהון יעקב תחות |
| 011 | באדניה | Dt15:17 | ותסב ית מרצעה ותתן באדניה ובתרע בית דינה ויהווי לך |
| 012 | ואדנין p abs | Dt29:03 | למידע ועיינין למחמי ואדנין למשמע עד יומא הדין: |
| 013 | באדני p const | Ex32:02 | פכרו קדשייא דדהבא די באדני נשיכון בניכון ובנתכון |
| 014 | אדניהון p em/sf | Lv 8:24 | משה מן אדמה על רום אדניהון דימינה ועל אליון ידיהון |
| 015 | | Nu31:50 | ראשיהון קדישין מן אדנ«י»הון שישלין מן צואריהון |
| 016 | אודניהון | Ex29:20 | אודנה דאהרן ועל רום אודניהון דבנוי דימינא ועל אליון |
| 017 | באדניהון | Ex32:03 | קדשיא דדהבא «די» באדניהון ואייתון לוות אהרן: |

## אדר *n.* threshing floor, barn [36]

|  |  |  |  |
|---|---|---|---|
| 001 | אדר s ab/cn | Gn50:10 | ומטון עד אדר אטדה די בעבר ירדנא ואספדו |
| 002 | באדר | Gn50:11 | ארעא דכנען ית אבלה באדר אטדה ואמרין אבל תקיף הוא |
| 003 | אדרא s em/sf | Dt16:13 | במכנשיכון עבורה מן אדרא וחמרא מן מעצרתה: |
| 004 | אדרה | Nu18:27 | כאפרשות עיבורא מן אדרה וחמרה מן מעצרתה: |
| 005 | | Nu18:30 | כאפרשות עיבורא מן אדרה וחמרה מן מעצרתה: |
| 006 | | Nu15:20 | אפרשו כאפרשות עבורה מן אדרה ו{ת}<ח>מרה מן מעצרתה כן |
| 007 | אדרך | Dt15:14 | תזוויד ליה מן ענ' מן אדרך ומן מעצרתך מן מה די ברך |
| 008 | אדרייה p em/sf | Nu34:04 | דגיעה ויפוק טירת אדרייה ויעבר בתחום שוק מסיי |
| 009 | אידריכון | Dt11:14M | וחמריכון /מן א{ו}<י>דריכון וחמריכון מן |

## אדרע *n.* arm [37]

|  |  |  |  |
|---|---|---|---|
| 001 | אדרע s ab/cn | Ex14:31M | "ידא ... והימנו": תקוף אדרע גבורת' די עבד בה מימרי' |
| 002 | | Dt33:27 | דאלהא מלקדמין דמן תחות אדרע גבורתה מדברין שבטיה דבני |
| 003 | | Gn49:24 | דאבוי יעקב מן תחות אדרע גבורתיה מתפרנסין כל שבטיא |
| 004 | | Ex15:16 | אימתך ופחדך בתקוף אדרע גבורתך תקיפא יהוון קיימין |
| 005 | באדרע | Ex 6:06M | יתכון \ביד תקיפא /בא<ד>רע מנטלא#2# /# ובסדרי דינין |
| 006 | ואידרע | Dt 7:19M | \ואדרעה מנטלתה /ואידרע מנטלה#2# /# די אפיק/פרק |
| 007 | ובאדרע | Nu20:20 | לקדמותהון בעמא תקיפה ובאדרע מנט לא: |
| 008 | | Ex32:11M | רבה \ובאדרעך מנטלתה /ובאדרע מנטלה#2# /#: |
| 009 | | Dt 4:34 | קרבה וביד תקיפה ובאדרע מנטלה ובחזו{ז}<ו>ן רברבין |
| 010 | | Dt 5:15 | מן תמן בידה תקיפה ובאדרע מנטלה בגין כדן פקד יתכון |

|  |  |  |  |  |  |
|---|---|---|---|---|---|
| 011 | | Dt26:08 | מן מצרים בידה תקיפה | ובאדרע | מנטלה ובחזוין רברבן |
| 012 | אדרעא s em/sf | Dt33:20 | בני קטילין פרק ראשא עם | אדרעא: | |
| 013 | | Dt18:03 | אין אימר ויתן לכהנה | אדרעא | ולחייה ארעייה ורקיתה: |
| 014 | אדרעה | Nu 6:19 | ויסב כהנא ית | אדרעה | בשילתה מן דיכרא וחלה |
| 015 | ואדרעא | Dt11:02M | ידיה תקיפתה | ואדרעיה/ואדרעא#2#/ | מנטלתה: |
| 016 | ואדרעה | Dt 7:19 | ופרישתה וידה תקיפתה | ואדרעה | מנטלתה די אפיק יתכון |
| 017 | ואדרעיה | Dt11:02 | וית ידיה תקיפתה | ואדרעיה | מנטלתה: |
| 018 | ובאדרעך | Ex32:11 | בחיל«ך» רבה | ובאדרעך | מנטלתה: |
| 019 | | Dt 9:29 | פריקין בחילך רבה | ובאדרעך | מנטלתה: |
| 020 | אדרעיהון p em/sf | Nu31:50M | אצבעתיהון ועקיליה מן | אדרעיהון | ומעוכייה מן בית תדיהן |
| 021 | | Nu31:50 | מן צואריהון קטלין מן | אדרעיהון | שירין מן ידיהון עזקין מן |
| 022 | אדרעיכון | Dt 6:08 | ותקטרון יתהון לסימן על | אדרעיכון | ויהוון לתפילין על |
| 023 | | Dt11:18 | יתהון לסימן על | אדרעיכון | ויהוון לתפילין על |
| 024 | | Ex13:09 | ויהוי לך לאתין על | אדרעיכון | ולדוכרן טב על בית אפיכון |
| 025 | | Ex13:16 | ויהוי לסימן על | אדרעיכון | ולדוכרן טב על בית אפיכון |
| 026 | ואדרעוי | Gn49:24 | רוחצניה פשט ידוי | ואדרעוי | למבעיה רחמין מן תקיפא |

## אהילה (v.)n. contamination by shared environment! [37! אהיל]

|  |  |  |  |  |  |
|---|---|---|---|---|---|
| 001 | באהילה s ab/cn | Nu12:12 | כען תיהוי מרים מסאבה | באהילה | כמיתייה והא מ{ת}<ד>מיא |
| 002 | | Nu12:12M | מצרעה | באהילה | כמיתה ארום מה דהדין וולד |

## או conj. or [37]

|  |  |  |  |  |  |
|---|---|---|---|---|---|
| 001 | או | Gn44:19 | למימר הא אית לכון אב | או | אח: |
| 002 | | Lv25:49 | | או | אחוי דאבוי או בר אחוי דאבוי |
| 003 | | Dt15:12 | יזדבן לך אחוכון עבריה | או | אחתכון עברייתה ויפלח קדמך |
| 004 | | Ex21:37 | וארום יגנב תור | או | אימר ויכס יתיה או יזבן יתיה |
| 005 | | Ex22:09 | גבר לחבריה חמר או תור | או | אימר וכל בעיר למנטרה יתיה |
| 006 | | Lv 4:23 | | או | אין אתודע ליה חובתיה |
| 007 | | Lv 4:28 | | או | אין אתודע ליה חובתיה די |
| 008 | | Dt 4:32 | הא אן הוה כפתגמא רבה הדין | או | אין אשתמע כוותיה: |
| 009 | | Lv13:29 | וגבר | או | איתה ארום יהוי ביה מכתש |
| 010 | | Lv22:23 | ותור | או | אמר דחסיר אבר או יתיר אבר |
| 011 | | Lv22:27M | ואמר עמי בני ישראל תור | או | אמר |
| 012 | | Dt17:01M | קדם ייי אלהכון תור | ואמר/או | אמר#2#/ די יהווי ביה |
| 013 | | Ex21:32M | תורא \אין אמתא | /או | אמתא#2#/ כסף תלתי«ן» |
| 014 | | Nu11:12 | האנא עברת ית כל עמא האלין | או | אנה אולדת יתהון ארום תאמר |
| 015 | | Nu13:20 | ארעא השמינין אינון פריה | או | אפתרין הא אית בה אילנין או |
| 016 | | Ex21:33 | וארום יפתח גבר גוב | או | ארום יחפר גבר גוב ולא יכסה |
| 017 | | Lv 5:03 | | או | ארום יקרב בסאבה דבר נש לכל |
| 018 | | Lv13:16 | | או | ארום ^יחזור#2#^ בשרה חיה |
| 019 | | Lv15:25 | יומין סגין בלא אשון נדתה | או | ארום ת{ת}<ד>וב על נדתה כל |
| 020 | | Lv 5:22 | | או | אשכח אביד' ויכפר בה וישתבע |
| 021 | | Ex21:29 | ינטרון יתיה ויתקטל גבר | או | אתה תורא יתרגם ואף מריה |
| 022 | | Lv13:38 | וגבר | או | אתה ארום יהוי במשך בשרהון |
| 023 | | Lv20:27 | וגבר | או | אתה די יהווי בהון שאלי אובה |
| 024 | | Nu 5:06 | מליל עם בני ישראל גבר | ^או#2#^ | אתה די יעבדון מן כל |
| 025 | | Dt17:02 | דייי אלהכון יהב לכון גבר | או | אתה די יעבד מה דסני ומרחק |
| 026 | | Dt29:17 | דלא יהוי בכון גבר | או | אתה או זרעי או שבט דליביה |
| 027 | | Dt13:07 | דאמ{ן}<ך> או ברך או ברתך | או | את{ה}<ת> חובך או חברך רחמך |
| 028 | | Lv15:03 | בשריה מן ^דיר#2#^ דוביה | או | אתחת' בשרה מן דובה סאובתיה |
| 029 | | Nu 6:02 | ישראל ותימר להון גבר | או | אתתה ארום יפרוש למנדור נדר |
| 030 | | Lv 5:21 | וי{ח}<כ>פר בחברה בפקדון | או | באושטות יד או בגזל או די |
| 031 | | Lv 5:21M | וישקר בחברה בפקדונה | או | באושטות ידה או בגזלה או די |
| 032 | | Nu 9:10 | מסאב בטמיה נפש דבר נש | או | בארח רחיקה לכון או לדרכון |
| 033 | | Lv 7:21 | בכל סואבה בסאבותא דברנש | או | בבעיר מסאב או בכל שרץ מסאב |
| 034 | | Nu35:21M | אין/או#2#/ | | בבעל דבבו מחה יתה |
| 035 | | Nu15:11 | חדתה או עם אמרה באמריה | או | בגדיה או בעזיה: |
| 036 | | Lv 5:21 | בפקדון או באושטות יד | או | בגזל או די עצה ית חברה: |
| 037 | | Lv 5:21M | בפקדונה או באושטות ידה | או | בגזלה או די |
| 038 | | Lv13:42 | וארום יהוי בקרחתה | או | בגלושנתה מכתש חוור סמוק |
| 039 | | Lv13:42 | צרעה מהלכה היא בקרחתה | או | בגלשונתה: |
| 040 | | Lv13:55M | /בחדתו<תא#2#/ /בקורחתה | או | בגלשלשונתהה#2#/: |
| 041 | | Lv13:43 | וסמוקה בקרחו«תיה» | או | בגלשנותיה כחזיו צרעת משך |
| 042 | | Nu19:16 | ברא דקטיל דחרב במית | או | בגרם דבר נש או בקברה יסתאב |
| 043 | | Lv13:29 | ארום יהוי ביה מכתש בראשה | או | בדיקנה: |
| 044 | | Lv13:02 | «בשריה» שומה או קלפה | או | בהקי ויהוי במשך בשריה למכתש |
| 045 | | Lv13:19 | בתר שיחנא שומא חוורה | או | בהקי חוורה וסמוקה ויתחווי |
| 046 | | Nu15:03M | פירוש דנדר או לנסיבה | או | בזמן דסדרי |
| 047 | | Nu15:03 | לפירוש נדרה או בנסיבה | או | בזמני מועדיכון למקרבה לריח |
| 048 | | Lv13:42M | בשחיקותיה | או | בחדתותי' |
| 049 | | Lv13:43M | בשחיקותיה | או | בחדתותי' |
| 050 | | Lv13:55 | יתיה פחיתה היא בכליותה | או | בחדתותיה: |
| 051 | | Ex 5:03 | אלהן דלא יערע יתן במותנא | או | בחרבא: |
| 052 | | Gn24:50 | לא נכל לממללא עמך טב | או | ביש: |
| 053 | | Lv27:10 | לא ישל<ח>ף יתיה טב בביש | או | ביש בטב ואן מפרגה יפרג בעיר |
| 054 | | Nu24:13 | מימרה דייי למעבד טבא | או | בישא מן דעתי ית מה די ימליל |
| 055 | | Nu13:19 | שריין בה הא טבה היא | או | בישה ומה קרייתה די אינון |
| 056 | | Nu18:17M | או בכוריה /בכור תורה | [או | ב]כור [אמ]רא [או ב]כור#2# |
| 057 | | Nu18:17M | תורה [או ב]כור [אמ]רא | [או | ב]כור#2#/ גדייה בני עזייה |
| 058 | | Nu18:17 | להוד בכורי תוריה | או | בכורי אמריה או בכוריה גדייה |
| 059 | | Nu18:17 | תוריה או בכורי אמריה | או | בכוריה גדייה בני עזייה לא |
| 060 | | Lv13:52 | ית שתיה או ית ערבה בעמר | או | בכיתן או ית כל מן דמשך די |
| 061 | | Lv 7:21 | דברנש או בבעיר מסאב | או | בכל שרץ מסאב ויאכל מן בשרה |
| 062 | | Lv13:48 | לכתנא או לעמרא או במשך | או | בכל עב<י>ד{י}ה דמשך: |
| 063 | | Lv13:49 | או בשתיה או בעור«בא» | או | בכל מן דמשך מכתש צרעה הוא |
| 064 | | Lv13:53 | בלבוש או בשתיה או בערבה | או | בכל מן דמשך: |
| 065 | | Lv13:57 | בלבושה או בשתיא או בערבה | או | בכל מן דמשך מהלכה היא בנורא |
| 066 | | Lv13:59 | בכתן או בשתיא או בערבא | או | בכל מן משך לדכיה יתיה או |
| 067 | | Nu35:23 | | או | בכל אבן די ימות בה דלא חמה |
| 068 | | Lv13:59 | דמכתש צרעתה בלבוש דעמר | או | בכתן או בשתיא או בערבא או |
| 069 | | Lv13:47 | ביה מכתש צרעה בלבוש דעמר | או | בלבוש דכתן: |
| 070 | | Nu14:02 | מי{ן}<י>תינן דמצרים | או | במדברה הדין אלווי |
| 071 | | Nu19:16 | באפי ברא דקטיל דחרב | או | במית או בגרם דבר נש או |
| 072 | | Nu19:18 | כל דיקרוב בגרם או בקטיל | או | במית או בקברה: |
| 073 | | Ex21:18 | וימחי גבר ית חבריה באבן | או | במרתוק ולא ימות ויטלק בערס |
| 074 | | Lv13:48 | או בערבה לכתנא או לעמרא | או | במשך או בכל עב<י>ד{י}ה |
| 075 | | Lv13:49 | מכתשה ירק או סמוק בלבוש | או | במשך או בשתיה או בעור«בא» |
| 076 | | Lv13:51 | בלבוש או בשתיה או בערבה | או | במשך לכל מה די יתעבד משכה |
| 077 | | Lv13:49M | או בשתיה /סמק בלבושה | או | במשכה או לש'#2#/ או |
| 078 | | Lv 5:02 | או בנבלה דחוה מסאבה | או | בנבלה דבעיר מסאב או בנבלה |
| 079 | | Lv 5:02 | או בנבלה דבעיר מסאב | או | בנבלה דשרץ מסאב ויתכסי מנה |
| 080 | | Lv 5:02 | די תקרב בכל מילה מסאבה | או | בנבלה דחוה מסאבה או בנבלה |
| 081 | | Ex21:04 | יתיה אתה ותלד ליה בנין | או | בנן אתתא ובניה תהוי לריבונה |
| 082 | | Nu15:03 | או נ{ס}כ<ס>ה לפירוש נדרה | או | בנסיבה או בזמני מועדיכון |
| 083 | | Lv13:49 | בלבוש או במשך או בשתיה | או | בעור«בא» או בכל מן דמשך |
| 084 | | Nu15:11 | עם אמרה באמריה או בגדיה | או | בעזיה: |
| 085 | | Dt22:06 | אילן או על ארעא גוזלין | או | בעיין ואמהון רביעה על |

|  |  |  |  |  |
|---|---|---|---|---|
| 086 | Lv22:21 | לפרש נדר או נסיבה בתורין | או | בען שלם יהי ברעווה כל |
| 087 | Lv13:59 | דעמר או בכתן או בשתיא | או | בערבא או בכל מן משך לדכיה |
| 088 | Lv13:48 | או בשתיה | או | בערבה לכתנא או לעמרא או |
| 089 | Lv13:51 | הלך מכתשה בלבוש או בשתיה | או | בערבה או במשך לכל מה די |
| 090 | Lv13:53 | הלך מכתשה בלבוש או בשתיה | או | בערבה או בכל מן דמשך: |
| 091 | Lv13:57 | תוב בלבושה או בשתיא | או | בערבה או בכל מן דמשך מהלכה |
| 092 | Nu19:16 | או במית או בגרם דבר נש | או | בקברה יסתאב שבעה יומין: |
| 093 | Nu19:18 | בגרם או בקטיל או במית | או | בקברה: |
| 094 | Nu19:18 | תמן ועל כל דיקרוב בגרם | או | בקטיל או במית או בקברה: |
| 095 | Nu35:18 | | או | בקי{מ}<ס> מלא ידה די ימות |
| 096 | Ex28:43 | במעיליהון למשכן זימנא | א{ן}<ו> | בקרבותהון על גב מדבחא |
| 097 | Ex30:20 | יתקדשון במיא דלא ימותון | או | בקרובותהון על גבי מדבחא |
| 098 | Ex21:31 | | או | בר דכר מן בני ישראל יגש או |
| 099 | Lv25:49 | או אחוי דאבוי | או | בר אחוי דאבוי יפרוק יתיה או |
| 100 | Lv22:05 | בכל שרץ די יסתאב ליה | או | בר נש די יסתאב ליה בכל |
| 101 | Ex21:31 | בר דכר מן בני ישראל יגש | או | ברה נקבה מן בני ישראל כסדר |
| 102 | Lv25:49M | חביבה | או | בריה דחביבה יפרוק יתיה או |
| 103 | Dt13:07 | יתך אחוך ברה דאמ{ן}<ך> | או | ברך או ברתך או את{ה}<ת> |
| 104 | Lv18:10 | עריתה דברתה דברך | או | ברת ברתך לא תבזה עריתהון |
| 105 | Dt27:22 | ישמש עם אחתיה ברת אבוי | או | ברת אמיה ויאמרון כל עמה |
| 106 | Lv18:09 | עיריתה דאחתך ברתה דאבוך | או | ברתה דאמ«ך» מה דאולד אבוך |
| 107 | Lv20:17 | די יסב ית אחתה ברת אבוי | או | ברתה דאמה ויחמי ית עריתה |
| 108 | Dt27:22M | ויאמרון כל /ברתה דאבוי | או | ברתה דאמיה ויענון כל#2#/ |
| 109 | Dt13:07 | ברה דאמ{ן}<ך> או ברך | או | ברתך או את{ה}<ת> חובך או |
| 110 | Lv13:24 | | או | בשר' ארום יהווי במשכה כוויה |
| 111 | Lv13:57 | ואין תתחזי תוב בלבושה | או | בשתיא או בערבה או בכל מן |
| 112 | Lv13:59 | צרעתה בלבוש דעמר או בכתן | או | בשתיא או בערבא או בכל מן |
| 113 | Lv13:48 | | או | בשתיה או בערבה לכתנא או |
| 114 | Lv13:49 | או סמוק בלבוש או במשך | או | בשתיה או בעור«בא» או בכל |
| 115 | Lv13:51 | ארום הלך מכתשה בלבוש | או | בשתיה או בערבה או במשך לכל |
| 116 | Lv13:53 | {לך} לא הלך מכתשה בלבוש | או | בשתיה או בערבה או בכל מן |
| 117 | Ex21:21M | תרין יומין /ברם בתר יום | או | בתר תרי' יומין#2#/ יקום לא |
| 118 | Lv21:20 | או דלית ליה שער בגיבינוי | או | גביע או ננס או דחלזונה |
| 119 | Lv20:02M | גבר טלי{או} | או | גבר סיב דישמש עם איתתה |
| 120 | Lv22:04 | יקרוב בכל סמא נפש בר נש | או | גבר די תפוק מנה תשמי{ע}<ש> |
| 121 | Lv22:04M | נפש \בר נש או /דמית | או#2# | גבר די תפוק/יפוק#2# מנה |
| 122 | Lv22:05 | | או | גבר די יקרוב בכל שרץ די |
| 123 | Nu 5:30 | | או | גבר די תעבר עלוי רוח דקנא |
| 124 | Lv17:03 | ישראל די יכוס תור אמר | או | גדי בר עזין במשריתה או די |
| 125 | Lv22:27 | אוריית' דייי תור אמר | או | גדי ארום יתילד יהוי מתרבי |
| 126 | Ex19:13 | דאנש ארום מתרגמ' יתרגם | או | גירין דאשה יגרו' יזדרקון |
| 127 | Lv22:22 | דסמי או דתביר | או | דגבייה או נסיס או דמלי |
| 128 | Lv13:30 | כהנא נתקה הוא צרעתה ראשה | או | דדקנה הוא: |
| 129 | Gn44:08 | נגנב מן ביתה דרבונך כסף | או | דהב: |
| 130 | Lv21:18M | או פחוש או פסיע /דסמי | או | דחגיר או דפסיק או דמסר'#2# |
| 131 | Lv21:20 | בעינוי או דמלי חזזין | או | דחזווי חשיך או דמרחש |
| 132 | Lv21:20 | בגיבינוי או גביע או ננס | או | דחלזונה בעינוי או דמלי |
| 133 | Lv21:20M | דגביח או דנסיס | או | דחלזונה בעייניה או דמלי |
| 134 | Lv21:20M | דמלי גרב או דמלי חזזין | או | דחסיר כולייה |
| 135 | Lv 5:01 | דחרוף והוא שהד או די חמה | או | די ידע אין לא יתני יקבל |
| 136 | Lv 5:01 | קל שבועה דחרוף והוא שהד | או | די חמה או די ידע אין לא |
| 137 | Lv 5:21M | או באושטות ידה או בגזלה | או | די |
| 138 | Lv 5:21 | או באושטות יד או בגזל | או | די עצה ית חברה: |
| 139 | Lv17:03 | או גדי בר עזין במשריתה | או | די יכוס לבר ממשריתה: |
| 140 | Lv21:20 | | או | די גבנוי חפיין על עיינוי או |
| 141 | Lv22:04 | מן בנוי דאהרן והוא מצרע | או | דייב בקדשייה לא ייכול |
| 142 | Gn15:01 | ולית לי חול' לעלמא דאתי | או | דילמא דיזלון אחיהון או |
| 143 | Gn44:18M | דחיל דילמא לא אתמר לך | או | דילמא לא אשתמע לך מה דעבדו |
| 144 | Gn44:18 | דחיל דילמא לא אתאמר לך | או | דילמא לא אשתמע לך מה דעבדו |
| 145 | Gn32:03M | אתיין מן בתרי למיקטול | או | דילמה דמשירין דייי אתיין |
| 146 | Lv24:12 | ליה למתקטלה בדינה | ^או#2#^ | דילמה דישתכח לה זכו מן |
| 147 | Lv13:52M | בכיתן או ית כל /דעמרה | או | דכ{נ}ת<נ>ה ית כל#2#/ מן |
| 148 | Lv21:20 | די גבנוי חפיין על עיינוי | או | דלית ליה שער בגיבינוי או |
| 149 | Gn15:01M | | או | דלמא דאשכח לי זכו בזמנ' |
| 150 | Gn15:01M | קדמיא די נפלו קודמוי | או | דלמא די לא ישתכח לי זכו |
| 151 | Gn15:01 | וייתון עליי ויקטלון יתי | או | דלמא מצוון קלילן דהוה בידי |
| 152 | Gn15:01 | דנפלו קדמיי ואתקמין עלי | או | דלמא דלא אשתכח בידי מצוה |
| 153 | Gn44:18 | שאלת שלמה דאבה כל יומייא | או | דלמא דלא אשתמע לך ולא אתני |
| 154 | Gn32:03M | לקדמותי למיקטול יתי | או | דלמה דמשריתיה דלבן אחוה |
| 155 | Lv26:41 | יתהון לארע בעלי דבביהון | או | דלמה יתבר לבהון זידנה ובכדן |
| 156 | Dt 6:04 | דאברהם פלח אתון פלחין | או | דלמה לטעוות לבן ^דהו'#2#^ |
| 157 | Lv22:22M | דמלי חזזין /דמלי יבלי\ | או | דמילי גרב{ר} או דמילי |
| 158 | Lv22:22M | יבלי או דמילי גרב{ר} | או | דמילי חזזין#2#/ לא תקרבון |
| 159 | Lv21:20M | או דחלזונה בעייניה | או | דמלי גרב או דמלי חזזן או |
| 160 | Lv21:20M | בעייניה או דמלי גרב | או | דמלי חזזין או דחסיר כולייה |
| 161 | Lv21:20 | או ננס או דחלזונה בעינוי | או | דמלי חזזיין או דחזווי חשיך |
| 162 | Lv22:22 | דתביר או דגבייה או נסיס | או | דמלי חזזיין לא תקרבון אליין |
| 163 | Lv21:18M | /דסמי או דחגיר או דפסיק | או | דמסר'#2#/: |
| 164 | Lv21:20 | חזזיין או דחזווי חשיך | או | דמרחש אשכתיה: |
| 165 | Lv21:20M | דגביח | או | דנסיס או דחלזונה בעייניה |
| 166 | Dt 4:16M | כל מן דעם דמ{ן}<ו> דדכר | או | דנקבה |
| 167 | Lv13:59M | /דכ{נ}ת<נ>ה או דשתייה | או | דערבה#2#/ או בכל מן משך |
| 168 | Lv21:18M | או פסיע /דסמי או דחגיר | או | דפסיק או דמסר'#2#/: |
| 169 | Dt13:08 | לכון דקריבין לכון | או | דרחיקין {ל}<מנ>כון מן סייפי |
| 170 | Lv13:59M | או בערבא /דכ{נ}ת<נ>ה | או | דשתייה או דערבה#2#/ או בכל |
| 171 | Lv22:22 | דסמי | או | דתביר או דגבייה או נסיס או |
| 172 | Dt29:17 | דלא יהוי בכון גבר או אתה | או | זרעי' או שבט דליביה סטי עלוי |
| 173 | Dt13:07 | או ברתך או את{ה}<ת> חובך | או | חברך רחמך דחביב עליך כנפשך |
| 174 | Lv21:18 | לא יקרב למקרבה גבר סימי | או | חגיר או פחוש או פסיע: |
| 175 | Lv13:24 | בהקי חוורה וסמוקה | או | חוורה: |
| 176 | Dt13:02 | יקום ביניהון נביא שקר | או | חלם חלמין ויתנון לכון את או |
| 177 | Dt13:06 | ונביא שקרא ההוא | או | חלם חלמייה ההוא יתקטל ארום |
| 178 | Nu13:18 | בגווה הא תקיפין אינון | או | חלשין הא עם קלילין אינון או |
| 179 | Ex21:33 | יכסה יתיה ויפל תמן תור | או | חמור: |
| 180 | Dt28:51 | די לא ישיירון לכון עבור | או | חמר ומשח בקרת תוריכון ועדרי |
| 181 | Ex23:04 | ארום תערע תורא דשנאך | או | חמריה טעון מחזרא תחזר יתיה |
| 182 | Ex22:05 | ותיכל גדישין או קמתא | או | חקלא משלמא ישלם מן דמוקד ית |
| 183 | Ex 4:11M | \אלמין או חרשין /אלמ' | או | חרשא#2#/ או פתיחין או |
| 184 | Ex 4:11 | לבר נשא או מן שוי אלמין | או | חרשין או פתיחין או סמין |
| 185 | Gn24:50M | אנה יכיל למללא עמך ביש | או | טב#2#/: |
| 186 | Nu35:20 | ואן בשנא ידחוף יתיה | או | טלק עלוי בכמנה ומית: |
| 187 | Nu35:22 | דלא בעיל דבבו דחף יתיה | או | טלק עלוי כל מן דהוא דלא |
| 188 | Nu 9:22 | או תרין יומין או ירח | או | יומין סגין כד שוהי עננה על |
| 189 | Nu 9:21 | ויסתלק עננה בצפרא ויטלון | או | יומם ולילי ויסתלק עננה |
| 190 | Ex21:37 | תור או אימר ויכס יתיה | או | יזבן יתיה חמשה תורין ישלם |
| 191 | Ex22:13 | גבר מלות חבריה ויתבר | או | ימות מרה לית עמיה משלמא |
| 192 | Nu 5:14 | ית אתתיה והיא אסתאבת | או | יעבור עלוי רוח קנאה ויקנא |
| 193 | Nu 9:22 | או תרין יומין | או | ירח או יומין סגין כד שוהי |

|  |  | | | |
|---|---|---|---|---|
| 194 | Ex22:09 | יתיה וימות או יתבר | או | ישתבי ולית דחמי יתיה: |
| 195 | Nu30:03 | ארום ידר נדר לשמה דייי | או | ישתבע שבועה למקיימה קיים |
| 196 | Ex21:20 | וארום ימחי גבר ית עבדיה | או | ית אמהתיה בשרביטה ומית תחות |
| 197 | Ex21:26 | ימחי גבר ית עיניה דעבדיה | או | ית עיניה דאמה{ה}תה ויחבול |
| 198 | Ex21:28 | וארום יגש תורא ית גבר | או | ית אתה וימות מתרגמא יתרגם |
| 199 | Lv 5:23 | ית עיציה די עצה ית חברא | או | ית פקדוניה די אתפקד לוותי׳ |
| 200 | Lv 5:23 | פקדוניה די אתפקד לוותי׳ | או | ית אבדתה די אשכח: |
| 201 | Lv 5:23M | "עצה ...": טלומא | או | ית פקד<׳> [...] די לם ית |
| 202 | Lv 5:23 | ויחזר ית גזלה דגזל | או | ית עיציה די עצה ית חברא או |
| 203 | Lv13:52 | או ית ערבה בעמר או בכיתן | או | ית כל מן דמשך די יהווי ביה |
| 204 | Lv13:52 | ויוקד ית לבושה | או | ית שתיה או ית ערבה בעמר או |
| 205 | Lv13:52 | ויוקד ית לבושה או ית שתיה | או | ית ערבה בעמר או בכיתן או ית |
| 206 | Nu30:15 | יום ויקיים ית כל נדרה | או | ית כל קיומא די עלה קיים |
| 207 | Dt17:05 | לגו קורייכון ית גוברא | או | ית אתתה ותרגמון יתהון |
| 208 | Dt17:05 | ותפקון ית גוברא ההוא | או | ית אתתה ההיא די עבדו ית |
| 209 | Dt22:01 | לא תחמי ית תורא דאחוך | או | ית אמריה טעיין ותכסי עיינך |
| 210 | Ex22:09 | בעיר למנטרה יתיה וימות | או | יתבר או ישתבי ולית דחמי |
| 211 | Lv22:23 | ותור או אמר דחסיר אבר | או | יתיר אבר נסיבה תפרשון יתיה |
| 212 | Lv13:58 | ולבושא או שתיה או ערבה | או | כל מן דמשך די תחוור ויתעבר |
| 213 | Nu13:19M | בהון הא כופרנין הנון/ | או | כרכין#2/: |
| 214 | Ex22:04 | ארום ייקד גבר חקל | או | כרם וישלח יקידתא ויוקד |
| 215 | Lv19:20 | לגבר ומפרק לא אתפרקת | או | כתב חרותה לא יתיהבת לה מרדו |
| 216 | Gn24:21 | הא אן אצלח ייי אורחה | או | לא: |
| 217 | Gn27:21 | הא את הוא דין ברי עשו | או | לא: |
| 218 | Gn38:25 | כען הא היא פרגודא דברך | או | לא ואנה איתמר לי כען דמן |
| 219 | Nu11:23M | פתגמוי/<פתג>מי#2/ | אן/או#2/ | לא: |
| 220 | Nu13:20 | אפתרין הא אית בה אילנין | או | לא ותתוקפון ותסבון מן פירי |
| 221 | Dt 8:02 | אתון מצוותה דאורייתה | או | לא: |
| 222 | Nu15:11M | לתורא חדא או לדיכרא חדא | או | לאימר באימריה או לגדי |
| 223 | Dt 6:04 | אחוה דאמה פלח אתון פלחין | או | לאלהיה דיעקב אבוכון אתון |
| 224 | Lv11:32 | מן כל {מה} <מן> דקייס | או | לבוש או משך או סק כל מן די |
| 225 | Gn31:43 | מה אעביד לאלין יומא דן | או | לבניהון די ילדן: |
| 226 | Lv12:06 | יומי דכותה לבר דכר | או | לברה נקבה תייתי אמר בר שתה |
| 227 | Lv12:07 | אורייתה דילדתה לבר דכר | או | לברה נקבה: |
| 228 | Lv15:33M | או לנקבה /לביר {ו}<ד>כר | או | לברה נקבה#2/ ולגבר די |
| 229 | Nu15:11M | חדא או לאימר באימריה | או | לגדי עזייה |
| 230 | Nu15:11M | לתורא חדא | או | לדיכרא חדא או לאימר |
| 231 | Dt17:12 | תמן קדם ייי אלהכון | או | לדינה ויתקטל גברא ההוא |
| 232 | Nu 9:10 | או בארח רחיקה לכון | או | לדרכון ויעבד פיסחה קדם ייי: |
| 233 | Lv13:02 | וייתי לוות אהרן כהנא | {ו}או | לוות חד מן בנוי כהניא: |
| 234 | Ex21:06M | /לתרע בית דינ׳ | או | לחד מן מוזייתא#2/ וירצע |
| 235 | Dt13:04 | למילוי דנבייא שקרא ההוא | או | לחלם {ל}חלמייא ההוא ארום |
| 236 | Dt17:03 | להון ולשמשא או לסהרא | או | לכל חילוות שמייא די לא |
| 237 | Ex21:06 | דייניה ויקרב יתיה לתרעא | או | למוזיית׳ וירצע רבוניה ית |
| 238 | Lv 5:04 | למפרשה בסיפתן למבאשה | או | למיטבה לכל מה די יפרש ליה |
| 239 | Lv13:59M | למדכייה יתיה | או | למסאבה יתיה |
| 240 | Nu15:05 | הינא תקרבון על עלתה | או | לנכסת קודש«י»ה לאמרה |
| 241 | Nu15:08 | עלה או נכסה בפירוש נדר | או | לנכסת קודשין לשמה דייי: |
| 242 | Ex22:30 | לא תיכלון לכלבא תטלקון | או | לנכרייה בר עממיא תטלקון |
| 243 | Lv22:21M | או נסיבה /לפרוש דנדר | או | לנס#2/ בתורין או בען |
| 244 | Nu15:03M | או נכיסון פירוש דנדר | או | לנסיבה או בזמן דסדרי |
| 245 | Lv15:33 | דובה ודדייב ית דובה לדכר | או | לנקבה ולגבר די ישמש עם אתה |
| 246 | Lv13:59 | או בכל מן משך לדכיה יתיה | או | לסאבותיה: |
| 247 | Dt17:03 | אחרניין וסגד להון ולשמשא | או | לסהרא או לכל חילוות שמייא |
| 248 | Lv13:48 | או בשתיה או בערבה לכתנא | או | לעמרא או במשך או בכל |
| 249 | Lv25:47 | ויזדבן לגיור ותותב עמך | או | לעקר זרעית גיור: |
| 250 | Lv13:49M | /סמק בלבושה או במשכה | או | לש׳#2/ או בעור«בא» או |
| 251 | Gn24:49 | לא תנון לי ואסטי לימינא | או | לשמאלה: |
| 252 | Lv 5:11 | תרע ידיה לתרין שפנינין | או | לתרין גוזלין בני יון וייתי |
| 253 | Lv18:09 | דאולד אבוך מן אתה חורי | או | מה דילידת אמך מן גבר אוחרן |
| 254 | Lv18:09M | מן גבר /דילידת מן אבוך | או | מה דיילדת מן גב׳#2/ אוחרן |
| 255 | Dt14:21 | תתנון יתה ויכלון יתה | או | מזבנה תזבנון יתיה |
| 256 | Lv 5:24 | | או | מכל מה דיש{בת}<תב>ע עלוהי |
| 257 | Ex 4:11 | מן שוי <פם> לבר נשא | או | מן שוי אלמין או חרשין או |
| 258 | Lv 1:10 | מן ענה קרבני׳ מן אמריה | או | מן גדיא דבני עזיה לעלא דכר |
| 259 | Lv 1:14 | דייי ויקרב מן שפניניה | {או} | או מן גוזליה בני יונה ית |
| 260 | Lv 1:14 | ויקרב מן שפניניה {או} | או | מן גוזליה בני יונה ית |
| 261 | Lv13:56 | ויבזע יתיה מן לבושיה | או | מן משך או מן שתיה או מן |
| 262 | Lv13:56 | יתיה מן לבושיה או מן משך | או | מן שתיה או מן ערבה: |
| 263 | Lv13:56 | או מן משך או מן שתיה | או | מן ערבה: |
| 264 | Lv14:30 | ויקרב ית חד מן שפנינייה | או | מן גוזלייה בני יווניה מן די |
| 265 | Lv25:49 | בר אחוי דאבוי יפרוק יתיה | או | מן קריב בשריה מן זרעיתה |
| 266 | Lv25:49M | בריה דחביבה יפרוק יתיה | או | מן קריב{ה}<ת> בש׳ |
| 267 | Nu15:03 | דרעוה קדם ייי מן תוריה | או | מן ענה: |
| 268 | Nu15:14 | וארום יתותב עמכון גיור | או | מן מה די ביניכון לדריכון |
| 269 | Nu23:10 | הוון מברכין כעפרא דארעא | או | מן יכיל מסכום חדה מן ארבעתי |
| 270 | Dt24:14 | דמסכינה וצריכה מן אחיכון | או | מן גיוריכון די בארעכון |
| 271 | Ex22:06 | ארום יתן גבר לחבריה כסף | או | מנין למנטרה יתהון ויגנבון |
| 272 | Nu13:18 | חלשין הא עם קלילין אינון | או | מסגיין: |
| 273 | Lv20:27 | די יהווי בהון שאלי אובה | או | מסקי זכורון מתקטלה יתקטלון |
| 274 | Lv11:32 | {מה} <מן> דקייס או לבוש | או | משך או סק כל מן די יתעבד |
| 275 | Gn32:03 | אינון חזור למרדף בתרי | {או | משרין דעשו אחי אינון דהוא |
| 276 | Gn32:03 | אינון דהוא אתי לקדמותי} | או | משרין דמלאכין דעשו אחי |
| 277 | Gn32:03 | אחי אינון דהוא אתי לקדמ׳ | או | משרין דמלאכין מן קדם ייי |
| 278 | Lv 7:16 | ואין נדר | או | נדבה נכסת קרבניה ביומא די |
| 279 | Nu15:08M | בפירוש נדר /עלוון | או | ניסוכין פירוש דנדר#2/ או |
| 280 | Dt 4:34 | | או | ניסייה די עבד ייי למיעול |
| 281 | Nu15:03M | "עלה ... בזמני": עלוון | או | נכיסון פירוש דנדר או |
| 282 | Lv17:08 | ביניכון די יקרב עלה | או | נכיסן: |
| 283 | Nu15:08 | וארום תקרבון בר תורין עלה | או | נכסה בפירוש נדר או לנכסת |
| 284 | Lv21:20 | ליה שער בגיבינוי או גביע | או | ננס או דחלזונה בעינוי או |
| 285 | Lv22:21 | לשמה דייי לפרש נדר | או | נסיבה בתורין או בען שלם יהי |
| 286 | Lv22:22 | דסמי או דתביר או דגבייה | או | נסיס או דמלי חזזיין לא |
| 287 | Nu15:03 | ותקרבון קרבן קדם ייי עלה | או | נ{ס}<כ>ה לפירוש נדרה או |
| 288 | Lv 5:02 | | או | נפש די תקרב בכל מילה מסאבה |
| 289 | Lv 5:04 | | או | נפש ארום תשבע למפרשה בסיפתן |
| 290 | Lv 3:06 | קודשיה לשמה דייי דכר | או | נקבה שלם מן מום יקרב יתיה: |
| 291 | Dt 4:16 | וצורא}} וכל דמו דכר | או | נקבה: |
| 292 | Nu13:18M | /רפיין הא זעירין הנון | או | סגיין#2/: |
| 293 | Dt13:02 | חלם חלמין ויתנון לכון את | או | סימן: |
| 294 | Dt13:03 | וייתי אתה | או | סימנה די מלל לכון למימ׳ |
| 295 | Dt13:02M | /חלמייה נותן לכון אתין | או | סימנין#2/: |
| 296 | Lv13:49 | ויהוי מכתשה ירק | או | סמוק בלבוש או במשך או בשתיה |
| 297 | Dt15:21 | וארום יהווי ביה מום חגיר | או | סמי כל מום ביש לא תקרבון |
| 298 | Ex 4:11M | פתיחין או סמין /פקיחא\ | או | סמייא#2/ ארום אלהן אנה |
| 299 | Ex 4:11 | אלמין או חרשין או פתיחין | או | סמין ארום אלהן אנה ייי: |
| 300 | Lv14:37 | בכותלי דבייתה שקען ירקן | או | סמקן וחיזויהון מכיך מן |
| 301 | Lv11:32 | דקייס או לבוש או משך | או | סק כל מן די יתעבד עבידה |

| | | | | | | |
|---|---|---|---|---|---|---|
| 302 | | | Dt13:07M | חובך /אתתה דדמכה חובך | או | {עובך} <חברך> דר׳#2#/ או |
| 303 | | | Lv17:13 | ביניהון די יצוד ציד דחיה | או | עוף די יתאכל וישפוך ית |
| 304 | | | Lv17:13M | ציד \דחיה או עוף /חייה | או | עופה#2#/ די יתאכל וישפוך |
| 305 | | | Lv22:28M | רחילא /ותורתה או רחלה | או | עיזה#2#/ ∧יתה וית ברה#1# |
| 306 | | | Lv15:23 | ואין על מדמכה הוא | או | על מנה דהיא יתבה עלוי כד |
| 307 | | | Dt22:06 | ואמהון רביעה על גוזלייה | או | על בעייה לא תסבון אמהתה עם |
| 308 | | | Dt22:06 | קדמיכון בארחה בכל אילן | או | על ארעא גוזלין או בעיין |
| 309 | | | Dt17:06 | על פם מימר תרין סהדין | או | על פם תלתה סהדין יתקטל מן |
| 310 | | | Dt19:15 | יתחייב על פם תרין סהדין | או | על פם תלתה סהדין יקום |
| 311 | | | Nu15:06 | | או | עם דכרה תקרבון מנחה סלת |
| 312 | | | Nu15:11 | חדתה או עם דכרה חדתה | או | עם אמרה באמריה או בגדיה או |
| 313 | | | Nu15:11 | תקרבון עם תורה חדתה | או | עם דכרה חדתה או עם אמרה |
| 314 | | | Lv13:58 | ולבושא או שתיה | או | ערבה או כל מן דמשך די תחוור |
| 315 | | | Gn24:55M | עשרה יומין /דשתא שלמא | או | עשר ירחי׳ יומין#2#/ |
| 316 | | | Gn24:55 | רביתי עמן תרין יומין | או | עשרה יומין ומן בתר כדן |
| 317 | | | Lv21:18 | למקרבה גבר סימי או חגיר | או | פחוש או פסיע: |
| 318 | | | Nu30:07 | תתנסב לגבר ונדרה עלה | או | פירוש סיפוותה די קיימת על |
| 319 | | | Lv21:18 | גבר סימי או חגיר או פחוש | או | פסיע: |
| 320 | | | Ex 4:11 | או מן שוי אלמין או חרשין | או | פתיחין או סמין ארום אלהן |
| 321 | | | Lv 5:06 | אתחייב נקבה מן ענה אמרה | או | צפירה ברת עיזין לחטאתה |
| 322 | | | Nu30:11 | ואין בבית דבעלה נדרת | או | קיימת קיים על נפשה בשבועה: |
| 323 | | | Lv13:02 | במשך «בשריה» שומה | או | קלפה או בהקי ויהוי במשך |
| 324 | | | Ex22:05 | ותשכח כובין ותיכל גדישין | או | קמתא או חקלא משלמא ישלם מן |
| 325 | | | Gn15:01 | או דילמא דיזלון אחיהון | או | קריביהון דקטיליה האילין די |
| 326 | | | Nu22:18 | דייי אלהי למעבד זעירה | או | רבתה: |
| 327 | | | Lv22:28 | עמי בני ישראל תורתא | או | רחילא לא תכסון <....>: |
| 328 | | | Lv22:28M | \תורתא או רחילא /ותורתה | או | רחלה או עיזה#2#/ ∧יתה וית |
| 329 | | | Dt29:17 | בכון גבר או אתה או זרעי | או | שבט דליביה סטי עלוי יומא |
| 330 | | | Nu11:08M | וטחנין ^ברחיה#2#^ | ∧או | שחקין במדוכתה ומבשלין |
| 331 | | | Ex21:27 | ואין שן עבדיה | או | שן אמהתיה יתר לחירות ישלח |
| 332 | | | Lv12:06 | לעל«ה» וגוזל בר יון | או | שפנין לחטאתה לתרע משכן |
| 333 | | | Lv13:58 | ולבושא | או | שתיה או ערבה או כל מן דמשך |
| 334 | | | Lv25:49 | מן זרעיתה יפרוק יתיה | או | תארע ידיה ויתפרק: |
| 335 | | | Ex22:09 | וארום יתן גבר לחבריה חמר | או | תור או אימר וכל בעיר למנטרה |
| 336 | | | Dt22:04 | לא תחמי ית חמריה | או | תורה «דאחוך» מטלקין |
| 337 | | | Lv25:14 | תזבנון זבן לחביריכון | או | תזבנון מן חבריכון לא |
| 338 | | | Nu13:19 | הא קרי כפרנין אינון | או | תלילן: |
| 339 | | | Lv11:35 | מנבלתהון עלוי יסתאב תנור | או | תפיין יסתתרון מסאבין אנון |
| 340 | | | Ex21:21 | לחוד אן יום חד | או | תרין יומין יקום לא יתפרע |
| 341 | | | Lv 5:07 | דאתחייב תרין שפנינין | או | תרין גוזלין בני יון לשמה |
| 342 | | | Lv12:08 | אמר ותסב תרין שפנינין | או | תרין גוזלין בר יון חד |
| 343 | | | Lv14:22 | ותרין שפנינין | או | תרין גוזלין בני יון מן מה |
| 344 | | | Lv15:14 | יסב ליה תרין שפנינין | או | תרין גוזלין בני יוון וייתי |
| 345 | | | Lv15:29 | תסב לה תרין שפנונין | או | תרין גוזלין בני יוון ותתי |
| 346 | | | Nu 6:10 | ייתי תרין שופנינין | או | תרין גוזלין בני יון לוות |
| 347 | | | Nu 9:22 | | או | תרין יומין או ירח או יומין |
| 348 | אי | | Gn37:32 | כען אן פרגודה דבריך היא | אי | לא: |
| 349 | | | Ex17:07 | שרייא {ביניהון} בינינן | אי | לא: |

## אובה *n.* ghost [38]

| | | | | | | |
|---|---|---|---|---|---|---|
| 001 | אוב׳ | s ab/cn | Lv19:31 | לא תטון בתר שואלי | אוב׳ | ומסקי דכורן לא תצבון |
| 002 | אובה | | Lv20:27 | אתה די יהווי בהון שאלי | אובה | או מסקי זכורון מתקטלה |
| 003 | | | Lv20:06 | ונפש׳ די תסטי בתר שאלי | אובה | ומסקי זכורן {{למטעי}} |
| 004 | | | Dt18:11 | וחברי חבורן בישן ושאלי | אובה | ומסקי זכורון ותבעין אולפן |

## אוגר *n.* ⇐ איגר #2

## אודייה *n.* thanksgiving [38]

| | | | | | | |
|---|---|---|---|---|---|---|
| 001 | אודיא | s ab/cn | Lv22:29M | <....> נכסת | אודיה/<או>דיא#2#/ | לשמה דייי לרעוה |
| 002 | אודיה | | Lv 7:12 | אן על | אודיה | יקרב יתיה ויקרב על נכסת |
| 003 | | | Lv22:29 | <....> נכסת | אודיה | לשמה דייי לרעוה עליכון |
| 004 | אודייה | | Lv 7:12M | קדשיה חלין /נכיסת | אודייה | חלין#2#/ פטירין פילין |
| 005 | אודיית | | Lv 7:13 | יקרב קרבני׳ על נכסת | אודיית | קודשוי: |
| 006 | | | Lv 7:15 | ובשר נכסת | אודיית | קודשוי ^ביום#2#^ <די> |
| 007 | הודיית | | Lv 7:15M | \נכסת אודיית /נכיסת | הודיית#2#/ | קודשוי ^ביום#2#^ <די> |

## אוחרי *pron.* other (f.) [38 s.v. אוחרן]

| | | | | | | |
|---|---|---|---|---|---|---|
| 001 | אוחרי | sg. | Ex22:04M | \בחקלא דחורן /בחקל | אוחרי | מן שפר דחורן#2#/ בית שפר |
| 002 | אחורי | | Gn36:06M | לארעא/לארע#2#/ | חורי/אחורי#2#/ | מן קדם יעקב אחוי: |
| 003 | אחרי | | Gn26:21M | וחפרו באר | חורי/אחרי#2#/ | \ואדינו אף/ואתנצון |
| 004 | | | Gn26:22M | \חורי ולא אדינו עליה | /אחרי | ולא אתנצון עלה#2#/ וקרא |
| 005 | | | Dt28:32 | ובנתכון מסירין לאמא | אחרי | ועייניכון חמיין ותהוון |
| 006 | אחרני | | Dt29:27 | רב וטלק יתהון לארע | אחרני | כיומא הדין: |
| 007 | חורי | | Lv18:09 | מה דאולד אבוך מן אתה | חורי | או מה דילידת אמך מן גבר |
| 008 | | | Lv24:12 | דישתכח לה זכו מן זוי | ח«ו»רי | בדינה דלא יהוון בהתין |
| 009 | | | Gn26:21 | וחפרו באר | חורי | ואדינו אף עלה וקרא שמה |
| 010 | | | Gn26:22 | ואסתלק מן תמן וחפר באר | חורי | ולא אדינו עליה וקרא שמה |
| 011 | | | Ex21:10 | אן | חורי | יסב לה מזונה ותכסיתה ומעלה |
| 012 | | | Dt28:32M | מסירין/מסירין לאומא | חורי#2#/ | \לאמא אחרי /לעם אחרן#2# |
| 013 | | | Gn36:06 | בארעא דכנען ואזל לארעא | חורי | מן קדם יעקב אחוי: |
| 014 | אוחראין | pl. | Gn29:22M | גבן {ו} שב<ע> שנין | אוחראין | וקמו עמה בארעא |
| 015 | אוחרניין | | Dt28:36 | ותפלחון תמן טעוון | אוחרניין | טעוון דקי{ם}<ס> וטעוון |
| 016 | אחריניין | | Gn29:27 | עד תוב <שבע> שנין | אחריניין: | |
| 017 | אחרניין | | Gn29:30 | עוד תוב שבע שנין | אחרניי«ן»: | |
| 018 | | | Dt31:18 | די סטון בתר טעוון | אחרניין: | |
| 019 | | | Dt28:36M | וטעוון דאבן /לטעוון | אחרניין | אעא ואבנה#2#/: |
| 020 | | | Gn45:06M | כדון חמש שנין | דלא/אחרניין | די לא#2#/ זרעין ולא |
| 021 | | | Dt 7:04 | קדם {טדם ט} <טעוון> | אחרניין | די יתקוף רוגזיה דייי |
| 022 | | | Dt11:28 | הדין <....> {ולווטייה} | אחרניין | די לא חכמתון: |
| 023 | | | Dt13:03 | למימ׳ נזיל בתר טעוון | אחרניין | די לא חכמתון יתהון ונפלח |
| 024 | | | Dt13:07 | ניזיל ונפלח כען טעוון | אחרניין | די לא חכמתון אתון |
| 025 | | | Dt13:14 | ניזיל ונפלח קדם טעוון | אחרניין | די לא חכמתון: |
| 026 | | | Dt28:64 | ותפלחון תמן טעוון | אחרניין | דלא חכמתון אתון ואבהתכון |
| 027 | | | Dt29:25 | ואזלו קדם טעוון | אחרניין | ואשטתחו להון טעוון די לא |
| 028 | | | Lv14:42 | ויסבון אבנין | אחרניין | ויעלון יתהון תחות אבניה |
| 029 | | | Dt31:20 | ויסטון בתר טעוון | אחרניין | ויפלחון קדמיהון וירגיזו |
| 030 | | | Dt18:20 | ודי ימלל בשום טעוון | אחרניין | ויתקטל נבייא ההוא: |
| 031 | | | Dt17:03 | ואזל ופלח קדם טעוון | אחרניין | וסגד להון ולשמשא או |
| 032 | | | Dt11:16 | ותפלחון קדם טעוון | אחרני«י»ן | ותסגדון להון: |
| 033 | | | Dt 8:19 | ותזלון בתר טעוון | אחרניין | ותפלחון קדמיהון ותסגדון |
| 034 | | | Dt30:17 | ותסגדון קדם טעוון | אחרניין | ותפלחון קדמיהון: |
| 035 | | | Ex22:19 | מאן דמדבח קדם טעוון | אחרניין | ישתיצא ארום אלהן קדם ייי |
| 036 | | | Ex23:13 | זהירין ושום טע{י}<ו>ן | אחרניין | לא תדכרון ולא ישתמע |
| 037 | | | Dt28:14 | למיזל בתר טעוון | אחרניין | למפלח קדמיהון: |
| 038 | | | Dt 6:14 | לא תיזלון בתר טעוון | אחרניין | מן טעוותהון {{דאומייה}} |
| 039 | | | Gn49:02 | למפלח קדם טעוון | אחרניין | עניין תרין עשר |

## אוחרן *pron.* other (m.) [38]

| | | | | |
|---|---|---|---|---|
| 001 | אוחרן s abs | Nu23:13 | בלק אתא כען עמי לאתר | אוחרן די תחמי יתהון מן תמן להוד |
| 002 | | Gn 4:08 | דין ואית דיין ואית עלם | אוחרן ואית מתן אגר טב לצדיקיא |
| 003 | | Gn 4:25M | שוי לי ממריה דייי זרע | אוחרן חולף הבל די קטל יתה |
| 004 | | Lv18:09 | מה דילידת אמך מן גבר | אוחרן לא תבזי עריתהון: |
| 005 | אח' | Ex34:14M | לא תסגדון לאלה | חורן/אח'#2#/ ארום ייי קנא שמיה אלה |
| 006 | אחרא | Ex20:03 | ישראל לא יהווי לך אלה | אחרא בר מני: |
| 007 | אחרן | Gn30:24M | יסף ייי לי בר | חורן/אחרן#2#/: |
| 008 | | Dt24:02 | ותזיל ותתנסב לגבר | אחרן: |
| 009 | | Dt24:02M | /ותיזל ותסב לגבר | אחרן#2#/: |
| 010 | | Nu36:07M | ישראל מן שבט לשבט | \אחרן#2#/ ארום גבר באחסנות שבט |
| 011 | | Nu36:09 | תקף אחסנה מן שבט לשבט | אחרן ארום גבר באחסנתיה ידבקון |
| 012 | | Dt24:04 | מן בתר דאסתאבת לגבר | אחרן ארום מרחקה הוא קדם ייי ולא |
| 013 | | Dt 4:35 | ארום ייי הוא אלה לית | אחרן בר מינה: |
| 014 | | Dt32:39 | אנה בממרי הוא ולית אלהא | אחרן בר מיני אנה הוא דממית חיין |
| 015 | | Dt 5:07 | לא יהווי לכון אלה | אחרן בר מני: |
| 016 | | Dt 4:39 | על ארעא מן לרע לית אלה | אחרן בר מניה: |
| 017 | | Dt28:32M | \לאמא אחרי /לעם | אחרן#2#/ ועייניכון חמיין ותהוון |
| 018 | | Ex19:05M | ותהוון לשמי לעם | \אחרן#2#/ חביבין היך סגלה מן כל |
| 019 | | Nu19:03M | יתה קודמוי /וכהן | אחרן יכוס יתה במחמייה |
| 020 | | Lv14:42 | יתהון תחות אבניה ועפר | אחרן יסב וישוע ית ביתה: |
| 021 | | Dt20:07 | ימות בסדרי קרבה וגבר | אחרן יסב יתה: |
| 022 | | Dt28:30 | אתה תארש וגבר | אחרן יסב יתה בתין תבנון ולא |
| 023 | | Dt20:06 | ימות בסדרי קרבא וגבר | אחרן יפ«ר»ק יתיה: |
| 024 | | Dt20:05 | ימות בסדרי קרבה וגבר | אחרן ישכליל יתיה: |
| 025 | | Lv27:20M | זבן ית חקלה לגבר | חורן/אחרן#2#/ לא תתפרק/ית'#2#/ |
| 026 | | Nu23:27 | אתה כען אדבר יתך לאתר | אחרן מה דילמה דיהווי רעווה |
| 027 | | Gn29:19M | /למתן לג'#2#/ | חורן/אחרן#2#/ שרי עמי/גבי#2#/: |
| 028 | חורן | Gn30:24 | למימר יוסף ייי לי בר | חורן: |
| 029 | | Gn43:22 | וכספא | חורן אחתנן בידינן למזבן מזון לא |
| 030 | | Ex34:14 | ארום לא תסגדון לאלה | חורן ארום ייי קנא שמיה אלה קניי |
| 031 | | Dt 4:35M | ייי הוא אלה לית | אחרן/חורן#2#/ בר מינה: |
| 032 | | Nu23:13M | אתא כען עמי לאתר | אוחרן/חורן#2#/ די תחמי יתהון מן תמן |
| 033 | | Gn 4:25 | ארום שוי לי «ייי» בר | חורן חלף הבל ארו' קטל קין יתיה |
| 034 | | Lv27:20 | ואן זבן ית חקלה לגבר | חורן לא תתפרק עוד: |
| 035 | | Gn 4:08 | דין ולית דיין ולית עולם | חורן לית מתן אגר טב לצדיקיא |
| 036 | | Gn29:19 | לך מן למסבה יתה לגבר | חורן שרי עמי: |
| 037 | דחורן | Ex22:04 | יקידתא ויוקד בחקלא | דחורן בית שפר חקליה ובית שפר |
| 038 | | Ex22:04M | /בחקל אוחרי מן שפר | דחורן#2#/ בית שפר חקליה ובית שפר |
| 039 | אחרנייה s em | Dt11:24 | רבה נהרא דפרת ועד ימה | אחרנייה יהווי תחומכון: |
| 040 | חרנא | Gn43:14 | וישלח לכון ית אחוכון | חרנא וית בנימן ואנה היך מה דלא |
| 041 | | Gn42:19 | אתון חד מנכון אחוכון | חרנא יתחבש בבית חבושיכון ואתון |
| 042 | חרנה | Ex26:04M | בבית דבוקה | תניינא/חרנה#2#/: |
| 043 | דאחרינא | Ex18:04 | ושמה | דאחרינא אליעזר ארום מימר אלהה |
| 044 | דחרנה | Ex18:04M | ושמה | דאחרינא/דחרנה#2#/ אליעזר ארום מימר |
| 045 | אוחרנין p abs | Lv 6:04 | לבושוי וילבש לבושין | אוחרנין ויפק ית קטמה לבר מן |
| 046 | אחרינין | Gn 8:10 | תוב לממני שבעה יומין | אחרינין ואוסף למשלחה ית |
| 047 | אחרנין | Gn 8:12M | שב'#2#/ יומין | חרינין/אחרנין#2#/ ושלח ית יוונה ולא |
| 048 | | Gn41:03 | והא שבע תורין | אחרנין סלקין בתריהון מנהרא בישן |
| 049 | | Gn41:19 | והא שבע תורין | אחרנין סלקן בתרהון דלילן ובישן |
| 050 | חרינין | Gn 8:12 | תוב לממני שבעה יומין | חרינין ושלח ית יוונה ולא אוספת |

אוזן *n.* ⇐ אדן

## אוי *adv.* woe! [Heb.] [!!, cf. ווייי]

| | | | | |
|---|---|---|---|---|
| 001 | אוי | Nu21:29M | | ווי/אוי#2#/ לכון מואביי/מואבאי#2# |

## אויר *n.* air, space [38 אוויר]

| | | | | |
|---|---|---|---|---|
| 001 | אויר s ab/cn | Gn 1:20 | דפרח על ארעא על אפי | אויר רקיע שמיא: |
| 002 | באויר | Ex20:03 | מן שמאלה פרח וטייס | באויר שמיא וחזר וכל ישראל |
| 003 | | Dt 5:06 | מן שמאליה פרח וטייס | באויר שמיא וחזר ומקף על |
| 004 | | Ex20:02 | מן שמאליה פרח וטייס | באויר שמייא וחזר וכל ישראל |
| 005 | | Dt 4:17 | דמו כל עוף דפרח דטייס | באויר שמייא: |
| 006 | | Dt 5:07 | מן שמאליה פרח וטייס | באויר שמייא וחזר ומקף על |

## אוכלוסין *n.* crowd [38]

| | | | | |
|---|---|---|---|---|
| 001 | אוכלוסין p abs | Gn45:05M | /מן בגלל למיקיימיה | אוכלוסין סגי שלח יתי ממריה |
| 002 | | Nu21:06M | ית עמא ומיתו | אוכלוסין סגי#2#/ מן ישראל: |
| 003 | | Gn50:20M | יומ' הדין קהל | אוכלוסין סגין |
| 004 | | Nu24:24 | יפקון | אוכלוסין סגין {{בלברנייה עזי}} |
| 005 | אוכלסין | Ex19:21 | למיחמיה ויפל מנהון | אוכלסין סגין: |
| 006 | | Gn24:60M | יפקר' אלפין ורבבן | אוכלסין צדיקין |
| 007 | דאוכלוסין | Gn 4:10 | דא דעבדת קלא אדמהון | דאוכלוסין צדיקין דהון עתידין |
| 008 | ואוכלסין | Gn31:29 | אית עמי חיל | ואוכלסין סגין למבאשא לכון ואלה |

## אוכם *adj.* black [39]

| | | | | |
|---|---|---|---|---|
| 001 | אוכם s ab/cn | Lv13:31 | מכיך מן משכה ושער | אוכ{ס}<ם> לית בה ויטרוד כהנא ית |
| 002 | | Lv13:37 | ואן בחזוה קם נתקא ושער | אוכם צמח בה אתאסי נתקא דכי הוא |
| 003 | ואוכ' s em/sf | Lv11:19M | חוור'#2#/ | ואכומתה/ואוכ'#2#/ למינה וית נגר |
| 004 | ואכומתה | Lv11:19 | וית דיי{ר}<ת>ה חוורתה | ואכומתה למינה וית נגר טורא וית |

## [אולי] *adv.* perhaps [39]

| | | | | |
|---|---|---|---|---|
| 001 | אולי | Gn46:30 | ואמר ישראל ליוסף | אולי אנה מית הדא זימנא לא מיתת |

## אולפן *n.* learning, instruction [39]

| | | | | |
|---|---|---|---|---|
| 001 | א' s ab/cn | Lv26:14M | לא תשמעון לאולפן/ית | א'#2#/ אורייתי ולא תעבדון ית כל |
| 002 | אולפן | Ex33:07M | זמנה ויהווי כל דבקר' | אולפן |
| 003 | | Dt10:12 | דתקנן קדמוי ולמרחום ית | אולפן אורייתא ולמפלח קדם ייי |
| 004 | | Dt 6:05 | ותרחמ{י}<ו>ן ית | אולפן אורייתה דייי בכל לבבכון |
| 005 | | Dt 6:12 | לכון די לא תנשון ית | אולפן אורייתה דייי דאפיק יתכון |
| 006 | | Dt 8:11 | לכון די לא תנשון ית | אולפן אורייתה דייי דלא למטור |
| 007 | | Dt 8:14 | לבביכון ותנשון ית | אולפן אורייתה דייי אלהכון דאפיק |
| 008 | | Dt 8:19 | אין מנשיה תנשון ית | אולפן אורייתה דייי אלהכון |
| 009 | | Dt11:01 | ותרחמון ית | אולפן אורייתה דייי אלהכון |
| 010 | | Dt11:02 | לא חכימו ודלא חמון ית | אולפן אורייתה דייי אלהכון ית |
| 011 | | Dt11:22 | למעבד יתה למרחם ית | אולפן אורייתה דייי אלהכון |
| 012 | | Dt13:04 | למדע הא אית רחמין ית | אולפן אורייתה דייי אלהכון בכל |
| 013 | | Dt19:09 | יומא הדין למרחם ית | אולפן אורייתה דייי אלהכון |
| 014 | | Dt30:16 | יומא הדין למרחום ית | אולפן אורייתה דייי אלהכון |
| 015 | | Dt33:03 | לא נייחין ולא שדכין מן | אולפן אוריתיה והא אינון מדברין |
| 016 | | Dt28:20 | בישיה די שבקתון | אולפן אורייתי: |
| 017 | | Gn15:17M | דאתי על די לא עסקו | אולפן אוריתא בעלמא הדין ולא |
| 018 | | Dt11:13 | יומא הדין למירחם ית | אולפן אורייתה דייי אלהכון ולמפלח |
| 019 | | Dt15:11 | אין נטרין בני ישראל | אולפן אוריתה ועבדין פיקודיה לא |
| 020 | | Dt30:06 | לבבי זרעיכון למירחם ית | אולפן אוריתה דייי אלהכון בכל |

|  |  |  |  |  |  |
|---|---|---|---|---|---|
| 021 | | Dt30:20 | למרחום ית | אולפן | אוריתה דייי אלהכון ולמשמע |
| 022 | | Ex32:09 | והא עם קשין לקבלה | אולפן | אינון: |
| 023 | | Ex33:03 | ארום עם קשין למקבלה | אולפן | אינון דלא אשיצא יתכון |
| 024 | | Ex34:09 | ארום עם קשין למקבלה | אולפן | אינון ותשרי ותשבוק |
| 025 | | Dt 9:13 | עם קשיין קדל מן למקבלה | אולפן | אינון: |
| 026 | | Dt 9:06 | עם קשין קדל למקבלה | אולפן | אתון: |
| 027 | | Gn25:27M | הוא ומשמש בבית מדרשא | אולפן | דאוריית' |
| 028 | | Ex33:05 | אתון עם קשין למקבלה | אולפן | כקליל זעיר אין אסלק איקר |
| 029 | | Gn26:35 | {{היין}} ולא מקבלן | אולפן | לא מן יצחק ולא מן רבקה: |
| 030 | | Dt18:11 | ומסקי זכורון ותבעין | אולפן | מן מיתייה: |
| 031 | | Gn25:27M | דשם ועבר ותבע | אולפן | מן קדם ייי |
| 032 | | Ex 4:16 | ואת תהוי ליה לתבע | אולפן | מן קדם ייי: |
| 033 | | Ex18:15 | אתון לוותי עמא למתבע | אולפן | מן קדם ייי: |
| 034 | | Ex18:19 | הוי את לעמא כ{מ}תבע | אולפן | מן קדם ייי ותיתי את |
| 035 | | Ex19:03 | ומשה סלק למתבע | אולפן | מן קדם ייי וקרא ליה דבירה |
| 036 | | Ex24:01 | ולמשה אמר סוק תבע | אולפן | מן קדם ייי את ואהרן נדב |
| 037 | | Ex33:07 | זימנא והוה כל מן דתבע | אולפן | מן קדם ייי נפק למשכן |
| 038 | | Ex34:28 | והוה תמן תבע | אולפן | מן קדם ייי ארבעין יומין |
| 039 | | Nu12:16 | נבייתה למצטרעה אית | אולפן | סגי לחיכימי ולנטרי אוריתה |
| 040 | | Dt16:16M | כל דכוריכון/תבעין | אולפן#2#/ | ∧עמי בני ישראל#2#/ |
| 041 | | Ex23:17 | כל דכוריכון תבעין | אולפן | קדם רבון כל עלמיא ייי: |
| 042 | אלפן | Ex34:23M | יתחמי כל דכורכון תבעין | אלפן | קודם ייי אלהיה |
| 043 | באולפן | Gn15:17M | על די מרדו בחייהון | באולפן | אורייתא בעלמא הדין ולא |
| 044 | | Dt 4:04 | ואתון על די אדבקתון | באולפן | אורייתה דייי אלהכון הא |
| 045 | | Dt11:22 | דתקנן קדמוי ולמד<ב>קה | באולפן | אורייתה: |
| 046 | ובאולפן | Dt10:20 | וקדמוי תהוון מצליין | ובאולפן | אורייתה ת{ת}<ד>בקון |
| 047 | | Dt13:05 | תפלחון בלבה שלמה | ובאולפן | אורייתה תדבקון: |
| 048 | לא' | Lv26:27M | לא תצבון למשמוע | לא'#2#/ | אורייתי ותהלכו עמי |
| 049 | לאול' | Lv26:18M | /תצבוני למשמע | לאול'#2#/ | אוריית«י»ה ואוסף |
| 050 | לאולפן | Gn49:15 | פרי«ה» וארכן כתפה | לאולפן | אורייתא ויהוון לה כל אחוי |
| 051 | | Dt30:02 | ותחזרון | <ל>אולפן | אורייתה דייי אלהכון |
| 052 | | Ex19:04 | קלילין וקרבית יתכון | לאולפן | אורייתי: |
| 053 | | Lv26:14 | ואן לא תשמעון | לאולפן | אורייתי ולא תעבדון ית כל |
| 054 | | Lv26:21 | בקשיו ולא תצבון למשמע | לאולפן | אורייתי ואוסף עליכון |
| 055 | | Lv26:23M | /אין לא תיצבון למשמוע | לאולפן | אורייתי ותהל'#2#/ קדמיי |
| 056 | | Lv26:27 | ואן בדה לא תשמעון | לאולפן | אורייתי ותהלכו עמי בקשיו: |
| 057 | | Lv26:18 | מרדוותה לא תשמעון | לאולפן | אוריית«י»ה ואוסף למרדיי |
| 058 | | Gn33:14M | ואנא אדבר לבלחודיי | לאולפן | אוריתא די קדמיי ולסוברה |
| 059 | | Dt 4:29M | מן {קדם} תמן <קדם> | ייי/לאולפן | אוריתא דיי#2#/ אלהכון |
| 060 | אולפנה s em/sf | Nu26:11M | ואזלו בתר | אולפנה | דמשה רבהון לא מיתו |
| 061 | אולפני | Dt32:02 | יבשם כמטרה | אולפני | על בני ישראל ויתקבל כטלא |

## אומה *n.* people, nation [39]

|  |  |  |  |  |  |
|---|---|---|---|---|---|
| 001 | אומ' s ab/cn | Gn 3:22 | למקום מנה ומנה תקום | אומ' | חדא דידעה למפרשה בין טב |
| 002 | אומה | Dt32:28 | ארום | אומה | אבידי עיצן בישן אינון ולית |
| 003 | | Dt 4:34 | למבחר ליה אומה מגו | אומה | בניסן באתין ובפרישן ובסדרי |
| 004 | | Gn22:18M | /בזרעית בניך כל | דא'#2#/ | חלף/חולף#2#/ די |
| 005 | | Dt28:01M | על כל \אומי ארעא | /אומה | דא'#2#/: |
| 006 | | Gn18:18M | /ויתברכון בזכוותה כל | אומה#2#/ | דארעא: |
| 007 | | Dt28:33 | וכל לעותכון יאכלון | אומה | די לא חכמתון יתה ותהוון |
| 008 | | Dt28:49 | ארעא היך מה דטייס נשרא | אומה | די לא תיכלון למישמע לשניה: |
| 009 | | Gn25:26M | הווה בזמנא דאוליד | יתהון/אומה | דין#2#/: |
| 010 | | Gn26:04M | אומיא /בזרעת בניך כל | אומה#2#/ | {{דע}} דארעא: |
| 011 | | Gn49:07 | שמעון ולוי כחדא לית | אומה | ומלכה דתיקום לקבליהון אפלג |
| 012 | | Gn49:09 | אריה וכאריות«א» ולית | אומה | ומלכו דתיקום לקובלך: |
| 013 | | Ex 9:24 | מן זמנא די הות | אומה | ומלכו: |
| 014 | | Nu24:09 | כאריה וכאריוותה ולית | אומה | ומלכו דתקום לקב' מן דמברך |
| 015 | | Dt 4:07 | ארום היידה | אומה | ומלכו דאית ליה אלה קריב |
| 016 | | Dt 4:08 | והלא היידה | אומה | ומלכו דאית לה קיימין וסדרי |
| 017 | | Dt 4:33 | היידה | אומה | ומלכו די שמעו בקל מימריה |
| 018 | | Dt 5:26M | "היידין ... ממלל": היידה | אומה | ומלכו די שמע קלא לאלהה |
| 019 | | Dt33:20 | אריא והיך אריוותה לית | אומה | ומלכו דתקום לקובליה קטילוי |
| 020 | | Gn11:06 | ואמר ייי הא | אומה | חדה ולשון חד לכולהון והא |
| 021 | | Dt28:50 | | אומה | חציפת אפין די לא נסבת אפין |
| 022 | | Dt32:06 | ייי אתון תבעון דא | אומה | טפשה ולא חכימייה הלא הוא |
| 023 | | Gn25:23M | יתפרשון \ומלכו ממלכו | /אומה | מאומה#2#/ תתקף ורבה |
| 024 | | Dt 4:34 | ייי למיעול למבחר ליה | אומה | מגו אומה בניסן באתין |
| 025 | | Dt28:49 | ישא ייי עליכון | אומה | מן רוחקה מסייפי ארעא |
| 026 | אמה | Dt32:21 | אקני יתהון באמה דלא | אמה | באמה מנבלה אכעס יתהון: |
| 027 | | Gn35:11 | אנה אלה שמיא תקף וסגי | אמה | וקהל כנישת אומין צדיקין |
| 028 | באמה | Dt32:21 | ואנה אקני יתהון | באמה | דלא אמה באמה מנבלה אכעס |
| 029 | | Dt32:21 | יתהון באמה דלא אמה | באמה | מנבלה אכעס יתהון: |
| 030 | ואמה | Ex19:06 | לשמי מלכין וכהנין | ואמה | קדישא אליין פתגמיא די תמלל |
| 031 | לאומ' | Nu14:12M | /ואימני יתך משה | לאומ'#2#/ | רבה ותקיפה מנהון: |
| 032 | | Dt 9:14M | לאומה /ואמני יתך | לאומ'#2#/ | רבה ותקיפה ומסגייה |
| 033 | לאומא | Gn34:22 | למשרי עמן למהוי | לאומא | חדא במגזר לנא כל דכורא |
| 034 | | Dt28:32M | מסירין/מסירין | לאומא | חורי#2#/ \לאמא אחרי /לעם |
| 035 | | Nu14:12 | יכלה קדמיי לממניה יתך | לאומא | רבה ותקיפה מנהון: |
| 036 | לאומה | Dt28:36 | די תקימון עליכון | לאומה | די לא חכמתון אתון |
| 037 | | Ex32:10M | לממנייה ∧יתך | לאומה#2#/ | /ואימני יתך משה |
| 038 | | Gn30:11 | דעתיד למגדעא משתודהון | לאומה | וקראת ית שמיה גד: |
| 039 | | Gn34:16 | וניהווי {כולה} כולן | לאומה | חדה: |
| 040 | | Ex 6:07M | לשמי \לעם קדישין | /לאומה | קדישא#2#/ ויהווי מימרי |
| 041 | | Dt27:09 | יומא הדין איתמניתון | לאומה | קדם ייי אלהכון: |
| 042 | | Gn17:20M | ואשוי יתיה | לאחסנה/לאומה#2#/ | רבה: |
| 043 | | Gn21:13 | ואף ית ברה דאמתה | לאומה | רבה אשויניה ארום ברך הוא: |
| 044 | | Gn21:18 | ית יד«י»ך ביה ארום | לאומה | רבה אשוי יתיה: |
| 045 | | Gn46:03 | מיחות מצרים ארום | לאומה | רבה אישוי יתך תמן: |
| 046 | | Dt 9:14 | היא קדמי לממנייה יתך | לאומה | רבה ותקיפה ומסגייה מנהון: |
| 047 | | Dt26:05 | זעיר ואיתברך והוה תמן | לאומה | רבה ותקיפה ומסגייה: |
| 048 | לאמא | Dt28:32 | בניכון ובנתכון מסירין | לאמא | אחרי ועייניכון חמיין |
| 049 | | Gn12:02 | ואמנא יתך | לאמא | רבה ואבר' יתך ואתוקף ית |
| 050 | | Gn18:18 | ואברהם מהוה יהוה | לאמא | רבה ותקיפה ויתברכון |
| 051 | לאמה | Gn48:19 | ידע אנה אף הוא יהווי | לאמה | ואף הוא יתקף וברם אחוי |
| 052 | מאומה | Gn25:23M | \ומלכו ממלכו /אומה | מאומה#2#/ | תתקף ורבה יהווי משעבד |
| 053 | אומתא s em/sf | Ex33:13 | באפיך וחמי ארום עמך | אומתא | רבתה הדא: |
| 054 | אומתה | Dt 4:06 | עם חכימין וסוכלתנין | אומתה | רבתה ההיא: |
| 055 | אמתא | Gn15:14 | ולחוד ית | אמתא | די ישעבדון יתהון מתפרעה |
| 056 | אומין p abs | Gn25:03 | תגרן ואמופרין וראשי | אומין: | |
| 057 | | Gn25:23 | ואמר ייי לה תרין | אומין | במיעיך ותרי«ן» מלכוון |
| 058 | | Nu25:15 | כזבי ברת צור ריש | אומין | לבית אבה במדין הוא: |
| 059 | | Ex34:24M | \אשיצי אומיא /אטרוד | אומין#2#/ | מן קדמיכון ואפתי ית |
| 060 | | Gn 3:22 | בשמי מרומא עתידין | אומין | סגיאין למקום מנה ומנה |
| 061 | | Dt 7:01 | לתמן למירת יתה ויטרוד | אומין | סגין מן קדמיכון חתיי |
| 062 | | Gn17:04 | עמך ותהוי לקהל כנשת | אומין | צדי«קין»: |
| 063 | | Gn17:05 | אברהם ארום לקהל כנשת | אומין | צדיקין שוית יתך: |
| 064 | | Gn28:03 | יתך ותהוי לקהל כנישתא | אומין | צדיקין: |
| 065 | | Gn35:11 | וסגי אמה וקהל כנישת | אומין | צדיקין יקומון מינך ומלכין |

|  |  |  |  |  |  |
|---|---|---|---|---|---|
| 066 | | Gn48:04 | יתך ותהווי לקהל כנישת | אומין | צדיקין ואתן ית ארעא הדא |
| 067 | | Dt 4:38 | למטרוד | אומין | רברבין ותקיפין מנכון |
| 068 | | Dt 9:01 | ית ירדנה למיעול למירת | אומין | רברבין ותקיפין מנכון |
| 069 | | Dt11:23 | מן קדמיכון ותירתון | אומין | רברבין ותקיפין מנכון: |
| 070 | | Dt 7:01 | וחיויי ויבוסייה שבעה | אומין | רברבן ותקיפין מנכון: |
| 071 | באומין | Nu24:07 | ובנוי ישלטון | באומין | סגין יתקף מן שאול {רחם} |
| 072 | | Dt15:06 | תצרכון למיזף ותשלטון | באומין | סגין ואינון בכון לא |
| 073 | | Dt28:12M | תצרכון למיזף ותשלטון | באומין | סגין והנון בכון לא |
| 074 | לאומין | Gn17:16 | בר וברכת יתה ותהווי | לאומין | ומלכין דשלטין באומיא מנה |
| 075 | | Gn17:06 | לחד' לחדה ואשוי יתך | לאומין | מלכין דשלטין באמיא מן |
| 076 | | Gn17:16M | ביר ואברך יתך ותהוי | לאומין | סגין ומלכין |
| 077 | | Dt15:06 | די מלל לכון ותזופון | לאומין | סגין ואתון עמי לא תצרכון |
| 078 | | Dt28:12 | כל עבד ידיכון ותצרכון | לאומין | סגין ואתון עמי לא תצרכון: |
| 079 | אומי p const | Dt28:01 | רמין ומנטלין על כל | אומי | ארעא: |
| 080 | אומ' p em/sf | Dt20:16M | דאומייא /קורייה | אומ'#2#/ | האליין דייי אלהכון יהב |
| 081 | אומי | Gn16:12 | כלא ישלטון ביה וקדם כל | אומי | ישרי: |
| 082 | אומ' | Gn49:10M | ישתעבדון כל | מלכוותא/אומי'#2#/: | |
| 083 | אומיא | Ex15:14 | שמעו | אומיא | אתרגזו רתיתא אחדת לדיירי |
| 084 | | Gn10:05 | מן אלין אתפרשו נסי | אומיא | בארעותהון גבר ללשניה |
| 085 | | Gn18:18 | ויתברכון בזכוותא כל | אומיא | דארעא: |
| 086 | | Gn20:13M | כיון דבעון | אומיא | דארעא |
| 087 | | Gn15:11M | "ונחת": ונחתו | אומיא | דמתילין לעופא מסאבא |
| 088 | | Gn26:04 | ויתברכון בזכותך כל | אומיא | {{דע}} דארעא: |
| 089 | | Gn22:18 | והתברכון בזרעיתיך כל | אומיא | ד{ערא}<אר>עא חלף די שמעת |
| 090 | | Gn27:29 | יפלחון קדמך | אומיא | כל בנוי דעשו ישתעבדון לך |
| 091 | | Ex34:24 | ארום אשיצי | אומיא | מן קדמיכון ואפתי ית |
| 092 | אומיה | Dt32:08 | באחסנת עילאה | אומיה | בפרישותיה לישני בני אנשא |
| 093 | | Dt 7:06 | חביבין היך סגולה מן כל | אומיה | די על אפי ארעא: |
| 094 | | Dt30:03 | ויכנש יתכון מן כל | אומיה | די בדר יתכון ייי אלהכון |
| 095 | | Nu24:20 | במתל נבותה ואמר שרוי | אומיה | דסדרו <קרבה> עם ישראל |
| 096 | | Dt31:03 | קדמיכון הוא ישיצי ית | אומיה | האיליין מן קדמיכון |
| 097 | | Nu23:09 | לבלחודיהון ובנימוס | אומיה | לא מתערבין: |
| 098 | | Dt32:37 | ואמר עתידין אינון | אומיה | למימר אן אלהא דישראל |
| 099 | | Dt28:64 | ויבדר יתכון ייי בכל | אומיה | מן סייפי ארעה ועד סייפי |
| 100 | אומייא | Gn10:32 | ומן אלין אתפרשו | אומייא | בארעא בתר מבולא: |
| 101 | | Gn15:14M | "אמתא ...": | אומייא | די ישתעבדון יתהון דאין |
| 102 | | Dt 2:25 | פחדכון ודחלתכון על אפי | אומייא | די תחות כל שמיא די ישמעון |
| 103 | | Dt17:14 | אמני עלינן מלך ככל | אומייא | די חזור חזור לן: |
| 104 | | Dt19:01 | ישיצי ייי אלהכון ית | אומייא | דייי אלהכון יהיב לכון ית |
| 105 | | Dt11:23 | ויטרוד ממרה דייי ית כל | אומייא | האליין מן קדמיכון ותירתון |
| 106 | | Nu24:06M | רמין ומנטלין על כל | אומייא | יאין ומשבחין כארזייה |
| 107 | אומייה | Lv20:24 | דאפרשית יתכון מן | אומייה: | |
| 108 | | Dt 7:07 | אתון עם קלילין מן כל | אומייה: | |
| 109 | | Dt 7:07 | לא מן סוגי יתכון מן כל | אומייה | אתרעי ייי בכון ארום אתון |
| 110 | | Dt28:10 | ויחמון כל | אומייה | דארעא ארום שמיה דייי |
| 111 | | Dt33:17 | ומנטלין ועליין על כל | אומייה | דארעא נפקין לקרבה לקבל |
| 112 | | Lv18:24 | ארום בכל אליין אסתאבון | אומייה | די אנה מגלה מן קדמיכון: |
| 113 | | Lv18:28 | יתה היך מה די פלטת ית | אומייה | די מן קדמיכון: |
| 114 | | Lv20:23 | ולא תהלכון בנימוסי | אומייה | די אנה משלח מן קדמיכון |
| 115 | | Lv25:44 | די יהווי לך מן לוות | אומי«י»ה | די חזור חזור להוד מנהון |
| 116 | | Nu14:15 | כגבר חד ו{א}ימרון | אומייה | די ישמעון ית שמעך למימר: |
| 117 | | Dt 4:06 | ובינתכון לעייני | אומייה | די ישמעון ית כל קיימיה |
| 118 | | Dt 4:19 | ייי אלהכון יתהון לכול | אומייה | די תחות כל שמיא: |
| 119 | | Dt 7:19 | יעבד ייי אלהכון לכל | אומייה | די אתון דחלין מן קדמיהון: |
| 120 | | Dt12:02 | כל אתרייה די פלחו תמן | אומייה | די אתון משיציין יתהון ית |
| 121 | | Dt12:29 | ישיצי ייי אלהכון ית | אומייה | די אתון עלין לתמן למטרד |
| 122 | | Dt14:02 | חביבין היך סגולה מן כל | אומייה | די על אפי ארעא: |
| 123 | | Dt26:19 | רמין ומנטלין על כל | אומייה | די ברא ליקרה ולתושבחה |
| 124 | | Dt28:37 | למתלין ולתנויין בכל | אומייה | די יגלי יתכון ייי לתמן: |
| 125 | | Dt29:15 | וית מה די עברנן ביני | אומייה | די עברתון: |
| 126 | | Dt30:01 | עם לבביכון בכל | אומייה | די סדר יתכון ייי אלהכון |
| 127 | | Dt 7:22 | ויטרוד ייי אלהכון ית | אומייה | האיליין מן קדמיכון קליל |
| 128 | | Dt12:30 | למימר היך הוון פלחין | אומייה | האיליין ית טעוותהון ואעבד |
| 129 | | Dt18:14 | ארום | אומייה | האיליין די אתון משצי |
| 130 | | Dt 7:17 | בלבביכון סגין אינון | אומייה | האליין מנן אייכדין איכל |
| 131 | | Dt20:15 | לחדה די לא מן קרי | אומייה | האליין אנון: |
| 132 | | Dt 7:14 | בריכין תהוון מן כל | אומייה | ולא יהוי בכון לא עקר לא |
| 133 | | Dt10:15 | מן בתרהון בכון מן כל | אומייה | כיומא הדין: |
| 134 | | Dt29:23 | ויאמרון כל | אומייה | למה ממרה דייי כדן עבד |
| 135 | | Lv20:26 | ייי ואפרשית יתכון מן | אומייה | למהווי לשמי: |
| 136 | | Lv26:45 | מן ארעא דמצרים לעיני | אומייה | למיהווי במימרי להון לאלה |
| 137 | | Dt32:43 | קלסו קדמוי | אומייה | שבחו יתיה עמיה בית ישראל |
| 138 | | Dt 4:07M | ארום היידה | אומה/אומייה#2#/ | \רבה#2#/ ומלכו |
| 139 | אמיא | Ex34:10 | לא אתברון בכל ארעא ובכל | אמיא | ויחמי כל עמא די את שרי |
| 140 | אמיה | Ex19:05 | חביבין היך סגלה מן כל | אמיה | ארום דידי היא כל ארעא: |
| 141 | | Nu24:08 | יאכלון בני ישראל נכסי | אמיה | בעלי דבביהון וגוברהון |
| 142 | | Ex23:27M | ואערבב ית כל | עמיא/אמיה#2#/ | די תיעלון ביניהון |
| 143 | | Gn49:17 | דן יתקף יתגאה על כל | אמיה | יהווי מדמי לחיוויא דרבוע |
| 144 | אמייה | Dt 7:16 | ותיכלון ית כל נכסי | אמייה | דייי אלהכון יהב לכון לא |
| 145 | באומיא | Gn17:16 | לאומין ומלכין דשלטין | באומיא | מנה יקומון: |
| 146 | באומיה | Lv26:33 | ויתכון אדרי | באומיה | ואגרי בתרכון שלפי חרב |
| 147 | | Lv26:38 | ותיבדון | באומיה | ותאכל יתכון ארע |
| 148 | באומיהון | Gn10:05 | ללשניה לזרעיתהון | באומיהון: | |
| 149 | | Gn10:20 | ללשניהון בארעהון | באומיהון: | |
| 150 | | Gn10:32 | דנח לתל<ד>ותהון | באומיהון | ומן אלין אתפרשו אומייא |
| 151 | באומייא | Dt 4:27M | עם \דמניין | באומייה/באומייא#2#/ | די יגלי ייי יתכון |
| 152 | באומייה | Dt 4:27 | ותשתיירון עם דמניין | באומייה | די יגלי ייי יתכון לתמן: |
| 153 | | Dt 4:27 | ויבדר ייי יתכון | באומייה | ותשתיירון עם דמניין |
| 154 | באמיא | Gn48:19 | ובנוי יהוון שליטין | באמיא: | |
| 155 | | Gn17:06 | לאומין מלכין דשלטין | באמיא | מן חלציך יפקון: |
| 156 | | Gn35:11 | מינך ומלכין דשלטין | באמיא | מן חלציך יפקון: |
| 157 | דאומיא | Gn14:01 | מלכ{{א}}«ה»ון | דאומיא: | |
| 158 | דאומייא | Dt20:16 | לחוד מן קורייתהון | דאומייא | האליין דייי אלהכון יהב |
| 159 | | Dt18:09M | \דאתרא «ה»אינון | /דאומייא | ההנון#2#/: |
| 160 | דאומייה | Dt 6:14 | מן טעוותהון | {{דאומייה}} | די חזור חזור לכון: |
| 161 | | Dt13:08 | מן טעוותהון | דאומייה | די חזור חזור לכון |
| 162 | | Dt29:17 | למפלח קדם טעוותהון | {{דאומייה}} | האינון דלא יהווי בכון |
| 163 | | Dt 9:04 | ארעא הדה ובחוביהון | דאומייה | האליין מימרה דייי טרד |
| 164 | | Dt 9:05 | ארעהון ארום בחוביהון | דאומייה | האליין ייי אלהכון טרד |
| 165 | | Dt32:31 | כרוחצינן רוחציניהון | דאומייה | על דחטינן וארגזן קדמוי |
| 166 | דאמיא | Gn14:09 | דעילם ותדעל מלכהון | דאמיא | ואמרפל מלכא דבבל |
| 167 | ואומייה | Nu24:20M | ריש מלכייה | ואומייה | דאגחו קרבה בדבית ישראל |
| 168 | ובאומייה | Dt28:65 | | ובאומייה | האינון לא תתניחון ולא |
| 169 | כאומייה | Dt 8:20 | | כאומייה | דמימרה דייי מסיף |
| 170 | לאומיה | Dt32:08 | בני אנשא אקימת תחומין | לאומיה | למניין שבטייה דבני |
| 171 | לאומיהון | Gn25:16 | תרין עשר רבבנין | לאומיהון: | |
| 172 | לאומייה | Ex32:10M | \ואימני יתך משה | לאומייה#2#/ | רבה ותקיפא מנהון: |
| 173 | לאמיהון | Gn10:31 | ללשניהון בארעהון | לאמיהון: | |

## אומן *n.* artisan, skilled worker [40]

|  |  |  |  |  |
|---|---|---|---|---|
| 001 | אומן | s ab/cn | Ex28:06 | טבא ובוץ שזיר עובד אומן: |
| 002 | | | Ex39:03 | טבתה ובגו בוצה עובד אומן: |
| 003 | | | Gn 4:22 | היא ילדת ית תובל קין אומן בכל אומנות נחשא ופרזלא |
| 004 | | | Dt27:15 | ומרחק קדם ייי עובד ידי אומן וישוי יתיה בטמרה ועניין כל |
| 005 | | | Dt27:15 | ומרחק קדם ייי עבד ידי אומן ולא ישווי יתיה בטמרה |
| 006 | | | Ex26:31 | טבא ובוץ שזיר עובד אומן יעבד יתה ציורין: |
| 007 | | | Ex28:15 | ותעבד חושנא דדינא עובד אומן כעבדה דאפדה תעבד יתיה דהב |
| 008 | | | Ex39:08 | ועבד ית חושנה עובד אומן כעבדה דאפדה דהב תכלה |
| 009 | | | Ex36:08 | טבא צייורין עובד אומן עבד יתהון: |
| 010 | | | Ex36:35 | טבא ובוץ שזיר עובד אומן עבד יתה ציוורין: |
| 011 | | | Ex28:11 | עובד אומ«ן» תהוי אבניה גליף חקיק |
| 012 | | | Ex26:01 | זהורי טבא ציורין עבד אומן תעבד יתהון: |
| 013 | ואומן | | Ex35:35 | למעבד כל עבידה דנגר ואומן וצייר בתכלא ובארגוונא |
| 014 | | | Ex38:23 | שיבטא דבנוי דדן נגר ואומן וצייר בתכלה ובארגוון |

## אומן #3 *n.* plowed furrow [40]

|  |  |  |  |  |
|---|---|---|---|---|
| 001 | אומנה | s em/sf | Lv19:09 | חצדא דארעכון לא תשיצון אומנה אחריה דחקלכון למחצד |
| 002 | | | Lv23:22 | דארעכון לא תשיצון אומנה אחריה דאית בחקליכון |
| 003 | | | Lv19:27 | לא תקפון א{ר}<ו>מנה דראשיכון ולא תחבלון ית |

## אומנו *n.* trade, skill, craft [40]

|  |  |  |  |  |
|---|---|---|---|---|
| 001 | אומנו' | s ab/cn | Ex31:04M | באומנות /ולמיעבד אומנו'#2#/ דהבא ובאומנות כספא |
| 002 | | | Ex35:32M | "באומנות ... נחשא": אומנו' דהבה וכספה אומנות נחשה |
| 003 | אומנות | | Gn 4:22 | ית תובל קין אומן בכל אומנות נחשא ופרזלא ואחתה דתובל |
| 004 | | | Ex35:32M | אומנו' דהבה וכספה אומנות נחשה |
| 005 | באומנות | | Ex35:33 | קיסה למעבד בכל עבידת באומנות: |
| 006 | | | Ex31:04 | ולמלפא אומנון ולמעבד באומנות דהבא ובאומנות כספא |
| 007 | | | Ex35:32 | אומנ{י}<ו>ן למעבד באומנות דהבא ובאומנות כספא |
| 008 | | | Gn 4:22M | קין אומן \בכל אומנות/באומנות#2#/ נחשא ופרזלא ואחתה |
| 009 | דאומנו | | Ex35:33M | "עבידת ...": עבידה דאומנו |
| 010 | ואומנ' | | Ex31:04M | ובאומנות /וכספא ואומנ'#2#/ נחשא: |
| 011 | ובאומנות | | Ex31:05 | ובאומנות אבנא טבתא לאשלמתא |
| 012 | | | Ex35:33 | ובאומנות אבנא טבתה לאשלמותה |
| 013 | | | Ex31:04 | ולמעבד באומנות דהבא ובאומנות כספא ובאומנות נחשא: |
| 014 | | | Ex35:32 | למעבד באומנות דהבא ובאומנות כספא ובאומנות נחשא: |
| 015 | | | Ex31:04 | דהבא ובאומנות כספא ובאומנות נחשא: |
| 016 | | | Ex35:32 | דהבא ובאומנות כספא ובאומנות נחשא: |
| 017 | אומנוון | p abs | Ex35:35 | עבדי כל עבידה ומלפי אומנוון: |
| 018 | אומנון | | Ex31:04 | ולמלפא אומנון ולמעבד באומנות דהבא |
| 019 | | | Ex35:32 | ולמלפא אומנ{י}<ו>ן למעבד באומנות דהבא |

## אומתניי *adj.* Umthanite [40]

|  |  |  |  |  |
|---|---|---|---|---|
| 001 | אומתנייה | p em/sf | Dt 2:11 | הוון קריין להון אומתנייה: |
| 002 | | | Dt 2:10 | אומתנייה מן לקדמין שרון בגווה עם |
| 003 | אימתני' | | Dt 2:20M | להון זמתנייה/זוזתנייה#2#/אימתני'#2#/: |
| 004 | אמ' | | Dt 2:11M | /קראין#2#/ להון אומתנייה/אמ'#2#/: |
| 005 | | | Dt 2:10M | אומתנייה/אמ'#2#/ מן לקדמין שרון |

## אוני *n.* deed of sale [40]

|  |  |  |  |  |
|---|---|---|---|---|
| 001 | אוניתא | s em/sf | Gn49:21 | בשעתא זעירת ואייתי אוניתא דחקלא מפלטורין דיוסף |

## אונס *n.* unavoidable interference, tragedy [40]

|  |  |  |  |  |
|---|---|---|---|---|
| 001 | אונסה | s em/sf | Lv10:19 | מיניה ואנא דארע יתי א«ו»נסה רבה יומא הדין |
| 002 | באונס' | | Lv14:40M | דאיהוא בנה ביתה באונס' וטלומא יתרמון לאתר מסאב |
| 003 | באונסא | | Nu 6:09M | מית מצוותה בתכוף באונסא#2#/ ויסאב ריש נזירותיה |

## אונקלי *n.* hook [41]

|  |  |  |  |  |
|---|---|---|---|---|
| 001 | אונקלוון | p abs | Ex38:28 | ושבעין וחמשה עבד אונקלוון לעמודי וחפי רישיהון וכבש |
| 002 | ואונקלוות | p const | Ex27:10M | עשרין נחש וקלוות/ואונקלוות#2#/ עמודיה וכבושיהון |
| 003 | ואנקלוות | | Ex38:17M | לעמודיה נחש ואנקלוות עמ' ושק{י}<ו>עיהון#2#/ |
| 004 | | | Ex38:10M | עשרין נחש וקלוות/ואנקלוות#2#/ עמודיה וכבושיהון |
| 005 | | | Ex38:11M | עשרין נחש וקלוות/ואנקלוות#2#/ עמודיה וכבושיהון |
| 006 | | | Ex38:12M | עשר' וקלוות/ואנקלוות#2#/ עמודיה |
| 007 | ונקלוות | | Ex38:17 | וחומרין לעמודי דנחש ונקלוות עמודיה וכבושיהון כסף |
| 008 | וקלוות | | Ex27:10 | וחמריהון עשרין נחש וקלוות עמודיה וכבושיהון כסף: |
| 009 | | | Ex27:11 | וחמרין עשרין נחש וקלוות עמודיה וכבושיהון כסף: |
| 010 | | | Ex38:10 | וחומריהון עשרין נחש וקלוות עמודיה וכבושיהון כסף: |
| 011 | | | Ex38:11 | וחומריהון עשרין נחש וקלוות עמודיה וכבושיהון כסף: |
| 012 | | | Ex38:12 | עשרה וחומריהון עשר' וקלוות עמודיה {וחומריהון} |
| 013 | אונקלוותון | p em/sf | Ex36:38M | וית קליותהון/^קלוות'#2#^/אונקלוותון#2#/ וחפי |
| 014 | קלוות' | | Ex36:38M | וית קליותהון/^קלוות'#2#^/אונקלוותון#2#/ וחפי |
| 015 | קליותהון | | Ex36:38 | וית עמודוי חמשה וית קליותהון וחפי ראשיהון וכבושיהון |
| 016 | ואונקלוותהון | | Ex26:37 | ותחפי יתהון דהב ואונקלוותהון דהב ותתיך להון חמשה |
| 017 | ואנקלוותהון | | Ex38:19M | ארבעה נחש ואנקלוותהון |
| 018 | | | Ex36:36M | יתהון דהב וקליותהון/ואנקלוותהון#2#/ דהב ואתך להון |
| 019 | ואנקלוותיהון | | Ex26:32M | מחפין דהב וקלוותהון/ואנקלוותיהון#2#/ דהב על ארבעה |
| 020 | | | Ex27:17M | כסף וקלוותהון/ואנקלוותיהון#2#/ כסף וחומריהון |
| 021 | ונקלוותהון | | Ex38:19 | וחומריהון ארבע דנחש ונקלוותהון כסף וחפוי ראשיהון |
| 022 | וקלוותהון | | Ex26:32 | דשטין מחפין דהב וקלוותהון דהב על ארבעה חמרין |
| 023 | | | Ex27:17 | מכובשין כסף וקלוותהון כסף וחומריהון נחש: |
| 024 | וקליותהון | | Ex36:36 | וחפי יתהון דהב וקליותהון דהב ואתך להון ארבעה |

## אוף *adv.* also, even [41]

|  |  |  |  |  |
|---|---|---|---|---|
| 001 | אוף | | Gn20:06M | אף אנא /הדא ומנעית אוף א'#2#/ יתך מלמחטי קדמי |
| 002 | | | Nu 4:22 | סכומיה דבנוי דגרשון אוף אינון לבית אבהתהון |
| 003 | | | Dt 3:20M | וירתון לחוד/^להוד#2#^/אוף#2#/אף#2#/ אינון ית |
| 004 | | | Gn16:02M | אף אנה /תלד ואנה ארבי אוף אנה#2#/ על ידה ושמע אברם |
| 005 | | | Lv26:24M | ואהלך/ואדבר#2#/ אף/אוף#2#/ אנה עמכון בקשיו/בחמה |
| 006 | | | Lv26:24 | עמכון בקשיו ואמחי יתכון אוף אנה שבעה על דחטיתון: |
| 007 | | | Lv26:28M | ואהלך אף/אוף#2#/ אנה עמכון ברגזן בקשיו |
| 008 | | | Lv26:32 | ואצדי אוף אנה ית ארעא ויצדון עליה |
| 009 | | | Lv26:41 | אוף אנה אהלך עמהון בקשיו ואעל |
| 010 | | | Dt 2:11 | גוברין יתחשבון אוף אנון כבנוי דענק גובריה |
| 011 | | | Dt12:30M | לחוד/להוד#2#/ אנה /כן אוף אנ#2#/: |
| 012 | | | Nu27:13 | יתה ותתכנש לוות עמך אוף את היך מה דאתכנש אהרן |
| 013 | | | Dt 1:37M | למימר להוד/^אף#2#^/אוף#2#/ את לא תיעול |
| 014 | | | Nu18:28 | כדן תפרשון אוף אתון אפרשותה דייי מכל |
| 015 | | | Nu22:19 | וכעין סקון תבו כען הכה אוף אתון בליליה הדין ואדע מה |
| 016 | | | Gn48:19M | אנא ברי ידע אנה אף/<א>וף#2#/ הוא יהווי לאמה ואף |
| 017 | | | Dt 2:20M | תתחשב לחוד/^להוד#2#^/אוף#2#/ היא גיברין |
| 018 | | | Ex20:14M | אינון למהוי עם גיורין /אוף הינון גיורין#2#/ ארום |

|  |  |  |  |  |  |
|---|---|---|---|---|---|
| 019 | | Ex20:15M | אינון למהוי עם גנבין | /אוף | הינון גנבי#2#/ ארום |
| 020 | | Ex20:13M | אינון למהוי עם קטולין | /אוף | הנון קטלי#2#/ ארום בחובי |
| 021 | | Ex20:16M | למהוי עם סהדי שקרא | /אוף | הנון לסהדי דשקר#2#/ ארום |
| 022 | | Dt 5:17M | למיהווי עם קטולין | /אוף | הנון קטולין#2#/ ארום |
| 023 | | Dt 5:20M | מן בתריהון וילפון | אוף | הנון שהדין דשקר ארום |
| 024 | | Dt12:31M | ארום | לחוד/^להוד#2#^/אוף#2#/ | ית בניהון וית |
| 025 | | Gn16:13M | ארום אמרת הא | אף/אוף#2#/ | כדון יתגלי עלי/עלוי#2# |
| 026 | | Nu16:10 | עימך ואתון בעיין למיסב | אוף | כהנתה רבתה: |
| 027 | | Ex 8:27M | עמ׳#2#/ לא אשתייר | אף/אוף#2#/ | לא חד: |
| 028 | | Ex 9:06M | דבני ישראל לא מית | אף/אוף#2#/ | לא חד: |
| 029 | | Ex14:28M | \בהון אף /מנהון | אוף#2#/ | לא חד: |
| 030 | | Nu20:05 | ולא גופנין ולא רימונין | אוף | לא מיין לית לן למשתי: |
| 031 | | Dt 7:14 | בכון לא עקר לא עקרה | אוף | לא בבעירכון: |
| 032 | | Ex 7:23M | ולא שוי לביה \אף לדא | /אוף | להדא#2#/ מח«ו»תה |
| 033 | | Gn19:34M | אבא נשקי יתיה חמר | אף/אוף#2#/ | ליליא הדין ועולי ושמש |
| 034 | | Gn44:18 | לך ולא אתני לך ארום | ^אוף#2#^ | מלכין ושליטין אנן כוותך |
| 035 | | Dt32:05 | ופתלתנה דרה דשני עבדוי | אוף | סדר דינוי דעלמא אשתני |
| 036 | | Ex14:25 | להון נצחני קרביהון} | אוף | על ימא דסוף: |
| 037 | | Dt 9:20M | /^להוד#2#^/ על עסק | /אוף | על עסקי#2#/ אהרן בשעתה |
| 038 | | Nu12:02 | עם משה מלל ייי הלא | אוף | עמן מלל ושמיע קדם ייי: |
| 039 | | Ex12:33 | אן שהין אנון ישראל הכה | אוף | שעה חדא הא כל מצריי |
| 040 | אף | Gn50:18 | ואזלו | אף | אחוי ונפלו קדמוי ואמרו הא |
| 041 | | Ex 7:11 | לחכימיא ולחרשיא ועבדו | אף | אינון חרשיהון דמצריי |
| 042 | | Dt 3:20M | וירתון | לחוד/^להוד#2#^/אוף#2#/אף#2#/ | אינון ית |
| 043 | | Gn20:06 | עבדת דא ואתחס{ב}<כ>ת | אף | אנא יתך מלמחטי קדמי בגין |
| 044 | | Gn20:06 | ואמר לה ממריה דייי בחלמא | אף | אנא גלי קדמיי ארום בתמימות |
| 045 | | Gn27:34 | לחדא ואמר לאבוי ברך יתי | אף | אנא אבא: |
| 046 | | Gn16:02 | לות אמתי מה דלמה דאתבני | אף | אנה על ידה ושמע אברם לקלה |
| 047 | | Gn16:05 | ואנה ארבי דילמא דאתבני | אף | אנה על ידה וחמת ארום עברת |
| 048 | | Gn27:38 | חדא אית לך אבא ברך יתי | אף | אנה אבא ונטל עשו קליה |
| 049 | | Gn30:03 | ואנה ארבי מה דלמה דאתבני | אף | אנה על ידיה: |
| 050 | | Gn40:16 | טבית פתר ואמר ליוסף | אף | אנה בחלמי והא תלתא סלין |
| 051 | | Lv26:24 | ואהלך | אף | אנה עמכון בקשיו ואמחי יתכון |
| 052 | | Lv26:28 | ואהלך | אף | אנה עמכון ברגזן בקשיו ואמחי |
| 053 | | Lv26:28M | "ואהלך ... דחביתון": ואדבר | אף | אנה בחמה ובקשיו ואוסף |
| 054 | | Lv26:28 | ברגזן בקשיו ואמחי יתכון | אף | אנה שבעה על דחביתון: |
| 055 | | Lv26:41M | | אוף/אף#2#/ | אנה אהלך עמהון בקשיו |
| 056 | | Dt 5:19M | אינון למהוי עם גנבין | /אף | אנון גנב׳#2#/ ארום בחובי |
| 057 | | Gn24:44 | ותימר לי | אף | את שתי ואף לגמליך אמלא היא |
| 058 | | Gn40:12M | דפרעה עתיד למשתי בעקבה | אף | את רב מזוגי |
| 059 | | Gn40:18 | יפקון פריקין בריש גלי | אף | את רב נחתומי׳ תקבל אגר ביש |
| 060 | | Dt 1:37M | למימר | להוד/^אף#2#^/אוף#2#/ | את לא תיעול |
| 061 | | Gn19:35 | ואשקיין | אף | בליליא ההוא ית אבוהון חמר |
| 062 | | Gn50:23 | לאפרים בנין דר תליתאי | אף | בנוי דמכיר בר מנשה |
| 063 | | Gn13:16 | גבר למימני ית עפרא דארעא | אף | בניך לית אפשר להון למתמניה: |
| 064 | | Nu16:13M | \להוד אתרברבת» /ואוף | אף | בעי לאתרברבה#2#/: |
| 065 | | Gn29:33M | באפי בעלי ויהב לי לחוד | אף | דך#2#/ וקראת שמיה שמעון: |
| 066 | | Gn 4:04 | והבל אייתי | אף | הוא מן בכירי ענה ומן |
| 067 | | Gn 4:26 | ולשת | אף | הוא אתיליד בר וקרא ית שמיה |
| 068 | | Gn10:21 | ולשם אתילד | אף | הוא אבוהון דכל בני עבריא |
| 069 | | Gn27:31 | ועבד | אף | הוא תבשילין ואייתי לאבוי |
| 070 | | Gn38:10 | קדם י{ת} מה דעבד ומית | אף | הוא במימר מן קדם ייי: |
| 071 | | Gn48:19 | ואמר ידע אנא ברי ידע אנה | אף | הוא יהווי לאמה ואף הוא יתקף |
| 072 | | Gn 4:22 | וצלה | אף | היא ילדת ית תובל קין אומן |
| 073 | | Gn19:38 | וזעירתא | אף | היא ילידת בר וקראת ^ית#2#^ |
| 074 | | Gn22:20 | למימר הא ילדת מלכא | אף | היא בנין לנחור אחוך: |
| 075 | | Gn22:24 | ושמה ראומה וילידת | אף | היא ית טבח וית גחם וית |
| 076 | | Ex10:24 | עניכון ותוריכון יקום הכא | אף | טפליכון ייזיל עמכון: |
| 077 | | Gn29:27 | יומי משתותא דא ואתן לך | אף | ית דא בפולחנא די תפלח עד |
| 078 | | Gn29:30 | ועל אף לוות רחל ורחם | אף | ית רחל מלאה ופלח עמיה עוד |
| 079 | | Gn29:33 | ארום שניא אנא ויהב לי | אף | ית דין וקראת שמיה שמעון: |
| 080 | | Gn32:20 | ופקד | אף | ית תנינא אף ית תליתיא אף ית |
| 081 | | Gn32:20 | ופקד אף ית תנינא | אף | ית תליתיא אף ית דמהלך בתר |
| 082 | | Gn32:20 | אף ית תנינא אף ית תליתיא | אף | ית דמהלך בתר עדריא למימר |
| 083 | | Gn44:29 | ותסבון | אף | ית דין מן לוותי וארע יתיה |
| 084 | | Gn48:11 | למיחמי והא חזי יתי ייי | אף | ית בניך: |
| 085 | | Gn16:13 | כל עלמייא ארום אמרת הא | אף | כדון יתגלי עלי מן בתר |
| 086 | | Gn24:25 | ואמרת לה אף תבן | אף | כסה סגין עמן ואף אתר למבתה: |
| 087 | | Ex 8:27 | שליטוי ומעממא לא אשתייר | אף | לא חד: |
| 088 | | Ex 9:06 | דבני ישראל לא מית | אף | לא חד: |
| 089 | | Ex14:28 | בימא לא אשתייר בהון | אף | לא חד: |
| 090 | | Gn24:19 | ואשלמ׳ למשקייה יתה ואמרת | אף | לגמלך אמלא עד זמן ישלמון |
| 091 | | Ex 7:23 | לגו בייתו ולא שוי לביה | אף | לדא מח«ו»תה: |
| 092 | | Gn29:30 | ועל | אף | לוות רחל ורחם אף ית רחל |
| 093 | | Gn19:34 | עם אבא נשקי יתיה חמר | אף | ליליא הדין ועולי ושמש עמה |
| 094 | | Gn19:21 | ליה הא נסבית לך אפין | אף | לפתגמא הדין דלא מיפך ית |
| 095 | | Gn 7:03 | | אף | מן עוף שמיא שבעא שבעה דכר |
| 096 | | Gn32:19 | ואשלחת לריבוני לעשו והא | אף | מן בתרן: |
| 097 | | Ex 1:10 | סדרי קרבא ויתוספון אינון | אף | על שונאינון ויסדרן קרבא |
| 098 | | Gn26:21 | וחפרו באר חורי ואדינו | אף | עלה וקרא שמה שטנה: |
| 099 | | Ex 8:24 | לא תרחקון למיזל צלין | אף | עלי: |
| 100 | | Gn24:25 | ואמרת לה | אף | תבן אף כסה סגין עמן ואף אתר |
| 101 | דאוף | Gn47:22M | פרעה \וייכלון ית | /דאוף | אכלין ית#2#/ חולקהון די |
| 102 | ואוף | Nu24:25M | ואזל וחזר לאתרה | ואף/ואוף#2#/ | בלק חזר לאתריה ואקים |
| 103 | | Gn21:26M | ואוף את לא חוית לי | ואוף | אנ{ת}<א> לא ידעת עד זמן |
| 104 | | Nu16:13M | \להוד אתרברבת» | /ואוף | אף בעי לאתרברבה#2#/: |
| 105 | | Gn21:26M | "ואף את": | ואוף | את לא חוית לי ואוף |
| 106 | | Nu13:28 | תקיפן רברבן לחדה | ואוף | בנוי דענק גיברה חמינן |
| 107 | | Dt 1:28M | שמיא | ולחוד/^להוד#2#^/ואוף#2#/ | בנוי דענק |
| 108 | | Nu18:02 | | ואוף | ית אחך שבטה דלוי שבטה |
| 109 | | Dt 7:20M | ית מחות | /ואוף | ית מחת#2#/ אורעיתה יגרי |
| 110 | | Dt15:17M | לעולם | ולחוד/^ולהוד#2#^/ואוף#2#/ | לאמהתך עבדיתה |
| 111 | | Dt 2:15M | ולהוד/לחוד#2#/ | מחוון/ואוף | מחת פורענותי#2#/ |
| 112 | | Dt 2:06M | בכסף ותיכלון | ואוף | מיין תזבנון מן לוותהון |
| 113 | | Dt 9:09 | לילוון מזון לא אכלת | ואוף | מיין לא שתית: |
| 114 | | Dt 9:18 | לילוון מזון לא אכלית | ואוף | מיין לא שתית על כל חוביכון |
| 115 | | Ex16:24M | הוות בגויה /אסרי{׳} | ואוף | רימה לא שלט ביה#2#/: |
| 116 | ואף | Nu24:25 | בלעם ואזל וחזר לאתרה | ואף | בלק חזר לאתריה ואקים |
| 117 | | Gn44:09 | לוותיה מן עבדך יתקטל | ואף | אנן נהוי לריבוני לעבדין: |
| 118 | | Gn21:26 | מן עבד ית פתגמא הדין | ואף | את לא תנית לי ולחוד אנא לא |
| 119 | | Gn24:25 | אף תבן אף כסה סגין עמן | ואף | אתר למבתה: |
| 120 | | Ex19:09 | עמא במללותי עמך | ואף | בנבואתך משה עבדי יהמנון |
| 121 | | Ex12:38 | | ואף | גיורין סגין סלקו עמהון וען |
| 122 | | Ex 3:09 | דבני ישראל סלקת לוותי | ואף | גלי קדמיי ית דוחקיה |
| 123 | | Gn24:46 | ואף לגמליך אשקי ושתית | ואף | גמליא אשקיית: |
| 124 | | Gn48:19 | אנה אף הוא יהווי לאמה | ואף | הוא יתקף וברם אחוי זעירא |
| 125 | | Gn40:15 | אתגנבת מן ארעא דעבריי | ואף | הכה לא עבדת כל מאן דעם |
| 126 | | Ex12:39 | ולא יכלו למסוברא | ואף | זוודין לא עבדו להון: |

| | | | | | | |
|---|---|---|---|---|---|---|
| 127 | | | Gn14:07 | ית כל תחומהון דעמלקיא | ואף | ית אמוריׂ דהוון שריין |
| 128 | | | Gn14:16 | בר אחוי וממונה חזר | ואף | ית נשיׂ וית עמה: |
| 129 | | | Gn14:16 | וחזר ית כל ממונה | ואף | ית לוט בר אחוי וממונה חזר |
| 130 | | | Gn21:13 | | ואף | ית ברה דאמתה לאומה רבה |
| 131 | | | Ex21:35 | חייה ויפלגון ית כספיה | ואף | ית הנייתה דמיתא יפלגון: |
| 132 | | | Gn49:10 | מלכין מין דבית יהודה | ואף | לא ספרין מלפי אוריה מבניׂ |
| 133 | | | Ex12:09 | לא תיכלון מיניה מהבהב | ואף | לא שליק מבשל במיא ארום |
| 134 | | | Ex12:46 | לא תפקון מן בית לחברה | ואף | לא מן חבורה לחברתה מן בשרה |
| 135 | | | Gn24:14 | קולתיך ואשתי ותימר שתי | ואף | לגמליך אשקי יתה זמנת לעבדך |
| 136 | | | Gn24:44 | ותימר לי אף את שתי | ואף | לגמליך אמלא היא אתתא די |
| 137 | | | Gn24:46 | קולתה מעלוה ואמרת שתה | ואף | לגמליך אשקי ושתית ואף |
| 138 | | | Ex 2:19 | יתן מן ידיהון דרעייא | ואף | מדלי דלה לן ואשקי ית ענן: |
| 139 | | | Ex21:29 | גבר או אתה תורא יתרגם | ואף | מריה יתקטל: |
| 140 | | | Gn30:06 | ואמרת רחל דן יתי ייי | ואף | שמע בקלי ויהב לי בר בגין |

[41]

## אוצר *n.* storehouse

| | | | | | | |
|---|---|---|---|---|---|---|
| 001 | אוצרא | s em/sf | Gn30:22 | ואמר יפתח ייי לכון ית | אוצרא | טבא מן שמי«יא» מפתחא |
| 002 | באוצרי | | Dt32:34 | ומעתד לרשיעיה חתום | באוצרי | ליום דינה רבה: |
| 003 | אוצרי | p const | Dt33:13 | ייי ארעא דיוסף מן טוב | אוצרי | שמיא מן לעיל דמחתין טלין |
| 004 | אוצריא | p em/sf | Gn41:47 | שני שבעה ויתמלון | אוצריא: | |
| 005 | אוצריה | | Gn41:56 | אפי ארעא ופתח יוסף כל | אוצריה | דבהון וזבן למצרים ותקף |
| 006 | | | Dt28:12 | יפתח ייי לכון ית | אוצריה | טבה ית שמיא למיתן מטרה |
| 007 | באוצריכון | | Dt28:08 | ברכתה וייתון עליכון | באוצריכון | ובכל אושטות ידיכון |

[41]

## אוקיינוס *n.* ocean

| | | | | | | |
|---|---|---|---|---|---|---|
| 001 | אוקייאנוס | s ab/cn | Nu34:06M | מעוזוי וספינתה/הוא | אוקייאנוס | ניסוי ומחוזוי |
| 002 | אוקיינוס | | Nu34:06 | ותחום ימה רבה | אוקיינוס | אינון מי בראשית נוסוי |

[41]

## אורדען *n.* frog

| | | | | | | |
|---|---|---|---|---|---|---|
| 001 | אורדענין | p abs | Ex 7:28M | ויסקון ויעלון בביתך | /אורדענין | ויסקון ויעלן בביתך#2#/ |
| 002 | ארדענין | | Ex 7:28 | וישרץ נהרא | ארדענין | ויסקון ויעלון בביתך |
| 003 | אור׳ | p em/sf | Ex 8:09M | /ומיתון#2# | ערדענייא/אור׳#2# | מן ביתי/בתיא#2#/ |
| 004 | | | Ex 8:03M | ואסקון ית | ארדעניא/אור׳#2# | על ארעא דמצרים: |
| 005 | אורדעניא | | Ex 7:29M | יסקון | ארדעניא/אורדעניא#2#/: | |
| 006 | | | Ex 8:08M | ייי על עסק | ארדעניא/אורדעניא#2#/ | די שווי לפרעה: |
| 007 | | | Ex 8:02M | \ארדעניה וחפון | /אורדעניא | וכסון#2#/ ית ארעא |
| 008 | | | Ex 8:04M | /ויעברון#2#/ | אר{ע}דעניא/אורדעניא#2#/ | מני ומן עמי |
| 009 | | | Ex 8:05M | ולעמך למשיציא | ארדעניא/אורדעניא#2#/ | מנך ומן אנשי ביתך |
| 010 | | | Ex 8:01M | ביציה ואסק ית | ארדעניא/אורדעניא#2#/ | על ארעא דמצרים: |
| 011 | ארדעניא | | Ex 7:29 | ובכל שלטנך יסקון | ארדעניא: | |
| 012 | | | Ex 8:08 | משה קדם ייי על עסק | ארדעניא | די שווי לפרעה: |
| 013 | | | Ex 8:04 | צלון קדם ייי ויעדון | אר{ע}דעניא | מני ומן עמי ואשלח ית |
| 014 | | | Ex 8:05 | ולעמך למשיציא | ארדעניא | מנך ומן אנשי ביתך לחוד |
| 015 | | | Ex 8:01 | ועל ביציה ואסק ית | ארדעניא | על ארעא דמצרים: |
| 016 | | | Ex 8:03 | בחרשיהון ואסקון ית | ארדעניא | על ארעא דמצרים: |
| 017 | ארדעניה | | Ex 8:02 | מימיהון דמצריי וסלקון | ארדעניה | וחפון ית ארעא דמצרים: |
| 018 | ארדענייא | | Ex 8:07 | ויזלון | ארדענייא | מנך ומן אנשי ביתך ומן |
| 019 | ערדענייא | | Ex 8:09 | כמילוי דמשה ומיתו | ערדענייא | מן ביתי ומן דרי ומן |
| 020 | בארדעניא | | Ex 7:27 | משיצא ית כל תחומך | בארדעניא: | |

[42]

## אורח *n.* way, road

| | | | | | | |
|---|---|---|---|---|---|---|
| 001 | אר׳ | s ab/cn | Dt 3:01M | וכווינן וסלקנן | לאורח/אר׳#2#/ | {ר}ד<ד>בותניין ונפק |
| 002 | אורח | | Nu10:33 | מטור בית מקדשה דייי | אורח | <....> מהלך תלתה יומין |
| 003 | | | Ex18:20M | להו«ן» ית | ארחא/אורחה#2#/ | די יהלכון בה וית |
| 004 | | | Dt 1:02 | מהלכה מן טורא דחורב | אורח | טור גבלה {מטי עד} |
| 005 | | | Dt 1:19 | ודחילה ההוא די חמיתון | אורח | טורהון דאמוריי היך מה פקד |
| 006 | | | Dt 1:40 | כוונו לכון וטולו למדברה | אורח | ימה דסוף: |
| 007 | | | Gn18:11 | אתמנע מן למהווי לשרה | אורח | {כנס} כנשיא: |
| 008 | | | Nu22:26 | דחיק די לא הווה תמן | אורח | למסטי לא לימינה ולא |
| 009 | | | Ex13:18M | ייי ית עמא | ארח/אורח#2#/ | מדברא ימא דסוף |
| 010 | | | Ex 5:03 | אתגלי עלינן נזיל כען | אורח | מהלך תלתא יומין במדברא |
| 011 | | | Nu33:08M | בגו ימא במדברה\ואזלו | אורח | מהלך תלתה יומין במדברה#2# |
| 012 | | | Dt11:30M | מן מעבר יורדנה בתר | אורח | מיעלי שמשה בארעהון |
| 013 | | | Dt 2:08 | דשריין בגבלה מן | אורח | משרה מן אילת ומן כרך |
| 014 | ארח | | Nu21:33 | וכוינו וסליקו | ארח | בתנין ונפק עוג מלכא |
| 015 | | | Gn38:14 | לה בפרשות אורחתה די על | ארח | תמנתה ארום חמת ארום רבה |
| 016 | | | Ex13:17 | עמא ולא דבר יתהון ייי | ארח | ארעהון דפלישתיי ארום קריבה |
| 017 | | | Gn31:35 | למיקם מן קדמיך ארום | ארח | {ב}כ<כ>נשיא לי ופשפש לבן |
| 018 | | | Nu14:25 | ונטולו לכון למדברה | ארח | ימה דסוף: |
| 019 | | | Nu21:04 | ונטלו מן הר טורא | ארח | ימה דסוף למקפה ית ארעהון |
| 020 | | | Dt 2:01 | וכווינן ונטלינן במדברה | ארח | ימה דסוף היך מה די מלל |
| 021 | | | Ex13:18 | ואקף ייי ית עמא | ארח | מדברא ימא דסוף ומזיינין |
| 022 | | | Dt 2:08 | תרנגולה וכווינן ועברינן | ארח | מדברה דמואב: |
| 023 | | | Gn30:36 | ושוי | ארח | מהלך תלתא יומין בינה ובין |
| 024 | | | Gn31:23 | עמיה ורדף בתרי{ת}<ה> | ארח | מהלך שבעה יומין וארע יתיה |
| 025 | | | Ex 3:18 | עלינן וכדו נזיל כען | ארח | מהלך תלתא יומין במדברא |
| 026 | | | Ex 8:23 | | ארח | מהלך תלתא יומין נהלך |
| 027 | | | Ex15:22 | למדברא דחלוצה והלכו | ארח | מהלך תלתא יומין במדברא ולא |
| 028 | | | Dt 1:02 | | ארח | מהלך חד עשר יומין הוה לכון |
| 029 | | | Dt11:30 | בעבר ירדנה מן בתר | ארח | מטמעי שמשה בארעהון דכנעניי |
| 030 | | | Nu20:17 | ולא נשתי מי גובין | ארח | מלכא נהלך לא נסטי לא |
| 031 | | | Nu20:19 | ואמרין ליה בני ישראל | ארח | מלכא נסוק ואין מימך נשתה |
| 032 | בארח | | Gn24:32M | דגמלין דהוון זמימי | בארח | דלא למיכל מן גזילא |
| 033 | | | Dt28:25 | קדם בעלי דבביכון | בארח | חדא תפקון קדמיהון לסדרי |
| 034 | | | Ex 3:01M | רעי ית ענה <....> | בתר/בארח#2#/ | מדברא ואתא לטורא |
| 035 | בארח | | Nu21:22 | ולא נשתי מי גובין | בארח | מלכא נהלך עד זמן דנעבר |
| 036 | | | Nu 9:10 | בטמיה נפש דבר נש או | בארח | רחיקה לכון או לדרכון ויעבד |
| 037 | ובארח | | Nu 9:13 | וגברא די יהווי דכי | ובארח | ר«חי»קה ל«א» |
| 038 | וכאורח | | Nu11:31M | /יום חד מן דן סטרה | וכאורח | יום חד מן דן סטרה חז#2#/ |
| 039 | | | Nu11:31 | מהלך יום מן הכה^ | וכאורח | מהלך יום מן הכה חזור חזור |
| 040 | כאורח | | Gn19:31 | בארעא למיעול לוותן | כאורח | כל ארעא: |
| 041 | כארח | | Nu11:31 | ימא^ורפש על משריתה | כארח | מהלך יום מן הכה^ וכאורח |
| 042 | לאורח | | Dt 3:01 | וכווינן וסלקנן | לאורח | {ר}ד<ד>בותניין ונפק עוג |
| 043 | אורחא | s em/sf | Dt13:06 | {{למיטעי}} יתכון מן | אורחא | די פקד יתכון ייי |
| 044 | | | Gn18:19 | בתרה ויטרון | אורחא | דייי למעבד צדקתה ודינא |
| 045 | | | Dt 9:16 | מסכה סטיתון בפריע מן | אורחא | דפקיד מימרה דייי יתכון: |
| 046 | | | Dt19:06 | יתיה ארום תסגי ל{א}<ה> | אורחא | ויקטל יתיה ויתחייב בנפשה |
| 047 | | | Ex13:21M | באורחא /למחווי להון | אורחא#2#/ | ולילי׳א בעמוד׳ |
| 048 | | | Dt19:03 | תכוונון לכון | אורחא | ותתלתון ית תחום ארעכון די |
| 049 | | | Dt 2:27M | "בארחה ... לשמאלה": | אורחא | נזל לא נסטי לא לימין ולא |
| 050 | אורחה | | Gn24:21 | למידע הא אן אצלח ייי | אורחה | או לא: |
| 051 | | | Dt14:24 | ארום יסגי מנכון | אורחה | ארום לית אתון יכלין |
| 052 | | | Dt30:19 | ית שמיא וית ארעא ית | אורחה | דחיי וית אורחה דמתותה |
| 053 | | | Dt 5:33 | בכל | אורחה | די פקד ייי אלהכון יתכון |
| 054 | | | Dt 8:02 | ות«י»דכרון ית כל | אורחה | די דבר יתכון ייי אלהכון |

|  |  | |  |  |  |  |
|---|---|---|---|---|---|---|
| 055 | | | Dt30:19 | ארעא ית אורחה דחיי וית | אורחה | דמתותה יהבית לכון ית |
| 056 | | | Nu22:26M | הווה תמן אורח/לית | אורחה#2#/ | למסטי לא לימינה ולא |
| 057 | אורחהון | | Ex14:25M | גרירי׳ מן בתריהון | אורחהון | דמול׳ |
| 058 | אורחיה | | Gn35:09 | מן אבונן יעקב צדיקא | אורחיה | דעלמא ארעת לדבורא |
| 059 | | | Gn35:09M | במתייה מן פדן ארם | אורחיה | דעלמא כד ארעת לדבורה |
| 060 | ארחא | | Ex18:20 | ותודע להו«ן» ית | ארחא | די יהלכון בה וית פתגמא די |
| 061 | | | Ex32:08 | סטון בפריע מן | ארחא | די פקדת יתהון עשו להם עגל |
| 062 | | | Dt 1:22 | ויתיבון יתן פתגמא ית | ארחא | די נסוק בה וית קו{ח}<ר>יתה |
| 063 | ארחה | | Nu21:01 | להון ארום מטון ישראל | ארחה | די סליקו בה ילליה וסדרו |
| 064 | | | Dt 1:31 | דסביל גבר ית ברה בכל | ארחה | די הלכתון עד מיעלכון עד |
| 065 | | | Dt31:29 | מחבלה תחבלון ותסטון מן | ארחה | די פקדת יתכון ותארע יתכון |
| 066 | | | Dt 9:12 | מן מצרים סטון בפריע מן | ארחה | דפקדית יתהון עבדו להון |
| 067 | | | Gn38:21 | דיתבה בפרשות ארחתה על | ארחה | ואמרין לית הכא אתה |
| 068 | | | Nu22:23 | וסטת אתנתה מן | ארחה | והלכת באפי ברא ומחת בלעם |
| 069 | | | Dt11:28 | דייי אלהכון ״ותסטון מן | ארחה | טבתה״ די אנה מפקד יתכון |
| 070 | | | Nu22:32 | נפקת למסטן לך ארום סטת | ארחה | מן כל קבלי: |
| 071 | ארחי | | Gn24:42 | אם ברעות קדמך למצלחה | ארחי | דאנא מהלך עלה: |
| 072 | ארחך | | Gn24:40 | ישלח מלאכיה קדמיך ויצלח | ארחך | ותסב אתה לברי מן זרעיתי |
| 073 | באר׳ | | Dt19:03M | תכוונון לכון | אורחא/באר׳#2#/ | ותתלתון ית תחום |
| 074 | באורחא | | Ex33:03 | דלא אשיצא יתכון | באורחא: | |
| 075 | | | Nu22:23 | ית אתנתה למכוונה יתה | באורחא: | |
| 076 | | | Ex 4:24 | והוה | באורחא | בבית אבתותה וארע יתיה |
| 077 | | | Dt23:05 | יתכון בלחמא ובמיא | באורחא | בזמן אפקותכון פריקין מן |
| 078 | | | Dt24:09 | עבד ייי אלהכון למרים | באורחא | בזמן אפקותכון פריקין מן |
| 079 | | | Dt25:17 | עבדו לכון דבית עמלק | באורחא | בזמן אפקותכון פריקין מן |
| 080 | | | Gn48:07 | לאפרתה וקברת יתה תמן | באורחא | דאפרת היא בית לחם: |
| 081 | | | Gn16:07 | דמיא במדברא על עיינה | באורחא | דחלו«צה»: |
| 082 | | | Gn24:27 | וקושטה עם ריבוני אנא | באורחא | דבר יתי ייי בבייתיה דאחוי |
| 083 | | | Gn35:03 | בשעת עקתי והווה בסעדי | באורחא | דהלכת: |
| 084 | | | Gn28:20 | ייי בסעדי וינטר יתי | באורחא | די אנה מהלך בה ויתן לי |
| 085 | | | Gn24:48 | אברהם דדבר יתי | באורחא | דקושטא למסבה ית ברת אחוי |
| 086 | | | Dt17:16 | לכון לא תוספון למחזור | באורחא | הדין תוב עד לעלם: |
| 087 | | | Dt25:18 | די ארעו יתכון | באורחא | והוון מקטלין בכון כל דהוה |
| 088 | | | Gn35:09M | ומיתת עלוי רחל | באורחא | ויתב ליה אבונן יעקב |
| 089 | | | Nu22:34 | את קיים מתעתד לקדמותי | באורחא | וכדון אין ביש באפך אחזור |
| 090 | | | Ex13:21 | דעננא למדברא יתהון | באורחא | ולילא בעמוד׳ דעננא |
| 091 | | | Ex18:08 | כל עקיא די ארען יתהון | באורחא | ושזיב יתהון ייי: |
| 092 | | | Dt22:04 | תורה «דאחוך» מטלקין | באורחא | ותכסי עיינך מנהון משבוק |
| 093 | | | Ex14:03M | בארעא טעיין הינון | באורחא | טרד עליהון טעותא דצפון |
| 094 | | | Ex14:03 | ישראל טעיין אינון | באורחא | טרד עליהון בעל צפון טעותי |
| 095 | | | Gn42:38 | ויארע יתיה סקול | באורחא | תהלכון בה ותחתון ית שיבתי |
| 096 | באורחה | | Nu21:04 | ואתעקת נפשהון דעמה | באורחה: | |
| 097 | | | Dt27:18M | דמטעה אכסנייה | באורחה | דהוא מדמי לסמייה ויענון |
| 098 | | | Dt30:19 | וית לווטייה ותבחרון | באורחה | דחיי מן בגלל דתיחון אתון |
| 099 | | | Dt28:68 | בלברנייה ובאלפייה | באורחה | די אמרת לכון לא תוספון |
| 100 | | | Nu20:17M | נשי גוברין | באורחה | דמלכא דעלמא ניזיל |
| 101 | | | Dt10:12M | בכל ארחן /למהלכה | באורחה#2#/ | דתקנן קדמוי ולמרחום ית |
| 102 | | | Dt19:09M | ולמהלכה | באורחן/<באור>חה#2#/ | דתקנן קדמויי כל |
| 103 | | | Dt11:19 | בגו בתיכון ובהלכותכון | באורחה | ובדמככון ובקומכון: |
| 104 | | | Dt 6:07 | בגו בתיכון ובהלכותכון | באורחה | ובמדמכון ובקומיכון: |
| 105 | | | Nu22:31 | מלאכה דייי קים מתעתד | באורחה | וחרביה שליפה בידיה ועקד |
| 106 | | | Dt27:18 | גברה די יטעי סמייה | באורחה | ויאמרון כל עמא אמן: |
| 107 | | | Dt28:07 | תבירי קדל קדמיכון | באורחה | חדה יפקון לקובליכון לסדרי |
| 108 | באורחי | | Gn24:56 | יתי וייי הצל«ח» | באורחי | שלחו יתי ואיזיל לוות |
| 109 | באורחיה | | Gn35:09 | אמיה ומיתת רחל עלוי | באורחיה | ויתב ליה צווח ובכה |
| 110 | בארחא | | Gn45:24 | ואמר להון לא תתרגזון | בארחא: | |
| 111 | | | Gn48:07 | רחל בארעא דכנען | בארחא | באשון עללתא דארעא למיתא |
| 112 | | | Gn35:19 | ומיתת רחל ואתקברת | בארחא | דאפרתה היא בית לחם: |
| 113 | | | Dt 1:33 | בלילה למחויה יתכון | בארחא | די תהלכון בה ובעמודה |
| 114 | | | Dt 1:33 | דדבר קדמיכון | בארחא | למתקנה לכון אתר לשרוייכון |
| 115 | בארחה | | Dt 2:27 | כען ב{ע}<א>רעך בארחה | בארחה | אהלך לא אסטי לא לימינה |
| 116 | | | Dt 2:27 | אעיבר כען ב{ע}<א>רעך | בארחה | בארחה אהלך לא אסטי לא |
| 117 | | | Dt22:06 | קן דצפרין קדמיכון | בארחה | בכל אילן או על ארעא |
| 118 | | | Nu22:23 | ית מלאכה דייי מעתד | בארחה | וחרבה שליפה בי{ה}<ד>יה |
| 119 | | | Nu22:22 | וא«ת»עתד מלאכה דייי | בארחה | למסטן לה והוא רכיב על |
| 120 | לאור׳ | | Gn45:23M | לאבוי לארחא/זוודין | לאור׳#2#/: | |
| 121 | לאורחא | | Gn45:21 | ויהב להון זוודין | לאורחא: | |
| 122 | | | Nu21:01M | ישראל ארום מטון | לאורחא | די עלו בה ולילייה ונסדרא |
| 123 | לאורחה | | Ex12:39M | ולחוד זווד׳ | לאורחה | לא יעבדו להון |
| 124 | לאורחיה | | Gn32:02 | ויעקב אזל | לאורחיה | וארעו בה מלאכין מן קדם |
| 125 | לארחא | | Gn45:23 | עבור ולחם ומזון לאבוי | לארחא: | |
| 126 | | | Gn42:25 | ולמיתן להון זבדין | לארחא | ועבד להון כדון: |
| 127 | לארחה | | Gn38:16 | וסטה לוותה | לארחה | ואמר הבי כען אעול לוותיך |
| 128 | | | Gn33:16 | וחזר ביומא ההוא עשו | לארחה | לגבלה: |
| 129 | לארחכון | | Gn19:02 | ותקדמון ותזלון | לארחכון | ואמרין ליה לא ארום |
| 130 | אורחין | p abs | Dt28:07M | ובשבע \אורחן יערקון | /אורחין | טעיין יהוון ערקין#2#/ |
| 131 | אורחן | | Dt11:22 | דייי אלהכון למהלכה בכל | אורחן | דתקנן קדמוי ולמד<ב>קה |
| 132 | | | Dt28:07 | לסדרי קרבה ובשבע | אורחן | יערקון מן קדמיכון: |
| 133 | | | Dt28:25 | לסדרי קרבה ובשבע | אורחן | תערקון מן קדמיהון ותהוון |
| 134 | ארחן | | Dt10:12 | ייי אלהכון ולמהלכה בכל | ארחן | דתקנן קדמוי ולמרחום ית |
| 135 | באורחן | | Dt19:09 | דייי אלהכון ולמהלכה | באורחן | דתקנן קדמויי כל יומיא |
| 136 | | | Dt26:17 | לכון לאלה פרוק למהלכה | באורחן | דתקנן קדמוי ולמטור קיימוי |
| 137 | | | Dt28:09 | דייי אלהכון ותהלכון | באורחן | דתקנן קדמוי: |
| 138 | | | Dt30:16 | דייי אלהכון ולמהלכה | באורחן | דתקנן קדמוי ולמטור מצוותה |
| 139 | אורחתה | p em/sf | Gn38:14 | בה ויתבת לה בפרשות | אורחתה | די על ארח תמנתה ארום חמת |
| 140 | | | Gn18:19M | בתרה ויטרון | אורחא/<אור>חתה#2#/ | דייי למעבד צדקתה |
| 141 | אורחתי׳ | | Gn 6:12 | ארום חבלו כל בישרא ית | אורחתי׳ | על ארעא: |
| 142 | אורחתך | | Ex33:13 | קדמיך אודע יתי כען ית | אורחתך | ואדחל מן קדמ{ו}<י>ך |
| 143 | אורחתכון | | Dt28:29 | בהבלייה ולא יצלחן | אורחתכון | ותהוון להוד עציין |
| 144 | ארחת׳ | | Gn49:17M | חרמני׳ דכמן בפרשת | ארחת׳ | <...> בעקבא וממרע יתי׳ |
| 145 | ארחתה | | Gn49:17 | ולעורמנא דכמין בפרשת | ארחתה | דנכת לסוסיא בעקבי ומן |
| 146 | | | Gn38:21 | נפקת ברה דיתבה בפרשות | ארחתה | על ארחה ואמרין לית הכא |
| 147 | ארחתיה | | Dt32:04 | דלית קדמוי שקר ארום כל | ארחתיה | דינין וקשוט אלהה היימנה |
| 148 | | | Nu21:30 | ושלטון מן דיבון וצדיין | ארחתיה | עד כרכה דנפחיה דסמיך |
| 149 | ארחתכון | | Lv26:22 | ותזער יתכון ויצדון | ארחתכון: | |
| 150 | באורחתיה | | Dt 8:06 | דייי אלהכון למהלכה | באורחתיה | ולמדחול מן קדמוי: |
| 151 | באורחתך | | Gn24:40M | קדמיך ויצלח | ארחך/באורחתך#2#/ | ותסב אתה לברי מן |

## אורייה *n.* Torah [42]

|  |  | |  |  |  |  |
|---|---|---|---|---|---|---|
| 001 | אור׳ | s ab/cn | Lv26:03M | דאוריתי /בקיימי | אור׳#2#/ | תהלכון וית פיקודיי |
| 002 | אוריה | | Gn49:10 | ואף לא ספרין מלפי | אוריה | מבני בנוי עד זמן דייתי |
| 003 | אורייה | | Lv 7:07M | כאשמא \גזירת | אורייתה/^אורייה#2#^/ | חדה /חוויי{ת}<ה> |
| 004 | | | Nu15:16M | /אחווייה#2#/ | אורייתה/אורייה#2#/ | חדה לכון וסדר דין |
| 005 | | | Nu24:06 | מפקן חכימין ובני | אורייה | כשום<יי>ה {דמתחזי} <דמתח |
| 006 | אר׳ | s em/sf | Nu19:14M | אוריתה /אחוויית | אר׳#2#/ | בר נש ארום ימות במשכנה |
| 007 | | | Lv26:15M | ואן בקיימי | דאוריית/אר׳#2#/ | תעיקון/תמאסון#2#/ |
| 008 | אוריית׳ | | Lv22:27 | כדן כתיב ומפרש בספר | אוריית׳ | דייי תור אמר או גדי ארום |
| 009 | | | Gn 3:24M | פירי אילן חייא היא | אוריית׳ | כל מן {ה}<ד>נטר יתה |

|  |  |  | |  | |
|---|---|---|---|---|---|
| 010 | אורייתא | Ex18:16 | קיימוי דייי וית גזרת | אורייתא: | |
| 011 | | Gn15:17 | על דמרדו רשיעיא על | אורייתא | בחייהון בעלמ' הדין |
| 012 | | Ex10:23M | דהוון עסיקי' בפיתגמי | אורייתא | במותבניהון |
| 013 | | Gn15:17M | מרדו בחייהון באולפן | אורייתא | בעלמא הדין ולא קיימו |
| 014 | | Lv14:32 | דא | אורייתא | גזירת דמן דבה מכתש צרעה |
| 015 | | Ex12:43 | ולאהרן דא גזירת | אורייתא | דפסחא כל בר עממ{נ}ין לא |
| 016 | | Gn49:15 | וארכן כתפה לאולפן | אורייתא | והוון לה כל אחוי למסקי |
| 017 | | Dt10:12 | ולמרחום ית אולפן | אורייתא | ולמפלח קדם ייי אלהכון |
| 018 | | Gn 3:15 | כד יהוון בניה נטרין | אורייתא | ועבדין פקודייה יהוון |
| 019 | | Ex18:20 | ית קיימא וית גזירת | אורייתא | ותודע להו«ן» ית ארחא |
| 020 | | Gn 3:24 | ארום אילן דחיין היא | אורייתא | לכל מן דלעי בה ונטר |
| 021 | | Lv 7:37 | דא גזירת | אורייתא | לעלתה למנחתה ולחטאתה |
| 022 | | Gn15:17M | וצדיקין די קיימו | אורייתא | מן עקתא אשתיזבו כל כדן |
| 023 | אורייתה | Dt11:22 | ולמד<ב>קה באולפן | אורייתה: | |
| 024 | | Dt33:02M | לטורה דפארן למתן | אורייתה | |
| 025 | | Dt 4:44 | ודן גזירת | אורייתה | די סדר משה קדם עמא בני |
| 026 | | Nu21:14 | כדן כתיב ומפרש בספר | אורייתה | דייי דמתילה בספר קרבייה |
| 027 | | Dt 4:04 | על די אדבקתון באולפן | אורייתה | דייי אלהכון הא אתון חיין |
| 028 | | Dt 6:05 | ותרחמ{י}<ו>ן ית אולפן | אורייתה | דייי בכל לבבכון ובכל |
| 029 | | Dt 6:12 | די לא תנשון ית אולפן | אורייתה | דייי דאפיק יתכון פריקין |
| 030 | | Dt 8:11 | די לא תנשון ית אולפן | אורייתה | דייי דלא למטור מצוותה |
| 031 | | Dt 8:14 | ותנשון ית אולפן | אורייתה | דייי אלהכון דאפיק יתכון |
| 032 | | Dt 8:19 | מנשיה תנשון ית אולפן | אורייתה | דייי אלהכון ותזלון בתר |
| 033 | | Dt11:01 | ותרחמון ית אולפן | אורייתה | דייי אלהכון ותטר{ת}ון |
| 034 | | Dt11:02 | ודלא חמון ית אולפן | אורייתה | דייי אלהכון ית תוקפיה |
| 035 | | Dt11:22 | יתה למרחם ית אולפן | אורייתה | דייי אלהכון למהלכה בכל |
| 036 | | Dt13:04 | הא אית רחמין ית אולפן | אורייתה | דייי אלהכון בכל לבבכון |
| 037 | | Dt19:09 | הדין למרחם ית אולפן | אורייתה | דייי אלהכון ולמהלכה |
| 038 | | Dt30:02 | ותחזרון <ל>אולפן | אורייתה | דייי אלהכון ותשמעון בקל |
| 039 | | Dt30:16 | הדין למרחום ית אולפן | אורייתה | דייי אלהכון ולמהלכה |
| 040 | | Lv12:07 | מן מבוע אדמיה דא גזרת | אורייתה | דילדתה לבר דכר או לברה |
| 041 | | Nu 6:13 | ודא גזרת | אורי«י»תה | דנז«י»רה ביומא |
| 042 | | Nu 5:30M | דאורייתה האלין% /שבח | אורייתה | הדה#2/: |
| 043 | | Dt 1:05 | משה למפרשה ית ספר | אורייתה | הדה למימר: |
| 044 | | Dt17:19M | קיימיה /פתגמי שבח | אורייתה | הדה וית קיים#2/: |
| 045 | | Dt27:26M | /מקים ית מילי שבח | אורייתה | הדה#2/ למעבד יתהון |
| 046 | | Dt28:61 | די לא כתיבין בספר | אורייתה | הדה יגרי ייי עליכון |
| 047 | | Dt29:08M | מילי \קיימה הדה /שבח | אורייתה | הדה#2/ ותעבדון יתהון |
| 048 | | Dt29:26 | לווטיה דכתיבין בספר | אורייתה | הדה: |
| 049 | | Dt29:28 | למעבד ית כל פתגמי | אורייתה | הדה: |
| 050 | | Dt30:10 | וקיימוי דכתיב בספר | אורייתה | הדה ארום תחזרון קדם ייי |
| 051 | | Dt31:11 | די יתרעי תקרא ית | אורייתה | הדה לקבל כל ישראל |
| 052 | | Dt31:24 | למכתב ית ^כל#2^ מילי | אורייתה | הדה בגו ספר עד זמן די |
| 053 | | Dt29:19 | לווטיה דכתיבין בספר | אורייתה | הדין וימחוק ייי ית שמיה |
| 054 | | Dt29:20 | קיימה דכתיבין בספר | אורייתה | הדין: |
| 055 | | Nu24:06M | מפיקין חכימין ומלפי | אורייתה | היך שמיי דמתח{ייה} ייי |
| 056 | | Dt33:03 | ולא שדכין מן אולפן | אורייתה | והא אינון מדברין ואתיין |
| 057 | | Ex36:16M | קובל חמישתי סיפרי | אורייתה | וית שית ידיען לחוד קובל |
| 058 | | Lv 7:07 | כחטא«תה» כאשמא גזירת | אורייתה | חדה להון כהנא די יכפר |
| 059 | | Nu 9:14 | דינוי כדן יעבד גזירת | אורייתה | חדה יהוי לכון ולגיורה |
| 060 | | Nu15:16 | גזירת אוריתה | אורייתה | חדה לכון וסדר דין חד |
| 061 | | Lv14:54M | אוריתא/אחווית | אורייתה#2/ | לכל מכתש צרעתה |
| 062 | | Lv 7:37M | אוריתא /חווית | אורייתה#2/ | לעלתה למנחתה ולחטאתה |
| 063 | | Dt33:02M | \ואוריתה יהב/ויהב | אורייתה#2/ | לעמיה: |
| 064 | | Dt33:04 | אמרין בני ישראל | אורייתה | פקד יתן משה יהב יתה |
| 065 | | Dt13:05 | בלבה שלמה ובאולפן | אורייתה | תדבקון: |
| 066 | | Dt10:20 | תהוון מצליין ובאולפן | אורייתה | ת{ת}<ד>בקון ובשמיה קדישה |
| 067 | אורייתי | Gn26:05M | דייני /ואחווית | אורייתי#2/: | |
| 068 | | Ex19:04 | וקרבית יתכון לאולפן | אורייתי: | |
| 069 | | Dt28:20 | בישיה די שבקתון אולפן | אורייתי: | |
| 070 | | Lv26:21 | תצבון למשמע לאולפן | אורייתי | ואוסף עליכון מחוון שבעה |
| 071 | | Lv26:14 | ואן לא תשמעון לאולפן | אורייתי | ולא תעבדון ית כל פיקודיה |
| 072 | | Lv26:23M | תיצבון למשמוע לאולפן | אורייתי | ותהל#2/ קדמיי בקשיו: |
| 073 | | Lv26:27 | בדה לא תשמעון לאולפן | אורייתי | ותהלכו עמי בקשיו: |
| 074 | אורייתיה | Lv26:18 | לא תשמעון לאולפן | אוריית«י»ה | ואוסף למרדי יתכון שבעה |
| 075 | אורית | Dt33:02 | על טורה דגבלה למתן | אורית | לבנוי דעשו וכיוון די |
| 076 | אורית' | Dt32:29 | אילו חכמו ישראל וילפון | אורית' | אתבוננו מה הווי |
| 077 | | Lv 7:01 | ודא גזירת | אורית' | דאשמה קדש קדשין הוא: |
| 078 | אוריתא | Gn 3:24 | תרין אלפין דשנין ברא | אוריתא | אתקן גנת עדן לצדיקיא |
| 079 | | Gn15:17M | על די לא עסקו אולפן | אוריתא | בעלמא הדין ולא נטרו |
| 080 | | Gn33:14M | אדבר לבלחודוי לאולפן | אוריתא | די קדמיי ולסוברה בזכותיה |
| 081 | | Ex32:32M | מן ספר | אוריתך/<אורי>תא#2/ | די כתבת: |
| 082 | | Gn40:23 | אדכר כתבא דכתיב בספר | אוריתא | דייי דמתילא בספר קרביא |
| 083 | | Ex13:09 | מן בגלל דתיהוי | אוריתא | דייי תדירא בפמיכון ארום |
| 084 | | Dt 4:29M | תמן <קדם> ייי/לאולפן | אוריתא | דייי#2/ אלהכון ותשכחון |
| 085 | | Lv 6:07 | ודא גזירת | אוריתא | דמנחתה יקרבו יתה בנוי |
| 086 | | Ex12:49 | גזירת | אוריתא | חדא יהוי ליציביא |
| 087 | | Lv14:54 | דא ^גזירת#2^ | אוריתא | לכל מכתש צרעתה ולנתקה: |
| 088 | | Gn 3:24 | לעלמא דאתי טבא היא | אוריתא | לפלחי בעלמא הדין היך פירי |
| 089 | | Gn27:22M | וכד מתרשל בפתגמי | אוריתא | שלטין ביה ידוי דעשו |
| 090 | אוריתה | Dt32:46 | ולמעבד ית כל מילי שבח | אוריתה: | |
| 091 | | Nu15:16 | גזרת | אוריתה | אורייתה חדה לכון וסדר דין |
| 092 | | Dt33:03 | בנוי דישמעאל מקבלין | אוריתה | אלא כל כדן למחבבה עמא בני |
| 093 | | Dt 1:01 | דסיני איתיהיבת לכון | אוריתה | בני ישראל ובמישריה |
| 094 | | Nu19:14 | דא גזירת | אוריתה | בר נש ארום ימות במשכנה כל |
| 095 | | Lv11:46 | דא גזיר' | אוריתה | דבעירה ועופה וכל נפש חיתה |
| 096 | | Lv15:32 | דא גיזירת | אוריתה | דדיבה וית מה די תפוק |
| 097 | | Lv 6:18 | בנוי למימר דא גזירת | אוריתה | דחטאתה באתרה די |
| 098 | | Lv26:46 | וסדרי דינייה וגזירת | אוריתה | די שווי ייי בין מימריה |
| 099 | | Nu19:02 | דא גזירת | אוריתה | די פקד ייי למימר מליל עם |
| 100 | | Nu31:21 | מן חיל קרבא דא גזירת | אוריתה | די פקד ייי ית משה: |
| 101 | | Dt17:11 | על פם גזירת | אוריתה | די ילפון יתכון ועל סדר |
| 102 | | Dt11:13 | הדין למירחם ית אולפן | אוריתה | דייי אלהכון ולמפלח קדמוי |
| 103 | | Dt30:06 | למירחם ית אולפן | אוריתה | דייי אלהכון בכל לבביכון |
| 104 | | Dt30:20 | למרחום ית אולפן | אוריתה | דייי אלהכון ולמשמע בקל |
| 105 | | Lv13:59 | דא גזרת | אוריתה | דמכתש צרעתה בלבוש דעמר או |
| 106 | | Nu12:16 | סגי לחיכימי' ולנטרי | אוריתה | דמצוה זעירה דאנש עבד הוא |
| 107 | | Lv14:02 | דא תהוי גזירת | אוריתה | דמצרעה ביומא דדכותיה |
| 108 | | Nu 6:21 | דא גז«י»רת | אוריתה | דנזירה די ידר קרבני<ה> |
| 109 | | Lv 7:11 | ודא גיזירת | אוריתה | דנכסת קודשיה די יקרב לשמה |
| 110 | | Lv 6:02 | בנוי למימר דא גזירת | אוריתה | דעלתה היא עלתה דיקדה |
| 111 | | Lv14:57 | ובין דכיה דא גיזרת | אוריתה | דצרעה: |
| 112 | | Nu 5:29 | דא גזרת | אוריתה | דקנאתה תסטה אתתה בר מן |
| 113 | | Dt 4:08 | דינין זכיין ככל גזירת | אוריתה | הדה די אנה סדר קדמיכון |
| 114 | | Dt17:18 | ויכתוב לה ית תניי | אוריתה | הדה בגו ספר מן קדם |
| 115 | | Dt27:03 | עליהון ית כל פתגמי | אוריתה | הדה במעברכון מן בגלל די |
| 116 | | Dt27:08 | על אבנייה ית כל פתגמי | אוריתה | הדה כתיב חקיק ומפרש יאות |
| 117 | | Dt27:08M | אוריתה /מלי שבח | אוריתה#2/ | הדה כתיב/כתב#2/ חקיק |

|  |  |  |  |  |  |
|---|---|---|---|---|---|
| 118 | | Dt27:26 | די לא יקים ית פתגמי | אוריתה | הדה למעבד יתהון ויאמרון |
| 119 | | Dt28:58 | למעבד ית כל פתגמי | אוריתה | הדה דכתבין בספר אוריתה |
| 120 | | Dt31:09 | וכתב משה ית | אוריתה | הדה ויהב יתה לכהניה בני |
| 121 | | Dt31:12 | למעבד ית כל מילי | אוריתה | הדה: |
| 122 | | Dt28:58 | אוריתה הדה דכתבין בספר | אוריתה | הדין למדחל מן קדם שמיה |
| 123 | | Dt31:26 | סבו ית ספר | אוריתה | הדין ותשוון יתה מן סטר |
| 124 | | Dt15:11 | נטרין בני ישראל אולפן | אוריתה | ועבדין פיקודיה לא הוי |
| 125 | | Nu15:29 | דמתגיירין ביניכון גזרת | אוריתה | חדה יהווי לכון{ל}«ן» מן |
| 126 | | Dt30:12 | לא בשמיא היא | אוריתה | למימר לווי הוה לן חד |
| 127 | | Dt30:13 | ולא מן עבר לימה רבה היא | אוריתה | למימר לווי הוה לן חד |
| 128 | | Dt33:02 | מן סיני אתגלי למתן | אוריתה | לעמי' בני ישראל {ו}<ד>נח |
| 129 | | Dt33:10M | יעקב וגזירת | אוריתך/<אורי>תה#2#/ | לקהל שבטיה דבני |
| 130 | | Dt33:02 | יתה והופיע ביקרה למתן | אוריתה | על טורא דפרן לבנוי |
| 131 | אוריתי | Ex16:28M | /פיקודי ואחוויית | אור<י>תי#2#/: | |
| 132 | אוריתך | Ex32:32 | ואם לא מחק יתי מן ספר | אוריתך | די כתבת: |
| 133 | | Dt33:10 | בגו דבית יעקב וגזירת | אוריתך | לקהל שבטיה דבני ישראל |
| 134 | אריתי | Ex32:33 | אמחק יתיה מן ספר | אריתי: | |
| 135 | באוריתא | Gn27:40 | בנוי דיעקב לעיין | באוריתא | ומנטרין פיקודיא יהוון |
| 136 | | Gn 3:15M | זרעית בנה לעיין | באוריתא | ונטרין פקודיה ימנעון |
| 137 | | Gn27:40 | גרמיהון מלמלעי | באוריתא | תשלט ביה ותפרוק ניר |
| 138 | באוריתה | Dt33:29 | כד תהוון לעיין | באוריתה | ועבדין פיקודייה על פרקת |
| 139 | | Lv19:32 | חכימין רברבין מנכון | באוריתה | תהוון קיימין ותייקרון |
| 140 | באורית' | Dt32:07 | דרברבין מנכון | באורית' | ויתנון לכון חכימיכון |
| 141 | | Gn27:40M | דיעקב דלא למלעי | באורית' | ולא למטור פקודייה הא |
| 142 | | Gn 2:15 | דעדן למהוי פלח | באורית' | ולמטור פקודיה: |
| 143 | באוריתא | Gn15:17M | ובגי' רשעין די כפרו | באוריתא | |
| 144 | באוריתה | Gn 3:15M | בנה דאתתה דלא למלעי | באוריתה | ולא למיטר' פיקודיה תהוי |
| 145 | | Dt32:14 | יהוון ישראל לעיין | באוריתה | ונטרין פקודייה מן ענבה |
| 146 | | Dt32:30 | כד יהוון ישראל לעיין | באוריתה | ונטרין פיקודיה הוה חד |
| 147 | | Dt32:04 | חלקין תלת שעין לעי | באוריתה | ותלת שעין יתב בדינה ותלת |
| 148 | דאור' | Dt29:28M | אורייתה/פיתגמיה | דאור'#2#/ | הדה: |
| 149 | דאורית' | Gn25:27M | בבית מדרשא אולפן | דאורית' | |
| 150 | | Ex20:06M | פיקודיא/מצוותי' | דאוריית'#2#/: | |
| 151 | דאוריתא | Ex16:04 | אין נטרינון מצוותה | דאוריתא | אן לא: |
| 152 | | Dt15:11M | שבקין הנון מצוותה | דאוריתא | ארום לא פסקין מסכינייה |
| 153 | | Gn 3:24 | על די נטרו מצוותה | דאוריתא | בעלמא הדין וקיימו פקודיה |
| 154 | | Ex13:10 | ותטרון ית קיימיה | דאוריתא | הדה בזימנא מן עדן יומין |
| 155 | | Dt15:04M | מצוותה | דאוריית'/<דאוריי>תא#2#/ | חלף כן ˆארום |
| 156 | | Ex12:11M | אסירין /\במצוותיה | דאורייתא#2#/ | מסניכון ברגליכון |
| 157 | דאוריתה | Dt 8:02 | נטרין אתון מצוותה | דאוריתה | או לא: |
| 158 | | Dt 4:40 | ית קיימוי וית מצוותה | דאוריתה | די אנה מפקד יתכון יומא |
| 159 | | Dt 6:17 | מטור תטרון ית מצוותה | דאוריתה | דייי אלהכון וסהדותיה |
| 160 | | Dt 8:06 | ותיטרון ית מצוותה | דאורייתה | דייי אלהכון למהלכה |
| 161 | | Dt 7:09 | ולנטרי מצוותה | דאורייתה | לאלפין ד{ר}רין: |
| 162 | דאוריתי | Lv22:31 | אגר טב לנטרי מצוותה | דאוריתי: | |
| 163 | | Dt 5:10 | ולנטרי מצוותה | דאוריתי: | |
| 164 | | Lv22:31 | ותטרון מצוותה | דאורייתי | ותעבדון יתהון אנה הוא |
| 165 | | Dt15:04 | לחוד אין תטרון מצוותה | דאורייתי | חלף כן ˆארום לא יהווי |
| 166 | | Dt 5:29 | ולמטור ית כל מצוותה | דאורייתי | כל יומייה מן בגלל דייטיב |
| 167 | | Lv18:04 | תעבדון וית קיימי | דאורייתי | תטרון למהלכה בהון אנה |
| 168 | | Lv19:19 | ית קימה | <ד>א{ד}ורייתי | תטרון בערכון לא |
| 169 | | Lv26:15 | ואן בקיימי | דאורייתי | תעיקון ואן סדרי דיניי |
| 170 | דאוריתא | Ex16:04M | מצוותה | דאורייתא/דאוריתא#2#/ | אן לא: |
| 171 | | Gn 3:24 | על די לא נטרו מצוותה | דאוריתא | בעלמא הדין ארום אילן |
| 172 | | Dt11:13 | משמע תשמעון למצוותה | דאוריתא | די אנה מפקד יתכון יומא |
| 173 | | Ex15:25 | מימריה דייי מלה | דאוריתא | וטלק לגו מיא ואתחלון מיא |
| 174 | | Gn 3:22 | עד די לא נטר מצותיה | דאוריתא | ולא קיים פקודה הא ניטרו' |
| 175 | | Gn 3:22 | לביש אילו נטר מצוותה | דאוריתא | וקיים פקודה אית הוה חי |
| 176 | | Dt15:11M | נט' ישראל מצוותה | דאוריתא | לא הווי בכון מסכינין |
| 177 | | Gn 3:15 | יהוון שבקין פקודי | דאוריתא | תהוי מתכוין ונכת יתיה |
| 178 | דאוריתה | Dt 6:02 | ית כל קיימוי ומצוותה | דאוריתה | די אנה מפקד יתכון |
| 179 | | Nu 5:30 | לה כהנה ית כל קיימיה | דאוריתה | האלין: |
| 180 | | Dt17:20 | ודלא יסטי מן מצוותה | דאוריתה | לא לימינה ולא לשמאלה |
| 181 | | Nu27:21 | לה בסדר דינהון | דאוריתה | קדם ייי על גזירת פמה |
| 182 | דאוריתי | Lv26:03 | אן בקימה | דאוריתי | תהלכון וית פיקודיי תטרון |
| 183 | דאוריתיא | Nu15:15 | קהלא גזרת | דאור«י»תיא | לכון ולגיורה |
| 184 | ואוריתא | Ex24:12 | לך ית לווחי אבניא | ואורייתא | וקיימא די כתבית למלפא |
| 185 | ואוריתך | Dt33:09 | מימר פומך וגזרתך | ואורייתך | אינון זהירין: |
| 186 | ואוריתה | Dt33:02 | מן גו להבי אשתה | ואוריתה | יהב לעמיה: |

## Urim *n.* אורין [43]

|  |  |  |  |  |  |
|---|---|---|---|---|---|
| 001 | אוריה p em/sf | Ex28:30 | ותתן לחושנא דדינה ית | אוריה | וית תומי' ויהוון על לביה |
| 002 | | Lv 8:08 | ויהב לגו חושנה ית | אוריה | וית תמיה: |
| 003 | ואורייא | Dt33:08 | דייי ואמר תומייא | ואורייא | אלבישת לאהרן גברא חסידה |

## length *n.* אורך [43]

|  |  |  |  |  |  |
|---|---|---|---|---|---|
| 001 | ארך s ab/cn | Ex27:01 | חמש אמין ארך וחמש אמין | {ארך | וחמש אמין} פתיא מרבע יהי |
| 002 | | Ex27:01 | דשטי«ן» חמש אמין | ארך | וחמש אמין {ארך וחמש אמין} |
| 003 | | Ex38:18M | ופותיה חמש/אומין | ארך | ומשחת רום בפתוי חמ'#2#/ |
| 004 | | Ex27:11 | באורך ווילון מאה אמין | ארך | ועמוד' עשרין וחמרין עשרין |
| 005 | | Ex38:18 | ובוץ שזיר ועשרין אמין | ארך | וקומה ופותיה חמש אמין לקבל |
| 006 | | Ex27:09 | בוץ שזיר מאה אמין באמתא | ארך | לסיטרא חדא: |
| 007 | | Nu14:18M | ייי | אריך/ארך#2#/ | רוח ורחיק רגז/רגיז#2# |
| 008 | באורך | Ex27:11 | וכדן לסיטרה צפוניה | באורך | ווילון מאה אמין ארך |
| 009 | אורכ' s em/sf | Gn 6:15 | תעבד יתיה תלת מאה אמין | אורכ' | דתיבותא חמשין אמין פתיה |
| 010 | אורכה | Ex26:16M | \אמין ארכה/אומין | אורכה#2#/ | דלוחא ואמה ופלגא |
| 011 | ארכה | Ex27:18 | | ארכה | דדרתה מאה אמין באמתה ופתיה |
| 012 | | Ex36:15 | | ארכה | די יריעתה חדא תלתין אמין |
| 013 | | Ex26:08 | | ארכה | דיריעתא חדתה תלתין אמין |
| 014 | | Ex26:02 | | ארכה | דיריעתה חדתה עשרין ותמנין |
| 015 | | Ex36:09 | | ארכה | דיריעתה חדא עשרין ותמני |
| 016 | | Ex26:16 | עשר אמין | ארכה | דלוחא ואמה ופלגא פתיא |
| 017 | | Ex36:21 | עשר אמין | ארכה | דלוחיה ואמה ופלגת אמה |
| 018 | | Ex30:02M | "אמה ... אמה": אומה | ארכה | ואומה |
| 019 | | Ex25:17 | דכי תרתין אמין ופלג | ארכה | ואמה ופלג פתיא: |
| 020 | | Ex30:02 | אמה | ארכה | ואמה פתיא מרבע יהוי ותרתין |
| 021 | | Ex37:06 | דהב דכי תרתין אמין ופלג | ארכה | ואמה ופלג פתיה: |
| 022 | | Ex37:10 | אעין דשטין תרתין אמין | ארכה | ואמה פתיה ואמה ופלג משחת |
| 023 | | Ex37:25 | דקטרתה אעין דשטין אמה | ארכה | ואמה פתיה מרבע ותרתין אמין |
| 024 | | Ex25:10 | דשטין תרתין אמין ופלג | ארכה | ואמתא ופלג פותיא ואמתא |
| 025 | | Dt 3:11 | דבני עמוניי תשע אמין | ארכה | וארבע אמין פתייה באמתיה |
| 026 | | Ex39:09 | כפול עבדו ית חושנא זרת | ארכה | וזרת פתיה כפול: |
| 027 | | Ex38:01 | אעין דשטין חמש אמין | ארכה | וחמש אמין פתיא מרבע ותלת |
| 028 | | Ex28:16 | מרבע יהווי כפל פשך | ארכה | ופשך פתיא: |
| 029 | | Ex39:09M | \וזרת פתיה כפול/ופשך | ארכה | כפיל#2#/: |
| 030 | ארכיה | Ex37:01 | דשטין תרתין אמין ופלג | ארכיה | ואמה ופלג פתיה ואמה ופלג |
| 031 | ארכן | Ex25:23 | אעין דשטין תרתין אמין | ארכן | ואמתא פתיא ואמה ופלג משחת |

|  |  |  |  |  |  |  |
|---|---|---|---|---|---|---|
| 032 | בארכה | | Ex26:13 | סיטרא במותריי«א» | בארכה | דיריעתא דמשכנא יהווי |
| 033 | לארכה | | Gn13:17 | קום הלך בארעא | לארכה | ולפתייה ארום לך אתן יתה: |

## אורעי *n.* wasp [43]

|  |  |  |  |  |  |  |
|---|---|---|---|---|---|---|
| 001 | אורעיתא | s em/sf | Ex23:28 | ואשלח ית | אורעיתא | קודמיכון ותטרד ית חיויי |
| 002 | אורעיתה | | Dt 7:20 | ולחות ית מחות | אורעיתה | יגרי ייי אלהכון בהון |
| 003 | אורעייתא | p em/sf | Dt 1:44 | יתכון היך מה דרדפן | א{ז}<ו>רעייתא | דדברייתה וכתיתו יתכון |

## אושטו *(v.)n.* stretching forth [43]

|  |  |  |  |  |  |  |
|---|---|---|---|---|---|---|
| 001 | אושטות | s ab/cn | Dt24:19M | בכל \עובד ידיכון | /אושטות | ידי#2#/: |
| 002 | | | Dt16:17 | גבר כמסת | אושטות | ידיה כברכתה דייי אלהכון |
| 003 | | | Dt12:07 | ייי אלהכון ותחדון בכל | אושטות | ידיכון אתון ואינשי בתיכון |
| 004 | | | Dt12:18 | קדם ייי אלהכון בכל | אושטות | ידיכון: |
| 005 | | | Dt15:10 | בכל עובדיכון ובכל | אושטות | ידיכון: |
| 006 | | | Dt16:10 | קדם ייי אלהכון כמסת | אושטות | ידיכון די תתנון היך מה די |
| 007 | | | Dt23:21 | יתכון ייי אלהכון בכל | אושטות | ידיכון על ארעא די אתון |
| 008 | | | Dt28:08 | עליכון באוצריכון ובכל | אושטות | ידיכון ויברך יתכון בארעא |
| 009 | | | Dt28:12M | ית כל | עבד/^אושטות#2#^/עובדי#2#/ | ידיכון ותצרכון |
| 010 | | | Dt28:20 | שעמומא וית מזופתה בכל | אושטות | ידיכון די תעבדון עד זמן |
| 011 | איש' | | Dt23:21M | ייי אלהכון בכל | אושטות/איש'#2#/ | ידיכון על ארעא די |
| 012 | באושטות | | Lv 5:21 | בחברה בפקדון או | באושטות | יד או בגזל או די עצה ית |
| 013 | | | Lv 5:21M | בחברה בפקדונה או | באושטות | ידה או בגזלה או די |

## אותי *n.* an unclean bird [43]

|  |  |  |  |  |  |  |
|---|---|---|---|---|---|---|
| 001 | איתיה | s em/sf | Lv11:18 | וית | איתיה | וית קקה וית שרקרית': |
| 002 | ואותייה | | Dt14:16 | וית צידה וית קפופה | ואותייה: | |

## אותייה *GN* ⇐ אוסייה

## אזגד *n.* messenger [43]

|  |  |  |  |  |  |  |
|---|---|---|---|---|---|---|
| 001 | אזגד | s ab/cn | Gn49:21 | נפתלי | אזגד | קליל מבשר בשורן טבן דהוא |

## אזוי *n.* (uncertain) [43]

|  |  |  |  |  |  |  |
|---|---|---|---|---|---|---|
| 001 | אזוי | s ab/cn | Gn44:29M | סקול ותחתון ית | סיבתי/אזוי#2#/ | בביש לשאול/לשאולה#2# |

## אזי *vb.* to heat [43]

|  |  |  |  |  |  |  |
|---|---|---|---|---|---|---|
| 001 | ונזי | peal | Gn11:03 | אתון ונלבן לבנין | ונזי | יתהון באתונ' והוין להון |

## אזל *vb.* to go [43]

|  |  |  |  |  |  |  |
|---|---|---|---|---|---|---|
| 001 | אזיל | peal | Gn24:58 | עם גברא הדין ואמרית | אזיל: | |
| 002 | | | Ex 2:07 | לברתיה דפרעה ה{ו}א | אזיל | ואיקרי ליך אתה מיינקא מן |
| 003 | | | Dt10:11 | ואמר ייי לי אמר משה קום | אזיל | למטלן קדם {ייי} <עמא> |
| 004 | | | Ex10:28 | ואמר ליה פרעה | אזיל | מעלוי לא תוסיף לממללה קדמ' |
| 005 | אזל | | Nu22:30 | אתנתה לבלעם להן את | אזל | בלעם רשיעא חסיר דעתה מה |
| 006 | | | Gn31:22M | אתנו ביומא תליתאה ארום | אזל | יעקב חסידא דבזכו' הוון |
| 007 | | | Nu 6:23 | תברכון ית בני ישראל | אזל | משה מן שמי ואמר להון: |
| 008 | | | Dt 5:30 | | אזל | משה מן שמי ואמור להון |
| 009 | | | Gn37:30 | לית אנה ידע לאן אנה | אזל: | |
| 010 | | | Nu10:30 | אלהן לארעי ולתלדותי | אזל: | |
| 011 | | | Nu10:30 | ואמר ליה לית אנה | <אזל> | ארום אלהן לארעי ולתלדותי |
| 012 | | | Nu24:01 | ולא אזל היך מה דהוה | אזל | בכל זמן למשאליה בדכריה |
| 013 | | | Ex 4:18 | בחיין ואמר יתרו למשה | אזל | בשלם: |
| 014 | | | Gn49:22 | יוסף גברא חסידא דלא | אזל | בתר חיזוי עייניה ולא בתר |
| 015 | | | Ex32:34 | וכדון {וכדון} | אזל | דבר ית עמא לאתרא די מללת |
| 016 | | | Nu22:22 | ותקף רוגזה דייי ארום | אזל | הוא וא«ת»עתד מלאכה דייי |
| 017 | | | Nu24:01 | למברכה ית ישראל ולא | אזל | היך מה דהוה אזל בכל זמן |
| 018 | | | Ex 4:12 | וכדון | אזל | ואנה עם ממרי אהיה עם ממלל |
| 019 | | | Gn 8:07M | וחזר נפק וחזר עד די | /אזל | וחזר עד זמן די#2#/ יבשו |
| 020 | | | Nu32:41 | ויאיר בר מנשה | אזל | וכבש ית כפרניהון וקרא |
| 021 | | | Nu32:42 | ונבח | אזל | וכבש ית קנת וית כופרניה |
| 022 | | | Gn32:18 | למימר מן את אתי ולאן את | אזל | ולמן אלין אנון די קדמיך: |
| 023 | | | Gn12:09 | ונטל אברם | אזל | ונטל לדרומה: |
| 024 | | | Ex 3:16 | | אזל | ותכנש ית חכימיא דישראל |
| 025 | | | Gn26:13 | ותקף גברא והווה | אזל | ותקף עד זמן די תקף לחדא: |
| 026 | | | Ex19:19 | והוה קלא דשיפורא | אזל | ותקף לחדא משה הוה ממלל |
| 027 | | | Ex32:07 | ומלל ייי עם משה | אזל | חות ארום חבלו עמך די אפיקת |
| 028 | | | Ex 4:19 | ואמר ייי למשה במדין | אזל | חזור למצרים ארום מיתו כל |
| 029 | | | Gn27:09 | | אזל | כען לוות ענה ואייתי לי מן |
| 030 | | | Gn37:14 | ואמר לו | אזל | כען וחמי ית שלמיהון דאחיך |
| 031 | | | Gn28:02 | קום | אזל | לפדן ארם לבייתיה דבתואל |
| 032 | | | Gn32:02 | ויעקב | אזל | לאורחיה וארעו בה מלאכין |
| 033 | | | Gn33:14 | ולרגל טלייא עד זמן די | אזל | לוות רבוני לגבלה: |
| 034 | | | Ex 3:11 | קדם ייי מן אנה ארום | אזל | לוות פרעה וארום אסק ית בני |
| 035 | | | Ex 3:13 | <משה> קדם ייי הא אנה | אזל | לוות בני ישראל ואמר להון |
| 036 | | | Nu24:14 | וכדון הא אנה | אזל | לוות עמי אתא אעוץ יתך עצה |
| 037 | | | Gn26:26M | ואבימלך | אתיה/אזל#2#/ | לוותיה מן גרר וסיעא |
| 038 | | | Gn12:01 | ואמר ייי לאברם | אזל | לך מן ארעך ומן |
| 039 | | | Gn27:43 | ברי שמע בקלי וקום | אזל{{ך}} | לך לוות לבן אחי חרנה: |
| 040 | | | Nu24:11 | וכדון | אזל | לך לאתרך אמרת מוקרא איקר |
| 041 | | | Gn18:02M | קודמוי חד מניהון הוה | אזל | למבשרא ית שרה דילדה בר |
| 042 | | | Gn31:19 | ולבן | אזל | למגזז ית ענה וגנבת רחל ית |
| 043 | | | Gn18:02M | בר דכר וחד מניהון הוה | אזל | למהפך ית סדום וחד מניהון |
| 044 | | | Gn18:02M | סדום וחד מניהון הוה | אזל | למישזבא ית לוט מן גוא |
| 045 | | | Gn25:32 | ואמר עשו הא אנה | אזל | לממת ולמה כען לי בכורותא: |
| 046 | | | Gn15:02 | קדמך למיתן לי ואנה | אזל | מן עלמא בלא בנין ואליעזר |
| 047 | | | Gn26:16 | ואמר אבימלך ליצחק | אזל | מן לוותן ארו«ם» תקפת מנן |
| 048 | | | Ex33:01 | ומלל ייי עם משה | אזל | סק מן הכה את ועמא די אסקת |
| 049 | | | Gn13:05 | ולחוד ללוט דהוה | אזל | עם אברם הוה ען ותורין |
| 050 | | | Nu22:35 | ואמר מלאכה דייי לבלעם | אזל | עם גברייה ולהוד ית פתגמא |
| 051 | | | Gn18:16 | כלפי סדום ואברהם | אזל | עמהון למלוויה יתהון: |
| 052 | | | Gn18:16M | ואברהם אזל/הווה | אזל#2#/ | עמהון למלוויה יתהון: |
| 053 | | | Nu22:20 | למקרא לך אתו גבריא קום | אזל | עמהון ולחוד ית פתגמא דאמלל |
| 054 | | | Nu10:29 | די אמר ייי יתה אתן לכון | אזל | עמן ונוטב לך ארום ייי |
| 055 | | | Gn23:10M | קדם בני עמא אתן יתה לך | אזל | קבר |
| 056 | | | Gn23:11M | /קדם בני עמי אתן יתי לך | אזל | קבר#1#/ מתך: |
| 057 | | | Gn23:11M | /קדם בני עמא אתן יתה לך | אזל | קבר מתך#1#/: גבר מנן ית |
| 058 | | | Nu22:30M | קדמיהון מה את | יכיל/אזל#2#/ | למילט/<למי>לוט#2#/ |
| 059 | אוזלא | | Gn24:58M | לה הא תזלין/את | אוזלא#2#/ | עם גברא הדין ואמרית |
| 060 | אזלה | | Gn16:08 | מנן את אתייה ולאן את | אזלה | ואן בית את אשכחה כביתיה |
| 061 | | | Gn24:60 | ברם מן הכא ולהלא את | אזלה | ומדבקה ל{ד}<ה> לגברא חסידא |
| 062 | | | Gn15:12M | "אישון למטמע": | אזלה | למטמוע |
| 063 | | | Gn15:17M | "והא שמשא": והוות שמשא | אזלה | למיסוק {וקמטתי}<וחמטה> |
| 064 | | | Gn24:60M | הויית אחת' כדון את | אזלה | מזדווגה בההי צדיק' יהי |
| 065 | אזלו | | Gn42:19 | בבית חבושיכון ואתון | אזלו | אוביל{ן}<ו> מזון עבור |

|  |  |  |  |  |  |
|---|---|---|---|---|---|
| 066 | | Ex10:11 | לא כדן | אזלו | כען גברייא ופלחו קדם ייי |
| 067 | | Nu22:13M | לרברבנוי דבלק | איזילו/אזלו#2#/ | לארעכון ארום לית |
| 068 | | Gn41:55 | ואמר פרעה לכל מצראי | אזלו | לוות יוסף מה דיימר לכון |
| 069 | | Ex 5:11 | אתון | אזלו | סבו לכון תבן מן אן די |
| 070 | | Nu13:31 | תקיפין אינון מנן: | {אזלו | עמה אמרי׳ לית אנן יכלין |
| 071 | | Gn14:24 | וחלקיהון דגובריא די | אזלו | עמי ענר ושכל וממרא אנון |
| 072 | | Nu13:31 | וגבריה די | אזלו | עמיה אמרין לית אנן יכלין |
| 073 | | Ex 5:18 | וכדון | אזלו | פלחו ותבן לא אתיה«ב» |
| 074 | | Ex 8:21 | למשה ולאהרן ואמר | אזלו | קרבו קדם ייי אלהכון בארעא |
| 075 | אזילו | Ex10:24 | למשה ולאהרן ואמר | אזילו | פלחו קדם ייי לחוד עניכון |
| 076 | זילו | Ex10:08M | להון \איזילו פלחו | /זילו | ופלוח#2#/ קדם {ר}ייי |
| 077 | אזלי | Ex 2:08 | ואמרת לה ברתה דפרע׳ | אזלי | ואזלת רביתיה וקראת ית אמיה |
| 078 | אזלין | Ex10:08 | אלהכון מן ומן אנון | אזלין: | |
| 079 | | Ex13:21M | /למהוון#2#/ | מהלכין/אזלין#2#/ | ביממא ובליליא: |
| 080 | | Lv19:16M | בני ישראל לא תהוון | אזלין | בת׳#2#/ לישנה תליתיה |
| 081 | | Ex23:01M | בני ישרא׳ לא תהוון | אזלין | בתר סוגיי׳ למבעשא ברם |
| 082 | | Ex23:02 | עמי בני ישראל לא תהוון | אזלין | בתר סוגיא למבעשא ברם |
| 083 | | Lv19:18 | לא תהוון | אזלין | בתר לישנא תליתייה דהוא |
| 084 | | Gn 8:03 | וחזרו מי׳ מעילוי ארעא | אזלין | וחסקין וחסרו מיא לסוף מאה |
| 085 | | Gn 8:05 | ומיא הוון | אזלין | וחסרין עד ירחא עשיריא |
| 086 | | Gn37:25 | שעווה וקטף ולטום | אזלין | לנחתה למצרים: |
| 087 | אזלת | Gn31:30 | וכדון מיזל | אזלת | ארום מתחמדה אתחמדת לבייתיה |
| 088 | איזיל | Gn45:28M | כדון יוסף ברי קיים | איזיל | |
| 089 | | Gn45:28 | דעד כדון יוסף בחיין | איזי«ל» | כען ואיחמי יתיה |
| 090 | | Dt29:18 | לי ארום בקשיטות ליבי | איזיל | מן בגלל למוספה חובי שלותה |
| 091 | איזילו | Nu22:13 | ואמר לרברבנוי דבלק | איזילו | לארעכון ארום לית רעוה |
| 092 | | Ex 5:04 | ית עמא מעבידתהון | איזי«לו» | לפולחניכון: |
| 093 | | Ex10:08 | לוות פרעה ואמרו להון | איזילו | פלחו קדם {ר}ייי אלהכון |
| 094 | איזל | Ex19:24 | ואמר ליה ייי | איזל | חות ותיסק את ואהרן עמך |
| 095 | | Ex 4:18 | ליתרו חמוי ואמר ליה | איזל | כען ואחזור לוות אחי די |
| 096 | | Ex 7:15 | | <איזל | לוות> פרעה בצפרא הא הוא |
| 097 | | Ex19:10 | ואמר ייי למשה | איזל | לוות עמא ותקדש יתהון יומא |
| 098 | | Ex 4:27 | ואמר ייי לאהרן | איזל | לקדמות משה למדברא ואזל |
| 099 | יזיל | Dt20:06 | נצב כרם ולא אפריק פירוי | יזיל | ויחזור לבייתיה דלא ימות |
| 100 | | Dt20:07 | די אריש אתה ולא נסב יתה | יזיל | ויחזור לבייתיה דלא ימות |
| 101 | | Dt20:08 | וליביה תביר על עבידתיה | יזיל | ויחזור לבייתיה ולא יימסי |
| 102 | יזל | Ex22:14M | "אתקבל באגרא": | יזל | אגרי׳ בפסדי׳ |
| 103 | | Dt20:06M | פירוי יזיל /פרק יתיה | יזל#2#/ | ויחזור לבייתיה דלא ימות |
| 104 | יזלון | Ex 5:07 | ולא היך דקדמוי אינון | יזלון | ויגבון להון תבן: |
| 105 | ייזיל | Dt20:05 | חדת ולא שכליל יתיה | {ו}<י>יזיל | ויחזור לבייתיה דלא ימות |
| 106 | | Gn21:07 | ואמרת אלווי מן | ייזיל | ותני בבייתיה דנחור אחוי |
| 107 | | Ex10:24 | יקום הכא אף טפליכון | ייזיל | עמכון: |
| 108 | | Ex10:26 | ולחוד בעירן | ייזיל | עמן לא תשתייר פרסת רגל |
| 109 | ייזלון | Dt28:41 | ולא יהוון לכון ארום | ייזלון | בשבייתה: |
| 110 | נזיל | Dt13:03 | סימנה די מלל לכון למימ׳ | נזיל | בתר טעוון אחרניין די לא |
| 111 | | Ex 3:18 | אתגלי עלינן וכדו | נזיל | כען ארח מהלך תלתא יומין |
| 112 | | Ex 5:03 | דעבריי אתגלי עלינן | נזיל | כען אורח מהלך תלתא יומין |
| 113 | נזל | Dt13:03M | /עמך#2#/ למימ׳ | נזיל/נזל#2#/ | בתר טעוון אחרניין די |
| 114 | | Dt13:14M | למימר \ניזיל ונפלח | /נזל | ונפלוח#2#/ קדם טעוון |
| 115 | | Dt 2:27M | "בארחה ... לשמאלה": אורחא | נזל | לא נסטי לא לימין ולא |
| 116 | ניזיל | Nu20:17M | באורחה דמלכא דעלמא | ניזיל | |
| 117 | | Dt13:07 | כנפשך בטומרה למימר | ניזיל | ונפלח כען טעוון אחרניין |
| 118 | | Dt13:14 | דיירי קרת{י}הון למימר | ניזיל | ונפלח קדם טעוון אחרניין |
| 119 | | Ex 5:17 | בגין כדון אתון אמרין | ניזיל | ונקריב קדם ייי: |
| 120 | | Gn37:17 | ארום שמעת יתהון אמרין | ניזיל | לדותינה ואזל יוסף בתר |
| 121 | | Nu20:17M | גוברין באסרטא דמלכא | ניזיל | לא נסטי |
| 122 | ניזל | Ex10:09 | ובבנתן בענן ובתורינן | ניזל | ארו«ם» חגא קדם ייי לן: |
| 123 | | Ex10:09 | משה בעולמינן ובסבינן | ניזל | בב<נ>ינן ובבנתן בענן |
| 124 | | Ex 8:23M | מהלך תלתא יומין | נהלך/ניזל#2#/ | במדברא ונקרב |
| 125 | | Nu20:19M | נסוק /באסטרטא דמלכא | ניזל#2#/ | ואין מימך נשתה אנן |
| 126 | | Gn30:02 | וולד מעייא הא אנא ואת | ניזל | ונבעי קדם ייי די «מנע» |
| 127 | | Gn45:28M | \איזי«ל» כען ואיחמי | /ניזל | ונחמי#2#/ יתיה קדם עד לא |
| 128 | | Ex 5:08 | כדן אינון צווחין למימר | ניזל | ונקריב קדם אלהן: |
| 129 | | Nu21:22M | נהלך /באיסטרטא דמלכא | ניזל#2#/ | עד זמן דנעבר תחומך: |
| 130 | תזיל | Gn24:04 | ארום אלהן לארעי ולילדותי | תזיל | ותיסב אתה לברי ליצחק: |
| 131 | | Nu22:12 | ואמר ממרה דייי לבלעם לא | תזיל | עמהון ולא תלוט ית עמה ארום |
| 132 | תזל | Nu24:01M | לקדמות קסמיה | ואזל/תזל#2#/ | ושוי למדברה אפוי והוה |
| 133 | תזלין | Gn24:58 | לרבקה ואמרן לה הא | תזלין | עם גברא הדין ואמרית אזיל: |
| 134 | תיזיל | Gn24:55 | יומין ומן בתר כדן | תיז«י»ל: | |
| 135 | | Lv19:16 | לא | תיז{ו}<י>ל | בתר לישנה תליתיה למרעיה |
| 136 | תיזל | Ex23:02 | בתר סוגיא דינא לא | תיזל | בתר סגיא למבאשא לא תמנע מן |
| 137 | | Gn24:38 | ארום אלהין לביית׳ דאבא | תיזל | ולוות זרעייתי ותיסב איתה |
| 138 | | Ex 4:21M | /מימריה דייי למשה כד | תיזל | למיזל#2#/ למצרים חמי כל |
| 139 | תיזלון | Dt 6:14 | לא | תיזלון | בתר טעוון אחרניין מן |
| 140 | | Ex 3:21 | דמצריי ויהווי ארום | תיזלון | <לא תיזלון> ריקנין: |
| 141 | | Ex 3:21 | ארום תיזלון <לא | תיזלון> | ריקנין: |
| 142 | מיזל | Gn31:30 | וכדון | מיזל | אזלת ארום מתחמדה אתחמדת |
| 143 | במיזלך | Ex 4:21 | ואמר ייי למשה | במיזלך | למחזור למצרים חמי כל נסי |
| 144 | דאזלו | Nu14:38 | מן גובריה האליין | דאזלו | למיללה ית ארעא: |
| 145 | | Gn31:22 | והוה כיון | דאזלו | רעוי דלבן למשקיה ענה מן |
| 146 | דיזלון | Gn15:01M | "דמצטרפין לגיונין": | דיזלון | אחיהון וקריבהון דקטילי׳ |
| 147 | | Gn15:01 | לעלמא דאתי או דילמא | דיזלון | אחיהון או קריביהון |
| 148 | דתזל | Gn28:15 | {יתך} יתך בכל {דתלך} | דתזל | ואחזור יתך {לתר} לארעא הדא |
| 149 | האיזיל | Ex 2:07M | דפרעה \ה{ו}א | אזיל/האיזיל#2#/ | ואיקרי ליך אתה |
| 150 | ואזיל | Gn26:01 | דיהווה ביומוי דאברהם | ואזיל | יצחק לוות אבימלך |
| 151 | | Gn30:26 | די פלחית קדמיך בהן | ואזיל | ארום את ידעת פלחני די |
| 152 | | Gn24:10M | "וכל שפר ... דריבוניה": | ואזיל | וכל שפר טוב אפותיקי |
| 153 | | Gn30:25 | ללבן שלח יתי כען | ואזיל | לאתרי{{ה}} לארעי{{ה}}: |
| 154 | | Gn24:56M | באורחי שלחו יתי | ואיזיל/ואזיל#2#/ | לוות ריבוני: |
| 155 | | Gn18:06 | ואוחי אברהם | ואזיל | למשכנא לות שרה ואמר אוחי |
| 156 | ואזילו | Gn42:33 | וית כפנים בתיכון סבו | ואזילו: | |
| 157 | ואזל | Gn12:19 | וכדין הא אתתך דבר | ואזל: | |
| 158 | | Gn24:61 | ונסב עבדא ית רבקה | ואזל: | |
| 159 | | Nu12:09 | ותקף רוגזה דייי בהון | ואזל: | |
| 160 | | Gn22:13 | דכר חד באילנא בקרנוי | ואזל | אברהם ונסב ית דכרא וקרב |
| 161 | | Gn12:04 | | ואזל | אברם היך מה דמלי׳ עמה ייי |
| 162 | | Nu22:35 | די אמלל עמך יתה תמלל | ואזל | בלעם עם רברבני בלק: |
| 163 | | Nu22:39 | | ואזל | בלעם עם בלק ועלו לכרכה |
| 164 | | Nu23:03 | די יחווי ייי אתני לך | ואזל | בלעם בלב יחידי שפי למילוט |
| 165 | | Gn37:17 | אמרין ניזיל לדותינה | ואזל | יוסף בתר אחוי וארע יתהון |
| 166 | | Ex 4:18 | | ואזל | משה ותב ליתרו חמוי ואמר |
| 167 | | Ex 4:29 | | ואזל | משה ואהרן וכנשו ית כל |
| 168 | | Dt31:01 | | ואזל | משה ומלל ית דביריה |
| 169 | | Dt31:14 | במשכן זמנא ופקד יתיה | ואזל | משה ויהושע ואתעתדו במשכן |
| 170 | | Gn27:05 | מלל יצחק עם עשו בריה | ואזל | עשו לאפיה ארעא למצוד ציד |
| 171 | | Gn28:09 | | ואזל | עשו לוות ישמעל ונסב ית |
| 172 | | Gn30:14 | | ואזל | ראובן ביומי חצדא דחטיא |
| 173 | | Gn35:22 | ישראל בארעא ההיא | ואזל | ראובן וישכב ית בלהה ושמע |

| | | | | | |
|---|---|---|---|---|---|
| 174 | | Gn27:13 | ברי לחוד שמע בקלי | ואזל | אייתי לי: |
| 175 | | Nu17:11M | "קטרה ... וכפר": קטורן | ואזל | בפריע לוות עמא דכנישתה |
| 176 | | Ex 2:01 | | ואזל | גברא מביתה דלוי ונסב ית |
| 177 | | Ex 4:27 | לקדמות משה למדברא | ואזל | וארע יתיה בטור בית מוקדשא |
| 178 | | Gn32:01 | ולבנתיה וברך יתהון | ואזל | וחזר לבן לאתריה: |
| 179 | | Nu24:25 | וקם בלעם | ואזל | וחזר לאתרה ואף בלק חזר |
| 180 | | Gn24:38M | לבייתʼ דאבא | תיזל/ואזל#2#/ | ולוות זרעייתי ותיסב |
| 181 | | Gn27:14 | | ואזל | ונסב ואייתי לאימיה ועבדת |
| 182 | | Dt17:03 | | ואזל | ופלח קדם טעוון אחרניין |
| 183 | | Nu24:01 | בדכריה לקדמות קסמיה | ואזל | ושוי למדברה אפוי והוה מדכר |
| 184 | | Gn24:51 | הא רבקה קדמיך דבר | ואזל | ותהוי אתא לבריה דריבוני |
| 185 | | Gn28:05 | ושלח יצחק ית יעקב | ואזל | לפדן ארם לוות לבן בר |
| 186 | | Gn28:07 | ושמע יעקב לאבוי ולאמה | ואזל | לפדן ארם: |
| 187 | | Gn27:08 | וכדון ברי שמע בקלי | ואזל | לאן דאנה מפקדה יתך: |
| 188 | | Gn24:10 | דריבוניה עמיה וקם | ואזל | לארעא נהרים לקרתא דנחור: |
| 189 | | Gn29:01 | ונטל יעקב רגלוי | ואזל | לארעא בני מדינחא: |
| 190 | | Gn36:06 | די קנה בארעא דכנען | ואזל | לארעא חורי מן קדם יעקב |
| 191 | | Gn22:03 | ופצע קיסין לעלה וקם | ואזל | לאתרא די אמר לה ייי: |
| 192 | | Nu16:25 | וקם משה | ואזל | לוות דתן ואבירם ואזלו |
| 193 | | Gn25:34 | דטלופחין ואכל ושתה וקם | ואזל | ליה ובזי עשו ית בכורותיה |
| 194 | | Ex18:27 | ושלח משה ית חמוי | ואזל | ליה לארעיה: |
| 195 | | Gn22:02 | יחידך די רחמת ית יצחק | ואזל | לך לארע טור מוריה וקרב |
| 196 | | Gn13:03 | | ואזל | למטלנוי מן דרומא עד ביתאל |
| 197 | | Nu23:03 | לבלק אתעתד על עלתך | ואזל | מה דלמא יזדמן מימריה דייי |
| 198 | | Gn26:17 | | ואזל | מתמן יצחק ושרה בנחלה |
| 199 | | Nu22:21 | בצפרא ושוי ית אתנתה | ואזל | עם רברבני מואבי: |
| 200 | | Gn12:04 | היך מה דמליʼ עמה ייי | ואזל | עמה לוט ואברם בר שבעין |
| 201 | ואזלʼ | Ex12:32M | <....> | ותיזלון/ואזל#2#/ | ותצלון/ותי#2#/ |
| 202 | ואזלו | Gn14:11 | וית כל מזוניהון | ואזלו: | |
| 203 | | Gn24:61M | עבדא ית רבקה | ואזל/ואזלו#2#/: | |
| 204 | | Nu33:08M | בגו ימא במדברה | \ואזלו | אורח מהלך תלתה יומין |
| 205 | | Gn50:18 | | ואזלו | אף אחוי ונפלו קדמוי ואמרו |
| 206 | | Nu32:39 | | ואזלו | בנוי דמכיר בר מנשה |
| 207 | | Nu26:11M | "דאבוהון לא מיתו": | ואזלו | בתר אולפנה דמשה רבהון |
| 208 | | Nu16:25 | לוות דתן ואבירם | ואזלו | בתריה חכימוי דישראל: |
| 209 | | Gn45:24 | ושלח ית אחו«י» | ואזלו | ואמר להון לא תתרגזון |
| 210 | | Gn14:12 | ממונה בר אחוי דאברם | ואזלו | והוא הוה שרי בסדום: |
| 211 | | Ex12:28 | | ואזלו | ועבדו בני ישראל היך מה |
| 212 | | Nu13:26 | | ואזלו | ועלו לוות משה ואהרן |
| 213 | | Gn29:07M | עדרייה אשקון ענא | ואזלו | ורעון |
| 214 | | Gn43:13 | וית אחוכון סבו | ואזלו | חזרו לוות גברא: |
| 215 | | Gn22:19 | עולימוי וקמ{ן}<ו> | ואזלו | כחדא לבאר שבע ושרא |
| 216 | | Gn18:22 | וכיוונו מן גבריא | ואזלו | לסדם ואברהם עד כען הוה |
| 217 | | Nu21:15 | ומן בתר כדן אתפרשו | ואזלו | להון לאתריהון לחוות קרתה |
| 218 | | Gn42:26 | ית עבוריהון על חמריהון | ואזלו | מן תמן: |
| 219 | | Gn26:31 | ושלח יתהון יצחק | ואזלו | מן לוותיה בשלם: |
| 220 | | Gn45:17 | עבדו טענו ית בעירכון | ואזלו | עולו לארעא דכנען: |
| 221 | | Ex12:31 | אתון ולחוד בני ישראל | ואזלו | פלחו קדם ייי היך מה |
| 222 | | Dt29:25 | | ואזלו | קדם טעוון אחרניין ואשתחו |
| 223 | | Nu22:07 | | ואזלו | רברבני מואבי ורברבני |
| 224 | | Gn29:07 | מכנש בעירא אשקו ענא | ואזלו | רעון: |
| 225 | | Gn22:06 | ית אשתא וית סכינא | ואזלו | תריהון כחדא בלבה שלמה: |
| 226 | | Gn22:08 | לא את הוא אמרא דעלתא | ואזלו | תריהון כחדא בלבה שלמה: |
| 227 | ואזלון | Gn37:12 | | ואזלון | אחוי למרע ית ענא דאבוהון |
| 228 | ואזלין | Gn13:07 | בעירהון אלא מבקרין | ואזלין | ברם {ברם} מפקדים הוון |
| 229 | ואזלית | Gn25:22M | למה דין אנא מעדייא | ואזלית | לבית מדרשא דשם רבא |
| 230 | ואזלת | Gn38:11 | ימות לחוד הוא כאחוי | ואזלת | תמר ויתבת לה בבייתה |
| 231 | | Gn21:14 | וית טליא ושלח יתה | ואזלת | וטעת במדברא דבארה דשבע: |
| 232 | | Gn21:16 | | ואזלת | ויתבת לה מן כל קובליה |
| 233 | | Gn21:19 | עיינה וחמת באר דמיין | ואזלת | ומלת ית זיקא מיא ואשקיית |
| 234 | | Gn38:19 | וקמת | ואזלת | ועברת רדידה מעילווה ולבשת |
| 235 | | Gn25:22 | דבניא למה כען לי בנין | ואזלת | לבית מדרשא דשם רבה למתבע |
| 236 | | Gn25:22M | לי חיין למהוי לי בנין | ואזלת | למתבוע רחמין מן קדם ייי |
| 237 | | Ex 2:08 | לה ברתה דפרעʼ אזלי | ואזלת | רביתיה וקראת ית אמיה |
| 238 | ואיזיל | Gn24:56 | באורחי שלחו יתי | ואיזיל | לוות ריבוני: |
| 239 | ויזיל | Dt17:03M | \ואזל ופלח | /ויזיל | ויפלוח#2#/ קדם טעוון |
| 240 | ויזלון | Ex 8:07 | | ויזלון | ארדענייא מנך ומן |
| 241 | ונזיל | Gn30:02M | יתהון אתיי אנה ואת | ונזיל | ונבעי רחמין#2#/ ייי די |
| 242 | ונזל | Gn43:08 | שלח טליא עמי ונקום | ונזל | ונחיה ולא נמות לחוד אנן |
| 243 | וניזיל | Gn33:12 | ואמר נטול כען ונהלך | וניזיל | מן כל קובלך: |
| 244 | וניזל | Gn34:17 | לן למגזר ונסב ית ברתן | וניזל: | |
| 245 | ותזיל | Dt24:02 | ותפוק מבייתיה | ותזיל | ותתנסב לגבר אחרן: |
| 246 | ותזלון | Gn19:02M | ותקדמון ותזלון/בצפרא | ותזלון | בשלום למשכניכון#2#/: |
| 247 | | Dt 8:19 | אורייתה דייי אלהכון | ותזלון | בתר טעוון אחרניין ותפלחון |
| 248 | | Gn19:02 | רגליכון ותקדמון | ותזלון | לארחכון ואמרין ליה לא |
| 249 | | Dt26:02 | יהב לכון ותשוון בסלה | ותזלון | לאתרא די יתרעי ייי אלהכון |
| 250 | | Dt16:07 | ביה ותקדמון בצפרא | ותזלון | למשכניכון: |
| 251 | ותיזל | Ex17:05 | בה ית נהרא תיסב בידך | ותיזל: | |
| 252 | | Dt24:02M | /<לגב>רה#2#/ אחרן | /ותיזל | ותסב לגבר אחרן#2#/: |
| 253 | ותיזלון | Ex12:32 | <....> | ותיזלון | ותצלון לחוד עלי: |
| 254 | | Dt14:25 | ותצורון כספא בידיכון | ותיזלון | לאתרה די יתרעי ייי |
| 255 | למזל | Gn28:10 | דנטל אבונן יעקב רגלוי | למזל | לחרן קפצת ארעא קדמוי |
| 256 | | Gn12:05 | נפשתה די גיירו ונפק | למזל | לארעא דכנען ואתון לארעא |
| 257 | למיזל | Dt28:14 | לא לימינה ולא לשמאלה | למיזל | בתר טעוון אחרניין למפלח |
| 258 | | Ex 3:19 | יתכון מלכא דמצרים | למיזל | ולא מן ידא דהיא תקיפא: |
| 259 | | Dt29:17M | קדם ייי אלה | למיזל | ולמפלח ית טעוון |
| 260 | | Gn28:10 | די נפק מן באר שבע | למיזל | לחרן: |
| 261 | | Gn28:10 | בזמנא דנפק מבאר שבע | למיזל | לחרן נסא קדמיא אתקצרו |
| 262 | | Ex 4:21M | דייי למשה כד תיזל | למיזל#2#/ | למצרים חמי כל נסי די |
| 263 | | Gn11:31 | מן אתון נורהון דכשדאי | למיזל | לארעא דכנען ומטון עד |
| 264 | | Gn31:18 | די קנה בפדן ארם | למיזל | לוות יצח«ק» אבוהי |
| 265 | | Gn49:02 | דלביה פליג על אחוי | למיזל | למפלח קדם טעוון אחרניין |
| 266 | | Dt29:17 | מימרה דייי אלהכון | למיזל | למפלח קדם טעוותהון |
| 267 | | Ex 8:24 | לחוד רחקה לא תרחקון | למיזל | צלין אף עלי: |

## אזר *n.* **girdle, belt** [איזור 48]

| | | | | | |
|---|---|---|---|---|---|
| 001 | אזרין p abs | Gn 3:07 | עלין דתינה ועבדו להון | אזרין: | |

## אח *n.* **brother** [45]

| | | | | | |
|---|---|---|---|---|---|
| 001 | אח s ab/cn | Gn44:19 | למימר הא אית לכון אב או | אח: | |
| 002 | | Gn24:29M | ולרבקה | {אחוי}/אח#2#/ | ושמה לבן ורהט לבן |
| 003 | אחוה s em/sf | Gn28:05 | לבן בר בתואל ארמאה | אחו«ה» | דרבקה אמה דיעקב ועשו: |
| 004 | | Gn32:03M | או דלמה דמשריתיה דלבן | אחוה | דאמה אתיין מן בתרי |
| 005 | | Dt 6:04 | או דלמה לטעוות לבן | אחוה | דאמה פלח אתון פלחין או |
| 006 | | Gn24:55 | ואמר | אחוה | ואמה תשרי רביתי עמן תרין |
| 007 | אחוי | Gn 4:25M | הבל די קטל יתה קין | אחוי | |
| 008 | | Gn13:11 | ואתפרשו גבר מעלוי | אחוי: | |

|  |  |  |  |  |  |
|---|---|---|---|---|---|
| 009 | Gn32:14 | דאיתי בידי דורון לעשו | אחוי: | | |
| 010 | Gn35:07 | במערקיה מן קדם עשו | אחוי: | | |
| 011 | Gn36:06 | חורי מן קדם יעקב | אחוי: | | |
| 012 | Gn43:06 | לגברא הא כען אית לכון | אחוי: | | |
| 013 | Lv25:14 | {תיכון}<תונון> גבר ית | אחוי: | | |
| 014 | Lv25:25 | ויפרוק ית מה דזבן | אחוי: | | |
| 015 | Gn45:12 | עייניכון חמון ועייני | אחוי | בנימן ארום בלשן בית קודשא | |
| 016 | Gn 4:08 | ואמר קין להבל | אחוי | איתה ונפק תרינן לאפי ברא | |
| 017 | Dt15:02 | לא ידחק ית חבריה וית | אחוי | ארום איתקרית שמטה קדם ייי: | |
| 018 | Gn43:29 | עייני וחמא ית בנימן | אחוי | ברה דאמה ואמר הדין הוא | |
| 019 | Gn21:07 | ותני בבייתיה דנחור | אחוי | דאברהם אייניקת בנין שרה | |
| 020 | Gn22:23 | ילד«ת» מלכה לנחור | אחוי | דאברהם: | |
| 021 | Gn24:15 | בת מלכה אתתא דנחור | אחוי | דאברהם וקולתה על כתפה: | |
| 022 | Gn14:12 | ית לוט וית ממונה בר | אחוי | דאברם ואזלו והוא הוה שרי | |
| 023 | Gn14:13 | חזוה דממר' אמורי«ה» | אחוי | דאשכל ואחוי דענר ואנון | |
| 024 | Gn42:04 | וית בנימין | אחוי | דיוסף לא שלח יעקב עם | |
| 025 | Gn10:21 | אבוהון דכל בני עבריא | אחוי | דיפת רבה: | |
| 026 | Ex 6:20 | ונסב עמרם ית יוכבד ברת | אחוי | דאבוי לה לאתה דילדת לה | |
| 027 | Lv25:49 | או | אחוי | דאבוי או בר אחוי דאבוי | |
| 028 | Lv25:49 | או אחוי דאבוי או בר | אחוי | דאבוי יפרוק יתיה או מן | |
| 029 | Gn29:12 | ותני יעקב לרחל ארום | אחוי | דאביה הוא וארום בר רבקה | |
| 030 | Gn28:10 | ידא ואשקי ית ענא דלבן | אחוי | דאמה וניסא חמישאה כיון | |
| 031 | Gn29:10 | יעקב ית רחל ברת לבן | אחוי | דאמה וית ענה דלבן אחוי | |
| 032 | Gn29:10 | אחוי דאמה וית ענה דלבן | אחוי | דאמה וקרב יעקב וגלי ית | |
| 033 | Gn29:10 | ואשקי ית ענה דלבן | אחוי | דאמה: | |
| 034 | Gn32:03 | דלמא מלאכין מן דלבן | אחוי | דאמה אינון דחזר למרדף בתרי | |
| 035 | Gn27:29 | כל בנוי דלבן דהוא | אחוי | דאמך מ{ה}<ך> דלייט יתך | |
| 036 | Gn28:02 | תמן אתה מן בנתיה דלבן | אחוי | דאמך: | |
| 037 | Gn 9:05 | ומלות בר נשא ומלוות | אחוי | דבר נשא אתבע ית נפשה | |
| 038 | Gn38:30 | ומן בתר כן נפק | אחוי | די על ידיה זהוריתא וקרא | |
| 039 | Gn24:48 | דקושטא למסבה ית ברת | אחוי | דריבוני לברה: | |
| 040 | Gn38:29 | כדי חזר ידיה והא נפק | אחוי | ואמרת מה תקפת ועתיד למתקף | |
| 041 | Gn48:22 | אבא יהב יתיה לעשו | אחוי | ואנה נסבת יתיה מן ידוי | |
| 042 | Gn49:02 | קם מיניה פסולה עשו | אחוי | ואנה דחיל דלא {דלא} יהווי | |
| 043 | Dt 1:16 | דינין דקשט בין גבר ובין | אחוי | ובין תותביה: | |
| 044 | Gn45:14 | ואתרכן על צווארי דבנימן | אחוי | ובכא ובנימן בכה על | |
| 045 | Gn43:30 | יוסף ארום גלו מעוי על | אחוי | ובעא למבכי ועל לקיטונא | |
| 046 | Ex32:27 | במשריתא וקטלו גבר ית | אחוי | וגבר ית חבריה וגבר ית | |
| 047 | Gn14:14 | ארום אשתבי לוט בר | אחוי | וזאין ית עלמוי תורבוות | |
| 048 | Gn32:18 | ארום יערע יתך עשו | אחוי | וישאלונך למימר מן את אתי | |
| 049 | Gn12:05 | שרי אתתיה וית לוט בר | אחוי | וית כל ממונהון דיקנין וית | |
| 050 | Gn22:21 | ית עוץ בוכרה וית בוז | אחוי | וית קמואל אבוי דארם: | |
| 051 | Ex10:23 | לא חמון גבר ית | אחוי | ולא קמו גבר מן אתריה תלתא | |
| 052 | Gn14:16 | כל ממונה ואף ית לוט בר | אחוי | וממונה חזר ואף ית נשי' וית | |
| 053 | Gn44:19 | דסלקות גבורתיה דיהודה | אחוי | ועוד חמא דנפקין שערתיה | |
| 054 | Gn 4:08M | ברא וקם קין על הבל | אחוי | וקטל יתיה | |
| 055 | Gn 4:08 | ברא וקם קין אל הבל | אחוי | וקטל יתיה: | |
| 056 | Gn24:29 | ולרבקה | {אחוי} | ושמה לבן ורהט לבן לוות | |
| 057 | Gn43:07 | אבוכון קיים הא אית לכון | אחוי | ותנינן ליה על פום פתגמיא | |
| 058 | Gn48:19 | לאמה ואף הוא יתקף וברם | אחוי | זעירא יתקף מנה ובנוי יהוון | |
| 059 | Gn 4:02 | ואוספת למלד ית | אחוי | ית הבל והוה הבל רעי ען | |
| 060 | Lv26:37M | באחוי /איניש בחובי | אחוי#2#/ | כמן קדם שלפי חרבה ורדף | |
| 061 | Gn48:22 | נסבת יתיה מן ידוי דעשו | אחוי | לא בחרבי ולא בקשתי ארום | |
| 062 | Gn32:04 | קדמוי {לוות} לוות עשו | אחוי | לארע גבלא לתחומהון | |
| 063 | Gn49:02 | גבר דלביה פליג על | אחוי | למיזל למפלח קדם טעוון | |
| 064 | Gn42:28 | לבהון וחרדו גבר לקבל | אחוי | למימר מה הוא דא דעבד ייי | |
| 065 | Gn42:38 | לא יחות ברי עמכון ארום | אחוי | מית והוא בלחודוי אשתייר | |
| 066 | Gn 2:42M | על דקטל להבל | אחוי | עד#2#/ | |
| 067 | Gn27:30 | אפי יצחק אבוי ועשו | אחוי | על מן צייד[י]ה: | |
| 068 | Gn31:23 | ודבר את | אחוי | עמיה ורדף בתרי{ת}<ה> ארח | |
| 069 | Gn27:23 | הוון ידוי כידוי דעשו | אחוי | שערניין וברך יתיה: | |
| 070 | Gn22:20 | אף היא בנין לנחור | אחוך: | | אחוך |
| 071 | Gn35:01 | עלך במערקך מן קדם עשו | אחוך: | | |
| 072 | Nu27:13 | את היך מה דאתכנש אהרן | אחוך: | | |
| 073 | Dt15:03M | דחקין ודי יהווי לך מן | אחוך | | |
| 074 | Dt22:02M | לא קריב הוא | אחוך | | |
| 075 | Dt32:50 | דאתכנש בשלם אהרן | אחוך | בהור טורא ואתכנש בשלם לוות | |
| 076 | Lv19:17 | לא תשנא ית | אחוך | בלבך מוכחה תוכח ית חברך | |
| 077 | Gn27:35 | ואמר אתא | אחוך | בסוגי חכמתא ונסב ברכתך: | |
| 078 | Dt13:07 | ארום יטעי יתך | אחוך | ברה דאמ{ן}{ך} או ברך או | |
| 079 | Dt22:03M | לכל אבידתה/ייבידת | אחוך#2#/ | די \יאבד מניה /תיבד | |
| 080 | Lv16:02 | למשה מליל עם אהר«ן» | אחוך | דלא יהווי <עליל> בכל זמן | |
| 081 | Gn 4:09 | ייי לקין הן הוא הבל | אחוך | ואמר לית אנ{{א}}«ה» ידע | |
| 082 | Lv25:25 | וארום יתמסכן | אחוך | ויזבן מן אחסנתיה וייתי | |
| 083 | Lv25:39 | וארום יתמסכן | אחוך | ויזדבן לך לא תשתעבד בה | |
| 084 | Ex28:01 | ואת הקרב לוותך ית אהרן | אחוך | וית בנוי עמיה מן לוות בני | |
| 085 | Ex28:41 | ותלבש יתהון ית אהרן | אחוך | וית בנוי עמיה ותרבי{ה} | |
| 086 | Ex28:04 | לבושי דקדש לאהרן | אחוך | ולבנוי למשמשא קדמוי בכהנתה | |
| 087 | Dt22:02 | עמך עד זמן די יתבע יתיה | אחוך | ותחזר יתיה לה: | |
| 088 | Lv25:35 | וארום יתמסכן | אחוך | ותמוט ידה עמך ותתוקף בה | |
| 089 | Nu20:08 | ית עם כנישתה את ואהרן | אחוך | ותמללון עם כיפה קדמיהון | |
| 090 | Ex 7:01 | רב ושליט לפרעה ואהרן | אחוך | יהווי תרגמנך: | |
| 091 | Ex 7:02 | מה די פקדת יתך ואהרן | אחוך | ימלל עם פרעה וישלח ית בני | |
| 092 | Gn27:29M | הווי רב ושליט על | אחך/אחוך#2#/ | כל בניה דקטור' | |
| 093 | Ex28:02 | ותעבד לבושי קדש לאהרן | אחוך | לאיקר ולתשבחא: | |
| 094 | Gn32:07 | יעקב למימר מטינן לוות | אחוך | לוות עשו והא הוא אתא | |
| 095 | Dt22:02 | ואין לית קריב | {ל}אחוך | לוותך ולית את חכים יתיה | |
| 096 | Ex 4:14 | במשה ואמר הלא אהרן | אחוך | ליווי«ה» ידע אנה ארום | |
| 097 | Gn27:06 | קלא דאבוך ממלל עם עשו | אחוך | למימר: | |
| 098 | Gn27:42 | זעירא ואמרת לה הא עשו | אחוך | מתחשב עלך למקטל יתך: | |
| 099 | Dt15:03 | למדחק יתיה דיהווי לך גב | אחוך | עברייה תשמט ידך: | |
| 100 | Lv25:36 | ותדחלון מן אלהכון ויחי | אחוך | עמך: | |
| 101 | Lv25:47 | גיור ותותב עמך ויתמסכן | אחוך | עמך ויזדבן לגיור ותותב עמך | |
| 102 | Gn 4:10 | עתידין למיקום מן הבל | אחוך | צווחין עלך קדמי מן ארעא: | |
| 103 | Dt25:03 | על אלין מחה רבה ויתבזי | אחוך | קדמיך: | |
| 104 | Gn27:40 | ועל חרבך תחי וקדם | אחוך | תהוי פלח ומשועבד ויהוי כד | |
| 105 | Gn43:07 | ארום יימר אחיתו ית | אחוכון: | | אחוכון |
| 106 | Nu20:14M | כדן אמרין | אחיכון/<א>חוכון#2#/ | ישראל אתון | |
| 107 | Gn42:34 | לא היימנין אתון ית | אחוכון | אתן לכון וית ארעא תחסנון: | |
| 108 | Dt17:15 | גבר בר עממין די לא מן | אחוכון | בר ישראל הוא: | |
| 109 | Gn45:04 | וקרבו ואמר אנה יוסף | אחוכון | די זבנתון יתי מצרימה: | |
| 110 | Gn42:16 | שלחו מנכון חד וייתי ית | אחוכון | ואתון אתחבשו ויבדקון | |
| 111 | Gn42:15 | מן הכה ארום אלהן אתא | אחוכון | זעירא להכה: | |
| 112 | Gn42:20 | ואת | אחוכון | זעירא תייתון לוותי | |
| 113 | Gn43:29 | ברה דאמה ואמר הדין הוא | אחוכון | זעירא דאמרתון לי ואמר | |
| 114 | Gn44:23 | ואמרת לעבדך אן לא יחות | אחוכון | זעירא עמכון לא תסגון | |
| 115 | Gn42:19 | היימנין אתון חד מנכון | אחוכון | חרנא יתחבש בבית חבושיכון | |
| 116 | Gn43:14 | שליטיא וישלח לכון ית | אחוכון | חרנא וית בנימן ואנה | |

| | | | | | |
|---|---|---|---|---|---|
| 117 | | Gn42:34 | ואייתון ית | אחוכון | ית זעירא לוותי ואדע ארום |
| 118 | | Gn43:13 | וית | אחוכון | סבו ואזלו חזרו לוות גברא: |
| 119 | | Dt15:12 | ארום יזדבן לך | אחוכון | עבריה או אחתכון עברייתה |
| 120 | | Gn43:03 | סבר אפוי ארום אלהן | אחוכון | עמכון: |
| 121 | | Gn43:05 | סבר אפוי ארום אלהן | אחוכון | עמכון: |
| 122 | אחונ' | Gn44:18M | כל דכן בגלל בנימן | אחונ' | דהא ממנין שבטיי' ואית |
| 123 | אחונן | Dt 2:08 | ועברנן מן לוות | אחונן | בנוי דעשו ^אליין#2#^ |
| 124 | | Gn44:18 | כל דכן בגלל בנימן | אחונן | דהוא ממניין שבטייא ואית |
| 125 | | Gn44:18 | על חד כמה וכמה על | אחונן | דהוא מתמני עמין מן שבטיא |
| 126 | | Gn37:26 | מתהניין ארום נקטול ית | אחונן | ונכסי ית אדמיה: |
| 127 | | Gn44:26 | יכלין למיחות אן נחת | אחונן | זעירא עמן אנן <נחתין> |
| 128 | | Nu36:02 | למיתן ית אחסנת צלפחד | אחונן | לבנתיה: |
| 129 | | Gn43:04 | אן ברעותך משלחה ית | אחונן | עמן נחות ונזבון לך מזון: |
| 130 | | Nu20:03 | מתינן היך מה דמיתו | אחונן | קדם ייי: |
| 131 | | Gn37:27 | לא נפשט ביה ארום | אחונן | קרב בשרן הוא ושמען ליה |
| 132 | אחי | Gn27:43 | אזל{(ך)} לך לוות לבן | אחי | חרנה: |
| 133 | | Gn32:03 | בתרי{או משרין דעשו | אחי | אינון דהוא אתי לקדמותי} או |
| 134 | | Gn32:03 | או משרין דמלאכין דעשו | אחי | אינון דהוא אתי לקדמ' או |
| 135 | | Lv10:20M | "התעלמה" מיני ואהרן | אחי | אלף יתי' לי ועל דאשפל קבל |
| 136 | | Gn37:16 | ואמר ית | אחי | אנא בעי תני לי כען אן אנון |
| 137 | | Gn45:12M | בנימן /דבנימן | אחי#2#/ | ארום בלשן בית קודשא |
| 138 | | Gn29:15 | ואמר לבן ליעקב הא | אחי | את לית אפשר למפלח קדמיי |
| 139 | | Gn32:03M | דלמא דמשיריית' דעשו | אחי | אתיין לקדמותי למיקטול יתי |
| 140 | | Gn27:11 | לרבקה אמיה הא עשו | אחי | גבר שערין ואנה גבר שעשיע: |
| 141 | | Dt 6:04 | אבה קם מיניה פסילה עשו | אחי | דלמה לטעוות דהוה אבוי |
| 142 | | Gn16:05 | מלכא דגרר ואמרת | אחי | הוא מן בגלל דלא יקטלון יתך |
| 143 | | Gn20:05 | לי אחתי היא והיא אמרת | אחי | הוא בתמימות לבי ובקשיטות |
| 144 | | Gn20:13 | נעול לתמן אמרי כען עלי | אחי | הוא: |
| 145 | | Gn20:13M | עלי אחי /אמורי בבעו | אחי#2#/ | הוא: |
| 146 | | Gn27:41M | ובכן אנא קטל ית יעקב | אחי | ואנא משתכח קטול וירית |
| 147 | | Gn27:41 | דאבא ואקטול ית יעקב | אח{ו}י | ואנא מתקרי קטול וירות: |
| 148 | | Gn38:25 | פרגודה דיוסף | אחי | ואצבעת יתיה בדמא דצפירא |
| 149 | | Gn29:15M | אחי את לית /מן קושטין | אחי | ולית#2#/ אפשר למפלח |
| 150 | | Gn33:09 | ואמר עשו אית לי סגין | אחי | יתקיים לך כל מה דילך: |
| 151 | | Nu20:29M | ואמ' ווי לי עליך אהרן | אחי | עמוד צלותהון דבני ישראל |
| 152 | אחיו | Gn33:03 | עד זמן די קרב לוות | אחיו: | |
| 153 | באחוי | Dt19:18 | הוא שהדה שקר אסהיד | באחוי: | |
| 154 | | Dt28:54 | לחדה תבאש עייניה | באחוי | ובאתת חובה טליותיה ובשיור |
| 155 | | Dt28:54M | טליותיה /תבאש עיינוי | באחוי | ובבעלת טליותהה#2#/ |
| 156 | | Lv26:37 | ויתקלון גבר | באחוי | כמן קדם שלפי חרבה ורדף |
| 157 | | Lv25:46 | בני ישראל גבר | באחוי | לא תשתעבד בה בקשיו: |
| 158 | באחוך | Dt15:09 | ויבאש באפ{ו}<י>ך | באחוך | מסכינה ולא תתן לה ולא |
| 159 | דא' | Gn12:05M | לוט \בר אחוי /בריה | דא'#2#/ | וית כל ממונהון דיקנין |
| 160 | דאח' | Gn27:45M | די תחזור כוליתיה | דאח'#2#/ | מנך וינשי ית מה דעבדת |
| 161 | דאחוי | Gn38:09 | דלא מקמא בנין לשמה | דאחוי: | |
| 162 | | Dt25:09 | צבה למיבני ית בייתה | דאחוי: | |
| 163 | | Gn 4:21 | ושמה | דאחוי | יובל הוא הוה אבוהון דכל |
| 164 | | Gn10:25 | דיירי ארעא ושמה | דאחוי | יקטן: |
| 165 | | Lv20:21 | דאחוי מרחקה היא עריתה | דאחוי | בזי דלא בנין יהוון: |
| 166 | | Gn14:12M | אחוי /סגולה בריה | דאחוי#2#/ | דאברם ואזלו והוא הוה |
| 167 | | Nu36:11 | בנתיה דצלפחד לבנוי | דאחוי | דאבוהון לנשין: |
| 168 | | Lv18:14 | עריתה | דאחוי | דאבוך לא תבזי ולאתתה לא |
| 169 | | Gn24:48M | /למיסב ית ברתי | דאחוי#2#/ | דריבוני לברה: |
| 170 | | Gn38:09 | כד הוה עליל לוות אתתא | דאחוי | הוה מחבל עובדוי על ארעא |
| 171 | | Gn14:16M | ולחוד ית לוט בריה | דאחוי | וסגולה חזר ולחוד ית |
| 172 | | Dt25:06 | די תולד <יקום> על שמה | דאחוי | מיתה ולא יתמחק שמיה |
| 173 | | Lv20:21 | די יסב ית אתתה | דאחוי | מרחקה היא עריתה דאחוי בזי |
| 174 | דאחוך | Gn27:44 | די תשתדך כליתיה | דאחוך: | |
| 175 | | Gn38:08 | ואקים זרע דבנין לשמה | דאחוך: | |
| 176 | | Dt22:01 | לא תחמי ית תורא | דאחוך | או ית אמריה טעיין ותכסי |
| 177 | | Lv18:16 | דאחוך לא תבזי עריתה | דאחוך | היא: |
| 178 | | Gn38:08 | לאונן עול לוות אתתיה | דאחוך | ויבם יתה ואקים זרע דבנין |
| 179 | | Lv18:16 | ערות דאתתה | דאחוך | לא תבזי עריתה דאחוך היא: |
| 180 | | Dt22:04 | ית חמריה או תורה | «דאחוך» | מטלקין באורחא ותכסי |
| 181 | | Gn 4:11 | למקבלה ית אדמה | דאחוך | מן ידיך: |
| 182 | | Gn27:45 | עד דיחזור תקוף רוגזיה | דאחוך | מנך וינשי ית מה דעבדת |
| 183 | דאחונה | Gn42:21 | ברם חייבין אנן באדמה | דאחונה | די חמינן בעקת נפשיה כד |
| 184 | דאחי | Gn 4:09 | ידע הא נטורא | דאחי | אנה: |
| 185 | | Gn32:12 | שיזב יתי כען מן ידוי | דאחי | מן ידוי דעשו ארום דחל אנא |
| 186 | ואחוי | Gn 9:05M | בני אנשא מן לוות גבר | ואחוי | אתבע יתיה |
| 187 | | Gn14:13 | אחוי דאשכל | ואחוי | דענר ואנון הון מרי |
| 188 | | Dt25:11 | יתנצון גבריה כחדה גבר | ואחוי | ותקרוב אתתה דחד מנהון |
| 189 | | Gn44:20 | סב וטלי בר סיבו זעיר | ואחוי | מית ואשתייר הוא בלחודוי |
| 190 | ואחונן | Gn44:26 | למיחמי סבר אפוי דגברא | ואחונן | זעירא לית הוא עמן: |
| 191 | ובאחוי | Ex32:29 | ארום נגעתן גבר בברה | ובאחוי | ולמשויה עליכון יומא הדין |
| 192 | ולא' | Nu 6:07M | לאבוי ולאמיה | לאחוי/ולא'#2#/ | ולאחתיה לא יסתאב |
| 193 | ולאחוך | Dt23:21 | לבר עממיה את רשי למיזף | ולאחוך | לית את רשי למיזף מן בגלל |
| 194 | כאחוי | Lv 7:10 | בנוי דאהרן תהוי גבר | כאחוי: | |
| 195 | | Gn38:11 | אמר דלא ימות לחוד הוא | כאחוי | ואזלת תמר ויתבת לה |
| 196 | לאחוי | Gn42:21 | ואמרין גבר | לאחוי | ברם חייבין אנן באדמה |
| 197 | | Gn37:19 | ואמרין גבר | לאחוי | הא מרי חלמיא האלין אתי: |
| 198 | | Nu 6:07 | לאבוי ולאמיה | לאחוי | ולאחתיה לא יסתאב להון |
| 199 | | Gn26:31 | בצפרא ואשתבעו גבר | לאחוי | ושלח יתהון יצחק ואזלו |
| 200 | | Dt19:19 | היך מה דאתחשב למעבד | לאחוי | ותעברון עבדי בישתה |
| 201 | | Ex16:15 | ואמרין {ואמרין} גבר | לאחוי | מנא הוא ארום לא הון ידעין |
| 202 | | Dt25:07 | ותימר סרב יבמי למקמה | לאחוי | שם בישראל לא צבא למייבמה |
| 203 | לאחוך | Dt22:01 | מחזרה תחזר יתהון | לאחוך: | |
| 204 | | Dt22:01M | \יתהון לאחוך /יתה | לאחוך#2#/: | |
| 205 | | Gn20:16 | דסלעין דכסף | לאחוך | הא כספ«ה» ההוא יהיב |
| 206 | | Dt23:20 | לא תוזף | לאחוך | זפו דממון זפו דכסף זפו |
| 207 | | Dt23:21M | תהוון מוזפין | לאחוך | עיברייה לא תזופון |
| 208 | לאחיה | Gn24:53 | לרבקה ודורון יהב | לאחיה | ולאמה: |
| 209 | אחין p abs | Gn13:08 | רעיך ארום היך גוברין | אחין | אנא: |
| 210 | | Gn42:13 | ואמרין תרין עשר עבדך | אחין | אנן בנוי דגבר חד בארעא |
| 211 | | Gn42:32 | תרין עשר אנן | אחין | בנוי דאבונן חד מנן מן דנפק |
| 212 | | Nu27:10 | ואין לית ליה | אחין | ותתנון ית אחסנתיה לאחוי |
| 213 | | Dt25:05 | ארום ישרון | אחין | כחדא וימות חד מנהון ובר |
| 214 | | Nu27:11 | ואין לית | אחין | לאבוי ותתנון ית אחסנתיה |
| 215 | | Gn49:05 | <שמעון ולוי> | אחין | תלימין מרי זיינה שנינה |
| 216 | אחי p const | Gn34:25 | דיעקב שמעון ולוי | אחי | דינה גבר חרביה ועלו לקרתא |
| 217 | | Nu27:07 | להון ירתו ואחסנה בגו | אחי | אבוהון ותעברון ית אחסנות |
| 218 | | Nu27:04 | בר דכר הב לן אחסנה בגו | אחי | אבונן: |
| 219 | אחוי p em/sf | Gn37:27 | קרב בשרן הוא ושמען ליה | אחוי: | |
| 220 | | Gn44:33 | לריבוני וטליא יסק עם | אחוי: | |
| 221 | | Ex 2:11 | מצריי מחי לגבר עברי מן | אחוי: | |
| 222 | | Gn47:11 | ואשרי יוסף ית אבוי וית | אחוי | :<....> |
| 223 | | Gn42:03 | ונחתו | אחו«י» | יוסף עשרה למזו{ד} בן עבור |
| 224 | | Gn37:04 | וחמון | אחוי | ארום יתיה הוה רחים אבוהון |

|  |  |  |  |  |  |
|---|---|---|---|---|---|
| 225 | | Gn42:04 | דיוסף לא שלח יעקב עם | אחוי | ארום אמר דלא יערע יתיה |
| 226 | | Gn31:25 | בטורא ולבן אשרי ית | אחוי | בטורא {ולבן אשרי ית אחוי |
| 227 | | Gn31:25 | בטורא {ולבן אשרי ית | אחוי | בטורא} גלעדה: |
| 228 | | Nu 8:26 | וישמש ית | אחוי | במשכן זימנה למיטר מטרה |
| 229 | | Gn37:02 | שבע עשרה שנה הוה רעי עם | אחוי | בענה והוא הוה טלי מתרבי עם |
| 230 | | Gn 9:22 | עריתה דאבוי ותני לתרין | אחוי | בשוק׳: |
| 231 | | Gn42:06 | לכל עמא דארעא ואתון | אחוי | דיוסף ושאלו בשלמיה כנימוס |
| 232 | | Gn45:16 | דפרעה למימר אתון | אחוי | דיוסף ושפר באפוי דפרעה |
| 233 | | Gn47:21M | תחומא סיפא מן בגלל {ל}<א>חו<י> | | דיוסף דלא קריין להון |
| 234 | | Gn50:15 | וחמון | אחוי | דיוסף ארום מית אבוהון |
| 235 | | Lv21:10 | וכהנא דמתרבי מן | אחוי | די יתארק על ראשה מן משחה |
| 236 | | Gn37:08 | ואמרין ליה | אחוי | הא ממלך תמלך עלנא אן משלט |
| 237 | | Gn37:11 | וקנון ביה | אחוי | ואבוי הוי מנטר ית פתגמא: |
| 238 | | Gn45:24 | ושלח ית | אחו«י» | ואזלו ואמר להון לא |
| 239 | | Gn37:30 | וחזר לוות | אחוי | ואמר טליא לית אנה ידע לאן |
| 240 | | Gn42:08 | וחכם יוסף ית | אחוי | ואנון לא חכמו יתיה: |
| 241 | | Gn46:31 | ואתני לפרעה ואמר ליה | אחוי | ואנשי בייתיה דאבא די |
| 242 | | Gn37:17 | לדותינה ואזל יוסף בתר | אחוי | וארע יתהון בדתן: |
| 243 | | Gn37:23 | והוה כד אתא יוסף לוות | אחוי | ואשלחו ית פרגודא מציירה די |
| 244 | | Gn45:15 | ונשק לכל | אחוי | ובכה לקבלהון ומן בתר כדין |
| 245 | | Dt17:20 | דלא יתקף ליבביה מן | אחוי | ודלא יסטי מן מצוותה |
| 246 | | Gn42:07 | וחמא יוסף ית | אחוי | וחכם יתהון ואתדבב עליהון |
| 247 | | Ex 2:11 | ורבה משה ונפק לוות | אחוי | וחמא בפולחניהון וחמא גבר |
| 248 | | Ex 1:06 | ומית יוסף וכל | אחוי | וכל דרא ההוא: |
| 249 | | Gn50:18 | ואזלו אף | אחוי | ונפלו קדמוי ואמרו הא אנן |
| 250 | | Gn38:01 | ונחית יהודה מן לוות | אחוי | וסטה לוות גבר עדולמיי ושמה |
| 251 | | Gn37:04 | הוה רחים אבוהון מן כל | אחוי | וסנין יתיה ולא יכלין |
| 252 | | Lv25:48 | פרקון תיהוי ליה חד מן | אחוי | יפרוק יתיה: |
| 253 | | Gn16:12M | ביה וקדם כל | אומי/אחוי#2#/ | ישרי: |
| 254 | | Nu25:06 | ישראל אתי ואקרב לוות | אחוי | ית מדיניתה לעיני משה |
| 255 | | Dt33:09 | לא נסב אפין בדינה וית | אחוי | לא חכם בעובדה דעגלה ועל |
| 256 | | Dt33:24 | {בשבטיה} <בשמיטה> בין | אחוי | לבין אבוהון דבשמייא וארעא |
| 257 | | Dt18:07 | מימרה דייי אלהיה ככל | אחוי | ליוויי דקיימין ומשמשין תמן |
| 258 | | Gn49:15 | אורייתא והוון לה כל | אחוי | למסקי מסים: |
| 259 | | Gn45:03 | כען אבה בחיין ולא יכלו | אחוי | למעני יתיה ארום אתבהלו |
| 260 | | Gn37:12 | ואזלון | אחוי | למרע ית ענא דאבוהון בשכם: |
| 261 | | Gn31:46M | להון בלשון בית קודשא | אחוי | לקטון <א>בנין |
| 262 | | Dt24:07 | גבר ג{ב}<נ>ב נפשא מן | אחוי | מן בני <ישראל> ויתג{ב}ר |
| 263 | | Gn45:15 | ומן בתר כדין מללו | אחוי | עמיה: |
| 264 | | Dt10:09 | דלוי חלק ואחסנה עם | אחוי | קרבנוי דייי אינון אחסנתיה |
| 265 | | Dt18:02 | ואחסנה לא יהווי ליה ביני | אחוי | קרבנוי דייי אנון אחסנותיה |
| 266 | | Gn27:37 | שויתי יתה לך וית כל | אחוי | שויתי קדמוי לעבדין ועבור |
| 267 | | Gn25:18 | מעלך לאתור וקדם כל | אחוי | שרה: |
| 268 | אחי | Ex 4:18 | איזל כען ואחזור לוות | אחי | די במצרים ואחמי העד כען |
| 269 | | Gn31:37 | מני ביתך שוי הכה לקבל | אחי | ואחיך ויוכיחן מן תרינן: |
| 270 | | Gn31:37M | /מאני זינך שווי כען בין | אחי | ובין אחיך ויוכ׳#2#/ מן |
| 271 | | Gn38:25 | בעלמא דאתי וקבילו מיני | אחי | ובית אבא במכלותא דאינש |
| 272 | | Gn29:04 | ואמר להון «יעקב» | אחי | מן אן אתון ואמרין מן חרן |
| 273 | | Gn19:07 | ואמר לא כען | אחי | תבאשון: |
| 274 | אחי׳ | Nu32:06M | דראובן האחיכון/הא | אחי׳#2#/ | יעלון לסדרי קרבא ואתון |
| 275 | אחיה | Gn34:25M | שמעון ולוי | אחי/אחיה#2#/ | דינה גבר חרביה ועלו |
| 276 | אחיהון | Gn15:01 | דאתי או דילמא דיזלון | אחיהון | או קריביהון דקטיליה |
| 277 | | Gn49:22 | חולק ואחסנון עם | אחיהון | בפלג ארעא: |
| 278 | | Gn15:01M | לגיונין": דיזלון | אחיהון | וקריבהון דקטילי׳ |
| 279 | | Gn48:06 | לשמך יהוון {על} על שם | אחיהון | יתקרון באחסנתיהון: |
| 280 | | Dt18:18 | נביא אקים להון מן גו | אחיהון | כוותך ואישווי דבירוי |
| 281 | אחיי | Gn44:18 | אתני לך מה עבדו תרין | אחיי | שמעון ולוי בכרכא דשכם |
| 282 | | Gn44:18M | שמעון ולוי תרין | אחיי | בכרכה דשכם דעלו בגוה |
| 283 | | Gn44:18 | דעבדו שמעון ולוי תרין | אחיי | בכרכה דשכם דעלו בגווה |
| 284 | | Gn38:25 | רגלוי ואמר בבעו מנכון | אחיי | ואינשי בייתי דאבא קבילו |
| 285 | אחיך | Gn48:22 | לך חולק חד יתיר על | אחיך | שכם דנסבית בזכוותי |
| 286 | | Gn48:22M | חולק חד יתיר על | אחיך | דנסבית בזכותי |
| 287 | | Gn31:37M | שווי כען בין אחי ובין | אחיך | ויוכ׳#2#/ מן תרינן: |
| 288 | | Gn31:32M | \קביל אחינן חכם /קדם | אחיך | חכים#2#/ לך מה עמי/דאית |
| 289 | | Gn37:13 | ואמר ישראל ליוסף הלא | אחיך | רעין בשכם אתא ואשלח יתך |
| 290 | אחיכון | Nu20:14 | {{דאדמיי}} כדן אמרין | אחיכון | ישראל אתון ידעתון ית כל |
| 291 | | Dt24:14 | דמסכינה וצריכה מן | אחיכון | או מן גיוריכון די בארעכון |
| 292 | | Dt23:08 | לא תרחקון אדומיי ארום | אחיכון | אנון לא תרחקון מצריי ארום |
| 293 | | Dt15:07 | ביניכון מסכינין חד מן | אחיכון | בחדה מן קורייכון בארעכון |
| 294 | | Nu16:10 | ואקרב יתך וית כל | אחיכון | בנוי דלוי עימך ואתון |
| 295 | | Dt 2:04 | למימר אתון עברין בתחום | אחיכון | בנוי דעשו דשריין בגבלה |
| 296 | | Dt 3:18 | יתה מזיינין תעברון קדם | אחיכון | בני ישראל כל בני חילה: |
| 297 | | Dt17:15M | די לא מן | אחוכון/אחיכון#2#/ | בר ישראל הוא: |
| 298 | | Dt 1:16 | למימר תהוון שמעין בני | אחיכון | ודיינין יתהון דינין דקשט |
| 299 | | Dt 1:16M | שמועו מן | אחיכון | ותדונון יתהון בקשוט |
| 300 | | Dt18:15 | נבי מן ביניכון מן | אחיכון | כוותי יקים לכון ייי |
| 301 | | Nu18:06 | ואנה הא אנה אפרשית ית | אחיכון | לוויי מן גו בני ישראל |
| 302 | | Lv10:04 | ואמר להון קרבו סבו ית | אחיכון | מן לוות אפי קודשה ואפקו |
| 303 | | Dt15:07 | תקפצון ית ידיכון מן | אחיכון | מסכינייה: |
| 304 | אחינן | Dt 1:28 | לאן אנן סלקין | אחינן | אמסון ית לבבינן למימר עם |
| 305 | | Gn31:32 | ית {{טעותך ימות}} קביל | אחינן | חכם לך מה עמי וסב לך ולא |
| 306 | אחך | Gn49:03 | מסב תלתא חולקין יתיר על | אחך | בכורותא דידך היא ומלכותא |
| 307 | | Gn49:08 | יהודה לך יודוך | אחך | ולשמך יתקרון כל יהודים |
| 308 | | Gn47:06 | ארעא אשרי ית אבוך וית | אחך | ישרון בארעא דגשן ואן את |
| 309 | | Gn27:29 | הווי רב ושליט על | אחך | כל בניה דקטור׳ ויהוון |
| 310 | | Gn48:22 | לך חולק חד יתיר על | אחך | לבושיה דאדם קדמיי נסב יתיה |
| 311 | | Nu18:02 | ואוף ית | אחך | שבטה דלוי שבטה דאבוך אקרב |
| 312 | באחיכון | Dt15:09M | ויבאש באפיכון | באחיכון | מס{ק}<כ>י׳ דלא תתנון לה |
| 313 | דאחוי | Gn49:26 | דאבוי ובאיקרהון | דאחוי: | |
| 314 | דאחוי | Gn49:26M | {ע}<כלי>ל רבותהון | דאחוי#2#/: | |
| 315 | | Dt33:16 | וזהיר באיקרהון | דאחוי: | |
| 316 | | Gn37:02 | ואייתי יוסף ית טבהון | דאחוי | ביש לוות אבוהון: |
| 317 | | Gn24:27 | דבר יתי ייי בבייתיה | דאחוי | דרבוני: |
| 318 | | Gn24:28 | ורהטת רביתה בבייתה | דאחוי | דרבוני דאמה ותניית ית כל |
| 319 | | Dt20:08 | יימסי ויתבר ית לבהון | דאחוי | כלבביה: |
| 320 | | Gn50:01 | יהודה ארייה גוברין | דאחוי | ענה יהודה ואמר לאחוי |
| 321 | דאחיהון | Dt 2:04M | בנוי /בתחומיהון | דאחיהון | דב׳#2#/ דעשו \ |
| 322 | דאחיך | Gn37:14 | כען וחמי ית שלמיהון | דאחיך | וית שלמא דענא ואתיב יתי |
| 323 | דאחך | Gn50:17 | כען ושבוק לסרחניהון | דאחך | ולחוביהון ארום בישן גמלו |
| 324 | האחיכון | Nu32:06 | דגד ולבנוי דראובן | האחיכון | יעלון לסדרי קרבא ואתון |
| 325 | ואחווי | Gn44:14 | ואתא יהודה | ואחווי | לפלטורין דיוסף והוא כען |
| 326 | ואחוי | Gn50:08 | וכל אנשי בייתיה דיוסף | ואחוי | ובייתיה דאבוי לחוד טפלהון |
| 327 | | Gn50:14 | וחזר יוסף מצרימה הוא | ואחוי | וכל מן דסלק עמיה למקבר ית |
| 328 | ואחיי | Gn47:01 | לפרע«ה» ואמר אבה | ואחיי | ועניהון ותוריהון וכל |
| 329 | ואחיך | Gn31:37 | ביתך שוי הכה לקבל אחי | ואחיך | ויוכיחן מן תרינן: |
| 330 | ואחיכון | Lv10:06 | עם כנשתא יהוי ריגז | ואחיכון | כל בית ישראל יבכון ית |
| 331 | ואחך | Gn47:05 | פרעה ליוסף למימר אבוך | ואחך | אתון לוותך: |
| 332 | | Gn37:10 | הא מייתי ניתי אנא ואמך | ואחך | למשאל בשלמך בנימוס ארעא: |

|  |  |  |  |  |  |  |
|---|---|---|---|---|---|---|
| 333 | ובאחיכון | | Lv25:46 | לעלם בהון תפלחן | ובאחיכון | בני ישראל גבר באחוי לא |
| 334 | ולאחוי | | Lv21:02 | ולאבוי ולברי' ולברתיה | ולאחוי: | |
| 335 | | | Gn37:10 | ותני לאבוי | ולאחוי | ו{ט}<נז>ף בה אבוי ואמר |
| 336 | ולאחיה | | Gn34:11 | ואמר שכם לאבוה | ולאחיה | אשכח חן וחסד באפיכון וית |
| 337 | לאחוהי | | Gn31:46 | ואמר יעקב | לאחוהי | כנש{י}<ו> אבנין ונסבו |
| 338 | לאחוי | | Gn 9:25 | עבד משתעב' יהווי | לאחוי: | |
| 339 | | | Gn45:01 | לוותיה כד אתחכם יוסף | לאחוי: | |
| 340 | | | Nu27:09 | ברת ותתנון ית אחסנתיה | לאחוי: | |
| 341 | | | Gn42:28 | ואמר | לאחוי | אחזר כספי והא הוא בפום |
| 342 | | | Gn50:01 | דאחוי ענה יהודה ואמר | לאחוי | איתון נבני לאבונן ארזא |
| 343 | | | Gn45:03 | ואמר יוסף | לאחוי | אנה יוסף העד כען אבה |
| 344 | | | Gn47:21 | יהוון מצראי מוניין | לאחוי | דיוסף ואמרין להון אכסניא |
| 345 | | | Nu27:10 | ותתנון ית אחסנתיה | לאחוי | דאבוי: |
| 346 | | | Gn50:24 | ואמר יוסף | לאחוי | הא אנא מית וייי מדכרה |
| 347 | | | Gn37:05 | וחלם יוסף חלם ותני | לאחוי | ואוסיפו תוב למ«י»סני: |
| 348 | | | Gn37:09 | זמן תניינות ותני יתיה | לאחוי | ואמר הא חלמת חלם תוב והא |
| 349 | | | Gn46:31 | ואמר יוסף | לאחוי | ולאנשי בייתיה דאבוי אסוק |
| 350 | | | Gn31:54 | נכסין בטורא וקרא | לאחוי | למיכל לחם ואכלו לחם |
| 351 | | | Dt20:08M | לבייתיה ולא יגרום | לאחוי | לתברא לבהון היך לביה |
| 352 | | | Gn37:26 | ואמר יהודה | לאחוי | מה ממון אנן מתהניין ארום |
| 353 | | | Gn47:21M | דלא יהוון קריין | לאחוי | מטלטליא וג{י}לוליא |
| 354 | | | Gn47:03 | ואמר פרעה | לאחוי | מן עבידתכון ואמרין לפרעה |
| 355 | | | Nu14:04M | לחברי' /ואמרינן | לאחוי#2#/ | נשוי עלינן מלך |
| 356 | | | Gn45:04 | ואמר יוסף | לאחוי | קרבו כען לוותי וקרבו ואמר |
| 357 | לאחיכון | | Dt 3:20 | עד זמן די יניח ייי | לאחיכון | כוותכון וירתון לחוד |
| 358 | | | Dt15:11 | תפתחון ית ידיכון | לאחיכון | למסכינייה ולצריכיכון |
| 359 | לאחך | | Gn45:17 | ואמר פרעה ליוסף אמר | לאחך | דא עבדו טענו ית בעירכון |

## אחד *vb.* to hold, to seize [45]

|  |  |  |  |  |  |  |
|---|---|---|---|---|---|---|
| 001 | אחדת | peal | Ex15:15 | אדומאי תקיפי מואביי | אחדת | יתהון רתיתא אתמסי לבהון |
| 002 | | | Ex15:14 | שמעו אומיא אתרגוזו רתיתא | אחדת | לדיירי דארעא דפלשת: |
| 003 | אחזת | | Ex15:15M | מואב רתית | אחזת | יתהון אמסון בלבהון כל |
| 004 | אחידין | | Ex17:12 | עליה ואהרן וחור הוון | אחידין | בידוי חד מן דא סטרא וחד |
| 005 | | | Ex14:03M | טעוותי פעור וג | אחי{ר}<ד>ין | הנון בארעא טעיין |
| 006 | ואחד | | Gn25:23M | מלכותא דעשו | ואח{ר}<ד> | יעקב מלכותיה דלא תתחבל |
| 007 | ותאחד | pael | Ex28:39 | | ותאחד | כתנא דבוץ ותעבד מצנפן |
| 008 | אתאחד | etpaal | Nu31:50 | כל כדן לא | אתאחד | חד מנן עם חדה מנהון בעלמא |
| 009 | ית' | | Nu31:50M | כל כדן לא | אתאחד/ית'#2#/ | חד מנן עם חדה מנהון |

## אחה *n.* sister [46]

|  |  |  |  |  |  |  |
|---|---|---|---|---|---|---|
| 001 | אחותי | s em/sf | Gn20:12M | ברתה /<מן> דקושטין | אחותי | בר'#2#/ דאבה היא לחוד לא |
| 002 | אחת' | | Gn34:31M | ונפקת ברא <מחשב> ית | אחת' | |
| 003 | | | Gn24:60M | לה עד כדון הויית | אחת' | כדון את אזלה מזדווגה |
| 004 | אחתה | | Lv20:17 | וגבר די יסב ית | אחתה | ברת אבוי או ברתה דאמה |
| 005 | | | Ex15:20 | ונסבת מרים נביאתה | אחתה | דאהרן ית תופי בידה ונפקו |
| 006 | | | Gn28:09 | ישמעאל בריה דאברהם | אחתה | דנביות על נשוי לה לאתה: |
| 007 | | | Gn24:30 | וית שיריא על ידה | אחת{ת}<ה> | וכדי שמע ית מילי דרבקה |
| 008 | | | Gn29:13 | לבן ית שמעה דיעקב בר | אחתה | ורהט לקדמותיה וגפף יתה |
| 009 | | | Lv18:18 | ואתה על | אחתה | לא תסב למעקה ל{ך}<ה> |
| 010 | | | Gn24:30 | וכדי שמע ית מילי דרבקה | אחתה | למימר כדין מלל עמי גברא |
| 011 | אחתהון | | Gn34:13 | ומללו די סאב ית דינה | אחתהון: | |
| 012 | | | Gn34:27 | ובזון קרתא די סאבו | אחתהון: | |
| 013 | | | Nu26:59 | וית משה וית מרים | אחתהון: | |
| 014 | | | Gn46:17 | וישוי ובריעה ושרח | אחתהון | ובנוי דבריעה חבר |
| 015 | | | Gn24:59 | ושלחו ית רבקה | אחתהון | וית מיינקתה וית עבדא |
| 016 | | | Nu25:18 | כזבי ברת רבה דמדין | אחתהון | מה די אתקטלת ביום מגפתה |
| 017 | אחתי | | Gn12:13 | אמרי כען לי | אח«תי» | א' ^מן#2#^ בגלל דייטיב |
| 018 | | | Gn34:31M | איתעביד בדינה | אחתי | בגין כן עבדינן פתגמ' |
| 019 | | | Gn20:12 | ולחוד מן קושטא | אחתי | ברתה דאבה היא לחוד לא ברתה |
| 020 | | | Gn12:19 | למה אמרת | אחתי | היא ונסב' יתה לי לאתה |
| 021 | | | Gn20:02 | על עסק שרה אתתיה | אחתי{{ה}} | היא ושלח אבימלך מלכא |
| 022 | | | Gn20:05 | הלא הוא אמר לי | אחתי | היא והיא אמרת אחי הוא |
| 023 | | | Gn26:07 | דאתרא על אתתיה ואמרו | אחתי | היא ארום דחל למימר אתתיה |
| 024 | | | Gn26:09 | הא אתתך היא והיך אמרת | אחתי | היא ואמר לה יצחק ארי |
| 025 | | | Gn24:30M | וכדי שמע /<על >ידי | אחתי | וכיון דש'#2#/ ית מילי |
| 026 | | | Gn30:08M | לחוד /די יהב ללאה | אחתי | ולחוד#2#/ אשתמעת וקראת \ |
| 027 | אחתיה | | Dt27:22 | יהווי גברה די ישמש עם | אחתיה | ברת אבוי או ברת אמיה |
| 028 | | | Gn25:20 | בתואל ארמאה מן פדן | אחתיה | דלבן ארמאה ליה לאיתה: |
| 029 | | | Gn36:03 | ואת בשמת ברת ישמעאל | אחתיה | דנביות: |
| 030 | | | Ex 6:23 | ית אלישבע בת עמינדב | אחתיה | דנחשון ליה לאתה וילדת |
| 031 | | | Gn20:02M | שרה אתתיה | אחתי{{ה}}/<אח>תיה#2#/ | היא ושלח אבימלך |
| 032 | | | Ex 2:07 | ואמרת | אחתיה | לברתיה דפרעה ה{ו}א אזיל |
| 033 | | | Ex 2:04 | אחתיה מרחוק למידע | אחתיה | מה אתעביד ליה: |
| 034 | | | Ex 2:04 | ואתעתדת | אחתיה | מרחוק למידע אחתיה מה |
| 035 | אחתך | | Lv18:11 | דאבוך מה דאולד אבו«ך» | אחתך | היא לא תבזי עריתה: |
| 036 | אחתכון | | Dt15:12 | לך אחוכון עבריה או | אחתכון | עברייתה ויפלח קדמך שית |
| 037 | אחתן | | Nu12:12M | וולדה במיעה הלא מרים | אחתן | איצט ערת עימנה וכד{י}<ו> |
| 038 | | | Gn44:18 | דחרב על די סאבו לדינה | אחתן | דלא הור' מתמניי' עמן מן |
| 039 | | | Gn44:18M | דסאיבו בגווה ית דינה | אחתן | דלית היא ממנין שבטייא |
| 040 | | | Gn44:18 | דסאיבו בגווה ית דינה | אחתן | דלית היא ממנין שבטיא ולית |
| 041 | | | Gn24:60 | ואמרין לה ברם עד כדון | אחתן | הויית ברם מן הכא ולהלא את |
| 042 | | | Gn34:31 | עלבנה כדון אתעבד לדינא | אחתן | היך אתה טעיא נפקת ברא: |
| 043 | | | Nu12:12 | ומטרפין במדבר' הוות | אחתן | חמייה בשעבודן וכיון דמטה |
| 044 | | | Nu12:12M | לא כדון תיהווי מרים | אחתן | כאיתתה מעברה דמצטרעה |
| 045 | | | Gn34:14 | פתגמא הדין למיסב ית | אחתן | לגבר די ליה <עורלה> ארום |
| 046 | | | Nu12:12M | כן הוות מרים | אחתן | מטרפה עמן במדברה והווי |
| 047 | אחתנן | | Gn43:22 | וכספא חורן | אחתנן | בידינן למזבן מזון לא |
| 048 | חתך | | Lv18:11M | היא /דילידת מן אבוך | חתך | היא#2#/ לא תבזי עריתה: |
| 049 | באחתה | | Gn30:01 | ליעקב וקניית רחל | באחת«ה» | ואמרת ליעקב הב לי בנין |
| 050 | דאחתה | | Lv20:17 | לעיני בני עמהון עריתה | דאחתה | בזי חובוי יקבל: |
| 051 | | | Lv18:12 | עריתה | דאחתה | דאבוך לא תבזי קריבת בשרה |
| 052 | | | Lv18:13 | עריתה | דאחתה | דאמך לא תבזי ארום קריב' |
| 053 | | | Lv20:19 | ועריתה | דאחתה | דאמך ואחתה דאבוך לא תבזי |
| 054 | דאחתך | | Lv18:09 | עיריתה | דאחתך | ברתה דאבוך או ברתה |
| 055 | דחתא | | Lv18:13M | עריתה | דאחתה/דחתא#2#/ | דאמך לא תבזי ארום |
| 056 | דחתה | | Lv20:17M | יתיה קדם עמהון ערייתה | דחתה | בזי#2#/ חובוי יקבל: |
| 057 | | | Lv18:12M | עריתה | דאחתה/דחתה#2#/ | דאבוך לא תבזי קריבת |
| 058 | | | Lv20:19M | ועריתה | דאחתה/דחתה#2#/ | דאמך ואחתה/וחתה#2#/ |
| 059 | דחתך | | Lv18:09M | עיריתה | דאחתך/דחתך#2#/ | ברתה דאבוך או ברתה |
| 060 | ואחתה | | Gn 4:22 | אומנות נחשא ופרזלא | ואחתה | דתובל קין הות נעמה |
| 061 | | | Lv20:19 | ועריתה דאחתה דאמך | ואחתה | דאבוך לא תבזי ארום ית |
| 062 | וחתה | | Lv20:19M | /דחתה#2#/ דאמך | ואחתה/וחתה#2#/ | דאבוך לא תבזי ארום |
| 063 | ולאחתה | | Lv21:03 | | ולאחתה | בתולתה דקריבה לוותיה די |
| 064 | ולאחתיה | | Nu 6:07 | לאבוי ולאמיה לאחוי | ולאחתיה | לא יסתאב להון במיתתהון |
| 065 | ולחתה | | Lv21:03M | | ולאחתה/ולחתה#2#/ | בתולתה דקריבה |
| 066 | לאחתי | | Gn30:08 | לי בנין היך מה דיהב | לאחתי | לחוד אשתמעת וקראת שמה |
| 067 | אחוותך | p em/sf | Dt15:12M | עבריה או | אחתכון/אח{יי}<וו>תך#2#/ | עברייתה ויפלח |

## אחווייה *n.* instruction [46]

|  |  |  |  |  |
|---|---|---|---|---|
| 001 | אחווייה | s ab/cn | Nu 9:14M | יעבד \גזירת אורייתה/אחווייה#2#/ חדה יהיוי לכון |
| 002 | | | Nu15:29M | \גזרת אוריתה חדה /אחווייה חדה#2#/ יהווי |
| 003 | | | Nu15:16M | \גזרת אוריתה/אחווייה#2#/ אורייתה/אורייה#2#/ |
| 004 | אחוויית | | Nu19:14M | דא \גזירת אוריתה /אחוויית אר'#2#/ בר נש ארום ימות |
| 005 | | | Lv14:54M | דא ^גזירת#2#^ אוריתא/אחוויית אורייתה#2#/ לכל מכתש |
| 006 | | | Dt 4:44M | ודן גזירת/אחוויית#2#/ אורייתה די סדר |
| 007 | | | Nu 6:21M | דא גז«י»רת/אחוויית#2#/ אוריתה דנזירה די |
| 008 | | | Nu19:02M | דא גזירת/אחוויית#2#/ אוריתה די פקד ייי |
| 009 | | | Lv14:32M | גזירת דמן דבה מכתש /אחוויית דאית ביה מ'#2#/ צרעה די |
| 010 | | | Lv15:32M | \גיזירת אוריתה דדיבה /אחוויית די'#2#/ וית מה די תפוק |
| 011 | | | Lv14:02M | ביומא דדכותיה וייתי /אחוויית מצרעה ביום דכותה |
| 012 | | | Lv14:57M | \גיזרת אוריתה דצרעה /אחוויית מצרעתה#2#/: |
| 013 | | | Nu 6:13M | דנז«י»רה /אחוויית נזירותה#2#/ ביומא |
| 014 | | | Nu 6:21M | /כן#2#/ יעבד על גזרת/אחוויית#2#/ נזירותיה: |
| 015 | אחווית | | Lv 7:01M | ודא גזירת אורית' דאשמה/אחווית אש'#2#/ קדש קדשין |
| 016 | | | Lv11:46M | \גזיר' אוריתה דבעירה /אחווית בע'#2#/ ועופה וכל נפש |
| 017 | | | Lv 6:18M | \גזירת אוריתה דחטאתה /אחווית חט'#2#/ באתרה די |
| 018 | | | Lv12:07M | אורייתה דילדתה /אחווי{ה}<ת> ילד'#2#/ לבר/לביר#2# |
| 019 | | | Lv 6:07M | "גזירת ... יתה": אחווית מנחתה אקריבו ית' |
| 020 | | | Lv 7:11M | \גיזירת אוריתה דנכסת /אחווית נכסת#2#/ קודשיה די יקרב |
| 021 | | | Lv 6:02M | \גזירת אוריתה דעלתה /אחווית על'#2#/ היא עלתה דיקדה |
| 022 | | | Nu 5:29M | \גזרת אוריתה דקנאתה /אחווית קנתה#2#/ תסטה אתתה |
| 023 | אחוייה | | Nu15:15M | גזרת \דאור«י»תיא /אחוייה ח'#2#/ לכון ולגיוריה |
| 024 | חוויה | | Ex12:49M | \גזירת אוריתא חדא יהוי /חוויה אחת יהוי#2#/ ליציביא |
| 025 | חווייה | | Lv 7:07M | /^אורייה#2#^/ חדה /חוויי{ת}<ה> חדא#2#/ להון כהנא די |
| 026 | חוויית | | Lv 7:37M | דא \גזירת אורייתא /חוויית אורייתה#2#/ לעלתה |
| 027 | | | Lv13:59M | דא \גזרת אוריתה דמכתש /חוויית מכ'#2#/ צרעתה |
| 028 | ואחוויית | | Gn26:05M | \וסדרי דייני /ואחוויית אוריית'#2#/: |
| 029 | | | Ex16:28M | וסדרי דיני /פיקודי ואחוויית אור<י>ת'#2#/: |
| 030 | ואחוויית | | Lv26:46M | וסדרי דינייה וגזירת/ואחוויית#2#/ אוריתה די שווי |
| 031 | ואחווית | | Lv13:10M | "ורושם ... בשומתה": ואח{י}ו<י>ת בשרה חייה בשומ' |
| 032 | אחוותי | s em/sf | Ex18:20M | ית קיימא וית גזירת/אחוותי#2#/ אורייתא ותודע |

## אחיד *n.* portion [46]

|  |  |  |  |  |
|---|---|---|---|---|
| 001 | אחיד | s ab/cn | Nu31:30M | ישראל תסב חד תליש/אחיד#2#/ מן חמשין מן אנשא ומן |
| 002 | אחידה | s em/sf | Nu31:47M | דבני ישראל ית תליש/אחידה#2#/ חד מן חמשין מן |

## אחסן *vb.* to take possession of an inheritance [46]

|  |  |  |  |  |
|---|---|---|---|---|
| 001 | אחסינו | quadr. | Dt18:08 | בר מן מותרי קורבנוי די אחסינו להון אבהתהון: |
| 002 | יאחסן | | Dt19:03 | ית תחום ארעכון די יאחסן יתכון ייי אלהכון ויהוויין |
| 003 | יאחסנון | | Nu35:08 | גבר כפם אחסנ<ת>יה די יאחסנון יתן מן קרוי לליוויי: |
| 004 | | | Nu34:17 | אילין שמהת גברייה די יאחסנון לכון ית ארעא אלעזר כהנא |
| 005 | יחסון | | Gn49:19M | "ירדנא": יורדנא {יחסון} <והנון> יחסנון יתהון ית |
| 006 | יחסין | | Dt21:16 | ויהווי ביומא די יחסין ית בנוי ית מה די יהווי לה |
| 007 | יחסן | | Dt 1:38 | יתיה אתוקף ארום הוא יחסן יתה ית ישראל: |
| 008 | | | Dt 3:28 | יעבר קדם עמא האלין והוא יחסן יתהון ית ארעא די תחמי: |
| 009 | | | Dt19:03M | תחום ארעכון די יאחסן/יחסן#2#/ יתכון ייי אלהכון |
| 010 | יחסנון | | Nu26:55 | שבטי אבהתהון יחסנון: |
| 011 | | | Nu18:23 | ובגו בני ישראל לא יחסנון אחסנה: |
| 012 | | | Nu18:24 | להון בגו בני ישראל לא יחסנון אחסנה: |
| 013 | | | Gn49:19M | {יחסון} <והנון> יחסנון יתהון ית ארעא דכנען |
| 014 | | | Nu32:19M | ארום לא נתאחסן/{נ}<י>חסנון#2#/ עמהון מן עבר |
| 015 | תאחסנון | | Nu33:54 | יהווי לשבטיה אבהתכון תאחסנון: |
| 016 | | | Dt19:14 | קדמייה באחסנתכון די תאחסנון בארעכון דייי אלהכון יהב |
| 017 | תח' | | Nu33:54M | אבהתכון תאחסנון/תח'#2#/: |
| 018 | תחסן | | Dt31:07 | «למיתן להון» ואת תחסן יתה להון: |
| 019 | | | Nu34:02M | ארעא \די תיפול /<די> תחסן#2#/ לכון לאחסנה/<לאחס>נה#2# |
| 020 | תחסנון | | Gn42:34 | אתן לכון וית ארעא תחסנון: |
| 021 | | | Dt19:14M | די תאחסנון/תחסנון#2#/ בארעכון דייי |
| 022 | | | Nu34:13M | דא ארעא די תתאחסנון/תחסנון#2#/ יתה בעדיון די פקד |
| 023 | מחסן | | Dt12:10 | בארעא דייי אלהכון מחסן יתכון ויניח לכון מכל |
| 024 | ואחסנו | | Gn47:27 | דמצרים בארעא דגושן ואחסנו בה ותקפו וסגן לחדא: |
| 025 | | | Gn34:10 | שרון ואתגרו בה ואחסנו יתה: |
| 026 | ואחסנון | | Gn49:22 | ואפרים ויקבלון חולק ואחסנון עם אחיהון בפלג ארעא: |
| 027 | ואיתחסנו | | Gn47:27M | בארעא דגושן ואחסנו/ואיתחסנו#2#/ בה ותקפו וסגן |
| 028 | ויחסנון | | Nu32:30M | עמכון ויתאחסנון/ויחסנון#2#/ ביניכון בארעא |
| 029 | | | Ex32:13 | דאמרת אתן לבניכון ויחסנון יתה עד לעלם: |
| 030 | ותאחסן | | Ex15:17 | תעל יתהון ותאחסן יתהון בטור בית אחסנותך |
| 031 | | | Ex34:09 | לחובינן ולחטאינן ותאחסן יתן: |
| 032 | ותאחסנון | | Ex23:30 | עד זמן די תסגון ותאחסנון ית ארעא: |
| 033 | | | Nu33:54 | ותאחסנון ית ארעא בעדיון |
| 034 | | | Lv25:46 | ותאחסנון יתהון לבניכון בתריכון |
| 035 | ותח' | | Lv25:46M | ותאחסנון/ותח'#2#/ יתהון לבניכון |
| 036 | ותחסן | | Ex34:09M | ולחטאינן ותאחסן/ותחסן#2#/ יתן: |
| 037 | לאחסנה | | Nu34:18 | רב חד מן כל שבט תסבון לאחסנה ית ארעא: |
| 038 | למאחס' | | Nu34:29M | שבטייה די פקד ייי למאחס' ית ארעא#2#/ דכנען: |
| 039 | למאחסנה | | Nu34:29 | די פקד ייי ית משה למאחסנה ית בני ישראל בארעא |
| 040 | למח' | | Nu34:18M | חד#2#/ תסבון לאחסנה/למח'#2#/ ית ארעא: |
| 041 | למחסנה | | Nu12:12 | וכיון דמטה קצה למחסנה ית ארעא למה היא מתמנעה |
| 042 | | | Dt 2:31 | וית ארעיה שרון למירת למחסנה ית ארעיה: |
| 043 | יתאחסנון | quad/t | Nu18:23M | לא \יחסנון אחסנה/יתאחסנון#2#/: |
| 044 | נתאחסן | | Nu32:19 | ארום לא נתאחסן עמהון מן עבר לירדנה ולהל |
| 045 | תתאחסן | | Nu18:20 | ייי לאהרן בארעהון לא תתאחסן וחלק לא יהווי לך ביניהון |
| 046 | תתאחסנון | | Nu34:13 | למימר דא ארעא די תתאחסנון יתה בעדיון די פקד ייי |
| 047 | ואיתחסנו | | Gn34:10M | בה \ואחסנו יתה /ואיתחסנו בה#2#/: |
| 048 | ויתאחסנון | | Nu32:30 | מזיינין עמכון ויתאחסנון ביניכון בארעא דכנען: |

## אחסנה *n.* inheritance [46]

|  |  |  |  |  |
|---|---|---|---|---|
| 001 | אחסנה | s ab/cn | Nu18:23 | בני ישראל לא יחסנון אחסנה: |
| 002 | | | Nu18:24 | בני ישראל לא יחסנון אחסנה: |
| 003 | | | Dt21:23 | דייי אלהכון יהיב לכון אחסנה: |
| 004 | | | Dt24:04 | דייי אלהכון יהב לכון אחסנה: |
| 005 | | | Nu26:62 | ארום לא אתיהב להון אחסנה בגו בני ישראל: |
| 006 | | | Nu27:04 | לית ליה בר דכר הב לן אחסנה בגו אחי אבונן: |
| 007 | | | Nu18:24 | אפרשו יהבית ללוויי אחסנה בגין כדן אמרית להון בגו |
| 008 | | | Lv14:34 | דכנען די אנה יהב לכון אחסנה ואשוי מכתש צרעה בבית ארעא |
| 009 | | | Dt26:01 | דייי אלהכון יהב לכון אחסנה ותרתון יתה ותשרון בגווה: |
| 010 | | | Dt 4:20 | למהווי לשמה דייי לעם אחסנה כיומא הדין: |
| 011 | | | Dt20:16 | דייי אלהכון יהב לכון אחסנה לא תקיימון מנהון כל |
| 012 | | | Nu36:07 | ולא תקף אחסנה לבני ישראל מן שבט לשבט |
| 013 | | | Dt15:04 | דייי אלהכון יהב לכון אחסנה למירת יתה: |
| 014 | | | Dt25:19 | דייי אלהכון יהיב לכון אחסנה למירת יתה תשיצון ית |
| 015 | | | Nu36:08 | וכל ברתה דירתה אחסנה מן שיבטהון דבני ישראל |
| 016 | | | Nu36:09 | ולא תקף אחסנה מן שבט לשבט אחרן ארום גבר |
| 017 | | | Nu32:22 | ותיהווי ארעא חדה לכון אחסנה קדם ייי: |
| 018 | אחסנייה | | Gn44:18 | שבטיא ולא מקבלה עמן אחסנייה על חד כמה וכמה על אחונן |

|  |  |  |  |  |  |
|---|---|---|---|---|---|
| 019 | אחסנת | *Nu36:02* | מן קדם ייי למיתן ית | אחסנת | צלפחד אחונן לבנתיה: |
| 020 | | *Nu16:14* | אעלת יתן ויהבת לן | אחסנת | חקלוון וכרמין העיני |
| 021 | | *Gn48:04M* | מן בתרך | אחסנות/אחסנת#2#/ | עלם: |
| 022 | | *Lv25:34* | לא יזדבן ארום | אחסנת | עלם היא להון: |
| 023 | אסחנ' | *Gn13:06* | ולא | אסחנ' | יתהון ארעא למשרי כחדה |
| 024 | באחסנה | *Nu26:53* | לאלין שבטיה תתפלג ארעא | באחסנה | במניין שמהן: |
| 025 | | *Nu36:02* | פקד ייי למיתן ית ארעא | באחסנה | בעדיון לבני ישראל ורבוני |
| 026 | ואח' | *Lv25:46M* | מן בתריכון ירתו/ | ואח'#2#/ | לעלם בהון תפלחן |
| 027 | ואסחנ' | *Gn44:18M* | לא בפלגא עמן חולק | ואסחנ' | בפילוג ארעא ע' חד כמ' |
| 028 | ואחסנא | *Gn31:14* | עד כדון אית לנא חלק | ואחסנא | בביתא דאבונן: |
| 029 | | *Gn44:18* | שבטייא ואית ליה חולק | ואחסנא | בפילוג ארעא ואנא חילי |
| 030 | | *Gn44:18M* | שבטייא ולית לה חולק | ואחסנא | בפילוג ארעא כל דכן בגלל |
| 031 | | *Gn44:18M* | שבטיי' ואית ליה חולק | ואחסנא | בפילוג ואנה חילי תקיף מן |
| 032 | | *Gn44:18* | ולית ל{ך}<ה> חולקא | ואחסנא | בפילוג ארעא כל דכן בגלל |
| 033 | | *Gn44:18* | מן שבטיא ומקבל חולק | ואחסנא | עמן בפלוג ארעא ועל חד כמה |
| 034 | ואחסנה | *Ex 6:08* | לכון {ולתן} <ירתו> | ואחסנה | אנה ייי: |
| 035 | | *Nu27:07* | מתן תתן להון ירתו | ואחסנה | בגו אחי אבוהון ותעברון ית |
| 036 | | *Dt18:02* | | ואחסנה | לא יהווי ליה ביני אחוי |
| 037 | | *Lv25:46* | לבניכון בתריכון לירתו | ואחסנה | לעלם בהון תפלחן ובאחיכון |
| 038 | | *Dt33:04* | יתן משה יהב יתה ירתו | ואחסנה | לקהל שבטייה דבית יעקב: |
| 039 | | *Nu32:32M* | אחסנותן/ירתו | ואחסנה#2#/ | מן עבר לירדנה/יורד'#2# |
| 040 | | *Dt10:09* | הווה לשבטה דלוי חלק | ואחסנה | עם אחוי קרבנוי דייי אינון |
| 041 | | *Dt18:01* | בני שבטה דלוי חולק | ואחסנה | עם ישראל קורבנוי דייי |
| 042 | | *Dt12:12* | ארום לית להון חלק | ואחסנה | עמכון בפלוג ארעא: |
| 043 | | *Dt14:27* | ארום לית להון חלק | ואחסנה | עמכון בפלוג ארעא: |
| 044 | | *Dt14:29* | ארום חולקהון חלק | ואחסנה | עמכון בפלוג ארעא וגיורייה |
| 045 | ולאחסנה | *Nu32:05* | ית ארעא הדה לעבדך | ולאחסנה | לא תעבר יתן ית ירדנה: |
| 046 | ולאחסנת | *Lv25:41M* | לזרעית«»ה | ולאחסנות/<ולאחס>נת#2#/ | אבהתה יחזור: |
| 047 | לאח' | *Nu18:24M* | אחסנה/ללוואי | לאח'#2#/ | בגין כדן/כך#2#/ אמרית |
| 048 | לאחסנא | *Gn50:13* | די זבן אברהם ית חקלא | לאחסנא | דקבורה מן לוות עפרון |
| 049 | לאחסנה | *Lv25:45M* | לכון | לאחסנתה/<לאחס>נה#2#/: | |
| 050 | | *Nu32:29* | להון ית ארעא גלעדה | לאחסנה: | |
| 051 | | *Dt 4:21* | דייי אלהכון יהב לכון | לאחסנה: | |
| 052 | | *Dt32:49* | דאנה יהב לבני ישראל | לאחסנה: | |
| 053 | | *Nu34:02M* | תחסן#2#/ לכון | לאחסנה/<לאחס>נה#2#/ | ארעא דכנען |
| 054 | | *Dt 4:38* | למתן לכון ית ארעהון | לאחסנה | ביומא הדין: |
| 055 | | *Dt19:10* | דייי אלהכון יהיב לכון | לאחסנה | דלא יהווי עליכון חובת |
| 056 | | *Nu18:21* | יהבית כל מעשר דישראל | לאחסנה | חלף פלחניהון די אנון |
| 057 | | *Dt29:07* | ית ארעהון ויהבנן יתה | לאחסנה | לשבטה דבית ראובן ולשבטה |
| 058 | | *Gn17:20* | רברבין יולד ואשוי יתה | לאחסנה | רבה: |
| 059 | לאחסנת | *Gn23:20M* | דביה לאברהם | לאחסנות/לאחסנת#2#/ | דקבורה מן לות |
| 060 | | *Gn17:08* | ית כל ארעא דכנען | לאחסנת | עילם ואהוי בממרי להון |
| 061 | | *Gn23:11M* | \לאחסנו דקבורה | לאחסנת/ | קבר#2#/: ועפרון הוי |
| 062 | | *Gn23:20M* | בכל תחומא חזור חזור | לאחסנת | קבר |
| 063 | s em/sf אחסנתה | *Dt12:09M* | דישראל דמתקריי | אחסנתה | |
| 064 | אחסנתהון | *Nu34:14* | שבטה דמנשה קבלו | אחסנתהון: | |
| 065 | | *Nu36:04* | שבט אבהתן יתמנע | אחסנתהון: | |
| 066 | | *Lv25:33* | קרוי ליוויי היא | אחסנת{כ}<ה>ון | בגו בני ישראל: |
| 067 | | *Nu36:12* | הוון לנשים והוות | אחסנתהון | {כ}<ע>ל שבט אחסנות |
| 068 | | *Nu32:19M* | \קבלנן אחסנתן/אתת | אחסנתהון#2#/ | לוותן מן עבר ירדנה |
| 069 | | *Nu34:15* | שבטה דמנשה קבלו | אחסנתהון | מן עבר לירדנה דיריחו |
| 070 | | *Nu36:03* | ישראל לנשים ותתמנע | אחסנתהון | מן אחסנות אבהתן ותתוסף |
| 071 | | *Nu36:04* | לבני ישראל ותתוסף | אחסנתהון | על אחסנות שבטה די |
| 072 | | *Lv25:32* | ליווייא בתי קרייה | אחסנתהון | פרקון לעלם תיהוי לליוויי: |
| 073 | | *Nu35:02* | לליוויי מן ירתות | אחסנתהון | קוריין למישרי ופרוירין |
| 074 | אחסנתיה | *Lv27:21* | אפרשו לכהנה תיהוי | אחסנתיה: | |
| 075 | | *Nu26:54* | גבר לפום סכומוי יתיהב | אחסנתיה: | |
| 076 | | *Nu35:28* | רבה יחזור קטולה לארע | אחסנתיה: | |
| 077 | | *Dt18:02M* | מימריה דייי הוא | אחסנתיה | |
| 078 | | *Dt32:09* | בני ישראל יעקב עדב | אחסנתיה: | |
| 079 | | *Nu26:56* | על פם עדווין תתפלג | אחסנתיה | בין שבטה דעמא סגין ובין |
| 080 | | *Nu26:54* | דעמא זעירין תזערון | אחסנתיה | גבר לפום סכומוי יתיהב |
| 081 | | *Gn49:07* | בגו דבית יעקב ואסגי | אחסנתיה | דלוי בגו שבטה דבני |
| 082 | | *Nu35:08* | תזערון גבר כפם | אחסנ<ת>יה | די יאחסנון יתן מן קרוי |
| 083 | | *Nu35:08M* | גבר כפם | אחסנ<ת>יה/אחסנתיה#2#/ | די יאחסנון יתן |
| 084 | | *Dt10:09* | קרבנוי דייי אינון | אחסנתיה | היך מה דמלל ייי אלהכון |
| 085 | | *Lv25:25* | יתמסכן אחוך ויזבן מן | אחסנתיה | וייתי קריביה דקריב לוותה |
| 086 | | *Nu26:54* | לשבטא דעמא סגין תסגון | אחסנתיה | ולשבטא דעמא זעירין |
| 087 | | *Nu33:54* | דעמיה סגין תסגון | אחסנתיה | ולשבטה דעמיה זעירין תזער |
| 088 | | *Nu35:08M* | שבטה /סגי תסגי | אחסנתיה | ומן שבטה#2#/ דעמא |
| 089 | | *Lv27:16* | ואין מחקל | אחסנתיה | יקדש גבר לשמה דייי |
| 090 | | *Lv27:22* | זבונה די לא מן חקל | אחסנתיה | יקדש לשמה דייי: |
| 091 | | *Lv27:28* | ובעירה ומן חקל | אחסנתיה | לא יזדבן ולא יתפרק כל |
| 092 | | *Nu27:09* | לית ליה ברת ותתנון ית | אחסנתיה | לאחוי: |
| 093 | | *Nu27:10* | ליה אחין ותתנון ית | אחסנתיה | לאחוי דאבוי: |
| 094 | | *Nu27:08* | לית ליה ותעברון ית | אחסנתיה | לברתה: |
| 095 | | *Nu33:54* | דעמיה זעירין תזער | אחסנתיה | לכל מן די יפוק לה תמן |
| 096 | | *Nu27:11* | אחין לאבוי ותתנון ית | אחסנתיה | לקריבות בשריה דקריב |
| 097 | אחסנתכון | *Lv14:34* | מכתש צרעה בבית ארעא | אחסנתכון: | |
| 098 | | *Lv25:24* | ובכל ארע | אחסנתכון | פרקן תתנון לארעא: |
| 099 | אחסנתן | *Nu36:04M* | אבהתן יתמנע | אחסנתהון/אחסנתן#2#/: | |
| 100 | | *Nu36:03* | יהוון להון ומעד<י>ו{י} | אחסנתן | יתמנע: |
| 101 | | *Nu36:12M* | לנשים והוות | אחסנתהון/אחסנתן#2#/ | {כ}<ע>ל שבט |
| 102 | | *Nu32:19* | לירדנה ולהל ארום קבלנן | אחסנתן | לוותן מן עבר ירדנה מן |
| 103 | | *Nu36:03M* | אחסנתהון/ויתמנע | אחסנתן#2#/ | מן אחסנות אבהתן ותתוסף |
| 104 | | *Nu36:04M* | ישראל ותתוסף | אחסנתהון/אחסנתן#2#/ | על אחסנות שבטה |
| 105 | באחסנתיה | *Nu36:09* | לשבט אחרן ארום גבר | באחסנתיה | ידבקון שבטיהון דבני |
| 106 | באחסנתיהון | *Gn48:06* | שם אחיהון יתקרון | באחסנתיהון: | |
| 107 | באחסנתכון | *Dt19:14* | מה דאתקינו קדמייה | באחסנתכון | די תאחסנון בארעכון דייי |
| 108 | דא' | *Lv25:33M* | דביתה וקרתה | לאחסנתה/דא'#2#/ | ביובילה ארום בתי |
| 109 | ואחסנתיה | *Dt18:01M* | ˆדייי | ואחסנותיה/ואחסנתיה#2#/ | יאכלון: |
| 110 | ואחסנתך | *Nu18:20M* | <האנה> הוא חקל | ואחסנתך | ביני |
| 111 | | *Dt 9:29* | ˆואינון#2#ˆ/ עמך | ואחסנתך | די אפקת פריקין בחילך רבה |
| 112 | ובאחסנתיה | *Gn49:27* | יתבניה בית מקדשה | ובאחסנתיה | תשרי איקר שכינתא דייי |
| 113 | | *Dt33:12* | יתבני בית מוקדשה | ובאחסנתיה | תשרי איקר שכינתיה דייי: |
| 114 | ולאחסנתה | *Dt12:09M* | /ולבית מוקדשה | ולאחסנתה#2#/ | דייי אלהכון יהב לכון: |
| 115 | לאחסנתה | *Lv25:45* | בארעכון ויהוון לכון | לאחסנתה: | |
| 116 | | *Lv25:33* | זבונה דביתה וקרתה | לאחסנתה | ביובילה ארום בתי קרוי |
| 117 | לאחסנתיה | *Lv25:13* | הדה תחזרון גבר | לא<ח>סנתיה: | |
| 118 | | *Lv25:27* | דיזבן ליה ויחזור | לאחסנתיה: | |
| 119 | | *Lv25:28* | ביובילה ויחזור | לאחסנתיה: | |
| 120 | | *Lv25:10* | לכון ותחזרון גבר | לאחסנתיה | וגבר לזרעיתיה תחזרון: |

**אחסנה** *v.n.* ⇐ **אחסנו**

## אחסנו *v.n.* inheriting, inheritance [46, 46!]

|  |  |  |  |  |  |  |
|---|---|---|---|---|---|---|
| 001 | אחסנו | s ab/cn | Gn23:04 | ותותב אנה עמכון הבו לי | אחסנו | דקבורה עמכון ואקבר מתי |
| 002 | אחסנות | | Nu36:02M | ייי למיתן ית | אחסנת/<אחס>נות#2#/ | צלפחד אחונן |
| 003 | | | Nu36:08 | דירתון בני ישראל גבר | אחסנות | אבהתיה: |
| 004 | | | Nu36:03 | ותתמנע אחסנתהון מן | אחסנות | אבהתן ותתוסף על אחסנות |
| 005 | | | Nu27:07 | אחי אבוהון ותעברון ית | אחסנות | אבוהון להון: |
| 006 | | | Nu36:12 | אחסנתהון {כ}<ע>ל שבט | אחסנות | אבוהון: |
| 007 | | | Lv27:24 | למן דהווה דידיה | אחסנות | ארעא: |
| 008 | | | Nu16:14M | לן \אחסנת חקלוון | /אחסנות | חקלין#2#/ וכרמין העיני |
| 009 | | | Gn48:04 | ארעא הדא לבניך מן בתרך | אחסנות | עלם: |
| 010 | | | Gn23:04M | הבו לי \אחסנו דקבורה | /אחסנות | קבר#2#/ עמכון ואקבר מתי |
| 011 | | | Nu36:04 | די יהוויין להון ומן | אחסנות | שבט אבהתן יתמנע אחסנתהון: |
| 012 | | | Nu36:03 | אחסנות אבהתן ותתוסף על | אחסנות | שבטה די יהוון להון |
| 013 | | | Nu36:04 | ותתוסף אחסנתהון על | אחסנות | שבטה די יהוויין להון ומן |
| 014 | באחסנות | | Dt32:08M | | באחסנת/<באחס>נות#2#/ | עילאה אומיה |
| 015 | | | Nu36:07 | מן שבט לשבט ארום גבר | באחסנות | שבט אבהתיה ידבקון בני |
| 016 | באחסנת | | Dt32:08 | | באחסנת | עילאה אומיה בפרישותיה |
| 017 | ולאחסנות | | Lv25:41 | ויחזור לזרעית«י»ה | ולאחסנות | אבהתה יחזור: |
| 018 | לאחסנו | | Nu34:02 | דא ארעא די תיפול לכון | לאחסנו | ארעא דכנען לתחום': |
| 019 | | | Gn23:09 | יזבן יתה לי ביניכון | לאחסנו | דקבור«ה»: |
| 020 | | | Gn23:11 | יזבן יתה לי ביניכון | לאחסנו | דקבורה דחת וענה עפרון |
| 021 | | | Gn49:30 | מן לוות עפרון חתייה | לאחסנו | דקבורה: |
| 022 | לאחסנו' | | Gn50:13M | אברהם ית חקלא | לאחסנא/לאחסנו'#2#/ | דקבורה מן לוות |
| 023 | לאחסנות | | Gn23:20 | ומערתא דביה לאברהם | לאחסנות | דקבורה מן לות בנו«י» |
| 024 | | | Gn17:08M | כל ארעא דכנען | לאחסנת/לאחסנות#2#/ | עילם ואהוי בממרי |
| 025 | אחסנות' | s em/sf | Nu35:02M | מן ירתות | אחסנתהון/אחסנות'#2#/ | קוריין למישרי |
| 026 | אחסנותה | | Lv25:34M | לא יזדבן ארום | אחסנת/אחסנותה#2#/ | עלם היא להון: |
| 027 | אחסנותהון | | Nu35:08 | וקוריאן די תתנון מן | אחסנותהון | דבני ישראל מן לוות |
| 028 | אחסנותיה | | Dt18:02 | אחוי קרבנוי דייי אנון | אחסנותיה | היך מה דמלל להון: |
| 029 | אחסנותכון | | Lv25:24M | פרקן תתנון לארעא | /אחסנותכון | תתנון לארעא#2#/: |
| 030 | אחסנותן | | Nu32:32 | דכנען ועמן ירתות | אחסנותן | מן עבר לירדנה: |
| 031 | באחסנותכון | | Dt19:14M | תחם יתיה קדמאי | באחסנותכון#2#/ | די תאחסנון/תחסנון#2# |
| 032 | | | Nu18:26 | לכון מן לוותהון | באחסנותכון | ותפרשון מיניה אפרשותה |
| 033 | ואחסנותיה | | Dt18:01 | ישראל קורבנוי דייי | ואחסנותיה | יאכלון: |
| 034 | ואחסנותך | | Nu18:20 | מ«י»מרי חלקך | ואחסנותך | בגו בני ישראל: |
| 035 | | | Dt 9:26 | אלהים לא תתחבל עמך | ואחסנותך | די פרקת בתוקפך די אפקת |
| 036 | ולאחסנותה | | Dt12:09 | עד כדון לנווחתה | ולאחסנותה | דייי אלהכון יהב לכון: |

## אחר *vb.* ⇐ אחד

## אחרי *n.* end [47]

|  |  |  |  |  |  |  |
|---|---|---|---|---|---|---|
| 001 | אח' | s em/sf | Nu23:10M | /וליוואי תיהווי | אח'#2#/ | כזעירה דבהון: |
| 002 | אחריתה | | Nu23:10 | סופיה אלווי תיהוי | אחריתה | כזעירה דבהון: |

## אחרי *pron.* ⇐ אוחרי

## אחריו *n.* future [47]

|  |  |  |  |  |  |  |
|---|---|---|---|---|---|---|
| 001 | אחריותהון | s em/sf | Dt32:20 | אחמי מה יהווי בסוף | אחריותהון | ארום דר תהפכנין אנון |
| 002 | באח' | | Dt32:20M | אחריותהון /הווי | באח'#2#/ | ארום דר תהפכנין אנון |
| 003 | באחריותהון | | Dt32:29 | אתבוננו מה הווי | באחריותהון: | |

## אחריי *adj.* final, last [47]

|  |  |  |  |  |  |  |
|---|---|---|---|---|---|---|
| 001 | אחריה | s em/sf | Ex 4:08 | קדמיה ויהימנון לקל נסה | אחריה: | |
| 002 | | | Lv23:22 | לא תשיצון אומנה | אחריה | דאית בחקליכון למחצדה |
| 003 | | | Lv19:09 | לא תשיצון אומנה | אחריה | דחקלכון למחצד ולקט«ה» |
| 004 | אחרייה | | Dt34:02 | ארעא דיהודה ועד ימה | אחרייה: | |
| 005 | | | Dt29:21 | ויאמרון דרה | אחרייה | בניכון די יקומון |
| 006 | | | Dt24:03 | בייתיה ארום ימות גברא | אחרייה | די נסב יתה ליה לאתה: |
| 007 | | | Dt24:03 | וישני יתה גברא | אחרייה | ויכתוב לה אגרא דשיבוקין |
| 008 | אחריתה | | Gn17:21 | שרה לעדנה הדן בשתה | אחרי«תה»: | |
| 009 | אחריין | p abs | Gn33:02 | קדמיין וית לאה ובניה | אחריין | <....>: |
| 010 | | | Nu 2:31 | ושבעת אלפין ושית מאוון | אחריין | הוון נטלין לטכסיהון: |
| 011 | אחרניין | | Nu 2:31M | /מאה#2#/ | אחריין/^בתריין#2#^/אחרניין#2#/ | הוון נטלין |

## אחרן *pron.* ⇐ אוחרן

## אי *conj.* ⇐ או

## אי *interj.* oh! [47]

|  |  |  |  |  |  |  |
|---|---|---|---|---|---|---|
| 001 | אי | | Lv26:29 | | אי | מה קשיין אינון חובייה |

## איבו *n.* an unclean bird [47]

|  |  |  |  |  |  |  |
|---|---|---|---|---|---|---|
| 001 | אבו | s ab/cn | Lv11:14 | וית דיתה וית | אבו | למינה: |
| 002 | אייבו | | Dt14:13 | ובת ביתה וית | אייבו | ודייתה למינה: |

## איגר *n.* roof [48]

|  |  |  |  |  |  |  |
|---|---|---|---|---|---|---|
| 001 | לאגרך | s em/sf | Dt22:08 | בית חדת ותעבד סייג | לאגרך | ולא תשווי חובת שפיכות אדם |
| 002 | אגרוי | p em/sf | Ex30:03 | ותחפי יתיה דהב דכי | אגרוי | וית כתלוי מן חזור חזור |
| 003 | איגרוי | | Ex37:26 | וחפי יתיה דהב דכי ית | איגרוי | וית כותלוי מן חזור חזור |

## איגר #2 *n.* pile [48]

|  |  |  |  |  |  |  |
|---|---|---|---|---|---|---|
| 001 | אוגר | s ab/cn | Gn31:46 | אבנין ונסבו אבנין ועבדו | אוגר | ואכלו תמן על איגרא: |
| 002 | | | Gn31:47M | לה לבן \איגר שהדותא | /אוגר | סהיד#2#/ ויעקב קרא ליה |
| 003 | איגר | | Gn31:46M | אבנין ועבדו | אוגר/איגר#2#/ | ואכלו תמן על איגרא: |
| 004 | | | Gn31:47 | וקרא לה לבן | איגר | שהדותא ויעקב קרא ליה |
| 005 | אגרא | s em/sf | Gn31:52 | סהד | אגרא | הדין וסהדא היא קיימתא הדה |
| 006 | איגרא | | Gn31:46 | אוגר ואכלו תמן על | איגרא: | |
| 007 | | | Gn31:51 | ואמר לבן ליעקב הא | איגרא | הדין והא קיימתא הדא די |
| 008 | | | Gn31:52 | אעבור ואייתי לוותך ית | איגרא | הדין <....> וית קיימתא |
| 009 | | | Gn31:48 | ואמר לבן | איגרא | הדן סהד ביני ובינך יומא |

## [איהוא] *pron.* he [BTA] [!!]

|  |  |  |  |  |  |  |
|---|---|---|---|---|---|---|
| 001 | דאיהוא | | Lv14:40M | מכתשה למברה לקרתה | דאיהוא | בנה ביתה באונס' וטלומא |

## איד *n.* ⇐ יד

## איזוב *n.* hyssop [48]

|  |  |  |  |  |  |  |
|---|---|---|---|---|---|---|
| 001 | אזוב | s ab/cn | Nu19:18 | ויסב | אזוב | ויצבע במיא גבר דכי וידי על |
| 002 | | | Lv14:51 | ויסב ית קיסה דארזה וית | אזוב | וית צבע זהוריתה וית צפרה |
| 003 | דאיזוב | | Ex12:22 | ותסבון מיסרא | דאיזוב | ותצבעון באדמה די במנה |
| 004 | ואזוב | | Lv14:04 | דארז וצבע דזיהורי טבא | ואזוב: | |

|  |  |  |  |  |
|---|---|---|---|---|
| 005 | | | Nu19:06 | ויסב כהנא קיס דארז ואזוב וצבע זהורי טבה ויקלק |
| 006 | אזובה | s em/sf | Lv14:06 | צבע זהוריתה טבתה וית אזובה ויצבע יתהון וית צפרה |
| 007 | ואזובה | | Lv14:49 | דארז וצבע דזהורי טבה ואזובה: |
| 008 | ובאזובא | | Lv14:52 | חייתה ובקיסה דארזא ובאזובא ובצבע זחוריתה טבתה: |

## איטמוס *adv.* ready, prepared [48]

|  |  |  |  |  |
|---|---|---|---|---|
| 001 | יטימוס | | Lv14:53M | לאפי ברא ויהי אין יטי{ני}<מ>וס הוא למלקי תוב בצרעתה |

## אייל *n.* stag, hart [49]

|  |  |  |  |  |
|---|---|---|---|---|
| 001 | ודאיילה | s em/sf | Dt12:15 | כבשרה דטבייה ודא«יי»ל{יי}ה: |
| 002 | | | Dt15:22 | יתיה כבשרה דטבייה ודאיילה: |
| 003 | | | Dt12:22 | ית בשרה דטבייה ודאיילה כדן תיכלון יתיה דמרחק מן |
| 004 | איילון | p abs | Dt14:05M | איילי/איילון/#2# וטביין ויחמורין |
| 005 | איילין | | Dt14:05 | איילין וטביין ויחמורין ואילין |

## איך *adv.* how [!! cf. היך, הך]

|  |  |  |  |  |
|---|---|---|---|---|
| 001 | ואיך | | Ex 6:12M | ישמע מני /קבילו מני ואיך יקבל מני/#2# פרעה ואנה |
| 002 | | | Gn44:08M | \והיך כדין נגנב ואיך/ נגנוב/#2# מן ביתה דרבונך |
| 003 | ואך | | Gn 3:09M | ואך את סביר דלית גלי |

## איל 3# *n.* god [58 אל]

|  |  |  |  |  |
|---|---|---|---|---|
| 001 | באילי | p const | Ex15:11 | מן כוותך באילי מרומא ייי מן כוותך הדור |

## אילה *n.* post, pole [49]

|  |  |  |  |  |
|---|---|---|---|---|
| 001 | איליות | p const | Ex35:17 | ית איליות דרתה ית עמודוי וית חומרוי |
| 002 | ואילוות | | Nu 3:26 | ואילוות דרתה וית פרס תרע דרתה די |
| 003 | ווילוות | | Ex35:17M | ית איליות/ווילוות/#2# דרתה ית עמודוי וית |
| 004 | | | Nu 3:26M | ואילוות/ווילוות/#2# דרתה וית פרס תרע |
| 005 | וילוות | | Nu 4:26M | וית אילוותה/וילוותה/#2# דרתה וית חפוי |
| 006 | אילוותה | p em/sf | Nu 4:26 | וית אילוותה דרתה וית חפוי תרע דרתה |

## אילו *conj.* if, would that [49]

|  |  |  |  |  |
|---|---|---|---|---|
| 001 | אילו | | Lv10:19 | ואנה אבל עליהון הא אילו אכלית מן חטאתה יומא הדין |
| 002 | | | Nu22:29 | לאתנתה ארום שקרת בי אילו הוה בידי חרב ארום כדון |
| 003 | | | Dt32:29 | אילו חכמו ישראל וילפון אורית' |
| 004 | | | Gn20:16 | ועל כולא אתווכחת ברם אילו יהבת כל מה דילי לא הוינה |
| 005 | | | Nu22:33 | קדמיי דנה תלתה זמנין אילו לא סטת מן קדמיי ארום כדון |
| 006 | | | Gn 3:22 | למפרשה בין טב לביש אילו נטר מצותה דאוריתא וקיים |
| 007 | | | Gn26:10 | לנא הא בקליל זעיר אילו שמש חד מן טליא עם אתתך |
| 008 | | | Gn31:27 | ולא תנית לי אילו תנית לי שלחת יתך בחדון |
| 009 | לו | | Nu12:14M | "ואבוה נזפה...": לו נזיפה נזף בא{ב}<פ>יה דינה |

## אילולי *conj.* were it not for [49]

|  |  |  |  |  |
|---|---|---|---|---|
| 001 | אילולי | | Dt32:27 | אילולי כעסן דשנאה די תקף ואילולי |
| 002 | אלולי | | Gn31:42 | אלולי אלהיה דאבא אלהא דאברהם |
| 003 | | | Dt 1:01 | במימרה למישיצי יתכון אלולי דאדכר לכון קיימה די קיים |
| 004 | | | Gn43:10 | ארום אלולי דאשתהינון ארום כדון |
| 005 | ואילולי | | Dt32:27 | כעסן דשנאה די תקף ואילולי דאדכר להון קיימה דקיימת |

## איליין *pron.* these [153 s.v. דן]

|  |  |  |  |  |
|---|---|---|---|---|
| 001 | א' | | Nu22:30M | /אמרת לג'/#2# האליין/א'/#2# לית הדא אתנתה דידי |
| 002 | אי' | | Nu23:24M | עמא/עממיא/#2# האליין/אי'/#2# לא נייחין ולא |
| 003 | | | Ex10:28M | מלייה קשייתא /מן אי' מילין קשיין/#2# ברם |
| 004 | איליין | | Ex10:01 | מן בגלל למשוויה ניסיא איליין ביניהון: |
| 005 | | | Nu16:29 | כל בני אנשא ימותן איליין ואין גזרתה דמתגזר על כל |
| 006 | אילין | | Lv 5:04 | <ידע> ויתחייב לחדא מן אילין: |
| 007 | | | Nu28:23 | לעלתה דתמידה תקרבון ית אילין: |
| 008 | | | Gn15:11 | דין הוא עופא מסאבא אילין אינון מלכוותא דארעא כד |
| 009 | | | Gn10:20 | אילין בנוי דחם |
| 010 | | | Gn31:43M | "בנתא ... עניי": נשיא אילין בנתי הינין ובניא {הין} |
| 011 | | | Gn19:15M | תשתיצא בחובי דקרתא /אילין דאשכחן דלא תסתפי בחובי |
| 012 | | | Gn32:20M | לחוד ית כל אילין דמהלכין בתר |
| 013 | | | Nu26:50 | אילין זרעייתה דבנוי דנפתלי |
| 014 | | | Gn10:32 | אילין זרעית בנוי דנח |
| 015 | | | Gn15:17M | ותצרי כל מלכותא אילין חזויא רברביא חזא אברם |
| 016 | | | Gn 2:04 | אילין יחוס תולדת שמיא וארעא |
| 017 | | | Gn 6:09 | אילין יחוס תלדוותיה דנח נח |
| 018 | | | Dt27:12 | אילין יקומון למברכה ית עמא על |
| 019 | | | Lv21:14 | ומשבקה וטעווה ומפסה ית אילין לא יסב ארו' אלהן מעמיה |
| 020 | | | Nu16:29 | על כל ברייתה יתגזר על אילין לא מן קדם ייי |
| 021 | | | Dt14:07 | לחוד ית אילין לא תאכלון מן מסקי גררתה |
| 022 | | | Gn33:05 | טפליא ואמר מה אינון אילין לך ואמר טליא די חן ייי ית |
| 023 | | | Nu35:29 | ויהוון אילין לכון לקיים דרין לדריכון |
| 024 | | | Lv23:04 | אילין מועדוי דייי {בזמניהון} |
| 025 | | | Lv23:37 | אילין מועד{ו}«י»ן דייי |
| 026 | | | Dt28:69 | אילין מילין דקיימה די פקד ייי |
| 027 | | | Nu36:13 | אילין מצוותה וסדרי{ה} דנייה די |
| 028 | | | Lv26:18 | ואן עד אילין מרדוותה לא תשמעון לאולפן |
| 029 | | | Nu 1:44 | אילין סכומיה די סכם משה ואהרן |
| 030 | | | Ex 1:01M | ואליין/אילין/#2# שמהת בני ישראל די |
| 031 | | | Nu34:17 | אילין שמהת גברייה די יאחסנון |
| 032 | | | Dt14:09 | ית אילין תאכלון מן כל מה די במיא |
| 033 | אילן | | Gn48:08M | אליין /מנן אתיילדו אילן/#2#: |
| 034 | אליין | | Gn48:08 | דיוסף ואמר מאן אינון אליין: |
| 035 | | | Nu22:15M | רברבין ותקיפין מן אליין/#2#: |
| 036 | | | Nu28:23M | תקרבון ית אילין/אליין/#2#: |
| 037 | | | Dt22:05M | כל \דעביד אלין /עבד אליין/#2#: |
| 038 | | | Gn36:05M | יעלם וית קרח אלין/אליין/#2# ^אינון/#2#^ בנוי |
| 039 | | | Ex 6:24 | אסיר ואלקנה ואביאסף אליין אינון זרעייותיהון דבנר' |
| 040 | | | Gn25:16M | אלין/אליין/#2# אנון/הנון/#2# בנוי |
| 041 | | | Ex 6:15 | ושאול ברה דכנעניתה אליין אנון זרעיותיהון דבנוי |
| 042 | | | Lv18:24 | בכל אליין ארום בכל אליין אסתאבון אומייה די אנה |
| 043 | | | Lv18:24 | לא תסתאבון בכל אליין ארום בכל אליין אסתאבון |
| 044 | | | Lv22:25M | \אלין ארום חבוליהון /אליין ארום חבוליהון/#2# בהון |
| 045 | | | Gn14:03M | כל \אלין מלכייא אתחברו /אליין את<חברו>/#2# במישר |
| 046 | | | Gn36:17M | בארעהון דאדומיי אלין/אליין/#2# בנוי דבשמת אתתיה |
| 047 | | | Gn36:19M | אלין/אליין/#2# בנוי דעשו ואלין |
| 048 | | | Gn36:20M | אלין/אליין/#2# בנוי דשעיר חוורניה |
| 049 | | | Gn46:15M | אלין/אליין/#2# בנוי/בני/#2# דלאה |
| 050 | | | Gn46:25M | אלין/אליין/#2# בנוי דבלהה די יהב |
| 051 | | | Nu 3:17M | והוון אלין/אליין/#2# בנוי דלוי בשמהתהון |
| 052 | | | Nu26:30M | אלין/אליין/#2# בנוי דגלעד איעזר |
| 053 | | | Dt33:16 | בסנייה ייתין כל אליין ברכייתה ויתעבדן כליל דרבו |
| 054 | | | Nu26:35M | אלין/אליין/#2#/בנוי דאפרים לזרעייתהון |

055 Nu26:41M אלין/אליין#2/בנוי דבנימן לזרעייתהון
056 Nu26:42M אלין/אליין#2/בנוי דדן לזרעייתהון
057 Gn46:18M אלין/אליין#2/ בניה/בנוי#2/ דזלפה
058 Nu26:63M אלין/אליין#2/סכומוי דמשה ואלעזר
059 Nu14:23M קיימת לאבהתהון וכל \אליין#2/ דארגזו/<דאר>גיזו#2/
060 Dt 7:20M ומה די אסתמרו /ישיצון אליין דאשתיירו דאסטמ׳#2/
061 Nu21:06M וינכת לעמה אליין דאתר׳
062 Nu16:11M קרח וכל עמא דכנשתך אליין דאתרעמו על יקר שכינתה
063 Nu21:06M וינכת לעמה אליין דאתר<עמו>
064 Lv20:05M בתרי׳{{למטעי}} בתר /אליין {{דטעיין}} מן בתריה
065 Ex10:28M יתך בין ידיהון דעמה אליין די תבעו יתך נפשך למקטול
066 Nu14:35M בישתה הדה/אליין#2/ די אתרעמו קדמי״«
067 Nu17:14M והוון \מיתיה דמיתו /אליין דמ״#2/ במגפתה ארבעת עשר
068 Nu17:14M \מיתייה דמיתו /אליין דמיתו#2/ דהוון על עצתה
069 Lv11:31 אליין דמסאבין לכון בכל שרצה כל
070 Lv25:06M ולאגיריכון ולתותביכון אליין דמתגיירין עמכון
071 Nu31:27M תפשי קרבה דנפקין/אליין דנפקו#2/ לחיל קרבא
072 Nu31:28M \עמא עבדי /דסדרי קרבה אליין דנפקו לחילא#2/ קרבה
073 Nu31:36M חלקהון אליין דנפקו לחיל
074 Nu13:28M /תקיפין הנון עמא אליין דש״#2/ בארעא וקרווה
075 Lv24:14M י{ד}<ת> /כל אליין דשמעו ית#2/ ידיהון על
076 Nu13:18M מה היא וית עמא דישריין/אליין דשריין עליה#2/
077 Dt 2:04M דב״#2/ דעשו \אליין#2/ דשריין בגבלה וידחלון
078 Dt 2:08 אחונן בנוי דעשו ^אליין#2^ דשריין בגבלה מן אורח
079 Dt 2:22M די עבד לבנוי דעשו \אליין#2/ דשריין בגבלה
080 Dt 2:29M עבדו לן בנוי דעשו \אליין#2/ דשריין בגבלה ומואביי
081 Nu 3:33M זרעייתה דבנוי דמררי /אליין הינון זרעייתיה דמ״#2/:
082 Gn15:11M ״אליין אינון: אליין הנון ארבעתי מלכוותא
083 Gn15:11M מסאבא \אליין אינון /אליין הנון#2/ מלכוותא דארעא
084 Lv23:02M וארועין קדישין אליין הנון סד׳
085 Nu 3:20M ״אלין ... דלוי: אליין הנון לזרעייותהון ליואי
086 Nu 3:21M ״אלין אינון זרעייתה: אליין הנון זרעייותהון
087 Dt18:12M כל דעבד אלין/אליין#2/ ובגלל/ומבגלל#2/
088 Gn15:10M ליה ית#2/ כל אלין/אליין#2/ ופסג יתהון במציעה
089 Nu26:07 אליין זרעייתה דבנוי דראובן
090 Nu26:18M אלין/אליין#2/ זרעייתה/זרעייתהון#2
091 Nu26:22M אלין/אליין#2/ זרעייתה/זרעייתהון#2
092 Nu26:47M אלין/אליין#2/ זרעייתה/זרעייתהון#2
093 Nu26:14M אלין/אליין#2/ זרעיתה/זרעייתה#2
094 Nu26:34M אלין/אליין#2/ זרעיתה/זרעייתהון#2/
095 Nu26:37M אלין/אליין#2/ זרעייתה דבנוי
096 Nu26:50M אילין/אליין#2/ זרעייתה דבנוי
097 Nu26:58M אלין/אליין#2/ זרעייתה דבנוי דלויי
098 Nu26:25M אלין/אליין#2/ זרעיתה דבנוי
099 Ex 6:14 ופלוא חצרון וכרמי אליין זרעתהון דבנוי דראובן:
100 Gn28:10M /יתיב#2/ בחרן אלין/אליין#2/ חמישיתי נסיא אתעבדו
101 Gn22:23M ית רבקה תמניא אלין/אליין#2/ ילד«ת» מלכה
102 Dt27:12M אלין/אליין#2/ יקומון למברכה ית
103 Gn46:18M ברתיה וילדת ית אלין/אליין#2/ ליעקב שת עשרה נפשן
104 Gn46:25M ברתיה וילידת ית אלין/אליין#2/ ליעקב כל נפשתא שבע
105 Lv21:14M וטעווה ומפסה ית אילין/אליין#2/ לא יסב ארו׳ אלהן
106 Ex14:20 כל ליליא ולא קרבו אליין לאליין לסדר קרבא כל
107 Nu35:29M ויהוון אילין/אליין#2/ לכון לקיים דרין
108 Lv10:16M איתמר בנוי דאהרן \אליין#2/ ^מה#2^ דאשתיירו

109 Nu 1:16M \אלין מזמני עם כנשתא /אליין מזמני עמה בכנישתה#2/
110 Dt25:03M לממחי יתיה על אלין/אליין#2/ \מחה רבה /מלקות
111 Nu 4:15M ולא ימותון אלין/אליין#2/ מטלני בנוי דקהת
112 Nu10:28M אלין/אליין#2/ מטלני בנ׳/דבני#2/
113 Dt28:69M \אילין מילין /אליין מילי#2/ דקיימה די פקד
114 Lv26:18M ואן \עד אילין /בתר אליין#2/ מרדוותה לא תשמעון
115 Lv26:23M ואן באילין/בתר אליין#2/ מרדוותה לא תתרדון קדם
116 Lv26:27M לאולפן /ומן בתר אליין מרדוותה לא תצבון למשמוע
117 Lv20:23 מן קדמיכון ארו׳ ית כל אליין מרחקתה עבדו ואעיק ממריה
118 Lv23:04M \אילין מועדוי /אליין סדר מר״#2/ דייי
119 Dt 4:45M אלין/אליין#2/ סהדוותה וקיימיה
120 Ex38:21 אליין סכומי משכנה משכנה דסהדותא
121 Nu 4:37M אלין/אליין#2/ סכומי זרעיתה דבנוי
122 Nu 4:41M אלין/אליין#2/ סכומי זרעיית
123 Nu 4:45M אלין/אליין#2/ סכומי זרעייתה דבנוי
124 Nu36:13M \אילין מצוותה /אליין פיקודייה#2/ וסדרי{ה}
125 Ex19:06 וכהנין ואמה קדישא אליין פתגמיא די תמלל עם בני
126 Ex35:01 דבני ישראל ואמר להון אליין פתגמיא די פקד ייי למעבד
127 Dt 1:01M אלין/אליין#2/ פתגמייה די מלל משה
128 Lv22:22 דמלי חזזיין לא תקרבון אליין קדם ייי וקרבן לא תתנון
129 Nu16:30 ארום ארגיזו גברייה אליין קדם ייי:
130 Dt 3:05M כל \אלין קריין /אליין קוריין#2/ תלילן מקיפן
131 Nu30:17M אלין/אליין#2/ קיימיה די פקד ייי ית
132 Dt12:01M אלין/אליין#2/ קיימיה וסדרי דינייה
133 Gn36:17M שמה רבה מזה אלין/אליין#2/ רברבנוי דרעואל
134 Gn36:18M יעלם רבה קרח אלין/אליין#2/ רברבניה דאהליבמה
135 Ex 6:14 אליין רישי{ה} בית אבתהון בנוי
136 Ex 6:25 וילידת ליה ית פינחס אליין רישי{ה} אבהת לוויה
137 Nu34:29M ית בני ישראל בארעא /אליין שבטייה די פקד ייי למאחס׳
138 Nu34:17M אילין/אליין#2/ שמהת גברייה די
139 Nu29:39M "... במועדיכון": אליין תקרבון קדם ייי בזמן חגי
140 Lv11:13 וית אליין תשקצון מן עופא לא יתאכלון

## אלין

141 Nu22:15 סגין ומ«י»קרין מן אלין:
142 Nu26:30 אלין:
143 Nu26:35 אלין:
144 Nu26:41 אלין:
145 Nu26:42 אלין:
146 Nu26:63 אלין:
147 Dt22:05 ייי אלהכון כל דעביד אלין:
148 Gn36:05 וית יעלם וית קרח אלין ^אינון#2^ בנוי דעשו די
149 Ex 6:19 דמררי מחלי ומושי אלין אינון זרעיותיהון דבנוי
150 Lv23:02 {ואירעון} ואירעון קדיש אלין אינון זמן סדרי מועדוי:
151 Nu 3:20 לזרעייתהון מחלי ומושי אלין אינון זרעייתהון דלוי
152 Nu 3:21 וזרעייתה דבנוי דשמעי אלין אינון זרעייתה דבנוי
153 Nu 3:27 וזרעייתה דבנוי דעזיאלי אלין אינון זרעייתה דבנוי דקהתי:
154 Nu 3:33 וזרעייתה דבנוי דמושי אלין אינון זרעייתה דבנוי
155 Gn 9:19M בנוי דנח ומאלין/ומן אלין#2/ איתמלית כל ארעא:
156 Gn25:16 אלין אנון בנוי דישמעאל ואלין
157 Gn32:18 את אתי ולאן את אזל ולמן אלין אנון די קדמיך:
158 Lv22:25 תקרבון לחם אלהכון מן כל אלין ארום חבוליהון בהון לא
159 Gn10:05 מן אלין אתפרשו נסי אומיא בארעותהון
160 Gn10:32 באומיהון ומן אלין אתפרשו אומייא בארעא בתר
161 Nu 5:22 וייעלון מיא מלווטיא אלין במעיך למנפחה מעיך ולממסיה
162 Gn10:31 אלין בנוהי דשם לזרעיתהון

|  |  | | | |  |
|---|---|---|---|---|---|
| 163 | Gn 9:19 | תלתא אינון | אלין | בנוי דנח ומאלין איתמלית | |
| 164 | Gn10:29 | וית {יקטן} <יובב> כל | אלין | בנוי דיקטן: | |
| 165 | Gn25:04 | ואבידע ואלדעה כל | אלין | בנוי קטורה: | |
| 166 | Gn35:26 | <....> דלאה גד ואשר | אלין | בנוי דיעקב דאתילדו לה | |
| 167 | Gn36:12 | וילידת לאליפז ית עמלק | אלין | בנוי דעדה אתתיה דעשו: | |
| 168 | Gn36:17 | דרעואל בארעהון דאדומיי | אלין | בנוי דבשמת אתתיה דעשו: | |
| 169 | Gn36:19 | | אלין | בנוי דעשו ואלין רברבניהון | |
| 170 | Gn36:20 | | אלין | בנוי דשעיר חוורניה דייריה | |
| 171 | Gn46:15 | | אלין | בנוי דלאה די ילדת ליעקב | |
| 172 | Gn46:22 | | אלין | בנוי דרחל דילידת ליעקב | |
| 173 | Gn46:25 | | אלין | בנוי דבלהה די יהב לבן | |
| 174 | Nu 3:17 | והוון | אלין | בנוי דלוי בשמהתהון גרשון | |
| 175 | Nu26:37 | ותרין אלפין וחמש מאוון | אלין | בנוי דיוסף לזרעייתהון: | |
| 176 | Gn36:16 | דאליפז בארעהון דאדומיי | אלין | בניה דעדה: | |
| 177 | Gn46:18 | | אלין | בניה דזלפה די יהב לבן | |
| 178 | Nu34:29 | | אלין | די פקד ייי ית משה למאחסנה | |
| 179 | Lv26:32M | \די שריין | /אלין | דשריין#2/# בה: | |
| 180 | Nu14:45M | /עמלקאי וכנענאי | אלין | דשריין#2/# בטורה ההוא | |
| 181 | Gn14:07M | שריין /ולחוד ית אמוראי | אלין | דשרן#2/# בעין גדי תמריא | |
| 182 | Gn36:14 | | אלין | הוון בניה דאהליבמה ברת | |
| 183 | Gn 3:15M | אסו ברם עתידין הנון | אלין | ואלין למעבד שפ' | |
| 184 | Dt18:12 | ומרחק קדם ייי כל דעבד | אלין | ובגלל מרחקתה האליין ייי | |
| 185 | Lv 5:13 | די אתחייב מן חדא מן | אלין | וישתרי וישתביק ליה ותיהוי | |
| 186 | Lv 5:05 | ארום יתחייב לחדא מן | אלין | ויתוודי על מה דאתחייב | |
| 187 | Gn15:10 | וקרב קדמוי ית כל | אלין | ופסג יתהון במציעה ושוי כל | |
| 188 | Nu26:07M | | אליין/אלין#2/# | זרעייתה דבנוי | |
| 189 | Nu26:18 | | אלין | זרעייתה דבנוי דגד | |
| 190 | Nu26:22 | | אלין | זרעייתה דבנוי דיהודה | |
| 191 | Nu26:27 | | אלין | זרעייתה דבנוי | |
| 192 | Nu26:37 | | אלין | זרעייתה דבנוי דאפרים | |
| 193 | Nu26:42M | זרעייתה דבנוי דשוחמי | אלין | זרעייתה דבנוי דדן | |
| 194 | Nu26:47 | | אלין | זרעייתה דבנוי דאשר | |
| 195 | Nu26:58 | | אלין | זרעייתה דבנוי דלויי | |
| 196 | Nu26:14 | | אלין | זרעיתה דשמעוני עשרין | |
| 197 | Nu26:25 | | אלין | זרעיתה דבנוי דיששכר | |
| 198 | Nu26:34 | | אלין | זרעיתה דבנוי דמנשה | |
| 199 | Gn28:10 | כל יומין דהוה שרי בחרן | אלין | חמישיתי נסיא אתעבדו עם | |
| 200 | Nu35:05 | באומתה וקרתה במצעה | אלין | יהוון לכון פרוירי קריתה: | |
| 201 | Ex13:10M | למיהון עבדין יתיה מין | אלין | יומין לאלין ירחין | |
| 202 | Gn11:10 | | אל«י»ן | יחוס תלדו«תה» דשם שם | |
| 203 | Gn37:02 | | אלין | ייחוס תולדותיה דיעקב | |
| 204 | Gn22:23 | אוליד ית רבקה תמניא | אלין | ילד«ת» מלכה לנחור אחוי | |
| 205 | Nu29:39 | | «אלין» | כהדן סידרא תהוון מקרבין | |
| 206 | Dt25:16 | קדם ייי אלהכון כל דעבד | אלין | כל דעביד שקר: | |
| 207 | Dt24:06M | וכלין ארום כל דעביד | אלין | כפר בחי{ו}ויה דעלמא דאתי | |
| 208 | Gn46:18 | ברתיה וילדת ית | אלין | ליעקב שת עשרה נפשן: | |
| 209 | Gn46:25 | לרחל ברתיה וילידת ית | אלין | ליעקב כל נפשתא שבע נפשין: | |
| 210 | Gn19:08 | באפיכון לחוד לגבריא | אלין | לא תעבדון פתגם ארום בגין | |
| 211 | Gn49:22 | דמלכייא ושולטנייא אמרין | אלין | לאלין ארום דין הוא יוסף | |
| 212 | Ex14:25 | תושבחתא הדין אמרין | אלין | לאלין נערק מן עמא בני | |
| 213 | Ex14:25M | ימא עניין מצראי ואמרי' | אלין | לאלין אלהון נערק | |
| 214 | Ex14:28M | וחזרו מיין | /אלין | לאלין#2/# וכסן ית | |
| 215 | Ex15:02M | בני ישרא' ואמרין | אלין | לאלין דן הוא אלהן ונשבחה | |
| 216 | Nu21:15 | לטוריה ואקפו רישיהון | אלין | לאלין ורציצו רישי גיבריהון | |
| 217 | Nu21:15M | אמוראי במערייה אמרין | אלין | לאלין כד יהוון ישראל | |
| 218 | Nu24:23 | די יגרה מלכותה | אלין | לאלין: | |
| 219 | Dt27:15M | הוון עניין כל עמא | אלין | לאלין | |
| 220 | Ex11:08 | ויחתון כל עבדיך | אלין | לוותי וישאלון בשלמי למימר | |
| 221 | Nu15:13 | כל יציבייה יעבד כדין ית | אלין | למקרבה קרבן מתקבל לריח | |
| 222 | Lv 2:08 | ית מנחתא די יתקרב מן | אלין | לשמה דייי ויקרב יתה לות | |
| 223 | Lv22:24 | ודמר<י>ס לא תקרבון | אלין | לשמה דייי ובארעכון לא | |
| 224 | Nu 1:16 | | אלין | מזמני עם כנשתא רברבני שבטי | |
| 225 | Dt25:03 | דלא יוסף לממחי יתיה על | אלין | מחה רבה ויתבזי אחוך קדמיך: | |
| 226 | Nu 4:15 | לבית קודשה ולא ימותון | אלין | מטלני בנוי דקהת במשכן | |
| 227 | Nu10:28 | | אלין | מטלני בני ישראל | |
| 228 | Nu33:01 | | אלין | מטלניהון דבני ישראל די | |
| 229 | Gn14:03 | כל | אלין | מלכייא אתחברו במישר | |
| 230 | Lv11:22 | ית | אלין | מנהון תאכלון ית גובא למינה | |
| 231 | Dt 4:45 | | אלין | סהדוותה וקיימיה וסדרי{ה} | |
| 232 | Nu 2:32M | \אלין סכומיה דבני | /אלין | סכומי בני#2/# ישראל | |
| 233 | Nu 4:37 | | אלין | סכומי זרעיתה דבנוי דקהתי | |
| 234 | Nu 4:41 | | אלין | סכומי זרעיית דבנוי דגרשון | |
| 235 | Nu 4:45 | | אלין | סכומי זרעייתה דבנוי דמררי | |
| 236 | Nu 2:32 | | אלין | סכומיה דבני ישראל | |
| 237 | Nu26:51 | | אלין | סכומיהון דבני ישראל אשתין | |
| 238 | Lv27:34 | | אלין | פקודיה די פקד ייי ית משה | |
| 239 | Dt 1:01 | | אלין | פתגמייה די מלל משה עם כל | |
| 240 | Lv26:46 | | אלין | קיימי וסדרי דינייה וגזירת | |
| 241 | Nu30:17 | | אלין | קיימיה די פקד ייי ית משה | |
| 242 | Dt12:01 | | אלין | קיימיה וסדרי דינייה די | |
| 243 | Dt 3:05 | כל | אלין | קריין תלילן מקיפן שורין | |
| 244 | Gn36:15 | | «אלין» | רברבנוי דבנוי דעשו בנוי | |
| 245 | Gn36:16 | רבה געתם רבה עמלק | אלין | רברבנוי דאליפז בארעהון | |
| 246 | Gn36:17 | זרח רבה שמה רבה מזה | אלין | רברבנוי דרעואל בארעהון | |
| 247 | Gn36:18 | רבה יעלם רבה קרח | אלין | רברבניה דאהליבמה ברת ענה | |
| 248 | Gn36:21 | ודישון ואצר ודישן | אלין | רברבניה חוורני' «בנוי | |
| 249 | Gn36:43 | רבה מגדיאל רבה עירם | אלין | רברבני{{י}} אדומיי | |
| 250 | Gn49:28 | כל | אלין | שבטיא דישראל תרין עשר ודא | |
| 251 | Nu13:16 | | אלין | שמהת גבריה די שלח משה | |
| 252 | Gn14:06M | דהוון שריין /חורנאי | אלין | שריין#2/# בטורא דגבלא עד | |
| 253 | Lv22:27 | למקבלה ית סדר ברכתה | אלין | תלתי קרבני קרבני תלתי אבהת | |
| 254 | Ex36:04M | ואתון כל חכימיא | \/אלין#2/# | דעבדין/{י}<ד>עבדו#2/# | |
| 255 | Gn50:14M | \וכל מן דסלק /וכל | אלן | דסלקו#2/# עמיה למקבר | אלן |
| 256 | Gn36:10 | | אלן | שמהת בנוי דעשו אליפז ברא | |
| 257 | Lv26:23 | ואן | באילין | מרדוותה לא תתרדון קדם | באילין |
| 258 | Lv24:12 | מנהון הוה משה מתין | באליין | ובאילין אמר לא שמעית | באליין |
| 259 | Lv24:12M | דינא מקטלין יתיה | /באלין | דינין אתעבד בה#2/#: | באלין |
| 260 | Lv25:54 | ואן לא יתפרק | באלין | ויפוק בשתה דיובילה הוא | |
| 261 | Nu24:24M | פרת ברם סופיהון | דאיליין | ודאיליין לאובדן עלמא | דאיליין |
| 262 | Gn38:25 | ואמרת ליה גברא | דאילין | דיליה מיניה אנה מעברה | דאילין |
| 263 | Lv 4:02M | מנהון/מן פיקודייה | האליין#2/#: | | האליין |
| 264 | Gn25:19M | \ואלין תולדותא דיצחק | /ואיל' | יחוס תולדוות' דיצחק#2/# | ואיל' |
| 265 | Dt14:12 | | ואיליין | די לא תיכלון מינהון נשרא | ואיליין |
| 266 | Nu 1:05M | | ואילך/ואיליין#2/# | שמהת גבריא/גוב'#2# | |
| 267 | Gn 7:23M | נח \ומן דהוה עמיה | /ואילין | דאית עמה#2/# בתיבותה: | ואילין |
| 268 | Gn 7:16M | \ועלליה דכר ונקבה מן | /ואילין | די עיילו דכר וזוגה | |
| 269 | Ex21:01 | | ואילין | דינייא די תשווי קדמיהון: | |
| 270 | Dt27:13 | | ואילין | יקומון על לווטייה בטורא | |

|  |  |  |  |  |  |
|---|---|---|---|---|---|
| 271 | | Nu33:02 | גזירת ממריה דייי | ואילין | מטלניהון למיפקנהון: |
| 272 | ואילן | Gn46:08 | | ואילן | שמהת בני ישראל די עלו |
| 273 | | Nu 1:05 | | ואילן | שמהת גבריא די יקומון |
| 274 | | Nu 3:02 | | ואילן | שמהת בנוי דארן בכורה |
| 275 | | Nu 3:01 | | ואילן | תלדוותה דאהרן ודמשה |
| 276 | ואליין | Nu26:36M | | ואלין/ואליין#2#/ | בנוי דשותלח לערן |
| 277 | | Gn36:18M | | ואלן/ואליין#2#/ | בניה דאהליבמה אתתה |
| 278 | | Ex 6:16 | | ואליין | ^הנ'#2#^ שמהת בנוי דלוי |
| 279 | | Dt27:13M | | ואילין/ואליין#2#/ | יקומון על לווטייה |
| 280 | | Ex28:04 | | ואליין | לבושייא די יעבדון חושנא |
| 281 | | Nu26:57M | | ואלין/ואליין#2#/ | סכומוי לויי |
| 282 | | Gn36:19M | בנוי דעשו | ואלין/ואליין#2#/ | רברבניהון הוא |
| 283 | | Gn46:08M | | ואילן/ואליין#2#/ | שמהת בני ישראל די |
| 284 | | Ex 1:01 | | ואליין | שמהת בני ישראל די עלו |
| 285 | | Nu 3:02M | | ואילן/ואליין#2#/ | שמהת בנוי דארן |
| 286 | | Nu 3:03M | | ואלין/ואליין#2#/ | שמהת בנוי דאהרן |
| 287 | | Nu 3:18M | | ואלין/ואליין#2#/ | שמהת בני לוי |
| 288 | | Nu27:01M | מנשה בר יוסף | ואלין/ואליין#2#/ | שמהת בנתיה מחלה |
| 289 | | Nu34:19M | | ואלין/ואליין#2#/ | שמהת גברייה מן |
| 290 | | Gn25:16M | בנוי דישמעאל | ואלין/ואליין#2#/ | שמהתהון בכופרניהון |
| 291 | | Nu13:04M | | ואלה/ואליין#2#/ | שמהתהון מן שבטה |
| 292 | | Gn11:27M | \ואלין תל«ד»וותיה /ואליין | | תלדוות#2#/ דתרח תרח |
| 293 | | Nu 3:01M | | ואילן/ואליין#2#/ | תלדוותה דאהרן |
| 294 | ואלין | Dt22:17 | אשכחית לברתך סהדוותה | ואלין | אנון סהדוותה דברתי |
| 295 | | Gn36:17 | | ואלין | בנוי דרעואל בר«ה» |
| 296 | | Nu26:36 | | ואלין | בנוי דשותלח לערן |
| 297 | | Gn36:13 | | ואלין | בניה דרעואל נחת וזרח |
| 298 | | Dt14:05 | איילין וטביין ויחמורין | ואלין | ודייצין ותורי בר |
| 299 | | Gn25:07 | | <ואלין | יומי> שני חייא אברהם די |
| 300 | | Gn36:01 | | ואלי«ן» | יחוס תולדוותיה{ון} |
| 301 | | Gn36:09 | | ואלין | יחוס «תלדוותא» דעשו |
| 302 | | Gn 3:15M | ברם עתידין הנון אלין | ואלין | למעבד שפ' |
| 303 | | Gn36:31 | | ואלין | מלכיא די מלכו בארעהון |
| 304 | | Nu26:57 | | ואלין | סכומוי לויי לזרעייתהון |
| 305 | | Dt 6:01M | \ודא מצוותה | /ואלין | פיקודיה#2#/ וקיימיה |
| 306 | | Gn36:19 | אלין בנוי דעשו | ואלין | רברבניהון הוא אדום: |
| 307 | | Gn25:13 | | ואלין | שמהת בנוי דישמעאל |
| 308 | | Gn36:40 | | ואלין | שמהת רברבנוי דעשו |
| 309 | | Nu 3:03 | | ואלין | שמהת בנוי דאהרן כהניה די |
| 310 | | Nu 3:18 | | ואלין | שמהת בני לוי לזרעייתהון |
| 311 | | Nu27:01 | מנשה בר יוסף | ואלין | שמהת בנתיה מחלה נעה |
| 312 | | Nu34:19 | | ואלין | שמהת גברייה מן שבטה דבנוי |
| 313 | | Gn25:16 | אנון בנוי דישמעאל | ואלין | שמהתהון בכופרניהון |
| 314 | | Gn25:17 | | ואלין | שני חיוי דישמעאל מאה |
| 315 | | Gn10:01 | | ואלין | תולדוות' בנוי דנח שם |
| 316 | | Gn25:19 | | ואלין | תולדותא דיצחק בריה |
| 317 | | Gn11:27 | | ואלין | תל«ד»וותיה דתרח תרח |
| 318 | | Gn25:12 | | ואלין | תלדותא דישמעל בר אברהם |
| 319 | ואלן | Gn36:18 | | ואלן | בניה דאהליבמה אתתה דעשו |
| 320 | ובאילין | Lv24:12 | הוה משה מתין באליין | ובאילין | אמר לא שמעית במסאבין דלא |
| 321 | | Nu27:05 | משה מתין ובאילין | ובאילין | אמר לא שמעית במסאבין דלא |
| 322 | | Nu27:05 | מנהון הוה משה מתין | ובאילין | ובאילין אמר לא שמעית |
| 323 | ובאליין | Nu15:34M | דיני ממון ובאליין | ובאליין | אמ' לא שמעית למלפה |
| 324 | | Lv24:12M | "במקושתה ...": ובאליין | ובאליין | אמר לא שמעית למלפה |
| 325 | | Nu 9:08M | <נפשין> ובאליין | ובאליין | אמר לא שמעית למלפה |
| 326 | | Nu27:05M | ובאילין /ובאליין | ובאליין#2#/ | אמר /\משה#2#/ לא |
| 327 | | Lv24:12M | "במקושתה ...": | ובאליין | ובאליין אמר לא שמעית |
| 328 | | Nu 9:08M | <נפשין> | ובאליין | ובאליין אמר לא שמעית |
| 329 | | Nu15:34M | דיניהון דיני ממון | ובאליין | ובאליין אמ' לא שמעית |
| 330 | | Nu27:05M | \ובאילין ובאילין /ובאליין | ובאליין#2#/ | אמר \ |
| 331 | | Nu26:64M | | ובאלין/ובאליין#2#/ | לא הוה גבר מן |
| 332 | ובאלין | Nu15:34 | הוה משה מתין ובאלין | ובאלין | אמר לא שמעת במסאבין דלא |
| 333 | | Nu15:34 | מנהון הוה משה מתין | ובאלין | ובאלין אמר לא שמעת |
| 334 | | Nu26:64 | | ובאלין | לא הוה גבר מן סכומוי |
| 335 | ודאיליין | Nu24:24M | ברם סופיהון דאיליין | ודאיליין | לאובדן עלמא ייבידון |
| 336 | ולאלין | Lv11:24 | | ולאלין | תסתאבון כל די יקרב |
| 337 | ומאלין | Gn 9:19 | אינון אלין בנוי דנח | ומאלין | איתמלית כל ארעא: |
| 338 | כאליין | Lv18:29M | נפשתה די יעבדן הי | כאליין | {ב}<כ>יאורייא מן חיי |
| 339 | | Gn27:46M | כאלין /דחת | כאליין#2#/ | מן בנתהון דעמא דארעא |
| 340 | כאלין | Gn27:46 | את' מן בנתהון דחיתיי | כאלין | מן בנתהון דעמא דארעא למה |
| 341 | לאליין | Ex14:20 | ליליא ולא קרבו אליין | לאליין | לסדר קרבא כל ליליא: |
| 342 | לאלין | Nu24:23 | די יגרה מלכותה אלין | לאלין: | |
| 343 | | Dt27:15M | עניין כל עמא אלין | לאלין | |
| 344 | | Ex14:25M | מצראי ואמרי' אלין | לאלין | אלהון נערק מן קד{ו}ם עמ' |
| 345 | | Gn49:22 | ושולטנייא אמרין אלין | לאלין | ארום דין הוא יוסף גברא |
| 346 | | Ex15:02M | ישרא' ואמרין אלין | לאלין | דן הוא אלהן ונשבחה יתיה |
| 347 | | Ex14:28M | וחזרו מיין /אלין | לאלין#2#/ | וכסן ית אר<ת>כי וית |
| 348 | | Nu21:15 | ואקפו רישיהון אלין | לאלין | ורציצו רישי גיבריהון |
| 349 | | Gn31:43 | הוא ולבנתי מה אעביד | לאלין | יומא דן או לבניהון די |
| 350 | | Ex13:10M | יתיה מין אלין יומין | לאלין | ירחין |
| 351 | | Nu21:15M | במערייה אמרין אלין | לאלין | כד יהוון ישראל |
| 352 | | Ex14:25 | הדין אמרין אלין | לאלין | נערק מן עמא בני ישראל |
| 353 | | Nu26:53 | | לאלין | שבטיה תתפלג ארעא באחסנה |
| 354 | מאילן | Ex10:28 | לממללה קדמ' תוב חד | מאילן | מלייה קשייתא ברם צבי אנה |
| 355 | מאל' | Lv 5:04M | לחדא \מן | אילין/מאל'#2#/: | |

## אילן *n.* tree [50]

|  |  |  |  |  |  |
|---|---|---|---|---|---|
| 001 | אילן s ab/cn | Dt22:06 | קדמיכון בארחה בכל | אילן | או על ארעא גוזלין או בעיין |
| 002 | | Gn 1:29M | כל ארעא וית כל | אילניא/אילן#2#/ | דאית ביה פירי אילן |
| 003 | | Ex15:25M | "אילן ... לגו מיא": | אילן | דארדופני וכתב ביה שמא |
| 004 | | Gn 3:24 | דאוריתא בעלמא הדין ארום | אילן | דחיין היא אורייתא לכל מן |
| 005 | | Gn 2:09 | ייי אלהים מן אדמתא כל | אילן | דיאי למחמי וטב למיכל ואילן |
| 006 | | Gn 1:29 | כל אילניא דאית ביה פירי | אילן | דמזרעין זרע לכון יהבית |
| 007 | | Lv19:23 | תעלון לארע' ותנצבון כל | אילן | דמיכל ותפרקון ערלתיה ית |
| 008 | | Gn 2:17 | ומן | אילן | דעתה דכל מן דהוה אכל מינה |
| 009 | | Gn 1:11 | דתין דעשב דמזריעין זרע | אילן | דפירין דעבד פירין למינה די |
| 010 | | Gn 1:12 | דמזרעין זרע למיניהון | אילן | דפירין דעבד פירין די נצבת' |
| 011 | | Ex15:25M | וטלק לגו מיא ואתחלון | /<אילן> | הארדופני וקלק בגו מייא |
| 012 | | Ex15:25 | קדם ייי וחוי ליה ייי | אילן | ונסב מיניה מימריה דייי מלה |
| 013 | | Gn 3:22 | יפשוט ידיה ויסב מן פירי | אילן | חייא ויכל ויחי לעלם: |
| 014 | | Gn 3:24 | בעלמא הדין היך פירי | אילן | חייא: |
| 015 | | Gn 3:24M | ברם פירי | אילן | חייא היא אוריית' כל מן |
| 016 | | Dt20:19M | "אילנה ... עקתיה": | אילן | חקלא לאיטמרה מן קדמך |
| 017 | | Lv23:40 | ביומא טבה קדמיה פירי | אילן | משבח תרוגין ולולבין והדס |
| 018 | | Dt12:02 | ועל גלמתה ותחות כל | אילן | משבח: |
| 019 | | Dt16:21 | לא תצבון לכון אשרה כל | אילן | סמיך למדבחה דייי אלהכון |
| 020 | | Dt16:22M | תקים לך קיימה כל | אילן | סמיך למדבחה דייי אלהכון |
| 021 | | Dt20:20 | אילנה דאתון ידעין די לא | אילן | עבד פירין הוא יתיה תתחבלון |

|  |  |  |  |  |  |  |
|---|---|---|---|---|---|---|
| 022 | באילן | | Ex10:15 | ולא אשתייר כל טרף | באילן | ובעשבא דאפי ברא בכל ארעא |
| 023 | ואילן | | Gn 2:09 | חייא בגו מציעות גנתה | ואילן | דעתה דכל מן דהוה אכל מנה |
| 024 | | | Gn 2:09 | דיאי למחמי וטב למיכל | ואילן | חייא בגו מציעות גנתה |
| 025 | כאילן | | Gn 3:24 | פקודיה הוי חי וקיים | כאילן | חייא לעלמא דאתי טבא היא |
| 026 | כאלן | | Gn 3:22 | פקודה אית הוה חי וקיים | כאלן | חייא עד לעלמין וכדון עד די |
| 027 | מאילן | | Gn 3:24M | הדין הוי חי וקיים | מאילן | חייא לפלחייא ולנטרי |
| 028 | אילנ׳ | s em/sf | Gn 3:17 | לקלה דאתתך ואכלת מן | אילנ׳ | די פקדת יתך למימר לא |
| 029 | | | Gn 3:24 | ויתפרנקון מן פרי | אילנ׳ | על די נטרו מצוותה |
| 030 | אילנא | | Gn18:04 | רגלכון ואתקררו תחות | אילנא: | |
| 031 | | | Gn 3:03 | ומן פרי | אילנא | די במציעות גנתה אמר ייי |
| 032 | | | Gn23:17 | חקלא ומערתא דביה וכל | אילנא | די באפיה ברא די בכל תחומא |
| 033 | | | Ex10:15 | עשבא דארעא וית כל פרי | אילנא | די שייר ברדא ולא אשתייר |
| 034 | | | Gn 3:12 | עמי היא יהבת לי מן | א«י»לנא | ואכלית: |
| 035 | | | Gn18:08 | הוה קיים עליהון תחות | אילנא | והוון מתחמין היך אכלין |
| 036 | | | Gn 3:06 | וחמת אתתא ארום טב | אילנא | למיכל וארום תחמדא הוא |
| 037 | | | Gn 3:06 | תחמדא הוא לעייניה ויאי | אילנא | למסתכלא ביה ונסבית מן |
| 038 | אילנה | | Dt20:19 | ארום לא היך דבר נשה | אילנה | דאפי{לו} ברא למעירק |
| 039 | | | Dt20:20 | לחוד | אילנה | דאתון ידעין די לא אילן |
| 040 | | | Gn 2:05M | וכל | אילניא/אילנה#2#/ | דבאפי ברא קדם עד לא |
| 041 | | | Lv26:36M | טרפה דנתר מן | אילנה | ויערקון מערוקי דחרב ויפ׳ |
| 042 | | | Dt20:19 | יתה לא תחבלון ית | אילנה | למעברה עלוי כל מין דפרזל |
| 043 | | | Lv27:30 | מן זרעא דארעא מן פירי | אילנה | לשמה דייי הוא קדש לשמא |
| 044 | אילנכון | | Dt28:42 | כל | אילנכון | ופרי ארעכון ישיצון יתהון |
| 045 | אלנא | | Gn 3:11 | ארום ערטיליי את הא מן | אלנא | די פקדת יתך דלא תאכל מנה |
| 046 | | | Ex 9:25M | וית כל {עשבא} | אילנייא/אלנא#2#/ | דבאפי/דאפי#2#/ ברא |
| 047 | באילנא | | Gn22:13 | עינוי וחמה והא דכר חד | באילנא | בקרנוי ואזל אברהם ונסב |
| 048 | | | Gn13:10 | וית עמרה כגינת׳ דייי | באילנא | כארעא דמצרים בפיריה מעלך |
| 049 | באלנא | | Ex10:15M | באילן ובעשבא /ירוק | באלנא | ובעשבא#2#/ דאפי ברא בכל |
| 050 | ואילנה | | Lv26:20 | תתן ארעכון פירי עללתה | ואילנה | דאפי ברה לא יצלח בפירוי: |
| 051 | אילנין | p abs | Nu13:20 | או אפתרין הא אית בה | אילנין | או לא ותתוקפון ותסבון מן |
| 052 | | | Gn 1:02 | מן כל פלחן צמחין ומן | אילנין | וחשוכא פריס על אפי תהומא |
| 053 | לאלנין | | Nu21:34 | אברהם ושרה מדמיין | לאלנין | יאין קיימין על מבועין |
| 054 | | | Dt 3:02M | ואמר להון אתון מדמין | לאלנין | שתילין על מבועין דמיין |
| 055 | אי׳ | p const | Gn 3:02M | מן \פירי אילני /כל | אי׳#2#/ | גנת נאכל: |
| 056 | אילני | | Gn 3:02 | איתתא לחויה מן פירי | אילני | גנת נאכל: |
| 057 | | | Gn 3:01 | אמר ייי לא תאכלון מכל | אילני | גנתא: |
| 058 | | | Gn 2:16 | על האדם למימר מן כל | אילני | גנתה מיכל תיכול: |
| 059 | אלני | | Gn 3:08 | מן קדם ייי אלהים בגוא | אלני | גנתה: |
| 060 | אילניא | p em/sf | Gn21:15 | ית טליא תחות חד מן | אילניא: | |
| 061 | | | Gn 1:29 | על אפי כל ארעא וית כל | אילניא | דאית ביה פירי אילן |
| 062 | | | Gn 2:05 | וכל | אילניא | דבאפי ברא קדם עד לא יהוי |
| 063 | אילנייא | | Ex 9:25 | ברדא וית כל {עשבא} | אילנייא | דבאפי ברא תבר: |
| 064 | | | Ex10:05 | מן ברדא ויכול ית כל | אילנייא | דצמחין לכון מן אפי ברא: |
| 065 | | | Gn49:22 | שלחת לרומה וכבשת כל | אילנייא | כן כבשת יוסף ברי בחכמתך |
| 066 | ואילנייה | | Lv26:04 | ותתן ארעא פירי עללתה | ואילנייה | דאפי ברה יצלח בפירוי: |

## אימה *n.* fear

[50]

|  |  |  |  |  |  |  |
|---|---|---|---|---|---|---|
| 001 | אימתא | s em/sf | Gn15:12M | קיימן למשעבדא ית בנוי | אימתא | דא היא בבל קיבלא דא היא |
| 002 | אימתה | | Gn49:17 | דנכת לסוסיא בעקבי ומן | אימתה | מסתחר רכבה ומתהפך לאחורי |
| 003 | אימתי | | Ex23:27 | ית | אימתי | אשלח קדמיכון ואערבב ית כל |
| 004 | | | Ex15:16M | \אימתך ופחדך בתקוף | /אימתי | דמות׳ ותברא בתק׳#2#/ |
| 005 | אימתיה | | Dt32:25 | חרבה ובקיטוני מדמכיהון | אימתיה | דמותה להוד עלמין לחוד |
| 006 | אימתך | | Ex15:16 | תפל עליהון | אימתך | ופחדך בתקוף אדרע גבורתך |
| 007 | אמתי׳ | | Gn49:17M | בעקבא וממרע יתי׳ ומן | אמתי׳ | מתהפך רכבי׳ ונפל לאחורי׳ |
| 008 | אמתכון | | Dt 2:25M | למיתן פחדכון/אמתכון#2#/ | | ודחלתכון על אפי |
| 009 | | | Dt11:25M | /רב ושליט קודמיכון | אמתכון | ודחלתכון נתן#2#/ ייי |
| 010 | דאמתיה | | Gn49:17 | הוא שמשון בר מנוח | דאמתיה | על בעלי דבבו«י» ודחלתו |
| 011 | ואימתהון | | Gn49:07 | ארום תקיף רוגזיהון | ואימתהון | ארום קשיא הוות אמר אבונן |
| 012 | ואימתכון | | Gn 9:02 | ודחלתכון | ואימתכון | תהווא על כל חייתא דארעא |
| 013 | ואמתכון | | Gn 9:02M | ואימתכון תהווא | /ואמתכון | ודחלתכון יהווא#2#/ על |

## אימם *n.* daytime

[50]

|  |  |  |  |  |  |  |
|---|---|---|---|---|---|---|
| 001 | יומם | s ab/cn | Nu 9:21 | עננה בצפרא ויטלון או | יומם | ולילי ויסתלק עננה ויטלון: |
| 002 | אימממ׳ | s em/sf | Gn 1:05 | וקרא ממרא דייי לנהורא | אימממ׳ | ולחשוכא קרא ליליא והוא רמש |
| 003 | אימממא | | Gn 1:14 | דשמיא למפרשא בין | אימממא | ובין ליליא ויהוון לאתין |
| 004 | אימממה | | Nu 9:21M | ויטלון \או יומם ולילי | /אימממה | ולילייה#2#/ ויסתלק עננה |
| 005 | באימ׳ | | Nu14:14M | קודמיהון | בימממא/באימ׳#2#/ | ובעמודה דאשתא |
| 006 | באימממ׳ | | Lv 8:35 | משכן זימנה תישרון | באימממ׳ | ובלילה שבעה יומין ותטרון |
| 007 | באימממא | | Gn31:40 | הוינא | באימממא | אכל יתי שרבא וקלשא |
| 008 | | | Ex13:21 | דייי הוה מדבר קדמיהון | באימממא | בעמודא דעננא למדברא יתהון |
| 009 | | | Ex40:38 | שכינתא דייי על משכנא | באימממא | ואשתא תיהוי בליליא ביה |
| 010 | | | Gn 1:18 | ולמהוי שליט | באימממא | ובליליא ולמפרש׳ בין נהורא |
| 011 | | | Gn31:39 | מה דהוון גנביא גנבין | באימממא | וחיות ברא מתכלא בליליא |
| 012 | | | Gn 1:16 | נהורא רבה למהוי שליט | באימממא | וית נהורא זעירא למהוי |
| 013 | | | Ex13:22 | לא פסק עמוד«א» דעננא | באימממא | ועמודא דאישתא בליליא |
| 014 | באימממה | | Dt 1:33 | בה ובעמודה דעננה | באימממה: | |
| 015 | | | Dt16:01 | לכון נסין וגבורן | באימממה: | |
| 016 | | | Nu10:34 | שכינתה דייי הוה מגן | באימממה | במיטלהון מן משריתה: |
| 017 | בימ׳ | | Ex40:38M | דייי על משכנא | באימממא/בימ׳#2#/ | ואשתא תיהוי בליליא |
| 018 | | | Dt16:01M | וגבורן | באימממה/בימ׳#2#/: | |
| 019 | | | Nu10:34M | הוה מגן | באימממה/בימ׳#2#/ | במיטלהון |
| 020 | בימממ׳ | | Dt 1:33M | ובעמודה דעננה | באימממה/בימממ׳#2#/: | |
| 021 | | | Lv 8:35M | זימנה תישרון | באימממ׳/בימממ׳#2#/ | ובלילה שבעה יומין |
| 022 | בימממא | | Ex13:21 | להון למהוי מהלכין | בימממא | ובליליא: |
| 023 | | | Nu14:14 | את מהלך קודמיהון | בימממא | ובעמודה דאשתא בליליא: |
| 024 | ואימממא | | Gn 8:22 | וחמים וקיט ו{תס}<סת<ב | ואימממא | ולילי לא יפסקון: |
| 025 | וימממא | | Gn 8:22M | ושורבא וקייטא וסתווה | וימממא | ויילילייה לא פסקין |
| 026 | וימממה | | Dt28:66M | ותתברון ליליה | וימממה#2#/ | ולא תהיימנון בחייכון: |
| 027 | ובאימממה | | Dt28:66 | ותתפחדון בליליה | ובאימממה | ולא תהיימנון בחייכון: |
| 028 | יממין | p abs | Gn 7:04 | מחת מטר על ארעא ארבעין | יממין | וארבעין לילון ואישצי ית |
| 029 | | | Ex24:18M | בטורא ארבעין | יומין/יממין#2#/ | וארבעין לילין: |

## אימר *n.* lamb

[50]

|  |  |  |  |  |  |  |
|---|---|---|---|---|---|---|
| 001 | אימר | s ab/cn | Ex22:03 | תורא עד חמר«א» עד | א«י»מר | בחיין בכפלא ישלם: |
| 002 | | | Ex21:37 | וארום יגנב תור או | אימר | ויכס יתיה או יזבן יתיה |
| 003 | | | Dt18:03 | נכסי נכסתה אין תור אין | אימר | ויתן לכהנה אדרעא ולחייה |
| 004 | | | Ex22:09 | לחבריה חמר או תור או | אימר | וכל בעיר למנטרה יתיה וימות |
| 005 | | | Nu 7:69M | "תלת ... לעלה": דכר חד | אימר | <חד> בר שתה לעלה |
| 006 | | | Nu 7:75M | "תלת ... לעלה": דכר חד | אימר | <חד> בר שתה לעלה |
| 007 | | | Nu 7:81M | "תלת ... לעלה": דכר חד | אימר | <חד> בר שתה לעלה |
| 008 | | | Lv 4:32 | ואין | אימר | ייתי קרבניה לחטאתה נקבה |
| 009 | | | Ex12:03 | הדין ויסבון לכון גבר | אימר | לבית אבה{ה}תם אמר לכל |
| 010 | | | Lv27:26 | גבר יתיה אין תור אין | אימר | לשמה דייי הוא: |
| 011 | | | Ex12:04 | לפם מיכל«ה» תתמנון על | אימר | פיסחא: |
| 012 | | | Ex12:04 | דביתא כמסת למתמניא על | אימר | פסחא ויסב הוא ומגורי«ה» |
| 013 | | | Ex12:21M | ומן בתר כן תכסון | אימר#2#/% | פסחא: |
| 014 | | | Gn49:27 | יהוון כהנייא מקרבין | אימר | תמידא ובמנחתא וביני שמשייא |

|  |  | |  |  |  |  |
|---|---|---|---|---|---|---|
| 015 | | | Gn49:27 | יהוון מקרבין {מקרבין} | אימר | תמידא ובמנחתא וברמשא יהוון |
| 016 | אימרי | | Ex12:04M | תתמנון על | אימר/אימרי#2#/ | פיסחא: |
| 017 | אמ' | | Lv 3:07 | אין | אמ' | הוא מקרב ית קרבניה ויקרב |
| 018 | אמר | | Lv22:27M | עמי בני ישראל תור או | אמר | |
| 019 | | | Lv17:03 | מבית ישראל די יכוס תור | אמר | או גדי בר עזין במשריתה או |
| 020 | | | Lv22:27 | בספר אוריית' דייי תור | אמר | או גדי ארום יתילד יהוי |
| 021 | | | Dt14:04 | דא בעיר די תאכלון תור | אמר | באמריה וגדי בעיזיה: |
| 022 | | | Lv12:06 | דכר או לברה נקבה תייתי | אמר | בר שתה לעל«ה» וגוזל בר |
| 023 | | | Lv23:12 | די תניפ{י}<ו>ן ית עומרה | אמר | בר שתיה שלם מן מום לעלה |
| 024 | | | Nu 6:12 | ית יומי נזירותיה וייתי | אמר | בר שתה לאשמה ויומין קדמיין |
| 025 | | | Nu 6:14 | ויקרב ית קורבניה קדם ייי | אמר | בר שתה שלם מן מום חד לעלה |
| 026 | | | Lv22:23 | ותור או | אמר | דחסיר אבר או יתיר אבר |
| 027 | | | Lv 5:18 | וייתי | אמר | דכר שלם מן מום מן ענה |
| 028 | | | Lv 5:07 | תארע ידיה כמסת למיתיה | אמר | וייתי ית אשמיה דאתחייב |
| 029 | | | Ex22:08 | דחסיא על תור על חמרא על | אמר | ועל לבוש ועל כל {ל}<י>בידא |
| 030 | | | Lv12:08 | תרע ידיה כמסת למייתייה | אמר | ותסב תרין שפנינין או תרין |
| 031 | | | Lv14:21 | הוא ולא ארע' ידה ויסב | אמר | חד לאשמה לאנפו למכפרה עלוי |
| 032 | | | Nu 7:21M | "בר תלת ... לעלה": דכר חד | אמר | חד בר שתה לעלה |
| 033 | | | Nu 7:27M | קרב לעלה /דכר חד | אמר | חד בר שתה לעלה#2#/: |
| 034 | | | Nu 7:33M | "בר תלת ... לעלה": דכר חד | אמר | חד בר שתה לעלתה |
| 035 | | | Nu 7:39M | "בר תלת ... לעלה": דכר חד | אמר | חד בר שתה לעלתה |
| 036 | | | Nu 7:45M | קרב לעלה /דכר חד | אמר | חד בר שתה לעלה#2#/: |
| 037 | | | Nu 7:51M | "בר תלת ... לעלה": דכר חד | אמר | חד בר שתה <לעלה> |
| 038 | | | Nu 7:57M | "תלת ... לעלה": דכר חד | אמר | חד בר שתה לעלה |
| 039 | | | Gn30:32 | תמן כל אמר קרח ונמר וכל | אמר | לחוש באמרייא ונמר וקרח |
| 040 | | | Ex12:03 | גבר אימר לבית אבה{ה}תם | אמר | לכל בייתה: |
| 041 | | | Lv22:27 | על חד מן סוריא היך | אמר | לעלה על גבי מדבחה ופדה |
| 042 | | | Gn22:08 | מן קדם ייי אזדמן לה | אמר | לעלתה ואן לא את הוא אמרא |
| 043 | | | Gn30:32 | יומא הדן אפרש מן תמן כל | אמר | קרח ונמר וכל אמר לחוש |
| 044 | | | Ex12:05 | | אמר | שלם מן מום דכר בר שתא |
| 045 | באמר | | Ex13:13 | וולדא דחמרא תפרקון | באמר | אין לא תפרקון יתיה תקטלון |
| 046 | | | Ex34:20 | וולדה דחמרא תפרקון | באמר | ואין לא תפרקון יתה תקטלון |
| 047 | דאמר | | Ex29:41 | יתה ביני שמשתה כמנחתה | דאמר | דצפרא וכנסכה תקרבון יתיה |
| 048 | | | Nu28:08 | <ביני> שמשתה כמנחתה | דאמר | דצפרא וכנסוכוי כדן תקרבון |
| 049 | ואמר | | Lv 7:23 | למימר כל תרב תור | ואמר | וגדי בר עזין לא תיכלון: |
| 050 | | | Nu 7:15 | שנין דכר חד בר תרתין | ואמר | חד בר שתה תלתיהון קרב |
| 051 | | | Nu 7:21 | שנין דכר חד בר תרתין | ואמר | חד בר שתה תלתיהון קרב |
| 052 | | | Nu 7:27 | דכר חד בר תרתין {ואמר} | ואמר | חד בר שתה תלתיהון קרב |
| 053 | | | Nu 7:33 | שנין דכר חד בר תרתין | ואמר | חד בר שתה תלתיהון קרב |
| 054 | | | Nu 7:39 | שנין דכר חד בר תרתין | ואמר | חד בר שתה תלתיהון קרב |
| 055 | | | Nu 7:45 | שנין דכר חד בר תרתין | ואמר | חד בר שתה תלתיהון קרב |
| 056 | | | Nu 7:51 | שנין דכר חד בר תרתין | ואמר | חד בר שתה תלתיהון קרב |
| 057 | | | Nu 7:57 | תלת שנין דכר חד תרתין | ואמר | חד בר שתה תלתיהון קרב |
| 058 | | | Nu 7:63 | שנין דכר חד בר תרתין | ואמר | חד בר שתה תלתיהון קרב |
| 059 | | | Nu 7:75 | שנין דכר חד בר תרתין | ואמר | חד בר שתה תלתיהון קרב |
| 060 | | | Nu 7:81 | שנין דכר חד בר תרתין | ואמר | חד בר שתה תלתיהון קרב |
| 061 | לאימר | | Nu15:11M | חדא או לדיכרא חדא או | לאימר | באמיריה או לגדי עזייה |
| 062 | אימרא | s em/sf | Lv22:27 | ומן בתר כדן אתבחר | אימרא | בגין למדכרא זכותא דגברא |
| 063 | | | Gn22:08M | /ממריה דייי יזדמן לה | אימרא#2#/ | לעלתה ואן לא את הוא |
| 064 | אמרא | | Ex21:37 | תורא וארבע ען תחות | אמרא: | |
| 065 | | | Nu18:17M | /בכור תורה [או ב]כור | [אמ]רא | [או ב]כור#2#/ גדייה בני |
| 066 | | | Gn22:08 | אמר לעלתה ואן לא את הוא | אמרא | דעלתא ואזלו תריהון כחדא |
| 067 | | | Nu29:15 | עשרון מכלתה תקרבון עם | אמרא | חדתא כהדין סידרא תקרבון עם |
| 068 | | | Ex29:40 | חמר כהדין סדרא תקרבון עם | אמרא | חדתה: |
| 069 | | | Nu28:07 | רביעות הינה תקרבון עם | אמרא | חדתה במני בית קודשה יתנסך |
| 070 | | | Nu28:21 | עשרון מכלתה תקרבון עם | אמרא | חדתה כהדין סדרא תקרבון עם |
| 071 | | | Nu28:29 | עשרון מכלתה תקרבון עם | אמרא | חדתה כהדין סדרא תקרבון ית |
| 072 | | | Nu29:04 | מכלתה חד תקרבון עם | אמרא | חדתה כהדין סדרא תקרבון עם |
| 073 | | | Nu28:14 | ורבעות הינא תקרבון עם | אמרא | חמר דא עלתה די תהווי מקרבה |
| 074 | | | Nu28:13 | פילה במשח תקרבון עם | אמרא | חתתה עלה ריח דרעוה קרבן |
| 075 | | | Ex29:41 | וית | אמרא | תניינא תקרבון יתה ביני |
| 076 | | | Ex29:39 | אמריה תקרבון בצפרא וית | אמרא | תנינא תקרבון יתיה ביני |
| 077 | | | Nu28:04 | אמריה תקרבון בצפרא וית | אמרא | תנינא תקרבון יתיה ביני |
| 078 | | | Nu28:08 | וית | אמרא | תנינא תקרבון יתיה <ביני> |
| 079 | | | Ex29:39M | \ית חד מן | אמריה/אמרא#2#/ | תקרבון /וית אמרה חדה |
| 080 | אמרה | | Ex21:37M | ארבע' אמרין תשלומי | אמרה#2#/: | |
| 081 | | | Lv22:27M | דהא שרה ילדת ליצחק | אמרה | אתבחר תניין בגין למדכרה |
| 082 | | | Nu15:11 | או עם דכרה חדתה או עם | אמרה | באמריה או בגדיה או בעזיה: |
| 083 | | | Lv14:13 | ויכוס ית | אמרה | באתר די יכוס ית חטאתה וית |
| 084 | | | Lv14:24 | ויסב כהנא ית | אמרה | דאשמה וית לוגה דמשחה ויניף |
| 085 | | | Lv14:25 | ויכוס ית | אמרה | ~דאשמה ויסב כהנא מן |
| 086 | | | Ex29:39M | /אמרא#2#/ תקרבון /וית | אמרה | חדה תקרב#2#/ בצפרא וית |
| 087 | | | Lv14:12 | ויסב כהנא ית | אמרה | חדתה ויקרב יתיה לאשמה וית |
| 088 | | | Nu29:10 | עשרון מכלתה תקרבון עם | אמרה | חדתה כהדין סידרא תקרבון עם |
| 089 | | | Gn22:07 | הא אשתא וקיסייא ואן הוא | אמרה | לעלת«ה»: |
| 090 | דאמרה | | Lv 4:35 | היך מה די יעבד תרבה | דאמרה | מעילוי נכסת קדשיה ויסדר |
| 091 | ודאמרא | | Ex34:19 | פתחיי וולדה דתורא | ודאמרא: | |
| 092 | לאמרה | | Nu15:05 | או לנכסת קודש«י»ה | לאמרה | חדתה: |
| 093 | אמרין | p abs | Nu28:21M | למניין שב'#2#/ | אמריה/<אמ>רין#2#/: | |
| 094 | | | Ex29:38 | מקרבין על גבי מדבחא | אמרין | בני שתהון תרין בכל יומא |
| 095 | | | Lv23:18 | ותקרבון על לחמה שבעה | אמרין | בני שתיהון שלמין מן מום |
| 096 | | | Lv23:19 | עזין חד לחטאתה ותרין | אמרין | בני שתיהון לנכסת קודשיה: |
| 097 | | | Nu 7:17 | דכרין חמשה גדיין חמשה | אמרין | בני שתהון חמשה דן קרבנה |
| 098 | | | Nu 7:23 | דכרין חמשה גדיין חמשה | אמרין | בני שתהון חמשה דן קרבנה |
| 099 | | | Nu 7:29 | דכרין חמשה גדיין חמשה | אמרין | בני שתהון חמשה דן קרבנה |
| 100 | | | Nu 7:35 | דכרין חמשה גדיין חמשה | אמרין | בני שתהון חמשה דן קרבניה |
| 101 | | | Nu 7:41 | דכרין חמשה גדיין חמשה | אמרין | בני שתהון חמשה דן קרבנה |
| 102 | | | Nu 7:87 | תורין דכרין תרין עשר | אמרין | בני שתהון תרין עשר |
| 103 | | | Nu 7:88 | אשתין גדיין אשיתין | אמרין | בני שתהון אשתין דא חנוכת |
| 104 | | | Nu28:03 | די תקרבון קדם ייי | אמרין | בני שתהון שלמין מן מום |
| 105 | | | Nu28:09 | וביומא שבתה תקרבון תרין | אמרין | בני שתהון שלמין מן מום |
| 106 | | | Nu28:11 | תורין> תרין ודכר חד | אמרין | בני שתהון <שבעה> שלמין מן |
| 107 | | | Nu28:19 | <....> ודכר חד ושבעה | אמרין | בני שתהון שלמים מן מום |
| 108 | | | Nu28:27 | תרין ודכר חד שבעה | אמרין | בני שתהון: |
| 109 | | | Nu29:02 | תור בר תורין חד דכר חד | אמרין | בני שתהון שבעה שלמין מן |
| 110 | | | Nu29:08 | תור בר תורין חד דכר חד | אמרין | בני שתהון שבעה שלמין מן |
| 111 | | | Nu29:13 | תלת עשר דכרין תרין | אמרין | בני שתהון ארבעת עשר שלמין |
| 112 | | | Nu29:17 | דמסליא תקרבון תורין | אמרין | בני שתהון ארבעת עשר שלמין |
| 113 | | | Nu29:20 | חד עשר דכרין תרין | אמרין | בני שתהון ארבעת עשר שלמין |
| 114 | | | Nu29:23 | תורין עשרה דכרין תרין | אמרין | בני שתהון ארבעת עשר שלמין |
| 115 | | | Nu29:26 | תורין תשעה דכרין תרין | אמרין | בני שתהון ארבעת עשר שלמין |
| 116 | | | Nu29:29 | תורין תמניה דכרין תרין | אמרין | בני שתהון ארבעת עשר שלמין |
| 117 | | | Nu29:32 | תורין שבעה דכרין תרין | אמרין | בני שתהון ארבע עשר שלמין |
| 118 | | | Nu29:36 | קדם ייי תור חד דכר חד | אמרין | בני שתהון שבעה שלמין מן |
| 119 | | | Lv14:10 | וביומא תמניא יסב תרין | אמרין | שלמין מן מום ואמרה חדה |
| 120 | ואמריי | p const | Gn31:38 | רחליך ועזיך לא אתכלו | ואמריי | דכרי ענך לא אכלית: |
| 121 | אמרי | p em/sf | Gn21:28M | אברהם ית שבעתי | אמריא/אמרי#2#/ | דענא בלחודיהון: |
| 122 | אמריא | | Gn21:28 | ואקים אברהם ית שבעתי | אמריא | דענא בלחודיהון: |

|  |  |  | | | |
|---|---|---|---|---|---|
| 123 | | Ex12:05 | בר שתא יהווי לכון מן | אמריא | ומן גדייא בני עזיא תסבון |
| 124 | אמריה | Nu28:21 | סדרא תקרבון עם שבעתיה | אמריה: | |
| 125 | | Nu28:29 | סדרא תקרבון ית שבעתי | אמריה: | |
| 126 | | Nu29:04 | תקרבון עם שבעתי{ה} | אמריה: | |
| 127 | | Nu29:10 | סידרא תקרבון עם שבעתי | אמריה: | |
| 128 | | Lv 1:10 | ואם מן ענה קרבני' מן | אמריה | או מן גדיא דבני עזיה לעלא |
| 129 | | Nu18:17 | בכורי תוריה או בכורי | אמריה | או בכוריה גדייה בני עזייה |
| 130 | | Nu29:37 | תוריה ועם דכרייה ועם | אמריה | במניינהון כסדר דינה: |
| 131 | | Dt22:01 | ית תורא דאחוך או ית | אמריה | טעיין ותכסי עיינך מנהון |
| 132 | | Lv23:20 | קדם ייי על תרין | אמריה | קדש יהוון לשמה דייי מתנה |
| 133 | | Ex29:39 | ית חד מן | אמריה | תקרבון בצפרא וית אמרא |
| 134 | | Nu28:04 | ית חד מן | אמריה | תקרבון בצפרא וית אמרא |
| 135 | אמרייא | Nu29:18 | עם תוריה עם דכרייא עם | אמרייא | במינייניהון כסדר דינה: |
| 136 | אמרייה | Nu29:15 | עם ארבעת עשרתי | <אמרייה>: | |
| 137 | | Nu29:15M | למניין ארבעת עשרתי | אמרייה#2#/: | |
| 138 | | Nu29:21 | עם תוריה עם דכרייה עם | אמרייה | במנייניהון כסדר דינה: |
| 139 | | Nu29:30M | תורייה עם דכרייה ועם | אמרייה | במנייניהון כסדר דינה: |
| 140 | | Nu29:33 | עם תוריה עם דכרייה עם | אמרייה | במנייניהון כסדר דינהון: |
| 141 | | Ex 8:22M | נסב למקרב«א» קדם | /אמרייה | הינון מרחקתהון דמצראי |
| 142 | | Nu29:27 | תורייה עם אמרייה ועם | אמרייה | ובמנייניהון בסדר דינה^^: |
| 143 | | Lv22:19M | /דכר מן תורייה מן | אמרייה | ומן גדי עזייה#2#/: |
| 144 | | Nu29:24 | עמהון עם תורייה עם | אמרייה | ועם דכרייה במנייניהון כסדר |
| 145 | | Nu29:27 | מקרבין עם תורייה עם | אמרייה | ועם אמרייה ובמנייניהון |
| 146 | | Nu29:04M | \אמרא חדתה/חדא#2#/ | /אמרייה | חתה#2#/ כהדין סדרא |
| 147 | | Nu28:29M | מכלתה תקרבון עם | אמרא/אמרייה#2#/ | חדתה/חדא#2#^ |
| 148 | באימריא | Gn30:33 | ונמר בעיזייא ולחוש | באימריא | גניב הוא עמי: |
| 149 | באימריה | Nu15:11M | לדיכרא חדא או לאימר | באימריה | או לגדי עזייה |
| 150 | באמריא | Gn30:35 | שומה חיורא וכל לחוש | באמריא | ושוי ביד בנוה«י»: |
| 151 | באמריה | Nu15:11 | דכרה חדתה או עם אמרה | באמריה | או בגדיה או בעזיה: |
| 152 | | Dt14:04 | די תאכלון תור אמר | באמריה | וגדי בעיזיה: |
| 153 | באמרייא | Gn30:32 | ונמר וכל אמר לחוש | באמרייא | ונמר וקרח בעזייא ויהוי |
| 154 | באמרייה | Lv22:19 | מן «מום» בתורייה | באמרייה | ובעזייה: |
| 155 | ואמריא | Gn30:40 | | ואמריא | אפרש יעקב ושוי אפי ענה |

See also: אימרה *n.*

## אימר #2 *n.* speech, utterance [50]

|  |  |  | | | |
|---|---|---|---|---|---|
| 001 | אימר s ab/cn | Dt17:11M | על פם גזירת/אימר#2#/ | | אוריתה די ילפון |
| 002 | | Nu24:04 | | אימר | דשמע מימר מן קדם ייי עליה |
| 003 | אמר | Nu23:10 | יהוון מסגין ככוכבי שמיא | אמר | בלעם במתל נבותה אן קטלין |
| 004 | | Nu24:03 | ונטל במתל נבותה ואמר | אמר | בלעם בנוי דפעור אמר גברא |
| 005 | | Nu24:15 | ונטל במתל נבותיה ואמר | אמר | בלעם ברה בעור אמר גברה |
| 006 | | Nu24:03 | אמר בלעם בנוי דפעור | אמר | גברא דיקיר מן אבוי מה |
| 007 | | Nu24:15 | אמר בלעם ברה בעור | אמר | גברה דיקיר מן אבוי מה |

## אימרה *n.* ewe [50]

|  |  |  | | | |
|---|---|---|---|---|---|
| 001 | אמרה s ab/cn | Lv 5:06 | די אתחייב נקבה מן ענה | אמרה | או צפירה ברת עיזין לחטאתה |
| 002 | ואימרה | Nu 6:14 | שלם מן מום חד לעלה | ואימרה | חדה ברת שתה שלם מן מום |
| 003 | ואמרה | Lv14:10 | אמרין שלמין מן מום | ואמרה | חדה ברת שת' שלמה מן מום |
| 004 | ואמרתה s em/sf | Lv14:10M | שלמין מן מום ואמרה/ואמר{י}ת<ה#2#/ | | חדה/חד#2#/ ברת |
| 005 | אמרתא p em/sf | Gn21:29 | לאברהם מה אינון שבעתי | אמרתא | {{דענא בלחודיהון}} |
| 006 | | Gn21:30 | ואמר ארום ית שבעתי | אמרתא | תסב מן ידי{ו}<י> מן בגלל |

## אימת *adv.* when [50]

|  |  |  | | | |
|---|---|---|---|---|---|
| 001 | אימת | Ex14:15 | ואמר ייי למשה עד | אימת | את קיים תהווי לדידך מלל עם |
| 002 | | Ex10:07 | ואמרו עבדוי דפרעה ליה עד | אימת | יהווי דין לן לתקלה שלח ית |
| 003 | | Nu14:11M | ואמ' ייי למשה עד | אמתי/אימת#2#/ | ירגזון קדמי עמא |
| 004 | | Nu14:27 | עד | אימת | לכנישתה בישתה הדה די אינון |
| 005 | אימתי | Ex16:28 | ואמר ייי למשה עד | אימתי | אתון מסרבין למטר מצוותי |
| 006 | אמת | Ex 8:05M | עלי/עליך#2#/ עד | אימתי/אמת#2#/ | אצלי עליך ולשלטוניך |
| 007 | | Ex10:03 | אמר ייי אלהון דעבריי עד | אמת | את מסרב למתכנעה קדם ייי |
| 008 | אמתי | Nu14:11 | ואמ' ייי למשה עד | אמתי | ירגזון קדמי עמא האלין ועד |
| 009 | אימתי | Ex 8:05 | לי סימן ואתרחיץ עלי עד | אימתי | אצלי עליך ולשלטוניך ולעמך |
| 010 | | Nu14:11 | קדמי עמא האלין ועד | אימתי | לא יה«יי»מנון בשם ממרי |

## אימתן *adj.* fearsome, terrible [51]

|  |  |  | | | |
|---|---|---|---|---|---|
| 001 | אמתניה p em/sf | Gn14:05 | וית זיותניה דבהון וית | אמתניה | דהוון שריין בגווה דקרתה: |

## אין *conj.* if [אן 63]

|  |  |  | | | |
|---|---|---|---|---|---|
| 001 | אין | Ex22:14 | אם מריה עמי' לא ישלם | אין | אגיר הוא אתקבל באגרא: |
| 002 | | Lv27:26 | יקדש גבר יתיה אין תור | אין | אימר לשמה דייי הוא: |
| 003 | | Dt18:03 | נכסי נכסתה אין תור | אין | אימר ויתן לכהנה אדרעא |
| 004 | | Nu 5:27 | וישקי יתה ית מיא ותיהוי | אין | איסתאבת ותשקר שקר בבעלה |
| 005 | | Gn18:32M | לית אנה מחבל | אין | אישתכח תמן עשרה |
| 006 | | Lv 3:07 | | אין | אמ' הוא מקרב ית קרבניה |
| 007 | | Ex21:32 | אין עבד יגש תורא | אין | אמתא כסף תלתי«ן» סלעין |
| 008 | | Nu11:12M | האלין \או אנה אולדת | /אין | אנה יילדית#2#/ יתהון ארום |
| 009 | | Gn14:23 | אם מן חוט רצועה דמסן | א«י»ן | אסב מן כל מה די לך דלא |
| 010 | | Ex33:05 | למקבלה אולפן כקליל זעיר | אין | אסלק איקר שכינתי מן בניכון |
| 011 | | Dt32:41 | | אין | אשננה כברקה חרבי ותתוקף |
| 012 | | Gn18:28M | אנה מחבל#2#/ \אם אשכח | /אין | אשתכח#2#/ תמן ארבעי«ן» |
| 013 | | Dt 4:32 | הוה כפתגמא רבה הדן או | אין | אשתמע כוותיה: |
| 014 | | Nu16:14M | דגובריא האינון | אין | את מנקר לית אנן סלקין |
| 015 | | Ex21:36 | | אין | אתודע ארום תור נגשן הוא מן |
| 016 | | Lv 4:23 | או | אין | אתודע ליה חובתיה דאתחיי' |
| 017 | | Lv 4:28 | או | אין | אתודע ליה חובתיה די אתחייב |
| 018 | | Gn24:49M | למעבד חסד וטבו /וכדו | אין | אתון עבדין חסד וקשוט#2#/ |
| 019 | | Ex16:04M | אינון אין /יתכון הא | אין | אתון#2#/ נטרינון מצוותה |
| 020 | | Nu14:30 | | אין | אתון תיעלון לארעא די זקפית |
| 021 | | Gn 8:08M | למחמי \הא א{וק}^תקלי#2#^לו/אין | | אתקלילו#2#/ מיא |
| 022 | | Ex21:08 | | אין | באיש באפוי דריבוניה דלא |
| 023 | | Ex33:13M | "וכען ... אשכחית": וכדו | אין | בבעו אש' |
| 024 | | Nu35:21 | | אין | בבעל דבבו מחה יתה בידיה |
| 025 | | Ex21:31M | \או בר | /אין | ביר#2#/ דכר מן בני ישראל |
| 026 | | Nu22:34 | לקדמותי באורחא וכדון | אין | ביש באפך אחזור לאתריה: |
| 027 | | Nu22:34M | "וכדון ... לאתרי": כדו | אין | בעש קודמיך אחזור לא' |
| 028 | | Ex19:13 | יזדרקון ביה אן בעיר | אין | גבר לא יחי במתקע שופרא |
| 029 | | Lv 3:01 | אין מן תוריה הוא מקרב | אין | דכר אין נוקבה שלם מן מו' |
| 030 | | Lv27:07 | מן בר אשתין שנין ולעיל | אין | דכר ויהוי עלויה חמשה עשר |
| 031 | | Ex21:14 | למקטל יתיה בכמנא אפילו | אין | הוא כהנא רבה דקאים ומשמש |
| 032 | | Gn47:18M | ארום \אלהן שלם | /אין | חסל#2#/ כספא וענה ובעירא |
| 033 | | Nu12:06 | ואמר שמעו כען מיליי | אין | יהווי ביניכון נבייה ייי |
| 034 | | Dt30:04 | | אין | יהוון מבדריכון עד סייפי |
| 035 | | Dt32:14 | דחסייא אמר משה נבייה | אין | יהוון ישראל לעיין באוריתה |
| 036 | | Dt 1:35 | | אין | יחמי גבר בעמא האלין דרה |
| 037 | | Lv14:53M | לקרתה לאפי ברא ויהי | אין | יסי{ני}<מ>וס הוא למלקי |

|  |  |  |  |  |  |
| --- | --- | --- | --- | --- | --- |
| 038 | Ex21:19 | | | אין | יקום ויהלך בשוקא על |
| 039 | Ex22:06 | | ויגנבון מן ביתא דגברא | אין | ישתכח גברא גנבא ישלם |
| 040 | Lv 4:03 | | | אין | כהנא דמתרבה יתחייב לחובתון |
| 041 | Lv 4:22 | | | א{ו}<י>ן | כהנא דמתרבי יחטא ויעבד |
| 042 | Dt 7:05M | | אלהן כהדן סידרה תעבדון | /אין | כן תעבד#2#/ להון מדבחיהון |
| 043 | Ex22:24 | | | אין | כסף תוזף ית עמי ית מסכינה |
| 044 | Ex33:13 | | וכען | אין | כען אשכחית חן וחסד קדמיך |
| 045 | Ex34:09 | | ואמר | אין | כען אשכחת חן וחסד קדמיך |
| 046 | Nu11:15 | | לי קטול יתי כען קטולין | אין | כען אשכחת חין וחסד |
| 047 | Gn42:37 | | ית תרין בניי תקטול | אין | לא אייתית יתיה לוותך מסר |
| 048 | Gn44:18 | | אבה ואמרי ליה למימר | אין | לא אייתת יתי לוותיך ואקמית |
| 049 | Gn44:19 | | על דהוא מן עילעא דאבה | אין | לא הווה כשר למעבד כדין |
| 050 | Ex 4:08 | | ויהוי | אין | לא יהימנון לך ולא ישמעון |
| 051 | Ex 4:09 | | ויהוי | אין | לא יהימנון להוד לתרין |
| 052 | Ex13:13 | | וולדא דחמרא תפרקון באמר | אין | לא תפרקון יתיה תקטלון יתיה |
| 053 | Ex22:07 | | מרה דביתא לוות דייניא | אין | לא שלח ידי׳ במקמתא דחבריה: |
| 054 | Ex22:10 | | דייי תהי בין תריהון | אין | לא פשט ידיה במקמתא דחבריה |
| 055 | Lv 5:01 | | שהד או די חמה או די ידע | אין | לא יתני יקבל חובוי: |
| 056 | Lv26:23M | | קדם ממרי ותהלכון | /אין | לא תיצבון למשמוע לאולפן |
| 057 | Nu14:28 | | אנה במימרי אמר ייי | אין | לא היך מה דמללתון במשמעי |
| 058 | Nu14:35 | | אנה ייי מללת | אין | לא דא אעבד לכל כנשתה בישתה |
| 059 | Dt 8:20 | | כדן תסופון חלף | אין | לא תשמעון בקל ממרה דייי |
| 060 | Dt11:28 | | ולווטיה | אין | לא תשמעון למצוותה דייי |
| 061 | Dt21:14 | | ויהווי | אין | לא תתרעי בה ותשלח יתה |
| 062 | Dt24:01 | | ויזדמן לוותה ויהווי | אין | לא אשכחת חן וחסד קדמוי |
| 063 | Dt28:15 | | ויהווי | אין | לא תשמעון בקל מימריה דייי |
| 064 | Dt28:58 | | | אין | לא תטרון למעבד ית כל פתגמי |
| 065 | Ex33:15 | | ואמר קדמוי | אין | לית איקר שכינתך בינינן לא |
| 066 | Ex33:15M | | אין לית איקר /ליה | אין | לית יקר#2#/ שכינתך בינינן |
| 067 | Nu22:20 | | על בלעם בליליה ואמר לה | אין | למקרא לך אתו גבריא קום אזל |
| 068 | Lv13:27 | | יתיה כהנא ביומא שביעיה | אין | מהלכה תהלך במשכה ויסאב |
| 069 | Dt 5:25 | | תאכל יתן אשתה רבתה הדה | אין | מוספין אנן למשמע ית קל |
| 070 | Dt25:02M | | "אין ... וירבע יתיה": | אי{ת}<ן> | מין דינה למלקי רשיעה |
| 071 | Ex22:25 | | | אין | ממשכנה תמשכן לבושא דחברך |
| 072 | Lv 3:01 | | ואין נכסת קודשין קרבניה | אין | מן תוריה הוא מקרב אין דכר |
| 073 | Dt 8:19 | | ויהוי | אין | מנשיה תנשון ית אולפן |
| 074 | Dt32:01 | | ולא אסהדית בבנוי דקיריס | אין | מסהד אנה בהון קדם בני נש |
| 075 | Ex10:04 | | ארום | אין | מסרב את למשלחה ית עמי הא |
| 076 | Ex22:16 | | | אין | מסרבה יסרב אבוה למסבה יתה |
| 077 | Ex22:22 | | | אין | מצערה תצערין יתהון ויהווי |
| 078 | Ex 8:22 | | קדם ייי אלהן הא | אין | מקרבן אנן ית טעוותהון |
| 079 | Dt25:02 | | ויהווי | אין | מרדו אתחייב למלקה חייבה |
| 080 | Ex15:26 | | ואמר | אין | משמע תשמעו׳ בקל ממריה דייי |
| 081 | Ex19:05 | | וכדון {אם} | אין | משמע תשמעון בקל ממרי |
| 082 | Dt11:13 | | ויהווי | אין | משמע תשמעון למצוותה |
| 083 | Dt15:05 | | לחוד | אין | משמע תשמעון בקל ממרה דייי |
| 084 | Dt28:01 | | ויהווי | אין | משמע תשמעון בקל מימרה דייי |
| 085 | Nu11:22M | | ותורייה <...> דימה רבה | אין | מתכנשין להון הא כולא יספק |
| 086 | Nu11:22 | | הא ע{מ}<נ>יה ותורייה | אין | מתנכס להון הא ספק להון אן |
| 087 | Lv 3:01 | | תוריה הוא מקרב אין דכר | אין | נוקבה שלם מן מו׳ יקרב יתיה |
| 088 | Dt15:11M | | "אין נטרין .. ארעא": | אין | נט׳ ישראל מצוותה דאוריתא |
| 089 | Dt 6:25M | | "ארום ... הדה": | אין | נטרין אנן למעבד ית כל |
| 090 | Dt 8:02 | | דאית במחשבת לבבכון הא | אין | נטרין אתון מצוותה דאורייתה |
| 091 | Dt15:11 | | ארום | אין | נטרין בני ישראל אולפן |
| 092 | Ex16:04 | | למנסיה יתהון אינון | אין | נטרינון מצוותה דאורייתא אן |
| 093 | Nu21:09 | | והוה | אין | נכ«י»ת ח«י»ויה לגבר |
| 094 | Ex21:03 | | <ייעול> לבלחודוי יפוק | אין | נסב אתה הוא ותפק אתתיה |
| 095 | Ex21:32 | | | אין | עבד יגש תורא אין אמתא כסף |
| 096 | Ex20:25M | | פרזלא חרבא מתעבד מינ׳ | אין | עברת פרזלא עלוי אפיסת |
| 097 | Nu11:22M | | "הא ... ספק להון": | אין | ענה ותורייה <...> דימה רבה |
| 098 | Ex21:30 | | | אין | קנס דממון ישתוי עליי ויתן |
| 099 | Nu22:20M | | למקרא לך אתו גבריא | /אין | קרין להון ית{ה}ון גוב׳#2# |
| 100 | Dt13:04M | | יתכון למדע \הא | אית/אין#2#/ | רחמין ית אולפן |
| 101 | Nu14:08M | | | אם/אין#2#/ | רעי הוא בן ייי וייתי |
| 102 | Dt15:11M | | הווי בכון מסכינין ברם | אין | שבקין הנון מצוותה |
| 103 | Dt20:11 | | ויהווי | אין | שלם תענה יתכון ותפתח לכון |
| 104 | Gn50:17M | | כדן תימרון ליוסף | בבעו/אין#2#/ | שרי כען ושבוק |
| 105 | Lv27:26 | | בבעירה לא יקדש גבר יתיה | אין | תור אין אימר לשמה דייי |
| 106 | Dt18:03 | | מן לוות#2#^ נכסי נכסתה | אין | תור אין אימר ויתן לכהנה |
| 107 | Dt15:04 | | לחוד | אין | תטרון מצוותה דאורייתי חלף |
| 108 | Gn26:29 | | | אין | תעבד עמן בישא היך מה דלא |
| 109 | Nu32:20M | | ואמר להון משה | אם/אין#2#/ | תעבדון ית פתגמה הדין |
| 110 | Gn31:50 | | | אין | תצער ית בנתי ואין תסב נשין |
| 111 | Ex32:32 | | וכדון | אין | תשרי ותשבוק לחוביהון ואם |
| 112 | Gn40:14 | אן | ארום | אן | אדכרת יתי עמך כד ייטב לך |
| 113 | Nu30:03M | | לשמה דייי \או ישתבע | /אן | איש#2#/ שבועה למקיימה |
| 114 | Gn31:52 | | וסהדא היא קיימתא הדה | אן | אנא לא אעבור ואייתי לוותך |
| 115 | Nu22:30 | | בלעם רשיעא חסיר דעתה מה | אן | אנה דאנה בעיר מסאב ומיתה |
| 116 | Gn41:38 | | ואמר פרעה לשלטנוי | אן | אנן משכחין כוות דין גבר די |
| 117 | Gn24:21 | | ומסתכל בה שתק למידע הא | אן | אצלח ייי אורחה או לא: |
| 118 | Gn50:04 | | אנשי בייתיה דפרעה למימר | אן | אשכחית חן וחסד באפיכון |
| 119 | Nu32:05 | | ואמרין | אן | אשכחנן חן וחסד באפך יתיהב |
| 120 | Gn18:30 | | תלתי«ן» ואמר לא אשיצא | אן | אשכחת תמן תלתין: |
| 121 | Gn13:09 | | את <לצפונה> אנא לדרומה | אן | את לדרומה ואנה לצפונה: |
| 122 | Gn13:09 | | קדמך אתפר׳ כען מעלוי | אן | את <לצפונה> אנא לדרומה אן |
| 123 | Ex19:13 | | דאשה יגרו׳ יזדרקון ביה | אן | בעיר אין גבר לא יחי במתקע |
| 124 | Lv26:03 | | | אן | בקימה דאוריתי תהלכון וית |
| 125 | Ex 1:16 | | תהוון חמיין על מתברייא | אן | בר דכר הוא תקטלון יתיה ואן |
| 126 | Gn43:04 | | | אן | ברעותך משלחה ית אחונן עמן |
| 127 | Gn24:49 | | וכדון | אן | ברעתכון למעבד חסד וטבו עם |
| 128 | Gn33:13 | | ותורייא מיינקין קדמיי | אן | דחקין עליהון יום חד מייתן |
| 129 | Ex 5:11 | | אתון אזלו סבו לכון תבן מן | אן | די תשכחון ארום לא מתמנע מן |
| 130 | Ex22:02 | | | אן | דנחת עלוי שמש{ו}א אית ליה |
| 131 | Dt 4:32 | | ועד סייפי{ה} שמיא הא | אן | הוה כפתגמא רבה הדן או אין |
| 132 | Ex21:10 | | | אן | חורי יסב לה מזונה ותכסיתה |
| 133 | Lv13:56 | | | אן | חמא כהנא והא כהה מכתשה |
| 134 | Nu11:23 | | קדם ייי מחסור כדון תחמון | אן | יארע יתך פתגמוי אן לא: |
| 135 | Gn28:20 | | ונדר <יעקב> נדר למימר | אן | יהווי ייי בסעדי וינטר יתי |
| 136 | Nu24:22 | | ארום | אן | יהווי שלמיה לביזה עד כען |
| 137 | Ex21:21 | | לחוד | אן | יום חד או תרין יומין יקום |
| 138 | Nu14:23 | | | אן | יחמון ית ארע׳ די קיימת |
| 139 | Gn32:09 | | ואמר | אן | ייתי עשו לחדא משריתא |
| 140 | Nu32:29 | | «ואמר להון משה» | אן | יעברון בנוי דגד ובנוי |
| 141 | Ex18:23 | | | אן | ית פתגמא הדין תעבד ויפקד |
| 142 | Nu11:22 | | מתנכס להון הא ספק להון | אן | ית כל נוני דימא אן מתכנש |
| 143 | Nu24:13 | | | אן | יתן לי בלק מלא ביתיה כסף |
| 144 | Gn25:22 | | ואדחקו בניא במעהא ואמרת | אן | כדין היא צערהון דבניא למה |
| 145 | Gn31:08 | | | אן | כדין הוה אמר קרחין יהוי |

|  |  |  | | | |
|---|---|---|---|---|---|
| 146 | | Gn43:11 | ואמר להון ישראל אבוהון | אן | כדן גמרתון דא עבדו סבא מן |
| 147 | | Nu16:29 | | אן | כמיתותא דמיתן כל בני אנשא |
| 148 | | Gn18:03 | ואמר בבעו מן קדמך ייי | אן | כען אשכחת חן וחסד באפיך לא |
| 149 | | Gn30:27 | ואמר ליה לבן | אן | כען אשכחית חן וחסד באנפיך |
| 150 | | Gn33:10 | ואמר יעקב לא כען | אן | כען אשכחית חן וחסד באפך |
| 151 | | Gn47:29 | לבנוי ליוסף ואמר ליה | אן | כען אשכחת חן וחסד באפיך שוי |
| 152 | | Gn42:16 | מליכון הא קושטנין אתון | אן | לא חיי רישיה דפרעה ארום |
| 153 | | Gn44:23 | ואמרת לעבדך | אן | לא יחות אחוכון זעירא עמכון |
| 154 | | Gn44:32 | טליא מן לוות אבה למימר | אן | לא אייתת יתה לוותך ניהווי |
| 155 | | Ex16:04 | נטרינון מצוותה דאורייתא | אן | לא: |
| 156 | | Ex22:07 | | אן | לא ישתכח גנבא ויקרב מרה |
| 157 | | Nu 5:19 | יתה כהנה ויימר לאתתה | אן | לא שמש גבר עימך ואין לא |
| 158 | | Nu11:23 | תחמון אן יארע יתך פתגמוי | אן | לא: |
| 159 | | Gn23:13 | דעמא דארעא למימר לחוד | אן | לווי את מקבל מני הא יהבית |
| 160 | | Ex22:02 | אדם זכיי שלמא ישלם | אן | לית ליה ויזדבן בגנבתה: |
| 161 | | Ex 8:17 | ארום | אן | ליתך משלח ית עמי הא אנא |
| 162 | | Dt11:22 | ארום | אן | מטור תטרון ית כל מצוותה הדה |
| 163 | | Nu23:10 | ליה חולק לעלמא דאתי ברם | אן | מיית ^הוא#2# בלעם מותין |
| 164 | | Nu21:02 | ישראל נדר לייי ואמרין | אן | ממסור תמסור ית עמא האליין |
| 165 | | Lv 3:01M | קודשין קרבניה | אין/א{ו}<ן>#2# | מן תוריה הוא מקרב |
| 166 | | Lv27:17 | | אן | מן שתה דיובילה יקדש חקלה |
| 167 | | Nu16:30M | "ואן ברייה ... ותפתח:" | אן | מן <י>ומי עלמא איתבריאת |
| 168 | | Ex22:03 | | אן | {משכת} <משתכחא> תשתכח בידיה |
| 169 | | Gn37:08 | אחוי הא ממלך תמלך עלנא | אן | משלט תשלט בן ואוספו תוב |
| 170 | | Ex23:22 | ארון | אן | משמע תשמעון בקל ממרי ותעבד |
| 171 | | Nu11:22 | להון אן ית כל נוני דימא | אן | מתכנש להון «ה»א ספק להון: |
| 172 | | Gn44:26 | לית אנן יכלין למיחות | אן | נחת אחונן זעירא עמן אנן |
| 173 | | Gn27:46 | בחי מן קדם בנתהון דחיתאי | אן | נסב יעקב את' מן בנתהון |
| 174 | | Lv25:51 | | אן | עד כדון סגי בשניה לפום |
| 175 | | Lv 7:12 | | אן | על אודיה יקרב יתיה ויקרב על |
| 176 | | Lv 1:03 | | אן | עלה קרבנה לשמה דייי דכר שלם |
| 177 | | Gn37:32 | ואמרין דא אשכחנן חכם כען | אן | פרגודה דבריך היא אי לא: |
| 178 | | Nu23:10 | אמר בלעם במתל נבותה | אן | קטלין יתיה ישראל בחרבה |
| 179 | | Gn44:22 | טליא למשבק{ת}<ה> ית אבוי | אן | שבק טליא ית אבוי מית הוא: |
| 180 | | Ex12:33 | יתהון מן ארעא ארום אמרו | אן | שהין אנון ישראל הכה אוף |
| 181 | | Gn47:16 | ואתן לכון בבעירכון | אן | שלם כספא: |
| 182 | | Gn49:07 | הוות אמר אבונן יעקב | אן | שריין שמעון ולוי כחדא לית |
| 183 | | Gn34:15 | לחוד בדה נתערב לכון | אן | תהוון כוותן למגזר לכון כל |
| 184 | | Nu32:20 | אם תעבדון ית פתגמה הדין | אן | תזיינון קדם ייי לחיל קרבה: |
| 185 | | Gn 4:07 | הלא | אן | תטיב עובדך בעלמא הדין ישתרי |
| 186 | | Gn15:05 | כען לשמיא ומנה ית כוכביא | אן | תיכל לממני יתהון ואמר לה |
| 187 | | Gn30:31 | לא תעבד לי כלום מדעם | אן | תעבד לי פתגמא הדן אחזור |
| 188 | | Gn42:15 | תבדקון חיי רישיה דפרעה | אן | תפקון מן הכה ארום אלהן אתא |
| 189 | | Gn38:17 | גדי בר עזין מן ענה ואמרת | אן | תתן ערבון עד זמן דתשלח: |
| 190 | דאין | Dt32:36 | ארום | דאין | הוא ייי ברחמ{ין}<וי> טבייה |
| 191 | דאן | Nu23:10M | לעלמא דאתי \ברם | אן/דאן#2# | מיית ^הוא#2#^ בלעם |
| 192 | | Gn44:18 | בחיי רישיה דפרעה רבך | דאן | שלף אנה חרבי מן גווה תיקא |
| 193 | הן | Nu10:30M | אנה <אזל> ארום אלהן | ∧הן#2# | לארעי ולתלדותי אזל: |
| 194 | ואי' | Gn50:21 | ולא יכלין למעקר יתיה | ואי' | איפשר כוכב חד יכיל למעקר |
| 195 | ואין | Lv 4:32 | | ואין | אימר ייתי קרבניה לחטאתה |
| 196 | | Ex21:10M | | אן/ואין | אתתה#2# חורי יסב לה |
| 197 | | Dt22:25 | | ואין | באפי ברה ישכח גברה ית |
| 198 | | Lv13:23 | | ואין | באתרה תיקום בהקיתה לא הלכת |
| 199 | | Nu30:11 | | ואין | בבית דבעלה נדרת או קיימת |
| 200 | | Lv13:04 | | ואין | בהקי חוורה היא במשך בשרה |
| 201 | | Nu10:04 | | ואין | בחדה יתקעון ויזדמנון לוותך |
| 202 | | Nu30:06 | | ואין | בטל אבוה יתה ביומא דשמע כל |
| 203 | | Nu30:09 | | ^ואין | ביומא די ישמע בעלה יבטל |
| 204 | | Lv 6:21 | דחסף די תתבשל בה יתבר | ואין | במן דנחש אתבשל ויתמרק |
| 205 | | Gn18:21 | גמירא אינון חייבין | ואין | בעון מעבד תתובה ומסכיין |
| 206 | | Ex21:31M | מן בני ישראל יגש | או/ואין#2# | ברה נקבה מן בני |
| 207 | | Lv12:05 | | ואין | ברה נקבה תלד ותסתאב |
| 208 | | Nu35:22 | | ואין | בתכוף דלא בעיל דבבו דחף |
| 209 | | Dt24:12 | | ואין | גבר מסכן הוא לא תידמוך |
| 210 | | Lv 3:12 | | ואין | גדי בר עיזין קרבניה ויקרב |
| 211 | | Nu16:29 | בני אנשא ימותן איליין | ואין | גזרתה דמתגזר על כל ברייתה |
| 212 | | Ex22:11 | | ואין | גנוב יתגנב מניה ישלם |
| 213 | | Nu36:04 | | ואין | יהווי יוב«י»לה לבני |
| 214 | | Lv13:21 | | ואין | יחמי יתה כהנא והא לית בה |
| 215 | | Lv13:53 | | ואין | יחמי כהנא והא {לך} לא הלך |
| 216 | | Dt19:08 | | ואין | יפתי ייי אלהכון ית |
| 217 | | Ex29:34 | | ואין | ישתייר מבשרה דאשלמותא ומן |
| 218 | | Nu11:15 | | ואין | כדין את עבד לי קטול יתי |
| 219 | | Lv 4:13 | | ואין | כל כנשת' דישראל ישתאלון |
| 220 | | Gn 4:07 | וישתבק לך בעלמ' דאתי | ואין | לא תיטב עובדך בעלמא הדין |
| 221 | | Gn24:08 | | ואין | לא תצבי אתתא למיתיה בתרך |
| 222 | | Gn30:01 | ליעקב הב לי בנין | ואין | לא מיתה אנה: |
| 223 | | Ex 4:01 | וענה משה ואמר | ואין | לא יהימנון לי ולא ישמעון |
| 224 | | Ex34:20 | דחמרא תפרקון באמר | ואין | לא תפרקון יתה תקטלון יתה |
| 225 | | Ex40:37 | | ואין | לא יסתלק עננה ולא יטלון עד |
| 226 | | Lv 5:01M | די חמה או די ידע | אין/ואין#2# | לא יתני יקבל חובוי: |
| 227 | | Lv 5:07 | | ואין | לא תארע ידיה כמסת למיתיה |
| 228 | | Lv 5:11 | | ואין | לא תרע ידיה לתרין שפנינין |
| 229 | | Lv12:08 | | ואין | לא תרע ידיה כמסת למייתייה |
| 230 | | Lv25:28 | | ואין | לא ארעת ידיה כמסת למחזרה |
| 231 | | Lv27:20 | | ואין | לא יפרוק ית חקלה ואן זבן |
| 232 | | Nu 5:19 | אן לא שמש גבר עימך | ואין | לא סטית סאבה בר מן רשותה |
| 233 | | Nu 5:28 | | ואין | לא אסתאבת אתתה ודכיה היא |
| 234 | | Nu16:30M | לעלמא הדין הא טב | ואין | לא תתברי כדון ותפתח |
| 235 | | Nu19:12 | וביומא שביעיה ואדכי | ואין | לא יתדי עלוי ביומא תליתיה |
| 236 | | Nu24:14 | ^דתעבד לעמא האליין#2#^ | ואין | לא לי{א}<ת> את יכיל שליט |
| 237 | | Nu32:23 | | ואין | לא תעבדון כדין הא |
| 238 | | Nu33:55 | | ואין | לא תשיצון ית דיירי |
| 239 | | Dt25:07 | | ואין | לא יתרעי גברא למיסב ית |
| 240 | | Nu 5:08 | | ואין | לית לגברה פרוק למחזרה אשמה |
| 241 | | Nu27:09 | | ואין | לית ליה ברת ותתנון ית |
| 242 | | Nu27:10 | | ואין | לית ליה אחין ותתנון ית |
| 243 | | Nu27:11 | | ואין | לית אחין לאבוי ותתנון ית |
| 244 | | Dt22:02 | | ואין | לית קריב {ל}אחוך לוותך |
| 245 | | Nu30:16 | | ואין | מבטלא יבטל יתהון בעלה |
| 246 | | Nu30:13 | | ואין | מבטלה יבטל יתהון בעלה |
| 247 | | Lv 3:06 | | ואין | מה מן ענה קרבניה לנכיסת |
| 248 | | Lv13:22 | | ואין | מהלך תהלך במשכה ויסאב כהנא |
| 249 | | Lv27:16 | | ואין | מחקל אחסנתיה יקדש גבר לשמה |
| 250 | | Ex22:12 | | ואין | מטרפה {ו}יטרף ייתון סהדין |
| 251 | | Nu20:19 | ישראל ארח מלכא נסוק | ואין | מימך נשתה אנן ובעירנן נתן |
| 252 | | Lv14:48 | | ואין | מיעול יער' כהנא ויחמי והא |
| 253 | | Lv 1:10M | | ואם/ואין#2# | מן ענה קרבני' מן |

|  |  | | | |
|---|---|---|---|---|
| 254 | Lv 2:05 | | ואין | מנח{ח}<ה> על מסרת' קרבנך |
| 255 | Lv27:08 | | וא«י»ן | מסכן הוא מן עלויה ויקים |
| 256 | Lv27:33 | טב לביש ולא יפרג יתיה | ואין | מפרגה יפרג יתיה ויהוי הוא |
| 257 | Lv27:13 | | ואין | מפרוק יפרוק יתה ויסף חמשה |
| 258 | Lv27:31 | | ואין | מפרוק יפרוק גבר מן מעשרה |
| 259 | Lv13:12 | | ואין | מפרח תפרח צרעתה במשכה |
| 260 | Nu30:15 | | ואין | משתק ישתוק לה בעלה יום בתר |
| 261 | Nu30:07 | | ואין | מתנסבה תתנסב לגבר ונדרה |
| 262 | Lv 7:16 | | ואין | נדר או נדבה נכסת קרבניה |
| 263 | Lv 3:01 | | ואין | נכסת קודשין קרבניה אין מן |
| 264 | Lv 4:27 | | ואין | נפש חדה תחטא בשלו מעמא |
| 265 | Lv 5:17 | | ואין | נפש ארום תחטא ותעבד חדה מן |
| 266 | Ex21:23 | | ואין | סקול תיהווי ויתן |
| 267 | Lv15:23 | | ואין | על מדמכה הוא או על מנה |
| 268 | Lv27:33M | ואין מפרגה/יפרגיניה | ואין | פרגא#2#/ יפרג יתיה ויהוי |
| 269 | Dt22:20 | | ואין | קשוט הוה פתגמא הדין לא |
| 270 | Ex21:27 | | ואין | שן עבדיה או שן אמהתיה יתר |
| 271 | Ex21:29 | | ואין | תור נגשן הוא מן דאתמל ומן |
| 272 | Nu32:20M | הדין \אן תזיינון | /ואין | תזדיי#2#/ קדם ייי לחיל |
| 273 | Gn31:50 | אין תצער ית בנתי | ואין | תסב נשין על בנתי לית גבר |
| 274 | Lv13:57 | | ואין | תתחזי תוב בלבושה או בשתיא |

**ואן**

|  |  | | | |
|---|---|---|---|---|
| 275 | Gn17:17 | אפשר לי למולדה בנין | ואן | שרה הא ברת תשעין שנין |
| 276 | Lv15:28 | | ואן | אדכיית מן דובה ותמני ליה |
| 277 | Gn47:06 | אחך ישרון בארעא דגשן | ואן | את ידע ואית בהון גברין |
| 278 | Nu35:17 | | ואן | באבן מלא ידא די ימות בה |
| 279 | Lv26:23 | | ואן | באילין מרדוותה לא תתרדון |
| 280 | Lv27:27 | | ואן | בביעירה מסאבה ויתפרק |
| 281 | Lv26:27 | | ואן | בדה לא תשמעון לאולפן |
| 282 | Lv13:37 | | ואן | בחזוה קם נתקא ושער אוכם |
| 283 | Nu35:16 | | ואן | במן די פרזל מחה יתה ומית |
| 284 | Lv27:09 | | ואן | בעיר די יקרבון מנה קרבן |
| 285 | Lv26:15 | | ואן | בקיימי דאורייתי תעיקון ואן |
| 286 | Ex 1:16 | בר דכר הוא תקטלון יתיה | ואן | ברא נקבה היא ותיחי: |
| 287 | Nu16:30 | | ואן | ברייה חדתה יברא ייי ותפתח |
| 288 | Nu35:20 | | ואן | בשנא ידחוף יתיה או טלק |
| 289 | Lv27:18 | | ואן | בתר יובילה יקדש חקליה |
| 290 | Ex 2:20 | ואמר לבנתיה | ואן | הוא למה כען שבקתון ית גברא |
| 291 | Lv27:20 | ואין לא יפרוק ית חקלה | ואן | זבן ית חקלה לגבר חורן לא |
| 292 | Ex12:04 | | ואן | זעירין אינון עמא דביתא |
| 293 | Lv13:26M | | ואם/ואן#2#/ | יחמי יתיה כהנא והא |
| 294 | Dt30:17 | | ואן | יסטון לבביכון ולא תשמעון |
| 295 | Lv27:22 | | ואן | ית חקל זבונה די לא מן חקל |
| 296 | Lv27:11 | | ואן | כל בעיר מסאב די לא יקרב |
| 297 | Gn22:08 | ייי אזדמן לה אמר לעלתה | ואן | לא את הוא אמרא דעלתא ואזלו |
| 298 | Gn24:41 | תיתי לוות לזרעייתי | ואן | לא יתנון לך ותהוי זכיי מן |
| 299 | Gn24:49 | וטבו עם רבוני תנון לי | ואן | לא תנון לי ואסטי לימינא או |
| 300 | Gn34:17 | | ואן | לא תשמעון לן למגזר ונסב ית |
| 301 | Lv17:16 | | ואן | לא יחוור לבושוי ובשרה לא |
| 302 | Lv25:30 | | ואן | לא יתפרק עד זמן די תשלם לה |
| 303 | Lv25:54 | | ואן | לא יתפרק באלין ויפוק בשתה |
| 304 | Lv26:14 | | ואן | לא תשמעון לאולפן אורייתי |
| 305 | Nu32:30 | | ואן | לא י{פ}<ע>ברון מזיינין |
| 306 | Dt20:12 | | ואן | לא תשלם לכון ותסדר |
| 307 | Gn43:05 | | ואן | לית את משלח לא נחות ארום |
| 308 | Lv13:07 | | ואן | מהלכ«ה» תהלך קלפתה במשכה |
| 309 | Lv20:04 | | ואן | מכסיה יכסון עמא דארעא ית |
| 310 | Lv13:41 | | ואן | מן כל קבל אפוי יתמרט שער |
| 311 | Lv27:05 | | ואן | מן בר חמש שנין ועד בר |
| 312 | Lv27:06 | | ואן | מן ירח ועד בר חמש שנין |
| 313 | Lv27:07 | | ואן | מן בר אשתין שנין ולעיל אין |
| 314 | Lv27:15 | | ואן | מן דמקדש יפרוק ית בייתיה |
| 315 | Ex 7:27M | | ארום/ואן#2#/ | מסרב את ^דלא#2#^ |
| 316 | Nu35:26 | | ואן | מפק יפוק קטולא ית תחום קרי |
| 317 | Lv27:10 | טב בביש או ביש בטב | ואן | מפרגה יפרג בעיר בבעיר |
| 318 | Lv27:19 | | ואן | מפרוק יפרוק ית חקלה מן |
| 319 | Lv 7:18 | | ואן | מתאכלה יתאכל מן בשרה דנכסת |
| 320 | Nu15:27 | | ואן | נפש חד תתחייב ותקרב עז בר |
| 321 | Lv27:04 | | ואן | נקבה היא ויהוי עלויה תלתין |
| 322 | Lv26:15 | בקיימי דאורייתי תעיקון | ואן | סדרי דיניי תרחק נפשכון דלא |
| 323 | Lv26:18 | | ואן | עד אילין מרדוותה לא תשמעון |
| 324 | Lv25:52 | | ואן | קלל זער אשתייר בשנייה עד |
| 325 | Lv26:21 | | ואן | תהלכו קדמי בקשיו ולא תצבון |
| 326 | Ex21:11 | | ואן | תלתי מלייא האיליין לא יעבד |

## אינון *pron.* they (m.) [הינון 163]

001 אינ'
002 אינון

|  |  | | | |
|---|---|---|---|---|
| 001 | Lv11:13 | לא יתאכלון ארום שקץ | אינו' | ית נשרא וית ברגזה וית |
| 002 | Gn40:18 | תלתא סליא תלתה יומין | אינון: | |
| 003 | Ex13:02 | בבני אנשא ובבעירה לשמי | אינון: | |
| 004 | Ex18:26 | וית פתגמ' זעירא ידונון | אינון: | |
| 005 | Ex29:33 | לא יאכל ארי קדש | אינון: | |
| 006 | Ex32:09 | עם קשיין לקבלה אולפן | אינון: | |
| 007 | Ex32:22 | חכם ית עמא ארום בישין | אינון: | |
| 008 | Lv 8:28 | מדבחה על עלתה אשלמו | אינון: | |
| 009 | Lv11:42 | תאכלון יתהון ארום שקץ | אינון: | |
| 010 | Lv18:10 | עריתהון ארום ערייתך | אינון: | |
| 011 | Nu 1:16 | רישי אלפי דבני ישראל | אינון: | |
| 012 | Nu13:03 | ראשיהון דבני ישראל | אינון: | |
| 013 | Nu22:12 | ית עמה ארום בריכין | אינון: | |
| 014 | Nu23:22 | ותושבחתה ורוממותה דידה | אינון: | |
| 015 | Dt 7:26 | יתהון ארום מרחקין | אינון: | |
| 016 | Dt 9:13 | קדל מן למקבלה אולפן | אינון: | |
| 017 | Dt17:01 | ומרחק קדם ייי אלהכון | אינון: | |
| 018 | Lv22:27 | קרבני תלתי אבהת עלמא | אינון | אברהם יצחק ויעקב בגין |
| 019 | Gn48:05 | לוותיך מצרימה לשמי | אינון | אפרים ומנשה כראובן |
| 020 | Ex12:42 | מה דאמר כתבא בני בוכרי | אינון | ישראל וקרא יתיה לילי |
| 021 | Nu13:18 | בגווה הא תקיפין | אינון | או חלשין הא עם קלילין |
| 022 | Nu13:18 | או חלשין הא עם קלילין | אינון | או מסגיין: |
| 023 | Nu13:19 | בגויהין הא קרי כפרנין | אינון | או תלילין: |
| 024 | Dt32:37 | ואמר עתידין | אינון | אומיה למימר אן אלהא |
| 025 | Dt 7:17 | תימרון בלבביכון סגין | אינון | אומייה האליין מנן אייכדין |
| 026 | Dt10:09 | עם אחוי קרבנוי דייי | אינון | אחסנתיה היך מה דמלל ייי |
| 027 | Gn33:05 | נשיא וית טפליא ואמר מה | אינון | אילין לך ואמר טליא די חן |
| 028 | Ex16:04 | מן בגלל למנסיה יתהון | אינון | אין נטרינון מצוותה |
| 029 | Gn48:08 | בנוי דיוסף ואמר מאן | אינון | אליין: |
| 030 | Gn 9:19 | תלתא | אינון | אלין בנוי דנח ומאלין |
| 031 | Ex 1:10 | סדרי קרבא ויתוספון | אינון | אף על שונאינון ויסדרן |
| 032 | Dt32:21 | | אינון | אקנון יתי באלה דלא אלה |
| 033 | Ex32:25 | ית עמא ארום פריעין | אינון | ארום פרעו כלילא דדהבא |

|  |  | | | |
|---|---|---|---|---|
| 034 | Ex14:03 | עמא דבני ישראל טעיין | אינון | בארחא טרד עליהון |
| 035 | Ex 5:08 | מנהון ארום בטילין | אינון | בגין כדן אינון צווחין |
| 036 | Ex15:23 | מן מרה ארום מרירין | אינון | בגין כדן קרא שמה מרה: |
| 037 | Ex 4:18 | במצרים ואחמי העד כען | אינון | בחיין ואמר יתרו למשה |
| 038 | Gn36:05 | יעלם וית קרח אלין | ^אינון#2# | בנוי דעשו די אתילדו |
| 039 | Lv25:55 | ארום לשמי | אינון | בני ישראל עבדין עבדיי |
| 040 | Gn18:21 | מעבד תתובה ומסכיין | אינון | בנפשתהון דלמא דלית |
| 041 | Nu22:09 | דייי על בלעם ואמר מן | אינון | גבריה האליין די עמך: |
| 042 | Gn 6:04 | דבני אנשא וילידו להון | אינון | גיבריא די מן שרוי עלמא |
| 043 | Gn50:19 | דעבדתון לי הלא קדם ייי | אינון | גלייא מחשבתיהון |
| 044 | Gn32:03 | {או משרין דעשו אחי | אינון | דהוא אתי לקדמותי} או |
| 045 | Gn32:03 | דמלאכין דעשו אחי | אינון | דהוא אתי לקדמ' או משרין |
| 046 | Nu 7:02 | וקריבו רברבני שבטיה | אינון | דהוו ממנין על סכומיה: |
| 047 | Gn32:03 | מן דלבן אחוי דאמה | אינון | דחזר למרדף בתרי {או משרין |
| 048 | Ex12:42 | ברם ארבעה לילוון | אינון | די אינון כתיבין בספר |
| 049 | Ex34:10 | ית עובדוי דייי דחילין | אינון | די אנה אעבד עמך: |
| 050 | Lv25:42 | ארום עבדייה | אינון | די אפקית ית{כ}<ה>ון |
| 051 | Lv25:55 | בני ישראל עבדין עבדיי | אינון | די אפקת יתהון פריקין מן |
| 052 | Ex33:03 | עם קשין למקבלה אולפן | אינון | דלא אשיצא יתכון בארחא: |
| 053 | Gn49:22 | ולא בתר הרהורי לבוי | אינון | דמובדין לבר נשא מן עלמא |
| 054 | Ex 6:27 | | אינון | דממללין עם פרעה מלכא |
| 055 | Dt32:17 | די לא חכמו יתהון חדתן | אינון | דמן כדון אתבריין דלא |
| 056 | Nu31:16 | הא | אינון | הוויין תקלה לבני ישראל |
| 057 | Gn42:35 | ית צרריהון דכספיהון | אינון | ואבוהון ודחילו: |
| 058 | Gn31:16 | אפיק ייי מאבונן דידן | אינון | ודבנן וכדון מה די אמר ייי |
| 059 | Gn 3:07 | וידעו ארום ערטליין | אינון | וחייטו להון עלין דתינה |
| 060 | Gn44:03 | צפרא אנהר וגבריא אשתלחו | אינון | וחמריהון: |
| 061 | Lv16:04 | דבוץ יטכס לבושי קדשא | אינון | ויסחי במיא ית בשריה וילבש |
| 062 | Ex18:22 | וכל פתגם זער ידונון | אינון | ויקל מעלוך ויטענון עמך: |
| 063 | Gn 7:14 | | אינון | וכל חיתה למינה וכל בעירה |
| 064 | Ex34:19 | כל פתחי שרוי וולדא לשמי | אינון | וכל בעירכון דיכרייה פתחיי |
| 065 | Nu16:33 | ונחתו | אינון | וכל מה דהוה להון חיין |
| 066 | Ex32:16 | עבד דגבורה מן קדם ייי | אינון | וכתבא כתב מפרש מן קדם ייי |
| 067 | Dt32:28 | אומה אבידי עיצן בישן | אינון | ולית בהון שוכלתנו: |
| 068 | Nu28:09 | סלת מנחה פילה במשח | אינון | ונסכיהון: |
| 069 | Nu22:03 | עמא לחדה ארום תקיפין | אינון | ועיקון מואביי מן קדם בני |
| 070 | Dt14:07 | טפסה ארום מסקין גירה | אינון | ופרסתהון לית היא סדיקה |
| 071 | Gn41:26 | תורייה טבתה שבע שנין | אינון | ושבעתי שבליא טבתא שבע |
| 072 | Gn41:27 | דסלקן בתריהון שבע שנין | אינון | ושבעתי שבליה דקיקתה שדיפן |
| 073 | Ex34:09 | עם קשין למקבלה אולפן | אינון | ותשרי ותשבוק לחובינן |
| 074 | Dt33:09 | פומך וגזרתך ואוריתך | אינון | זהירין: |
| 075 | Lv23:02 | ואירעון קדיש אלין | אינון | זמן סדרי מועדי: |
| 076 | Lv18:17 | עריתהון קריבת בשר | אינון | זנו היא: |
| 077 | Ex 6:19 | מחלי ומושי אלין | אינון | זרעיותיהון דבנוי דלוי |
| 078 | Ex 6:24 | ואלקנה ואביאסף אליין | אינון | זרעיותיהון דבנו' דקרח: |
| 079 | Nu 3:21 | דבנוי דשמעי אלין | אינון | זרעייתה דבנוי דגרשני: |
| 080 | Nu 3:27 | דבנוי דעזיאלי אלין | אינון | זרעייתה דבנוי דקהתי: |
| 081 | Nu 3:33 | דבנוי דמושי אלין | אינון | זרעייתה דבנוי דמררי: |
| 082 | Nu 3:20 | מחלי ומושי אלין | אינון | זרעייתהון דלוי |
| 083 | Gn 4:13 | ואמר קין קדם ייי סגין | אינון | חוביי למסבול ברם אית יכלה |
| 084 | Lv26:29 | אי מה קשיין | אינון | חובייה ותקיפין חטאיה |
| 085 | Lv26:29M | חובייה ומה מרירין | אינון | חטייה לאב' |
| 086 | Gn18:21 | קדמיי כלייה עבדו גמירא | אינון | חייבין ואין בעון מעבד |
| 087 | Gn41:26 | שבליא טבתא שבע שנין | אינון | חלמא חד הוא: |

|  |  | | | |
|---|---|---|---|---|
| 088 | Ex 7:11 | ולחרשיא ועבדו אף | אינון | חרשיהון דמצריי בחרשיהון |
| 089 | Ex 4:19M | נחתו מיניכסהון והא/ | אינון | חשיבין כמיתיא#2#/ כל |
| 090 | Ex 8:22 | למעבד כדן ארום מרחקא | אינון | טעוותיהון דמצריי מנהון נסב |
| 091 | Nu24:08 | די{ה}<ד>ה | אינון | יאכלון בני ישראל נכסי |
| 092 | Nu 8:16 | ארום מתנה | אינון | יהבין לי מן גו בני ישראל |
| 093 | Ex19:13 | שופרא משה ואהרן | אינון | יהוון רשיין למיסק לטורא: |
| 094 | Dt28:44 | ואתון לא תוזפון להון | אינון | יהוון למלכין ואתון תהוון |
| 095 | Gn47:01 | מן ארעא דכנען והא | אינון | יהיבין בארעא דגשן: |
| 096 | Ex14:25 | להון נצחני קרביהון עד | אינון | יהיבין במצרים והוא עתיד |
| 097 | Ex14:25 | להון נצחני קרביהון {עד | אינון | יהיבין במצרים והו' עתיד |
| 098 | Nu 3:09 | לאהרן ולבנוי מתנה | אינון | יהיבין לה מן לוות בני |
| 099 | Nu18:06 | בני ישראל לכון מתנה | אינון | יהיבין לשמה דייי למפלח ית |
| 100 | Dt 1:01 | ישראל ואוכח יתהון עד | אינון | יהיבין בעבר ירדנה עני |
| 101 | Dt11:30 | הלא | אינון | יהיבין בעבר ירדנה מן בתר |
| 102 | Dt28:44 | | אינון | יוזפון לכון ואתון לא |
| 103 | Gn47:08 | ואמר פרעה ליעקב כמה | אינון | יומי שני חייך: |
| 104 | Ex 5:07 | דאיתמל ולא היך דקדמוי | אינון | יזלון ויגבון להון תבן: |
| 105 | Nu 1:50 | כל מנוי ועל כל מה דליה | אינון | יטענון ית משכנה וית כל |
| 106 | Dt 1:39 | למפרשה בין טב לביש | אינון | ייעלון לתמן ולהו{ד}<ן> |
| 107 | Nu18:17 | עזייה לא תפרקון קדש | אינון | ית אדמהון תזרוק על גבי |
| 108 | Dt 3:20 | כוותכון וירתון לחוד | אינון | ית ארעא דייי אלהכון יהב |
| 109 | Ex 8:17M | "די ... בה": די | אינון | יתבין |
| 110 | Ex 5:05 | ואמר פרעה הא סגין | אינון | כדן עמה «דארעא» ותבטלון |
| 111 | Ex12:42 | ארבעה לילוון אינון די | אינון | כתיבין בספר דוכרניא ליליא |
| 112 | Ex32:15 | דן סיטרא ומן דן סטרה | אינון | כתיבין: |
| 113 | Nu 4:22 | דבנוי דגרשון אוף | אינון | לבית אבהתהון לזרעייתהון: |
| 114 | Gn27:13 | ואמרת ליה אמה עלי | אינון | לווטך ברי לחוד שמע בקלי |
| 115 | Gn34:23 | וכל בעיריהון הלא דידן | אינון | לחוד נתערב להון |
| 116 | Nu18:03 | יקרבון ולא ימותון להוד | אינון | לחוד אתון: |
| 117 | Nu 6:20 | כהנא אנפו קדם ייי קדש | אינון | לכהנא על {מעא}<ניעא> |
| 118 | Lv11:08 | לא תקרבון מסאבין | אינון | לכון: |
| 119 | Lv11:26 | לית הוא מסק מסאב' | אינון | לכון כל די יקרב בהון |
| 120 | Lv11:27 | דמהלכה על ארבע מסאבין | אינון | לכון כ{י}<ל> די יקרב |
| 121 | Lv11:28 | מסאב עד רמש' מסאבין | אינון | לכון: |
| 122 | Nu25:18 | ארום מעיקין | אינון | לכון בשקריהון די שקרו |
| 123 | Dt 7:16 | טעוותהון ארום תוקלה | אינון | לכון: |
| 124 | Dt14:07 | לית היא סדיקה מסאבין | אינון | לכון: |
| 125 | Ex20:13 | מן בתריכון וילפון לחוד | אינון | למהוי עם קטולין ארום |
| 126 | Ex20:14 | מן בתריכון וילפון לחוד | אינון | למהוי עם גיורין ארום |
| 127 | Ex20:15 | מן בתריכון וילפון לחוד | אינון | למהוי עם גנבין ארום בחובי |
| 128 | Ex20:16 | מן בתריכון וילפון לחוד | אינון | למהוי עם סהדי שקרא ארום |
| 129 | Ex20:17 | מן בתריכון וילפון לחוד | אינון | למהוי עם חמודין לא יתחמד |
| 130 | Dt 5:19 | מן בתריכון וילפון לחוד | אינון | למהוי עם גנבין ארום בחובי |
| 131 | Dt 5:20 | «וילפון לחוד | אינון» | למהוי מסהדין {מ}<ס>הדי |
| 132 | Dt 5:17 | מן בתריכון וילפון לחוד | אינון | למיהווי עם קטולין ארום |
| 133 | Dt 5:18 | מן בתריכון וילפון לחוד | אינון | למיהווי עם גייורין ארום |
| 134 | Dt33:03 | מן אולפן אורייתה והא | אינון | מדברין ואתיין לרגל עננוי |
| 135 | Nu27:14 | שמי קדמיהון על עסק מיא | אינון | מי דייני רקם מדברא |
| 136 | Nu34:06 | ותחום ימה רבה אוקיינוס | אינון | מי בראשית נוסוי מעווי |
| 137 | Gn15:11 | הוא עופא מסאבא אילין | אינון | מלכוותא דארעא כד יהוון |
| 138 | Nu11:14 | עמא האלין ארום תקיפין | אינון | מני: |
| 139 | Nu13:31 | לוות עמא ארום תקיפין | אינון | מנן: |
| 140 | Nu13:31 | לוות עמא ארום תקיפין | אינון | מנן}: |
| 141 | Nu22:06 | עמא האליין ארום תקיפין | אינון | מנן מה דלמה דאכול |

|  |  |  |  |  |  |
|---|---|---|---|---|---|
| 142 | | Gn30:22M | דארבעה מפתחיא דלא | אינון | מסירין לא למלאך ולא לשרף |
| 143 | | Gn 3:15 | לא יהוי אסו דעתידין | אינון | מעבד שפיותיה בעוקבה ביומא |
| 144 | | Gn42:35 | והוו | אינון | מפנין שקיהון והא גבר צררא |
| 145 | | Ex 1:19 | תיתי חייתא לוותהון | אינון | מצליין קדם אבוהון |
| 146 | | Lv21:06 | קרבנוי דייי לחם אלההון | אינון | מקריבין ויהוון קדישין: |
| 147 | | Nu14:27 | לכנישתה בישתה הדה די | אינון | מתרעמין קדמיי עלויי שמיע |
| 148 | | Nu11:26 | ובידוי דמלכא משיחה | אינון | נפלין ושבע שנין ידלקון |
| 149 | | Ex24:10 | וכחזוי שמיא כד | אינון | נקיין מן עננא: |
| 150 | | Dt 3:02M | דמיין ברם פירין לית | אינון | עבדין בגין כן אמתין ליה |
| 151 | | Gn38:25 | ואנה איתמר לי כען דמן | אינון | עזקתה ושו{ת}<ש>פא וחוטרא |
| 152 | | Dt31:16 | נכריין דאית בארעא די | אינון | עללין לתמן ביניהון ושבקין |
| 153 | | Ex12:04 | ואן זעירין | אינון | עמא דביתא כמסת למתמניא על |
| 154 | | Nu24:14 | שליט בהון ברם עתידין | אינון | עמא האליין משלוט בעמך סוף |
| 155 | | Nu13:28 | להוד ארום חציפין | אינון | עמה די שריין בארעא |
| 156 | | Nu24:20 | ביומוי דגוג ומגוג | אינון | עתידין מסדרה לקבליהון |
| 157 | | Gn 3:09M | אתרא די את בגווה היך | אינון | פיקודייה די פקדת יתך |
| 158 | | Gn49:20M | אשר מה/שמינין | אינון | פירי ארעכון והא תהוי |
| 159 | | Nu13:20 | ומה ארעא השמינין | אינון | פריה או אפתרין הא אית בה |
| 160 | | Ex 5:08 | בטילין אינון בגין כדן | אינון | צווחין למימר ניזל ונקריב |
| 161 | | Dt29:28 | טמירתה גליין | אינון | קדם ייי אלהן וגלייתה לן |
| 162 | | Gn18:21 | בישייא גליין קדמי הא | אינון | קדמי כדלא ידעת: |
| 163 | | Nu14:09 | קליל לן למיכל כדן | אינון | קלילין באפינן למשיציא |
| 164 | | Dt33:17 | מלכין עם שולטנין | אינון | ריבבתה דקטל יהושע בר |
| 165 | | Gn21:29 | ואמר אבימלך לאברהם מה | אינון | שבעתי אמרתא {{דענא |
| 166 | | Gn31:02 | סבר אפוי דלבן והא לית | אינון | שיפין לקבליה לא הך דאתמל |
| 167 | | Dt18:14 | עיינין ולקסמי קסמין | א«י»{א}נון | שמעין ואתון עמי בני |
| 168 | | Nu13:19 | או בישה ומה קרייתה די | אינון | שריין בגויהין הא קרי |
| 169 | | Nu22:05 | ית חזווה דארעא והא | אינון | שרין מן כל קבלי: |
| 170 | אנון | Gn40:12 | תלתא שרביטא תלתא יומין | אנון: | |
| 171 | | Ex13:15 | בנן אנן מפרקין | ^אנון#2#^: | |
| 172 | | Dt20:15 | מן קרי אומייה האליין | אנון: | |
| 173 | | Gn47:14 | דכנען בעיבורה די | אנון | <....> ואעל יוסף ית כספא |
| 174 | | Gn40:12 | שרביטיה תלתי אבהת עלמא | אנון | אברהם יצחק ויעקב דמן |
| 175 | | Ex12:33 | ארעא ארום אמרו אן שהין | אנון | ישראל הכה אוף שעה חדא הא |
| 176 | | Ex10:08 | {ר׳}ייי אלהכון מן ומן | אנון | אזלין: |
| 177 | | Dt18:02 | ביני אחוי קרבנוי דייי | אנון | אחסנותיה היך מה דמלל להון: |
| 178 | | Gn25:16 | אלין | אנון | בנוי דישמעאל ואלין |
| 179 | | Dt32:20 | ארום דר תהפכנין | אנון | בנין דלית להון הימנו: |
| 180 | | Gn28:08 | וחמה עשו ארום בישן | אנון | בנתהון דכנענעאי באפוי |
| 181 | | Gn19:05 | ללוט ואמרין ליה אן | אנון | גובריא די אתון לוותך |
| 182 | | Dt 5:19M | למהוי עם גנבין/אף | אנון | גנב׳#2#/ ארום בחובי |
| 183 | | Lv17:05 | בני ישראל ית דבחהון די | אנון | דבחין באפי ברא וייתון |
| 184 | | Gn32:18 | ולאן את אזל ולמן אלין | אנון | די קדמיך: |
| 185 | | Gn48:09 | ואמר יוסף לאבוי בני | אנון | די יהב לי ייי הכא ואמר דבר |
| 186 | | Gn47:03 | רען ען אנון עבדך להוד | אנון | ולחוד אבהתן: |
| 187 | | Lv11:35 | או תפיין יסתתרון מסאבין | אנון | ומסאבין יהוון לכון: |
| 188 | | Gn 6:02 | ארום שפורין חיזו | אנון | ונסבו להון {א}נש׳ מן כל |
| 189 | | Gn46:32 | רען ען ארום מרי בעירא | אנ«ו»ן | ועניהון ותוריהון וכל |
| 190 | | Ex 6:15 | ברה דכנעניתה אליין | אנון | זרעיותיהון דבנוי דשמעון: |
| 191 | | Lv19:20 | חרותה לא יתיהבת לה מרדו | אנון | חייבין לא ימותון ארום לא |
| 192 | | Gn31:43M | הינין ובניא {הין} בניי | אנון | חשיבין דמן בנתיי אתילידין |
| 193 | | Lv17:07 | עוד ית דבחיהון לשדיה די | אנון | טעיין בתרהון קיים עלם |
| 194 | | Lv22:11 | מניה ותרבבת אנשי ביתיה | אנון | יאכלון בלחמה: |
| 195 | | Dt 7:10 | משהי אגר טב לשנאוי עד | אנון | יהיבין בעלמא הדין משלם |
| 196 | | Gn14:24 | עמי ענר ושכל וממרא | אנון | יסבון חלקי«הון»: |
| 197 | | Gn49:19 | משיריין מטכסן ומזיינין | אנון | יעברון עם ישראל ית ירדנא |
| 198 | | Nu18:23 | ויפלחון לוויי | אנון | ית פלחן משכן זימנה ואינון |
| 199 | | Dt 2:11 | גוברין יתחשבון אוף | אנון | כבנוי דענק גובריה |
| 200 | | Nu 3:13 | ארום לשמי | אנון | כל ב{{ו}}כ«ו»ריה ביומא |
| 201 | | Dt23:08 | אדומיי ארום אחיכון | אנון | לא תרחקון מצריי ארום |
| 202 | | Lv11:10 | נפש חיתה די במי׳ מרחקה | אנון | לכון: |
| 203 | | Dt 5:21 | מן בתריכון וילפון לחוד | אנון | למהוי עם חמודין ולא יתחמד |
| 204 | | Nu20:13 | | אנון | מיא דייניה די אדיינו בני |
| 205 | | Nu11:26M | מקבל נביתה מן בתרה והא | אנון | מן {ס}<ש>ובעתי סבייה די |
| 206 | | Lv22:02 | יפסון ית שמי קדישא די | אנון | מקדשין <לשמי אנה> ייי: |
| 207 | | Lv21:08 | יתיה ארום ית לחם אלהכון | אנון | מקרבין קדישין יהוון לכון |
| 208 | | Nu14:27 | תורעמות בני ישראל די | אנון | מתרעמין עלווי˜: |
| 209 | | Gn44:04 | | אנון | נפקו ית קרתא לא ארחקו |
| 210 | | Dt22:17 | לברתך סהדוותה ואלין | אנון | סהדוותה דברתי ויפרשון |
| 211 | | Ex36:04 | גבר מן עבידתה די | אנון | עבדין: |
| 212 | | Gn47:03 | ואמרין לפרעה רען ען | אנון | עבדך להוד אנון ולחוד |
| 213 | | Dt32:09 | ארום חלקה דייי | אנון | עמה בני ישראל יעקב עדב |
| 214 | | Nu18:21 | לאחסנה חלף פלחניהון די | אנון | פלחין ית פלחן משכן זימנה: |
| 215 | | Gn30:02 | ברחל ואמר הא מני | אנון | פרי וולד מעייא הא אנא ואת |
| 216 | | Lv21:07 | לא יסבון ארום קדישין | אנון | קדם אלההון: |
| 217 | | Dt29:14 | מן עלמא ועד כדון עמן | אנון | קיימין הכה יומא הדין קדם |
| 218 | | Nu 7:02M | ראשי בית אבהתהון | אנון | רברבני#2#/ שבטיה אינון |
| 219 | | Gn37:16 | אנא בעי תני לי כען אן | אנון | רען: |
| 220 | | Gn31:05 | דאבוכון והא לית | אנון | שפין לקבלי לא היך דאתמל |
| 221 | | Gn13:07 | לכנעניא ופריזיא עד כען | אנון | שריין בארעא: |
| 222 | | Ex 8:17 | מן ערבובא וית ארעא די | אנון | שריין בה: |
| 223 | | Ex12:13 | לכון לסימן על בתייה די | אנון | שריין תמן ואחמי ית אדמיה |
| 224 | הינון | Gn48:05M | מצרימה לשמי | אינון/הינון#2#/ | אפרים ומנשה |
| 225 | | Ex12:42M | כתבא בני בוכרי | אינון/הינון#2#/ | ישראל וקרא יתיה |
| 226 | | Ex20:14M | למהוי עם גיורין/אוף | הינון | גיורין#2#/ ארום בחובי |
| 227 | | Lv17:05M | ית דבחהון די | אינון/הינון#2#/ | דבחין באפי/על אפי#2# |
| 228 | | Ex 6:27M | | אינון/הינון#2#/ | דממללין עם פרעה |
| 229 | | Gn44:03M | וגובריא אשתלחו | אינון/הינון#2#/ | וחמריהון: |
| 230 | | Lv18:17M | קרי׳#2#/ בשר | אינון/הינון#2#/ | זנו היא: |
| 231 | | Gn47:08M | פרעה ליעקב כמה | אינון/הינון#2#/ | יומי שני חייך: |
| 232 | | Ex 5:07M | ולא היך דקדמוי | אינון/הינון#2#/ | יזלון ויגבון להון |
| 233 | | Lv11:08M | תקרבון מסאבין | אינון/הינון#2#/ | לכון: |
| 234 | | Lv11:28M | עד רמש׳ מסאבין | אינון/הינון#2#/ | לכון: |
| 235 | | Ex14:03M | הנון בארעא טעיין | הינון | באורחא טרד עליהון טעותא |
| 236 | | Ex20:15M | למהוי עם גנבין/אוף | הינון | גנבי׳#2#/ ארום בחובי |
| 237 | | Lv25:55M | די אפקת/עבדין | הינון | די פרקית ואפ׳#2#/ יתהון |
| 238 | | Gn22:14M | מן כל עקא ברם עתידין | הינון | דריא ועתידין למקום |
| 239 | | Gn46:32M | גוברין מרי{ה} נכסין/ | הינון | ועניך#2#/ ותוריהון וכל |
| 240 | | Ex18:22M | פתגמ׳ זעיר׳ ידונון | הינון | ו{תו}<ית>קולל מעלווך |
| 241 | | Nu 3:33M | דבנוי דמררי/אליין | הינון | זרעייתיה דמ׳#2#/: |
| 242 | | Ex 5:08M | "אינון ... אינון": | הינון | מן בגין כן הינון |
| 243 | | Ex 8:22M | קדם/אמרייה | הינון | מרחקתהון דמצראי מנהון |
| 244 | | Nu14:27M | בישתה הדה די | אינון/הינון#2#/ | מתרעמין קדמיי עלויי |
| 245 | | Ex 1:10M | \אינון אף/לחוד | הינון#2#/ | על שונאינון ויסדרן |
| 246 | | Ex 5:08M | אינון בגין כדן | אינון/הינון#2#/ | צווחין למימר ניזל |
| 247 | | Ex 5:08M | הינון מן בגין כן | הינון | <צווחין> |
| 248 | | Ex 8:17M | וית ארעא די | אנון/הינון#2#/ | שריין/יתבין#2#/ בה: |
| 249 | הנ׳ | Ex 6:16 | ואליין | ^הנ׳#2#^ | שמהת בנוי דלוי |

הנון

250 Gn40:12M תלתא יומין אנון/הנון#2#/:
251 Ex18:26M זעירא ידונון אינון/הנון#2#/:
252 Ex29:34M יתאכל ארום קדש הוא/הנון#2#/:
253 Ex32:09M אולפן אינון/הנון#2#/:
254 Lv11:42M יתהון ארום שקץ אינון/הנון#2#/:
255 Lv18:10M ארום ערייתך אינון/הנון#2#/:
256 Nu 1:16M דבני ישראל אינון/הנון#2#/:
257 Nu13:03M דבני ישראל אינון/הנון#2#/:
258 Nu22:12M עמה ארום בריכין אינון/הנון#2#/:
259 Dt 7:25M קדם ייי אלהכון הוא/הנון#2#/:
260 Dt 7:26M ארום מרחקין אינון/הנון#2#/:
261 Dt20:15M אומייה האליין אנון/הנון#2#/:
262 Gn47:14M /בזבונה#2#/ \די אנון^הנון#2#^/ <....> /דאינון
263 Gn40:12M תלתי אבהת עלמא אנון/הנון#2#/ אברהם יצחק ויעקב
264 Ex12:42M בירייה בוכרה הנון ישראל וקרא יתיה ליליין
265 Nu13:18M /רפיין הא זעירין הנון או סגיין#2#/:
266 Nu13:19M תלילן /בהון הא כופרנין הנון או כרכין#2#/:
267 Ex33:13M וחמי#2#/ ארום עמך \הנון#2#/ אומתא רבתה הדא:
268 Gn 3:15M יהווי אסו ברם עתידין הנון אלין ואלין למעבד שפ׳
269 Ex 5:16M ולבנין \את אמר לן /הנון אמרי׳ לן#2#/ עבדך עבדו
270 Gn15:11M "אילין אינון": אליין הנון ארבעתי מלכוותא דעתידין
271 Ex32:25M עמא ארום פריעין אינון/הנון#2#/ ארום פרעו/פריעו#2#/
272 Ex14:03M פעור וג אחי{ר}<ד>ין הנון בארעא טעיין הינון באורחא
273 Ex 4:18M הא עד כדון הנון בחיין
274 Nu24:05M מה טבן הנון בית מדרשייך דבית
275 Nu25:06M דבני ישראל ואינון/הנון#2#/ בכיין תרע משכן
276 Gn25:16M אלין/אליין#2#/ אנון/הנון#2#/ בנוי דישמעאל ואלין
277 Gn28:08M עשו ארום בישן אנון/הנון#2#/ בנתהון דכנענאי
278 Nu22:09M אינון גברייה /לה מה הנון גובריא#2#/ האליין די
279 Gn 6:04M הנון ג{ו}<י>בריא דאית מן יומת
280 Dt 5:18M למיהווי עם גיורין /הנון גיירין#2#/ ארום בחובי
281 Lv25:55M עבדין \עבדיי אינון^הנון#2#^/ די אפקת /עבדין
282 Ex12:42M /ארום ארבע לילוון הנון דכתיבין#2#/ בספר דוכרניא
283 Lv25:42M \אינון די אפקית /הנון דפרקית ואפ׳#2#/
284 Nu 7:02M הנון רברבני דישראל הנון דקיימין וממנין על מניינייה
285 Gn14:13M ואחוי דענר ואנון/הנון#2#/ הוון מרי קיימא
286 Nu22:03M "תקיפין ...": סגי הנון ואיתיעקו מואבאי בחייהון
287 Gn 3:07M ארום ערטליין אינון/הנון#2#/ וחייטו להון עלין
288 Lv16:04M /לבושי#2#/ קדשא אינון/הנון#2#/ ויסחי במיא ית בשריה
289 Nu18:17M עיזייה לא תפרוק קדש הנון וית
290 Gn 7:14M אינון/הנון#2#/ וכל חיתה למינה וכל
291 Nu16:33M ונחתו אינון/הנון#2#/ וכל מה דהוה להון
292 Ex32:16M מן קדם ייי אינון/הנון#2#/ וכתבא כתב מפרש
293 Lv11:35M מסאבין אנון/הנון#2#/ ומסאבין יהוון לכון:
294 Nu28:09M מנחה פילה במשח אינון/הנון#2#/ ונסכיהון:
295 Dt14:07M \גירה אינון /גררן הנון#2#/ ופרסתהון לית היא סדיקה
296 Ex34:09M למקבלה אולפן אינון/הנון#2#/ ותשרי ותשבוק לחובינן
297 Nu 3:21M אליין הנון זרעייותהון
298 Gn 4:13M קדם ייי סגין אינון/הנון#2#/ חוביי למסבול ברם אית
299 Lv26:29M "קשיין ... לאבהתן": בישין הנון חובייה ומה מרירין אינון
300 Gn18:21M כלייה עבדו גמירא אינון/הנון#2#/ חייבין ואין בעון
301 Lv19:20M את׳#2#/ לה מרדו אנון/הנון#2#/ חייבין לא ימותון
302 Nu11:16M דאינון /חכם ארום הנון#2#/ חכימי עמא וסרכי הון
303 Ex 7:11M \אף אינון /לחוד {ח}<ה>נון#2#/ חרשיהון דמצריי

304 Lv17:07M /לטעוותיה#2#/ די אנון/הנון#2#/ טעיין \מן#2#/
305 Lv22:11M מינה ומרבבייני בייתי הנון יאכלון מן מזונה
306 Dt28:44M לא תוזפון להון אינון/הנון#2#/ יהוון למלכין ואתון
307 Nu 3:09M ולבנוי מתנה אינון/הנון#2#/ יהיבין לה מן לוות
308 Nu18:06M ישראל לכון מתנה אינון/הנון#2#/ יהיבין לשמה דייי
309 Dt28:44M אינון/הנון#2#/הוא#2#/ יוזפון לכון
310 Dt 1:39M בין טב לביש אינון/הנון#2#/ ייעלון לתמן
311 Gn14:24M ושכל וממרא אנון/הנון#2#/ יסבון חלקי«הון»:
312 Nu 1:50M אינון יטענון /דאית ליה הנון יסבלון#2#/ ית משכנה וית
313 Ex19:13M במתקעה דשופירא הנון יסקו{ל}<ן> לטורא
314 Lv11:13M יתאכלון ארום שקץ אינו׳/הנון#2#/ ית נשרא וית ברגזה
315 Nu18:23M ויפלחון לוויי אנון/הנון#2#/ ית פלחן משכן זימנה
316 Dt 2:11M יתחשבון אוף אנון/הנון#2#/ כבנוי דענק גובריה
317 Ex 5:05M הא סגין \אינון כדן /הנון כדון#2#/ עמה «דארעא»
318 Ex13:02M ובבעירה לשמי אינון/הנון כדין אמר ייי#2#/:
319 Nu 3:13M ועד בעירה לשמי יהוון/הנון כדן#2#/ אמר ייי:
320 Nu 3:13M ארום לשמי אנון/הנון#2#/ כל ב{{ו}}כ«ו»ריה
321 Ex32:15M ומן דן סטרה אינון/הנון#2#/ כתיבין:
322 Lv11:41M דשרץ על ארעה שקץ הוא/הנון#2#/ לא יתאכל:
323 Dt23:08M ארום אחיכון אנון/הנון#2#/הוא#2#/ לא תרחקון מצריי
324 Nu 4:22M דגרשון אוף אינון/הנון#2#/ לבית אבהתהון
325 Ex40:20M על את בבית אולפנה הנון לוחי קיימה לוחי סהדותה
326 Nu 3:20M "אלין ... דלוי": אליין הנון לזרעייותהון ליואי
327 Lv11:10M דחייה דאית במיא שקץ הנון לכון
328 Lv11:27M על ארבע מסאבין אינון/הנון#2#/ לכון כ{י}<ל> די יקרב
329 Dt 7:16M תוקלה/תקל׳#2#/ אינון/הנון#2#/ לכון:
330 Dt14:07M /סתיקה#2#/ מסאבין אינון/הנון#2#/ לכון:
331 Ex20:16M עם סהדי שקרא /אוף הנון לסהדי דשקר#2#/ ארום בחובי
332 Lv23:17M יתאפיין בכורייה \הנון#2#/ לשמה דייי:
333 Gn49:22M לבר נשא מן עלמא /הנון מובדין ית בר נשא מן גו
334 Nu 7:03M מזווגן/טעינן צבי כד הנון מחפיין#2#/ ותרין עשר
335 Nu20:13M "אנון ... אדיינו": הנון מי מצותה די אתנצון
336 Gn26:20M דיצחק למימר דינן אנן/הנון#2#/ מיא וקרא שמה דבארה
337 Nu34:06M /קדמייה דאית בגווה הנון מיה בראשית ק׳#2#/ דין
338 Gn15:11M \אילין אינון /אליין הנון#2#/ מלכוותא דארעא כד יהוון
339 Lv22:02M מקדשין <לשמי אנה> ייי /הנון מן קדשין לשמי כדין אמ׳
340 Dt11:30M "אינון ... גלגלה": הנון מן מעבר יורדנה בתר אורח
341 Ex15:23M \אינון בגין כדן /ה{ו}<נ>ון מן בגין כן#2#/ קרא שמה
342 Nu11:14M ארום תקיפין אינון/הנון#2#/ מני:
343 Nu13:31M עמא ארום תקיפין אינון/הנון#2#/ מנן:
344 Nu22:06M ארום תקיפין אינון/הנון#2#/ מנן מה דלמה דאכול
345 Dt15:11M מסכינין ברם אין שבקין הנון מצוותה דאורייתא ארום לא
346 Lv21:06M דייי לחם אלההון אינון/הנון#2#/ מקריבין ויהוון
347 Nu17:20M ישראל דאינון/די הנון#2#/ מתרעמין עליכון:
348 Lv23:02M וארועין קדישין אליין הנון סד׳
349 Ex36:04M /מעיביד׳#2#/ די אנון/הנון#2#/ עבדין:
350 Nu21:14M להון <מימריה> דייי כד הנון עבר׳ בנ{ה}<ח>לי
351 Gn34:21M שלמין בעבדא טבא עמן/הנון עמא#2#/ וישרון בארעא
352 Ex12:04M ואן זעירין אינון/הנון#2#/ עמא דביתא כמסת
353 Nu13:28M עמה די שריין /תקיפין הנון עמא אליין דש׳#2#/ בארעא
354 Nu18:21M פלחניהון די אנון/הנון#2#/ פלחין ית פלחן משכן
355 Gn30:02M ואמר הא מני אנון/הנון#2#/ פרי וולד מעייא הא
356 Nu13:20M ומה ארעא השמינין אינון/הנון#2#/ פריה או אפתרין
357 Dt 5:17M למיהווי עם קטולין /אוף הנון קטולין#2#/ ארום בחובי

|  |  |  |  |  |  |
|---|---|---|---|---|---|
| 358 | | Ex20:13M | למהוי עם קטולין /אוף | הנון | קטלי׳#2#/ ארום בחובי |
| 359 | | Nu 7:02M | "אנון רברבני ... סכומיה": | הנון | רברבני דישראל הנון |
| 360 | | Gn21:29M | לאברהם מה | אינון/הנון#2#/ | שבעתי אמרתא {{דענא |
| 361 | | Dt 5:20M | מן בתריהון וילפון אוף | הנון | שהדין דשקר ארום בחובי |
| 362 | | Nu13:19M | די אינון /קורייתה די | הנון#2#/ | שריין בגויהין הא קרי |
| 363 | | Dt18:06M | וייתי בכל תוחמדת /די | הנון | תותבין וייתה כל תוח׳#2#/ |
| 364 | | Gn27:13M | ואמרת ליה אמה עלי | אינון/הנון#2#/ | לווטך/לבט׳#2#/ ברי |
| 365 | | Dt22:17M | סהדוותה ואלין | אנון/הנון#2#/ | סהדוותה/<סהד>וון#2#/ |
| 366 | הנין | Ex 4:22M | /מימריה דייי בני בוכרי | הנין | ישראל#2#/: |
| 367 | הנן | Gn49:15M | פרי«ה» /שמנין | הנן | פריה#2#/ וארכן כתפה |
| 368 | דאינון | Ex10:08M | מן ומן | אנון/דאינון#2#/הנין#2#/ | אזלין: |
| 369 | | Gn 6:03 | בבני אנשא מן בגלל | דאינון | בשר ועובדיהון בישין הא |
| 370 | | Gn34:22 | לנא כל דכורא היך | דאינון | גזרין: |
| 371 | | Dt32:03 | ית שמה קדישה עד זמן | דאינון | דישראל אמרין קקק תלתה |
| 372 | | Gn47:14M | /^הנון#2#^/ <....> | /דאינון | זבנין#2#/ ואעל יוסף ית |
| 373 | | Dt 4:10 | מן קדמוי כל יומיא | דאינון | חיין וקיימין על ארעא וית |
| 374 | | Dt31:13M | כל יומיה \די | אתון/דאינון#2#/ | חיין וקיימין על |
| 375 | | Nu11:16 | ישראל די את ידע | דאינון | חכימי עמא וסרכי הון ותדבר |
| 376 | | Gn48:22 | בזכוותי ובעובדיי טביא | דאינון | טבין לי מן חרבי ומן קשתי |
| 377 | | Gn30:22 | ארבע מפתחן | דאינון | מסירין ביד רבון כל |
| 378 | | Nu17:20 | דבני ישראל | דאינון | מתרעמין עליכון: |
| 379 | | Ex 5:08 | וית סכום ליבנא | דאינון | עבדין היך דאיתמל והיך |
| 380 | | Dt31:21 | גלי קדמי יצרהון בישה | דאינון | עבדין יומא הדין קדם עד לא |
| 381 | | Nu13:19 | ומה ארעא | דאינון | שריין בה הא טבה היא או |
| 382 | דאנון | Dt32:03M | דישראל /דישר׳ | דאנון#2#/ | אמרין קקק תלתה זימנין |
| 383 | | Nu12:16 | ישראל אשתין רבוון | דאנון | {פֿמום}<סכום> תמניין |
| 384 | | Dt32:33 | לחמתהון דתניניה בזמנה | דאנון | שתיין ורוגזיהון מדמי |
| 385 | | Dt32:03 | בעשרין וחדה מילין | דאנון | תמניין וחמשה אתין וכן הוא |
| 386 | דהינון | Gn44:01M | מזון היך מה | דייכלון/דהינון | יכל{ו}<י>ן#2#/ למטען |
| 387 | | Ex 5:08M | וית סכום ליבנא | דאינון/דהינון#2#/ | עבדין היך דאיתמל |
| 388 | דהנון | Gn 6:03M | עובדין טבין עד | דהנון | בשר עובדין בישין הא יהבת |
| 389 | | Gn34:22M | היך/הך#2#/ | דאינון/<ד>הנון#2#/ | גזרין: |
| 390 | | Dt 4:10M | דאינון חיין /יומין | דהנון | חי׳#2#/ וקיימין על ארעא |
| 391 | | Dt 1:01M | יתהון עד | אינון/דהנון#2#/ | יהיבין בעבר ירדנה |
| 392 | | Nu12:16M | /שת׳#2#/ רבוון | דאנון/דהנון#2#/ | {פֿמום}<סכום> |
| 393 | | Nu13:19M | ומה ארעא | דאינון/דהנון#2#/ | שריין בה הא טבה היא |
| 394 | ואינון | Nu15:25 | להון ארום שלו הווה | ואינון | אייתון ית קרבניהון קדם |
| 395 | | Dt33:17 | מן שבטה דבנוי דאפרים | ואינון | אלפיה דקטל גדעון בר |
| 396 | | Dt15:06 | ותשלטון באומין סגין | ואינון | בכון לא ישלטון: |
| 397 | | Nu25:06 | כל כנשתה דבני ישראל | ואינון | בכיין תרע משכן זימנה: |
| 398 | | Nu11:26M | נשיותיה בתריה | ותרויהון/ואינון | הו׳#2#/ מתנביין |
| 399 | | Nu11:26 | וחרש לא יפקון | ואינון | הוון מן שבעתי חכימיה |
| 400 | | Nu16:16 | הוון קדם ייי את | «ואינון» | ואהרן למחר: |
| 401 | | Dt 1:39 | ולהו{ד}<ן> אתן יתה | ואינון | ירתון יתה: |
| 402 | | Ex 1:19 | והוא עני יתהון | ואינון | ילדן: |
| 403 | | Ex28:05 | | ואינון | יקבלון ית דהבא וית תכלתה |
| 404 | | Nu18:23 | ית פלחן משכן זימנה | ואינון | יקבלון ית חוביהון קיים |
| 405 | | Nu 1:50 | ית משכנה וית כל מנוי | ואינון | ישמשון יתיה וחזור חזור |
| 406 | | Ex24:02 | משה לבלחודוי קדם ייי | ואינון | לא יקרבון ועמא לא יסקון |
| 407 | | Ex12:42 | מדבר ביני תריהון ואנה | ואינון | מדברי׳ כחדא הוא לילי פסחא |
| 408 | | Ex38:17 | כסף וחפוי רישיהון כסף | ואינון | מכבשין כסף כל עמודי |
| 409 | | Dt 9:29 | | ^ואינון#2#^ | עמך ואחסנתך די אפקת |
| 410 | ואנון | Ex36:03 | בית קודשא למעבד יתה | ואנון | אייתון לוותה תוב נדבה בכל |
| 411 | | Gn14:13 | דאשכל ואחוי דענר | ואנון | הוון מרי קיימא דאברם: |
| 412 | | Gn49:19 | עם ישראל ית ירדנא | ואנון | יכבשון קדמיהון ית ארעא |
| 413 | | Gn42:08 | וחכם יוסף ית אחוי | ואנון | לא חכמו יתיה: |
| 414 | | Gn42:23 | | ואנון | לא ידעין ארום <....> היך |
| 415 | | Gn42:36 | בעין למיסב ית בנימין | ואנון | סכימין עלוי למקמה |
| 416 | | Dt32:36 | מטת ידיהון דצדיקיה | ואנון | שביקין ורטישין ולית להון |
| 417 | והינון | Ex 4:01M | וענה משה ואמר | ואין/והינון#2#/ | לא יהימנון לי ולא |
| 418 | | Ex17:04M | האליין הא קליל צעיר | והינון | רגמין יתיה#2#/: |
| 419 | והנון | Ex36:03M | לוותה תוב נדבה בכל | /והנון | אייתון יתה עוד נסיבה |
| 420 | | Dt15:06M | באומין סגין | ואינון/והנון#2#/ | בכון לא ישלטון: |
| 421 | | Dt28:12M | ותשלטון באומין סגין | והנון | בכון לא ישלטון |
| 422 | | Nu16:16M | ק׳#2#/ ייי את | «ואינון»/והנון#2#/ | ואהרן למחר |
| 423 | | Gn49:19M | יורדנא {יחסון} | <והנון> | יחסנון יתהון ית ארעא |
| 424 | | Dt 1:39M | אתן יתה | ואינון/והנון#2#/ | יירתון יתה: |
| 425 | | Ex28:05M | \ואינון יקבלון | /והנון | יסבון#2#/ ית דהבא וית |
| 426 | | Nu 1:50M | ואינון /מאנוי | והנון#2#/ | ישמשון יתיה וחזור חזור |
| 427 | | Ex24:02M | קדם ייי | ואינון/והנון#2#/ | לא יקרבון ועמא לא |
| 428 | | Ex12:42M | ואנה \ואינון מדברי׳ | /והנון | מהלכי׳#2#/ כחדא הוא לילי |
| 429 | | Ex38:17M | כל עמודי דרת«ה» | /והנון | משקעי{י}ן כסף כל עמודה |
| 430 | | Gn19:03M | ועבד להון שירו | והנון | מתחמיין היך אכלין והיך |
| 431 | | Dt 9:29M | | ^ואינון#2#^/^והנון#2#^/ | עמך ואחסנתך די |

## אינין *pron.* they (f.) [163 הינין]

|  |  |  |  |  |  |
|---|---|---|---|---|---|
| 001 | אינין | Dt32:17M | /<חד>תין#2#/ | אינון/<אי>נין#2#/ | דמן כדון אתבריין |
| 002 | | Gn33:06 | וקריבן לחינתה | אינין | ובניהן ושאלין בשלמיה: |
| 003 | | Ex 1:19 | עברייתא ארום חיין | אינין | עד לא תיתי חייתא לוותהון |
| 004 | | Ex39:14 | על שמהת בני ישראל | אינין | תרתין עשרה על שמהתהון |
| 005 | אנין | Gn31:05M | לית \אנון שפין לקבלי | /אנין | שווין לקובלי׳#2#/ לא היך |
| 006 | הינין | Gn31:43M | נשיא אילין בנתי | הינין | ובניא {הין} בניי אנון |
| 007 | | Ex 1:19M | /לוותהון ילדתא | הינין#2#/ | מצליין קדם אבוהון |
| 008 | הנין | Ex10:08M | אלהכון מן ומן | אנון/הנין#2#/ | אזלין: |
| 009 | | Nu31:16M | הוויין תקלה/תוק׳#2#/ | /הנין | דהוון תקלה#2#/ לבני |
| 010 | | Gn33:06M | ושאלין /וקריבו אמהתא | הנין | ובניהן וסגדו#2#/ בשלמיה: |
| 011 | | Gn 6:02M | ונסבו /שפירות חזיו | הנין | ונ׳#2#/ להון {א}נשי׳ מן |
| 012 | | Lv 8:28M | אינון /אשלמוון | הני{ף}<ן> | לריח דרעוה קרבן הוא |
| 013 | | Ex39:14M | ישראל \אינין תרתין | /הנין | תרתי׳#2#/ עשרה על שמהתהון |
| 014 | והינין | Ex 1:19M | דילדתן#2#/ | ואינון/והינין#2#/ | ילדן: |

## איסטולי *n.* garment [51]

|  |  |  |  |  |  |  |
|---|---|---|---|---|---|---|
| 001 | אסטולי | s ab/cn | Gn45:22 | לכולהון יהב לכל גבר | אסטולי | ולבוש ולבנימן יהב תלת |
| 002 | ואסט׳ | | Dt10:18M | ליה מזון | ואצטלי׳^ואסט׳#2#^/ | ולבוש#2#/: |
| 003 | ואסטולי | | Gn45:22M | ולבוש /לבוש | ואסטולי׳#2#/ | ולבנימן יהב תלת מאה |
| 004 | ואצטלי | | Dt10:18 | גיורה למתן ליה מזון | ואצטלי: | |
| 005 | אסטליתה | s em/sf | Gn 9:23 | ונסב שם ויפת ית | אסטליתה | ושוון על כתף תריהון |
| 006 | | | Dt22:17M | דברתי ויפרשון | שושיפה/אסטליתה#2#/ | קדם חכימי קרתה |
| 007 | באיסטליתא | | Dt24:13M | במעליה שמשא וידמוך | באיסטליתא | ויברך יתך ולך תיהווי |
| 008 | לאסטליתא׳ | | Dt22:03M | /וכן#2#/ תעבד | ללבושה/לאסטליתא׳#2#/ | וכדן תעבד לכל |
| 009 | איסטלוון | p abs | Gn 3:07M | דתאנה ועבדו להון | איסטלוון#2#/: | |
| 010 | אסטלון | | Gn45:22 | מאה סלעין דכסף וחמש | אסטלון | ולבושיהון: |
| 011 | ואסטלוותהון | p em/sf | Gn45:22M | חמשה לבושין | ואסטלוותהון | |

## איפופדין *n.* ⇐ אפיפודין

# איפשר adv. possible

[53]

001 איפשר Ex33:23 ואפי איקר שכינתי לית איפשר דתחמי:
002 Gn50:21 יכילין למעקר יתיה ואי׳ איפשר כוכב חד יכיל למעקר עשרה
003 Dt32:03 קדישה בגידופין ברם לית איפשר לחד ממלאכי שירותה למדכרה
004 Nu22:37M /מן< קושטין לית איפשר לי למייקרה לך#2#/:
005 Dt23:25 ותשבע ולגו מניך לית איפשר לך למתן:
006 אפשר Ex33:20 תכל למחמי אפי ארום לית אפשר דחמי יתי בר נש ויחיי:
007 Gn13:16 ארום היך מה{ מה} דלית אפשר די כל גבר למימני ית עפרא
008 Gn18:14 הא אית אפשר דיתכסא מן קדם ייי פתגם
009 Ex 8:22 דמצריי קדמיהון לית אפשר דלא ירגמון יתן:
010 Lv10:19M "הא שפר הווה קדם": אית אפשר ד{פ}ש<פ>ר ותקן ק׳
011 Dt33:17 בקרני רימנה כדין לית אפשר לבנוי דיוסף למשתעבדה
012 Gn17:17 שרה הא ברת תשעין שנין אפשר לה למילד:
013 Gn13:16 עפרא דארעא אף בניך לית אפשר להון למתמניה:
014 Nu 9:06M בנוי דאהרן ולית אפשר להון למעבד פסחא
015 Gn18:01 לתלת מילין ארום לית אפשר לחד ממלאכי מרומא די ישתלח
016 Gn 4:14 אפי דארעא ומן קדמוך לית אפשר לי למטמרה ויהוי קין גלי
017 Gn17:17 בליביה הא בר מאה שנין אפשר לי למולדה בנין ואן שרה הא
018 Gn18:12 בלבה למימר בתר דסאבית אפשר לי למחזר ליומי טליותי
019 Gn29:15 ליעקב הא אחי את לית אפשר למפלח קדמיי מגן תנה לי כען
020 Dt33:17 ליה הוויין כמה דלית אפשר למפלח בבכורי תורייה ולא
021 Lv27:34M "על בני ישראל": ולית אפשר לנבייא לחדתא בהון מדעם
022 Lv10:19 מן מעשרה תנינה ולית אפשר מיכל מיניה ואנא דארע יתי
023 Nu11:23M ייי למשה \הא איתו ^האית#2#^אפשר מן#2#/ קדם ייי
024 Dt 5:24M "ימלל ... חיה": לית אפשר מן קדם ייי לממללא עם
025 האיפשר Nu11:23M "הא ... מחסור": האיפשר {קדם} דקדם ייי אית

# איקונין n. image

[54]

001 דאיקונין s ab/cn Gn28:12 חמון לגברא חסידא דאיקונין דידיה קביעא בכורסיה
002 דאיקוניה s em/sf? Gn28:12M לגברא חסידא דאיקונין/<דאיקו>ניה#2#/ דידיה קביעא

# איקר n. honor

[54]

001 איק׳ s ab/cn Ex 3:01 לטורא דאיתגלית עלוי איק׳ שכינתה דייי חורב:
002 איקר Ex14:14 קומן שתוקו {׳}<ו>הבו איקר ותושבחא ורוממו לאלהן:
003 Dt32:03 עמי בני ישראל הבו איקר ותושבחה ורוממו לאלהכון:
004 Nu23:21 אלההון עמהון ויבבות זיו איקר מלכיהון מגן עליהון:
005 Gn28:16 שנתיה ואמר הא מן קושטא איקר שכינה דייי דשריה באתרה
006 Ex19:18 מן בגלל דאתגליית עלוי איקר שכינת׳ דייי באשתא וסלק{ת}
007 Gn49:27 ובאחסנתיה תשרי איקר שכינתא דייי בצפרא יהוון
008 Ex18:05 דהוא שרי תמן דתמן שריא איקר שכינתא דייי:
009 Ex19:11 ביומא תליתייא תתגלי איקר שכינתא דייי לעיני כל עמא
010 Ex19:17 ואפיק משה ית עמא לקדמות איקר שכינתא דייי מן משריתא
011 Ex19:20 ואתגליית איקר שכינתא דייי על טורא דסיני
012 Ex40:38 ארום ענן איקר שכינתא דייי על משכנא
013 Gn35:13 ואסתלקת איקר שכינתה דייי מעילוי באתרא
014 Ex16:07 ובצפרא יתחמון איקר שכינתה דייי ושמיע ית
015 Ex16:10 וכווינ{ן}<ו> למדברא והא איקר שכינתה דייי אתגליית בעננא:
016 Ex17:07 ייי למימר הא מן קושטא איקר שכינתה דייי שרייא
017 Ex24:10 וחמון ית איקר שכינתה דייי ותחות אפיפודן
018 Ex24:11 לא פשט ידיה וחמון ית איקר שכינתה דייי והוון חדיין על
019 Ex24:13 לטור«א» דאתגליית עלוי איקר שכינתה דייי:
020 Ex40:35 זימנא ארום אשרי עלוי איקר שכינתה דייי ואיקר שכינתה
021 Lv 9:06M ומן יד יתגלי לכון איקר שכינתה דייי
022 Lv 9:23 ובריכו ית עמה ואתגלית איקר שכינתה דייי על כל עמא:
023 Nu10:34 וענן איקר שכינתה דייי הוה מגן באימה
024 Nu11:25 ואיתגליית איקר שכינתה דייי בענניא ומלל
025 Nu14:21 אנה במימרי לעלם ותתמלא איקר שכינתה דייי ית כל ארעא:
026 Nu14:42 לא תסקון ארום לית איקר שכינתה דייי שרי עליכון דלא
027 Nu16:19 לתרע משכן זמנא ואיתגלית איקר שכינתה דייי על כל עם
028 Nu17:07 עננה ואת{ל}«ג»<ל>יית איקר שכינתה דייי:
029 Dt 6:13 ית איקר שכינתה דייי אלהכון תהוון
030 Dt 6:16 לא תנסון ית איקר שכינתה דייי אלהכון היך מה
031 Dt31:17 ההוא הלא על די לית איקר שכינתה דייי שרייה בינינן
032 Dt33:27 מדור איקר שכינתה דאלהא מלקדמין
033 Gn 9:27M תחומא דיפת וישרי יקר/איקר#2#/ שכינתי׳ בגו משכוני
034 Gn47:31M ואודי ומן דאתגלי איקר שכינתי׳ דייי וסגיד ישראל
035 Ex34:05 ואתגליי«ת» איקר שכינתי׳ דייי בעננא ואתעתד
036 Ex19:04 וטענית יתכון בעננ׳ איקר שכינתי על כנפי נשירין
037 Ex25:08 בית מוקדש«א» ואשרי איקר שכינתי ביניהון:
038 Ex29:45 ואשרי ^איקר#2#^ שכינתי בגו בני ישראל
039 Ex29:46 מארעא דמצרים למשריה איקר שכינתי ביניהון אנה ייי
040 Ex33:03 כדובשא ארום לא אסלק איקר שכינתי מביניכון ארום עם
041 Ex33:05 כקליל זעיר אין אסלק איקר שכינתי מן בניכון אשיצא
042 Ex33:14 ואמר איקר שכינתי מדברה ביניכון
043 Ex33:22 ויהוי כמעיבר איקר שכינתי ואשוי יתך בנקרה
044 Ex33:23 דברא דיקר שכינתי ואפי איקר שכינתי לית איפשר דתחמי:
045 Lv16:02 דלא ימות ארום בענני איקר שכינתי ממרי איתגלי על
046 Lv23:43 ידעון דריכון ארום בענני איקר שכינתי בדמות מטלין אשרית
047 Lv26:11 ואשרי איקר שכינתי ביניכון ולא תרחק
048 Nu35:34 אנא הוא ייי דאשריית איקר שכינתי בגו בני ישראל:
049 Dt 1:42 תסדרון קרבה ארום לית איקר שכינתי מדברה ביניכון ולא
050 Gn11:05 ואתגלית איקר שכינתיה דייי למחמי ית קרתא
051 Gn17:22 מן למללה עמה ואסתלק׳ איקר שכינתיה דייי מעלוי אברהם:
052 Gn18:33 ואסתלקת איקר שכינ«תיה» דייי כד אשלם
053 Gn22:14 הדין אתגלי«ית» עלוי איקר שכינתיה דייי:
054 Ex12:23 ותעבר איקר שכינתיה דייי למשיציא ית
055 Ex20:20 יתכון אתגליית עליכון איקר שכינתיה דייי ומן בגלל
056 Ex20:21 קרב לערפלא דתמן שרי איקר שכינתיה דייי:
057 Ex24:16 ושרת אי{׳}קר שכינתיה דייי על טורא
058 Ex24:17 וחיזו איקר שכינתיה דייי כאשתא אכלה
059 Ex34:06 ועברת איקר שכינתיה דייי וצלי משה
060 Lv 9:06 תעבדון ותתגלי עליכו׳ איקר שכינתיה דייי:
061 Lv16:16 יעביד למשכן זמנא די שרי איקר שכינתיה בגו סואביהון:
062 Nu12:05 ואיתגלי איקר שכינתיה דייי בעמודה דעננה
063 Nu20:06 על אפיהון וא«ת»גלית איקר שכינתיה דייי עליהון:
064 Dt12:05 כל שבטיכון למשרייה ית איקר שכינתיה תמן לבית מוקדשה
065 Dt12:11 ייי אלהכון ביה למשרייה איקר שכינתיה תמן תמן תיתון ית
066 Dt12:21 ייי אלהכון למשרייה איקר שכינתיה תמן ותיכסון מן
067 Dt16:02 די יתרעי ייי למישריה איקר שכינתיה תמן:
068 Dt16:06 ייי אלהכון למשרייה איקר שכינתיה תמן תיכסון נכסת
069 Dt16:11 ייי אלהכון למשרייה איקר שכינתיה תמן:
070 Dt23:15 עריית דמילה ולא יחזור איקר שכינתיה מן בתריכון:
071 Dt26:02 ייי אלהכון למשרייה איקר שכינתיה תמן:
072 Dt31:08 ומימרה דייי די א«י»קר שכינתיה מדברה קדמך הוא
073 Dt33:12 ובאחסנתיה תשרי איקר שכינתיה דייי:
074 Dt33:16 ודעבד רעותה מן דאשרי איקר שכינתיה בסנייה ייתין כל
075 Dt33:26 לית כאלהא דישראל דאשרי איקר שכינתיה בשמיא וגיוותה

|  |  |  |  |
|---|---|---|---|
| 076 | | Gn18:03 | חן וחסד באפיך לא תסלק איקר שכינתך מעילווי עבדך: |
| 077 | | Ex33:15 | ואמר קדמוי אין לית איקר שכינתך בינינן לא תסק יתן |
| 078 | | Ex33:16 | אנה ועמך הלא בדברות איקר שכינת«ך» עמן ויתעבד עמן |
| 079 | | Nu10:36 | ברחמיך טבייה ואשרי איקר שכינתך בגו אלפיה ורבוותה |
| 080 | | Nu14:14 | את במימרך ייי וענן איקר שכינתך הווה עליהון ובעמודה |
| 081 | | Dt26:15 | כען ברחמיך טביה מן מדור איקר שכינתך מן שמיא וברך ית עמך |
| 082 | אקר | Nu11:20 | על פם גזרת ממרה דייי די אקר שכינתיה שריה ביניכון |
| 083 | ייקר | Dt14:24 | ייי אלהכון למשרייה ייקר שכינתיה תמן ארום יברך |
| 084 | יק' | Nu14:21M | /כדן אמר ייי ואתמליית יק'#2/ שכינתה דייי ית כל ארעא: |
| 085 | יקר | Gn34:19 | בברתיה דיעקב והוא הוה יקר מן כל אנשי ביתיה דאבוי: |
| 086 | | Ex18:05M | שרי תמן דתמן שריא איקר/יקר#2/ שכינתא דייי: |
| 087 | | Ex40:38M | ארום ענן איקר/יקר#2/ שכינתא דייי על משכנא |
| 088 | | Ex 3:01M | /דאיתגלי#2/ עלוי איק'/יקר#2/ שכינתה דייי חורב |
| 089 | | Ex16:10M | למדברא והא איקר/יקר#2/ שכינתה דייי אתגליית |
| 090 | | Ex17:07M | הא מן קושטא איקר/אית יקר#2/ שכינתה דייי שרייא |
| 091 | | Lv 9:23M | ית עמה ואתגלית איקר/יקר#2/ שכינתה דייי על כל |
| 092 | | Nu11:20M | חולף די מאסתון יקר שכינתה דייי דאית ביניכון |
| 093 | | Nu11:25M | ואיתגליית איקר/יקר#2/ שכינתה דייי בענניא |
| 094 | | Nu14:09M | לחוד/להוד#2/ באיקר/יקר#2/ שכינתה דייי לא |
| 095 | | Nu14:42M | לא תסקון ארום לית איקר/יקר#2/ שכינתה דייי שרי |
| 096 | | Nu16:03M | וביניכון שריא \יקר#2/ שכינתה דייי ומן בגלל |
| 097 | | Nu16:11M | אליין דאתרעמו על יקר שכינתה דייי |
| 098 | | Nu16:19M | זמנא ואיתגלית איקר/יקר#2/ שכינתה דייי על כל עם |
| 099 | | Nu17:07M | ואת{ל}«ג»<ל>ית איקר/יקר#2/ שכינתה דייי: |
| 100 | | Dt 6:16M | לא תנסון ית איקר/יקר#2/ שכינתה דייי אלהכון |
| 101 | | Gn 9:27 | ייי תחומא דיפת וישרי יקר שכינתי' בגו משכנוי דשם |
| 102 | | Gn24:62M | והוא /דאתגליית עלוי יקר שכינתי' דייי והוא#2/ הוה |
| 103 | | Ex17:02M | מה אתון מנסון קדם ייי/יקר שכינתי#2/: |
| 104 | | Ex29:45M | \שכינתי בגו בני /יקר שכינתי ביני ב{י}ני#2/ |
| 105 | | Ex29:46M | דמצרים למשריה איקר/יקר#2/ שכינתי ביניהון אנה \ |
| 106 | | Ex33:05M | אין \אסלק איקר /אדבר יקר#2/ שכינתי מן בניכון אשיצא |
| 107 | | Ex33:22M | ויהוי כמעיבר איקר/יקר#2/ שכינתי ואשוי יתך |
| 108 | | Lv16:02M | \בענני איקר /בענן יקר#2/ שכינתי ממרי איתגלי |
| 109 | | Lv26:11M | \ואשרי איקר /ואשוי יקר#2/ שכינתי ביניכון ולא תרחק |
| 110 | | Lv26:12M | ממרי ביניכון /ואדבר יקר שכינתי בי#2/ ויהווי |
| 111 | | Nu 5:03M | יסאבו ית משיריתכון די יקר שכינתי שריה ביניכון |
| 112 | | Gn 3:24 | וטרד ית אדם ואשרי יקר שכינתיה {מן} מלקדמין מן |
| 113 | | Gn16:14M | בין /דאיתגליית עלוי יקר שכינתיה דייי הא הוא בן#2/ |
| 114 | | Gn17:22M | למללה עמה ואסתלק' איקר/יקר#2/ שכינתיה דייי מעלוי |
| 115 | | Gn18:33M | ואסתלקת איקר/יקר#2/ שכינ«תיה» דייי כד |
| 116 | | Gn25:11M | קיים כל עלמיא /עלוי יקר שכינתיה דייי#2/: |
| 117 | | Gn26:02M | ואתגלי עלוי ייי/יקר שכינתיה דייי#2/ ואמר |
| 118 | | Gn35:07M | ארום תמן אתגליית עלוי יקר שכינתיה דייי בזמן דערק |
| 119 | | Ex 3:02M | "מלאכא ... אשא": יתיה יקר שכינתיה דייי עלוי בשלהבן |
| 120 | | Ex19:18M | אתרגיף ואתמלי מזיו יקר שכינתיה דייי וסלק קוטרי' |
| 121 | | Ex20:20M | אתגליית עליכון איקר/יקר#2/ שכינתיה דייי ומן בגלל |
| 122 | | Ex24:17M | וחיזו איקר/יקר#2/ שכינתיה דייי כאשתא |
| 123 | | Ex34:06M | ועברת איקר/יקר#2/ שכינתיה דייי \ |
| 124 | | Ex34:09M | איקרך ייי /יעבור כען יקר שכינתיה דייי#2/ בינינן |
| 125 | | Lv 9:06M | /ויתגלי#2/ עליכו' איקר/יקר#2/ שכינתיה דייי: |
| 126 | | Lv15:31M | בית מקדשי דאיקר/די יקר#2/ שכינתיה שריה בניהון: |
| 127 | | Nu20:06M | /וית#2/ איקר/יקר#2/ שכינתיה דייי עליהון: |
| 128 | | Dt 7:21M | ייי אלהכון דאיקר/די יקר#2/ שכינתיה מדברה/שרייה#2/ |
| 129 | | Dt12:05M | למישרייה ית איקר/יקר#2/ שכינתיה תמן |
| 130 | | Dt12:11M | ביה למשרייה איקר/יקר#2/ שכינתיה תמן תמן תיתון |
| 131 | | Dt12:21M | אלהכון למשרייה איקר/יקר#2/ שכינתיה תמן ותיכסון |
| 132 | | Dt14:23 | באתרה די יתרעי למשרי יקר שכינתיה תמן מעשר תניין |
| 133 | | Dt21:23M | דצליב ולא תסאבון /בזיו יקר שכינתיה דייי אצלב ולא |
| 134 | | Dt26:02M | אלהכון למשרייה איקר/יקר#2/ שכינתיה תמן: |
| 135 | | Gn18:03M | איקר /בבעו תעבר יקר#2/ שכינתך מעילווי עבדך: |
| 136 | | Ex33:15M | איקר /ליה אין לית יקר#2/ שכינתך בינינן לא תסק |
| 137 | | Ex33:16M | \בדברות איקר /במללות יקר#2/ שכינת«ך» עמן ויתעבד |
| 138 | באיקר | Ex 3:06 | ארום דחל מן למסתכלא באיקר שכינתה דייי: |
| 139 | | Nu14:09 | לחוד באיקר שכינתה דייי לא תמרדון |
| 140 | | Dt 1:30 | ייי אלהכון הוא באיקר שכינתיה מדבר קדמיכון הוא |
| 141 | ביק' | Dt 1:30M | ייי אלהכון הוא באיקר/ביק'#2/ שכינתיה מדבר קדמיכון |
| 142 | ביקר | Ex14:13M | "... די יעבד": <די> ביקר שכינת' הוא דעבד |
| 143 | דאוקר | Gn 3:21 | לאדם ולאתתיה לבושין דאוקר למשך בשרהון ואלבש יתהון: |
| 144 | דאיקר | Ex33:23M | /ואחמי ית דבורה דאיקר#2/ שכינתי ואפי איקר |
| 145 | | Nu35:34 | ארעא די אתון שרין בה דאיקר שכינתי שריה בגווה ארום |
| 146 | | Lv15:31 | יסאבון ית בית מקדשי דאיקר שכינתיה שריה בניהון: |
| 147 | | Dt 4:39 | ארום ייי הוא אלה דאיקר שכינתיה שריה בשמיה |
| 148 | | Dt 6:15 | ופורען הוא אלהכון דאיקר שכינתיה ביניכון דלא יתקוף |
| 149 | | Dt 7:21 | ארום ייי אלהכון דאיקר שכינתיה מדברה ביניכון אלה |
| 150 | | Dt 9:03 | הדין ארום ייי אלהכון דאיקר שכינתיה מדברה קדמיכון אשה |
| 151 | | Dt20:04 | ארום ייי אלהכון דאיקר שכינתיה מדברה ביניכון |
| 152 | | Dt23:15 | ארום ייי אלהכון דאיקר שכינתיה מדברה בגו |
| 153 | | Dt31:03 | ייי אלהכון דאיקר שכינתיה מדברה קדמיכון הוא |
| 154 | | Dt31:06 | ארום ייי אלהכון דאיקר שכינתיה מדברה קדמיכון לא |
| 155 | | Nu14:14 | הדה שמעו ארום את הוא דאיקר שכינתך בגו עמא האליין |
| 156 | | Dt 3:24 | די מן אלה כוותך דאיקר שכינתך שרייא בשמייא |
| 157 | דייקר | Nu35:34M | די אתון שרין בה דאיקר/דייקר#2/ שכינתי שריה בגווה |
| 158 | דיק' | Dt23:15M | ארום ייי אלהכון דאיקר/דיק'#2/ שכינתיה מדברה |
| 159 | | Dt31:03M | ייי אלהכון דאיקר/דיק'#2/ שכינתיה מדברה |
| 160 | | Dt31:08M | ומימרה דייי \די א«י»קר/דיק'#2/ שכינתיה מדברה קדמך |
| 161 | דיקר | Ex 8:18M | ארום אנה הוא ייי דממרי/דיקר שכינה שריא#2/ שרי בגו |
| 162 | | Ex33:23 | קדמיי ותחמי ית דברא דיקר שכינתי ואפי איקר שכינתי |
| 163 | | Nu35:34M | איקר שכינתי בגו בני /דיקר שכינתי שרייה ביני |
| 164 | | Lv16:16M | "די ... סואביהון": דיקר שכינתיה שרייה בגו |
| 165 | | Dt 6:15M | הוא אלהכון דאיקר/דיקר#2/ שכינתיה ביניכון דלא |
| 166 | | Dt 9:03M | ארום ייי אלהכון דאיקר/דיקר#2/ שכינתיה מדברה |
| 167 | | Nu14:14M | ארום את הוא דאיקר/<ד>יקר#2/ שכינתך בגו עמא |
| 168 | ואיקר | Ex14:17M | ואתיקר /מן בתריכו' ואיקר מימריי#2/ בפרעה ובכל |
| 169 | | Ex40:34 | עננא ית משכן זימנא ואיקר שכינתה דייי מלת ית משכנה: |
| 170 | | Ex40:35 | עלוי איקר שכינתה דייי ואיקר שכינתה דייי מלא משכנה: |
| 171 | | Nu14:10 | מרגום יתהון באבניא ואיקר שכינתה דייי אתגליית במשכן |
| 172 | וביקר | Ex40:34M | ית משכן זימנא ואיקר/וביקר#2/ שכינתה דייי מלת |
| 173 | | Ex40:35M | דייי מלא /עננה וביקר שכינתה דייי מלא#2/ |
| 174 | לאיקר | Ex28:40 | וכובעין תעבד להון לאיקר ולתושבחא: |
| 175 | | Ex28:02 | לבושי קדש לאהרן אחוך לאיקר ולתשבחא: |
| 176 | | Dt32:10 | אשרי יתהון חזור חזור לאיקר שכינתיה אלף יתהון עשרתי |
| 177 | ליק' | Dt32:10M | יתהון חזור חזור לאיקר/ליק'#2/ שכינתיה אלף יתהון |
| 178 | ליקר | Dt26:19M | "ליקרה ... לעם": ליקר ולשם ולתושבחתה ולמהוון עם |
| 179 | | Ex28:40M | תעבד להון לאיקר/ליקר#2/ ולתושבחא: |
| 180 | א' s em/sf | Dt 6:13M | תהוון <....> /ית ייי א' תדחלון#2/ משתבע{ו}<י>ן |
| 181 | איקרא | Nu24:11 | והא מנע ייי יתן מנך ית איקרא: |
| 182 | | Gn28:12 | דידיה קביעא בכורסיה איקרא דהוויתון מתחמדין למחמי |
| 183 | | Gn31:01M | \כל נכסיא האלין /איקרא הדין#2/: |

|  |  |  |  |
|---|---|---|---|
| 184 | איקרה | Gn 2:03 | מן כל עיבידתיה די ברה איקרה דייי למעבד: |
| 185 | | Gn16:04 | {{ע}} ארום עברת וזל איקרה דריבוניתה באפה: |
| 186 | | Nu12:16 | תמניין ליגיונין ועננ׳ איקרה ובירה לא הוון זייעין ולא |
| 187 | | Nu21:01 | דבזכותיה הוון עננ׳ איקרה מפקין ית ישראל וארום |
| 188 | איקרהון | Ex34:29 | הוה ידע ארום נהר זיו איקרהון דאפוי במללותיה עמיה: |
| 189 | | Ex34:30 | ית משה והא נהר זיו איקרהון דאפוי דמשה ודחלו מלמקרב |
| 190 | | Ex34:35 | מחזר}} ארום נהר זיו איקרהון דאפוי דמשה והוה משה |
| 191 | איקרי | Ex29:43 | לבני ישראל ויתקדש בגו איקרי: |
| 192 | | Gn49:06 | למחרבה יתה לא חסו על איקרי ארום ברוגזהון קטילו מלכין |
| 193 | | Gn16:05M | ארום עברת ובזיית איקרי באפה וכדו אתגלי |
| 194 | | Gn16:05 | וחמת ארום עברת ואזל איקרי באפה וכדון יתגלי ייי |
| 195 | | Ex17:16 | נפקת מן תחות כורסי איקרי דרבון כל עלמא קדמיה {מאה} |
| 196 | | Nu14:22 | ארום כל גברייה דחמון ית איקרי וית ניסי פר«י» שתי די |
| 197 | איקרי׳ | Gn 1:17 | ושוי יתהון איקרי׳ דייי ברקיעא שמיא למנהרא |
| 198 | איקריה | Lv20:09 | ארום גבר גבר די יזלזל איקריה דאבוי ודאמה ממת ימות |
| 199 | | Gn 1:28 | וברך יתהון איקריה דייי ואמר ליהון ממרה דייי |
| 200 | | Gn 2:03 | וברך איקריה דייי ית יומא שביעיא וקד׳ |
| 201 | איקרך | Ex33:18M | חווי לי כען ית זיו איקרך#2#/: |
| 202 | | Ex33:18 | ואמר חווי כען לי ית איקרך: |
| 203 | | Ex34:09 | חן וחסד קדמיך ייי ידבר איקרך ייי בינינן ארום עם קשין |
| 204 | אקרי | Gn45:13 | ותתנון לאבא ית כל אקרי במצרי׳ וית כל מה דחמיתון |
| 205 | אקריה | Lv20:09 | דאבוי ודאמה ממת ימות אקריה דאבוי ודאימיה זל אדמיה |
| 206 | | Gn 1:29 | ואמר אקריה דייי הא יהבית לכון ית כל |
| 207 | יק׳ | Lv20:09M | ודאמה ממת ימות אקריה/יק#2#/ דאבוי ודאימיה זל |
| 208 | | Lv20:09M | גבר גבר די יזלזל איקריה/יק#2#/ דאבוי ודאמה ממת ימות |
| 209 | | Nu12:16M | ליגיונין ועננ׳ איקרה/יק#2#/ ובירה לא הוון זייעין |
| 210 | יקרא | Gn35:13M | \איקר שכינתה /שכינת יקרא#2#/ דייי מעילוי באתרא די |
| 211 | | Gn15:17M | גומרא די נור מן כורסי יקרא יתוקיד ותצרי כל מלכותא |
| 212 | יקרה | Nu10:34M | וענן \איקר שכינתה דייי /יקרה דייי עליה#2#/ הוה מגן |
| 213 | | Nu 9:16M | \עננה יכסי /<ענן> יקרה חפ#2#/ יתיה וחזיו אשא |
| 214 | יקריה | Dt27:16 | ליט יהווי גברא דזלא יקריה דאבוי ודאמה ויאמרון כל |
| 215 | | Dt 5:24 | יתן מימרה דייי אלהן די יקריה וית תוקפיה וית קל מימרה |
| 216 | | Dt 9:03M | ... קדמיכון": שכינת יקריה עבר קדמך |
| 217 | באיקרא | Dt 5:16M | הוון זהירין באיקרא דאבוכון ובאיקרא דאמכון |
| 218 | באיקרהון | Dt33:16 | בארעא דמצרים וזהיר באיקרהון דאחוי: |
| 219 | באיקריה | Lv19:03 | גבר באיקריה דאבוי ודאימיה תהוון |
| 220 | ביק׳ | Ex29:43M | \וא׳#2#/ \בגו איקרי/ביק#2#/: |
| 221 | | Lv19:03M | גבר באיקריה/ביק#2#/ דאבוי ודאימיה תהוון |
| 222 | ביקירא | Gn49:26 | על ארעא דמצרים וזהיר ביקירא דאבוי ובאיקרהון דאחוי: |
| 223 | ביקרה | Dt33:02 | לא קבילו יתה והופיע ביקרה למתן אוריתה על טורא |
| 224 | ביקרי׳ | Dt33:02 | בני ישראל {ו}<ד>נח ביקרי׳ על טורה דגבלה למתן אורית |
| 225 | ביקריה | Ex20:12 | הוון זהירין גבר ביקריה דאבוי ובאיקרה דאימיה |
| 226 | ויקרא | Dt33:17 | בכורותא ומלכותא ויקרא והדרא ליה הוויין כמה דלית |
| 227 | ובאיקרא | Dt 5:16M | באיקרא דאבוכון ובאיקרא דאמכון היך מי די |
| 228 | ובאיקרה | Ex20:12 | גבר ביקריה דאבוי ובאיקרה דאימיה מן בגלל דיסגון |
| 229 | ובאיקרהון | Gn49:26 | וזהיר ביקירא דאבוי ובאיקרהון דאחוי: |
| 230 | ליקרה | Dt26:19 | על כל אומייה די ברא ליקרה ולתושבחה ולרוממי ולמהווי |

## אירוע *n.* gathering [54]

|  |  |  |  |
|---|---|---|---|
| 001 | ארוע s ab/cn | Lv23:08 | שבעה יומין ביומא קדמיה ארוע קדיש כל עבידה דפלחן לא |
| 002 | ואירוע | Lv23:07 | קדמייה יומא טבא ואירוע קדיש יהווי לכון כל עבידה |
| 003 | | Lv23:36 | <....> יום טב ואירוע קדיש יהווי לכון ותקרבון |
| 004 | ואירעון | Lv23:02 | יתהון יומ«ין» טבין {ואירעון} ואירעון קדיש אלין אינון |
| 005 | | Lv23:02 | {ואירעון} ואירעון קדיש אלין אינון זמן סדרי |
| 006 | וארוע | Ex12:16M | קדיש <....> /<יום טב וארוע וביומה שביעאה י׳ ט#2#/ |
| 007 | | Ex12:16 | ביומא קדמייה יום טב וארוע קדיש <....> יהווי לכון כל |
| 008 | | Lv23:03 | שבעיה שבת שבתה יום וארוע קדיש כל עבידה לא תעבדון |
| 009 | | Lv23:08M | /שביעייה יום ט{ו}ב וארוע#2# קדיש כל עבידה דפלחן לא |
| 010 | | Lv23:21 | יומא הדין יום טב וארוע קדיש יהווי לכון כל עבידה |
| 011 | | Lv23:24 | טב תקיעה ויבבו יום טב וארוע קדיש: |
| 012 | | Lv23:27 | דכיפוריה הוא יום טב וארוע קדיש יהווי לכון ותצומון |
| 013 | | Lv23:39 | ביומא קדמייה יום טב וארוע קדיש ^וביומא#1#^ תמנייה |
| 014 | | Lv23:39 | תמנייה יום טב וארוע קדיש: |
| 015 | | Nu28:18 | ביומא קדמיה יום טב וארוע קדיש כל עבידה דפלחן לא |
| 016 | | Nu28:25 | וביומא שביעיה יום טב וארוע קדיש יהווי לכון כל עבידה |
| 017 | | Nu28:26 | שבועיכון יום טב וארוע קדיש יהווי לכון כל עבידה |
| 018 | | Nu29:01 | בחד לירחא יום טב וארוע קדיש יהווי לכון כל עבידה |
| 019 | | Nu29:07 | שביעיה הדין יום טב וארוע קדיש יהווי לכון |
| 020 | | Nu29:12 | לירחא שביעיה יום טב וארוע קדיש יהווי לכון כל עבידה |
| 021 | ואריע | Lv23:03M | שבת שבתה יום וארוע/<ואר>יע#2#/ קדיש כל עבידה לא |
| 022 | ואירועין p abs | Lv23:04 | יומין טבין ואירועין קדישין די תארעון יתהון |
| 023 | | Lv23:37 | יתהון יומין טבין ואירועין קדישין למקרבה קרבנין קדם |
| 024 | וארועין | Lv23:02M | "ואירעון ... סדרי": וארועין קדישין אליין הנון סד׳ |
| 025 | וארעין | Lv23:02M | \ואירעון קדיש /וארעין קדישין#2#/ אלין אינון |

## אישה ⇐ *n.* אשה

## אית *vb.* there is, are [54]

|  |  |  |  |
|---|---|---|---|
| 001 | אית peal | Nu12:16 | מרים נבייתה למצטרעה אית אולפן סגי לחיכימי ולנטרי |
| 002 | | Gn44:26M | יכלין למיחות אן נחת/אית#2#/ אחונן זעירא עמן אנן |
| 003 | | Gn18:14 | הא אית אפשר דיתכסא מן קדם ייי |
| 004 | | Lv10:19M | "הא שפר הווה קדם": אית אפשר ד{פ}ש<פ>ר ותקן ק׳ |
| 005 | | Gn 4:08 | הוה מדבר ומיסב אפין אית בדינא מן בגלל מה איתקבל |
| 006 | | Nu13:20 | אינון פריה או אפתרין הא אית בה אילנין או לא ותתוקפון |
| 007 | | Nu22:29M | ארום שקרת בי אילו הווה/אית#2#/ בידי חרב ארום כדון |
| 008 | | Gn19:08M | בנן \דלא חכמן גב«ר» אית/ די לא חכימן תשמיש דגבר#2#/ |
| 009 | | Gn 4:08 | עני הבל ואמר לקין אית דין ואית דיין ואית עלם |
| 010 | | Gn 3:22 | דאוריתא וקיים פקודה אית הוה חי וקיים כאלן חייא עד |
| 011 | | Nu11:23M | האיפשר {קדם} דקדם ייי אית חוסרנה |
| 012 | | Gn18:24M | מה/הא#2#/ דילמא דא«ית» ^אית#2#/^ חמשין זכיין בגו |
| 013 | | Gn 4:13 | אינון חוביי למסבול ברם אית יכלה קדמך למשרי ולמשבק: |
| 014 | | Ex17:07M | למימר הא מן קושטא איקר/אית יקר#2#/ שכינתה דייי |
| 015 | | Gn25:22M | "לי בנין ... קדם ייי": אית לי חיין למהוי לי בנין |
| 016 | | Gn27:46M | דעמא דארעא למה כען \איח#2#/ לי חיין: |
| 017 | | Gn33:09 | ואמר עשו אית לי סגין אחי יתקיים לך כל |
| 018 | | Gn33:11 | ארום חן יתי ייי וארום אית לי כל מן דעם ודחק עלוי |
| 019 | | Nu11:13 | מן הן אית לי בשר למתין לכל עמא האלין |
| 020 | | Ex22:02 | אן דנחת עלוי שמש{ו}א אית ליה חובת שפיכות אדם זכיי |
| 021 | | Gn19:12M | לך הכה חתנך /עוד מאן אית לך הכא חתנין#2#/ ובניך |
| 022 | | Gn19:12 | גבריא ללוט מן כדון מה אית לך הכה חתנך ובניך ובנותיך |
| 023 | | Gn27:38 | עשו לאבוהי הא ברכה חדא אית לך אבא ברך יתי אף אנה אבא |
| 024 | | Gn33:08M | ואמר מ/הן אית#2#/ לך כל משריתא הדא די |
| 025 | | Gn43:06 | לי למתנייא לגברא הא כען אית לכון אחוי: |
| 026 | | Gn43:07 | הא כען אבוכון קיים הא אית לכון אחוי ותנינן ליה |
| 027 | | Gn44:19 | שאל ית עבדוי למימר הא אית לכון אב או אח: |
| 028 | | Dt 3:19 | ידע אנה ארום בעיר סגין אית לכון ישרון בקורייכון די |
| 029 | | Gn24:39M | אתתא בתריי /דלמא רביה אית למיתי׳ מן בת#2#/: |
| 030 | | Gn44:20 | ואמרנן לריבוני אית לן אבונן סב וטלי בר סיבו |

|  |  |  |  |  |  |
|---|---|---|---|---|---|
| 031 | | Gn31:14 | ואמרין לה הא עד כדון | אית | לנא חלק ואחסנא בביתא |
| 032 | | Nu17:27M | יבדנן כולן אישתצינן | אית | מנן דמיתו במגפתה ואית מנן |
| 033 | | Gn42:01 | יעקב ברוח קודשא ארום | אית | עיבור מזדבן במצרים ואמר |
| 034 | | Gn31:29 | | אית | עמי חיל ואוכלסין סגין |
| 035 | | Nu11:23 | ואמר ייי למשה הא | אית | קדם ייי מחסור כדון תחמון |
| 036 | | Dt13:04 | אלהכון יתכון למדע הא | אית | רחמין ית אולפן אורייתה |
| 037 | | Gn29:02M | בארה באפיה ברה והא | \אית#2#/ | תמן תלתא עדרי דען |
| 038 | דאי' | Ex20:11M | ית ימיה וית כל מה | דבהון/דאי' | בהו'#2#/ והוה שבא |
| 039 | | Lv 3:10M | /דאית עליהון#2#/ | די'/דאי'#2#/ | על כסליה וית מה |
| 040 | | Lv16:02M | /כלוקבל#2#/ כפרת | די'/דאי'#2#/ | על ארונה דסהדותה דלא |
| 041 | דאית | Ex 3:07M | צערהון דעמי | דבמצרים/דאית | במצ'#2#/ וית |
| 042 | | Ex 4:18M | ואחזור לוות אחי | די'/דאית#2#/ | במצרים ואחמי העד |
| 043 | | Lv25:07M | די בארעכון /ולחייתה | דאית | בא'#2#/ תיהוי כל עללת |
| 044 | | Gn34:28M | בקרתא וית מה | די'/דאית#2#/ | באפי ברא/בריה#2#/ |
| 045 | | Ex 9:03M | /אתיא בניכסיך | דאית | באפי ברא בסוסוותא ובחמרא |
| 046 | | Ex 9:25M | דמצרים ית כל מה | דהוה/דאית#2#/ | באפי ברא מן |
| 047 | | Gn35:06M | יעקב לוזה | די'/דאית#2#/ | בארעא דכנען הי |
| 048 | | Gn46:31M | ואנשי בייתיה דאבא | די'/דאית#2#/ | בארע«א» דכנען אתון |
| 049 | | Dt 4:17 | דמו כל בעיר | דאית | בארעא דמו כל עוף דפרח |
| 050 | | Dt31:16 | בתר טעוון נכריין | דאית | בארעא די אינון עללין לתמן |
| 051 | | Gn33:18M | די בארעא /קרתה שכם | דאית | בארעה#2#/ דכנען במיתייא |
| 052 | | Dt15:11M | /ולצריכייה | דאית#2#/ | בארעכון: |
| 053 | | Dt24:14M | או מן גיוריכון | די'/דאית#2#/ | בארעכון בקורייכון: |
| 054 | | Dt31:12 | וטפלייה וגיוריכון | דאית | בארעכון מן בגלל די ישמעון |
| 055 | | Gn34:29M | מה \דהווה בגו בייתה | /דאית | בבי'#2#/: |
| 056 | | Lv14:36M | /מכתש ולא יסב כל מה | דאית | בבית#2#/ ומן בתר כדין |
| 057 | | Gn39:22M | די בבית חבושיה /חבישא | דאית | בבית חבושא#2#/ וית כל מה |
| 058 | | Ex12:29M | /בכ'#2#/ דשביתא | די'/דאית#2#/ | בבית חבוש«ה» וכל |
| 059 | | Gn45:11M | כדון חמש שנין דכפן | \דאית | בגו ארעא#2#/ ולא תשתיצא |
| 060 | | Gn18:24M | די בגווה /צדיקייא | דאית | בגווה#2#/: |
| 061 | | Nu34:06M | די בגווה /קדמייה | דאית | בגווה הנון מיה בראשית |
| 062 | | Lv11:33M | לגוויה כל \מה דביה | /דאית | בגוויה#2#/ יסתאב ויתיה |
| 063 | | Ex36:12M | \די בבית דיבוקה | /דאית | בדבוקה#2#/ תניינה |
| 064 | | Gn 7:15 | תרין תרין מן כל בשרא | דאית | בה נשמה דחיין: |
| 065 | | Ex40:09M | ית משכנה וית כל מה | דביה/דאית | בה#2#/ ותקדש יתי' וכל |
| 066 | | Dt 8:15M | \ארע בית חיווין/ארע | דאית | בה חוון#2#/ שרפין ועקרבין |
| 067 | | Dt10:14 | ושמי שמייא ארעא וכל מה | דאית | בה: |
| 068 | | Dt13:16 | תשיצון יתה וית כל מה | דאית | בה וית בעירה לפתגם דחרב: |
| 069 | | Gn30:22 | פתח ידך ומשביע לכל חיי | דאית | בהון רעוא מפתחא דקבריה דכן |
| 070 | | Lv14:40M | וישמטון ית אבניה | די'/דאית#2#/ | בהן מכתשה ויטלקון |
| 071 | | Gn23:20M | "דביה ... דקבורה": | דאית | בחקלא דאית בכל תחומא |
| 072 | | Lv19:09M | ולקט«ה» דחצדיכון | /דאית | בחקליכון למחצד ולקט |
| 073 | | Lv23:22 | לא תשיצון אומנה אחריה | דאית | בחקליכון למחצדה ולקטה |
| 074 | | Gn 7:22M | באפוי#2#/ כל מה | די'/דאית#2#/ | ביבשתא מיתו: |
| 075 | | Ex 7:17M | הא אנה מחי בחוטרא | די'/דאית#2#/ | בידי על מיא די |
| 076 | | Nu31:49M | עמה דחיל קרבה | דאית | בידינן לא אתפקד מינן גבר |
| 077 | | Ex11:08M | פוק את וכל עמא | דעמך/דאית | בידך#2#/ ומ«ן» בתר |
| 078 | | Gn 1:29 | כל ארעא וית כל אילניא | דאית | ביה פירי אילן דמזרעין זרע |
| 079 | | Gn 1:30 | ולכל דרחש על ארעא | דאית | ביה נפש דחיא ית כל עשבא |
| 080 | | Gn 6:17 | על ארעא למחבלא כל בשרא | דאית | ביה נשומא דחיין מן תחות |
| 081 | | Gn 7:22M | דרוח חיין בנחירוי מן | /דאית | ביה נפש דחיין באפוי#2#/ |
| 082 | | Gn 9:03 | כל רחש | דאית | ביה נשמה דחיין לכון יהווי |
| 083 | | Gn30:35 | עזיא קרוחתא ונמורתא כל | דאית | ביה שומה חיורא וכל לחוש |
| 084 | | Gn49:32M | ומערתא \דביה מן בנוי | /דאית | ביה מן לוות בנוי#2#/ |
| 085 | | Lv 8:10M | ית משכנה וית כל מנוי | \דאית | ביה#2#/ וית כל מה דביה |
| 086 | | Lv13:45M | \דמכתשה ביה לבושוי | /דאית | ביה מכתשה לבו'#2#/ יהוון |
| 087 | | Lv13:54M | ית \מנה דביה /דן | דאית | ביה#2#/ מכתש'» ויטרוד |
| 088 | | Lv13:57M | יתיה ית \מנה דבי /דן | דאית | ביה#2#/ מכתשה: |
| 089 | | Lv14:32M | דמן דבה מכתש /אחוויית | דאית | ביה מ'#2#/ צרעה די לא |
| 090 | | Lv21:18 | ארום כל גבר | דאית | ביה מום לא יקרב למקרבה גבר |
| 091 | | Lv21:21 | כל גבר | דאית | ביה מום מן בנוי דאהרן |
| 092 | | Lv22:20 | כל מה | דאית | ביה מום לא לרעוה יהווי |
| 093 | | Nu 4:16M | מה \דביה בבית קודשה | /דאית | ביה בית קודשה#2#/ |
| 094 | | Gn 9:15M | ואדכר ית קיימי | \דאית#2#/ | בין ממרי וביניכון ובין |
| 095 | | Gn10:12M | וית תלאסר | \דאית#2#/ | בין נינוה ובין הדיף |
| 096 | | Gn35:02M | עמיה אעבירו טעותא | דאית | ביני' ות{ה}<ד>כון |
| 097 | | Nu11:04M | ביניהון /וערוברובייה | דאית | ביניכ'#2#/ איתחמדו |
| 098 | | Nu11:20M | יקר שכינתה דייי | דאית | ביניכון |
| 099 | | Nu15:14M | גיור או מן מה | די'/דאית#2#/ | ביניכון לדריכון ויקרב |
| 100 | | Dt16:11M | ויתמייה וארמלתה | די'/דאית#2#/ | ביניכון באתרא די |
| 101 | | Dt28:43M | גיורה | די'/דאית#2#/ | ביניכון יהוון רמין |
| 102 | | Gn23:20M | דאית בחקלא | דאית | בכל תחומא חזור חזור |
| 103 | | Dt22:04M | \מה דבלבך /ית מה | דאית | בלבך#2#/ עלוי ומפרוק |
| 104 | | Ex23:05M | כל מה \דבלבך על חברך | /דאית | בליבך עלוי#2#/ ומפרק |
| 105 | | Nu21:13M | /מעבר ארנון#2#/ | די'/דאית#2#/ | במדברה דנפק מן |
| 106 | | Dt 8:02 | יתכון> למידע ית מה | דאית | במחשבת לבבכון הא אין נטרין |
| 107 | | Lv11:10M | "חיתה ... לכון": דחייה | דאית | במיא שקץ הנון לכון |
| 108 | | Dt14:09M | תאכלון מן כל \מה | די'/דאית#2#/ | במיא כל דאית ליה |
| 109 | | Dt 4:18M | דמו כל נונייא | די'/דאית#2#/ | במייא מן לרע |
| 110 | | Gn 3:03M | ומן פרי אילנא | די'/דאית#2#/ | במציעות גנתה אמר ייי |
| 111 | | Lv 4:18M | /דאית#2#/ קדם ייי | די'/דאית#2#/ | במשכ' זימנא וית כל |
| 112 | | Lv 4:07M | קדם ייי | די'/דאית#2#/ | במשכן זימנא וית כל |
| 113 | | Ex16:16M | גבר לפם מה | די'/דאית#2#/ | במשכנה תסבון: |
| 114 | | Nu19:14M | יהווי מסאב שבעה | /דאית | במשכנה יסתאב שב'#2#/ |
| 115 | | Ex32:03M | ואייתון לוות אהרן | /דאית | במשמעהון ואייתון יתהון |
| 116 | | Ex32:02M | די \באדני נשיכון | /דאית | במשמעי נשייה#2#/ בניכון |
| 117 | | Ex19:18M | תנן אתונה וזעו כל עמא | דאית | במשרית' |
| 118 | | Ex 7:17M | בידי על מיא | די'/דאית#2#/ | בנהרא ויהפכון |
| 119 | | Ex 7:20M | /<ומ>חת#2#/ ית מיא | די'/דאית#2#/ | בנהרא קדם פרעה וקדם |
| 120 | | Ex 7:21M | ונוניא | די'/דאית#2#/ | בנהרא מיתו ואסרח |
| 121 | | Dt 2:36M | ארנונה וקרתה | די'/דאית#2#/ | בנחלה ועד גלעדה לא |
| 122 | | Ex29:32M | /דאשלמוותה וית מזונה | דאית | בס'#2#/ בתרע משכן זימנא: |
| 123 | | Nu22:36M | דאית כל וקביל ארנונא | דאית | בס' |
| 124 | | Ex12:22M | /<ב>דמה#2#/ \די במנה | /דאית | בסופלה#2#/ ואתון ותתנון |
| 125 | | Gn23:11M | כפילה די'/דאית ליה | דאית#2#/ | בסייפי' חקליה בכסף שלים |
| 126 | | Ex13:20M | ושרון באיתם | בסיפה/בסופ'#2#/דאית | בסייפי#2#/ מדברה: |
| 127 | | Nu33:06M | ושרון באיתם | די'/דאית#2#/ | בסיפי מדברה: |
| 128 | | Lv 8:31M | יתיה וית לחמה | די'/דאית#2#/ | בסלה דאשלמותה |
| 129 | | Dt 3:25M | ית ארעא טבתה | די'/דאית#2#/ | בעבר ירדנה טורא טבה |
| 130 | | Dt 4:47M | מלכיהון דאמוריי | די'/דאית#2#/ | בעבר ירדנה מן מדנח |
| 131 | | Dt11:06M | בני ישראל /ברייתא | דאית | בעצתא דקורח בגו בני |
| 132 | | Nu16:32M | עם קרח /בני אנשא | דאית | בעצתיה דק'#2#/ וית |
| 133 | | Dt 5:14M | וגייורייה | דאית | בקורייכון |
| 134 | | Dt12:12M | \וליווי די /וליוואי | דאית#2#/ | בקורייכון ארום לית להון |
| 135 | | Dt12:18M | \וליווי די /וליוואי | דאית#2#/ | בקורייכון |
| 136 | | Dt14:21M | די /לגייוריה | דאית#2#/ | בקורייכון תתנון יתה |
| 137 | | Dt16:11 | ואמהתכון וליוויי | ^דאית | בקורייכון#2#^ וגייורייה |
| 138 | | Dt14:29M | וארמלתה | דבקורייכון/דאית | בקר'#2#/ ויאכלון |

|  |  | | | |
|---|---|---|---|---|
| 139 | Gn34:28M | וית מה <....> | די/דאית#2#/ | בקרתא וית מה די |
| 140 | Lv25:30M | /ויקים#2#/ ביתה | די/דאית#2#/ | בקרתה דלה שור לחלטו |
| 141 | Dt 5:08M | וצורה}} וכל דמו | די/דאית#2#/ | בשמייא מן לעיל ודי |
| 142 | Nu21:20M | אתגנזת מנהון באירה | דאית | בתחומיהון דמואבאי ריש |
| 143 | Gn19:11M | וית גובריא | די/דאית#2#/ | בתרע ביתה מחון |
| 144 | Lv 4:18M | דמדבחה דעלתה | די/דאית#2#/ | בתרע משכן זמנא: |
| 145 | Gn31:32M | אחיך חכים#2#/ לך מה | עמי/דאית | גבי מן דידך#2#/ וסב לך |
| 146 | Gn35:05M | דייי על קרייתא | די/דאית#2#/ | חזור חזור יתהון ולא |
| 147 | Lv25:44M | אומי«י»ה | די/דאית#2#/ | חזור חזור להוד |
| 148 | Nu16:34M | וכל ישראל | די/דאית#2#/ | חזור חזור להון ערקו |
| 149 | Dt 6:14M | {{דאומייה}} | די/דאית#2#/ | חזור חזור לכון: |
| 150 | Dt13:08M | טעוותהון דאומייה | די/דאית#2#/ | חזור חזור לכון |
| 151 | Dt17:14M | מלך ככל אומייא | די/דאית#2#/ | חזור חזור לן: |
| 152 | Dt21:02M | די מן /ית קרייתא | דאית#2#/ | חזור חזור לקטילה/דק׳#2# |
| 153 | Gn18:24 | מה דילמא | דאי«ת» | חמשין זכיין בגו קרתא הא |
| 154 | Gn47:04M | ארום \תקף כפנא | /דאית | כופנא#2#/ לחדא ואישתלחון |
| 155 | Nu22:36M | לקרתא דמואב | דאית | כל וקביל ארנונא דאית בס׳ |
| 156 | Ex39:19M | מן לגו /סיפו{י}<ו>ה | דאית | כל וקבל אפודה מן לגו#2#/: |
| 157 | Gn49:30M | די בחקל כפלא | די/דאית#2#/ | כל קבל ממרא דכנען די |
| 158 | Gn50:13M | חתייה \קדם ממרא | /דאית | כלוקביל ממריה#2#/: |
| 159 | Gn23:17M | \די קדם מימרא | /דאית | כלוקבל ממ׳#2#/ חקלא |
| 160 | Gn23:19M | כפילא \די כל קובל | /דאית | כלוקבל#2#/ מימרא היא |
| 161 | Gn25:09M | די כל קובל /חתיי׳ | דאית | כלוקבל#2#/ מימרא: |
| 162 | Gn35:04M | בלוטה \דסמיך לשכם | /דאית | כלוקבל שכם#2#/: |
| 163 | Lv14:16M | מן מש{כ}<ח>ה | דעל/דאית#2#/ | כף ידיה דשמאלה וידי |
| 164 | Gn25:06M | ולבנוי לחינתי | די/דאית#2#/ | לאברהם יהב אברהם |
| 165 | Ex29:26M | דכ׳#2#/ דאשלמותא | די/דאית#2#/ | לאהרן ותניף |
| 166 | Ex29:27M | /דאשלמוותה מה מן | דאית | לאהרן ומן מה דאית |
| 167 | Ex29:29M | "די לאהרן ... בהון": | דאית | לאהרן יהוון לבנוי |
| 168 | Ex39:01M | לבושי קדש{י}<ה>^^ | די/דאית#2#/ | לאהרן היך מה דפקד |
| 169 | Gn29:09M | /אתה#2#/ עם ענה די | לאבוהי/דאית | לאבוהא#2#/ ארום |
| 170 | Gn31:01M | ומן דאבונן קנה ית | /דאית | לאבונן ומן {מן} <מה> |
| 171 | Gn31:01M | לאבונן ומן {מן} <מה> | דאית | לאבונן תקף ית#2#/ כל |
| 172 | Nu31:48M | על סכומי חילוותה | /דאית | [ל]אלפייה דחיל קרבה#2#/ |
| 173 | Ex29:27M | מן דאית לאהרן ומן מה | דאית | לבנוי#2#/: |
| 174 | Gn12:20 | וית אתתיה וית כל מה | דאית | לה: |
| 175 | Gn31:21M | וערק הוא וכל מה | די/דאית#2#/ | לה וקם ועבר ית נהרא |
| 176 | Lv11:09 | כל מה די {מב}<במ>יא כל | דאית | לה סנפירין וקסקסין במיא |
| 177 | Lv19:18 | זכותה דחבר׳ כד תדע בה | דאית | לה זכו בדינה ולא תתחשד |
| 178 | Dt 4:08 | והלא היידה אומה ומלכו | דאית | לה קיימין וסדרי דינין |
| 179 | Gn46:32M | ותוריהון וכל | מה דלהון/דאית | להון#2#/ אייתון: |
| 180 | Gn47:01M | ותוריהון וכל | מה דלהו«ן»/דאית | להון#2#/ אתון מן |
| 181 | Nu16:33M | "דהוה להון חיין שאול": | דאית | להון בחיין לשאולה |
| 182 | Dt19:17 | ויקומון תרין גברייה | דאית | להון דינה קדם ייי לקדם |
| 183 | Ex28:26M | מלגו /סיפו{נ}<ו>ה | דאית | לוקבל אפודה מן לגיו#2#/: |
| 184 | Dt34:01 | לטורה דנבו ראש רמתה | דאית | לוקבל יריחו וחווי ליה |
| 185 | Dt 5:21M | ולא לביערה ולא לכל מה | דאית | לחבריכון ארום בחובי |
| 186 | Gn20:16M | ברם אילו יהבת כל | מה דילי/דאית | לי#2#/ לא הוינה כמסת |
| 187 | Gn13:01M | ואתתיה וכל מה | דהוה/^דאית#2#^/ | ליה ולוט עמה |
| 188 | Gn20:07M | תמות אבימלך וכל | מה דיליה/דאית | <ליה>#2#/: |
| 189 | Gn23:11M | לי ית מערת כפילה | די/דאית | ליה דאית#2#/ בסייפי׳ |
| 190 | Gn24:02M | דהוה שליט בכל מה | דאית | ליה |
| 191 | Gn24:36M | ויהב לה ית כל | מה דיליה/דאית | ליה#2#/: |
| 192 | Ex32:24M | ואמרית להון מן | דאית | ליה דהב פריקו ואייתון לי |
| 193 | Ex35:16M | וית קנקלא דנחשא | דידה/דאית | ליה#2#/ וית אריחוי וית |
| 194 | Ex38:30M | וית קנקילה דנחשה | דידיה/דאית | ליה#2#/ וית כל מני |
| 195 | Ex39:39M | וית קנקלה דנחשה | דידיה/דאית | ליה#2#/ וית אריחוי וית |
| 196 | Lv11:21 | דעופה דמהלך על ארבע כל | דאית | ליה קרסולין לעיל מן רגלוי |
| 197 | Lv11:23 | וכל שרצה דעופה | דאית | ליה ארבע רגלין שקץ הוא |
| 198 | Lv27:24M | \למן דהווה דידיה /לדן | דאית | ליה#2#/ אחסנות ארעא: |
| 199 | Lv27:28M | לשמה דייי מן כל | מה דלה/דאית | ליה#2#/ מן בני אנשה |
| 200 | Nu 1:50M | אינון יטענון | /דאית | ליה הנון יסבלון#2#/ ית |
| 201 | Nu16:05M | ייי \מן דמן דידה /כל | דאית | ליה#2#/ וית קדישוי ויקרב |
| 202 | Dt 4:07 | ארום היידה אומה ומלכו | דאית | ליה אלה קריב לוותיה כוות |
| 203 | Dt14:09 | מן כל מה די במיא כל | דאית | ליה סנפרין וקשקשין <....>: |
| 204 | Nu16:26M | ולא תקרבון בכל | מה דלהון/דאית | לייי#2#/ דלא תשיצון |
| 205 | Gn14:23M | מתג«אי» ותימר אנא | /דאית | לך ולא תהווי מתרברב ואמר |
| 206 | Gn19:12 | ובניך ובנותיך וכל מה | דאית | לך בקרתא אפק מן |
| 207 | Gn33:09M | מה דילך /יהוי לך מה | דאית | לך#2#/: |
| 208 | Gn45:10M | \וכל דילך /וכל מה | דאית | לך#2#/: |
| 209 | Ex 9:19 | כנש ית בעירך וית כל מה | דאית | לך באפי ברא כל אינשא |
| 210 | Dt 8:13 | ודהב יסגי לכון וכל מה | דאית | לכון יסגי: |
| 211 | Dt28:03 | עמי בני ישראל במה | דאית | לכון בקורייכון <....>: |
| 212 | Dt28:16 | ליטין תהוון במה | דאית | לכון בקורייכון וליטין |
| 213 | Dt28:16 | וליטין תהוון במה | דאית | לכון באפי ברה: |
| 214 | Nu 8:24M | דן פולחנה | דאית | לליוואי מן ב{ת}ר עש׳ |
| 215 | Lv 9:15M | דחטאתה \דמן עמה | /דאית | לעמא#2#/ ונכס יתה ודכי |
| 216 | Lv16:15M | דחטאתה \דמן עמא/^דעמא#2#^/ | דאית | לעמא#2#/ וייתי ית |
| 217 | Lv 9:18M | קדשיה \דמן עמה | /דאית | לעמה#2#/ וזמינו |
| 218 | Gn49:22M | בארתכא תיניינתא | דפרעה/דאית | לפרעה#2#/ והוון מקלסין |
| 219 | Lv11:09M | תאכלון מן כל מה | די/דאית#2#/ | {מב}<במ>יא כל דאית לה |
| 220 | Gn 6:04M | הנון ג{ו}<י>בריא | דאית | מן יומת עלמא |
| 221 | Lv 8:26M | ומן סלה דפטירה {מן} | /\דאית#2#/ | מן קדם ייי נסב חלה |
| 222 | Lv18:28M | די פלטת ית אומייה | די/דאית#2#/ | מן קדמיכון: |
| 223 | Lv26:19M | ואשוי ית שמייא | דאית | מעילוויכון ברירין כפרזלא |
| 224 | Dt28:23M | "די עלוויכון ... וצמחין": | דאית | מעילוויכון ברירין כפורזלה |
| 225 | Gn 9:16M | /דחיה#2#/ בכל בשרא | די/דאית#2#/ | על ארעא: |
| 226 | Gn 9:17M | ממרי ובין כל בשרא | די/דאית#2#/ | על ארעא: |
| 227 | Gn30:37M | חוורתא | די/דאית#2#/ | על חוטרתא: |
| 228 | Gn32:33M | ג{די}<יד>א דנשיא | די/דאית#2#/ | על כף ירכא עד זמן |
| 229 | Ex25:22M | /מן ביני תרי כרובייא | דאית | על ארונ׳ דסהדותא#2#/ ית |
| 230 | Ex33:16M | אנה ועמך מן כל עמה | דאית | על#2#/ ארעא: |
| 231 | Ex37:13M | זיוייתה \די לארבעתי | /דאית | על ארבע#2#/ רגלוי: |
| 232 | Ex37:16M | ית \מניה די על /מאניה | דאית | על#2#/ פתרה ית פילוותא |
| 233 | Lv 1:08M | וית גופה על קיסיה | די/דאית#2#/ | על אשתה די/דאית#2#/ |
| 234 | Lv 1:12M | יתהון על קיסיה | די/דאית#2#/ | על אשתה די/דאית#2#/ |
| 235 | Lv 1:17M | מדבחה על קיסיה | די/דאית#2#/ | על אשתה עלה הוא קרבן |
| 236 | Lv 3:03M | כרסה וית כל תרבה | די/דאית#2#/ | על בני גווה: |
| 237 | Lv 3:04M | /דאית#2#/ עליהון | די/דאית#2#/ | על כסליה וית מה די |
| 238 | Lv 3:05M | /דאית#2#/ על קיסיה | די/דאית#2#/ | על אשתה קרבן מתקבל |
| 239 | Lv 3:05M | מדבחא על עלתה | די/דאית#2#/ | על קיסיה די/דאית#2#/ |
| 240 | Lv 3:09M | כרסה וית כל תרבה | די/דאית#2#/ | על בני גווה: |
| 241 | Lv 3:14M | כרסא וית כל תרבה | די/דאית#2#/ | על בני גוה: |
| 242 | Lv 3:15M | די/דאית#2#/ עליהן | דעל/דאית | <על>#2#/ כסליה וית מה |
| 243 | Lv 4:08M | כרסה וית כל תרבה | די/דאית#2#/ | על בני גווה: |
| 244 | Lv 7:04M | /דאית#2#/ עליהון | די/דאית#2#/ | על כסליה וית מה |
| 245 | Lv 8:16M | ונסב ית כל תרבא | די/דאית#2#/ | על בני גווה וית מה |
| 246 | Lv 8:25M | וית כל תרבה | די/דאית#2#/ | על בני גוה וית מה |

|  |  |  |  |
|---|---|---|---|
| 247 | | Lv11:02M | תכלון מן כל בעירה די/דאית#2#/ על ארעא: |
| 248 | | Lv14:17M | ומה דאשתייר מן משחה דאית על |
| 249 | | Lv14:18M | \מן משחה#2#/ די/דאית#2#/ על כף ידוהי/ידיה#2#/ |
| 250 | | Lv14:27M | דימינה מן משחה די/דאית#2#/ על כף ידה דכהנא |
| 251 | | Lv14:28M | ויתן כהנא מן משחה די/דאית#2#/ על כף ידיה על רום |
| 252 | | Lv16:13M | קט׳#2#/ ית כפרתה די/דאית#2#/ על סהדותה ולא/דלא#2#/ |
| 253 | | Nu 3:26M | וית פרס תרע דרתה די/דאית#2#/ על משכנה ועל גבי |
| 254 | | Nu 4:26M | /פרס#2#/ תרע דרתה די/דאית#2#/ על משכנה ועל מדבחה |
| 255 | | Nu 7:89M | עמיה מעלוי כפורת די/דאית#2#/ על ארונה דסהדותה |
| 256 | | Nu33:07M | \דסמיך לטעותה צפון /דאית על אפי טעוותה צפון#2#/ |
| 257 | | Gn 7:23M | ושיצי ית כל ברייתא די/דאית#2#/ על אפי דארעא די מן |
| 258 | | Dt 7:06M | סגולה מן כל אומיה די/דאית#2#/ על אפי ארעא: |
| 259 | | Dt14:02M | מן כל אומייה די/דאית#2#/ על אפי ארעא: |
| 260 | | Nu12:03M | מן כל בני אנשא די/דאית#2#/ על אפיה דארעא/אר׳#2# |
| 261 | | Ex29:21M | ותסב מן אדמה די/דאית#2#/ על גבי מדבחא ומן משח |
| 262 | | Lv 1:08M | /דאית#2#/ על אשתה די/דאית#2#/ על גבי מדבחה: |
| 263 | | Lv 1:12M | /דאית#2#/ על אשתה די/דאית#2#/ על גבי מדבחה: |
| 264 | | Lv 6:08M | וית כל לבונתה די/דאית#2#/ על «גבי» מנחתה |
| 265 | | Lv 8:30M | אדמ׳/ומדמה#2#/ די/דאית#2#/ על גבי מדבחה ואדי על |
| 266 | | Dt 2:36M | על נחל/^נחיל#2#^/ /דאית על גיף נח׳#2#/ ארנונה |
| 267 | | Dt 3:12M | ההיא מן לחיית די/דאית#2#/ על גיף נחל ארנונה |
| 268 | | Dt 4:48M | מלחית \די על גיף נחיל /דאית על גיף נחל#2#/ ארנונה |
| 269 | | Nu22:05M | פתורה חלמייה די/דאית#2#/ על גף נהרא ארע בני |
| 270 | | Ex28:08M | /דאפדתה#2#/ \די עילוי /דאית עלוי#2#/ כעבדא מנה יהווי |
| 271 | | Ex39:05M | דאפדה/אפו׳#2#/ די/דאית#2#/ עלוי מנה הוא כעבדא |
| 272 | | Nu11:25M | \בית#2#/ קודשה די/דאית#2#/ עלוי ויהב על שבעתי |
| 273 | | Ex31:07M | וית כפורתה די/דאית#2#/ עלי וית כל מני משכניה |
| 274 | | Nu30:15M | די עלה קיים /אסרה דאית עליה יקים#2#/ יתהון ארום |
| 275 | | Ex29:13M | כליתה וית תרבא די/דאית#2#/ עליהון ותסדר על גבי |
| 276 | | Ex29:22M | וית תרבא די/דאית#2#/ עליהון וית שקה דימינא |
| 277 | | Lv 3:04M | כולייתיה וית תרבה די/דאית#2#/ עליהון די/דאית#2#/ על |
| 278 | | Lv 3:10M | וית תרבה \די עליהן /דאית עליהון#2#/ די/דאי׳#2#/ |
| 279 | | Lv 7:04M | כלייתה~ וית תרבה די/דאית#2#/ עליהון די/דאית#2#/ על |
| 280 | | Dt 7:25M | תחמדון כסף ודהב דאית עליהון |
| 281 | | Lv 3:15M | כליתה וית תרבה די/דאית#2#/ עליהן דעל/דאית |
| 282 | | Lv 4:09M | כלייתה וית תרבה די/דאית#2#/ עליהן די על כסליה וית |
| 283 | | Gn 7:23M | דהוה עמיה /ואילין דאית עמה#2#/ בתיבותה: |
| 284 | | Gn 8:01M | וית כל בעירה די/דאית#2#/ עמה בתיבותא ועבר ייי |
| 285 | | Gn20:16M | לילי חד ועל כל מה דאית עמי ועל כלה אתוכחית |
| 286 | | Gn33:15M | כען עמך מן עמא די/דאית#2#/ עמי ואמר למה כען אשכח |
| 287 | | Gn35:02M | "דהווה ... לבושיכון": דאית עמיה אעבירו טעותא דאית |
| 288 | | Nu22:40M | דעמיה/ולרברבנייה דאית עמיה#2#/: |
| 289 | | Gn 8:17M | כל חיתה דעמך/דאית עמך#2#/ מן כל בשרא |
| 290 | | Nu22:09M | האליין די/דאית#2#/ עמך: |
| 291 | | Gn 9:10M | ובכל חיתא דארעא \דאית#2#/ עמכון מכל/מן כל#2#/ |
| 292 | | Gn 9:10M | וית כל נפש חייתא די/דאית#2#/ עמכון {ב}בעופא |
| 293 | | Gn 9:12M | עמכון לדרי ארעא /דחיא דאית עמכון לדורת עולם#2#/: |
| 294 | | Ex24:14 | אהרן וחור עמכון מן דאית עסק דין דמלין יקרב |
| 295 | | Gn18:14M | ייי פתגם לעידנא /דאית קדם ייי מחסור לזמנא#2#/ |
| 296 | | Ex29:23M | די פטירי {{מן}} «די»/דאית#2#/ קדם ייי: |
| 297 | | Lv 4:18M | על קרנותיה דמדבחה די/דאית#2#/ קדם ייי די/דאית#2#/ |
| 298 | | Lv 7:21M | ייי /בשר נכיסת קודשה דאית קדם ייי#2#/ ותשתיצי נפש׳ |
| 299 | | Lv16:18M | /ויפוק#2#/ למדבחה די/דאית#2#/ קדם ייי ויכפר עלוי |
| 300 | | Gn33:14M | לרגל עבידתא \די בידי /דאית קדמי#2#/ ולרגל טלייא |
| 301 | | Lv18:27M | עבדו עמה דארעה דמן/דאית#2#/ קדמיכון ואסתאבת ארעא: |
| 302 | | Lv 7:20M | \דמפרש לשמה דייי /דאית קודם ייי#2#/ וסאובתיה |
| 303 | | Dt28:23M | טל ולא מטר וית ארעא דאית תוחתיכון חסימה כנחשה |
| 304 | | Gn 7:19M | כל טוריא רמיה די/דאית#2#/ תחות כל שמיא: |
| 305 | | Nu16:31M | /ואתבזעת#2#/ ארעא די/דאית#2#/ תחותיהו{ת}«ן»: |
| 306 | | Lv26:19M | טל ולא מטר וית ארעא דאית ת<ח>ותיכון חסימה כנחשה |
| 307 | | Nu18:13M | /בכורת#2#/ כל מה די/דאית#2#/ בארעהון/<בארע>כן#2#/ |
| 308 | | Lv14:29M | דמשתייר מן משחא די/דאית#2#/ על ידוי/<על >ידה#2#/ |
| 309 | דאיתי | Dt 7:10M | אגר מצוון קלילן דאיתי בידיה בעלמא הדין |
| 310 | האית | Gn24:23 | ברת מן את תניין כען לי האית בביתה ^דאבוך#2#^ אתר |
| 311 | | Gn44:19M | עבדוי למימר \הא אית/האית#2#/ לכון אב או אח: |
| 312 | | Nu11:23M | ייי למשה \הא אית/^האית#2#^/אפשר מן#2#/ קדם ייי |
| 313 | ואית | Gn47:06 | בארעא דגשן ואן את ידע ואית בהון גברין גברי חיל ותשווי |
| 314 | | Gn 4:08 | ואמר לקין אית דין ואית דיין ואית עלם אוחרן ואית |
| 315 | | Nu 9:20 | ואית זימנין די יהווי עננה יומין |
| 316 | | Nu 9:21 | ואית זימנין די הווי עננה מן |
| 317 | | Ex32:10 | בהון ואשיצא יתהון ואית יכלה קדמיי לממנייה רבה |
| 318 | | Nu14:12 | במותנא ואשצי יתהון ואית יכלה קדמיי לממניה יתך |
| 319 | | Gn44:18 | דהוא ממניין שבטייא ואית ליה חולק ואחסנא בפילוג |
| 320 | | Gn44:18M | דהא ממנין שבטיי׳ ואית ליה חולק ואחסנא בפילוג |
| 321 | | Gn44:20M | \וטלי בר סיבו זעיר /ואית ליה בסיבו זיעור#2#/ |
| 322 | | Gn20:07 | הוא ויצלי עליך ותחי ואית לית את מחזי«ר» יתה דע |
| 323 | | Nu17:27M | די תכלת יתהון אשתה ואית מנן די פתחת ארעא ית פומה |
| 324 | | Nu17:27M | אית מנן דמיתו במגפתה ואית מנן די תכלת יתהון אשתה |
| 325 | | Gn 4:08 | דיין ואית עלם אוחרן ואית מתן אגר טב לצדיקיא ואית |
| 326 | | Gn 4:08 | מתן אגר טב לצדיקיא ואית מתפרעה מן רשעי׳ לעלמא דאתי |
| 327 | | Gn 4:08 | אית דין ואית דיין ואית עלם אוחרן ואית מתן אגר טב |
| 328 | ודאית | Dt 5:08M | בשמייא מן לעיל ודי/ו<ד>אית#2#/ בארעא מן לרע |

## איתבריו *(v.)n.* act of being created [56]

|  | |  |  |  |
|---|---|---|---|---|
| 001 | s em/sf | באיתבריותהון | Gn 2:04 | תולדת שמיא וארעא באיתבריותהון ביומא דברא ייי אלהים |
| 002 | | בהת׳ | Gn 2:04M | שמיא וארעא באיתבריותהון/בהת׳#2#/ ביומא דברא ייי |

## איתה *n.* ⇐ אתה

## איתו *n.* לאיתו = in marriage [56]

|  | |  |  |  |
|---|---|---|---|---|
| 001 | s ab/cn | לאיתו | Ex 2:01M | יוכבד חביבתא ליה לאיתו#2#/: |
| 002 | | | Ex22:15 | יפרן יתה ליה לאיתו: |
| 003 | | לאנתו | Gn16:03 | יתה לאברם בעלה ליה לאנתו: |
| 004 | | לאתו | Gn34:08M | /היבו כען יתה ליה לאתו#2#/: |
| 005 | | | Dt21:13M | ותיסב יתה לך לאתה/<לא>תו#2#/: |
| 006 | | | Dt24:03M | די נסב יתה ליה לאתה/<לא>תו#2#/: |
| 007 | | | Ex 6:23M | דנחשון ליה לאתה/<לא>תו#2#/ וילדת ליה ית נדב |
| 008 | | | Ex 6:25M | דפוטיאל ליה לאתה/<לא>תו#2#/ וילידת ליה ית |
| 009 | | | Dt24:04M | למיסב יתה לה לאתה/<לא>תו#2#/ מן בתר דאסתאבת |

## אכום *adj.* black [56]

|  | |  |  |  |
|---|---|---|---|---|
| 001 | s ab/cn | אכום | Lv13:31M | מן משכה ושער אוכ{ס}<ם>/אכום#2#/ לית בה ויטרוד כהנא |
| 002 | | | Lv13:37M | קם נתקא ושער אוכם/אכו{ס}<ם>#2#/ צמח בה אתאסי |
| 003 | s em/sf | ואכומתה | Dt14:18 | ודייתה חוורתה ואכומתה למינה ונגר טורא: |

## אכזריי *adj.* cruel

[56]

|  |  |  |  |
|---|---|---|---|
| 001 | אכזריין p abs | Dt32:33M | כזורא/בתנינין אכזריין#2#/: |

## אכל *vb.* to eat

[56]

|  |  |  |  |
|---|---|---|---|
| 001 | איכל peal | Dt12:20 | מלל ^לכון#2#^ ותימרון איכל בשרא ארום תתחמד נפשכון |
| 002 | אכיל | Gn25:28 | עשו ארום מן צידיה הוה אכיל ורבקה רחמת ית יעקב: |
| 003 | אכילין | Gn21:33 | מזון לעובריא והווה כד אכילין ושתין הוון בעין למיתן ליה |
| 004 | אכל | Dt21:20 | לית הוא שמע בקלן אכל בבשרה ושתי בחמר: |
| 005 | | Gn49:12M | די לא אכל בהון לא חמסין ולא גזילין |
| 006 | | Gn39:06 | ארום אלהן לחמא דהוה אכל והוה יוסף יאי ברווה ושפיר |
| 007 | | Ex34:28 | לילון לחמא ל«א» אכל ומיין לא שתה וכתב על לווחי |
| 008 | | Ex12:19 | בגו בתיכון ארום כל די אכל חמיע ותשתיצי נפשא ההיא מן |
| 009 | | Gn40:17 | דפרעה עבד נחתום ועופא אכל יתהון מן סלה מעלוי ראשי: |
| 010 | | Gn31:40 | הוינא באיממא אכל יתי שרבא וקלשא בליליי«א» |
| 011 | | Gn 2:17 | אילן דעתה דכל מן דהוה אכל מינה ידע למפרשה בין טב |
| 012 | | Gn 2:09 | ואילן דעתה דכל מן דהוה אכל מנה ידע למפרשה בין טב |
| 013 | | Gn24:33 | למיכל ואמר לית אנה אכל עד זמן דאמלל מליי ואמר |
| 014 | אכל' | Gn38:25 | בעלמא דאתי דהוא אשא אכל' אשא טב לי בהית בעלמא הדין |
| 015 | אכלה | Ex24:17 | איקר שכינתיה דייי כאשתא אכלה אשא מתכלה בריש די טורא |
| 016 | | Nu 9:16 | יכסי יתיה וחזיו אשא אכלה אשא בליליה: |
| 017 | | Dt 4:24 | ארום ייי אלהך אשא אכלה אשא הוא אלה קניי ופורען |
| 018 | | Nu13:32 | בה למיילה יתה ארע אכלה דיירייה היא וכל עמה די |
| 019 | | Gn 3:24 | דהיא מדמיה לחרב שנונה אכלה מן תרין סיטריה אתקן בגווה |
| 020 | | Dt 9:03 | מדברה קדמיכון אשה אכלה מתאכלה הוא ישיצי יתהון |
| 021 | אכלו | Lv26:29 | בשר בניהון ובשר בנתהון אכלו: |
| 022 | | Gn21:33 | למיתן ליה אדמי מה די אכלו ושתו והוה אמר להון מן דאמר |
| 023 | | Ex16:35 | ובני ישראל אכלו ית מנה ארבעין שנין עד |
| 024 | | Ex16:25 | ואמר משה אכלו יתיה יומא דין ארום שבתא |
| 025 | | Ex16:35 | לארעא תותבותיהון ית מנא אכלו עד מיעליהון לסייפי ארעא |
| 026 | אכלון | Ex24:11 | קרבניהון דאתקבלון היך אכלון והיך שתין: |
| 027 | אכלין | Nu11:05 | אנן ית נוניה דהוינן אכלין במצרים מגן ית קישואיה |
| 028 | | Gn32:33 | בגין כך לא אכלין בני ישראל ית ג{די}<יד>א |
| 029 | | Gn18:08 | אילנא והוון מתחמין היך אכלין והיך שתין: |
| 030 | | Gn19:03M | והנון מתחמיין היך אכלין והיך שתיין |
| 031 | | Gn21:33 | מן דאמר והוה עלמא אתון אכלין ולא הוון זעיין מן תמן |
| 032 | | Dt 4:28 | לא חזיין ולא שמעין ולא אכלין ולא מריחין: |
| 033 | | Gn21:33M | ומן דהוון אכלין ושתיין הוו בעין למיתן לה |
| 034 | | Gn47:22M | \וייכלון ית /דאוף אכלין ית#2#/ חולקהון די יהב |
| 035 | | Lv22:16 | חובי אשמה כד יהוון אכלין ית קדשיהון ארום אנה ייי |
| 036 | | Ex12:07M | \יאכלון ית פיסחא בהון /אכלין יתיה בהון#2#/: |
| 037 | | Ex16:03 | יתיבין על דודבת בישרא אכלין לחם ושבעין ארום אפקתון |
| 038 | אכלית | Gn31:38 | ואמריי דכרי ענך לא אכלית: |
| 039 | | Dt 9:18 | וארבעין לילוון מזון לא אכלית ואוף מיין לא שתית על כל |
| 040 | | Lv10:19 | אבל עליהון הא אילו אכלית מן חטאתה יומא הדין הא שפר |
| 041 | אכלנן | Dt26:14 | לא אכלנן באבילותן מניה ולא |
| 042 | אכלת | Gn 3:11 | פקדת יתך דלא תאכל מנה אכלת: |
| 043 | | Dt 9:09 | וארבעין לילוון מזון לא אכלת ואוף מיין לא שתית: |
| 044 | | Gn37:33 | פרגודא דברי חיוה בישא אכלת יתה קטולין אתקטל יוסף: |
| 045 | | Gn37:20 | גוביא ונימר חיוותא בשתא אכלת יתיה ונחמי מה יהווי |
| 046 | | Ex16:32 | די יחמון ית לחמא די אכלת יתכון במדברא באפקותי יתכון |
| 047 | אכלתון | Dt29:05 | לחם לא אכלתון וחמר חדת ועתיק לא שתיתון |
| 048 | | Gn21:33M | דבשמיא דמן דידיה אכלתון ומן דידיה שתתון לא הוון |
| 049 | | Lv10:17 | מן בגלל הא לא אכלתון ית חטאתה באתר קדיש ארום |
| 050 | יא' | Lv17:12M | ביניכון לא יוכלון/יא'#2#/ אדם/דם#2#/: |
| 051 | יאכ' | Lv 6:09M | ומה דמשתייר מניה יכלון/יאכ'#2#/ אהרן ובנוי פטירין |
| 052 | | Lv22:08M | נבילה וקטילה לא ייכול/יאכ'#2#/ למסתאבה בה \כדין#2# |
| 053 | | Lv22:10M | כד הוא בר עממין לא יאכ'#2#/ קדש: |
| 054 | יאכול | Lv14:47 | יחוור ית לבושוי ומן די יאכול בביתה יחוור ית לבושוי: |
| 055 | יאכולון | Lv22:16M | אשמותהון בזמן די יאכולון ית קדשיהון ארום אנה הוא |
| 056 | יאכל | Lv21:22 | מן קדש קדשיה ומן קדשיה יאכל: |
| 057 | | Nu 6:03 | רטיבין ויבשין לא יאכל: |
| 058 | | Nu 6:04 | מן כמישן עד פגן לא יאכל: |
| 059 | | Lv17:10 | דמתגיירין ביניהון די יאכל <....> ית אדמה ואישיצא |
| 060 | | Ex29:33 | יתהון וחילוניי לא יאכל ארי קדש אינון: |
| 061 | | Lv 7:19M | כל דדכי \יכול בשרה /יאכל בשר#2#/: |
| 062 | | Lv 7:06M | כל דכורה בכהניא ייכול/יאכל#2#/ ייתה באתר קדיש יתאכל |
| 063 | | Lv 6:19M | כהנא דמרבי יתה ייכול/יאכל#2#/ יתה בתר קדיש תתאכל |
| 064 | | Lv 6:22M | \בכהניא ייכול /דכהנא יאכל#2#/ יתה קדש קדשין הוא |
| 065 | | Nu18:11 | עלם כל דדכי באינשי ביתך יאכל יתה: |
| 066 | | Nu18:10 | תאכל יתיה כל דכורה יאכל יתיה קדש יהוי להון: |
| 067 | | Nu18:13 | כל דידכי באנשי ביתך יאכל יתיה: |
| 068 | | Ex12:43 | דפסחא כל בר עממ{נ}ין לא יאכל מיניה: |
| 069 | | Ex12:45M | כד הוא בר עממין לא יאכל מיניה |
| 070 | | Lv22:13 | דאבוה תאכל וכל חלוני לא יאכל מיניה: |
| 071 | | Lv22:06 | מסאבה עד רמשה ולא יאכל מן קדשיה ארום אלהן אסחי |
| 072 | | Lv22:07 | שמשה וידכי ומן בתר כדן יאכל מן קדשיה ארום לחמיה הוא: |
| 073 | | Dt28:55 | מנהון מן בשר בנוי די יאכל מן בלי דלא ישתייר לה כל |
| 074 | | Ex12:48 | דארעא וכל בר עממין לא יאכל מניה: |
| 075 | | Lv22:11 | נפש קניין כספיה הוא יאכל מניה ותרבבת אנשי ביתיה |
| 076 | | Lv22:04M | ייכול /מן קדשייה לא יאכל#2#/ עד זמן די ידכי ומן די |
| 077 | | Lv22:10 | וכל חילוני לא יא־כ־ל קדש תותב בר עממין ואגירה |
| 078 | | Lv22:10 | תותב בר עממין ואגירה לא יאכל קדש: |
| 079 | | Lv22:14 | וגבר ארום יאכל קדש בשלו וי־ר־סף חומשה |
| 080 | יאכלון | Dt18:01 | דייי ואחסנותיה יאכלון: |
| 081 | | Dt28:33 | פרי ארעכון וכל לעותכון יאכלון אומה די לא חכמתון יתה |
| 082 | | Lv22:11 | ותרבבת אנשי ביתיה אנון יאכלון בלחמה: |
| 083 | | Nu24:08 | די{ה}<ד>ה אינון יאכלון בני ישראל נכסי אמיה |
| 084 | | Gn43:16 | נכסון ואתקן ארום עמדי יאכלון גבריא באשון שירותא: |
| 085 | | Ex12:07 | ועל שקופא על בתי די יאכלון ית פיסחא בהון: |
| 086 | | Lv 6:09 | בדרת משכן ז«י»מנא יאכלון יתה: |
| 087 | | Lv 6:11M | בבנוי דאהרן ייכלון/יאכלון#2#/ יתה קיים עלם |
| 088 | | Lv 8:31 | למימר אהרן ובנוי יאכלון יתיה: |
| 089 | | Nu 9:11 | על פטירין ועם מרורין יאכלון יתיה: |
| 090 | | Dt12:15 | ודדכי מן קודשיה כחדה יאכלון יתיה כבשרה דטבייה |
| 091 | | Lv22:11M | בייתי הנון יאכלון מן מזונה |
| 092 | | Ex12:15M | יומין פטירי׳ תיכלון/יאכלון#2#/ לחוד/להוד#2#/ |
| 093 | יוכלון | Lv17:12 | דמתגיירין ביניכון לא יוכלון אדם: |
| 094 | ייכול | Nu 6:03M | ויבישן#2#/ לא יאכל/ייכול#2#/: |
| 095 | | Nu 6:04M | זוגיה#2#/ לא יאכל/ייכול#2#/: |
| 096 | | Lv 7:06 | כל דכורה בכהניא ייכול ייתה באתר קדיש יתאכל קודש |
| 097 | | Lv 6:19 | כהנא דמרבי יתה ייכול יתה בתר קדיש תתאכל בדרת |
| 098 | | Lv 6:22 | וכל דכורה בכהניא ייכול יתה קדש קדשין הוא: |
| 099 | | Lv22:08 | נבילה וקטילה לא ייכול למסתאבה בה אמר ייי: |
| 100 | | Lv22:13M | וכל חלוני לא יאכל/ייכול#2#/ מיניה: |
| 101 | | Lv11:40 | ומן די ייכול מן נבלתה יחוור לבושוי |
| 102 | | Ex12:45 | בר עממין לאגירא לא ייכול מנה: |
| 103 | | Lv22:04 | או דייב בקדשייה לא ייכול עד זמן די ידכי ומן די |
| 104 | | Lv22:14M | וגבר ארום יאכל/ייכול#2#/ קדש בשלו וי־ר־סף |

|  |  |  |  |
|---|---|---|---|
| 105 | | Lv 7:25 | ארום כל די ייכול תרב מן בעירה די יקרב מנה |
| 106 | ייכל׳ | Dt12:22M | כדן/כך#2#/ תיכלון/ייכל׳#2#/ יתיה דמרחק מן |
| 107 | ייכלון | Gn32:33M | /על כדין#2#/ לא אכלין/ייכלון#2#/ בני ישראל ית |
| 108 | | Dt32:24M | מן פחי כפן ואכילי/ייכלון#2#/ גוב ומרווחי רווחן |
| 109 | | Dt33:19 | דקשוט ארום תוגרת ימייא ייכלון וסימן דטמירן יתגליין |
| 110 | | Lv 6:11 | כל דכורא בבנוי דאהרן ייכלון יתה קיים עלם לדריכון מן |
| 111 | | Ex12:08 | {עם מרירין} עם מרורין ייכלון יתיה: |
| 112 | | Dt12:22 | ודדכי מן קודשייה כחדה ייכלון יתיה: |
| 113 | | Gn43:25 | ארום שמעו ארום תמן ייכלון לחם: |
| 114 | יכול | Lv 7:19 | יתוקד ובשרה כל דדכי יכול בשרה: |
| 115 | | Lv17:10M | "יאכל ... אדמה": יכול כל אדם ואשו׳ אפי רוגזי |
| 116 | יכולין | Dt33:19M | תוגרת ימייא ייכלון/יכולין#2#/ וסימן דטמירן |
| 117 | יכלון | Lv 6:09 | ומה דמשתייר מניה יכלון אהרן ובנוי פטירין תתאכל |
| 118 | נאכל | Gn 3:02 | מן פירי אילני גנת נאכל: |
| 119 | | Lv25:20 | וארום תאמרון מה נאכל בשתה שביעיתה הא לית אנן |
| 120 | | Gn 3:18 | כען ונלעי ומן לעות ידי נאכל מזון מן פירי דארעא בגין כן |
| 121 | נוכל | Nu13:30M | \ניכל לה/^ניכול#2#^/נוכל#2#/: |
| 122 | ניכול | Nu13:30M | \ניכל לה/^ניכול#2#^/נוכל#2#/: |
| 123 | | Dt12:20M | ותימרון איכל/ניכול#2#/ בשרא ארום תתחמד |
| 124 | תאוכל | Lv17:10M | תקוף רוגזי בנפש׳ די תאוכל ית א׳ |
| 125 | תאכ׳ | Dt12:15M | מן קודשיה כחדה יאכלון/תאכ׳#2#/ יתיה כבשרה דטבייה |
| 126 | תאכל | Lv22:12 | היא באפרשות קדשייה לא תאכל: |
| 127 | | Lv17:12 | כל נפש מנכון לא תאכל אדם וגיוריה דמתגירין |
| 128 | | Lv 6:03 | וירים ית קטמא די {י}תאכל אשתה ית עלתה על גבי |
| 129 | | Lv 6:03M | ית קטמא די {י}תאכל/תאכל#2#/ אשתה ית עלתה על גבי |
| 130 | | Lv 7:20M | ונפשא די תיכול/תאכל#2#/ \בשרה מן נכסת /בשר |
| 131 | | Lv22:13 | כרביותה מן לחמה דאבוה תאכל וכל חלוני לא יאכל מיניה: |
| 132 | | Dt28:39 | תשתון ולא תמגורון ארום תאכל יתה תולעתה: |
| 133 | | Dt28:57 | ובבניה די תוליד ארום תאכל יתהון בחסרון כל מדעם |
| 134 | | Nu18:10 | בבית קדש קדשיה תאכל יתיה כל דכורה יאכל יתיה |
| 135 | | Dt 5:25 | וכדון למה נמות ארום תאכל יתן אשתה רבתה הדה אין |
| 136 | | Lv 7:27 | כל נפש די תאכל כל אדם ותשתיצא נפשה ההיא |
| 137 | | Gn 3:19 | בדעתה מן קדם אפיך תאכל לחם עד מחזרך לארעא ארום |
| 138 | | Gn 3:19M | בדעת אפיך תאכל מזון עד זמן די תחזור |
| 139 | | Gn 3:11 | מן אלנא די פקדת יתך דלא תאכל מנה אכלת: |
| 140 | | Lv 7:18 | פסיל יהווי ונפשה די {י}תאכל מנה חובוי תקבל: |
| 141 | | Lv17:15 | וכל נפש די תאכל נבילה וקטילה ביציבייא |
| 142 | תאכלו | Lv11:11M | מן בשרהון לא תיכלון/תאכלו#2#/ וית נבלתהון תשקצון: |
| 143 | תאכלון | Gn 9:04 | בשרא אדמ׳ בנפשא לא תאכלון: |
| 144 | | Lv 7:23M | דאמר ודעז לא תאכלון#2#/: |
| 145 | | Nu28:17 | חגה שבעה יומין פטירין תאכלון: |
| 146 | | Dt14:06 | מסיק גררה בבעירה יתה תאכלון: |
| 147 | | Dt14:11 | ישראל כל צפר דדכיה תאכלון: |
| 148 | | Dt14:20 | ישראל כל עוף דדכי תאכלון: |
| 149 | | Lv10:14 | וית שקה דאפרשות׳ תאכלון באתר דכי את ובניך ובנתך |
| 150 | | Dt 8:09 | ארע די לא במסכנות תאכלון בה לחם לא תחסרון כל |
| 151 | | Ex12:20 | כל אחמע לא תאכלון בכל אתר בית מדוריכון |
| 152 | | Lv 7:26 | וכל דם לא תאכלון בכל אתר בית מדוריכון |
| 153 | | Ex34:26 | ישראל לא תבשלון ולא תאכלון בשר וחלב מערבין כחדא דלא |
| 154 | | Dt14:21 | ישראל לא תבשלון ולא תאכלון בשר וחלב מערבין כחדה דלא |
| 155 | | Lv11:08 | מבשרהון לא תאכלון ובנבלתהן לא תקרבון מסאבין |
| 156 | | Dt20:19 | כל מין דפרזל ארום מניה תאכלון ויתיה לא תקצון ארום לא |
| 157 | | Nu11:19 | לא יומא חד תאכלון ולא תרין יומין ולא חמשה |
| 158 | | Lv11:22 | ית אלין מנהון תאכלון ית גובא למינה וית רשונה |
| 159 | | Lv 7:24 | לכל עבידה ומיכול לא תאכלון יתה: |
| 160 | | Lv10:18 | מלגו מ«י»כל תאכלון יתה בקודשא היך מה דפקדת: |
| 161 | | Lv11:42 | דשרץ על ארעא לא תאכלון יתהון ארום שקץ אינון: |
| 162 | | Lv 8:31 | בתרע משכן זימנה ותמן תאכלון יתיה וית לחמה די בסלה |
| 163 | | Dt12:24 | לא תאכלון יתיה על ארעא תשפכון יתיה |
| 164 | | Dt15:22 | מן קדשיה ודדכי כחדה תאכלון יתיה כבשרה דטבייה |
| 165 | | Dt14:03 | עמי בני ישראל לא תאכלון כל מרחקה: |
| 166 | | Dt14:21 | לא תאכלון כל נבלה לתותבייה מן |
| 167 | | Gn 3:05 | קד׳ ייי ארום ביומא די תאכלון מינה ויתפתחן עיינכון |
| 168 | | Gn 3:01 | לאיתתא ארום אמר ייי לא תאכלון מכל אילני גנתא: |
| 169 | | Lv11:21 | להוד ית דין תאכלון מכל שרצא דעופה דמהלך על |
| 170 | | Lv11:09 | ית דין תאכלון מן כל מה די {מב}<במ>יא כל |
| 171 | | Dt14:07 | לחוד ית אילין לא תאכלון מן מסקי גררתה ומן סדיקי |
| 172 | | Dt14:09 | ית אילין תאכלון מן כל מה די במיא כל דאית |
| 173 | | Gn 3:03 | גנתה אמר ייי לא תאכלון מנה ולא תקרבון ביה ולא |
| 174 | | Dt14:10 | <....> לא תאכלון מסאב הוא לכון: |
| 175 | | Dt12:23 | ארום אדמה הוא נפשה לא תאכלון נפשה עם בשרה: |
| 176 | | Dt12:16 | לחוד דמה לא תאכלון על ארעא תשפכון כמיא: |
| 177 | | Lv25:22 | דיעלון פירי עללתה תאכלון ע{ק}«ת»יקה: |
| 178 | | Ex12:18 | לירחא ברמשא ביני שמשתא תאכלון פטירין עד יום חד ועשרין |
| 179 | | Ex34:18 | תטרון שבעה יומין תאכלון פטירין היך מה דפקדת יתכון |
| 180 | | Dt16:08 | שיתה יומין תאכלון פטירין וביומא שביעיה |
| 181 | | Dt14:04 | דא בעיר די תאכלון תור אמר באמריה וגדי |
| 182 | תוכל | Gn 3:17M | \תיכל פירי עלליתיה כל /תוכל מן פירה כל#2#/ יומי |
| 183 | תיכ׳ | Lv 6:09M | משכן ז«י»מנא יאכלון/תיכ׳#2#/ יתה: |
| 184 | תיכו׳ | Lv17:12M | כל נפש מנכון לא תאכל/תיכו׳#2#/ אדם/דם#2#/ וגיוריה |
| 185 | תיכול | Gn 2:16 | מן כל אילני גנתה מיכל תיכול: |
| 186 | | Dt 8:09M | /בחוסרנה#2#/ תאכלון/תיכול#2#/ בה לחם \ומזון#2#/ |
| 187 | | Lv 7:20 | ונפשא די תיכול בשרה מן נכסת קדשיה דמפרש |
| 188 | | Ex23:11 | די עמך ומה דמשתייר תיכול חיית ברא כדין תעבדון |
| 189 | | Dt28:39M | /תכנשון#2#/ ארום תאכל/תיכול#2#/ יתה תולעתה: |
| 190 | | Dt28:57M | די תוליד ארום תאכל/תיכול#2#/ יתהון בחסרון כל מדעם |
| 191 | | Dt 5:25M | נמות ארום תאכל/תיכול#2#/ יתן אשתה רבתה הדה |
| 192 | | Gn 3:17 | די פקדת יתך למימר לא תיכול מינה ליטא תהוי ארעא |
| 193 | | Lv 7:25 | קדם ייי ותשתצא נפשה די תיכול מן גוא עמה: |
| 194 | תיכל | Nu18:10M | תאכל יתיה /בקדש קדשיה תיכל יתיה#2#/ כל דכורה יאכל |
| 195 | | Gn 2:17 | למפרשה בין טב לבי׳ לא ת«י»כל מינה ארום כיומא דתיכל |
| 196 | | Gn 3:17 | תהוי ארעא מן בגללך בצער תיכל פירי עלליתיה כל יומי חייך: |
| 197 | תיכלון | Lv 3:17 | כל תרבה וכל אדם לא תיכלון: |
| 198 | | Lv 7:23 | ואמר וגדי בר עזין לא תיכלון: |
| 199 | | Lv11:03 | מסק גררה בבעירה יתה תיכלון: |
| 200 | | Lv11:09 | בימיא ובנחליא יתהון תיכלון: |
| 201 | | Lv23:06 | ייי שבעה יומין פטירין תיכלון: |
| 202 | | Dt12:27 | דייי אלהכון ובשרה תיכלון: |
| 203 | | Lv17:14 | ^אדם#2#^ כל בשר{י} לא תיכלון ארום נפש כל <בשר> אדמה |
| 204 | | Ex16:12 | עמהון למימר ביני שמשתה תיכלון בשר ובצפרא תשבעון לחם |
| 205 | | Ex23:19 | ישראל לא תבשלון ולא תיכלון בשר בחלב מערבין כחדא דלא |
| 206 | | Dt12:20 | בשר בכל תוחמדת נפשיכון תיכלון בשר: |
| 207 | | Dt14:08 | הוא לכון מן בשרהון לא תיכלון ובנבלתהון לא תקרבון: |
| 208 | | Lv11:11 | לכון מן בשרהון לא תיכלון וית נבלתהון תשקצון: |
| 209 | | Dt 8:12 | דלא תיכלון ותשבעון ובתין ט{ו}בין |
| 210 | | Lv19:25 | ובשתה חמישיתה תיכלון ית פירוי למוספה לכון פירי |
| 211 | | Ex12:11 | וכהדין סדרא תיכלון יתיה חרציכון אסירין |
| 212 | | Dt12:18 | אלהן קדם ייי אלהכון תיכלון יתיה באתרה די יתרעי ייי |

| | | | |
|---|---|---|---|
| 213 | | Dt12:22M | קודשייה כחדה ייכלון/תיכלון#2/ יתיה: |
| 214 | | Dt12:22 | דטבייה ודאיילה כדן תיכלון יתיה דמרחק מן קודשייה |
| 215 | | Dt12:25 | לא תיכלון יתיה מן בגלל דייטב לכון |
| 216 | | Dt15:20 | קדם ייי אלהכון תיכלון יתיה שתה בשתה באתרה די |
| 217 | | Dt15:22 | בקורייכון תיכלון יתיה דמרחק מן קדשיה ודדכי |
| 218 | | Ex22:30M | מטלק באפה ברה לא תיכלון לבר עממיה תתנון יתיה |
| 219 | | Ex12:15 | שבעה יומין פטירי' תיכלון לחוד ביומא קדמאה תבטלון |
| 220 | | Ex22:30 | חווה קטילא באפי ברא לא תיכלון לכלבא תטלקון או לנכרייה |
| 221 | | Dt14:12 | ואיליין די לא תיכלון מינהון נשרא וברגזה ואיזה: |
| 222 | | Ex12:09 | לא תיכלון מיניה מהבהב ואף לא שליק |
| 223 | | Lv11:04 | לחוד ית דין לא תיכלון מן {מ}מסקי גררתא ומן |
| 224 | | Nu15:19 | ויהוי כד תיכלון מן לחמה דארעא תפרשון |
| 225 | | Dt28:31M | למאכל מנהון /ולא תיכלון מנהון#2/ חמריכון גזילין |
| 226 | | Lv23:14 | וקמח קלי ופירוכיין לא תיכלון עד זמן דתייתון ית קורבנה |
| 227 | | Dt24:20 | ארום תשמטון זיתיכון לא תיכלון עוללתה מן בתריכון לגיורייה |
| 228 | | Lv19:26M | עמי בני ישראל /לא תיכלון על דם קטילי סנהדרין /לא |
| 229 | | Dt15:23 | לחוד ית אדמא לא תיכלון על ארעא תשפכון יתיה כמיא: |
| 230 | | Dt16:03 | לא תיכלון עלוי חמיע שובעה יומין |
| 231 | | Dt16:03 | עלוי חמיע שובעה יומין תיכלון עלוי פטירין לחם דצער ארום |
| 232 | | Lv25:12 | תיהווי לכון מן אפי ברה תיכלון עללתה: |
| 233 | | Ex12:20 | בכל אתר בית מדוריכון תיכלון פטירין: |
| 234 | | Ex13:06 | שבעה יומין תיכלון פטירין וביומא שביעיה חגא |
| 235 | | Ex23:15 | תטרון שבעה יומין תיכלון פטירין היך מה דפקדת יתכון |
| 236 | תכלון | Lv11:02 | למימר דא חייתה די תכלון מן כל בעירה די על ארעא: |
| 237 | מיכל | Nu22:38 | הא אתית לוותך כדון הא מיכל אכול למללה כל מן דעם פתגמה |
| 238 | | Gn31:15 | ארום זבן יתן ואכל לחוד מיכל ית כסף זבנן: |
| 239 | | Lv10:19 | מעשרה תנינה ולית אפשר מיכל מיניה ואנא דארע יתי |
| 240 | | Nu19:07M | כהנא מסאב ומרחק/דלא מיכל#2/ מן קדשיה עד רמשה |
| 241 | | Lv10:18 | אדמ' לבית קדשה מלגו מ«י»כל תאכלון יתה בקודשא היך מה |
| 242 | | Gn 2:16 | למימר מן כל אילני גנתה מיכל תיכול: |
| 243 | דאכיל | Nu23:24 | נייח ולא דמך עד זמן דאכיל פשוט ושתי {ארום} <אדם> |
| 244 | דאכל | Lv17:14M | /דמא#2/ הוא כל דיאכל/דאכל#2/ יתיה ישתיצא: |
| 245 | | Lv 7:25M | ארום כל \די ייכול/דאכל#2/ תרב מן בעירה די יקרב |
| 246 | דאכלא | Dt 9:03M | דמעבר קודמיכון אשא דאכלא אש' |
| 247 | דאכלה | Lv17:10M | אפי רוגזי בנפשה דאכלה ית אדמ' |
| 248 | | Nu28:02 | קדמיי הלא אשתא היא דאכלה יתיה והיא מתקבל מנכון |
| 249 | דאכלו | Gn21:33M | למיתן לה טימי מה דאכלו ושתין עני אבונן אברהם |
| 250 | | Gn14:24 | בר מני לחוד מה דאכלו טליא וחלקיהון דגובריא די |
| 251 | דאכלין | Gn43:32 | לבלחודיהון ולמצראי דאכלין עמיה לבלחודיהון ארום לא |
| 252 | דאכלית | Lv10:19M | עליהון הא אילו אכלית/דאכלית#2/ מן חטאתה יומא הדין |
| 253 | דיא' | Nu13:32M | למיללה יתה ארע אכלה/דיא'#2/ דיירייה היא וכל עמה |
| 254 | דיאכל | Lv19:08 | ומה דיאכל יתה חובוי יקבל ארום ית |
| 255 | | Lv17:14 | כל <בשר> אדמה הוא כל דיאכל יתיה ישתיצא: |
| 256 | | Lv11:40M | ומן \די ייכול/דיאכל#2/ מן נבלתה יחוור |
| 257 | דייכול | Lv17:10M | /בניכון#2/ \די יאכל/דייכול#2/ <....> ית אדמה |
| 258 | | Ex12:15 | מן בתיכון ארום כל דייכול חמ«י»ע ותשתיצי אנשא |
| 259 | | Dt28:55M | בשר בנוי \די יאכל/דייכול#2/ מן בלי דלא ישתייר |
| 260 | דייכלון | Gn 3:24 | גנת עדן לצדיקיא דייכלון ויתפרנקון מן פרי אילנ' |
| 261 | דיתיכול | Lv 7:27M | כל נפש \די תאכל/דיתיכול#2/ כל אדם/דם#2/ |
| 262 | דת' | Nu15:19M | \כד תיכלון \בזמן דת'#2/ מן לחמה/מזונה#2/ דארעא |
| 263 | דתיכו' | Lv17:15M | וכל נפש \די תאכל/דתיכו'#2/ נבילה וקטילה |
| 264 | דתיכל | Gn 2:17 | מינה ארום כיומא דתיכל מימת תמות: |
| 265 | דתיכלון | Dt14:04M | /בעירה#2/ \די תאכלון/דתיכלון#2/ תור אמר באמריה |
| 266 | המי' | Nu22:38M | לוותך כדון \הא מיכל/המי'#2/ אכול למללה כל מן דעם |
| 267 | ואיכול | Gn27:07 | ציד ועבד לי תבשילין ואיכול ואברך יתך קדם ייי עד לא |
| 268 | ואכול | Gn27:19M | כען תב \לך#2/ ואכל/ואכול#2/ מן ציידי מן בגלל |
| 269 | | Gn27:04 | דרחמת ואייתי לי ואכול מן בגלל די תברך יתך נפשי |
| 270 | ואכולו | Lv10:12M | קרבנוי דייי ואכלו/וא{ו}כ<ו>לו#2/ יתה פטירין סמיך |
| 271 | ואכילי | Dt32:24 | מן פחי כפן ואכילי גוב ומרווחי רווחן בישן |
| 272 | ואכל | Gn 3:06 | ויהבת לחוד לבעלה עמה ואכל: |
| 273 | | Gn27:25 | תברך יתך נפשי וקרב ליה ואכל ואייתי ליה חמר ושתי: |
| 274 | | Gn25:34 | לחם ותבשיל דטלופחין ואכל ושתה וקם ואזל ליה ובזי |
| 275 | | Ex10:15 | דכל ארעא וחשכת ארעא ואכל ית כל עשבא דארעא וית כל |
| 276 | | Gn31:15 | ליה ארום זבן יתן ואכל לחוד מיכל ית כסף זבנן: |
| 277 | | Gn27:19 | דמללת עמי קום כען תב ואכל מן ציידי מן בגלל תברך יתי |
| 278 | | Gn27:25 | ואמר אקרב לי ואכל מן ציידה דברי מן בגלל די |
| 279 | ואכלו | Gn19:03 | להון שרו ופטירין אפה ואכלו: |
| 280 | | Dt32:15 | ואכלו דבית ישראל ובעטו ועתרו |
| 281 | | Gn24:54 | ואכלו ושתו הוא וגובריא די |
| 282 | | Gn26:30 | ועבד להון שירא ואכלו ושתון: |
| 283 | | Lv10:12 | מן קרבנוי דייי ואכלו יתה פטירין סמיך למדבחה |
| 284 | | Gn31:54 | וקרא לאחוי למיכל לחם ואכלו לחם ואביתו בטורא: |
| 285 | | Nu25:02 | לעמא לדבחי טעותהון ואכלו עמא וסגדו לטעוותהון: |
| 286 | | Gn49:23 | בישתא קדם רבונהון ואכלו קרצוהי קדם פרעה מלכא |
| 287 | | Gn31:46 | אבנין ועבדו אוגר ואכלו תמן על איגרא: |
| 288 | ואכלין | Gn41:20 | ואכלין תוריא חסיתא ובישתא ית |
| 289 | | Gn41:04 | ואכלין תורייא דבישין למיחמי |
| 290 | ואכלית | Gn 3:12 | יהבת לי מן א«י»לנא ואכלית: |
| 291 | ואכלת | Gn 3:13 | אתתא חויה אשלי יתיה ואכלת: |
| 292 | | Gn 3:06 | ביה ונסבית מן פרוי ואכלת ונסב<ת> ויהבת לחוד לבעלה |
| 293 | | Nu16:35 | ואשא נפקת מן קדם ייי ואכלת ית מאת«י»ן וחמשין גברין |
| 294 | | Lv10:02 | ונפקת אשא מן קדם ייי ואכלת יתהון ומיתו קדם ייי: |
| 295 | | Gn 3:17 | ארום שמעת לקלה דאתתך ואכלת מן אילנ' די פקדת יתך |
| 296 | | Gn27:33 | הוא דצד ציד ואייתי לי ואכלת מן כולה קדם עד לא תייתי |
| 297 | | Lv 9:24 | ונפקת אשא מן קדם ייי ואכלת על גבי מדבחה ית עלתה וית |
| 298 | ויאכול | Ex29:32M | ויאכלון/ויאכול#2/ אהרן ובנוי ית |
| 299 | | Lv 7:21M | /שקץ#2/ מסאב ויאכל/ויא<כו>ל#2/ מן בשרה דנכסת |
| 300 | ויאכל | Ex10:05M | לכון מן ברדא ויכול/ויאכל#2/ ית כל אילנייא |
| 301 | | Ex10:05M | "ויכול ... לכון": ויאכל ית מותר פליטתא די |
| 302 | | Ex10:12M | על ארעא דמצרים ויכול/ויאכל#2/ ית כל עשבא וארעא ית |
| 303 | | Gn27:31 | ואמר לאבוי יקום אבא ויאכל מן ציידיה דברה מן בגלל |
| 304 | | Lv 7:21 | מסאב או בכל שרץ מסאב ויאכל מן בשרה דנכסת קודשיה |
| 305 | | Gn40:19 | ויצלב יתך על צליבה ויאכל עופא ית בשרך מעלווי ראשך: |
| 306 | ויאכלון | Ex29:32 | ויאכלון אהרן ובנוי ית בשרא |
| 307 | | Dt14:29 | וארמלתה דבקורייכון ויאכלון וישבעון מן בגלל די יברך |
| 308 | | Lv24:09 | ותיהוי לאהרן ולבנוי ויאכלון יתה באתר קדיש ארום קדש |
| 309 | | Ex29:33 | ויאכלון יתהון די יכפר בהון |
| 310 | וייאכל | Dt28:51 | וייאכל פרי בעיריכון ופרי ארעכון |
| 311 | וייאכלון | Dt31:20 | וחליין וטעימין כדבשה וייאכלון וישבעון ויתפרנקון ויסטון |
| 312 | וייכול | Gn27:10 | ותייתי לאבוך וייכול מן בגלל די יברך יתך קדם |
| 313 | וייכל | Ex 2:20 | ית גברא קרין ליה וייכל מזון: |
| 314 | וייכלון | Dt26:12 | <ליתמיא> ולארמלתה וייכלון בקורייכון וישבעון: |
| 315 | | Nu11:21 | אמרת בשר אתן לכון וייכלון ירח יומין: |
| 316 | | Gn47:22 | לכומריא מן לוות פרעה וייכלון ית חולקהון די יהב להון |
| 317 | | Lv26:16 | לריקנו זרעיכון וייכלון יתהון בעלי דבביכון: |
| 318 | | Ex23:11 | יתה ותבקרון יתה וייכלון מסכינייה די עמך ומה |
| 319 | ויכול | Ex10:05 | למיחמי{ה} ית ארעא ויכול ית שייר פליטתה |
| 320 | | Ex10:05 | לכון מן ברדא ויכול ית כל אילנייא דצמחין לכון |

|  |  |  |  |  |  |
|---|---|---|---|---|---|
| 321 | | Ex10:12 | ויסק על ארעא דמצרים | ויכול | ית כל עשבא וארעא ית כל מה |
| 322 | ויכל | Gn 3:22 | ויסב מן פירי אילן חייא | ויכל | ויחי לעלם: |
| 323 | ויכלון | Dt18:08 | חלק כחלק | ויכלון | בר מן מותרי קורבנוי די |
| 324 | | Ex12:08 | | ויכלון | ית בשרא בליליה פסחא צלי |
| 325 | | Dt14:21 | בקורייכון תתנון יתה | ויכלון | יתה או מזבנה תזבנון יתיה |
| 326 | ונאכל | Nu11:13 | למימר הב לן בשר | ונאכל: | |
| 327 | | Dt 2:28 | מזון בכסף תזבנון לן | ונאכל | ומים בכסף תתנון לן ונשתי |
| 328 | וניכול | Nu11:13M | \בשר ונאכל /בשרה | וניכול#2/: | |
| 329 | | Gn27:07M | ואיכול /תפשילין | וניכול#2/ | ואברך יתך קדם ייי |
| 330 | | Dt 2:28M | לן ונאכל /תזבנון לן | וניכול#2/ | ומים בכסף תתנון לן |
| 331 | וניכל | Gn 3:18M | נאכל /מן לעות ידיי | וניכל#2/ | מזון מן פירי/פירה#2/ |
| 332 | ותאכול | Dt23:25M | בכרמה דחברך | ותאכול | ענבין מה דנפשך בעייה |
| 333 | ותאכל | Lv26:38 | ותיבדון באומיה | ותאכל | יתכון ארע בעלי דבביכון: |
| 334 | | Dt23:25 | בכרמי«י»ה דחברך | ותאכל | ענבים דצורכה ותשבע ולגו |
| 335 | ותאכלון | Dt12:21 | די פקדית יתכון | ותאכלון | בקורייכון בכל תוחמדת |
| 336 | | Lv25:19 | ותתן ארעא פירי עללתה | ותאכלון | ותשבעון ותשרון לרוחצן |
| 337 | | Dt 6:11 | די לא נצבתון | ות«א»כלון | ותשבעון: |
| 338 | | Dt 8:10 | | ותאכלון | ותשבעון ותברכון ית ממרה |
| 339 | | Lv26:05 | וקטפה יארע ית זרעה | ותאכלון | לחמכון ותשבעון ותשרון |
| 340 | | Ex34:15 | ויקרון לכון | ותאכלון | מן דבחיהון: |
| 341 | | Lv25:22 | ית שתה תמיניתה | ותאכלון | מן עללתה עתיקה עד שתה |
| 342 | | Dt14:23 | | ותאכלון | קדם ייי אלהכון באתרה די |
| 343 | | Dt14:26 | תשאל יתכון נפשיכון | ותאכלון | תמן קדם ייי אלהכון |
| 344 | ותיאכלון | Lv26:26 | לכון לחמכון במתקל | ותיאכלון | ולא תשבעון: |
| 345 | ותיכל | Ex22:05 | תפק אשא ותשכח כובין | ותיכל | גדישין או קמתא או חקלא |
| 346 | | Gn 3:18 | ודרדרין תרבי לך | ותיכל | ית עשבא דבאפי ברא עני אדם |
| 347 | ותיכלון | Dt16:07 | ותבשלון | ותיכלון | באתרה די יתרעי ייי |
| 348 | | Nu11:18 | תאמר אתקדשו למחר | ותיכלון | בשר ארום בכיתון במשמעה |
| 349 | | Dt12:15 | תוחמדת נפשתכון תכסון | ותיכלון | בשר כברכתיה דייי אלהכון |
| 350 | | Dt 2:06M | מן לוותהון בכסף | ותיכלון | ואוף מיין תזבנון |
| 351 | | Dt11:15 | באפי ברה לבעיריכון | ותיכלון | ותשבעון: |
| 352 | | Gn45:18 | טובא דארעא דמצרים | ותיכלון | ית טובא דארעא: |
| 353 | | Dt 7:16 | | ותיכלון | ית כל נכסי אמייה דייי |
| 354 | | Dt20:14 | תבזון לכון | ותיכלון | ית ביזת בעלי דבביכון |
| 355 | | Lv10:13 | | ותיכלון | יתה באתר קדיש ארום חולקך |
| 356 | | Ex23:11M | "וייכלון ... ומה": | ותיכלון | יתי' מסכנייה דבעמ' ומ' |
| 357 | | Ex12:11 | וחוטריכון בידיכון | ותיכלון | יתיה בבהילו מאכס פסחא |
| 358 | | Nu18:31 | | ותיכלון | יתיה בכל אתר אתון |
| 359 | | Lv26:10 | | ותיכלון | עתיקה דעתיק ועתיקה |
| 360 | | Dt28:53 | | ותיכלון | פרי וולד מעיכון בשר |
| 361 | | Dt12:07 | | ותיכלון | תמן קדם ייי אלהכון |
| 362 | | Dt27:07 | ותכסון נכסת קודשין | ותיכלון | תמן ותחדון קדם ייי |
| 363 | ותכלון | Nu11:18 | ויתן ייי לכון בשר | ותכלון: | |
| 364 | ומיכול | Lv 7:24 | יתעבד לכל עבידה | ומיכול | לא תאכלון יתה: |
| 365 | ומיכל | Lv 7:24M | לכל עבידה | ומיכול/<ומי>כל#2/ | לא תאכלון יתה: |
| 366 | ודאכל | Lv19:08M | \ומה | דיאכל/ודאכל#2/ | יתה חובוי יקבל ארום |
| 367 | | Lv11:40M | "ומן די ... יחוור": | ודאכל | מנבלתהון יחוור |
| 368 | ודיאכול | Lv14:47M | לבושוי \ומן די | יאכול/ודיאכול#2/ | בביתה יחוור ית |
| 369 | ולמיכול | Dt14:21M | אתון רשיין לבשלה | ולמיכול | בשר בחלב מערבין כחדה |
| 370 | ולמיכל | Ex23:19M | אתון רשאין למבשל' | ולמיכל | בשר' וחלב מערבין כחדא |
| 371 | למאכל | Dt28:31 | ולית אתון רשיין | למאכל | מנהון חמריכון גזילין |
| 372 | למיכ' | Gn 3:18 | ייי לא נתחשב כבעירא | למיכ' | עשבא דבאפי ברא נקום כען |
| 373 | למיכול | Dt12:20M | נפשכון | למיכל/למיכול#2/ | בשר בכל/וכל#2/ |
| 374 | למיכל | Gn 6:21 | לוותך ויהוי לך ולהון | למיכל: | |
| 375 | | Ex16:15 | לחמא די יהב ייי לכון | למיכל: | |
| 376 | | Lv25:07 | בארעכון תיהוי כל עללת | למיכל: | |
| 377 | | Dt12:23 | לחוד אתוקפו דלא | למיכל | אדמה ארום אדמה הוא נפשה |
| 378 | | Dt12:17 | לית אתון רשיין | למיכל | בקורייכון מעשר תיניין |
| 379 | | Ex34:26M | רשיין לא למבשלה ולא | למיכל | בשר וחלב מער' |
| 380 | | Lv26:29 | דגרמו לאבהתן בירושלם | למיכל | בשר בניהון ובשר בנתהון |
| 381 | | Dt12:20 | ארום תתחמד נפשכון | למיכל | בשר בכל תוחמדת נפשיכון |
| 382 | | Dt20:20M | די לא \אילן עבד | פירין/למיכל#2/ | הוא יתיה תחבלון |
| 383 | | Gn 2:09 | אילן דיאי למחמי וטב | למיכל | ואילן חייא בגו מציעות |
| 384 | | Gn24:33 | ושוון קדמוי | למיכל | ואמר לית אנה אכל עד זמן |
| 385 | | Gn 3:06 | אתתא ארום טב אילנא | למיכל | וארום תחמדא הוא לעייניה |
| 386 | | Nu21:05 | ארום לית לן לחם | למיכל | ולא מיין למישתי ונפשן |
| 387 | | Gn28:20 | מהלך בה ויתן לי לחם | למיכל | ולבוש למלבש: |
| 388 | | Ex16:08 | ייי לכון ברמשא בשר | למיכל | ולחם בצפרא למשבע כד שמיע |
| 389 | | Ex32:06 | קודשין ויתבו עמ«א» | למיכל | ולמישתי וקמו למגחכה |
| 390 | | Ex16:08M | "למיכל ...": | למיכל | ומזון בצפר' למשב{עו}<וע> |
| 391 | | Gn43:02 | והוי כדי אשלמו | למיכל | ית עיבורא די אייתון |
| 392 | | Nu14:09 | היך מה דלחמא קליל לן | למיכל | כדן אינון קלילין באפינן |
| 393 | | Gn 9:03 | נשמה דחיין לכון יהווי | למיכל | כירק עשבי' יהבית לכון ית |
| 394 | | Gn31:54 | בטורא וקרא לאחוי | למיכל | לחם ואכלו לחם ואביתו |
| 395 | | Gn37:25 | ויתבו | למיכל | לחם ונטלו עייניה«ו»ן |
| 396 | | Ex18:12 | וכל חכימיא דישראל | למיכל | לחמא עם חמוי דמשה קדם |
| 397 | | Lv25:06 | שמיטתה דארעא לכון | למיכל | לך ולעבדך ולאמהתך ולאגירך |
| 398 | | Ex18:12M | דישראל \למיכל לחמא | /למיכל | מזון#2/ עם חמוי דמשה |
| 399 | | Lv22:11M | בכן יהווי ראשי | למיכל | מינה ומרבייני בייתי |
| 400 | | Lv10:19M | /דלית#2/ אפשר | מיכל/למיכל#2/ | מינה ואנא דארע יתי |
| 401 | | Gn24:32M | זמימי באורח דלא | למיכל | מן גזילא |
| 402 | | Lv11:39 | מן בעירה די יהוי לכון | למיכל | מן די יקרב בנבלתה יסתאב |
| 403 | | Ex12:44 | יתיה בכדין יהווי כשר | למיכל | מנה: |
| 404 | | Gn43:32 | לא הוון יכלין מצראי | למיכל | עם עבריי לחם ארום מרחקה |
| 405 | מלמיכל | Gn49:12 | שנוי נקיין מחל{א}בא | מלמיכל | בהון חמיסיין וגזילין |
| 406 | אייכל afel | Dt 8:16 | די | אייכל | יתכון מנה במדברה די לא |
| 407 | איכל | Gn25:30 | ואמר עשו ליעקב | איכל | יתי כען מן תבשילא סמוקא |
| 408 | איכלית | Ex16:32M | די אכלת /מזוני די | איכלית#2/ | יתכון במדברא באפקותי |
| 409 | ייכל | Nu11:04 | ישראל ואמרין אלווי מן | ייכל | יתן בשר: |
| 410 | דמייכל | Nu11:18M | יוכל יתן /הוה לן מן | דמייכל | יתי#2/ בשר ארום טב הוה |
| 411 | | Nu11:04M | יתן /ליוואי הווה לן | דמייכל | יתן#2/ בשר/<בשר>ה#2/: |
| 412 | ואייכל | Dt32:13 | יתהון על במסיה דארעא | ואייכל | יתהון עללת תפנוקי מלכין |
| 413 | | Dt 8:03 | וצער יתכון ואכפן יתכון | ואייכל | יתכון ית מנה די לא חכמתון |
| 414 | | Lv22:27M | תבשילין ואייתי לאבוי | ואייכל | לאבוי מן תבשילוי וחמר |
| 415 | | Lv22:27 | עזין ותבשילין עבד | ואייכ{ו}ל | לאבוי ו<ז>כה למקבלה ית |
| 416 | | Lv22:27 | יתיה ופטירין אפה | ואייכל | למלאכין ומן יד אתבש«ר» |
| 417 | את' etpeel | Nu12:12M | /מן מעוי דאימיה | את'#2/ | פלגות/<פל>גו#2/ בשריה |
| 418 | אתאכל | Nu12:12 | למפ{י}<ו>ק לגו עלמ' | אתאכל | פלגות בשריה כדין כד הוינא |
| 419 | ית' | Lv 6:16M | גמירא תהוי לא | תתאכל/ית#2/: | |
| 420 | יתאכ' | Lv 7:16 | דבתרה ומה דמשתייר מנה | יתאכ': | |
| 421 | | Lv 6:23M | בגו בית קדשא לא | תתאכל/יתאכ'#2/ | בנורא תתוקד/יתו'#2/ |
| 422 | יתאכיל | Ex13:03 | פריקין מן הכא ולא | יתאכיל | חמיע: |
| 423 | | Ex21:28 | מתרגמא יתרגם תורא ולא | יתאכיל | ית בשריה ומריה דתורא יהוי |
| 424 | | Ex12:46 | חבורן חבורן{חבורן} | יתאכיל | לא תפקון מן בית לחברה ואף |
| 425 | יתאכל | Lv11:41 | על ארעה שקץ הוא לא | יתאכל: | |
| 426 | | Lv19:23 | יהוי לכון ריחוק לא | יתאכל: | |
| 427 | | Ex29:34 | מה דאשתייר בנורא לא | יתאכל | ארום קדש הוא: |
| 428 | | Lv19:07 | ואם מתאכלה | יתאכל | ביומא תליתיה פסיל הוא לא |

|  |  |  | | | |
|---|---|---|---|---|---|
| 429 | | Lv 7:19 | יקרב בכל סואבה {לא} לא | יתאכל | בנורא יתוקד ובשרה כל דדכי |
| 430 | | Lv11:34M | יסתאב /מן כל מזונה די | יתאכל | די יתועל עלוי מים יס׳#2# |
| 431 | | Lv11:34 | מכל מיכל די | יתאכל | די יתיהב עלוי מיין יסתאב |
| 432 | | Lv19:06 | ביומא דתיכסון יתיה | יתאכל | וביומ׳ תליתייה ומה |
| 433 | | Lv 7:16 | די יקרב ית קורבנה | יתאכל | וביומא דבתרה ומה דמשתייר |
| 434 | | Lv17:13 | ציד דחיה או עוף די | יתאכל | וישפוך ית אדמיה ויכסי |
| 435 | | Lv19:06M | תליתייה /ביום דבחיהון | יתאכל | ומן יומא דבתריה#2#/ ומה |
| 436 | | Gn 6:21 | ואת סב לך מן כל מיכל די | יתאכל | ותכנש לוותך ויהוי לך |
| 437 | | Ex13:07 | פטירין | יתאכל | ית שבעתי יומיא ולא יתחמי |
| 438 | | Lv 7:15 | יקרב קרבניה <די> | יתאכל | לא ישתייר מנה עד צפרא: |
| 439 | | Lv22:30 | ביומא ההוא | יתאכל | לא תשיירון מנה עד צפרא |
| 440 | | Lv 7:18 | ואן מתאכלה | יתאכל | מן בשרה דנכסת קדשיה ביומ׳ |
| 441 | | Lv 7:06 | ייכול ייתה באתר קדיש | יתאכל | קודש קדשין הוא: |
| 442 | יתאכלון | Lv19:23M | לכון ערלין לא | יתאכלון#2#/: | |
| 443 | | Dt14:19 | עופא מסאב הוא לכון לא | יתאכלון: | |
| 444 | | Lv11:42M | רגליין [...] | יתאכלון | אר׳ |
| 445 | | Lv11:13 | תשקצון מן עופא לא | יתאכלון | ארום שקץ אינו׳ ית נשרא |
| 446 | | Ex12:11M | בידיכון | ותיכלון/יתאכלון#2#/ | יתיה בבהילו מאכס |
| 447 | תתאכל | Lv 6:16 | דכהנא גמירא תהוי לא | תתאכל: | |
| 448 | | Lv 6:19 | יתה ייכול יתה בתר קדיש | תתאכל | בדרת משכן זימנא: |
| 449 | | Lv 6:23 | למכפרה בגו בית קדשא לא | תתאכל | בנורא תתוקד: |
| 450 | | Lv 6:09 | אהרן ובנוי פטירין | תתאכל | בתר קדיש בדרת משכן |
| 451 | מתאכל | Nu28:13M | קרבן קדם ייי | מתקבל/מתאכל#2#/ | \לשמה דייי#2#/: |
| 452 | מתאכלה | Lv11:47 | ובין חייתה דלא | מתאכלה: | |
| 453 | | Dt 9:03 | מדברה קדמיכון אשה אכלה | מתאכלה | הוא ישיצי יתהון והוא יכנע |
| 454 | | Lv 7:18 | ואן | מתאכלה | יתאכל מן בשרה דנכסת קדשיה |
| 455 | | Lv19:07 | ואם | מתאכלה | יתאכל ביומא תליתיה פסיל |
| 456 | דמתאכל | Dt12:22 | לחוד היך מה | דמתאכל | ית בשרה דטבייה ודאיילה |
| 457 | דמתאכלה | Lv11:47 | ובין דכיא ובין חייתה | דמתאכלה | ובין חייתה דלא מתאכלה: |
| 458 | ותכלת | Lv 9:24M | אשא מן קדם ייי | ואכלת/ותכלת#2#/ | על גבי מדבחה ית |
| 459 | | Nu16:35M | נפקת מן קדם ייי | ואכלת/ותכלית#2#/ | ית מאת«י»ן |
| 460 | ותתכל | Lv26:38M | ותיבדון באומיה | ותאכל/ותתכל#2#/ | יתכון ארע |
| 461 | למ׳ | Lv11:47M | דלא מתאכלה/כשירה | למ׳#2#/: | |

## אכנשו (v.)n. ingathering [58]

|  |  |  | | | |
|---|---|---|---|---|---|
| 001 | דאכנשותא s em/sf | Ex23:16 | וזרעין באפי ברא וחגא | דאכנשותא | במיפקה דשתא במכנשכון ית |
| 002 | | Ex34:22 | בכרת חצדה דחטיא וחגא | דאכנשותא | במפקא דשתא: |
| 003 | | Ex34:21 | שביעיה תתנוחון בחגא | דאכנשותא | ובחגא דחצדא תתנחון: |

## אכסניי adj. stranger, foreigner [58]

|  |  |  | | | |
|---|---|---|---|---|---|
| 001 | אכסנייה s em/sf | Dt27:18M | "די יטעי ...": דמטעה | אכסנייה | בעורחה דהוא מדמי לסמייה |
| 002 | | Lv19:14M | "וקדם ... תקלה": ולקדם | אכסנייה | דדמי לסמיא לא תשוון |
| 003 | | Lv19:14M | בגין דלא שמע לקדם | אכסנייה | דהוא מדמי לסמייה לא |
| 004 | אכסנאי p em/sf | Gn47:21M | דיעקוב ואמרין להון | אכסנאי | גלולאי |
| 005 | אכסניא | Gn47:21 | דיוסף ואמרין להון | אכסניא | גלוליא: |
| 006 | אכסניי | Gn47:21M | דיוסף דלא קריין להון | אכסניי | גלוליי |

## [אל] prep. to [!!]

|  |  |  | | | |
|---|---|---|---|---|---|
| 001 | אליה | Gn39:10 | יום בתר יום ולא שמע | אליה | למשמשה עמה בעלמ׳ הדין דלהא |
| 002 | אל | Gn 4:08 | באפי ברא וקם קין | אל | הבל אחוי וקטל יתיה: |
| 003 | | Gn47:04 | ואמרין | {אל} | לפרעה למתותבה בארעא עלנן |
| 004 | | Nu21:08 | לך חיוי דנחש ושוי יתי׳ | אל | אתר תלי: |
| 005 | | Ex14:20M | ליליא לא קריבו משרה | אל | משרה ברם מלאכי שירותא לא |
| 006 | ואל | Lv17:09 | | ואל | תרע משכן זימנה לא ייתי |

## אלא conj. but [58]

|  |  |  | | | |
|---|---|---|---|---|---|
| 001 | אלא | Dt 4:35M | אלההון דאלהייה ולית | אלא | |
| 002 | | Nu12:01 | הות ציפורה אתתה דמשה | אלא | היך מה דכושיה שני בגופה מן |
| 003 | | Dt33:03 | דישמעאל מקבלין אוריתה | אלא | כל כדן למחבבה עמא בני |
| 004 | | Gn49:18 | נפשי דהוא פורקן עבור | אלא | לפורקניה סכיינת נפשי דאמרת |
| 005 | | Gn13:07 | לא הוון זממין בעירהון | אלא | מבקרין ואזלין ברם {ברם} |
| 006 | | Ex 9:16 | לך קיימת יתך עד כדון | אלא | מן בגלל דא קיימת יתך עד |
| 007 | | Gn22:14 | יתה עפר וקטם קדמיך | אלא | מן יד אקדמית בצפרא ואקדמית |
| 008 | | Ex16:08M | אלא קדם ייי /ארום | אלא | מן קדם ייי#2#/: |
| 009 | | Ex16:08 | תורעמתכון ארום | אלא | קדם ייי: |

See also: conj. אלהן

## אלה n. God, god [59]

|  |  |  | | | |
|---|---|---|---|---|---|
| 001 | אלה s ab/cn | Ex 4:05 | ארום אתגלי עלך ייי | אלה | אבהתהון אלהה דאברהם אלהה |
| 002 | | Dt29:24 | די שבקו ית קיימה דייי | אלה | אבהת{כ}הון די קיים עמהון |
| 003 | | Ex 3:13 | בני ישראל ואמר להון | אלה | אבהתכון שלח יתי לוותכון |
| 004 | | Dt 1:21 | וירתו היך מה די מלל ייי | אלה | אבהתכון לכון לא תדחלון ולא |
| 005 | | Dt 4:01 | ותירתון ית ארעא דייי | אלה | אבהתכון יהב לכון: |
| 006 | | Dt 6:03 | לחדה היך מה די מלל ייי | אלה | אבהתכון לכון ארע עבדה |
| 007 | | Dt12:01 | למעבד בארעא די יהב ייי | אלה | אבהתכון לכון למירת יתה כל |
| 008 | | Dt27:03M | היך מה די מלל ייי | אלהכון/אלה | אבהתכון#2#/ לכון: |
| 009 | | Ex15:02 | דן הוא אלהן ונשבחיניה | אלה | אבהתן ונרוממנה: |
| 010 | | Dt26:07 | וצלינן קדם ייי | אלה | אבהתן ושמיע קדם ייי קל |
| 011 | | Ex15:02M | הוא אלהן ונשבחה יתיה | אלה | אבותהון ונרוממה יתיה |
| 012 | | Ex 4:15 | בפומיה ואנה במימרי | {אלה} | «אהוי» עם ממלל פ{פ}מך |
| 013 | | Ex20:03 | בני ישראל לא יהווי לך | אלה | אחרא בר מני: |
| 014 | | Dt 4:39 | על ארעא מן לרע לית | אלה | אחרן בר מניה: |
| 015 | | Dt 5:07 | ישראל לא יהווי לכון | אלה | אחרן בר מני: |
| 016 | | Dt 7:09 | ארום ייי אלהכון הוא | אלה | אלה היימנה נטר קיימה וחסדה |
| 017 | | Lv24:15M | יפריש \שמה דאלה/שם | אלה#2#/ | בגדפין יקבל חובוי: |
| 018 | | Nu16:09 | היא דא מנכון ארום אפרש | אלה | דישראל יתכון מן כנשתה |
| 019 | | Dt 4:39 | על לבבכון ארום ייי הוא | אלה | דאיקר שכינתיה שריה בשמיה |
| 020 | | Nu24:08 | | אלה | די אפק יתהון פריקין מן |
| 021 | | Nu12:13M | "ואמ׳ ...": למימר | אלה | דמסי כל ביש<ר>ה אס{ר}י |
| 022 | | Nu27:16 | ימני ייי | אלה | דשליט בנשמת כל בשרא גבר |
| 023 | | Dt 7:09 | ארום ייי אלהכון הוא אלה | אלה | היימנה נטר קיימה וחסדה |
| 024 | | Dt 7:09M | אלה /אלההון דאלהיה | אלה#2#/ | היימנה נטר קיימה וחסדה |
| 025 | | Dt32:21 | אינון אקנון יתי באלה דלא | אלה | ואכעסו יתי במרחקתהון ואנה |
| 026 | | Dt10:17 | הוא <אלהא> «על כל | אלה | ורבון על כל ריבונייה אלה» |
| 027 | | Ex22:22M | אשמע בקל צלותא ארום | אלה | חנן |
| 028 | | Ex22:26M | אשמע בקל צלותיה ארום | אלה | חנן |
| 029 | | Dt 4:31 | ארום | אלה | חנן ורחמן ייי אלהכון לא |
| 030 | | Dt 3:24 | גבורת ידך תקיפתה די מן | אלה | כוותך דאיקר שכינתך שרייא |
| 031 | | Dt32:05 | חביביה לא קדמוי חבלו | אלה | להון מומה דאשתכח בהון דרא |
| 032 | | Dt 4:35 | למידע ארום ייי הוא | אלה | לית אחרן בר מינה: |
| 033 | | Dt29:17M | ... טעוותהון": קדם ייי | אלה | למיזל ולמפלח ית טעוון |
| 034 | | Dt28:32M | עובדין טבין די יספק | אלה#2#/ | על ידיכון למפרוק יתכון: |
| 035 | | Ex20:05 | ארום אנה ייי אלהכון | אלה | קניי ו{כ}<פ>ורען דמתפרע |
| 036 | | Ex34:14 | חורן ארום ייי קנא שמיה | אלה | קניי ופורען מתפרע בקנא |
| 037 | | Dt 4:24 | אלהך אשא אכלה אשא הוא | אלה | קניי ופורען בקנא: |

|  |  |  |  |  |  |
|---|---|---|---|---|---|
| 038 | | Dt 5:09 | ארום אנה הוא ייי אלהכון | אלה | קניי ופורען מתפרע בקנאה |
| 039 | | Dt 6:15 | ארום | אלה | קניי ופורען הוא אלהכון |
| 040 | | Dt 4:07 | אומה ומלכו דאית ליה | אלה | קריב לוותיה כוות ממרה דייי |
| 041 | | Dt 7:21 | שכינתיה מדברה ביניכון | אלה | רבה ודחילה: |
| 042 | | Dt10:17 | ורבון על כל ריבונייה | אלה» | רבה גיברה ודחילה די לא |
| 043 | | Gn35:11 | ואמר ליה ייי אנה | אלה | שמיא תקף וסגי אמה וקהל |
| 044 | | Gn48:03 | ואמר יעקב ליוסף | אלה | שמיא אתגלי עלי בלוז בארעא |
| 045 | באלה | Dt32:21 | אינון אקנון יתי | באלה | דלא אלה ואכעסו יתי |
| 046 | | Ex 6:03 | על יצחק ועל יעקב | באלה | שמיא ברם שמי תקיפא ייי לא |
| 047 | דאלה | Lv24:15 | גבר ארום יפריש שמה | דאלה | בגדפין יקבל חובוי: |
| 048 | | Dt 4:33 | די שמעו בקל מימריה | דאלה | חייה ממלל מן גו להבי אשתה |
| 049 | | Dt 5:26 | די שמע ית קל מימרה | דאלה | חייה ממלל מן גו להבי אשתה |
| 050 | ואלה | Gn31:29 | סגין למבאשא לכון | ואלה | דאבוכון ברמשא אמר לי למימר |
| 051 | | Gn43:14 | | ואלה | שמיא {ו}<י>שוי לכון רחמין |
| 052 | | Gn49:25 | אלהא דאבוך יהווי בסעדך | ואלה | שמיא יברך יתך מן טוב טלה |
| 053 | | Gn28:03 | | ואלה | שמייא יברך יתך ויתקף יתך |
| 054 | לאלה | Gn46:01 | ונכס נכסין | לאלה | דאבוי יצחק: |
| 055 | | Gn17:07 | עלם למהווי במימרי לך | לאלה | ולבניך מן בתרך: |
| 056 | | Ex34:14 | ארום לא תסגדון | לאלה | חורן ארום ייי קנא שמיה אלה |
| 057 | | Ex 6:07 | ויהווי מימרי לכון | לאלה | פרוק ותדעון ארום אנה הוא |
| 058 | | Lv11:45 | למהוי {למהווי} לכון | לאלה | פרוק ותהוון קדישין ארום |
| 059 | | Lv22:33 | למיהוי במימרי לכון | לאלה | פרוק אנה הוא ייי דפרקת |
| 060 | | Lv25:38 | למיהוי ממרי לכון | לאלה | פרוק: |
| 061 | | Lv26:12 | ויהווי מימרי לכון | לאלה | פרוק ואתון תהוון לשמי לעם |
| 062 | | Lv26:45 | למיהווי במימרי להון | לאלה | פרוק אנה ייי: |
| 063 | | Nu15:41 | דמצרים למיהוי לכון | לאלה | פרוק אנה ^הוא#2^ ייי |
| 064 | | Dt26:17 | יומא הדין למיהווי לכון | לאלה | פרוק למהלכה באורחן דתקנן |
| 065 | | Dt29:12 | קדישין והוא יהווי לכון | לאלה | פרוק היך מה «ד־י־מלל לכון |
| 066 | | Gn17:08 | עילם ואהוי בממרי להון | לאלה | פריק: |
| 067 | | Gn28:21 | דאבה ויהווה ייי לי | לאלה | פריק: |
| 068 | | Ex29:45 | ויהווי ממרי להון | לאלה | פריק: |
| 069 | אל' s em/sf | Lv21:06M | \שמה דאלההון/שם | אל'#2/ | ארום ית קרבנוי דייי לחם |
| 070 | | Lv24:16M | \שמה דאלהה/שם | אל'#2/ | בגידופין יתקטל: |
| 071 | אלה' | Gn24:48M | קדם ייי וברכת ית ייי | אלה' | |
| 072 | | Gn26:24 | ההוא ואמר <אנה> הוא | אלה' | דאברהם אבוך לא תדחל ארום |
| 073 | | Gn24:42M | אם ברעות קדמך/די | אלה'#2/ | למצלחה ארחי דאנא מהלך |
| 074 | אלהא | Dt32:39 | אנה אנה בממרי הוא ולית | אלהא | אחרן בר מיני אנה הוא דממית |
| 075 | | Dt10:17M | ורבון על כל ריבונייה | /אלהא | אלההון דאלהיה ורבתהון |
| 076 | | Ex 3:19M | ידא \דהיא תקיפא/ארום | אלהא | ביד תקיפא#2/: |
| 077 | | Gn31:42 | אלולי אלהיה דאבא | אלהא | דאברהם ותקיפא דיצחק |
| 078 | | Gn31:53 | | אלהא | דאברהם ואלהא דנחור |
| 079 | | Ex 3:16M | דאברהם\יצחק ויעקב | /אלהא | דיצחק ואלהא דיעקב#2/ |
| 080 | | Gn33:20 | וצלי תמן בשם ייי | אלהא | דישראל: |
| 081 | | Ex24:10M | ית איקר\שכינתה דייי | /אלהא | דישראל#2/ ותחות |
| 082 | | Ex24:11M | ית איקר\שכינתה דייי | /אלהא | דישראל#2/ והוון חדיין |
| 083 | | Dt32:37 | אינון אומיה למימר אן | אלהא | דישראל תקיפה דאתרחצו ביה: |
| 084 | | Gn 9:26 | ואמר בריך הוא ייי | אלהא | דשם ויהווי כנען עבד |
| 085 | | Gn49:25 | מימר | אלהא | דאבוך יהווי בסעדך ואלה |
| 086 | | Gn50:17M | די אלהה/לחובי עבדי | אלהא#2/ | דאבוך ובכה יוסף במלל |
| 087 | | Nu23:22 | | אלהא | דאפיק יתהון מן ארעא |
| 088 | | Gn35:07M | תמן בשם ממריה דייי | אלהא | די אתגלי עלוי בבית אל |
| 089 | | Ex 9:13M | כדין אמר ייי | אלההון/אלהא#2/ | דיהודיי |
| 090 | | Ex 5:03M | ואמרין | אלהון/^<אל>הא#2#/^אלההון#2/ | דעבריי אתגלי |
| 091 | | Ex10:03M | אמר ייי | אלהון/^אלהא#2#/^אלההון#2/ | דעבריי עד אמת |
| 092 | | Ex 7:16M | ותימר ליה ייי | אלההון/אלהא#2/ | דעבריין שלח יתי |
| 093 | | Gn35:09 | | אלהא | דעלמא יהא שמיה מבורך לעלם |
| 094 | | Gn38:25 | הדה דהיא שעת אננקי | אלהא | דעני לאנינקי ואנהר עייני |
| 095 | | Gn24:27 | ואמר בריך הוא ייי | אלהא | דריבוני אברהם דלא שבק |
| 096 | | Gn24:42 | ברחמין מן קדמיך ייי | אלהא | דריבוני אברהם אם ברעות |
| 097 | | Gn24:03 | דייי אלהא דשמיא הוא | אלהא | דשליט על ארעא דלא תסב אתא |
| 098 | | Gn24:03 | ואשבע יתך בשם ממריה דייי | אלהא | דשמיא הוא אלהא דשליט על |
| 099 | | Gn24:07 | ייי | אלהא | דשמיא די דבר יתי מן בייתא |
| 100 | | Gn14:19 | ואמר בריך הוא אברם קדם | אלהא | עילאה דבמימריה קנה שמים |
| 101 | | Dt10:17 | ארום ייי אלהכון הוא | <אלהא> | «על כל אלה ורבון על כל |
| 102 | | Gn14:18 | משמש בכהנת' רבתה קדם | אלהא | עלאה: |
| 103 | | Gn14:20 | וברוך הוא | אלהא | עליא די תבר בעלי דבבך קדמך |
| 104 | | Gn14:22 | ידי בשבועה קדם ייי | אלהא | עליא דבממריה קנה שמיא |
| 105 | | Gn16:13 | דייי דאתגלו עליה את הוא | אלהא | קיים כל עלמייא ארום אמרת |
| 106 | | Gn17:01 | על אברם ואמר לה אנא | אלהא | שמיא פלח קדמי בקשטא והוה |
| 107 | אלהה | Ex 3:15 | תאמר לבני ישראל ייי | אלהה | אבהתכון אלהה דאברהם אלהה |
| 108 | | Ex 3:16 | דישראל ותימר להון ייי | אלהה | אבהתכון אתגלי עלי אלה«ה» |
| 109 | | Nu16:22M | דשליט בנשמת כל בשרה | /אלהה | {{אלהייה}} מתייהבה נשמתה |
| 110 | | Nu23:19 | וכפרין במיליהון ברם | אלהה | אמר ועבד גזר ומקיים ופתגמי |
| 111 | | Gn28:13 | קיים עלוי ואמר אנה ייי | אלהה | דאברהם אבוך ואלהה דיצחק |
| 112 | | Gn32:10 | ואמר יעקב | אלהה | דאברהם אבה ואלהה דיצחק |
| 113 | | Ex 3:06 | ואמר אנה הוא אלהה דאבוך | אלהה | דאברהם אלהה דיצחק ואלהה |
| 114 | | Ex 3:15 | ישראל ייי אלהה אבהתכון | אלהה | דאברהם אלהה דיצחק ואלהיה |
| 115 | | Ex 3:16 | אבהתכון אתגלי עלי | אלה«ה» | דאברהם יצחק ויעקב |
| 116 | | Ex 4:05 | עלך ייי אלה אבהתהון | אלהה | דאברהם אלהה דיצחק ואלהה |
| 117 | | Ex 3:06 | אלהה דאבוך אלהה דאברהם | אלהה | דיצחק ואלהה דיעקב ואטמר |
| 118 | | Ex 3:15 | אבהתכון אלהה דאברהם | אלהה | דיצחק ואלהיה דיעקב שלחני |
| 119 | | Ex 4:05 | אבהתהון אלהה דאברהם | אלהה | דיצחק ואלהה דיעקב: |
| 120 | | Ex 5:01 | לפרעה כדן אמר ייי | אלהה | דישראל שלח ית עמא ויחגון |
| 121 | | Ex32:27 | ואמר להון כדין אמר ייי | אלהה | דישראל שוון גבר חרביה על |
| 122 | | Ex34:23 | קדם רבון כל עלמיא ייי | אלהה | דישראל: |
| 123 | | Dt 1:11M | ייי\אלהי אבהתכון | /אלהה | דאב#2/ יוסף עליכון |
| 124 | | Ex18:04 | אליעזר ארום מימר | אלהה | דאבא בסעדי ושיזב יתי מחרבא |
| 125 | | Gn31:05 | ולא היך דקדמוי ומימר | אלהה | דאבה הווה בסעדי: |
| 126 | | Gn31:53 | דנחור ידינון בינינן | אלהה | דאבוהון ואשתבע יעקב |
| 127 | | Gn50:17 | למרדיהון דעבדוי די | אלהה | דאבוך ובכה יוסף במלל יתיה |
| 128 | | Ex 3:06 | ואמר אנה הוא | אלהה | דאבוך אלהה דאברהם אלהה |
| 129 | | Gn31:13 | אנה הוא | אלהה | דאתגלית עלך בבית אל די |
| 130 | | Dt32:15 | סגין ואנשון ית מימר | אלהה | די ברה יתהון וכפרו בדחלתיה |
| 131 | | Dt32:18 | שבקתון ואשיתון ית ממר | אלהה | די שכלל יתכון ועבד יתכון |
| 132 | | Ex 9:01M | מימרי' דייי#2/ | אלההון/אלהה#2/ | דיהו{י} דיי |
| 133 | | Lv 4:22 | חדא מן כל מצוותה דייי | אלהה | דלא כשרין למתעבדה בשלו |
| 134 | | Gn21:33 | ופלח וצלי בשם ממרי דייי | אלהה | דעלמא: |
| 135 | | Gn24:12 | ואמר ייי | אלהה | דרבוני אברהם יזדמן לי כען |
| 136 | | Gn24:48 | דייי וצלי«י»ת קדם | אלהה | דריבוני אברהם דדבר יתי |
| 137 | | Nu16:22 | על אפיהון ואמרין | אלהה | דשליט בנשמת כל בשרה הא גבר |
| 138 | | Dt32:04 | כל ארחתיה דינין וקשוט | אלהה | היימנה דלית קדמוי עוולה |
| 139 | | Ex34:06 | וצלי משה ואמר ייי ייי | אלהה | חננא ורחמנא אריך רוח ורחיק |
| 140 | | Nu12:13 | ברחמין מן קדמיך ייי | אלהה | חננה ורחמנה אסי יתה: |
| 141 | | Dt28:32 | עליהון כל יומייא ולא | אלהה | על ידיכון למפרוק יתכון: |
| 142 | אלההון | Ex29:46 | ביניהון אנה ייי | אלההון: | |
| 143 | | Lv21:07 | ארום קדישין אנון קדם | אלההון: | |
| 144 | | Lv21:06 | ית קרבנוי דייי לחם | אלההון | אינון מקריבין ויהוון |
| 145 | | Dt 7:09M | אלהכון\הוא אלה אלה | /אלההון | דאלהיה אלה#2/ היימנה |

146 Dt10:17M על כל ריבונייה/אלהא אלההון דאלהיה ורבתהון
147 Dt 4:35M "אלה לית:" אלההון דאלהייה ולית אלא
148 Ex29:46 וידעון ארום אנה הוא ייי אלההון די אפקת יתהון מארעא
149 Ex 9:13 ותימר ליה כדין אמר ייי אלההון דיהודיי שלח ית עמא
150 Ex 9:01 ותימר ליה כדין אמר ייי אלההון דיהו{י}דיי שלח ית עמי
151 Ex 5:03M ואמרין אלהון/^<אל>הא#2#^/אלההון#2#/ דעבריי אתגלי
152 Ex10:03M אמר ייי אלהון/^אלהא#2#^/אלההון#2#/ דעבריי עד אמת
153 Ex 3:18 ותימרון ליה {ליה} ייי אלההון דעברייה אתגלי עלינן וכדו
154 Ex 7:16 ותימר ליה ייי אלההון דעבריין שלח יתי לוותך
155 Lv21:06 קדישין יהוון קדם אלההון ולא יפסון שמה דאלההון
156 Nu23:21 בדבית ישראל מימר ייי אלההון עמהון ויבבות זיו איקר
157 Ex10:07 ית עמא ויפלחון קדם ייי אלההון קדם עד לא תדע ארום
158 אלהון Ex 5:03 ואמרין אלהון דעבריי אתגלי עלינן נזיל
159 Ex10:03 ליה כדון אמר ייי אלהון דעבריי עד אמת את מסרב
160 Ex14:25M ואמרי' אלין לאלין אלהון נערק מן קד{ו}ם עמ'
161 אלהי Gn39:09 רבתא הדא ואחטי קדם אלהי:
162 Nu22:18 גזירת מימריה דייי אלהי למעבד זעירה או רבתה:
163 Dt 4:05 דינין היך מה די פקד ייי אלהי למעבד כדן בגו ארעא די אתון
164 אלהיה Ex34:23M תבעין אלפן קודם ייי אלהיה
165 Lv21:17 מום לא יקרב למקרבה לחם אלהיה:
166 Gn31:42 אלולי אלהיה דאבא אלהא דאברהם ותקיפא
167 Gn46:03 ואמר אנה הוא אלהיה דאבוך לא תדחל מיחות
168 Ex32:11 וצלי משה קדם ייי אלהיה ואמר למה ה' יתקוף רוגזך
169 Lv24:15M ובזי <יפריש> אלהיה ויקבל
170 Dt18:07 וישמש בשם מימרה דייי אלהיה ככל אחוי ליוויי דקיימין
171 Lv21:21 אלהיה מום בה ית לחם אלהיה לא יקרב למקרבה:
172 Dt17:19 ייי אלהיה למטור ית כל פתגמיה
173 Lv21:21 לא יקרב למקרבה לחם אלהיה מום בה ית לחם אלהיה לא
174 Lv21:22 לחם אלהיה מן קדש קדשיה ומן קדשיה
175 Nu 6:07 במיתתהון ארום כליל אלהיה על רישיה:
176 Ex20:07 גבר מנכון ית שמה דייי אלהיה על מגן ארום לא מזכי ייי
177 Ex20:07 ית מן די יסב שמה דייי אלהיה על מגן:
178 Lv21:12M דאלהה עלוי אמר /רבות אלהיה עלוי כדין אמ'#2#/ ייי:
179 אלהיכון Lv23:22 יתהון כדן אמר ייי אלהיכון:
180 Ex10:16 ואמר חטית קדם ייי אלהיכון ולכון:
181 Ex20:07M מנכון בשם ממריה דייי אלהיכון לשקר ארום לא מזכי ייי
182 Dt 1:21 חמון דהא מסר ייי אלהיכון קדמ«י»כון ית ארעא סוקו
183 Ex23:15M למתחמיי' קדם אלהיכון ריקונין מן כל מצוה
184 אלהך Dt18:14M כן יהב בחולקך ייי אלהך#2#/:
185 Dt 4:24 ארום ייי אלהך אשא אכלה אשא הוא אלה קניי
186 Dt 6:15 דלא יתקוף רוגזה דייי אלהך בך וישיצי יתכון מיעילוי
187 Dt 8:05M דמפרגל אבה ית בריה ייי אלהך מפרגל לך
188 Dt 5:27 ית כל מה די ימלל ייי אלהך עמך ונשמע ונעבד:
189 Gn27:20 ברי ואמר ארום זמן ייי אלהך קדמוי:
190 Dt15:14 מן מה די ברך יתך ייי אלהך תתן לה:
191 אלהכון Ex16:12 ארום אנה הוא ייי אלהכון:
192 Lv18:02 ותימר ליהון אנה ייי אלהכון:
193 Lv18:04 למהלכה בהון אנה ייי אלהכון:
194 Lv18:30 בהון כדן אמר ייי אלהכון:
195 Lv19:02 אנה בממרי כדן אמר ייי אלהכון:
196 Lv19:03 <תשרון> כדן אמר ייי אלהכון:
197 Lv19:04 לכון כדן אמר ייי אלהכון:
198 Lv19:10 יתהון כדן אמר ייי אלהכון:
199 Lv19:12M כדין אמר ייי אלהכון#2#/:

200 Lv19:25 פירי עללתה אמר ייי אלהכון:
201 Lv19:31 למסתאבה בהון אמר ייי אלהכון:
202 Lv19:34 בארעא דמצרים אמר ייי אלהכון:
203 Lv20:07 קדישין ארום אנה ייי אלהכון:
204 Lv23:28 לכפרה עליכון קדם ייי אלהכון:
205 Lv23:43 דמצרים אנה הוא ייי אלהכון:
206 Lv24:22 ארום אנה הוא ייי אלהכון:
207 Lv25:17 אלהכון ארום אנה ייי אלהכון:
208 Lv25:43 בה בקשיו ותדחלון מן אלהכון:
209 Lv25:55 ארעא דמיצרים אנה ייי אלהכון:
210 Lv26:01 קדמה ארום אנה ייי אלהכון:
211 Nu10:10 טב קדם אלהכון אנה ייי אלהכון:
212 Nu15:40 ותהוון קדישין קדם ייי אלהכון:
213 Nu15:41 פרוק אנה ^הוא#2#^ ייי אלהכון:
214 Dt 1:26 על פם גזירת ממרה דייי אלהכון:
215 Dt 1:32 בשם ממרה דייי אלהכון:
216 Dt 4:23 דמו די פקד מימרה דייי אלהכון:
217 Dt 5:12 די פקד יתכון ייי אלהכון:
218 Dt 8:20 תשמעון בקל ממרה דייי אלהכון:
219 Dt12:04 לא תעבדון כדן קדם ייי אלהכון:
220 Dt12:07 די ברך יתכון ייי אלהכון:
221 Dt12:28 מה דשפר ותקן קדם ייי אלהכון:
222 Dt13:19 מה דשפר ותקן קדם ייי אלהכון:
223 Dt14:24 ארום יברך יתכון ייי אלהכון:
224 Dt15:21 תקרבון יתיה קדם ייי אלהכון:
225 Dt16:10 די יברך יתכון ייי אלהכון:
226 Dt16:22 די סני ורחיק קדם ייי אלהכון:
227 Dt18:13 בעבדה טבה עם ייי אלהכון:
228 Dt18:14 כוותהון יהב לכון ייי אלהכון:
229 Dt20:14 דיהב <לכון> ייי אלהכון:
230 Dt20:17 די פקד יתכון ייי אל<ה>כון:
231 Dt20:18 תתחייבון קדם ייי «א»להכון:
232 Dt23:06 ארום רחמכון ייי אל«ה»כון:
233 Dt24:13 תיהווי זכו קדם ייי אל«ה»כון:
234 Dt26:04 יתיה קדם מדבחה דייי אלהכון:
235 Dt27:06 עלוי עלוון קדם ייי אלהכון:
236 Dt27:07 תמן ותחדון קדם ייי אלהכון:
237 Dt27:09 לאומה קדם ייי אלהכון:
238 Dt28:02 בקל מימריה דייי אלהכון:
239 Dt28:58 הדין מן קדם ייי אלהכון:
240 Dt28:62 שמעתון בקל ממרה דייי אלהכון:
241 Dt29:05 ארום אנה ^הוא#2#^ ייי אלהכון:
242 Dt26:10 לן ייי ותצנעון קדם ייי אלהכון :<....>
243 Dt26:05 ותענון ותימרון קדם ייי אלהכון לבן ארמייה סבר למובדה
244 Dt17:12 למשמשא תמן קדם ייי אלהכון או לדינה ויתקטל גברא ההוא
245 Dt17:01 מה דסני ומרחק קדם ייי אלהכון אינון:
246 Ex20:05 קדמיהון ארום אנה ייי אלהכון אלה קניי ו{כ}<פ>ורען
247 Dt 5:09 ארום אנה הוא ייי אלהכון אלה קניי ופורען מתפרע
248 Lv19:32 דרבה ותדחלון מן קדם אלהכון אמר ייי:
249 Nu10:10 לכון לדוכרן טב קדם אלהכון אנה ייי אלהכון:
250 Lv21:08 יתיה ארום ית לחם אלהכון אנון מקרבין קדישין יהוון
251 Dt 1:10 ייי אלהכון אסגי יתכון והא אתון סגין
252 Dt26:13 ותימרון קדם ייי אלהכון אפרישנן ית קודשיה מן
253 Lv25:17 גבר לחבריה ותדחלון מן אלהכון ארום אנה ייי אלהכון:

|  |  | | | |
|---|---|---|---|---|
| 254 | Dt 8:18 | ותידכרון ית מימרה דייי | אלהכון | ארום הוא די יהב לכון |
| 255 | Dt12:31 | לא תעבד כדן קדם ייי | אלהכון | ארום כל דמרחק קדם ייי די |
| 256 | Dt16:01 | ותעבדון פסחא קדם ייי | אלהכון | ארום בזמן ירחה דאביבא |
| 257 | Dt12:12 | ותחדון קדם ייי | אלהכון | אתון ובניכון ובנתכון |
| 258 | Dt15:20 | באתרה די יתרעי ייי | אלהכון | אתון ואנשי בתיכון: |
| 259 | Dt16:11 | ותחדון קדם ייי | אלהכון | אתון ובניכון ובנתכון |
| 260 | Dt 4:34 | ככל מה די עבד לכון ייי | אלהכון | במצרים ועייניכון חמיין: |
| 261 | Ex 8:21 | ואמר אזלו קרבו קדם ייי | אלהכון | בארעא דמצרים: |
| 262 | Dt30:16 | ותסגון ויברך יתכון ייי | אלהכון | בארעא די אתון עללין לתמן |
| 263 | Dt16:16 | קדם רבון כל עלמיא ייי | אלהכון | באתרא די יתרעי בחגה |
| 264 | Dt14:23 | ותאכלון קדם ייי | אלהכון | באתרה די יתרעי למשרי יקר |
| 265 | Dt16:15 | יומין תחגון קדם ייי | אלהכון | באתרה די יתרעי ייי ארום |
| 266 | Dt31:11 | ישראל למחמייה קדם ייי | אלהכון | באתרה די יתרעי תקרא ית |
| 267 | Dt11:12 | יתה בתדירה עייני דייי | אלהכון | בה מסתכלין בה מן ראשה |
| 268 | Dt12:18 | באתרה די יתרעי ייי | אלהכון | בה אתון ובניכון ובנתכון |
| 269 | Dt14:25 | לאתרה די יתרעי ייי | אלהכון | בה: |
| 270 | Dt 7:20 | מחות אורעיתה יגרי ייי | אלהכון | בהון עד זמן די יסופון מה |
| 271 | Dt28:47 | די לא פלחתון קדם ייי | אלהכון | בחדו ובלב טב מן סוגי |
| 272 | Dt 4:10 | יומא די קמתון קדם ייי | אלהכון | בטורא דחורב בזמנה דאמר |
| 273 | Dt18:16 | די שאלתון מן קדם ייי | אלהכון | בטורא דחורב ביום התכנשות |
| 274 | Dt20:13 | וימסר יתה ייי | אלהכון | בידיכון ותקטלון ית כל |
| 275 | Dt21:10 | וימסר יתהון ייי | אלהכון | בידיכון ותשבון מנהון |
| 276 | Dt12:11 | אתרא די יתרעי ייי | אלהכון | ביה למשרייה איקר שכינתיה |
| 277 | Dt16:07 | באתרה די יתרעי ייי | אלהכון | ביה ותקדמון בצפרא ותזלון |
| 278 | Dt17:08 | לאתרה די יתרעי ייי | אלהכון | ביה: |
| 279 | Dt 7:06 | עם קדישין אתון קדם ייי | אלהכון | בכון אתרעי ייי אלהכון |
| 280 | Dt11:17M | דלא יתקף רוגזה דייי | ∧אלהכון#2#/ | בכון ויעצור ית שמייא |
| 281 | Dt10:12 | אורייתא ולמפלח קדם ייי | אלהכון | בכל לבביכון ובכל נפשתכון: |
| 282 | Dt12:18 | ותחדון קדם ייי | אלהכון | בכל אושטות ידיכון: |
| 283 | Dt13:04 | ית אולפן אורייתה דייי | אלהכון | בכל לבבכון ובכל נפשתכון: |
| 284 | Dt14:29 | די יברך יתכון ייי | אלהכון | בכל עובד ידיכון די |
| 285 | Dt15:10 | הדין יברך יתכון ייי | אל«ה»כון | בכל עובדיכון ובכל |
| 286 | Dt15:18 | דיומין ויברך יתכון ייי | אלהכון | בכל מה די תעבדון: |
| 287 | Dt16:15 | ארום יברך יתכון ייי | אלהכון | בכל עללתכון ובכל עובד |
| 288 | Dt23:21 | די יברך יתכון ייי | אלהכון | בכל אושטות ידיכון על ארעא |
| 289 | Dt24:19 | די יברך יתכון ייי | אלהכון | בכל עובד ידיכון: |
| 290 | Dt30:06 | ית אולפן אוריתה דייי | אלהכון | בכל לבביכון ובכל נפשתכון |
| 291 | Dt30:09 | וישייר יתכון ייי | אלהכון | בכל עבד ידיכון בפרי וולד |
| 292 | Dt30:10 | ארום תחזרון קדם ייי | אלהכון | בכל לבביכון ובכל נפשתכון: |
| 293 | Ex 8:24 | יתכון ותקרבון קדם ייי | אלהכון | במדברא לחוד רחקה לא |
| 294 | Dt 9:07 | דארגזתון ית מימרה דייי | אלהכון | במדברה למן יומא דנפקתון |
| 295 | Dt 2:07 | דנה ארבעין שנין ייי | אלהכון | בסעדכון לא חסרתון כל |
| 296 | Dt15:06 | ארום ייי | אלהכון | ברך יתכון היך מה די מלל |
| 297 | Dt 2:07 | ארום ייי | אלהכון | גלי קדמוי הלכותכון ית |
| 298 | Dt 6:15 | אלה קניי ופורען הוא | אלהכון | דאיקר שכינתיה ביניכון דלא |
| 299 | Dt 7:21 | מן קדמיהון ארום ייי | אלהכון | דאיקר שכינתיה מדברה |
| 300 | Dt 9:03 | יומא הדין ארום ייי | אלהכון | דאיקר שכינתיה מדברה |
| 301 | Dt20:04 | ארום ייי | אלהכון | דאיקר שכינתיה מדברה |
| 302 | Dt23:15 | ארום ייי | אלהכון | דאיקר שכינתיה מדברה בגו |
| 303 | Dt31:03 | ייי | אלהכון | דאיקר שכינתיה מדברה |
| 304 | Dt31:06 | מן קדמיהון ארום ייי | אלהכון | דאיקר שכינתיה מדברה |
| 305 | Dt 8:14 | ית אולפן אורייתה דייי | אלהכון | דאפיק יתכון מן ארעא |
| 306 | Dt13:06 | מילין דשקריין קדם ייי | אלהכון | דאפק יתכון פריקין מן ארעא |
| 307 | Dt13:11 | יתכון מן בתר ממרה דייי | אלהכון | דאפק יתכון פריקין מן ארעא |
| 308 | Lv20:24 | וטעמיין כדבשא אנה ייי | אלהכון | דאפרשית יתכון מן אומייה: |
| 309 | Ex 6:07 | ארום אנה הוא ייי | אלהכון | די פרקית ואפקית יתכון |
| 310 | Ex20:02 | בני ישראל אנה הוא ייי | אלהכון | די פרקת ואפקת יתכון |
| 311 | Lv19:36 | דקשט יהוי לכון אמר ייי | אלהכון | די אפק יתכון פריקין מן |
| 312 | Lv25:38 | אנה ייי | אלהכון | {די} די אפקת יתכון פריקין |
| 313 | Lv26:13 | אנה ייי | אלהכון | די פרקית יתכון פריקין מן |
| 314 | Dt 4:02 | למיטר ית מצוותה דייי | אלהכון | די אנה מפקד יתכון: |
| 315 | Dt 4:23 | ית קיים מימרה דייי | אלהכון | די קיים עמכון ותעבדון |
| 316 | Dt 5:06 | בני ישראל אנה הוא ייי | אלהכון | די פרקית ואפקית יתכון |
| 317 | Dt10:21 | הוא תשבחתכון והוא | אלהכון | די עבד עמכון ית רברבתה |
| 318 | Dt11:27 | די תשמעון למצוותה דייי | אלהכון | די אנה מפקד יתכון יומא |
| 319 | Dt16:17 | ידיה כברכתה דייי | אלהכון | די יהב לכון: |
| 320 | Dt16:22M | אילן סמיך למדבחה דייי | אלהכון | די תעבדון לכון |
| 321 | Dt28:13 | תשמעון למצוותה דייי | אלהכון | די אנה מפקד יתכון יומא |
| 322 | Dt28:31 | עבדין טבין קדם ייי | אלהכון | די ישיזיב יתכון מן יד |
| 323 | Dt 8:02 | אורחה די דבר יתכון ייי | אלהכון | דנה ארבעין שנין במדברה |
| 324 | Dt16:21 | אילן סמיך למדבחה דייי | אלהכון | דתעבדון לכון: |
| 325 | Dt 4:04 | באולפן אורייתה דייי | אלהכון | הא אתון חיין וקיימין |
| 326 | Dt 1:30 | ייי | אלהכון | הוא באיקר שכינתיה מדבר |
| 327 | Dt 3:22 | תדחלון מנהון ארום ייי | אלהכון | הוא דעבד לכון סדר נצחני |
| 328 | Dt 7:09 | ותדעון ארום ייי | אלהכון | הוא אלה אלה היימנה נטר |
| 329 | Dt 7:25 | ארום סני ומרחק קדם ייי | אלהכון | הוא: |
| 330 | Dt10:17 | ארום ייי | אלהכון | הוא <אלהא> «על כל אלה |
| 331 | Dt 1:31 | די סבל יתכון ייי | אלהכון | היך מה דסביל גבר ית ברה |
| 332 | Dt 6:16 | ית איקר שכינתה דייי | אלהכון | היך מה דניסיתון קדמוי |
| 333 | Dt26:19 | לעם קדישין קדם ייי | אלהכון | היך מה די מלל: |
| 334 | Gn43:23 | שלם לכון לא תדחלון | אלה{ת}כון | ואלהה דאבהתכון יהב לכון |
| 335 | Dt15:15 | דמצרים ופרק יתכון ייי | אלהכון | ובגין כדן אנה מפקד יתכון |
| 336 | Dt14:02 | עם קדישין אתון קדם ייי | אלהכון | ובכון אתרעי ייי למהוי |
| 337 | Dt29:11 | למעברכון בקיימה דייי | אלהכון | ובשבועתה דייי אלהכון |
| 338 | Dt12:27 | ישתפך על מדבחה דייי | אלהכון | ובשרה תיכלון: |
| 339 | Dt12:27 | בשר ודם על מדבחה דייי | אלהכון | ודם נכסת קודשיכון ישתפך |
| 340 | Ex15:26 | תשמעו' בקל ממריה דייי | אלהכון | ודשפיר באפוי תעבדון |
| 341 | Ex23:25 | ותפלחון קדם ייי | אלהכון | ויברך ית לחמכון וית |
| 342 | Dt19:03 | די יאחסן יתכון ייי | אלהכון | ויהוויין לכון למערק לתמן |
| 343 | Dt31:26 | מן סטר ארון קיימה דייי | אלהכון | ויהוי תמן לכון לסהד: |
| 344 | Lv25:36 | ורביין ותדחלון מן | אלהכון | ויחי אחוך עמך: |
| 345 | Dt31:12 | וידחלון מן קדם ייי | אלהכון | ויטרון למעבד ית כל מילי |
| 346 | Ex10:17 | הדין וצלון קדם ייי | אלהכון | ויעבר מעלוי לחוד ית מותנא |
| 347 | Dt 9:23 | על פם גזירת מימרה דייי | אלהכון | ולא היימנתון בשם מימרה |
| 348 | Dt26:11 | טובה די יהב לכון ייי | אלהכון | ולאינשי בתיכון אתון |
| 349 | Dt10:12 | אלהן למידחל מן קדם ייי | אלהכון | ולמהלכה בכל ארחן דתקנן |
| 350 | Dt19:09 | ית אולפן אורייתה דייי | אלהכון | ולמהלכה באורחן דתקנן |
| 351 | Dt30:16 | ית אולפן אורייתה דייי | אלהכון | ולמהלכה באורחן דתקנן |
| 352 | Dt 6:02 | ית מימרה דייי | אלהכון | ולמיטור ית כל קיימוי |
| 353 | Dt11:13 | ית אולפן אוריתה דייי | אלהכון | ולמפלח קדמוי בכל לבביכון |
| 354 | Dt30:20 | ית אולפן אורייתה דייי | אלהכון | ולמשמע בקל מימרה ולמדבקה |
| 355 | Dt30:04 | מן תמן יכנש יתכון ייי | אלהכון | ומן תמן יסב יתכון: |
| 356 | Dt 6:17 | מצוותה דאורייתה דייי | אלהכון | וסהדותיה וקיימוי די פקד |
| 357 | Dt28:09 | תטרון ית מצוותיה דייי | אלהכון | ותהלכון באורחן דתקנן |
| 358 | Dt 8:19 | ית אולפן אורייתה דייי | אלהכון | ותזלון בתר טעוון אחרניין |
| 359 | Dt12:07 | ותיכלון תמן קדם ייי | אלהכון | ותחדון בכל אושטות ידיכון |
| 360 | Dt14:26 | ותאכלון תמן קדם ייי | אלהכון | ותחדון עמי אתון |
| 361 | Dt11:01 | ית אולפן אורייתה דייי | אלהכון | ותטר{ת}ון מטרתיה וקיימוי |

| | | | | |
|---|---|---|---|---|
| 362 | Dt13:17 | על עידיתה גמיר קדם ייי | אלהכון | ותיהוי צדי לעולם לא תתבני |
| 363 | Dt27:06 | תבנון ית מדבחה דייי | אלהכון | ותסדרון עלוי עלוון קדם |
| 364 | Dt11:28 | לא תשמעון למצוותה דייי | אלהכון | ^^ותסטון מן ארחה סבתה^^ |
| 365 | Dt27:10 | ותשמעון בקל מימריה דייי | אלהכון | ותעבדון ית מצוותה וית |
| 366 | Dt30:08 | בקל מימריה דייי | אלהכון | ותעבדון ית כל מצוותה די |
| 367 | Dt 4:29 | מן {קדם} תמן <קדם> ייי | אלהכון | ותשכחון ארום תתבעון יתיה |
| 368 | Dt 4:30 | יומיא ותתובון קדם ייי | אלהכון | ותשמעון בקל מימריה דייי: |
| 369 | Dt30:02 | <ל>אולפן אורייתה דייי | אלהכון | ותשמעון בקל מימריה ככל מה |
| 370 | Nu10:09 | ותתדכרון קדם ייי | אלהכון | ותתפ«ר»קון מן |
| 371 | Lv11:44 | ארום אנה הוא ייי | אלהכון | ותתקדשון ותהון קדישין |
| 372 | Dt 9:05 | דאומייה האליין ייי | אלהכון | טרד יתהון מן קדמיכון |
| 373 | Dt18:12 | מרחקתה האליין ייי | אלהכון | טרד יתהון מן קדמיכון: |
| 374 | Ex20:12 | יומיכון על ארעא דייי | אלהכון | יהב לכון: |
| 375 | Dt 3:18 | בשעתה ההיא למימר ייי | אלהכון | יהב לכון ית ארעה הדה |
| 376 | Dt 3:20 | אינון ית ארעא דייי | אלהכון | יהב לכון בעבר ירדנה |
| 377 | Dt 4:21 | לארעא «טבתה» דייי | אלהכון | יהב לכון לאחסנה: |
| 378 | Dt 4:40 | יומין על ארעא די ייי | אלהכון | יהב לכון כל יומיא: |
| 379 | Dt 5:16 | לכון על ארעא דייי | אלהכון | יהב לכון: |
| 380 | Dt 7:16 | ית כל נכסי אמייה דייי | אלהכון | יהב לכון לא יחוסון |
| 381 | Dt 9:06 | ארום לא בזכוותהון ייי | אלהכון | יהב לכון ית ארעא טבתה הדה |
| 382 | Dt11:31 | למירת ית ארעא דייי | אלהכון | יהב לכון ותרתון יתה |
| 383 | Dt12:09 | לנווחתה ולאחסנותה דייי | אלהכון | יהב לכון: |
| 384 | Dt12:15 | בשר כברכתיה דייי | אלהכון | יהב לכון בכל קורייכון |
| 385 | Dt13:13 | בחדה מן קורייכון דייי | אלהכון | יהב לכון למשרי תמן למימר: |
| 386 | Dt15:04 | ממרה דייי בארעה דייי | אלהכון | יהב לכון אחסנה למירת יתה: |
| 387 | Dt15:07 | קורייכון בארעכון דייי | אלהכון | יהב לכון לא תתוקפון ית |
| 388 | Dt16:05 | בחדה מן קורייכון דייי | אלהכון | יהב לכון: |
| 389 | Dt16:18 | לכון בכל קורייכון דייי | אלהכון | יהב לכון לשבטיכון וידונון |
| 390 | Dt16:20 | ותירתון ית ארעא דייי | אלהכון | יהב לכון: |
| 391 | Dt17:02 | בחדה מן קורייכון דייי | אלהכון | יהב לכון גבר או אתה די |
| 392 | Dt17:14 | ארום תיעלון לארע' דייי | אלהכון | יהב לכון ותירתון יתה |
| 393 | Dt18:09 | עללין לארעא דייי | אלהכון | יהב לכון לא תלפון למעבד |
| 394 | Dt19:02 | בגו ארעכון דייי | אלהכון | יהב לכון למרת יתה: |
| 395 | Dt19:14 | תאחסנון בארעכון דייי | אלהכון | יהב לכון למירת יתה: |
| 396 | Dt20:16 | דאומייא האליין דייי | אלהכון | יהב לכון אחסנה לא תקיימון |
| 397 | Dt21:01 | ישתכח קטיל בארעא דייי | אלהכון | יהב לכון למירת יתה קטיל |
| 398 | Dt24:04 | תחייבון ית ארעא דייי | אלהכון | יהב לכון אחסנה: |
| 399 | Dt26:01 | ארום תיעלון לארעא דייי | אלהכון | יהב לכון אחסנה ותרתון יתה |
| 400 | Dt26:02 | תייתון מן ארעכון דייי | אלהכון | יהב לכון ותשוון בסלה |
| 401 | Dt27:03 | די תעלון לארעא דייי | אלהכון | יהב לכון ארע עבדין פירין |
| 402 | Dt28:08 | ויברך יתכון בארעא דייי | אלהכון | יהב לכון: |
| 403 | Dt19:01 | אלהכון ית אומיא דייי | אלהכון | יהיב לכון ית ארעהון |
| 404 | Dt19:10 | זכיי בגו ארעכון דייי | אלהכון | יהיב לכון לאחסנה דלא |
| 405 | Dt21:23 | תסאבון ית ארעכון דייי | אלהכון | יהיב לכון אחסנה: |
| 406 | Dt25:15 | יומיכון על ארעא דייי | אלהכון | יהיב לכון: |
| 407 | Dt25:19 | בארעא דייי | אלהכון | יהיב לכון אחסנה למירת יתה |
| 408 | Dt27:02 | ית ירדנה לארעא דייי | אלהכון | יהיב לכון ותקימון לכון |
| 409 | Dt 2:30 | בתחומיה ארום אקשי ייי | אלהכון | ית רוחיה ותקף ית לבביה |
| 410 | Dt 7:22 | ויטרוד ייי | אלהכון | ית אומייה האליין |
| 411 | Dt11:02 | ית אולפן אורייתה דייי | אלהכון | ית תוקפיה וית ידיה תקיפתה |
| 412 | Dt12:20 | ארום יפתה ייי | אלהכון | ית תחומיכון היך מה די מלל |
| 413 | Dt12:29 | ארום ישיצי ייי | אלהכון | ית אומייה די אתון עלין |
| 414 | Dt19:01 | ארום ישיצי ייי | אלהכון | ית אומייא דייי אלהכון |
| 415 | Dt19:08 | ואין יפתי ייי | אלהכון | ית תחומיכון היך מה די |
| 416 | Dt30:03 | ויקבל מימרה דייי | אלהכון | ית תותבתכון וירחם יתכון |
| 417 | Dt30:06 | ויגזר ייי | אלהכון | ית לבביכון וית לבבי |
| 418 | Dt30:07 | וישווי ייי | אלהכון | ית כל לווטייה האליין על |
| 419 | Dt 4:19 | קדמיהון די פליג ייי | אלהכון | יתהון לכול אומייה די תחות |
| 420 | Dt 9:04 | די ישיצי מימרה דייי | אלהכון | יתהון מן קדמיכון למימר |
| 421 | Dt 5:32 | היך מה די פקד ייי | אלהכון | יתכון לא תסטון לא לימינה |
| 422 | Dt 5:33 | בכל אורחה די פקד ייי | אלהכון | יתכון תהלכון מן בגלל |
| 423 | Dt13:04 | ההוא ארום מנסי ייי | אלהכון | יתכון למדע הא אית רחמין |
| 424 | Dt25:19 | בזמנה די יניח ייי | אלהכון | יתכון מן כל בעלי דבביכון |
| 425 | Lv19:12M | אמר ייי /יתפסון ית שם | אלהכון | כדין אמר ייי אלהכון#2#/: |
| 426 | Lv19:14 | לא תתן תקלה ותדחלון מן | אלהכון | כדן אמר ייי: |
| 427 | Dt 7:19 | אפיק יתכון פריקין ייי | אלהכון | כדן יעבד ייי אלהכון לכל |
| 428 | Dt10:22 | וכדון שווי יתכון ייי | אלהכון | כככבי שמיא לסוגי: |
| 429 | Dt14:23 | למדחל מן קדם ייי | אלהכון | כל יומיא: |
| 430 | Dt18:12M | ומרחק קדם ייי | \/אלהכון#2#/ | כל דעבד אלין/אליין#2# |
| 431 | Dt22:05 | ארום סני ומרחק קדם ייי | אלהכון | כל דעביד אלין: |
| 432 | Dt25:16 | ארום סני ומרחק קדם ייי | אלהכון | כל דעבד אלין כל דעביד |
| 433 | Dt31:13 | למדחל מן קדם ייי | אלהכון | כל יומיה די אתון חיין |
| 434 | Dt16:10 | היא עצרתה קדם ייי | אלהכון | כמסת אושטות ידיכון די |
| 435 | Dt24:09 | ית מה די עבד ייי | אלהכון | למרים באורחא בזמן |
| 436 | Ex20:10 | שבא וניח קדם ייי | אלהכון | לא תעבדון כל עובדה אתון |
| 437 | Dt 4:31 | ארום אלה חנן ורחמן ייי | אלהכון | לא מרפי יתכון ולא מחבל |
| 438 | Dt 5:14 | שבה ונייח קדם ייי | אלהכון | לא תעבדון על עבידה אתון |
| 439 | Dt14:01 | חביבין אתון קדם ייי | אלהכון | לא תעבדון חבורין חבורין |
| 440 | Dt16:08 | כנישת חדוה קדם ייי | אלהכון | לא תעבדון עבידה: |
| 441 | Dt23:22 | פרוש דנדר קדם ייי | אלהכון | לא תשהון למשלמא יתיה ארום |
| 442 | Dt 6:10 | ייעל {א} יתכון ייי | אלהכון | לארעא די קיים לאבהתכון |
| 443 | Dt 7:01 | ארום יעל יתכון ייי | אלהכון | לארעא די אתון עללין לתמן |
| 444 | Dt11:29 | ארום יעיל יתכון ייי | אלהכון | לארעא די אתון עלין לתמן |
| 445 | Dt30:05 | ויעל יתכון ייי | אלהכון | לארעא די ירתו אבהתכון |
| 446 | Ex12:14M | יתיה חגא קדם ייי | \/אלהכון#2#/ | לדריכון קיים עלם |
| 447 | Dt23:19 | ארום מרחקה קדם ייי | אלהכון#2#^^ | לחוד תריהון: |
| 448 | Dt28:11 | וישייר יתכון ייי | אלהכון | לטבתה בפירי וולד מיעיכון |
| 449 | Dt 7:12 | ותעבדון יתהון ויטר ייי | אלהכון | לכון ית קיימייה וית |
| 450 | Dt23:06 | דבלעם והפך ייי | אלהכון | לכון ית קללה לברכה ארום |
| 451 | Dt27:03 | היך מה די מלל ייי | אלהכון | לכון: |
| 452 | Dt28:52 | בכל ארעכון די יהב ייי | אלהכון | לכון: |
| 453 | Dt28:53 | ובנתכון די יהב ייי | אלהכון | לכון בצער ובצוקה די |
| 454 | Dt29:03M | ולא יהב ייי | \/אלהכון#2#/ | לכון לב למידע ועיינין |
| 455 | Dt 7:19 | אלהכון כדן יעבד ייי | אלהכון | לכל אומייה די אתון דחלין |
| 456 | Dt23:19 | כלב לבית מוקדשה דייי | אלהכון | ^^לכל נדר ארום מרחקה קדם |
| 457 | Dt 7:06 | אלהכון בכון אתרעי ייי | אלהכון | למהוי לשמיה לעם חביבין |
| 458 | Dt 8:06 | מצוותה דאורייתה דייי | אלהכון | למהלכה באורחתיה ולמדחול |
| 459 | Dt11:22 | ית אולפן אורייתה דייי | אלהכון | למהלכה בכל אורחן דתקנן |
| 460 | Dt13:06 | די פקד יתכון ייי | אל«ה»כון | למהלכה בה ותעב{ד}<ר>ון |
| 461 | Dt15:05 | תשמעון בקל ממרה דייי | אלהכון | למטור למעבד ית כל מצוותה |
| 462 | Dt29:17 | הדין מן בתר מימרה דייי | אלהכון | למיזל למפלח קדם טעוותהון |
| 463 | Dt28:15 | תשמעון בקל מימריה דייי | אלהכון | למיטור למיעבד ית כל |
| 464 | Dt28:45 | שמעתון בקל מימרה דייי | אלהכון | למיטור מיצוותיה וקיימוי |
| 465 | Dt30:10 | תשמעון בקל ממרה דייי | אלהכון | למיטור מצוותה וקיימוי |
| 466 | Dt13:19 | תשמעון בקל ממרה דייי | אלהכון | למיטר ית כל מצוותה די אנה |
| 467 | Dt28:01 | תשמעון בקל מימרה דייי | אלהכון | למיטר למעבד ית כל מצוותה |
| 468 | Dt 6:24M | מן קדם ייי | אלהן/אלהכון#2#/ | למייטבה לן כל |
| 469 | Dt 4:25 | מה דסני ומרחק קדם ייי | אלהכון | למכעס קן{(ו)}דמוי: |

|  |  |  |  |  |  |
|---|---|---|---|---|---|
| 470 | Dt18:15 | כוותי יקים לכון ייי | אלהכון | למלוי תהוון שמעין: | |
| 471 | Dt 6:01 | דינייה די פקד ייי | אלהכון | למלפה יתכון למעבד בארעא | |
| 472 | Dt 5:15 | בגין כדן פקד יתכון ייי | אלהכון | למעבד ית יומא דשבתה: | |
| 473 | Dt17:02 | מה דסני ומרחק קדם ייי | אלהכון | למעברה בקיימיה: | |
| 474 | Dt23:06 | ולא צבא ייי | אלהכון | למשמע ללווטוי דבלעם והפך | |
| 475 | Dt21:05 | ארום בהון אתרעי ייי | אלהכון | למשמשה קדמוי ולמברכה בשם | |
| 476 | Dt12:21 | אתרה די יתרעי ייי | אלהכון | למשרייה איקר שכינתיה תמן | |
| 477 | Dt14:24 | אתרה די יתרעי ייי | אלהכון | למשרייה ייקר שכינתיה תמן | |
| 478 | Dt16:06 | אלהן לאתרא די יתרעי ייי | אלהכון | למשרייה איקר שכינתיה תמן | |
| 479 | Dt16:11 | באתרא די יתרעי ייי | אלהכון | למשרייה איקר שכינתיה תמן: | |
| 480 | Dt26:02 | לאתרא די יתרעי ייי | אלהכון | למשרייה איקר שכינתיה תמן: | |
| 481 | Ex23:01M | מנכון בשי׳ ממרי׳ דייי | אלהכון | לשקר ולא תשוון ידיכר׳ עם | |
| 482 | Dt 5:11M | תשתבעון בשם ממריה ייי | אלהכון | לשקרא | |
| 483 | Dt30:01 | די סדר יתכון ייי | אלהכון | לתמן: | |
| 484 | Dt30:03 | אומיה די בדר יתכון ייי | אלהכון | לתמן: | |
| 485 | Dt 3:21 | ית כל מה די עבד ייי | אלהכון | לתרין מלכייה האליין כדן | |
| 486 | Dt 4:03 | שיצי יתיה ייי <...> | אלהכון | מביניכון: | |
| 487 | Dt27:05 | ותבנון מדבח קדם ייי | אלהכון | מדבח דאבנין לא תעברון | |
| 488 | Dt12:10 | ותשרון בארעא דייי | אלהכון | מחסן יתכון ויניח לכון מכל | |
| 489 | Ex10:08 | פלחו קדם {ר}ייי | אלהכון | מן ומן אנון אזלין: | |
| 490 | Lv22:25 | לא תקרבון לחם | אלהכון | מן כל אלין ארום חבוליהון | |
| 491 | Dt 7:18 | ית מה די פרע ייי | אלהכון | מן פרעה ומן מצריי: | |
| 492 | Dt12:05 | לארעא די יתרעי ייי | אלהכון | מן כל שבטיכון למישרייה ית | |
| 493 | Dt18:05 | ארום בהון אתרעי ייי | אלהכון | מן כל שבטיכון למקום | |
| 494 | Dt24:18 | ופרק יתכון ~ייי | אלהכון | מן תמן בגין כדין אנה מפקד | |
| 495 | Dt 5:16 | אמיה היך מה דפקד ייי | אלהכון | מן בגלל דיסגון יומיכון | |
| 496 | Dt23:22 | מתבע יתבע יתיה ייי | אלהכון | מן לוותכון דלא יהווי בכון | |
| 497 | Lv 2:13 | ולא תבטלון מלח קיים | אלהכון | מעילוי מנחתכון על כל | |
| 498 | Dt 8:07 | ארום ייי | אלהכון | מעל יתכון לארע טבה ארע | |
| 499 | Dt26:16 | יומא הדין ייי | אלהכון | מפקד יתכון למעבד ית | |
| 500 | Dt29:11 | אלהכון ובשבועתה דייי | אלהכון | מקיים עמכון יומא הדין: | |
| 501 | Dt23:24 | היך מה דנדרתון קדם ייי | אלהכון | נדבה די מללתון בפומכון: | |
| 502 | Dt23:24M | דתנדרתון קדם ייי | אלהכון | נדיבה היך מה די מלל | |
| 503 | Dt 9:16 | והא אתחייבתון קדם ייי | אלהכון | עבדתון לכון עגל מסכה | |
| 504 | Dt 8:10 | ותברכון ית ממרה דייי | אלהכון | על ארעא טבתה די יהב לכון: | |
| 505 | Dt11:25 | ודחלתכון ישווי ייי | אלהכון | על אפי כל ארעא די תדרכון | |
| 506 | Dt 5:11 | ^חד#2#^ מנכון שמה דייי | אלהכון | על מגן ארום לא יזכי ייי | |
| 507 | Ex23:19 | לבי{ה}<ת> מוקדשא דייי | אלהכון | עמי בני ישראל לא תבשלון | |
| 508 | Ex34:26 | תייתון לבית מקדשא דייי | אלהכון | עמי בני ישראל לא תבשלון | |
| 509 | Dt14:21 | עם קדישין אתון קדם ייי | אלהכון | עמי בני ישראל לא תבשלון | |
| 510 | Dt15:19 | תקדשון לשמה דייי | אלהכון | עמי בני ישראל לא תפלחון | |
| 511 | Dt10:09 | היך מה דמלל ייי | אלהכון | עמכון: | |
| 512 | Dt20:01 | תדחלון מנהון ארום ייי | אלהכון | עמכון דאפיק יתכון פריקין | |
| 513 | Dt16:02 | נכסת פסחא קדם ייי | אלהכון | ען ותורין באתרה די יתרעי | |
| 514 | Dt 5:15 | ופרק ואפק יתכון ייי | אלהכון | פריקין מן תמן בידה תקיפה | |
| 515 | Dt16:01 | דאביבא אפיק יתכון ייי | אלהכון | פריקין מן ארעא דמצרים | |
| 516 | Dt 7:02 | וימסור יתהון ייי | אלהכון | קדמיכון ותקטלון יתהון | |
| 517 | Dt 7:23 | וימסור יתהון ייי | אלהכון | קדמיכון ויערב{ו}ב יתהון | |
| 518 | Dt 8:05 | דרדי גבר ית בריה ייי | אלהכון | רדי יתכון: | |
| 519 | Dt16:16 | רשיין למתחמיא קדם ייי | אלהכון | ריקנין מן כל מצוה: | |
| 520 | Dt29:09 | יומא הדין קדם ייי | אלהכון | רישיכון שבטיכון חכימיכון | |
| 521 | Dt28:01 | יומא הדין וישווי ייי | אלהכון | רמין ומנטלין על כל אומי | |
| 522 | Dt10:12 | וכדון ישראל מה ייי | אלהכון | שאל מן לוותכון ארום אלהן | |
| 523 | Lv23:40 | דנחלה ותחדון קדם ייי | אלהכון | שבעה יומין: | |
| 524 | Dt10:14 | הא לייי | אלהכון | שמייא ושמי שמייא ארעא וכל | |
| 525 | Dt11:12 | ארעא דייי | אלהכון | תבע יתה בתדירה עיינוי | |
| 526 | Dt 6:13 | ית איקר שכינתה דייי | אלהכון | תהוון <....> משתבע{ו}<י>ן | |
| 527 | Dt10:20 | מן קדם ייי | אלהכון | תהוון דחלין וקדמוי תהוון | |
| 528 | Dt13:05 | בתר ממרה דייי | אלהכון | תהלכון ומן קדמוי תהוון | |
| 529 | Dt17:01 | לא תקרבון קדם ייי | אלהכון | תור ואמר די יהווי ביה מום | |
| 530 | Dt12:18 | ארום אלהן קדם ייי | אלהכון | תיכלון יתיה באתרה די | |
| 531 | Dt15:20 | קדם ייי | אלהכון | תיכלון יתיה שתה בשתה | |
| 532 | Ex34:24 | לכון למתחמייה קדם ייי | אלהכון | תלתא זמנין בשתא: | |
| 533 | Dt10:20M | קדם ייי | אלהכון | תצלון ויתיה תפלחון | |
| 534 | Dt15:14M | תתן לה /יתכון ייי | אלהכון | תתנון לה#2#/: | |
| 535 | Ex 3:18 | במדברא ונקרב קדם ייי | אלהן: | | אלהן |
| 536 | Ex 5:08 | למימר ניזל ונקריב קדם | אלהן: | | |
| 537 | Ex 8:06 | דתידע ארום לית כייי | אלהן: | | |
| 538 | Ex 9:30 | אתון דחלין מן קדם ייי | אלהן: | | |
| 539 | Ex10:25 | ונקרב קדם ייי | אלהן: | | |
| 540 | Dt 2:37 | טורה וכל מה די פקד ייי | אלהן: | | |
| 541 | Dt26:03 | יומא הדין קדם ייי | אלהן | ארום עלינן לארעא די קיים | |
| 542 | Dt 3:03 | ומסר ייי | אלהן | בידן לחוד ית עוג מלכא | |
| 543 | Dt 4:07 | לוותיה כוות ממרה דייי | אלהן | בכל זמן דאנן מצליין קדמוי | |
| 544 | Gn47:18 | ולא נשאר מן רבוני | אלהן | בלהודי גופינן וארענן: | |
| 545 | Dt 5:24 | {ה}אחזי יתן ממרה דייי | אלהן | די יקריה וית תוקפיה וית קל | |
| 546 | Ex 5:03 | במדברא ונקרב קדם ייי | אלהן | דלא יערע יתן במותנא או | |
| 547 | Ex 8:22 | נסב למקרב«א» קדם ייי | אלהן | הא אין מקרבן אנן ית | |
| 548 | Ex 8:23 | במדברא ונקרב קדם ייי | אלה{ו}ן | היך מה דאמר לן: | |
| 549 | Dt 1:41 | ככל מה די פקד יתן ייי | אלהן | ואיזדיינתון גבר ית מאני | |
| 550 | Ex10:26 | נסב למקרבא קדם ייי | אלהן | ואנן לית אנן ידעין כמה | |
| 551 | Dt29:28 | גליין אינון קדם ייי | אלהן | וגלייתיה לן ולבנינן עד עלמא | |
| 552 | Dt18:16 | למשמע ית קל ממרה דייי | אלהן | וית אשתה רבתה הדה לא אחמי | |
| 553 | Dt29:14 | הכה יומא הדין קדם ייי | אלהן | וית כל דרייה דעתידין למקום | |
| 554 | Ex15:02 | אמרין בני ישראל דן הוא | אלהן | ונשבחיניה אלה אבהתן | |
| 555 | Dt 1:20 | טורהון דאמוריי די ייי | אלהן | יהב לן: | |
| 556 | Dt 2:29 | ית ירדנה הדין לארעא דייי | אלהן | יהב לן: | |
| 557 | Dt16:05M | קורייכון דייי | אלהכון/אלהן#2#/ | יהב לכון: | |
| 558 | Gn49:02 | מנן ישראל אבונן ייי | אלהן | ייי חד ענה יעקב ואמר ברוך | |
| 559 | Dt 6:04 | מנן ישראל אבונן ייי | אלהן | ייי חד הוא יהא שמיה מברך | |
| 560 | Dt 2:30M | /אקשא#2#/ ייי | אלהכון/אלהן#2#/ | ית רוחיה ותקף ית | |
| 561 | Dt 1:25 | טבא היא ארעא דייי | אלהן | י{ת}<ה>ב לן: | |
| 562 | Dt 1:19 | דאמוריי היך מה פקד ייי | אלהן | יתן ומטינן עד רקם דגיעה: | |
| 563 | Dt 6:24 | למדחול מן קדם ייי | אלהן | למייטבה לן כל יומייא | |
| 564 | Dt 1:06 | ייי | אלהן | מליל עמן בחורב למימר סגין | |
| 565 | Dt 5:03 | ייי ית קיימה הדין ארום | אלהן | עמן הא אנן כולן הכה יומה | |
| 566 | Dt 1:21M | קדמ«י»כון /יהב ייי | אלהן | קדמ#2#/ ית ארעא סוקו | |
| 567 | Dt 2:33 | ומסר יתיה ייי | אלהן | קדמינן וקטל{(י)}נן יתיה | |
| 568 | Dt 2:36 | מינן ית כלא מסר ייי | אלהן | קדמינן: | |
| 569 | Dt 5:02 | ייי | אלהן | קיים עמן קיים בטורה | |
| 570 | Dt29:14M | יומא הדין קדם ייי | אלהנא | וית כל דריה דהוו מן יומי | אלהנא |
| 571 | Dt26:14 | בקל מימריה דייי | אלה{כון}<נן> | עבדנן {כ}בכל מה די | אלהנן |
| 572 | Dt 6:10M | {א} יתכון ייי | אלהכון/אלהתכון#2#/ | לארעא די קיים | אלהתכון |
| 573 | Dt33:27 | מדור איקר שכינתה | דאלהא | מלקדמין דמן תחות אדרע | דאלהא |
| 574 | Lv21:12 | ולא יפס ית בית מקדשה | דאלהה | ארום כליל משה רבותה | דאלהה |
| 575 | Lv24:16 | כיציבייה בפרשותיה שמה | דאלהה | בגידופין יתקטל: | |
| 576 | Lv21:12 | ארום כליל משה רבותה | דאלהה | עלוי אמר ייי: | |
| 577 | Lv21:06 | אלההון ולא יפסון שמה | דאלההון | ארום ית קרבנוי דייי לחם | דאלההון |

| | | | |
|---|---|---|---|
| 578 | דאלהיה | Dt 7:09M | \הוא אלה אלה /אלההון\ דאלהיה אלה#2#/ היימנה נטר קיימה |
| 579 | | Nu25:13 | לעלם חלף דקני לשמה דאלה«י»ה וכפר על בני ישראל: |
| 580 | | Dt10:17M | /אלהא אלההון\ דאלהיה ורבתהון דרבונייה#2#/ |
| 581 | דאלהכון | Lv18:21 | ולא תפסו ית שמה דאלהכון אמר ייי: |
| 582 | | Lv19:12 | ולא תפסון ית שמא דאלהכון כדן אמר ייי: |
| 583 | | Lv23:14 | דתייתון ית קורבנה דאלהכון קיים עלם לדריכון בכל אתר |
| 584 | ואלהא | Ex 3:16M | ויעקב /אלהא דיצחק ואלהא דייעקב#2#/ למימר מדכרה |
| 585 | | Gn31:53 | אלהא דאברהם ואלהא דנחור ידינון בינינן אלהה |
| 586 | | Gn31:29M | /לכון ואלה /עמכון\ ואלהא#2#/ דאבוכון ברמשא אמר לי |
| 587 | ואלהה | Ex 3:06 | דאברהם אלהה דיצחק ואלהה דייעקב ואטמר משה אפוי |
| 588 | | Ex 4:05 | דאברהם אלהה דיצחק ואלהה דייעקב: |
| 589 | | Gn28:13 | ייי אלהה דאברהם אבוך ואלהה דיצחק ארעא «די» את דמך |
| 590 | | Gn32:10 | אלהה דאברהם אבה ואלהה דיצחק אבה ייי דאמר לי |
| 591 | | Gn43:23 | לא תדחלון אלה{ת}כון ואלהה דאבהתכון יהב לכון סימן |
| 592 | ואלהיה | Ex 3:15 | דאברהם אלהה דיצחק ואלהיה דייעקב שלחני לוותכון דן |
| 593 | ואלוה' | Gn24:03M | אלהא דשליט על ארעא /ואלוה' דארעא#2#/ דלא תסב אתא |
| 594 | כאלהא | Dt33:26 | לית כאלהא דישראל דאשרי איקר |
| 595 | לאל' | Nu15:40M | אלהכון /עם קדישין לאל'#2#/: |
| 596 | לאלה' | Lv21:06M | יהוון \קדם אלההון/לאלה'#2#/ ולא יפסון שמה |
| 597 | לאלהא | Ex 8:21M | אלהכון בארעא /פלחו לאלהא בארעא#2#/ דמצרים: |
| 598 | | Gn46:01M | נכסין/נכיסין#2#/ לאלה/לאלהא#2#/ דאבוי יצחק: |
| 599 | | Gn35:03M | דענה יתי בשעת/מדבחא לאלהא די ענה יתי בשע'#2#/ עקתי |
| 600 | | Gn14:18M | רבתה קדם אלהא עלאה /לאלהא עיליי#2#/: |
| 601 | לאלהה | Dt 1:17M | "דינה ... תקרבון": לאלהה הוא ופתגמא די יקום |
| 602 | | Dt 5:26M | ומלכו די שמע קלא לאלהה חייה ממ' |
| 603 | לאלהיה | Lv21:07M | קדם אלההון /הוא לאלהיה#2#/: |
| 604 | | Dt 6:04 | פלח אתון פלחין או לאלהיה דייעקב אבוכון אתון פלחין |
| 605 | לאלהכון | Dt32:03 | איקר ותושבחה ורוממו לאלהכון: |
| 606 | לאלהן | Ex14:14 | איקר ותושבחא ורוממו לאלהן: |
| 607 | אלהין p abs | Ex22:19M | ישתיצי בדא אלה{ו}<י>ן#2#/ קדם ייי לבלחודוי: |
| 608 | אלהי p const | Dt 1:11 | ייי אלהי אבהתכון יוסף עליכון |
| 609 | | Ex32:31M | אלהי זהב /ועבדו להון אלהי דהב#2#/: |
| 610 | אלהייא p em/sf | Ex18:11 | ארום תקוף הוא ייי מן אלהייא ורבון על כל רבוניא ארום |
| 611 | אלהייה | Nu16:22M | כל בשרה /אלהה {{אלהייה}} מתייהבה נשמתה לכל |
| 612 | דאלהייה | Dt 4:35M | "אלה לית": אלההון דאלהייה ולית אלא |

## [אלה] *pron.* **these [BA]** [!!]

| | | | |
|---|---|---|---|
| 001 | ואלה | Nu13:04 | ואלה שמהתהון מן שבטה דבנוי |

## אלהן *conj.* **except, only** [59]

| | | | |
|---|---|---|---|
| 001 | אילהן | Gn28:17M | לית דין אתר חול אילהן אתר בית מקדשא דייי ודין |
| 002 | אלא הן | Gn35:10M | יעקב ארום אלהן/אלא הן#2#/ ישראל יהוי שמך |
| 003 | | Nu14:30M | למשריה יתכון בה אלהן/אלא הן#2#/ כלב בר יפונה |
| 004 | | Lv22:06M | ארום \אלהן אסחי /אלא הן אן אס'#2#/ בשרה במיא: |
| 005 | | Gn32:27M | ארום {ארום} אלה{ו}<י>ן/אלא הן#2#/ ברכת יתי: |
| 006 | | Gn47:18M | אשתייר קדם רבונן ברם אלא הן גופיהון וארען |
| 007 | | Dt12:05M | ארום אלהן/אלא הן#2#/ לארעא די יתרעי |
| 008 | | Dt16:06M | אלהן/אלא הן#2#/ לאתרא די יתרעי ייי |
| 009 | | Lv21:02M | לקריב בשרי' דקריב /אלא הן לקריבות בשריה |
| 010 | | Dt12:18M | ארום אלהן/אלא הן#2#/ קדם ייי אלהכון |
| 011 | אלאהן | Gn28:17M | אתרה אתר הדיוט ברם אלאהן אתר מזמן לבית צלו הוא |
| 012 | | Ex23:01M | בתר סוגיי' למבעשא ברם אלאהן למייטבה ולא יתמנע חד |
| 013 | | Ex23:02 | בתר סוגיא למבעשא ברם אלאהן למייטבה ולא יתמנע חד |

| | | | |
|---|---|---|---|
| 014 | אלה הן | Dt12:14M | ארום אלהן/אלה הן#2#/ באתרא די יתרעי ממרא |
| 015 | | Gn24:38M | אלהין לביית' /ברם אלה הן בני<בי>יתיה#2#/ דאבא |
| 016 | | Dt10:12M | ארום \אלהן למידחל /אלה הן למדחול#2#/ מן קדם ייי |
| 017 | | Dt 4:12M | חמיין ארום \אלהן קל /אלה הן קלה#2#/ ממריה: |
| 018 | אלהין | Nu35:33 | באדמה דיאשתפך בה ארום אלהין באדמה דמן דשפך יתיה: |
| 019 | | Gn32:27 | אשלח יתך ארום {ארום} אלה{ו}<י>ן ברכת יתי: |
| 020 | | Gn21:26 | אנא לא שמעת ארום אלהי{ם}<ן> יומא הדין: |
| 021 | | Gn24:38 | ארום אלהין לביית' דאבא תיזל ולוות |
| 022 | | Nu11:06 | לית לן כל מן דעם ארום אלהין <...> דעייניננן תליין בה: |
| 023 | אלהן | Gn32:29 | יתקרי עוד שמך ארום אלהן ישראל ארום {אתרבבת} |
| 024 | | Gn35:10 | שמך תוב יעקב ארום אלהן ישראל יהוי שמך וקרא ית |
| 025 | | Nu14:30 | בשבועה למשריה יתכון בה אלהן כלב בר יפונה ויהושע בר |
| 026 | | Nu26:65 | מנהון גבר א{ל}<ר>ום אלהן כלב בר יפונה ויהושע בר |
| 027 | | Nu32:12 | אלהן כלב בר יפונה קניזייה |
| 028 | | Dt 1:36 | ארום אלהן כלב בר יפונה הוא יחמי |
| 029 | | Gn43:03 | לא תחמון סבר אפוי ארום אלהן אחוכון עמכון: |
| 030 | | Gn43:05 | לא תחמון סבר אפוי ארום אלהן אחוכון עמכון: |
| 031 | | Ex 4:11 | או פתיחין או סמין ארום אלהן אנה ייי: |
| 032 | | Lv22:06 | ולא יאכל מן קדשיה ארום אלהן אסחי בשרה במיא: |
| 033 | | Gn42:15 | אן תפקון מן הכה ארום אלהן אתא אחוכון זעירא להכה: |
| 034 | | Gn28:17M | הדין» אתר הדיוט ארום/אלהן#2#/ אתר מזומן מן קדם ייי |
| 035 | | Dt12:14 | ארום אלהן באתרא די יתרעי ממרא דייי |
| 036 | | Gn48:22 | לא בחרבי ולא בקשתי ארום אלהן בזכוותי ובעובדיי טביא |
| 037 | | Nu26:33 | לא הוו ליה בנין ארום אלהן בנן ושום בנתיה דצלפחד |
| 038 | | Lv27:29M | בר נשא לא יתפרק בכספא אלהן בעלוון ונכסת קודשין |
| 039 | | Dt 6:25 | כל מצוותה הדה קדם ייי אלהן היך מה די פקד יתן: |
| 040 | | Dt 5:27 | ית כל מה די יאמר ייי אלהן ואת תמלל עמן ית כל מה די |
| 041 | | Ex15:02M | אלין לאלין דן הוא אלהן ונשבחה יתיה אלה |
| 042 | | Gn45:08 | שלחתון יתי להכא ארום אלהן ייי ושוי יתיה לאבא {לא} |
| 043 | | Gn39:09 | חסך מני כל מה דעם ארום אלהן יתיך בגלל דאת א«י»תתיה |
| 044 | | Dt 6:20 | וסדרי דינייה די פקד ייי אלהן יתכון: |
| 045 | | Dt 7:05 | ארום אלהן כהדן סידרה תעבדון להון |
| 046 | | Dt12:05 | ארום אלהן לארעא די יתרעי ייי אלהכון |
| 047 | | Gn24:04 | ארום אלהן לארעי ולילדותי תזיל ותיסב |
| 048 | | Nu10:30 | ליה לית אנה <אזל> ארום אלהן לארעי ולתלדותי אזל: |
| 049 | | Dt16:06 | אלהן לאתרא די יתרעי ייי אלהכון |
| 050 | | Gn39:06 | כל מאן דעם ארום אלהן לחמא דהוה אכל והוה יוסף |
| 051 | | Dt10:12 | שאל מן לוותכון ארום אלהן למידחל מן קדם ייי אלהכון |
| 052 | | Lv21:02 | ארום אלהן לקריב בשרי' דקריב לוותיה |
| 053 | | Gn15:04 | לא ירת יתך דן ארום אלהן מן דיפוק מן מעיך הוא ירת |
| 054 | | Nu11:06M | דעייניננן תליין בה /אלהן מנתה הדה דעייניננן |
| 055 | | Lv21:14 | ית אילין לא יסב ארו' אלהן מעמיה יסב אתה: |
| 056 | | Ex12:09 | לא שליק מבשל במיא ארום אלהן צלי בנורא ראש עם רגלוי ועם |
| 057 | | Ex22:19 | אחרניין ישתיצא ארום אלהן קדם ייי לבלחודוי: |
| 058 | | Dt12:18 | ארום אלהן קדם ייי אלהכון תיכלון יתיה |
| 059 | | Dt 4:12 | לית אתון חמיין ארום אלהן קל ממריה: |
| 060 | | Gn47:18 | ליה לא נשקר מרבוני ארום אלהן שלם כספא וענה ובעירא |
| 061 | | Dt 5:25 | למשמע ית קל מימרה דייי אלהן תוב ומייתין אנן: |

## אלווי *interj.* **oh that** [לווי 278]

| | | | |
|---|---|---|---|
| 001 | אלווי | Gn17:18 | ואמר אברהם קדם ייי אלווי ישמע«אל» יחי |
| 002 | | Nu14:02 | להון כל עם כנישתה אלווי בארעא מי{ן}<י>תינן |
| 003 | | Nu14:02 | דמצרים או במדברה הדין אלווי מי{ו}תינן: |
| 004 | | Gn21:07 | ואמרת אלווי מן ייזיל ותני בבייתיה |

|  |  | |  | | | |
|---|---|---|---|---|---|---|
| 005 | | | Nu11:04 | לחוד בני ישראל ואמרין | אלווי | מן ייכל יתן בשר: |
| 006 | | | Nu11:18 | במשמעה דייי למימר | אלווי | מן יוכל יתן בשר ארום טב |
| 007 | | | Nu11:29 | ליה משה הא מקנא את לי | אלווי | מן יתן כל עם דייי נביין |
| 008 | | | Dt 5:29M | "לווי ... להון": | אלווי | <מן יתן> |
| 009 | | | Nu20:03 | ואמרין למימר | אלווי | מתינן היך מה דמיתו אחונן |
| 010 | | | Nu23:10 | לוויי תיהוי סופיה | אלווי | תיהוי אחריתה כזעירה |
| 011 | אלוויי | | Nu24:23 | ונטל במתל נבותה ואמר | אלוויי | מן ייחי ביומיא האינון כד |
| 012 | אלוי | | Ex16:03 | ואמרין להון בני ישרא<'> | אלוי | "מי יתן" מותנו קדם ייי |
| 013 | | | Gn30:34 | ואמר לבן הא טאבות | אלוי | יהוי כמליך: |

## אליון *n.* thumb [59]

|  |  | |  | | | |
|---|---|---|---|---|---|---|
| 001 | אליון | s ab/cn | Lv14:28 | דמן דמדכי דימינה ועל | אליון | ידוי דימינה ועל אליון |
| 002 | | | Lv 8:23 | אדנה דאהרן דימינה ועל | אליון | ידיה דימינה על אליון רגלה |
| 003 | | | Lv14:14 | דמן דמדכי דימינה ועל | אליון | ידיה דימינה ועל אליון |
| 004 | | | Lv14:17 | דמן דמדכי דימינה ועל | אליון | ידיה דימינ' ועל אליון |
| 005 | | | Lv14:25 | דמן דמדכ' דימינה ועל | אליון | ידיה דימינה ועל אליון |
| 006 | | | Ex29:20 | דבנוי דימינא ועל | אליון | ידיהון דימינא ועל אליון |
| 007 | | | Lv 8:24 | רום אדניהון דימינה ועל | אליון | ידיהון דימינה ועל אליון |
| 008 | | | Lv 8:23 | אליון ידיה דימינה על | אליון | רגלה דימינה: |
| 009 | | | Lv14:14 | אליון ידיה דימינה ועל | אליון | רגליה ימינה: |
| 010 | | | Lv14:17 | אליון ידיה דימינ' ועל | אליון | רגליה דימינה על אדמה |
| 011 | | | Lv14:25 | אליון ידיה דימינה ועל | אליון | רגליה דימינה: |
| 012 | | | Lv14:28 | אליון ידוי דימינה ועל | אליון | רגליה דימינה על אתר אדמה |
| 013 | | | Lv 8:24 | ידיהון דימינה ועל | אליון | רגליהו' דימינה וזרק משה |
| 014 | | | Ex29:20 | ידיהון דימינא ועל | אליון | רגליהון דימינא ותזרק ית |
| 015 | אליין | | Lv14:14M | דימינה ועל | אליון/אליין#2#/ | ידיה דימינה ועל |

## אלייה *n.* fat tail [59]

|  |  | |  | | | |
|---|---|---|---|---|---|---|
| 001 | אלייתה | s em/sf | Lv 9:19 | תרביה מן תורה ומן דכרה | אלייתה | וחפיי כרסה וכלייתה ומה |
| 002 | | | Lv 8:25M | ונסב ית תרבה וית | אליתה/אלייתה#2#/ | וית כל תרבה די |
| 003 | אליתה | | Lv 7:03 | וית כל תרבה יקרב מנה ית | אליתה | ^^וית תרבה דחפי ית כרסה: |
| 004 | | | Lv 8:25 | ונסב ית תרבה וית | אליתה | וית כל תרבה די על בני גוה |
| 005 | | | Lv 3:09 | קרבן קדם ייי תרב{ת}ה | אליתה | שלמתה לקבל שזרתה ועבד יתה |
| 006 | ואליתה | | Ex29:22 | ותסב מן דכרא תרבא | ואליתה | וית תרבה דחפי ית כרסה וית |

## אלל *vb.* to spy [60]

|  |  | |  | | | |
|---|---|---|---|---|---|---|
| 001 | ואלילו | pael | Dt 1:24 | ומטון עד נחל סגולה | ואלילו | יתה: |

## אלם *n.* deaf [50 אילם]

|  |  | |  | | | |
|---|---|---|---|---|---|---|
| 001 | אלמ' | s em/sf | Ex 4:11M | שוי \אלמין או חרשין | /אלמ' | או חרשא#2#/ או פתיחין |
| 002 | אלמין | p abs | Ex 4:11 | <פם> לבר נשא או מן שוי | אלמין | או חרשין או פתיחין או |

## אלע *n.* rib [60]

|  |  | |  | | | |
|---|---|---|---|---|---|---|
| 001 | אלעא | s em/sf | Gn 2:22 | ושכלל ייי אלהים ית | אלעא | די נסב מן אדם לאתה ואייתי |
| 002 | | | Gn 2:21 | ודמך לה ונסב חדא {עלא} | אלעא | מן אלעוי ושוי בשר תחותה: |
| 003 | עילעא | | Gn44:19 | חיילא רבא על דהוא מן | עילעא | דאבה אין לא הווה כשר |
| 004 | עלא | | Gn 2:21 | אדם ודמך לה ונסב חדא | {עלא} | אלעא מן אלעוי ושוי בשר |
| 005 | אלעוי | p em/sf | Gn 2:21 | ונסב חדא {עלא} אלעא מן | אלעוי | ושוי בשר תחותה: |

## אלף *vb.* to teach [60]

|  |  | |  | | | |
|---|---|---|---|---|---|---|
| 001 | אלף | pael | Dt32:10 | חזור חזור לאיקר שכינתיה | אלף | יתהון עשרתי דביריה עייני |
| 002 | | | Lv10:20M | מיני ואהרן אחי | אלף | יתי' לי ועל דאשפל קבל עלה |
| 003 | | | Dt33:21 | דייי עבד וסדרי דינוי | אלף | לבני ישראל: |
| 004 | אלפית | | Dt 4:05 | חמון דהא | אלפית | יתכון קיימין וסדרי דינין |
| 005 | אלפת | | Gn35:09 | לא פסקין לעלמי עלמין | אלפת | יתן למברכה לחתנה ולכלתה מן |
| 006 | | | Gn35:09 | מן אדם וזוגיה ועוד | אלפת | יתן למבקרא ית בישיא מן |
| 007 | | | Gn35:09M | דייי במשרי חזווה ועוד | אלפת | יתן למיברכה ית אבליה מן |
| 008 | | | Lv10:19M | קדם ייי ואת | מלף/אלפת#2#/ | יתן דחטאתה חמ<י>רא |
| 009 | אלפתא | | Gn35:09M | ואמ' דאיתגלי ועוד | אלפתא | יתן למיקבר מיתיא מרבנא |
| 010 | | | Gn35:09 | הווה צער מן גזרתא ועוד | אלפתא | יתן למנחמה ית אבליה מן |
| 011 | ילפאת | | Dt 4:05M | אלפית/דאלפית#2#/הא | ילפאת#2#/ | יתכון קיימין וסדרי |
| 012 | יילפון | | Dt 4:10 | על ארעא וית בניהון | יילפון | יתהון: |
| 013 | | | Dt20:18 | מן בגלל די לא | יילפון | יתכון למעבד ככל מרחקתהון |
| 014 | ילפון | | Dt17:10 | ותתטרון למעבד כל מה די | ילפון | יתכון: |
| 015 | | | Dt17:11 | על פם גזירת אוריתה די | ילפון | יתכון ועל סדר דינה די |
| 016 | | | Dt24:08 | לחדה ולמעבד ככל מה די | ילפון | יתכון כהנייא וליוויא היך |
| 017 | תליף | | Dt 5:31 | וקיימיה וסדרי דינייה די | תליף | יתהון ויעבדון בארעא די אנה |
| 018 | מלף | | Dt 4:01 | דינ{נ}<י>יה די אנה | מלף | יתכון למעבד מן בגלל דתיחון |
| 019 | | | Lv10:19 | וית עלתהון קדם ייי ואת | מלף | יתן דחטאתה חמ<י>רא מן |
| 020 | | | Gn49:22M | שלחת לרומה | וכבשת/מלף#2#/ | כל אילנייא כן כבשת |
| 021 | מלפי | | Gn49:10 | יהודה ואף לא ספרין | מלפי | אוריה מבני בנוי עד זמן |
| 022 | מלפין | | Gn49:10M | לא ספרין /ולא סברין | מלפין#2#/ | מלפי אוריה מבני בנוי |
| 023 | דאלפית | | Dt 4:05M | חמון \דהא | אלפית/דאלפית#2#/הא | ילפאת#2#/ יתכון |
| 024 | דמלפין | | Nu20:10 | להון שמעו כען עמה | דמלפין | מלפניהון די צרכו למילף הא |
| 025 | ואלף | | Dt31:19 | לכון ית שבח שירתה הדה | ואלף | יתה ית בני ישראל ושוי יתה |
| 026 | | | Dt31:22 | שירתה הדה ביומא ההוא | ואלף | יתה ית בני ישראל: |
| 027 | | | Lv23:44 | ית סדרי מועדוי דייי | ואלף | יתהון לבני ישראל: |
| 028 | | | Ex 4:12 | ממרי אהיה עם ממלל פמך | ואלף | יתך ית די תמלל: |
| 029 | | | Ex 4:15 | פ{פ}מך ועם ממלל פמה | ואלף | יתכון ית מה די תעבדון: |
| 030 | ותלפון | | Dt 4:09 | כל יומי חייכון | ותלפון | יתהון לבניכון ולבני |
| 031 | | | Dt 5:01 | במשמעכון יומא הדין | ותלפון | יתהון ותטרון למעבד יתהון: |
| 032 | | | Dt11:19 | | ותלפון | יתהון לבניכון ותהווין |
| 033 | ומילף | | Gn21:33 | דהוה מגייר יתהון | ומילף | יתהון למיתן שבחא למרי |
| 034 | ומלפי | | Ex35:35 | וגרדיי עבדי כל עבידה | ומלפי | אומנוון: |
| 035 | | | Nu24:06M | מפיקין חכימין | ומלפי | אורייתה היך שמיי |
| 036 | למלפא | | Ex24:12 | וקיימא די כתבית | למלפא | יתהון: |
| 037 | למלפה | | Lv24:12M | ובאליין אמר לא שמעית | למלפה | דייניה דעתידין למקום בתר |
| 038 | | | Nu15:34M | ובאליין אמ' לא שמעית | למלפה | דייניה דעתידין למקום בתר |
| 039 | | | Nu 9:08M | ובאליין אמר לא שמעית | למלפה | דיינייה דעתיד למקום בתר |
| 040 | | | Ex23:02 | ולא יתמנע חד מנכון | למלפה | ז{מ}<כו>ן לחבריה בדינא |
| 041 | | | Ex23:01M | ולא יתמנע חד מנכון | למלפה | {זמן} <זכו> לחברה בדינ' |
| 042 | | | Dt 4:14 | ממריה דייי בשעתה ההיא | למלפה | יתכון קיימין וסדרי דינין |
| 043 | | | Dt 6:01 | די פקד ייי אלהכון | למלפה | יתכון למעבד בארעא די אתון |
| 044 | | | Lv24:12 | דיני נפשן ובגין | למלפה | לדייניה דקיימין בתר משה |
| 045 | | | Nu 9:08 | דיניהון דיני נפשין | למלפה | לדייניה דקי«י»מין בתר |
| 046 | | | Nu15:34 | דהוון דיני נפשן | למלפה | לדייניה דקיימין בתר משה |
| 047 | | | Nu27:05 | דיניהון דיני נפש | למלפה | לדייניה דקיימין בתריה די |
| 048 | | | Dt33:10 | כשרין | למלפה | סדרי דינין בגו דבית יעקב |
| 049 | ולמלפא | | Ex31:04 | | ולמלפא | אומנון ולמעבד באומנות |
| 050 | | | Ex35:32 | | ולמלפא | אומנ{י}<ו>ן למעבד באומנות |
| 051 | | | Ex35:34 | | ולמלפא | יהב בלביה הוא ואהליאב בר |
| 052 | | | Lv10:11 | | ולמלפא | ית כל בני ישראל ית כל |
| 053 | ולמלפה | | Lv14:57 | | ולמלפה | בין מסאבה ובין דכיה דא |

## boat *n.* אלף [60]

|  |  |  |  |  |  |  |
|---|---|---|---|---|---|---|
| 001 | ובאלפייה | p em/sf | Dt28:68 | למצרים בלברנייה | ובאלפייה | באורחה די אמרת לכון לא |

## thousand *num.* אלף [60]

|  |  |  |  |  |  |  |
|---|---|---|---|---|---|---|
| 001 | אלף | s ab/cn | Nu35:04 | מכותלה דקרתה לברה | אלף | אמין מן חזור חזור: |
| 002 | | | Dt 1:36M | די אשלם/לזרעיית בנוי | אלף | דא#2#/ למימר טב בתר |
| 003 | | | Dt 1:11 | יוסף עליכון כוותכון | אלף | דזמנין ויברך יתכון היך מה |
| 004 | | | Gn20:16 | ולשרה אמר הא יהבית | אלף | דסלעין ועל כולא אתווכחת |
| 005 | | | Nu 2:16 | דראובן חמש עשרה רבוון | אלף | וארבע מאוון וחמשין |
| 006 | | | Nu 3:50 | דבני ישראל קבל ית כספה | אלף | ותלת מאוון ואשתין וחמש |
| 007 | | | Dt32:30 | הוה חד מנהון רדף | אלף | ותרין מנהון רבבה רבותה |
| 008 | | | Nu31:04 | | אלף | מן כל שבט אלף מן כל |
| 009 | | | Nu31:04 | אלף מן כל שבט | אלף | מן כל שבטיהון דישראל |
| 010 | | | Nu31:05 | ואתחילו מן אלפיה דישראל | אלף | מן כל שבט תרין עשר אלפין |
| 011 | | | Nu31:06 | ושלח יתהון משה | אלף | מן כל שבט לחיל קרבה יתהון |
| 012 | ואלף | | Ex38:25 | עם כנישתה מאה כיכרין | ואלף | ושבע מאוון ושבעין וחמש |
| 013 | אלפא | s em/sf | Ex38:28 | וית | אלפא | ושבעתי מאותה ושבעין וחמשה |
| 014 | ואלפא | | Nu26:51 | ישראל אשתין רבוון | ואלפא | ושבע מאוון ותלתין: |
| 015 | אלפים | p abs | Nu 1:29 | דיששכר חמשין וארבעה | אלפים | וארבע מאה: |
| 016 | אלפין | | Nu 1:25M | מאוון וארבעין וחמשה | אלפין | |
| 017 | | | Nu 3:39 | ולעיל עשרין ותרין | אלפין: | |
| 018 | | | Nu25:09 | במגפתה עשרין וארבעה | אלפין: | |
| 019 | | | Nu31:32 | שיתין ושבע רבבן וחמשין | אלפין: | |
| 020 | | | Nu31:32M | אלפין ושובעין וחמשה | אלפין | |
| 021 | | | Nu31:33 | ותורין שבעין ותרין | אלפין: | |
| 022 | | | Nu31:34 | וחמרין אשתין וחד | אלפין: | |
| 023 | | | Nu31:35 | כל נפשתה תלתין ותרין | אלפין: | |
| 024 | | | Nu31:44 | ותורין תלתין ושתה | אלפין: | |
| 025 | | | Nu31:46 | דבר נש שיתה עשר עשר | אלפין: | |
| 026 | | | Nu35:05 | ית סטרא מדנחייה תרין | אלפין | ^אמין#2#^ באומתה וית |
| 027 | | | Nu35:05 | וית סיטרה מערבייה תרין | אלפין | באומתה וית סיטרה צפונה |
| 028 | | | Nu35:05 | וית סיטרה דרומה תרין | אלפין | באומתה וקרתה במצעה אלין |
| 029 | | | Nu35:05 | וית סיטרה צפונה תרין | אלפין | באמתה וית סיטרה דרומה |
| 030 | | | Ex32:28 | עמא ביומא ההוא כתלתא | אלפין | דגברין: |
| 031 | | | Nu11:21M | עמא/שיתין מאה | אלפין#2#/ | די אנה שרי ביניהון ואת |
| 032 | | | Gn 3:24 | יברא עלמא תרין | אלפין | דשנין ברא אוריתא אתקן גנת |
| 033 | | | Nu31:38 | ותורין~ תלתין ושתה | אלפין | ואפרשותהון לשמה דייי |
| 034 | | | Nu31:40 | ונפש דבר נש שת עשר | אלפין | ואפרשותהון לשמה דייי |
| 035 | | | Nu 2:16M | וארבע/מאה וחמשין וחד | אלפין | וארב#2#/ מאוון וחמשין |
| 036 | | | Ex38:29 | שבעין ככרין ותרין | אלפין | וארבע מאוון דסלעין בסלעי |
| 037 | | | Nu 1:31 | זבולן חמשין ושבעה | אלפין | וארבע מאה: |
| 038 | | | Nu 1:37 | דבנימן תלתין וחמשה | אלפין | וארבע מאוון: |
| 039 | | | Nu 1:43 | דנפתלי חמשין ותלתה | אלפין | וארבע מאוון: |
| 040 | | | Nu 2:06 | וסכומו{י} חמשין וארבעת | אלפין | וארבע מאה: |
| 041 | | | Nu 2:08 | וסכומוי חמשין ושבעה | אלפין | וארבע מאוון: |
| 042 | | | Nu 2:09 | תמני עשרה רבוון ואשתה | אלפין | וארבע מאוון לחיילוותהון |
| 043 | | | Nu 2:21 | וסכומיהון תלתין וחמשה | אלפין | וארבע מאה: |
| 044 | | | Nu 2:23 | וסכומיה תלתין וחמשה | אלפין | וארבע מאוון: |
| 045 | | | Nu 2:30 | וסכומיהון חמשין ותלתה | אלפין | וארבע מאוון: |
| 046 | | | Nu 7:85 | חדה כל כסף מניא תרתין | אלפין | וארבע מאה סלעין בסלעי |
| 047 | | | Nu26:43 | לסכומיהון אשתין וארבעה | אלפין | וארבע מאה: |
| 048 | | | Nu26:47 | לסכומיהון חמשין ותלתה | אלפין | וארבע מאוון: |
| 049 | | | Nu26:50 | וסכומיהון ארבעין וחמשה | אלפין | וארבע מאוון: |
| 050 | | | Ex38:26 | לשתי מאה אלפין ותלתה | אלפין | וחמש מאה וחמשין: |
| 051 | | | Nu 1:21 | דראובן ארבעין ושתה | אלפין | וחמש מאה: |
| 052 | | | Nu 1:33 | דשבטה דאפרים ארבעין | אלפין | וחמש מאה: |
| 053 | | | Nu 1:41 | דבנוי דאשר ארבעין וחד | אלפין | וחמש מאוון: |
| 054 | | | Nu 1:46 | שתין ריבוון ותלתה | אלפין | וחמש מאוון וחמשין: |
| 055 | | | Nu 2:11 | וסכומוי ארבעין ואשתה | אלפין | וחמש מאוון: |
| 056 | | | Nu 2:19 | וסכומ«י»הון ארבעין | אלפין | וחמש מאוון: |
| 057 | | | Nu 2:32 | אשתין רבוון ותלתה | אלפין | וחמש מאה וחמשין: |
| 058 | | | Nu 3:22 | ירח ולעל סכומיהון שבעה | אלפין | וחמש מאה: |
| 059 | | | Nu 4:44 | לזרעייתהון תלתה | אלפין | וחמש מאוון: |
| 060 | | | Nu 4:48 | והוון סכומיהון תמניה | אלפין | וחמש מאוון ותמנין: |
| 061 | | | Nu26:18 | לסכומ{ו}<י>הון ארבעין | אלפין | וחמש מאה: |
| 062 | | | Nu26:22 | לסכומיכון שבעין ושתה | אלפין | וחמש מאוון: |
| 063 | | | Nu26:27 | לסכומיהון אשתין | אלפין | וחמש מאוון: |
| 064 | | | Nu26:37 | לסכומיהון תלתין ותרין | אלפין | וחמש מאוון אלין בנוי |
| 065 | | | Nu31:36 | תלתין ותלת רבוון ושבעת | אלפין | וחמש מאוון: |
| 066 | | | Nu31:36M | ותלתין אלפין ושובעין | אלפין | וחמש מאוון |
| 067 | | | Nu31:39 | וחמרין תלתין | אלפין | וחמש מאוון ואפרשותהון |
| 068 | | | Nu31:43 | תלתין ותלת רבוון ושבעה | אלפין | וחמש מאה: |
| 069 | | | Nu31:45 | וחמרין תלתין | אלפין | וחמש מאוון: |
| 070 | | | Nu 2:24M | ומאה/מאה ותמנייה | אלפין | ומאה#2#/ לחיילוותהון |
| 071 | | | Nu 2:24 | עשרה רבוון תמנייה | אלפין | ומאה לחיילוותהון ותלתין |
| 072 | | | Nu31:52M | מן לוות רברבני | אלפי/<אל>פין#2#/ | ומן לוות רברבני |
| 073 | | | Gn24:60M | יהי רעווא דמניך יפקר' | אלפין | ורבבן אוכלסין צדיקין |
| 074 | | | Ex18:25 | ראשין על עמא רברבני | אלפין | ורברבני מאוון ורברבני |
| 075 | | | Ex18:21 | ותשוי עליהון רברבני | אלפין | ורברבני מאוון ורברבני |
| 076 | | | Gn24:60 | חסידא ומניך יקומון | אלפין | וריבוון וירתון בניך ית |
| 077 | | | Nu 1:39 | דבנוי דדן אשתין ותרין | אלפין | ושבע מאוון: |
| 078 | | | Nu 2:26 | וסכומיהון אשתין ותרין | אלפין | ושבע מאוון: |
| 079 | | | Nu 4:36 | לזרעייתהון תרין | אלפין | ושבע מאוון וחמשין: |
| 080 | | | Nu17:14 | דמיתו במגפתה ארבעת עשר | אלפין | ושבע מאה בר מן דהוון על |
| 081 | | | Nu26:07 | סכומיהון ארבעין ותלתה | אלפין | ושבע מאה ותלתין: |
| 082 | | | Nu26:34 | סכומיהון חמשין ותרין | אלפין | ושבע מאוון: |
| 083 | | | Nu31:52 | אפרשו לשמה דייי שת עשר | אלפין | ושבע מאה וחמשין סלעין |
| 084 | | | Nu31:32M | "שיתין ... אלפין": אשתין | אלפין | ושובעין וחמשה אלפין |
| 085 | | | Nu31:36M | תלת מאה אלפין ותלתין | אלפין | ושובעין אלפין וחמש מאוון |
| 086 | | | Nu 1:25 | דגד ארבעין וחמשה | אלפין | ושית מאה וחמשין: |
| 087 | | | Nu 1:27 | דיהודה שובעין וארבעה | אלפין | ושית מאה: |
| 088 | | | Nu 2:04 | וסכומיהון שבעין וארבעה | אלפין | ושית מאוון: |
| 089 | | | Nu 2:31M | דדן מאה ושבעין וחמשה | אלפין | ושית#2#/ מאוון/מאה#2#/ |
| 090 | | | Nu 2:31 | חמש עשרה ריבוון ושבעת | אלפין | ושית מאוון אחריין הוון |
| 091 | | | Nu 3:28 | בר ירח ולע«י»ל תמניה | אלפין | ושית מאוון נטרי מטרת |
| 092 | | | Nu 4:40 | לבית אבהתהון תרין | אלפין | ושית מאוון ותלתין: |
| 093 | | | Nu26:41M | ארבעין וחמשה | אלפין | ושית מאוון: |
| 094 | | | Nu 2:15 | וסכומיהון ארבעין וחמשה | אלפין | ושת מאוון וחמשין: |
| 095 | | | Nu 1:23 | דשמעון חמשין ותשעה | אלפין | ותלת מאה: |
| 096 | | | Nu 2:13 | וסכומיהון חמשין ותשעה | אלפין | ותלת מאוון: |
| 097 | | | Nu26:25 | לסכומיהון אשתין וארבעה | אלפין | ותלת מאוון: |
| 098 | | | Ex38:26 | שנין ולעל לשתי מאה | אלפין | ותלתה אלפין וחמש מאה |
| 099 | | | Nu31:36M | ענה תלת מאה | אלפין | ותלתין אלפין ושובעין |
| 100 | | | Nu 1:35 | דמנשה תלתין ותרין | אלפין | ותרין מאה: |
| 101 | | | Nu 3:34 | מן <בר> ירח ולעיל שתה | אלפין | ותרתין מאוון: |
| 102 | | | Nu 3:43 | לסכומיהון עשרין ותרין | אלפין | ותרתין מאוון ושובעין |
| 103 | | | Nu26:14 | דשמעוני עשרין ותרין | אלפין | ותרתין מאוון: |
| 104 | | | Nu 2:28 | וסכומהון ארבעין וחד | אלפין | חמש מאוון: |

|  |  |  |  |
|---|---|---|---|
| 105 | | Nu26:62 | סכומיהון עשרין ותלתה אלפין כל דכורה מן בר ירח ולעיל |
| 106 | | Nu31:05 | אלף מן כל שבט תרין עשר אלפין מזייני קרבה: |
| 107 | | Dt 1:15 | עליכון רברבני אלפין רברבני מאוון ורברבני |
| 108 | לאלפין | Ex20:06 | ברם נטר אנה חסד וטיבו לאלפין דדרין לרחמוי צדיקיא |
| 109 | | Dt 5:10 | ונטר חסד וטבו לאלפין ד{ר}<ד<רין לרחמיי צדיקיה |
| 110 | | Ex34:07 | נטר חסד וטיבו לאלפין דרין שרי ושביק לחובין |
| 111 | | Dt 7:09 | מצוותה דאורייתה לאלפין ד{ר}רין: |
| 112 | אלפי p const | Nu 1:16 | שבטי אבהתהון רישי אלפי דבני ישראל אינון: |
| 113 | | Nu10:36 | יסגון רבוותה וברך אלפי דבני ישראל: |
| 114 | | Nu31:52 | סלעין מן לוות רברבני אלפי ומן לוות רברבני מאוותה: |
| 115 | | Nu31:48 | על סכומי חילוותה רברבני אלפי ורברבני מאוותה: |
| 116 | אלפיה p em/sf | Nu31:05 | ואתחילו מן אלפיה דישראל אלף מן כל שבט |
| 117 | | Dt33:17 | דבנוי דאפרים ואינון אלפיה דקטל גדעון בר יואש מן |
| 118 | | Nu31:54 | ית דהבה מן לוות רברבני אלפיה ומאוותה ואייתון יתיה |
| 119 | | Nu10:36 | ואשרי איקר שכינתך בגו אלפיה ורבוותה יסגון רבוותה וברך |
| 120 | | Nu31:14 | סכומי חילוותה רברבני אלפיה ורברבני מאויתה דעלו מן |
| 121 | אלפייה | Nu10:04 | ^כל#2^ רברבני ראשי אלפייה דישראל: |
| 122 | | Nu10:36M | ובריך רבוותה ואסגי אלפייה דבני ישראל |
| 123 | לאלפייה | Nu31:48M | חילוותה /דאית [ל]אלפייה דחיל קרבה#2/ רברבני |

[61]

## mother *n.* אם

|  |  |  |  |
|---|---|---|---|
| 001 | א' s em/sf | Nu12:12M | \במעיה דאמיה /<במ>עי א'#2#/ תשעה ירחין במיא ובאשתא |
| 002 | אימה | Lv20:09M | יבזי ית אבוי וית אימה מתקטלה יתקטל אבוי ואמי' |
| 003 | אימיה | Gn35:09M | דאבלייה ברכת יתיה על אימיה |
| 004 | | Gn21:21 | דפארן ונסבת ליה אימיה איתה מן ארעא דמצרים: |
| 005 | | Gn35:09M | לדבורה מרבית' דרבק' אימיה ומיתת עלוי רחל באורחא |
| 006 | אמה | Gn28:05 | ארמאה אחו«ה» דרבקה אמה דיעקב ועשו: |
| 007 | | Ex22:29 | יומין יהווה מתרבי בתר אמה וביומא תמינייא יפרשון יתיה |
| 008 | | Lv19:03M | "באיקריה ... ודאימיה": מן אמה ומן אבוי |
| 009 | | Gn24:67 | יתה> יצחק למשכנה דשרה אמה ונסב ית רבקה והות לה לאתה |
| 010 | | Dt21:13 | ותבכי ית אבוה וית אמה ירח דיומין ובתר כדן תיעול |
| 011 | | Lv20:14 | וגבר די יסב ית אתה וית אמה מרחקה היא בנורא תוקדון |
| 012 | | Gn27:13 | ואמרת ליה אמה עלי אינון לווטך ברי לחוד |
| 013 | | Gn32:12 | ייתי ויקטול יתי וישיצי אמה עם בניא: |
| 014 | אמהון | Gn 3:20 | חוה ארום היא הוות אמהון דכל חייא: |
| 015 | אמיה | Gn24:67 | מן בתר דמיתת שרה אמיה: |
| 016 | | Ex 2:08 | ואזלת רביתיה וקראת ית אמיה דטליא: |
| 017 | | Gn27:11 | ואמר יעקב לרבקה אמיה הא עשו אחי גבר שערין |
| 018 | | Dt 5:16 | אנש מנכון ית אבוי וית אמיה היך מה דפקד ייי אלהכון |
| 019 | | Gn30:14 | ואייתי יתהון לוות לאה אמיה ואמרת רחל ללאה הבי כען |
| 020 | | Dt27:22 | אחתיה ברת אבוי או ברת אמיה ויאמרון כל עמה אמן: |
| 021 | | Gn35:09 | דרבק«ה» אמיה ומיתת רחל עלוי באורחיה |
| 022 | | Lv22:27 | מתרבי שבעה יומין בתר אמיה ומן יומא תמינייה ולהל«ן» |
| 023 | | Ex33:16 | נסין ופלאין אנה ועמך «אמיה» מכל עמיה דעל אפי ארעא: |
| 024 | | Gn27:14 | ואייתי לאימיה ועבדת אמיה תבשילין היך מה דרחם |
| 025 | אמך | Lv18:07 | ועריתה דאמך לא תיבזי אמך היא לא תיגלי עיריתה דאבוך |
| 026 | | Lv18:09 | אתה חורי או מה דילידת אמך מן גבר אוחרן לא תבזי |
| 027 | דאימיה | Nu12:12M | עלמ' אתאכל /מן מעוי דאימיה את#2#/ פלגות/<פל>גו#2# |
| 028 | | Gn20:12M | לחוד לא ברתה דאמה/דאימיה#2#/ והוות לי לאיתה: |
| 029 | | Gn 2:24 | מדמכיה מן דאבוי ומן דאימיה וידבק באתתיה ויהוון |
| 030 | | Dt21:18 | שמע בקלה דאבוי ובקלה דאימיה וירדון יתיה ולא ישמע |
| 031 | | Ex20:12 | ביקריה דאבוי ובאיקרה דאימיה מן בגלל דיסגון יומיכון על |
| 032 | דאמה | Gn29:10 | ית ענה דלבן אחוי דאמה: |
| 033 | | Gn32:03 | מלאכין מן דלבן אחוי דאמה אינון דחזר למרדף בתרי{ או |
| 034 | | Gn32:03M | דמשריתיה דלבן אחוה דאמה אתיין מן בתרי למיקטול או |
| 035 | | Gn43:29 | ית בנימן אחוי ברה דאמה ואמר הדין הוא אחוכון זעירא |
| 036 | | Gn20:12 | דאבה היא לחוד לא ברתה דאמה והוות לי לאיתה: |
| 037 | | Lv20:17 | אחתה ברת אבוי או ברתה דאמה ויחמי ית עריתה והיא תחמי |
| 038 | | Gn29:10 | ית רחל ברת לבן אחוי דאמה וית ענה דלבן אחוי דאמה |
| 039 | | Gn28:10 | ית ענא דלבן אחוי דאמה וניסא חמישאה כיון דארים |
| 040 | | Gn29:10 | וית ענה דלבן אחוי דאמה וקרב יעקב וגלי ית אבנא |
| 041 | | Gn24:28 | בבייתה דאחוי דרבוני דאמה ותניית ית כל פתגמיא האלין: |
| 042 | | Dt 6:04 | דלמה לטעוות לבן אחוה דאמה פלח אתון פלחין או לאלהיה |
| 043 | דאמי | Dt 6:04M | לבן אחוה דאמה/^<דא>מי#2#^/דאמיה#2#/ פלח אתון |
| 044 | דאמיה | Dt27:22M | /ברתה דאבוי או ברתה דאמיה ויענון כל#2/ עמה אמן: |
| 045 | | Dt 6:04M | לבן אחוה דאמה/^<דא>מי#2#^/דאמיה#2#/ פלח אתון |
| 046 | | Nu12:12 | לוולדה דעבד במעיה דאמיה תשעה ירחין במיא ובאשתא |
| 047 | דאמך | Gn28:02 | מן בנתיה דלבן אחוי דאמך: |
| 048 | | Dt13:07 | יסעי יתך אחוך ברה דאמ{ן}<ך> או ברך או ברתך או |
| 049 | | Lv18:13 | תבזי ארום קריב' בשרה דאמך היא: |
| 050 | | Lv20:19 | ועריתה דאחתה דאמך ואחתה דאבוך לא תבזי ארום |
| 051 | | Gn28:02 | לבייתיה דבתואל אבוי דאמך וסב לך מן תמן אתה מן בנתיה |
| 052 | | Lv18:07 | עריתי' דאבוך ועריתה דאמך לא תיבזי אמך היא לא תיגלי |
| 053 | | Lv18:13 | עריתה דאחתה דאמך לא תבזי ארום קריב' בשרה |
| 054 | | Lv18:09 | ברתה דאבוך או ברתה דאמ«ך» מה דאולד אבוך מן אתה |
| 055 | | Gn27:29 | בנוי דלבן דהוא אחוי דאמך מ{ה}<ך> דלייט יתך יהוי |
| 056 | דאמכון | Dt 5:16M | דאבוכון ובאיקרא דאמכון היך מי די פקד יתכון |
| 057 | ואימה | Gn35:09M | \אמיה ומיתת /ואימה מיתת#2#/ רחל עלוי |
| 058 | ואימיה | Dt21:19 | ויתפשון ביה אבוי ואימיה ויפקון יתיה לוות חכימי |
| 059 | ואמה | Dt27:16M | עמא אמן /דמבזי אבוי ואמה ויענון כל עמא אמן#2#/: |
| 060 | | Dt22:15 | ויסב אבוה דרביתה ואמה ויפקון ית סהדוותה דרביתה |
| 061 | | Ex21:15M | \לאבוי ולאמה /לאבוי ואמה#2#/ מתקטלה יתקטיל: |
| 062 | | Gn24:55 | ואמר אחוה ואמה תשרי רביתי עמן תרין יומין |
| 063 | ואמהון | Dt22:06 | ארעא גוזלין או בעיין ואמהון רביעה על גוזלייה או על |
| 064 | ואמי' | Lv20:09M | מתקטלה יתקטל אבוי ואמי' בזי חובוי יקבל |
| 065 | ואמך | Gn37:10 | חלמת הא מייתי ניתי אנא ואמך ואחך למשאל בשלמך בנימוס |
| 066 | ודאימיה | Lv20:09 | ממת ימות אקריה דאבוי ודאימיה זל אדמיה ביה: |
| 067 | | Lv19:03 | גבר באיקריה דאבוי ודאימיה תהוון זהירין וית שבת |
| 068 | ודאמה | Dt27:16 | גברא דלא יקריה דאבוי ודאמה ויאמרון כל עמא אמן: |
| 069 | | Lv20:09 | די יזלזל איקריה דאבוי ודאמה ממת ימות אקריה דאבוי |
| 070 | ולאימיה | Dt33:09 | על שבטה דלוי לאבוי ולאימיה לא נסב אפין בדינה וית |
| 071 | ולאמה | Gn24:53 | ודורון יהב לאחיה ולאמה: |
| 072 | | Gn28:07 | ושמע יעקב לאבוי ולאמה ואזל לפדן ארם: |
| 073 | | Lv21:11 | דמית לא ייעול לאבוי ולאמה לא יסתאב: |
| 074 | | Ex21:15 | ומן דימחי לאבוי ולאמה מתקטלה יתקטיל: |
| 075 | ולאמיה | Nu 6:07 | לאבוי ולאמיה לאחוי ולאחתיה לא יסתאב |
| 076 | לאימיה | Gn27:14 | ואזל ונסב ואייתי לאימיה ועבדת אמיה תבשילין היך מה |
| 077 | לאמיה | Gn44:20 | ואשתייר הוא בלחודוי לאמיה ואבוי רחים יתיה: |
| 078 | | Lv21:02 | בשרי' דקריב לוותיה לאמיה ולאבוי ולברי' ולברתיה |
| 079 | אימהתה p em/sf | Dt33:15 | יצחק ויעקב ובזכות אימהתה דמתילין בגלמתה שרה רבקה |
| 080 | אמהתא | Gn32:12M | יתי וישיצי אמה/אמ{ת}<ה>תא#2#/ עם בניא: |
| 081 | | Ex17:12 | ויעקב ומדכר הימנות אמ{ה}התא צדיקייא{ צדיקתה שרה |
| 082 | אמהתה | Dt22:07 | משלחה תשלחון ית אמהתה וית בניה תסבון לכון |
| 083 | | Dt22:06 | או על בעייה לא תסבון אמהתה עם בנייה: |
| 084 | | Nu23:09 | יצחק ויעק' ובזכות אמהתה צדיקתה דמתילן בגלמתה שרה |
| 085 | ואמהתה | Dt22:06M | /ביעין#2#/ ואמהון/<ואמ>התה#2#/ רביעה על גוזלייה |

## if *conj.* אם

|  |  |  |  |
|---|---|---|---|
| 001 | אם | Ex19:05 | וכדון {אם} אין משמע תשמעון בקל ממרי |
| 002 | | Gn18:26 | ואמר ייי אם אשכח הא אשכח בסדם חמשין |
| 003 | | Gn18:28 | ית כל קרתא ואמר לא אשיצא אם אשכח תמן ארבעי«ן» וחמשה: |
| 004 | | Gn44:18 | דשמעון ולוי בשבועתא אם אשלוף סייפי מן תייקא לא |
| 005 | | Gn44:18M | דשמעון ולוי בשבועתא אם אשלוף סייפי מן תייק׳ לא |
| 006 | | Ex22:01 | אם בחת<ר>תא ישתכחה גנבא וילקי |
| 007 | | Gn23:08 | ומליל עמהון למימר אם ברעות נפשכון למקבר ית מתי |
| 008 | | Gn23:11M | :/ ומליל עמהון למימר אם ברעות נפשכון למיקבר |
| 009 | | Gn24:42 | ייי אלהא דריבוני אברהם אם ברעות קדמך למצלחה ארחי דאנא |
| 010 | | Gn42:19 | אם היימנין אתון חד מנכון |
| 011 | | Nu24:22M | ארום אין/אם#2#/ יהורי שלמיה לביזה עד |
| 012 | | Dt32:14M | אמר משה נבייה אין/אם#2#/ יהוןן ישראל לעיין |
| 013 | | Nu14:23M | אין/אם#2#/ יחמון ית ארע׳ די קיימת |
| 014 | | Nu32:11 | אם יחמון גבריה די סלקו מן |
| 015 | | Gn18:30 | דייי ואמלל מה דילמה אם ישתכחון תמן תלתי«ן» ואמר |
| 016 | | Nu22:18 | בלעם ואמר לעבדוי דבלק אם יתן לי בלק מלא ביתיה כסף |
| 017 | | Gn31:08M | אין/אם#2#/ כדין הוה אמר קרחין |
| 018 | | Ex33:13M | וכען אין/אם#2#/ כען אשכחית חן וחסד |
| 019 | | Gn43:09 | יתיה מנ{ו}<י> את תבע יתה אם לא אייתי יתיה לוותך ואקמית |
| 020 | | Ex21:03 | אם לבלחודוי {יועיל} <ייעול> |
| 021 | | Gn14:23 | אם מן חוט רצועה דמסן א«י»ן |
| 022 | | Nu15:24 | ויהווי אם מעיני כנישתה אתעבדת לשלו |
| 023 | | Dt25:02M | ויהווי אין/אם#2#/ מרדו אתחייב למלקה |
| 024 | | Ex22:14 | אם מריה עמי׳ לא ישלם אין אגיר |
| 025 | | Nu13:20M | \פריה או אפתרין/פירהא אם פתרניך#2#/^עציין#2#/^ הא |
| 026 | | Ex21:04 | אם רבוניה יסב יתיה אתה ותלד |
| 027 | | Nu14:08 | אם רעי הוא בן ייי ויתי יתן |
| 028 | | Gn15:05M | ומנה ית כוכביא אין/אם#2#/ \תיכל לממני/ את יכיל |
| 029 | | Nu32:20 | ואמר להון משה אם תעבדון ית פתגמה הדין אן |
| 030 | | Gn21:23 | אשתבע לי בשמה דייי הכה אם תשקר בי ובברי ובבר ברי |
| 031 | | Nu13:18M | הא תקיפין אינון או/אם#2#/ חלשין/רפ׳#2#/ הא עם |
| 032 | האם | Ex 4:18M | במצרים ואחמי העד/האם#2#/ כען אינון בחיין ואמר |
| 033 | ואים | Ex40:37M | ואין/ואים#2#/ לא יסתלק ענגה ולא |
| 034 | ואם | Lv13:28 | ואם באתרה תקום בהקיתה לא הלכת |
| 035 | | Lv14:43 | ואם יחזור מכתשה ויהלך בביתה |
| 036 | | Lv13:26 | ואם יחמי יתיה כהנא והא לית |
| 037 | | Ex32:32 | תשרי ותשבוק לחוביהון ואם לא מחק יתי מן ספר אוריתך |
| 038 | | Ex21:09 | ואם לבריה יזמן יתה כסדר דנהון |
| 039 | | Nu27:09M | ואין/ואם#2#/ לית ליה ברת ותתנון |
| 040 | | Dt22:02M | ואין/ואם#2#/ לית \הוא#2#/ קריב |
| 041 | | Ex20:25 | ואם מדבח דאבנין תבנון לשמי לא |
| 042 | | Lv13:22M | ואין/ואם#2#/ מהלך/מהלכה#2#/ תהלך |
| 043 | | Lv13:35 | ואם מהלכה יהלך נתקא במשכ׳ |
| 044 | | Ex21:05 | ואם מימר ימר עבדא רחמית ית |
| 045 | | Lv 1:10 | ואם מן ענה קרבנ״ מן אמריה או |
| 046 | | Lv 1:14 | ואם מן עופא עלה קרבנה לשמה |
| 047 | | Lv 2:07 | ואם מנחת מרתחה קרבנך סלת פילה |
| 048 | | Lv14:21 | ואם מסכן הוא ולא ארע׳ ידה ויסב |
| 049 | | Lv15:24 | ואם משמשה ישמש גבר עמה ותהי |
| 050 | | Lv19:07 | ואם מתאכלה יתאכל ביומא תליתיה |
| 051 | | Dt22:20M | ואין/ואם#2#/ קשוט/קושטה#2#/ הוה |
| 052 | | Lv 2:14 | ואם תקרב מנחת דביכורין לשמה |



## forearm, cubit *n.* אמה

|  |  |  |  |  |
|---|---|---|---|---|
| 001 | s ab/cn | אומ׳ | Ex36:21M | \ואר׳#2#/ ופלגת אמה/אומ׳#2#/ פתייה/פר׳#2#/ דלוחה |
| 002 | | אומה | Ex30:02M | "אמה ... אמה": אומה ארכה ואומה |
| 003 | | | Ex37:25M | דקטרתה אעין דשטין אמה/אומה#2#/ ארכה ואמה/ואומה#2#/ |
| 004 | | אמה | Gn 6:15M | \משחת רומ׳ /ועל רום אמה#2#/: |
| 005 | | | Ex30:02 | אמה ארכה ואמה פתיא מרבע יהוי |
| 006 | | | Ex37:25 | מדבחה דקטרתה אעין דשטין אמה ארכה ואמה פתיה מרבע ותרתין |
| 007 | | | Ex36:21 | ארכה דלוחיה ואמה ופלגת אמה פתייה דלוחה חדה: |
| 008 | | | Gn 6:16 | תעביד לתיבותא ובמשח׳ אמה תשכלל יתה מן לעיל ותרעא |
| 009 | | באומ׳ | Ex26:08M | \אמין באמתא /אומין באומ׳#2#/ משח«א» חדא לחדא |
| 010 | | באומה | Dt 3:11M | \אומין#2#/ פתייה באמתיה/באומה#2#/ דמלכא: |
| 011 | | באמ׳ | Nu35:05M | אלפין ^אמין#2#^ באומתה/באמ׳#2#/ וית סיטרה מערבייה |
| 012 | | ואר׳ | Ex36:21M | ארכה דלוחיה ואמה/ואר׳#2#/ ופלגת אמה/אומ׳#2#/ |
| 013 | | ואומ׳ | Ex25:17M | אמין ופלג ארכה ואמה/ואומ׳#2#/ ופלג פתיא: |
| 014 | | | Ex37:01M | ופלג פתיה ואמה/^ואומ׳#2#^/ואמתה#2#/ ופלג |
| 015 | | | Ex26:16M | דלוחא \ואמה ופלגא /ואומ׳ ופלגר׳#2#/ פתיא דלוחא |
| 016 | | | Ex26:13M | ואמה/ואומ׳#2#/ מן דין סיטרא ואמה מן |
| 017 | | ואומה | Ex30:02M | אומה ארכה ואומה |
| 018 | | | Ex25:23M | \ואומה#2#/ פתיא ואמה/ואומה#2#/ ופלג משחת רומה: |
| 019 | | | Ex37:01M | ארכיה ואמה/^ואמתה#2#^/ואומה#2#/ ופלג פתיה ואמה |
| 020 | | | Ex37:10M | \ואומה#2#/ פתיה ואמה/ואומה#2#/ ופלג משחת רומה: |
| 021 | | | Ex25:23M | \אומן#2#/ ארכן ואמתא/ואומה#2#/ פתיא ואמה/ואומה#2#/ |
| 022 | | | Ex37:10M | \אומין#2#/ ארכה ואמה/ואומה#2#/ פתיה ואמה/ואומה#2#/ |
| 023 | | | Ex37:25M | \אומה#2#/ ארכה ואמה/ואומה#2#/ פתיה/פר׳#2#/ מרבע |
| 024 | | ואמה | Ex25:17 | תרתין אמין ופלג ארכה ואמה ופלג פתיא: |
| 025 | | | Ex25:23 | אמין ארכן ואמתא פתיא ואמה ופלג משחת רומה: |
| 026 | | | Ex37:01 | תרתין אמין ופלג ארכיה ואמה ופלג פתיה ואמה ופלג משחת |
| 027 | | | Ex37:01 | ארכיה ואמה ופלג פתיה ואמה ופלג משחת רומיה: |
| 028 | | | Ex37:06 | תרתין אמין ופלג ארכה ואמה ופלג פתיה: |
| 029 | | | Ex37:10 | אמין ארכה ואמה פתיה ואמה ופלג משחת רומה: |
| 030 | | | Ex26:16 | עשר אמין ארכה דלוחא ואמה ופלגא פתיא דלוחא חדתא: |
| 031 | | | Ex36:21 | עשר אמין ארכה דלוחיה ואמה ופלגת אמה פתייה דלוחה חדה: |
| 032 | | | Ex26:13 | ואמה מן דין סיטרא ואמה מן דין |
| 033 | | | Ex26:13 | ואמה מן דין סיטרא ואמה מן דין סיטרא במותריי«א» |
| 034 | | | Ex30:02 | אמה ארכה ואמה פתיא מרבע יהוי ותרתין אמין |
| 035 | | | Ex37:10 | דשטין תרתין אמין ארכה ואמה פתיה ואמה ופלג משחת רומה: |
| 036 | | | Ex37:25 | אעין דשטין אמה ארכה ואמה פתיה מרבע ותרתין אמין משחת |
| 037 | s em/sf | אמתה | Ex30:02M | אמה/אמתה#2#/ ארכה ואמה/אמתה#2#/ |
| 038 | | | Ex30:02M | אמה/אמתה#2#/ ארכה ואמה/אמתה#2#/ פתיא מרבע יהוי |
| 039 | | באומתא | Ex27:09M | \אמין באמתא /אומן באומתא#2#/ ארך לסיטרא חדא/חדתא#2# |
| 040 | | באומתה | Ex38:09M | באמתה /אומין באומתה#2#/: |
| 041 | | | Ex36:09M | \אמין ירעתה /אומין באומתה דיריע׳#2#/ חדא/חתה#2#/ |
| 042 | | | Ex36:15M | \אמין באמתא /אומין באומתה#2#/ וארבע אמין/אומין#2#/ |
| 043 | | | Nu35:05 | מערבייה תרין אלפין באומתה וית סיטרה צפונה תרין |
| 044 | | | Nu35:05 | תרין אלפין ^אמין#2#^ באומתה וית סיטרה מערבייה תרין |
| 045 | | | Nu35:05 | דרומה תרין אלפין באומתה וקרתה במצעה אלין יהוון |
| 046 | | | Ex38:11M | \אמין באמתה /אומין באומתה#2#/ עמודיהון עשרין |
| 047 | | | Ex38:12M | \אמין באמתה /אומין באומתה#2#/ עמודיהון עשרה |
| 048 | | | Ex36:09M | \אמין באמתה /אומין באומתה#2#/ ופתיא/ופר׳#2#^ |
| 049 | | באמ׳ | Nu35:05M | תרין אלפין באומתה/באמ׳#2#/ וית סיטרה צפונה |
| 050 | | | Nu35:05M | תרין אלפין באומתה/באמ׳#2#/ וקרתה במצעה אלין |
| 051 | | באמת׳ | Ex26:08M | \אמין באמתא /אומין באמת׳#2#/ ופתיא ארבע אמין באמתא |
| 052 | | באמתא | Ex27:09 | ברץ שזיר מאה אמין באמתא ארך לסיטרא חדא: |
| 053 | | | Ex26:02 | חדתא ופתיא ארבע אמין באמתא דיריעתה חדתה משחא חדא לכל |
| 054 | | | Ex36:15 | יריעתה חדא תלתין אמין באמתא וארבע אמין פותיה דיריעתה |

|  |  |  |  |  |  |
|---|---|---|---|---|---|
| 055 | | Ex26:08 | חדתה תלתין אמין | באמתא | ופתיא ארבע אמין באמתא |
| 056 | | Ex26:08 | באמתא ופתיא ארבע אמין | באמתא | משח«א» חדא לחדא עשרתי |
| 057 | באמתה | Ex38:09 | בוץ שזי«ר» מאה אמין | באמתה: | |
| 058 | | Nu35:05 | צפונה תרין אלפין | באמתה | וית סיטרה דרומה תרין |
| 059 | | Ex36:09 | חדא עשרין ותמני אמין | באמתה | ופתיא ארבע אמין יריעתה |
| 060 | | Ex27:18 | ארכה דדרתה מאה אמין | באמתה | ופתיה חמשין על חמשין |
| 061 | | Ex38:11 | צפוניה מאה אמין | באמתה | עמודיהון עשרין וחומריהון |
| 062 | | Ex38:12 | וילון חמשין אמין | באמתה | עמודיהון עשרה וחומריהון |
| 063 | באמתיה | Dt 3:11 | ארכה וארבע אמין פתייה | באמתיה | דמלכא: |
| 064 | ואומת׳ | Ex25:10M | אמין ופלג ארכה | ואמתא/ואומת׳#2#/ | ופלג פותיא ואמתא |
| 065 | ואמתא | Ex25:10 | ארכה ואמתא ופלג פותיא | ואמתא | ופלג משחת רומיה: |
| 066 | | Ex25:10 | תרתין אמין ופלג ארכה | ואמתא | ופלג פותיא ואמתא ופלג |
| 067 | | Ex25:23 | דשטין תרתין אמין ארכן | ואמתא | פתיא ואמה ופלג משחת רומה: |
| 068 | ואמתה | Ex37:01M | ארכיה | ואמה/^ואמתה#2#^/ואומה#2#/ | ופלג פתיה ואמה |
| 069 | אום׳ p abs | Dt 3:11M | תשע אמין/גוברין | אום׳#2#/ | ארכה וארבע אמין |
| 070 | אומין | Ex38:13M | מן מדינחה חמשין | אמין/אומין#2#/: | |
| 071 | | Gn 6:15M | יתיה תלת מאה | אמין/אומין#2#/ | אורכ׳ דתיבותא חמשין |
| 072 | | Ex26:16M | עשר \אמין ארכה | /אומין | אורכה#2#/ דלוחא ואמה |
| 073 | | Ex27:01M | דשטי«ן» חמש | אמין/אומין#2#/ | ארך וחמש אמין {ארך |
| 074 | | Ex38:18M | ארך וקומה ופותיה חמש | /אומין | ארך ומשחת רום בפתוי |
| 075 | | Ex36:21M | עשר | אמין/אומין#2#/ | ארכה דלוחיה ואמה |
| 076 | | Ex37:10M | אעין דשטין תרתין | אמין/אומין#2#/ | ארכה ואמה/ואומה#2#/ |
| 077 | | Ex26:08M | ארבע\אמין באמתא | /אומין | באום׳#2#/ משח«א» חדא |
| 078 | | Ex36:09M | ארבע\אמין יריעתה | /אומין | באומתה דיריע׳#2#/ חדא |
| 079 | | Ex36:09M | ותמני\אמין באמתה | /אומין | באומתה#2#/ ופתיא |
| 080 | | Ex36:15M | תלתין\אמין באמתא | /אומין | באומתה#2#/ וארבע אמין |
| 081 | | Ex38:09M | מאה\אמין באמתה | /אומין | באומתה#2#/: |
| 082 | | Ex38:11M | מאה\אמין באמתה | /אומין | באומתה#2#/ עמודיהון |
| 083 | | Ex38:12M | חמשין\אמין באמתה | /אומין | באומתה#2#/ עמודיהון עשרה |
| 084 | | Ex26:02M | די יריעתה חדתא ופתיא | /אומין | באומתייא ופתוי#2#/ ארבע |
| 085 | | Ex26:08M | תלתין\אמין באמתא | /אומין | באמת׳#2#/ ופתיא ארבע |
| 086 | | Ex27:14M | וחמש עשרה | אמין/אומין#2#/ | ווילון לסיטרא/מן |
| 087 | | Ex37:06M | דהב דכי תרתין | אמין/אומין#2#/ | ופלג ארכה ואמה |
| 088 | | Ex38:18M | \אמין לקבל וילון | /אומין | כלוקבל ווילוות#2#/ דרתה: |
| 089 | | Ex38:14M | ווילון חמש עשרה | אמין/אומין#2#/ | לסיטרה עמודיהון תלתא |
| 090 | | Gn 7:20M | חמש עשרה\אמין מלעיל | /אומין | מן לעיל#2#/ איתגברו מיא |
| 091 | | Gn 6:15M | אמין פתיה ותלתין | /\אומין#2#/ | \משחת רומ׳ /ועל רום |
| 092 | | Ex30:02M | מרבע יהוי ותרתין | אמין/אומין#2#/ | משחת רומיה מנה |
| 093 | | Ex27:12M | ווילון חמשין | אמין/אומין#2#/ | עמודיהון עשרה |
| 094 | | Ex38:15M | חמש עשרה | אמין/אומין#2#/ | עמודיהון תלתה |
| 095 | | Dt 3:11M | ארכה וארבע | אמין/אומין#2#/ | פתייה באמתיה |
| 096 | | Nu11:31 | למשריתה וכתרין | אומ{ו}<י>ן | רום על אפיה דארעא: |
| 097 | | Ex37:01M | שיטין#2#/ תרתין | אמין/אומין#2#/ | ופלג/<ופל>גה#2#/ |
| 098 | | Ex36:15M | באומתה#2#/ וארבע | אמין/אומין#2#/ | פותיה/פת׳#2#/ |
| 099 | אומן | Ex25:23M | אעין דשטין תרתין | אמין/אומן#2#/ | ארכן ואמתא/ואומה#2#/ |
| 100 | | Ex27:18M | דדרתה מאה\אמין באמתה | /אומן | באומן#2#/ ופתיה חמשין |
| 101 | | Ex27:09M | שזיר מאה\אמין באמתא | /אומן | באומתא#2#/ ארך לסיטרא |
| 102 | אמין | Ex27:13 | מדנחא מן מדנחא חמשין | אמין: | |
| 103 | | Ex38:13 | מדינחה מן מדינחה חמשין | אמין: | |
| 104 | | Gn 6:15 | סדרא תעבד יתיה תלת מאה | אמין | אורכ׳ דתיבותא חמשין אמין |
| 105 | | Ex27:01 | חמש אמין ארך וחמש | אמין | {ארך וחמש אמין} פתיא מרבע |
| 106 | | Ex27:01 | <דאעין> דשטי«ן» חמש | אמין | ארך וחמש אמין {ארך וחמש |
| 107 | | Ex27:11 | צפוניה באורך ווילון מאה | אמין | ארך ועמוד׳ עשרין וחמרין |
| 108 | | Ex38:18 | טבה ובוץ שזיר ועשרין | אמין | ארך וקומה ופותיה חמש אמין |
| 109 | | Ex26:16 | עשר | אמין | ארכה דלוחא ואמה ופלגא פתיא |
| 110 | | Ex36:21 | עשר | אמין | ארכה דלוחיה ואמה ופלגת אמה |
| 111 | | Ex37:10 | פתורה אעין דשטין תרתין | אמין | ארכה ואמה פתיה ואמה ופלג |
| 112 | | Ex38:01 | דעלתה אעין דשטין חמש | אמין | ארכה וחמש אמין פתיא מרבע |
| 113 | | Dt 3:11 | ברבת דבני עמוניי תשע | אמין | ארכה וארבע אמין פתייה |
| 114 | | Ex25:23 | פתורא אעין דשטין תרתין | אמין | ארכן ואמתא פתיא ואמה ופלג |
| 115 | | Nu35:05 | מדנחייה תרין אלפין | ^אמין#2#^ | באומתה וית סיטרה |
| 116 | | Ex26:02 | יריעתה חדתא ופתיא ארבע | אמין | באמתא דיריעתה חדתה משחא |
| 117 | | Ex26:08 | אמין באמתא ופתיא ארבע | אמין | באמתא משח«א» חדא לחדא |
| 118 | | Ex26:08 | ארכה דיריעתא חדתה תלתין | אמין | באמתא ופתיא ארבע אמין |
| 119 | | Ex27:09 | לדרתא בוץ שזיר מאה | אמין | באמתא ארך לסיטרא חדא: |
| 120 | | Ex36:15 | ארכה די יריעתה חדא תלתין | אמין | באמתא וארבע אמין פותיה |
| 121 | | Ex27:18 | ארכה דדרתה מאה | אמין | באמתה ופתיה חמשין על חמשין |
| 122 | | Ex36:09 | דיריעתה חדא עשרין ותמני | אמין | באמתה ופתיא ארבע אמין |
| 123 | | Ex38:09 | לדרתה בוץ שזי«ר» מאה | אמין | באמתה: |
| 124 | | Ex38:11 | ולסיטרה צפוניה מאה | אמין | באמתה עמודיהון עשרין |
| 125 | | Ex38:12 | מערביה וילון חמשין | אמין | באמתה עמודיהון עשרה |
| 126 | | Ex27:18 | על חמשין ומשחת רומה חמש | אמין | בוץ שזיר וחומריהון נחש: |
| 127 | | Ex26:02 | חדתה עשרין ותמנין | אמין | די יריעתה חדתא ופתיא ארבע |
| 128 | | Ex27:14 | וחמש עשרה | אמין | ווילון לסיטרא עמודיהון |
| 129 | | Ex25:10 | אעה {דשתא} דשטין תרתין | אמין | ופלג ארכה ואמתא ופלג פותיא |
| 130 | | Ex25:17 | כפרתה דדהב דכי תרתין | אמין | ופלג ארכה ואמה ופלג פתיא: |
| 131 | | Ex37:01 | ארונה אעין דשטין תרתין | אמין | ופלג ארכיה ואמה ופלג פתיה |
| 132 | | Ex37:06 | כפורתה דהב דכי תרתין | אמין | ופלג ארכה ואמה ופלג פתיה: |
| 133 | | Ex36:09 | אמין באמתה ופתיא ארבע | אמין | יריעתה חדא משחת חדא לכל |
| 134 | | Ex38:14 | ווילון חמש עשרה | אמין | לסיטרה עמודיהון תלתא |
| 135 | | Ex38:18 | ארך וקומה ופותיה חמש | אמין | לקבל וילון דרתה: |
| 136 | | Gn 7:20 | חמש עשרה | אמין | מלעיל איתגברו מיא וכסון |
| 137 | | Nu35:04 | מכותלה דקרתה לברה אלף | אמין | מן חזור חזור: |
| 138 | | Ex27:01 | מרבע יהי מדבחא ותלת | אמין | משחת רומה: |
| 139 | | Ex30:02 | פתיא מרבע יהוי ותרתין | אמין | משחת רומיה מנה יהוויין |
| 140 | | Ex37:25 | ואמה פתיה מרבע ותרתין | אמין | משחת רומא <מניה> הוון |
| 141 | | Ex38:01 | אמין פתיא מרבע ותלת | אמין | משחת רומה: |
| 142 | | Ex27:12 | מערביה ווילון חמשין | אמין | עמודיהון עשרה וחומריהון |
| 143 | | Ex38:15 | דרתה וולונין חמש עשרה | אמין | עמודיהון תלתה וחומריהון |
| 144 | | Ex36:15 | תלתין אמין באמתא וארבע | אמין | פותיה דיריעתה חדה משחה חדה |
| 145 | | Ex27:01 | וחמש אמין {ארך וחמש | אמין} | פתיא מרבע יהי מדבחא ותלת |
| 146 | | Ex38:01 | חמש אמין ארכה וחמש | אמין | פתיא מרבע ותלת אמין משחת |
| 147 | | Gn 6:15 | אורכ׳ דתיבותא חמשין | אמין | פתיה ותלתין משחת רומ׳: |
| 148 | | Dt 3:11 | תשע אמין ארכה וארבע | אמין | פתייה באמתיה דמלכא: |
| 149 | | Ex27:16 | ולתרע דרתה פרס עשרין | אמין | תכלא וארגוון וצבע דזהורי |
| 150 | באומן | Ex27:18M | \אמין באמתה /אומן | באומן#2#/ | ופתיה חמשין על חמשין |
| 151 | דאומין | Nu35:04M | לברה אלף | אמין/דאומין#2#/ | מן חזור חזור: |
| 152 | ואומין | Ex37:06M | ופלג ארכה | ואמה/ואומין#2#/ | ופלג פתיה: |
| 153 | באומתייא p em/sf | Ex26:02M | חדתא ופתיא /אומין | באומתייא | ופתוי#2#/ ארבע אמין |

## אמהה *n.* maidservant [62]

|  |  |  |  |  |  |
|---|---|---|---|---|---|
| 001 | אמהא s ab/cn | Lv19:20M | דזרע והיא | אמתה/אמה{ת}<א>#2#/ | משעבדה לגבר ומפרק |
| 002 | לאמה | Gn29:24M | ללאה ברתיה | לאמהה/לאמה#2#/: | |
| 003 | לאמהא | Ex21:07M | גבר ית ברתיה | לאמהתה/לאמהא#2#/ | לא תפוק בנימוסי |
| 004 | לאמהה | Gn29:24 | אמתיה ללאה ברתיה | לאמהה: | |
| 005 | | Gn29:29 | ית בלהה אמהתא לה | לאמהה: | |
| 006 | אמהתא s em/sf | Gn50:16M | דיוסף למימר לה אבוך | /אמהתא | דרחל למימ׳ ליוסף |
| 007 | | Gn25:12M | הגר מצריתא | אמתא/אמהתא#2#/ | דשרה לאברהם: |

|  |  |  |  |  |  |
|---|---|---|---|---|---|
| 008 | | Gn21:10M | טרוד ית | אמתא/אמהתא#2#/ | הדה וית ברה ארום לא |
| 009 | | Gn29:29 | לרחל ברתה ית בלהה | אמהתא | לה לאמהה: |
| 010 | אמהתה | Gn35:25 | ובניה דבלהה | אמהתה | <....>: |
| 011 | | Gn30:10 | וילידת זלפה | אמהתה | דלאה ליעקב בר: |
| 012 | | Gn30:12 | וילידת זלפה | אמהתה | דלאה בר תניין ליעקב: |
| 013 | | Gn30:07 | ועברת תוב וילדת בלהה | אמה{ה}תה | דרחל בר תניין ליעקב: |
| 014 | | Gn16:08M | "אמתא ... אתייה": | אמהתה | דשרי מן הן אתייא |
| 015 | | Gn30:09 | למילד ונסבת ית זלפה | אמהתה | ויהבת יתה ליעקב לאתה: |
| 016 | | Ex 2:05 | בגו אפרה ושלחת ית | אמהתה | ונסבת יתה: |
| 017 | | Gn30:04 | ואסבת ליה ית בלהה | אמהתה | לאתה ועל לוותיה יעקב: |
| 018 | אמהתי | Gn30:03M | הא \אמתי בלהה על | /אמהתי | בלהה אזדמן#2#/ לוותה |
| 019 | | Gn16:02M | דלמה /אזדמן כען לות | אמהתי#2#/ | \דאתבני אף אנה /תלד |
| 020 | | Gn16:05M | להגר מצריתא | אמתי/אמהתי#2#/ | ויהבת יתה לך לאתה |
| 021 | | Ex20:17 | דחבריה ולא עבדיה ולא | אמהתי | ולא תורי ולא חמריה ולא כל |
| 022 | אמהתיה | Ex21:20 | גבר ית עבדיה או ית | אמהתיה | בשרביטה ומית תחות ידיה |
| 023 | | Dt 5:21 | לא חקלה ולא עבדה ולא | אמהתיה | ולא תוריה ולא חמריה ולא |
| 024 | | Ex21:27 | ואין שן עבדיה או שן | אמהתיה | יתר לחירות ישלח יתיה חלף |
| 025 | אמהתיך | Gn16:06M | לשרי הא \אמתיך בידך | /אמהתיך | מסירה בידך#2#/ עבדי לה |
| 026 | אמהתך | Gn21:12M | כל מה דתימר /ולא על | אמהתך | כל מה די אתמ׳#2#/ לך |
| 027 | אמתא | Gn25:12 | די ילידת הגר מצריתא | אמתא | דשרה לאברהם: |
| 028 | | Gn16:08 | ואמר הגר | אמתא | דשרי מנן את אתייה ולאן את |
| 029 | | Gn21:10 | לאברה«ם» טרוד ית | אמתא | הדה וית ברה ארום לא יירת |
| 030 | | Ex21:32 | אין עבד יגש תורא אין | אמתא | כסף תלתי«ן» סלעין יתן |
| 031 | | Ex21:32M | תורא \אין אמתא /או | אמתא#2#/ | כסף תלתי«ן» סלעין יתן |
| 032 | אמתה | Gn16:03 | דאברם ית הגר מצריתה | אמתה | לסוף שנין עשר דיומין די |
| 033 | | Gn16:01 | לא הוות ילדה לה ולה | אמתה | מצרייא ושמה הגר: |
| 034 | | Lv19:20 | עם אתה תשמי׳ דזרע והיא | אמתה | משעבדה לגבר ומפרק לא |
| 035 | אמתי | Gn30:03 | ואמרת הא | אמתי | בלהה על לוותה {לוותה} |
| 036 | | Gn16:05 | ונסיבת להגר מצריתא | אמתי | ויהבת יתה לך לאתה ואמרית |
| 037 | | Gn30:18 | יהב ייי אגרי די יהבת | אמתי | לבעלי וקראת שמיה יששכר: |
| 038 | | Gn16:02 | למל{ל}<ד> עול כען לות | אמתי | מה דלמה דאתבני אף אנה |
| 039 | אמתיה | Gn29:24 | ויהב לבן לה ית זלפה | אמתיה | ללאה ברתיה לאמהה: |
| 040 | אמתיך | Gn16:06 | ואמר אברם לשרי הא | אמתיך | בידך עבדי לה מה דשפיר |
| 041 | אמתך | Gn21:12 | יבאש באפיך על טליה ועל | אמתך | כל מה דתימר לך שרה שמע |
| 042 | דאמהתא | Gn21:10M | דאמתה /ברא | דאמהתא#2#/ | הדה עם ברי עם יצחק: |
| 043 | דאמהתה | Ex11:05 | מלכותיה עד בכורה | דאמה{ה}ת<ה> | די טחנה בתרא מן רחיא |
| 044 | | Ex21:26 | דעבדיה או ית עיניה | דאמה{ה}תה | ויחבול יתיה לחירותא |
| 045 | דאמהתכון | Ex23:12M | ויתניח ברא | דאמתך/דאמהתכון#2#/ | יהודייתה וגיוריה |
| 046 | דאמתה | Gn21:10 | ארום לא יירת ית ברה | דאמתה | הדה עם ברי עם יצחק: |
| 047 | | Gn21:13 | ואף ית ברה | דאמתה | לאומה רבה אשויניה ארום |
| 048 | דאמתך | Ex23:12 | תורך וחמרך ויתניח ברא | דאמתך | יהודייתה וגיוריה: |
| 049 | ואמהתך | Dt 5:14 | די תניחון עבדך | ואמהתך | כוותכון: |
| 050 | ולאמהתך | Lv25:06 | לכון למיכל לך ולעבדך | ולאמהתך | ולאגירך ולתותבך ולגיורה |
| 051 | לאמהתה | Ex21:07 | יזבן גבר ית ברתיה | לאמהתה | לא תפוק בנימוסי עבדייא: |
| 052 | לאמהתי | Gn30:18M | אגרי די יהבת | אמתי/לאמהתי#2#/ | לבעלי וקראת שמיה |
| 053 | לאמהתך | Dt15:17 | ע{ו}ד לעולם ולחוד | לאמהתך | עבדיתה תעבד כדין: |
| 054 | לאמתא | Dt 5:21M | לחקלא לא לעבדיה ולא | לאמתא | ולא לתוריה ולא לביערה |
| 055 | ואמהן p abs | Lv25:44 | מנהון תזבנון עבדין | ואמהן: | |
| 056 | | Gn12:16 | ותורין וחמרין ועבדין | ואמהן | ואתנין וגמלין: |
| 057 | | Gn24:35 | וכסף ודהב ועבדין | ואמהן | וגמלין וחמרין: |
| 058 | | Gn20:14 | ען ותורין ועבדין | ואמהן | ויהב לאברהם וחוי לה ית |
| 059 | | Gn30:43 | לחדא והוי ליה ען סגין | ואמהן | ועבדין וגמלין וחמרין: |
| 060 | | Gn32:06 | תורין וחמרין ועבדין | ואמהן | ושלחת למתנייה לריבוני |
| 061 | ולאמהן | Dt28:68 | לבעלי דבביכון לעבדין | ולאמהן | ולית דזבין יתכון: |
| 062 | אמהתא p em/sf | Gn33:01M | רחל ועל תרתין | לחינתה/אמהתא#2#/: | |
| 063 | | Gn49:26M | ומן ברכת ארבעתי | אמהתא | דמתילין בגלמתא שרה |
| 064 | | Ex15:02M | "אמרין": מן ת{ר}<ד>י | אמהתא | הוון ינקיא באצבעתהון |
| 065 | | Gn33:06M | ובניהן ושאלין /וקריבו | אמהתא | הנין ובניהן וסגדו#2#/ |
| 066 | | Gn34:30M | ויקטלון אותי וישיצי | אמהתא | עם בנייה#2#/: |
| 067 | אמהתיה | Gn32:23M | וית תרתין | לחינתיה/אמ<ה>תיה#2#/ | וית חד עשרתי בנוי |
| 068 | דאמהתא | Gn21:13M | ואף ית ברה | דאמתה/דאמהתא#2#/ | לאומה רבה אשויניה |
| 069 | ואמהותי׳ | Dt 5:14M | ועבדיכון | ואמהת«י»כון/<ואמ>הותי׳#2#/ | תוריכון |
| 070 | ואמהותכון | Dt12:18M | ועבדיכון | ואמהתכון/<ואמ>הותכון#2#/ | וליווי די |
| 071 | ואמהתא | Gn20:17 | אבימלך וית אתתי«ה» | ואמהתא | וילדו ^בנין#2#^: |
| 072 | ואמהתיך | Lv25:44 | ועבדיך | ואמהתיך | די יהווי לך מן לוות |
| 073 | ואמהתיכון | Ex20:10 | ובנתכון ועבדכון | ואמהתיכון | ובעירכון וגיוריכון די |
| 074 | | Dt16:11M | ועבדכון | ואמהתכון/<ואמה>תיכון#2#/ | וליוויי |
| 075 | | Dt 5:14 | ובנתכון ועבדיכון | ואמהת«י»כון | תוריכון וחמריכון וכל |
| 076 | ואמהתכון | Lv25:44M | יהווי לך /ועבדיכון | ואמהתכון | דייהוון לכון#2#/ |
| 077 | | Dt12:12 | ובנתכון ועבדיכון | ואמהתכון | וליווי די בקורייכון ארום |
| 078 | | Dt12:18 | ובנתכון ועבדיכון | ואמהתכון | וליווי די בקורייכון |
| 079 | | Dt16:11 | ובנתכון ועבדכון | ואמהתכון | וליוויי ^דאית |
| 080 | | Dt16:14 | ובנתכון ועבדיכון | ואמהתכון | וליוויי וגיורייה וארמלתה |
| 081 | | Dt 5:14M | ואמהתך /עבדכון | ואמהתכון#2#/ | כוותכון: |
| 082 | ולאמהתכון | Lv25:06M | לכון ולעבדיכון | ולאמהתכון | ולאגיריכון ולתותביכון |

## אמוריי *adj.* **Amorite** [62]

|  |  |  |  |  |  |
|---|---|---|---|---|---|
| 001 | אמוריה s em/sf | Gn14:13 | במשרי חזוה דממר׳ | אמורי«ה» | אחוי דאשכל ואחוי דענר |
| 002 | אמורייה | Dt 2:24 | סיחון מלכא דחשבון | אמורייה | וית ארעיה שרון למירת |
| 003 | דאמוראה | Nu32:33 | דאמוריי /<מל<כה | <דאמו>ראה#2#/ | וית מלכותא דעוג מלכא |
| 004 | אימוראי p em/sf | Dt33:17 | יהושע בר נון מן | אימוראי | דהוא מן שבטה דבנוי |
| 005 | | Nu21:32M | ושיצון ית | אמוריי/אימוראי#2#/ | \דהוון שרין/דש׳#2# |
| 006 | | Nu32:39M | דהוון שריין בגווה | /אימוראי | דהוון תמן#2#/: |
| 007 | | Ex34:11M | קודמיכון ית | אימוראי | וכנענאי וחיתאי ופריזאי |
| 008 | אימוריי | Nu32:39 | וכבשו יתה וישיצון ית | אימוריי | דהוון שריין בגווה: |
| 009 | אמוראי | Gn14:07M | דהוון שריין /ולחוד ית | אמוראי | אלין דשרן#2#/ בעין גדי |
| 010 | | Nu21:15M | אטמרו | אמוראי | במערייה אמרין אלין לאלין |
| 011 | | Gn10:16 | וית יבוסיא וית | אמוראי | וית גרגשיא: |
| 012 | | Gn15:21 | וית | אמוראי | וית כנענאי וית |
| 013 | אמורי׳ | Gn14:07 | תחומהון דעמלקיא ואף ית | אמורי׳ | דהוון שריין בעין גדי |
| 014 | אמוריי | Nu21:13 | מו{ב}<א>ביי <ובין> | אמוריי: | |
| 015 | | Nu21:25 | ושרון ישראל בכל קרווי | אמוריי | בחשבון ובכל כופרנייה: |
| 016 | | Nu21:15 | בנחלי ארנונה אטמרו | אמוריי | בגו מעריה דנחלי ארנונה |
| 017 | | Nu21:32 | וכבשו כפרניה ושיצון ית | אמוריי | דהוון שרין תמן: |
| 018 | אמורייה | Dt 1:44 | ונפקו | אמורייה | דשריין בטורא ההוא |
| 019 | אמריי | Ex34:11 | הא אנה טרד מן קדמיך ית | אמריי | <ו>כנעניי וחתיי ופרזיי |
| 020 | | Ex33:02 | מלאך ואטרוד ית כנעניי | אמריי | חתיי פריזיי חיויי |
| 021 | דא׳ | Nu21:25M | אמוריי /קורייהון | דא׳#2#/ | בחשבון ובכל כופרנייה: |
| 022 | דאימוראי | Nu21:29M | למלכיהון | דאמוריי/דאימוראי#2#/ | סיחון: |
| 023 | | Nu26:04M | דמצרים /מארעא | דאימוראי#2#/: | |
| 024 | | Nu21:13 | דנפק מן תחומיהון | דאימוראי | ארום ארנונה תחומיהון |
| 025 | | Nu21:26M | \דאמוריי הוות | /דאימוראי | היא#2#/ והוא סדר \ |
| 026 | | Dt 1:19M | אורח טורהון | דאמוריי/דאימוראי#2#/ | היך מה פקד/דפ׳#2# |
| 027 | | Nu34:15M | דאמוריי /מלכיהון | דאימוראי#2#/ | ובית מלכותא דעוג |
| 028 | | Nu32:33M | /<מל<כה | <דאמו>ראה#2#/^דאימוראי#2#^/ | וית מלכותא |
| 029 | | Dt 1:07M | ית כל כופרנוי | /דאימוראי | ולכל כופרניה«ו»ן#2#/ |
| 030 | | Nu34:15M | כרך דמלכותהון | דאימוראי | ומן כנרת כרך מלכותהון |
| 031 | | Dt 1:27M | יתן בידיהון | דאמוריי/דאימוראי#2#/ | למישיצי יתן: |

|  |  |  |  |
|---|---|---|---|
| 032 | | Nu34:15M | כנרת כרך מלכותהון דאימוראי נפק להון תחומה לטור |
| 033 | דאימוריי | Nu21:34 | לסיחון מלכיהון דאימוריי די הווה שרי בחשבון: |
| 034 | | Nu21:13M | מן תחומיהון דאימוראי/דיי#2#/ ארום ארנונה |
| 035 | דאמורא' | Gn48:22M | טב<י>א מן ידיהן דאמורא' דהווי' טבין לי מן חרבי |
| 036 | דאמוראי | Nu21:31M | בארעא#2#/ דאמוריי/דאמוראי#2#:/ |
| 037 | | Dt 4:46M | סיחון מלכהון דאמוריי/דאמוראי#2#/ דהווא שרי בחשבון |
| 038 | | Dt 3:02M | מלכהון דאמוריי/<דאמו>ראי#2#/ דהווה שרי |
| 039 | | Gn48:22 | טבייא מן ידיהון דאמוראי דטבין לי מן חרבי וקשתי: |
| 040 | | Nu21:34M | מלכיהון דאימוריי/דאמוראי#2#/ די הווה שרי |
| 041 | | Dt 1:20M | עד טורהון דאמוריי/דאמוראי#2#/ די ייי אלהן יהב |
| 042 | | Nu21:21M | מלכיהון דאמוריי/דאמוראי#2#/ למימר: |
| 043 | | Gn15:16 | לא שלימו חוביהון דאמוראי עד כען: |
| 044 | דאמוריי | Nu21:29 | בשבייתה למלכיהון דאמוריי סיחון: |
| 045 | | Ex23:23 | ויעל יתכון לארעהון דאמוריי דחתיי ופרזיי וכנעניי |
| 046 | | Nu32:33 | דסיחון מלכיהון דאמוריי וית מלכותא דעוג |
| 047 | | Dt 4:46 | בארע סיחון מלכהון דאמוריי דהווא שרי בחשבון מה די |
| 048 | | Dt 1:04 | קטל ית עוג מלכיהון דאמוריי דהווה שרי בחשבון וית |
| 049 | | Dt 3:02 | עבדת לסיחון מלכהון דאמוריי דהווה שרי בחשבון: |
| 050 | | Dt 1:20 | מטיתון עד טורהון דאמוריי די ייי אלהן יהב לן: |
| 051 | | Dt 3:08 | תרין מלכיהון ˆיד#2#ˆ דאמוריי די בעבר ירדנה מן נחלה |
| 052 | דאמוריי | Dt 4:47 | תרין מלכיהון דאמוריי די בעבר ירדנה מן מדנח |
| 053 | | Nu21:26 | קרתה דסיחון מלכהון דאמוריי הווה והוא סדר קרבה עם |
| 054 | | Dt 1:19 | חמיתון אורח טורהון דאמוריי היך מה פקד ייי אלהן יתן |
| 055 | | Nu34:15 | דסיחון מלכותא דאמוריי ובית מלכותא דעוג מלכא |
| 056 | | Dt 1:07 | לכון ועולו לטורהון דאמוריי וכבישו ית כל כופרנוי |
| 057 | | Dt31:04 | ולעוג מלכיהון דא{ומ}<מו>ריי ולארעהון די ישיצי |
| 058 | | Nu21:21 | לוות סיחון מלכיהון דאמוריי למימר: |
| 059 | | Dt 1:27 | לממסר יתן בידיהון דאמוריי למישיצי יתן: |
| 060 | | Nu34:15 | לכנרת כרך מלכיהון דאמוריי נפק להון תחומה לכרכא |
| 061 | דאמריי | Nu21:31 | ושרון ישראל בארעהון דאמריי: |
| 062 | ואימוראי | Ex33:02M | ויבוסיי/כנענאי ואימוראי וחיתאי ופריזאי וחיוואי |
| 063 | | Dt 3:09M | הוון/סירינן ואימוראי ה#2#/ קריין יתיה |
| 064 | ואימוריי | Dt20:17 | משיציה תשיצון חתיי ואימוריי כנעניי ופריזיה וחיווייה |
| 065 | ואמוראי | Dt 2:11M | דענק גובריה ומואביי/ואמוראי#2#/ הוון קריין |
| 066 | | Dt20:17M | כנעניי/יתהון חתאי ואמוראי וכנעני#2#/ ופריזיה |
| 067 | ואמוריי | Dt 3:09 | טורא דמסרי פירוי ואמוריי הוון קריין יתיה שניר: |
| 068 | | Dt 7:01 | חתיי וגרגשיי ואמוריי וכנעניי ופריזיה וחיוויי |
| 069 | | Nu13:29 | דרומה וחתאי ויבוסאי ואמוריי שריין בטורא וכנענאי |
| 070 | ואמראי | Ex13:05M | וחתיי\ואמריי וחויי ואמראי/ וחיואי#2#/ ויבוסיי די |
| 071 | ואמריי | Ex13:05 | דכנענאי וחתיי ואמריי וחויי ויבוסיי די קיים ייי |
| 072 | | Ex 3:08 | ואמריי ופריזי וחויי {ואמריי} ויבוסי: |
| 073 | | Ex 3:08 | לארעהון דכנענאי וחתיי ואמריי ופריזי וחויי {ואמריי} |
| 074 | | Ex 3:17 | דכנענאי וחתיי ואמריי ופריזיי וחיויי ויבוסיי |
| 075 | לאמוראי | Nu22:02M | עבדו ישראל לאמריי/לאמוראי#2#:/ |
| 076 | לאמריי | Nu22:02 | כל מה די עבדו ישראל לאמריי: |

## אמטר *n.* ⇐ מטר

## אמן *interj.* truly, amen [!!]

|  |  |  |  |
|---|---|---|---|
| 001 | אמן | Dt27:15 | כל עמא כחדה ואמרין אמן: |
| 002 | | Dt27:16 | ודאמה ויאמרון כל עמא אמן: |
| 003 | | Dt27:16M | ואמה ויענון כל עמא אמן#2#:/ |
| 004 | | Dt27:17 | דגברא ויאמרון כל עמא אמן: |
| 005 | | Dt27:18 | באורחה ויאמרון כל עמא אמן: |
| 006 | | Dt27:19 | וארמלתה ויאמרון כל עמא אמן: |
| 007 | | Dt27:20 | דאבוי ויאמרון כל עמה אמן: |
| 008 | | Dt27:21 | כל בעיר ויאמרון כל עמא אמן: |
| 009 | | Dt27:22 | ברת אמיה ויאמרון כל עמה אמן: |
| 010 | | Dt27:23 | חתנתיה ויאמרון כל עמא אמן: |
| 011 | | Dt27:24 | בטומרה ויאמרון כל עמה אמן~: |
| 012 | | Dt27:25 | אדם זכיי ויאמרון כל עמא אמן: |
| 013 | | Dt27:26 | יתהון ויאמרון כל עמה אמן: |
| 014 | | Nu 5:22 | ירכיך ותימר אתתה אמן אמן דלא אסתאבת אמן דלא |
| 015 | | Nu 5:22 | ירכיך ותימר אתתה אמן אמן דלא אסתאבת אמן דלא |
| 016 | | Nu 5:22 | ותימר אתתה אמן אמן דלא אסתאבת אמן דלא אסתאב: |
| 017 | | Nu 5:22 | אמן אמן אמן דלא אסתאבת אמן דלא אסתאב: |

## אמפור *n.* smith [62]

|  |  |  |  |
|---|---|---|---|
| 001 | ואמופרין p abs | Gn25:03 | ובנוי דדן הוון תגרן ואמופרין וראשי אומין: |

## אמצע *n.* middle [62]

|  |  |  |  |
|---|---|---|---|
| 001 | אמצע s ab/cn | Dt 3:16 | גלעדה ועד נחל ארנונה אמצע נחלה ותחומה ועד נחל יבקה |

## אמר *vb.* to say [63]

|  |  |  |  |
|---|---|---|---|
| 001 | אמ' peal | Nu 9:08M | לא שמעינן ברם משה רבן אמ' |
| 002 | | Dt 6:04M | \עד#2#/ ענה יעקב אמ' בריך שמ'#2#/ לעלמי עלמין: |
| 003 | | Dt 3:02M | זע ואירתת מן קודמיה אמ' הלא הוא דן עוג רשיעא |
| 004 | | Ex 6:08M | <ירתו> ואחסנה אנה/אמ'#2#/ ייי: |
| 005 | | Lv21:12M | רבות אלהיה עלוי כדין/ אמ'#2#/ ייי: |
| 006 | | Lv22:02M | מן קדשין לשמי כדין אמ' ייי#2#:/ |
| 007 | | Lv22:31M | ארום אנה ייי#2#/כדן/ אמ' ייי#2#/ דיהב אגר טב לנטרי |
| 008 | | Lv25:55M | דמיצרים\אנה ייי /כדן אמ' ייי#2#/ אלהכון: |
| 009 | | Lv26:02M | אנ{י}<ה> ייי /כדן\ אמ' ייי#2#:/ |
| 010 | | Nu 3:41M | אמר/ליואי לשמי כדין אמ'#2#/ ייי חלף כל בוכרה |
| 011 | | Nu33:04M | ייי דינין שנין \כדן אמ' ייי#2#:/ |
| 012 | | Dt 5:27M | ית כל מה די יאמר/אמ'#2#/ ייי אלהן ואת תמלל עמן |
| 013 | | Nu15:34M | ממון ובאליין ובאליין אמ' לא שמעית למלפה דייניה |
| 014 | | Dt32:12M | \בממרה אמר/שמיה מברך אמ'#2#/ לבלחודהון ישרון עמא |
| 015 | | Gn50:21M | "ענה ... למעקר": אמ' להון יוסף עשרה כוכבין |
| 016 | | Ex10:28M | מלייא קשייתא האלן דאת אמ' לי ברם בעי אנא למימות ולא |
| 017 | | Ex 9:01M | ייי /ותמלל עמיה כדין אמ' מימר' דייי#2#/ אלההון |
| 018 | | Nu21:16M | באירה היא באירה די אמ' מימריה דייי#2#/ לאהרן |
| 019 | | Gn 3:01M | אמר ייי /לחוד ארום אמ' ממריה דייי#2#/ לא תאכלון |
| 020 | אמור | Ex 7:19 | ואמר ייי למשה אמור לאהרן סב חוטרך וארכן ידיך |
| 021 | | Ex 8:01M | ואמר ייי למשה אמר/אמור#2#/ לאהרן ארכן ית ידך |
| 022 | | Nu17:02M | אמר/אמור#2#/ לאלעזר בר אהרן |
| 023 | | Ex 6:06M | בשבועה/לכן#2#/ אמר/אמור#2#/ לבני ישראל אנה |
| 024 | | Ex33:05 | ואמר ייי למשה אמור לבני ישרא' אתון עם קשין |
| 025 | | Lv22:03 | אמור להון לדריכון כל גבר די |
| 026 | | Dt 1:42 | ואמר ייי לי אמור להון לא תסקון ולא תסדרון |
| 027 | אמורי | Gn12:13M | \אמרי כען /אמורי בבעו#2#/ לי אח«תי» א' |
| 028 | | Gn20:13M | \אמרי כען עלי אחי /אמורי בבעו אחי#2#/ הוא: |
| 029 | אמר | Nu23:23 | עליכון ודדבית ישראל אמר בלעם במתל נבותה טוביכון |
| 030 | | Nu22:16 | בלעם ואמרין ליה כדין אמר בלק בר צפור לא כען תתמנע |
| 031 | | Gn44:19M | כל פלסין\ענה יהודה /אמ' יהוד' בליביה#2#/ ואמר |
| 032 | | Gn40:18 | הדין ופתרוניה דחלמא לא אמר יוסף ופת{ח}<ר> ליה יוסף |

| | | | | |
|---|---|---|---|---|
| 033 | Dt 2:01 | די מלל ממריה דייי עמי | אמר | משה ואקפנן ית טורא דגבלה |
| 034 | Dt 2:02 | ואמר ייי לי | אמר | משה למימר: |
| 035 | Dt 2:09 | ואמר ייי לי | אמר | משה לא תעיקון ית מואבאי |
| 036 | Dt 2:17 | ומליל ייי עמי | אמר | משה למימר: |
| 037 | Dt 2:31 | ואמר ייי לי | אמר | משה חמי דהא שריית לממסר |
| 038 | Dt 3:02 | ואמר ייי לי | אמר | משה לא תדחל מנה ארום בידך |
| 039 | Dt 3:23M | \מן קדם ייי /קדם ייי | אמר | משה#2#/ בשעתה ההיא |
| 040 | Dt 3:26 | בקל צלותי ואמר ייי לי | אמר | משה סגין לך לא תוסף למללה |
| 041 | Dt 4:10 | בזמנה דאמר ייי לי | אמר | משה כנש לי ית עמא ואשמע |
| 042 | Dt 5:22 | דאבנין ויהב יתהון לי | אמר | משה: |
| 043 | Dt 5:28 | עמי ואמר מימרה דייי לי | אמר | משה שמעית ית קל מליהון |
| 044 | Dt 9:10 | ויהב ייי לי | אמר | משה ית תרין לוחי אבנייה |
| 045 | Dt 9:11 | לילוון יהב ייי לי | אמר | משה ית תרין לוחי אבנייה |
| 046 | Dt 9:12 | ואמר ייי לי | אמר | משה קום חות בפריע מן הכה |
| 047 | Dt 9:13 | ואמר ייי לי | אמר | משה למימר גלי קדמי ית |
| 048 | Dt 9:19 | ושמע ייי בקל צלותי | אמר | משה לחוד בזמנה ההוא: |
| 049 | Dt 9:19M | ושמע מימריה דייי לי | אמר | <משה> |
| 050 | Dt10:01 | בשעתה ההיא אמר ייי לי | אמר | משה חצוב לך תרין לווחין |
| 051 | Dt10:04 | קהלא ויהב יתהון לי | אמר | משה: |
| 052 | Dt10:10 | קל ממרה דייי בקל צלותי | אמר | משה לחוד בזמנה ההיא ולא |
| 053 | Dt10:11 | ואמר ייי לי | אמר | משה קום אזיל למטלן קדם |
| 054 | Dt32:03 | | אמר | משה נבייה לרשיעיה וויי |
| 055 | Dt32:03 | עלי עשב כי שם לכן | אמר | משה נבייא ארום בשמה קדישא |
| 056 | Dt32:04 | | אמר | משה נבייא אנה חמית לרבון |
| 057 | Dt32:14 | עם טוב שומניהון דחטייא | אמר | משה נבייה אין יהוון |
| 058 | Dt34:04 | ואמר מימריה דייי לי | אמר | משה דא ארעא דקיימת |
| 059 | Gn49:07 | ואימתהון ארום קשיא הוות | אמר | אבונן יעקב אן שריין |
| 060 | Gn49:18 | | אמר | אבונן יעקב לא לפורקנא |
| 061 | Gn 3:17 | ולאדם | אמר | ארום שמעת לקלה דאתתך ואכלת |
| 062 | Gn32:21 | הא יעקב אתי בתרן ארום | אמר | ארעי «סבר» אפוי בדורון |
| 063 | Gn40:18 | ליה יוסף היך מה דהוה | אמר | באפוי ואמר ליה יוסף דין |
| 064 | Ex17:16 | מרדכי ואסתר ויייי | אמר | במימריה למשיציא ית דוכרנא |
| 065 | Dt 1:01 | יתיה בדהבא סנינה | אמר | במימריה וכפר על חוביכון: |
| 066 | Dt 1:01M | ובגין עגלא דעבדתון | אמר | במימריה |
| 067 | Ex15:02 | דחיל כל עלמיא ייי | אמר | בממרי והוה לן לפריק אמרין |
| 068 | Gn18:17 | ויייי | אמר | בממריה הא מכס{ם}<ה> אנה |
| 069 | Gn45:09 | אבה ותימרון ליה כדן | אמר | ברך יוסף שוי יתי ייי |
| 070 | Ex18:03 | דחד מנהון גרשם ארום | אמר | גיור ותותב הוינא בארעא |
| 071 | Dt17:01M | אלהכון תור ואמר/או | אמר#2#/ | די יהווי ביה מום כל |
| 072 | Ex 2:22 | וקרת ית שמה גרשום ארום | אמר | דייר ותותב אנא בארע |
| 073 | Gn38:11 | דיתרבי שלה ברי ארום | אמר | דלא ימות לחוד הוא כאחוי |
| 074 | Gn42:04 | שלח יעקב עם אחוי ארום | אמר | דלא יערע יתיה סקל: |
| 075 | Ex29:41M | דאמר /<כמנ>חת | אמר#2#/ | דצפרא וכנסכה תקרבון |
| 076 | Nu24:16 | | אמר | דשמע מימר מן קדם ייי וידע |
| 077 | Gn20:16 | ולשרה | אמר | הא יהבית אלף דסלעין ועל |
| 078 | Nu25:12 | בשבועה | אמר | הא אנה יהב לה ית קיימי |
| 079 | Ex 2:14 | עלינן הא מקטל יתי את | אמר | היך מה דקטלת ית מצריה ודחל |
| 080 | Ex18:11 | יתפרע מנהון ייי במימריה | אמר | וטמע ית ארתכיהון בימא |
| 081 | Nu23:19 | במיליהון ברם אלהה | אמר | ועבד גזר ומקיים ופתגמי |
| 082 | Gn40:12 | דחלמא לא הוה יוסף | אמר | ופתר ליה יוסף היך מה דהוה |
| 083 | Nu14:28 | | אמר | חי וקיים אנה במימרי אמר |
| 084 | Gn 3:01 | אלהים ואמר לאיתתא ארום | אמר | ייי לא תאכלון מכל אילני |
| 085 | Gn 3:03 | אילנא די במציעות גנתה | אמר | ייי לא תאכלון מנה ולא |
| 086 | Gn22:16 | ואמר בשם ממריה קיימת | אמר | ייי ארום חלף דעבדת ית |
| 087 | Gn31:16 | אינון ודבנן וכדון מה די | אמר | ייי לך עבד: |
| 088 | Ex 4:22 | ותימר לפרעה כדן | אמר | ייי ברי בוכרי ישראל: |
| 089 | Ex 5:01 | ואהרן ואמרין לפרעה כדן | אמר | ייי אלהה דישראל שלח ית |
| 090 | Ex 6:26 | הוא אהרן ומשה די | <אמר> | ייי להון אפקו ית בנוי |
| 091 | Ex 7:17 | כדן | אמר | ייי בדא תדע ארום אנה ייי |
| 092 | Ex 7:26 | פרעה ותימר ליה כדון | אמר | ייי שלח ית עמא ויפלחון |
| 093 | Ex 8:16 | על נהרא ותימר ליה כדן | אמר | ייי שלח עמי ויפלחון קדמי: |
| 094 | Ex 9:01 | פרעה ותימר ליה כדין | אמר | ייי אלההון דיהו{י}דיי שלח |
| 095 | Ex 9:13 | קדם פרעה ותימר ליה כדין | אמר | ייי אלההון דיהודיי שלח ית |
| 096 | Ex10:03 | פרעה ואמרין ליה כדון | אמר | ייי אלהון דעברייי עד אמת את |
| 097 | Ex11:04 | ואמר משה כדן | אמר | ייי בפלגא דליליא ממ{ת}<ר>י |
| 098 | Ex12:12 | דמצריי אעבד דינין שנין | אמר | ייי: |
| 099 | Ex13:02M | לשמי אינון/הנון כדין | אמר | ייי#2#/: |
| 100 | Ex13:17 | ארום קריבה הוא ארום | אמר | ייי דלא יתבר לבהון דעמא כד |
| 101 | Ex32:27 | ואמר להון כדין | אמר | ייי אלהה דישראל שוון גבר |
| 102 | Lv11:44M | ארום אנה /\במימרי כדין | אמר | ייי#2#/ הוא ייי אלהכון |
| 103 | Lv18:04M | למהלכה בהון /\כדן | אמר | ייי#2#/ אנה ייי אלהכון: |
| 104 | Lv18:05 | בר נשא ויחי בהון כדן | אמר | ייי: |
| 105 | Lv18:06 | למגלייה עריה כדן | אמר | ייי: |
| 106 | Lv18:21 | ולא תפסו ית שמה דאלהכון | אמר | ייי: |
| 107 | Lv18:30 | ולא תסתאבון בהון כדן | אמר | ייי אלהכון: |
| 108 | Lv19:02 | ארום קדיש אנה במימרי כדן | אמר | ייי אלהכון: |
| 109 | Lv19:03 | שבת קדשיי <תטרון> כדן | אמר | ייי אלהכון: |
| 110 | Lv19:04 | לא תעבדון לכון כדן | אמר | ייי אלהכון: |
| 111 | Lv19:10 | תשבקון יתהון כדן | אמר | ייי אלהכון: |
| 112 | Lv19:12 | ית שמא דאלהכון כדן | אמר | ייי: |
| 113 | Lv19:12M | ית שם אלהכון כדין | אמר | ייי אלהכון#2#/: |
| 114 | Lv19:14 | ותדחלון מן אלהכון כדן | אמר | ייי: |
| 115 | Lv19:16M | ידע בה קשיט בדינה כדין | אמר | ייי |
| 116 | Lv19:16 | דאת ידע ליה זכו בדינא | אמר | ייי: |
| 117 | Lv19:18M | לרחמכון דכוותכון כדין | אמר | ייי |
| 118 | Lv19:18M | /דמה#2#/ דחברך /\כדין | אמר | ייי#2#/ ולא תהוון נוקמנין |
| 119 | Lv19:18 | לחברכון כוותכון כדן | אמר | ייי: |
| 120 | Lv19:25 | למוספה לכון פירי עללתה | אמר | ייי אלהכון: |
| 121 | Lv19:28 | וכתב חקיק לא תשוון בכון | אמר | ייי: |
| 122 | Lv19:30 | תהוון מצלין בדחל«ה» | אמר | ייי: |
| 123 | Lv19:31 | לא תצבון למסתאבה בהון | אמר | ייי אלהכון: |
| 124 | Lv19:32 | ותדחלון מן קדם אלהכון | אמר | ייי: |
| 125 | Lv19:34 | הוויתון בארעא דמצרים | אמר | ייי אלהכון: |
| 126 | Lv19:36 | ומתקלין דקשט יהוי לכון | אמר | ייי אלהכון די אפק יתכון |
| 127 | Lv19:37 | דיניי ותעבדון יתהון | אמר | ייי: |
| 128 | Lv20:07M | /קדיש אנה במימרי כדין | אמר | ייי#2#/: |
| 129 | Lv20:26M | ארום קדיש אנה /\כדן | אמר | ייי#2#/ ייי ואפרשית יתכון |
| 130 | Lv21:12 | משח רבותה דאלהה עלוי | אמר | ייי: |
| 131 | Lv22:03 | נפשה ההיא מן קדמוי | אמר | ייי: |
| 132 | Lv22:08 | לא ייכול למסתאבה בה | אמר | ייי: |
| 133 | Lv22:30 | תשיירון מנה עד צפרא כדן | אמר | ייי: |
| 134 | Lv23:22 | תשבקון יתהון כדן | אמר | ייי אלהיכון: |
| 135 | Nu 3:13 | ועד בעירה לשמי יהוון | אמר | ייי: |
| 136 | Nu 3:41 | ותפרש ית ליוויי לשמי | אמר | ייי חלף כל בוכרה דבני |
| 137 | Nu 3:45M | /ליוואי#2#/ אנה/כדן | אמר#2#/ | ייי: |
| 138 | Nu10:10M | אלהכון \אנה ייי /כדן | אמר | ייי#2#/ אלהכון: |
| 139 | Nu10:29 | נטלין אנן לאתרה די | אמר | ייי יתה אתן לכון אזל עמן |
| 140 | Nu14:21M | לעלם ותתמלא איקר /כדן | אמר | ייי ואתמליית יק#2#/ |

| | | | | |
|---|---|---|---|---|
| 141 | Nu14:28 | אמר חי וקיים אנה במימרי | אמר | ייי אין לא היך מה דמללתון |
| 142 | Nu14:40 | הא אנן וניסוק לאתרא די | אמר | ייי ארום חטינן: |
| 143 | Nu15:41M | \אנה ^הוא#2#^ ייי /כדן | אמר | ייי#2#/ אלהכון: |
| 144 | Nu21:16 | להון בירה היא בירא די | אמר | ייי לאהרן ולמשה כנש ית |
| 145 | Nu21:34 | בידהון ומן בתר כדין | אמר | ייי למשה לא תדחל מן קדמוי |
| 146 | Nu26:65 | ארום | אמר | ייי להון ממת ימותון במדברה |
| 147 | Dt 1:01 | ועל עסק עיגלה די עבדתון | אמר | ייי במימרה למישיצי יתכון |
| 148 | Dt 9:25 | לילוותה די צליית ארום | אמר | ייי למשיציה יתכון: |
| 149 | Dt10:01 | בשעתה ההיא | אמר | ייי לי אמר משה חצוב לך |
| 150 | Gn31:49 | וצפיתה די | אמר | יתגלי ייי וידון ביני ובינך |
| 151 | Gn13:14 | וממרה דייי | אמר | לאברם מן דאתפרש לוט |
| 152 | Ex 8:01 | ואמר ייי למשה | אמר | לאהרן ארכן ית ידך בחוטרך |
| 153 | Ex 8:12 | ואמר ייי למשה | אמר | לאהרן <...> ית חו«ס»רך |
| 154 | Nu17:02 | | אמר | לאלעזר בר אהרן כהנה רבה |
| 155 | Lv24:12 | לא שמענן דמשה רבהון | אמר | לא שמעית ואצנעו יתה במטרתה |
| 156 | Lv24:12 | מתין באליין ובאלין | אמר | לא שמעית במסאבין דלא יכלו |
| 157 | Lv24:12M | ובאליין ובאליין | אמר | לא שמעית למלפה דייניה |
| 158 | Lv24:12M | לא שמעין ברם משה רבן | אמר | לא שמע׳ |
| 159 | Nu 9:08M | ובאליין ובאליין | אמר | לא שמעית למלפה דיינייה |
| 160 | Nu 9:08 | לא שמענן דמשה רבן | אמר | לא שמעתה ואמר להון משה |
| 161 | Nu15:34 | משה מתין ובאלין ובאלין | אמר | לא שמעת במסאבין דלא יכלו |
| 162 | Nu15:34M | שמעינן ברם משה רבן | אמר | לא שמעית ואצנע׳ |
| 163 | Nu27:05 | מתין ובאילין ובאילין | אמר | לא שמעית במסאבין דלא יכלו |
| 164 | Nu27:05 | לא שמענן דמשה רבהון | אמר | לא שמעית וקרב משה ית סדר |
| 165 | Gn45:17 | ואמר פרעה ליוסף | אמר | לאחך דא עבדו טענו ית |
| 166 | Ex15:12 | כחדא ואמרין ימא הוה | אמר | לארעא קבלי בניך וארעא הוות |
| 167 | Dt32:01 | קרב לארעא ורחיק מן שמיא | אמר | לארעא אציתו ולשמייא שמעו |
| 168 | Dt32:12 | ייי בממרה | אמר | לבלחודהון ישרון עמא בני |
| 169 | Ex 6:06 | בשבועה | אמר | לבני ישראל אנה ^הוא#2#^ |
| 170 | Gn22:03 | לעלה וקם ואזל לאתרא די | אמר | לה ייי: |
| 171 | Gn21:33 | מה די אכלו ושתו והוה | אמר | להון מן דאמר והוה עלמא |
| 172 | Ex14:13 | דהות אמרה נפול לימא | אמר | להון משה לא תדחלון |
| 173 | Ex14:13 | אמרה נחזור למצרים | אמר | להון משה לא תדחלון ארום |
| 174 | Ex14:14 | לקבליהון ונערבב יתהון | אמר | להון משה לא תדחלון קומן |
| 175 | Ex14:14 | נסדר לקבליהון סדרי קרבא | אמר | להון משה לא תדחלון ייי |
| 176 | Dt 1:42M | ואמר ייי לי | אמור/אמר#2#/ | להון לא תסקון ולא |
| 177 | Gn20:05 | הלא הוא | אמר | לי אחתי היא והיא אמרת אחי |
| 178 | Gn31:29 | לכון ואלה דאבוכון ברמשא | אמר | לי למימר אזדהר לך מן למללה |
| 179 | Ex33:12 | משה קדם ייי חמי די את | אמר | לי אסק ית עמא האיליין ואת |
| 180 | Dt31:02 | ולמיעול וממרה דייי | אמר | לי לא תעבר ית ירדנה הדין: |
| 181 | Gn22:09 | ואתון לאתרה די | אמר | ליה ייי ובנה תמן אברהם ית |
| 182 | Ex10:28M | מליא האלין לכן | אמר | ליה אזדהר למימ׳ דלא מלייא |
| 183 | Ex30:13M | היך דינרא דאשה והיכדין | אמר | ליה כדין יתנון כל דעבר |
| 184 | Gn26:02 | מצרימה שרי בארעא די | אמר | לך: |
| 185 | Lv21:01 | ואמר ייי למשה | אמר | לכהנייא בנוי דאהרן ותמר |
| 186 | Dt17:16 | ליה סוסוון וייי במימריה | אמר | לכון לא תוספון למחזור |
| 187 | Ex16:09 | ואמר משה לאהרן | אמר | לכל כנישתא דבני ישראל |
| 188 | Ex32:14 | מן קדם ייי על בישתא די | אמר | למייתיה על עמא: |
| 189 | Nu10:29 | לך ארום ייי במימריה | אמר | למיתיה טבה ונחמן על |
| 190 | Gn44:04 | ית קרתא לא ארחקו ויוסף | אמר | למן דהוה אפיטרופוס על |
| 191 | Gn43:05 | משלח לא נחות ארום גברא | אמר | לן לא תחמון סבר אפוי ארום |
| 192 | Gn44:18 | דאתינן לוותך הוויית | אמר | לן מן קדם ייי אנה דחיל |
| 193 | Ex 5:16 | מתיהב לעבדך ולבנין את | אמר | לן עבדך עבדו והא עבדיך לקו |
| 194 | Dt32:01 | לשמיא ורחיק מן ארעא | אמר | לשמיא אציתו ולארעא שמעו |

| | | | | | |
|---|---|---|---|---|---|
| 195 | | Gn 3:16 | ולאתתה | אמר | מסגיא אסגיא צעריך ועדוניך |
| 196 | | Ex14:13M | לקבליהון /בימא וחדא | אמר | נסדר לקוב׳#2#/ סדרי קרבה |
| 197 | | Ex24:01 | ולמשה | אמר | סוק תבע אולפן מן קדם ייי |
| 198 | | Gn32:05 | תאמרון לרבוני לעשו כדין | אמר | עבדך יעקב עם לבן אתותבת |
| 199 | | Ex 5:10 | ואמרין לעמא למימר כדין | אמר | פרעה לית אנה יהב לכון תבן: |
| 200 | | Ex15:09 | | אמר | פרעה רשיעא שנאה ובעיל דבבא |
| 201 | | Gn31:08 | אן כדין הוה | אמר | קרחין יהוי אגריך הוות ילדה |
| 202 | | Ex24:14 | ולחכימיא | אמר | ת{ו}<י>בו אמתינו לי הכא |
| 203 | | Lv22:27M | כן זכה ואזדמן לה תמן | אמר | תחותוי לעלתה ותובן תליתיי |
| 204 | אמרה | Ex15:12 | קבלי בניך וארעא הוות | אמרה | לימא קבלי קטולי«ך» לא |
| 205 | | Ex14:13 | אמרה נפל לימא וחדא הוות | אמרה | נחזור למצרים וחדה הוות |
| 206 | | Ex14:13 | יומא הדין וכיתא דהוות | אמרה | נחזור למצרים אמר להון |
| 207 | | Ex14:14 | קרביכון וכיתא דהוות | אמרה | נלוולי לקבליהון ונערבב |
| 208 | | Ex14:13 | סדרי קרבה וחדא הוות | אמרה | נלולי לקבליהון ונערבב |
| 209 | | Ex14:13 | נחזור למצרים וחדה הוות | אמרה | נסדר לקבליהון סדרי קרבה |
| 210 | | Ex14:14 | וכיתא דהוות | אמרה | נסדר לקבליהון סדרי קרבא |
| 211 | | Ex14:13 | ונערבב יתהון כיתא דהות | אמרה | נפול לימא אמר להון משה לא |
| 212 | | Ex14:13 | על ימא דסוף חדא הוות | אמרה | נפל לימא וחדא הוות אמרה |
| 213 | אמרו | Ex12:33 | יתהון מן ארעא ארום | אמרו | אן שהין אנון ישראל הכה |
| 214 | | Gn49:23 | חרשהון דמצראי וחכימיהון | אמרו | בישתא קדם רבונהון ואכלו |
| 215 | | Nu16:34 | להון ערקו לקלהון ארום | אמרו | דלא תבלע יתהון ארעא: |
| 216 | | Gn38:22 | יתה ולחוד עמה דאתרא | אמרו | לית הכא אתה נפקת בר: |
| 217 | | Gn49:23 | | אמרו | לקבליה ולא יכלו ליה כל |
| 218 | | Gn49:23 | יתיה מן כורסיה מלכותא | אמרו | עלוי לשן תליתיי בפליטורין |
| 219 | | Ex14:20M | ברם מלאכי שירותא לא | אמרו | שירתא כל ליליא |
| 220 | אמרי | Gn12:13 | | אמרי | כען לי אח«תי» א׳ |
| 221 | | Gn20:13 | לכל אתר די נעול לתמן | אמרי | כען עלי אחי הוא: |
| 222 | | Ex14:13M | "אמרה ... ונערבב": | אמרי | נלוולי לקובליהון ונערבבה |
| 223 | אמרי׳ | Nu13:31 | אינון מנן: {אזלו עמה | אמרי׳ | לית אנן יכלין מסוק לוות |
| 224 | | Ex 5:16M | \את אמר לן /הנון | אמרי׳ | לך#2#/ עבדך עבדו והא |
| 225 | אמרין | Gn22:14M | ועתידין למקום למהוון | אמרין | |
| 226 | | Nu20:14 | מלכיהון {{דאדמיי}} כדן | אמרין | אחיכון ישראל אתון ידעתון |
| 227 | | Gn49:22 | דמלכייא ושולטנייא | אמרין | אלין לאלין ארום דין הוא |
| 228 | | Ex14:25 | מצריי תושבחתא הדין | אמרין | אלין לאלין נערק מן עמא |
| 229 | | Nu21:15M | אסטמרו אמוראי במערייה | אמרין | אלין לאלין כד יהוון |
| 230 | | Gn22:14 | מבתרה למיהוי | אמרין | בטור מקדשא דייי דקרב |
| 231 | | Gn34:31 | לא יאה הוא דיהוון | אמרין | בכנישתיהון ובמדרשיהון |
| 232 | | Gn34:31 | ברם יאי הוא דיהוון | אמרין | בכנישתיהון דישראל |
| 233 | | Ex15:02 | בממרי והוה לן לפריק | אמרין | בני ישראל דן הוא אלהן |
| 234 | | Ex15:18 | | אמרין | בני ישראל מה יאה הוא לך |
| 235 | | Dt33:02 | דמלאכין קדישין | אמרין | בני ישראל ית כל מה |
| 236 | | Dt33:04 | | אמרין | בני ישראל אוריתה פקד |
| 237 | | Nu23:19 | עובדוי דייי בני אנשא | אמרין | ולא עבדין גזרין ולא |
| 238 | | Nu21:15 | מעריה דנחלי ארנונה | אמרין | כד יהוון בני ישראל עברין |
| 239 | | Dt28:67 | בצפרא תיהוון | אמרין | לווי מן יתן וייתי רמשה |
| 240 | | Nu13:31 | וגבריה די אזלו עמיה | אמרין | לית אנן יכלין מסוק לוות |
| 241 | | Dt28:67 | רמשה וברמשה תהוון | אמרין | מן יתן דייתי צפרא מן פחדא |
| 242 | | Gn37:17 | מן הכא ארום שמעת יתהון | אמרין | ניזיל לדותינה ואזל יוסף |
| 243 | | Ex 5:17 | בטילין בגין כדון אתון | אמרין | ניזיל ונקריב קדם ייי: |
| 244 | | Dt32:03 | עד זמן דאינון דישראל | אמרין | קקק תלתה זמנין מנהון ילף |
| 245 | | Ex21:37M | /תשלומי תורין ארבע׳ | אמרין | תשלומי אמרה#2#/: |
| 246 | אמרית | Gn 4:25M | "שוי ... קין": | אמרית | ארום שוי לי ממריה דייי |
| 247 | | Gn26:09 | היא ואמר לה יצחק ארי | אמרית | דלא אמות מן בגללה: |
| 248 | | Lv17:12 | בגין כדן | אמרית | לבני ישר«אל» כל נפש |

|  |  |  |  |  |  |
|---|---|---|---|---|---|
| 249 | | Nu18:24 | ללוויי אחסנה בגין כדן | אמרית | להון בגו בני ישראל לא |
| 250 | | Gn30:34M | הא \טאבות אלוי/טובא | אמרית | לווי#2#/ יהוי כמליך |
| 251 | | Gn20:11 | ואמר אברהם ארום | אמרית | לחוד לית דחלתה דייי יהיבה |
| 252 | | Gn42:22 | למימר לא תחטון הלא | אמרית | לכון לא תחטון בטלייא ולא |
| 253 | | Gn49:18M | נפשי דאמרת/די | אמרית#2#/ | למיתייה לעמך בית |
| 254 | אמריתון | Dt 1:39M | וטפליכון די | אמרתון/אמריתון#2#/ | לבזה יהוון |
| 255 | אמרת | Gn20:05 | אמר לי אחתי היא והיא | אמרת | אחי הוא בתמימות לבי |
| 256 | | Gn12:19 | למה | אמרת | אחתי היא ונסב' יתה לי לאתה |
| 257 | | Gn26:09 | לחוד הא אתתך היא והיך | אמרת | אחתי היא ואמר לה יצחק ארי |
| 258 | | Gn29:32 | וקראת שמיה ראובן ארום | אמרת | ארום גלי קדם ייי ית צערי |
| 259 | | Dt32:23 | | אמרת | במימרי למייתייה עליהון |
| 260 | | Dt32:26 | | אמרת | בממרי אשיצי יתהון אבטל מן |
| 261 | | Nu11:21 | שרי ביניהון ואת במימרך | אמרת | בשר אתן לכון וייכלון ירח |
| 262 | | Gn16:13 | קיים כל עלמייא ארום | אמרת | הא אף כדון יתגלי עלי |
| 263 | | Ex33:12 | יתי ית מה דתשלח עמי ואת | אמרת | חמי דמניית יתך בשם דרבן |
| 264 | | Gn27:06 | ורבקה | אמרת | ליעקב ברה למימר הא שמעית |
| 265 | | Gn21:16 | רחיק כמרמי בקשתא ארום | אמרת | לא אחמי במותא דטליא ויתבת |
| 266 | | Gn31:31 | ללבן ארום דחלת ארום | אמרת | לא תגזול ית בנתך מן לוותי: |
| 267 | | Nu22:30M | \טלמת באפיהון דגבריה | /אמרת | לג#2# האליין/א#2#/ |
| 268 | | Gn24:44M | ותימר/<ו>תהוי | <אמרת>#2#/ | לי אף/לחוד#2#/ את שתי |
| 269 | | Ex23:13 | ובכל מה די | אמרת | לכון תהוון זהירין ושום |
| 270 | | Dt28:68 | ובאלפייה באורחה די | אמרת | לכון לא תוספון תוב למחמי |
| 271 | | Ex32:12 | תהו קדמך על בישתא די | אמרת | למיתי על עמך: |
| 272 | | Gn44:18 | הא בזמנא קדמאה דאתינא | אמרת | לן מן קדם ייי דחיל וכדו את |
| 273 | | Gn44:18M | בזמנא קדמאה דאתינא | אמרת | לן מן קדם ייי אנא דחיל |
| 274 | | Nu24:11 | וכדון אזל לך לאתרך | אמרת | מוקרא איקר והא מנע ייי יתן |
| 275 | | Gn32:13 | ואת | אמרת | מייטיבה אייטב לך ואשוי ית |
| 276 | | Gn44:18 | מן קדם ייי דחיל וכדו את | אמרת | מן פרעה אנה דחיל דילמא לא |
| 277 | | Gn44:18M | ייי אנא דחיל וכדו את | אמרת | מן קדם פרעה אנה דחיל |
| 278 | | Gn40:12 | דמתילין בסגוליא ודי | אמרת | נסבית ענביה ועצרת יתהון |
| 279 | אמרתון | Nu14:31 | וטפלכון די | אמרתון | לבזה יהוון ואעיל יתהון |
| 280 | | Dt 1:39 | וטפליכון די | אמרתון | לבזה יהוון ובניכון די לא |
| 281 | | Dt 1:01 | דכנען ועל עסק מנה די | אמרתון | נפשן מעיקה בלחמה הדין |
| 282 | אמרתי | Ex33:12M | ... ולחוד": במימרך | אמרתי | חכמית יתך בשם טב ולהוד |
| 283 | אימר | Gn24:14 | ותהוי רביתה די | א«י»מר | לה ארכיני כען קולתיך |
| 284 | | Ex 3:13 | ל{ו}<י> מה שמיה מה | אימר | להון: |
| 285 | יאמר | Ex22:08 | ועל כל {ל}<י>בידא די | יאמר | ארום דן הוא לוו«ת» |
| 286 | | Dt 5:27 | קרב את ושמע ית כל מה די | יאמר | ייי אלהן ואת תמלל עמן ית |
| 287 | | Dt15:16 | ויהווי ארום | יאמר | לך לית אנה נפק לחירותה |
| 288 | יימר | Gn43:07 | מידע הוינן ידעין ארום | יימר | אחיתו ית אחוכון: |
| 289 | יאמרו | Ex 4:01 | ולא ישמעון בקלי ארום | יאמרו | לא אתגלי עלך ייי: |
| 290 | יימרון | Ex32:12 | למה כען | יימרון | מצרים למימר לבשתהון אפק |
| 291 | | Dt 9:28 | דלא | יימרון | דיירי דארעא די אפקת יתן |
| 292 | | Dt21:08 | כהנייא | יימרון | כפר לעמך ישראל די פרקת |
| 293 | | Dt17:11 | יתכון ועל סדר דינה די | יימרון | לכון תעבדון לא תסטון מן |
| 294 | יאמרון | Nu21:27 | בגין כדין | יאמרון | מתולי מתלייה עלו לחשבון |
| 295 | ייאמרון | Dt32:27 | בעלי דבביהון ודי לא | ייאמרון | שנאיהון בעלי דבביהון |
| 296 | ימר | Ex21:05 | ואם מימר | ימר | עבדא רחמית ית רבני ית אתתי |
| 297 | נאמר | Gn44:16 | ואמר יהודה מה | נאמר | לרבוני מה נמליל ומה נזדכי |
| 298 | תאמ' | Nu11:18M | ולוות עמא | תאמ' | תתקדשון |
| 299 | תאמר | Nu11:18 | ולעמא | תאמר | אתקדשו למחר ותיכלון בשר |
| 300 | | Ex 3:14 | אהיה אשר אהיה ואמר כדין | תאמר | לבני ישראל מן דאמר והוה |
| 301 | | Ex 3:15 | ואמר תוב ייי למשה כדין | תאמר | לבני ישראל ייי אלהה |
| 302 | | Nu11:12 | או אנה אולדת יתהון ארום | תאמר | לי טען יתהון בעב{ר}<ך> היך |
| 303 | | Nu22:17 | יתך לחדא וכל מה די | תאמר | לי אעבד ואתה כען לווט לי |
| 304 | תאמרון | Dt 9:04 | לא | תאמרון | בלבביכון בזמנה די ישיצי |
| 305 | | Dt18:21 | וארום | תאמרון | במחשבת לבבכון אכדן נדע |
| 306 | | Gn34:11 | וחסד באפיכון וית מה די | תאמרון | לי אתן: |
| 307 | | Gn34:12 | וכתובה ואתן היך מה די | תאמרון | לי ואסבו לי ית רביתה |
| 308 | | Gn32:05 | {יתהון} למימר כדן | תאמרון | לרבוני לעשו כדן אמר עבדך |
| 309 | | Lv25:20 | וארום | תאמרון | מה נאכל בשתה שביעיתה הא |
| 310 | תימ' | Ex 3:14M | ליה הוי והווי ואמ' כדן | תימ' | לבני ישראל אהיה שלח |
| 311 | תימר | Lv17:08 | ולהון | תימר | גבר גבר מן דבית ישראל ומן |
| 312 | | Lv20:02 | ולבני ישראל | תימר | גבר גבר מן בני ישראל ומן |
| 313 | | Ex20:22 | ואמר ייי למשה כדן | תימר | לבני ישראל אתון חמיתון |
| 314 | | Ex19:03 | דייי מן טורא למימר כדין | תימר | לדבית יעקב ותתני לשבטא |
| 315 | | Nu22:17M | לחדא וכל מה די | תאמר/תימר#2#/ | לי אעבד ואתה כען |
| 316 | תימר' | Gn34:11M | מה די תאמרון /ודי | תימר'#2#/ | לי אתן: |
| 317 | תימרון | Ex23:01M | <זכו> לחברה בדינ' ולא | תימרון | בלבביכון בתר סוגי דינ' |
| 318 | | Ex23:02 | לחבריה בדינא «לא» | {ו}תימרון | בלבביכון בתר סוגיא דינא |
| 319 | | Dt 7:17 | ארום | תימרון | בלבביכון סגין אינון |
| 320 | | Gn50:17 | כדן | תימרון | ליוסף בבעו שרי כען ושבוק |
| 321 | מימר | Ex21:05 | ואם | מימר | ימר עבדא רחמית ית רבני ית |
| 322 | דא' | Gn22:14M | קדמיא דאמרת /בשעתא | דא'#2#/ | לי למקרבא/קרב#2#/ ית |
| 323 | דאמ' | Nu23:02M | ועבד בלק היך מה | דמלל/דאמ'#2#/ | בלעם וקרב בלק |
| 324 | | Gn21:01 | טיביא ית שרה היך מה | דאמ' | ועבד ייי ניסין לשרה |
| 325 | | Ex 3:14M | מימרה דייי למשה דן | דאמ' | לעלמ' הוי והווה ועתיד |
| 326 | דאמר | Nu23:30 | ועבד בלק היך מה | דאמר | בלעם וקרב תור ודכר על כל |
| 327 | | Gn41:54 | שבע שני כפנא למיתי כמה | דאמר | יוסף והוה כפנא בכל ארעתא |
| 328 | | Gn43:17 | ועבד גברא היך מה | דאמר | יוסף ואעל גברא ית גבריא |
| 329 | | Ex18:24 | לקלה דחמוי ועבד כל מה | דאמר: | |
| 330 | | Lv 7:23M | לא תיכלון /דתורא{י} | דאמר | ודעז לא תאכלון#2#/: |
| 331 | | Gn21:33 | ושתו והוה אמר להון מן | דאמר | והוה עלמא אתון אכלין ולא |
| 332 | | Ex 3:14 | תאמר לבני ישראל מן | דאמר | והוה עלמא מן שרויא ועתיד |
| 333 | | Dt 4:10 | בטורא דחורב בזמנה | דאמר | ייי לי אמר משה כנש לי ית |
| 334 | | Ex12:42 | דישראל למקימא מה | דאמר | כתבא בני בוכרי אינון |
| 335 | | Ex12:42 | תשעין שנין למקימה מה | דאמר | כתבא הא אברם בר מאה שנין |
| 336 | | Gn32:10 | ואלהה דיצחק אבה ייי | דאמר | לי חזור לארעך ולתולדותך |
| 337 | | Ex17:10 | ועבד יהושע היך מה | דאמר | ליה משה רביה למסדרא סדרי |
| 338 | | Gn22:02 | תמן לעלה על חד טוריה | דאמר | לך: |
| 339 | | Ex 8:23 | קדם ייי אלה{ו}ן היך מה | דאמר | לן: |
| 340 | דאמריתון | Gn43:27 | שלם הוא אבוכון סבא | דאמריתון | הא עד כען הוא בחיין: |
| 341 | דאמרת | Ex32:13 | שמיא וכל ארעא הדא | דאמרת | אתן לבניכון ויחסנון יתה |
| 342 | | Gn22:14 | בלבי פלגו בזמנא קדמיא | דאמרת | לי למקרבא ית יצחק ברי |
| 343 | | Gn49:18 | לפורקניה סכיינת נפשי | דאמרת | למיתייה לעמך בית ישראל |
| 344 | דאמרתון | Dt 1:01M | דישראל ובגין מנתה | דאמרתון | דנפ' |
| 345 | | Gn43:29 | הוא אחוכון זעירא | דאמרתון | לי ואמר מן קדם ייי יהוי |
| 346 | דאמור | Dt33:09M | | דאמיר/<דא>מור#2#/ | על שבטה דלוי |
| 347 | דאמיר | Dt33:09 | | דאמיר | על שבטה דלוי לאבוי |
| 348 | דיימר | Ex14:03M | עתיד | דיימר | פרעה לדתן ואבירם |
| 349 | | Gn41:55 | אזלו לוות יוסף מה | דיימר | לכון תעבדון: |
| 350 | דתימר | Gn21:12 | טליה ועל אמתך כל מה | דתימר | לך שרה שמע בקלה ארום |
| 351 | ואמ' | Dt 5:31M | וכדו הכא קו' עמ' | ואמ' | |
| 352 | | Lv 9:06 | | ואמ' | משה דן פתגמה די פקד ייי |
| 353 | | Nu12:13 | וצלי משה קדם ייי | ואמ' | בבעו ברחמין מן קדמיך ייי |
| 354 | | Gn31:11M | הא אנא /ענה יעקוב | ואמ' | בלשון קודשא ואמר הנני#2# |
| 355 | | Gn35:09M | יתיה וכן כתבא מפר' | ואמ' | דאיתגלי ועוד אלפתא יתן |
| 356 | | Gn27:01M | \ואמר ליה /עשו ענה | ואמ'#2#/ | הא אנה: |

|  |  |  |  |  |  |
|---|---|---|---|---|---|
| 357 | | Gn22:11M | בלשן בית קדשא | ואמ׳#2#/ | הנני: |
| 358 | | Ex 3:04M | בלשון בית קודשא | ואמר/ואמ׳#2#/ | הנני: |
| 359 | | Nu20:29M | וקטמה בראשה והווה בכי | ואמ׳ | ווי לי עליך אהרן אחי |
| 360 | | Nu 7:69 | שנין דכר חד בר תרתין | ואמ׳ | חד בר שתה תלתיהון קרב |
| 361 | | Gn 1:14 | | ואמ׳ | ייי יהוון נהורין ברקיעא |
| 362 | | Gn 4:06 | | ואמ׳ | ייי לקין למה כען בעש לך |
| 363 | | Gn 9:08 | | ואמ׳ | ייי לנח ולבנוהי עמה |
| 364 | | Nu14:11 | | ואמ׳ | ייי למשה עד אמתי ירגזון |
| 365 | | Ex 3:14M | למימ׳ ליה הוי והווי | ואמ׳ | כדן תימ׳ לבני ישראל |
| 366 | | Ex24:03M | /כחדא בלבא שלמא | ואמ׳#2#/ | כל פתגמיא די מליל ייי |
| 367 | | Nu15:34 | לא שמענן דמשה רבן | ואמ׳ | לא שמעת ואצנעו יתה במטרה |
| 368 | | Gn21:33M | עני אבונן אברהם | ואמ׳ | להון צלון קדם אבוכון |
| 369 | | Gn35:09M | יתהון ממריה דייי | ואמ׳ | להון מימריה דייי תקופו |
| 370 | | Ex 3:13M | שלח יתי לוותכון | ויאמרו/ואמ׳#2#/ | ל{ו}<י> מה שמיה מה |
| 371 | | Gn20:09 | וקרא אבימלך לאברהם | ואמ׳ | ליה מה עבדת לנא ומה חטאנא |
| 372 | | Gn47:10M | "ונפק ... פרעה": | ואמ׳ | ליה יהא רעווא מן קדם ייי |
| 373 | | Nu21:01M | ואתגנזת באירה עני | ואמ׳ | לעמא עבדי קרבה אתון |
| 374 | | Ex10:21M | ייי ארכן ידך לשמיא | /ואמ׳ | מימרי׳ דייי ארעם ידך על |
| 375 | | Gn 1:11 | | ואמ׳ | ממרא דייי תפק ארעא דתין |
| 376 | | Gn21:07M | אברהם מן שרוייה | ואמ׳ | עתידה היא למיינקה בנין |
| 377 | | Nu11:28 | דמשה מן רוביותיה | ואמ׳ | ריבוני משה מנע מנהון רוח |
| 378 | ואמר | Gn46:02 | ואמר יעקב יעקב | ואמר: | |
| 379 | | Gn20:10 | | ואמר | אבימלך לאברהם מה חמית |
| 380 | | Gn20:15 | | ואמר | אבימלך הא ארעי קדמיך מה |
| 381 | | Gn21:22 | והוה בשעתא ההיא | ואמר | אבימלך ופיכל רב חילוותיה |
| 382 | | Gn21:26 | | ואמר | אבימלך לא ידעית מן עבד ית |
| 383 | | Gn21:29 | | ואמר | אבימלך לאברהם מה אינון |
| 384 | | Gn26:10 | | ואמר | אבימלך מה היא דא דעבדית |
| 385 | | Gn26:16 | | ואמר | אבימלך ליצחק אזל מן |
| 386 | | Gn13:08 | | ואמר | אבר׳ ללוט לא כען יהוון |
| 387 | | Gn17:18 | | ואמר | אברהם קדם ייי אלווי |
| 388 | | Gn20:02 | | ואמר | אברהם על עסק שרה אתתיה |
| 389 | | Gn20:11 | | ואמר | אברהם ארום אמרית לחוד לית |
| 390 | | Gn21:24 | | ואמר | אברהם הא אנא אשתבע ואקיים |
| 391 | | Gn22:05 | | <ואמר> | אברהם לעולימוי תבו לכון |
| 392 | | Gn22:08 | | ואמר | אברהם מן קדם ייי אזדמן לה |
| 393 | | Gn22:11 | ליה מלאכא דייי מן שמיא | ואמר | אברהם אברהם ואמר הנני: |
| 394 | | Gn24:02 | | ואמר | אברהם לעבדיה סבא דביתיה |
| 395 | | Gn14:22 | | ואמר | אברם למלכא דסדם הא זקפי׳ |
| 396 | | Gn15:02 | | ואמר | אברם בבעו ברחמין מן קדמך |
| 397 | | Gn15:03 | | ואמר | אברם הא לי לא יהבת בנין |
| 398 | | Gn16:06 | | ואמר | אברם לשרי הא אמתיך בידך |
| 399 | | Ex32:22 | | ואמר | אהרן למשה לא יתקף רוגזא |
| 400 | | Nu12:11 | | ואמר | אהרן למשה בבעו מנך רבוני |
| 401 | | Nu11:27 | טל«י»ה ותני למשה | ואמר | אלדד ומדד מתנבאין |
| 402 | | Nu31:21 | | ואמר | אלעזר כהנא לעמא עבדי קרבא |
| 403 | | Nu22:10 | | ואמר | בלעם קדם ייי בלק בר |
| 404 | | Nu22:29 | | ואמר | בלעם לאתנתה ארום שקרת בי |
| 405 | | Nu22:34 | | ואמר | בלעם למלאכה דייי חטאת |
| 406 | | Nu22:38 | | ואמר | בלעם לבלק הא אתית לוותך |
| 407 | | Nu23:01 | | ואמר | בלעם לבלק בנה לי הכה |
| 408 | | Nu23:03 | | ואמר | בלעם לבלק אתעתד על עלתך |
| 409 | | Nu23:29 | | ואמר | בלעם לבלק בנה לי הכה |
| 410 | | Nu24:12 | | ואמר | בלעם לבלק הלא להוד |
| 411 | | Nu22:37 | | ואמר | בלק לבלעם הלא משלח{ת}<ה> |
| 412 | | Nu23:11 | | ואמר | בלק לבלעם מה עבדת לי |
| 413 | | Nu23:25 | | ואמר | בלק לבלעם ל<ה>וד מלוט לא |
| 414 | | Nu23:27 | | ואמר | בלק לבלעם אתה כען אדבר |
| 415 | | Nu24:10 | על בלעם וספח בכף ידוי | ואמר | בלק לבלעם למלוט |
| 416 | | Dt33:22 | ברך משה נבייא דייי | ואמר | דן מדמי לגור בר אריוון |
| 417 | | Gn16:08 | | ואמר | הגר אמתא דשרי מנן את |
| 418 | | Gn43:07 | על פום פתגמיא האליין | ואמר | יהוד׳ הא מידע הוינן ידעין |
| 419 | | Gn37:26 | | ואמר | יהודה לאחוי מה ממון אנן |
| 420 | | Gn38:08 | | ואמר | יהודה לאונן עול לוות |
| 421 | | Gn38:11 | | ואמר | יהודה לתמר כלתיה תבי |
| 422 | | Gn38:23 | | ואמר | יהודה תסב לה דלא נהווי |
| 423 | | Gn38:24 | הא היא מעברה בגין דזנו | ואמר | יהודה אפיקו יתה ותתוקד: |
| 424 | | Gn43:08 | | ואמר | יהודה לישראל אבוי שלח |
| 425 | | Gn44:16 | | ואמר | יהודה מה נאמר לרבוני מה |
| 426 | | Gn41:25 | | ואמר | יוסף לפרעה חלמא |
| 427 | | Gn45:03 | | ואמר | יוסף לאחוי אנה יוסף העד |
| 428 | | Gn45:04 | | ואמר | יוסף לאחוי קרבו כען לוותי |
| 429 | | Gn46:31 | | ואמר | יוסף לאחוי ולאנשי בייתיה |
| 430 | | Gn47:16 | | ואמר | יוסף אייתון בעירכון ואתן |
| 431 | | Gn47:23 | | ואמר~ | יוסף לעמא הא זבנית יתכון |
| 432 | | Gn48:09 | | ואמר | יוסף לאבוי בני אנון די |
| 433 | | Gn48:18 | | ואמר | יוסף לאבוי לא כדן אבה |
| 434 | | Gn50:24 | | ואמר | יוסף לאחוי הא אנא מית |
| 435 | | Gn25:31 | | ואמר | יעקב זבן כען ית בכורותך |
| 436 | | Gn25:33 | | ואמר | יעקב אשתבע לי כיומא הדין |
| 437 | | Gn27:11 | | ואמר | יעקב לרבקה אמיה הא עשו |
| 438 | | Gn27:19 | | ואמר | יעקב לאביו אנה עשו בכורך |
| 439 | | Gn29:21 | | ואמר | יעקב ללבן הב לי ית אתתי |
| 440 | | Gn30:25 | כד ילדת רחל ית יוסף | ואמר | יעקב ללבן שלח יתי כען |
| 441 | | Gn30:31 | ואמר מה אתן לך | ואמר | יעקב לא תעבד לי כלום מדעם |
| 442 | | Gn31:46 | | ואמר | יעקב לאחוהי כנש{י}<ו> |
| 443 | | Gn32:03 | | ואמר | יעקב כד חמה יתהון דלמא |
| 444 | | Gn32:10 | | ואמר | יעקב אלהה דאברהם אבה |
| 445 | | Gn32:28 | ליה מה שמך ^הוא#2#^ | ואמר | יעקב: |
| 446 | | Gn33:10 | | ואמר | יעקב לא כען אן כען אשכחית |
| 447 | | Gn34:30 | | ואמר | יעקב לשמעון וללוי |
| 448 | | Gn35:02 | | ואמר | יעקב לאנשי ביתיה ולכל מן |
| 449 | | Gn42:01 | עיבור מזדבן במצרים | ואמר | יעקב לבנוי למה כען תתחמון |
| 450 | | Gn46:02 | לישראל בחזוה די ליליא | ואמר | יעקב יעקב ואמר: |
| 451 | | Gn47:09 | | ואמר | יעקב לפרעה יומי שני |
| 452 | | Gn48:03 | | ואמר | יעקב ליוסף אלה שמיא |
| 453 | | Gn22:07 | | ואמר | יצחק לאברהם אבוהי ואמר |
| 454 | | Gn27:20 | | ואמר | יצחק לברה מה כען אוחת |
| 455 | | Gn27:21 | | ואמר | יצחק ליעקב קרב כען ואמשש |
| 456 | | Gn37:13 | | ואמר | ישראל ליוסף הלא אחיך |
| 457 | | Gn43:06 | | ואמר | ישראל למה אבישתון לי |
| 458 | | Gn45:28 | | ואמר | ישראל סגי טבין ונחמן |
| 459 | | Gn46:30 | | ואמר | ישראל ליוסף אולי אנה מית |
| 460 | | Gn48:11 | | <ואמר> | ישראל ליוסף סבר אפיך לא |
| 461 | | Gn48:21 | | ואמר | ישראל ליוסף הא אנה מיית |
| 462 | | Ex 4:18 | העד כען אינון בחיין | ואמר | יתרו למשה אזל בשלם: |
| 463 | | Ex18:10 | | ואמר | יתרו בריך ייי די שיזב |
| 464 | | Gn29:15 | | ואמר | לבן ליעקב הא אחי את לית |

|  |  | | | |
|---|---|---|---|---|
| 465 | Gn29:19 | | ואמר | לבן תקן מסבה יתה לך מן |
| 466 | Gn29:26 | | ואמר | לבן לא כשר למעבד כדן |
| 467 | Gn30:34 | | ואמר | לבן הא טאבות אלוי יהוי |
| 468 | Gn31:26 | | ואמר | לבן ליעקב מה עבדת וגנבת |
| 469 | Gn31:48 | | ואמר | לבן איגרא הדן סהד ביני |
| 470 | Gn31:51 | | ואמר | לבן ליעקב הא איגרא הדין |
| 471 | Gn19:18 | | ואמר | לוט להון אמתינו כען קליל |
| 472 | Gn 4:23 | | ואמר | למך לתרתין נשוהי עדה |
| 473 | Ex 3:03 | | ואמר | משה אסטי כען ואחמי ית |
| 474 | Ex 3:11 | | ואמר | משה קדם ייי מן אנה ארום |
| 475 | Ex 3:13 | | ואמר | <משה> קדם ייי הא אנה אזל |
| 476 | Ex 4:10 | | ואמר | משה קדם ייי בבעו ברחמין |
| 477 | Ex 6:30 | | ואמר | משה קדם ייי ^הא#2^ אנה |
| 478 | Ex 8:05 | | ואמר | משה לפרעה הב לי סימן |
| 479 | Ex 8:22 | | ואמר | משה לא תקן למעבד כדן ארום |
| 480 | Ex 8:25 | | ואמר | משה הא אנא נפק מן לוותך |
| 481 | Ex10:09 | | ואמר | משה בעולמינן ובסבינן ניזל |
| 482 | Ex10:25 | | ואמר | משה לחוד את תתן בידן |
| 483 | Ex10:29 | | ואמר | משה ליה יאות וקושטא מללת |
| 484 | Ex10:29 | מן בכוריה דפרעה ישרי: | ואמר | משה לפרעה יאות |
| 485 | Ex11:04 | | ואמר | משה כדן אמר ייי בפלגא |
| 486 | Ex13:03 | | ואמר | משה לעמא הוון דכירין יומא |
| 487 | Ex16:06 | | ואמר | משה ואהרן לכל בני ישראל |
| 488 | Ex16:08 | | ואמר | משה כד יתן ייי לכון ברמשא |
| 489 | Ex16:09 | | ואמר | משה לאהרן אמר לכל כנישתא |
| 490 | Ex16:15 | ארום לא הון ידעין משה | ואמר | משה להון הוא לחמא די יהב |
| 491 | Ex16:19 | | ואמר | משה להון גבר לא ישייר מנה |
| 492 | Ex16:23 | ואמר | {ואמר} | משה הוא פתגמא די מלל ייי |
| 493 | Ex16:25 | | ואמר | משה אכלו יתיה יומא דין |
| 494 | Ex16:32 | | ואמר | משה דן פתגמא די פקד ייי |
| 495 | Ex16:33 | | ואמר | משה לאהרן סב צלוחי חדא |
| 496 | Ex17:09 | | ואמר | משה ליהושע בחר לן גברין |
| 497 | Ex18:15 | | ואמר | משה לחמוי ארום אתון לוותי |
| 498 | Ex20:20 | | ואמר | משה לעמא לא תדחלון ארום |
| 499 | Ex32:21 | | ואמר | משה לאהרן מה עבד לך עמא |
| 500 | Ex32:29 | | ואמר | משה אשלימו קרב{ו}<י> |
| 501 | Ex32:30 | והוה מן יומא דבתרה | ואמר | משה לעמא אתון חטיתון |
| 502 | Ex33:12 | | ואמר | משה קדם ייי חמי די את אמר |
| 503 | Ex35:04 | | ואמר | משה לכל כנישתא דבני |
| 504 | Ex35:30 | | ואמר | משה לבני ישראל חמו דמני |
| 505 | Lv 8:05 | | ואמר | משה לעם כנשתה דן פתגמא די |
| 506 | Lv 8:31 | | ואמר | משה לאהרן ולבנוי בשלו ית |
| 507 | Lv 9:07 | | ואמר | משה לאהרן קרב על גבי |
| 508 | Lv10:03 | | ואמר | משה לאהרן הוא פתגמא די |
| 509 | Lv10:06 | | ואמר | משה לאהרן ולאלעזר |
| 510 | Nu10:29 | | ואמר | משה לחובב בר רעואל |
| 511 | Nu11:11 | | ואמר | משה קדם ייי למה כען אבאשת |
| 512 | Nu11:21 | | ואמר | משה אשתין רבוון רגליין |
| 513 | Nu14:13 | | ואמר | משה קדם ייי וישמעון מצריי |
| 514 | Nu14:41 | | ואמר | משה למה כען אתון מעברין |
| 515 | Nu16:08 | | ואמר | משה {לכון} <לקרח> שמעו |
| 516 | Nu16:16 | | ואמר | משה לקרח את וכל עם |
| 517 | Nu16:28 | | ואמר | משה בדא תדעון ארום מן קדם |
| 518 | Nu25:05 | | ואמר | משה לדיניה דישראל |
| 519 | Nu30:01 | | ואמר | משה לבני ישראל כל מה די |
| 520 | Nu32:06 | | ואמר | משה לבנוי דגד ולבנוי |
| 521 | Dt33:23 | ברך משה נבייא דייי | ואמר | נפתלי שביע רעווה ומלי |
| 522 | Gn25:30 | | ואמר | עשו ליעקב איכל יתי כען |
| 523 | Gn25:32 | | ואמר | עשו הא אנה אזל לממת ולמה |
| 524 | Gn27:38 | | ואמר | עשו לאבוהי הא ברכה חדא |
| 525 | Gn27:41 | ברכתא די ברך יתה אבוי | ואמר | עשו בלבא לית אנא עבד |
| 526 | Gn33:09 | | ואמר | עשו אית לי סגין אחי |
| 527 | Gn33:15 | | ואמר | עשו אשבוק כען עמך מן עמא |
| 528 | Gn 4:08 | | ואמר | קין להבל אחוי איתה ונפק |
| 529 | Gn 4:13 | | ואמר | קין קדם ייי סגין אינון |
| 530 | Gn42:37 | | ואמר | ראובן לאבוי למימר ית תרין |
| 531 | Gn34:04 | | ואמר | שכם לחמור אבוי למימר אסב |
| 532 | Gn34:11 | | ואמר | שכם לאבוה ולאחיה אשכח חן |
| 533 | Gn16:02 | | ואמר | שרי לאברהם הא כען מנע |
| 534 | Gn22:07 | יצחק לאברהם אבוהי | ואמר | אבא ואמר הנני ברי ואמר הא |
| 535 | Gn27:18 | ואתא לוות אבוי | ואמר | אבא ואמר הנני מה את ברי: |
| 536 | Gn44:25 | | ואמר | אבה חזרו זבנ{ן}<ו> לן קליל |
| 537 | Gn47:01 | יוסף ותני לפרע«ה» | ואמר | אבה ואחיי ועניהון ותוריהון |
| 538 | Gn 2:23 | | ואמר | אדם הדא זמנא ולא עוד תתברא |
| 539 | Gn 3:12 | | ואמר | אדם אתתה די שוית עמי היא |
| 540 | Dt32:20 | | ואמר | אהפוך אפי רעותי מנהון אחמי |
| 541 | Gn18:06 | ואזיל למשכנא לות שרה | ואמר | אוחי וסבי תלת סאין קמח |
| 542 | Ex10:24 | וקרא פרעה למשה ולאהרן | ואמר | אזילו פלחו קדם ייי לחוד |
| 543 | Ex 8:21 | פרע' למשה ולאהרן | ואמר | אזילו קרבו קדם ייי אלהכון |
| 544 | Gn24:55 | | ואמר | אחוה ואמה תשרי רביתי עמן |
| 545 | Ex15:26 | | ואמר | אין משמע תשמעו' בקל ממריה |
| 546 | Ex34:09 | | ואמר | אין כען אשכחת חן וחסד |
| 547 | Ex33:14 | | ואמר | איקר שכינתי מדברה ביניכון |
| 548 | Dt32:46 | | ואמר | {א}להון שוון לבביכון לכל |
| 549 | Nu24:23 | ונטל במתל נבותה | ואמר | אלוויי מן ייחי ביומיא |
| 550 | Nu24:03 | ונטל במתל נבותה | ואמר | אמר בלעם בנוי דפעור אמר |
| 551 | Nu24:15 | ונטל במתל נבותיה | ואמר | אמר בלעם ברה בעור אמר |
| 552 | Gn32:09 | | ואמר | אן ייתי עשו לחדא משריתא |
| 553 | Gn14:23M | לך ולא תהווי מתרברב | ואמר | אנה#2/ עתרית ית אברם: |
| 554 | Gn26:24 | עלוי ייי בליליא ההוא | ואמר | <אנה> הוא אלה' דאברהם |
| 555 | Gn27:24 | ואמר את הוא דן ברי עשו | ואמר | אנה: |
| 556 | Gn27:32 | לה יצחק אבוי מן את | ואמר | אנה ברך בוכרא עשיו: |
| 557 | Gn28:13 | והא ייי קיים עלוי | ואמר | אנה ייי אלהה דאברהם אבוך |
| 558 | Gn45:04 | קרבו כען לוותי וקרבו | ואמר | אנה יוסף אחוכון די זבנתון |
| 559 | Gn46:03 | | ואמר | אנה הוא אלהיה דאבוך לא |
| 560 | Ex 3:06 | | ואמר | אנה הוא אלהה דאבוך אלהה |
| 561 | Gn15:05 | ואפק יתיה לברה | ואמר | אסתכל כען לשמיא ומנה ית |
| 562 | Gn29:18 | ורחם יעקב ית רחל | ואמר | אפלח קדמך שבע שנין ברחל |
| 563 | Gn45:01 | דהוה קיים עלוי ואכרז | ואמר | אפקו כל גבר מעלווי ולא קם |
| 564 | Dt32:01 | משה נבייא דייי ואזרז | ואמר | אציתו שמיה ואמלל ותשמע |
| 565 | Gn27:25 | | ואמר | אקרב לי ואכל מן ציידה דברי |
| 566 | Gn 1:29 | | ואמר | אקריה דייי הא יהבית לכון |
| 567 | Gn21:30 | | ואמר | ארום ית שבעתי אמרתא תסב מן |
| 568 | Gn26:22 | עליה וקרא שמה רחובות | ואמר | ארום כען אפתי ייי לן |
| 569 | Gn27:20 | מה כען אוחת למשכחי ברי | ואמר | ארום זמן ייי אלהך קדמוי: |
| 570 | Gn37:35 | יתיה וסרב למתנחמה | ואמר | ארום אחות על ברי לשאולה |
| 571 | Ex 3:12 | | ואמר | ארום אהויי ממרי עמך ודן |
| 572 | Gn24:17 | ורהט עבדא לקדמותה | ואמר | אשקיין יתי כען מן קלתיך: |

|  |  |  |  |  |
|---|---|---|---|---|
| 573 | Gn47:31 | | ואמר | אשתבע לי ואשתבע ליה ואודי |
| 574 | Gn19:17 | והוה כד אפקו יתהון לברא | ואמר | אשתיזב על נפשך לא תסתכל |
| 575 | Gn27:24 | | ואמר | את הוא דן ברי עשו ואמר |
| 576 | Gn27:35 | | ואמר | אתא אחוך בסוגי חכמתא ונסב |
| 577 | Dt31:23 | ופקד ית יהושע בר נון | ואמר | אתוקף וא«ז»דרז ארום את |
| 578 | Gn 3:18 | עשבא דבאפי ברא עני אדם | ואמר | בבעו ברחמין מן קדמך ייי לא |
| 579 | Gn18:03 | | ואמר | בבעו מן קדמך ייי אן כען |
| 580 | Gn19:02 | | ואמר | בבעו מנכון רבוניי מטון כען |
| 581 | Gn20:04 | ואבימלך לא קרב לוותה | ואמר | בבעו ברחמין מן קדמך ייי |
| 582 | Gn22:14 | וצלי בשם ממריה דייי | ואמר | בבעו ברחמין מן קדמיך ייי |
| 583 | Gn38:25 | מיד קם יהודה על רגלוי | ואמר | בבעו מנכון אחיי |
| 584 | Gn44:18M | "ואמר בבעו ...": | ואמר | בבעו רבנן הא בזמנא |
| 585 | Gn44:18 | בלישנא נהם כאריה | ואמר | בבעו מינך רבוני ימלל כען |
| 586 | Ex 4:13 | | ואמר | בבעו ברחמין מן קדמיך ייי |
| 587 | Ex 5:22 | וחזר משה קדם ייי | ואמר | בבעו ברחמין מן קדמי«ך» |
| 588 | Ex32:31 | | ואמר | בבעו חסון עמא האליין חובין |
| 589 | Ex 2:18 | לוות רעואל אבוהון | ואמר | {בגלל מן} <מן בגלל> מה |
| 590 | Ex 5:17 | | ואמר | בטילין אתון בטילין בגין |
| 591 | Gn17:17 | אברהם על אפוי ותמה | ואמר | בליביה הא בר מאה שנין אפשר |
| 592 | Gn29:31 | ארום שניא הוות לאה | ואמר | במימר«י»ה למיתן לי בנין |
| 593 | Gn30:22 | ייי ית קל צלותה דרחל | ואמר | במימריה למיתן לה בנין: |
| 594 | Dt33:27 | מן קדמיכון | ואמר | במימריה למישיציה יתהון: |
| 595 | Ex 2:25 | שעבודהון דבני ישראל | ואמר | בממריה למפרוק יתהון: |
| 596 | Nu32:25M | | ואמרין/ואמר#2#/ | בנוי דגד ובנוי |
| 597 | Lv 9:03 | בר עיזין לחטאתה ועגל | ואמר | בני שת{י}הון שלמים מן מר' |
| 598 | Gn49:02 | אלהן ייי חד ענה יעקב | ואמר | ברוך שמיה כבודיה דמלכותיה |
| 599 | Gn 9:26 | | ואמר | בריך הוא ייי אלהא דשם |
| 600 | Gn14:19 | ובריך יתיה | ואמר | בריך הוא אברם קדם אלהא |
| 601 | Gn24:27 | | ואמר | בריך הוא ייי אלהא דריבוני |
| 602 | Dt33:20 | ברך משה נביא דייי | ואמר | בריך מן דאפתי תחומה דגד |
| 603 | Dt33:24 | ברך משה נבייא דייי | ואמר | בריך מן בניא יהווי מרעיה |
| 604 | Gn24:23 | | ואמר | ברת מן את תניין כען לי |
| 605 | Dt 1:34 | קל מליכון ותקף רוגזיה | ואמר | בשבועה למימר: |
| 606 | Gn22:16 | | ואמר | בשם ממריה קיימת אמר ייי |
| 607 | Gn37:17 | | ואמר | גברא נטלו מן הכא ארום שמעת |
| 608 | Gn22:02 | | ואמר | דבר כען ית ברך ית יחידך די |
| 609 | Gn48:09 | אנון די יהב לי ייי הכא | ואמר | דבר כען יתהון לוותי ואברך |
| 610 | Dt17:01 | קדם ייי אלהכון תור | ואמר | די יהווי ביה מום כל מילה |
| 611 | Gn44:19 | כל פלטין ענה יהודה | ואמר | דלמה דהא גבורתנא מן |
| 612 | Gn40:18 | וענה יוסף | ואמר | דן פתרונה דחלמא תלתי סליה |
| 613 | Gn44:19M | חשב יהודה בליביה | ואמר | דן חייליה |
| 614 | Gn18:09 | ליה אן היא שרה אתתך | ואמר | הא היא במשכנא: |
| 615 | Gn18:23 | וקרב אברהם | ואמר | הא ברגז את משיצייא זכייא |
| 616 | Gn18:27 | וענה אברהם | ואמר | הא כען שריית למלל«א» קדם |
| 617 | Gn18:31 | | ואמר | הא כען שרית למללה קדם ייי |
| 618 | Gn22:07 | ואמר אבא ואמר הנני ברי | ואמר | הא אשתא וקיסייא ואן הוא |
| 619 | Gn27:02 | | ואמר | הא כען סבית לא ידעית יומי |
| 620 | Gn27:22 | יצחק אבוי ומשש יתה | ואמר | הא קלה קלה דיעקב ומוש |
| 621 | Gn27:36 | | ואמר | הא מן קושטא איתקרי שמה |
| 622 | Gn28:16 | ואתער יעקב מן שנתיה | ואמר | הא מן קושטא איקר שכינה |
| 623 | Gn29:07 | | ואמר | הא עד כדון יומא תלי לא |
| 624 | Gn30:02 | ותקף רוגזה דיעקב ברחל | ואמר | הא מני אנון פרי וולד מעייא |
| 625 | Gn30:22 | דקבריה דכן כתבה ומפרש | ואמר | הא אנא פתח ית קבריכון |
| 626 | Gn31:11 | מלאכא דייי בחלמא יעקב | ואמר | הא אנא: |
| 627 | Gn37:09 | ותני יתיה לאחוי | ואמר | הא חלמת חלם תוב והא שמשא |
| 628 | Gn38:17 | | ואמר | הא אנה אשלח גדי בר עזין מן |
| 629 | Gn42:02 | | ואמר | הא שמעית ארו«ם» עיבור |
| 630 | Gn43:27 | ושאל להון בשלם | ואמר | הא שלם הוא אבוכון סבא |
| 631 | Gn44:18 | לדינוי דפרעה רבך: | ואמר | הא כען רבונן הא בזמנא |
| 632 | Gn47:30 | ותקבר יתי בקבורותיהון | ואמר | הא אנא עבד כמליך: |
| 633 | Gn48:02 | ואתני ליעקב | ואמר | הא ברך יוסף אתי לוותך |
| 634 | Ex 2:14 | ית מצריה ודחל משה | ואמר | הא כען אתידע פתגמא: |
| 635 | Ex24:08 | ית אדמה וזרק על עמא | ואמר | הא אדם קיימא דקיים ייי |
| 636 | Ex33:19 | | ואמר | הא אנה מעבר ית כל מכלת |
| 637 | Ex34:10 | | ואמר | הא אנה מקיים קיים לקבל כל |
| 638 | Nu11:26 | קודשה אלדד הוה מתנבא | ואמר | הא סלוי סלק מן ימא ויהוי |
| 639 | Nu11:26 | לתקלה ומידד הוה מתנבא | ואמר | הא משה נביא מסתלק מן גו |
| 640 | Gn27:36 | נסב והא כדון נסב ברכתי | ואמר | הא לא שבקת לי חדא ברכה: |
| 641 | Dt32:03 | אתין וכן הוא מפרש | ואמר | האזינו השמים ואדברה ותש' |
| 642 | Gn38:16 | וסטה לוותה לארחה | ואמר | הבי כען אעול לוותיך ארי לא |
| 643 | Gn37:33 | וחכם יתה | ואמר | הדא פרגודא דברי חיוה בישא |
| 644 | Gn43:29 | בנימן אחוי ברה דאמה | ואמר | הדין הוא אחוכון זעירא |
| 645 | Gn34:31M | לדינה ברתיה דיעקב | ואמר | היך אתה זני ונפקת ברא |
| 646 | Gn34:31M | בלביה \ויאמר באתה | /ואמר | הך אתה#2#/ דלית לה בר נש |
| 647 | Ex 4:14 | ותקף רוגזא דייי במשה | ואמר | הלא אהרן אחוך ליווי«ה» |
| 648 | Nu21:34 | דחל וארתת מן קדמוי | ואמר | הלא דין הוא עוג דהוה מחסד |
| 649 | Nu23:12 | וענה | ואמר | הלא מה די ישווי מימריה |
| 650 | Lv10:20M | ואפק כרוז במשריתה | ואמר | הלכתה "התעלמה" מיני |
| 651 | Gn22:07 | לאברהם אבוהי ואמר אבא | ואמר | הנני ברי ואמר הא אשתא |
| 652 | Gn22:11 | ואמר אברהם אברהם | ואמר | הנני: |
| 653 | Gn27:18 | ואתא לוות אבוי ואמר אבא | ואמר | הנני מה את ברי: |
| 654 | Gn31:11M | ואמ' בלשון קודשא | ואמר | הנני#2#/: |
| 655 | Ex 3:04 | משה בלשון בית קודשא | ואמר | הנני: |
| 656 | Gn30:22 | דעקרתא דכן כתבה ומפרש | ואמר | ואדכר ייי ברחמוי טביא ית |
| 657 | Ex 4:01 | וענה משה | ואמר | ואין לא יהימנון לי ולא |
| 658 | Gn35:09M | דכ{ו}<ן> כתבא מפרש | ואמר | ואיתגלי עלוי מימריה דייי |
| 659 | Ex16:23 | | ואמר | {ואמר} משה הוא פתגמא די |
| 660 | Nu 7:27 | שנין דכר חד בר תרתין | {ואמר} | ואמר חד בר שתה תלתיהון |
| 661 | Nu18:08 | ומליל ייי עם אהרן | ואמר | ואנה הא יהבית לך ית מטרת |
| 662 | Gn35:09 | דכן כתב{ת}<ה> מפרש | ואמר | ואתגלי ייי על יעקב זמן |
| 663 | Nu10:35 | והוה כד נטל ארונה | ואמר | והוה משה מצלי ואמר קום |
| 664 | Gn15:01 | משריין חשב אברם בלבה | ואמר | ווי כען עלי דלמא איתקבלת |
| 665 | Dt32:01 | עלמא חשב משה בליביה | ואמר | ווי כען עלי דאנה מתכנש |
| 666 | Ex20:02M | וכן הוי צווח | ואמר | וכל ישראל חזין יתיה כד |
| 667 | Ex20:02M | וכן הוה צוח | ואמר | וכל ישרא' חזיין יתיה |
| 668 | Gn38:26 | וחכם יהודה | ואמר | זכאה היא תמר כלתי בגין כך |
| 669 | Ex32:05 | מדבח קדמוי ואכרז אהרן | ואמר | חגא קדם ייי למח«ר»: |
| 670 | Dt33:18 | ברך משה נבייא דייי | ואמר | חדון דבית זבולן במיפקכון |
| 671 | Ex33:18 | | ואמר | חווי כען לי ית איקרך: |
| 672 | Nu23:16 | בלעם ושוי פתגם בפמיה | ואמר | חז{ו}<ז>ר לוות בלק וכדן |
| 673 | Gn 3:04 | | ואמר | חויה לאיתתא לא ממית תמתון: |
| 674 | Ex 4:07 | | ואמר | חזור כען ידך בחובך וחזר |
| 675 | Nu10:36 | הוה שרי הוה משה מצלי | ואמר | חזור כען ייי מן תקוף |
| 676 | Nu23:05 | פתגם בפומיה דבלעם | ואמר | חזור לוות בלק וכדן תמלל: |
| 677 | Ex10:16 | למקרי למשה ולאהרן | ואמר | חטית קדם ייי אלהיכון |
| 678 | Ex 4:02 | מה הוא ^דאן#2#^ בידך | ואמר | חטר: |
| 679 | Ex18:17 | | ואמר | חמוי דמשה ליה לא תקין |
| 680 | Gn27:27 | ריח לבושוי וברך יתיה | ואמר | חמון ריחה דברי כריח קטרת |

| | | | | |
|---|---|---|---|---|
| 681 | Gn44:17 | | ואמר | חס לי מן למעבד דא גברא |
| 682 | Dt32:01 | וכן ישעיה נבייא פירש | ואמר | טולו לשמיא עייניכון |
| 683 | Lv 1:01 | מנוי חשב משה בליביה | ואמר | טורה דסיני דהוה קדושי׳ |
| 684 | Gn31:12 | | ואמר | טל כען עיינך וחמי כל גדיא |
| 685 | Gn33:05 | ואמר מה אינון אילין לך | ואמר | טליא די חן ייי ית עבדך: |
| 686 | Gn37:30 | וחזר לוות אחוי | ואמר | טליא לית אנה ידע לאן אנה |
| 687 | Ex 4:03 | | ואמר | טלק ית{א}<ה> לארעא וטלק |
| 688 | Gn48:19 | וסרב אבוי | ואמר | ידע אנא ברי ידע אנה אף הוא |
| 689 | Ex32:05M | ואכרז אהרן | ואמר | יהא רעוה דיהי נכסא בי |
| 690 | Gn 1:26 | | ואמר | ייי נברא בר נש בדמותן |
| 691 | Gn 2:18 | | ואמר | ייי אלהים לא תקן יהוי |
| 692 | Gn 3:13 | | ואמר | ייי אלהים לאתתא מה היא |
| 693 | Gn 3:14 | | ואמר | ייי אלהים לחויה ארום עבדית |
| 694 | Gn 3:22 | | ואמר | ייי אלהים הא אדם קדמיה |
| 695 | Gn 4:09 | | ואמר | ייי לקין הן הוא הבל אחוך |
| 696 | Gn 6:03 | | ואמר | ייי לא יתדנון כל דריה |
| 697 | Gn 6:07 | | ואמר | ייי אשיצה ית אדם די ברית |
| 698 | Gn 6:13 | | ואמר | ייי לנח קבילת כל בשרא |
| 699 | Gn 7:01 | | ואמר | ייי לנח עול את וכל |
| 700 | Gn 8:21 | ברעווה ית קרבניה דנח | ואמר | ייי במחשבת לבה לא אוסף |
| 701 | Gn 9:12 | | ואמר | ייי דין סימן קיימ׳ די אנה |
| 702 | Gn 9:17 | | ואמר | ייי לנח דן סימן קימא די |
| 703 | Gn11:06 | | ואמר | ייי הא אומה חדה ולשון חד |
| 704 | Gn12:01 | | ואמר | ייי לאברם איזל לך מן ארעך |
| 705 | Gn17:09 | | ואמר | ייי לאברהם ואת ית קיימי |
| 706 | Gn17:15 | | ואמר | ייי לאברהם שרי אתתך לא |
| 707 | Gn17:19 | | ואמר | ייי לאברהם ברם הא אתתך |
| 708 | Gn18:13 | | ואמר | ייי לאברהם כען גחכת שרה |
| 709 | Gn18:20 | | ואמר | ייי קבילתהון דעמא דסדם |
| 710 | Gn18:26 | | ואמר | ייי אם אשכח הא אשכח בסדם |
| 711 | Gn21:12 | | ואמ«ר» | ייי לאברהם לא יבאש |
| 712 | Gn24:12 | | ואמר | ייי אלהה דרבוני אברהם |
| 713 | Gn25:23 | | ואמר | ייי לה תרין אומין במיעיך |
| 714 | Gn31:03 | | ואמר | ייי ליעקב חזור לארע אבהתך |
| 715 | Gn35:01 | | ואמר | ייי ליעקב קום סוק לביתאל |
| 716 | Gn46:02 | | ואמר | ייי לישראל בחזווה די ליליא |
| 717 | Gn48:15 | וברך ית יוסף | ואמר | ייי די הלכו אבהתי קדמוי |
| 718 | Ex 3:07 | | ואמר | ייי מחמי חמית ית צערהון |
| 719 | Ex 3:14 | | ואמר | ייי למשה אהיה אשר אהיה |
| 720 | Ex 4:04 | | ואמר | ייי למשה פשט ית ידך |
| 721 | Ex 4:11 | | ואמר | ייי למשה מן שוי <פם> |
| 722 | Ex 4:19 | | ואמר | ייי למשה במדין אזל חזור |
| 723 | Ex 4:21 | | ואמר | ייי למשה במיזלך למחזור |
| 724 | Ex 4:27 | | ואמר | ייי לאהרן איזל לקדמות |
| 725 | Ex 6:01 | | ואמר | ייי למשה כדון תחמי מה די |
| 726 | Ex 7:01 | | ואמר | ייי למשה חמי דמניית יתך |
| 727 | Ex 7:08 | | ואמר | ייי למשה ולאהרן למימר: |
| 728 | Ex 7:14 | | ואמר | ייי למשה אתוקף לבא דפרעה |
| 729 | Ex 7:19 | | ואמר | ייי למשה אמור לאהרן סב |
| 730 | Ex 7:26 | | ואמר | ייי למשה עול לוות פרעה |
| 731 | Ex 8:01 | | ואמר | ייי למשה אמר לאהרן ארכן |
| 732 | Ex 8:12 | | ואמר | ייי למשה אמר לאהרן <...> |
| 733 | Ex 8:16 | | ואמר | ייי למשה אקדם לצפרא |
| 734 | Ex 9:01 | | ואמר | ייי למשה על לוות פרעה |
| 735 | Ex 9:08 | | ואמר | ייי למשה ולאהרן סבו לכון |
| 736 | Ex 9:13 | | ואמר | ייי למשה אקדם בצפרא |
| 737 | Ex 9:22 | | ואמר | ייי למשה ארכן ית <ידך> |
| 738 | Ex10:01 | | ואמר | ייי למשה עול לוות פרעה |
| 739 | Ex10:12 | | ואמר | ייי למשה ארכן ידך על ארעא |
| 740 | Ex10:21 | | ואמר | ייי ארכן ידך לשמיא ויהוי |
| 741 | Ex11:01 | | ואמר | ייי למשה עוד מכתש חד |
| 742 | Ex11:09 | | ואמר | ייי למשה לא יקבל מנכון |
| 743 | Ex12:01 | | ואמר | ייי למשה ולאהרן בארעא |
| 744 | Ex12:43 | | ואמר | ייי למשה ולאהרן דא גזירת |
| 745 | Ex14:15 | | ואמר | ייי למשה עד אימת את קיים |
| 746 | Ex14:26 | | ואמר | ייי למשה ארכן ית ידך על |
| 747 | Ex16:04 | | ואמר | ייי למשה הא אנה מחית לכון |
| 748 | Ex16:28 | | ואמר | ייי למשה עד אימתיי אתון |
| 749 | Ex17:05 | | ואמר | ייי למשה עבר "לפני" עמא |
| 750 | Ex17:14 | | ואמר | ייי למשה כתב דא דוכרן טב |
| 751 | Ex19:09 | | ואמר | ייי למש׳ הא ממרי מתגלי |
| 752 | Ex19:10 | | ואמר | ייי למשה איזל לוות עמא |
| 753 | Ex19:21 | | ואמר | ייי למשה חות אסהיד בעמא |
| 754 | Ex20:22 | | ואמר | ייי למשה כדן תימר לבני |
| 755 | Ex24:12 | | ואמר | ייי למשה סוק לוותי לטורא |
| 756 | Ex30:34 | | ואמר | ייי למשה סב לך ראשי קטרן |
| 757 | Ex31:12 | | ואמר | ייי למשה למימר: |
| 758 | Ex32:09 | | ואמר | ייי למשה גלי קדמיי ית עמא |
| 759 | Ex32:33 | | ואמר | ייי למשה מן דחטא קדמיי |
| 760 | Ex33:05 | | ואמר | ייי למשה אמור לבני ישרא׳ |
| 761 | Ex33:17 | | ואמר | ייי למשה להוד ית פתגמא |
| 762 | Ex33:21 | | ואמר | ייי הא אתר מזמן לוותי |
| 763 | Ex34:01 | | ואמר | ייי למשה חצב לך תרין |
| 764 | Ex34:06 | שכינתיה דייי וצלי משה | ואמר | ייי ייי אלהה חננא ורחמנא |
| 765 | Ex34:27 | | ואמר | ייי למשה כתב לך ית פתגמיא |
| 766 | Lv16:02 | | ואמר | ייי למשה מליל עם |
| 767 | Lv21:01 | | ואמר | ייי למשה אמר לכהנייא בנוי |
| 768 | Nu 3:40 | | ואמר | ייי למשה סכום כל בוכרייה |
| 769 | Nu 7:04 | | ואמר | ייי למשה למימר: |
| 770 | Nu 7:11 | | ואמר | ייי למשה רב שבט חד בכל |
| 771 | Nu11:16 | | ואמר | ייי למשה כנש לי שובעין |
| 772 | Nu11:23 | | ואמר | ייי למשה הא אית קדם ייי |
| 773 | Nu12:04 | | ואמר | ייי בתכ{«ק»}וף למשה |
| 774 | Nu12:14 | | ואמר | ייי למשה ואבוה נזפה נזף |
| 775 | Nu14:20 | | ואמר | ייי הא שרית ושבקת כמה |
| 776 | Nu15:35 | | ואמר | ייי למשה מימות ימות גברא |
| 777 | Nu15:37 | | ואמר | ייי למשה למימר: |
| 778 | Nu17:25 | | ואמר | ייי למשה חזר ית חוטרה |
| 779 | Nu18:01 | | ואמר | ייי לאהרן את ובנך |
| 780 | Nu18:20 | | ואמר | ייי לאהרן בארעהון לא |
| 781 | Nu20:12 | | ואמר | ייי למשה ולאהרן חלף די |
| 782 | Nu20:23 | | ואמר | ייי למשה ולאהרן בהר טורה |
| 783 | Nu21:08 | | ואמר | ייי למשה עבד לך חיוי דנחש |
| 784 | Nu25:04 | | ואמר | ייי למשה דבר ית כל ראשי |
| 785 | Nu26:01 | | ואמר | ייי למשה ול«א»<ל>עזר |
| 786 | Nu27:06 | | ואמר | ייי למשה למימר: |
| 787 | Nu27:12 | | ואמר | ייי למשה סוק לטור עבריה |
| 788 | Nu27:18 | | ואמר | ייי למשה סב לך ית יהושע |

|  |  |  |  |  |
|---|---|---|---|---|
| 789 | Nu31:25 | | ואמר | ייי למשה למימר: |
| 790 | Dt 1:42 | | ואמר | ייי לי אמור להון לא תסקון |
| 791 | Dt 2:02 | | ואמר | ייי לי אמר משה למימר: |
| 792 | Dt 2:09 | | ואמר | ייי לי אמר משה לא תעיקון |
| 793 | Dt 2:31 | | ואמר | ייי לי אמר משה חמי דהא |
| 794 | Dt 3:02 | | ואמר | ייי לי אמר משה לא תדחל |
| 795 | Dt 3:26 | ולא שמע בקל צלותי | ואמר | ייי לי אמר משה סגין לך לא |
| 796 | Dt 9:12 | | ואמר | ייי לי אמר משה קום חות |
| 797 | Dt 9:13 | | ואמר | ייי לי אמר משה למימר גלי |
| 798 | Dt10:11 | | ואמר | ייי לי אמר משה קום אזיל |
| 799 | Dt18:17 | | ואמר | ייי לי משה הא שפר ותקן כל |
| 800 | Dt31:14 | | ואמר | ייי למשה למימר ה«א» |
| 801 | Dt31:16 | | ואמר | ייי למשה הא את מתכנש בשלם |
| 802 | Dt33:02 | | ואמר | ייי מן סיני אתגלי למתן |
| 803 | Gn30:22 | וכן כתבא ומפר«ש» | ואמר | יפתח ייי לכון ית אוצרא טבא |
| 804 | Gn 3:10 | | ואמר | ית קל ממרך שמעת בגנתה |
| 805 | Gn37:16 | | ואמר | ית אחי אנא בעי תני לי כען |
| 806 | Ex 1:16 | | ואמר | כד תהוון מיילדין ית |
| 807 | Ex 3:14 | למשה אהיה אשר אהיה | ואמר | כדין תאמר לבני ישראל מן |
| 808 | Ex 8:06 | ואמר למחר | ואמר | כמיליך מן בגלל דתידע ארום |
| 809 | Gn22:10 | יצחק בריה ענה יצחק | ואמר | לאברהם אבוהי אבא כפות יתי |
| 810 | Gn15:13 | | ואמר | לאברם מדע תדע ארו' גיורין |
| 811 | Lv 9:02 | | ואמר | לאהרן סב לך עגל בר תורין |
| 812 | Nu17:11 | | ואמר | לאהרן סב ית מחתיתה והב |
| 813 | Nu22:28 | ופתח ייי פמה דאתנתה | ואמר | לבלעם מה עבדת לך ארום |
| 814 | Nu23:15 | | ואמר | לבלק אתעתד הכה על עלתך |
| 815 | Nu23:26 | וענה בלעם | ואמר | לבלק הלא מלילית עמך למימר |
| 816 | Gn 4:08 | באפי ברא ענה קין | ואמר | להבל מסתכל אנה דלא ברחמי' |
| 817 | Gn 4:08 | אתקביל ברעוא ענה קין | ואמר | להבל לית דין ולית דיין |
| 818 | Gn40:16 | ארום טבית פתר | ואמר | ליוסף אף אנה בחלמי והא |
| 819 | Gn31:43 | וענה לבן | ואמר | ליעקב בנתא בנתיי ובניא |
| 820 | Gn29:25 | בצפרא והא ה«י»א לא' | ואמר | ללבן מה היא דעבדת לי הלא |
| 821 | Gn31:31 | וענה יעקב | ואמר | ללבן ארום דחלת ארום אמרת |
| 822 | Gn31:36 | ואדיין בלבן וענה יעקב | ואמר | ללבן מה חובתי ומה סרחני |
| 823 | Gn38:25 | ומיד שמע ייי קל צלותה | ואמר | למיכאל חות הב יתהון לה |
| 824 | Ex18:06 | | ואמר | למשה אנה חמ«ו»ך יתרו |
| 825 | Ex32:17 | ית קלהון דעמא בייבין | ואמר | למשה קל סדרי קרבא |
| 826 | Gn27:37 | ואתיב יצחק | ואמר | לעשו הא רב ושליט שויתי |
| 827 | Gn 4:08 | מן רשיעיא ענה הבל | ואמר | לקין אית דין ואית דיין |
| 828 | Gn 4:08 | אתקב' ברעוא: ענה הבל | ואמר | לקין מסתכל אנא די ברחמין |
| 829 | Gn12:11 | כדי קרב למיעו' למצרים | ואמר | לשרי אתתה הא כען ידע אנא |
| 830 | Gn18:28 | בגלל חמשה ית כל קרתא | ואמר | לא אשיצא אם אשכח תמן |
| 831 | Gn18:29 | דישתכחון תמן ארבעין | ואמר | לא אשיצא בגלל ארבעין |
| 832 | Gn18:30 | | ואמר | לא כען יתקף רוגזא דייי |
| 833 | Gn18:30 | ישתכחון תמן תלתי«ן» | ואמר | לא אשיצא אן אשכחת תמן |
| 834 | Gn18:31 | תמן {תל} עשרין | ו{י}אמר | לא אשיצא בגלל עשרין |
| 835 | Gn18:32 | | ואמר | לא כען {א}<י>תקף רוגז' |
| 836 | Gn18:32 | דילמה ישתכחון תמן עשרה | ואמר | לא אשיצא בגלל עשרה: |
| 837 | Gn19:07 | | ואמר | לא כען אחי תבאשון: |
| 838 | Gn22:12 | | ואמר | לא תפשוט ידך ברביה ולא |
| 839 | Gn26:02 | ואתגלי עלוי ייי | ואמר | לא תיחות מצרימה שרי בארעא |
| 840 | Gn32:27 | {ואנה} ריש למשבחיא | ואמר | לא אשלח יתך ארום {ארום} |
| 841 | Gn32:29 | | ואמר | לא יעקב יתקרי עוד שמך |
| 842 | Gn37:21 | ושזיב יתיה מן ידיהון | ואמר | לא נקטול יתיה ונתחייב |
| 843 | Gn38:22 | וחזר לוות יהודה | ואמר | לא אשכחית יתה ולחוד עמה |
| 844 | Gn42:38 | | ואמר | לא יחות ברי עמכון ארום |
| 845 | Ex 3:05 | | ואמר | לא תקרב להכא שלח מסניך |
| 846 | Ex32:18 | | ואמר | לא קל גברין דנצחין בקרבא |
| 847 | Ex33:20 | | ואמר | לא תכל למחמי אפי ארום לית |
| 848 | Nu20:20 | | ואמר | לא תעבר ונפקו אדומיי |
| 849 | Nu22:30 | מתכוונת למעבד לך כדין | ואמר | לא: |
| 850 | Gn27:31 | תבשילין ואייתי לאבוי | ואמר | לאבוי יקום אבא ויאכל מן |
| 851 | Gn27:34 | תקיפא ומרירא עד לחדא | ואמר | לאבוי ברך יתי אף אנא אבא: |
| 852 | Gn42:28 | | ואמר | לאחוי אחזר כספי והא הוא |
| 853 | Gn50:01 | דאחוי ענה יהודה | ואמר | לאחוי איתון נבני לאבונן |
| 854 | Gn 3:01 | ברה די ברא ייי אלהים | ואמר | לאיתתא ארום אמר ייי לא |
| 855 | Gn39:08 | וסרב | ואמר | לאתתיה דרבוניה הא רבוני לא |
| 856 | Ex 2:20 | | ואמר | לבנתיה ואן הוא למה כען |
| 857 | Gn15:05 | אן תיכל למימני יתהון | ואמר | לה כדין יהוון זרעיית בנך: |
| 858 | Gn16:09 | | ואמר | לה מלאכה דייי חזרי לוות |
| 859 | Gn16:10 | | ואמר | לה מלאכה דייי מסגיא אסגיא |
| 860 | Gn16:11 | | ואמר | לה מלאכה דייי הא את מתעברה |
| 861 | Gn17:01 | ממריה דייי על אברם | ואמר | לה אנא אלהא שמיא פלח קדמי |
| 862 | Gn18:15 | גח<כ>ת ארום דחלא הוות | ואמר | לה לא ארום גחכת: |
| 863 | Gn20:06 | | ואמר | לה ממריה דייי בחלמא אף אנא |
| 864 | Gn21:17 | דייי להגר מן שמיא | ואמר | לה מה ליך הגר לא תדחלין |
| 865 | Gn26:09 | היא והיך אמרת אחתי היא | ואמר | לה יצחק ארי אמרית דלא |
| 866 | Gn27:32 | | ואמר | לה יצחק אבוי מן את ואמר |
| 867 | Gn31:24 | לבן ארמאה בחלמא בלליא | ואמר | לה אזדהר לך לא תמלל עם |
| 868 | Nu22:20 | דייי על בלעם בליליה | ואמר | לה אין למקרא לך אתו גבריא |
| 869 | Gn 9:01 | ייי ית נח וית בנוי | ואמר | להון תקופו וסגון ומלון ית |
| 870 | Gn24:56 | | ואמר | להון לא תשהון יתי וייי |
| 871 | Gn29:04 | | ואמר | להון «יעקב» אחי מן אן |
| 872 | Gn29:05 | | «ואמר | להון חכימין אתון ית לבן |
| 873 | Gn29:06 | | ואמר | להון הא שלם ליה ואמרין שלם |
| 874 | Gn29:22 | ועבד שירו ענה לבן | ואמר | להון הא שבע שנין גברא |
| 875 | Gn31:05 | | ואמר | להון חמה אנה ית סבר אפוי |
| 876 | Gn37:06 | | ואמר | להון שמעו כען חלמא הדין די |
| 877 | Gn37:22 | | ואמר | להון ראובן לא תשפכון אדם |
| 878 | Gn40:08 | חלם חלמנן ופתר לית ליה | ואמר | להון יוסף הלא מן קדם ייי |
| 879 | Gn42:07 | ומלל עמהון מלין קשין | ואמר | להון מן אן אתי{ה}<ת>ון |
| 880 | Gn42:09 | ית חלמיא די חלם להון | ואמר | להון ילילין אתון למיחמי ית |
| 881 | Gn42:12 | | ואמר | להון ארום מעללי דארעא |
| 882 | Gn42:14 | | ואמר | להון יוסף הא פתגמא די |
| 883 | Gn42:18 | | ואמר | להון יוסף ביומא תליתא דא |
| 884 | Gn42:36 | | ואמר | להון יעקב אבוהון יתי |
| 885 | Gn43:02 | די אייתון ממצרי' | ואמר | להון אבוהון חזורו זבונן לן |
| 886 | Gn43:11 | | ואמר | להון ישראל אבוהון אן כדן |
| 887 | Gn44:15 | | ואמר | להון יוסף מה עבדא הדן די |
| 888 | Gn45:24 | ושלח ית אחו«י» ואזלו | ואמר | להון לא תתרגזון בארחא: |
| 889 | Gn49:01 | וקרא יעקב לבנוי | ואמר | להון אתכנשו וחווי לכון |
| 890 | Gn49:02 | מניה עני אבונן יעקב | ואמר | להון אברהם אבוי דאבה קם |
| 891 | Gn49:29 | ופקד יתהון | ואמר | להון הא אנא מתכנש לעמי |
| 892 | Gn50:19 | | ואמר | להון יוסף לא תדחלון ארום |
| 893 | Gn50:21 | וית טפלכון ענה יוסף | ואמר | להון עשרה כוכבין בעון |
| 894 | Ex 1:18 | מלכא דמצרים לחייתא | ואמר | להון מן בגלל מה עבדתון |
| 895 | Ex 3:13 | אזל לוות בני ישראל | ואמר | להון אלה אבהתכון שלח יתי |
| 896 | Ex 5:04 | | ואמר | להון מלכא דמצרים למה כען |

|  |  | | | |
|---|---|---|---|---|
| 897 | Ex 9:27 | וקרא למשה ולאהרן | ואמר | להון חטית הדא זמנא ייי הוא |
| 898 | Ex10:10 | | ואמר | להון יהוי כען מימריה דייי |
| 899 | Ex12:21 | משה לכל חכמיה דישראל | ואמר | להון אתמנון וסבו לכון ען |
| 900 | Ex17:02 | הב לן מיין ונשתי | ואמר | להון משה מה אתון מדיינין |
| 901 | Ex19:25 | משה מן טורא לוות עמא | ואמר | להון קרובו קבילו עשירתא |
| 902 | Ex32:02 | | ואמר | להון אהרן פכרו קדשייא |
| 903 | Ex32:24 | | ואמר | להון {לאן לכון} <למן> דהבא |
| 904 | Ex32:27 | | ואמר | להון כדין אמר ייי אלהה |
| 905 | Ex35:01 | כל כנישתה דבני ישראל | ואמר | להון אליין פתגמיא די פקד |
| 906 | Ex39:43 | עבדו וברך יתהון משה | ואמר | להון תשרי שכינתה בעבד |
| 907 | Lv10:04 | דעזיאל חביבה דאהרן | ואמר | להון קרבו סבו ית אחיכון |
| 908 | Nu 6:23 | ישראל אזל משה מן שמי | ואמר | להון: |
| 909 | Nu 9:08 | | ואמר | להון דן חד מן ארבעה דינין |
| 910 | Nu 9:08 | דמשה רבן אמר לא שמעתה | ואמר | להון משה קומו כען ואשמע |
| 911 | Nu13:17 | למיללה ית ארעא דכנען | ואמר | להון משה סוקו ב{ר}<ד>א |
| 912 | Nu20:10 | ית קהלה קדם כיפה | ואמר | להון שמעו כען עמה דמלפין |
| 913 | Nu20:18M | | ואמר/\ | להון מלכיהון דאדומיי לא |
| 914 | Nu21:34 | מחסד לאברהם ושרה | ואמר | להון אברהם ושרה מדמיין |
| 915 | Nu22:08 | | ואמר | להון אביתו הכה יומא הדין |
| 916 | Nu31:15 | | ואמר | להון משה הא קיימתון כל |
| 917 | Nu32:20 | | ואמר | להון משה אם תעבדון ית |
| 918 | Nu32:29 | | «ואמר | להון משה» אן יעברון |
| 919 | Dt 1:01 | בעבר ירדנה עני משה | ואמר | להון הלא במדברה ובטורא |
| 920 | Dt 3:02M | לאבהתן אברהם שרה | ואמר | להון אתון מדמין לאלנין |
| 921 | Dt 5:01 | וקרא משה לכל ישראל | ואמר | להון שמעו ישראל ית קיימיה |
| 922 | Dt 6:04 | דדהבה עני אבונן יעקב | ואמר | להון אברהם אבוי דאבה קם |
| 923 | Dt29:01 | וקרא משה לכל ישראל | ואמר | להון אתון חמיתון ית כל מה |
| 924 | Dt31:02 | | ואמר | להון בר מאה ועשרין שנין |
| 925 | Gn26:27 | | ואמר | {להם} להון יצחק מן בגלל |
| 926 | Gn37:14 | | ואמר | לו אזל כען וחמי ית שלמיהון |
| 927 | Gn 9:25 | | ואמר | ל{{ו}}«י»ס יהווי כנען |
| 928 | Gn26:09 | וקרא אבימלך ליצחק | ואמר | לחוד הא אתתך היא והיך אמרת |
| 929 | Gn44:10 | | ואמר | לחוד כדון כמליכון כן הוא |
| 930 | Ex 2:13 | גברין עבריין מתנצין | ואמר | לחיבה למה כען את מחי |
| 931 | Gn24:40 | | ואמר | לי «ייי» די פלחת קדמוי |
| 932 | Gn31:11 | | ואמר | לי מלאכא דייי בחלמא יעקב |
| 933 | Gn48:04 | | ואמר | לי הא אנה מתוקף יתך ומסגי |
| 934 | Gn 3:09 | וקרא ייי אלהים לאדם | ואמר | ליה הא כל עלמא דברית גלי |
| 935 | Gn 4:15 | | ואמר | ליה ייי בשבועה כל דיקטול |
| 936 | Gn12:07 | ממרה דייי על אברם | ואמר | ליה לבניך אתן ית ארעא הדה |
| 937 | Gn15:07 | | ואמר | ליה אנה ייי דאפקת יתך מן |
| 938 | Gn15:08 | | ואמר | {{ליה}} בבעו ברחמין |
| 939 | Gn15:09 | | ואמר | ליה קרב קדמיי עגלה ברת תלת |
| 940 | Gn19:21 | | ואמ«ר» | ליה הא נסבית לך אפין אף |
| 941 | Gn20:03 | אבימלך בחלמא בליליא | ואמר | ליה הא את מאית על אתתה |
| 942 | Gn22:01 | אברהם בנסיונה עשיריה | ואמר | ליה אברהם עני אברהם בלשן |
| 943 | Gn22:01 | אברהם בלשן בית קודשא | ואמר | ליה אברה' הנני: |
| 944 | Gn24:05 | | ואמר | ליה עבדא מה דלמה לא תצבי |
| 945 | Gn24:06 | | ואמר | ליה <אברהם> אזדהר לך דלא |
| 946 | Gn25:27M | ומטול הכנא ברכיה אבוי | ואמר | ליה ועל חרבך תחיה ויעקב |
| 947 | Gn27:01 | וקרא ית עשו בריה רבא | ואמר | ליה ברי ואמר ליה הא אנה: |
| 948 | Gn27:01 | בריה רבא ואמר ליה ברי | ואמר | ליה הא אנה: |
| 949 | Gn27:26 | | ואמר | ליה יצחק אבוי קרב כען ושק |
| 950 | Gn27:39 | וענה יצחק אבוי | ואמר | ליה הא מן טובא דארעא תהוי |
| 951 | Gn28:01 | וברך יתה ופקד יתיה | ואמר | ליה לא תסב אתה מן בנתהון |
| 952 | Gn29:14 | | ואמר | ליה לבן לחוד היך קריב |
| 953 | Gn30:27 | | ואמר | ליה לבן אן כען אשכחית חן |
| 954 | Gn30:29 | | ואמר | ליה את ידע ית מה די פלחת |
| 955 | Gn32:28 | | ואמר | ליה מה שמך ^הוא#2#^ ואמר |
| 956 | Gn33:13 | | ואמר | ליה רבוני ידע ארום טלייא |
| 957 | Gn35:10 | | ואמר | ליה ייי שמך יעקב ולא |
| 958 | Gn35:11 | | ואמר | ליה ייי אנה אלה שמיא תקף |
| 959 | Gn37:10 | ו{ט}<נז>ף בה אבוי | ואמר | ליה מה חלמא הדין די חלמת |
| 960 | Gn37:13 | אתא ואשלח יתך לוותהון | ואמר | ליה הא אנא: |
| 961 | Gn40:09 | {ל}ית חלמיה ליוסף | ואמר | ליה בחלמי והא גפן קדמוי: |
| 962 | Gn40:12 | | ואמר | ליה יוסף דין פתרוניה תלתי |
| 963 | Gn40:12 | היך מה דהוה שפר באפוי | ואמר | ליה יוסף דין פתרוניה תלתא |
| 964 | Gn40:18 | היך מה דהוה אמר באפוי | ואמר | ליה יוסף דין פתרוניה תלתא |
| 965 | Gn43:03 | | ואמר | ליה יהודה למימר הא מסהד' |
| 966 | Gn46:31 | אסוק כען ואתני לפרעה | ואמר | ליה אחוי ואנשי ביתיה דאבא |
| 967 | Gn47:29 | וקרא לבנוי ליוסף | ואמר | ליה אן כען אשכחת חן וחסד |
| 968 | Ex 3:04 | ממריה דייי מן גו סניה | ואמר | ליה משה משה ענה משה |
| 969 | Ex 4:02 | | ואמר | ליה ייי מה הוא ^דאן#2#^ |
| 970 | Ex 4:06 | | ואמר | ליה תוב אעל כען ידך בחובך |
| 971 | Ex 4:18 | משה ותב ליתרו חמוי | ואמר | ליה איזל כען ואחזור לוות |
| 972 | Ex 6:02 | ומליל ייי עם משה | ואמר | ליה אנא הוא ייי: |
| 973 | Ex 9:29 | | ואמר | ליה משה במפקי ית קרתא |
| 974 | Ex10:28 | | ואמר | ליה פרעה אזיל מעלוי לא |
| 975 | Ex19:24 | | ואמר | ליה ייי איזל חות ותיסק את |
| 976 | Nu10:30 | | ואמר | ליה לית אנה <אזל> ארום |
| 977 | Nu10:31 | | ואמר | ליה לא כען תשבק יתן ארום |
| 978 | Nu11:29 | | ואמר | ליה משה הא מקנא את לי |
| 979 | Nu22:32 | | ואמר | ליה מלאכה דייי על מה מחית |
| 980 | Nu23:04 | מימרה דייי על בלעם | ואמר | ליה ית שבעתי מדבחיה סדרת |
| 981 | Nu23:13 | | ואמר | ליה בלק אתא כען עמי לאתר |
| 982 | Nu23:17 | ורברבני מואביי עימיה | ואמר | ליה בלק מן אתמלל מן קדם |
| 983 | Dt31:07 | וקרא משה ליהושע | ואמר | ליה קדם כל ישראל אתוקף |
| 984 | Gn 1:28 | וברך יתהון איקריה דייי | ואמר | ליהון ממרה דייי תקופו |
| 985 | Gn 4:09 | לקין הן הוא הבל אחוך | ואמר | לית אנ{{א}}«ה» ידע הא |
| 986 | Gn24:33 | ושוון קדמוי למיכל | ואמר | לית אנה אכל עד זמן דאמלל |
| 987 | Gn32:30 | יעקב ואמר תני כען שמך | ואמר | למה כען את שאיל לשמי וברך |
| 988 | Gn33:15 | כען עמך מן עמא די עמי | ואמר | למה כען אשכח חן וחסד באפוי |
| 989 | Ex32:11 | וצלי משה קדם ייי אלהיה | ואמר | למה ה' יתקוף רוגזך בעמך די |
| 990 | Ex 8:06 | | ואמר | למחר ואמר כמליך מן בגלל |
| 991 | Gn43:16 | יוסף עמהון ית בנימן | ואמר | למן דהוה ממני |
| 992 | Gn33:08 | כל משריתא הדא די ארעת | ואמר | למשכחא חן וחסד באפך: |
| 993 | Gn42:33 | | ואמר | לן גברא רבוניה דארעא בדא |
| 994 | Lv 9:04M | ותור \ודכר לנכסת | /ואמר | לניכסת#2#/ קדשיה למקרבה |
| 995 | Gn32:17 | עבדוי עדר עדר לבלחודוי | ואמר | לעבדוי עברו קדמוי |
| 996 | Nu22:18 | וענה בלעם | ואמר | לעבדוי דבלק אם יתן לי |
| 997 | Ex19:15 | | ואמר | לעמ' הוון מזמנין לתלתא |
| 998 | Ex 1:09 | | ואמר | לעמיה הא עמא בני ישראל |
| 999 | Nu22:13 | וקם בלעם בצפרא | ואמר | לרברבנוי דבלק איזילו |
| 1000 | Gn 3:11 | | ואמר | מאן תני לך ארום ערטיליי את |
| 1001 | Gn48:08 | ישראל ית בנוי דיוסף | ואמר | מאן אינון אליין: |
| 1002 | Gn 4:10 | | ואמר | מה היא דא דעבדת קלא אדמהון |
| 1003 | Gn12:18 | וקרא פרעה לאברם | ואמר | מה הי' דא דעבדת לי למה כען |
| 1004 | Gn18:29 | ואוסף תוב למתמללה עימיה | ואמר | מה דילמא דישתכחון תמן |

|  |  |  |  |  |  |
|---|---|---|---|---|---|
| 1005 | | Gn28:17 | ודחל | ואמר | מה דחיל הוא אתרא הדין |
| 1006 | | Gn30:31 | | ואמר | מה אתן לך ואמר יעקב לא |
| 1007 | | Gn33:05 | וחמה ית נשיא וית טפליא | ואמר | מה אינון אילין לך ואמר |
| 1008 | | Gn38:18 | | ואמר | מה ערבונא די אתן ליך ואמרת |
| 1009 | | Ex18:14 | מה דהוה עבד לעמ«א» | ואמר | מה פתגמא הדין די את עבד |
| 1010 | | Nu24:21 | שלמייה ונטל במתל נבותה | ואמר | מה תקיף הוא משרויך ושוית |
| 1011 | | Dt33:13 | ברך משה נבייא דייי | ואמר | מה בריכה היא מן קדם ייי |
| 1012 | | Gn18:10 | | ואמר | מחזר אחזר לוותך בשעתא הדא |
| 1013 | | Gn44:19 | יהודה ממכמך במילוי | ואמר | מילין מכיכן רבוני שאל ית |
| 1014 | | Dt 5:28 | בזמנה דמללתון עמי | ואמר | מימרה דייי לי אמר משה |
| 1015 | | Dt34:04 | | ואמר | מימריה דייי לי אמר משה דא |
| 1016 | | Nu22:35 | | ואמר | מלאכה דייי לבלעם אזל עם |
| 1017 | | Gn14:21 | | ואמר | מלכא דסד' לאברם הב לי |
| 1018 | | Ex 1:15 | | ואמר | מלכא דמצרים לחייתא |
| 1019 | | Gn24:33 | אכל עד זמן דאמלל מליי | ואמר | מלל: |
| 1020 | | Gn 1:03 | | ואמר | ממ«רא» דייי יהוי נהור |
| 1021 | | Gn 1:06 | | ואמר | ממרא דייי יהוי רקיעא |
| 1022 | | Gn 1:20 | | ואמר | ממרא דייי ישרצון מיא שרץ |
| 1023 | | Gn 1:09 | | ואמר | ממרה דייי יתכנשון מיא |
| 1024 | | Nu22:12 | | ואמר | ממרה דייי לבלעם לא תזיל |
| 1025 | | Gn 1:24 | | ואמר | ממריה דייי תפק ארעא נפ' |
| 1026 | | Gn27:33 | יצחק זעוע רב לחדה | ואמר | מן כדון הוא דצד ציד ואייתי |
| 1027 | | Gn33:08 | | ואמר | מן לך כל משריתא הדא די |
| 1028 | | Ex 2:14 | | <ואמר> | מן שוי יתך לגבר רב ושליט |
| 1029 | | Ex32:26 | ליה משה בתרע משריתה | ואמר | מן דדחל מן קדם ייי ייתי |
| 1030 | | Nu22:09 | מימריה דייי על בלעם | ואמר | מן אינון גברייה האליין די |
| 1031 | | Ex23:02 | בדינא דלא תהווי סעי | ואמר | מן בתר סגיא דינא שלם: |
| 1032 | | Gn43:29 | זעירא דאמרתון לי | ואמר | מן קדם ייי יהוי מחוס עלך |
| 1033 | | Nu13:30 | כלב ית עמה קדם משה | ואמר | מסוק ניסוק ונירת יתה ארום |
| 1034 | | Gn33:12 | | ואמר | נטול כען ונהלך וניזיל מן |
| 1035 | | Gn24:34 | | ואמר | עבדא דאברהם אנה: |
| 1036 | | Gn24:65 | דאתי באפיה ברא לקדמותן | ואמר | עבדא הוא ריבוניה ונסיבת |
| 1037 | | Gn44:27 | | <ואמר> | עבדך אבה לן אתון ידעתון |
| 1038 | | Gn24:31 | | ואמר | עול בריכה דייי למה כען את |
| 1039 | | Ex20:02 | על תרין לוחי קיימא | ואמר | עמא בני <ישראל> וחזר ומקף |
| 1040 | | Ex20:02M | על תרין לוחי קיימ' | ואמר | עמי בני ישראל |
| 1041 | | Ex20:02M | חזין יתיה כד הוה צוח | ואמר | עמי בני ישרא' |
| 1042 | | Ex20:02 | יתיה בכן הוה צווח | ואמר | עמי בני ישראל אנה הוא ייי |
| 1043 | | Ex20:03 | על תרין לוחי קיימא | ואמר | עמי בני <ישראל> וחזר ומקף |
| 1044 | | Ex20:03 | יתיה וכן הוון צווח | ואמר | עמי בני ישראל לא יהווי לך |
| 1045 | | Lv22:27M | פרש משה נבייה דייי | ואמר | עמי בני ישראל תור או אמר |
| 1046 | | Dt 5:06 | לוחי קיימה וכן הוה צווח | ואמר | עמי בני ישראל אנה הוא ייי |
| 1047 | | Dt 5:07 | קיימה וכן הוה צווח | ואמר | עמי בני ישראל לא יהווי |
| 1048 | | Nu11:26M | ומידד הוה מתנבי | ואמר | עתיד משה ספרהון דישראל |
| 1049 | | Dt32:37 | | ואמר | עתידין אינון אומיה למימר |
| 1050 | | Gn41:15 | | ואמר | פרעה חלם חלמית ופתיר לית |
| 1051 | | Gn41:38 | | ואמר | פרעה לשלטנוי אן אנן משכחין |
| 1052 | | Gn41:39 | | ואמר | פרעה ליוסף מן בתר {בתר} |
| 1053 | | Gn41:41 | | ואמר | פרעה ליוסף חמי דמניית יתך |
| 1054 | | Gn41:44 | | ואמר | פרעה ליוסף אנה פרעה |
| 1055 | | Gn41:55 | קדם פרעה על עיסק לחמא | ואמר | פרעה לכל מצראי אזלו לוות |
| 1056 | | Gn45:17 | | ואמר | פרעה ליוסף אמר לאחך דא |
| 1057 | | Gn47:03 | | ואמר | פרעה לאחוי מן עבידתכון |
| 1058 | | Gn47:05 | | ואמר | פרעה ליוסף למימר אבוך |
| 1059 | | Gn47:08 | | ואמר | פרעה ליעקב כמה אינון יומי |
| 1060 | | Gn50:06 | | ואמר | פרעה סק וקבור ית אבוך |
| 1061 | | Ex 5:02 | | ואמר | פרעה מן ^הוא#2^ ייי די |
| 1062 | | Ex 5:05 | | ואמר | פרעה הא סגין אינון כדן עמה |
| 1063 | | Ex 8:24 | | ואמר | <פרעה> הא אנא משלח יתכון |
| 1064 | | Gn30:22 | דפרנסתא דכן כתבא מפרש | ואמר | פתח ידך ומשביע לכל חיי |
| 1065 | | Ex 8:04 | וקרא פרעה למשה ולאהרן | ואמר | צלון קדם ייי ויעדון |
| 1066 | | Nu16:15 | ובאיש למשה לחדה | ואמר | קדם ייי לא תקבל ברעווה ית |
| 1067 | | Ex33:15 | | ואמר | קדמוי אין לית איקר שכינתך |
| 1068 | | Nu10:35M | משה קאים ידוי בצלו | ואמר | קום כען מימריה בתקוף |
| 1069 | | Nu10:35 | ואמר והוה משה מצלי | ואמר | קום בבעו ייי ויתבדרון |
| 1070 | | Nu23:18 | ונטל במתל נבותה | ואמר | קום בלק ושמע אצת כען למלי |
| 1071 | | Gn19:14 | עם חתנוי נסבי בנתיה | ואמר | קומו פוקו מן א{רת}<תר>א |
| 1072 | | Ex12:31 | למשה ולאהרן בליליא | ואמר | קומו פוקו מן גו עמי לחוד |
| 1073 | | Gn30:28 | | ואמר | קוץ כען אגרך קדמיי ואתן: |
| 1074 | | Lv13:45 | והוא מצרעה יהיה צווח | ואמר | רחוקו מן מסאבה דלא |
| 1075 | | Dt33:12 | ברך משה נבייא דייי | ואמר | רחימה דייי ישרי לרחצן עלוי |
| 1076 | | Ex17:16 | | ואמר | שבועה נפקת מן תחות כורסי |
| 1077 | | Gn43:31 | ושגג אפוי ונפק ואזדרז | ואמר | שוון לחם: |
| 1078 | | Gn32:27 | | ואמר | שלח יתי ארום מטא סלק עמודא |
| 1079 | | Gn43:23 | | ואמר | שלם לכון לא תדחלון |
| 1080 | | Dt33:07 | דייי לשבטה דיהודה | ואמר | שמע מימריה בקל צלותה |
| 1081 | | Nu12:06 | | ואמר | שמעו כען מיליי אין יהווי |
| 1082 | | Nu24:20 | עמלקאה ונטל במתל נבותה | ואמר | שרוי אומיה דסדרו <קרבה> עם |
| 1083 | | Ex 3:15 | | ואמר | תוב ייי למשה כדין תאמר |
| 1084 | | Nu10:36M | משה זקיף ידוי בצלו | ואמ[ר] | תוו כען ממריה דייי מן |
| 1085 | | Dt33:08 | ברך משה נביא דייי | ואמר | תומייא ואורייא אלבישת |
| 1086 | | Gn32:30 | ושאל יעקב | ואמר | תני כען שמך ואמר למה כען |
| 1087 | ואמור | Nu 6:23M | אזל משה מן שמי | ואמר/ואמור#2# | להון: |
| 1088 | | Dt 5:30 | אזל משה מן שמי | ואמור | להון חזורו לכון בשלם |
| 1089 | ואמרו | Gn26:07 | עמא דאתרא על אתתיה | ואמרו | אחתי היא ארום דחל למימר |
| 1090 | | Gn11:04M | | ואמרון/ואמרו#2# | אתון \ כען#2#/ |
| 1091 | | Gn11:03 | | ואמרו | גבר לחבריה אתון ונלבן |
| 1092 | | Gn50:18 | אף אחוי ונפלו קדמוי | ואמרו | הא אנן לך לעבדין: |
| 1093 | | Gn29:08 | | ואמרו | לא אנן יכלין עד זמן |
| 1094 | | Gn24:60M | "ואמרין ... וריבוון": | ואמרו | לה עד כדון הוית אחת' |
| 1095 | | Ex 5:21 | | ואמרו | להון יתגלי ייי עליכון |
| 1096 | | Ex10:08 | וית אהרן לוות פרעה | ואמרו | להון איזילו פלחו קדם |
| 1097 | | Ex 5:10M | דעמא וסרכיהון | ואמרין/ואמרו#2# | לעמא למימר כדין אמר |
| 1098 | | Nu22:04M | "ואמרין ... קהלא": | ואמרו | מואבאי לחכימי מדיינאי |
| 1099 | | Gn26:28 | | ואמרו | מחמא חמינן ארום הוה ייי |
| 1100 | | Gn24:57 | | ואמרו | נקרי לרביתה ונשאל ית פמה: |
| 1101 | | Ex10:07 | | ואמרו | עבדוי דפרעה ליה עד אימת |
| 1102 | | Gn24:54 | וביתו וקמו בצפרא | ואמרו | שלחו יתי לוות רבוני: |
| 1103 | | Gn29:06M | הא שלם ליה | ואמרין/<וא>מרו#2# | שלם והא רחל ברתיה |
| 1104 | ואמרון | Gn11:04 | | ואמרון | אתון ונבנה לן קריה ומגדל |
| 1105 | | Ex 5:01M | משה ואהרן | ואמרין/<ואמ>רון#2# | לפרעה כדן אמר ייי |
| 1106 | | Gn47:25M | | ואמרין/<ואמ>רון#2# | קיימת יתן נשכח |
| 1107 | ואמרי | Gn44:18 | ית סליא מן לוות אבה | ואמרי | ליה למימר אין לא אייתת |
| 1108 | ואמרי' | Ex14:25M | על ימא עניין מצראי | ואמרי' | אלין לאלין אלהון נערק |
| 1109 | | Ex19:08 | כל עמא כחדא בלבא שלמא | ואמרי' | כל מה דמלל ייי נעבד וחזר |
| 1110 | ואמרין | Gn50:11 | ית אבלה באדר אטדה | ואמרין | אבל תקיף הוא למצראי בגין |
| 1111 | | Gn47:04 | | ואמרין | {אל} לפרעה למתותבה בארעא |
| 1112 | | Nu16:22 | ואישתטחו על אפיהון | ואמרין | אלהה דשליט בנשמת כל בשרה |

|  |  | | | |
|---|---|---|---|---|
| 1113 | Ex 5:03 | | ואמרין | אלהון דעבריי אתגלי עלינן |
| 1114 | Nu11:04 | ובכון לחוד בני ישראל | ואמרין | אלווי מן ייכל יתן בשר: |
| 1115 | Ex15:02M | עניין בני ישרא׳ | ואמרין | אלין לאלין דן הוא אלהן |
| 1116 | Dt27:15 | ועניין כל עמא כחדה | ואמרין | אמן: |
| 1117 | Nu21:02 | ונדרו ישראל נדר לייי | ואמרין | אן ממסור תמסור ית עמא |
| 1118 | Nu32:05 | | ואמרין | אן אשכחנן חן וחסד באפך |
| 1119 | Gn43:20 | | ואמרין | בבעו מנך רבוני מחת נחתין |
| 1120 | Nu32:25 | | ואמרין | בנוי דגד ובנוי דראובן |
| 1121 | Nu17:27 | | ואמרין | בני ישראל ^למשה#2^ |
| 1122 | Nu11:26 | ותרויהון מתנביין כחדא | ואמרין | בסוף עקב יומיא גוג |
| 1123 | Dt27:15 | כלפי טורה דגריזים | ואמרין | בריך יהווי גברא דלא יעבד |
| 1124 | Gn37:19 | | ואמרין | גבר לאחוי הא מרי חלמיא |
| 1125 | Gn42:21 | | ואמרין | גבר לאחוי ברם חייבין אנן |
| 1126 | Ex 2:19 | | ואמרין | גבר מצרייה שיזב יתן מן |
| 1127 | Ex16:15 | בני ישראל ואמרין | {ואמרין} | גבר לאחוי מנא הוא ארום |
| 1128 | Nu14:04 | | ואמרין | גבר לחבריה נשוי עלינן מלך |
| 1129 | Gn19:12 | | ואמרין | גבריא ללוט מן כדון מה |
| 1130 | Nu 9:07 | | ואמרין | גבריא האינון ליה אנן |
| 1131 | Gn37:32 | ואייתון לוות אבוהון | ואמרין | דא אשכחנן חכם כען אן |
| 1132 | Lv22:27 | בנוי למהוי מצליין | ואמרין | דידהון בשעת אנוקי דדהון |
| 1133 | Ex15:18 | פתחו פומיהון כחדא | ואמרין | דייי הוא מלכותא מן קדם |
| 1134 | Nu32:16 | וקרבין לוותיה | ואמרין | דירין דען נבנה לבעירן הכה |
| 1135 | Gn19:09 | ואמרין קרב להל | ואמרין | האחד אתא למתותבא בינינן |
| 1136 | Ex17:02 | ואדינו עמא עם משה | ואמרין | הב לן מיין ונשתי ואמר |
| 1137 | Ex16:15 | וחמון בני ישראל | ואמרין | {ואמרין} גבר לאחוי מנא |
| 1138 | Nu21:07 | ואתון עמא למשה | ואמרין | חטינן ארום מללנן בתר ממרה |
| 1139 | Ex 1:19 | | ואמרין | חייתה לפרעה ארום לא כנשיה |
| 1140 | Gn29:05 | אתון ית לבן בר נחור | ואמרין | חכימין אנן#2»: |
| 1141 | Ex 8:15 | | ואמרין | חרשייה לפרעה אצבע דגבורה |
| 1142 | Dt 1:25 | לוותן ואגיבו יתן פתגם | ואמרין | טבא היא ארעא דייי אלהן |
| 1143 | Ex15:12 | מדיינין תריהון כחדא | ואמרין | ימא הוה אמר לארעא קבלי |
| 1144 | Nu36:02 | | ואמרין | ית רבוני פקד ייי למיתן ית |
| 1145 | Gn18:05 | עברתון על עבדכון | ואמרין | כ{{ך}}ן תעביד כמה |
| 1146 | Ex24:03 | וענון כל עמא קל חד | ואמרין | כל פתגמיא די מליל ייי |
| 1147 | Ex24:07 | וקרא כשמעון דעמא | ואמרין | כל מה די מלל ייי נעבד |
| 1148 | Nu14:10 | | ואמרין | כל עם כנישתה מרגום יתהון |
| 1149 | Gn34:31 | דיעקב שמעון ולוי | ואמרין | ליעקב אבוהון לא יאה הוא |
| 1150 | Nu31:49 | | ואמרין | למש׳ עבדך קבילו ית סכום |
| 1151 | Ex14:11 | | ואמרין | למשה הא מן בל{ו}<י> דלית |
| 1152 | Ex20:19 | | ואמרין | למשה מלל את עמן ונשמע |
| 1153 | Ex36:05 | | ואמרין | למשה למימר מסגין עמא |
| 1154 | Nu32:02 | דגד ובנוי דראובן | ואמרין | למשה ולאלעזר כהנה |
| 1155 | Nu14:14 | | ואמרין | לדיירי ארעא הדה שמעו ארום |
| 1156 | Gn24:60 | ובריכו ית רבקה | ואמרין | לה ברם עד כדון אחתן הוית |
| 1157 | Gn31:14 | וענה רחל ולאה | ואמרין | לה הא עד כדון אית לנא חלק |
| 1158 | Nu12:02 | | ואמרין | להוד עם משה מלל ייי הלא |
| 1159 | Gn47:21 | מוניין לאחוי דיוסף | ואמרין | להון אכסניא גלוליא: |
| 1160 | Gn47:21M | מוניין לבנוי דיעקוב | ואמרין | להון אכסנאי גלולאי |
| 1161 | Ex15:02M | לאבהתהון ו{מא}<אמ>רין | | להון דין הוא אבונן |
| 1162 | Ex16:03 | | ואמרין | להון בני ישרא<׳> אלוי |
| 1163 | Nu14:02 | אהרן כל בני ישראל | ואמרין | להון כל עם כנישתה אלווי |
| 1164 | Nu16:03 | על משה ועל אהרן | ואמרין | להון סגין עליכון ארום כל |
| 1165 | Gn18:09 | | ואמרין | ליה אן היא שרה אתתך ואמר |
| 1166 | Gn19:02 | ותזלון לארחכון | ואמרין | ליה לא ארום ברחובא דקרתא |

|  | |  | | | |
|---|---|---|---|---|---|
| 1167 | | Gn19:05 | וקרון ללוט | ואמרין | ליה אן אנון גובריא די |
| 1168 | | Gn37:08 | | ואמרין | ליה אחוי הא ממלך תמלך |
| 1169 | | Gn40:08 | | ואמרין | ליה חלם חלמנן ופתר לית |
| 1170 | | Gn42:10 | | ואמרין | ליה <לא> רבוני ועבדיך |
| 1171 | | Gn44:07 | | ואמרין | ליה למה כען ימליל רבוני |
| 1172 | | Gn47:18 | לוותיה בשתה תיניינתה | ואמרין | ליה לא נשקר מרבוני ארום |
| 1173 | | Ex10:03 | משה ואהרן לוות פרעה | ואמרין | ליה כדון אמר ייי אלהון |
| 1174 | | Ex17:03 | ואתרעמו עמא עם משה | ואמרין | ליה למה כען אסקת יתן |
| 1175 | | Nu20:19 | | ואמרין | ליה בני ישראל ארח מלכא |
| 1176 | | Nu22:16 | ואתון לוות בלעם | ואמרין | ליה כדין אמר בלק בר |
| 1177 | | Dt27:15 | כלפי טורה דעיבל | ואמרין | ליט יהווי גברא די יעבד |
| 1178 | | Gn38:21 | בפרשות ארחתה על ארחה | ואמרין | לית הכא אתה נפקת בר: |
| 1179 | | Nu16:12 | ולאבירם בנוי דאליאב | ואמרין | לית אנן סלקין: |
| 1180 | | Nu14:07 | | ואמר«י»ן | לכל כנישתה דבני ישראל |
| 1181 | | Dt27:14M | /ויענון ליוואי | ואמרין#2/ | לכל עמה בני ישראל |
| 1182 | | Ex15:01 | תושבחתה הדה קדם ייי | ואמרין | למימר נודי ונשבח קדם ייי |
| 1183 | | Nu20:03 | עמה עם כנ«י»שתה | ואמרין | למימר אלווי מתינן היך מה |
| 1184 | | Ex 5:10 | דחקיהון דעמא וסרכיהון | ואמרין | לעמא למימר כדין אמר פרעה |
| 1185 | | Gn47:03 | לאחוי מן עבידתכון | ואמרין | לפרעה רען ען אנון עבדך |
| 1186 | | Ex 5:01 | כדן עלו משה ואהרן | ואמרין | לפרעה כדן אמר ייי אלהה |
| 1187 | | Gn50:15 | ארום מית אבוהון | ואמרין | מה דלמה דיסטם יוסף יתן |
| 1188 | | Ex14:05 | ודשלטנוי לוות עמא | ואמרין | מה היא דא דעבדנן ארום |
| 1189 | | Nu22:04 | | ואמרין | מואביי לחכימי מדייניי |
| 1190 | | Gn29:04 | אחי מן אן אתון | ואמרין | מן חרן אנן: |
| 1191 | | Gn42:07 | מן אן אתי{ה}<ת>ון | ואמרין | מן ארעא דכנען למזבן |
| 1192 | | Gn24:50 | ועניין לבן ובתואל | ואמרין | מן קדם ייי נפק פתגמא לא |
| 1193 | | Nu22:14 | ואתון לוות בלק | ואמרין | סרב בלעם מייתי עמן: |
| 1194 | | Ex10:07M | | ואמרו/ואמרין#2/ | עבדוי דפרעה ליה עד |
| 1195 | | Gn43:18 | אתעלו לפלטורין דיוסף | ואמרין | על עיסק כספא דאתחזר |
| 1196 | | Nu13:27 | ותנון ליה | ואמרין | עלינן לארעא די שלחת יתן |
| 1197 | | Gn47:25 | | ואמרין | קיימת יתן נשכח חן וחסד |
| 1198 | | Gn19:09 | | ואמרין | קרב להל ואמרין האחד אתא |
| 1199 | | Gn29:06 | ואמר להון הא שלם ליה | ואמרין | שלם והא רחל ברתיה אתייא |
| 1200 | | Gn43:28 | | ואמרין | שלם לעבדך אבונן הא הוא |
| 1201 | | Gn49:02 | שבטוי דיעקב כחדא | ואמרין | שמע מנן ישראל אבונן ייי |
| 1202 | | Dt 6:04 | דיעקב כחדה בלבה שלמה | ואמרין | שמע מנן ישראל אבונן ייי |
| 1203 | | Gn42:13 | | ואמרין | תרין עשר עבדך אחין אנן |
| 1204 | ואמרינן | Gn26:28 | ארום הוה ייי עמך | ואמרינן | יהווי כען שבועה בינינן |
| 1205 | | Nu14:04M | \ואמרין גבר לחברי׳ | /ואמרינן | לאחוי#2/ נשוי עלינן |
| 1206 | | Gn44:26 | | ואמרינן | לית אנן יכלין למיחות אן |
| 1207 | ואמרית | Gn24:58 | הא תזלין עם גברא הדין | ואמרית | אזיל: |
| 1208 | | Gn24:42 | ואתית יומא דין לעינא | ואמרית | בבעו ברחמין מן קדמיך ייי |
| 1209 | | Dt 9:26 | וצליית ובעית קדם ייי | ואמרית | בבעו ברחמין מן קדמיך ייי |
| 1210 | | Gn16:05 | ויהבת יתה לך לאתה | ואמרית | היא תלד ואנה ארבי דילמא |
| 1211 | | Dt32:40 | ית ידיי בשבועה לשמיא | ואמרית | חי וקיים אנה בממרי לעולם: |
| 1212 | | Gn38:25 | יתיה בדמא דצפירא | ואמרית | ליעקב {אבר} <אבה> אכר |
| 1213 | | Gn20:13 | דבר יתיה מן ביתה דאבה | ואמרית | לה דן חסדיך די תעבדון עמי |
| 1214 | | Ex32:24M | | ואמרית | להון מן דאית ליה דהב |
| 1215 | | Gn41:24 | ובלען שבליא <....> טביא | ואמרית | לחרש«י»א ולי«ת» דפשר |
| 1216 | | Nu21:06 | לסית חויה מן שרויה | ואמרית | ליה עפרא יהווי מזונך אסקת |
| 1217 | | Ex 4:23 | | ואמרית | לך שלח ית ברי ויפלח קדמיי |
| 1218 | | Lv20:24 | | ואמרית | לכון אתון תירתון ית |
| 1219 | | Dt 1:20 | | ואמרית | לכון מטיתון עד טורהון |
| 1220 | | Dt 1:29 | | ואמרית | לכון לא תבהלון ולא תדחלון |

| | | | | | |
|---|---|---|---|---|---|
| 1221 | | Gn44:21 | | ואמרית | לעבדך אחותן יתיה לוותי |
| 1222 | ואמרן | Gn24:58 | וקראן לרבקה | ואמרן | לה הא תזלין עם גברא הדין |
| 1223 | | Gn26:32 | על עסק דבאירה דחפרו | ואמ̇רן | לה אשכחנן מיין: |
| 1224 | | Gn34:14 | | ואמרן | להון לית אנן יכלין למעבד |
| 1225 | | Gn43:07 | | ואמרן | משאל שאל גברא לנא |
| 1226 | ואמרנא | Gn42:31 | | ואמרנא | ליה היימינין אנן לא |
| 1227 | ואמרנן | Gn44:20 | | ואמרנן | לריבוני אית לן אבונן סב |
| 1228 | | Gn44:22 | | ואמרנן | לריבוני לא יכל טליא |
| 1229 | ואמרת | Gn30:11 | | ואמרת | לאה את{{ו}}א גדה טבא |
| 1230 | | Gn30:13 | | ואמרת | לאה תשבחה רבה ישבחון יתי |
| 1231 | | Gn30:18 | | ואמרת | לאה יהב ייי אגרי די יהבת |
| 1232 | | Gn30:20 | | ואמרת | לאה זבד יתי ייי זבידין |
| 1233 | | Gn27:46 | | ואמרת | רבקה ליצחק אתעיקת בחי |
| 1234 | | Gn30:06 | | ואמרת | רחל דן יתי ייי ואף שמע |
| 1235 | | Gn30:08 | | ואמרת | רחל בצלותא די צלית קדם |
| 1236 | | Gn30:14 | יתהון לוות לאה אמיה | ואמרת | רחל ללאה הבי כען לי מן |
| 1237 | | Gn30:15 | למיסב ית יברוחי דברי | ואמרת | רחל בגין כדין ישמש |
| 1238 | | Gn21:06 | | ואמרת | שרה חדו רבה אתעבד לי |
| 1239 | | Gn16:05 | | ואמרת | שרי לות אברם דיני |
| 1240 | | Gn16:05 | אבימל' מלכא דגרר | ואמרת | אחי הוא מן בגלל דלא |
| 1241 | | Ex 2:07 | | ואמרת | אחתיה לברתיה דפרעה ה{ו}א |
| 1242 | | Gn 3:02 | | ואמרת | איתתא לחויה מן פירי אילני |
| 1243 | | Gn21:07 | | ואמרת | אלווי מן ייזיל ותני |
| 1244 | | Gn25:22 | ואדחקו בניא במעהא | ואמרת | אן כדין היא צערהון דבניא |
| 1245 | | Gn38:17 | גדי בר עזין מן ענה | ואמרת | אן תתן ערבון עד זמן |
| 1246 | | Gn24:19 | ואשלמ' למשקייה יתה | ואמרת | אף לגמלך אמלא עד זמן |
| 1247 | | Gn29:33 | עוד תוב וילידת בר | ואמרת | ארום {...} שמיע קדם ייי |
| 1248 | | Ex 2:10 | לה לבר וקרת שמה משה | ואמרת | ארום מן מיא שזבת יתיה: |
| 1249 | | Ex 4:25 | וקרבת לרגלוי דמחבלה | ואמרת | ארום חתנא בעא למגזור |
| 1250 | | Gn16:13M | דייי \דאתגלו עליה | /ואמרת | את#2#/ את הוא אלהא קיים |
| 1251 | | Gn22:10 | נפקת בת קול מן שמייא | ואמרת | אתון חמון תרתין יחידיין |
| 1252 | | Nu22:30 | | ואמרת | אתנתה לבלעם להן את אזל |
| 1253 | | Gn 3:13 | מה היא דא'די עבדית | ואמרת | אתתא חויה אשלי יתיה |
| 1254 | | Gn38:25 | תלת עייני במרומיא | ואמרת | בבע«ו» ברחמין מן קדמיך |
| 1255 | | Ex 3:17 | | ואמרת | בממריה לאסקא יתכון מן |
| 1256 | | Gn24:47 | ואמרת לה ברת מן את | ואמרת | ברת בתואל בר נחור די |
| 1257 | | Gn 4:01 | ועברת וילידת ית קין | ואמרת | הא יתיהב לי בר מן קדם |
| 1258 | | Gn30:03 | | ואמרת | הא אמתי בלהה על לוותה |
| 1259 | | Gn29:35 | ועברת תוב וילידת בר | ואמרת | הדה זמנה נודי ונשבח קדם |
| 1260 | | Gn29:34 | ועברת תוב וילדת בר | ואמרת | כדון בהדא זמנא יזדמן |
| 1261 | | Gn30:23 | ועברת וילידת בר | ואמרת | כנש ייי ית חסדיי: |
| 1262 | | Gn21:10 | | ואמרת | לאברה«ם» טרוד ית אמתא |
| 1263 | | Gn30:01 | וקניית רחל באחת«ה» | ואמרת | ליעקב הב לי בנין ואין לא |
| 1264 | | Gn31:35 | | ואמרת | לאבוה לא יבאש באפוי |
| 1265 | | Lv17:14 | בשרא אדמה בנפשה הוא | ואמרת | לבני ישראל ^אדם#2#^ כל |
| 1266 | | Gn24:24 | | ואמרת | לה ברת בתואל אנה בר |
| 1267 | | Gn24:25 | | ואמרת | לה אף תבן אף כסה סגין עמן |
| 1268 | | Gn24:43 | והא רביתא דנפקי לממלי | ואמרת | לה אשקיין יתי קליל מיין |
| 1269 | | Gn24:45 | לעיינה ומלא«ת» | ואמרת | לה אשקיין יתי' כען: |
| 1270 | | Gn24:47 | ושאלית יתה | ואמרת | לה ברת מן את ואמרת ברת |
| 1271 | | Gn27:42 | וקרת ליעקב ברה זעירא | ואמרת | לה הא עשו אחוך מתחשב עלך |
| 1272 | | Gn30:15 | | ואמרת | לה הא זעירא היא דא די |
| 1273 | | Gn30:16 | ונפקת לאה לקדמותיה | ואמרת | לה לוותי תיעול ארום מגיר |
| 1274 | | Gn35:17 | כדי אתקשיית במילדה | ואמרת | לה חייתא לא תדחלין ארום |
| 1275 | | Gn39:07 | ית עיינה לוות יוסף | ואמרת | לה שמש עמי: |
| 1276 | | Ex 2:08 | | ואמרת | לה ברתה דפרע' אזלי ואזלת |
| 1277 | | Ex 2:09 | | ואמרת | לה ברתה דפרעה אייבילי ית |
| 1278 | | Gn39:14 | <וקרת> לאנשי בייתה | ואמרת | להון למימר חמון דאייתי לי |
| 1279 | | Gn27:33 | וברת קול נפקת מן שמיא | ואמרת | לחוד בריך יהוי: |
| 1280 | | Gn44:28 | ^מנהון#2#^ מן לוותי | ואמרת | לחוד קטולין אתקטל ולא |
| 1281 | | Gn27:13 | | ואמרת | ליה אמה עלי אינון לווטך |
| 1282 | | Gn38:25 | בידוי דדיינ«י»א | ואמרת | ליה גברא דאילין דיליה |
| 1283 | | Dt 1:09 | | ואמרת | לכון בשעתה ההיא למימר לית |
| 1284 | | Gn24:65 | | ואמרת | לעבדא מן הוא דא גברא דאתי |
| 1285 | | Gn44:23 | | ואמרת | לעבדך אן לא יחות אחוכון |
| 1286 | | Gn24:39 | | ואמרת | לריבוני מה דלמא דלא תיתי |
| 1287 | | Gn21:07M | "ואמרת": | ואמרת | מה מהיימן הווה בישריה די |
| 1288 | | Gn38:16 | היא {ארום תעול לוותי} | ואמרת | מה את יהב ל<י> ארום תעול |
| 1289 | | Gn38:29 | חזר ידיה והא נפק אחוי | ואמרת | מה תקפת ועתיד למתקף ברי |
| 1290 | | Ex 4:26 | מלאכא בכדן שבחת צפרה | ואמרת | מה חביב דם ^גזירתא#2#^ |
| 1291 | | Ex 2:06 | טליא בכי וחסת עלוי | ואמרת | מן בניהון דעבריה{ון} הוא |
| 1292 | | Gn16:08 | כביתיה דאברם ריבונך | ואמרת | מן קדם שרי ריבונ«תי» |
| 1293 | | Gn38:18 | מה ערבונא די אתן ליך | ואמרת | עזקתך ושו{ת}<ש>פך וחוטרך |
| 1294 | | Gn19:31 | | ואמרת | רבתא לזערתא אבונן סב וגבר |
| 1295 | | Gn19:34 | והווה מן יומא דבתר<'> | ואמרת | רבתא לזעירתא הא שמשת |
| 1296 | | Gn24:18 | | ואמרת | שתה רבוני ואוחיית ואחתת |
| 1297 | | Gn24:46 | ואחתת קולתה מעלוה | ואמרת | שתה ואף לגמליך אשקי ושתית |
| 1298 | | Gn38:25 | מן שמיא נפקת | ואמרת | תריכון זכיין מן קדם ייי |
| 1299 | ואמרתון | Dt 1:14 | ועניתון יתי | ואמרתון | ^הא#2#^ שפר פתגמא די |
| 1300 | | Dt 5:24 | | ואמרתון | {ה}אחזי יתן מימרה דייי |
| 1301 | | Dt 1:41 | ועניתון | ואמרתון | לי סרחנן קדם ייי אנן |
| 1302 | | Dt 1:22 | ל{ת}<וו>תי כלכון | ואמרתון | נשלח גברין קדמינן וילילו |
| 1303 | | Dt 1:27 | וארעמתון במשכנכון | ואמרתון | על מה דהוה ממרה דייי סני |
| 1304 | ויאמר | Gn34:31 | בנפשיה ומתגאי בלביה | ויאמר | באתה דלית לה בר נש תבע |
| 1305 | | Nu 5:21 | אתתה בשבועתה דלווטה | ויאמר | כהנה לאתתה ישווי ייי יתיך |
| 1306 | | Dt20:03 | | ויאמר | להון שמעון כען ישראל |
| 1307 | | Gn46:33 | ארום יקרא לכון פרעה | ויאמר | מה היא עבדתיכון: |
| 1308 | ויאמרו | Ex 3:13 | שלח יתי לוותכון | ויאמרו | ל{ו}<י> מה שמיה מה אימר |
| 1309 | ויאמרון | Dt29:21 | | ויאמרון | דרה אחרייה בניכון די |
| 1310 | | Dt21:07 | ויענון | ויאמרון | ידינן לא שפכן ית אדמא |
| 1311 | | Dt27:16 | יקריה דאבוי ודאמה | ויאמרון | כל עמא אמן: |
| 1312 | | Dt27:17 | די יארע תחומה דגברא | ויאמרון | כל עמא אמן: |
| 1313 | | Dt27:18 | די יטעי סמייה באורחה | ויאמרון | כל עמא אמן: |
| 1314 | | Dt27:19 | דגיורה דיתמה וארמלתה | ויאמרון | כל עמא אמן: |
| 1315 | | Dt27:20 | ארום בזי עריתה דאבוי | ויאמרון | כל עמה אמן: |
| 1316 | | Dt27:21 | די ישמש עם כל בעיר | ויאמרון | כל עמא אמן: |
| 1317 | | Dt27:22 | ברת אבוי או ברת אמיה | ויאמרון | כל עמה אמן: |
| 1318 | | Dt27:23 | די ישמש עם חתנתיה | ויאמרון | כל עמא אמן: |
| 1319 | | Dt27:24 | יקטל לחבריה בטומרה | ויאמרון | כל עמה אמן^^: |
| 1320 | | Dt27:25 | למקטול נפיש אדם זכיי | ויאמרון | כל עמא אמן: |
| 1321 | | Dt27:26 | הדה למעבד יתהון | ויאמרון | כל עמה אמן: |
| 1322 | | Dt27:14 | ויענון ליווייא | ויאמרון | לכל עמה בני ישראל קל |
| 1323 | וייאמרון | Dt31:17 | בישן סגין ועקין | וייאמרון | ביומה ההוא הלא על די לית |
| 1324 | | Dt29:23 | | וייאמרון | כל אומייה למה ממרה דייי |
| 1325 | | Dt29:24 | | וייאמרון | על די שבקו ית קיימה דייי |
| 1326 | ויימ' | Dt28:06M | תהוון מיעלכון | ויימ' | |
| 1327 | ויימר | Dt22:16 | | ויימר | אבוה דרביתה לחכימייה ית |
| 1328 | | Dt22:14 | ויפק עלה שם בישן | ויימר | ית אתתה הדה נסבית וקרבית |

|  |  |  |  |  |  |
|---|---|---|---|---|---|
| 1329 | | Dt25:08 | עמיה וייקום | ויימר | לא אתרעיית למיסב יתה: |
| 1330 | | Nu 5:19 | וישבע יתה כהנה | ויימר | לאתתה אן לא שמש גבר עימך |
| 1331 | | Ex14:03 | | <ויימר> | פרעה על עסק עמא דבני |
| 1332 | ויימרון | Dt27:26M | ויאמרון/ויענון | ויימרון#2/: | כל עמה אמן: |
| 1333 | | Dt 4:06 | ית כל קיימיה האליין | ויימרון | לחוד עם חכימין וסוכלתנין |
| 1334 | | Dt21:20 | | ויימרון | לחכימי קרתה בנן דין |
| 1335 | | Dt32:07 | ויתנון לכון חכימיכון | ויימרון | לכון: |
| 1336 | | Dt20:08 | סרכייה לממללה עם עמא | ויימרון | מן הוא גברא דדחל מן |
| 1337 | וימרון | Nu14:15 | עמא האליין כגבר חד | ו{א}ימרון | אומייה די ישמעון ית |
| 1338 | | Gn12:12 | ארו' יחמון יתיך מצריה | וימרון | אתתיה היא דא ויקט' יתי |
| 1339 | ונימר | Gn37:20 | יתיה בחד מן גוביא | ונימר | חיוותא בשתא אכלת יתיה |
| 1340 | ותאמר | Lv22:18 | ועם כל בני ישראל | ותאמר | להון גבר גבר מן דב«י»ת |
| 1341 | | Gn32:19 | | ותאמר | לעבדך ליעקב דורון היא |
| 1342 | ותאמרון | Dt 8:17 | | ותאמרון | בלבביכון חיילן ותקוף |
| 1343 | ותימ' | Lv25:02 | מליל עם בני ישראל | ותימ' | להון ארום תיעלון לארעא די |
| 1344 | | Nu15:18 | מליל עם בני ישראל | ותימ' | להון ארום במעלכון לארעא |
| 1345 | ותימר | Gn14:23 | דלא תיהווי מתג«אי» | ותימר | אנא עתרית ית אברם: |
| 1346 | | Nu 5:22 | מעיך ולממסיה ירכיך | ותימר | אתתה אמן אמן דלא |
| 1347 | | Dt25:09 | ותירוק קדמוי ותיעני | ותימר | כהדן סידרא י{ד}<ת>עבד |
| 1348 | | Ex 7:09 | למימר הבו לכון סימן | ותימר | לאהרן סב ית חטרך וטלק |
| 1349 | | Gn44:04 | בתר גבריא ותארע יתהון | ותימר | להון למה כען שלמתון בישן |
| 1350 | | Ex 3:16 | ית חכימיא דישראל | ותימר | להון ייי אלהה אבהתכון |
| 1351 | | Lv17:02 | ועם כל בני ישראל | ותימר | להון דן פתגמא די פקד ייי |
| 1352 | | Lv23:02 | מלל עם בני ישראל | ותימר | להון מועדוי דייי די |
| 1353 | | Lv23:10 | מלל עם בני ישראל | ותימר | להון ארום תיעלון לארעא די |
| 1354 | | Lv27:02 | מליל עם בני ישראל | ותימר | להון גבר ארום יפרש נדר |
| 1355 | | Nu 5:12 | מליל עם בני ישראל | ותימר | להון גבר גבר ארום |
| 1356 | | Nu 6:02 | מליל עם בני ישראל | ותימר | להון גבר או אתתה ארום |
| 1357 | | Nu15:02 | מליל עם בני ישראל | ותימר | להון ארום תיעלון בארעא |
| 1358 | | Nu15:38 | מליל עם בני ישראל | ותימר | להון ˜ויעבדון להון ציצין |
| 1359 | | Nu18:26 | ועם ליוויי תמלל | ותימר | להון ארום תקבלון מן |
| 1360 | | Nu18:30 | | ותימר | להון באפרשותכון ית טובה |
| 1361 | | Nu28:02 | פקד ית בני ישראל | ותימר | להון ית קרבני לחמי לחם |
| 1362 | | Nu28:03 | | ותימר | להון דן סדר קרבנה די |
| 1363 | | Nu33:51 | מליל עם בני ישראל | ותימר | להון ארום אתון עברין ית |
| 1364 | | Nu34:02 | פקד ית בני ישראל | ותימר | להון ארום אתון |
| 1365 | | Nu35:10 | מליל עם בני ישראל | ותימר | להון ארום אתון עברין ית |
| 1366 | | Gn24:44 | | ותימר | לי אף את שתי ואף לגמליך |
| 1367 | | Ex 7:16 | | ותימר | ליה ייי אלההון דעבריין |
| 1368 | | Ex 7:26 | למשה עול לוות פרעה | ותימר | ליה כדון אמר ייי שלח ית |
| 1369 | | Ex 8:16 | נפק למתקוררה על נהרא | ותימר | ליה כדין אמר ייי שלח עמי |
| 1370 | | Ex 9:01 | למשה על לוות פרעה | ותימר | ליה כדין אמר ייי אלההון |
| 1371 | | Ex 9:13 | בצפרא ואתעתד קדם פרעה | ותימר | ליה כדין אמר ייי אלההון |
| 1372 | | Ex13:14 | למחר למימר מה הא דא | ותימר | ליה ביד תקיפא אפיק יתן |
| 1373 | | Nu 8:02 | מליל עם אהרן | ותימר | ליה בסדרותך ית בוציננייה |
| 1374 | | Lv 1:02 | מלל עם בני ישראל | ותימר | ליהון בר נש ארום יקרב |
| 1375 | | Lv18:02 | מליל עם בני ישראל | ותימר | ליהון אנה ייי אלהכון: |
| 1376 | | Lv19:02 | כל כנשתה דבני ישראל | ותימר | ליהון קדישין תהוון ארום |
| 1377 | | Ex 4:22 | | ותימר | לפרעה כדן אמר ייי ברי |
| 1378 | | Dt25:07 | לתרע בית דינה לחכימיה | ותימר | סרב יבמי למקמה לאחוי שם |
| 1379 | | Gn24:14 | כען קולתיך ואשתי | ותימר | שתי ואף לגמליך אשקי יתה |
| 1380 | ותימרון | Dt12:20 | די מלל ˆלכון#2 | ותימרון | איכל בשרא ארום תתחמד |
| 1381 | | Dt17:14 | יתה ותשרון בגווה | ותימרון | אמני עלינן מלך ככל |
| 1382 | | Dt26:03 | רבא ביומיה האינון | ותימרון | לה אודינן ושבחינן יומא |

|  |  |  |  |  |  |
|---|---|---|---|---|---|
| 1383 | | Lv15:02 | מללו עם בני ישראל | ותימרון | להון גבר גבר ארום יהווי |
| 1384 | | Gn32:21 | | ותימרון | לחוד הא יעקב אתי בתרן |
| 1385 | | Dt 6:21 | | ותימרון | ל{י}בניכון עבדין |
| 1386 | | Gn45:09 | אוחו ופקו לוות אבה | ותימרון | ליה כדן אמר ברך יוסף |
| 1387 | | Ex 3:18 | לוות מלכא דמצרים | ותימרון | ליה {ליה} ייי אלההון |
| 1388 | | Ex12:27 | | ותימרון | מכס פסחא הוא קדם ייי די |
| 1389 | | Gn46:34 | | ותימרון | מרי בעיר הוון עבדך מן |
| 1390 | | Dt26:05 | ותענון | ותימרון | קדם ייי אלהכון לבן |
| 1391 | | Dt26:13 | | ותימרון | קדם ייי אלהכון אפרישינן |
| 1392 | | Ex13:14M | למימר מה הא דא | ותימר/ותימרון#2/ | ליה/להון#2/ ביד |
| 1393 | ותמר | Lv21:01 | לכהנייא בנוי דאהרן | ותמר | להון על נפש דמית לא יסתאב |
| 1394 | לימר | Gn45:17M | | ואמר/לימר#2/ | פרעה ליוסף אמר לאחך |
| 1395 | למימ' | Lv 4:01 | ומליל ייי עם משה | למימ': | |
| 1396 | | Lv12:01 | ומליל ייי עם משה | למימ': | |
| 1397 | | Nu31:03 | ומליל משה עם עמא | למימ' | אזדיינו מן לוותכון גברין |
| 1398 | | Ex10:28M | לכן אמר ליה אזדהר | למימ' | דלא מלייא קשייתא האלן |
| 1399 | | Nu32:31 | דגד ובנוי דראובן | למימ' | ית מה די מלל ייי עם עבדך |
| 1400 | | Gn50:16M | לה אבוך/אמהתא דרחל | למימ' | ליוסף אבוך#2/ פקיד |
| 1401 | | Gn15:18 | ייי עם אברם קיים | למימ' | לבניך אתן ית ארעא הדא |
| 1402 | | Ex 3:14M | הווי והווה ועתיד | למימ' | ליה הוי והווי ואמ' כדן |
| 1403 | | Nu36:06 | לבנתיה {דצפל} דצלפחד | למימ' | למן דשפר באפהון יהווין |
| 1404 | | Dt13:03 | או סימנה די מלל לכון | למימ' | נזיל בתר טעוון אחרניין די |
| 1405 | למימר | Gn 8:15 | ומליל ייי עם נח | למימר: | |
| 1406 | | Gn 9:08 | ייי לנח ולבנוהי עמה | למימר: | |
| 1407 | | Gn17:03 | עמה ממרה {לממר} דייי | למימר: | |
| 1408 | | Gn18:01M | לוות אברהם צדיק{י}א | למימר | |
| 1409 | | Gn23:03 | ומליל עם בנוי דחת | למימר: | |
| 1410 | | Gn23:10 | לכל עללי תרע קרתיה | למימר: | |
| 1411 | | Gn27:06 | ממלל עם עשו אחוך | למימר: | |
| 1412 | | Gn34:20 | עם אנשי קרתיהון | למימר: | |
| 1413 | | Gn42:29 | כל מה די יארע יתהון | למימר: | |
| 1414 | | Gn50:04 | כען במשמעיה דפרעה | למימר: | |
| 1415 | | Gn50:16 | פקיד קדם עד לא ימות | למימר: | |
| 1416 | | Ex 5:06 | דעמא וית דחקיהון | למימר: | |
| 1417 | | Ex 6:10 | וממלל ייי עם משה | למימר: | |
| 1418 | | Ex 7:08 | ואמר ייי למשה ולאהרן | למימר: | |
| 1419 | | Ex12:01 | ולאהרן בארעא דמצרים | למימר: | |
| 1420 | | Ex13:01 | ומליל ייי עם משה | למימר: | |
| 1421 | | Ex14:01 | ומליל ייי עם משה | למימר: | |
| 1422 | | Ex16:11 | ומליל ייי עם משה | למימר: | |
| 1423 | | Ex20:01 | שבח דיביריא האליין | למימר: | |
| 1424 | | Ex25:01 | ומליל ייי עם משה | למימר: | |
| 1425 | | Ex30:11 | ומלל ייי עם משה | למימר: | |
| 1426 | | Ex30:17 | ומלל ייי עם משה | למימר: | |
| 1427 | | Ex30:22 | ומליל ייי עם משה | למימר: | |
| 1428 | | Ex31:01 | ומלל ייי עם משה | למימר: | |
| 1429 | | Ex31:12 | ואמר ייי למשה | למימר: | |
| 1430 | | Ex35:04 | דין פתגמא די פקד ייי | למימר: | |
| 1431 | | Ex40:01 | ומליל ייי עם משה | למימר: | |
| 1432 | | Lv 1:01 | ייי עמיה מן משכן זמנא | למימר: | |
| 1433 | | Lv 5:14 | ומליל ייי עם משה | למימר: | |
| 1434 | | Lv 5:20 | ומליל ייי עם משה | למימר: | |
| 1435 | | Lv 6:12 | ומליל ייי עם משה | למימר: | |
| 1436 | | Lv 6:17 | ומליל ייי עם משה | למימר: | |

|  |  |  |  |  |
|---|---|---|---|---|
| 1437 | Lv 7:22 | ומליל ייי עם משה | למימר: | |
| 1438 | Lv 7:28 | ומליל ייי עם משה | למימר: | |
| 1439 | Lv 8:01 | ומליל ייי עם {ל}משה | למימר: | |
| 1440 | Lv10:08 | ומליל ייי עם אהרן | למימר: | |
| 1441 | Lv10:16 | ^מה#2^ דאשתיירו | למימר: | |
| 1442 | Lv13:01 | ייי עם משה ועם אהרן | למימר: | |
| 1443 | Lv14:01 | ומליל ייי עם משה | למימר: | |
| 1444 | Lv14:33 | עם משה «ועם אהרן» | למימר: | |
| 1445 | Lv15:01 | ייי עם משה ועם אהרן | למימר: | |
| 1446 | Lv17:01 | ומליל ייי עם משה | למימר: | |
| 1447 | Lv17:02 | דן פתגמא די פקד ייי | למימר: | |
| 1448 | Lv18:01 | ומליל ייי עם משה | למימר: | |
| 1449 | Lv19:01 | ומליל ייי עם משה | למימר: | |
| 1450 | Lv20:01 | ומליל ייי עם משה | למימר: | |
| 1451 | Lv21:16 | ומליל ייי עם משה | למימר: | |
| 1452 | Lv22:01 | ומליל ייי עם משה | למימר: | |
| 1453 | Lv22:17 | ומליל ייי עם משה | למימר: | |
| 1454 | Lv22:26 | ומליל ייי עם משה | למימר: | |
| 1455 | Lv23:01 | ומליל ייי עם משה | למימר: | |
| 1456 | Lv23:09 | ומליל ייי עם משה | למימר: | |
| 1457 | Lv23:23 | ומליל ייי עם משה | למימר: | |
| 1458 | Lv23:26 | ומליל ייי עם משה | למימר: | |
| 1459 | Lv23:33 | ומליל ייי עם משה | למימר: | |
| 1460 | Lv24:01 | ומליל ייי עם משה | למימר: | |
| 1461 | Lv24:13 | ומליל ייי עם משה | למימר: | |
| 1462 | Lv25:01 | ^בטורא דסיני#2^ | למימר: | |
| 1463 | Lv27:01 | ומליל ייי עם משה | למימר: | |
| 1464 | Nu 1:01 | מן ארעא דמצרים | למימר: | |
| 1465 | Nu 1:48 | ומליל ייי עם משה | למימר: | |
| 1466 | Nu 2:01 | ייי עם משה ועם אהרן | למימר: | |
| 1467 | Nu 3:05 | ומליל ייי עם משה | למימר: | |
| 1468 | Nu 3:11 | ומלל ייי עם משה | למימר: | |
| 1469 | Nu 3:14 | עם משה במדברה דסיני | למימר: | |
| 1470 | Nu 3:44 | ומליל ייי עם משה | למימר: | |
| 1471 | Nu 4:01 | עם משה ועם אהרן | למ«י»מר: | |
| 1472 | Nu 4:17 | ייי עם משה ועם אהרן | למימר: | |
| 1473 | Nu 4:21 | ומליל ייי עם משה | למימר: | |
| 1474 | Nu 5:01 | ומליל ייי עם משה | למימר: | |
| 1475 | Nu 5:05 | ומליל ייי עם משה | למימר: | |
| 1476 | Nu 5:11 | ומליל ייי עם משה | למימר: | |
| 1477 | Nu 6:01 | ומליל ייי עם משה | למימר: | |
| 1478 | Nu 6:22 | ומליל ייי עם משה | למימר: | |
| 1479 | Nu 7:04 | ואמר ייי למשה | למימר: | |
| 1480 | Nu 8:01 | ומליל ייי עם משה | למימר: | |
| 1481 | Nu 8:23 | ומלל ייי עם משה | למימר: | |
| 1482 | Nu 9:01 | בירחא קדמיא | למימר: | |
| 1483 | Nu 9:09 | ומליל ייי עם משה | למימר: | |
| 1484 | Nu10:01 | ומליל ייי עם משה | למימר: | |
| 1485 | Nu13:01 | ומליל ייי עם משה | למימר: | |
| 1486 | Nu14:15 | די ישמעון ית שמעך | למימר: | |
| 1487 | Nu14:17 | ייי היך מה דמלילתא | למ«י»מר: | |
| 1488 | Nu14:26 | ייי עם משה ועם אהרן | למימר: | |
| 1489 | Nu15:01 | ומליל ייי עם משה | למימר: | |
| 1490 | Nu15:17 | ומליל ייי עם משה | למימר: | |
| 1491 | Nu15:37 | ואמר ייי למשה | למימר: | |
| 1492 | Nu16:20 | ייי עם משה ועם אהרן | למימר: | |
| 1493 | Nu16:23 | ומליל ייי עם משה | למימר: | |
| 1494 | Nu17:01 | ומליל ייי עם משה | למימר: | |
| 1495 | Nu17:09 | ומליל ייי עם משה | למימר: | |
| 1496 | Nu17:16 | ומליל ייי עם משה | למימר: | |
| 1497 | Nu18:25 | ומליל ייי עם משה | למימר: | |
| 1498 | Nu19:01 | ייי עם משה ועם אהרן | למימר: | |
| 1499 | Nu20:07 | ומליל ייי עם משה | למימר: | |
| 1500 | Nu20:23 | לתחומיהון דאדומיי | למימר: | |
| 1501 | Nu21:21 | מלכיהון דאמוריי | למימר: | |
| 1502 | Nu24:12 | די שלחת לוותי מללת | למימר: | |
| 1503 | Nu25:10 | ומליל ייי עם משה | למימר: | |
| 1504 | Nu25:16 | ומליל ייי עם משה | למימר: | |
| 1505 | Nu26:01 | ברה דאהרן כהנא רבה | למימר: | |
| 1506 | Nu26:03 | סמיך לירדנא דיריחו | למימר: | |
| 1507 | Nu26:52 | ומליל ייי עם משה | למימר: | |
| 1508 | Nu27:02 | כנשתה בתרע משכן זמנא | למימר: | |
| 1509 | Nu27:06 | ואמר ייי למשה | למימר: | |
| 1510 | Nu27:15 | ומליל משה עם ייי | למימר: | |
| 1511 | Nu28:01 | ומליל ייי עם משה | למימר: | |
| 1512 | Nu31:01 | ומליל ייי עם משה | למימר: | |
| 1513 | Nu31:25 | ואמר ייי למשה | למימר: | |
| 1514 | Nu32:02 | ולרברבני עם כנישתה | למימר: | |
| 1515 | Nu32:10 | ההוא וקיים בשבועה | למימר: | |
| 1516 | Nu33:50 | לירדנה דיריחו | למ«י»מ{{י}}ר: | |
| 1517 | Nu34:01 | ומליל ייי עם משה | למימר: | |
| 1518 | Nu34:16 | ומליל ייי עם משה | למימר: | |
| 1519 | Nu35:01 | סמיך לירדנה דיריחו | למימר: | |
| 1520 | Nu35:09 | ומליל ייי עם משה | למימר: | |
| 1521 | Dt 1:05 | ית ספר אורייתה הדה | למימר: | |
| 1522 | Dt 1:34 | רוגזיה ואמר בשבועה | למימר: | |
| 1523 | Dt 2:02 | ואמר ייי לי אמר משה | למימר: | |
| 1524 | Dt 2:17 | ומליל ייי עמי אמר משה | למימר: | |
| 1525 | Dt 2:26 | דחשבון מלין דשלם | למימר: | |
| 1526 | Dt 3:23 | מן קדם ייי בשעתה ההיא | למימר: | |
| 1527 | Dt 5:05 | אשתה ולא סלקתון בטורא | למימר: | |
| 1528 | Dt13:13 | יהב לכון למשרי תמן | למימר: | |
| 1529 | Dt27:11 | ית עמא ביומא ההוא | למימר: | |
| 1530 | Dt31:25 | טעני ארון קיימה דייי | למימר: | |
| 1531 | Dt32:48 | משה בזמן יומא הדין | למימר: | |
| 1532 | Ex 6:29 | ומלל <ייי> עם משה | למימר | "אני" ייי אנה ^הוא#2^ |
| 1533 | Lv 8:31 | היך מה דפקדית | למימר | אהרן ובנוי יאכלון יתיה: |
| 1534 | Gn34:08 | ומלל חמור עמהון | למימר | שכם ברי אתרעיית נפשה |
| 1535 | Gn47:05 | ואמר פרעה ליוסף | למימר | אבוך ואחך אתון לוותך: |
| 1536 | Gn31:29 | דאבוכון ברמשא אמר לי | למימר | אזדהר לך מן למללה עם |
| 1537 | Ex19:12 | ותתחם ית עמא חזור חזור | למימר | אזדהרו לכון דלא למיסק |
| 1538 | Gn44:18 | מן לוות אבה ואמרי ליה | למימר | אין לא אייתת יתי לוותיך |
| 1539 | Nu12:13M | "ואמ' ...": | למימר | אלה דמסי כל ביש<ר>ה |
| 1540 | Nu11:18 | בכיתון במשמעה דייי | למימר | אלווי מן יוכל יתן בשר |
| 1541 | Nu20:03 | עם כנ«י»שתה ואמרין | למימר | אלווי מתינן היך מה דמיתו |
| 1542 | Gn23:08 | ומליל עמהון | למימר | אם ברעות נפשכון למקבר ית |
| 1543 | Gn23:11M | :/ ומליל עמהון | למימר | אם ברעות נפשכון למיקבר |
| 1544 | Gn28:20 | ונדר <יעקב> נדר | למימר | אן יהווי ייי בסעדי וינטר |

|  |  | | | |
|---|---|---|---|---|
| 1545 | Gn38:21 | ושאל ית עמא דאתרא | למימר | אן היא נפקת ברה דיתבה |
| 1546 | Gn44:32 | ית טליא מן לוות אבה | למימר | אן לא אייתת יתה לוותך |
| 1547 | Gn50:04 | עם אנשי בייתיה דפרעה | למימר | אן אשכחית חן וחסד באפיכון |
| 1548 | Dt32:37 | עתידין אינון אומיה | למימר | אן אלהא דישראל תקיפה |
| 1549 | Gn34:04 | ואמר שכם לחמור אבוי | למימר | אסב ית רביתה הדא לאתה: |
| 1550 | Nu16:24 | מליל עם כל כנשתה | למימר | אסתלקו מן חזור חזור |
| 1551 | Dt27:09 | ליוויי עם כל ישראל | למימר | אציתו ושמעו ישראל יומא |
| 1552 | Gn32:18 | ופקיד ית קדמיה | למימר | ארום יערע יתך עשו אחוי |
| 1553 | Ex10:29 | עד דאנא יתיב במדין | למימר | ארום מיתו כל גברייא דהוון |
| 1554 | Nu13:32 | יתה קדם בני ישראל | למימר | ארעא די עברינן בה למיללה |
| 1555 | Nu14:07 | כנישתה דבני ישראל | למימר | ארעא די עברנן בגווה |
| 1556 | Ex14:12 | דמללנן עמך במצרים | למימר | ארפי מינן ונפלח קדם מצריי |
| 1557 | Ex 5:13 | ודחקו דחקין | למימר | אשלמו עבידתכון סכום יום |
| 1558 | Lv12:02 | מליל עם בני ישראל | למימר | אתא ארום תעבר ותלד בר דכר |
| 1559 | Gn28:12 | למלאכי{ה} מרומא | למימר | אתון חמון לגברא חסידא |
| 1560 | Gn45:16 | אשתמע בפלטורין דפרעה | למימר | אתון אחוי דיוסף ושפר |
| 1561 | Nu17:06 | על משה ועל אהרן | למימר | אתון קטלתון ית עם כנישתה |
| 1562 | Dt 2:04 | וית עמה פקד | למימר | אתון עברין בתחום אחיכון |
| 1563 | Gn26:07 | אחתי היא ארום דחל | למימר | אתתיה היא דלא יקטלון יתיה |
| 1564 | Dt 9:04 | יתהון מן קדמיכון | למימר | בזכוותן אעיל יתן מימרה |
| 1565 | Gn48:20 | וברך יתהון ביומא ההוא | למימר | בזכותך יתברכון ישראל |
| 1566 | Lv23:34 | מליל עם בני ישראל | למימר | בחמשת עשר יומין לירחא |
| 1567 | Ex16:12 | ישראל מליל{י} עמהון | למימר | ביני שמשתה תיכלון בשר |
| 1568 | Lv10:03 | הוא פתגמא די מליל ייי | למימר | במן דמקרב לוותי אתקדש |
| 1569 | Nu16:05 | עם קרח ועם כל כנשתה | למימר | בצפרה וידע ייי מן דמן |
| 1570 | Gn41:16 | וענה יוסף ית פרעה | למימר | בר מני מן קדם ייי יתענה |
| 1571 | Gn18:12 | ותמהת שרה בלבה | למימר | בתר דסאבית אפשר לי למחזר |
| 1572 | Lv24:15 | ועם בני ישראל תמליל | למימר | {גבב} גבר ארום יפריש שמה |
| 1573 | Ex36:06 | ועברן כרוז במשריתה | למימר | גבר ואתה לא יעבדון תוב |
| 1574 | Lv21:17 | מליל עם אהרן | למימר | גבר גבר מן בניך לדריהון |
| 1575 | Nu 9:10 | מלל עם בני ישראל | למימר | גבר גבר ארום יה«ו»י |
| 1576 | Nu27:08 | ועם בני ישראל תמלל | למימר | גבר ארום ימות ובר דכר לית |
| 1577 | Dt 9:13 | ואמר ייי לי אמר משה | למימר | גלי קדמי ית קשיותהון דעמא |
| 1578 | Lv 6:02 | פקד ית אהרן וית בנוי | למימר | דא גזירת אוריתה דעלתה היא |
| 1579 | Lv 6:18 | מלל עם אהרן ועם בנוי | למימר | דא גזירת אוריתה דחטאתה |
| 1580 | Lv11:02 | מללו עם בני ישראל | למימר | דא חייתה די תכלון מן כל |
| 1581 | Nu34:13 | משה ית בני ישראל | למימר | דא ארעא די תתאחסנון יתה |
| 1582 | Gn38:28 | וקטרת על ידיה זיהוריה | למימר | דין נפק קדמיי: |
| 1583 | Ex35:04 | כנישתא דבני ישראל | למימר | דין פתגמא די פקד ייי |
| 1584 | Nu30:02 | שבטיה דבני ישראל | למימר | דין פתגמא די פקד ייי: |
| 1585 | Gn26:20 | דגרר עם רעוי דיצחק | למימר | דינן אנן מיא וקרא שמה |
| 1586 | Gn 5:29 | וקר' ית שמיה נח | למימר | דן ינחם יתן מן עבדינן |
| 1587 | Gn18:13 | לאברהם כען גחכת שרה | למימר | הא מן קושטא אלד ואנה |
| 1588 | Gn18:27M | ואמר \הא כען שריית | /למימר | הא אנה שרי#2#/ למלל«א» |
| 1589 | Gn22:20 | האלין ואתני לאברהם | למימר | הא ילדת מלכא אף היא בנין |
| 1590 | Gn27:06 | ורבקה אמרת ליעקב ברה | למימר | הא שמעית ית קלא דאבוך |
| 1591 | Gn38:13 | ואתניה לתמר | למימר | הא חמוך סלק לתמנתה למגז |
| 1592 | Gn43:03 | ואמר ליה יהודה | למימר | הא מסהד' אסהד בן גברא |
| 1593 | Gn43:07 | שאל גברא לנא ולתלדותן | למימר | הא כען אבוכון קיים הא אית |
| 1594 | Gn44:19 | רבוני שאל ית עבדוי | למימר | הא אית לכון אב או אח: |
| 1595 | Gn50:05 | אבא אשבע יתי | למימר | הא אנה מאית בקברי די חפרת |
| 1596 | Ex 6:12 | ומלל משה קדם ייי | למימר | הא בני ישראל לא שמעו |
| 1597 | Ex17:07 | ועל די נסון קדם ייי | למימר | הא מן קושטא איקר שכינתה |
| 1598 | Nu14:40 | וסליקו לריש טורא | למימר | הא אנן וניסוק לאתרא די |
| 1599 | Nu17:27 | בני ישראל ^למשה#2#^ | למימר | הא ספינן אשתיצינן כלן |
| 1600 | Nu22:05 | בני עמיה למיקרי ליה | למימר | הא עם סגין נפקו מן מצרים |
| 1601 | Dt31:14 | ואמר ייי למשה | למימר | ה«א» קרבו יומי חייך |
| 1602 | Gn47:15 | כל מצראי לוות יוסף | למימר | הב לן לחם ולמה נמות |
| 1603 | Gn47:17 | כל מצראי לוות יוסף | למימר | הב לן לחם ויהב להון יוסף |
| 1604 | Nu11:13 | ארום יבכון קודמוי | למימר | הב לן בשר ונאכל: |
| 1605 | Ex 7:09 | ארום ימלל עמכון פרעה | למימר | הבו לכון סימן ותימר |
| 1606 | Dt12:30 | דלא תתבעון לטעוותהון | למימר | היך הוון פלחין אומיה |
| 1607 | Gn38:24 | ירחין ואתני ליהודה | למימר | זניית תמר כלתך ולחוד הא |
| 1608 | Gn39:14 | ואמרת להון | למימר | חמון דאייתי לי גבר עבריי |
| 1609 | Dt 1:36 | בה ולבנוי חלף די אשלם | למימר | טב בתר מימרה דייי: |
| 1610 | Dt27:01 | דישראל ית עמא | למימר | טורו ית כל מצוותה די אנה |
| 1611 | Nu36:05 | על פם גזירת ממרה דייי | למימר | יאות שבטה דבני יוסף |
| 1612 | Dt 3:18 | ופקדת יתכון בשעתה ההיא | למימר | ייי אלהכון יהב לכון ית |
| 1613 | Gn42:14 | פתגמא די מלילת עמכון | למימר | ילילין אתון: |
| 1614 | Gn30:24 | וקרת ית שמ«ה» יוסף | למימר | יסף ייי לי בר חורן: |
| 1615 | Gn48:20 | בזכותך יתברכון ישראל | למימר | ישוי יתך ייי כאפרים |
| 1616 | Gn41:09 | ומלל רב מזוגיא עם פרעה | למימר | ית סרחנוי אנה מדכר יומא |
| 1617 | Gn42:37 | ואמר ראובן לאבוי | למימר | ית תרין בניי תקטול אין לא |
| 1618 | Gn44:06 | יתהון ומלל עמהון | ^למימר#2#^ | ית פתגמיא האיליין: |
| 1619 | Gn24:30 | ית מילי דרבקה אחתה | למימר | כדין מלל עמי גברא ואתא |
| 1620 | Ex 5:10 | וסרכיהון ואמרין לעמא | למימר | כדין אמר פרעה לית אנה יהב |
| 1621 | Ex19:03 | דבירה דייי מן טורא | למימר | כדין תימר לדבית יעקב |
| 1622 | Gn32:05 | יתהון יעקב {יתהון} | למימר | כדן תאמרון לרבוני לעשו |
| 1623 | Nu 6:23 | עם אהרן ועם בנויי | למימר | כדן תברכון ית בני ישראל |
| 1624 | Ex 1:22 | ופקד פרעה לכל עמיה | למימר | כל בר דכר דמתיילד |
| 1625 | Lv 7:23 | מליל עם בני ישראל | למימר | כל תרב תור ואמר וגדי בר |
| 1626 | Nu23:26 | לבלק הלא מלילית עמך | למימר | כל מה די ימלל ייי יתה |
| 1627 | Lv14:35 | דבייתה ויתני לכהנא | למימר | כמכתש אתחזי לי בביתה: |
| 1628 | Gn32:20 | אף ית דמהלך בתר עדריא | למימר | כפתגמא הדין תמללון עם |
| 1629 | Gn39:19 | דאתתיה דמללת עמיה | למימר | כפתגמיא האילין עבד לי |
| 1630 | Gn 3:17 | מן אילנ' די פקדת יתך | למימר | לא תיכול מינה ליטא תהוי |
| 1631 | Gn13:07 | מן אברם רבוניהו' | למימר | לא תנסון לכנעניא ופריזיא |
| 1632 | Gn15:01 | ייי על אבר' צדיקא | למימר | לא תדחל אברם ואף על גב |
| 1633 | Gn15:04 | מן קדם ייי על אברם | למימר | לא ירת יתך דן ארום אלהן |
| 1634 | Gn18:15 | וכדבת שרה | למימר | לא גח<כ>ת ארום דחלא הוות |
| 1635 | Gn23:11 | לכל עללי תרע קרתיה | למימר: | לא רבוני קבל מני חקלא |
| 1636 | Gn24:37 | ואשבע ית ריבוני | למימר | לא תסב אתה לברי מן בנתהון |
| 1637 | Gn28:06 | כד ברך יתה ופקד עלוי | למימר | לא תסב אתה מן בנתהון |
| 1638 | Gn42:22 | וענה ראובן יתהון | למימר | לא תחטון הלא אמרית לכון |
| 1639 | Gn43:03 | הא מסהד' אסהד בן גברא | למימר | לא תחמון סבר אפוי ארום |
| 1640 | Ex 5:19 | דישראל יתהון בביש | למימר | לא תמנעון מן לבניכון סכום |
| 1641 | Lv24:12M | ממונה דלא יבההתון | למימר | לא שמעין ברם משה רבן |
| 1642 | Lv24:12 | דלא יהוון בהתין | למ{מ}י<מ>ר | לא שמענן דמשה רבהון |
| 1643 | Nu 9:08M | יבהתון | למימר | לא שמעינן ברם משה רבן |
| 1644 | Nu 9:08 | בדינה ולא יהוון בהתין | למימר | לא שמענן דמשה רבן אמר לא |
| 1645 | Nu15:34M | ממונה דלא יבהתון | למימר | לא שמעינן ברם משה רבן |
| 1646 | Nu15:34 | דלא יהיוון בה{ד}<ת>ין | למימר | לא שמענן דמשה רבן ואמ' |
| 1647 | Nu27:05 | בדינה ולא יהוון בהתין | למימר | לא שמענן דמשה רבהון אמר |
| 1648 | Dt18:16 | ביום התכנשות קהלה | למימר | לא אוסף למשמע ית קל ממרה |
| 1649 | Dt22:17 | שווי לה עלילן דמילין | למימר | לא אשכחית לברתך סהדוותה |
| 1650 | Gn24:07 | מלל עמי ודי קיים עמי | למימר | לבניך אתן ית ארעא הדא הוא |
| 1651 | Ex33:01 | ליצחק וליעקב | למימר | לברך אתן יתה: |
| 1652 | Ex32:12 | למה כען יימרון מצרים | למימר | לבשתהון אפק (ו){ו}<י>תהון |

| | | | | |
|---|---|---|---|---|
| 1653 | Gn50:16 | בלהה למרביתיה דיוסף | למימר | לה אבוך פקיד קדם עד לא |
| 1654 | Dt 1:37 | מן קדם ייי מן בגללכון | למימר | להוד את לא תיעול |
| 1655 | Lv11:01 | ייי עם משה ועם אהרן | למימר | להון: |
| 1656 | Dt 1:03 | כל מה די פקד ייי יתיה | למימר | להון: |
| 1657 | Dt30:12 | לא בשמיא היא אוריתה | למימר | לווי הוה לן חד כמשה |
| 1658 | Dt30:13 | לימה רבה היא אוריתה | למימר | לווי הוה לן חד כיונה |
| 1659 | Dt34:04 | ליצחק וליעקב | למימר | לזרעיית בניך אתן יתה חמי |
| 1660 | Gn23:13 | במשמעהון דעמא דארעא | למימר | לחוד אן לווי את מקבל מני |
| 1661 | Ex31:13 | ואת מלל עם בני ישראל | למימר | לחוד ית שובי קדשי תטרון |
| 1662 | Gn23:05 | דחתאה ית אברה' | למימר | ליה: |
| 1663 | Gn23:14 | וענה עפרון ית אברהם | למימר | ליה: |
| 1664 | Ex 3:14 | עלמא מן שרויא ועתיד | למימר | ליה הווי ויהווי הוא שלח |
| 1665 | Dt 1:09 | ואמרת לכון בשעתה ההיא | למימר | לית אנה יכיל לבלחודוי |
| 1666 | Ex 5:15 | וצווחו קדם פרעה | למימר | למה כען תעבד כדן לעבדך: |
| 1667 | Nu11:20 | ובכיתון קודמוי | למימר | למה כען נפקינן מן ארעא |
| 1668 | Dt31:10 | ופקד משה יתהון | למימר | לסוף שבע שנין דיומין |
| 1669 | Ex13:19 | אשתבע ית בני ישראל | למימר | מדכרא ידכר ייי יתכון |
| 1670 | Gn50:25 | יוסף ית בני ישראל | למימר | מדכרה ידכר ייי יתכון |
| 1671 | Ex 3:16 | דאברהם יצחק ויעקב | למימר | מדכרה ידכר ייי יתכון וית |
| 1672 | Gn37:15 | בחקלא ושאל יתיה גברא | למימר | מה את בעי: |
| 1673 | Gn42:28 | וחרדו גבר לקבל אחוי | למימר | מה הוא דא דעבד ייי לנא: |
| 1674 | Ex13:14 | ישאלון בניכון למחר | למימר | מה הא דא ותימר ליה ביד |
| 1675 | Ex15:24 | ואתרעמו עמא על משה | למימר | מה הן אנן שתיין: |
| 1676 | Ex17:04 | וצלי משה קדם ייי | למימר | מה אעבד לעמא הדין עוד |
| 1677 | Ex23:02 | למבאשא לא תמנע מן | למימר | מה דבלבך על חברך בדינא |
| 1678 | Dt 6:20 | יתכון בניכון למחר | למימר | מה סהדוותה וקיימיה וסדרי |
| 1679 | Ex 9:05 | ושוי ייי זמן | למימר | מחר יעבד ייי פתגמייא הדין |
| 1680 | Gn32:07 | מלל{{ה}}יה לוות יעקב | למימר | מסינן לוות אחוך לוות עשו |
| 1681 | Gn44:01 | אפיטרופוס על בייתי | למימר | מלי ית טעוניהון דגוברייא |
| 1682 | Nu19:02 | אוריתה די פקד ייי | למימר | מליל עם בני ישראל ויסבון |
| 1683 | Gn 2:16 | ייי אלהים על האדם | למימר | מן כל אילני גנתה מיכל |
| 1684 | Gn26:11 | ופקד אבימלך ית כל עמא | למימר | מן דיקרב בגברא הדין |
| 1685 | Gn32:18 | עשו אחוי וישאלונך | למימר | מן את אתי ולאן את אזל |
| 1686 | Lv 7:29 | מלל עם בני ישראל | למימר | מן דמקרב ית נכסת קודשוי |
| 1687 | Dt20:05 | וימללו סרכיה עם עמא | למימר | מן הוא דן גברא דבנה בית |
| 1688 | Gn40:07 | במטרא בבייתיה דרבונה | למימר | מן בגלל מן אפיכון בישן |
| 1689 | Ex 5:14 | עליהון דחקוי דפרעה | למימר | מן בגלל מה לא אשלמתון |
| 1690 | Ex13:08 | לבניכון ביומא ההוא | למימר | מן בגלל מצוותה דפטיריא |
| 1691 | Ex32:12M | מצראי | למימר | מן בגלל למבעשה יתהון |
| 1692 | Ex36:05 | ואמרין למשה | למימר | מסגין עמא למייתה כמסת |
| 1693 | Dt15:11 | מפקד יתכון יומא הדין | למימר | מפתח תפתחון ית ידיכון |
| 1694 | Ex30:31 | ועם בני ישראל תמלל | למימר | משח דרבו דקדש יהווי דין |
| 1695 | Ex15:01 | הדה קדם ייי ואמרין | למימר | נודי ונשבח קדם ייי דכל מן |
| 1696 | Dt13:07 | עליך כנפשך בטומרה | למימר | ניזיל ונפלח כען טעוון |
| 1697 | Dt13:14 | ית דיירי קרתה{י}הון | למימר | ניזיל ונפלח קדם טעוון |
| 1698 | Ex 5:08 | בגין כדן אינון צווחין | למימר | ניזל ונקריב קדם אלהן: |
| 1699 | Gn31:01 | ית מלוי דבנוי דלבן | למימר | נסב יעקב ית כל מה דאבונן |
| 1700 | Lv 4:02 | מליל עם בני ישראל | למימר | נפש ארום תחטא בשלוה מן כל |
| 1701 | Nu21:06M | \דמיכלי קליל ייתי | /למימר | נפשן מעיקה בלחמה הדין |
| 1702 | Lv 9:03 | ועם בני ישראל תמליל | למימר | סבו צפיר בר עיזין לחטאתה |
| 1703 | Dt 1:06 | אלהן מליל עמן בחורב | למימר | סגין לכון למישרי בטורא |
| 1704 | Nu16:26 | ומליל לוות כנישתה | למימר | סטון כען מעלוי משכן |
| 1705 | Nu32:25 | ובנוי דראובן למשה | למימר | עבדך יעבדון היך מה דרבוני |
| 1706 | Gn45:26 | ותנון ליה | למימר | עד כדון יוסף בחיין וארום |

| | | | | | |
|---|---|---|---|---|---|
| 1707 | | Dt 9:23 | יתכון מן רקם דגיעה | למימר | עולו וירתו ית ארעא די |
| 1708 | | Dt 3:21 | פקדית בשעתה ההיא | למימר | עיינך חמיין ית כל מה די |
| 1709 | | Gn39:17 | עמיה כפתגמיא האילן | למימר | על לוותי עבדא עברא די |
| 1710 | | Dt 1:28 | אחינן אמסון ית לבבינן | למימר | עם רברבין וסגין מינן |
| 1711 | | Ex11:08 | לוותי וישאלון בשלמי | למימר | פוק את וכל עמא דעמך |
| 1712 | | Gn19:15 | ואתוקפו מלאכיא בלוט | למימר | קום דבר ית אתתך וית תרתין |
| 1713 | | Dt15:09 | דחטי בתר לבכון זידנה | למימר | קרבת שתה שביעייתה שנת |
| 1714 | | Ex 7:16 | דעבריין שלח יתי לוותך | למימר | שלח ית עמי ויפלחון קדמיי |
| 1715 | | Dt29:18 | ויתפייס במחשבת ליביה | למימר | שלם יהווי לי ארום בקשיטות |
| 1716 | | Gn39:12 | ותפשת יתה בלבושוי | למימר | שמש עמי ושבק לבושוי עמה |
| 1717 | | Dt 1:16 | דייניכון בשעתה ההיא | למימר | תהוון שמעין בני אחיכון |
| 1718 | | Ex19:23 | ארום את אסהדת בן | למימר | תחם ית טורא וקדש יתיה: |
| 1719 | | Dt19:07 | כדן אנה מפקד יתכון | למימר | תלת קורי שיזבו תפרשון |
| 1720 | | Gn 1:22 | וברך יתהון ממרא דייי | למימר | תקיפו וסגון ומלון ית מיא |
| 1721 | | Gn41:15 | ליה ואנה שמעית עלך | למימר | תשמע חלמא למפתר יתיה: |
| 1722 | למימ' | Lv 6:01 | ומליל ייי עם משה | למימ': | |
| 1723 | למימר | Nu 8:05 | ומלל ייי עם משה | למימר: | |
| 1724 | | Gn17:03 | אפוי ומליל עמה ממרה | {למימר} | דייי למימר: |
| 1725 | | Gn21:22 | רב חילוותיה לאברהם | למימר | ייי עמך בכל מה דאת עבד: |
| 1726 | איתמר etpeel | Gn38:25 | פרגודא דברך או לא ואנה | איתמר | לי כען דמן אינון עזקתה |
| 1727 | | Nu10:29M | מן קדם ייי | איתמר | מן יומי עלמה לאיתיא טבתה |
| 1728 | אתאמר | Gn44:18 | פרעה אנה דחיל דילמא לא | אתאמר | לך או דילמא לא אשתמע לך |
| 1729 | אתמ' | Gn21:12M | על אמהתך כל מה די | אתמ'#2#/ | לך שרה שמע בקלה ארום |
| 1730 | אתמר | Gn44:18M | פרעה אנה דחיל דילמא לא | אתמר | לך או דילמא לא אשתמע לך |
| 1731 | | Lv 1:01M | עד זמן די | אתמלל/אתמר#2#/ | עמי/לי#2#/ מן קדם |
| 1732 | אתמריין | Gn15:17M | תננה ורשיעי' לגווה | אתמריין | על די מרדו בחייהון |
| 1733 | יתאמ' | Gn32:29M | לא יעקב \יתקרי עוד | /יתאמ' | עוד#2#/ שמך ארום אלהן |
| 1734 | יתאמר | Nu21:14M | בגין כדן | כתיב/יתאמר#2#/ | ומפרש בספר אורייתה |
| 1735 | | Gn10:09 | קדם ייי בגין כדין | יתאמר | כנמרוד גיבר בחטאה קדם |
| 1736 | | Nu23:23 | ישראל בע{{י}}דנא הדין | יתאמר | לבית יעקב טבתה וניחמתה |
| 1737 | | Lv 1:01M | לגויה עד זמן די | אתמלל/יתאמר#2#/ | עמיה/לי#2#/ מן קדם |
| 1738 | מיתאמר | Gn34:31M | אמרין/למהוי | מית<אמר#2#/ | בכנישתיהון ובמדרשיהון |
| 1739 | מיתמר | Dt17:06M | על פם | מימר/מיתמר#2#/ | תרין סהדין או על פם |
| 1740 | דאיתאמר | Nu23:10 | עולימיהון דבית יעקב | דאיתאמר | עליהון די הוון מברכין |
| 1741 | דאתאמר | Nu23:10 | משריתה דבני ישראל | דאתאמר | עליהון יהוון מסגין ככוכבי |
| 1742 | דית' | Nu23:10M | /דיש'#2#/ | דאתאמר/דית'#2#/ | עליהון יהוון |
| 1743 | | Nu23:10M | דבית יעקב | דאיתאמר/דית'#2#/ | עליהון די הוון |
| 1744 | דיתאמר | Gn34:31M | יאי הוא \דיהוון | אמרין/דיתאמר#2#/ | בכנישתיהון דישראל |
| 1745 | ואיתמר | Gn48:01 | והוה בתר פתגמא האליין | ואיתמר | ליוסף הא אבוך ביש ודבר |
| 1746 | ואתאמר | Gn48:01M | פתגמא האליין | ואיתמר/ואתאמר#2#/ | ליוסף הא אבוך |

**אמר** *n.* ⇐ **אימר**

**אן** *adv.* ⇐ **הן**

**אן** *conj.* ⇐ **אין**

**אנה** *pron.* **I**

| | | | | | |
|---|---|---|---|---|---|
| 001 | א' | Gn20:06M | אנא/הדא ומנעית אוף | א'#2#/ | יתך מלמחטי קדמי בגין |
| 002 | אנ' | Gn 6:13 | וגזילין מן קדמיהון והא | אנ' | מחבל יתהון וית ארעא: |
| 003 | אנא | Gn13:08 | ארום היך גוברין אחין | אנא: | |
| 004 | | Gn31:11 | בחלמא יעקב ואמר הא | אנא: | |
| 005 | | Gn37:13 | יתך לוותהון ואמר ליה הא | אנא: | |

|  |  | | | |
|---|---|---|---|---|
| 006 | Lv11:45 | ותהוון קדישין ארום קדיש | אנא: | |
| 007 | Gn27:34 | ואמר לאבוי ברך יתי אף | אנא | אבא: |
| 008 | Gn17:01 | דייי על אברם ואמר לה | אנא | אלהא שמיא פלח קדמי בקשטא |
| 009 | Nu18:06M | ואנה הא | אנה/אנא#2#/ | אפרשית ית אחיכון |
| 010 | Gn12:11 | לשרי אתתה הא כען ידע | אנא | ארום את שפירת חזי׳ את: |
| 011 | Gn21:24 | ואמר אברהם הא | אנא | אשתבע ואקיים בשבועה: |
| 012 | Gn24:27 | חסדה וקושטה עם ריבוני | אנא | באורחא דבר יתי ייי בבייתיה |
| 013 | Ex 2:22 | ארום אמר דייר ותותב | אנא | בארע נוכראה: |
| 014 | Gn37:16 | ואמר ית אחי | אנא | בעי תני לי כען אן אנון |
| 015 | Gn22:07M | אבא ואמר הנני/הא | אנא#2#/ | ברי ואמר הא אשתא |
| 016 | Gn48:19 | וסרב אבוי ואמר ידע | אנא | ברי ידע אנה אף הוא יהווי |
| 017 | Gn20:06 | לה ממריה דייי בחלמא אף | אנא | גלי קדמיי ארום בתמימות לבך |
| 018 | Gn44:18M | אמרת לן מן קדם ייי | אנא | דחיל וכדו את אמרת מן קדם |
| 019 | Gn 4:08 | הבל ואמר לקין מסתכל | אנא | די ברחמין איתברי עלמא ועל |
| 020 | Ex 3:14M | מן דאיתברי{ה} עלמ׳ | אנא | הוא דהוויתי בסעדכון |
| 021 | Ex 6:02 | ייי עם משה ואמר ליה | אנא | הוא ייי: |
| 022 | Ex12:12M | אעבד דינין שנין | אמר/אנא | הוא#2#/ ייי: |
| 023 | Nu35:34 | שכינתי שריה בגווה ארום | אנא | הוא ייי דאשריית איקר |
| 024 | Ex 3:14M | "אהיה ... לוותכון": | אנא | הוויתי עד לא איתברא עלמא |
| 025 | Nu22:30M | "להן ... די רכבת": הלא | אנא | היא אתנ[א] די רכ׳ |
| 026 | Gn 3:10 | ודחלית ארום ערטלאי | אנא | ואטמרית: |
| 027 | Gn37:10 | די חלמת הא מייתי ניתי | אנא | ואמך ואחך למשאל בשלמך |
| 028 | Gn30:02 | אנון פרי וולד מעייא הא | אנא | ואת ניזל ונבעי קדם ייי די |
| 029 | Gn31:44 | וכדון אתא ונקיים קיים | אנא | ואת ויהוי לסימן ביני |
| 030 | Gn29:33 | שמיע קדם ייי ארום שניא | אנא | ויהב לי אף ית דין וקראת |
| 031 | Gn30:01M | לא \מיתה אנה /מן מיתה | אנא | חשיבא#2#/: |
| 032 | Gn21:26M | אבימלך \לא ידעית /לית | אנא | ידע#2#/ מן עבד ית פתגמא |
| 033 | Gn27:02M | ידעית יומי מיתתי /לית | אנא | ידע יום מי׳#2#/: |
| 034 | Gn42:36 | לוותכון לדותינא לית | אנא | <ידע> מה הוה בסופיה ואתון |
| 035 | Ex 4:11M | אלהן אנה ייי /הלא הוא | אנא | ייי#2#/: |
| 036 | Gn19:19M | ואנא \לית אוכל /לית | אנא | יכיל#2#/ למשתיזבא |
| 037 | Gn19:22M | אוכל/^אכול#2#^/ /לית | אנא | יכיל#2#/ למעבד פתגם |
| 038 | Gn20:06 | עבדת דא ואתחס{ב}<כ>ת אף | אנא | יתך מלמחטי קדמי בגין כדון |
| 039 | Dt15:15M | כדן אנה /מן בגין כן | אנא | כען#2#/ מפקד יתכון ^ית |
| 040 | Gn21:26 | ואף את לא תנית לי ולחוד | אנא | לא שמעת ארום אלהי{ם}<ן> |
| 041 | Gn21:26M | את לא חוית לי ואוף | אנ{ת}<א> | לא ידעת עד זמן יומא |
| 042 | Gn31:52 | וסהדא היא קיימתא הדה אן | אנא | לא אעבור ואייתי לוותך ית |
| 043 | Gn13:09 | מעלוי אן את <לצפונה> | אנא | לדרומה אן את לדרומה ואנה |
| 044 | Gn49:09 | מדמה | אנא | לך יהודה לגור ברי לגור בר |
| 045 | Ex10:28M | דאת אמ׳ לי ברם בעי | אנא | למימות ולא למיהווי שמע |
| 046 | Ex 8:17 | אן ליתך משלח ית עמי הא | אנא | מגרי בך ובשלטונך ובעמך |
| 047 | Ex25:09 | כל מה די | אנא | מחזי יתך ית דמותא דמשכנא |
| 048 | Ex10:04 | את למשלחה ית עמי הא | אנא | מייתי למחר גובא בתחומך: |
| 049 | Gn50:24 | ואמר יוסף לאחוי הא | אנא | מית וייי מדכרה ידכר יתכון |
| 050 | Gn27:18M | ואמר \הנני מה את /הא | אנא | מן את#2#/ ברי: |
| 051 | Ex10:29M | "מבשר ... ומחתא": <מבשר> | אנא | מן זמנא קדמייה די הווינא |
| 052 | Gn32:12 | מן ידוי דעשו ארום דחל | אנא | מנה דלא ייתי ויקטול יתי |
| 053 | Ex 5:11M | ארום לא מתמנע/לית | אנא | מנע#2#/ מן פולחניכון מדעם |
| 054 | Gn25:22M | צערא דילדותא למה דין | אנא | מעדייא ואזלית |
| 055 | Ex 7:02M | ית כל מה \די | פקדת/^דיפקד#2#^/אנא | מפקד#2#/ יתך |
| 056 | Dt27:04 | ית אבנייה האליין די | אנא | מפקד יתכון יומא הדין בטורא |
| 057 | Gn27:08M | לאן דאנה /במה די | אנא#2#/ | מפקדה יתך: |
| 058 | Gn 9:09 | ואנ׳ הא | אנא | מקיים ית קיימי עמכון ועם |
| 059 | Gn32:27M | /למישלחא#2#/ ואמר לא | אשלח/אנא | משלח#2#/ יתך ארום |
| 060 | Ex 8:24 | ואמר <פרעה> הא | אנא | משלח יתכון ותקרבון קדם ייי |
| 061 | Gn21:24M | \הא אנא אשתבע ואקיים | /אנא | משתבע ומקיים#2#/ בשבועה: |
| 062 | Gn49:29 | ופקד יתהון ואמר להון הא | אנא | מתכנש לעמי קברו יתי גב |
| 063 | Dt 5:10M | ונטר/ברם | אנא | נטר#2#/ חסד וטבו לאלפין |
| 064 | Ex 8:25 | ואמר משה הא | אנא | נפק מן לוותך ונצליה קדם |
| 065 | Dt 1:12M | אסבול לבלחודוי /היך | אנא | סבל לב׳#2#/ טרחתכון |
| 066 | Gn27:41 | אבוי ואמר עשו בלבא לית | אנא | עבד היך מה דעבד קין די |
| 067 | Gn47:30 | יתי בקבורותיהון ואמר הא | אנא | עבד כמליך: |
| 068 | Gn27:41M | "סא" דהבל ברם מתעכב | אנא | עד זמן די ימטון יומי אבלא |
| 069 | Gn33:13M | קדמיי אן דחקין/דחק | אנא#2#/ | עליהון יום חד מייתן כל |
| 070 | Gn14:23 | תיהווי מתג«אי» ותימר | אנא | עתרית ית אברם: |
| 071 | Gn24:31 | כען את קיים לברא והא | אנא | פניית ביתה מן פלחנא נכראה |
| 072 | Gn30:22 | דכן כתבה ומפרש ואמר הא | אנא | פתח ית קבריכון ואסיק יתי׳ |
| 073 | Dt 5:05M | כען הוינה מעתד בין /הא | אנא | קאי׳ בין#2#/ ממריה דייי |
| 074 | Gn24:45 | | אנא | קדם עד לא אשלמת לממללה עם |
| 075 | Gn27:41M | אבלא דמיתת אבא ובכן | אנא | קטל ית יעקב אחי ואנא |
| 076 | Gn24:13 | הא | אנא | קיים מעתד על עניא דמיא |
| 077 | Gn24:43 | הא | אנא | קיים מעתד על עיינא דמיא |
| 078 | Gn41:17 | פרעה עם יוסף בחלמי והא | אנא | קיים על גיף {תוריין} נהרא: |
| 079 | Ex 3:12M | שלח יתך באפקותך ית | /אנא | שלחית יתך כד תפוק ית#2#/ |
| 080 | Ex32:17M | למשה קל סדרי קרבא | /אנא | שמע#2#/ במשריתא: |
| 081 | Ex 6:05 | ולחוד | אנא | שמעת ית קבלתהון דבני |
| 082 | Gn24:03 | מן בנתהון דכנענאי די | אנא | שרא ביניהון: |
| 083 | Gn24:37 | מן בנתהון דכנענאי די | אנא | שרי בארעהון: |

## אנה

|  |  | | | |
|---|---|---|---|---|
| 084 | Gn 4:09 | ידע הא נטורא דאחי | אנה: | |
| 085 | Gn24:34 | ואמר עבדא דאברהם | אנה: | |
| 086 | Gn27:01 | ליה ברי ואמר ליה הא | אנה: | |
| 087 | Gn27:24 | את הוא דן ברי עשו ואמר | אנה: | |
| 088 | Gn30:01 | הב לי בנין ואין לא מיתה | אנה: | |
| 089 | Ex 4:10 | חגר פ{ס}<ם> חגר ממלל | אנה: | |
| 090 | Ex22:22 | קל צלותה ארום חנן ורחמן | אנה: | |
| 091 | Ex22:26 | צלותיה ארום חנן ורחמן | אנה: | |
| 092 | Dt12:30 | טעוותהון ואעבד כדן לחוד | אנה: | |
| 093 | Gn45:03 | ואמר יוסף לאחוי | אנה | יוסף העד כען אבה בחיין |
| 094 | Gn45:04 | כען לוותי וקרבו ואמר | אנה | יוסף אחוכון די זבנתון יתי |
| 095 | Gn27:19 | ואמר יעקב לאביו | אנה | עשו בכורך עבדת היך מה |
| 096 | Gn27:38 | אית לך אבא ברך יתי אף | אנה | אבא ונטל עשו קליה ובכה: |
| 097 | Lv26:41M | "אוף אנה אהלך": לחוד | אנה | אדבר |
| 098 | Lv26:41 | אוף | אנה | אהלך עמהון בקשיו ואעל |
| 099 | Nu11:12 | עברת ית כל עמא האלין או | אנה | אולדת יתהון ארום תאמר לי |
| 100 | Gn25:32 | ואמר עשו הא | אנה | אזל לממת ולמה כען לי |
| 101 | Gn37:30 | ואנה לית אנה ידע לאן | אנה | אזל: |
| 102 | Ex 3:13 | ואמר <משה> קדם ייי הא | אנה | אזל לוות בני ישראל ואמר |
| 103 | Nu10:30 | ואמר ליה לית | אנה | <אזל> ארום אלהן לארעי |
| 104 | Nu24:14 | וכדון הא | אנה | אזל לוות עמי אתא אעוץ יתך |
| 105 | Gn46:04 | | אנה | אחות עמך מצרימה ואנה |
| 106 | Gn24:33 | קדמוי למיכל ואמר לית | אנה | אכל עד זמן דאמלל מליי ואמר |
| 107 | Gn50:21 | וכדון לא תדחלון | אנה | אכלכל יתכו«ן» וית טפלכון |
| 108 | Gn35:11 | ואמר ליה ייי | אנה | אלה שמיא תקף וסגי אמה וקהל |
| 109 | Dt32:39 | חמון כען ארום | אנה | אנה בממרי הוא ולית אלהא |
| 110 | Ex33:19M | ית כל מכלת טובי קדמיך | /אנה | אעבד כל כיתי מלאכיה |
| 111 | Ex34:10 | דייי דחילין אינון די | אנה | אעבד עמך: |
| 112 | Lv26:16 | | אנה | אעבד דא לכון ואדכר עליכון |
| 113 | Gn48:19 | ואמר ידע אנא ברי ידע | אנה | אף הוא יהווי לאמה ואף הוא |

|  |  |  |  |  |
|---|---|---|---|---|
| 114 | Nu18:06 | ואנה הא | אנה | אפרשית ית אחיכון לוויי |
| 115 | Ex 3:11 | ואמר משה קדם ייי מן | אנה | ארום אזיל לוות פרעה וארום |
| 116 | Ex 4:14 | אחוך ליווי«ה» ידע | אנה | ארום ממללה ימלל הוא והא |
| 117 | Ex 9:30 | ואת ושלטונך ידע | אנה | ארום על דקדם אתון דחלין |
| 118 | Dt 3:19 | וטפליכון ובעירכון ידע | אנה | ארום בעיר סגין אית לכון |
| 119 | Gn38:17 | ואמר הא | אנה | אשלח גדי בר עזין מן ענה |
| 120 | Nu22:30 | אתנתה דידי שאלה היא הלא | אנה | אתנתך די רכבת עליי מן |
| 121 | Gn25:30 | סמוקא הדין ארום משלהי | אנה | בגין כדין קרא שמה אדום: |
| 122 | Dt32:01 | בבנוי דקיריס אין מסהד | אנה | בהון קדם בני נש דמייתין |
| 123 | Gn40:16 | טבית פתר ואמר ליוסף אף | אנה | בחלמי והא תלתא סלין דפיתא |
| 124 | Lv26:28M | ואדבר אף | אנה | בחמה ובקשיו ואוסף לממחי |
| 125 | Nu24:17 | אנה ליה ולית כדון מסתכל | אנה | ביה ולית היא קריבה עתיד |
| 126 | Gn28:15 | והא | אנה | במימרי עמך ואנטר {יתך} יתך |
| 127 | Nu14:21 | וברם חי וקיים | אנה | במימרי לעלם ותתמלא איקר |
| 128 | Nu14:28 | אמר חי וקיים | אנה | במימרי אמר ייי אין לא |
| 129 | Dt18:19 | די ימלל בשם ממרי | אנה | במימרי מתפרע מיניה: |
| 130 | Lv19:02 | קדישין תהוון ארום קדיש | אנה | בממרי כדן אמר ייי אלהכון: |
| 131 | Lv20:07M | \אנה ייי אלהכון /קדיש | אנה | בממרי כדין אמר ייי#2#/: |
| 132 | Dt32:39 | חמון כען ארום אנה | אנה | בממרי הוא ולית אלהא אחרן |
| 133 | Dt32:40 | לשמיא ואמרית חי וקיים | אנה | בממרי לעולם: |
| 134 | Gn24:24 | ואמרת לה ברת בתואל | אנה | בר מלכה די ילדת לנחור: |
| 135 | Gn27:32 | יצחק אבוי מן את ואמר | אנה | ברך בוכרא עשיו: |
| 136 | Dt31:29 | ארום ידע | אנה | בתר מיתותי ארום מחבלה |
| 137 | Nu22:30 | רשיעא חסיר דעתה מה אן | אנה | דאנה בעיר מסאב ומיתה בעלמא |
| 138 | Gn42:18 | עבדו וחיון מן קדם ייי | אנה | דחיל: |
| 139 | Gn44:18M | את אמרת מן קדם פרעה | אנה | דחיל דילמא לא אתמר לך או |
| 140 | Gn44:18 | אמר לן מן קדם ייי | אנה | דחיל וכדון חזרו דינך |
| 141 | Gn44:18 | וכדו את אמרת מן פרעה | אנה | דחיל דילמא לא אתאמר לך או |
| 142 | Gn23:04 |  | אנה | דייר ותותב אנה עמכון הבו |
| 143 | Gn 4:08 | קין ואמר להבל מסתכל | אנה | דלא ברחמי' איתברי עלמא ולא |
| 144 | Gn17:04 |  | אנה | הא קיימי עמך ותהוי לקהל |
| 145 | Gn26:24 | ייי בליליא ההוא ואמר | <אנה> | הוא אלה' דאברהם אבוך לא |
| 146 | Gn31:13 |  | אנה | הוא אלהה דאתגליתי עלך |
| 147 | Gn46:03 | ואמר | אנה | הוא אלהיה דאבוך לא תדחל |
| 148 | Ex 3:06 | ואמר | אנה | הוא אלהה דאבוך אלהה |
| 149 | Ex 6:06 | בשבועה אמר לבני ישראל | אנה | ^הוא#2#^ ייי ואפיק יתכון |
| 150 | Ex 6:07 | לאלה פרוק ותדעון ארום | אנה | הוא ייי אלההכון די פרקית |
| 151 | Ex 6:29 | עם משה למימר "אני" ייי | אנה | ^הוא#2#^ ייי מלל עם פרעה |
| 152 | Ex 7:05 | וידעו מצריי ארום | אנה | ^הוא#2#^ ייי כד אשווי ית |
| 153 | Ex 8:18 | מן בגלל דתדע ארום | אנה | הוא ייי דממרי שרי בגו |
| 154 | Ex10:02 | שוית בהון ותדעון ארום | אנה | ^הוא#2#^ ייי: |
| 155 | Ex14:04 | וידעון מצריי ארום | אנה | הוא ייי ועבדו כדן: |
| 156 | Ex15:26 | אשוי יתהון עליכון ארום | אנה | הוא ייי דמסי יתכון: |
| 157 | Ex16:12 | תשבעון לחם ותידעון ארום | אנה | הוא ייי אלהכון: |
| 158 | Ex20:02 | ואמר עמי בני ישראל | אנה | הוא ייי אלהכון די פרקת |
| 159 | Ex29:46 | וידעון ארום | אנה | הוא ייי אלההון די אפקת |
| 160 | Ex31:13 | לדריכון למדע ארום | אנה | הוא ייי דקדשית יתכון: |
| 161 | Lv11:44 | ארום | אנה | הוא ייי אלהכון ותתקדשון |
| 162 | Lv11:45 | ארום | אנה | הוא ה' די אפקת יתכון |
| 163 | Lv19:36M | יהוי לכון \אמר ייי | /אנה | הוא ייי#2#/ אלהכון די |
| 164 | Lv21:08M | ייי דקדשת יתכון /בממרי | אנה | הוא דבממרי מקד' יתכון#2# |
| 165 | Lv22:16M | ית קדשיהון ארום | אנה | הוא ייי ובממרי מקדש יתהון |
| 166 | Lv22:31 | דאורייתי ותעבדון יתהון | אנה | הוא ייי דיהב אגר טב לנטרי |
| 167 | Lv22:32 | בגו עמי ישראל | אנה | הוא ייי דקדשית יתכון: |
| 168 | Lv22:33 | במימרי לכון לאלה פרוק | אנה | הוא ייי דפרקת לאבהתכון |
| 169 | Lv23:43 | פריקין מן ארעא דמצרים | אנה | הוא ייי אלהכון: |
| 170 | Lv24:22 | כיציבה יהווי ארום | אנה | הוא ייי אלהכון: |
| 171 | Lv26:01M | ייי /למהוון סגדין עליה | אנה | הוא ייי#2#/ אלהכון: |
| 172 | Nu15:41 | למיהוי לכון לאלה פרוק | אנה | ^הוא#2#^ ייי אלהכון: |
| 173 | Dt 5:05 |  | אנה | ^הוא#2#^ כען הוינה מעתד |
| 174 | Dt 5:06 | צוח ואמר עמי בני ישראל | אנה | הוא ייי אלהכון די פרקית |
| 175 | Dt 5:09 | ולא תפלחון קדמיהון ארום | אנה | הוא ייי אלהכון אלה קניי |
| 176 | Dt29:05 | מן בגלל דתדעון ארום | אנה | ^הוא#2#^ ייי אלהכון: |
| 177 | Dt32:39 | ולית אלהא אחרן בר מיני | אנה | הוא דממית חיין בעלמא הדין |
| 178 | Dt32:39 | ומחיי מיתי בעלמא דאתי | אנה | הוא דמחי ואנה הוא דמסי |
| 179 | Gn18:17 | רחמי ית מה די עבד | אנה | הואיל וכרכה דסדם במתנתה |
| 180 | Gn31:39 | דהוות ערקה מן מניינה | אנה | הוינא משלם יתה מני את תבע |
| 181 | Gn31:39 | וחיות ברא מתכלא בליליא | אנה | הוינא משלם יתהון: |
| 182 | Gn37:30 | טליא לית אנה ידע לאן | אנה | הכא ואנה לית אנה ידע לאן |
| 183 | Gn44:18 | שליטין בארעא דמצרים כן | אנה | ויעקב אבה שליטין בארעא |
| 184 | Gn30:02M | /די נמניע יתהון אתיי | אנה | ואת ונזיל ונבעי רחמין#2#/ |
| 185 | Gn26:24 | אבוך לא תדחל ארום עמך | אנה | וברכת יתך וסגית ית בנך |
| 186 | Gn41:11 | וחלמנן חלם בלילי חד | אנה | והוא גבר כפתרון חלמא |
| 187 | Lv11:44 | ותהון קדישין ארום קדיש | אנה | ולא תסתאבון ית נפשתיכון |
| 188 | Gn32:11 | הא זעיר | אנה | ולית אנה כמסת מן כל חסדיא |
| 189 | Gn15:14M | די ישתעבדון יתהון דאין | אנה | ומן בתר כן יפקון בסגול רב |
| 190 | Ex33:16 | ויתעבד עמן נסין ופלאין | אנה | ועמך «אמיה» מכל עמיה |
| 191 | Ex33:16M | עמיה דעל אפי /ונתכסי | אנה | ועמך מן כל עמה דאית על#2# |
| 192 | Ex33:16 | אשכחת חן וחסד קדמיך | אנה | ועמך הלא בדברות איקר |
| 193 | Ex 6:30 | משה קדם ייי ^הא#2#^ | אנה | חגר ממלל והכדין יקבל מני |
| 194 | Ex18:06 | ואמר למשה | אנה | חמ«ו»ך יתרו אתי לוותך |
| 195 | Nu23:21 | לית | אנה | חמי עבדי שקר בדבית יעקב |
| 196 | Nu23:23 | ארום לית | אנה | חמי נטורי נחשין בדבית |
| 197 | Dt32:04 | אמר משה נבייא | אנה | חמית לרבון כל עלמייה ייי |
| 198 | Ex20:06 | ברם נטר | אנה | חסד וטיבו לאלפין דדרין |
| 199 | Gn44:18 | רישיה דפרעה רבך דאן שלף | אנה | חרבי מן גווה תיקא לית אנה |
| 200 | Ex34:11 | מפקד יתך יומא הדין הא | אנה | טרד מן קדמיך ית אמוריי |
| 201 | Gn 4:09 | הבל אחוך ואמר לית | אנ{{א}}«ה» | ידע הא נטורא דאחי אנה: |
| 202 | Gn12:11M | הא \כען ידע אנא ארום | /אנה | ידע ארו'#2#/ את שפירת |
| 203 | Gn28:16 | באתרה הדין ואנה לית | אנה | ידע: |
| 204 | Gn37:30 | לאן אנה הכא ואנה לית | אנה | ידע לאן אנה אזל: |
| 205 | Gn37:30 | לוות אחוי ואמר טליא לית | אנה | ידע לאן אנה הכא ואנה לית |
| 206 | Ex 5:10 | למימר כדין אמר פרעה לית | אנה | יהב לכון תבן: |
| 207 | Lv14:34 | תעלון לארעא דכנען די | אנה | יהב לכון אחסנה ואשוי מכתש |
| 208 | Lv23:10 | ארום תיעלון לארעא די | אנה | יהב לכון ותחצדון ית חצדה |
| 209 | Lv25:02 | ארום תיעלון לארעא די | אנה | יהב לכון ותשמט ארעא שמטה |
| 210 | Nu13:02 | ית ארעא דכנען די | אנה | יהב לבני ישראל גבר חד |
| 211 | Nu25:12 | בשבועה אמר הא | אנה | יהב לה ית קיימי שלם: |
| 212 | Dt 5:31 | יתהון ויעבדון בארעא די | אנה | יהב לכון למירת יתה: |
| 213 | Dt32:52 | ותמן לא תיעול לארעא די | אנה | יהב לבני ישראל: |
| 214 | Gn15:07 | ואמר ליה | אנה | ייי דאפקת יתך מן אתון |
| 215 | Gn28:13 | והא ייי קיים עלוי ואמר | אנה | ייי אלהה דאברהם אבוך |
| 216 | Ex 4:11 | או סמין ארום אלהן | אנה | ייי: |
| 217 | Ex 6:08 | {ולתן} <ירתו> ואחסנה | אנה | ייי: |
| 218 | Ex 7:17 | כדן אמר ייי בדא תדע ארום | אנה | ייי הא אנה מחי בחוטרא די |
| 219 | Ex14:18 | וידעו מצרי ארום | אנה | ייי באתיקרותי בפרעה |
| 220 | Ex20:05 | ולא תפלחון קדמיהון ארום | אנה | ייי אלהכון אלה קניי |
| 221 | Ex29:46 | איקר שכינתי ביניהון | אנה | ייי אלההון: |

222 Lv18:02 בני ישראל ותימר ליהון אנה ייי אלהכון:
223 Lv18:04 תטרון למהלכה בהון אנה ייי אלהכון:
224 Lv20:07 ותהוון קדישין ארום אנה ייי אלהכון:
225 Lv20:08 ית קימי ותעבדון יתהון אנה ייי דקדשת יתכון:
226 Lv20:24 וחליין וטעמיין כדבשא אנה ייי אלהכון דאפרשית יתכון
227 Lv20:26 לשמי קדישין ארום קדיש אנה ייי ואפרשית יתכון מן
228 Lv21:08 יהוון לכון ארום קדיש אנה ייי דקדשת יתכון:
229 Lv21:15 ולא יפס זרעה בעמה ארום אנה ייי דקדשת יתהון:
230 Lv21:23 יפס ית בית מקדשי ארום אנה ייי דקדשת יתהון:
231 Lv22:02 די אנון מקדשין <לשמי אנה> ייי:
232 Lv22:09 ביה ארום אפיסו יתיה אנה ייי דקדשית יתכון:
233 Lv22:16 אכלין ית קדשיהון ארום אנה ייי דקדשית יתהון:
234 Lv25:17 ותדחלון מן אלהכון ארום אנה ייי אלהכון:
235 Lv25:38 אנה ייי אלהכון {די} די אפקת
236 Lv25:55 פריקין מן ארעא דמיצרים אנה ייי אלהכון:
237 Lv26:01 בארעכון למסגד קדמה ארום אנה ייי אלהכון:
238 Lv26:02 תהוון מצליין בדחלה אנ{י}<ה> ייי:
239 Lv26:13 אנה ייי אלהכון די פרקית יתכון
240 Lv26:45 במימרי להון לאלה פרוק אנה ייי:
241 Nu 3:45 ויהוון לשמי ליואי אנה ייי:
242 Nu10:10 לדוכרן טב קדם אלהכון אנה ייי אלהכון:
243 Nu14:35 אנה ייי מללת אין לא דא אעבד
244 Lv22:31M \אנה הוא ייי /ארום אנה ייי#2#/כדן אמ' ייי#2#/
245 Nu11:12M \או אנה אולדת /אין אנה יילדית#2#/ יתהון ארום
246 Gn24:50M ביש /אודמן פתגמ' ביש או אנה יכיל למללא עמך ביש או
247 Gn31:35M ארום \לא אכיל /לית אנה יכיל#2#/ למיקם מן קדמיך
248 Nu11:14 לית אנה יכיל לבלחודוי למסובלה
249 Nu22:18 ביתיה כסף ודהב לית ^אנה#2#^ יכיל למעברה על פום גזירת
250 Nu22:37 לוותי הא מן קושטה לית אנה יכיל למוקרה לך:
251 Dt 1:09 בשעתה ההיא למימר לית אנה יכיל לבלחודוי למסבול
252 Dt31:02 אנה כען יומא הדין לית אנה יכיל תוב למיפוק ולמיעול
253 Gn30:30 ייי יתך בזכוותי וכען מה אנה יכל למעבד ואנה זקיק
254 Gn16:05M ילדה \וכדו חמית דלית אנה ילדה#2#/ ונסיבת להגר
255 Gn31:05 ואמר להון חמה אנה ית סבר אפוי דאבוכון והא
256 Lv20:05 ואשוי אנה ית תקוף רגזי בגברה ההוא
257 Lv26:32 ואצדי אוף אנה ית ארעא ויצדון עליה
258 Nu22:06 יתהון מן ארעא ארום ידע אנה ^ית מה#2#^ די את מברך
259 Nu23:20 הא למברכה אדברית מברך אנה ית ישראל וברכה לית אנה
260 Gn44:18 רבך אנה מסיים ארום יקיר אנה כוותך וא{נ}<ב>ה כוות פרעה
261 Gn44:18 לגווה עד זמן דקטיל אנה כל מצראי מינך אנה משרי
262 Gn44:18M לגוה עד זמן דקטל אנה כל מצראי מנך אנה משרי
263 Gn32:11 הא זעיר אנה ולית אנה כמסת מן כל חסדיא ומן כל
264 Dt 4:02 לא תוסיפון על פתגמא די אנה כען מפקד יתכון ולא תמנעון
265 Dt11:26 חמון דהא אנה כען סדר קדמיכון יומא הדין
266 Dt29:13 ולא עמכון לבלחודיכון אנה כען מקיים ית קיימה הדין
267 Dt30:02 בקל מימריה ככל מה די אנה כען מפקד יתכון אתון
268 Dt30:08 ותעבדון ית כל מצוותה די אנה כען מפקד יתכון יומא הדין:
269 Dt30:16 די אנה כען מפקד יתכון יומא הדין
270 Dt31:02 להון בר מאה ועשרין שנין אנה כען יומא הדין לית אנה יכיל
271 Dt31:27 ארום הא אנה כען ידעת ית תורעמנותכון
272 Ex 4:10 ייי לא גבר מרי ממלל אנה לא מן דאתמול ולא מן דקדמוי
273 Nu24:17 חמי אנה ליה ולית כדון מסתכל אנה
274 Nu23:08 מה אנה לייט ^יתהון#2#^ וממריה
275 Gn44:18 משתבע {ימ} בה את משתבע אנה לך בחיי רישיה דאבא היך מה

276 Gn49:04 מדמי אנה לך ראובן ברי לגנה זעירא
277 Gn49:22 הוי חמי לך למתקף מדמי אנה לך יוסף ברי לגפן שתילה על
278 Ex10:28 מלייה קשייתא ברם צבי אנה לממות ולא למהוי שמע {מי}
279 Gn32:11 ית ירדנא הדין וכדון הא אנה לתרתין משריין:
280 Gn18:17 אמר במימריה הא מכס{ם}<ה> אנה מאברהם רחמי ית מה די עבד
281 Gn50:05 אבא אשבע יתי למימר הא אנה מאית בקברי די חפרת לי
282 Lv18:24 אליין אסתאבון אומייה די אנה מגלה מן קדמיכון:
283 Gn41:09 עם פרעה למימר ית סרחנוי אנה מדכר יומא הדין:
284 Gn28:20 וינטר יתי באורחא די אנה מהלך בה ויתן לי לחם למיכל
285 Gn49:18M פורקן דשעתא ולא אנה מודי' דפורקנא פורק'
286 Nu23:08 דייי מסגי יתהון מה אנה מזער יתהון וממריה דייי
287 Gn18:28M אשיצא/אשתצי#2#/ /לית אנה מחבל#2#/\אם אשכח /אין
288 Gn18:31M \לא אשיצא בגלל /לית אנה מחבל מן בגלל#2#/
289 Gn18:32M "לא ... עשרה": לית אנה מחבל אין אישתכח תמן עשרה
290 Gn44:18 חרבי מן גווה תיקא לית אנה מחזר יתה לתיקה עד זמן די
291 Gn44:18 ארעא דמצרים קטילין לית אנה מחזר יתה לתיקה עד זמן
292 Ex 7:17 בדא תדע ארום אנה ייי הא אנה מחי בחוטרא די בידי על מיא
293 Ex 9:18 הא אנה מחית בשעתה למחר ברד תקיף
294 Ex16:04 ואמר ייי למשה הא אנה מחית לכון לחם מן שמיא
295 Gn44:18 פרעה רבך דאת ימי ביה אנה מחסל על מנת למעבד מעבד על
296 Gn 7:04M /ליומין קלילין שבעה אנה מחת מטרא#2#/ על ארעא
297 Gn 7:04 ארום בתר שבעה יומין הא אנה מחת מטר על ארעא ארבעין
298 Gn48:21 ואמר ישראל ליוסף הא אנה מיית ויהווי ייי עמכון
299 Gn 6:17 ואנא הא אנה מייתי ית מבולא דמייא על
300 Gn46:30 ואמר ישראל ליוסף אולי אנה מית הדא זימנא לא מיתת
301 Dt 4:01 ולסדר דינ{נ}<י>יה די אנה מלף יתכון למעבד מן בגלל
302 Ex 6:29 דמצרים ית כל מה די אנה ממל{ך}<ל> עמך:
303 Dt 5:01 וית סדרי דינייה די אנה ממלל במשמעכון יומא הדין
304 Gn27:41 וקרא ית שמיה על שמיה הא אנה ממתין עד זמן דיקרבון יומי
305 Gn18:19M \גלי הוא קדמיי /ידע אנה#2#/ מן בגלל די יפקד ית בנוי
306 Gn15:14 די ישעבדון יתהון מתפרעה אנה מנה מן בתר כדן יפקון
307 Nu23:20 אנה ית ישראל וברכה לית אנה מנע מנהון:
308 Dt32:01 בטלן ברם ^הא#2#^ אנה מסהד בהון קדם שמייא וקדם
309 Gn44:18M ובפרעה רבך אנה מסיי' הלא לא אשתמע
310 Gn44:18 אנה משרי ובפרעה רבך אנה מסיים ארום יקיר אנה כוותך
311 Gn49:18M וית שמשון בר מנוח לא אנה מסכי דפורקניה פורקן דשעתא
312 Ex33:19 ואמר הא אנה מעבר ית כל מכלת טובי קדמיך
313 Gn38:25 וחוטרא האילין מיניה אנה מעברה וזכאה היא תמר כלתי
314 Gn38:25 גברא דאילין דיליה מיניה אנה מעברה ואנה אף על גב דאנה
315 Lv18:03 דיירי ארעא דכנען די אנה מעל יתכון לתמן לא תעבדון
316 Lv20:22 ולא תפלוט יתכון ארעא די אנה מעל יתכו' לתמן למשרי
317 Nu15:18 ארום במעלכון לארעא די אנה מעל יתכון לתמן:
318 Ex34:11 אזדהר לך ית מה די אנה מפקד יתך יומא הדין הא אנה
319 Dt 4:02 מצוותה דייי אלהכון די אנה מפקד יתכון:
320 Dt 4:40 וית מצוותה דאורייתה די אנה מפקד יתכון יומא הדין די
321 Dt 6:02 ומצוותה דאוריתה די אנה מפקד יתכון ובניכון ובני
322 Dt 6:06 ויהוון פתגמייה האליין די אנה מפקד יתכון יומא הדין
323 Dt 7:11 וית סדרי דינייה די אנה מפקד יתכון יומא הדין למעבד
324 Dt 8:01 כל מצוותה די אנה מפקד יתכון יומא הדין תטרון
325 Dt 8:11 וסדרי דינוי וקיימוי די אנה מפקד יתכון יומא הדין:
326 Dt10:13 דייי וית קיימוי די אנה מפקד יתכון יומא הדין
327 Dt11:08 ותטרון ית כל מצוותה די אנה מפקד יתכון יומא הדין
328 Dt11:13 למצוותה דאוריתא די אנה מפקד יתכון יומא הדין
329 Dt11:22 ית כל מצוותה הדה די אנה מפקד יתכון למעבד יתה למרחם

|  |  | | | |  |
|---|---|---|---|---|---|
| 330 | Dt11:27 | למצוותה דייי אלהכון די | אנה | מפקד יתכון יומא הדין: | |
| 331 | Dt11:28 | מן ארחה סבתה^ די | אנה | מפקד יתכון יומא הדין <....> | |
| 332 | Dt12:11 | תמן תיתון ית כל מה די | אנה | מפקד יתכון עלוותכון ונכסת | |
| 333 | Dt12:14 | ותמן תעבדון ית כל מה די | אנה | מפקד יתכון: | |
| 334 | Dt12:28 | כל פתגמייה האיליין די | אנה | מפקד יתכון מן בגלל דייטיב | |
| 335 | Dt13:01 | ית כל פתגמא די | אנה | מפקד יתכון יתיה תטרון | |
| 336 | Dt13:19 | למיטר ית כל מצוותה די | אנה | מפקד יתכון יומא הדין | |
| 337 | Dt15:05 | ית כל מצוותה הדה די | אנה | מפקד יתכון יומא הדין: | |
| 338 | Dt15:05M | פיקודייה האליין די | אנה#2#/ | מפקד יתכון יומא הדין: | |
| 339 | Dt15:11 | בגו ארעא בגין כדין | אנה | מפקד יתכון יומא הדין למימר | |
| 340 | Dt15:15 | ייי אלהכון ובגין כדן | אנה | מפקד יתכון ^ית פתגמא | |
| 341 | Dt19:07 | בגין כדן | אנה | מפקד יתכון למימר תלת קורי | |
| 342 | Dt24:18 | אלהכון מן תמן בגין כדין | אנה | מפקד יתכון#2#^ למעבד ית | |
| 343 | Dt24:22 | בארעא דמצרים בגין כדין | אנה | מפקד יתכון למעבד ית פתגמא | |
| 344 | Dt27:01 | טורו ית כל מצוותה די | אנה | מפקד יתכון יומא הדין: | |
| 345 | Dt28:01 | למעבד ית כל מצוותה די | אנה | מפקד יתכון יומא הדין | |
| 346 | Dt28:13 | למצוותה דייי אלהכון די | אנה | מפקד יתכון יומא הדין | |
| 347 | Dt28:14 | תסטון מן כל פתגמייא די | אנה | מפקד יתכון יומא הדין לא | |
| 348 | Dt28:15 | ית כל מצוותה וקיימוי די | אנה | מפקד יתכון יומא הדין | |
| 349 | Dt30:11 | ארום מצוותה הדה די | אנה | מפקד יתכון יומא הדין לא | |
| 350 | Dt32:03 | נבייא ארום בשמה קדישא | אנה | מצלי ואתון עמי בני ישראל | |
| 351 | Ex34:10 | ואמר הא | אנה | מקיים קיים לקבל כל עמך | |
| 352 | Dt32:46 | לבביכון לכל פתגמיה די | אנה | משהד בכון יומא הדין די | |
| 353 | Gn 9:12 | ייי דין סימן קיימ' די | אנה | משוי בין ממרי וביניכון | |
| 354 | Ex 7:27 | את ^דלא#2#^ למשלחה הא | אנה | משיצא ית כל תחומך | |
| 355 | Ex 5:02 | הוא ייי וית ישראל לית | אנה | משלח: | |
| 356 | Ex 9:14 | ארום בזמנא הדא הא | אנה | משלח ית כל מחוותיי על לבך | |
| 357 | Ex23:20 | הא | אנה | משלח מלאך דרחמן קדמיכון | |
| 358 | Lv20:23 | בנימוסי אומייה די | אנה | משלח מן קדמיכון ארו' ית כל | |
| 359 | Gn24:14M | לגמליך \אשקי יתה | /אנה/ | משקייה יתה#2#/ זמנת | |
| 360 | Gn44:18 | דקטיל אנה כל מצראי מינך | אנה | משרי ובפרעה רבך אנה מסיים | |
| 361 | Gn44:18 | דמצרים צדי מן דיור מנך | אנה | משרי ומן פרעה רבך דאת ימי | |
| 362 | Gn44:18M | דקטל אנה כל מצראי מנך | אנה | משרי | |
| 363 | Gn48:04 | ואמר לי הא | אנה | מתוקף יתך ומסגי יתך ותהווי | |
| 364 | Dt 4:22 | ארום | אנה | מתכנש בארעא הדה לית אנה | |
| 365 | Ex21:05 | ית אתתי וית בני לית | אנה | נפק לחירוהה: | |
| 366 | Dt15:16 | ויהווי ארום יאמר לך לית | אנה | נפק לחירותה מן לוותך ארום | |
| 367 | Nu22:32 | אתנתך דנה תלתא זמנין הא | אנה | נפקת למסטן לך ארום סטת | |
| 368 | Dt 4:08 | ככל גזירת אוריתה הדה די | אנה | סדר קדמיכון יומא הדין: | |
| 369 | Dt11:32 | וית סדרי דינייה די | אנה | סדר קדמיכון יומא הדין: | |
| 370 | Gn18:17M | רחמי ית מה די \עבד | אנה/אנה | עבד#2#/ הואיל וכרכה | |
| 371 | Dt 4:22 | אנה מתכנש בארעא הדה לית | אנה | עבר ית ירדנה ואתון עברין | |
| 372 | Nu11:12M | האנא/הא | אנה#2#/ | עברת ית כל עמא האלין | |
| 373 | Gn16:02 | אמתי מה דלמה דאתבני אף | אנה | על ידה ושמע אברם לקלה | |
| 374 | Gn16:02M | /תלד ואנה ארבי אוף | אנה#2#/ | על ידה ושמע אברם לקלה | |
| 375 | Gn16:05 | ארבי דילמא דאתבני אף | אנה | על ידה וחמת ארום עברת ואזל | |
| 376 | Gn30:03 | ארבי מה דלמה דאתבני אף | אנה | על ידיה: | |
| 377 | Nu23:09 | ארום חמי | אנה | עמא האליין מדברין ואתיין | |
| 378 | Gn31:38 | דנה עשרי«ן» שנין | אנה | עמך רחליך ועזיך לא אתכלו | |
| 379 | Gn23:04 | אנה דייר ותותב | אנה | עמכון הבו לי אחסנו דקבורה | |
| 380 | Lv26:24 | ואהלך אף | אנה | עמכון בקשיו ואמחי יתכון | |
| 381 | Lv26:28 | ואהלך אף | אנה | עמכון ברגזן בקשיו ואמחי | |
| 382 | Gn43:09 | | אנה | ערב יתיה מנ{ו} <י> את תבע | |
| 383 | Gn16:08 | מן קדם שרי ריבונ«תי» | אנה | ערקה: | |
| 384 | Gn14:23M | תהווי מתרברב ואמר | אנה#2#/ | עתרית ית אברם: | |
| 385 | Gn41:44 | ואמר פרעה ליוסף | אנה | פרעה בר מינך לא יפשוט גבר | |
| 386 | Ex17:09M | \למחר הא אנה קיים /מחר | אנה | קאי#2#/ מעתד על ריש רמתא | |
| 387 | Ex 4:23 | וסרבת למשלחא יתיה הא | אנה | קטל ית ברך בוכרך: | |
| 388 | Ex17:09 | עם דבית עמלק למחר הא | אנה | קיים מעתד על ריש רמתא | |
| 389 | Ex20:05 | בחטאה בתר אבהתהן להון | אנה | קרא שנאיי: | |
| 390 | Gn41:40 | כל עמי לחוד כרסי מלכותי | אנה | רב מנך: | |
| 391 | Lv26:24 | בקשיו ואמחי יתכון אוף | אנה | שבעה על דחטיתון: | |
| 392 | Lv26:28 | בקשיו ואמחי יתכון אף | אנה | שבעה על דחביתון: | |
| 393 | Ex32:18 | קל חלשין דמתנצחין בקרבא | אנה | שמע קל מקלסין בפלחנא נכריה | |
| 394 | Ex32:18 | קל מקלסין בפלחנא נכריה | אנה | שמע קל מקלסין: | |
| 395 | Ex32:18 | קל גברין דנצחין בקרבא | אנה | שמע ולא קל חלשין דמתנצחין | |
| 396 | Gn18:26M | דאתרה בגללהון /הא | אנה | שרי ושבק לקרתה | |
| 397 | Gn18:27M | כען שריית /למימר הא | אנה | שרי#2#/ למלל«א» קדם ייי | |
| 398 | Nu 5:03 | יסאבון ית משיריתהון די | אנה | שרי ביניהון: | |
| 399 | Nu11:21 | רגליין גברין עמא די | אנה | שרי ביניהון ואת במימרך | |
| 400 | Gn18:31M | ואמר הא כען | שרית/אנה | שריית#2#/ למללה קדם ייי | |
| 401 | Ex10:01 | למשה עול לוות פרעה ארום | אנה | תקפ«י»ת ית לביה וית | |
| 402 | Nu11:14M | לית \אנה יכיל /יכיל | אנה#2#/ | לבלחודוי/בל'#2#/ | |
| 403 | Gn 3:22 | יחידיי בעלמא היך מה | דאנא | יחידיי בשמי מרומא עתידין | דאנא |
| 404 | Ex10:29 | מללת מבשר הוינא עד | דאנא | יתיב במדין למימר ארום | |
| 405 | Gn24:42 | ברעות קדמך למצלחה ארחי | דאנא | מהלך עלה: | |
| 406 | Dt31:27 | וית קדלכון קשייא הא עד | דאנה | בחיין עמכון יומא הדין | דאנה |
| 407 | Nu22:30 | חסיר דעתה מה אן אנה | דאנה | בעיר מסאב ומיתה בעלמא הדין | |
| 408 | Dt32:49 | וחמי ית ארעא דכנען | דאנה | יהב לבני ישראל לאחסנה: | |
| 409 | Gn 9:12M | אנה משוי בין ממרי | /דאנה | יהיב בין במימרי#2#/ | |
| 410 | Gn38:25 | מעברה ואנה אף על גב | דאנה | יקדה לא מפרסיה ברם שהדי | |
| 411 | Dt19:09 | מצוותה הדה למעבד יתה | דאנה | מפקד יתכון יומא הדין למרחם | |
| 412 | Gn27:08 | ברי שמע בקלי ואזל לאן | דאנה | מפקדה יתך: | |
| 413 | Dt32:01 | ואמר ווי כען עלי | דאנה | מתכנש מן גו עלמא ולא | |
| 414 | Gn44:18 | ארעא ועל חד כמה וכמה | דאנה | קשה מינהון ועד חד כמה | |
| 415 | Nu15:02 | בארעא בית מידוריכון | ד«י»אנה | יהב לכון: | דיאנה |
| 416 | Dt27:10 | ית מצוותה וית קיימוי | דיאנה | מפקד יתכון יומא הדין: | |
| 417 | Nu11:12 | | האנא | עברת ית כל עמא האלין או | האנא |
| 418 | Nu18:20M | {סנאח} | <האנה> | הוא חקל ואחסנתך ביני | האנה |
| 419 | Ex 6:30M | קדם ייי ^הא#2#^ | אנה/האנה#2#/ | חגר/קשי#2#/ ממלל | |
| 420 | Gn 9:09 | | ואנ' | הא אנא מקיים ית קיימי | ואנ' |
| 421 | Gn33:14M | בעלמא הדין קדם עבדיה | ואנא | אדבר לבלחודוי לאולפן | ואנא |
| 422 | Gn33:14 | יעבר כען רבוני קדם עבדה | ואנא | אדבר יתהון להוני לרגל | |
| 423 | Lv10:19 | ולית אפשר מיכל מיניה | ואנא | דארע יתי א«ו» נסה רבה | |
| 424 | Gn 6:17 | | ואנא | הא אנה מייתי ית מבולא | |
| 425 | Nu 3:12 | | ואנא | הא א{ת} פרשת ית לויי מן גו | |
| 426 | Ex 3:14M | עד לא איתברא עלמא | ואנא | הוויתי מן דאיתברי{ה} עלמ' | |
| 427 | Gn32:27 | דמלאכי מרומא למשבחא | ואנ«א» | {ואנה} ריש למשבחיא ואמר | |
| 428 | Gn22:05 | תבו לכון הכא גב חמרא | ואנא | וטליה נמטי עד הכא ונצלי | |
| 429 | Gn44:18 | ואחסנא בפילוג ארעא | ואנא | חילי תקיף מן חילהון | |
| 430 | Gn48:22 | | ואנא | יהבית לך חולק חד יתיר על | |
| 431 | Gn19:19 | עמי למקימה ית נפשי | ואנא | לית אוכל למשתיזבא לטורא | |
| 432 | Gn27:41M | אנא קטל ית יעקב אחי | ואנא | משתכח קטול וירית | |
| 433 | Gn27:41 | ואקטול ית יעקב אח{ו}י | ואנא | מתקרי קטול וירות: | |
| 434 | Lv10:19 | תרין נדב ואביהוא | ואנה | אבל עליהון הא אילו אכלית | ואנה |
| 435 | Nu23:15 | אתעתד הכה על עלתך | ואנה | אזדמן הכה: | |
| 436 | Gn15:02 | לי וסגין קדמך למיתן לי | ואנה | אזל מן עלמא בלא בנין | |
| 437 | Gn42:37 | לוותך מסר יתיה על ידיי | ואנה | אחזר יתיה לוותך: | |

|  |  | | | |
|---|---|---|---|---|
| 438 | Gn38:25 | היא פרגודא דברך או לא | ואנה | איתמר לי כען דמן אינון |
| 439 | Gn38:25 | דיליה מיניה אנה מעברה | ואנה | אף על גב דאנה יקדה לא |
| 440 | Dt32:21 | ואכעסו יתי במרחקתהון | ואנה | אקני יתהון באמה דלא אמה |
| 441 | Gn16:02M | \דאתבני אף אנה /תלד | ואנה | ארבי אוף אנה#2#/ על ידה |
| 442 | Gn16:05 | לך לאתה ואמרית היא תלד | ואנה | ארבי דילמא דאתבני אף אנה |
| 443 | Gn30:03 | על לוותה {לוותה} ותלד | ואנה | ארבי מה דלמה דאתבני אף אנה |
| 444 | Lv20:03 | | ואנה | אשוי ית תקיף רוגזי בגברה |
| 445 | Ex 4:21 | ותעבדינון קדם פרעה | ואנה | אתוקף ית לביה ולא ישלח ית |
| 446 | Ex 7:03 | | ואנה | אתוקף ית לבא דפרעה ואסגי |
| 447 | Ex 2:09 | הדין ואוניקי יתה לי | ואנה | אתן ית אגריך ונסבת אתתא ית |
| 448 | Lv20:24 | אתון תירתון ית ארעהון | ואנה | אתן יתה לכון למרת יתה |
| 449 | Gn48:07 | | ואנה | במייתוי מפדן דארם מיתת |
| 450 | Ex 4:15 | ותשוי ית פתגמיא בפומיה | ואנה | במימרי {אלה} «אהוי» עם |
| 451 | Nu 6:27 | ית ממרי על בני ישראל | ואנה | במ«י»מרי אברך יתהון: |
| 452 | Gn46:04 | אנה אחות עמך מצרימה | ואנה | בממרי אסיק יתך לחוד מסוק |
| 453 | Dt31:18 | | ואנה | בממרי מטמרה אטמר אפי רעותי |
| 454 | Dt31:23 | לארעא די קיימת להון | ואנה | בממרי אהוי בסעדך: |
| 455 | Gn27:11 | הא עשו אחי גבר שערין | ואנה | גבר שעשיע: |
| 456 | Gn49:02 | מיניה פסולה עשו אחוי | ואנה | דחיל דלא {דלא} יהווי |
| 457 | Ex18:16M | דמלין אתין לוותי | ואנה | דיין |
| 458 | Ex14:17 | | ואנה | הא מתוקף ית לבהון דמצריי |
| 459 | Ex31:06 | | ואנה | הא שויית עמיה ית אהליאב |
| 460 | Nu18:06 | | ואנה | הא אנה אפרשית ית אחיכון |
| 461 | Nu18:08 | ומליל ייי עם אהרן ואמר | ואנה | הא יהבית לך ית מטרת |
| 462 | Dt32:35 | דידי היא נקמתה | ואנה | הוא דמשלם לעדן די תימוט |
| 463 | Dt32:39 | דאתי אנה הוא דמחי | ואנה | הוא דמסי ולית דמישיזיב מן |
| 464 | Gn43:14 | אחוכון חרנא וית בנימן | ואנה | היך מה דלא תכלת על יוסף |
| 465 | Ex12:42 | מדבר ביני תריהון | ואנה | ואינון מדברי' כחדא הוא |
| 466 | Gn30:30 | וכען מה אנה יכל למעבד | ואנה | זקיק למפרנסה בניי |
| 467 | Ex 6:12 | והיכדין ישמע מני פרעה | ואנה | חגר ממלל: |
| 468 | Gn44:18M | חולק ואחסנא בפילוג | ואנה | חילי תקיף מן חיליהון |
| 469 | Ex 3:19 | | ואנה | ידעת ארום לא ישבו«ק» |
| 470 | Lv17:11 | ארום נפש בשרה באדמה היא | ואנה | יהבת לכון יתה על גבי מדבחה |
| 471 | Gn28:16 | דייי דשריה באתרה הדין | ואנה | לית אנה ידע: |
| 472 | Gn37:30 | אנה ידע לאן אנה הכא | ואנה | לית אנה ידע לאן אנה אזל: |
| 473 | Gn13:09 | לדרומה אן את לדרומה | ואנה | לצפונה: |
| 474 | Gn38:25 | והב לי תלתא סהד«י» | ואנה | מקיימה לך תלתא צדיקין |
| 475 | Gn48:22 | יהב יתיה לעשו אחוי | ואנה | נסבת יתיה מן ידוי דעשו |
| 476 | Gn18:13 | למימר הא מן קושטא אלד | ואנה | סאבת: |
| 477 | Gn34:30 | ארעא בכנעניי ובפריזיי | ואנה | עם למניין ויתכנשו לוותי |
| 478 | Ex 4:12 | וכדון אזל | ואנה | עם ממרי אהיה עם ממלל פמך |
| 479 | Gn18:27 | למלל«א» קדם ייי | ואנה | עפר וקטם: |
| 480 | Gn24:31M | "והא אנא ... לגמלייא": | ואנה | פניית ביי' פניית ית' |
| 481 | Dt10:10 | | ואנה | קמית בטורה כי{ז}<ו>מייה |
| 482 | Gn32:27 | מרומא למשבחא ואנ«א» | {ואנה} | ריש למשבחיא ואמר לא אשלח |
| 483 | Gn41:15 | חלמית ופתיר לית ליה | ואנה | שמעית עלך למימר תשמע חלמא |

## אנהרה *n.* illumination [65]

|  | | |  | | | |
|---|---|---|---|---|---|---|
| 001 | s em/sf | דאנהרתה | Ex35:14 | וית מנרתה | דאנהרתה | ~וית מניה וית בוציניה |

## אנהרו *(v.)n.* illumination [65]

|  | | |  | | | |
|---|---|---|---|---|---|---|
| 001 | s em/sf | דאנהורתא | Ex39:37 | וית בוציניה בוציניה | דאנהורתא | וית כל מניה וית משחה |
| 002 | | דאנהרותה | Ex35:14 | בוציניה וית משחה | דאנהרותה~: | |
| 003 | | | Ex39:37 | כל מניה וית משחה | דאנהרותה: | |
| 004 | | | Nu 4:09 | תכלה ויכסון ית מנרתה | דאנהרותה | וית בוצינה וית מלקט{ט}ה |
| 005 | | | Nu 4:16 | דאהרן כהנה רבה משחה | דאנהרותה | וקטרת בוסמנייה ומנחה |
| 006 | | לאנהרותא | Ex25:06 | משח | לאנהרותא | בסמנין למשחא דרבותא |
| 007 | | | Ex35:08 | ומשחא | לאנהרותא | ובשמנין למשחה דרבותא |
| 008 | | | Ex35:28 | וית בוסמניה וית משחה | לאנהרותא | ולמשחה דרבותה ולקטרת |
| 009 | | | Lv24:02 | משח דזית זכיך כתיש | לאנהרותא | למסדרה בוציניה בתדירה: |
| 010 | | לאנהרותה | Ex27:20 | משח דזית זכיך כתיש | לאנהרותה | למסדרה בוצינין בתדירה: |

## אנח *vb.* to sigh [65]

|  | | |  | | | |
|---|---|---|---|---|---|---|
| 001 | etpeel | ויתנחו | Ex 5:15M | דבני ישרא' | וצווחו/וי{וו}<ת>נחו#2#/ | קדם פרעה למימר |

## [אנחנה] *pron.* we [65]

|  | | |  | | | |
|---|---|---|---|---|---|---|
| 001 | | אנחנא | Gn37:07 | והא | אנחנא | מכרכין כורכון בגו חקלא |

## אנטוכיי *adj.* Antiochene [65]

|  | | |  | | | |
|---|---|---|---|---|---|---|
| 001 | s em/sf | אנטוכיא | Gn10:18 | וית זימרייא וית | אנטוכיא | ומן בתר כדין אתפרשו |
| 002 | p em/sf | אנטיוכאי | Gn10:18M | וית אנטוכיא/חמצאי | #2#אנטיוכאי/ | ומן בתר כדין/כן#2#/ |

## אנינקי *n.* distress [65]

|  | | |  | | | |
|---|---|---|---|---|---|---|
| 001 | s ab/cn | אננקי | Gn38:25 | יתי בשעתא הדה דהיא שעת | אננקי | אלהא דעני לאנינקי ואנהר |
| 002 | | | Lv22:27 | ואמרין דידהון בשעת | אננקי | דדהון עני יתן בהדה שעתה |
| 003 | | | Gn22:14M | בנוי דיצחק עלין בשעת | אננקי | תהווי מדכר להון עקידתא |
| 004 | | לאנינקי | Gn38:25 | שעת אננקי אלהא דעני | לאנינקי | ואנהר עייני והב לי תלתא |

## אנן *pron.* we [66]

|  | |  | | | |
|---|---|---|---|---|---|
| 001 | אנן | Gn29:04 | אן אתון ואמרין מן חרן | אנן: | |
| 002 | | Gn29:05 | נחור ואמרין חכימין | אנן#2#»: | |
| 003 | | Dt 5:25 | דייי אלהן תוב ומייתין | אנן: | |
| 004 | | Dt12:30M | /להווד#2#/ אנה /כן אוף | אנן#2#/: | |
| 005 | | Gn42:32 | תרין עשר | אנן | אחין בנוי דאבונן חד מנן מן |
| 006 | | Nu20:16 | יתן מן מצרים והא | אנן | ברקם קרתה דבסיפי תחומך: |
| 007 | | Gn42:21 | גבר לאחוי ברם חייבין | אנן | באדמה דאחונה די חמינן בעקת |
| 008 | | Gn42:13 | תרין עשר עבדך אחין | אנן | בנוי דגבר חד בארעא דכנען |
| 009 | | Gn42:11 | כלנן בנוי דגבר חד | אנן | היימינן אנן לא הוון עבדיך |
| 010 | | Gn47:19 | וית ארען בלחמא ונהווי | אנן | וארען עבדין לפרעה והב לן |
| 011 | | Nu20:04 | למדברה הדין לממות תמן | אנן | ובעירנן: |
| 012 | | Nu20:19 | נסוק ואין מימך נשתה | אנן | ובעירנן נתן כסף זבוניהון |
| 013 | | Gn43:08 | ונחיה ולא נמות לחוד | אנן | ולחוד את ולחוד טפלינן: |
| 014 | | Nu14:40 | לריש טורא למימר הא | אנן | וניסוק לאתרא די אמר ייי |
| 015 | | Lv25:20 | בשתה שביעיתה הא לית | אנן | זרעין ולא כנישין ית עללתה: |
| 016 | | Dt 2:28 | תתנון לן ונשתי לחוד לית | אנן | חסרין מן כל מן דעם ברגלינן |
| 017 | | Ex16:07 | קדם ייי ואנן מה | אנן | חשיבין ארום תתרעמתון |
| 018 | | Ex16:08 | מתרעמין עלוי ואנן מה | אנן | חשיבין לא עלינ«ן» |
| 019 | | Gn42:13 | מן דנפק מן לוותן לית | אנן | ידעין מה הוה בסופיה: |
| 020 | | Gn42:32 | מנן מן דנפק מלוותן לית | אנן | ידעין מה הוה בסופיה וזעירא |
| 021 | | Ex10:26 | קדם ייי אלהן ואנן לית | אנן | ידעין כמה נפלחה קדם ייי |
| 022 | | Ex32:01 | יתן מן ארעא דמצרים לית | אנן | ידעין מה הווה בסופה: |

|  |  |  |  |  |  |
|---|---|---|---|---|---|
| 023 | | Ex32:23 | יתן מן ארעא דמצרים לית | אנן | ידעין מה הוה בסיפי: |
| 024 | | Dt21:01M | "לא אתודע מן קטיל": לית | אנן | ידעין מן קטל |
| 025 | | Gn29:08 | ואמרו לא | אנן | יכלין עד זמן דיתכנשון כל |
| 026 | | Gn34:14 | ואמרן להון לית | אנן | יכלין למעבד פתגמא הדין |
| 027 | | Gn44:26 | אנן <נחתין> ארום לית | אנן | יכלין למיחמי סבר אפוי |
| 028 | | Gn44:26 | ואמרינן לית | אנן | יכלין למיחות אן נחת אחונן |
| 029 | | Nu13:31 | די אזלו עמיה אמרין לית | אנן | יכלין מסוק לוות עמא ארום |
| 030 | | Nu13:31 | מנן: {אזלו עמה אמרי' לית | אנן | יכלין מסוק לוות עמא ארום |
| 031 | | Gn19:13 | ארום מחבלין | אנן | ית א{רת}<תר>א הדין ארום |
| 032 | | Ex 8:22 | ייי אלהן הא אין מקרבן | אנן | ית טעוותהון דמצריי קדמיהון |
| 033 | | Nu11:05 | מדכרין | אנן | ית נוניה דהוינן אכלין |
| 034 | | Gn44:18 | ^אוף#2#^ מלכין ושליטין | אנן | כוותך בארעא דכנען היך מה |
| 035 | | Dt 5:03 | הדין ארום אלהן עמן הא | אנן | כולן הכה יומה הדין חיין |
| 036 | | Gn42:11 | דגבר חד אנן היימינן | אנן | לא הוון עבדיך ילילין: |
| 037 | | Gn42:31 | ואמרנא ליה היימינין | אנן | לא הוינן מיללין: |
| 038 | | Nu16:14M | האליין תסמי \לא אנן | /אנן | לא#2#/ סלקין: |
| 039 | | Nu10:29 | מדיניה חמוי דמשה נטלין | אנן | לאתרה די אמר ייי יתה אתן |
| 040 | | Gn46:34 | טלייתהון ועד כדון להוד | אנן | להוד מן בגלל דתישרון בארעא |
| 041 | | Gn44:16 | אנן עבדין לריבוני לחוד | אנן | לחוד מן דאשתכח כלידא |
| 042 | | Gn47:19 | למה נמות קדמיך לחוד | אנן | לחוד ארען קנה יתן וית |
| 043 | | Gn50:18 | ונפלו קדמוי ואמרו הא | אנן | לך לעבדין: |
| 044 | | Dt 6:25M | "ארום ... הדה": אין נטרין | אנן | למעבד ית כל קיימיה האילין |
| 045 | | Dt 5:25 | רבתה הדה אין מוספין | אנן | למשמע ית קל מימרה דייי |
| 046 | | Gn26:20 | רעוי דיצחק למימר דינן | אנן | מיא וקרא שמה דבארה עשק |
| 047 | | Nu 9:07 | ואמרין גבריא האינון ליה | אנן | מסאבין בטמא נפש דבר נש למה |
| 048 | | Ex13:15 | וכל בכור«י»ה בנן | אנן | מפרקין ^אנון#2#^: |
| 049 | | Ex13:15 | בכורי בעירא בגין כדון | אנן | מקרבין קדם ייי כל פתחי |
| 050 | | Gn41:38 | ואמר פרעה לשלטנוי אן | אנן | משכחין כוות דין גבר די רוח |
| 051 | | Gn37:26 | יהודה לאחוי מה ממון | אנן | מתהניין ארום נקטול ית |
| 052 | | Gn43:18 | בטעונינון בקדמיתא | אנן | מתעלין למתרברבא עלינא |
| 053 | | Gn44:09 | מן עבדך יתקטל ואף | אנן | נהוי לריבוני לעבדין: |
| 054 | | Gn44:26 | אן נחת אחונן זעירא עמן | אנן | <נחתין> ארום לית אנן יכלין |
| 055 | | Dt 1:41 | לי סרחנן קדם ייי | אנן | נסוק ונסדר קרבה ככל מה די |
| 056 | | Nu32:32 | | אנן | נעבר מזיינ{י}ן קדם ייי |
| 057 | | Nu21:15 | יהוון בני ישראל עברין | אנן | נפקין לקבליהון ומקטלין |
| 058 | | Nu16:12 | בנוי דאליאב ואמרין לית | אנן | סלקין: |
| 059 | | Nu16:14 | גברייה האליין תסמי לא | אנן | סלקין: |
| 060 | | Nu16:14M | האינון אין את מנקר לית | אנן | סלקין |
| 061 | | Dt 1:28 | לאן | אנן | סלקין אחינן אמסון ית |
| 062 | | Gn44:16 | ארעת חובתהון דעבדך הא | אנן | עבדין לריבוני לחוד אנן |
| 063 | | Nu20:19 | לית מלא בישה ברגלינן | אנן | עברין: |
| 064 | | Dt 2:28 | מן כל מן דעם ברגלינן | אנן | עברין: |
| 065 | | Ex15:24 | עמא על משה למימר מה הן | אנן | שתיין: |
| 066 | דאנן | Dt 4:07 | ממרה דייי אלהן בכל זמן | דאנן | מצליין קדמוי הוא עני יתן: |
| 067 | | Dt12:08 | לא תעבדון ככל מה | דאנן | עבדין הכה יומא הדין גבר כל |
| 068 | | Dt 4:07M | "בכל ... עני": כל שעה | דאנן | קריין לה הוא עניו |
| 069 | ואנן | Ex10:26 | למקרבא קדם ייי אלהן | ואנן | לית אנן ידעין כמה נפלח קדם |
| 070 | | Ex16:07 | ית תורעמתכון קדם ייי | ואנן | מה אנן חשיבין ארום |
| 071 | | Ex16:08 | דאתון מתרעמין עלוי | ואנן | מה אנן חשיבין לא עלינ«ן» |
| 072 | | Nu32:17 | | ואנן | נעבר מזיינין קדם בני |

אנקי *n.* ⇐ אינקי

## אנס *vb.* to force [66]

|  |  |  |  |  |  |
|---|---|---|---|---|---|
| 001 | אנסת peal | Dt28:56 | בכון ומפרנקתה די לא | אנסת | כפה דרגלה למקבע יתה על |
| 002 | נאנוס | Nu20:17M | "לא נעבר ... נסטי": <לא> | נאנוס | א{ני}<רו>סן ולא נשרגגה |
| 003 | נינוס | Nu20:17M | נשרגגה בתולן ולא | ני{כ}<נ>וס | נשי גוברין באורחה |

See also: *n.* ארוסה

## אנפו *n.* wave offering [66]

|  |  |  |  |  |  |
|---|---|---|---|---|---|
| 001 | אנפו s ab/cn | Nu 8:15 | יתהון ותניף יתהון | אנפו: | |
| 002 | | Ex35:22 | דהב וכל גבר די אניף | אנפו{י} | דדהב לשמה דייי: |
| 003 | | Ex29:24 | דבנוי ותניף יתהון | אנפו | קדם ייי: |
| 004 | | Ex29:26 | ותניף ית{הון}<יה> | אנפו | קדם ייי ויהוי לך לחולק: |
| 005 | | Lv 7:30 | ניעה למנפה ניאה יתיה | אנפ{ג}<ו> | קדם ייי: |
| 006 | | Lv 8:27 | דבנוי ואניף יתהון | אנפו | קדם ייי: |
| 007 | | Lv 8:29 | משה ית ניעה ואניף יתה | אנפו | קדם ייי מן דיכרה |
| 008 | | Lv 9:21 | שקה דימינה אניף אהרן | אנפו | קדם ייי היך מה דפקד ^ייי |
| 009 | | Lv10:15 | קרבני תרביה ייתון למנפה | אנפו | קדם ייי ויהוי לך ולבניך |
| 010 | | Lv14:12 | לוגה דמשחה ויניף יתהון | אנפו | קדם ייי: |
| 011 | | Lv14:24 | דמשחה ויניף יתהון כהנא | אנפו | קדם ייי: |
| 012 | | Lv23:20 | על לחמה דבכוריה | אנפ{ן}<ו> | קדם ייי על תרין אמריה |
| 013 | | Nu 6:20 | וירים יתהון כהנא | אנפו | קדם ייי קדש אינון לכהנא על |
| 014 | | Nu 8:11M | ית לווי/ליוואי#2#/: | אנפו | קדם ייי מן בני ישראל |
| 015 | | Nu 8:13 | וקדם בנוי ותניף יתהון | אנפו | קדם ייי%{למכפרה על ליויי: |
| 016 | | Nu 8:21M | /ויני#2#/\יתהון | אנפו | קדם ייי וכפר#1#/ויכ#2#/ |
| 017 | אנפות | Nu18:11 | אפרשות מתנתכון לכל | אנפות | בני ישראל לך יהבית ולבנך |
| 018 | דאנפו | Lv23:17 | תייתון לחם | דאנפו | תרתין חלין מן תרין |
| 019 | לאנפו | Lv14:21 | ידה ויסב אמר חד לאשמה | לאנפו | למכפרה עלוי ועשרון מכלתה |
| 020 | דאנפותא s em/sf | Ex38:24 | בית קודשא והווה דהבא | דאנפותא | עשרין ותשעה ככרין ושבע |
| 021 | דאנפותה | Ex29:27 | ותקדש ית נעה | דאנפותה | וית שקה דאפרשותא די אתנף |
| 022 | | Lv 7:34 | ארום ית ני{ש}<ע>ה | דאנפותה | וית שקה דאפרשו«תה» |
| 023 | | Lv10:14 | וית ניעה | דאנפותה | וית שקה דאפרשות' תאכלון |
| 024 | | Nu18:18 | יהווי לך כניעה | דאנפותה | וכשקה דימינה דידך יהוון: |
| 025 | | Nu 6:20 | על {מעא}<ניעא> | דא«נ»פותה | ועל שקא דאפרשותה |
| 026 | | Lv10:15 | שוקה דאפרשות' וניעה | דאנפותה | על קרבני תרביה ייתון |
| 027 | | Lv23:15 | דתייתון ית עומרה | דאנפות«ה» | שבע שבין שלמין |
| 028 | | Ex38:29 | ונחשה | דאנפותה | שבעין ככרין ותרין אלפין |
| 029 | | Dt16:09 | דחצדה למחצד בעומרא | דאנפותה | תשרון לממני שובעה שבועין |

## אנש *n.* person, someone [66]

|  |  |  |  |  |  |
|---|---|---|---|---|---|
| 001 | אינש s ab/cn | Lv26:37M | ויתקלון \גבר באחוי | /אינש | בחובי אחוי#2#/ כמן קדם |
| 002 | אנש | Lv 5:21 | | אנש | ארום תחטא ותשקר שקר בשמה |
| 003 | | Gn38:25 | מכלותא בישא וטובוי כל | אנש | דמגלי עובדוי על דנסב«י»ת |
| 004 | | Dt 5:11 | עמי בני ישראל לא יסב | אנש | ^חד#2#^ מנכון שמה דייי |
| 005 | | Dt 5:16 | עמי בני ישראל יוקר כל | אנש | מנכון ית אבוי וית אמיה |
| 006 | | Dt 5:21 | עם חמודין ולא יתחמד | אנש | מנכון ית אתתה חבריה ולא |
| 007 | | Lv16:24 | ויכפר על ידוי ועל ידי | אנש | עמה: |
| 008 | דאינש | Gn38:25 | אחי ובית אבא במכלותא | דאינש | מיכל בה מיתכל ליה בין |
| 009 | דאנש | Ex19:13 | לא תקרב ביה ידא | דאנש | ארום מתרגמ' יתרגם או גירין |
| 010 | | Ex30:32M | על בשרא | דבר נש/דאנש#2#/ | הדיוט לא יתמשח |
| 011 | | Nu12:16 | אוריתה דמצוה זעירה | דאנש | עבד הוא מקבל עילוי אגר |
| 012 | לאינש' | Gn50:04M | יוסף \עם | אנשי בייתיה/לאינש#2#/ | דפרעה למימר אן \ |
| 013 | אינשא s em/sf | Ex 9:19 | מה דאית לך באפי ברא כל | אינשא | ובעיר«א» דאשתכח בחקלא |
| 014 | אנשא | Ex12:15 | דייכול חמ«י»ע ותשתיצי | אנשא | ההוא מן ישראל מן יומא |
| 015 | | Ex31:14M | /{י}<ו>יש#2#/ | נפשה/אנשא#2#/ | ההיא מגו עמיה: |

016 Nu31:30 תסב חד תליש מן חמשין מן אנשא ומן תוריה ומן חמריא ומן
017 Ex15:20M כל נשיא בתרה /ונפקו כל אנשא מן בתרה#2#/ בתופיא הוון
018 באנשא Ex 8:14 ולא יכלו והוון כלמיא באנשא ובבעירא
019 בינ' Ex 8:14M יכלו והוון כלמיא באנשא/בינ'#2#/ ובבעירא:
020 דאנשא Ex19:18M בשלהובא דאנשא וסלק תננא כקטון{ן}<ר> תנן
021 מא' Nu 8:17M דבני ישראל בבני אנשא/מא'#2#/ ובבעירה ביומא
022 אינשי p const Gn44:01M ממנא אפיטרופוס על \אינשי#2#/ בייתי למימר מלי ית
023 אנשי Nu25:05 דישראל קט«ו»לו גבר אנשי עמיה דאתחברן לפלחי טעוותה
024 Gn34:20 לתרע קרתיהון ומלילו עם אנשי קרתיהון למימר:
025 אנשוי p em/sf Gn24:59 וית עבדא דאברהם וית אנשוי:
026 Gn31:17M \וטען ית בנוי /ונטל אנשוי#2#/ וית נשוי על גמליה:
027 אנשי Gn12:17M ובאנשי בייתיה/ועל אנשי דבייתי' דפרעה#2#/ על עסק

See also: *n.* אתה

## household members *n.* אנשי בי(י)תה [67]

001 אנשי ביתיה p em/sf Gn41:51 ית כל עמלי וית כל אנשי ביתיה דאב«א»:
002 אנשי בייתה Lv16:06 על ידוי ועל ידי אנשי בייתה:
003 Lv16:06M /עלוי ועל אנש#2#/:
004 אנשי בייתי' Gn45:08 לפרעה ולרבון לכל אנשי בייתי' ושליט בכל ארעא
005 אנשי בייתיה Gn18:19 די יפקד ית בנוי וית אנשי בייתיה בתרה ויטרון אורחא דייי
006 Gn50:08 וכל אנשי בייתיה דיוסף ואחוי ובייתיה
007 Gn50:04 ומליל יוסף עם אנשי בייתיה דפרעה למימר אן אשכחית
008 Dt 6:22 במצרים בפרעה ובכל אנשי בייתיה ועיינינן חמיין:
009 אנשי בייתך Dt15:16 ארום ירחם יתך וית אנשי בייתך ארום טב לה פלח קדמך:
010 אנשי ביתה Gn47:12 וית כל אנשי ביתה לחם לפם טפליא:
011 אנשי ביתיה Lv22:11 הוא יאכל מניה ותרבבת אנשי ביתיה אנון יאכלון בלחמה:
012 Gn34:19 והוא הוה יקר מן כל אנשי ביתיה דאבוי:
013 Lv16:11 על ידוי ועל ידי אנשי ביתיה ויכוס ית תורה דחטאתה
014 Lv16:11M /על{ו}י ועל אנ'#2#/ ויכוס ית תורה דחטאתה
015 Lv16:17 על ידוי ועל ידי אנשי ביתיה ועל ידי כל קהל כנישתה
016 אנשי בייתך Ex 8:07 ארדעניא מנך ומן אנשי בייתך ומן שלטונך ומן עמך לחוד
017 Ex 8:05 ארדעניא מנך ומן אנשי בייתך לחוד דבנהרא ישתיירון:
018 Gn 7:01 ייי לנח עול את וכל אנשי בייתך לתיבותא ארום יתך חמי'
019 אנשי בתיהון Dt11:06 פמה ובלעת יתהון וית אנשי בתיהון וית משכניהון וית כל
020 אנשי בתיכון Gn45:18 ותסבון ית אבוכון וית אנשי בתיכון ותיתון לוותי ואתן לכון
021 אנשי בתכיון Dt13:07M אתון ואבהתכון/אנשי בתכיון#2#/:
022 באינשי ביתך Nu18:11 לקיים עלם כל דדכי באינשי ביתך יאכל יתה:
023 באנשי ביתא Gn17:23M כל דכורה באנשי ביתיה/בי<>תא#2#/ דאברהם וגזר
024 באנשי ביתיה Gn17:23 כספא כל דכורה באנשי ביתיה דאברהם וגזר ית בשר
025 באנשי ביתך Nu18:13 דידך יהווי כל דידכי באנשי ביתך יאכל יתיה:
026 דאנשי בייתיה Gn46:27 נפשן כל נפשתא דאנשי בייתיה דיעק«ב» די עלו
027 ואינשי בייתי Gn38:25 בבעו מנכון אחיי ואינשי בייתי דאבא קבילו מיני טב לי
028 ואינשי בתיכון Nu18:31 יתיה בכל אתר אתון ואינשי בתיכון ארום אגר הוא לכון חלף
029 Dt12:07 ידיכון אתון ואינשי בתיכון די ברך יתכון ייי
030 ואנשי בייתי Gn30:30 זקיק למפרנסה בניי ואנשי בייתי:
031 ואנשי בייתיה Gn46:31 ואמר ליה אחוי ואנשי בייתיה דאבא די בארע«א»
032 Gn50:22 יוסף במצרים הוא ואנשי בייתיה דאבוי וחי«ה» יוסף
033 Ex 1:01 עם יעקב גבר ואנשי בייתיה עלו:
034 ואנשי בייתך Gn45:11M תשתיצא את ואנשי ביתך/בייתך#2#/:
035 ואנשי ביתך Gn45:11 דכפן ולא תשתיצא את ואנשי ביתך:
036 Nu18:01 ייי לאהרן את ובנך ואנשי ביתך עמך תקבלון ית חובי
037 ואנשי בתיכון Dt14:26 ותחדון עמי אתון ואנשי בתיכון:
038 Dt15:20 ייי אלהכון אתון ואנשי בתיכון:
039 ובאנשי בייתיה Gn12:17 מכתשין רברבן ובאנשי בייתיה על עסק שרי אתתיה
040 ובאנשי ביתך Ex 8:17 בך ובשלטונך ובעמך ובאנשי ביתך ית ערברובא ויתמלון
041 ולאינשי בייתי Gn34:30 לוותי וישיצון יתי ולאינשי בייתי:
042 ולאינשי בתיכון Dt26:11 לכון ייי אלהכון ולאינשי בתיכון אתון וליויי וגיוריה
043 ולאנשי בייתיה Gn46:31 ואמר יוסף לאחוי ולאנשי בייתיה דאבוי אסוק כען ואתני
044 לאנשי בייתה Gn39:14 <וקרת> לאנשי בייתה ואמרת להון למימר חמון
045 לאנשי בייתיה Ex19:03M \לדבית יעקב לאנשי בייתיה/ דיעקב#2#/ ותתני
046 לאנשי ביתיה Gn35:02 ואמר יעקב לאנשי ביתיה ולכל מן דהווה עמיה

## head-rest *n.* אסדין [67]

001 אסדי p const Gn28:11 אבנוי דאתרא ושוי תחות אסדי ראשה ודמך לה באתרא ההוא:
002 Gn28:18 ונסב ית אבנא די שוי אסדי ראשה ושוי יתה קיימא ואריק
003 Gn28:10 יעקב ושוי יתהון תחות אסדי רישיה כיון דקדם בצפרא
004 איסדוהי p em/sf Gn28:11M קדישא ההוא ושוינון איסדוהי ואתעבדן לאבנ' חדא ביהוא

## cure *n.* אסו [67]

001 אסו s ab/cn Gn 3:15M אסו ולך חויה לא יהווי אסו ברם עתידין הנון אלין
002 Gn 3:15 אסו ולך חויה לא יהוי אסו דעתידין אינון מעבד שפיותה
003 Gn 3:15M ברם לבנין דאיתתה יהוי אסו ולך חויה לא יהווי אסו ברם
004 Gn 3:15 יתיה ברם לבריה יהוי אסו ולך חויה לא יהוי אסו

## אסון *n.* ⇐ אשון

## one who binds *n.* אסור [67]

001 אסורי p const Dt24:06M הוא ממשכן ולא תהוון אסורי חתנין וכלין ארום כל
002 Dt24:06 עמי בני ישראל לא תהוון אסורי חתנין וכלין ולא תמשכנון

## street, road *n.* אסטרט [52 איסטרט]

001 אסרט s ab/cn Dt 1:01 תרתין עשרי איסטרטין אסרט ^חדה#2#^ לכל שבט ארגיזתון
002 באיסטרטא s em/sf Nu21:22M \בארח מלכא נהלך באיסטרטא/ דמלכא ניזיל#2#/ עד זמן
003 באסטרטא Nu20:19M \ארח מלכא נסוק /באסטרטא דמלכא ניזל#2#/ ואין
004 באסרטא Nu20:17M נשי גוברין באסרטא דמלכא ניזיל לא נסטי
005 איסטרטין p abs Dt 1:01 ימא ואתעבד תרתין עשרי איסטרטין אסרט ^חדה#2#^ לכל שבט

## to heal *vb.* אסי [67]

001 אסי pael Nu12:13 ייי אלהה חננה ורחמנה אסי יתה:
002 Nu12:13M אלה דמסי כל ביש<ר>ה אס{ר}י יתה
003 דאסי Ex21:19M יתן ואגר אסיא דמאסי/דאסי#2#/ יתיה:
004 דמאסי Ex21:19 בטלוניה יתן ואגר אסיא דמאסי יתיה:
005 דמסי Dt32:39 אנה הוא דמחי ואנה הוא דמסי ולית דמישיזיב מן ידיי:
006 Ex15:26 ארום אנה הוא ייי דמסי יתכון:
007 Nu12:13M "ואמ' ...": למימר אלה דמסי כל ביש<ר>ה אס{ר}י יתה
008 ואסי Gn20:17 וצלי אברהם קדם ייי ואסי ייי ית אבימלך וית
009 Ex 7:25 דמחה ייי ית מיא דנהרא ואסי יתיה:
010 איתאסי etpaal Lv14:03M ויחמי כהנא והא איתס/איתאסי#2#/ מכתש צרעתה
011 Lv14:48 כהנא ית בייתה ארום איתאסי מכתשה:
012 איתסי Lv14:03 משריתה ויחמי כהנא והא איתסי מכתש צרעתה מן מצרעה:
013 אתאסי Lv13:37 נתקא ושער אוכם צמח בה אתאסי נתקא דכי הוא וידכי יתיה
014 אתאסית Nu12:15 ועמה לא נטלו עד זמן די אתאסית מרים:
015 תתאסי Nu12:14 משריתה ומן בתר כדין תתאסי:
016 תתסי Lv13:37M צמח בה אתאסי/{ו}<ת>תסי#2#/ נתקא דכי הוא
017 דאתסיאת Nu12:16 מן אתריהון עד זמן דאתסיאת מרים נביאתה מן צרעתה

018 דאתסיית Nu12:16M מצרעתה ומן בתר דאתסיית נביאת{י}ה מן מצרעתה
019 ויתאסי Lv13:18 יהוי בה במשכיה שחנה ויתאסי:
020 ויתסי Lv13:18M בה במשכיה שחנה ויתאסי/ויתסי#2#/:
021 למיתאסייה Dt28:27 די לא תיכלון למיתאסייה:
022 למתאסייה Dt28:35 שקייה די לא תיכלון למתאסייה מן כף רגליכון ועד קדקדי

## אסי *n.* physician [67]

001 אסיא s em/sf Ex21:19 אגר בטלוניה יתן ואגר אסיא דמאסי יתיה:
002 אסוותא p em/sf Gn50:02M אסיא/ו{ת}<ב>סימו/ #2#אסוותא/ את ישראל:
003 Gn50:02M עבדוי ית\אסיא למחנט אסוותא/ למבסמא#2#/ ית אבר'
004 אסיא Gn50:02 למחנט ית אבר' וחנטו אסיא את ישראל:
005 Gn50:02 ופקד יוסף ית עבדוי ית אסיא למחנט ית אבר' וחנטו אסיא

## אסל *n.* pole [68]

001 באסלה s em/sf Nu13:23M בקופה/וסובלוהי באסלה#2#/ בתרין/ביני תרין

## [אסף] *vb.* to gather [68]

001 אסף peal Nu11:32 וכנשו ית סלווי מן דזער אסף עשרה כורוון ושטחו להון

## אספקלטור *n.* executioner [68]

001 אספקלטוריא p em/sf Gn41:10 יתי במטרא בבייתה דרב אספקלטוריא יתי וית רב נחתומיה:
002 אספקלטוריה Gn40:03 במטרא בביתיה דרב אספקלטוריה בבית חבושיה אתרא די
003 Gn40:04 ומני רב אספקלטוריה ית יוסף עליהון ושמש
004 אספקלטורייה Gn41:12 טלי עברי עבד לרב אספקלטורייה ותנינן לה ופתר לן ית
005 אספקלטריה Gn39:01 שליטא דפרעה רב אספקלטריה גבר מצראי מן ידיהון
006 ספקלטריה Gn40:04M ומני רב אספקלטוריה/ספקלטריה#2#/ ית יוסף עליהון
007 ספקליטרי' Gn40:03M בביתיה דרב אספקלטוריה/ספקליטרי'#2#/ בבית חבושיה

## אסקו *(v.)n.* going up [68]

001 באסקותי s em/sf Dt 9:09 באסקותי לטורה למיסב לווחי אבנייה

## אסר *vb.* to bind [68]

001 אסור peal Ex29:09M ותיסר/אסור#2#/ יתהון המיינין אהרן
002 אסירה Gn25:01M היא הות הגר דהות אסירה לה מן שירויה
003 אסירין Ex12:11 תיכלון יתיה חרציכון אסירין מסניכון ברגליכון
004 אסר Gn49:11 למיקם מן מדבית יהודה אסר חרציה ונפק לקרבא על שנאוי
005 Ex28:42 למכסיה בשר ערוותהון מן אסר חרציהון ועד ירכתהון יהוון:
006 אסרין Dt24:06M אתון רשאין למיהוי אסרין חתנין וכלתין מלמקרב
007 יאסר Lv16:04 על בשריה והמיינין דבוץ יאסר ובמצנפן דבוץ יטכס לבושי
008 ואסר Lv 8:13 ואלבש יתהון כתנן ואסר יתהון המיינ' ושוי להון
009 Lv 8:07 ויהב עלוי ית כו<ת>נתה ואסר יתיה בהמיינה ואלבש יתיה
010 ותיסר Ex29:09 ותיסר יתהון המיינין אהרן ובנוי
011 למיסר Gn41:44 לא יפשוט גבר ית ידיה למיסר זונה וית רגלה למרכב סוסא
012 ומסר pael Lv 8:07M ית#2#/ אפדה /#2#ומסר/וזרז/ יתיה בהמיינה
See also: *n.* אסור
See also: *vb.* אסי

## אסר *n.* oath, vow [68]

001 אסרה s em/sf Nu30:15M כל\קיומא די עלה קיים /אסרה דאית עליה יקים#2#/ יתהון

## אסרט *n.* ⇐ אסטרט

## אסתלקו *(v.)n.* going up [68]

001 ובאסתלקות s em/sf Nu 9:22 ישראל ולא יטלון ובא«ס»תלקות עננא יטלון:
002 Ex40:36 ובאסתלקות עננה «מעלווי משכנה»

## אע *n.* wood [68]

001 אעא s em/sf Lv14:06M יסב יתה וית קיסה/אעא#2#/ דארזא וית צבע זהוריתה
002 Dt28:36M דאבן /לטעוון אחרניין אעא ואבנה#2#/:
003 Dt28:64M \טעון דקיס וטעוון דאבן /אעא ואבנה#2#/:
004 אעה Ex25:10 ויעבדון ארונה אעה {דשתא} דשטין תרתין אמין
005 אעין p abs Gn 6:14 עבד לך תבו אעין דקדרינ«י»ן כמדורונין
006 Ex35:24M לווחיה\אעי שטין /<א>עין דשט'#2#/ לכל עבידת
007 Ex25:13 ותעבד אריחין אעין דשטין ותחפי יתהון דהב:
008 Ex25:23 ותעבד פתורא אעין דשטין תרתין אמין ארכן
009 Ex25:28 ותעבד ית אריח{ו}<י>ה אעין דשטי«ן» <ותחפי> יתהון
010 Ex26:15 ותעבד ית לווחיה למשכנא אעין דשטין קיימין:
011 Ex27:06 ותעבד אריחין למדבחא אעין דשטין ותחפי{ה} יתהון נחש:
012 Ex30:05 ותעבד ית אריחיה אעין דשטין ותחפי יתהון דהב:
013 Ex36:20 ועבד ית לווחיה למשכניה אעין דשטין קיימין:
014 Ex36:31 ועבד נגרין אעין דשטין חמשה ללוחי סטרה
015 Ex37:01 ועבד בצלאל ית ארונה אעין דשטין תרתין אמין ופלג
016 Ex37:04 ועבד אריחין אעין דשטין וחפא יתהון דהב:
017 Ex37:10 ועבד ית פתורה אעין דשטין תרתין אמין ארכה ואמה
018 Ex37:15 ועבד ית אריחיה אעין דשטין וחפי יתהון דהב למטען
019 Ex37:25 ועבד ית מדבחה דקטרתה אעין דשטין אמה ארכה ואמה פתיה
020 Ex37:28 ועבד ית אריחי«ה» אעין דשטין וחפי יתהון דהב:
021 Ex38:01 ועבד ית מדבחה דעלתה אעין דשטין חמש אמין ארכה וחמש
022 Ex38:06 ועבד ית אריחיה אעין דשטין וחפי יתהון נחש:
023 Dt10:03 ועבדית ארון אעין דשיטין וחצבית תרין לווחין
024 Ex30:01M אעין שטין /מדבח קטורן אעין דשת'#2#/ תעבד יתיה:
025 Ex26:26 ותעבד נגרין אעין דשתין חמשין ללוחיה סיטריה
026 Ex30:01 ותעבד מדבחה מסדר קטרתה אעין שטין תעבד יתיה:
027 דאעין Ex27:01 ית מדבחא {דעאין} <דאעין> דשטי«ן» חמש אמין ארך
028 ואעין Ex35:07M דססגונין\ואעי שטין /<וא>עין דש'#2#/:
029 Ex25:05 ומשכין דססגונין ואעין דשטין:
030 אעי p const Ex25:13M אריחין\אעין דשטין /אעי/ שט'#2#/ ותחפי יתהון דהב:
031 Ex35:24 וכל מן די אשתכח לווחיה אעי שטין לכל עבידת פולחנא
032 Ex36:31M אריחין#2#/\אעין דשטין /אעי/ שיט'#2#/ חמשה ללוחי סטרה
033 דאעי Ex37:04M אריחין\אעין דשטין /דאעי/ שטין#2#/ וחפא/וח<פי>ה#2#
034 Ex37:01M ית ארונה\אעין דשטין /דאעי/ שיטין#2#/ תרתין אמין
035 ואעי Ex35:07 מסמקין ומשכין דססגונין ואעי שטין:

## אף *adv.* ⇐ אוף

## אף על גב ⇐ אפעלגב

## אפד — breastplate *n.* [69]

|  |  |  |  |  |
|---|---|---|---|---|
| 001 | אפוד' | s ab/cn | Ex39:22M | \מעילה דאפודה /מעיל אפוד'/#2# עובד גרדי{ו}י גמיר |
| 002 | אפדא | s em/sf | Ex25:07M | ובחשנא /למשקעה בהיון אפדא וחושנא#2#/: |
| 003 | אפדה | | Ex39:02 | ועבד ית אפדה דהב תכלה וארגוון וצבע |
| 004 | | | Lv 8:07 | יתיה מעילה ויהב עלוי אפדה וזרז יתיה בהמיינה דאפודה |
| 005 | אפר' | | Ex39:07M | דאפודה /<כת>פת אפר'/#2# אבנין דדוכרין/<ד>דוכרן |
| 006 | | | Ex28:31M | דאפודה /<מ>עיל אפר'/#2# \גמיר דתכלה /שזיר |
| 007 | | | Ex39:05M | /והמ<יין#2#/ דאפדה/אפר#2#/ די/דאית#2#/ עלוי מנה |
| 008 | אפודה | | Ex28:28 | ולא יזוע חושנא מעילוי אפודה: |
| 009 | | | Ex28:06 | ויעבדון ית אפודה דהב תכל«א» וארגון וצבע |
| 010 | | | Ex39:21 | ולא יזוע חושנה מעלוי אפודה היך מה דפקד ייי ית משה: |
| 011 | | | Ex35:09M | ובחשנה /למשקעה בהון אפודה וחשנה#2#/: |
| 012 | | | Ex29:05 | וית מעילה דאפודא וית אפודה וית חושנא ותטכס ליה |
| 013 | | | Ex39:19M | דאית כל וקבל אפודה מן לגו#2#/: |
| 014 | | | Ex28:26M | דאית לוקבל אפודה מן לגיו#2#/: |
| 015 | באפדא | | Ex35:09 | למקבעה יתהון באפדא ובחשנה: |
| 016 | באפודא | | Ex25:07 | ואבנין דאשלמן למקבעא באפודא ובחשנא: |
| 017 | דא' | | Ex28:28M | עיזקתה לעיזקוי דא' |
| 018 | דאפדא | | Ex28:08 | והמינה דאפדא די עילוי כעבדא מנה יהווי |
| 019 | דאפדה | | Ex39:20 | לעיל מן המיינה דאפדה: |
| 020 | | | Ex39:08 | חושנה עובד אומן כעבדה דאפדה דהב תכלה וארגוון וצבע |
| 021 | | | Ex39:05 | והמיינה דאפדה די עלוי מנה הוא כעבדא דהב |
| 022 | | | Ex39:18 | ויהבו יתהון על כתפתה דאפדה מן כל קבל אפוי: |
| 023 | | | Ex39:20 | על תרתין כתפת«ה» דאפדה מן לרע מן כל קבל אפוי |
| 024 | | | Ex28:15 | דדינא עובד אומן כעבדה דאפדה תעבד יתיה דהב תכלה וארגון |
| 025 | דאפודא | | Ex28:27 | מלעיל להמיינה דאפודא: |
| 026 | | | Ex29:05 | ית כתנתה וית מעילה דאפודא וית אפודה וית חושנא ותטכס |
| 027 | | | Ex28:25 | מאחדתה ותתן על כתפתה דאפודא מן כל קבל אפוי: |
| 028 | | | Ex28:27 | יתהון על תרתין כתפתה דאפודא מן לרע מן כל וקבל אפוי |
| 029 | דאפודה | | Ex39:21 | מן עזקא לגו עזקיה דאפודה <....> ולא יזוע חושנה |
| 030 | | | Ex29:05 | ותטכס ליה בהמיינה דאפודה: |
| 031 | | | Ex28:12 | ייי על תרתין כתפתה {דאפודה אבנין דדוכרן} לדכרן טב: |
| 032 | | | Ex28:12 | תרתין אבניה על כתפתה דאפודה אבנין דדוכרן טב לבני |
| 033 | | | Ex39:07 | ושווי יתהון על כתפתה דאפודה אבנין דדוכרין לבני ישראל |
| 034 | | | Ex28:28 | מן עזקוי לגו עזקא דאפודה בשזר דתכלה למיהוה על |
| 035 | | | Ex28:31 | ותעבד ית מעילה דאפודה גמיר דתכלה: |
| 036 | | | Lv 8:07 | וזרז יתיה בהמיינה דאפודה וטכס יתיה ביה: |
| 037 | | | Ex28:28 | למיהוה על המיינה דאפודה ולא יזוע חושנא מעילוי |
| 038 | | | Ex28:26 | די מן סיטרא דאפודה מלגו: |
| 039 | | | Ex39:19 | סיפוותה די מן סיטרה דאפודה מן לגו: |
| 040 | | | Ex39:22 | ועבדו ית מעילה דאפודה עובד גרדי{ו}י גמיר תכלה: |
| 041 | | | Ex28:29M | דדינה /בהימיינה דאפודה#2#/ על לביה במיעליה לגו |
| 042 | ואפדה | | Ex35:27M | למשקעה בהון ואפדה וחשנה#2#/: |
| 043 | ואפודה | | Ex28:04 | די יעבדון חושנא ואפודה ומעילה וכיתנה מאחדה מצנפן |
| 044 | לאפדה | | Ex35:27 | וית אבניה דאשלמותא לאפדה ולחשנה: |

## אפדה — breastplate *n.* [69]

|  |  |  |  |  |
|---|---|---|---|---|
| 001 | דאפדתה | s em/sf | Ex28:08M | והמינה דאפדא/דאפדתה#2#/ \די עילוי/דאית |

## אפותיקי — treasure, store house! *n.* [69 s.v.]

|  |  |  |  |  |
|---|---|---|---|---|
| 001 | אפותיקי | s ab/cn | Gn24:10M | ואזיל וכל שפר טוב אפותיקי דריב' |
| 002 | אפותיקא | s em/sf | Gn24:10M | /דכל#2#/ שפר דייתיקא/אפותיקא#2#/ דריבוניה עמיה |

## אפי — to bake *vb.* [69]

|  |  |  |  |  |
|---|---|---|---|---|
| 001 | אפה | peal | Lv22:27 | למעבד יתיה ופטירין אפה ואייכל למלאכין ומן יד |
| 002 | | | Gn19:03 | ועבד להון שרו ופטירין אפה ואכלו: |
| 003 | אפון | | Ex16:23M | \תאפון תאפון /תאפון אפון#2#/ וית מה די תבשלון בשלו |
| 004 | אפיה | | Lv 2:04 | וארו' תקרב קרבן מנחה אפיה בתנורא סלת חלין פטירין |
| 005 | תאפון | | Ex16:23M | ית מה די \תאפון תאפון /תאפון אפון#2#/ וית מה די |
| 006 | | | Ex16:23 | למחר ית מה די תאפון תאפון וית מה די תבשלון בשלו וית |
| 007 | | | Ex16:23 | קדם ייי למחר ית מה די תאפון תאפון וית מה די תבשלון |
| 008 | ואפון | | Ex12:39 | ואפון ית חמיעה דדהון דאפיקו מן |
| 009 | ואפין | | Ex12:39M | ואפון/ואפין#2#/ ית חמיעה דדהון |
| 010 | וייפון | | Lv26:26 | כד אתבר לכון שא מזונה וייפון עשר נשין לחמיכון במתק' |
| 011 | וייפיין | | Lv26:26M | שע{ד}<ר>י מזוניכון וייפיין ע' |
| 012 | ותיפי | | Lv24:05 | ותיסב סלת ותיפי יתה תרתין עשרה חלין תרין |
| 013 | יתאפיין | etpeel | Lv23:17 | סלת יהוויין חמיע יתאפיין בכורייה לשמה דייי: |
| 014 | תתאפה | | Lv 7:09M | מנחתה דמתאפית/דמתאפייה#2#/תתאפה#2#/ בתנורא וכל |
| 015 | תתאפי | | Lv 6:10 | לא תתאפי חמיע חלקהו' יהבית יתה מן |
| 016 | דמתאפייה | | Lv 7:09M | מנחתה דמתאפית/דמתאפייה#2#/תתאפה#2#/ בתנורא וכל |
| 017 | דמתאפית | | Lv 7:09 | וכל מנחתה דמתאפית בתנורא וכל נעבד במרתחה |

## אפיטרופוס — administrator *n.* [69]

|  |  |  |  |  |
|---|---|---|---|---|
| 001 | אפיטרופוס | s ab/cn | Gn39:04 | ושמש יתיה ומיני יתיה אפיטרופוס על ביתיה ועל מה דליה |
| 002 | | | Gn39:05 | מן זמנא דמנא יתיה אפיטרופוס על ביתיה ועל כל מה דהוה |
| 003 | | | Gn41:40 | את תהווי ממני אפיטרופ«וס» על בייתי ועל גזירת |
| 004 | | | Gn43:16 | ואמר למן דהוה ממני אפיטרופו«ס» על בייתיה אעיל ית |
| 005 | | | Gn44:01 | ופקיד למן דהוה ממנא אפיטרופוס על בייתי למימר מלי ית |
| 006 | | | Gn44:04 | ויוסף אמר למן דהוה אפיטרופוס על בייתיה קום רדף בתר |
| 007 | אפיטרופין | p abs | Gn41:34 | יפקיד פרעה גבר וימנה אפיטרופין בכל ארעא דמצרים ויהון |
| 008 | אפיטרופוי | p em/sf | Gn50:07 | עמיה כל שליטוי דפרעה אפיטרופוי ארעא דמצרים: |

## אפילו — even *conj.* [70]

|  |  |  |  |  |
|---|---|---|---|---|
| 001 | אפילו | | Ex21:14 | חבריה למקטל יתיה בכמנא אפילו אין הוא כהנא רבה דקאים |
| 002 | ואפילו | | Lv21:04M | <לא> יסתאב כהנה רבה ואפילו בעמיה לאפסה כהונתה רבה |

## אפין — face, surface *n.* [70]

|  |  |  |  |  |
|---|---|---|---|---|
| 001 | אפין | p abs | Gn32:21 | מה דלמה דיסב לי אפין: |
| 002 | | | Gn 4:08 | טבין הוה מדבר ומיסב אפין אית בדינא מן בגלל מה |
| 003 | | | Gn19:21 | ואמ«ר» ליה הא נסבית לך אפין אף לפתגמא הדין דלא מיפך ית |
| 004 | | | Ex23:03 | בדינא לא תסב ליה אפי{ו}<ן> ארום לית מיסב אפין |
| 005 | | | Ex23:03 | אפי{ו}<ן> ארום לית מיסב אפין בדינא: |
| 006 | | | Dt 1:17 | לא תסבון אפין בדינה כמלוי דזעירה וכמילוי |
| 007 | | | Dt10:17 | גיברה ודחילה די לא נסיב אפין בדינה ולא מקבל שחוד דממון: |
| 008 | | | Dt16:19 | לא תסטון בדינה ולא תסבון אפין בדינה ולא תקבלון שחוד |
| 009 | | | Dt33:09 | לאבוי ולאימיה לא נסב אפין בדינה וית אחוי לא חכם |
| 010 | | | Dt28:50 | אומה חציפת אפין די לא נסבת אפין לסב ועל |
| 011 | | | Gn38:15 | לנפקת בר ארום כסיית אפין הוות בבייתיה דיהודה ולא |
| 012 | | | Gn32:31 | מן קדם ייי אפין כל קביל אפין ואשתיזבת נפשי: |
| 013 | | | Gn32:31 | חמית מלאכין מן קדם ייי אפין כל קביל אפין ואשתיזבת |
| 014 | | | Gn 4:08M | עלמא כפרי עובדין ומסב אפין לית בדינא |
| 015 | | | Lv19:15 | שקר בדינה לא תיסב אפין למסכנה ולא תוקרון אפוי |
| 016 | | | Dt28:50 | חציפת אפין די לא נסבת אפין לסב ועל עולם לא חייסה: |
| 017 | אפא | p const | Gn 6:07M | די ברי#2#/ מעלוי אפי/אפא#2#/ דארעא מן בני אנשא עד |
| 018 | | | Gn27:30 | מפוק נפוק יעקב מן לוות אפי יצחק אבוי ועשו אחוי על |
| 019 | | | Gn 2:06 | סלק מן ארעא ומשקי ית כל אפי ארעא: |

|  |  |  |  |  |  |
|---|---|---|---|---|---|
| 020 | | Gn 7:04 | ברייתיה די ברית מעלווי | אפי | ארעא: |
| 021 | | Gn41:56 | וכפנא הוה על כל | אפי | ארעא ופתח יוסף כל אוצריה |
| 022 | | Dt 6:15 | בך וישיצי יתכון מיעילוי | אפי | ארעא: |
| 023 | | Gn 4:14 | יתי יומא דין מעילוי | אפי | דארעא ומן קדמוך לית אפשר |
| 024 | | Gn 6:07 | ית אדם די ברית מעלוי | אפי | דארעא מן בני אנשא עד |
| 025 | | Ex32:12 | יתהון מעיל«וי» | אפי | דארעא חזור כען מן תקף |
| 026 | | Ex33:19M | דמשמשין קדמי על | אפי#2#/ | ואחוס על מן/מה#2#/ דחמי |
| 027 | | Nu33:07M | לטעותה צפון /דאית על | אפי | טעוותה צפון#2#/ ושרון |
| 028 | | Ex25:20 | דן לקבל כפרתא יהוון | אפי | כרובייא: |
| 029 | | Ex37:09 | דן לקבל כפורתה הוון | אפי | כרובייה: |
| 030 | | Gn23:03 | וקם אברהם מעלווי | אפי | מיתה ומליל עם בנוי דחת |
| 031 | | Ex28:37 | ויהווי על מצנפתה לקבל | אפי | מצנפתה יהווי: |
| 032 | | Nu19:04 | באיצבעי ויידי כל קבל | אפי | משכן זימנה מן אדמה שובעה |
| 033 | | Ex26:09 | יריעתא שתיתיאתה לקבל | אפי{ה} | משכנה: |
| 034 | | Gn30:40 | ואמריא אפרש יעקב ושוי | אפי | ענה לקבל קרוחיא וכל לחוש |
| 035 | | Lv 4:06 | שבע זמנין קדם ייי ית | אפי | פרוכתה דבית קודשה: |
| 036 | | Lv 4:17 | שבעה [זמנין] קדם ייי ית | אפי | פרוכתה: |
| 037 | | Lv10:04 | סבו ית אחיכון מן לוות | אפי | קודשה ואפקו יתהון לבר מן |
| 038 | | Lv17:10M | יכול כל אדם ואשר׳ | אפי | רוגזי בנפשה דאכלה ית אדמ׳ |
| 039 | | Lv20:05M | \ית תקוף רגזי בגברה | /אפי | רוגזי בג׳#2#/ ההוא |
| 040 | | Lv20:06M | ואשוי \תקוף רגזי | /אפי | רוגזי#2#/ בנפש׳ ההוא |
| 041 | | Ex33:14M | לכון בית משרוי | /אפי | רעותי׳ ידבר יתך |
| 042 | | Lv26:09M | בכון /וא{נ}פ<נ>י | אפי | רעותי לוותכון#2#/ ואתוקף |
| 043 | | Dt31:17 | ואשבוק יתהון ואהפוך | אפי | רעותי מנהון ויהוויין למזון |
| 044 | | Dt31:18 | ואנה בממרי מטמרה אטמר | אפי | רעותי ביומ׳ ההוא על כל |
| 045 | | Dt32:20 | ואמר אהפוך | אפי | רעותי מנהון אחמי מה יהווי |
| 046 | דאפי | Nu16:02M | קדם /וקמו בחוצפא | דאפי#2#/ | משה וגבריה/<וגב>רין#2# |
| 047 | | Ex 9:21M | | באפי/דאפי#2#/ | |
| 048 | | Gn 2:19 | אלהים מן אדמתא כל חיתא | דאפי | ברא וית כל עופה דשמיא |
| 049 | | Gn 2:20 | ולעופא דשמיא ולכל חיתא | דאפי | ברא ולאדם לא אשכח ליה זוג |
| 050 | | Ex 9:25M | אילנייא/אלנא#2#/ | דבאפי/דאפי#2#/ | ברא תבר: |
| 051 | | Ex10:15 | כל טרף באילן ובעשבא | דאפי | ברא בכל ארעא דמצריי: |
| 052 | | Nu22:04 | תורא בלשניה ית עשבה | דאפי | ברא ובלק בר צפור הוה מלך |
| 053 | | Dt20:19 | לא היך דבר נשה אילנה | דאפי{לו} | ברא למעירק מן קדמיך בשעת |
| 054 | | Ex 9:25M | וית כל עשבא | דבאפי/דאפי#2#/ | בר{ד}א שיצי/מחה#2#/ |
| 055 | | Gn 3:01 | הוה חכים מן כל חייתא | דאפי | ברה די ברא ייי אלהים ואמר |
| 056 | | Lv26:04 | פירי עללתה ואילנייה | דאפי | ברה יצלח בפירוי: |
| 057 | | Lv26:20 | פירי עללתה ואילנה | דאפי | ברה לא יצלח בפירוי: |
| 058 | | Lv26:22 | ואיגרי בכון ית חיוותה | דאפי | ברה ותתכל יתכון ותשיצי ית |
| 059 | ואפי | Ex33:23 | ית דברא דיקר שכינתי | ואפי | איקר שכינתי לית איפשר |
| 060 | אפ׳ p em/sf | Ex39:36M | לחם אפיה /לחם סדור | אפ׳#2#/: | |
| 061 | אפה | Gn 2:06M | ומשקי ית כל אפי | ארעא/אפה | דאר׳#2#/: |
| 062 | אפי׳ | Ex40:23M | לחם אפיה /סידור | אפי׳#2#/ | קדם ייי היך מה די פקד |
| 063 | אפוהי | Lv 8:09 | על מצנפתה מן כל קבל | אפוהי | ית ציצה דדהבה כליל |
| 064 | אפוי | Ex28:25 | כתפתה דאפודא מן כל קבל | אפוי: | |
| 065 | | Ex39:18 | כתפתה דאפדה מן כל קבל | אפוי: | |
| 066 | | Nu16:04 | ושמע משה ואשתטח על | אפוי: | |
| 067 | | Nu22:31 | בידיה ועקד ואשתטח על | אפוי: | |
| 068 | | Ex 3:06 | דיעקב ואטמר משה | אפוי | ארום דחל מן למסתכלא באיקר |
| 069 | | Gn50:01 | ונפל יוסף על | אפוי | דאבו«י» ובכה עלוי ונשק |
| 070 | | Ex10:11 | וטרד יתהון מן לוות | אפוי | דפרעה: |
| 071 | | Lv19:15 | אפין למסכנה ולא תוקרון | אפוי | דרבה בקושטא תהוו«ן» |
| 072 | | Lv19:32 | תהוון קיימין ותייקרון | אפוי | דרבה ותדחלון מן קדם אלהכון |
| 073 | | Nu24:01 | קסמיה ואזל ושוי למדברה | אפוי | והוה מדכר להון עבדה דעגלה: |
| 074 | | Gn17:03 | ואשתטח אברם על | אפוי | ומליל עמה ממרה {לממר} דייי |
| 075 | | Gn43:31 | ושגג | אפוי | ונפק ואזדרז ואמר שוון לחם: |
| 076 | | Nu24:04 | הוה חזי הוה משתטח על | אפוי | ורזי נבואת מתגלין לה והוה |
| 077 | | Nu24:16 | הווה בעי הווה משתטח על | אפוי | ורזי נבואתיה מתגליין ליה |
| 078 | | Gn17:17 | ואשתטח אברהם על | אפוי | ותמה ואמר בליביה הא בר מאה |
| 079 | | Lv13:41 | ואן מן כל קבל | אפוי | יתמרט שער ראשה גלש לישן |
| 080 | | Ex39:20M | לעיל מן המיינה | /אפוי | כל וקבל דבוקה מן לעיל |
| 081 | | Ex39:20M | "אפוי ... המיינה": | אפוי | כל וקבל דבוקה מן לעיל |
| 082 | | Gn31:21 | ועבר ית נהרא ושוי ית | אפוי | לטור גלעדה: |
| 083 | | Ex28:27 | מן לרע מן כל וקבל | אפוי | לקבל בית דבוקה מלעיל |
| 084 | | Ex39:20 | דאפדה מן לרע מן כל קבל | אפוי | לקבל בית דבוקה לעיל מן |
| 085 | | Ex34:33 | מן למללה עמהון ויהב על | אפוי | סודר: |
| 086 | | Ex34:35 | משה מחזר ית סודרה על | אפוי | עד מעלה למתמללה עמיה: |
| 087 | אפי | Ex35:13 | כל מנוי וית סידור לחם | אפי: | |
| 088 | | Ex33:20 | ואמר לא תכל למחמי | אפי | ארום לית אפשר דחמי יתי |
| 089 | | Lv26:17 | ואשוי ית | אפי | תקוף רוגזי בכון ותתנגפון |
| 090 | אפיא | Ex25:30 | ותתן על פתורא סידור לחם | אפיא | קדמוי בתדיריא: |
| 091 | אפיה | Ex25:37 | למנהרא מן כל קבל | אפיה: | |
| 092 | | Ex39:36 | כל מנוי וית סדור לחם | אפיה: | |
| 093 | | Gn 8:08 | מיא מעילוי | אפיה | דארעא: |
| 094 | | Gn 8:13 | דתיבותא וחמא והא נגבו | אפיה | דארעא: |
| 095 | | Nu 4:07 | ועל פתורה דלחם | אפיה | יפרשון {ד}<ל>בוש דתכלה |
| 096 | | Nu 8:02 | ית בוציניייה לקבל | אפ«י»ה | מנרתה ינהרון שבעתי |
| 097 | | Nu 8:03 | ועבד כדן אהרן לקבל | אפיה | מנרתה סדר בוציניה היך מה |
| 098 | | Ex40:23 | וסדר עלוי סדור לחם | אפיה | קדם ייי היך מה די פקד ייי |
| 099 | אפיהון | Lv 9:24 | עמא וחדון ואשתטחו על | אפיהון: | |
| 100 | | Nu17:10 | זעיר ואש{טת}<תט>חו על | אפיהון: | |
| 101 | | Dt11:04 | ית מוי דימה דסוף על | אפיהון | בזמנה די רדפו בתריכון |
| 102 | | Gn40:06 | בצפרא וחמה יתהון והא | אפיהון | בישין: |
| 103 | | Nu16:22 | ואישתטחו על | אפיהון | ואמרין אלהה דשליט בנשמת |
| 104 | | Nu20:06 | משכן זימנה ואשתטחו על | אפיהון | וא«ת»גלית איקר שכינתיה |
| 105 | | Dt27:15 | הכה מברכין הוון הפכין | אפיהון | כלפי טורה דגריזים ואמרין |
| 106 | | Dt27:15 | ומלווטייה הוון הפכין | אפיהון | כלפי טורה דעיבל ואמרין |
| 107 | | Nu14:05 | ואשטתח משה ואהרן על | אפיהון | קדם כנישתה דבני ישראל: |
| 108 | אפיך | Gn 3:19M | בדעת | אפיך | תאכל מזון עד זמן די תחזור |
| 109 | | Gn 3:19 | בדעתה מן קדם | אפיך | תאכל לחם עד מחזרך לארעא |
| 110 | אפיכון | Ex10:10 | ארום בישתא כל קביל | אפיכון: | |
| 111 | | Ex10:10M | אפיכון/קיימ׳ | אפיכון#2#/: | |
| 112 | | Gn40:07 | למימר מן בגלל מן | אפיכון | בישן יומא הדין: |
| 113 | | Ex37:09M | לקבל דן לקבל כפורתה | /אפיכון | חד לוקבל חד על כפור׳#2#/ |
| 114 | אפך | Ex10:29M | /עוד#2#/ למיחמי | סבר אפך/אפך#2#/: | |
| 115 | | Gn49:22M | ומעוכין דלמ׳ תתלי | אפך | ותסתכל בחד׳ מנהון |
| 116 | באפיה | Nu12:14M | לו נזיפה נזף | בא{ב}<פ>יה | דינה הוא ד{ט}ת<ט>ריד |
| 117 | דאפ׳ | Ex34:29M | דאפוי /שבחו זיווהון | דאפ׳#2#/ | במללותיה עמיה: |
| 118 | דאפוי | Gn 4:05 | לחדה ואישתני זיווהון | דאפוי: | |
| 119 | | Dt34:07 | ולא אשתנייו זיווהון | דאפוי: | |
| 120 | | Ex34:29 | ארום נהר זיו איקרהון | דאפוי | במללותיה עמיה: |
| 121 | | Ex34:30 | והא נהר זיו איקרהון | דאפוי | דמשה ודחלו מלמקרב |
| 122 | | Ex34:35 | ארום נהר זיו איקרהון | דאפוי | דמשה והוה משה מחזר ית |
| 123 | דאפיך | Gn 4:06 | ולמה כען אשתני זיוהן | דאפיך: | |
| 124 | ואפיהון | Gn 9:23 | ית עריתה דאבוהון | ואפיהון | הפיכו לבתרהון ועריתה |
| 125 | | Ex25:20 | בכנפיהון על כפרתא | ואפיהון | הפיכין דן לקבל דן לקבל |
| 126 | | Ex37:09 | בכנפיהון על כפרתה | ואפיהון | הפיכן דן לקבל דן לקבל |

## אפיפודין *n.* footstool [53 איפופדין]

|  |  |  |  |  |  |  |
|---|---|---|---|---|---|---|
| 001 | אפיפודין | s ab/cn | Ex24:10M | ותחות | אפיפודן/אפיפודין#2#/ | דרגלוי כעובד לבן |
| 002 | אפיפודן | | Ex24:10 | שכינתה דייי ותחות | אפיפודן | דרגלוי כעובד לבן |

## אפך *vb.* to turn [71]

|  |  |  |  |  |  |  |
|---|---|---|---|---|---|---|
| 001 | איפוך | peal | Gn18:17 | דיהבת לה בדינה הוא דלא | איפוך | יתה עד זמן דאודע יתיה: |
| 002 | אפ' | | Gn 9:23M | דאבוהון ואפיהון | \הפיכו/אפ'#2#/ | לבתרהון /הפיכן |
| 003 | אפוך | | Dt32:20M | ואמר | אהפוך/אפוך#2#/ | אפי רעותי מנהון אחמי |
| 004 | ניפך | | Gn18:17M | /בדנה#2#/ הוא דלא | איפוך/ניפך#2#/ | יתה עד זמן דאודע/די |
| 005 | מיפך | | Gn19:21 | אפין אף לפתגמא הדין דלא | מיפך | ית קרתא די מללתא: |
| 006 | למיפך | | Gn18:01 | ומלאכה תליתאה אשתלח | למיפך | סדם ועמורה אדמה |

## אפעלגב *conj.* even though [68]

|  |  |  |  |  |  |  |
|---|---|---|---|---|---|---|
| 001 | אוף על גב | | Nu12:16 | | אוף על גב | דאתחייבת מרים נבייתה |
| 002 | אף על גב | | Gn38:25 | מיניה אנה מעברה ואנה | אף על גב | דאנה יקדה לא מפרסייה ברם |
| 003 | אפעלגב | | Gn 4:08M | "אנא די ...": | אפעלגב | די ברחמ' אתברי עלמא כפרי |
| 004 | דאפעלגב | | Dt33:03 | דמלאכין קדישין | דאפעלגב | דהוא מייתי עליהון יסורין |
| 005 | ואף על גב | | Gn15:01 | מגן לך בעלמא הדין | ואף על גב | דמסרית בעלי דבבך קדמיך |
| 006 | | | Gn15:01 | למימר לא תדחל אברם | ואף על גב | דמצטרפין לגיונין סגין |

## אפקו *(v.)n.* taking out, being taken out! [71]

|  |  |  |  |  |  |  |
|---|---|---|---|---|---|---|
| 001 | אפקות | s ab/cn | Lv26:05M | וקטפה יארע\ית זרעה | /אפקות | בר זרע#2#/ ותאכלון |
| 002 | אפיקתהון | s em/sf | Ex19:01 | בירחא תליתיא בזמן | אפיקתהון | דבני ישראל פריקין מן |
| 003 | אפקותהון | | Nu 1:01 | בשתא תניינא בזמן | אפקותהון | דבני ישראל פריקין מן |
| 004 | | | Nu 9:01 | בשתה תנינתא בזמן | אפקותהון | דבני ישראל פריקין מן |
| 005 | | | Nu33:38 | בסוף ארבעין שנין בזמן | אפקותהון | דבני ישראל פריקין מן |
| 006 | | | Lv23:43 | אשרית בני ישראל בזמן | אפקותהון | פריקין מן ארעא דמצרים |
| 007 | | | Dt16:06 | במטמעי שמשא בזמן | אפקותהון | פריקין מן מצרים: |
| 008 | אפקותיהון | | Ex12:42 | לשמה דייי בזמן | אפקותיהון | דבני ישראל פריקין מן |
| 009 | | | Ex16:01M | /בזמן | אפקותיהון#2#/במפקותי'#2#/ | מארעא דמצרים: |
| 010 | אפקותכון | | Dt23:05 | ובמיא באורחא בזמן | אפקותכון | פריקין מן מצרים ודי |
| 011 | | | Dt24:09 | למרים באורחא בזמן | אפקותכון | פריקין מן מצרים: |
| 012 | | | Dt25:17 | עמלק באורחא בזמן | אפקותכון | פריקין מן מצרים: |
| 013 | באפקו' | | Nu 1:01M | תניינא\בזמן | אפקותהון/באפקו'#2#/ | דבני ישראל |
| 014 | | | Nu 9:01M | תנינתא\בזמן | אפקותהון/באפקו'#2#/ | דבני ישראל פריקן |
| 015 | באפקותא | | Ex12:42M | הוא קדם ייי | באפקותא#2#/ | דבני ישראל פריקין מן |
| 016 | באפקותהון | | Ex19:01M | תליתיא\בזמן | אפיקתהון/באפקותהון#2#/ | דבני ישראל |
| 017 | | | Dt 4:45 | משה עם בני ישראל | באפקותהון | פריקין מן מצרים: |
| 018 | | | Dt 4:46 | משה ובני ישראל | באפקותהון | פריקין מן מצרי': |
| 019 | באפקותי | | Lv23:43M | אפקותהון פריקין | /באפקותי | יתהון פריק'#2#/ מן ארעא |
| 020 | | | Ex16:32 | די אכלת יתכון במדברא | באפקותי | יתכון פריקין מן ארעא |
| 021 | באפקותיה | | Dt29:24 | די קיים עמהון | באפקותיה | יתהון פריקין מן ארעא |
| 022 | באפקותיהון | | Ex 5:20 | קיימין לקדמותיהון | באפקותיהון | מן קדם פרעה: |
| 023 | באפקותך | | Ex 3:12 | ארום ממרי שלח יתך | באפקותך | ית עמא ממצרים תפלחון |
| 024 | באפקותן | | Ex13:08 | ייי לן נצחני קרבינן | באפקותן | פריקין מן מצרים: |
| 025 | ובאפקותכון | | Dt28:19 | לגו בית כנישתיכון | ובאפקותכון | מן גו בית כנישתכון: |
| 026 | לאפקותהון | | Ex16:01 | יומין לירחא תנינא | לאפקותהון | מארעא דמצרים: |

## אפר *n.* meadow [71]

|  |  |  |  |  |  |  |
|---|---|---|---|---|---|---|
| 001 | אפרה | s em/sf | Ex 2:05 | נהרא וחמא ית תיבתה בגו | אפרה | ושלחת ית אמהתה ונסבת יתה: |
| 002 | באפרה | | Ex 2:03 | ית טליא ושויית יתיה | באפרה | על גב נהרא: |

## אפרכייה *n.* prefecture [53 איפרכייה]

|  |  |  |  |  |  |  |
|---|---|---|---|---|---|---|
| 001 | באפרכיו | s em/sf | Dt 3:11M | \ברבת דבני עמוניי | /באפרכיו | ברבת בני עמונאי#2#/ |
| 002 | אפרכיוותהון | p em/sf | Nu31:10 | במדוריהון וית כל | אפרכיוותהון | אוקדו בנורא: |
| 003 | אפרכיותהון | | Gn10:04 | כתים ודודנים: ושם | אפרכיותהון | אלס וטרסס ואיטליא' |
| 004 | | | Gn10:03 | וריפת ותוגרמה: ושם | אפרכיותהון | אסיה וברֿ{ב}<כ<וי |
| 005 | | | Gn10:02 | ומשך ותירס ושם | אפרכיותהון | אפריקי וגרמניה ומדי |
| 006 | אפרכייותהון | | Gn10:06M | "וכנען": ושום | אפרכייותהון | עורביא ומצרים |
| 007 | | | Gn10:07M | "ודדן": ושום | אפרכייותהון | סיניראי והינדקאי |

## אפרשה *n.* portion set aside as a priestly offering [71]

|  |  |  |  |  |  |  |
|---|---|---|---|---|---|---|
| 001 | אפרשתא | s em/sf | Ex25:03 | ודא | אפרשתא | די תקבלון מן לוותהון דהב |
| 002 | אפרשתה | | Ex30:15 | מפלגות סלעא למיתן ית | אפרשתה | דייי לכפרא על נפשתכון: |
| 003 | אפרשן | p abs | Ex25:02 | ישראל ויפרשון לשמי | אפרשן | מן לוות כל גבר די ידוב |

## אפרשו *(v.)n.* separated, separating [an offering] [71, 71]

|  |  |  |  |  |  |  |
|---|---|---|---|---|---|---|
| 001 | אפרשו | s ab/cn | Nu18:14 | כל | אפרשו | דבישראל דידך יהווי: |
| 002 | | | Nu18:11M | אפרשות מתנוותהון לכל | אפרשו | דבני#2#/ ישראל לך יהבית |
| 003 | | | Lv27:28 | להוד כל | אפרשו | די יפרש גבר לשמה דייי מן |
| 004 | | | Lv27:29 | כל | אפרשו | די יתאפרש מן בר נשה לא |
| 005 | | | Ex35:24 | כל דאפרש | אפרשו | דכסף ודנחש אייתון ית |
| 006 | | | Ex29:28 | בני ישראל ארום | אפרשו | היא ואפרשו יהווי מן לוות |
| 007 | | | Nu18:24 | די יפרשון לשמה דייי | אפרשו | יהבית ללוויי אחסנה בגין |
| 008 | | | Nu15:20 | אצוותכון חלה תפרשון | אפרשו | כאפרשות עבורה מן אדרה |
| 009 | | | Nu15:21 | תפרשון לשמה דייי | אפרשו | לדריכון: |
| 010 | | | Lv 7:32 | וית שקה דימינה תתנון | אפרשו | לכהנא מן נכסת קדשיכון: |
| 011 | | | Lv27:21 | קדש לשמה דייי כחקל | אפרשו | לכהנה תיהוי אחסנתיה: |
| 012 | | | Nu 5:09 | וכל | אפרשו | לכל קדש«י»הון דבני |
| 013 | | | Ex30:13 | הוא סלעא פלגא סלעא | אפרשו | לשמה דייי: |
| 014 | | | Ex30:14 | עשרין שנין ולעילא יתן | אפרשו | לשמה דייי: |
| 015 | | | Ex35:05 | קבלו מן לוותכון | אפרשו | לשמה דייי כל די ידוב יתה |
| 016 | | | Lv 7:14 | ויקרב מנה חד מן כל קרבן | אפרשו | לשמה דייי לכהנא דזרק ית |
| 017 | | | Nu15:19 | מן לחמה דארעא תפרשון | אפרשו | לשמה דייי: |
| 018 | | | Nu31:28 | ותפרשון | אפרשו | לשמה דייי מן לות עמא עבדי |
| 019 | | | Nu31:52 | והווה דהבה דאפרשותה די | אפרשו | לשמה דייי שת עשר אלפין |
| 020 | | | Lv27:28 | לא יזדבן ולא יתפרק כל | אפרשו | קדש קדשין ^הוא#2#^ לשמה |
| 021 | אפרשות | | Nu31:41M | משה ית\תלש אפרשותה | /אפרשות | אפרשותה#2#/ דייי |
| 022 | | | Dt12:06 | וית מעשרכון וית | אפרשות | ידיכון ונדריכון |
| 023 | | | Nu18:11M | לכל אנפות בני/לך | אפרשות | מתנוותהון לכל אפרשו |
| 024 | | | Nu18:11 | ודן יהווי לכון | אפרשות | מתנתכון לכל אנפות בני |
| 025 | | | Lv27:23M | ליה כהנה ית | מיסת/אפרשות#2#/ | עלויה עד שתה |
| 026 | | | Nu18:19 | כל | אפרשות | קדשיה די יפרשון בני |
| 027 | אפרשות' | | Nu18:14M | כל\אפרשו דבישראל | /<אפר>שות' | יש'#2#/ דידך/לך#2#/ |
| 028 | באפרשות | | Lv22:12 | לגבר חילוני היא | באפרשות | קדשייה לא תאכל: |
| 029 | ואפרשו | | Ex29:28 | ישראל ארום אפרשו היא | ואפרשו | יהווי מן לוות בני ישראל |
| 030 | ואפרשות | | Dt12:11 | קודשיכון מעשרכון | ואפרשות | ידיכון וכל שפר נדריכון |
| 031 | | | Dt12:17 | תדרון#2#^ ונדבתיכון | ואפרשות | ידיכון: |
| 032 | ואפרשותהון | | Nu31:38 | תלתין ושתה אלפין | ואפרשותהון | לשמה דייי שובעין ותרין |
| 033 | | | Nu31:39 | אלפין וחמש מאוון | ואפרשותהון | לשמה דייי אשתין וחד |
| 034 | | | Nu31:40 | דבר נש שת עשר אלפין | ואפרשותהון | לשמה דייי תלתין ותרתין |
| 035 | כאפרשות | | Nu15:20 | חלה תפרשון אפרשו | כאפרשות | עבורה מן אדרה ו{ת}<ח>מרה |
| 036 | | | Nu18:27 | ותתחשב לכון אפרשותכון | כאפרשות | עיבורא מן אדרה וחמרה מן |
| 037 | | | Nu18:30 | מניה ויתחשב ללוויי | כאפרשות | עיבורא מן אדרה וחמרה מן |
| 038 | לאפרשות | | Ex36:06 | לא יעבדון תוב עבידה | לאפרשות | בית קודשא ואתכלון עמא מן |

|  |  |  |  |  |  |  |
|---|---|---|---|---|---|---|
| 039 | אפ׳ | s em/sf | Ex35:21M | רוחיה עלוי ייתון די | אפ׳#2#/ | דייי לעבידת משכן זימנא |
| 040 | אפרשותא | | Ex35:05 | ידוב יתה לבה ייתי ית | אפרשותא | דייי דהב וכסף ונחש: |
| 041 | | | Ex35:21 | רוחה יתיה אייתון ית | אפרשותא | דייי לעבידת משכן זימנא |
| 042 | אפרשותה | | Ex36:03 | מן קדם משה ית כל | אפרשותה | די אפרשו בני ישראל |
| 043 | | | Ex30:14M | /ולעלע#2#/ יתן | אפרשו/אפרשותה | דייי#2#/ לשמה דייי: |
| 044 | | | Ex35:24 | דכסף ודנחש אייתון ית | אפרשותה | דייי וכל מן די אשתכח |
| 045 | | | Nu18:26 | ותפרשון מיניה | אפרשותה | דייי חד מן עשרה ממעשרה: |
| 046 | | | Nu18:28 | ישראל ותתנון מניה ית | אפרשותה | דייי לאהרן כהנה: |
| 047 | | | Nu18:28 | כדן תפרשון אוף אתון | אפרשותה | דייי מכל מעשריכון די |
| 048 | | | Nu18:29 | מתנתכון תפרשון ית כל | אפרשותה | דייי מן כל תרבה ית טובה |
| 049 | | | Nu31:29 | ותתן לאלעזר כהנא | אפרשותה | דייי: |
| 050 | | | Nu31:41 | ויהב משה ית תלש | אפרשותה | דייי לאלעזר כהנא היך מה |
| 051 | | | Nu31:41M | אפרשותה /אפרשות | אפרשותה#2#/ | דייי לאלעזר כהנא |
| 052 | | | Nu31:37 | והוות | אפרשותה | לשמה דייי מן ענה שת |
| 053 | אפרשותהון | | Ex29:28M | | אפרשותכון/<אפרשות>הון#2#/ | לשמה דייי |
| 054 | אפרשותי | | Nu18:08 | הא יהבית לך ית מטרת | אפרשותי | לכל קדשיהון דבני ישראל |
| 055 | אפרשותיה | | Ex25:02 | יתיה לביה תקבלון ית | אפרשותיה: | |
| 056 | אפרשותכון | | Nu18:27 | ותתחשב לכון | אפרשותכון | כאפרשות עיבורא מן אדרה |
| 057 | | | Ex29:28 | מנכסת קודשיכון | אפרשותכון | לשמה דייי: |
| 058 | באפרשותכון | | Nu18:30 | ותימר להון | באפרשותכון | ית טובה מניה ויתחשב |
| 059 | | | Nu18:32 | עלוי ח«ו»בין | באפרשותכון | ית טובה מניה וית |
| 060 | דאפרשות׳ | | Lv10:15 | שוקה | דאפרשות׳ | וניעה דאנפותה על קרבני |
| 061 | | | Lv10:14 | ניעה דאנפותה וית שקה | דאפרשות׳ | תאכלון באתר דכי את ובניך |
| 062 | דאפרשותא | | Ex29:27 | נעה דאנפותה וית שקה | דאפרשותא | די אתנף ודי אתפרש מן |
| 063 | דאפרשותה | | Nu31:52 | והווה דהבה | דאפרשותה | די אפרשו לשמה דייי |
| 064 | | | Nu 6:20 | דא«נ»פותה ועל שקא | דאפרשותה | ומן בתר כדין ישתה נזירה |
| 065 | | | Lv 7:34 | דאנפותה וית שקה | דאפרשו«תה» | קבלת מן לוות בני |
| 066 | ואפרשותה | | Nu31:38M | דייי שובעין ותרין/ | ואפרשותה | דייי שובעין ותריין#2#/ |
| 067 | | | Nu31:39M | :"לשמה ... וחד" | ואפרשותה | דייי אשתין וחד |

**אפשר** *adv.* ⇐ איפשר

[72] **sickly** *adj.* **אפתר**

|  |  |  |  |  |  |  |
|---|---|---|---|---|---|---|
| 001 | אפתרין | p abs | Nu13:20 | השמינין אינון פריה או | אפתרין | הא אית בה אילנין או לא |

[72] **finger** *n.* **אצבע**

|  |  |  |  |  |  |  |
|---|---|---|---|---|---|---|
| 001 | אצבע | s ab/cn | Ex32:16M | עבד/עובד#2#/ | דגבורה/אצבע | דגב׳#2#/ מן קדם ייי |
| 002 | | | Ex 8:15 | ואמרין חרשייה לפרעה | אצבע | דגבורה מן קדם ייי היא |
| 003 | באצבע | | Ex31:18 | לווחין דאבן כתיבין | באצבע | דגבורה מן קדם ייי: |
| 004 | | | Dt 9:10 | לווחי אבנייה כתיבין | באצבע | דגבורה מן קדם ייי ועליהון |
| 005 | אצבעה | s em/sf | Lv 4:17M | אצבעיה /ויצבוע כהנא | אצבעה#2#/ | \מן אדמ׳/בדמא#2#/ וידי |
| 006 | אצבעיה | | Lv 4:06 | ויצבע כהנא ית | אצבעיה | באדמה וידי מן {מ}דמא שבע |
| 007 | | | Lv 9:09 | ית אדמה לוותה וצבע | אצבעיה | באדמה ויהב על קרנתה |
| 008 | | | Lv14:16 | ויצבע כהנא ית | אצבעיה | דימינה מן מש{כ}<ח>ה דעל |
| 009 | | | Lv 4:17 | ויצבע כהנא ית | אצבעיה | מן אדמ׳ וידי שבעה [זמנין] |
| 010 | באיצבעי | | Nu19:04 | אלעזר כהנא מן אדמה | באיצבעי | ויידי כל קבל אפי משכן |
| 011 | באצבעה | | Lv 8:15 | מן חזור חזור | באצבעה | ורבי ית מדבחה וית אדמה |
| 012 | | | Lv16:14 | ויסב מן אדמה וידי | באצבעה | על אפי כפרתה מן מדנחה |
| 013 | | | Lv14:16 | דשמאלה וידי מן משחה | בא<צ>בעה | שבעה זמנין קדם ייי: |
| 014 | | | Lv16:19 | וידי עלוי מן אדמה | באצבעה | שבעה זמנין וידכי יתיה |
| 015 | באצבעיה | | Lv16:14 | שבעה זמנין מן אדמה | באצבעיה: | |
| 016 | | | Lv14:27 | וידי כהנא | באצבעיה | דימינה מן משחה די על כף |
| 017 | | | Lv 4:25 | כהנא מן אדמה דחטאתה | באצבעיה | ויתן על קרנתיה דמדבחה |
| 018 | | | Lv 4:30 | ויסב כהנא מן אדמה | באצבעיה | ויתן על קרנתיה דמדבחא |
| 019 | | | Lv 4:34 | כהנא מן אדמה דחטאתה | באצבעיה | ויתן על קרנתיה דמדבחה |
| 020 | באצבעך | | Ex29:12 | ותתן על קרנתה דמדבחא | באצבעך | וית כל אדמה תשפך על |
| 021 | אצבעתהון | p em/sf | Nu31:50 | מן ידיהון עזקין מן | אצבעתהון | {מעזקין}<מעוכין> מ«ן» |
| 022 | אצבעתיהון | | Nu31:50M | ועזקיה מן <...> | אצבעתיהון | ועקיליה מן אדרעיהון |
| 023 | באצבעתהון | | Ex15:02M | אמהתא הוון ינקיא | באצבעתהון | לאבתהון |

[72] **dough** *n.* **אצו**

|  |  |  |  |  |  |  |
|---|---|---|---|---|---|---|
| 001 | אצבת׳ | p em/sf | Nu15:20M | שרוי | אצוותכון/^<אצ>בת#2#/^עצוותכ׳#2#/ | חלה תפרשון |
| 002 | אצבתהון | | Ex12:34 | ית לישיהון עדלא אתחמע | אצבתהון | צרירן בשושיפיהון |
| 003 | אצוותכון | | Dt28:05 | ביכוריכון ובתנורי | אצוותכון: | |
| 004 | | | Dt28:17 | בכוריכון ובתנורי | אצוותכון: | |
| 005 | | | Nu15:20 | שרוי | אצוותכון | חלה תפרשון אפרשו כאפרשות |
| 006 | | | Nu15:21 | מן שרוי | אצוותכון | תפרשון לשמה דייי אפרשו |
| 007 | עצור׳ | | Nu15:21M | מן שרוי | אצוותכון/עצור#2#/ | תפרשון/תתנון#2#/ |
| 008 | עצוותכ׳ | | Nu15:20M | שרוי | אצוותכון/^<אצ>בת#2#/^עצוותכ׳#2#/ | חלה תפרשון |
| 009 | ובאעצבתך | | Ex 7:28M | ובתנורך | ובאצותך/ובאעצבתך#2#/: | |
| 010 | ובאצותך | | Ex 7:28 | ובכל שולטנך ובתנורך | ובאצותך: | |
| 011 | ובעצפתכון | | Dt28:17M | \ובתנורי | אצוותכון/ובעצפתכון#2#/: | |

[72] **overseer of slaves** *n.* **אקטר**

|  |  |  |  |  |  |  |
|---|---|---|---|---|---|---|
| 001 | אקטרין | p abs | Ex14:05M | ותנון | אקטרין | דמטיילין עם משרייתיהון |

[72] **jealousy** *n.* **אקנה**

|  |  |  |  |  |  |  |
|---|---|---|---|---|---|---|
| 001 | דאקנתה | s em/sf | Nu 5:25 | מן ידא דאתתה ית מנחתה | דאקנתה | ויניף ית מנחתה קדם ייי |

[72] **four** *num.* **ארבע**

|  |  |  |  |  |  |  |
|---|---|---|---|---|---|---|
| 001 | ארב׳ | ab/cn | Lv25:08M | יומי שבעתי שובי שנייה | ארב׳ | |
| 002 | | | Gn28:11M | ארום טמע שמשה ונסיב | ארב׳ | אבנין מן אבני אתרא קדישא |
| 003 | | | Gn15:12M | איתרמיית על אברם והא | ארב׳ | מלכוון קיימן למשעבדא ית |
| 004 | ארבע | | Ex26:02 | די יריעתה חדתא ופתיא | ארבע | אמין באמתא דיריעתה חדתה |
| 005 | | | Ex26:08 | תלתין אמין באמתא ופתיא | ארבע | אמין באמתא משח«א» חדא |
| 006 | | | Ex36:09 | ותמני אמין באמתה ופתיא | ארבע | אמין יריעתה חדא משחת חדא |
| 007 | | | Dt22:12M | "בהון": | ארבע | גדפי טליתא ד{ס}תתעטף בה |
| 008 | | | Ex38:19 | ועמודיהון ארבע וחומריהון | ארבע | דנחש ונקלוותהון כסף וחפוי |
| 009 | | | Ex38:19 | ועמודיהון | ארבע | וחומריהון ארבע דנחש |
| 010 | | | Ex27:02M | ותעבד קרנתה על | ארבעתי/ארבע#2#/ | זביתא מן משחת רומא |
| 011 | | | Ex36:36M | דהב ואתך להון | ארבעה/<אר>בע#2#/ | חומרין דכסף: |
| 012 | | | Lv11:21 | מכל שרצא דעופה דמהלך על | ארבע | כל דאית ליה קרסולין |
| 013 | | | Ex14:13 | | ארבע | כתין אתעבידו בני ישראל |
| 014 | | | Ex12:42M | די אינון כתיבין/ארום | ארבע | לילוון הנון דכתיבין#2#/ |
| 015 | | | Gn11:13 | מן בתר דאולד ית שלח | ארבע | מאה ותלתין שני׳ ובהן בשניה |
| 016 | | | Gn11:15 | מן בתר דאולד ית עבר | ארבע | מאה ותלת שנין ובהן בשניה |
| 017 | | | Gn11:17 | מן בתר דאולד ית פלג | ארבע | מאה ותלתין שנין ובהן בשניה |
| 018 | | | Gn15:13 | יתהון ויצערון יתהון | ארבע | מאה שנין: |
| 019 | | | Gn33:01 | וחמא והא עשו אתי׳ ועמה | ארבע | מאה דגוברין רגלין ופלג ית |
| 020 | | | Ex12:40 | ישראל די שרון במצרים | ארבע | מאה ותלתין שנין: |
| 021 | | | Ex12:41 | והוה מסוף | ארבע | מאה ותלתין שנין והוה |
| 022 | | | Lv11:27 | בכל חייתה דמהלכה על | ארבע | מסאבין אינון לכון כ{י}<ל> |
| 023 | | | Gn30:22 | | ארבע | מפתחן דאינון מסירין ביד |
| 024 | | | Gn28:11M | ומינהון עתידין למיפק | ארבע | משיריין ויהון לעם חד |
| 025 | | | Gn28:11M | ידע דהוא עתיד למיסב | ארבע | נשין ומינהון עתידין למיפק |

|  |  |  |  |  |  |
|---|---|---|---|---|---|
| 026 | | Nu 7:08 | וית | ארבע | עגלין וית תמניה תוריה יהב |
| 027 | | Lv11:42 | על מעוי וכל דמהלך על | ארבע | עד כל דמסגי ברגלוי כל |
| 028 | | Ex25:12 | ותתך ליה | ארבע | עזקין דדהב ותתן על ארבעתי |
| 029 | | Ex25:26 | ותעבד ליה | ארבע | עזקין דדהב ותתן ית עזקייא |
| 030 | | Ex27:04 | דנחש ותעבד על מצדתה | ארבע | עזקין דנחש על ארבעתי |
| 031 | | Ex37:03 | ואתך לה | ארבע | עזקין דדהב על ארבעתי |
| 032 | | Ex38:05 | ואתך | ארבע | עזקין בארבעתי זויתה |
| 033 | | Ex37:13M | \די לארבעתי /דאית על | ארבע#2#/ | רגלוי: |
| 034 | | Lv11:23 | וכל שרצה דעופה דאית ליה | ארבע | רגלין שקץ הוא לכון: |
| 035 | | Lv11:20 | וכל שרצא דעופה דמהלך על | ארבע | שקץ הוא לכון: |
| 036 | ארבע' | Ex21:37M | אמרא /תשלומי תורין | ארבע' | אמרין תשלומי אמרה#2#/: |
| 037 | ארבעה | Ex27:16 | ארבעה וחומריהון | ארבעה: | |
| 038 | | Lv24:12 | דן חד מן | ארבעה | דינין דקמו קדם משה וסכם |
| 039 | | Nu 9:08 | ואמר להון דן חד מן | ארבעה | דינין דקמו קדם משה בתרין |
| 040 | | Nu15:34 | דן חד מן | ארבעה | דינין דקמו קדם משה רבן |
| 041 | | Nu27:05 | דן חד מן | ארבעה | דינין דקמו קדם משה בתרין |
| 042 | | Ex38:19M | וחומריהון | ארבע/<ארב>עה#2#/ | דנחש ונקלוותהון כסף |
| 043 | | Ex27:16 | עובד צייר עמודיהון | ארבעה | וחומריהון ארבעה: |
| 044 | | Ex38:19M | ועמודיהון | ארבע/<ארב>עה#2#/ | וחומריהון ארבע |
| 045 | | Ex36:36 | דהב ואתך להון | ארבעה | חומרין דכסף: |
| 046 | | Ex26:32 | דהב וקלוותהון דהב על | ארבעה | חמרין דכסף: |
| 047 | | Ex25:34 | ובמנרתא | ארבעה | כלידין משקעין חזוריה |
| 048 | | Ex37:20 | ובמנרתה | ארבעה | כלידין משקעין חזוריה |
| 049 | | Ex12:42 | מן ארעא דמצרים ברם | ארבעה | לילוון אינון די אינון |
| 050 | | Gn15:12 | על אברם והא אברם חזי | ארבעה | מלכוון קיימא עלוהי "אימה" |
| 051 | | Gn14:09 | ואריוך מלכא דפונטוס | ארבעה | מלכין סדרו קרבא לקבל חמשה |
| 052 | | Gn15:01 | קדמוהי וקטל מניהון | ארבעה | מלכין וחזר תשע משריין חשב |
| 053 | | Ex38:19M | "ארבע ... ונקלוותהון": | ארבעה | נחש ואנקלוותהון |
| 054 | | Ex28:17 | ותשלם ביה אשלמית דאבן | ארבעה | סדרי«ן» דאבן טבא סדרא |
| 055 | | Ex39:10 | ואשלימו בה | ארבעה | סדרין דאבן טבה סדרה |
| 056 | | Ex37:13 | ואתך ליה | ארבעה | עזקין דדהב ויהב ית עזקיה |
| 057 | | Ex26:32 | ותתן יתה על | ארבעה | עמודין דשטין מחפין דהב |
| 058 | | Ex36:36 | ועבד לה | ארבעה | עמודין דשטין וחפי יתהון |
| 059 | | Nu 7:07 | ית תרתין עיגלן וית | ארבעה | תורין יהב משה לבנוי |
| 060 | בארבע | Ex38:05M | ארבע עזקין | בארבעת/<באר>בע#2#/ | זויתה לקנקילה |
| 061 | דארבע | Gn23:15 | רבוני קבל מני ארעא | דארבע | מאה סלעין דכסף ביני ובינך |
| 062 | דארבעה | Gn30:22M | "למיתן לה בנין": משום | דארבעה | מפתחיא דלא אינון מסירין |
| 063 | וארב' | Nu 2:16M | וחמשין וחד אלפין | וארב'#2#/ | מאוון וחמשין |
| 064 | וארבע | Ex36:15 | חדא תלתין אמין באמתא | וארבע | אמין פותיה דיריעתה חדה |
| 065 | | Dt 3:11 | עמוניי תשע אמין ארכה | וארבע | אמין פתייה באמתיה דמלכא: |
| 066 | | Gn32:07 | והא הוא אתא לקדמותך | וארבע | מאה דגברין פולמרכין עמה: |
| 067 | | Nu 1:29 | חמשין וארבעה אלפים | וארבע | מאה: |
| 068 | | Nu 1:31 | חמשין ושבעה אלפין | וארבע | מאה: |
| 069 | | Nu 2:06 | חמשין וארבעת אלפין | וארבע | מאה: |
| 070 | | Nu 2:21 | תלתין וחמשה אלפין | וארבע | מאה: |
| 071 | | Nu 7:85 | כסף מניא תרתין אלפין | וארבע | מאה סלעין בסלעי |
| 072 | | Nu26:43 | אשתין וארבעה אלפין | וארבע | מאה: |
| 073 | | Ex38:29 | ככרין ותרין אלפין | וארבע | מאוון דסלעין בסלעי |
| 074 | | Nu 1:37 | תלתין וחמשה אלפין | וארבע | מאוון: |
| 075 | | Nu 1:43 | חמשין ותלתה אלפין | וארבע | מאוון: |
| 076 | | Nu 2:08 | חמשין ושבעה אלפין | וארבע | מאוון: |
| 077 | | Nu 2:09 | רבוון ואשתה אלפין | וארבע | מאוון לחיילוותהון קדמיין |
| 078 | | Nu 2:16 | חמש עשרה רבוון אלף | וארבע | מאוון וחמשין לחיילוותהון |
| 079 | | Nu 2:23 | תלתין וחמשה אלפין | וארבע | מאוון: |
| 080 | | Nu 2:30 | חמשין ותלתה אלפין | וארבע | מאוון: |
| 081 | | Nu26:47 | חמשין ותלתה אלפין | וארבע | מאוון: |
| 082 | | Nu26:50 | ארבעין וחמשה אלפין | וארבע | מאוון: |
| 083 | | Ex21:37 | תורין ישלם תחות תורא | וארבע | ען תחות אמרא: |
| 084 | | Gn11:16 | וחיה עבר תלתין | וארבע | שנין ואולד ית פלג: |
| 085 | וארבעה | Nu 1:29 | דבנוי דיששכר חמשין | וארבעה | אלפים וארבע מאה: |
| 086 | | Nu 1:27 | לשבטה דיהודה שובעין | וארבעה | אלפין ושית מאה: |
| 087 | | Nu 2:04 | וסכומיהון שבעין | וארבעה | אלפין ושית מאוון: |
| 088 | | Nu 2:06M | חמשין | וארבעת/<וארב>עה#2#/ | אלפין וארבע מאה |
| 089 | | Nu25:09 | דמיתו במגפתה עשרין | וארבעה | אלפין: |
| 090 | | Nu26:25 | לסכומיהון אשתין | וארבעה | אלפין ותלת מאוון: |
| 091 | | Nu26:43 | לסכומיהון אשתין | וארבעה | אלפין וארבע מאה: |
| 092 | | Gn47:24 | {מן חמ} מן חמשה לפרעה | וארבעה | חלקין יהווי לכון למזרע |
| 093 | | Nu 7:88 | דנכסת קודשייה עשרין | וארבעה | תורין דכרין אשתין גדיין |
| 094 | וארבעת | Nu 2:06 | וסכומו{י} חמשין | וארבעת | אלפין וארבע מאה: |
| 095 | לארבע | Dt32:04 | מפלג יומא ועבד יתה | לארבע | חלקין תלת שעין לעי |
| 096 | לארבעה | Lv10:02M | לתרין חוטין ומתרין | לארבעה | ועלת באפהון ומיתו בגירין |
| 097 | | Gn 2:10 | הוה מתפרש וחזר והוה | לארבעה | ראשי נהרין רברבין: |
| 098 | ארבעתי em/sf | Gn49:26M | בטוורין ומן ברכת | ארבעתי | אמהתא דמתילין בגלמתא |
| 099 | | Dt22:12 | צניפן תעבדון לכון על | ארבעתי | זבית גוליכון די תתעטפון |
| 100 | | Ex27:02 | ותעבד קרנתה על | ארבעתי | זביתא מן משחת רומא מנה |
| 101 | | Ex27:04 | ארבע עזקין דנחש על | ארבעתי | זוויתא: |
| 102 | | Ex38:02 | ועבד קרנתיה על | ארבעתי | זוויתה מן משחת רומה |
| 103 | | Ex25:12 | עזקין דדהב ותתן על | ארבעתי | זוויתא ותרתין עזקין על |
| 104 | | Ex25:26 | דדהב ותתן ית עזקייא על | ארבעתי | זוויתא די לארבעתי רגלוי: |
| 105 | | Ex37:03 | לה ארבע עזקין דדהב על | ארבעתי | זויתיה ותרתין עזקין על |
| 106 | | Ex37:13 | דדהב ויהב ית עזקיה על | ארבעתי | זויייתה די לארבעתי רגלוי: |
| 107 | | Nu23:10 | מן יכיל מסכום חדה מן | ארבעתי | טכסי משריתה דבני ישראל |
| 108 | | Gn15:11M | אליין הנון | ארבעתי | מלכוותא דעתידין משעבדה |
| 109 | | Dt32:24 | ומרוחי רווחן בישן ושן | ארבעתי | מלכוותה דמתילן כחיוותה |
| 110 | | Nu 7:07M | וית \ארבעה תורין | /ארבעתי | תורייה#2#/ יהב משה |
| 111 | ארבעתיה | Nu 7:08M | וית תמניה תוריה | /ארבעתיה | עגלה וית תימנתה תר#2#/ |
| 112 | בארבעתי | Ex38:05 | ואתך ארבע עזקין | בארבעתי | זויתה לקנקילה דנחשה |
| 113 | דארבעתי | Gn23:02 | ומיתת שרה בקרתהון | דארבעתי | אבהתא היא חברון בארעא |
| 114 | לארבעתי | Ex25:26 | על ארבעתי זוויתא די | לארבעתי | רגלוי: |
| 115 | | Ex37:13 | על ארבעתי זויייתה די | לארבעתי | רגלוי: |

## ארבע עשר *num.* fourteen [73]

|  |  |  |  |  |  |
|---|---|---|---|---|---|
| 001 | ארבע עשר ab/cn | Nu29:32 | תרין אמרין בני שתהון | ארבע עשר | שלמין מן מום: |
| 002 | ארבע עשרה | Gn31:41 | בגו בייתך פלחית קדמך | ארבע עשרה | שנין בתרתין בנתך ושית |
| 003 | ארבעה עש' | Lv12:05 | ברה נקבה תלד ותסתאב | ארבעה עש' | יומין כרחוק נדתה ושתין |
| 004 | ארבעה עשר | Nu29:13M | בני שתהון | ארבעת עשר/<ארב>עה< עשר>#2#/ | שלמין מן מום |
| 005 | ארבעה עשרה | Gn46:22 | ליעקב כל נפשתא | ארבעה עשרה: | |
| 006 | ארבעת עשר | Nu17:14 | מיתיה דמיתו במגפתה | ארבעת עשר | אלפין ושבע מאה בר מן |
| 007 | | Ex12:06 | ויהוי לכון למטרה עד | ארבעת עשר | יומין לירחא הדין ויכסון |
| 008 | | Nu29:13 | תרין אמרין בני שתהון | ארבעת עשר | שלמין מן מום יהוון: |
| 009 | | Nu29:17 | אמרין בני שתהון | ארבעת עשר | שלמין מן מום: |
| 010 | | Nu29:20 | תרין אמרין בני שתהון | ארבעת עשר | שלמין מן מום: |
| 011 | | Nu29:23 | תרין אמרין בני שתהון | ארבעת עשר | שלמין מן מום: |
| 012 | | Nu29:26 | תרין אמרין בני שתהון | ארבעת עשר | שלמין מן מום: |
| 013 | | Nu29:29 | תרין אמרין בני שתהון | ארבעת עשר | שלמין מן מום: |
| 014 | בארבעת עשר | Ex12:18 | ביירחא קדמייה | בארבעת עשר | יומין לירחא ברמשא ביני |
| 015 | | Lv23:05 | בירחה קדמייה | בארבע«ת» עשר | יומין לירחא ביני |
| 016 | | Nu 9:03 | | בארבעת עשר | יומין לירחה הדין ביני |

| | | | | | |
|---|---|---|---|---|---|
| 017 | | Nu 9:05 | פיסחא בירחה קדמיה | בארבעת עשר | יומין לירחה ביני שמשתה |
| 018 | | Nu 9:11 | בירחה תנינה | בארבעת עשר | יומין ביני שמשתה יעבדון |
| 019 | | Nu28:16 | ובירחא קדמיה | בארבעת עשר | יומין לירחא נכסת פסחא |
| 020 | ובארבעה עשרי | Gn14:05 | | ובא{{בר}}«רב»עה עשרי | שנין אתא |
| 021 | ארבעת עשרתי em/sf | Nu29:15 | סידרא תקרבון עם | ארבעת עשרתי | <אמרייה>: |
| 022 | | Nu29:15M | מקריבין למניין | ארבעת עשרתי | אמרייה#2#/: |

## ארבעין *num.* forty [72 s.v. ארבע]

| | | | | | |
|---|---|---|---|---|---|
| 001 | ארבעין | Nu 1:33 | סכומיהון דשבטה דאפרים | ארבעין | אלפין וחמש מאה: |
| 002 | | Nu 2:19 | וסכומ«י»הון | ארבעין | אלפין וחמש מאוון: |
| 003 | | Nu26:18 | דגד לסכומ{ו}<י>הון | ארבעין | אלפין וחמש מאה: |
| 004 | | Gn18:29 | מה דילמא דישתכחון תמן | ארבעין | ואמר לא אשיצא בגלל ארבעין |
| 005 | | Nu 2:11 | וחיילוותיה וסכומוי | ארבעין | ואשתה אלפין וחמש מאוון: |
| 006 | | Nu 1:41 | דשבטה דבנוי דאשר | ארבעין | וחד אלפין וחמש מאוון: |
| 007 | | Nu 2:28 | וסכומהון | ארבעין | וחד אלפין חמש מאוון: |
| 008 | | Gn18:28 | לא אשיצא אם אשכח תמן | ארבעי«ן» | וחמשה: |
| 009 | | Nu 1:25 | לשבטה דבנוי דגד | ארבעין | וחמשה אלפין ושית מאה |
| 010 | | Nu 1:29M | \חמשין וארבעה | ארבעין/ | וחמשה#2#/ אלפים וארבע |
| 011 | | Nu 2:15 | וחיילוותיה וסכומיהון | ארבעין | וחמשה אלפין ושת מאוון |
| 012 | | Nu26:41M | לזרעייתהון לסכומיהון | ארבעין | וחמשה אלפין ושית מאוון: |
| 013 | | Nu26:50 | לזרעייתהון וסכומיהון | ארבעין | וחמשה אלפין וארבע מאוון: |
| 014 | | Nu 1:21 | לשבטה דבנוי דראובן | ארבעין | ושתה אלפין וחמש מאה: |
| 015 | | Gn32:16 | תלתין תורין נקבן | ארבעין | ותורין דכרין עשרה אתנין |
| 016 | | Nu26:07 | דראובן והוון סכומיהון | ארבעין | ותלתה אלפין ושבע מאה |
| 017 | | Nu35:07 | די תתנון לליוויי | ארבעין | ותמני קריאן יתהון וית |
| 018 | | Nu35:06 | קסולייה ועליהון תוספון | ארבעין | ותרתין קוריאן: |
| 019 | | Lv25:08 | יומי <שבע> שמיטי שנייה | ארבעין | ותשע שנין: |
| 020 | | Gn18:29 | ואמר לא אשיצא בגלל | ארבעין | זכיין: |
| 021 | | Dt 9:25 | ובעית רחמין מן קדם ייי | ארבעין | יומייא וית ארבעין לילוותה |
| 022 | | Gn 7:12 | והוה מטרא על ארעא | ארבעין | יומין וארבעין לילוון: |
| 023 | | Gn 7:17 | והוה מבולא | ארבעין | יומין על ארעא וסגון מיא |
| 024 | | Gn 8:06 | והוה לסוף | ארבעין | יומין ופתח נח ית תרעא |
| 025 | | Gn50:03 | ושלמו לה | ארבעין | יומין ארום כדן ישלמון |
| 026 | | Ex24:18 | לטורא והוה משה בטורא | ארבעין | יומין וארבעין לילין: |
| 027 | | Ex34:28 | תבע אולפן מן קדם ייי | ארבעין | יומין וארבעין לילון לחמא |
| 028 | | Nu13:25 | מן דייללו ית ארעא לסוף | ארבעין | יומין: |
| 029 | | Nu14:34 | במניין יומין די יללתון | ארבעין | יומין יום חד בכל שנה יום |
| 030 | | Dt 9:09 | ייי עמכון ושרית בטורה | ארבעין | יומין וארבעין לילוון מזון |
| 031 | | Dt 9:11 | והוה לסוף | ארבעין | יומין וארבעין לילוון יהב |
| 032 | | Dt 9:18 | מן קדם <ייי> כקדמיתה | ארבעין | יומין וארבעין לילוון מזון |
| 033 | | Dt10:10 | כי{ו}<ו>מייה קדמייה | ארבעין | יומין וארבעין לילוון ושמע |
| 034 | | Dt25:03 | | ארבעין | ימחי יתיה לא יוסף דלא |
| 035 | | Gn 7:04 | הא אנה מחת מטר על ארעא | ארבעין | יממין וארבעין לילון |
| 036 | | Dt 9:25 | ייי ארבעין יומייא וית | ארבעין | לילוותה די צליית ארום אמר |
| 037 | | Gn23:16 | במשמעהון דבנוי דחת | ארבעין | מאה סלעין דכסף עברין בכל |
| 038 | | Gn25:20 | והוה יצחק בר | ארבעין | שנין כד {נסבת} נסב ית |
| 039 | | Gn26:34 | והוה עשו בר | ארבעין | שנין ונסב אתה ית יהודית |
| 040 | | Ex16:35 | ובני ישראל אכלו ית מנה | ארבעין | שנין עד מיעליהון לארעא |
| 041 | | Nu14:33 | יהוון טעיין במדברה | ארבעין | שנין ויקבלון ית מרחקתכון |
| 042 | | Nu14:34 | שנה תקבלון ית חוביכון | ארבעין | שנין ותדעון ית תורעמותי: |
| 043 | | Nu32:13 | וטלטל יתהון במדברה | ארבעין | שנין עד סף כל דרה די עבד |
| 044 | | Nu33:38 | דייי ומית תמן בסוף | ארבעין | שנין בזמן אפקותהון דבני |
| 045 | | Dt 1:02 | ועב<ר>תון בהון מהלכין | ארבעין | שנין: |
| 046 | | Dt 1:03 | והוה בסוף | ארבעין | שנין בחד עשר ירחין בחד |
| 047 | | Dt 2:07 | ית מדברה רבה דנה | ארבעין | שנין ייי אלהכון בסעדכון |
| 048 | | Dt 8:02 | יתכון ייי אלהכון דנה | ארבעין | שנין במדברה מן בגלל |
| 049 | | Dt 8:04 | לא הליכו חפיין דנה | ארבעין | שנין: |
| 050 | | Dt29:04 | ודברית יתכון | ארבעין | שנין במדברה לא בלון |
| 051 | | Dt32:10 | ישימון דבר יתהון | ארבעין | שנין במדברה אחת להון מנה |
| 052 | וארבעין | Nu 1:25M | שש מאוון | וארבעין | וחמשה אלפין |
| 053 | | Gn47:28 | דיעקב שני חיוי מאה | וארבעין | ושבע שנין: |
| 054 | | Ex36:26 | | וארבעין | חומריהון דכסף תרין |
| 055 | | Ex26:19 | | וארבעין | חומרין דכסף תעבד תחות |
| 056 | | Ex36:24 | | וארבעין | חומרין דכסף עבד תחות |
| 057 | | Ex26:21 | | וארבעין | חמריהון דכסף תרתין חמרין |
| 058 | | Gn 7:12 | על ארעא ארבעין יומין | וארבעין | לילוון: |
| 059 | | Dt 9:09 | בטורה ארבעין יומין | וארבעין | לילוון מזון לא אכלת ואוף |
| 060 | | Dt 9:11 | לסוף ארבעין יומין | וארבעין | לילוון יהב ייי לי אמר |
| 061 | | Dt 9:18 | כקדמיתה ארבעין יומין | וארבעין | לילוון מזון לא אכלית |
| 062 | | Dt10:10 | קדמייה ארבעין יומין | וארבעין | לילוון ושמע קל ממרה דייי |
| 063 | | Gn 7:04 | על ארעא ארבעין יממין | וארבעין | לילון ואישצי ית כל |
| 064 | | Ex34:28 | ייי ארבעין יומין | וארבעין | לילון לחמא ל«א» אכל |
| 065 | | Gn 7:04M | לילון/יומין | וארבעין | ליליין#2#/ ואישצי ית כל |
| 066 | | Ex24:18 | בטורא ארבעין יומין | וארבעין | לילין: |
| 067 | | Gn 5:13 | ית מהללאל תמני מאה | וארבעין | שנין ובה בשנייה הווה |
| 068 | לא' | Dt 1:02M | והלכתון יתיה/ | לא'#2#/ | שנין: |

## ארגוון *n.* purple [73]

| | | | | | |
|---|---|---|---|---|---|
| 001 | ארגוון s ab/cn | Ex39:03M | ובגו | ארגוונא/ארגוון#2#/ | ובגו צבע זיהוריתה |
| 002 | דארגוון | Nu 4:13 | ויפרשון עלוי לבוש | דארגוון: | |
| 003 | וארגוון | Ex25:04 | ותכלה {וארגמן} | וארגוון | וצבע זהורי טבא ובוץ |
| 004 | | Ex27:16 | פרס עשרין אמין תכלא | וארגוון | וצבע דזהורי טבא ובוץ |
| 005 | | Ex28:33 | מן חזור רמנין תכלה | וארגוון | וצבע דזהורי טבא על |
| 006 | | Ex35:06 | ותכלא | וארגוון | וצבע זיהורי טבא ובוץ |
| 007 | | Ex35:23 | די אשתכח לוותיה תכלה | וארגוון | וצבע די זיהורי טבא ובוץ |
| 008 | | Ex36:08 | יריען בוץ שזיר תכלה | וארגוון | וצבע דזיהורי טבא ציורין |
| 009 | | Ex36:35 | ועבד ית פרוכתה תכלה | וארגוון | וצבע דזיהורי טבא ובוץ |
| 010 | | Ex36:37 | פרס לתרע משכנה תכלה | וארגוון | וצבע דזיהורי טבא ובוץ |
| 011 | | Ex38:18 | עובד ציור ותכל«ה» | וארגוון | וצבע דזיהורי טבה ובוץ |
| 012 | | Ex39:02 | ועבד ית אפדה דהב תכלה | וארגוון | וצבע דזהורי טבא ובוץ |
| 013 | | Ex39:05 | הוא כעבדא דהב תכלה | וארגוון | וצבע דזהורי טב{ת}א ובוץ |
| 014 | | Ex39:08 | כעבדה דאפדה דהב תכלה | וארגוון | וצבע דזיהורי טבא {ובוץ} |
| 015 | | Ex39:24 | דמעילה רמונין תכלה | וארגוון | וצבע דזיהורי טבה בוץ |
| 016 | | Ex39:29 | המיינה בוץ שזיר תכלה | וארגוון | וצבע דזהורי טבא עובד |
| 017 | וארגון | Ex26:01 | יריען בוץ שזיר ותכלה | וארגון | וצבע זהורי טבא ציורין עבד |
| 018 | | Ex26:36 | פרס לתרע משכנה תכלה | וארגון | וצבע דזהורי טבא ובוץ שזיר |
| 019 | | Ex28:06 | ית אפודה דהב תכל«א» | וארגון | וצבע זהורי טבא ובוץ שזיר |
| 020 | | Ex28:08 | מנה יהווי דהב תכלה | וארגון | וצבע זהורי טבא ובוץ שזיר: |
| 021 | | Ex28:15 | תעבד יתיה דהב תכלה | וארגון | וצבע דזהורי טבא ובוץ שזיר |
| 022 | וארגמן | Ex25:04 | ותכלה | {וארגמן} | וארגוון וצבע זהורי טבא |
| 023 | ובארגוון | Ex35:35M | וצייר בתכלא | ובארגוונא/<ובאר>גוון#2#/ | ובצבע זיהורי |
| 024 | | Ex38:23 | ואומן וצייר בתכלה | ובארגוון | ובצבע זהוריתה טבתה |
| 025 | | Ex38:24 | | {{ובארגוון}} | כל דהבא דאתעבד לעבידתה |
| 026 | ארגוונא s em/sf | Ex39:03 | למעבד בגו תכלתה ובגו | ארגוונא | ובגו צבע זיהוריתה טבתה |
| 027 | | Ex28:05 | ית דהבא וית תכלתה וית | ארגוונא | וית צבע זהוריתא טבתא וית |
| 028 | ארגונא | Ex35:25 | הוות עזלה ית תכלתה וית | ארגונא | וית צבע זהוריתה טבתה וית |
| 029 | וארגוונא | Gn50:01 | באבנא בועה בוצה | וארגוונא | שפיכין תמן חמדנין |
| 030 | וארגוונה | Ex39:01 | ומן תכלתה | וארגוונה | וצבע דזהוריתה טבתה עבדו |

|  |  |  |  |  |  |
|---|---|---|---|---|---|
| 031 | | Gn50:01M | ומחזקין באבנ׳ דבר׳ | וארגוונה | תמן שפכן חמד ני׳ ריחנין |
| 032 | וארגונא | Ex26:31 | ותעבד פרכתא תכלה | וארגונא | וצבע זיהורי טבא ובוץ |
| 033 | ובארגוונא | Ex35:35 | ואומן וצייר בתכלא | ובארגוונא | ובצבע זיהורי טב{ת}ה |

## ארדופני *n.* Nerium oleander [73]

|  |  |  |  |  |  |
|---|---|---|---|---|---|
| 001 | s ab/cn דארדופני | Ex15:25M | אילן | דארדופני | וכתב ביה שמא מפרשא וטלק |
| 002 | הארדופני | Ex15:25M | מיא ואתחלון /<אילן> | הארדופני | וקלק בגו מייא ואת׳#2#/ |

## ארוודיי *adj.* Arvadite [73]

|  |  |  |  |  |  |
|---|---|---|---|---|---|
| 001 | p em/sf ארוודייא | Gn10:18 | וית | ארוודייא | וית זימרייא וית אנטוכיא |

## ארדען *n.* ⇐ אורדען

## ארום *conj.* because, since [73]

|  |  |  |  |  |  |
|---|---|---|---|---|---|
| 001 | אר׳ | Lv11:42M | רגליין [...] יתאכלון | אר׳ | |
| 002 | | Dt 2:19M | סדרי קרבה ארום /בהון | אר׳#2#/ | לא אתן מן ארעהון דבני |
| 003 | ארו׳ | Lv21:14 | ומפסה ית אילין לא יסב | ארו׳ | אלהן מעמיה יסב אתה: |
| 004 | | Gn12:11M | אנא ארום /אנה ידע | ארו׳#2#/ | את שפירת חזי׳ את: |
| 005 | | Gn 6:13 | כל בשרא סלקת קדמוי | ארו׳ | אתמליאת ארעא חמסין וגזילין |
| 006 | | Gn15:13 | ואמר לאברם מדע תדע | ארו׳ | גיורין ותותבין יהוון |
| 007 | | Gn12:12 | ויהוי | ארו׳ | יחמון יתיך מצריה וימרון |
| 008 | | Lv20:23 | די אנה משלח מן קדמיכון | ארו׳ | ית כל אליין מרחקתה עבדו |
| 009 | | Gn11:09 | כדן קרא שמה ב{כ}<ב>ל | ארו׳ | כדן ערבב ייי לשני כל דאירי |
| 010 | | Lv11:07 | וית חזירה | ארו׳ | מטלף טלפין הוא וסתקתי |
| 011 | | Gn 4:25 | בר חורן חלף הבל | ארו׳ | קטל יתיה קין: |
| 012 | | Gn 1:25 | למינהון וגלי קדם ייי | ארו׳ | שפר ותקין: |
| 013 | ארום | Gn42:23 | ואנון לא ידעין | ארום | <....> היך תרגומן הוה מנשה |
| 014 | | Nu32:11 | לאברהם ליצחק וליעקב | ארום | <....>: |
| 015 | | Gn29:33 | עוד תוב וילידת בר ואמרת | ארום | {...} שמיע קדם ייי ארום |
| 016 | | Gn48:14 | דמנשה שלחף ית ידו«י» | ארום | מנשה הוה בכורה: |
| 017 | | Gn 4:24 | | ארום | קין דקטל להבל שבעה דרין |
| 018 | | Gn31:32 | לך ולא ידע יעק«ב» | ארום | רחל גנבת יתהון: |
| 019 | | Gn17:15 | לא תקרי ית שמה שרי | ארום | שרה שמה: |
| 020 | | Nu21:13 | מן תחומיהון דאימוראי | ארום | ארנונה תחומיהון דמואביי |
| 021 | | Nu21:26 | | ארום | חשבון קרתה דסיחון מלכהון |
| 022 | | Dt18:09 | | ארום | {א}אתון עללין לארעא דייי |
| 023 | | Nu18:31 | אתר אתון ואינשי בתיכון | ארום | אגר הוא לכון חלף פולחנכון |
| 024 | | Ex 4:31 | בני ישראל וארום {ושמעו | ארום | אדכר} גלי קדמוי ית צערון |
| 025 | | Ex 4:31 | בשם ממריה דייי ושמעו | ארום | אדכר ייי ברחמוי טבייה ית |
| 026 | | Nu23:24 | עד זמן דאכיל פשוט ושתי | {ארום} | <אדם> כדן עמא האליין לא |
| 027 | | Lv17:11 | מדבחה למכפרה על נפשתכון | ארום | אדמה הוא על חובי נפשה |
| 028 | | Dt12:23 | אתוקפו דלא למיכל אדמה | ארום | אדמה הוא נפשה לא תאכלון |
| 029 | | Ex 3:12 | ואמר | ארום | אהויי ממרי עמך ודן יהווי |
| 030 | | Dt32:28 | | ארום | אומה אבידי עיצן בישן אינון |
| 031 | | Dt18:14 | | ארום | אומייה האיליין די אתון |
| 032 | | Gn44:18 | אשתמע לך ולא אתני לך | ארום | ^אוף#2#^ מלכין ושליטין אנן |
| 033 | | Gn41:32 | חלמא לפרעה תרתין זמנין | ארום | אזדמן פתגמא מן קדם ייי |
| 034 | | Gn31:22M | ובכן אתנו ביומא תליתאה | ארום | אזל יעקב חסידא דבזכו׳ |
| 035 | | Ex 3:11 | ואמר משה קדם ייי מן אנה | ארום | אזל לוות פרעה וארום אסק ית |
| 036 | | Nu22:22 | ותקף רוגזה דייי | ארום | אזל הוא וא«ת»עתד מלאכה |
| 037 | | Gn29:12 | ותני יעקב לרחל | ארום | אחוי דאביה הוא וארום בר |
| 038 | | Gn42:38 | ואמר לא יחות ברי עמכון | ארום | אחוי מית והוא בלחודוי |
| 039 | | Gn37:27 | וידינן לא נפשט ביה | ארום | אחונן קרב בשרן הוא ושמען |
| 040 | | Gn37:35 | יתיה וסרב למתנחמה ואמר | ארום | אחות על ברי לשאולה ובכה |
| 041 | | Dt23:08 | לא תרחקון אדומיי | ארום | אחיכון אנון לא תרחקון |
| 042 | | Lv25:34 | קרוי{כ}<ה>ון לא יזדבן | ארום | אחסנת עלם היא להון: |
| 043 | | Ex12:39 | דפטירין קדם עד לא חמע | ארום | אטרדו מן מצרים ולא יכלו |
| 044 | | Ex32:21 | מה עבד לך עמא האיליין | ארום | אייתית עליהון חובין |
| 045 | | Gn20:09 | עבדת לנא ומה חטאנא לך | ארום | אייתת עלי ועל מלכותי חובין |
| 046 | | Gn 3:24 | דאוריתא בעלמא הדין | ארום | אילן דחיין היא אורייתא לכל |
| 047 | | Ex10:04 | | ארום | אין מסרב את למשלחה ית עמי |
| 048 | | Dt15:11 | | ארום | אין נטרין בני ישראל אולפן |
| 049 | | Gn15:08 | במה כען {אדן}<אדע#2#> | ארום | אירת יתה: |
| 050 | | Gn42:01 | וחמא יעקב ברוח קודשא | ארום | אית עיבור מזדבן במצרים |
| 051 | | Lv14:48 | וידכי כהנא ית בייתה | ארום | איתאסי מכתשה: |
| 052 | | Dt15:02 | ידחק ית חבריה וית אחוי | ארום | איתקרית שמטה קדם ייי: |
| 053 | | Ex16:08 | לא עלינ«ן» תורעמתכון | ארום | אלא קדם ייי: |
| 054 | | Ex16:08M | \ארום אלא קדם ייי | /ארום | אלא מן קדם ייי#2#/: |
| 055 | | Ex22:22M | משמע אשמע בקל צלותא | ארום | אלה חנן |
| 056 | | Ex22:26M | משמע אשמע בקל צלותיה | ארום | אלה חנן |
| 057 | | Dt 4:31 | | ארום | אלה חנן ורחמן ייי אלהכון |
| 058 | | Dt 6:15 | | ארום | אלה קניי ופורען הוא אלהכון |
| 059 | | Ex 3:19M | מן ידא \דהיא תקיפא | /ארום | אלהא ביד תקיפא#2#/: |
| 060 | | Gn32:27 | ואמר לא אשלח יתך ארום | {ארום} | אלה{ו}<י>ן ברכת יתי: |
| 061 | | Gn21:26 | לי ולחוד אנא לא שמעת | ארום | אלהי{ם}<ן> יומא הדין: |
| 062 | | Gn24:38 | | ארום | אלהין לביית׳ דאבא תיזל |
| 063 | | Nu11:06 | ריקנה לית לן כל מן דעם | ארום | אלהין <...> דעיינינן תליין |
| 064 | | Nu35:33 | יכפר באדמה דיאשתפך בה | ארום | אלהין באדמה דמן דשפך יתיה: |
| 065 | | Gn15:04 | למימר לא ירת יתך דן | ארום | אלהן מן דיפוק מן מעיך הוא |
| 066 | | Gn24:04 | | ארום | אלהן לארעי ולילדותי תזיל |
| 067 | | Gn32:29 | לא יעקב יתקרי עוד שמך | ארום | אלהן ישראל ארום {אתרבבת} |
| 068 | | Gn35:10 | ולא יתקרי שמך תוב יעקב | ארום | אלהן ישראל יהוי שמך וקרא |
| 069 | | Gn39:06 | ידע מן בתריה כל מאן דעם | ארום | אלהן לחמא דהוה אכל והוה |
| 070 | | Gn39:09 | ולא חסך מני כל מה דעם | ארום | אלהן יתיך בגלל דאת |
| 071 | | Gn42:15 | דפרעה אן תפקון מן הכה | ארום | אלהן אתא אחוכון זעירא |
| 072 | | Gn43:03 | למימר לא תחמון סבר אפוי | ארום | אלהן אחוכון עמכון: |
| 073 | | Gn43:05 | לן לא תחמון סבר אפוי | ארום | אלהן אחוכון עמכון: |
| 074 | | Gn45:08 | לא אתון שלחתון יתי להכא | ארום | אלהן ייי ושוי יתיה לאבא |
| 075 | | Gn47:18 | ליה לא נשקר מרבוני | ארום | אלהן שלם כספא וענה ובעירא |
| 076 | | Gn48:22 | אחוי לא בחרבי ולא בקשתי | ארום | אלהן בזכוותי ובעובדיי טביא |
| 077 | | Ex 4:11 | חרשין או פתיחין או סמין | ארום | אלהן אנה ייי: |
| 078 | | Ex12:09 | ואף לא שליק מבשל במיא | ארום | אלהן צלי בנורא ראש עם |
| 079 | | Ex22:19 | טעוון אחרניין ישתיצא | ארום | אלהן קדם ייי לבלחודוי: |
| 080 | | Lv21:02 | | ארום | אלהן לקריב בשרי׳ דקריב |
| 081 | | Lv22:06 | רמשה ולא יאכל מן קדשיה | ארום | אלהן אסחי בשרה במיא: |
| 082 | | Nu10:30 | ואמר ליה לית אנה <אזל> | ארום | אלהן לארעי ולתלדותי אזל: |
| 083 | | Nu26:33 | בר חפר לא הוו ליה בנין | ארום | אלהן בנן ושום בנתיה |
| 084 | | Nu26:65 | ולא אשתייר מנהון גבר | א{ל}<ר>ום | אלהן כלב בר יפונה |
| 085 | | Dt 1:36 | | ארום | אלהן כלב בר יפונה הוא |
| 086 | | Dt 4:12 | ודמו לית אתון חמיין | ארום | אלהן קל ממריה: |
| 087 | | Dt 5:03 | קיים ייי ית קיימה הדין | ארום | אלהן עמן הא אנן כולן הכה |
| 088 | | Dt 7:05 | | ארום | אלהן כהדן סידרה תעבדון |
| 089 | | Dt10:12 | אלהכון שאל מן לוותכון | ארום | אלהן למידחל מן קדם ייי |
| 090 | | Dt12:05 | | ארום | אלהן לארעא די יתרעי ייי |
| 091 | | Dt12:14 | | ארום | אלהן באתרא די יתרעי ממרא |
| 092 | | Dt12:18 | | ארום | אלהן קדם ייי אלהכון תיכלון |

|  |  |  |  |  |
|---|---|---|---|---|
| 093 | Gn43:10 | | ארום | אלולי דאשתהינון ארום כדון |
| 094 | Gn 3:01M | \ארום אמר ייי /לחוד | ארום | אמ׳ ממריה דייי#2#/ לא |
| 095 | Ex23:31 | ומן מדברא עד נהרא רבא | ארום | אמסר{א} בידיכון ית כל |
| 096 | Gn 3:01 | ייי אלהים ואמר לאיתתא | ארום | אמר ייי לא תאכלון מכל |
| 097 | Gn32:21 | לחוד הא יעקב אתי בתרן | ארום | אמר ארעי «סבר» אפוי |
| 098 | Gn38:11 | עד זמן דיתרבי שלה ברי | ארום | אמר דלא ימות לחוד הוא |
| 099 | Gn42:04 | לא שלח יעקב עם אחוי | ארום | אמר דלא יערע יתיה סקל: |
| 100 | Ex 2:22 | בר וקרת ית שמה גרשום | ארום | אמר דייר ותותב אנא בארע |
| 101 | Ex13:17 | דפלישתיי ארום קריבה הוא | ארום | אמר ייי דלא יתבר לבהון |
| 102 | Ex18:03 | די שמיה דחד מנהון גרשם | ארום | אמר גיור ותותב הוינא בארעא |
| 103 | Nu26:65 | | ארום | אמר ייי להון ממת ימותון |
| 104 | Dt 9:25 | ארבעין לילוותה די צלית | ארום | אמר ייי למשיציה יתכון: |
| 105 | Ex12:33 | למשלחה יתהון מן ארעא | ארום | אמרו אן שהין אנון ישראל |
| 106 | Nu16:34 | להון ערקו לקלהון | ארום | אמרו דלא תבלע יתהון ארעא: |
| 107 | Gn20:11 | ואמר אברהם | ארום | אמרית לחוד לית דחלתה דייי |
| 108 | Gn16:13 | הוא אלהא קיים כל עלמייא | ארום | אמרת הא אף כדון יתגלי עלי |
| 109 | Gn21:16 | רחיק כמרמי בקשתא | ארום | אמרת לא אחמי במותא דטליא |
| 110 | Gn29:32 | בר וקראת שמיה ראובן | ארום | אמרת ארום גלי קדם ייי ית |
| 111 | Gn31:31 | ואמר ללבן ארום דחלת | ארום | אמרת לא תגזול ית בנתך |
| 112 | Gn40:14 | | ארום | אן אדכרת יתי עמך כד ייטב |
| 113 | Ex 8:17 | | ארום | אן ליתך משלח ית עמי הא אנא |
| 114 | Nu24:22 | | ארום | אן יהווי שלמיה לביזה עד |
| 115 | Dt11:22 | | ארום | אן מטור תטרון ית כל מצוותה |
| 116 | Nu35:34 | דאיקר שכינתי שריה בגווה | ארום | אנא הוא ייי דאשריית איקר |
| 117 | Ex 6:07 | לכון לאלה פרוק ותדעון | ארום | אנה הוא ייי אלהכון די |
| 118 | Ex 7:05 | וידעו מצריי | ארום | אנה ^הוא#2#^ ייי כד אשווי |
| 119 | Ex 7:17 | כדן אמר ייי בדא תדע | ארום | אנה ייי הא אנה מחי בחוטרא |
| 120 | Ex 8:18 | מן בגלל דתדע | ארום | אנה הוא ייי דממרי שרי בגו |
| 121 | Ex10:01 | ייי למשה עול לוות פרעה | ארום | אנה תקפ«י»ת ית לביה וית |
| 122 | Ex10:02 | די שוית בהון ותדעון | ארום | אנה ^הוא#2#^ ייי: |
| 123 | Ex14:04 | חיילוותיה וידעון מצריי | ארום | אנה הוא ייי ועבדו כדן: |
| 124 | Ex14:18 | וידעו מצריי | ארום | אנה ייי באתיקרותי בפרעה |
| 125 | Ex15:26 | לא אשוי יתהון עליכון | ארום | אנה הוא ייי דמסי יתכון: |
| 126 | Ex16:12 | תשבעון לחם ותידעון | ארום | אנה הוא ייי אלהכון: |
| 127 | Ex20:05 | להון ולא תפלחון קדמיהון | ארום | אנה ייי אלהכון אלה קניי |
| 128 | Ex29:46 | וידעון | ארום | אנה הוא ייי אלההון די אפקת |
| 129 | Ex31:13 | וביניכון לדריכון למדע | ארום | אנה הוא ייי דקדשית יתכון: |
| 130 | Lv11:44 | | ארום | אנה הוא ייי אלהכון |
| 131 | Lv11:45 | | ארום | אנה הוא ה׳ די אפקת יתכון |
| 132 | Lv20:07 | ותתקדשון ותהוון קדישין | ארום | אנה ייי אלהכון: |
| 133 | Lv21:15 | ולא יפס זרעה בעמה | ארום | אנה ייי דקדשת יתהון: |
| 134 | Lv21:23 | בה ולא יפס ית בית מקדשי | ארום | אנה ייי דקדשת יתהון: |
| 135 | Lv22:16 | יהון אכלין ית קדשיהון | ארום | אנה ייי דקדשית יתהון: |
| 136 | Lv22:16M | די יאכולון ית קדשיהון | ארום | אנה הוא ייי ובממרי מקדש |
| 137 | Lv22:31M | יתהון \אנה הוא ייי | /ארום | אנה ייי#2#/כדן אמ׳ |
| 138 | Lv24:22 | כגיורה כיציבה יהווי | ארום | אנה הוא ייי אלהכון: |
| 139 | Lv25:17 | ותדחלון מן אלהכון | ארום | אנה ייי אלהכון: |
| 140 | Lv26:01 | בארעכון למסגד קדמה | ארום | אנה ייי אלהכון: |
| 141 | Dt 4:22 | | ארום | אנה מתכנש בארעא הדה לית |
| 142 | Dt 5:09 | להון ולא תפלחון קדמיהון | ארום | אנה הוא ייי אלהכון אלה |
| 143 | Dt29:05 | שתיתון מן בגלל דתדעון | ארום | אנה ^הוא#2#^ ייי אלהכון: |
| 144 | Dt32:39 | חמון כען | ארום | אנה אנה בממרי הוא ולית |
| 145 | Nu14:13 | קדם ייי וישמעון מצריי | ארום | אסקית בחילך ית עמה {הדין} |
| 146 | Nu16:13 | הא זעירא היא | ארום | אסקת יתן מן ארעא עבדה |
| 147 | Nu21:01 | דערד דהוה שרי בדרומה | ארום | אסתלק אהרן גברא חסידה |
| 148 | Dt31:20 | | ארום | אעיל יתהון לארעא די קיימת |
| 149 | Lv22:09 | חוב«י»ן וימותון ביה | ארום | אפיסו יתיה אנה ייי דקדשית |
| 150 | Dt22:19 | ויתנון לאבוה דרביתה | ארום | אפיק שום ביש על בתולתה ברת |
| 151 | Ex18:01 | ייי למשה ולישראל עמיה | ארום | אפק ייי ית ישראל פריקין |
| 152 | Ex16:03 | בישרא אכלין לחם ושבעין | ארום | אפקתון יתן למדברא הדין |
| 153 | Nu16:09 | הא זעירא היא דא מנכון | ארום | אפרש אלה דישראל יתכון מן |
| 154 | Ex29:28 | עלם מן לוות בני ישראל | ארום | אפרשו היא ואפרשו יהווי |
| 155 | Ex13:15 | והוה | ארום | אקשי פרעה למשלחה יתן וקטל |
| 156 | Dt 2:30 | דלא למעברה יתן בתחומיה | ארום | אקשי ייי אלהכון ית רוחיה |
| 157 | Ex12:42M | אינון די אינון כתיבין | ארום/ | ארבע לילוון הנון |
| 158 | Nu16:30 | חיין לשאול ותדעון | ארום | ארגיזו גברייה אליין קדם |
| 159 | Gn32:27 | ואמר לא אשלח יתך | ארום | {ארום} אלה{ו}<י>ן ברכת |
| 160 | Gn31:35 | לא אכיל למיקם מן קדמיך | ארום | ארח {ב}<כ>נשיא לי ופשפש |
| 161 | Gn39:15 | והוי כדי שמע | ארום | ארימת קלי וצווחת ושבק |
| 162 | Dt11:10 | | ארום | ארעא די אתון עלי{ך}<ן> |
| 163 | Dt32:22 | | ארום | אשא נפקת מן קדמיי ואוקדת |
| 164 | Ex34:24 | | ארום | אשיצי אומיא מן קדמיכון |
| 165 | Dt24:01 | לא אשכחת חן וחסד קדמוי | ארום | אשכח בה עריה דמלה ויכתב לה |
| 166 | Ex33:16 | ובמה יתודע כדון | ארום | אשכחת חן וחסד קדמיך אנה |
| 167 | Ex33:17 | הדין די {מ}מללת אעבד | ארום | אשכחת חן וחסד באפי ומניית |
| 168 | Nu32:12 | קניזייה ויהושע בר נון | ארום | אשלמו בתר ממרה דייי: |
| 169 | Ex40:35 | משה למיעל למשכני זימנא | ארום | אשרי עלוי איקר שכינתה דייי |
| 170 | Gn14:14 | ושמע אברם | ארום | אשתבי לוט בר אחוי וזיין |
| 171 | Ex32:01 | וחמון עמא | ארום | אשתהי משה למיחת מן טורא |
| 172 | Gn12:11 | אתתה הא כען ידע אנא | ארום | את שפירת חזי׳ את: |
| 173 | Gn30:26 | פלחית קדמיך בהן ואזיל | ארום | את ידעת פלחני די פלחית |
| 174 | Ex19:23 | עמא למיסק לטורא דסיני | ארום | את אסהדת בן למימר תחם ית |
| 175 | Nu14:14 | לדיירי ארעא הדה שמעו | ארום | את הוא דאיקר שכינתך בגו |
| 176 | Nu22:34 | דייי חטאת ארום לא ידעת | ארום | את קיים מתעתד לקדמותי |
| 177 | Dt31:07 | כל ישראל אתוקף ואזדרז | ארום | את תיעל ית עמה האליין |
| 178 | Dt31:23 | ואמר אתוקף וא«ז»דרז | ארום | את תעיל ית בני ישראל |
| 179 | Gn45:03 | יכלו אחוי למעני יתיה | ארום | אתבהלו מן קדמוי: |
| 180 | Ex 4:05 | מן בגלל די יהימנון | ארום | אתגלי עלך ייי אלה אבהתהון |
| 181 | Nu22:36 | ושמע בלק | ארום | אתה בלעם ונפק לקדמותיה |
| 182 | Ex18:15 | ואמר משה לחמוי | ארום | אתון לוותי עמא למתבע אולפן |
| 183 | Ex23:09 | וגיורא לא תדחקון | ארום | אתון ידעתון נפשא דגיורא |
| 184 | Nu33:51 | בני ישראל ותימר להון | ארום | אתון עברין ית ירדנה לארעא |
| 185 | Nu34:02 | בני ישראל ותימר להון | ארום | אתון על{{י}}ל«י»ן לארעא |
| 186 | Nu35:10 | בני ישראל ותימר להון | ארום | אתון עברין ית ירדנה לארעא |
| 187 | Dt 7:07 | אומייה אתרעי ייי בכון | ארום | אתון עם קלילין מן כל |
| 188 | Dt11:31 | | ארום | אתון עברין ית ירדנה למיעל |
| 189 | Ex 9:34 | וחמא פרעה | ארום | אתמנעו קליה ומטרא וברדא |
| 190 | Gn43:18 | ודחלו גבריא לפלטורין | ארום | אתעלו לפלטורין דיוסף |
| 191 | Gn26:20 | מיא וקרא שמה דבארה עשק | ארום | אתעשקו עמיה: |
| 192 | Nu17:02 | וית אשתה ידרי להל | ארום | אתקדשו: |
| 193 | Gn28:17 | אתרא הדין» אתר הדיוט | ארום | אתר מזומן מן קדם ייי והדן |
| 194 | Dt33:21 | וחמא מן שירויה | ארום | אתר מזומן הוא לבית קבורה |
| 195 | Ex 3:05 | שלח מסניך מעלוי רגליך | ארום | אתרא די את קאים עלוי אתר |
| 196 | Gn32:29 | שמך ארום אלהן ישראל | ארום | {אתרבבת} אתרברבת עם מלאכין |
| 197 | Nu16:13 | כדבשה למקטלה יתן במדברה | ארום | אתרברבת «עלינן להוד |
| 198 | Gn34:19 | אשתהי רביא למעבד פתגמא | ארום | אתרעיית נפשיה בברתיה |
| 199 | Gn12:18 | לי למה כען לא תנית לי | ארום | אתתך היא: |
| 200 | Gn21:12 | דתימר לך שרה שמע בקלה | ארום | ביצחק יתקרי לך זרע דבנין: |

| | | | | |
|---|---|---|---|---|
| 201 | Dt22:27 | | ארום | באפי ברא אשכח יתה צווחת |
| 202 | Dt16:03 | עלוי פטירין לחם דצער | ארום | בבהילו נפקתון פריקין מן |
| 203 | Gn18:05 | ומן בתר כן תעברון | ארום | בגין כדין באיש{ת}ון שורותא |
| 204 | Gn19:08 | אלין לא תעבדון פתגם | ארום | בגין אתון למיבתא בטל |
| 205 | Gn33:10 | דורון דידי מנ{ו}<י> | ארום | בגין כדין דחמית סבר אפיך |
| 206 | Nu10:31 | ואמר ליה לא כען תשבק יתן | ארום | בגין כדין דאת ידע נסיא דעבד |
| 207 | Nu14:43 | קדמיכון ותפלון בחרבה | ארום | בגין כדין די חזרתון בתר |
| 208 | Gn 9:06 | בר נש ישתפך אדמיה | ארום | בדמו מן קדם ייי ברא ית |
| 209 | Gn 2:03 | יומא שביעיא וקד' יתיה | ארום | בה הוא שבה שבה וניח קדמוהי |
| 210 | Ex23:15 | יתכון בזמן ירחא דאביבא | ארום | בה נפקתון פריקין ממצרים |
| 211 | Dt18:05 | | ארום | בהון אתרעי ייי אלהכון מן |
| 212 | Dt21:05 | כהנייה בנוי דלוי | ארום | בהון אתרעי ייי אלהכון |
| 213 | Dt27:20 | די ישמש עם אתת אבוי | ארום | בזי עריתה דאבוי ויאמרון כל |
| 214 | Gn34:14 | לגבר די ליה <עורלה> | ארום | בזיון הוא לן: |
| 215 | Ex12:17 | ותטרון ית פטיראה | ארום | בזמן יומא הדן אפקית ית |
| 216 | Dt16:01 | פסחא קדם ייי אלהכון | ארום | בזמן ירחה דאביבא אפיק |
| 217 | Ex 9:14 | | ארום | בזמנא הדא הא אנה משלח ית |
| 218 | Nu27:03 | קדם ייי בעצתה דקרח | ארום | בחובוי מית ובנין דכרין לא |
| 219 | Ex20:13 | אינון למהוי עם קטולין | ארום | בחובי קטוליא חרבא נפיק על |
| 220 | Ex20:14 | אינון למהוי עם גיורין | ארום | בחובי גיורא מותנא אתא על |
| 221 | Ex20:15 | אינון למהוי עם גנבין | ארום | בחובי גנביא כפנא אתי |
| 222 | Ex20:16 | למהוי עם סהדי שקרא | ארום | בחובי סהדי שקרא חיות ברא |
| 223 | Ex20:17 | ולא כל מה די לחברך | ארום | בחובי חמודייה מלכותא |
| 224 | Dt 5:17 | אינון למיהוי עם קטולין | ארום | בחובי קטוליה חרבה נפק על |
| 225 | Dt 5:18 | למיהוי עם גייורין | ארום | בחובי גייוריה מותנה נפק |
| 226 | Dt 5:19 | אינון למהוי עם גנבין | ארום | בחובי גנבייה כפנה נפק על |
| 227 | Dt 5:20M | אוף הנון שהדין דשקר | ארום | בחובי שהדי שיקרא עננין |
| 228 | Dt 5:20 | מסהדין{מ}<ס>הדי דשקר | ארום | בחובי סהדי שקרא חיות ברא |
| 229 | Dt 5:21M | לכל מה דאית לחבריכון | ארום | בחובי חמודייה מלכוותה |
| 230 | Dt 5:21 | ולא כל מה די לחברך | ארום | בחובי חמודיה עננין סלקין |
| 231 | Dt 9:05 | עללין למירת ית ארעהון | ארום | בחוביהון דאומייה האליין |
| 232 | Gn32:11 | קושטא די עבדת עם עבדך | ארום | בחוטרי עברת ית ירדנא הדין |
| 233 | Ex 5:08 | עליהון לא תמנעון מנהון | ארום | בטילין אינון בגין כדן |
| 234 | Nu30:06 | ומן קדם ייי ישתבק לה | ארום | בטל אבוה יתה: |
| 235 | Ex13:09 | דייי תדירא בפמיכון | ארום | ביד תקיפא אפיק יתכון ייי |
| 236 | Ex13:16 | טב על בית אפיכון | ארום | ביד תקיפא אפק יתן ייי |
| 237 | Ex 6:01 | תחמי מה די אעבד לפרעה | ארום | בידא תקיפא ישלח יתהון |
| 238 | Ex13:03 | ממצרים מן בית שעבודא | ארום | בידא תקיפא אפיק ייי יתכון |
| 239 | Nu21:34 | למשה לא תדחל מן קדמוי | ארום | בידך מסרית יתיה וית כל |
| 240 | Dt 3:02 | לי אמר משה לא תדחל מנה | ארום | בידך מסרית יתיה וית כל |
| 241 | Gn 3:05 | ארום גלי וידיע קד' ייי | ארום | ביומא די תאכלון מינה |
| 242 | Ex19:11 | מזומנים ליומא תליתייא | ארום | ביומא תליתייא יתגלי איקר |
| 243 | Lv16:30 | | ארום | ביומא הדין יכפר עליכון |
| 244 | Gn10:25 | בנין שמה דחד מנהון פלג | ארום | ביומוי אתפלגו דיירי ארעא |
| 245 | Ex34:18 | ירחא{דאברכה}<דאביבה> | <ארום> | בירחא דאביבה> נפקתון |
| 246 | Ex32:22 | את חכם ית עמא | ארום | בישין אינון: |
| 247 | Gn28:08 | וחמה עשו | ארום | בישן אנון בנתהון דכנענעאי |
| 248 | Gn50:17 | דאחך ולחוביהון | ארום | בישן גמלו יתך וכדון שרי |
| 249 | Ex10:10 | יתכון וית טפלכון חמון | ארום | בישתא כל קביל אפיכון: |
| 250 | Dt29:19 | ייי למישרי ולמשבק לה | ארום | בכדן יתקוף רוגזיה דייי |
| 251 | Nu11:18 | אתקדשו למחר ותיכלון בשר | ארום | בכיתון במשמעה דייי למימר |
| 252 | Gn31:06 | ידעתן | ארום | בכל חיילי פלחית קדם |
| 253 | Lv18:24 | לא תסתאבון בכל אליין | ארום | בכל אליין אסתאבון אומייה |
| 254 | Dt15:18 | יתיה לחירותה מן לוותך | ארום | בכפלה אגריה דאגירה פלח |
| 255 | Gn45:12 | ועייני אחוי בנימן | ארום | בלשן בית קודשא פומיה ממלל |
| 256 | Nu15:18 | בני ישראל ותימ' להון | ארום | במעלכון לארעא די אנה מעל |
| 257 | Gn26:24M | "תדחל ... בנך": תדחל | ארום | בסעדך ממרי ואברך יתך |
| 258 | Nu11:03M | ארום תמן בערת /תעברה | ארום | בע"#2/# בהון אשא מן קדם |
| 259 | Dt13:11 | יתיה באבניה וימות | ארום | בעא {{למיטעי}} יתכון |
| 260 | Dt 3:19 | ובעירכון ידע אנה | ארום | בעיר סגין אית לכון ישרון |
| 261 | Lv16:02 | ארונה דסהדותה דלא ימות | ארום | בעננֵי איקר שכינתי ממרי |
| 262 | Lv23:43 | מן בגלל די ידעון דריכון | ארום | בעננֵי איקר שכינתי בדמות |
| 263 | Ex18:11 | ורבון על כל רבוניא | ארום | בפתגמ«א» דחשיבו מצריי על |
| 264 | Nu35:28 | | ארום | בקרוי שיזבותיה ישרי עד זמן |
| 265 | Dt29:18 | למימר שלם יהווי לי | ארום | בקשיטות ליבי איזיל מן בגלל |
| 266 | Gn37:03 | ית יוסף מן כל בנוי | ארום | בר סיבו הוה ליה ועביד לי |
| 267 | Gn 6:06 | והוות תהו מן קדם ייי | ארום | ברא ית אדם בארעא |
| 268 | Gn 6:07 | שמיא ארום הוה תהו קדמי | ארום | בראת יתהון: |
| 269 | Gn49:06 | יתה לא חסו על איקרי | ארום | ברוגזהון קטילו מלכין |
| 270 | Gn19:02 | לארחכון ואמרין ליה לא | ארום | ברחובא דקרתא נבית: |
| 271 | Nu22:12 | עמהון ולא תלוט ית עמה | ארום | בריכין אינון: |
| 272 | Gn 6:07M | ארום בראת יתהון /תוהו | ארום | ברית יתהון#2#/: |
| 273 | Gn21:13 | דאמתה לאומה רבה אשויניה | ארום | ברך הוא: |
| 274 | Gn28:06 | וחמ«ה» עשו | ארום | ברך יצחק ית יעקב ושלח |
| 275 | Dt32:03 | שם לכן אמר משה נבייא | ארום | בשמה קדישא אנה מצלי ואתון |
| 276 | Lv25:33 | וקרתה לאחסנתה ביובילה | ארום | בתי קרוי ליוויי היא |
| 277 | Gn20:06 | בחלמא אף אנא גלי קדמיי | ארום | בתמימות לבך עבדת דא |
| 278 | Gn 7:04 | | ארום | בתר שבעה יומין הא אנה מחת |
| 279 | Dt31:27 | בתר ממרה דייי ולהוד | ארום | בתר מתותי: |
| 280 | Lv20:09 | | ארום | גבר גבר די יזלזל איקריה |
| 281 | Nu36:07 | לבני ישראל מן שבט לשבט | ארום | גבר באחסנות שבט אבהתיה |
| 282 | Nu36:09 | אחסנה מן שבט לשבט אחרן | ארום | גבר באחסנתיה ידבקון |
| 283 | Gn43:05 | ואן לית את משלח לא נחות | ארום | גברא אמר לן לא תחמון |
| 284 | Gn18:15 | דחלא הוות ואמר לה לא | ארום | גחכת: |
| 285 | Ex23:09 | אתון ידעתון נפשא דגיורא | ארום | גיורין הויתון בארעא |
| 286 | Lv19:34 | ותרחמון יתיה כוותכון | ארום | גיורין הויתון בארעא |
| 287 | Lv25:23M | לשמה דייי היא כל ארעא | ארום | גיורין ותותבין אתון שריין |
| 288 | Dt10:19 | ותרחמון ית גיורה | ארום | גיורין הויתון בארעא |
| 289 | Gn43:30 | ואוחי יוסף | ארום | גלו מעוי על אחוי ובעא |
| 290 | Gn 3:05 | | ארום | גלי וידיע קד' ייי ארום |
| 291 | Gn18:19 | | ארום | גלי הוא קדמיי מן בגלל די |
| 292 | Gn29:32 | שמיה ראובן ארום אמרת | ארום | גלי קדם ייי ית צערי ארום |
| 293 | Gn31:12 | קרוחין נמורין ומקדקדין | ארום | גלי קדמיי ית כל מה דלבן |
| 294 | Ex 3:07 | קבלתהון שמעית מן דחקהון | ארום | גלי קדמיי ית שעבודהון: |
| 295 | Dt31:21 | מן פם זרעיית בניהון | ארום | גלי קדמי יצרהון בישה |
| 296 | Dt32:36 | עבדוי דצדיקיה הוא מתנחם | ארום | גלי קדמוי ארום מטת ידיהון |
| 297 | Dt32:36 | | ארום | דאין הוא ייי ברחמ{ין}<וי> |
| 298 | Gn44:18 | וא{נ}<ב>ה כוות פרעה רבך | ארום | דאת ימה מה משתבע {ימ} בה |
| 299 | Ex32:22M | "ארום ... אינון": | ארום | דברא בישה שלטה {בישה |
| 300 | Lv25:23 | לחלוטין ארום דידי ארעא | ארום | דגיורין ותותבין אתון קדמי: |
| 301 | Gn 3:20M | \חוה ארום היא /חווייא | ארום | דהיא#2#/ הוות אמהון דכל |
| 302 | Ex 1:21 | והוה | ארום | דחילין חייתא מן קדם ייי |
| 303 | Gn19:30 | הוא ותרתין בנתה עמיה | ארום | דחל למשרי בזער ושרה |
| 304 | Gn22:12 | מן מדעם ארום כדון ידעת | ארום | דחל מן קדם ייי את ולא מנעת |
| 305 | Gn26:07 | על אתתיה ואמרו אחתי היא | ארום | דחל למימר אתתיה היא דלא |
| 306 | Gn32:12 | ידוי דאחי מן ידוי דעשו | ארום | דחל אנא מנה דלא ייתי |
| 307 | Ex 3:06 | דייעקב ואטמר משה אפוי | ארום | דחל מן למסתכלא באיקר |
| 308 | Gn18:15 | שרה למימר לא גח<כ>ת | ארום | דחלא הוות ואמר לה לא ארום |

|  |  |  |  |  |
|---|---|---|---|---|
| 309 | Dt 9:19 | | ארום | דחלית מן קדם רוגזה וכליתה |
| 310 | Gn31:31 | וענה יעקב ואמר ללבן | ארום | דחלת ארום אמרת לא תגזול ית |
| 311 | Dt 5:05 | לכון ית דבירוי דייי | ארום | דחלתון מן קדם להבי אשתה |
| 312 | Ex19:05 | היך סגלה מן כל אמיה | ארום | דידי היא כל ארעא: |
| 313 | Lv25:23 | וארעא לא תזדבן לחלוטין | ארום | דידי ארעא ארום דגיורין |
| 314 | Dt23:08 | אנון לא תרחקון מצריי | ארום | דיורין הוויתון בארעהון: |
| 315 | Ex 9:29 | יהוי תוב מן בגלל דתדע | ארום | דייי ה{ו}<י>א ארעא: |
| 316 | Ex22:20 | תונון ולא תדחקון יתהון | ארום | דייר{ו}<י>ן הוויתון בארעא |
| 317 | Gn48:18 | יוסף לאבוי לא כדן אבה | ארום | דין בכורה שוי ימינך על |
| 318 | Gn49:22 | אמרין אלין לאלין | ארום | דין הוא יוסף גברא חסידא |
| 319 | Ex14:25 | נערק מן עמא בני ישראל | ארום | דין הוא ייי דהוה עבד להון |
| 320 | Ex32:23 | אלהים אשר ילכו לפנינו | ארום | דין משה די אפק יתן מן |
| 321 | Dt 1:17 | תדחלון מן קדם מלך ושליט | ארום | דינה קדם ייי הוא מתבע |
| 322 | Ex29:22 | עליהון וית שקה דימינא | ארום | דכרא דאשלמותא היא: |
| 323 | Nu35:33 | ית ארעא די אתון שרין בה | ארום | דמא הוא יחייב ית ארעא |
| 324 | Ex22:08 | כל {ל}<י>בידא די יאמר | ארום | דן הוא לוו«ת» דייניא |
| 325 | Ex32:01 | לפנינו נקרא ולא מתרגם | ארום | דן משה גברא די אסק יתן מן |
| 326 | Gn45:06 | | ארום | דנה תרתין שנין כפנא בגו |
| 327 | Dt32:20 | מה יהווי בסוף אחריותהון | ארום | דר תהפכנין אנון בנין דלית |
| 328 | Dt31:27 | | ארום | הא אנה כען ידעת ית |
| 329 | Nu33:40 | ושמע כנענא׳ מלכא דערד | ארום | הוא הוה שרי בדרום׳ בארעא |
| 330 | Dt 1:38 | ייעול לתמן יתיה אתוקף | ארום | הוא יחסן יתה ית ישראל: |
| 331 | Dt 3:28 | ותוקף יתיה וזריז יתיה | ארום | הוא יעבר קדם עמא האלין |
| 332 | Dt 8:18 | ית מימרה דייי אלהכון | ארום | הוא די יהב לכון חיילה |
| 333 | Dt21:17 | בכל מה די ישתכח ליה | ארום | הוא שרוי צעריה דידיה הוא |
| 334 | Dt32:47 | לא פתגם ריקן הוא מנכון | ארום | הוא חייכון ובפתגמא הדין |
| 335 | Gn 6:07 | עד רחשא ועד עוף שמיא | ארום | הוה תהו קדמי ארום בראת |
| 336 | Gn13:06 | יתהון ארעא למשרי כחדה | ארום | הוה ממוניהון סגין ולא הוון |
| 337 | Gn26:28 | ואמרו מחמא חמינן | ארוםׂ | הוהׂ ייי עמך ואמרינן |
| 338 | Gn36:07 | | ארום | הוה ממוניהון סגיא מן |
| 339 | Gn42:05 | ישראל למזבן בגו עלליה | ארום | הוה כפנא בארעא דכנען: |
| 340 | Dt32:19 | וגלי קדם ייי | ארום | הוה רגוז מן כעסה די אכעסו |
| 341 | Ex 9:11 | קדם משה מן קדם שיחנא | ארום | הווה שחנא בחרשיא ובכל |
| 342 | Gn27:23 | ולא חכם ית«י»ה | ארום | הוון ידוי כידוי דעשו אחוי |
| 343 | Ex 8:11 | וחמא פרעה | ארום | הוות שעת דרוח ותקף ית לביה |
| 344 | Gn 3:20 | האדם שמה דאיתתיה חוה | ארום | היא הוות אמהון דכל חייא: |
| 345 | Ex22:26 | | ארום | ה«י»א תכסותי«ה» |
| 346 | Dt 4:06 | ותטרון ותעבדון | ארום | היא חכמתכון וסוכלתנותכון |
| 347 | Dt30:20 | בקל מימרה ולמדבקה ביה | ארום | היא חייכון ואריכות יומיכון |
| 348 | Dt 4:07 | | ארום | היידה אומה ומלכו דאית ליה |
| 349 | Dt 5:26 | | ארום | היידין כל בשרא די שמע ית |
| 350 | Gn42:33 | רבוניה דארעא בדא אדע | ארום | היימנין אתון חד מנכון |
| 351 | Gn13:08 | ובין רעיי ובין רעיך | ארום | היך גוברין אחין אנא: |
| 352 | Gn44:34 | | ארום | היך כדין אסק לוות אבה |
| 353 | Ex14:13 | אמר להון משה לא תדחלון | ארום | היך מה דחמיתון ית מצריי |
| 354 | Nu14:09 | לא תדחלון מן עמא דארעא | ארום | היך מה דלחמא קליל לן למיכל |
| 355 | Nu23:24 | שריין וכאריוותה מתנטלין | ארום | היך מה דאריה לא נייח ולא |
| 356 | Dt 8:05 | ותתפיסון עם לבביכון | ארום | היך מה דרדי גבר ית בריה |
| 357 | Dt22:26 | לרביתה סדר דין דקטולין | ארום | היך מה די קיים גבר על |
| 358 | Gn13:16 | ית בניך כעפרא דארעא | ארום | היך מה{מה} דלית אפשר די כל |
| 359 | Lv13:51 | ביומא שביעיה <....> | ארום | הלך מכתשה בלבוש או בשתיה |
| 360 | Nu11:16M | די את \ידע דאינון /חכם | ארום | הנון#2#/ חכימי עמא |
| 361 | Ex21:21 | יקום לא יתפרע מיניה | ארום | זבינת כספא הוא: |
| 362 | Gn31:15 | כאלו נכריין אתחשבנן ליה | ארום | זבן יתן ואכל לחוד מיכל ית |
| 363 | Gn47:20 | כל ארעהון דמצראי לפרעה | ארום | זבנו מצראי גבר חקליה ארום |
| 364 | Gn45:05 | תרגזון ולא יבאש באפיכון | ארום | זבנתון יתי הכא ארום לשיזבא |
| 365 | Gn27:20 | אוחת למשכחי ברי ואמר | ארום | זמן ייי אלהך קדמוי: |
| 366 | Dt32:40 | | ארום | זקפת ית ידיי בשבועה לשמיא |
| 367 | Lv22:25 | לחם אלהכון מן כל אלין | ארום | חבוליהון בהון לא יתקבלון |
| 368 | Lv22:25M | ארום חבוליהון /אליין | ארום | חבוליהון#2#/ בהון /מום |
| 369 | Dt 9:12 | קום חות בופריע מן הכה | ארום | חבילו עמך ית עובדהון די |
| 370 | Gn 6:12 | ייי ית ארע׳ והא איתחבלת | ארום | חבלו כל בישרא ית אורחתי׳ |
| 371 | Ex32:07 | ומלל ייי עם משה אזל חות | ארום | חבלו עמך די אפיקת פריקין |
| 372 | Ex10:09 | בענן ובתורינן ניזל | ארו«ם» | חגא קדם ייי לן: |
| 373 | Ex 4:10 | זמנא די {מ}מללת עם עבדך | ארום | חגר פ{ס}<ם> חגר ממלל אנה: |
| 374 | Gn47:22 | ארעהון דכומריא לא זבן | ארום | חולק לכומריא מן ליות פרעה |
| 375 | Dt14:29 | וייתון לוויי | ארום | חולקהון חלק ואחסנה עמכון |
| 376 | Lv10:13 | ותיכלון יתה באתר קדיש | ארום | חולקך וחולקהון דבניך היא |
| 377 | Lv10:14 | דכי את ובניך ובנתך עמך | ארום | חולקך וחולקהון דבניך |
| 378 | Nu14:14 | שכינתך בגו עמא האליין | ארום | חזיו בחזיו אתגלית את |
| 379 | Lv 5:11 | מש׳ ולא יתן עליה לבונה | ארום | חטאתא היא: |
| 380 | Nu14:40 | וניסוק לאתרא די אמר ייי | ארום | חטינן: |
| 381 | Nu17:18 | {ר}<ע>ל חוטרה דלוי | ארום | חטר לריש בית אבהתהון: |
| 382 | Ex 1:19 | כנשיה מצרייתה עברייתא | ארום | חיין אינין עד לא תיתי |
| 383 | Gn22:16 | בשם ממריה קיימת אמר ייי | ארום | חלף דעבדת ית פתגמא הדין |
| 384 | Dt32:09 | | ארום | חלקה דייי אנון עמה בני |
| 385 | Gn31:21M | "גלעדה": | ארום | חמא ברוח קודשא דתמן עתיד |
| 386 | Nu23:09 | | ארום | חמי אנה עמא האליין מדברין |
| 387 | Gn32:31 | דאתרא ^ההוא#2#^ פניאל | ארום | חמית מלאכין מן קדם ייי |
| 388 | Gn38:14 | אורחתה די על ארח תמנתה | ארום | חמת ארום רבה שלה והיא לא |
| 389 | Gn33:11 | ית ברכתי די אייתת לך | ארום | חן יתי ייי וארום אית לי כל |
| 390 | Ex22:22 | קדמי ואשמע ית קל צלותה | ארום | חנן ורחמן אנה: |
| 391 | Ex22:26 | קדמי ואשמע ית קל צלותיה | ארום | חנן ורחמן אנה: |
| 392 | Gn21:30 | מן בגלל דתהוון לי לסהדו | ארום | חפירית ית בארה הדא: |
| 393 | Nu13:28 | להוד | ארום | חציפין אינון עמה די שריין |
| 394 | Ex 4:25 | לרגלוי דמחבלה ואמרת | ארום | חתנא בעא למגזור וחמוי לא |
| 395 | Gn 1:04 | וגלי קדם ייי ית נהורא | ארום | טב הוא ואפ{שר}<רש> ממרא |
| 396 | Gn 3:06 | וחמת אתתא | ארום | טב אילנא למיכל וארום תחמדא |
| 397 | Gn49:15 | וחמא מן שירויא | ארום | טב הוה וית ארעא דישראל |
| 398 | Ex 2:02 | אתתא וילדת בר וחמת יתיה | ארום | טב הוא וטמרת יתה תלתא |
| 399 | Ex14:12 | מינן ונפלח קדם מצריי | ארום | טב הוה לן פלחין קדם מצריי |
| 400 | Nu11:18 | אלווי מן יוכל יתן בשר | ארום | טב הוה לן במצרים ויתן ייי |
| 401 | Dt15:16 | ירחם יתך וית אנשי בייתך | ארום | טב לה פלח קדמך: |
| 402 | Gn40:16 | וחמא רב נחתומ<י>א | ארום | טבית פתר ואמר ליוסף אף |
| 403 | Gn45:20 | על מאני זייניכון | ארו{ב}<ם> | טובא דכל ארעא דמצרים |
| 404 | Gn33:13 | ואמר ליה רבוני ידע | ארום | טלייא מחטין וענא ותורייא |
| 405 | Gn28:11M | וערע בית מקדש׳ ובת תמן | ארום | טמע שמשה ונסיב ארב׳ אבנין |
| 406 | Gn28:11 | וצלי באתרא ובת תמן | ארום | טמעת ליה שמשא תמן ונסב מן |
| 407 | Lv21:09 | וברת גבר כהן | ארום | טעוה ומפסה ית אבוה היא |
| 408 | Lv22:14 | וגבר | ארום | יאכל קדש בשלו וי־ר־סף |
| 409 | Dt15:16 | ויהווי | ארום | יאמר לך לית אנה נפק |
| 410 | Ex 4:01 | לי ולא ישמעון בקלי | ארום | יאמרו לא אתגלי עלך ייי: |
| 411 | Dt22:06 | | ארום | יארע קן דצפרין קדמיכון |
| 412 | Dt31:21 | ויהוי | ארום | יארען יתהון בישן סגין |
| 413 | Nu11:13 | בשר למתין לכל עמא האלין | ארום | יבכון קודמוי למימר הב לן |
| 414 | Dt14:24 | ייקר שכינתיה תמן | ארום | יברך יתכון ייי אלהכון: |
| 415 | Dt16:15 | באתרה די יתרעי ייי | ארום | יברך יתכון ייי אלהכון בכל |
| 416 | Ex23:23 | | ארום | ידבר מלאכי קדמיכון ויעל |

|  |  | | | |
|---|---|---|---|---|
| 417 | Lv15:25 | ואתה | ארום | ידוב דוב ^אדמה#2#^ יומין |
| 418 | Nu22:06 | ואסרוד יתהון מן ארעא | ארום | ידע אנה ^ית מה#2#^ די את |
| 419 | Dt31:29 | | ארום | ידע אנה בתר מיתותי ארום |
| 420 | Dt29:15 | | ארום | ידעתון ית מה די שרינן |
| 421 | Nu30:03 | גבר | ארום | ידר נדר לשמה דייי או ישתבע |
| 422 | Lv13:02 | בר נש | ארום | «יהוי» במשך «בשריה» |
| 423 | Lv13:24 | או בשר' | ארום | יהוי במשכה כויה דאשה |
| 424 | Lv15:02 | ותימרון להון גבר גבר | ארום | יהוי דייב מן בשר' דובה |
| 425 | Lv20:27M | וגבר או אתה | ד'/ארום#2#/ | יהווי בהון שאלי אובה |
| 426 | Dt21:18 | | ארום | יהוי לגבר בר סורון |
| 427 | Dt22:23 | | ארום | יהוי רבי בתולה מארסה לגבר |
| 428 | Dt23:11 | | ארום | יהוי בכון גבר די לא יהווי |
| 429 | Dt25:01 | | ארום | יהוי דינין ביני גברין |
| 430 | Ex23:33 | תפלחון קדם טעיותיהון | ארום | יהוון לכון לתקלה: |
| 431 | Ex18:16 | | ארום | יהוי להון עסק דין דמלין |
| 432 | Lv13:18 | ובשרא | ארום | יהוי בה במשכיה שחנה |
| 433 | Lv13:29 | וגבר או איתה | ארום | יהוי ביה מכתש בראשה או |
| 434 | Lv13:38 | וגבר או אתה | ארום | יהוי במשך בשרהון בהקיין |
| 435 | Lv13:47 | ולבוש | ארום | יהוי ביה מכתש צרעה בלבוש |
| 436 | Nu 9:10 | ישראל למימר גבר גבר | ארום | יה«ו»י מסאב בטמיה נפש |
| 437 | Dt15:07 | | ארום | יהוי ביניכון מסכינין חד מן |
| 438 | Lv25:12 | | ארום | יובלה היא קדש תיהווי לכון |
| 439 | Lv23:28 | תעבדון הכזמן יומא הדין | ארום | יום צומה דכיפורייה הוא |
| 440 | Lv 9:04 | קדם ייי ומנחה פילה במשח | ארום | יומא הדין ממריה דייי מתגלי |
| 441 | Lv25:29 | וגבר | ארום | יזבן אתר בית משרוי קריה |
| 442 | Dt15:12 | | ארום | יזדבן לך אחוכון עבריה או |
| 443 | Dt19:06 | תבע אדמה בתר קטולה | ארום | יזדעזע לבביה ויארע יתיה |
| 444 | Lv13:16 | או | ארום | ^יחזור#2#^ בשרה חיה ויתהפך |
| 445 | Dt30:09 | ובפרי ארעכון לטבן סגין | ארום | יחזר ייי למחדי עליכון לטב |
| 446 | Ex21:33 | וארום יפתח גבר גוב או | ארום | יחפר גבר גוב ולא יכסה יתיה |
| 447 | Dt 7:04 | | ארום | יטעון ית בניכון מן בתר |
| 448 | Dt13:07 | | ארום | יטעי יתך אחוך ברה |
| 449 | Dt21:15 | | ארום | ייהויין לגבר תרתין נשין |
| 450 | Dt28:41 | תולדון ולא יהוון לכון | ארום | ייזלון בשבייתה: |
| 451 | Gn39:03 | וחמא רבוניה | ארום | ייי הווה עמיה וכל מה דהוה |
| 452 | Ex16:06 | בני ישראל ברמשא ותדעון | ארום | ייי אפיק יתכון פריקין |
| 453 | Ex16:29 | חמון | ארום | ייי יהב לכון שובתא בגין |
| 454 | Ex34:14 | ארום לא תסגדון לאלה חורן | ארום | ייי קנא שמיה אלה קנייי |
| 455 | Nu10:29 | לכון אזל עמן ונוטב לך | ארום | ייי במימריה אמר למיתיה טבה |
| 456 | Dt 2:07 | | ארום | ייי אלהכון גלי קדמוי |
| 457 | Dt 3:22 | לא תדחלון מנהון | ארום | ייי אלהכון הוא דעבד לכון |
| 458 | Dt 4:24 | | ארום | ייי אלהך אשא אכלה אשא הוא |
| 459 | Dt 4:35 | אתון איתחויתון למידע | ארום | ייי הוא אלה לית אחרן |
| 460 | Dt 4:39 | הדין ותתובון על לבבכון | ארום | ייי הוא אלה דאיקר שכינתיה |
| 461 | Dt 7:09 | ותדעון | ארום | ייי אלהכון הוא אלה אלה |
| 462 | Dt 7:21 | לא תתברון מן קדמיהון | ארום | ייי אלהכון דאיקר שכינתיה |
| 463 | Dt 8:07 | | ארום | ייי אלהכון מעל יתכון לארע |
| 464 | Dt 9:03 | ותידעון יומא הדין | ארום | ייי אלהכון דאיקר שכינתיה |
| 465 | Dt10:17 | | ארום | ייי אלהכון הוא <אלהא> «על |
| 466 | Dt15:06 | | ארום | ייי אלהכון ברך יתכון |
| 467 | Dt20:01 | מנכון לא תדחלון מנהון | ארום | ייי אלהכון עמכון דאפיק |
| 468 | Dt20:04 | | ארום | ייי אלהכון דאיקר שכינתיה |
| 469 | Dt23:15 | | ארום | ייי אלהכון דאיקר שכינתיה |
| 470 | Dt31:06 | ולא תתרעון מן קדמיהון | ארום | ייי אלהכון דאיקר שכינתיה |
| 471 | Gn43:07 | הא מידע הוינן ידעין | ארום | יימר אחיתו ית אחוכון: |
| 472 | Dt 6:10 | ויהוי | ארום | ייעל {א} יתכון ייי אלהכון |
| 473 | Ex22:04 | | ארום | ייקד גבר חקל או כרם וישלח |
| 474 | Dt12:21 | | ארום | יירחוק מנכון אתרה די יתרעי |
| 475 | Dt30:01 | ויהווי | ארום | ייתון עליכון כל פתגמיא |
| 476 | Dt28:40 | תחומיכון ומשח לא תטושון | ארום | ייתר נצייה דזייתיכון: |
| 477 | Gn21:07M | היא למיינקה בנין שרה | ארום | ילדית ליה ברא לסבותא |
| 478 | Gn30:20 | הדה זמנא יזבוד יתי בעלי | ארום | ילדית לי שתא בנין וקראת |
| 479 | Gn30:20M | יזדמן בעלי לוותי | ארום#2#/ | ילדית לי שתא/אשתה#2#/ |
| 480 | Gn21:07 | איניקת בנין שרה | ארום | ילדת ליה בר לאשון סיבותיה: |
| 481 | Gn29:34 | זמנא יזדמן לוותי בעלי | ארום | ילדת ליה תלתא בנין בגין |
| 482 | Gn42:16 | אן לא חיי רישיה דפרעה | ארום | ילילין אתון: |
| 483 | Nu19:14 | דא גזירת אוריתה בר נש | ארום | ימות במשכנה כל די על |
| 484 | Nu27:08 | ישראל תמלל למימר גבר | ארום | ימות ובר דכר לית ליה |
| 485 | Dt24:03 | ויסרוד יתה מן בייתיה | ארום | ימות גברא אחרייה די נסב |
| 486 | Ex 7:09 | | ארום | ימלל עמכון פרעה למימר הבו |
| 487 | Dt 5:24 | אשתה יומא הדין חמינן: | ארום | ימלל מימרה דייי עם בר נשא |
| 488 | Ex22:22M | "ארום ... חנן": | ארום | {י}<מ>צוח יצווח קדמוי |
| 489 | Dt22:13 | | ארום | יסב גבר אתה ויזדמן לוותה |
| 490 | Dt24:01 | | ארום | יסב גבר אתה ויפרין ויזדמן |
| 491 | Dt24:05 | | ארום | יסב גבר אתה כשירוי לא יפוק |
| 492 | Dt14:24 | | ארום | יסגי מנכון אורחה ארום לית |
| 493 | Nu 6:12 | ויומין קדמיין בטלון | ארום | יסתאב כליל נזירותיה: |
| 494 | Nu 5:06M | גבר ^או#2#^ אתה | ד'/ארום#2#/ | יעבדון מן כל חובוי |
| 495 | Dt11:29 | ויהווי | ארום | יעיל יתכון ייי אלהכון |
| 496 | Ex13:05 | ויהווי | ארום | יעל יתכון ייי לארעהון |
| 497 | Ex13:11 | ויהווי | ארום | יעל יתכון ייי לארעהון |
| 498 | Dt 7:01 | | ארום | יעל יתכון ייי אלהכון לארעא |
| 499 | Gn32:18 | ופקיד ית קדמיה למימר | ארום | יערע יתך עשו אחוי |
| 500 | Ex 1:10 | קדם עד לא יסגון ויהווי | ארום | יערע סדרי קרבא ויתוספון |
| 501 | Lv15:16 | וגבר | ארום | יפוק מיניה תשמיש דזרע |
| 502 | Nu 6:02 | ותימר להון גבר או אתתה | ארום | יפרוש למנדור נדר |
| 503 | Lv24:15 | תמליל למימר {גבב} גבר | ארום | יפריש שמה דאלה בגדפין יקבל |
| 504 | Lv27:02 | ישראל ותימר להון גבר | ארום | יפרש נדר בעלויה נפשן לשמה |
| 505 | Dt12:20 | | ארום | יפתה ייי אלהכון ית |
| 506 | Ex22:26 | בשרה במה הוא דמך ויהוי | ארום | יצווח עלך קדמי ואשמע ית קל |
| 507 | Gn 8:21 | תוב ית ארעא בגלל בר נשא | ארום | יצר לבהון דבני אנשא |
| 508 | Lv27:14 | וגבר | ארום | יקדש ית ביתה קדש לשמה דייי |
| 509 | Dt13:02 | | ארום | יקום ביניהון נביא שקר או |
| 510 | Dt19:16 | | ארום | יקום שהד דשקר בגבר למסהדה |
| 511 | Lv24:17 | וגבר | ארום | יקטול כל נפש דגבר מתקטלה |
| 512 | Gn44:18 | ובפרעה רבך אנה מסיים | ארום | יקיר אנה כוותך וא{נ}<ב>ה |
| 513 | Lv22:11 | וכהן | ארום | יקנה נפש קניין כספיה הוא |
| 514 | Gn46:33 | ויהוי | ארום | יקרא לכון פרעה ויאמר מה |
| 515 | Lv 1:02 | ותימר ליהון בר נש | ארום | יקרב מנכון קרבן קדם ייי מן |
| 516 | Lv 5:03 | או | ארום | יקרב בסאבה דבר נש לכל |
| 517 | Lv22:21 | וגבר | ארו«ם» | יקרב נכסת קודשין לשמה |
| 518 | Dt28:38 | באפי ברה וקליל תכנשון | ארום | יקרסם יתיה גובה: |
| 519 | Dt15:16 | נפק לחירותה מן לוותך | ארום | ירחם יתך וית אנשי בייתך |
| 520 | Dt14:24 | מעשרה תניינה | ארום | ירחק מנכון אתרה די יתרעי |
| 521 | Dt 2:05 | עד מדרס כפה דרגלה | ארום | ירתו לעשו יהבית ית טורא |
| 522 | Ex13:14 | ויהוי | ארום | ישאלון בניכון למחר למימר |
| 523 | Dt 6:20 | | ארום | ישאלון יתכון בניכון למחר |
| 524 | Nu11:29 | מן יתן כל עם דייי נביין | ארום | ישרי' ייי ית רוח קודשה |

|  |  |  |  |  |
|---|---|---|---|---|
| 525 | Dt12:29 | | ארום | ישיצי ײי אלהכון ית אומייה |
| 526 | Dt19:01 | | ארום | ישיצי ײי אלהכון ית אומייא |
| 527 | Dt22:28 | | ארום | ישכח גבר רבי בתולה די לא |
| 528 | Dt25:05 | | ארום | ישרון אחין כחדא וימות חד |
| 529 | Dt17:02 | | ארום | ישתכח ביניכון בחדה מן |
| 530 | Dt21:01 | | ארום | ישתכח קטיל בארעא דײי |
| 531 | Dt22:22 | | ארום | ישתכח גבר משמש עם אתה |
| 532 | Dt24:07 | | ארום | ישתכח גבר ג{ב}<נ>ב נפשא מן |
| 533 | Gn13:15 | | ארום | ית כל ארעא די את חמי לך |
| 534 | Gn21:30 | ואמר | ארום | ית שבעתי אמרתא תסב מן |
| 535 | Ex34:13 | | ארום | ית {כ}<ק>סמהון תפגרון וית |
| 536 | Lv 7:34 | | ארום | ית ני{ש}<ע>ה דאנפותה וית |
| 537 | Lv18:27 | | ארום | ית כל מרחקתה האליין עבדו |
| 538 | Lv19:08 | ומה דיאכל יתה חובוי יקבל | ארום | ית קרבנוי דײי אפס ותשתיצי |
| 539 | Lv20:19 | ואחתה דאבוך לא תבזי | ארום | ית קריבת בשריה בזי חוביהון |
| 540 | Lv21:06 | ולא יפסון שמה דאלההון | ארום | ית קרבנוי דײי לחם אלההון |
| 541 | Lv21:08 | ותקדשון יתיה | ארום | ית לחם אלהכון אנון מקרבין |
| 542 | Nu18:24 | | ארום | ית מעשרין דבני ישראל די |
| 543 | Nu19:20 | נפשה ההיא מן גו קהלה | ארום | ית בית מקדשא דײי סאב מי |
| 544 | Dt21:17 | | ארום | ית בכורא ברה דסניתה יקרב |
| 545 | Ex10:11 | גברייא ופלחו קדם ײי | ארום | יתה אתון תבעון וטרד יתהון |
| 546 | Lv 5:05 | ויהוי | ארום | יתחייב לחדא מן אלין |
| 547 | Gn37:04 | וחמון אחוי | ארום | יתיה הוה רחים אבוהון מן כל |
| 548 | Lv22:27 | דײי תור אמר או גדי | ארום | יתילד יהוי מתרבי שבעה |
| 549 | Gn 7:01 | וכל אנשי ביתך לתיבותא | ארום | יתך חמי׳ צדיק קדמי בדרה |
| 550 | Dt17:08 | | ארום | יתכסי מנכון פתגם בדינה בין |
| 551 | Lv13:40 | וגבר | ארום | יתמרט שער רישיה קרח הוא |
| 552 | Ex22:06 | | ארום | יתן גבר לחבריה כסף או מנין |
| 553 | Lv24:19 | וגבר | ארום | יתן מום בחבריה היך מה דעבד |
| 554 | Dt25:11 | | ארום | יתנצון גבריה כחדה גבר |
| 555 | Dt24:06M | חתנין וכלתין מלמקרב | ארום | כאשדיות אדם זכיי הוא |
| 556 | Gn22:12 | ולא תעבד ליה כל מן מדעם | ארום | כדון ידעת ארום דחל מן קדם |
| 557 | Gn29:32 | גלי קדם ײי ית צערי | ארום | כדון ירחם יתי בעלי: |
| 558 | Gn31:42 | דיצחק הו{ת}<ה> לי | ארום | כדון ריקן שלחת יתי ית צערי |
| 559 | Gn43:10 | ארום אלולי דאשתהינון | ארום | כדון חזרנון ואתינן דנה |
| 560 | Ex 9:15 | | ארום | כדון שלחת ית מחות פורענתי |
| 561 | Nu22:29 | בי אילו הווה בידי חרב | ארום | כדון קטלת יתיך: |
| 562 | Nu22:33 | אילו לא סטת מן קדמיי | ארום | כדון יתך קטלת ויתה קיימת: |
| 563 | Gn50:03 | ושלמו לה ארבעין יומין | ארום | כדן ישלמון יומי חנוטיה |
| 564 | Lv 8:35 | מטרתה דײי דלא תמותון | ארום | כדן פקדית: |
| 565 | Lv10:13 | היא מן קרבנוי דײי | ארום | כדן אתפקדית: |
| 566 | Lv14:13 | וית עלתה באתר קדיש | ארום | כחטאתה אשמה הוא לכהנא קדש |
| 567 | Gn 2:17 | לבי׳ לא ת«י»כל מינה | ארום | כיומא דתיכל מימת תמות: |
| 568 | Gn31:16 | | ארום | כל נכסיא די אפיק ײי |
| 569 | Ex12:15 | תבטלון חמירא מן בתיכון | ארום | כל דייכול חמ«י»ע ותשתיצי |
| 570 | Ex12:19 | לא ישתכח בגו בתיכון | ארום | כל די אכל חמיע ותשתיצי |
| 571 | Ex31:14 | יתיה מתקטלה יתקטל | ארום | כל מה די יעבד בה עבידה |
| 572 | Lv 2:11 | לשמה דײי לא תתקרב חמיע | ארום | כל דמחמע וכל דמדבש לא |
| 573 | Lv 7:25 | | ארום | כל די ייכול תרב מן בעירה |
| 574 | Lv18:29 | | ארום | כל מן דיעבד מן כל מרחקתה |
| 575 | Lv21:18 | | ארום | כל גבר דאית ביה מום לא |
| 576 | Lv23:29 | | ארום | כל נפש די תאכל למצום ולא |
| 577 | Nu14:22 | | ארום | כל גברייה דחמון ית איקרי |
| 578 | Nu16:03 | ואמרין להון סגין עליכון | ארום | כל כנישתה כולהון קדישין |

|  |  |  |  |  |
|---|---|---|---|---|
| 579 | Dt 8:03 | לבלחודוי חיי בר נשה | ארום» | כל מה דנפק מן פם גזירת |
| 580 | Dt12:31 | תעבד כדן קדם ײי אלהכון | ארום | כל דמרחק קדם ײי די סני |
| 581 | Dt24:06 | ולא תמשכנון ריחייה | ארום | כל דעבד כדן בחובי נפשן הוא |
| 582 | Dt24:06M | אסורי חתנין וכלין | ארום | כל דעביד אלין כפר |
| 583 | Dt29:14 | | ארום | כל דרייה דקמו קדמינן מן |
| 584 | Dt32:04 | צדיקה דלית קדמוי שקר | ארום | כל ארחתיה דינין וקשוט אלהה |
| 585 | Gn13:10 | וחזא ית כל מישר ירדנא | ארום | כלה בית שקה קדם עד לא |
| 586 | Lv21:12 | יפס ית בית מקדשה דאלהה | ארום | כליל משה רבותה דאלהה עלוי |
| 587 | Nu 6:07 | לא יסתאב להון במיתתהון | ארום | כליל אלהיה על רישיה: |
| 588 | Gn38:16 | לוותיך ארי לא הוה ידע | ארום | כלתה היא {ארום תעול לוותי} |
| 589 | Gn38:15 | יתה יהודה לנפקת בר | ארום | כסיית אפין הוות בבייתיה |
| 590 | Gn26:22 | וקרא שמה רחובות ואמר | ארום | כען אפתי ײי לן ותקפינן |
| 591 | Gn46:30 | מן בתר דחמת סבר אפיך | ארום | כען את בחיין: |
| 592 | Gn 2:05 | דבאפי ברא עד לא יצמח | ארום | לא אמטר ײי אלהים מטר על |
| 593 | Gn 4:23 | למימריה דפומי | ארום | לא גבר קטלת דאתקטל |
| 594 | Gn15:16 | ודר רביעי יחזרון להכ׳ | ארום | לא שלימו חוביהון דאמוראי |
| 595 | Gn19:22 | אוחי אשתיזב לתמן | ארום | לא אוכל למעבד פתגם עד זמן |
| 596 | Gn21:10 | ית אמתא הדה וית ברה | ארום | לא יירת ית ברה דאמתה הדה |
| 597 | Gn28:15 | יתך {לתר} לארעא הדא | ארום | לא ישבוק מימרי עמך עד |
| 598 | Gn30:01 | וחמת רחל | ארום | לא הוות ילדה ליעקב וקניית |
| 599 | Gn31:35 | לא יבאש באפוי דריבוני | ארום | לא אכיל למיקם מן קדמיך |
| 600 | Gn32:26 | וחמא | ארום | לא הוה יכיל ליה וקרב בכף |
| 601 | Gn38:09 | וידע אונן | ארום | לא לשמיה יתקרון בניה והוה |
| 602 | Gn41:49 | עד זמן דאתמנע מן לממני | ארום | לא הוי סכום למנינה: |
| 603 | Gn42:34 | ואדע ארום לא ללין אתון | ארום | לא היימנין אתון ית אחוכון |
| 604 | Gn42:34 | ית זעירא לוותי ואדע | ארום | לא ללין אתון ארום לא |
| 605 | Gn43:32 | דאכלין עמיה לבלחודיהון | ארום | לא הוון יכלין מצראי למיכל |
| 606 | Gn45:26 | דמצרים ואתפלג לביה | ארום | לא הימן להון: |
| 607 | Ex 1:19 | ואמרין חייתה לפרעה | ארום | לא כנשיה מצרייתה עברייתא |
| 608 | Ex 2:12 | ואסתכיל להכא ולהכא וחמא | ארום | לא הווה תמן גבר וקטל ית |
| 609 | Ex 3:19 | ואנה ידעת | ארום | לא ישבו«ק» יתכון מלכא |
| 610 | Ex 5:11 | תבן מן אן די תשכחון | ארום | לא מתמנע מן פולחניכון |
| 611 | Ex12:30 | צוו{ת}חת רבה במצרים | ארום | לא הוה תמן בית די לא הוה |
| 612 | Ex16:15 | גבר לאחוי מנא הוא | ארום | לא הון ידעין משה ואמר |
| 613 | Ex20:07M | דײי אלהיכון לשקר | ארום | לא מזכי ײי ית חוביכון |
| 614 | Ex20:07 | שמה דײי אלהיה על מגן | ארום | לא מזכי ײי ביום דינא רבא |
| 615 | Ex23:07 | דמזכי בדינא לא תקטלון | ארום | לא יזכון קדמיי חייבא: |
| 616 | Ex23:21 | שמי קדישא אתקרי עלוי | ארום | לא שרי ושבק לחוביכון ארום |
| 617 | Ex33:03 | כחלבא וחליין כדובשא | ארום | לא אסלק איקר שכינתי |
| 618 | Ex34:14 | | ארום | לא תסגדון לאלה חורן ארום |
| 619 | Lv19:20 | אנון חייבין לא ימותון | ארום | לא נפקת לחירות׳: |
| 620 | Lv25:26 | וגבר | ארום | לא יהווי ליה פרוק ותארע |
| 621 | Nu16:28 | ית כל עיבידה האליין | ארום | לא מן דעתי: |
| 622 | Nu20:24 | יתכנש אהרן לעמיה | ארום | לא ייעול לארעא די יהבית |
| 623 | Nu22:34 | בלעם למלאכה דײי חטאת | ארום | לא ידעת ארום את קיים מתעתד |
| 624 | Nu26:62 | דכורה מן בר ירח ולעיל | ארום | לא אסתכמו בגו בני ישראל |
| 625 | Nu26:62 | אסתכמו בגו בני ישראל | ארום | לא אתיהב להון אחסנה בגו |
| 626 | Nu32:19 | | ארום | לא נתאחסן עמהון מן עבר |
| 627 | Dt 2:05 | לא תתגרון בהון סדרי קרבה | ארום | לא אתן לכון מן ארעהון עד |
| 628 | Dt 2:09 | לקבליהון סדרי קרבה | ארום | לא אתן לכון מן ארעהון ירתו |
| 629 | Dt 2:19 | לקבליהון סדרי קרבה | ארום | לא אתן מן ארעהון דבני |
| 630 | Dt 3:27 | ולמדנחה וחמי בעיינך | ארום | לא תעיבר ית ירדנה הדין: |
| 631 | Dt 4:15 | ותזדהרון לחדא לנפשתכון | ארום | לא חמיתון כל דמו ביומא די |
| 632 | Dt 5:11 | שמה דײי אלהכון על מגן | ארום | לא יזכי ײי ביום דינה רבה |

|  |  | | | |
|---|---|---|---|---|
| 633 | Dt 8:03 | מן בגלל למודעה יתכון | ארום | «לא על לחמא לבלחודוי חיי |
| 634 | Dt 9:06 | ותידעון | ארום | לא בזכוותהון ייי אלהכון |
| 635 | Dt11:02 | ותידעון יומא הדין | ארום | לא ית בניכון די לא חכימו |
| 636 | Dt12:09 | | ארום | לא אתיתון עד כדון לנוחתה |
| 637 | Dt15:04M | בכון מסכינין#2#^/ברם | ארום | לא יהווי בכון מסכינין#2#/ |
| 638 | Dt15:04 | מצוותה דאורייתי חלף כן | ^ארום | לא יהווי בכון מסכינין#2#^ |
| 639 | Dt15:11M | הנון מצוותה דאורייתא | ארום | לא פסקין מסכינייה בגו |
| 640 | Dt20:19 | תאכלון ויתיה לא תקצון | ארום | לא היך דבר נשה אילנה |
| 641 | Dt28:45 | עד זמן דתש«ת»יצון | ארום | לא שמעתון בקל מימרה דייי |
| 642 | Dt28:62 | ככוכבי שמייא לסוגי | ארום | לא שמעתון בקל ממרה דייי |
| 643 | Dt31:21 | שירתה הדה קדמיי לסהדו | ארום | לא תנשה מן פם זרעיית |
| 644 | Dt32:31 | | ארום | לא כרוחצינן רוחצניהון |
| 645 | Dt32:47 | | ארום | לא פתגם ריקן הוא מנכון |
| 646 | Gn21:18 | ותוקפו ית יד«י»ך ביה | ארום | לאומה רבה אשוי יתיה: |
| 647 | Gn46:03 | לא תדחל מיחות מצרים | ארום | לאומה רבה אישוי יתך תמן: |
| 648 | Dt 2:09 | אתן לכון מן ארעהון ירתו | ארום | לבנוי דלוט יהבית ית |
| 649 | Dt 2:19 | דבני עמוניי לכון ירתו | ארום | לבנוי דלוט יהבית יתה |
| 650 | Dt19:06 | ולה לית סדר דין דקטולין | ארום | ל{ה}<א> הוה סני יתיה לא מן |
| 651 | Gn44:31 | ויהוי כד יחמי | ארום | ל{ו}<י>ת טליא עמן מית הוא |
| 652 | Gn35:17 | לה חייתא לא תדחלין | ארום | לחוד דין ליך בר: |
| 653 | Dt 3:11 | | ארום | לחוד עוג מלכא דבותנין |
| 654 | Dt12:31 | ורחיק עבדו לטעוותהון | ארום | לחוד ית בניהון וית בנתהון |
| 655 | Lv22:07 | כדן יאכל מן קדשיה | ארום | לחמיה הוא: |
| 656 | Dt21:23 | תקברון יתיה ביומה ההוא | ארום | ליט קדם ייי כל דצליב ולא |
| 657 | Gn18:01 | אשתלחו לתלת מילין | ארום | לית אפשר לחד ממלאכי מרומא |
| 658 | Gn44:26 | זעירא עמן אנן <נחתין> | ארום | לית אנן יכלין למיחמי |
| 659 | Gn47:04 | למתותבה בארעא עלנן | ארום | לית מרעה לענה דילעבדך ארום |
| 660 | Ex 8:06 | כמיליך מן בגלל דתידע | ארום | לית כייי אלהן: |
| 661 | Ex 9:14 | ובעמך מן בגלל די תדע | ארום | לית כוותי בכל ארעא: |
| 662 | Ex23:03 | לא תסב ליה אפי{ו}<ן> | ארום | לית מיסב אפין בדינא: |
| 663 | Ex33:20 | ואמר לא תכל למחמי אפי | ארום | לית אפשר דחמי יתי בר נש |
| 664 | Nu14:42 | לא תסקון | ארום | לית איקר שכינתה דייי שרי |
| 665 | Nu21:05 | למקטלה יתן במדברא | ארום | לית לן לחם למיכל ולא מיין |
| 666 | Nu22:13 | דבלק איזילו לארעכון | ארום | לית רעוה מן קדם ייי משבק |
| 667 | Nu23:23 | | ארום | לית אנה חמי נטורי נחשין |
| 668 | Nu27:04 | שם אבונן מן גו זרעיתיה | ארום | לית ליה בר דכר הב לן אחסנה |
| 669 | Dt 1:42 | תסקון ולא תסדרון קרבה | ארום | לית איקר שכינתי מדברה |
| 670 | Dt12:12 | וליוויי די בקורייכון | ארום | לית להון חלק ואחסנה עמכון |
| 671 | Dt14:24 | ארום יסגי מנכון אורחה | ארום | לית אתון יכלין למס«ו»ברה |
| 672 | Dt14:27 | לא תשבקון יתהון | ארום | לית להון חלק ואחסנה עמכון |
| 673 | Dt14:27M | ארום/ויתן ליואי | ארום#2#/ | לית להון חלק/חולק#2#/ |
| 674 | Gn13:17 | הלך בארעא לארכה ולפתייה | ארום | לך אתן יתה: |
| 675 | Gn26:03 | במימרה עמך ואברך יתך | ארום | לך ולבנך אתן ית כל ארעתא |
| 676 | Nu33:53 | דיירי ארעא ותשרון בגווה | ארום | לכון יהבית ית ארעא למירת |
| 677 | Nu15:26 | דמתגיירין ביניהון | ארום | לכל עמא דאשתלון: |
| 678 | Gn17:05 | אבר' ויהוי שמך אברהם | ארום | לקהל כנשת אומין צדיקין |
| 679 | Ex 9:32 | וחטיה וכונתיה לא לקיין | ארום | לקישין הוון: |
| 680 | Gn45:05 | ארום זבנתון יתי הכא | ארום | לשיזבא שלח יתי ייי קדמכון: |
| 681 | Lv25:23M | לחלטין | ארום | לשמה דייי היא כל ארעא |
| 682 | Lv25:55 | | ארום | לשמי אינון בני ישראל |
| 683 | Nu 3:13 | | ארום | לשמי אנון כל |
| 684 | Nu 8:17 | | ארום | לשמי כל בכוריה דבני ישראל |
| 685 | Ex20:11 | | ארום | לשתא יומין ברא ייי שמיא |
| 686 | Dt15:04 | יהווי בכון מסכינין#2#^ | ארום | מברכה יברך יתכון ממרה דייי |
| 687 | Gn30:16 | ואמרת לה לוותי תיעול | ארום | מגיר אגרית יתך |
| 688 | Nu12:12M | מצרעה באהילה כמיתה | ארום | מה דהדין וולד דהוי במע' |
| 689 | Dt17:01 | ביה מום כל מילה דפסילה | ארום | מה דסני ומרחק קדם ייי |
| 690 | Lv21:23 | ועל גבי מדבחה לא יקרב | ארום | מומא בה ולא יפס ית |
| 691 | Gn19:14 | פוקו מן א{רת}<תר>א הדין | ארום | מחבל ייי ית קרתא והוה |
| 692 | Dt31:29 | ארום ידע אנה בתר מיתותי | ארום | מחבלה תחבלון ותסטון מן |
| 693 | Gn19:13 | | ארום | מחבלין אנן ית א{רת}<תר>א |
| 694 | Nu22:28 | ואמר לבלעם מה עבדת לך | ארום | מחית יתי דנה תלתה זמנין: |
| 695 | Gn32:27 | ואמר שלח יתי | ארום | מטא סלק עמודא דשחרא ארום |
| 696 | Gn32:27 | מטא סלק עמודא דשחרא | ארום | מטא זמניהון דמלאכי מרומא |
| 697 | Nu21:01M | {ר}<ד>בית ישראל | ארום | מטון לאורחא די עלו בה |
| 698 | Nu21:01 | הוות בירה סלקה להון | ארום | מטון ישראל ארחה די סליקו |
| 699 | Dt14:08 | וית חזירה | ארום | מטלפין טלפין הוא ולא גרי |
| 700 | Gn20:18 | | ארום | מטרוד טרד ייי בעד כל פתחי |
| 701 | Dt32:36 | מתנחם ארום גלי קדמוי | ארום | מטת ידיהון דצדיקיה ואנון |
| 702 | Nu19:13 | נפשה ההיא מישראל | ארום | מי אדיא לא אזרק עלוי מסאב |
| 703 | Gn 8:09 | וחזרת לוותה לתיבותה | ארום | מיא הוון על אפיה דכל ארע' |
| 704 | Ex18:04 | ושמה דאחרינא אליעזר | ארום | מימר אלהה דאבא בסעדי ושיזב |
| 705 | Nu10:29M | אתה עימן ונייטבה לך | ארום | מימריה דייי מלל טב על |
| 706 | Gn50:19M | לכון בישתא דעבדתון | ארום/ | מיני חסלת בישתא דעבד'#2# |
| 707 | Dt 4:26 | הדין קדם שמיא וקדם ארעא | ארום | מיסתיפא תסתיפון בפריע |
| 708 | Nu22:17 | | ארום | מיקרה אייקר יתך לחדא וכל |
| 709 | Ex10:07 | אלההון קדם עד לא תדע | ארום | מישתייצא היא מצרים: |
| 710 | Dt 4:26 | יתה לא תארכון יומין עלה | ארום | מישתיציה תשתיצון: |
| 711 | Gn50:15 | וחמון אחוי דיוסף | ארום | מית אבוהון ואמרין מה דלמה |
| 712 | Nu20:29M | היימינו בני ישראל | ארום | מית אה' |
| 713 | Gn35:18 | והוה במיפקה דנפשה | ארום | מיתה הוה וקרא שמה בר צערי |
| 714 | Ex 4:19 | במדין אזל חזור למצרים | ארום | מיתו כל גובריא דהוון |
| 715 | Ex10:29 | דאנא יתיב במדין למימר | ארום | מיתו כל גברייא דהוון תבעין |
| 716 | Nu13:30 | מסוק ניסוק ונירת יתה | ארום | מכל ניכל לה: |
| 717 | Dt13:06 | חלם חלמייה ההוא יתקטל | ארום | מלל מילין דשקריין קדם ייי |
| 718 | Nu21:07 | עמא למשה ואמרין חטינן | ארום | מללנן בתר ממרה דייי ועליך |
| 719 | Ex 4:14 | אחוך ליווי«ה» ידע אנה | ארום | ממללה ימלל הוא והא לחוד |
| 720 | Ex 3:12 | עמך ודן יהווי לך סימן | ארום | ממרי שלח יתך באפקותך ית |
| 721 | Gn20:07 | לית את מחזי«ר» יתה דע | ארום | ממת תמות אבימלך וכל |
| 722 | Gn27:41M | <על שמיה> דקטילה | ארום | ממתן עד זמן יקרב' |
| 723 | Gn 2:23 | יאי למתקריה «אתה» | ארום | מן גבר אתברית דא: |
| 724 | Gn25:28 | ורחם יצחק ית עשו | ארום | מן צידיה הוה אכיל ורבקה |
| 725 | Gn29:02 | עדרי ען רביעין עלה | ארום | מן בארה ההוא ישקון עדריא |
| 726 | Ex 2:10 | לבר וקרת שמה משה ואמרת | ארום | מן מיא שזבת יתיה: |
| 727 | Ex20:22 | לבני ישראל אתון חמיתון | ארום | מן שמיא מללית עמכון: |
| 728 | Lv20:03 | ההוא ואשצא יתיה מגו עמה | ארום | מן בנוי יהב למעברה בנורא |
| 729 | Dt 7:08 | | ארום | מן רחמתה די רחם ייי יתכון |
| 730 | Dt32:52 | | ארום | מן כל קבלה תחמי ית ארעא |
| 731 | Gn19:08M | בגין /כל מן דעם ביש | ארום | מן בגין כדן#2#/ אתון |
| 732 | Gn33:10 | דחמית סבר אפיך מן ידוי | ארום | מן בגין כן ארע' היך חמי |
| 733 | Ex20:20 | ואמר משה לעמא לא תדחלון | ארום | מן בגלל למנסיית יתכון |
| 734 | Dt 7:07M | דייי בכון ואיתרעי בכון | ארום | מן בגלל דאתון ענוותנין |
| 735 | Dt15:10 | באפף כד תיהווי יהיב לה | ארום | מן בגלל פתגמא הדין יברך |
| 736 | Nu16:28 | ואמר משה בדא תדעון | ארום | מן קדם ייי אשתלחת למעבד ית |
| 737 | Gn 3:19 | תאכל לחם עד מחזרך לארעא | ארום | מנה אתברית ארום עפר את |
| 738 | Ex10:26 | עמן לא תשתייר פרסת רגל | ארום | מנהון נסב למקרבא קדם ייי |
| 739 | Nu 5:15 | ולא יתן> עלוי לבונה | ארום | מנחתה דקנאה היא מנחה דדכרה |
| 740 | Gn50:19 | להון יוסף לא תדחלון | ארום | מני הוא משלמה לכון בישתא |

|  |  | | | |
|---|---|---|---|---|
| 741 | Dt20:19 | עלוי כל מין דפרזל | ארום | מניה תאכלון ויתיה לא תקצון |
| 742 | Lv25:16 | שנייה תזער כסף זבונה | ארום | מניין עללתה הוא מזבן לך: |
| 743 | Dt13:04 | או לחלם {ל}חלמיא ההוא | ארום | מנסי ייי אלהכון יתכון למדע |
| 744 | Lv13:11 | יתה כהנא לא יטרוד יתיה | ארום | מסאב הוא: |
| 745 | Dt24:15 | ולא יטמע עלוי שמשא | ארום | מסכן הוא ולאגר פעליה הוא |
| 746 | Dt30:18 | הא תניית לכון יומא הדין | ארום | מסף תסופון ולא תסגון יומין |
| 747 | Lv11:04 | מטלפי טלפין ית גמלתה | ארום | ^מסק#2#^ גררה הוא ומטלפה |
| 748 | Lv11:05 | וית טבזא | ארום | מסק גרה הוא ומטלפה לית הוא |
| 749 | Lv11:06 | וית ארנבתה | ארום | מסקה גררה היא ומטלפה לא |
| 750 | Dt14:07 | גמלה וית ארנבא וית טפסה | ארום | מסקין גירה אינון ופרסתהון |
| 751 | Ex 7:27 | | ארום | מסרב את ^דלא#2#^ למשלחה הא |
| 752 | Dt 8:19 | אסהידית בכון יומא הדין | ארום | מסתפה תספון: |
| 753 | Nu25:18 | | ארום | מעיקין אינון לכון בשקריהון |
| 754 | Gn42:12 | ואמר להון | ארום | מעללי דארעא אתיתון |
| 755 | Ex23:24 | ולא תעבדון כעובדיהון | ארום | מפגרא תפגר{א}<ון> יתהון |
| 756 | Dt15:08 | | ארום | מפתח תפתחון ית ידיכון לה |
| 757 | Ex22:22 | תצערין יתהון ויהווי | ארום | מצווח יצווח עליך קדמי |
| 758 | Dt30:11 | | ארום | מצוותה הדה די אנה מפקד |
| 759 | Dt21:23 | לא תבית נבלתיה על קיסה | ארום | מקבר תקברון יתיה ביומה |
| 760 | Dt13:10 | | ארום | מקטל תקטלון יתיה ידיכון |
| 761 | Gn44:15 | די עבדתון הלא ידעתון | ארום | מקסם יקסם רב ושלט {די} |
| 762 | Dt24:04M | בתר דסאב יתה | ארום | מר׳ |
| 763 | Gn34:07 | גבריא ובאש להון לחדא | ארום | מרחקא עבד בישראל למשמשה |
| 764 | Ex 8:22 | משה לא תקן למעבד כדן | ארום | מרחקא אינון טעוותיהן |
| 765 | Gn43:32 | למיכל עם עבריי לחם | ארום | מרחקה היא למצראי: |
| 766 | Dt23:19 | דייי אלהכון ~לכל נדר | ארום | מרחקה קדם ייי אלהכון~#2#~ |
| 767 | Dt24:04 | דאסתאבת לגבר אחרן | ארום | מרחקה הוא קדם ייי ולא |
| 768 | Gn46:34 | דתישרון בארעא דגשן | ארום | מרחקי ^היא#2#^ למצרא«י» |
| 769 | Dt 7:26 | ומרחקה תרחקון יתהון | ארום | מרחקין אינון: |
| 770 | Gn46:32 | וגבריא רען ען | ארום | מרי בעירא אנ«ו»ן ועניהון |
| 771 | Ex15:23 | יכלו למשתי מיא מן מרה | ארום | מרירין אינון בגין כדן קרא |
| 772 | Lv10:07 | לא תפקון ולא תמותון | ארום | משח דרבותה דייי עליכון |
| 773 | Ex17:14 | ושוי במשמעה ויהושע | ארום | משיציא אשיציא ית דכרניה |
| 774 | Dt20:17 | | ארום | משיצייה תשיצון חתיי |
| 775 | Gn25:30 | מן תבשילא סמוקא הדין | ארום | משלהי אנה בגין כדין קרא |
| 776 | Ex13:19 | ית גרמוי דיוסף עמיה | ארום | משתבע«א» אשתבע ית בני |
| 777 | Dt23:22 | לא תשהון למשלמא יתיה | ארום | מתבע יתבע יתיה ייי אלהכון |
| 778 | Gn40:15 | | ארום | מתגנבא אתגנבת מן ארעא |
| 779 | Gn31:30 | וכדון מיזל אזלת | ארום | מתחמדה אתחמדת לבייתיה |
| 780 | Nu 8:16 | | ארום | מתנה אינון יהבין לי מן גו |
| 781 | Nu35:31 | דקטול דהוא חייב למתקטלה | ארום | מתקטלה יתקטל: |
| 782 | Ex19:13 | לא תקרב ביה ידא דאנש | ארום | מתרגמ׳ יתרגם או גירין דאשה |
| 783 | Gn20:07 | וכדון חזור אתתיה דגברא | ארום | נביא הוא ויצלי עליך ותחי |
| 784 | Ex32:29 | יומא הדין קדם ייי | ארום | נגעתן גבר בברה ובאחוי |
| 785 | Ex34:29 | טורא ומשה לא הוה ידע | ארום | נהר זיו איקרהון דאפוי |
| 786 | Ex34:35 | {{והוה משה מחזר}} | ארום | נהר זיו איקרהון דאפוי |
| 787 | Dt 6:25 | וזכו תיהוי לן | ארום | נטור למעבד ית כל מצוותה |
| 788 | Gn31:49 | ייי וידון ביני ובינך | ארום | נטמר גבר מחבריה: |
| 789 | Dt33:09 | קנה רחמין בעובדה דזמרי | ארום | נטרו מימר פומך וגזרתך |
| 790 | Nu34:14 | | ארום | נסבו שבטה דבנוי דראובן |
| 791 | Nu17:11 | עם כנישתה וכפר עליהון | ארום | נפק רוגזה מן קדם ייי |
| 792 | Lv17:11 | | ארום | נפש בשרה באדמה היא ואנה |
| 793 | Lv17:14 | | ארום | נפש כל בשרא אדמה בנפשה הוא |
| 794 | Lv17:14 | כל בשר{י} לא תיכלון | ארום | נפש כל <בשר> אדמה הוא כל |
| 795 | Gn37:26 | מה ממון אנן מתהניין | ארום | נקטול ית אחונן ונכסי ית |
| 796 | Gn41:51 | ית שמה דבכורה מנשה | ארום | נשי יתיה ייי ית כל עמלי |
| 797 | Gn27:01 | והווה | ארום | סאב {יצחק} יצחק וכהיין |
| 798 | Gn34:05 | ויעקב שמע | ארום | סאב ית דינה ברתה ובנוי |
| 799 | Nu20:29 | וחמון כל עם כנישתה | ארום | סאף אהרן ובכון ית אהרן |
| 800 | Gn26:08 | והוה | ארום | סגו לי׳ תמן יומיא ואדיק |
| 801 | Gn 6:05 | וגלי קדם ייי | ארום | סגת בישתהון דבני אנשא |
| 802 | Gn18:20 | דעמא דסדם ועמרה | ארום | סגת וחובתהון ארום תקפת |
| 803 | Gn19:13 | אנן ית א(רת)<תר>א הדין | ארום | סגת קבלתהון קדם ייי ושלח |
| 804 | Ex 3:04 | וגלי קדם ייי | ארום | סטה משה למחמי וקרא ליה |
| 805 | Nu 5:20 | ואת | ארום | סטית בר מן רשותה דבעליך |
| 806 | Nu22:32 | הא אנה נפקת למסטן לך | ארום | סטת ארחה מן כל קבלי: |
| 807 | Ex31:13 | לחוד ית שובי קדשי תטרון | ארום | סימן הוא ביני וביניכון |
| 808 | Gn44:24 | והוה | ארום | סלקנן לוות עבדך אבה ותנינן |
| 809 | Dt34:09 | בר נון מלא רוח דחכמה | ארום | סמך משה ית ידוי עלוי |
| 810 | Dt 7:25 | לכון דלא תתקלון בהון | ארום | סני ומרחק קדם ייי אלהכון |
| 811 | Dt18:12 | | ארום | סני ומרחק קדם ייי כל דעבד |
| 812 | Dt22:05 | ולא ילבש גבר לבוש דאתה | ארום | סני ומרחק קדם ייי אלהכון |
| 813 | Dt25:16 | | ארום | סני ומרחק קדם ייי אלהכון |
| 814 | Lv25:42 | | ארום | עבדייה אינון די אפקית |
| 815 | Dt 5:15 | ותידכרון | ארום | עבדין משעבדין הויתון בארעא |
| 816 | Dt15:15 | ות{ת}<ד>כרון | ארום | עבדין משעבדין הוויתון |
| 817 | Dt16:12 | ותדכרון | ארום | עבדין משעבדין הוויתון |
| 818 | Dt24:18 | ותדכרון | ארום | עבדין משעבדין הוויתון |
| 819 | Dt24:22 | ות{ת}<ד>כרון | ארום | עבדין משעבדין הוויתון |
| 820 | Gn 3:14 | ואמר ייי אלהים לחויה | ארום | עבדית דא ליט תהוה חויה מן |
| 821 | Gn44:32 | | ארום | עבדך ערב ית טליא מן לוות |
| 822 | Gn20:10 | אבימלך לאברהם מה חמית | ארום | עבדת ית פתגמא הדין: |
| 823 | Gn24:14 | לעבדך ליצחק ובה אדע | ארום | עבדת חסד עם רבוני: |
| 824 | Dt22:21 | באבנייה ויקטלון יתה | ארום | עבדת מרחקתה הדה בישראל |
| 825 | Gn16:04 | לוות הגר ועברת וחמת | {{ע}}ארום | עברת וזל איקרה |
| 826 | Gn16:05M | ובזית | ארום | עברת ובזיית איקרי באפה |
| 827 | Gn16:05 | אף אנה על ידה וחמת | ארום | עברת ואזל איקרי באפה וכדון |
| 828 | Gn45:11 | ואכלכל יתך תמן | ארום | עד כדון חמש שנין דכפן ולא |
| 829 | Ex24:05M | ית בוכרי׳ בני ישראל | ארום | עד ההי׳ שעתא הוות פולחנא |
| 830 | Dt32:43 | יתיה עמיה בית ישראל | ארום | עולבן ודם עבדוי צדיקייה |
| 831 | Gn42:02 | ואמר הא שמעית | ארו«ם» | עיבור מזדבן במצרים חותו |
| 832 | Dt11:07 | | ארום | עיניכון חמיין ית כל עבדוי |
| 833 | Ex 9:30 | ואת ושלטונך ידע אנה | ארום | על דקדם אתון דחלין מן קדם |
| 834 | Ex34:27 | כתב לך ית פתגמיא האליין | ארום | על מימר פתגמיא האליין |
| 835 | Ex 9:30M | "ארום ... מן קדם": | ארום | על לא ימטון עליכון מחוותא |
| 836 | Gn41:21 | לגו מעיהון ולא אתודע | ארום | עלו לגו מעיהן וחזויהן |
| 837 | Ex15:19 | | ארום | עלו סוסוותא פרעה בארתכוי |
| 838 | Gn43:21 | והוה | ארום | עלינן לבית אב<ת>ותה ופתחנן |
| 839 | Dt26:03 | יומא הדין קדם ייי אלהך | ארום | עלינן לארעא די קיים ייי |
| 840 | Ex33:03 | איקר שכינתי מביניכון | ארום | עם קשין למקבלה אולפן אינון |
| 841 | Ex33:03M | /לית מימרי מדבר קדמיכון | ארום | עם קשי קדל למק/#2#׳ אולפן |
| 842 | Ex34:09 | ידבר איקרך ייי בינינן | ארום | עם קשין למקבלה אולפן אינון |
| 843 | Nu21:28 | | ארום | עם גיברין בערין היך אשתא |
| 844 | Dt 7:06 | | ארום | עם קדישין אתון קדם ייי |
| 845 | Dt 9:06 | ארעא טבתה הדה למירת יתה | ארום | עם קשין קדל למקבלה אולפן |
| 846 | Dt14:02 | | ארום | עם קדישין אתון קדם ייי |
| 847 | Dt14:21 | תזבנון יתיה לבני עממיא | ארום | עם קדישין אתון קדם ייי |
| 848 | Dt32:32 | | ארום | עמא האליין עבדיהון מדמיין |

|  |  |  |  |  |
|---|---|---|---|---|
| 849 | Dt32:33 | | ארום | עמא האיליין חמתהון מדמייא |
| 850 | Gn43:16 | ונכוס נכסון ואתקן | ארום | עמדי יאכלון גבריא באשון |
| 851 | Gn26:24 | דאברהם אבוך לא תדחל | ארום | עמך אנה וברכת יתך וסגית ית |
| 852 | Ex33:13 | חן וחסד באפיך וחמי | ארום | עמך אומתא רבתה הדא: |
| 853 | Nu14:43 | | ארום | עמלקייה וכנעניי תמן קדמיכון |
| 854 | Ex40:38 | | ארום | ענן איקר שכינתא דייי על |
| 855 | Gn 3:19 | לארעא ארום מנה אתברית | ארום | עפר את ולעפרא את עתיד חזר |
| 856 | Gn25:21 | ייי על עסקי רבקה אתתיה | ארום | עקרה הוות וענה יתיה ייי |
| 857 | Gn 3:11 | ואמר מאן תני לך | ארום | ערטיליי את הא מן אלנא די |
| 858 | Gn 3:10 | ממרך שמעת בגנתה ודחלית | ארום | ערטלאי אנא ואטמרית: |
| 859 | Gn 3:07 | עייני תריהון וידעו | ארום | ערטליין אינון וחייטו להון |
| 860 | Lv18:10 | ברתך לא תבזה עריתהון | ארום | ערייתך אינון: |
| 861 | Gn31:20 | ארמאה על דלא תני לה | ארום | ערק הוא: |
| 862 | Gn31:22 | ללבן ביומא תליתייא | ארום | ערק יעקב: |
| 863 | Gn31:22M | ללבן ביומא תליתאה | ארום | ערק יעקב |
| 864 | Ex14:05 | ואתני למלכא דמצרים | ארום | ערקו עמא ואתהפך לבה דפרעה |
| 865 | Nu 7:09 | מן עגלתה ולא מן תוריה | ארום | פלחן בית קדשא הווה עליהון |
| 866 | Ex20:25 | חציבין ארום פרזלא | {ארום | פרזלא} דחרבא מתעברא עברת |
| 867 | Ex20:25M | "חציבין ... יתהון": חציב | ארום | פרזלא חרבא מתעבד מיני" |
| 868 | Ex20:25 | לא תבנון יתהון חציבין | ארום | פרזלא {ארום פרזלא} דחרבא |
| 869 | Ex32:25 | וחמא משה ית עמא | ארום | פריעין אינון ארום פרעו |
| 870 | Ex32:25 | עמא ארום פריעין אינון | ארום | פרעו כלילא דדהבא דהוה |
| 871 | Gn31:37 | | ארום | פשפשת ית כל מניי מה אשכחת |
| 872 | Nu15:31 | | ארום | פתגמא דייי בזי וית מצוותה |
| 873 | Dt24:06M | תמשכנון ריחייה ורכבה | ארום | צרכי הוא נפשא הוא ממשכן |
| 874 | Lv13:52 | דמשך די יהווי ביה מכתשה | ארום | צרעה מחלטה היא בנורא |
| 875 | Nu32:19 | מן עבר לירדנה ולהל | ארום | קבלנן אחסנתן לוותן מן עבר |
| 876 | Lv11:44 | ותתקדשון ותהוון קדישין | ארום | קדיש אנה ולא תסתאבון ית |
| 877 | Lv11:45 | לאלה פרוק ותהוון קדישין | ארום | קדיש אנא: |
| 878 | Lv19:02 | ליהון קדישין תהוון | ארום | קדיש אנה בממרי כדן אמר ייי |
| 879 | Lv20:26 | ותהוון לשמי קדישין | ארום | קדיש אנה ייי ואפרשית יתכון |
| 880 | Lv21:08 | קדישין יהוון לכון | ארום | קדיש אנה ייי דקדשת יתכון: |
| 881 | Lv21:07 | מן בעלה לא יסבון | ארום | קדישין אנון קדם אלההון: |
| 882 | Ex29:34 | דאשתייר בנורא לא יתאכל | ארום | קדש הוא: |
| 883 | Ex31:14 | ותטרון ית יום שבתה | ארום | קדש הוא לכון מן דמפ{ם}<ס> |
| 884 | Lv10:12 | יתה פטירין סמיך למדבחה | ארום | קדש קדשין היא: |
| 885 | Lv24:09 | ויאכלון יתה באתר קדיש | ארום | קדש קדשין הוא לה מן קרבנוי |
| 886 | Lv10:17 | ית חטאתה באתר קדיש | ארום | קודש קדשין היא ויתה יהב |
| 887 | Gn 8:11 | קטים בפומה וידע נח | ארום | קלו מיא מעלוי ארעא: |
| 888 | Gn30:30 | | ארום | קליל בעיר דהוה לך קדמיי |
| 889 | Gn30:09 | וחמת לאה | ארום | קמת לה מן למילד ונסבת ית |
| 890 | Gn32:33 | ירכא עד זמן יומא הדין | ארום | קרב בכף ירכיה דיעקב בגידא |
| 891 | Nu17:03 | טסין מרדדין חפיי למדבחה | ארום | קרבו יתהון קדם ייי אתקדשו |
| 892 | Nu 9:13 | נפשה ההוא מן גו עמה | ארום | קרבנה דייי לא קרב בזימניה |
| 893 | Lv18:13 | דאחתה דאמך לא תבזי | ארום | קריב' בשרה דאמך היא: |
| 894 | Dt30:14 | | ארום | קריב היא לוותכון פתגמא |
| 895 | Dt32:35 | תימוט רגליהון דצדיקיה | ארום | קריב הוא יום תברהון |
| 896 | Ex13:17 | ייי ארח ארעהון דפלישתיי | ארום | קריבה הוא ארום אמר ייי דלא |
| 897 | Gn49:07 | תקיף רוגזיהון ואימתהון | ארום | קשיא הוות אמר אבונן יעקב |
| 898 | Dt29:17 | מדמי לשריש קביע בארעא | ארום | ראשיא דחטה חלי כדבשה ברם |
| 899 | Gn38:14 | על ארח תמנתה ארום חמת | ארום | רבה שלה והיא לא |
| 900 | Gn31:36 | מה חובתי ומה סרחני | ארום | רדפת בתריי: |
| 901 | Dt 4:37 | וחלף | ארום | רחם ית אבהתכון ויתרעי |
| 902 | Dt15:16M | ארום ירחם /מן גב{ר}<ך> | ארום | רחמית#2#/ יתך וית |
| 903 | Dt23:06 | לכון ית קללה לברכה | ארום | רחמכון ייי אל«ה»כון: |
| 904 | Gn29:09 | אתת עם ענה די לאבוהי | ארום | {{רעיא}} רעייה הוות: |
| 905 | Dt 4:32 | | ארום | שאילו כען ליומיא קדמייה די |
| 906 | Lv 8:33 | תשלמון יומי אשלמותכון | ארום | שבעה יומין ישלם ית קרבן |
| 907 | Ex16:25 | משה אכלו יתיה יומא דין | ארום | שבתא יומא הדין קדם ייי |
| 908 | Gn40:15 | הכה לא עבדת כל מאן דעם | ארום | שוון יתי בבית חבושא: |
| 909 | Ex23:08 | ושחד לא תקבלון | ארום | שוחדא יסמ{ו}<י> עיינ{ו}<י> |
| 910 | Dt16:19 | ולא תקבלון שחוד דממון | ארום | שוחדה מסמי עייני {נ}סבוי |
| 911 | Gn 4:25 | בר וקרא' ית שמיה שת | ארום | שוי לי «ייי» בר חורן חלף |
| 912 | Gn 4:25M | "שוי ...קין": אמרית | ארום | שוי לי ממריה דייי זרע |
| 913 | Gn48:17 | וחמא יוסף | ארום | שוי אבוי ית ימיניה על רישה |
| 914 | Lv13:28 | היא וידכי יתיה כהנא | ארום | שומת כוותיה היא: |
| 915 | Nu15:25 | דבני ישראל וישתבק להון | ארום | שלו הווה ואינון אייתון ית |
| 916 | Ex14:05 | ואמרין מה היא דא דעבדנן | ארום | שלחנן ית ישראל מן למפלח |
| 917 | Gn47:15 | לן לחם ולמה נמות כלקבלך | ארום | שלם כספא: |
| 918 | Ex23:21 | בקלי לא תסרבון על מלוי | ארום | שמי קדישא אתקרי עלוי ארום |
| 919 | Ex23:21 | לא שרי ושבק לחוביכון | ארום | שמי קדישא אתקרי עלוי: |
| 920 | Dt28:10 | ויחמון כל אומייה דארעא | ארום | שמיה דייי קדישה איתקרי |
| 921 | Dt32:01 | ואסתכלו בארעא מלרע | ארום | שמייא כתננה ימסון וארעא |
| 922 | Gn49:15 | טב הוה וית ארעא דישראל | ארום | שמינין פרי«ה» וארכן כתפה |
| 923 | Gn16:11 | בר ותיקרי שמה ישמעל | ארום | שמיע קדם ייי ית צעריך: |
| 924 | Ex16:09 | ישראל קרבו קדם ייי | ארום | שמיע קדם ייי ית תורעמתכון: |
| 925 | Gn21:17 | מה ליך הגר לא תדחלין | ארום | שמע ייי בקל צלותיה דטליא |
| 926 | Gn43:25 | דאתא יוסף באשון שרותא | ארום | שמעו ארום תמן ייכלון לחם: |
| 927 | Gn 3:17 | ולאדם אמר | ארום | שמעת לקלה דאתתך ואכלת מן |
| 928 | Gn37:17 | ואמר גברא נטלו מן הכא | ארום | שמעת יתהון אמרין ניזיל |
| 929 | Gn29:31 | וגלי קדם ייי | ארום | שניא הוות לאה ואמר |
| 930 | Gn29:33 | ארום {...} שמיע קדם ייי | ארום | שניא אנא ויהב לי אף ית דין |
| 931 | Ex 9:31 | ו{פ}<כ>תנה ושעריה לקיין | ארום | שערייה הון בכירן וכתנה |
| 932 | Gn 6:02 | ית בנתהון דבני אנשא | ארום | שפורין חיזו אנון ונסבו |
| 933 | Gn12:14 | וחמון מצריה ית אתתיה | ארום | שפירת היא לחדא: |
| 934 | Gn26:07 | יתיה עמא דארעא על רבקה | ארום | שפירת היא לחדה: |
| 935 | Gn 1:10 | קרא יממא וגלי קדם ייי | ארום | שפ{ן}<ר> ותקן: |
| 936 | Gn 1:12 | ובה למינה וגלי קדם ייי | ארום | שפר ותקן: |
| 937 | Gn 1:18 | ובין חשוכא וגלי קדם ייי | ארום | שפר ותקן: |
| 938 | Gn 1:21 | למיניה וגלי קדם ייי | ארום | שפר ותקן: |
| 939 | Nu24:01 | וחמה בלעם | ארום | שפר הוה מן קדם ייי למברכה |
| 940 | Lv11:13 | מן עופא לא יתאכלון | ארום | שקץ אינו' ית נשרא וית |
| 941 | Lv11:42 | על ארעא לא תאכלון יתהון | ארום | שקץ אינון: |
| 942 | Nu22:29 | ואמר בלעם לאתנתה | ארום | שקרת בי אילו הווה בידי חרב |
| 943 | Gn 6:01 | והוה | ארום | שרון בני אנשא למסגי על אפי |
| 944 | Ex31:17 | סימן היא שבתא לעלם | ארום | שתה יומין ברא ייי ית שמיא |
| 945 | Nu30:15 | קיומא די עלה קיים יתהון | ארום | שתק לה ביומא די שמע: |
| 946 | Dt 5:25 | וכדון למה נמות | ארום | תאכל יתן אשתה רבתה הדה אין |
| 947 | Dt28:39 | לא תשתון ולא תמגורון | ארום | תאכל יתה תולעתה: |
| 948 | Dt28:57 | רגליה ובבניה די תוליד | ארום | תאכל יתהון בחסרון כל מדעם |
| 949 | Nu11:12 | או אנה אולדת יתהון | ארום | תאמר לי טען יתהון |
| 950 | Dt22:08 | | ארום | תבנה בית חדת ותעבד סייג |
| 951 | Nu30:04 | ואתתה | ארום | תדר נדר קדם ייי ותקיים |
| 952 | Gn 4:12 | | ארום | תהוי {ו}פלח ית ארעא לא |
| 953 | Dt33:19 | יקרבון קרבנין דקשוט | ארום | תוגרת ימייא ייכלון וסימן |
| 954 | Dt24:10 | | ארום | תוזף לחברך זפו כל מה דעם |
| 955 | Nu 5:12 | ותימר להון גבר גבר | ארום | ת{ו}<י>סטי אתתה ותשקר ביה |
| 956 | Dt 4:25 | | ארום | תולדון בנין ובני בנין |

|  |  |  |  |  |  |
|---|---|---|---|---|---|
| 957 | | Dt 7:16 | ולא תפלחון קדם טעוותהון | ארום | תוקלה אינון לכון: |
| 958 | | Ex21:36 | אין אתודע | ארום | תור נגשן הוא מן דאתמל ומן |
| 959 | | Ex21:02 | | ארום | תזבן עבד עבריי שית שנין |
| 960 | | Lv25:14M | לחביריכון או | ∧ארום#2#/ | תזבנון מן/<מן >לוות#2# |
| 961 | | Nu32:15 | | ארום | תחזרון מן בתר ממרה ויוסף |
| 962 | | Dt30:10 | דכתיב בספר אורייתה הדה | ארום | תחזרון קדם ייי אלהכון בכל |
| 963 | | Lv 4:02 | עם בני ישראל למימר נפש | ארום | תחטא בשלוה מן כל מצותה |
| 964 | | Lv 5:01 | ונפש | ארום | תחטא ותשמע קל שבועה דחרוף |
| 965 | | Lv 5:17 | ואין נפש | ארום | תחטא ותעבד חדה מן כל |
| 966 | | Lv 5:21 | אנש | ארום | תחטא ותשקר שקר בשמה דייי |
| 967 | | Ex23:05 | | ארום | תחמי חמרא דשנאך רביע תחות |
| 968 | | Dt24:19 | | ארום | תחצדון חצדיכון בחקליכון |
| 969 | | Dt19:09 | | ארום | תטרון ית כל מצוותה הדה |
| 970 | | Dt28:09 | היך מה די קיים לכון | ארום | תטרון ית מצוותיה דייי |
| 971 | | Lv13:09 | מכתש צרעה | ארום | תיהוי בבר נשא וייתי לות |
| 972 | | Lv22:13 | וברתה דכהן | ארום | תיהוי ארמלתה ומשבקה ובנין |
| 973 | | Lv15:19 | ואתה | ארום | תיהוי דייבה דם תיהוי דובה |
| 974 | | Lv22:12M | תתנסב לגבר /דגבר כהן | ארום | תיהוי לגב#2#/ חילוני היא |
| 975 | | Ex 3:21 | באפיהון דמצריי ויהווי | ארום | תיזלון <לא תיזלון> ריקנין: |
| 976 | | Dt 7:17 | | ארום | תימרון בלבביכון סגין אינון |
| 977 | | Gn30:33 | זכוותי ביומא הדן ודמחר | ארום | תיעול למקבלה אגרי קדמיך כל |
| 978 | | Dt23:25 | | ארום | תיעול כאריס בכרמי«י»ה |
| 979 | | Dt23:26 | | ארום | תיעול {ב}<כ>אריס בקיימתיה |
| 980 | | Ex12:25 | ויהוי | ארום | תיעלון לארעא די יתן ייי |
| 981 | | Lv23:10 | בני ישראל ותימר להון | ארום | תיעלון לארעא די אנה יהב |
| 982 | | Lv25:02 | בני ישראל ותימ' להון | ארום | תיעלון לארעא די אנה יהב |
| 983 | | Nu15:02 | בני ישראל ותימר להון | ארום | תיעלון בארעא בית מידוריכון |
| 984 | | Dt17:14 | | ארום | תיעלון לארע' דייי אלהכון |
| 985 | | Dt26:01 | ויהווי | ארום | תיעלון לארעא דייי אלהכון |
| 986 | | Gn24:41 | בכדן תזדכה משבועתי | ארום | תיתי לוות לזרעייתי ואן לא |
| 987 | | Nu10:32 | ויהוי | ארום | תיתי עמן ויהוי טבה הוא די |
| 988 | | Gn21:31 | שמה דאתרה ההוא באר שבע | ארום | תמן קיימו תריהון קיים: |
| 989 | | Gn35:07 | די אתגלי עלוי {«ייי»} ייי בית אל | ארום | תמן אתגלי עלוי ייי במערקיה |
| 990 | | Gn35:07M | די אתגלי עלוי בבית אל | ארום | תמן אתגליית עלוי יקר |
| 991 | | Gn43:25 | באשון שרותא ארום שמעו | ארום | תמן ייכלון לחם: |
| 992 | | Nu11:03 | דאתרה ההוא בית יקידתה | ארום | תמן בערת בהון אשא מן קדם |
| 993 | | Nu11:34 | דאתרה ההוא קברי שאלתה | ארום | תמן קברו ית עמא דהוון |
| 994 | | Dt33:21 | אבנין טבן ומרגליין | ארום | תמן משה נבייא סופריהון |
| 995 | | Dt19:06 | יזדעזע לבביה ויארע יתיה | ארום | תסגי ל{א}<ה> אורחא ויקטל |
| 996 | | Dt12:25 | לכן ולבניכון מן בתריכון | ארום | תעבד דשפר ותקן קדם ייי: |
| 997 | | Dt12:28 | מן בתריכון עד לעלם | ארום | תעבדון מה דשפר ותקן קדם |
| 998 | | Dt21:09M | ∧זכייה מן ביניכון | ארום | תעבדון#2#/ מה דשפר ותקן |
| 999 | | Dt31:29 | בישתה בסוף עקב יומייא | ארום | תעבדון מה דלא שפר ותקן קדם |
| 1000 | | Lv12:02 | עם בני ישראל למימר אתא | ארום | תעבר ותלד בר דכר ותסתאב |
| 1001 | | Gn38:16 | הוה ידע ארום כלתה היא | {ארום | תעול לוותי} ואמרת מה את |
| 1002 | | Gn38:16 | ואמרת מה את יהב ל<י> | ארום | תעול לוותי: |
| 1003 | | Lv14:34 | | ארום | תעלון לארעא דכנען די אנה |
| 1004 | | Ex23:04 | | ארום | תערע תורא דשנאך או חמריה |
| 1005 | | Ex23:33 | דלא יחייבון יתכון קדמיי | ארום | תפלחון קדם טעיותיהון ארום |
| 1006 | | Ex22:05 | | ארום | תפק אשא ותשכח כובין ותיכל |
| 1007 | | Dt20:01 | | ארום | תפקון לסדרי קרבה על |
| 1008 | | Dt21:10 | | ארום | תפקון לסדרי קרבה על |
| 1009 | | Dt23:10 | | ארום | תפקון מישרי על |
| 1010 | | Dt23:22 | | ארום | תפרשון פרוש דנדר קדם ייי |
| 1011 | | Ex30:12 | | ארום | תקבל ית ראש |
| 1012 | | Nu18:26 | ליוויי תמלל ותימר להון | ארום | תקבלון מן לו«ו»ת בני |
| 1013 | | Ex18:11 | הא כדון ידעת וגלי הוא לי | ארום | תקוף הוא ייי מן אלהייא |
| 1014 | | Dt24:21 | | ארום | תקטפון כרמיכון לא תבערון |
| 1015 | | Gn41:31 | כפנא ההוא בתר כדן | ארום | תקיף הוא לחדא: |
| 1016 | | Gn49:07 | למחרבה יתה ברוגזיהון | ארום | תקיף רוגזיהון ואימתהון |
| 1017 | | Nu21:24 | עד תחומיהון דבני עמון | ארום | תקיף ^הווה#2#^ תחומיהון |
| 1018 | | Nu11:14 | טורחתהון דכל עמא האלין | ארום | תקיפין אינון מני: |
| 1019 | | Nu13:31 | אנן יכלין מסוק לוות עמא | ארום | תקיפין אינון מנן: |
| 1020 | | Nu13:31 | אנן יכלין מסוק לוות עמא | ארום | תקיפין אינון מנן}: |
| 1021 | | Nu22:03 | מואביי מן קדם עמא לחדה | ארום | תקיפין אינון ועיקון מואביי |
| 1022 | | Nu22:06 | לווט לי ית עמא האליין | ארום | תקיפין אינון מנן מה דלמה |
| 1023 | | Gn12:10 | למצרים למתותבה תמן | ארום | תקף כפנא בארעא: |
| 1024 | | Gn41:52 | שמה דתניינא קרא אפרים | ארום | תקף יתי ייי בארעא צערי: |
| 1025 | | Gn41:57 | למזבן עיבור מן יוסף | ארום | תקף כפנא בכל ארעא: |
| 1026 | | Gn47:04 | לית מרעה לענה דילעבדך | ארום | תקף כפנא לחדא ואישתלחון |
| 1027 | | Gn47:13 | ולחם דלית בכל ארעא | ארום | תקף כפנא לחדא ואשתלהון |
| 1028 | | Gn47:20 | זבנו מצראי גבר חקליה | ארום | תקף עליהון כפנא והוות ארעא |
| 1029 | | Ex18:18 | «די» {לחוד} עמך | ארום | תקף «הוא» מנך פתגמא לית |
| 1030 | | Dt20:19 | | ארום | תקפון על קריה יומין סגין |
| 1031 | | Gn18:20 | ארום סגת וחובתהון | ארום | תקפת לחדה: |
| 1032 | | Gn26:16 | ליצחק אזל מן לוותן | ארו«ם» | תקפת מנן לחדא: |
| 1033 | | Lv 2:01 | ונפש | ארום | תקרב קרבן מנחה לשמה דייי |
| 1034 | | Lv20:16M | ואתה | די/ארום#2#/ | תקרב לוות כל בעיר |
| 1035 | | Dt20:10 | | ארום | תקרבון לקריה למסדרה לקובלה |
| 1036 | | Lv 5:02M | או נפש \די תקרב | /ארום | תקרוב#2#/ בכל מילה |
| 1037 | | Lv 7:21M | בסאבותא דברנש /ונפש | ארום | תקרוב בכל מסאב בסאביתה |
| 1038 | | Dt32:01 | {חת}<חד>תין וארעא חדתה | ארום | תריין נביין קמו למסהדה |
| 1039 | | Gn44:27 | עבדך אבה לן אתון ידעתון | ארום | תרין בנין ילידת לי רחל |
| 1040 | | Lv 5:04 | או נפש | ארום | תשבע למפרשה בסיפתן למבאשה |
| 1041 | | Dt26:12 | | ארום | תשלמון למעשרה ית כל מעשר |
| 1042 | | Dt24:20 | | ארום | תשמטון זיתיכון לא תיכלון |
| 1043 | | Dt13:13 | | ארום | תשמעון בחדה מן קורייכון |
| 1044 | | Dt13:19 | | ארום | תשמעון בקל ממרה דייי |
| 1045 | | Dt28:02 | האליין ויארעון יתכון | ארום | תשמעון בקל מימריה דייי |
| 1046 | | Dt28:13 | רמין לעיל ולא נחתין לרע | ארום | תשמעון למצוותה דייי אלהכון |
| 1047 | | Dt30:10 | | ארום | תשמעון בקל ממרה דייי |
| 1048 | | Lv 5:15 | נפש | ארום | תשקר שקר ותחטא בשלו מן |
| 1049 | | Dt 4:29 | ייי אלהכון ותשכחון | ארום | תתבעון יתיה בכל לבביכון |
| 1050 | | Lv15:25 | סגין בלא אשון נדתה או | ארום | ת{ת}<ד>וב על נדתה כל |
| 1051 | | Dt12:20 | ותימרון איכל בשרא | ארום | תתחמד נפשכון למיכל בשר בכל |
| 1052 | | Lv22:12 | וברתה דכהן | ארום | תתנסב לגבר חילוני היא |
| 1053 | | Ex16:07 | ייי ואנן מה אנן חשיבין | ארום | תתרעמתון עלינן: |
| 1054 | | Lv15:18M | ואתתה/ואיתה#2#/ | די/ארום#2#/ | ישמש/דשכב#2#/ גבר עמה |
| 1055 | וארו' | Lv 2:04 | | וארו' | תקרב קרבן מנחה אפיה |
| 1056 | וארום | Gn33:11 | לך ארום חן יתי ייי | וארום | אית לי כל מן דעם ודחק |
| 1057 | | Ex 3:11 | ארום אזל לוות פרעה | וארום | אסק ית בני ישראל פרוקין |
| 1058 | | Nu 5:20 | בר מן רשותה דבעליך | וארום | אסתאבת ויהב גבר ביך ית |
| 1059 | | Nu21:01 | איקרה מפקין ית ישראל | וארום | אסתלקת מרים נביאתה |
| 1060 | | Gn29:12 | ארום אחוי דאביה הוא | וארום | בר רבקה הוא ורהטת ותניית |
| 1061 | | Gn45:26 | עד כדון יוסף בחיין | וארום | הוא שליט בכל ארעא דמצרים |
| 1062 | | Ex 4:31 | טבייה ית בני ישראל | וארום | {ושמעו ארום אדכר} גלי |
| 1063 | | Ex21:37 | | וארום | יגנב תור או אימר ויכס |
| 1064 | | Ex21:28 | | וארום | יגש תורא ית גבר או ית אתה |

|  |  |  |  |  |
|---|---|---|---|---|
| 1065 | Ex21:35 | | ואורום | יגש תורא דגבר ית תורא |
| 1066 | Ex21:18 | | ואורום | ידיינון גברין וימחי גבר |
| 1067 | Lv15:13 | | ואורום | ידכי דיבה מן דובה וימני |
| 1068 | Dt15:21 | | ואורום | יהוי ביה מום חגיר או סמי |
| 1069 | Dt19:11 | | ואורום | יהוי גבר סני לחבריה |
| 1070 | Dt21:22 | | ואורום | יהוי בגברא סדר חובת דין |
| 1071 | Lv13:42 | | ואורום | יהוי בקרחתה או בגלושתה |
| 1072 | Ex21:07 | | ואורום | יזבן גבר ית ברתיה לאמהתה |
| 1073 | Lv13:31 | | ואורום | יחמי כהנא ית מכתשה |
| 1074 | Dt18:06 | | ואורום | ייתון ליוויי מן חדא מן |
| 1075 | Lv11:39 | | ואורום | ימות מן בעירה די יהוי |
| 1076 | Nu 6:09 | | ואורום | ימות מית דסמיך ליה בתכיף |
| 1077 | Ex21:20 | | ואורום | ימחי גבר ית עבדיה או ית |
| 1078 | Ex21:26 | | ואורום | ימחי גבר ית עיניה דעבדיה |
| 1079 | Lv11:37 | | ואורום | יפל מנבלתהון על כל זרע |
| 1080 | Ex21:33 | | ואורום | יפתח גבר גוב או ארום יחפר |
| 1081 | Lv15:08 | | ואורום | ירק דיבה {בדיביה} <בדכיה> |
| 1082 | Ex22:13 | | ואורום | ישאל גבר מלות חבריה ויתבר |
| 1083 | Ex12:48 | | ואורום | יתותב עמכון דייר ויעבד |
| 1084 | Lv19:33 | | ואורום | יתותב עמכון ג{ו}<י>ור |
| 1085 | Nu 9:14 | | ואורום | יתותב עמכון גי{זל}<ור> |
| 1086 | Nu15:14 | | ואורום | יתותב עמכון גיור או מן מה |
| 1087 | Ex21:14 | | <ואורום | יתחשב> גבר על חבריה למקטל |
| 1088 | Lv11:38 | | ואורום | יתיהב מיין על כל זרע |
| 1089 | Lv25:25 | | ואורום | יתמסכן אחוך ויזבן מן |
| 1090 | Lv25:35 | | ואורום | יתמסכן אחוך ותמוט ידה עמך |
| 1091 | Lv25:39 | | ואורום | יתמסכן אחוך ויזדבן לך לא |
| 1092 | Ex22:09 | | ואורום | יתן גבר לחבריה חמר או תור |
| 1093 | Ex21:22 | | ואורום | יתנצון גברין וירפשון אתה |
| 1094 | Ex22:15 | | ואורום | יתפס גבר בתולה דלא מארסה |
| 1095 | Nu21:01M | ואסתלק עמודא דענגא | ואורום | <מיתת> מרים נביאתה |
| 1096 | Lv25:20 | | ואורום | תאמרון מה נאכל בשתה |
| 1097 | Dt18:21 | | ואורום | תאמרון במחשבת לבבכון אכדן |
| 1098 | Lv25:47 | | ואורום | תארע יד גיור ותותב עמך |
| 1099 | Lv25:14 | | ואורום | תזבנון זבן לחביריכון או |
| 1100 | Gn 3:06 | ארום טב אילנא למיכל | ואורום | תחמדא הוא לעייניה ויאי |
| 1101 | Lv19:05 | | ואורום | תכסון נכסת קדשין לשמה |
| 1102 | Lv19:23 | | ואורום | תעלון לארע׳ ותנצבון כל |
| 1103 | Nu10:09 | | ואורום | תעלון לסדרי קרבא בארעכון |
| 1104 | Nu15:08 | | ואורום | תקרבון בר תורין עלה או |
| 1105 | Nu15:22 | | ואורום | תשאלון ולא תעבדון ית כל |
| 1106 | Dt15:13 | | ואורום | תשלח יתיה לחירותה |
| 1107 | Dt23:23 | | ואורום | תתמנעו מן למדר לא יהווי |

## chest *n.* ארון

[73]

|  |  |  |  |  |  |  |
|---|---|---|---|---|---|---|
| 001 | ארון | s ab/cn | Ex23:22 | | ארון | אן משמע תשמעון בקל ממרי |
| 002 | | | Ex25:10M | ויעבדון | ארונה/ארון#2# | אעה {דשתא} דשטין |
| 003 | | | Dt10:03 | ועבדית | ארון | אעין דשיטין וחצבית תרין |
| 004 | | | Dt31:09 | שבטה דלוי דטענין ית | ארון | דקיימיה דייי וית חכימייה |
| 005 | | | Dt10:01 | לוותי לטורא ותעביד לך | ארון | דקים: |
| 006 | | | Dt26:14 | במסאבו ולא יהבנן מיניה | ארון | ותכריכין על נפש דמית שמענן |
| 007 | | | Dt10:08 | שבטה דלוי למסבול ית | ארון | קיימה דייי למקום קדם ייי |
| 008 | | | Dt31:25 | ופקד משה ית ליוויי טעני | ארון | קיימה דייי למימר: |
| 009 | | | Dt31:26 | הדין ותשוון יתה מן סטר | ארון | קיימה דייי אלהכון ויהוי |
| 010 | וארון | | Nu14:44 | וכמנו למסוק לריש טורא | וארון | קיימא דייי ומשה לא זעו |
| 011 | | | Dt 1:01 | זימנא די עבדתון לשמיה | וארון | קיימא דייי די אעלתון |
| 012 | ארונ׳ | s em/sf | Ex25:22M | תרי כרוביא דאית על | ארונ׳ | דסהדותא#2#/ ית כל מה |
| 013 | ארונא | | Ex25:21 | ותיתן יד כפרתא על | ארונא | <....> תתן ית שהדותא די |
| 014 | | | Ex25:14 | סטרוי דארונא למטען ית | ארונא | בהון: |
| 015 | | | Ex25:22 | מעילוי כפורתא די על | ארונא | דסהדותא מן ביני תרין |
| 016 | | | Ex30:06 | יתיה קדם פרכתא די על | ארונא | דשהדותא וקדם כפרתה דעל |
| 017 | | | Ex30:26 | ביה ית משכן זימנא וית | ארונא | דשהדותא: |
| 018 | | | Ex25:15M | \די בארונא /די | ארונא#2#/ | יהון אריחי לא יזוען |
| 019 | | | Ex25:16 | ותתן לגו | ארונא | ית שהדותא די אתן לך: |
| 020 | ארונה | | Ex37:05 | סטרוי דארונה למטען ית | ארונה: | |
| 021 | | | Nu 7:09 | בכתפיהון הוון טענין ית | ארונה: | |
| 022 | | | Ex25:10 | ויעבדון | ארונה | אעה {דשתא} דשטין תרתין |
| 023 | | | Ex37:01 | ועבד בצלאל ית | ארונה | אעין דשטין תרתין אמין |
| 024 | | | Dt10:03M | ארון /ואעבדית | ארונה#2#/ | אעין דשיטין וחצבית |
| 025 | | | Nu 4:05 | דפרסה ויכסון בה ית | ארונה | דסהדותא: |
| 026 | | | Ex26:34 | «כפורתה» על | ארונה | דסהדותה בגו בית{א} קדש |
| 027 | | | Ex39:35 | ית | ארונה | דסהדותה וית אריחוי וית |
| 028 | | | Ex40:03 | ותשווי תמן ית | ארונה | דסהדותה ותטל על ארונה ית |
| 029 | | | Ex40:05 | מדבחא דדהבא לקטרה קדם | ארונה | דסהדותה ותשווי ית פרסה |
| 030 | | | Ex40:20 | ושווי ית אריחיה על | ארונה | דסהדותה ויהב ית כפורתה על |
| 031 | | | Ex40:21 | דפרסה וא{ע}<ט>יל על | ארונה | דסהדותה היך מה דפקיד ייי |
| 032 | | | Lv16:02 | פרכתה לקבל כפרת די על | ארונה | דסהדותה דלא ימות תרום |
| 033 | | | Nu 7:89 | עמיה מעלוי כפורת די על | ארונה | דסהדותה מן ביני תרין |
| 034 | | | Ex26:33 | תמן לגו מן פרכתא ית | ארונה | דשהדותא ותפרש פרכתא לכון |
| 035 | | | Nu10:35 | והוה כד נטל | ארונה | ואמר והוה משה מצלי ואמר |
| 036 | | | Nu 3:31 | ומטרתהון | ארונה | ופתורה ומנרתה ומדבחה ומני |
| 037 | | | Ex40:20 | ונסב ית סהדותה לגו | ארונה | ושווי ית אריחיה על ארונה |
| 038 | | | Ex40:03 | ארונה דסהדותה ותטל על | ארונה | ית פרוכתה: |
| 039 | | | Ex40:21 | ואעל ית | ארונ«ה» | לגו משכנה ושוי ית |
| 040 | | | Ex31:07 | ית משכן זמנא וית | ארונה | לשהדותה וית כפורתה די עלי |
| 041 | | | Ex40:20 | ויהב ית כפורתה על | ארונה | מן לעל: |
| 042 | | | Nu10:35M | כד הווה | ארונה | נטל הוה משה קאים ידוי |
| 043 | | | Nu10:36M | וכד הווה | ארונה | שרי הוה משה זקיף ידוי |
| 044 | ארנה | | Ex35:12 | ית | ארנה | וית אריחוי ית כפרתה וית |
| 045 | בארונא | | Gn50:26 | וחנטו יתיה ושוון יתיה | בארונא | במצרים: |
| 046 | | | Ex25:15 | בעזקיא די | בארונא | יהון אריחי לא יזוען |
| 047 | בארונה | | Ex40:20M | קיימה לוחי סהדותה | בארונה | |
| 048 | | | Dt10:02 | די תברת ותשוי יתהון | בארונה: | |
| 049 | | | Nu 9:06M | והוו גברייה דטעינו | בארונה | דיוסף ודטעינו בנדב |
| 050 | | | Dt10:05 | ושווית ית לוחייה | בארונה | די עבדית והוון תמן היך מה |
| 051 | דארונא | | Ex25:14 | אריחי בעזקיא על סטרוי | דארונא | למטען ית ארונא בהון: |
| 052 | דארונה | | Ex37:05 | בעזקיה על סטרוי | דארונה | למטען ית ארונה: |
| 053 | וארונה | | Dt27:15 | לטורה דעיבל וכהנייה | וארונה | במצעה וכל ישראל מן הכה |
| 054 | | | Dt27:15M | קמו על טורה דעיבל | וארונה | וכהנייה וליוואי יהיבין |

## betrothed (f.) *n.* ארוסה

[74]

|  |  |  |  |  |  |  |
|---|---|---|---|---|---|---|
| 001 | ארוסן | p abs | Nu20:17M | <לא> נאנוס | א{נ}<ר>יסן | ולא נשרגגה בתולן ולא |

## cedar *n.* ארז

[74]

|  |  |  |  |  |  |  |
|---|---|---|---|---|---|---|
| 001 | דארז | s ab/cn | Nu19:06 | ויסב כהנא קיס | דארז | ואזוב וצבע זהורי טבה ויקלק |
| 002 | | | Lv14:04 | חיין דכיין וקיס | דארז | וצבע דזיהורי טבא ואזוב: |
| 003 | | | Lv14:49 | ביתה תרתין צפרין וקיס | דארז | וצבע דזהורי טבה ואזובה: |

|  |  |  |  |  |  |  |
|---|---|---|---|---|---|---|
| 004 | ארזא | s em/sf | Gn50:01 | לאחוי איתון נבני לאבונן | ארזא | רמא לרישיה מטי עד צית שמיא |
| 005 | דארזא | | Lv14:52 | ובצפרה חייתה ובקיסה | דארזא | ובאזובא ובצבע זהוריתה |
| 006 | | | Lv14:06 | יסב יתה וית קיסה | דארזא | וית צבע זהוריתה סבתה וית |
| 007 | דארזה | | Lv14:51 | ויסב ית קיסה | דארזה | וית אזוב וית צבע זהוריתה |
| 008 | כארזייה | p em/sf | Nu24:06 | לעולם יאין ומשבחין | כארזייה | דמיין ומשבחין ומנטלין |
| 009 | | | Nu24:06M | אומייא יאין ומשבחין | כארזייה | רמין ומנטלין |

## lion *n.* ארי [74]

|  |  |  |  |  |  |  |
|---|---|---|---|---|---|---|
| 001 | אריא | s em/sf | Dt33:20 | נייח ושרי בגו קרבה היך | אריא | והיך אריוותה לית אומה |
| 002 | אריה | | Gn50:01M | מן דבית יעקב תמן קאים | אריה | ... תמן הוו שפכן |
| 003 | | | Gn50:01M | ישמאל הוון קיימין | אריה | |
| 004 | | | Nu24:09M | ולית /בגו קרבה היך | אריה | והיך אריותה#2#/ אומה |
| 005 | | | Gn49:09 | נייח ושרי בגו קרבא היך | אריה | וכאריות«א» ולית אומה |
| 006 | ארייה | | Gn50:01 | תמן קאים יהודה | ארייה | גוברין דאחוי ענה יהודה |
| 007 | דאריה | | Nu23:24 | מתנטלין ארום היך מה | דאריה | לא נייח ולא דמך עד זמן |
| 008 | כאריה | | Gn44:18 | ומדכדך בלישנא נהם | כאריה | ואמר בבעו מינך רבוני ימלל |
| 009 | | | Nu24:09 | ניחין ושרין | כאריה | וכאריוותה ולית אומה ומלכו |
| 010 | כארייה | | Nu23:24 | הא עמא | כארייה | שריין וכאריוותה מתנטלין |
| 011 | אריוון | p abs | Dt33:22 | ואמר דן מדמי לגור בר | אריוון | וארעא תיהוי שתייה מן |
| 012 | | | Gn49:09 | לגור ברי לגור בר | אריוון | מן קטולוי דיוסף ברי את |

## because, since *conj.* [ארי] [74]

|  |  |  |  |  |  |  |
|---|---|---|---|---|---|---|
| 001 | ארי | | Gn26:09 | אחתי היא ואמר לה יצחק | ארי | אמרית דלא אמות מן בגללה: |
| 002 | | | Gn29:21 | ללבן הב לי ית אתתי | «ארי» | אשלימני» יומי פלחני |
| 003 | | | Gn38:16 | הבי כען אעול לוותיך | ארי | לא הוה ידע ארום כלתה היא |
| 004 | | | Gn22:17 | | ארי | מברכה אברך יתך ומסגיא אסגי |
| 005 | | | Ex 9:02 | | ארי | מסרב את למשלחא ועד כדון את |
| 006 | | | Ex29:33 | יתהון וחילוניי לא יאכל | ארי | קדש אינון: |

## lioness *n.* אריו [74]

|  |  |  |  |  |  |  |
|---|---|---|---|---|---|---|
| 001 | אריוותה | s em/sf | Dt33:20 | קרבה היך אריא והיך | אריוותה | לית אומה ומלכו דתקום |
| 002 | אריותה | | Nu24:09M | קרבה היך אריה והיך | אריותה#2#/ | אומה ומלכו דתקום לקב׳ |
| 003 | וכאריוותה | | Nu24:09 | ניחין ושרין כאריה | וכאריוותה | ולית אומה ומלכו דתקום |
| 004 | | | Nu23:24 | הא עמא כארייה שריין | וכאריוותה | מתנטלין ארום היך מה |
| 005 | וכאריותא | | Gn49:09 | בגו קרבא היך אריה | וכאריות«א» | ולית אומה ומלכו דתיקום |

## bar, pole *n.* אריח [75]

|  |  |  |  |  |  |  |
|---|---|---|---|---|---|---|
| 001 | ארחין | p abs | Ex14:25 | יתהון גרירן לבתריהון | ארחין | דמולוותה למהוי נגדין |
| 002 | אריחין | | Ex25:13 | ותעבד | אריחין | אעין דשטין ותחפי יתהון |
| 003 | | | Ex36:31M | ועבד | נגרין/אריחין#2#/ | \אעין דשטין /אעי |
| 004 | | | Ex37:04 | ועבד | אריחין | אעין דשטין וחפא יתהון |
| 005 | | | Ex26:27M | תניינא וחמשה | נגרין/אריחין#2#/ | \ללוחי סטרין /ללוחי |
| 006 | | | Ex27:06 | ותעבד | אריחין | למדבחא אעין דשטין |
| 007 | אריחוי | p em/sf | Nu 4:06 | דתכלה מן לעיל וישוון | אריחוי: | |
| 008 | | | Nu 4:08 | משך דססגון וישוון ית | אריחוי: | |
| 009 | | | Nu 4:11 | משך דססגון ויכסון יתי | אריחוי: | |
| 010 | | | Nu 4:14 | משך דססגון וישוון | אריחוי: | |
| 011 | | | Ex27:07M | ותעל ית | אריחיה/אריחוי#2#/ | בעזקיא ויהוון |
| 012 | | | Ex40:18M | לוחוי ויהב ית | נגרוי/אריחוי#2#/ | ואקים ית עמודוי: |
| 013 | | | Ex35:13 | ית פתורה וית | אריחוי | וית כל מנוי וית סידור לחם |
| 014 | | | Ex35:15 | ^^וית מדבחה דקטרתה וית | אריחוי | וית משחה דרבותה וית קטורת |
| 015 | | | Ex35:16 | קנקלא דנחשא דידה וית | אריחוי | וית כל מנוי וית כיורה וית |
| 016 | | | Ex35:17M | ית עמודוי וית | חומרוי/אריחוי#2#/ | וית פרש תרע |
| 017 | | | Ex39:35 | ית ארונה דסהדותה וית | אריחוי | וית כפורתה: |
| 018 | | | Ex39:39 | קנקלה דנחשה דידיה וית | אריחוי | וית כל מנוי וית כיורה וית |
| 019 | | | Ex35:12 | ית ארנה וית | אריחוי | ית כפרתה וית פרכתה דפרסה: |
| 020 | אריחותי׳ | | Ex26:29M | ותחפי{ה} ית | נגריה/אריחותי׳#2#/ | דהב: |
| 021 | אריחי | | Ex25:14 | ותעיל ית | אריחי | בעזקיא על סטרוי דארונא |
| 022 | | | Ex25:15 | בעזקיא די בארונא יהוון | אריחי | לא יזוען מניה: |
| 023 | אריחיא | | Ex27:07 | אריחיה בעזקיא ויהוון | אריחיא | על תרין סטריה דמדבחא |
| 024 | אריחיה | | Ex25:28 | ותעבד ית | אריח{ו}<י>ה | אעין דשטי«ן» <ותחפי> |
| 025 | | | Ex30:05 | ותעבד ית | אריחיה | אעין דשטין ותחפי יתהון |
| 026 | | | Ex37:15 | ועבד ית | אריחיה | אעין דשטין וחפי יתהון דהב |
| 027 | | | Ex37:28 | ועבד ית | אריחי«ה» | אעין דשטין וחפי יתהון |
| 028 | | | Ex38:06 | ועבד ית | אריחיה | אעין דשטין וחפי יתהון |
| 029 | | | Ex27:07 | ותעל ית | אריחיה | בעזקיא ויהוון אריחיא על |
| 030 | | | Ex37:05 | ואעל ית | אריחיה | בעזקיה על סטרוי דארונה |
| 031 | | | Ex38:07 | ואעל ית | אריחיה | בעזקיה על סטרוי דמדבחה |
| 032 | | | Ex36:34M | לאריחי׳ וחפי ית | נגריה/אריחיה#2#/ | דהב: |
| 033 | | | Ex40:20 | לגו ארונה ושווי ית | אריחיה | על ארונה דסהדותה ויהב ית |
| 034 | לאריחי | | Ex25:27 | יהוון עזקתיה לאתרין | לאריחי | למטען ית פתורא: |
| 035 | לאריחי׳ | | Ex36:34 | עבד דהב אתרין | לאריחי׳ | וחפי ית נגריה דהב: |
| 036 | לאריחיה | | Ex38:05 | לקנקילה דנחשה אתרין | לאריחיה: | |
| 037 | | | Ex26:29M | /דדהב#2#/ אתרין | לנגריה/לאריחיה#2#/ | ותחפי{ה} ית נגריה |
| 038 | | | Ex30:04 | סטרוי ויהווי לאתרין | לאריחיה | למטען יתיה בהון: |
| 039 | | | Ex37:14 | הוויין עזקי אתרין | לאריחיה | למטען ית פתורה: |
| 040 | | | Ex37:27 | על תרין סטרוי לאתרין | לאריחיה | למטען יתיה בהון: |

## long *adj.* אריך [75]

|  |  |  |  |  |  |  |
|---|---|---|---|---|---|---|
| 001 | אריך | s ab/cn | Ex34:06 | ייי אלהה חננא ורחמנא | אריך | רוח ורחיק רגז וקריב רחמין |
| 002 | | | Nu14:18 | ייי | אריך | רוח ורחיק רגז וקריב רחמין |

## length *n.* אריכו [75]

|  |  |  |  |  |  |  |
|---|---|---|---|---|---|---|
| 001 | באריכות | s ab/cn | Nu 9:22M | שוהי /סגין יומין | באריכות#2#/ | עננה על משכנה למשרי |
| 002 | ואר׳ | | Dt30:20M | ארום היא חייכון | ואריכות/ואר׳#2#/ | יומיכון על ארעא |
| 003 | ואריכות | | Dt30:20 | ביה ארום היא חייכון | ואריכות | יומיכון על ארעא דקיים |

## tenant farmer *n.* אריס [74]

|  |  |  |  |  |  |  |
|---|---|---|---|---|---|---|
| 001 | כאריס | s ab/cn | Dt23:25 | ארום תיעול | כאריס | בכרמי«י»ה דחברך ותאכל |
| 002 | | | Dt23:26 | ארום תיעול | {ב}<כ>אריס | בקיימתיה דחברך ותקטוף |

## אריסה *n.* ⇐ ארוסה

## to be prolonged *vb.* ארך [75]

|  |  |  |  |  |  |  |
|---|---|---|---|---|---|---|
| 001 | יאריך | peal | Dt17:20 | ולא לשמאלה מן בגלל די | יאריך | יומין על מלכותיה הוא |
| 002 | יארכון | | Dt25:15 | יהווי לכון מן בגלל די | יארכון | יומיכון על ארעא דייי |
| 003 | תארכון | | Dt 4:26 | ירדנה תמן למירת יתה לא | תארכון | יומין עלה ארום מישתיציה |
| 004 | | | Dt 4:40 | מן בתריכון ומן בגלל די | תארכון | יומין על ארעא די ייי |
| 005 | | | Dt11:09 | ומן בגלל די | תארכון | יומין על ארעא די קיים ייי |
| 006 | ותארכון | | Dt22:07 | לכון בע«ל»מא הדין | ותארכון | יומין לעלמא דאתי: |
| 007 | תורכון | afel | Dt 4:26M | יתה לא | תארכון/^תורכון#2#/^תסגין#2#/ | יומין עלה \ |
| 008 | ותורכון | | Dt 5:33 | וייטיב לכון ותסגון | ותורכון | יומין בארעא די תרתון: |

### extension *n.* ארכה [75]

|  |  |  |  |  |  |  |
|---|---|---|---|---|---|---|
| 001 | ארכא | s ab/cn | Gn 6:03M | בישין הא יהבת לכון | ארכא | מא' ועשרין שנין מין בגלל |
| 002 | | | Gn 6:03 | בישין הא יהבית לכון | ארכא | מאה ועשרין שנין דילמא די |

### Aramaean *adj.* ארמיי [76]

|  |  |  |  |  |  |  |
|---|---|---|---|---|---|---|
| 001 | ארמאה | s em/sf | Gn28:05 | לוות לבן בר בתואל | ארמאה | אחו«ה» דרבקה אמה |
| 002 | | | Gn31:24 | ואתגלי ייי על לבן | ארמאה | בחלמא בלליא ואמר לה אזדהר |
| 003 | | | Gn25:20 | מן פדן אחתיה דלבן | ארמאה | ליה לאיתה: |
| 004 | | | Gn25:20 | ית רבקה ברת בתואל | ארמאה | מן פדן אחתיה דלבן ארמאה |
| 005 | | | Gn31:20 | יעקב ית דעתא דלבן | ארמאה | על דלא תני לה ארום ערק |
| 006 | ארמייה | | Dt26:05M | מן שירוייה ובעה לבן | ארמייה | למקטול יתיה וערק ונחת |
| 007 | | | Dt26:05 | קדם ייי אלהכון לבן | ארמייה | סבר למובדה לאבונן יעקב |
| 008 | | | Dt26:05M | עם לבן | ארמייה | פלח אבונן יעקב מן |

### widow *n.* ארמלה [76]

|  |  |  |  |  |  |  |
|---|---|---|---|---|---|---|
| 001 | ארמלא | s ab/cn | Nu30:10 | ונדר | ארמלא | ומשבקה כל מה דקיימה על |
| 002 | ארמלה | | Gn38:11 | יהודה לתמר כלתיה תבי | ארמלה | בבייתיה דאבוך עד זמן |
| 003 | | | Ex22:21 | עמי בני ישראל כל | ארמלה | ויתמין לא תצערון: |
| 004 | | | Lv21:14 | | ארמלה | ומשבקה וטעווה ומפסה ית |
| 005 | דא' | | Nu30:10M | ונדר | ארמלא/דא'#2# | ומשבקה/ודמשבק'#2#/ |
| 006 | ארמלתה | s em/sf | Lv22:13 | וברתה דכהן ארום תיהוויי | ארמלתה | ומשבקה ובנין לית לה |
| 007 | דארמלתה | | Dt24:17 | ולא תמשכון לבושה | דארמלתה: | |
| 008 | וארמלתה | | Dt27:19 | דינה דגיורה דיתמה | וארמלתה | ויאמרון כל עמא אמן: |
| 009 | ודארמלתה | | Dt27:19M | דגיורא ודיתמה | ודארמלתה | ויענון כלא#2#/ עמא אמן: |
| 010 | ארמלן | p abs | Ex22:23 | דלא יהוויי נשיכון | ארמלן | ובניכון יתמין: |
| 011 | | | Ex22:21M | בני ישראל כל | ארמלה/ארמלן#2#/ | ויתמין לא תצערון: |
| 012 | וארמלתה | p em/sf | Dt14:29 | ארעא וגיוריה ואיתמיה | וארמלתה | דבקורייכון ויאכלון |
| 013 | | | Dt16:11 | וגיורייה ויתמייה | וארמלתה | די ביניכון באתרא די |
| 014 | | | Dt16:14 | וליוויי וגיורייה | וארמלתה | די בקורייכון: |
| 015 | ודארמלתה | | Dt10:18 | עבד דיניהון דיתמיה | ודארמלתה | ורחם גיורה למתן ליה מזון |
| 016 | ולארמלתה | | Dt26:12 | לגיורייה <ליתמיא | ולארמלתה | וייכלון בקורייכון |
| 017 | | | Dt24:19 | ולגיוריה לייתמיה | ולארמלתה | יהווי מן בגלל די יברך |
| 018 | | | Dt24:20 | לגיוריה וליתמי | «ולארמלתה» | יהווי: |
| 019 | | | Dt24:21 | לגיוריה וליתמיה | ולארמלתה | יהווי: |
| 020 | | | Dt26:13 | לגיוריה ליתמייה | ולארמלתה | ככל פיקודיך די פקדת יתן |

### widowhood *n.* ארמלו [76]

|  |  |  |  |  |  |  |
|---|---|---|---|---|---|---|
| 001 | ארמלותה | s em/sf | Gn38:19 | מעילווה ולבשת לבושי | ארמלותה: | |
| 002 | | | Gn38:14 | ועברת לבושי | ארמלותה | מעילווה וכסיית ברדידה |

### hare *n.* ארנב [76]

|  |  |  |  |  |  |  |
|---|---|---|---|---|---|---|
| 001 | ארנבא | s em/sf | Dt14:07 | דסדיקה ית גמלה וית | ארנבא | וית טפסה ארום מסקין גירה |

### hare *n.* ארנבה [76]

|  |  |  |  |  |  |  |
|---|---|---|---|---|---|---|
| 001 | ארנבתה | s em/sf | Lv11:06 | וית | ארנבתה | ארום מסקה גררה היא ומטלפה |
| 002 | | | Dt14:07M | וסתיקה/#2# וית | ארנבא/ארנבתה#2#/ | וית טפסה/טבזה#2#/ |

### Arnon river *n.* ארנון []

|  |  |  |  |  |  |  |
|---|---|---|---|---|---|---|
| 001 | ארנון | s ab/cn | Nu21:15M | ולא ידעו נסיה בנחלי | ארנון | ולחיית קרתה |
| 002 | | | Nu21:13M | עבר ארנונה/מעבר | ארנון#2#/ | די/דאית#2#/ במדברה |
| 003 | ארנונא | s em/sf | Nu22:36M | דמואב דאית כל וקביל | ארנונא | דאית בס' |
| 004 | ארנונה | | Nu21:13 | תמן נטלו ושרון מן עבר | ארנונה | די במדברה דנפק מן |
| 005 | ארנונא | | Ex15:16 | עמך ייי ית נחלי | ארנונא | עד דיעברון עמא האליין די |
| 006 | ארנונה | | Nu21:14 | כד הוון עברין בנחלי | ארנונה: | |
| 007 | | | Nu21:26 | ית כל ארעא מניה עד | ארנונה: | |
| 008 | | | Nu21:15 | ישראל עברין בנחלי | ארנונה | אסטמרו אמוריי בגו מעריה |
| 009 | | | Dt 3:16 | מן גלעדה ועד נחל | ארנונה | אמצע נחלה ותחומה ועד נחל |
| 010 | | | Nu21:15 | בגו מעריה דנחלי | ארנונה | אמרין כד יהוון בני |
| 011 | | | Nu22:36 | דמואביי דסמיך לגבול | ארנונה | די בסייפי תחומה: |
| 012 | | | Dt 4:48 | מלחית די על גיף נחיל | ארנונה | ועד טורה דסיאון הוא טור |
| 013 | | | Dt 3:12 | לחיית די על גיף נחל | ארנונה | ופלגות טור גלעדה |
| 014 | | | Dt 2:36 | מן לחיית די על נחל | ארנונה | וקרתה די בנחלה ועד |
| 015 | | | Nu21:24 | וירתו ית ארעיה מן | ארנונה | עד יבקה עד תחומיהון |
| 016 | | | Nu21:13 | דאימוראי ארום | ארנונה | תחומיהון דמואביי בין |
| 017 | דארנונה | | Nu21:28 | מדבחין קדם במתה | דארנונה: | |
| 018 | | | Dt 2:24 | טלו ועברו ית נחלה | דארנונה | חמון דהא מסרית בידיכון |
| 019 | | | Dt 3:08 | בעבר ירדנה מן נחלה | דארנונה | עד טור תלגה: |

### to betrothe *vb.* ארס [76]

|  |  |  |  |  |  |  |
|---|---|---|---|---|---|---|
| 001 | אריש | pael | Dt20:07 | ומן הוא גברא די | אריש | אתה ולא נסב יתה יזיל |
| 002 | ארס | | Dt20:07M | די אריש /דן גברא די | ארס#2#/ | אתה ולא נסב/יסב#2#/ יתה |
| 003 | ארסת | | Ex22:15M | \דלא מארסה /די לא | ארסת#2#/ | וישמש עמה מפר{ז}<נ>ה |
| 004 | מארסה | | Ex22:15 | יתפס גבר בתולה דלא | מארסה | וישמש עמה מפר{ז}<נ>ה יפרן |
| 005 | | | Dt22:23 | ארום יהווי רבי בתולה | מארסה | לגבר וישכח יתה גבר בקרתה |
| 006 | תארש | | Dt28:30 | אתה | תארש | וגבר אחרן יסב יתה בתין |
| 007 | דמארסה | | Dt22:25 | ישכח גברה ית רביתה | דמארסה | ויתקוף בה גברא וישמש עמה |
| 008 | דמארשא | | Dt22:27 | אשכח יתה צווחת רביתה | דמארשא | ולית מן דמשיזיב יתיה: |
| 009 | אתארסת | etpaal | Dt22:28 | גבר רבי בתולה די לא | אתארסת | ויתפוש יתה וישמש עמה |
| 010 | 'ית | | Dt22:28M | די לא | אתארסת/^ית#2#^/ארסת#2#/ | ויתפוש יתה |

### to attain, to reach *vb.* ארע [77]

|  |  |  |  |  |  |  |
|---|---|---|---|---|---|---|
| 001 | ארע | peal | Dt32:10 | | ארע | יתהון שרין בארע דמדברה |
| 002 | ארע' | | Lv14:21 | ואם מסכן הוא ולא | ארע' | ידה ויסב אמר חד לאשמה |
| 003 | ארעו | | Gn47:09 | הוון יומי שני חיי ולא | ארעו | ית יומי שני חיי אבהתי |
| 004 | | | Dt25:18 | די | ארעו | יתכון באורחא והוון מקטלין |
| 005 | | | Nu20:14M | \די ארעון /^דירעון#2#^/ | ארעו#2#/ | יתן: |
| 006 | ארעון | | Nu20:14 | ידעתון ית כל עקיה די | ארעון | יתן: |
| 007 | ארען | | Ex18:08 | ישראל ית כל עקיא די | ארען | יתהון באורחא ושזיב יתהון |
| 008 | | | Dt31:17 | דייי שרייה בינינן | ארען | יתן בישתה האליין: |
| 009 | ארעת | | Gn33:08 | מן לך כל משריתא הדא די | ארעת | ואמר למשכחא חן וחסד באפך: |
| 010 | | | Ex21:13 | אתכוון ליה ומן קדם ייי | ארעת | חובתה מיתי על ידוי ואשווי |
| 011 | | | Gn44:16 | ומה נזדכי מן קדם ייי | ארעת | חובתהון דעבדך הא אנן עבדין |
| 012 | | | Lv14:32 | דמן דבה מכתש צרעה די לא | ארעת | ידה למייתיה קרבן ביום |
| 013 | | | Lv25:28 | ואין לא | ארעת | ידיה כמסת למחזרה לה ויהווי |
| 014 | | | Gn35:09 | צדיקא אורחיה דעלמא | ארעת | לדבורא מרבן{עו}<ני>תא |
| 015 | | | Gn35:09M | אורחיה דעלמא כד | ארעת | לדבורה מרבית' דרבק' |
| 016 | יארע | | Lv25:26M | ידיה ותשכח/ויש#2#/ | יארע/ | בין ידוי ויש'#2#/ כמסת |
| 017 | | | Lv25:28M | ואין לא\ארעת ידיה | יארע/ | בין ידוי משכ'#2#/ כמסת |
| 018 | | | Nu 6:21M | בר מן מה די\תרע ידה | יארע/ | בין ידוי#2#/ כפם נדרה |
| 019 | | | Lv14:22M | מה די תרע ידה/יוון די | יארע | בן ידוי ויהווי#2#/ ויהוי |
| 020 | | | Lv14:31M | ית מה די | תארע/יארע#2#/ | ידה ית חד לחטאתה וית |
| 021 | | | Gn44:34 | עמי דלא אחמי בבישתא די | יארע | ית אבה: |
| 022 | | | Lv26:05 | לכון דרכה ית קטפה וקטפה | יארע | ית זרעה ותאכלון לחמכון |
| 023 | | | Gn 4:14 | בארעא ויהוי כל די | יארע | יתה יקטיל יתיה: |

024 Gn19:19M לטורא דלא תארע/יארע#2#/ יתי בישתא ואמות:
025 Gn 4:15 דלא יקטול יתיה כל מן די יארע יתיה:
026 Nu35:19 יקטול ית קטולה בזמנה די יארע יתיה הוא יקטול יתיה:
027 Nu35:21 יקטול ית קטולה בזמנה די יארע יתיה:
028 Nu35:21M די יארע /בזמן די יארע#2#/ יתיה:
029 Nu11:23 ייי מחסור כדון תחמון אן יארע יתך פתגמוי אן לא:
030 Dt22:06 ארום יארע קן דצפרין קדמיכון בארחה
031 Dt27:17 ליט יהווי גברה די יארע תחומה דגברא ויאמרון כל עמא
032 יארעון Lv22:16M ויקבלון/ולא יארעון#2#/ יתהון חובי אשמה כד
033 Nu32:23 אתחייבתון קדם ייי די יארעון יתכון:
034 יארען Dt31:21 ויהוי ארום יארען יתהון בישן סגין ועקין
035 תארע Lv 5:11M לא \תרע ידיה לתרין /תארע בין ידוי לתריין#2#/
036 Lv12:08M ואין לא \תרע ידיה /תארע בן ידה#2#/ כמסת למייתייה
037 Lv14:32M קרבן ביום דכותיה /תארע בן ידוי ביומא דכוותה#2#
038 Lv25:47 וארום תארע יד גיור ותותב עמך ויתמסכן
039 Lv14:30 בני יווניה מן די תארע ידה:
040 Lv14:31 ית מה די תארע ידה ית חד לחטאתה וית חד
041 Lv 5:07 ואין לא תארע ידיה כמסת למיתיה אמר וייתי
042 Lv25:49 מן זרעיתה יפרוק יתיה או תארע ידיה ויתפרק:
043 Lv27:08 ויעלי יתיה על פם די תארע ידיה דמן דנדר יעלי יתי
044 Gn19:19 אוכל למשתיזבא לטורא דלא תארע יתי בישתא ואמות:
045 Nu32:23M חובי#2#/ די יארעון/תארע#2#/ יתכון:
046 Dt22:06M ארום יארע/תארע#2#/ קן דצפרין קדמיכון
047 Dt19:14 לא תארע תחומא דחברך מה דאתקינו
048 תארעון Gn32:20 עם עשו בזמניה די תארעון יתה:
049 תרע Lv14:22 גוזלין בני יון מן מה די תרע ידה ויהוי חד לחטאת' וחד
050 Nu 6:21 על נזירותיה בר מן מה די תרע ידה כפם נדרה כדן יעבד על
051 Lv 5:11 ואין לא תרע ידיה לתרין שפנינין או
052 Lv12:08 ואין לא תרע ידיה כמסת למייתייה אמר
053 דארע Lv25:49M או \תארע ידיה ויתפרק /דארע בן ידוי וית#2#/:
054 Lv14:30M \מן די תארע /ממה דארע#2#/ ידה:
055 Lv10:19 אפשר מיכל מיניה ואנא דארע יתי א«ו»נסה רבה יומא
056 Gn 4:15M יתיה כל מן די יארע/דארע#2#/ יתיה:
057 דירע Dt27:17M גברה די יארע/^דירע#2#^/דמשני#2#/ תחומה דגברא
058 דירעון Nu20:14M \די ארעון /^דירעון#2#^/ארעו#2#/ יתן:
059 וארע Gn31:25M וערע/וארע#2#/ לבן ית יעקב ויעקב
060 Gn16:07 וארע יתה מלאכה דייי על עיינה
061 Gn37:17 ואזל יוסף בתר אחוי וארע יתהון בדתן:
062 Gn44:06 וארע יתהון ומלל עמהון
063 Ex15:09 בתר עמא בני ישראל וארע יתהון שריין על גוף ימא
064 Gn31:23 ארח מהלך שבעה יומין וארע יתיה בטור גלעדה:
065 Gn37:15 וארע יתיה מלאך בדמות גבר והא
066 Gn44:29 אף ית דין מן לוותי וארע יתיה סקול ותחתון ית סיבתי
067 Ex 4:24 והוה באורחא בבית אבתותה וארע יתיה מלא«כא» מן קדם ייי
068 Ex 4:27 משה למדברא ואזל וארע יתיה בטור בית מוקדשא דייי
069 וארעא Dt 4:30 בזמנה דאעיק לכון וארעא יתכון כל עקייה האליין
070 וארעו Gn32:02 ויעקב אזל לאורחיה וארעו בה מלאכין מן קדם ייי:
071 Ex 5:20 וארעו ית משה וית אהרן קיימין
072 Ex14:09 ורדפו מצריי בתריהון וארעו יתהון שריין על ימא כל
073 וארעון Dt 4:30M דאעיק לכון וארעא/^וארעון#2#^/ /בזמנא דיעיקון
074 ויארע Dt19:05 וישמט פרזלא מן קיסה ויארע ית חבריה ויקטל יתיה הוא
075 Gn42:38 והוא בלחודוי אשתייר ויארע יתיה סקול באורחא תהלכון
076 Dt19:06 ארום יזדעזע לבביה ויארע יתיה ארום תסגי ל{א}<ה>
077 Lv26:05 ויארע לכון דרכה ית קטפה וקטפה

078 ויארעו Dt 4:30M /בזמנא דיעיקון יתכון ויארעו#2#/ יתכון כל עקייה
079 Dt28:02M האליין ויארעון/^וייר#2#^/ויארעו#2#/ יתכון ארום
080 ויארעון Dt31:17 מנהון ויהוויין למזון ויארעון יתהון בישן סגין ועקין
081 Dt28:02 כל ברכתה האליין ויארעון יתכון ארום תשמעון בקל
082 Dt28:15 כל לווטייה האיליין ויארעון יתכון:
083 Dt28:15M האיליין ויארעון/^וייר#2#^/ויארעון#2#/ יתכון:
084 Dt28:45 האליין וירדפון יתכון ויארעון יתכון עד זמן
085 וייר' Dt28:02M האליין ויארעון/^וייר#2#^/ויארעו#2#/ יתכון ארום
086 Dt28:15M האיליין ויארעון/^וייר#2#^/ויארעון#2#/ יתכון:
087 Dt28:45M וירדפון יתכון ויארעון/וייר#2#/ יתכון עד זמן
088 ויירע Dt19:05M מן קיסה ויארע/ויירע#2#/ ית חבריה ויקטל יתיה
089 Dt19:06M /ירתע#2#/ לבביה ויארע/ויירע#2#/ יתיה ארום תסגי
090 וירע Gn44:29M סבר אפוי#2#/ וארע/וירע#2#/ יתיה סקול ותחתון ית
091 ותארע Lv25:26 לא יהווי ליה פרוק ותארע ידיה ותשכח כמסת פרקונה:
092 Gn44:04 קום רדף בתר גבריא ותארע יתהון ותימר להון למה כען
093 Dt31:29 מן ארחה די פקדת יתכון ותארע יתכון בישתה בסוף עקב
094 ותארעון Lv23:21 ותארעון חיין וקיימין הכזמן יומא
095 Dt 4:29M דייי#2#/ אלהכון ותשכחון/ותארעון יתיה#2#/ ארום
096 pael תארעון Lv23:02 להון מועדוי דייי די תארעון יתהון יומ«ין» טבין
097 Lv23:04 ואירועין קדישין די תארעון יתהון בזמניהון:
098 Lv23:37 מועד{ו}«י»ן דייי דיתארעון יתהון יומין טבין
099 etpeel ואתרע Gn44:04M ותארע /גוברי' ואתרע#2#/ יתהון ותימר להון למה

## ארע n. earth, ground [76]

001 s ab/cn א' Nu23:10M \כעפרא דארעא /<כ>עפר א'#2#/ או מן יכיל מסכום
002 ארע Dt 4:47 וירתו ית ארעיה וית ארע עוג מלכא דבותניין תרין
003 Nu32:01 ית ארע מ<כ>ב{כ}ר וית ארע גלעד והא אתרה שפר
004 Nu32:01 דגד תקיף לחדה וחמון ית ארע מ<כ>ב{כ}ר וית ארע גלעד
005 Lv25:24 ובכל ארע אחסנתכון פרקן תתנון לארעא:
006 Nu13:32 עברינן בה למיללה יתה ארע אכלה דיירייה היא וכל עמה
007 Lv20:24 אתן יתה לכון למרת יתה {ארע} ארע דעבדה פירין טבין
008 Gn17:08M ית \ארעא תותבותך /ארע בית תות#2#/ ית כל ארעא
009 Dt 8:15 יתכון במדברה רבה ודחילה ארע בית חיווין שרפין ועקרבין
010 Nu32:04 ייי קדם כנישתה דישראל ארע בית מרעי היא ולעבדיך בעיר
011 Dt 8:07 מעל יתכון לארע טבה ארע בית נחלין דמיין מבועין
012 Dt10:07 ומן גדגדה ליטבתה ארע בית נחלין דמייה:
013 Gn28:04M מן בתרך למירות יתך ית ארע בית תותבו'
014 Nu22:05 חלמייה די על גף נהרא ארע בני עמיה למיקרי ליה למימר
015 Lv26:38 באומיה ותאכל יתכון ארע בעלי דבביכון:
016 Ex 7:19M ויהוי אדמה בכל ארעא/ארע#2#/ דמצרים בקיסיא
017 Dt 8:09 לא תחסרון כל מן דעם בה ארע דאבניה שריין ובירין היך
018 Dt 8:15M ודחילה \ארע בית חיווין/ארע דאית בה חוון#2#/ שרפין
019 Dt 2:20 ארע דגיברין תתחשב לחוד היא
020 Nu14:08 לארעא הדה ויתן יתה לן ארע דהיא עבדה פירין טבין נקיין
021 Dt 8:08 ארע דחיטין ושערין וגופנין
022 Dt11:11 עברין לתמן למירת יתה ארע דטוורין ודבקען מן מטרה
023 Dt 8:09 ארע די לא במסכנות תאכלון בה
024 Dt 8:09M תחסר כל מנדעם בה ארע די אבניה ברירין כפורזלא
025 Dt 8:08 וגופנין ותאנין ורימונין ארע דמן זייתה עבדין משח
026 Ex13:05M למתן לכון ארעא/ארע#2#/ דעבדא פירין טבין
027 Lv20:24 יתה לכון למרת יתה {ארע} ארע דעבדה פירין טבין נקיין
028 Dt31:20 לארעא די קיימת לאבהתהון ארע דעבדה פרין טבין נקיין
029 Dt 4:22M עברין ותירתון ית ארעא/ארע#2#/ טבתה הדה:
030 Dt 8:10M דייי אלהכון על ארעא/ארע#2#/ טבתה די יהב לכון:

|  |  |  |  |
| --- | --- | --- | --- |
| 031 | | Lv23:22M | דארעכון /חצד ארע#2#/ לא תשיצון אומנה אחריה |
| 032 | | Nu13:27 | לארעא די שלחת יתן ולהוד ארע עבדה פירין סבין נקין כחלבה |
| 033 | | Dt 6:03 | ייי אלה אבהתכון לכון ארע עבדה פירין סב{ }ין נקיין |
| 034 | | Dt11:09 | למיתן להון ולבניהון ארע עבדה פירין סבין נקיין |
| 035 | | Dt26:09 | ויהב לן ית ארעא הדא ארע עבדה פירין סבין נקיין |
| 036 | | Dt26:15 | לן היך מה דקיימת לאבהתן ארע עבדה פירין סבין נקיין |
| 037 | | Dt27:03 | דייי אלהכון יהב לכון ארע עבדין פירין נקיין כחלבה |
| 038 | | Dt29:21 | ובר עממיה דייתי מן ארע רחיקה ויחמון ית מחוותה |
| 039 | | Gn36:07M | יכלית/יכלה#2#/ ארעא/ארע#2#/ תותבותהון למסחנא |
| 040 | | Gn28:04M | עמך למירתך ית ארעא/ארע#2#/ תותבותך דיהב ייי |
| 041 | | Nu32:29M | ותתנון להון ית ארעא/ארע#2#/ גלעדה/דג׳#2#/ |
| 042 | בארע | Dt 4:46 | דסמיך לטעוותה דפעור בארע סיחון מלכהון דאמוריי |
| 043 | | Gn49:05 | עבדי קרב מן טליותיהון בארע בעלי דבביהון עבדו נצחנן |
| 044 | | Lv26:39 | בכון יתמסון בחוביהון בארע בעלי דבביהון ולהוד בחובי |
| 045 | | Lv26:34 | צדי מנכון ואתון גלין בארע בעלי דבביכון בכדון תשמט |
| 046 | | Lv26:36 | ואעל תברה בלבביכון בארע בעלי דבביכון וירדוף קל |
| 047 | | Ex12:12M | בכוריה/בכריה#2#/ בארעא/בארע#2#/ דמצרים מן בני אנשא |
| 048 | | Dt32:10 | ארע יתהון שרין בארע דמדברה ובצלצלתה יליל |
| 049 | | Nu13:29M | בארעא /הוון שריין בארע#2#/ דרומה וחתאי ויבוסאי |
| 050 | | Dt 4:43 | ית בצר במדברה בארע מישרה לשבטה דבית ראובני |
| 051 | | Ex 2:22 | אמר דייר ותותב אנא בארע נוכראה: |
| 052 | | Gn11:28 | הרן בחיוי דתרח אבוהי בארע תלדוותיה באתון נורהון |
| 053 | לארע | Gn32:04 | {לוות} לוות עשו אחוי לארע גבלא לתחומהון דאדומאי: |
| 054 | | Gn31:03 | ואמר ייי ליעקב חזור לארע אבהתך לתלדוותך ואהוי בממרי |
| 055 | | Gn48:21M | ויחזור יתכון לארעא/לארע#2#/ אבהתכון: |
| 056 | | Nu35:28 | כהנא רבה יחזור קטולה לארע אחסנתיה: |
| 057 | | Dt29:27 | ובכעס רב וטלק יתהון לארע אחרני כיומא הדין: |
| 058 | | Gn29:01M | יעקב רגלוי ואזל לארעא/לארע#2#/ בני מדינחא: |
| 059 | | Lv26:41 | עמהון בקשיו ואעל יתהון לארע בעלי דבביהון או דלמה יתבר |
| 060 | | Ex33:03M | לארעא/<לא>רע#2#/ דעבדא פירין סבין |
| 061 | | Gn20:01M | מן תמן אברהם לארעא/לארע#2#/ דרומא ושרא בין רקם |
| 062 | | Ex 3:08M | מן ארעא הדא לארעא/לארע#2#/ טבא ופתיא לארעא |
| 063 | | Dt 8:07 | ייי אלהכון מעל יתכון לארע טבה ארע בית נחלין דמיין |
| 064 | | Gn22:02 | רחמת ית יצחק ואזל לך לארע טור מוריה וקרב יתה תמן |
| 065 | | Lv16:22 | עלוי ית כל חוביהון לארע מפסקה וישלח ית צפירה |
| 066 | | Ex 3:08M | טבא ופתיא לארעא/לארע#2#/ עבדא פירין סבין נקין |
| 067 | | Nu16:14 | להוד לא לארע עבדה פירין סבין נקיין |
| 068 | | Dt33:28 | יתהון יעקב אבוהון לארע עבדה עיבור וחמר לחוד שמיא |
| 069 | | Dt 2:12 | היך מה די עבדו ישראל לארע תותבותהון די יהב ייי להון: |
| 070 | | Gn36:06M | דכנען ואזל לארעא/לארע#2#/ חורי/אחורי#2#/ |
| 071 | א׳ s em/sf | Dt24:22M | הוויתון בארעא/מן א׳#2#/ דמצרים בגין כדין/כך#2#/ |
| 072 | | Ex12:25M | ארום תיעלון לארעא/על <א׳>#2#/ די יתן ייי לכון היך מה |
| 073 | | Nu32:07M | לארעא /מן למעברה ית א׳#2#/ די יהב להון ייי: |
| 074 | | Dt 4:18M | /דרמס#2# בארעא/על א׳#2#/ דמו כל נונייא ד׳/דאית#2# |
| 075 | | Ex34:08M | משה ועקד לארעא/על א׳#2#/ ואודי ושבח: |
| 076 | | Dt 1:08M | \דיירי דארעא /דיירי א׳#2#/ עולו וירתו/{ו}<י>רותו#2# |
| 077 | אר׳ | Gn 8:13M | לירחא יבשו מיא מן עלוי אר׳ |
| 078 | | Gn 8:14M | יומין בירחא יבשה אר׳#2#/: |
| 079 | | Nu11:31M | על אפיה דארעא/אר׳#2#/: |
| 080 | | Nu12:03M | /דאית#2#/ על אפיה דארעא/אר׳#2#/: |
| 081 | | Gn 9:06M | ארום /אדמיה משתפך אר׳#2#/ בדמו מן קדם ייי ברא ית |
| 082 | | Nu14:31M | יתהון> וידעון ית אר׳#2#/ די מאסתון בה: |
| 083 | | Gn28:14M | בניך/ברך#2#/ /זרעיית אר׳ ובזר׳ בניך מן בתרך#2#/: |
| 084 | | Lv18:25M | /חוביה עליה ופלטת אר׳#2#/ ית דייריה/<די>רה#2#/: |
| 085 | | Lv19:09M | \חצדא דארעכון /חצד אר׳#2#/ לא תשיצון אומנה אחריה |
| 086 | | Gn35:16M | דארעא למתייה /כברת אר׳ למיעול#2#/ לאפרתה וילדת |
| 087 | | Nu33:55M | \/כל#2#/ דיירי «ד»ארעא/אר׳#2#/ מן קדמיכון ויהווי |
| 088 | ארע׳ | Lv11:21 | רגלוי למקפצה בהון על ארע׳: |
| 089 | | Nu14:23 | אן יחמון ית ארע׳ די קיימת לאבהתהון וכל |
| 090 | | Ex15:12M | בשבועה /בשבועת׳ על ארע׳#2#/ דלית את תבע יתהון מנה |
| 091 | | Gn 6:12 | וגלי קדם ייי ית ארע׳ והא איתחבלת ארום חבלו כל |
| 092 | | Gn 8:09 | מיא הוון על אפיה דכל ארע׳ ופשט ידה ונסב יתה ואעל יתה |
| 093 | | Gn 2:19M | וברא ייי אלהים מן אדמתא/ארע׳#2#/ כל חיתא דאפי ברא וית |
| 094 | ארעא | Gn 1:01 | דייי שכלל ית שמיא וית ארעא: |
| 095 | | Gn 1:17 | ברקיעא שמיא למנהרא על ארעא: |
| 096 | | Gn 1:22 | בימיי׳ ועופא יסגא על ארעא: |
| 097 | | Gn 1:26 | ארעא ובכל רחשא דרחש על ארעא: |
| 098 | | Gn 1:28 | ובכל חייתא דרחשא על ארעא: |
| 099 | | Gn 2:06 | ארעא ומשקי ית כל אפי ארעא: |
| 100 | | Gn 4:10 | צווחין עלך קדמי מן ארעא: |
| 101 | | Gn 6:12 | כל בישרא ית אורחתי׳ על ארעא: |
| 102 | | Gn 6:13 | והא אנ׳ מחבל יתהון וית ארעא: |
| 103 | | Gn 7:03 | למקיימא בנין על אפי ארעא: |
| 104 | | Gn 7:04 | די בריית מעלווי אפי ארעא: |
| 105 | | Gn 7:06 | הווה ומבולא הוה מיא על ארעא: |
| 106 | | Gn 7:08 | ומן עופא וכל דרחיש על ארעא: |
| 107 | | Gn 7:10 | ומוי דמבולא הוון על ארעא: |
| 108 | | Gn 7:17 | ית תיבותא ורמת מעלוי ארעא: |
| 109 | | Gn 8:07 | עד די יבשו מיא מעלוי ארעא: |
| 110 | | Gn 8:11 | נח ארום קלו מיא מעלוי ארעא: |
| 111 | | Gn 8:14 | ושבעה לירחא יבשת ארעא: |
| 112 | | Gn 8:17 | ויתקפון ויסגון על ארעא: |
| 113 | | Gn 9:01 | תקופו וסגון ומלון ית ארעא: |
| 114 | | Gn 9:11 | יהבי תוב מבול למחבלא ארעא: |
| 115 | | Gn 9:12 | נפש חיתא די עמכון לדרי ארעא: |
| 116 | | Gn 9:13 | קים בין ממרי ובין ארעא: |
| 117 | | Gn 9:15M | למחבלה#2#/ כל בשרא/ארעא#2#/: |
| 118 | | Gn 9:16 | חיתה בכל בשרא די על ארעא: |
| 119 | | Gn 9:17 | ובין כל בשרא די על ארעא: |
| 120 | | Gn 9:19 | דנח ומאלין איתמלית כל ארעא: |
| 121 | | Gn11:04 | נדרי על אפי כל ארעא: |
| 122 | | Gn11:09 | יתהון ייי על אפי כל ארעא: |
| 123 | | Gn18:02 | ושאל בשלמהון כנימוס ארעא: |
| 124 | | Gn19:01 | ושאיל בשלמהון בנימוס ארעא: |
| 125 | | Gn19:31 | למיעול לוותן כאורח כל ארעא: |
| 126 | | Gn24:52 | כד שמע לשמה ייי כנימוס ארעא: |
| 127 | | Gn35:12 | ולבניך מן בתרך אתן ית ארעא: |
| 128 | | Gn37:10 | למשאל בשלמך בנימוס ארעא: |
| 129 | | Gn41:30 | דמצרים וישיצא כפנא ית ארעא: |
| 130 | | Gn41:57 | ארום תקף כפנא בכל ארעא: |
| 131 | | Gn42:06 | ושאלו בשלמיה כנימוס ארעא: |
| 132 | | Gn42:30 | ושוי יתן כמילילין ית ארעא: |
| 133 | | Gn43:26 | ושאלון בשלמיה בנימוס ארעא: |
| 134 | | Gn44:14 | ושאלו בשלמיה כנימוס ארעא: |
| 135 | | Gn44:14M | ואשטחו קדמוי על ארעא#2#/: |
| 136 | | Gn47:23 | לכון זרע ותזרעון ית ארעא^: |
| 137 | | Gn48:12 | {ואר} ואשתטחו קדמוי על ארעא: |
| 138 | | Gn48:12M | ושאלו בשלמה כנימוס ארעא#2#/: |

|  |  | | | |
|---|---|---|---|---|
| 139 | Gn49:22 | ואחסנון עם אחיהון בפלג | ארעא: | |
| 140 | Ex 1:10 | מלך ויסקון להון מן | ארעא: | |
| 141 | Ex 6:01 | תקיפא יטרוד יתהון מן | ארעא: | |
| 142 | Ex 6:13 | בני {ית בני} ישראל מן | ארעא: | |
| 143 | Ex 8:10 | כרוון כרוון ואסרחת | ארעא: | |
| 144 | Ex 8:18 | הוא ייי דממרי שרי בגו | ארעא: | |
| 145 | Ex 9:14 | תדע ארום לית כוותי בכל | ארעא: | |
| 146 | Ex 9:15 | ותשתיצי פרעה מן | ארעא: | |
| 147 | Ex 9:16 | ית שמי קדישא בכל | ארעא: | |
| 148 | Ex 9:29 | ארום דייי ה{ו}<י>א | ארעא: | |
| 149 | Ex15:15M | אמסון בלבהון כל דיירי | ארעא | |
| 150 | Ex16:14 | מפספס דקיק כגלידא על | ארעא: | |
| 151 | Ex19:05 | אמיה ארום דידי היא כל | ארעא: | |
| 152 | Ex23:30 | די תסגון ותאחסנון ית | ארעא: | |
| 153 | Ex33:16 | מכל עמיה דעל אפי | ארעא: | |
| 154 | Ex34:22M | ית עללתכון מן | ארעא#2#/: | |
| 155 | Lv11:02 | מן כל בעירה די על | ארעא: | |
| 156 | Lv11:44 | בכל שרצה דרחש על | ארעא: | |
| 157 | Lv11:46M | /נפש בשר דשרצה על | ארעא#2#/: | |
| 158 | Lv18:27 | דמן קדמיכון ואסתאבת | ארעא: | |
| 159 | Lv25:18M | לרחצן /לרחצה על | ארעא#2#/: | |
| 160 | Lv27:24 | למן דהווה דידיה אחסנות | ארעא: | |
| 161 | Nu14:21 | איקר שכינתה דייי ית כל | ארעא: | |
| 162 | Nu14:36 | כנשתה למפקה טבה ביש על | ארעא: | |
| 163 | Nu14:38 | דאזלו למיללה ית | ארעא: | |
| 164 | Nu16:34 | אמרו דלא תבלע יתהון | ארעא: | |
| 165 | Nu26:11M | {ש}<ט>מע<ו> בבליעת | ארעא | |
| 166 | Nu32:08 | רקם דגיעה למיחמי ית | ארעא: | |
| 167 | Nu34:18 | כל שבט תסבון לאחסנה ית | ארעא: | |
| 168 | Dt 6:15 | יתכון מיעלוי אפי | ארעא: | |
| 169 | Dt 7:06 | מן כל אומיה די על אפי | ארעא: | |
| 170 | Dt11:21 | לכון כיומי שמייא על | ארעא: | |
| 171 | Dt12:01 | אתון חיין וקיימין על | ארעא: | |
| 172 | Dt12:12 | חלק ואחסנה עמכון בפלוג | ארעא: | |
| 173 | Dt13:08 | סייפי ארעא ועד סייפי | ארעא: | |
| 174 | Dt14:02 | מן כל אומייה די על אפי | ארעא: | |
| 175 | Dt14:27 | חלק ואחסנה עמכון בפלוג | ארעא: | |
| 176 | Dt15:11M | לא פסקין מסכינייה בגו | ארעא | |
| 177 | Dt28:01 | ומנטלין על כל אומי | ארעא: | |
| 178 | Dt31:28 | ואסהד בהון ית שמיא וית | ארעא: | |
| 179 | Nu34:17 | די יאחסנון לכון ית | ארעא | אלעזר כהנא ויהושע בר |
| 180 | Nu32:29 | קדמיכון ותתנון להון ית | ארעא | גלעדה לאחסנה: |
| 181 | Gn 8:03 | וחזרו מ׳ מעילוי | ארעא | אזלין וחסקין וחסרו מיא |
| 182 | Lv14:34 | ואשוי מכתש צרעה בבית | ארעא | אחסנתכון: |
| 183 | Dt32:01 | קריב לשמיא ורחיק מן | ארעא | אמר לשמיא אציתו ולארעא |
| 184 | Gn 8:17 | ובכל רחשא דרחש על | ארעא | אפק עמך ויתלדון בארעא |
| 185 | Gn 7:04 | יומין הא אנה מחת מטר על | ארעא | ארבעין יממין וארבעין לילון |
| 186 | Gn 7:12 | והוה מטרא על | ארעא | ארבעין יומין וארבעין |
| 187 | Gn47:13 | ולחם דלית בכל | ארעא | ארום תקף כפנא לחדא |
| 188 | Ex12:33 | למזורזא למשלחה יתהון מן | ארעא | ארום אמרו אן שהין אנון |
| 189 | Lv25:23 | תזדבן לחלוטין ארום דידי | ארעא | ארום דגיורין ותותבין אתון |
| 190 | Lv25:23M | ארום לשמה דייי היא כל | ארעא | ארום גיורין ותותבין אתון |
| 191 | Nu22:06 | יתהון ואטרוד יתהון מן | ארעא | ארום ידע אנה ׳ית מה#2#˜ די |
| 192 | Dt 4:26M | יומין עלה /\על | ארעא#2#/ | ארום מישתיציה תשתיצון |
| 193 | Dt 4:26 | יומא הדין קדם שמיא וקדם | ארעא | ארום מיסתיפא תסתיפון בפריע |
| 194 | Gn47:06 | קדמיך היא בבית שפר | ארעא | אשרי ית אבוך וית אחך ישרון |
| 195 | Gn47:06M | ארעא /בשפר טוב | ארעא#2#/ | אשרי ית אבוך וית אחך |
| 196 | Nu26:53 | לאלין שבטיה תתפלג | ארעא | באחסנה במניין שמהן: |
| 197 | Nu36:02 | רבוני פקד ייי למיתן ית | ארעא | באחסנה בעדיון לבני ישראל |
| 198 | Dt15:11 | ביניהון מסכינייה בגו | ארעא | בגין כדין אנה מפקד יתכון |
| 199 | Gn 8:21 | לבה לא אוסף למלט תוב ית | ארעא | בגלל בר נשא ארום יצר לבהון |
| 200 | Gn34:30 | שמי ביש קדם דיירי | ארעא | בכנעניי ובפריזיי ואנה עם |
| 201 | Gn41:36 | במצרים ולא תשתיצי | ארעא | בכפנא: |
| 202 | Nu14:37 | גובריה מפקי טבה ביש על | ארעא | במגפתה קדם ייי: |
| 203 | Dt32:01 | אציתו שמיה ואמלל ותשמע | ארעא | במימר פומי: |
| 204 | Lv19:29 | דלא תזני ארעה ותתמלי | ארעא | בנין דזנו: |
| 205 | Nu33:54 | ותאחסנון ית | ארעא | בעדיון לזרעייתכון לשבטה |
| 206 | Gn 7:21 | וסאף כל בשרא דרחש על | ארעא | בעופא ובבעירה ובכל חיתא |
| 207 | Ex15:12 | ארכנת ימינך ייי על | ארעא | בשבועה דלית את תבע יתהון |
| 208 | Gn41:47 | ועבדת | ארעא | בשבעתי שני שבעה ויתמלון |
| 209 | Nu26:55 | לחוד בעד{י}<ו>ין תתפלג | ארעא | בשמ{ת}<ה>ת שבטי אבהתהון |
| 210 | Dt22:06 | בארחה בכל אילן או על | ארעא | גוזלין או בעיין ואמהון |
| 211 | Dt34:02 | וית כל ארעא דנפתלי וית | ארעא | דאפרים ומנשה וית כל ארעא |
| 212 | Dt 4:47M | ארעיה וית \ארע עוג | /ארעא | דגוג#2#/ מלכא דבותניין |
| 213 | Dt34:02 | דאפרים ומנשה וית כל | ארעא | דיהודה ועד ימה אחרייה: |
| 214 | Dt33:13 | מה בריכה היא מן קדם ייי | ארעא | דיוסף מן טוב אוצרי שמיא |
| 215 | Nu32:01M | /ארעא דמכיר וית | ארעא | דגלעדה וה{ו}א אתרא אתר |
| 216 | Ex 8:18 | ופליין ביומא ההוא עם | ארעא | דגשן די עמי שריין עלה די |
| 217 | Gn 2:11 | הוא דחזר ומקף ית כל | ארעא | דהנדקי דמן תמן דהבא נפק: |
| 218 | Gn49:15 | שירויא ארום טב הוה וית | ארעא | דישראל ארום שמינין |
| 219 | Gn 2:13 | הוא דחזר ומקף ית כל | ארעא | דכוש: |
| 220 | Gn17:08 | ית ארעא תותבותך ית כל | ארעא | דכנען לאחסנת עילם ואהוי |
| 221 | Gn42:07 | אתי{ה}<ת>ון ואמרין מן | ארעא | דכנען למזבן מזון: |
| 222 | Gn44:08 | {יתיה} לוותך בקדמיתא מן | ארעא | דכנען והיך כדין נגנב מן |
| 223 | Gn47:01 | מה דלהו«ן» אתון מן | ארעא | דכנען והא אינון יהיבין |
| 224 | Gn47:15 | מן ארעא דמצרים ומן | ארעא | דכנען ואתון כל מצראי לוות |
| 225 | Gn49:19M | יחסנון יתהון ית | ארעא | דכנען ומן בתר כן יחזרון |
| 226 | Gn50:11 | וחמון דיירי | ארעא | דכנען ית אבלה באדר אטדה |
| 227 | Ex 6:04 | עמי עמהון למתן להון ית | ארעא | דכנען ית ארעא תותבותיהון |
| 228 | Ex16:35 | אכלו עד מיעליהון לסייפי | ארעא | דכנען: |
| 229 | Lv18:03 | לא תעבדון וכעובדי דיירי | ארעא | דכנען די אנה מעל יתכון |
| 230 | Nu13:02 | שלח לך גברין ויללון ית | ארעא | דכנען די אנה יהב לבני |
| 231 | Nu13:16 | די שלח משה למיללה ית | ארעא | דכנען וקרא משה להושע בר |
| 232 | Nu13:17 | יתהון משה למיללה ית | ארעא | דכנען ואמר להון משה סוקו |
| 233 | Nu34:02 | די תיפול לכון לאחסנו | ארעא | דכנען לתחומ׳: |
| 234 | Nu34:29M | די פקד ייי למאחס׳ ית | ארעא#2#/ | דכנען: |
| 235 | Dt 1:01 | מדברה דפראן למיללה ית | ארעא | דכנען ועל עסק מנה די |
| 236 | Dt32:49 | כל קבל יריחו וחמי ית | ארעא | דכנען דאנה יהב לבני |
| 237 | Lv25:55 | די אפקת יתהון פריקין מן | ארעא | דמיצרים אנה ייי אלהכון: |
| 238 | Nu32:01M | אתרה שפר לבית מרעי | /ארעא | דמכיר וית ארעא דגלעדה |
| 239 | Gn41:46 | מן קדם פרעה ועבר בכל | ארעא | דמצרי׳: |
| 240 | Lv25:42 | ית{כ}<ה>ון פריקין מן | ארעא | דמצרי׳ לא יזדבנון כנימוסי |
| 241 | Ex12:41 | חילוותה דייי פריקין מן | ארעא | דמצריי׳: |
| 242 | Gn47:20M | ית כל \ארעהון דמצראי | /ארעא | דמצריים#2#/ לפרעה ארום |
| 243 | Gn21:21 | ונסבת ליה אימיה איתה מן | ארעא | דמצרים: |
| 244 | Gn41:19 | ולא חמת כוותיהון בכל | ארעא | דמצרים בישן: |
| 245 | Gn41:29 | שנין אתיין שבע תקף בכל | ארעא | דמצרים: |
| 246 | Gn41:33 | וחכים וישוי יתיה על | ארעא | דמצרים: |

| | | | | |
|---|---|---|---|---|
| 247 | Gn41:34 | גבר וימנה אפיטרופין בכל | ארעא | דמצרים ויהוון מפקין חד מן |
| 248 | Gn41:41 | יתך רב ושליט על כל | ארעא | דמצרים: |
| 249 | Gn41:43 | ומני יתה רב ושליט על כל | ארעא | דמצרים: |
| 250 | Gn41:44 | וית רגלה למרכב סוסא בכל | ארעא | דמצרים: |
| 251 | Gn41:45 | לאתתה ונפק יוסף בכל | ארעא | דמצרים: |
| 252 | Gn41:54 | כפנא בכל ארעתא ובכל | ארעא | דמצרים הוה לחמא: |
| 253 | Gn41:55 | וכפנת כל | ארעא | דמצרים וצווחו עמא קדם |
| 254 | Gn44:18M | עד זמן דימלו כל | ארעא | דמצרים קטילין |
| 255 | Gn44:18 | לתיקה עד זמן די ימלי כל | ארעא | דמצרים קטילין לית אנה |
| 256 | Gn44:18 | לתיקה עד זמן דנעבד כל | ארעא | דמצרים צדי מן דיור מנך |
| 257 | Gn45:08 | אנשי בייתי' ושליט בכל | ארעא | דמצרים: |
| 258 | Gn45:19 | דא עבדו סיבו לכון מן | ארעא | דמצרים עגלן לטפליכון |
| 259 | Gn45:20 | ארו{ב}<ם> טובא דכל | ארעא | דמצרים לכון הוא: |
| 260 | Gn45:26 | וארום הוא שליט בכל | ארעא | דמצרים ואתפלג לביה ארום |
| 261 | Gn47:06 | | ארעא | דמצרים קדמיך היא בבית שפר |
| 262 | Gn47:10M | דנילוס וישקון ית כל | ארעא | דמצרים ויעדי כפנא ביומך |
| 263 | Gn47:13 | לחדא ואשתלהון דיירי | ארעא | דמצרים וארעא דכנען |
| 264 | Gn47:15 | ושלם כספא מן | ארעא | דמצרים ומן ארעא דכנען |
| 265 | Gn49:26 | חסידא דרב ושליט על | ארעא | דמצרים וזהיר ביקירא דאבוי |
| 266 | Gn50:07 | שליטוי דפרעה אפיטרופוי | ארעא | דמצרים: |
| 267 | Ex 5:12 | ואבדרון עמא בכל | ארעא | דמצרים למגבא קש לתבן: |
| 268 | Ex 6:26 | אפקו ית בנוי דישראל מן | ארעא | דמצרים על חילותיהון: |
| 269 | Ex 7:19 | לאדם ויהוי אדמה בכל | ארעא | דמצרים בקיסיא ובאבניא: |
| 270 | Ex 7:21 | מן נהרא והות אדמה בכל | ארעא | דמצרים: |
| 271 | Ex 8:01 | ואסק ית ארדעניא על | ארעא | דמצרים: |
| 272 | Ex 8:02 | וסלקון ארדעניה וחפון ית | ארעא | דמצרים: |
| 273 | Ex 8:03 | ואסקון ית ארדעניא על | ארעא | דמצרים: |
| 274 | Ex 8:12 | דארעא ויהווי לכלמין בכל | ארעא | דמצרים: |
| 275 | Ex 8:13 | דארעא הוון כלמין בכל | ארעא | דמצרים: |
| 276 | Ex 8:20 | דפרעה ובבתי שליטוי ובכל | ארעא | דמצרים אתחבלת ארע«א» |
| 277 | Ex 9:09 | פרח עבד שלפוקין בכל | ארעא | דמצרים: |
| 278 | Ex 9:09 | ויהוי לאבק על כל | ארע«א» | דמצרים ויהווי על |
| 279 | Ex 9:22 | לשמיא ויהוי ברדא בכל | ארעא | דמצרים על בני אנשא ועל |
| 280 | Ex 9:23 | ארעא ואחת ייי ברדא על | ארעא | דמצרים: |
| 281 | Ex 9:24 | די לא הוות כוותיה בכל | ארעא | דמצרי«ם» מן זמנא די הות |
| 282 | Ex 9:25 | ושיציא ברדא בכל | ארעא | דמצרים ית כל מה דהוה באפי |
| 283 | Ex10:12 | דמצרים בגובא ויסק על | ארעא | דמצרים ויכול ית כל עשבא |
| 284 | Ex10:12 | ייי למשה ארכן ידך על | ארעא | דמצרים בגובא ויסק על ארעא |
| 285 | Ex10:13 | וארכן משה ית חוטריה על | ארעא | דמצרים וייי דבר רוח דקדים |
| 286 | Ex10:14 | וסלק גובא על כל | ארעא | דמצרים ושרא בכל תחומיהון |
| 287 | Ex10:21 | לשמיא ויהוי חשוכא על | ארעא | דמצרים ויהוי ממשמש |
| 288 | Ex10:22 | והוה חשוך דקבל בכל | ארעא | דמצרים תלתא יומין: |
| 289 | Ex11:06 | והווה צווחתה רבה בכל | ארעא | דמצרים די כוותה לא הוות |
| 290 | Ex12:17 | ית חיילתכון פרוקין מן | ארעא | דמצרים ותטרון ית יומא |
| 291 | Ex12:42 | דבני ישראל פריקין מן | ארעא | דמצרים ברם ארבעה לילוון |
| 292 | Ex12:51 | ית בני ישראל פריקין מן | ארעא | דמצרים על חיילותיהון: |
| 293 | Ex13:18 | בני ישראל פריקין מן | ארעא | דמצרים: |
| 294 | Ex16:32 | באפקותי יתכון פריקין מן | ארעא | דמצרים: |
| 295 | Ex19:01 | דבני ישראל פריקין מן | ארעא | דמצרים היך זמן יומא הדין |
| 296 | Ex20:02 | ואפקת יתכון פריקין מן | ארעא | דמצרים מן בית עבדי: |
| 297 | Ex32:01 | משה גברא די אסק יתן מן | ארעא | דמצרים לית אנן ידעין מה |
| 298 | Ex32:07 | עמך די אפיקת פריקין מן | ארעא | דמצרים: |
| 299 | Ex32:11 | בעמך די אפקת פריקין מן | ארעא | דמצרים בחיל«ך» רבה |
| 300 | Ex32:23 | דין משה די אפק יתן מן | ארעא | דמצרים לית אנן ידעין מה |
| 301 | Ex33:01 | ועמא די אסקת פריקין מן | ארעא | דמצרים לארעא די קיימת |
| 302 | Lv11:45 | די אפקת יתכון פריקין מן | ארעא | דמצרים למהוי {למהווי} |
| 303 | Lv19:36 | די אפק יתכון פריקין מן | ארעא | דמצרים: |
| 304 | Lv22:33 | ואפקת יתכון פריקין מן | ארעא | דמצרים למיהוי במימרי לכון |
| 305 | Lv23:43 | בזמן אפקותהון פריקין מן | ארעא | דמצרים אנה הוא ייי |
| 306 | Lv25:38 | די אפקת יתכון פריקין מן | ארעא | דמצרים למיתן לכון ית ארעא |
| 307 | Lv25:38 | דמצרים למיתן לכון ית | ארעא | דמצרים למיהוי ממרי לכון |
| 308 | Lv26:13 | פרקית יתכון פריקין מן | ארעא | דמצרים מן למיהוי להון |
| 309 | Lv26:45 | אפקת יתהון פריקין מן | ארעא | דמצרים לעיני אומייה |
| 310 | Nu 1:01 | דבני ישראל פריקין מן | ארעא | דמצרים למימר: |
| 311 | Nu 9:01 | דבני ישראל פריקין מן | ארעא | דמצ«ר»ים בירחא קדמיא |
| 312 | Nu11:20 | למימר למה כען נפקינן מן | ארעא | דמצרים: |
| 313 | Nu15:41 | די פרקת ואפקת יתכון מן | ארעא | דמצרים למיהוי לכון לאלה |
| 314 | Nu23:22 | אלהא דאפיק יתהון מן | ארעא | דמצרים די תוקפא ותושבחתה |
| 315 | Nu26:04 | ישראל דנפקו פריקין מן | ארעא | דמצרים: |
| 316 | Nu33:01 | די נפקו פריקין מן | ארעא | דמצרים לחילוותהון על ידוי |
| 317 | Nu33:38 | דבני ישראל פריקין מן | ארעא | דמצרים בירחא חמישיה בחד |
| 318 | Dt 6:12 | דאפיק יתכון פריקין מן | ארעא | דמצרים מן בית שעבוד |
| 319 | Dt 8:14 | אלהכון דאפיק יתכון מן | ארעא | דמצרים מן בית שעבוד |
| 320 | Dt 9:07 | יומא דנפקתון פריקין מן | ארעא | דמצרים עד מיעלכון עד אתרה |
| 321 | Dt13:06 | דאפק יתכון פריקין מן | ארעא | דמצרים ודי פ«ר»ק יתכון |
| 322 | Dt13:11 | דאפק יתכון פריקין מן | ארעא | דמצרים מן בית שעבוד |
| 323 | Dt16:01 | ייי אלהכון פריקין מן | ארעא | דמצרים בלליא ועבד לכון |
| 324 | Dt16:03 | בבהילו נפקתון פריקין מן | ארעא | דמצרים מן בגלל דתדכרון ית |
| 325 | Dt16:03 | יומא דנפקתון פריקין מן | ארעא | דמצרים כל יומי חייכון: |
| 326 | Dt20:01 | דאפיק יתכון פריקין מן | ארעא | דמצרים: |
| 327 | Dt29:24 | יתהון פריקין מן | ארעא | דמצרים: |
| 328 | Dt34:02 | וית כל | ארעא | דנפתלי וית ארעא דאפרים |
| 329 | Nu13:19 | ומה | ארעא | דאינון שריין בה הא טבה היא |
| 330 | Gn 1:30 | עופא דשמיא ולכל דרחש על | ארעא | דאית ביה נפש דחיא ית כל |
| 331 | Lv26:19M | לכון לא טל ולא מטר וית | ארעא | דאית ת<ח>ותיכון חסימה |
| 332 | Dt28:23M | לכון לא טל ולא מטר וית | ארעא | דאית תוחתיכון חסימה כנחשה |
| 333 | Gn23:15 | רבוני קבל מני | ארעא | דארבע מאה סלעין דכסף ביני |
| 334 | Dt28:21 | די ישצי יתכון מעילווי | ארעא | דאתון עלין לתמן למירת יתה: |
| 335 | Dt30:18 | ולא תסגון יומין על | ארעא | דאתון עברין ית ירדנה |
| 336 | Gn23:07 | ושאל בשלמיהון בנימוס | ארעא | דבני חת: |
| 337 | Gn23:11M | \ושאל בשלמהון בנימוס | ארעא | דבני חת /ואודי {לעמיה} |
| 338 | Gn 4:03 | ואייתי קין מן פירי | ארעא | דורון לשמה דייי: |
| 339 | Gn 3:23 | מן גנתה דעדן למפלח ית | ארעא | די אתברי מן תמן: |
| 340 | Gn 4:11 | וכדון ליט תהווי קין מן | ארעא | די פתחת ית פומ^ה#2#^ |
| 341 | Gn 5:29 | ביש' ומן גזל ידינן מן | ארעא | די אתליטת במימר מן קדם |
| 342 | Gn13:15 | ארום ית כל | ארעא | די את חמי לך אתן יתה |
| 343 | Gn21:23 | עבדת עמך תעבד עמי ועם | ארעא | די אתותבת בה: |
| 344 | Gn28:13 | אבוך ואלהה דיצחק | ארעא | «די» את דמך עלה לך אתן |
| 345 | Gn35:12 | וית | ארעא | די יהבת לאברהם וליצחק לך |
| 346 | Ex 8:17 | דמצרא' מן ערבובא וית | ארעא | די אנון שריין בה: |
| 347 | Ex34:12 | דלא תקיים קיים עם דיירי | ארעא | די אתון עלין בגווה דלא |
| 348 | Lv20:22 | יתהון ולא תפלוט יתכון | ארעא | די אנה מעל יתכו' לתמן |
| 349 | Lv20:25 | ובעופה ובכל מה די תרחש | ארעא | די אפרשית לכון למסאב': |
| 350 | Lv26:19 | לכון טלין ומטרין וית | ארעא | די תחתכון חסימה היך נחשה |
| 351 | Nu11:12 | פידגוגה ית יונקא על | ארעא | {די} קיימת לאבהתהון: |
| 352 | Nu13:32 | קדם בני ישראל למימר | ארעא | די עברינן בה למיללה יתה |
| 353 | Nu14:07 | דבני ישראל למימר | ארעא | די עברנן בגווה למיללה יתה |
| 354 | Nu14:31 | ואעיל יתהון ויחכמון ית | ארעא | די מאסתון בה: |

|  |  |  |  |  |
|---|---|---|---|---|
| 355 | Nu16:31 | פיתגמיה האיליין ואתפתחת | ארעא | די תחותיהו{ת}«ן»: |
| 356 | Nu27:12 | עבריה הדין ותחמי ית | ארעא | די יהבית לבני ישראל: |
| 357 | Nu32:11 | בר עשרין שנין ולעיל ית | ארעא | די קיימת לאברהם ליצחק |
| 358 | Nu33:55 | ויעיקון לכון על | ארעא | די אתון שרין בה: |
| 359 | Nu34:02 | לארעא דכנען דא | ארעא | די תיפול לכון לאחסנו ארעא |
| 360 | Nu34:13 | ית בני ישראל למימר דא | ארעא | די תתאחסנון יתה בעדיון די |
| 361 | Nu35:33 | ולא תחייבון ית | ארעא | די אתון שרין בה ארום דמא |
| 362 | Nu35:34 | ולא תסאבון ית | ארעא | די אתון שרין בה דאיקר |
| 363 | Dt 1:36 | יחמי יתה וליה אתן ית | ארעא | די דרס בה ולבנוי חלף די |
| 364 | Dt 3:28 | והוא יחסן יתהון ית | ארעא | די תחמי: |
| 365 | Dt 4:05 | ייי אלהי למעבד כדן בגו | ארעא | די אתון עללין לתמן למירות |
| 366 | Dt 4:26 | תסתיפון בפריע מעילוי | ארעא | די אתון עברין ית ירדנה תמן |
| 367 | Dt 4:40 | די תארכון יומין על | ארעא | די ייי אלהכון יהב לכון כל |
| 368 | Dt 6:23 | למעלה יתן למתן לן ית | ארעא | די קיים לאבהתנ: |
| 369 | Dt 7:13 | תוריכון ועדרי עניכון על | ארעא | די קיים לאבהתכון למיתן |
| 370 | Dt 8:01 | ותיעלון ותרתון ית | ארעא | די קיים ייי לאבהתכון: |
| 371 | Dt 9:23 | למימר עולו וירתו ית | ארעא | די יהבית לכון וסריבתון |
| 372 | Dt10:11 | וייעלון ויירתון ית | ארעא | די קיימת לאבהתהון למתן |
| 373 | Dt11:08 | ותיעלון ותירתון ית | ארעא | די אתון עברין לתמן למרת |
| 374 | Dt11:09 | די תארכון יומין על | ארעא | די קיים ייי לאבהתכון למיתן |
| 375 | Dt11:10 | ארום | ארעא | די אתון עלי{ך}<ן> לתמן |
| 376 | Dt11:21 | ויומי בניכון על | <ארעא> | די קיים ממרא דייי |
| 377 | Dt11:25 | ייי אלהכון על אפי כל | ארעא | די תדרכון בגווה היך מה |
| 378 | Dt19:08 | ויתן לכון ית כל | ארעא | די מלל למיתן לאבהתכון: |
| 379 | Dt23:21 | בכל אושטות ידיכון על | ארעא | די אתון עלין לתמן למירת |
| 380 | Dt26:02 | מן שירוי בוכרת כל פירי | ארעא | די תייתון מן ארעכון דייי |
| 381 | Dt26:15 | ית עמך ית ישראל וית | ארעא | די יהבת לן היך מה דקיימת |
| 382 | Dt28:11 | בעירכון ובפרי ארעכון על | ארעא | די קיים ייי לאבהתכון למיתן |
| 383 | Dt28:63 | יתכון ותתעקרון מן עילוי | ארעא | די אתון עלין לתמן למירת |
| 384 | Dt31:13 | די אתון חיין וקיימין על | ארעא | די אתון {חיין וקיימין על |
| 385 | Dt31:13 | אתון {חיין וקיימין על | ארעא | די אתון} עברין ית ירדנה |
| 386 | Dt32:47 | הדין תסגון יומין על | ארעא | די אתון עברין ית ירדנה תמן |
| 387 | Ex20:12 | דיסגון יומיכון על | ארעא | דייי אלהכון יהב לכון: |
| 388 | Dt 1:25 | יתן פתגם ואמרין טבא היא | ארעא | דייי אלהן י{ת}<ה>ב לן: |
| 389 | Dt 3:20 | וירתון לחוד אינון ית | ארעא | דייי אלהכון יהב לכון בעבר |
| 390 | Dt 4:01 | ותיעלון ותירתון ית | ארעא | דייי אלה אבהתכון יהב לכון: |
| 391 | Dt 5:16 | ומן בגלל דייטיב לכון על | ארעא | דייי אלהכון יהב לכון: |
| 392 | Dt11:12 | | ארעא | דייי אלהכון תבע יתה בתדירה |
| 393 | Dt11:31 | ית ירדנה למיעל למירת ית | ארעא | דייי אלהכון יהב לכון |
| 394 | Dt16:20 | דתיחון ותירתון ית | ארעא | דייי אלהכון יהב לכון: |
| 395 | Dt24:04 | קדם ייי ולא תחייבון ית | ארעא | דייי אלהכון יהב לכון |
| 396 | Dt25:15 | די יארכון יומיכון על | ארעא | דייי אלהכון יהיב לכון: |
| 397 | Nu32:04 | | ארעא | דכבש ייי קדם כנישתה |
| 398 | Gn24:03 | הוא אלהא דשליט על | ארעא | דלא תסב אתא לברי מן בנתהון |
| 399 | Gn38:09 | הוה מחבל עובדוי על | ארעא | דלא מקמא בנין לשמה דאחוי: |
| 400 | Dt32:01 | בהון קדם שמייא וקדם | ארעא | דלא מייתין לעולם ולא טעמין |
| 401 | Gn47:26M | עד יומא הדין על | ארעהון/ארעא | דמצריי#2#/ דמצראי |
| 402 | Ex10:15 | ובעשבא דאפי ברא בכל | ארעא | דמצריי: |
| 403 | Ex13:05 | ייי לאבהתכון למתן לכון | ארעא | דעבדא פירין טבין נקיין |
| 404 | Gn40:15 | ארום מתגנבא אתגנבת מן | ארעא | דעברייי ואף הכה לא עבדת כל |
| 405 | Dt 1:08 | דארעא עולו וירתו ית | ארעא | דקיים ייי לאבהתכון לאברהם |
| 406 | Dt30:20 | ואריכות יומיכון על | ארעא | דקיים ייי לאבהתכון לאברהם |
| 407 | Dt34:04 | דייי לי אמר משה דא | ארעא | דקיימת לאברהם ליצחק |
| 408 | Gn36:34 | זרח ומלך בתרה חשם מן | ארעא | דרומא: |
| 409 | Gn 1:11 | ואמ' ממרא דייי תפק | ארעא | דתין דעשב דמזריעין זרע |
| 410 | Gn 1:12 | ואפקת | ארעא | דתין דעשב דמזרעין זרע |
| 411 | Gn15:07 | דכשדאי למיתן לך ית | ארעא | הדא למירת יתה: |
| 412 | Gn15:18 | קיים למימ' לבניך אתן ית | ארעא | הדא מנילוס דמצרים עד נהרא |
| 413 | Gn24:07 | עמי למימר לבניך אתן ית | ארעא | הדא הוא ישלח מלאכא דרחמין |
| 414 | Gn31:13 | תמן נדר כדון קום פוק מן | ארעא | הדא וחזור לארעא תלדוותך: |
| 415 | Gn48:04 | אומין צדיקין ואתן ית | ארעא | הדא לבניך מן בתרך אחסנות |
| 416 | Gn50:24 | טביא ויסק יתכו«ן» מן | ארעא | הדא לארעא די קיים לאברהם |
| 417 | Ex 3:08 | דמצרייה ולמסקא יתכון מן | ארעא | הדא לארעא טבא ופתיא לארעא |
| 418 | Ex32:13 | בניכון ככוכבי שמיא וכל | ארעא | הדא דאמרת אתן לבניכון |
| 419 | Dt 3:12 | וית | ארעא | הדא ירתינן בשעתה ההיא מן |
| 420 | Dt26:09 | לארעא הדין ויהב לן ית | ארעא | הדא ארע עבדה פירין טבין |
| 421 | Gn12:07 | ואמר ליה לבניך אתן ית | ארעא | הדה ובנה תמן מדבח לשם |
| 422 | Nu14:14 | ואמרין לדיירי | ארעא | הדה שמעו ארום את הוא דאיקר |
| 423 | Nu32:05 | חן וחסד באפך יתיהב ית | ארעא | הדה לעבדך ולאחסנה לא תעבר |
| 424 | Dt 9:04 | אעיל יתן ממרה למירת ית | ארעא | הדה ובחוביהון דאומייה |
| 425 | Gn10:11 | מן | ארעא | ההיא נפק אתוריא ובנה ית |
| 426 | Ex15:12 | הוה בעה לקבלא יתהון ולא | ארעא | הוות בעה למבלע יתהון דחילא |
| 427 | Dt28:49 | אומה מן רוחקה מסייפי | ארעא | היך מה דטייס נשרא אומה די |
| 428 | Nu13:20 | ומה | ארעא | השמינין אינון פריה או |
| 429 | Gn19:23 | שמשא נחת על | ארעא | ולוט על לזער: |
| 430 | Gn 2:05 | אמטר ייי אלהים מטר על | ארעא | ואדם עד כדון לא את«ברי» |
| 431 | Ex 9:23 | וברד והלכת אשתא בגו | ארעא | ואחת ייי ברדא על ארעא |
| 432 | Ex23:31 | בידיכון ית כל דיירי | ארעא | ואטרוד יתהון מן קדמיכון: |
| 433 | Nu21:06 | ברת קלא נפקת מן גו | ארעא | ואישתמע קליה ברומה אתון |
| 434 | Ex10:15 | כל חזוה דכל ארעא וחשכת | ארעא | ואכל ית כל עשבא דארעא וית |
| 435 | Gn44:18 | ליה חולק ואחסנא בפילוג | ארעא | ואנא חילי תקיף מן חילהון |
| 436 | Nu16:33 | חיין שאול וכסיית עליהון | ארעא | ואשתיצון מן גו קהלה: |
| 437 | Gn 7:23 | עד עוף שמיא ואשתצין מן | ארעא | ואשתיר לחוד נח ומן דהוה |
| 438 | Gn 7:19 | אתגברו לחדה לחדה על | ארעא | ואתכסון כל טוריא רמיה די |
| 439 | Gn11:08 | יתהון מן תמן על אפי כל | ארעא | ואתמנעו מן למבני קרתא: |
| 440 | Ex31:17 | ברא ייי ית שמיא וית | ארעא | וביומא שביעיה הוה שבה וניח |
| 441 | Gn 1:26 | דשמיא ובבעירא ובכל | ארעא | ובכל רחשא דרחש על ארעא: |
| 442 | Gn 7:21M | ובכל שרצה דשרץ על | ארעא | ובכל |
| 443 | Gn 9:02 | דשמיא בכל מה די תרחש על | ארעא | ובכל נונוי דימא רבה בידכון |
| 444 | Ex34:10 | ופלאין די לא אתברון בכל | ארעא | ובכל אמיא ויחמי כל עמא די |
| 445 | Gn 6:01 | בני אנשא למסגי על אפי | ארעא | ובנן נקבן אתילידו להון: |
| 446 | Gn49:19 | ואנון יכבשון קדמיהון ית | ארעא | ובתר כדן יחזרון לאתרהון |
| 447 | Dt14:29 | חלק ואחסנה עמכון בפלוג | ארעא | וגיוריה ואיתמיה וארמלתה |
| 448 | Lv18:25 | ואסתאבת | ארעא | ודכרת חובה עליה ואתגליית |
| 449 | Gn 1:15 | ברקיע שמייא למנהרא על | ארעא | והו' כן כממריה: |
| 450 | Gn42:06 | ויוסף הוא הוה שליט על | ארעא | והוא הוה מזבן לכל עמא |
| 451 | Gn 1:11 | די נצבתא מינה ובה על | ארעא | והוה כן כממרה: |
| 452 | Gn 7:18 | מיא וסגון לחדה על | ארעא | והלכת תיבותא על אפי מיא: |
| 453 | Nu14:36 | משה למ{ר}«ייי»לה ית | ארעא | וחזרו ורעמו עלוי כל כנשתה |
| 454 | Lv26:06 | דמתילין בחיוות ברא מן | ארעא | וחרב דשני לא תעבר בארעכון: |
| 455 | Ex10:15 | וכסי ית כל חזוה דכל | ארעא | וחשכת ארעא ואכל ית כל עשבא |
| 456 | Ex34:15 | לא תקיימון קיים עם דיירי | ארעא | ויטעון בתר טעוותהון |
| 457 | Ex10:05 | ולא תיכול למיחמי{ה} ית | ארעא | ויכול ית שייר פליטתה |
| 458 | Lv26:32 | ואצדי אוף אנה ית | ארעא | ויצדון עליה בעלי דבביכון |
| 459 | Gn 1:29 | זרע די על אפי כל | ארעא | וית כל אילניא דאית ביה |
| 460 | Dt 4:10 | דאינון חיין וקיימין על | ארעא | וית בניהון יילפון יתהון: |
| 461 | Dt34:01 | ליה מימריה דייי ית כל | ארעא | וית גלעד עד דן |
| 462 | Dt 1:22 | קדמינן וילילו לנא ית | ארעא | ויתיבון יתן פתגמא ית ארחא |

|  |  | | | |
|---|---|---|---|---|
| 463 | Gn 1:28 | תקופו וסגון ומלון ית | ארעא | וכבישו יתה ושלוטו בנוני |
| 464 | Gn35:09M | תקופו וסגון ומלון ית | ארעא | וכבשו יתה |
| 465 | Gn 7:21 | חיתא ובכל רחשא דרחש על | ארעא | וכל בני אנשא: |
| 466 | Dt10:14 | אלהכון שמייא ושמי שמייא | ארעא | וכל מה דאית בה: |
| 467 | Gn45:11M | שנין דכפן ∧דאית בגו | ארעא#2#/ | ולא תשתיצא את |
| 468 | Lv11:43 | בכל שרצא דשרץ על | ארעא | ולא תסתאבון בהון ולא תהוון |
| 469 | Nu35:33 | ארום דמא הוא יחייב ית | ארעא | ולארעא לא יכפר באדמה |
| 470 | Gn 1:10 | וקרא ממרא דייי ליבשת' | ארעא | ולבית כנישות מיא קרא יממא |
| 471 | Dt 4:32 | ייי אלהים אדם קדמיה על | ארעא | ולמן סייפי שמייא ועד |
| 472 | Dt33:16 | עבדה פירין טבין בזכות | ארעא | ומלאיה ודעבד רעותה מן |
| 473 | Gn11:09 | ערבב ייי לשני כל דאירי | ארעא | ומן תמן דרי יתהון ייי |
| 474 | Nu17:27 | מיתו במגפתה ומנן בלעת | ארעא | ומנן נפקת אשתה: |
| 475 | Gn 2:06 | וענן הוה סלק מן | ארעא | ומשקי ית כל אפי ארעא: |
| 476 | Dt 1:25 | ונסבו בידיהון מן פירי | ארעא | ו{נ}<א>חיתו לוותן ואגיבו |
| 477 | Gn 7:17 | מבולא ארבעין יומין על | ארעא | וסגון מיא וטענו ית תיבותא |
| 478 | Gn 8:13 | לירחא נגבו מיא מעלוי | ארעא | ועבר נח ית חפייה דתיבותא |
| 479 | Gn45:06 | דנה תרתין שנין כפנא בגו | ארעא | ועד כדון חמש שנין דלא |
| 480 | Dt13:08 | {ל}<מנ>כון מן סייפי | ארעא | ועד סייפי ארעא: |
| 481 | Gn44:18 | חולק ואחסנא עמן בפלוג | ארעא | ועל חד כמה וכמה דאנה קשה |
| 482 | Dt32:43 | טביה הוא מכפר על | ארעא | ועל עמא: |
| 483 | Dt32:22 | עד שאול ארעייתה ותכלת | ארעא | ועללתה ולהטה יסודי |
| 484 | Gn41:56 | וכפנא הוה על כל אפי | ארעא | ופתח יוסף כל אוצריה דבהון |
| 485 | Gn44:11 | ואחתו גבר ית טעוניה על | ארעא | ופתחו גבר טעוניה: |
| 486 | Gn 8:01 | ועבר ייי רוח דרחמין על | ארעא | ושדכו מיא: |
| 487 | Gn10:25 | ביומוי אתפלגו דיירי | ארעא | ושמה דאחוי יקטן: |
| 488 | Gn10:25M | דיירי ארעא /אתפלגת | ארעא#2#/ | ושמה דאחוי יקטן: |
| 489 | Gn50:01M | מטיין על כל דיירי | ארעא | ושרשוי מטיין עד ארעית |
| 490 | Nu32:09 | עד נחל סגולה וחמון ית | ארעא | ותברו ית לבהון דבני ישראל |
| 491 | Dt32:52 | ארום מן כל קבלה תחמי ית | ארעא | ותמן לא תיעול לארעא די אנה |
| 492 | Dt28:64 | מן סייפי ארעה ועד סייפי | ארעא | ותפלחון תמן טעוון אחרניין |
| 493 | Lv26:34 | בעלי דבביכון בכדן תשמט | ארעא | ותרעי ית שמטיה: |
| 494 | Nu33:53 | ותישיצון ית דיירי | ארעא | ותשרון בגווה ארום לכון |
| 495 | Gn 9:14 | כד יהוון ענניא פרסין על | ארעא | ותתחמי קשתא בעננא: |
| 496 | Nu32:22 | ייי ומן ישראל ותיהוי | ארעא | חדה לכון אחסנה קדם ייי: |
| 497 | Dt 4:36 | מימריה למרדי יתכון ועל | ארעא | חוי יתכון ית אשתיה רבתה |
| 498 | Gn 6:11 | קדם ייי ואתמליאת | ארעא | חמסין וגזלנין: |
| 499 | Gn 6:11M | ארעא /ואתמליית | ארעא#2#/ | חמסין וגזלנין: |
| 500 | Gn 6:13 | סלקת קדמוי ארו' אתמליאת | ארעא | חמסין וגזילין מן קדימהון |
| 501 | Dt 1:35 | האלין דרה בישה הדין ית | ארעא | טבתה דקיימת למיתן |
| 502 | Dt 3:25 | אעבר כען בבעו ואחמי ית | ארעא | טבתה די בעבר ירדנה טורא |
| 503 | Dt 4:22 | ואתון עברין ותירתון ית | ארעא | טבתה הדה: |
| 504 | Dt 6:18 | לכון ותיעלון ותירתון ית | ארעא | טבתה די קיים ייי לאבהתכון: |
| 505 | Dt 8:10 | ית ממרה דייי אלהכון על | ארעא | טבתה די יהב לכון: |
| 506 | Dt 9:06 | ייי אלהכון יהב לכון ית | ארעא | טבתה הדה למירת יתה ארום עם |
| 507 | Dt11:17 | ותסופון בופריע מן עלוי | ארעא | טבתה דממרא דייי יהב לכון: |
| 508 | Ex15:12 | מנה לעלמא דאתי ופתחת | ארעא | ית פומא ובלעה יתהון: |
| 509 | Ex20:11 | יומין ברא ייי שמיא וית | ארעא | ית ימיה וית כל מה דבהון |
| 510 | Lv18:25 | חובה עליה ואתגליית | ארעא | ית דיריה: |
| 511 | Lv26:34 | בכדן תרעה | ארעא | ית שמטה כל יומין דהיא צדי |
| 512 | Nu16:30 | חדתה יברא ייי ותפתח | ארעא | ית פמה ותבלע יתהון וית כל |
| 513 | Nu16:32 | ופתחת | ארעא | ית פמה ובלעת יתהון וית |
| 514 | Nu17:27M | אשתה ואית מנן די פתחת | ארעא | ית פומה ובלעת יתהון |
| 515 | Nu26:10 | ותפתח | ארעא | ית פמה ובלעת יתהון וית |
| 516 | Dt11:06 | בר ראובן די פתחת | ארעא | ית פמה ובלעת יתהון וית |
| 517 | Dt30:19 | יומא הדין ית שמיא וית | ארעא | ית אורחה דחיי וית אורחה |
| 518 | Lv18:28 | ולא תפלוט | ארעא | יתכון בסאבותכון יתה היך מה |
| 519 | Lv11:29 | מסאב בשרצא דשרץ על | ארעא | כבושתה ועכברה וחר{ו}<ד>ונה |
| 520 | Gn 2:09M | ורבי ייי אלהים מן | אדמתא/ארעא#2#/ | כל אילן דיאי למחמי |
| 521 | Gn44:18 | חולקא ואחסנא בפילוג | ארעא | כל דכן בגלל בנימן אחונן |
| 522 | Gn44:18M | לה חולק ואחסנא בפילוג | ארעא | כל דכן בגלל בנימן אחונ' |
| 523 | Gn 4:12 | ארום תהוי {ו} פלח ית | ארעא | לא תוסף למתן פירי עללתא לך |
| 524 | Gn18:25 | דיינא דדיינן כל דיירי | ארעא | לא יעבד דינא: |
| 525 | Lv11:42 | כל {ד} שרצה דשרץ על | ארעא | לא תאכלון יתהון ארום שקץ |
| 526 | Dt29:22 | גפרי ומלח יקידה כל | ארעא | לא תזדרע ולא תצמח ולא יסק |
| 527 | Gn 8:19 | וכל עופה וכל דרחש על | ארעא | לזרעיתהון נפקו מן תבותא: |
| 528 | Nu14:07 | בגווה למיללה יתה טבה | ארעא | לחדה לחדה: |
| 529 | Nu12:12 | דמטה קצה למחסנה ית | ארעא | למה היא מתמנעה מנן צלי על |
| 530 | Gn 6:17 | מייתי ית מבולא דמייא על | ארעא | למחבלא כל בשרא דאית ביה |
| 531 | Gn 7:14 | למינה וכל רחשא דרחש על | ארעא | למינהו וכל עופה למינה וכל |
| 532 | Gn48:07M | /בזמן אסון בכרת | ארעא | למיעול לאפר#2#/ וקברת |
| 533 | Nu33:53 | ארום לכון יהבית ית | ארעא | למירת יתה: |
| 534 | Gn27:05 | בריה ואזל עשו לאפיה | ארעא | למצוד ציד למייתיי«ה»: |
| 535 | Gn13:06 | ולא אסתנ' יתהון | ארעא | למשרי כחדה ארום הוה |
| 536 | Nu13:25 | וחזרו מן דייללו ית | ארעא | לסוף ארבעין יומין: |
| 537 | Gn47:20 | תקף עליהון כפנא והוות | ארעא | לפרעה: |
| 538 | Gn47:23 | יתכון יומא הדין וית | ארעא | לפרעה שיבו לכון זרע |
| 539 | Dt32:43 | ובחובי עמא | ארעא | לקייא וברחמוי טביה הוא |
| 540 | Nu32:33 | דעוג מלכא דמותנין | ארעא | לקירייה בתחומה קרייה דארעא |
| 541 | Lv25:18 | יתהון ותשרון על | ארעא | לרחצן: |
| 542 | Gn11:01M | דארעא /והוות כל | ארעא#2#/ | לשן חד וממלל חד ∧ועיצה |
| 543 | Nu34:12 | דמלחה דא תיהווי לכון | ארעא | לתחומה מן חזור חזור: |
| 544 | Gn 7:24 | ואתגברו מיא על | ארעא | מאה וחמשין יומין: |
| 545 | Nu13:18 | ותחמון ית | ארעא | מה היא וית עמא דישריין |
| 546 | Gn16:05 | שלמה ביני ובינך ותתמלא | ארעא | מינן ולא נצרך לבניה דהגר |
| 547 | Ex15:12 | למבלע יתהון דחילא הוות | ארעא | מן דינא יומא רבה דלא יתבע |
| 548 | Nu13:21 | וסליקו וילילו ית | ארעא | מן מדברה דצין עד רחוב |
| 549 | Dt 3:08 | ונסבנן בשעתה ההיא ית | ארעא | מן ^יד#2#^ תרין מלכיהון |
| 550 | Dt26:10 | ית שרוי בוכרת כל פירי | ארעא | מן מה די יהבת לן ייי |
| 551 | Dt28:56 | כפה דרגלה למקבע יתה על | ארעא | מן חטוייה ומן פרנוקה תבאש |
| 552 | Gn 3:17 | לא תיכול מינה ליטא תהוי | ארעא | מן בגללך בצער תיכל פירי |
| 553 | Gn49:25 | מבועי תהומא דסלקין מן | ארעא | מן לרע בריכין דדיא דינקת |
| 554 | Dt 3:24 | מן לעיל ושלטניך על | ארעא | מן לרע די יעבד כעבדיך |
| 555 | Dt 4:39 | מן לעיל ושולטנה על | ארעא | מן לרע לית אלה אחרן |
| 556 | Ex 8:20 | ארעא דמצרים אתחבלת | ארע«א» | מן קדם ערברובא: |
| 557 | Nu33:52 | ותשיצון ית כל דיירי | ארעא | מן קדמיכון ותסיפון ית כל |
| 558 | Nu21:26 | קדמייה ונסב ית כל | ארעא | מניה עד ארנונה: |
| 559 | Gn 4:16 | עד לא קטל להבל הוות | ארעא | מרביה קודמוי היך פירי |
| 560 | Gn19:28 | סדם וכלפי עמרה וכלפי | ארעא | משרה וחמה והא סליק קיטורא |
| 561 | Dt10:07M | "ארע ... דמייה" | ארעא | נחלין דמיין |
| 562 | Gn 1:24 | ואמר ממריה דייי תפק | ארעא | נפ' דחיא למינה בעיר ורחש |
| 563 | Dt 1:21 | אלהיכון קדמ«י»כון ית | ארעא | סוקו וירתו היך מה די מלל |
| 564 | Gn44:18M | עמן חולק ואחסנ' בפילוג | ארעא | ע' חד כמ' וכמ' |
| 565 | Nu16:13 | היא ארום אסקת יתן מן | ארעא | עבדה פירין טבין נקיין |
| 566 | Gn13:15M | בניך מן בתרך אתן ית | ארעא#2#/ | עד לעלם: |
| 567 | Ex10:06 | מן יומא די הוון על | ארעא | עד יומא הדין וזרו ונפק |
| 568 | Gn 6:11 | וחבלו דיירי | ארעא | עובדיהון קדם ייי ואתמליאת |
| 569 | Gn 1:20 | נפש דחיא ועופא דפרח על | ארעא | על אפי אויר רקיע שמיא: |
| 570 | Gn41:57 | וכל דיירי | ארעא | עלו למצרים למזבן עיבור מן |

|  |  |  |  |
|---|---|---|---|
| 571 | | Lv25:19 | ותתן ארעא פירי עללתה ותאכלון ותשבעון |
| 572 | | Lv25:21 | לכון בשתה שתיתיה ותעבד ארעא פירי עללתה לתלת שנין: |
| 573 | | Lv26:04 | מטר ארעכון בזמנה ותתן ארעא פירי עללתה ואילנייה דאפי |
| 574 | | Ex23:29 | בשתא חדא דלא תהוי ארעא צדי דלא תסגי עליכון חיות |
| 575 | | Gn 6:11M | עובדיהון קדם /ואתחבלת ארעא קדם#2#/ ייי ואתמליאת |
| 576 | | Nu32:22 | ותתכבש ארעא קדם ייי ומן בתר כדן תחזרון |
| 577 | | Gn28:10 | רגלוי למזל לחרן קפצת ארעא קדמוי ואשתכח יתיב בחרן |
| 578 | | Nu32:29 | קדם ייי ותתכ{נ}<ב>ש ארעא קדמיכון ותתנון להון ית |
| 579 | | Gn13:09 | הלא כל ארעא קדמך אתפר׳ כען מעלוי אן את |
| 580 | | Gn33:03 | ושאל בשלומהון בנימוס ארעא שבעה זמנין עד זמן די קרב |
| 581 | | Lv25:02 | די אנה יהב לכון ותשמט ארעא שמטה לשמה דייי: |
| 582 | | Ex20:24 | מדבח קביע על ארעא תבנון לשמי ותקרבון עלוי ית |
| 583 | | Gn36:07 | למישרי כחדא ולא יכלית ארעא תותבותהון למסחנא יתהון |
| 584 | | Ex 6:04 | להון ית ארעא דכנען ית ארעא תותבותיהון די אתותבו בה: |
| 585 | | Gn17:08 | לך ולבניך מן בתרך ית ארעא תותבותך ית כל ארעא דכנען |
| 586 | | Gn28:04 | לך ולבנך עמך למירתך ית ארעא תותבותך דיהב ייי לאברהם: |
| 587 | | Gn42:34 | ית אחוכון אתן לכון וית ארעא תחסנון: |
| 588 | | Gn24:07 | יתי מן בייתא דאבא ומן ארעא תלדוותי ודי מלל עמי ודי |
| 589 | | Dt12:16 | לחוד דמה לא תאכלון על ארעא תשפכון כמיא: |
| 590 | | Dt12:24 | לא תאכלון יתיה על ארעא תשפכון יתיה כמיא: |
| 591 | | Dt15:23 | ית אדמא לא תיכלון על ארעא תשפכון יתיה כמיא: |
| 592 | ארעאן | Gn47:19 | לחוד ארען קנה יתן וית ארעאן בלחמא ונהווי אנן וארען |
| 593 | ארעה | Ex 1:10M | ויתרך יתן וניסוק מן ארעה#2#/: |
| 594 | | Lv11:46 | במיא ולכל שרצה דשרץ על ארעה: |
| 595 | | Dt 5:06 | ואפקית יתכון פריקין מן ארעה דמצרים מן בית שעבוד |
| 596 | | Dt 3:18 | ייי אלהכון יהב לכון ית ארעה הדה למירת יתה מזיינין |
| 597 | | Dt28:64 | ייי בכל אומיה מן סייפי ארעה ועד סייפי ארעא ותפלחון תמן |
| 598 | | Lv19:29 | מן למסבה יתהון דלא תזני ארעה ותתמלי ארעא בנין דזנו: |
| 599 | | Gn33:03M | ארעא /ואישתטח על ארעה#2#/ שבעה זמנין עד זמן די |
| 600 | | Lv11:41 | וכל שרצא דשרץ על ארעה שקץ הוא לא יתאכל: |
| 601 | ארעהון | Gn47:22 | בגין כדין לא זבנו ית ארעהון: |
| 602 | | Dt 9:05 | אתון עללין למירת ית ארעהון ארום בחוביהון דאומייה |
| 603 | | Dt29:27 | ותלש יתהון ייי מעלוי ארעהון בתקוף רגוז ובכליתה ובכעס |
| 604 | | Nu20:23M | \לתחומיהון דאדומיי /ארעהון דאדומאי#2#/ למימר: |
| 605 | | Nu21:04 | ארח ימה דסוף למקפה ית ארעהון דאדומיי ואתעקת נפשהון |
| 606 | | Nu33:37 | ושרון בהר טורא בסיפי ארעהון דאדומיי: |
| 607 | | Dt 2:19 | קרבה ארום לא אתן מן ארעהון דבני עמוניי לכון ירתו |
| 608 | | Dt 3:13 | לאתרה ההוא יתקרי ארעהון דג{ו}<י>ברייה: |
| 609 | | Gn47:22 | להון ארעהון דכומריא לא זבן ארום חולק |
| 610 | | Gn47:26 | לפרעה לחד מן חמשה להוד ארעהון דכומריא בלחודיהון לא הוות |
| 611 | | Gn50:11M | דיירי \ארעא דכנען /ארעהון דכנענאי#2#/ ית אבלה |
| 612 | | Dt 1:07 | ובדרומה ובחוף ימא ארעהון דכנעניי וטור בית מוקדשה |
| 613 | | Gn47:20 | וזבן יוסף ית כל ארעהון דמצראי לפרעה ארום זבנו |
| 614 | | Gn47:26 | לסימן עד יומא הדין על ארעהון דמצראי לפרעה לחד מן חמשה |
| 615 | | Ex13:17 | ולא דבר יתהון ייי ארח ארעהון דפלישתיי ארום קריבה הוא |
| 616 | | Lv20:24 | לכון אתון תירתון ית ארעהון ואנה אתן יתה לכון למרת |
| 617 | | Dt29:07 | ונסבינן ית ארעהון ויהבנן יתה לאחסנה לשבטה |
| 618 | | Dt19:01 | אלהכון יהיב לכון ית ארעהון ותירתון יתהון ותשרון |
| 619 | | Dt 2:09 | ארום לא אתן לכון מן ארעהון ירתו ארום לבנוי דלוט |
| 620 | | Dt 4:38 | יתכון למתן לכון ית ארעהון לאחסנה ביומא הדין: |
| 621 | | Dt 2:05 | ארום לא אתן לכון מן ארעהון עד מדרס כפה דרגלה ארום |
| 622 | ארעי | Gn16:05 | צערי מסיר בידך שבקית ארעי ובית תלדוותי ובייתי׳ דאבה |
| 623 | | Gn20:15 | ואמר אבימלך הא ארעי קדמיך מה דשפר באפך שרי: |
| 624 | ארעיא | Nu21:35 | שיירו לה שזבא וירתו ית ארעיא: |
| 625 | ארעיה | Ex 6:11 | וישלח ית בני ישראל מן ארעיה: |
| 626 | | Ex11:10 | שלח ית בני ישראל מן ארע{א}יה: |
| 627 | | Dt 2:31 | שרון למירת למחסנה ית ארעיה: |
| 628 | | Dt11:03 | מלכא דמצרים ולכל ארעי{א}<ה>: |
| 629 | | Dt29:01 | ולכל שולטנוי ולכל ארעיה: |
| 630 | | Dt34:11 | לפרעה ולכל עבדוי ולכל ארעיה: |
| 631 | | Gn44:18M | עד זמן די נעבד כל ארעיה דמצרי׳ צדי |
| 632 | | Dt 4:47 | וירתו ית ארעיה וית ארע עוג מלכא |
| 633 | | Nu21:34 | וית כל עמיה ˆוית ארעיה#2#ˆ ותעבד ליה היך מה דעבדת |
| 634 | | Dt 3:02 | יתיה וית כל עמיה וית ארעיה ותעבד ליה היך מה די עבדת |
| 635 | | Nu21:24 | לפתגם דחרב וירתו ית ארעיה מן ארנונה עד יבקה עד |
| 636 | | Dt 2:24 | דחשבון אמורייה וית ארעיה שרון למירת ותתגרון |
| 637 | | Dt 2:31 | קדמך ית סיחון וית ארעיה שרון למירת למחסנה ית |
| 638 | ארעך | Gn12:01 | ייי לאברם אזל לך מן ארעך ומן תל{{ודו}}<דו>ותך ומן |
| 639 | ארעכון | Lv25:09 | תעברון שיפורה בכל ארעכון: |
| 640 | | Dt12:19 | ליווי כל יומיכון על ארע{א}<ע>כון: |
| 641 | | Lv26:04 | ואשווי מטר ארעכון בזמנה ותתן ארעא פירי |
| 642 | | Ex34:24 | גבר מלך ושליט ית ארעכון במיסק לכון למתחמייה קדם |
| 643 | | Dt28:18 | בפרי ולד מעיכון ובפרי ארעכון בקרת תוריכון ועדרי |
| 644 | | Dt19:03 | אורחא ותתלתון ית תחום ארעכון די יאחסן יתכון ייי אלהכון |
| 645 | | Dt28:52 | לכון בכל קורייכון בכל ארעכון די יהב ייי אלהכון לכון: |
| 646 | | Dt19:02 | תפרשון ל{גוו}ך בגו ארעכון דייי אלהכון יהב לכון למרת |
| 647 | | Dt19:10 | ולא ישתפך אדם זכיי בגו ארעכון דייי אלהכון יהיב לכון |
| 648 | | Dt21:23 | כל דצליב ולא תסאבון ית ארעכון דייי אלהכון יהיב לכון |
| 649 | | Dt26:02 | פירי ארעא די תייתון מן ארעכון דייי אלהכון יהב לכון |
| 650 | | Dt28:04 | בפרי ולד מעיכון ובפירי ארעכון ובפירי בעיריכון בקרת |
| 651 | | Gn49:20M | מה /שמינין אינון פירי ארעכון והא תהוי מרבייה |
| 652 | | Dt28:52 | דאתון רחיצין בהון בכל ארעכון ויעיקון לכון בכל קורייכון |
| 653 | | Dt28:33 | פרי ארעכון וכל לעותכון יאכלון אומה |
| 654 | | Ex23:10 | ושית שנין תזרעון ית ארע{א}כון ותכנשון ית עללתה: |
| 655 | | Ex23:10M | תזרעון ית ארע{א}כון/ארעכון#2#/ ותכנשון ית עללתה: |
| 656 | | Dt28:42 | כל אילנכון ופרי ארעכון ישיצון יתהון מסקייה |
| 657 | | Dt30:09 | ובפרי בעירכון ובפרי ארעכון לטבן סגין ארום יחזר ייי |
| 658 | | Dt 7:13 | פירי ולד מעיכון ופירי ארעכון עבידתיכון חמריכון ומשחכון |
| 659 | | Dt28:51 | פרי בעירכון ופרי ארעכון עד זמן די תשתיצון די לא |
| 660 | | Dt28:11 | ובפירי בעירכון ובפרי ארעכון על ארעא די קיים ייי |
| 661 | | Lv26:20 | חייליכון ולא תתן ארעכון פירי עללתה ואילנה דאפי |
| 662 | | Lv26:33 | בתרכון שלפי חרב ותיהוי ארעכון צדי וקורייכון יהוון |
| 663 | | Ex34:26 | שרוי בכורת ארעכון תייתון לבית מקדשא דייי |
| 664 | ארען | Gn47:19 | קדמיך לחוד אנן לחוד ארען קנה יתן וית ארעאן בלחמא |
| 665 | בא׳ | Gn10:08M | ולמרדה קדם ייי בא׳#2#/: |
| 666 | | Dt31:12M | וגייורייה די בא׳ |
| 667 | | Lv25:07M | /ולחייתה דאית בא׳#2#/ תיהוי כל עללת למיכל |
| 668 | באר׳ | Gn10:08 | הוא שרי למהוי גיבר באר׳: |
| 669 | | Gn12:05M | דכנען ואתון לארעא/באר׳#2#/ דכנען: |
| 670 | | Lv25:10M | /ותקרון חיר{ן}<ו> באר׳#2#/ לכל דיירה יובלה היא |
| 671 | בארע׳ | Dt32:49 | הדין הר נבו די בארע׳ דמאב די כל קבל יריחו |
| 672 | | Dt26:02M | די תייתון \מן ארעכון/בארע׳#2#/ דייי אלהכון יהב |
| 673 | | Gn12:10 | והוה כפנא בארע׳ ונחת אברם למצרים |
| 674 | | Gn 6:17 | מן תחות שמיא כל מה די בארע׳ ישתיצי: |
| 675 | בארעא | Gn 2:05 | את«ברי» למהוי פלח בארעא: |
| 676 | | Gn 4:02 | רעי ען וקיין הוה פלח בארעא: |
| 677 | | Gn 4:12 | גלי ומטלטל תיהוי קין בארעא: |
| 678 | | Gn12:06 | עד כען הוון שריין בארעא: |

679 Gn12:10 תמן ארום תקף כפנא בארעא:
680 Gn13:07 עד כען אנון שריין בארעא:
681 Gn26:22 אפתי ייי לן ותקפינן בארעא:
682 Gn29:22M אוחראין וקמו עמה בארעא
683 Gn43:01 וכפנא תקיף בארעא:
684 Ex 9:05 יעבד ייי פתגמייא הדין בארעא:
685 Ex 9:33M לא נחת לארעא/בארעא#2/:
686 Dt29:17 דהוא מדמי לשריש קביע בארעא ארום ראשיא דחטה חלי כדבשה
687 Gn 6:04M גיברין הוון שריין בארעא ביומי' האינון ולחד
688 Gn 6:04 גיבריה הוון בארעא ביומיה האינון ולחוד
689 Nu15:02 להון ארום תיעלון בארעא בית מידוריכון ד«י»אנה
690 Gn26:01 והוה כפנא בארעא בר מן כפנא קדמייה דיהווה
691 Gn10:32 אלין אתפרשו אומייא בארעא בתר מבולא:
692 Gn 4:16 קין מן קדם ייי ושרא בארעא גלי ומטלטל מן מדנח לעדן
693 Gn10:10 ונציבין וקטיספי בארעא דבבל:
694 Gn11:02 לבבהון ואשכחו בקעה בארעא דבבל ושרון תמן:
695 Gn36:21 דאדומיי» לרברבניהון בארעא דגבלא:
696 Gn45:10 ותשרי בארעא דגושן ותיהווי קריב לוותי
697 Gn47:27 ישראל בארעא דמצרים בארעא דגושן ואחסנו בה ותקפו
698 Gn46:34 להוד מן בגלל דתישרון בארעא דגשן ארום מרחקי ^היא#2#^
699 Gn47:01 והא אינון יהיבין בארעא דגשן:
700 Gn47:04 וכדון ישרון כען עבדך בארעא דגשן:
701 Gn47:06 ית אבוך וית אחך ישרון בארעא דגשן ואן את ידע ואית
702 Gn50:08 ועניהון ותוריהון שבקו בארעא דגשן:
703 Ex 9:26 לחוד בארעא דגשן די שרין תמן בני
704 Gn13:12 אברם שרה בארעא דכנען ולט שרה בקרי משרה
705 Gn16:03 דיומין די שרא אברם בארעא דכנען ויהבת יתה לאברם
706 Gn23:02 אבהתא היא חברון בארעא דכנען ואתה אברהם למספדא
707 Gn23:19 מימרא היא חברון בארעא דכנען:
708 Gn33:18 טבא לכרכה דשכם די בארעא דכנען במיתייא מפדן ארם
709 Gn35:06 ועל יעקב לוזה די בארעא דכנען הי ביתאל הוא וכל
710 Gn36:05 דעשו די אתילדו ליה בארעא דכנען:
711 Gn36:06 וית כל קניינוי די קנה בארעא דכנען ואזל לארעא חורי
712 Gn37:01 בארעא תותבותיה דאבוי בארעא דכנען:
713 Gn42:05 עלליה ארום הוה כפנא בארעא דכנען:
714 Gn42:13 אחין אנן בנוי דגבר חד בארעא דכנען והא זעירא עם אבונן
715 Gn42:32 יומא דן עם אבונן בארעא דכנען:
716 Gn44:18 ושליטין אנן כוותך בארעא דכנען היך מה דאת ופרעה
717 Gn44:18 אנה ויעקב אבה שליטין בארעא דכנען:
718 Gn46:06 וית ממוניהון די קנון בארעא דכנען ואתון מצרימה
719 Gn46:31 דאבא די בארע«א» דכנען אתון לוותי:
720 Gn47:04 כפנא לחדא ואישתלחון בארעא דכנען וכדון ישרון כען
721 Gn48:03 שמיא אתגלי עלי בלוז בארעא דכנען וברך יתי:
722 Gn48:07 מיתת קדמ' רחל בארעא דכנען בארחא באשון עללתא
723 Gn50:05 מאית בקברי די חפרת לי בארעא דכנען תמן תקבר יתי וכדון
724 Nu26:19 ומית ער ואונן בארעא דכנען:
725 Nu32:30 ויתאחסנון ביניכון בארעא דכנען:
726 Nu32:32 מזיינ{י}ין קדם ייי בארעא דכנען ועמן ירתות אחסנותן
727 Nu33:40 הוא הוה שרי בדרומ' בארעא דכנען בזמנה דאתון בני
728 Nu34:29 למאחסנה ית בני ישראל בארעא דכנען:
729 Nu35:14 וית תלת קוריאן תתנון בארעא דכנען קריוא יהוויי לכון:
730 Ex 2:15 משה מן קדם פרעה ושרה בארעא דמדין ויתב לה על בארה:
731 Gn41:48 שבעתי שנייה דיהוון בארעא דמצרי' ושוי מזון בקרויא
732 Gn40:18 ישראל למשתעבדא בארעא דמצרים בטינא ובליבני
733 Gn41:30 ותתנשי כל שבעה בארעא דמצרים וישיצא כפנא ית
734 Gn41:56 למצרים ותקף כפנא בארעא דמצרים:
735 Gn44:18 דאת ופרעה רבך שליטין בארעא דמצרים כן אנה ויעקב אבה
736 Gn46:20 ואתיליד ליוסף בארעא דמצרים מה דילידת ליה
737 Gn47:14 ית כל כספא דאשתכח בארעא דמצרים ובארעא דכנען
738 Gn47:27 ושרון ישראל בארעא דמצרים בארעא דגושן
739 Gn47:28 וחיה יעקב בארעא דמצרים שבע עשרה שנין
740 Gn48:05 תרין בניך דאתילדו לך בארעא דמצרים עד מייתוי לוותיך
741 Gn49:26M \על ארעא/^בארעא#2#^/בקוריהון#2#/ דמצרים
742 Ex 6:28 די מלל ייי עם משה בארעא דמצרים:
743 Ex 8:21 קרבו קדם ייי אלהכון בארעא דמצרים:
744 Ex 8:21M בארעא /פלחו לאלהא בארעא#2#/ דמצרים:
745 Ex 9:22 ועל כל עשבא באפי ברא בארעא דמצרים:
746 Ex11:03 גברא משה תקיף לחדא בארעא דמצרים באפיה שליטוי
747 Ex11:05 ואתקטל כל בכוריה בארעא דמצרים מן בכורא דפרעה
748 Ex11:09 למסגי נסי פרישתי באר«א» דמצרים:
749 Ex12:01 ואמר ייי למשה ולאהרן בארעא דמצרים למימר:
750 Ex12:12 הדין ואקטל כל בכוריה בארעא דמצרים מן בני אנשא ועד
751 Ex12:12 ואעבר בממרי בארעא דמצרים בלילי פסחא הדין
752 Ex12:13 בקטלותי כל בכוריא בארעא דמצרים:
753 Ex12:29 וייי קטל ית כל בכוריא בארעא דמצרים מן בכורא דפרעה
754 Ex13:15 וקטל ייי כל בכוריה בארעא דמצרים מן בכוריה
755 Ex16:03 מותנו קדם ייי בארעא דמצרים כד הווינן יתיבין
756 Ex22:20 דייר{ו}<י>ן הויתון בארעא דמצרים:
757 Ex23:09 ארום גיורין הויתון בארעא דמצרים:
758 Lv19:34 ארום גיורין הויתון בארעא דמצרים אמר ייי אלהכון:
759 Nu 3:13 די קטלת כל בוכריה בארעא דמצרים אקדשת לשמי כל
760 Nu 8:17 ביומא דקטלת כל בכוריה בארעא דמצרים «אקדשית» יתהון
761 Dt 5:15 עבדין משעבדין הויתון בארעא דמצרים ופרק ואפק יתכון
762 Dt10:19 ארום גיורין הוויתון בארעא דמצרים:
763 Dt15:15 עבדין משעבדין הוויתון בארעא דמצרים ופרק יתכון ייי
764 Dt16:12 עבדין משעבדין הוויתון בארעא דמצרים ותטרון ותעבדון ית
765 Dt24:22 עבדין משעבדין הויתון בארעא דמצרים בגין כדין אנה
766 Dt29:01 די עבד ייי לעייניכון בארעא דמצרים לפרעה ולכל
767 Dt29:15 ידעתון ית מה די שרינן בארעא דמצרים וית מה די עברנן
768 Dt33:16 דה{א}<ו>א מלך ושליט בארעא דמצרים וזהיר באיקרהון
769 Dt34:11 מימריה דייי למיעבד בארעא דמצרים לפרעה ולכל עבדוי
770 Gn26:02 לא תיחות מצרימה שרי בארעא די אמר לך:
771 Dt 4:14 דינין די תעבדון יתהון בארעא די אתון עברין לתמן למירת
772 Dt 5:31 די תליף יתהון ויעבדון בארעא די אנה יהב לכון למירת
773 Dt 5:33 ותסגון ותורכון יומין בארעא די תרתון:
774 Dt 6:01 למלפה יתכון למעבד בארעא די אתון עברין לתמן למירת
775 Dt12:01 דינייה די תטרון למעבד בארעא די יהב ייי אלה אבהתכון
776 Dt30:16 יתכון ייי אלהכון בארעא די אתון עללין לתמן למירת
777 Dt31:16 בתר טעוון נכריין דאית בארעא די אינון עללין לתמן
778 Dt12:10 ית ירדנה ותשרון בארעא דייי אלהכון מחסן יתכון
779 Dt21:01 ארום ישתכח קטיל בארעא דייי אלהכון יהב לכון
780 Dt25:19 מן חזור חזור בארעא דייי אלהכון יהיב לכון
781 Dt28:08 ידיכון ויברך יתכון בארעא דייי אלהכון יהב לכון:
782 Gn15:13 יהוון זרעיית בניך בארעא דלא דידהון וישעבדון יתהון
783 Dt 4:17 דמו כל בעיר דאית בארעא דמו כל עוף דפרח דטייס
784 Dt 4:18 דמו כל דרחש בארעא דמו כל נונייא די במייא
785 Ex 7:03 ית נסוי וית פרישתי בארעא דמצרי:
786 Gn21:34M ואיתותב אברהם בארעהון/בארעא#2#/ דפלשתאי יומין

|  |  |  |  |
|---|---|---|---|
| 787 | | Gn24:62 | כל עלמא והוא הוה שרי בארעא דרומה: |
| 788 | | Nu13:29 | עמלקאי שרין בארעא דרומה וחתאי ויבוסאי |
| 789 | | Gn26:03 | אתותב בארעא הדא ואהווה במימרה עמך |
| 790 | | Dt 4:22 | ארום אנה מתכנש בארעא הדה לית אנה עבר ית ירדנה |
| 791 | | Gn26:12 | וזרע יצחק בארעא ההיא ואשכח בשתא ההיא מאה |
| 792 | | Gn35:22 | כדי שרו«ן» ישראל בארעא ההיא ואזל ראובן וישכב ית |
| 793 | | Dt29:26 | ותקיף רוגזה דייי בארעא ההיא למייתיה עלה ית כל |
| 794 | | Gn48:16 | אברהם ויצחק ויסגון בארעא היך נוניא יסגון במיא: |
| 795 | | Gn 6:06 | ייי ארום ברא ית אדם בארעא {ואריק}<ואדיין> ואתפייס |
| 796 | | Gn 4:14 | ויהוי קין גלי ומטלטל בארעא ויהוי כל די יארע יתה |
| 797 | | Gn34:21 | בעבדא טבא עמן וישרון בארעא ויתגרון בה וארעא הא פתיא |
| 798 | | Gn 8:17 | ארעא אפק עמך ויתלדון בארעא ויתקפון ויסגון על ארעא: |
| 799 | | Gn 2:05 | ברא קדם עד לא יהוי בארעא וכל עשביא דבאפי ברא עד לא |
| 800 | | Gn 6:05 | סגת בישתהון דבני אנשא בארעא וכל יצר מחשבת לבהון |
| 801 | | Gn45:07 | למשויא לכון שיזבא בארעא ולמתקימה לכון לפילטן |
| 802 | | Gn49:17 | מדמי לחיוויא דרבוע בארעא ולעורמנא דכמין בפרשת |
| 803 | | Gn 9:20 | נח גבר צדיקא למפלח בארעא ונצב כרם: |
| 804 | | Gn 9:07 | תקופו וסגון ואתילדון בארעא וסגון בגווה: |
| 805 | | Gn44:11M | ית טעוניה \על ארעא/בארעא#2#/ ופתחו גבר טעוניה/בפם |
| 806 | | Nu13:28 | אינון עמה די שריין בארעא וקרו{וה}<ין> תקיפן רברבן |
| 807 | | Gn28:12 | וחלם והא סלם קבע בארעא וראשה מטי עד צית שמיא והא |
| 808 | | Gn 6:17M | בשרא דאית \ביה נשומא /בארעא/ ורוח#2#/ דחיין מן תחות |
| 809 | | Gn 4:16M | מן מדנח לעדן /גלי/ בארעא ושרה מן מדנחה דעדן#2#/ |
| 810 | | Dt 4:25 | ובני בנין ותתעתקון בארעא ותחבלון עובדיכון ותעבדון |
| 811 | | Lv26:06 | ואתן שלמה בארעא ות{ת}<ד>מכון ולית דמניט |
| 812 | | Ex14:03M | וג אחי{ר}<ד>ין הנון בארעא טעיין הינון באורחא טרד |
| 813 | | Ex10:13 | וייי דבר רוח דקדים בארעא כל יומא ההוא וכל ליליא |
| 814 | | Ex23:20 | קדמיכון למנטרא יתכון בארעא לאעלא יתכו«ן» באתרא די |
| 815 | | Gn13:17 | קום הלך בארעא לארכה ולפתייה ארום לך אתן |
| 816 | | Gn19:31 | אבונן סב וגבר לית בארעא למיעול לוותן כאורח כל |
| 817 | | Nu14:02 | כל עם כנישתה אלווי בארעא מי{ן}<י>תינן דמצרים או |
| 818 | | Dt32:01 | עייניכון ואסתכלו בארעא מלרע ארום שמייא כתננה |
| 819 | | Ex20:04 | די בשמייא מלעיל ודי בארעא מן לרע ודי במיא מן תחות |
| 820 | | Dt 5:08 | די בשמייא מן לעיל ודי בארעא מן לרע לארעא: |
| 821 | | Gn41:31 | ולא יתוודע שבעה בארעא מן קדם כפנא ההוא בתר כדן |
| 822 | | Nu35:14M | לירדנה /דשיזבו תתנון בארעא מעבר יורדנה#2#/ וית תלת |
| 823 | | Ex18:03 | אמר גיור ותותב הוינא בארעא נכריה: |
| 824 | | Nu35:32 | שיזבותה למחזור למשרי בארעא עד זמן די ימות כהנא רבה: |
| 825 | | Gn47:04 | {אל} לפרעה למתותבה בארעא עלנן ארום לית מרעה לענה |
| 826 | | Gn41:52 | ארום תקף יתי ייי בארעא צערי: |
| 827 | | Gn37:01 | ושרא יעקב בארעא תותבותיה דאבוי בארעא |
| 828 | | Ex20:24M | קביע\על ארעא תבנון /בארעא/ תעבדין#2#/ לשמי ותקרבון |
| 829 | | Nu21:31M | ושרון ישראל בארעהון/בארעא#2#/ דאמריי/דאמוראי#2# |
| 830 | בארעה | Gn33:18M | /קרתה שכם דאית בארעה#2#/ דכנען במיתייא |
| 831 | | Dt28:69 | למקיימה עם בני ישראל בארעה דמואב בר מן קיימה די |
| 832 | | Dt15:04 | יברך יתכון ממרה דייי בארעה דייי אלהכון יהב לכון |
| 833 | בארעהון | Gn24:37 | דכנענאי די אנא שרי בארעהון: |
| 834 | | Dt23:08 | ארום דיורין הויתון בארעהון: |
| 835 | | Gn10:20 | ללשניהון בארעהון באומיהון: |
| 836 | | Gn10:05M | אומיא בארעותהון/בארעהון#2#/ גבר ללשניה |
| 837 | | Gn36:16 | אלין רברבנוי דאליפז בארעהון דאדומיי אלין בניה דעדה: |
| 838 | | Gn36:17 | אלין רברבנוי דרעואל בארעהון דאדומיי אלין בנוי דבשמת |
| 839 | | Gn36:21 | «בנוי דגבלה בארעהון דאדומיי» לרברבניהון |
| 840 | | Gn36:31 | ואלין מלכיא די מלכו בארעהון דאדומיי קדם עד לא ימלך |
| 841 | | Nu21:31 | ושרון ישראל בארעהון דאמריי: |
| 842 | | Nu18:13 | בכרת כל מה די בארעהון די ייתון לשמה דייי דידך |
| 843 | | Dt11:30M | בתר אורח מיעלי שמשה בארעהון דכנענאי דיתבין במשרא |
| 844 | | Dt11:30 | ארח מטמעי שמשה בארעהון דכנעניי דשריין במשרה |
| 845 | | Dt28:69M | \בארעה דמואב /בארעהון דמואבאי#2#/ בר מן קיימה |
| 846 | | Dt 1:05 | בעברה דירדנה בארעהון דמואביי שרי משה למפרשה |
| 847 | | Dt34:05 | תמן <משה> עבדה דייי בארעהון דמואביי על פם גזירת |
| 848 | | Dt34:06 | וקברו יתיה בחילת' בארעהון דמואביי כל וקבל טעותה |
| 849 | | Gn21:34 | ואיתותב אברהם בארעהון דפלשתאי יומין סגין: |
| 850 | | Dt19:01 | ותירתון יתהון ותשרון בארעהון ובבתיהון: |
| 851 | | Nu18:20 | ואמר ייי לאהרן בארעהון לא תתאחסן וחלק לא יהווי |
| 852 | | Gn10:31 | לזרעיתהון ללשניהון בארעהון לאמיהון: |
| 853 | בארעך | Dt 2:27 | אעיבר כען ב{ע}<א>רעך בארחה בארחה אהלך לא |
| 854 | | Ex23:26 | לא תהוי מתכלה ועקרה בארעך ית מניין יומכון תשלמון |
| 855 | | Nu20:17 | נעבר כען בארעך לא נעבר בחקלין ובכרמין |
| 856 | | Nu21:22 | אעבר כען בארעך לא נסטי בחקלין ובכרמין |
| 857 | בארעכון | Lv26:05 | ותשרון לרוחצן בארעכון: |
| 858 | | Lv26:06 | וחרב דשני לא תעבר בארעכון: |
| 859 | | Dt15:11 | למסכינייה ולצריכיכון בארעכון: |
| 860 | | Dt24:14 | או מן גיוריכון די בארעכון בקורייכון: |
| 861 | | Dt15:07 | בחדה מן קורייכון בארעכון דייי אלהכון יהב לכון לא |
| 862 | | Dt19:14 | באחסנתכון די תאחסנון בארעכון דייי אלהכון יהב לכון |
| 863 | | Ex23:33 | ולא ישרון בארעכון דלא יחייבון יתכון קדמיי |
| 864 | | Lv25:45 | די עמכון די אולידו בארעכון ויהוון לכון לאחסנתה: |
| 865 | | Ex23:26M | מתכלה ועקרה בארעך/בארעכון#2#/ ית מניין יומכון |
| 866 | | Lv19:33 | עמכון ג{ו}<י>ור בארעכון לא תונון יתיה: |
| 867 | | Lv26:01 | ואבן דמתכה לא תתנון בארעכון למסגד קדמה ארום אנה ייי |
| 868 | | Dt31:12 | וגיוריכון דאית בארעכון מן בגלל די ישמעון |
| 869 | | Nu10:09 | תעלון לסדרי קרבא בארעכון על בעלי דבביכון על סנאה |
| 870 | | Lv25:07 | ולבעיריכון ולחיותה די בארעכון תיהוי כל עללת למיכל: |
| 871 | בארעכן | Nu18:13M | די/דאית#2#/ בארעהון/<בארע>כן#2#/ די ייתון לשמה |
| 872 | בארענא | Gn29:26 | לבן לא כשר למעבד כדן בארענא למיתן זעירתא קדמיי |
| 873 | דא' | Nu13:26M | וחמון להון ית פירייה דא' |
| 874 | | Dt28:01M | כל \אומי ארעא /אומה דא'#2#/: |
| 875 | | Lv26:04M | מטר/<מס>רא#2#/ ארעכון/דא'#2#/ בזמנה ותתן ארעא פירי |
| 876 | | Dt26:02M | \פירי ארעא /פיריה דא'#2#/ די תייתון מן ארעכון |
| 877 | | Nu33:52M | \דיירי ארעא /דיירה דא'#2#/ מן קדמיכון ותסיפון |
| 878 | | Gn22:18M | /בזרעית בניך כל אומה דא'#2#/ חלף/חולף#2#/ די שמעת |
| 879 | דאר' | Gn 2:06M | ית כל אפי ארעא/אפה דאר'#2#/: |
| 880 | | Gn 4:03M | מן \פירי ארעא /פירא דאר'#2#/ דורון \לשמה דייי /קדם |
| 881 | דארע' | Gn34:01 | עם בנתהון דעמא דארע': |
| 882 | | Dt 1:25M | \פירי ארעא /פיריה דארע'#2#/ ו{נ}<א>חיתו לוותן |
| 883 | | Ex34:15M | ויטעון בתר /לדיירי דארע' ותסטון בת'#2#/ טעוותהון |
| 884 | | Lv25:31M | דארעא /מן חקלה דארע'#2#/ יתחשב פרקון תיהוי |
| 885 | דארעא | Gn 8:08 | מיא מעילוי אפיה דארעא: |
| 886 | | Gn 8:13 | וחמא והא נגבו אפיה דארעא: |
| 887 | | Gn 9:10 | נפקי תבותא לכל חיתא דארעא: |
| 888 | | Gn12:03 | כל {זעזר} זרעיותא דארעא: |
| 889 | | Gn18:18 | בזכוותא כל אומיא דארעא: |
| 890 | | Gn19:25 | דיירה דקרתא וצמחוי דארעא: |
| 891 | | Gn23:07M | /ואודי ושבח לעמיה דארעא#2#/: |
| 892 | | Gn23:12 | אברה«ם» קדם עמא דארעא: |
| 893 | | Gn26:04 | כל אומיא {{דע}} דארעא: |
| 894 | | Gn45:18 | ותיכלון ית טובא דארעא: |

|  |  |  |  |  |  |
|---|---|---|---|---|---|
| 895 | | Ex12:19 | בגיורא וביציבא | דארעא: | |
| 896 | | Nu 9:14 | לכון ולגיורה וליציבה | דארעא: | |
| 897 | | Nu11:31 | רום על אפיה | דארעא: | |
| 898 | | Nu12:03 | בני אנשא די על אפיה | דארעא: | |
| 899 | | Nu13:26 | וחזון ליה ית פירי | דארעא: | |
| 900 | | Nu32:17 | מן קדם דיריה | דארעא: | |
| 901 | | Dt28:25 | לריחוק לכל מלכוותה | דארעא: | |
| 902 | | Dt33:13 | דסלקין ומרווין צמחיה | דארעא: | |
| 903 | | Gn36:20 | דשעיר חורניה דייריה | דארעא | לוטן ושובל וצבעון |
| 904 | | Nu23:10 | די הוון מברכין כעפרא | דארעא | או מן יכיל מסכום חדה מן |
| 905 | | Gn13:16 | כל גבר למימני ית עפרא | דארעא | אף בניך לית אפשר להון |
| 906 | | Gn13:16 | ואשווי ית בניך כעפרא | דארעא | ארום היך מה{מה} דלית אפשר |
| 907 | | Nu14:09 | לא תדחלון מן עמא | דארעא | ארום היך מה דלחמא קליל לן |
| 908 | | Dt28:10 | ויחמון כל אומייה | דארעא | ארום שמיה דייי קדישה |
| 909 | | Gn42:09 | למיחמי ית מעלליא | דארע«א» | אתי{ה}<ת>ון: |
| 910 | | Gn42:12 | ואמר להון ארום מעללי | דארעא | אתיתון למיח«מי»: |
| 911 | | Gn 3:18 | ידי נאכל מזון מן פירי | דארעא | בגין כן יהוי מפרש בין |
| 912 | | Gn42:33 | ואמר לן גברא רבוניה | דארעא | בדא אדע ארום היימנין אתון |
| 913 | | Nu14:06 | בר יפונה מן ייללייה | דארעא | בזעו לבושיהון: |
| 914 | | Dt32:02 | דסלקין ומרווין צמחה | דארעא | בירחה דניסן: |
| 915 | | Nu14:37M | ית טבה/דט'#2#/ | דארעא#2#/ | במגפתה קדם ייי: |
| 916 | | Gn43:11 | דא עבדו סבא מן טובא | דארעא | במניכון ואחתו דורון קליל |
| 917 | | Lv 4:27 | חדה תחטא בשלו מעמא | דארעא | במעבדה חדה מן מצוותיה |
| 918 | | Ex15:15 | בגויהון כל דיירי | דארעא | דכנען: |
| 919 | | Gn40:12 | למשתעבדא בשעבודא | דארעא | דמצרים ועתידין למתפרקא |
| 920 | | Gn41:34 | חד מן חמשה דעללתה | דארעא | דמצרים בשבעתי שני שבעה: |
| 921 | | Gn45:18 | ואתן לכון ית טובא | דארעא | דמצרים ותיכלון ית טובא |
| 922 | | Gn47:21 | אשרי בקרייתא מן סייפי | דארעא | דמצרים ועד סייפיה דלא |
| 923 | | Lv18:03 | כעובדי דיירי | דארעא | דמצרים די שריתון בגווה |
| 924 | | Ex15:14 | רתיתא אחדת לדיירי | דארעא | דפלשת: |
| 925 | | Gn 7:23 | כל ברייתא די על אפי | דארעא | די מן בני אנשא עד בעירה |
| 926 | | Nu13:32 | {ואפיקו טבה | דארעא | די}: |
| 927 | | Nu13:32 | ואפקו טיבה | דארעא | די ילילו יתה קדם בני |
| 928 | | Dt 9:28 | דלא יימרון דיירי | דארעא | די אפקת יתן פריקין מן תמן |
| 929 | | Gn24:03M | על ארעא /ואלוה' | דארעא#2#/ | דלא תסב אתא לברי מן |
| 930 | | Gn 2:12 | ודהבא | דארעא | ההיא טב מן תמן בדלחא נפק |
| 931 | | Dt29:21 | ויחמון ית מחוותה | דארעא | ההיא וית בישיה די יגרי |
| 932 | | Ex 8:13 | ובבעירא כל עפרא | דארעא | הוון כלמין בכל ארעא |
| 933 | | Dt32:13 | ארכב יתהון על במסיה | דארעא | ואייכל יתהון עללת תפנוקי |
| 934 | | Gn42:06 | והוא הוה מזבן לכל עמא | דארעא | ואתון אחוי דיוסף ושאלו |
| 935 | | Gn28:14 | בזכוותך כל זרעייתא | דארעא | ובזרעיית בניך: |
| 936 | | Nu22:05 | והא כסון ית חזווה | דארעא | והא אינון שרין מן |
| 937 | | Ex 8:13 | בחוטרא ומחה ית עפרא | דארעא | והוון כלמיא בבני אנשא |
| 938 | | Ex 8:12 | ומחי ית עפרא | דארעא | ויהווי לכלמין בכל ארעא |
| 939 | | Nu13:20 | ותסבון מן פירי | דארעא | ויומיא יומי בכורי ענביה: |
| 940 | | Ex10:15 | ארעא ואכל ית כל עשבא | דארעא | וית כל פרי אילנא די שייר |
| 941 | | Nu22:11 | מצרים וכסון ית חזווה | דארעא | וכדון אתה כען לוט לי |
| 942 | | Ex12:48 | יתיה ויהוי כיציביא | דארעא | וכל בר עממין לא יאכל |
| 943 | | Ex10:05 | ויכסו ית חזוה | דארעא | ולא תיכול למיחמי{ה} ית |
| 944 | | Dt28:26 | עופה דשמייא ולחייתה | דארעא | ולית דמניט: |
| 945 | | Gn 1:30 | ולכל חיתא | דארעא | ולכל עופא דשמיא ולכל דרחש |
| 946 | | Gn 4:14 | יומא דין מעילוי אפי | דארעא | ומן קדמוך לית אפשר לי |
| 947 | | Gn34:02 | בר חמור חיוויה רבה | דארעא | ונסב יתה ושמש עמה וצער |
| 948 | | Gn27:28 | מן שמיא שפר ומן טובא | דארעא | וסגי עבור חמר ומשח: |
| 949 | | Gn15:01 | מן דאתכנשו כל מלכוותה | דארעא | וסדרו קרבא לקבל אברם |
| 950 | | Gn 9:02 | תהווא על כל חייתא | דארעא | ועל כל עופא דשמיא בכל מה |
| 951 | | Ex 5:05 | סגין אינון כדן עמה | «דארעא» | ותבטלון יתהון מן |
| 952 | | Gn28:14 | ויהוון בניך כעפרא | דארעא | ותתקף מערבא וצפונא ודרומא |
| 953 | | Gn 8:22 | מן כדון כל יומי | דארעא | זרעין וחצדין וקריר וחמים |
| 954 | | Ex32:12 | יתהון מעיל«וי» אפי | דארעא | חזור כען מן תקף רוגזך |
| 955 | | Gn22:18 | בזרעיתיך כל אומיא | ד{ערא}<אר>עא | חלף די שמעת בקל ממריה: |
| 956 | | Lv20:02 | מתקטל יתקטל עמה | דארעא | ירגמון יתה באבניה: |
| 957 | | Lv20:04 | ואן מכסיה יכסון עמא | דארעא | ית עייניהון מן גברא ההו' |
| 958 | | Lv25:31 | על תחומיה | דארעא | יתחשב פרקון תיהוי ליה |
| 959 | | Gn15:11 | איליין אינון מלכוותא | דארעא | כד יהוון עייצין עצן בישן |
| 960 | | Gn19:28 | וחמה והא סליק קיטורא | דארעא | כקיטור תננא דאתונא: |
| 961 | | Gn20:13M | כיון דבעון אומיא | דארעא | <לאטעאה> |
| 962 | | Lv25:06 | ותיהווי שמיטתה | דארעא | לכון למיכל לך ולעבדך |
| 963 | | Gn27:46 | כאלין מן בנתהון דעמא | דארעא | למה כען לי חיין: |
| 964 | | Gn23:13 | <...> במשמעהון דעמא | דארעא | למימר לחוד אן לווי את |
| 965 | | Gn 1:24 | בעיר ורחש וחייתא | דארעא | למינה והוה כן כמימריה: |
| 966 | | Gn 1:25 | ממרה דייי ית חייתא | דארעא | למינה וית בעירה למינה וית |
| 967 | | Gn 6:20 | למינה ומן כל ריחשא | דארעא | למינה תרין מן כול' יעלון |
| 968 | | Gn 1:25 | למינה וית כל ריחשא | דארעא | למינהון וגלי קדם ייי ארו' |
| 969 | | Gn 6:20M | למינה תרין /רמסה | דארעא | למינהון תריין#2#/ מן |
| 970 | | Gn48:07 | בארחא באשון עללתא | דארעא | למיתא לאפרתה וקברת יתה |
| 971 | | Gn35:16 | והוו«ה» אשון עללתה | דארעא | למתייה לאפרתה וילדת רחל |
| 972 | | Gn11:01 | והוון כל דיירי | דארעא | לשן חד וממלל חד ובלשן |
| 973 | | Gn 6:07 | אדם די ברית מעלוי אפי | דארעא | מן בני אנשא עד בעירא: עד |
| 974 | | Lv27:30 | וכל מעשרה | דארעא | מן זרעא דארעא מן פירי |
| 975 | | Lv27:30 | מעשרה דארעא מן זרעא | דארעא | מן פירי אילנה לשמה דייי |
| 976 | | Nu32:33 | לקרייה בתחומה קרייה | דארעא | מן חזור חזור: |
| 977 | | Nu33:55 | לא תשיצון ית דיירי | «ד»ארעא | מן קדמיכון ויהווי ית כל |
| 978 | | Gn24:13 | דמיא ובנתהון דעמא | דארעא | נפקין לממלי מיא: |
| 979 | | Dt33:17 | ועליין על כל אומייה | דארעא | נפקין לקרבה לקבל |
| 980 | | Dt 1:08 | קדמיכון ית דיירי | דארעא | עולו וירתו ית ארעא דקיים |
| 981 | | Gn26:07 | דלא יקטלון יתיה עמא | דארעא | על רבקה ארום שפירת היא |
| 982 | | Gn42:30 | מלל גברא רבוני | דארעא | עמין מלין קשיין ושוי יתן |
| 983 | | Gn 9:10 | ובבעירה ובכל חיתא | דארעא | עמכון מכל נפקי תבותא לכל |
| 984 | | Gn16:05 | עלית עמך קדם מלכי | דארעא | קדם פרעה מלכא דמצרים |
| 985 | | Gn23:11M | /ואודי {לעמיה} לעמא | דארעא | קדם בנוי רחת#2#/: ומליל |
| 986 | | Gn27:39 | ואמר ליה הא מן טובא | דארעא | תהוי משריך ומן טוב טלא |
| 987 | | Lv23:39 | בכנשתכון ית עללתה | דארעא | תחגון יתה חגה קדם ייי |
| 988 | | Nu15:19 | כד תיכלון מן לחמה | דארעא | תפרשון אפרשו לשמה דייי: |
| 989 | דארעה | Lv18:27 | האליין עבדו עמה | דארעה | דמן קדמיכון ואסתאבת ארעא: |
| 990 | | Nu14:14M | ארעא הדה שמעו /דיירי | דארעה | שמעינון#2#/ ארום את הוא |
| 991 | דארעכון | Dt28:24 | ^ייי#2#^ ית מטרה | דארעכון | אבק ועפר מן שמייא וייחות |
| 992 | | Dt28:12 | ית שמיא למיתן מטרה | דארעכון | בזמנה ולמ«ב»רכה ית כל |
| 993 | | Dt11:14 | ואתן מטרה | דארעכון | בזמניה בכיר ולקיש |
| 994 | | Lv19:09 | ובחצדכון ית חצדא | דארעכון | לא תשיצון אומנה אחריה |
| 995 | | Lv23:22 | ית ^חצדה#1#^ | דארעכון | לא תשיצון אומנה אחריה |
| 996 | דבא' | Dt31:12M | בארעכון /וגייורא | דבא'#2#/ | מן בגלל די ישמעון |
| 997 | וארעא | Gn 2:04 | דברא ייי אלהים שמיא | וארעא: | |
| 998 | | Gn14:19 | דבמימריה קנה שמים | וארעא: | |
| 999 | | Gn14:22 | עליא דבממריה קנה שמיא | וארעא: | |
| 1000 | | Gn 2:04 | איליין יחוס תולדת שמיא | וארעא | באיתבריותהון ביומא דברא |
| 1001 | | Gn47:13 | דיירי ארעא דמצרים | וארעא | דכנען מן קדם כפנא: |
| 1002 | | Dt11:11 | | וארעא | די אתון עברין לתמן למירת |

|  |  |  |  |  |  |
|---|---|---|---|---|---|
| 1003 | | Dt28:23 | מחתה לכון טלא ומטרה | וארעא | די תחותיכון ברירה היך |
| 1004 | | Gn34:21 | בארעא ויתגרון בה | וארעא | הא פתיא היא בתחומה |
| 1005 | | Ex15:12 | ימא | וארעא | הוון מדיינין תריהון כחדא |
| 1006 | | Gn 1:02 | | וארעא | הוות תהיא ובהיא וצדי מן |
| 1007 | | Ex15:12 | אמר לארעא קבלי בניך | וארעא | הוות אמרה לימא קבלי |
| 1008 | | Gn 2:01 | ואשלמו ברית שמ«י»א | וארעא | וכל חלוותהון: |
| 1009 | | Dt32:01 | שמיא {חת}<חד>תין | וארעא | חדתה ארום תריין נביין קמו |
| 1010 | | Ex10:12 | ויכול ית כל עשבא | וארעא | ית כל מה די שייר ברדה: |
| 1011 | | Dt32:01 | שמייא כתננה ימסון | וארעא | כלבוש' תתכלי ברם עתיד הוא |
| 1012 | | Gn47:19 | לן זרע ונחי ולא נמות | וארעא | לא תבור: |
| 1013 | | Lv25:23 | | וארעא | לא תזדבן לחלוטין ארום |
| 1014 | | Dt11:17 | ית שמייא ולא יהוי מטר | וארעא | לא תתן פירי עללתה ותסופון |
| 1015 | | Gn34:10 | ועמן תשרון | וארעא | תהוי קדמיכון שרון ואתגרו |
| 1016 | | Gn49:20M | תהוי מרבייה עלל«ת» | /וארעא | תהוי מספק'#2#/ תפנוקי |
| 1017 | | Dt33:22 | מדמי לגור בר אריוון | וארעא | תיהווי שתייה מן מבועיה |
| 1018 | | Dt33:24 | לבין אבוהון דבשמייא | וארעא | תיהווי מש{י}<ח> במייא |
| 1019 | וארעה | Nu35:33M | ארעא \ולארעא לא יכפר | /וארעה | לא מתכפר#2#/ באדמה |
| 1020 | וארען | Gn47:18M | ברם אלא הן גופיהון | וארען | |
| 1021 | | Gn47:19 | בלחמא ונהווי אנן | וארען | עבדין לפרעה והב לן זרע |
| 1022 | וארענן | Gn47:18 | אלהן בלהודי גופינן | וארענן: | |
| 1023 | ובארעא | Gn47:14 | דאשתכח בארעא דמצרים | ובארעא | דכנען בעיבורה די אנון |
| 1024 | | Dt 3:24M | מן דרע /בשמייא | ובארעא#2#/ | די יעבד כעבדיך טבייה |
| 1025 | ובארעכון | Lv22:24 | אלין לשמה דייי | ובארעכון | לא תעבדון: |
| 1026 | ולארעא | Dt12:09M | דמתקרי בית נייחה | ולארעא | דישראל דמתקריי |
| 1027 | | Nu35:33 | דמא הוא יחייב ית ארעא | ולארעא | לא יכפר באדמה דיאשתפך בה |
| 1028 | | Dt32:01 | ארעא אמר לשמיא אציתו | ולארעא | שמעו ברם ישעיה נבייה דקם |
| 1029 | ולארעהון | Dt31:04 | דא{ומ}<מו>ריי | ולארעהון | די ישיצי יתהון: |
| 1030 | כארעא | Gn13:10 | כגינת' דייי באילנא | כארעא | דמצרים בפירייה מעלך |
| 1031 | | Dt11:10 | לתמן למירת יתה לא | כארעא | דמצרים היא די נפקתון מן |
| 1032 | לארע | Gn31:18M | יצח«ק» אבוהי | לארעא/לארע#2#/ | דכנען: |
| 1033 | לארע' | Nu15:02M | ארום תיעלון | בארעא/לארע'#2#/ | בית מידוריכון |
| 1034 | | Dt17:14 | ארום תיעלון | לארע' | דייי אלהכון יהב לכון |
| 1035 | | Lv19:23 | וארום תעלון | לארע' | ותנצבון כל אילן דמיכל |
| 1036 | לארעא | Gn 3:19M | מזון עד זמן די תחזור | לארעא | |
| 1037 | | Ex 9:33 | וברדא ומטר לא נחת | לארעא: | |
| 1038 | | Lv25:05 | תקספון שבת שבתה יהווי | לארעא: | |
| 1039 | | Lv25:24 | אחסנתכון פרקן תתנון | לארעא: | |
| 1040 | | Lv25:24M | /אחסנותכון תתנון | לארעא#2#/: | |
| 1041 | | Dt 4:18 | די במייא מן לרע | לארעא: | |
| 1042 | | Dt 5:08 | ודי בארעא מן לרע | לארעא: | |
| 1043 | | Gn24:10 | עמיה וקם ואזל | לארעא | נהרים לקרתא דנחור: |
| 1044 | | Gn48:21 | עמכון ויחזור יתכון | לארעא | אבהתכון: |
| 1045 | | Dt32:01 | ורחיק מן שמיא אמר | לארעא | אציתו ולשמייא שמעו |
| 1046 | | Gn 3:19 | תאכל לחם עד מחזרך | לארעא | ארום מנה אתברית ארום עפר |
| 1047 | | Gn29:01 | ונטל יעקב רגלוי ואזל | לארעא | בני מדינחא: |
| 1048 | | Nu12:12M | קצן למיעול | לארעא | דישראל |
| 1049 | | Dt 1:01M | עליכון דלא תיעלון | לארעא | דישראל ובגין מנתה |
| 1050 | | Gn46:28 | בית משרוי בגשנה ועלו | לארעא | דגשן: |
| 1051 | | Ex15:22M | סוף#2#/ ונפקו | למדברא/לארעא#2#/ | דחלוצה והלכו ארח |
| 1052 | | Gn11:31 | נורהון דכשדאי למיזל | לארעא | דכנען ומטון עד חרן ושרן |
| 1053 | | Gn12:05 | די גיירו ונפק למזל | לארעא | דכנען ואתון לארעא |
| 1054 | | Gn12:05 | לארעא דכנען ואתון | לארעא | דכנען: |
| 1055 | | Gn31:18 | לוות יצח«ק» אבוהי | לארעא | דכנען: |
| 1056 | | Gn42:29 | לוות יעקב אבוהון | לארעא | דכנען ותנון לה ית כל מה |
| 1057 | | Gn45:17 | ית בעירכון ואזלו עולו | לארעא | דכנען: |
| 1058 | | Gn45:25 | וסלקו ממצרים ואתו | לארעא | דכנען לוות יעקב אבוהון: |
| 1059 | | Gn50:13 | ואובילו יתיה בנוי | לארעא | דכנען וקברו יתיה במערת |
| 1060 | | Lv14:34 | ארום תעלון | לארעא | דכנען די אנה יהב לכון |
| 1061 | | Nu33:51 | אתון עברין ית ירדנה | לארעא | דכנען: |
| 1062 | | Nu34:02 | אתון על{(י)}ל«י»ן | לארעא | דכנען דא ארעא די תיפול |
| 1063 | | Nu35:10 | אתון עברין ית ירדנה | לארעא | דכנען: |
| 1064 | | Ex 4:20 | יתהון על חמרא וחזר | לארעא | דמצרים ונסב משה ית |
| 1065 | | Ex 6:08 | ואעל יתכון | לארעא | דזקפית ידי בשבועה למתן |
| 1066 | | Gn12:01 | ומן בייתי דאבוך | לארעא | די אחוי יתך: |
| 1067 | | Gn50:24 | יתכו«ן» מן ארעא הדא | לארעא | די קיים לאברהם ליצחק |
| 1068 | | Ex12:25 | ויהוי ארום תיעלון | לארעא | די יתן ייי לכון היך מה |
| 1069 | | Ex33:01 | מן ארעא דמצרים | לארעא | די קיימת לאברהם ליצחק |
| 1070 | | Lv23:10 | להון ארום תיעלון | לארעא | די אנה יהב לכון ותחצדון |
| 1071 | | Lv25:02 | להון ארום תיעלון | לארעא | די אנה יהב לכון ותשמט |
| 1072 | | Nu13:27 | ותנון ליה ואמרין עלינן | לארעא | די שלחת יתן ולהוד ארע |
| 1073 | | Nu14:24 | בתר ממרי ואעל יתה | לארעא | די על לתמן ובנוי ירתון |
| 1074 | | Nu14:30 | אין אתון תיעלון | לארעא | די זקפית ידי בשבועה |
| 1075 | | Nu15:18 | להון ארום במעלכון | לארעא | די אנה מעל יתכון לתמן: |
| 1076 | | Nu20:12M | ית קהלה הדין | לאתרא/לארעא#2#/ | די יהבית להון: |
| 1077 | | Nu20:24 | לעמיה ארום לא ייעול | לארעא | די יהבית לבני ישראל על |
| 1078 | | Nu32:07 | דבני ישראל מלמעבר | לארעא | די יהב להון ייי: |
| 1079 | | Nu32:09 | דבני ישראל דלא מיעול | לארעא | די יהב להון ייי: |
| 1080 | | Dt 3:28M | ית ארעא /יתה להון\ | לארעא#2#/ | די תחמי: |
| 1081 | | Dt 6:10 | {א} יתכון ייי אלהכון | לארעא | די קיים לאבהתכון לאברהם |
| 1082 | | Dt 7:01 | יעל יתכון ייי אלהכון | לארעא | די אתון עללין לתמן למירת |
| 1083 | | Dt 9:28 | ייי למיעלה יתהון | לארעא | די מלל להון ועל דהווה סני |
| 1084 | | Dt11:29 | יעיל יתכון ייי אלהכון | לארעא | די אתון עלין לתמן למירת |
| 1085 | | Dt12:05 | ארום אלהן | לארעא | די יתרעי ייי אלהכון מן כל |
| 1086 | | Dt26:03 | ייי אלהן ארום עלינן | לארעא | די קיים ייי לאבהתן למיתן |
| 1087 | | Dt30:05 | ויעל יתכון ייי אלהכון | לארעא | די ירתו אבהתכון ותירתון |
| 1088 | | Dt31:07 | את תיעל ית עמה האליין | לארעא | די קיים ייי לאבהתהון |
| 1089 | | Dt31:20 | ארום אעיל יתהון | לארעא | די קיימת לאבהתהון ארע |
| 1090 | | Dt31:21 | קדם עד לא אעל יתהון | לארעא | די קיימת: |
| 1091 | | Dt31:23 | את תעיל ית בני ישראל | לארעא | די קיימת להון ואנה בממרי |
| 1092 | | Dt32:52 | ית ארעא ותמן לא תיעול | לארעא | די אנה יהב לבני ישראל: |
| 1093 | | Dt 2:29 | די נעבר ית ירדנה הדן | לארעא | דייי אלהן יהב לן: |
| 1094 | | Dt18:09 | ארום {א}אתון עללין | לארעא | דייי אלהכון יהב לכון לא |
| 1095 | | Dt26:01 | ויהווי ארום תיעלון | לארעא | דייי אלהכון יהב לכון |
| 1096 | | Dt27:02 | די תעברון ית ירדנה | לארעא | דייי אלהכון יהיב לכון |
| 1097 | | Dt27:03 | מן בגלל די תעלון | לארעא | דייי אלהכון יהב לכון ארע |
| 1098 | | Ex13:11M | ייי \לארעהון דכנעניי | /לארעא | דכנע<נ>אי#2#/ היך מה די |
| 1099 | | Ex15:12M | ית ידך בשבועה ואשתבע | לארעא | דלית |
| 1100 | | Gn24:05 | הא מחזרה אחזור ית ברך | לארעא | דנפקת מן תמן: |
| 1101 | | Ex 3:17 | וחיויי ויבוסיי | לארעא | דעבדא פירין נקיא כחלבא |
| 1102 | | Ex33:03 | | לארעא | דעבדא פירין טבין נקיין |
| 1103 | | Nu14:16 | למיעלה ית עמא האליין | לארעא | דקיים להון ונכס יתהון |
| 1104 | | Gn20:01 | ונטל מן תמן אברהם | לארעא | דרומא ושרא בין רקם ובין |
| 1105 | | Gn24:05 | תצבי אתתא למיתי בתרי | לארעא | הדא הא מחזרה אחזור ית ברך |
| 1106 | | Gn28:15 | דתזיל ואחזור יתך {לתר} | לארעא | הדא ארום לא ישבוק מימרי |
| 1107 | | Nu14:03 | ולמה כען ייי מעל יתן | לארעא | הדה למפל בחרבה נשינן |
| 1108 | | Nu14:08 | הוא בן ייי וייתי יתן | לארעא | הדה ויתן יתה לן ארע דהיא |
| 1109 | | Dt26:09 | ואעיל יתן | לארעא | הדין ויהב לן ית ארעא הדא |
| 1110 | | Ex34:08 | ואוחי משה ועקד | לארעא | ואודי ושבח: |

| | | | | |
|---|---|---|---|---|
| 1111 | | | Ex 4:03 | לארעא וטלק יתיה לארעא והוי לחוי וערק משה |
| 1112 | | | Ex 4:03 | ואמר טלק ית{א}<ה> לארעא וטלק יתיה לארעא והוי לחוי |
| 1113 | | | Gn49:22 | דמיין ושלחת שרשי' לארעא ופגרת שיני כל {ס}<כ>יפי |
| 1114 | | | Dt32:01 | מן בתרה בגין דהוה קרב לארעא ורחיק מן שמיא אמר לארעא |
| 1115 | | | Gn36:06 | קנה בארעא דכנען ואזל לארעא חורי מן קדם יעקב אחוי: |
| 1116 | | | Ex 3:08 | יתכון מן ארעא הדא לארעא טבא ופתיא לארעא עבדא |
| 1117 | | | Dt 4:21 | ית ירדנה ודלא למיעול לארעא «טבתה» דייי אלהכון יהב |
| 1118 | | | Lv25:10 | שנייה ותכרזון חירו לארעא לכל דיירה יובלה היא |
| 1119 | | | Gn41:36 | ויהוי מזונא לדכרן טב לארעא לשבעתי שני כפנא די |
| 1120 | | | Gn25:06 | עד הווה בחיין קדמיין לארעא מדינחא: |
| 1121 | | | Ex20:04 | ודי במיא מן תחות לארעא מן תחות: |
| 1122 | | | Ex 3:08 | הדא לארעא טבא ופתיא לארעא עבדא פירין טבין נקיין |
| 1123 | | | Ex15:12 | ואמרין ימא הוה אמר לארעא קבלי בניך וארעא הוות אמרה |
| 1124 | | | Lv25:04 | שביעיתה שבת שבתה יהוי לארעא שמטתה קדם ייי חקליכון לא |
| 1125 | | | Gn36:43 | אדומיי למדוריהון לארעא תותבותיהון הוא עשו |
| 1126 | | | Ex16:35 | שנין עד מיעליהון לארעא תותבותיהון ית מנא אכלו עד |
| 1127 | | | Gn31:13 | פוק מן ארעא הדא וחזור לארעא תלדוותך: |
| 1128 | לארעה | | Dt29:23 | למה ממרה דייי כדן עבד לארעה הדה מה תקיף הוא רוגזיה |
| 1129 | לארעהון | | Ex23:23 | קדמיכון ויעל יתכון לארעהון דאמוריי דחתיי ופריזיי |
| 1130 | | | Dt 2:37 | להוד לארעהון דבני עמוניה לא קרבנן כל |
| 1131 | | | Ex 3:08 | וחליין כדובש«א» לארעהון דכנענאי וחתיי ואמריי |
| 1132 | | | Ex 3:17 | מן שעבודהון דמצריי לארעהון דכנענאיי וחתיי ואמריי |
| 1133 | | | Ex13:05 | ארום יעל יתכון ייי לארעהון דכנענאיי וחתיי ואמריי |
| 1134 | | | Ex13:11 | ארום יעל יתכון ייי לארעהון דכנעניי היך מה די קיים |
| 1135 | | | Nu22:36 | בלעם ונפק לקדמותיה לארעהון דמואביי דסמיך לגבול |
| 1136 | | | Gn21:32 | רב חילוותה וחזרו לארעהון {ל}<^ד#2#^>פלשתאי: |
| 1137 | לארעי | | Gn30:25 | ואזיל לאתרי{{ה}} לארעי{{ה}}: |
| 1138 | | | Gn24:04 | ארום אלהן לארעי ולילדותי תזיל ותיסב אתה |
| 1139 | | | Nu10:30 | אנה <אזל> ארום אלהן לארעי ולתלדותי אזל: |
| 1140 | לארעיה | | Ex18:27 | ית חמוי ואזל ליה לארעיה: |
| 1141 | לארעך | | Gn32:10 | אבה ייי דאמר לי חזור לארעך ולתולדותך ואוטב לך: |
| 1142 | לארעכון | | Nu22:13 | דבלק איזילו לארעכון ארום לית רעוה מן קדם ייי |
| 1143 | מארעא | | Ex 6:11M | בני ישראל מן ארעיה/מארעא#2#/: |
| 1144 | | | Ex 7:04 | ית עמי בני ישראל מארעא דמצרים בסדרי דינין |
| 1145 | | | Ex16:01 | לירחא תנינא לאפקותהון מארעא דמצרים: |
| 1146 | | | Ex16:06 | ייי אפיק יתכון פריקין מארעא דמצרים: |
| 1147 | | | Ex29:46 | אלההון די אפקת יתהון מארעא דמצרים למשריה איקר |
| 1148 | | | Nu21:06 | יהווי מזונך אסקת עמי מארעא דמצרים ואחתת להון מנא מן |
| 1149 | | | Dt 1:27 | דייי סני יתן אפק יתן מארעא דמצרים לממסר יתן בידיהון |
| 1150 | | | Nu26:04M | \מן ארעא דמצרים /מארעא דאימוראי#2#/: |
| 1151 | מארעיה | | Ex 7:02 | וישלח ית בני ישראל מארעיה: |
| 1152 | | | Ex11:10M | בני ישראל מן ארע{א}יה/מארעיה#2#/: |
| 1153 | מארעכון | | Dt 2:05M | אתן לכון \מן ארעהון/מארעכון#2#/ עד מדרס כפה דרגלה |
| 1154 | ארעתא | p em/sf | Gn26:03 | לך ולבנך אתן ית כל ארעתא האלין ואקים ית שבועתה |
| 1155 | | | Gn26:04 | שמיא ואתן לבניך ית כל ארעתא האלין ויתברכון בזכותך כל |
| 1156 | | | Gn41:54 | יוסף והוה כפנא בכל ארעתא ובכל ארעא דמצרים הוה |
| 1157 | בארעותהון | | Gn10:05 | אתפרשו נסי אומיא בארעותהון גבר ללשניה לזרעיתהון |

## ארעדען ⇐ n. אורדען

## lower *adj.* ארעיי

[77]

| | | | | |
|---|---|---|---|---|
| 001 | ארעית | s ab/cn | Gn50:01M | ארעא ושרשוי מטיין עד ארעית תהומ' מנה קמו בישראל |
| 002 | ארעייתה | s em/sf | Dt32:22 | ואוקדת עד שאול ארעייתה ותכלת ארעא ועללתה ולהטה |
| 003 | ארעיין | p abs | Dt28:43M | \לרע לרע /ארעיין ארעיין#2#/: |
| 004 | | | Dt28:43M | תהוון נחתין \לרע לרע /ארעיין ארעיין#2#/: |
| 005 | | | Gn 6:16 | בסיטרא תשוי מדורין ארעיין תנינין ותליתאין תעבד יתה: |
| 006 | ארעיא | p em/sf | Gn 1:06 | ויהוי מפרש בין מיא ארע<י>א לבין מיא עיליא: |
| 007 | ארעייה | | Dt18:03 | לכהנה אדרעא ולחייה ארעייה ורקיתה: |
| 008 | ארעייתה | | Dt18:03M | אדרעא ולחייה ארעייה/ארעייתה#2#/ ורקיתה: |

## ארזזי ⇐ n. אברז

## Orthosian *adj.* ארתוסיי

[78]

| | | | | |
|---|---|---|---|---|
| 001 | ארתוסיא | p em/sf | Gn10:17 | חוויא וית ערקיא וית ארתוסיא: |

## chariot *n.* ארתך

[78]

| | | | | |
|---|---|---|---|---|
| 001 | בארתכא | s em/sf | Gn49:22 | חכימיהון כד ארכבו יתך בארתכא תיניינתא דפרעה והוון |
| 002 | | | Gn41:43 | וארכב יתיה בארתכא תניינתא דידיה והוון |
| 003 | ארתכין | p abs | Ex14:07 | ונסיב שית מאה ארתכין וכל ארתיכוהון דמצריי |
| 004 | דרתכין | | Ex14:07M | ארתכין/מאוון דרתכ{ו}<י>ן#2#/ וכל ארתיכוהון |
| 005 | רתיכין | | Gn50:09 | וסלק עמיה לחוד רתיכין ולחוד פרשין והוות משרייתא |
| 006 | ארתיכוהון | p em/sf | Ex14:07 | שית מאה ארתכין וכל ארתיכוהון דמצריי ורברבנין הוון |
| 007 | ארתכוי | | Ex14:07M | וכל ארתיכוהון/א{תר}<רת>כוי#2#/ דמצריי |
| 008 | | | Ex14:09 | על ימא כל סוסוותה ארתכוי דפרעה ופרשוי וחיילוותיה |
| 009 | | | Ex15:04 | ארתכוי דפרעה וחיילוותיה קשת |
| 010 | | | Ex14:06 | וטכס ית ארתכוי וית עמא עבדי קרבא דבר |
| 011 | | | Gn46:29 | וטכס יוסף ארתכוי ונפק לקדמות ישראל אבוי |
| 012 | | | Ex14:23 | בתריהון כל סוסוות פרעה ארתכוי ופרשוי לגו ימא: |
| 013 | ארתכי | | Ex14:28 | וחזרו מיין וכסן ית אר<ת>כי וית פרשיה לכל חיילותיה |
| 014 | ארתכיהון | | Ex18:11 | במימריה אמר וטמע ית ארתכיהון בימא דסוף: |
| 015 | | | Ex14:26 | מיא על מצרים על ארתכיהון ועל פרשיהון: |
| 016 | ריתיכיהון | | Ex18:11M | פרעה מנהון וטמע ריתיכיהון בימ' דסוף |
| 017 | רתכוי | | Gn46:29M | יוסף \ארתכוי ונפק /רתכוי וסלק#2#/ לקדמות ישראל |
| 018 | | | Ex14:23M | פרעה ארתכוי/רתכוי#2#/ ופרשוי לגו ימא: |
| 019 | רתכיהון | | Ex14:07M | "ארתיכוהון ... ממנין": רתכיהון דמצריים וגברין ממניין |
| 020 | בארתכוי | | Ex14:17 | בפרעה ובכל חיילוותיה בארתכוי ובפרשוי: |
| 021 | | | Ex14:18 | ייי באתיקרותי בפרעה בארתכוי ובפרשוי: |
| 022 | | | Ex15:19 | ארום עלו סוסוותא פרעה בארתכוי ובפרשוי בימא וחזר ייי |
| 023 | ולארתיכהון | | Dt11:04M | ולארתכיהון/{ולאר>תיכהון#2#/ די אציף |
| 024 | ולארתכיהון | | Dt11:04 | דמצריי לסוסוותהון ולארתכיהון די אציף ית מוי דימה |

## spilling (*v.*)*n.* אשדו

[78]

| | | | | |
|---|---|---|---|---|
| 001 | כאשדיות | s ab/cn | Dt24:06M | מלמקרב ארום כאשדיות אדם זכיי הוא מתחשב |

## fire, fever *n.* אשה

[איש 54]

| | | | | |
|---|---|---|---|---|
| 001 | אש' | s ab/cn | Dt 9:03M | קודמיכון אשא דאכלא אש' |
| 002 | אשא | | Gn38:25 | ניקוד בעלמא דאתי דהווא אשא אכל' אשא טב לי בהית בעלמא |
| 003 | | | Nu 9:16 | עננה יכסי יתיה וחזיו אשא אכלה אשא בליליה: |
| 004 | | | Dt 4:24 | ארום ייי אלהך אשא אכלה אשא הוא אלה קניי |
| 005 | | | Ex35:03 | לא תבערון אשא בכל אתר בית מדוריכון ביום |
| 006 | | | Nu 9:16 | יתיה וחזיו אשא אכלה אשא בליליה: |
| 007 | | | Lv10:01 | קוטרא וקריבו קדם ייי אשא בריה דלא פקד יתהון: |
| 008 | | | Nu 3:04 | נדב ואביהוא בקרבותהון אשא בריה קדם ייי במדברה דסיני |
| 009 | | | Nu26:61 | נדב ואביהוא בקרבותהון אשא בריה קדם ייי: |
| 010 | אשא | | Dt 9:03M | הוא דמעבר קודמיכון אשא דאכלא אש' |
| 011 | | | Dt 4:24 | ארום ייי אלהך אשא אכלה אשא הוא אלה קניי ופורען בקנא: |

|  |  |  |  |  |  |
|---|---|---|---|---|---|
| 012 | | Nu16:18 | מחתיתיה ויהבו עליהון | אשא | ושוו עליהון קטרה וקמו בתרע |
| 013 | | Lv10:01 | גבר מחתיתיה ויהבו בהון | אשא | ושוון עליהון קוטרא וקריבו |
| 014 | | Nu16:07 | והבו בהון | אשא | ושוון עליהון קטרה קדם ייי |
| 015 | | Ex22:05 | ארום תפק | אשא | ותשכח כובין ותיכל גדישין |
| 016 | | Gn38:25 | דאתי דהוא אשא אכלי' | אשא | טב לי בהית בעלמא הדין דהוא |
| 017 | | Ex 3:02 | מלאכא דייי עלוי בשלהובי | אשא | מן גו סניא וחמא והא סניא |
| 018 | | Lv 9:24 | ונפקת | אשא | מן קדם ייי ואכלת על גבי |
| 019 | | Lv10:02 | ונפקת | אשא | מן קדם ייי ואכלת יתהון |
| 020 | | Nu11:01 | ותקף רוגזה ובערת בהון | אשא | מן קדם ייי ותכלת בסייפי |
| 021 | | Nu11:03 | ארום תמן בערת בהון | אשא | מן קדם ייי: |
| 022 | | Nu17:11 | סב ית מחתיתה והב עלה | אשא | מעלוי מדבחה ושוי קטרה |
| 023 | | Ex24:17 | שכינתיה דייי כאשתא אכלה | אשא | מתכלה בריש די טורא לעיני |
| 024 | | Nu21:28M | ארום <ארום> מלך חציף הי' | אשא | נפק מן חשבון וליגיונין |
| 025 | | Dt32:22 | ארום | אשא | נפקת מן קדמיי ואוקדת עד |
| 026 | | Lv 1:07 | בנוהי דאהרן כהניא | אשא | על גבי מדבחא ויסדרון קיסין |
| 027 | אשה | Dt 9:03 | שכינתיה מדברה קדמיכון | אשה | אכלה מתאכלה הוא ישיצי |
| 028 | | Lv 6:06 | | אשה | בתדירה תיהוי יקד' עלוי לא |
| 029 | אשה | Ex 3:02M | דייי עלוי בשלהבן | אשה | |
| 030 | | Lv16:01M | "קרבן ... די לא": | אשה | ברייה קדם ייי מה די לא |
| 031 | באשא | Gn38:25 | טב לי יקד בעלמא הדין | באשא | טפיא ולא ניקוד בעלמא דאתי |
| 032 | | Nu18:07M | /לשמ'#2#/ יתקס«י»ל | \באשא | משלהבה מן קדם ייי#2#/: |
| 033 | דאשה | Lv10:02M | באפהון ומיתו בגירין | דאשה | |
| 034 | | Ex30:13M | דסיני היך דינרא | דאשה | והיכדין אמר ליה כדין |
| 035 | דאשיה | Gn15:17M | "... על אורייתא": | דאשיה | ובג' רשעין די כפרו |
| 036 | דאשא | Ex15:04 | קשת עליהון גירין | דאשא | בימא ושפר עולימו גברוי |
| 037 | | Ex 3:02M | אשא מן גו /בשלהבי | דאשא | מגו#2#/ סניא/באשניא#2#/ |
| 038 | | Ex20:02 | דנור מן ימיניה ולמפד | דאשא | מן שמאליה פרח וטייס באויר |
| 039 | | Ex20:03 | דנורא מן ימינה ולמפד | דאשא | מן שמאלה פרח וטייס באויר |
| 040 | דאשה | Gn15:17 | דינור שלה{ין}<בין#2#> | דאשה | דבגוה נפלו רשיע' על דמרדו |
| 041 | | Lv13:24 | ארום יהווי במשכה כוויה | דאשה | ותיהוי מחת דיכויתה בהקי |
| 042 | | Ex19:13 | מתרגמ' יתרגם או גירין | דאשה | יגרו יזדרקון ביה אן בעיר |
| 043 | | Dt 5:06 | דנור> מן ימיניה ולמפד | דאשה | מן שמאליה פרח וטייס באויר |
| 044 | | Dt 5:07 | ימיניה {ומל ול} ולמפד | דאשה | מן שמאליה פרח וטייס באויר |
| 045 | | Lv16:12 | ויסב מלא מחתיתה גומרין | דאשה | מעלוי מדבחה מן קדם ייי |
| 046 | ואשא | Dt32:35M | דרשיעיה\ואשת' | דגהינם/ואשא | דג'#2#/ מעתדה |
| 047 | | Gn19:24 | סדם ועל עמרה גפרית | ואשא | מן קדם ייי מן שמיא: |
| 048 | | Nu16:35 | | ואשא | נפקת מן קדם ייי ואכלת ית |
| 049 | כאשא | Ex24:17M | שכינתיה דייי | כאשתא/<כא>שא#2#/ | אכלה אשא מתכלה בריש |
| 050 | אשתא s em/sf | Lv 1:07 | מדבחא ויסדרון קיסין על | אשתא: | |
| 051 | | Ex 9:23 | יהב קלין וברד והלכת | אשתא | בגו ארעא ואחת ייי ברדא על |
| 052 | | Lv10:01M | דלא פקד יתהון /בהן | אשתא | בריה מן תפין מה דלא אתפקד |
| 053 | | Nu 6:18 | ית ריש נזירותיה ויתן על | אשתא | די תחות נכסת קו<ד>שיה: |
| 054 | | Nu28:02 | אתון מקרבין קדמיי הלא | אשתא | היא דאכלה יתיה והיא מתקבל |
| 055 | | Gn22:06 | בריה ונסב בידי«ה» ית | אשתא | וית סכינא ואזלו תריהון |
| 056 | | Gn22:07 | ואמר הנני ברי ואמר הא | אשתא | וקיסייא ואן הוא אמרה |
| 057 | | Nu18:09 | לך מן בית קדש קדשיה מן | אשתא | כל קרבנהון לכל מנחתהון |
| 058 | | Ex 9:23M | ואחת ייי ברדא /והוי | אשתא | מקפצא בגו ברדא ואמטר |
| 059 | | Nu21:28 | ארום עם גיברין בערין היך | אשתא | נפקו מן חשבון עבדי קרב |
| 060 | אשתה | Nu11:02 | משה קדם ייי ואתבלעת | אשתה: | |
| 061 | | Nu17:27 | בלעת ארעא ומנן נפקת | אשתה: | |
| 062 | | Dt 4:15 | דחורב מן גו להבי | אשתה: | |
| 063 | | Dt 4:36 | שמעתון מן גו להבי | אשתה: | |
| 064 | | Dt 5:04 | עמכון בטורה מן גו להבי | אשתה: | |
| 065 | | Dt 4:24M | ארום ייי \אלהך | אשא/אשתה#2#/ | אכלה אשא/אשתה#2#/ הוא |

|  |  |  |  |  |  |
|---|---|---|---|---|---|
| 066 | | Dt 9:10 | עמכון בטורה מן גו להבי | אשתה | ביום כנשות קהלה: |
| 067 | | Dt10:04 | עמכון בטורה מן גו להבי | אשתה | ביום כנשות קהלא ויהב יתהון |
| 068 | | Nu 9:16M | אשא \אכלה אשא /וכחיזו | אשתה | בל'#2#/ בליליה: |
| 069 | | Nu17:03M | דחבו בנפשתהון /יקידת | אשתה | בנפש#2#/ /<דח'> בנפש#2#/ |
| 070 | | Lv 1:08 | וית גופה על קיסיה די על | אשתה | די על גבי מדבחה: |
| 071 | | Lv 1:12 | יתהון על קיסיה די על | אשתה | די על גבי מדבחה: |
| 072 | | Dt 4:24M | אשא/אשתה#2#/ אכלה | אשא/אשתה#2#/ | הוא אלה קניי ופורען |
| 073 | | Dt 4:33 | חייה ממלל מן גו להבי | אשתה | היך מה די שמעתון אתון |
| 074 | | Dt33:02 | ופשט ימיניה מן גו להבי | אשתה | ואוריתה יהב לעמיה: |
| 075 | | Nu17:27M | ואית מנן די תכלת יתהון | אשתה | ואית מנן די פתחת ארעא ית |
| 076 | | Dt 5:23M | מן גו חשוכה/להבי | אשתה#2#/ | וטורה בעיר באשתא |
| 077 | | Dt 5:05 | ארום דחלתון מן קדם להבי | אשתה | ולא סלקתון בטורא למימר: |
| 078 | | Nu17:02 | מן ביני יקידיה וית | אשתה | ידרי להל ארום אתקדשו: |
| 079 | | Dt 5:24 | מימרה שמעינן מן גו להבי | אשתה | יומא הדין חמינן: |
| 080 | | Dt 5:13M | | שיתה/אשתה#2#/ | יומין תפלחון ותעבדון |
| 081 | | Lv 6:03 | ית קטמא די {י}תאכל | אשתה | ית עלתה על גבי מדבחה |
| 082 | | Nu26:10 | דמיתו עם כנישתה כד תכלת | אשתה | ית מאתיין וחמישיתי גברייה |
| 083 | | Dt 5:26 | חייה ממלל מן גו להבי | אשתה | כוותן וחייה: |
| 084 | | Nu 9:15 | יהווי על משכנ' כחזיו | אשתה | עד צפרה: |
| 085 | | Lv 1:17 | מדבחה על קיסיה די על | אשתה | עלה הוא קרבן מתקבל לריח |
| 086 | | Dt 5:22 | בטורא מן גו להבי | <אשתה> | עננה וערפלה קל רב ולא |
| 087 | | Lv16:13 | ויתן ית קטרתה על | אשתה | קדם ייי ויכסי תננה דקטרתה |
| 088 | | Dt 4:12 | ייי עמכון מן גו להבי | אשתה | קול דבירי אתון שמעין ודמו |
| 089 | | Lv 3:05 | עלתה די על קיסיה די על | אשתה | קרבן מתקבל לריח דרעוה קדם |
| 090 | | Dt 5:25 | למה נמות ארום תאכל יתן | אשתה | רבתה הדה אין מוספין אנן |
| 091 | | Dt18:16 | קל ממרה דייי אלהן וית | אשתה | רבתה הדה לא אחמי תוב ולא |
| 092 | | Dt 4:36M | חוי יתכון ית | אשתיה/<אש>תה#2#/ | רבתה/רבא#2#/ וקל |
| 093 | אשתיה | Dt 4:36 | ועל ארעא חוי יתכון ית | אשתיה | רבתה וקל דבירוי שמעתון |
| 094 | ב' | Dt 1:33M | דאשתה /למשרייה יתכון | ב'#2#/ | בלילה למחויה יתכון |
| 095 | באשתא | Lv 4:12 | ויוקד יתיה על קיסי' | באשתא | בתר בית שפיכות קטמא |
| 096 | | Ex19:18 | עלוי איקר שכינת' דייי | באשתא | וסלק{ת} תננא כתננא דאתונא |
| 097 | | Ex 3:02 | וחמא והא סניא בער | באשתא | וסנייה לית הוא יקד: |
| 098 | | Dt 5:23 | חשוכה וטורה בעיר | באשתא | וקרבתון לוותי כל ראשי |
| 099 | באשתה | Dt 9:15 | מן טורא וטורא בער | באשתה | ותרין לוחי קיימה יהיבין |
| 100 | | Nu 3:10M | יקרוב למשמשה יתקטל | /באשתה | מצלהבה מן קדם ייי#2#/: |
| 101 | | Dt 4:11 | טורה וטורה הוה בעיר | באשתה | עד צית שמיא חשוכה עננה |
| 102 | דאישתא | Ex13:22 | דעננא באיממא ועמודא | דאישתא | בליליא מדברין ומעתדין |
| 103 | | Ex13:21 | ולליא בעמוד' דעננא | דאישתא | למנהרא להון למהוי מהלכין |
| 104 | דאשתא | Nu14:14 | בימּמא ובעמודה | דאשתא | בליליא: |
| 105 | דאשתה | Dt 1:33 | אתר לשרוייכון בעמודה | דאשתה | בלילה למחויה יתכון בארחא |
| 106 | דאשתה | Gn15:17M | דינור וגומרין | דאשתה | ומסקה תננה ורשיע' לגווה |
| 107 | | Lv10:02M | "אשא ...": עמודא | דאשתה | מן קדם ייי ואתפליגת |
| 108 | ואישתא | Ex14:24 | ורמה עליהון נפטה | ואישתא | ואבני בר{ר}דא וערבב ית |
| 109 | ואשת' | Dt32:35 | יום תברהון דרשיעיה | ואשת' | דגהינם מעתדה להון ומזרז |
| 110 | ואשתא | Ex 9:24 | והוה ברדה תקי«ף» | ואשתא | הוה מקפצה בגו ברדה תקיף |
| 111 | | Ex40:38 | דייי על משכנא באיממא | ואשתא | תיהוי בליליא ביה לעיני כל |
| 112 | ואשתה | Lv 6:02 | כל ליליה עד צפרא | ואשתה | על גבי מדבחה תהוי יקדה |
| 113 | | Lv 6:05 | | ואשתה | על גבי מדבחא תהווי יקדה |
| 114 | ואשתה | Dt27:15M | "ושתה... במצעה": | ואשתה | שבטין קמו על טורה דעיבל |
| 115 | ובאשתא | Nu12:12 | דאמיה תשעה ירחין במיא | ובאשתא | ולא מתנזק וכיון {מ} דמטא |
| 116 | כאש | Nu21:28M | גיברין בערין \היך | אשתא/כאש#2#/ | נפקו מן חשבון עבדי |
| 117 | כאשתא | Ex24:17 | איקר שכינתיה דייי | כאשתא | אכלה אשא מתכלה בריש די |

# אשון time, season *n.* [78]

| | | | | |
|---|---|---|---|---|
| 001 | אישון | s ab/cn | Gn15:12 | והוות שמשה אישון למטמע ושנה בסימה נפלת על |
| 002 | אסון | | Gn48:07M | למיתא לאפרתה /בזמן אסון בכרת ארעא למיעול |
| 003 | אשון | | Gn29:07M | כדו יומא בתוקפא לית אשון למכנשה עדרייה אשקון ענא |
| 004 | | | Gn29:07 | הא עד כדון יומא תלי לא אשון מכנש בעירא אשקו ענא ואזלו |
| 005 | | | Lv15:25 | יומין סגין בלא אשון נדתה או ארום ת{ת}<ד>וב על |
| 006 | | | Gn35:16 | ונטלו מביתאל והוו«ה» אשון עללתה דארעא למתייה לאפרתה |
| 007 | באישון | | Gn18:05 | ארום בגין כדין באיש{ת}ון שורותא עברתון על עבדכון |
| 008 | באשון | | Gn47:24 | ויהווי באשון עללתא ותתנון חד {מן חמ} |
| 009 | | | Gn48:07 | בארעא דכנען בארחא באשון עללתא דארעא למיתא לאפרתה |
| 010 | | | Gn43:16 | עמדי יאכלון גבריא באשון שירותא: |
| 011 | | | Gn43:25 | עד זמן דאתא יוסף באשון שרותא ארום שמעו ארום תמן |
| 012 | | | Dt31:10 | לסוף שבע שנין דיומין באשון שתה דשמי«ט»תה בחגה |
| 013 | וכאשון | | Nu 9:17 | וכאשון אסתלק«ת» ענגה מעילוי |
| 014 | | | Gn19:15 | וכאשון מסק עמוד שחרא ואתוקפו |
| 015 | לאשון | | Gn21:02 | וילדת שרה לאברהם בר לאשון סיבותה לעדנא דמליל יתה |
| 016 | | | Gn21:07 | שרה ארום ילדת ליה בר לאשון סיבותיה: |
| 017 | באשונא | s em/sf | Gn28:10 | ו{ש}<ט>מעת שמשא דלא באשונא מן בגלל דהוה דבירא מתחמד |

# אשוריי Assyrian *adj.* [78]

| | | | | |
|---|---|---|---|---|
| 001 | אשוריי | p em/sf | Nu24:22 | שלמיה לביזה עד כען אשוריי משבי יתך: |

# אשכה testicle *n.* [78]

| | | | | |
|---|---|---|---|---|
| 001 | אשכתיה | p em/sf | Lv21:20 | דחזווי חשיך או דמרחש אשכתיה: |

# אשלמה (stone) setting *n.* [78]

| | | | | |
|---|---|---|---|---|
| 001 | אשלמיה | s ab/cn | Ex28:17 | ותשלם ביה אשלמיה דאבן ארבעה סדריי«ן» דאבן |
| 002 | לאשלמתא | s em/sf | Ex31:05 | ובאומנות אבנא טבתא לאשלמתא ובנגרות קיסא למעבד בכל |
| 003 | דאשלמן | p abs | Ex25:07 | אבנין טבין ואבנין דאשלמן למקבעא באפודא ובחשנא: |

# אשלמו (stone) setting, completion *(v.)n.* [78, 78]

| | | | | |
|---|---|---|---|---|
| 001 | אשלמו | s ab/cn | Lv 8:28 | על גבי מדבחה על עלתה אשלמו אינון: |
| 002 | אשלמות | | Lv12:04M | \דישלימון יומי דכיתה /אשלמות יומא דכי#2#/: |
| 003 | | | Lv25:29M | פרקוניה עד דתשלם/אשלמות#2# שנת זבוניה יומין |
| 004 | דאשלמו | | Ex35:09 | ואבנין טבין ואבנין דאשלמו{י} למקבעה יתהון באפדא |
| 005 | ובאשלמות | | Lv12:06M | \וכד ישלמון/ובאשלמות#2# יומי דכותה לבר |
| 006 | אש' | s em/sf | Lv 8:22M | /דאשלמוותה#2#^/דכר אש'#2#^/ וסמכו/<וס>מך#2#/ אהרן |
| 007 | אשלמותה | | Lv 9:01 | לסוף שבעתי יומי אשלמותה קרא משה לאהרן ולבנוי |
| 008 | אשלמותכון | | Lv 8:33 | עד די תשלמון יומי אשלמותכון ארום שבעה יומין ישלם ית |
| 009 | באשלמותהון | | Ex28:20 | מאחדן דהב יהויין >באשלמותהון:< |
| 010 | | | Ex39:13 | מקפן מאחדן דהב באשלמותהון: |
| 011 | דאשלמותא | | Ex29:26 | נעה {ית} <מן> דכרא דאשלמותא די לאהרן ותניף |
| 012 | | | Ex29:22 | שקה דימינא ארום דכרא דאשלמותא היא: |
| 013 | | | Ex29:34 | ואין ישתייר מבשרה דאשלמותא ומן לחמה עד צפרא ותיקד |
| 014 | | | Ex35:27 | אבני טבתה וית אבניה דאשלמותה לאפדה ולחשנה: |
| 015 | | | Ex29:31 | וית דכרא דאשלמותא תסב ות{ת}בשל ית בישרא |
| 016 | דאשלמותה | | Lv 8:31 | וית לחמה די בסלה דאשלמותה היך מה דפקדית למימר |
| 017 | | | Lv 8:22 | ית דכרה תנינא דכרה דאשלמותה וסמכו אהרן ובנוי ית |
| 018 | | | Lv 8:29 | קדם ייי מן דיכרה דא«ש»למותה למשה הוה לחולק היך מה |
| 019 | דאשלמותיה | | Ex29:22M | ארום דכרא דאשלמותא/<דאשלמו>תיה#2#/ היא |
| 020 | ולאשלמותה | | Lv 7:37 | ולחטאתה ולאש«מה» ולאשלמותה ולנכסת קדשיה: |
| 021 | לאשלמותה | | Ex35:33 | ובאומנות אבנא טבתה לאשלמותה ובנגרות קיסה למעבד בכל |
| 022 | אשלמוון | p abs | Lv 8:28M | על עלתה \אשלמו אינון /אשלמוון הני{ף}<ן> לריח דרעוה |
| 023 | דשלמוון | | Ex35:09M | ואבנין דאשלמו{י}/דשלמוון#2#/ למקבעה יתהון |
| 024 | אשלמותכון | p em/sf | Lv 8:33M | יומי אשלמותכון/אשלמוותכון#2#/ ארום שבעה יומין |
| 025 | באשלמוותהון | | Ex39:13M | דהב באשלמותהון/<באשל>מוו<תהון>#2#/: |
| 026 | דאשלמוותא | | Ex29:27 | ודי אתפרש מן דכרא דאשל{ו}מו<ו>תא מן דאהרן ומן דבנוי: |
| 027 | דאשלמוותה | | Ex35:33M | ובגלפות אבנייה טבתה דאשלמוותה |
| 028 | | | Lv 8:31M | בסלה דאשלמותה/דאשלמוותה#2#/ היך מה דפקדית |
| 029 | | | Ex31:05M | ובגלפות אבנייה טבתה דאשלמוותה ובנגרות קייסה למיעבד |
| 030 | | | Ex29:32M | וית לחמה די בסלא /דאשלמוותה וית מזונה דאית בס'#2#/ |
| 031 | | | Ex29:34M | \דאשלמותא ומן לחמה /דאשלמוותה ומן מזונה#2#/ עד צפרא |
| 032 | | | Lv 8:29M | מן דיכרה דא«ש»למותה/דאשלמוותה#2#/ למשה הוה |
| 033 | | | Ex35:27M | לאפדה ולחשנה /דאשלמ{י}וותה למשקעה בהון ואפדה |
| 034 | | | Ex29:27M | דאהרן ומן דבנוי /דאשלמוותה מה מן דאית לאהרן ומן |
| 035 | | | Ex29:31M | וית דכרא דאשלמותא/<דאשל>מוותה#2#/ תסב ות{ת}בשל ית |
| 036 | | | Lv 8:22M | דכרה\ דאשלמותה/דאשלמוותה#2#^/דכר אש'#2#^/ וסמכו |
| 037 | ולאשלמוותה | | Lv 7:37M | \ולאשלמותה ולנכסת /ולאשלמוותה ולנכיסת#2#/ קדשיה: |

# אשם guilt-offering *n.* [78]

| | | | | |
|---|---|---|---|---|
| 001 | אש' | s em/sf | Lv 7:01M | אורית' דאשמה/אחווית אש'#2#/ קדש קדשין הוא: |
| 002 | אשמה | | Lv 5:24M | די אתחייב /ביום אשמה#2#/: |
| 003 | | | Nu 5:07 | חובתהון דעבדו ויחזרו ית אשמה בקרנה וח«ו»משה יוסף עלוי |
| 004 | | | Nu 5:08 | פרוק למחזרה אשמה לה אשמה דמתחזר לייי לכהנה בר מן |
| 005 | | | Lv 5:19 | אשמה הוא על חובתיה די אתחייב |
| 006 | | | Lv 7:05 | מדבחה קרבן קדם ייי אשמה הוא: |
| 007 | | | Lv14:13 | באתר קדיש ארום כחטאתה אשמה הוא לכהנא קדש קדשין הוא: |
| 008 | | | Lv 5:19M | \אשמה ייתי קדם ייי /אשמה {ו}<י>יתי קדם ייי באשמה |
| 009 | | | Lv 7:02 | דתכסון ית עלתא תכסון ית אשמה וית אדמיה יזרוק על גבי |
| 010 | | | Lv 5:19 | הוא על חובתיה די אתחייב אשמה ייתי קדם ייי: |
| 011 | | | Lv 5:25 | וית אשמה ייתי לשמה דייי דכר שלם מן |
| 012 | | | Lv22:16 | ויקבלון יתהון חובי אשמה כד יהוון אכלין ית קדשיהון |
| 013 | | | Nu 5:08 | לית לגברה פרוק למחזרה אשמה לה אשמה דמתחזר לייי לכהנה |
| 014 | | | Lv19:21 | וייתי ית אשמה לשמה דייי לתרע משכן זימנא |
| 015 | אשמיה | | Lv 5:07 | למיתיה אמר וייתי ית אשמיה דאתחייב תרין שפנינין או |
| 016 | | | Lv 5:06 | וייתי ית אשמיה קדם ייי על חובתיה די |
| 017 | | | Lv 5:15 | מן קדשוי דייי וייתי ית אשמיה קדם ייי דכר שלם מן מום מן |
| 018 | באשמה | | Lv 5:19M | {ו}<י>יתי קדם ייי באשמה יתכפר לה#2#/: |
| 019 | דא' | | Lv 5:25M | מן ענה בעלויה לאשמה/דא'#2#/ \לוות כהנא/לכה'#2#/: |
| 020 | דאש' | | Lv19:21M | \דכר לאשמה /דכרה דאש'#2#/: |
| 021 | דאשמא | | Lv19:22 | ויכפר עלוי בדכרה דאשמא קדם ייי על חובתיה די |
| 022 | דאשמה | | Lv14:17 | רגליה דימינה על אדמה דאשמה: |
| 023 | | | Lv14:28 | דימינה על אתר אדמה דאשמה: |
| 024 | | | Nu 5:07M | למן \דאתחייב ליה /דאשמה דידיה#2#/: |
| 025 | | | Lv14:25 | ויכוס ית אמרה ^^דאשמה ויסב כהנא מן אדמה^^ |
| 026 | | | Lv 5:16 | יכפר עלוהי בדיכרה דאשמה וישתרי וישתבק ליה: |
| 027 | | | Lv14:24 | ויסב כהנא ית אמרה דאשמה וית לוגה דמשחה ויניף |
| 028 | | | Lv14:14 | ויסב כהנא מן אדמה דאשמה ויתן כהנא על רום אדנה דמן |
| 029 | | | Lv14:25 | ויסב כהנא מן אדמה^^ דאשמה ויתן על רום אדניה דמן |
| 030 | | | Lv 7:01 | ודא גזירת אורית' דאשמה קדש קדשין הוא: |
| 031 | ולאשמה | | Lv 7:37 | למנחתה ולחטאתה ולאש«מה» ולאשלמותה ולנכסת קדשיה: |
| 032 | כאשמא | | Lv 7:07 | כחטא«תה» כאשמא גזירת אורייתה חדה להון |
| 033 | כאשמה | | Lv 6:10 | קדישין הוא כחטאת' כאשמה: |
| 034 | לאשמה | | Lv 5:15 | בסלעי «בית» קדשה לאשמה: |
| 035 | | | Lv19:21 | לתרע משכן זימנא דכר לאשמה: |
| 036 | | | Lv 5:26M | כל מה די יעבד למתחייבה/לאשמה#2#/ בה: |

|  |  |  |  |  |  |  |
|---|---|---|---|---|---|---|
| 037 | | | Nu 6:12 | וייתי אמר בר שתה | לאשמה | ויומין קדמיין בטלון ארום |
| 038 | | | Lv14:12 | אמרה חדתה ויקרב יתיה | לאשמה | וית לוגה דמשחה ויניף |
| 039 | | | Lv14:21 | ארע' ידה ויסב אמר חד | לאשמה | לאנפו למכפרה עלוי ועשרון |
| 040 | | | Lv 5:18 | מן מום מן ענה בעלויה | לאשמה | לוות כהנא ויכפר עלוי כהנא |
| 041 | | | Lv 5:25 | מן מום מן ענה בעלויה | לאשמה | לוות כהנא: |
| 042 | אשמותהון | p em/sf | Lv22:16M | "אשמה ... יתהון": | אשמותהון | בזמן די יאכולון ית |
| 043 | אשמיהון | | Nu18:09 | ולכל חטאתהון ולכל | אשמיהון | די יחזרון לשם ממרי קדש |

## אשמימו ⇐ *n.* שעמימו

## אשרה *n.* tree devoted to idolatry [79]

|  |  |  |  |  |  |  |
|---|---|---|---|---|---|---|
| 001 | אשרה | s em/sf | Dt16:21 | לא תצבון לכון | אשרה | כל אילן סמיך למדבחה דייי |
| 002 | אשרתהון | p em/sf | Ex34:13 | תתברון וית | אשרתהון | תקצצון: |
| 003 | ואשרתהון | | Dt 7:05 | וקיימתהון תתברון | ואשרתהון | תקצצון{{וצלמי}} |

## אשתה ⇐ *num.* שת

## אשתין ⇐ *num.* שתין

## אשתמודע *vb.* to recognize [294 מודע]

|  |  |  |  |  |  |  |
|---|---|---|---|---|---|---|
| 001 | ישתמודע | quad/t | Dt21:17M | יקרב/יקדם | ישתמודע#2#/ | למיתן ^לה#2#^ חולק |

## את *n.* sign [78]

|  |  |  |  |  |  |  |
|---|---|---|---|---|---|---|
| 001 | את | s ab/cn | Dt13:02 | או חלם חלמין ויתנון לכון | את | או סימן: |
| 002 | | | Ex40:20M | בחורב והוון קיימין על | את | בבית אולפנה הנון לוחי |
| 003 | אתה | s em/sf | Dt13:03 | וייתי | אתה | או סימנה די מלל לכון למימ' |
| 004 | אתין | p abs | Dt13:02M | סימן /חלמיה נותן לכון | אתין | או סימנין#2#/: |
| 005 | | | Dt32:03 | דאנון תמניין וחמשה | אתין | וכן הוא מפרש ואמר האזינו |
| 006 | | | Dt 6:22 | ושוי מימרה דייי | אתין | וסימנין רברבין ובישין |
| 007 | באתיין | | Nu 2:02 | גבר על טכסיה | באתיין | לבית אבהתהון ישרון בני |
| 008 | באתין | | Dt 4:34 | אומה מגו אומה בניסן | באתין | ובפרישן ובסדרי קרבה וביד |
| 009 | ובאתין | | Dt26:08 | מנטלה ובחזוין רברבן | ובאתין | ובפרישן: |
| 010 | כאתין | | Dt28:46M | ובבניכון /בכון | כאתין | וכפרישן ובזרעיית בני#2# |
| 011 | לאתין | | Gn 1:14 | ובין ליליא ויהוון | לאתין | ולזמנין ולמקדש' בהון עבור |
| 012 | | | Dt28:46 | ויהוון לכון | לאתין | ולסימנין ובבניכון עד |
| 013 | | | Ex13:09 | ויהוי לך | לאתין | על אדרעיכון ולדוכרן טב על |
| 014 | | | Ex13:16M | ויהווי | לסימן/לאתין#2#/תפלים#2# | על אדרעיכון |
| 015 | אתוי | p em/sf | Dt11:03M | וית עבדוי משבחתה די | /אתוי | וית עובדוי די#2#/ עבד |
| 016 | אתיי | | Ex 7:03M | ית \נסוי וית פרישתי | /אתיי | וית נסוי#2#^/תימה |
| 017 | אתייה | | Dt13:03M | \וייתי אתה /וייתון | אתייה#2#/ | או סימנה די מלל לכון |
| 018 | | | Dt34:11 | לכל | אתייה | וניסי פרישתה די שלח יתיה |
| 019 | | | Dt29:02 | די חמון עייניכון | אתייה | ופרישתה רברבייה האינון: |
| 020 | ואתייה | | Dt 7:19 | די חמין עייניכון | ואתייה | ופרישתה וידה תקיפתה |

## את *pron.* you (m.) [79]

|  |  |  |  |  |  |  |
|---|---|---|---|---|---|---|
| 001 | א' | | Gn12:13 | אמרי כען לי אח«תי» | א' | ^מן#2#^ בגלל דייטיב לי |
| 002 | את | | Gn12:11 | אנא ארום את שפירת חזי' | את: | |
| 003 | | | Nu16:11M | לכן בשבועה | את | קרח וכל עמא דכנשתך אליין |
| 004 | | | Gn24:58M | לרבקה ואמרן לה הא | תזלין/את | אוזלא#2#/ עם גברא הדין |
| 005 | | | Gn32:18 | למימר מן את אתי ולאן | את | אזל ולמן אלין אנון די |
| 006 | | | Nu22:30 | ואמרת אתנתה לבלעם להן | את | אזל בלעם רשיעא חסיר דעתה |
| 007 | | | Gn16:08 | דשרי מנן את אתיה ולאן | את | אזלה ואן בית את אשכחה |
| 008 | | | Gn24:60M | עד כדון הויית אחת' כדון | את | אזלה מזדווגה בההי צדיק' |
| 009 | | | Gn24:60 | הויית ברם מן הכא ולהלא | את | אזלה ומדבקה ל{ד}<ה> לגברא |
| 010 | | | Ex 2:14 | ושליט עלינן הא מקטל יתי | את | אמר היך מה דקטלת ית מצריה |
| 011 | | | Ex 5:16 | לית מתיהב לעבדך ולבנין | את | אמר לן עבדך עבדו והא עבדיך |
| 012 | | | Ex33:12 | ואמר משה קדם ייי חמי די | את | אמר לי אסק ית עמא האיליין |
| 013 | | | Gn44:18M | ייי אנא דחיל וכדו | את | אמרת מן קדם פרעה אנה דחיל |
| 014 | | | Gn44:18 | לן מן קדם ייי דחיל וכדו | את | אמרת מן פרעה אנה דחיל דילמא |
| 015 | | | Ex19:23 | למיסק לטורא דסיני ארום | את | אסהדת בן למימר תחם ית טורא |
| 016 | | | Nu11:20M | ארעא דמצרים /{אתפקית | <את | אפקת> יתן מן מצרים#2#/: |
| 017 | | | Gn16:08 | ולאן את אזלה ואן בית | את | אשכחה כביתיה דאברם ריבונך |
| 018 | | | Gn16:13M | \דאתגלו עליה /ואמרת | את#2#/ | את הוא אלהא קיים∧על#2# |
| 019 | | | Gn32:18 | אחוי וישאלונך למימר מן | את | אתי ולאן את אזל ולמן אלין |
| 020 | | | Gn16:08 | ואמר הגר אמתא דשרי מנן | את | אתייה ולאן את אזלה ואן בית |
| 021 | | | Gn 3:09M | גלי קודמו{ו}<י>' אתרא די | את | בגווה היך אינון פיקודייה |
| 022 | | | Gn13:14M | ומדנחה ומערבה /די | את | בגווה צפו' ומדנחה ודרומ' |
| 023 | | | Gn18:28 | חמשתי זכיי חמשה הא משיצא | את | בגלל חמשה ית כל קרתא ואמר |
| 024 | | | Gn46:30 | דחמת סבר אפיך ארום כען | את | בחיין: |
| 025 | | | Gn23:06 | מנן רבונן רב מן קדם ייי | את | בינינן בבית שפר קברינן קבר |
| 026 | | | Nu14:14 | ארום חזיו בחזיו אתגלית | את | במימרך ייי וענן איקר שכינתך |
| 027 | | | Gn37:15 | ושאל יתיה גברא למימר מה | את | בעי: |
| 028 | | | Gn27:18M | מה את /הא אנא מן | את#2#/ | ברי: |
| 029 | | | Gn27:18 | ואמר אבא ואמר הנני מה | את | ברי: |
| 030 | | | Ex 7:27 | ארום מסרב | את | ^דלא#2#^ למשלחה הא אנה |
| 031 | | | Gn28:13 | ואלהה דיצחק ארעא «די» | את | דמך עלה לך אתן יתה ולבניך: |
| 032 | | | Gn 3:11 | מאן תני לך ארום ערטיליי | את | הא מן אלנא די פקדת יתך דלא |
| 033 | | | Gn16:13 | ממריה דייי דאתגלו עליה | את | הוא אלהא קיים כל עלמייא |
| 034 | | | Gn22:08 | לה אמר לעלתה ואן לא | את | הוא אמרא דעלתא ואזלו תריהון |
| 035 | | | Gn22:14M | "ברחמין ..." | את | הוא ייי דחמי ולא |
| 036 | | | Gn26:29 | עמך טבן ושלחנן יתך בשלם | את | הוא מן כדון בריכה דייי: |
| 037 | | | Gn27:21 | קרב כען ואמשש יתך ברי הא | את | הוא דין ברי עשו או לא: |
| 038 | | | Gn27:24 | ואמר | את | הוא דן ברי עשו ואמר אנה: |
| 039 | | | Gn38:25 | ברחמין מן קדמיך ייי | את | הוא דעני לעיקי בשעת עקתהון |
| 040 | | | Nu14:14 | ארעא הדה שמעו ארום | את | הוא דאיקר שכינתך בגו עמא |
| 041 | | | Gn49:09 | משיזב מן דינה דתמר ברי | את | הויי' זכיי נייח ושרי בגו |
| 042 | | | Gn49:09 | מן קטולוי דיוסף ברי | את | הויית משיזב מן דינה דתמר |
| 043 | | | Nu27:13 | יתה ותתכנש לוות עמך אוף | את | היך מה דאתכנש אהרן אחוך: |
| 044 | | | Ex19:24 | ליה ייי איזל חות ותיסק | את | ואהרן עמך וכהניא ועמא לא |
| 045 | | | Ex24:01 | סוק תבע אולפן מן קדם ייי | את | ואהרן נדב ואביהוא ושבעין |
| 046 | | | Nu 1:03M | יתהון לחילוותהון | אתה/את#2#/ | ואהרן: |
| 047 | | | Nu20:08 | חוטרה וכנש ית עם כנישתה | את | ואהרן אחוך ותמללון עם כיפה |
| 048 | | | Nu31:26M | בבני אנשא ובבעירה | אתה/את#2#/ | ואלעזר כהנה וראשי |
| 049 | | | Nu16:16 | עם כנישתך הוון קדם ייי | את | «ואינון» ואהרן למחר: |
| 050 | | | Gn27:32 | ואמר לה יצחק אבוי מן | את | ואמר אנה ברך בוכרא עשיו: |
| 051 | | | Gn24:47 | יתה ואמרת לה ברת מן | את | ואמרת ברת בתואל בר נחור |
| 052 | | | Gn45:11 | חמש שנין דכפן ולא תשתיצא | את | ואנשי ביתך: |
| 053 | | | Gn 8:16 | פוק מן תבותא | את | ואתתך ובניך ונשי בניך אתך: |
| 054 | | | Gn 6:18 | קיימי עמך ותיעול לתיבותה | את | ובניך ואתתך ונשי בניך עמ': |
| 055 | | | Gn17:09 | לאברהם ואת ית קיימי תטר | את | ובניך מן ב{רת}<תר>ך |
| 056 | | | Gn45:10 | ותיהוי קריב לוותי | את | ובניך ובני בניך וענך ותוריך |
| 057 | | | Lv10:09 | חדת וחמר עתיק לא תשתון | את | ובניך עמך במעלכון במשכן |
| 058 | | | Lv10:14 | דאפרשות' תאכלון באתר דכי | את | ובניך ובנתך עמך ארום חולקך |
| 059 | | | Nu18:01 | ואמר ייי לאהרן | את | ובנך ואנשי ביתך עמך תקבלון |
| 060 | | | Ex 3:18 | וישמעון לקלך ותיתי | את | וחכימיה דישראל לוות מלכא |

|  |  |  |  |  |  |
|---|---|---|---|---|---|
| 061 | | Ex 3:18M | את /לקל מיליך ותיעול | את#2#/ | וחכימיה דישראל לוות |
| 062 | | Gn 7:01 | ואמר ייי לנח עול | את | וכל אנשי ביתך לתיבותא ארום |
| 063 | | Ex11:08 | וישאלון בשלמי למימר פוק | את | וכל עמא דעמך ומ«ן» בתר |
| 064 | | Nu16:11 | בשבועה | את | וכל עם כנישתך דאזדמנתון קדם |
| 065 | | Nu16:16 | ואמר משה לקרח | את | וכל עם כנישתך הוון קדם ייי |
| 066 | | Gn22:12 | ידעת ארום דחל מן קדם ייי | את | ולא מנעת ית ברך ית יחידך |
| 067 | | Gn43:08 | ולא נמות לחוד אנן ולחוד | את | ולחוד ספלינן: |
| 068 | | Gn 3:19 | ארום מנה אתברית ארום עפר | את | ולעפרא את עתיד חזר ומן עפרא |
| 069 | | Ex33:01 | עם משה אזל סק מן הכה | את | ועמא די אסקת פריקין מן ארעא |
| 070 | | Dt 5:27 | קרב | את | ושמע ית כל מה די יאמר ייי |
| 071 | | Gn29:14 | לבן לחוד היך קריב בשרי | את | ושרי עמיה ירח דיומין: |
| 072 | | Gn49:03 | ראובן בוכרי | את | חיילי ושרוי צערי חמי הויית |
| 073 | | Dt22:02 | קריב {ל}אחוך לוותך ולית | את | חכים יתיה ותעיל יתיה לגו |
| 074 | | Ex32:22 | יתקף רוגזא דריבו{ת}<נ>י | את | חכם ית עמא ארום בישין |
| 075 | | Gn13:15 | ארום ית כל ארעא די | את | חמי לך אתן יתה ולבניך עד |
| 076 | | Ex25:40 | וחמי ועבד בדמותיהון די | את | חמי בטורא: |
| 077 | | Gn30:29 | ואמר ליה | את | ידע ית מה די פלחת קדמ{ת}<ך> |
| 078 | | Gn47:06 | ישרון בארעא דגשן ואן | את | ידע ואית בהון גברין גברי |
| 079 | | Nu11:16 | גברין מן חכימי ישראל די | את | ידע דאינון חכימי עמא |
| 080 | | Gn30:26 | קדמיך בהן ואזיל ארום | את | ידעת פלחני די פלחית קדמך: |
| 081 | | Gn38:16 | תעול לוותי) ואמרת מה | את | יהב ל<י> ארום תעול לוותי: |
| 082 | | Gn15:05M | אן/אם#2#/ \תיכל למימני | אן/את | יכיל ממ<ני>#2#/ יתהון |
| 083 | | Ex18:18 | «הוא» מנך פתגמא לית | את | יכיל למעבד יתיה בלחודך: |
| 084 | | Nu22:30 | ולא אתייה לעלמא דאתי לית | את | יכיל למלוט יתי |
| 085 | | Nu22:30 | הוא מדכר קדמיהון מה | את | יכיל למילט יתהון ודי טלמת |
| 086 | | Nu24:14 | ואין לא לי{א}<ת> | את | יכיל שליט בהון ברם עתידין |
| 087 | | Ex18:14 | את עבד לעמא מן בגלל מה | את | יתב בלחודך וכל עמא קיימין |
| 088 | | Gn21:26 | מן עבד ית פתגמא הדין ואף | את | לא תנית לי ולחוד אנא לא |
| 089 | | Gn21:26M | "ואף את": ואוף | את | לא חוית לי ואוף אנ{ת}<א> |
| 090 | | Dt 1:37 | מן בגללכון למימר להוד | את | לא תיעול «ל»תמן: |
| 091 | | Nu11:17M | את לבלחודך /תסבול | את | לבלחודוי#2#/. |
| 092 | | Nu11:17 | במטלהון דעמא ולא תטעון | את | לבלחודך: |
| 093 | | Gn13:09 | <לצפונה> אנא לדרומה אן | את | לדרומה ואנה לצפונה: |
| 094 | | Ex18:18 | מלעי תלעי לחוד | את | לחוד עמא האליין «די» |
| 095 | | Nu11:29 | ואמר ליה משה הא מקנא | את | לי אלווי מן יתן כל עם דייי |
| 096 | | Nu22:06 | יהווי מברך וית מה די | את | לייט הווי ליט: |
| 097 | | Gn29:15 | ואמר לבן ליעקב הא אחי | את | לית אפשר למפלח קדמיי מגן |
| 098 | | Ex 9:02 | ארי מסרב | את | למשלחא ועד כדון את מתוקף |
| 099 | | Ex10:04 | ארום אין מסרב | את | למשלחה ית עמי הא אנא מייתי |
| 100 | | Ex18:19 | עצה ויהווי ייי עמך הוי | את | לעמא כ{מ} תבע אולפן מן קדם |
| 101 | | Gn13:09 | קדמך אתפר' כען מעלוי אן | את | <לצפונה> אנא לדרומה אן את |
| 102 | | Gn20:03 | בחלמא בליליא ואמר ליה הא | את | מאית על אתתה דנסבת דהיא |
| 103 | | Nu22:06 | ידע אנה ^ית מה#2#^ די | את | מברך יהווי מברך וית מה די |
| 104 | | Nu14:14 | עליהון ובעמודה דענגה | את | מהלך קודמיהון ביממא ובעמודה |
| 105 | | Dt24:11 | לברה תקום וגברא די | את | מוזף לה יפיק לוותך ית |
| 106 | | Gn18:28M | זכיי חמשה הא \משיצא | את/את | מחבל#2#/ בגלל חמשה ית כל |
| 107 | | Gn20:07 | ויצלי עליך ותחי ואית לית | את | מחזי«ר» יתה דע ארום ממת |
| 108 | | Ex 2:13 | ואמר לחיבה למה כען | את | מחי לחברך: |
| 109 | | Nu16:14M | דגובריא האינון אין | את | מנקר לית אנן סלקין |
| 110 | | Ex10:03 | ייי אלהון דעבריי עד אמת | את | מסרב למתכנעה קדם ייי שלח ית |
| 111 | | Gn23:13 | דארעא למימר לחוד אן לווי | את | מקבל מני הא יהבית כספא |
| 112 | | Nu11:29M | משה הא \מקנא את לי | את/ | מקנה לי#2#/ אלווי מן יתן |
| 113 | | Gn18:24 | זכיין בגו קרתא הא ברגז | את | משיצא ולא את שרי ושבק |
| 114 | | Gn18:23 | וקרב אברהם ואמר הא ברגז | את | משיציא זכייא עם חייבא: |
| 115 | | Gn43:05 | ואן לית | את | משלח לא נחות ארום גברא אמר |
| 116 | | Ex 8:17M | ארום\אן ליתך /לית | את#2#/ | משלח ית עמי הא אנא מגרי |
| 117 | | Gn21:23M | בשם ממריה דייי הכא דלית | את | משקר לי בברי ולא בבר ברי |
| 118 | | Dt16:09 | דיומין תמנון לכון מ' די | את | משרי מגלה דחצדה למחצד |
| 119 | | Gn44:18 | דאת ימה מה משתבע {ימ} בה | את | משתבע אנה לך בחיי רישיה |
| 120 | | Ex 9:02 | מסרב את למשלחא ועד כדון | את | מתוקף בהון: |
| 121 | | Dt31:16 | ואמר ייי למשה הא | את | מתכנש בשלם עם אבהתך וקיימין |
| 122 | | Gn16:11 | ואמר לה מלאכה דייי הא | את | מתעברה וילדת בר ותיקרי שמה |
| 123 | | Ex 9:17 | הא עד כדון | את | מתרברב בעמי דלא למשלחא |
| 124 | | Gn 3:09M | ואף | את | סביר דלית גלי קודמ{ו}<י> |
| 125 | | Ex18:14 | ואמר מה פתגמא הדין די | את | עבד לעמא מן בגלל מה את יתב |
| 126 | | Ex18:17 | ליה לא תקין פתגמא די | את | עבד: |
| 127 | | Nu11:15 | ואין כדין | את | עבד לי קטול יתי כען קטולין |
| 128 | | Nu20:18M | "להון": <לה> אדומייה לית | את | עבר בתחומי דלא שלופי חרבה |
| 129 | | Dt34:04 | אתן יתה חמי יתה ותמן לית | את | עבר: |
| 130 | | Ex20:19 | ואמרין למשה מלל | את | עמן ונשמע ולא יתמלל עמן |
| 131 | | Gn 3:19 | ארום עפר את ולעפרא | את | עתיד חזר ומן עפרא את עתיד |
| 132 | | Gn 3:19 | את עתיד חזר ומן עפרא | את | עתיד חזר וקאם ויהב דין |
| 133 | | Ex18:19 | אולפן מן קדם ייי ותיתי | את | פיתגמיא קדם ייי: |
| 134 | | Ex 3:05 | מעלוי רגליך ארום אתרא די | את | קאים עלוי אתר קדיש הוא: |
| 135 | | Gn24:31 | עול בריכה דייי למה כען | את | קיים לברא והא אנא פניית |
| 136 | | Ex14:15 | ואמר ייי למשה עד אימת | את | קיים תהווי לדידך מלל עם בני |
| 137 | | Nu22:34 | חטאת ארום לא ידעת ארום | את | קיים מתעתד לקדמותי באורחא |
| 138 | | Gn40:12M | עתיד למשתי בעקבה אף | את | רב מזוגי |
| 139 | | Gn40:18 | יפקון פריקין בריש גלי אף | את | רב נחתומי' תקבל אגר ביש |
| 140 | | Dt23:21 | לבר עממיה | את | רשי למיזף ולאחוך לית את רשי |
| 141 | | Dt23:21 | את רשי למיזף ולאחוך לית | את | רשי למיזף מן בגלל די יברך |
| 142 | | Dt15:03 | ית בר עממיא | את | רשיי למדחק יתיה דיהווי לך |
| 143 | | Gn32:30 | תני כען שמך ואמר למה כען | את | שאיל לשמי וברך יתי תמן: |
| 144 | | Gn12:11 | אתתה הא כען ידע אנא ארום | את | שפירת חזי' את: |
| 145 | | Gn18:24 | הא ברגז את משיצא ולא | את | שרי ושבק לחובין דאתרא |
| 146 | | Ex34:10 | אמיא ויחמי כל עמא די | את | שרי ביניהון ית עובדוי דייי |
| 147 | | Dt 3:24 | בבעו ברחמין מן קדמיך ייי | את | שרית למחווייה ית עבדך ית |
| 148 | | Gn24:44 | ותימר לי אף | את | שתי ואף לגמליך אמלא היא |
| 149 | | Gn31:39 | אנה הוינא משלם יתה מני | את | תבע יתהא מה דהוון גנביא |
| 150 | | Gn43:09 | אנה ערב יתיה מנ{ו}<י> | את | תבע יתהא אם לא אייתי יתיה |
| 151 | | Ex15:12 | ייי על ארעא בשבועה דלית | את | תבע יתהון מנה לעלמא דאתי |
| 152 | | Gn41:40 | | את | תהווי ממני אפיטרופ«וס» על |
| 153 | | Dt31:07 | ישראל אתוקף ואזדרז ארום | את | תיעל ית עמה האליין לארעא די |
| 154 | | Ex 7:02 | | את | תמלל ית כל מה די פקדת יתך |
| 155 | | Gn24:23 | ואמר ברת מן | את | תניין כען לי האית בביתה |
| 156 | | Dt31:23 | אתוקף וא«ז»דרז ארום | את | תעיל ית בני ישראל לארעא די |
| 157 | | Ex10:25 | ואמר משה לחוד | את | תתן בידן נכסין ועל{י}<ו>ן |
| 158 | | Gn12:13M | לי אח«תי» | א'/את#2#/ | ^מן#2#^ בגלל דייטיב |
| 159 | אתה | Nu 1:03 | יתהון לחילוותהון | אתה | ואהרן: |
| 160 | | Dt 3:27M | ארום \לא תעיבר ית /לית | אתה | מעבר#2#/ ירדנה הדין: |
| 161 | דאת | Gn39:09 | ארום אלהן יתיך בגלל | דאת | א«י»תתיה והיכדין אעבד |
| 162 | | Ex10:28M | דלא מלייא קשייתא האלן | דאת | אמ' לי ברם בעי אנא למימות |
| 163 | | Gn 3:09 | חשב דלא גלי קדמי אתר | דאת | בגויה אן היא מצוותה דפקדת |
| 164 | | Gn44:18 | בארעא דכנען היך מה | דאת | ופרעה רבך שליטין בארעא |
| 165 | | Gn31:43 | בניי וענה עניי וכל מה | דאת | חמי {לי הו} לי הוא ולבנתי |
| 166 | | Lv19:16M | תשתוק אדמה דחברך בזמן | דאת | ידע בה קשיט בדינה כדין |
| 167 | | Lv19:16 | אדם קטולוי דחברך בזמנה | דאת | ידע ליה זכו בדינא אמר ייי: |
| 168 | | Nu10:31 | תשבק יתן ארום בגין כדן | דאת | ידע נסיא דעבד ייי עמן בכל |

|  |  |  |  |  |  |
|---|---|---|---|---|---|
| 169 | | Gn44:18 | כוות פרעה רבך ארום | דאת | ימה מה משתבע {ימ} בה את |
| 170 | | Gn44:18 | אנה משרי ומן פרעה רבך | דאת | ימי ביה אנה מחסל על מנת |
| 171 | | Gn44:18 | בחיי רישיה דאבא היך מה | דאת | משתבע בחיי רישיה דפרעה רבך |
| 172 | | Gn21:22 | לממר ייי עמך בכל מה | דאת | עבד: |
| 173 | | Dt32:50 | ותתכנש בשלם בטורא | דאת | עליל לתמן ותתכנש בשלם לוות |
| 174 | | Ex20:24M | "אתרא ... יתכון": אתר | דאת | קאים לצלוי׳ בשמי קדיש׳ |
| 175 | | Gn49:22 | וכל מיני דהב סברין | דאת | תליית עיינך ומסתכלין בחדא |
| 176 | | Gn13:14 | כען עיניך וחמי מן אתרא | דאת | תמן לצפונה ולדרומה ולמדנחה |
| 177 | ואת | Ex 9:30M | \ואת ושלטונך ידע | /ואת | פרעה ועבדיך ידע#2#/ אנה |
| 178 | | Gn32:13 | | ואת | אמרת מייטיבה אייטב לך |
| 179 | | Ex33:12 | יתי ית מה דתשלח עמי | ואת | אמרת חמי דמניית יתך בשם |
| 180 | | Nu 5:20 | | ואת | ארום סטית בר מן רשותה |
| 181 | | Ex14:16 | | ואת | ארעם ית חוטרך וארכן ית ידך |
| 182 | | Gn45:19 | | ואת | אתפקדת דא עבדו סיבו לכון |
| 183 | | Nu11:21 | עמא די אנה שרי ביניהון | ואת | במימרך אמרת בשר אתן לכון |
| 184 | | Gn30:15 | היא דא די נסבת ית בעלי | ואת | בעיא למיסב ית יברוחי דברי |
| 185 | | Gn35:09 | ומ<י>לל ו{אמך}<מספד> | ואת | ברחמך טביא אתגליתא עלוי |
| 186 | | Dt 5:31 | | «ואת» | הכה אתעתד קדמיי ואמלל |
| 187 | | Ex28:01 | | ואת | הקרב לוותך ית אהרן אחוך |
| 188 | | Nu16:17 | מאוון וחמשין מחתיוון | ואת | ואהרן גבר מחתיתיה: |
| 189 | | Nu18:02 | לוותך וישמשון יתך | ואת | ובניך עמך קדם משכנה |
| 190 | | Nu18:07 | | ואת | ובנך עמך תטרון ית כהנתכון |
| 191 | | Gn31:44 | אתא ונקיים קיים אנא | ואת | ויהוי לסימן ביני ובינך: |
| 192 | | Gn30:02M | נמניע יתהון אתיי אנה | ואת | ונזיל ונבעי רחמין#2#/ ייי |
| 193 | | Ex 9:30 | | ואת | ושלטונך ידע אנה ארום על |
| 194 | | Gn 3:09 | חשוכה ונהורה גלי קדמי | ואת | חשב דלא גלי קדמי אתר דאת |
| 195 | | Gn17:09 | ואמר ייי לאברהם | ואת | ית קיימי תטר את ובניך |
| 196 | | Ex33:12 | לי אסק ית עמא האיליין | ואת | לא אודעת יתי ית מה דתשלח |
| 197 | | Ex31:13 | | ואת | מלל עם בני ישראל למימר |
| 198 | | Lv10:19 | וית עלתהון קדם ייי | ואת | מלף יתן דחטאתה חמ<י>רא מן |
| 199 | | Nu 1:50 | | ואת | מני ית לוויי על משכנה |
| 200 | | Gn30:02 | פרי וולד מעייא הא אנא | ואת | ניזל ונבעי קדם ייי די |
| 201 | | Gn 6:21 | | ואת | סב לך מן כל מיכל די יתאכל |
| 202 | | Ex30:23 | | ואת | סב לך ראשי קטרן בסימנין |
| 203 | | Gn40:12 | דפרעה עתיד למשתי בסופא | ואת | רב מזוגיא לא מובדין אגרין |
| 204 | | Gn35:09M | ומיילל ומספד ובכי | ואת | רבון כל עלמא ייי במכלת |
| 205 | | Gn 4:07 | דיצרה בישא | ואת | תהוי שלט בה בין לימזכי |
| 206 | | Ex 4:16 | הוא יהווי לך לתורגמן | ואת | תהוי ליה לתבע אולפן מן קדם |
| 207 | | Ex18:21 | | ואת | תחמי מכל עמא גברין גברי |
| 208 | | Dt31:07 | «למיתן להון» | ואת | תחסן יתה להון: |
| 209 | | Ex28:03 | | ואת | תמלל עם כל חכימא ליבא די |
| 210 | | Dt 5:27 | כל מה די יאמר ייי אלהן | ואת | תמלל עמן ית כל מה די ימלל |
| 211 | | Ex27:20 | | ואת | תפקד ית בני ישראל וייסבון |
| 212 | | Gn15:15 | | ואת | תתכנש לוות אבהתך בשלם תקבר |

## את *prep.* accusative particle, with [Heb.] [!!]

|  |  |  |  |  |  |
|---|---|---|---|---|---|
| 001 | את׳ | Gn31:18 | <....> | {את׳ | כל בעירא} ית כל בעירא וית |
| 002 | את | Gn50:02 | למחנט ית אבר׳ וחנטו אסיא | את | ישראל: |
| 003 | | Nu 8:03 | היך מה די פקד ייי | את | משה: |
| 004 | | Gn31:23 | ודבר | את | אחוי עמיה ורדף בתרי{ת}<ה> |
| 005 | | Ex 9:16M | ומן בגלל למתנייה | את | שמי |
| 006 | ואת | Gn36:03 | | ואת | בשמת ברת ישמעאל אחתיה |
| 007 | | Nu32:35M | | וית/ואת#2#/ | עטרות שופן וית |
| 008 | | Gn42:20 | | ואת | אחוכון זעירא תייתון לוותי |

|  |  |  |  |  |  |
|---|---|---|---|---|---|
| 009 | | Lv11:15 | | ואת | כל מין עורב׳ למינה: |
| 010 | אותי | Gn34:30M | /עלי ויקטלון ויקטלון | אותי | וישיצי אמהתא עם בנייה#2# |
| 011 | אתך | Gn 8:16 | ואתתך ובניך ונשי בניך | אתך: | |

## אתה *n.* woman [איתה 56]

|  |  |  |  |  |  |
|---|---|---|---|---|---|
| 001 | איתה s ab/cn | Dt29:17M | יהוי בכון גבר או | אתה/איתה#2#/ | או זרעי או שבט דליביה |
| 002 | | Lv13:29 | וגבר או | איתה | ארום יהוי ביה מכתש בראשה |
| 003 | | Gn24:38 | ולוות זרעייתי ותיסב | איתה | לבר«י» ליצחק: |
| 004 | | Gn21:21 | דפארן ונסבת ליה אימיה | איתה | מן ארעא דמצרים: |
| 005 | | Dt23:18 | לא תיהווי | איתה | נפקת בר מן בנתהון דישראל |
| 006 | | Dt21:11 | ותחמי בשביתה | איתה | שפירת חזוון ותתרעי בה |
| 007 | איתת | Dt23:18M | לא תיהווי | איתה/<אי>תת#2#/ | נפקת בר |
| 008 | את׳ | Nu12:01M | \והלו אתה /והלו לא | את׳#2#/ | כושיה הות ציפורה אתתה |
| 009 | | Gn27:46 | דחיתאי אן נסב יעקב | את׳ | מן בנתהון דחיתיי כאלין מן |
| 010 | אתא | Gn24:03 | דשליט על ארעא דלא תסב | אתא | לברי מן בנתהון דכנענאי די |
| 011 | | Gn24:51 | קדמיך דבר ואזל ותהוי | אתא | לבריה דריבוני היך מה דמלל |
| 012 | אתה | Lv21:14 | יסב ארו׳ אלהן מעמיה יסב | אתה: | |
| 013 | | Dt29:17 | דלא יהוי בכון גבר או | אתה | או זרעי או שבט דליביה סטי |
| 014 | | Gn 2:23 | בשרי להדא יאי למתקריה | «אתה» | ארום מן גבר אתבריית דא: |
| 015 | | Lv13:38 | וגבר או | אתה | ארום יהוי במשך בשרהון |
| 016 | | Nu 6:02M | ותימר להון גבר או | אתתה/אתה#2#/ | ארום יפרוש למנדור נדר |
| 017 | | Lv21:13 | והו׳ | אתה | בסחדודתה יסב: |
| 018 | | Lv21:13M | "והו׳... יסב": וכהנא רבה | אתה | בתולה יסב |
| 019 | | Lv20:18 | וגבר די ישמש עם | אתה | דוה ויבזי ית עריתה וית |
| 020 | | Ex35:25 | וכל | אתה | דחכימת לבה בידה הוות עזלה |
| 021 | | Nu31:17 | כל דכורא בטפליה וכל | אתה | דחכמה לגבר בתשמיש דכורא |
| 022 | | Lv20:27 | וגבר או | אתה | די יהווי בהון שאלי אובה או |
| 023 | | Nu 5:06 | בני ישראל גבר ^או#2#^ | אתה | די יעבדון מן כל חובוי |
| 024 | | Dt17:02 | אלהכון יהב לכון גבר או | אתה | די יעבד מה דסני ומרחק קדם |
| 025 | | Gn34:31M | \ויאמר באתה /ואמר הך | אתה#2#/ | דלית לה בר נש תבע עלבנה |
| 026 | | Ex21:03 | לבלחודוי יפוק אין נסב | אתה | הוא ותפק אתתיה עמיה: |
| 027 | | Nu31:26 | בבני אנשא ובבעירה | אתה | ואלעזר כהנה וראשי אבהת |
| 028 | | Dt22:22M | דמשמש/דיש׳#2#/ עם | אתתה/אתה#2#/ | ואתתה ותבערון |
| 029 | | Dt22:13 | ארום יסב גבר | אתה | ויזדמן לוותה ויסני יתה: |
| 030 | | Ex21:28 | יגש תורא ית גבר או ית | אתה | וימות מתרגמא יתרגם תורא |
| 031 | | Dt24:01 | ארום יסב גבר | אתה | ויפרין ויזדמן לוותה ויהווי |
| 032 | | Lv20:14 | וגבר די יסב ית | אתה | וית אמה מרחקה היא בנורא |
| 033 | | Dt20:07 | ומן הוא גברא די אריש | אתה | ולא נסב יתה יזיל ויחזור |
| 034 | | Dt22:05 | יהווי מני זיינה דגבר על | אתה | ולא ילבש גבר לבוש דאתה |
| 035 | | Gn25:01 | ואוסף אברהם ונסב | אתה | ושמה קטורה: |
| 036 | | Ex21:04 | אם רבוניה יסב יתיה | אתה | ותלד ליה בנין או בנן אתתא |
| 037 | | Gn34:31M | ברתיה דיעקב ואמר היך | אתה | זני ונפקת ברא <מחשב> ית |
| 038 | | Ex21:10M | אן/ואין | אתה#2#/ | חורי יסב לה מזונה |
| 039 | | Lv18:09 | מה דאולד אבוך מן | אתה | חורי או מה דילידת אמך מן |
| 040 | | Lv21:07 | | אתה | טעוה ומפסה לא יסבון ואתה |
| 041 | | Gn34:31 | אתעבד לדינא אחתן היך | אתה | טעיא נפקת ברא: |
| 042 | | Gn26:34 | בר ארבעין שנין ונסב | אתה | ית יהודית ברת בארה |
| 043 | | Gn28:06 | למסבה ליה מן תמן | אתה | כד ברך יתה ופקד עלוי למימר |
| 044 | | Nu12:01 | אתתה כושיתה די נסב והלו | אתה | כושיה הות ציפורה אתתה |
| 045 | | Dt24:05 | ארום יסב גבר | אתה | כשירוי לא יפוק לחיל קרבה |
| 046 | | Gn38:06 | ונסב יהודה | אתה | לער בוכריה ושמה תמר: |
| 047 | | Gn24:04 | ולילדותי תזיל ותיסב | אתה | לברי ליצחק: |
| 048 | | Gn24:07 | מלאכא דרחמין קדמך ותיסב | אתה | לברי מן תמן: |
| 049 | | Gn24:37 | ית ריבוני למימר לא תסב | אתה | לברי מן בנתהון דכנעאי די |

|  |  |  |  |  |  |
|---|---|---|---|---|---|
| 050 | | Gn24:40 | קדמיך ויצלח ארחך ותסב | אתה | לברי מן זרעיתי ומן ביתיה |
| 051 | | Ex 2:07 | ה{ו}א אזיל ואיקרי ליך | אתה | מיינקא מן עברייתא ותניק לך |
| 052 | | Gn 2:23 | הדא זמנא ולא עוד תתברא | אתה | מן בר נשה היך מה דאתברית |
| 053 | | Gn28:01 | יתיה ואמר ליה לא תסב | אתה | מן בנתהון דכנענאי: |
| 054 | | Gn28:02 | אבוי דאמך וסב לך מן תמן | אתה | מן בנתיה דלבן אחוי דאמך: |
| 055 | | Gn28:06 | ופקד עלוי למימר לא תסב | אתה | מן בנתהון דכנענאי: |
| 056 | | Ex 3:22 | ותשאל | אתה | מן מגירתה ומן קריבת תותבת |
| 057 | | Lv15:33 | לנקבה ולגבר די ישמש עם | אתה | מסאבה: |
| 058 | | Ex21:22 | יתנצון גברין וירפשון | אתה | מעבר{ת}ה ויפוק ולדה ולא |
| 059 | | Dt22:22 | ארום ישתכח גבר משמש עם | אתה | נסיבת גבר וימותון לחוד |
| 060 | | Gn38:21 | על ארחה ואמרין לית הכא | אתה | נפקת בר: |
| 061 | | Gn38:22 | עמה דאתרא אמרו לית הכא | אתה | נפקת בר: |
| 062 | | Nu10:29M | דייי יתיה אתן לכון | אתה | עימן ונייטבה לך ארום |
| 063 | | Dt21:11M | /ותחמון#2#/ בשביתה | איתה/אתה#2#/ | שפירת חזוון/חזיוו#2#/ |
| 064 | | Dt28:30 | | אתה | תארש וגבר אחרן יסב יתה |
| 065 | | Ex21:29 | יתיה ויתקטל גבר או | אתה | תורא יתרגם ואף מריה יתקטל: |
| 066 | | Lv19:20 | וגבר {כ}<ד>י ישמש עם | אתה | תשמי׳ דזרע והיא אמתה |
| 067 | | Nu 5:29M | אתתה /ד{טסת}<תסט>ה | אתה#2#/ | בר מן/חולף#2#/ בעלה |
| 068 | אתת | Gn36:10M | ברא דעדה\אתתיה דעשו | /אתת | עשו#2#/ {{רא}} רעואל בת |
| 069 | | Dt27:20 | יהווי גברה די ישמש עם | אתת | אבוי ארום בזי עריתה דאבוי |
| 070 | | Dt13:07 | או ברך או ברתך או | את{ה}<ת> | חובך או חברך רחמך דחביב |
| 071 | | Gn20:03M | \דהיא נסיבת גבר /והיא | אתת | נסיבת גבר#2#/: |
| 072 | באתה | Gn34:31 | ומתגאי בלביה ויאמר | באתה | דלית לה בר נש תבע עלבנה |
| 073 | דאתה | Dt22:05 | אתה ולא ילבש גבר לבוש | דאתה | ארום סני ומרחק קדם ייי |
| 074 | | Lv24:10 | ונפק ברה | דאתה | ישראליתה והוא ברה דגבר |
| 075 | | Lv18:22 | ועם דכר לא תשמש תשמיש | דאתה | מרחקה היא: |
| 076 | | Lv20:13 | די ישמש עם דכורה תשמיש | דאתה | מרחקה עבדו תריהון |
| 077 | ואיתה | Lv15:18M | | ואתתה/ואיתה#2#/ | די/ארום#2#/ ישמש |
| 078 | ואתה | Lv15:19 | | ואתה | ארום תיהוי דייבה דם תיהוי |
| 079 | | Lv15:25 | | ואתה | ארום ידוב דוב ^אדמה#2#^ |
| 080 | | Nu30:04M | | ואתתה/ואתה#2#/ | ארום תדר נדר קדם ייי |
| 081 | | Lv20:16 | | ואתה | די תקרב לוות כל בעיר |
| 082 | | Ex35:29 | כל גבר | ואתה | דנדב לבהון יתהון למייתייה |
| 083 | | Ex36:06 | כרוז במשריתה למימר גבר | ואתה | לא יעבדון תוב עבידה |
| 084 | | Lv18:23 | תתן תשמישך למסתאב׳ בה | ואתה | לא תקום קדם בעיר למשמשה |
| 085 | | Lv21:07 | אתה טעוה ומפסה לא יסבון | ואתה | משב«קה» מן בעלה לא יסבון |
| 086 | | Lv18:18 | | ואתה | על אחתה לא תסב למעקה |
| 087 | ובאתת | Dt28:54 | תבאש עייניה באחוי | ובאתת | חובה טליותיה ובשיור בנוי |
| 088 | כאתה | Gn34:31M | אתה /ברתיה דיעקב | כאתה#2#/ | טעיא נפקת ברא: |
| 089 | לאיתא | Ex22:15M | /מפרינ׳ יפרינננה ליה | לאיתא#2#/: | |
| 090 | לאיתה | Gn20:12 | לא ברתה דאמה והוות לי | לאיתה: | |
| 091 | | Gn25:20 | אחתיה דלבן ארמאה ליה | לאיתה: | |
| 092 | | Dt21:11 | בה ותיסב יתה לך | לאיתה: | |
| 093 | | Dt25:05 | לוותה ויסב יתיה לה | לאיתה | ויבם יתה: |
| 094 | לאתה | Gn16:03M | לאברם בעלה ליה | לאנתו/לאתתה#2#/: | |
| 095 | | Gn28:09 | דנביות על נשוי לה | לאתה: | |
| 096 | | Gn29:28 | לה ית רחל ברתה לה | לאתה: | |
| 097 | | Gn30:09 | ויהבת יתה ליעקב | לאתה: | |
| 098 | | Gn34:04 | אסב ית רביתה הדא | לאתה: | |
| 099 | | Gn34:08 | אסבו יתה כען לה | לאתה: | |
| 100 | | Gn34:12 | לי ואסבו לי ית רביתה | לאתה: | |
| 101 | | Gn38:14 | לא אתנס«י»בת ליה | לאתה: | |
| 102 | | Dt21:13 | לוותה ותיסב יתה לך | לאתה: | |
| 103 | | Dt24:03 | אחרייה די נסב יתה ליה | לאתה: | |
| 104 | | Ex 6:20 | ברת אחוי דאבוי לה | לאתה | דילדת לה ית אהרן |
| 105 | | Gn 2:22 | ית אלעא די נסב מן אדם | לאתה | ואייתי יתה לות אדם: |
| 106 | | Gn16:05 | אמתי ויהבת יתה לך | לאתה | ואמרית היא תלד ואנה ארבי |
| 107 | | Ex 6:23 | אחתיה דנחשון ליה | לאתה | וילדת ליה ית נדב וית |
| 108 | | Ex 6:25 | מן בנתיה דפוטיאל ליה | לאתה | וילידת ליה ית פינחס אליין |
| 109 | | Gn12:19 | אחתי היא ונסב׳ יתה לי | לאתה | וכדין הא אתתך דבר ואזל: |
| 110 | | Dt22:16 | ברתי יהבית לגברא הדין | לאתה | וסני יתה: |
| 111 | | Gn30:04 | ליה ית בלהה אמהתה | לאתה | ועל לוותיה יעקב: |
| 112 | | Gn24:67 | ונסב ית רבקה והות לה | לאתה | ורחם יתה ואנחם יצחק |
| 113 | | Dt22:29 | סלעין דכסף וליה תהוי | לאתה | חלף די צער יתה ולית הוא |
| 114 | | Dt22:19 | ברת ישראל וליה תיהווי | לאתה | לית הוא רשיי למשבקה יתה כל |
| 115 | | Nu36:08 | שבט אבהתה ייהווין | לאתה | מן בגלל דירתון בני ישראל |
| 116 | | Dt24:04 | למיחזור למיסב יתה לה | לאתה | מן בתר דאסתאבת לגבר אחרן |
| 117 | איתתא s em/sf | Gn 3:02 | ואמרת | איתתא | לחויה מן פירי אילני גנת |
| 118 | איתתה | Gn 3:15M | בין חויה לבין | איתתה | בין זרעית בנוי לבין |
| 119 | | Gn 3:15 | אשוי בינך ובין | איתתה | ובין בניך ובין בנה ויהוי |
| 120 | | Lv20:02M | או גבר סיב דישמש עם | איתתה | מבנת עממיא |
| 121 | איתתיה | Gn19:16M | דאיתתיה /וביד | איתתיה#2#/ | וביד תרתין בנתיה במחוס |
| 122 | | Gn39:09 | אלהן יתיך בגלל דאת | א«י»תתיה | והיכדין אעבד בישתא רבתא |
| 123 | את׳ | Gn25:21M | תמן אבוי על עסקי | את׳ | |
| 124 | | Lv18:14M | לא תבזי ולאתתה/ולוות | את׳#2#/ | לא תקרב חביבתך היא: |
| 125 | אתת׳ | Gn16:03 | ונסבת שרי | אתת׳ | דאברם ית הגר מצריתה אמתה |
| 126 | אתתא | Gn 3:06 | וחמת | אתתא | ארום טב אילנא למיכל וארום |
| 127 | | Gn24:39 | מה דלמא דלא תיתי | אתתא | בתריי: |
| 128 | | Ex18:02 | חמוי דמשה ית צפורה | אתתא | דמשה מן בתר דשבק יתה: |
| 129 | | Gn24:15 | לבתואל בת מלכה | אתתא | דנחור אחוי דאברהם וקולתה |
| 130 | | Gn38:09 | והוה כד הוה עליל לוות | אתתא | דאחוי הוה מחבל עובדוי על |
| 131 | | Dt 5:21M | תחמד חד מנכון | אתתא | דחב׳ |
| 132 | | Gn24:44 | שתי ואף לגמליך אמלא היא | אתתא | די זמן ייי לברה דריבוני: |
| 133 | | Ex21:04 | ותלד ליה בנין או בנן | אתתא | ובניה תהוי לריבונה והוא |
| 134 | | Ex 2:02 | ועברת | אתתא | וילדת בר וחמת יתיה ארום טב |
| 135 | | Gn 3:13 | היא דא׳די עבדית ואמרת | אתתא | חויה אשלי יתיה ואכלת: |
| 136 | | Ex 2:09 | ואנה אתן ית אגריך ונסבת | אתתא | ית טליא ואונקת יתיה: |
| 137 | | Gn24:05 | עבדא מה דלמה לא תצבי | אתתא | למיתי בתרי לארעא הדא הא |
| 138 | | Gn24:08 | ואין לא תצבי | אתתא | למיתיה בתרך ותזדכי מן |
| 139 | | Nu 5:30 | ויקנא ית אתתיה ויקים ית | אתתא | קדם ייי ויעבד לה כהנה ית |
| 140 | אתתה | Gn26:08 | יצחק מגהך עם רבקה | אתתה: | |
| 141 | | Nu 5:22 | ולממסיה ירכיך ותימר | אתתה | אמן אמן דלא אסתאבת אמן |
| 142 | | Gn 3:16M | ולאתתה/לות | אתתה#2#/ | אמר מסגיא אסגיא צעריך |
| 143 | | Nu 6:02 | ותימר להון גבר או | אתתה | ארום יפרוש למנדור נדר |
| 144 | | Nu 5:29 | גזרת אוריתה דקנאתה תסטה | אתתה | בר מן בעלה ותסתאב: |
| 145 | | Lv18:19M | "ולאתתה... ערייתה": ולוות | אתתה | בריחוק נדתה לא תקרוב |
| 146 | | Nu 5:21 | וישבע כהנה ית | אתתה | בשבועתה דלווטה ויאמר כהנה |
| 147 | | Gn20:18 | דאבימלך על עסק שרה | אתתה | דאברהם: |
| 148 | | Gn16:01 | ושרי | אתתה | דאברם לא הוות ילדה לה ולה |
| 149 | | Gn19:26 | ועל דהות | אתתה | דלוט מן בנתהון דסדומיא |
| 150 | | Nu12:01 | אתה כושיה הות ציפורה | אתתה | דמשה אלא היך מה דכושיה |
| 151 | | Nu12:01 | ברייתה כדין הות ציפורה | אתתה | דמשה יאיה בריוה ושפירה |
| 152 | | Gn36:18 | ואלן בניה דאהליבמה | אתתה | דעשו רבה יעוש רבה יעלם |
| 153 | | Lv20:11 | וגבר די ישמש עם | אתתה | דאבוי מתקטלה יתקטל תריהון |
| 154 | | Dt23:01 | לא יסב גבר ית | אתתה | דאבוי ולא יבזי כנף עריתה |
| 155 | | Dt27:20M | עם אתת אבוי /דמשמש עם | אתתה | דאבוי#2#/ ארום בזי עריתה |
| 156 | | Lv20:21 | די יסב ית | אתתה | דאחוי מרחקה היא עריתה |
| 157 | | Lv20:12 | וגבר די ישמש עם | אתתה | דברה מתקטלה יתקטלון מרחקה |

|  |  |  |  |  |  |
|---|---|---|---|---|---|
| 158 | | Lv18:15 | עריתה דכלתך לא תבזי | אתתה | דברך היא לא תבזה עריתה: |
| 159 | | Lv20:10 | וגבר די ישמש עם | אתתה | דגבר ודי יגיי«ר» עם |
| 160 | | Dt13:07M | או \את{ה}<ת> חובך | /אתתה | דדמכה חובך או {עובך} |
| 161 | | Dt22:24 | גברא על עסק די צער ית | אתתה | דחברה ותבערון עבדי בישתה |
| 162 | | Dt 5:21 | ולא יתחמד אנש מנכון ית | אתתה | דחבריה ולא יתחמד בייתיה |
| 163 | | Lv18:20 | ולוות | אתתה | דחברך לא תתן שמושך לזרע |
| 164 | | Dt25:11 | כחדה גבר ואחוי ותקרוב | אתתה | דחד מנהון למשיזבה ית בעלה |
| 165 | | Gn 3:12 | ואמר אדם | אתתה | די שוית עמי היא יהבת לי מן |
| 166 | | Dt25:05 | ובר לית ליה לא תתנסיב | אתתה | דמיתה לברה לגבר חלוני יבמה |
| 167 | | Gn20:03 | ואמר ליה הא את מאית על | אתתה | דנסבת דהיא נסיבת גבר: |
| 168 | | Gn12:11 | למצרים ואמר לשרי | אתתה | הא כען ידע אנא ארום את |
| 169 | | Dt22:14 | עלה שם בישן ויימר ית | אתתה | הדה נסבית וקרבית לוותה ולא |
| 170 | | Dt17:05 | ית גוברא ההוא או ית | אתתה | ההיא די עבדו ית פתגמא בישה |
| 171 | | Dt22:22 | תריהון גברה דמשמש עם | אתתה | ואתתה ותבערון עבדי בישתה |
| 172 | | Nu 5:28 | ואין לא אסתאבת | אתתה | ודכיה היא ותעבר ותלד בר |
| 173 | | Lv20:16 | למשמשה עמה ותקטלון ית | אתתה | וית בעירה מתקטלה יתקטלו׳ |
| 174 | | Gn 4:01 | והאדם חכם ית חוה | אתתה | ועברת וילידת ית קין ואמרת |
| 175 | | Dt17:05 | קורייכון ית גוברא או ית | אתתה | ותרגמון יתהון באבנייא |
| 176 | | Nu 5:12 | גבר גבר ארום ת{ו}<י>סטי | אתתה | ותשקר ביה שקר: |
| 177 | | Nu 5:24 | וישקי ית | אתתה | ית מיא מריריה מלווטיה |
| 178 | | Nu 5:26 | ומן בתר כדן ישקי ית | אתתה | ית מיא: |
| 179 | | Nu12:01 | ואהרן במשה על עסק | אתתה | כושיתה די נסב והלו אתה |
| 180 | | Nu25:08 | ית גברא בר ישראל וית | אתתה | לגו מעיה ואתכלת מגפתה |
| 181 | | Nu 5:27 | כרסה ותתמסי ירכה ותיהוי | אתתה | לל{י}<ו>ט בגו עמה: |
| 182 | | Gn12:15 | קדם פרעה ואד{כ}<ב>רת | אתתה | לפלטירין דפרע׳: |
| 183 | | Nu 5:18 | ויקים כהנה ית | אתתה | קדם ייי ויפרע ית רישא |
| 184 | אתתי | Gn20:11 | וקטלין יתי על עסק שרה | אתתי: | |
| 185 | | Gn44:27 | בנין ילידת לי רחל | אתתי: | |
| 186 | | Gn29:21 | יעקב ללבן הב לי ית | אתתי | «ארי אשלימני» יומי פלחני |
| 187 | | Ex21:05 | עבדא רחמית ית רבני ית | אתתי | וית בני לית אנה נפק |
| 188 | אתתיה | Gn20:14 | וחוי לה ית שרה | אתתיה: | |
| 189 | | Gn25:10 | תמן אתקבר אברהם ושרה | אתתיה: | |
| 190 | | Gn25:21 | יתיה ייי ועברת רבקה | אתתיה: | |
| 191 | | Gn20:02 | ואמר אברהם על עסק שרה | אתתיה | אחתי{{ה}} היא ושלח |
| 192 | | Gn12:14 | מצרימה וחמון מצריה ית | אתתיה | ארום שפירת היא לחדא: |
| 193 | | Gn25:21 | קדם ייי על עסקי רבקה | אתתיה | ארום עקרה הוות וענה יתיה |
| 194 | | Gn23:19 | קבר אברהם ית שרה | אתתיה | במערתי חקל כפילא די |
| 195 | | Ex12:42 | על אברם בר מאה ושרה | אתתיה | ברת תשעין שנין למקימה מה |
| 196 | | Ex12:42 | בר מאה שנין אולד ושרה | אתתיה | ברת תשעין שנין תלד ויצחק |
| 197 | | Gn11:31 | בר ברה וית שרי כלתה | אתתיה | דאברם בריה ונפקו עמהון |
| 198 | | Gn12:17 | על עסק שרי | אתתיה | דאברם: |
| 199 | | Gn38:12 | יומייא ומיתת ברת שוע | אתתיה | דיהודה ואנחם יהודה וסלק |
| 200 | | Gn46:19 | בנוי דרחל | אתתיה | דיעקב יוסף ובנימן: |
| 201 | | Gn36:10 | {{רא}} רעואל בת בשמת | אתתיה | דעשו: |
| 202 | | Gn36:10 | דעשו אליפז ברא דעדה | אתתיה | דעשו {{רא}} רעואל בת |
| 203 | | Gn36:12 | עמלק אלין בנוי דעדה | אתתיה | דעשו: |
| 204 | | Gn36:14 | ברת ענה ברת צבעון | אתתיה | דעשו וילדת לעשו ית |
| 205 | | Gn36:17 | אלין בנוי דבשמת | אתתיה | דעשו: |
| 206 | | Gn36:18 | דאהליבמה ברת ענה | אתתיה | דעשו: |
| 207 | | Gn38:08 | יהודה לאונן עול לוות | אתתיה | דאחוך ויבם יתה ואקים זרע |
| 208 | | Gn20:07 | וכדון חזור | אתתיה | דגברא ארום נביא הוא ויצלי |
| 209 | | Ex20:17 | מנכון ביתא דחבריה ולא | אתתיה | דחבריה ולא עבדיה ולא |
| 210 | | Lv20:10 | דגבר ודי יגיי«ר» עם | אתתיה | דחבריה אתקטלה יתקטל גיורה |
| 211 | | Dt24:05 | שתה חדא ויחדי ית | אתתיה | די נסב: |

|  |  |  |  |  |  |
|---|---|---|---|---|---|
| 212 | | Gn39:07 | פתגמ«י»א האלין ונטלת | אתתיה | דרבוני ית עיינה לוות |
| 213 | | Gn24:36 | וילדת שרה | אתתיה | דריבוני בר לריבוני מן בתר |
| 214 | | Gn12:12 | יתיך מצריה וימרון | אתתיה | היא דא ויקט׳ יתי ויתך |
| 215 | | Gn26:07 | היא ארום דחל למימר | אתתיה | היא דלא יקטלון יתיה עמא |
| 216 | | Gn20:17 | ייי ית אבימלך וית | אתתי«ה» | ואמהתא וילדו ^בנין#2#^: |
| 217 | | Gn26:07 | ושאלון עמא דאתרא על | אתתיה | ואמרו אחתי היא ארום דחל |
| 218 | | Nu 5:14 | עלוי רוח קנאה ויקנא ית | אתתיה | והיא לא איסתאבת: |
| 219 | | Nu 5:14 | דק{ב}<נ>אה ויקנא ית | אתתיה | והיא אסתאבת או יעבור עלוי |
| 220 | | Gn 4:25 | וחכם אדם עוד ית | אתתיה | וילדת בר וקרא׳ ית שמיה |
| 221 | | Nu 5:30 | עלוי רוח דקנא ויקנא ית | אתתיה | ויקים ית אתתא קדם ייי |
| 222 | | Gn12:05 | ונסב אברם ית שרי | אתתיה | וית לוט בר אחוי וית כל |
| 223 | | Gn12:20 | רברבין ושלחו יתיה וית | אתתיה | וית כל מה דאית לה: |
| 224 | | Ex 4:20 | ונסב משה ית | אתתיה | וית בנוי וארכב יתהון על |
| 225 | | Gn 4:17 | וחכם קין ית | אתתיה | ועברת וילדת ית חנוך והוה |
| 226 | | Gn49:31 | ית יצחק וית רבקה | אתתי«ה» | ותמן קברית ית לאה: |
| 227 | | Nu 5:15 | וי«י»תי גברא ית | אתתיה | לוות כהנה וייתי ית קרבנה |
| 228 | | Ex21:03 | אין נסב אתה הוא ותפק | אתתיה | עמיה: |
| 229 | | Gn49:31 | ית אברהם וית שרה | אתתיה | תמן קברו ית יצחק וית |
| 230 | אתתך | Gn17:19 | ואמר ייי לאברהם ברם הא | אתתך | שרה ילדת לך בר ותקרי ית |
| 231 | | Gn12:19 | יתה לי לאתה וכדין הא | אתתך | דבר ואזל: |
| 232 | | Gn12:18 | למה כען לא תנית לי ארום | אתתך | היא: |
| 233 | | Gn26:09 | ליצחק ואמר לחוד הא | אתתך | היא והיך אמרת אחתי היא |
| 234 | | Gn18:10 | הדא והא בר דכר לשרה | אתתך | ושר{ת}<ה> הוות שמעה בתרע |
| 235 | | Gn18:09 | ואמרין ליה אן היא שרה | אתתך | ואמר הא היא במשכנא: |
| 236 | | Gn26:10 | אילו שמש חד מן טליא עם | אתתך | והוות מייתי עלינן חובין |
| 237 | | Gn19:15 | בלוט למימר קום דבר ית | אתתך | וית תרתין בנתך דאשכחן דלא |
| 238 | | Gn17:15 | ואמר ייי לאברהם שרי | אתתך | לא תקרי ית שמה שרי ארום |
| 239 | | Gn17:19M | שרה ילדת לך /שרה | אתתך | תילד לך#2#/ בר ותקרי ית |
| 240 | באתתיה | Gn 2:24 | ומן דאימיה וידבק | באתתיה | ויהוון תריהו׳ לבשר חד: |
| 241 | דאיתתה | Gn11:29M | להון נשין שמה | \דאיתתה | דאברם שרי שמה#2#/ |
| 242 | | Lv18:11 | עריתה דברתה | דאיתתה | דאבוך מה דאולד אבו«ך» |
| 243 | | Gn 3:15M | יתהון ברם לבנין | דאיתתה | יהוי אסו ולך חויה לא |
| 244 | | Nu25:15 | ושמה | דא«י»תתה | קטילתה מידיניתה כזבי |
| 245 | דאיתתיה | Gn 3:20 | וקרא האדם שמה | דאיתתיה | חוה ארום היא הוות אמהון |
| 246 | | Gn19:16 | גבריא בידוהי ובידיה | דאיתתיה | וביד תרתין בנתיה במחוס |
| 247 | דאתתא | Gn38:20 | ית ערבוניה מן ידא | דאתתא | ולא אשכח יתה: |
| 248 | דאתתה | Gn36:39 | ושמה דקרתא פעו ושמה | דאתתה | מהיטבאל ברתיה דגברא |
| 249 | | Lv24:11 | יתיה לוות משה ושמה | דאתתה | שלמית ברת דברי לשבטה |
| 250 | | Nu26:59 | ושמה | דאתתה | דעמרם יוכבד ברת לוי די |
| 251 | | Lv18:08 | עריתה | דאתתה | דאבוך לא תבזי עיריתה |
| 252 | | Lv18:16 | ערות | דאתתה | דאחוך לא תבזי עריתה דאחוך |
| 253 | | Gn 3:15M | ימנעון גרמיהון בנה | דאתתה | דלא למלעי באוריתה ולא |
| 254 | | Lv18:17 | ערותה | דאתתה | וברתה לא תבזי ית ברת ברה |
| 255 | | Nu 5:18 | קדם ייי ויפרע ית רישא | דאתתה | ויתן על כף ידה ית מנחתה |
| 256 | | Lv24:10 | ואתנצון במשריתה ברה | דאתתה | ישראליתה וגברה ישראלייה: |
| 257 | | Lv24:10M | ונפק ברה | דאתה/דאתתה#2#/ | ישראליתה והוא ברה |
| 258 | | Lv24:11 | ופרש ברה | דאתתה | ישראליתה בגדפין ^ית שמה |
| 259 | | Nu 5:25 | ויסב כהנה מן ידא | דאתתה | ית מנחתה דאקנתה ויניף ית |
| 260 | דאתתיה | Gn11:29 | ונחור להון נשין שמה | דאתתיה | דנחור מלכה ברת הרן |
| 261 | | Gn39:19 | כד שמע רבוניה ית מליא | דאתתיה | דמללת עמיה למימר כפתגמיא |
| 262 | דאתתך | Gn 3:17 | אמר ארום שמעת לקלה | דאתתך | ואכלת מן אילנ׳ די פקדת |
| 263 | ואתתא | Ex11:02 | וישאלון גבר מן חבריה | ואתתא | מן לוות {מנין} חברתה מנין |
| 264 | ואתתה | Nu30:04 | | ואתתה | ארום תדר נדר קדם ייי |
| 265 | | Gn19:26M | | ואתתה | דלוט על דהות מן עמה |

|  |  |  |  |  |  |
|---|---|---|---|---|---|
| 266 | | Lv15:18 | | ואתתה | די ישמש גבר עמה תשמיש |
| 267 | | Nu 5:31 | ויזכי גברא מן חובה | ואתתה | ההיא תקבל ית חובה: |
| 268 | | Dt22:22 | גברא דמשמש עם אתתה | ואתתה | ותבערון עבדי בישתה מן |
| 269 | | Gn 3:08 | למשב יומא ואטמר אדם | ואתתה | מן קדם ייי אלהים בגוא |
| 270 | ואתתיה | Gn 7:13 | וח' ויפת בנוי דנח | ואתתיה | דנח ותלתי נשי בנוהי |
| 271 | | Gn13:01 | וסלק אברם ממצרים הוא | ואתתיה | וכל מה דהוה ליה ולוט עמה |
| 272 | | Gn 7:07 | ועל נח ובנוהי | ואתתיה | ונשי בנוהי עמה לתיבותא |
| 273 | | Gn 8:18 | ונפק נח ובנוי | ואתתיה | ונשי בנוי עמיה: |
| 274 | | Gn 2:25 | והוו תריהון ערטלין אדם | ואתתיה | ועד כדון לא הוון ידעין מה |
| 275 | | Ex18:05 | חמוי דמשה ובנוי | ואתתיה | לוות משה למדברא דהוא שרי |
| 276 | ואתתך | Gn 8:16 | פוק מן תבותא את | ואתתך | ובניך ונשי בניך אתך: |
| 277 | | Gn 6:18 | לתיבותה את ובניך | ואתתך | ונשי בניך עמ': |
| 278 | | Ex18:06 | יתרו אתי לוותך | ואתתך | ותרין בניה עמיה: |
| 279 | ובאיתתיה | Gn26:11 | מן דיקרב בגברא הדין | ובאיתתיה | מתקטל יתקטל: |
| 280 | ולאתתה | Gn 3:16 | | ולאתתה | אמר מסגיא אסגיא צעריך |
| 281 | | Lv18:19 | | ולאתתה | בנדת סאבתה לא תסב למגלייה |
| 282 | | Lv18:20M | \ולוות | אתתה/ולאתתה#2/ | דחברך לא תתן שמושך |
| 283 | | Lv18:14 | דאחוי דאבוך לא תבזי | ולאתתה | לא תקרב חביבתך היא: |
| 284 | ולאתתיה | Gn 3:21 | ועבד ייי אלהים לאדם | ולאתתיה | לבושין דאיקר למשך בשרהון |
| 285 | כאיתתה | Nu12:12M | תיהווי מרים אחתן | כאיתתה | מעברה דמצטרעה בעיבורה |
| 286 | לאיתתא | Gn 3:01 | די ברא ייי אלהים ואמר | לאיתתא | ארום אמר ייי לא תאכלון |
| 287 | | Gn 3:04 | ואמר חויה | לאיתתא | לא ממית תמתון: |
| 288 | לאתתא | Gn 3:13 | ואמר ייי אלהים | לאתתא | מה היא דא די עבדית ואמרת |
| 289 | לאתתה | Nu 5:19 | וישבע יתה כהנה ויימר | לאתתה | אן לא שמש גבר עימך ואין |
| 290 | | Dt32:04 | מזווג זוגין בין גבר | לאתתה | ומרים וממך ותלת שעין |
| 291 | | Gn41:45 | רבה דטנס ליה | לאתתה | ונפק יוסף בכל ארעא |
| 292 | | Nu 5:21 | דלווטה ויאמר כהנה | לאתתה | ישווי ייי יתיך ללוט |
| 293 | לאתתיה | Nu30:17 | ייי ית משה בין גבר | לאתתיה | בין אב לברתה ברביותה |
| 294 | | Gn39:08 | וסרב ואמר | לאתתיה | דרבוניה הא רבוני לא ידע |
| 295 | נשי' p abs | Gn 6:02 | חיזו אנון ונסבו להון | {א}נשי' | מן כל מה די בחרו: |
| 296 | נשים | Dt17:17 | ולא יסגי ליה | נשים | ולא יסטן לבבה וכסף ודהב לא |
| 297 | נשין | Dt17:17M | \נשים ולא יסטן לבבה | נשין/ | דלא יסטון ליביה#2/ וכסף |
| 298 | | Gn28:11M | דהוא עתיד למיסב ארבע | נשין | ומינהון עתידין למיפק ארבע |
| 299 | | Dt21:15 | ארום ייהוויין לגבר תרתין | נשין | חדה רחימא וחדא סנייא וילדן |
| 300 | | Lv26:26 | שא מזונה וייפון עשר | נשין | לחמיכון במתק' בתנור חד |
| 301 | | Gn31:50 | תצער ית בנתי ואין תסב | נשין | על בנתי לית גבר עמן חמי |
| 302 | | Gn 4:19 | ונסב ליה למך תרתין | נשין | שמה דחדה מינהון עדה ושמה |
| 303 | | Gn11:29 | ונסב אברם ונחור להון | נשין | שמה דאתתיה דנחור מלכה |
| 304 | לנשים | Nu36:12 | דמנשה בר יוסף הוון | לנשים | והוות אחסנתהון {כ}<ע>ל |
| 305 | | Nu36:03 | שבטיה דבני ישראל | לנשים | ותתמנע אחסנתהון מן אחסנות |
| 306 | לנשין | Nu36:06 | שבט אבהתהון יהוויין | לנשין: | |
| 307 | | Nu36:11 | לבנוי דאחוי דאבוהון | לנשין: | |
| 308 | | Gn34:21 | ית בנתהון נסב לן | לנשין | וית בנתן נתן להון: |
| 309 | | Nu36:06 | דשפר באפהון יהוויין | לנשין | להוד לזרעיית שבט אבהתהון |
| 310 | ונשי p const | Gn 7:07 | ועל נח ובנוהי ואתתיה | ונשי | בנוהי עמה לתיבותא מן קדם |
| 311 | | Gn 8:18 | ונפק נח ובנוי ואתתיה | ונשי | בנוי עמיה: |
| 312 | | Gn 6:18 | לתיבותה את ובניך ואתתך | ונשי | בניך עמ': |
| 313 | | Gn 8:16 | תבותא את ואתתך ובניך | ונשי | בניך אתך: |
| 314 | נשי | Gn 7:13 | דנח ואתתיה דנח ותלתי | נשי | בנוהי עמהי' לתיבותה: |
| 315 | | Nu20:17M | בתולן ולא נבע{י}<ול> | נשי | גוברין באסרטא דמלכא ניזיל |
| 316 | | Nu20:17M | בתולן ולא ני{כ}<נ>וס | נשי | גוברין באורחה דמלכא דעלמא |
| 317 | נש' p em/sf | Nu16:27M | בתרע משכניהון | ונשיהון/נש'#2/ | ובניהון וטפלהון: |
| 318 | | Dt 2:34M | ונשייה/משזבה | נש'#2/ | וטפלייה לא שיירנן |
| 319 | | Dt 3:06M | ונשיה/קורייתה משזבה | נש'#2/ | וטפלייה: |
| 320 | נשוהי | Gn 4:23 | ואמר למך לתרתין | נשוהי | עדה וצלה שמעו בקלי |
| 321 | | Gn 4:23 | עדה וצלה שמעו בקלי | נשוהי | דלמך א{נ}<צ>יתן למימריה |
| 322 | נשוי | Gn37:02 | דבלהה ועם בנוי דזלפה | נשוי | דאבוי ואייתי יוסף ית |
| 323 | | Gn32:23 | ההוא ודבר ית תרתין | נשוי | וית תרתין לחינתיה וית |
| 324 | | Gn36:06 | ונסב עשו ית | נשוי | וית בנוי וית בנתיה וית כל |
| 325 | | Gn28:09 | דאברהם אחתה דנביות על | נשוי | לה לאתה: |
| 326 | | Gn36:02 | עשו נסב ית | נשוי | מן בנתהון דכנענאי ית עדה |
| 327 | | Gn31:17 | יעקב וטען ית בנוי וית | נשוי | על גמליה: |
| 328 | נשי | Gn30:26 | הב לי ית | נשי | וית בני די פלחית קדמיך בהן |
| 329 | נשי' | Gn14:16 | אחוי וממונה חזר ואף ית | נשי' | וית עמה: |
| 330 | נשיא | Gn31:43M | "בנתא ... עניי" | נשיא | אילין בנתי הינין ובניא |
| 331 | | Ex15:20 | ית תופי בידה ונפקו כל | נשיא | בתרה בתופיא הוון חיילן: |
| 332 | | Ex35:26 | וכל | נשיא | די נדב לבהון יתהון בחכמה |
| 333 | | Gn33:05 | ונטל ית עיינוי וחמה ית | נשיא | וית טפליא ואמר מה אינון |
| 334 | נשיהון | Gn46:05 | אבוהון וית טפליהון וית | נשיהון | בעגלתה די שלח פרעה למטען |
| 335 | | Nu31:09 | ושבון בני ישראל ית | נשיהון | דמדיינאי וית טפליהון וית |
| 336 | | Gn34:29 | וית כל טפליהון וית | נשיהון | שבו ובזו וית כל מה דהווה |
| 337 | נשייא | Ex35:22M | \סמיך לנשיא/עם | נשייא#2/ | כל די נדב/ידוב#2/ |
| 338 | נשייה | Gn14:16M | וסגולה חזר ולחוד ית | נשייה | |
| 339 | | Ex32:02M | נשיכון/דאית במשמעי | נשייה#2/ | בניכון ובנתכון ואייתון |
| 340 | | Nu12:01 | טבי«י»ה מן כל | נשייה | דדרה ההוא: |
| 341 | | Nu31:35 | ונפש דבר נש מן | נשייה | די לא חכמן תשמיש דכורא כל |
| 342 | | Dt20:14 | לחוד | נשייה | וטפלייה ובעירה וכל מה די |
| 343 | נשיכון | Ex22:23 | יתכון בחרבא דלא יהווי | נשיכון | ארמלן ובניכון יתמין: |
| 344 | | Ex32:02 | קדשייא דדהבא די באדני | נשיכון | בניכון ובנתכון ואייתון |
| 345 | | Dt29:10 | טפליכון | נשיכון | וגיוריכון די ביני |
| 346 | | Dt 3:19 | לחוד | נשיכון | וטפליכון ובעירכון ידע אנה |
| 347 | נשינן | Nu14:03 | לארעא הדה למפל בחרבה | נשינן | וטפלינן יהוון לבזה הלא טב |
| 348 | | Nu32:26 | טפלינן | נשינן | קנינן וכל בעירן יהויין |
| 349 | דנשייא | Ex38:08 | דיד«ה» דנחש במחזיין | דנשייא | צדיקתא דהוון מצליין בתרע |
| 350 | דנשייה | Nu31:18 | וכל טפליה | דנשייה | דלא חכמין תשמיש דכורא |
| 351 | | Ex38:08M | מצליין בתרע /בחזיון | <ד>נשייה | צניעתה דהוויין צניען |
| 352 | ונשוי | Gn11:04M | סגדה/טע{י}<ו>ת | ונשוי | תמן#2/ ונתן חרבא בידיה |
| 353 | ונשיה | Dt 3:06 | כל קורי תלי{ת}<ל>תה | ונשיה | וטפלייה: |
| 354 | ונשיהון | Nu16:27 | מעתדין בתרע משכניהון | ונשיהון | ובניהון וטפלהון: |
| 355 | ונשייה | Dt 2:34 | ית כל קורי תלילתה | ונשייה | וטפלייה לא שיירנן |
| 356 | | Dt31:12 | כנש ית עמה גבריה | ונשייה | וטפלייה וגיוריכון דאית |
| 357 | ולנשיכון | Gn45:19 | עגלן לטפליכון | ולנשיכון | וטענון ית אבוכון ותיתון: |
| 358 | כנשיא | Gn18:11 | לשרה אורח {כנס} | כנשיא: | |
| 359 | | Gn31:35 | מן קדמיך ארום אורח | {ב}<כ>נשיא | לי ופשפש לבן ית כל |
| 360 | כנשיה | Ex 1:19 | חייתה לפרעה ארום לא | כנשיה | מצרייתה עברייתא ארום חיין |
| 361 | לנשיא | Ex19:03M | | לנשיא | דבית יעקב ותתני לגברי |
| 362 | | Ex35:22 | ואתון גובריא סמיך | לנשיא | כל די נדב יתיה לביה |
| 363 | מנשהון | Gn46:26M | /חלצוי#2/ בר | מנשוי/מנשהון#2/ | דבנוי דיעקב כל |
| 364 | מנשוי | Gn46:26 | מצרימה נפקי חלציה בר | מנשוי | דבנוי דיעקב כל נפשתא |

## אתון *n.* oven

[79]

|  |  |  |  |  |  |
|---|---|---|---|---|---|
| 001 | אתון s ab/cn | Gn11:31 | בריה ונפקו עמהון מן | אתון | נורהון דכשדאי למיזל לארעא |
| 002 | | Gn15:07 | אנה ייי דאפקת יתך מן | אתון | נורהון דכשדאי למיתן לך ית |
| 003 | באתון | Gn16:05 | בניהון דעמא דיהבו יתך | באתון | נורא דכשדאי: |
| 004 | | Gn11:28 | אבוהי בארע תלדוותיה | באתון | נורהון דכשדאי: |
| 005 | דאתון | Ex 9:08 | לכון מלא כפיכון קטם | דאתון | ויזרוק יתיה משה לשמיא |
| 006 | אתונא s em/sf | Ex 9:10 | ונסבו ית קטם | אתונא | וקמו קדם פרעה וזרק יתיה |
| 007 | אתונה | Gn19:28M | \תננא דאתונא/תנן | אתונה#2/: | |

|  |  |  |  |  |  |
|---|---|---|---|---|---|
| 008 | | Ex19:18M | תננא כקטו{ן}<ר> תנן | אתונה | וזעו כל עמא דאית במשרית' |
| 009 | באתונ' | Gn11:03 | לבנין ונזי יתהון | באתונ' | והוין להון לבניה לאבנין |
| 010 | באתונה | Gn15:17 | רמיו והא גהינם דמתילה | באתונה | בתנורא מקפה שביבין דינור |
| 011 | | Gn15:17M | רמיו וגהינם דמתילה | באתונה | דמעתדא לרשיעיא לעלמא |
| 012 | דאתונ' | Ex19:18M | היך ק{ל}<ו>טרא | דאתונ' | |
| 013 | דאתונא | Gn19:28 | דארעא כקיטור תננא | דאתונא: | |
| 014 | | Ex19:18 | וסלק{ת} תננא כתננא | דאתונא | ואזדעזע כל טורא לחדא: |
| 015 | כאתונה | Gn15:17M | והא גהינם דבערה | כאתונה | בשביבין דינור וגומרין |

## אתון *pron.* you (m. pl.) [79]

|  |  |  |  |  |  |
|---|---|---|---|---|---|
| 001 | את' | Ex 5:17M | אתון /מן בגין כן | את'#2#/ | אמרין ניזיל ונקריב |
| 002 | אתון | Gn42:14 | עמכון למימר ילילין | אתון: | |
| 003 | | Gn42:16 | דפרעה ארום ילילין | אתון: | |
| 004 | | Nu18:03 | ימותון להוד אינון לחוד | אתון: | |
| 005 | | Dt 9:06 | קשין קדל למקבלה אולפן | אתון: | |
| 006 | | Ex 5:11 | | אתון | אזלו סבו לכון תבן מן אן די |
| 007 | | Gn45:16 | בפלטורין דפרעה למימר | אתון | אחוי דיוסף ושפר באפוי |
| 008 | | Dt 4:35 | | אתון | איתחויתון למידע ארום ייי |
| 009 | | Gn21:33 | להון מן דאמר והוה עלמא | אתון | אכלין ולא הוון זעיין מן |
| 010 | | Ex 5:17 | אתון בטילין בגין כדון | אתון | אמרין ניזיל ונקריב קדם |
| 011 | | Gn42:16 | מליכון הא קושטנין | אתון | אן לא חיי רישיה דפרעה ארום |
| 012 | | Nu18:28 | כדן תפרשון אוף | אתון | אפרשותה דייי מכל מעשריכון |
| 013 | | Gn42:34 | ואדע ארום לא ילילין | אתון | ארום לא היימנין אתון ית |
| 014 | | Dt16:14M | \עמי בזמני מועדיכון | /אתון | בזמן חגי מועדיכון#2#/ |
| 015 | | Ex 5:17 | ואמר בטילין | אתון | בטילין בגין כדון אתון |
| 016 | | Nu22:19 | סקון תבו כען הכה אוף | אתון | בליליה הדין ואדע מה יוסיף |
| 017 | | Ex 9:30 | ידע אנה ארום על דקדם | אתון | דחלין מן קדם ייי אלהן: |
| 018 | | Dt 7:19 | אלהכון לכל אומיה די | אתון | דחלין מן קדמיהון: |
| 019 | | Dt13:07 | אחרניין די לא חכמתון | אתון | ואבהתכון: |
| 020 | | Dt28:36 | לאומה די לא חכמתון | אתון | ואבהתכון ותפלחון תמן טעוון |
| 021 | | Dt28:64 | אחרניין דלא חכמתון | אתון | ואבהתכון טעון דקיס וטעוון |
| 022 | | Nu18:31 | ותיכלון יתיה בכל אתר | אתון | ואינשי בתיכון ארום אגר הוא |
| 023 | | Dt12:07 | בכל אושטות ידיכון | אתון | ואינשי בתיכון די ברך יתכון |
| 024 | | Gn29:04 | «יעקב» אחי מן אן | אתון | ואמרין מן חרן אנן: |
| 025 | | Dt14:26 | ייי אלהכון ותחדון עמי | אתון | ואנשי בתיכון: |
| 026 | | Dt15:20 | די יתרעי ייי אלהכון | אתון | ואנשי בתיכון: |
| 027 | | Ex20:10 | לא תעבדון כל עובדה | אתון | ובניכון ובנתכון ועבדכון |
| 028 | | Dt 5:14 | לא תעבדון על עבידה | אתון | ובניכון ובנתכון ועבדיכון |
| 029 | | Dt12:12 | ותחדון קדם ייי אלהכון | אתון | ובניכון ובנתכון ועבדיכון |
| 030 | | Dt12:18 | די יתרעי ייי אלהכון בה | אתון | ובניכון ובנתכון ועבדיכון |
| 031 | | Dt16:11 | ותחדון קדם ייי אלהכון | אתון | ובניכון ובנתכון ועבדכון |
| 032 | | Dt16:14 | עמי בזמני מועדיכון | אתון | ובניכון ובנתכון ועבדיכון |
| 033 | | Dt30:02 | די אנה כען מפקד יתכון | אתון | ובניכון בכל לבביכון ובכל |
| 034 | | Dt30:19 | דחיי מן בגלל דתיחון | אתון | וזרעיית בניכון: |
| 035 | | Dt 4:33 | אשתה היך מה די שמעתון | אתון | וחייתון: |
| 036 | | Ex12:31 | פוקו מן גו עמי לחוד | אתון | ולחוד בני ישראל ואזלו |
| 037 | | Dt26:11 | אלהכון ולאינשי בתיכון | אתון | וליויי וגיורייה די |
| 038 | | Nu31:19 | תליתיה וביומא שביעיה | אתון | ושביתכון: |
| 039 | | Gn42:19 | אם היימנין | אתון | חד מנכון אחוכון חרנא יתחבש |
| 040 | | Gn42:33 | בדא אדע ארום היימנין | אתון | חד מנכון אצנעון לוותי וית |
| 041 | | Ex32:30 | דבתרה ואמר משה לעמא | אתון | חטיתון חובין רברבין וכדון |
| 042 | | Dt 4:04 | אורייתה דייי אלהכון הא | אתון | חיין וקיימין כולכון יומא |
| 043 | | Dt12:01 | למירת יתה כל יומיא די | אתון | חיין וקיימין על ארעא: |
| 044 | | Dt31:13 | ייי אלהכון כל יומיה די | אתון | חיין וקיימין על ארעא די |
| 045 | | Dt31:13 | חיין וקיימין על ארעא די | אתון | {חיין וקיימין על ארעא די |
| 046 | | Gn29:05M | \חכימין אתון ית/הא | אתון | חכימין ית#2#/ לבן בר |
| 047 | | Dt 9:02 | בנוי דענק גיבריה די | אתון | חכמתון ואתון שמעתון מן |
| 048 | | Dt 4:12 | אתון שמעין ודמו לית | אתון | חמיין ארום אלהן קל ממריה: |
| 049 | | Ex19:04 | | אתון | חמיתון ית קלא דעבדית |
| 050 | | Ex20:22 | כדן תימר לבני ישראל | אתון | חמיתון ארום מן שמיא מללית |
| 051 | | Dt29:01 | לכל ישראל ואמר להון | אתון | חמיתון ית כל מה די עבד ייי |
| 052 | | Nu15:39 | ובתר חזיו עיניכון די | אתון | טעיין בתריהון: |
| 053 | | Gn44:27 | <ואמר> עבדך אבה לן | אתון | ידעתון ארום תרין בנין |
| 054 | | Ex23:09 | וגיורא לא תדחקון ארום | אתון | ידעתון נפשא דגיורא ארום |
| 055 | | Nu20:14 | כדן אמרין אחיכון ישראל | אתון | ידעתון ית כל עקיה די ארעון |
| 056 | | Gn29:22 | סגון וכדון מה | אתון | יהבין עצה ונישרי יתה |
| 057 | | Dt 7:22 | מן קדמיכון קליל קליל לית | אתון | יכלין למישיציה יתהון בפריע |
| 058 | | Dt14:24 | מנכון אורחה ארום לית | אתון | יכלין למס«ו»ברה מעשרה |
| 059 | | Nu14:32 | ופיגרכון | אתון | יפלון במ«ד»ברה הדין: |
| 060 | | Gn29:05 | «ואמר להון חכימין | אתון | ית לבן בר נחור ואמרין |
| 061 | | Gn42:34 | אתון ארום לא היימנין | אתון | ית אחוכון אתן לכון וית |
| 062 | | Lv18:26 | ותטרון | אתון | ית קיימי וית סדרי דיניי |
| 063 | | Gn42:09 | להון ואמר להון ילילין | אתון | למיחמי ית מעלליא דארע«א» |
| 064 | | Ex17:02 | ונשתי ואמר להון משה מה | אתון | מדיינין עמי {מנ} מה אתון |
| 065 | | Nu21:34M | "אברהם ושרה ... מבועין": | אתון | מדמיין שתילין על מבוע' |
| 066 | | Dt 3:02M | אברהם שרה ואמר להון | אתון | מדמין לאלנין שתילין על |
| 067 | | Dt 1:32 | ובפתגמא הדין לית | אתון | מהימנין בשם ממרה דייי |
| 068 | | Ex17:02 | מדיינין עמי {מנ} מה | אתון | מנסון קדם ייי: |
| 069 | | Ex16:28 | ואמר ייי למשה עד אימתי | אתון | מסרבין למטר מצוותי וסדרי |
| 070 | | Nu14:41 | ואמר משה למה כען | אתון | מעברין על פם גזירת מימרה |
| 071 | | Ex23:16 | בכרת עבד ידיכון מה די | אתון | מפקין וזרעין באפי ברא וחגא |
| 072 | | Dt 8:02 | לבבכון הא אין נטרין | אתון | מצוותה דאורייתה או לא: |
| 073 | | Lv23:38 | בר מן קרבניה דייי די | אתון | מקרבין בשובי קדשוי דייי |
| 074 | | Nu28:02 | לחם סדור פתורי מה די | אתון | מקרבין קדמיי הלא אשתא היא |
| 075 | | Dt12:02 | די פלחו תמן אומייה די | אתון | משיציין יתהון ית טעוותהון |
| 076 | | Dt18:14 | ארום אומייה האיליין די | אתון | משצי יתהון לחדודי עיינין |
| 077 | | Ex 9:30M | עליכון מחוותא לית | אתון | מתכנעין מן קדם |
| 078 | | Nu16:03 | שכינתה דייי ומן בגלל מה | אתון | מתרברבין על קהל כנישתה |
| 079 | | Dt 8:02M | \נטרין אתון מצוותה | /אתון | נטרין מצ'#2#/ דאורייתה |
| 080 | | Ex16:04M | אין /יתכון הא אין | אתון#2#/ | נטרינון מצוותה דאורייתא |
| 081 | | Ex13:04 | יומא הדין | אתון | נפקין פריקין בזמן ירחא |
| 082 | | Dt 1:10 | אלהכון אסגי יתכון והא | אתון | סגין וקיימין יומא הדין |
| 083 | | Gn24:49M | חסד וטבו /וכדו אין | אתון | עבדין חסד וקשוט#2#/ עם |
| 084 | | Nu20:20M | ואמר \לא תעבר /לית | אתון | עברין#2#/ ונפקו אדומיי |
| 085 | | Nu33:51 | ישראל ותימר להון ארום | אתון | עברין ית ירדנה לארעא |
| 086 | | Nu35:10 | ישראל ותימר להון ארום | אתון | עברין ית ירדנה לארעא |
| 087 | | Dt 2:04 | וית עמה פקד למימר | אתון | עברין בתחום אחיכון בנוי |
| 088 | | Dt 2:18 | | אתון | עברין יומא הדין ית |
| 089 | | Dt 3:21 | דייי לכל מלכוותה די | אתון | עברין תמן: |
| 090 | | Dt 4:14 | תעבדון יתהון בארעא די | אתון | עברין לתמן למירת יתה: |
| 091 | | Dt 4:26 | בפריע מעילוי ארעא די | אתון | עברין ית ירדנה תמן למירת |
| 092 | | Dt 6:01 | יתכון למעבד בארעא די | אתון | עברין לתמן למירת יתה: |
| 093 | | Dt 9:01 | שמעו כען ישראל | אתון | עברין «יומא הדין» ית |
| 094 | | Dt11:08 | ותירתון ית ארעא די | אתון | עברין לתמן למרת יתה: |
| 095 | | Dt11:11 | וארעא די | אתון | עברין לתמן למירת יתה ארע |
| 096 | | Dt11:31 | ארום | אתון | עברין ית ירדנה למיעל למירת |
| 097 | | Dt31:13 | וקיימין על ארעא די | אתון} | עברין ית ירדנה לתמן למירת |
| 098 | | Dt32:47 | תסגון יומין על ארעא די | אתון | עברין ית ירדנה תמן למירת |

| | | | | | |
|---|---|---|---|---|---|
| 099 | | Dt11:10 | ארום ארעא די | אתון | עלי{ך}<ן> לתמן למירת יתה |
| 100 | | Nu34:02 | ישראל ותימר להון ארום | אתון | על{י}{ל«י»ן לארעא |
| 101 | | Ex34:12 | קיים עם דיירי ארעא די | אתון | עלין בגווה דלא יהוון |
| 102 | | Dt11:29 | ייי אלהכון לארעא די | אתון | עלין לתמן למירת יתה ותתנון |
| 103 | | Dt12:29 | ייי אלהכון ית אומיה די | אתון | עלין לתמן למטרד יתהון |
| 104 | | Dt23:21 | ידיכון על ארעא די | אתון | עלין לתמן למירת יתה: |
| 105 | | Dt28:63 | מן עילוי ארעא די | אתון | עלין לתמן למירת יתה: |
| 106 | | Dt 4:05 | למעבד כדן בגו ארעא די | אתון | עללין לתמן למירות יתה: |
| 107 | | Dt 7:01 | ייי אלהכון לארעא די | אתון | עללין לתמן למירת יתה |
| 108 | | Dt 9:05 | ובקשיטות לבביכון | אתון | עללין למירת ית ארעהון ארום |
| 109 | | Dt18:09 | ארום | {א}אתון | עללין לארעא דייי אלהכון |
| 110 | | Dt30:16 | ייי אלהכון בארעא די | אתון | עללין לתמן למירת יתה: |
| 111 | | Ex33:05 | למשה אמור לבני ישרא' | אתון | עם קשין למקבלה אולפן כקליל |
| 112 | | Dt 7:07 | אתרעי ייי בכון ארום | אתון | עם קלילין מן כל אומייה: |
| 113 | | Dt 6:04 | דהוה אבוי דאברהם פלח | אתון | פלחין או דלמה לסעוות לבן |
| 114 | | Dt 6:04 | לבן אחוה דאמה פלח | אתון | פלחין או לאלהיה דיעקב |
| 115 | | Dt 6:04 | או לאלהיה דיעקב אבוכון | אתון | פלחין עניין תרין עשרתי |
| 116 | | Dt 2:06 | מן שמיא ולהוד מיין לית | אתון | צריכין מזבון מן לוותהון |
| 117 | | Dt 2:06 | מזון לית | אתון | צריכין מזבון מן לוותהון |
| 118 | | Dt 7:06 | ארום עם קדישין | אתון | קדם ייי אלהכון בכון אתרעי |
| 119 | | Dt14:01 | חביבין | אתון | קדם ייי אלהכון לא תעבדון |
| 120 | | Dt14:02 | ארום עם קדישין | אתון | קדם ייי אלהכון ובכון אתרעי |
| 121 | | Dt14:21 | ארום עם קדישין | אתון | קדם ייי אלהכון עמי בני |
| 122 | | Lv25:23 | ארום דגיורין ותותבין | אתון | קדמי: |
| 123 | | Nu17:06 | על משה ועל אהרן למימר | אתון | קטלתון ית עם כנישתה דייי: |
| 124 | | Dt29:09 | | אתון | קיימין מעתדין כולכון יומא |
| 125 | | Dt20:03 | להון שמעון כען ישראל | אתון | קריבין יומא הדין לסדרי |
| 126 | | Ex23:19M | "לא תבשלון ... כחדא": לית | אתון | רשאין למבשל' ולמיכל |
| 127 | | Dt14:22M | עמי בני ישראל לית | אתון | רשאין למעשרה מן פרי שנה |
| 128 | | Dt15:19M | תפלחון בביכורי /לית | אתון | רשאין למפלוח#2#/ תוריכון |
| 129 | | Dt24:06M | ורכבה {ג}<ב>רם לית | אתון | רשאין למיהוי אסרין חתנין |
| 130 | | Ex23:15M | עמי בני ישראל לית | אתון | רשיהין למתחמיי' קדם |
| 131 | | Ex34:26M | לית | אתון | רשיין לא למבשלה ולא למיכל |
| 132 | | Dt12:17 | לית | אתון | רשיין למיכל בקורייכון מעשר |
| 133 | | Dt14:21M | "לא תבשלון ...": לית | אתון | רשיין לבשלה ולמיכול בשר |
| 134 | | Dt16:05 | עמי בני ישראל לית | אתון | רשיין למיכס ית נכסת פסחא |
| 135 | | Dt16:16 | עמי בני ישראל לית | אתון | רשיין למתחמיא קדם ייי |
| 136 | | Dt17:15 | עליכון מלך <....> לית | אתון | רשיין למשווייה עליכון גבר |
| 137 | | Dt24:06M | "לא תהוון": לית | אתון | רשיין למיסב משכונה ריחייה |
| 138 | | Dt28:31 | נכיסין קדמיכון ולית | אתון | רשיין למאכל מנהון חמריכון |
| 139 | | Gn45:08 | וכען לא | אתון | שלחתון יתי להכא ארום אלהן |
| 140 | | Dt 4:12 | להבי אשתה קול דבירי | אתון | שמעין ודמו לית אתון חמיין |
| 141 | | Lv25:23M | ארום גיורין ותותבין | אתון | שריין גבי |
| 142 | | Nu33:55 | ויעיקון לכון על ארעא די | אתון | שרין בה: |
| 143 | | Nu35:33 | ולא תחייבון ית ארעא די | אתון | שרין בה ארום דמא הוא יחייב |
| 144 | | Nu35:34 | ולא תסאבון ית ארעא די | אתון | שרין בה דאיקר שכינתי שריה |
| 145 | | Ex10:11 | ופלחו קדם ייי ארום יתה | אתון | תבעון וטרד יתהון מן לוות |
| 146 | | Dt32:06 | הלא מן קדם ייי | אתון | תבעון דא אומה טפשה ולא |
| 147 | | Nu14:30 | אין | אתון | תיעלון לארעא די זקפית ידי |
| 148 | | Lv20:24 | ואמרית לכון | אתון | תירתון ית ארעהון ואנה אתן |
| 149 | דאתון | Dt20:20 | לחוד אילנה | דאתון | ידעין די לא אילן עבד |
| 150 | | Dt14:22 | ית כל עללת זרעיכון מה | דאתון | מפקין וזרעין באפי ברה |
| 151 | | Ex16:08 | קדם ייי ית תורעמתכון | דאתון | מתרעמין עלוי ואנן מה אנן |
| 152 | | Ex16:08M | קדם ייי תורעמנתכון | דאתון | מתרעמין לא עלינן |
| 153 | | Dt30:18 | תסגון יומין על ארעא | דאתון | עברין ית ירדנה למיעול |
| 154 | | Dt28:21 | יתכון מעילווי ארעא | דאתון | עלין לתמן למירת יתה: |
| 155 | | Dt 7:07M | בכון ארום מן בגלל | דאתון | ענוותנין |
| 156 | | Dt28:52 | רמייה ותליל«י»ה | דאתון | רחיצין בהון בכל ארעכון |
| 157 | ואנתון | Dt32:03M | אנה מצלי | ואתון/<וא>נ<תון>#2#/ | עמי בני ישראל |
| 158 | ואתון | Gn42:19 | יתחבש בבית חבושיכון | ואתון | אזלו אוביל{ן}<ו> מזון |
| 159 | | Nu21:06 | אתון חמון כל ברייתה | ואתון | אציתו כל בני בשרא לטית |
| 160 | | Gn42:16 | חד וייתי ית אחוכון | ואתון | אתחבשו ויבדקון מליכון הא |
| 161 | | Nu16:10 | בנוי דלוי עימך | ואתון | בעיין למיסב אוף כהנתה |
| 162 | | Gn42:36 | <ידע> מה הוה בסופיה | ואתון | בעיין למיסב ית בנימין |
| 163 | | Lv26:34 | יומין דהיא צדי מנכון | ואתון | גלין בארע בעלי דבביכון |
| 164 | | Ex12:22 | ותצבעון באדמה די במנה | ואתון | ותתנון על שקופא ועל תרתין |
| 165 | | Ex23:09M | ידעתון נפשא דגיורא | ואתון/ | חכמתון נפשי דגיורא#2#/ |
| 166 | | Gn50:20 | | ואתון | חשבתון עלי בישן מן קדם |
| 167 | | Dt 1:40 | | ואתון | כוונו לכון וטולו למדברה |
| 168 | | Ex12:22 | מן אדמא די במנה | ואתון | לא תיפקון גבר מן תרע |
| 169 | | Nu14:09 | שכינתה דייי לא תמרדון | ואתון | לא תדחלון מן עמא דארעא |
| 170 | | Dt28:44 | אינון יוזפון לכון | ואתון | לא תוזפון להון אינון |
| 171 | | Gn44:17 | בידיה הו יהוי לי עבד | ואתון | סקון בשלם לוות אבוכון: |
| 172 | | Dt 4:22 | לית אנה עבר ית ירדנה | ואתון | עברין ותירתון ית ארעא |
| 173 | | Dt 4:04 | | ואתון | על די אדבקתון באולפן |
| 174 | | Dt15:06 | ותזופון לאומין סגין | ואתון | עמי לא תצרכון למיזף |
| 175 | | Dt18:14 | א«י»{א}נון שמעין | ואתון | עמי בני ישראל לא כוותהון |
| 176 | | Dt25:18 | עמלק קטלין יתיה | ואתון | עמי בני ישראל הוויתון |
| 177 | | Dt28:12 | ותצרכון לאומין סגין | ואתון | עמי לא תצרכון: |
| 178 | | Dt32:03 | בשמה קדישא אנה מצלי | ואתון | עמי בני ישראל הבו איקר |
| 179 | | Dt33:29 | מן קדמיכון | ואתון | עמי בני ישראל כד תהוון |
| 180 | | Dt 9:02 | גיבריה די אתון חכמתון | ואתון | שמעתון מן יכיל למיקם קדם |
| 181 | | Gn26:27 | מה אתיתון לוו' | ואתון | שנאתון יתי ושלחתון יתי |
| 182 | | Nu31:19 | | ואתון | שרון לבר מן משריתה שבעה |
| 183 | | Dt21:09 | | ואתון | תבערון ^אדמה#2#^ מה דשפר |
| 184 | | Gn44:10 | לוותה יהווי לי עבד | ואתון | תהוון זכיין: |
| 185 | | Ex19:06 | | ואתון | תהוון לשמי מלכין וכהנין |
| 186 | | Lv26:12 | מימרי לכון לאלה פרוק | ואתון | תהוון לשמי לעם קדישין: |
| 187 | | Dt28:43 | רמין עליכון לעיל לעיל | ואתון | תהוון נחתין לרע לרע: |
| 188 | | Dt28:44 | אינון יהוון למלכין | ואתון | תהוון להדיוטין: |
| 189 | | Dt30:08 | | ואתון | תחזרון ותשמעון בקל מימריה |
| 190 | | Gn 9:07 | | ואתון | תקופו וסגון ואתילדון |
| 191 | | Nu32:06 | יעלון לסדרי קרבא | ואתון | תשרון הכה: |

## אתוריי *adj.* **Assyrian** [79]

| | | | | | |
|---|---|---|---|---|---|
| 001 | אתווריה s em/sf | Gn10:11M | ארעא ההיא נפק | אתוריא/אתוריה#2#/ | ובנה ית נינוה וית |
| 002 | אתוריא | Gn10:11 | מן ארעא ההיא נפק | אתוריא | ובנה ית נינוה וית |
| 003 | אתורייה | Gn25:18M | מצרים מעלך | לאתור/אתורייה#2#/ | וקדם כל אחוי שרה: |
| 004 | לאתוראה | Nu24:24M | איטליה וישעבדון | לאתוראה | ויסופון ליתבי עיבר פרת |
| 005 | אתורייה p em/sf | Nu24:24 | מן <....> וישעבדון | אתורייה | ויצערון עבר נהרא |

## אתי *vb.* **to come** [80]

| | | | | | |
|---|---|---|---|---|---|
| 001 | איתה peal | Gn 4:08 | ואמר קין להבל אחוי | איתה | ונפק תרינן לאפי ברא והוה |
| 002 | איתון | Ex 1:10 | | איתון | ונסב עליהון עצן בישן ידון |
| 003 | | Gn50:01 | ענה יהודה ואמר לאחוי | איתון | נבני לאבונן ארזא רמא |
| 004 | את' | Gn33:01 | ית עיינוי וחמא והא עשו | את' | ועמה ארבע מאה דגוברין |
| 005 | אתא | Gn37:23 | והוה כד | אתא | יוסף לוות אחוי ואשלחו ית |

|  |  |  |  |  |  |
|---|---|---|---|---|---|
| 006 | | Gn14:05 | שנין | אתא | כדר לעומר ומלכיא דהוו עמה |
| 007 | | Gn27:35 | ואמר | אתא | אחוך בסוגי חכמתא ונסב |
| 008 | | Gn42:15 | תפקון מן הכה ארום אלהן | אתא | אחוכון זעירא להכה: |
| 009 | | Nu24:14 | הא אנה אזל לוות עמי | אתא | אעוץ יתך עצה אחטי יתהון |
| 010 | | Lv12:02 | מליל עם בני ישראל למימר | אתא | ארום תעבר ותלד בר דכר |
| 011 | | Gn30:11 | ואמרת לאה | את{ו}א | גדה טבא דעתיד למגדעא |
| 012 | | Gn37:13 | הלא אחיך רעין בשכם | אתא | ואשלח יתך לוותהון ואמר ליה |
| 013 | | Ex 3:10 | וכדון | אתא | ואשלח יתך לפרעה ותפק ית |
| 014 | | Gn31:44 | וכדון | אתא | ונקיים קיים אנא ואת ויהוי |
| 015 | | Nu23:13 | ואמר ליה בלק | אתא | כען עמי לאתר אוחרן די תחמי |
| 016 | | Nu23:07 | מטורי מדינ{ת}<ח>ה | אתא | לוט לי ^דדבית#2#^ יעקב |
| 017 | | Gn19:09 | קרב להל ואמרין האחד | אתא | למתותבא בינינן והא הוא בעי |
| 018 | | Ex20:14M | אתא על עלמא /מותא | אתא | לעלמ'#2#/: |
| 019 | | Ex20:17M | בבני אנשא /וגלותא | אתא | לעלמ'#2#/: |
| 020 | | Gn32:07 | אחוך לוות עשו והא הוא | אתא | לקדמותך וארבע מאה דגברין |
| 021 | | Ex 4:14 | ימלל הוא והא לחוד הוא | אתא | לקדמותך ויחמי יתך ויחדי |
| 022 | | Ex20:14 | ארום בחובי גיורא מותנא | אתא | על עלמא: |
| 023 | אתה | Nu22:36 | ושמע בלק ארום | אתה | בלעם ונפק לקדמותיה |
| 024 | | Nu22:06 | וכדון | אתה | כען לווט לי ית עמא האליין |
| 025 | | Nu22:11 | ית חזווה דארעא וכדון | אתה | כען לוט לי יתהון מה |
| 026 | | Nu23:27 | ואמר בלק לבלעם | אתה | כען אדבר יתך לאתר אחרן מה |
| 027 | | Gn29:09M | ממלל עמהון ורחל | אתת/אתה#2#/ | עם ענה די לאבוה/דאית |
| 028 | אתו | Nu22:20 | ואמר לה אין למקרא לך | אתו | גבריא קום אזל עמהון ולחוד |
| 029 | | Gn37:27 | | אתו | ונזבן יתיה לסרקעין וידינן |
| 030 | | Gn37:20 | וכדון | אתו | ונקטול יתיה ונטלק יתיה בחד |
| 031 | אתוי | Gn19:32 | | אתוי | ונשקי ית אבונן חמר ונשמש |
| 032 | אתון | Gn11:04 | ואמרון | אתון | ונבנה לן קריה ומגדל וראשה |
| 033 | | Gn11:03 | ואמרו גבר לחבריה | אתון | ונלבן לבנין ונזי יתהון |
| 034 | | Nu21:01M | ואמ' לעמא עבדי קרבה | אתון | וניפוק נסדרה סדרי קרבה |
| 035 | | Gn22:10 | בת קול מן שמייא ואמרת | אתון | חמון תרתין יחידיין דבעלמי |
| 036 | | Gn27:27M | וברך יתיה ואמר | \אתון#2#/ | חמון ריחה דברי כריח |
| 037 | | Gn28:12 | למלאכי{ה} מרומא למימר | אתון | חמון לגברא חסידא דאיקונין |
| 038 | | Nu21:06 | ארעא ואישתמע קליה ברומה | אתון | חמון כל ברייתה ואתון אציתו |
| 039 | | Gn11:07 | | אתון | כען ואתגלי תמן לשניהון דלא |
| 040 | | Gn46:31 | די בארע«א» דכנען | אתון | לוותי: |
| 041 | | Ex18:15 | ואמר משה לחמוי ארום | אתון | לוותי עמא למתבע אולפן |
| 042 | | Gn19:05 | ליה אן אנון גובריא די | אתון | לוותך בליליא אפיק יתהון |
| 043 | | Gn47:05 | ליוסף למימר אבוך ואחך | אתון | לוותך: |
| 044 | | Gn42:10 | ליה <לא> רבוני ועבדיך | אתון | למזבן מזון: |
| 045 | | Gn19:08 | תעבדון פתגם ארום בגין | אתון | למיבתא בטל שריתי: |
| 046 | | Gn47:01 | וכל מה דלהו«ן» | אתון | מן ארעא דכנען והא אינון |
| 047 | אתי | Gn37:19 | הא מרי חלמיא האלין | אתי: | |
| 048 | | Gn32:21 | ותימרון לחוד הא יעקב | אתי | בתרן ארום אמר ארעי |
| 049 | | Nu25:06 | והא גבר מן בני ישראל | אתי | ואקרב לוות אחוי ית מדיניתה |
| 050 | | Gn32:18 | וישאלונך למימר מן את | אתי | ולאן את אזל ולמן אלין אנון |
| 051 | | Gn48:02 | ואמר הא ברך יוסף | אתי | לוותך ואזדרז ישראל ויתב |
| 052 | | Ex18:06 | אנה חמ«ו»ך יתרו | אתי | לוותך ואתתך ותרין בניה |
| 053 | | Ex20:13M | חרבא \נפיק על עלמא | /אתי | לעלמ'#2#/: |
| 054 | | Ex20:15 | ארום בחובי גנביא כפנא | אתי | לעלמא: |
| 055 | | Gn32:03 | דעשו אחי אינון דהווא | אתי | לקדמ' או משרין דמלאכין |
| 056 | | Gn32:03 | דעשו אחי אינון דהווא | אתי | לקדמותי} או משרין דמלאכין |
| 057 | | Gn24:62 | ויצחק הוי | אתי | מן בית מקדשא דשם רבה |
| 058 | | Nu22:13 | מן קדם ייי משבק יתי | אתי | עמכון: |
| 059 | אתיא | Ex 9:03M | חקלא בסוסיא ובחמיריא | /אתיא | בניכסיך דאית באפי ברא |
| 060 | | Dt 5:20M | ומטר דלא נחת ובצורתא | אתיא | לעלמא |
| 061 | | Gn37:25 | סיעא דסרקין דסרקע«ין» | אתיא | מן גלעדה וגמלהון טעונין |
| 062 | אתיה | Gn26:26 | ואבימלך | אתיה | לוותיה מן גרר וסיעא מן |
| 063 | | Dt 5:21M | בבני אנשא וג{ר}<ל>ותה | אתיה | לעלמא |
| 064 | אתיי | Gn30:02M | קדם/די נמניע יתהון | אתיי | אנה ואת ונזיל ונבעי |
| 065 | | Gn19:32M | | אתוי/אתיי#2#/ | ונשקי ית אבונן חמר |
| 066 | אתייא | Gn16:08M | אמהתה דשרי מן הן | אתייא | |
| 067 | | Gn29:06 | שלם והא רחל ברתיה | אתייא | עם ענה: |
| 068 | אתייה | Gn16:08 | הגר אמתא דשרי מנן את | אתייה | ולאן את אזלה ואן בית את |
| 069 | | Nu22:30 | ומיתה בעלמא הדין ולא | אתייה | לעלמא דאתי לית את יכיל |
| 070 | | Dt 5:21 | ומטר לא נחת ובצורתה | אתייה | על עלמא ומלכוותה מתגריין |
| 071 | אתיין | Gn13:07M | דהוון \מטין לבית | /אתיין | לאתר#2#/ |
| 072 | | Ex18:16 | להון עסק דין דמלין | אתיין | לוותי ואדון בין גבר ובין |
| 073 | | Gn32:03M | דמשירייתא דעשו אחי | אתיין | לקדמותי למיקטול יתי או |
| 074 | | Gn32:03M | דילמה דמשיריין דייי | אתיין | לשיזב' יתי |
| 075 | | Gn32:03M | דלבן אחוה דאמה | אתיין | מן בתרי למיקטול או דילמה |
| 076 | | Gn41:29 | הא שבע שנין | אתיין | שבע תקף בכל ארעא דמצרים: |
| 077 | אתין | Gn24:63 | עיינוי וחמה והא גמלין | אתין: | |
| 078 | | Gn46:31M | בארע«א» דכנען | אתון/אתין#2#/ | לוותי: |
| 079 | | Ex18:16M | "דמלין ... ואדון": דמלין | אתין | לוותי ואנה דיין |
| 080 | | Ex18:16M | עסק דין דמלין | אתיין/אתין#2#/ | לוותי ואדון בין גבר |
| 081 | | Gn32:03 | דמלאכין מן קדם ייי | אתין | למשיזבא יתי מן ידי תריהון |
| 082 | אתינן | Nu13:27M | ליה ואמרין | עלינן/אתינ{ו}ן#2#/ | לארעא די שלחת יתן |
| 083 | | Gn32:07M | יעקב למימר | מטינן/אתינן#2#/ | לוות אחוך לוות עשו |
| 084 | אתית | Nu22:37 | למיקרי לך למה כען לא | אתית | לוותי הא מן קושטה לית אנה |
| 085 | | Nu22:38 | ואמר בלעם לבלק הא | אתית | לוותך כדון הא מיכל אכול |
| 086 | | Gn16:08M | דשרי מנן את | אתייה/אתית#2#/ | ולאן/ולהן#2#/ את |
| 087 | אתיתון | Gn42:09 | ית מעלליא דארע«א» | אתי{ה}<ת>ון: | |
| 088 | | Gn42:07 | ואמר להון מן אן | אתי{ה}<ת>ון | ואמרין מן ארעא דכנען |
| 089 | | Gn26:27 | להון יצחק מן בגלל מה | אתיתון | לור' ואתון שנאתון יתי |
| 090 | | Gn42:12 | להון ארום מעללי דארעא | אתיתון | למיח«מי»: |
| 091 | | Dt12:09 | ארום לא | אתיתון | עד כדון לנווחתה ולאחסנותה |
| 092 | אתת | Nu32:19M | ארום \קבלנן אחסנתן | /אתת | אחסנתהון#2#/ לוותן מן |
| 093 | | Gn42:21 | ולא שמעינן בגין כך | אתת | עלינן עקתה רבתה הדה: |
| 094 | | Gn29:09 | הווה ממלל עמהון ורחל | אתת | עם ענה די לאבוהי ארום |
| 095 | ייתון | Ex35:10 | וכל חכים ליבא דבכון | ייתון | ויעבדון ית כל מה די פקד |
| 096 | | Dt18:06 | וארום | ייתון | ליוויי מן חדא מן קורייכון |
| 097 | | Ex22:12 | ואין מטרפה {ו} יטרף | ייתון | סהדין קטילא לא ישלם: |
| 098 | | Dt30:01 | ויהווי ארום | ייתון | עליכון כל פתגמיא האיליין |
| 099 | ייתי | Gn32:09 | ואמר אן | ייתי | עשו לחדא משריתא |
| 100 | | Gn32:12 | ארום דחל אנא מנה דלא | ייתי | ויקטול יתי וישיצי אמה עם |
| 101 | | Nu21:06 | על עסק מנה דמיכלי קליל | ייתי | חויה דלא אתרעם על מזונה |
| 102 | | Nu21:06M | קליל בגין כן | ייתי#2#/ | חויה דלא אתרעם/ית#2#/ |
| 103 | | Ex32:26 | ואמר מן דדחל מן קדם ייי | ייתי | לוותי ואתכנשו לוותיה כל |
| 104 | ייתין | Dt33:16 | איקר שכינתיה בסנייה | ייתין | כל אליין ברכייתה ויתעבדן |
| 105 | יתון | Nu22:20M | גבריא/אין קרין להון | ית{ה}ון | גוב'#2#/ קום אזל עמהון |
| 106 | | Ex18:15M | משה לחמוי ארום | אתון/יתון#2#/ | לוותי עמא למתבע |
| 107 | יתיין | Gn49:26M | שרה רבקה רחל ולאה | יתיין | |
| 108 | יתין | Gn49:26 | מן שרויה עשו וישמעל | יתין | כל ברכתא האליין יתעבדון |
| 109 | ניתי | Gn37:10 | הדין די חלמת הא מייתי | ניתי | אנא ואמך ואחך למשאל בשלמך |
| 110 | תייתי | Gn27:33 | מן כולה קדם עד לא | תייתי | וברכת יתה וברת קול נפקת |
| 111 | תיתי | Gn24:39 | לריבוני מה דלמא דלא | תיתי | אתתא בתריי: |
| 112 | | Ex 1:19 | ארום חיין אינין עד לא | תיתי | חייתא לוותהון אינון מצליין |
| 113 | | Gn24:41 | בכדן תזדכה משבועתי ארום | תיתי | לוות לזרעייתי ואן לא יתנון |

|  |  |  |  |
|---|---|---|---|
| 114 | | Nu10:32 | ויהוי ארום תיתי עמן ויהוי טבה הוא די ייטב |
| 115 | | Gn41:50 | תרין בנין קדם עד לא תיתי שתא דכפנא מה די ילדת לה |
| 116 | מייתוי | Gn48:05 | לך בארעא דמצרים עד מייתוי לוותיך מצרימה לשמי אינון |
| 117 | מייתי | Nu22:16 | צפור לא כען תתמנע מן מייתי לוותי: |
| 118 | | Gn37:10 | חלמא הדין די חלמת הא מייתי ניתי אנא ואמך ואחך למשאל |
| 119 | | Nu22:14 | בלק ואמרין סרב בלעם מייתי עמן: |
| 120 | מיתי | Ex21:13 | ומן קדם ייי ארעת חובתה מיתי על ידוי ואשווי לכון אתר |
| 121 | במייתוי | Gn48:07 | ואנה במייתוי מפדן דארם מיתת קדמ' |
| 122 | במיתי | Gn48:07M | ואנה במייתוי/במיתי#2/ מפדן דארם מיתת |
| 123 | במיתייא | Gn33:18 | די בארעא דכנען במיתייא מפדן ארם ושרא קדם קרתא: |
| 124 | במיתייה | Gn35:09 | על יעקב זמן תנינות במיתייה מן פדן ארם וברך יתיה: |
| 125 | במתייה | Gn35:09M | כד איתגליין עלוי במתייה מן פדן ארם אורחיה דעלמא |
| 126 | דאת' | Gn35:17M | \כדי אתקשיית /בזמן דאת#2/ במילדה ואמרת לה חייתא |
| 127 | דאתא | Gn43:25 | ואתקנו ית דורון עד זמן דאתא יוסף באשון שרותא ארום |
| 128 | | Gn28:10 | ולא הוון יכלין כיון דאתא אבונן יעק«ב» ארים יתה |
| 129 | | Gn39:16 | לבושי בידה עד זמן דאתא רבונה לביתיה: |
| 130 | דאתון | Gn34:05 | ברא ושתק יעקב עד זמן דאתון: |
| 131 | | Nu33:40 | בארעא דכנען בזמנה דאתון בני ישראל: |
| 132 | | Nu31:14M | דעלו מן /מאוותה דאתון מן קדם#2/ חיל קרבא: |
| 133 | דאתי | Gn15:01 | מתקנין לך קדמיי לעלמא דאתי: |
| 134 | | Gn15:01M | לך קודמוי לעלמא דאתי |
| 135 | | Gn25:34 | וכפר בחיוי דעלמא דאתי: |
| 136 | | Gn39:10 | דלהא למהוי עמה לעלמא דאתי: |
| 137 | | Nu23:23 | לכון קדם ייי לעלמא דאתי: |
| 138 | | Dt22:07 | ותארכון יומין לעלמא דאתי: |
| 139 | | Dt24:06M | כפר בחי{ו}וייה דעלמא דאתי |
| 140 | | Dt32:35 | פורענותה עליהון לעלמה דאתי: |
| 141 | | Gn15:01 | ולית לי חול' לעלמא דאתי או דילמא דיזלון אחיהון או |
| 142 | | Dt32:39 | הדין ומחיי מיתי בעלמא דאתי אנה הוא דמחי ואנה הוא דמסי |
| 143 | | Gn24:65 | לעבדא מן הוא דא גברא דאתי באפיה ברא לקדמותן ואמר |
| 144 | | Nu23:10 | דלית ליה חולק לעלמא דאתי ברם אן מיית ^הוא#2^ בלעם |
| 145 | | Nu31:50 | מהוי עמה בגיהינם בעלמא דאתי דא תיקום לן ביום דינה רבה |
| 146 | | Gn38:25 | ספיא ולא ניקוד בעלמא דאתי דהוא אשא אכל' אשא טב לי |
| 147 | | Nu31:50M | בגיהינם לעלמא דאתי היא תיקום לן |
| 148 | | Gn 4:07 | ישתרי וישתבק לך בעלמ' דאתי ואין לא תיטב עובדך בעלמא |
| 149 | | Gn49:22M | שותף עמה בגיהנם לעלמ' דאתי והוויין בנתיהון |
| 150 | | Ex 2:12M | בעלמא הדין ובעלמא דאתי וחמא והא לית גבר זכאי |
| 151 | | Dt33:06 | מייתין רשיעיה לעלמא דאתי ויהוון עולימוי עם |
| 152 | | Dt30:15M | חיי עלמא דאתי וית טובה דגן עדן וית |
| 153 | | Dt32:01 | סופיהון בליין לעלמא דאתי וכן ישעיה נבייא פירש ואמר |
| 154 | | Lv18:29M | מן חיי עלמא דאתי ולא יחי להון חולק בגו |
| 155 | | Lv20:06M | יתיה מן חיי עלמא דאתי ולא יהוא ליה חולק ביני |
| 156 | | Dt 7:10 | למתפרעה מנהון לעלמא דאתי ולא משהי אגר טב לשנאוי עד |
| 157 | | Dt 7:10M | למישיציה יתהון לעלמא דאתי ולא משהי למשל{ו}<'> |
| 158 | | Ex15:12 | את תבע יתהון מנה לעלמא דאתי ופתחת ארעא ית פומא ובלעה |
| 159 | | Gn38:25 | קדם אבהתי צדיקיא בעלמא דאתי וקבילו מיני אחי ובית אבא |
| 160 | | Dt33:21 | ונפק בראשי עמא בעלמא דאתי זכותה דייי עבד וסדרי דינוי |
| 161 | | Gn 3:24 | וקיים כאילן חייא לעלמא דאתי טבא היא אוריתא לפלחי בעלמא |
| 162 | | Nu22:30 | הדין ולא אתייה לעלמא דאתי לית את יכיל למלוט יתי |
| 163 | | Ex15:12 | יתבע יתהון מנה לעלמא דאתי מן יד ארכנת ימינך ייי על |
| 164 | | Gn22:10 | לגובה דחבלא בעלמא דאתי עיינוי דאברהם הוויין |
| 165 | | Gn 3:24 | למתפרעה מנהון לעלמא דאתי על די לא נטרו מצוותה |
| 166 | | Gn15:17M | דמעתדא לרשיעיא לעלמא דאתי על די לא עסקו אולפן |
| 167 | | Gn 4:08 | מתפרעה מן רשעי' לעלמא דאתי על עסק פתגמא הדין הוון |
| 168 | דאתי' | Dt 7:10M | אגר מצוותה קלילן דאתי' בידיהון בעלמ' |
| 169 | דאתינא | Gn44:18 | רבונן הא בזמנא קדמאה דאתינא אמרת לן מן קדם ייי דחיל |
| 170 | | Gn44:18M | הא בזמנא קדמא דאתינא אמרת לן מן קדם ייי אנא |
| 171 | דאתינן | Gn44:18 | הלא מן זמנא קדמייא דאתינן לוותך הויית אמר לן |
| 172 | דאתית | Ex 5:23 | ומן זמנא דאתית לוות פרעה לממללה בשם ממרך |
| 173 | דייתון | Ex16:05 | שתיתא ויצנעון ית מה דייתון ויהוי בכפולה על מה די |
| 174 | דייתי | Gn49:10 | מבני בנוי עד זמן דייתי מלכא משיחא דדידיה היא |
| 175 | | Dt29:21 | מן בתרכון ובר עממיה דייתי מן ארע רחיקה ויחמון ית |
| 176 | | Dt28:67 | תהוון אמרין מן יתן דייתי צפרא מן פחדא דלבביכון די |
| 177 | | Dt28:67M | לווי מן יתן וייתי/דייתי#2/ רמשה וברמשה תהוון |
| 178 | דתיתי | Gn30:38M | בשקיא דמיא דתיעול/<ד>תיתי#2/ ענה למשתי <....>: |
| 179 | ואתא | Ex18:12 | קודשין לשמיה דייי ואתא אהרן וכל חכימיא דישראל |
| 180 | | Gn34:20 | ואתא חמור ושכם ברה לתרע |
| 181 | | Gn44:14 | ואתא יהודה ואחווי לפלטורין |
| 182 | | Gn47:01 | ואתא יוסף ותני לפרע«ה» ואמר |
| 183 | | Gn30:16 | ואתא יעקב מן אפי ברא ברמשא |
| 184 | | Gn33:18 | ואתא יעקב שלם בעבדא טבא לכרכה |
| 185 | | Gn35:06M | ועל/ואתא#2/ יעקב לוזה די |
| 186 | | Gn35:27 | ואתא יעקב לוות יצחק אבוי |
| 187 | | Ex18:05 | ואת«א» יתרו חמוי דמשה ובנוי |
| 188 | | Ex10:03 | ואתא משה ואהרן לוות פרעה |
| 189 | | Ex19:07 | ואתא משה וקרא לחכימי עמא וסדר |
| 190 | | Ex24:03 | ואתא משה ותני לעמא ית כל |
| 191 | | Ex24:18 | ואתא משה בגו ענגא וסלק לטורא |
| 192 | | Lv 9:23M | «ואעל/ואתא#2/ משה» ואהרן למשכן |
| 193 | | Gn25:29 | יעקב תבשיל דטלופחין {ואתא עשו מן} ואתא עשו מן אפי |
| 194 | | Gn25:29 | {ואתא עשו מן} ואתא עשו מן אפי ברא והוא |
| 195 | | Nu21:34 | בניהון ובני בניהון ואתא ונפל בידהון ומן בתר כדין |
| 196 | | Gn13:18 | ופרס אברם משכניה ואתא ושרא במישריה חזוה די |
| 197 | | Gn13:18M | ואתא /ונטל אברם ואתא#2/ ושרא במישריה חזוה |
| 198 | | Nu23:07 | לי ^דדבית#2^ יעקב ואתא זעיר לי דבית ישראל: |
| 199 | | Gn46:01 | ישראל וכל מה דיליה ואתא לבאירה דשבע ונכס נכסין |
| 200 | | Gn37:14 | יתיה מן מישרא דחברון ואתא לשכם: |
| 201 | | Gn24:30 | כדין מלל עמי גברא ואתא לוות גברא והא הוא קיים על |
| 202 | | Gn27:18 | ואתא לוות אבוי ואמר אבא ואמר |
| 203 | | Gn40:06 | ואתא לוותהון יוסף בצפרא וחמה |
| 204 | | Nu23:17 | ואתא לוותיה והא הוא מתעתד על |
| 205 | | Ex 3:01 | ית ענה <....> בתר מדברא ואתא לטורא דאיתגלית עלוי איק' |
| 206 | | Gn14:13 | ואתא משיזבא ותני לאברם עברייא |
| 207 | | Ex 8:20 | ועבד ייי כדן ואתא ערברוב תקף בפלטורין דפרעה |
| 208 | ואתה | Gn23:02 | חברון בארעא דכנען ואתה אברהם למספדא לשרה ולמבכי |
| 209 | | Nu20:06 | ואתה משה ואהרן מן קדם קהלה |
| 210 | | Dt32:44 | ואתה משה ומלל ית ^כל#2^ שבח |
| 211 | | Nu22:17 | וכל מה די תאמר לי אעבד ואתה כען לווט לי ית עמא האליין: |
| 212 | | Nu21:23 | לקדמות ישראל למדברה ואתה ליהצה וסדרו קרבה עם |
| 213 | ואתו | Ex15:23 | ואתו למרתא ולא יכלו למשתי מיא |
| 214 | | Gn45:25 | וסלקו ממצרים ואתו לארעא דכנען לוות יעקב |
| 215 | | Gn22:09M | ואתון/ואתו#2/ לאתרה די אמר ליה ייי |
| 216 | ואתון | Nu13:22M | בדרומה/לד#2/ ומטה/ואתון#2/ כלב עד חברון ותמן |
| 217 | | Gn46:06 | די קנון בארעא דכנען ואתון מצרימה יעקב וכל בנוי |
| 218 | | Gn42:06 | מזבן לכל עמא דארעא ואתון אחוי דיוסף ושאלו בשלמיה |
| 219 | | Nu32:02 | ואתון בנוי דגד ובנוי דראובן |
| 220 | | Nu20:01M | ועלו/ואתון#2/ בני ישראל כל עם |
| 221 | | Ex35:22 | ואתון גובריא סמיך לנשיא כל די |

|  |  | | | | |
|---|---|---|---|---|---|
| 222 | | Ex20:26 | | ואתון | כהנייא בנוי דאהרן |
| 223 | | Gn47:15 | ומן ארעא דכנען | ואתון | כל מצראי לוות יוסף למימר |
| 224 | | Ex16:01 | ונטלו מן אלים | ואתון | כל כנישתא דבני ישראל |
| 225 | | Ex16:22 | תרין עמרין לכל גולגלא | ואתון | כל רברבני כנישתא ותנון |
| 226 | | Ex35:21 | | ואתון | כל גבר די נדב יתיה לביה |
| 227 | | Ex36:04 | | ואתון | כל חכימיא דעבדין ית כל |
| 228 | | Nu33:09 | ונטלו מן מרה | ואתון | לאילם ובאילם תרתין עשרי |
| 229 | | Ex15:27 | | ואתון | לאלימה ותמן תרתין עשרין |
| 230 | | Nu21:23M | ישראל למדברה | ואתה/ואתון/#2# | ליהצה וסדרו קרבה עם |
| 231 | | Ex15:23M | | ואתו/ואתון/#2# | למרתא ולא יכלו |
| 232 | | Gn12:05 | למזל לארעא דכנען | ואתון | לארעא דכנען: |
| 233 | | Gn46:28M | ועלו /לגושנא | ואתון/#2# | לארעא דגשן: |
| 234 | | Gn22:09 | | ואתון | לאתרה די אמר ליה ייי ובנה |
| 235 | | Gn42:29 | | ואתון | לוות יעקב אבוהון לארעא |
| 236 | | Ex 2:18M | | ואתיין/ואתון/#2# | לוות רעואל אבוהון |
| 237 | | Nu13:26M | ואזלו | ועלו/ואתון/#2# | לוות משה ואהרן |
| 238 | | Nu22:07 | דקסמין חתימין בידהון | ואתון | לוות בלעם ומללו עימיה |
| 239 | | Nu22:14 | וקמו רברבני מואבי | ואתון | לוות בלק ואמרין סרב |
| 240 | | Nu22:16 | | ואתון | לוות בלעם ואמרין ליה |
| 241 | | Gn45:18M | וית אנשי בתיכון | ותיתון/ואתון/#2# | לוותי ואתן לכון ית |
| 242 | | Ex19:02 | ונטלו מן רפידים | ואתון | למדברא דסיני ושרון |
| 243 | | Nu22:39M | דמלכותה היא מרישה | /ואתון | לקרתה דבתרין שוקה היא |
| 244 | | Ex 5:15 | | ואתון | סרכיהון דבני ישרא׳ |
| 245 | | Gn26:32 | והוה ביומא ההוא | ואתון | עבדוי דיצחק ותניאו ליה |
| 246 | | Gn11:31M | לארעא דכנען | ומטון/ואתון/#2# | עד חרן ושרן תמן: |
| 247 | | Gn50:10M | | ומטון/ואתון/#2# | עד אדר אטדה די |
| 248 | | Nu13:23M | | ומטון/ואתון/#2# | עד נחל סגולה ולקטו |
| 249 | | Nu21:07 | | ואתון | עמא למשה ואמרין חטינן |
| 250 | | Ex17:08 | | ואתון | רברבני עמלק וסדרו סדרי |
| 251 | | Ex 2:17 | | ואתון | רעייא וטרדו יתהון וקם |
| 252 | | Gn19:01M | | ועלו/ואתון/#2# | תרין מלאכיה לסדם |
| 253 | ואתיין | Nu23:09 | אנה עמא האליין מדברין | ואתיין | בזכות אבהתה צדיקיה |
| 254 | | Ex 2:18 | | ואתיין | לוות רעואל אבוהון ואמר |
| 255 | | Dt33:03 | והא אינון מדברין | ואתיין | לרגל ענני ונטלין ושריין |
| 256 | ואתין | Ex 2:16 | ולרבה דמדין שבע בנן | ואתין | ודלין ומליין ית |
| 257 | | Gn15:01 | דמצטרפין לגיונין סגין | ואתין | עלך למקטל ממרי תרום לך |
| 258 | ואתינן | Gn43:10 | ארום כדון חזרנון | ואתינן | דנה תרין זמנין: |
| 259 | ואתית | Gn24:42 | | ואתית | יומא דין לעינא ואמרית |
| 260 | ואתיתון | Dt29:06 | | ואתיתון | לאתרה הדין ונפק סיחון |
| 261 | ואתן | Gn47:18 | ושלמת שתא ההיא | ואתן | לוותיה בשתה תינייתה |
| 262 | | Gn46:06M | בארעא דכנען | ואתון/ואתן/#2# | מצרימה/למצרים#2#/ |
| 263 | ואתת | Gn 8:11M | | ותב/ואתת/#2# | לוותה יונה לעדוני רמשא |
| 264 | | Gn19:33M | חמר בליליא הוא | ועלת/ואתת/#2# | רבתא ושמישת |
| 265 | וייתה | Dt18:06M | תוחמדת /די הנון תמן | וייתה | כל תוח/#2# נפשיה לאתרא |
| 266 | וייתון | Dt13:03M | \ווייתי אתה | /וייתון | אתייה/#2# או סימנה די |
| 267 | | Dt 2:22 | מן קדמיהון | וי{ה}<י>תון | יתהון ושרון באתריהון |
| 268 | | Dt14:29 | | וייתון | לוויי ארום חולקהון חלק |
| 269 | | Gn15:01 | עמהון לגיונין סגין | וייתון | עליי ויקטלון יתי או דלמא |
| 270 | | Dt28:02 | | וייתון | עליכון כל ברכתה האליין |
| 271 | | Dt28:08 | עמכון ית סדר ברכתה | וייתון | עליכון באוצריכון ובכל |
| 272 | | Dt28:15 | מפקד יתכון יומא הדין | וייתון | עליכון כל לווטייה האליין |
| 273 | | Dt28:45 | | וייתון | עליכון כל לווטייה האליין |
| 274 | וייתי | Dt18:06 | אתרא די איתותב לתמן | וייתי | בכל תוחמדת נפשיה לאתרא די |
| 275 | | Lv14:44 | | וייתי | ויעול כהנא ויחמי והא הלך |
| 276 | | Lv13:02 | במשך בשריה למכתש צרעה | וייתי | לוות אהרן כהנא {ו}או |
| 277 | | Lv14:02 | דמצרעה ביומא דדכותיה | וייתי | לוות כהנא: |
| 278 | | Lv13:09 | ארום תיהווי בבר נשא | וייתי | לות כהנא: |
| 279 | | Lv14:35 | | וייתי | מריה דבייתה ויתני לכהנא |
| 280 | | Lv15:14 | תרין גוזלין בני יוון | וייתי | קדם ייי לתרע משכן זימנא |
| 281 | | Lv25:25 | אחוך ויזבן מן אחסנתיה | וייתי | קריביה דקריב לוותה ויפרוק |
| 282 | | Dt28:67 | אמרין לווי מן יתן | וייתי | רמשה וברמשה תהוון אמרין |
| 283 | ויתון | Gn15:01M | עמהון ליגיונין | ויתון | עלי׳ ממרי {פ}<ת>ריס לך |
| 284 | ותיתון | Gn45:19 | וטענון ית אבוכון | ותיתון: | |
| 285 | | Dt17:09M | | ותתון/ותיתון/#2# | לוות כהניא וליוויי |
| 286 | | Dt26:03 | | ותיתון | לוות כהנא די הווי ממני |
| 287 | | Gn45:18 | וית אנשי בתיכון | ותיתון | לוותי ואתן לכון ית טובא |
| 288 | | Dt12:06 | | ותיתון | לתמן ית עלוותכון ונכסת |
| 289 | ותיתי | Ex 3:18 | וישמעון לקלך | ותיתי | את וחכימיה דישראל לוות |
| 290 | | Ex18:19 | אולפן מן קדם ייי | ותיתי | את פיתגמיא קדם ייי: |
| 291 | ותתון | Dt17:09 | | ותתון | לוות כהניא וליוויי ולוות |
| 292 | למיתי | Gn24:05 | מה דלמה לא תצבי אתתא | למיתי | בתרי לארעא הדא הא מחזרה |
| 293 | | Ex 2:18 | <מן בגלל> מה אוחיתון | למיתי | יומא הדין: |
| 294 | | Gn41:54 | ושריין שבע שני כפנא | למיתי | כמה דאמר יוסף והוה כפנא |
| 295 | | Nu22:13M | דייי דלא למשבוק יתי | למיתי | ע׳#2#/: |
| 296 | | Gn32:05M | כדון /ושהית | למיתי | עד כדו#2#/: |
| 297 | | Nu23:23M | דעתיד | מייתיה/`מיית#2#/`למיתי#2#/ | עליכון ודדבית |
| 298 | | Nu22:14M | סרב בלעם | מיית/למיתי#2#/ | עמן: |
| 299 | | Ex 3:05M | שלח מסניך מעלוי | /למיתי | שלוף סנדלך מעלויי#2#/ |
| 300 | למיתי׳ | Ex14:11M | קברין במצרים | דברת/למיתי׳#2#/ | יתן למקטלה יתן |
| 301 | | Gn24:39M | בתריי /דלמא רביה אית | למיתי׳ | מן בת#2#/: |
| 302 | למיתיה | Gn24:08 | ואין לא תצבי אתתא | למיתיה | בתרך ותזדכי מן שבועתי הדה |
| 303 | למתייה | Gn35:16 | אשון עללתה דארעא | למתייה | לאפרתה וילדת רחל |
| 304 | מלמיתי | Nu22:16M | תתמנע מן | מיית/מלמיתי#2#/ | לוותי: |
| 305 | afel אייתון | Gn46:32 | ותוריהון וכל מה דלהון | אייתון: | |
| 306 | | Ex35:23 | ומשכין דססגונין | אייתון: | |
| 307 | | Ex35:24 | שטין לכל עבידת פולחנא | אייתון: | |
| 308 | | Ex35:29 | למעבד על ידוי דמשה | אייתון | בני ישראל נדבה לשמה |
| 309 | | Ex36:03M | כל אפרשותה די | אפרשו/אייתון#2#/ | בני ישראל לעבידת |
| 310 | | Gn47:16 | ואמר יוסף | אייתון | בעירכון ואתן לכון |
| 311 | | Ex35:21 | וכל די נדבת רוחה יתיה | אייתון | ית אפרשותא דייי לעבידת |
| 312 | | Ex35:24 | דאפרש אפרשו דכסף ודנחש | אייתון | ית אפרשותה דייי וכל מן די |
| 313 | | Ex35:27 | ורברבני | אייתון | ית אבני טבתה וית אבניה |
| 314 | | Nu15:25 | ארום שלו הווה ואינון | אייתון | ית קרבניהון קדם ייי |
| 315 | | Ex36:03M | תוב נדבה בכל /והנון | אייתון | יתה עוד נסיבה בכל#2#/ |
| 316 | | Ex36:03 | למעבד יתה ואנון | אייתון | לוותה תוב נדבה בכל צפר |
| 317 | | Gn43:02 | למיכל ית עיבורא די | אייתון | ממצרי׳ ואמר להון אבוהון |
| 318 | אייתי | Gn 4:04 | והבל | אייתי | אף הוא מן בכירי ענה ומן |
| 319 | | Gn43:09 | את תבע יתה אם לא | אייתי | יתיה לוותך ואקמית יתיה |
| 320 | | Lv17:04 | ולתרע משכן זמנה לא | אייתי | יתיה למקרבה יתיה קרבן קדם |
| 321 | | Gn27:07 | | אייתי | לי ציד ועבד לי תבשילין |
| 322 | | Gn27:13 | ברי לחוד שמע בקלי ואזל | אייתי | לי: |
| 323 | | Ex11:01 | ייי למשה עוד מכתש חד | אייתי | על פרעה ועל מצריי ומן בתר |
| 324 | אייתיו | Ex35:22 | כל די נדב יתיה לביה | אייתי{ן}<ו> | קטלין וקדשין ועזקין |
| 325 | אייתינן | Dt26:10 | וכדון הא | אייתינן | ית שרוי בוכרת כל פירי |
| 326 | אייתית | Gn42:37 | תרין בניי תקטול אין לא | אייתית | יתיה לוותך מסר יתיה |
| 327 | | Gn31:39 | קטילא לא | אייתית | לוותך כל חדא מנהון דהוות |
| 328 | | Gn39:17 | לוותי עבדא עברא די | איית«י»ת | לן למגחכה בי: |
| 329 | | Ex32:21 | לך עמא האליין ארום | אייתית | עליהון חובין רברבין: |

|  |  |  |  |  |  |
|---|---|---|---|---|---|
| 330 | אייתיתון | Nu20:04 | ולמה <כ>ען | אייתית{י}<ו>ן | ית קהל ^עם#2#^ כנישתה |
| 331 | אייתת | Gn44:32 | אבה למימר אן לא | אייתת | יתה לוותך ניהווי מרחק מן |
| 332 | | Gn44:18 | ואמרי ליה למימר אין לא | אייתת | יתי לוותיך ואקמית יתיה |
| 333 | | Gn33:11 | קבל כען ית ברכתי די | אייתת | לך ארום חן יתי ייי וארום |
| 334 | | Gn20:09 | לנא ומה חטאנא לך ארום | אייתת | עלי ועל מלכותי חובין |
| 335 | איתיית | Gn33:11M | כען ית ברכתי די | אייתת/איתיית/#2# | לך ארום חן/חס#2#/ |
| 336 | איתת | Gn31:39M | קטילא לא | אייתית/איתת#2#/ | לוותך כל חדא מנהון |
| 337 | יית׳ | Nu15:25M | שלו הווה ואינון | אייתון/יית#2#/ | ית קרבניהון קדם ייי |
| 338 | ייתון | Lv17:05 | מן בגלל די | ייתון | בני ישראל ית דבחהון די |
| 339 | | Ex35:21M | /ידוב רוחיה עלוי | ייתון | די אפ#2#/ דייי לעבידת |
| 340 | | Ex18:22 | שעה ויהוי כל פתגם רב | ייתון | יתה לוותך וכל פתגם זער |
| 341 | | Ex18:26 | בכל שעה ית פתגמא קשיא | ייתון | לוות משה וית פתגמ׳ זעירא |
| 342 | | Lv10:15 | דאנפותה על קרבני תרביה | ייתון | למנפה אנפו קדם ייי ויהוי |
| 343 | | Nu18:13 | כל מה די בארעהון די | ייתון | לשמה דייי דידך יהווי כל |
| 344 | ייתי | Ex35:05 | דייי כל די ידוב יתה לבה | ייתי | ית אפרשותא דייי דהב וכסף |
| 345 | | Lv 7:29 | נכסת קודשוי לשמה דייי | ייתי | ית קרבניה לייי מן נכסת |
| 346 | | Lv 4:32 | לחטאתה נקבה שלמה מן מום | ייתי | יתה: |
| 347 | | Lv 6:14 | במשח תתקרב מרתחה | ייתי | יתה תופיני מנחה דקצוין |
| 348 | | Lv 7:30 | קרבנוי ית תרבה על ניעה | ייתי | יתיה ית ניעה למנפה ניאה |
| 349 | | Lv17:09 | ואל תרע משכן זמנה לא | ייתי | יתיה לקרבה יתיה קדם ייי |
| 350 | | Nu 6:13 | דשלמון ית יומי נזירותיה | ייתי | יתיה לתרע משכן זימנה: |
| 351 | | Lv 5:25 | וית אשמה | ייתי | לשמה דייי דכר שלם מן מום |
| 352 | | Gn18:19 | צדקתה ודינא מן בגלל די | ייתי | ממריה דייי על אברהם ית מה |
| 353 | | Lv 5:19M | ייתי קדם ייי /אשמה | {ו}<י>יתי | קדם ייי באשמה יתכפר |
| 354 | | Lv 5:19 | חובתיה די אתחייב אשמה | ייתי | קדם ייי: |
| 355 | | Lv 4:32 | ואין אימר | ייתי | קרבניה לחטאתה נקבה שלמה מן |
| 356 | | Nu 6:10 | וביומא תמיניה | ייתי | תרין שופנינין או תרין |
| 357 | יתון | Lv 7:30 | ידי{י}ו<י> | יתון | ית קרבנוי ית תרבה על ניעה |
| 358 | תייתון | Ex23:19 | שרוי בכרית פירי עללתכון | תייתון | לבי{ה}<ת> מוקדשא דייי |
| 359 | | Ex34:26 | שרוי בכורת ארעכון | תייתון | לבית מקדשא דייי אלהכון |
| 360 | | Gn42:20 | ואת אחוכון זעירא | תייתון | לוותי ויתהימנן |
| 361 | | Lv23:17 | מן אתר בית מדוריכון | תייתון | לחם דאנפו תרתין חלין מן |
| 362 | | Dt26:02 | בוכרת כל פירי ארעא די | תייתון | מן ארעכון דייי אלהכון יהב |
| 363 | תייתי | Lv12:06 | לבר דכר או לברה נקבה | תייתי | אמר בר שתה לעל«ה» וגוזל |
| 364 | תיתון | Dt12:11 | איקר שכינתיה תמן תמן | תיתון | ית כל מה די אנה מפקד |
| 365 | מייתי | Gn 6:17 | ואנא הא אנה | מייתי | ית מבולא דמייא על ארעא |
| 366 | | Ex10:04 | למשלחה ית עמי הא אנא | מייתי | למחר גובא בתחומך: |
| 367 | | Dt33:03 | קדישין דאפעלגב דהוא | מייתי | עליהון יסורין סגין לא |
| 368 | | Nu23:23M | דעתיד | מייתיה/^מיית#2#^/למית#2#/ | עליכון |
| 369 | | Gn26:10 | מן טליא עם אתתך והוות | מייתי | עלינן חובין רברבין: |
| 370 | מייתיה | Nu23:23 | טבתה וניחמתה דעתיד | מייתיה | עליכון ודדבית ישראל אמר |
| 371 | | Nu24:05 | טבן ונחמן ממריה עתיד | מייתיה | עליכון דדבית יעקב בזכות |
| 372 | מייתית | Gn26:10M | עם אתתך והוות | מיית/מייתית#2#/ | עלינן חובין רברבין |
| 373 | דאייתי | Gn39:14 | ואמרת להון למימר חמון | דאייתי | לי גבר עבריי למגחכה |
| 374 | | Lv 9:08M | ית עגלה דחטאתה | דמן/דאייתי | מן#2#/ דידיה/דדליה#2# |
| 375 | | Lv16:06M | דחטאתה \דמן דידיה | /דאייתי | מן דידיה#2#/ ויכפר |
| 376 | | Lv16:11M | ית תורה דחטאתה | דמן/דאייתי | מ<ן#2#/ דידיה: |
| 377 | | Lv16:11M | ית תורה דחטאתה | דמן/דאייתי | מן#2#/ דידיה ויכפר |
| 378 | דאייתייאת | Gn 8:11M | דזית לקיט בפי#2#/ | דאייתייאת/ | יתיה מטור משחא#2#/ |
| 379 | דאייתת | Ex15:26 | כל מכתשיה בישיה | דאייתת | למצרייה לא אשוי יתהון |
| 380 | דאייתי | Gn32:14 | ההוא ונסב מן מה | דאייתי | בידי דורון לעשו אחוי: |
| 381 | דתייתון | Lv23:14 | לא תיכלון עד זמן | דתייתון | ית קורבנה דאלהכון קיים |
| 382 | | Lv23:15 | קדמיה דפיסחא מן יומא | דתייתון | ית עומרה דאנפות«ה» שבע |
| 383 | דמייתין | Dt32:01 | אנה בהון קדם בני נש | דמייתין | וטעמין כסא דמותה מייתין |
| 384 | ואיית׳ | Lv24:11M | מפרשה ובזי/ | ואיית#2#/ | יתיה לוות משה ושמה |
| 385 | ואייתון | Gn42:34 | | ואייתון | ית אחוכון ית זעירא לוותי |
| 386 | | Ex39:33 | | ואייתון | ^ית משכנה לוות משה#2#^ |
| 387 | | Nu 7:03 | | ואייתון | ית קרבניהון קדם ייי שית |
| 388 | | Ex32:03M | /דאית במשמעהון | ואייתון | יתהון לוות אהרן#2#/: |
| 389 | | Lv24:11 | שמה קדישה#2#^ וחרף | ואייתון | יתיה לוות משה ושמה |
| 390 | | Nu31:54 | רברבני אלפיה ומאוותה | ואייתון | יתיה למשכן זמנה דכרן טב |
| 391 | | Gn47:17 | | ואייתון | כל מצראי לוות יוסף |
| 392 | | Gn43:26 | ועל יוסף לגו בייתה | ואייתון | לה ית דורון די בידיהון |
| 393 | | Gn37:32 | פרגודה מציירה דיוסף | ואייתון | לוות אבוהון ואמרין דא |
| 394 | | Ex32:03 | «די» באדניהון | ואייתון | לוות אהרן: |
| 395 | | Nu31:12 | | ^^ואייתון | לוות משה ולוות אלעזר |
| 396 | | Ex32:02 | בניכון ובנתכון | ואייתון | לוותי: |
| 397 | | Ex32:24M | דאית ליה דהב פריקו | ואייתון | לי ואת׳ וטלקתיה בנורא |
| 398 | ואייתי | Gn37:02 | דזלפה נשוי דאבוי | ואייתי | יוסף ית טבהון דאחוי ביש |
| 399 | | Gn47:07 | | ואייתי | יוסף ית יעקב אבוי ואקים |
| 400 | | Gn 4:03 | והוה לסוף יומין | ואייתי | קין מן פירי ארעא דורון |
| 401 | | Gn49:21 | למצרים בשעתא זעירת | ואייתי | אוניתא דחקלא מפלסורין |
| 402 | | Lv22:27 | בכולה ורהט לבקרותיה | ואייתי | בת תורין שמין וטב ויהב |
| 403 | | Gn 2:22 | די נסב מן אדם לאתה | ואייתי | יתה לות אדם: |
| 404 | | Gn29:23 | ונסב ית לאה ברתה | ואייתי | יתה לוותה ועל לוותה: |
| 405 | | Gn30:14 | יברוחין באפי ברא | ואייתי | יתהון לוות לאה אמיה |
| 406 | | Gn27:31 | ועבד אף הוא תבשילין | ואייתי | לאבוי ואמר לאבוי יקום אבא |
| 407 | | Lv22:27M | דגדיין ועבד תבשילין | ואייתי | לאבוי ואייכל לאבוי מן |
| 408 | | Gn27:14 | ואזל ונסב | ואייתי | לאימיה ועבדת אמיה תבשילין |
| 409 | | Gn31:52 | הדה אן אנא לא אעבור | ואייתי | לוותך ית איגרא הדין |
| 410 | | Gn27:04 | תבשילין היך מה דרחמת | ואייתי | לי ואכול מן בגלל די תברך |
| 411 | | Gn27:09 | אזל כען לוות ענה | ואייתי | לי מן תמן תרין גדיין |
| 412 | | Gn27:33 | מן כדון הוא דצד ציד | ואייתי | לי ואכלת מן כולה |
| 413 | | Gn27:25 | נפשי וקרב ליה ואכל | ואייתי | ליה חמר ושתי: |
| 414 | | Lv22:27M | ופטירין אפה | ואייכל/ואיית#2#/ | למלאכין ומן יד |
| 415 | | Gn27:12 | ונהוי באפוי כמגחך בה | ואייתי | עלי לווטן ולא ברכן: |
| 416 | ואייתיית | Ex 2:10M | טליא | ואיתת/^ואייתת#2#^/ואיי<ת>יי{ת}ת#2#/ | יתיה |
| 417 | ואייתת | Ex 2:10M | טליא | ואיתת/^ואייתת#2#^/ואיי<ת>יי{ת}ת#2#/ | יתיה |
| 418 | ואיתו | Nu 7:03M | | ואייתון/ואיתו#2#/ | ית קרבניהון קדם |
| 419 | ואיתי | Gn 2:19 | ברא וית כל עופה דשמיא | ואיתי | יתהון לות אדם למחמי מה |
| 420 | ואיתת | Ex 2:10 | ורבה טליא | ואיתת | יתיה לברתיה דפרעה והוה לה |
| 421 | ואתון | Ex39:33M | | ואייתון/ואתון#2#/ | ^ית משכנה לוות |
| 422 | ואתית | Gn16:05 | תלדוותי ובייתי׳ דאבה | ואתית | יתיה עמך בהימנו עלית עמך |
| 423 | וייתון | Lv 4:14 | תור בר תורין לחטאתה | וייתון | יתה לתרע משכן זימנא: |
| 424 | | Lv17:05 | אנון דבחין באפי ברא | וייתון | יתהון קדם ייי לתרע משכן |
| 425 | | Ex27:20 | ית בני ישראל וייסבון | וייתון | לוותך משח דזית זכיך כתיש |
| 426 | | Lv24:02 | ית בני ישראל וייסבון | וייתון | לוותך משח דזית זכיך כתיש |
| 427 | | Nu19:02 | עם בני ישראל ויסבון | וייתון | לוותך תורא סמוקה שלמה די |
| 428 | וייתי | Lv 5:18 | | וייתי | אמר דכר שלם מן מום מן ענה |
| 429 | | Nu 6:12 | ייי ית יומי נזירותיה | וייתי | אמר בר שתה לאשמה ויומין |
| 430 | | Dt13:03 | | וייתי | אתה או סימנה די מלל לכון |
| 431 | | Nu 5:15 | | וי«י»תי | גברא ית אתתיה לוות כהנה |
| 432 | | Gn42:16 | שלחו מנכון חד | וייתי | ית אחוכון ואתון אתחבשו |
| 433 | | Lv 4:04 | | וייתי | ית תורא לתרע משכן זימנ׳ |
| 434 | | Lv 4:23 | חובתיה דאתחיי׳ עלה | וייתי | ית קרבניה צפיר בר עזין |
| 435 | | Lv 4:28 | ליה חובתיה די אתחייב | וייתי | ית קרבניה צפירת בר עזין |
| 436 | | Lv 5:06 | | וייתי | ית אשמיה קדם ייי על |
| 437 | | Lv 5:07 | ידיה כמסת למיתיה אמר | וייתי | ית אשמיה דאתחייב תרין |

|  |  |  |  |  |  |
|---|---|---|---|---|---|
| 438 | | Lv 5:11 | לתרין גוזלין בני יון | וייתי | ית קרבניה די אתחייב עשרין |
| 439 | | Lv 5:15 | בשלו מן קדשוי דייי | וייתי | ית אשמיה קדם ייי דכר שלם |
| 440 | | Lv16:15 | צפירה דחטאתה דמן עמא | וייתי | ית אדמה לגו מן פרכתה |
| 441 | | Lv19:21 | | וייתי | ית אשמה לשמה דייי לתרע |
| 442 | | Nu 5:15 | ית אתתיה לוות כהנה | וייתי | ית קרבנה עלה עשרון מכלתה |
| 443 | | Lv 2:02 | | וייתי | יתה לות בנוי דאהרן כהניא |
| 444 | | Lv 5:08 | | וייתי | יתהון לות כהנא ויקרב ית |
| 445 | | Lv14:23 | | וייתי | יתהון ביומא תמיניה |
| 446 | | Lv 5:12 | | וייתי | יתיה לות כהנא ויקמוץ כהנא |
| 447 | | Nu14:08 | אם רעי הוא בן ייי | וייתי | יתן לארעא הדה ויתן יתה לן |
| 448 | | Lv 4:16 | | וייתי | כהנא דמתרבי מן אדמה דתורא |
| 449 | | Gn27:12M | באפוי כמגחך בה | ואיית/וייתי#2# | עלי לווטן/לבט׳/#2# |
| 450 | | Nu 6:10M | תמיניה\וייתי תרין | /וייתי | תר״#2/ שופנינן/שפ׳#2# |
| 451 | ותייתון | Lv23:10 | לכון ותחצדון ית חצדה | ותייתון | ית עומרה שרוי חצדכון |
| 452 | | Dt12:26 | לכון ונדריכון תסענון | ותייתון | לאתרה די יתרעי ייי: |
| 453 | ותייתי | Gn27:10 | | ותייתי | לאבוך וייכול מן בגלל די |
| 454 | ותיתי | Lv 2:08 | | ותיתי | ית מנחתא די יתקרב מן אלין |
| 455 | ותתי | Lv15:29 | תרין גוזלין בני יוון | ותתי | יתהון לוות כהנא לתרע משכן |
| 456 | ומייתי | Dt32:35 | מעתדה להון ומזרז | ומייתי | פורענותה עליהון לעלמה |
| 457 | לאיתיא | Nu10:29M | איתמר מן יומי עלמה | לאיתיא | טבתה על ישראל |
| 458 | למ׳ | Ex35:29M | /<די> יתרברב לבהון | למ׳#2#/ | לכל עבידתה/עיב׳#2/ די |
| 459 | למייתה | Ex36:05 | למשה למימר מסגין עמא | למייתה | כמסת פלחנא לעבידתה די פקד |
| 460 | למייתי | Ex32:12M | על בישתא די אמרת | למיתי/למייתי | יתה#2#/ על עמך: |
| 461 | למייתיה | Ex32:14 | ייי על בישתא די אמר | למייתיה | על עמא: |
| 462 | | Dt29:26 | דייי בארעא ההיא | למייתיה | עלה ית כל לווטיה דכתיבין |
| 463 | | Lv14:32 | צרעה די לא ארעת ידה | למייתיה | קרבן ביום דכותיה: |
| 464 | למייתייה | Gn27:05 | ארעא למצוד צידה | למייתיי«ה»: | |
| 465 | | Ex36:06M | עמא \מן | למיתה/^מלמיתי#2#/^למייתייה#2#/: | |
| 466 | | Lv12:08 | ואין לא תרע ידיה כמסת | למייתיה | אמר ותסב תרין שפנינין או |
| 467 | | Ex35:29 | דנדב לבהון יתהון | למייתיה | לכל עבידתה די פקד ייי |
| 468 | | Gn18:19M | מן בגלל די | ייתי/למייתייה#2#/ | ממריה דייי על |
| 469 | | Dt32:23 | אמרת במימרי | למייתייה | עליהון בישן גירי מחוות |
| 470 | למיתה | Ex36:06 | ואתכלון עמא מן | למיתה: | |
| 471 | למיתי | Ex32:12 | קדמך על בישתא די אמרת | למיתי | על עמך: |
| 472 | למיתיה | Lv 5:07 | ואין לא תארע ידיה כמסת | למיתיה | אמר וייתי ית אשמיה |
| 473 | | Nu10:29 | ארום ייי במימריה אמר | למיתיה | טבה ונחמן על ישראל: |
| 474 | למייתיה | Gn49:18 | סכיינת נפשי דאמרת | למיתיה | לעמך בית ישראל לך |
| 475 | מלמיתי | Ex36:06M | עמא \מן | למיתה/^מלמיתי#2#/^למייתייה#2#/: | |

## אתייקרו (v.)n. becoming burdensome [81]

|  |  |  |  |  |  |
|---|---|---|---|---|---|
| 001 | באתיקרותי s em/sf | Ex14:18 | מצרי ארום אנה ייי | באתיקרותי | בפרעה בארתכוי ובפרשוי: |

## אתכנשו (v.)n. gathering together [81]

|  |  |  |  |  |  |
|---|---|---|---|---|---|
| 001 | באתכנשות s em/sf | Nu17:07 | והוה | באתכנשות | עם כנישתה על משה ועל |

## אתמל adv. yesterday [81]

|  |  |  |  |  |  |
|---|---|---|---|---|---|
| 001 | אתמול | Ex 5:14 | ולא היך דקדמוי לחוד | אתמול | ולחוד יומא הדין: |
| 002 | דאיתמול | Ex 5:08M | עבדין היך | דאיתמל/<דאית>מול#2#/ | והיך דקדמוי תשוון |
| 003 | | Ex 5:07M | לבנין לא היך | דאיתמל/<דאית>מול#2#/ | ולא היך דקדמוי |
| 004 | דאיתמל | Ex 5:08 | דאינון עבדין היך | דאיתמל | והיך דקדמוי תשוון עליהון |
| 005 | | Ex 5:07 | למלבן לבנין לא היך | דאיתמל | ולא היך דקדמוי אינון |
| 006 | דאתמול | Ex 4:10 | מרי ממלל אנה לא מן | דאתמול | ולא מן דקדמוי לחוד מן |
| 007 | | Dt19:04 | לא הוה סני יתיה לא מן | דאתמול | ולא מן דקדמוי: |
| 008 | דאתמל | Gn31:02 | שיפין לקבליה לא הך | דאתמל | ולא היך דקדמוי: |
| 009 | | Gn31:05 | שפין לקבלי לא היך | דאתמל | ולא היך דקדמוי ומימר אלהה |
| 010 | | Ex 5:14 | למלבן לא היך | דאתמ«ל» | ולא היך דקדמוי לחוד |
| 011 | | Dt 4:42 | לא הוה סני יתיה לא מן | דאתמל | ולא מן דקדמוי ויערק לחדה |
| 012 | | Dt19:06 | הוה סני יתיה לא מן | דאתמל | ולא מן דקדמוי: |
| 013 | | Ex21:29 | ואין תור נגשן הוא מן | דאתמל | ומן דקדמוי ויתאסהד במרוי |
| 014 | | Ex21:36 | ארום תור נגשן הוא מן | דאתמל | ומן דקדמוי ולא ינטר יתה |
| 015 | מאתמול | Ex 4:10M | ממלל אנה לא מן | דאתמול/מאתמול#2#/ | ולא מן דקדמוי |

## אתן n. she-ass [81]

|  |  |  |  |  |  |
|---|---|---|---|---|---|
| 001 | אתנא s em/sf | Nu22:30M | הלא אנא היא | אתנ[א] | די רכ׳ |
| 002 | אתנה | Nu22:27M | בלעם ומחת ית | אתנתה/אתנה#2#/ | בחוטרה: |
| 003 | | Nu22:33M | וחמת יתי | אתנתה/אתנה#2#/ | וסטת קדמיי |
| 004 | | Nu22:22M | לה והוא רכיב על | אתנתיה/אתנה#2#/ | ותרין עולימוי עמיה: |
| 005 | | Nu22:25M | וחמת | אתנתה/אתנה#2#/ | ית מלאכה דייי ואדחקת |
| 006 | | Nu22:30M | ואמרת | אתנתה/אתנה#2#/ | לבלעם להן את אזל |
| 007 | | Nu22:23M | ית \אתנתה למכוונה | /אתנה | למסטי#2#/ יתה באורחא: |
| 008 | | Nu22:23M | בי(ה){ד<יה וסטת | אתנתה/אתנה#2#/ | מן ארחה והלכת באפי |
| 009 | אתנך | Nu22:32M | מה מחית ית | אתנתך/<את>נך#2#/ | דנה תלתא זמנין הא |

## אתנה n. she-ass [81]

|  |  |  |  |  |  |
|---|---|---|---|---|---|
| 001 | אתנתה s em/sf | Nu22:27 | לה תחות בלעם ומחת ית | אתנתה | בחוטרה: |
| 002 | | Nu22:30 | דגבריה האליין לית הדא | אתנתה | דידי שאלה היא הלא אנה |
| 003 | | Nu22:21 | וקם בלעם בצפרא ושוי ית | אתנתה | ואזל עם רברבני מואביי: |
| 004 | | Nu22:33 | וחמת יתי | אתנתה | וסטת קדמיי דנה תלתה זמנין |
| 005 | | Nu22:23 | וחמת | אתנתה | ית מלאכה דייי מעתד בארחה |
| 006 | | Nu22:25 | וחמת | אתנתה | ית מלאכה דייי ואדחקת |
| 007 | | Nu22:27 | וחמת | אתנתה | ית מלאכה דייי ורבעת לה |
| 008 | | Nu22:30 | ואמרת | אתנתה | לבלעם להן את אזל בלעם |
| 009 | | Nu22:23 | ברא ומחת בלעם ית | אתנתה | למכוונה יתה באורחא: |
| 010 | | Nu22:23 | שליפה בי(ה){ד<יה וסטת | אתנתה | מן ארחה והלכת באפי ברא |
| 011 | אתנתיה | Nu22:22 | למסטן לה והוא רכיב על | אתנתיה | ותרין עולימוי עמיה: |
| 012 | אתנתך | Nu22:30 | דידי שאלה היא הלא אנה | אתנתך | די רכבת עליי מן טליותך עד |
| 013 | | Nu22:32 | דייי על מה מחית ית | אתנתך | דנה תלתא זמנין הא אנה |
| 014 | דאתנתה | Nu22:28 | ופתח ייי פמה | דאתנתה | ואמר לבלעם מה עבדת לך |
| 015 | לאתנתה | Nu22:29 | ואמר בלעם | לאתנתה | ארום שקרת בי אילו הווה |
| 016 | אתנין p abs | Gn45:23 | מן טובא דמצרים ועשר | אתנין | טעונין עבור ולחם ומזון |
| 017 | | Gn32:16 | ותורין דכרין עשרה | אתנין | עשרין ולוודקין עשרה: |
| 018 | ואתנין | Gn12:16 | וחמרין ועבדין ואמהן | ואתנין | וגמלין: |

## אתפגשו (v.)n. meeting together [81]

|  |  |  |  |  |  |
|---|---|---|---|---|---|
| 001 | באתפגשותא s em/sf | Gn32:26 | כף ירכיה דיעקב | באתפגשותא | עמה: |

## אתר n. place [81]

|  |  |  |  |  |  |
|---|---|---|---|---|---|
| 001 | אתר s ab/cn | Lv14:28 | אליון רגליה דימינה על | אתר | אדמה דאשמה: |
| 002 | | Nu18:31 | ותיכלון יתיה בכל | אתר | אתון ואינשי בתיכון ארום |
| 003 | | Ex12:20 | כל אחמע לא תאכלון בכל | אתר | בית מדוריכון תיכלון |
| 004 | | Ex35:03 | לא תבערון אשא בכל | אתר | בית מדוריכון ביום שבתא: |
| 005 | | Lv 3:17 | קיים עלם לדריכון בכל | אתר | בית מדוריכון כל תרבה וכל |
| 006 | | Lv 7:26 | וכל דם לא תאכלון בכל | אתר | בית מדוריכון בעופא |
| 007 | | Lv23:14 | קיים עלם לדריכון בכל | אתר | בית מדוריכון: |

008 Lv23:17 מן אתר בית מדוריכון תייתון לחם
009 Lv23:21 לא תעבדון קים דלעלם בכל אתר בית מדוריכון לדריכון:
010 Lv23:31 קיים דעלם לדריכון בכל אתר בית מדוריכון:
011 Nu35:29 לקיים דדין לדריכון בכל אתר בית מדוריכון:
012 Gn28:17M לית דין אתר חול אילהן אתר בית מקדשא דייי ודין היכלא
013 Gn13:10M משריה דיורדנה והא כלה אתר בית משקוי קדם עד לא יחבל
014 Gn46:28 לוות יוסף למתקנה ליה אתר בית משרוי בגשנה ועלו
015 Lv25:29 וגבר ארום יזבן אתר בית משרוי קריה מקפה שור
016 Nu10:33 תלתה יומין למתקנה להון אתר בית משרוי:
017 Gn 3:09 ואת חשב דלא גלי קדמי אתר דאת בגויה אן היא מצוותה
018 Ex20:24M "אתרא ... יתכון": אתר דאת קאים לצלוי' בשמי
019 Nu10:31 נסיא דעבד ייי עמן בכל אתר {דחזינן} <דהוינן> שרין
020 Gn20:13 חסדיך די תעבדון עמי לכל אתר די נעול לתמן אמרי כען עלי
021 Dt12:13 עלוותכון בכל היידין אתר די תשכחון:
022 Gn25:21M בטור פולחנא אתר דכפתיה תמן אבוי על עסקי
023 Nu32:01M דגלעדה וה{ו}א אתרא אתר דנכסין הוא#2#/:
024 Dt11:24 כל אתר דתדרס כף רגליכון בה לכון
025 Gn28:17 הדין «לית אתרא הדין» אתר הדיוט ארום אתר מזומן
026 Gn28:17M בשמייא ולית דין אתרה אתר הדיוט ברם אלאהן אתר מזמן
027 Gn28:17M "לית אתרא ...": לית דין אתר חול אילהן אתר בית מקדשא
028 Gn24:25 תבן אף כסה סגין עמן ואף אתר למבתה:
029 Gn24:23 האית בביתה ^דאבוך#2#^ אתר לנ{ון}<א> למבתה:
030 Dt 1:33 בארחא למתקנה לכון אתר לשרוייכון בעמודה דאשתה
031 Gn13:04 עד אתר מדבחה די בנה תמן בקדמיתא
032 Lv23:03 ונייח הוא קדם ייי בכל אתר מד«ו»ריכון:
033 Ex15:17 יתהון בטור בית אחסנותך אתר מוזמן בית שכינה לך אתקנת
034 Gn28:17 הדין» אתר הדיוט ארום אתר מזומן מן קדם ייי והדן תרעא
035 Dt33:21 וחמא מן שירויה ארום אתר מזומן הוא לבית קבורה ליה
036 Gn28:17M אתר הדיוט ברם אלאהן אתר מזמן לבית צלו הוא והדן
037 Ex33:21 ואמר ייי הא אתר מזומן לוותי ותתעתד על טנרא:
038 Gn23:16 סלעין דכסף עברין בכל אתר מתקבלין בכל פרקמטיא:
039 Lv13:33M לני{ק}ת<ק>א וית ∧אתר#2#/ ניתקא לא יספר ויטרוד
040 Ex 3:05 אתרא די את קאים עלוי אתר קדיש הוא:
041 Ex21:13 על ידוי ואשווי לכון אתר קרי שיזבה די יערק לתמן:
042 Nu20:05 יתן לאתרה בישה הדין לא אתר שפר לבית זרע ולא <ל>מצב
043 Nu21:08 חיוי דנחש ושוי יתי אל אתר תלי:
044 Nu21:09M חוי דנחש ויהב יתה על אתר תלי#2#/ והוה אין נכ«י»ת
045 באת' Lv 6:20 וית די ידי עלוי תחוור באת' קדיש:
046 באתר Lv 1:16 סמיך למדבחה מן מדנחה באתר בית שפיכות קטמא:
047 Lv 1:16 סמיך למדבחה מן מדנחה באתר בית שפיכות קטמא:
048 Nu22:26 דייי למעבר וקם ליה באתר דחיק די לא הווה תמן אורח
049 Lv14:13 ויכוס ית אמרה באתר די יכוס ית חטאתה וית עלתה
050 Lv10:14 שקה דאפרשות' תאכלון באתר דכי את ובניך ובנתך עמך
051 Nu19:09 יתה לבר מן משריתה באתר דכי ותיהוי לכנישתה דבני
052 Ex29:31 תסב ות{ת}בשל ית בישרא באתר קדיש:
053 Lv 7:06 בכהניא ייכול יתיה באתר קדיש יתאכל קודש קדשין הוא:
054 Lv10:13 ותיכלון יתה באתר קדיש ארום חולקך וחולקהון
055 Lv10:17 הא לא אכלתון ית חטאתה באתר קדיש ארום קודש קדשין היא
056 Lv14:13 יכוס ית חטאתה וית עלתה באתר קדיש ארום כחטאתה אשמה הוא
057 Lv16:24 ויסחי ית בשרה במיא באתר קדיש וילבש ית לבושוי ויפוק
058 Lv24:09 ולבנוי ויאכלון יתה באתר קדיש ארום קדש קדשין הוא לה
059 בתר Lv10:14M דאפרשות' תאכלון באתר/בתר#2#/ דכי את ובניך ובנתך
060 Lv 6:09 ובנוי פטירין תתאכל בתר קדיש בדרת משכן ז«י»מנא
061 Lv 6:19 דמרבי יתה ייכול יתה בתר קדיש תתאכל בדרת משכן

062 ואתר Gn24:31 ביתה מן פלחנא נכראה ואתר לגמליא:
063 Dt23:13 ואתר מזמן יהווי לכון לבר מן
064 לאת' Lv14:41 די יקלפון לבר מן קרתה לאת' מסאב:
065 לאתר Gn13:07M \מטין לבית/אתיין לאתר#2#/
066 Nu23:13 ליה בלק אתא כען עמי לאתר אוחרן די תחמי יתהון מן תמן
067 Nu23:27 אתה כען אדבר יתך לאתר אחרן מה דילמה דיהווי רעווה
068 Lv 4:12 לבר מן משריתה לאתר דכי לאתר בית שפיכות קיטמא ויוקד
069 Lv 4:12 כל תורא לבר מן משריתה לאתר דכי לאתר בית שפיכות קיטמא
070 Lv 6:04 ית קטמה לבר מן משריתה לאתר דכי:
071 Gn 1:09 מיא מן תחות שמיא לאתר חד ותתחמי יבשתא והוה כן
072 Gn13:04M אתר מדבחה די בנה תמן /לאתר מדבחה די צלי תמן#2#/
073 Lv14:40 יתהון לבר מן קרתה לאתר מסאב:
074 Lv14:40M באונס' וטלומא יתרמון לאתר מסאב
075 Lv14:45 ויפק לבר מן קרתה לאתר מסאב:
076 תר Nu21:08M ושוי יתי \אל אתר /על תר#2#/ תלי ∧והוי כל דמתנוכת מן
077 אתרא s em/sf Nu32:01M ארעא דגלעדה וה{ו}א אתרא אתר דנכסין הוא#2#/:
078 Gn13:14 טול כען עיניך וחמי מן אתרא דאת תמן לצפונה ולדרומה
079 Gn 3:09M דלית גלי קודמ{ו}<י>' אתרא די את בגווה היך אינון
080 Gn13:03 מן דרומא עד ביתאל עד אתרא די פרס תמן משכניה בקדמיתא
081 Gn40:03 אספקלטוריה בבית חבושיה אתרא די יוסף חביש תמן:
082 Ex 3:05 מסניך מעלוי רגליך ארום אתרא די את קאים עלוי אתר קדיש
083 Ex20:24 עניכון וית תוריכון בכל אתרא די תדכרון ית שמי בצלו
084 Dt12:11 ויהווי אתרא די יתרעי ייי אלהכון ביה
085 Dt18:06 מן כל ישראל מן אתרא די איתותב לתמן וייתי בכל
086 Gn19:13 ארום מחבלין אנן ית א{רת}<תר>א הדין ארום סגת קבלתהון
087 Gn19:14 ואמר קומו פוקו מן א{רת}<תר>א הדין ארום מחבל ייי ית
088 Gn28:17 ודחל ואמר מה דחיל הוא אתרא הדין «לית אתרא הדין» אתר
089 Gn28:17 הוא אתרא הדין «לית אתרא הדין» אתר הדיוט ארום אתר
090 Dt17:10 פתגמא די יתנון לכון מן אתרא ההוא די יתרעי ממריה דייי
091 Gn28:11M ארב' אבנין מן אבני אתרא קדישא ההוא ושוינון
092 אתרה Gn19:12 לך בקרתא אפק מן א{רת}<תר>ה:
093 Gn12:06 ועבר אברם עד אתרה שכם ועד משריה חזווה
094 Gn28:17M די בשמייא ולית דין אתרה אתר הדיוט ברם אלאהן אתר
095 Dt12:02M ית#2#/ ית כל אתריה/<את>רה#2#/ די פלחו תמן אומיה
096 Dt12:21 ארום יירחוק מנכון אתרה די יתרעי ייי אלהכון
097 Dt14:24 תניינה ארום ירחק מנכון אתרה די יתרעי ייי אלהכון
098 Dt 1:31 די הלכתון עד מיעלכון עד אתרה הדין:
099 Dt11:05 במדברה עד מעלכון עד אתרה הדין:
100 Dt12:03 ותסיפון ית שמהן מן אתרה ההוא:
101 Gn22:04 ית עיינוי וחמה ית אתרה מן רחיק:
102 Dt 9:07 דמצרים עד מיעלכון עד אתרה מסרבין הוויתון קדם ייי:
103 Nu32:01 וית ארע גלעד והא אתרה שפר לבית מרעי:
104 אתריה Ex16:29 באתריה לא יפוק גבר מן אתריה ביומא שביעיא:
105 Ex10:23 ית אחוי ולא קמו גבר מן אתריה תלתא יומין ולכל בני
106 בא' Dt26:02M בסלה ותזלון לאתרא/בא'#2#/ די יתרעי ייי אלהכון
107 באתרא Gn21:17 ייי בקל צלותיה דטליא באתרא דהוא ביה:
108 Gn39:20 ושוי יתיה בבית חבושי' באתרא דחבישוי דמלכא חבושין והוה
109 Gn35:13 שכינתה דייי מעילוי באתרא די מלל עמיה:
110 Ex23:20 בארעא לאעלא יתכו«ן» באתרא די אתקנת:
111 Dt12:14 ארום אלהן באתרא די יתרעי ממרא דייי בחר מן
112 Dt16:11 וארמלתה די ביניכון באתרא די יתרעי ייי אלהכון
113 Dt16:16 כל עלמיא ייי אלהכון באתרא די יתרעי בחגה דפטירייה
114 Dt23:17 עמכון ישרי ביניכון באתרא די יתרעי בחדה מן קרייכון
115 Lv 7:02 באתרא דתכסון ית עלתא תכסון ית

|  |  |  |  |  |  |
|---|---|---|---|---|---|
| 116 | | Gn20:11 | לית דחלתה דייי יהיבה | באתרא | הדין וקטלין יתי על עסק |
| 117 | | Gn28:11 | אסדי ראשה ודמך לה | באתרא | ההוא: |
| 118 | | Gn28:11M | ויהון לעם חד ושכיב | באתרא | ההוא |
| 119 | | Gn28:11 | וצלי | באתרא | ובת תמן ארום טמעת ליה |
| 120 | | Lv13:19M | ויהוי | בתר/באתרא#2#/ | שיחנא שומא חוורה |
| 121 | באתרה | Lv 4:24 | ויכוס י{ד}<ת>יה | באתרה | די יכוס ית עלתה קדם ייי |
| 122 | | Lv 4:33 | ויכוס יתה לחטאתה | באתרה | די יכוס ית עלתה: |
| 123 | | Lv 6:18 | גזירת אוריתה דחטאתה | באתרה | די תת{כ}נ<כ>ס עלתא |
| 124 | | Lv14:13M | ויכוס ית אמרה | באתר/באתרה#2#/ | די יכוס ית חטאתה וית |
| 125 | | Dt12:18 | אלהכון תיכלון יתיה | באתרה | די יתרעי ייי אלהכון בה |
| 126 | | Dt14:23 | ותאכלון קדם ייי אלהכון | באתרה | די יתרעי למשרי יקר |
| 127 | | Dt15:20 | תיכלון יתיה שתה בשתה | באתרה | די יתרעי ייי אלהכון אתון |
| 128 | | Dt16:02 | ייי אלהכון ען ותורין | באתרה | די יתרעי ייי למשריה איקר |
| 129 | | Dt16:07 | ותבשלון ותיכלון | באתרה | די יתרעי ייי אלהכון ביה |
| 130 | | Dt16:15 | תחגון קדם ייי אלהכון | באתרה | די יתרעי ייי ארום יברך |
| 131 | | Dt31:11 | קדם ייי אלהכון | באתרה | די יתרעי תקרא ית אורייתה |
| 132 | | Lv 4:29 | דחטאתא ויכוס ית חטאתא | באתרה | דעלתה: |
| 133 | | Gn28:16 | איקר שכינה דייי דשריה | באתרה | הדין ואנה לית אנה ידע: |
| 134 | | Lv13:23 | ואין | באתרה | תיקום בהקיתה לא הלכת שומה |
| 135 | | Lv13:28 | ואם | באתרה | תקום בהקיתה לא הלכת במשכה |
| 136 | באתרהון | Dt 2:23 | שיצון יתהון ושרון | באתרהון: | |
| 137 | באתריה | Ex16:29 | לחם בכפלא שרון גבר | באתריה | לא יפוק גבר מן אתריה |
| 138 | באתרן | Gn29:26M | למיתן /מתעבד כן | באתרן | למ'#2#/ זעירתא קדמיי |
| 139 | דאתרא | Gn33:17 | בגין כדין קרא שמה | דאתרא | סכות: |
| 140 | | Gn38:22 | אשכחית יתה ולחוד עמה | דאתרא | אמרו לית הכא אתה נפקת בר: |
| 141 | | Gn35:15 | וקרא יעקב ית שמה | דאתרא | די מלל עמיה תמן ייי |
| 142 | | Dt18:09 | תלפון למעבד כמרחקתהון | דאתרא | «ה»אינון: |
| 143 | | Gn28:19 | וקרא ית שמה | דאתרא | ההוא ביתאל וברם לוז הוה |
| 144 | | Gn32:03 | בגין כן קרא שמיה | דאתרא | ההוא מחנים: |
| 145 | | Gn32:31 | וקרא יעקב שמה | דאתרא | ^ההוא#2#^ פניאל ארום |
| 146 | | Gn29:22 | וכנש לבן ית כל עמה | דאתרא | ועבד שירו ענה לבן ואמר |
| 147 | | Gn28:11 | תמן ונסב מן אבנוי | דאתרא | ושוי תחות אסדי ראשה ודמך |
| 148 | | Gn38:21 | ושאל ית עמא | דאתרא | למימר אן היא נפקת ברה |
| 149 | | Gn18:24 | את שרי ושבק לחובין | דאתרא | מן בגלל חמישיתי זכיי די |
| 150 | | Ex17:07 | וקרא שמה | דאתרא | נסיינה ודיינוותיה על |
| 151 | | Gn26:07 | ושאלון עמא | דאתרא | על אתתיה ואמרו אחתי היא |
| 152 | דאתרה | Nu21:03 | וית קריהון וקרון שמה | דאתרה | חרמה: |
| 153 | | Gn18:26 | ואשבוק לכל חייבוי | דאתרה | בגללהון: |
| 154 | | Gn21:31 | על כן קרא שמה | דאתרה | ההוא באר שבע ארום תמן |
| 155 | | Nu11:03 | וקרא משה שמה | דאתרה | ההוא בית יקידתה ארום תמן |
| 156 | | Nu11:34 | וקרא שמה | דאתרה | ההוא קברי שאלתה ארום תמן |
| 157 | ואתרא | Gn24:31M | ומן שפיכות דם זכאי | ואתרא | אתקינת לגמליא |
| 158 | ובאתרה | Nu 9:17 | כדן יטלון בני ישראל | ובאתרה | די ישרי תמן משכנה תמן |
| 159 | לא' | Nu22:34M | אין בעש קודמיך אחזור | לא' | |
| 160 | | Dt 1:31M | עד מיעלכון \עד | אתרה/לא'#2#/ | הדין: |
| 161 | לאת' | Dt 9:07M | עד מיעלכון עד | אתרה/לאת'#2#/ | מסרבין הויתון קדם |
| 162 | לאתר' | Dt12:26M | /תיסבלון ותיעלון | לאתר'#2#/ | די יתרעי/איתרעי#2#/ |
| 163 | לאתרא | Gn35:07 | ובנה תמן מדבח וקרא | לאתרא | דאתגלי עלוי תמן {«ייי»} |
| 164 | | Gn22:03 | קיסין לעלה וקם ואזל | לאתרא | די אמר לה ייי: |
| 165 | | Ex32:34 | אזל דבר ית עמא | לאתרא | די מללת לך הא מלאכי ידבר |
| 166 | | Nu14:40 | למימר הא אנן ניסוק | לאתרא | די אמר ייי ארום חטינן: |
| 167 | | Nu20:12 | תיעלון ית קהלה הדין | לאתרא | די יהבית להון: |
| 168 | | Dt16:06 | אלהן | לאתרא | די יתרעי ייי אלהכון |
| 169 | | Dt18:06 | בכל תוחמדת נפשיה | לאתרא | די יתרעי ייי: |
| 170 | | Dt26:02 | ותשוון בסלה ותזלון | לאתרא | די יתרעי ייי אלהכון |
| 171 | | Gn19:27 | ואקדם אברהם בצפרא | לאתרא | דקם וצלי תמן קדם ייי: |
| 172 | לאתרה | Gn29:03 | ית אבנא על פמה בבארה | לאתרה: | |
| 173 | | Nu20:05 | מן מצרים למיעל יתן | לאתרה | בישה הדין לא אתר שפר |
| 174 | | Gn22:09 | ואתון | לאתרה | די אמר ליה ייי ובנה תמן |
| 175 | | Nu10:29 | חמוי דמשה נטלין אנן | לאתרה | די אמר ייי יתה אתן לכון |
| 176 | | Dt12:26 | תטענון ותייתון | לאתרה | די יתרעי ייי: |
| 177 | | Dt14:25 | כספא בידיכון ותיזלון | לאתרה | די יתרעי ייי אלהכון בה: |
| 178 | | Dt17:08 | ותקומון ותסקון | לאתרה | די יתרעי ייי אלהכון ביה: |
| 179 | | Dt29:06 | ואתיתון | לאתרה | הדין ונפק סיחון מלכא |
| 180 | | Nu13:24 | | לאתרה | ההוא קרא נחל סגולה על עסק |
| 181 | | Dt 3:13 | תרכונה לכל בותנין | לאתרה | ההוא יתקרי ארעהון |
| 182 | | Nu24:25 | וקם בלעם ואזל וחזר | לאתרה | ואף בלק חזר לאתריה ואקים |
| 183 | לאתרהון | Gn49:19 | ארעא ובתר כדן יחזרון | לאתרהון | בנכסין סגיין: |
| 184 | לאתרי | Gn30:25 | שלח יתי כען ואזיל | לאתרי{ה}{} | לארעי{ה}{}: |
| 185 | לאתריה | Gn18:33 | אברהם ואברהם חזר | לאתריה: | |
| 186 | | Gn32:01 | יתהון ואזל וחזר לבן | לאתריה: | |
| 187 | | Nu22:34 | אין ביש באפך אחזור | לאתריה: | |
| 188 | | Nu24:25 | לאתרה ואף בלק חזר | לאתריה | ואקים בנתיה על פרה רבה: |
| 189 | | Gn40:21M | ית רב מזוגיה | לשמושה/לאתריה#2#/ | ושוי כסא בכף ידא |
| 190 | | Nu 2:17 | כדן הוון נטלין גבר | לאתריה | לטכסיהון: |
| 191 | לאתרך | Nu24:11 | וכדון איזל לך | לאתרך | אמרת מוקרא איקר והא מנע |
| 192 | אתריין p abs | Ex25:27M | יהוון עזקתיה | לאתרין/אתריין#2#/ | לאריחי למטען ית |
| 193 | אתרין | Ex36:34 | וית עזקיהון עבד דהב | אתרין | לאריחי' וחפי ית נגריה |
| 194 | | Ex37:14 | לקבל גפופא הוויין עזקי | אתרין | לאריחיה למטען ית פתורה: |
| 195 | | Ex38:05 | זויתה לקנקילה דנחשה | אתרין | לאריחיה: |
| 196 | | Ex26:29 | וית עזקיהון תעבד דהב | אתרין | לנגריה ותחפי{ה} ית נגריה |
| 197 | לאתרין | Ex25:27 | גיפופיה יהוון עזקתיה | לאתרין | לאריחי למטען ית פתורא: |
| 198 | | Ex30:04 | על תרין סטרוי יהווי | לאתרין | לאריחיה למטען יתיה בהון: |
| 199 | | Ex37:27 | זויתה על תרין סטרוי | לאתרין | לאריחיה למטען יתיה בהון: |
| 200 | אתריהון p em/sf | Nu12:16 | זייעין ולא נטלין מן | אתריהון | עד זמן דאתסיאת מרים |
| 201 | אתרייה | Dt12:02 | מיספה תסייפון ית כל | אתרייה | די פלחו תמן אומייה די |
| 202 | באתריהון | Dt 2:21 | וירתו יתהון ושרון | באתריהון: | |
| 203 | | Dt 2:12 | מן קדמיהון ושרון | באתריהון | היך מה די עבדו ישראל |
| 204 | | Dt 2:22 | יתהון ושרון | באתריהון | עד זמן יומא הדין: |
| 205 | לאתרוי | Ex14:27M | ימא לעדוני צפרא | לתקפה/לאתרוי#2#/ | ומצריי ערקון |
| 206 | לאתריהון | Gn36:40 | דעשו לזרעיתהון | לאתריהון | בשמתיהון רבה תמנע רבה |
| 207 | | Nu32:17 | עד זמן די נעל יתהון | לאתריהון | וישרון טפלינן בקריין |
| 208 | | Ex18:23 | כל עמא האלין | לאתריהון | יעלון בשלם: |
| 209 | | Nu21:15 | אתפרשו ואזלו להון | לאתריהון | לחוות קרתה די לא הוות |

# ב

[83]

**בה**

|  |  | | | |
|---|---|---|---|---|
| 001 | Gn21:23 | עמי ועם ארעא די אתותבת | בה: | |
| 002 | Gn28:12 | סלקין ונחתין ומסתכלין | בה: | |
| 003 | Gn34:10M | יתה /ואיתחסנו | בה#2#/: | |
| 004 | Ex 6:04 | תותבותיהון די אתותבו | בה: | |
| 005 | Ex 8:17 | וית ארעא די אנון שריין | בה: | |
| 006 | Ex29:29M | לבנוי מן בתרה למרביה | בה | |
| 007 | Lv 5:26 | כל מה די יעבד למתחייבה | בה: | |
| 008 | Lv15:32 | תשמיש דזרע למסתאבה | בה: | |
| 009 | Lv18:20 | תתן שמושך לזרע למסתאבה | בה: | |
| 010 | Lv21:04M | /דבעמכון למפסה כליל | בה#2#/: | |
| 011 | Lv24:12M | /באלין דינין אתעבד | בה#2#/: | |
| 012 | Lv26:32 | בעלי דבביכון די שריין | בה: | |
| 013 | Nu 4:09M | די ישמשון יתיה | בהון/בה#2#/: | |
| 014 | Nu11:06 | <...> דעיינינן תליין | בה: | |
| 015 | Nu14:31 | ית ארעא די מאסתון | בה: | |
| 016 | Nu32:40M | בר מנשה ושרה | בגווה/בה#2#/: | |
| 017 | Nu33:55 | על ארעא די אתון שרין | בה: | |
| 018 | Dt10:14 | שמייא ארעא וכל מה דאית | בה: | |
| 019 | Dt14:25 | די יתרעי ייי אלהכון | בה: | |
| 020 | Dt22:12M | גדפי טליתא ד{ט}תתעטף | בה | |
| 021 | Dt25:13 | ומתקל זעיר למהווי יהב | בה: | |
| 022 | Dt25:14M | זעורה למיהווי מזבן | בה{ון} | |
| 023 | Dt25:14 | ומכלה זעירה למיהווי יהב | בה: | |
| 024 | Dt29:21 | וית בישיה די יגרי ייי | בה: | |
| 025 | Gn37:10 | לאבוי ולאחוי ו{ט}<נז>ף | בה | אבוי ואמר ליה מה חלמא הדין |
| 026 | Nu13:20 | פריה או אפתרין הא אית | בה | אילנין או לא ותתוקפון |
| 027 | Nu14:30 | ידי בשבועה למשריה יתכון | בה | אלהן כלב בר יפונה ויהושע |
| 028 | Lv22:08 | וקטילה לא ייכול למסתאבה | בה | אמר ייי: |
| 029 | Ex39:10 | ואשלימו | בה | ארבעה סדרין דאבן טבה סדרה |
| 030 | Nu35:33 | לא יכפר באדמה דיאשתפך | בה | ארום אלהין באדמה דמן דשפך |
| 031 | Nu35:33 | ית ארעא די אתון שרין | בה | ארום דמא הוא יחייב ית ארעא |
| 032 | Nu35:34M | בגווה /שר{ו}<י>יה | בה#2#/ | ארום אנא הוא ייי |
| 033 | Dt 8:09 | לחם לא תחסרון כל מן דעם | בה | ארע דאבניה שריין ובריירן היך |
| 034 | Dt 8:09M | תחסר כל מנדעם | בה | ארע די אבניה ברירין |
| 035 | Gn44:18 | דאת ימה מה משתבע{ימ} | בה | את משתבע אנה לך בחיי רישיה |
| 036 | Lv13:37 | קם נתקא ושער אוכם צמח | בה | אתאסי נתקא דכי הוא וידכי |
| 037 | Dt12:18 | די יתרעי ייי אלהכון | בה | אתון ובניכון ובנתכון |
| 038 | Nu12:14 | ייי למשה ואבוה נזפה נזף | בה | בדינה הוא תתכנע מן קדמוי |
| 039 | Gn 4:07 | דיצרה בישא ואת תהוי שלט | בה | בין לימזכי ובין למחטי: |
| 040 | Lv13:18 | ובשרא ארום יהוי | בה | במשכיה שחנה ויתאסי: |
| 041 | Ex18:11 | למרמא בניהון לנהר«א» | בה | בפתגמא יתפרע מנהון ייי |
| 042 | Lv25:43 | לא תשתעבד | בה | בקשיו ותדחלון מן אלהכון: |
| 043 | Lv25:46 | גבר באחוי לא תשתעבד | בה | בקשיו: |
| 044 | Lv25:53 | בשנה יהוי עמה לא ישתעבד | בה | בקשי{ן}<ו> קדמך: |
| 045 | Gn22:10 | אברהם לא הוה חמא יתהון | בה | בשעתא נפקת בת קול מן שמייא |
| 046 | Lv13:14 | וביומא די יתחזי | בה | בשר חי יסתאב: |
| 047 | Dt22:25 | ית רביתה דמארסה ויתקוף | בה | גברא וישמש עמא ~ותקטלון ית |
| 048 | Lv25:35 | ותמוט ידה עמך ותתקף | בה | גיור ותותב וייחי עמך: |
| 049 | Nu35:34 | ית ארעא די אתון שרין | בה | דאיקר שכינתי שריה בגווה |
| 050 | Lv19:18 | תמנע זכותה דחבר׳ כד תדע | בה | דאית לה זכו בדינה ולא תתחשד |
| 051 | Dt21:03 | ברת תורין די לא אתפלח | בה | די לא סלק עליה שעבוד דניר: |
| 052 | Nu35:23 | או בכל אבן די ימות | בה | דלא חמה יתיה ואפל עלוי ומית |
| 053 | Nu13:19 | ומה ארעא דאינון שריין | בה | הא טבה היא או בישה ומה |
| 054 | Gn 2:03 | שביעיא וקד׳ יתיה ארום | בה | הוא שבה שבה וניח קדמוהי מן |
| 055 | Gn34:10 | תהוי קדמיכון שרון ואתגרו | בה | ואחסנו יתה: |
| 056 | Gn27:12 | אבא ונהוי באפוי כמגחך | בה | ואייתי עלי לווטן ולא ברכן: |
| 057 | Gn34:21 | עמן וישרון בארעא ויתגרון | בה | וארעא הא פתיא היא בתחומה |
| 058 | Gn34:10M | קדמיכון שרון/תיבו | בה#2#/ | ואתגרו בה ואחסנו יתה |
| 059 | Lv18:23 | לא תתן תשמישך למסתאב׳ | בה | ואתה לא תקום קדם בעיר |
| 060 | Dt 1:33 | יתכון בארחא די תהלכון | בה | ובעמודה דעננה באיממה: |
| 061 | Gn28:12M | \למחמי יתה /למסתכלה | בה#2#/ | והא מלאכין מן קדם ייי |
| 062 | Nu 5:13 | והיא דאסתאבת וסהד דלית | בה | והיא לה אתפשת: |
| 063 | Dt24:07 | מן בני <ישראל> ויתג{ב}ר | בה | ויזבן יתיה ויתקטל גנבה ההוא |
| 064 | Lv13:31 | משכה ושער אוכ{ס}<ם> לית | בה | ויסרוד כהנא ית «מכתשה» |
| 065 | Gn29:22M | היבו לי עצה מה נעבד | בה | וישרי גבן{ו}שב<ע> שנין |
| 066 | Lv 5:22M | /די אשכח יבידה וישקר | בה | וישת׳#2#/ על שקר על חדא מן |
| 067 | Lv 5:22 | או אשכח אביד׳ ויכפר | בה | וישתבע על שקר על חדא מן כל |
| 068 | Ex18:20 | ית ארחא די יהלכון | בה | וית פתגמא די יעבדון: |
| 069 | Dt 1:22 | פתגמא ית ארחא די נסוק | בה | וית קו{ח}<ר>יתה די נעול |
| 070 | Dt13:16 | יתה וית כל מה דאית | בה | וית בעירה לפתגם דחרב: |
| 071 | Gn38:14 | וכסיית ברדידה ואתעטפת | בה | ויתבת לה בפרשות אורחתה די |
| 072 | Lv 5:03 | לכל סאבתיה די יסתאב | בה | ויתכסי מנה והו׳ ידע |
| 073 | Gn28:20 | יתי באורחא די אנה מהלך | בה | ויתן לי לחם למיכל ולבוש |
| 074 | Ex 5:09 | עבידתא על גובריא ויעבדון | בה | ולא יתעסקון במלין דשקרין: |
| 075 | Lv21:23 | מדבחה לא יקרב ארום מומא· | בה | ולא יפס ית בית מקדשי ארום |
| 076 | Dt 1:36 | וליה אתן ית ארעא די דרס | בה | ולבנוי חלף די אשלם למימר טב |
| 077 | Nu21:01M | ארום מטון לאורחא די עלו | בה | ולילייה ונסדרא סדרי קרבה |
| 078 | Dt25:14M | מכלה רבה למיהווי זבן | בה | ומכלה זעורה למיהווי מזבן |
| 079 | Dt25:14 | מכלה רבה למיהווי נסב | בה | ומכלה זעירה למיהווי יהב בה: |
| 080 | Dt25:13 | זעיר מתקל רב למהווי נסב | בה | ומתקל זעיר למהווי יהב בה: |
| 081 | Gn 3:24 | היא אורייתא לכל מן דלעי | בה | ונטר פקודיה הוי חי וקיים |
| 082 | Gn42:38 | יתיה סקול באורחא תהלכון | בה | ותחתון ית שיבתי בדוי לשאול: |
| 083 | Dt21:11 | איתה שפירת חזוון ותתרעי | בה | ותיסב יתה לך לאיתה: |
| 084 | Dt13:06 | ייי אל«ה»כון למהלכה | בה | ותעב{ד}<ר>ון עבדי בישתה |
| 085 | Ex40:09M | וית כל מה דביה/דאית | בה#2#/ | ותקדש יתי׳ וכל מנוי |
| 086 | Gn47:27 | בארעא דגושן ואחסנו | בה | ותקפו וסגן לחדא: |
| 087 | Dt21:14 | ויהווי אין לא תתרעי | בה | ותשלח יתה ברשות נפשה ומזבנה |
| 088 | Dt 8:15M | בית חיווין/ארע דאית | בה | חוון#2#/ שרפין ועקרבין |
| 089 | Dt20:11M | בגווה יהווי /דמשתכחין | בה | יהוון#2#/ לכון למסקי |
| 090 | Lv15:23 | דהיא יתבה עלוי כד יקרוב | בה | יהוי מסאב עד רמשא: |
| 091 | Nu21:01 | ישראל ארחה די סליקו | בה | ילליה וסדרו קרבה עם ישראל |
| 092 | Lv15:19 | בריחוק נדתה וכל די יקרוב | בה | יסתא׳ עד רמשא: |
| 093 | Ex 2:03 | בחימרא ובזיפתא ושויית | בה | ית טליא ושויית יתיה באפרה |
| 094 | Ex 4:17 | הדין תיסב בידך די תעבד | בה | ית נסי פרישתא: |
| 095 | Ex17:05 | וחטרא די מחית | בה | ית נהרא תיסב בידך ותיזל: |
| 096 | Ex38:30 | <ועבד | בה> | ית חומרי תרע משכן זימנה |
| 097 | Lv19:18 | דמן תרין חורפוי למעקה | בה | ית חברך ולא תמנע זכותה |
| 098 | Lv21:21 | למקרבה לחם אלהיה מום | בה | ית לחם אלהיה לא יקרב |
| 099 | Lv23:27 | קדיש יהווי לכון ותצומון | בה | ית נפשתכון ותקרבון קרבנין |
| 100 | Lv23:32 | שבת שבתה היא לכון ותצימון | בה | ית נפשתכון בתשעה יומין |
| 101 | Nu 4:05 | ית פרכתה דפרסה ויכסון | בה | ית ארונה דסהדותא: |
| 102 | Lv 6:21 | ומן דחסף די תתבשל | בה | יתבר ואין במן דנחש אתבשל |
| 103 | Gn44:18M | דשכם דעלו בגווה וקטלה | בה | כל דכור׳ מן בגלל דסאיבו |
| 104 | Gn44:18 | דשכם דעלו בגווה וקטלו | בה | כל דכורא מן בגלל דסאיבו |
| 105 | Nu16:29M | /ממ{ותי}<יתו>תא דמייתין | בה | כל#2#/ בני אנשא ימותון |

|  |  | |  | |
|---|---|---|---|---|
| 106 | Dt29:19 | בגברא ההוא וידבקון | בה | כל לווטיה דכתיבין בספר |
| 107 | Dt29:22 | תזדרע ולא תצמח ולא יסק | בה | כל מן דעשב היך מה דאתהפכת |
| 108 | Lv25:39 | אחוך ויזדבן לך לא תשתעבד | בה | כנימוסי עבדייה: |
| 109 | Lv18:03M | דמצרים די שריתון | בגווה/בה#2/ | לא תעבדון וכיעובדי |
| 110 | Dt 8:09 | ארע די לא במסכנות תאכלון | בה | לחם לא תחסרון כל מן דעם בה |
| 111 | Dt11:24 | כל אתר דתדרס כף רגליכון | בה | לכון יהוי מן מדברה וטור |
| 112 | Nu13:32 | למימר ארעא די עברינן | בה | למיילה יתה ארע אכלה |
| 113 | Nu35:18M | ידה די\ימות בה/כמסת | בה | לממות#2/ מחה יתיה ומית |
| 114 | Nu19:02 | תורא סמוקה שלמה די לית | בה | מום די לא סלק עליה שעבוד |
| 115 | Nu35:18 | מלא ידה די ימות | בה | מחה יתיה ומית קטול הוא |
| 116 | Nu35:17 | ואן באבן מלא ידא די ימות | בה | מחת יתיה ומית קטול הוא |
| 117 | Nu35:17M | \ימות בה/כמסת לממות | בה#2/ | מחת יתיה ומית/וקטל |
| 118 | Nu 5:24 | מריריה מלווטיה וייעלו | בה | מיא מלוטיה לממרה לה: |
| 119 | Nu 5:27 | ותשקר שקר בבעלה וייעלון | בה | מיא מלווטיה לממררה לה |
| 120 | Nu 5:24M | \בדוקיה לבדק וייעלון | ב{י}ה | מיה בדוקיה לבדק#2/ לה: |
| 121 | Ex14:31M | תקוף אדרע גבורת' די עבד | בה | מימרי' דייי נסין במצרי' |
| 122 | Gn38:25 | במכלותא דאינש מיכל | בה | מיתכל ליה בין מכלותא טבא |
| 123 | Gn32:02 | ויעקב אזל לאורחיה וארעו | בה | מלאכין מן קדם ייי: |
| 124 | Dt11:12 | דייי אלהכון בה מסתכלין | בה | מן ראשה דשתה ועד סופה דשתה: |
| 125 | Dt11:12M | \מסתכלין בה/משוטטן | בה#2/ | מן ראשה דשתה ועד סופה |
| 126 | Dt 2:20M | /גברא#2/ שרון | בגווה/בה#2/ | מן לקדמין ועמוני' |
| 127 | Dt11:12 | עייני דייי אלהכון | בה | מסתכלין בה מן ראשה דשתה ועד |
| 128 | Ex23:15 | בזמן ירחא דאביבא ארום | בה | נפקתון פריקין ממצרים ולא |
| 129 | Gn 7:15 | תרין מן כל בשרא דאית | בה | נשמה דחיין: |
| 130 | Dt14:09M | במיא כל דאית | ליה/בה#2/ | \סנפירין וקשקשין/ציצין |
| 131 | Ex31:14 | יתקטל ארום כל מה די יעבד | בה | עבידה ותשתיצי נפשה ההיא מגו |
| 132 | Ex35:02 | שבתה קדם ייי כל די יעבד | בה | עבידה יתקטל: |
| 133 | Dt 7:20M | יגרי ייי אלהכון | בהון/בה#2/ | עד זמן די יסופון מה |
| 134 | Nu 5:08M | דכיפורייה די יכפר | ליה/בה#2/ | עלוי: |
| 135 | Dt24:01 | חן וחסד קדמוי ארום אשכח | בה | עריה דמלה ויכתב לה אגרת |
| 136 | Dt21:14M | \לא תתגר עלה/לא תעביד | בה | פרגמטייה#2/ חלף/בתר#2/ |
| 137 | Lv19:16M | אדמה דחברך בזמן דאת ידע | בה | קשיט בדינה כדין אמר ייי |
| 138 | Dt30:15M | וית מותה דמייתין | בה | רשיעיה וית בישותה דגיהינם |
| 139 | Lv13:21 | יחמי יתה כהנא והא לית | בה | שער חוור ומכיכה לית היא מן |
| 140 | Lv13:32 | לא הלך נ{ק}ת<ק>ה ולא הוה | בה | שער מצלהב וחזוה דניתקא לית |
| 141 | Gn24:21 | וגבר הוה שתי ומסתכל | בה | שתק למידע הא אן אצלח ייי |
| 142 | Lv22:06 | נפש די תקרב | בה | תיהווי מסאבה עד רמשה ולא |
| 143 (בהון) | Ex 9:02 | ועד כדון את מתוקף | בהון: | |
| 144 | Ex12:07 | בתי די יאכלון ית פיסחא | בהון: | |
| 145 | Ex12:07M | בהון/אכלין יתיה | בהון#2/: | |
| 146 | Ex25:14 | דארונא למטען ית ארונא | בהון: | |
| 147 | Ex30:04 | לאריחיה למטען יתיה | בהון: | |
| 148 | Ex37:27 | לאריחיה למטען יתיה | בהון: | |
| 149 | Lv 5:22 | מה די עבד ברנשא למיחטי | בהון: | |
| 150 | Lv 5:22M | בהון/למתחייבה | בהון#2/: | |
| 151 | Lv11:43M | כוותהון/יסתאבון | בהון#2/: | |
| 152 | Lv20:11 | תריהון חובת אדמהון | בהון: | |
| 153 | Lv20:12 | מרחקה עבדו חובת אדמהון | בהון: | |
| 154 | Lv20:13 | יתקטלון חובת אדמהון | בהון: | |
| 155 | Lv20:16 | יתקטלו' חובת אדמהון | בהון: | |
| 156 | Lv20:23 | עבדו ואעיק ממריה | בהון: | |
| 157 | Lv20:23M | /עבדו ואתעיקת נפשי | בהון#2/: | |
| 158 | Lv20:27 | יתהון חובת אדמיהון | בהון: | |
| 159 | Nu 3:48 | פרקונייה דאשתיירו | בהון: | |
| 160 | Nu 4:09 | שמושה די ישמשון יתיה | בהון: | |
| 161 | Nu20:13 | קדם ייי וקדש שמה | בהון: | |
| 162 | Nu32:38M | רברבנהא וגיברהא חקיקן | בהון | |
| 163 | Dt22:12 | גוליכון די תתעטפון | בהון: | |
| 164 | Dt25:13M | זעורין למיהווי מזבן | בהון | |
| 165 | Dt32:23 | מחוות פורענותי אגרה | בהון: | |
| 166 | Nu24:05 | בזכות משכניה דיתיב | בהון | ישראל אבוכון כמה טבן |
| 167 | Nu24:05 | ב{ית}<תי> מדרשייה דשמיש | בהון | ישראל אבוכון מה יאי הוא |
| 168 | Gn19:29 | הפך ית קרייתא די שרא | בהון | לוט: |
| 169 | Dt32:17 | כדון אתבריין דלא אתעסקו | בהון | אבהתכון: |
| 170 | Lv19:31 | דכורן לא תצבון למסתאבה | בהון | אמר ייי אלהכון: |
| 171 | Lv18:04 | דאורייתי תטרון למהלכה | בהון | אנה ייי אלהכון: |
| 172 | Ex14:28 | בתריהון בימא לא אשתייר | בהון | אף לא חד: |
| 173 | Ex35:09M | באפדא ובחשנה/למשקעה | בהון | אפודה וחשנה#2/: |
| 174 | Dt 2:19M | סדרי קרבה ארום | בהון/ | אר#2/ לא אתן מן ארעהון |
| 175 | Dt 7:25 | ותסבון לכון דלא תתקלון | בהון | ארום סני ומרחק קדם ייי |
| 176 | Lv10:01 | גבר מחתיתיה ויהבו | בהון | אשא ושוון עליהון קוטרא |
| 177 | Nu11:01 | ייי ותקף רוגזה ובערת | בהון | אשא מן קדם ייי ותכלת |
| 178 | Nu11:03 | ארום תמן בערת | בהון | אשא מן קדם ייי: |
| 179 | Nu16:07 | והבו | בהון | אשא ושוון עליהון קטרה קדם |
| 180 | Nu16:18M | מחתיתיה ויהבו | עליהון/בהון#2/ | אשא ושוו/ושוון#2/ |
| 181 | Dt18:05 | ארום | בהון | אתרעי ייי אלהכון מן כל |
| 182 | Dt21:05 | כהנייה בנוי דלוי ארום | בהון | אתרעי ייי אלהכון למשמשה |
| 183 | Nu 4:12 | כל מני שמושה די ישמשון | בהון | בגו בית קודשה ויתנון בחפוי |
| 184 | Dt31:17 | ויתקוף רוגזי | בהון | ביומא ההוא ואשבוק יתהון |
| 185 | Dt28:52 | דאתון רחיצין | בהון | בכל ארעכון ויעיקון לכון |
| 186 | Lv11:32 | סק כל מן די יתעבד עבידה | בהון | במיא יתעל ויהוי מסאב עד |
| 187 | Dt11:19 | לבניכון ותהוון הגיין | בהון | במיתביכון בגו בתיכון |
| 188 | Lv11:31 | בכל שרצה כל די יקרב | בהון | במיתתהון יהוי מסאב עד |
| 189 | Ex 1:14 | ברא ית כל פולחן די פלחו | בהון | בקשיו: |
| 190 | Nu24:14 | לי{א}<ת> את יכיל שליט | בהון | ברם עתידין אינון עמא |
| 191 | Gn47:06 | דגשן ואן את ידע ואית | בהון | גברין גברי חיל ותשוי |
| 192 | Gn49:12 | חמרא זכוכא דלא למיחמי | בהון | גילוי עריין מלמשפך בהון דם |
| 193 | Gn49:12M | חמרא זכיכא דלא אתחמ' | בהון | גלוי עריי' ודי לא חמון |
| 194 | Ex25:29 | וקשותה ומנקותה די ישתמש | בהון | דהב דכי תעבד יתהון: |
| 195 | Ex37:16 | וית קשוותא די ישתמש | בהון | דהב דכי: |
| 196 | Gn49:12 | בהון גילוי עריין מלמשפך | בהון | דם זכיי שנוי נקיין |
| 197 | Dt32:05 | אלה להון מומה דאשתכח | בהון | דרא עקמנה ופתלתנה דרה דשני |
| 198 | Nu13:19M | כפרנין אינון או תלילן | בהון/ | הא כופרנין הנון או |
| 199 | Ex15:07M | \תתכל יתהון/ותחבל | בהון#2/ | היך מה דנורא בער בקשא: |
| 200 | Ex 6:05 | ישראל דמצרייה משעבדין | בהון | ואדכרית ברחמין ית קיימי: |
| 201 | Nu12:09 | ותקף רוגזה דייי | בהון | ואזל: |
| 202 | Ex12:13M | די אנון שריין | תמן/בהון#2/ | ואחמי ית אדמיה ואפסח |
| 203 | Ex35:27M | /דאשלמ{י}ווה למשקעה | בהון | ואפדה וחשנה#2/: |
| 204 | Ex32:10 | קדמי ויתקוף רוגזי | בהון | ואשיצא יתהון ואית יכלה |
| 205 | Nu10:03 | ויתקעון | בהון | ויזדמנון לוותך כל עם |
| 206 | Lv11:43 | על ארעא ולא תסתאבון | בהון | ולא תהוון מסאבין כוותהון: |
| 207 | Ex29:29 | לבנוי בתרוי למתרבי' | בהון | ולמשלמה בהון ית קרבן |
| 208 | Dt25:13M | רברבין למיהווי זבן | בהון | ומתקלין זעורין למיהווי |
| 209 | Nu 3:31 | בית קודשה די ישמשון | בהון | ופרסה וכל פולחנה: |
| 210 | Ex10:02 | במצריי וית נסיי די שוית | בהון | ותדעון ארום אנה ^הוא#2^ |
| 211 | Ex38:07 | סטרוי דמדבחה למטען יתיה | בהון | חליל דלוחין עבד יתיה: |
| 212 | Gn49:12 | נקיין מחל{{א}} בא מלמיכל | בהון | חמיסיין וגזילין יסמקון |
| 213 | Ex30:29 | ויהון קדש קדשין כל דקרב | בהון | יהוי קדיש: |

|  | |  | | | |
|---|---|---|---|---|---|
| 214 | | Lv 6:11 | מן קרבנוי כל דיקרו' | בהון | יהוי קדיש: |
| 215 | | Lv11:26 | אינון לכון כל די יקרב | בהון | יסתאב: |
| 216 | | Lv15:27 | כל די יקרוב | בהון | יסתאב ויחור לבושוי ויסחי |
| 217 | | Ex17:16 | עם שלטונין ומה דמשתייר | בהון | ישיצון יתהון מרדכי ואסתר |
| 218 | | Ex25:28 | <ותחפי> יתהון דהב למטען | בהון | ית פתורה: |
| 219 | | Ex29:29 | למתרבי בהון ולמשלמה | בהון | ית קרבן ידיהון: |
| 220 | | Nu 4:14 | כל מנוי די ישמשו עלוי | בהון | ית מחתיתה וית משליתה וית |
| 221 | | Dt31:28 | ית פתגמיא האליין ואסהד | בהון | ית שמיא וית ארעא: |
| 222 | | Ex30:29M | בהון יהוי קדיש /דקריב | בהון | יתקדש#2#/: |
| 223 | | Lv18:05 | יעבד יתהון בר נשא ויחי | בהון | כדן אמר ייי: |
| 224 | | Lv18:30 | מן קדמיכון ולא תסתאבון | בהון | כדן אמר ייי אלהכון: |
| 225 | | Nu33:04 | קברין ית מה די קטל ייי | בהון | כל בכוריה ובטעוותהון עבד |
| 226 | | Dt28:30M | ולא תשרון | בגוויהון/בהון#2#/ | כרמין ת{ז}<צ>בון |
| 227 | | Gn49:12M | די לא אכל | בהון | לא חמסין ולא גזילין |
| 228 | | Lv22:25 | כל אלין ארום חבוליהון | בהון | לא יתקבלון ברעווה לכון: |
| 229 | | Lv22:25M | בהון /מום | בהון#1#/מומהון#2#/ | לא יתקבלון ברעווה |
| 230 | | Gn19:03M | ודחק | עליהו«ן»/בהון#2#/ | לחדא וסטון לוותיה |
| 231 | | Ex12:16 | לכון כל עבידא לא יתעבד | בהון | לחוד מה די יתעביד לכל |
| 232 | | Ex36:01 | די שוי ייי חכמה וסכלתנו | בהון | למידע ולמעב«ד» ית כל |
| 233 | | Dt 2:15 | מן קדם ייי אתרגזית | בהון | למישציה יתהון מן גו משריתה |
| 234 | | Ex29:33 | ויאכלון יתהון די יכפר | בהון | למשלמה ית קרבן ידיהון |
| 235 | | Gn49:12M | גלוי עריי' ודי לא חמון | בהון | למשפך אדם |
| 236 | | Lv27:34M | ולית אפשר לנבייא לחדתא | בהון | מדעם ופקדינון מטול |
| 237 | | Dt 1:02 | אתעכבתון ועב<ר>תון | בהון | מהלכין ארבעין שנין: |
| 238 | | Ex30:12 | מני יתהון דלא יהוי | בהון | מותן מחבל בזמן דתהוי מני |
| 239 | | Dt32:17 | דבחו קדם סעוות שדיה דלית | בהון | ממש סעוון די לא חכמו יתהון |
| 240 | | Dt 2:05 | לא תתגרון | בהון | סדרי קרבה ארום לא אתן לכון |
| 241 | | Dt 2:09M | לקבליהון סדרי /תתגרון | בהון | סדרי#2#/ קרבה ארום לא אתן |
| 242 | | Dt 2:24M | למירת ותתגרון | לקבלהון/בהון#2#/ | סדרי קרב/קרבה#2#/: |
| 243 | | Gn 1:14 | לאתין ולזמנין ולמקדש' | בהון | עבור שהרין ירחין: |
| 244 | | Dt 7:20 | אורעיתה יגרי ייי אלהכון | בהון | עד זמן די יסופון מה די |
| 245 | | Lv11:21 | לעיל מן רגלוי למקפצה | בהון | על ארע': |
| 246 | | Dt32:24 | דמתילן כחיוותה ברה אגרה | בהון | עם חמת{ה}הון דתניניא |
| 247 | | Dt32:01 | דקיריס אין מסהד אנה | בהון | קדם בני נש דמייתין וטעמין |
| 248 | | Dt32:01 | ברם ^הא#2#^ אנה מסהד | בהון | קדם שמייא וקדם ארעא דלא |
| 249 | | Gn30:37 | רטיב ודלוז ודלוב וקלף | בהון | קלפין חוורין מן קלופיתא |
| 250 | | Nu24:20M | תינין {איגחי} <אגח> | בהון | קרבה שאול בר קיש וגמר |
| 251 | | Ex19:22 | ייי יתקדשון דלא יהוי | בהון | רגוז מן קדם ייי: |
| 252 | | Ex19:24 | למיסק קדם ייי דלא יהוי | בהון | רגוז: |
| 253 | | Gn30:22 | ידך ומשביע לכל חיי דאית | בהון | רעוא מפתחא דקבריה דכן כתבה |
| 254 | | Lv20:27 | וגבר או אתה די יהווי | בהון | שאלי אובה או מסקי זכורון |
| 255 | | Dt32:28 | עיצן בישן אינון ולית | בהון | שוכלתנו: |
| 256 | | Gn48:16 | עקא יברך ית טליא ויתקרי | בהון | שמי ושם אבהתי אברהם |
| 257 | | Lv25:46 | לירתו ואחסנה לעלם | בהון | תפלחן ובאחיכון בני ישראל |
| 258 | | Ex15:07 | בעלי דבביהון דעמך תשלח | בהון | תקוף רוגזך תתכל יתהון |
| 259 | בהין | Ex25:07M | באפודא ובחשנא /למשקעה | בהין | אפדא וחושנא#2#/: |
| 260 | | Lv11:21M | רגלוי למקפצה | בהון/בהין#2#/ | על ארע': |
| 261 | בהן | Dt 1:22M | בגוויהון /נעולין | בהן#2#/: | |
| 262 | | Nu16:07M | והבה/והיבו#2#/ | בהון/בהן#2#/ | אשא ושוון/וישוון#2#/ |
| 263 | | Lv10:01M | אשא בריה דלא פקד יתהון | /בהן | אשתא בריה מן תפין מה דלא |
| 264 | | Gn30:26 | וית בני די פלחית קדמיך | בהן | ואזיל ארום את ידעת פלחני |
| 265 | | Lv 6:11M | קרבנוי כל דיקרו' | בהון/בהן#2#/ | יהוי קדיש: |
| 266 | | Nu10:02M | כנ«י»שתה ולמטלה | \בהן#2#/ | ית משריתה: |
| 267 | | Lv14:40 | וישמטון ית אבניה די | בהן | מכתשה ויטלקון יתהון לבר מן |
| 268 | | Ex19:22M | בהון רגוז": {ו}<י>תקוף | בהן | רג{זו}<וז> |
| 269 | בי | Gn29:25 | פלחת עמך ולמה כען רמית | בי: | |
| 270 | | Gn39:17 | די איית«י»ת לן למגחכה | בי: | |
| 271 | | Nu22:29 | בלעם לאתנתה ארום שקרת | בי | אילו הווה בידי חרב ארום |
| 272 | | Gn15:01M | זכו בזמנה תניינא ויתחלל | בי | בשם שמיא |
| 273 | | Gn21:23 | לי בשמה דייי הכה אם תשקר | בי | ובברי ובבר ברי כחסדא די |
| 274 | | Gn31:07M | אגרי עשרה /ואבוכן שקר | בי | ופרג אבוכן ית אגרי דנה |
| 275 | | Gn31:07 | ואבוכון שקר | בי | ושלחף ית אגרי עשרה זמנין |
| 276 | | Ex32:05M | ואמר יהא רעוה דיהי נכסא | בי | כחגה מן רשיעיה קדם ייי מחר |
| 277 | | Dt 3:26 | ותקף רוגזיה דייי | בי | מן בגללכון ולא שמע בקל |
| 278 | | Dt 4:21M | הוה רגז/רגוז#2#/ | עלי/בי#2#/ | על מליכון וקיים בשבועה |
| 279 | | Gn15:01 | מצוה בזמנא תניינא ויתחלל | בי | שמא דשמיי' מן בגין כדין הוה |
| 280 | | Dt 1:37M | הוה רגוז מן קדם ייי | /בי | תקוף רוגזה דייי#2#/ |
| 281 | ביה | Gn 9:07M | בארעא וסגון | בגווה/ביה#2#/: | |
| 282 | | Gn14:04 | ובתלת עשרי שנין מרדו | ביה: | |
| 283 | | Gn21:17 | צלותיה דטליא באתרא דהוא | ביה: | |
| 284 | | Gn24:65 | ונסיבת רדידה ואתכסיית | ביה: | |
| 285 | | Gn33:11M | ונסב /מנדעם ודחק | ביה#2#/: | |
| 286 | | Ex12:46 | לברה וגרמא לא תתברון | ביה: | |
| 287 | | Ex12:46M | לא מניה תבטלון | ביה#2#/: | |
| 288 | | Ex16:24M | ואוף רימה לא שלט | ביה#2#/: | |
| 289 | | Lv 6:02M | יקדה עלוי /תיתוקד | ביה#2#/: | |
| 290 | | Lv 8:07 | דאפודה וטכס יתיה | ביה: | |
| 291 | | Lv20:09 | דאבוי ודאימיה זל אדמיה | ביה: | |
| 292 | | Lv21:21M | ית קרבנה דייי מום | ביה | |
| 293 | | Lv22:21 | כל <מומה> לא יהווי | ביה: | |
| 294 | | Lv24:19M | כדן/כן#2#/ יתעבד | ליה/ביה#2#/: | |
| 295 | | Lv24:20 | מום בבר נשא כדן יתייהב | ביה: | |
| 296 | | Nu19:13 | מסאב הוא עד כען סאובתיה | ביה: | |
| 297 | | Dt17:08 | די יתרעי ייי אלהכון | ביה: | |
| 298 | | Dt32:37 | דישראל תקיפה דאתרחצו | ביה: | |
| 299 | | Gn44:05 | ביה והוא מקסם יקסם | ביה | אבאשתון דעבדתון: |
| 300 | | Gn44:05M | /מסיירה הוה מטייר | ביה#2#/ | אבאשתון דעבדתון |
| 301 | | Dt21:19 | ויתפשון | ביה | אבוי ואימיה ויפקון יתיה |
| 302 | | Gn37:11 | וקנון | ביה | אחוי ואבוי הוי מנטר ית |
| 303 | | Ex19:13 | דאשה יגרו יזדרקון | ביה | אן בעיר אין גבר לא יחי |
| 304 | | Ex19:13M | ביה /יתקשטין | ביה#2#/ | אן בעיר אין גבר לא יחי |
| 305 | | Gn44:18 | ומן פרעה רבך דאת ימי | ביה | אנה מחסל על מנת למעבד מעבד |
| 306 | | Gn21:18 | טליא ותוקפו ית יד«י»ך | ביה | ארום לאומה רבה אשוי יתיה: |
| 307 | | Gn37:27 | לסרקעין וידינן לא נפשט | ביה | ארום אחונן קרב בשרן הוא |
| 308 | | Lv22:09 | עלוי חוב«י»ן וימותון | ביה | ארום אפיסו יתיה אנה ייי |
| 309 | | Dt30:20 | בקל מימרה ולמדבקה | ביה | ארום היא חייכון ואריכות |
| 310 | | Ex28:17 | ותשלם | ביה | אשלמיה דאבן ארבעה |
| 311 | | Dt22:12M | די תתעטפון/תכסון | ביה#2#/ | בהון: |
| 312 | | Nu 4:16M | \דביה בבית קודשה /ראית | ביה | בית קודשה#2#/ ובמנוי: |
| 313 | | Nu17:23M | "ואפק פרחין ... בר ליליה": | ביה | בליליה אפרח ליבלובין |
| 314 | | Dt13:10 | יתיה ידיכון ישלטון | ביה | בקדמיתה למקטלה יתיה |
| 315 | | Dt17:07 | ידוי דסהדיא יפשטן | ביה | בקדמיתה למיקטל יתיה וידי |
| 316 | | Lv15:11 | וכל די יקרוב | ביה | דיבה וידוי לא שזיג במיא |
| 317 | | Lv15:12 | ומן דחסף די יקרב | ביה | דיבה יתבר וכל מן דקיס |
| 318 | | Gn44:05 | הלא דן די ישתי רבוני | ביה | והוא מקסם יקסם ביה אבאשתון |
| 319 | | Ex32:22M | בישה שלטה {בישה שלטה} | ביה | והוא גרם ליה למעבד |
| 320 | | Ex 4:04 | ופשט ידיה ואתוקף | ביה | והוה לחטר בכף ידה: |
| 321 | | Lv 4:23M | חובת'#2#/ דאתחיי' | עלה/ביה#2#/ | וייתי ית קרבניה צפיר |

|  |  |  |  |  |
|---|---|---|---|---|
| 322 | Lv22:06M | בה תיהווי מסאבה /תקרוב | ביה | ויסתאב#2#/ עד רמשה ולא |
| 323 | Ex30:38 | די יעבד כוותיה למתהנייה | ביה | וישתצי מגו עמיה: |
| 324 | Lv 8:10M | וית כל מנוי \דאית | ביה#2#/ | וית כל מה דביה וקדש |
| 325 | Gn 3:03 | תאכלון מנה ולא תקרבון | ביה | ולא תמותון: |
| 326 | Dt21:04 | לנחיל דבייר די לא אתפלח | ביה | ולא יזדרע ויקטלו תמן ית |
| 327 | Nu24:17 | ליה ולית כדון מסתכל אנה | ביה | ולית היא קריבה עתיד מלך |
| 328 | Gn 3:06 | ויאי אילנא למסתכלא | ביה | ונסבית מן פרוי ואכלת |
| 329 | Gn16:12 | בכלא וידי כלא ישלטון | ביה | וקדם כל אומי ישרי: |
| 330 | Dt23:14 | במייתבכון לבר ותחפור | ביה | ותחזור ותכסי ית מפקניך: |
| 331 | Gn27:40 | מלמלעי באוריתא תשלט | ביה | ותפרוק ניר שעבודא מעלוי |
| 332 | Dt16:07 | די יתרעי ייי אלהכון | ביה | ותקדמון בצפרא ותזלון |
| 333 | Nu17:20 | ויהוי גברא די אתרעי | ביה | חוטריה ירטב ואבטל מעילווי |
| 334 | Ex19:13 | לא תקרב | ביה | ידא דאנש ארום מתרגמ' יתרגם |
| 335 | Gn27:22M | בפתגמי אוריתא שלטין | ביה | ידוי דעשו |
| 336 | Nu16:07 | ויהוי גברא די יתרעי | ביה | ייי קדישא אסגיתון לכון |
| 337 | Lv13:46 | כל יומין דמכתשה | ביה | יסתאב מסאב הוא לבלחודוי |
| 338 | Ex30:26 | ותרבי | ביה | ית משכן זימנא וית ארונא |
| 339 | Lv16:31 | שבתה היא לכון ותצומון | ביה | ית נפשתכון קיים עלם: |
| 340 | Nu29:07 | יהווי לכון ותצ«ו»מון | ביה | ית נפשתכון כל עיבידה לא |
| 341 | Nu 9:12 | עד צפרה וגרם לא יתברון | ביה | ככל קיימוי דפסחה |
| 342 | Dt17:19M | /ותיהווי עמיה ויהוי קרי | ביה | כל יומי חיויי מן בגלל |
| 343 | Lv25:39M | בה כנימוסי /תפלחון | ביה | כני#2#/ עבדייה: |
| 344 | Lv 6:05M | תספי ויוקד עליה /תתוקד | ביה | לא תתספי ויבער עלי#2#/ |
| 345 | Nu20:05M | למזדרעה הוא לא למנצוב | ביה | לא תאינין#2#/ ולא גופנין |
| 346 | Lv13:45 | ומצרעה דמכתשה | ביה | לבושוי יהוון בזיעין היך |
| 347 | Lv 7:07M | כהנא די יכפר | דידיה/ביה#2#/ | ליה יהוויין/יהווי#2# |
| 348 | Dt12:11 | די יתרעי ייי אלהכון | ביה | למשרייה איקר שכינתיה תמן |
| 349 | Ex40:38 | ואשתא תיהוי בליליא | ביה | לעיני כל בית ישראל בכל |
| 350 | Lv14:32M | דבה מכתש /אחוויית דאית | ביה | מ#2#/ צרעה די לא ארעת |
| 351 | Lv21:17 | בניך לדריהון די יהווי | ביה | מום לא יקרב למקרבה לחם |
| 352 | Lv21:18 | ארום כל גבר דאית | ביה | מום לא יקרב למקרבה גבר |
| 353 | Lv21:21 | כל גבר דאית | ביה | מום מן בנוי דאהרן כהנא לא |
| 354 | Lv22:20 | כל מה דאית | ביה | מום לא לרעוה יהווי לכון: |
| 355 | Dt15:21 | וארום יהווי | ביה | מום חגיר או סמי כל מום ביש |
| 356 | Dt17:01 | תור ואמר די יהווי | ביה | מום כל מילה דפסילה ארום מה |
| 357 | Gn37:24 | וגובא הווה ריק«ן» לית | ביה | מיין: |
| 358 | Ex12:30M | מן מצרים די לא הוה | ביה | מית <מן> מצרים |
| 359 | Ex12:30M | מיתין /בייתא די לא הוה | ביה | מיתא מן מצראי#2#/: |
| 360 | Lv13:54M | \מנה דביה /דן דאית | ביה#2#/ | מכתש» ויטרוד יתה שבעה |
| 361 | Lv13:29 | וגבר או איתה ארום יהוי | ביה | מכתש בראשה או בדיקנה: |
| 362 | Lv13:47 | ולבוש ארום יהוי | ביה | מכתש צרעה בלבוש דעמר או |
| 363 | Lv13:45M | ביה לבושוי /דאית | ביה | מכתשה לבר#2#/ יהוון |
| 364 | Lv13:52 | ית כל מן דמשך די יהווי | ביה | מכתשה ארום צרעה מחלטה היא |
| 365 | Lv13:57M | ית \מנה דבי /דן דאית | ביה#2#/ | מכתשה: |
| 366 | Gn37:22 | דקטולין לא תפש<ט>ון | ביה | מן בגלל למשיזבא יתיה מן |
| 367 | Gn49:32M | \דביה מן בנוי /דאית | ביה | מן לוות בנוי#2#/ דחת: |
| 368 | Ex16:26 | שביעיא שבתא לא יהוי | ביה | מניה: |
| 369 | Nu19:22 | וכל די יקרוב | ביה | מסאבה יסתאב ונפשה די תקרוב |
| 370 | Ex 4:20 | משה ית חוטרא די אתעבד | ביה | ניסין מן קדם ייי |
| 371 | Ex17:09 | רמתא וחוטרא די אתעבד | ביה | נסין קדם ייי בידי: |
| 372 | Gn 1:30 | ולכל דרחש על ארעא דאית | ביה | נפש דחיא ית כל עשבא למזון |
| 373 | Gn 7:22M | חיין בנחירוי מן /דאית | ביה | נפש דחיין באפוי#2#/ כל מה |
| 374 | Gn 6:17 | למחבלא כל בשרא דאית | ביה | נשומא דחיין מן תחות שמיא |
| 375 | Gn 9:03 | כל רחש דאית | ביה | נשמה דחיין לכון יהווי |

|  |  |  |  |  |  |
|---|---|---|---|---|---|
| | 376 | Ex31:14M | מה די \יעבד בה /עבד | ביה#2#/ | עבידה ותשתיצי |
| | 377 | Lv23:12M | די תניפ{י}<ו>ן | ית/ביה#2#/ | עומרה אמר בר שתיה שלם |
| | 378 | Gn 1:29 | ארעא וית כל אילניא דאית | ביה | פירי אילן דמזרעין זרע לכון |
| | 379 | Gn26:14 | ועבדא מסגיא וקנין | ביה | פלישתאי: |
| | 380 | Gn30:35 | קרוחתא ונמורתא כל דאית | ביה | שומה חיורא וכל לחוש באמריא |
| | 381 | Nu21:35M | עד די לא \שיירו | לה/ביה#2#/ | שובא \אשתייר לה |
| | 382 | Ex15:25M | אילן דארדופני וכתב | ביה | שמא מפרשא וטלק במיא |
| | 383 | Nu 5:12 | ת{ו}<י>סטי אתתה ותשקר | ביה | שקר: |
| | 384 | Nu19:22 | יסתאב ונפשה די תקרוב | ביה | תיהווי מסאבה עד רמשא: |
| ביך | 385 | Nu 5:20 | וארום אסתאבת ויהב גבר | ביך | ית תשמישה בר מן בעליך: |
| בך | 386 | Ex10:28M | לך דלא יתקוף רוגזי | בך | ואמסור יתך בין ידיהון דעמה |
| | 387 | Ex10:28 | אזדהר לך דלא יתקף רוגזי | בך | ואמסר יתך בידיהון דעמא דהון |
| | 388 | Ex 8:17 | משלח ית עמי הא אנא מגרי | בך | ובשלטונך ובעמך ובאנשי ביתך |
| | 389 | Dt 6:15 | יתקוף רוגזה דייי אלהך | בך | וישיצי יתכון מיעילוי אפי |
| | 390 | Dt15:09 | עלך קדם ייי דלא יהווי | בך | חובה: |
| | 391 | Gn49:22M | ומן חרכיי' ומסתכל | בך | מן שירוויאה והוון מטלקין |
| בכון | 392 | Dt28:60 | מן קדמיהון וידבקון | בכון: | |
| | 393 | Lv19:28 | וכתב חקיק לא תשוון | בכון | אמר ייי: |
| | 394 | Dt 7:07M | דייי בכון ואיתרעי | בכון | ארום מן בגלל דאתון |
| | 395 | Dt 7:07 | מן כל אומייה אתרעי ייי | בכון | ארום אתון עם קלילין מן כל |
| | 396 | Dt 7:06 | אתון קדם ייי אלהכון | בכון | אתרעי ייי אלהכון למהוי |
| | 397 | Dt28:48 | די יגרי ייי | בכון | בכפן ובצהו ובערטליין |
| | 398 | Dt 6:07 | לבניכון ותהוון הגיין | בכון | במייתבכון בגו בתיכון |
| | 399 | Dt23:11 | ארום יהווי | בכון | גבר די לא יהווי דכי מן קרי |
| | 400 | Dt29:17 | דלא יהוי | בכון | גבר או אתה או זרעי או שבט |
| | 401 | Dt29:17 | האינון דלא יהווי | בכון | גבר דלביה מהרהר בחטא' דהוא |
| | 402 | Lv19:34 | כיציבה די בכון יהווי | בכון | ג{י}<ו>ר דמתגייר ביניכון |
| | 403 | Dt 7:04 | די יתקוף רוגזיה דייי | בכון | דלא ישיצי יתכון בפריע: |
| | 404 | Dt18:10M | \ביניכון גבר מעבר | /בכון | דמע#2#/ בריה וברתיה |
| | 405 | Dt 7:07M | צבא מימריה דייי | בכון | ואיתרעי בכון ארום מן בגלל |
| | 406 | Lv26:36 | ומה דמשתייר | בכון | ואעל תברה בלבביכון בארע |
| | 407 | Lv26:09 | ואפני מימרי מייטבה | בכון | ואתוקף יתכון ואסגי יתכון |
| | 408 | Dt28:54 | גברא דמחטי | בכון | ודמפרנק לחדה תבאש עייניה |
| | 409 | Dt11:17 | דלא יתקף רוגזה דייי | בכון | ויעצור ית שמייא ולא יהוי |
| | 410 | Dt 7:15 | די חכמתון לא ישוי יתהון | בכון | וישוי יתהון בכל שנאיכון: |
| | 411 | Dt 6:15M | רוגזה דייי אלהך | בך/בכון#2#/ | וישיצי יתכון מיעילוי |
| | 412 | Dt28:56 | מחטיתה | בכון | ומפרנקתה די לא אנסת כפה |
| | 413 | Lv26:25 | לקרויכון ואגרי מותנה | בכון | ותתמסרון ביד בעלי דבביכון: |
| | 414 | Lv26:17 | ואשוי ית אפי תקוף רוגזי | בכון | ותתנגפון קדם בעלי דבביכון |
| | 415 | Dt23:22 | מן לוותכון דלא יהווי | בכון | חובה: |
| | 416 | Dt23:23 | תתמנעו מן למדר לא יהווי | בכון | חובה: |
| | 417 | Dt24:15M | ייי אזדהרו דלא יהווי | בכון | חובה |
| | 418 | Dt 1:01M | "ובחצרות": וגרי | בכון | חיוותה ובחצרות די נפלו |
| | 419 | Lv19:34 | כיציבה די | בכון | יהווי בכון ג{י}<ו>ר |
| | 420 | Dt 4:26 | הא אסהדית | בכון | יומא הדין קדם שמיא וקדם |
| | 421 | Dt 8:19 | ותסגדון להון הא אסהידית | בכון | יומא הדין ארום מסתפה |
| | 422 | Dt30:19 | הא אסהדית | בכון | יומא הדין ית שמיא וית ארעא |
| | 423 | Dt32:46 | לכל פתגמיה די אנה משהד | בכון | יומא הדין די תפקדון ית |
| | 424 | Lv26:22 | ואיגרי | בכון | ית חיוותה דאפי ברה ותתכל |
| | 425 | Dt28:20 | יגרי ייי | בכון | ית מאירתה וית שעמומא וית |
| | 426 | Dt28:21 | «יגרי ייי» | בכון | ית מותנה עד זמן די ישצי |
| | 427 | Dt28:60M | כל מכתישיהון דמצריי | /בכון | ית כל מכתשייה דמצראי#2#/ |
| | 428 | Lv26:39 | ומה דמשתייר | בכון | יתמסון בחוביהון בארע |
| | 429 | Dt28:46M | ולסימנין ובבניכון | /בכון | כאתין וכפרישן ובזרעיית |

| | | | | | |
|---|---|---|---|---|---|
| 430 | | Dt25:18 | באורחא והוון מקטלין | בכון | כל דהוה לביה מהרהר מן בתר |
| 431 | | Dt 7:14 | מן כל אומייה ולא יהוי | בכון | לא עקר לא עקרה אוף לא |
| 432 | | Dt15:06 | באומין סגין ואינון | בכון | לא ישלטון: |
| 433 | | Dt28:12M | באומין סגין והנון | בכון | לא ישלטון |
| 434 | | Dt 9:08 | ייי ותקף רוגזיה דייי | בכון | למשיציה יתכון: |
| 435 | | Dt31:26M | אלהכון ויהוי תמן | לכון/בכון#2#/ | לסהד: |
| 436 | | Ex12:13 | במימרי עליכון ולא יהווי | בכון | מותא מחבל בקטלותי כל |
| 437 | | Dt10:15 | ובחר בבניהון מן בתרהון | בכון | מן כל אומייה כיומא הדין: |
| 438 | | Dt15:04 | חלף כן ^ארום לא יהווי | בכון | מסכינין#2#^ ארום מברכה |
| 439 | | Dt15:04M | /ברם ארום לא יהווי | בכון | מסכינין#2#/ ארום מברכה |
| 440 | | Dt15:11M | מצוותה דאוריתא לא הווי | בכון | מסכינין ברם אין שבקין |
| 441 | | Lv26:17 | בעלי דבביכון וישלטון | בכון | סנאיכון ותערקון ולית דרדף |
| 442 | | Dt23:15 | קדישין ולא יחמי | בכון | ערייה דמילה ולא יחזר איקר |
| 443 | | Dt28:07 | למ{אב}באשה | בכון | תבירי קדל קדמיכון באורחה |
| 444 | בן | Gn43:03 | למימר הא מסהד' אסהד | בן | גברא למימר לא תחמון |
| 445 | | Gn37:08 | תמלך עלנא אן משלט תשלט | בן | ואוספו תוב משנא יתיה על |
| 446 | | Nu14:08 | אם רעי הוא | בן | ייי וייתי יתן לארעא הדה |
| 447 | | Ex19:23 | דסיני ארום את אסהדת | בן | למימר תחם ית טורא וקדש |
| 448 | | Gn39:14 | עבריי למגחכה {למגחכה} | בן | על לוותי למשמשא עמי וצוחית |
| 449 | דבה | Gn11:01 | בית קדשה הוון משתעין | דבה | אתברי עלמא מן שרויה: |
| 450 | | Nu12:12 | מנן צלי על בשרה מיתה | דבה | ויחי למה עבד ית זכותה: |
| 451 | | Lv14:32 | דא אורייתא גזירת דמן | דבה | מכתש צרעה די לא ארעת ידה |
| 452 | דבהון | Nu13:02 | תשלחון כל רברביה | דבהון: | |
| 453 | | Nu23:10 | תיהוי אחריתה כזעירה | דבהון: | |
| 454 | | Ex20:11 | ית ימיה וית כל מה | דבהון | והוה שבא ונייח קדמוי |
| 455 | | Gn41:56 | ופתח יוסף כל אוצריה | דבהון | וזבן למצרים ותקף כפנא |
| 456 | | Gn14:05 | דקרנים וית זיותניה | דבהון | וית אמתניה דהוון שריין |
| 457 | | Lv14:40M | ויטלקון ית אבנייה | דבהון | מכתשה למברה לקרתה דאיהוא |
| 458 | דביה | Nu 4:16 | סכום כל משכנה וכל מה | דביה | בבית קודשה ובמנוי: |
| 459 | | Gn23:17 | קדם מימרא חקלא ומערתא | דביה | וכל אילנא די באפיה ברא די |
| 460 | | Lv 8:10 | וית כל מנוי וית כל מה | דביה | וקדש יתהון: |
| 461 | | Ex40:09 | ית משכנה וית כל מה | דביה | ותקדש יתי' וכל מנוי ויהוי |
| 462 | | Lv11:33 | מנהון לגוויה כל מה | דביה | יסתאב ויתיה תתברון: |
| 463 | | Gn23:20 | וקמת חקלא ומערתא | דביה | לאברהם לאחסנות דקבורה |
| 464 | | Gn23:11 | חקלא יהבית לך ומערתא | דביה | לך אתן יתה לקבל בנוי דעמא |
| 465 | | Gn23:11 | חקלא יהבית לך ומערתא | דביה | לך אתן יתה לך קבר ביתך |
| 466 | | Dt33:06 | ולא ימות במותנה תניינה | דביה | מייתין רשיעיה לעלמא דאתי |
| 467 | | Lv13:54 | כהנא «ויחוורון ית מנה | דביה | מכתש'» ויטרוד יתה שבעה |
| 468 | | Gn49:32 | קניין חקלא ומערתא | דביה | מן בנוי דחת: |
| 469 | דבכון | Ex35:10 | וכל חכים ליבא | דבכון | ייתון ויעבדון ית כל מה די |
| 470 | ובה | Gn24:14 | יתה זמנת לעבדך ליצחק | ובה | אדע ארום עבדת חסד עם |
| 471 | | Gn 5:13 | תמני מאה וארבעין שנין | ובה | בשנייה הווה מוליד בנין |
| 472 | | Ex37:25M | \<מניה> הוון /מניה | ובה | הוון#2#/ קרנתא: |
| 473 | | Ex28:08M | עלוי#2#/ כעבדא מנה | יהווי/ובה | יהוון#2#/ דהב תכלה |
| 474 | | Ex37:17M | חזורה ושושנה מנה | ובה | יהוון#2#/: |
| 475 | | Ex37:22M | /וקניתהון#2#/ מנה | הוון/ובה | יהוון#2#/ כלה נגידה חדא |
| 476 | | Gn 1:12 | פירין די נצבת' מנה | ובה | למינה וגלי קדם ייי ארום |
| 477 | | Gn 1:11 | למינה די נצבתא מינה | ובה | על ארעא והוה כן כממרה: |
| 478 | | Lv13:30 | והא חזוה מכיך מן משכה | ובה | שער מצלהב דקיק ויסאב יתיה |
| 479 | | Ex38:02M | \<מניה> הוון /מנה | ובה | תהוון#2#/ קרנתה וחפי ית' |
| 480 | ובהין | Gn11:25 | מאה ותשע עשרה שנין | ובהין | בשניה הוה מולד בנין ובנן: |
| 481 | ובהן | Gn 5:19 | ית חנוך תמני מאה שנין | ובהן | בשני' הוה מולד בנין ובנן: |
| 482 | | Gn 5:04 | שת תמני מאה שנין | ובהן | בשניה הוה מולד בנין ובנן: |
| 483 | | Gn 5:07 | תמני מאה ושבע שנין | ובהן | בשניה הוה מולד בנין ובנן: |
| 484 | | Gn 5:26 | מא' ותמנין ותרתין שנין | ובהן | בשניה הוה מלד בנין ובנן: |
| 485 | | Gn11:11 | ארפכשד חמש מאה שנין | ובהן | בשניה הוה מוליד בנין ובנן: |
| 486 | | Gn11:13 | ארבע מאה ותלתין שני' | ובהן | בשניה הוה מוליד בנין ובנן: |
| 487 | | Gn11:15 | ארבע מאה ותלת שנין | ובהן | בשניה הוה מוליד בנין ובנן: |
| 488 | | Gn11:17 | ארבע מאה ותלתין שנין | ובהן | בשניה הוה מוליד בנין ובנן: |
| 489 | | Gn11:19 | תרתין מאון ותשע שנין | ובהן | בשניה הוה מולד בנין ובנן: |
| 490 | | Gn11:21 | תרתין מאוון ושבע שנין | ובהן | בשניה הוה מולד בנין ובנן: |
| 491 | | Gn11:23 | נחור תרתין מאוון שנין | ובהן | בשניה הוה מוליד בנין ובנן: |
| 492 | | Gn 5:30 | מאה ותשעין וחמש שנין | ובהן | בשניי' הוה מולד בנין ובנן: |
| 493 | | Gn 5:10 | מאה וחמש עשר' שנין | ובהן | בשנייה הוה מוליד בנין |
| 494 | | Gn 5:16 | תמני מאה ותלתין שנין | ובהן | בשנייה הוה מוליד בנין |
| 495 | | Gn 5:22 | מתושל' תלת מאה שנין | ובהן | בשנייה הוה מולד בנין ובנן: |
| 496 | וביה | Ex27:02M | קרנתה /זווייתא מיני' | וביה | יהוון קרנת'#2#/ ותחפי יתה |
| 497 | | Ex30:02M | משחת רומיה מנה | יהוויין/וביה | יהוון#2#/ רומה קרנתה: |
| 498 | | Nu13:23M | מן תמן עוברה | וסגולה/וביה | סגול#2#/ דענבין חד |
| 499 | ובך | Ex 7:29 | | ובך | ובעמך ובכל שלטנך יסקון |
| 500 | ובכה | Ex 7:29M | \ובך ובעמך | /ובכה | ובעמך#2#/ ובכל שלטנך |
| 501 | ובכון | Dt14:02 | אתון קדם ייי אלהכון | ובכון | אתרעי ייי למהוי לשמיה לעם |
| 502 | ובכן | Dt14:02M | קדם ייי אלהכון | ובכון/ובכן#2#/ | אתרעי/ית#2#/ ייי |
| 503 | בדינה | Gn34:31M | ליה תב{י}<ו>ע איתעביד | בדינה | אחתי בגין כן עבדינן |
| 504 | | Gn34:03 | ואתרעיית נפשה | בדינה | ברת יעקב ורחם ית רביתא |
| 505 | ביצחק | Gn21:12 | לך שרה שמע בקלה ארום | ביצחק | יתקרי לך זרע דבנין: |
| 506 | בישראל | Nu25:03 | דפעור ותקף רוגזה דייי | בישראל: | |
| 507 | | Nu26:02 | כל נפקי קרבה | בישראל: | |
| 508 | | Dt17:04 | אתעבדת מרחקתה הדה | בישראל: | |
| 509 | | Dt32:01 | נביין קמו למסהדה | בישראל | משה נבייה וישעייה |
| 510 | | Dt32:01 | לשמה קדישה קמו למסהדה | בישראל | בגין כדין קם ליה משה |
| 511 | | Dt25:10 | ויתקרי שמיה | בישראל | בייתה דשלפי סנדלה ומבטלה |
| 512 | | Lv20:02 | ומן גיורה דמתגיירין | בישר«אל» | די יתן מן בנוי למעברה |
| 513 | | Lv22:18 | ישראל ומין גיוריה די | בישראל | די יקרב קרבניה לכל |
| 514 | | Nu32:13 | ותקף רוגזה דייי | בישראל | וטלטל יתהון במדברה |
| 515 | | Lv23:42 | שבעה יומין כל יציביה | בישראל | ישרון במטלין: |
| 516 | | Dt34:10 | ולא קם נבייא עוד | בישראל | כמשה די חכם יתיה מימריה |
| 517 | | Dt25:07 | יבמי למקמה לאחוי שם | בישראל | לא צבא למייבמה יתי: |
| 518 | | Dt22:21 | ארום עבדת מרחקתה הדה | בישראל | למזנייה בייתיה דאבוה |
| 519 | | Gn34:07 | לחדא ארום מרחקא עבד | בישראל | למשמשה עם ברתה דיעקב |
| 520 | | Nu 3:13 | כל ב{{ו}}כ«ו»ריה | בישראל | מן בני אנשא ועד בעירה |
| 521 | | Nu 1:03 | ולעל כל נפקי חיל קרבא | בישראל | תיסכמון יתהון לחילוותהון |
| 522 | | Gn50:01M | ארעית תהומ' מנה קמו | בישראל | תריסר שבטין מיני' לקרבא |
| 523 | בלבן | Gn31:36 | ואדיין | בלבן | וענה יעקב ואמר ללבן מה |
| 524 | בלוט | Gn19:09 | מנהון ודחקו בגובריא | בלוט | לחדה וקרבו למתבר תרעא: |
| 525 | | Gn19:15 | שחרא ואתוקפו מלאכיא | בלוט | למימר קום דבר ית אתתך וית |
| 526 | במריים | Nu12:10 | ^^כתלגה ואסתכל אהרן | במריים | והא מצרעה^^: |
| 527 | במשה | Nu12:08 | לא דחלתון לממללה בעבדי | במשה: | |
| 528 | | Ex 4:14 | ותקף רוגזא דייי | במשה | ואמר הלא אהרן אחוך |
| 529 | | Nu12:02M | "להוד ... ייי": הלא לחוד | במשה | מלל מימריה דייי |
| 530 | | Nu12:01 | ומללת מרים ואהרן | במשה | על עסק אתתה כושיתה די נסב |
| 531 | בנדב | Nu 9:06M | בארונה דיוסף ודטעינו | בנדב | ואביהוא בנוי דאהרן |
| 532 | בפ' | Ex14:04M | ואייקר מימרי' | בפ'#2#/ | ובכל חיילוותיה וידעון |
| 533 | ברחל | Gn29:18 | אפלח קדמך שבע שנין | ברחל | ברתך זעירתא: |
| 534 | | Gn30:02 | ותקף רוגזה דיעקב | ברחל | ואמר הא מני אנון פרי וולד |
| 535 | | Gn29:25 | מה היא דעבדת לי הלא | ברחל | פלחת עמך ולמה כען רמית |
| 536 | | Gn29:20 | ופלח יעקב | ברחל | שבע שנין והוון באפוי |
| 537 | בא' | Dt 3:01M | סדרי#2#/ קרבה | לאדרע'/בא'#2#/: | |

|  |  |  |  |
|---|---|---|---|
| 538 | באבות | Nu33:43 | ונטלו מפונון ושרון באבות: |
| 539 | באדום | Gn36:32 | ומלך באדום בלע בר בעור ושמיה דקרתא |
| 540 | באדרעא | Dt 1:04 | שרי בעשת{ה}<ר>תה באדרעא: |
| 541 | באדרעאי | Nu21:33M | סדרי קר"#2/ לאדרעי/באדרעאי#2/: |
| 542 | באובות | Nu21:10 | בני ישראל ושרון באובות: |
| 543 | באיתם | Ex13:20 | ונטלו מסכות ושרון באיתם בסיפה מדברה: |
| 544 | | Nu33:06 | ונטלו מן סכות ושרון באיתם די בסיפי מדברה: |
| 545 | באלוש | Nu33:13 | ונטלו מן דפקה ושרון באלוש: |
| 546 | בבאירה דשבע | Gn21:33M | "בבאר שבע ...": בבאירה דשבע ואתקן בגוה מאכל ומשקה |
| 547 | בבאר שבע | Gn22:19 | וישרא אברהם בבאר שבע: |
| 548 | | Gn21:33 | ונצב אברהם פרדס בבאר שב«ע» ויהב בגויה מזון |
| 549 | | Gn21:32 | וקיימו קיים בבאר שבע וקם אבימלך ופיכל רב |
| 550 | בבותנין | Dt 3:04 | בית מלכותה דעוג ב{כ}<ב>ותנין: |
| 551 | | Dt 3:10 | בית מלכותה דעוג בבותנין: |
| 552 | | Dt 4:43 | דבית גדי וית דברה בבותנין לשבטה דבנוי דמנשה: |
| 553 | בבית אל | Gn35:07M | אלהא די אתגלי עלוי בבית אל ארום תמן אתגליית עלוי |
| 554 | | Gn31:13 | הוא אלהה דאתגלית עלך בבית אל די רבית תמן קיימא די |
| 555 | בבני יעקן | Nu33:31 | ונטלו ממסרות ושרון בבני יעקן: |
| 556 | בגבולא | Gn33:14M | לות רבוני לאגחא קרבה בגבולא |
| 557 | בגבלה | Dt 2:22 | עבד לבנוי דעשו דשריין בגבלה די שיצון ית חוורנייה |
| 558 | | Dt 2:04 | בנוי דעשו דשריין בגבלה וידחלון מנכון ותזדהרון |
| 559 | | Dt 2:29 | לן בנוי דעשו דשריין בגבלה ומואביי דשריין בלחיית |
| 560 | | Dt 2:08 | ^אליין#2/^ דשריין בגבלה מן אורח משרה מן אילת ומן |
| 561 | | Dt 1:44 | דדברייתה וכתיתו יתכון בגבלה עד שיציו: |
| 562 | בגוב' | Dt 2:22M | דשריין בגבלה/בגוב'#2/ די שיצון ית |
| 563 | בגלעדה | Dt 4:43 | דבית ראובני וית גרם בגלעדה לשבטה דבית גדי וית דברה |
| 564 | בגרר | Gn20:01 | ובין חלוצה ואתותב בגרר: |
| 565 | | Gn26:06 | ושרי יצחק בגרר: |
| 566 | בגשנה | Gn46:28 | ליה אתר בית משרוי בגשנה ועלו לארעא דגשן: |
| 567 | בדיבון | Nu33:45 | ונטלו מן עיין ושרון בדיבון גד: |
| 568 | בדפקה | Nu33:12 | ממדברה דסין ושרון בדפקה: |
| 569 | בדרמשק | Gn15:02 | איתעבד לי נסין בדרמשק ירית יתי: |
| 570 | בדתן | Gn37:17 | בתר אחוי וארע יתהון בדתן: |
| 571 | בהר הגדגדה | Nu33:32 | מבני יעקן ושרון בהר הגדגדה: |
| 572 | בהר שפר | Nu33:23 | ונטלו מקהלת' ושרון בהר שפר: |
| 573 | בזער | Gn19:30 | עמיה ארום דחל למשרי בזער ושרה במערתא הוא ותרתין |
| 574 | בחברו' | Gn13:18 | וישרא במישריה חזוה די בחברו' ובנה תמן מדבח בשם ממריה |
| 575 | בחר' | Dt28:69M | עמהון \בטורה דחורב/בחר'#2/: |
| 576 | בחורב | Dt 4:10M | \בטורא דחורב בזמנה /בחורב בזמן#2/ דאמר ייי לי |
| 577 | | Dt18:16M | אלהכון בטורא דחורב/בחורב#2/ ביום התכנשות |
| 578 | | Ex40:20M | אבניה דאיתיהיבו ליה בחורב והוון קיימין על את |
| 579 | | Dt 1:06 | ייי אלהן מליל עמן בחורב למימר סגין לכון למישרי |
| 580 | בחלתה | Dt 3:29 | ושרינן בחלתה בכיין על חובינן ומתוודין |
| 581 | בחצירות | Nu11:35 | עמה בחצרות והוון בחצירות: |
| 582 | בחצרות | Nu33:17 | מן קברי תוחמדתה ושרון בחצרות: |
| 583 | | Nu11:35 | קברי תחמודתה נטלו עמה בחצרות והוון בחצירות: |
| 584 | בחרב | Ex17:06 | מתע{דת}<תד> על טינרא בחרב ותמחי בטינרא ונפקון מינה |
| 585 | בחרדה | Nu33:24 | ונטלו מהר שפר ושרון בחרדה: |
| 586 | בחרן | Gn11:32 | וחמש שנין ומית תרח בחרן: |
| 587 | | Gn28:10 | שנין כל יומין דהוה שרי בחרן אלין חמישיתי נסיא אתעבדו |
| 588 | | Gn28:10 | ארעא קדמוי ואשתכח יתיב בחרן וניסא רביעאה אבנא דהוון |
| 589 | בחשבון | Nu21:34 | דאימוריי די הווה שרי בחשבון: |
| 590 | | Dt 3:02 | דאמורייי דהווה שרי בחשבון: |
| 591 | | Nu21:25 | בכל קרווי אמוריי בחשבון ובכל כופרנייה: |

|  |  |  |  |
|---|---|---|---|
| 592 | | Dt 1:04 | דאמוריי דהווה שרי בחשבון וית עוג מלכא דבותנין |
| 593 | | Dt 4:46 | דאמוריי דהווא שרי בחשבון מה די קטיל משה ובני |
| 594 | בחשמנה | Nu33:29 | ונטלו ממתקה ושרון בחשמנה: |
| 595 | בטוורים ימנוס | Nu33:37M | /בגו רקם#2/^בטוורים ימנוס#2/^ בסיפי ארעהון |
| 596 | ביטב' | Nu33:33 | ונטלו מהר הג' ושרון ביטב': |
| 597 | בירושלם | Lv26:29 | חטאיה דגרמו לאבהתן בירושלם למיכל בשר בניהון ובשר |
| 598 | בלבנה | Nu33:20 | ונטלו מרמן פרץ ושרון בלבנה: |
| 599 | בלוז | Gn48:03 | אלה שמיא אתגלי עלי בלוז בארעא דכנען וברך יתי: |
| 600 | בלחיית | Dt 2:29 | בגבלה ומואביי דשריין בלחיית עד זמן די נעבר ית ירדנה |
| 601 | במדין | Nu31:03 | למשויא נקמתה דייי במדין: |
| 602 | | Ex 4:19 | ואמר ייי למשה במדין אזל חזור למצרים ארום |
| 603 | | Nu25:15 | ריש אומין לבית אבה במדין הוא: |
| 604 | | Ex10:29M | קדמייה די הוינא יהיב במדין לא מן סוף דהוה לך רחמין |
| 605 | | Ex10:29 | הווינא עד דאנא יתיב במדין למימר ארום מיתו כל גברייא |
| 606 | במוסרות | Nu33:30 | ונטלו מחשמונה ושרון במוסרות: |
| 607 | במותניין | Dt 4:43M | דגדי וית גוולן במותניין מן שבטא דבנוי דמנשה |
| 608 | במצ' | Ex 3:07M | דעמי דבמצרים/דאית במצ'#2/ וית קבלתהון |
| 609 | במצרי' | Ex14:31M | בה מימרי' דייי נסין במצרי' והימינו |
| 610 | | Gn45:13 | ותתנון לאבא ית כל אקרי במצרי' וית כל מה דחמיתון ותוחון |
| 611 | במצרים | Gn41:53 | שני שבענא די הוין במצרים: |
| 612 | | Gn47:29 | וטבו לא כען תקבר יתי במצרים: |
| 613 | | Gn50:26 | ושוון יתיה בארונא במצרים: |
| 614 | | Ex 1:05 | נפשן ויוסף דהוה במצרים: |
| 615 | | Ex 3:16M | /די עבדו מתעבד לכון במצרים#2/: |
| 616 | | Ex12:40 | די בני ישראל די שרון במצרים ארבע מאה ותלתין שנין: |
| 617 | | Ex12:30 | והות צווו{ת}חת רבה במצרים ארום לא הוה תמן בית די |
| 618 | | Dt 6:22 | וסימנין רברבין ובישין במצרים בפרעה ובכל אנשי בייתיה |
| 619 | | Ex12:27 | על בתיהון דבני ישראל במצרים בקטלותה ית מצרים וית |
| 620 | | Ex14:11 | דלית קברין במצרים דברת יתן למקטלה יתן |
| 621 | | Gn50:22 | ושרא יוסף במצרים הוא ואנשי בייתיה דאבוי |
| 622 | | Ex 4:18 | ואחזור לוות אחי די במצרים ואחמי העד כען אינון |
| 623 | | Gn42:01 | ארום אית עיבור מזדבן במצרים ואמר יעקב לבנוי למה כען |
| 624 | | Ex 7:04 | ית מחית פורענתי במצרים ואפק ית חיילותי ית עמי |
| 625 | | Ex 7:05M | פורענתי \על מצרים/במצרים#2/ ואפקת ית בני |
| 626 | | Nu14:22 | פר«י»שתי די עבדית במצרים ובמדברה ונסון יתה דנה |
| 627 | | Ex14:31 | ידא תקיפתא די עבד ייי במצרים ודחילו עמא מן קדם ייי |
| 628 | | Ex14:25 | {עד אינון יהיבין במצרים והו' עתיד למעבד להון |
| 629 | | Ex14:25 | עד אינון יהיבין במצרים והוא עתיד למעבד להון |
| 630 | | Nu12:12 | כד הוינא משתעבדין במצרים וחזרין ומטרפין במדבר' |
| 631 | | Nu26:59 | די ילדת יתה ללוי במצרים וילדת לעמרם ית אהרן |
| 632 | | Nu11:18 | בשר ארום טב הוה לן במצרים ויתן ייי לכון בשר |
| 633 | | Dt10:22 | נפשן נחתון אבהתכון במצרים וכדון שווי יתכון ייי |
| 634 | | Gn41:36 | שני כפנא די יהווין במצרים ולא תשתיצי ארעא בכפנא: |
| 635 | | Dt 4:34 | עבד לכון ייי אלהכון במצרים ועייניכון חמיין: |
| 636 | | Dt 1:30 | מה די עבד ייי עמכון במצרים ועיניכון חמיין: |
| 637 | | Dt 6:21 | משעבדין הוינן לפרעה במצרים ופרק ואפק יתן פריקין מן |
| 638 | | Dt24:18 | עבדין משעבדין הוויתון במצרים ופרק יתכון ^^ייי אלהכון |
| 639 | | Gn42:02 | ארו«ם» עיבור מזדבן במצרים חותו לתמן וזבונן לן מתמן |
| 640 | | Nu20:15 | אבהתן מצרימה ושרינן במצרים יומין סגין ואבאשו לן |
| 641 | | Ex14:12 | דן פתגמא דמללנן עמך במצרים למימר ארפי מינן ונפלח |
| 642 | | Ex 9:18 | לחדא די לא הוי כוותה במצרים למן יומא דאזדמנת ועד |
| 643 | | Nu11:05 | ית נוניה דהוינן אכלין במצרים מגן ית קישואיה וית |
| 644 | | Ex14:03M | ואבירם דמשתיירין במצרים על עסק בני ישרא' |
| 645 | | Gn46:27 | דיוסף די אתיילדו לה במצרים תרתין נפשן כל נפשתא |

|  |  |  |  |
|---|---|---|---|
| 646 | במצרימה | Nu20:15M | ושרינן במצרים/במצרימה#2#/ יומין סגין ואבאשו |
| 647 | במקהלות | Nu33:25 | ונטלו מחרדה ושרון במקהלות: |
| 648 | במרה | Nu33:08 | במדברה דאיתם ושרון במרה: |
| 649 | במתקה | Nu33:28 | ונטלו מתרח ושרון במתקה: |
| 650 | בסדום | Gn14:12 | ואזלו והוא הוה שרי בסדום: |
| 651 | בסדם | Gn18:26 | ייי אם אשכח הא אשכח בסדם חמשין זכיין בגו קרתא |
| 652 | בסוכות | Nu33:05 | מן פילוס{ופ}ין ושרון בסוכות: |
| 653 | בעברונה | Nu33:34 | ונטלו מיט' ושרון בעברונה: |
| 654 | בעדן | Gn 2:08 | ונצב ייי אלהים גנא בעדן מן לקדמין ושוי תמן ית אדם |
| 655 | בעין גדי | Gn14:07 | אמורי' דהוון שריין בעין גדי תמריא: |
| 656 | בעלמון | Nu33:46 | מדיבון גד ושרון בעלמון דבלתימה: |
| 657 | בעשתרתא | Gn14:05 | עמה וקטילו ית גיברייה בעשתרתא דקרנים וית זיותניה |
| 658 | בעשתרתה | Dt 1:04 | דבותנין דהווה שרי בעשת{ה}<ר>תה באדרעא: |
| 659 | בפדן ארם | Gn46:15 | דלאה די ילדת ליעקב בפדן ארם וית דינה ברתיה כל |
| 660 | | Gn31:18 | וקניינוי די קנה בפדן ארם למיזל לוות יצח«ק» |
| 661 | בפדן דארם | Gn35:26 | דיעקב דאתילדו לה בפדן דארם: |
| 662 | בפונון | Nu33:42 | ונטלו מן צלמונה ושרון בפונון: |
| 663 | בצלמונה | Nu33:41 | ונטלו מהור טורא ושרון בצלמונה: |
| 664 | בקהלתה | Nu33:22 | ונטלו מרסה <ושרון> בקהלתה: |
| 665 | בקלרא | Dt 2:32M | לסדרי קרבה ליהצה/בקלרא#2#/: |
| 666 | בקסם | Nu34:04 | ויעבר בתחום שוק מסיי בקסם: |
| 667 | ברבת | Dt 3:11M | דבני עמוניי /באפרכיו ברבת בני עמונאי#2#/ תשע אמין |
| 668 | | Dt 3:11 | דפרזל הלא היא יהיבא ברבת דבני עמוניי תשע אמין ארכה |
| 669 | ברמן פרץ | Nu33:19 | ונטלו מרתמה ושרון ברמן פרץ: |
| 670 | ברסה | Nu33:21 | ונטלו מלב' ושרון ברסה: |
| 671 | ברפידים | Ex17:08 | סדרי קרבא עם ישראל ברפידים: |
| 672 | | Ex17:01 | מימריה דייי ושרון ברפידים ולא הוה להון מיא דשתון |
| 673 | | Nu33:14 | ונטלו מאלוש ושרון ברפידים ולא הוה תמן מין לעמא |
| 674 | ברקם | Nu20:01 | בירחה קדמאה ושרון עמה ברקם ומיתה תמן מרים ואתקברת |
| 675 | | Dt 1:46 | ושריתון ברקם יומין סגין כיומיא די |
| 676 | | Nu20:16 | יתן מן מצרים והא אנן ברקם קרתה דבסיפי תחומך: |
| 677 | ברתמה | Nu33:18 | ונטלו מחצרות ושרון ברתמה: |
| 678 | בשטים | Nu25:01 | ושרון ^בני#2#^ ישראל בשטים ושרי עמא למזניה עם בנתהון |
| 679 | בשכם | Gn37:12 | למרע ית ענא דאבוהון בשכם: |
| 680 | | Gn37:13 | ליוסף הלא אחיך רעין בשכם אתא ואשלח יתך לוותהון |
| 681 | בתחת | Nu33:26 | ונטלו ממקהלות ושרון בתחת: |
| 682 | בתרח | Nu33:27 | ונטלו מת' ושרון בתרח: |
| 683 | בא' | Gn10:08M | /בחטאה ולמרדה קדם ייי בא'#2#/: |
| 684 | | Dt31:12M | וגייורייה די בא' |
| 685 | | Dt26:02M | בסלה ותזלון לאתרא/בא'#2#/ די יתרעי ייי אלהכון |
| 686 | | Lv25:07M | /ולחייתה דאית בא'#2#/ תיהוי כל עללת למיכל |
| 687 | באבהתכון | Dt10:15 | לחוד באב<ה>תכון אתרעי ממרה דייי |
| 688 | באבילו | Dt26:14M | לא אכלנן באבילותן/<בא>בילו#2#/ מניה ולא |
| 689 | באבילותן | Dt26:14 | לא אכלנן באבילותן מניה ולא אפרש{ו}<י>נן |
| 690 | באבן | Ex21:18 | וימחי גבר ית חבריה באבן או במרתוק ולא ימות ויטלק |
| 691 | | Nu35:17 | ואן באבן מלא ידא די ימות בה מחת |
| 692 | באבנ' | Gn50:01M | טבין ומרגלין ומחזקין באבנ' דבו' וארגוונה תמן שפכן |
| 693 | באבנא | Gn50:01 | מרגליין מליא ומחזקא באבנא בועה בוצה וארגוונא שפיכין |
| 694 | באבניא | Nu14:10 | עם כנישתה מרגום יתהון באבניא ואיקר שכינתה דייי אתגליית |
| 695 | באבניה | Lv20:02 | עמה דארעא ירגמון יתה באבניה: |
| 696 | | Dt13:11 | ותירגמון יתיה באבניה וימות ארום בעא {{למיטעי}} |
| 697 | | Nu15:36 | משריתה ורגמו יתיה באבניה ומית היך מה די פקד ייי ית |
| 698 | | Lv20:27 | זכורון מתקטלה יתקטלון באבניה ירגמון יתהון חובת אדמיהון |
| 699 | | Nu15:35 | ימות גברא ירגמון יתה באבניה כל עם כנישתה לבר מן |
| 700 | באבנייא | Dt17:05 | ית אתתה ותרגמון יתהון באבנייא וימותון: |
| 701 | באבנייה | Lv24:23 | משריתה ורגמו יתיה באבנייה ובני ישראל עבדו היך מה |
| 702 | | Dt21:21 | יתיה כל עמא דקרתה באבנייה וימות ותבערון עבדי בישתה |
| 703 | | Dt22:24 | ההיא ותרגמון יתהון באבנייה וימותון ית רביתה על עסק |
| 704 | | Dt22:21 | וירגמון יתה עמא דקרתה באבנייה ויקטלון יתה ארום עבדת |
| 705 | באבנין | Gn50:01M | <דהב> טב ומקבעין באבנין טבין ומרגלין ומחזקין |
| 706 | באברזי' | Ex21:06M | ית אונ<יה> ימינ' בא{ר}<ב>רזי' ויהוי פלח עמא עד |
| 707 | באגמא | Gn41:18 | ברווהון והוויין רעיין באגמא: |
| 708 | באגמין | Gn41:02 | בבשריהון והויו רעין באגמין: |
| 709 | באגרא | Ex22:14 | אין אגיר הוא אתקבל באגרא: |
| 710 | באדמה | Gn37:31 | עזין וצבעו ית פרגודה באדמה: |
| 711 | | Gn42:21 | לאחוי ברם חייבין אנן באדמה דאחונה די חמינן בעקת |
| 712 | | Ex12:22 | מיסרא דאיזוב ותצבעון באדמה די במנה ואתון ותתנון על |
| 713 | | Nu35:33 | ית ארעא ולארעא לא יכפר באדמה דיאשתפך בה ארום אלהין |
| 714 | | Nu35:33 | דיאשתפך בה ארום אלהין באדמה דמן דשפך יתיה: |
| 715 | | Nu 7:16 | חובין ולשלוון למכפרה באדמה דצפירה על חובוי ועל חובי |
| 716 | | Nu 7:22 | חובין ולשלוון למכפרה באדמה דצפ«י»רה על חובוי ועל |
| 717 | | Nu 7:28 | חובין ולשלוון למכפרה באדמה דצפירה על חובוי ועל חובי |
| 718 | | Nu 7:34 | חובין ולשלוון למכפרה באדמה דצפירה על חובוי ועל חובי |
| 719 | | Nu 7:40 | חובין ולשלוון למכפרה באדמה דצפירה על חובוי ועל חובי |
| 720 | | Nu 7:46 | חובין לשלוון למכפרה באדמה דצפירה על חובוי ועל חובי |
| 721 | | Nu 7:52 | חובין ולשלוון למכפרה באדמה דצפירה על חובוי ועל חובי |
| 722 | | Nu 7:58 | חובין ולשלוון למכפרה באדמה דצפירה על חובוי ועל חובי |
| 723 | | Nu 7:64 | חובין ולשלון למכפרה באדמה דצפירה על חובוי ועל חובי |
| 724 | | Nu 7:70 | חובין ולשלוון למכפרה באדמה דצפירה על חובוי ועל חובי |
| 725 | | Nu 7:76 | חובין ולשלוון למכפרה באדמה דצפירה על חובוי ועל חובי |
| 726 | | Nu 7:82 | ולשלוון לכפרה באדמה דצפירה על חובוי ועל חובי |
| 727 | | Lv14:06 | יתהון וית צפרה חייתה באדמה דצפרה דנכיסתה על מיא |
| 728 | | Lv14:51 | דחייתה ויצבע יתהון באדמה דצפרה נכיסתה ובמיא דמבועה |
| 729 | | Lv14:52 | וידכי ית ביתה באדמה דצפרה ובמיא דמבועא ובצפרה |
| 730 | | Lv17:11 | ארום נפש בשרה באדמה היא ואנה יהבת לכון יתה |
| 731 | | Lv 4:06 | ויצבע כהנא ית אצבעיה באדמה וידי מן {מ} דמא שבע זמנין |
| 732 | | Lv 9:09 | אדמה לוותה וצבע אצבעיה באדמה ויהב על קרנתה דמדבחה וית |
| 733 | | Lv 5:09 | דמדבחא ומה דמשתייר באדמה ימצה על יסודוי דמדבחא |
| 734 | | Lv14:06M | צפרתה דבחיין באדמה צפרתה דנכיסה על מיין |
| 735 | באדנה | Dt15:17M | ובתרע /ותרצע יתיה באדנה#2#/ בית דינה ויהווי לך עבד |
| 736 | באדנהון | Gn35:04 | בידיהון וית קדשיא די באדנהון וטמר יתהון יעקב תחות |
| 737 | באדני | Ex32:02 | פכרו קדשייא דדהבא די באדני נשיכון בניכון ובנתכון |
| 738 | באדניה | Dt15:17 | ותסב ית מרצעה ותתן באדניה ובתרע בית דינה ויהווי לך |
| 739 | באדניהון | Ex32:03 | ית קדשיא דדהבא «די» באדניהון ואייתון לוות אהרן: |
| 740 | באדר | Gn50:11 | ארעא דכנען ית אבלה באדר אטדה ואמרין אבל תקיף הוא |
| 741 | באדרע | Ex 6:06M | יתכון \ביד תקיפא /בא<ד>רע מנטלא#2#/ ובסדרי דינין |
| 742 | באהילה | Nu12:12M | מסאבה ... במעיה": מצרעה באהילה כמיתה ארום מה דהדין וולד |
| 743 | | Nu12:12 | כען תיהוי מרים מסאבה באהילה כמיתייה והא מ{ת}<ד>מיא |
| 744 | באו' | Dt19:03M | תכוונון לכון אורחא/באו'#2#/ ותתלתון ית תחום |
| 745 | באויר | Ex20:03 | מן שמאלה פרח וטייס באויר שמיא וחזר וכל ישראל |
| 746 | | Dt 5:06 | מן שמאליה פרח וטייס באויר שמיא וחזר ומקף על |
| 747 | | Ex20:02 | מן שמאליה פרח וטייס באויר שמייא וחזר וכל ישראל |
| 748 | | Dt 4:17 | דמו כל עוף דפרח דטייס באויר שמייא: |
| 749 | | Dt 5:07 | מן שמאליה פרח וטייס באויר שמייא וחזר ומקף על |
| 750 | באולפן | Gn15:17M | על די מרדו בחייהון באולפן אורייתא בעלמא הדין ולא |
| 751 | | Dt 4:04 | ואתון על די אדבקתון באולפן אורייתה דייי אלהכון הא |
| 752 | | Dt11:22 | דתקנן קדמוי ולמד<ב>קה באולפן אורייתה: |
| 753 | באומ' | Ex26:08M | \אמין באמתא /אומין באומ'#2#/ משח«א» חדא לחדא |

|  |  |  |  |
|---|---|---|---|
| 754 | באומה | Dt 3:11M | \אומין#2#/ פתייה באמתיה/באומה#2#/ דמלכא: |
| 755 | באומיא | Gn17:16 | לאומין ומלכין דשלטין באומיא מנה יקומון: |
| 756 | באומיה | Lv26:33 | ויתכון אדרי באומיה ואגרי בתרכון שלפי חרב |
| 757 | | Lv26:38 | ותיבדון באומיה ותאכל יתכון ארע |
| 758 | באומיהון | Gn10:05 | גבר ללשניה לזרעיתהון באומיהון: |
| 759 | | Gn10:20 | ללשניהון בארעהון באומיהון: |
| 760 | | Gn10:32 | דנח לתל<ד>וותהון באומיהון ומן אלין אתפרשו אומייא |
| 761 | באומייא | Dt 4:27M | עם \דמניין באומייה/באומייא#2#/ די יגלי ייי יתכון |
| 762 | באומייה | Dt 4:27 | ותשתיירון עם דמניין באומייה די יגלי ייי יתכון לתמן: |
| 763 | | Dt 4:27 | ויבדר ייי יתכון באומייה ותשתיירון עם דמניין |
| 764 | באומין | Nu24:07 | ובנוי ישלטון באומין סגין יתקף מן שאול {רחם} |
| 765 | | Dt15:06 | תצרכון למיזף ותשלטון באומין סגין ואינון בכון לא |
| 766 | | Dt28:12M | תצרכון למיזף ותשלטון באומין סגין והנון בכון לא |
| 767 | באומן | Ex27:18M | \אמין באמתה \אומן באומן#2#/ ופתיה חמשין על חמשין |
| 768 | באומנות | Ex35:33 | קיסה למעבד בכל עבידת באומנות: |
| 769 | | Ex31:04 | ולמלפא אומנון ולמעבד באומנות דהבא ובאומנות כספא |
| 770 | | Ex35:32 | אומנ{י}<ו>ן למעבד באומנות דהבא ובאומנות כספא |
| 771 | | Gn 4:22M | קין אומן \בכל אומנות/באומנות#2#/ נחשא ופרזלא ואחתה |
| 772 | באומתא | Ex27:09M | \אמין באמתא \אומן באומתא#2#/ ארך לסיטרא חדא/חדתא#2# |
| 773 | באומתה | Ex38:09M | \אמין באמתה \אומין באומתה#2#/: |
| 774 | | Ex36:09M | \אמין יריעתה \אומין באומתה דיריע#2#/ חדא/חתה#2#/ |
| 775 | | Ex36:15M | \אמין באמתא \אומין באומתה#2#/ וארבע אמין/אומין#2#/ |
| 776 | | Nu35:05 | מערבייה תרין אלפין באומתה וית סיטרה צפונה תרין |
| 777 | | Nu35:05 | תרין אלפין ^אמין#2#^ באומתה וית סיטרה מערבייה תרין |
| 778 | | Nu35:05 | סיטרה דרומה תרין אלפין באומתה וקרתה במצעה אלין יהוון |
| 779 | | Ex38:11M | \אמין באמתה \אומין באומתה#2#/ עמודיהון עשרין |
| 780 | | Ex38:12M | \אמין באמתה \אומין באומתה#2#/ עמודיהון עשרה |
| 781 | | Ex36:09M | \אמין באמתה \אומין באומתה#2#/ ופתיא/^פרי#2#^ |
| 782 | באומתייא | Ex26:02M | חדתא ופתיא \אומין באומתייא ופתוי#2#/ ארבע אמין |
| 783 | באונס' | Lv14:40M | לקרתה דאיהוא בנה ביתה באונס' וסלומא יתרמון לאתר מסאב |
| 784 | באונסא | Nu 6:09M | מית מצוותה בתכוף באונסא#2#/ ויסאב רייש נזירותיה |
| 785 | באוצרי | Dt32:34 | ומעתד לרשיעיה חתום באוצרי ליום דינה רבה: |
| 786 | באוצריכון | Dt28:08 | ברכתה וייתון עליכון באוצריכון ובכל אושטות ידיכון |
| 787 | באורח | Gn24:32M | דגמלין דהוון זמימי באורח דלא למיכל מן גזילא |
| 788 | | Dt28:25 | קדם בעלי דבביכון באורח חדא תפקון קדמיהון לסדרי |
| 789 | | Ex 3:01M | רעי ית ענה <....> בתר/באורח#2#/ מדברא ואתא לטורא |
| 790 | באורחא | Ex33:03 | אינון דלא אשיצא יתכון באורחא: |
| 791 | | Nu22:23 | ית אתנתה למכוונה יתה באורחא: |
| 792 | | Ex 4:24 | והוה באורחא בבית אבתותה וארע יתיה |
| 793 | | Dt23:05 | יתכון בלחמא ובמיא באורחא בזמן אפקותכון פריקין מן |
| 794 | | Dt24:09 | עבד ייי אלהכון למרים באורחא בזמן אפקותכון פריקין מן |
| 795 | | Dt25:17 | עבדו לכון דבית עמלק באורחא בזמן אפקותכון פריקין מן |
| 796 | | Gn48:07 | לאפרתה וקברית יתה תמן באורחא דאפרת היא בית לחם: |
| 797 | | Gn16:07 | דמיא במדברא על עיינה באורחא דחלו«צה»: |
| 798 | | Gn24:27 | וקושטה עם ריבוני אנא באורחא דבר יתי ייי בבייתיה דאחוי |
| 799 | | Gn35:03 | בשעת עקתי והווה בסעדי באורחא דהלכת: |
| 800 | | Gn28:20 | ייי בסעדי וינטר יתי באורחא די אנה מהלך בה ויתן לי |
| 801 | | Gn24:48 | אברהם דדבר יתי באורחא דקושטא למסבה ית ברת אחוי |
| 802 | | Dt17:16 | לכון לא תוספון למחזור באורחא הדין תוב עד לעלם: |
| 803 | | Dt25:18 | די ארעו יתכון באורחא והוון מקטלין בכון כל דהוה |
| 804 | | Gn35:09M | אימיה ומיתת עלוי רחל באורחא ויתב ליה אבונן יעקב |
| 805 | | Nu22:34 | את קיים מתעתד לקדמותי באורחא וכדון אין ביש באפך אחזור |
| 806 | | Ex13:21 | דעננא למדברא יתהון באורחא ולייליא בעמוד' דעננא |
| 807 | | Ex18:08 | כל עקיא די ארען יתהון באורחא ושזיב יתהון ייי: |
| 808 | | Dt22:04 | תורה «דאחוך» מטלקין באורחא ותכסי עיינך מנהון משבוק |
| 809 | | Ex14:03M | בארעא טעיין הינון באורחא טרד עליהון טעותא דצפון |
| 810 | | Ex14:03 | ישראל טעיין אינון באורחא טרד עליהון בעל צפון טעותי |
| 811 | | Gn42:38 | אשתייר ויארע יתיה סקול באורחא תהלכון בה ותחתון ית שיבתי |
| 812 | באורחה | Nu21:04 | ואתעקת נפשהון דעמה באורחה: |
| 813 | | Dt27:18M | דמטעה אכסנייה באורחה דהוא מדמי לסמייה ויענון |
| 814 | | Dt30:19 | וית לווטייה ותבחרון באורחה דחיי מן בגלל דתיחון אתון |
| 815 | | Dt28:68 | בלברנייה ובאלפייה באורחה די אמרת לכון לא תוספון |
| 816 | | Nu20:17M | ני{כ}<נ>וס נשי גוברין באורחה דמלכא דעלמא ניזיל |
| 817 | | Dt10:12M | בכל ארחן \למהלכה באורחה#2#/ דתקנן קדמוי ולמרחום ית |
| 818 | | Dt19:09M | ולמהלכה באורחן/<באור>חה#2#/ דתקנן קדמויי כל |
| 819 | | Dt11:19 | בגו בתיכון ובהלכותכון באורחה ובדמככון ובקומכון: |
| 820 | | Dt 6:07 | בגו בתיכון ובהלכותכון באורחה ובמדמכון ובקומיכון: |
| 821 | | Nu22:31 | מלאכה דייי קים מתעתד באורחה וחרביה שליפה בידיה ועקד |
| 822 | | Dt27:18 | גברה די יטעי סמייה באורחה ויאמרון כל עמא אמן: |
| 823 | | Dt28:07 | בכון תבירי קדל קדמיכון באורחה חדה יפקון לקובליכון לסדרי |
| 824 | באורחי | Gn24:56 | יתי וייי הצל«ח» באורחי שלחו יתי ואיזיל לוות |
| 825 | באורחיה | Gn35:09 | אמיה ומיתת רחל עלוי באורחיה ויתב ליה צווח ובכה |
| 826 | באורחן | Dt19:09 | דייי אלהכון ולמהלכה באורחן דתקנן קדמויי כל יומיא |
| 827 | | Dt26:17 | לכון לאלה פרוק למהלכה באורחן דתקנן קדמוי ולמטור קיימוי |
| 828 | | Dt28:09 | דייי אלהכון ותהלכון באורחן דתקנן קדמוי: |
| 829 | | Dt30:16 | דייי אלהכון ולמהלכה באורחן דתקנן קדמוי ולמטור מצוותה |
| 830 | באורחתיה | Dt 8:06 | דייי אלהכון למהלכה באורחתיה ולמדחול מן קדמוי: |
| 831 | באורחתך | Gn24:40M | קדמיך ויצלח ארחך/באורחתך#2#/ ותסב אתה לברי מן |
| 832 | באורייתא | Gn27:40 | בנוי דיעקב לעיין באורייתא ומנטרין פיקודיא יהוון |
| 833 | | Gn 3:15M | לבין זרעית בנה לעיין באורייתא ונטרין פקודיה ימנעון |
| 834 | | Gn27:40 | ומנעין גרמיהון מלמלעי באורייתא תשלט ביה ותפרוק ניר |
| 835 | באורייתה | Dt33:29 | ישראל כד תהוון לעיין באורייתה ועבדין פיקודייה על פרקת |
| 836 | | Lv19:32 | חכימין רברבין מנכון באורייתה תהוון קיימין ותייקרון |
| 837 | באורית' | Dt32:07 | דרברבין מנכון באורית' ויתנון לכון חכימיכון |
| 838 | | Gn27:40M | דיעקב דלא למלעי באורית' ולא למטור פקודייה הא |
| 839 | | Gn 2:15 | בגנתא דעדן למהוי פלח באורית' ולמטור פקודיה: |
| 840 | באוריתא | Gn15:17M | ובגי' רשעין די כפרו באוריתא |
| 841 | באוריתה | Gn 3:15M | בנה דאתתא דלא למלעי באוריתה ולא למיטר' פיקודיה תהוי |
| 842 | | Dt32:14 | יהוון ישראל לעיין באוריתה ונטרין פקודייה מן ענבה |
| 843 | | Dt32:30 | כד יהוון ישראל לעיין באוריתה ונטרין פיקודייה הוה חד |
| 844 | | Dt32:04 | חלקין תלת שעין לעי באוריתה ותלת שעין יתב בדינה ותלת |
| 845 | בארך | Ex27:11 | וכדן לסיטרה צפוניה בארך ווילון מאה אמין ארך |
| 846 | באושטות | Lv 5:21 | בחברה בפקדון או באושטות יד או בגזל או די עצה ית |
| 847 | | Lv 5:21M | בחברה בפקדונה או באושטות ידה או בגזלה או די |
| 848 | באחוי | Dt19:18 | הוא שהדה שקר אסהיד באחוי: |
| 849 | | Dt28:54 | לחדה תבאש עייניה באחוי ובאתת חובה טליותיה ובשיור |
| 850 | | Dt28:54M | טליותיה/תבאש עיינוי באחוי ובבעלת טליותה#2#/ |
| 851 | | Lv26:37 | ויתקלון גבר באחוי כמן קדם שלפי חרבה ורדף |
| 852 | | Lv25:46 | בני ישראל גבר באחוי לא תשתעבד בה בקשיו: |
| 853 | באחוך | Dt15:09 | שמטתה ויבאש באפ{ו}<י>ך באחוך מסכינה ולא תתן לה ולא |
| 854 | באחיכון | Dt15:09M | ויבאש באפיכון באחיכון מס{ק}<כ>י' דלא תתנון לה |
| 855 | באחסנה | Nu26:53 | לאלין שבטיה תתפלג ארעא באחסנה במניין שמהן: |
| 856 | | Nu36:02 | פקד ייי למיתן ית ארעא באחסנה בעדיון לבני ישראל ורבוני |
| 857 | באחסנות | Dt32:08M | באחסנת/<באחס>נות#2#/ עילאה אומיה |
| 858 | | Nu36:07 | מן שבט לשבט ארום גבר באחסנות שבט אבהתיה ידבקון בני |
| 859 | באחסנותכון | Dt19:14M | /די תחם יתיה קדמאי באחסנותכון#2#/ די תאחסנון/תחסנון#2# |
| 860 | | Nu18:26 | לכון מן לוותהון באחסנותכון ותפרשון מיניה אפרשותה |
| 861 | באחסנת | Dt32:08 | באחסנת עילאה אומיה בפרישותיה |

|  |  |  |  |
|---|---|---|---|
| 862 | באחסנתיה | Nu36:09 | לשבט אחרן ארום גבר באחסנתיה ידבקון שבטיהון דבני |
| 863 | באחסנתיהון | Gn48:06 | על שם אחיהון יתקרון באחסנתיהון: |
| 864 | באחסנתכון | Dt19:14 | מה דאתקינו קדמייה באחסנתכון די תאחסנון בארעכון דייי |
| 865 | באחריותהון | Dt32:29 | אתבוננו מה הווי באחריותהון: |
| 866 | באחתה | Gn30:01 | ליעקב וקניית רחל באחת«ה» ואמרת ליעקב הב לי בנין |
| 867 | באיד | Dt 7:08M | ביד תקיפה ופרק/ייי באיד תקיפ' ופרק#2/ יתכון מן |
| 868 | באידה | Dt 5:15M | פריקין מן תמן בידה/באידה#2/ תקיפה ובאדרע מנטלה |
| 869 | באילי | Ex15:11 | מן כוותך באילי מרומא ייי מן כוותך הדור |
| 870 | באילין | Lv26:23 | ואן באילין מרדוותה לא תתרדון קדם |
| 871 | באילן | Ex10:15 | ברדא ולא אשתייר כל טרף באילן ובעשבא דאפי ברא בכל ארעא |
| 872 | באילנא | Gn22:13 | עינוי וחמה והא דכר חד באילנא בקרנוי ואזל אברהם ונסב |
| 873 | | Gn13:10 | וית עמרה כגינת' דייי באילנא כארעא דמצרים בפיריה מעלך |
| 874 | באימ' | Nu14:14M | קודמיהון ביממא/באימ'#2/ ובעמודה דאשתא |
| 875 | באימּ' | Lv 8:35 | ובתרע משכן זימנה תישרון באימּ' ובלילה שבעה יומין ותטרון |
| 876 | באימּמא | Gn31:40 | הוינא באימּמא אכל יתי שרבא וקלשא |
| 877 | | Ex13:21 | דייי הוה מדבר קדמיהון באימּמא בעמודא דעננא למדברא יתהון |
| 878 | | Ex40:38 | שכינתא דייי על משכנא באימּמא ואשתא תיהוי בליליא ביה |
| 879 | | Gn 1:18 | ולמהוי שליט באימּמא ובליליא ולמפרש' בין נהורא |
| 880 | | Gn31:39 | מה דהוון גנביא גנבין באימּמא וחיות ברא מתכלא בליליא |
| 881 | | Gn 1:16 | נהורא רבה למהוי שליט באימּמא וית נהורא זעירא למהוי |
| 882 | | Ex13:22 | לא פסק עמוד«א» דעננא באימּמא ועמודא דאישתא בליליא |
| 883 | באימּמה | Dt 1:33 | בה ובעמודה דעננה באימּמה: |
| 884 | | Dt16:01 | ועבד לכון נסין וגבורן באימּמה: |
| 885 | | Nu10:34 | שכינתה דייי הוה מגן באימּמה במיטלהון מן משריתה: |
| 886 | באימריא | Gn30:33 | ונמר בעיזייא ולחוש באימריא גניב הוא עמי: |
| 887 | באימריה | Nu15:11M | לדיכרא חדא או לאימר באימריה או לגדי עזייה |
| 888 | באינשי ביתך | Nu18:11 | לקיים עלם כל דדכי באינשי ביתך יאכל יתה: |
| 889 | באיסטליתא | Dt24:13M | במעליה שמשא וידמוך באיסטליתא ויברך יתך ולך תיהווי |
| 890 | באיסטרטא | Nu21:22M | \בארח מלכא נהלך /באיסטרטא דמלכא ניזל#2/ עד זמן |
| 891 | באיצבעי | Nu19:04 | אלעזר כהנא מן אדמה באיצבעי ויידי כל קבל אפי משכן |
| 892 | באיקר | Ex 3:06 | ארום דחל מן למסתכלא באיקר שכינתה דייי: |
| 893 | | Nu14:09 | לחוד באיקר שכינתה דייי לא תמרדון |
| 894 | | Dt 1:30 | ייי אלהכון הוא באיקר שכינתיה מדבר קדמיכון הוא |
| 895 | באיקרא | Dt 5:16M | הוון זהירין באיקרא דאבוכון ובאיקרא דאמכון |
| 896 | באיקרהון | Dt33:16 | בארעא דמצרים וזהיר באיקרהון דאחוי: |
| 897 | באיקריה | Lv19:03 | גבר באיקריה דאבוי ודאימיה תהוון |
| 898 | באישון | Gn18:05 | ארום בגין כדין באיש{ת}ון שורותא עברתון על עבדכון |
| 899 | באיתבריותהון | Gn 2:04 | תולדת שמיא וארעא באיתבריותהון ביומא דברא ייי אלהים |
| 900 | באיתגלאיותי | Ex12:13M | על מותא למזיק באיתגלאיותי למקטל בוכרייה |
| 901 | באלה | Dt32:21 | אינון אקנון יתי באלה דלא אלה ואכעסו יתי |
| 902 | | Ex 6:03 | על יצחק ועל יעקב באלה שמיא ברם שמי תקיפא ייי לא |
| 903 | באליין | Lv24:12 | מנהון הוה משה מתין באליין ובאילין אמר לא שמעית |
| 904 | באלין | Lv24:12M | דינא מקטלין יתיה /באלין דינין אתעבד בה#2/: |
| 905 | | Lv25:54 | ואן לא יתפרק באלין ויפוק בשתה דיובילה הוא |
| 906 | באלנא | Ex10:15M | באילן ובעשבא /ירוק באלנא ובעשבא#2/ דאפי ברא בכל |
| 907 | באמ' | Nu35:05M | תרין אלפין באומתה/באמ'#2/ וית סיטרה צפונה |
| 908 | | Nu35:05M | אלפין ^אמין#2/^ באומתה/באמ'#2/ וית סיטרה מערביה |
| 909 | | Nu35:05M | תרין אלפין באומתה/באמ'#2/ וקרתה במצעה אלין |
| 910 | באמה | Dt32:21 | ואנה אקני יתהון באמה דלא אמה באמה מנבלה אכעס |
| 911 | | Dt32:21 | אקני יתהון באמה דלא אמה באמה מנבלה אכעס יתהון: |
| 912 | באמיא | Gn48:19 | מנה ובנוי יהוון שליטין באמיא: |
| 913 | | Gn17:06 | לאומין מלכין דשלטין באמיא מן חלציך יפקון: |
| 914 | | Gn35:11 | מינך ומלכין דשלטין באמיא מן חלציך יפקון: |
| 915 | באמר | Ex13:13 | פתחי וולדא דחמרא תפרקון באמר אין לא תפרקון יתיה תקטלון |
| 916 | | Ex34:20 | וולדה דחמרא תפרקון באמר ואין לא תפרקון יתה תקטלון |
| 917 | באמריא | Gn30:35 | שומה חיורא וכל לחוש באמריא ושוי ביד בנוה«י»: |
| 918 | באמריה | Nu15:11 | דכרה חדתה או עם אמרה באמריה או בגדיה או בעזיה: |
| 919 | | Dt14:04 | בעיר די תאכלון תור אמר באמריה וגדי בעיזיה: |
| 920 | באמרייא | Gn30:32 | קרח ונמר וכל אמר לחוש באמרייא ונמר וקרח בעזייא ויהוי |
| 921 | באמרייה | Lv22:19 | מן «מום» בתורייה באמרייה ובעזייה: |
| 922 | באמת' | Ex26:08M | \אמין באמתא /אומין באמת'#2/ ופתיא ארבע אמין באמתא |
| 923 | באמתא | Ex27:09 | בוץ שזיר מאה אמין באמתא ארך לסיטרא חדא: |
| 924 | | Ex26:02 | חדתא ופתיא ארבע אמין באמתא דיריעתה חדתה משחא חדא לכל |
| 925 | | Ex36:15 | יריעתה חדא תלתין אמין באמתא וארבע אמין פותיה דיריעתה |
| 926 | | Ex26:08 | חדתה תלתין אמין באמתא ופתיא ארבע אמין באמתא |
| 927 | | Ex26:08 | באמתא ופתיא ארבע אמין באמתא משח«א» חדא לחדא עשרתי |
| 928 | באמתה | Ex38:09 | בוץ שזי«ר» מאה אמין באמתה: |
| 929 | | Nu35:05 | סיטרה צפונה תרין אלפין באמתה וית סיטרה דרומה תרין |
| 930 | | Ex36:09 | חדא עשרין ותמני אמין באמתה ופתיא ארבע אמין יריעתה |
| 931 | | Ex27:18 | ארכה דדרתה מאה אמין באמתה ופתיה חמשין על חמשין |
| 932 | | Ex38:11 | ולסיטרה צפוניה מאה אמין באמתה עמודיהון עשרין וחומריהון |
| 933 | | Ex38:12 | וילון חמשין אמין באמתה עמודיהון עשרה וחומריהון |
| 934 | באמתיה | Dt 3:11 | ארכה וארבע אמין פתייה באמתיה דמלכא: |
| 935 | באנשא | Ex 8:14 | ולא יכלו והוון כלמיא באנשא ובבעירא: |
| 936 | באנשי ביתיה | Gn17:23 | זביני כספא כל דכורה באנשי ביתיה דאברהם וגזר ית בשר |
| 937 | באנשי ביתך | Nu18:13 | דידך יהווי כל דידכי באנשי ביתך יאכל יתיה: |
| 938 | באסטרטא | Nu20:19M | \ארח מלכא נסוק /באסטרטא דמלכא ניזל#2/ ואין |
| 939 | באסלה | Nu13:23M | בקופה /וסובלוהי באסלה#2/ בתרין/ביני תרין |
| 940 | באסקותי | Dt 9:09 | לטורה למיסב לווחי אבנייה באסקותי |
| 941 | באסרטא | Nu20:17M | נבע{י}<ול> נשי גוברין באסרטא דמלכא ניזיל לא נסטי |
| 942 | באפדא | Ex35:09 | דאשלמו{י} למקבעה יתהון באפדא ובחשנה: |
| 943 | באפודא | Ex25:07 | ואבנין דאשלמן למקבעא באפודא ובחשנא: |
| 944 | באפיה | Nu12:14M | לו נזיפה נזף בא{ב}<פ>יה דינה הוא ד{ס}ת<ט>ריד |
| 945 | באפקו' | Nu 1:01M | תנייתא \בזמן אפקותהון/באפקו'#2/ דבני ישראל |
| 946 | | Nu 9:01M | תנינתא \בזמן אפקותהון/באפקו'#2/ דבני ישראל פריקין |
| 947 | באפקותא | Ex12:42M | /לפורקן הוא קדם ייי באפקותא#2/ דבני ישראל פריקין מן |
| 948 | באפקותהון | Ex19:01M | תליתיא \בזמן אפיקתהון/באפקותהון#2/ דבני ישראל |
| 949 | | Dt 4:45 | משה עם בני ישראל באפקותהון פריקין מן מצרים: |
| 950 | | Dt 4:46 | משה ובני ישראל באפקותהון פריקין מן מצרי': |
| 951 | באפקותי | Lv23:43M | אפקותהון פריקין /באפקותי יתהון פריק'#2/ מן ארעא |
| 952 | | Ex16:32 | די אכלת יתכון במדברא באפקותי יתכון פריקין מן ארעא |
| 953 | באפקותיה | Dt29:24 | די קיים עמהון באפקותיה יתהון פריקין מן ארעא |
| 954 | באפקותיהון | Ex 5:20 | קיימין לקדמותיהון באפקותיהון מן קדם פרעה: |
| 955 | באפקותך | Ex 3:12 | ארום ממרי שלח יתך באפקותך ית עמא ממצרים תפלחון |
| 956 | באפקותן | Ex13:08 | ייי לן נצחני קרבינן באפקותן פריקין מן מצרים: |
| 957 | באפרה | Ex 2:03 | בה ית טליא ושויית יתיה באפרה על גב נהרא: |
| 958 | באפרכיו | Dt 3:11M | \ברבת דבני עמוניי /באפרכיו ברבת בני עמונא#2/ |
| 959 | באפרשות | Lv22:12 | תתנסב לגבר חילוני היא באפרשות קדשייה לא תאכל: |
| 960 | באפרשותכון | Nu18:30 | ותימר להון באפרשותכון ית טובה מניה ויתחשב |
| 961 | | Nu18:32 | עלוי ח«ו»בין באפרשותכון ית טובה מניה וית |
| 962 | באצבע | Ex31:18 | לווחין דאבן כתיבין באצבע דגבורה מן קדם ייי: |
| 963 | | Dt 9:10 | לווחי אבנייה כתיבין באצבע דגבורה מן קדם ייי ועליהון |
| 964 | באצבעה | Lv 8:15 | מן חזור חזור באצבעה ורבי ית מדבחה וית אדמה |
| 965 | | Lv16:14 | ויסב מן אדמה וידי באצבעה על אפי כפרתה מן מדנחה |
| 966 | | Lv14:16 | דשמאלה וידי מן משחה בא<צ>בעה שבעה זימנין קדם ייי: |
| 967 | | Lv16:19 | וידי עלוי מן אדמה באצבעה שבעה זמנין וידכי יתיה |
| 968 | באצבעיה | Lv16:14 | שבעה זמנין מן אדמה באצבעיה: |
| 969 | | Lv14:27 | וידי כהנא באצבעיה דימינה מן משחה די על כף |

|  |  |  |  |
|---|---|---|---|
| 970 | | Lv 4:25 | כהנא מן אדמה דחטאתה באצבעיה ויתן על קרנתיה דמדבחא |
| 971 | | Lv 4:30 | ויסב כהנא מן אדמה באצבעיה ויתן על קרנתיה דמדבחא |
| 972 | | Lv 4:34 | כהנא מן אדמה דחטאתה באצבעיה ויתן על קרנתיה דמדבחא |
| 973 | באצבעך | Ex29:12 | ותתן על קרנתה דמדבחא באצבעך וית כל אדמה תשפך על |
| 974 | באצבעתהון | Ex15:02M | אמהתא הוון ינקיא באצבעתהון לאבתהון |
| 975 | באר' | Gn10:08 | הוא שרי למהוי גיבר באר': |
| 976 | | Gn12:05M | דכנען ואתון לארעא/באר'#2#/ דכנען: |
| 977 | | Lv25:10M | /ותקרון חיר{ן}<ו> באר'#2#/ לכל דיירה יובלה היא |
| 978 | בארבע | Ex38:05M | ארבע עזקין בארבעת'/<באר>בע#2#/ זויתה לקנקילה |
| 979 | בארבעת עשר | Ex12:18 | ביירחא קדמייה בארבעת עשר יומין לירחא ברמשא ביני |
| 980 | | Lv23:05 | בירחא קדמייה בארבע«ת» עשר יומין לירחא ביני |
| 981 | | Nu 9:03 | בארבעת עשר יומין לירחה הדין ביני |
| 982 | | Nu 9:05 | ית פיסחא בירחה קדמיה בארבעת עשר יומין לירחה ביני שמשתה |
| 983 | | Nu 9:11 | בירחה תנינה בארבעת עשר יומין ביני שמשתה יעבדון |
| 984 | | Nu28:16 | ובירחא קדמיה בארבעת עשר יומין לירחא נכסת פסחא |
| 985 | בארבעתי | Ex38:05 | ואתך ארבע עזקין בארבעתי זויתה לקנקילה דנחשה |
| 986 | בארדעניא | Ex 7:27 | משיצא ית כל תחומך בארדעניא: |
| 987 | בארונא | Gn50:26 | וחנטו יתיה ושוון יתיה בארונא במצרים: |
| 988 | | Ex25:15 | בעזקיא די בארונא יהוון אריחי לא יזוען |
| 989 | בארונה | Ex40:20M | קיימה לוחי סהדותה בארונה |
| 990 | | Dt10:02 | די תברת ותשוי יתהון בארונה: |
| 991 | | Nu 9:06M | והוו גברייה דטעינו בארונה דיוסף ודטעינו בנדב |
| 992 | | Dt10:05 | טורה ושווית ית לווחייה בארונה די עבדית והוון תמן היך מה |
| 993 | בארח | Nu21:22 | ולא נשתי מי גובין בארח מלכא נהלך עד זמן דנעבר |
| 994 | | Nu 9:10 | בטמיה נפש דבר נש או בארח רחיקה לכון או לדרכון ויעבד |
| 995 | בארחא | Gn45:24 | ואמר להון לא תתרגזון בארחא: |
| 996 | | Gn48:07 | קדמ' רחל בארעא דכנען בארחא באשון עללתא דארעא למיתא |
| 997 | | Gn35:19 | ומיתת רחל ואתקברת בארחא דאפרתה היא בית לחם: |
| 998 | | Dt 1:33 | בלילה למחויה יתכון בארחא די תהלכון בה ובעמודה |
| 999 | | Dt 1:33 | דדבר קדמיכון בארחא למתקנה לכון אתר לשרוייכון |
| 1000 | בארחה | Dt 2:27 | כען ב{ע}<א>רעך בארחה אהלך לא אסטי לא לימינה |
| 1001 | | Dt 2:27 | אעיבר כען ב{ע}<א>רעך בארחה בארחה אהלך לא אסטי לא |
| 1002 | | Dt22:06 | יארע קן דצפרין קדמיכון בארחה בכל אילן או על ארעא |
| 1003 | | Nu22:23 | ית מלאכה דייי מעתד בארחה וחרבה שליפה בי{ה}<ד>יה |
| 1004 | | Nu22:22 | וא«ת»עתד מלאכה דייי בארחה למסטן לה והוא רכיב על |
| 1005 | באריכות | Nu 9:22M | שוהי/סגין יומין באריכות#2#/ ענגה על משכנה למשרי |
| 1006 | בארכה | Ex26:13 | דין סיטרא במותריי«א» בארכה דיריעתא דמשכנא יהווי |
| 1007 | בארע | Dt 4:46 | דסמיך לטעוותה דפעור בארע סיחון מלכהון דאמוריי |
| 1008 | | Gn49:05 | עבדי קרב מן טליותיהון בארע בעלי דבביהון עבדו נצחנן |
| 1009 | | Lv26:39 | בכון יתמסון בחוביהון בארע בעלי דבביהון ולהוד בחובי |
| 1010 | | Lv26:34 | צדי מנכון ואתון גלין בארע בעלי דבביכון בכדן תשמט |
| 1011 | | Lv26:36 | בכון ואעל תברה בלבביכון בארע בעלי דבביכון וירדוף קל |
| 1012 | | Ex12:12M | בכוריה/בכריה#2#/ בארעא/בארע#2#/ דמצרים מן בני אנשא |
| 1013 | | Dt32:10 | ארע יתהון שריין בארע דמדברה ובצללתה יליל |
| 1014 | | Nu13:29M | בארעא /הוון שריין בארע#2#/ דרומה וחתאי ויבוסאי |
| 1015 | | Dt 4:43 | ית בצר במדברה בארע מישרה לשבטה דבית ראובני |
| 1016 | | Ex 2:22 | ארום אמר דייר ותותב אנא בארע נוכראה: |
| 1017 | | Gn11:28 | הרן בחייו דתרח אבוהי בארע תלדוותיה באתון נורהון |
| 1018 | בארע' | Dt32:49 | הדין הר נבו די בארע' דמאב די כל קבל יריחו |
| 1019 | | Dt26:02M | די תייתון \מן ארעכון/בארע'#2#/ דייי אלהכון יהב |
| 1020 | | Gn12:10 | והוה כפנא בארע' ונחת אברם למצרים |
| 1021 | | Gn 6:17 | מן תחות שמיא כל מה די בארע' ישתיצי: |
| 1022 | בארעא | Gn 2:05 | לא את«ברי» למהוי פלח בארעא: |
| 1023 | | Gn 4:02 | רעי ען וקין הוה פלח בארעא: |

|  |  |  |
|---|---|---|
| 1024 | Gn 4:12 | גלי ומטלטל תיהוי קין בארעא: |
| 1025 | Gn12:06 | עד כען הוון שריין בארעא: |
| 1026 | Gn12:10 | תמן ארום תקף כפנא בארעא: |
| 1027 | Gn13:07 | עד כען אנון שריין בארעא: |
| 1028 | Gn26:22 | אפתי ייי לן ותקפינן בארעא: |
| 1029 | Gn29:22M | שנין אוחראין וקמו עמה בארעא |
| 1030 | Gn43:01 | וכפנא תקיף בארעא: |
| 1031 | Ex 9:05 | יעבד ייי פתגמייא הדין בארעא: |
| 1032 | Ex 9:33M | לא נחת לארעא/בארעא#2#/: |
| 1033 | Dt29:17 | דהוא מדמי לשריש קביע בארעא ארום ראשיא דחטה חלי כדבשה |
| 1034 | Gn 6:04M | גיברין הוון שריין בארעא ביומי' האינון ולחד |
| 1035 | Gn 6:04 | גיבריה הוון בארעא ביומיה האינון ולחוד |
| 1036 | Nu15:02 | ותימר להון ארום תיעלון בארעא בית מידורייכון ד«י»אנה |
| 1037 | Gn26:01 | והוה כפנא בארעא בר מן כפנא קדמייה דיהווה |
| 1038 | Gn10:32 | ומן אלין אתפרשו אומייא בארעא בתר מבולא: |
| 1039 | Gn 4:16 | קין מן קדם ייי ושרא בארעא גלי ומטלטל מן מדנח לעדן |
| 1040 | Gn10:10 | ונציבין וקטיספי בארעא דבבל: |
| 1041 | Gn11:02 | לבבהון ואשכחו בקעה בארעא דבבל ושרון תמן: |
| 1042 | Gn36:21 | דאדומיי» לרברבניהון בארעא דגבלא: |
| 1043 | Gn45:10 | ותשרי בארעא דגושן ותיהווי קריב לוותי |
| 1044 | Gn47:27 | ישראל בארעא דמצרים בארעא דגושן ואחסנו בה ותקפו |
| 1045 | Gn46:34 | להוד מן בגלל דתישרון בארעא דגשן ארום מרחקי ^היא#2#^ |
| 1046 | Gn47:01 | והא אינון יהיבין בארעא דגשן: |
| 1047 | Gn47:04 | וכדון ישרון כען עבדך בארעא דגשן: |
| 1048 | Gn47:06 | ית אבוך וית אחך ישרון בארעא דגשן ואן את ידע ואית |
| 1049 | Gn50:08 | ועניהון ותוריהון שבקו בארעא דגשן: |
| 1050 | Ex 9:26 | לחוד בארעא דגשן די שרין תמן בני |
| 1051 | Gn13:12 | אברם שרה בארעא דכנען ולט שרה בקרי משרה |
| 1052 | Gn16:03 | דיומין די שרא אברם בארעא דכנען ויהבת יתה לאברם |
| 1053 | Gn23:02 | אבהתא היא חברון בארעא דכנען ואתה אברהם למספדא |
| 1054 | Gn23:19 | מימרא היא חברון בארעא דכנען: |
| 1055 | Gn33:18 | טבא לכרכה דשכם די בארעא דכנען במיתייא מפדן ארם |
| 1056 | Gn35:06 | ועל יעקב לוזה די בארעא דכנען הי ביתאל הוא וכל |
| 1057 | Gn36:05 | דעשו די אתילדו ליה בארעא דכנען: |
| 1058 | Gn36:06 | וית כל קנייני די קנה בארעא דכנען ואזל לארעא חורי |
| 1059 | Gn37:01 | בארעא תותבותיה דאבוי בארעא דכנען: |
| 1060 | Gn42:05 | עלליה ארום הוה כפנא בארעא דכנען: |
| 1061 | Gn42:13 | אחין אנן בנוי דגבר חד בארעא דכנען והא זעירא עם אבונן |
| 1062 | Gn42:32 | יומא דן עם אבונן בארעא דכנען: |
| 1063 | Gn44:18 | ושליטין אנן כוותך בארעא דכנען היך מה דאת ופרעה |
| 1064 | Gn44:18 | אנה ויעקב אבה שליטין בארעא דכנען: |
| 1065 | Gn46:06 | וית ממוניהון די קנון בארעא דכנען ואתון מצרימה |
| 1066 | Gn46:31 | ואנשי בייתיה דאבא די בארע«א» דכנען אתון לוותי: |
| 1067 | Gn47:04 | כפנא לחדא ואשתלחון בארעא דכנען וכדון ישרון כען |
| 1068 | Gn48:03 | שמיא אתגלי עלי בלוז בארעא דכנען וברך יתי: |
| 1069 | Gn48:07 | מיתת קדמ' רחל בארעא דכנען בארחא באשון עללתא |
| 1070 | Gn50:05 | מאית בקברי די חפרת לי בארעא דכנען תמן תקבר יתי וכדון |
| 1071 | Nu26:19 | ואונן ומית ער ואונן בארעא דכנען: |
| 1072 | Nu32:30 | ויתאחסנון ביניכון בארעא דכנען: |
| 1073 | Nu32:32 | מזיינ{י}ין קדם ייי בארעא דכנען ועמן ירתות אחסנותן |
| 1074 | Nu33:40 | הוא הוה שרי בדרום' בארעא דכנען בזמנה דאתון בני |
| 1075 | Nu34:29 | למאחסנה ית בני ישראל בארעא דכנען: |
| 1076 | Nu35:14 | וית תלת קוריאן תתנון בארעא דכנען קריוא יהווי לכון: |
| 1077 | Ex 2:15 | משה מן קדם פרעה ושרה בארעא דמדין ויתב לה על בארה: |

1078 Gn41:48 שבעתי שנייה דיהוון בארעא דמצרי׳ ושוי מזון בקרויא
1079 Gn40:18 ישראל למשתעבדא בארעא דמצרים בטינא ובליבני
1080 Gn41:30 בתריהון ותתנשי כל שבעה בארעא דמצרים וישיצא כפנא ית
1081 Gn41:56 וזבן למצרים ותקף כפנא בארעא דמצרים:
1082 Gn44:18 דאת ופרעה רבך שליטין בארעא דמצרים כן אנה ויעקב אבה
1083 Gn46:20 ואתיליד ליוסף בארעא דמצרים מה דילידת ליה
1084 Gn47:14 ית כל כספא דאשתכח בארעא דמצרים ובארעא דכנען
1085 Gn47:27 ושרון ישראל בארעא דמצרים בארעא דגושן
1086 Gn47:28 וחיה יעקב בארעא דמצרים שבע עשרה שנין
1087 Gn48:05 תרין בניך דאתילדו לך בארעא דמצרים עד מייתוי לוותיך
1088 Gn49:26M \על ארעא/^בארעא#2#^/בקורייהון#2#/ דמצרים
1089 Ex 6:28 די מלל ייי עם משה בארעא דמצרים:
1090 Ex 8:21 קרבו קדם ייי אלהכון בארעא דמצרים:
1091 Ex 8:21M בארעא /פלחו לאלהא בארעא#2#/ דמצרים:
1092 Ex 9:22 ועל כל עשבא באפי ברא בארעא דמצרים:
1093 Ex11:03 גברא משה תקיף לחדא בארעא דמצרים באפיה שליטוי
1094 Ex11:05 ואתקטל כל בכוריה בארעא דמצרים מן בכורא דפרעה
1095 Ex11:09 למסגי נסי פרישתי בארע«א» דמצרים:
1096 Ex12:01 ואמר ייי למשה ולאהרן בארעא דמצרים למימר:
1097 Ex12:12 הדין ואקטל כל בכוריה בארעא דמצרים מן בני אנשא ועד
1098 Ex12:12 ואעבר בממרי בארעא דמצרים בלילי פסחא הדין
1099 Ex12:13 מחבל בקטלותי כל בכוריא בארעא דמצרים:
1100 Ex12:29 וייי קטל ית כל בכוריא בארעא דמצרים מן בכורא דפרעה
1101 Ex13:15 יתן וקטל ייי כל בכוריה בארעא דמצרים מן בכוריה
1102 Ex16:03 "מי יתן" מותנו קדם ייי בארעא דמצרים כד הווינן יתיבין
1103 Ex22:20 דייר{ו}<י>ן הוויתון בארעא דמצרים:
1104 Ex23:09 ארום גיורין הויתון בארעא דמצרים:
1105 Lv19:34 ארום גיורין הוויתון בארעא דמצרים אמר ייי אלהכון:
1106 Nu 3:13 די קטלת כל בוכריה בארעא דמצרים אקדשת לשמי כל
1107 Nu 8:17 ביומא דקטלת כל בכוריה בארעא דמצרים «אקדשית» יתהון
1108 Dt 5:15 עבדין משעבדין הויתון בארעא דמצרים ופרק ואפק יתכון
1109 Dt10:19 ארום גיורין הוויתון בארעא דמצרים:
1110 Dt15:15 עבדין משעבדין הוויתון בארעא דמצרים ופרק יתכון ייי
1111 Dt16:12 עבדין משעבדין הוויתון בארעא דמצרים ותטרון ותעבדון ית
1112 Dt24:22 עבדין משעבדין הוויתון בארעא דמצרים בגין כדין אנה
1113 Dt29:01 די עבד ייי לעייניכון בארעא דמצרים לפרעה ולכל
1114 Dt29:15 ידעתון ית מה די שרינן בארעא דמצרים וית מה די עברנן
1115 Dt33:16 דה{א}<ו>א מלך ושליט בארעא דמצרים וזהיר באיקרהון
1116 Dt34:11 מימריה דייי למיעבד בארעא דמצרים לפרעה ולכל עבדוי
1117 Gn26:02 לא תיחות מצרימה שרי בארעא די אמר לך:
1118 Dt 4:14 דינין די תעבדון יתהון בארעא די אתון עברין לתמן למירת
1119 Dt 5:31 די תליף יתהון ויעבדון בארעא די אנה יהב לכון למירת
1120 Dt 5:33 ותסגון ותורכון יומין בארעא די תרתון:
1121 Dt 6:01 למלפה יתכון למעבד בארעא די אתון עברין לתמן למירת
1122 Dt12:01 דינייה די תטרון למעבד בארעא די יהב ייי אלה אבהתכון
1123 Dt30:16 ויברך יתכון ייי אלהכון בארעא די אתון עללין לתמן למירת
1124 Dt31:16 בתר טעוון נכריין דאית בארעא די אינון עללין לתמן
1125 Dt12:10 ותעברון ית ירדנה ותשרון בארעא דייי אלהכון מחסן יתכון
1126 Dt21:01 ארום ישתכח קטיל בארעא דייי אלהכון יהב לכון
1127 Dt25:19 מן חזור חזור בארעא דייי אלהכון יהיב לכון
1128 Dt28:08 ידיכון ויברך יתכון בארעא דייי אלהכון יהב לכון:
1129 Gn15:13 יהוון זרעיית בניך בארעא דלא דידהון וישעבדון יתהון
1130 Dt 4:17 דמו כל בעיר דאית בארעא דמו כל עוף דפרח דטייס
1131 Dt 4:18 דמו כל דרחש בארעא דמו כל נונייא די במייא
1132 Ex 7:03 ית נסוי וית פרישתי בארעא דמצרי׳:
1133 Gn21:34M ואיתותב אברהם בארעהון/בארעא#2#/ דפלשתאי יומין
1134 Gn24:62 כל עלמא והוא הוה שרי בארעא דרומה:
1135 Nu13:29 עמלקאי שרין בארעא דרומה וחתאי ויבוסאי
1136 Gn26:03 אתותב בארעא הדא ואהווה במימרה עמך
1137 Dt 4:22 ארום אנה מתכנש בארעא הדה לית אנה עבר ית ירדנה
1138 Gn26:12 וזרע יצחק בארעא ההיא ואשכח בשתא ההיא מאה
1139 Gn35:22 כדי שרו«ן» ישראל בארעא ההיא ואזל ראובן וישכב ית
1140 Dt29:26 ותקיף רוגזה דייי בארעא ההיא למייתיה עלה ית כל
1141 Gn48:16 אברהם ויצחק ויסגון בארעא היך נוניא יסגון במיא:
1142 Gn 6:06 ייי ארום ברא ית אדם בארעא {ואריק}<ואדיין> ואתפייס
1143 Gn 4:14 ויהוי קין גלי ומטלטל בארעא ויהוי כל די יארע יתה
1144 Gn34:21 בעבדא טבא עמן וישרון בארעא ויתגרון בה וארעא הא פתיא
1145 Gn 8:17 ארעא אפק עמך ויתלדון בארעא ויתקפון ויסגון על ארעא:
1146 Gn 2:05 ברא קדם עד לא יהוי בארעא וכל עשביא דבאפי ברא עד לא
1147 Gn 6:05 סגת בישתהון דבני אנשא בארעא וכל יצר מחשבת לבהון
1148 Gn45:07 למשויא לכון שיזבא בארעא ולמתקימה לכון לפילטן
1149 Gn49:17 מדמי לחיוויא דרבוע בארעא ולעורמנא דכמין בפרשת
1150 Gn 9:20 נח גבר צדיקא למפלח בארעא ונצב כרם:
1151 Gn 9:07 תקופו וסגון ואתילדון בארעא וסגון בגווה:
1152 Gn44:11M ית טעוניה \על ארעא/בארעא#2#/ ופתחו גבר טעוניה/בפם
1153 Nu13:28 אינון עמה די שריין בארעא וקרו{וה}<ין> תקיפן רברבן
1154 Gn28:12 וחלם והא סלם קבע בארעא וראשה מטי עד צית שמיא והא
1155 Gn 6:17M בשרא דאית \ביה נשומא /בארעא ורוח#2#/ דחיין מן תחות
1156 Gn 4:16M מן מדנח לעדן /גלי בארעא ושרה מן מדנחה דעדן#2#/
1157 Dt 4:25 ובני בנין ותתעתקון בארעא ותחבלון עובדיכון ותעבדון
1158 Lv26:06 ואתן שלמה בארעא ות{ת}<ד>מכון ולית דמניט
1159 Ex14:03M וג אחי{ר}<ד>ין הנון בארעא טעיין הינון באורחא טרד
1160 Ex10:13 וייי דבר רוח דקדים בארעא כל יומא ההוא וכל ליליא
1161 Ex23:20 קדמיכון למנטרא יתכון בארעא לאעלא יתכו«ן» באתרא די
1162 Gn13:17 קום הלך בארעא לארכה ולפתייה ארום לך אתן
1163 Gn19:31 אבונן סב וגבר לית בארעא למיעול לוותן כאורח כל
1164 Nu14:02 כל עם כנישתה אלווי בארעא מי{ן}<י>תינן דמצרים או
1165 Dt32:01 לשמיא עייניכון ואסתכלו בארעא מלרע ארום שמייא כתננה
1166 Ex20:04 די בשמייא מלעיל ודי בארעא מן לרע ודי במיא מן תחות
1167 Dt 5:08 די בשמייא מן לעיל ודי בארעא מן לרע לארעא:
1168 Gn41:31 ולא יתוודע שבעה בארעא מן קדם כפנא ההוא בתר כדן
1169 Nu35:14M לירדנה /דשיזבו תתנון בארעא מעבר יורדנה#2#/ וית תלת
1170 Ex18:03 אמר גיור ותותב הוינא בארעא נכריה:
1171 Nu35:32 שיזבותה למחזור למשרי בארעא עד זמן די ימות כהנא רבה:
1172 Gn47:04 {אל} לפרעה למתותבה בארעא עלנן ארום לית מרעה לענה
1173 Gn41:52 ארום תקף יתי ייי בארעא צערי:
1174 Gn37:01 ושרא יעקב בארעא תותבותיה דאבוי בארעא
1175 Ex20:24M קביע \על ארעא תבנון /בארעא תעבדין#2#/ לשמי ותקרבון
1176 Nu21:31M ושרון ישראל בארעהון/בארעא#2#/ דאמריי/דאמוראי#2#
בארעה
1177 Gn33:18M /קרתה שכם דאית בארעה#2#/ דכנען במיתייא
1178 Dt28:69 למקיימה עם בני ישראל בארעה דמואב בר מן קיימה די
1179 Dt15:04 יברך יתכון ממרה דייי בארעה דייי אלהכון יהב לכון
בארעהון
1180 Gn24:37 דכנענאי די אנא שרי בארעהון:
1181 Dt12:29 יתהון מן קדמיכון בארעהון:
1182 Dt23:08 ארום דיורין הוויתון בארעהון:
1183 Gn10:20 ללשניהון בארעהון באומיהון:
1184 Gn10:05M אומיא בארעותהון/בארעהון#2#/ גבר ללשניה
1185 Gn36:16 אלין רברבנוי דאליפז בארעהון דאדומיי אלין בניה דעדה:

|  |  |  |  |  |  |
|---|---|---|---|---|---|
| 1186 | | Gn36:17 | אלין רברבנוי דרעואל | בארעהון | דאדומיי אלין בנוי דבשמת |
| 1187 | | Gn36:21 | חוורני' «בנוי דגבלה | בארעהון | דאדומיי» לרברבניהון |
| 1188 | | Gn36:31 | ואלין מלכיא די מלכו | בארעהון | דאדומיי קדם עד לא ימלך |
| 1189 | | Nu21:31 | ושרון ישראל | בארעהון | דאמריי: |
| 1190 | | Nu18:13 | בכרת כל מה די | בארעהון | די ייתון לשמה דייי דידך |
| 1191 | | Dt11:30M | בתר אורח מיעלי שמשה | בארעהון | דכנענאי דיתבין במשרא |
| 1192 | | Dt11:30 | מן בתר ארח מטמעי שמשה | בארעהון | דכנעניי דשריין במשרה |
| 1193 | | Dt28:69M | ישראל \בארעה דמואב | /בארעהון | דמואבאי#2#/ בר מן קיימה |
| 1194 | | Dt 1:05 | בעברה דירדנה | בארעהון | דמואביי שרי משה למפרשה |
| 1195 | | Dt34:05 | תמן <משה> עבדה דייי | בארעהון | דמואביי על פם גזירת |
| 1196 | | Dt34:06 | וקברו יתיה בחילת' | בארעהון | דמואביי כל וקבל טעותה |
| 1197 | | Gn21:34 | ואיתותב אברהם | בארעהון | דפלשתאי יומין סגין: |
| 1198 | | Dt19:01 | ותירתון יתהון ותשרון | בארעהון | ובבתיהון: |
| 1199 | | Nu18:20 | ואמר ייי לאהרן | בארעהון | לא תתאחסן וחלק לא יהווי |
| 1200 | | Gn10:31 | לזרעיתהון ללשניהון | בארעהון | לאמיהון: |
| 1201 | בארעותהון | Gn10:05 | אתפרשו נסי אומיא | בארעותהון | גבר ללשניה לזרעיתהון |
| 1202 | בארעך | Dt 2:27 | אעיבר כען | ב{ע}<א>רעך | בארחה בארחה אהלך לא |
| 1203 | | Ex23:26 | לא תהוי מתכלה ועקרה | בארעך | ית מניין יומכון תשלמון |
| 1204 | | Nu20:17 | נעבר כען | בארעך | לא נעבר בחקלין ובכרמין |
| 1205 | | Nu21:22 | אעבר כען | בארעך | לא נסטי בחקלין ובכרמין |
| 1206 | בארעכון | Lv26:05 | ותשבעון ותשרון לרוחצן | בארעכון: | |
| 1207 | | Lv26:06 | וחרב דשני לא תעבר | בארעכון: | |
| 1208 | | Dt15:11 | למסכינייה ולצריכיכון | בארעכון: | |
| 1209 | | Dt24:14 | או מן גיוריכון די | בארעכון | בקורייכון: |
| 1210 | | Dt15:07 | בחדה מן קורייכון | בארעכון | דייי אלהכון יהב לכון לא |
| 1211 | | Dt19:14 | באחסנתכון די תאחסנון | בארעכון | דייי אלהכון יהב לכון |
| 1212 | | Ex23:33 | ולא ישרון | בארעכון | דלא יחייבון יתכון קדמיי |
| 1213 | | Lv25:45 | די עמכון די אולידו | בארעכון | ויהוון לכון לאחסנתה: |
| 1214 | | Ex23:26M | מתכלה ועקרה | בארעך/בארעכון#2#/ | ית מניין יומכון |
| 1215 | | Lv19:33 | יתותב עמכון ג{ו}<י>ור | בארעכון | לא תונון יתיה: |
| 1216 | | Lv26:01 | ואבן דמתכה לא תתנון | בארעכון | למסגד קדמה ארום אנה ייי |
| 1217 | | Dt31:12 | וגיוריכון דאית | בארעכון | מן בגלל די ישמעון |
| 1218 | | Nu10:09 | וארום תעלון לסדרי קרבא | בארעכון | על בעלי דבביכון על סנאה |
| 1219 | | Lv25:07 | ולבעירכון ולחיותה די | בארעכון | תיהוי כל עללת למיכל: |
| 1220 | בארעכן | Nu18:13M | די/דאית#2#/ | בארעהון/<בארע>כן#2#/ | די ייתון לשמה |
| 1221 | בארענא | Gn29:26 | לבן לא כשר למעבד כדן | בארענא | למיתן זעירתא קדמיי |
| 1222 | בארתכא | Gn49:22 | חכימיהון כד ארכבו יתך | בארתכא | תיניינתא דפרעה והוון |
| 1223 | | Gn41:43 | וארכב יתיה | בארתכא | תניינתא דידיה והוון |
| 1224 | בארתכוי | Ex14:17 | בפרעה ובכל חיילוותיה | בארתכוי | ובפרשוי: |
| 1225 | | Ex14:18 | ייי באתיקרותי בפרעה | בארתכוי | ובפרשוי: |
| 1226 | | Ex15:19 | ארום עלו סוסוותא פרעה | בארתכוי | ובפרשוי בימא וחזר ייי |
| 1227 | באשא | Gn38:25 | טב לי יקד בעלמא הדין | באשא | טפיא ולא ניקוד בעלמא דאתי |
| 1228 | | Nu18:07M | /לשמ'#2#/ יתקט«י»ל | ∧באשא | משלהבה מן קדם ייי#2#/: |
| 1229 | באשון | Gn47:24 | ויהווי | באשון | עללתא ותתנון חד {מן חמ} |
| 1230 | | Gn48:07 | בארעא דכנען בארחא | באשון | עללתא דארעא למיתא לאפרתה |
| 1231 | | Gn43:16 | ארום עמדי יאכלון גבריא | באשון | שירותא: |
| 1232 | | Gn43:25 | עד זמן דאתא יוסף | באשון | שרותא ארום שמעו ארום תמן |
| 1233 | | Dt31:10 | לסוף שבע שנין דיומין | באשון | שתה דשמי«ט»תה בחגה |
| 1234 | באשונא | Gn28:10 | ו{ש}<ט>מעת שמשא דלא | באשונא | מן בגלל דהוה דבירא מתחמד |
| 1235 | באשלמוותהון | Ex39:13M | דהב | באשלמותהון/<באשל>מוו<תהון>#2#/: | |
| 1236 | באשלמותהון | Ex28:20 | מאחדן דהב יהוויין | <באשלמותהון>: | |
| 1237 | | Ex39:13 | מקפן מאחדן דהב | באשלמותהון: | |
| 1238 | באשמה | Lv 5:19M | {ו}<י>יתי קדם ייי | באשמה | יתכפר לה#2#/: |
| 1239 | באשניא | Ex 3:02M | דאשא מגו#2#/ | סניא/באשניא#2#/ | וחמא והא סניא בער |
| 1240 | באשת' | Ex20:09M | | שיתא/באשת'#2#/ | יומין תפלחון |
| 1241 | באשתא | Lv 4:12 | ויוקד יתיה על קיסי' | באשתא | בתר בית שפיכות קטמא |
| 1242 | | Ex19:18 | עלוי איקר שכינת' דייי | באשתא | וסלק{ת} תננא כתננא דאתונא |
| 1243 | | Ex 3:02 | סניא וחמא והא סניא בער | באשתא | וסנייה לית הוא יקד: |
| 1244 | | Dt 5:23 | מן גו חשוכה וטורה בעיר | באשתא | וקרבתון לוותי כל ראשי |
| 1245 | באשתה | Dt 9:15 | מן טורא וטורא בער | באשתה | ותרין לוחי קיימה יהיבין |
| 1246 | | Nu 3:10M | די יקרוב למשמשה יתקטל | /באשתה | מצלהבה מן קדם ייי#2#/: |
| 1247 | | Dt 4:11 | טורה וטורה הוה בעיר | באשתה | עד צית שמיא חשוכה עננה |
| 1248 | באת' | Lv 6:20 | וית די ידי עלוי תחוור | באת' | קדיש: |
| 1249 | באתה | Gn34:31 | ומתגאי בלביה ויאמר | באתה | דלית לה בר נש תבע עלבנה |
| 1250 | באתון | Gn16:05 | בניהון דעמא דיהבו יתך | באתון | נורא דכשדאי: |
| 1251 | | Gn11:28 | אבוהי בארע תלדוותיה | באתון | נורהון דכשדאי: |
| 1252 | באתונ' | Gn11:03 | ונלבן לבנין ונזי יתהון | באתונ' | והוין להון לבניה לאבנין |
| 1253 | באתונה | Gn15:17 | רמיו והא גהינם דמתילה | באתונה | בתנורא מקפה שביבין דינור |
| 1254 | | Gn15:17M | רמיו וגהינם דמתילה | באתונה | דמעתדא לרשיעיא לעלמא |
| 1255 | באתיין | Nu 2:02 | גבר על טכסיה | באתיין | לבית אבהתהון ישרון בני |
| 1256 | באתין | Dt 4:34 | אומה מגו אומה בניסן | באתין | ובפרישן ובסדרי קרבה וביד |
| 1257 | באתיקרותי | Ex14:18 | מצרי ארום אנה ייי | באתיקרותי | בפרעה בארתכוי ובפרשוי: |
| 1258 | באתכנשות | Nu17:07 | והוה | באתכנשות | עם כנישתה על משה ועל |
| 1259 | באתפגשותא | Gn32:26 | כף ירכיה דיעקב | באתפגשותא | עמה: |
| 1260 | באתר | Lv 1:16 | סמיך למדבחה מן מדנחה | באתר | בית שפיכות קטמא: |
| 1261 | | Nu22:26 | דייי למעבר וקם ליה | באתר | דחיק די לא הווה תמן אורח |
| 1262 | | Lv14:13 | ויכוס ית אמרה | באתר | די יכוס ית חטאתה וית עלתה |
| 1263 | | Lv10:14 | וית שקה דאפרשות' תאכלון | באתר | דכי את ובניך ובנתך עמך |
| 1264 | | Nu19:09 | ויצנע יתה לבר מן משריתה | באתר | דכי ותיהוי לכנישתה דבני |
| 1265 | | Ex29:31 | תסב ות{ת}בשל ית בישרא | באתר | קדיש: |
| 1266 | | Lv 7:06 | דכורה בכהניא ייכול ייתה | באתר | קדיש יתאכל קודש קדשין הוא: |
| 1267 | | Lv10:13 | ותיכלון יתה | באתר | קדיש ארום חולקך וחולקהון |
| 1268 | | Lv10:17 | הא לא אכלתון ית חטאתה | באתר | קדיש ארום קודש קדשין היא |
| 1269 | | Lv14:13 | יכוס ית חטאתה וית עלתה | באתר | קדיש ארום כחטאתה אשמה הוא |
| 1270 | | Lv16:24 | ויסחי ית בשרה במיא | באתר | קדיש וילבש ית לבושוי ויפוק |
| 1271 | | Lv24:09 | ולבנוי ויאכלון יתה | באתר | קדיש ארום קדש קדשין הוא לה |
| 1272 | באתרא | Gn21:17 | ייי בקל צלותיה דטליא | באתרא | דהוא ביה: |
| 1273 | | Gn39:20 | ושוי יתיה בבית חבושי' | באתרא | דחבישוי דמלכא חבושין והוה |
| 1274 | | Gn35:13 | שכינתה דייי מעילוי | באתרא | די מלל עמיה: |
| 1275 | | Ex23:20 | בארעא לאעלא יתכו«ן» | באתרא | די אתקנת: |
| 1276 | | Dt12:14 | ארום אלהן | באתרא | די יתרעי ממרא דייי בחר מן |
| 1277 | | Dt16:11 | וארמלתה די ביניכון | באתרא | די יתרעי ייי אלהכון |
| 1278 | | Dt16:16 | כל עלמיא ייי אלהכון | באתרא | די יתרעי בחגה דפטירייה |
| 1279 | | Dt23:17 | עמכון ישרי ביניכון | באתרא | די יתרעי בחדה מן קרייכון |
| 1280 | | Lv 7:02 | | באתרא | דתכסון ית עלתא תכסון ית |
| 1281 | | Gn20:11 | לית דחלתה דייי יהיבה | באתרא | הדין וקטלין יתי על עסק |
| 1282 | | Gn28:11 | תחות אסדי ראשה ודמך לה | באתרא | ההוא: |
| 1283 | | Gn28:11M | ויהון לעם חד ושכיב | באתרא | ההוא |
| 1284 | | Gn28:11 | וצלי | באתרא | ובת תמן ארום טמעת ליה |
| 1285 | | Lv13:19M | ויהוי | בתר/באתרא#2#/ | שיחנא שומא חוורה |
| 1286 | באתרה | Lv 4:24 | דצפירה ויכוס י{ד}<ת>יה | באתרה | די יכוס ית עלתה קדם ייי |
| 1287 | | Lv 4:33 | ויכוס יתה לחטאתה | באתרה | די יכוס ית עלתה: |
| 1288 | | Lv 6:18 | דא גזירת אוריתה דחטאתה | באתרה | די תת{כ}נ<כ>ס עלתא |
| 1289 | | Lv14:13M | ויכוס ית אמרה | באתר/באתרה#2#/ | די יכוס ית חטאתה וית |
| 1290 | | Dt12:18 | ייי אלהכון תיכלון יתיה | באתרה | די יתרעי ייי אלהכון בה |
| 1291 | | Dt14:23 | ותאכלון קדם ייי אלהכון | באתרה | די יתרעי למשרי יקר |
| 1292 | | Dt15:20 | תיכלון יתיה שתה בשתה | באתרה | די יתרעי ייי אלהכון אתון |
| 1293 | | Dt16:02 | ייי אלהכון ען ותורין | באתרה | די יתרעי ייי למישריה איקר |

|  |  |  |  |  |  |
|---|---|---|---|---|---|
| 1294 | | Dt16:07 | ותבשלון ותיכלון | באתרה | די יתרעי ייי אלהכון ביה |
| 1295 | | Dt16:15 | תחגון קדם ייי אלהכון | באתרה | די יתרעי ייי ארום יברך |
| 1296 | | Dt31:11 | למחמייה קדם ייי אלהכון | באתרה | די יתרעי תקרא ית אורייתה |
| 1297 | | Lv 4:29 | דחטאתא ויכוס ית חטאתא | באתרה | דעלתה: |
| 1298 | | Gn28:16 | איקר שכינה דייי דשריה | באתרה | הדין ואנה לית אנה ידע: |
| 1299 | | Lv13:23 | ואין | באתרה | תיקום בהקיתה לא הלכת שומה |
| 1300 | | Lv13:28 | ואם | באתרה | תקום בהקיתה לא הלכת במשכה |
| 1301 | באתרהון | Dt 2:23 | שיצון יתהון ושרון | באתרהון: | |
| 1302 | באתריה | Ex16:29 | לחם בכפלא שרון גבר | באתריה | לא יפוק גבר מן אתריה |
| 1303 | באתריהון | Dt 2:21 | וירתו יתהון ושרון | באתריהון: | |
| 1304 | | Dt 2:12 | מן קדמיהון ושרון | באתריהון | היך מה די עבדו ישראל |
| 1305 | | Dt 2:22 | יתהון ושרון | באתריהון | עד זמן יומא הדין: |
| 1306 | באתרן | Gn29:26M | למיתן /מתעבד כן | באתרן | למ'#2#/ זעירתא קדמיי |
| 1307 | באתתיה | Gn 2:24 | דאבוי ומן דאימיה וידבק | באתתיה | ויהוון תריהו' לבשר חד: |
| 1308 | בב' | Ex13:02M | קדמוי פתיחי וולד' | בב'#2#/ | ישראל בבני אנשא |
| 1309 | | Ex35:19M | שמושי /בגו | בית קודשא/בב'#2#/ | ית לבושי קודשא |
| 1310 | בבארה | Gn25:11 | יצחק ברה ויתב יצחק | בבארה | דאתגלי עלה קיים כל עלמיא: |
| 1311 | | Gn29:03 | ית אבנא על פמה | בבארה | לאתרה: |
| 1312 | בבהקיתה | Lv13:25 | והא אתהפך שער חוור | בבה{י}ק<י>תה | וחזוה מכיך מן משכה |
| 1313 | | Lv13:26 | יתיה כהנא והא לית | בבהקיתה | שער חוור ומכיכה לית היא |
| 1314 | בבוכרייא | Ex24:05M | שעתא הוות פולחנא | בבוכרייא | דעד כדון לא אתעבד משכן |
| 1315 | בבי' | Gn34:29M | בגו בייתה /דאית | בבי'#2#/: | |
| 1316 | בבייתה | Gn38:11 | ואזלת תמר ויתבת לה | בבייתה | דאבוה: |
| 1317 | | Gn24:28 | ורהטת רביתה | בבייתה | דאחוי דרבוני דאמה ותניית |
| 1318 | | Gn41:10 | ושוי יתי במטרא | בבייתה | דרב אספקלטוריא יתי וית רב |
| 1319 | בבייתיה | Dt24:05M | פתגם זכיי יהווי | בבייתיה | |
| 1320 | | Gn38:15 | ארום כסיית אפין הוות | בבייתיה | דיהודה ולא הוה יהודה |
| 1321 | | Gn21:07 | אלווי מן ייזיל ותני | בבייתיה | דנחור אחוי דאברהם |
| 1322 | | Ex 8:20M | דפרעה ובבתי שליטוי | /בבייתיה | דפרעה ובתיהון |
| 1323 | | Gn38:11 | לתמר כלתיה תבי ארמלה | בבייתיה | דאבוך עד זמן דיתרבי שלה |
| 1324 | | Gn24:27 | באורחא דבר יתי ייי | בבייתיה | דאחוי דרבוני: |
| 1325 | | Gn40:07 | דפרעה דעמיה במטרא | בבייתיה | דרבונה למימר מן בגלל מן |
| 1326 | | Gn39:05 | דייי בכל מה דהווה ליה | בבייתיה | ובאפיה ברא: |
| 1327 | בבייתך | Dt22:08M | זכיי \לגו | בייתך/בבייתך#2#/ | דלא יפול מן דחמי לה |
| 1328 | | Nu18:11M | כל דדכי | \באינשי ביתך/בבייתך#2#/ | יאכל יתה: |
| 1329 | | Nu18:13M | כל דידכי | \באנשי ביתך/בבייתך#2#/ | יאכל יתיה: |
| 1330 | בביכורי | Dt15:19 | בני ישראל לא תפלחון | בביכורי | תוריכון ולא תגזון בכורי |
| 1331 | בביעירה | Lv27:27 | ואן | בביעירה | מסאבה ויתפרק בעלויה |
| 1332 | בביש | Lv27:10 | לא ישל<ח>ף יתיה טב | בביש | או ביש בטב ואן מפרגה יפרג |
| 1333 | בבישתא | Gn44:34 | לית הוא עמי דלא אחמי | בבישתא | די יארע ית אבה: |
| 1334 | בבישתיה | Nu35:23M | ולא תבע \בשתה | דנפשיה/בבישתיה#2#/: | |
| 1335 | בבית | Ex 4:24 | והוה באורחא | בבית | אבתותה וארע יתיה מלא«כא» |
| 1336 | | Gn42:27 | שקיה למיתן כסה לחמריה | בבית | אבתותתה וחמא ית כספא והא |
| 1337 | | Lv14:34 | אחסנה ואשוי מכתש צרעה | בבית | ארעא אחסנתכון: |
| 1338 | | Nu30:11 | ואין | בבית | דבעלה נדרת או קיימת קיים |
| 1339 | | Nu 4:12M | בהון \בגו | בית קודשה/בבית#2#/ | ויתנון \לגו לבוש |
| 1340 | | Lv14:36M | ולא יסב כל מה דאית | בבית#2#/ | ומן בתר כדין/כך#2#/ |
| 1341 | בבית' | Gn27:15M | די הוון גבה | בבית'#2#/ | דהווה בגו בייתה ואלבשת |
| 1342 | | Lv14:36 | ולא יסתאב כל מה די | בבית' | ומן בתר כדין ייעול כהנא |
| 1343 | בבית אולפנה | Ex40:20M | והוון קיימין על את | בבית אולפנה | הנון לוחי קיימה לוחי |
| 1344 | בבית בהתתיה | Dt25:11 | ותפשוט ידה ותתוקף | בבית בהתתיה: | |
| 1345 | בבית דבוקה | Ex26:10 | דיריעתה חדתה בריתה | בבית דבוק«ה» | וחמשין ענבין תעבד על |
| 1346 | | Ex36:17 | סטרין דיריעתה בריתה | בבית דבוקה | וחמשין ענבין עבד על |
| 1347 | | Ex26:04 | דיריעתה חדתה בריתה | בבית דבוקה | וכן תעבד בסטרא דיריעתה |
| 1348 | | Ex36:11 | דיריעתה חדה בריתה | בבית דבוקה | כן עבד בסיטרה די יריעתה |
| 1349 | | Ex26:04 | בסטרא דיריעתה בריתה | בבית דבוקה | תניינא: |
| 1350 | | Ex26:10 | תעבד על סטרא דיריעתא | בבית דבוקה | תניינא: |
| 1351 | | Ex36:11 | די יריעתה בריתה | בבית דבוקה | תניינא: |
| 1352 | | Ex36:17 | עבד על סטרה דיריעתה | בבית דבוקה | תניינא: |
| 1353 | בבית דיבוקה | Ex36:12 | בסיטרה דיריעתה די | בבית דיבוקה | תניינה מכוונן הוון |
| 1354 | בבית חבושא | Gn39:20 | חבושין והוה תמן | בבית חבושא: | |
| 1355 | | Gn40:15 | ארום שוון יתי | בבית חבושא: | |
| 1356 | | Gn39:22M | /חבישא דאית | בבית חבושא#2#/ | וית כל מה דהוון |
| 1357 | בבית חבושה | Ex12:29 | עד בכורא דשביתא די | בבית חבוש«ה» | וכל בכורא דבעירא: |
| 1358 | בבית חבושי' | Gn39:20 | יתיה ושוי יתיה | בבית חבושי' | באתרא דחבישוי דמלכא |
| 1359 | בבית חבושיה | Gn40:05 | חבושין בבית חבושין | בבית חבושיה: | |
| 1360 | | Gn40:03 | דרב אספקלטוריה | בבית חבושיה | אתרא די יוסף חביש |
| 1361 | | Gn39:22 | ית כל חבושיה די | בבית חבושיה | וית כל מה דהוון עבדין |
| 1362 | בבית חבושיכון | Gn42:19 | אחוכון חרנא יתחבש | בבית חבושיכון | ואתון אזלו |
| 1363 | בבית חבושין | Gn40:05 | דהוון חבושין | בבית חבושין | בבית חבושיה: |
| 1364 | בבית מדרשא | Gn25:27M | הוא ומשמש | בבית מדרשא | אולפן דאוריית' |
| 1365 | | Gn25:27M | טבא יתיב ומשמש | בבית מדרשא | דשם ועבר ותבע אולפן |
| 1366 | | Gn25:22M | רחמין מן קדם ייי | בבית מדרשא | של שם רבה |
| 1367 | בבית מדרשוי | Gn 9:27M | משכוני דשם ויהווי | /בבית מדרשוי | דשם רבה ויהווי#2#/ |
| 1368 | בבית מדרשיך | Dt17:08M | מלוי <ד>פלוגתא | בבית מדרשיך | |
| 1369 | בבית קדש | Nu18:10 | | בבית קדש | קדשיה תאכל יתיה כל דכורה |
| 1370 | בבית קוד' | Lv10:18M | תאכלון יתה | בקודשא/בבית קוד'#2#/ | היך מה דפקדת: |
| 1371 | בבית קודשה | Nu 4:16 | כל משכנה וכל מה דביה | בבית קודשה | ובמנוי: |
| 1372 | בבית קודשיה | Nu 4:04 | דקהת במשכן זימנא | בבית ק«ו»דשיה: | |
| 1373 | בבית שפר | Gn47:06 | ארעא דמצרים קדמיך היא | בבית שפר | ארעא אשרי ית אבוך וית |
| 1374 | | Gn23:06 | מן קדם ייי את בינינן | בבית שפר | קברינן קבר ית מתך: |
| 1375 | בבית תורפ | Nu25:08M | וית אתתה \לגו | מעיה/בבית תורפ#2#/ | ואתכלת/וית'#2#/ |
| 1376 | בביתא | Gn31:14 | אית לנא חלק ואחסנא | בביתא | דאבונן: |
| 1377 | בביתה | Gn39:11 | גבר מן עמיה דביתיה תמן | בביתה: | |
| 1378 | | Lv14:35 | למימר כמכתש אתחזי לי | בביתה: | |
| 1379 | | Nu30:04 | קדם ייי ותקיים קיים | בביתה | דאבוה ברביותה: |
| 1380 | | Nu30:17 | בין אב לברתה ברביותה | בביתה | דאבוה: |
| 1381 | | Gn24:23 | את תניין כען לי האית | בביתה | ^דאבוך#2#^ אתר לנ{ון}<א> |
| 1382 | | Gn39:09 | לית רב ושליט | בביתה | הדין מני ולא חסך מני כל |
| 1383 | | Lv14:47 | ית לבושוי ומן די יאכול | בביתה | יחוור ית לבושוי: |
| 1384 | | Lv14:47 | ומן די ידמוך | בביתה | יחוור ית לבושוי ומן די |
| 1385 | | Lv14:43 | ואם יחזור מכתשה ויהלך | בביתה | מן בתר די שמט ית אבניה |
| 1386 | | Lv14:48 | ויחמי והא לא הלך מכתשה | בביתה | מן בתר דאתטש ית ביתה |
| 1387 | | Lv14:44 | בביתה צרעה מחלטה היא | בביתה | מסאב הוא: |
| 1388 | | Lv14:44 | ויחמי והא הלך מכתשה | בביתה | צרעה מחלטה היא בביתה מסאב |
| 1389 | בביתיה | Gn40:03 | ושווי יתהון במטרא | בביתיה | דרב אספקלטוריה |
| 1390 | | Gn39:02 | טבא והוה רב ושליט | בביתיה | דרבוניה מצרייה: |
| 1391 | בביתך | Ex 7:28 | ארדענין ויסקון ויעלון | בביתך | ובקיטוני מדמכך על עריסתך |
| 1392 | | Ex 7:28M | ויסקן ויעלן | בביתך#2#/ | ובקיטוני מדמכך על |
| 1393 | בבכורי | Dt33:17 | כמה דלית אפשר למפלח | בבכורי | תורייה ולא למשתעבדה בקרני |
| 1394 | בבכיה | Gn45:02 | ושוי ית קליה | בבכיה | ושמעו מצראי ואשתמע |
| 1395 | בבליעת | Nu26:11M | ולא {ש}<ט>מע<ו> | בבליעת | ארעא |
| 1396 | בבנוי | Gn15:12M | דעתידי' למקום ומשעבדה | בבנוי | אימה חשכה |
| 1397 | | Lv 6:11 | כל דכורא | בבנוי | דאהרן ייכלון יתה קיים |
| 1398 | | Dt32:01 | מן גו עלמא ולא אסהדית | בבנוי | דקיריס אין מסהד אנה בהון |
| 1399 | בבני | Ex13:02 | פתחי כל וולד מעייה | בבני | ישראל בבני אנשא ובבעירה |
| 1400 | | Nu15:29 | יציבייה | בבני | ישראל וגיוריה דמתגיירין |
| 1401 | | Dt31:19 | לי שבח שירתה הדה לסהדו | בבני | ישראל: |

|  |  |  |  |
|---|---|---|---|
| 1402 | בבני אינשא | Ex20:16 | שקרא חיות ברא מתכלה בבני אינשא: |
| 1403 | | Ex 9:10 | {טפל}<שלפ>וקין פרח בבני אינשא ובבעירה: |
| 1404 | בבני אנשא | Ex20:17 | מלכותא מתגריין בבני אנשא: |
| 1405 | | Dt 5:20 | חיות ברא מיתגריה בבני אנשא: |
| 1406 | | Gn 6:03M | הלא רוחי יהבי' בבני אנשא דייעבדון עובדין טבין עד |
| 1407 | | Ex 8:13 | דארעא והוון כלמיא בבני אנשא ובבעירא כל עפרא דארעא |
| 1408 | | Nu18:15 | די יקרבון לשמה דייי בבני אנשא ובבעירא דידך יהווי להוד |
| 1409 | | Ex13:02 | מעייה בבני ישראל בבני אנשא ובבעירה לשמי אינון: |
| 1410 | | Nu 8:17 | בכוריה דבני ישראל בבני אנשא ובבעירה ביומא דקטלת כל |
| 1411 | | Nu31:11M | עדיתה/עדייתה#2#/ בבני אנשא\ ובבעירה#2#/ |
| 1412 | | Nu31:26 | קבל ית עדיתה דשביתה בבני אנשא ובבעירה אתה ואלעזר |
| 1413 | | Dt 5:21M | מלכוותה מתגבייה בבני אנשא וג(ר)<ל>ותה אתיה לעלמא |
| 1414 | | Dt 5:21 | ומלכוותה מתגריין בבני אנשא וחמדין נכסיהון |
| 1415 | | Gn16:12 | והוא יהווי מדמי לערד בבני אנשא ידוהי ישלטון בכלא וידי |
| 1416 | | Gn 6:03 | עלמא הא רוחי יהבית בבני אנשא מן בגלל דאינון בשר |
| 1417 | בבניהון | Dt10:15 | יתהון ובחר בבניהון מן בתרהון בכון מן כל |
| 1418 | | Dt 4:37 | רחם ית אבהתכון ויתרעי בבניהון מן בתריהון ופרק ואפק |
| 1419 | בבניכון | Ex13:13 | בכורי בני אנש«א» בבניכון תפרקון: |
| 1420 | בבנינן | Ex10:09 | בעולמינן ובסבינן ניזל בב<נ>ינן ובבנתן בענן ובתורינן |
| 1421 | בבנתהון | Gn34:01M | למתחמייא\עם בנתהון/בבנתהון#2#/ דעמא דארע': |
| 1422 | בבעותי | Gn23:13M | כספא דחקלא\קבל מני /בבעותי קבל מני יתיה#2#/ ונקבר |
| 1423 | בבעיל | Dt28:56 | ומן פרנוקה תבאש עייניה בבעיל חובה ובברה ובברתה: |
| 1424 | בבעיר | Lv27:10 | ואן מפרגה יפרג בעיר בבעיר ויהוי הוא ופרוגיה יהווי |
| 1425 | | Lv 7:21 | סואבה בסאבותא דברנש או בבעיר מסאב או בכל שרץ מסאב |
| 1426 | | Lv20:15 | וגבר די יתן תשמישיה בבעיר מתקטלה יתקטל וית בעירה |
| 1427 | בבעירה | Gn13:02 | ואברהם תקף לחדא בבעירה בכספא ובדהבא: |
| 1428 | | Lv20:25 | ולא תשקצון ית נפשתכון בבעירה ובעופה ובכל מה די תרחש |
| 1429 | | Lv11:03 | תרתין פרסתה מסק גררה בבעירה יתה תיכלון: |
| 1430 | | Dt14:06 | בתרתין פרסתה מסיק גררה בבעירה יתה תאכלון: |
| 1431 | | Lv27:26 | די יתאפרש לשמה דייי בבעירה לא יקדש גבר יתיה אין תור |
| 1432 | | Lv20:15M | מתקטלה\ישוי מדמכה בבעירה מת#2#/ יתקטל וית בעירה |
| 1433 | בבעיריהון | Nu 3:41M | /בכורייה#2#/ דבעירהון/בבעיריהון#2#/ דבני ישראל: |
| 1434 | בבעירך | Ex 9:03 | הא מחת פורענתי הוויא בבעירך די חקלא בסוסיא ובחמיריא |
| 1435 | בבעירכון | Dt 7:14 | עקר לא עקרה אוף לא בבעירכון: |
| 1436 | | Gn47:16 | בעירכון ואתן לכון בבעירכון אן שלם כספא: |
| 1437 | בבעל | Dt28:56M | עייניה\בבעיל חובה /בבעל טליותה#2#/ ובברה ובברתה: |
| 1438 | בבעל דבבו | Nu35:21 | אין בבעל דבבו מחה יתה בידיה ומית |
| 1439 | בבעלה | Nu 5:27 | אין איסתאבת ותשקר שקר בבעלה וייעלון בה מיא מלווטיה |
| 1440 | בבקעת | Gn38:25 | מקיימה לך תלתא צדיקין בבקעת דורא חנניה מישאל |
| 1441 | בבקעתה | Dt34:03M | וית מישרה בבקעתיה/<בבקע>תה#2#/ דיריחו קרתה |
| 1442 | | Dt 8:07 | מבועין ותהומין נפקין בבקעתה ובטורה: |
| 1443 | בבקעתיה | Dt34:03 | וית דרומה וית מישרה בבקעתיה דיריחו קרתה דעבדה |
| 1444 | בבר | Gn21:23M | את משקר לי בברי ולא בבר ברי כחסדא דקושטא |
| 1445 | בבר' | Dt22:17M | למימר לא אשכחית לברתך/בבר'#2#/ סהדוותה ואלין אנון |
| 1446 | בבר נשא | Lv20:06M | בתריהון ואחל רוגזי בבר נשא ההוא {{ואישיצי}} יתיה |
| 1447 | | Lv13:09 | מכתש צרעה ארום תיהווי בבר נשא וייתי לות כהנא: |
| 1448 | | Lv24:20 | שן היך מה דיתיהב מום בבר נשא כדן יתיהיב ביה: |
| 1449 | בברה | Ex32:29 | קדם ייי ארום נגעתן גבר בברה ובאחוי ולמשויה עליכון יומא |
| 1450 | בברי | Gn21:23M | הכא דלית את משקר לי בברי ולא בבר ברי כחסדא דקושטא |
| 1451 | בבריותה | Nu24:06 | דמיין ומשבחין ומנטלין בבריותה: |
| 1452 | בברכה | Dt27:15M | בריך/ופתחו פומהון בברכה#2#/ יהווי גברא דלא יעבד |
| 1453 | בברתיה | Gn34:19 | ארום אתרעיית נפשיה בברתיה דיעקב והוא הוה יקר מן כל |
| 1454 | בברתכון | Gn34:08 | שכם ברי אתרעיית נפשה בברתכון אסבו יתה כען לה לאתה: |
| 1455 | בבשר | Gn40:23 | ברב מזוגיה בבשר עביר בבשר דטעים כסא דמותא ולא אדכר |
| 1456 | | Gn40:23 | ואתרחיץ ברב מזוגיה בבשר עביר בבשר דטעים כסא דמותא |
| 1457 | בבשרא | Gn40:23 | יהוי בר נשא די תרחץ בבשרא די ישוי בשרא רוחצנא בגין |
| 1458 | | Lv 8:32 | ומה דמשתייר בבשרא ובלחמה בנורה תוקדון יתיה: |
| 1459 | בבשרה | Lv15:07 | ומן די יקרב בבשרה דדיבה יחוור לבושוי ויסחי |
| 1460 | | Dt21:20 | לית הוא שמע בקלן אכל בבשרה ושתי בחמר: |
| 1461 | | Lv 6:20 | כל די יקרוב בבשרה יהווי קדיש <....> וית די |
| 1462 | | Lv15:19 | דייבה דם תיהוי דובה בבשרה שבעה יומין תיהוי בריחוק |
| 1463 | בבשרהון | Gn41:18 | סלקן שבע תורין בריין בבשרהון ויאיין ברווהון והוויין |
| 1464 | | Gn41:19 | מחמי לחדא וחסיין בבשרהון ולא חמת כוותיהון בכל |
| 1465 | | Dt32:42 | מן אדמהון וחרבי תתכל בבשרהון מן אדם קטיליהון דעמי |
| 1466 | בבשריה' | Dt32:42M | וחרבי תתכל בבשרהון/<בבש>ריה'#2#/ \מן אדם/מד'#2#/ |
| 1467 | בבשריהון | Gn41:02 | יאיין למחמי ובריין בבשריהון והויו רעין באגמין: |
| 1468 | | Gn41:03 | בישן למיחמי וחסין בבשריהון וקמו להון בסטר תורייא |
| 1469 | | Gn41:04 | דבישין למיחמי וחסין בבשריהון ית שבעתי תורייא יאיין |
| 1470 | בבשרכון | Lv19:28 | על נפש דמית לא תתנון בבשרכון וכתב חקיק לא תשוון בכון |
| 1471 | | Gn17:13 | כספכון ויהוי קיימי בבשרכון לקיים עלם: |
| 1472 | בבשתהון | Nu11:15 | באפ«י»ך ולא אחמי בבשתהון דעמך: |
| 1473 | בבתי אחסנותכ' | Lv14:34M | ארעא אחסנתכון /בבתי אחסנותכון#2#/: |
| 1474 | בבתי כנישותא | Gn30:13 | יתי בנת ישראל בבתי כנישותא וקראת ית שמה אשר: |
| 1475 | בבתי מדרשא | Gn25:27 | שלם בעבדא טבא יתיב בבתי מדרשא: |
| 1476 | בבתי מדרשייה | Gn30:13M | יתי בנתהון דישראל בבתי מדרשייה וקרת#2#/ ית שמה אשר: |
| 1477 | בבתי מדרשיכון | Dt33:18 | ישכר במייתבכון בבתי מדרשיכון: |
| 1478 | בבתיהון | Nu31:50 | גבר מידהווינן עללין בבתיהון דמדייניי בקיטוני מלכיהון |
| 1479 | | Nu31:50M | כד הווינן עלינן בבתיהון דמלכייה מדיינאי |
| 1480 | בבתיכ' | Dt 6:07M | בגו בתיכון/במתבכון בבתיכ'#2#/ ובהלכותכון באורחה |
| 1481 | בבתיכון | Dt25:14 | לא יהווי לכון בבתיכון מכלה רבה ומכלה זעי{ו}רה |
| 1482 | בג' | Dt33:06M | עולימוי\עם ג«י»בריין/בג'#2#/ במניין: |
| 1483 | | Lv20:05M | בגברה/אפי רוגזי בג'#2#/ ההוא ובזרעייתיה |
| 1484 | בגבר | Dt21:22M | \בגברא סדר חובת דין /בגבר חובה סדר דין#2#/ דקטולין |
| 1485 | | Dt19:15 | לא יקום סהד בגבר לכל חובה ולכל סרחון בכל |
| 1486 | | Dt19:16 | ארום יקום שהד דשקר בגבר למסהדה עלוי סהדי דשקר: |
| 1487 | בגברא | Gn19:09M | מנהון לך מנהון ודחפון בגברא |
| 1488 | | Gn26:11 | כל עמא למימר מן דיקרב בגברא הדין ובאיתתיה מתקטל |
| 1489 | | Dt29:19 | רוגזיה דייי וקנאתיה בגברא ההוא וידבקון בה כל לווטיה |
| 1490 | | Dt21:22 | וארום יהווי בגברא סדר חובת דין דקטולין |
| 1491 | בגברה | Lv20:03 | ואנה אשוי ית תקיף רוגזי בגברה ההוא ואשצא יתיה מגו עמה |
| 1492 | | Lv20:05 | ואשוי אנה ית תקוף רגזי בגברה ההוא ובזרעייתיה ואישיצי}} |
| 1493 | בגברייא | Dt 1:35M | אין יחמי גבר בעמא/בגברייא#2#/ האלין/האליין#2#/ |
| 1494 | בגדיה | Nu15:11 | או עם אמרה באמריה או בגדיה או בעזיה: |
| 1495 | בגדפין | Lv24:16M | בזמן דהוא מחרף שמה בגדפין |
| 1496 | | Lv24:12 | דפרש שמיה קדישה בגדפין הוה משה מתין מן בגלל |
| 1497 | | Nu 9:08 | ובמחרפה דפרש שמה קדישה בגדפין הוה משה ממתין מן בגלל |
| 1498 | | Nu15:34 | ובמחרפה דפרש שמה קדישה בגדפין הוה משה מתין מן בגלל |
| 1499 | | Nu15:34M | דחרף שמא קדישא בגדפין הווה משה מתין מן בגלל |
| 1500 | | Nu27:05 | ובמחרף דפרש שמה קדישה בגדפין הווה משה מתין מן בגלל |
| 1501 | | Lv24:12M | במחרפה דחרף שמה קדישה בגדפין ובמקושה דחליל שובתה |
| 1502 | | Nu 9:08M | ומחרפה דחרף שמה קדישה בגדפין ובמקושה דחלל ש«ו»בתה |
| 1503 | | Lv24:15 | ארום יפריש שמה דאלה בגדפין יקבל חובוי: |
| 1504 | | Lv24:11 | ופרש ברה דאתתה ישראליתה בגדפין ^ית שמה קדישה#2#^ וחרף |
| 1505 | | Lv24:16 | ומן די יפרש שמיה דייי בגדפין מתקטלה יתקטל מרגם ירגמון |
| 1506 | בגובא | Ex10:12 | ידך על ארעא דמצרים בגובא ויסק על ארעא דמצרים |
| 1507 | בגובריא | Gn19:09 | לך יתיר מנהון ודחקו בגובריא בלוט לחדה וקרבו למתבר |
| 1508 | בגובריא | Gn44:04M | ממנ«י#2#/ \על בייתיה/בגובריי«א»#2#/ קום רדף בתר |
| 1509 | בגופה | Nu12:01 | אלא היך מה דכושיה שני בגופה מן כל ברייתה כדין הות |

|  |  |  |  |  |  |
| --- | --- | --- | --- | --- | --- |
| 1510 | בגזל | Lv 5:21 | בפקדון או באושטות יד או | בגזל | או די עצה ית חברה: |
| 1511 | בגזלה | Lv 5:21M | או באושטות ידה או | בגזלה | או די |
| 1512 | בגיבינוי | Lv21:20 | או דלית ליה שער | בגיבינוי | או גביע או ננס או |
| 1513 | בגידא | Gn32:33 | קרב בכף ירכיה דיעקב | בגידא | דנשיא: |
| 1514 | בגידופין | Dt32:03 | דמדכרין שמה קדישה | בגידופין | ברם לית איפשר לחד ממלאכי |
| 1515 | | Lv24:16 | בפרשותיה שמה דאלהה | בגידופין | יתקטל: |
| 1516 | בגיהינם | Nu31:50 | הדין דלא מהוי עמה | בגיהינם | בעלמא דאתי דא תיקום לן |
| 1517 | | Nu31:50M | נהווי שותף עמא | בגיהינם | לעלמא דאתי היא תיקום לן |
| 1518 | בגיהנם | Gn49:22M | {שתוף} שותף עמה | בגיהנם | לעלמ׳ דאתי והוויין |
| 1519 | בגיורא | Ex12:19 | ההיא מן כנישתא דישראל | בגיורא | וביציבא דארעא: |
| 1520 | בגייורייה | Ex12:19M | דישראל | בגיורא/בגייורייה#2#/ | וביציבא |
| 1521 | בגילוי | Gn13:13 | גבר לחבריה וחייבין | בגילוי | עריתה ובשפיכות אדמייה |
| 1522 | בגינתה | Gn 2:15M | ית אדם ואצנע יתיה | בגינתה | למהווי#2#/ פלח באורית׳ |
| 1523 | בגירא | Dt27:04 | דעיבל ותשועון יתהון | בגירא: | |
| 1524 | בגירה | Dt27:02 | רברבן ותשועון יתהון | בגירה: | |
| 1525 | בגירין | Lv10:02M | ועלת באפהון ומיתו | בגירין | דאשה |
| 1526 | בגלגלי | Ex14:25 | דמולוותה למהוי נגדין | בגלג«לי» | וקיסי חזרו למהוי נגדין |
| 1527 | בגלוסקומא | Gn50:26M | ושוון יתיה | בארונא/בגלוסקומא#2#/ | במצרים: |
| 1528 | בגלושנתה | Lv13:42M | בקרחתה או | בגלושנתה/<בג>לושנתה#2#/: | |
| 1529 | | Lv13:43M | או | בגלשנותיה/^<בג>לושנת<ה>#2#^/בגלשלשנות#2#/ | כחזיו |
| 1530 | | Lv13:42 | וארום יהוי בקרחתה או | בגלושנתה | מכתש חוור סמוק צרעה |
| 1531 | בגלותא | Ex 3:14M | הוא דהוויתי בסעדכון | בגלותא | דמצראי ואנא הוא דעתיד |
| 1532 | בגלמתא | Gn49:26M | ארבעתי אמהתא דמתילין | בגלמתא | שרה רבקה רחל ולאה |
| 1533 | בגלמתה | Nu23:09 | אמהתה צדיקתה דמתילן | בגלמתה | שרה רבקה רחל ולאה הא |
| 1534 | | Dt33:15 | ובזכות אימהתה דמתילין | בגלמתה | שרה רבקה רחל ולאה: |
| 1535 | בגלשונתה | Lv13:42 | מהלכה היא בקרחתה או | בגלשונתה: | |
| 1536 | בגלשלשנות | Lv13:43M | או | בגלשנותיה/^<בג>לושנת<ה>#2#^/בגלשלשנות#2#/ | כחזיו |
| 1537 | בגלשלשנותה | Lv13:55M | /בקורחתה או | בגלשלשנותה#2#/: | |
| 1538 | בגלשלשתה | Lv13:42M | \בגלושנתה מכתש חוור | /בגלשלשתה | מכתש חיו׳#2#/ סמוק |
| 1539 | בגלשנותיה | Lv13:43 | בקרחו«תיה» או | בגלשנותיה | כחזיו צרעת משך בשרה: |
| 1540 | בגמליא | Ex 9:03 | חקלא בסוסיא ובחמיריא | בגמליא | בתוריא ובענה מותא תקף |
| 1541 | בגנבתה | Ex22:02 | אן לית ליה ויזדבן | בגנבתה: | |
| 1542 | בגנתא | Gn 2:15 | ית אדם ואשרי יתיה | בגנתא | דעדן למהוי פלח באורית׳ |
| 1543 | בגנתה | Gn 3:10 | ואמר ית קל ממרך שמעת | בגנתה | ודחלית ארום ערטלאי אנא |
| 1544 | בגרם | Nu19:18 | דהוון תמן ועל כל דיקרוב | בגרם | או בקטיל או במית או בקברה: |
| 1545 | | Nu19:16 | דקטיל דחרב או במית או | בגרם | דבר נש או בקברה יסתאב שבעה |
| 1546 | בגרמי | Gn15:02M | "ירית": סבר | בגרמי | יר׳ |
| 1547 | בד׳ | Ex23:07M | בדינא /וזכאי וקשוט | בד׳#2#/ | לא תקטלון ארום לא |
| 1548 | בדא | Gn42:33 | לן גברא רבוניה דארעא | בדא | אדע ארום היימנין אתון חד |
| 1549 | | Ex22:19M | /כל טעוות׳ ישתיצי | בדא | אלה{ו}<י>ך#2#/ קדם ייי |
| 1550 | | Nu13:17 | ואמר להון משה סוקו | ב{ר}<ד>א | לדרומה ותסקון ית טורא: |
| 1551 | | Gn42:15 | | בדא | תבדקון חיי רישיה דפרעה אן |
| 1552 | | Ex 7:17 | כדן אמר ייי | בדא | תדע ארום אנה ייי הא אנה |
| 1553 | | Nu16:28 | ואמר משה | בדא | תדעון ארום מן קדם ייי |
| 1554 | בדבוקה | Ex36:17M | סטרה דיריעתה | בבית דבוקה/בדבוקה#2#/ | תניינא: |
| 1555 | | Ex36:12M | בבית דיבוקה /דאית | בדבוקה#2#/ | תניינה מכוונן הוון |
| 1556 | בדבית | Nu23:21 | לית אנה חמי עבדי שקר | בדבית | יעקב ולא עבדי פלחן נכריי |
| 1557 | | Nu23:23 | אנה חמי נטורי נחשין | בדבית | יעקב ולא קסמי קסמין |
| 1558 | בדברות | Ex33:16 | קדמיך אנה ועמך הלא | בדברות | איקר שכינת«ך» עמן |
| 1559 | בדבש | Ex16:31 | חיור וטעמיה כשישין | בדבש: | |
| 1560 | | Nu11:08 | טעמיה כטעם ששי«י»ן | בדבש: | |
| 1561 | בדה | Gn34:22 | לחוד | בדה | אתערבו לנא גברייא למשרי |
| 1562 | | Lv26:27 | ואן | בדה | לא תשמעון לאולפן אורייתי |
| 1563 | | Gn34:15 | לחוד | בדה | נתערב לכון אן תהוון כוותן |
| 1564 | בדהבא | Dt 1:01 | בגווה וחפיתון יתיה | בדהבא | סנינה אמר במימריה וכפר על |
| 1565 | בדוביה | Lv15:03 | ודא תיהווי סאובתה | בדוביה | ריר בשריה מן ^ריר#2#^ |
| 1566 | בדוויי | Gn44:31 | ית שיביתיה דעבדך אבונן | בדוויי | לשאול: |
| 1567 | בדוי | Gn42:38 | בה ותחתון ית שיבתי | בדוי | לשאול: |
| 1568 | בדורון | Gn32:21 | אמר ארעי «סבר» אפוי | בדורון | דמהלכה קדמיי ומן בתר כדון |
| 1569 | בדחלא | Lv26:02M | בדחלה /תהבון עלין | בדחלא#2#/ | \אנ{י}<ה> ייי /כדן אמ׳ |
| 1570 | בדחלה | Dt12:05 | תתבעון ותהוון עלין | בדחלה: | |
| 1571 | | Lv19:30 | תהוון מצלין | בדחל«ה» | אמר ייי: |
| 1572 | | Lv26:02 | תהוון מצליין | בדחלה | אנ{י}<ה> ייי: |
| 1573 | | Lv19:30M | בדחל«ה» /עלין | בדחלה | כדן#2#/ אמר ייי: |
| 1574 | בדחלתה | Dt32:15M | /וכפתו#2#/ | בדחלתיה/בדחלתה#2#/ | דתקיפה דהוה פרק |
| 1575 | בדחלתיה | Dt32:15 | די ברה יתהון וכפרו | בדחלתיה | דתקיפה דהוה פרק יתהון |
| 1576 | בדיה | Gn 4:22 | דתובל קין הות נעמה | בדיה | קיניין וזמרין: |
| 1577 | בדיכרה | Lv 5:16 | לכהנא וכהנא יכפר עלוהי | בדיכרה | דאשמה וישתרי וישתבק ליה: |
| 1578 | בדינ׳ | Ex23:01M | {זמן} <זכו> לחברה | בדינ׳ | ולא תימרון בלבביכון בתר |
| 1579 | בדינא | Gn 4:08M | עובדין ומסב אפין לית | בדינא | |
| 1580 | | Ex23:03 | ארום לית מיסב אפין | בדינא: | |
| 1581 | | Ex23:08 | ויטלטל מלי דינא זכיי | בדינא: | |
| 1582 | | Lv19:16 | בזמנה דאת ידע ליה זכו | בדינא | אמר ייי: |
| 1583 | | Gn20:04 | ייי לחוד עמם זכיי | בדינא | אתקטל: |
| 1584 | | Ex23:02 | למימר מה דבלבך על חברך | בדינא | דלא תהווי טעי ואמר מן בתר |
| 1585 | | Gn20:04M | ייי הוא לה למיזכי | בדינא | {ה} מתקטיל#2#/: |
| 1586 | | Gn 4:24 | ולמך בר ברה די לא קטל | בדינא | הוא דיתלי ליה עד שבעין |
| 1587 | | Lv 1:01 | עלם ורבויה רבוי עלם | בדינא | הוא דלא ניעול לגויה |
| 1588 | | Ex23:02 | למלפה ז{מ}<כו>ן לחבריה | בדינא | «לא» {ו}תימרון בלבביכון |
| 1589 | | Ex23:03 | ומסכינא די אתחייב | בדינא | לא תסב ליה אפי{ו}<ן> ארום |
| 1590 | | Ex23:07 | רחקין וכל מן דמזכי | בדינא | לא תקטלון ארום לא יזכון |
| 1591 | | Gn 4:08 | מדבר ומיסב אפין אית | בדינא | מן בגלל מה איתקבל קרבנך |
| 1592 | בדינה | Ex23:06 | {הצרוכה} <די צריכה> | בדינה: | |
| 1593 | | Nu35:12 | די יקום קדם עם כנישתה | בדינה: | |
| 1594 | | Dt16:19 | ומטלטל מלוי זכיה | בדינה: | |
| 1595 | | Lv24:12 | ית מן דחמי ליה למתקטלה | בדינה | ^או#2#^ דילמה דישתכח לה |
| 1596 | | Dt32:41 | כברקה חרבי ותתוקף | בדינה | {ב}<ד>קושטה יד ימיני אחזר |
| 1597 | | Dt17:08 | ארום יתכסי מנכון פתגם | בדינה | בין אדם דבתול{ו}<י>ן לאדם |
| 1598 | | Lv19:35 | לא תעבדון שקר | בדינה | במתקלה במכלתה ובמוזניה: |
| 1599 | | Lv24:12 | לה זכו מן זוי ח«ו»רי | בדינה | דלא יהוון בהתין |
| 1600 | | Nu15:34 | ית מן דחמי ליה למתקטלה | בדינה | דלא יהיון בה{ד}<ת>ין |
| 1601 | | Gn18:17 | דסדם במתנתה דיהבת לה | בדינה | הוא דלא איפוך יתה עד זמן |
| 1602 | | Nu12:14 | ואבוה נזפה נזף בה | בדינה | הוא תתכנע מן קדמוי שבעה |
| 1603 | | Dt32:04 | קדמוי עוולה זכיי וקשוט | בדינה | הוא: |
| 1604 | | Dt33:09 | ולאימיה לא נסב אפין | בדינה | וית אחוי לא חכם בעובדה |
| 1605 | | Lv19:18 | כד תדע בה דאית לה זכו | בדינה | ולא תתחשד בחובת אדמה |
| 1606 | | Nu 9:08 | ית מן דחמי לה מתקטלה | בדינה | ולא יהוון בהתין למימר לא |
| 1607 | | Nu27:05 | ית מן דחמי ליה למתקטלה | בדינה | ולא יהוון בהתין למימר לא |
| 1608 | | Dt10:17 | ודחילה די לא נסיב אפין | בדינה | ולא מקבל שחוד דממון: |
| 1609 | | Dt16:19 | לא תסטון | בדינה | ולא תסבון אפין בדינה ולא |
| 1610 | | Dt16:19 | בדינה ולא תסבון אפין | בדינה | ולא תקבלון שחוד דממון |
| 1611 | | Dt32:04 | באוריתה ותלת שעין יתב | בדינה | ותלת שעין מזווג זוגין בין |
| 1612 | | Lv19:16M | בזמן דאת ידע בה קשיט | בדינה | כדין אמר ייי |
| 1613 | | Dt 1:17 | לא תסבון אפין | בדינה | כמלוי דזעירה וכמילוי דרבה |
| 1614 | | Lv19:15 | לא תעבדון שקר | בדינה | לא תיסב אפין למסכנה ולא |
| 1615 | בדיני | Nu27:05 | בדיניה ממונא ומתינין | {בדיני} | בדיניה נפשן דלא יהוון |
| 1616 | | Nu15:34 | משה די הוון זריזין | בדיני | ממונא ומתינין בדיני נפשן |
| 1617 | | Lv24:12M | בדיני נפשתה וזריזין | בדיני | ממונה דלא יבההתון למימר |

|  |  |  |  |  |  |
|---|---|---|---|---|---|
| 1618 | | Lv24:12 | בתר משה דיהוון זריזין | בדיני | ממונה ו{מ}מתינין בדיני |
| 1619 | | Nu 9:08M | משה למהוון זריזין | בדיני | ממונה ומתי' |
| 1620 | | Nu15:34M | נפשתה וזריזין | בדיני | ממונה דלא יבהתון למימר |
| 1621 | | Nu 9:08 | משה די הווין זריזין | בדיני | ממוניה ומתינין בדיני |
| 1622 | | Nu15:34 | בדיני ממונא ומתינין | בדיני | נפשן דלא יהיוון קטולין |
| 1623 | | Lv24:12M | משה למהוון מתינין | בדיני | נפשתה וזריזין בדיני |
| 1624 | | Lv24:12 | בדיני ממונה ו{מ}מתינין | בדיני | נפשתה דלא יהוון קטילין |
| 1625 | | Nu 9:08 | בדיני ממוניה ומתינין | בדיני | נפשתה דלא יהוון קטלין |
| 1626 | | Nu15:34M | משה למהוון מתינין | בדיני{ה} | נפשתה וזריזין בדיני |
| 1627 | בדיני' | Ex23:08M | זכיי בדינא /חכימייא | בדיני' | ומערבב ומקלקל מיליה' |
| 1628 | בדיניה | Nu27:05 | בתריה די הוון זריזין | בדיניה | ממונא ומתינין {בדיני} |
| 1629 | | Nu27:05 | ממונא ומתינין {בדיני} | בדיניה | נפשן דלא יהוון קטלין |
| 1630 | בדיקנה | Lv13:29 | ביה מכתש בראשה או | בדיקנה: | |
| 1631 | בדירת | Lv 6:09M | תתאכל בתר קדיש | בדרת/בדירת#2#/ | משכן ז«י»מנא |
| 1632 | בדכיה | Lv15:08 | ירק דיבה {בדיביה} | <בדכיה> | יחוור לבושוי ויסחי במיא |
| 1633 | בדכרה | Lv19:22 | ויכפר עלוי | בדכרה | דאשמא קדם ייי על חובתיה |
| 1634 | בדכריה | Nu24:01 | אזל בכל זמן למשאליה | בדכריה | לקדמות קסמיה ואזל ושוי |
| 1635 | בדלא | Dt 4:42 | ית חברי{ח}<ה> בתקוף | בדלא | ידע והוא לא הוה סני יתיה |
| 1636 | בדם | Lv14:51M | ויצבוע#2#/ יתהון | באדמה/בדם#2#/ | \דצפרה נכיסתה /צפרתה |
| 1637 | בדמא | Gn38:25 | דיוסף אחי ואצבעת יתיה | בדמא | דצפירא ואמרית ליעקב {אבר} |
| 1638 | | Nu 7:70M | ולשלוון למכפרה | באדמה/בדמא#2#/ | דצפירה על חובוי ועל |
| 1639 | | Lv14:06M | וית צפרה חייתה | באדמה/בדמא#2#/ | דצפרה דנכיסתה |
| 1640 | | Lv 4:17M | אצבעה#2#/ \מן | אדמ'/בדמא#2#/ | וידי שבעה [זמנין] |
| 1641 | | Lv 5:09M | ומה דמשתייר | באדמה/בדמא#2#/ | ימצה על יסודוי |
| 1642 | | Gn49:11 | גובריהון לבושי מעגעגין | בדמא | מדמי לרפוס ענבים: |
| 1643 | בדמה | Ex12:22M | דאיזוב ותצבעון | באדמה/<ב>דמה#2#/ | \די במנה /דאית |
| 1644 | | Nu35:33M | לא מתכפר#2#/ | באדמה/בדמה#2#/ | דיאשתפך בה ארום |
| 1645 | | Nu35:33M | בה ארום אלהין | באדמה/בדמה#2#/ | דמן דשפך יתיה: |
| 1646 | | Nu 7:16M | ולשלוון למכפרה | באדמה/בדמה#2#/ | דצפירה על חובוי ועל |
| 1647 | | Nu 7:22M | ולשלוון למכפרה | באדמה/בדמה#2#/ | דצפ«י»רה על חובוי |
| 1648 | | Nu 7:34M | ולשלוון למכפרה | באדמה/בדמה#2#/ | דצפירה על חובוי ועל |
| 1649 | | Nu 7:40M | ולשלוון למכפרה | באדמה/בדמה#2#/ | דצפירה על חובוי ועל |
| 1650 | | Nu 7:46M | לשלוון למכפרה | באדמה/בדמה#2#/ | דצפירה על חובוי ועל |
| 1651 | | Nu 7:52M | ולשלוון למכפרה | באדמה/בדמה#2#/ | דצפירה על חובוי ועל |
| 1652 | | Nu 7:58M | ולשלוון למכפרה | באדמה/בדמה#2#/ | דצפירה על חובוי ועל |
| 1653 | | Nu 7:64M | ולשלון למכפרה | באדמה/בדמה#2#/ | דצפירה על חובוי ועל |
| 1654 | | Nu 7:76M | ולשלוון למכפרה | באדמה/בדמה#2#/ | דצפירה על חובוי ועל |
| 1655 | | Nu 7:82M | ולשלוון לכפרה | באדמה/בדמה#2#/ | דצפירה על חובוי ועל |
| 1656 | | Lv14:52M | וידכי ית ביתה | באדמה/בדמה#2#/ | דצפרה ובמיא דמבועא |
| 1657 | | Lv17:11M | ארום נפש בשרה | באדמה/בדמה#2#/ | היא ואנה יהבת |
| 1658 | | Lv 4:06M | כהנא ית אצבעיה | באדמה/בדמה#2#/ | וידי מן {מ} דמא שבע |
| 1659 | | Lv 9:09M | וצבע אצבעיה | באדמה/בדמה#2#/ | ויהב על קרנתה דמדבחה |
| 1660 | בדמו | Gn 1:27 | דייי ית בר נשא בדמותיה | בדמו | מן קדם ייי ברה יתיה דכר |
| 1661 | | Gn 5:01 | ביומא די ברא ייי ית אדם | בדמו | מן קדם ייי ברא יתיה: |
| 1662 | | Gn 9:06 | בר נש ישתפך אדמיה ארום | בדמו | מן קדם ייי ברא ית אדם: |
| 1663 | בדמויין | Nu12:08 | עמיה בחזוין ולא | בדמויין | ודמו מן קדם ייי הוה |
| 1664 | בדמות | Gn32:25M | ואשתדי עמה מלאך | בדמות | גבר עד מסק |
| 1665 | | Gn32:25 | ואתפגש מלאך שריאל | בדמות | גבר וגפף עמיה עד זמן די |
| 1666 | | Gn37:15 | וארע יתיה מלאך | בדמות | גבר והא הוא טעי בחקלא |
| 1667 | | Gn18:02 | וחמא והא תלתא מלאכין | בדמות | גברין קיימין עלוי וחמא |
| 1668 | | Gn32:29M | ייי ועם גוברין | /בדמות | גו'#2#/ ויכלת להון: |
| 1669 | | Lv23:43 | ארום בענני איקר שכינתי | בדמות | מטלין אשרית בני ישראל |
| 1670 | בדמותה | Ex30:37 | וקטרתה דתעבד | בדמותה | לא תעבדון לכון קדש תהווי |
| 1671 | בדמותיה | Gn 1:27 | ממרה דייי ית בר נשא | בדמותיה | בדמו מן קדם ייי ברה יתיה |
| 1672 | | Gn 5:03 | מאה ותלתי' שנין ואולד | בדמותיה | כד נפק בה וקרא ית שמה |
| 1673 | בדמותיהון | Ex25:40 | וחמי ועבד | בדמותיהון | די את חמי בטורא: |
| 1674 | בדמותן | Gn 1:26 | ואמר ייי נברא בר נש | בדמותן | כד נפק {כ}<ב>ן וישלטון |
| 1675 | בדמכה | Gn19:33 | ושמישת עם אבוה ולא ידע | בדמכה | ובמקמה: |
| 1676 | בדנה | Gn18:17M | /די יהבה#2#/ לה | בדינה/בדנה#2#/ | הוא דלא איפוך |
| 1677 | בדעת | Gn 3:19M | | בדעת | אפיך תאכל מזון עד זמן די |
| 1678 | בדעתה | Gn 3:19 | | בדעתה | מן קדם אפיך תאכל לחם עד |
| 1679 | בדעתיה | Lv24:12 | קדם משה וסכם יתכון | בדעתיה | דלעיל בתרין מנהון הוה |
| 1680 | בדרגין | Ex20:26 | על גבי מדבחי לא תסקון | בדרגין | על גבי מדבחי די לא תתגלי |
| 1681 | בדרה | Gn 7:01 | ארום יתך חמי' צדיק קדמי | בדרה | הדין: |
| 1682 | | Gn 6:08 | ונח על דלא הוה | בדרה | צדיק ^ההוא#2#^ אשכח חן |
| 1683 | | Gn 6:09M | בעבדה טבא הוו | בדרוי/בדרה#2#/ | קדם ייי פלח נח |
| 1684 | בדרוי | Gn 6:09 | צדיק שלם בעבדה טבא הוו | בדרוי | קדם ייי פלח נח בקושטא: |
| 1685 | בדרומ' | Nu33:40 | דערד ארום הוא הוה שרי | בדרומ' | בארעא דכנען בזמנה דאתון |
| 1686 | בדרומה | Nu21:01 | מלכא דערד דהוה שרי | בדרומה | ארום אסתלק אהרן גברא |
| 1687 | | Nu13:22 | וסליקו | בדרומה | ומטה כלב עד חברון ותמן |
| 1688 | בדרכיה | Dt25:04 | ישראל לא תזמון תורה | בדרכיה: | |
| 1689 | בדרת | Lv 6:09 | פטירין תתאכל בתר קדיש | בדרת | משכן ז«י»מנא יאכלון יתה: |
| 1690 | | Lv 6:19 | יתה בתר קדיש תתאכל | בדרת | משכן זימנא: |
| 1691 | בהבלייה | Dt28:29 | היך מה דממשש סמייה | בהבלייה | ולא יצלחן אורחתכון |
| 1692 | בהדא | Gn46:28M | יהודה שלח קדמוי | לוות/בהדא | דורון לוות#2#/ יוסף |
| 1693 | | Gn29:34 | תוב וילדת בר ואמרת כדון | בהדא | זמנא יזדמן לוותי בעלי ארום |
| 1694 | | Gn30:20M | יתי בעלי ארום /כדו | בהדא | זמנא יזדמן בעלי לוותי |
| 1695 | | Gn46:30M | "אנה ... דחמת": הוינא מאית | בהדא | זמנא כילו עליי דלא מיתת |
| 1696 | | Ex 7:17M | בדא תדע /מימריה דייי | בהדא | זמנא תדע#2#/ ארום אנה \ |
| 1697 | | Gn29:35M | בר ואמרת הדה/כדו | בהדא#2#/ | זמנה נודי ונשבח |
| 1698 | | Gn34:15M | לחוד/<ל>ה<וד>#2#/ | בדה/בהדא#2#/ | נתערב לכון אן תהוון |
| 1699 | | Nu16:28M | ואמר משה | בדא/בהדא#2#/ | תדעון ארום מן קדם |
| 1700 | | Gn34:22M | לחוד | בדה/בהדא#2#/ | אתערבו/ית'#2#/ לנא |
| 1701 | בהדה | Dt18:06M | מן חדא/ליוואי | בהדה#2#/ | מן קורייכון/קרייכ'#2#/ |
| 1702 | | Lv22:27 | אננקי דדהון עני יתן | בהדה | שעתה ושמע בקל צלותן ואדכר |
| 1703 | בהדן | Nu 6:23M | למימר \כדן תברכון | /בהדן | סידרא תב'#2#/ ית בני |
| 1704 | בההיא | Gn44:19 | מלביה ובזעו לבושיה | בההיא | שעתא ואתבהל וארתת יוסף |
| 1705 | | Ex15:18 | וגבורתא ביני גלליא | בההיא | שעתא פתחו פומיהון כחדא |
| 1706 | | Nu21:15M | מלכין עם שלטנין | בה<הי>א | שעתה רמ{ה}<ז> ייי |
| 1707 | בהו' | Ex20:11M | וית כל מה דבהון/דאי' | בהו'#2#/ | והוה שבא ונייח קדמוי |
| 1708 | בהור | Dt32:50 | דאתכנש בשלם אהרן אחוך | בהור | טורא ואתכנש בשלם לוות |
| 1709 | | Nu20:23M | ייי למשה ולאהרן | בהר/בהור#2#/ | טורה סמיך לתחומיהון |
| 1710 | בהיא | Nu20:29M | עליהון חד זמן בכל שנה | בהיא | שעתה היימינו בני ישראל |
| 1711 | בהידין | Lv24:12 | דיתפרש להון מן קדם ייי | בהידין | דינא מקטלין יתיה: |
| 1712 | בהיימנות | Gn16:05M | עמך \בהימנו עלית | /בהיימנות | שמייא על'#2#/ עמך קדם |
| 1713 | בהימיינה | Ex28:29M | \בחושנה דדינה | /בהימיינה | דאפודה#2#/ על לביה |
| 1714 | בהמיינה | Ex29:05 | וית חושנא ותטכס ליה | בהמיינה | דאפודה: |
| 1715 | | Lv 8:07 | עלוי אפדה וזרז יתיה | בהמיינה | דאפודה וטכס יתיה ביה: |
| 1716 | | Lv 8:07 | ית כו<ת>נתה ואסר יתיה | בהמיינה | ואלבש יתיה מעילה ויהב |
| 1717 | בהמנייה | Lv 8:07M | /ומסר#2#/ יתיה | בהמיינה/בהמנייה#2#/ | דאפודה וטכס יתיה |
| 1718 | | Lv 8:07M | ואסר יתיה | בהמיינה/בהמנייה#2#/ | ואלבש יתיה \ |
| 1719 | בהר | Nu33:39 | שנין הוה בזמנה דמית | בהר | טורא: |
| 1720 | | Nu20:23 | ואמר ייי למשה ולאהרן | בהר | טורה סמיך לתחומיהון |
| 1721 | בהת' | Gn 2:04M | שמיא וארעא | באיתבריותהון/בהת'#2#/ | ביומא דברא ייי |
| 1722 | בהתחדתותיה | Nu28:14 | בכל ריש ירח וירח | בהתחדתותיה | כהדין סדרא תהוון מקרבין |
| 1723 | בושטיה | Lv 1:16M | /קורקבני | ב{ג}<ו>ש{נ}<ט>יה | ויט'#2#/ יתה סמיך |
| 1724 | בזבונה | Gn47:14M | ובארעא דכנען | בעיבורה/בזבונה#2#/ | \די אנון/^הנון#2#^ |
| 1725 | בזיו | Dt21:23M | כל דצליב ולא תסאבון | /בזיו | יקר שכינתיה דייי אצלב |

| | | | | | |
|---|---|---|---|---|---|
| 1726 | בזיוה | Gn29:17M | הוות יאיה | בריבוון{ד}<ת>ה/בזיוה#2#/ | ושפיר«א» |
| 1727 | בזימנא | Ex13:10M | קיימה הדין | בזימנא | למיהון עבדין יתיה מין |
| 1728 | | Ex13:10 | ית קיימיה דאורייתא הדה | בזימנא | מן עדן יומין לעדן יומין: |
| 1729 | | Gn15:01 | מצוון קלילן דהוה בידי | בזימנא | קדמיה דנפלו קדמיי ואתקימן |
| 1730 | בזימניה | Nu 9:07 | למקרבה ית קרבנה דייי | בזימניה | בגו בני ישראל: |
| 1731 | | Nu27:05 | דלא יכלו מעבד פסחא | בז<י>מניה | ובתרין בנתיה דצלפחד |
| 1732 | | Nu 9:13 | קרבנה דייי לא קרב | בזימניה | חובוי יקבל גברא ההוא: |
| 1733 | בזכוותא | Gn26:24 | יתך וסגית ית בנך | בזכוותא | דאברהם עבדי: |
| 1734 | | Gn18:18 | רבה ותקיפה ויתברכון | בזכוותא | כל אומיא דארעא: |
| 1735 | בזכוותה | Gn12:16M | "אייטב ... והוה": היטיב | בזכוותה | והוה |
| 1736 | | Gn18:18M | כל אומיא /ויתברכון | בזכוותה | כל אומה#2#/ דארעא: |
| 1737 | בזכוותהון | Gn18:26M | שרי ושבק לקרתה | בזכוותהון#2#/: | |
| 1738 | | Dt 9:06 | ותידעון ארום לא | בזכוותהון | ייי אלהכון יהב לכון ית |
| 1739 | בזכותי | Gn48:22 | ולא בקשתי ארום אלהן | בזכותי | ובעובדיי טביא דאינון |
| 1740 | | Gn48:22 | על אחיך שכם דנסבית | בזכותי | ובעובדיי טבייא מן ידיהון |
| 1741 | | Gn30:30 | וסגה וברך ייי יתך | בזכותי | וכען מה אנה יכל למעבד |
| 1742 | בזכוותיה | Gn13:05M | \אזל עם אברם /מדבר | בזכוותיה | דאב#2#/ הוה ען ותורין |
| 1743 | | Gn15:11 | בישן על דבית ישראל | בזכוותיה | דאברם אבוהון משיזבה |
| 1744 | בזכוותך | Gn12:13 | לי בגללך ותתקיים נפשי | בזכוותך: | |
| 1745 | | Gn28:14 | ומדנחא ויתברכון | בזכוותך | כל זרעייתא דארעא |
| 1746 | בזכוותכון | Dt 9:05 | לא | בזכוותכון | ובקשיטות לבביכון אתון |
| 1747 | בזכוותן | Dt 9:04 | מן קדמיכון למימר | בזכוותן | אעיל יתן ממרה למירת ית |
| 1748 | בזכות | Nu23:09 | האליין מדברין ואתיין | בזכות | אבהתה צדיקיה דמתילין |
| 1749 | | Dt33:16 | עבדה פירין טבין | בזכות | ארעא ומלאיה ודעבד רעותה |
| 1750 | | Nu24:05 | עליכון דבית יעקב | בזכות | ב{ית}<תי> מדרשייה דשמיש |
| 1751 | | Nu24:05 | משכניהון דבית יעקב | בזכות | משכניה דיתיב בהון ישראל |
| 1752 | | Dt33:15M | עבדה פירין טבין | בזכותה/בזכות#2#/ | דיאבהתן/אבהתה#2#/ |
| 1753 | בזכות' | Gn12:13M | בזכוותך /למייטבה לי | בזכות' | ותתקמה לי נפשי |
| 1754 | בזכותה | Dt33:15 | עבדה פירין טבין | בזכותה | דיאבהתן דמתילין בטווריא |
| 1755 | בזכותי | Gn48:22M | על אחיך דנסבית | בזכותי | ובעבדיי(') טב<י>א מן |
| 1756 | בזכותיה | Gn39:05 | ית ביתיה דמצרי«ה» | בזכותיה | דיוסף והוה ברכתיה דייי |
| 1757 | | Gn33:14M | די קדמיי ולסוברה | בזכותיה | ית בני גלותא עד זמן |
| 1758 | בזכותך | Gn30:27 | נסיית וברך יתי ייי | בזכותך: | |
| 1759 | | Gn48:20 | יתהון ביומא ההוא למימר | בזכותך | יתברכון ישראל למימר ישוי |
| 1760 | | Gn12:03 | יתך יהוי ליט ויתברכון | בזכותך | כל {זעיר} זרעיתא דארעא: |
| 1761 | | Gn26:04 | ארעתא האליין ויתברכון | בזכותך | כל אומיא {{דע}} דארעא: |
| 1762 | בזמנ' | Gn15:01M | או דלמא דאשכח לי זכו | בזמנ' | קדמיא די נפלו קודמוי או |
| 1763 | בזמנא | Gn25:20M | שנין \כד {נסבת} נסב | בזמנא/ | דא נסב#2#/ ית רבקה ברת |
| 1764 | | Ex 8:28 | ותקף פרעה ית לבה לחוד | בזמנא | הדא ולא שלח ית עמא: |
| 1765 | | Ex 9:14 | ארום | בזמנא | הדא הא אנה משלח ית כל |
| 1766 | | Ex10:17 | שרי כען לחוביי לחוד | בזמנא | הדין וצלון קדם ייי אלהכון |
| 1767 | | Nu15:34M | לא יכלו למעבד פיסחא | בזמנא | וב{ג}<ד>ין בנתיה דצלפחד |
| 1768 | | Nu28:14M | /לבית חתתותיה | בזמנא | וכהד#2#/ סדרא תהוון |
| 1769 | | Ex 9:18M | הא אנה מחית | בשעתה/בזמנא#2#/ | למחר ברד תקיף לחדא |
| 1770 | | Lv16:01M | בזמנה /קדם ייי דילא | בזמנא#2#/ | קדם ייי די לא אתפקדו |
| 1771 | | Gn44:18M | ואמר בבעו רבנן הא | בזמנא | קדמא דאתינא אמרת לן |
| 1772 | | Gn44:18 | ואמר הא כען רבונן הא | בזמנא | קדמאה דאתינא אמרת לן |
| 1773 | | Gn22:14 | דלא הווה בלבי פלגו | בזמנא | קדמיא דאמרת לי למקרבא ית |
| 1774 | | Gn15:01 | דלא אשתכח בידי מצוה | בזמנא | תניינא ויתחלל בי שמא |
| 1775 | בזמנה | Dt 9:19 | צלותי אמר משה לחוד | בזמנה | ההוא: |
| 1776 | | Dt10:10 | צלותי אמר משה לחוד | בזמנה | ההיא ולא הווה רעווה |
| 1777 | | Nu 9:08 | דלא יכלו למעבד פסחה | בזמנה | ובדין בנתיה דצלפחד הוה |
| 1778 | | Nu15:34 | יכלו מעבד פיסחא {פסחא} | בזמנה | ובתרין בנתה דצלפחד הוה |
| 1779 | | Dt28:12 | למיתן מטרה דארעכון | בזמנה | ולמ«ב»רכה ית כל עבד |
| 1780 | | Lv26:04 | ואשווי מטר ארעכון | בזמנה | ותתן ארעא פירי עללתה |
| 1781 | | Lv16:01 | קרבן יתיר דלא | בזמנה | קדם ייי די לא אתפקדו |
| 1782 | | Gn15:01M | די לא ישתכח לי זכו | בזמנה | תניינא ויתחלל בי בשם |
| 1783 | בזמני | Nu29:39M | מקרבין קדם ייי | במועדיכון/בזמני | מוע#2#/ בר מן |
| 1784 | | Nu15:03 | נדרה או בנסיבה או | בזמני | מועדיכון למקרבה לריח |
| 1785 | | Dt16:14 | ותיחדון עמי | בזמני | מועדיכון אתון ובניכון |
| 1786 | בזמניה | Nu 9:02 | ישראל ית פ«י»סחה | בזמניה: | |
| 1787 | | Nu28:02 | זהירין למקרבה יתיה | בזמניה: | |
| 1788 | | Dt11:14 | ואתן מטרה דארעכון | בזמניה | בכיר ולקיש ותכנשון |
| 1789 | | Nu 9:03 | ביני שמשתה תעבדון יתיה | בזמניה | ככל קיימוי וככל סידרי |
| 1790 | | Nu28:14M | \בהתחדתותיה | כהדין/בזמניה#2#/ | /לבית חתתותיה בזמנא |
| 1791 | בזמניהון | Lv23:04 | די תארעון יתהון | בזמניהון: | |
| 1792 | | Lv23:04 | אילין מועדוי דייי | {בזמניהון} | יומין טבין ואירועין |
| 1793 | בזנו | Lv21:07M | /זנו#2#/ ומפסה/ומתפסה | בזנו#2#/ | לא יסבון ואתה |
| 1794 | בזעיר | Gn26:10M | לנא הא \בקליל זעיר | /בזעיר | קליל#2#/ אילו שמש חד מן |
| 1795 | בזרעיית | Dt 4:37M | בבניהון /ובחר | בזרעיית | בנו#2#/ מן בתריהון |
| 1796 | | Dt10:15M | יתהון ובחר | בבניהון/בזרעיית | בניהון#2#/ |
| 1797 | בזרעית | Gn22:18M | אומיא ד{ערא}<אר>עא | /בזרעית | בניך כל אומה דא#2#/ |
| 1798 | בזרעיתיך | Gn22:18 | והתברכון | בזרעיתיך | כל אומיא ד{ערא}<אר>עא |
| 1799 | בזרעת | Gn26:04M | \בזכותך כל אומיא | /בזרעת | בניך כל אומה#2#/ {{דע}} |
| 1800 | בח' | Dt 6:04M | דיעקב כחדה /כולהון | בח#2#/ | בלבה שלמה ואמרין שמע |
| 1801 | | Dt 9:27M | ולא לחוביהון^/בח#2#^/לרישעתיהון#2#/ | | ולא |
| 1802 | בחבלותא | Ex12:27M | \בקטלותה ית מצרים | /בחבלותא | ית מצראי#2#/ וית בתינן |
| 1803 | בחברה. | Lv19:11 | תכפרון ולא תשקרון גבר | בחברה: | |
| 1804 | | Lv 5:21 | בשמה דייי וי{ח}<כ>פר | בחברה | בפקדון או באושטות יד או |
| 1805 | | Lv 5:21M | בשם ממריה דייי וישקר | בחברה | בפקדונה או באושטות ידה |
| 1806 | בחבריה | Lv24:19 | וגבר ארום יתן מום | בחבריה | היך מה דעבד כדן יתעבד |
| 1807 | | Dt15:02 | מרי חוב ית ידיה דיזיף | בחבריה | לא ידחק ית חבריה וית אחוי |
| 1808 | | Lv24:20M | /דיהב#2#/ מום בבר נשא/בחבריה#2#/ | | כדן/כך#2#/ יתיהב |
| 1809 | בחגא | Ex34:21 | וביומא שביעיה תתנוחון | בחגא | דאכנשותא ובחגא דחצדא |
| 1810 | בחגה | Dt31:10 | באשון שתה דשמי«ט»תה | בחגה | דמטלייה: |
| 1811 | | Dt16:16 | אלהכון באתרא די יתרעי | בחגה | דפטירייה <....> |
| 1812 | בחד | Gn 8:05M | אתגלון רישי טוריא | /בחד | יום לירחא אתחמין ראשי |
| 1813 | | Gn 8:13M | | בחד | יום לירחא יבשו מיא |
| 1814 | | Ex40:02M | | ביום/בחד | יום#2#/ ירחא קדמיה בחד |
| 1815 | | Ex40:17M | תניינתה | בחד | יום ליר' |
| 1816 | | Nu 1:18 | וית כל עם כנשתא כנשו | בחד | ^יום#2#^ לירחא תנינא |
| 1817 | | Dt 1:03 | שנין בחד עשר ירחין | בחד | יום לירחא מלל משה עם בני |
| 1818 | | Lv23:24 | בירחא שביעייה <...> | בחד | יומא לירחא יהווי לכון שבת |
| 1819 | | Gn 8:05 | עד ירחא עשיריא בעשיריא | בחד | לירחא אתגלון רישי טוריא: |
| 1820 | | Gn 8:13 | וחדה שנין בירחא קדמיא | בחד | לירחא נגבו מיא מעלוי ארעא |
| 1821 | | Ex40:02 | ביום ירחא קדמיה | בחד | לירחא תקים ית משכנה משכן |
| 1822 | | Ex40:17 | בירחא קדמיא בשתא תנייתא | בחד | לירחא אקים משה ית משכנה: |
| 1823 | | Nu 1:01 | דסיני במשכן זמנא | בחד | לירחא תנינא בשתא תניינא |
| 1824 | | Nu29:01 | ובירחא שביעיה | בחד | לירחא יום טב וארוע קדיש |
| 1825 | | Nu33:38 | דמצרים בירחא חמישיה | בחד | לירחא: |
| 1826 | | Gn37:20 | ונקטול יתיה ונטלק יתיה | בחד | מן גוביא ונימר חיותא בשתא |
| 1827 | בחד' | Gn49:22 | ולא תליית עיינך ואסתכלת | בחד' | מנהון והוון בנתהון דמלכייא |
| 1828 | | Gn49:22M | דלמ' תתלי אפך ותסתכל | בחד' | מנהון |
| 1829 | בחד עשר | Dt 1:03 | והוה בסוף ארבעין שנין | בחד עשר | ירחין בחד יום לירחא מלל |
| 1830 | בחדא | Gn28:10 | יעק«ב» ארים יתה | בחדא | ידא ואשקי ית ענא דלבן |
| 1831 | | Gn49:22 | תליית עיינך ומסתכלין | בחדא | מנהון חס לך יוסף ברי ולא |
| 1832 | בחדה | Nu10:04 | ואין | בחדה | יתקעון ויזדמנון לוותך |
| 1833 | | Dt13:13 | ארום תשמעון | בחדה | מן קורייכון דייי אלהכון |

 

|  |  |  |  |  |  |
|---|---|---|---|---|---|
| 1834 | | Dt15:07 | מסכינין חד מן אחיכון | בחדה | מן קורייכון בארעכון דייי |
| 1835 | | Dt16:05 | למיכס ית נכסת פסחא | בחדה | מן קורייכון דייי אלהכון |
| 1836 | | Dt17:02 | ארום ישתכח ביניכון | בחדה | מן קורייכון דייי אלהכון |
| 1837 | | Dt23:17 | ביניכון באתרא די יתרעי | בחדה | מן קרייכון לאן דשפר לה לא |
| 1838 | | Nu31:50M | רבן לא אסתכל חד מנן | בחדה | מנהין ולא אתייחד חד מנן |
| 1839 | בחדו | Dt28:47 | פלחתון קדם ייי אלהכון | בחדו | ובלב טב מן סוגי כולה: |
| 1840 | בחדוה | Lv23:32 | ועבדין זמני מועדיכון | בחדוה: | |
| 1841 | | Gn22:14 | ואקדמית ועבדית מימריך | בחדוה | וקיימית ית גזרתך וכדון כד |
| 1842 | | Nu29:35 | מן מטליכון לגו בתיכון | בחדוה | כנישין דמצוון תיהווי לכון |
| 1843 | בחדון | Gn31:27 | אילו תנית לי שלחת יתך | בחדון | בשירין בתופין ובכינרין: |
| 1844 | בחדתותא | Lv13:55M | \בכליותה או | בחדתותיה/<בחדתו>תא#2#/ | /בקורחתה או |
| 1845 | בחדתותי' | Lv13:42M | בשחיקותיה או | בחדתותי' | |
| 1846 | | Lv13:43M | בשחיקותיה או | בחדתותי' | |
| 1847 | בחדתותיה | Lv13:55 | פחיתה היא בכליותה או | בחדתותיה: | |
| 1848 | בחובוי | Dt24:16M | בחובי \נפשיה ימות | /בחובוי | יתקטיל#2#/: |
| 1849 | | Nu27:03 | ייי בעצתה דקרח ארום | בחובוי | מית ובנין דכרין לא הוון |
| 1850 | בחובי | Dt24:16 | בנין ובנין לא ימותון | בחובי | אבהן גבר בחובי נפשיה |
| 1851 | | Lv26:39 | בעלי דבביהון ולהוד | בחובי | אבהתהון עמהון ימסון: |
| 1852 | | Lv26:37M | \גבר באחוי /אינש | בחובי | אחוי#2#/ כמן קדם שלפי |
| 1853 | | Dt24:16 | לא ימותון אבהן {על} | בחובי | בנין ובנין לא ימותון |
| 1854 | | Ex20:14 | למהוי עם גיורין ארום | בחובי | גיורא מותנא אתא על עלמא: |
| 1855 | | Dt 5:18 | עם גייורין ארום | בחובי | גייוריה מותנה נפק ^על#2#^ |
| 1856 | | Ex20:15 | למהוי עם גנבין ארום | בחובי | גנביא כפנא אתי לעלמא: |
| 1857 | | Dt 5:19 | למהוי עם גנבין ארום | בחובי | גנבייה כפנה נפק על עלמא: |
| 1858 | | Gn19:15 | בנתך דאשכחן דלא תשתיצא | בחובי | דקרתא: |
| 1859 | | Ex 4:06 | ידך בחובך ואעל ידיה | בחובי | ואפיק יתה והא ידיה מצרעה |
| 1860 | | Dt 5:21 | כל מה די לחברך ארום | בחובי | חמודיה ענניו סלקין ומטר |
| 1861 | | Ex20:17 | כל מה די לחברך ארום | בחובי | חמודייה מלכותא מתגריין |
| 1862 | | Dt 5:21M | מה דאית לחבריכון ארום | בחובי | חמודייה מלכוותה מתגבייה |
| 1863 | | Lv17:11M | \על חובי נפשה יכפר | /בחובי | נפ{קי}<ש>ן הוא מכפר#2#/: |
| 1864 | | Dt24:16 | ימותון בחובי אבהן גבר | בחובי | נפשיה ימות: |
| 1865 | | Dt24:06 | ארום כל דעבד כדן | בחובי | נפשן הוא חביל: |
| 1866 | | Ex20:16 | עם סהדי שקרא ארום | בחובי | סהדי שקרא חיות ברא מתכלה |
| 1867 | | Dt 5:20 | {מ}<ס>הדי דשקר ארום | בחובי | סהדי שקרא חיות ברא |
| 1868 | | Ex20:13 | למהוי עם קטולין ארום | בחובי | קטוליא חרבא נפיק על עלמא: |
| 1869 | | Dt 5:17 | למיהווי עם קטולין ארום | בחובי | קטוליה חרבה נפק על עלמא: |
| 1870 | | Gn19:15M | דאשכחן דלא תסתפי | בחובי | קרתא#2#/: |
| 1871 | | Dt 5:20M | הנון שהדין דשקר ארום | בחובי | שהדי שיקרא ענגין מסתלקין |
| 1872 | בחוביה | Ex 4:07 | ידך בחובך וחזר ידיה | בחוביה | ואפיק יתה מן חוביה והא |
| 1873 | בחוביהון | Lv26:39 | דמשתייר בכון יתמסון | בחוביהון | בארע בעלי דבביהון ולהוד |
| 1874 | | Dt 9:05 | למירת ית ארעהון ארום | בחוביהון | דאומייה האליין ייי |
| 1875 | בחובך | Ex 4:06 | ליה תוב אעל כען ידך | בחובך | ואעל ידיה בחובי ואפיק יתה |
| 1876 | | Ex 4:07 | ואמר חזור כען ידך | בחובך | וחזר ידיה בחוביה ואפיק |
| 1877 | בחובת | Lv19:18 | לה זכו בדינה ולא תתחשד | בחובת | אדמה דחברך ולא תהוון |
| 1878 | בחובתה | Nu15:28 | כהנא על נפשה דאשתלת | בחובתה | בשלותה קדם ייי למכפרה |
| 1879 | בחוויה | Nu21:08M | רום ויהווי כל דמנכית | בחוויה | יהוי מסתכל לחוייה דנחשה |
| 1880 | בחווייה | Nu21:09M | כל מן דהווה מנכית | בחווייה | הוה מסתכל לחוויה דנחשה |
| 1881 | בחוט' | Gn30:41M | למהוויין מתחמן | בחוט'#2#/: | |
| 1882 | בחוטר' | Ex 7:20M | /מימריה דייי ואטען | בחוטר'#2#/ | ומחה/<ומ>חת#2#/ ית מיא |
| 1883 | בחוטרא | Ex 7:17 | אנה ייי הא אנה מחי | בחוטרא | די בידי על מיא די בנהרא |
| 1884 | | Ex 8:13 | כן וארכן אהרן ית ידא | בחוטרא | ומחה ית עפרא דארעא והוון |
| 1885 | בחוטרה | Nu22:27 | בלעם ומחת ית אתנתה | בחוטרה: | |
| 1886 | | Ex 8:13M | אהרן ית ידא | בחוטרא/בחוטרה#2#/ | ומחה/ומחי#2#/ ית |
| 1887 | בחוטרי | Gn32:11 | די עבדת עם עבדך ארום | בחוטרי | עברת ית ירדנא הדין וכדון |
| 1888 | בחוטריא | Gn30:41 | למחמא יתהון | בחוטריא: | |
| 1889 | בחוטריהון | Nu21:18 | דמפרשין משחו יתה | בחוטריהון | ספריהון דישראל משה |
| 1890 | בחוטרך | Ex 8:01 | אמר לאהרן ארכן ית ידך | בחוטרך | על נהריא ועל שקיא ועל |
| 1891 | בחוכמתא | Gn 1:01M | \בחכמה ברא דייי | /בחוכמתא | ברא ייי#2#/ שכלל |
| 1892 | בחולקך | Dt18:14M | ייי אלהכון /לא כן יהב | בחולקך | ייי אלהך#2#/: |
| 1893 | בחוסרנה | Dt 8:09M | ארע די לא | במסכנות/בחוסרנה#2#/ | תאכלון/תיכול#2#/ |
| 1894 | בחוצפא | Nu16:02M | \וקמו קדם /וקמו | בחוצפא | דאפי#2#/ משה וגבריה |
| 1895 | בחורשא | Dt19:05 | ודי ייעול עם חבריה | ב{ק}<ח>ורשא | למקטב קיסין |
| 1896 | בחושנה | Ex28:29 | ית שמה{ה}ת בני ישראל | בחושנה | דדינה על לביה במיעליה לגו |
| 1897 | בחזוה | Gn29:17 | ושפיר«א» | בחזוה: | |
| 1898 | | Gn46:02 | ואמר ייי לישראל | בחזוה | די ליליא ואמר יעקב יעקב |
| 1899 | | Lv13:37 | ואן | בחזוה | קם נתקא ושער אוכם צמח בה |
| 1900 | בחזווה | Nu12:06M | אתגלי /נביאכון ייי | בחזווה | עלוי אתודע בחלם א'#2#/ |
| 1901 | בחזוי | Gn31:10M | והא גדיא דסלקין | /בחזוי | והא תישיא דסל'#2#/ על |
| 1902 | | Nu22:20M | דייי על בלעם | בליליה/בחזוי | ליליה#2#/ ואמר לה |
| 1903 | בחזויה | Lv13:05 | שביעיה והא מכתשה קאים | בחזויה | לא הלך מכתשה במשכה ויטרוד |
| 1904 | בחזוין | Nu12:08 | לקבל ממלל <מללית> עמיה | בחזוין | ולא בדמויין ודמו מן קדם |
| 1905 | בחזיו | Gn39:06 | יוסף יאי ברווה ושפיר | בחזיו: | |
| 1906 | | Nu14:14 | עמא האליין ארום חזיו | בחזיו | אתגלית את במימרך ייי וענן |
| 1907 | בחזיון | Nu12:06 | ביניכון נבייה ייי | בחזיון | אתגלי עלוי ובחלמין אמלל |
| 1908 | | Ex38:08M | דהוון מצליין בתרע | /בחזיון | <ד>נשייה צניעתה דהוויין |
| 1909 | בחטא | Dt 5:09 | ועל דר רביעיי כד משלמין | בחטא | קדמיי לשנאיי: |
| 1910 | בחטא' | Dt29:17 | בכון גבר דלביה מהרהר | בחטא' | דהוא מדמי לשריש קביע |
| 1911 | בחטאה | Ex20:05 | ב{מ}<נ>ייא משלמין | בחטאה | בתר אבהתהן להון אנה קרא |
| 1912 | | Gn10:08M | הוא שרי למהוי גיבר | באר"/בחטאה | ולמרדה קדם ייי בא'#2# |
| 1913 | | Gn10:09M | עלמא לא הוה גיבר | בחטאה | <כ>נמרוד ומרודה דייי |
| 1914 | | Gn10:09 | יתאמר כנמרוד גיבר | בחטאה | קדם ייי: |
| 1915 | | Gn10:09 | הוא הוה גיבר | בחטאה | קדם ייי בגין כדין יתאמר |
| 1916 | בחטריה | Nu20:11 | ית חוטרה ומחה ית כיפה | בחטריה | {תנין} תרין זמנין ונפקו |
| 1917 | בחי | Gn27:46 | רבקה ליצחק אתעיקת | בחי | מן קדם בנתהון דחיתאי אן |
| 1918 | בחי' | Dt32:24M | \דמתילן | כחיוותה/^בחי'#2#^/ | /דמתילין בחיוות#2# |
| 1919 | בחיובי | Gn27:41 | דעבד קין די קטל להבל | בחיובי | דאבוי וחזר ואוליד ית שת |
| 1920 | בחיוות | Lv26:06 | דמלכוותה דמתילן | בחיוות | ברא מן ארעא וחרב דשני לא |
| 1921 | בחיוי | Nu 3:04 | רבתה אלעזר ואיתמר | בחיוי | דאהרן אבוהון: |
| 1922 | | Gn11:28 | ומית הרן | בחיוי | דתרח אבוהי בארע תלדוותיה |
| 1923 | | Gn25:34 | ועל תחיית מיתייה וכפר | בחיוי | דעלמא דאתי: |
| 1924 | בחיוייה | Dt24:06M | כל דעביד אלין כפר | בחי{ו}וייה | דעלמא דאתי |
| 1925 | בחיזוה | Nu12:01 | יאיה בריוה ושפירה | בחיזוה | ושנייה בעובדי' טבי«י»ה |
| 1926 | בחיזוו | Nu12:08M | \בחזוין ולא בדמויין | /בחיזוו | ולא בטומרא#2#/ ודמו |
| 1927 | בחיי | Gn44:18 | {ימ} בה את משתבע אנה לך | בחיי | רישיה דאבא היך מה דאת |
| 1928 | | Gn44:18 | דאבא היך מה דאת משתבע | בחיי | רישיה דפרעה רבך דאן שלף |
| 1929 | בחייה | Lv18:18 | עריתה עליה | בחייה: | |
| 1930 | בחייהון | Gn15:17M | אתמריין על די מרדו | בחייהון | באולפן אורייתא בעלמא |
| 1931 | | Gn15:17 | רשיעיא על אורייתא | בחייהון | בעלמ' הדין וצדיקיא על |
| 1932 | | Gn15:17M | אישתיזבו על די פלחו | בחייהון | בעלמא הדין וקיימו |
| 1933 | | Nu22:03M | הנון ואיתיעקו מואבאי | בחייהון | מן קדם עמא בני |
| 1934 | בחייכון | Dt28:66 | ובאימהה ולא תהיימנון | בחייכון: | |
| 1935 | בחיילא | Ex15:06M | משבחא היא | בחיילא | ימינך ייי דרצצת ומרצצת |
| 1936 | בחיילה | Dt 4:37 | יתכון פריקין בתוקפיה | בחיילה | רבה מן מצרים: |
| 1937 | בחייליך | Ex32:11M | /מן מצרים | בחייליך#2#/ | רבה ובאדרעך מנטלתה |
| 1938 | בחיין | Gn43:27 | דאמריתון הא עד כען הוא | בחיין: | |
| 1939 | | Gn46:30 | סבר אפיך ארום כען את | בחיין: | |
| 1940 | | Ex 4:18M | הא עד כדון הנון | בחיין | |
| 1941 | | Gn45:28 | סכיית דעד כדון יוסף | בחיין | איזי«ל» כען ואיחמי יתיה |

| | | | |
|---|---|---|---|
| 1942 | | Ex22:03 | חמר«א» עד א«י»מר בחיין בכפלא ישלם: |
| 1943 | | Ex 4:18 | ואחמי העד כען אינון בחיין ואמר יתרו למשה אזל |
| 1944 | | Gn45:26 | למימר עד כדון יוסף בחיין וארום הוא שליט בכל ארעא |
| 1945 | | Gn49:21 | שירויה דעד כדון יוסף בחיין והוא אזדרז ונחת למצרים |
| 1946 | | Gn45:03 | אנה יוסף העד כען אבה בחיין ולא יכלו אחוי למעני יתיה |
| 1947 | | Gn43:28 | שלם לעבדך אבונן הא הוא בחיין ועקדו ואודו ושבחו: |
| 1948 | | Nu16:33M | דאית להון בחיין לשאולה |
| 1949 | | Nu16:30M | ויחתון \חיין לשאול /בחיין לשי{לו}<ול>#2# ותדעון |
| 1950 | | Dt31:27 | קשייא הא עד דאנה בחיין עמכון יומא הדין מסרבין |
| 1951 | | Lv16:10M | יקים יתה לחיים/בחיין#2# קדם ייי למכפרה |
| 1952 | | Gn25:06 | יצחק בריה עד הווה בחיין קדמיין לארעא מדינחא: |
| 1953 | בחילא | Ex15:06 | ימנך ייי מה הדירא היא בחילא ימינך ייי תברת פרעה שנאה |
| 1954 | בחילך | Nu14:13 | מצריי ארום אסקית בחילך ית עמה {הדין} האליין |
| 1955 | | Ex32:11 | מן ארעא דמצרים בחיל«ך» רבה ובאדרעך מנטלתה: |
| 1956 | | Dt 9:29 | ואחסנתך די אפקת פריקין בחילך רבה ובאדרעך מנטלתה: |
| 1957 | בחילת' | Dt34:06 | וקברו יתיה בחילת' בארעהון דמואביי כל וקבל |
| 1958 | בחימרא | Ex 2:03 | תיבו דגמי ושעיית יתיה בחימרא ובזיפתא ושויית בה ית טליא |
| 1959 | בחכמה | Ex31:03 | קרב דקדש מן קדם ייי בחכמה בסכלתנ{ן}<ו> ובדעה ובכל |
| 1960 | | Gn 1:01 | מלקדמין בחכמה ברא דייי שכלל ית שמיא וית |
| 1961 | | Ex35:26 | די נדב לבהון יתהון בחכמה הוון עזלן ית מעזי: |
| 1962 | | Ex35:31 | רוח דקדש מן קדם ייי בחכמה ובסכלתנו ובדעה ובכל |
| 1963 | | Ex35:31M | ואשלמ{ת} עמה רוח דקדש/בחכמה#2# מן קדם ייי בחכמה |
| 1964 | בחכמתא | Gn41:43 | יחי אבוי דמלכא דרב בחכמתא וזעיר בשפר ורכיך בשנייה |
| 1965 | | Gn49:22 | יחי אבוי דמלכא דרב בחכמתא וזעירא בשנייא והוון |
| 1966 | בחכמתך | Gn49:04 | כדן אתרעת ראובן ברי בחכמתך ומן עבדיך טביי' |
| 1967 | | Gn49:22 | כן כבשת יוסף ברי בחכמתך כל חרשיהון דמצראי וית כל |
| 1968 | בחלא | Ex 2:12 | וקטל ית מצרייה וטמריה בחלא: |
| 1969 | | Ex 2:12M | ית מיצראה וטמע יתיה בחלא |
| 1970 | | Ex 2:12M | ית מצראה וטמע יתיה בחלא |
| 1971 | בחלב | Ex23:19 | תבשלון ולא תיכלון בשר בחלב מערבין כחדא דלא יתקף רוגזי |
| 1972 | | Dt14:21M | לבשלה ולמיכול בשר בחלב מערבין כחדה |
| 1973 | בחלם | Nu12:06M | ייי בחזווה עלוי אתודע בחלם א'#2#/ עלוי ובחלמין אמלל |
| 1974 | בחלמא | Gn31:11 | ואמר לי מלאכא דייי בחלמא יעקב ואמר הא אנא: |
| 1975 | | Gn20:06 | ואמר לה ממריה דייי בחלמא אף אנא גלי קדמיי ארום |
| 1976 | | Gn20:03 | מימריה דייי על אבימלך בחלמא בליליא ואמר ליה הא את |
| 1977 | | Gn31:24 | ייי על לבן ארמאה בחלמא בלליא ואמר לה אזדהר לך לא |
| 1978 | | Gn40:12M | טבא הדין /קבל אגר טב בחלמא דחלמת#2# ברם פתרוניה |
| 1979 | | Gn31:10 | ונטל«ת» עייני וחמת בחלמא והא גדיא דסלקין על ענא |
| 1980 | בחלמי | Gn40:09 | חלמיה ליוסף ואמר ליה בחלמי והא גפן קדמוי: |
| 1981 | | Gn40:16 | פתר ואמר ליוסף אף אנה בחלמי והא תלתא סלין דפיתא נקיתא |
| 1982 | | Gn41:17 | ומליל פרעה עם יוסף בחלמי והא אנא קיים על גיף |
| 1983 | | Gn41:22 | וחמת בחלמי והא שבע שבלין סלקן בקנה |
| 1984 | בחלתה | Nu21:20 | עמיקתה יתגנזת מנהון בחלתה דבתחומיהון דמואביי ריש |
| 1985 | | Dt 4:46 | בעבר ירדנה בחלתה דסמיך לטעוותה דפעור בארע |
| 1986 | בחמ' | Ex27:18M | ופתיה חמשין \על חמשין/בחמ'#2# ומשחת רומה חמש אמין |
| 1987 | בחמה | Lv26:24M | /אוף#2# אנה עמכון בקשיו/בחמה ובקשיו#2# ואמחי יתכון |
| 1988 | | Lv26:28M | ואדבר אף אנה בחמה ובקשיו ואוסף לממחי יתכון |
| 1989 | בחמישת עשר | Lv23:39 | להוד בחמישת עשר יומין לירחה שביעיה |
| 1990 | בחמר | Dt21:20 | בקלן אכל בבשרה ושתי בחמר: |
| 1991 | בחמרא | Gn 6:14 | ית' מלגוא ומן לבר בחמרא: |
| 1992 | בחמש עשר | Nu33:03 | פילוסין בירחא קדמיה בחמש עשר יומין לירחא קדמיה מן בתר |
| 1993 | בחמשין | Lv27:16 | זרעה זרע כור דשערין בחמשין סלעין דכסף: |
| 1994 | בחמשת עשר | Ex16:01 | בין אילם ובין סיני בחמשת עשר יומין לירחא תנינא |
| 1995 | | Lv23:34 | עם בני ישראל למימר בחמשת עשר יומין לירחא שביעיה הדין |
| 1996 | בחסדך | Ex15:13 | דברת בחסדך עמא האליין די פרקת תדבר |
| 1997 | בחסרון | Dt28:57 | תוליד ארום תאכל יתהון בחסרון כל מדעם בטומרה בצער |
| 1998 | בחפוי | Nu 4:08 | זהורי טבה ויכסון יתיה בחפוי משך דססגון וישוון ית |
| 1999 | | Nu 4:11 | {ח}<ד>תכלה ויכסון יתיה בחפוי משך דססגון ויכסון יתי |
| 2000 | | Nu 4:12M | ויכסון יתהון בחפוי^בחפיי#2#^/ משך דססגון |
| 2001 | בחפיי | Nu 4:11M | ויכסון יתיה בחפוי/בחפיי#2#/ משך דססגון ויכסון |
| 2002 | | Nu 4:12M | ויכסון יתהון בחפוי^בחפיי#2#^/ משך דססגון |
| 2003 | | Nu 4:08M | \בחפוי משך דססגון /בחפיי משכין דססגוני#2#/ |
| 2004 | בחצוצרוותה | Nu10:08M | /<\ויה>וון#2#/ /בחצוצרוותה ויהוון#2#/ לכון לקים |
| 2005 | | Nu10:09M | לכון ותתייבבון בחצוצרוותה ותדכרו' |
| 2006 | | Nu10:10M | ותתקעון בחצוצרתה/בחצוצרוותה#2#/ על עלוותיכון |
| 2007 | בחצוצרת' | Nu10:08 | כהנ{א}<י>א יתקעון בחצוצרת' ויהויין לכון לקים עלם |
| 2008 | | Nu10:09 | דמעיק לכון ותתקעון בחצוצרת' ותתדכרון קדם ייי אלהכון |
| 2009 | בחצוצרתה | Nu10:10 | ירחיכון ותתקעון בחצוצרתה על עלוותיכון ועל נכסי |
| 2010 | בחצצרוותיהון | Gn50:01 | נפקו מיניה כהנייא בחצצרוותיהון ולוייא בכינוריהון בכדן |
| 2011 | בחקל | Ex22:04M | ויוקד \בחקלא דחורן /בחקל אוחרי מן שפר דחורן#2#/ |
| 2012 | | Gn25:09M | במערתא כפילא בחקלא/בחקל#2#/ דעפרו' בן צחר |
| 2013 | | Nu21:22M | \בחקלין ובכרמין /ולא בחקל ולא בכרם#2#/ ולא נשתי מי |
| 2014 | | Gn49:30 | במערתא די בחקל כפלא די כל קבל ממרא דכנען |
| 2015 | בחקלא | Gn25:09 | בנוי במערתא כפילא בחקלא דעפרו' בן צחר חתיה די |
| 2016 | | Gn27:27M | כריחה דגינתא די נציבא בחקלא דעדן |
| 2017 | | Gn23:20M | "דביה ... דקבורה": דאית בחקלא דאית בכל תחומא חזור חזור |
| 2018 | | Ex22:04 | כרם וישלח יקידתא ויוקד בחקלא דחורן בית שפר חקליה |
| 2019 | | Ex 9:19 | ובעיר«א» דאשתכח בחקלא ולא יתכנש לגו ביתא ויחות. |
| 2020 | | Gn37:15 | בדמות גבר והא הוא טעי בחקלא ושאל יתיה גברא למימר מה |
| 2021 | בחקלה | Nu22:23M | ארחה והלכת \באפי ברא/בחקלה#2#/ ומחת בלעם ית |
| 2022 | בחקליכון | Dt24:19 | ארום תחצדון חצדיכון בחקליכון ותנשון עמר באפי ברה לא |
| 2023 | | Lv19:09M | דחצדיכון /דאית בחקליכון למחצד ולקט חצדכון#2#/ |
| 2024 | | Lv23:22 | אומנה אחריה דאית בחקליכון למחצדה ולקטה דחצדכון לא |
| 2025 | בחקלין | Nu20:17 | נעבר כען בארעך לא נעבר בחקלין ובכרמין ולא נשתי מי גובין |
| 2026 | | Nu21:22 | אעבר כען בארעך לא נסטי בחקלין ובכרמין ולא נשתי מי גובין |
| 2027 | בחרבא | Ex 5:03 | דלא יערע יתן במותנא או בחרבא: |
| 2028 | | Ex17:11 | עמלק מתגברין ונפלין בחרבא: |
| 2029 | | Ex22:23 | יתקף רוגזי ואקטל יתכון בחרבא דלא יהוויי נשיכון ארמלן |
| 2030 | | Nu24:04 | מתנבא על נפשיה דנפיל בחרבא וסוף נבואתיה למתקיימה: |
| 2031 | בחרבה | Nu31:08 | בלעם בר בעור קטלו בחרבה: |
| 2032 | | Nu20:18M | לא תעברו בתחומין דלא בחרבה אפוק לקדמותך#2#/: |
| 2033 | | Nu14:43 | תמן קדמיכון ותפלון בחרבה ארום בגין כדן די חזרתון |
| 2034 | | Nu24:16 | על נפשיה דהוה נפל בחרבה וסוף נבואתיה למתקיימה: |
| 2035 | | Nu23:10 | אן קטלין יתיה ישראל בחרבה מבשר הוא בלעם דלית ליה |
| 2036 | | Nu14:03 | מעל יתן לארעא הדה למפל בחרבה נשינן וטפלינן יהוון לבזה |
| 2037 | בחרבי | Gn48:22 | מן ידוי דעשו אחוי לא בחרבי ולא בקשתי ארום אלהן |
| 2038 | בחרבייא | Gn19:11M | \בסידוריה מדקיקיהון /בחרבייא מן עולמיהון#2#/ עד |
| 2039 | בחרשון | Ex 8:14M | כדן חרשייא בחרשיהון/בחרשון#2#/ למפקא ית כלמייא |
| 2040 | בחרשיא | Ex 9:11 | שיחנא ארום הווה שחנא בחרשיא ובכל מצריי: |
| 2041 | בחרשיהון | Ex 8:03 | ועבדו כדון חרשיה בחרשיהון ואסקון ית ארדעניא על |
| 2042 | | Ex 7:22 | כדן חרשיהון דמצראי בחרשיהון ואתוקף לבא דפרעה ולא שמע |
| 2043 | | Ex 7:11 | אינון חרשיהון דמצריי בחרשיהון כדן: |
| 2044 | | Ex 8:14 | ועבדו כדן חרשייא בחרשיהון למפקא ית כלמייא ולא יכלו |
| 2045 | בחשבתא | Ex18:11M | "בפתגמא ... דסוף": בחשבתא אתפרע פרעה מנהון וטמע |
| 2046 | בחשוכא | Ex10:21 | דמצרים ויהוי ממשמש בחשוכא: |
| 2047 | | Ex10:21M | והוון כמשש' בחשוכא |
| 2048 | בחתרתא | Ex22:01 | אם בחת<ר>תא ישתכח גנבא וילקי וימות |
| 2049 | בטב | Ex23:26M | בשלם /יומיכון אמל' בטב#2#/: |

|  |  |  |  |  |  |
|---|---|---|---|---|---|
| 2050 | | Lv27:10 | יתיה טב בביש או ביש | בטב | ואן מפרגה יפרג בעיר בבעיר |
| 2051 | בטבין | Nu 7:14 | ראשי קטרת בוסמנין | בטבין | מפטמין ודכיין לקטרתה: |
| 2052 | בטהריה | Dt28:29 | ותיהוון מגששין | בטהריה | היך מה דממשש סמייה |
| 2053 | בטר' | Ex34:32M | מלל מימריה דייי עימיה | בטר' | |
| 2054 | בטוריה | Nu23:09 | אבהתה צדיקיה דמתילין | בטוריה | אברהם יצחק ויעק' |
| 2055 | | Ex32:12 | {ו}<י>תהון לקטלותהון | בטוריה | ולמשיצא יתהון |
| 2056 | בטורייא | Dt33:15 | דיאבהתן דמתילין | בטורייא | אברהם יצחק ויעקב |
| 2057 | בטורין | Gn49:26M | דמתילין | בטורין | ומן ברכת ארבעתי אמהתא |
| 2058 | בטופסא | Ex32:04 | וקבל מן ידיהון ורמה יתה | בטופסא | ויעשהו עגל מסכה ויאמרו |
| 2059 | בטור | Gn31:23 | שבעה יומין וארע יתיה | בטור | גלעדה: |
| 2060 | | Ex15:17 | תעל יתהון ותאחסן יתהון | בטור | בית אחסנותך אתר מוזמן בית |
| 2061 | | Ex 4:27 | למדברא ואזל וארע יתיה | בטור | בית מוקדשא דייי ונשק יתיה: |
| 2062 | | Gn27:27 | למתקרבא עלגבי מדבחא | בטור | בית מקדשא הוא טורא ברך |
| 2063 | | Gn27:27M | טבין עתידין למתקרבה | בטור | בית מקדשה די ברך יתיה |
| 2064 | | Gn31:25M | פרס ית משכניה | בטורא/בטור#2#/ | ולבן אשרי ית אחוי |
| 2065 | | Gn22:14 | מבתרה למיהוי אמרין | בטור | מקדשא דייי דקרב אברהם ית |
| 2066 | | Ex19:12M | לטורא יתקטל /דיקרב | בטור | מתקטל#2#/ יתקט«י»ל: |
| 2067 | | Gn25:21M | "קדם ... אתתיה": | בטור | פולחנא אתר דכפתיה תמן |
| 2068 | | Nu34:04 | מסקייתה דעקרבין ויעבר | בטור | פרזלא ויהוון מפ<ק>נו{ק}י |
| 2069 | בטור' | Ex31:18 | כד אשלם למללה עמיה | בטור' | דסיני תרין לווחין סהדותא |
| 2070 | בטורא | Gn31:54 | לחם ואכלו לחם ואביתו | בטורא: | |
| 2071 | | Ex25:40 | בדמותיהון די את חמי | בטורא: | |
| 2072 | | Ex26:30 | כסדר דינא די חמית | בטורא: | |
| 2073 | | Gn31:25 | {ולבן אשרי ית אחוי | בטורא} | גלעדה: |
| 2074 | | Ex24:18 | וסלק לטורא והוה משה | בטורא | ארבעין יומין וארבעין |
| 2075 | | Gn14:06 | וית חורייא דהוון שריין | בטורא | דגבלא עד דגבולא דפארן |
| 2076 | | Gn36:08 | ושרא עשו | בטורא | דגבלא עשו הוא אדום: |
| 2077 | | Gn36:09 | דעשו אבוהון דאדומיי | בטורא | דגבלא: |
| 2078 | | Dt 2:22M | "דשריין בגבלה": דשריין | בטורא | דגבלה |
| 2079 | | Dt 4:10 | קמתון קדם ייי אלהכון | בטורא | דחורב בזמנה דאמר ייי לי |
| 2080 | | Dt 4:15 | ביומא די מלל ייי עמכון | בטורא | דחורב מן גו להבי אשתה: |
| 2081 | | Dt18:16 | מן קדם ייי אלהכון | בטורא | דחורב ביום התכנשות קהלה |
| 2082 | | Ex34:32 | כל מה דפקד ייי עמהון | בטורא | דסיני: |
| 2083 | | Lv 7:38 | די פקד ייי ית משה | בטורא | דסיני ביומא די פקד ית |
| 2084 | | Lv25:01 | ומליל ייי עם משה | ^בטורא | דסיני#2#^ למימר: |
| 2085 | | Lv26:46 | מימריה ובין בני ישראל | בטורא | דסיני על ידוי דמשה: |
| 2086 | | Lv27:34 | ית משה על בני ישראל | בטורא | דסיני: |
| 2087 | | Nu 3:01 | די מלל «ייי» עם משה | בטורא | דסיני: |
| 2088 | | Dt27:04 | מפקד יתכון יומא הדין | בטורא | דעיבל ותשועון יתהון |
| 2089 | | Dt27:13 | יקומון על לווטייה | בטורא | דעיבל ראובן גד ואשר |
| 2090 | | Dt32:50 | ותתכנש בשלם | בטורא | דאת עליל לתמן ותתכנש בשלם |
| 2091 | | Dt 1:06 | למימר סגין לכון למישרי | בטורא | הדין: |
| 2092 | | Dt 1:44 | ונפקו אמורייה דשריין | בטורא | ההוא לקדמותכון ורדפו |
| 2093 | | Gn31:25 | ויעקב פרס ית משכניה | בטורא | ולבן אשרי ית אחוי בטורא |
| 2094 | | Nu13:29 | ויבוסאי ואמוריי שריין | בטורא | וכנענאי שריין על ימא ועל |
| 2095 | | Ex19:12M | דלא למיסק \לטורא ודלא | /בטורא | ולא#2#/ למקרב בשפולוי |
| 2096 | | Gn31:25 | ולבן אשרי ית אחוי | בטורא | {ולבן אשרי ית אחוי בטורא} |
| 2097 | | Gn31:54 | ונכס יעקב נכסין | בטורא | וקרא לאחוי למיכל לחם |
| 2098 | | Ex27:08 | יתיה היך <אחמית> יתך | בטורא | כדן יעבדון: |
| 2099 | | Dt 5:05 | להבי אשתה ולא סלקתון | בטורא | למימר: |
| 2100 | | Dt 5:22 | מלל ייי עם כל קהלכון | בטורא | מן גו להבי <אשתה> עננה |
| 2101 | | Nu33:47 | מעלמון דבלתימה ושרון | בטורא | עברייה קדם נבו: |
| 2102 | בטורה | Dt 9:09 | קיים ייי עמכון ושרית | בטורה | ארבעין יומין וארבעין |
| 2103 | | Dt 1:07 | ית כל כופרנוי במשרה | בטורה | בשפלתה ובדרומה ובחוף ימא |
| 2104 | | Dt 5:02 | ייי אלהן קיים עמן קיים | בטורה | דחורב: |
| 2105 | | Dt28:69 | קיימה די קיים עמהון | בטורה | דחורב: |
| 2106 | | Ex30:13M | דסילעה איתחמי למשה | בטורה | דסיני היך דינרא דאשה |
| 2107 | | Nu14:45 | עמלקיי וכנעניי די שרין | בטורה | ההוא ומחון יתהון וכתתו |
| 2108 | | Dt10:10 | ואנה קמית | בטורה | כי{ז}<ו>מייה קדמייה |
| 2109 | | Dt 5:04 | ממלל מלל ייי עמכון | בטורה | מן גו להבי אשתה: |
| 2110 | | Dt 9:10 | די מלל ממרה דייי עמכון | בטורה | מן גו להבי אשתה ביום |
| 2111 | | Dt10:04 | מלל ממריה דייי עמכון | בטורה | מן גו להבי אשתה ביום |
| 2112 | בטורייה | Ex32:12M | יתהון למקטלה יתהון | בטורייה | ולמישיציה יתהון |
| 2113 | בטינא | Ex 1:14 | ית חייהון בפלחן קשי | בטינא | ובלבני ובכל פולחן באפי |
| 2114 | | Gn40:18 | למשתעבדא בארעא דמצרים | בטינא | ובליבני ובכל פלחין באפי |
| 2115 | בטינרא | Ex17:06 | על טינרא בחרב ותמחי | בטינרא | ונפקון מינה מייא וישתון |
| 2116 | בטל | Gn19:08 | ארום בגין אתון למיבתא | בטל | שריתי: |
| 2117 | בטלייא | Gn42:22 | אמרית לכון לא תחטון | בטלייא | ולא שמעתון ולחוד דמיה הא |
| 2118 | בטלינן | Ex10:09M | ואמר משה | בעולמינן/בטלינן#2#/ | ובסבינן ניזל |
| 2119 | בטמא | Nu 5:02 | וכל דדיב וכל דמסאב | בטמא | נפש דבר נש: |
| 2120 | | Nu 9:06 | והוון גברין דהוון מסאבין | בטמא | נפש דבר נש ולא יכלו למעבד |
| 2121 | | Nu 9:07 | האינון ליה אנן מסאבין | בטמא | נפש דבר נש למה נתמנע דלא |
| 2122 | | Nu19:13 | כל די יקרב במית | בטמא | נפש דבר נש די ימות ולא |
| 2123 | בטמיה | Nu 9:10 | גבר ארום יה«ו»י מסאב | בטמיה | נפש דבר נש או בארח רחיקה |
| 2124 | בטעוני' | Gn44:12 | סייף ואשתכח כלידא | בטעוני' | דבנימן: |
| 2125 | בטעוניכון | Gn43:23 | יהב לכון סימן | בטעוניכון | כספכון אתקבלת ואפק |
| 2126 | בטעונינון | Gn43:18 | על עיסק כספא דאתחזר | בטעונינון | בקדמיתא אנן מתעלין |
| 2127 | בטעוננא | Gn43:22 | לא ידעינן מן שוי כספא | בטעוננא: | |
| 2128 | בטפלה | Nu31:17M | קטולו כל דכורא | בטפליה/<בט>פלה#2#/ | וכל אתה דחכמה |
| 2129 | בטפליה | Nu31:17 | וכדון קטולו כל דכורא | בטפליה | וכל אתה דחכמה לגבר בתשמיש |
| 2130 | בטפשותה | Dt28:28 | ימחי יתכון ייי | בטפשותה | ובס{יי}מ<יי>ותה |
| 2131 | ביברוחוי | Gn30:16 | ארום מגיר אגרית יתך | ב«י»ברוחוי | דבר{ו}י ושמש עמה |
| 2132 | ביברייותא | Nu24:06M | רמין ומנטלין | ביב{צ}<ר>{ו}יי<ו>תא | |
| 2133 | ביבשתא | Ex 4:09 | מן נהרא ויהוון לאדם | ביבשתא: | |
| 2134 | | Ex14:16 | בני ישראל בגו ימא | ביבשתא: | |
| 2135 | | Ex14:29 | ובני ישראל הליכו | ביבשתא | בגו ימא ומיא הוון להון |
| 2136 | | Ex15:19 | דימא ובני ישראל הליכו | ביבשתא | בגו ימא: {וחזר ייי עליהון |
| 2137 | | Ex15:19 | דימא ובני ישראל הליכו | ביבשתא | בגו ימא:} |
| 2138 | | Ex 4:09 | מן מוי דנהרא ותשפוך | ביבשתא | ויהוון מיין די תסב מן |
| 2139 | | Ex14:22 | בני ישרא<'> בגו ימא | ביבשתא | ומיא הוון להון שורין |
| 2140 | | Gn 7:22 | בנחירוי מן כל מה די | ביבשתא | מיתו: |
| 2141 | ביד | Gn27:17 | תבשילייה וית לחמה דעבדת | ביד | יעקב ברה: |
| 2142 | | Gn30:35 | וכל לחוש באמריא ושוי | ביד | בנוה«י»: |
| 2143 | | Dt32:30 | ומימרה דייי מסר יתהון | ביד | בעלי דבביהון: |
| 2144 | | Lv26:25 | מותנה בכון ותתמסרון | ביד | בעלי דבביכון: |
| 2145 | | Nu14:42M | \תתברון קדם /תתמסרון | ביד#2#/ | בעלי דבביכון: |
| 2146 | | Lv16:21 | על רישיה דצפירה וישלח | ביד | גבר מזמן למדבר': |
| 2147 | | Lv25:28 | למחזרה לה ויהווי זבונה | ביד | מן דזבן יתיה עד שתה דיובלה |
| 2148 | | Gn32:17 | ושוי | ביד | עבדוי עדר עדר לבלחודוי |
| 2149 | | Gn30:22 | ארבע מפתחן דאינון מסירין | ביד | רבון כל עלמ«י»א ייי ולא |
| 2150 | | Gn38:20 | ית גדייה בר עזייא | ביד | רחמה עדולמייה למיסב ית |
| 2151 | | Nu15:30M | ובגיוריה קדם ייי | /ביד | רמה מן יציבייה ומן |
| 2152 | | Ex 3:19M | \דהיא תקיפא /ארום אלהא | ביד | תקיפא#2#/: |
| 2153 | | Ex 6:01M | אעבד לפרעה ארום | בידא/ביד#2#/ | תקיפא ישלח יתהון |
| 2154 | | Ex 6:06 | ואפרו«ק» יתכון | ביד | תקיפא ובסדרי דינין רברבין: |
| 2155 | | Ex13:09 | דייי תדירא בפמיכון ארום | ביד | תקיפא אפיק יתכון ייי |
| 2156 | | Ex13:14 | מה הא דא ותימר ליה | ביד | תקיפא אפיק יתן ייי פריקין |
| 2157 | | Ex13:16 | טב על בית אפיכון ארום | ביד | תקיפא אפק יתן ייי פריקין |

|  |  |  |  |  |  |
|---|---|---|---|---|---|
| 2158 | | Dt 6:21 | יתן פריקין מן מצרים | ביד | תקיפה: |
| 2159 | | Dt 7:08 | אפק יתכון פריקין | ביד | תקיפה ופרק יתכון מן |
| 2160 | | Dt 9:26 | די אפקת מן מצרים | ביד | תקיפה: |
| 2161 | | Dt26:08M | פריקין מן מצרים | בידה/ביד#2#/ | תקיפה ובאדרע מנטלה |
| 2162 | ביד׳ | Nu22:07M | בידהון /ואגרן חתימן | ביד׳#2#/ | ואתון לוות בלעם |
| 2163 | בידא | Ex 6:01 | מה די אעבד לפרעה ארום | בידא | תקיפא ישלח יתהון ובידא |
| 2164 | | Ex13:03 | מן בית שעבודא ארום | בידא | תקיפא אפיק ייי יתכון |
| 2165 | | Dt 7:08M | "ביד תקיפה": | בידא | תקפתא |
| 2166 | בידה | Nu10:13 | על פם גזירת מימר׳ | בידה | דמשה: |
| 2167 | | Gn48:17 | לא שפר באפוי ואתוקף | בידה | דאבוי למחזרה יתה מעילוי |
| 2168 | | Ex35:25 | וכל אתה דחכימת לבה | בידה | הוות עזלה ית תכלתה וית |
| 2169 | | Dt24:03 | לה אגרא דשיבוקין וישוי | בידה | ויטרוד יתה מן בייתיה ארום |
| 2170 | | Dt24:01 | לה אגרת שיבוקין וישוי | בידה | וישלח יתה מן בייתה: |
| 2171 | | Ex15:20 | אחתה דאהרן ית תופי | בידה | ונפקו כל נשיא בתרה בתופיא |
| 2172 | | Gn39:16 | וצנעת לבושוי | בידה | עד זמן דאתא רבונה לביתיה: |
| 2173 | | Dt 5:15 | אלהכון פריקין מן תמן | בידה | תקיפה ובאדרע מנטלה בגין |
| 2174 | | Dt26:08 | ייי פריקין מן מצרים | בידה | תקיפה ובאדרע מנטלה ובחזוין |
| 2175 | בידהון | Nu22:07 | וגרין דקסמין חתימין | בידהון | ואתון לוות בלעם ומללו |
| 2176 | | Nu21:34 | ובני בניהון ואתא ונפל | בידהון | ומן בתר כדין אמר ייי |
| 2177 | בידוהי | Gn19:16 | ואשתהי ואתוקפו גבריא | בידוהי | ובידיה דאיתתיה וביד תרתין |
| 2178 | בידוי | Gn39:22M | \תחות רשותא דיוסף | /בידוי | דיוסף#2#/ ית כל חבושיה |
| 2179 | | Ex34:29 | ותרין לוחי{ה} סהדותא | בידוי | דמשה במחתה מן טורא ומשה |
| 2180 | | Gn38:25 | וחמת יתהון ויהבת יתהון | בידוי | דדיינ«י»א ואמרת ליה |
| 2181 | | Gn40:12 | דפרעה ושוי«ת» כסא | בידוי | דפרעה היא כסא דפורענתא |
| 2182 | | Dt19:12 | מן תמן וימסרון יתיה | בידוי | דתבע אדמא ויקטל יתיה: |
| 2183 | | Ex17:12 | וחור הוון אחידין | בידוי | חד מן דא סטרא וחד מן דא |
| 2184 | | Lv22:27M | דלבש \בגו{י} | ידוי/בידוי#2#/ | משכין דגדיין בני |
| 2185 | בידי | Ex17:09 | אתעבד ביה נסין קדם ייי | בידי: | |
| 2186 | | Dt10:03 | לטורא ותרין לוחי | בידי: | |
| 2187 | | Gn15:01 | דלמא מצוון קלילן דהוה | בידי | בזימנא קדמיה דנפלו קדמיי |
| 2188 | | Gn30:35M | ושוי \ביד בנוה«י» | /בידי | בנוי#2#/: |
| 2189 | | Dt 3:02M | לדרייה דהוא מסר יתיה | בידי | בנוי |
| 2190 | | Gn32:14 | ההוא ונסב מן מה דאיתי | בידי | דורון לעשו אחוי: |
| 2191 | | Gn33:14 | להוני לרגל עבידתא די | בידי | ולרגל טלייא עד זמן די אזל |
| 2192 | | Gn40:11 | וכסא דפרעה | בידי | ונסבת ית ענביא ועצר«ת» |
| 2193 | | Gn39:18 | קלי וצווחת ושבק לבושוי | בידי | וערק לשוק: |
| 2194 | | Nu22:29 | ארום שקרת בי אילו הווה | בידי | חרב ארום כדון קטלת יתיך: |
| 2195 | | Ex32:15 | משה מן טורא ותרין לוחי | בידי | לווחין כתיבין מן תרין |
| 2196 | | Gn15:01 | עלי או דלמא דלא אשתכח | בידי | מצוה בזמנא תניינא ויתחלל |
| 2197 | | Ex 7:17 | הא אנה מחי בחוטרא די | בידי | על מיא די בנהרא ויהפכון |
| 2198 | | Gn22:10M | פסיל ונהוי חייב מות | בידי | שמייא |
| 2199 | בידי׳ | Gn24:10M | דריבוניה | עמיה/בידי׳#2#/ | וקם ואזל לארעא |
| 2200 | | Gn16:05M | בידך שבקית /מסירין | בידי׳ | שב׳#2#/ ארעי ובית |
| 2201 | בידיה | Gn44:16 | לחוד מן דאשתכח כלידא | בידיה: | |
| 2202 | | Ex 4:20 | ביה ניסין מן קדם ייי | בידי«ה»: | |
| 2203 | | Nu25:07 | מן גו כנישתה ונסב רמחא | בידיה: | |
| 2204 | | Nu31:06 | וחצוצרתה דיבבותה | בידיה: | |
| 2205 | | Dt 7:10M | מצוון קלילן דאיתי | בידיה | בעלמא הדין |
| 2206 | | Ex22:03 | {משכת} <משתכחא> תשתכח | בידיה | גנבתה מן תורא עד חמר«א» |
| 2207 | | Gn44:17 | דא גברא דאשתכח כלידא | בידיה | הו יהוי לי עבד ואתון סקון |
| 2208 | | Gn19:16M | /גובריא#2#/ | בידוהי/<בי>דיה#2#/ | ובידיה דאיתתיה |
| 2209 | | Nu35:21 | אין בבעל דבבו מחה יתה | בידיה | ומית מתקטלה יתקטיל קטולה |
| 2210 | | Nu22:23 | בארחה וחרבה שליפה | בי{ה}<ד>יה | וסטת אתנתה מן ארחה |
| 2211 | | Nu22:31 | באורחה וחרביה שליפה | בידיה | ועקד ואשתטח על אפוי: |

|  |  |  |  |  |  |
|---|---|---|---|---|---|
| 2212 | | Gn11:04 | בראשיה סגדה ונתן חרבא | בידיה | ותיהווי עבד׳ לקבליה סדרי |
| 2213 | | Dt20:08M | ותביר ליבה מן חובה די | בידיה | יהך ויחזור לבייתיה ולא |
| 2214 | | Gn22:06 | על יצחק בריה ונסב | בידי«ה» | ית אשתא וית סכינא ואזלו |
| 2215 | | Ex21:16 | גבר ויזבן יתיה וישתכח | בידיה | מתקטלא יתקטיל: |
| 2216 | | Ex34:04 | היך מה דפקד יתיה ונסב | בידיה | תרין לווחין דאבנין: |
| 2217 | בידיהון | Dt 7:10 | מצוון קליל{י}ן דהוי | בידיהון: | |
| 2218 | | Dt 7:10M | קלילן דאתי׳ | בידיהון | בעלמ׳ הדין מן בגלל |
| 2219 | | Dt 1:27 | דמצרים לממסר יתן | בידיהון | דאמוריי למישיצי יתן: |
| 2220 | | Ex10:28 | רוגזי בך ואמסר יתך | בידיהון | דעמא דהון תבעין נפשך |
| 2221 | | Gn35:04 | ית כל פלחנא נכריה די | בידיהון | וית קדשיא די באדנהון |
| 2222 | | Gn43:15 | הדא וכסף מכופלה נסבו | בידיהון | וית בנימן וקמו ונחתו |
| 2223 | | Nu21:03 | צלותהון דישראל ומסר | בידיהון | ית כנעניי ושיצי יתהון |
| 2224 | | Ex 5:21 | שליטוי למתן חרבא | בידיהון | למקטליה יתן: |
| 2225 | | Gn43:26 | לה ית דורון די | בידיהון | לפלטורין ושאלון בשלמיה |
| 2226 | | Dt 1:25 | ונסבו | בידיהון | מן פירי ארעא ו{נ}<א>חיתו |
| 2227 | בידייה | Gn 4:22M | \בדיה קינייין /היא הות | בידייה | קינין#2#/ וזמרין: |
| 2228 | בידיך | Dt23:26 | דחברך ותקטוף פירוכין | בידיך | ומגל דחצד לא תעבר על |
| 2229 | בידיכון | Dt 2:30 | מן בגלל למסור יתיה | בידיכון | ביומא הדין: |
| 2230 | | Dt 7:24 | וימסור מלכיהון | בידיכון | ות{ו}ס<ו>פון ית שמהן |
| 2231 | | Dt14:25 | בכסף ותצורון כספא | בידיכון | ותיזלון לאתרה די יתרעי |
| 2232 | | Ex12:11 | ברגליכון וחוטריכון | בידיכון | ותיכלון יתיה בבהילו מאכס |
| 2233 | | Dt 7:02M | ייי אלהכון | קדמיכון/בידיכון#2#/ | ותקטלון |
| 2234 | | Dt20:13 | וימסר יתה ייי אלהכון | בידיכון | ותקטלון ית כל דכורה |
| 2235 | | Dt21:10 | יתהון ייי אלהכון | בידיכון | ותשבון מנהון שבייה: |
| 2236 | | Ex23:31 | נהרא רבא ארום אמסר{א} | בידיכון | ית כל דיירי ארעא ואטרוד |
| 2237 | | Dt 2:24 | חמון דהא מסרית | בידיכון | ית סיחון מלכא דחשבון |
| 2238 | | Dt13:18 | ולא ידבק | בידיכון | מן חרמה מן בגלל דיחזור |
| 2239 | בידינן | Nu21:02 | תמסור ית עמא האליין | בידינן | ואשיצי ית קריהון: |
| 2240 | | Nu31:49M | עמה דחיל קרבה דאית | בידינן | לא אתפקד מינן גבר |
| 2241 | | Gn43:22 | וכספא חורן אחתנן | בידינן | למזבן מזון לא ידעינן מן |
| 2242 | | Dt 3:03M | ומסר ייי אלהן | בידך/בידינן#2#/ | לחוד/להוד#2#/ ית |
| 2243 | | Ex10:25M | /להוד#2#/ את תתן | בידך/בידינן#2#/ | נכסין/נכיסן#2#/ |
| 2244 | בידך | Ex 7:15 | די אתהפך לחיוי תסב | בידך: | |
| 2245 | | Ex 4:17 | וית חוטרא הדין תיסב | בידך | די תעבד בה ית נסי פרישתא: |
| 2246 | | Ex 4:02 | ליה ייי מה הוא ^דאן#2#^ | בידך | ואמר חטר: |
| 2247 | | Gn38:18 | ושו{ת}<ש>פך וחוטרך די | בידך | ויהב לוותה ועל לוותה ועברת |
| 2248 | | Ex11:08M | את וכל עמא דעמך/דאית | בידך#2#/ | ומ«ן» בתר כדון אפוק |
| 2249 | | Ex17:05 | די מחית בה ית נהרא תיסב | בידך | ותיזל: |
| 2250 | | Ex 4:21 | חמי כל נסי די שווית | בידך | ותעבדינון קדם פרעה ואנה |
| 2251 | | Nu21:34 | לא תדחל מן קדמוי ארום | בידך | מסרית יתיה וית כל עמיה |
| 2252 | | Dt 3:02 | משה לא תדחל מנה ארום | בידך | מסרית יתיה וית כל עמיה וית |
| 2253 | | Gn16:06 | אברם לשרי הא אמתיך | בידך | עבדי לה מה דשפיר באפיך |
| 2254 | | Gn16:06M | בידך /אמהתיך מסירה | בידך#2#/ | עבדי לה מה דשפיר באפיך |
| 2255 | | Gn16:05 | מחוסי ושרוי צערי מסיר | בידך | שבקית ארעי ובית תלדוותי |
| 2256 | בידכון | Gn43:12 | בפום טעוניכון תחזרון | בידכון | דילמא שלו הות: |
| 2257 | | Gn43:12 | וכסף בכפלה סבו | בידכון | וית כספא דאתחזר בפום |
| 2258 | | Gn 9:02 | ובכל נוני דימא רבה | בידכון | מסרת: |
| 2259 | בידן | Dt 3:03 | ומסר ייי אלהן | בידן | לחוד ית עוג מלכא דבותנין |
| 2260 | | Ex10:25 | ואמר משה לחוד את תתן | בידן | נכסין ועל{י}<ו>ן ונקרב קדם |
| 2261 | בידנא | Gn43:21 | במתקליה וחזרנן יתיה | בידנא: | |
| 2262 | ביהוא | Gn28:11M | ואתעבדן לאבנ׳ חדא | ביהוא | זמנא ידע דהוא עתיד למיסב |
| 2263 | ביר׳ | Ex34:07M | ביום/ייי ית חייבה | ביר׳#2#/ | דינא רבה מדכר חובי אבהן |
| 2264 | ביובילה | Lv25:30 | יתיה לדרוי לא יפוק | ביובילה: | |
| 2265 | | Lv25:33 | דביתה וקרתה לאחסנתה | ביובילה | ארום בתי קרוי ליוויי היא |

|  |  |  |  |  |  |
|---|---|---|---|---|---|
| 2266 | | Lv25:28 | עד שתה דיובלה ויפוק | ביובילה | ויחזור לאחסנתיה: |
| 2267 | ביום | Lv 5:24M | יתיה \ביומא די אתחייב | /ביום | אשמה#2#/: |
| 2268 | | Lv19:06M | יתאכל וביומ׳ תליתייה | /ביום | דבחיהון יתאכל ומן יומא |
| 2269 | | Lv 7:15 | נכסת אודיית קודשוי | ^ביום#2#^ | <די> יקרב קרבניה יתאכל |
| 2270 | | Ex20:07 | על מגן ארום לא מזכי ייי | ביום | דינא רבא ית מן די יסב שמה |
| 2271 | | Ex20:07M | ייי ית חוביכון חייבי | ביום | דינא |
| 2272 | | Ex34:07 | חטאין ומזכיה לא מזכי{ה} | ביום | דינא רבה מדכר חובי אבהן |
| 2273 | | Nu14:18 | חטאין ומזכייה לא מזכי | ביום | דינה רבה מדכר חובי אבהן |
| 2274 | | Nu14:18M | /<מזכי> ייי ית חייבה | <ביום>#2#/ | דינה רבה מדכר/מסער#2#/ |
| 2275 | | Nu31:50 | בעלמא דאתי דא תיקום לן | ביום | דינה רבה למכפרה על נפשתן |
| 2276 | | Dt 5:11 | על מגן ארום לא יזכי ייי | ביום | דינה רבה ית מן די יסב ית |
| 2277 | | Lv14:02M | וייתי /אחויית מצרעה | ביום | דכותה ויתועל#2#/ לוות |
| 2278 | | Lv14:32 | ארעת ידה למייתיה קרבן | ביום | דכותיה: |
| 2279 | | Nu 6:09 | נזירותיה ויספר רישיה | ביום | דכיותיה ביומא שביעי«ה» |
| 2280 | | Lv22:30M | | ביומא/ביום#2#/ | ההוא יתאכל לא |
| 2281 | | Dt18:16 | ייי אלהכון בטורא דחורב | ביום | התכנשות קהלה למימר לא אוסף |
| 2282 | | Nu 7:72 | | ביום | חד עשר יומין דחנוכת רבותה |
| 2283 | | Ex40:02 | | ביום | ירחא קדמיה בחד לירחא תקים |
| 2284 | | Dt 9:10 | בטורה מן גו להבי אשתה | ביום | כנשות קהלה: |
| 2285 | | Dt10:04 | בטורה מן גו להבי אשתה | ביום | כנשות קהלא ויהב יתהון לי |
| 2286 | | Nu25:18 | אחתהון מה די אתקטלת | ביום | מגפתה על עסק טעותה פעור: |
| 2287 | | Lv23:29M | יום צומה דכיפורייה | /ביום | צום כפר׳#2#/ ותשתיצא |
| 2288 | | Lv23:30M | הדין ואישיצי ית נפשה | /ביום | צום כיפורייה ותישתיצי |
| 2289 | | Lv25:09 | שבעיה בעשרה יומין לירחה | ביום | צומא דכיפוריה תעברון |
| 2290 | | Ex35:03 | בכל אתר בית מדוריכון | ביום | שבתא: |
| 2291 | | Ex31:15 | נפשה ההיא מגו עמיה}} | ~~ביום | שבתה~~ יתקטלה יתקטל: |
| 2292 | | Nu28:10 | עלתה דשבתה | ביום | שבתה תקרבון יתיה סמיכה |
| 2293 | | Nu15:32M | קיסין \ביומא דשבתה | /ביום | שוב׳#2#/: |
| 2294 | | Nu 7:78 | | ביום | תרין עשר יומין דחנכת מדבחה |
| 2295 | | Ex12:16M | | ביומא/ביום#2#/ | קדמייה/<קדם>אה#2#/ |
| 2296 | ביומ׳ | Dt31:18 | מטמרה אטמר אפי רעותי | ביומ׳ | ההוא על כל בישתה די עבדו |
| 2297 | | Gn 2:02 | ואשלם ממריה דייי | ביומ׳ | שביעיא עיבידתיה די ברא |
| 2298 | | Ex20:11M | קדמוי ביומא /ואתניח | ביומ׳#2#/ | שביעיא בגין כדין ברך |
| 2299 | | Ex24:16M | ביומא שביעיא /למשה | ביומ׳ | שבעייה על טורא#2#/ מן גו |
| 2300 | | Lv 7:18 | מן בשרה דנכסת קדשיה | ביומ׳ | תליתיה לא יתקבל ברעוה מן |
| 2301 | ביומא | Lv23:37 | דבחין ונסוכין סכום יום | ביומא: | |
| 2302 | | Nu 7:01 | והוה | ביומא | דאשלם משה ל{א}«מ»קמה |
| 2303 | | Gn21:08 | ועבד אברהם שרו רבא | ביומא | דאתחסל ית יצחק ברה דהגר |
| 2304 | | Gn 2:04 | וארעא באיתבריותהון | ביומא | דברא ייי אלהים שמיא |
| 2305 | | Gn 5:02 | יתהון וקרה ית שמון אדם | ביומא | דברא {ד} יתהון: |
| 2306 | | Lv14:02 | גזירת אוריתה דמצרעה | ביומא | דדכותיה וייתי לוות כהנא: |
| 2307 | | Gn 3:05 | גלי וידיע קד׳ ייי ארום | ביומא | די תאכלון מינה ויתפתחן |
| 2308 | | Gn 5:01 | ספר יחוס תלדוותה דאדם | ביומא | די ברא ייי ית אדם בדמו |
| 2309 | | Ex 6:28 | והוה | ביומא | די מלל ייי עם משה בארעא |
| 2310 | | Lv 5:24 | למן הוא דידיה יתן יתיה | ביומא | די אתחייב: |
| 2311 | | Lv 7:16 | או נדבה נכסת קרבניה | ביומא | די יקרב ית קורבנה יתאכל |
| 2312 | | Lv 7:35 | דבנוי מן קרבנוי דייי | ביומא | די אקריב יתהון למשמשה |
| 2313 | | Lv 7:38 | ית משה בטורא דסיני | ביומא | די פקד ית בני ישראל |
| 2314 | | Lv23:12 | ותעבדון ותקרבון | ביומא | די תניפ{י}<ו>ן ית עומרה |
| 2315 | | Nu 3:01 | תלדוותה דאהרן ודמשה | ביומא | די מלל «ייי» עם משה |
| 2316 | | Nu 3:13 | כל ב{{ו}}כ«ו»ריה | ביומא | די קטלת כל בוכריה בארעא |
| 2317 | | Nu 6:13M | ישלמון#2#^/ ית יומי | /ביומא | די שלם יומא#2#/ נזירותיה |
| 2318 | | Nu30:08 | וישמע בעלה | ביומא | די ישמע וישתוק לה ויקומון |
| 2319 | | Nu30:09 | ~~ואין | ביומא | די ישמע בעלה יבטל יתה |

|  |  |  |  |  |  |
|---|---|---|---|---|---|
| 2320 | | Nu30:13 | מבטלה יבטל יתהון בעלה | ביומא | די ישמע כל פירוש ספוותה |
| 2321 | | Nu30:15 | קיים יתהון ארום שתק לה | ביומא | די שמע: |
| 2322 | | Dt 4:15 | ארום לא חמיתון כל דמו | ביומא | די מלל ייי עמכון בטורא |
| 2323 | | Dt21:16 | ויהווי | ביומא | די יחסין ית בנוי ית מה די |
| 2324 | | Dt27:02 | ויהווי | ביומא | די תעברון ית ירדנה לארעא |
| 2325 | | Lv 6:13 | די יקרבון קדם ייי | ביומא | דירבי יתהון עשרין מכלתה |
| 2326 | | Lv14:32M | דכותיה /תארע בן ידוי | ביומא | דכוותה#2#/: |
| 2327 | | Lv16:03M | מצוותה יעול אהרן | ביומא | דכיפורי לקודש׳ |
| 2328 | | Gn 3:15 | מעבד שפיותיה בעוקבה | ביומא | דמלכא משיחא: |
| 2329 | | Nu 8:17 | בבני אנשא ובבעירה | ביומא | דקטלת כל בכוריה בארעא |
| 2330 | | Lv 7:36 | די פקד ייי למיתן להון | ביומא | דרבי יתהון מן לוות בני |
| 2331 | | Nu 7:10 | רברבני ית חנכת מדבחה | ביומא | דרבי יתיה וקריבו רברבני |
| 2332 | | Nu 7:84 | דא חנוכת רבותה דמדבחה | ביומא | דרבי יתיה מלוות רברבני |
| 2333 | | Nu15:32 | ואשכחו גבר מגבב קיסין | ביומא | דשבתה: |
| 2334 | | Ex35:03M | \ביום שבתא | /ביומא | דשובתה#2#/: |
| 2335 | | Lv24:08 | | ביומא | דשובתה ביומא דשובתה יסדר |
| 2336 | | Lv24:08 | ביומא דשובתה | ביומא | דשובתה יסדר יתה קדם ייי |
| 2337 | | Nu 6:13 | אורי«י»תה דנז«י»רה | ביומא | דשלמון ית יומי נזירותיה |
| 2338 | | Nu30:06 | ואין בטל אבוה יתה | ביומא | דשמע כל נדרה וקיימה די |
| 2339 | | Lv19:06 | | ביומא | דתיכסון יתיה יתאכל וביומ׳ |
| 2340 | | Gn50:20 | אתחשבן לטבן מן בגלל | ביומא | הדין לקיימא עם סגון: |
| 2341 | | Ex 9:18M | "בשעתה למחר ברד": | בי<ו>מא | הדין ולמחר ברד |
| 2342 | | Lv 8:34 | היך מה דעבד | ביומא | הדין פקד ייי למעבד למכפרה |
| 2343 | | Lv16:30 | ארום | ביומא | הדין יכפר עליכון למדכיי׳ |
| 2344 | | Dt 2:30 | למסור יתיה בידיכון | ביומא | הדין: |
| 2345 | | Dt 4:38 | לכון ית ארעהון לאחסנה | ביומא | הדין: |
| 2346 | | Gn30:33 | ויסהדן עלי זכוותי | ביומא | הדן ודמחר ארום תיעול |
| 2347 | | Gn15:18 | | ^ביומא | ההוא#2#^ קיים ייי עם |
| 2348 | | Gn26:32 | והוה | ביומא | ההוא ואתון עבדוי דיצחק |
| 2349 | | Gn30:35 | ואפרש | ביומא | ההוא ית תישיא קרוחי |
| 2350 | | Gn33:16 | וחזר | ביומא | ההוא עשו לארחה לגבלה: |
| 2351 | | Gn48:20 | וברך יתהון | ביומא | ההוא למימר בזכותך יתברכון |
| 2352 | | Ex 5:06 | ופקד פרעה | ביומא | ההוא ית סרכיהון דעמא וית |
| 2353 | | Ex 8:18 | ואעבד ניסין ופליין | ביומא | ההוא עם ארעא דגשן די עמי |
| 2354 | | Ex13:08 | ותתנון לבניכון | ביומא | ההוא למימר מן בגלל מצוותה |
| 2355 | | Ex14:30 | ופרק ושיז׳ ממריה דייי | ביומא | ההוא ית ישראל מן ידיהון |
| 2356 | | Ex32:28 | דמשה ונפל מן עמא | ביומא | ההוא כתלתא אלפין דגברין: |
| 2357 | | Lv22:30 | | ביומא | ההוא יתאכל לא תשיירון מנה |
| 2358 | | Lv27:23 | דיובילה ויתן ית עלויה | ביומא | ההוא קדש לשמה דייי: |
| 2359 | | Nu 6:11 | על נפשה ויקדש ית ראשה | ביומא | ההוא: |
| 2360 | | Nu 9:06 | ולא יכלו למעבד פיסחה | ביומא | ההוא <....>: |
| 2361 | | Nu32:10 | ותקיף רוג«ז»א דייי | ביומא | ההוא וקיים בשבועה למימר: |
| 2362 | | Dt27:11 | ופקד משה ית עמא | ביומא | ההוא למימר: |
| 2363 | | Dt31:17 | ויתקוף רוגזי בהון | ביומא | ההוא ואשבוק יתהון ואהפוך |
| 2364 | | Dt31:22 | משה ית שבח שירתה הדה | ביומא | ההוא ואלף יתה ית בני |
| 2365 | | Ex 5:13 | עבידתכון סכום יום | ביומא | היך מה דהוה מתיהב לכון |
| 2366 | | Nu 7:72M | "ביום חד ... דחנוכת": | ביומא | חד עשרה דח׳ |
| 2367 | | Nu 7:36 | | ביומא | חמישיה דחנוכת רבותה |
| 2368 | | Ex 2:23M | והוה | ביומיא/ביומא#2#/ | סגיאייה האינון ומית |
| 2369 | | Nu 7:66 | | ביומא | עשיריה דחנוכת רבותה |
| 2370 | | Ex12:15 | פטירי׳ תיכלון לחוד | ביומא | קדמאה תבטלון חמירא מן |
| 2371 | | Lv23:08 | לשמה דייי שבעה יומין | ביומא | קדמיה ארוע קדיש כל עבידה |
| 2372 | | Lv23:35 | | ביומא | קדמיה <....>: |
| 2373 | | Nu 7:12 | והוה מן דמקרב | ביומא | קדמיה ית קרבניה נחשון בר |

|  |  |  |  |
|---|---|---|---|
| 2374 | | Nu28:18 | ביומא קדמיה יום טב וארוע קדיש |
| 2375 | | Ex12:16 | ביומא קדמייה יום טב וארוע קדיש |
| 2376 | | Lv23:07 | ביומ«א» קדמייה יומא טבא ואירוע |
| 2377 | | Lv23:39 | חגה קדם ייי שבעה יומין ביומא קדמייה יום טב וארוע קדיש |
| 2378 | | Nu 7:30 | ביומא רביעיה דחנוכת רבותה |
| 2379 | | Gn 2:02M | עבד ואיתניח ביומא שביעאה מכל עבדתיה די עבד |
| 2380 | | Gn 2:02 | והוה שבא ונייח קדמוי ביומא שביעיא מן כל עבדתיה די |
| 2381 | | Ex16:27 | והוה ביומא שביעיא נפקו מן עמא למלקטא |
| 2382 | | Ex16:29 | לא יפוק גבר מן אתריה ביומא שביעיא: |
| 2383 | | Ex20:11 | והוה שבא ונייח קדמוי ביומא שביעיא בגין כדין ברך ייי |
| 2384 | | Ex24:16 | שיתא יומין וקרא למשה ביומא שביעיא מן גו עננא: |
| 2385 | | Lv13:05 | ויחמי יתיה כהנא ביומא שביעיה והא מכתשה קאים |
| 2386 | | Lv13:06 | ויחמי כהנא יתיה ביומא שביעיה זמן תנינות והא כהה |
| 2387 | | Lv13:27 | ויחמי יתיה כהנא ביומא שביעיה אין מהלכה תהלך |
| 2388 | | Lv13:32 | ויחמי כהנא ית מכתשה ביומא שביעיה והא לא הלך |
| 2389 | | Lv13:34 | ויחמי כהנא ית נתקה ביומא שביעיה והא ל{ף}<א> הלך |
| 2390 | | Lv13:51 | <....> ביומא שביעיה ארום הלך מכתשה |
| 2391 | | Lv14:09 | ויהוי ביומא שביעיה יספר ית כל שעריה |
| 2392 | | Lv14:39 | ויחזור כהנא ביומא שביעיה ויחמי והא הלך |
| 2393 | | Nu 6:09 | רישיה ביום דכיותיה ביומא שביעי«ה» יספר יתיה: |
| 2394 | | Nu19:19 | וביומא שביעיה ויתדכי ביומא שביעיה ויחוור לבושוי |
| 2395 | | Ex16:30 | ואתנחו עמא ביומא שבעיה: |
| 2396 | | Nu31:24 | ותחוורון לבושיכון ביומא שבעייה ותידכון ומן בתר |
| 2397 | | Ex16:05 | ויהוי ביומא שתיתא ויצנעון ית מה |
| 2398 | | Ex16:29 | בגין כדין הוא יהב לכון ביומא שתיתיא לחם בכפלא שרון גבר |
| 2399 | | Ex16:22 | והוה ביומא שתיתיה לקטו לחם בכיפלא |
| 2400 | | Nu 7:42 | ביומא שתיתיה דחנוכת רבותה |
| 2401 | | Nu29:31 | מיא דהוות מתקרבה ביומא שתיתיה על גבי מדבחה דכרן |
| 2402 | | Gn40:20 | והוה ביומא תליתא יום גניסיא דפרעה |
| 2403 | | Gn42:18 | ואמר להון יוסף ביומא תליתא דא עבדו וחיון |
| 2404 | | Gn31:22M | ולא טפת ובכן אתנו ביומא תליתאה ארום אזל יעקב |
| 2405 | | Gn31:22M | ואתני ללבן ביומא תליתאה ארום ערק יעקב |
| 2406 | | Gn34:25 | והוה ביומא תליתיא כד הוון צעורין מן |
| 2407 | | Ex19:16 | והוה ביומא תליתיא לעדוני צפרא והווה |
| 2408 | | Nu 7:24 | ביומא תליתיא דחנוכת רבותה |
| 2409 | | Gn22:04 | ביומא תליתיה ונטל אברהם ית |
| 2410 | | Lv 7:17 | בשרה דנכסת קדשי«ה» ביומא תליתיה בנורא יתוקד: |
| 2411 | | Lv19:07 | ואם מתאכלה יתאכל ביומא תליתיה פסיל הוא לא יתקבל |
| 2412 | | Nu19:12 | ואין לא יתדי עלוי ביומא תליתיה וביומא שביעיה לא |
| 2413 | | Nu19:12 | הוא יתדי עלוי ביומא תליתיה וביומא שביעיה |
| 2414 | | Nu19:19 | וידי דכיה על מסאבה ביומא תליתיה וביומא שביעיה |
| 2415 | | Nu31:19 | וכל דיקרוב בקטול תדכון ביומא תליתיה וביומא שביעיה אתון |
| 2416 | | Gn31:22 | ספת בכדן אתני ללבן ביומא תליתייא ארום ערק יעקב: |
| 2417 | | Ex19:11 | ליומא תליתייא ארום ביומא תליתייא תתגלי איקר שכינתא |
| 2418 | | Lv14:23 | וייתי יתהון ביומא תמיניה לדכאותיה לוות כהנא |
| 2419 | | Nu 7:54 | ביומא תמיניה דחנוכת רבותה |
| 2420 | | Lv 9:01 | והוה ביומא תמיניה{ון} {לסוף} לסוף |
| 2421 | | Ex 2:13 | ונפק ביומא תניינא והא תרין גברין |
| 2422 | | Nu 7:18 | ביומא תנינא דחנוכת רבותה דמדבחה |
| 2423 | | Nu 7:78M | \ביום תרין עשר /ביומא תרי< עשר>#2/ יומין |
| 2424 | | Nu 7:60 | ביומא תשיעיה דחנוכת רבותה |
| 2425 | ביומא טבא | Lv23:40 | ותסבון לכון ביומא טבא קדמיה פירי אילן משבח |
| 2426 | ביומה | Dt27:04M | "במעברכון ...": ביומה די תעיברון |
| 2427 | | Dt21:23 | ארום מקבר תקברון יתיה ביומה ההוא ארום ליט קדם ייי כל |
| 2428 | | Dt31:17 | סגין ועקין וייאמרון ביומה ההוא הלא על די לית איקר |
| 2429 | ביומוי | Gn10:25 | דחד מנהון פלג ארום ביומוי אתפלגו דיירי ארעא ושמה |
| 2430 | | Gn26:01 | כפנא קדמייה דיהווה ביומוי דאברהם ואזיל יצחק לוות |
| 2431 | | Nu24:20 | ישראל עמלקיי ובעקבה ביומוי דגוג ומגוג אינון עתידין |
| 2432 | | Gn 3:15M | שפיותיה בעוקבה ביומא/ביומוי#2/ דמלכא משיחא: |
| 2433 | ביומי | Gn14:01 | והווה ביומי אמרפל מלכה דשנער אריוך |
| 2434 | | Gn31:21M | לישראל ביומי יפתח דמן גלעד |
| 2435 | | Gn30:14 | ואזל ראובן ביומי חצדא דחטיא ואשכח יברוחין |
| 2436 | | Nu30:17M | בין אב לברתה ברביותה/ביומי טליותה#2/ בביתה |
| 2437 | | Gn47:09 | ית יומי שני חיי אבהתי ביומי תותבותיהון: |
| 2438 | ביומי' | Gn 6:04M | הוון שריין בארעא ביומי' האינון ולחד מן בתר מן די |
| 2439 | ביומיא | Gn18:11 | ושרה סאיבו ועלו ביומיא אתמנע מן למהווי לשרה |
| 2440 | | Ex 2:11 | והוה ביומ<י>א האינון ורבה משה ונפק |
| 2441 | | Nu24:23 | ואמר אלוויי מן ייחי ביומיא האינון כד ישווי ייי תקוף |
| 2442 | | Dt17:09 | דייניה דייהווי ממני ביומיא האינון ותתבעון ויתנון |
| 2443 | | Dt19:17 | די יהוון ממניין ביומיא האינון: |
| 2444 | | Gn24:01 | ואברהם סאב ועל ביומיא וממריה דייי ברך ית אברהם |
| 2445 | | Ex 2:23 | והוה ביומיא סגיאייה האינון ומית מלכא |
| 2446 | ביומיה | Ex 5:19 | מן לבניכון סכום יום ביומיה: |
| 2447 | | Ex16:05 | מה די ילקטון סכום יום ביומיה: |
| 2448 | | Gn 6:04 | גיבריה הוון בארעא ביומיה האינון ולחוד מן בתר כדין |
| 2449 | | Dt26:03 | די הווי ממני כהנא רבא ביומיה האינון ותימרון לה אודינן |
| 2450 | | Ex16:04 | עמא וילקטו סכום יום ביומיה מן בגלל למנסיה יתהון |
| 2451 | | Dt24:15 | ביומיה תתן אגריה ולא יטמע עלוי |
| 2452 | ביומך | Gn47:10M | דמצרים ויעדי כפנא ביומך ונפק יעקב מלוות |
| 2453 | בייי | Nu20:13M | /ויתקדש שמי מייקרא בייי#2/: |
| 2454 | ביירחא | Ex12:18 | ביירחא קדמייה בארבעת עשר יומין |
| 2455 | בילדותכם | Ex 1:16M | חמיין על מתברייא /בילדותכם ותהווין מסתכלן על |
| 2456 | בימ' | Dt16:01M | וגבורן באימהה/בימ'#2/: |
| 2457 | | Nu10:34M | הוה מגן באימהה/בימ'#2/ במיטלהון |
| 2458 | | Ex18:11M | מנהון וטמע ריתיכיהון בימ' דסוף |
| 2459 | | Ex40:38M | דייי על משכנא באיממא/בימ'#2/ ואשתא תיהוי בליליא |
| 2460 | בימא | Gn48:16M | במיא /דנוניי' סגן בימא#2/: |
| 2461 | | Ex15:01 | ישראל רמא וטבע יתהון בימא דסוף: |
| 2462 | | Ex15:04 | דפרעה רמא וטמע יתהון בימא דסוף: |
| 2463 | | Ex15:21 | ישרא' רמא וטמע יתהון בימא דסוף: |
| 2464 | | Ex18:11 | אמר וטמע ית ארתכיהון בימא דסוף: |
| 2465 | | Ex15:18 | חמון בניך ניסי פרישתך בימא וגבורתא ביני גלליא בההיא |
| 2466 | | Ex14:13M | אמרה נסדר לקבליהון /בימא וחדא אמר נסדר לקוב'#2/ |
| 2467 | | Ex15:19 | פרעה בארתכוי ובפרשוי בימא וחזר ייי עליהון מוי דימא |
| 2468 | | Ex15:04 | קשת עליהון גירין דאשא בימא ושפר עולימו גברוי דפרעה |
| 2469 | | Ex14:28 | דפרעה דעלו בתריהון בימא לא אשתייר בהון אף לא חד: |
| 2470 | | Ex10:19 | והפך ייי רוח בימא תקיף לחדא וטען ית גובא |
| 2471 | בימוי | Gn26:18 | בארייתא דמיא די חפרו בימוי דאברהם אבוי וסתמו יתהון |
| 2472 | בימיא | Lv11:09 | סנפירין וקסקסין במיא/ בימיא ובנחליא יתהון תיכלון: |
| 2473 | | Lv11:10 | ליה סנפירין וקסקסין בימיא ובנחליא מן כל שרצא דמיא |
| 2474 | בימיי' | Gn 1:22 | וסגון ומלון ית מיא בימיי' ועופא יסגא על ארעא: |
| 2475 | בימיניה | Gn48:13 | ית תריהון ית אפרים בימיניה מן שמאלה דישראל וית |
| 2476 | בימממ' | Dt 1:33M | ובעמודה דעננה באימממה/בימממ'#2/: |
| 2477 | | Lv 8:35M | זימנה תישרון באימממ'/בימממ'#2/ ובלילה שבעה יומין |
| 2478 | ביממא | Ex13:21 | להון למהוי מהלכין ביממא ובליליא: |
| 2479 | | Nu14:14 | דעננה את מהלך קודמיהון ביממא ובעמודה דאשתא בליליא: |
| 2480 | בינ' | Ex 8:14M | יכלו והוון כלמיא באנשא/בינ'#2/ ובבעירא: |
| 2481 | ביציבייא | Ex12:19M | וביציבא/{כ}ביציבייא#2/ דארעא: |

|  |  |  |  |  |  |
|---|---|---|---|---|---|
| 2482 | | Lv17:15 | די תאכל נבילה וקטילה | ביציבייא | ובגיורא ויחוור לבושוי |
| 2483 | ביציבייה | Nu15:30 | ונפש די תעבד בריש גלי | ביציבייה | ובגיוריה קדם ייי הוא |
| 2484 | ביק' | Ex29:43M | /וא'#2#/ \בגו | איקרי/ביק'#2#/: | |
| 2485 | | Lv19:03M | גבר | באיקריה/ביק'#2#/ | דאבוי ודאימיה תהוון |
| 2486 | | Dt 1:30M | ייי אלהכון הוא | באיקר/ביק'#2#/ | שכינתיה מדבר קדמיכון |
| 2487 | ביקידתה | Nu26:11M | מיתו במותנה ולא לקו | ביקידתה | ולא {ש}<ט>מע<ו> בבליעת |
| 2488 | ביקירא | Gn49:26 | על ארעא דמצרים וזהיר | ביקירא | דאבוי ובאיקרהון דאחוי: |
| 2489 | ביקר | Ex14:13M | "... די יעבד": <די> | ביקר | שכינת' הוא דעבד |
| 2490 | ביקרה | Dt33:02 | לא קבילו יתה והופיע | ביקרה | למתן אוריתה על טורא |
| 2491 | ביקרותי | Ex14:18M | ארום אנה ייי | באתיקרותי/ביקרותי#2#/ | בפרעה בארתכוי |
| 2492 | ביקרי' | Dt33:02 | בני ישראל {ו}<ד>נח | ביקרי' | על טורה דגבלה למתן אורית |
| 2493 | ביקריה | Ex20:12 | ישראל הוון זהירין גבר | ביקריה | דאבוי ובאיקרה דאימיה |
| 2494 | ביר' | Lv23:05M | יומין | לירחא/ביר'#2#/ | ביני שמשתה |
| 2495 | | Nu10:11M | תניינתה בעשרין | לירחה/ביר'#2#/ | איסתלק/יסת'#2#/ \ |
| 2496 | בירחא | Ex34:18 | <דאביבה> <ארום | בירחא | דאביבה> נפקתון פריקין מן |
| 2497 | | Ex13:05 | ותפלחון ית פלחנא הדין | בירחא | הדין: |
| 2498 | | Nu33:38 | פריקין מן ארעא דמצרים | בירחא | חמישיה בחד לירחא: |
| 2499 | | Gn 8:14M | ארעא /ושובעה יומין | בירחא | יבשה אר'#2#/: |
| 2500 | | Gn 8:04M | \לירחא על טורי קרדון | /בירחא | על טורי קוורדום#2#/: |
| 2501 | | Gn 8:13 | לסוף שית מאה וחדה שנין | בירחא | קדמיא בחד לירחא נגבו מיא |
| 2502 | | Ex40:17 | והוה | בירחא | קדמיא בשתא תנייתא בחד |
| 2503 | | Nu 9:01 | מן ארעא דמצ«ר»ים | בירחא | קדמיא למימר: |
| 2504 | | Nu33:03 | ונטלו מן פילוסין | בירחא | קדמיה בחמש עשר יומין |
| 2505 | | Gn 8:04 | ושתדכת תיבותה | בירחא | שביעיא בשבעת עשר יומין |
| 2506 | | Lv23:41 | שנה קיים דעלם לדריכון | בירחא | שביעיה תחגון יתיה: |
| 2507 | | Lv23:24 | <...> | בירחא | שביעייה בחד יומא לירחא |
| 2508 | | Ex19:01 | | בירחא | תליתיא בזמן אפיקתהון דבני |
| 2509 | | Gn 8:14 | | בירחא | תניינא בעשרין ושבעה לירחא |
| 2510 | בירחה | Nu10:11M | <בעשרין> יומין | בירחה | אי' |
| 2511 | | Ex34:18M | יתכון \בזמן | ירחא/בירחה#2#/ | {דאברכה} <דאביבה> |
| 2512 | | Dt32:02 | ומרווין צמחה דארעא | בירחה | דניסן: |
| 2513 | | Nu 9:03M | הדין ביני/בין#2#/ | /בירחה | ניסן ביני#2#/ שמשתה |
| 2514 | | Nu20:01 | עם כנישתה מדברה דצין | בירחה | קדמאה ושרון עמה ברקם |
| 2515 | | Nu 9:05 | ועבדו ית פיסחא | בירחה | קדמיה בארבעת עשר יומין |
| 2516 | | Lv23:05 | | בירחה | קדמייה בארבע«ת» עשר |
| 2517 | | Lv16:29 | ותהי לכון לקיים עלם | בירחה | שביעיה בעשרה יומין לירחה |
| 2518 | | Lv25:09 | ותעברון שיפור יבבו | בירחה | שבעיה בעשרה יומין לירחה |
| 2519 | | Gn 7:11 | מאה שנין לחיוהי דנח | ביר{ת}<ח>ה | תניינא בשבעה עשר יומין |
| 2520 | | Nu 9:11 | | בירחה | תנינה בארבעת עשר יומין |
| 2521 | ביריעה | Ex26:05 | חמשין עונבין תעבד | ביריעה | חדתא וחמשין עונבין תעביד |
| 2522 | ביריעתא | Ex26:12 | ושפיע מותריא | ביריעת«א» | דמשכנא פלגא דריעתא |
| 2523 | ביריעתה | Ex36:12 | חמשין ענבין עבד | ביריעתה | חדא וחמשין ענבין עבד |
| 2524 | בכהונתא | Ex28:01 | ישראל למשמשא קדמוי | בכהונתא | רבתא אהרן נדב ואביהו |
| 2525 | | Ex29:01 | יתהון למשמשה קדמוי | בכהונתא | רבתה סב תור חד בר תורין |
| 2526 | בכהונתה | Ex28:03 | יתיה למשמשה קדמוי | בכהונתה | רבתא: |
| 2527 | | Ex29:44 | אקדש למשמשא קדמיי | בכהונתה | רבתא: |
| 2528 | | Ex28:41 | יתהון וישמשון קדמוי | בכהונתה | רבתה: |
| 2529 | | Ex30:30 | יתהון למשמשה קדמיי | בכהונתה | רבתה: |
| 2530 | | Ex35:19M | בנוי למשמשה \קודמוי | בכהונתה | רבתה#2#/: |
| 2531 | | Ex40:13 | יתיה וישמש קדמיי | בכהונתה | רבתה: |
| 2532 | | Ex40:15 | אבוהון וישמשון קדמיי | בכהונתה | רבתה ותהוי למהווי להון |
| 2533 | | Lv 7:35 | די אקריב יתהון למשמשה | בכהונתה | רבתה קדם ייי: |
| 2534 | | Lv16:32 | ית קרבן ידוי למשמשה | בכהונתה | רבתה בתר אבוי וילבוש ית |
| 2535 | | Nu 3:04 | לא הווה להון ושמש | בכהונתה | רבתה אלעזר ואיתמר |
| 2536 | | Dt10:06 | תמן ושמש אלעזר בריה | בכהונתה | רבתה מן בתריה: |
| 2537 | בכהניא | Lv 6:22 | וכל דכורה | בכהניא | ייכול יתה קדש קדשין הוא: |
| 2538 | | Lv 7:06 | כל דכורה | בכהניא | ייכול ייתה באתר קדיש |
| 2539 | בכהנת' | Gn14:18 | וחמר והוא הוה כהן משמש | בכהנת' | רבתה קדם אלהא עלאה: |
| 2540 | בכהנתה | Ex28:04 | ולבנוי למשמשא קדמוי | בכהנתה | רבתה: |
| 2541 | | Nu 3:03 | קרבן ידיהון למשמשה | בכהנתה | רבתה: |
| 2542 | בכוותיה | Lv13:25 | מכיך מן משכה צרעה היא | בכוותיה | הלכת ויסאב יתיה כהנא |
| 2543 | בכוותכון | Dt10:15M | מן בתרהון | בכון/בכוותכון#2#/ | מן כל אומייה כיומא |
| 2544 | בכוייה | Lv13:25M | משכה צרעה היא | בכוותיה/בכוייה#2#/ | הלכת/פרחת#2#/ |
| 2545 | בכולה | Lv22:27 | דבסיבותיה אתברך | בכולה | ורהט לבקרותיה ואייתי בת |
| 2546 | בכוליתה | Nu21:15 | בלבביה וגלי קדמוי מה | בכוליתה | רמז לטוריה ואקפו רישיהון |
| 2547 | בכופנא | Ex16:03M | כל קהלא הדין | בכפנא/בכופנא#2#/: | |
| 2548 | בכופרניהון | Gn25:16 | ואלין שמהתהון | בכופרניהון | ובטירתהון תרין עשר |
| 2549 | בכופרנייה | Dt 2:23 | ועווייא דשרון | בכופרנייה | עד עזה קפוטקייה די |
| 2550 | בכורסיה | Gn28:12 | דאיקונין דידיה קביעא | בכורסיה | איקרא דהוויתון מתחמדין |
| 2551 | בכותלי | Lv14:37 | ית מכתשה והא מכתשה | בכותלי | דבייתה שקען ירקן או סמקן |
| 2552 | | Lv14:39 | ויחמי והא הלך מכתשה | בכותלי | דבייתה: |
| 2553 | בכינוריהון | Gn50:01 | בחצצרוותיהון ולוייא | בכינוריהון | בכדן אתרכן יוסף |
| 2554 | בכיסיכון | Dt25:13 | לא יהווי לכון | בכיסיכון | מתקל רב ומתקל זעיר מתקל |
| 2555 | בכיתן | Lv13:52 | או ית ערבה בעמר או | בכיתן | או ית כל מן דמשך די יהווי |
| 2556 | בכל | Nu35:23 | או | בכל | אבן די ימות בה דלא חמה |
| 2557 | | Dt28:64 | ויבדר יתכון ייי | בכל | אומיה מן סייפי ארעה ועד |
| 2558 | | Dt28:37 | לצדו למתלין ולתנויין | בכל | אומייה די יגלי יתכון ייי |
| 2559 | | Dt30:01 | ותתחזרון עם לבביכון | בכל | אומייה די סדר יתכון ייי |
| 2560 | | Gn 4:22 | ילדת ית תובל קין אומן | בכל | אומנות נחשא ופרזלא ואחתה |
| 2561 | | Dt 5:33 | | בכל | אורחה די פקד ייי אלהכון |
| 2562 | | Dt11:22 | דייי אלהכון למהלכה | בכל | אורחן דתקנן קדמוי |
| 2563 | | Dt12:07 | קדם ייי אלהכון ותחדון | בכל | אושטות ידיכון אתון |
| 2564 | | Dt12:18 | ותחדון קדם ייי אלהכון | בכל | אושטות ידיכון: |
| 2565 | | Dt23:21 | יברך יתכון ייי אלהכון | בכל | אושטות ידיכון על ארעא די |
| 2566 | | Dt28:20 | וית שעמומא וית מזופתה | בכל | אושטות ידיכון די תעבדון |
| 2567 | | Dt22:06 | קן דצפרין קדמיכון בארחה | בכל | אילן או על ארעא גוזלין או |
| 2568 | | Lv18:24 | לא תסתאבון | בכל | אליין ארום בכל אליין |
| 2569 | | Lv18:24 | תסתאבון בכל אליין ארום | בכל | אליין אסתאבון אומייה די |
| 2570 | | Dt 1:31 | היך מה דסביל גבר ית ברה | בכל | ארחה די הלכתון עד מיעלכון |
| 2571 | | Dt10:12 | ייי אלהכון ולמהלכה | בכל | ארחן דתקנן קדמוי ולמרחום |
| 2572 | | Gn41:19 | ולא חמת כוותיהון | בכל | ארעא דמצרים בישן: |
| 2573 | | Gn41:29 | שבע שנין אתיין שבע תקף | בכל | ארעא דמצרים: |
| 2574 | | Gn41:34 | גבר וימנה אפיטרופין | בכל | ארעא דמצרים ויהוון מפקין |
| 2575 | | Gn41:44 | וית רגלה למרכב סוסא | בכל | ארעא דמצרים: |
| 2576 | | Gn41:45 | ליה לאתתה ונפק יוסף | בכל | ארעא דמצרים: |
| 2577 | | Gn41:46 | יוסף מן קדם פרעה ועבר | בכל | ארעא דמצרי': |
| 2578 | | Gn41:57 | מן יוסף ארום תקף כפנא | בכל | ארעא: |
| 2579 | | Gn45:08 | לכל אנשי בייתי' ושליט | בכל | ארעא דמצרים: |
| 2580 | | Gn45:26 | בחיין וארום הוא שליט | בכל | ארעא דמצרים ואתפלג לביה |
| 2581 | | Gn47:13 | ולחם דלית | בכל | ארעא ארום תקף כפנא לחדא |
| 2582 | | Ex 5:12 | ואבדרון עמא | בכל | ארעא דמצרים למגבא קש |
| 2583 | | Ex 7:19 | ויהון לאדם ויהוי אדמה | בכל | ארעא דמצרים בקיסיא |
| 2584 | | Ex 7:21 | מיא מן נהרא והות אדמה | בכל | ארעא דמצרים: |
| 2585 | | Ex 8:12 | דארעא ויהווי לכלמין | בכל | ארעא דמצרים: |
| 2586 | | Ex 8:13 | עפרא דארעא הוון כלמין | בכל | ארעא דמצרים: |
| 2587 | | Ex 9:09 | לשחין פרח עבד שלפוקין | בכל | ארעא דמצרים: |
| 2588 | | Ex 9:14 | די תדע ארום לית כוותי | בכל | ארעא: |
| 2589 | | Ex 9:16 | דתתניה ית שמי קדישא | בכל | ארעא: |

|  |  | | | |
|---|---|---|---|---|
| 2590 | Ex 9:22 | <ידך> לשמיא ויהוי ברדא | בכל | ארעא דמצרים על בני אנשא |
| 2591 | Ex 9:24 | לחדא די לא הוות כוותיה | בכל | ארעא דמצרי«ם» מן זמנא |
| 2592 | Ex 9:25 | ושיציא ברדא | בכל | ארעא דמצרים ית כל מה דהוה |
| 2593 | Ex10:15 | באילן ובעשבא דאפי ברא | בכל | ארעא דמצריי: |
| 2594 | Ex10:22 | לשמיא והוה חשוך דקבל | בכל | ארעא דמצרים תלתא יומין: |
| 2595 | Ex11:06 | והווה צווחתה רבה | בכל | ארעא דמצרים די כוותה לא |
| 2596 | Ex34:10 | ופלאין די לא אתברון | בכל | ארעא ובכל אמיא ויחמי כל |
| 2597 | Lv25:09 | דכיפוריה תעברון שיפורה | בכל | ארעכון: |
| 2598 | Dt28:52 | דאתון רחיצין בהון | בכל | ארעכון ויעיקון לכון בכל |
| 2599 | Dt28:52 | לכון בכל קורייכון | בכל | ארעכון די יהב ייי אלהכון |
| 2600 | Gn41:54 | דאמר יוסף והוה כפנא | בכל | ארעתא ובכל ארעא דמצרים |
| 2601 | Gn23:16 | מאה סלעין דכסף עברין | בכל | אתר מתקבלין בכל פרקמטיא: |
| 2602 | Ex12:20 | כל אחמע לא תאכלון | בכל | אתר בית מדוריכון תיכלון |
| 2603 | Ex35:03 | לא תבערון אשא | בכל | אתר בית מדוריכון ביום |
| 2604 | Lv 3:17 | קיים עלם לדריכון | בכל | אתר בית מדוריכון כל תרבה |
| 2605 | Lv 7:26 | וכל דם לא תאכלון | בכל | אתר בית מדוריכון בעופא |
| 2606 | Lv23:03 | שבי ונייח הוא קדם ייי | בכל | אתר מד«ו»ריכון: |
| 2607 | Lv23:14 | קיים עלם לדריכון | בכל | אתר בית מדוריכון: |
| 2608 | Lv23:21 | לא תעבדון קים דלעלם | בכל | אתר בית מדוריכון לדריכון: |
| 2609 | Lv23:31 | קיים דלעלם לדריכון | בכל | אתר בית מדוריכון: |
| 2610 | Nu10:31 | ידע נסיא דעבד ייי עמן | בכל | אתר {לחזינן} <דהוינן> שרין |
| 2611 | Nu18:31 | ותיכלון יתיה | בכל | אתר אתון ואינשי בתיכון |
| 2612 | Nu35:29 | לכון לקיים דרין לדריכון | בכל | אתר בית מדוריכון: |
| 2613 | Ex20:24 | ית עניכון וית תוריכון | בכל | אתרא די תדכרון ית שמי בצלו |
| 2614 | Gn47:17 | ודבר יתהון בלחמא | בכל | בעירהון בשתא הה«י»א: |
| 2615 | Gn 9:15 | ובין כל נפש חיה | בכל | בשרא ולא יהוי תוב מיא |
| 2616 | Gn 9:16 | דייי ובין כל נפש חיתה | בכל | בשרא די על ארעא: |
| 2617 | Gn30:41 | והוה | בכל | דאתיחמת ענה בכירתה ושוי |
| 2618 | Gn24:02 | לעבדיה סבא דביתיה דתפיס | בכל | דליה שוי כען ידך תחות |
| 2619 | Gn28:15 | עמך ואנטר {יתך} יתך | בכל | {דתלך} דתזל ואחזור יתך |
| 2620 | Dt12:13 | דלא תקרבון עלוותכון | בכל | היידין אתר די תשכחון: |
| 2621 | Lv16:02 | אחוך דלא יהווי <עליל> | בכל | זמן לבית מקדשה לגו מן {מן} |
| 2622 | Nu24:01 | ולא אזל היך מה דהוה אזל | בכל | זמן למשאליה בדכריה לקדמות |
| 2623 | Dt 4:07 | כוות ממרה דייי אלהן | בכל | זמן דאנן מצליין קדמוי הוא |
| 2624 | Nu16:26 | בכל מה דלהון דלא תשיצון | בכל | חוביהון: |
| 2625 | Gn31:06 | ידעתן ארום | בכל | חיילי פלחית קדם אבוכון: |
| 2626 | Lv11:27 | וכל דמהלך על כפי ידוי | בכל | חייתה דמהלכה על ארבע |
| 2627 | Lv24:05 | חלין תרין עשרנין יהווי | בכל | חלה חדתה: |
| 2628 | Dt26:11 | ותחדון | בכל | טובה די יהב לכון ייי |
| 2629 | Ex34:03 | עמך ולהוד גבר לא יתחמי | בכל | טורא להוד ענה ותורא לא |
| 2630 | Lv22:04 | די ידכי ומן די יקרוב | בכל | טמא נפש בר נש או גבר די |
| 2631 | Ex29:36 | ותור לחטאת תקרבון | בכל | יום על כפורא ותרבי ית |
| 2632 | Nu 7:11 | חד בכל יום רב שבט חד | בכל | יום יקרבון ית קרבנהון |
| 2633 | Nu 7:11 | ואמר ייי למשה רב שבט חד | בכל | יום רב שבט חד בכל יום |
| 2634 | Nu28:03 | שתהון שלמין מן מום תרין | בכל | יום על{ם}<ה> תדירה: |
| 2635 | Nu28:24 | כהדן סדרא תקרבון | בכל | יום שבעתי יומיא לחם קרבן |
| 2636 | Ex29:38 | אמרין בני שתהון תרין | בכל | יומא בתדירא: |
| 2637 | Dt33:14 | ומבכ{כ}<ר>ה פירי מגדנין | בכל | ירח וירח: |
| 2638 | Dt 4:29 | ארום תתבעון יתיה | בכל | לבביכון ובכל נפשיכון: |
| 2639 | Dt10:12 | ולמפלח קדם ייי אלהכון | בכל | לבביכון ובכל נפשתכון: |
| 2640 | Dt11:13 | אלהכון ולמפלח קדמוי | בכל | לבביכון ובכל נפשתכון: |
| 2641 | Dt30:02 | מפקד יתכון אתון ובניכון | בכל | לבביכון ובכל נפשתכון: |
| 2642 | Dt30:06 | אוריתה דייי אלהכון | בכל | לבביכון ובכל נפשתכון בגלל |
| 2643 | Dt30:10 | תחזרון קדם ייי אלהכון | בכל | לבביכון ובכל נפשתכון: |
| 2644 | Dt 6:05 | ית אולפן אורייתה דייי | בכל | לבבכון ובכל נפש{ו}<י>כון |
| 2645 | Dt13:04 | אורייתה דייי אלהכון | בכל | לבבכון ובכל נפשתכון: |
| 2646 | Dt26:16 | ותטרון ותעבדון יתהון | בכל | לבבכון ובכל נפשכון: |
| 2647 | Gn 9:02 | דארעא ועל כל עופא דשמיא | בכל | מה די תרחש על ארעא ובכל |
| 2648 | Gn21:22 | לאברהם לממר ייי עמך | בכל | מה דאת עבד: |
| 2649 | Gn24:02M | דהוה שליט | בכל | מה דאית ליה |
| 2650 | Gn39:05 | דיוסף והוה ברכתיה דייי | בכל | מה דהווה ליה בבייתיה |
| 2651 | Ex21:30 | עליי ויתן פרקון נפשיה | בכל | מה די ישתוי עלוי: |
| 2652 | Dt15:18 | ויברך יתכון ייי אלהכון | בכל | מה די תעבדון: |
| 2653 | Dt21:17 | ˆלה#2#ˆ חולק בכופלה | בכל | מה די ישתכח ליה ארום הוא |
| 2654 | Dt26:14 | אלה{כון}<נן> עבדנן | {כ}בכל | מה די פקדת יתן: |
| 2655 | Dt29:08M | /דתתבוננון#2#/ \ית | כל/בכל#2#/ | מה די תעבדון: |
| 2656 | Nu16:26 | האליין ולא תקרבון | בכל | מה דלהון דלא תשיצון בכל |
| 2657 | Ex40:36 | בני ישראל | בכל | מטל{ין}<ני>הון: |
| 2658 | Ex40:38 | ביה לעיני כל בית ישראל | בכל | מטלניהון: |
| 2659 | Lv 5:02 | או נפש די תקרב | בכל | מילה מסאבה או בנבלה דחוה |
| 2660 | Lv11:34 | וכל משקין די ישתתון | בכל | מן יסתאב: |
| 2661 | Lv13:49 | בשתיה או בעור«בא» או | בכל | מן דמשך מכתש צרעה הוא |
| 2662 | Lv13:53 | או בשתיא או בערבה או | בכל | מן דמשך: |
| 2663 | Lv13:57 | או בשתיא או בערבה או | בכל | מן דמשך מהלכה היא בנורא |
| 2664 | Lv13:59 | או בשתיא או בערבא או | בכל | מן משך לדכיה יתיה או |
| 2665 | Lv15:10 | וכל דיקרב | בכל | מן די יהווי תחתוי יסתאב עד |
| 2666 | Lv15:22 | וכל מן די יקרוב | בכל | מן די תתב עלוי יחוור |
| 2667 | Gn 7:05M | ועבד נח | כל/בכל#2#/ | מ{ן}<ה> די פקד יתיה |
| 2668 | Lv 7:21M | דברנש /ונפש ארום תקרוב | בכל | מסאב בסאביתה דבר נש#2#/ |
| 2669 | Gn19:17 | לא תסתכל לבתרך ולא תקום | בכל | משרא לטורא אשתיזב דלא |
| 2670 | Ex 3:20M | ידי} <פרישותי | די/בכל | ניסי פרישתי#2#/ אעבד |
| 2671 | Nu14:11 | יה«יי»מנון בשם ממרי | בכל | ניסי פרישתי די עבדית |
| 2672 | Lv22:05 | או בר נש די יסתאב ליה | בכל | ס{ב}אובתיה: |
| 2673 | Lv24:06 | סדורין שתה סדורין חלין | בכל | סדור על פתורה דכייה קדם |
| 2674 | Lv 7:19 | ובשרא די יקרב | בכל | סואבה {לא} לא יתאכל בנורא |
| 2675 | Lv 7:21 | ונפשא די תקרב | בכל | סואבה בסאבותא דברנש או |
| 2676 | Dt19:15 | לכל חובה ולכל סרחון | בכל | סרחון די יתחייב על פם תרין |
| 2677 | Dt30:09 | וישייר יתכון ייי אלהכון | בכל | עבד ידיכון בפרי וולד |
| 2678 | Dt 2:07M | אלהכון /בריך יתכון | בכל | עבדי/ עובד#2#/ ידיכון#2# |
| 2679 | Ex31:05 | ובנגרות קיסא למעבד | בכל | עבידא: |
| 2680 | Lv13:48 | או לעמרא או במשך או | בכל | עב<י>ד{י}ה דמשך: |
| 2681 | Ex35:33 | ובנגרות קיסה למעבד | בכל | עבידת באומנות: |
| 2682 | Ex36:01M | ולמעב«ד» \ית | כל/בכל#2#/ | עבידת פלחן בית קודשא |
| 2683 | Ex38:24 | כל דהבא דאתעבד לעבידתה | בכל | עבידת בית קודשא והווה דהבא |
| 2684 | Dt14:29 | יברך יתכון ייי אלהכון | בכל | עובד ידיכון די תעבדון: |
| 2685 | Dt24:19 | יברך יתכון ייי אלהכון | בכל | עובד ידיכון: |
| 2686 | Dt15:10 | יתכון ייי אל«ה»כון | בכל | עובדיכון ובכל אושטות |
| 2687 | Nu12:07 | כל נביאה הוא עבדי מש' | בכל | עולמי דברית מהימן הוא: |
| 2688 | Dt16:15 | יברך יתכון ייי אלהכון | בכל | עללתכון ובכל עובד ידיכון |
| 2689 | Gn30:32 | אעבר | בכל | ענך יומא הדן אפרש מן תמן |
| 2690 | Ex 3:20 | ואקטול ית מצראיי | בכל | {פרישות ידי} <פרישותי די> |
| 2691 | Gn23:16 | עברין בכל אתר מתקבלין | בכל | פרקמטיא: |
| 2692 | Ex16:21 | ולקטו יתיה | בכל | צפר וצפר גבר כפם מיכליה |
| 2693 | Ex30:07 | אהרן קטרת בוסמנין טבין | בכל | צפר וצפר בסדרותה ית |
| 2694 | Ex36:03 | אייתון לוותה תוב נדבה | בכל | צפר וצפר: |
| 2695 | Ex36:03M | אייתון יתה עוד נסיבה | בכל#2#/ | צפר וצפר: |
| 2696 | Lv 6:05 | ויוקד עליה כהנא קיסין | בכל | צפר צפר ויסדר עליה עלתה |
| 2697 | Lv12:04M | קדשין לא תקרב /אדם דכי | בכל | קדש לא תקרב#2#/ |

|  |  |  |  |
|---|---|---|---|
| 2698 | | Lv12:04 | תתב תטר על אדם דדכי בכל קודשין לא תקרב ולבי׳ מקדש׳ |
| 2699 | | Nu12:07M | מהימן הוא /עבדי משה בכל קומיטטון דידי היימן |
| 2700 | | Dt12:15 | דייי אלהכון יהב לכון בכל קורייכון דמרחק מן קודשייה |
| 2701 | | Dt16:18 | דיינין וסרכין תמנון לכון בכל קורייכון דייי אלהכון יהב |
| 2702 | | Dt28:52 | בכל ארעכון ויעיקון לכון בכל קורייכון בכל ארעכון די יהב |
| 2703 | | Dt28:52 | ויעיקון לכון בכל קורייכון עד זמן דיכבשון |
| 2704 | | Dt28:55 | יתכון בעלי דבביכון בכל קורייכון: |
| 2705 | | Nu21:25 | האליין ושרון ישראל בכל קרווי אמוריי בחשבון ובכל |
| 2706 | | Nu28:14 | סדרא תהוון מקרבין עמי בכל ראשי ירחי שתא: |
| 2707 | | Nu28:14 | דא עלתה די תהווי מקרבה בכל ריש ירח וירח בהתחדתותיה |
| 2708 | | Dt 7:15 | יתהון בכון וישוי יתהון בכל שנאיכון: |
| 2709 | | Ex23:14M | קדמיי בשתא /תחגון קדמי בכל שנה#2/: |
| 2710 | | Ex30:10M | חטאת כיפורייה יודמן בכל שנה יכ׳ |
| 2711 | | Ex30:10M | "חדא זמן ... יכפר": יודמן בכל שנה מן אדם חטאת כיפורייה |
| 2712 | | Ex34:24M | אלהכון תלתא זמנין בשתא/בכל שנה#2/: |
| 2713 | | Lv23:41 | חגה קדם ייי שבעה יומין בכל שנה קיים דעלם לדריכון |
| 2714 | | Nu14:34 | יום חד בכל שנה יום חד בכל שנה תקבלון ית חוביכון |
| 2715 | | Nu14:34 | ארבעין יומין יום חד בכל שנה יום חד בכל שנה תקבלון |
| 2716 | | Nu20:29M | מכפר עליהון חד זמן בכל שנה בהיא שעתה היימינו בני |
| 2717 | | Dt15:20M | תיכלון יתיה \שתה בשתה /בכל שנה ושנה#2/ באתרה די |
| 2718 | | Ex18:22 | וידינון ית עמא בכל שעה ויהוי כל פתגם רב ייתון |
| 2719 | | Ex18:26 | והוו דיינ{ו}<י>ן ית עמא בכל שעה ית פתגמא קשיא ייתון |
| 2720 | | Lv 7:21 | דברנש או בבעיר מסאב או בכל שרץ מסאב ויאכל מן בשרה |
| 2721 | | Lv22:05 | או גבר די יקרוב בכל שרץ די יסתאב ליה או בר נש |
| 2722 | | Lv11:43 | לא תשקצון ית נפשתכון בכל שרצא דשרץ על ארעא ולא |
| 2723 | | Lv11:31 | אליין דמסאבין לכון בכל שרצה כל די יקרב בהון |
| 2724 | | Lv11:44 | ולא תסתאבון ית נפשתיכון בכל שרצה דרחש על ארעא: |
| 2725 | | Ex23:17 | תלתא זמנין בכל שתא יתחמון כל דכוריכון |
| 2726 | | Ex34:23M | בני ישראל תלתה זמנין בכל שתה יתחמי כל דכורכון |
| 2727 | | Lv16:34M | \חדא זמן בשתה /חד זמן בכל שתה#2/ ועבד היך מה די |
| 2728 | | Dt14:22M | דכל /וכנשין עללן בכל#2/ שתה ושתה: |
| 2729 | | Dt16:16 | תלתא זמנין בכל שתה יתחמי כל דכוריכון קדם |
| 2730 | | Dt12:15 | לחוד בכל תוחמדת נפשתכון תכסון |
| 2731 | | Dt12:20 | תתחמד נפשכון למיכל בשר בכל תוחמדת נפשיכון תיכלון בשר: |
| 2732 | | Dt12:21 | יתכון ותאכלון בקורייכון בכל תוחמדת נפשיכון: |
| 2733 | | Dt18:06 | די איתותב לתמן ווייתי בכל תוחמדת נפשיה לאתרא די |
| 2734 | | Gn23:17 | אילנא די באפיה ברא די בכל תחומא {מן} מן חזר חזור: |
| 2735 | | Gn23:20M | דאית בחקלא דאית בכל תחומא חזור חזור לאחסנת |
| 2736 | | Ex10:14 | על כל ארעא דמצרים ושרא בכל תחומיהון דמצרים תקיף לחדא |
| 2737 | | Ex10:19 | דסוף לא אשתייר גוב חד בכל תחומיהון דמצריי: |
| 2738 | | Ex13:07 | ולא יתחמי {ב} דמחמע בכל תחומיכון: |
| 2739 | | Dt16:04 | ולא יתחמי לכון חמיר בכל תחומיכון שובעה יומין ולא |
| 2740 | | Dt28:40 | זייתין יהוון לכון בכל תחומיכון ומשח לא תטושון |
| 2741 | | Ex35:35M | ליבה#2/ למעבד כל/בכל#2/ עבידה/<עבי>דת#2/ דנגר |
| 2742 | בכלא | Gn24:01 | דייי ברך ית אברהם בכל«א»: |
| 2743 | | Gn16:12 | בבני אנשא ידוהי ישלטון בכלא וידי כלא ישלטון ביה וקדם |
| 2744 | בכליותה | Lv13:55 | תוקדון יתיה פחיתה היא בכליותה או בחדתותיה: |
| 2745 | בכמנא | Ex21:14 | על חבריה למקטל יתיה בכמנא אפילו אין הוא כהנא רבה |
| 2746 | בכמנה | Nu35:22 | עלוי כל מן דהוא דלא בכמנה: |
| 2747 | | Nu35:20 | ידחוף יתיה או טלק עלוי בכמנה ומית: |
| 2748 | בכנישותא | Gn49:21M | כד הוא פתח פומי׳ בכנישותא יעקב לישנ׳ חלי׳ |
| 2749 | בכנישתה | Ex34:31 | אהרן וכל רברבני בכנישתה ומלל משה עמהון: |
| 2750 | | Nu 1:16M | /אליין מזמני עמה בכנישתה#2/ רברבני שבט׳/שבט#2/ |
| 2751 | בכנישתהון | Ex20:17 | עם חמודין ולא יתחמי בכנישתהון דישרא׳ עם חמודין דלא |
| 2752 | | Ex20:14 | עם גיורין ולא יתחמי בכנישתהון דישראל עם גיורין דלא |
| 2753 | | Ex20:15 | עם גנבין ולא יתחמי בכנישתהון דישראל עם גנבין דלא |
| 2754 | | Ex20:16 | סהדי שקרא ולא יתחמי בכנישתהון דישראל עם סהדי שיקרא |
| 2755 | | Dt 5:17 | עם קטולין ולא יתחמי בכנישתהון דישראל עם קטולין דלא |
| 2756 | | Dt 5:19 | עם גנבין ולא יתחמי בכנישתהון דישראל עם גנבין דלא |
| 2757 | | Dt 5:20M | ולא יתחמי בכנישתהון דישראל שהדין דשקר דלא |
| 2758 | בכנישתיהון | Gn49:06 | בכנישתיהון בעצתיהון לא אתרעיית |
| 2759 | | Gn34:31 | יאי הוא דיהוון אמרין בכנישתיהון דישראל ובבית מדרשהון |
| 2760 | | Gn49:21 | וכיון דהוא מבשר פמיה בכנישתיהון דישראל חלבא ודיבשא נפק |
| 2761 | | Ex20:13 | עם קטוליא ולא יתחמי בכנישתיהון דישראל עם קטולין דלא |
| 2762 | | Gn34:31 | יאה הוא דיהוון אמרין בכנישתיהון ובמדרשיהון {{ערלין}} |
| 2763 | | Gn49:06 | לא אתרעיית נפשי בכנישתיהון לכרכה דשכם למחרבה יתה |
| 2764 | בכנעניי | Gn34:30 | ביש קדם דיירי ארעא בכנעניי ובפריזיי ואנה עם למניין |
| 2765 | בכנפוי | Lv 1:17 | ויתלע יתיה בכנפוי לא יפרש ויסדר כהנא יתיה |
| 2766 | בכנפיהון | Ex25:20 | ויהווי כרובייא פרסין בכנפיהון לעיל מטלין בכנפיהון על |
| 2767 | | Ex37:09 | והוון כרובי פרסין בכנפיהון מלעל מטלין בכנפיהון על |
| 2768 | | Ex25:20 | בכנפיהון לעיל מטלין בכנפיהון על כפרתא ואפיהון הפיכין |
| 2769 | | Ex37:09 | בכנפיהון מלעל מטלין בכנפיהון על כפרתה ואפיהון הפיכן |
| 2770 | בכנשות | Nu10:07M | ובאתכנשון/בכנשות#2/ ית קהלא תתקעון |
| 2771 | | Nu17:07M | \באתכנשות עם כנישתה /בכנשות קהלה#2/ על משה ועל |
| 2772 | בכנשתכון | Lv23:39 | יומין לירחה שביעיה בכנשתכון ית עללתה דארעא תחגון יתה |
| 2773 | בכסא | Gn40:12 | נסבית ענביה ועצרת יתהון בכסא דפרעה ושוי«ת» כסא בידוי |
| 2774 | בכסב׳ | Nu11:07M | «ומנה» כזרע כסבר/בכסב׳ חוור#2/ הוא ועינה |
| 2775 | בכסה | Gn40:11 | ענביא ועצר«ת» יתהון בכסה דפרעה ושוית כסא בכף ידיה |
| 2776 | בכסותהון | Ex12:34M | ומרורי צ{י}<ר>יר בכסותהון טענ׳ על כיתפיהון |
| 2777 | בכסף | Ex21:11 | יתה לחירותא מגן דלא בכסף: |
| 2778 | | Dt 2:06 | צריכין מזבון מן לוותהון בכסף דמנה נחית לכון מן שמיא |
| 2779 | | Gn13:02M | בכספא ובדהבא /בנכסין בכסף ובזהב#2/: |
| 2780 | | Dt 2:06M | תזבנון מן לוותהון בכסף ותיכלון ואוף מיין תזבנון |
| 2781 | | Dt14:25 | ותפרקון מעשרה ת{מ}<ני>נה בכסף ותצורון כספא בידיכון |
| 2782 | | Dt 2:06M | מיין תזבנון מן לוותהון בכסף ותשתון |
| 2783 | | Dt21:14 | נפשה ומזבנה לא תזבן יתה בכסף לא תתגר עלה חלף די יהבת |
| 2784 | | Gn23:09 | כפילה די בסייפיה חקליה בכסף שלים יזבן יתה לי ביניכון |
| 2785 | | Gn23:11 | כפילה די בסייפ׳ חקליה בכסף שלים יזבן יתה לי ביניכון |
| 2786 | | Dt 2:28 | מזון בכסף תזבנון לן ונאכל ומים בכסף |
| 2787 | | Dt 2:28 | תזבנון לן ונאכל ומים בכסף תתנון לן ונשתי לחוד לית |
| 2788 | בכספא | Lv27:29M | מן בר נשא לא יתפרק בכספא אלהן בעלוון ונכסת קודשין |
| 2789 | | Gn13:02 | ואברהם תקף לחדא בבעירה בכספא ובדהבא: |
| 2790 | | Dt14:26 | ותזבנון בכספא ככל מה די תתחמד נפשיכון |
| 2791 | בכף | Gn40:21 | מזוגיה לשמושה ושוי כסא בכף ידא דפרעה: |
| 2792 | | Ex 4:04 | ואתוקף ביה והוה לחטר בכף ידה: |
| 2793 | | Ex 4:04M | \לחטר בכף ידה /לחוטר בכף ידוי#2/: |
| 2794 | | Nu24:10 | דבלק על בלעם וטפח בכף ידוי ואמר בלק לבלעם |
| 2795 | | Gn40:11 | בכסה דפרעה ושוית כסא בכף ידיה דפרעה: |
| 2796 | | Gn40:13 | יתך לשימושך ותשוי כסא בכף ידיה דפרעה כסדר דינא קדמיה |
| 2797 | | Gn32:26 | לא הוה יכיל ליה וקרב בכף ירכיה {י}<ו>קהת כף ירכיה |
| 2798 | | Gn32:33 | יומא הדין ארום קרב בכף ירכיה דיעקב בגידא דנשיא: |
| 2799 | בכפילה | Gn23:17 | וקמת חקלת דעפרון די בכפילה די קדם מימרא חקלא ומערתא |
| 2800 | בכפן | Dt28:48 | די יגרי ייי בכון בכפן ובצהו ובערטליין ובחסרון כל |
| 2801 | בכפנא | Gn41:36 | ולא תשתיצי ארעא בכפנא: |
| 2802 | | Ex16:03 | למקטלא ית כל קהלא הדין בכפנא: |
| 2803 | בכפרותך | Ex29:36 | כפורא ותרבי ית מדבחה בכפרותך עלוי ותרבי יתיה למקדשא |
| 2804 | בכרך | Nu33:35 | ונטלו מעברו׳ «ושרון» בכרך תרנוגלה: |
| 2805 | בכרכא | Gn44:18 | תרין אחיי שמעון ולוי בכרכא דשכם דהוו בשלווה ועלו |

|  |  |  |  |  |  |
|---|---|---|---|---|---|
| 2806 | בכרכה | Gn44:18M | ולוי תרין אחיי | בכרכה | דשכם דעלו בגווה וקטלה בה |
| 2807 | | Gn44:18 | שמעון ולוי תרין אחיי | בכרכה | דשכם דעלו בגווה וקטלו בה |
| 2808 | | Dt20:19M | חקלא לאיטמרה מן קדמך | בכרכה | ציירה |
| 2809 | בכרכיהון | Gn15:01 | די נפלו קדמיי ויהוון | בכרכיהון | ובמדינתהון ויצטרפון |
| 2810 | בכרכייה | Dt 2:23M | די נפקו מן | קפו{קד}<דק>ייא/בכרכייה | קפדוקייה#2#/ |
| 2811 | בכרם | Nu21:22M | /ולא בחקל ולא | בכרם#2#/ | ולא נשתי מ׳/מן#2#/ |
| 2812 | בכרמה | Dt23:25M | "בכרמיה ... לתתן": | בכרמה | דחברך ותאכול ענבין מה |
| 2813 | בכרמייה | Dt23:25 | ארום תיעול כאריס | בכרמי«י»ה | דחברך ותאכל ענבים |
| 2814 | בכתן | Lv13:59 | צרעתה בלבוש דעמר או | בכתן | או בשתיא או בערבא או בכל |
| 2815 | בכתנותהון | Lv10:05 | וקרבו וטענו יתהון | בכתנותהון | ואפיקו יתהון לבר מן |
| 2816 | בכתנתהון | Lv10:05M | יתהון | בכתנותהון/<ב>כתנת<הון>#2#/ | ואפיקו יתהון |
| 2817 | בכתפיהון | Nu 7:09 | בית קדשא הווה עליהון | בכתפיהון | הוון טענין ית ארונה: |
| 2818 | בכתפתהון | Nu 7:09M | עליהון | בכתפיהון/<בכתפ>ת<הון>#2#/ | הוון טענין |
| 2819 | בל׳ | Nu 9:16M | אשא /וכחיזו אשתה | בל׳#2#/ | בליליה: |
| 2820 | בלב | Nu23:03 | ייי אתני לך ואזל בלעם | בלב | יחידי שפי למילוט ית |
| 2821 | | Gn22:06M | תריהון כחדא \בלבה | שלמה/בלב | שפי#2#/: |
| 2822 | | Gn22:08M | תריהון כחדא \בלבה | שלמה/בלב | שפי#2#/: |
| 2823 | בלבא | Gn27:41 | ברך יתה אבוי ואמר עשו | בלבא | לית אנא עבד היך מה דעבד |
| 2824 | | Ex19:08 | וענון כל עמא כחדא | בלבא | שלמא ואמרי׳ כל מה דמלל ייי |
| 2825 | | Ex24:03M | \קל חד ואמרין /כחדא | בלבא | שלמא ואמ׳#2#/ כל פתגמיא |
| 2826 | בלבביה | Nu21:15 | כל עלמא ייי דידע מה | בלבביה | וגלי קדמוי מה בכוליתה רמז |
| 2827 | בלבביכון | Lv26:36 | בכון ואעל תברה | בלבביכון | בארע בעלי דבביכון וירדוף |
| 2828 | | Dt 9:04 | לא תאמרון | בלבביכון | בזמנה די ישיצי מימרה |
| 2829 | | Ex23:01M | בדינ׳ ולא תימרון | בלבביכון | בתר סוגי דינ׳ סטי |
| 2830 | | Ex23:02 | «לא» {ו}תימרון | בלבביכון | בתר סוגיא דינא לא תיזל |
| 2831 | | Dt 8:17 | ותאמרון | בלבביכון | חיילן ותקוף ידינן קנון |
| 2832 | | Dt 7:17 | ארום תימרון | בלבביכון | סגין אינון אומייה האליין |
| 2833 | | Dt18:21M | \במחשבת | לבבכון/בלבביכון#2#/ | אכדן/איכדין#2# |
| 2834 | בלבה | Gn15:01 | תשע משריין חשב אברם | בלבה | ואמר ווי כען עלי דלמא |
| 2835 | | Ex36:02 | חכים לבה דשוי ייי חכמה | בלבה | כל די נדב יתיה לבה למקרבה |
| 2836 | | Ex36:02M | שווי מימרי׳ דייי חכמה | בלבה | כל די רברב לביה |
| 2837 | | Gn18:12 | ותמהת שרה | בלבה | למימר בתר דסאבית אפשר לי |
| 2838 | | Gn22:06 | סכינא ואזלו תריהון כחדא | בלבה | שלמה: |
| 2839 | | Gn22:08 | דעלתא ואזלו תריהון כחדא | בלבה | שלמה: |
| 2840 | | Dt 6:04 | שבטוי דיעקב כחדה | בלבה | שלמה ואמרין שמע מנן ישראל |
| 2841 | | Dt13:05 | תשמעון וקדמוי תפלחון | בלבה | שלמה ובאולפן אורייתה |
| 2842 | בלבהון | Ex15:15M | אחזת יתהון אמסון | בלבהון | כל דיירי ארעא |
| 2843 | | Ex35:35 | אשלם עמהון חכמה | בלבהון | למעבד כל עבידה דנגר ואומן |
| 2844 | בלבוש | Lv13:49 | ויהוי מכתשה ירק או סמוק | בלבוש | או במשך או בשתיה או |
| 2845 | | Lv13:51 | שביעיה ארום הלך מכתשה | בלבוש | או בשתיה או בערבה או במשך |
| 2846 | | Lv13:53 | והא {לך} לא הלך מכתשה | בלבוש | או בשתיה או בערבה או בכל |
| 2847 | | Lv13:47 | צרעה בלבוש דעמר או | בלבוש | דכתן: |
| 2848 | | Lv13:47 | יהוי ביה מכתש צרעה | בלבוש | דעמר או בלבוש דכתן: |
| 2849 | | Lv13:59 | אוריתה דמכתש צרעתה | בלבוש | דעמר או בכתן או בשתיא או |
| 2850 | בלבושה | Lv13:49M | או במשך או בשתיה /סמק | בלבושה | או במשכה או לש׳#2#/ או |
| 2851 | | Lv13:51M | ארום הלך מכתשה | בלבוש/בלבושה#2#/ | או בשתיה או בערבה |
| 2852 | | Lv13:53M | לא הלך מכתשה | בלבוש/בלבושה#2#/ | או בשתיה או בערבה |
| 2853 | | Lv13:57 | ואין תתחזי תוב | בלבושה | או בשתיא או בערבה או בכל |
| 2854 | בלבושוי | Gn39:12 | ותפשת יתה | בלבושוי | למימר שמש עמי ושבק |
| 2855 | בלבושיה | Dt24:13 | עם מטמעי שמשה וידמוך | בלבושיה | ויצלי עלך ולכון תיהווי |
| 2856 | בלבי | Gn22:14 | וידיע קדמיך דלא הווה | בלבי | פלגו בזמנא קדמיא דאמרת לי |
| 2857 | בלביה | Ex 4:14 | ויחמי יתך ויחדי | בלביה: | |
| 2858 | | Ex36:01 | ואהליאב וכל גבר דחכים | בלביה | די שוי ייי חכמה וסכלתנו |
| 2859 | | Ex35:34 | ולמלפא יהב | בלביה | הוא ואהליאב בר אחיסמך |
| 2860 | | Gn34:31 | מלגלג בנפשיה ומתגאי | בלביה | ויאמר באתה דלית לה בר נש |
| 2861 | | Dt29:18M | /לווטה הדין ויתרברב | בלביה#2#/ | למימר שלם יהווי לי |
| 2862 | בלבך | Lv19:17 | לא תשנא ית אחוך | בלבך | מוכחה תוכח ית חברך ולא |
| 2863 | | Dt22:04M | דבלבך /ית מה דאית | בלבך#2#/ | עלוי ומפרוק/<ומפ>רק#2#/ |
| 2864 | בלבכון | Dt 7:17M | ארום תימרון | בלבביכון/בלבכון#2#/ | סגין אינון אומייה |
| 2865 | בלברנייה | Dt28:68 | ייי יתכון למצרים | בלברנייה | ובאלפייה באורחה די אמרת |
| 2866 | | Nu24:24 | יפקון אוכלוסין סגין | {{בלברנייה | עזי}} לשון מן מדינת |
| 2867 | בלח׳ | Nu21:05M | מיין ונפשן ויעיקה | בלח׳#2#/ | הדין דמיכליה קליל: |
| 2868 | | Gn47:17M | /ופרנס יתהון יוסף | בלח׳ | ובכל נכסיהון#2#/ בשתא |
| 2869 | בלחמא | Gn47:17 | ובחמריא ודבר יתהון | בלחמא | בכל בעירהון בשתא |
| 2870 | | Dt23:05 | די לא אקדימו יתכון | בלחמא | ובמיא באורחא בזמן |
| 2871 | | Gn47:19 | ארען קנה יתן וית ארעאן | בלחמא | ונהווי אנן וארען עבדין |
| 2872 | בלחמה | Lv22:11 | אנשי ביתיה אנון יאכלון | בלחמה: | |
| 2873 | | Nu21:05 | למישתי ונפשן אתיעקת | בלחמה | הדין דמיכליה קליל: |
| 2874 | | Nu21:06M | /למימר נפשן מעיקה | בלחמה | הדין דמכלי{י}ה קליל בגין |
| 2875 | | Dt 1:01 | די אמרתון נפשן מעיקה | בלחמה | הדין דמיכליה קליל |
| 2876 | בליביה | Gn17:17 | על אפוי ותמה ואמר | בליביה | הא בר מאה שנין אפשר לי |
| 2877 | | Gn44:19M | חשב יהודה | בליביה | ואמר דן חייליה |
| 2878 | | Gn44:19M | יהודה /אמר יהוד׳ | בליביה#2#/ | ואמר דלמה דהא גבורתא |
| 2879 | | Lv 1:01 | וית כל מנוי חשב משה | בליביה | ואמר טורה דסיני דהוה |
| 2880 | | Dt32:01 | מן גו עלמא חשב משה | בליביה | ואמר ווי כען עלי דאנה |
| 2881 | | Gn38:25 | דביני לביניה הוא יתן | בליביה | למיחמי יתהון בשעתא הדה |
| 2882 | בליבך | Ex23:05M | \דבלבך על חברך /דאית | בליבך | עלוי#2#/ ומפרק תפרק עמה |
| 2883 | בליל׳ | Gn30:16M | /ואזדמן לוותה | בליל׳#2#/ | הו«א»: |
| 2884 | | Gn31:40M | בליל«א» /וקרושא | בליל׳#2#/ | ואתנדדת שנתי מן עייני: |
| 2885 | בלילה | Gn32:23 | וקם | בלילה | ההוא ודבר ית תרתין נשוי |
| 2886 | | Dt 1:33 | לשרוייכון בעמודה דאשתה | בלילה | למחויה יתכון בארחא די |
| 2887 | בלילי | Gn40:05 | חלם תריהון גבר חלמא | בלילי | חד גבר כפתרון חלמה רב |
| 2888 | | Gn41:11 | וחלמנן חלם | בלילי | חד אנה והוא גבר כפתרון |
| 2889 | | Ex34:25M | מן בשרא די תכסון | בלילי | יומא טבא דפסחה מן רמשה |
| 2890 | | Dt16:04 | מן בשרא מה די תכסון | בלילי | יומא טבה קדמייה דפסחה עד |
| 2891 | | Ex23:18M | בשרא די תכסון | בלילי | ימא טבא קדמיי׳ דפסחא מן |
| 2892 | | Ex12:12 | בממרי בארעא דמצרים | בלילי | פסחא הדין ואקטל כל בכוריה |
| 2893 | בלילי׳ | Gn30:16 | דבר{ו}י ושמש עמה | בלילי׳ | הו«א»: |
| 2894 | בליליא | Nu14:14 | בימא ובעמודה דאשתא | בליליא: | |
| 2895 | | Gn31:39 | באיממא וחיות ברא מתכלא | בליליא | אנה הוינא משלם יתהון: |
| 2896 | | Gn19:05 | גובריא די אתון לוותך | בליליא | אפיק יתהון לוותן ונחכם |
| 2897 | | Ex40:38 | באיממא ואשתא תיהוי | בליליא | ביה לעיני כל בית ישראל |
| 2898 | | Gn30:15 | כדין ישמש עמ«י»ך | בליליא | הדין תחות |
| 2899 | | Gn19:35 | ואשקיין אף | בליליא | ההוא ית אבוהון חמר וקמת |
| 2900 | | Gn26:24 | ואתגלי עלוי ייי | בליליא | ההוא ואמר <אנה> הוא אלה׳ |
| 2901 | | Gn32:22 | דורון קדמוי והוא אבית | בליליא | ההוא במשריתא: |
| 2902 | | Gn19:33 | ואשקיין ית אבוהון חמר | בליליא | הוא ועלת רבתא ושמישת עם |
| 2903 | | Gn20:03 | דייי על אבימלך בחלמא | בליליא | ואמר ליה הא את מאית על |
| 2904 | | Ex12:31 | וקרא למשה ולאהרן | בליליא | ואמר קומו פוקו מן גו עמי |
| 2905 | | Gn31:40 | אכל יתי שרבא וקלשא | בלילי«א» | ואתנדדת שנתי מן עייני: |
| 2906 | | Gn 1:16 | נהורא זעירא למהוי שליט | בליליא | וית סדור כוכביא: |
| 2907 | | Ex13:22 | באיממא ועמודא דאישתא | בליליא | מדברין ומעתדין ומנהרין |
| 2908 | בליליה | Nu 9:16 | וחזיו אשא אכלה אשא | בליליה: | |
| 2909 | | Nu17:23M | פרחין ... בר ליליה": ביה | בליליה | אפרח ליבלובין ואניץ |
| 2910 | | Nu22:19 | תבו כען הכה אוף אתון | בליליה | הדין ואדע מה יוסיף מן קדם |
| 2911 | | Gn32:14 | ואבית תמן | בליליה | ההוא ונסב מן מה דאיתי |
| 2912 | | Ex12:30 | וקם פרעה | בליליה | הוא וכל שלטונוי וכל מצריי |
| 2913 | | Nu11:09 | וכד נחת טלא על משכנה | בליליה | הוה מנה נחת עלוי: |

|  |  |  |  |  |  |
|---|---|---|---|---|---|
| 2914 | | Nu22:20 | מימריה דייי על בלעם | בליליה | ואמר לה אין למקרא לך אתו |
| 2915 | | Dt16:01M | /מצרים עבד לכון ניסין | בליליה | פיסחא#2#/ וגבורן באימּמה |
| 2916 | | Ex12:08 | ויכלון ית בשרא | בליליה | פסחא צלי בנורא פטירין {עם |
| 2917 | בליליה | Dt28:66 | מן כל קבל ותתפחדון | בליליה | ובאימּמה ולא תהיימנון |
| 2918 | בלישנא | Gn44:18 | זעף במלין ומדכדך | בלישנא | נהם כאריה ואמר בבעו מינך |
| 2919 | בלליא | Gn31:24 | על לבן ארמאה בחלמא | בלליא | ואמר לה אזדהר לך לא תמלל |
| 2920 | | Dt16:01 | פריקין מן ארעא דמצרים | בלליא | ועבד לכון נסין וגבורן |
| 2921 | בלליה | Nu22:19M | /לחור#2#/ אתון | בליליה/בלליה#2#/ | הדין ואדע מה יוסיף |
| 2922 | | Nu14:01 | ית קלהון ובכון עמא | בלליה | הוא: |
| 2923 | בלקטה | Lv 1:16 | ויעב{ד}<ר> ית זלפקקה | בלקטה | וי{ק}טל<ק> יתה סמיך |
| 2924 | בלריח | Nu15:14 | ויקרב קרבן מתקבל | בלריח | דרעוה קדם ייי היך מה די |
| 2925 | בלשון | Gn31:47 | שהדותא ויעקב קרא ליה | בלשון | בית קדשא גלעד: |
| 2926 | | Gn46:02M | יעקב ואמר/עני יעקב | בלשון | בית ^קדשא#2#^ הנני: |
| 2927 | | Gn35:18 | ואבוי ^הוה#2#^ קרי ליה | בלשון | בית קדשה בנימין: |
| 2928 | | Gn31:46M | לבנוהי דהוה קרי להון | בלשון | בית קודשא אחוי לקטון |
| 2929 | | Ex 3:04 | ליה משה משה ענה משה | בלשון | בית קודשא ואמר הנני: |
| 2930 | | Gn31:11M | אנא /ענה יעקוב ואמ׳ | בלשון | קודשא ואמר הנני#2#/: |
| 2931 | בלשן | Gn22:11M | ואמר /ענה אברהם | בלשן | בית קדשא ואמ׳#2#/ הנני: |
| 2932 | | Gn 2:19 | וכל מה דהוה אדם קרי ליה | בלשן | בית קדשה נפש החיה הוא |
| 2933 | | Gn22:01 | ליה אברהם עני אברהם | בלשן | בית קודשא ואמר ליה אברה׳ |
| 2934 | | Gn45:12 | אחוי בנימן ארום | בלשן | בית קודשא פומיה ממלל |
| 2935 | בלשניה | Nu22:04 | היך מה דלחך תורא | בלשניה | ית עשבה דאפי ברא ובלק בר |
| 2936 | | Ex11:07 | בני ישראל לא ינבח כלב | בלשניה | למן גבר ועד בעיר מן בגלל |
| 2937 | במ׳ | Nu 4:47M | . עבידתה ופלחן עבידתה | במ׳ | |
| 2938 | | Nu15:12M | כל/לכל#2#/ חד | כמניינהון/במ׳#2#/: | |
| 2939 | | Lv17:03M | בר עזין במשריתה /עז | במ׳#2#/ | או די יכוס לבר ממשריתה: |
| 2940 | | Nu14:25M | /וטולו#2#/ לכון | למדברה/במ׳#2#/ | ארח ימה דסוף: |
| 2941 | | Nu20:01M | מדברה /עמא דכנשתא | במ׳#2#/ | דצין בירחה קדמאה ושרון |
| 2942 | | Nu 8:24M | /עבידתה למפלוח פלוח | במ׳#2#/ | זימנא: |
| 2943 | | Lv14:21M | \חד פיל במשח /מערב | במ׳#2#/ | למנחה ולג דמשח: |
| 2944 | | Nu 1:22M | \סכומי | במניין/במ׳#2#/ | שמהן לגולגלתהון כל |
| 2945 | | Lv11:46M | /נפשן דחייה דרמסה | במ׳#2#/ | ולכל/וכ׳#2#/ שרצה דשרץ |
| 2946 | במאה | Gn33:19 | די חמור אבוי דשכם | במאה | מרגליין: |
| 2947 | במאן | Nu35:16M | ואן | במן/במ{י}<א>ן#2#/ | די פרזל מחה יתה |
| 2948 | במאני | Dt23:14 | וסכיין יהוון קביען | במא{ז}ני | זייניכון והווי במייתבכון |
| 2949 | במגזיה | Nu33:44 | ונטלו מאבות ושרון | במגזיה | עברייה בתחומה דמואביי: |
| 2950 | במגזר | Gn17:24 | בר תשעין ותשע שנין | במגזר | ליה בשר ערלתיה: |
| 2951 | | Gn17:25 | בריה בר תלת עשרה שנין | במגזר | ליה ית בשר ערלתה: |
| 2952 | | Ex12:48 | ויעבד פיסחא קדם ייי | במגזר | ליה כל דכורא בכדן יהוי |
| 2953 | | Gn17:10 | ובין בניכון בתריכון | במגזר | לכון כל דכורא: |
| 2954 | | Gn34:22 | עמן למהוי לאומא חדא | במגזר | לנא כל דכורא היך דאינון |
| 2955 | במגזת | Nu21:11 | ונטלו מאובות ושרון | במגזת | עבריה במדברה די קדם |
| 2956 | במגפתה | Nu17:15M | אתכליית /ואתכליית | במגפתה#2#/: | |
| 2957 | | Nu17:14 | והוון מיתיה דמיתו | במגפתה | ארבעת עשר אלפין ושבע מאה |
| 2958 | | Nu17:27M | אית מנן דמיתו | במגפתה | ואית מנן די תכלת יתהון |
| 2959 | | Nu17:27 | כלן אבדנן מינן מיתו | במגפתה | ומנן בלעת ארעא ומנן נפקת |
| 2960 | | Nu25:09 | והוון מיתיה דמיתו | במגפתה | עשרין וארבעה אלפין: |
| 2961 | | Nu14:37 | מפקי טבה ביש על ארעא | במגפתה | קדם ייי: |
| 2962 | במד׳ | Ex 4:27M | לקדמות משה | למדברא/במד׳#2#/ | ואזל וארע/וערע#2#/ |
| 2963 | במדבחא | Ex29:37 | קדש קדשין כל די יקרב | במדבחא | יהווי קד«י»ש: |
| 2964 | במדבר׳ | Nu12:12 | במצרים וחזרין ומטרפין | במדבר׳ | הוות אחתן חמייה בשעבודן |
| 2965 | במדברא | Ex 5:01 | ית עמא ויחגון קדמא<י> | במדברא: | |
| 2966 | | Ex14:12 | מצריי מן למקטליה יתן | במדברא: | |
| 2967 | | Ex16:02 | על משה ועל אהרן | במדברא: | |
| 2968 | | Nu21:05 | מן מצרים למקטלה יתן | במדברא | ארום לית לן לחם למיכל ולא |
| 2969 | | Ex16:32 | ית לחמא די אכלת יתכון | במדברא | באפקותי יתכון פריקין מן |
| 2970 | | Gn21:14 | ושלח יתה ואזלת וטעת | במדברא | דבארה דשבע: |
| 2971 | | Lv 7:38 | ית קרבניהון קדם ייי | במדברא | דסיני: |
| 2972 | | Nu 1:19 | ייי ית משה וסכם יתהון | במדברא | דסיני: |
| 2973 | | Gn21:21 | ושרא | במדברא | דפארן ונסבת ליה אימיה |
| 2974 | | Ex 7:16 | ית עמי ויפלחון קדמיי | במדברא | והא לא שמעת עד כדון: |
| 2975 | | Gn21:20 | ייי עם טליא ורבה ושרא | במדברא | והוי מן מתילף מרמי בקשתא: |
| 2976 | | Gn37:22 | יתיה לגובא הדין די | במדברא | וידא דקטולין לא תפש<ט>ון |
| 2977 | | Ex19:02 | למדברא דסיני ושרון | במדברא | וכוונו תמן ישראל כל קבל |
| 2978 | | Ex15:22 | ארח מהלך תלתא יומין | במדברא | ולא אשכחו מיין: |
| 2979 | | Ex 3:18 | ארח מהלך תלתא יומין | במדברא | ונקרב קדם ייי אלהן: |
| 2980 | | Ex 5:03 | אורח מהלך תלתא יומין | במדברא | ונקרב קדם ייי אלהן דלא |
| 2981 | | Ex 8:23 | מהלך תלתא יומין נהלך | במדברא | ונקרב קדם ייי אלה{ו}ן |
| 2982 | | Ex 8:24 | ותקרבון קדם ייי אלהכון | במדברא | לחוד רחקה לא תרחקון למיזל |
| 2983 | | Ex14:11 | דברת יתן למקטלה יתן | במדברא | מה היא דא דעבדת לנא למפקה |
| 2984 | | Gn16:07 | דייי על עיינה דמיא | במדברא | על עיינה באורחא |
| 2985 | במדברה | Lv16:22 | מפסקה וישלח ית צפירה | במדברה: | |
| 2986 | | Nu14:16 | דקיים להון ונכס יתהון | במדברה: | |
| 2987 | | Dt 9:28 | יתהון> למקטלה יתהון | במדברה: | |
| 2988 | | Dt32:10 | דבר יתהון ארבעין שנין | במדברה | אחת להון מנה מן שמיא אסק |
| 2989 | | Nu14:33 | ובניכון יהוון טעיין | במדברה | ארבעין שנין ויקבלון ית |
| 2990 | | Nu32:13 | בישראל וטלטל יתהון | במדברה | ארבעין שנין עד סף כל דרה |
| 2991 | | Nu16:13 | כדבשה למקטלה יתן | במדברה | ארום אתרברבת «עלינן. להוד |
| 2992 | | Dt 2:01 | וכווינן ונטלינן | במדברה | ארח ימה דסוף היך מה די |
| 2993 | | Dt 4:43 | ית בצר | במדברה | בארע מישרה לשבטה דבית |
| 2994 | | Nu33:08M | מהלך תלתה יומין | במדברה#2#/ | דאיתם ושרון במרה: |
| 2995 | | Nu33:08 | חירתא ועברו בגו ימא | במדברה | דאיתם ושרון במרה: |
| 2996 | | Nu33:11 | ונטלו מימא דסוף ושרון | במדברה | דסין: |
| 2997 | | Nu 1:01 | ומליל ממרה דייי עם משה | במדברה | דסיני במשכן זמנא בחד |
| 2998 | | Nu 3:04 | אשא בריה קדם ייי | במדברה | דסיני ובנין לא הווה להון |
| 2999 | | Nu 3:14 | ומליל ייי עם משה | במדברה | דסיני למימר: |
| 3000 | | Nu 9:01 | ומלל ייי עם משה | במדברה | דסיני בשתה תנינתא בזמן |
| 3001 | | Nu 9:05 | יומין לירחה ביני שמשתה | במדברה | דסיני כל מה די פקד ייי |
| 3002 | | Nu26:64 | די סכמו ית בני ישראל | במדברה | דסיני: |
| 3003 | | Nu33:15 | ונטלו מרפידים ושרון | במדברה | דסיני: |
| 3004 | | Nu12:16 | עמה מן חצרות ושרון | במדברה | דפארן: |
| 3005 | | Nu10:12 | מדברה דסיני ושרה עננא | במדברה | דפראן: |
| 3006 | | Nu27:14 | על פם גזרת מימרי | במדברה | דצין במי דייני עם כנישתה |
| 3007 | | Nu33:36 | מכרך תרנוגלה ושרון | במדברה | דצין היא רקם: |
| 3008 | | Dt32:51 | ישראל במי מצותה דרקם | במדברה | דצין על די לא קדשתון יתי |
| 3009 | | Nu21:11 | ושרון במגזת עבריה | במדברה | די קדם מואביי מן מדנח |
| 3010 | | Dt 8:16 | די אייכל יתכון מנה | במדברה | די לא חכמו אבהתכון |
| 3011 | | Nu21:13 | ושרון מן עבר ארנונה די | במדברה | דנפק מן תחומיהון דאימוראי |
| 3012 | | Nu14:35 | די אתרעמו קדמי«י» | במדברה | הדה יספון ותמן ימותון: |
| 3013 | | Nu14:02 | דמצרים או | במדברה | הדין אלווי מי{ו}תינן: |
| 3014 | | Nu14:29 | | במדברה | הדין יפלון פגריכון וכל |
| 3015 | | Nu14:32 | ופיגרכון אתון יפלון | במ«ד»ברה | הדין: |
| 3016 | | Nu15:32 | והוון בני ישראל | במדברה | ואשכחו גבר מגבב קיסין |
| 3017 | | Dt 1:01 | עני משה ואמר להון הלא | במדברה | ובטורא דסיני איתיהיבת |
| 3018 | | Nu27:03 | אבונן מית | במדברה | והוא לא הוה בגו עם כנשתה |
| 3019 | | Nu12:12M | מרים אחתן מטרפה עמן | במדברה | והווי עמן בעקב׳ וכיון |
| 3020 | | Nu26:65 | ייי להון ממת ימותון | במדברה | ולא אשתייר מנהון גבר |
| 3021 | | Nu32:15 | תוב למטלטלה יתכון | במדברה | ותחבלון לכל עמא האליין: |

|  |  |  |  |  |  |
|---|---|---|---|---|---|
| 3022 | | Nu10:31M | כן ידע ית משריין | במדברה | ותיהווי לן מחווינ' |
| 3023 | | Nu10:31 | <דהוינן> שרין ונטלין | במדברה | ותיהוי לן לסהדותה: |
| 3024 | | Dt29:04 | יתכון ארבעין שנין | במדברה | לא בלון לבושיכון |
| 3025 | | Dt 9:07 | ית מימרה דייי אלהכון | במדברה | למן יומא דנפקתון פריקין |
| 3026 | | Dt 8:02 | אלהכון דנה ארבעין שנין | במדברה | מן בגלל למצערה יתכון |
| 3027 | | Dt11:05 | ומה די עבד לכון | במדברה | עד מעלכון עד אתרה הדין: |
| 3028 | | Nu14:33M | עד די /יסופון | במדברה | פגריכון \סוף פוגרי#2#/: |
| 3029 | | Dt 8:15 | די דבר יתכון | במדברה | רבה ודחילה ארע בית חיווין |
| 3030 | במדוכתה | Nu11:08M | \או שחקין | במדוכתה | ומבשלין בקידירה |
| 3031 | במדור | Ex15:17M | "אתר ... שכללי יתיה": | במדור | בית שכינת קודשך ייי |
| 3032 | במדוריהון | Ex10:23 | ישראל הוה נהור | במדוריה«ון»: | |
| 3033 | | Nu31:10 | וית כל קורייהון | במדוריהון | וית כל אפרכיוותהון |
| 3034 | במדינתא | Gn47:21M | וית עמא דהוון שרין | במדינתא | אעבר בקורייתא וית עמא |
| 3035 | | Gn47:21M | שריין בקורייתא אעבר | במדינתא | דלא יהוו מוניין לבנוי |
| 3036 | | Gn47:21 | ועמא דבקריית' אשרי | במדינתא | ועמא דמדינתא אשרי |
| 3037 | במדמוכה | Lv15:21 | וכל די יקרוב | במדמוכה | {ו}<י>חוור לבושוי ויסחי |
| 3038 | במדמכה | Gn19:35 | ושמשת עמה ולא ידע | במדמכה | ובמקמה: |
| 3039 | במדמכיה | Lv15:05 | וגבר די יקרב | במדמכיה | יחוור לבושוי ויסחי במיא |
| 3040 | במדרשי' | Gn 9:27M | מתגיירין בנוי ישרון | במדרשי' | דשם והי כנען מש' להון |
| 3041 | במה | Dt28:03 | תהוון עמי בני ישראל | במה | דאית לכון בקורייכון <....>: |
| 3042 | | Dt28:16 | ליטין תהוון | במה | דאית לכון בקורייכון וליטין |
| 3043 | | Dt28:16 | בקורייכון וליטין תהוון | במה | דאית לכון באפי ברה: |
| 3044 | | Gn27:08M | בקלי \ואזל לאן דאנה | /במה | די אנא#2#/ מפקדה יתך: |
| 3045 | | Gn31:28M | /כדו#2#/ אסכלת \ית | מה/במה#2#/ | דעבדת: |
| 3046 | | Gn44:05M | דעבדתון /אבעשתון | במה | דעבדתון#2#/: |
| 3047 | | Ex22:26M | למשך בשרה \במה הוא דמך | /במה | הוא קאים#2#/ ויהוי ארום |
| 3048 | | Ex22:26 | היא רקיעתא למשך בשרה | במה | הוא דמך ויהוי ארום יצווח |
| 3049 | | Gn15:08 | בבעו ברחמין מן קדמיך | במה | כען {אדן}<אדע#2#> ארום |
| 3050 | במוטל' | Ex10:23M | /נהורא#2#/ | במדוריה«ון»/במוטל'#2#/: | |
| 3051 | במוי | Dt33:08M | ובדקת יתיה | במי/במוי#2#/ | דייניה ואשתכח מהימן: |
| 3052 | | Dt32:51M | מצותה /בנוי דישראל | במוי | דמ'#2#/ דרקם במדברה |
| 3053 | במועדיכון | Nu29:39 | תהוון מקרבין קדם ייי | במועדיכון | בר מן נדריכון ונסיבתהון |
| 3054 | במורכוותא | Gn30:38 | ית חוטריא די פצל | במו{ד}<ר>כוותא | בשקיא דמיא דתיעול ענה |
| 3055 | במורכותא | Gn30:41 | ית חוטריא קדם ענה | במו{ד}<ר>כותא | למחמא יתהון בחוטריא: |
| 3056 | במורכיותא | Gn30:41M | יתהון בחוטריא | /במו<ר>כיותא | למהוויין מתחמן |
| 3057 | במותא | Gn21:16 | ארום אמרת לא אחמי | במותא | דטליא ויתבת לה מן |
| 3058 | במותאנא | Ex 9:15 | ושיצית יתך וית עמך | במותאנא | ותשתיצי פרעה מן ארעא: |
| 3059 | במותבניהון | Ex10:23M | בפיתגמי אורייתא | במותבניהון | |
| 3060 | במותה | Dt33:06M | הדין ולא ימות | במותנה/<במו>תה#2#/ | תניינה/<תנ>ינא#2#/ |
| 3061 | במותנא | Ex 5:03 | ייי אלהן דלא יערע יתן | במותנא | או בחרבא: |
| 3062 | | Nu14:12 | אקטול יתהון | במותנא | ואשצי יתהון ואית יכלה |
| 3063 | במותנה | Nu20:03M | ליוויי מיתנן | במותנה | דמיתו |
| 3064 | | Nu26:11M | דמשה רבהון לא מיתו | במותנה | ולא לקו ביקידתה ולא |
| 3065 | | Dt33:06 | בעלמא הדין ולא ימות | במותנה | תניינה דביה מייתין רשיעיה |
| 3066 | במותרי | Dt28:54M | בנוי די ישייר | /במותרי | בנוי די יותר#2#/: |
| 3067 | במותרייא | Ex26:13 | ואמה מן דין סיטרא | במותריי«א» | בארכה דיריעתא דמשכנא |
| 3068 | במזאנה | Gn47:19M | /להוד#2#/ ארען | קנה/במזאנה#2#/ | יתן וית ארעאן בלחמא |
| 3069 | במזון | Dt23:05M | יתכון \בלחמא ובמיא | /במזון | ובמיין#2#/ באורחא בזמן |
| 3070 | במזליה | Gn29:17M | ומצלייה דלא תסוק | במזליה | דעשו ורחל |
| 3071 | במחוזוי | Gn49:13 | ישרי והוא יהווי שליט | במחוזוי | ספינתה ותחומה יהוי מטי |
| 3072 | במחוס | Gn19:16 | וביד תרתין בנתיה | במחוס | מן קדם ייי עלוי ואפקו יתה |
| 3073 | במחזיין | Ex38:08 | בסיס דיד«ה» דנחש | במחזיין | דנשייא צדיקתא דהוון |
| 3074 | במחלוקתיהון | Gn50:01M | ומני' קמו ליואי | במחלוקתיהון | לזמרא הא בכין אתרכין |
| 3075 | במחמייה | Nu19:03M | /וכהן אחרן יכוס יתה | במחמייה | דאלעזר#2#/: |
| 3076 | במחרפה | Lv24:12M | "מתין ...": זריז | במחרפה | דחרף שמה קדישה בגדפין |
| 3077 | במחשבת | Ex13:17M | אמר ייי/מימרי' דייי | במחשבת | דל<ב>יה#2#/ דלא יתבר |
| 3078 | | Dt 8:02 | למידע ית מה דאית | במחשבת | לבבכון הא אין נטרין אתון |
| 3079 | | Dt18:21 | וארום תאמרון | במחשבת | לבבכון אכדן נדע ^ית#2#^ |
| 3080 | | Gn 8:21 | קרבניה דנח ואמר ייי | במחשבת | לבה לא אוסף למלט תוב ית |
| 3081 | | Dt29:18 | לווטיה הדין ויתפייס | במחשבת | ליביה למימר שלם יהווי לי |
| 3082 | במחתה | Ex34:29 | סהדותא בידוי דמשה | במחתה | מן טורא ומשה לא הוה ידע |
| 3083 | במטלהון | Nu11:17 | עליהון ויטענון עמך | במטלהון | דעמא ולא תטעון את |
| 3084 | במטליכון | Nu29:35M | ח{וד}<דוו>ה | במטליכון | לגו בתיכון כנישת |
| 3085 | במטלין | Lv23:42 | יציביה בישראל ישרון | במטלין: | |
| 3086 | | Lv23:42 | | במטלין | תשרון שבעה יומין כל |
| 3087 | במטלית | Nu 4:15 | קדשיה וית כל מני קדשיה | במטלית | דמשריתה ומן בתר כדן |
| 3088 | במטלת | Nu 4:05 | וייעלון אהרן ובנוי | במטלת | משריתה ויפרקו ית פרכתה |
| 3089 | במטמעי | Dt16:06 | תיכסון נכסת פסחא ברמשא | במטמעי | שמשא בזמן אפקותהון פריקין |
| 3090 | במטרא | Gn40:04 | ושמש יתהון והוה יומין | במטרא: | |
| 3091 | | Gn41:10 | {פ}<ש>ליטוי ושוי יתי | במטרא | בבייתה דרב אספקלטוריא יתי |
| 3092 | | Gn40:07 | ית שליטוי דפרעה דעמיה | במטרא | בבייתיה דרבונה למימר |
| 3093 | | Gn40:03 | ושווי יתהון | במטרא | בביתיה דרב אספקלטוריה |
| 3094 | | Gn42:17 | וחבש יתהון | במטרא | תלתא יומין: |
| 3095 | במטרדה | Gn36:39 | סרד«א» דהווה לעי | במטרדה | כל ימוי חיוי ועתר וקנה |
| 3096 | במטרה | Nu 4:27 | פלחנהון ותסכמון עליהון | במטרה | ית כל מטליהון: |
| 3097 | | Nu15:34 | לא שמעת ואצנעו יתה | במטרה | עד זמן דיתפרש להון קדם |
| 3098 | במטרן | Nu 4:27M | \במטרה ית כל מטליהון | /במטרן | וית כל מטלניהון#2#/: |
| 3099 | במטרתה | Lv24:12 | לא שמעית ואצנעו יתה | במטרתה | עד זמן דיתפרש להון מן קדם |
| 3100 | במטרתהון | Nu 8:26 | סידרא תעבד לליוויי | במטרתהון: | |
| 3101 | במי | Nu19:21 | לבושוי ומן די יקרוב | במי | אדיה יהווי מסאב עד רמשה: |
| 3102 | | Nu31:23 | תעברון בנורא וידכא להוד | במי | אדיה ידכא וכל מה די לא |
| 3103 | | Nu27:14 | גזרת מימרי במדברה דצין | במי | דייני עם כנישתה למקדשה שמי |
| 3104 | | Dt33:08 | וקם בנסיונה ובדקת יתיה | במי | דייניה ואשתכח מהימן: |
| 3105 | | Nu19:21M | יהווי מסאב /כל דיקרוב | במי | הדיה יסתאב#2#/ עד רמשה: |
| 3106 | | Nu20:24M | דייניה /ית מימ' פימיה | במי | מצותה#2#/: |
| 3107 | | Dt 6:16M | \קדמוי בניסיונה /יתיה | במי | מצותה#2#/: |
| 3108 | | Dt32:51 | בשם ממרי בגו בני ישראל | במי | מצותה דרקם במדברה דצין |
| 3109 | במי' | Lv11:10 | דמיא ומן כל נפש חיתה די | במי' | מרחקה אנון לכון: |
| 3110 | במיא | Gn48:16 | בארעא היך נוניא יסגון | במיא: | |
| 3111 | | Ex15:25M | ביה שמא מפרשא וטלק | במיא | |
| 3112 | | Ex29:04 | משכן זימנא ותקדש יתהון | במיא: | |
| 3113 | | Ex40:12 | משכן זימנה ותקדש יתהון | במיא: | |
| 3114 | | Lv 6:21 | ויתמרק וישתט«ף» | במיא: | |
| 3115 | | Lv 8:06 | וית בנוי וקדש יתהון | במיא: | |
| 3116 | | Lv15:12 | מן דקיס יתמרק וישתטף | במיא: | |
| 3117 | | Lv22:06 | ארום אלהן אסחי בשרה | במיא: | |
| 3118 | | Nu31:23 | לא ייעול בנורא תעברון | במיא: | |
| 3119 | | Ex12:09 | מהבהב ואף לא שליק מבשל | במיא | ארום אלהן צלי בנורא ראש עם |
| 3120 | | Lv16:24 | ויסחי ית בשרה | במיא | באתר קדיש וילבש ית לבושוי |
| 3121 | | Lv11:09 | דאית לה סנפירין וקסקסין | במיא | בימיא ובנחליא יתהון |
| 3122 | | Nu19:18 | ויסב אזוב ויצבע | במיא | גבר דכי וידי על משכנה ועל |
| 3123 | | Ex30:20 | למשכן זימנא יתקדשון | במיא | דלא ימותון או בקרובותהון |
| 3124 | | Nu12:12 | במעיה דאמיה תשעה ירחין | במיא | ובאשתא ולא מתנזק וכיון {מ} |
| 3125 | | Lv16:26 | לבושוי ויסחי ית בשריה | במיא | ובתר כדין ייעול לגו |
| 3126 | | Lv14:08 | ויספר ית כל שעריה ויסחי | במיא | וידכי ובתר כן ייעול לגו |
| 3127 | | Lv14:09 | לבושוי ויסחי ית בשריה | במיא | וידכי: |
| 3128 | | Nu19:19 | ויחוור לבושוי ויסחי | במיא | וידכי ברמשא: |
| 3129 | | Lv15:07 | יחוור לבושוי ויסחי | במיא | ויהווי מסאב עד רמשא: |

|  |  |  |  |  |  |
|---|---|---|---|---|---|
| 3130 | | Lv17:15 | ויהוור לבושוי ויסחי | במיא | ויהווי מסאב עד רמשא וידכי: |
| 3131 | | Lv15:05 | יחוור לבושוי ויסחי | במיא | ויהוי מסאב עד רמשא: |
| 3132 | | Lv15:06 | דיבה יחוור לבושוי ויסחי | במיא | ויהוי מסאב עד רמשה: |
| 3133 | | Lv15:27 | ויחוור לבושוי ויסחי | במיא | ויהוי מסאב עד רמשא: |
| 3134 | | Nu19:08 | לבושוי במיא ויסחי בשרה | במיא | ויהוי מסאב עד רמשא: |
| 3135 | | Lv 1:09 | ובני גויה ורגלוי ישיג | במיא | ויסדר כהנא ית כלה על גבי |
| 3136 | | Nu19:08 | דמוקד יתה יחוור לבושוי | במיא | ויסחי בשרה במיא ויהוי מסאב |
| 3137 | | Lv15:08 | יחוור לבושוי ויסחי | במיא | ויסתאב עד רמשא: |
| 3138 | | Lv15:10 | יחוור לבושוי ויסחי | במיא | ויסתאב עד רמשא: |
| 3139 | | Lv15:11 | במיא יחוור לבושוי ויסחי | במיא | ויסתאב עד רמשא: |
| 3140 | | Lv15:17 | עלוי תשמיש דזרע ויחוור | במיא | ויסתאב עד רמשא: |
| 3141 | | Lv15:21 | {ו}<י>חוור לבושוי ויסחי | במיא | ויסתאב עד רמשא: |
| 3142 | | Lv15:22 | עלוי יחוור לבושוי ויסחי | במיא | ויסתאב עד רמשא: |
| 3143 | | Lv15:18 | עמה תשמיש דזרע וישזגון | במיא | ויסתאבון עד רמשא: |
| 3144 | | Lv17:16 | לבושוי ובשרה לא יסחי | במיא | ויקבל לחובוי: |
| 3145 | | Lv 1:13 | ובני גווה ורגלוי ישיג | במיא | ויקרב כהנא ית כלה ויסדר |
| 3146 | | Lv11:46 | וכל נפש חיתה דרחשא | במיא | ולכל שרצה דשרץ על ארעה: |
| 3147 | | Lv11:10M | מן כל שרצא דמיא/די | במיא/#2# | ומן כל נפש חיתה די במי׳ |
| 3148 | | Lv16:28 | לבושוי ויסחי ית בשריה | במיא | ומן בתר כדן ייעול למשריתה: |
| 3149 | | Nu19:07 | לבושוי כהנא ויסחי בשרה | במיא | ומן בתר כד«»ן ייעול לגו |
| 3150 | | Lv 8:21 | בני גווה וית רגלה שזג | במיא | וסדר משה ית כל דכרה |
| 3151 | | Lv15:11 | ביה דיבה וידוי לא שזיג | במיא | יחוור לבושוי ויסחי במיא |
| 3152 | | Lv15:16 | מיניה תשמיש דזרע ויסחי | במיא | ית כל בשריה ויסתאב עד |
| 3153 | | Lv16:04 | לבושי קדשא אינון ויסחי | במיא | ית בשריה וילבש יתהון: |
| 3154 | | Lv11:32 | מן די יתעבד עבידה בהון | במיא | יתעל ויהוי מסאב עד רמשא |
| 3155 | | Lv11:09 | תאכלון מן כל מה די {מב} | <במ>יא | כל דאית לה סנפירין |
| 3156 | | Dt14:09 | תאכלון מן כל מה די | במיא | כל דאית ליה סנפירין וקשקשין |
| 3157 | | Ex20:04 | ודי בארעא מן לרע ודי | במיא | מן תחות לארעא מן תחות: |
| 3158 | | Lv11:10M | ומן כל נפש חייתה די | במיא | מר<חקה> |
| 3159 | | Ex15:10M | /ימא רבה ושקעו כאיברא | במיא | משבחי{ן}<א>#2#/: |
| 3160 | | Lv11:10M | דחייה דאית | במיא | שקץ הנון לכון |
| 3161 | | Lv11:12 | ליה סנפירין וקשקסין | במיא | שקץ הוא לכון: |
| 3162 | | Ex15:10 | נחיתו ושקעו היך איברא | במיא | תקיפ«י»א: |
| 3163 | במיה | Dt23:12 | לעידוני רמשה יסחי | במיה | וכמטמעי שמשה ייעול לגו |
| 3164 | במיזלך | Ex 4:21 | ואמר ייי למשה | במיזלך | למחזור למצרים חמי כל נסי |
| 3165 | במיח׳ | Gn18:01 | מתחמם מן אדם גזירתיה | במיח׳ | יומא: |
| 3166 | במיטלהון | Nu10:34 | דייי הוה מגן באיממה | במיטלהון | מן משריתה: |
| 3167 | במייא | Lv15:13 | לבושוי ויסחי בשרה | במייא | דמבוע וידכי: |
| 3168 | | Dt33:24 | וארעא תיהווי מש{י}<ח> | במייא | ומסחי במשחה רגלוי: |
| 3169 | | Dt 4:18 | בארעא דמו כל נונייא די | במייא | מן לרע לארעא: |
| 3170 | | Dt 5:08M | /מן <ל>תחות#2#/ \ודי | במייא | מן לרע#2#/ לארעא |
| 3171 | במייה | Nu 5:23M | /לגו מיא מריריה | /במייה | בדוקיה#2#/: |
| 3172 | במיין | Lv15:13M | ויסחי בשרה | במייא/<במ>יין#2#/ | דמבוע וידכי: |
| 3173 | במייתביכון | Dt11:19 | ותהוון הגיין בהון | במייתביכון | בגו בתיכון ובהלכותכון |
| 3174 | במייתבכון | Dt33:18 | וחדון דבית ישׂשכר | במייתבכון | בבתי מדרשיכון: |
| 3175 | | Dt 6:07 | ותהוון הגיין בכון | במייתבכון | בגו בתיכון ובהלכותכון |
| 3176 | | Dt11:19M | הגיין בהון | במייתביכון/<במיית>בכון#2#/ | בגו בתיכון |
| 3177 | | Dt23:14 | זייניכון והווי | במייתבכון | לבר ותחפור ביה ותחזור |
| 3178 | במייתוי | Gn48:07 | ואנה | במייתוי | מפדן דארם מיתת קדמ׳ |
| 3179 | במילדה | Gn35:16 | וילדת רחל ואתקשיית | במילדה: | |
| 3180 | | Gn35:17 | והוה כדי אתקשיית | במילדה | ואמרת לה חייתא לא תדחלין |
| 3181 | במילוי | Gn44:19 | כדן שרי יהודה ממכמך | במילוי | ואמר מילין מכיכן רבוני |
| 3182 | במילי | Nu16:27M | "קמו": נפקו | במילי | חרופין וקמו |
| 3183 | במיליה | Gn34:31M | בר חמור מלגלג | \במיליה#2#/ | בנפשיה ומתגאי בלביה |
| 3184 | במיליהון | Nu23:19 | מקיימין וחזרין וכפרין | במיליהון | ברם אלהה אמר ועבד גזר |
| 3185 | במימ׳ | Ex 4:12M | אזל ואנה \עם | ממרי/במימ׳#2#/ | אהיה/הווי#2#/ עם |
| 3186 | במימותהון | Nu 6:07M | יסתאב להון | במיתתהון/במימותהון#2#/ | ארום כליל |
| 3187 | במימר | Gn 5:24 | אן הוא <....> אתנגד | במימר | מן קדם ייי: |
| 3188 | | Gn 5:29 | מן ארעא די אתליטת | במימר | מן קדם ייי: |
| 3189 | | Gn38:07 | בישין קדם ייי ומית | במימר | מן קדם ייי: |
| 3190 | | Gn38:10 | מה דעבד ומית אף הוא | במימר | מן קדם ייי: |
| 3191 | | Dt32:01 | שמיה ואמלל ותשמע ארעא | במימר | פומי: |
| 3192 | | Dt30:14 | היא לוותכון פתגמא לחדה | במימר | פמיכון ובלבביכון למעבד |
| 3193 | במימרה | Dt 1:01 | די עבדתון אמר ייי | במימרה | למישיצי יתכון אלולי דאדכר |
| 3194 | | Gn26:03 | אתותב בארעא הדא ואהווה | במימרה | עמך ואברך יתך ארום לך |
| 3195 | במימרי | Nu 6:27 | על בני ישראל ואנה | במ«י»מרי | אברך יתהון: |
| 3196 | | Ex 4:15 | ית פתגמיא בפומיה ואנה | במימרי | {אלה} «אהוי» עם ממלל |
| 3197 | | Nu14:28 | אמר חי וקיים אנה | במימרי | אמר ייי אין לא היך מה |
| 3198 | | Lv26:45 | לעיני אומייה למיהווי | במימרי | להון לאלה פרוק אנה ייי: |
| 3199 | | Gn17:07 | לקיים עלם למהווי | במימרי | לך לאלה ולבניך מן בתרך: |
| 3200 | | Lv22:33 | מן ארעא דמצרים למיהוי | במימרי | לכון לאלה פרוק אנה הוא |
| 3201 | | Dt32:23 | אמרת | במימרי | למייתייה עליהון בישן גירי |
| 3202 | | Nu14:21 | וברם חי וקיים אנה | במימרי | לעלם ותתמלא איקר שכינתה |
| 3203 | | Ex15:01 | מן דמתגאי קדמוי הוא | במימרי | מתפרע מיניה סוסון |
| 3204 | | Dt18:19 | די ימלל בשם ממרי אנה | במימרי | מתפרע מיניה: |
| 3205 | | Ex 6:03 | ואיתגלית | במימרי | על אברהם על יצחק ועל |
| 3206 | | Ex12:13 | ית אדמיה ואפסח ואגן | במימרי | עליכון ולא יהווי בכון |
| 3207 | | Gn28:15 | והא אנה | במימרי | עמך ואנטר {יתך} יתך בכל |
| 3208 | במימרי׳ | Ex16:15M | יהב \ייי לכון למיכל | /במימרי׳ | דייי לכון למזון#2#/: |
| 3209 | במימריה | Dt 1:01M | עגלא דעבדתון אמר | במימריה | |
| 3210 | | Ex18:11 | יתפרע מנהון ייי | במימריה | אמר וטמע ית ארתכיהון |
| 3211 | | Nu10:29 | עמן ונוטב לך ארום ייי | במימריה | אמר למיתיה טבה ונחמן על |
| 3212 | | Dt17:16 | ליה סוסוון וייי | במימריה | אמר לכון לא תוספון |
| 3213 | | Dt 1:01 | יתיה בדהבא סנינה אמר | במימריה | וכפר על חוביכון: |
| 3214 | | Dt33:27 | מן קדמיכון ואמר | במימריה | למישציה יתהון: |
| 3215 | | Gn29:31 | שניא הוות לאה ואמר | במימר«י»ה | למיתן לי בנין ורחל |
| 3216 | | Gn30:22 | קל צלותה דרחל ואמר | במימריה | למיתן לה בנין: |
| 3217 | | Ex17:16 | ואסתר וייי אמר | במימריה | למשיציא ית דוכרנא דעמלק |
| 3218 | במימרך | Nu11:21 | די אנה שרי ביניהון ואת | במימרך | אמרת בשר אתן לכון וייכלון |
| 3219 | | Nu14:14 | חזיו בחזיו אתגלית את | במימרך | ייי ועגן איקר שכינתך הווה |
| 3220 | | Ex33:12M | ית עמא האליין ואת | \במימרך#2#/ | לא אודעת יתי ית מה |
| 3221 | במיניינהון | Nu29:18 | עם דכרייא עם אמרייא | במיניינהון | כסדר דינה: |
| 3222 | במיסק | Ex34:24 | מלך ושליט ית ארעכון | במיסק | לכון למתחמייה קדם ייי |
| 3223 | במיסקכון | Ex34:24M | ארעכון \במיסק | לכון/במיס<ק>כון#2#/ | למתחמייה |
| 3224 | במיעה | Nu12:12M | זימנא למילד מית וולדה | במיעה | הלא מרים אחתן איצט ערת |
| 3225 | במיעיך | Gn25:23 | ואמר ייי לה תרין אומין | במיעיך | ותרי«ן» מלכוון ממעיך |
| 3226 | במיעלה | Ex28:43M | ועל בנוי | במעיליהון/במיעלה#2#/ | למשכן/במש׳#2#/ |
| 3227 | במיעלהון | Nu33:40M | דכנען \בזמנה | דאתון/במיעלהון#2#/ | בני ישראל: |
| 3228 | | Ex40:32 | | במיעלהון | למשכן זימנא ובקרבותיהון |
| 3229 | במיעליה | Ex28:35 | למשמשה וישתמע קליה | במיעליה | לבית קודשא קדם ייי |
| 3230 | | Ex28:29 | בחושנה דדינה על לביה | במיעליה | לגו בית קודשא לדוכרן טב |
| 3231 | במיפקה | Gn35:18 | והוה | במיפקה | דנפשה ארום מיתה הוה וקרא |
| 3232 | | Ex23:16 | באפי ברא וחגא דאכנשותא | במיפקה | דשתא במכנשכון ית עבד |
| 3233 | במיפקכון | Dt33:18 | ואמר חדון דבית זבולן | במיפקכון | לפרגמטיכון וחדון דבית |
| 3234 | | Dt28:06 | ובריכין תהוון עמי בני | במיפקכון | מן בית כנשתכון: |
| 3235 | במישר | Gn14:03 | כל אלין מלכייא אתחברו | במישר | פרדיסיא היא ימה דמלחה: |
| 3236 | | Gn14:17 | וית מלכייא דהוון עמיה | במישר | פרדסיא היא משרה דמלכא: |
| 3237 | | Gn14:08 | לקבלתהון סדרי קרבא | במישר | פרדסייא: |

| | | | |
|---|---|---|---|
| 3238 | במישרה | Nu22:01 | ונטלו בני ישראל ושרון במישרה דמואב במעבר ליר{ח}<דנ>א |
| 3239 | | Nu33:48M | עברייה ושרון במישרייה/במישרה#2#/ דמואב סמיך |
| 3240 | | Nu36:13M | לוות בני ישראל במישרה#2#/ דמואב סמיך לירדנה |
| 3241 | | Dt34:08 | בני ישראל ית משה במישרה דמואב תלתין יומין |
| 3242 | במישרי | Nu33:47M | דבלתימה ושרון בטורא/במישרי#2#/ עברייה קדם נבו: |
| 3243 | במישרי׳ | Nu33:49M | במישריה /שטייה במישרי׳#2#/ דמואב: |
| 3244 | במישריה | Nu26:63M | סכמו ית בני ישראל במישריה דמואב דסמיך לירדנא |
| 3245 | | Nu31:12 | וית בזתא למשריתא במישריה דמואב סמיך לירדנא |
| 3246 | | Nu33:49 | ישימות עד אבל שיטין במישריה דמואב: |
| 3247 | | Nu33:50 | ומליל ייי עם משה במישריה דמואב סמיך לירדנה |
| 3248 | | Nu35:01 | ומליל ייי עם משה במישריה דמואב סמיך לירדנה |
| 3249 | | Nu36:13 | משה על בני ישראל במישריה דמואב סמיך לירדנה |
| 3250 | | Gn13:18 | משכניה ואתא ושרא במישריה חזוה די בחברו׳ ובנה תמן |
| 3251 | במישרייה | Nu33:48 | מן טורי עברייה ושרון במישרייה דמואב סמיך לירדנא |
| 3252 | במית | Nu19:16 | באפי ברא דקטיל דחרב או במית או בגרם דבר נש או בקברה |
| 3253 | | Nu19:18 | דיקרוב בגרם או בקטיל או במית או בקברה: |
| 3254 | | Nu19:13 | כל די יקרב במית בטמא נפש דבר נש די ימות |
| 3255 | | Nu19:11 | כל די קרב במית כל טמא נפש דבר נש יהוי |
| 3256 | במיתבכון | Dt33:18M | דבית ישׂשכר במייתבכון/במיתבכון#2#/ בבתי מדרשיכון: |
| 3257 | | Dt23:14M | והווי במייתבכון/במית<ב>כון#2#/ לבר ותחפור ביה |
| 3258 | במיתותהון | Lv11:31M | די יקרב בהון במיתתהון/במיתותהון#2#/ יהוי מסאב |
| 3259 | | Lv11:32M | עלוי מנהון במיתתהון/במיתותהון#2#/ יסתאב מן כל {מה} |
| 3260 | במיתותי׳ | Gn25:11M | והוה \מן בתר דמית/במיתותי׳#2#/ אברהם וברך ייי ית |
| 3261 | במיתי | Gn48:07M | ואנה במייתוי/במיתי׳#2#/ מפדן דארם מיתת |
| 3262 | במיתייא | Gn33:18 | דשכם די בארעא דכנען במיתייא מפדן ארם ושרא קדם קרתא: |
| 3263 | במיתייה | Gn35:09 | על יעקב זמן תנינות במיתייה מן פדן ארם וברך יתיה: |
| 3264 | במיתתהון | Nu 6:07 | ולאחתיה לא יסתאב להון במיתתהון ארום כליל אלהיה על |
| 3265 | | Lv11:31 | שרצה כל די יקרב בהון במיתתהון יהוי מסאב עד רמשא: |
| 3266 | | Lv11:32 | וכל די יפול עלוי מנהון במיתתהון יסתאב מן כל {מה} <מן> |
| 3267 | במכלותא | Gn38:25 | מיני אחי ובית אבא במכלותא דאינש מיכל בה מיתכל ליה |
| 3268 | במכלת | Gn35:09M | ואת רבון כל עלמא ייי במכלת רחמיך טבייה איתגליית |
| 3269 | במכלתה | Lv19:35M | במכלתה ובמוזניה /במכלתה במתקלה ובמ׳#2#/: |
| 3270 | | Lv19:35 | שקר בדינה במתקלה במכלתה ובמוזניה: |
| 3271 | במכניש׳ | Lv23:39M | לירחה שביעיה בכנשתכון/במכניש׳#2#/ ית עללתה דארעא |
| 3272 | במכנשיכון | Dt28:08M | יתכון ית ברכתה במכנש<יכ>ון#2#/ ובכל אושטות ידיכון |
| 3273 | | Dt16:13 | לכון שבעה יומין במכנשיכון עבורה מן אדרא וחמרא מן |
| 3274 | במכנשכון | Ex23:16 | דאכנשותא במיפקה דשתא במכנשכון ית עבד ידיכון מן אפי |
| 3275 | | Ex34:22M | במפקא דשתא \במכנשכון ית עללתכון מן ארעא#2# |
| 3276 | במכתש | Dt24:08 | אזדהרו במכתש צרעתה למיטור לחדה ולמעבד |
| 3277 | במכתשה | Lv13:03 | מכתשא במשך בשריה ושער במכתשה אתהפי׳ לחוור וחזווי |
| 3278 | במלאכי | Gn22:10 | דיצחק הוויין משוטטן במלאכי מרומא אברהם לא הוה חמא |
| 3279 | במלוי | Gn44:19M | במילוי /מדכדך במלוי#2#/ ואמר מילין מכיכן רבוני |
| 3280 | במלח | Lv 2:13 | וכל קרבן מנחתיכון במלח תמלחון ולא תבטלון מלח קיים |
| 3281 | במלין | Ex 5:09 | ויעבדון בה ולא יתעסקון במלין דשקרין: |
| 3282 | | Gn44:18 | וקרב לוותיה יהודה זעף במלין ומדכדך בלישנא נהם כאריה |
| 3283 | במלל | Gn50:17 | אלהה דאבוך ובכה יוסף במלל יתיה עמה: |
| 3284 | במללות | Ex33:16M | הלא \בדברות איקר /במללות יקר#2#/ שכינת«ך» עמן |
| 3285 | במללותהון | Gn50:17M | יוסף \במלל יתיה/במללותהון#2#/ עמה: |
| 3286 | במללותי | Ex19:09 | מן בגלל דישמעון עמא במללותי עמך ואף בנבואתך משה |
| 3287 | במללותיה | Ex34:29 | נהר זיו איקרהון דאפוי במללותיה עמיה: |
| 3288 | במללותיהון | Ex 7:07 | בר תמנין ותלת שנין במללותיהון עם פרעה: |
| 3289 | במללותכון | Dt 5:28M | \בזמנה דמללתון עמי /במללותכון עמי#2#/ ואמר מימרה |
| 3290 | בממ׳ | Ex12:12M | \ואעבר בממרי /ואיתגלי בממ׳#2#/ בארעא דמצרים בלילי |
| 3291 | בממרה | Dt32:12 | ייי בממרה אמר לבלחודהון ישרון עמא |
| 3292 | בממרי | Dt31:23 | די קיימת להון ואנה בממרי אהוי בסעדך: |
| 3293 | | Lv21:08M | \אנה ייי דקדשת יתכון /בממרי אנה הוא דבממרי מקד׳ |
| 3294 | | Gn46:04 | אחות עמך מצרימה ואנה בממרי אסיק יתך לחוד מסוק ויוסף |
| 3295 | | Dt32:26 | אמרת בממרי אשיצי יתהון אבטל מן |
| 3296 | | Ex12:12 | ואעבר בממרי בארעא דמצרים בלילי פסחא |
| 3297 | | Dt32:39 | חמון כען ארום אנה אנה בממרי הוא ולית אלהא אחרן |
| 3298 | | Nu11:17 | ואתגלי בממרי ואמלל עמך תמן וארבי מן |
| 3299 | | Gn 9:12M | ממרי /דאנה יהיב בין בממרי#2#/ וביניכון ובין כל נפש |
| 3300 | | Ex15:02 | דחיל כל עלמיא ייי אמר בממרי והוה לן לפריק אמרין בני |
| 3301 | | Lv20:07M | ייי אלהכון /קדיש אנה בממרי כדין אמר ייי#2#/: |
| 3302 | | Lv19:02 | תהוון ארום קדיש אנה בממרי כדן אמר ייי אלהכון: |
| 3303 | | Gn17:08 | לאחסנת עילם ואהוי בממרי להון לאלה פריק: |
| 3304 | | Ex 3:08 | ואתגלית בממרי למשיזבא יתהון מן ידיהון |
| 3305 | | Dt32:40 | ואמרית חי וקיים אנה בממרי לעולם: |
| 3306 | | Dt31:18 | ואנה בממרי מטמרה אטמר אפי רעותי |
| 3307 | | Gn31:03 | אבהתך לתלדוותך ואהוי בממרי עמך: |
| 3308 | בממריה | Gn18:17 | וייי אמר בממריה הא מכס{ם}<ה> אנה מאברהם |
| 3309 | | Ex 3:17 | ואמרת בממריה לאסקא יתכון מן שעבודהון |
| 3310 | | Dt 1:34M | \ואמר בשבועה /וקיים בממריה#2#/ למימר: |
| 3311 | | Ex 2:25 | דבני ישראל ואמר בממריה למפרוק יתהון: |
| 3312 | | Ex20:24 | ית שמי בצלו אתגלי בממריה עליכון ואברך יתכון: |
| 3313 | בממרך | Ex33:12M | "אמרת ... ולחוד": בממרך אמרתי חכמית יתך בשם |
| 3314 | במן | Nu35:16 | ואן במן די פרזל מחה יתה ומית קטיל |
| 3315 | | Lv10:03 | פתגמא די מליל ייי למימר במן דמקרב לוותי אתקדש ובאפי כל |
| 3316 | | Lv 6:21 | די תתבשל בה יתבר ואין במן דנחש אתבשל ויתמרק |
| 3317 | במנא | Ex12:22M | מזוזיתא מן אדמה די במנא |
| 3318 | במנה | Ex12:22 | מזוזתייא מן אדמא די במנה ואתון לא תיפקון גבר מן תרע |
| 3319 | | Ex12:22 | דאיזוב ותצבעון באדמה די במנה ואתון ותתנון על שקופא ועל |
| 3320 | במני | Nu28:07 | תקרבון עם אמרא חדתה במני בית קודשה יתנסך ניסוך חמר |
| 3321 | במניין | Dt25:02 | קדמוי כמסת חובתיה במניין: |
| 3322 | | Dt33:06 | עולימוי עם ג«י»ברין במניין: |
| 3323 | | Dt28:62 | ותשתיירון עם במניין חלף די הויתון ככוכבי |
| 3324 | | Nu14:34 | במניין יומין די יללתון ארבעין |
| 3325 | | Nu 3:22 | סכומיהון במניין כל דכורא מן בר ירח ולעל |
| 3326 | | Nu 3:28 | במניין כל דכורה מן בר ירח |
| 3327 | | Nu 3:34 | וסכומיהון במניין כל דכורא מן <בר> ירח |
| 3328 | | Nu 1:02 | לבית אבהתהון במניין שמהן כל דוכרא לגולגלתהון: |
| 3329 | | Nu 1:18 | זרעייתהון לבית אבהתהון במניין שמהן מן בר עשרין שנין |
| 3330 | | Nu 1:20 | לבית אבהתהון במניין שמהן לגולגלתהון כל דכורא |
| 3331 | | Nu 1:22 | לבית אבהתהון סכומי במניין שמהן לגולגלתהון כל דכורא |
| 3332 | | Nu 1:24 | לבית אבהתהון במניין שמהן מן בר עשרין שנין |
| 3333 | | Nu 1:26 | לבית אבהתהון במניין שמהן מן בר עשרין שנין |
| 3334 | | Nu 1:28 | יחוסיהון לבית אבהתהון במניין שמהן מן בר עשרין שנין |
| 3335 | | Nu 1:30 | לבית אבהתהון במניין שמהן מן בר עשרין שנין |
| 3336 | | Nu 1:32 | לבית אבהתהון «במניין שמהן» מן בר עשרין שנין |
| 3337 | | Nu 1:34 | לבית אבהתהון במניין שמהן מן בר עשרין שנין |
| 3338 | | Nu 1:36 | לבית אבהתהון במניין שמהן מן בר עשרין שנין |
| 3339 | | Nu 1:38 | לבית אבהתהון במניין שמהן מן בר עשרין שנין |
| 3340 | | Nu 1:40 | לבית אבהתהון במניין שמהן מן בר עשרין שנין |
| 3341 | | Nu 1:42 | לבית אבהתהון במניין שמהן מן בר עשרין שנין |
| 3342 | | Nu26:53 | תתפלג ארעא באחסנה במניין שמהן: |
| 3343 | | Nu 1:24M | \במניין שמהן /במניין שמהת#2#/ מן בר עשרין |
| 3344 | | Nu 3:43 | והוון כל בכוריה דכרי במניין שמהתהון מבר ירח ולעיל |
| 3345 | | Lv25:15M | יזבן /חבריכון במניין שני עללן יז#2#/ לך: |

|  |  |  |  |  |  |
|---|---|---|---|---|---|
| 3346 | במניין | Lv25:15 | | במניין | שנין בתר יובלה תזבון |
| 3347 | | Lv25:15 | תזבון מן לוות חברך | במניין | שנין דעל{ת}<ל>תה יזבן לך: |
| 3348 | | Lv25:50 | ויהווי כסף זבוניה | במניין | שנין כיומי אגיר יהווי |
| 3349 | | Lv25:29 | דתשלם שנת זבוניה יומין | במניין | תיהוי פרקוניה: |
| 3350 | במניינהון | Nu29:21 | עם דכרייה עם אמרייה | במניינהון | כסדר דינה: |
| 3351 | | Nu29:24 | עם אמרייה ועם דכרייה | במניינהון | כסדר דינה: |
| 3352 | | Nu29:30M | דכרייה ועם אמרייה | במניינהון | כסדר דינה: |
| 3353 | | Nu29:33 | עם דכרייה עם אמרייה | במניינהון | כסדר דינהון: |
| 3354 | | Nu29:37 | ועם דכרייה ועם אמריה | במניינהון | כסדר דינה: |
| 3355 | במניכון | Gn43:11 | סבא מן טובא דארעא | במניכון | ואחתו דורון קליל קטף |
| 3356 | במסאבו | Dt26:14 | ולא אפרש{ו}<י>נן מניה | במסאבו | ולא יהבנן מיניה ארון |
| 3357 | במסאבין | Lv24:12 | ובאילין אמר לא שמעית | במסאבין | דלא יכלו למעבד פיסחה |
| 3358 | | Nu 9:08 | מנהון הוה משה ממתין | במסאבין | דלא יכלו למעבד פסחה |
| 3359 | | Nu15:34 | ובאלין אמר לא שמעת | במסאבין | דלא יכלו מעבד פיסחא |
| 3360 | | Nu27:05 | ובאילין אמר לא שמעית | במסאבין | דלא יכלו מעבד פסחא |
| 3361 | במסיהון | Nu33:52M | וית כל | בימסיהון/במסיהון#2#/ | תשיצון: |
| 3362 | במסכנות | Dt 8:09 | ארע די לא | במסכנות | תאכלון בה לחם לא תחסרון |
| 3363 | במסקא | Ex20:26M | למדבחא ולא תסקון | במסקא | |
| 3364 | במע' | Nu12:12M | מה דהדין וולד דהוי | במע' | |
| 3365 | במעבדה | Lv 4:27 | תחטא בשלו מעמא דארעא | במעבדה | חדה מן מצוותיה דייי דלא |
| 3366 | במעבר | Dt 4:49M | וכל משרה \עבר ירדנה | /במעבר | יורדנה#2#/ מן מדנחה ועד |
| 3367 | | Nu22:01 | ושרון במישרה דמואב | במעבר | ליר{ח}<דנ>א ליריחו: |
| 3368 | במעברכון | Dt27:04 | ויהווי | במעברכון | ית ירדנה ותקימון ית |
| 3369 | | Dt27:12 | עמא על טורה דגריזים | במעברכון | ית ירדנה שמעון ולוי |
| 3370 | | Dt27:03 | כל פתגמי אוריתה הדה | במעברכון | מן בגלל די תעלון לארעא |
| 3371 | במעה | Gn25:24M | \בגו | מעיה/^במעה#2#^/במעייה#2#/: | |
| 3372 | במעהא | Gn25:22 | ואדחקו בניא | במעהא | ואמרת אן כדין היא צערהון |
| 3373 | במעי | Nu12:12M | \במעיה דאמיה | /<במ>עי | א'#2#/ תשעה ירחין במיא |
| 3374 | במעיה | Nu12:12 | מ{ת}<ד>מיא לוולדה דעבד | במעיה | דאמיה תשעה ירחין במיא |
| 3375 | במעיך | Nu 5:22 | מיא מלווטיא אלין | במעיך | למנפחה מעיך ולממסיה ירכיך |
| 3376 | במעיליהון | Ex28:43 | על אהרן ועל בנוי | במעיליהון | למשכן זימנא א{ן}<ו> |
| 3377 | במעלה | Lv16:23 | ית לבושי בוצא די לבש | במעלה | לגו בית קדשה ויצנע יתהון |
| 3378 | | Lv16:17 | לא יהווי במשכן זימנה | במעלה | לכפרה בגו בית קדשה עד |
| 3379 | במעלהון | Dt31:11 | | במעלהון | דכל ישראל למחמייה קדם |
| 3380 | במעליה | Dt24:13M | "... תיהווי": משכונה | במעליה | שמשא וידמוך באיסטליתא |
| 3381 | במעליהון | Ex30:20 | | במעליהון | למשכן זימנא יתקדשון במיא |
| 3382 | במעלכון | Lv10:09 | לא תשתון את ובניך עמך | במעלכון | במשכן זימנא דלא תמותון |
| 3383 | | Nu15:18 | ותימ' להון ארום | במעלכון | לארעא די אנה מעל יתכון |
| 3384 | | Dt28:06M | עמי בני ישראל | /\במעלכון | לגו בית מדרשכון |
| 3385 | | Dt28:19 | ליטין תהוון | במעלכון | לגו בית כנישתיכון |
| 3386 | במערייה | Nu21:15M | אטמרו אמוראי | במערייה | אמרין אלין לאלין כד |
| 3387 | במערקיה | Gn35:07 | תמן אתגלי עלוי ייי | במערקיה | מן קדם עשו אחוי: |
| 3388 | במערקך | Gn35:01 | ממרי דייי דאתגלי עלך | במערקך | מן קדם עשו אחוך: |
| 3389 | במערת | Gn50:13 | דכנען וקברו יתיה | במערת | חקל כפילא די זבן אברהם |
| 3390 | במערתא | Gn49:29 | קברו יתי גב אבהתי | במערת«א» | דבחקלא דעפרון חתי<'>: |
| 3391 | | Gn49:30 | | במערתא | די בחקל כפלא די כל קבל |
| 3392 | | Gn19:30 | דחל למשרי בזער ושרה | במערתא | הוא ותרתין בנתה: |
| 3393 | | Gn19:30 | וסלק לוט מן זער ושרא | במערתא | הוא ותרתין בנתה עמיה ארום |
| 3394 | | Gn25:09 | ו{ו}<י>שמעל בנוי | במערתא | כפילא בחקלא דעפרו' בן |
| 3395 | במערתי | Gn23:19 | אברהם ית שרה אתתיה | במערתי | חקל כפילא די כל קובל |
| 3396 | במפסכון | Lv26:15 | למעבד ית כל פיקודי | במפסכון | ית קיימיי: |
| 3397 | במפק' | Ex13:08M | דין עבד ייי ניסין לי | במפק' | ממצרים |
| 3398 | במפקא | Ex34:22 | דחטיא וחגא דאכנשותא | במפקא | דשתא: |
| 3399 | במפקה | Lv27:21 | ותיהוי חקלה | במפקה | דיובילה קדש לשמה דייי |
| 3400 | במפקהון | Nu33:38M | שנין \בזמן | אפקותהון/במפקהון#2#/ | דבני ישראל |
| 3401 | במפקי | Ex 9:29 | ואמר ליה משה | במפקי | ית קרתא אפרש ית כפי ידי |
| 3402 | במפקיהון | Ex13:08M | מימרי דייי ניסים | במפקיהון#2#/ | פריקין מן מצרים: |
| 3403 | במפקכון | Dt28:19M | וליטין תהוון | במפקכון | מן בתי מדרשיכון |
| 3404 | במצוותיה | Ex12:11M | יתיה חרציכון אסירין | /\במצוותיה | דאורייתא#2#/ מסניכון |
| 3405 | במצולתיה | Ex15:05 | עליהון נחתו ושקעו | במצולתיה | דמיא אדמון לאבנא: |
| 3406 | במציעות | Gn 3:03 | ומן פרי אילנא די | במציעות | גנתה אמר ייי לא תאכלון |
| 3407 | | Gn 1:06 | ממרא דייי יהוי רקיעא | במציעות | מיא ויהוי מפרש בין מיא |
| 3408 | במצריי | Ex10:02 | ובני בניכון מה די שנקת | במצריי | וית נסיי די שוית בהון |
| 3409 | במקושה | Nu27:05 | דיניהון דיני ממון | במקושה | דחליל שבתה בזדנו ובמחרף |
| 3410 | | Lv24:12 | דיניהון דיני ממון | במקושה | דחלל שובתה בזידנו |
| 3411 | | Nu 9:08 | דיניהון דיני ממון | במקושה | דחלל שבתה בזידנו ובמחרפה |
| 3412 | | Nu15:34M | "מתין ... ואצנער": זריז | במקושה | דחלל שובתה בזידנו |
| 3413 | במקמתא | Ex22:07 | דייניא אין לא שלח ידי' | במקמתא | דחבריה: |
| 3414 | | Ex22:10 | תריהון אין לא פשט ידיה | במקמתא | דחבריה ויקבל מריה ולא |
| 3415 | במרוי | Ex21:29 | ומן דקדמוי ויתאסהד | במרוי | ולא ינטרון יתיה ויתקטל |
| 3416 | במרומיא | Gn38:25 | אשכחת יתהון תלת עייני | במרומיא | ואמרת בבע«ו» ברחמין |
| 3417 | במרחקתהון | Dt32:21 | דלא אלה ואכעסו יתי | במרחקתהון | ואנה אקני יתהון באמה |
| 3418 | | Dt32:16 | אקנון יתה | במרחקתהון | ובטעוותהון אכע{ו}<י>סו |
| 3419 | במרצעא | Ex21:06 | וירצע רבוניה ית אדניה | במרצעא | ויהוי ליה עבד משתעבד |
| 3420 | במרתוק | Ex21:18 | גבר ית חבריה באבן או | במרתוק | ולא ימות ויטלק בערס מרעה: |
| 3421 | במרתחה | Lv 7:09 | בתנורא וכל נעבד | במרתחה | ועל מסרייתה לכהנה דמקרב |
| 3422 | במש' | Ex10:02M | דבניכון /למיתנייה | במש' | בניכון#2#/ ובני בניכון מה |
| 3423 | | Nu17:28M | /דיקרוב למקרבה | במש'#2#/ | דייי יתקטל ה<ו>א ספנן |
| 3424 | | Ex28:43M | /במיעלה#2#/ | למשכן/במש'#2#/ | זימנא א{ן}<ו> |
| 3425 | במשח | Lv 2:04 | ועריכין פטירין משחין | במשח: | |
| 3426 | | Lv 7:12 | וסלת מרתחה חלין פילין | במשח: | |
| 3427 | | Nu28:09 | עשרונין סלת מנחה פילה | במשח | אינון ונסכיהון: |
| 3428 | | Lv 9:04 | קדם ייי ומנחה פילה | במשח | ארום יומא הדין ממריה דייי |
| 3429 | | Lv14:10 | עשרנין סלת מנחה פילה | במשח | ולג חד דמשח: |
| 3430 | | Lv 7:10M | ונגיבה /מנחתה מערבה | במשח | ומנגבה#2#/ לכל בנוי |
| 3431 | | Nu 6:15 | פטירין משיח«י»ן | במשח | ומנחתהון ונסכיהון: |
| 3432 | | Lv 7:10 | וכל מנחתה פילה | במשח | ונגיבה לכל בנוי דאהרן |
| 3433 | | Lv 7:12 | ועריכין דפטירין פילין | במשח | וסלת מרתחה חלין פילין |
| 3434 | | Nu 6:15M | /וסלה דפטירין פילן | במשח | ועריכי פט'#2#/ משיח«י»ן |
| 3435 | | Ex29:02 | וחלין פטירין דפילין | במשח | ועריכין פטירין משיחין במשח |
| 3436 | | Lv 2:04 | סלת חלין פטירין פילן | במשח | ועריכין פטירין משחין במשח: |
| 3437 | | Lv 7:12 | קדשיה חלין פטירין פילין | במשח | ועריכין דפטירין פילין במשח |
| 3438 | | Nu 6:15 | דפטירין סלת חלין פילן | במשח | ועריכין פטירין משיח«י»ן |
| 3439 | | Nu 8:08 | תורין ומנחתה סולת פילה | במשח | ותור תניין בר תורין תסב |
| 3440 | | Ex29:23 | דלחם חד וחלה דלחם פילה | במשח | חדה ועריך חד מן סלא די |
| 3441 | | Lv 8:26 | דפטיר חד וחלה לחם דפילה | במשח | חדה ועריך חד ושוי על תרביה |
| 3442 | | Ex29:40 | מכלתה סלת פילה | במשח | כתיש רביעת הנא ונסוך רביעת |
| 3443 | | Nu28:05 | מכלתה סלת למנחתה פילת | במשח | כתית רבעית הינה: |
| 3444 | | Nu15:04M | הינה משח /עשרון פילה | במשח | כתש רבעית הינה#2#/: |
| 3445 | | Lv14:21 | ועשרון מכלתה סלת חד פיל | במשח | למנחה ולג דמשח: |
| 3446 | | Nu 7:13 | ומזרקה סולת פילה | במשח | למנחתה: |
| 3447 | | Nu 7:19 | ומזרקתה סולת פילה | במשח | למנחתה: |
| 3448 | | Nu 7:25 | מליין ומזרקתה פילה | במשח | למנחתה: |
| 3449 | | Nu 7:31 | ומזרקתה סלת פיילה | במשח | למנחתה: |
| 3450 | | Nu 7:37 | ומזרקתה סלת פ«יי»לה | במשח | למנחתה: |
| 3451 | | Nu 7:43 | ומזרקתה סלת פיילה | במשח | למנחתה: |
| 3452 | | Nu 7:49 | ומזרקתה סלת פיילה | במשח | למנחתה: |
| 3453 | | Nu 7:55 | ומזרקתה סלת פיילה | במשח | למנחתה: |

|  |  |  |  |  |  |
|---|---|---|---|---|---|
| 3454 | | Nu 7:61 | ומזרקתה סלת פיילה | במשח | למנחתה: |
| 3455 | | Nu 7:67 | ומזרקתה סלת פיילה | במשח | למנחתה: |
| 3456 | | Nu 7:73 | ומזרקת«ה» סלת פיילה | במשח | למנחתה: |
| 3457 | | Nu 7:79 | ומזרקתה סלת פיילה | במשח | למנחתה: |
| 3458 | | Nu28:12 | עשרונין סולת מנחה פילה | במשח | לתור חד ותרין עשרונין סלת |
| 3459 | | Ex29:02 | ועריכין פטירין משיחין | במשח | סלת דחטין תעבד יתהון: |
| 3460 | | Nu28:12 | עשרונין סלת מנחה פילה | במשח | עם דכרה חדתה תקרבון: |
| 3461 | | Lv 2:05 | על מסרת' קרבנך סלת פילן | במשח | פטיר תהוי: |
| 3462 | | Nu15:09 | סלת תלתה עשרונין פיל | במשח | פלגות הינה: |
| 3463 | | Lv23:13 | תרין עשרונין סלת פילה | במשח | קרבן מתקבל לריח דרעוה לשמה |
| 3464 | | Nu 7:01 | מנוי <....> ורבי יתהון | במשח | רבותה וקדש יתהון: |
| 3465 | | Nu35:25M | \במשחה דבית קודשה | /במשח | רבותה#2#/: |
| 3466 | | Nu28:20 | ומנחתהון סלת פילה | במשח | תלתה עשרונין תקרבון: |
| 3467 | | Nu28:28 | ומנחתהון סולת פילה | במשח | תלתה עשרונין תקרבון עם |
| 3468 | | Nu29:03 | ומנחתהון סלת פ«י»לה | במשח | תלתה עשרונין תקרבון עם |
| 3469 | | Nu29:09 | ומנחתהון סלת פילה | במשח | תלתה עשרונין תקרבון עם |
| 3470 | | Nu29:14 | ומנחתהון סלת פילה | במשח | תלתה עשרונין תקרבון עם |
| 3471 | | Nu15:06 | סלת תרין עשרנין פילה | במשח | תלתות הינא: |
| 3472 | | Nu28:13 | מכלתה סלת מנחה פילה | במשח | תקרבון עם אמרא חתתה עלה |
| 3473 | | Lv 2:07 | מרתחה קרבנך סלת פילה | במשח | תתקרב: |
| 3474 | | Lv 6:14 | על מסריתה | במשח | תתקרב מרתחה ייתי יתה |
| 3475 | במשחה | Nu35:25 | כהנה רבא <ד>רבי יתיה | במשחה | דבית קודשה: |
| 3476 | | Dt33:24 | מש{י}<ח> במייא ומסחי | במשחה | רגלוי: |
| 3477 | במשיריית' | Nu31:10M | /קורייתהון | במש{רי}<יר>יית'#2#/ | וית כל |
| 3478 | במשך | Lv13:48 | בערבה לכתנא או לעמרא או | במשך | או בכל עב<י>ד{י}ה דמשך: |
| 3479 | | Lv13:49 | ירק או סמוק בלבוש או | במשך | או בשתיה או בעור«בא» או |
| 3480 | | Lv13:04 | ואין בהקי חוורה היא | במשך | בשרה ומכיך לית חזוה מן |
| 3481 | | Gn 3:21M | לבושין דאוקר | למשך/במשך#2#/ | בשרהון ואלבש יתהון: |
| 3482 | | Lv13:38 | וגבר או אתה ארום יהוי | במשך | בשרהון בהקיין {בהקיין} |
| 3483 | | Lv13:39 | ויחמי כהנא והא | במשך | בשרהון בהקיין כהיין חוורן |
| 3484 | | Lv13:02 | או קלפה או בהקי ויהוי | במשך | בשריה למכתש צרעה וייתי |
| 3485 | | Lv13:02 | בר נש ארום «יהווי» | במשך | «בשריה» שומה או קלפה או |
| 3486 | | Lv13:03 | וחמא כהנא ית מכתשא | במשך | בשריה ושער במכתשה אתהפי' |
| 3487 | | Lv13:11 | צרע{ת}<ה>#2#^ מחלפה היא | במשך | בשריה ויסאב יתה כהנא לא |
| 3488 | | Lv13:51 | או בשתיה או בערבה או | במשך | לכל מה די יתעבד משכה |
| 3489 | במשכ' | Lv 4:18 | דמדבחה די קדם ייי די | במשכ' | זימנא וית כל אדמה ישפוך |
| 3490 | | Lv13:35 | ואם מהלכה יהלך נתקא | במשכ' | מן בתר דאדכי: |
| 3491 | במשכא | Lv13:39 | חוורן בהקי הוא הלך | במשכא | דכי הוא: |
| 3492 | | Lv13:06 | מכתשא ולא הלך מכתשה | במשכא | וידכי יתיה כהנא קלפה היא |
| 3493 | | Lv13:36 | כהנא {ל} והא הלך נתקה | במשכא | לא יפשפש כהנא לשערה |
| 3494 | במשכה | Lv13:49M | בשתיה /סמק בלבושה או | במשכה | או לש'#2#/ או בעור«בא» |
| 3495 | | Lv13:10 | כהנא והא שומה חוור' | במשכה | והיא אתהפכת לשער חוור |
| 3496 | | Lv13:28 | תקום בהקיתה לא הלכת | במשכה | והיא כהיה שומת כוותיה היא |
| 3497 | | Lv13:34 | והא ל{ף}<א> הלך ניתקא | במשכה | וחזוה לית הוא מכיך מן |
| 3498 | | Lv13:05 | בחזויה לא הלך מכתשה | במשכה | ויסרוד יתיה כהנא שבע' |
| 3499 | | Lv13:08 | כהנא והא הלכת קלפתה | במשכה | ויסאב יתיה כהנה: |
| 3500 | | Lv13:22 | ואין מהלך תהלך | במשכה | ויסאב כהנא יתיה מכתשא |
| 3501 | | Lv13:27 | שביעיה אין מהלכה תהלך | במשכה | ויסאב כהנא יתיה מכתש צרעה |
| 3502 | | Lv13:12 | ואין מפרח תפרח צרעתה | במשכה | ותכסי צרעתה ית כל משכא |
| 3503 | | Lv13:24 | או בשר' ארום יהוי | במשכה | כוויה דאשה ותיהוי מחת |
| 3504 | | Lv13:51M | או בערבה או | במשך/במשכה#2#/ | לכל מה די יתעבד |
| 3505 | | Lv13:07 | מהלכ«ה» תהלך קלפתה | במשכה | מן בתר דאתחוי לוות כהנא |
| 3506 | במשכון | Nu 8:24 | ייעול לחיל קרבה למפלח | במשכון | זימנא: |
| 3507 | | Nu 4:43 | לחיל קרבה למפלח | במשכון | זימנה: |
| 3508 | במשכיה | Lv13:18 | ובשרא ארום יהוי בה | במשכיה | שחנה ויתאסי: |
| 3509 | במשכן | Nu 4:15 | בנוי דקהת למטען | במשכן | ולא יקרבון לבית קודשה ולא |
| 3510 | | Ex27:21 | | במשכן | זימנא לבר מן פרכתה דעל |
| 3511 | | Ex40:22 | ויהב ית פתורה | במשכן | זימנא על שפולוי דמשכנא |
| 3512 | | Ex40:24 | ושוי ית מנרתה | במשכן | זימנא לקבל פתורה על |
| 3513 | | Ex40:26 | ושווי ית מדבחה דדהבה | במשכן | זימנא קדם פרוכתה: |
| 3514 | | Lv 4:07 | בוסמנייה קדם ייי די | במשכן | זימנא וית כל דמה דתורא |
| 3515 | | Lv10:09 | את ובניך עמך במעלכון | במשכן | זימנא דלא תמותון קיים עלם |
| 3516 | | Nu 4:03 | קרבה למעבד עב{ו}<י>דה | במשכן | זימנא: |
| 3517 | | Nu 4:04 | דן פולחנה דבנוי דקהת | במשכן | זימנא בבית ק«ו»דשיה: |
| 3518 | | Nu 4:23 | לחיל קרבה למפלח פולחן | במשכן | זימנא: |
| 3519 | | Nu 8:22 | למפלח ית פלחניהון | במשכן | זימנא קדם אהרן וקדם בנוי |
| 3520 | | Nu14:10 | שכינתה דייי אתגליית | במשכן | זימנא על כל בני ישראל: |
| 3521 | | Lv16:17 | וכל בר נש לא יהווי | במשכן | זימנה במעלה לכפרה בגו |
| 3522 | | Nu 4:15 | אלין מטלני בנוי דקהת | במשכן | זימנה: |
| 3523 | | Nu 4:31 | מטולהון לכל פולחנהון | במשכן | זימנה לווחוי דמשכנה |
| 3524 | | Nu 4:41 | דגרשון כל די פלח | במשכן | זימנה די סכם משה ואהרן |
| 3525 | | Nu 4:47 | פלחן עבידה ועבידת מטול | במשכן | זימנה: |
| 3526 | | Nu 8:26 | וישמש ית אחוי | במשכן | זימנה למיטר מטרה ופלחן לא |
| 3527 | | Nu18:31 | הוא לכון חלף פולחנכון | במשכן | זימנה: |
| 3528 | | Ex30:36 | ותתן מנה קדם שהדותא | במשכן | זמנא דאזמן ממרי לך תמן |
| 3529 | | Nu 1:01 | עם משה במדברה דסיני | במשכן | זמנא בחד לירחא תנינא בשתא |
| 3530 | | Dt31:14 | קרא ית יהושע ואתעתדו | במשכן | זמנא ופקד יתיה ואזל משה |
| 3531 | | Dt31:14 | משה ויהושע ואתעתדו | במשכן | זמנא: |
| 3532 | | Lv24:03 | לבר מן פרוכתה דסהדותה | במשכן | זמנה יסדר יתיה אהרן מן |
| 3533 | | Nu 3:25 | ומטרת בנוי דגרשון | במשכן | זמנה משכנה ופרסה וחפויה |
| 3534 | | Nu 4:28 | זרעייתה דבנוי דגרשוני | במשכן | זמנה ומטרתהון על דאיתמ' |
| 3535 | | Nu 4:33 | דמררי לכל פלחנהון | במשכן | זמנה על ידוי דאיתמר ברה |
| 3536 | | Nu 4:35 | דייעול לחיל קרבה למפלח | במשכן | זמנה: |
| 3537 | | Nu 4:37 | דבנוי דקהתי כל די פלח | במשכן | זמנה די סכם משה ואהרן |
| 3538 | | Nu 8:19 | ית פלחן דבני ישראל | במשכן | זמנה ולמכפירה על בני |
| 3539 | | Nu17:19 | ואצנע יתהון | במשכן | זמנה קדם סהדותא די אזדמן |
| 3540 | | Nu17:22M | ייי \במשכנה דסהדותה | /במשכן | סה<ד>ו'#2#/: |
| 3541 | במשכנא | Gn18:09 | שרה אתתך ואמר הא היא | במשכנא: | |
| 3542 | | Gn31:33 | ועל לבן | במשכנ«א» | דיעקב ובמשכנא דלאה |
| 3543 | במשכנה | Dt31:15 | ואתגלי ממרה דייי | במשכנה | בעמודה דעננה וקם לה עמודה |
| 3544 | | Nu17:22 | משה ית חוטריה קדם ייי | במשכנה | דסהדותה: |
| 3545 | | Nu19:14 | ימות במשכנה כל די על | במשכנה | וכל די יהיב במשכנה יהווי |
| 3546 | | Nu19:14 | על במשכנה וכל די יהיב | במשכנה | יהווי מסאב שבעה יומין: |
| 3547 | | Nu19:14M | יהווי מסאב שבעה /דאית | במשכנה | יסתאב שב'#2#/ יומין: |
| 3548 | | Nu19:14 | אוריתה בר נש ארום ימות | במשכנה | כל די על במשכנה וכל די |
| 3549 | | Ex16:16 | נפשכון גבר לפם מה די | במשכנה | תסבון: |
| 3550 | במשכניה | Dt24:12 | מסכן הוא לא תידמוך | במשכניה: | |
| 3551 | במשכנין | Gn 4:20M | /אביהון כל דשריין | במשכנין | ומרי נכסין#2#/: |
| 3552 | במשכנכון | Dt 1:27 | וארעמתון | במשכנכון | ואמרתון על מה דהוה ממרה |
| 3553 | במשמועה | Gn44:18M | "ורבוני לא": | במשמועה | דרבנן ולא <יתקוף> |
| 3554 | במשמועי | Ex24:07M | ספר קיימא וקרא | כשמעון/במשמועי'#2#/ | דעמא ואמרין כל מה |
| 3555 | במשמעה | Nu11:01 | עמה כמתרעמין הגין ביש | במשמעה | דייי ושמע קדם ייי ותקף |
| 3556 | | Nu11:18 | בשר ארום בכיתון | במשמעה | דייי למימר אלווי מן יוכל |
| 3557 | | Ex11:02M | מלל כען | במשמעהון/במשמעה#2#/ | דעמא וישאלון גבר |
| 3558 | | Ex17:14 | דא דוכרן טב בספרא ושוי | במשמעה | ויהושע ארום משיציא |
| 3559 | במשמעהון | Dt31:11 | הדה לקבל כל ישראל | «ב»משמעהון: | |
| 3560 | | Gn23:10 | חתייה עם אברהם | במשמעהון | דבנוי דחת לכל עללי תרע |
| 3561 | | Gn23:11 | חתייה עם אברהם | במשמעהון | דבנוי דחת לכל עללי תרע |

|  |  |  |  |  |  |
|---|---|---|---|---|---|
| 3562 | | Gn23:16 | ית כספא דמלל | במשמעהון | דבנוי דחת ארבעין מאה |
| 3563 | | Dt31:30 | ומלל משה | במשמעהון | דכל קהלה דישראל ית מלי |
| 3564 | | Gn23:13 | <...> | במשמעהון | דעמא דארעא למימר לחוד אן |
| 3565 | | Ex11:02 | מלל כען | במשמעהון | דעמא וישאלון גבר מן |
| 3566 | | Dt32:44 | ^כל#2^ שבח שירתה הדה | במשמעהון | דעמא הוא ויהושע בר |
| 3567 | | Ex32:03M | לוות אהרן /דאית | במשמעהון | ואייתון יתהון לוות |
| 3568 | | Gn20:08 | פתגמי«א» האלין | במשמעהון | ודחילו גבריא לחודא: |
| 3569 | | Gn35:04M | וית קדשיא די | באדנהון/במשמעהון#2#/ | וטמר יתהון יעקב |
| 3570 | | Dt31:28 | וסרכיכון ואמלל | במשמעהון | ית פתגמיא האליין ואסהד |
| 3571 | במשמעי | Nu14:28 | אין לא היך מה דמללתון | במשמעי | כדין אעבד לכון: |
| 3572 | | Ex32:02M | \באדני נשיכון /דאית | במשמעי | נשייה#2#/ בניכון ובנתכון |
| 3573 | במשמעיה | Gn50:04 | באפיכון מלילו כען | במשמעיה | דפרעה למימר: |
| 3574 | במשמעין | Ex10:02 | בגלל דתתנון | במשמעין | דבניכון ובני בניכון מה |
| 3575 | במשמעכון | Dt 5:01 | דינייה די אנה ממלל | במשמעכון | יומא הדין ותלפון יתהון |
| 3576 | במשרא | Dt11:30M | דכנענאי דיתבין | במשרא | כל וקבל גלג<לה> |
| 3577 | במשרה | Dt 1:07 | וכבישו ית כל כופרנוי | במשרה | בטורה בשפלתה ובדרומה |
| 3578 | | Gn35:09 | צדיקא כד אתגליתא עלוי | במשרה | חזווה ועד כען הווה צער מן |
| 3579 | | Dt11:30 | בארעהון דכנעניי דשריין | במשרה | כל קבל גלגלה סמיך למישרי |
| 3580 | | Nu14:25 | ועמלקיי וכנעניי שריין | במשרה | למחר כוינו ונטולו לכון |
| 3581 | במשרי | Gn14:13 | לאברם עברייא והוא שרי | במשרי | חזוה דממר' אמורי«ה» |
| 3582 | | Gn18:01 | ממרי' דייי על אברהם | במשרי | חזווה והוא הווה יתיב בתרע |
| 3583 | | Gn35:09M | עלוי מימריה דייי | במשרי | חזווה ועוד אלפת יתן |
| 3584 | | Nu33:44M | מאבות ושרון | במגזיה/במשרי#2#/ | עברייה בתחומה |
| 3585 | במשריה | Nu26:03 | ואלעזר כהנא יתהון | במשריה | דמואב סמיך לירדנא |
| 3586 | במשרית' | Ex19:18M | וזעו כל עמא דאית | במשרית' | |
| 3587 | במשריתא | Gn32:22 | והוא אבית בליליא ההוא | במשריתא: | |
| 3588 | | Ex19:16 | ואזדעזעו כל עמא די | במשריתא: | |
| 3589 | | Ex32:17 | למשה קל סדרי קרבא | במשריתא: | |
| 3590 | | Ex32:27 | וחזרו מן תרע לתרע | במשריתא | וקטלו גבר ית אחוי וגבר |
| 3591 | במשריתה | Nu11:26M | אלדד ומידד מתנביין | במשריתה | |
| 3592 | | Nu11:26 | אלדד ומדד מתנבאין | במשריתה: | |
| 3593 | | Nu11:27 | אלדד ומדד מתנבאין | במשריתה: | |
| 3594 | | Lv17:03 | אמר או גדי בר עזין | במשריתה | או די יכוס לבר ממשריתה: |
| 3595 | | Lv24:10 | בני ישראל ואתנצון | במשריתה | ברה דאתתה ישראליתה וגברה |
| 3596 | | Lv10:20M | ואפק כרוז | במשריתה | ואמר הלכתה "התעלמה" |
| 3597 | | Ex36:06 | ופקד משה ועברן כרוז | במשריתה | למימר גבר ואתה לא יעבדון |
| 3598 | | Nu11:26 | ואשתיירו תרין גברין | במשריתה | שמה דחד אלדד ושמה |
| 3599 | במתבכון | Dt 6:07M | בגו בתיכון | /במתבכון | בבתיכ'#2#/ ובהלכותכון |
| 3600 | במתייה | Gn35:09M | כד איתגליון עלוי | במתייה | מן פדן ארם אורחיה דעלמא |
| 3601 | במתל | Nu23:07 | ונטל | במתל | נבותה מן ארם דבר יתי בלק |
| 3602 | | Nu23:10 | ככוכבי שמיא אמר בלעם | במתל | נבותה אן קטלין יתיה ישראל |
| 3603 | | Nu23:18 | ונטל | במתל | נבותה ואמר קום בלק ושמע |
| 3604 | | Nu23:23 | ודדבית ישראל אמר בלעם | במתל | נבותה טוביכון צדיקיה מה |
| 3605 | | Nu24:03 | ונטל | במתל | נבותה ואמר אמר בלעם בנוי |
| 3606 | | Nu24:20 | וחמא ית עמלקאה ונטל | במתל | נבותה ואמר שרוי אומיה |
| 3607 | | Nu24:21 | וחמה ית שלמייה ונטל | במתל | נבותה ואמר מה תקיף הוא |
| 3608 | | Nu24:23 | ונטל | במתל | נבותה ואמר אלוויי מן ייחי |
| 3609 | | Nu24:15 | ונטל | במתל | נבותיה ואמר אמר בלעם ברה |
| 3610 | במתנתה | Gn18:17 | אנה הואיל וכרכה דסדם | במתנתה | דיהבת לה בדינה הוא דלא |
| 3611 | במתק' | Lv26:26 | עשר נשין לחמיכון | במתק' | בתנור חד ויהוויין מחזרן |
| 3612 | במתקל | Lv26:26 | מחזרן לכון לחמכון | במתקל | ותיאכלון ולא תשבעון: |
| 3613 | | Ex30:34 | ולבונה ברירא מתקל | במתקל | יהווי: |
| 3614 | במתקלה | Lv19:35 | לא תעבדון שקר בדינה | במתקלה | במכלתה ובמוזניה: |
| 3615 | | Lv19:35M | ובמוזניה /במכלתה | במתקלה | ובמ'#2#/: |
| 3616 | במתקליה | Gn43:21 | דגבר בפם טעונה כספינן | במתקליה | וחזרנן יתיה בידנא: |
| 3617 | במתקע | Ex19:13 | אן בעיר אין גבר לא יחי | במתקע | שופרא משה ואהרן אינון |
| 3618 | במתקעה | Ex19:13M | "במתקע ... לטורא": | במתקעה | דשופירא הנון |
| 3619 | בנבואתך | Ex19:09 | עמא במללותי עמך ואף | בנבואתך | משה עבדי יהמנון לעלם |
| 3620 | בנבילת | Lv 5:02M | או \בנבלה דבעיר | /בנבילת | בעיר#2#/ /^<בנבל>ת |
| 3621 | | Lv 5:02M | מסאב או \בנבלה דשרץ | /בנבילת | שרץ#2#/ מסאב ויתכסי מנה |
| 3622 | בנבלה | Lv 5:02 | או בנבלה דחוה מסאבה או | בנבלה | דבעיר מסאב או בנבלה דשרץ |
| 3623 | | Lv 5:02 | תקרב בכל מילה מסאבה או | בנבלה | דחוה מסאבה או בנבלה דבעיר |
| 3624 | | Lv 5:02 | או בנבלה דבעיר מסאב או | בנבלה | דשרץ מסאב ויתכסי מנה והוא |
| 3625 | בנבלת | Lv 5:02M | מסאבה או \בנבלה דחוה | /בנבלת | חיה#2#/ מסאבה/מסבה#2#/ |
| 3626 | בנבלתה | Lv11:39 | לכון למיכל מן די יקרב | בנבלתה | יסתאב עד רמשא: |
| 3627 | בנבלתהו' | Lv11:24 | תסתאבון כל די יקרב | בנבלתהו' | יהוי מסאב עד רמשא: |
| 3628 | בנבלתהון | Lv11:27 | לכון כ{י}<ל> די יקרב | בנבלתהון | יהוי מסאב עד רמשא: |
| 3629 | | Lv11:36 | יהווי דכי ומן די יקרב | בנבלתהון | יסתאב: |
| 3630 | | Lv11:39M | יסתאב /ודיקרוב | בנבלתהון | יסתאב#2#/ עד רמשא: |
| 3631 | בנדת | Lv18:19 | ולאתתה | בנדת | סאבתה לא תסב למגלייה |
| 3632 | בנהרא | Ex 7:17 | די בידי על מיא די | בנהרא | ויהפכון לאדם: |
| 3633 | | Gn40:18M | \לנהרא ברם פרעה יאבד | /בנהרא | וסופי' דפרעה ייבד#2#/ |
| 3634 | | Ex 7:18 | ונוניא די | בנהרא | ימותון ויסרח נהרא |
| 3635 | | Ex 8:05M | לחוד/להוד#2#/ | דבנהרא/בנהרא#2#/ | ישתיירון |
| 3636 | | Ex 8:07M | לחוד/להוד#2#/ | דבנהרא/בנהרא#2#/ | ישתיירון |
| 3637 | | Ex 7:21 | ונוניא די | בנהרא | מיתו ואסרח נהרא ולא יכילו |
| 3638 | | Ex 7:20 | חוטריה ומחה ית מיא די | בנהרא | קדם פרעה וקדם שליטוי |
| 3639 | | Ex 1:22 | דכר דמתיילד ליהודייא | בנהרא | תטלקון יתיה וכל ברא נוקבא |
| 3640 | בנוגהא | Gn44:03M | \צפרא אנהר /היספרא | בנוגהא#2#/ | וגבריא אשתלחו אינון |
| 3641 | בנוני | Gn 1:28 | ארעא וכבישו יתה ושלוטו | בנוני | דימא ובעופא דשמיא ובכל |
| 3642 | בנוניא | Gn 1:26 | כד נפק {כ}<ב>ן וישלטון | בנוניא | דימא ובעופ' דשמיא ובבעירא |
| 3643 | בנורא | Nu31:10 | כל אפרכיוותהון אוקדו | בנורא: | |
| 3644 | | Dt 7:05 | טעוותהון תוקדון | בנורא: | |
| 3645 | | Lv 2:14 | לשמה דייי מהבהב קלי | בנורא | גרש פריחין תקרב ית מנחת |
| 3646 | | Dt 9:21 | טעוון נסבת ואוקדת יתיה | בנורא | ואכתת יתיה זקיק טבאות עד |
| 3647 | | Gn38:25 | תמר נפקת למתוקדה | בנורא | ובעת תלתא סהדי ולא אשכחת |
| 3648 | | Nu31:23 | די יעול לנורא תעברון | בנורא | וידכא להוד במי אדיה ידכא |
| 3649 | | Ex32:24M | לי ואת' וטלקתיה | בנורא | ועל סטנה בגווה ונפק |
| 3650 | | Dt12:03 | וטעוותהון תוקדון | בנורא | {{וצלמי}} טעוותהון תקצצון |
| 3651 | | Gn38:25 | ועזריה כד נחתין | בנורא | יקידתא ומקדשין שמך קדישא |
| 3652 | | Lv16:27 | לבר מן משריתה ויקדון | בנורא | ית משכיהון וית בשריהון |
| 3653 | | Dt13:17 | לגו מצע פלטיה ותיקדון | בנורא | ית קרתא וית על עדיתה גמיר |
| 3654 | | Lv 7:17 | קדשי«ה» ביומא תליתיה | בנורא | יתוקד: |
| 3655 | | Lv 7:19 | סואבה {לא} לא יתאכל | בנורא | יתוקד ובשרה כל דדכי יכול |
| 3656 | | Lv19:06 | עד יומא תליתייה | בנורא | יתוקד: |
| 3657 | | Ex29:34 | צפרא ותיקד מה דאשתייר | בנורא | לא יתאכל ארום קדש הוא: |
| 3658 | | Dt 7:25 | טעוותהון תוקדון | בנורא | לא תתחמדון כספא ודהבה |
| 3659 | | Dt18:10 | גבר מעבר בריה וברתיה | בנורא | לא קסמי קסמין ולא חדודי |
| 3660 | | Ex29:14 | וית משכא וית רעיה תוקד | בנורא | לבר מן משריתה חטאת הוא: |
| 3661 | | Lv 8:17 | בשר' וית רעיה אוקיד | בנורא | לבר מן משריתה היך מה דפקד |
| 3662 | | Lv 9:11 | וית בשרה וית משכה אוקד | בנורא | לבר מן משריתה: |
| 3663 | | Dt12:31 | וית בנתהון יוקדון | בנורא | לטעוותהון: |
| 3664 | | Ex12:08 | בשרא בליליה פסחא צלי | בנורא | פטירין {עם מרירין} עם |
| 3665 | | Lv18:21 | ומבניך לא תתן למתעברה | בנורא | קדם פלחנה נכרייה ולא תפסו |
| 3666 | | Lv20:03 | מן בנוי יהב למעברה | בנורא | קדם פלחנה נכריה מן בגלל |
| 3667 | | Lv20:04 | מן זרעית בנוי למעברה | בנורא | קדם פלחנה נכריה דלא |
| 3668 | | Lv 2:14M | קדם ייי דכיך קלי | בנורא | קמ{ה}<ח> דפירוכיין |
| 3669 | | Ex12:09 | במיא ארום אלהן צלי | בנורא | ראש עם רגלוי ועם |

| | | | | | |
|---|---|---|---|---|---|
| 3670 | | Ex12:10 | דמשייר מיניה עד צפרא | בנורא | תוקדון: |
| 3671 | | Lv13:55 | ומכתש׳ לא הלך מסאב הוא | בנורא | תוקדון יתיה פחיתה היא |
| 3672 | | Lv13:57 | בכל מן דמשך מהלכה היא | בנורא | תוקדון יתיה ית מנה דבי |
| 3673 | | Lv20:14 | אתה וית אמה מרחקה היא | בנורא | תוקדון יתיה וית תריהון |
| 3674 | | Nu31:23 | וכל מה די לא ייעול | בנורא | תעברון במיא: |
| 3675 | | Lv 6:23 | בגו בית קדשא לא תתאכל | בנורא | תתוקד: |
| 3676 | | Lv13:52 | ארום צרעה מחלטה היא | בנורא | תתוקד: |
| 3677 | | Lv21:09 | ית אבוה היא מטעו׳ | בנורא | תתוקד: |
| 3678 | בנורה | Lv 8:32 | דמשתייר בבשרא ובלחמה | בנורה | תוקדון יתיה: |
| 3679 | בנחירוי | Gn 7:22 | כל די נשמה דרוח חיין | בנחירוי | מן כל מה די ביבשתא מיתו: |
| 3680 | | Gn 2:07 | אדם עפר מן אדמתא ונפח | בנחירוי | נשמ׳ דחיין והוה אדם לנפש |
| 3681 | בנחלה | Dt21:04 | ויקטלו תמן ית עגלתה | בנחלה: | |
| 3682 | | Dt21:06 | ידיהון על עגלתה דקטילה | בנחלה: | |
| 3683 | | Gn26:17 | ואזל מתמן יצחק ושרה | בנחלה | דגרר ויתב תמן: |
| 3684 | | Nu21:12 | מן תמן נטלו ושרון | בנחלה | דזרד: |
| 3685 | | Gn26:19 | וחפרו עבדוי דיצחק | בנחלה | ואשכחו תמן בא<׳> מיין |
| 3686 | | Dt 2:36 | נחל ארנונה וקרתה די | בנחלה | ועד גלעדה לא הוות קרייה |
| 3687 | בנחלי | Nu21:15 | וגבורתה דעבד ייי עמהון | בנחלי | <....> ומן בתר כדן אתפרשו |
| 3688 | | Nu21:14M | דייי כד הנון עבר׳ | בנ{ה}<ח>לי | |
| 3689 | | Nu21:14 | עמהון כד הוון עברין | בנחלי | ארנונה: |
| 3690 | | Nu21:15 | כד הוון ישראל עברין | בנחלי | ארנונה אטמרו אמורי׳ בגו |
| 3691 | | Nu21:15M | מלעיל ולא ידעו נסיה | בנחלי | ארנון ולחיית קרתה |
| 3692 | בנחמותה | Nu12:12M | מטת זימנא למיחמי | בנחמותה | לא כדון תתרחק דא |
| 3693 | בנטלוותהון | Gn11:02M | \כד אסעו לבבהון | /בנטלוותהון | מן לקדמין#2#/ ואשכחו |
| 3694 | בנטלות | Nu 4:15M | /מאנוי בית קודשה | בנטלות | משירת#2#/ ומן בתר כדן |
| 3695 | | Nu 4:05M | אהרן ובנוי | במטלת/בנטלות#2# | משריתיה ויפרקו |
| 3696 | בנטלותהון | Nu10:34M | /בימ#2#/ | במיטלהון/בנטלותהון#2# | מן משריתיה: |
| 3697 | בניכסיך | Ex 9:03M | ובחמיריא /אתיא | בניכסיך | דאית באפי ברא בסוסוותא |
| 3698 | בנימוס | Gn19:01 | ושאיל בשלמהון | בנימוס | ארעא: |
| 3699 | | Gn23:07 | אברהם ושאל בשלמיהון | בנימוס | ארעא דבני חת: |
| 3700 | | Gn23:11M | אברהם \ושאל בשלמהון | בנימוס | ארעא דבני חת /ואודי |
| 3701 | | Gn33:03 | קדמיהון ושאל בשלומהון | בנימוס | ארעא שבעה זמנין עד זמן די |
| 3702 | | Gn37:10 | ואמך ואחך למשאל בשלמך | בנימוס | ארעא: |
| 3703 | | Gn43:26 | לפלטורין ושאלון בשלמיה | בנימוס | ארעא: |
| 3704 | בנימוסוי | Ex 1:08 | חכם ית יוסף ולא הלך | בנימוסוי: | |
| 3705 | בנימוסי | Lv20:23 | ולא תהלכון | בנימוסי | אומייה די אנה משלח |
| 3706 | | Ex21:07 | ברתיה לאמהתה לא תפוק | בנימוסי | עבדייא: |
| 3707 | בניסיונה | Dt 6:16 | דניסיתון קדמוי | בניסיונה: | |
| 3708 | בניסן | Dt 4:34 | ליה אומה מגו אומה | בניסן | באתין ובפרישן ובסדרי קרבה |
| 3709 | בניקרא | Nu24:21 | תקיף הוא משריך ושוית | בניקרא | דכיפה ית מדורך: |
| 3710 | בנכסיהון | Gn47:16M | ואתן לכון | בבעירכון/בנכסיהון#2#/ | אן שלם כספא: |
| 3711 | בנכסין | Gn13:02M | \בבעירה בכספא ובדהבא | /בנכסין | בכסף ובזהב#2#/: |
| 3712 | | Gn49:19 | כדן יחזרון לאתרהון | בנכסין | סגיין: |
| 3713 | | Nu24:18 | וישראל יצלחון | בנכסין | סגין: |
| 3714 | | Gn15:14 | מנה מן בתר כדן יפקון | בנכסין | רברבין: |
| 3715 | בנסיבה | Nu15:03 | לפירוש נדרה או | בנסיבה | או בזמני מועדיכון למקרבה |
| 3716 | בנסיונה | Dt33:08 | די נפית יתיה וקם | בנסיונה | ובדקת יתיה במי דייניה |
| 3717 | | Gn22:01 | וייי נסי ית אברהם | בנסיונה | עשיריה ואמר ליה אברהם |
| 3718 | בנסיוני׳ | Ex15:25M | ניסין יתי | בנסיוני׳ | עשריה |
| 3719 | בנפ׳ | Dt 4:15M | ותזדהרון לחדא | לנפשתכון/בנפ׳#2#/ | ארום לא חמיתון כל |
| 3720 | בנפש | Nu17:03M | בנפשתהון /יקידת אשתה | בנפש#2#/ | /<דח׳> בנפש#2#/ |
| 3721 | | Nu17:03M | אשתה בנפש#2#/ /<דח׳> | בנפש#2#/ | ויעבדון יתהון טסין |
| 3722 | בנפש׳ | Lv17:10M | אדם ואשווי תקוף רוגזי | בנפש׳ | די תאוכל ית א׳ |
| 3723 | | Lv20:06 | ואשוי תקוף רגזי | בנפש׳ | ההוא וא{ציש}<שיצ>׳ יתיה |

| | | | | | |
|---|---|---|---|---|---|
| 3724 | בנפשא | Gn 9:04 | לחוד בשרא אדמ׳ | בנפשא | לא תאכלון: |
| 3725 | בנפשה | Lv17:10M | אדם ואשר׳ אפי רוגזי | בנפשה | דאכלה ית אדמ׳ |
| 3726 | | Lv17:14 | ארום נפש כל בשרא אדמה | בנפשה | הוא ואמרת לבני ישראל |
| 3727 | | Dt19:06 | ויקטל יתיה ויתחייב | בנפשה | ולה לית סדר דין דקטולין |
| 3728 | בנפשיה | Gn37:21 | לא נקטול יתיה ונתחייב | בנפשיה: | |
| 3729 | | Dt19:11 | ויקטול יתיה ויתחייב | בנפשיה | ויערוק {מן} לחדה מן קריתה |
| 3730 | | Gn34:31 | שכם בר חמור מלגלג | בנפשיה | ומתגאי בלביה ויאמר באתה |
| 3731 | | Dt22:26 | יתיה ומ«ת»חייב | בנפשיה | כדן הוא פתגמא הדין: |
| 3732 | בנפשתהון | Gn18:21 | תתובה ומסכיין אינון | בנפשתהון | דלמא דלית עבדיהון בישייא |
| 3733 | | Nu17:03 | דחייביה האליין דחבו | בנפשתהון | ויעבדון יתהון טסין |
| 3734 | בנקרה | Ex33:22 | איקר שכינתי ואשוי יתך | בנקרה | דטינרא ואפרוש כפי עליך עד |
| 3735 | בנשמת | Nu16:22 | ואמרין אלהה דשליט | בנשמת | כל בשרה הא גבר יחטא ועל |
| 3736 | | Nu27:16 | ימני ייי אלה דשליט | בנשמת | כל בשרא גבר מהימן על עם |
| 3737 | בס׳ | Nu22:36M | כל וקביל ארנונא דאית | בס׳ | |
| 3738 | | Ex29:32M | וית מזונה דאית | בס׳#2#/ | בתרע משכן זימנא: |
| 3739 | בסאבה | Lv 5:03 | או ארום יקרב | בסאבה | דבר נש לכל סאבתיה די |
| 3740 | בסאבותא | Lv 7:21 | די תקרב בכל סואבה | בסאבותא | דברנש או בבעיר מסאב או |
| 3741 | בסאבותכון | Lv18:28 | ולא תפלוט ארעא יתכון | בסאבותכון | יתה היך מה די פלטת ית |
| 3742 | בסאביתה | Lv 7:21M | ארום תקרוב בכל מסאב | בסאביתה | דבר נש#2#/ או בבעיר |
| 3743 | בסאבתהון | Lv15:31 | סאבותהון דלא ימותון | בסאבתהון | דלא יסאבון ית בית מקדשי |
| 3744 | בסאובה | Lv 5:03M | או ארום יקרב | בסאבה/בסאובה#2#/ | דבר נש לכל סאבתיה |
| 3745 | | Dt26:14M | מניה | במסאבו/בסאובה#2#/ | ולא יהבנן מיניה |
| 3746 | בסאיביהון | Lv15:31M | ולא ימותון | בסאיביהון#2#/ | דלא יסאבון ית |
| 3747 | בסגול | Gn15:14M | אנה ומן בתר כן יפקון | בסגול | רב |
| 3748 | בסגוליא | Gn40:12 | ואהרן ומרים דמתילין | בסגוליא | ודי אמרת נסבית ענביה |
| 3749 | בסגי | Gn34:13 | ית שכם וית חמור אבוי | בסגי | חכמתהון ומללו די סאב ית |
| 3750 | בסדר | Nu27:21 | כהנא יקום וישאול לה | בסדר | דינהון דאוריתה קדם ייי על |
| 3751 | בסדרותה | Ex30:07 | טבין בכל צפר וצפר | בסדרותה | ית בוציניתה יסדר יתיה |
| 3752 | בסדרותך | Nu 8:02 | עם אהרן ותימר ליה | בסדרותך | ית בוציננייה לקבל |
| 3753 | בסדרי | Ex 7:04 | ישראל מארעא דמצרים | בסדרי | דינין רברבין: |
| 3754 | | Dt20:06 | לבייתיה דלא ימות | בסדרי | קרבא וגבר אחרן יפ«ר»ק |
| 3755 | | Ex32:18M | קל גברין דנצחין | בקרבא/בסדרי | קרבה#2#/ אנה שמע ולא |
| 3756 | | Dt20:05 | לבייתיה דלא ימות | בסדרי | קרבה וגבר אחרן ישכליל |
| 3757 | | Dt20:07 | לבייתיה דלא ימות | בסדרי | קרבה וגבר אחרן יסב יתה: |
| 3758 | בסהריה | Dt28:29M | בטהריה /וממשמשין | בסהריה#2#/ | היך מה דממשש סמייה |
| 3759 | בסוא׳ | Lv18:28M | ארעא יתכון | \בסאבותכון/בסוא׳#2#/ | יתה/בזמן |
| 3760 | בסוגי | Gn27:35 | ואמר אתא אחוך | בסוגי | חכמתא ונסב ברכתך: |
| 3761 | בסוסוותא | Ex 9:03M | דאית באפי ברא | בסוסוותא | ובחמרא ויפרש#2#/ בגמליא |
| 3762 | | Gn47:17 | להון יוסף מזון | ב{ט}<ס>וסוותא | ובקנין ען ובקנין |
| 3763 | בסוסיא | Ex 9:03 | הוויא בבעירך די חקלא | בסוסיא | ובחמיריא בגמליא בתוריא |
| 3764 | בסוף | Dt32:20 | מנהון אחמי מה יהוי | בסוף | אחריותהון ארום דר תהפכנין |
| 3765 | | Nu33:38 | ממרה דייי ומית תמן | בסוף | ארבעין שנין בזמן אפקותהון |
| 3766 | | Dt 1:03 | והוה | בסוף | ארבעין שנין בחד עשר ירחין |
| 3767 | | Gn19:26M | מן בתרה למחמי מה יהוי | בסוף | בייתיה דא׳ |
| 3768 | | Gn15:17M | ובזכותהון עתיד דאישתרי | בסוף | יומיא גומרא די נור מן |
| 3769 | | Gn49:01M | מה דאתערע דיירא להון | בסוף | יומ<י>א מן דאתגלי לה{ו} |
| 3770 | | Dt 8:16 | יתכון למייטבה לכון | בסוף | יומייה: |
| 3771 | | Nu11:26 | מתנביין כחדא ואמרין | בסוף | עקב יומיא גוג ומגוג |
| 3772 | | Dt 4:30 | יתכון כל עקייה האליין | בסוף | עקב יומיא ותתובון קדם ייי |
| 3773 | | Dt31:29 | יתכון ותארע יתכון בישתה | בסוף | עקב יומייא ארום תעבדון מה |
| 3774 | | Gn 7:11 | | בסוף | שית מאה שנין לחיוהי דנח |
| 3775 | בסופ׳ | Ex13:20M | ושרון באיתם | בסיפה/בסופ׳#2#/דאית | בסייפי#2#/ מדברה: |
| 3776 | בסופא | Gn40:12 | דפרעה עתיד למשתי | בסופא | ואת רב מזוגיא לא מובדין |
| 3777 | | Dt17:07M | /וי{ת}<ד> כל עמא | בסופא | ותשיצון#2#/ עבדי בישתה |

|  |  |  |  |
|---|---|---|---|
| 3778 | בסופה | Ex32:01 | לית אנן ידעין מה הווה בסופה: |
| 3779 | | Dt13:10M | דכל עמא באחריתה/בסופה#2#/: |
| 3780 | | Gn19:26 | למחמי מה יהווי בסופה דבייתיה דאבוה והא היא |
| 3781 | בסופהון | Gn37:20 | יתיה ונחמי מה יהווי בסופהון דחלמוי: |
| 3782 | בסופיה | Gn42:13 | לית אנן ידעין מה הוה בסופיה: |
| 3783 | | Nu12:16 | נהרא למידע מה יהווי בסופ«י»ה דמשה הוון ישראל אשתין |
| 3784 | | Ex 2:04M | מה \אתעביד ליה /הוה בסופיה דטליא#2#/: |
| 3785 | | Gn42:36 | לית אנא <ידע> מה הוה בסופיה ואתון בעין למיסב ית |
| 3786 | | Gn42:32 | לית אנן ידעין מה הוה בסופיה וזעירא יומא דן עם אבונן |
| 3787 | בסופלה | Ex12:22M | \די במנה /דאית בסופלה#2#/ ואתון ותתנון על שקופא |
| 3788 | בסחדודתה | Lv21:13 | והר׳ אתה בסחדודתה יסב: |
| 3789 | בסטר | Gn41:03 | בבשריהון וקמו להון בסטר תורייא על כ״י#2#^ף נהרא: |
| 3790 | בסטרא | Ex26:04 | בבית דבוקה וכן תעבד בסטרא דיריעתה בריתה בבית דבוקה |
| 3791 | בסטריכון | Nu33:55 | בעיניכון ולרמחים בסטריכון ויעיקון לכון על ארעא די |
| 3792 | בסיבו | Gn44:20M | סיבו זעיר /ואית ליה בסיבו זיעור#2#/ ואחוי מית |
| 3793 | בסידוריה | Gn19:11 | די בתרע ביתה מחון בסידוריה מדקיקיהון עד סביהון |
| 3794 | בסיטרא | Ex26:05 | וחמשין עונבין תעביד בסיטרא דיריעתא דבבית דבוקה |
| 3795 | | Gn 6:16 | מן לעיל ותרעא דתיבותא בסיטרא תשוי מדורין ארעיין תנינין |
| 3796 | בסיטרה | Ex36:11 | בבית דבוקה כן עבד בסיטרה די יריעתה בריתה |
| 3797 | | Ex36:12 | חדא וחמשין ענבין עבד בסיטרה דיריעתה די בבית דיבוקה |
| 3798 | בסייפי | Ex13:20M | בסיפה/בסופ׳#2#/דאית בסייפי#2#/ מדברה: |
| 3799 | | Nu11:01 | אשא מן קדם ייי ותכלת בסייפי משריתה: |
| 3800 | | Nu22:36 | דסמיך לגבול ארנונה די בסייפי תחומה: |
| 3801 | בסייפי׳ | Gn23:11 | לי ית מערת כפילה די בסייפי׳ חקליה בכסף שלים יזבן יתה |
| 3802 | | Ex19:12M | בשפולוי /<ל>מקרב בסייפי׳#2#/ כל דיקרב לטורא יתקטל |
| 3803 | בסייפיה | Gn23:09 | לי ית מערת כפילה די בסייפיה חקליה בכסף שלים יזבן יתה |
| 3804 | בסיפה | Ex13:20 | מסכות ושרון באיתם בסיפה מדברה: |
| 3805 | בסיפי | Ex32:23 | לית אנן ידעין מה הוה בסיפי: |
| 3806 | | Nu33:37 | דרקם ושרון בהר טורא בסיפי ארעהון דאדומיי: |
| 3807 | | Nu33:06 | סכות ושרון באיתם די בסיפי מדברה: |
| 3808 | בסיפתן | Lv 5:04 | או נפש ארום תשבע למפרשה בסיפתן למבאשה או למיטבה לכל מה |
| 3809 | בסיקורא | Dt19:05 | ו{יז}<ת>דחף י{ת}דיה בסיקורא למיקוץ קיסא וישמט פרזלא |
| 3810 | בסכלתנו | Ex31:03 | מן קדם ייי בחכמה בסכלתנ{ן}<ו> ובדעה ובכל עבידה: |
| 3811 | בסכת | Ex14:12M | מן למקטליה יתן במדברא/בסכת#2#/: |
| 3812 | בסלא | Ex29:32 | בשרא דדכרא וית לחמה די בסלא בתרע משכן זימנא: |
| 3813 | | Ex29:03 | סל חד ותקרב יתהון~ בסלא וית תורא וית תרין דכריהו: |
| 3814 | בסלה | Lv 8:31 | תאכלון יתיה וית לחמה די בסלה דאשלמותה היך מה דפקדית |
| 3815 | | Dt26:02 | אלהכון יהב לכון ותשוון בסלה ותזלון לאתרא די יתרעי ייי |
| 3816 | בסלי | Dt28:05 | תהוון עמי בני ישראל בסלי ביכוריכון ובתנורי |
| 3817 | | Dt28:17 | ליטין תהוון בסלי בכוריכון ובתנורי אצוותכון: |
| 3818 | בסלע | Ex38:24 | ושבע מאוון ותלתין סלעין בסלע בית קודשא: |
| 3819 | בסלעי | Lv 5:15 | ב«ע»לויה כסף סלעין בסלעי «בית» קדשה לאשמה: |
| 3820 | | Nu 3:47 | חמשה סלעין לכל גולגלתה בסלעי בית קדשה תיסב עשרין מעין |
| 3821 | | Nu 7:55 | חדה מאה ותלתין סלעין בסלעי בית קדשה הוות מתקליה מזרק |
| 3822 | | Nu 7:61 | חדה מאה ותלתין סלעין בסלעי בית קדשה הוות מתקליה מזרק |
| 3823 | | Nu 7:61 | דכסף תקל שובעין סלעין בסלעי בית קדשה תרין מנייה האלין |
| 3824 | | Nu 7:79 | חדה מאה ותלתין סלעין בסלעי בית קדשה הוות מתקליה מזרק |
| 3825 | | Lv27:25 | וכל עלוויה יהוי בסלעי בית קודש׳ עשרין מעין |
| 3826 | | Ex30:13 | על סכומה מן פלגות סלעא בסלעי בית קודש«א» עשרין מעין |
| 3827 | | Ex30:24 | תקל חמש מאה סלעין בסלעי בית קודשא ומשח דזית מלא |
| 3828 | | Nu 7:13 | דכסף תקל שובעין סלעין בסלעי בית קודשא תרין מ{{י}}ניה |
| 3829 | | Nu 7:13 | חדא מאה ותלתין סלעין בסלעי בית קודשא הוה מתקלה מזרק |
| 3830 | | Nu 7:19 | דכסף תקל שבעין סלעין בסלעי בית קודשא תרין מנייה |
| 3831 | | Nu 7:19 | חדה מאה ותלתין סלעין בסלעי בית קודשא הות מתקלה מזרק |
| 3832 | | Nu 7:37 | דכסף תקל שובעין סלעין בסלעי בית קודשא תרין מנייה |
| 3833 | | Ex38:25 | ושבעין וחמש סלעין בסלעי בית קודשה~: |
| 3834 | | Ex38:26M | פלגות סלעה/<סל>עי בסלעי#2#/ בית קודשה~ כל/לכל#2#/ |
| 3835 | | Ex38:29 | וארבע מאוון דסלעין בסלעי בית קודשה: |
| 3836 | | Lv27:03 | עלויה חמשין סלעין דכסף בסלעי בית קודשה: |
| 3837 | | Nu 3:50 | ואשתין וחמש סלעין בסלעי בית ק«ו»דשה: |
| 3838 | | Nu 7:25 | חדה מאה ותלתין סלעין בסלעי בית קודשה הוות מתקלה מזרק |
| 3839 | | Nu 7:25 | דכסף תקל שבעין סלעין בסלעי בית קודשה תרין מנייה |
| 3840 | | Nu 7:31 | חדה מאה ותלתין סלעין בסלעי בית קודשה הוות מתקלה מזרק |
| 3841 | | Nu 7:31 | דכסף תקל שובעין סלעין בסלעי בית קודשה תרין מנייא |
| 3842 | | Nu 7:37 | חדה מאה ותלתין סלעין בסלעי בית קודשה הוות מתקליה |
| 3843 | | Nu 7:43 | חדה מאה ותלתין סלעין בסלעי בית קודשה הוות מתקליה |
| 3844 | | Nu 7:43 | חד דכסף תקל שובעין בסלעי בית קודשה תרין מנייה |
| 3845 | | Nu 7:49 | חדה מאה ותלתין סלעין בסלעי בית קודשה הוות מתקליה |
| 3846 | | Nu 7:49 | תקל שובעין ^סלעין#2#^ בסלעי בית קודשה תרין מנייה |
| 3847 | | Nu 7:55 | דכסף תקל שובעין סלעין בסלעי בית קודשה תרין מנייה |
| 3848 | | Nu 7:67 | חדה מאה ותלתין סלעין בסלעי בית קודשה הוות מתקליה |
| 3849 | | Nu 7:67 | דכסף תקל שובעין סלעין בסלעי בית קודשה תרין מנייה |
| 3850 | | Nu 7:73 | חד דכסף תקל שובעין בסלעי בית קודשה תרין מנייה |
| 3851 | | Nu 7:73 | חדה מאה ותלתין סלעין בסלעי בית קודשה הוות מתקליה |
| 3852 | | Nu 7:79 | חד דכסף תקל שובעין בסלעי בית קודשה תרין מנייה |
| 3853 | | Nu 7:85 | אלפין וארבע מאה סלעין בסלעי בית קודשה: |
| 3854 | | Nu 7:86 | מן עשרה עשרה בזיכה בסלעי בית קודשה כל דהבין |
| 3855 | | Nu18:16 | בעלויה כסף חמש סלעין בסלעי בית קודשה עשרין מעין היא |
| 3856 | בסנה | Nu35:22M | בעיל דבבו דחף יתיה /בסנה דחף יתיה#2#/ או טלק עלוי |
| 3857 | | Nu35:20M | ידחוף יתיה /בסנה הדף ית׳#2#/ או טלק עלוי |
| 3858 | בסנהדרין | Nu25:04 | ראשי עמא ואקים יתהון בסנהדרין קדם ייי ויהוון דיינין כל |
| 3859 | | Gn48:19M | ומן בנוהי יתבון בסנהדרין רבתא שבעין חכמין |
| 3860 | בסנייה | Dt33:16 | מן דאשרי איקר שכינתיה בסנייה ייתין כל אליין ברכייתה |
| 3861 | בסעדא | Gn21:20M | והוה ייי \עם טליא /בסעדא דטלא#2#/ ורבה ושרא |
| 3862 | בסעדה | Gn39:21M | ממרה דייי בסעדה דיוסף והטה לוותה חסד |
| 3863 | בסעדי | Gn31:05 | ומימר אלהה דאבה הווה בסעדי: |
| 3864 | | Gn31:42M | דיצחק הו{ת}<ה> לי/בסעדי#2#/ ארום כדון/כדו#2#/ |
| 3865 | | Gn35:03 | יתי בשעת עקתי והווה בסעדי באורחא דהלכת: |
| 3866 | | Gn28:20 | נדר למימר אן יהווי ייי בסעדי וינטר יתי באורחא די אנה |
| 3867 | | Ex18:04 | ארום מימר אלהה דאבא בסעדי ושיזב יתי מחרבא דפרעה: |
| 3868 | | Gn28:21M | דאבה ויהווה ייי לי/בסעדי#2#/ לאלה פריק/פרוק#2#/: |
| 3869 | בסעדיכון | Gn48:21M | עמכון /מימרי׳ דייי בסעדיכון#2#/ ויחזור יתכון לארעא |
| 3870 | בסעדך | Gn31:03M | ואהוי בממרי עמך/בסעדך#2#/: |
| 3871 | | Dt31:23 | להון ואנה בממרי אהוי בסעדך: |
| 3872 | | Gn49:25 | מימר אלהא דאבוך יהווי בסעדך ואלה שמיא יברך יתך מן טוב |
| 3873 | | Ex 3:12M | \עמך ודן יהווי לך /בסעדך ודן לך#2#/ סימן ארום |
| 3874 | | Dt31:08 | מדברה קדמך הוא יהווי בסעדך לא מרפה יתך ולא שבק יתך |
| 3875 | בסעדכון | Nu14:43M | עמכון /ממריה דייי בסעדכון#2#/: |
| 3876 | | Ex 3:14M | עלמ׳ אנא הוא דהוויתי בסעדכון בגלותא דמצראי ואנא הוא |
| 3877 | | Dt20:01M | ייי אלהכון עמכון/בסעדכון#2#/ דאפיק יתכון פריקין |
| 3878 | | Ex10:10M | מימריה דייי עמכון/בסעדכון#2#/ כד אשלח יתכון וית |
| 3879 | | Dt 2:07 | שנין ייי אלהכון בסעדכון לא חסרתון כל מן דעם: |
| 3880 | בסעדן | Nu14:09M | דייי /ומימריה דייי בסעדן לא תדחלון#2#/ עמן לא |
| 3881 | בספלא | Ex24:06 | משה פלגא דדמא ושוי בספלא ופלגא דדמ«א» זרק על גבי |
| 3882 | בספלייא | Ex24:06M | "בספלא ... זרק": בספלייא ופלגא אדמה זרק |
| 3883 | בספר | Lv22:27 | בגין כדן כתיב ומפרש בספר אוריית׳ דייי תור אמר או |
| 3884 | | Nu21:14 | בגין כדן כתיב ומפרש בספר אורייתה דייי דמתילה בספר |
| 3885 | | Dt28:61 | וכל מכתשין די לא כתיבין בספר אורייתה הדה יגרי ייי |

|  |  |  |  |
|---|---|---|---|
| 3886 | | Dt29:19 | בה כל לווטיה דכתיבין בספר אורייתה הדין וימחוק ייי ית |
| 3887 | | Dt29:20 | לווטיה קיימה דכתיבין בספר אורייתה הדין: |
| 3888 | | Dt29:26 | ית כל לווטיה דכתיבין בספר אורייתה הדה: |
| 3889 | | Dt30:10 | מצוותה וקיימוי דכתיב בספר אורייתה הדה ארום תחזרון |
| 3890 | | Gn40:23 | ולא אדכר כתבא דכתיב בספר אוריתא דייי דמתילא בספר |
| 3891 | | Dt28:58 | פתגמי אורייתה הדה דכתבין בספר אורייתה הדין למדחל מן קדם |
| 3892 | | Ex12:42 | אינון די אינון כתיבין בספר דוכרניא ליליא קדמיא כד |
| 3893 | | Gn40:23 | בספר אוריתא דייי דמתילא בספר קרביא לייט יהוי בר נשא |
| 3894 | | Nu21:14 | אורייתה דייי דמתילה בספר קרבייה נסייה ^וגבורתא#2^ |
| 3895 | בספר' | Ex17:14M | דוכרן טב בספרא /הדה בספר#2/ ושוי במשמעה ויהושע |
| 3896 | בספרא | Nu 5:23 | ית לווטייה האלין כהנא בספרא וימחוק לגו מיא מרירייה: |
| 3897 | | Ex17:14 | למשה כתב דא דוכרן טב בספרא ושוי במשמעה ויהושע ארום |
| 3898 | בסקיה | Gn42:35 | והא גבר צררא דכספא בסקיה וחמון ית צרריהון דכספיהון |
| 3899 | בעב' | Dt 3:24M | למחווייה \ית עבדך/בעב#2/ ית תקפך וית גבורת |
| 3900 | בעבד | Ex39:43 | ואמר להון תשרי שכינתה בעבד ידיכון: |
| 3901 | | Dt31:29 | קדם ייי למכעסה יתיה בעבד ידיכון: |
| 3902 | בעבדא | Gn17:01 | קדמי בקשטא והוה שלם בעבדא טבא: |
| 3903 | | Gn25:27 | ויעקב הוה גבר שלם בעבדא טבא יתיב בבתי מדרשא: |
| 3904 | | Gn33:18 | ואתא יעקב שלם בעבדא טבא לכרכה דשכם די בארעא |
| 3905 | | Gn34:21 | גברייא האילין שלמין בעבדא טבא עמן וישרון בארעא |
| 3906 | | Gn39:02 | ית יוסף והוה גבר מצלח בעבדא טבא והוה רב ושליט בביתיה |
| 3907 | | Ex13:18 | ימא דסוף ומזיינין בעבדא טבא סלקו בני ישראל |
| 3908 | בעבדה | Gn 6:09 | דנח נח גבר צדיק שלם בעבדה טבא הוו בדרוי קדם ייי פלח |
| 3909 | | Nu12:01M | סבי«י»ה /ומשנייה בעבדה טבה#2/ מן כל נשייה דדרה |
| 3910 | | Dt18:13 | בני ישראל שלמין תהוון בעבדה טבה עם ייי אלהכון: |
| 3911 | | Dt34:03M | דיריחו קרתה דעבדה/בעבדה#2/ תומרין היא זער: |
| 3912 | בעבדי | Nu12:08 | מה לא דחלתון למללה בעבדי במשה: |
| 3913 | | Ex36:08 | ועבדו כל חכימי לבה בעבדי עבידתה ית משכנה עשר יריען |
| 3914 | בעבדיך | Ex 8:17M | /משלח#2/ בך ובשלטונך/בעבדיך#2/ ובעמך ובאנשי ביתך |
| 3915 | בעבדך | Gn44:18 | ורבוני לא יתקוף רוגזך בעבדך הלא מן זמנא קדמייא דאתינן |
| 3916 | בעבידת' | Ex22:07M | במקמתא /דלא תושיט בעבידת#2/ דחבריה: |
| 3917 | בעבידתיה | Ex22:10M | פשט ידיה במקמתא/בע{ת}ב<י>דתי<ה>#2/ דחבריה ויקבל |
| 3918 | בעביטא | Gn31:34 | {{טעותא}} ושוית יתהון בעביטא דגמלא ויתבת עליהון ופשפש |
| 3919 | בעבך | Nu11:12 | תאמר לי טען יתהון בעב{ר}<ך> היך דטען פידגוגה ית |
| 3920 | בעבר | Dt 1:05M | בעברה/בעבר#2/ דירדנה בארעהון |
| 3921 | | Gn50:10 | ומטון עד אדר אטדה די בעבר ירדנא ואספדו תמן הספד רב |
| 3922 | | Gn50:11 | קרא שמה אבל מצרים די בעבר ירדנה: |
| 3923 | | Dt 1:01 | יתהון עד אינון יהיבין בעבר ירדנה עני משה ואמר להון |
| 3924 | | Dt 3:08 | תרין מלכיהון דאמוריי די בעבר ירדנה מן נחלה דארנונה עד |
| 3925 | | Dt 3:20 | דייי אלהכון יהב לכון בעבר ירדנה ותחזרון גבר לירותתיה |
| 3926 | | Dt 3:25 | ואחמי ית ארעא טבתה די בעבר ירדנה טורא טבה הדין וטור |
| 3927 | | Dt 4:41 | משה <תלת> קרי שזבו בעבר ירדנה מן מדנח שמשה: |
| 3928 | | Dt 4:46 | בעבר ירדנה בחלתה דסמיך לטעוותה |
| 3929 | | Dt 4:47 | תרין מלכיהון דאמוריי די בעבר ירדנה מן מדנח שמשה: |
| 3930 | | Dt11:30 | הלא אינון יהיבין בעבר ירדנה מן בתר ארח מטמעי |
| 3931 | בעברה | Dt 1:05 | בעברה דירדנה בארעהון דמואביי |
| 3932 | בעגלתה | Gn46:05 | וית טפליהון וית נשיהון בעגלתה די שלח פרעה למטען יתיה: |
| 3933 | בעד' | Ex19:16M | ביומא תליתיא לעדוני/בעד#2/ צפרא והוה קלין |
| 3934 | בעדויין | Nu36:02M | ארעא באחסנה בעדיון/בעדויין#2/ לבני ישראל |
| 3935 | בעדוין | Nu33:54M | ית ארעא בעדיון/בעדוין#2/ לזרעייתכון |
| 3936 | בעדוין | Nu26:55 | לחוד בעד{י}<ו>ין תתפלג ארעא בשמ{ת}<ה>ת |
| 3937 | בעדוני | Ex14:24 | והוה בעדוני צפרא ואדיק ייי ברוגז על |
| 3938 | בעדוני | Gn24:63 | באפיה ברא {{ב}}«ל»עדוני רמשא ונטל עייני |
| 3939 | בעדיון | Nu34:13 | ארעא די תתאחסנון יתה בעדיון די פקד ייי למיתן לתישעתי |
| 3940 | | Nu36:02 | למיתן ית ארעא באחסנה בעדיון לבני ישראל ורבוני אתפקד |
| 3941 | | Nu33:54 | ותאחסנון ית ארעא בעדיון לזרעייתכון לשבטה דעמיה |
| 3942 | בעדנ' | Gn40:06M | יוסף בצפרא /ועל בעדנ' צפרא#2/ וחמה יתהון והא |
| 3943 | בעדנא | Nu23:23 | קסמין בדבית ישראל בע{{י}}דנא הדין יתאמר לבית יעקב |
| 3944 | בעובד | Ex39:43M | להון תשרי שכינתה בעבד/בעובד#2/ ידיכון: |
| 3945 | בעובדא | Gn25:27M | תחיה ויעקב גבר שלם בעובדא טבא יתיב ומשמש |
| 3946 | בעובדה | Dt33:09 | ועל בנוי לא קנה רחמין בעובדה דזמרי ארום נטרו מימר |
| 3947 | | Dt33:09 | בדינה וית אחוי לא חכם בעובדה דעגלה ועל בנוי לא קנה |
| 3948 | בעובדי | Ex39:43M | ולא ישלטון עממייה בעובדי ידיכון לעלמי עלמין |
| 3949 | | Ex39:43M | ייי לאשראה שכינתיה בעובדי ידיכון ולא ישלטון עממייה |
| 3950 | בעובדי' | Nu12:01 | ושפירה בחיזווה ושנייה בעובדי' טבי«י»ה מן כל נשייה |
| 3951 | בעובך | Nu11:12M | ית יונקא /סבול יתהון בעובך היך מה דסבל בידגוגה ית |
| 3952 | בעולמינן | Ex10:09 | ואמר משה בעולמינן ובסבינן ניזל בב<נ>ינן |
| 3953 | בעומרא | Dt16:09 | משרי מגלה דחצדה למחצד בעומרא דאנפותה תשרון למימני שובעה |
| 3954 | בעופא | Gn 8:17 | כל חיתה דעמך מן כל בשרא בעופא ובבעירא ובכל רחשא דרחש על |
| 3955 | | Lv 7:26 | בכל אתר בית מדוריכון בעופא ובבעירא: |
| 3956 | | Gn 7:21 | כל בשרא דרחש על ארעא בעופא ובבעירה ובכל חיתא ובכל |
| 3957 | | Gn 9:10 | כל נפש חייתא די עמכון {ב} בעופא ובבעירה ובכל חיתא דארעא |
| 3958 | בעוקבה | Gn 3:15 | אינון מעבד שפיותיה בעוקבה ביומא דמלכא משיחא: |
| 3959 | בעורבא | Lv13:49 | או במשך או בשתיא או בעור«בא» או בכל מן דמשך מכתש |
| 3960 | בעורבה | Lv13:57M | או בשתיא או בערבה/בעורבה#2/ או בכל מן דמשך |
| 3961 | בעזיה | Nu15:11 | באמריה או בגדיה או בעזיה: |
| 3962 | בעזייא | Gn30:32 | לחוש באמרייא ונמר וקרח בעזייא ויהוי אגרי: |
| 3963 | בעזקיא | Ex25:15 | בעזקיא די בארונא יהוון אריחי לא |
| 3964 | | Ex27:07 | ותעל ית אריחיה בעזקיא ויהוון אריחיא על תרין |
| 3965 | | Ex25:14 | ותעיל ית אריחי בעזקיא על סטרוי דארונא למטען ית |
| 3966 | בעזקיה | Ex37:05 | ואעל ית אריחיה בעזקיה על סטרוי דארונה למטען ית |
| 3967 | | Ex38:07 | ואעל ית אריחיה בעזקיה על סטרוי דמדבחה למטען |
| 3968 | בעי' | Nu23:23M | בדבית ישראל בע{{י}}דנא/בעי#2/ הדין/ההיא#2/ |
| 3969 | בעיבורה | Gn47:14 | דמצרים ובארעא דכנען בעיבורה די אנון <....> ואעל |
| 3970 | | Nu12:12M | איתתה מעברה דמצטרעה בעיבורה וכד מטה זימנא למילד מית |
| 3971 | בעידנא | Gn18:10M | /מחזור א<ח>זור לוותך בעידנא הדין והא ביר#2/ דכר |
| 3972 | בעידנה | Gn18:14M | לוותך \בשעתא הדא בעידנה/ הדין#2/ ולשרה בר |
| 3973 | בעיזיה | Dt14:04 | תור אמר באמריה וגדי בעיזיה: |
| 3974 | בעיזייא | Gn30:33 | די לית הוא קרח ונמר בעיזייא ולחוש באימריא גניב הוא |
| 3975 | בעייני | Gn22:10 | עייני דאברהם הוויין בעייני דיצחק ועייני דיצחק |
| 3976 | | Gn45:16M | \פתגמוי#2/ באפוי/בעייני#2/ דפרעה ובאפוי |
| 3977 | בעייניה | Lv21:20M | או דנסים או דחלזונה בעייניה או דמלי גרב או דמלי |
| 3978 | בעייניך | Dt 3:27 | ולדרומה ולמדנחה וחמי בעייניך ארום לא תעיבר ית ירדנה |
| 3979 | בעיינך | Dt34:04M | יתה \חמי יתה/אחמיתה בעיינך#2/ ותמן לית את עבר: |
| 3980 | בעילווי | Lv27:02M | נפשן /פרוש דנדר בעילווי נפ#2/ לשמה דייי: |
| 3981 | בעינוי | Lv21:20 | גביע או נגס או דחלזונה בעינוי או דמלי חזזין או דחזווי |
| 3982 | בעיני' | Ex21:08M | אין באיש באפוי/בעיני#2/ דריבוניה דלא זמן |
| 3983 | בעיניה | Lv21:20M | או \דחלזונה בעינוי/^<בעי>ניה#2/^ /דחליזון |
| 3984 | בעיניך | Gn16:06M | לה מה דשפיר באפיך/בעיניך#2/ וצ{רע}<ער>ת יתה |
| 3985 | בעיניכון | Nu33:55 | תשיירון מנהון לסיכין בעיניכון ולרמחים בסטריכון ויעיקון |
| 3986 | בעינך | Gn19:19M | עבדך חן וחסד קדמך/בעינך#2/ ותוקפת/ותוקף#2/ |
| 3987 | בעיסקה | Nu31:16M | לבני ישראל בעצתיה/בעי«ס»קה#2/ דבלעם למשקרה |
| 3988 | בעיצתא | Gn11:01M | עלמא מן שרויה /ממללין בעיצתא חדא קמו למירדי#2/: |
| 3989 | בעלוון | Lv27:29M | לא יתפרק בכספא אלהן בעלוון ונכסת קודשין ובמבעי |
| 3990 | בעלוי | Lv 5:18M | מן מום מן ענה בעלויה/בעלוי#2/ לאשמה לוות כהנא |
| 3991 | בעלויה | Lv27:27 | בבעירה מסאבה ויתפרק בעלויה <....>: |
| 3992 | | Lv27:17 | שתה דיובילה יקדש חקלה בעלויה יקום: |
| 3993 | | Lv 5:15 | שלם מן מום מן ענה ב«ע»לויה כסף סלעין בסלעי |

|  |  |  | | | |
|---|---|---|---|---|---|
| 3994 | | Nu18:16 | מן בר ירח תפרוק | בעלויה | כסף חמש סלעין בסלעי |
| 3995 | | Lv 5:18 | דכר שלם מן מום מן ענה | בעלויה | לאשמה לוות כהנא ויכפר |
| 3996 | | Lv 5:25 | דכר שלם מן מום מן ענה | בעלויה | לאשמה לוות כהנא: |
| 3997 | | Lv27:02 | להון גבר ארום יפרש נדר | בעלויה | נפשן לשמה דייי: |
| 3998 | בעלמ׳ | Gn 4:07 | הדין ישתרי וישתבק לך | בעלמ׳ | דאתי ואין לא תיטב עובדך |
| 3999 | | Gn15:17 | על אורייתא בחייהון | בעלמ׳ | הדין וצדיקיא על דנטרו יתה |
| 4000 | | Gn39:10 | שמע אליה למשמשה עמה | בעלמ׳ | הדין דלהא למהוי עמה לעלמא |
| 4001 | | Dt 7:10M | דאתי׳ בידיהון | בעלמ׳ | הדין מן בגלל למישיציה |
| 4002 | בעלמא | Gn22:10 | מנך ונדחי לגובה דחבלא | בעלמא | דאתי עיינוי דאברהם |
| 4003 | | Gn38:25 | באשא טפיא ולא ניקוד | בעלמא | דאתי דהוא אשא אכל׳ אשא טב |
| 4004 | | Gn38:25 | נבהת קדם אבהתי צדיקיא | בעלמא | דאתי וקבילו מיני אחי |
| 4005 | | Nu31:50 | דלא מהוי עמה בגיהינם | בעלמא | דאתי דא תיקום לן ביום |
| 4006 | | Dt32:39 | בעלמא הדין ומחיי מיתי | בעלמא | דאתי אנה הוא דמחי ואנה |
| 4007 | | Dt33:21 | עליל ונפק בראשי עמא | בעלמא | דאתי זכותה דייי עבד וסדרי |
| 4008 | | Gn 3:24M | כל מן {ה}<ד>נטר יתה | בעלמא | הדין הוי חי וקיים מאילן |
| 4009 | | Gn 3:24 | נטרו מצוותה דאורייתא | בעלמא | הדין וקיימו פקודיה אתקן |
| 4010 | | Gn 3:24 | לא נטרו מצותה דאוריתא | בעלמא | הדין ארום אילן דחיין היא |
| 4011 | | Gn 3:24 | טבא היא אוריתא לפלחי | בעלמא | הדין היך פירי אילן חייא: |
| 4012 | | Gn 4:07 | ואין לא תיטב עובדך | בעלמא | הדין ליום דינא רבה חטאך |
| 4013 | | Gn 4:07 | הלא אן תטיב עובדך | בעלמא | הדין ישתרי וישתבק לך |
| 4014 | | Gn15:01 | לך דהוה הוה מגן לך | בעלמא | הדין ואף על גב דמסרית |
| 4015 | | Gn15:01 | דמסרית בעלי דבבך קדמיך | בעלמא | הדין אגר עובדיך טביא |
| 4016 | | Gn15:01 | איתקבלת אגר מצוותה | בעלמא | הדין ולית לי חול׳ לעלמא |
| 4017 | | Gn15:01M | ממרי {פ}<ת>ריס לך | בעלמא | הדין ומגן עלך כל יומיא |
| 4018 | | Gn15:17M | לא עסקו אולפן אוריתא | בעלמא | הדין ולא נטרו פקודייא |
| 4019 | | Gn15:17M | באולפן אורייתא | בעלמא | הדין ולא קיימו פקודייה |
| 4020 | | Gn15:17M | על די פלחו בחייהון | בעלמא | הדין וקיימו פיקודייה |
| 4021 | | Gn33:14M | רברבתא דברכיה אבא | בעלמא | הדין קדם עבדיה ואנא אדבר |
| 4022 | | Gn38:25 | קבילו מיני טב לי יקד | בעלמא | הדין באשא טפיא ולא ניקוד |
| 4023 | | Gn38:25 | אכל׳ אשא טב לי בהית | בעלמא | הדין דהוא עלם עבו{ד}<ר> |
| 4024 | | Ex 2:12M | ברוח נבואה | בעלמא | הדין ובעלמא דאתי וחמא |
| 4025 | | Nu22:30 | דאנה בעיר מסאב ומיתה | בעלמא | הדין ולא אתייה לעלמא דאתי |
| 4026 | | Nu31:50 | חד מנן עם חדה מנהון | בעלמא | הדין דלא מהוי עמה בגיהינם |
| 4027 | | Dt 7:10 | ומשלם לשנאוי | בעלמא | הדין אגר עובדהון טבייה |
| 4028 | | Dt 7:10 | לשנאוי עד אנון יהיבין | בעלמא | הדין משלם להון אגר מצוון |
| 4029 | | Dt 7:10M | קלילן דאיתי בידיה | בעלמא | הדין |
| 4030 | | Dt22:07 | מן בגלל דייטיב לכון | בע«ל»מא | הדין ותארכון יומין |
| 4031 | | Dt32:39 | אנה הוא דממית חיין | בעלמא | הדין ומחיי מיתי בעלמא |
| 4032 | | Dt33:06 | יחי ראובן | בעלמא | הדין ולא ימות במותנה |
| 4033 | | Dt33:21 | עליל ונפק בראשי עמא | בעלמא | הדין כדין יהווי עליל ונפק |
| 4034 | | Gn 3:22 | דברית יתיה יחידיי | בעלמא | היך מה דאנא יחידיי בשמי |
| 4035 | | Nu16:30M | עלמא איתבריאת מיתותה | בעלמא | לעלמא הדין הא טב ואין לא |
| 4036 | בעם | Dt26:05 | ונחת למצרים ואתותב תמן | בעם | זעיר ואיתברך והוה תמן |
| 4037 | | Ex34:31M | אהרן וכל רברבני | בכנישתה/בעם | כני״#2#/ ומלל משה |
| 4038 | | Nu31:16 | טעוותה דפעור והוה מגפתה | בעם | כנשתה דייי: |
| 4039 | | Nu20:20M | תקיפה ובאדרע מנט לא | /בעם | תקיף וביד תקיפה#2#/: |
| 4040 | בעמא | Nu17:11 | ^והא#2#^ שרי חבלה מחבל | בעמא: | |
| 4041 | | Nu21:06 | אתרעם על מזונה וישלט | בעמא | דא«ת»רעמו על מזוניהון |
| 4042 | | Ex19:21 | ואמר ייי למשה חות אסהיד | בעמא | דלא ידחקון קדם ייי למיחמיה |
| 4043 | | Dt 1:35 | אין יחמי גבר | בעמא | האלין דרה בישה הדין ית |
| 4044 | | Nu17:12 | קהלא והא שרי מחבלה מחבל | בעמא | ויהב ית קטרתה וכפר על עמא: |
| 4045 | | Nu21:06 | בגין כדן {ב}<ג>רי ייי | בעמא | ית חויה שרפיתה ונכתו ית |
| 4046 | | Nu20:20 | ונפקו אדומיי לקדמותהון | בעמא | תקיפה ובאדרע מנט לא: |
| 4047 | בעמה | Lv21:01 | לא יסתאב כהנא רבה די | בעמה: | |
| 4048 | | Lv21:15 | ולא יפס זרעה | בעמה | ארום אנה ייי דקדשת יתהון: |
| 4049 | | Nu11:33 | אשתצי ורוגזה דייי תקוף | בעמה | ומחה סגין לחדה: |
| 4050 | | Nu11:33M | /ותקף רוגזה דייי | בעמה#2#/ | ומחה סגין לחדה: |
| 4051 | בעמוד׳ | Ex13:21 | יתהון באורחא ולילייא | בעמוד׳ | דעננא דאישתא למנהרא להון |
| 4052 | בעמודא | Ex13:21 | מדבר קדמיהון באיממא | בעמודא | דעננא למדברא יתהון באורחא |
| 4053 | בעמודה | Dt 1:33 | לכון אתר לשרוייכון | בעמודה | דאשתה בלילה למחויה יתכון |
| 4054 | | Nu12:05 | איקר שכינתיה דייי | בעמודה | דעננה וקם לה בתרע משכנה |
| 4055 | | Dt31:15 | ואתגלי ממרה דייי במשכנה | בעמודה | דעננה וקם לה עמודה דעננה |
| 4056 | בעמי | Ex 9:17 | הא עד כדון את מתרברב | בעמי | דלא למשלחא יתהון: |
| 4057 | בעמיה | Lv21:01M | נפיש דמית לא יסתאב | בעמיה#2#/: | |
| 4058 | | Lv21:04M | יסתאב כהנה רבה ואפילו | בעמיה | לאפסה כהונתה רבה אמטול |
| 4059 | בעמך | Ex32:11 | ואמר למה ה׳ יתקוף רוגזך | בעמך | די אפקת פריקין מן ארעא |
| 4060 | | Nu24:14 | אינון עמא האליין משלוט | בעמך | סוף עקב יומיא: |
| 4061 | בעמר | Lv13:52 | או ית שתיה או ית ערבה | בעמר | או בכיתן או ית כל מן דמשך |
| 4062 | בעמרא | Ex16:18 | ואכילו | בעמרא | ולא שייר מן דאסגי ומן |
| 4063 | בען | Lv22:21 | נדר או נסיבה בתורין או | בען | שלם יהי ברעווה כל <מומה> |
| 4064 | בענא | Lv22:21M | \בען שלם יהי ברעווה | /בענא | שלמין מן מום יהוון |
| 4065 | בענביא | Ex26:11 | חמשין ותעל ית פורפי | בענביא | ותדבק ית משכניה ויהוי כלה |
| 4066 | בענה | Gn37:02 | שנה הוה רעי עם אחוי | בענה | והוא הוה טלי מתרבי עם בנוי |
| 4067 | בענווויי׳ | Ex26:11M | ותעל ית פורפי | בענביא/בענווויי״#2#/ | ותדבק ית משכניה |
| 4068 | בעניה | Gn30:40 | לקבל קרוחיא וכל לחוש | בעניה | דלבן <....>: |
| 4069 | בענך | Gn31:41 | בתרתין בנתך ושית שנין | בענך | ושלחפת ית אגרי עשרה זמנין: |
| 4070 | בענן | Ex10:09 | ניזל בב<נ>ינן ובבנתן | בענן | ובתורינן ניזל ארו«ם» חגא |
| 4071 | | Lv16:02M | ימות ארום \בענני איקר | /בענן | יקר#2#/ שכינתי ממרי |
| 4072 | בעננא | Gn 9:14 | על ארעא ותתחמי קשתא | בעננא: | |
| 4073 | | Ex16:10 | שכינתה דייי אתגליית | בעננא: | |
| 4074 | | Gn 9:16 | ותהוי קשתא | בעננא | ואחמי יתה למדכרה קיים עלם |
| 4075 | | Ex34:05 | איקר שכינתי׳ דייי | בעננא | ואתעתד לוותיה תמן וצלי |
| 4076 | | Gn 9:13 | ית קשתי ^א#2#^שוי | בעננא | ותהי לסימן קים בין ממרי |
| 4077 | בענני | Ex19:04 | למצריי וטענית יתכון | בענני | איקר שכינתי על כנפי |
| 4078 | | Lv16:02 | דסהדותה דלא ימות ארום | בענני | איקר שכינתי ממרי איתגלי |
| 4079 | | Lv23:43 | די ידעון דריכון ארום | בענני | איקר שכינתי בדמות מטלין |
| 4080 | בענניא | Nu11:25 | איקר שכינתה דייי | בענניא | ומלל עמה ורבי מן רוח |
| 4081 | בעננין | Lv23:43M | מטלין אשרית בני | /בעננין | היך מטילין אשריית ית |
| 4082 | בעפרא | Lv17:13 | ית אדמיה ויכסי יתיה | בעפרא: | |
| 4083 | בעצתא | Dt11:06M | ישראל /ברייתא דאית | בעצתא | דקורח בגו בני י״#2#/: |
| 4084 | בעצתה | Nu26:09 | ייי על משה ועל אהרן | בעצתה | דקרח בזמנה די פלגו קדם |
| 4085 | | Nu27:03 | כנשתה דאתרעמו קדם ייי | בעצתה | דקרח ארום בחובוי מית |
| 4086 | | Nu26:11 | דקרח על דילא הוון | בעצתה | דאבוהון לא מיתו: |
| 4087 | בעצתהון | Nu21:15 | קרתה די לא הוות | בעצתהון | אשתיזיבת והא היא סמיכה |
| 4088 | בעצתיה | Nu31:16 | תקלה לבני ישראל | בעצתיה | דבלעם למשקרה שקר בשמה |
| 4089 | | Nu16:32M | קרח /בני אנשא דאית | בעצתיה | דק׳#2#/ וית כל#2#^^ |
| 4090 | בעצתיהון | Gn49:06 | בכנישתיהון | בעצתיהון | לא אתרעיית נפשי |
| 4091 | בעקב׳ | Nu12:12M | עמן במדברה והווי עמן | בעקב׳ | וכיון |
| 4092 | בעקבא | Gn49:17M | דכמן בפרשת ארחת׳ <...> | בעקבא | וממרע יתי׳ ומן אמתי׳ |
| 4093 | בעקבה | Gn40:12M | דפרעה עתיד למשתי | בעקבה | אף את רב מזוגי |
| 4094 | | Gn 3:15 | תהוי מתכוין ונכת יתיה | בעקבה | וממרע יתיה ברם לבריה יהוי |
| 4095 | בעקבהו׳ | Gn 3:15M | מתכוין ונכית יתהון | בעקבהו׳ | וממר׳ יתהון ברם לבנין |
| 4096 | בעקבי | Gn49:17 | ארחתה דנכת לסוסיא | בעקבי | ומן אימתה מסתחר רכבה |
| 4097 | בעקין | Dt28:53M | לכון \בצער ובצוקה | /בעקין | ובצוקין#2#/ די יעיקון |
| 4098 | | Dt28:55M | דלא ישייר לה כל מנדעם | בעקין | ובצוקין |
| 4099 | | Dt28:57M | בטומרה \בצער ובצוקה | /בעקין | ובצוקין#2#/ די יעיקון |
| 4100 | בעקת | Gn42:21 | באדמה דאחונה די חמינן | בעקת | נפשיה כד הוה מפרפר קדמינן |
| 4101 | בערבא | Lv13:59 | או בכתן או בשתיא או | בערבא | או בכל מן משך לדכיה יתיה |

|  |  |  |  |  |  |
|---|---|---|---|---|---|
| 4102 | בערבה | Lv13:51 | בלבוש או בשתיה או | בערבה | או במשך לכל מה די יתעבד |
| 4103 | | Lv13:53 | בלבוש או בשתיה או | בערבה | או בכל מן דמשך: |
| 4104 | | Lv13:57 | תוב בלבושה או בשתיא או | בערבה | או בכל מן דמשך מהלכה היא |
| 4105 | | Lv13:48 | או בשתיה או | בערבה | לכתנא או לעמרא או במשך או |
| 4106 | בערס | Gn50:01 | ליה וארבע יוסף ית אבוי | בערס | דשנדפין מחפיא דהב |
| 4107 | | Ex21:18 | במרתוק ולא ימות ויסלק | בערס | מרעה: |
| 4108 | בעשורה | Lv23:27 | לחוד | בעשורה | יומין לירחא שביעייה הדן |
| 4109 | בעשיריא | Gn 8:05 | וחסרין עד ירחא עשיריא | בעשיריא | בחד לירחא אתגלון רישי |
| 4110 | בעשרה | Ex12:03 | כל כנישתא דבני ישראל | בעשרה | יומין לירחא הדין ויסבון |
| 4111 | | Lv16:29 | לקיים עלם בירחה שביעיה | בעשרה | יומין לירחה תצומון ית |
| 4112 | | Lv25:09 | שיפור יבבו בירחה שבעיה | בעשרה | יומין לירחה ביום צומא |
| 4113 | בעשרין | Dt32:03 | עד זמן דהוה מחנך פמיה | בעשרין | וחדה מילין דאנון תמניין |
| 4114 | | Gn 8:14 | בירחא תניינא | בעשרין | ושבעה לירחא יבשת ארעא: |
| 4115 | | Nu10:11 | והוה בשתה תניינתה | בעשרין | לירחה איסתלק מעילוי משכנה |
| 4116 | | Gn37:28 | וזבנא ית יוסף לסרקעין | בעשרין | סלעין דכסף ואובילו ית |
| 4117 | בעשרתי | Lv16:29M | "שביעיה ...": | בעש<ר>תי | יומין לירחא דתשרי |
| 4118 | | Lv16:34M | <חדא> זמנה בשתה | בעשרתי | יומין לירח תשרי |
| 4119 | בפולחן | Dt14:01M | | בפולחנה/`<בפול>חן#2#/`לפ'#2#/ | נכרייה ולא |
| 4120 | | Ex 1:13M | ית בני ישראל | בקשיו/בפולחן | קשה#2#/: |
| 4121 | בפולחנא | Gn29:27 | דא ואתן לך אף ית דא | בפולחנא | די תפלח עד תוב <שבע> |
| 4122 | | Gn 4:26M | הא בכדין שרון למפלח | בפולחנא | נוכראה ולמכניה יתיה בשם |
| 4123 | | Gn26:35 | ומפחן רוח ומגחכן | בפולחנא | נוכראה {{היון}} ולא |
| 4124 | | Gn21:08 | די לא כשרין היך מגהך | בפולחנא | נוכריה: |
| 4125 | | Gn26:35M | ומפחת רוח פלחן | בפולחנא | נכרייה#2#/ אולפן לא מן |
| 4126 | | Ex 1:14M | ית חייהון \בפלחן קשי | /בפולחנא | קשיא#2#/ בטינא ובלבני |
| 4127 | בפולחנה | Dt14:01 | לא תעבדון חבורן חבורן | בפולחנה | נכרייה ולא תשוון רשום על |
| 4128 | בפולחניהון | Ex 1:11 | למצערן יתהון | בפולחניה«ון» | ובנון קרין תלילן |
| 4129 | | Ex 2:11 | ונפק לוות אחוי וחמא | בפולחניהון | וחמא גבר מצריי מחי לגבר |
| 4130 | בפומה | Gn 8:11 | רמשא והא עלה דזי' קטים | בפומה | וידע נח ארום קלו מיא |
| 4131 | בפומי' | Dt23:24M | די מללתון | בפומכון/<בפו>מי'#2#/: | |
| 4132 | בפומיה | Nu23:05 | ושווי מימרה דייי פתגם | בפומיה | דבלעם ואמר חזור לוות |
| 4133 | | Ex 4:15 | עמיה ותשוי ית פתגמיא | בפומיה | ואנה במימרי {אלה} |
| 4134 | | Dt18:18M | /דכוותך ואשוי פתגמי | בפומיה#2#/ | וימלל להון ית כל מה די |
| 4135 | | Dt18:18 | כוותך ואישוי דבירוי | בפומיה | וימלל להון ית כל מה די |
| 4136 | בפומכון | Dt23:24 | אלהכון נדבה די מללתון | בפומכון: | |
| 4137 | בפונדקי | Nu33:07 | <ונטלו> מאתם ושרון | בפונדקי | חירתה דסמיך לטעותה |
| 4138 | בפורפיה | Ex36:13 | יריעתה חדא לקבל חדא | בפורפיה | והוי משכנה כלה חד: |
| 4139 | בפי' | Gn 8:11M | בפומה /טרף דזית לקיס | בפי'#2#/ | /דאייתייאת יתיה מטור |
| 4140 | בפילוג | Gn44:18 | לך{ך}<ה> חולקא ואחסנא | בפילוג | ארעא כל דכן בגלל בנימן |
| 4141 | | Gn44:18 | ואית ליה חולק ואחסנא | בפילוג | ארעא ואנא חילי תקיף מן |
| 4142 | | Gn44:18M | בפלגא עמן חולק ואחסנ' | בפילוג | ארעא ע' חד כמ' וכמ' |
| 4143 | | Gn44:18M | ולית לה חולק ואחסנא | בפילוג | ארעא כל דכן בגלל בנימן |
| 4144 | | Gn44:18M | ואית ליה חולק ואחסנא | בפילוג | ואנה חילי תקיף מן |
| 4145 | בפילי | Gn19:01M | הוה יתיב בתרעא | /בפילי#2#/ | דסדם ו{ת}<ח>מא יתהון |
| 4146 | בפימיה | Gn25:27M | ציידיה הוה טעים ליה | בפימיה | ורבקה רחימת ית יעקב |
| 4147 | בפירוי | Lv26:04 | דאפי ברה יצלח | בפירוי: | |
| 4148 | | Lv26:20 | דאפי ברה לא יצלח | בפירוי: | |
| 4149 | בפירוש | Nu15:08 | בר תורין עלה או נכסה | בפירוש | נדר או לנכסת קודשין לשמה |
| 4150 | | Lv 5:04M | בסיפתן למבאשה /תשתבע | בפירוש | ספוון למבעשה#2#/ או |
| 4151 | בפירי | Dt28:11 | יתכון ייי אלהכון לטבתה | בפירי | וולד מיעיכון ובפירי |
| 4152 | בפיריה | Gn13:10 | באילנא כארעא דמצרים | בפיריה | מעלך «לזער»: |
| 4153 | בפיתגמי | Ex10:23M | על דהוון עסיקי' | בפיתגמי | אורייתא במותבניהון |
| 4154 | בפלג | Gn49:22 | חולק ואחסנון עם אחיהון | בפלג | ארעא: |
| 4155 | בפלגא | Ex11:04 | ואמר משה כדן אמר ייי | בפלגא | דליליא ממ{ת}<ר>י מתגלי |
| 4156 | | Ex12:29 | והוה | בפלגא | דליליי«א» ויייי קטל ית כל |
| 4157 | | Gn44:18M | הוה מתמניא עמנן לא | בפלגא | עמן חולק ואחסנ' בפילוג |
| 4158 | בפלגו | Ex12:42M | מצריי \בפלגות ליליא | /בפלגו | דליליא#2#/ הוה ידיה |
| 4159 | בפלגות | Ex15:08 | דמיא נזליא קפון תהומיא | בפלגות | דימא רבא: |
| 4160 | | Ex12:42 | כד אתגלי ייי על מצריי | בפלגות | ליליא הוה ידיה מקטלה |
| 4161 | | Ex12:29M | דליליי«א» ויייי קטל | /בפלגות | ליליא וממריה דייי |
| 4162 | בפלוג | Gn44:18 | ומקבל חולק ואחסנא עמן | בפלוג | ארעא ועל חד כמה וכמה דאנה |
| 4163 | | Dt12:12 | להון חלק ואחסנה עמכון | בפלוג | ארעא: |
| 4164 | | Dt14:27 | להון חלק ואחסנה עמכון | בפלוג | ארעא: |
| 4165 | | Dt14:29 | חלק ואחסנה עמכון | בפלוג | ארעא וגיוריה ואיתמיה |
| 4166 | בפלחי | Dt 4:03 | מה די עבד ממריה דייי | בפלחי | טעוותה פעור <...> שיצי |
| 4167 | בפלחן | Ex32:18M | שמע קל מקלסין | בפלחנא/<בפל>חן#2#/ | נכריה אנה שמע קל |
| 4168 | | Ex 1:14 | ומררו ית חייהון | בפלחן | קשי בטינא ובלבני ובכל |
| 4169 | בפלחנא | Ex32:06 | ולמישתי וקמו למגחכה | בפלחנא | נכריה: |
| 4170 | | Ex32:18 | אנה שמע קל מקלסין | בפלחנא | נכריה אנה שמע קל מקלסין: |
| 4171 | בפלטורין | Gn45:02 | ושמעו מצראי ואשתמע | בפלטורין | דפרעה: |
| 4172 | | Gn45:16 | וקלה אשתמע | בפלטורין | דפרעה למימר אתון אחוי |
| 4173 | | Ex 8:20 | כדן ואתא ערברוב תקף | בפלטורין | דפרעה ובבתי שליטוי ובכל |
| 4174 | בפלטיות | Gn19:02M | \ברחובא דקרתא נבית | /בפלטיות | קרתא נבית#2#/: |
| 4175 | בפלטין | Gn45:02M | בפלטורין/קליה | בפלטין#2#/ | דפרעה: |
| 4176 | | Gn45:16M | וקלה אשתמע | בפלטורין/בפלטין#2#/ | דפרעה למימר אתון |
| 4177 | בפליטורין | Gn49:23 | אמרו עלוי לשן תליתיי | בפליטורין | דפרעה דהוה קשיא עלוי מן |
| 4178 | בפמ' | Ex20:20M | ולא תיחטון /תדירא | בפמ' | מן בגלל דל' תתחייבר'#2#/: |
| 4179 | בפמהון | Dt31:19 | ית בני ישראל ושוי יתה | בפמהון | מן בגלל דתהווי לי שבח |
| 4180 | בפמי | Nu22:38 | פתגמה די ישוי ייי | בפמי | יתה אמלל: |
| 4181 | | Nu23:12 | הלא מה די ישווי מימריה | בפמי | יתיה אטר למללה: |
| 4182 | בפמיה | Nu23:16 | על בלעם ושוי פתגם | בפמיה | ואמר ח{ו}<ז>ר לוות בלק |
| 4183 | בפמיכון | Ex13:09 | אוריתא דייי תדירא | בפמיכון | ארום ביד תקיפא אפיק |
| 4184 | בפסדי' | Ex22:14M | יזל אגרי' | בפסדי' | |
| 4185 | בפקדון | Lv 5:21 | דייי וי{ח}<כ>פר בחברה | בפקדון | או באושטות יד או בגזל או |
| 4186 | בפקדונה | Lv 5:21M | דייי וישקר בחברה | בפקדונה | או באושטות ידה או בגזלה |
| 4187 | בפרי | Dt30:09 | אלהכון בכל עבד ידיכון | בפרי | וולד מעיכון ובפרי בעירכון |
| 4188 | | Dt28:04 | תהוון עמי בני ישראל | בפרי | ולד מעיכון ובפירי ארעכון |
| 4189 | | Dt28:18 | ליטין תהוון | בפרי | ולד מעיכון ובפרי ארעכון |
| 4190 | בפרישותיה | Dt32:08 | באחסנת עילאה אומיה | בפרישותיה | לישני בני אנשא אקימת |
| 4191 | בפרעה | Ex14:18 | ארום אנה ייי באתיקרותי | בפרעה | בארתכוי ובפרשוי: |
| 4192 | | Ex14:04 | וירדוף בתריהון ואתיקר | <ב>פרעה | ובכל חיילוותיה וידעון |
| 4193 | | Ex14:17 | ויעלון בתריהון ואתיקר | בפרעה | ובכל חיילוותיה בארתכוי |
| 4194 | | Dt 6:22 | רברבין ובישין במצרים | בפרעה | ובכל אנשי בייתיה ועיינינן |
| 4195 | | Gn12:17 | וגרי ייי | בפרעה | מכתשין רברבן |
| 4196 | בפרפיה | Ex26:06 | ית יריעתה חדה לקבל חדא | בפרפיה | ויהוי משכני כלה חד: |
| 4197 | בפרשות | Gn38:14 | ואתעטפת בה ויתבת לה | בפרשות | אורחתה די על ארח תמנתה |
| 4198 | | Gn38:21 | אן היא נפקת ברה דיתבה | בפרשות | ארחתה על ארחה ואמרין לית |
| 4199 | בפרשותיה | Lv24:16 | כגיורייה כיציביה | בפרשותיה | שמה דאלהה בגידופין |
| 4200 | בפרשת | Gn49:17M | לחווייה חרמני' דכמן | בפרשת | ארחת' <...> בעקבא וממרע |
| 4201 | | Gn49:17 | בארעא ולעורמנא דכמין | בפרשת | ארחתה דנכת לסוסיא בעקבי |
| 4202 | בפתגמ' | Gn24:28M | \ית כל פתגמיא האלין | /בפתגמ' | האליין#2#/: |
| 4203 | בפתגמא | Ex18:11 | על כל רבוניא ארום | בפתגמ«א» | דחשיבו מצריי על ישרא' |
| 4204 | | Dt 3:26 | לא תוסף למללה קדמי תוב | בפתגמא | הדין: |
| 4205 | | Ex18:11 | בניהון לנהר«א» בה | בפתגמא | יתפרע מנהון ייי במימריה |
| 4206 | בפתגמי | Gn27:22M | למנזקיה וכד מתרשל | בפתגמי | אוריתא שלטין ביה ידוי |
| 4207 | בפתוי | Ex38:18M | /אומין ארך ומשחת רום | בפתוי | חמ'#2#/ אמין לקבל וילון |
| 4208 | בצ' | Lv 6:13M | בצפרא /תיהווי מתקרבה | בצ'#2#/ | ופלגותה תהוון מקרבין |
| 4209 | בצהותא | Ex17:03 | וית בנינן וית בעירן | בצהותא: | |

|  |  |  |  |  |  |
|---|---|---|---|---|---|
| 4210 | בצורעתה | Nu12:10M | \מצרעתה ^כתלגה /לקת | בצורעתה | חוורה הי כת{ג}ל<ג<ה#2#/ |
| 4211 | בצלו | Ex20:24 | אתרא די תדכרון ית שמי | בצלו | אתגלי במימריה עליכון ואברך |
| 4212 | | Gn29:17 | ועיני דלאה הוויין זקיפן | בצלו | בעיא למיסבא יעקב צדיקא |
| 4213 | | Ex17:11 | כד הוה משה זקף ית ידוי | בצלו | הוון דבית ישראל מתגברין |
| 4214 | | Ex 5:22M | וחזר משה קדם ייי | \בצלו#2#/ | ואמר בבעו ברחמין |
| 4215 | | Nu10:35M | נטל הוה משה קאים ידוי | בצלו | ואמר קום כען מימריה בתקוף |
| 4216 | | Nu10:36M | שרי הוה משה זקיף ידוי | בצלו | ואמ[ר] תוו כען ממריה דייי |
| 4217 | | Dt 9:18 | ואשטטחית | בצלו | ובעית רחמין מן קדם <ייי> |
| 4218 | | Dt 9:25 | ואשטטחית | בצלו | ובעית רחמין מן קדם ייי |
| 4219 | | Ex17:12 | וידוי דמשה הויין זקיפין | בצלו | ונסבו אבן ושוון תחותוי |
| 4220 | | Ex17:12 | והויין ידוי דמשה זקיפן | בצלו | מדכרא הימנות אבהתא צדיקייא |
| 4221 | | Gn17:03M | אברם על /ואתרכן אברם | בצלו | על#2#/ אפוי ומליל עמה |
| 4222 | | Lv 9:22 | וזקף אהרן ית ידוהי | בצלו | על עמה וברך יתהון ונחת מן |
| 4223 | | Lv 9:24M | /וש{כ}<ב>חו ואתרכינו | בצלו | על#2#/ אפיהון: |
| 4224 | | Nu16:04M | משה ואשתטח/ואתרכן | בצלו#2#/ | על אפוי: |
| 4225 | | Nu17:10M | /ואתרכינו | בצלו#2#/ | על אפיהון: |
| 4226 | | Nu20:06M | \וישת#2#^/ואיתרכינו | בצלו#2#/ | על אפיהון וא»ת«גלית |
| 4227 | | Gn19:27M | דקם \וצלי תמן/תמן | בצלו#2#/ | קדם ייי: |
| 4228 | | Ex19:08 | משה ית מליהון דעמא | בצלו | קדם ייי: |
| 4229 | בצלותא | Gn30:08 | ואמרת רחל | בצלותא | די צלית קדם ייי דיתן לי |
| 4230 | | Gn27:22M | כד משתמע קלא דיעקב | בצלותא | לית רשו לעשו למנזקיה |
| 4231 | בצער | Dt28:53 | די יהב ייי אלהכון לכון | בצער | ובצוקה די יעיקון לכון |
| 4232 | | Dt28:55 | דלא ישתייר לה כל מדעם | בצער | ובצוקה די יעיקון יתכון |
| 4233 | | Dt28:57 | בחסרון כל מדעם בטומרה | בצער | ובצוקה די יעיקון לכון |
| 4234 | | Gn 3:17 | ליטא תהוי ארעא מן בגללך | בצער | תיכל פירי עלליתיה כל יומי |
| 4235 | | Gn 3:16 | אסגיא צעריך ועדוניך | בצער | תלדין בנין ולוות בעליך |
| 4236 | | Gn 3:16M | תלדין /ועידו{ד}<נ>ייך | בצער | תלידי#2#/ בנין ולוות |
| 4237 | בצפר' | Ex16:08M | "למיכל ...:" למיכל ומזון | בצפר' | למשב{עו}<וע> דגלי קדם |
| 4238 | בצפרא | Ex 7:15 | <איזל לוות> פרעה | בצפרא | הא הוא נפק מת{ו}ק<ו>רדה |
| 4239 | | Gn41:08 | והוה | בצפרא | ואטרפת רוחיה דפרעה ושלח |
| 4240 | | Nu22:13 | וקם בלעם | בצפרא | ואמר לרברבנוי דבלק |
| 4241 | | Gn24:54 | די עמי«ה» וביתו וקמו | בצפרא | ואמרו שלחו יתי לוות |
| 4242 | | Gn22:14 | קדמיך אלא מן יד אקדמית | בצפרא | ואקדמית ועבדית מימריך |
| 4243 | | Gn28:10 | אסדי רישיה כיון דקדם | בצפרא | ואשכח כולהון לאבן חדא היא |
| 4244 | | Gn26:31 | ואקדימו | בצפרא | ואשתבעו גבר לאחוי ושלח |
| 4245 | | Ex 8:16M | ייי למשה אקדם | לצפרא/בצפרא#2#/ | ואתעתד קדם פרעה הא |
| 4246 | | Ex 9:13 | ואמר ייי למשה אקדם | בצפרא | ואתעתד קדם פרעה ותימר ליה |
| 4247 | | Ex24:04 | כל פתגמיי דייי ואקדם | בצפרא | ובנה מדבח בשפולא דטורא |
| 4248 | | Nu22:41 | והוה | בצפרא | ודבר בלק ית בלעם ואסק |
| 4249 | | Gn29:25 | והוה | בצפרא | והא ה«י»א לא' ואמר |
| 4250 | | Gn40:06 | ואתא לוותהון יוסף | בצפרא | וחמה יתהון והא אפיהון |
| 4251 | | Nu 9:21 | ועד צפרה ויסתלק עננה | בצפרא | ויטלון או יומם ולילי |
| 4252 | | Ex29:39 | ית חד מן אמריה תקרבון | בצפרא | וית אמרא תנינא תקרבון |
| 4253 | | Nu28:04 | ית חד מן אמריה תקרבון | בצפרא | וית אמרא תנינא תקרבון |
| 4254 | | Gn21:14 | ואקדם אברהם | בצפרא | ונסב לחם וזיק דמיין ויהיב |
| 4255 | | Gn28:18 | ואקדם יעקב | בצפרא | ונסב ית אבנא די שוי אסדי |
| 4256 | | Gn32:01 | ואקדם לבן | בצפרא | ונשק לבנוי ולבנתיה וברך |
| 4257 | | Ex34:04 | כקדמיי ואקדם משה | בצפרא | וסלק לטורא דסיני היך מה |
| 4258 | | Lv 6:13 | פלוגתה תהוון מקרבין | בצפרא | ופלגותה תהוון מקרבין ביני |
| 4259 | | Gn20:08 | ואקדם אבימלך | בצפרא | וקרא לכל שלטוי ומלל ית |
| 4260 | | Gn22:03 | ואקדם אברהם | בצפרא | ושווי ית חמרה ודבר ית |
| 4261 | | Nu22:21 | וקם בלעם | בצפרא | ושוי ית אתנתה ואזל עם |
| 4262 | | Gn19:02M | רגליכון ותקדמון | בצפרא/ותזלון | ותזלון בשלום |
| 4263 | | Dt16:07 | ייי אלהכון ביה ותקדמון | בצפרא | ותזלון למשכניכון: |
| 4264 | | Gn49:27 | תשרי איקר שכינתא דייי | בצפרא | יהוון כהנייא מקרבין אימר |
| 4265 | | Gn19:27 | ואקדם אברהם | בצפרא | לאתרא דקם וצלי תמן קדם |
| 4266 | | Ex34:02 | ותהוי מזמן לצפרא ותסק | בצפרא | לטורא דסיני ותתעתד לוותי |
| 4267 | | Ex16:08 | ברמשא בשר למיכל ולחם | בצפרא | למשבע כד שמיע קדם ייי ית |
| 4268 | | Ex34:25 | נכסת קדשיי ולא יבית | בצפרא | נכסת חגא דפסחא: |
| 4269 | | Dt28:67 | | בצפרא | תיהוון אמרין לווי מן יתן |
| 4270 | בצפרה | Nu16:05 | ועם כל כנשתה למימר | בצפרה | וידע ייי מן דמן דידה וית |
| 4271 | | Nu14:40 | ואקדימו | בצפרה | וסליקו לריש טורא למימר הא |
| 4272 | בצרעתה | Lv14:53M | הוא למלקי תוב | בצרעתה | ת{ו}<י>יבבה ציפורה |
| 4273 | בק' | Dt 9:27M | תסתכל | לקשיותהון/^בק'#2#^/<לקשיו>תיה#2#/ | דעמא |
| 4274 | | Dt26:07M | ושמיע קדם ייי | קל/בק'#2#/ | צלותן וגלי קדמוי ית |
| 4275 | בקבורה | Nu19:16M | בגרם דבר נש או | בקברה/<בק>בורה#2#/ | יסתאב שבעה יומין: |
| 4276 | בקבורותיהון | Gn47:30 | מצריים ותקבר יתי | בקבורותיהון | ואמר הא אנא עבד כמליך: |
| 4277 | בקבילה | Dt28:29M | דממשש סמייה | בהבלייה/בקבילה#2#/ | ולא יצלחן/תצליחון |
| 4278 | בקבר | Nu19:18M | או במית או | בקברה/בקבר#2#/: | |
| 4279 | | Gn23:06M | \בבית שפר קברינן | קבר/בקבר | טוב קב'#2#/ ית מתך: |
| 4280 | בקברה | Nu19:18 | או בקטיל או במית או | בקברה: | |
| 4281 | | Nu19:16 | במית או בגרם דבר נש או | בקברה | יסתאב שבעה יומין: |
| 4282 | בקברי | Gn50:05 | יתי למימר הא אנה מאית | בקברי | די חפרת לי בארעא דכנען |
| 4283 | | Nu33:16 | ממדברה דסיני ושרון | בקברי | שאלי שאלתה: |
| 4284 | בקדושה | Ex15:11 | ייי מן כוותך הדור | בקדושה | דחיל תושבחן כל עלמיא עבד |
| 4285 | בקדש | Nu18:10M | קדשיה תאכל יתיה | /בקדש | קדשיה תיכל יתיה#2#/ כל |
| 4286 | בקדשייה | Lv22:04 | והוא מצרע או דייב | בקדשייה | לא ייכול עד זמן די ידכי |
| 4287 | בקהל | Dt23:03 | דר עשיריי לא יתחשב להון | בקהל | כנישתה דייי: |
| 4288 | | Dt23:09 | דר תליתי יתחשב להון | בקהל | כנישתה דייי: |
| 4289 | | Dt23:02 | לא ייעול דפסיק ודמסרס | בקהל | כנשתה דייי: |
| 4290 | | Dt23:03 | לא ייעול ממזר | בקהל | כנשתה דייי לחוד דר עשיריי |
| 4291 | | Dt23:04 | דר עשריי לא יתחשב להון | בקהל | כנשתה דייי עד לעולם: |
| 4292 | | Dt23:04 | עמוניי ומואביי | בקהל | כנשתה דייי לחוד דר עשריי |
| 4293 | בקר' | Nu32:17M | וישרון טפלינן | בקריין/בקר'#2#/ | תלי{נ}<לי>ן מן קדם |
| 4294 | בקודשא | Lv10:18 | מ»י«כל תאכלון יתה | בקודשא | היך מה דפקדת: |
| 4295 | בקוטניה | Ex 4:04 | פשט ית ידך ואתיקף | בקוטניה | ופשט ידיה ואתוקף ביה |
| 4296 | בקול | Ex19:19 | ותקף לחדא משה הוה ממלל | בקול | נעים ומן קדם ייי הוה מתענה |
| 4297 | בקולר | Nu21:29M | ב{י}ניכון כפיתין | בקולר#2#/ | שלילן בקולריא ובנתהון |
| 4298 | בקולריא | Nu21:29 | מסר בניהון שלילן | בקולריא | ובנתהון בשבייתה למלכיהון |
| 4299 | בקומה | Lv26:13 | פרזלה ודברית יתכון | <בקומה> | זקיפה: |
| 4300 | | Lv26:13M | פרזלה ודברית יתכון | בקומה | זקיפה ובראש גלי |
| 4301 | בקופה | Nu13:23 | דענבין חד וטענו יתיה | בקופה | בתרין וכן מן רמונייה וכן |
| 4302 | בקופץ | Ex13:13M | יתיה /ותקטלנה | בקופץ#2#/ | וכל בכורי בני אנש«א» |
| 4303 | בקורחתה | Lv13:55M | /בחדתו>תא#2#/ | בקורחתה | או בגלשלשנותה#2#/: |
| 4304 | בקורייה | Nu32:26M | תמן | בקריי/<בקר>וי#2#^/בקורייה#2#^/ | גלעדה: |
| 4305 | בקורייהון | Gn49:26M | \על | ארעא/^בארעא^#2#^/בקורייהון#2#/ | דמצרים |
| 4306 | | Dt19:01M | יתהון ותשרון | בארעהון/בקורייהון#2#/ | ובבתיהון: |
| 4307 | בקורייכון | Dt 5:14M | וגיורייה דאית | בקורייכון | |
| 4308 | | Dt14:28 | ותצנעון יתיה | בקורייכון: | |
| 4309 | | Dt16:14 | וגיורייה וארמלתה די | בקורייכון: | |
| 4310 | | Dt24:14 | גיוריכון די בארעכון | בקורייכון: | |
| 4311 | | Dt28:57 | לכון בעלי דבביכון | בקורייכון: | |
| 4312 | | Dt28:03 | ישראל במה דאית לכון | בקורייכון | :<....> |
| 4313 | | Dt12:12 | ואמהתכון וליוויי די | בקורייכון | ארום לית להון חלק |
| 4314 | | Dt12:21 | פקדית יתכון ותאכלון | בקורייכון | בכל תוחמדת נפשיכון: |
| 4315 | | Dt 3:19 | סגין אית לכון ישרון | בקורייכון | די יהב«י»ת לכון: |
| 4316 | | Dt16:11 | וליוויי^דאית | בקורייכון#2#^ | וגייורייה ויתמייה |
| 4317 | | Dt26:12 | ולארמלתה וייכלון | בקורייכון | וישבעון: |

|  |  |  | | | |
|---|---|---|---|---|---|
| 4318 | | Dt28:16 | תהוון במה דאית לכון | בקורייכון | וליטין תהוון במה דאית |
| 4319 | | Dt12:18 | ואמהתכון וליואי די | בקורייכון | ותחדון קדם ייי אלהכון |
| 4320 | | Dt17:08 | נתקה מילי דינין | בקורייכון | ותקומון ותסקון לאתרה די |
| 4321 | | Dt14:27 | וליואי די | בקורייכון | לא תשבקון יתהון ארום |
| 4322 | | Dt12:17 | לית אתון רשיין למיכל | בקורייכון | מעשר תיניין עיבוריכון |
| 4323 | | Dt15:22 | | בקורייכון | תיכלון יתיה דמרחק מן |
| 4324 | | Dt14:21 | מן בני עממיא די | בקורייכון | תתנון יתה ויכלון יתה או |
| 4325 | בקורייתא | Gn47:21M | וית עמא דהוון שריין | בקורייתא | אעבר במדינתא דלא יהוו |
| 4326 | | Gn47:21M | שרין במדינתא אעבר | בקורייתא | וית עמא דהוון שריין |
| 4327 | בקושט' | Dt10:20M | תדבקון ובשמיה תימון | בקושט' | |
| 4328 | בקושטא | Gn 6:09 | בדרוי קדם ייי פלח נח | בקושטא: | |
| 4329 | | Gn48:15 | די הלכו אבהתי קדמוי | בקושטא | אברהם ויצחק ייי דדבר |
| 4330 | | Gn24:40 | «ייי» די פלחת קדמוי | בקושטא | ישלח מלאכיה קדמיך ויצלח |
| 4331 | | Gn 5:22 | ופלח חנוך | בקושטא | מן קדם ייי מן בתר דאולד |
| 4332 | | Gn 5:24 | ופלח חנוך | בקושטא | קדם ייי ולית ידיע אן הוא |
| 4333 | | Lv19:15 | ולא תוקרון אפוי דרבה | בקושטא | תהוו«ן» דיינין ית |
| 4334 | בקט' | Nu19:16M | באפי ברא | דקטיל/בקט'#2#/ | דחרב או במית או בגרם |
| 4335 | בקטול | Nu31:19 | כל דקטל נפש וכל דיקרוב | בקטול | תדכון ביומא תליתיה וביומא |
| 4336 | בקטיל | Nu19:18 | ועל כל דיקרוב בגרם או | בקטיל | או במית או בקברה: |
| 4337 | בקטלותה | Ex12:27 | דבני ישראל במצרים | בקטלותה | ית מצרים וית בתינן שזיב |
| 4338 | בקטלותי | Ex12:13 | יהווי בכון מותא מחבל | בקטלותי | כל בכוריא בארעא דמצרים: |
| 4339 | בקידירה | Nu11:08M | במדוכתה ומבשלין | בקידירה | ועבדין#1#/ ועבדין יתיה |
| 4340 | בקיטוני | Nu31:50 | בבתיהון דמדייני | בקיטוני | מלכיהון והוינן |
| 4341 | בקיימה | Dt29:11 | למעברכון | בקיימה | דייי אלהכון ובשבועתה דייי |
| 4342 | בקיימי | Lv20:23M | /תהכון#2#/ | בנימוס/בקיימי#2#/ | אומייה די אנה משלח |
| 4343 | | Lv26:03M | אן \בקימה דאוריתי | /בקיימי | אור'#2#/ תהלכון וית |
| 4344 | | Lv26:15 | ואן | בקיימי | דאורייתי תעיקון ואן סדרי |
| 4345 | בקיימיה | Dt17:02 | קדם ייי אלהכון למעברה | בקיימיה: | |
| 4346 | בקיימיהון | Lv18:03M | לא תעבדון | ובנימוסיהון/בקיימיהון#2#/ | לא תהלכון: |
| 4347 | בקיימתיה | Dt23:26 | ארום תיעול {ב}<כ>אריס | בקיימתיה | דחברך ותקטוף פירוכין |
| 4348 | בקימה | Lv26:03 | אן | בקימה | דאוריתי תהלכון וית |
| 4349 | בקיס | Nu35:18 | או | בקי{מ}<ס> | מלא ידה די ימות בה מחה |
| 4350 | בקיסיא | Ex 7:19 | אדמה בכל ארעא דמצרים | בקיסיא | ובאבניא: |
| 4351 | בקירוויכון | Dt12:18M | דאית#2#/ | בקורייכו/<ב>קירוויכון#2#/ | ותחדון קדם ייי |
| 4352 | בקירויכון | Ex20:10 | וגיוריכון די | בקירויכון: | |
| 4353 | | Dt 5:14 | בעירכון וגיורכון די | בקירויכון | מן בגלל די תניחון עבדך |
| 4354 | בקירי | Gn13:12M | דכנען ולט שרה | בקרי/בקירי#2#/ | משרה ופרס משכניה עד |
| 4355 | בקירי' | Ex20:10M | וגיוריכון די | בקירויכון/בקירי'#2#/: | |
| 4356 | בקל | Ex19:19 | ייי הוה מתענה ליה | בקל: | |
| 4357 | | Dt 8:20M | חולף די לא שמעתון | בקל | |
| 4358 | | Dt 1:45 | קדם ייי ולא שמע ייי | בקל | בכותכון ולא אצית למליכון: |
| 4359 | | Dt 9:23 | דייי קדישה ולא שמעתון | בקל | מימרה: |
| 4360 | | Dt28:01 | ויהווי אין משמע תשמעון | בקל | מימרה דייי אלהכון למיטר |
| 4361 | | Dt28:45 | ארום לא שמעתון | בקל | מימרה דייי אלהכון למיטור |
| 4362 | | Dt30:20 | דייי אלהכון ולמשמע | בקל | מימרה ולמדבקה ביה ארום היא |
| 4363 | | Gn26:05 | חלף די שמע אברהם | בקל | מ^י#2#^מרי ונטר מטרתי |
| 4364 | | Nu14:22M | זמנין ולא שמעו | בקלי/בקל | מימרי#2#/: |
| 4365 | | Dt 4:30 | קדם ייי אלהכון ותשמעון | בקל | מימריה דייי: |
| 4366 | | Dt 4:33 | היידה אומה ומלכו די שמעו | בקל | מימריה דאלה חייה ממלל |
| 4367 | | Dt26:14 | על נפש דמית שמענן | בקל | מימריה דייי אלה{כון}<נן> |
| 4368 | | Dt26:17 | וסדרי ד«י» נוי ולמשמע | בקל | מימריה: |
| 4369 | | Dt26:17M | דינוי ול<מ>שמוע | בקל#2#/ | מימריה: |
| 4370 | | Dt27:10 | ותשמעון | בקל | מימריה דייי אלהכון ותעבדון |
| 4371 | | Dt28:02 | יתכון ארום תשמעון | בקל | מימריה דייי אלהכון: |
| 4372 | | Dt28:15 | ויהווי אין לא תשמעון | בקל | מימריה דייי אלהכון למיטור |
| 4373 | | Dt30:02 | דייי אלהכון ותשמעון | בקל | מימריה ככל מה די אנה כען |
| 4374 | | Dt30:08 | ואתון תחזרון ותשמעון | בקל | מימריה דייי אלהכון ותעבדון |
| 4375 | | Dt 8:20 | חלף אין לא תשמעון | בקל | ממרה דייי אלהכון: |
| 4376 | | Dt13:19 | ארום תשמעון | בקל | ממרה דייי אלהכון למיטר ית |
| 4377 | | Dt15:05 | לחוד אין משמע תשמעון | בקל | ממרה דייי אלהכון למטור |
| 4378 | | Dt28:62 | לסוגי ארום לא שמעתון | בקל | ממרה דייי אלהכון: |
| 4379 | | Dt30:10 | ארום תשמעון | בקל | ממרה דייי אלהכון למיטור |
| 4380 | | Ex23:21M | ושמעו \בקלי לא תסרבון | /בקל | ממרי' לא תסרבון#2#/ על |
| 4381 | | Ex19:05 | {אם} אין משמע תשמעון | בקל | ממרי ותטרון ית קיימי |
| 4382 | | Ex23:22 | ארום אן משמע תשמעון | בקל | ממרי ותעבד כל מה די ימלל |
| 4383 | | Gn22:18 | חלף די שמעת | בקל | ממריה: |
| 4384 | | Ex15:26 | ואמר אין משמע תשמע' | בקל | ממריה דייי אלהכון ודשפיר |
| 4385 | | Ex22:22M | יצווח קדמוי משמע אשמע | בקל | צלותא ארום אלה חנן |
| 4386 | | Gn30:17 | ושמע ייי | בקל | צלותא דלאה ועב{רי}<יר>ת |
| 4387 | | Dt33:07 | דיהודה ואמר שמע מימריה | בקל | צלותה דיהודה ולוות עמיה |
| 4388 | | Gn22:14 | דיצחק אבוהון ושמע | בקל | צלותהון ועני יתהון ומשיזב |
| 4389 | | Nu21:03 | ושמע ייי | בקל | צלותהון דישראל ומסר |
| 4390 | | Gn25:21M | ועברת /ושמע ממרי' דייי | בקל | צלו<ת>י ועב'#2#/ רבקה |
| 4391 | | Dt 3:26 | בי מן בגללכון ולא שמע | בקל | צלותי ואמר ייי לי אמר משה |
| 4392 | | Dt 9:19 | לשיצי יתכון ושמע ייי | בקל | צלותי אמר משה לחוד בזמנה |
| 4393 | | Dt10:10 | ושמע קל ממרה דייי | בקל | צלותי אמר משה לחוד בזמנה |
| 4394 | | Gn21:17 | לא תדחלין ארום שמע ייי | בקל | צלותיה דטליא באתרא דהוא |
| 4395 | | Ex22:26M | יצוח קדמוי משמע אשמע | בקל | צלותיה ארום אלה חנן |
| 4396 | | Dt 4:30M | דייי /ותשמע | בקל | צלותכון#2#/: |
| 4397 | | Lv22:27 | עני יתן בהדה שעתה ושמע | בקל | צלותן ואדכר לן עקידתיה |
| 4398 | | Nu20:16 | וצלינן קדם ייי ושמע | בקל | צלותן ושלח <מלאכה> דרחמין |
| 4399 | | Gn39:14 | לוותי למשמשא עמי וצווחית | בקל | רם: |
| 4400 | | Dt27:14M | ישראל/דיש'#2#/ | קל/בקל#2#/ | תלי: |
| 4401 | בקלא | Gn21:17M | דטליא /מימריה דייי | בקלא | דטלא#2#/ באתרא דהוא ביה |
| 4402 | בקלה | Gn21:12 | כל מה דתימר לך שרה שמע | בקלה | ארום ביצחק יתקרי לך זרע |
| 4403 | | Dt21:18 | ומורוון לית הוא שמע | בקלה | דאבוי ובקלה דאימיה וירדון |
| 4404 | בקלי | Nu14:22 | עשרה זמנין ולא שמעו | בקלי: | |
| 4405 | | Ex18:19 | כדון שמע | בקלי | איעץ יתך עצה ויהווי ייי |
| 4406 | | Ex 4:01 | יהימנון לי ולא ישמעון | בקלי | ארום יאמרו לא אתגלי עלך |
| 4407 | | Gn27:08 | וכדון ברי שמע | בקלי | ואזל לאן דאנה מפקדה יתך: |
| 4408 | | Gn27:13 | לווטך ברי לחוד שמע | בקלי | ואזל אייתי לי: |
| 4409 | | Gn30:06 | רחל דן יתי ייי ואף שמע | בקלי | ויהב לי בר בגין כדן |
| 4410 | | Gn21:06M | לי ממריה דייי כל דשמע | בקלי | {ו}<י>חדי לי{יתי} ויחדי |
| 4411 | | Gn27:43 | וכדון ברי שמע | בקלי | וקום אזל{(ך)} לך לוות לבן |
| 4412 | | Ex23:21 | אזדהרון מן קדמוי ושמעו | בקלי | לא תסרבון על מלוי ארום שמי |
| 4413 | | Gn 4:23 | נשוהי עדה וצלה שמעו | בקלי | נשוהי דלמך א{נ}<צ>יתן |
| 4414 | בקליה | Ex 5:02 | ^הוא#2#^ ייי די אשמע | בקליה | למשלחיה ית ישראל לית |
| 4415 | בקליל | Gn26:10 | היא דא דעבדית לנא הא | בקליל | זעיר אילו שמש חד מן טליא |
| 4416 | בקלך | Gn17:20M | /ועל עסק ישמעאל שמעית | בקלך | הא#2#/ ברכת יתה ותוקפת |
| 4417 | בקלכון | Dt 1:45M | /מימריה דייי | בקלכון#2#/ | ולא אצית למליכון: |
| 4418 | בקלן | Dt21:20 | ומורוון לית הוא שמע | בקלן | אכל בבשרה ושתי בחמר: |
| 4419 | בקמציה | Lv 6:08 | וירים מנה | בקמציה | מן סלתה דמנחתה ומן טוב' |
| 4420 | בקנא | Dt 4:24 | הוא אלה קניי ופורען | בקנא: | |
| 4421 | | Ex34:14 | אלה קניי ופורען מתפרע | בקנא | הוא: |
| 4422 | | Dt 4:24M | בקנא /קנאן ומתפרע | בקנא | הוא#2#/: |
| 4423 | | Ex20:05 | קניי ו{כ}<פ>ורען דמתפרע | בקנא | מן רשיעיא על בנין מרדין על |
| 4424 | בקנא' | Dt 5:09M | "בקנאה ... רשיען": | בקנא' | מן רשיעיה |
| 4425 | בקנאה | Dt 5:09 | אלה קניי ופורען מתפרע | בקנאה | מדכר חובי אבהן רשיען על |

|  |  |  |  |
|---|---|---|---|
| 4426 | בקנאתי | Nu25:11 | שיציתי ית בני ישראל בקנאתי: |
| 4427 | בקנה | Gn41:05 | והא שבע שבלין סלקן בקנה חד בריין וטבן: |
| 4428 | | Gn41:22 | והא שבע שבלין סלקן בקנה חד מלין וטבן: |
| 4429 | | Ex25:33 | תלתא כלידין משקעין בקנה חד חזור ושושן כן לשתי קנין |
| 4430 | | Ex37:19 | תלתה כלידין משקעין בקנה חד חזור ושושן כדן לשתי |
| 4431 | | Dt 5:09M | ופורען מתפרע בקנאה/בקנה#2#/ מדכר חובי אבהן רשיען |
| 4432 | בקנסא | Ex21:20M | ומית תחות ידיה מתפרע/בקנסא יתקנס#2#/ מיניה: |
| 4433 | בקרבא | Ex32:18 | ולא קל חלשין דמתנצחין בקרבא אנה שמע קל מקלסין בפלחנא |
| 4434 | | Ex32:18 | ואמר לא קל גברין דנצחין בקרבא אנה שמע ולא קל חלשין |
| 4435 | בקרבות' | Ex30:20M | ימותון או בקרובותהון/בקרבות'#2#/ על גבי מדבחא |
| 4436 | בקרבותהון | Nu 3:04 | ומית נדב ואביהוא בקרבותהון אשא בריה קדם ייי במדברה |
| 4437 | | Nu26:61 | ומית נדב ואביהוא בקרבותהון אשא בריה קדם ייי: |
| 4438 | | Nu 8:19M | ישראל /מות מחבל בקרבותהון בני יש'#2#/ |
| 4439 | | Nu 8:19 | בבני ישראל רגוז בקרבותהון דבני ישראל לבית קודשה: |
| 4440 | | Nu 4:19 | וייחון ולא ימותון בקרב{תו}<ות>הון לבית קודש קדשיה |
| 4441 | | Ex28:43 | למשכן זימנא א{ן}<ו> בקרבותהון על גב מדבחא למשמשא בגו |
| 4442 | | Lv16:01 | בנוי דאהרן כהנא רבה בקרבותהון קרבן יתיר דלא בזמנה קדם |
| 4443 | בקרבותכון | Nu28:26 | וביומא דביכורייא בקרבותכון מנחה מן חדתה קדם ייי |
| 4444 | בקרבנה | Dt10:20M | תצלון ויתיה תפלחון בקרבנה ובמימרה תדבקון ובשמיה |
| 4445 | בקרובותהון | Ex30:20 | במיא דלא ימותון או בקרובותהון על גבי מדבחא למשמשא |
| 4446 | בקרוי | Nu32:26M | תמן בקריי/<בקר>וי#2#/^בקורייה#2#^/ גלעדה: |
| 4447 | | Nu35:28 | ארום בקרוי שיזבותיה ישרי עד זמן די |
| 4448 | בקרויא | Gn41:48 | דמצרי' ושוי מזון בקרויא מזון תחומה דקרתא די |
| 4449 | בקרויכון | Dt 3:19M | ישרון בקורייכון/בקר<ו>י{ו}כון#2#/ די יהב«י»ת |
| 4450 | בקרחותיה | Lv13:43 | מכתשה חוורה וסמוקה בקרחו«תיה» או בגלשנותיה כחזיו |
| 4451 | בקרחתה | Lv13:42 | סמוק צרעה מהלכה היא בקרחתה או בגלשונתה: |
| 4452 | | Lv13:42 | וארום יהוי בקרחתה או בגלושנתה מכתש חוור |
| 4453 | בקרי | Gn13:12 | בארעא דכנען ולט שרה בקרי משרה ופרס משכניה עד סדום: |
| 4454 | | Nu35:28M | ארום \בקרוי/^בקרי#2#^/ שיזבותיה /בקרתה |
| 4455 | בקריי | Nu32:26 | וכל בעירן יהויין תמן בקריי גלעדה: |
| 4456 | בקריין | Nu32:17 | לאתריהון וישרון טפלינן בקריין תלי{נ}<לי>ן מן קדם דייריה |
| 4457 | בקרייתא | Gn47:21 | ועמא דמדינתא אשרי בקרייתא מן סייפי דארעא דמצרים |
| 4458 | בקריתא | Gn41:35 | תחות רשותא דפרעה מזון בקריתא ויטרון: |
| 4459 | בקרנא | Lv 5:24 | עלוהי לשק' וישלם יתה בקרנא וחומשוי יוסף עלוי למן הוא |
| 4460 | בקרנה | Nu 5:07 | דעבדו וחזרו ית אשמה בקרנה וח«ו»משה יוסף עלוי ויתן |
| 4461 | בקרנוי | Gn22:13 | וחמה והא דכר חד באילנא בקרנוי ואזל אברהם ונסב ית דכרא |
| 4462 | בקרני | Dt33:17 | תורייה ולא למשתעבדה בקרני רימנה כדין לית אפשר לבנוי |
| 4463 | בקרתא | Gn19:12 | ובנותיך וכל מה דאית לך בקרתא אפק מן א{רת}<תר>ה: |
| 4464 | | Gn34:28 | <....> וית מה די בקרתא וית מה די באפי ברא נסבו: |
| 4465 | בקרתה | Lv25:30 | שלימה ויקום ביתה די בקרתה דלה שור לחלטו למן דזבן |
| 4466 | | Nu35:28M | /^בקרי#2#^/ שיזבותיה /בקרתה דשיזבותה#2#/ ישרי עד זמן |
| 4467 | | Dt22:23 | לגבר וישכח יתה גבר בקרתה וישמש עמה: |
| 4468 | | Dt22:24 | על עסק די לא צווחת בקרתה וית גברא על עסק די צער ית |
| 4469 | | Dt20:14 | ובעירה וכל מה די יהווי בקרתה וכל {עתידה}<עדיתה> תבזון |
| 4470 | | Dt28:16M | באפי ברה /ליט תיהוון בקרתה וליטין תהוון באפי ברה#2# |
| 4471 | בקרתהון | Gn23:02 | ומיתת שרה בקרתהון דארבעתי אבהתא היא חברון |
| 4472 | בקשא | Ex15:07 | יתהון היך מה דנורא בער בקשא: |
| 4473 | בקשוט | Dt 1:16M | אחיכון ותדונון יתהון בקשוט |
| 4474 | בקשטא | Gn17:01 | אנא אלהא שמיא פלח קדמי בקשטא והוה שלם בעבדא טבא: |
| 4475 | בקשיטות | Dt29:18 | שלם יהווי לי ארום בקשיטות ליבי איזיל מן בגלל |
| 4476 | בקשתא | Gn21:20 | והוי מן מתילף מרמי בקשתא: |
| 4477 | | Gn21:20M | רמי#2#/ בקשתא/נגיד בקשתא#2#/: |
| 4478 | | Gn21:16 | רחיק כמרמי בקשתא ארום אמרת לא אחמי במותא |
| 4479 | בקשתי | Gn48:22 | אחוי לא בחרבי ולא בקשתי ארום אלהן בזכוותי |
| 4480 | בראש | Nu33:03 | נפקו בני ישראל פריקין בראש גלי לעיני כל מצריי: |
| 4481 | בראשה | Lv13:29 | ארום יהוי ביה מכתש בראשה או בדיקנה: |
| 4482 | | Nu20:29M | מאנוי בזיעין וקטמה בראשה והווה בכי ואמ' ווי לי |
| 4483 | | Nu 5:07M | וח«ו»משה יוסף /בראשה וחמשין דמוי יס'#2#/ עלוי |
| 4484 | | Lv13:44 | יסא«ב» יתיה כהנא בראשה מכתשה: |
| 4485 | בראשי | Dt33:21 | היך מה דהוה עליל ונפק בראשי עמא בעלמא הדין כדין יהווי |
| 4486 | | Dt33:21 | כדין יהווי עליל ונפק בראשי עמא בעלמא דאתי זכותה דייי |
| 4487 | בראשיה | Gn11:04 | עד צית שמיא ונעבד לן בראשיה סגדה ונתן חרבא בידיה |
| 4488 | בראשיהון | Lv20:13M | אדמהון/דמ'#2#/ בהון/בראשיהון#2#/: |
| 4489 | | Lv20:16M | אדמהון/דמ'#2#/ בהון/בראשיהון#2#/: |
| 4490 | | Lv21:05 | לא ירשמון רושם בראשי«הון» ושומת דקניהון לא |
| 4491 | ברב | Gn40:23 | מן בייתה דאבוי ואתרחיץ ברב מזוגיה בבשר עביר בבשר |
| 4492 | ברבה | Gn44:12 | ופשפש ברבה שרי ובזעירא סייף ואשתכח |
| 4493 | ברביה | Gn22:12 | ואמר לא תפשוט ידך ברביה ולא תעבד ליה כל מן מדעם |
| 4494 | ברביותה | Nu30:04 | קיים בביתה דאבוה ברביותה: |
| 4495 | | Nu30:17 | לאתתיה בין אב לברתה ברביותה בביתה דאבוה: |
| 4496 | ברביעית | Nu15:04 | עשרון מכלתה סלת פילה ברביעית הינה משח: |
| 4497 | ברגוז | Gn18:23M | אברהם ואמר הא ברגז/ברגוז#2#/ את משיצייא/משצי'#2#/ |
| 4498 | | Ex14:24M | מימרי' דייי#2#/ ברוגז/ברגוז#2#/ על משרייותיהון |
| 4499 | ברגז | Gn18:23 | וקרב אברהם ואמר הא ברגז את משיצייא זכייא עם חייבא: |
| 4500 | | Gn18:24 | חמשין זכיין בגו קרתא הא ברגז את משיצא ולא את שרי ושבק |
| 4501 | ברגזן | Lv26:28 | ואהלך אף אנה עמכון ברגזן בקשיו ואמחי יתכון אף אנה |
| 4502 | ברגלוי | Lv11:42 | על ארבע עד כל דמסגי ברגלוי כל {ד}שרצה דשרץ על ארעא |
| 4503 | ברגליה | Gn44:19 | יוסף למנשה ברה וטפח ברגליה על פלטין ואזדעזע כל פלטין |
| 4504 | ברגליהון | Dt11:06 | וית כל קאמיה דהווה ברגליהון בגו עמא בני ישראל: |
| 4505 | ברגליין | Dt 2:28M | להוד לית פתגם ביש ברגליין |
| 4506 | ברגליכון | Ex12:11 | אסירין מסניכון ברגליכון וחוטריכון בידיכון |
| 4507 | | Dt11:10 | ותשקון ^יתה#2#^ ברגליכון כגנתה דירקא: |
| 4508 | ברגלינן | Nu20:19 | לחוד לית מלא בישה ברגלינן אנן עברין: |
| 4509 | | Dt 2:28 | חסרין מן כל מן דעם ברגלינן אנן עברין: |
| 4510 | ברדיא | Ex34:21M | "בחגא ... תתנחון": ברדיא ובחצדה תתניחון |
| 4511 | ברדידה | Gn38:14 | ארמלותה מעילווה וכסיית ברדידה ואתעטפת בה ויתבת לה |
| 4512 | ברוגז | Ex14:24 | בעדוני צפרא ואדיק ייי ברוגז על משרייותיהון דמצריי |
| 4513 | ברוגזהון | Gn49:06 | לא חסו על איקרי ארום ברוגזהון קטילו מלכין וברעותיהון |
| 4514 | ברוגזיה | Dt29:22 | די הפך ממרה דייי ברוגזיה ובכליתה: |
| 4515 | ברוגזיהון | Gn49:07 | ולוי למחרבה יתה ברוגזיהון ארום תקיף רוגזיהון |
| 4516 | ברווה | Gn39:06 | אכל והוה יוסף יאי ברווה ושפיר בחזיו: |
| 4517 | ברווהון | Gn41:18 | בריין בבשרהון ויאיין ברווהון והוויין רעיין באגמא: |
| 4518 | ברוח | Ex15:10 | אשפת ברוח מן קדמיך ייי כסון עליהון |
| 4519 | | Ex 2:12M | "להכא ... בחלא": ברוח נבואה בעלמא הדין ובעלמא |
| 4520 | | Ex14:21 | על ימא ודבר ייי ית ימא ברוח קדום תקיף כל ליליא ושוי ית |
| 4521 | | Gn31:21M | "גלעדה": ארום חמא ברוח קודשא דתמן עתיד למיהוי |
| 4522 | | Gn42:01 | וחמא יעקב ברוח קודשא ארום אית עיבור מזדבן |
| 4523 | | Ex 2:12M | "להכא ... בחלא": משה ברוח קודשא בתרין עלמיא וחמא |
| 4524 | ברומה | Nu21:06 | ארעא ואישתמע קליה ברומה אתון חמון כל ברייתה ואתון |
| 4525 | ברוממייה | Nu21:06M | ואישתמע קליה ברומה/ברוממייה#2#/ אתון חמון כל |
| 4526 | ברח' | Dt32:21M | אלה ואכעסו יתי במרחקתהון/ברח'#2#/ ואנה אקני |
| 4527 | | Lv22:27M | יתיה וברחמוי/והווה ברח'#2#/ טבייה וזמן בנוי למהוי |
| 4528 | ברחובא | Gn19:02 | ואמרין ליה לא ארום ברחובא דקרתא נבית: |
| 4529 | ברחוק | Lv15:20 | וכל די תדמוך עלוי ברחוק נדתה יסתאב וכל מן די תתב |
| 4530 | ברחיה | Nu11:08 | עמה ולקטין וטחנין ^ברחיה#2#^ ועבדין יתיה חוררן והוה |
| 4531 | ברחמ' | Gn 4:08M | "אנא די ...": אפעלגב די ברחמ' אתברי עלמא כפרי עובדין |
| 4532 | ברחמוי | Ex 3:16M | יתכון /אתכרית יתכון ברחמוי טבי'#2#/ וית מה די עבדו |
| 4533 | | Gn 8:01 | ואדכר ייי ברחמוי טביא ית נח וית בנוהי וית |

|  |  |  |  |  |  |
|---|---|---|---|---|---|
| 4534 | | Gn19:29 | ית קרוי משרה ואדכר ייי | ברחמוי | סביא ית אברהם ושלח ית |
| 4535 | | Gn30:22 | ומפרש ואמר ואדכר ייי | ברחמוי | סביא ית רחל ושמע ייי ית |
| 4536 | | Gn50:24 | וייי מדכרה ידכר יתכון | ברחמוי | סביא ויסק יתכו«» מן |
| 4537 | | Ex13:19 | מדכרא ידכר ייי יתכון | ברחמוי | סביה ותסקון ית גרמיי מן |
| 4538 | | Gn50:25 | מדכרה ידכר ייי יתכון | ברחמוי | סבייא ותסקון ית גרמוי מן |
| 4539 | | Ex 2:24 | ית קבלתהון ואדכר ייי | ברחמוי | סבייא ית קיימא די קיים עם |
| 4540 | | Gn 7:16 | דפקד ייי יתיה ואגן ייי | ברחמוי | סבייה עלוי: |
| 4541 | | Ex 4:31 | ושמעו ארום אדכר ייי | ברחמוי | סבייה ית בני ישראל וארום |
| 4542 | | Dt32:36 | ארום דאין הוא ייי | ברחמ{ין}<וי> | סבייה ית דיניהון דעמיה |
| 4543 | | Gn21:01 | וייי אדכר | ברחמוי | סיביא ית שרה היך מה דאמ׳ |
| 4544 | ברחמי׳ | Gn 4:08 | להבל מסתכל אנה דלא | ברחמי׳ | איתברי עלמא ולא על פירי |
| 4545 | ברחמיך | Dt26:15 | אדיק כען | ברחמיך | סביה מן מדור איקר שכינתך |
| 4546 | | Nu10:36 | רוג{ד}<ז>ך ותוב עלינן | ברחמיך | סבייה ואשרי איקר שכינתך |
| 4547 | | Dt 9:27 | אדכר | ברחמיך | סבייה ^לעבדיך#2#^ לאברהם |
| 4548 | ברחמין | Gn 4:08 | לקין מסתכל אנא די | ברחמין | איתברי עלמא ועל פירי |
| 4549 | | Ex 6:05 | משעבדין בהון ואדכרית | ברחמין | ית קיימי: |
| 4550 | | Dt 9:26 | קדם ייי ואמרית בבעו | ברחמין | מן קדמיך ייי אלהים לא |
| 4551 | | Gn15:08 | ואמר {{ליה}} בבעו | ברחמין | מן קדמיך במה כען |
| 4552 | | Gn22:14M | בבעו | ברחמין | מן קדמיך ייי אלקים כד |
| 4553 | | Gn22:14 | ממריה דייי ואמר בבעו | ברחמין | מן קדמיך ייי כולא גלי |
| 4554 | | Gn24:42 | דין לעינא ואמרית בבעו | ברחמין | מן קדמיך ייי אלהא דריבוני |
| 4555 | | Gn38:25 | במרומיא ואמרת בבע«ו» | ברחמין | מן קדמיך ייי את הוא דעני |
| 4556 | | Ex 4:10 | ואמר משה קדם ייי בבעו | ברחמין | מן קדמיך ייי לא גבר מרי |
| 4557 | | Ex 4:13 | ואמר בבעו | ברחמין | מן קדמיך ייי שלח כען ביד |
| 4558 | | Ex 5:22 | משה קדם ייי ואמר בבעו | ברחמין | מן קדמי«ך» ייי למה כען |
| 4559 | | Nu12:13 | משה קדם ייי ואמ׳ בבעו | ברחמין | מן קדמיך ייי אלהה חננה |
| 4560 | | Dt 3:24 | ייי בבעו | ברחמין | מן קדמיך ייי את שרית |
| 4561 | | Gn 3:18 | ברא עני אדם ואמר בבעו | ברחמין | מן קדמך ייי לא נתחשב |
| 4562 | | Gn15:02 | ואמר אברם בבעו | ברחמין | מן קדמך ייי סגין יהבת לי |
| 4563 | | Gn20:04 | לא קרב לוותה ואמר בבעו | ברחמין | מן קדמך ייי לחוד עמם זכיי |
| 4564 | | Ex32:31M | \חטון עמא האליין | /ברחמין | מן קודמיך ייי אתחייבו |
| 4565 | ברחמך | Gn35:09 | ו{אמך}<מספד> ואת | ברחמך | סביא אתגליתא עלוי וברכת |
| 4566 | | Ex32:13 | אדכר | ברחמך | סביה לאברהם ליצחק |
| 4567 | בריבוותה | Gn29:17 | ורחל הוות יאיה | בריבוו{ד}<ת>ה | ושפיר«א» בחזוה: |
| 4568 | בריוה | Nu12:01 | אתתה דמשה יאיה | בריוה | ושפירה בחיזוה ושנייה |
| 4569 | בריוייה | Nu12:01M | דמשה יאיה | בריוה/<בריו>ייה#2#/ | ושפירה בחיזוה |
| 4570 | בריח | Lv26:31 | ולא אקבל ברעווה | בריח | קרבניכון: |
| 4571 | בריחוק | Lv15:19 | בבשרה שבעה יומין תיהוי | בריחוק | נדתה וכל די יקרוב בה |
| 4572 | | Lv15:33M | דובה ודדייב /ודייבה | בריחוק | נדתה ודאיב#2#/ ית דובה |
| 4573 | | Lv18:19M | ולוות אתתה | בריחוק | נדתה לא תקרוב למבזיה |
| 4574 | בריש | Gn40:18 | ישראל יפקון פריקין | בריש | גלי אף את רב נחתומי׳ תקבל |
| 4575 | | Ex14:08 | ובני ישראל נפקו פריקין | בריש | גלי: |
| 4576 | | Nu15:30 | ונפש די תעבד | בריש | גלי ביציביה ובגיוריה קדם |
| 4577 | | Ex24:17 | כאשתא אכלה אשא מתכלה | בריש | די טורא לעיני בני ישראל: |
| 4578 | | Nu20:28 | בריה ומית אהרן תמן | בריש | טורה ונחת משה ואלעזר מן |
| 4579 | | Ex12:42 | מדברא <....> דן ידבר | בריש | ענא ודין ידבר בריש ענה |
| 4580 | | Ex12:42 | ידבר בריש ענא ודין ידבר | בריש | ענה ומימריה מדבר ביני |
| 4581 | | Nu21:20I | "בחלתה ... מצ׳": | בריש | רמתה די בתחומיהון דמואבאי |
| 4582 | ברישי | Dt20:09 | וימנון רברבניה חילוון | ברישי | עמא: |
| 4583 | ברישיהון | Ex32:25 | פרעו כלילא דדהבא דהוה | ברישיהון | דהוה שמה מפרשה חקיק |
| 4584 | ברמשא | Gn31:42 | גלי קדם ייי ואוכח | ברמש«א»: | |
| 4585 | | Ex12:18 | חד ועשרין יום לירחא | ברמשא: | |
| 4586 | | Nu19:19 | ויסחי במיא וידכי | ברמשא: | |
| 4587 | | Gn31:29 | לכון ואלה דאבוכון | ברמשא | אמר לי למימר אזדהר לך מן |
| 4588 | | Ex12:18 | בארבעת עשר יומין לירחא | ברמשא | ביני שמשתא תאכלון פטירין |
| 4589 | | Dt16:06 | תמן תיכסון נכסת פסחא | ברמשא | במטמעי שמשא בזמן אפקותהון |
| 4590 | | Ex16:08 | משה כד יתן ייי לכון | ברמשא | בשר למיכל ולחם בצפרא |
| 4591 | | Gn19:01 | ועלו תרין מלאכיה לסדם | ברמשא | ולוט הוה יתיב בתרעא |
| 4592 | | Gn29:23 | והוה | ברמשא | ונסב ית לאה ברתה ואייתי |
| 4593 | | Gn30:16 | ואתא יעקב מן אפי ברא | ברמשא | ונפקת לאה לקדמותיה ואמרת |
| 4594 | | Ex16:13M | "והוה ... סלוי": והוה | ברמשא | וסליקו פיסיוניוון |
| 4595 | | Ex16:13 | והוה | ברמשא | וסלקת סלוי וכסית ית |
| 4596 | | Ex16:06 | ואהרן לכל בני ישראל | ברמשא | ותדעון ארום ייי אפיק |
| 4597 | | Gn19:34 | רבתא לזעירתא הא שמשת | ברמשא | עם אבא נשקי יתיה חמר אף |
| 4598 | ברמשה | Gn31:42M | /והוכח יתה | ברמ<ש>ה#2#/: | |
| 4599 | | Lv 6:13M | /תיהווי מתקרבה | ברמשה#2#/: | |
| 4600 | ברעוא | Gn 4:08 | מה איתקבל קרבנך | ברעוא | וקרבני מני לא אתקב׳ |
| 4601 | | Gn 4:08 | וקרבני מני לא אתקב׳ | ברעוא: | ענה הבל ואמר לקין מסתכל |
| 4602 | | Gn 4:08 | קרבנך מינך לא אתקביל | ברעוא | ענה קין ואמר להבל לית |
| 4603 | | Gn 4:08M | וקדמין לדידך אתקביל | ברעוא | קרבני וקרב׳ |
| 4604 | | Gn 4:08 | דידך אתקביל קרבני מני | ברעוא | קרבנך מינך לא אתקביל |
| 4605 | ברעוה | Lv 2:09 | מדבחה קרבן מתקבל | ברעוה | לריח קדם ייי: |
| 4606 | | Lv 7:18 | ביומ׳ תליתיה לא יתקבל | ברעוה | מן דמקרב יתיה לא יתחשב לה |
| 4607 | | Nu28:24 | יומיא לחם קרבן מתקבל | ברעוה | קדם ייי סמיך לעלת תמידה |
| 4608 | ברעווא | Gn 4:05 | ולקין ולקרבניה לא קבל | ברעווא | ובאש לקין לחדה ואישתני |
| 4609 | | Gn 4:04 | שמיני«הון» וקבל ייי | ברעווא | ית הבל וית קרבניה: |
| 4610 | ברעווה | Lv19:07 | פסיל הוא לא יתקבל | ברעווה: | |
| 4611 | | Lv22:23 | יתיה ולנדר לא יתקבל | ברעווה: | |
| 4612 | | Lv26:31 | בית מקדשיכון ולא אקבל | ברעווה | בריח קרבניכון: |
| 4613 | | Gn 8:21 | וקבל ייי | ברעווה | ית קרבניה דנח ואמר ייי |
| 4614 | | Nu16:15 | ואמר קדם ייי לא תקבל | ברעווה | ית קרבנהון לא חמרא דחד |
| 4615 | | Lv22:21 | בתורין או בען שלם יהי | ברעווה | כל <מומה> לא יהווי ביה: |
| 4616 | | Lv22:25 | בהון לא יתקבלון | ברעווה | לכון: |
| 4617 | | Dt33:11 | וקרבן ידוי תקבל» | ברעווה | תבר חרצה דשנאוי |
| 4618 | ברעות | Gn23:08 | ומליל עמהון למימר אם | ברעות | נפשכון למקבר ית מתי |
| 4619 | | Gn23:11M | ומליל עמהון למימר אם | ברעות | נפשכון למיקבר/למקבר#2#/ |
| 4620 | | Gn24:42 | אלהא דריבוני אברהם אם | ברעות | קדמך למצלחה ארחי דאנא |
| 4621 | ברעותך | Gn43:04 | אן | ברעותך | משלחה ית אחונן עמן נחות |
| 4622 | ברעתכון | Gn24:49 | וכדון אן | ברעתכון | למעבד חסד וטבו עם רבוני |
| 4623 | ברקיע | Gn 1:15 | ויהוון מנהרין | ברקיע | שמייא למנהרא על ארעא והו׳ |
| 4624 | ברקיעא | Gn 1:14 | ואמ׳ ייי יהוון נהורין | ברקיעא | דשמיא למפרשא בין אימטא |
| 4625 | | Gn 1:17 | ושוי יתהון איקר׳ דייי | ברקיעא | שמיא למנהרא על ארעא: |
| 4626 | ברשות | Dt21:14 | לא תתרעי בה ותשלח יתה | ברשות | נפשה ומזבנה לא תזבן יתה |
| 4627 | בשמאליה | Gn48:13 | דישראל וית מנשה | בשמאליה | מן ימיניה דישראל וקרב |
| 4628 | בשנא | Nu35:20 | ואן | בשנא | ידחוף יתיה או טלק עלוי |
| 4629 | בשנאה | Nu35:20M | ואן \בשנא/<בשנ>אה#2#/ | | ידחוף יתיה /בסנה |
| 4630 | בש׳ | Gn 4:26 | להון טעון ומכניין יתהון | בש׳ | ממרה דייי: |
| 4631 | בשבוע׳ | Gn26:31M | ואשתבע/וקיימו | בשבוע׳#2#/ | גבר לאחוי/לחברה#2#/ |
| 4632 | בשבועה | Gn21:24 | הא אנא אשתבע ואקיים | בשבועה: | |
| 4633 | | Gn24:09M | "ואשבע ליה": וקיים ליה | בשבועה: | |
| 4634 | | Nu30:11 | או קיימת קיים על נפשה | בשבועה: | |
| 4635 | | Ex 6:06 | | בשבועה | אמר לבני ישראל אנה |
| 4636 | | Nu25:12 | | בשבועה | אמר הא אנה יהב לה ית |
| 4637 | | Nu16:11 | | בשבועה | את וכל עם כנישתך |
| 4638 | | Nu16:11M | לכן | בשבועה | את קרח וכל עמא דכנשתך |
| 4639 | | Nu20:12 | שמי לעיני בני ישראל | בשבועה | בגין כדן לא תיעלון ית |
| 4640 | | Gn21:23M | וכדו קיים לי | בשבועה | בשם ממריה דייי הכא דלית |
| 4641 | | Dt 4:21 | עלי על מליכון וקיים | בשבועה | דלא למעבר יתי ית ירדנה |

|  |  |  |  |  |  |
|---|---|---|---|---|---|
| 4642 | | Ex15:12 | ימינך ייי על ארעא | בשבועה | דלית את תבע יתהון מנה |
| 4643 | | Gn47:31M | לי בשבועה וקיים ליה | בשבועה | ואודי ומן דאתגלי איקר |
| 4644 | | Ex15:12M | מן קודמך ארכנת ית ידך | בשבועה | ואשתבע לארעא דלית |
| 4645 | | Lv 5:04 | מה די יפרש ליה בר נשה | בשבועה | ויתכסי מניה והוא <ידע> |
| 4646 | | Gn47:31M | "אשתבע ...": קיים לי | בשבועה | וקיים ליה בשבועה ואודי |
| 4647 | | Gn 4:15 | ואמר ליה ייי | בשבועה | כל דיקטול קין עד שובעה |
| 4648 | | Gn24:07M | עמי ודי קיים עמי | \בשבועה#2/ | למימר לבניך אתן ית |
| 4649 | | Nu32:10 | דייי ביומא ההוא וקיים | בשבועה | למימר: |
| 4650 | | Dt 1:34 | ותקף רוגזיה ואמר | בשבועה | למימר: |
| 4651 | | Nu14:30 | לארעא די זקפית ידי | בשבועה | למשריה יתכון בה אלהן כלב |
| 4652 | | Ex 6:08 | יתכון לארעא דזקפית ידי | בשבועה | למתן יתה לאברהם ליצחק |
| 4653 | | Dt32:40 | ארום זקפת ית ידיי | בשבועה | לשמיא ואמרית חי וקיים אנה |
| 4654 | | Gn14:22 | דסדם הא זקפי' ידי | בשבועה | קדם ייי אלהא עליא דבממריה |
| 4655 | בשבועת' | Ex15:12M | ייי \על ארעא בשבועה | /בשבועת' | על ארע#2/ דלית את תבע |
| 4656 | בשבועתא | Gn44:18 | חילהון דשמעון ולוי | בשבועתא | אם אשלוף סייפי מן תייקא |
| 4657 | | Gn44:18M | דשמעון ולוי | בשבועתא | אם אשלוף סייפי מן תייק' |
| 4658 | | Gn30:15M | {{ד}}«י» ברוחוי | /בשבועתא | יזדמן לותיך לליליא הדין |
| 4659 | בשבועתה | Nu 5:21 | וישבע כהנה ית אתתה | בשבועתה | דלווטה ויאמר כהנה לאתתה |
| 4660 | בשבטיה | Dt33:24 | מן בניא יהווי מרעיה | {בשבטיה} | <בשמיטה> בין אחוי לבין |
| 4661 | בשבי | Lv26:35M | בשמיט<י>כון /אתניחת | בשבי | שמטי#2/ כד הוויתון |
| 4662 | בשביבין | Gn15:17M | גהינם דבערה כאתונה | בשביבין | דינור וגומרין דאשתה |
| 4663 | בשבייתה | Dt28:41 | לכון ארום ייזלון | בשבייתה: | |
| 4664 | | Nu21:29 | שלילן בקולריא ובנתהון | בשבייתה | למלכיהון דאמוריי סיחון: |
| 4665 | בשביתה | Dt21:11 | ותחמי | בשביתה | איתה שפירת חזוון ותתרעי |
| 4666 | בשבעה עשר | Gn 7:11 | ביר{ת}<ח>ה תניינא | בשבעה עשר | יומין לירחא היך זמן |
| 4667 | בשבעים | Dt27:08 | יאות ומתקרא ו«מ»תרגם | בשבעים | לשן: |
| 4668 | בשבעת עשר | Gn 8:04 | תיבותה בירחא שביעיא | בשבעת עשר | יומין לירחא על טורי |
| 4669 | בשבעתי | Gn41:34 | דעללתה דארעא דמצרים | בשבעתי | שני שבעה: |
| 4670 | | Gn41:47 | ועבדת ארעא | בשבעתי | שני שבעה ויתמלון אוצריא: |
| 4671 | בשגע' | Dt28:28M | ימחי יתכון ייי | בטפשותה/בשגע#2/ | ובס{יי}מ<יי>ותה |
| 4672 | בשדרותא | Gn32:26M | דיעקב | באתפגשותא/בש{ת}ד<ר>ותא#2/ | עמה: |
| 4673 | בשובי | Lv23:38 | דייי די אתון מקרבין | בשובי | קדשוי דייי בר מן |
| 4674 | בשובעין | Dt10:22 | | בשובעין | נפשן נחתון אבהתכון |
| 4675 | בשוח' | Dt28:27M | דמצריי /מימריה דייי | בשוח' | דמצרים#2/ ובטחוריה |
| 4676 | בשוחנה | Dt28:35M | יתכון ^ייי#2 | בשחנה/בשוחנה#2/ | בישה על ברכייה ועל |
| 4677 | בשום | Ex31:02M | דדכרית וקריית | בשום | טב מן יומי עלמא |
| 4678 | | Dt18:20 | יתיה לממללא ודי ימלל | בשום | טעוון אחרניין ויתקטל נבייא |
| 4679 | בשומ' | Lv13:10M | ואחיות בשרה חייה | בשומ' | |
| 4680 | בשומא | Lv13:10M | דבשרא חי | בשומתה/<בשו>מא#2/: | |
| 4681 | בשומתה | Lv13:10 | חוור ורושם דבשרא חי | בשומתה: | |
| 4682 | בשוק' | Gn 9:22 | דאבוי ותני לתרין אחוי | בשוק': | |
| 4683 | בשוקא | Ex21:19 | אין יקום ויהלך | בשוקא | על מרדניתא ויזדכי{ה} מן |
| 4684 | בשוקה | Dt24:11M | לוותך ית משכונה | לברה/בשוקה#2/:\ | |
| 4685 | | Dt24:11M | \לברה תקום | /בשוקא | תעמוד#2/ וגברא די את |
| 4686 | בשוקייה | Dt29:16M | הוון מטלקין יתהון | בשוקייה | וטעוותה דכספה ודדהבה |
| 4687 | בשושפיהון | Ex12:34 | אתחמע אצבתהון צרירן | בשושפיהון | ^יהיבין#2^ על כתפיהון: |
| 4688 | בשזר | Ex28:28 | עזקוי לגו עיזקא דאפודה | בשזר | דתכלה למיהוה על המיינה |
| 4689 | בשחיפה | Dt28:22M | ימחי ייי יתכון | בשחפיתה/בשחיפה#2/ | «ובקדחיתה |
| 4690 | בשחיקותיה | Lv13:42M | "בקרחותיה או ...": | בשחיקותיה | או בחדתותי' |
| 4691 | | Lv13:43M | "בקרחותיה או ...": | בשחיקותיה | או בחדתותי' |
| 4692 | בשחנה | Dt28:35 | ימחי יתכון ^ייי#2^ | בשחנה | בישה על ברכייה ועל שקייה |
| 4693 | | Dt28:27 | ימחי יתכון ייי | בשחנה | דמצריי ובטחוריה ובחרבנה |
| 4694 | | Lv13:20 | ית' כהנא מכתש צרעה היא | בשחנה | הלכת: |
| 4695 | בשחפיתה | Dt28:22 | ימחי ייי יתכון | בשחפיתה | «ובקדחיתה ובדלקיתה |
| 4696 | בשחקיה | Dt33:26 | שכינתיה בשמיא וגיוותה | בשחקיה: | |
| 4697 | בשי' | Ex23:01M | לא ישתב' חד מנכון | בשי' | ממרי' דייי אלהכון לשקר |
| 4698 | בשיבו | Gn15:15 | לות אבהתך בשלם תקבר | בשיבו | טבא: |
| 4699 | | Gn25:08 | וסאף ומית אברהם | בשיבו | {ס}<ט>בא סב ושביעו ואתכנש |
| 4700 | בשיבי | Gn15:15M | תקבר/תתקי#2/ | בשיבו/בשיבי#2/ | טבא: |
| 4701 | בשיעבדיהון | Ex 2:11M | אחוי וחמא | בפולחניהון/בשיעבדיהון#2/ | וחמא גבר מצריי |
| 4702 | בשיפולוי | Ex36:32M | | בשיפולייה/^בשיפו<לוי#2^/בשפועיה#2/ | מן |
| 4703 | בשיפולי | Ex26:23 | תעבד לסיטרוי דמשכנה | בשיפולי: | |
| 4704 | | Nu 5:17 | ומן עפרה די יהווי | בשיפולי | דמשכנה יסב כהנא ויתן לגו |
| 4705 | | Dt 4:11 | וקרבתון וקמתון | בשיפולי | טורה וטורה הוה בעיר |
| 4706 | בשיפולייה | Ex36:32 | ללוחי סטרה דמשכנה | בשיפולייה | מן מערבה: |
| 4707 | בשיפועייה | Ex36:28M | לסטרוי דמשכנא | בשפלייה/בשיפועייה | מן מערבה#2/: |
| 4708 | בשיפלוי | Ex32:19 | ית לוחיא ותבר יתהון | בשיפלוי | דטורא: |
| 4709 | בשירין | Gn31:27 | תנית לי שלחת יתך בחדון | בשירין | בתופין ובכינרין: |
| 4710 | בשכוני' | Gn25:03M | /משיריין ויתבין | בשכוני' | ובנ#2/: |
| 4711 | בשלהבי | Ex 3:02M | \בשלהובי אשא מן גו | /בשלהבי | דאשא מגו#2/ סניא |
| 4712 | בשלהבן | Ex 3:02M | יקר שכינתיה דייי עלוי | בשלהבן | אשה |
| 4713 | בשלהובא | Ex19:18M | "באשתא ... לחדא": | בשלהובא | דאנשא וסלק תננא |
| 4714 | בשלהובי | Ex 3:02 | ואתגלי מלאכא דייי עלוי | בשלהובי | אשא מן גו סניא וחמא והא |
| 4715 | בשלו | Nu15:26M | /<עמא> דכנישתה הוות | בשלו#2/: | |
| 4716 | | Nu15:29 | לכו{ל}«ן» מן דעבד | בשלו: | |
| 4717 | | Nu35:11 | קטולה כל די יקטול נפש | בשלו: | |
| 4718 | | Nu35:15 | תמן כל די קטל נפש | בשלו: | |
| 4719 | | Dt19:03 | למערק לתמן כל דקטיל | בשלו: | |
| 4720 | | Lv22:14 | וגבר ארום יאכל קדש | בשלו | וי^ו^סף חומשה עלוי ויתן |
| 4721 | | Nu15:24M | אתעבדת | לשלו/בשלו#2/ | ויקרבון כל עם |
| 4722 | | Lv 4:22 | אלהה דלא כשרין למתעבדה | בשלו | ויתחייב: |
| 4723 | | Lv 5:15 | נפש ארום תשקר שקר ותחטא | בשלו | מן קדשוי דייי וייתי ית |
| 4724 | | Lv 4:27 | ואין נפש חדה תחטא | בשלו | מעמא דארעא במעבדה חדה מן |
| 4725 | | Nu15:28M | דאשתליית דחטת | בשלו | קדם ייי ויכפר עלוי וישתרי |
| 4726 | בשלוה | Lv 4:02 | למימר נפש ארום תחטא | בשלוה | מן כל מצותה דייי די לא |
| 4727 | בשלווה | Gn44:18 | ולוי בכרכא דשכם דהוו | בשלווה | ועלו בגווה וקטלו כל דכורא |
| 4728 | בשלום | Gn19:02M | ותזלון/בצפרא ותזלון | בשלום | למשכניכון#2/ לארחכון |
| 4729 | בשלומהון | Gn33:03 | והוא עבר קדמיהון ושאל | בשלומהון | בנימוס ארעא שבעה זמנין |
| 4730 | בשלותה | Nu15:28 | על נפשה דאשתלת בחובתה | בשלותה | קדם ייי למכפרה עלוי |
| 4731 | בשלים | Gn25:08M | ומית אברהם | בשיבו/בשלים#2/ | {ס}<ט>בא סב ושביעו |
| 4732 | בשלם | Gn26:31 | יצחק ואזלו מן לוותיה | בשלם: | |
| 4733 | | Ex 4:18 | ואמר יתרו למשה אזל | בשלם: | |
| 4734 | | Ex18:23 | האלין לאתריהון יעלון | בשלם: | |
| 4735 | | Ex23:26 | ית מניין יומכון תשלמון | בשלם: | |
| 4736 | | Dt32:50 | לוות עמך היך מה דאתכנש | בשלם | אהרן אחוך בהור טורא |
| 4737 | | Gn26:29 | עמך טבן ושלחנן יתך | בשלם | את הוא מן כדון בריכה דייי: |
| 4738 | | Dt32:50 | ותתכנש | בשלם | בטורא דאת עליל לתמן ותתכנש |
| 4739 | | Nu27:17 | יעל יתהון מן סדרי קרבא | בשלם | דלא תיהוי כנשתה דייי כעין |
| 4740 | | Gn43:27 | ושאל להון | בשלם | ואמר הא שלם הוא אבוכון סבא |
| 4741 | | Dt33:07 | תשלם יתיה מן סדרי קרבה | בשלם | ידוי יתפרען לה מן |
| 4742 | | Gn28:21 | ואחזור | בשלם | לביתיה דאבה ויהווה ייי לי |
| 4743 | | Gn44:17 | יהוי לי עבד ואתון סקון | בשלם | לוות אבוכון: |
| 4744 | | Dt32:50 | אחוך בהור טורא ואתכנש | בשלם | לוות עמיה: |
| 4745 | | Dt32:50 | דאת עליל לתמן ותתכנש | בשלם | לוות עמך היך מה דאתכנש |
| 4746 | | Gn49:19M | ומן בתר כן יחזרון | בשלם | למשכניהון |
| 4747 | | Dt 5:30 | ואמור להון חזורו לכון | בשלם | למשכניכון: |
| 4748 | | Dt 6:04 | קצה דאבונן יעקב למתכנש | בשלם | מן גו עלמא כניש תרין עשרתי |
| 4749 | | Dt31:14 | קרבו יומי חייך למתכנשה | בשלם | מן גו עלמא קרא ית יהושע |

|  | |  | |
|---|---|---|---|
| 4750 | | Dt32:01 | קצה דמשה נביי למתכנשה בשלם מן גו עלמא חשב משה בליביה |
| 4751 | | Dt33:07M | יתיה \מן סדרי קרבה בשלם/בשלם מסדרי <ק'>#2#/ ידוי |
| 4752 | | Dt31:16 | ייי למשה הא את מתכנש בשלם עם אבהתך וקיימין עמה |
| 4753 | | Gn15:15 | ואת תתכנש לות אבהתך בשלם תקבר בשיבו טבא: |
| 4754 | בשלמ' | Gn44:32M | \שאלת שלמה /למשאול בשלמ'#2#/ דאבה כל יומיא: |
| 4755 | בשלמא | Gn44:18M | \מן שאלת /למשאל בשלמא#2#/ שלמה דאבה כל יומייא או |
| 4756 | בשלמה | Gn37:07 | כורכותכון ושאלו בשלמה דכורכותי: |
| 4757 | | Gn48:12M | /מן לוות ברכוי ושאלו בשלמה כנימוס ארעא#2#/: |
| 4758 | בשלמהון | Gn19:01 | ורהט לקדמותהון ושאיל בשלמהון בנימוס ארעא: |
| 4759 | | Gn23:11M | וקם אברהם ושאל בשלמהון בנימוס ארעא דבני חת |
| 4760 | | Gn18:02 | מן תרע משכנה ושאל בשלמהון כנימוס ארעא: |
| 4761 | בשלמי | Ex11:08 | אלין לוותי וישאלון בשלמי למימר פוק את וכל עמא דעמך |
| 4762 | בשלמיה | Gn33:07 | לאה ובנהה ושאל«ין» בשלמיה :<....> |
| 4763 | | Gn33:06 | אינין ובניהן ושאלין בשלמיה: |
| 4764 | | Gn43:26 | לפלטורין ושאלון בשלמיה בנימוס ארעא: |
| 4765 | | Ex18:07 | משה לקדמות חמוי ושאל בשלמיה ונשק יתיה ושאלו גבר |
| 4766 | | Gn42:06 | אחוי דיוסף ושאלו בשלמיה כנימוס ארעא: |
| 4767 | | Gn44:14 | כען הווה תמן ושאלו בשלמיה כנימוס ארעא: |
| 4768 | בשלמיהון | Gn23:07 | וקם אברהם ושאל בשלמיהון בנימוס ארעא דבני חת: |
| 4769 | בשלמיי | Gn37:09 | וחד עשר כוכבין שאלין בשלמיי: |
| 4770 | בשלמך | Gn37:10 | אנא ואמך ואחך למשאל בשלמך בנימוס ארעא: |
| 4771 | | Gn27:29 | ויהוון מקדמין ושאלין בשלמך כל בנוי דלבן דהוא אחוי |
| 4772 | | Gn43:09 | ניהוי מרחק מן שאלת בשלמך כל יומיא: |
| 4773 | | Gn49:08 | יהוון מקדמין ושאלין בשלמך . כל בנוי דאבוך: |
| 4774 | בשם | Ex33:12 | ואת אמרת חמי דמניית יתך בשם דרבן ולחוד אשכחת חן וחסד |
| 4775 | | Ex33:17 | חן וחסד באפי ומניית יתך בשם דרבן: |
| 4776 | | Ex35:30 | ישראל חמו דמני ייי בשם דרבן בצלאל בן אור בר |
| 4777 | | Ex31:02 | חמי משה דמנית וקראת בשם טב דרבן בצלאל בר אורי בר |
| 4778 | | Ex33:12M | אמרתי חכמית יתך בשם טב ולהוד |
| 4779 | | Ex33:17M | /קודמוי ואודעת יתך בשם טב#2#/: |
| 4780 | | Ex35:30M | הא רבי מימריה ייי וקרא בשם טב בצ' |
| 4781 | | Gn33:20 | תמן מדב«ח» וצלי תמן בשם ייי אלהא דישראל: |
| 4782 | | Dt 9:23 | אלהכון ולא היימנתון בשם מימרה דייי קדישה ולא |
| 4783 | | Dt18:05 | כל שבטיכון למקום למשמשה בשם מימרה דייי קדישא הוא ובנוי |
| 4784 | | Dt18:07 | וישמש בשם מימרה דייי אלהיה ככל אחוי |
| 4785 | | Ex17:15 | ובנה משה מדבח וצלי תמן בשם מימרי דייי דעבד ליה ניסין: |
| 4786 | | Nu20:12 | חלף די לא היימנתון לי בשם מימרי למקדשה שמי לעיני בני |
| 4787 | | Ex34:05 | לוותיה תמן וצלי תמן בשם מימריה דייי: |
| 4788 | | Nu21:05M | למה \ואשתעי{ן}<ו> עמא בשם מימריה דייי ובמשה למ'#2# |
| 4789 | | Dt11:22M | ית \אולפן אורייתה /בשם מימריה#2#/ דייי אלהכון |
| 4790 | | Ex32:13 | עבדיך די קיימת להון בשם מימרך ומללת עמהון אסגי ית |
| 4791 | | Gn15:06 | והיימן אברם בשם ממרא דייי ואתחשבת ליה |
| 4792 | | Gn 4:26M | נוכראה ולמכניה יתיה בשם ממ<רה דייי> |
| 4793 | | Gn13:04 | בקדמיתא וצלי תמן אברם בשם ממרה דייי: |
| 4794 | | Nu21:07M | חטינן ארום מללנן בתר/בשם#2#/ ממרה דייי ועליך |
| 4795 | | Dt 1:32 | הדין לית אתון מהיימנין בשם ממרה דייי אלהכון: |
| 4796 | | Dt10:08 | למשמשה קדמוי ולמברכה בשם ממרה קדישה עד זמן יומא |
| 4797 | | Dt18:22 | די יימלל נבייא בשם ממרה דייי ולא יהווי פתגמא |
| 4798 | | Gn40:23M | יהוי גברא די יתרחיץ בשם ממרי' דייי וישווי ממרה |
| 4799 | | Gn21:33 | למרי עלמא ופלח וצלי בשם ממרי דייי אלהה דעלמא: |
| 4800 | | Gn26:25 | ובנה תמן מדבח וצלי בשם ממרי דייי ופרס תמן משכניה |
| 4801 | | Nu14:11 | אימתי לא יה«יי»מנון בשם ממרי בכל ניסי פרישתי די |
| 4802 | | Dt18:19 | לא ישמע לדיבריו די ימלל בשם ממרי אנה במימרי מתפרע |
| 4803 | | Dt18:20 | די יזיד לממללא פתגם בשם ממרי ית מה די לא פקדית |
| 4804 | | Dt32:51 | על די סרבתון בשם ממרי בגו בני ישראל במי |
| 4805 | | Gn12:08 | דייי ופלח וצלי תמן בשם ממריה דייי: |
| 4806 | | Gn13:18 | בחברו' ובנה תמן מדבח בשם ממריה דייי: |
| 4807 | | Gn16:13 | וצליית בשם ממריה דייי דאתגלו עליה את |
| 4808 | | Gn21:23M | וכדו קיים לי בשבועה בשם ממריה דייי הכא דלית את |
| 4809 | | Gn21:33M | תמן דהווה מגייר יתהון בשם ממריה |
| 4810 | | Gn22:14 | ופלח אברהם וצלי בשם ממריה דייי ואמר בבעו |
| 4811 | | Gn22:16 | ואמר בשם ממריה קיימת אמר ייי ארום |
| 4812 | | Gn24:03 | ואשבע יתך בשם ממריה דייי אלהא דשמיא הוא |
| 4813 | | Gn35:07M | "וקרא": ופלח וצלי תמן בשם ממריה דייי אלהא די אתגלי |
| 4814 | | Ex 4:31 | והימנו עמא בשם ממריה דייי ושמעו ארום אדכר |
| 4815 | | Ex14:31 | עמא מן קדם ייי והימנו בשם ממריה דייי ובנבואתיה דמשה |
| 4816 | | Ex20:07M | ישתבע חד מנכון בשם ממריה דייי אלהיכון לשקר |
| 4817 | | Lv 5:21M | "בשמה ... די": בשם ממריה דייי וישקר בחברה |
| 4818 | | Dt 4:04M | \באולפן אורייתה דייי /בשם ממ<ריה דייי>#2#/ אלהכון |
| 4819 | | Dt 5:11M | לא תשתבעון בשם ממריה ייי אלהכון לשקרא |
| 4820 | | Dt21:05 | למשמשה קדמוי ולמברכה בשם ממריה דייי קדישה ועל מימר |
| 4821 | | Ex 5:23 | דאתית לוות פרעה לממללה בשם ממרך אבאש לעמא האלין ומפרק |
| 4822 | | Gn15:01M | בזמנה תניינא ויתחלל בי בשם שמיא |
| 4823 | בשמה | Nu32:42 | כופרניה וקרא לה נבח בשמה: |
| 4824 | | Gn21:23 | וכדון אשתבע לי בשמה דייי הכה אם תשקר בי ובברי |
| 4825 | | Lv 5:21 | אנש ארום תחטא ותשקר שקר בשמה דייי וי{ח}<כ>פר בחברה |
| 4826 | | Nu 5:06 | דבר נשא למשקרי שקר בשמה דייי ותתחוב נפשה ההוא: |
| 4827 | | Nu31:16 | דבלעם למשקרה שקר בשמה דייי על עסק סעוותה דפעור |
| 4828 | | Dt 5:11M | למן דמשתבע בשקר בשמה ומשקר |
| 4829 | | Dt32:03 | לכן אמר משה נבייא ארום בשמה קדישא אנה מצלי ואתון עמי |
| 4830 | בשמהן | Gn 6:04 | עלמא גיברין מפרשין בשמהן: |
| 4831 | | Nu 1:17 | גבריא האילן די אתפרשו בשמהן: |
| 4832 | | Nu16:02 | קהלה גברין מפרשין בשמהן: |
| 4833 | | Nu11:26M | סבייה די אתפרשו בשמהן ולא נפקי שובע{ית}<תי> |
| 4834 | | Nu32:38 | רמין וית שבמה וקרון בשמהן ית שמהת דקוריין דבנו: |
| 4835 | בשמהת | Nu26:55 | תתפלג ארעא בשמ{ת}<ה>ת שבטי אבהתהון יחסנון: |
| 4836 | בשמהתא | Gn26:18 | אברהם וקרא להן שמהן בשמהתא די קרא להון אבוי: |
| 4837 | בשמהתהון | Nu 3:17 | והוון אלין בנוי דלוי בשמהתהון גרשון וקהת ומררי: |
| 4838 | בשמי | Lv19:12 | ולא תשבעון בשמי לשקר ולא תפסון ית שמא |
| 4839 | | Gn 3:22 | היך מה דאנא יחידיי בשמי מרומא עתידין אומין סגיאין |
| 4840 | | Ex20:24M | אתר דאת קאים לצלוי' בשמי קדיש' מימרי' אתגלי עליכו' |
| 4841 | בשמי' | Ex20:07M | על מגן /די משתבע בשמי' לשקר#2#/: |
| 4842 | בשמיא | Dt30:12 | לא בשמיא היא אוריתה למימר לווי הוה |
| 4843 | | Dt33:26 | דאשרי איקר שכינתיה בשמיא וגיוותה בשחקיה: |
| 4844 | | Ex 1:19 | מצליין קדם אבוהון בשמ«י»א והוא עני יתהון ואינון |
| 4845 | בשמיה | Dt 4:39 | אלה דאיקר שכינתיה שריה בשמיה מן לעיל ושולטנה על ארעא |
| 4846 | בשמיטה | Dt33:24 | יהווי מרעיה{בשבטיה} <בשמיטה> בין אחוי לבין אבוהון |
| 4847 | בשמיטיכון | Lv26:35 | ית מה דלא אשמטת בשמיט<י>כון כד הוויתון שריין עלה: |
| 4848 | בשמייא | Gn28:17M | תרע בית מקדשא די בשמייא ולית דין אתרה אתר הדיוט |
| 4849 | | Ex20:04 | וצורה}} וכל דמות די בשמייא מלעיל ודי בארעא מן לרע |
| 4850 | | Dt 3:24 | דאיקר שכינתך שרייא בשמייא מן לעיל ושלטניך על ארעא |
| 4851 | | Dt 5:08 | וצורה}} וכל דמו די בשמייא מן לעיל ודי בארעא מן לרע |
| 4852 | בשמתיהון | Gn25:13 | שמהת בנוי דישמעאל בשמתיהון לתולדותהון בכורה |
| 4853 | | Gn36:40 | לזרעיתהון לאתריהון בשמתיהון רבה תמנע רבה עלוה רבה |
| 4854 | בשנה | Lv25:53 | כאגיר שנה בשנה יהוי עמה לא ישתעבד בה |
| 4855 | בשנוי | Dt32:07 | מן יומת עלמא אתבוננו בשנוי דכל דר ודר שאלו לאבהתכון |
| 4856 | בשני' | Gn 5:19 | תמני מאה שנין ובהן בשני' הוה מולד בנין ובנן: |
| 4857 | בשניה | Gn 5:04 | שת תמני מאה שנין ובהן בשניה הוה מולד בנין ובנן: |

|  |  |  |  |  |  |
|---|---|---|---|---|---|
| 4858 | | Gn 5:07 | מאה ושבע שנין ובהן | בשניה | הוה מולד בנין ובנן: |
| 4859 | | Gn 5:26 | ותרתין שנין ובהן | בשניה | הוה מלד בנין ובנן: |
| 4860 | | Gn11:11 | חמש מאה שנין ובהן | בשניה | הוה מוליד בנין ובנן: |
| 4861 | | Gn11:13 | מאה ותלתין שני׳ ובהן | בשניה | הוה מוליד בנין ובנן: |
| 4862 | | Gn11:15 | מאה ותלת שנין ובהן | בשניה | הוה מוליד בנין ובנן: |
| 4863 | | Gn11:17 | מאה ותלתין שנין ובהן | בשניה | הוה מוליד בנין ובנן: |
| 4864 | | Gn11:19 | מאון ותשע שנין ובהן | בשניה | הוה מולד בנין ובנן: |
| 4865 | | Gn11:21 | מאוון ושבע שנין ובהן | בשניה | הוה מולד בנין ובנן: |
| 4866 | | Gn11:23 | תרתין מאוון שנין ובהן | בשניה | הוה מוליד בנין ובנן: |
| 4867 | | Gn11:25 | ותשע עשרה שנין ובהין | בשניה | הוה מולד בנין ובנן: |
| 4868 | | Lv25:51 | אן עד כדון סגי | בשניה | לפום שנייה יחזור פרקוניה |
| 4869 | בשניי׳ | Gn 5:30 | ותשעין וחמש שנין ובהן | בשניי׳ | הוה מולד בנין ובנן: |
| 4870 | בשנייא | Gn49:22 | דרב בחכמתא וזעירא | בשנייא | והוון בנתהון דמלכייא |
| 4871 | בשנייה | Gn 5:10 | וחמש עשר׳ שנין ובהן | בשנייה | הוה מוליד בנין ובנן: |
| 4872 | | Gn 5:16 | מאה ותלתין שנין ובהן | בשנייה | הוה מוליד בנין ובנן: |
| 4873 | | Gn 5:22 | תלת מאה שנין ובהן | בשנייה | הוה מולד בנין ובנן: |
| 4874 | | Gn 5:13 | מאה וארבעין שנין ובה | בשנייה | הווה מוליד בנין ובנן: |
| 4875 | | Gn41:43 | וזעיר בשפר ורכיך | בשנייה | ומני יתה רב ושליט על כל |
| 4876 | | Lv25:52 | ואן קלל זער אשתייר | בשנייה | עד שתה דיובילה ויחשב לה |
| 4877 | בשע׳ | Ex23:07M | /מזכי ייי ית חייבא | בשע׳ | דינא#2#/: |
| 4878 | | Gn35:03M | לאלהא די ענה יתי | בשע׳#2#/ | עקתי והווה בסעדי באורחא |
| 4879 | בשעבוד | Ex14:13 | למיחמיה יתהון תוב | בשעבוד | ע{ל}<ד> לעלם: |
| 4880 | בשעבודא | Gn40:12 | עתידין למשתעבדא | בשעבודא | דארעא דמצרים ועתידין |
| 4881 | בשעבודהון | Ex 1:11M | יתהון בפולחניה«ון»/ | בשעבודהון#2#/ | ובנון קרין |
| 4882 | בשעבודן | Nu12:12 | הוות אחתן חמייה | בשעבודן | וכיון דמטה קצה למחסנה ית |
| 4883 | בשעה | Ex23:06M | תסטון סדר דינא דמסכינא | בשעה | דינ׳#2#/: |
| 4884 | | Gn28:10M | ואשתכח יתיב בחרן | /בשעה | זעירא#2#/ וניסא רביעאה |
| 4885 | בשערין | Lv25:37 | ית כספך לא תתן ליה | בשערין | וברביין לא תתן מזונך: |
| 4886 | בשעת | Gn22:14M | יהוון בנוי דיצחק עלין | בשעת | אננקי תהווי מדכר להון |
| 4887 | | Lv22:27 | מצליין ואמרין דידהון | בשעת | אננקי דדהון עני יתן בהדה |
| 4888 | | Dt16:19M | ומקלקל מליהון דזכאי | בשעת | דינהון |
| 4889 | | Ex23:08M | ומקלקל מיליה׳ דזכאי | בשעת | דיניהון#2#/: |
| 4890 | | Dt25:04M | לא תזמון תורה | בדרכיה/בשעת | דרכייה#2#/: |
| 4891 | | Gn31:10M | דאת«י»חמת ענא | /בשעת | יחמות ענה#2#/ ונטל«ת» |
| 4892 | | Gn47:24M | ויהווי | באשון/בשעת#2#/ | עללתא ותתנון חד {מן |
| 4893 | | Gn22:14 | כד יהוון בנוי קיימין | בשעת | עקתא תהווי מדכר עקדתיה |
| 4894 | | Gn38:25 | ייי את הוא דעני לעיקי | בשעת | עקתהון עני יתי בשעתא הדה |
| 4895 | | Dt32:15 | דתקיפה דהוה פרק יתהון | בשעת | עקתהון: |
| 4896 | | Gn35:03 | מדבח לשמה דייי דענה יתי | בשעת | עקתי והווה בסעדי באורחא |
| 4897 | | Dt20:19 | ברא למעירק מן קדמיך | בשעת | עקתיה: |
| 4898 | | Gn22:10M | "נבעוט ...": | בשעת | צערי נפרכס ונערבבה וישתכח |
| 4899 | בשעתא | Gn18:10 | ואמר מחזר אחזר לוותך | בשעתא | הדא והא בר דכר לשרה אתתך |
| 4900 | | Gn18:14 | לעידנא אחזור לוותך | בשעתא | הדא ולשרה בר דכר: |
| 4901 | | Gn38:25 | בליביה למיחמי יתהון | בשעתא | הדה ויפרוק יתי מן דינא |
| 4902 | | Gn38:25 | בשעת עקתהון עני יתי | בשעתא | הדה דהיא שעת אננקי אלהא |
| 4903 | | Gn21:22 | והוה | בשעתא | ההיא ואמר אבימלך ופיכל |
| 4904 | | Gn38:01 | והווה | בשעתא | ההיא ונחית יהודה מן לוות |
| 4905 | | Gn49:21 | אזדרז ונחת למצרים | בשעתא | זעירת ואייתי אוניתא דחקלא |
| 4906 | | Gn22:10 | לא הוה חמא יתהון בה | בשעתא | נפקת בת קול מן שמייא |
| 4907 | בשעתה | Nu22:04 | צפור הוה מלך למואביי | בשעתה | ההיא: |
| 4908 | | Dt 1:09 | ואמרת לכון | בשעתה | ההיא למימר לית אנה יכיל |
| 4909 | | Dt 1:16 | ופקדית ית דייניכון | בשעתה | ההיא למימר תהוון שמעין |
| 4910 | | Dt 1:18 | ופקדית יתכון | בשעתה | ההיא ית כל פתגמיה די |
| 4911 | | Dt 2:34 | וכבשינן ית כל קורייוי | בשעתה | ההיא ושיצינן ית כל קורי |
| 4912 | | Dt 3:04 | וכבשנן ית כל קורייוי | בשעתה | ההיא לא הות קריה די לא |
| 4913 | | Dt 3:08 | ונסבנן | בשעתה | ההיא ית ארעא מן ^יד#2#^ |
| 4914 | | Dt 3:12 | וית ארעא הדא ירתינן | בשעתה | ההיא מן לחיית די על גיף |
| 4915 | | Dt 3:18 | ופקדת יתכון | בשעתה | ההיא למימר ייי אלהכון יהב |
| 4916 | | Dt 3:21 | וית יהושע פקדית | בשעתה | ההיא למימר עיינך חמיין ית |
| 4917 | | Dt 3:23 | רחמין מן קדם ייי | בשעתה | ההיא למימר: |
| 4918 | | Dt 4:14 | ויתי פקד ממריה דייי | בשעתה | ההיא למלפה יתכון קיימין |
| 4919 | | Dt 5:05 | ממריה דייי וביניכון | בשעתה | ההיא למתנייה לכון ית |
| 4920 | | Dt 9:20 | לחוד על עסק אהרן | בשעתה | ההיא: |
| 4921 | | Dt10:01 | | בשעתה | ההיא אמר ייי לי אמר משה |
| 4922 | | Dt10:08 | | בשעתה | ההיא אפריש ייי ית בנוי |
| 4923 | | Ex 9:18 | הא אנה מחית | בשעתה | למחר ברד תקיף לחדא די לא |
| 4924 | בשפולא | Ex24:04 | ואקדם בצפרא ובנה מדבח | בשפולא | דטורא ותרתי עשרי קיימין |
| 4925 | בשפולוי | Ex19:12 | לטורא ודלא למקרב | בשפולוי | כל דיקרב לטורא יתקטל |
| 4926 | בשפולייה | Ex26:27 | ללוחי סטרין דמשכנה | בשפולייה | מן מערבה: |
| 4927 | בשפועיה | Ex36:32M | בשיפולייה/^<בשיפו>לוי#2#^/ | בשפועיה#2#/ | מן |
| 4928 | בשפילוי | Nu 5:17M | עפרה די יהווי | בשיפול/בשפילוי#2#/ | דמשכנה יסב כהנא |
| 4929 | בשפלוי | Ex19:17 | דייי מן משריתא ואתעתדו | בשפלוי | דטורא: |
| 4930 | | Nu 3:23 | זרעייתה דבנוי דגרשני | בשפלוי | דמשכנה ישרון מן מערבה: |
| 4931 | בשפלייה | Ex36:28 | עבד לסטרוי דמשכנא | בשפלייה: | |
| 4932 | בשפלתה | Dt 1:07 | כל כופרנוי במשרה בטורה | בשפלתה | ובדרומה ובחוף ימא ארעהון |
| 4933 | בשפר | Gn41:43 | דמלכא דרב בחכמתא וזעיר | בשפר | ורכיך בשנייה ומני יתה רב |
| 4934 | | Gn47:06M | היא \בבית שפר ארעא | /בשפר | טוב ארעא#2#/ אשרי ית |
| 4935 | בשקיא | Gn30:38 | די פצל במו{ד}<ר>כוותא | בשקיא | דמיא דתיעול ענה למשתי |
| 4936 | בשקר | Dt 5:11M | למן דמשתבע | בשקר | בשמה ומשקר |
| 4937 | בשקריהון | Lv26:40 | וית חובי אבהתהון | בשקריהון | די שקרו קדמי ולהוד די |
| 4938 | | Nu25:18 | ארום מעיקין אינון לכון | בשקריהון | די שקרו לכון על עסק |
| 4939 | בשרביטה | Ex21:20 | ית עבדיה או ית אמהתיה | בשרביטה | ומית תחות ידיה מתפרע |
| 4940 | בשרצא | Lv11:29 | ודין יהווי לכון מסאב | בשרצא | דשרץ על ארעא כבושתה |
| 4941 | בשתא | Ex23:14 | תלתא זמנין תחוגון קדמיי | בשתא: | |
| 4942 | | Ex34:24 | ייי אלהכון תלתא זמנין | בשתא: | |
| 4943 | | Gn26:12 | יצחק בארעא ההיא ואשכח | בשתא | ההיא מאה שערין דגנין וברך |
| 4944 | | Gn47:17 | יתהון בלחמא בכל בעירהון | בשתא | הה«י»א: |
| 4945 | | Ex23:29 | לא אטרד יתהון מן קדמיכון | בשתא | חדא דלא תהוי ארעא צדי דלא |
| 4946 | | Ex30:10 | חטאתה דכיפוריה חדא זמן | בשתא | יכפר עלוי על קרנת«ה» |
| 4947 | | Ex34:23 | תלתא זמנין | בשתא | יתחמיר׳ כל דוכריכון קדם |
| 4948 | | Ex30:10 | עלוי על קרנתה חדא זמן | בשתא | מן אדם חטאתה דכיפוריה חדא |
| 4949 | | Nu 1:01 | זמנא בחד לירחא תנינא | בשתא | תניינא בזמן אפקותהון דבני |
| 4950 | | Ex40:17 | והוה בירחא קדמיא | בשתא | תנייתא בחד לירחא אקים משה |
| 4951 | בשתה | Gn17:21 | תלד לך שרה לעדנה הדן | בשתה | אחרי«תה»: |
| 4952 | | Dt15:20 | אלהכון תיכלון יתיה שתה | בשתה | באתרה די יתרעי ייי אלהכון |
| 4953 | | Lv16:34M | "חדא ...": <חדא> זמנה | בשתה | בעשרתי יומין לירח תשרי |
| 4954 | | Lv25:54 | ואן לא יתפרק באלין ויפוק | בשתה | דיובילה הוא ובנוי עמיה: |
| 4955 | | Lv27:24 | | בשתה | דיובילה תחזור חקלה למן |
| 4956 | | Lv25:13 | | בשתה | דיובלה הדה תחזרון גבר |
| 4957 | | Lv16:34 | מן כל חוביהון חדא זמן | בשתה | ועבד היך מה די פקד ייי ית |
| 4958 | | Lv25:20 | וארום תאמרון מה נאכל | בשתה | שביעיתה הא לית אנן זרעין |
| 4959 | | Lv25:21 | ואפקד ית ברכתי לכון | בשתה | שתיתיה ותעבד ארעא פירי |
| 4960 | | Gn47:18 | שתא ההיא ואתן לוותיה | בשתה | תיניינתה ואמרין ליה לא |
| 4961 | | Dt26:12 | ית כל מעשר עללת<כ>ון | בשתה | תליתייה דהיא שנת מעשר |
| 4962 | | Dt14:28 | ית מעשר עללתכון | בשתה | תליתיתה דהוא שנת מעשר |
| 4963 | | Nu10:11 | והוה | בשתה | תניינתה בעשרין לירחה |
| 4964 | | Nu 9:01 | עם משה במדברה דסיני | בשתה | תנינתא בזמן אפקותהון דבני |
| 4965 | בשתיא | Lv13:57 | תתחזי תוב בלבושה או | בשתיא | או בערבה או בכל מן דמשך |

|  |  |  |  |
|---|---|---|---|
| 4966 | | Lv13:59 | בלבוש דעמר או בכתן או בשתיא או בערבא או בכל מן משך |
| 4967 | בשתיה | Lv13:48 | או בשתיה או בערבה לכתנא או לעמרא |
| 4968 | | Lv13:49 | סמוק בלבוש או במשך או בשתיה או בעור«בא» או בכל מן |
| 4969 | | Lv13:51 | הלך מכתשה בלבוש או בשתיה או בערבה או במשך לכל מה |
| 4970 | | Lv13:53 | לא הלך מכתשה בלבוש או בשתיה או בערבה או בכל מן דמשך: |
| 4971 | בת' | Nu34:02M | ארעא דכנען לתחומ'/בת'#2#/: |
| 4972 | | Nu14:19M | {ו}<ד>עמא האליין כתקוף/בת'#2#/ חסדך והיך מה די |
| 4973 | | Nu 3:25M | \וחפוי תרע /וחפיי בת'#2#/ משכן זימנה: |
| 4974 | | Nu10:03M | /עמא דכנ'#2#/ לתרע/בת'#2#/ משכן זימנא: |
| 4975 | בתופיא | Ex15:20 | ונפקו כל נשיא בתרה בתופיא הוון חיילן: |
| 4976 | בתופין | Gn31:27 | שלחת יתך בחדון בשירין בתופין ובכינרין: |
| 4977 | בתוקפא | Gn29:07M | "כדון ...": כדו יומא בתוקפא לית אשון למכנשה עדרייה |
| 4978 | בתוקפיה | Dt 4:37 | ואפק יתכון פריקין בתוקפיה בחיילה רבה מן מצרים: |
| 4979 | בתוקפך | Dt 9:26 | עמך ואחסנותך די פרקת בתוקפך די אפקת מן מצרים ביד |
| 4980 | בתור | Lv16:03 | לשמשה לגו בית משריתא בתור בר תורין לחטאתה ודכר |
| 4981 | | Dt22:10 | עמי בני ישראל לא תרדון בתור ובחמר תריהון קטירין כחדה: |
| 4982 | בתורגמן | Gn45:12M | בית קודשא פומיה /היך בתורגמן פומי#2#/ ממלל עמכון: |
| 4983 | בתוריא | Ex 9:03 | בסוסיא ובחמיריא בגמליא בתוריא ובענה מותא תקף לחדא: |
| 4984 | בתורייה | Lv22:19 | דכר שלם מן «מום» בתורייה באמרייה ובעזייה: |
| 4985 | בתוריכון | Dt15:19 | כל בכורייה די יתילדון בתוריכון ובעניכון דיכרייה תקדשון |
| 4986 | בתורין | Lv22:21 | דייי לפרש נדר או נסיבה בתורין או בען שלם יהי ברעווה כל |
| 4987 | | Dt14:26 | מה די תתחמד נפשיכון בתורין ובען ובחמר חדת ובעתיק |
| 4988 | בתחום | Dt 2:04 | פקד למימר אתון עברין בתחום אחיכון בנוי דעשו דשריין |
| 4989 | | Nu34:04 | טירת אדרייה ויעבר בתחום שוק מסיי בקסם: |
| 4990 | בתחומה | Nu34:08M | לאוולס דקילקי /בתחומה דאל' דקלקאי#2#/: |
| 4991 | | Nu33:44 | ושרון במגזיה עברייה בתחומה דמואביי: |
| 4992 | | Nu21:23 | סיחן ית ישראל עברין בתחומה וכנש סיחון ית כל עמיה |
| 4993 | | Nu20:21 | למשבק ית ישראל עברין בתחומה וסטון ישראל מעילוויהון |
| 4994 | | Gn34:21 | בה וארעא הא פתיא היא בתחומה קדמיהון ית בנתהון נסב לן |
| 4995 | | Nu32:33 | דמותנין ארעא לקרייה בתחומה קרייה דארעא מן חזור חזור: |
| 4996 | בתחומהון | Gn23:11M | הוי שרי \בגו בנוי /בתחומהון דבנוי#2#/ דחת וענה |
| 4997 | בתחומי | Nu20:18M | אדומייה לית את עבר בתחומי דלא שלופי חרבה |
| 4998 | בתחומיה | Dt 2:30 | דלא למעברה יתן בתחומיה ארום אקשי ייי אלהכון ית |
| 4999 | | Gn49:27 | בנימן שבט תקיף בתחומיה יתבניה בית מקדשה |
| 5000 | בתחומיהון | Dt 2:04M | \בתחום אחיכון בנוי /בתחומיהון דאחיהון דב'#2#/ דעשו |
| 5001 | | Gn23:10M | "בגו בנוי": בתחומיהון דבנוי |
| 5002 | | Gn23:10M | הוי שרי \בגו בנוי /בתחומיהון דבנוי#2#/ דחת וענה |
| 5003 | | Nu21:20M | מנהון באירה דאית בתחומיהון דמואבאי ריש רמתה |
| 5004 | | Nu21:20I | בריש רמתה די בתחומיהון דמואבאי והא היא מצ' |
| 5005 | | Nu33:44M | \בתחומה דמואביי /בתחומיהון דמואביי#2#/: |
| 5006 | בתחומייהון | Gn36:35 | די קטל ית מדייני בתחומייהון דמואבאי ושמה דקרתיה |
| 5007 | בתחומין | Nu20:18M | דאדומיי לא תעברו בתחומין דלא בחרבה אפוק |
| 5008 | בתחומך | Ex10:04 | אנא מייתי למחר גובא בתחומך: |
| 5009 | בתחי' | Gn25:34M | תחיית מיתייה /וכפר בתחי' מיתיי'#2#/ וכפר בחיוי |
| 5010 | בתיבותא | Gn 8:01 | וית כל בעירה די עמה בתיבותא ועבר ייי רוח דרחמין על |
| 5011 | בתיבותה | Gn 7:23 | נח ומן דהוה עמיה בתיבותה: |
| 5012 | בתכלא | Ex35:35 | עבידה דנגר ואומן וצייר בתכלא ובארגוונא ובצבע זיהורי |
| 5013 | בתכלה | Ex38:23 | דדן נגר ואומן וצייר בתכלה ובארגוון ובצבע זהוריתה |
| 5014 | בתכלתה | Ex38:23M | נגר ואומן וצייר בתכלה/בתכלתה#2#/ ובארגוון ובצבע |
| 5015 | בתמימות | Gn20:05 | היא והיא אמרת אחי הוא בתמימות לבי ובקשיטות כפי ידי |
| 5016 | | Gn20:06 | אף אנא גלי קדמיי ארום בתמימות לבך עבדת דא ואתחס{ב}<כ>ת |
| 5017 | בתנור | Lv26:26 | עשר נשין לחמיכון במתק' בתנור חד ויהוויין מחזרן לכון |
| 5018 | בתנורא | Lv 7:09 | וכל מנחתה דמתאפית בתנורא וכל נעבד במרתחה ועל |
| 5019 | | Gn15:17 | גהינם דמתילה באתונה בתנורא מקפה שביבין דינור |

|  |  |  |  |
|---|---|---|---|
| 5020 | | Lv 2:04 | תקרב קרבן מנחה אפיה בתנורא סלת חלין פטירין פילן במשח |
| 5021 | בתנורין | Lv11:35M | עלוי יסתאב תנור/בתנורין#2#/ או תפיין יסתתרון |
| 5022 | בתנינין | Dt32:33M | חווייה \פתמנייה כזורא'/בתנינין אכזריין#2#/: |
| 5023 | בתק' | Ex15:16M | /אימתי דמות' ותברא בתק'#2#/ אדרע גבורתך תקיפא יהוון |
| 5024 | בתקוף | Ex15:16 | תפל עליהון אימתך ופחדך בתקוף אדרע גבורתך תקיפא יהוון |
| 5025 | | Nu10:35M | ואמר קום כען מימריה בתקוף חיילך וית' |
| 5026 | | Dt29:18M | יהווי לי ארום בקשיטות/בתקוף#2#/ ליבי איזיל מן בגלל |
| 5027 | | Dt29:27 | יתהון ייי מעלוי ארעהון בתקוף רגוז ובכליתה ובכעס רב |
| 5028 | | Dt29:23M | \מה תקיף הוא רוגזיה /בתקוף רוגז'#2#/ רבה הדין: |
| 5029 | בתקיפה | Gn31:53 | דאבוהון ואשתבע יעקב בתקיפה דאבוי דיצחק: |
| 5030 | | Gn49:24 | ואשרי בתקיפה רוחצניה פשט ידוי ואדרעוי |
| 5031 | בתקף | Ex11:08 | אפוק ונפק מן קדם פרעה בתקף רגז: |
| 5032 | בתקפא | Ex19:09 | הא ממרי מתגלי עלך בתקפא דעננא מן בגלל דישמעון עמא |
| 5033 | בתקפה | Gn18:01 | הווה יתיב בתרע משכניה בתקפה דיומא מתחמם מן אדם |
| 5034 | בתקפך | Ex15:13 | די פרקת תדבר יתהון בתקפך למדור בית שכינת קודשך: |
| 5035 | בתר | Lv 6:09 | ובנוי פטירין תתאכל בתר קדיש בדרת משכן ז«י»מנא |
| 5036 | | Lv 6:19 | כהנא דמרבי יתה ייכול יתה בתר קדיש תתאכל בדרת משכן |
| 5037 | בתר' | Ex40:29M | דעלתה שווי \תרע משכנא /בתר' למש'#2#/ משכן זימנא וסדר |
| 5038 | בתריין | Nu 9:08M | די עלו לקדם משה רבן בתריין מנ' |
| 5039 | בתרין | Nu13:23 | חד וטענו יתיה בקופה בתרין וכן מן רמונייה וכן מן |
| 5040 | | Dt 9:17 | ותפשית בתרין לווח{ו}<י>ה וטלקית יתהון |
| 5041 | | Lv24:12 | יתכון בדעתיה דלעיל בתרין מנהון הוה משה זריז |
| 5042 | | Lv24:12M | בתרין מנהון /רבן בתרין מנהון#2#/ הוה משה זריז |
| 5043 | | Nu 9:08 | דינין דקמו קדם משה בתרין מנהון הוה משה זריז |
| 5044 | | Nu15:34 | דקמו קדם משה רבן בתרין מנהון הוה משה זריז |
| 5045 | | Nu27:05 | דינין דקמו קדם משה בתרין מנהון הוה משה זריז |
| 5046 | | Ex 2:12M | משה ברוח קודשא בתרין עלמיא וחמא והא לית גיורא |
| 5047 | בתרע | Gn19:11 | וית גובריא די בתרע ביתה מחון בסידוריה |
| 5048 | | Ex29:11 | ותיכוס ית תורא קדם ייי בתרע משכן זימנא: |
| 5049 | | Ex29:32 | דדכרא וית לחמה די בסלא בתרע משכן זימנא: |
| 5050 | | Ex29:42 | עלה תדירא לדריכון בתרע משכן זימנא קדם ייי דאזמן |
| 5051 | | Ex38:08 | צדיקתא דהוון מצליין בתרע משכן זימנא: |
| 5052 | | Ex38:08M | צניעתה דהוויין צניען בתרע#2#/ משכן זימנא: |
| 5053 | | Lv 3:02 | ראש קרבניה ויכוס יתיה בתרע משכן זמנא ויזרקון בנוהי |
| 5054 | | Lv 4:07 | יסודי דמדבחה דעלתא די בתרע משכן זמנה: |
| 5055 | | Lv 4:18 | יסודי דמדבחה דעלתה די בתרע משכן זמנא: |
| 5056 | | Lv 8:31 | ולבנוי בשלו ית בשרה בתרע משכן זימנה ותמן תאכלון |
| 5057 | | Lv14:11 | דמדכי ויתהון קדם ייי בתרע משכן זמנא: |
| 5058 | | Lv17:06 | ית אדמה על מדבחה דייי בתרע משכן זמנא ויסדר תרבה לריח |
| 5059 | | Nu 6:10 | בני יון לוות כהנה בתרע משכן זימנא: |
| 5060 | | Nu 6:18 | ויספר נזירה בתרע משכן זימנא ית ריש נזירותיה |
| 5061 | | Nu16:18 | ושוו עליהון קטרה וקמו בתרע משכן זמנא ומשה ואהרן: |
| 5062 | | Nu20:06 | משה ואהרן מן קדם קהלה בתרע משכן זימנה ואשתטחו על |
| 5063 | | Nu27:02 | וקדם כל עם כנשתה בתרע משכן זמנא למימר: |
| 5064 | | Dt31:15 | וקם לה עמודה דעננה בתרע משכן זמנה: |
| 5065 | | Gn18:10 | ושר{ת}<ה> הוות שמעה בתרע משכנא וישמעאל הווה קיים |
| 5066 | | Ex33:09 | עמודא דעננא וקיי«ם» בתרע משכנה ומלל עם משה: |
| 5067 | | Ex33:10 | ית עמודא דעננא דקיים בתרע משכנה וקיימין כל עמא |
| 5068 | | Nu11:10 | בכיין לזרעייהון גבר בתרע משכנה ותקף רוגזה דייי לחדה |
| 5069 | | Nu12:05 | בעמודה דעננה וקם לה בתרע משכנה וקרא אהרן ומרים |
| 5070 | | Gn18:01 | חזוה והוא הווה יתיב בתרע משכניה בתקפה דיומא מתחמם |
| 5071 | | Gn35:09M | עורלתיה ויתב ליה בתרע משכניה כמחום יומא |
| 5072 | | Ex33:08 | כל עמא ומתעתדין גבר בתרע משכניה ומסתכלין בתר משה |
| 5073 | | Ex33:10 | כל עמא ומצליין גבר בתרע משכניה: |

|  |  |  |  |
|---|---|---|---|
| 5074 | | Nu16:27 | ואבירם קמו להון מעתדין בתרע משכניהון ונשיהון ובניהון |
| 5075 | | Ex32:26 | וקם ליה משה בתרע משריתה ואמר מן דדחל מן קדם |
| 5076 | בתרעא | Gn19:01 | ברמשא ולוט הוה יתיב בתרעא דסדם ו{ת}<ח>מא יתהון |
| 5077 | | Gn43:19 | דיוסף ומללון עמיה בתרע«א» פלטורין: |
| 5078 | בתרעי | Dt 6:09 | מזוזיין ותקבעון יתהון בתרעי בתיכון ובסייפי קורייכון: |
| 5079 | | Dt11:20 | ות{ט}<ק>בעון יתהון בתרעי בתיכון ובסיפי קורייכון: |
| 5080 | בתרתי | Ex17:12M | וחור הוון אחידין בידוי/בתרתי ידוי#2#/ חד מן דא |
| 5081 | בתרתין | Gn31:41 | קדמך ארבע עשרה שנין בתרתין בנתך ושית שנין בענך |
| 5082 | | Dt14:06 | סדיקה ומטליף טלפין בתרתין פרסתה מסיק גררה בבעירה |
| 5083 | בתשמיש | Nu31:17 | וכל אתה דחכמה לגבר בתשמיש דכורא קטלו: |
| 5084 | בתשעה | Lv23:32 | ותצימון בה ית נפשתכון בתשעה יומין לירחה מן רמשה ועד |
| 5085 | בתשרי | Gn 8:13M | בירחא קדמיא ^בניסן#2#/בתשרי#2#/ בחד לירחא נגבו |
| 5086 | בתתובכון | Dt 4:30M | ותתובון/ותתחזרון בת{ו}ת<ו>בכון#2#/ קדם ייי אלהכון |
| 5087 | דבישראל | Nu18:14 | כל אפרשו דבישראל דידך יהווי: |
| 5088 | דבמצרים | Ex 3:07 | חמית ית צערהון דעמי דבמצרים וית קבלתהון שמעית מן |
| 5089 | דבא' | Dt31:12M | בארעכון /וגיורא דבא'#2#/ מן בגלל די ישמעון |
| 5090 | דבאיסודי | Nu 5:17M | ומן עפרה דתחות טבלה דבאיסודי משכנה |
| 5091 | דבבית דבוקה | Ex26:05 | בסיטרא דיריעתא דבבית דבוקה תניינא מכוונן יהוון |
| 5092 | דבזכו' | Gn31:22M | ארום אזל יעקב חסידא דבזכו' הוון מיא טיפין מ{יא}<ן> |
| 5093 | דבזכותה | Nu21:01 | אסתלקת מרים נביאתה דבזכותה הוות בירה סלקה להון ארום |
| 5094 | דבזכותיה | Nu21:01 | אהרן גברא חסידה דבזכותיה הוון ענני איקרה מפקין ית |
| 5095 | דבחיין | Lv14:06M | צפרתה דבחיין באדמה צפרתה דנכיסה על |
| 5096 | | Lv14:52M | ובקיסה /ובצפרתה דבחיין וב'#2#/ דארזא ובאזובא |
| 5097 | | Lv14:51M | צפרה \דחייתה ויצבע /דבחיין ויצבוע#2#/ יתהון באדמה |
| 5098 | | Lv14:06M | ית צפרה חייתה/דבחיין#2#/ יסב יתה וית קיסה |
| 5099 | | Lv14:53M | חייתה /צפורתה דבחיין#2#/ לבר מן קרתה לאפי ברה |
| 5100 | | Gn 9:03M | דחיין לכון /כל רמס דבחיין לכון#2#/ יהווי למיכל |
| 5101 | | Lv14:07M | ית צפרה \חייתה לאפי /דבחיין על אפי#2#/ ברא: |
| 5102 | דבידינן | Nu31:49M | ע{מ}<ב>די קרבה דבידן/דבידינן#2#/ ולא אסתכם מינהון |
| 5103 | דבידן | Nu31:49 | עמא ע{מ}<ב>די קרבה דבידן ולא אסתכם מינהון בר נש: |
| 5104 | דבלבך | Ex23:02 | לא תמנע מן למימר מה דבלבך על חברך בדינא דלא תהווי |
| 5105 | | Ex23:05 | עמיה משבק תשבק כל מה דבלבך על חברך ומפרק תפרק עמה |
| 5106 | | Dt22:04 | מנהון משבוק תשבוק מה דבלבך עלוי ומפרוק תפרוק ומטעון |
| 5107 | דבמימריה | Lv22:09M | יתכון /הוא ייי דבמימריה מקדש יתהון#2#/: |
| 5108 | דבממרי | Lv21:08M | יתכון /בממרי אנה ייי דבממרי מקד' יתכון#2#/: |
| 5109 | | Lv20:08M | דקדשת יתכון /הוא ייי דבממרי מקדש ית'#2#/: |
| 5110 | | Lv21:15M | דקדשת יתהון /הוא ייי דבממרי מקדש יתיה#2#/: |
| 5111 | | Lv21:23M | דקדשת יתהון /הוא ייי דבממרי מקדש יתיה#2#/: |
| 5112 | דבמשכן | Lv 4:18M | "די קדם ... זימנא": דבמשכן זמנא די מן קדם ייי |
| 5113 | דבנהרא | Ex 8:05 | ומן אנשי ביתך לחוד דבנהרא ישתיירון: |
| 5114 | | Ex 8:07 | שלטונך ומן עמך לחוד דבנהרא ישתיירון: |
| 5115 | דבסוף | Gn25:23M | "קדם זעירא": מן בגלל דבסוף מלכותא דעשו ואח{ר}<ד> |
| 5116 | דבסיפי | Nu20:16 | והא אנן ברקם קרתה דבסיפי תחומך: |
| 5117 | דבעמ' | Ex23:11M | ותיכלון יתי' מסכנייה דבעמ' ומ' |
| 5118 | דבעמכון | Ex22:24M | לעמי' ית מסכיניי' דבעמכון לא תהוון לכון מ{י}רי |
| 5119 | | Lv21:04M | דלא יפס ית כהנתא /דבעמכון למפסה כליל בה#2#/: |
| 5120 | דבקורייכון | Dt14:29 | ואיתמיה וארמלתה דבקורייכון ויאכלון וישבעון מן בגלל |
| 5121 | דבקירויכון | Dt14:27M | וליויי \די בקורייכון/דבקירויכון#2#/ לא תשבקון יתהון |
| 5122 | דברחמין | Gn 4:08M | מסתכל אנה \דלא ברחמי'/דברחמין#2#/ איתברי עלמא ולא על |
| 5123 | דבשמיא | Nu20:21 | מפקדין מן אבוהון דבשמיא דלא לסדרה לקבליהון סדרי |
| 5124 | | Gn21:33M | להון צלון קדם אבוכון דבשמיא דמן דידיה אכלתון ומן |
| 5125 | דבשמייא | Dt33:24 | בין אחוי לבין אבוהון דבשמייא וארעא תיהווי מש{י}<ח> |
| 5126 | דבתחומיהון | Nu21:20 | יתגנזת מנהון בחלתה דבתחומיהון דמואביי ריש רמתה והא |
| 5127 | דבתרין | Nu22:39M | מרישה /ואתון לקרתה דבתרין שוקה היא בית דיב'#2#/: |
| 5128 | וב' | Lv14:52M | /ובצפרתה דבחיין וב'#2#/ דארזא ובאזובא ובצבע |
| 5129 | | Dt 1:07M | במשרה בטורה בשפלתה/וב'#2#/ ובדרומה ובחוף ימא |
| 5130 | ובאהרן | Dt 9:20 | ובאהרן רגז ממרה דייי עליכון |
| 5131 | ובמשה | Nu21:05M | עמא בשם מימריה דייי ובמשה למ'#2#/ כען אסקתון יתן |
| 5132 | ובאילם | Nu33:09 | מן מרה ואתון לאילם ובאילם תרתין עשרי פיגיין דמיין |
| 5133 | ובגבלה | Dt 2:12 | ובגבלה שרון חוורנייה מן לקדמין |
| 5134 | ובחצרות | Dt 1:01M | וגרי בכון חיוותה ובחצרות די נפלו מן פיגריכון |
| 5135 | | Dt 1:01 | הדין דמיכליה קליל ובחצרות נפלו פיגריכון ועל ידי |
| 5136 | ובחרב | Dt 9:08 | ובחרב ארגזתון קדם ייי ותקף |
| 5137 | ובאבניא | Ex 7:19 | ארעא דמצרים בקיסיא ובאבניא: |
| 5138 | ובאד | Dt 4:34M | ובסדרי קרבה וביד/ובאד#2#/ תקיפה ובאדרע מנטלה |
| 5139 | ובאדרע | Nu20:20 | לקדמותהון בעמא תקיפה ובאדרע מנט לא: |
| 5140 | | Ex32:11M | רבה \ובאדרעך מנטלתה /ובאדרע מנטלה#2#/: |
| 5141 | | Dt 4:34 | קרבה וביד תקיפה ובאדרע מנטלה ובחזו{ז}<ו>ן רברבין |
| 5142 | | Dt26:08 | מן מצרים בידה תקיפה ובאדרע מנטלה ובחזוין רברבן |
| 5143 | ובאדרעך | Ex32:11 | בחיל«ך» רבה ובאדרעך מנטלתה: |
| 5144 | ובאולפן | Dt10:20 | וקדמוי תהוון מצליין ובאולפן אורייתה ת{ת}<ד>בקון |
| 5145 | | Dt13:05 | תפלחון בלבה שלמה ובאולפן אורייתה תדבקון: |
| 5146 | ובאומנות | Ex31:05 | ובאומנות אבנא טבתא לאשלמתא |
| 5147 | | Ex35:33 | ובאומנות אבנא טבתה לאשלמותה |
| 5148 | | Ex31:04 | ולמעבד באומנות דהבא ובאומנות כספא ובאומנות נחשא: |
| 5149 | | Ex35:32 | למעבד באומנות דהבא ובאומנות כספא ובאומנות נחשא: |
| 5150 | | Ex31:04 | דהבא ובאומנות כספא ובאומנות נחשא: |
| 5151 | | Ex35:32 | דהבא ובאומנות כספא ובאומנות נחשא: |
| 5152 | ובאזובא | Lv14:52 | חייתה ובקיסה דארזא ובאזובא ובצבע זחוריתה טבתה: |
| 5153 | ובאחוי | Ex32:29 | ארום נגעתן גבר בברה ובאחוי ולמשויה עליכון יומא הדין |
| 5154 | ובאחיכון | Lv25:46 | לעלם בהון תפלחן ובאחיכון בני ישראל גבר באחוי לא |
| 5155 | ובאחסנתיה | Gn49:27 | יתבניה בית מקדשה ובאחסנתיה תשרי איקר שכינתא דייי |
| 5156 | ובאילין | Lv24:12 | הוה משה מתין באליין ובאילין אמר לא שמעית במסאבין דלא |
| 5157 | | Nu27:05 | משה מתין ובאילין ובאילין אמר לא שמעית במסאבין דלא |
| 5158 | | Nu27:05 | מנהון הוה משה מתין ובאילין ובאילין אמר לא שמעית |
| 5159 | ובאיקרא | Dt 5:16M | באיקרא דאבוכון ובאיקרא דאמכון היך מי די |
| 5160 | ובאיקרה | Ex20:12 | גבר ביקריה דאבוי ובאיקרה דאימיה מן בגלל דיסגון |
| 5161 | ובאיתתיה | Gn26:11 | מן דיקרב בגברא הדין ובאיתתיה מתקטל יתקטל: |
| 5162 | ובאליין | Nu27:05M | ובאילין /ובאליין ובאליין#2#/ אמר ^משה#2#/ לא |
| 5163 | | Nu27:05M | \ובאילין ובאילין /ובאליין ובאליין#2#/ אמר \ |
| 5164 | | Nu26:64M | ובאלין/ובאליין#2#/ לא הוה גבר מן |
| 5165 | ובאלין | Nu15:34 | הוה משה מתין ובאלין ובאלין אמר לא שמעת במסאבין דלא |
| 5166 | | Nu15:34 | מנהון הוה משה מתין ובאלין ובאלין אמר לא שמעת |
| 5167 | | Nu26:64 | ובאלין לא הוה גבר מן סכומוי |
| 5168 | ובאנשי בייתיה | Gn12:17 | מכתשין רברבן ובאנשי בייתיה על עסק שרי אתתיה |
| 5169 | ובאנשי ביתך | Ex 8:17 | בך ובשלטונך ובעמך ובאנשי ביתך ית ערברובא ויתמלון |
| 5170 | ובאסתלקות | Nu 9:22 | ישראל ולא יטלון ובא«ס»תלקות עננא יטלון: |
| 5171 | | Ex40:36 | ובאסתלקות עננה «מעלווי משכנה» |
| 5172 | ובאעצבתך | Ex 7:28M | ובתנורך ובאצותך/ובאעצבתך#2#/: |
| 5173 | ובאצבען | Ex38:23M | ובארגוון ובצבע/ובאצבען#2#/ זהוריתה טבתה |
| 5174 | ובאצותך | Ex 7:28 | ובכל שולטנך ובתנורך ובאצותך: |
| 5175 | ובארבעה עשרי | Gn14:05 | ובא{{בר}}«רב»עה עשרי שנין אתא |
| 5176 | ובארגוון | Ex35:35M | וצייר בתכלא ובארגוונא/<ובאר>גוון#2#/ ובצבע זיהורי |
| 5177 | | Ex38:23 | ואומן וצייר בתכלה ובארגוון ובצבע זהוריתה טבתה |
| 5178 | | Ex38:24 | {{ובארגוון}} כל דהבא דאתעבד לעבידתה |
| 5179 | ובארגוונא | Ex35:35 | ואומן וצייר בתכלא ובארגוונא ובצבע זיהורי טב{ת}ה |
| 5180 | ובארח | Nu 9:13 | וגברא די יהווי דכי ובארח ר«חי»קה ל«א» |
| 5181 | ובארעא | Gn47:14 | דאשתכח בארעא דמצרים ובארעא דכנען בעיבורה די אנון |

| | | | |
|---|---|---|---|
| 5182 | | Dt 3:24M | מן לרע /בשמייא ובארעא#2/# די יעבד כעבדיך טבייה |
| 5183 | ובארעכון | Lv22:24 | אלין לשמה דייי ובארעכון לא תעבדון: |
| 5184 | ובאשלמות | Lv12:06M | \וכד ישלמון/ובאשלמות#2/# יומי דכותה לבר |
| 5185 | ובאשתא | Nu12:12 | דאמיה תשעה ירחין במיא ובאשתא ולא מתנזק וכיון {מ} דמטא |
| 5186 | ובאתין | Dt26:08 | מנטלה ובחזוין רברבן ובאתין ובפרישן: |
| 5187 | ובאתכנשון | Nu10:07 | ובאתכנשון ית קהלא תתקעון ולא |
| 5188 | ובאתרה | Nu 9:17 | כדן יטלון בני ישראל ובאתרה די ישרי תמן משכנה תמן |
| 5189 | ובבוץ | Ex35:35 | ובצבע זיהורי סב{ת}ה ובבוץ וגרדיי עבדי כל עבידה |
| 5190 | ובבוצה | Ex38:23 | ובצבע זהוריתה סבתה ובבוצה: |
| 5191 | ובבית יקידתה | Dt 9:22 | ובבית יקידתה ובניסיונה ובקברי שאלתה |
| 5192 | ובבית מדרשהון | Gn34:31 | דישראל ובבית מדרשהון ערלין אתקטלו על עסק |
| 5193 | ובבית מקדשי | Lv19:30 | ית שובי קדשיי תטרון ובבית מקדשי תהוון מצלין בדחל«ה» |
| 5194 | ובבניה | Dt28:57 | היוצת מבין רגליה ובבניה די תוליד ארום תאכל יתהון |
| 5195 | ובבניכון | Dt28:46 | לכון לאתין ולסימנין ובבניכון עד לעלם: |
| 5196 | ובבנתן | Ex10:09 | ובסבינן ניזל בב<נ>ינן ובבנתן בענן ובתורינן ניזל |
| 5197 | ובבעירא | Ex 8:14 | והוון כלמיא באנשא ובבעירא: |
| 5198 | | Lv 7:26 | בית מדוריכון בעופא ובבעירא: |
| 5199 | | Nu18:15 | לשמה דייי בבני אנשא ובבעירא דידך יהווי להוד מפרקה |
| 5200 | | Gn 1:26 | דימא ובעופ׳ דשמיא ובבעירא ובכל ארעא ובכל רחשא דרחש |
| 5201 | | Gn 8:17 | מן כל בשרא בעופא ובבעירא ובכל רחשא דרחש על ארעא |
| 5202 | | Ex 8:13 | כלמיא בבני אנשא ובבעירא כל עפרא דארעא הוון כלמין |
| 5203 | ובבעירה | Ex 9:10 | פרח בבני אינשא ובבעירה: |
| 5204 | | Nu31:11M | \בבני אנשא ובבעירה#2/#: |
| 5205 | | Nu31:26 | דשביתה בבני אנשא ובבעירה אתה ואלעזר כהנה וראשי |
| 5206 | | Nu 8:17 | ישראל בבני אנשא ובבעירה ביומא דקטלת כל בכוריה |
| 5207 | | Gn 7:21 | דרחש על ארעא בעופא ובבעירה ובכל חיתא ובכל רחשא דרחש |
| 5208 | | Gn 9:10 | די עמכון {ב} בעופא ובבעירה ובכל חיתא דארעא עמכון |
| 5209 | | Ex13:02 | ישראל בבני אנשא ובבעירה לשמי אינון: |
| 5210 | ובבעלת | Dt28:54M | תבאש עייניה באחוי/ ובבעלת טליותה#2/# ובשיור בנוי |
| 5211 | ובבר | Gn21:23 | הכה אם תשקר בי ובברי ובבר ברי כחסדא די עבדת עמך תעבד |
| 5212 | ובברה | Dt28:56 | עייניה בבעיל חובה ובברה ובברתה: |
| 5213 | ובברי | Gn21:23 | דייי הכה אם תשקר בי ובברי ובבר ברי כחסדא די עבדת |
| 5214 | ובברתה | Dt28:56 | בבעיל חובה ובברה ובברתה: |
| 5215 | ובבש׳ | Nu18:18M | ובשרהון/ובבש#2/# יהווי לך כניעה |
| 5216 | ובבשרהון | Lv21:05 | דקניהון לא יספרון ובבשרהון לא ישרטו׳ שרטת: |
| 5217 | ובבתי | Ex 7:28 | מדמכך על עריסתך ובבתי שלטנך ובעמך ובכל שולטנך |
| 5218 | | Ex 8:20 | תקף בפלטורין דפרעה ובבתי שליטוי ובכל ארעא דמצרים |
| 5219 | ובבתי מד׳ | Gn34:31M | בכנישתיהון ובמדרשיהון/ובבתי מד׳#2/# {{ערלין}} סאיבו |
| 5220 | ובבתיהון | Dt19:01 | ותשרון בארעהון ובבתיהון: |
| 5221 | ובגי׳ | Gn15:17M | דאשיה ובגי׳ רשעין די כפרו באוריתא |
| 5222 | ובגיורא | Lv17:15 | וקטילה ביציבייא ובגיורא ויחוור לבושוי ויסחי במיא |
| 5223 | ובגיוריה | Nu15:30 | בריש גלי ביציבייה ובגיוריה קדם ייי הוא מחרף ותישתצא |
| 5224 | ובגלפות | Ex31:05M | ובגלפות אבנייה סבתה דאשלמותה |
| 5225 | ובגפנא | Gn40:10 | ובגפנא תלתא שרביטין והיא אפרחת |
| 5226 | ובדהבא | Gn13:02 | לחדא בבעירה בכספא ובדהבא: |
| 5227 | ובדין | Lv24:12 | דלא יכלו למעבד פיסחה ובדין בנתה דצלפחד הוה משה |
| 5228 | | Nu 9:08 | יכלו למעבד פסחה בזמנה ובדין בנתיה דצלפחד הוה משה |
| 5229 | | Nu15:34M | למעבד פיסחא בזמנא וב{ג}<ד>ין בנתיה דצלפחד הוה משה |
| 5230 | ובדמותה | Ex30:32 | הדיוט לא יתמשח ובדמותה לא תעבדון כוותיה לכון |
| 5231 | ובדמכיכון | Dt 6:07M | ובקומיכון /וב<ד>מכיכון ובמקמכון#2/#: |
| 5232 | | Dt11:19 | ובהלכותכון באורחה ובדמכיכון ובקומכון: |
| 5233 | ובדעה | Ex31:03 | בחכמה בסכלתנ{ן}<ו> ובדעה ובכל עבידה: |
| 5234 | | Ex35:31 | ייי בחכמה ובסכלתנו ובדעה ובכל עבידא: |
| 5235 | ובהלכותכון | Dt 6:07 | בגו בתיכון ובהלכותכון באורחה ובמדמכון |
| 5236 | | Dt11:19 | בגו בתיכון ובהלכותכון באורחה ובדמכיכון |
| 5237 | ובהרהור | Dt28:22 | «ובקדחיתה ובדלקיתה וב<הר>הור לבה ובחרבה» ובשדפונה |
| 5238 | ובזהב | Gn13:02M | /בנכסין בכסף ובזהב#2/#: |
| 5239 | ובזיפתא | Ex 2:03 | ושעיית יתיה בחימרא ובזיפתא ושויית בה ית טליא ושויית |
| 5240 | ובזכוותהון | Nu22:30 | אתברי עלמא מן ראש ובזכוותהון הוא מדכר קדמיהון מה את |
| 5241 | ובזכות | Dt33:15 | אברהם יצחק ויעקב ובזכות אימהתה דמתילין בגלמתה |
| 5242 | | Nu23:09 | אברהם יצחק ויעק׳ ובזכות אמהתה צדיקתה דמתילן |
| 5243 | ובזכותהון | Gn15:17M | וקיימו פיקודייה ובזכותהון עתיד דאישתרי בסוף |
| 5244 | ובזמני | Nu10:10 | וביום חדוותכון ובזמני מעדיכון ובריש ירחיכון |
| 5245 | ובזעירא | Gn44:12 | ופשפש ברבה שרי ובזעירא סייף ואשתכח כלידא |
| 5246 | ובזר׳ | Gn28:14M | /ברך#2/# /זרעיית אר׳ ובזר׳ בניך מן בתרך#2/#: |
| 5247 | ובזרעיית | Dt28:46M | /בכון כאתין וכפרישן ובזרעיית בני׳#2/# עד לעלם: |
| 5248 | | Gn28:14 | כל זרעייתא דארעא ובזרעיית בניך: |
| 5249 | ובזרעייתיה | Lv20:05 | רגזי בגברה ההוא ובזרעייתיה ואישיצי}} יתיה וית כל |
| 5250 | ובחגא | Ex34:21 | תתנוחון בחגא דאכנשותא ובחגא דחצדא תתנחון: |
| 5251 | ובחגה | Dt16:16 | <....> ובחגה דמטלייה עמי בני ישראל |
| 5252 | ובחובי | Dt 9:04M | ית ארעא הדה ובחוביהון/ובחובי#2/# דאומייה האליין |
| 5253 | | Dt32:43 | יחזר לבעלי דבביכון ובחובי עמא ארעא לקייא וברחמוי |
| 5254 | ובחוביהון | Dt 9:04 | למירת ית ארעא הדה ובחוביהון דאומייה האליין מימרה |
| 5255 | ובחזוון | Dt 4:34 | תקיפה ובאדרע מנטלה ובחזו{ז}<ו>ן רברבין ככל מה די עבד |
| 5256 | ובחזויין | Dt 4:34M | רברבין /ובח{ו}<ז>ויין רברבין#2/# ככל מה די |
| 5257 | ובחזוין | Dt26:08 | תקיפה ובאדרע מנטלה ובחזוין רברבן ובאתין ובפרישן: |
| 5258 | ובחיכוך | Dt28:27M | \ובחרבנה /ובחרבה ובחיכו{ר}<ך> חספה#2/# די לא תיכלון |
| 5259 | ובחיתה | Gn 7:21M | ובבעירה \ובכל חיתא/ובחיתה#2/# ובכל רחשא דרחש על |
| 5260 | ובחלמין | Nu12:06 | בחזיון אתגלי עלוי ובחלמין אמלל עימיה: |
| 5261 | ובחמיריא | Ex 9:03 | די חקלא בסוסיא ובחמיריא בגמליא בתוריא ובענה מותא |
| 5262 | ובחמר | Dt14:26 | נפשיכון בתורין ובען ובחמר חדת ובעתיק ובכל מה די |
| 5263 | | Dt22:10 | ישראל לא תרדון בתור ובחמר תריהון קטירין כחדה: |
| 5264 | ובחמרא | Ex 9:03M | באפי ברא בסוסותא ובחמרא ויפרש#2/# בגמליא בתוריא |
| 5265 | ובחמריא | Gn47:17 | ען ובקנין תורייה ובחמריא ודבר יתהון בלחמא בכל |
| 5266 | ובחמשת עשר | Lv23:06 | ובחמשת עשר יומין לירחה חגא דפטיריה |
| 5267 | | Nu28:17 | ובחמשת עשר יומין לירחא הדן חגה |
| 5268 | | Nu29:12 | ובחמשת עשר יומין לירחא שביעיה |
| 5269 | ובחסרון | Dt28:48 | בכפן ובצהו ובערטליין ובחסרון כל מדעם וישוי נירה |
| 5270 | ובחצדה | Ex34:21M | "בחגא ... תתנחון": ברדיא ובחצדה תתניחון |
| 5271 | ובחצדכון | Lv19:09 | ובחצדכון ית חצדא דארעכון לא |
| 5272 | ובחרבה | Dt28:27M | ובטחוריה \ובחרבנה /ובחרבה ובחיכו{ר}<ך> חספה#2/# |
| 5273 | | Dt28:22 | וב<הר>הור לבה ובחרבה» ובשדפונה ובירקונה |
| 5274 | ובחרבנה | Dt28:27 | דמצריי ובטחוריה ובחרבנה די לא תיכלון למיתאסייה: |
| 5275 | ובחשנא | Ex25:07 | דאשלמן למקבעא באפודא ובחשנא: |
| 5276 | ובחשנה | Ex35:09 | למקבעה יתהון באפדא ובחשנה: |
| 5277 | ובטוב | Dt28:47M | אלהכון בחדו \ובלבב טב /ובטוב לב#2/# מן סוגי כולה: |
| 5278 | ובטורא | Dt 2:12M | שרון חוורנייה /ובטורא דגבלא שרון חוורנאה#2/# |
| 5279 | | Dt 1:01 | ואמר להון הלא במדברה ובטורא דסיני איתיהיבת לכון |
| 5280 | | Gn22:14 | אברהם ית יצחק ברה ובטורא הדין אתגלי«ית» עלוי |
| 5281 | ובטורה | Dt 8:07 | ותהומין נפקין בבקעתה ובטורה: |
| 5282 | ובטחוריה | Dt28:27 | ייי בשחנה דמצריי ובטחוריה ובחרבנה די לא תיכלון |
| 5283 | ובטירתהון | Gn25:16 | שמהתהון בכופרניהון ובטירתהון תרין עשר רבבנין |
| 5284 | ובטעוותהון | Dt32:16 | אקנון יתה במרחקתהון ובטעוותהון אכע{ו}<י>סו יתיה: |
| 5285 | | Nu33:04 | ייי בהון כל בכוריה ובטעוותהון עבד ייי דינין שנין: |
| 5286 | וביד | Gn19:16M | \ובידיה דאיתתיה /וביד איתתיה#2/# וביד תרתין |
| 5287 | | Ex 6:01M | תקיפא ישלח יתהון /ובידא/וביד#2/# תקיפא יטרוד יתהון מן |
| 5288 | | Nu20:20M | מנט לא /בעם תקיף וביד תקיפה#2/#: |
| 5289 | | Dt 4:34 | ובפרישן ובסדרי קרבה וביד תקיפה ובאדרע מנטלה |

|  |  |  |  |  |  |
|---|---|---|---|---|---|
| 5290 | | Gn19:16 | בידוהי ובידיה דאיתתיה | וביד | תרתין בנתיה במחוס מן קדם |
| 5291 | ובידא | Ex 6:01 | בידא תקיפא ישלח יתהון | ובידא | תקיפא יטרוד יתהון מן |
| 5292 | ובידוי | Nu 5:18 | מנחת דקנאותה היא | ובידוי | דכהנא יהוון מיא מריריה |
| 5293 | | Nu11:26 | ומגוג סלקין לירושלם | ובידוי | דמלכא משיחה אינון נפלין |
| 5294 | ובידי | Nu 5:18M | {וית} מנחת קנתה היא | ובי{ו}די | דכהנה יהוון מיה בדוקיה |
| 5295 | ובידיה | Gn19:16 | ואתוקפו גבריא בידוהי | ובידיה | דאיתתיה וביד תרתין בנתיה |
| 5296 | ובידך | Gn 4:07 | ועל תרע לבה חטאך רביע | ובידך | מסרת רשות{{ה}}«א» דיצרה |
| 5297 | וביובילה | Lv25:31 | פרקון תיהוי ליה | וביובילה | יפוק: |
| 5298 | וביום | Ex32:34M | ילך ידבר קודמך | וביום | דוכרני ואדכר#2/ יתהון |
| 5299 | | Nu10:10 | | וביום | חדוותכון ובזמני מעדיכון |
| 5300 | וביום' | Lv19:06 | דתיכסון יתיה יתאכל | וביום' | תליתייה ומה דמשתייר עד |
| 5301 | | Lv23:39M | /שבת שבתה | וביום#2/ | תמנייה יום טב וארוע |
| 5302 | וביומא | Ex32:34 | לך הא מלאכי ידבר קדמך | וביומא | דאדכר יתהון אדכר עליהון |
| 5303 | | Nu 9:15 | | וביומא | דאקים משה ית משכנה כסי |
| 5304 | | Nu28:26 | | וביומא | דביכורייא בקרבותכון מנחה |
| 5305 | | Lv 7:16 | יקרב ית קורבנה יתאכל | וביומא | דבתרה ומה דמשתייר מנה |
| 5306 | | Lv13:14 | | וביומא | די יתחזי בה בשר חי יסתאב: |
| 5307 | | Nu29:26 | | וביומא | חמישייה דחגה דמטלייה |
| 5308 | | Nu29:23 | | וביומא | רביעייה דחגה דמטלייה |
| 5309 | | Ex23:12 | יומין תעבדון עבידתך | וביומא | שביעא תתנחון מן בגלל דתנח |
| 5310 | | Ex16:26 | שיתא יומין תלקטון יתיה | וביומא | שביעיא שבתא לא יהוי ביה |
| 5311 | | Ex35:02 | שיתא יומין תעבד עבידא | וביומא | שביעיא יהוי לכון קדש שבת |
| 5312 | | Ex13:06 | יומין תיכלון פטירין | וביומא | שביעיה חגא קדם ייי: |
| 5313 | | Ex31:17 | ייי ית שמיא וית ארעא | וביומא | שביעיה הוה שבה וניח קדם |
| 5314 | | Ex34:21 | שתא יומין תפלחון | וביומא | שביעיה תתנחון בחגא |
| 5315 | | Nu19:12 | עלוי ביומא תליתיה | וביומא | שביעיה לא ידכי: |
| 5316 | | Nu19:12 | עלוי ביומא תליתיה | וביומא | שביעיה ואדכי ואין לא יתדי |
| 5317 | | Nu19:19 | על מסאבה ביומא תליתיה | וביומא | שביעיה ויתדכי ביומא |
| 5318 | | Nu28:25 | | וביומא | שביעיה יום טב וארוע קדיש |
| 5319 | | Nu29:32 | | וביומא | שביעיה דחגה דמטלייה |
| 5320 | | Nu31:19 | תדכון ביומא תליתיה | וביומא | שביעיה אתון ושביתכון: |
| 5321 | | Dt 5:14 | | וביומא | שביעיה שבה ונייח קדם ייי |
| 5322 | | Dt16:08 | יומין תאכלון פטירין | וביומא | שביעיה כנישת חדוה קדם ייי |
| 5323 | | Lv23:03 | שתא יומין תעבד עבידה | וביומא | שבעיה שבת שבתה יום וארוע |
| 5324 | | Nu28:09 | | וביומא | שבתה תקרבון תרין אמרין |
| 5325 | | Nu29:29 | | וביומא | שתיתיה דחגה דמטלייה |
| 5326 | | Nu29:20 | | וביומא | תליתיה דחגה דמטלייה |
| 5327 | | Lv12:03 | | וביומא | תמיניה תגזרון בש«ר» |
| 5328 | | Lv15:14 | | וביומא | תמיניה יסב ליה תרין |
| 5329 | | Lv15:29 | | וביומא | תמיניה תסב לה תרין |
| 5330 | | Nu 6:10 | | וביומא | תמיניה ייתי תרין שופנינן |
| 5331 | | Nu29:35 | | וביומא | תמיניה כנישין תהוון מן |
| 5332 | | Ex22:29 | יהווה מתרבי בתר אמה | וביומא | תמינייה יפרשון יתיה לשמי: |
| 5333 | | Lv14:10 | | וביומא | תמניא יסב תרין אמרין |
| 5334 | | Lv23:39 | יום טב וארוע קדיש ^ | וביומא#1 ^ | תמנייה יום טב וארוע |
| 5335 | | Nu29:17 | | וביומא | תנינא דחגא דמטליא תקרבון |
| 5336 | וביומה | Ex12:16M | /<יום> טב וארוע | וביומה | שביעאה י' ט#2/ יהווי |
| 5337 | | Ex31:15 | שתה יומין יתעבד עבידה | וביומה | שבעיה שבת שבית«ה» קדש |
| 5338 | וביציבא | Ex12:19 | דישראל בגיורא | וביציבא | דארעא: |
| 5339 | וביקר | Ex40:34M | ית משכן זימנא | ואיקר/וביקר#2/ | שכינתה דייי מלת |
| 5340 | | Ex40:35M | דייי מלא/ עננה | וביקר | שכינתה דייי מלא#2/ |
| 5341 | ובירחא | Nu28:16 | | ובירחא | קדמיה בארבעת עשר יומין |
| 5342 | ובירחה | Nu29:01 | | ובירחה | שביעיה בחד לירחא יום טב |
| 5343 | ובירקונה | Dt28:22 | ובחרבה» ובשדפונה | ובירקונה | וירדפון יתכון עד זמן די |

|  |  |  |  |  |  |
|---|---|---|---|---|---|
| 5344 | ובישירות | Dt 9:05M | לא בזכוותכון | ובקשיטות/ובישירות#2/ | לבביכון |
| 5345 | ובכינרין | Gn31:27 | בחדון בשירין בתופין | ובכינרין: | |
| 5346 | ובכל | Dt15:10 | בכל עובדיכון | ובכל | אושטות ידיכון: |
| 5347 | | Dt28:08 | עליכון באוצריכון | ובכל | אושטות ידיכון ויברך יתכון |
| 5348 | | Ex34:10 | די לא אתברון בכל ארעא | ובכל | אמיא ויחמי כל עמא די את |
| 5349 | | Dt 6:22 | ובישין במצרים בפרעה | ובכל | אנשי בייתיה ועייננן |
| 5350 | | Lv25:24 | | ובכל | ארע אחסנתכון פרקן תתנון |
| 5351 | | Gn 1:26 | ובעופ' דשמיא ובבעירא | ובכל | ארעא ובכל רחשא דרחש על |
| 5352 | | Gn41:54 | והוה כפנא בכל ארעתא | ובכל | ארעא דמצרים הוה לחמא: |
| 5353 | | Ex 8:20 | דפרעה ובבתי שליטוי | ובכל | ארעא דמצרים אתחבלת |
| 5354 | | Lv18:23 | | ובכל | בעיר לא תתן תשמישך למסתאב' |
| 5355 | | Ex14:04 | בתריהון ואתיקר <ב>פרעה | ובכל | חיילוותיה וידעון מצריי |
| 5356 | | Ex14:17 | בתריהון ואתיקר בפרעה | ובכל | חיילוותיה בארתכוי ובפרשוי: |
| 5357 | | Gn 1:28 | דימא ובעופא דשמיא | ובכל | חיתא דרחשא על ארעא: |
| 5358 | | Gn 7:21 | על ארעא בעופא ובבעירה | ובכל | חיתא ובכל רחשא דרחש על |
| 5359 | | Gn 9:10 | עמכון {ב} בעופא ובבעירה | ובכל | חיתא דארעא עמכון מכל נפקי |
| 5360 | | Ex12:12 | מן בני אנשא ועד בעירא | ובכל | טעוותיהון דמצריי אעבד |
| 5361 | | Nu21:25 | קרווי אמוריי בחשבון | ובכל | כופרנייה: |
| 5362 | | Ex23:13 | | ובכל | מה די אמרת לכון תהוון |
| 5363 | | Lv20:25 | נפשתכון בבעירה ובעופה | ובכל | מה די תרחש ארעא די אפרשית |
| 5364 | | Dt14:26 | ובען ובחמר חדת ובעתיק | ובכל | מה די תשאל יתכון נפשיכון |
| 5365 | | Dt 6:05 | ובכל נפש{ו}<י>כון | ובכל | ממוניכון: |
| 5366 | | Ex 9:11 | ארום הווה שחנא בחרשיא | ובכל | מצריי: |
| 5367 | | Gn 9:02 | בכל מה די תרחש על ארעא | ובכל | נונוי דימא רבה בידכון |
| 5368 | | Gn47:17M | יתהון יוסף בלח' | ובכל | נכסיהון#2/ בשתא |
| 5369 | | Dt 6:05 | דייי בכל לבבכון | ובכל | נפש{ו}<י>כון ובכל |
| 5370 | | Dt 4:29 | יתיה בכל לבביכון | ובכל | נפשיכון: |
| 5371 | | Dt26:16 | יתהון בכל לבבכון | ובכל | נפשכון: |
| 5372 | | Dt10:12 | ייי אלהכון בכל לבביכון | ובכל | נפשתכון: |
| 5373 | | Dt11:13 | קדמוי בכל לבביכון | ובכל | נפשתכון: |
| 5374 | | Dt13:04 | דייי אלהכון בכל לבבכון | ובכל | נפשתכון: |
| 5375 | | Dt26:16M | ובכל נפשכון /לבביכון | ובכל | נפשתכון#2/: |
| 5376 | | Dt30:02 | ובניכון בכל לבביכון | ובכל | נפשתכון: |
| 5377 | | Dt30:06 | אלהכון בכל לבביכון | ובכל | נפשתכון בגלל למקיימה |
| 5378 | | Dt30:10 | ייי אלהכון בכל לבביכון | ובכל | נפשתכון: |
| 5379 | | Ex35:31 | בחכמה ובסכלתנו ובדעה | ובכל | עבידא: |
| 5380 | | Ex31:03 | בסכלתנ{ן}<ו> ובדעה | ובכל | עבידה: |
| 5381 | | Dt16:15 | ייי אלהכון בכל עללתכון | ובכל | עובד ידיכון ותהוון לחוד |
| 5382 | | Ex 1:14 | בפלחן קשי בטינא ובלבני | ובכל | פולחן באפי ברא ית כל פולחן |
| 5383 | | Gn40:18 | דמצרים בטינא ובליבני | ובכל | פלחין באפי ברא ועתיד פרעה |
| 5384 | | Gn 1:26 | ובבעירא ובכל ארעא | ובכל | רחשא דרחש על ארעא: |
| 5385 | | Gn 7:21 | ובבעירה ובכל חיתא | ובכל | רחשא דרחש על ארעא וכל |
| 5386 | | Gn 8:17 | כל בשרא בעופא ובבעירא | ובכל | רחשא דרחש על ארעא אפק עמך |
| 5387 | | Ex 7:28 | ובבתי שלטנך ובעמך | ובכל | שולטנך ובתנורך ובאצותך: |
| 5388 | | Ex 7:29 | ובך ובעמך | ובכל | שלטנך יסקון ארדעניא: |
| 5389 | | Dt32:15M | יתהון בשעת עקתהון | /\ובכל | שעה#2/: |
| 5390 | ובכליתה | Dt29:22 | ממרה דייי ברוגזיה | ובכליתה: | |
| 5391 | | Dt29:27 | ארעהון בתקוף רגוז | ובכליתה | ובכעס רב וטלק יתהון לארע |
| 5392 | ובכעס | Dt29:27 | בתקוף רגוז ובכליתה | ובכעס | רב וטלק יתהון לארע אחרני |
| 5393 | ובכרמין | Nu20:17 | בארעך לא נעבר בחקלין | ובכרמין | ולא נשתי מי גובין ארח |
| 5394 | | Nu21:22 | בארעך לא נסטי בחקלין | ובכרמין | ולא נשתי מי גובין בארח |
| 5395 | ובלב | Dt28:47 | קדם ייי אלהכון בחדו | ובלב | טב מן סוגי כולה: |
| 5396 | | Ex31:06M | דן \ובלבי דכל | ובלב/ | כל#2/ חכימי לבי שוית |
| 5397 | ובלבביכון | Dt30:14 | לחדה במימר פמיכון | ובלבביכון | למעבד יתיה: |

|  |  |  |  |
|---|---|---|---|
| 5398 | ובלבי | Ex31:06 | שבטא ד{ב}ג<ב>רי דן ובלבי דכל חכימי לבי שוית חכמה |
| 5399 | ובלבני | Ex 1:14 | בפלחן קשי בטינא ובלבני ובכל פולחן באפי ברא ית כל |
| 5400 | ובלבניא | Ex 1:14M | קשיא#2#/ בטינא ובלבני/ובלבניא#2#/ ובכל פולחן |
| 5401 | ובלחמה | Lv 8:32 | ומה דמשתייר בבשרא ובלחמה בנורה תוקדון יתיה: |
| 5402 | ובליבני | Gn40:18 | בארעא דמצרים בטינא ובליבני ובכל פלחין באפי ברא |
| 5403 | ובלילה | Lv 8:35 | זימנה תישרון באיממ' ובלילה שבעה יומין ותטרון ית |
| 5404 | ובליליא | Ex13:21 | למהוי מהלכין בימּמא ובליליא: |
| 5405 | | Gn 1:18 | ולמהוי שליט באימּמא ובליליא ולמפרש' בין נהורא ובין |
| 5406 | ובלקישות | Gn30:42M | ובלקישי/ובלקישות#2#/ ענה לא הוי משוי |
| 5407 | ובלקישי | Gn30:42 | ובלקישי ענה לא הוי משוי והווה |
| 5408 | ובלשן | Gn11:01 | דארעא לשן חד וממלל חד ובלשן בית קדשה הוון משתעין דבה |
| 5409 | ובמ' | Lv19:35M | /במכלתה במתקלה ובמ'#2#/: |
| 5410 | ובמדברה | Nu14:22 | די עבדית במצרים ובמדברה ונסון יתה דנה עשרה זמנין |
| 5411 | ובמדינתהון | Gn15:01 | ויהוון בכרכיהון ובמדינתהון ויצטרפון עמהון לגיוונין |
| 5412 | ובמדמכון | Dt 6:07 | ובהלכותכון באורחה ובמדמכון ובקומיכון: |
| 5413 | ובמדרשיהון | Gn34:31 | אמרין בכנישתיהון ובמדרשיהון {{ערלין}} סאיבו בתולן |
| 5414 | ובמה | Ex33:16 | ובמה יתודע כדון ארום אשכחת חן |
| 5415 | ובמוזניה | Lv19:35 | בדינה במתקלה במכלתה ובמוזניה: |
| 5416 | ובמחצדיכון | Lv23:22 | ובמחצדיכון ית ^חצדה#1#^ דארעכון לא |
| 5417 | ובמחרף | Nu27:05 | דחליל שבתה בזדנו ובמחרף דפרש שמה קדישה בגדפין |
| 5418 | ובמחרפה | Nu15:34M | דחלל שובתה בזידנו וב<מ>חרפה דחרף שמא קדישא בגדפין |
| 5419 | | Lv24:12 | דחלל שובתה בזידנו ובמחרפה דפרש שמיה קדישה בגדפין |
| 5420 | | Nu 9:08 | דחלל שבתה בזידנו ובמחרפה דפרש שמה קדישה בגדפין |
| 5421 | | Nu15:34 | ש«ו»בתה בזידנו ובמחרפה דפרש שמה קדישה בגדפין |
| 5422 | ובמי | Dt 9:22M | ובקברי שאלתה /ובמי מצותה ובקברי שאלת |
| 5423 | ובמיא | Dt23:05 | לא אקדימו יתכון בלחמא ובמיא באורחא בזמן אפקותכון |
| 5424 | | Lv14:52 | ית ביתה באדמה דצפרה ובמיא דמבועא ובצפרה חייתה |
| 5425 | | Lv14:51 | באדמה דצפרה נכיסתה ובמיא דמבועה ויידי על ביתה שבעה |
| 5426 | ובמיין | Dt23:05M | ובמיא /במזון ובמיין#2#/ באורחא בזמן אפקותכון |
| 5427 | ובמימר | Ex15:08 | ובמימר מן קדמך ייי אתעבדו מיי' |
| 5428 | ובמימרה | Dt10:20M | ויתיה תפלחון בקרבנה ובמימרה תדבקון ובשמיה תימון |
| 5429 | ובמישריה | Dt 1:01 | אוריתה בני ישראל ובמישריה דמואב אתפרשת לכון כמה |
| 5430 | ובממרי | Lv22:16M | ארום אנה הוא ייי ובממרי מקדש יתהון |
| 5431 | ובמנוי | Nu 4:16 | מה דביה בבית קודשה ובמנוי: |
| 5432 | ובמנחתא | Gn49:27 | מקרבין אימר תמידא ובמנחתא וביני שמשייא יהוון |
| 5433 | | Gn49:27 | {מקרבין} אימר תמידא ובמנחתא וברמשא יהוון מפלגין |
| 5434 | ובמניין | Gn22:14M | ברך קדמוי ובמניין אקד' |
| 5435 | ובמנרתא | Ex25:34 | ובמנרתא ארבעה כלידין משקעין |
| 5436 | ובמנרתה | Ex37:20 | ובמנרתה ארבעה כלידין משקעין |
| 5437 | ובמסאבין | Nu15:34M | דיניהון דיני נפשה ובמסאבין די לא יכלו למעבד פיסחא |
| 5438 | ובמעלה | Ex34:34M | \וכד הוה משה עליל /ובמעלה דמשה#2#/ קדם ייי למללה |
| 5439 | ובמפקיה | Ex28:35 | לבית קודשא קדם ייי ובמפקיה ולא ימות: |
| 5440 | ובמצנפן | Lv16:04 | והמיינין דבוץ יאסר ובמצנפן דבוץ יטכס לבושי קדשא |
| 5441 | ובמקושה | Nu15:34 | דיניהון דיני ממון ובמקושה דחלל ש«ו»בתה בזידנו |
| 5442 | ובמקמה | Gn19:33 | אבוה ולא ידע בדמכה ובמקמה: |
| 5443 | | Gn19:35 | עמה ולא ידע במדמכה ובמקמה: |
| 5444 | ובמקמכון | Dt 6:07M | /וב<ד>מככון ובמקמכון#2#/: |
| 5445 | | Dt11:19M | ובדמככון ובקומכון/ובמקמכון#2#/: |
| 5446 | ובמשח' | Gn 6:16 | בית נהור תעביד לתיבותא ובמשח' אמה תשכלל יתה מן לעיל |
| 5447 | ובמשכנא | Gn31:33 | במשכנ«א» דיעקב ובמשכנא דלאה ובמשכנא דתרתין |
| 5448 | | Gn31:33 | דיעקב ובמשכנא דלאה ובמשכנא דתרתין לחינת«א» ולא |
| 5449 | ובמשרויה | Nu 1:51M | שרי משכנה /ליוואי ובמשרויה מ'#2#/ יקימון יתה לויי |
| 5450 | ובמשרין | Dt11:11M | ודבקען /דטורין ובמשרין#2#/ מן מטרה דנחית/דנחת#2# |
| 5451 | ובנ' | Gn25:03M | ויתבין בשכוני' ובנ'#2#/: |
| 5452 | ובנבואתיה | Ex14:31 | בשם ממריה דייי ובנבואתיה דמשה עבדיה: |
| 5453 | ובנבלתהן | Lv11:08 | מבשרהון לא תאכלון ובנבלתהן לא תקרבון מסאבין אינון |
| 5454 | ובנגרות | Ex31:05M | טבתה דאשלמוותה ובנגרות קייסה למיעבד כל עבידה |
| 5455 | | Ex31:05 | אבנא טבתא לאשלמתא ובנגרות קיסא למעבד בכל עבידא: |
| 5456 | | Ex35:33 | אבנא טבתה לאשלמותה ובנגרות קיסה למעבד בכל עבידת |
| 5457 | ובנחליא | Lv11:09 | וקסקסין במיא בימיא ובנחליא יתהון תיכלון: |
| 5458 | | Lv11:10 | וקסקסין בימיא ובנחליא מן כל שרצא דמיא ומן כל |
| 5459 | ובנטלות | Nu 1:51M | \וכד נטל משכנה /ובנטלות מש'#2#/ יפרקון יתיה |
| 5460 | ובנימוס | Nu23:09 | שריין לבלחודיהון ובנימוס אומיה לא מתערבין: |
| 5461 | ובנימוסיהון | Lv18:03 | לתמן לא תעבדון ובנימוסיהון לא תהלכון: |
| 5462 | ובניסיונה | Dt 9:22 | ובבית יקידתה ובניסיונה ובקברי שאלתה מרגזין |
| 5463 | ובנכסי | Gn47:17M | ען ובקנין תורייה /ובנכסי ענה ובנכסי תור'#2#/ |
| 5464 | | Gn47:17M | תורייה /ובנכסי ענה ובנכסי תור'#2#/ ובחמריא ודבר |
| 5465 | ובסבינן | Ex10:09 | ואמר משה בעולמינן ובסבינן ניזל בב<נ>ינן ובבנתן |
| 5466 | ובסגי | Ex15:07 | ובסגי גיוותנותך תפגר |
| 5467 | ובסדרות | Ex30:08 | ובסדרות אהרן ית בוציניי«ה» |
| 5468 | ובסדרי | Ex 6:06 | יתכון ביד תקיפא ובסדרי דינין רברבין: |
| 5469 | | Dt 4:34 | בניסן באתין ובפרישן ובסדרי קרבה וביד תקיפה ובאדרע |
| 5470 | ובסוגי | Ex15:06M | "ימינך ייי ... ובעל": ובסוגי תוקפך תברת שורי בעלי |
| 5471 | ובסייפי | Dt 6:09 | יתהון בתרעי בתיכון ובסייפי קורייכון: |
| 5472 | ובסיפי | Dt11:20 | יתהון בתרעי בתיכון ובסיפי קורייכון: |
| 5473 | ובסיקיא | Ex 7:19M | דמצרים בקיסיא/ובסיקיא#2#/ ובאבניא: |
| 5474 | ובסכלתנו | Ex35:31 | מן קדם ייי בחכמה ובסכלתנו ובדעה ובכל עבידא: |
| 5475 | ובסלקות | Ex40:36M | ובאסתלקות/ובסלקות#2#/ ענגה «מעלווי |
| 5476 | | Nu 9:19M | ובשהיא/ובסלקות#2#/ עננה ^^על משכנה |
| 5477 | ובסלקותיה | Nu 9:22M | עננא יטלון /ובסלקותיה יט'#2#/: |
| 5478 | ובסלתא | Gn40:17M | מכל מיכלא דפרעה /ובסלתא עליי' מן כל מזוני' |
| 5479 | ובסמיותה | Dt28:28M | ובשעמימות /וב<ס>מיותה ובאשמימות#2#/ לבה: |
| 5480 | ובסמייותה | Dt28:28 | ייי בטפשותה ובס{יי}מ<יי>ותה ובשעמימות לבה: |
| 5481 | ובעבדיי | Gn48:22M | דנסבית בזכותי ובעבדיי{'} טב<י>א מן ידיהן |
| 5482 | ובעבדך | Ex 9:14M | על ליביה דפרעה ובעבדך |
| 5483 | ובעובדיי | Gn48:22 | ארום אלהן בזכוותי ובעובדיי טביא דאינון טבין לי מן |
| 5484 | | Gn48:22 | שכם דנסבית בזכוותי ובעובדיי טבייא מן ידיהון דאמוראי |
| 5485 | ובעופ' | Gn 1:26 | וישלטון בנוניא דימא ובעופ' דשמיא ובבעירא ובכל ארעא |
| 5486 | ובעופא | Gn 1:28 | ושלוטו בנונוי דימא ובעופא דשמיא ובכל חייתא דרחשא על |
| 5487 | ובעופה | Lv20:25 | ית נפשתכון בבעירה ובעופה ובכל מה די תרחש ארעא די |
| 5488 | ובעזייה | Lv22:19 | בתורייה באמרייה ובעזייה: |
| 5489 | ובעלמא | Ex 2:12M | נבואה בעלמא הדין ובעלמא דאתי וחמא והא לית גבר |
| 5490 | ובעמודא | Ex13:21M | ולילייא בעמוד'/ובעמודא#2#/ דעננא דאישתא |
| 5491 | ובעמודה | Nu14:14 | מהלך קודמיהון בימּמא ובעמודה דאשתא בליליא: |
| 5492 | | Nu14:14 | שכינתך הווה עליהון ובעמודה דעננה את מהלך קודמיהון |
| 5493 | ובעמך | Ex 8:17 | אנא מגרי בך ובשלטונך ובעמך ובאנשי ביתך ית ערברובא |
| 5494 | | Ex 7:28 | על עריסתך ובבתי שלטנך ובעמך ובכל שולטנך ובתנורך |
| 5495 | | Ex 7:29 | ובך ובעמך ובכל שלטנך יסקון ארדעניא: |
| 5496 | | Ex 7:29M | \ובך ובעמך /ובכה ובעמך#2#/ ובכל שלטנך/עבדיך#2#/ |
| 5497 | | Ex 9:14 | על לבך ובשלטונך ובעמך מן בגלל די תדע ארום לית |
| 5498 | ובען | Dt14:26 | תתחמד נפשיכון בתורין ובען ובחמר חדת ובעתיק ובכל |
| 5499 | ובענה | Ex 9:03 | בגמליא בתוריא ובענה מותא תקף לחדא: |
| 5500 | ובעניכון | Dt15:19 | די יתילדון בתוריכון ובעניכון דיכרייה תקדשון לשמה דייי |
| 5501 | ובעצפתכון | Dt28:17M | \ובתנורי אצוותכון/ובעצפתכון#2#/: |
| 5502 | ובעקבה | Nu24:20 | עם ישראל עמלקיי ובעקבה ביומוי דגוג ומגוג אינון |
| 5503 | ובערטליו | Dt28:48M | בכפן ובצהו ובערטליין/ובערטליו#2#/ ובחסרון כל מדעם |
| 5504 | ובערטליין | Dt28:48 | ייי בכון בכפן ובצהו ובערטליין ובחסרון כל מדעם וישוי |
| 5505 | ובעשבא | Ex10:15 | אשתייר כל טרף באילן ובעשבא דאפי ברא בכל ארעא דמצריי: |

|  |  |  |  |
|---|---|---|---|
| 5506 | | Ex10:15M | ובעשבא /ירוק באלנא ובעשבא#2#/ דאפי ברא בכל ארעא |
| 5507 | ובעשר | Nu29:07M | ובעשרה/<ובע>שר#2#/ יומין לירחא שביעיה |
| 5508 | ובעשרה | Nu29:07 | ובעשרה יומין לירחא שביעיה הדין |
| 5509 | ובעתיק | Dt14:26 | בתורין ובען ובחמר חדת ובעתיק ובכל מה די תשאל יתכון |
| 5510 | ובפירי | Dt28:04 | בפרי ולד מעיכון ובפירי ארעכון ובפירי בעיריכון |
| 5511 | | Dt28:04 | מעיכון ובפירי ארעכון ובפירי בעיריכון בקרת תוריכון |
| 5512 | | Dt28:11 | בפירי וולד מיעיכון ובפירי בעירכון ובפרי ארעכון על |
| 5513 | ובפלחנא | Gn13:13 | ובשפיכות אדמייה ובפלחנא נכרייה קדם ייי לחדה: |
| 5514 | ובפרי | Dt28:11 | ובפירי בעירכון ובפרי ארעכון על ארעא די קיים |
| 5515 | | Dt28:18 | תהוון בפרי ולד מעיכון ובפרי ארעכון בקרת תוריכון ועדרי |
| 5516 | | Dt30:09 | מעיכון ובפרי בעירכון ובפרי ארעכון לטבן סגין ארום |
| 5517 | | Dt30:09 | בפרי וולד מעיכון ובפרי בעירכון ובפרי ארעכון לטבן |
| 5518 | ובפריזיי | Gn34:30 | דיירי ארעא בכנעניי ובפריזיי ואנה עם למניין ויתכנשו |
| 5519 | ובפרישן | Dt26:08 | ובחזוין רברבן ובאתין ובפרישן: |
| 5520 | | Dt 4:34 | מגו אומה בניסן באתין ובפרישן ובסדרי קרבה וביד תקיפה |
| 5521 | ובפרעה | Gn44:18M | "ובפרעה רבך ...": ובפרעה רבך אנה מסיי' הלא לא |
| 5522 | | Gn44:18 | מצראי מינך אנה משרי ובפרעה רבך אנה מסיים ארום יקיר |
| 5523 | ובפרשוי | Ex14:17 | חיילוותיה בארתכוי ובפרשוי: |
| 5524 | | Ex14:18 | בפרעה בארתכוי ובפרשוי: |
| 5525 | | Ex15:19 | סוסוותא פרעה בארתכוי ובפרשוי בימא וחזר ייי עליהון מוי |
| 5526 | ובפתגמא | Dt32:47 | ארום הוא חייכון ובפתגמא הדין תסגון יומין על ארעא |
| 5527 | ובצבע | Ex38:23 | וצייר בתכלה ובארגוון ובצבע זהוריתה טבתה ובבוצה: |
| 5528 | | Lv14:52 | ובקיסה דארזא ובאזובא ובצבע זחוריתה טבתה: |
| 5529 | | Ex35:35 | וצייר בתכלא ובארגוונא ובצבע זיהורי טב{ת}ה ובבוץ |
| 5530 | ובצדיותה | Dt32:10M | בארע דמדברה ובצללתה/ובצדיותה#2#/ יליל ישימון דבר |
| 5531 | ובצהו | Dt28:48 | די יגרי ייי בכון בכפן ובצהו ובערטליין ובחסרון כל מדעם |
| 5532 | ובצוקה | Dt28:53 | ייי אלהכון לכון בצער ובצוקה די יעיקון לכון |
| 5533 | | Dt28:55 | לה כל מדעים בצער ובצוקה די יעיקון יתכון |
| 5534 | | Dt28:57 | כל מדעם בטומרה בצער ובצוקה די יעיקון לכון |
| 5535 | ובצוקין | Dt28:53M | ובצוקה /בעקין ובצוקין#2#/ די יעיקון לכון |
| 5536 | | Dt28:57M | ובצוקה /בעקין ובצוקין#2#/ די יעיקון לכון |
| 5537 | ובצללתה | Dt32:10 | שרין בארע דמדברה ובצללתה יליל ישימון דבר יתהון |
| 5538 | ובצפרא | Ex16:13 | סלוי וכסית ית משריותא ובצפרא הוות ענגית טלא חזור חזור |
| 5539 | | Ex16:07 | ובצפרא יתחמון איקר שכינתה דייי |
| 5540 | | Ex16:12 | ביני שמשתה תיכלון בשר ובצפרא תשבעון לחם ותידעון ארום |
| 5541 | ובצפרה | Lv14:52 | דצפרה ובמיא דמבועא ובצפרה חייתה ובקיסה דארזא |
| 5542 | ובצפרתה | Lv14:52M | חייתה ובקיסה /ובצפרתה דבחיין וב'#2#/ דארזא |
| 5543 | ובקברי | Dt 9:22M | שאלתה /ובמי מצותה ובקברי שאלת תחמדתה#2#/ מרגזין |
| 5544 | | Dt 9:22 | ובבית יקידתה ובניסיונה ובקברי שאלתה מרגזין הוויתון קדם |
| 5545 | ובקדחיתה | Dt28:22 | ייי יתכון בשחפיתה «ובקדחיתה ובדלקיתה וב<הר>הור לבה |
| 5546 | ובקומיכון | Dt 6:07 | באורחה ובמדמכון ובקומיכון: |
| 5547 | ובקומכון | Dt11:19 | באורחה ובדמככון ובקומכון: |
| 5548 | ובקיטוני | Nu31:50M | דמלכייה מדיינאי ובקיטוני מדמכיהון והוינן חמיין |
| 5549 | | Dt32:25 | תתכל יתהון חרבה ובקיטוני מדמכיהון אימתיה דמותה |
| 5550 | | Ex 7:28 | ויסקון ויעלון בביתך ובקיטוני מדמכך על עריסתך ובבתי |
| 5551 | ובקיסה | Lv14:52 | דמבועא ובצפרה חייתה ובקיסה דארזא ובאזובא ובצבע |
| 5552 | ובקל | Dt13:05 | וית מצוותיה תטרון ובקל ממריה תשמעון וקדמוי תפלחון |
| 5553 | ובקלה | Dt21:18 | הוא שמע בקלה דאבוי ובקלה דאימיה וירדון יתיה ולא |
| 5554 | ובקנין | Gn47:17 | ובקנין ען ובקנין תורייה ובחמריא ודבר יתהון |
| 5555 | ובקסטרוותהון | Gn25:16M | בכופרניהון ובטירתהון/ובקסטרוותהון#2#/ תרין עשר |
| 5556 | ובקרבותיהון | Ex40:32 | למשכן זימנא ובקרבותיהון על גבי מדבחה יתקדשון |
| 5557 | ובקשיטות | Gn20:05 | אחי הוא בתמימות לבי ובקשיטות כפי ידי עבדת דא: |
| 5558 | | Dt 9:05 | לא בזכוותכון ובקשיטות לבביכון אתון עללין למירת |
| 5559 | ובראש | Lv26:13M | יתכון בקומה זקיפה ובראש גלי |
| 5560 | ובראשי | Nu28:11 | ובראשי ירח«י»כון תקרבון עלה |
| 5561 | וברביין | Lv25:37 | לא תתן ליה בשערין וברביין לא תתן מזונך: |
| 5562 | וברחמוי | Dt32:43 | עמא ארעא לקייא וברחמוי טביה הוא מכפר על ארעא |
| 5563 | | Lv22:27 | מדבחה ופדה יתיה וברחמוי טבייה וזמן בנוי למהוי |
| 5564 | ובירישי | Nu10:10 | ובזמני מעדיכון ובירישי ירחיכון ותתקעון בחצוצרתה |
| 5565 | וברמשא | Nu 9:15 | משכנא משכנה דסהדותה וברמשא יהווי על משכנ' כחזיו אשתה |
| 5566 | | Gn49:27 | אימר תמידא ובמנחתא וברמשא יהוון מפלגין מותרו קרבניה |
| 5567 | וברמשה | Dt28:67 | מן יתן וייתי רמשה וברמשה תהוון אמרין מן יתן דייתי |
| 5568 | וברעותיהון | Gn49:06 | קטילו מלכין וברעותיהון פגרו שורי בעלי דבביהון: |
| 5569 | ובשבועה | Dt29:11M | דייי אלהכון ובשבועתה/<ובשבו>עה#2#/ דייי אלהכון |
| 5570 | ובשבועתה | Dt29:11 | בקיימה דייי אלהכון ובשבועתה דייי אלהכון מקיים עמכון |
| 5571 | ובשבע | Dt28:07 | לקובליכון לסדרי קרבה ובשבע אורחן יערקון מן קדמיכון: |
| 5572 | | Dt28:25 | קדמיהון לסדרי קרבה ובשבע אורחן תערקון מן קדמיהון |
| 5573 | ובשדפונה | Dt28:22 | לבה ובחרבה» ובשדפונה ובירקונה וירדפון יתכון |
| 5574 | ובשדפנה | Dt28:22M | לבה ובחרבה» ובשדפונה/ובשדפנה#2#/ ובירקונה וירדפון |
| 5575 | ובשהיא | Nu 9:19 | ובשהיא עננה ^^על משכנה יומין |
| 5576 | ובשיור | Dt28:54 | ובאתת חובה טליותיה ובשיור בנוי די ישייר: |
| 5577 | ובשים | Dt10:20M | תדחלון וקדמוי תפלחון ובשים ממר' |
| 5578 | ובשלטונך | Ex 8:17 | עמי הא אנא מגרי בך ובשלטונך ובעמך ובאנשי ביתך ית |
| 5579 | | Ex 9:14 | ית כל מחוותיי על לבך ובשלטונך ובעמך מן בגלל די תדע |
| 5580 | ובשם | Dt13:05M | אורייתה תדבקון /ובשם ממריה תדב'#2#/: |
| 5581 | ובשמהן | Nu 4:32 | מניהון ולכל פלחנהון ובשמהן תסכמון ית מני מטרת |
| 5582 | ובשמיה | Dt10:20 | אורייתה ת{ת}<ד>בקון ובשמיה קדישה תהוון משתבעין |
| 5583 | | Dt10:20M | ובמימרה תדבקון ובשמיה תימון בקושט' |
| 5584 | ובשעמימות | Dt28:28 | ובס{יי}מ<יי>ותה ובשעמימות לבה: |
| 5585 | ובשפיכות | Gn13:13 | וחייבין בגילוי עריתה ובשפיכות אדמייה ובפלחנא נכרייה |
| 5586 | ובשתא | Ex23:11 | ובשתא שביעיתא תשמטון יתה |
| 5587 | | Ex21:02 | שית שנין יפלח קדמך ובשתא שבעייתא תשלח יתיה לחירותה |
| 5588 | ובשתה | Lv19:25 | ובשתה חמישיתה תיכלון ית פירוי |
| 5589 | | Lv19:24 | ובשתה רביעתה יהוון כל פרי{ו} |
| 5590 | | Lv25:04 | ובשתה שביעיתה שבת שבתה יהוי |
| 5591 | | Dt15:12 | ויפלח קדמך שית שנין ובשתה שביעיתה <תשלח> יתיה |
| 5592 | ובתורינן | Ex10:09 | בב<נ>ינן ובבנתן בענן ובתורינן ניזל ארו«ם» חגא קדם |
| 5593 | ובתחומיה | Dt33:12 | מגן עלוי כל יומיא ובתחומיה יתבני בית מוקדשה |
| 5594 | ובתלת | Gn14:04 | פלחו קדם כדר לעמר ובתלת עשרי שנין מרדו ביה: |
| 5595 | ובתנורי | Dt28:05 | בסלי ביכוריכון ובתנורי אצוותכון: |
| 5596 | | Dt28:17 | תהוון בסלי בכוריכון ובתנורי אצוותכון: |
| 5597 | ובתנורך | Ex 7:28 | ובעמך ובכל שולטנך ובתנורך ובאצותך: |
| 5598 | ובתרין | Nu15:34 | פיסחא {פסחא} בזמנה ובתרין בנתה דצלפחד הוה משה |
| 5599 | | Nu27:05 | מעבד פסחא בז<י>מניה ובתרין בנתיה דצלפחד הוה זריז |
| 5600 | | Lv24:12 | מנהון הוה משה זריז ובתרין מנהון הוה משה מתין |
| 5601 | | Nu 9:08 | מנהון הוה משה זריז ובתרין מנהון הוה משה ממתין |
| 5602 | | Nu15:34 | מנהון הוה משה זריז ובתרין מנהון הוה משה מתין |
| 5603 | | Nu27:05 | מנהון הוה משה זריז ובתרין מנהון הוה משה מתין |
| 5604 | ובתרע | Dt15:17 | ית מרצעה ותתן באדניה ובתרע בית דינה ויהווי לך עבד |
| 5605 | | Lv 8:35 | ובתרע משכן זימנה תישרון באימ' |

כד נפק ב־ *prep.* **See also:**

## באחרייתה *adv.* at the end [83]

|  |  |  |  |
|---|---|---|---|
| 001 | באחריתה | Dt13:10 | יתיה וידיהון דכל עמא באחריתה: |
| 002 | באחרייתה | Dt17:07 | יתיה וידי כל עמא באחרייתה ותבערון עבדי בישתה |

## באמצע *prep.* in the middle of [83]

|  |  |  |  |  |  |
|---|---|---|---|---|---|
| 001 | באמצע | Nu22:24M | "דייי ... וסיג מן הכה": | באמצע | כרמייה סגייה מן דן סטרה |
| 002 | בימצע | Dt 3:16M | קרתא דהא מתבנייה | בימצע | נחלא והוא תחומה |
| 003 | במ' | Gn 9:21M | משכניה דסוראי ואתבזי | במ' | מש' |
| 004 | במצע | Gn 9:21M | ואתפרסם | במצע | משכניה דסוראי ואתבזי במ' |

See also: במיצעה *adv.*

## באפי *prep.* in front of, on the surface of! [83]

|  |  |  |  |  |  |
|---|---|---|---|---|---|
| 001 | באפה | Ex22:30M | חיות ברא מטלק | באפה | ברה לא תיכלון |
| 002 | באפי | Gn47:24M | תחומכון /לכון לזרועא | באפי | בירא#2#/ ולמזוניכון |
| 003 | | Gn29:31M | /לא הות לאה רחימא | באפי | בעלה#2#/ ואמר במימר«י»ה |
| 004 | | Gn29:33M | ית דין /לא הוינא רחימא | באפי | בעלי ויהב לי לחוד אף |
| 005 | | Gn 4:08 | הוון תריהו' מדיינין | באפי | ברא וקם קין אל הבל אחוי |
| 006 | | Gn 4:08 | והוה כיון דנפקו תריהון | באפי | ברא ענה קין ואמר להבל |
| 007 | | Gn 4:08M | "... יתיה": ונפוק תרינן | באפי | ברא וקם קין על הבל אחוי |
| 008 | | Gn30:14 | דחטיא ואשכח יברוחין | באפי | ברא ואייתי יתהון לוות לאה |
| 009 | | Gn34:28 | מה די בקרתא וית מה די | באפי | ברא נסבו: |
| 010 | | Gn40:18 | ובליבני ובכל פלחין | באפי | ברא ועתיד פרעה למגזר גזרן |
| 011 | | Ex 1:14 | בטינא ובלבני ובכל פולחן | באפי | ברא ית כל פולחן די פלחו |
| 012 | | Ex 9:03M | /אתיא בניכסיך דאית | באפי | ברא בסוסוותא ובחמרא |
| 013 | | Ex 9:19 | בעירך וית כל מה דאית לך | באפי | ברא כל אינשא ובעיר«א» |
| 014 | | Ex 9:21 | ית עבדוי וית בעיריה | באפי | ברא: |
| 015 | | Ex 9:22 | ועל בעירה ועל כל עשבא | באפי | ברא בארעא דמצרים: |
| 016 | | Ex 9:25 | דמצרים ית כל מה דהוה | באפי | ברא מן בני אינשא ועד בעיר' |
| 017 | | Ex16:25 | הדין לא תשכחון יתיה | באפי | ברא: |
| 018 | | Ex22:30 | ובשר תליש מן חווה קטילא | באפי | ברא לא תיכלון לכלבא תטלקון |
| 019 | | Ex23:16 | מה די אתון מפקין וזרעין | באפי | ברא וחגא דאכנשותא במיפקה |
| 020 | | Lv17:05 | ית דבחהון די אנון דבחין | באפי | ברא וייתון יתהון קדם ייי |
| 021 | | Nu19:16 | וכל די יקרוב | באפי | ברא דקטיל דחרב או במית או |
| 022 | | Nu22:23 | אתנתה מן ארחה והלכת | באפי | ברא ומחת בלעם ית אתנתה |
| 023 | | Dt22:27 | ארום | באפי | ברא אשכח יתה צווחת רביתה |
| 024 | | Dt11:15 | ואתן עשבה | באפי | ברה לבעיריכון ותיכלון |
| 025 | | Dt14:22 | מה דאתון מפקין וזרעין | באפי | ברה ומכנשין עללתה דכל שתה |
| 026 | | Dt21:01 | למירת יתה קטיל ומטלק | באפי | ברה לא אתודע מן קטיל יתיה: |
| 027 | | Dt22:25 | ואין | באפי | ברה ישכח גברה ית רביתה |
| 028 | | Dt24:19 | בחקליכון ותנשון עמר | באפי | ברה לא תחזרון למיסב יתה |
| 029 | | Dt28:16 | תהוון במה דאית לכון | באפי | ברה: |
| 030 | | Dt28:16M | בקרתה וליטין תהוון | באפי | ברה#2#/: |
| 031 | | Dt28:38 | זרע סגין תפקון ותזרעון | באפי | ברה וקליל תכנשון ארום |
| 032 | | Gn47:25M | חן וחסד \באפוי דרבוני' | /באפי | דרבונן#2#/ ונהוי |
| 033 | | Ex33:17 | אעבד ארום אשכחת חן וחסד | באפי | ומניית יתך בשם דרבן: |
| 034 | | Ex 5:21 | די אסבתון ית שמן ביש | באפי | פרעה ובאפוי שליטוי למתן |
| 035 | | Dt 1:23 | ושפר | באפי | פתגמא ונסבית מנכון |
| 036 | | Gn39:21 | עלוי חן וחסד ושוי חנו | באפי | רב בית חבושיה: |
| 037 | באפיה | Gn34:05 | ובנוי הוון עם בעירה | באפיה | ברא ושתק יעקב עד זמן |
| 038 | | Gn29:02 | וחמה והא בארה | באפיה | ברה והא תמן תלתא עדרי דען |
| 039 | | Gn19:14 | ייי ית קרתא והוה כמגחך | באפיה | חתנוי: |
| 040 | באנפיך | Gn30:27 | אן כען אשכחית חן וחסד | באנפיך | נסיית וברך יתי ייי |
| 041 | באפ' | Ex34:30M | דאפוי /שבחו זווהון | באפ#2#/ | דמשה ודחלו מלמקרב |
| 042 | באפה | Gn16:04 | וזל איקרה דריבוניתה | באפה: | |
| 043 | | Gn16:05M | ארום עברת ובזיית איקרי | באפה | וכדו אתגלי |
| 044 | | Gn16:05 | ארום עברת ואזל איקרי | באפה | וכדון יתגלי ייי וידון ביני |
| 045 | באפהון | Ex11:03 | ושווי ייי חניהון דעמא | באפהון | דמצריי לחוד גברא משה |
| 046 | | Lv10:02M | ומתרין לארבעה ועלת | באפהון | ומיתו בגירין דאשה |
| 047 | | Nu36:06 | דצלפחד למימ' למן דשפר | באפהון | יהוויין לנשין להוד |
| 048 | באפוי | Lv10:20M | ושמע משה ושפר פתגמי | באפוי | |
| 049 | | Dt12:08 | הדין גבר כל דשפר ותקן | באפוי: | |
| 050 | | Dt24:01M | אשכחת חן וחסד | קדמוי/באפוי#2#/ | ארום אשכח בה עריה |
| 051 | | Gn21:11 | ובאש פתגמא לחדא | באפוי | דאברהם על עסק ישמעל |
| 052 | | Gn34:18 | ושפרו מיליהון | באפוי | דחמור ובאפוי דשכם בר |
| 053 | | Gn28:08 | אנון בנתהון דכנענאי | באפוי | דיצחק אבוי: |
| 054 | | Ex34:35M | דאפוי /שבחו זיוו | באפוי#2#/ | דמשה והוה משה מחזר |
| 055 | | Lv10:20 | ית מילוי דאהרן ושפר | באפוי | דמשה: |
| 056 | | Gn41:37 | ושפר פתגמא | באפוי | דפרעה ובאפוי כל שלטנוי: |
| 057 | | Gn45:16 | אתון אחוי דיוסף ושפר | באפוי | דפרעה ובאפוי עבדוי: |
| 058 | | Gn47:25 | קיימת יתן נשכח חן וחסד | באפוי | דרבוני ונהוי עבדין לפרעה: |
| 059 | | Gn31:35 | ואמרת לאבוה לא יבאש | באפוי | דריבוני ארום לא אכיל |
| 060 | | Gn33:15 | למה כען אשכח חן וחסד | באפוי | דרבוני: |
| 061 | | Ex21:08 | אין באיש | באפוי | דריבוניה דלא זמן יתה ופרק |
| 062 | | Gn40:12 | יוסף היך מה דהוה שפר | באפוי | ואמר ליה יוסף דין |
| 063 | | Gn40:18 | יוסף היך מה דהוה אמר | באפוי | ואמר ליה יוסף דין |
| 064 | | Gn48:17 | דאפרים והוא לא שפר | באפוי | ואתוקף בידה דאבוי למחזרה |
| 065 | | Gn28:10 | דבארה טפת בארה וסליקת | באפוי | והוות טייפה עשרין שנין כל |
| 066 | | Gn39:04 | ואשכח יוסף חן וחסד | באפוי | ושמש יתיה ומיני יתיה |
| 067 | | Gn29:20 | ברחל שבע שנין והוון | באפוי | כיומין קליל«י»ן מן |
| 068 | | Gn 7:22M | /דאית ביה נפש דחיין | באפוי#2#/ | כל מה די/דאית#2#/ |
| 069 | | Gn27:12 | דימוש יתי אבא ונהוי | באפוי | כמגחך בה ואייתי עלי לווטן |
| 070 | | Gn 2:07M | \בנחירוי נשמ' דחיין | /באפוי | נשמת החיים#2#/ והוה אדם |
| 071 | | Dt 1:23M | ושפר | באפי/באפוי#2#/ | פתגמא ונסבית מנכון |
| 072 | | Lv13:37M | ואן | בחזוה/<ב>אפוי#2#/ | קם נתקא ושער אוכם |
| 073 | | Ex15:26 | דייי אלהכון ודשפיר | באפוי | תעבדון ותציתון למצוות |
| 074 | | Gn48:17M | לא שפר באפוי /ובאש | באפוי#2#/ | ואתוקף/ואתיקף#2#/ בידה |
| 075 | באפיה | Gn23:17 | דביה וכל אילנא די | באפיה | ברא די בכל תחומא {מן} |
| 076 | | Gn24:63 | ונפק יצחק למצלייה | באפיה | ברא {{ב}}«ל» עדוני רמשא |
| 077 | | Gn24:65 | מן הוא דא גברא דאתי | באפיה | ברא לקדמותן ואמר עבדא הוא |
| 078 | | Gn39:21M | לוותה חסד ושוי חסדא | באפיה | דרבונא בית חבישא |
| 079 | | Ex11:03 | לחדא בארעא דמצרים | באפיה | שליטוי דפרעה ובאפי עמא: |
| 080 | באפיהון | Nu13:33 | כקמציה וכך הוינן | באפיהון: | |
| 081 | | Nu22:30 | למילט יתהון ודי טלמת | באפיהון | דגבריה האליין לית הדא |
| 082 | | Ex11:03M | באפהון דמצריי /דעמ' | באפיהון | דמצראי#2#/ לחוד גברא |
| 083 | | Ex 3:21 | ית חניהון דעמא האילין | באפיהון | דמצריי ויהווי ארום |
| 084 | | Ex12:36 | שוי ית חניהון דעמא | באפיהון | דמצריי ואשאלו להון |
| 085 | באפיך | Gn32:06 | לריבוני למשכחה חן וחסד | באפיך: | |
| 086 | | Dt15:09 | שנת שמטתה ויבאש | באפ{ו}<י>ך | באחוך מסכינה ולא תתן לה |
| 087 | | Ex33:13 | די אשכחת חן וחסד | באפיך | וחמי ארום עמך אומתא רבתה |
| 088 | | Nu11:15 | כען אשכחת חין וחסד | באפ«י»ך | ולא אחמי בבשתהון דעמך: |
| 089 | | Gn16:06 | בידך עבדי לה מה דשפיר | באפיך | וצ{רע}<ער>ת יתה |
| 090 | | Gn18:03 | אן כען אשכחת חן וחסד | באפיך | לא תסלק איקר שכינתך |
| 091 | | Gn21:12 | ייי לאברהם לא יבאש | באפיך | על טליה ועל אמתך כל מה |
| 092 | | Gn47:29 | אן כען אשכחת חן וחסד | באפיך | שוי כען ידך תחות קיימי |
| 093 | באפיכון | Gn45:05 | לא תרגזון ולא יבאש | באפיכון | ארום זבנתון יתי הכא ארום |
| 094 | | Dt15:09M | "ויבאש ... עלך": ויבאש | באפיכון | באחיכון מס{ק}<כ>י' דלא |
| 095 | | Dt15:10M | כד תיהווי יהיב לה | /באפיכון | בזמן דתתנון לה#2#/ ארום |
| 096 | | Gn34:11 | ולאחיה אשכח חן וחסד | באפיכון | וית מה די תאמרון לי אתן: |
| 097 | | Gn19:08 | ועבדו להון מה דשפר | באפיכון | לחוד לגבריא אלין לא |
| 098 | | Gn50:04 | אן אשכחית חן וחסד | באפיכון | מלילו כען במשמעיה דפרעה |
| 099 | | Dt 7:24 | לא יקום מלך ושלטן | באפיכון | עד זמן די ישיצי יתהון: |
| 100 | | Dt11:25 | לא יקום מלך ושולטן | באפיכון | פחדכון ודחלתכון ישווי |

101 באפינן Nu13:33M גיברייה והוונן באפנה/<בא>פינן#2#/ כקמציה וכך/כדן#2#/
102 Nu14:09 למיכל כדן אינון קלילין באפינן למשיציא יתהון עבר
103 באפך Gn33:08 ואמר למשכחא חן וחסד באפך:
104 Nu22:34 באורחא וכדון אין ביש באפך אחזור לאתריה:
105 Dt15:18 לא יבאש באפך בזמנה די תשלח יתיה לחירותה
106 Gn33:10 אן כען אשכחית חן באפך ותקבל דורון דידי מנ{ו}<י>
107 Nu32:05 ואמרין אן אשכחנן חן וחסד באפך יתיהב ית ארעא הדה לעבדך
108 Dt15:10 מתן תתן לה ולא יבאש באפך כד תיהווי יהיב לה ארום
109 Nu11:11 ולמה כען לא אשכחת חסד באפך למשויה ית מטולהון דכל עמה
110 Gn20:15 הא ארעי קדמיך מה דשפר באפך שרי:
111 באפכון Dt 1:17M הוא ופתגמא די יקום באפכון תק'
112 באפנה Nu13:33 מן גיברייה והוונן באפנה כקמציה וכך הוינן באפיהון:
113 דבאפי Gn 2:05 וכל אילניא דבאפי ברא קדם עד לא יהוי בארעא
114 Gn 2:05 יהוי בארעא וכל עשביא דבאפי ברא עד לא יצמח ארום לא
115 Gn 3:18 כבעירא למיכ' עשבא דבאפי ברא נקום כען ונלעי ומן
116 Gn 3:18 תרבי לך ותיכול ית עשבא דבאפי ברא עני אדם ואמר בבעו
117 Ex 9:25 וית כל {עשבא} אילנייא דבאפי ברא תבר:
118 Nu22:04M בלשניה ית עשבה דאפי/דבאפי#2#/ ברא ובלק בר צפור
119 Ex 9:25 ועד בעיר' וית כל עשבא דבאפי בר{ד}א שיצי ברדא וית כל
120 Gn 3:01M חכים מן כל חייתא דאפי/דבאפי#2#/ ברה די ברא ייי אלהים
121 Lv26:04M עללתה ואילנייה דאפי/דבאפי#2#/ ברה יצלח בפירוי:
122 Lv26:22M בכון ית חיותה דאפי/דבאפי#2#/ ברה ותתכל יתכון
123 דבאפי' Ex23:11M \חיית ברא/לחיותא דבאפי' ברא#2#/ כדין תעבדון
124 ובאפוי Gn45:16 ושפר באפוי דפרעה ובאפוי עבדוי:
125 ובאפי Gn45:16M דפרעה\ובאפוי עבדוי /ובאפי כל שולטנוי#2#/:
126 Lv10:03 במן דמקרב לוותי אתקדש ובאפי כל עמא איתיקר ושתק אהרן
127 Ex11:03 באפיה שליטוי דפרעה ובאפי עמא:
128 ובאפיה Gn39:05 מה דהווה ליה בבייתיה ובאפיה ברא:
129 ובאפוי Nu11:10 ותקף רוגזה דייי לחדה ובאפוי דמשה ביש:
130 Gn34:18 מיליהון באפוי דחמור ובאפוי דשכם בר חמור:
131 Gn41:37 ושפר פתגמא באפוי דפרעה ובאפוי כל שלטנוי:
132 Ex 5:21 ית שמן ביש באפי פרעה ובאפוי שליטוי למתן חרבא בידיהון

## באש *vb.* to be bad, to be displeasing [83]

001 באיש peal Ex21:08 אין באיש באפוי דריבוניה דלא זמן יתה
002 באש Gn48:01M ליוסף הא אבוך \ביש ודבר/באש ונסב#2#/ ית תרין בנוהי
003 ביש Nu11:10 דייי לחדה ובאפוי דמשה ביש:
004 Gn48:01 ואיתמר ליוסף הא אבוך ביש ודבר ית תרין בנוהי עמיה ית
005 בעש Nu11:10M לחדה ובאפוי דמשה ביש/בעש#2#/:
006 Gn 4:05M לא קבל ברעווא ובאש/בעש#2#/ לקין לחדה ואישתני
007 Gn 4:06 ואמ' ייי לקין למה כען בעש לך ולמה כען אשתני זיוהך
008 Nu22:34M כדו אין בעש קודמיך אחזור לא'
009 בעשתון Gn34:30M לשמעון וללוי אבאשתון/בעשתון#2#/ לי למיסבא שמי
010 יבאש Gn31:35 ואמרת לאבוה לא יבאש באפוי דריבוני ארום לא אכיל
011 Gn21:12 ואמ«ר» ייי לאברהם לא יבאש באפיך על טליה ועל אמתך כל
012 Gn45:05 וכדון לא תרגזון ולא יבאש באפיכון ארום זבנתון יתי
013 Dt15:10 מתן תתן לה ולא יבאש באפך כד תיהווי יהיב לה
014 Dt15:18 לא יבאש באפך בזמנה די תשלח יתיה
015 יבעש Gn21:12M ייי לאברהם לא יבאש/יבעש#2#/ באפיך על טליה ועל
016 Gn45:05M לא תרגזון ולא יבאש/יבעש#2#/ באפיכון ארום זבנתון
017 Dt15:18M לא יבאש/יבעש#2#/ באפך בזמנה/בזמן#2#/
018 נבעש Gn19:09M דאין דינינן כדון נבעש לך מנהון לך מנהון ודחפון
019 ובאיש Nu16:15 ובאיש למשה לחדה ואמר קדם ייי
020 ובאש Gn48:17M \והוא לא שפר באפוי /ובאש באפוי#2#/ ואתוקף
021 Gn 4:05 ולקרבניה לא קבל ברעווא ובאש לקין לחדה ואישתני זיווהון
022 Gn34:07 כדי שמעו ואתרגזו גבריא ובאש להון לחדא ארום מרחקא עבד
023 Gn21:11 ובאש פתגמא לחדא באפוי דאברהם
024 Gn38:10 ובאש קדם י{ת} מה דעבד ומית אף
025 ובעש Nu16:15M ובאיש/ובעש#2#/ למשה לחדה ואמר קדם
026 Gn34:07M ואתרגזו גבריא ובאש/ובעש#2#/ להון לחדא ארום מרחקא
027 Gn21:11M ובאש/ובעש#2#/ פתגמא לחדא באפוי
028 ויבאש Dt15:09 שביעייתה שנת שמטתה ויבאש באפ{ו}<י>ך באחוך מסכינה
029 Dt15:09M "ויבאש ... עלך": ויבאש באפיכון באחיכון
030 אבאש afel Ex 5:23 פרעה לממללה בשם ממרך אבאש לעמא האלין ומפרק לא{ו}
031 אבאשת Nu16:15 דחד מנהון אטענת ולא אבאשת לחד מנהון:
032 Nu11:11 משה קדם ייי למה כען אבאשת לעבדך ולמה כען לא אשכחת
033 Ex 5:22 ייי למה כען אב{ש}א<ש>ת לעמא האליין ולמה כען
034 אבאשתון Gn44:05 והוא מקסם יקסם ביה אבאשתון דעבדתון:
035 Gn34:30 יעקב לשמעון וללוי אבאשתון לי למיסבא שמי ביש קדם
036 אבישתון Gn43:06 ואמר ישראל למה אבישתון לי למתנייא לגברא הא כען
037 אבעשי' Nu16:15M ולא \אבאשת לחד /אבעשי' ית חד#2#/ מנהון:
038 אבעשת Nu11:11M קדם ייי למה כען אבאשת/אבעשת#2#/ לעבדך ולמה כען לא
039 אבעשתון Gn44:05M \אבאשתון דעבדתון /אבעשתון במה דעבדתון#2#/:
040 נבאש Gn19:09 למהוי דין דינינן כדון נבאש לך יתיר מנהון ודחקו
041 תבאש Dt28:54M ובאתת חובה טליותיה /תבאש עיינוי באחוי ובבעלת
042 Dt28:54 דמחטי בכון ודמפרנק לחדה תבאש עייניה באחוי ובאתת חובה
043 Dt28:56 מן חטוייה ומן פרנוקה תבאש עייניה בבעיל חובה ובברה
044 תבאשון Gn19:07 ואמר לא כען אחי תבאשון:
045 מבעשין Ex32:22M חכם ית עמא ארום בישין/מבעשין#2#/ אינון:
046 מוועשין Ex32:17M ית קלהון דעמא בייכין/מוועשין#2#/ ואמר למשה קל סדרי
047 ואבאישו Dt26:06 ואבאישו לן מצריי וצערו יתן ושוון
048 ואבאשו Nu20:15 במצרים יומין סגין ואבאשו לן מצריי ולאבהתן:
049 ואבעשו Nu20:15M יומין סגין ואבאשו/ואבעשו#2#/ לן מצריי/מצראי#2#/
050 לאבאשא Dt14:01M חבורן חבורן לאבאשא#2#/ בפולחנה/^<בפול>חן#2#^
051 למבאשא Gn31:52 וית קיימתא הדא למבאשא:
052 Ex23:02 דינא לא תיזל בתר סגיא למבאשא לא תמנע מן למימר מה דבלבך
053 Gn31:07 ולא יהב ייי רשו{י} למבאשא לי:
054 Gn31:29 עמי חיל ואוכלסין סגין למבאשא לכון ואלה דאבוכון ברמשא
055 למבאשה Lv 5:04 תשבע למפרשה בסיפתן למבאשה או למיטבה לכל מה די יפרש
056 Dt28:07 עילוו«י»כון למ{אב}באשה בכון תבירי קדל קדמיכון
057 Gn31:07M /שבק יתיה מימריה דייי למבאשה לי#2#/:
058 למבעשא Ex23:01M אזלין בתר סוגיי' למבעשא ברם אלאהן למייטבה ולא
059 Ex23:02 תהוון אזלין בתר סוגיא למבעשא ברם אלאהן למייטבה ולא
060 למבעשה Lv 5:04M /תשתבע בפירוש ספוון למבעשה#2#/ או למיטבה לכל מה די
061 Ex32:12M מצראי' למימר מן בגלל למבעשה יתהון אפיק יתהון למקטלה

## באר *n.* ⇐ ביר

## בבה *n.* pupil of eye [83]

001 בבה s ab/cn Dt32:10 יתהון היך מה דנטר שיכנה בבה דעיינה:

## בבהילו *adv.* in haste, quickly [83]

001 בבהילו Ex12:11 בידיכון ותיכלון יתיה בבהילו מאכס פסחא הוא קדם ייי:
002 Dt16:03 פטירין לחם דצער ארום בבהילו נפקתון פריקין מן ארעא
003 בביהילו Lv26:16 דא לכון ואדכר עליכון בביהילו ית שחפיתה וית קדחיתה

## בביש *adv.* antagonistically [!!]

|  |  |  |  |
|---|---|---|---|
| 001 | בביש | Ex 5:19 | סרכי בנוי דישראל יתהון בביש למימר לא תמנעון מן לבניכון |
| 002 | | Gn44:29 | סקול ותחתון ית סיבתי בביש לשאול: |

## בבעו *interj.* please [84]

|  |  |  |  |
|---|---|---|---|
| 001 | בבעו | Gn20:13M | כען עלי אחי /אמורי בבעו אחי#2#/ הוא: |
| 002 | | Gn18:32M | ואמר לא כען/בבעו#2#/ {א}<י>תקף רוגז' דייי |
| 003 | | Gn33:10M | ואמר יעקב לא כען/בבעו#2#/ אן כען/בבעו#2#/ |
| 004 | | Ex33:13M | וכדו אין בבעו אש' |
| 005 | | Gn19:19M | הא כען/בבעו#2#/ אשכח עבדך חן וחסד |
| 006 | | Gn30:27M | ואמר ליה לבן אן כען/בבעו#2#/ אשכחית חן וחסד באנפיך |
| 007 | | Gn33:10M | כען/בבעו#2#/ אן כען/בבעו#2#/ אשכחית חן וחסד באפך |
| 008 | | Gn50:04M | דפרעה למימר אן \בבעו#2#/ אשכחית חן וחסד באפיכון |
| 009 | | Gn18:03M | מן קדמך ייי אן כען/בבעו#2#/ אשכחת חן וחסד באפיך |
| 010 | | Gn47:29M | ואמר ליה אן כען/בבעו#2#/ אשכחת חן וחסד באפיך |
| 011 | | Ex34:09M | ואמר אין כען/בבעו#2#/ אשכחת חן וחסד קדמיך |
| 012 | | Nu11:15M | כען קטולין אין כען/בבעו#2#/ אשכחת חין וחסד |
| 013 | | Gn 3:18 | דבאפי ברא עני אדם ואמר בבעו ברחמין מן קדמך ייי לא |
| 014 | | Gn15:02 | ואמר אברם בבעו ברחמין מן קדמך ייי סגין |
| 015 | | Gn15:08 | ואמר {{ליה}} בבעו ברחמין מן קדמך במה כען |
| 016 | | Gn20:04 | לא קרב לוותה ואמר בבעו ברחמין מן קדמך ייי לחוד |
| 017 | | Gn22:14M | "כד יהוון דקרב אברהם: בבעו ברחמין מן קדמיך ייי אלקים |
| 018 | | Gn22:14 | בשם ממריה דייי ואמר בבעו ברחמין מן קדמיך ייי כולא |
| 019 | | Gn24:42 | יומא דין לעינא ואמרית בבעו ברחמין מן קדמך ייי אלהא |
| 020 | | Gn38:25 | עייני במרומיא ואמרת בבע«ו» ברחמין מן קדמיך ייי את |
| 021 | | Ex 4:10 | ואמר משה קדם ייי בבעו ברחמין מן קדמיך ייי לא גבר |
| 022 | | Ex 4:13 | ואמר בבעו ברחמין מן קדמיך ייי שלח |
| 023 | | Ex 5:22 | וחזר משה קדם ייי ואמר בבעו ברחמין מן קדמי«ך» ייי |
| 024 | | Nu12:13 | וצלי משה קדם ייי ואמ' בבעו ברחמין מן קדמיך ייי אלהה |
| 025 | | Dt 3:24 | ייי בבעו ברחמין מן קדמיך ייי את |
| 026 | | Dt 9:26 | ובעית קדם ייי ואמרית בבעו ברחמין מן קדמייך ייי אלהים |
| 027 | | Dt 3:25 | אעבר כען בבעו ואחמי ית ארעא טבתה די בעבר |
| 028 | | Ex32:31 | ואמר בבעו חסון עמא האליין חובין |
| 029 | | Nu10:35 | והוה משה מצלי ואמר קום בבעו ייי ויתבדרון בעלי דבבך |
| 030 | | Gn18:30M | ואמר \לא כען יתקף /לא בבעו יתקוף#2#/ רוגזא דייי |
| 031 | | Gn12:13M | \אמרי כען /אמורי בבעו#2#/ לי אח«תי» א'/את#2#/ |
| 032 | | Gn44:18 | בלישנא נהם כאריה ואמר בבעו מינך רבוני ימלל כען עבדך |
| 033 | | Dt26:15M | מן מדור איקר שכינתך /בבעו מן מדור בית שכינת |
| 034 | | Gn18:03 | ואמר בבעו מן קדמך ייי אן כען אשכחת |
| 035 | | Gn43:20 | ואמרין בבעו מנך רבוני מחת נחתין |
| 036 | | Nu12:11 | ואמר אהרן למשה בבעו מנך רבוני לא כען תשוי |
| 037 | | Gn19:02 | ואמר בבעו מנכון רבוניי מטון כען |
| 038 | | Gn38:25 | קם יהודה על רגלוי ואמר בבעו מנכון אחיי ואינשי בייתי |
| 039 | | Gn23:15M | רבוני \בבעו#2#/ קבל מני ארעא דארבע מאה |
| 040 | | Gn19:20M | הא כען/בבעו#2#/ קרתא הדה קריבה למערק |
| 041 | | Gn44:18M | "ואמר בבעו ...": ואמר בבעו רבנן הא בזמנא קדמא |
| 042 | | Gn50:17 | כדן תימרון ליוסף בבעו שרי כען ושבוק לסרחניהון |
| 043 | | Gn13:08M | לא \כען יהוון דיינין /בבעו תהווי מצו#2#/ ביני ובינך |
| 044 | | Gn18:03M | לא \תסלק איקר /בבעו תעבר יקר#2#/ שכינתך |
| 045 | | Gn47:29M | וטבו/וקשט#2#/ לא כען/בבעו#2#/ תקבר יתי במצרים: |
| 046 | | Nu10:31M | ואמר ליה לא כען/בבעו#2#/ תשבק יתן ארום בגין |
| 047 | | Nu22:16M | בלק בר צפור לא כען/בבעו#2#/ תתמנע מן מייתי |
| 048 | בבעותי | Gn23:13M | כספא דחקלא \קבל מני /בבעותי קבל מני יתיה#2#/ ונקבר |

## בגו *prep.* within [84]

|  |  |  |  |
|---|---|---|---|
| 001 | בג' | Lv16:27M | /דמ"#2#/ למכפרה לגו/בג'#2#/ בית מקדשה יפק לבר מן |
| 002 | | Ex39:25M | \זוגיא בגו /זוגי בג'#2#/^זגוניה ביני#2#^/ רמוני על |
| 003 | בגו | Ex11:04 | דליליא ממ{ת}<ר>י מתגלי בגו מצרים: |
| 004 | | Dt11:03 | וית עבדוי משבחתה די עבד בגו מצרים לפרעה מלכא דמצרים |
| 005 | | Nu33:37M | דרקם ושרון \בהר טורא /בגו רקם#2# |
| 006 | | Nu27:04 | ליה בר דכר הב לן אחסנה בגו אחי אבונן: |
| 007 | | Nu27:07 | תתן להון ירתו ואחסנה בגו אחי אבוהון ותעברון ית |
| 008 | | Ex29:43 | תמן לבני ישראל ויתקדש בגו איקרי: |
| 009 | | Nu10:36 | סבייה ואשרי איקר שכינתך בגו אלפיה ורבוותה יסגון רבוותה |
| 010 | | Ex 2:05 | נהרא וחמא ית תיבתה בגו אפרה ושלחת ית אמהתה ונסבת |
| 011 | | Gn45:06 | ארום דנה תרתין שנין כפנא בגו ארעא ועד כדון חמש שנין דלא |
| 012 | | Gn45:11M | חמש שנין דכפן /\דאית בגו ארעא#2#/ ולא תשתיצא את |
| 013 | | Ex 8:18 | אנה הוא ייי דממרי שרי בגו ארעא: |
| 014 | | Ex 9:23 | קלין וברד והלכת אשתא בגו ארעא ואחת ייי ברדא על ארעא |
| 015 | | Dt 4:05 | פקד ייי אלהי למעבד כדן בגו ארעא די אתון עללין לתמן |
| 016 | | Dt15:11 | לא הוי ביניהון מסכינייה בגו ארעא בגין כדין אנה מפקד |
| 017 | | Dt15:11M | ארום לא פסקין מסכינייה בגו ארעא |
| 018 | | Dt19:02 | דשיזבו תפרשון ל{גוו}ך בגו ארעכון דייי אלהכון יהב |
| 019 | | Dt19:10 | ולא ישתפך אדם זכיי בגו ארעכון דייי אלהכון יהיב |
| 020 | | Gn27:15 | ברה רבה משבחיין דהווה בגו בייתה ואלבשת ליעקב ברה |
| 021 | | Gn34:29 | ובזו וית כל מה דהווה בגו בייתה: |
| 022 | | Dt21:13 | שביתה מן עלווה ותיתב בגו בייתיך ותבכי ית אבוה וית |
| 023 | | Gn31:41 | דנה לי עשרים שנין בגו בייתך פלחית קדמך ארבע עשרה |
| 024 | | Ex 1:21 | ייי וקנון להון שם טב בגו בית ישראל ועבד להון בתים |
| 025 | | Dt28:19M | תהוון במעלכון לגו/בגו#2#/ בית כנישתיכון |
| 026 | | Lv 6:23 | אדמה למשכן זימנה למכפרה בגו בית קדשא לא תתאכל בנורא |
| 027 | | Ex39:41 | ית לבושי שמושה למשמשה בגו בית קדשה וית לבושי |
| 028 | | Lv16:17 | במשכן זימנה במעלה לכפרה בגו בית קדשה עד מפקה ויכפר |
| 029 | | Ex28:43 | על גב מדבחא למשמשא בגו בית ק<ו>ד{י}שא דלא יקבלון |
| 030 | | Ex29:30 | יעול למשכן זימנא למשמשה בגו בית קודשא: |
| 031 | | Ex35:19M | ית לבושי שמושי /בגו בית קודשא/בב'#2#/ ית |
| 032 | | Nu 4:12 | שמושה די ישמשון בהון בגו בית קודשה ויתנון בחפוי משך |
| 033 | | Ex26:34 | על ארונה דסהדותה בגו בית{א} קדש קדשיה: |
| 034 | | Gn23:10 | ועפרון הוי שרי בגו בנוי דחת וענה עפרון |
| 035 | | Gn23:11M | \: ועפרון הוי שרי \בגו בנוי /בתחומהון דבנוי#2#/ |
| 036 | | Ex29:45 | ואשרי ^איקר#2#^ שכינתי בגו בני ישראל ויהווי ממרי |
| 037 | | Lv24:10 | והוא ברה דגבר מצריי בגו בני ישראל ואתנצון במשריתה |
| 038 | | Lv25:33 | היא אחסנת{כ}<ה>ון בגו בני ישראל: |
| 039 | | Nu 1:49 | ריש סכומיהון לא תקבל בגו בני ישראל: |
| 040 | | Nu 2:33 | וליווי לא איסתכמו בגו בני ישראל היך מה די פקד |
| 041 | | Nu 9:07 | ית קרבנה דייי בזימניה בגו בני ישראל: |
| 042 | | Nu18:20 | מ«י»מרי חלקך ואחסנותך בגו בני ישראל: |
| 043 | | Nu18:24 | בגין כדן אמרית להון בגו בני ישראל לא יחסנון |
| 044 | | Nu26:62 | ולעיל ארום לא אסתכמו בגו בני ישראל ארום לא אתיהב |
| 045 | | Nu26:62 | לא אתיהב להון אחסנה בגו בני ישראל: |
| 046 | | Nu35:34 | ייי דאשריית איקר שכינתי בגו בני ישראל: |
| 047 | | Dt11:06M | דאית בעצתא דקורח בגו בני י'#2#/: |
| 048 | | Dt32:51 | על די לא קדשתון יתי בגו בני ישראל: |
| 049 | | Dt32:51 | על די סרבתון בשם ממרי בגו בני ישראל במי מצותה דרקם |
| 050 | | Ex 9:23M | ברדא \והוי אשתא מקפצא בגו ברדא ואמטר ממר' דייי |
| 051 | | Ex 9:24 | ואשתא הוה מקפצה בגו ברדה תקיף לחדא די לא הוות |
| 052 | | Dt29:16 | יהיבן גבהון <....> בגו בתייה דחלין מנהון דלא |
| 053 | | Ex12:19 | שבעה יומין חמיר לא ישתכח בגו בתיכון ארום כל די אכל חמיע |
| 054 | | Dt 6:07 | הגיין בכון במייתבכון בגו בתיכון ובהלכותכון באורחה |

|  |  |  |  |  |  |
|---|---|---|---|---|---|
| 055 | | Dt11:19 | הגיין בהון במייתביכון | בגו | בתיכון ובהלכותכון באורחה |
| 056 | | Gn37:29 | לגובא והא לית יוסף | בגו | גובא ובזע ית לבושוי: |
| 057 | | Gn 2:09M | בגו מציעות גנתה /דחייא | בגו | גנתא#2#/ ואילן דעתה דכל |
| 058 | | Gn 3:10M | בגנתה /דברך שמעת מטייל | בגו | גנתה#2#/ ודחלית ארום |
| 059 | | Gn49:07 | אפלג חולקיה דשמעון | בגו | דבית יעקב ואסגי אחסנתיה |
| 060 | | Dt33:10 | כשרין למלפה סדרי דינין | בגו | דבית יעקב וגזירת אוריתך |
| 061 | | Ex32:25M | "לד' דרין": | בגו | דריא |
| 062 | | Nu17:21 | חטרין וחטרה דאהרן | בגו | חוטריהון: |
| 063 | | Gn37:07 | והא אנחנא מכרכין כורכוון | בגו | חקלא והא קמת כורכותי ולחוד |
| 064 | | Lv22:27 | דגברא תמימא דלבש | בגו{י} | ידוי משכין דגדיין בני |
| 065 | | Ex14:16 | יתיה ויעלון בני ישראל | בגו | ימא ביבשתא: |
| 066 | | Ex14:22 | ועלו בני ישרא<'> | בגו | ימא ביבשתא ומיא הוון להון |
| 067 | | Ex14:27M | מימרי' דייי ית מצריי' | בגו | ימא |
| 068 | | Ex14:27 | ושבק ייי ית מצריי | בגו | ימא: |
| 069 | | Ex14:29 | ובני ישראל הליכו ביבשתא | בגו | ימא ומיא הוון להון שורין |
| 070 | | Ex15:19 | ישראל הליכו ביבשתא | בגו | ימא: {וחזר ייי עליהון ית |
| 071 | | Ex15:19 | ישראל הליכו ביבשתא | בגו | ימא:} |
| 072 | | Nu33:08 | פונדקי חירתא ועברו | בגו | ימא במדברה דאיתם ושרון |
| 073 | | Ex26:28 | ונגרה תניינה מציעייה | בגו | לוחי מש{מ}<לב>ש מן דן סטרא |
| 074 | | Ex36:33 | מציעי {משמש} <משלבש> | בגו | לוחי מן דן סטר{י}<ה> לגו |
| 075 | | Dt 6:09 | ותכתבון יתהון | בגו | מזוזיין ותקבעון יתהון |
| 076 | | Ex15:25M | /<אילן> הארדופני וקלק | בגו | מייא ואת#2#/ מיא תמן |
| 077 | | Nu19:17M | דכין לגו /מים דמבוע | בגו#2#/ | מן דחסף: |
| 078 | | Gn25:24 | יומהא למילד והא תאומין | בגו | מעיה: |
| 079 | | Gn38:27 | בשעתה דילדת והא תומיין | בגו | מעייה: |
| 080 | | Nu21:15 | ארנונה אטמרו אמוריי | בגו | מעריה דנחלי ארנונה אמרין |
| 081 | | Gn 2:09 | וטב למיכל ואילן חייא | בגו | מציעות גנתה ואילן דעתה דכל |
| 082 | | Dt23:15 | דאיקר שכינתיה מדברה | בגו | משירייתכון למשזבה יתכון |
| 083 | | Gn 9:27 | דיפת וישרי יקר שכינתי' | בגו | משכוני דשם ויהווי כנען |
| 084 | | Gn 9:21 | מן חמרא ורווה ואתגלי | בגו | משכנה: |
| 085 | | Nu 2:17 | זימנה משרייתהון דלוויי | בגו | משריתה היך מה דהוון שריין |
| 086 | | Lv16:16M | דיקר שכינתיה שרייה | בגו | סאיביהון |
| 087 | | Lv16:16 | די שרי איקר שכינתיה | בגו | סואביהון: |
| 088 | | Dt17:18 | לה ית תניי אוריתה הדה | בגו | ספר מן קדם ˆכהנייה |
| 089 | | Dt31:24 | מילי אורייתה הדה | בגו | ספר עד זמן די אשלם יתהון: |
| 090 | | Gn42:05 | ועלו בני ישראל למזבן | בגו | עלליה ארום הוה כפנא בארעא |
| 091 | | Nu27:03 | מית במדברה והוא לא הוה | בגו | עם כנשתה דאתרעמו קדם ייי |
| 092 | | Nu14:14 | את הוא דאיקר שכינתך | בגו | עמא האליין ארום חזיו בחזיו |
| 093 | | Dt11:06 | כל קאמיה דהווה ברגליהון | בגו | עמא בני ישראל: |
| 094 | | Dt17:20 | על מלכותיה הוא ובנוי | בגו | עמא בני ישראל: |
| 095 | | Nu 5:27 | ותיהוי אתתה לל{י}<ו>ט | בגו | עמה: |
| 096 | | Lv18:29M | דאתי ולא יחי להון חולק | בגו | עמהון |
| 097 | | Lv22:32 | ויתקדש שמי מייקר«ה» | בגו | עמי ישראל אנה הוא ייי |
| 098 | | Nu20:12M | לעיני": <שמי> מייקרון | בגו | עמי |
| 099 | | Nu 5:21 | ייי יתיך ללוט ולשבועה | בגו | עמך כד ישוי ייי ית |
| 100 | | Dt21:08 | חובת שפיכות אדם זכיי | בגו | עמך ישראל ויתכפר להון |
| 101 | | Ex24:18 | ואתא משה | בגו | עננא וסלק לטורא והוה משה |
| 102 | | Gn41:02M | והויו רעין | באגמין/בגו | {פ}<ג>ומא#2#/: |
| 103 | | Gn49:09 | את הויי' זכיי נייח ושרי | בגו | קרבא היך אריה וכאריות«א» |
| 104 | | Nu24:09M | כאריה וכאריוותה ולית | /בגו | קרבה היך אריה והיך |
| 105 | | Dt33:20 | תחומה דגד נייח ושרי | בגו | קרבה היך אריא והיך אריוותה |
| 106 | | Gn18:24 | דאי«ת» חמשין זכיין | בגו | קרתא הא ברגז את משיצא ולא |
| 107 | | Gn18:26 | אשכח בסדם חמשין זכיין | בגו | קרתא ואשרי ואשבוק לכל |
| 108 | | Ex39:25 | דהב דכי ויהבו ית זוגיא | בגו | רמוני על שפולוי דמעילה |
| 109 | | Ex39:25 | דמעילה מן חזור חזור | בגו | רמניה: |
| 110 | | Gn49:07 | ואסגי אחסנתיה דלוי | בגו | שבטה דבני ישראל: |
| 111 | | Gn40:20 | ית ראש«ה» דרב נחתומיא | בגו | שלטנוי: |
| 112 | | Ex39:03 | יתהון שיזרין למעבד | בגו | תכלתה ובגו ארגוונא ובגו |
| 113 | | Dt17:05M | פתגמא בישה הדין | לגו/בגו#2#/ | קורייכון/קריי#2#/ ית |
| 114 | בגו' | Gn 3:08 | קל ממרה דייי אלהים מהלך | בגו' | גנתאה למשב יומא ואטמר אדם |
| 115 | בגוא | Gn 3:08 | ואתתה מן קדם ייי אלהים | בגוא | אלני גנתה: |
| 116 | | Gn 3:08M | גנתאה למשב יומא /מטיי' | בגוא | גנתה לתוקפי' דיומא#2#/ |
| 117 | | Gn 3:08M | אלני גנתה /ממריה דייי | בגוא | מציעות גנתה#2#/: |
| 118 | בגוה | Gn41:48 | די חזר חזר לה יהב | בגוה: | |
| 119 | | Gn44:18M | אחיי בכרכה דשכם דעלו | בגוה | וקטלה בה כל דכור' מן בגלל |
| 120 | | Gn 3:24 | מן תרין סיטריה אתקן | בגוה | זיקוקין דנור וגומרין מבערן |
| 121 | | Gn21:33M | בבאירה דשבע ואתקן | בגוה | מאכל ומשקה לעבורייה |
| 122 | בגווה | Gn 9:07 | ואתילדון בארעא וסגון | בגווה: | |
| 123 | | Gn18:24 | חמישיתי זכיי די | בגווה: | |
| 124 | | Gn18:24M | בגווה /צדיקייא דאית | בגווה#2#/: | |
| 125 | | Lv20:22 | מעל יתכר' לתמן למשרי | בגווה: | |
| 126 | | Nu32:39 | ית אימוריי דהוון שריין | בגווה: | |
| 127 | | Nu32:40 | למכיר בר מנשה ושרה | בגווה: | |
| 128 | | Dt11:31 | לכון ותרתון יתה ותשרון | בגווה: | |
| 129 | | Dt26:01 | ותרתון יתה ותשרון | בגווה: | |
| 130 | | Nu33:53 | ית דיירי ארעא ותשרון | בגווה | ארום לכון יהבית ית ארעא |
| 131 | | Nu35:34 | בה דאיקר שכינתי שריה | בגווה | ארום אנא הוא ייי דאשריית |
| 132 | | Dt21:03M | לא אתפלח/אפלח#2#/ | בה/בגווה#2#/ | די לא סלק עליה |
| 133 | | Nu34:06 | עם מי«י»א קדמויי די | בגווה | דין יהווי לכון תחום ימא: |
| 134 | | Ex34:12 | ארעא די אתון עלין | בגווה | דלא יהוון לתוקלה ביניכון: |
| 135 | | Gn14:05 | וית אמתניה דהוון שריין | בגווה | דקרתה: |
| 136 | | Nu13:18 | מה היא וית עמא דישריין | בגווה | הא תקיפין אינון או חלשין |
| 137 | | Gn 3:09M | אתרא די את | בגווה | היך אינון פיקודייה די |
| 138 | | Dt11:25 | כל ארעא די תדרכון | בגווה | היך מה דמלל לכון: |
| 139 | | Nu34:06M | די בגווה /קדמייה דאית | בגווה | הנון מיה בראשית ק#2#/ |
| 140 | | Dt 1:01 | קיימא דייי די אעלתון | בגווה | וחפיתון יתיה בדהבא סנינה |
| 141 | | Ex32:24M | בנורא ועל סטנה | בגווה | ונפק מיניה דמות עגלה |
| 142 | | Gn44:18 | דשכם דהוו בשלווה ועלו | בגווה | וקטלו כל דכורא לפתגם דחרב |
| 143 | | Gn44:18 | אחיי בכרכה דשכם דעלו | בגווה | וקטלו בה כל דכורא מן בגלל |
| 144 | | Dt17:14 | ותירתון יתה ותשרון | בגווה | ותימרון אמני עלינן מלך |
| 145 | | Dt20:11 | כל עמא די ישתכחון | בגווה | יהווי לכון למסקי מסין |
| 146 | | Gn44:18M | דכור' מן בגלל דסאיבו | בגווה | ית דינה אחתן דלית היא |
| 147 | | Gn44:18 | דכורא מן בגלל דסאיבו | בגווה | ית דינה אחתן דלית היא |
| 148 | | Lv18:03 | דמצרים די שריתון | בגווה | לא תעבדון וכעובדי דיירי |
| 149 | | Dt33:02 | וכיוון די אשכחו כתיב | בגווה | לא תהוון קטולין לא קבילו |
| 150 | | Dt33:02 | בנוי דישמעאל דכתיב | בגווה | לא תהוון גנבין לא קבילו |
| 151 | | Nu14:07 | למימר ארעא די עברנן | בגווה | למיללה יתה טבה ארעא לחדה |
| 152 | | Ex40:07 | זימנא ובין מדבחא ותתן | בגווה | מייה: |
| 153 | | Ex30:18 | ובין מדבחא ותתן תמן | בגווה | מיין: |
| 154 | | Ex40:07M | ותתן \בגווה מייה /תמן | בגווה | מים#2#/: |
| 155 | | Ex16:33 | סב צלוחי חדא והב | בגווה | מלא עמרא מנה ואצנע יתה |
| 156 | | Gn24:31M | קשיין דהוון קיימין | בגווה | מן פולחנא נכראה ומן גלוי |
| 157 | | Dt 2:20 | לחוד היא גיברין שרון | בגווה | מן לקדמין ועמוניי הוון |
| 158 | | Nu13:32 | היא וכל עמה די חמינן | בגווה | מרי עיינן בישה גברין |
| 159 | | Nu35:25 | די ערק תמן וישרי | בגווה | עד די ימות כהנה רבא |
| 160 | | Dt 2:10 | אומתנייה מן לקדמין שרון | בגווה | עם רברבין וסגין ותקיפין |
| 161 | | Gn13:14M | ומדנחה ומערבה /די את | בגווה | צפר' ומדנחה ודרומ' |
| 162 | בגווהון | Gn14:10M | ומה דאשתיי«רו» | /בגווהון | ומה דאשתייר#2#/ לטורא |

|  |  |  | |  | |
|---|---|---|---|---|---|
| 163 | בגווי | Gn49:04 | ברי לגנה זעירא דעלו | בגווי | נחלין דמיין שטפן ולא יכלת |
| 164 | בגוויה | Gn11:04M | "בראשיה ... ונתן": | בגוויה | בית סגד{י}<ו> וני' |
| 165 | | Gn49:01 | דהוה אבונן יעקב רביע | בגוויה | מן דאתגלי לי קיצא ולא |
| 166 | | Gn49:02M | דאבונן יעקב רביע | בגוויה | סברין דהווה גלי להון סדר |
| 167 | בגוויהון | Gn49:25 | מנהון ומעיה דרבעת | בגוויהון: | |
| 168 | | Dt 1:22 | קו{ח}<ר>יתה די נעול | בגוויהון: | |
| 169 | | Dt28:30 | בתין תבנון ולא תשרון | בגוויהון | כרמין ת{ז}<צ>בון ולא |
| 170 | בגויה | Ex16:24 | ולא אסרח ורמה לא הוות | בגויה: | |
| 171 | | Gn 3:09 | דלא גלי קדמי אתר דאת | בגויה | אן היא מצותה דפקדת יתך: |
| 172 | | Gn21:33 | בבאר שב«ע» ויהב | בגויה | מזון לעובריא והווה כד |
| 173 | בגויהון | Ex15:15 | רתיתא אתמסי לבהון | בגויהון | כל דיירי דארעא דכנען: |
| 174 | בגויהין | Nu13:19 | קרייתה די אינון שריין | בגויהין | הא קרי כפרנין אינון או |
| 175 | בגוויה | Lv11:33M | כל \מה דביה /דאית | בגוויה#2#/ | יסתאב ויתיה תתברון: |
| 176 | דבגוה | Gn15:17 | שלה{ין}<בין#2#> דאשה | דבגוה | נפלו רשיעי' על דמרדו |
| 177 | ובגו | Ex39:03 | שיזרין למעבד בגו תכלתה | ובגו | ארגוונא ובגו צבע זיהוריתה |
| 178 | | Ex39:03 | ובגו צבע זיהוריתה טבתה | ובגו | בוצה עובד אומן: |
| 179 | | Nu18:23 | קיים עלם לדריהון | ובגו | בני ישראל לא יחסנון |
| 180 | | Ex39:03 | בגו תכלתה ובגו ארגוונא | ובגו | צבע זיהוריתה טבתה ובגו |

[84] **because of** *prep.* **בגין**

|  |  |  | |  | |
|---|---|---|---|---|---|
| 001 | בגין | Gn34:31M | אתקטלו \על עסק בתולה | בגין/ | בתולה#2#/ {{ופלחי |
| 002 | | Gn38:24 | כלתך ולחוד הא היא מעברה | בגין | דזנו ואמר יהודה אפיקו יתה |
| 003 | | Gn20:06 | אף אנא יתך מלמחטי קדמי | בגין | כדון לא יהבית לך רשו למקרב |
| 004 | | Ex 5:17 | ואמר בטילין אתון בטילין | בגין | כדון אתון אמרין ניזיל |
| 005 | | Ex13:15 | ועד בכורי בעירא | בגין | כדון אנן מקרבין קדם ייי כל |
| 006 | | Gn10:09 | הוה גיבר בחטאה קדם ייי | בגין | כדין יתאמר כנמרוד גיבר |
| 007 | | Gn18:05 | ומן בתר כן תעברון ארום | בגין | כדין באיש{ת}ון שורותא |
| 008 | | Gn19:22 | פתגם עד זמן דתיעול לתמן | בגין | כדין קרא שמה דקרתא זער: |
| 009 | | Gn25:30 | הדין ארום משלהי אנה | בגין | כדין קרא שמה אדום: |
| 010 | | Gn29:35 | זמנה נודי ונשבח קדם ייי | בגין | כדין קראת שמה יהודה וקמת |
| 011 | | Gn30:15 | יברוחי דברי ואמרת רחל | בגין | כדין ישמש עמ«י»ך בליליא |
| 012 | | Gn31:48 | ביני ובינך יומא הדין | בגין | כדין קרא שמה גלעד: |
| 013 | | Gn33:10 | דידי מנ{ו}<י> ארום | בגין | כדין דחמית סבר אפיך מן |
| 014 | | Gn33:17 | בית ולבעירה עבד מטלין | בגין | כדין קרא שמה דאתרא סכות: |
| 015 | | Gn47:22 | די יהב להון פרעה {בדין} | בגין | כדין לא זבנו ית ארעהון: |
| 016 | | Gn49:22 | דמובדין לבר נשא מן עלמא | בגין | כדין יקום מנך תרין שבטין |
| 017 | | Ex16:29 | ארום ייי יהב לכון שובתא | בגין | כדין הוא יהב לכון ביומא |
| 018 | | Ex20:11 | קדמוי ביומא שביעיא | בגין | כדין ברך ייי ית יומא דשבתא |
| 019 | | Nu21:27 | | בגין | כדין יאמרון מתולי מתלייה |
| 020 | | Dt10:09 | | בגין | כדין לא הווה לשבטה דלוי |
| 021 | | Dt15:11 | מסכינייה בגו ארעא | בגין | כדין אנה מפקד יתכון יומא |
| 022 | | Dt24:18 | ``ייי אלהכון מן תמן | בגין | כדין אנה מפקד יתכון``#2# |
| 023 | | Dt24:22 | הוויתון בארעא דמצרים | בגין | כדין אנה מפקד יתכון למעבד |
| 024 | | Dt32:01 | קמו למסהדה בישראל | בגין | כדין קם ליה משה נבייא |
| 025 | | Gn11:09 | | בגין | כדן קרא שמה ב{כ}<ב>ל ארו' |
| 026 | | Gn16:14 | | בגין | כדן קרא לבארה באר' דאתגלי |
| 027 | | Gn26:33 | וקרא יתיה שבעה | בגין | כדן שמה דקרא לבארה |
| 028 | | Gn29:34 | ארום ילדת ליה תלתא בנין | בגין | כדן קרא שמיה ול{ו}<י>: |
| 029 | | Gn30:06 | ואף שמע בקלי ויהב לי בר | בגין | כדן קראת{{י}} שמ«ה» דן: |
| 030 | | Ex 5:08 | מנהון ארום בטילין אינון | בגין | כדן אינון צווחין למימר |
| 031 | | Ex15:23 | מרה ארום מרירין אינון | בגין | כדן קרא שמה מרה: |
| 032 | | Lv17:12 | | בגין | כדן אמרית לבני ישר«אל» |
| 033 | | Lv22:27 | אברהם יצחק ויעקב | בגין | כדן כתיב ומפרש בספר |
| 034 | | Nu10:31 | לא כען תשבק יתן ארום | בגין | כדן דאת ידע נסיא דעבד ייי |
| 035 | | Nu14:43 | ותפלון בחרבה ארום | בגין | כדן די חזרתון בתר מימרה |
| 036 | | Nu18:24 | יהבית ללוויי אחסנה | בגין | כדן אמרית להון בגו בני |
| 037 | | Nu20:12 | לעיני בני ישראל בשבועה | בגין | כדן לא תיעלון ית קהלה הדין |
| 038 | | Nu21:06 | דא«ת»רעמו על מזוניהון | בגין | כדן {ב}<ג>רי ייי בעמא ית |
| 039 | | Nu21:14 | | בגין | כדן כתיב ומפרש בספר |
| 040 | | Nu21:34 | ברם פירין לא עבדין | בגין | כדן קיים ייי יתיה עד זמן |
| 041 | | Nu21:34M | בידהון \ומן בתר כדין | בגין/ | כדן#2#/ אמר ייי למשה לא |
| 042 | | Dt 5:15 | בידה תקיפה ובאדרע מנטלה | בגין | כדן פקד יתכון ייי אלהכון |
| 043 | | Dt19:07 | | בגין | כדן אנה מפקד יתכון למימר |
| 044 | | Gn32:33 | | בגין | כך לא אכלין בני ישראל ית |
| 045 | | Gn38:26 | ואמר זכאה היא תמר כלתי | בגין | כך לא אסבת יתה לשלה ברי |
| 046 | | Gn42:21 | מפרפר קדמינן ולא שמעינן | בגין | כך אתת עלינן עקתה רבתה |
| 047 | | Gn 2:24 | | בגין | כן יפרש גבר מדמכיה מן |
| 048 | | Gn 3:18 | נאכל מזון מן פירי דארעא | בגין | כן יהוי מפרש בין בני אנשא |
| 049 | | Gn32:03 | יתי מן ידי תריהון | בגין | כן קרא שמיה דאתרא ההוא |
| 050 | | Gn34:31M | איתעביד בדינה אחתי | בגין | כן עבדינן פתגמ' הדין |
| 051 | | Gn40:23 | די ישוי בשרא רוחצנא | בגין | כן לא אדכר {רב} רב מזוגיה |
| 052 | | Gn50:11 | אבל תקיף הוא למצראי | בגין | כן קרא שמה אבל מצרים די |
| 053 | | Gn30:06M | כדן קראת{{י}} /ביד | בגין | כן קרת#2#/ שמ«ה» דן: |
| 054 | | Nu21:06M | הדין דמכלי{י}ה קליל | בגין | כן יית#2#/ חויה דלא |
| 055 | | Dt 3:02M | פירין לית אינון עבדין | בגין | כן אמתין ליה קודשא בריך |
| 056 | | Ex13:08M | "בגלל ... מצרים": | בגין | מצוותה דפטיריא דא ומרורא |
| 057 | | Lv22:27M | מדבחה ופשט צווארי' | בגין | שמך שמייא מכו ונחתו וחמא |
| 058 | ובגין | Dt15:15 | ופרק יתכון ייי אלהכון | ובגין | כדן אנה מפקד יתכון ^ית |
| 059 | | Dt 1:01M | תיעלון לארעא דישראל | ובגין | מנתה דאמרתון דנפ' |
| 060 | | Dt 1:01M | פיגריכון על ידי בשרא | ובגין | עגלא דעבדתון אמר במימריה |

[84] **because, since** *conj.* **בגין**

|  |  |  | |  | |
|---|---|---|---|---|---|
| 001 | בגין | Gn19:08 | לא תעבדון פתגם ארום | בגין | אתון למיבתא בטל שריתי: |
| 002 | | Gn16:05M | אחי הוא \מן בגלל דלא | בגין/ | דלא#2#/ יקטלון יתך |
| 003 | | Lv19:14M | ולא תלוטון חרשה | בגין | דלא שמע לקדם אכסנייה דהוא |
| 004 | | Nu12:16M | אגר \סגיא לפם /סגי | בגין#2#/ | דקמת לה מרים על גיף |
| 005 | | Gn25:23M | מיניה לעלמי עלמין | בגין | קרא שמיה יעקב |
| 006 | בגין | Dt32:01 | נבייה דקם מן בתרה | בגין | דהוה קרב לארעא ורחיק מן |
| 007 | | Dt32:01 | וישעייה נבייא משה | בגין | דהוה קריב לשמיא ורחיק מן |
| 008 | | Lv22:27 | ומן בתר כדן אתבחר אימרא | בגין | למדכרא זכותא דגברא יחידה |
| 009 | | Lv22:27M | תליתיי גדי בר עיזין | בגין | למדכרה זכותי' דתמימה דלבש |
| 010 | | Lv22:27 | אתבחר גדייה בר עזייה | בגין | למדכרה זכותי' דגברא תמימא |
| 011 | | Lv22:27 | חסאינן תורה אתבחר קדמי | בגין | למדכרה קדמיי זכותיה דגברה |
| 012 | | Lv22:27M | ענינן תורה איתבחר קדמי | בגין | למדכרה סבייה דמדנחה |
| 013 | | Lv22:27M | אמרה אתבחר תניין | בגין | למדכרה זכותה דישר' דעקד |
| 014 | ובגין | Lv24:12 | דיניהון דיני נפשן | ובגין | למלפה לדייניה דקיימין בתר |

[85] **because of, in order to** *prep.* **בגלל**

|  |  |  | |  | |
|---|---|---|---|---|---|
| 001 | בג' | Dt 8:18M | נכסין מן בגלל /חיל | בג'#2#/ | למקיימה/לק'#2#/ ית |
| 002 | בגלל | Gn44:18 | בפילוג ארעא כל דכן | בגלל | בנימן אחונן דהוא ממניין |
| 003 | | Gn44:18M | בפילוג ארעא כל דכן | בגלל | בנימן אחונ' דהא ממנין |
| 004 | | Gn18:29 | ארבעין ואמר לא אשיצא | בגלל | ארבעין זכיין: |
| 005 | | Gn 8:21 | אוסף למלט תוב ית ארעא | בגלל | בר נשא ארום יצר לבהון |
| 006 | | Dt 7:07M | "מן ... עם קליליץ": | בגלל | {דבנ}<זכו>ותכון צבא |
| 007 | | Gn18:28 | זכיי חמשה הא משיצא את | בגלל | חמשה ית כל קרתא ואמר לא |
| 008 | | Dt30:06 | לבביכון ובכל נפשתכון | בגלל | למקיימה יתכון: |
| 009 | | Ex 2:18 | רעואל אבוהון ואמר | {בגלל | מן} <מן בגלל> מה אוחיתון |

010 Gn18:32 תמן עשרה ואמר לא אשיצא בגלל עשרה:
011 Gn18:31 עשרין ו{י}אמר לא אשיצא בגלל עשרין זכיין:
012 בגללהון Gn18:26 לכל חייבי דאתרה בגללהון:
013 בגללך Gn12:13 ^#2#מן^ בגלל דייטיב לי בגללך ותתקיים נפשי בזכוותך:
014 בגללכון Dt 5:33M יתכון תהלכון מן בגלל/בגללכון#2#/ דתיחון וייטיב
015 דבגללהון Nu22:30 דיצחק ויעקב דבגללהון אתברי עלמא מן ראש
016 ובג' Nu12:08M ייי הוה מסתכל ומן בגלל/ובג'#2#/ מה לא דחלתון
017 ובגלל Dt18:12 קדם ייי כל דעבד אלין ובגלל מרחקתה האליין ייי אלהכון

See also: מן בגלל *prep.*

## בגלל *conj.* in order that [85]

001 בגלל Gn39:09 מה דעם ארום אלהן יתיך בגלל דאת א«י»תתיה והיכדין
002 Ex10:02 בגלל דתתנון במשמעין דבניכון

See also: מן בגלל *conj.*

## בדוק *n.* searcher [85]

001 בדוקיה p em/sf Nu 5:23M מיא מרירה/במייה בדוקיה#2#/:
002 Nu 5:18M דכהנה יהוון מיה בדוקיה לבדק
003 Nu 5:19M דזתכי מן מיה בדוקיה לבדק האליין
004 Nu 5:24M בה מיא מלוטיה לממרה בדוקיה/ לבדק וייעלון ב{י}ה מיה
005 Nu 5:24M וייעלון ב{י}ה מיה בדוקיה לבדק#2#/ לה:
006 Nu 5:27M לממררה לה ותת«נ»פח /בדוקיה לבדק ויתנפחה#2#/ כרסה
007 בדוקייה Nu 5:22M מיא \מלווטיא אלין /מ{ם}<ב>דוקייה האיליין#2#/ במעיך

## בדי *vb.* to contrive, to invent [85]

001 בדית peal Nu16:28M ארום לא מן דעתי/לבי בדית יתהון#2#/:

## בדיפלה *adv.* double [85]

001 בדיפל' Ex16:05M ויהוי בכפולה/בדיפל'#2#/ על מה די ילקטון
002 בדיפלא Ex22:06M גברא גנבא ישלם בכפלא/בדיפלא#2#/:
003 Ex22:08M דייניא ישלם בכפלא/בדיפלא#2#/ לחבריה:
004 בדיפלה Dt15:18M ארום בכפלה/^בכופ#2#^/בדיפלה#2#/ אגריה דאגירה

## בדלח *n.* precious stone, bdellium [85]

001 בד' s em/sf Ex39:13M כרום ימה רבה ובדלחה/בד'#2#/ ומרגליתה וכתיב ומפרש
002 בדולחה Nu11:07 כסבר הוא ועינה כחזיו בדולחה:
003 בדלחא Gn 2:12 דארעא ההיא טב מן תמן בדלחא נפק ואבניא טבתה ומרגליתא:
004 ובדלחא Ex28:20 כרום {ו}<י>מה רבה ובדלחא ומרגליתה וכתיב ומפרש
005 ובדלחה Ex39:13 רביעיה כרום ימה רבה ובדלחה ומרגליתה וכתיב ומפרש

## בדק *vb.* to inspect, to search [85]

001 ובדקת peal Dt33:08 נפית יתיה וקם בנסיונה ובדקת יתיה במי דיינייה ואשתכח
002 מבדק pael Dt13:04M ההוא ארום מנס/מבדק#2#/ ייי אלהכון יתכון
003 תבדקון etpeel Gn42:15 בדא תבדקון חיי רישיה דפרעה אן תפקון
004 ויבדקון Gn42:16 אחוכון ואתון אתחבשו ויבדקון מליכון הא קושטנין אתון

## בדק *n.* investigation [85]

001 לבדק s em/sf Nu 5:18M יהוון מיה בדוקיה לבדק
002 Nu 5:19M דזתכי מן מיה בדוקיה לבדק האליין
003 Nu 5:24M מלוטיה לממרה /בדוקיה לבדק וייעלון ב{י}ה מיה בדוקיה

004 Nu 5:27M לה ותת«נ»פח /בדוקיה לבדק ויתנפחה#2#/ כרסה ותתמסי
005 Nu 5:24M ב{י}ה מיה בדוקיה לבדק#2#/ לה:

## בדר *vb.* to disperse, to scatter [86]

001 בדר pael Dt30:03 יתכון מן כל אומיה די בדר יתכון ייי אלהכון לתמן:
002 מבדרתה Dt 3:05 ונגרין לבר מן קורי מבדרתה סגין להדה:
003 ויבדר Dt 4:27 ויבדר ייי יתכון באומייה
004 Dt28:64 ויבדר יתכון ייי בכל אומיה מן
005 אתבדרון etpaal Dt29:25 די לא חכמו יתהון ולא אתבדרון להון:
006 יתב' Dt29:25M חכמו יתהון ולא אתבדרון/יתב'#2#/ להון:
007 נתבדר Gn11:04M קרבא קדם עד לא נדרי/נתבדר#2#/ על אפי כל ארעא:
008 ואבדרון Ex 5:12 ואבדרון עמא בכל ארעא דמצרים
009 וית' Nu10:35M מימריה בתקוף חיילך וית'
010 ויתבדרון Nu10:35 ואמר קום בבעו ייי ויתבדרון בעלי דבבך ויערקון סנאיך
011 ותתבדרון Dt30:17 לבביכון ולא תשמעון ותתבדרון ותסגדון קדם טעוון

## [בהו] *n.* emptiness [Heb.] [!!]

001 ובהו s ab/cn Ex12:42 יתיה הוה עלמא תהו ובהו וחשוכא פריס על אפי תהומא
002 Ex12:42M \תהו ובהו וחשוכא /תהי ובהו וחשוכא#2#/ פריס על אפי

## בהי *adj.* chaotic [86 בהי vb.]

001 ובהיא s ab/cn Gn 1:02 וארעא הוות תהיא ובהיא וצדי מן בר נש ומן בעיר

## בהימנו *adv.* faithfully [86]

001 בהימנו Gn16:05 דאבה ואתית יתיה עמך בהימנו עלית עמך קדם מלכי דארעא

## בהילו *n.* ⇐ בבהילו *adv.*

## בהל *vb.* to be frightened [86]

001 אתבהלו etpeel Gn45:03 אחוי למעני יתיה ארום אתבהלו מן קדמוי:
002 Ex15:15 בכדן אתבהלו רברבני אדומאי תקיפי
003 תבהלון Dt 1:21 לכון לא תדחלון ולא תבהלון:
004 Dt 1:29 ואמרית לכון לא תבהלון ולא תדחלון מינהון:
005 ואתבהל Gn44:19 לבושיה בההיא שעתא ואתבהל וארתת יוסף מן קדמוה
006 ויבהלון Dt 2:25 שמעיכון וירגזון ויבהלון מן קדמיכון:
007 Dt 2:25M /ויתרגזון ויבהלון מנכון#2#/:

## בהקי *n.* skin disease [86]

001 בהקי s ab/cn Lv13:39 בהקיין כהיין חוורן בהקי הוא הלך במשכא דכי הוא:
002 Lv13:02 שומה או קלפה או בהקי ויהוי במשך בשריה למכתש
003 Lv13:04 ואין בהקי חוורה היא במשך בשרה ומכיך
004 Lv13:19 בתר שיחנא שומא חוורה או בהקי חוורה וסמוקה ויתחווי
005 Lv13:24 דאשה ותיהוי מחת דיכויתה בהקי חוורה וסמוקה או חוורה:
006 בהקיתה s em/sf Lv13:23 ואין באתרה תיקום בהקיתה לא הלכת שומה שחנה היא
007 Lv13:28 ואם באתרה תקום בהקיתה לא הלכת במשכה והיא כהיה
008 בבהקיתה Lv13:25 והא אתהפך שער חוור בבה{י}ק<י>תה וחזוה מכיך מן משכה
009 Lv13:26 יתיה כהנא והא לית בבהקיתה שער חוור ומכיכה לית היא
010 ולבהקיתה Lv14:56 ולשומתה ולקלפתה ולבהקיתה:
011 בהקיין p abs Lv13:38 ארום יהוי במשך בשרהון בהקיין {בהקיין} חוורן:
012 Lv13:38 במשך בשרהון בהקיין {בהקיין} חוורן:

013 Lv13:39 כהנא והא במשך בשרהון בהקיין כהיין חוורן בהקי הוא הלך

## בהת *vb.* to be ashamed [86]

001 בהית peal Gn38:25 דהוא אשא אכל' אשא טב לי בהית בעלמא הדין דהוא עלם
002 בהתין Nu 9:08 מתקטלה בדינה ולא יהוון בהתין למימר לא שמענן דמשה רבן
003 Nu15:34 בדינה דלא יהיוון בה{ד}<ת>ין למימר לא שמענן דמשה
004 Nu27:05 בדינה ולא יהוון בהתין למימר לא שמענן דמשה
005 Lv24:12 בדינה דלא יהוון בהתין למ{מ}י<מ>ר לא שמענן דמשה
006 יבהתון Lv24:12M בדיני ממונה דלא יבהתון למימר לא שמעין ברם משה
007 Nu 9:08M "בהתין ... אמר": יבהתון למימר לא שמעינן ברם משה
008 Nu15:34M בדיני ממונה דלא יבהתון למימר לא שמעינן ברם
009 נבהת Gn38:25 דהוא עלם עבו{ד}<ר> ולא נבהת קדם אבהתי צדיקיא בעלמא

## בהתה *n.* shame, nakedness [86]

001 בהתייה s em/sf Dt23:02M <דפסיק> גידה ודמחבל בהתייה
002 בהתתה Gn 2:25 לא הוון ידעין מה היא בהתתה:

## בוטנה *n.* terebinth [87]

001 דבוטנין p abs Gn43:11 וקליל דבש שעוה משח דבוטנין ודלוזין:

## בוך *vb.* to cry [87]

001 בייכין peal Ex32:17 יהושע ית קלהון דעמא בייכין ואמר למשה קל סדרי קרבא

## בוכרה *n.* the first blossoming [87]

001 בוכרת s ab/cn Dt26:02 ותיסבון מן שירוי בוכרת כל פירי ארעא די תייתון מן
002 Dt26:10 הא אייתינן ית שרוי בוכרת כל פירי ארעא מן מה די
003 בכורת Ex34:26 שרוי בכורת ארעכון תייתון לבית מקדשא
004 Nu18:13M בכרת/בכורת#2#/ כל מה די/דאית#2#/
005 בכרת Gn48:07M לאפרתה /בזמן אסון בכרת ארעא למיעול לאפר#2#/
006 Ex34:22 היא עצרתא תעבדון לכון בכרת חצדה דחטיא וחגא דאכנשותא
007 Nu18:13 בכרת כל מה די בארעהון די ייתון
008 Dt26:02M ותיסבון מן שירוי בוכרת/בכרת#2#/ כל \פירי ארעא /פיריה
009 Dt26:10M אייתינן ית שרוי בוכרת/בכרת#2#/ כל פירי ארעא מן מה
010 Ex23:16 וחגא דחצדא בכרת עבד ידיכון מה די אתון
011 Nu13:20M בכורי ענביה /הוון יומי בכרת ע<נביה>#2#/:

## בוכרו *n.* ⇐ בכורו

## בונן *vb.* ⇐ בין

## בוע *n.* (unclear [dittog.?]) [87]

001 בועה s em/sf Gn50:01 מליא ומחזקא באבנא בועה בוצה וארגוונא שפיכין תמן

## בוץ *n.* byssus, fine linen [87]

001 בוץ s ab/cn Ex39:28M וית תושבחה עבד קובעיה בוץ וית אברקסין דבוץ בוץ#2#/
002 Ex26:01 וית משכנא תעבד עשר יריען בוץ שזיר ותכלה וארגון וצבע
003 Ex27:09 מדרומיא ווילון לדרתא בוץ שזיר מאה אמין באמתא ארך
004 Ex27:18 ומשחת רומה חמש אמין בוץ שזיר וחומריהון נחש:
005 Ex36:08 ית משכנה עשר יריען בוץ שזיר תכלה וארגוון וצבע
006 Ex38:09 מן דרומה ווילון לדרתה בוץ שזי«ר» מאה אמין באמתה:
007 Ex38:16 דרתה מן חזור חזור בוץ שזיר:
008 Ex39:24 וצבע דזיהורי טבה בוץ שזיר:
009 Ex39:28 דבוץ וית מכנסי בוצה בוץ שזיר:
010 Ex39:28M בוץ וית אברקסין דבוץ בוץ#2#/ שזיר:
011 Ex39:29 וית המיינה בוץ שזיר תכלה וארגוון וצבע
012 דבוץ Ex39:28M בוץ וית אברקסין דבוץ בוץ#2#/ שזיר:
013 Lv16:04 כתנן דבוץ דקדש {ו}<י>לבש ומכנסין
014 Ex28:39 כתנא דבוץ ותעבד מצנפן דבוץ והמיין תעבד עובד צייר:
015 Ex39:28 וית מצנפתה דבוץ וית כליליה קובעיה דבוץ וית
016 Ex39:28 דבוץ וית כליליה קובעיה דבוץ וית מכנסי בוצה בוץ שזיר:
017 Lv 6:03 וילבש כהנא לבושין דבוץ ומכניסין דבוץ ילבש על
018 Gn41:42 ואלבש יתיה {{ל}}לבושין דבוץ ושוי מניכא דדהבא על
019 Ex28:39 ותאחד כתנא דבוץ ותעבד מצנפן דבוץ והמיין
020 Ex28:39M דבוץ /ותשקע כותנוון דבוץ#2#/ ותעבד מצנפן דבוץ והמיין
021 Lv16:04 על בשריה והמיינין דבוץ יאסר ובמצנפן דבוץ יטכס
022 Lv16:04 דקדש {ו}<י>לבש ומכנסין דבוץ יהוון על בשריה והמיינין
023 Lv16:04 דבוץ יאסר ובמצנפן דבוץ יטכס לבושי קדשא אינון
024 Lv 6:03 לבושין דבוץ ומכניסין דבוץ ילבש על בשריה וירים ית
025 Ex28:42 ותעבד להון מכנסין דבוץ למכסיה בשר ערוותהון מן אסר
026 Ex39:27 ועבדו ית כתונה דבוץ עובד גרדיי לאהרן
027 Ex36:08M משכנה עשר יריען בוץ/דבוץ#2#/ שזיר תכלה/ותכ'#2#/
028 ובוץ Ex25:04 וארגוון וצבע זהורי טבא ובוץ ומעזי:
029 Ex35:06 וצבע זיהורי טבא ובוץ {ומעזי שעיר} <שזיר ומעזי>:
030 Ex39:08 וצבע דזיהורי טבא {ובוץ} זרת ובוץ שזיר:
031 Ex26:31 וצבע זיהורי טבא ובוץ שזיר עובד אומן יעבד יתה
032 Ex26:36 וארגון וצבע דזהורי טבא ובוץ שזיר עובד צייר:
033 Ex27:16 וצבע דזהורי טבא ובוץ שזיר עובד צייר עמודיהון
034 Ex28:06 וארגון וצבע זהורי טבא ובוץ שזיר עובד אומן:
035 Ex28:08 וארגון וצבע זהורי טבא ובוץ שזיר:
036 Ex28:15 וארגון וצבע דזהורי טבא ובוץ שזיר תעבד יתיה:
037 Ex35:23 וצבע די זיהורי טבא ובוץ שזיר ומעזי ומשכין דדכרין
038 Ex36:35 וצבע דזיהורי טבא ובוץ שזיר עובד אומן עבד יתה
039 Ex36:37 וצבע דזיהורי טבא ובוץ שזיר עבד צייר:
040 Ex38:18 וצבע דזיהורי טבה ובוץ שזיר ועשרין אמין ארך וקומה
041 Ex39:02 וצבע דזהורי טבא ובוץ שזיר:
042 Ex39:05 וצבע דזהורי טב{ת}א ובוץ שזיר היך מה די פקד ייי ית
043 Ex39:08 דזיהורי טבא {ובוץ} זרת ובוץ שזיר:
044 Ex39:24M /זיה'#2#/ טבה בוץ/ובוץ#2#/ שזיר:
045 ובבוץ Ex35:35 ובצבע זיהורי טב{ת}ה ובבוץ וגרדיי עבדי כל עבידה
046 בוצא s em/sf Ex28:05 צבע זהוריתא טבתא וית בוצא:
047 Ex35:25 צבע זהוריתה טבתה וית בוצא:
048 Lv16:23 זימנה וישלח ית לבושי בוצא די לבש במעלה לגו בית קדשה
049 בוצה Ex39:28 קובעיה דבוץ וית מכנסי בוצה בוץ שזיר:
050 Gn50:01 מליא ומחזקא באבנא בועה בוצה וארגוונא שפיכין תמן חמדנין
051 Lv16:32 אבוי וילבוש ית לבושי בוצה לבושי בית קדשא:
052 Ex39:03 צבע זיהוריתה טבתה ובגו בוצה עובד אומן:
053 דבו' Gn50:01M ומרגלין ומחזקין באבנ' דבו' וארגוונה תמן שפכן חמד נ''
054 דבוצה Ex39:28M וית מכנסי בוצה בוץ /דבוצה/ וית תושבחה עבד קובעיה
055 Ex28:04M והמיין /וכיתנתה דבוצה מצנפת' והימנה#2#/
056 Ex39:27M עובד /כותנו{נ}תה דבוצה עבד#2#/ גרדיי לאהרן
057 ובוצה Ex35:35M /זיהוריתה טבתה ובוצה#2#/ וגרדיי עבדי כל עבידה
058 ובבוצה Ex38:23 ובצבע זהוריתה טבתה ובבוצה:

## בוצין *n.* lamp [88]

|  |  |  |  |  |
|---|---|---|---|---|
| 001 | בוצין | s ab/cn | Ex27:20M | למסדרה בוצינין/בוצין#2#/ בתדירה: |
| 002 | בוצינ׳ | s em/sf | Ex25:37M | למנהרא מן כל קבל /בוצינ׳ וייהוון מנהרין |
| 003 | בוצינא | | Ex37:23 | ועבד ית בוצינא שבעה ומלקטה ומחתיתה דהב |
| 004 | בוצינה | | Ex40:04M | ותסדר ית בוציניה/בוצינה#2#/: |
| 005 | | | Nu 4:09 | ית מנרתה דאנהרותה וית בוצינה וית מלקט{ט}ה וית |
| 006 | | | Ex39:37M | וית בוציניה בוציניה/<בו>צינה#2#/ דאנהורתא/מדבחה#2# |
| 007 | בוציניה | | Nu 4:09M | דאנהרותה וית בוצינה/<בוצי>ניה#2#/ וית מלקט{ט}ה |
| 008 | בוצינין | p abs | Ex27:20 | כתיש לאנהרותה למסדרה בוצינין בתדירה: |
| 009 | | | Lv24:02M | למסדרה בוציניה/בוצינין#2#/ בתדירה: |
| 010 | בוציניה | p em/sf | Ex40:04 | ית מנרתה ותסדר ית בוציניה: |
| 011 | | | Ex39:37 | ית מנרתה דכיתה וית בוציניה בוציניה דאנהורתא וית כל |
| 012 | | | Lv24:02 | כתיש לאנהורותא למסדרה בוציניה בתדירה: |
| 013 | | | Ex39:37 | דכיתה וית בוציניה בוציניה דאנהורתא וית כל מניה וית |
| 014 | | | Nu 8:03 | לקבל אפיה מנרתה סדר בוציניה היך מה די פקד ייי את |
| 015 | | | Ex25:37 | בוציניה שבעה ותסדר ית בוציניה למנהרא מן כל קבל אפיה: |
| 016 | | | Ex25:37 | ותעבד ית בוציניה שבעה ותסדר ית בוציניה |
| 017 | בוצינייה | | Nu 8:02 | מנרתה ינהרון שבעתי בוצינייה: |
| 018 | | | Ex30:08 | ובסדרות אהרן ית בוציניי«ה» ביני שמשתה {ית} יסדר |
| 019 | | | Ex40:24M | ושוי ית מנרתה/בוצינייה#2#/ במשכן זימנא לקבל |
| 020 | | | Ex35:14 | ^^וית מנייה וית בוצינייה וית משחה דאנהרותה^^: |
| 021 | | | Nu 8:02 | ותימר ליה בסדרותך ית בוצינייה לקבל אפ«י»ה מנרתה |
| 022 | | | Ex40:25 | ואעל בוצינייה קדם ייי היך מה דפקד ייי |
| 023 | | | Lv24:04 | על מנרתה דכיתה יסדר ית בוצינייה ^קדם ייי#2#^ בתדירה: |
| 024 | בוציניתה | | Ex30:07 | צפר וצפר בסדרותה ית בוציניתה יסדר יתיה אהרן: |

## בור *vb.* to be fallow [88]

|  |  |  |  |  |
|---|---|---|---|---|
| 001 | תבור | peal | Gn47:19 | ונחי ולא נמות וארעא לא תבור: |

## בוש *n.* sickness [88]

|  |  |  |  |  |
|---|---|---|---|---|
| 001 | בושין | p abs | Dt28:61 | לחוד כל בושין וכל מכתשין די לא כתיבין |
| 002 | ובושין | | Dt28:59 | מחוון בישן והיימנין ובושין בישין והיימנין: |
| 003 | | | Dt28:59M | מחן רברבן וקשיטן ובושין בישין וקשיטין |

## בות *vb.* to spend the night [88]

|  |  |  |  |  |
|---|---|---|---|---|
| 001 | ובת | peal | Gn28:11 | וצלי באתרא ובת תמן ארום טמעת ליה שמשא תמן |
| 002 | | | Gn28:11M | וערע בית מקדש׳ ובת תמן ארום טמע שמשה ונסיב |
| 003 | אבית | afel | Gn32:22 | ועברת דורון קדמוי והוא אבית בליליא ההוא במשריתא: |
| 004 | אביתו | | Nu22:08 | ואמר להון אביתו הכה יומא הדין ולליליא |
| 005 | יבית | | Lv19:13M | ולא תגזלון יתהון ולא יבית |
| 006 | | | Lv19:13 | ית חברך ולא תגזול לא יבית אגרה דאגירה עמך עד צפרא: |
| 007 | | | Ex34:25 | חמיע אדם נכסת קדשיי ולא יבית בצפרא נכסת חגא דפסחא: |
| 008 | | | Ex23:18 | חמיע אדם נכסת קדשי ולא יבית מן חלבי חגי עד צפרא: |
| 009 | | | Dt16:04 | שובעה יומין ולא יבית מן בשרא מה די תכסון בלילי |
| 010 | נבית | | Gn19:02 | לא ארום ברחובא דקרתא נבית: |
| 011 | | | Gn19:02M | נבית /בפלטיות קרתא נבית#2#/: |
| 012 | תבית | | Lv19:13M | ולא תגזול לא יבית/תבית#2#/ אגרה דאגירה עמך |
| 013 | | | Dt21:23 | לא תבית נבלתיה על קיסה ארום מקבר |
| 014 | ואבית | | Gn28:11M | וצלי באתרא ובת/ואבית#2#/ תמן ארום טמעת ליה |
| 015 | | | Gn32:14 | ואבית תמן בליליה ההוא ונסב מן |
| 016 | ואביתו | | Gn31:54 | למיכל לחם ואכלו לחם ואביתו בטורא: |
| 017 | | | Gn19:02M | דעבדכון \ואביתון ואסחון/ואביתו וסחון#2#/ רגליכון |
| 018 | | | Gn24:54M | עמי«ה» וביתו/ואביתו#2#/ וקמו בצפרא ואמרו |
| 019 | ואביתון | | Gn19:02 | כען לביתיה דעבדכון ואביתון ואסחון רגליכון ותקדמון |
| 020 | וביתו | | Gn24:54 | וגובריא די עמי«ה» וביתו וקמו בצפרא ואמרו שלחו יתי |
| 021 | למבתה | | Gn24:23M | לנ{ון}<א> למבתה/למ{כונ}<בת>ה#2#/: |
| 022 | | | Gn24:23 | אתר לנ{ון}<א> למבתה: |
| 023 | | | Gn24:25 | כסה סגין עמן ואף אתר למבתה: |
| 024 | למיבתא | | Gn19:08 | פתגם ארום בגין אתון למיבתא בטל שריתי: |

## בות *n.* an unclean bird [88]

|  |  |  |  |  |
|---|---|---|---|---|
| 001 | ובת ביתה | s ab/cn | Dt14:13 | ובת ביתה וית אייבו ודייתה למינה: |
| 002 | וות׳ | | Dt14:13M | ובת ביתה/וות׳#2#/ וית אייבו ודייתה |

## בזה *n.* prey, spoil [92 ביזה]

|  |  |  |  |  |
|---|---|---|---|---|
| 001 | בזה | s ab/cn | Ex15:09 | שבי<ה> רבה ואבוז מנהון בזה רבא אפלג שביתה לעמי עבדי |
| 002 | בזת | | Dt 7:16M | ית \כל נכסי אמייה /בזת בעלי דבביכון#2#/ דייי |
| 003 | ביזת | | Dt20:14 | תבזון לכון ותיכלון ית ביזת בעלי דבביכון דיהב <לכון> |
| 004 | לבזה | | Nu14:03 | נשינן וטפלינן יהוון לבזה הלא טב לן חזרנן למצרים: |
| 005 | | | Nu14:31 | וטפלכון די אמרתון לבזה יהוון ואעיל יתהון ויחכמון |
| 006 | | | Dt 1:39 | וטפליכון די אמרתון לבזה יהוון ובניכון די לא חכמון |
| 007 | לביזה | | Nu24:22 | ארום אן יהווי שלמיה לביזה עד כען אשוריי משבי יתך: |
| 008 | בזתא | s em/sf | Nu31:11 | ונסבו ית כל בזתא וית כל עדיתה: |
| 009 | | | Nu31:12 | ישראל ית שביתה^^ וית בזתא למשריתא במישריה דמואב |
| 010 | בזתה | | Nu31:32 | והוה עדיתה שייר בזתה די בזזו עמא עבדי קרבא ענא |
| 011 | | | Dt13:17M | וית כל ע{ה}<ד>יתה/בזתה#2#/ תכנשון יתה לגו |
| 012 | | | Dt13:17M | ית קרתא וית על עדיתה/בזתה#2#/ גמיר/גמורה#2#/ קדם |
| 013 | ביזתה | | Dt20:14M | בקרתה וכל {עתידה}<עדיתה>/ביזתה#2#/ תבזון לכון |

## בזז *vb.* to despoil [89]

|  |  |  |  |  |
|---|---|---|---|---|
| 001 | בזזו | peal | Nu31:09 | וית כל ממונהון בזזו: |
| 002 | | | Nu31:53 | עבדי קרבה בזזו גבר לנפשיה: |
| 003 | | | Nu31:53M | לנפשיה /עמה דחיל קרבה בזזו גבר חבריה#2#/: |
| 004 | | | Nu31:32 | והוה עדיתה שייר בזתה די בזזו עמא עבדי קרבא ענא שיתין |
| 005 | בזזן | | Dt 3:07 | וקורייתה בזזן לן: |
| 006 | בזזנא | | Dt 2:35M | להוד בעירה בזזנן/<בזז>נא#2#/ לן |
| 007 | בזזנן | | Dt 2:35 | להוד בעירה בזזנן לן {ועתידיהון}<ועדיתיהון> |
| 008 | בזין | | Nu31:32M | בזתה די בזזו/בזי{ו}<ן>#2#/ עמא עבדי/דחיל#2#/ |
| 009 | תבזון | | Dt20:14 | וכל {עתידה}<עדיתה> תבזון לכון ותיכלון ית ביזת |
| 010 | ובזו | | Gn34:29 | טפליהון וית נשיהון שבו ובזו וית כל מה דהווה בגו בייתה: |
| 011 | ובזון | | Gn34:27 | דיעקב עלו על קטיליא ובזון קרתא די סאבו אחתהון: |
| 012 | ובזזו | | Gn34:29M | \שבו ובזו /שבון ובזזו#2#/ וית כל מה דהווה בגו |
| 013 | | | Gn34:27M | עלו על קטיליא ובזון/ובזזו#2#/ קרתא די סאבו/סאיבו |
| 014 | ואבוז | | Ex15:09 | אשבי מנהון שבי<ה> רבה ואבוז מנהון בזה רבא אפלג שביתה |
| 015 | למיבז | | Gn15:11M | דמתילין לעופא מסאבא למיבז נכסיהון דישראל והות |

## בזי *vb.* to expose, to scorn [89]

|  |  |  |  |  |
|---|---|---|---|---|
| 001 | למבזי | peal | Lv18:17M | /^<ערית>הן#2#/^ קריבת /למבזי עריתה קרי#2#/ בשר |
| 002 | בזי | pael | Lv20:21 | מרחקה היא עריתה דאחוי בזי דלא בנין יהוון: |
| 003 | | | Lv20:18M | וית מבוע אדמה אפס/בזי#2#/ והיא בזיית ית מבוע |
| 004 | | | Nu15:31 | ארום פתגמא דייי בזי וית מצוותה אפס משתיציא |
| 005 | | | Lv20:09M | יתקטל אבוי ואמי׳ בזי חובוי יקבל |
| 006 | | | Lv20:17 | בני עמהון עריתה דאחתה בזי חובוי יקבל: |
| 007 | | | Lv20:17M | עמהון ערייתה דחתה בזי#2#/ חובוי יקבל: |
| 008 | | | Lv20:19 | ארום ית קריבת בשריה בזי חוביהון יקבלון: |

| | | | |
|---|---|---|---|
| 009 | | Lv20:20 | חביבתה עריתה דחביבתה בזי חוביהון יקבלון דלא בנין |
| 010 | | Lv20:11M | דאבוי ∧עריתה דאבוי בזי#2#/ מתקטלה יתקטל תריהון |
| 011 | | Dt27:20 | ישמש עם אתת אבוי ארום בזי עריתה דאבוי ויאמרון כל עמה |
| 012 | בזיית | Lv20:18 | וית מבוע אדמה אפס והיא בזיית ית מבוע אדמה וישתיצון |
| 013 | יבזי | Lv20:09M | "יזלזל ... אדמיה ביה": יבזי ית אבוי וית אימה מתקטלה |
| 014 | | Dt23:01 | גבר ית אתתה דאבוי ולא יבזי כנף עריתה דאבוי: |
| 015 | ת' | Lv18:10M | ברתה דבר{ים}<תך> לא ת'#2#/ עררייתהון ארום עררייתך |
| 016 | תבזה | Lv18:10 | דברך או ברת ברתך לא תבזה עריתהון ארום עררייתך |
| 017 | | Lv18:15 | תבזי אתתה דברך היא לא תבזה עריתה: |
| 018 | תבזון | Ex22:27 | בני ישראל דייניכון לא תבזון ורבה דבעמכון לא תלוטון: |
| 019 | תבזי | Lv18:13 | עריתה דאחתה דאמך לא תבזי ארום קריב' בשרה דאמך היא: |
| 020 | | Lv20:19 | דאמך ואחתה דאבוך לא תבזי ארום ית קריבת בשריה בזי |
| 021 | | Lv18:15 | עריתה דכלתך לא תבזי אתתה דברך היא לא תבזה |
| 022 | | Lv18:14 | עריתה דאחוי דאבוך לא תבזי ולאתתה לא תקרב חביבתך היא: |
| 023 | | Lv18:17 | ערותה דאתתה וברתה לא תבזי ית ברת ברה וית ברת ברתה לא |
| 024 | | Lv18:08 | עריתה דאתתה דאבוך לא תבזי עירתה דאבוך הוא: |
| 025 | | Lv18:09 | אמך מן גבר אוחרן לא תבזי עררייתהון: |
| 026 | | Lv18:07M | היא לא \תיגלי עיריתה /תבזי עריתה#2#/ דאבוך הוא: |
| 027 | | Lv18:11 | אבו«ך» אחתך היא לא תבזי עריתה: |
| 028 | | Lv18:16 | ערות דאתתה דאחוך לא תבזי עריתה דאחוך היא: |
| 029 | | Lv18:12 | עריתה דאחתה דאבוך לא תבזי קריבת בשרה דאבוך היא: |
| 030 | תיבזי | Lv18:07 | דאבוך ועריתה דאמך לא תיבזי אמך היא לא תיגלי עיריתה |
| 031 | דמבזי | Dt27:16M | ויאמרון כל עמא אמן /דמבזי אבוי ואמה ויענון כל עמא |
| 032 | | Ex21:15M | ומן דימחי^דמוח^#2#/^דמבזי#2#/ לאבוי ולאמה |
| 033 | ובזי | Gn25:34 | ואכל ושתה וקם ואזל ליה ובזי עשו ית בכורותיה ועל תחיית |
| 034 | | Lv24:15M | אלהיה ויקבל ובזי <יפריש> |
| 035 | | Lv24:11M | וחרף ואייתון /מפרשה ובזי ואיית#2#/ יתיה לוות משה |
| 036 | ובזיית | Gn16:05M | ובזית ארום עברת ובזיית איקרי באפה וכדו אתגלי |
| 037 | | Gn16:04M | איקרה דריבוניתיה /ובזיית ריבונתה#2#/ באפה: |
| 038 | ובזית | Gn16:05M | ובזית ארום עברת ובזיית איקרי |
| 039 | ויבזי | Lv20:17M | או ברתה דאמה ויחמי/ויבזי#2#/ ית עריתה והיא תחמי |
| 040 | | Lv20:18 | די ישמש עם אתה דוה ויבזי ית עריתה וית מבוע אדמה |
| 041 | ודמבזה | Lv24:16M | "ומן די ... מתקטלה": ודמבזה שם מימריה דייי מתקף |
| 042 | למבזיה | Lv18:18M | ל{ך}<ה> למגליי«ה»/למבזיה#2#/ עררייתה עליה |
| 043 | | Lv18:19M | בריחוק נדתה לא תקרוב למבזיה עררייתה |
| 044 | למבזייה | Lv18:06M | לא תקרבון למגלייה/למבזייה#2#/ ערייה כדן אמר |
| 045 | ואתבזי etpaal | Gn 9:21M | במצע משכניה דסוראי ואתבזי במ' מש' |
| 046 | ויתבזי | Dt25:03 | יתיה על אלין מחה רבה ויתבזי אחוך קדמיך: |

## בזידנו adv. intentionally [89]

| | | | |
|---|---|---|---|
| 001 | בזידנו | Lv24:12 | במקושה דחלל שובתה בזידנו ובמחרפה דפרש שמיה קדישה |
| 002 | בזדנו | Nu27:05 | במקושה דחליל שבתה בזדנו ובמחרף דפרש שמה קדישה |
| 003 | בזידינו | Dt18:22 | פתגמא די לא מלל יתיה בזידינו מליל יתיה נבייא לא |
| 004 | בזידנו | Dt17:12 | וגוברא די יעבד בזידנו דלא למשמע למלוי דכהנא |
| 005 | | Lv24:12M | ובמקושה דחליל שובתה בזידנו הוה משה מתין{י}ן מן בגלל |
| 006 | | Nu 9:08M | דחלל ש«ו»בתה בזידנו הווה <משה> |
| 007 | | Nu 9:08 | ממון במקושה דחלל שבתה בזידנו ובמחרפה דפרש שמה קדישה |
| 008 | | Nu15:34 | דחלל ש«ו»בתה בזידנו ובמחרפה דפרש שמה קדישה |
| 009 | | Nu15:34M | במקושה דחלל שובתה בזידנו וב<מ>חרפה דחרף שמא קדישא |
| 010 | | Dt15:09M | דחטי בתר לבכון זידנה/בזידנה#2#/ למימר קרבת שתה |

## בזיון n. disgrace [89]

| | | | |
|---|---|---|---|
| 001 | בזיון s ab/cn | Gn34:14 | די ליה <עורלה> ארום בזיון הוא לן: |
| 002 | לביזיון | Gn38:23 | תסב לה דלא נהווי לביזיון הא שלחית גדייה הדין והא |

## בזיז n. censer(?) [!! cf. 89 בזיך]

| | | | |
|---|---|---|---|
| 001 | ובזיזוי p em/sf | Ex25:29M | ותעבד פילוותה ובזיכוי/ובזיזוי#2#/ וקשותה ומנקותה די |

## בזיך n. censer [89]

| | | | |
|---|---|---|---|
| 001 | בזיך s ab/cn | Nu 7:20M | בזך/בזיך#2#/ חדה מתקליה עשר סלעין |
| 002 | | Nu 7:32M | בזך/בזיך#2#/ חדה מתקליה עשר סלעין |
| 003 | בזך | Nu 7:14 | בזך חדה מתקליה עשר סלעין דכסף |
| 004 | | Nu 7:20 | בזך חדה מתקליה עשר סלעין דכסף |
| 005 | | Nu 7:26 | בזך חדה מתקליה עשר סלעין דכסף |
| 006 | | Nu 7:32 | בזך חדה מתקליה עשר סלעין דכסף |
| 007 | | Nu 7:38 | בזך חדה מתקליה עשר סלעין דכסף |
| 008 | | Nu 7:44 | בזך חדה מתקליה עשר סלעין דכסף |
| 009 | | Nu 7:50 | בזך חדה מתקל«י»ה עשר סלעין |
| 010 | | Nu 7:56 | בזך חדה מתקליה עשר סלעין דכסף |
| 011 | | Nu 7:62 | בזך חדה מתקליה עשר סלעין דכסף |
| 012 | | Nu 7:68 | בזך חדה מתקליה עשר סלעין דכסף |
| 013 | | Nu 7:74 | בזך חדה מתקליה עשר סלעין דכסף |
| 014 | | Nu 7:80 | בזך חדה מתקליה עשר סלעין דכסף |
| 015 | בזיכה s em/sf | Nu 7:86 | קטרה מן עשרה עשרה בזיכה בסלעי בית קודשה כל דהבין |
| 016 | | Nu 7:86M | דהבין/דהבה#2#/ דבזיכיה/בזיכה#2#/ מאה ועשרין \ |
| 017 | בזיכין p abs | Nu 7:86 | בזיכין דדהב תרתין עשרי מליין |
| 018 | | Nu 7:84 | מזרקין דכסף תרין עשר בזיכין דכסף תרתי עשרי: |
| 019 | בזיקין | Nu 7:86M | בזיכין/בזיקין#2#/ דדהב תרתין עשרי |
| 020 | בזיכוי p em/sf | Ex37:16M | וית בזיקי^בזיקוי#2#/^בזיכוי#2#/ וית מנקיתא |
| 021 | | Ex38:03M | דדוויתהא#2#/ וית מגרופתיה/בזיכוי וית מגרופוי#2#/ וית |
| 022 | | Nu 4:07M | בזכיה/פיילוותה וית בזיכוי#2#/ וית מנקיתה וית קשוות |
| 023 | בזיקוי | Ex37:16M | וית בזיקי^בזיקוי#2#/^בזיכוי#2#/ וית מנקיתא |
| 024 | בזיקי | Ex37:16 | על פתרה ית פילוותא וית בזיקי וית מנקיתא וית קשוותא די |
| 025 | בזכיה | Nu 4:07 | עלוי ית פיאלוותה וית בזכיה וית מנקיתה וית קשוות |
| 026 | דבזיכיה | Nu 7:86 | בית קודשה כל דהבין דבזיכיה מאה ועשרין: |
| 027 | ובזיכוי | Ex25:29 | ותעבד פילוותה ובזיכוי וקשותה ומנקותה די ישתמש |

## בזמן prep. at the time of [90]

| | | | |
|---|---|---|---|
| 001 | בזמן | Gn48:07M | דארעא למיתא לאפרתה /בזמן אסון בכרת ארעא למיעול |
| 002 | | Ex19:01 | בירחא תליתיא בזמן אפיקתהון דבני ישראל |
| 003 | | Lv23:43 | מטלין אשרית בני ישראל בזמן אפקותהון פריקין מן ארעא |
| 004 | | Nu 1:01 | לירחא תנינא בשתא תניינא בזמן אפקותהון דבני ישראל |
| 005 | | Nu 9:01 | דסיני בשתה תנינתא בזמן אפקותהון דבני ישראל פריקן |
| 006 | | Nu33:38 | תמן בסוף ארבעין שנין בזמן אפקותהון דבני ישראל |
| 007 | | Dt16:06 | פסחא ברמשא במטמעי שמשא בזמן אפקותהון פריקין מן מצרים: |
| 008 | | Ex12:42 | הוא לפורקן לשמה דייי בזמן אפקותיהון דבני ישראל |
| 009 | | Ex16:01M | לירחא תנינא לאפקותהון/בזמן אפקותיהון#2# |
| 010 | | Dt23:05 | בלחמא ובמיא באורחא בזמן אפקותכון פריקין מן מצרים |
| 011 | | Dt24:09 | אלהכון למרים באורחא בזמן אפקותכון פריקין מן מצרים: |
| 012 | | Dt25:17 | לכון דבית עמלק באורחא בזמן אפקותכון פריקין מן מצרים: |
| 013 | | Nu29:39M | אליין תקרבון קדם ייי בזמן חגי מועדי' |
| 014 | | Dt16:14M | בזמני מועדיכון /אתון בזמן חגי מועדיכון#2#/ אתון |
| 015 | | Gn 7:13 | בזמן יומא הדין על נח ושם וח' |
| 016 | | Gn17:23 | וגזר ית בשר ערלתהון בזמן יומא הדין היך מה דימליל |

|  |  |  |  |  |  |
|---|---|---|---|---|---|
| 017 | | Gn17:26 | | בזמן | יומא דין גזר אברהם בשר |
| 018 | | Ex12:17 | ותשרון ית פסיראה ארום | בזמן | יומא הדין אפקית ית חיילתכון |
| 019 | | Dt32:48 | ומלל ייי עם משה | בזמן | יומא הדין למימר: |
| 020 | | Ex13:04 | הדין אתון נפקין פריקין | בזמן | ירחא דאביבא: |
| 021 | | Ex23:15 | היך מה דפקדת יתכון | בזמן | ירחא דאביבא ארום בה נפקתון |
| 022 | | Ex34:18 | היך מה דפקדת יתכון | בזמן | ירחא {דאברכה} <דאביבה> |
| 023 | | Dt16:01 | קדם ייי אלהכון ארום | בזמן | ירחה דאביבא אפיק יתכון ייי |

See also: *prep.* ב־

## בזמן ד־ *conj.* when [89]

|  |  |  |  |  |  |
|---|---|---|---|---|---|
| 001 | בזמן | Nu28:26 | מנחה מן חדתה קדם ייי | בזמן | {ב}<ד>חגי שבועיכון יום טב |
| 002 | | Dt 4:10M | דחורב בזמנה /בחורב | בזמן#2#/ | דאמר ייי לי אמר משה |
| 003 | | Dt32:33M | לחמתהון דתניניה | בזמנה/<בז>מן#2#/ | דאנון שתיין |
| 004 | | Gn35:17M | והוה \כדי אתקשיית | /בזמן | דאת#2#/ במילדה ואמרת לה |
| 005 | | Lv19:16M | ולא תשתוק אדמה דחברך | בזמן | דאת ידע בה קשיט בדינה |
| 006 | | Lv24:16M | "... בגידופין" | בזמן | דהוא מחרף שמה בגדפין |
| 007 | | Gn19:29M | והוה \כד שיציא ייי | /בזמן | דחבל מימריה דייי#2#/ ית |
| 008 | | Gn16:16M | ושת שנין הווה | בזמנה/בזמן#2#/ | די ילידת הגר ית |
| 009 | | Gn17:24M | בר תשעין ותשע שנין | במגזר/בזמן | די גזר#2#/ ליה בשר |
| 010 | | Gn17:25M | שנין במגזר ליה | ית/בזמן | די גזר ית#2#/ בשר |
| 011 | | Gn32:20M | תמללון עם עשו | בזמניה/בזמן#2#/ | די תארעון יתה: |
| 012 | | Ex12:42M | ושבע שנין הוה ישחק | בזמן | די אתק' |
| 013 | | Ex34:29M | והוה \כד נחת משה מן | /בזמן | די נחת מן#2#/ טורא |
| 014 | | Lv22:16M | אשמותהון | בזמן | די יאכולון ית קדשיהון |
| 015 | | Nu35:21M | קטולה \בזמנה די יארע | /בזמן | די יארע#2#/ יתיה: |
| 016 | | Dt11:04M | דסוף על אפיהון | בזמנה/בזמן#2#/ | די רדפו \מן#2#/ |
| 017 | | Dt15:18M | /יבעש#2#/ באפך | בזמנה/בזמן#2#/ | די תשלח יתיה לחירותה |
| 018 | | Dt20:02M | ויהוי \כד תקרבון | /בזמן | די תקרבון#2#/ לסדרי קרבא |
| 019 | | Dt27:03M | הדה/הדין#2#/ | במעברכון/בזמן | די תעברון ית |
| 020 | | Dt27:04M | \במעברכון ית ירדנה | /בזמן | די תעברון ית יורדנה#2#/ |
| 021 | | Dt25:19M | ויהווי \בזמנה די יניח | /בזמן | דיניח#2#/ ייי אלהכון |
| 022 | | Lv18:28M | /^בסוא'#2#/^ יתה | /בזמן | דיתסתאבון#2#/ היך מה די |
| 023 | | Nu15:03M | דנדר או לנסיבה או | בזמן | דסדרי |
| 024 | | Gn15:17M | חזויא רברביא חזא אברם | בזמן | דעבר בן פסגייא האיליין |
| 025 | | Gn35:07M | עלוי יקר שכינתיה דייי | בזמן | דערק מן קדם עשו |
| 026 | | Lv 4:22M | כהנא דמתרבי יחטא | /בזמן | דרבה יחוב#2#/ ויעבד חדא |
| 027 | | Ex13:17M | והוה \כד שלח | /בזמן | דשלח#2#/ פרעה ית עמא ולא |
| 028 | | Nu15:19M | ויהוי \כד תיכלון | /בזמן | דת#2#/ מן לחמה |
| 029 | | Ex30:12 | יהווי בהון מותן מחבל | בזמן | דתהוי מני יתהון: |
| 030 | | Ex30:12M | לשמה דייי \כד תהוי | /בזמן | דתיהוי#2#/ מני יתהון |
| 031 | | Dt15:10M | יהיב לה /באפיכון | בזמן | דתתנון לה#2#/ ארום |
| 032 | | Gn19:29M | מן גוא הפכתא | כדי/^כד#2#^/בזמן#2#/ | הפך ית קרייתא די |
| 033 | בזמנא | Gn21:02M | יתה ייי /ביר לסבותא | בזמנא | די מלל עימיה ממריה |
| 034 | בזמנה | Gn12:04 | בר שבעין וחמש שנין הוה | בזמנה | די נפק מחרן: |
| 035 | בזימנא | Gn18:01 | לוות אבונן אברהם | בזימנא | די גזר ית בשר ערלתה |
| 036 | בזמנא | Gn25:26 | בר שתין שנין הווה | בזמנא | דאוליד יתהון: |
| 037 | | Ex14:13 | אתעבידו בני ישראל | בזמנא | דהוון קיימין על ימא דסוף |
| 038 | | Gn28:10 | אתעבדו עם אבונן יעקב | בזמנא | די נפק מן באר שבע למיזל |
| 039 | | Dt 4:30M | וארעא/^וארעון#2#^/ | /בזמנא | דייקון יתכון ויארעו#2#/ |
| 040 | | Gn28:10 | אתעבדו עם אבונן יעקב | בזמנא | דנפק מבאר שבע למיזל |
| 041 | בזמנה | Dt 4:10 | אלהכון בטורא דחורב | בזמנה | דאמר ייי לי אמר משה כנש |
| 042 | | Dt32:33 | מדמייא לחמתהון דתניניה | בזמנה | דאנון שתיין ורוגזיהון |
| 043 | | Dt 4:30 | | בזמנה | דאעיק לכון וארעא יתכון כל |
| 044 | | Lv19:16 | על אדם קטולוי דחברך | בזמנה | דאת ידע ליה זכו בדינא אמר |
| 045 | | Nu33:40 | בדרום' בארעא דכנען | בזמנה | דאתון בני ישראל: |
| 046 | | Gn21:05 | ואברהם בר מאה שנין הוה | בזמנה | דאתילד לה ית יצחק בריה: |
| 047 | | Dt34:07 | בר מאה ועשרין שנין | בזמנה | דאתכנש לא כהיין עיינוי |
| 048 | | Gn16:16 | בר תמנין ושת שנין הווה | בזמנה | די ילידת הגר ית |
| 049 | | Gn35:01M | דייי דאתגלי עלך | במערקך/בזמנה | די ערקת#2#/ מן קדם |
| 050 | | Lv15:23M | עלוי \כד יקרוב | /בזמנה | די תקר{י}ב#2#/ בה יהוי |
| 051 | | Nu26:09 | ועל אהרן בעצתה דקרח | בזמנה | די פלגו קדם ייי: |
| 052 | | Nu35:19 | הוא יקטול ית קטולה | בזמנה | די יארע יתיה הוא יקטול |
| 053 | | Nu35:21 | אדמה יקטול ית קטולה | בזמנה | די יארע יתיה: |
| 054 | | Dt 9:04 | לא תאמרון בלבביכון | בזמנה | די ישיצי מימרה דייי |
| 055 | | Dt11:04 | דימה דסוף על אפיהון | בזמנה | די רדפו בתריכון ושיצי |
| 056 | | Dt15:18 | לא יבאש באפך | בזמנה | די תשלח יתיה לחירותה |
| 057 | | Dt25:19 | ויהווי | בזמנה | די יניח ייי אלהכון יתכון |
| 058 | | Nu33:39 | ועשרין ותלת שנין הוה | בזמנה | דמית בהר טורא: |
| 059 | | Nu26:10 | ובלעת יתהון וית קרח | בזמנה | דמיתו עם כנישתה כד תכלת |
| 060 | | Dt 5:28 | דייי ית קל מליכון | בזמנה | דמללתון עמי ואמר מימרה |
| 061 | בזמניה | Gn32:20 | הדין תמללון עם עשו | בזמניה | די תארעון יתה: |
| 062 | ובזמנה | Nu24:23 | אגרהון דצדיקיה | ובזמ{ז}נה | די יגרה מלכותה אלין |

## בזע *vb.* to rend [90]

|  |  |  |  |  |  |
|---|---|---|---|---|---|
| 001 | בזיעין peal | Lv13:45 | ביה לבושי יהוון | בזיעין | היך דמבזעין על אבילה |
| 002 | | Nu20:29M | נחת מן ראש טורא מאנוי | בזיעין | וקטמה בראשה והווה בכי |
| 003 | בזעו pael | Nu14:06 | יפונה מן יללייה דארעא | בזעו | לבושיהון: |
| 004 | יבזע | Lv21:10 | לא יכסה ולבושו לא | יבזע: | |
| 005 | תבזעון | Lv10:06 | ולבושי{כ}«ה»ון לא | תבזעון | דלא תמותון ועל כל עם |
| 006 | דמבזעין | Lv13:45 | יהוון בזיעין היך | דמבזעין | על אבילה וראשיה יהווי |
| 007 | ובזע | Gn37:34 | | ובזע | יעקב לבושוי ושוי שקא |
| 008 | | Gn37:29 | והא לית יוסף בגו גובא | ובזע | ית לבושוי: |
| 009 | | Ex14:16 | וארכן ית ידך על ימא | ובזע | יתיה ויעלון בני ישראל בגו |
| 010 | | Lv13:56M | /די חוורר#2#/ יתיה | ויבזע/ובזע#2#/ | יתיה מן לבושה |
| 011 | ובזעו | Gn44:19 | דנפקין שערתיה מלביה | ובזעו | לבושיה בההיא שעתא ואתבהל |
| 012 | | Gn44:13 | | ובזעו | לבושיהון ושוון גבר על |
| 013 | ויבזע | Lv13:56 | מן בתר דחור יתיה | ויבזע | יתיה מן לבושיה או מן משך |
| 014 | אתבזע etpaal | Dt 1:01 | קיימין על ימא דסוף | אתבזע | קדמיכון ימא ואתעבד |
| 015 | אתבזעו | Gn 7:11 | היך זמן יומא הדין | אתבזעו | כל מבועי תהומא רבה וכווי |
| 016 | יתבזע | Ex28:32 | סירה יהווי ליה <לא> | יתבזע: | |
| 017 | | Ex39:23 | לפמה מן חזור חזור ולא | יתבזע: | |
| 018 | ואתבזעו | Ex14:21 | ית ימא ליבש{ב}תא | ואתבזעו | מיא: |
| 019 | ואתבזעת | Nu16:31M | האיליין | ואתפתחת/ואתבזעת#2#/ | ארעא די/דאית#2#/ |

## [בזר] *vb.* to prune (error?) [!!]

|  |  |  |  |  |  |
|---|---|---|---|---|---|
| 001 | תבזרון peal | Lv25:04M | לא | תזבורון/תבזרון#2#^/תקטפון#2#/: | |
| 002 | יתבזר etpeel | Nu 6:03M | \לא ישתי חלד חמר | /יתבזר | חמר דחמר#2#/ חדת |

## בחיר *adj.* chosen [90]

|  |  |  |  |  |  |
|---|---|---|---|---|---|
| 001 | בחיר s em/sf | Nu28:07 | יתנסך ניסוך חמר | בחיר | לשמה דייי: |
| 002 | | Ex30:23 | קטרן בסימנין טבין מר | בחיר | תקל חמש מאה סלעין וקנמון |

## בחר *vb.* to choose [90]

|  |  |  |  |  |  |
|---|---|---|---|---|---|
| 001 | בחור peal | Ex17:09M | ואמר משה ליהושע | בחר/בחור#2#/ | לן גברין גיברין |
| 002 | בחר | Ex17:09 | ואמר משה ליהושע | בחר | לן גברין גיברין ופוק וסדר |
| 003 | | Dt12:14 | די יתרעי ממרא דייי | בחר | מן שבטיכון תמן תקרבון |

|  |  |  |  |  |  |  |
|---|---|---|---|---|---|---|
| 004 | בחרו | | Gn 6:02 | {א}נשי' מן כל מה די | בחרו: | |
| 005 | ובחר | | Ex18:25 | | ובחר | משה גברין גברי חיל מן כל |
| 006 | | | Dt10:15 | דייי למרחמ«ו»ה יתהון | ובחר | בבניהון מן בתרהון בכון מן |
| 007 | | | Dt 4:37M | \ויתרעי בבניהון | /ובחר | בזרעיית בנוי#2#/ |
| 008 | | | Gn13:11 | | ובחר | ליה לוט ית כל מישר ירדנ' |
| 009 | ותבחרון | | Dt30:19 | ית ברכתה וית לווטייה | ותבחרון | באורחה דחיי מן בגלל |
| 010 | למבחר | | Dt 4:34 | די עבד ייי למיעול | למבחר | ליה אומה מגו אומה בניסן |
| 011 | איתבחר | etpeel | Lv22:27M | מן עדרי ענינן תורה | איתבחר | קדמי בגין למדכרה סבייה |
| 012 | אתבחר | | Lv22:27 | ליצחק ומן בתר כדן | אתבחר | אימרא בגין למדכרא זכותא |
| 013 | | | Lv22:27 | אבונן ומן בתר כדין | אתבחר | גדייה בר עזייה בגין |
| 014 | | | Lv22:27 | יתכפר על חטאינן תורה | אתבחר | קדמי בגין למדכרה קדמיי |
| 015 | | | Lv22:27M | שרה ילדת ליצחק אמרה | אתבחר | תניין בגין למדכרה זכותה |
| 016 | ית' | | Lv22:27M | על חטאינן תורה | אתבחר/ית'#2#/ | קדמי בגין למדכרה |
| 017 | ואיתבחר | | Gn14:14M | צבו למהלכה עימיה | ואיתבחר | מניהון אליעזר |

### בטומרה *adv.* **in secret** [91]

|  |  |  |  |  |  |  |
|---|---|---|---|---|---|---|
| 001 | בטומרא | | Nu12:08M | /בחיזוו ולא | בטומרא#2#/ | ודמו מן קדם ייי הוה |
| 002 | | | Dt27:15M | בר נש ודי לא ישווי | בטומרא | מל{י}<ו>טייה |
| 003 | בטומרה | | Dt28:57 | יתהון בחסרון כל מדעם | בטומרה | בצער ובצוקה די יעיקון |
| 004 | | | Dt27:15M | ברנש ודי ישווי | בטומרה | הוון עניין כל עמא אליין |
| 005 | | | Dt27:24 | גברא די יקטל לחבריה | בטומרה | ויאמרון כל עמה אמן^^: |
| 006 | | | Dt13:07 | רחמך דחביב עליך כנפשך | בטומרה | למימר ניזיל ונפלח כען |
| 007 | בטמרה | | Dt27:15 | אומן ולא ישווי יתיה | בטמרה | ומלווטייה הוון הפכין |
| 008 | | | Dt27:15 | ידי אומן וישוי יתיה | בטמרה | ועניין כל עמא כחדה ואמרין |

### בטי *n.* ⇐ אבטי

### בטיח *n.* **melon** [91]

|  |  |  |  |  |  |  |
|---|---|---|---|---|---|---|
| 001 | בטיחיה | p em/sf | Nu11:05 | מגן ית קישואיה וית | בטיחיה | וית כרתיה וית בצליה וית |

### בטיל *adj.* **useless, idle** [91]

|  |  |  |  |  |  |  |
|---|---|---|---|---|---|---|
| 001 | בטילין | p abs | Ex 5:08 | לא תמנעון מנהון ארום | בטילין | אינון בגין כדן אינון |
| 002 | | | Ex 5:17 | ואמר | בטילין | אתון בטילין בגין כדון |
| 003 | | | Ex 5:17 | ואמר בטילין אתון | בטילין | בגין כדון אתון אמרין |

### בטל *vb.* **to be invalid** [91]

|  |  |  |  |  |  |  |
|---|---|---|---|---|---|---|
| 001 | בטלון | peal | Nu 6:12 | לאשמה ויומין קדמיין | בטלון | ארום יסתאב כליל נזירותיה: |
| 002 | בטלן | | Dt32:01 | מייתין עמה וגזירתהון | בטלן | ברם ^הא#2#^ אנה מסהד בהון |
| 003 | בטל | pael | Nu30:06 | ואין | בטל | אבוה יתה ביומא דשמע כל |
| 004 | | | Nu30:06 | ייי ישתבק לה ארום | בטל | אבוה יתה: |
| 005 | | | Nu30:12 | וישמע בעלה וישתוק לה לא | בטל | יתה ויקומון כל נדרה וכל |
| 006 | | | Nu30:13 | נפשה לא יקום בעלה | בטל{ת} | יתהון ומן קדם ייי ישתבק |
| 007 | אבטל | | Dt32:26 | אמרת בממרי אשיצי יתהון | אבטל | מן בני אנשא דכרנהון: |
| 008 | יבטל | | Nu30:09 | ביומא די ישמע בעלה | יבטל | יתה ויבטל ית נדרה דעלה וית |
| 009 | | | Nu30:13 | ואין מבטלה | יבטל | יתהון בעלה ביומא די ישמע |
| 010 | | | Nu30:14 | בעלה יקיים יתהון ובעלה | יבטל | יתהון: |
| 011 | | | Nu30:16 | ואין מבטלא | יבטל | יתהון בעלה מן בתר די ישמע |
| 012 | | | Nu30:03 | קיים לשמא דייי לא | יבטל | פתגמיה כל די יפוק מן פמה |
| 013 | יבטלון | | Nu 9:12M | /ומצוותה לא | יבטלון | מניה ככל קיימי דפס'#2#/ |
| 014 | תבטלון | | Ex12:46M | לברא ומצוו' לא מניה | תבטלון | ביה#2#/: |
| 015 | | | Ex12:15 | לחוד ביומא קדמאה | תבטלון | חמירא מן בתיכון ארום כל |
| 016 | | | Ex 5:04 | למה כען משה ואהרן | תבטלון | ית עמא מעבידתהון |
| 017 | | | Lv 2:13 | במלח תמלחון ולא | תבטלון | מלח קיים אלהכון מעילוי |
| 018 | מבטלא | | Nu30:16 | ואין | מבטלא | יבטל יתהון בעלה מן בתר די |
| 019 | מבטלה | | Nu30:13 | ואין | מבטלה | יבטל יתהון בעלה ביומא די |
| 020 | ואבטל | | Nu17:20 | אתרעי ביה חוטריה ירטב | ואבטל | מעילווי ית תורע«ו»מהון |
| 021 | | | Lv26:06 | ולית דמניט יתכון | ואבטל | רשותהון דמלכוותה דמתילן |
| 022 | ויבטל | | Nu30:09 | די ישמע בעלה יבטל יתה | ויבטל | ית נדרה דעלה וית פירוש |
| 023 | ותבטלון | | Ex 5:05 | כדן עמה «דארעא» | ותבטלון | יתהון מן פולחניהון: |
| 024 | ומבטלה | | Dt25:10 | בייתה דשלפי סנדלה | ומבטלה | מצוות יבומה: |

### בטלון *n.* **loss of time** [91]

|  |  |  |  |  |  |  |
|---|---|---|---|---|---|---|
| 001 | בטלוניה | s em/sf | Ex21:19 | מן דמחה יתה לחוד אגר | בטלוניה | יתן ואגר אסיא דמאסי |

### ביאור *n.* ⇐ כיאור

### ביבני *n.* **bathhouse** [91]

|  |  |  |  |  |  |  |
|---|---|---|---|---|---|---|
| 001 | מבבינה | s ab/cn | Lv16:29M | נפשתכון ממיכל ומשתיה | מבבינה | וסיכותה ושומת סנדלה |

### ביד *prep.* **by means of** [92]

|  |  |  |  |  |  |  |
|---|---|---|---|---|---|---|
| 001 | ביד | | Ex 4:13 | מן קדמיך ייי שלח כען | ביד | דן דחמי ליה למשתלחא: |
| 002 | בידה | | Gn18:01 | ממלאכי מרומא די ישתלח | בידה | יתיר מן חדה מילה מלאכא |
| 003 | בידוי | | Nu36:13M | /דפקד מימריה דייי | בידוי | דמשה לוות בני ישראל |
| 004 | בידי | | Gn 4:08M | הר' מדבר ועל דהוו | \בידי#2#/ | עובדיי טבין/טביא#2#/ |

### בידין *n.* **conjuring (pl.)** [92]

|  |  |  |  |  |  |  |
|---|---|---|---|---|---|---|
| 001 | בידין | p abs | Lv20:06M | ובר נש די יסתכל בתר | בידין | וגרם ידוע{{למטעי}} |

### ביי *n.* **house** [92]

|  |  |  |  |  |  |  |
|---|---|---|---|---|---|---|
| 001 |ביית | s ab/cn | Dt22:08M | ארום תבנה | בית/ביית#2#/ | חדת ותעבד סייג |
| 002 | | | Ex12:30M | "בית ... מיתין": | ביית | מן מצרים די לא הוה ביה |
| 003 | בית | | Gn15:11M | עצן בישן על | דבית/בית#2#/ | ישראל בזכוותיה |
| 004 | | | Gn15:12M | כדין תהדר מלכוותא לעמא | בית | ישראל |
| 005 | | | Gn49:18 | נפשי דאמרת למיתייה לעמך | בית | ישראל לך לפורקנך סכיית |
| 006 | | | Ex 1:21 | וקנון להון שם טב בגו | בית | ישראל ועבד להון בתים |
| 007 | | | Ex13:22M | ומעתדין ומנהרין קדם | עמא/בית | ישראל#2#/: |
| 008 | | | Ex15:11 | עבד נסין ופלאין לעמך | בית | ישראל: |
| 009 | | | Ex40:38 | בליליא ביה לעיני כל | בית | ישראל בכל מטלניהון: |
| 010 | | | Ex40:38M | כל ליליה חמיין כל | בית#2#/ | ישראל בכל מטלניהון: |
| 011 | | | Lv10:06 | יהוי ריגז ואחיכון כל | בית | ישראל יבכון ית כל יקידתה |
| 012 | | | Nu20:29 | ית אהרן תלתין יומין כל | בית | ישראל: |
| 013 | | | Nu23:23M | /למיתי#2#/ עליכון | ודדבית/בית#2#/ | ישראל אמר בלעם |
| 014 | | | Dt21:08M | יימרון כפר לעמך | \בית#2#/ | ישראל די פרקת ייי ולא |
| 015 | | | Dt32:43 | אומייה שבחו יתיה עמיה | בית | ישראל ארום עולבן ודם |
| 016 | | | Ex17:16 | קיש הוא יסדר קרבא עם | בית | עמלק ויקטול מלכין עם |
| 017 | | | Ex12:03M | אמר לכל | בייתה/בית#2#/: | |
| 018 | | | Gn16:08 | אתייה ולאן את אזלה ואן | בית | את אשכחה כביתיה דאברם |
| 019 | | | Nu30:11M | ואין \בבית דבעלה | /בית | בעלה#2#/ נדרת או קיימת |
| 020 | | | Dt22:21M | ית טליתה מן תרע | בית#2#/ | דאבוה וירגמון יתה עמא |
| 021 | | | Ex12:30 | במצרים ארום לא הוה תמן | בית | די לא הוה תמן מיתין: |
| 022 | | | Gn33:17 | נטל לסכת«ה» ובנה לה | בית | ולבעירה עבד מטלין בגין |
| 023 | | | Dt20:05 | מן הוא דן גברא דבנה | בית | חדת ולא שכליל יתיה |
| 024 | | | Dt22:08 | ארום תבנה | בית | חדת ותעבד סייג לאגרך ולא |

|  |  |  |  |
|---|---|---|---|
| 025 | | Dt 8:15 | במדברה רבה ודחילה ארע בית חיווין שרפין ועקרבין וצהו |
| 026 | | Ex 7:19 | ועל ביציהון ועל כל בית כנישת{א} מימיהון ויהון |
| 027 | | Lv11:36M | עיינוון וגובין בית כנשות דמיי יהוון דכיין |
| 028 | | Lv11:36 | לחוד מבוע וגוב בית כנשת מיין יהווי דכי ומן די |
| 029 | | Ex12:46 | יתאכיל לא תפקון מן בית לחברה ואף לא מן חבורה |
| 030 | | Dt12:09M | לבית מוקדשה דמתקרי בית נייחה ולארעא דישראל |
| 031 | | Ex17:07M | "נסייוניה ... קדם ייי": בית נסיונ' ומצותא על דאתנצון |
| 032 | | Ex20:02 | מן ארעא דמצרים מן בית עבדי: |
| 033 | | Ex26:34 | על ארונה דסהדותה בגו בית{א} קדש קדשיה: |
| 034 | | Gn17:08M | ית \ארעא תותבותך /ארע בית תות#2#/ ית כל ארעא |
| 035 | בבית | Ex 4:24 | והוה באורחא בבית אבתותה וארע יתיה מלא«כא» |
| 036 | | Gn42:27 | שקיה למיתן כסה לחמריה בבית אבתותתה וחמא ית כספא והא |
| 037 | | Lv14:34 | אחסנה ואשוי מכתש צרעה בבית ארעא אחסנתכון: |
| 038 | | Nu30:11 | ואין בבית דבעלה נדרת או קיימת קיים |
| 039 | | Lv14:36M | ולא יסב כל מה דאית בבית#2#/ ומן בתר כדין/כן#2#/ |
| 040 | בדבית | Nu23:21 | לית אנה חמי עבדי שקר בדבית יעקב ולא עבדי פלחן נכריי |
| 041 | | Nu23:23 | אנה חמי נטורי נחשין בדבית יעקב ולא קסמי קסמין |
| 042 | | Nu23:21 | ולא עבדי פלחן נכריי בדבית ישראל מימר ייי אלההון |
| 043 | | Nu23:23 | יעקב ולא קסמי קסמין בדבית ישראל בע{{י}}דנא הדין |
| 044 | | Nu24:20M | ואומייה דאגחו קרבה בדבית ישראל הוו דבית עמלק |
| 045 | דב' | Nu20:29M | תלתין יומין כל בית/דב'#2#/ ישראל: |
| 046 | דבי | Lv13:57 | תוקדון יתיה ית מנה דבי מכתשה: |
| 047 | דבי' | Ex17:16M | שאול בר קיש והוא דבי' עמלק |
| 048 | | Ex17:16M | \עם בית עמלק /לוקבל דבי' עמלק#2#/ ויקטול מלכין עם |
| 049 | דבית | Nu 1:10 | לבנוי דיוסף הוא שבטה דבית אפרים אלישמע בר עמיהוד |
| 050 | | Nu 1:32 | לבנוי דיוסף הוא שבטה דבית אפרים יחוסיהון לזרעייתהון |
| 051 | | Gn49:20 | טוביכון דבית אשר מה תפנוקי מלכייא דבני |
| 052 | | Dt33:25 | הא עמא דבית אשר ברירין היך פרזלה |
| 053 | | Gn49:19 | מן דבית גד יפקון משיריין מטכסן |
| 054 | | Dt 4:43 | וית גרם בגלעדה לשבטה דבית גדי וית דברה בבותנין |
| 055 | | Gn49:16 | מן דבית דן יקום פורקן ודיין כחדא |
| 056 | | Gn49:17 | פירוקא דעתיד למיקם מן דבית דן יתקף יתגאה על כל אמיה |
| 057 | | Dt33:18 | נבייא דייי ואמר חדון דבית זבולן במיפקכון לפרגמטיכון |
| 058 | | Dt33:19 | הא עמא דבית זבולן לטור בית מוקדשא |
| 059 | | Gn49:12M | משיח' דעתיד למיקם מן דבית יהוד' עיינר' ד{ק}<כ>יין |
| 060 | | Gn49:10 | לא פסקין מלכין מין דבית יהודה ואף לא ספרין מלפי |
| 061 | | Gn49:07 | חולקיה דשמעון בגו דבית יעקב ואסגי אחסנתיה דלוי |
| 062 | | Gn50:01M | תמן קיימין שליטין מן דבית יעקב תמן קאים אריה ... |
| 063 | | Ex19:03M | לנשיא דבית יעקב ותתני לגברי דבית |
| 064 | | Nu23:10 | יכיל למימני עולימיהון דבית יעקב דאיתאמר עליהון די |
| 065 | | Nu24:05 | מא יאיין משכניהון דבית יעקב בזכות משכניה דיתיב |
| 066 | | Nu24:05M | הנון בית מדרשייך דבית יעקב ובתי כנשתך דבית |
| 067 | | Nu24:17 | עתיד מלך למקום מן דבית יעקב ופרוק ושליט מן דבית |
| 068 | | Nu24:19 | עתיד מלך למקום מן דבית יעקב וישיצי מן דמתחייב מן |
| 069 | | Dt33:04 | ואחסנה לקהל שבטייה דבית יעקב: |
| 070 | | Dt33:05 | ויקום מלך מן דבית יעקב ככנש ית ראשי עמא |
| 071 | | Dt33:10 | למלפה סדרי דינין בגו דבית יעקב וגזירת אוריתך לקהל |
| 072 | | Gn15:11 | עייצין עצן בישן על דבית ישראל בזכותיה דאברם |
| 073 | | Ex17:11 | זקף ית ידוי בצלו הוון דבית ישראל מתגברין ומנצחין וכד |
| 074 | | Ex19:03M | יעקב ותתני לגברי דבית ישראל |
| 075 | | Lv17:08 | ולהון תימר גבר גבר מן דבית ישראל ומן גיורה די |
| 076 | | Lv17:10 | וגבר גבר מן דבית ישראל ומן גיוריה |
| 077 | | Lv19:11M | עמי בני/דבית#2#/ ישראל לא תהוון גנבין |
| 078 | | Lv22:18 | להון גבר גבר מן דב«י»ת ישראל ומין גיוריה די |
| 079 | | Nu21:01M | סדרי קרבה כל וקבל {ר}<ד>בית ישראל ארום מטון |
| 080 | | Nu21:01M | סדרי קרבה כל וקבל דבית ישראל ונשב{ן}<י> מנהון |
| 081 | | Nu23:07 | יעקב ואתא זעיר לי דבית ישראל: |
| 082 | | Nu24:05M | דבית יעקב ובתי כנשתך דבית ישראל |
| 083 | | Nu24:05 | די חזור חזור לה די דבית ישראל: |
| 084 | | Nu24:17 | יעקב ופרוק ושליט מן דבית ישראל ויקטל תקיפי מואביי |
| 085 | | Dt32:15 | ואכלו דבית ישראל ובעטו ועתרו ופחזו |
| 086 | | Dt32:43M | יתיה \עמיה /עמה דבית#2#/ ישראל ארום עולבן ודם |
| 087 | | Dt33:18 | לפרגמטיכון וחדון דבית ישסכר במייתבכון |
| 088 | | Dt29:07 | דגדי ולפלגות שבטה דבית מנשי: |
| 089 | | Ex17:08M | ואתון רברבני \דבית#2#/ עמלק וסדרו סדרי קרבא |
| 090 | | Ex17:09 | ופוק וסדר סדרי קרבא עם דבית עמלק למחר הא אנה קיים |
| 091 | | Ex17:10 | למסדרא סדרי קרבא עם דבית עמלק ומשה ואהרן וחור |
| 092 | | Ex17:11 | ידוי מן למצלייה הוון דבית עמלק מתגברין ונפלין |
| 093 | | Nu24:20M | קרבה בדבית ישראל הוו דבית עמלק תבר יתהון יהושע בר |
| 094 | | Dt25:17 | ית מה די עבדו לכון דבית עמלק באורחא בזמן אפקותכון |
| 095 | | Dt25:18 | ומשלהיין ולא דחילו דבית עמלק מן קדם ייי: |
| 096 | | Gn50:01M | תמן קיימין גיברין מן דבית עשו תמן קיימין שליטין מן |
| 097 | | Dt29:07 | יתה לאחסנה לשבטה דבית ראובן ולשבטה דבית דגדי |
| 098 | | Dt 4:43 | בארע מישרה לשבטה דבית ראובני וית גרם בגלעדה |
| 099 | | Nu21:30M | דבית חשבון ושלטנו מן דבית דיבון |
| 100 | | Nu21:30M | "מן חשבון ...": <מן> דבית חשבון ושלטנו מן דבית |
| 101 | | Dt29:07 | דבית ראובן ולשבטה דבית דגדי ולפלגות שבטה דבית |
| 102 | | Nu 3:30M | בית אבה דבנוי /ורבה דבית מן זרעייתיה דבנוי#2#/ |
| 103 | | Nu 3:35M | "ורב אבה דזרעייתה": ורבה דבית מן זרע' |
| 104 | דדבית | Nu23:07 | אתא לוט לי ^דדבית#2#^ יעקב ואתא זעיר לי דבית |
| 105 | | Nu24:05 | עתיד מייתייה עליכון דדבית יעקב בזכות |
| 106 | | Nu24:05 | זימנא דשרי ביניכון דדבית יעקב ומשכניהון די |
| 107 | ובית | Gn48:06M | ותולדתך/ובית תולדה#2#/ דאולידת |
| 108 | | Gn16:05 | מסיר בידך שבקית ארעי ובית תלדוותי וביתי' דאבה ואתית |
| 109 | ודבית | Dt25:18 | עננא פלט ית«י»ה ודבית עמלק קטלין יתיה ואתון |
| 110 | ודדבית | Nu23:23 | דעתיד מייתייה עליכון ודדבית ישראל אמר בלעם במתל |
| 111 | ולבית | Gn 1:10 | ממרא דייי ליבשת' ארעא ולבית כנישות מיא קרא יממא וגלי |
| 112 | לבי' | Gn 2:17 | מינה ידע למפרשה בין טב לבי' לא ת«י»כל מינה ארום |
| 113 | לבית | Nu23:23 | בע{{י}}דנא הדין יתאמר לבית יעקב טבתה וניחמתה דעתיד |
| 114 | | Gn43:21 | והוה ארום עלינן לבית אב<ת>ותה ופתחנן ית טעונינן |
| 115 | | Nu28:14M | כהדין/בזמניה#2#/ /לבית חתתותיה בזמנא וכהד#2#/ |
| 116 | לדבית | Ex19:03 | טורא למימר כדין תימר לדבית יעקב ותתני לשבטא דבני |
| 117 | מבית | Lv17:03 | גבר גבר מבית ישראל די יכוס תור אמר או |
| 118 | מדבי' | Gn50:01M | גיברין מדבית יעקב מדבי' ישמאל הוון קיימין אריה |
| 119 | מדבית | Nu24:20M | יתהון יהושע בר נון מדבית אפרים תינין {איגחי} |
| 120 | | Gn49:11 | משיחא דעתיד למיקם מן מדבית יהודה אסר חרציה ונפק |
| 121 | | Gn50:01M | תמן הוו קאמין גיברין מדבית יעקב מדבי' ישמאל הוון |
| 122 | | Gn50:01M | עבין תמן הוון קיימין מדבית עשו תמן הוו קאמין |
| 123 | ביי' | Gn24:31M | ... לגמלייא": ואנה פניית ביי' פניית ית' {לפל} מן תלת |
| 124 | בייתא s em/sf | Gn24:07 | דשמיא די דבר יתי מן בייתא דאבא ומן ארעא תלדוותי ודי |
| 125 | | Ex12:30M | די לא הוה תמן מיתין /בייתא די לא הוה ביה מיתא מן |
| 126 | בייתה | Gn17:23M | "תרבבת ביתה": מרביינ' בייתה |
| 127 | | Gn34:29 | וית כל מה דהווה בגו בייתה: |
| 128 | | Ex12:03 | לבית אבה{ה}תם אמר לכל בייתה: |
| 129 | | Dt24:01 | בידה וישלח יתה מן בייתה: |
| 130 | | Lv14:48 | ית ביתה וידכי כהנא ית בייתה ארום איתאסי מכתשה: |
| 131 | | Dt22:21M | למזנייה בייתיה/<ביי>תה#2#/ דאבוה ותבערון |
| 132 | | Dt22:21 | ויפקון ית רביתה לתרע בייתה דאבוה וירגמון יתה עמא |

|  |  |  |  |  |  |
|---|---|---|---|---|---|
| 133 | | Gn40:23 | וחסדא דלוי יתיה מן | בייתה | דאבוי ואתרחיץ ברב מזוגיה |
| 134 | | Dt25:09 | די לא צבה למיבני ית | בייתה | דאחוי: |
| 135 | | Ex 1:21 | ישראל ועבד להון בתים | בייתה | דמלכותא וביתא דכהונתה |
| 136 | | Dt25:10 | ויתקרי שמיה בישראל | בייתה | דשלפי סנדלה ומבטלה מצוות |
| 137 | | Gn43:26 | ועל יוסף לגו | בייתה | ואייתון לה ית דורון די |
| 138 | | Gn27:15 | רבה משבחיין דהווה בגו | בייתה | ואלבשת ליעקב ברה זעירא: |
| 139 | | Lv14:53M | לוותיה ויכפר כהנא על | בייתה | וידכי |
| 140 | | Lv14:38 | כהנא מן בייתה לתרע | בייתה | ויטרוד ית בייתה שבעה |
| 141 | | Lv14:38 | ויפוק כהנא מן | בייתה | לתרע בייתה ויטרוד ית |
| 142 | | Lv14:38 | לתרע בייתה ויטרוד ית | בייתה | שבעה יומין: |
| 143 | בייתו | Ex 7:23 | וכוין פרעה ועל לגו | בייתו | ולא שוי לביה אף לדא |
| 144 | בייתי | Gn28:12 | מלאכיה דילוון יתיה מן | בייתי | דאבוי סלקון למבשר{י}<א> |
| 145 | | Gn12:01 | תל{{וד}}<דו>ותך ומן | בייתי | דאבוך לארעא די אחוי יתך: |
| 146 | | Lv22:11M | מינה ומרבבייני | בייתי | הנון יאכלון מן מזונה |
| 147 | | Gn41:40 | ממני אפיטרופ«וס» על | בייתי | ועל גזירת פומך יתזנון כל |
| 148 | | Gn44:01 | דהוה ממנא אפיטרופוס על | בייתי | למימר מלי ית טעוניהון |
| 149 | בייתיה | Ex 9:20M | ביתא /נכסוי לגו | בייתיה#2#/: | |
| 150 | | Dt29:16M | הוון יהיבין עמהון לגו | בייתיה | |
| 151 | | Gn43:16 | ממני אפיטרופו«ס» על | בייתיה | אעיל ית גבריא לפלטורין |
| 152 | | Dt24:03 | בידה ויטרוד יתה מן | בייתיה | ארום ימות גברא אחרייה די |
| 153 | | Gn19:26M | למחמי מה יהוי בסוף | בייתיה | דא' |
| 154 | | Dt22:21 | הדה בישראל למזנייה | בייתיה | דאבוה ותבערון עבדי בישתה |
| 155 | | Dt 5:21 | אתתה דחבריה ולא יתחמד | בייתיה | דחבריה לא חקלה ולא עבדה |
| 156 | | Lv27:15 | ואן מן דמקדש יפרוק ית | בייתיה | ויוסף חומש כסף ויהוי |
| 157 | | Gn14:14M | מרביינֵיי | בייתיה | ולא צבו למהלכה עימיה |
| 158 | | Gn29:13 | ונשק יתה ואעיל יתה לגו | בייתיה | ותני ללבן ית כל פתגמ<י>א |
| 159 | | Gn17:27 | <....> בייתיה תרבבת | בייתיה | זבינת כספא מן לוות |
| 160 | | Dt24:10 | כל מה דעם לא תיעול לגו | בייתיה | לממשכנה משכונה: |
| 161 | | Ex12:46M | וגרמא לא תתברון ביה | /בייתיה | מן בשרא לברא ומצור' לא |
| 162 | | Gn44:04 | למן דהוה אפיטרופוס על | בייתיה | קום רדף בתר גבריא ותארע |
| 163 | | Gn17:27 | <....> | בייתיה | תרבבת בייתיה זבינת כספא |
| 164 | בייתיך | Dt21:13 | מן עלווה ותיתב בגו | בייתיך | ותבכי ית אבוה וית אמה ירח |
| 165 | בייתך | Dt22:08 | שפיכות אדם זכיי לגו | בייתך | דלא יפול מן דחמי לה למיפל |
| 166 | | Dt22:02 | יתיה ותעיל יתיה לגו | בייתך | ויהווי עמך עד זמן די יתבע |
| 167 | | Gn31:41 | דנה לי עשרים שנין בגו | בייתך | פלחית קדמך ארבע עשרה שנין |
| 168 | ביתא | Ex 9:20 | וית בעירי«ה» לגו | ביתא: | |
| 169 | | Ex22:06 | למנטרה יתהון ויגנבון מן | ביתא | דגברא אין ישתכח גברא גנבא |
| 170 | | Ex20:17 | לא יתחמד גבר מנכון | ביתא | דחבריה ולא אתתיה דחבריה |
| 171 | | Ex 9:19 | בחקלא ולא יתכנש לגו | ביתא | ויחות עליהון ברדא וימותון: |
| 172 | | Gn24:32 | ועל גברא לגו | ביתא | ושרא ^זממי#2#^ גמליא ויהב |
| 173 | | Gn39:11 | יומא הדין על לגו | ביתא | למחשבה חשבונוי ולא הוה גבר |
| 174 | ביתה | Lv14:36 | ייעול כהנא למיחמי ית | ביתה: | |
| 175 | | Lv14:42 | ועפר אחרן יסב וישוע ית | ביתה: | |
| 176 | | Lv14:52 | וידכי ית | ביתה | באדמה דצפרה ובמיא דמבועא |
| 177 | | Lv14:40M | למברה לקרתה דאיהוא בנה | ביתה | באונס' וטלומא יתרמון לאתר |
| 178 | | Gn20:13 | וממרה דייי דבר יתיה מן | ביתה | דאבה ואמרית לה דן חסדיך די |
| 179 | | Lv25:30 | תשלם לה שנה שלימה ויקום | ביתה | די בקרתה דלה שור לחלטו למן |
| 180 | | Gn44:08 | והיך כדין נגנב מן | ביתה | דרבונך כסף או דהב: |
| 181 | | Lv14:48 | בביתה מן בתר דאתטש ית | ביתה | וידכי כהנא ית בייתה ארום |
| 182 | | Gn17:23 | ברה וית כל תרבבת | ביתה | וית כל זביני כספא כל דכורה |
| 183 | | Gn19:11 | והוון לעין משכחא תרע | ביתה | ולא משכחין תרעא: |
| 184 | | Gn33:17M | ובנה לה \בית ולבעירה | /ביתה | ול<נ>כסוי#2#/ עבד מטלין |
| 185 | | Gn19:03 | וסטון לוותיה ועלו לגו | ביתה | ועבד להון שרו ופטירין אפה |
| 186 | | Lv14:41 | וית | ביתה | יקלף מן לגו מן חזור חזור |

|  |  |  |  |  |  |
|---|---|---|---|---|---|
| 187 | | Lv14:45 | ויפגר ית | ביתה | ית אבנא וית קיסוי וית כל |
| 188 | | Lv14:46 | ומן דייעול לגו | ביתה | כל יומין די יטרוד יתיה |
| 189 | | Gn19:11 | וית גובריא די בתרע | ביתה | מחון בסידוריה מדקיקיהון עד |
| 190 | | Gn24:31 | קיים לברא והא אנא פניית | ביתה | מן פלחנא נכראה ואתר |
| 191 | | Ex 3:22 | מגירתה ומן קריבת תותבת | ביתה | מנין דכסף ומנין דדהב |
| 192 | | Lv27:14 | וגבר ארום יקדש ית | ביתה | קדש לשמה דייי ויעלי יתה |
| 193 | | Lv14:51 | ובמיא דמבועה ויידי על | ביתה | שבעה זמנין: |
| 194 | | Lv14:49 | ויסב למדכי<ה> ית | ביתה | תרתין צפרין וקיס דארז וצבע |
| 195 | ביתי | Ex 8:09 | דמשה ומיתו ערדעניא מן | ביתי | ומן דרי ומן חקליה: |
| 196 | ביתיה | Gn24:40 | אתה לברי מן זרעיתי ומן | ביתיה | דאבא: |
| 197 | | Gn39:05 | דהוה ליה וברך ייי ית | ביתיה | דמצרי«ה» בזכותיה דיוסף |
| 198 | | Lv14:53 | קרתה לאפי ברה ויכפר על | ביתיה | וידכי: |
| 199 | | Lv14:43 | ית אבניה ובתר דקליף ית | ביתיה | ומן באתר דאתטש: |
| 200 | | Gn39:04 | יתיה אפיטרופוס על | ביתיה | ועל מה דליה מסר תחות |
| 201 | | Gn39:05 | דמנא יתיה אפיטרופוס על | ביתיה | ועל כל מה דהוה ליה וברך |
| 202 | | Nu22:18 | אם יתן לי בלק מלא | ביתיה | כסף ודהב לית ^אנה#2#^ |
| 203 | | Nu24:13 | אן יתן לי בלק מלא | ביתיה | כסף ודהב לא אכל למעברה |
| 204 | | Gn19:04 | עמא דסדם אקיפו על | ביתיה | מן עולימיהון ועד סביהון |
| 205 | | Ex12:22 | לא תיפקון גבר מן תרע | ביתיה | עד צפרא: |
| 206 | | Lv14:36 | ויפקד כהנא ויפנון ית | ביתיה | קדם עד לא יעול כהנא למחמי |
| 207 | | Gn14:14 | וזאין ית עלמוי תורבוות | ביתיה | תלת מאה עשר ורדף בתריהון |
| 208 | ביתך | Dt21:12 | ותעל יתה לגו | ביתך | ותספר ית ראשה ותצמי ית |
| 209 | | Gn23:11 | דביה לך אתן יתה לך קבר | ביתך | לקבל יהבית לך קבר מתך |
| 210 | | Gn31:37 | מניי מה אשכחת מן כל מני | ביתך | שוי הכה לקבל אחי ואחיך |
| 211 | בתי | Gn15:03 | לי לא יהבת בנין והא בר | בתי | ירית יתי: |
| 212 | בבי' | Gn34:29M | בגו בייתה /דאית | בבי'#2#/: | |
| 213 | בבייתה | Gn38:11 | ואזלת תמר ויתבת לה | בבייתה | דאבוה: |
| 214 | | Gn24:28 | ורהטת רביתה | בבייתה | דאחוי דרבוני דאמה ותניית |
| 215 | | Gn41:10 | ושוי יתי במטרא | בבייתה | דרב אספקלטוריא יתי וית רב |
| 216 | בבייתיה | Dt24:05M | פתגם זכיי יהווי | בבייתיה | |
| 217 | | Gn38:15 | ארום כסיית אפין הוות | בבייתיה | דיהודה ולא הוה יהודה |
| 218 | | Gn21:07 | אלווי מן ייזיל ותני | בבייתיה | דנחור אחוי דאברהם |
| 219 | | Ex 8:20M | דפרעה ובבתי שליטוי | /בבייתיה | דפרעה ובתיהון |
| 220 | | Gn38:11 | כלתיה תבי ארמלה | בבייתיה | דאבוך עד זמן דיתרבי שלה |
| 221 | | Gn24:27 | באורחא דבר יתי ייי | בבייתיה | דאחוי דרבוני: |
| 222 | | Gn40:07 | דפרעה דעמיה במטרא | בבייתיה | דרבונה למימר מן בגלל מן |
| 223 | | Gn39:05 | בכל מה דהווה ליה | בבייתיה | ובאפיה ברא: |
| 224 | בבייתך | Dt22:08M | זכיי \לגו | בייתך/בבייתך#2#/ | דלא יפול מן דחמי לה |
| 225 | | Nu18:11M | כל דדכי \באינשי ביתך/בבייתך#2#/ | | יאכל יתה: |
| 226 | | Nu18:13M | כל דידכי \באנשי ביתך/בבייתך#2#/ | | יאכל יתיה: |
| 227 | בבית' | Gn27:15M | די הוון גבה | בבית'#2#/ | דהווה בגו בייתה ואלבשת |
| 228 | | Lv14:36 | ולא יסתאב כל מה די | בבית' | ומן בתר כדין ייעול כהנא |
| 229 | בביתא | Gn31:14 | אית לנא חלק ואחסנא | בביתא | דאבונן: |
| 230 | בביתה | Gn39:11 | מן עמיה דביתיה תמן | בביתה: | |
| 231 | | Lv14:35 | למימר כמכתש אתחזי לי | בביתה: | |
| 232 | | Nu30:04 | קדם ייי ותקיים קיים | בביתה | דאבוה ברביותה: |
| 233 | | Nu30:17 | בין אב לברתה ברביותה | בביתה | דאבוה: |
| 234 | | Gn24:23 | את תניין כען לי האית | בביתה | ^דאבוך#2#^ אתר לנ{ון}<א> |
| 235 | | Gn39:09 | לית רב ושליט | בביתה | הדין מני ולא חסך מני כל |
| 236 | | Lv14:47 | לבושוי ומן די יאכול | בביתה | יחוור ית לבושוי: |
| 237 | | Lv14:47 | ומן די ידמוך | בביתה | יחוור ית לבושוי ומן די |
| 238 | | Lv14:43 | ואם יחזור מכתשה ויהלך | בביתה | מן בתר די שמט ית אבניה |
| 239 | | Lv14:48 | והא לא הלך מכתשה | בביתה | מן בתר דאתטש ית ביתה |
| 240 | | Lv14:44 | בביתה צרעה מחלטה היא | בביתה | מסאב הוא: |

|  |  |  |  |  |  |  |
|---|---|---|---|---|---|---|
| 241 | | | Lv14:44 | ויחמי והא הלך מכתשה | בביתה | צרעה מחלטה היא בביתה מסאב |
| 242 | בביתיה | | Gn40:03 | ושווי יתהון במטרא | בביתיה | דרב אספקלטוריה |
| 243 | | | Gn39:02 | טבא והוה רב ושליט | בביתיה | דרבוניה מצרייה: |
| 244 | בביתך | | Ex 7:28 | ארדענין ויסקון ויעלון | בביתך | ובקיטוני מדמכך על עריסתך |
| 245 | | | Ex 7:28M | ויסקן ויעלן | בביתך#2#/ | ובקיטוני מדמכך על |
| 246 | דבייתה | | Lv14:39 | והא הלך מכתשה בכותלי | דבייתה: | |
| 247 | | | Lv14:35M | \מריה דבייתה /דן | דבייתה | דידה#2#/ ויתני לכהנא |
| 248 | | | Lv14:45 | וית קיסוי וית כל עפרא | דבייתה | ויפק לבר מן קרתה לאתר |
| 249 | | | Lv14:35 | וייתי מריה | דבייתה | ויתני לכהנא למימר כמכתש |
| 250 | | | Lv14:37 | והא מכתשה בכותלי | דבייתה | שקען ירקן או סמקן |
| 251 | דבייתי' | | Gn12:17M | /ועל אנשי | דבייתי' | דפרעה#2#/ על עסק שרי |
| 252 | דבייתיה | | Gn19:26 | למחמי מה יהווי בסופה | דבייתיה | דאבוה והא היא קיימא עמוד |
| 253 | דביתא | | Ex12:04 | ואן זעירין אינון עמא | דביתא | כמסת למתמניא על אימר פסחא |
| 254 | | | Ex22:07 | ישתכח גנבא ויקרב מרה | דביתא | לוות דייניא אין לא שלח |
| 255 | דביתה | | Lv25:33 | ליווייה ויפוק זבונה | דביתה | וקרתה לאחסנתה ביובילה |
| 256 | דביתי' | | Gn36:06 | בנתיה וית כל נפשתא | דביתי' | וית ממונה וית כל בעיריה |
| 257 | דביתיה | | Gn24:02 | ואמר אברהם לעבדיה סבא | דביתיה | דתפיס בכל דליה שוי כען |
| 258 | | | Gn39:11 | ולא הוה גבר מן עמיה | דביתיה | תמן בביתה: |
| 259 | דבתיך | | Ex 8:17M | ובעמך ובאנשי | ביתך/דבתיך#2#/ | ית ערברובא/ערובא |
| 260 | ובייתה | | Nu18:01M | עמך תקבלון ית | /ובייתה | דאבוך עמך תסבלון ית#2#/ |
| 261 | ובייתי' | | Gn16:05 | ארעי ובית תלדוותי | ובייתי' | דאבה ואתית יתיה עמך |
| 262 | ובייתיה | | Gn50:08 | דיוסף ואחוי | ובייתיה | דאבוי לחוד טפלהון |
| 263 | וביתא | | Ex 1:21 | בתים בייתה דמלכותא | וביתא | דכהונתה רבתה מרים נסבת |
| 264 | ולביתה | | Lv14:55 | ולצרעתה דלבושה | ולביתה: | |
| 265 | כביתיה | | Gn16:08 | אזלה ואן בית את אשכחה | כביתיה | דאברם ריבונך ואמרת |
| 266 | לב' | | Gn31:30M | /ומתכנשה תתכניש | לב'#2#/ | דאבוך למה ∧כען#2#/ |
| 267 | לביית' | | Gn24:38 | ארום אלהין | לביית' | דאבא תיזל ולוות זרעייתי |
| 268 | לבייתה | | Lv14:46M | לגו ביתה /ודיעול | לבייתה#2#/ | כל יומין די יטרוד יתיה |
| 269 | לבייתיה | | Gn28:02 | קום אזל לפדן ארם | לבייתיה | דבתואל אבוי דאמך וסב לך |
| 270 | | | Gn31:30 | ארום מתחמדה אתחמדת | לבייתיה | דאבוך למה גנבת ית דחלתי: |
| 271 | | | Dt20:05 | {ו}<י>יזיל ויחזור | לבייתיה | דלא ימות בסדרי קרבה וגבר |
| 272 | | | Dt20:06 | פירוי יזיל ויחזור | לבייתיה | דלא ימות בסדרי קרבא וגבר |
| 273 | | | Dt20:07 | נסב יתה יזיל ויחזור | לבייתיה | דלא ימות בסדרי קרבה וגבר |
| 274 | | | Dt20:08M | די בידיה יהך ויחזור | לבייתיה | ולא יגרום לאחוי לתברא |
| 275 | | | Dt20:08 | עבידתיה יזיל ויחזור | לבייתיה | ולא יימסי ויתבר ית לבהון |
| 276 | | | Gn29:13M | לגו בייתיה /ועל | לבייתיה#2#/ | ותני ללבן ית כל |
| 277 | | | Dt24:10M | משכונה/<מש>כניה#2#/ | /לבייתיה | לממשכנה משכונה#2#/: |
| 278 | | | Dt24:05 | ביש זכיי מזמן יהווי | לבייתיה | שתה חדא ויחדי ית אתתיה |
| 279 | לביתה | | Gn20:18 | ייי בעד כל פתחי ילדה | לביתה | דאבימלך על עסק שרה אתתה |
| 280 | | | Nu17:23 | והא אפרח חוטרה דאהרן | לביתה | דלוי ואפק פרחין ואנץ |
| 281 | | | Lv22:13 | ובנין לית לה ותחזור | לביתה | דאבוה כרביותה מן לחמה |
| 282 | | | Gn19:10 | ית לוט לוותהון | לביתה | וית תרעא טרדו: |
| 283 | לביתיה | | Gn39:16 | עד זמן דאתא רבונה | לביתיה: | |
| 284 | | | Gn28:21 | ואחזר בשלם | לביתיה | דאבה ויהווה ייי לי לאלה |
| 285 | | | Gn19:02 | מנכון רבוניי מטון כען | לביתיה | דעבדכון ואביתון ואסחון |
| 286 | מבייתה | | Gn34:26 | דחרב ונסבו ית דינה | מבייתה | דשכם {דשכם} ונפקו: |
| 287 | מבייתיה | | Dt24:01M | וישלח יתה \מן | בייתה/מבייתיה#2#/: | |
| 288 | | | Dt24:02 | ותפוק | מבייתיה | ותזיל ותתנסב לגבר אחרן: |
| 289 | מביתה | | Ex 2:01 | ואזל גברא | מביתה | דלוי ונסב ית ברתא דלוי: |
| 290 | בייתין | p abs | Dt28:30M | בתין תבנון /ישמש עמה | בייתין | דבנין#2#/ ולא תשרון |
| 291 | בתים | | Ex 1:21 | בית ישראל ועבד להון | בתים | בייתה דמלכותא וביתא |
| 292 | בתין | | Ex 1:21M | בתים /דרי ועבדי להון | בתין#2#/ | בייתה דמלכותא |
| 293 | | | Dt28:30 | תארש וגבר אחרן יסב יתה | בתין | תבנון ולא תשרון בגוויהון |
| 294 | ובתין | | Dt 8:12 | דלא תיכלון ותשבעון | ובתין | ט{ו}בין תבנון ותשרון: |
| 295 | | | Dt 6:11 | | ובתין | מליין כל טוב די לא בניתון |
| 296 | בתי | p const | Ex 1:21M | "בייתה": | בתי | כהונתא רב«ת»א בתי |
| 297 | | | Ex 1:21M | בתי כהונתא רב«ת»א | בתי | נביאת' ו{מ}בתי מלכותא |
| 298 | | | Lv25:33 | לאחסנתה ביובילה ארום | בתי | קרוי ליוויי היא |
| 299 | | | Lv25:32 | וקרייה ליווייא | בתי | קריי אחסנתהון פרקון לעלם |
| 300 | ובתי | | Lv25:31 | | ובתי | כופרנייה די לית להון שורין |
| 301 | | | Ex10:06 | ויתמלון בתיך | ובתי | כל שלטונך ובתיהון דכל |
| 302 | | | Ex 1:21M | רב«ת»א בתי נביאת' | ו{מ}בתי | מלכותא |
| 303 | ובבתי | | Ex 7:28 | מדמכך על עריסתך | ובבתי | שלטנך ובעמך ובכל שולטנך |
| 304 | | | Ex 8:20 | תקף בפלטורין דפרעה | ובבתי | שליטוי ובכל ארעא דמצרים |
| 305 | בתי | p em/sf | Ex12:07 | מזוזייתא ועל שקופא על | בתי | די יאכלון ית פיסחא בהון: |
| 306 | בתי' | | Gn17:13M | /מגזור יגזור מרביני | בתי' | וזביני/וזבינת#2#/ כספכון |
| 307 | בתיא | | Ex 8:09M | /אור'#2#/ מן | בית'/בתיא#2#/ | \ומן דר'/ומדריא#2#/ |
| 308 | בתיהון | | Ex12:27 | קדם ייי די פסח ויגן על | בתיהון | דבני ישראל במצרים |
| 309 | | | Ex 8:17 | ית ערברובא ויתמלון | בתיהון | דמצרא' מן ערבובא וית ארעא |
| 310 | | | Nu16:32 | ית פמה ובלעת יתהון וית | בתיהון | וית כל ˆˆברייתה דהון עם |
| 311 | בתייה | | Dt29:16 | <....> יהיבן גבהון בגו | בתייה | דחלין מנהון דלא יתגנבן: |
| 312 | | | Ex12:13 | אדמה לכון לסימן על | בתייה | די אנון שריין תמן ואחמי |
| 313 | | | Ex 9:19M | ויחות /יתכנשון לגו | בתייה | ויחות#2#/ עליהון ברדא |
| 314 | בתיך | | Ex10:06 | ויתמלון | בתיך | ובתי כל שלטונך ובתיהון דכל |
| 315 | בתיכון | | Gn42:19 | מזון עבור כפנים | בתיכון: | |
| 316 | | | Ex12:15 | קדמאה תבטלון חמירא מן | בתיכון | ארום כל דייכול חמ«י»ע |
| 317 | | | Ex12:19 | חמיר לא ישתכח בגו | בתיכון | ארום כל די אכל חמיע |
| 318 | | | Nu29:35 | תהוון מן מטליכון לגו | בתיכון | בחדוה כנישין דמצוון |
| 319 | | | Dt 6:07 | בכון במייתבכון בגו | בתיכון | ובהלכותכון באורחה |
| 320 | | | Dt11:19 | בהון במייתביכון בגו | בתיכון | ובהלכותכון באורחה |
| 321 | | | Dt 6:09 | ותקבעון יתהון בתרעי | בתיכון | ובסייפי קורייכון: |
| 322 | | | Dt11:20 | יתהון בתרעי | בתיכון | ובסיפי קורייכון: |
| 323 | | | Gn17:12 | דכורא לדריכון תורבבת | בתיכון | וזביני כספכון מן כל |
| 324 | | | Gn17:13 | מגזר תגזור ת{ת}<ר>בבת | בתיכון | וזביני כספכון ויהוי קיימי |
| 325 | | | Dt 7:26 | ולא תעלון מרחקה לגו | בתיכון | ולא תהוון מרחקין כוותהון |
| 326 | | | Gn47:24 | ולמזוניכון ולתפניק | בתיכון | ולמזון לטפליכון: |
| 327 | | | Dt11:20M | קורייכון /על תרע | בתיכון | ועל קורי'#2#/: |
| 328 | | | Dt 6:09M | ותתנון יתהון על תרע | בתיכון | וקורייכ' |
| 329 | | | Nu29:35M | במטליכון לגו | בתיכון | כנישת חדוה יהו' |
| 330 | | | Ex12:23 | רשו למחבלא למיעול לגו | בתיכון | למחבלה: |
| 331 | | | Gn42:33 | אצנעון לוותי וית כפנים | בתיכון | סבו ואזילו: |
| 332 | בתינן | | Dt26:13 | אפרישינן ית קודשיה מן | בתינן | ולהוד יהבנן מעשרה קדמייה |
| 333 | | | Ex12:27 | בקטלותה ית מצרים וית | בתינן | שזיב ועקדו עמא ואודו |
| 334 | בבתיהון | | Nu31:50 | גבר מידהווינן עללין | בבתיהון | דמדייניי בקיטוני מלכיהון |
| 335 | | | Nu31:50M | הווינן עלינן | בבתיהון | דמלכייה מדיינאי |
| 336 | בבתיכ' | | Dt 6:07M | בתיכון /במתבכון | בבתיכ'#2#/ | ובהלכותכון באורחה |
| 337 | בבתיכון | | Dt25:14 | לא יהווי לכון | בבתיכון | מכלה רבה ומכלה זעי{ו}רה |
| 338 | ובתיהון | | Ex10:06 | בתיך ובתי כל שלטונך | ובתיהון | דכל מצריי די לא חמון |
| 339 | | | Ex 8:20M | /בבייתיה דפרעה | ובתיהון | דעבדוי#2#/ ובכל ארעא |
| 340 | ובבתיהון | | Dt19:01 | ותשרון בארעהון | ובבתיהון: | |

## בייר *adj.* untilled, uncultivated [96]

|  |  |  |  |  |  |  |
|---|---|---|---|---|---|---|
| 001 | בייר | s ab/cn | Dt21:04M | ית עגלתה לנחיל | דבייר/בייר#2#/ | די לא אתפלח/אפלח#2# |
| 002 | דבייר | | Dt21:04 | ההיא ית עגלתה לנחיל | דבייר | די לא אתפלח ביה ולא יזדרע |

## ביכורין *n.* first fruits [96]

|  |  |  |  |  |  |  |
|---|---|---|---|---|---|---|
| 001 | דביכורין | p abs | Lv 2:14 | ואם תקרב מנחת | דביכורין | לשמה דייי מהבהב קלי |
| 002 | בכורי | p const | Nu13:20 | פירי דארעא ויומיא יומי | בכורי | ענביה: |
| 003 | בביכורי | | Dt15:19 | בני ישראל לא תפלחון | בביכורי | תוריכון ולא תגזון בכורי |
| 004 | ביכורהון | p em/sf | Lv 2:14M | "דביכורין ... מנחת": | ביכורהון | קדם ייי דכיך קלי בנורא |
| 005 | ביכורייך | | Dt28:05M | אצוותכון /בריכין סלי | ביכורייך | ואבטיתך ובטיתך#2#/: |
| 006 | ביכוריכון | | Dt28:05 | עמי בני ישראל בסלי | ביכוריכון | ובתנורי אצוותכון: |
| 007 | בכורייה | | Lv23:17 | יהוויין חמיע יתאפיין | בכורייה | לשמה דייי: |
| 008 | בכוריכון | | Lv 2:14 | פריחין תקרב ית מנחת | בכוריכון: | |
| 009 | | | Dt28:17 | ליטין תהוון בסלי | בכוריכון | ובתנורי אצוותכון: |
| 010 | דביכוריה | | Dt26:04 | ויקבל כהנא סלא | דביכוריה | מן ידיכון ויצנע יתיה קדם |
| 011 | דביכורייא | | Nu28:26 | וביומא | דביכורייא | בקרבותכון מנחה מן חדתה |
| 012 | דבכוריה | | Lv23:20 | כהנא יתהון על לחמה | דבכוריה | אנפ{ן}<ו> קדם ייי על |

## בימס *n.* elevated stand [96]

|  |  |  |  |  |  |  |
|---|---|---|---|---|---|---|
| 001 | בימסיהון | p em/sf | Nu33:52 | מתכתהון תסיפון וית כל | בימסיהון | תשיצון: |
| 002 | במסיה | | Dt32:13 | ארכב יתהון על | במסיה | דארעא ואייכל יתהון עללת |
| 003 | במסיהון | | Nu33:52M | וית כל | בימסיהון/במסיהון#2#/ | תשיצון: |
| 004 | במסיכון | | Lv26:30 | ואצדי ית | במסיכון | ואשיצי ית טעוותכון ואשוי |

## בין *vb.* to pay attention [96]

|  |  |  |  |  |  |  |
|---|---|---|---|---|---|---|
| 001 | אתבוננו | etpolel | Dt32:07 | יומין מן יומת עלמא | אתבוננו | בשנוי דכל דר ודר שאלו |
| 002 | | | Dt32:29 | ישראל וילפון אורית' | אתבוננו | מה הווי באחריותהון: |
| 003 | אתבוננתא | | Ex10:07M | תדע /העד כדן לא | אתבוננתא | למידע#2#/ ארום |
| 004 | ית' | | Dt32:07M | מן יומת עלמא | אתבוננו/ית'#2#/ | בשנוי דכל דר ודר |
| 005 | | | Dt32:29M | וילפון אורית' | אתבוננו/ית'#2#/ | מה הווי באחריותהון: |
| 006 | דתתבוננון | | Dt29:08M | מן בגלל | דתצלחון/דתתבוננון#2#/ | \ית כל/בכל#2#/ |

## בין *prep.* between, among [בן 105]

|  |  |  |  |  |  |  |
|---|---|---|---|---|---|---|
| 001 | בין | | Ex16:01 | ישראל למדברא דסין די | בין | אילם ובין סיני בחמשת עשר |
| 002 | | | Gn13:03 | פרס תמן משכניה בקדמיתא | בין | ביתאל ובין עייה: |
| 003 | | | Ex14:02 | וישרון קדם פונדקי חירתה | בין | מגדול ובין ימא קדם טעותה |
| 004 | | | Gn10:12 | וית תלאסר | בין | נינוה ובין הדיף היא קרתא |
| 005 | | | Gn16:14 | קיים כל עלמייא הא היא | בין | רקם ובין חלוצה: |
| 006 | | | Gn20:01 | אברהם לארעא דרומא ושרא | בין | רקם ובין חלוצה ואתותב |
| 007 | | | Nu30:17 | ית משה בין גבר לאתתיה | בין | אב לברתה ברביותה בביתה |
| 008 | | | Dt17:08 | יתכסי מנכון פתגם בדינה | בין | אדם דבתול{ו}<י>ן לאדם |
| 009 | | | Dt17:08M | לסדר דדין | בין | אדם דקטולין לבין אדם |
| 010 | | | Dt33:24 | מרעיה {בשבטיה}<בשמיטה> | בין | אחוי לבין אבוהון דבשמייא |
| 011 | | | Gn31:37M | /מאני זינך שווי כען | בין | אחי ובין אחיך ויוכ'#2#/ |
| 012 | | | Gn 1:14 | ברקיעא דשמיא למפרשא | בין | אימּמא ובין ליליא ויהוון |
| 013 | | | Nu 9:03M | יומין \לירחה הדין | בינ'/בין#2#/ | /בירחה ניסן בינ'#2#/ |
| 014 | | | Gn 9:12M | בין ממרי /דאנה יהיב | בין | בממרי#2#/ וביניכון ובין |
| 015 | | | Gn 3:18 | דארעא בגין כן יהוי מפרש | בין | בני אנשא לבין בעירא: |
| 016 | | | Lv20:25 | ותפרשון | בין | בעירה דכייה למסאבה ובין |
| 017 | | | Ex18:16 | דמלין אתיין לוותי ואדון | בין | גבר ובין חבריה ואודע יתהון |
| 018 | | | Nu30:17 | די פקד ייי ית משה | בין | גבר לאתתיה בין אב לברתה |
| 019 | | | Dt 1:16 | יתהון דינין דקשט | בין | גבר ובין אחוי ובין תותביה: |
| 020 | | | Dt32:04 | ותלת שעין מזווג זוגין | בין | גבר לאתתה ומרים וממך ותלת |
| 021 | | | Nu34:10M | לאפמיה /לתחומה מערבית | בין | דיירת עיינוותה |
| 022 | | | Dt17:08 | לאדם דקטולין | בין | דיני ממון לדיני נפשן בין |
| 023 | | | Dt17:08M | דם דכי לדם מסאב | בין | דיני נפשא לדיני ממונא בין |
| 024 | | | Gn 3:15M | בין חויה לבין איתתה | בין | זרעית בנוי לבין זרעית בנה |
| 025 | | | Gn 3:15M | | בין | חויה לבין איתתה בין זרעית |
| 026 | | | Gn 2:09 | דהוה אכל מנה ידע למפרשה | בין | טב לביש: |
| 027 | | | Gn 2:17 | אכל מינה ידע למפרשה | בין | טב לבי' לא ת«י»כל מינה |
| 028 | | | Gn 3:05 | מן קדם ייי ידעין למפרשה | בין | טב לביש: |
| 029 | | | Gn 3:22 | אומ' חדא דידעה למפרשה | בין | טב לביש אילו נטר מצותה |
| 030 | | | Lv27:12 | ויעלי כהנה יתיה | בין | טב ובין ביש כעלויה דכהנה |
| 031 | | | Lv27:14 | דייי ויעלי יתה כהנה | בין | טב ובין ביש היך מה די יעלי |
| 032 | | | Lv27:33 | לא יפשפש | בין | טב לביש ולא יפרג יתיה ואין |
| 033 | | | Dt 1:39 | חכמון יומא הדין למפרשה | בין | טב לביש אינון ייעלון לתמן |
| 034 | | | Ex21:16M | יתיה וישתכח | בידיה/בין | ידוי#2#/ מתקטלא יתקטיל |
| 035 | | | Lv 5:07M | ואין לא תארע \ידיה כמסת | /בין | ידוי כמ'#2#/ למיתיה אמר |
| 036 | | | Lv 5:11M | \תרע ידיה לתרין /תארע | בין | ידוי לתריין#2#/ שפנינין |
| 037 | | | Lv25:26M | ותשכח/ויש'#2#/ /יארע | בין | ידוי וישכ'#2#/ כמסת |
| 038 | | | Lv25:28M | לא \ארעת ידיה /יארע | בין | ידוי משכ'#2#/ כמסת למחזרה |
| 039 | | | Nu 6:21M | מה די \תרע ידה /יארע | בין | ידוי#2#/ כפם נדרה כדן |
| 040 | | | Ex10:28M | רוגזי בך ואמסור יתך | בין | ידיהון דעמה אליין די תבעו |
| 041 | | | Gn 4:07 | בישא ואת תהוי שלט בה | בין | לימזכי ובין למחטי: |
| 042 | | | Gn 3:16 | והוא יהוי רשותה עליך | בין | למזכה ובין למחטא: |
| 043 | | | Nu21:13M | מו{ב}<א>ביי /דמואבאי | בין | מואבאי#2#/ <ובין> אמוריי: |
| 044 | | | Nu21:13 | תחומיהון דמואביי | בין | מו{ב}<א>ביי <ובין> אמוריי: |
| 045 | | | Gn 1:06 | במציעות מיא ויהוי מפרש | בין | מיא ארע<י>א לבין מיא |
| 046 | | | Gn 1:07 | וברא ייי ית רקיעא ואפרש | בין | מיא די מן תחות רקיעא ובין |
| 047 | | | Gn 9:16 | יתה למדכרה קיים עלם | בין | מימרא דייי ובין כל נפש |
| 048 | | | Ex31:13M | שוב{ר}<ת>ה | בין | מימרי ובן |
| 049 | | | Lv26:46 | אוריתה די שווי ייי | בין | מימריה ובין בני ישראל |
| 050 | | | Gn38:25 | דאינש מיכל בה מיתכל ליה | בין | מכלותא טבא בין מכלותא בישא |
| 051 | | | Gn38:25 | ליה בין מכלותא טבא | בין | מכלותא בישא וטובוי כל אנש |
| 052 | | | Dt17:08M | לבין אדם דבתולין | בין | מכתש |
| 053 | | | Dt17:08 | דיני ממון לדיני נפשן | בין | מכתש צרעתה למכתש נתקה מילי |
| 054 | | | Dt17:08M | דיני נפשא לדיני ממונא | בין | מכתש סגיר למכתש חליט מלוי |
| 055 | | | Gn 9:12 | סימן קיים' די אנה משוי | בין | ממרי וביניכון ובין כל נפש |
| 056 | | | Gn 9:13 | בעננא ותהי לסימן קים | בין | ממרי ובין ארעא: |
| 057 | | | Gn 9:15 | ואדכר ית קיימי | בין | ממרי וביניכון ובין כל נפש |
| 058 | | | Gn 9:17 | דן סימן קימא די קיימית | בין | ממרי ובין כל בשרא די על |
| 059 | | | Gn17:10M | וביניכו' ובין בניכון | /בין | ממרי וביניכון ובין זרעית |
| 060 | | | Gn17:11 | ויהווי לסימן קיים | בין | ממרי וביניכון: |
| 061 | | | Ex31:17 | | בין | ממריה ובין בני ישראל סימן |
| 062 | | | Dt 5:05 | ^הוא#2#^ כען הוינה מעתד | בין | ממריה דייי וביניכון בשעתה |
| 063 | | | Dt 5:05M | בין /הא אנא קאי' | בין#2#/ | ממריה דייי וביניכון |
| 064 | | | Lv11:47 | למפרשה | בין | מסאבה ובין דכיא ובין חייתה |
| 065 | | | Lv14:57 | ולמלפה | בין | מסאבה ובין דכיה דא גיזרת |
| 066 | | | Ex11:07 | די תדעון די יפרש ייי | בין | מצריי ובין ישראל: |
| 067 | | | Ex30:18 | דנחש לקדוש ותשווי יתיה | בין | משכן זמנא ובין מדבחא ותתן |
| 068 | | | Ex40:07 | ותתן ית כיורה | בין | משכן זימנא ובין מדבחא ותתן |
| 069 | | | Ex40:30 | ושווי ית כיורה | בין | משכן זימנא ובין מדבחה ויהב |
| 070 | | | Ex14:20 | ועל | בין | משרייתהון דמצריי וביני |
| 071 | | | Gn 1:04 | ואפ{שר}<רש> ממרא דייי | בין | נהורא לבין חשוכא: |
| 072 | | | Gn 1:18 | באימּמא ובליליא ולמפרש' | בין | נהורא ובין חשוכא וגלי קדם |
| 073 | | | Ex 9:04M | ויכסי מימריה דייי | בין | נכסיהון דישראל ובין |
| 074 | | | Gn32:17 | קדמוי ונפי«ש» תשוון | בין | עדר ובין עדר: |
| 075 | | | Ex 8:19 | ואשווי פורקן | בין | עמי ובין עמך למח«ר» יהוי |
| 076 | | | Ex26:33 | ותפרש פרכתא לכון | בין | קדשא ובין קדש קדשים: |
| 077 | | | Lv10:10 | ולמפרשה | בין | קדשיה ובין חוליה ובין |
| 078 | | | Nu35:24 | וידונון עם כנישתה | בין | קטולא ובין תבוע אדמא עם |

|  |  |  |  |  |  |
|---|---|---|---|---|---|
| 079 | | Gn13:07 | והוו דיינין | בין | רעוי דבעירא דאברם ובין |
| 080 | | Nu26:56 | עדווין תתפלג אחסנתיה | בין | שבטה דעמא סגין ובין שבטה |
| 081 | | Nu31:27 | ופלג ית עדיתה | {מ}<בי>ן | תפשי קרבה דנפקין לחיל |
| 082 | | Ex22:10 | שבועתא דייי תהי | בין | תריהון אין לא פשט ידיה |
| 083 | ביני | Dt29:15 | דמצרים וית מה די עברנן | ביני | אומייה די עברתון: |
| 084 | | Dt18:02 | ואחסנה לא יהווי ליה | ביני | אחוי קרבנוי דייי אנון |
| 085 | | Ex29:45M | בגו בני /יקר שכינתי | ביני | ב{י}ני#2#/ ישראל ויהווי |
| 086 | | Nu35:34M | בני /דיקר שכינתי שרייה | ביני | ב{י}ני#2#/ ישראל: |
| 087 | | Lv24:10M | ברה דגבר מצריי | בגו/ביני#2#/ | בני ישראל ואתנצון |
| 088 | | Nu 2:33M | /איסטכמו#2#/ | בגו/ביני#2#/ | בני ישראל היך מה די |
| 089 | | Nu18:20M | <האנה> הוא חקל ואחסנתך | ביני | <בני ישראל> |
| 090 | | Ex 9:04 | ויפרש ייי | ביני | בעיריהון דמצריי וביני |
| 091 | | Gn15:17M | חזי כד הוה אברם עבר | ביני | בתרייא האליין שמשא טמעה |
| 092 | | Dt25:01 | ארום יהווי דינין | ביני | גברין ויקרבון לדינה קדם |
| 093 | | Gn15:17 | אתחוי לאברם כד הוה עבר | ביני | גזרייא האילין: |
| 094 | | Ex15:18 | פרישתך בימא וגבורתא | ביני | גלליא בההיא שעתא פתחו |
| 095 | | Nu17:21M | וחטרה דאהרן | בגו/ביני#2#/ | חוטריהון: |
| 096 | | Gn42:01 | למה כען תתחמון שביעין | ביני | כפנין: |
| 097 | | Ex36:33M | בגו לוחי /לברדק | ביני | לוחי#2#/ מן דן סטר{י}<ה> |
| 098 | | Nu21:13M | תחומיהון \דמואביי | בין/ביני#2#/ | מו{ב}<א>ביי /דמואבאי |
| 099 | | Nu17:13 | וקם ליה | ביני | מיתיה בעי רחמין על חייא |
| 100 | | Dt29:10 | נשיכון וגיוריכון די | ביני | משירייתכון מן קצוצי |
| 101 | | Nu22:24 | וקם ליה מלאכה דייי | ביני | סייגי כרמיה סיג מן הכה |
| 102 | | Gn40:20M | נחתומיא \בגו שלטנוי | /ביני | עבדוי#2#/: |
| 103 | | Nu17:10M | \מן גו עם כנישתה /עם | ביני | עם כנשתה#2#/ הדה ואשיצי |
| 104 | | Lv20:06M | דאתי ולא יהיא ליה חולק | ביני | עמיה |
| 105 | | Nu16:21M | \מן גו עם כנשתה | /ביני | קהל כניש#2#/ ואישצי |
| 106 | | Dt33:20M | חכימין/חכמין#2#/ | בני/ביני#2#/ | קטילין פרק ראשא עם |
| 107 | | Ex39:25M | בג#2#/^זגונייה | ביני#2#/^ | רמוני על שפולוי דמעילה |
| 108 | | Nu11:33 | בשרה עד כען הוה | ביני | שיניהון קדם עד לא אשתצי |
| 109 | | Ex12:06 | קהל כנישתא דבני ישראל | ביני | שמשותא: |
| 110 | | Ex12:18 | יומין לירחא ברמשא | ביני | שמשתא תאכלון פטירין עד יום |
| 111 | | Ex29:39 | אמרא תנינא תקרבון יתיה | ביני | שמשתא: |
| 112 | | Ex16:12 | מליל{י} עמהון למימר | ביני | שמשתה תיכלון בשר ובצפרא |
| 113 | | Ex29:41 | אמרא תניינא תקרבון יתה | ביני | שמשתה כמנחתה דאמר דצפרא |
| 114 | | Ex30:08 | אהרן ית בוציניי«ה» | ביני | שמשתה {ית} יסדר יתיה קטרת |
| 115 | | Lv 6:13 | ופלגותה תהוון מקרבין | ביני | שמשתה: |
| 116 | | Lv23:05 | יומין לירחא | ביני | שמשתה נכיסת פסחה קדם ייי: |
| 117 | | Nu 9:03 | יומין לירחה הדין | ביני | שמשתה תעבדון יתיה בזמניה |
| 118 | | Nu 9:03M | /בין#2#/ /בירחה ניסן | ביני#2#/ | שמשתה תעבדון יתיה |
| 119 | | Nu 9:05 | בארבעת עשר יומין לירחה | ביני | שמשתה במדברה דסיני כל מה |
| 120 | | Nu 9:11 | תנינה בארבעת עשר יומין | ביני | שמשתה יעבדון יתיה על |
| 121 | | Nu28:04 | אמרא תנינא תקרבון יתיה | ביני | שמשתה: |
| 122 | | Nu28:08 | אמרא תנינא תקרבון יתיה | <ביני> | שמשתה כמנחתה דאמר דצפרא |
| 123 | | Ex12:42 | בריש ענה ומימריה מדבר | ביני | תריהון ואנה ואינון מדברי' |
| 124 | | Ex22:10M | שבועתא דייי תהי | בין/ביני#2#/ | תריהון אין לא פשט |
| 125 | | Dt25:01M | \דינין ביני גברין /מצו | ביני | תריין גוברין#2#/ ויקרבון |
| 126 | | Gn49:14 | יששכר שבט תקיף רביע | ביני | תרין תחומיי': |
| 127 | | Nu13:23M | /וסובלוהי באסלה#2#/ | בתרין/ביני | תרין גוברין#2#/ וכן מן |
| 128 | בן | Gn16:14M | שכינתיה דייי הא הוא | בן#2#/ | רקם ובין חלוצה: |
| 129 | | Lv12:08M | ואין לא \תרע ידיה /תארע | בן | ידה#2#/ כמסת למייתייה אמר |
| 130 | | Lv14:21M | ולא \ארע' ידה ויסב | /ב{ו}<ן> | ידוי כמסת ויס#2#/ אמר |
| 131 | | Lv14:22M | תרע ידה /יוון די יארע | בן | ידוי ויהווי#2#/ ויהוי חד |
| 132 | | Lv14:32M | קרבן ביום דכותיה /תארע | בן | ידוי ביומא דכוותה#2#/: |
| 133 | | Lv25:49M | \תארע ידיה ויתפרק /דארע | בן | ידוי וית#2#/: |
| 134 | | Nu14:08M | לארעא הדה ויתן /איתרעי | בן | מימריה דייי ויעל יתן#2#/ |
| 135 | | Nu12:02M | "אוף עמן מלל ושמע": לחוד | בן | מלל וגלי וידיע קדם |
| 136 | | Gn15:17M | חזא אברם בזמן דעבר | בן | פסגייא האיליין |
| 137 | | Nu 9:11M | בארבעת עשר יומין | ביני/בן#2#/ | שמשתה יעבדון יתיה על |
| 138 | בני | Dt33:20 | לקובליה קטילוי חכימין | בני | קטילין פרק ראשא עם אדרעא: |
| 139 | ובין | Gn30:36 | מהלך תלתא יומין בינה | ובין | יעקב ויעקב רעי ית ענא |
| 140 | | Ex11:07 | די יפרש ייי בין מצריי | ובין | ישראל: |
| 141 | | Gn10:12 | וית תלאסר בין נינוה | ובין | הדיף היא קרתא רבתא: |
| 142 | | Gn16:14 | עלמייא הא היא בין רקם | ובין | חלוצה: |
| 143 | | Gn20:01 | דרומא ושרא בין רקם | ובין | חלוצה ואתותב בגרר: |
| 144 | | Ex16:01 | דסין די בין אילם | ובין | סיני בחמשת עשר יומין |
| 145 | | Gn13:03 | בקדמיתא בין ביתאל | ובין | עייה: |
| 146 | | Dt33:24M | בין אחוי | לבין/ובין#2#/ | אבוהון דבשמייא וארעא |
| 147 | | Dt 1:16 | דינין דקשט בין גבר | ובין | אחוי ובין תותביה: |
| 148 | | Gn31:37M | זינך שווי כען בין אחי | ובין | אחיך ויוכ#2#/ מן תרינן: |
| 149 | | Gn 3:15 | ובעל דבבו אשוי בינך | ובין | איתתה ובין בניך ובין בנה |
| 150 | | Nu21:13 | בין מו{ב}<א>ביי | <ובין> | אמוריי: |
| 151 | | Gn 9:13 | לסימן קים בין ממרי | ובין | ארעא: |
| 152 | | Lv27:12 | ויעלי כהנה יתיה בין טב | ובין | ביש כעלויה דכהנה כדין |
| 153 | | Lv27:14 | ויעלי יתה כהנה בין טב | ובין | ביש היך מה די יעלי יתיה |
| 154 | | Gn 3:15 | ובין איתתה ובין בניך | ובין | בנה ויהוי כד יהוון בניה |
| 155 | | Ex31:17 | בין ממריה | ובין | בני ישראל סימן היא שבתא |
| 156 | | Lv26:46 | די שווי ייי בין מימריה | ובין | בני ישראל בטורא דסיני |
| 157 | | Gn 3:15 | אשוי בינך ובין איתתה | ובין | בניך ובין בנה ויהוי כד |
| 158 | | Gn17:07 | ית קיימי ביני ובינך | ובין | בניך מן בתרך לדריהון לקיים |
| 159 | | Gn17:10 | די תטרון ביני וביניכו' | ובין | בניכון בתריכון במגזר לכון |
| 160 | | Gn 3:18M | בין בני אנשא | לבין/ובין#2#/ | בעירא: |
| 161 | | Lv11:47 | למפרשה בין מסאבה | ובין | דכיא ובין חייתה דמתאכלה |
| 162 | | Lv10:10 | ובין חוליה ובין מסאבה | ובין | דכיה: |
| 163 | | Lv14:57 | ולמלפה בין מסאבה | ובין | דכיה דא גיזרת אוריתה |
| 164 | | Gn17:10M | /בין ממרי וביניכון | ובין | זרעית בניכון#2#/ בתריכון |
| 165 | | Ex18:16 | לוותי ואדון בין גבר | ובין | חבריה ואודע יתהון ית |
| 166 | | Lv10:10 | ולמפרשה בין קדשיה | ובין | חוליה ובין מסאבה ובין |
| 167 | | Lv11:47 | בין מסאבה ובין דכיא | ובין | חייתה דמתאכלה ובין חייתה |
| 168 | | Lv11:47 | ובין חייתה דמתאכלה | ובין | חייתה דלא מתאכלה: |
| 169 | | Gn 1:18 | ולמפרש' בין נהורא | ובין | חשוכא וגלי קדם ייי ארום |
| 170 | | Gn 4:07M | חטאך רביע ובידך מסרת | /ובין | ידך מסרת#2#/ |
| 171 | | Ex14:02 | חירתה בין מגדול | ובין | ימא קדם טעותה צפון |
| 172 | | Gn 9:12 | משוי בין ממרי וביניכון | ובין | כל נפש חיתא די עמכון לדרי |
| 173 | | Gn 9:15 | בין ממרי וביניכון | ובין | כל נפש חיה בכל בשרא ולא |
| 174 | | Gn 9:16 | עלם בין מימרא דייי | ובין | כל נפש חיתה בכל בשרא די על |
| 175 | | Gn 9:17 | די קיימית בין ממרי | ובין | כל בשרא די על ארעא: |
| 176 | | Nu31:27 | קרבה דנפקין לחיל קרבא | ובין | כל עם כנישתה: |
| 177 | | Gn 1:14 | דשמיא למפרשא בין איממא | ובין | ליליא ויהוון לאתין ולזמנין |
| 178 | | Gn 3:16 | רשותה עליך בין למזכה | ובין | למחטא: |
| 179 | | Gn 4:07 | תהוי שלט בה בין לימזכי | ובין | למחטי: |
| 180 | | Ex30:18 | יתיה בין משכן זמנא | ובין | מדבחא ותתן תמן בגווה מיין: |
| 181 | | Ex40:07 | כיורה בין משכן זימנא | ובין | מדבחא ותתן בגווה מייה: |
| 182 | | Ex40:30 | כיורה בין משכן זימנא | ובין | מדבחה ויהב תמן מיין |
| 183 | | Gn 1:07 | מיא די מן תחות רקיעא | ובין | מיא די מלעיל לרקיעא והוה |
| 184 | | Lv10:10 | בין קדשיה ובין חוליה | ובין | מסאבה ובין דכיה: |
| 185 | | Ex 9:04M | בין נכסיהון דישראל | ובין | נכסיהון דמצראי ולא ימות |
| 186 | | Gn32:17 | תשוון בין עדר | ובין | עדר: |

|  | |  | | | |
|---|---|---|---|---|---|
| 187 | | Lv20:25 | בין בעירה דכייה למסאבה | ובין | עופא מסאבה לדכיי' ולא |
| 188 | | Ex 8:19 | ואשווי פורקן בין עמי | ובין | עמך למח«ר» יהוי סימנא |
| 189 | | Ex26:33 | פרכתא לכון בין קדשא | ובין | קדש קדשים: |
| 190 | | Gn13:07 | בין רעוי דבעירא דאברם | ובין | רעוי דבעירא דלוט רעוי |
| 191 | | Gn13:08 | דיינין ביני ובינך | ובין | רעיי ובין רעיך ארום היך |
| 192 | | Gn13:08 | ביני ובינך ובין רעיי | ובין | רעיך ארום היך גוברין אחין |
| 193 | | Nu26:56 | בין שבטה דעמא סגין | ובין | שבטה דעמא זעירין: |
| 194 | | Nu35:24 | עם כנישתה בין קטולא | ובין | תבוע אדמא עם עסק דיניא |
| 195 | | Dt 1:16 | דקשט בין גבר ובין אחוי | ובין | תותביה: |
| 196 | וביני | Nu18:23M | \ובגו בני ישראל | /וביני | יש"#2#/ לא יחסנון |
| 197 | | Ex 9:04 | ביני בעיריהון דמצריי | וביני | בעיריהון דישראל ולא ימות |
| 198 | | Ex14:20 | בין משרייתהון דמצריי | וביני | משרייתיהון דישראל והוה |
| 199 | | Gn49:27 | אימר תמידא ובמנחתא | וביני | שמשייא יהוון מקרבין |
| 200 | ובן | Ex31:13M | שוב{ר}<ת>ה בין מימרי | ובן | |
| 201 | ולבן | Dt 1:16M | בין/לבין#2#/ גבר | ובין/ולבן#2#/ | אחוי ובין תותביה |
| 202 | לבין | Dt33:24 | <בשמיטה> בין אחוי | לבין | אבוהון דבשמייא וארעא |
| 203 | | Dt17:08M | דדין בין אדם דקטולין | לבין | אדם דבתולין בין מכתש |
| 204 | | Gn 3:15M | בין חויה | לבין | איתתה בין זרעית בנוי לבין |
| 205 | | Gn 3:18 | יהוי מפרש בין בני אנשא | לבין | בעירא: |
| 206 | | Dt 1:16M | דקשט/<דק>שוט#2#/ | בין/לבין#2#/ | גבר ובין/ולבן#2#/ |
| 207 | | Lv11:47M | למפרשה בין מסאבה | ובין/לבין#2#/ | דכיא ובין חייתה |
| 208 | | Gn 3:15M | איתתה בין זרעית בנוי | לבין | זרעית בנה לעיין באורייתא |
| 209 | | Gn 1:04 | ממרא דייי בין נהורא | לבין | חשוכא: |
| 210 | | Gn 1:06 | מפרש בין מיא ארע<י>א | לבין | מיא עיליא: |
| 211 | בי' | Lv26:12M | /ואדבר יקר שכינתי | בי"#2#/ | ויהווי מימרי לכון לאלה |
| 212 | | Lv19:34M | דמתגיירין | בי"#2#/ | ותרחמון יתיה כוותכון |
| 213 | בינה | Gn30:36 | ושוי ארח מהלך תלתא יומין | בינה | ובין יעקב ויעקב רעי ית |
| 214 | ביני | Gn17:10 | דא קימי די תטרון | ביני | וביניכ' ובין בניכון |
| 215 | | Ex31:13 | תטרון ארום סימן הוא | ביני | וביניכון לדריכון למדע ארום |
| 216 | | Gn13:08 | לא כען יהוון דיינין | ביני | ובינך ובין רעיי ובין רעיך |
| 217 | | Gn16:05 | וכדון יתגלי ייי וידון | ביני | ובינך ויפרוס שלמה ביני |
| 218 | | Gn16:05 | ביני ובינך ויפרוס שלמה | ביני | ובינך ותתמלא ארעא מינן ולא |
| 219 | | Gn17:02 | ואשוי קימי | ביני | ובינך ואתוקף ית{ן}<ך> לחדה |
| 220 | | Gn17:07 | ואקיים ית קיימי | ביני | ובינך ובין בנך מן בתרך |
| 221 | | Gn23:15 | דארבע מאה סלעין דכסף | ביני | ובינך מה היא חשיב וית מתך |
| 222 | | Gn31:44 | אנא ואת ויהוי לסימן | ביני | ובינך: |
| 223 | | Gn31:48 | ואמר לבן איגרא הדן סהד | ביני | ובינך יומא הדין בגין כדין |
| 224 | | Gn31:49 | די אמר יתגלי ייי וידון | ביני | ובינך ארום נסמר גבר |
| 225 | | Gn31:50 | גבר עמן חמי ייי הוא סהד | ביני | ובינך: |
| 226 | | Gn31:51 | קיימתא הדא די אקימית | ביני | ובינך: |
| 227 | ביני' | Gn35:02M | אעבירו טעותא דאית | ביני' | ות{ה}<ד>כון ותחוורון |
| 228 | ביניהון | Gn24:03 | דכנענאי די אנא שרא | ביניהון: | |
| 229 | | Gn42:23 | הוה מנשה קיים | ביניהו«ן»: | |
| 230 | | Ex10:01 | למשוויה ניסיא איליין | ביניהון: | |
| 231 | | Ex25:08 | ואשרי איקר שכינתי | ביניהון: | |
| 232 | | Nu 1:47 | דאבהתהון לא אסתכמו | ביניהון: | |
| 233 | | Nu 5:03 | משיריתהון די אנה שרי | ביניהון: | |
| 234 | | Nu14:11 | ניסי פרישתי די עבדית | ביניהון: | |
| 235 | | Nu11:04 | וערבובה די | ביניהון | איתחמדו תוחמודה וחזרו |
| 236 | | Ex29:46 | למשריה איקר שכינתי | ביניהון | אנה ייי אלההון: |
| 237 | | Nu15:26 | ולגיוריה דמתגיירין | ביניהון | ארום לכל עמא דאשתלון: |
| 238 | | Ex17:07 | שכינתה דייי שרייא | {ביניהון} | בינינן אי לא: |
| 239 | | Lv17:10 | ומן גיוריה דמתגיירין | ביניהון | די יאכל <....> ית אדמה |
| 240 | | Lv17:13 | ומן גייוריה דמתגיירין | ביניהון | די יצוד ציד דחיה או עוף |
| 241 | | Ex23:27 | ית כל עמיא די תיעלון | ביניהון | ואשוי ית כל בעלי דבביכון |
| 242 | | Nu11:21 | גברין עמא די אנה שרי | ביניהון | ואת במימרך אמרת בשר אתן |
| 243 | | Nu25:11 | על דקני ית קנאתי | ביניהון | ולא שיציתי ית בני ישראל |
| 244 | | Ex 3:20 | <פרישותי די> אעבד | ביניהון | ומן בתר כדון ישלח יתכון: |
| 245 | | Dt31:16 | די אינון עללין לתמן | ביניהון | ושבקין יתיה ומפסין ית |
| 246 | | Nu35:15 | ולתותביה די | ביניהון | יהווין שת קרייתה האלין |
| 247 | | Ex34:10 | כל עמא די את שרי | ביניהון | ית עובדוי דייי דחילין |
| 248 | | Nu18:20 | וחלק לא יהווי לך | ביניהון | מ«י»מרי חלקך ואחסנותך |
| 249 | | Ex28:33 | מן חזור וזוגין דדהב | ביניהון | מן חזור חזור: |
| 250 | | Dt15:11 | ועבדין פיקודיה לא הוי | ביניהון | מסכינייה בגו ארעא בגין |
| 251 | | Dt13:02 | ארום יקום | ביניהון | נביא שקר או חלם חלמין |
| 252 | | Dt32:12 | בני ישראל ולא הווי | ביניהון | פלחי פלחן נוכריי: |
| 253 | ביניכ' | Nu11:04M | /וערוברוביה דאית | ביניכ"#2#/ | איתחמדו תוחמודה |
| 254 | ביניכון | Ex12:49 | ולגיורייה דמתגיירין | ביניכון: | |
| 255 | | Ex34:12 | דלא יהוון לתוקלה | ביניכון: | |
| 256 | | Lv16:29 | וגיוריה דמתגיירין | ביניכון: | |
| 257 | | Lv18:26 | וג<י>ורייה דמתגיירין | ביניכון: | |
| 258 | | Lv25:06 | ולגיורה דמתגיירין | ביניכון: | |
| 259 | | Nu 5:03M | די יקר שכינתי שרייה | ביניכון | |
| 260 | | Nu11:20M | יקר שכינתה דייי דאית | ביניכון | |
| 261 | | Nu15:16 | ולגיוריה דמתגיירין | ביניכון: | |
| 262 | | Dt13:12 | כפיתגמא בישה הדין | ביניכון: | |
| 263 | | Dt13:15 | אתעבדת מרחקתה הדא | ביניכון: | |
| 264 | | Dt19:20 | תוב כפתגמא בישה הדין | ביניכון: | |
| 265 | | Dt26:11 | וליויי וגיורייה די | ביניכון: | |
| 266 | | Dt 7:21 | דאיקר שכינתיה מדברה | ביניכון | אלה רבה ודחילה: |
| 267 | | Nu15:26M | דמתגיירין | ביניהון/ביניכון#2#/ | ארום לכל עמא |
| 268 | | Dt 9:03M | שכינתיה מדברה | קדמיכון/ביניכון#2#/ | אשה אכלה מתאכלה |
| 269 | | Nu32:30 | עמכון ויתאחסנון | ביניכון | בארעא דכנען: |
| 270 | | Dt16:11 | ויתמייה וארמלתה די | ביניכון | באתרא די יתרעי ייי |
| 271 | | Dt23:17 | עמכון ישרי | ביניכון | באתרא די יתרעי בחדה מן |
| 272 | | Dt17:02 | ארום ישתכח | ביניכון | בחדה מן קורייכון דייי |
| 273 | | Gn49:02M | דחיל דלא {דלא} יהווי | ביניכון | גבר דלביה פליג על אחוי |
| 274 | | Dt18:10 | לא ישתכח | ביניכון | גבר מעבר בריה וברתיה |
| 275 | | Nu15:29 | וגיוריה דמתגיירין | ביניכון | גזרת אוריתה חדה יהווי |
| 276 | | Nu24:05 | הוא משכן זימנא דשרי | ביניכון | דדבית יעקב ומשכניהון די |
| 277 | | Lv17:08 | גייורה די יתגיירון | ביניכון | די יקרב עלה או נכיסן: |
| 278 | | Dt 6:15 | אלהכון דאיקר שכינתיה | ביניכון | דלא יתקוף רוגזה דייי |
| 279 | | Ex33:14 | ואמר איקר שכינתי מדברה | ביניכון | ואתק{ו}<י>ן לכון |
| 280 | | Nu11:20 | די אקר שכינתיה שריה | ביניכון | ובכיתון קודמוי למימר למה |
| 281 | | Lv26:12 | וידבר ממרי | ביניכון | ויהווי מימרי לכון לאלה |
| 282 | | Lv26:11 | ואשרי איקר שכינתי | ביניכון | ולא תרחק נפשי יתכון: |
| 283 | | Dt 1:42 | לית איקר שכינתי מדברה | ביניכון | ולא תתנגפון קדם |
| 284 | | Lv19:34 | ג{י}י<ו>ר דמתגייר | ביניכון | ותרחמון יתיה כוותכון |
| 285 | | Dt28:43 | גיורה די | ביניכון | יהוון רמין עליכון לעיל |
| 286 | | Lv17:12 | אדם וגיוריה דמתגיירין | ביניכון | לא יוכלון אדם: |
| 287 | | Gn23:09 | בכסף שלים יזבן יתה לי | ביניכון | לאחסנו דקבור«ה»: |
| 288 | | Gn23:11 | בכסף שלים יזבן יתה לי | ביניכון | לאחסנו דקבורה דחת וענה |
| 289 | | Nu15:14 | גיור או מן מה די | ביניכון | לדריכון ויקרב קרבן מתקבל |
| 290 | | Dt20:04 | דאיקר שכינתיה מדברה | ביניכון | למסדרה לכון סדרי קרביכון |
| 291 | | Nu19:10 | ולגיוריה דמתגיירין | ביניכון | לקיים עולם: |
| 292 | | Lv25:45 | בני תותביה דמתגיירין | ביניכון | מנהון תקנון ומן |
| 293 | | Dt15:11M | לא הוי | ביניהון/<ביני>כון#2#/ | מסכינייה בגו |
| 294 | | Dt15:07 | ארום יהוי | ביניכון | מסכינין חד מן אחיכון |

|  |  | |  |  |  |  |
|---|---|---|---|---|---|---|
| 295 | | | Nu12:06 | כען מיליי אין יהווי | ביניכון | נבייה ייי בחזיון אתגלי |
| 296 | | | Ex10:02M | פרישתי דשווית | ביניכון#2#/ | ותדעון/וידעון#2# |
| 297 | בינינן | | Ex17:07 | דייי שריא {ביניהון} | בינינן | אי לא: |
| 298 | | | Gn31:53 | ואלהא דנחור ידינון | בינינן | אלהה דאבוהון ואשתבע יעקב |
| 299 | | | Ex34:09 | ייי ידבר איקרך ייי | בינינן | ארום עם קשין למקבלה אולפן |
| 300 | | | Dt31:17 | איקר שכינתה דייי שריה | בינינן | ארען יתן בישתה האליין: |
| 301 | | | Gn29:22 | גברא חסידא הדין שרי | בינינן | באר«י»נן לא חסרו |
| 302 | | | Gn23:06 | רבונן רב מן קדם ייי את | בינינן | בבית שפר קברינן קבר ית |
| 303 | | | Gn29:22 | יהבין עצה ונישרי יתה | בינינן | הכה עוד שבע שנין ויהבו לה |
| 304 | | | Gn26:28 | יהווי כען שבועה | בינינן | ובינך ונקיים קיים עמך: |
| 305 | | | Gn31:50M | חמי ייי הוא סהד | ביני/בינינן#2#/ | ובינך: |
| 306 | | | Gn19:09 | האחד אתא למתותבא | בינינן | והא הוא בעי למהוי דיין |
| 307 | | | Gn19:09M | בעי למהוי /למתותב{ב}ה | בינינן | ולמהווי#2#/ דין דינינן |
| 308 | | | Ex33:15 | אין לית איקר שכינתך | בינינן | לא תסק יתן מן הכה: |
| 309 | | | Gn29:22M | גברא הדין שרי | בינינן | שבע שנין דיומין מבועינן |
| 310 | בינך | | Gn 3:15 | ובעל דבבו אשוי | בינך | ובין איתתה ובין בנך ובין |
| 311 | בניכון | | Lv17:10M | דתגיירון#2#/ | ביניהון/בניכון#2#/ | די יאכל/דייכול#2#/ |
| 312 | | | Lv19:05M | דייי לרעוה | עליכון/בניכון#2#/ | תיכסון יתיה: |
| 313 | דביני | | Gn38:25 | לא מפרסייה ברם שהדי | דביני | לביניה הוא יתן בליביה |
| 314 | וביניכ׳ | | Gn17:10 | דא קימי די תטרון ביני | וביניכ׳ | ובין בניכון בתריכון |
| 315 | וביניכון | | Gn17:11 | לסימן קיים בין ממרי | וביניכון: | |
| 316 | | | Dt 5:05 | מעתד בין ממריה דייי | וביניכון | בשעתה ההיא למתנייה לכון |
| 317 | | | Gn 9:12 | די אנה משוי בין ממרי | וביניכון | ובין כל נפש חיתא די |
| 318 | | | Gn 9:15 | ית קיימי בין ממרי | וביניכון | ובין כל נפש חיה בכל בשרא |
| 319 | | | Gn17:10M | בניכון /בין ממרי | וביניכון | ובין זרעית בניכון#2#/ |
| 320 | | | Ex31:13 | ארום סימן הוא ביני | וביניכון | לדריכון למדע ארום אנה |
| 321 | | | Nu16:03 | כנישתה כולהון קדישין | וביניכון | שריא שכינתה דייי |
| 322 | ובינך | | Gn31:44 | ואת ויהוי לסימן ביני | ובינך: | |
| 323 | | | Gn31:50 | חמי ייי הוא סהד ביני | ובינך: | |
| 324 | | | Gn31:51 | הדא די אקימית ביני | ובינך: | |
| 325 | | | Gn31:49 | יתגלי ייי וידון ביני | ובינך | ארום נטמר גבר מחבריה: |
| 326 | | | Gn17:02 | ואשוי קיימי ביני | ובינך | ואתוקף ית{ן}<ך> לחדה |
| 327 | | | Gn13:08 | כען יהוון דיינין ביני | ובינך | ובין רעיי ובין רעיך ארום |
| 328 | | | Gn17:07 | ואקיים ית קיימי ביני | ובינך | ובין בניך מן בתרך לדריהון |
| 329 | | | Gn16:05 | יתגלי ייי וידון ביני | ובינך | ויפרוס שלמה ביני ובינך |
| 330 | | | Gn26:28 | כען שבועה בינינן | ובינך | ונקיים קיים עמך: |
| 331 | | | Gn16:05 | ויפרוס שלמה ביני | ובינך | ותתמלא ארעא מינן ולא נצרך |
| 332 | | | Gn31:48 | איגרא הדן סהד ביני | ובינך | יומא הדין בגין כדין קרא |
| 333 | | | Gn23:15 | מאה סלעין דכסף ביני | ובינך | מה היא חשיב וית מתך קבר: |
| 334 | לביניה | | Gn38:25 | ברם שהדי דביני | לביניה | הוא יתן בליביה למיחמי |

## בינה *n.* intelligence, wisdom [96]

|  |  | |  |  |  |  |
|---|---|---|---|---|---|---|
| 001 | בינתה | s em/sf | Gn14:14M | ביתיה/עולמוי תרבות | בינתה#2#/ | תלת מאה עשר ורדף |
| 002 | ובינתכון | | Dt 4:06 | חכמתכון וסוכלתנותכון | ובינתכון | לעייני אומייה די ישמעון |

## ביעה *n.* egg [96]

|  |  | |  |  |  |  |
|---|---|---|---|---|---|---|
| 001 | ביעין | p abs | Dt22:06M | גוזלייה או על | בעייה/ביעין#2#/ | לא תסבון אמהתה עם |
| 002 | | | Dt22:06M | ארעא גוזלין או | בעיין/ביעין#2#/ | ואמהון/<ואמ>התה#2#/ |
| 003 | בעיין | | Dt22:06 | או על ארעא גוזלין או | בעיין | ואמהון רביעה על גוזלייה |
| 004 | בעייה | p em/sf | Dt22:06 | רביעה על גוזלייה או על | בעייה | לא תסבון אמהתה עם בנייה: |

## ביצה *n.* swamp [97]

|  |  | |  |  |  |  |
|---|---|---|---|---|---|---|
| 001 | ביציה | p em/sf | Ex 8:01 | על נהריא ועל שקיא ועל | ביציה | ואסק ית ארדעניא על ארעא |
| 002 | ביציהון | | Ex 7:19 | ועל מבועיהון ועל | ביציהון | ועל כל בית כנישת{א} |

## ביר 2# *n.* well [101]

|  |  | |  |  |  |  |
|---|---|---|---|---|---|---|
| 001 | בא׳ | s ab/cn | Gn26:19 | בנחלה ואשכחו תמן | בא<׳> | מיין דמבוע: |
| 002 | באר | | Gn26:25 | וחפרו תמן עבדוי דיצחק | באר: | |
| 003 | | | Gn21:19 | ופקח ייי ית עיינה וחמת | באר | דמיין ואזלת ומלת ית זיקא |
| 004 | | | Gn26:21 | וחפרו | באר | חורי ואדינו אף עלה וקרא |
| 005 | | | Gn26:22 | ואסתלק מן תמן וחפר | באר | חורי ולא אדינו עליה וקרא |
| 006 | באירא | s em/sf | Gn21:25M | אבימלך על עיסק | בירא/באירא#2#/ | דמיא דגזלו עבדוי |
| 007 | | | Nu21:06M | מן ימא אסקית להון | באירא | מן תהומא |
| 008 | באירה | | Nu21:20M | עמיקתה אתגנזת מנהון | באירה | דאית בתחומיהון דמואבאי |
| 009 | | | Nu21:16M | ייי /סלקית באירה היא | באירה | די אמ׳ מימריה דייי#2#/ |
| 010 | | | Nu21:16M | די אמר ייי /סלקית | באירה | היא באירה די אמ׳ מימריה |
| 011 | | | Nu21:17M | חדה#2#/ סוקי | \בירא/באירה | סוקי באירה#2#/ הוון |
| 012 | | | Nu21:01M | מרים נביאתה ואתגנזת | באירה | עני ואמ׳ לעמא עבדי קרבה |
| 013 | | | Nu21:17M | \בירא/באירה סוקי | באירה#2#/ | הוון/הור#2#/ מזמרין |
| 014 | באר׳ | | Gn16:14 | בגין כדן קרא לבארה | באר׳ | דאתגלי עלה קיים כל עלמייא |
| 015 | | | Dt32:10 | מנה מן שמיא אסק להון | באר׳ | מן תהומה ואגיז להון סלוי |
| 016 | בארא | | Gn24:11 | לבר מן קרת«א» על | בארא | דמיא לעדוני רמשא בשעתא |
| 017 | בארה | | Ex 2:15 | דמדין ויתב לה על | בארה: | |
| 018 | | | Gn29:02 | וחמה והא | בארה | באפיה ברה והא תמן תלתא |
| 019 | | | Gn26:15M | וכל | בארייא^בירוותא#2#/בארה#2#/ | דחפרו עבדוי |
| 020 | | | Gn21:30 | לי לסהדו ארום חפירית ית | בארה | הדא: |
| 021 | | | Gn29:02 | דען רביעין עלה ארום מן | בארה | ההוא ישקון עדריא ואבנא רבא |
| 022 | | | Gn31:22 | דלבן למשקיה ענה מן | בארה | ולא יכלו ואמתינו תרין תלתא |
| 023 | | | Gn28:10 | מעלוי פומא דבארה ספת | בארה | וסליקת באפוי והוות טייפה |
| 024 | בירא | | Nu21:18 | | בירא | דחפרו ית<ה> רברבני עלמא מן |
| 025 | | | Nu21:16 | אתיהבת להון בירה היא | בירא | די אמר ייי לאהרן ולמשה |
| 026 | | | Gn21:25 | ית אבימלך על עיסק | בירא | דמיא דגזלו עבדוי דאבימלך: |
| 027 | | | Nu21:17 | שירת תושבחתה הדה סוקי | בירא | הוון מזמרין ליה והיא סלקא: |
| 028 | | | Gn47:24M | /לכון לזרועא באפי | בירא#2#/ | ולמזוניכון ולתפניק |
| 029 | | | Nu21:06 | מנא מן שמייא ואסקת להון | בירא | מן תהומא ואגיזת להון סלווי |
| 030 | | | Nu21:19 | ומן דאתיהיבת להון | בירא | מתנה חזרת למהווי להון |
| 031 | | | Gn31:22M | מיא סיפין מ{יא}<ן> על | בירא | עשרין שנין |
| 032 | בירה | | Nu21:16 | ומן תמן אתיהבת להון | בירה | היא בירא די אמר ייי לאהרן |
| 033 | | | Nu21:01 | נביאתה דבזכותה הוות | בירה | סלקה להון ארום מטון ישראל |
| 034 | בבארה | | Gn25:11 | יצחק ברה ויתב יצחק | בבארה | דאתגלי עלה קיים כל עלמיא: |
| 035 | | | Gn29:03 | ית אבנא על פמה | בבארה | לאתרה: |
| 036 | דבאירה | | Gn26:32 | ותניאו ליה על עסק | דבאירה | דחפרו ואמרן להׄ אשכחנן |
| 037 | דבארה | | Gn29:02 | ואבנא רבא על פימ«ה» | דבארה: | |
| 038 | | | Gn26:20 | דינן אנן מיא וקרא שמה | דבארה | עשק ארום אתעשקו עמיה: |
| 039 | | | Gn29:10 | ית אבנא מעלוי פימא | דבארה | ואשקי ית ענה דלבן אחוי |
| 040 | | | Gn28:10 | יתה מעלוי פומא | דבארה | ולא הוון יכלין כיון דאתא |
| 041 | | | Gn29:03 | ית אבנא מעילוי פמא | דבארה | ומשקין ית ענא ומחזירין ית |
| 042 | | | Gn29:08 | ית אבנא מעלוי פמה | דבארה | ונשקי ית ענא: |
| 043 | | | Gn28:10 | ית אבנא מעלוי פומא | דבארה | ספת בארה וסליקת באפוי |
| 044 | דבירה | | Dt 2:06 | מזבון מן לוותהון | דבירה | דמיא סלקא עמכון לראשי |
| 045 | ובירה | | Nu12:16 | ליגיונין ועננֵי איקרה | ובירה | לא הוון זייעין ולא נטלין |
| 046 | לבאורה | | Gn16:14M | בגין כדן קרא | לבארה/לבאורה#2#/ | באר׳ דאתגלי עלה |
| 047 | לבאירה | | Gn24:11M | קרת«א» \על | בארא/לבאירה#2#/ | דמיא לעדוני/לעדן#2# |
| 048 | | | Gn24:20 | לגו מורכיון ורהטת תוב | לבאירה | למימלי ומלת לכל גמלוי: |
| 049 | לבארה | | Gn26:33 | בגין כדן שמה דקרא | לבארה | באר שבע עד זמן יומא |

050 Gn16:14 בגין כדן קרא לבארה באר׳ דאתגלי עלה קיים כל
051 Gn24:62 מן בית מקדשא דשם רבה לבארה דאתגלי עלי קיים כל עלמא
052 בארין p abs Gn14:10 ומיש׳ פרדסיה בארין בארין מליין חמר ועקרו
053 Gn14:10 ומיש׳ פרדסיה בארין בארין מליין חמר ועקרו מלכא
054 בירוון Gn14:10M פרדסיה \בארין בארין /בירוון#2#/ מליין חמר
055 Gn14:10M בארין /בירוון בירוון#2#/ מליין חמר ועקרו מלכא
056 באירוותה p em/sf Dt10:06M ישראל נטלו מן ברייה/באירוותה#2#/ דיעקן למוסרה תמן
057 בארייא Gn26:15 וכל בארייא דחפרו עבדוי דאבוי סתמו
058 באריתא Gn26:18 וחזר יצחק וחפר ית בארייתא דמיא די חפרו בימוי
059 בארינן Gn29:22 הדין שרי בינינן באר«י»נן לא חסרו ובית שקותן
060 בירוותא Gn26:15M וכל בארייא^בירוותא#2#^/בארה#2#/ דחפרו עבדוי
061 ברייה Dt10:06 ובני ישראל נטלו מן ברייה דיעקן למוסרה תמן אתכנש
062 Lv16:01M "קרבן ... די לא": אשה ברייה קדם ייי מה די לא

## ביר #2 *n.* ⇐ בר

## בירול *n.* beryll (pl. tant.) [102]

001 וברולין s ab/cn Ex28:19 תליתיא לשם זוזין וברולין וזמרגדין וכתיב ומפרש
002 וירולין Ex39:12 תליתיה לשם זוזין וירולין וזמרגדין וכתב ומפרש
003 ווילולין p abs Ex39:12M זוזין וירולין^<וירו>לון#2#^/ווילולין#2#/ וזמרגדין
004 וירולון Ex39:12M זוזין וירולין^<וירו>לון#2#^/ווילולין#2#/ וזמרגדין

## ביש *adj.* evil [102]

001 באיש s ab/cn Nu22:34M בארחא וכדון אין ביש/באיש#2#/ באפך אחזור לאתריה:
002 ביש Gn24:50 לא נכל לממללא עמך טב או ביש:
003 Gn31:24 תמלל עם יעקב מן טב עד ביש:
004 Gn31:29 עם יעקב מן טב ועד ביש:
005 Dt23:10M מכל \מילה בישה/פתגם ביש#2#/:
006 Gn24:50M לית אנה יכיל למללא עמך ביש או טב#2#/:
007 Gn19:08M ארום בגין /כל מן דעם ביש ארום מן בגין כדן#2#/ אתון
008 Dt17:01M \מילה דפסילה/פתגם ביש#2#/ ארום מה דסני ומרחק קדם
009 Ex 5:21 וידון די אסבתון ית שמן ביש באפי פרעה ובאפוי שליטוי
010 Nu22:34 בארחא וכדון אין ביש באפך אחזור לאתריה:
011 Lv27:10 ישל<ח>ף יתיה טב בביש או ביש בטב ואן מפרגה יפרג בעיר
012 Nu11:01 והוה עמה כמתרעמין הגין ביש במשמעה דייי ושמע קדם ייי
013 Dt 2:28M ונשתון להוד לית פתגם ביש ברגליין
014 Nu20:19M לית \מלא בישה/פתגם ביש#2#/ ברגלינן אנן עברין:
015 Gn40:18 את רב נחתומי׳ תקבל אגר ביש דחלמת חלמא הדין ופתרוניה
016 Gn26:29M אין תעבד עמן בישא/ביש#2#/ היך מה דלא קריבנן לך
017 Lv27:14 יתה כהנה בין טב ובין ביש היך מה די יעלי יתיה כהנה
018 Dt22:14M עלה/עליה#2#/ שם ביש/ביש#2#/ ויימר ית אתתה הדה
019 Dt24:05 ולא יעבר עלוי כל מן דעם ביש זכיי מזמן יהווי לביתיה
020 Gn48:16M די פרק יתי מן כל עקא/ביש#2#/ יברך ית טליא ויתקרי
021 Gn 6:05 לבהון לח{ז}י<ד> הגיין ביש כל יומא:
022 Lv27:12 כהנה יתיה בין טב ובין ביש כעלויה דכהנה כדין יהווי:
023 Dt15:21 מום חגיר או סמי כל מום ביש לא תקרבון יתיה קדם ייי
024 Ex32:25 דאהרן קנון להון שם ביש לדרי דרין:
025 Gn37:02 יוסף ית סבהון דאחוי ביש לוות אבוהון:
026 Dt22:26 לא תעבדון כל מן דעם ביש לית לרביתה סדר דין דקטולין
027 Dt22:26M ולטליתה לא תעבד פתגם ביש לית לטליתה חובה דקטולה
028 Gn 8:21 דבני אנשא לה{ו}ן הגיין ביש מן טליותיהון ולא אוסף תוב
029 Nu14:36 עלוי כל כנשתה למפקה טבה ביש על ארעא:
030 Nu14:37 ומיתו גובריה מפקי טבה ביש על ארעא במגפתה קדם ייי:

031 Dt22:19 דרביתה ארום אפיק שום ביש על בתולתה ברת ישראל וליה
032 Gn34:30 אבאשתון לי למיסבא שמי ביש קדם דיירי ארעא בכנעניי
033 ביש׳ Nu13:32M ואפקו טיבה \ביש#2#/ דארעא די ילילו יתה קדם
034 בישא Gn37:33 הדא פרגודא דברי חיוה בישא אכלת יתה קטולין אתקטל
035 Gn40:18 ועתיד פרעה למגזר גזרן בישא על ישראל ורמי בניהון
036 בישה Dt23:10 ותזדהרון מכל מילה בישה:
037 Nu20:19 זבוניהון לחוד לית מלא בישה ברגלינן אנן עברין:
038 Nu13:19 שריין בה הא טבה היא או בישה ומה קרייתה די אינון שריין
039 בביש Lv27:10 לא ישל<ח>ף יתיה טב בביש או ביש בטב ואן מפרגה יפרג
040 לביש Gn 2:09 מנה ידע למפרשה בין טב לביש:
041 Gn 3:05 ידעין למפרשה בין טב לביש:
042 Gn31:52M וית קיימתה הדא למבאשא/לביש#2#/:
043 Gn 3:22 דידעה למפרשה בין טב לביש אילו נטר מצוותה דאוריתא
044 Dt 1:39 הדין למפרשה בין טב לביש אינון ייעלון לתמן
045 Lv27:33 לא יפשפש בין טב לביש ולא יפרג יתיה ואין מפרגה
046 ביש׳ s em/sf Gn 5:29 דן ינחם יתן מן עבדינן ביש׳ ומן גזל ידינן מן ארעא די
047 בישא Ex33:04 ושמע{ן}<ו> עמא ית פתגמא בישא הדין ואתאבלון ולא שוון גבר
048 Gn26:29 אין תעבד עמן בישא היך מה דלא קריבנן לך
049 Gn 4:07 רשות{(ה)}«א» דיצרה בישא ואת תהוי שלט בה בין לימזכי
050 Gn38:25 מכלותא טבא בין מכלותא בישא וטובוי כל אנש דמגלי עובדוי
051 Lv 9:06M תעבדון אע{ר}<ד>ו יצרה בישא מן ליבכון ומן יד יתגלי
052 Nu24:13 מימרה דייי למעבד טבא או בישא מן דעתי ית מה די ימליל ייי
053 Gn47:21 וית עמא מלשנה לשנה בישא עבר יתהון יוסף ואגלי
054 בישה Dt19:20M \בישה הדין /הדה מן בישה#2#/ ביניכון:
055 Nu13:32 חמינן בגווה מרי עיינן בישה גברין דמשיחה:
056 Dt31:21 ארום גלי קדמי יצרהון בישה דאינון עבדין יומא הדין
057 Nu20:05 מצרים למיעל יתן לאתרה בישה הדין לא אתר שפר לבית זרע
058 Dt 1:35 יחמי גבר בעמא האלין דרה בישה הדין ית ארעא טבתה דקיימת
059 Dt13:12 יוסיפון למעבד כפיתגמא בישה הדין ביניכון:
060 Dt17:05 ההיא די עבדו ית פתגמא בישה הדין לגו קורייכון ית גוברא
061 Dt19:20 יוספון למעבד תוב כפתגמא בישה הדין ביניכון:
062 Dt28:35 יתכון ״ייי#2#״ בשחנה בישה על ברכייה ועל שקייה די לא
063 Ex32:22M ארום דברא בישה שלטה {בישה שלטה} ביה והוא
064 Ex32:22M ארום דברא בישה שלטה {בישה שלטה} ביה והוא גרם ליה
065 בישתה Nu14:27 עד אימת לכנישתה בישתה הדה די אינון מתרעמין
066 Nu14:35 לא דא אעבד לכל כנשתה בישתה הדה די אתרעמו קדמי«י»
067 Dt 1:35M האליין#2#/ דרה בישה/<ביש>תה#2#/ הדין ית ארעא טבתה
068 Nu16:01M ונסיבו עיצה בישתה ואיתקוטטו קרח
069 Lv26:06M רשות חיותה בישתה מן
070 Nu32:13M \מה דשני ומרחק קדם בישתה/ קודם#2#/ ייי:
071 בשתא Gn37:20 מן גוביא ונימר חיותא בשתא אכלת יתיה ונחמי מה יהווי
072 בושן p abs Gn50:20M ייי אתחשבן לטבן בושן/ ממריה דייי חשב יתיה לטב
073 ביש׳ Dt28:61M לחוד/להוד#2#/ כל בושין/ביש#2#/ וכל מכתשין/מחין#2#/
074 בישין Gn40:06 וחמה יתהון והא אפיהון בישין:
075 Gn40:18M מצרי׳ גזר גזירין בישין:
076 Dt32:41 דעמי אשלם להון גמלין בישין:
077 Ex32:22 את חכם ית עמא ארום בישין אינון:
078 Gn13:13 ועמה דסדם בישין גבר לחבריה וחייבין בגילוי
079 Gn21:08M לאברהם עבד עובדין \בישין#2#/ \די לא/^דלא#2#/^
080 Gn 6:03M עד דהנון בשר עובדין בישין הא יהבת לכון ארכא מא׳
081 Gn 6:03 דאינון בשר ועובדיהון בישין הא יהבית לכון ארכא מאה
082 Lv26:29M "קשיין ... לאבהתן": בישין הנון חובייה ומה מרירין
083 Dt28:59 בישן והיימנין ובושין בישין והיימנין:
084 Dt 7:15 ויעבר ייי מנכון כל בישין וכל מכתשיהון דמצריי

|  |  |  |  |  |  |  |
|---|---|---|---|---|---|---|
| 085 | | | Dt32:32 | דעמורה עבדיהון עבדין | בישין | וכעובדהון בישיה מתפרע |
| 086 | | | Dt28:59M | רברבן וקשיטן ובושין | בישין | וקשיטין |
| 087 | | | Gn38:07 | דיהודה עבד עובדין | בישין | קדם ייי ומית במימר מן קדם |
| 088 | בישן | | Gn41:19 | בכל ארעא דמצרים | בישן: | |
| 089 | | | Nu13:32M | גברין דמיכלן | בישן | |
| 090 | | | Dt32:28 | ארום אומה אבידי עיצן | בישן | אינון ולית בהון שוכלתנו: |
| 091 | | | Gn28:08 | וחמה עשו ארום | בישן | אנון בנתהון דכנענאי באפוי |
| 092 | | | Nu13:32M | תמן מרי עי"#2#/ | בישה/<בי>שן#2#/ | גברין דמשיחה: |
| 093 | | | Dt28:59 | וית מחוות בניכון מחוון | בישין | והימנין ובושין בישין |
| 094 | | | Dt22:14 | דמילין ויפק עלה שם | בישן | ויימר ית אתתה הדה נסבית |
| 095 | | | Dt18:11 | וחברי חבורן | בישן | ושאלי אובה ומסקי זכורון |
| 096 | | | Dt32:24 | גוב ומרווחי רווחן | בישן | ושן ארבעתי מלכוותה דמתילן |
| 097 | | | Ex 1:10 | איתון ונסב עליהון עצן | בישן | ידון דינין נזער יתהון |
| 098 | | | Gn40:07 | למימר מן בגלל מן אפיכון | בישין | יומא הדין: |
| 099 | | | Gn41:03 | סלקין בתריהון מנהרא | בישין | למיחמי וחסין בבשריהון וקמו |
| 100 | | | Dt13:14 | נפקו גברין בני עיצן | בישין | מן ביניכון ואטעון ית דיירי |
| 101 | | | Gn15:11 | כד יהוון עייצין עצן | בישין | על דבית ישראל בזכוותיה |
| 102 | דבישין | | Gn41:04 | ואכלין תורייא | דבישין | למיחמי וחסין בבשריהון ית |
| 103 | ובישין | | Dt 6:22 | אתין וסימנין רברבין | ובישין | במצרים בפרעה ובכל |
| 104 | | | Gn47:09 | ותלתין שנין קלילין | ובישין | הוון יומי שני חיי ולא |
| 105 | ובישן | | Gn41:19 | סלקן בתרהון דלילן | ובישן | מחמי לחדא וחסיין בבשרהון |
| 106 | בישיא | p em/sf | Gn35:09 | אלפת יתן למבקרא ית | בישיא | מן אבונן אברהם צדיקא כד |
| 107 | בישיה | | Dt31:29M | ותארע יתכון | בישתה/בישיה#2#/ | בסוף עקב יומייא |
| 108 | | | Ex15:26 | כל קיימוי כל מכתשיה | בישיה | דאייתת למצרייה לא אשוי |
| 109 | | | Dt28:20 | בופריע מן קדם עובדיכון | בישיה | די שבקתון אולפן אורייתי: |
| 110 | | | Dt29:21 | מחוותה דארעא ההיא וית | בישיה | די יגרי ייי בה: |
| 111 | | | Dt32:32 | עבדין בישין וכעובדהון | בישיה | מתפרע מינהון: |
| 112 | בישייא | | Gn18:21 | דלמא דלית עבדיהון | בישייא | גליין קדמי הא אינון קדמי |
| 113 | | | Dt 7:15 | וכל מכתשיהון דמצריי | בישייא | די חכמתון לא ישוי יתהון |
| 114 | | | Ex23:25 | מייכון ויעבר מכתושייה | בישייא | מן ביניכון: |
| 115 | ובאישתא | | Gn41:27 | ושבעתי תורייה חסיתה | ובאישתא | דסלקן בתריהון שבע שנין |
| 116 | ובישתא | | Gn41:20 | ואכלין תוריא חסיתא | ובישתא | ית שבעתי תוריא קדמייתא |

[102]

## evil *n.* בישה

|  |  |  |  |  |  |  |
|---|---|---|---|---|---|---|
| 001 | בישה | s ab/cn | Dt24:07M | ותבערון עבדי | בישתה/בישה#2#/ | מן ביניכון: |
| 002 | בישתא | s em/sf | Gn50:15 | ומחזרא יחזר לן ית כל | בישתא | די גמלנן יתיה: |
| 003 | | | Ex32:12 | ויהוי תהו קדמך על | בישתא | די אמרת למיתי על עמך: |
| 004 | | | Ex32:14 | והוה תהו מן קדם ייי על | בישתא | די אמר למייתיה על עמא: |
| 005 | | | Ex 4:19 | גובריא דהוון תבעין ית | בישתא | דנפשך: |
| 006 | | | Gn50:19M | /ארום מיני חסלת | בישתא | דעבד"#2#/ לי הלא קדם ייי |
| 007 | | | Gn50:19 | מני הוא משלמה לכון | בישתא | דעבדתון לי הלא קדם ייי |
| 008 | | | Gn19:19 | לטורא דלא תארע יתי | בישתא | ואמות: |
| 009 | | | Ex10:10 | וית טפלכון חמון ארום | בישתא | כל קביל אפיכון: |
| 010 | | | Dt17:12 | גברא ההוא ותבערון עבדי | בישתא | מישראל: |
| 011 | | | Gn49:23 | דמצראי וחכימיהון אמרו | בישתא | קדם רבונהון ואכלו קרצוהי |
| 012 | | | Gn39:09 | והיכדין אעבד | בישתא | רבתא הדא ואחטי קדם אלהי: |
| 013 | בישתה | | Dt31:29 | פקדת יתכון ותארע יתכון | בישתה | בסוף עקב יומייא ארום |
| 014 | | | Dt31:18 | רעותי ביומ' ההוא על כל | בישתה | די עבדו די סטון בתר טעוון |
| 015 | | | Dt22:22 | ואתתה ותבערון עבדי | בישתה | מן ישראל: |
| 016 | | | Dt13:06 | בה ותעב{ד}<ר>ון עבדי | בישתה | מן ביניכון: |
| 017 | | | Dt17:07 | באחרייתה ותבערון עבדי | בישתה | מן ביניכון: |
| 018 | | | Dt19:19 | לאחוי ותבערון עבדי | בישתה | מן ביניכון: |
| 019 | | | Dt21:21 | וימות ותבערון עבדי | בישתה | מן ביניכון וכל ישראל |
| 020 | | | Dt22:21 | דאבוה ותבערון עבדי | בישתה | מן ביניכון: |
| 021 | | | Dt22:24 | דחברה ותבערון עבדי | בישתה | מן ביניכון: |
| 022 | | | Dt24:07 | גנבה ההוא ותבערון עבדי | בישתה | מן ביניכון: |
| 023 | בישתהון | | Gn 6:05 | וגלי קדם ייי ארום סגת | בישתהון | דבני אנשא בארעא וכל יצר |
| 024 | בשתה | | Nu35:23 | לא הוה שני ליה ולא תבע | בשתה | דנפשיה: |
| 025 | בבישתא | | Gn44:34 | לית הוא עמי דלא אחמי | בבישתא | די יארע ית אבה: |
| 026 | בבישתיה | | Nu35:23M | ולא תבע \בשתה | דנפשיה/בבישתיה#2#/: | |
| 027 | בבשתהון | | Nu11:15 | באפ«י»ך ולא אחמי | בבשתהון | דעמך: |
| 028 | לבישתה | | Dt29:20 | ויפרש יתיה ייי | לבישתה | מן כל שבטיה דישראל ככל |
| 029 | בישן | p abs | Dt32:23 | במימרי למייתייה עליהון | בישן | גירי מחוות פורענותי אגרה |
| 030 | | | Gn50:17 | דאחך ולחוביהון ארום | בישן | גמלו יתך וכדון שרי כען |
| 031 | | | Gn44:04 | להון למה כען שלמתון | בישן | חלף טבן: |
| 032 | | | Gn50:20 | ואתון חשבתון עליי | בישן | מן קדם ייי אתחשבן לטבן |
| 033 | | | Dt31:17 | למזון ויארעון יתהון | בישן | סגין ועקין וייאמרון ביומה |
| 034 | | | Dt31:21 | ויהוי ארום יארעון יתהון | בישן | סגין ועקין ותענה שבח שירתה |
| 035 | בישתה | p em/sf | Dt31:17 | שרייה בינינן ארעון יתן | בישתה | האליין: |

*n.* בשר **See also:**

[102]

## evil *n.* בישו

|  |  |  |  |  |  |  |
|---|---|---|---|---|---|---|
| 001 | בישותה | p em/sf | Dt30:15M | דמייתין בה רשיעיה וית | בישותה | דגיהינם |

בית *n.* ⇐ ביי

[92]

## father's house *n.* בית אב

|  |  |  |  |  |  |  |
|---|---|---|---|---|---|---|
| 001 | בית אב | s ab/cn | Nu17:17M | חוטר חוטר#2#/ | לבית אבה/אב#2#/ | מן לוות כל |
| 002 | בית אבא | s em/sf | Nu 3:24 | ורב | בית אבא | דשבטה דבנוי דגרשני |
| 003 | בית אבה | | Nu 3:30 | ורב | בית אבה | דבנוי דקהתי אליצפן בר |
| 004 | | | Nu25:14 | זמרי בן סלוא רב | בית אבה | דבנוי דשמעוני: |
| 005 | | | Nu 3:35 | ורב | בית אבה | זרעייתה דבנוי דמררי |
| 006 | בית אבהתהון | | Nu17:18 | דלוי ארום חטר לריש | בית אבהתהון: | |
| 007 | | | Nu 7:02M | \דישראל ראשי | בית אבהתהון | אנון רברבני#2#/ שבטיה |
| 008 | בית אבהתיה | | Nu 2:34M | לבית אבהתיה/על | בית< אבהתיה>#2#/: | |
| 009 | בית אבתהון | | Ex 6:14 | אליין רישי{ה} | בית אבתהון | בנוי דראובן בוכרי |
| 010 | דבית אבה | | Gn44:19 | דלמה דהא גבורתא מן | דבית אבה | היא ודן חיילא רבא על |
| 011 | | | Nu 3:24M | בית אבא דשבטה /ורבה | דבית אבה | מן שב"#2#/ דבנוי |
| 012 | ובית אבא | | Gn38:25 | דאתי וקבילו מיני אחי | ובית אבא | במכלותא דאינש מיכל בה |
| 013 | לבית אבה | | Nu25:15 | ברת צור ריש אומין | לבית אבה | במדין הוא: |
| 014 | | | Nu17:17 | וקבל מלוותהון חטר חטר | לבית אבה | מן לוות כל רברבניהון |
| 015 | לבית אבהתה | | Nu 1:04 | גבר מכל שבט גבר ראש | לבית אבהתה | הוא: |
| 016 | לבית אבהתהון | | Nu 3:20 | זרעייתהון דלוי | לבית אבהתהון: | |
| 017 | | | Nu 4:02 | דלוי לזרעייתהון | לבית אבהתהון: | |
| 018 | | | Nu 4:34 | דקהתי לזרעייתהון | לבית אבהתהון: | |
| 019 | | | Nu 4:38 | לזרעייתהון | לבית אבהתהון: | |
| 020 | | | Nu 4:42 | דמררי לזרעייתהון | לבית אבהתהון: | |
| 021 | | | Nu 4:46 | ליוויי לזרעייתהון | לבית אבהתהון: | |
| 022 | | | Nu 1:02 | ישראל לזרעייתהון | לבית אבהתהון | במניין שמהן כל דוכרא |
| 023 | | | Nu 1:18 | על זרעייתהון | לבית אבהתהון | במניין שמהן מן בר |
| 024 | | | Nu 1:20 | לזרעייתהון | לבית אבהתהון | במניין שמהן לגולגלתהון |
| 025 | | | Nu 1:24 | לזרעייתהון | לבית אבהתהון | במניין שמהן מן בר |
| 026 | | | Nu 1:26 | לזרעייתהון | לבית אבהתהון | במניין שמהן מן בר |
| 027 | | | Nu 1:28 | ישׂשכר יחוסיהון | לבית אבהתהון | במניין שמהן מן בר |
| 028 | | | Nu 1:30 | לזרעייתהון | לבית אבהתהון | במניין שמהן מן בר |
| 029 | | | Nu 1:32 | לזרעייתהון | לבית אבהתהון | «במניין שמהן» מן בר |
| 030 | | | Nu 1:34 | לזרעייתהון | לבית אבהתהון | במניין שמהן מן בר |

031 Nu 1:36 לזרעייתהון לבית אבהתהון במניין שמהן מן בר
032 Nu 1:38 לזרעייתהון לבית אבהתהון במניין שמהן מן בר
033 Nu 1:40 לזרעייתהון לבית אבהתהון במניין שמהן מן בר
034 Nu 1:42 לזרעייתהון לבית אבהתהון במניין שמהן מן בר
035 Nu 1:44 גברין גבר ראש לבית אבהתהון הוו:
036 Nu34:14 ושבטה דבנוי דגד לבית אבהתהון ופלגות שבטה דמנשה
037 Nu34:14 שבטה דבנוי דראובן לבית אבהתהון ושבטה דבנוי דגד
038 Nu 2:02 גבר על טכסיה באתיין לבית אבהתהון ישרון בני ישראל מן
039 Nu26:02 עשרין שנין ולעיל לבית אבהתהון כל נפקי קרבה בישראל:
040 Nu 3:15 סכום ית בנוי דלוי לבית אבהתהון לזרעייתהון כל דכורה מן
041 Nu 4:22 דגרשון אוף אינון לבית אבהתהון לזרעייתהון:
042 Nu 1:45 סכומיה דבני ישראל לבית אבהתהון מן בר עשרין <שנין>
043 Nu 1:22 לזרעייתהון לבית אבהתהון סכומי במניין שמהן
044 Nu 2:32 סכומיה דבני ישראל לבית אבהתהון סכומי משריתה
045 Nu 4:29 דמררי לזרעייתהון לבית אבהתהון תסכום יתהון:
046 Nu 4:40 לזרעייתהון לבית אבהתהון תרין אלפין ושית מאוון
047 Nu17:17 כל רברבניהון לבית אבהתהון תרין עשר חוטרין גבר ית
048 Nu17:21 לרב חד חטר לרב חד לבית אבהתהון תרין עשר חטרין וחטרה
049 לבית אבהתהון Nu 2:02M באתיין לבית אבהתהון/אבהתון#2#/ ישרון בני
050 לבית אבהתיה Nu 2:34 נטלו גבר לזרעייתיה לבית אבהתיה:
051 לבית אבהתם Ex12:03 לכון גבר אימר לבית אבה{ה}תם אמר לכל בייתה:

## בית אבתותה ⇐ n. אבתו

## בית אולפן n. school

[93]

001 s ab/cn בבית אולפנה Ex40:20M קיימין על את בבית אולפנה הנון לוחי קיימה לוחי
002 בית אלפנה Ex33:11M לא עדי מגו משכן בית אלפנה#2#/:

## בית אחסנו n. inherited territory

[93]

001 s em/sf בית אחסנותך Ex15:17 ותאחסן יתהון בטור בית אחסנותך אתר מוזמן בית שכינה לך
002 p em/sf בבתי אחסנות' Lv14:34M ארעא אחסנתכון /בבתי אחסנותכון#2#/:

## בית אפין n. forehead

[93]

001 em/sf בית אפוי Ex28:38 מתנת קדשהון ויהווי על בית אפוי בתדירא לרעוא עליהון קדם
002 Ex28:38 ויהווי על בית אפוי דאהרן ויטען אהרן ית
003 בית אפי Ex28:38M ויהווי על בית אפוי/<בית >אפי#2#/ דאהרן ויטען
004 בית אפיה Gn24:47 מלכה ושית קדשה על בית אפיה ושריה על ידה:
005 בית אפיכון Dt11:18 ויהוון לתפילין על בית אפיכון:
006 Dt 6:08 ויהוון לתפילין על בית אפיכון:
007 Ex13:16 ולדוכרן טב על בית אפיכון ארום ביד תקיפא אפק יתן
008 Ex20:20 דתיהוי דחלתה דייי על בית אפיכון ולא תיחטון:
009 Ex13:09 ולדוכרן טב על בית אפיכון מן בגלל דתיהוי אוריתא
010 Dt14:01 ולא תשוון רשום על בית אפיכון על נפש דמית:

## בית בהתה n. genital area

[93]

001 s em/sf בבית בהתתיה Dt25:11 ותפשוט ידה ותתוקף בבית בהתתיה:

## בית גירין n. quiver

[93]

001 p em/sf בית גיריך Gn27:03 סב כען מני זינך בית ג{ו}<י>ריך וקשתיך ופק לאפיה ברא

## בית דבוק n. junction

[93]

001 s em/sf בדבוקה Ex26:10M דיריעתא בבית דבוקה/בדבוקה#2#/ תניינא:
002 בדיבוקה Ex26:10M בריתה בבית דבוק«ה»/בדיבוקה#2#/ וחמשין ענבין
003 בית דבוקה Ex39:20 מן כל קבל אפוי לקבל בית דבוקה לעיל מן המיינה דאפדה:
004 Ex28:27 מן כל וקבל אפוי לקבל בית דבוקה מלעיל להמיינה דאפודא:
005 בבית דבוקה Ex26:10 חדתה בריתה בבית דבוק«ה» וחמשין ענבין תעבד על
006 Ex36:17 סטרין דיריעתה בריתה בבית דבוקה וחמשין ענבין עבד על
007 Ex26:04 דיריעתה חדתה בריתה בבית דבוקה וכן תעבד בסטרא דיריעתה
008 Ex36:11 דיריעתה חדה בריתה בבית דבוקה כן עבד בסיטרה די יריעתה
009 Ex26:04 בסטרא דיריעתה בריתה בבית דבוקה תניינא:
010 Ex26:10 על סטרא דיריעתא בבית דבוקה תניינא:
011 Ex36:11 די יריעתה בריתה בבית דבוקה תניינא:
012 Ex36:17 עבד על סטרה דיריעתה בבית דבוקה תניינא:
013 בבית דיבוקה Ex36:12 בסיטרה דיריעתה די בבית דיבוקה תניינה מכוונן הוון
014 דבבית דבוקה Ex26:05 בסיטרא דיריעתא דבבית דבוקה תניינא מכוונן יהוון

## בית דין n. court

[93]

001 s em/sf בית דינ' Ex21:06M או למזוזיית' /לתרע בית דינ' או לחד מן מזוזייתא#2#/
002 בית דינה Dt21:19 חכימי קרתה ולתרע בית דינה:
003 Dt22:15 לוות חכימי קרתה לתרע בית דינה:
004 Dt15:17 ותתן באדניה ובתרע בית דינה ויהווי לך עבד משעבד
005 Dt25:07 ותסק יבמתיה לתרע בית דינה לחכימיה ותימר סרב יבמי

## בית זרע n. arable land

[93]

001 s ab/cn לבית זרע Nu20:05 בישה הדין לא אתר שפר לבית זרע ולא <ל>מצב {ו}לא תינין

## בית חבוש n. prison

[93]

001 s em/sf בית חבושא Gn40:14 פרעה ותיפוק יתי מן בית חבושא הדין:
002 בית חבישא Gn39:21M חסדא באפיה דרבונא בית חבישא
003 מבית חבישא Gn40:14M יתי\מן בית חבושא/מבית חבישא#2#/ הדין:
004 בבית חבושא Gn39:20 חבושין והוה תמן בבית חבושא:
005 Gn40:15 ארום שוון יתי בבית חבושא:
006 Gn39:22M /חבישא דאית בבית חבושא#2#/ וית כל מה דהוון
007 בבית חבושה Ex12:29 בכורא דשביתא די בבית חבוש«ה» וכל בכורא דבעירא:

## בית חבושי n. prison

[93]

001 s em/sf בית חבושיא Gn41:14 יוסף וארהטו יתיה מן בית חבושיא וספר וחוור לבושוי ועל
002 Gn39:23 לית רב בית חבושיא חמי ית כל מן דעם
003 בית חבושיה Gn39:21 ושוי חנו באפי רב בית חבושיה:
004 Gn39:22 ושוי רב בית חבושיה תחות רשותא דיוסף ית כל
005 בית חבישי' Gn39:22M ושוי רב בית חבושיה/חבישי'#2#/ תחות רשותא
006 בבית חבושי' Gn39:20 יתיה ושוי יתיה בבית חבושי' באתרא דחבישוי דמלכא
007 בבית חבושין Gn40:05 דהוון חבושין בבית חבושין בבית חבושיה:
008 בבית חבושיה Gn40:05 חבושין בבית חבושין בבית חבושיה:
009 Gn40:03 דרב אספקלטוריה בבית חבושיה אתרא די יוסף חביש
010 Gn39:22 ית כל חבושיה די בבית חבושיה וית כל מה דהוון עבדין
011 בבית חבושיכון Gn42:19 אחוכון חרנא יתחבש בבית חבושיכון ואתון אזלו
012 בבית חבישי' Gn40:03M בבית חבושיה/חבישי'#2#/ אתרא די יוסף

## [93] place for burning the sacrifice *n.* בית יקידה

|  |  |  |  |  |  |  |
|---|---|---|---|---|---|---|
| 001 | s em/sf | בית יקידתה | Nu11:03 | משה שמה דאתרה ההוא | בית יקידתה | ארום תמן בערת בהון אשא |
| 002 | | ובבית יקידתה | Dt 9:22 | | ובבית יקידתה | ובניסיונה ובקברי שאלתה |

## [93] synagogue *n.* בית כנישה

|  |  |  |  |  |  |  |
|---|---|---|---|---|---|---|
| 001 | s em/sf | בית כנישתיכון | Dt28:19 | תהוון במעלכון לגו | בית כנישתיכון | ובאפקותכון מן גו |
| 002 | | בית כנישתכון | Dt28:19 | ובאפקותכון מן גו | בית כנישתכון: | |
| 003 | | בית כנשתכון | Dt28:06 | עמי בני במיפקכון מן | בית כנשתכון: | |
| 004 | p em/sf | בבתי כנישותא | Gn30:13 | יתי בנת ישראל | בבתי כנישותא | וקראת ית שמה אשר: |
| 005 | | ובתי כנשתך | Nu24:05M | דבית יעקב | ובתי כנשתך | דבית ישראל |

## [94] dwelling place *n.* בית מדור

|  |  |  |  |  |  |  |
|---|---|---|---|---|---|---|
| 001 | em/sf | בית מדוריכון | Lv23:14 | לדריכון בכל אתר | בית מדוריכון: | |
| 002 | | | Lv23:31 | לדריכון בכל אתר | בית מדוריכון: | |
| 003 | | | Nu35:29 | לדריכון בכל אתר | בית מדוריכון: | |
| 004 | | | Ex35:03 | תבערון אשא בכל אתר | בית מדוריכון | ביום שבתא: |
| 005 | | | Lv 7:26 | לא תאכלון בכל אתר | בית מדוריכון | בעופא ובבעירא: |
| 006 | | | Lv 3:17 | עלם לדריכון בכל אתר | בית מדוריכון | כל תרבה וכל אדם לא |
| 007 | | | Lv23:21 | קים דלעלם בכל אתר | בית מדוריכון | לדריכון: |
| 008 | | | Lv23:17 | מן אתר | בית מדוריכון | תייתון לחם דאנפו תרתין |
| 009 | | | Ex12:20 | לא תאכלון בכל אתר | בית מדוריכון | תיכלון פטירין: |
| 010 | | בית מידוריכון | Nu15:02 | ארום תיעלון בארעא | בית מידוריכון | ד«י»אנה יהב לכון: |

## [94] place for lying down *n.* בית מדמוך

|  |  |  |  |  |  |  |
|---|---|---|---|---|---|---|
| 001 | s ab/cn | בית מדמוך | Lv15:24M | שובעה יומין וכל | בית מד{ב}<מ>וך | |
| 002 | | | Lv15:04M | "מדמך ... דיבה": | בית מדמוך | די {ד}י<ד>מוך עלויי |
| 003 | | | Lv15:23M | ואין על | מדמכה/בית מד{ב}<מ>וך#2#/ | הוא או על מנה |

## [94] house of study *n.* בית מדרש

|  |  |  |  |  |  |  |
|---|---|---|---|---|---|---|
| 001 | s em/sf | בית מדרשכון | Dt28:06M | לגו | בית מדרשכון/בתי< מדרשכון>#2#/ | ובריכין |
| 002 | | בבית מדרשא | Gn25:27M | הוא ומשמש | בבית מדרשא | אולפן דאוריית' |
| 003 | | | Gn25:27M | טבא יתיב ומשמש | בבית מדרשא | דשם ועבר ותבע אולפן |
| 004 | | | Gn25:22M | רחמין מן קדם ייי | בבית מדרשא | של שם רבה |
| 005 | | ובבית מדרשהון | Gn34:31 | דישראל | ובבית מדרשהון | ערלין אתקטלו על עסק |
| 006 | | לבית מדרשא | Gn25:22 | כען לי בנין ואזלת | לבית מדרשא | דשם רבה למתבע רחמין |
| 007 | | | Gn25:22M | מעדייא ואזלת | לבית מדרשא | דשם רבא בעייא ומצליי' |
| 008 | p em/sf | בית מדרשיך | Nu24:05M | מה טבן הנון | בית מדרשיך | דבית יעקב |
| 009 | | בתי מדרשייה | Nu24:05 | יעקב בזכות | ב{ית}<תי> מדרשייה | דשמיש בהון ישראל |
| 010 | | בתי מדרשיכון | Dt28:19M | תהוון במפקכון מן | בתי מדרשיכון | |
| 011 | | בתי מדרשכון | Dt28:06M | לגו | בית מדרשכון/בתי< מדרשכון>#2#/ | ובריכין |
| 012 | | בבית מדרשי | Gn 9:27M | דשם ויהווי | /בבית מדרשי | דשם רבה ויהווי#2#/ |
| 013 | | בבית מדרשיך | Dt17:08M | מלוי <ד>פלוגתא | בבית מדרשיך | |
| 014 | | בבתי מדרשא | Gn25:27 | שלם בעבדא טבא יתיב | בבתי מדרשא: | |
| 015 | | בבתי מדרשייה | Gn30:13M | בנתהון דישראל | בבתי מדרשייה | וקרת#2#/ ית שמה אשר: |
| 016 | | בבתי מדרשיכון | Dt33:18 | ישכר במייתבכון | בבתי מדרשיכון: | |
| 017 | | ובבתי מד' | Gn34:31M | בכנישתיהון | ובמדרשיהון/ובבתי מד#2#/ | {{ערלין}} סאיבו |
| 018 | | לבית מדרשיכון | Dt28:19M | "לגו ... כנישתכון": | לבית מדרשיכון | וליטין תהוון במפקכון |

See also: בית מקדש *n.*

## [94] realm *n.* בית מלכו

|  |  |  |  |  |  |  |
|---|---|---|---|---|---|---|
| 001 | s em/sf | בית מלכותה | Dt 3:10 | ואדרעה קורי | בית מלכותה | דעוג בבותנין: |
| 002 | | בית מלכותא | Nu34:15 | טרכון בית זימרא | בית מלכותא | דסיחון מלכותא דאמוריי |
| 003 | | בית מלכותה | Dt 3:04 | כל תחום טרכונה | בית מלכותה | דעוג ב{כ}<ב>ותנין: |
| 004 | | | Dt 3:10 | ואדרעה קורי | בית מלכותה | דעוג בבותנין: |
| 005 | | | Dt 3:13 | גלעדה וכל בותנין | בית מלכותה | דעוג יהבית לפלגות שבטה |
| 006 | | ובית מלכותא | Nu34:15 | דסיחון מלכותא דאמוריי | ובית מלכותא | דעוג מלכא |

## [94] house of rest *n.* בית מנוחה

|  |  |  |  |  |  |  |
|---|---|---|---|---|---|---|
| 001 | s ab/cn | בית מנוח' | Gn49:15M | /בית מקדש' דאתקרי | בית מנוח#2#/ | ארום טב הוה/הוא#2#/ |

## [94] Temple *n.* בית מקדש

|  |  |  |  |  |  |  |
|---|---|---|---|---|---|---|
| 001 | s ab/cn | בית מקדש | Lv21:12M | ומן | בית מקדשה/<בית >מקדש#2#/ | לא יפוק ולא יפס |
| 002 | s em/sf | בית מוקדשא | Ex 4:27 | ואזל וארע יתיה בטור | בית מוקדשא | דייי ונשק יתיה: |
| 003 | | | Ex25:08 | ויבנו לשמי | בית מוקדש«א» | ואשרי איקר שכינתי |
| 004 | | | Dt33:19 | עמא דבית זבולן לטור | בית מוקדשא | יזדמנון ותמן יקרבון |
| 005 | | בית מוקדשה | Lv26:19M | חייליכון דן הוא | בית מוקדשה | ואשוי ית שמייא דאית |
| 006 | | | Dt33:12 | יומיא ובתחומיה יתבני | בית מוקדשה | ובאחסנתיה תשרי איקר |
| 007 | | | Ex15:17M | ייי | בית מוקדשך/מוקדשה#2#/ | ייי תרתין ידך |
| 008 | | | Dt 1:07 | ארעהון דכנעניי וטור | בית מוקדשה | עד נהרה רבה נהרה דפרת: |
| 009 | | בית מוקדשך | Ex15:17 | שכינה לך אתקנת ייי | בית מוקדשך | ייי תרתין ידך שכללי |
| 010 | | בית מק' | Dt 3:25M | טבה הדין וטור | בית קודשה/מק#2#/: | |
| 011 | | | Nu19:20M | קהלה ארום ית | בית מקדשא/מק#2#/ | דייי סאב מי אדיה |
| 012 | | בית מקדש' | Gn49:15M | וחמא \מן שירויא | /בית מקדש' | דאתקרי בית מנוח#2#/ |
| 013 | | | Gn28:11M | "וצלי ...": וערע | בית מקדש' | ובת תמן ארום טמע שמשה |
| 014 | | בית מקדשא | Gn24:62 | ויצחק הוי אתי מן | בית מקדשא | דשם רבה לבארה דאתגלי |
| 015 | | | Gn28:17M | היכלא מכוון תרע | בית מקדשא | די בשמייא ולית דין |
| 016 | | | Gn28:17M | אתר חול אילהן אתר | בית מקדשא | דייי ודין היכלא מכוון |
| 017 | | | Nu19:20 | מן גו קהלה ארום ית | בית מקדשא | דייי סאב מי אדיה לא |
| 018 | | | Gn27:27 | עלגבי מדבחא בטור | בית מקדשא | הוא טורא ברך יתיה חי |
| 019 | | | Gn22:02M | עתיד די יתבני | בית מקדשא#2#/ | וקרב יתה תמן לעלה על |
| 020 | | בית מקדשה | Lv21:12 | לא יפוק ולא יפס ית | בית מקדשה | דאלהה ארום כליל משה |
| 021 | | | Gn27:27M | עתידין למתקרבה בטור | בית מקדשה | די ברך יתיה ממריה דייי |
| 022 | | | Nu10:33 | ונטלו מטור | בית מקדשה | דייי אורח <....> מהלך |
| 023 | | | Gn49:27 | תקיף בתחומיה יתבניה | בית מקדשה | ובאחסנתיה תשרי איקר |
| 024 | | | Lv16:27 | אדמהון למכפרה לגו | בית מקדשה | יפק לבר מן משריתה |
| 025 | | | Lv21:12 | ומן | בית מקדשה | לא יפוק ולא יפס ית |
| 026 | | | Dt11:24 | יהוי מן מדברה וטור | בית מקדשה | מן נהרא רבה נהרא דפרת |
| 027 | | בית מקדשי | Lv21:23 | מומא בה ולא יפס ית | בית מקדשי | ארום אנה ייי דקדשת |
| 028 | | | Lv15:31 | דלא יסאבון ית | בית מקדשי | דאיקר שכינתיה שריה |
| 029 | | | Lv26:19 | ואחרב ית | בית מקדשי | דהיא תקוף חיילכון ואשוי |
| 030 | | | Lv20:03 | מן בגלל למסאבה ית | בית מקדשי | ולמפס' ית שמי קדשא: |
| 031 | | בית מקדשיכון | Lv26:31 | חרבה ואצדי ית | בית מקדשיכון | ולא אקבל ברעווה בריח |
| 032 | | בית מקדשך | Ex15:17M | ייי דזמנית לך ייי | בית מקדשך | ייי תרתין ידיך שכלליין |
| 033 | | ובבית מקדשי | Lv19:30 | ית שובי קדשיי תטרון | ובבית מקדשי | תהוון מצליין בדחל«ה» |
| 034 | | ובית מקדשי | Lv26:02 | ית שובי קודשוי תטרון | ובית מקדשי | תהוון מצליין בדחלה |
| 035 | | ולבי' מקדש' | Lv12:04 | בכל קדשין לא תקרב | ולבי' מקדש' | לא תיעול עד זמן |
| 036 | | ולבית מוקדשה | Dt12:09M | ולאחסנותה | /ולבית מוקדשה | ולאחסנתה#2#/ דייי |
| 037 | | לבית מוקדשא | Ex23:19 | עללתכון תייתון | לבי{ה}<ת> מוקדשא | דייי אלהכון עמי בני |
| 038 | | לבית מוקדשה | Dt23:19 | אגר דזנו ופרוק כלב | לבית מוקדשה | דייי אלהכון ~לכל נדר |
| 039 | | | Dt12:09M | ":.... ולאחסנותה" | לבית מוקדשה | דמתקרי בית נייחה |
| 040 | | | Dt12:05 | איקר שכינתיה תמן | לבית מוקדשה | תתבעון ותהוון עלין |
| 041 | | לבית מק' | Dt23:19M | כלב | לבית מוקדשה/מק#2#/ | דייי אלהכון ~לכל |

042 לבית מקדשא *Ex34:26* בכורת ארעכון תייתון לבית מקדשא דייי אלהכון עמי בני
043 לבית מקדשה *Lv16:02* <עליל> בכל זמן לבית מקדשה לגו מן {מן} פרכתה לקבל
044 p em/sf בית מקדשיא *Gn28:22* דישווית קיימא יהווי בית מקדשיא לשמה דייי וכל מה דתתן

## בית מרכוב *n.* place on which one sits [מרכוב 331]

001 s ab/cn בית מרכוב *Lv15:09M* וכל ∧בית#2#/ מרכוב די ירכב' עלוי

## בית מרעי *n.* pasture [94]

001 s ab/cn בית מרעי *Nu32:04* כנישתה דישראל ארע בית מרעי היא ולעבדיך בעיר סגין:
002 לבית מרעי *Gn13:07* עד זמן דהוון מטין לבית מרעי ורעוי דלוט
003 *Nu32:01* גלעד והא אתרה שפר לבית מרעי:

## בית משקוי *n.* watering place [94]

001 s ab/cn בית משקוי *Gn13:10M* דיורדנה והא כלה אתר בית משקוי קדם עד לא יחבל ממריה

## בית משרוי *n.* encampment [94]

001 s ab/cn בית משרוי *Ex33:14* ואתק{ו}<י>ן לכון בית משרוי:
002 *Nu10:33* למתקנה להון אתר בית משרוי:
003 *Gn46:28* יוסף למתקנה ליה אתר בית משרוי בגשנה ועלו לארעא
004 *Lv25:29* וגבר ארום יזבן אתר בית משרוי קריה מקפה שור ותיהוי

## בית משרי *n.* habitation, resting place [94]

001 s em/sf בית משריתא *Lv16:03* אהרן עלל לשמשה לגו בית משריתא בתור בר תורין לחטאתה

## בית נהור *n.* skylight [94]

001 s ab/cn בית נהור *Gn 6:16* בית נהור תעביד לתיבותא ובמשח' אמה

## בית נחלין *n.* place of wadis [95]

001 p abs בית נחלין *Dt10:07* גדגדה ליטבתה ארע בית נחלין דמייה:
002 *Dt 8:07* יתכון לארע טבה ארע בית נחלין דמיין מבועין ותהומין

## בית סגדו *n.* place of worship [94]

001 s ab/cn בית סגדו *Gn11:04M* ... ונתן": בגוויה בית סגד{י}<ו> וני'

## בית צלו *n.* place of prayer [95]

001 s ab/cn לבית צלו *Gn28:17M* ברם אלאהן אתר מזמן לבית צלו הוא והדן תרעא דמכוון

## בית קבורה *n.* burial place, tomb [95]

001 s em/sf לבית קבורה *Dt33:21* ארום אתר מזומן הוא לבית קבורה ליה תמן מקב<ע>ן אבנין

## בית קודש *n.* sanctuary, holy place, temple [95]

001 s ab/cn בית קדש *Lv16:33* ויכפר ית בית קדש קדשיה וית משכן זימנה וית
002 *Nu18:09* דן יהווי לך מן בית קדש קדשיה מן אשתא כל קרבנהון
003 בבית קדש *Nu18:10* בבית קדש קדשיה תאכל יתיה כל דכורה
004 לבית קודש *Nu 4:19* בקרב{תו}<ות>הון לבית קודש קדשיה אהרן ובנוי
005 s em/sf בית ק' *Ex29:30M* למשמשה \בגו בית קודשא/בית ק'#2#/:
006 בית קדשא *Lv16:32* ית לבושי בוצה לבושי בית קדשא:

007 *Gn31:47* ויעקב קרא ליה בלשון בית קדשא גלעד:
008 *Nu 7:09* מן תוריה ארום פלחן בית קדשא הווה עליהון בכתפיהון
009 *Gn46:02M* /עני יעקב בלשון בית ^קדשא#2#^ הנני:
010 *Gn22:11M* /ענה אברהם בלשן בית קדשא ואמ'#2#/ הנני:
011 *Lv 6:23* זימנה למכפרה בגו בית קדשא לא תתאכל בנורא תתוקד:
012 בית קדשה *Gn35:18* קרי ליה בלשון בית קדשה בנימין:
013 *Gn11:01* לשן חד וממלל חד ובלשן בית קדשה הוון משתעין דבה אתברי
014 *Nu 7:55* ותלתין סלעין בסלעי בית קדשה הוות מתקליה מזרק חד דכסף
015 *Nu 7:61* ותלתין סלעין בסלעי בית קדשה הוות מתקליה מזרק חד דכסף
016 *Nu 7:79* ותלתין סלעין בסלעי בית קדשה הוות מתקליה מזרק חד דכסף
017 *Lv 8:09* ית ציצה דדהבה כליל בית קדשה היך מה די פקד ייי ית
018 *Lv16:23* בוצא די לבש במעלה לגו בית קדשה ויצנע יתהון תמן:
019 *Ex39:41* שמושה למשמשה בגו בית קדשה וית לבושי בית קודשא
020 *Lv 5:15* כסף סלעין בסלעי «בית» קדשה לאשמה:
021 *Gn 2:19* דהוה אדם קרי ליה בלשן בית קדשה נפש החיה הוא שמיה:
022 *Lv16:17* זימנה במעלה לכפרה בגו בית קדשה עד מפקה ויכפר על ידוי
023 *Nu 3:47* לכל גולגלתה בסלעי בית קדשה תיסב עשרין מעין הוא
024 *Nu 7:61* שובעין סלעין בסלעי בית קדשה תרין מנייה האלין קרב
025 בית קוד' *Lv16:16M* ויכפר על קודשיה/בית קוד'#2#/ מן סואבותהון
026 בית קודש' *Nu18:03* כל משכנה לחוד למני בית קודש' ועל {נ}<ג>בי מדבחה לא
027 *Lv27:25* וכל עלוויה יהוי בסלעי בית קודש' עשרין מעין יהווי סלעא:
028 בית קודשא *Ex29:30* זימנא למשמשה בגו בית קודשא:
029 *Ex35:21M* קודשא /ולבושי בית קודשא#2#/:
030 *Ex38:24* ותלתין סלעין בסלע בית קודשא:
031 *Nu 3:28* ושית מאוון נטרי מטרת בית קודשא:
032 *Nu 3:32* כהנה סכום נטורי מטרת בית קודשא:
033 *Gn31:46M* דהוה קרי להון בלשון בית קודשא אחוי לקטון <א>בנין
034 *Ex36:04* דעבדין [illegible] עבידת בית קודשא גבר מן עבידתה די אנון
035 *Ex29:29M* ולבושי קודשא/בית <קודשא>#2#/ די לאהרן יהווי
036 *Nu11:25M* /ואטל#2#/ מן רוח ∧בית#2#/ קודשה די/דאית#2#/ עלוי
037 *Ex28:43* מדבחא למשמשא בגו בית ק<ו>ד{י}שא דלא יקבלון חובין דלא
038 *Nu 4:20M* כהנייא משקעין מאני בית קודשא דלא ימו'
039 *Nu 7:13* ותלתין סלעין בסלעי בית קודשא הוה מתקלה מזרק חד דכסף
040 *Nu 7:19* ותלתין סלעין בסלעי בית קודשא הות מתקלה מזרק חד דכסף
041 *Gn22:01* עני אברהם בלשן בית קודשא ואמר ליה אברה' הנני:
042 *Ex 3:04* משה ענה משה בלשון בית קודשא ואמר הנני:
043 *Ex36:06* תוב עבידה לאפרשות בית קודשא ואתכלון עמא מן למיתה:
044 *Ex38:24* לעבידתה בכל עבידת בית קודשא והווה דהבא דאנפותא
045 *Nu31:06* כהנא לסדרי קרבה ומני בית קודשא וחצוצרתה דיבבותה בידיה:
046 *Ex38:27* למתכה ית חומרי בית קודשא וית חומרי פרוכתה מאה
047 *Lv16:33M* קדשיה וית /מקדש בית קודשא וית#2#/ משכן זימנה וית
048 *Ex30:24* חמש מאה סלעין בסלעי בית קודשא ומשח דזית מלא ה«י»נה:
049 *Ex35:19M* שמושי /בגו בית קודשא/בב'#2#/ ית לבושי קודשא
050 *Ex31:10* שמשה וית לבושי ^בית#2#^ קודשא לאהרן כהנא וית
051 *Ex39:41* בית קדשה וית לבושי בית קודשא לאהרן כהנא וית
052 *Ex28:29* על לביה במיעליה לגו בית קודשא לדוכרן טב קדם ייי
053 *Ex36:01* ית כל עבידת פלחן בית קודשא לכל מה די פקד ייי:
054 *Ex36:03* ישראל לעבידת פלחן בית קודשא למעבד יתה ואנון אייתון
055 *Ex29:06* על ראשה ותתן ית כליל בית קודשא על מצנפתה:
056 *Ex30:13* פלגות סלעא בסלעי בית קודש«א» עשרין מעין הוא סלעא
057 *Gn45:12* בנימן ארום בלשן בית קודשא פומיה ממלל עמכון:
058 *Nu 7:13* שובעין סלעין בסלעי בית קודשא תרין מ{{י}}ניה האלין
059 *Nu 7:19* שבעין סלעין בסלעי בית קודשא תרין מנייה האלין קרב
060 *Nu 7:37* שובעין סלעין בסלעי בית קודשא תרין מנייה האלין קרב

| | | | | | |
|---|---|---|---|---|---|
| 061 | בית קודשה | Ex38:25 | וחמש סלעין בסלעי | בית קודשה:^^ | |
| 062 | | Ex38:29 | מאוון דסלעין בסלעי | בית קודשה: | |
| 063 | | Lv 4:06M | /על אפי פרוכת | בית | <קודשה>%#2#/: |
| 064 | | Nu 7:85 | מאה סלעין בסלעי | בית קודשה: | |
| 065 | | Lv27:03 | סלעין דכסף בסלעי | בית קודשה: | |
| 066 | | Nu 3:50 | וחמש סלעין בסלעי | בית ק«ו»דשה: | |
| 067 | | Dt 3:25 | טורא טבה הדין וטור | בית קודשה: | |
| 068 | | Nu 4:15M | דמשריתה /מאנוי | בית קודשה | בנטלות משירת#2#/ |
| 069 | | Ex39:30 | ועבדו ית ציצה כליל | בית קודשה | דהב דכי וכתבו עלוי כתב |
| 070 | | Nu 3:31 | ומנרתה ומדבחה ומני | בית קודשה | די ישמשון בהון ופרסה |
| 071 | | Nu 4:20 | כהנה רבה ית כל מני | בית קודשה | דלא ימותון: |
| 072 | | Nu 7:25 | ותלתין סלעין בסלעי | בית קודשה | הוות מתקלה מזרק חד דכסף |
| 073 | | Nu 7:31 | ותלתין סלעין בסלעי | בית קודשה | הוות מתקלה מזרק חד דכסף |
| 074 | | Nu 7:37 | ותלתין סלעין בסלעי | בית קודשה | הוות מתקליה מזרק חד |
| 075 | | Nu 7:43 | ותלתין סלעין בסלעי | בית קודשה | הוות מתקליה מזרק חד |
| 076 | | Nu 7:67 | ותלתין סלעין בסלעי | בית קודשה | הוות מתקליה מזרק חד |
| 077 | | Nu 7:73 | ותלתין סלעין בסלעי | בית קודשה | הוות מתקליה מזרק חד |
| 078 | | Nu 7:49 | ותלתין סלעין בסלעי | בית קודשה | הוות מתקליה מזרק חד |
| 079 | | Nu 4:16M | /דאית ביה | בית קודשה#2#/ | ובמנוי: |
| 080 | | Nu 4:15M | למכסיה \ית | קדשיה/בית קודשה#2# | וית כל מני קדשיה |
| 081 | | Nu18:05 | ותטרון ית מטרת | בית קודשה | וית מטרת מדבחה ולא |
| 082 | | Nu 4:12 | די ישמשון בהון בגו | בית קודשה | ויתנון בחפוי משך דססגון |
| 083 | | Ex28:43M | "בגו ... בתריהון: | בית קודשה | ולא יסבלון חובין |
| 084 | | Ex39:01 | לבושי שמוש ^^למשמשה | בית קודשה | ועבדו ית לבושי |
| 085 | | Ex40:13 | אהרן ית לבושי | בית קודשה^^ | ותרבי יתיה ותקדש יתיה |
| 086 | | Nu28:07 | עם אמרא חדתה במני | בית קודשה | יתנסך ניסוך חמר בחיר |
| 087 | | Ex38:26 | גולגלה פלגות סלעה | בית קודשה^^ | כל דעבר על מנייניה מבר |
| 088 | | Nu 7:86 | עשרה בזיכה בסלעי | בית קודשה | כל דהבין דבזיכיה מאה |
| 089 | | Nu 3:38 | ובנוי נטרין מטרת | בית קודשה | למטרת בני ישראל |
| 090 | | Nu18:16 | כסף חמש סלעין בסלעי | בית קודשה | עשרין מעין היא סלעה: |
| 091 | | Nu 7:25 | שבעין סלעין בסלעי | בית קודשה | תרין מנייה האלין קרב |
| 092 | | Nu 7:31 | שובעין סלעין בסלעי | בית קודשה | תרין מנייא האלין קרב |
| 093 | | Nu 7:43 | תקל שובעין בסלעי | בית קודשה | תרין מנייה האלין קרב |
| 094 | | Nu 7:49 | ^סלעין#2#^ בסלעי | בית קודשה | תרין מנייה האלין קרב |
| 095 | | Nu 7:55 | שובעין סלעין בסלעי | בית קודשה | תרין מנייה האלין קרב |
| 096 | | Nu 7:67 | שובעין סלעין בסלעי | בית קודשה | תרין מנייה האלין קרב |
| 097 | | Nu 7:73 | תקל שובעין בסלעי | בית קודשה | תרין מנייה האלין קרב |
| 098 | | Nu 7:79 | תקל שובעין בסלעי | בית קודשה | תרין מנייה האלין קרב |
| 099 | בב' | Ex35:19M | שמושי /בגו בית | קודשא/בב'#2# | ית לבושי קודשא |
| 100 | בבית קוד' | Lv10:18M | תאכלון יתה בקודשא | /בבית קוד'#2# | היך מה דפקדת: |
| 101 | בבית קודשה | Nu 4:16 | משכנה וכל מה דביה | בבית קודשה | ובמנוי: |
| 102 | | Nu 4:12M | בהון \בגו בית | קודשה/בבית#2# | ויתנון \לגו לבוש |
| 103 | בבית קודשיה | Nu 4:04 | במשכן זימנא | בבית ק«ו»דשיה: | |
| 104 | דבית קודשה | Lv 4:06 | ייי ית אפי פרוכתה | דבית קודשה: | |
| 105 | | Nu35:25 | <ד>רבי יתיה במשחה <ד> | דבית קודשה: | |
| 106 | לבית קדשה | Lv16:03M | ומשמש | לבית קדשה | |
| 107 | | Lv10:18 | הא לא אתעל ית אדמ' | לבית קדשה | מלגו מ«י»כל תאכלון |
| 108 | לבית קודשא | Ex28:35 | וישתמע קליה במיעליה | לבית קודשא | קדם ייי ובמפקיה ולא |
| 109 | | Ex28:29M | לביה במיעליה \לגו | בית/לבית#2# | קודשא לדוכרן טב קדם |
| 110 | לבית קודשה | Nu 8:19 | דבני ישראל | לבית קודשה: | |
| 111 | | Ex28:29M | "לגו בית ... לדוכרן: | לבית קודשה | דוכרן |
| 112 | | Nu 4:15 | במשכן ולא יקרבון | לבית קודשה | ולא ימותון אלין מטלני |

## בית קוטנין *n.* male genital area [95]

| | | | | | | |
|---|---|---|---|---|---|---|
| 001 | s em/sf | בית קוטיה | Ex 4:04M | ידך ואתיקף | בקוטניה/בית קוטיה#2#/ | ופשט ידיה ואתוקף |
| 002 | | בבית קוטניי' | Dt25:11M | ותתוקף בבית | בהתתיה/קוטניי'#2#/: | |

## בית רמה *n.* heights [95]

| | | | | | | |
|---|---|---|---|---|---|---|
| 001 | s em/sf | בית רמתה | Dt 3:17 | ימא דמ«י»לחה שפוע | בית רמתה | מין מדנחה: |

## בית שכינה *n.* place of the Divine Presence [95]

| | | | | | | |
|---|---|---|---|---|---|---|
| 001 | s ab/cn | בית שכינה | Ex15:17 | בית אחסנותך אתר מוזמן | בית שכינה | לך אתקנת ייי |
| 002 | | בית שכינת | Ex15:13 | יתהון בתקפך למדור | בית שכינת | קודשך: |
| 003 | | | Ex15:17M | במדור | בית שכינת | קודשך ייי דזמנית לך |
| 004 | | | Dt26:15M | /בבעו מן מדור | בית שכינת | קודשך#2#/ מן שמיא וברך |
| 005 | | לבית שכינה | Nu24:06 | {דמתחזי} <דמתח ייי> | לבית שכינה | לה כדן יהוון ישראל |
| 006 | | | Nu24:06M | ייי ושכלל | לבית שכינה | ליה כן יהוויין |

## בית שעבוד *n.* place of enslavement [95]

| | | | | | | |
|---|---|---|---|---|---|---|
| 001 | s ab/cn | בית שעבוד | Dt 5:06 | מן ארעה דמצרים מן | בית שעבוד | עבדיה: |
| 002 | | | Dt 7:08 | תקיפה ופרק יתכון מן | בית שעבוד | עבדיה ומן ידוי דפרעה |
| 003 | | | Dt 6:12 | מן ארעא דמצרים מן | בית שעבוד | עבדייה: |
| 004 | | | Dt 8:14 | מן ארעא דמצרים מן | בית שעבוד | עבדייה: |
| 005 | | | Dt13:06 | ודי פ«ר»ק יתכון מן | בית שעבוד | עבדייה {{למיטעי}} יתכון |
| 006 | | | Dt13:11 | מן ארעא דמצרים מן | בית שעבוד | עבדייה: |
| 007 | | | Dt 5:06M | דמצרים מן | בית שעבוד/ש<י>ע{י}בוד#2#/ | עבדיה: |
| 008 | s em/sf | בית שעבודא | Ex13:14 | יתן ייי פריקין מן | בית שעבודא: | |
| 009 | | | Ex13:03 | פריקין ממצרים מן | בית שעבודא | ארום בידא תקיפא אפיק |
| 010 | p em/sf | בית שעבודי' | Ex13:14M | /מצרים מן | בית שעבודי'#2#/: | |

## בית שפיכו *n.* place for pouring out [95]

| | | | | | | |
|---|---|---|---|---|---|---|
| 001 | s ab/cn | בית שפיכות | Lv 1:16 | למדבחה מן מדנחה באתר | בית שפיכות | קטמא: |
| 002 | | | Lv 4:12 | על קיסי' באשתא בתר | בית שפיכות | קטמא יתוקד: |
| 003 | | | Lv 4:12 | משריתה לאתר דכי לאתר | בית שפיכות | קיטמא ויוקד יתיה על |
| 004 | | | Dt 3:17M | /^שפע#2#^/ בית רמתה | בית שפיכות/ | קיטמא#2#/ מין מדנחה: |
| 005 | | | Dt 4:49M | תחות \ריש רמתה | בית שפיכות/ | קיטמא#2#/: |

## בית שפר *n.* choice place [95]

| | | | | | | |
|---|---|---|---|---|---|---|
| 001 | s ab/cn | בית שפר | Ex22:04 | ויוקד בחקלא דחורן | בית שפר | חקליה ובית שפר כרמא |
| 002 | | בבית שפר | Gn47:06 | דמצרים קדמיך היא | בבית שפר | ארעא אשרי ית אבוך וית |
| 003 | | | Gn23:06 | מן קדם ייי את בינינן | בבית שפר | קברינן קבר ית מתך: |
| 004 | | ובית שפר | Ex22:04 | דחורן בית שפר חקליה | ובית שפר | כרמא ישלם: |

## בית שקי *n.* irrigated area [95]

| | | | | | | |
|---|---|---|---|---|---|---|
| 001 | s em/sf | בית שקה | Gn13:10 | מישר ירדנא ארום כלה | בית שקה | קדם עד לא שיציא ייי ית |
| 002 | p abs | ובית שקוותן | Gn29:22 | באר«י»נן לא חסרו | ובית שקוותן | סגון וכדון מה אתון |

## בית תדיין *n.* area of the breasts [95]

| | | | | | | |
|---|---|---|---|---|---|---|
| 001 | p em/sf | בית תדיהון | Nu31:50 | מ«ן» בי<ת> ת{ר}<ד>יהון | בית תדיהון | כל כדן לא אתאחד חד |
| 002 | | | Nu31:50M | ומעוכייה מן | בית תדיהן | חס לן משה רבן לא |

## בית תורף — bowels *n.*

[!! cf. 593 תרף vb.]

|  |  |  |  |  |  |  |
|---|---|---|---|---|---|---|
| 001 | בבית תורפה | s em/sf | Nu25:08M | וית אתתה \לגו | מעיה/בבית תורפה#2#/ | ואתכלת/וית'#2#/ |

## בית תותבו — sojourning, dwelling place *n.*

[95]

|  |  |  |  |  |  |  |
|---|---|---|---|---|---|---|
| 001 | בית תותבו' | s em/sf | Gn28:04M | למירות יתך ית ארע | בית תותבו' | |

## בכדן — then, in this manner *adv.*

[102]

|  |  |  |  |  |  |
|---|---|---|---|---|---|
| 001 | בכדו | Ex15:01 | | בכדו | שבח משה ובני ישרא<'> ית |
| 002 | בכדין | Ex12:44 | זבין כספא ותגזרון יתיה | בכדין | יהווי כשר למיכל מנה: |
| 003 | | Gn 4:26 | בר וקרא ית שמיה אנוש | בכדין | שרו בני אנשא למהוי עבדין |
| 004 | | Gn 4:26M | "בכדין": הא | בכדין | שרון למפלח בפולחנא |
| 005 | בכדן | Ex15:15 | | בכדן | אתבהלו רברבני אדומאי תקיפי |
| 006 | | Gn31:22 | דלמה דהיא טייפה ולא טפת | בכדן | אתני ללבן ביומא תליתייא |
| 007 | | Gn50:01 | ולוייא בכינוריהון | בכדן | אתרכן יוסף ^בכין#2#^ על |
| 008 | | Ex 1:12 | וכל דהוון מצערין יתהון | בכדן | הוון סגיין ובכדן הוון |
| 009 | | Ex12:48 | ייי במגזר ליה כל דכורא | בכדן | יהוי כשר למעבד יתיה ויהוי |
| 010 | | Nu25:04 | נבלתהון עם מטמעי שמשא | בכדן | יחזור תקוף רוגזה דייי מן |
| 011 | | Dt29:19 | למישרי ולמשבק לה ארום | בכדן | יתקוף רוגזיה דייי וקנאתיה |
| 012 | | Ex 4:26 | וארפי מיניה מלאכא | בכדן | שבחת צפרה ואמרת מה חביב |
| 013 | | Gn24:41 | | בכדן | תזדכה משבועתי ארום תיתי |
| 014 | | Lv26:34 | | בכדן | תרעה ארעא ית שמטה כל יומין |
| 015 | | Lv26:34 | גלין בארע בעלי דבביכון | בכדן | תשמט ארעא ותרעי ית שמטיה: |
| 016 | ובכדן | Ex 1:12 | יתהון בכדן הוון סגיין | ובכדן | הוון תקיפין ואעיקו מצראי |
| 017 | | Lv26:41 | דלמה יתבר לבהון זידנה | ובכדן | ירעון ית חוביהון: |

## בכו — crying *n.*

[102]

|  |  |  |  |  |  |  |
|---|---|---|---|---|---|---|
| 001 | בכות' | s em/sf | Dt34:08M | ואשלימו יומי | בכיתה/בכות'#2#/ | אבלה דמש' |
| 002 | בכותכון | | Dt 1:45 | ייי ולא שמע ייי בקל | בכותכון | ולא אצית למליכון: |

## בכור — firstborn *n.*

[102]

|  |  |  |  |  |  |  |
|---|---|---|---|---|---|---|
| 001 | בכור | s ab/cn | Nu18:17M | בכוריה /בכור תורה [או | ב]כור | [אמ]רא [או ב]כור#2#/ |
| 002 | | | Nu18:17M | [ ב]כור [אמ]רא [או | ב]כור#2#/ | גדייה בני עזייה לא |
| 003 | | | Nu18:17M | בכורי אמריה או בכוריה | /בכור | תורה [או ב]כור [אמ]רא |
| 004 | בוכ' | s em/sf | Nu 1:20M | בנוי דראובן | בכורא/בוכ'#2#/ | דישראל יחוסיהון |
| 005 | | | Dt25:06M | ויהווי | בכורה/בוכ'#2#/ | די תולד/תלד#2#/ |
| 006 | בוכרא | | Gn27:32 | מן את ואמר אנה ברך | בוכרא | עשיו: |
| 007 | | | Dt21:16M | /דסנייתא#2#/ | בכורא/בוכרא#2#/: | |
| 008 | | | Dt21:17M | ארום ית | בכורא/בוכרא#2#/ | ברה דסניתה |
| 009 | | | Nu26:05M | ראובן | בכוריה/^בוכרה#2#^/בוכרא#2#/ | דישראל בנוי |
| 010 | | | Nu 3:45M | חולף#2#/ כל | בכוריה/בוכרא#2#/ | דבני ישראל וית |
| 011 | | | Nu 3:50M | מן לוות | בכוריה/בוכרא#2#/ | דבני ישראל קבל |
| 012 | | | Nu 3:43M | והוון כל | בכוריה/בוכרא#2#/ | דכרי במניין שמהתהון |
| 013 | | | Nu 3:40M | סכום כל | בוכרייה/^<בוכ>רא#2#^/בכורי#2#/ | דכריה |
| 014 | | | Dt21:15M | ויהווי ברא | בכורא/בוכרא#2#/ | דסניתא |
| 015 | בוכרה | | Nu26:05M | ראובן | בכוריה/^בוכרה#2#^/בוכרא#2#/ | דישראל בנוי |
| 016 | | | Nu 3:41 | לשמי אמר ייי חלף כל | בוכרה | דבני ישראל וית |
| 017 | | | Nu 3:42M | ייי יתה ית כל | בכור«י»ה/בוכרה#2#/ | דבני ישראל: |
| 018 | | | Nu 3:41 | דליויי חלף כל | בוכרה | דבעירהון דבני ישראל: |
| 019 | | | Lv27:26 | להוד | בוכרה | די יתאפרש לשמה דייי |
| 020 | | | Ex12:42M | בירייה | בוכרה | הנון ישראל וקרא יתיה |
| 021 | | | Nu33:04M | קטל ייי בהון כל | בכוריה/בוכרה#2#/ | ובטעוותהון עבד ייי |
| 022 | | | Gn22:21 | ית עוץ | בוכרה | וית בוז אחוי וית קמואל |
| 023 | בוכרי | | Ex 4:22 | לפרעה כדן אמר ייי ברי | בוכרי | ישראל: |
| 024 | | | Gn49:03 | ראובן | בוכרי | את חיילי ושרוי צערי חמי |
| 025 | | | Ex 6:14 | בנוי דראובן | בוכרי | דישראל חנוך ופלוא |
| 026 | | | Ex 4:22M | /מימריה דייי בני | בוכרי | הנין ישראל#2#/: |
| 027 | בוכריה | | Ex22:28M | לא תשהון למיפקה | בוכרי/בוכריה#2#/ | בניכון די דכריא |
| 028 | | | Gn46:08 | למצרים יעקב ובנוי | ב{ז}<ו>כריה | דיעקב ראובן: |
| 029 | | | Gn36:15M | בנוי דאליפז | בכוריה/בוכריה#2#/ | דעשו רבה תימן |
| 030 | | | Gn38:06 | ונסב יהודה אתה לער | בוכריה | ושמה תמר: |
| 031 | בוכרך | | Ex 4:23 | יתיה הא אנה קטל ית ברך | בוכרך: | |
| 032 | בכ' | | Ex12:29M | מלכוותא עד | בכורא/בכ'#2#/ | דשביתא די/דאית#2#/ |
| 033 | בכורא | | Dt21:16 | דרחימתה קדם ברה דסניתה | בכורא: | |
| 034 | | | Dt21:17 | ארום ית | בכורא | ברה דסניתה יקרב למיתן |
| 035 | | | Nu 1:20 | והוון בנוי דראובן | בכורא | דישראל יחוסיהון |
| 036 | | | Ex11:05 | טחנה בתרא מן רחיא וכל | בכורא | «ד»בעירא: |
| 037 | | | Ex12:29 | די בבית חבוש«ה» וכל | בכורא | דבעירא: |
| 038 | | | Dt21:15 | ושניתה ויהווי ברא | בכורא | דסניתא: |
| 039 | | | Ex11:05 | בארעא דמצרים מן | בכורא | דפרעה דהוה עתיד למיתב על |
| 040 | | | Ex12:29 | בארעא דמצרים מן | בכורא | דפרעה דהוי עתיד למיתב על |
| 041 | | | Ex12:29 | על כורסי מלכוותא עד | בכורא | דשביתא די בבית חבוש«ה» |
| 042 | | | Gn10:15 | וכענן אול' ית צידון | בכורא | וית חת: |
| 043 | בכורה | | Nu 3:02 | ואילן שמהת בנוי דארן | בכורה | נדב ואביהוא אלעזר |
| 044 | | | Gn48:14 | ארום מנשה הוה | בכורה: | |
| 045 | | | Gn38:07 | והוה ער | בכורה | דיהודה עבד עובדין בישין |
| 046 | | | Gn35:23 | בניה דלאה | בכורה | דיעקב ראובן ושמעון |
| 047 | | | Gn25:13 | בשמתיהון לתולדותהון | בכורה | דישמעאל נביו«ת» וקדר |
| 048 | | | Ex11:05 | על כורסי מלכותיה עד | בכורה | דאמה{ה}ת<ה> די טחנה |
| 049 | | | Nu 8:18M | חולף#2#/ כל | בכוריה/<בכו>רה#2#/ | דבני ישראל: |
| 050 | | | Dt25:06 | ויהווי | בכורה | די תולד <יקום> על שמה |
| 051 | | | Gn48:18 | לא כדן אבה ארום דין | בכורה | שוי ימינך על רישיה: |
| 052 | בכוריה | | Ex 6:14M | בנוי דראובן | בוכרי/בכוריה#2#/ | דישראל חנוך |
| 053 | | | Nu26:05 | ראובן | בכוריה | דישראל בנוי דראובן |
| 054 | | | Gn36:15 | דעשו בנוי דאליפז | בכוריה | דעשו רבה תימן רבה אומר |
| 055 | | | Ex10:29 | עשירייה הי לפרעה מן | בכוריה | דפרעה ישרי: ואמר משה |
| 056 | בכורך | | Ex 4:23M | אנה קטל ית ברך | בוכרך/בכורך#2#/: | |
| 057 | | | Gn27:19 | יעקב לאביו אנה עשו | בכורך | עבדת היך מה דמללת עמי קום |
| 058 | בכרא | | Ex12:13M | מחבל בקטלותי כל | בכוריא/בכרא#2#/ | בארעא דמצרים: |
| 059 | | | Ex12:29M | קטל#2#/ ית כל | בכוריא/בכרא#2#/ | בארעא דמצרים מן |
| 060 | | | Ex11:05M | בתרא מן רחיא וכל | בכורא/בכרא#2#/ | «ד»בעירא: |
| 061 | | | Ex11:05M | בארעא דמצרים מן | בכורא/בכרא#2#/ | דפרעה דהוה עתיד |
| 062 | בכרה | | Ex11:05M | מלכותיה עד | בכורה/בכרה#2#/ | דאמה{ה}ת<ה> די טחנה |
| 063 | דבכורה | | Gn41:51 | וקרא יוסף ית שמה | דבכורה | מנשה ארום נשי יתיה ייי |
| 064 | מבוכרא | | Nu 3:46M | /ליוואי#2#/ \מן | בכוריה/מבוכרא#2#/ | דבני ישראל: |
| 065 | בבכורי | p const | Dt33:17 | כמה דלית אפשר למפלח | בבכורי | תורייה ולא למשתעבדה בקרני |
| 066 | בוכרי | | Ex22:28 | לא תשהון למיפקה | בוכרי | בניכון די דכריא תקדשון |
| 067 | בכורי | | Nu18:17 | להוד בכורי תוריה או | בכורי | אמריה או בכוריה גדייה בני |
| 068 | | | Ex13:13 | יתיה תקטלון יתיה וכל | בכורי | בני אנש«א» בבניכון |
| 069 | | | Nu18:15 | להוד מפרקה תפרק ית | בכורי | בני אנשא וית בכוריה |
| 070 | | | Ex34:20 | יתה תקטלון יתה וכל | בכורי | בניכון תפרקון ולא יתחמן |
| 071 | | | Ex13:15 | מן בכוריה בני אנשא ועד | בכורי | בעירא בגין כדון אנן |
| 072 | | | Nu18:15M | וית \בכוריה דבעירה | /בכורי | בעירה#2#/ מסאבה תפרוק: |
| 073 | | | Nu 3:40M | סכום כל | בוכרייה/^<בוכ>רא#2#^/בכורי#2#/ | דכריה |
| 074 | | | Nu 8:16M | כל וולדה \בכרי כל | /בכורי | כולה#2#/ מן ולדה בני |
| 075 | | | Dt15:19 | תוריכון ולא תגזון | בכורי | עניכון: |
| 076 | | | Nu18:17 | להוד | בכורי | תוריה או בכורי אמריה או |

|  |  |  |  |
|---|---|---|---|
| 077 | בכרי | Ex12:29M | וכל בכורא/בכרי#2#/ דבעירא: |
| 078 | | Nu 8:16 | חלף פתחי כל וולדה בכרי כל מן ולדה בני ישראל |
| 079 | | Dt15:19M | תגזון/למגוז#2#/ בכורי/בכרי#2#/ עניכון: |
| 080 | ובכורי | Dt12:06 | ונדב{ד}<ת>יכון ובכורי תוריכון ודע{י}ניכון: |
| 081 | | Dt12:17 | חמרכון ומשחכון ובכורי תוריכון ועניכון וכל |
| 082 | ובכוריי | Dt14:23 | חמרכון ומשחכון ובכורי«י» תוריכון ודעניכון |
| 083 | בוכ' p em/sf | Nu 3:13M | לשמי כל ב{{ו}}כ«ו»ריה/בוכ'#2#/ בישראל מן |
| 084 | | Nu 3:13M | /הנון#2#/ כל ב{{ו}}כ«ו»ריה/בוכ'#2#/ ביומא די קטלת |
| 085 | בוכרי | Ex12:42 | מה דאמר כתבא בני בוכרי אינון ישראל וקרא יתיה |
| 086 | בוכרי' | Ex24:05M | "ושלח ... וסדרו": ושדר ית בוכרי' בני ישראל ארום עד ההי' |
| 087 | | Gn25:13M | לתולדותהון בכורה/בוכרי#2#/ דישמעאל נביו«ת» |
| 088 | בוכריה | Nu 3:13 | ביומא די קטלת כל בוכריה בארעא דמצרים אקדשת לשמי |
| 089 | | Nu 3:12 | בני ישראל חלף כל בוכריה פתחי שירוי וולדה דבני |
| 090 | בוכרייה | Ex12:13M | באיתגלאיותי למקטל בוכרייה |
| 091 | | Nu 3:40 | ואמר ייי למשה סכום כל בוכרייה דכריה דבני ישראל מן בר |
| 092 | בכוריא | Ex12:13 | מותא מחבל בקטלותי כל בכוריא בארעא דמצרים: |
| 093 | | Ex12:29 | וייי קטל ית כל בכוריא בארעא דמצרים מן בכורא |
| 094 | בכוריה | Nu 3:13 | אקדשת לשמי כל ב{{ו}}כ«ו»ריה בישראל מן בני אנשא |
| 095 | | Ex11:05 | ואתקטל כל בכוריה בארעא דמצרים מן בכורא |
| 096 | | Ex12:12 | פסחא הדין ואקטל כל בכוריה בארעא דמצרים מן בני אנשא |
| 097 | | Ex13:15 | למשלחה יתן וקטל ייי כל בכוריה בארעא דמצרים מן בכוריה |
| 098 | | Nu 8:17 | ובבעירה ביומא דקטלת כל בכוריה בארעא דמצרים «אקדשית» |
| 099 | | Nu 3:13 | ארום לשמי אנון כל ב{{ו}}כ«ו»ריה ביומא די קטלת כל |
| 100 | | Ex13:15 | בארעא דמצרים מן בכוריה בני אנשא ועד בכורי בעירא |
| 101 | | Ex13:15 | וולדא דכרייא וכל בכור«י»ה בנן אנן מפרקין |
| 102 | | Nu18:17 | או בכורי אמריה או בכוריה גדייה בני עזייה לא תפרקון |
| 103 | | Nu 3:42 | די פקד ייי יתה ית כל בכור«י»ה דבני ישראל: |
| 104 | | Nu 3:45 | תפרש ית ליוויי חלף כל בכוריה דבני ישראל וית |
| 105 | | Nu 3:46 | דאישתיירו על ליויי מן בכוריה דבני ישראל: |
| 106 | | Nu 3:50 | מן לוות בכוריה דבני ישראל קבל ית כספה |
| 107 | | Nu 8:17 | ארום לשמי כל בכוריה דבני ישראל בבני אנשא |
| 108 | | Nu 8:18 | ונסבת ית ליווי חלף כל בכוריה דבני ישראל: |
| 109 | | Nu18:15 | ית בכורי בני אנשא וית בכוריה דבעירה מסאבה תפרוק: |
| 110 | | Nu 3:43 | והוון כל בכוריה דכרי במניין שמהתהון מבר |
| 111 | | Nu33:04 | מה די קטל ייי בהון כל בכוריה ובטעוותהון עבד ייי דינין |
| 112 | בכורייה | Nu 3:41M | ייי חלף כל בוכרה/בכורייה#2#/ דבני ישראל וית |
| 113 | | Nu 3:41M | חלף כל בוכרה/בכורייה#2#/ דבעירהון |
| 114 | בכוריהון | Ex12:42 | וימיניה הוות מגנא על בכוריהון דישראל למקיימא מה דאמר |
| 115 | | Ex12:42 | ליליא הוה ידיה מקטלה בכוריהון דמצריי וימיניה הוות מגנא |
| 116 | בכורייא | Ex13:02 | אקדש לשמי כל בכורייא פתחי כל וולד מעייה בבני |
| 117 | | Ex13:02M | וולד מעייה בבני/כל בכורייא קדמוי פתחי וולד' |
| 118 | בכורייה | Nu 3:41M | חלף כל בוכרה/בכורייה#2#/ דבעירהון |
| 119 | | Dt15:19 | כל בכורייה די יתילדון בתוריכון |
| 120 | בכריה | Ex11:05M | /ואקטל#2#/ כל בכוריה/בכריה#2#/ בארעא דמצרים מן |
| 121 | | Ex12:12M | הדין ואקטל כל בכוריה/בכריה#2#/ בארעא/בארע#2#/ |
| 122 | בכרייה | Dt15:19M | כל בכורייה/בכרייה#2#/ די יתילדון |
| 123 | בבוכרייא | Ex24:05M | שעתא הוות פולחנא בבוכרייא דעד כדון לא אתעבד משכן |

## בכורה *n.* birthright, primogeniture [103]

|  |  |  |  |
|---|---|---|---|
| 001 | בכורתא s em/sf | Gn49:03 | ראובן ברי אתיהיבת בכורתא ליוסף ברי ומלכותא |
| 002 | בכורתי | Gn27:36 | דנה תרין זמנין ית בכורת{ו}<י> נסב והא כדון נסב ברכתי |
| 003 | בכורתיה | Gn25:33 | ואשתבע לי' וזבין ית בכורתיה ליעקב: |
| 004 | דבכורתה | Dt21:17 | דידיה הוא סדר דינה דבכורתה: |

## בכורו *n.* birthright, primogeniture [103]

|  |  |  |  |
|---|---|---|---|
| 001 | בכרית s ab/cn | Ex23:19 | שרוי בכרית פירי עללתכון תייתון |
| 002 | בכורותה s em/sf | Dt21:17M | סדר דינה דבכורותה/בו<כ>רותה#2#/: |
| 003 | בכורותא | Gn25:32 | אזל לממת ולמה כען לי בכורותא: |
| 004 | | Gn49:03 | חולקין יתיר על אחך בכורותא דידך היא ומלכותא וכהנתא |
| 005 | | Dt33:17 | בכורותא ומלכותא ויקרא והדרא ליה |
| 006 | בכורותיה | Gn25:34 | ואזל ליה ובזי עשו ית בכורותיה ועל תחיית מיתייה וכפר |
| 007 | בכורותך | Gn25:31 | ואמר יעקב זבן כען ית בכורותך לי: |

## בכי *vb.* to cry [102]

|  |  |  |  |
|---|---|---|---|
| 001 | בכה peal | Gn45:14 | אחוי ובכא ובנימן בכה על צואריה: |
| 002 | בכי | Nu20:29M | וקטמה בראשה והווה בכי ואמ' ווי לי עליך אהרן |
| 003 | | Ex 2:06 | וחמת ית טליא והא טליא בכי וחסת עלוי ואמרת מן בניהון |
| 004 | | Gn33:04M | "ובכו": עשו הוה בכי עד דקר{ר}<ה>ין שניו |
| 005 | | Gn33:04M | שניו ויעקב הוה בכי על שעיעות צואריה |
| 006 | בכייא | Gn29:17M | רכיכן על דהוות בכייא ומצלייה דלא תסוק במזליה |
| 007 | בכייה | Dt21:13M | בגו בייתיך ותבכי/בכייה#2#/ ית אבוה וית אמה ירח |
| 008 | בכיין | Nu11:10 | ושמע משה ית קלהון דעמה בכיין לזרעייהון גבר בתרע משכנה |
| 009 | | Dt 3:29 | ושרינן בחלתה בכיין על חובינן ומתוודין על |
| 010 | | Nu25:06 | דבני ישראל ואינון בכיין תרע משכן זימנה: |
| 011 | בכיתון | Nu11:18 | למחר ותיכלון בשר ארום בכיתון במשמעה דייי למימר אלווי |
| 012 | יבכון | Lv10:06 | ואחיכון כל בית ישראל יבכון ית כל יקידתה די אוקד ייי: |
| 013 | | Nu11:13 | לכל עמא האלין ארום יבכון קודמוי למימר הב לן בשר |
| 014 | ובכא | Gn45:14 | על צווארי דבנימן אחוי ובכא ובנימן בכה על צואריה: |
| 015 | | Gn50:01 | על צוואריה דאבוי ובכא עלוי יוסף ונשק יתיה: |
| 016 | | Gn43:30 | ובעא למבכי ועל לקיטונא ובכא תמן: |
| 017 | ובכה | Gn50:17 | דעבדוי די אלהה דאבוך ובכה יוסף במלל יתיה עמה: |
| 018 | | Gn27:38 | אבא ונטל עשו קליה ובכה: |
| 019 | | Gn29:11 | לרחל ונטל ית קליה ובכה: |
| 020 | | Gn45:15M | "ונשק ...": איתד<ב>קו ובכה |
| 021 | | Gn42:24 | וסטה מלוותיהון ובכה וחזר לוותהון ומלל עמהון |
| 022 | | Gn35:09 | באורחיה ויתב ליה צווח ובכה ומ<י>לל ו{אמ}<מספד> ואת |
| 023 | | Gn37:35 | אחות על ברי לשאולה ובכה יתיה אבוי: |
| 024 | | Gn45:15 | ונשק לכל אחוי ובכה לקבלהון ומן בתר כדין מללו |
| 025 | | Gn46:29 | יתיה ואתרכן על צואריה ובכה על צואריה תוב: |
| 026 | | Gn50:01 | על אפוי דאבו«י» ובכה עלוי ונשק ליה וארבע יוסף |
| 027 | ובכו | Gn33:04 | על צווריה ונשק יתה ובכו: |
| 028 | ובכון | Dt34:08 | ובכון בני ישראל ית משה במישרה |
| 029 | | Nu20:29 | כנישתה ארום סאף אהרן ובכון ית אהרן תלתין יומין כל |
| 030 | | Gn50:03 | ישלמון יומוי חנוטיה ובכון יתיה מצראי שבעין יומין: |
| 031 | | Nu11:04 | איתחמדו תוחמודה וחזרו ובכון לחוד בני ישראל ואמרין |
| 032 | | Nu14:01 | כנישתה ושוון ית קלהון ובכון עמא בלליה הוא: |
| 033 | ובכיתון | Dt 1:45 | וחזרתון ובכיתון קדם ייי ולא שמע ייי בקל |
| 034 | | Nu11:20 | שכינתיה שריה ביניכון ובכיתון קודמוי למימר למה כען |
| 035 | ובכת | Gn21:16 | כל קבליה ונטלת ית קלא ובכת: |
| 036 | ותבכי | Dt21:13 | ותיתב בגו בייתיך ותבכי ית אבוה וית אמה ירח |
| 037 | ולמבכי | Gn23:02 | אברהם למספדא לשרה ולמבכי עלה: |
| 038 | למבכי | Gn43:30 | גלו מעוי על אחוי ובעא למבכי ועל לקיטונא ובכא תמן: |
| 039 | ולמבכייה pael | Gn23:02M | לשרה \ולמבכי עלה /ולמבכייה יתיה#2#/: |

## בכי *n.* weeping [103]

|  |  |  |  |
|---|---|---|---|
| 001 | ובכי s ab/cn | Gn35:09M | צווח ומייללמספד ובכי ואת רבון כל עלמא ייי |
| 002 | | Gn45:02M | \ושוי ית קליה בבכיה/ובכי#2#/ ושמעו מצראי ואשתמע |

## בכייה *n.* crying [103]

| | | | | |
|---|---|---|---|---|
| 001 | בבכיה | s ab/cn | Gn45:02 | ושוי ית קליה בבכיה ושמעו מצראי ואשתמע |
| 002 | בכיתה | s em/sf | Gn35:08 | בלוטה וקרא שמיה דבלוט בכיתה: |
| 003 | | | Dt34:08 | יומין ואשלימו יומי בכיתה אבלה דמש': |
| 004 | בכיתיה | | Gn50:04 | ועברו יומי בכיתיה ומליל יוסף עם |

## בכיפלה *adv.* double [103]

| | | | | |
|---|---|---|---|---|
| 001 | בכיפלא | | Ex16:22 | ביומא שתיתיה לקטו לחם בכיפלא תרין עמרין לכל גולגלא |
| 002 | | | Ex16:22M | \לחם בכיפלא /מזון בכיפלא#2#/ תרין עמרין לכל גולגלא |
| 003 | בכפולה | | Ex16:05 | ית מה דייתון ויהוי בכפולה על מה די ילקטון סכום יום |
| 004 | בכפלא | | Ex22:06 | ישתכח גברא גנבא ישלם בכפלא: |
| 005 | | | Ex22:03 | עד א«י»מר בחיין בכפלא ישלם: |
| 006 | | | Ex22:08 | די יחייבון דייניא ישלם בכפלא לחבריה: |
| 007 | | | Ex16:29 | לכון ביומא שתיתיא לחם בכפלא שרון גבר באתריה לא יפוק |
| 008 | בכופ' | | Dt15:18M | ארום בכפלה/^בכופ#2#^/בדיפלה#2#/ אגריה דאגירה |
| 009 | בכופלה | | Dt21:17 | למיתן ^לה#2#^ חולק בכופלה בכל מה די ישתכח ליה ארום |
| 010 | בכפלה | | Dt15:18 | לחירותה מן לוותך ארום בכפלה אגריה דאגירה פלח קדמיך |
| 011 | | | Gn43:12 | וכסף בכפלה סבו בידכון וית כספא |

## בכיר *adj.* early, first rain [103]

| | | | | |
|---|---|---|---|---|
| 001 | בכיר | s ab/cn | Dt11:14 | ואתן מטרה דארעכון בזמניה בכיר ולקיש ותכנשון עבוריכון |
| 002 | בכירן | p abs | Ex 9:31 | לקיין ארום שערייה הון בכירן וכתנה הוות גבעולין ואתרת |
| 003 | בכירי | p const | Gn 4:04 | והבל אייתי אף הוא מן בכירי ענה ומן שמיני«הון» וקבל |
| 004 | בכירתה | p em/sf | Gn30:41 | והוה בכל דאתיחמת ענה בכירתה ושוי יעקב ית חוטריא קדם |
| 005 | ובכיריה | | Gn30:42 | ען סגין לקישיא ללבן ובכיריה ליעקב: |

## בכן *adv.* then [103]

| | | | | |
|---|---|---|---|---|
| 001 | בכין | | Gn50:01M | במחלוקתיהון לזמרא הא בכין אתרכין |
| 002 | בכן | | Ex20:02 | וכל ישראל חזיין יתיה בכן הוה צווח ואמר עמי בני |
| 003 | | | Ex 1:12M | מצערין יתהון בכדן/בכן#2#/ הוון סגיין/סגיאין#2#/ |
| 004 | | | Ex15:12M | מנה לעלמא דאתי /הא בכן#2#/ ופתחת ארעא ית פומא |
| 005 | | | Lv22:11M | זבינות כספיה הא בכן יהווי ראשי למיכל |
| 006 | | | Gn 3:18M | דארעא \בגין כן /הא בכן#2#/ יהוי מפרש בין בני אנשא |
| 007 | | | Lv 1:01 | אתמלל עמיה מן קדם ייי בכן קרא דבירה למשה ומליל ייי |
| 008 | | | Ex 4:26M | שבחת /מלאכא מחבלה הא בכן שבח#2#/ צפרה ואמרת מה |
| 009 | | | Ex15:01M | בכדו/הא בכן#2#/ שבח משה ובני ישרא<'> |
| 010 | | | Nu21:17 | בכן שבחו ישראל ית שירת |
| 011 | | | Gn27:40M | ולא למטור פקודייה הא בכן תהוי פרק ניר שעבודהו' |
| 012 | | | Gn24:41M | בכדן/בכן#2#/ תזדכה/תהוי זכה#2#/ |
| 013 | | | Lv26:34M | בכדן/בכן#2#/ תרעה ארעא ית שמטה כל |
| 014 | | | Gn11:09M | בגין/^בכן#2#^/מן בגין#2#/ כדן/כדין#2#/ |
| 015 | בכין | | Dt 4:41 | בכ{ו}<י>ן יפריש משה <תלת> קרי |
| 016 | | | Gn50:01 | בכדן אתרכן יוסף ^בכין#2#^ על צווריה דאבוי ובכא |
| 017 | | | Lv22:27M | שיבטין קדישין לשמך הא בכין פרש משה נבייה דייי ואמר |
| 018 | ובכין | | Gn50:01M | \בכדן אתרכן /ובכין אתר{פף}<כין>#2#/ יוסף |
| 019 | ובכן | | Gn27:41M | יומי אבלא דמיתת אבא ובכן אנא קטל ית יעקב אחי ואנא |
| 020 | | | Gn31:22M | דלמה יהא טיפה ולא טפת ובכן אתנו ביומא תליתאה ארום |
| 021 | | | Lv26:41M | ירעון ית /דזידנה ובכן ימרקון ית#2#/ חוביהון: |

## בכר *vb.* to bear first fruits [103]

| | | | | |
|---|---|---|---|---|
| 001 | ומבכרה | pael | Dt33:14 | מן טוב עללת שמשא ומבכ{כ}<ר>ה פירי מגדנין בכל ירח |

## בכריה *n.* ⇐ בכורו

## בלא *prep.* without [103]

| | | | | |
|---|---|---|---|---|
| 001 | בלא | | Lv15:25 | ^אדמה#2#^ יומין סגין בלא אשון נדתה או ארום |
| 002 | | | Gn15:02 | לי ואנה אזל מן עלמא בלא בנין ואליעזר בר ביתי |
| 003 | | | Dt19:04 | ויחי די יקטול ית חבריה בלא ידע והוא לא הוה סני יתיה |
| 004 | | | Lv21:07M | מן /דקבלת גיטא בלא תנאה מן#2#/ בעלה לא יסבון |

## בלוט *n.* oak [104]

| | | | | |
|---|---|---|---|---|
| 001 | דבלוט | s ab/cn | Gn35:08 | בלוטה וקרא שמיה דבלוט בכיתה: |
| 002 | בלוטה | s em/sf | Gn35:04 | וטמר יתהון יעקב תחות בלוטה דסמיך לשכם: |
| 003 | | | Gn35:08 | דרבקה ואתקברת מן תחות בלוטה וקרא שמיה דבלוט בכיתה: |

## בלחודי *prep.* by ones self [104]

| | | | | |
|---|---|---|---|---|
| 001 | בלהודי | | Gn47:18 | ולא נשאר מן רבוני אלהן בלהודי גופינן וארענן: |
| 002 | בלחודי | | Gn47:18M | מן רבוני אלהן בלהודי/בלחודי#2#/ גופינן וארענן: |
| 003 | בל' | | Nu11:14M | /יכיל אנה#2#/ לבלחודוי/בל'#2#/ למסובלה טורחתהון |
| 004 | בלחודוי | | Gn42:38 | ארום אחוי מית והוא בלחודוי אשתייר ויארע יתיה סקול |
| 005 | | | Gn44:20 | ואחוי מית ואשתייר הוא בלחודוי לאמיה ואבוי רחים יתיה: |
| 006 | בלחודיהון | | Gn21:28 | ית שבעתי אמריא דענא בלחודיהון: |
| 007 | | | Gn21:29 | שבעתי אמרתא {{דענא בלחודיהון}} «האילן» דאקימת |
| 008 | | | Gn47:26 | להוד ארעהון דכומריא בלחודיהון לא הוות לפרעה: |
| 009 | בלחודך | | Ex18:18 | את יכיל למעבד יתיה בלחודך: |
| 010 | לב' | | Dt 1:12M | /היך אנא סבל לב'#2#/ טרחתכון ומטולכון |

## בלי *vb.* to be worn out [104]

| | | | | |
|---|---|---|---|---|
| 001 | בלון | peal | Dt29:04 | ארבעין שנין במדברה לא בלון לבושיכון מן עילוויכון |
| 002 | | | Dt29:04 | ומסניכון לא בלון מעילווי רגליכון: |
| 003 | | | Dt 8:04 | לבושיכון לא בלון מעילויכון ורגליכון לא |
| 004 | בליין | | Dt32:01 | כסא דמותה ברם סופיהון בליין לעלמא דאתי וכן ישעיה |

## בליעה *(v.)n.* swallowing [104]

| | | | | |
|---|---|---|---|---|
| 001 | בבליעת | s ab/cn | Nu26:11M | ולא {ש}<ט>מע<ו> בבליעת ארעא |

## בלע *vb.* to swallow [104]

| | | | | |
|---|---|---|---|---|
| 001 | בלעת | peal | Nu17:27 | מינן מיתו במגפתה ומנן בלעת ארעא ומנן נפקת אשתה: |
| 002 | תבלוע | | Nu16:34M | ארום אמרו דלא תבלע/תבלוע#2#/ יתהון ארעא: |
| 003 | תבלע | | Nu16:34 | לקלהון ארום אמרו דלא תבלע יתהון ארעא: |
| 004 | דבלעת | | Gn14:02 | דצבוי' ומלכא דקרתא דבלעת דיירי היא זער: |
| 005 | | | Gn14:08 | דצבוים ומלכה דקרת<ה> דבלעת דייריה היא זער וסדרו |
| 006 | ובלע | | Ex 7:12 | גבר חוטריה והוון לחיון ובלע חוטריה דאהרן ית חטריהון: |
| 007 | ובלעה | | Ex15:12 | ופתחת ארעא ית פומא ובלעה יתהון: |
| 008 | ובלעון | | Gn41:07 | ובלעון שובליא דקיקתה ית שבעתי |
| 009 | ובלען | | Gn41:24 | ובלען שבליא <....> טביא ואמרית |
| 010 | | | Gn41:07M | ובלעון/ובלען#2#/ שובליא דקיקתה ית |
| 011 | ובלעת | | Nu16:32 | ופתחת ארעא ית פמה ובלעת יתהון וית בתיהון וית כל |
| 012 | | | Nu17:27M | די פתחת ארעא ית פומה ובלעת יתהון |

|  |  |  |  |  |  |
|---|---|---|---|---|---|
| 013 | | Nu26:10 | ותפתח ארעא ית פמה | ובלעת | יתהון וית קרח בזמנה |
| 014 | | Dt11:06 | די פתחת ארעא ית פמה | ובלעת | יתהון וית אנשי בתיהון וית |
| 015 | ותבלוע | Nu16:30M | ארעא ית פמה | ותבלע/ותבלוע#2/ | יתהון וית כל |
| 016 | ותבלע | Nu16:30 | ייי ותפתח ארעא ית פמה | ותבלע | יתהון וית כל מה דלהון |
| 017 | למבלע | Ex15:12 | ולא ארעא הוות בעה | למבלע | יתהון דחילא הוות ארעא מן |
| 018 | ואתבלעת etpeel | Nu11:02 | וצלי משה קדם ייי | ואתבלעת | אשתה: |

## במה *n.* altar, high place [105]

|  |  |  |  |  |  |
|---|---|---|---|---|---|
| 001 | במתה p em/sf | Nu21:28 | דהו{ן}<ו>ן מדבחין קדם | במתה | דארנונה: |
| 002 | לבמתה | Nu22:41 | ית בלעם ואסק יתיה | לבמתה | דבעלה וחמא מן תמן קצת |

## במיצעה *adv.* in the middle [105]

|  |  |  |  |  |  |
|---|---|---|---|---|---|
| 001 | במיצעה | Ex39:23 | ופם מעילה | במיצעה | כפם סירה שפמה לפמה |
| 002 | | Ex28:32 | ויהוי פם ראשה | במיצעה | שפמה יהווי לפמה |
| 003 | במציעה | Gn15:10 | ית כל אלין ופסג יתהון | במציעה | ושוי כל חד פסגה לקבל |
| 004 | במצעה | Dt27:15M | וליוואי יהיבין | במצעה | |
| 005 | | Nu35:05 | אלפין באומתה וקרתה | במצעה | אלין יהוון לכון פרוירי |
| 006 | | Dt27:15 | דעיבל וכהנייה וארונה | במצעה | וכל ישראל מן הכה ומן הכה |

*prep.* באמצע See also:

## במצע ⇐ באמצע

## בן ⇐ *n.* בר

## בני *vb.* to build [106]

|  |  |  |  |  |  |
|---|---|---|---|---|---|
| 001 | בנה peal | Lv14:40M | למברה לקרתה דאיהוא | בנה | ביתה באונס' וטלומא יתרמון |
| 002 | | Nu23:01 | ואמר בלעם לבלק | בנה | לי הכה שבעה תורין מדבחין |
| 003 | | Nu23:29 | ואמר בלעם לבלק | בנה | לי הכה שבעה מדבחין ואתקן |
| 004 | | Gn13:04 | עד אתר מדבחה די | בנה | תמן בקדמיתא וצלי תמן אברם |
| 005 | בנון | Nu32:38M | /דקרר#2/ דבנו/די | בנון#2/: | |
| 006 | | Gn11:05M | \דבנו בני אנשה%/די | בנון | בניהון דבני#2/: |
| 007 | | Nu32:37 | ובנוי דראובן | בנון | ית חשבון וית אלעלה וית |
| 008 | | Nu32:24 | | בנון | לכון קריין לטפליכון ודרין |
| 009 | בני | Gn 4:17 | וילדת ית חנוך והוה | בני | קריה וקרא שמה דקרתה כשמיה |
| 010 | בנין | Nu32:37M | ובנוי דראובן | בנון/בנין#2/ | ית חשבון וית אלעלה |
| 011 | בניתון | Dt 6:10 | רברבן וטבן די לא | בניתון: | |
| 012 | | Dt 6:11 | מליין כל טוב די לא | בניתון | וגובין חצובין די לא |
| 013 | נבנה | Nu32:16 | לוותיה ואמרין דירין דען | נבנה | לבעירן הכה וקרוין לטפלינן: |
| 014 | נבני | Gn50:01 | יהודה ואמר לאחוי איתון | נבני | לאבונן ארזא רמא לרישיה מטי |
| 015 | תבנה | Dt22:08 | ארום | תבנה | בית חדת ותעבד סייג לאגרך |
| 016 | תבנון | Dt28:30 | וגבר אחרן יסב יתה בתין | תבנון | ולא תשרון בגוויהון כרמין |
| 017 | | Dt 8:12 | ותשבעון ובתין ט{ו}בין | תבנון | ותשרון: |
| 018 | | Dt27:06 | אבנין טבין שלמן מן מום | תבנון | ית מדבחה דייי אלהכון |
| 019 | | Ex20:25 | דאבנין תבנון לשמי לא | תבנון | יתהון חציבין ארום פרזלא |
| 020 | | Ex20:24 | מדבח קביע על ארעא | תבנון | לשמי ותקרבון עלוי ית |
| 021 | | Ex20:25 | ואם מדבח דאבנין | תבנון | לשמי לא תבנון יתהון |
| 022 | דבנה | Dt20:05 | למימר מן הוא דן גברא | דבנה | בית חדת ולא שכליל יתיה |
| 023 | דבנו | Nu32:38 | בשמהן ית שמהת דקוריין | דבנו: | |
| 024 | | Gn11:05 | ית קרתא וית מגדלא | דבנו | בני אנשה: |
| 025 | ובנא | Gn12:08 | מערבה ועיה מן מדנחה | ובנא | תמן מדבח לש' ממריה דייי |
| 026 | ובנה | Ex17:15 | | ובנה | משה מדבח וצלי תמן בשם |
| 027 | | Gn 8:20 | | ובנה | נח מדבח לשם ממרה דייי |
| 028 | | Gn 2:22M | | ושכלל/ובנה#2/ | ייי אלהים ית אלעא די |
| 029 | | Gn10:11 | מן ארעא ההיא נפק אתוריא | ובנה | ית נינוה וית פלטיותא |
| 030 | | Gn33:17 | ויעקב נטל לסכת«ה» | ובנה | לה בית ולבעירה עבד מטלין |
| 031 | | Ex24:04 | דייי ואקדם בצפרא | ובנה | מדבח בשפולא דטורא |
| 032 | | Ex32:05 | חור נביא קדמוי ודחל | ובנה | מדבח קדמוי ואכרז אהרן |
| 033 | | Nu23:14 | לחקל סכייה ריש רמתה | ובנה | שבעה מדבחין וקרב תור ודכר |
| 034 | | Gn12:07 | לבניך אתן ית ארעא הדה | ובנה | תמן מדבח לשם ממרי' דייי |
| 035 | | Gn13:18 | חזוה די בחברו' | ובנה | תמן מדבח בשם ממריה דייי: |
| 036 | | Gn22:09 | לאתרה די אמר ליה ייי | ובנה | תמן אברהם ית מדבחא וסדר |
| 037 | | Gn26:25 | | ובנה | תמן מדבח וצלי בשם ממרי |
| 038 | | Gn35:07 | | ובנה | תמן מדבח וקרא לאתרא דאתגלי |
| 039 | ובנון | Nu32:34 | | ובנון | בנוי דגד ית דיבון וית |
| 040 | | Ex 1:11 | יתהון בפולחניה«ון» | ובנון | קרין תלילן לפרעה ית טנס |
| 041 | ובני | Gn35:01 | סוק לביתאל ושרי תמן | ובני | תמן מדבח לשם ממרי דייי |
| 042 | ויבנו | Ex25:08 | | ויבנו | לשמי בית מוקדש«א» ואשרי |
| 043 | ונבנה | Gn11:04 | ואמרון אתון | ונבנה | לן קריה ומגדל וראשה מטי |
| 044 | ותבנון | Dt20:20 | יתיה תחבלון ותקצון | ותבנון | כרכומין על קרתה דהיא עבדה |
| 045 | | Dt27:05 | | ותבנון | מדבח קדם ייי אלהכון מדבח |
| 046 | למבני | Lv20:17 | הוה דעבדת עם קדמיי | למבני | עלמא ברם מן כדון כל די |
| 047 | | Gn11:08 | כל ארעא ואתמנעו מן | למבני | קרתא: |
| 048 | למיבני | Dt25:09 | לגברא די לא צבה | למיבני | ית בייתה דאחוי: |
| 049 | אתבנית etpeel | Nu13:22 | וחברון שבע שנין | אתבנית | קדם טניס מצרים: |
| 050 | יתבני | Nu13:22M | הוות בנייה קדם עד לא/ | יתבני | טנוס דמצ'#2/: |
| 051 | | Dt33:12 | עלוי כל יומיא ובתחומיה | יתבני | בית מוקדשה ובאחסנתיה תשרי |
| 052 | | Gn22:02M | מוריה /\דתמן עתיד די | יתבני | בית מקדשא#2/ וקרב יתה |
| 053 | יתבניה | Gn49:27 | בנימן שבט תקיף בתחומיה | יתבניה | בית מקדשה ובאחסנתיה תשרי |
| 054 | תתבני | Nu21:27 | מתלייה עלו לחשבון | תתבני | ותשתכלל קרתה דסיחון: |
| 055 | | Dt13:17 | ותיהוי צדי לעולם לא | תתבני | תוב: |
| 056 | מתבנייה | Dt 3:16M | קרתא דהא | מתבנייה | בימצע נחלא והוא תחומה |
| 057 | דאתבני | Gn16:02 | כען לות אמתי מה דלמה | דאתבני | אף אנה על ידה ושמע אברם |
| 058 | | Gn16:05 | תלד ואנה ארבי דילמא | דאתבני | אף אנה על ידה וחמת ארום |
| 059 | | Gn30:03 | ואנה ארבי מה דלמה | דאתבני | אף אנה על ידיה: |

## בני גוו *n.* intestines [בר גוו 98]

|  |  |  |  |  |  |
|---|---|---|---|---|---|
| 001 | בני גוה p em/sf | Lv 3:14 | וית כל תרבה די על | בני גוה: | |
| 002 | | Lv 8:25 | וית כל תרבה די על | בני גוה | וית מה דמשתייר מן |
| 003 | בני גווה | Ex12:09 | ראש עם רגלוי ועם | בני גווה: | |
| 004 | | Lv 3:03 | וית כל תרבה די על | בני גווה: | |
| 005 | | Lv 3:09 | וית כל תרבה די על | בני גווה: | |
| 006 | | Lv 4:08 | וית כל תרבה די על | בני גווה: | |
| 007 | | Lv 8:16 | ונסב ית כל תרבא די על | בני גווה | וית מה דמשתייר מן |
| 008 | | Lv 8:21 | וית | בני גווה | וית רגלה שזג במיא וסדר |
| 009 | | Lv 9:14 | ושזג ית | בני גווה | וית רגליה וסדר על עלתה |
| 010 | | Ex29:17 | תפסג לפסג<ו>י ותשזג | בני גווה | ורגלוי ותתן על פסגוי ועל |
| 011 | ובני גווה | Lv 1:13 | | ובני גווה | ורגלוי ישיג במיא ויקרב |
| 012 | ובני גוויה | Lv 4:11 | על רישיה ועל רגלוי | ובני גוויה | ורעייה: |
| 013 | ובני גויה | Lv 1:09 | | ובני גויה | ורגלוי ישיג במיא ויסדר |

## בסים *adj.* sweet [106]

|  |  |  |  |  |  |
|---|---|---|---|---|---|
| 001 | בסימה s ab/cn | Gn15:12 | שמשה אישון למטמע ושנה | בסימה | נפלת על אברם והא אברם |

## base, basis *n.* בסיס [106]

|  |  |  |  |  |
|---|---|---|---|---|
| 001 | בסיס | s ab/cn | Ex25:31 | תתעב«ד» מנרתה בסי{ם}<ס> דידה וקניה כלידיא |
| 002 | | | Ex25:31M | מנרתה בסי{ם}<ס>/בסיס#2# דידה וקניה כלידיא |
| 003 | | | Ex30:27M | מאנייה וית כיורייה וית בסיס דידה |
| 004 | | | Ex30:28 | כל מנוי וית כיורא וית בסיס דידה: |
| 005 | | | Ex35:16 | כל מנוי וית כיורה וית בסיס דידה: |
| 006 | | | Ex37:17 | דהב דכי נגידא עבד מנרתה בסיס דידה וקניה כלידיה חזוריה |
| 007 | | | Ex38:08 | ועבד ית כיורה דנחש וית בסיס דיד«ה» דנחש במחזיין |
| 008 | | | Nu 8:04 | עבד מנרתה נגודה דהב עד בסיס דידה ועד שושניה נגידה היא |
| 009 | | | Ex31:09 | כל מנוי וית כיורה וית בסיס דידיה:. |
| 010 | | | Lv 8:11 | כל מנוי וית כיורה וית בסיס דידיה למקדשה יתיה: |
| 011 | | | Ex39:39 | כל מנוי וית כיורה וית בסיס כיורה: |
| 012 | פסיס | | Ex31:09M | וית כיורה וית בסיס/פסיס#2# דידיה: |
| 013 | | | Lv 8:11M | וית כיורה וית בסיס/פסיס#2# דידיה למקדשה יתיה |
| 014 | ובסיס | | Ex30:18 | ותעבד כיור דנחש ובסיס דידה דנחש לקדוש ותשווי |
| 015 | בסיסיה | s em/sf | Ex40:11 | ~ותרבי ית כיורה וית בסיסיה ותקדש יתיה: |

## to embalm *vb.* בסם [115 בשם]

|  |  |  |  |  |
|---|---|---|---|---|
| 001 | ובסימו | pael | Gn50:02M | ית אבר' \וחנטו אסיא/ו{ת}<ב>סימו אסוותא#2#/ את |
| 002 | | | Gn50:26M | מאה ועשר שנין וחנטו/ובסימו#2# יתיה ושוון יתיה |
| 003 | למבסמא | | Gn50:02M | למחנט/אסוותא למבסמא#2#/ ית אבר' וחנטו אסיא |

**See also:** *vb.* בשם

This text distinguishes 'to embalm' with ס from 'to be pleasing' with ש.

## spice, perfume *n.* בסם [106]

|  |  |  |  |  |
|---|---|---|---|---|
| 001 | בסם | s ab/cn | Ex37:29 | קטרת בוסמניה דכי עבד בסם: |
| 002 | | | Ex30:35 | יתה קטרת פס{י}<ו>ם עובד בסם ממזג דכי דקדש: |
| 003 | בשם | | Ex30:25 | דקדש פטום מפטם עובד בשם משח דרבו דקדש יהוי: |
| 004 | דבשם | | Ex30:23 | חמש מאה סלעין וקנמון דבש«ם» פלגותא מתקל תרתי מאה |
| 005 | | | Ex30:23 | תרתי מאה וחמשין וקנה דבשם תקל תרתי מאה וחמשין: |
| 006 | בוסמה | s em/sf | Ex35:28M | וית בוסמניה/בוסמה#2# וית משחה לאנהרותא |
| 007 | בר' | p abs | Nu 7:32M | קטרת בוסמנין /ראש בר'#2#/ טבין מפטמין ודכיין |
| 008 | בוס' | | Nu 7:26M | לקטרתה/לקטורת בוס'#2#/: |
| 009 | | | Nu 7:44M | לקטרתה/לקטורת בוס'#2#/: |
| 010 | | | Nu 7:62M | ודכיין לקטרתה% בוס'#2#/: |
| 011 | | | Ex30:23M | /ריש#2# קטרן בסימנין/בוס'#2#/ טבין מר בחיר תקל |
| 012 | | | Nu 7:20M | קטרת בוסמנין /ראש בוס'#2#/ טבין מפטמין ודכיין |
| 013 | | | Nu 7:26M | \ראשי בוסמנין /ראש בוס'#2#/ טבין מפטמין ודכיין |
| 014 | | | Nu 7:44M | קטרת בוסמנין /ראש בוס'#2#/ טבין מפטמין ודכיין |
| 015 | בוסמ' | | Nu 7:50M | קטרת בוסמנין /ראש בוסמ'#2#/ טבין מפטמין ודכיין |
| 016 | בוסמין | | Dt33:10M | משוין קטרת בוסמנין/בוסמין#2#/ טבין וכליין רוגזך |
| 017 | בוסמנין | | Nu16:35M | קטורת בוסמנין#2#/: |
| 018 | | | Nu 7:14 | יתה מלייה ראשי קטרת בוסמנין בטבין מפטמין ודכיין |
| 019 | | | Gn50:01 | טבין מוקדן תמן בוסמנין טבין קיימין תמן מלכוון |
| 020 | | | Ex30:07 | ויסדר עלוי אהרן קטרת בוסמנין טבין בכל צפר וצפר |
| 021 | | | Nu 7:20 | יתה מלייה ראשי קטרת בוסמנין טבין מפטמין ודכיין |
| 022 | | | Nu 7:26 | קרב יתה מלייה ראשי בוסמנין טבין מפטמין ודכיין |
| 023 | | | Nu 7:32 | יתה מלייה ראשי קטרת בוסמנין טבין מפטמין ודכיין |
| 024 | | | Nu 7:38 | מלייה ראשי ^קטורת#2# בוסמנין טבין מפטמין ודכיין |
| 025 | | | Nu 7:44 | יתה מלייה רישי קטרת בוסמנין טבין מפטמין ודכיין |
| 026 | | | Nu 7:50 | יתה מלייה ראשי קטרת בוסמנין טבין מפטמין ודכיין |
| 027 | | | Nu 7:56 | יתה מלייה ראשי קטרת בוסמנין טבין מפטמין ודכיין |
| 028 | | | Nu 7:62 | יתה מלייה ראשי קטרת בוסמנין טבין מפטמין ודכיין |
| 029 | | | Nu 7:68 | יתה מלייה ראשי קטרת בוסמנין טבין מפטמין ודכיין |
| 030 | | | Nu 7:74 | יתה מלייה ראשי קטרת בוסמנין טבין מפטמין ודכיין |
| 031 | | | Nu 7:74M | קטרת בוסמנין /ראש בוסמנין#2#/ טבין מפטמין ודכיין |
| 032 | | | Nu 7:80 | יתה מלייה ראשי קטרת בוסמנין טבין מפטמין ודכיין |
| 033 | | | Nu 7:86M | מליין קטורן בוסמנין טבין מן ע' |
| 034 | | | Dt33:10 | ישראל משוין קטרת בוסמנין טבין וכליין רוגזך וקרבן |
| 035 | | | Ex35:08M | "ובשמנין ... דרבותא": בוסמנין משח לרבותה |
| 036 | | | Gn50:01M | ותמן הוון קיימין בוסמנין עבין תמן הוון קיימין |
| 037 | בסימנין | | Ex30:23 | ואת סב לך ראשי קטרן בסימנין טבין מר בחיר תקל חמש מאה |
| 038 | בסמנין | | Lv16:12 | ייי ומלו חופנוי קטרת בסמנין דקיקה ויעל לגו מן פרכתה: |
| 039 | | | Gn27:27M | דעדן "בסמניה ...": בסמנין עבין עתידין למתקרבה בטור |
| 040 | | | Ex30:34 | למשה סב לך ראשי קטרן בסמנין טבין קטף שבלה מרייא |
| 041 | | | Ex40:27 | וסדר עלוי קטרת בסמנין טבין היך מה די פקד ייי ית |
| 042 | | | Ex25:06 | משח לאנהרותא בסמנין למשחא דרבותא ולקטרת |
| 043 | | | Lv 4:07M | /קרנתה מדבח' קטורן בסמנין#2#/ קדם ייי די/דאית#2#/ |
| 044 | ובשמנין | | Ex35:08 | ומשחא לאנהרותא ובשמנין למשחה דרבותא ולקטרת |
| 045 | בוסמניה | p em/sf | Ex35:08 | למשחה דרבותא ולקטרת בוסמניה: |
| 046 | | | Ex37:29 | דרבותה קדש וית קטרת בוסמניה דכי עבד בסם: |
| 047 | | | Ex35:28 | וית בוסמניה וית משחה לאנהרותא ולמשחה |
| 048 | בוסמניי' | | Nu 7:56M | בוסמנין ^/ראש בוסמניי'#2#/^ טבין מפטמין ודכיין |
| 049 | בוסמנייה | | Nu 7:14M | לקטרתה/לקטורת בוסמנייה#2#/: |
| 050 | | | Nu 7:20M | לקטרתה/לקטורת בוסמנייה#2#/: |
| 051 | | | Nu 7:38M | לקטרתה/לקטורת בוסמנייה#2#/: |
| 052 | | | Nu 7:68M | לקטרתה/לקטורת בוסמנייה#2#/: |
| 053 | | | Nu 7:74M | לקטרתה/לקטורת בוסמנייה#2#/: |
| 054 | | | Ex35:15 | משחה דרבותה וית קטורת בוסמנייה וית פרסה דתרעא לתרע |
| 055 | | | Nu 4:16 | משחה דאנהרותה וקטרת בוסמנייה ומנחה תדירה ומשחה דרבותה |
| 056 | | | Lv 4:07 | קרנתיה דמדבחה דקטרת בוסמנייה קדם ייי די במשכן זימנא |
| 057 | בושמיה | | Ex35:28 | ולמשחה דרבותה ולקטרת בושמיה: |
| 058 | בושמניה | | Ex35:28M | דרבותה ולקטרת בושמיה/בושמניה#2#/: |
| 059 | בסמניה | | Ex25:06 | למשחא דרבותא ולקטרת בסמניה: |
| 060 | | | Ex39:38 | דרב{י}<ו>תה וית קטרת בסמניה וית פרס תרע משכנה: |
| 061 | | | Gn27:27 | ריחה דברי כריח קטרת בסמניה טביה דעתיד למתקרבא עלגבי |
| 062 | | | Ex31:11 | משחא דרבותא וית קטרת בסמניה לקידוש כל מה די פקדית יתך |

## through [Heb.] *prep.* [בעד] [107]

|  |  |  |  |  |
|---|---|---|---|---|
| 001 | בעד | | Gn20:18 | ארום מטרוד טרד ייי בעד כל פתחי ילדה לביתה |

## *interj.* בבעו ⇐ *n.* בעו

## to kick *vb.* בעט [107]

|  |  |  |  |  |
|---|---|---|---|---|
| 001 | נבעוט | peal | Gn22:10 | אבא כפות יתי יאות דלא נבעוט יתך ויתפסיל קרבנך מנך |
| 002 | ובעטו | | Dt32:15 | ואכלו דבית ישראל ובעטו ועתרו ופחזו פגשו והצלחו |

## to ask, to beg *vb.* בעי [107]

|  |  |  |  |  |
|---|---|---|---|---|
| 001 | בעא | peal | Gn49:01M | "ולאיתני ... טבייא": בעא לאיתנ' להון קץ ברכתא |
| 002 | | | Ex 4:25 | דמחבלה ואמרת ארום חתנא בעא למגזור וחמוי לא שבק יתיה |
| 003 | | | Dt13:11 | יתיה באבניה וימות ארום בעא {{למיטעי'}} יתכון מן בתר |
| 004 | | | Dt10:10M | \הווה רעווה מן קדם ייי /בעא#2# מימריה דייי' למחבלה |
| 005 | בעה | | Ex15:12 | יתהון ולא ארעא הוות בעה למבלע יתהון דחילא הוות |
| 006 | | | Ex15:12M | קטילך [...] ימא לא הוי בעה למטמע' יתהון ובמימ' |
| 007 | | | Ex15:12 | קטולי«ך» לא ימא הוה בעה לקבלא יתהון ולא ארעא הוות |

|  |  |  |  |  |  |
|---|---|---|---|---|---|
| 008 | בעון | Gn50:21 | ואמר להון עשרה כוכבין | בעון | למעקר כוכב חד ולא יכילין |
| 009 | | Gn18:21 | גמירא אינון חייבין ואין | בעון | מעבד תתובה ומסכיין אינון |
| 010 | בעי | Dt 2:30M | ולא | צבא/בעי#2/ | סיחון מלכא דחשבון |
| 011 | | Gn37:15 | יתיה גברא למימר מה את | בעי: | |
| 012 | | Ex10:28M | האלן דאת אמ' לי ברם | בעי | אנא למימות ולא למיהווי |
| 013 | | Nu24:04M | הוה חז' וכד הוה | חזי/בעי#2/ | הוה משתטח על אפוי |
| 014 | | Nu24:16 | שדי הוה חזי וכד הווה | בעי | הווה משתטח על אפוי ורזי |
| 015 | | Nu16:13M | אתרברבת» /ואוף אף | בעי | לאתרברבה#2/: |
| 016 | | Gn19:09 | למתותבא בינינן והא הוא | בעי | למהוי דין דינינן כדון נבאש |
| 017 | | Nu11:28M | "מנע": | בעי | עלויהון מן קדם ייי ותפסוק |
| 018 | | Gn18:22 | ואברהם עד כען הוה קאם | בעי | רחמין מן קדם ייי: |
| 019 | | Nu17:13 | וקם ליה ביני מיתיה | בעי | רחמין על חייא ואתכליית |
| 020 | | Gn37:16 | ואמר ית אחי אנא | בעי | תני לי כען אן אנון רען: |
| 021 | בעיא | Gn30:15 | דא די נסבת ית בעלי ואת | בעיא | למיסב ית יברוחי דברי ואמרת |
| 022 | | Gn29:17 | דלאה הוויין זקיפן בצלו | בעיא | למיסבא יעקב צדיקא ורחל |
| 023 | בעייא | Gn25:22M | לבית מדרשא דשם רבא | בעייא | ומצליי' קדם ייי |
| 024 | בעייה | Dt23:25M | ותאכול ענבין מה דנפשך | בעייה | ותשבע ולמאניך לא תשווי |
| 025 | בעיין | Nu16:10 | בנוי דלוי עימך ואתון | בעיין | למיסב אוף כהנתה רבתה: |
| 026 | בעין | Gn42:36 | מה הוה בסופיה ואתון | בעין | למיסב ית בנימין ואנון |
| 027 | | Gn21:33 | כד אכילין ושתין הוון | בעין | למיתן ליה אדמי מה די אכלו |
| 028 | | Gn21:33M | דהוון אכלין ושתיין הוו | בעין | למיתן לה טימי מה דאכלו |
| 029 | | Gn20:13 | והוה כד | בעין | עממיא {{לאטעאה}} יתי בתר |
| 030 | בעיתון | Dt 1:26M | ולא \צביתון למיסק | /בעיתון | למיסוק#2/ וסרבתון |
| 031 | אבעי | Ex32:30 | חובין רברבין וכדון אסוק | אבעי | רחמין מן קדם ייי: |
| 032 | יבעון | Gn20:13M | והוה כד | בעין/יבעון#2/ | עממיא {{לאטעאה}} |
| 033 | תבעון | Dt32:06 | הלא מן קדם ייי אתון | תבעון | דא אומה טפשה ולא חכימייה |
| 034 | | Ex10:11 | קדם ייי ארום יתה אתון | תבעון | וטרד יתהון מן לוות אפוי |
| 035 | דבעון | Gn20:13M | "כד ... <לאטעאה>": כיון | דבעון | אומיא דארעא |
| 036 | דנבעי | Gn19:18 | כען קליל זעיר עד זמן | דנבעי | רחמין מן קדם ייי: |
| 037 | ובעא | Gn43:30 | ארום גלו מעוי על אחוי | ובעא | למבכי ועל לקיטונא ובכא |
| 038 | ובעה | Dt26:05M | יעקב מן שירוייה | ובעה | לבן ארמייה למקטול יתיה |
| 039 | | Ex 2:15 | ושמע פרעה ית פתגמא הדין | ובעה | למקטל ית משה וערק משה |
| 040 | | Ex 4:24 | מלא«כא» מן קדם ייי | ובעה | למקטל יתיה: |
| 041 | ובעון | Gn23:08 | מתי מן קדמי קבילו מני | ובעון | לי מן עפרון בר צוחר: |
| 042 | | Gn23:11 | קדמ«י» קבילו מני | ובעון | לי מן עפרון בר צוחר: |
| 043 | ובעיית | Dt 3:23M | ובעית#2/וצליית | ובעיית#2/ | רחמין \מן קדם ייי /קדם |
| 044 | ובעית | Dt 9:26 | וצליית | ובעית | קדם ייי ואמרית בבעו |
| 045 | | Dt 9:18 | ואשתטחית בצלו | ובעית | רחמין מן קדם <ייי> |
| 046 | | Dt 9:18M | כקדמיתה /מן קודם ייי | ובעית | רחמין#2/ ארבעין יומין |
| 047 | | Dt 9:20 | למישצייה יתיה וצליית | ובעית | רחמין לחוד על עסק אהרן |
| 048 | | Dt 9:25 | ואשתטחית בצלו | ובעית | רחמין מן קדם ייי ארבעין |
| 049 | | Dt 9:25M | בצלו ובעית /וצליית | ובעית#2/ | רחמין מן קדם ייי |
| 050 | | Dt 3:23M | ובעיתי /וצלית ובעית#2/וצליית | ובעיית#2/ | רחמין |
| 051 | ובעיתי | Dt 3:23 | וצליתי | ובעיתי | רחמין מן קדם ייי בשעתה |
| 052 | ובעת | Gn38:25 | תמר נפקת למתוקדה בנורא | ובעת | תלתא סהדי ולא אשכחת יתהון |
| 053 | ונבעי | Gn30:02 | מעייא הא אנא ואת ניזל | ונבעי | קדם ייי די «מנע» מניך |
| 054 | | Gn30:02M | אתיי אנה ואת ונזיל | ונבעי | רחמין#2/ ייי די «מנע» |
| 055 | | Ex32:30M | וכדון אסוק | אבעי/ונבעי#2/ | רחמין מן קדם ייי |
| 056 | ובמבעי | Lv27:29M | בעלוון ונכסת קודשין | ובמבעי | רחמין מן קדם ייי מטול |
| 057 | למבעי | Dt 9:14 | מנע גרמך מן קדמי מן | למבעי | עליהון רחמין ואישיצי |
| 058 | | Ex32:10 | וכען מנע גרמך מן | למבעי | רחמין עליהון קדמי ויתקוף |
| 059 | למבעיה | Gn49:24 | פשט ידוי ואדרעוי | למבעיה | רחמין מן תקיפא דאבוי |
| 060 | למיב' | Ex32:10M | וכען מנע גרמך מן | למבע/למיב'#2/ | רחמין עליהון קדמי |

See also: בעל *vb.*

## בעיר *n.* animal, beast

[109]

|  |  |  |  |  |  |
|---|---|---|---|---|---|
| 001 | בעיר s ab/cn | Gn 4:20 | דדרי משכנא וקניין | בעיר: | |
| 002 | | Ex19:13 | יגרו יזדרקון ביה אן | בעיר | אין גבר לא יחי במתקע שופרא |
| 003 | | Lv27:10 | ביש בטב ואן מפרגה יפרג | בעיר | בבעיר ויהוי הוא ופרוגיה |
| 004 | | Lv 5:02M | \בנבלה דבעיר /בנבילת | בעיר#2/ | /^<בנבל>ת בער#2^/ מסאב |
| 005 | | Dt 4:17 | דמו כל | בעיר | דאית בארעא דמו כל עוף דפרח |
| 006 | | Gn30:30 | ארום קליל | בעיר | דהוה לך קדמיי ותקף וסגה |
| 007 | | Lv27:09 | ואן | בעיר | די יקרבון מנה קרבן קדם ייי |
| 008 | | Dt14:04 | דא | בעיר | די תאכלון תור אמר באמריה |
| 009 | | Gn46:34 | ותימרון מרי | בעיר | הוון עבדך מן טלייתהון ועד |
| 010 | | Dt27:21 | גברה די ישמש עם כל | בעיר | ויאמרון כל עמא אמן: |
| 011 | | Gn 1:24 | תפק ארעא נפ' דחיא למינה | בעיר | ורחש וחייתא דארעא למינה |
| 012 | | Gn 1:02 | ובהיא וצדי מן בר נש ומן | בעיר | וריקנא מן כל פלחן צמחין |
| 013 | | Lv24:21 | ומן די קטול | בעיר | ישלם יתה ומה דיקטול בר נש |
| 014 | | Lv18:23 | ובכל | בעיר | לא תתן תשמישך למסתאב' בה |
| 015 | | Ex22:09 | חמר או תור או אימר וכל | בעיר | למנטרה יתיה וימות או יתבר |
| 016 | | Lv18:23 | בה ואתה לא תקום קדם | בעיר | למשמשה עמה מרחקה היא: |
| 017 | | Lv20:16 | ואתה די תקרב לוות כל | בעיר | למשמשה עמה ותקטלון ית אתתה |
| 018 | | Ex11:07 | כלב בלשניה למן גבר ועד | בעיר | מן בגלל די תדעון די יפרש |
| 019 | | Ex11:07M | בעיר /לא על גבר ועל | בעיר#2/ | מן בגלל די תדעון די |
| 020 | | Lv27:11 | ואן כל | בעיר | מסאב די לא יקרב מנה קדם |
| 021 | | Nu22:30 | דעתה מה אן אנה דאנה | בעיר | מסאב ומיתה בעלמא הדין ולא |
| 022 | | Ex22:18 | כל דמשמש עם | בעיר | מתקטלה יתקטיל: |
| 023 | | Nu32:04 | בית מרעי היא ולעבדיך | בעיר | סגין: |
| 024 | | Dt 3:19 | ובעירכון ידע אנה ארום | בעיר | סגין אית לכון ישרון |
| 025 | | Ex12:38 | סלקו עמהון וען ותורין | בעיר | תקיף לחדא: |
| 026 | בער | Lv 5:02M | בעיר#2/ /^<בנבל>ת | בער#2^/ | מסאב או בנבלה דשרץ |
| 027 | בבעיר | Lv27:10 | ואן מפרגה יפרג בעיר | בבעיר | ויהוי הוא ופרוגיה יהווי |
| 028 | | Lv 7:21 | בסאבותא דברנש או | בבעיר | מסאב או בכל שרץ מסאב |
| 029 | | Lv20:15 | וגבר די יתן תשמישיה | בבעיר | מתקטלה יתקטל וית בעירה |
| 030 | דבעיר | Lv24:18 | ומן די קטל נפש | דבעיר | ישלם יתה נפש תשלומי נפש: |
| 031 | | Lv 5:02 | דחוה מסאבה או בנבלה | דבעיר | מסאב או בנבלה דשרץ מסאב |
| 032 | ובעיר | Nu32:01 | | ובע«י»ר | סגין הוה לבנוי דראובן |
| 033 | בע' s em/sf | Lv11:46M | דבעירה /אחווית | בע'#2/ | ועופה וכל נפש חיתה |
| 034 | בעיר' | Ex 9:25 | ברא מן בני אינשא ועד | בעיר' | וית כל עשבא דבאפי בר{ד}א |
| 035 | בעירא | Gn 3:18 | מפרש בין בני אנשא לבין | בעירא: | |
| 036 | | Gn46:32 | וגבריא רען ען ארום מרי | בעירא | אנ«ו»ן ועניהון ותוריהון |
| 037 | | Gn29:07 | יומא תלי לא אשון מכנש | בעירא | אשקו ענא ואזלו רעון: |
| 038 | | Ex13:15 | בני אנשא ועד בכורי | בעירא | בגין כדון אנן מקרבין קדם |
| 039 | | Gn 7:08 | מן | בעירא | דדכיה ומן בעירה דלית היא |
| 040 | | Lv11:26 | לכל | בעירא | דהוא פריס פרסה וטלפין לית |
| 041 | | Gn 7:02 | שבעה דכר ונקב' ומן | בעירא | די לא דכיא הו{{ה}}«א» |
| 042 | | Gn 7:02 | מן כל | בעירא | דכיא תסב לך שבעה שבעה דכר |
| 043 | | Ex12:12 | מן בני אנשא ועד | בעירא | ובכל טעוותיהון דמצריי |
| 044 | | Gn31:18 | {את' כל בעירא} ית כל | בעירא | וית כל ממוניה די קנה |
| 045 | | Gn 2:20 | וקרא אדם שמהן לכל | בעירא | ולעופא דשמיא ולכל חיתא |
| 046 | | Gn 3:14 | דא ליט תהוה חויה מן כל | בעירא | ומן כל חיותא דעל אפי ברה |
| 047 | | Gn31:18 | <....> {את' כל | בעירא} | ית כל בעירא וית כל ממוניה |
| 048 | | Gn 6:20 | מן עופא למינה ומן | בעירא | למינה ומן כל רחשא דארעא |
| 049 | | Ex 9:09 | על בני אינשא ועל | בעירא | לשחין פרח עבד שלפוקין בכל |
| 050 | | Lv 1:02 | מנכון קרבן קדם ייי מן | בעירא | מן תורייה ומן ענה תקרבון |
| 051 | | Gn 6:07 | דארעא מן בני אנשא עד | בעירא: | עד רחשא ועד עוף שמיא ארום |

|  |  |  |  |  |  |
|---|---|---|---|---|---|
| 052 | בעירה | Lv 7:26M | /לא מן עופא ולא מן | בעירה#2/: | |
| 053 | | Lv24:18M | נפש /בעירה חולף | בעירה#2/: | |
| 054 | | Gn34:05 | ברתה ובנוי הוון עם | בעירה | באפיה ברא ושתק יעקב |
| 055 | | Dt 2:35 | להוד | בעירה | בזונן לן |
| 056 | | Gn 8:20 | ממרה דייי ונסב מן כל | בעירה | דוכי' ומן כל עופא דיכיה |
| 057 | | Gn 8:01 | וית כל חייתה וית כל | בעירה | די עמה בתיבותא ועבר ייי |
| 058 | | Lv 7:25 | ארום כל די ייכול תרב מן | בעירה | די יקרב מנה קרבן קדם ייי |
| 059 | | Lv11:02 | חייתה די תכלון מן כל | בעירה | די על ארעא: |
| 060 | | Lv11:39 | וארום ימות מן | בעירה | די יהוי לכון למיכל מן די |
| 061 | | Dt14:04M | דא | בעיר/בעירה#2/ | די תאכלון |
| 062 | | Lv20:25 | ותפרשון בין | בעירה | דכייה למסאבה ובין עופא |
| 063 | | Gn 7:08 | מן בעירא דדכיה ומן | בעירה | דלית היא דכיה ומן עופא |
| 064 | | Dt14:06 | וכל | בעירה | דפרסתה סדיקה ומטליף טלפין |
| 065 | | Nu31:47 | חמשין מן בני אנשא ומן | בעירה | ויהב יתהון לליוויי דנטרין |
| 066 | | Ex 9:22 | על בני אנשא ועל | בעירה | ועל כל עשבא באפי ברא |
| 067 | | Dt 3:07 | וכל | בעירה | {ועתידהון}<ועדיתיהון> |
| 068 | | Nu31:30 | חמריא ומן ענה ומן כל | בעירה | ותתן יתהון לליוויי נטרי |
| 069 | | Lv24:18M | יתה \נפש תשלומי נפש | /בעירה | חולף בעירה#2/: |
| 070 | | Gn47:18M | "וענה ... וארענך": ונכסי | בעירה | לות רבונן לא אשתייר קדם |
| 071 | | Gn 1:25 | חייתא דארעא למינה וית | בעירה | למינה וית כל ריחשא דארעא |
| 072 | | Gn 7:14 | וכל חיתה למינה וכל | בעירה | למינה וכל רחשא דרחש על |
| 073 | | Lv18:23M | "בעיר ... מרחקה": | בעירה | למן{נ}<ת>הניי' מניה מר' |
| 074 | | Dt13:16 | וית כל מה דאית בה וית | בעירה | לפתגם דחרב: |
| 075 | | Nu 3:13 | מן בני אנשא ועד | בעירה | לשמי יהוון אמר ייי: |
| 076 | | Nu18:15M | דבעירה /בכורי | בעירה#2/ | מסאבה תפרוק: |
| 077 | | Lv20:16 | ותקטלון ית אתתה וית | בעירה | מתקטלה יתקטלו' חובת |
| 078 | | Gn 7:23 | די מן בני אנשא עד | בעירה | עד ריחשא עד עוף שמיא |
| 079 | | Lv27:11 | קדם ייי קרבן ויקים ית | בעירה | קדם כהנה: |
| 080 | | Lv20:15 | בבעיר מתקטלה יתקטל וית | בעירה | תקטלון: |
| 081 | בעירהון | Nu20:08 | ית עם כנישתה וית | בעירהון: | |
| 082 | | Gn13:07 | דלוט לא הוון זמנין | בעירהון | אלא מבקרין ואזלין ברם |
| 083 | | Gn47:17 | ודבר יתהון בלחמא בכל | בעירהון | בשתא הה«י»א: |
| 084 | | Gn34:23 | קנינהון וממוניהון וכל | בעירהון | הלא דידן אינון לחוד |
| 085 | | Nu31:09 | וית טפליהון וית | בעירהון | וית כל קניינהון וית כל |
| 086 | | Gn13:07 | דאברם הוון זמנין | בעירהון | עד זמן דהוון מטין לבית: |
| 087 | בעיריה | Ex 9:21 | דייי ושבק ית עבדוי וית | בעיריה | באפי ברא: |
| 088 | | Gn36:06 | וית ממונה וית כל | בעיריה | וית כל קניינוי די קנה |
| 089 | | Ex 9:20 | ערק ית עבדוי וית | בעירי«ה» | לגו ביתא: |
| 090 | בעירך | Ex 9:19 | וכדון שלח כנש ית | בעירך | וית כל מה דאית לך באפי |
| 091 | | Gn30:29 | קדמ{ת}<ך> וית מה דהוה | בעירך | קדמיי ותק«י»ף וסגה: |
| 092 | בעירכון | Ex34:19 | וולדא לשמי אינון וכל | בעירכון | דיכרייה פתחיי וולדה |
| 093 | | Gn45:17 | לאחך דא עבדו טענו ית | בעירכון | ואזלו עולו לארעא דכנען: |
| 094 | | Gn47:16 | ואמר יוסף אייתון | בעירכון | ואתן לכון בבעירכון אן |
| 095 | | Dt28:11 | וולד מיעיכון ובפירי | בעירכון | ובפרי ארעכון על ארעא די |
| 096 | | Dt30:09 | וולד מעיכון ובפרי | בעירכון | ובפרי ארעכון לטבן סגין |
| 097 | | Dt 5:14 | תוריכון וחמריכון וכל | בעירכון | וגיוריכון די בקירויכון |
| 098 | | Lv26:22 | ותתכל יתכון ותשיצי ית | בעירכון | ותזער יתכון ויצדון |
| 099 | בעירן | Ex17:03 | יתן וית בנינן וית | בעירן | בצהותא: |
| 100 | | Nu32:26 | טפלינן נשינן קנינן וכל | בעירן | יהויין תמן בקריי גלעדה: |
| 101 | | Ex10:26 | ולחוד | בעירן | ייזיל עמן לא תשתייר פרסת |
| 102 | בערכון | Lv19:19 | <ד>א{ד}ורייתי תטרון | בערכון | לא תרבעון כלאים חקלכון לא |
| 103 | בביעירה | Lv27:27 | ואן | בביעירה | מסאבה ויתפרק בעלויה |
| 104 | בבעירה | Gn13:02 | ואברהם תקף לחדא | בבעירה | בכספא ובדהבא: |
| 105 | | Lv20:25 | ולא תשקצון ית נפשתכון | בבעירה | ובעופה ובכל מה די תרחש |
| 106 | | Lv11:03 | תרתין פרסתה מסק גררה | בבעירה | יתה תיכלון: |
| 107 | | Dt14:06 | פרסתה מסיק גררה | בבעירה | יתה תאכלון: |
| 108 | | Lv27:26 | די יתאפרש לשמה דייי | בבעירה | לא יקדש גבר יתיה אין תור |
| 109 | | Lv20:15M | מתקטלה /ישווי מדמכה | בבעירה | מת'#2/ יתקטל וית בעירה |
| 110 | בבעירך | Ex 9:03 | הא מחת פורענתי הוויא | בבעירך | די חקלא בסוסיא ובחמריא |
| 111 | בבעירכון | Dt 7:14 | עקר לא עקרה אוף לא | בבעירכון: | |
| 112 | | Gn47:16 | בעירכון ואתן לכון | בבעירכון | אן שלם כספא: |
| 113 | דבעירא | Ex11:05 | רחיא וכל בכורא | «ד»בעירא: | |
| 114 | | Ex12:29 | וכל בכורא | דבעירא: | |
| 115 | | Gn13:07 | והוו דיינין בין רעוי | דבעירא | דאברם ובין רעוי דבעירה |
| 116 | | Ex13:12 | דייי וכל פתחי וולדה | דבעירא | די יהוון לכון דכרייא לשמה |
| 117 | דבעירה | Gn13:07 | דאברם ובין רעוי | דבעירה | דלוט רעוי דאברם הוון |
| 118 | | Lv11:46 | דא גזיר' אוריתה | דבעירה | ועופה וכל נפש חיתה דרחשא |
| 119 | | Nu18:15 | בני אנשא וית בכוריה | דבעירה | מסאבה תפרוק: |
| 120 | דבעירהון | Nu 3:41 | דליוויי חלף כל בוכרה | דבעירהון | דבני ישראל: |
| 121 | ובבעירא | Ex 8:14 | והוון כלמיא באנשא | ובבעירא: | |
| 122 | | Lv 7:26 | בית מדוריכון בעופא | ובבעירא: | |
| 123 | | Nu18:15 | לשמה דייי בבני אנשא | ובבעירא | דידך יהווי להוד מפרקה |
| 124 | | Gn 1:26 | דימא ובעופ' דשמיא | ובבעירא | ובכל ארעא ובכל רחשא דרחש |
| 125 | | Gn 8:17 | מן כל בשרא בעופא | ובבעירא | ובכל רחשא דרחש על ארעא |
| 126 | | Ex 8:13 | כלמיא בבני אנשא | ובבעירא | כל עפרא דארעא הוון כלמין |
| 127 | ובבעירה | Ex 9:10 | פרח בבני אינשא | ובבעירה: | |
| 128 | | Nu31:11M | \בבני אנשא | ובבעירה#2/: | |
| 129 | | Nu31:26 | דשביתה בבני אנשא | ובבעירה | אתה ואלעזר כהנה וראשי |
| 130 | | Nu 8:17 | ישראל בבני אנשא | ובבעירה | ביומא דקטלת כל בכוריה |
| 131 | | Gn 7:21 | דרחש על ארעא בעופא | ובבעירה | ובכל חיתא ובכל רחשא דרחש |
| 132 | | Gn 9:10 | די עמכון {ב}בעופא | ובבעירה | ובכל חיתא דארעא עמכון |
| 133 | | Ex13:02 | ישראל בבני אנשא | ובבעירה | לשמי אינון: |
| 134 | ובעי' | Nu20:08M | /עמה דכניש' | ובעי'#2/: | |
| 135 | ובעירא | Ex 9:19 | באפי ברא כל אינשא | ובעיר«א» | דאשתכח בחקלא ולא יתכנש |
| 136 | | Gn47:18 | אלהן שלם כספא וענה | ובעירא | לרבוני ולא נשאר מן רבוני |
| 137 | ובעירה | Dt20:14 | לחוד נשייה וטפלייה | ובעירה | וכל מה די יהווי בקרתה וכל |
| 138 | | Lv27:28 | כל מה דלה מן בני אנשה | ובעירה | ומן חקל אחסנתיה לא יזדבן |
| 139 | ובעירכון | Ex20:10 | ועבדכון ואמהתיכון | ובעירכון | וגיוריכון די בקירויכון: |
| 140 | | Dt 3:19 | לחוד נשיכון וטפליכון | ובעירכון | ידע אנה ארום בעיר סגין |
| 141 | ובעירנן | Nu20:04 | הדין לממות תמן אנן | ובעירנן: | |
| 142 | | Nu20:19 | ואין מימך נשתה אנן | ובעירנן | נתן כסף זבוניהון לחוד |
| 143 | ודבעירא | Gn47:18M | ובעירא /ודענה | ודבעירא#2/ | לרבוני ולא נשאר מן |
| 144 | ולבעירה | Dt28:26M | עופה דשמייא | ולחייתה/ולבעירה#2/ | דארעא ולית דמניט |
| 145 | | Gn33:17 | ובנה לה בית | ולבעירה | עבד מטלין בגין כדין קרא |
| 146 | ולבעירכון | Lv25:07 | | ולבעירכון | ולחיותה די בארעכון |
| 147 | כבעירא | Gn 3:18 | מן קדמך ייי לא נתחשב | כבעירא | למיכ' עשבא דבאפי ברא נקום |
| 148 | לביערה | Dt 5:21M | לאמתא ולא לתוריה ולא | לביערה | ולא לכל מה דאית לחבריכון |
| 149 | לבעירן | Nu32:16 | ואמרין דירין דען נבנה | לבעירן | הכה וקרוין לטפלינן: |
| 150 | בבעיריהון p em/sf | Nu 3:41M | /בכורייה#2/ | דבעירהון/בבעיריהון#2/ | דבני ישראל: |
| 151 | בעיריהון | Gn36:07 | למסחנא יתהון מן קדם | בעיריהון: | |
| 152 | | Ex 9:04M | למצראי ולא ימות מן | בעיריהון | |
| 153 | | Ex 9:04 | בעיריהון דמצריי וביני | בעיריהון | דישראל ולא ימות מכל |
| 154 | | Ex 9:07 | פרעה והא לא מית מן | בעיריהון | דישראל עד לא חד ואתוקף |
| 155 | | Nu 3:41 | דבני ישראל וית | בעיר«י»הון | דליוויי חלף כל בוכרה |
| 156 | | Nu 3:45 | דבני ישראל וית | בעיר«י»הון | דליוויי חלף בעיריהון |
| 157 | | Ex 9:04 | ויפרש ייי ביני | בעיריהון | דמצריי וביני בעיריהון |
| 158 | | Ex 9:06 | מן יומא דבתרא ומית כל | בעיריהון | דמצריי ומבעיריהון דבני |
| 159 | | Nu 3:45 | דליוויי חלף | בעיריהון | ויהוון לשמי ליווי אנה |

| | | | | | | |
|---|---|---|---|---|---|---|
| 160 | בעיריכון | | Dt28:04 | ובפירי ארעכון ובפירי | בעיריכון | בקרת תוריכון ועדרי |
| 161 | | | Dt28:51 | וייאכל פרי | בעיריכון | ופרי ארעכון עד זמן די |
| 162 | בעירינן | | Nu32:26M | וכל \בעירן יהויין | /בעירינן | יהוון#2#/ תמן בקריי |
| 163 | ובעיריהון | | Nu20:11 | סגין ושתו עם כנישתה | ובעיריהון: | |
| 164 | ומבעיריהון | | Ex 9:06 | כל בעיריהון דמצריי | ומבעיריהון | דבני ישראל לא מית אף |
| 165 | לבעיריהון | | Nu35:03 | יה{ד}<ו>ון | לבעיריהון | ולממונהון ולכל |
| 166 | לבעיריכון | | Dt11:15 | ואתן עשבה באפי ברה | לבעיריכון | ותיכלון ותשבעון: |

## בעל *vb.* to have sexual intercourse [109]

| | | | | | | |
|---|---|---|---|---|---|---|
| 001 | נבעול | peal | Nu20:17M | נשרגגה בתולן ולא | נבע{י}<ול> | נשי גוברין באסרטא |

## בעל *n.* husband [בעיל 108]

| | | | | | | |
|---|---|---|---|---|---|---|
| 001 | בבעל | s ab/cn | Dt28:56M | עייניה \בבעיל חובה | /בבעל | טליותה#2#/ ובברה ובברתה: |
| 002 | בבעיל | | Dt28:56 | פרנוקה תבאש עייניה | בבעיל | חובה ובברה ובברתה: |
| 003 | בעלה | s em/sf | Nu30:13 | ולקיום נפשה לא יקום | בעלה | בטל{ת} יתהון ומן קדם ייי |
| 004 | | | Nu30:08 | וישמע | בעלה | ביומא די ישמע וישתוק לה |
| 005 | | | Nu30:13 | ואין מבטלה יבטל יתהון | בעלה | ביומא די ישמע כל פירוש |
| 006 | | | Gn29:31M | הות לאה רחימא באפי | בעלה#2#/ | ואמר במימר«י»ה למיתן |
| 007 | | | Nu30:12 | וישמע | בעלה | וישתוק לה לא בטל יתה |
| 008 | | | Ex21:22 | היך מה די ישוי עלוי | בעלה | ויתן על פום דיינין: |
| 009 | | | Nu 5:29 | דקנאתה תסטה אתתה בר מן | בעלה | ותסתאב: |
| 010 | | | Nu30:09 | ~ואין ביומא די ישמע | בעלה | יבטל יתה ויבטל ית נדרה |
| 011 | | | Nu30:15 | ואין משתק ישתוק לה | בעלה | יום בתר יום ויקיים ית כל |
| 012 | | | Nu30:14 | שבועה לקיום דצער נפש | בעלה | יקיים יתהון ובעלה יבטל |
| 013 | | | Lv21:07 | יסבון ואתה משב«קה» מן | בעלה | לא יסבון ארום קדישין אנון |
| 014 | | | Gn16:03 | דכנען ויהבת יתה לאברם | בעלה | ליה לאנתו: |
| 015 | | | Dt25:11 | דחד מנהון למשיזבה ית | בעלה | מן ידוי דדין דמחי יתה |
| 016 | | | Nu30:16 | ואין מבטלא יבטל יתהון | בעלה | מן בתר די ישמע ויקבל ית |
| 017 | | | Nu30:11M | ואין \בבית דבעלה /בית | בעלה#2#/ | נדרת או קיימת קיים על |
| 018 | | | Dt24:04 | לית הוא רשיי | בעלה | קדמייה די שבוק יתה למיחזור |
| 019 | בעלי | | Gn29:32 | ארום כדון ירחם יתי | בעלי: | |
| 020 | | | Ex15:06M | ובסוגי תוקפך תברת שורי | בעלי | |
| 021 | | | Gn49:07M | הוה כרכה דשכם /לייט | בעלי | שכם#2#/ כד עלו לגוויה |
| 022 | | | Gn29:34 | בהדא זמנא יזדמן לוותי | בעלי | ארום ילדת ליה תלתא בנין |
| 023 | | | Gn30:20 | טבין הדה זמנא יזבוד יתי | בעלי | ארום ילדית לי שתא בנין |
| 024 | | | Lv19:16 | לישנה תליתיה למרעיה וית | בעלי | דינה לא תשתוק לא תיקום על |
| 025 | | | Gn30:15 | זעירא היא דא די נסבת ית | בעלי | ואת בעיא למיסב ית יברוחי |
| 026 | | | Gn29:33M | /לא הוינא רחימא באפי | בעלי | ויהב לי לחוד אף דן#2#/ |
| 027 | | | Gn30:20M | /כדו בהדא זמנא יזדמן | בעלי | לוותי ארום#2#/ ילדית לי |
| 028 | בעליך | | Nu 5:20 | ביך ית תשמישה בר מן | בעליך: | |
| 029 | | | Gn 3:16 | בצער תלדין בנין ולוות | בעליך | יהוי מתביך והוא יהוי |
| 030 | בבעלה | | Nu 5:27 | אין איסתאבת ותשקר שקר | בבעלה | וייעלון בה מיא מלווטיה |
| 031 | דבעל' | | Nu 5:20M | דומכה בר מן רשותה | דבעל' | |
| 032 | דבעלה | | Nu 5:13 | דזרע ויתכסי מן עינוי | דבעלה | ותטמר והיא דאסתאבת וסהד |
| 033 | | | Nu30:11 | ואין בבית | דבעלה | נדרת או קיימת קיים על |
| 034 | דבעליך | | Nu 5:20 | ארום סטית בר מן רשותה | דבעליך | וארום אסתאבת ויהב גבר ביך |
| 035 | | | Nu 5:19 | סטית סאבה בר מן רשותה | דבעליך | תידכי מימיא מריריה |
| 036 | ובעלה | | Nu30:14 | נפש בעלה יקיים יתהון | ובעלה | יבטל יתהון: |
| 037 | לבעלה | | Gn 3:06 | ונסב<ת> ויהבת לחוד | לבעלה | עמה ואכל: |
| 038 | לבעלי | | Gn30:18 | ייי אגרי די יהבת אמתי | לבעלי | וקראת שמיה יששכר: |
| 039 | לבעליך | | Nu 5:19M | סאיבה תחות רשותה | לבעליך | דזתכי מן מיה |

## בעל דבב *n.* enemy [בעיל דבב 108]

| | | | | | | |
|---|---|---|---|---|---|---|
| 001 | ובעיל דבבא | s em/sf | Ex15:09 | אמר פרעה רשיעא שנאה | ובעיל דבבא | ארדוף בתר עמא בני |
| 002 | ובעל דבבה | | Ex15:06 | ייי תברת פרעה שנאה | ובעל דבבה: | |
| 003 | בעלי דבבוי | p em/sf | Gn49:17 | בר מנוח דאמתיה על | בעלי דבבו«י» | ודחלתו על שנאוי נפק |
| 004 | | | Dt33:07M | להמן | בעלי דבביהון/<בעלי >דבבוי#2#/ | וסעד וסמך מן |
| 005 | | | Nu32:21 | עד זמן די ישיצי ית | בעלי דבבוי | מן קדמוי: |
| 006 | בעלי דבבי | | Nu23:11 | מה עבדת לי למלוט | בעלי דבבי | דברת יתך והא מברכה ברכת |
| 007 | בעלי דבביהון | | Gn22:17 | בניך ית קירי | בעלי דבביהון: | |
| 008 | | | Gn24:60 | וירתון בניך ית קרי | בעלי דבביהון: | |
| 009 | | | Gn49:06 | פגרו שורי | בעלי דבביהון: | |
| 010 | | | Dt32:30 | דייי מסר יתהון ביד | בעלי דבביהון: | |
| 011 | | | Lv26:41 | ואעל יתהון לארע | בעלי דבביהון | או דלמה יתבר לבהון |
| 012 | | | Dt32:42 | פולימרכיהון | בעלי דבביהון | דעמי: |
| 013 | | | Ex15:06M | דרצצת ומרצצת שור | בעלי דבביהון | דעמך |
| 014 | | | Ex15:07 | ובסגי גיוותנותך תפגר | בעלי דבביהון | דעמך תשלח בהון תקוף |
| 015 | | | Nu24:07 | גלותהון מן מדינת | בעלי דבביהון | ובנוי ישלטון באומין |
| 016 | | | Nu24:08 | ישראל נכסי אמיה | בעלי דבביהון | וגוברהון יקטלון |
| 017 | | | Dt32:27 | דלא יתגברון עליהון | בעלי דבביהון | ודי לא ייאמרון שנאיהון |
| 018 | | | Lv26:39 | בחוביהון בארע | בעלי דבביהון | ולהוד בחובי אבהתהון |
| 019 | | | Dt33:17 | נפקין לקרבה לקבל | בעלי דבביהון | ולקבל שנאיהון ומקטלין |
| 020 | | | Dt33:07 | ידוי יתפרען לה מן | בעלי דבביהון | וסעד וסמך מן שנאוי |
| 021 | | | Dt32:27 | לא ייאמרון שנאיהון | בעלי דבביהון | ידינן אתפרען לן מן |
| 022 | | | Gn49:05 | מן טליותיהון בארע | בעלי דבביהון | עבדו נצחנן קרביהון: |
| 023 | בעלי דבביי | | Nu24:10 | בלק לבלעם למלוט | בעלי דבביי | דברת יתך והא מברכה ברכת |
| 024 | בעלי דבביך | | Gn49:08 | ידיך יתפרעון לך מן | בעלי דבביך | יהוון מקדמין ושאלין |
| 025 | בעלי דבביכון | | Lv26:16 | וייכלון יתהון | בעלי דבביכון: | |
| 026 | | | Lv26:25 | בכון ותתמסרון ביד | בעלי דבביכון: | |
| 027 | | | Lv26:37 | לכון תקומה קדם | בעלי דבביכון: | |
| 028 | | | Lv26:38 | ותאכל יתכון ארע | בעלי דבביכון: | |
| 029 | | | Nu10:09 | ותתפ«ר»קון מן | בעלי דבביכון: | |
| 030 | | | Nu14:42 | דלא תתברון קדם | בעלי דבביכון: | |
| 031 | | | Dt 1:42 | ולא תתנגפון קדם | בעלי דבביכון: | |
| 032 | | | Dt28:31 | ישיזיב יתכון מן יד | בעלי דבביכון: | |
| 033 | | | Dt28:53 | די יעיקון לכון | בעלי דבביכון: | |
| 034 | | | Dt28:25 | ייי מתנגפין קדם | בעלי דבביכון | באורח חדא תפקון |
| 035 | | | Lv26:34 | ואתון גלין בארע | בעלי דבביכון | בכדן תשמט ארעא ותרעי |
| 036 | | | Dt28:55 | די יעיקון יתכון | בעלי דבביכון | בכל קורייכון: |
| 037 | | | Dt28:57 | די יעיקון לכון | בעלי דבביכון | בקורייכון: |
| 038 | | | Lv26:32 | ית ארעא ויצדון עליה | בעלי דבביכון | די שריין בה: |
| 039 | | | Dt28:48 | ותעבדון קדם | בעלי דבביכון | די יגרי ייי בכון בכפן |
| 040 | | | Dt20:14 | ותיכלון ית ביזת | בעלי דבביכון | דיהב <לכון> ייי |
| 041 | | | Dt 7:16M | נכסי אמייה /בזת | בעלי דבביכון#2#/ | דייי אלהכון יהב |
| 042 | | | Dt28:07 | ימסור ייי ית | בעלי דבביכון | דקיימין עילוו«י»כון |
| 043 | | | Dt21:10 | תפקון לסדרי קרבה על | בעלי דבביכון | וימסר יתהון ייי אלהכון |
| 044 | | | Lv26:07 | ותרדפון ית | בעלי דבביכון | ויפלון קדמיכון קטילי |
| 045 | | | Lv26:36 | תברה בלבביכון בארע | בעלי דבביכון | וירדוף קל עליה דשף עם |
| 046 | | | Lv26:17 | בכון ותתנגפון קדם | בעלי דבביכון | וישלטון בכון סנאיכון |
| 047 | | | Nu23:24 | עד דקטלין | בעלי «ד»בביכון | וישפכון אדם קטוליהון |
| 048 | | | Dt30:07 | לווטייה האליין על | בעלי דבביכון | ועל שנאיכון די רדפו |
| 049 | | | Dt23:10 | ארום תפקון מישרי על | בעלי דבביכון | ותזדהרון מכל מילה |
| 050 | | | Dt20:01 | תפקון לסדרי קרבה על | בעלי דבביכון | ותחמון סוסוון |
| 051 | | | Nu24:06 | ישראל מתגברין על | בעלי דבביכון | כגינין שתילין על |
| 052 | | | Dt20:03 | הדין לסדרי קרבה על | בעלי דבביכון | לא יתבר לבביכון לא |
| 053 | | | Dt20:04 | סדרי קרביכון עם | בעלי דבביכון | למשיזבה יתכון: |
| 054 | | | Dt12:10 | ויניח לכון מכל | בעלי דבביכון | מן חזור חזור ותשרון |

055 Dt25:19 אלהכון יתכון מן כל בעלי דבביכון מן חזור חזור בארעא
056 Dt 6:19 למידחוף ית כל בעלי דבביכון מן קדמיכון היך מה די
057 Dt33:27 ישראל הוא יטרוד בעלי דבביכון מן קדמיכון ואמר
058 Dt33:29 סבריכון ותבירין בעלי דבביכון מן קדמיכון ואתון עמי
059 Nu10:09 קרבא בארעכון על בעלי דבביכון על סנאה דמעיק לכון
060 Ex23:27 ביניהון ואשוי ית כל בעלי דבביכון קדמיכון תבירי קדל:
061 Lv26:08 יערקון ויפלון בעלי דבביכון קדמיכון קטילי חרב:
062 Dt23:15 למשזבה יתכון ולמסור בעלי דבביכון קדמיכון ויהוויין
063 בעלי דבבינן Dt32:31 קדמוי אתעבדון בעלי דבבי{כון}<נן> דיינינן:
064 Dt32:27 ידינן אתפרען לן מן בעלי דבבינן ולא מן קדם ייי אדעבדת
065 בעלי דבבך Nu10:35 בבעו ייי ויתבדרון בעלי דבבך ויערקון סנאיך מן קדמך:
066 Gn15:01 ואף על גב דמסרית בעלי דבבך קדמיך בעלמא הדין אגר
067 Gn14:20 הוא אלהא עליא די תבר בעלי דבבך קדמך ויהב לה חד מן עשרה
068 ובעל דבבוהי Dt33:11M דשנאוי ובעלי דבבוי/ובעל <דב>בוהי#2/ מן קדמוי לא
069 ובעלי דבבוי Dt33:11 תבר חרצה דשנאוי ובעלי דבבוי מן קדמוי לא יכלין
070 ולבעלי דבביהון Dt32:41 אחזר נקמתה לשנאוי ולבעלי דבביהון דעמי אשלם להון גמלין
071 לבעלי דבבוי Nu24:18 טורא דגבלה ירתו לבעלי דבבוי וישראל יצלחון בנכסין
072 לבעלי דבביכון Dt32:43 תבע ונקמתה יחזר לבעלי דבביכון ובחובי עמא ארעא לקייא
073 Dt28:31 לכון עניכון מסירן לבעלי דבביכון ולית לכון עבדין טבין
074 Dt28:68 יתה ותזדבנון תמן לבעלי דבביכון לעבדין ולאמהן ולית

## בעל דבבו *n.* hostility

[108 בעיל דבבו]

001 בעיל דבבו s ab/cn Nu35:22 ואין בתכוף דלא בעיל דבבו דחף יתיה או טלק עלוי כל
002 בבעל דבבו Nu35:21 אין בבעל דבבו מחה יתה בידיה ומית
003 ובעל דבבו Gn 3:15 ובעל דבבו אשוי בינך ובין איתתה

## בעלה *n.* wife

[!!]

001 ובבעלת s ab/cn Dt28:54M /תבאש עיינוי באחוי ובבעלת טליותה#2/ ובשיור בנוי

## בעץ *n.* antimony

[109]

001 בעצה s em/sf Nu31:22 וית נחשה וית פרזלה וית בעצה וית כסיטרא וית איברה:

## בער *vb.* to burn, to remove

[109]

001 בע' peal Nu11:03M תמן בערת /תעברה ארום בע'#2/ בהון אשא מן קדם ייי:
002 בעיר Dt 5:23 ממרה מן גו חשוכה וטורה בעיר באשתא וקרבתון לוותי כל
003 Dt 4:11 בשיפולי טורה וטורה הוה בעיר באשתה עד צית שמיא חשוכה
004 בער Ex 3:02 סניא וחמא והא סניא בער באשתא וסנייה לית הוא יקד:
005 Dt 9:15 ונחתת מן טורא וטורא בער באשתה ותרין לוחי קיימה
006 Ex15:07 תתכל יתהון היך מה דנורא בער בקשא:
007 בערין Nu21:28 ארום עם גיברין בערין היך אשתא נפקו מן חשבון
008 בערת Nu11:03 בית יקידתה ארום תמן בערת בהון אשא מן קדם ייי:
009 תבערון Dt21:09 ואתון תבערון ^אדמה#2^ מה דשפר ותקן
010 Dt24:21 ארום תקטפון כרמיכון לא תבערון עוללה מן בתריכון לגיוריה
011 דבערה Gn15:17M הוה אברם והא גהינם דבערה כאתונה בשביבין דינור
012 ובערת Nu11:01 קדם ייי ותקף רוגזה ובערת בהון אשא מן קדם ייי ותכלת
013 ותבערון pael Dt17:07 וידי כל עמא באחרייתה ותבערון עבדי בישתה מן ביניכון:
014 Dt17:12 ויתקטל גברא ההוא ותבערון עבדי בישתא מישראל:
015 Dt19:19 דאתחשב למעבד לאחוי ותבערון עבדי בישתה מן ביניכון:
016 Dt21:21 דקרתה באבנייה וימות ותבערון עבדי בישתה מן ביניכון
017 Dt22:21 למזנייה בייתיה דאבוה ותבערון עבדי בישתה מן ביניכון:
018 Dt22:22 דמשמש עם אתתה ואתתה ותבערון עבדי בישתה מן ישראל:
019 Dt22:24 די צער ית אתתה דחברה ותבערון עבדי בישתה מן ביניכון:
020 Dt24:07 ויתקטל גנבה ההוא ותבערון עבדי בישתה מן ביניכון:
021 Dt19:13 יחוסן עייניכון עלוי ותבערון שפוכי אדמה זכייה מן
022 תבערון afel Ex35:03 לא תבערון אשא בכל אתר בית מדוריכון
023 מבערן Gn 3:24 זיקוקין דנור וגומרין מבערן לרשיעיא למתפרעה מנהון
024 ויבער Lv 6:05M /תתוקד ביה לא תתטפי ויבער על'#2/ כהנא קיסין בכל

## בעש *vb.* ⇐ באש

## בפם *prep.* inside

[109]

001 בפום Gn42:27 וחמא ית כספא והא הוא בפום טעונה:
002 Gn42:28 לאחוי אחזר כספי והא הוא בפום טעוני ואזדעזע לבהון וחרדו
003 Gn44:01 למסען ושוי כסף דגבר בפום טעוניה:
004 Gn44:02 כלידי כלידא דכספא תשוי בפום טעוניה דזעירא וית כסף זבנה
005 Gn43:12 בידכון וית כספא דאתחזר בפום טעוניכון תחזרון בידכון
006 Gn44:08 הא כספ«א» דאשכחנן בפום טעונינן חזרנן יתיה {יתיה}
007 בפם Gn43:21 טעונינן והא כספא דגבר בפם טעונה כספינן במתקליה
008 Gn44:11M ופתחו גבר טעוניה/בפם טעוני#2/:
009 בפמא Gn44:01M דגבר בפום טעוניה: בפום/בפמא#2/

## בפריע *adv.* quickly

[109]

001 בופ' Dt 7:22M למישיציה יתהון בפריע/בופ'#2/ דלא תסגון/תיסגי#2/
002 Dt 9:03M יתהון בפריע/בופ'#2/ היך מה די מלל ייי
003 בופריע Dt 9:12 לי אמר משה קום חות בופריע מן הכה ארום חבילו עמך ית
004 Dt 9:16M סטיתון בפריע/בופריע#2/ מן אורחא דפקיד
005 Dt11:17 תתן פירי עללתה ותסופון בופריע מן עלוי ארעא טבתה דממרא
006 Dt28:20 ועד זמן די תסתופון בופריע מן קדם עובדיכון בישיה די
007 בפ' Dt 9:12M אמר משה קום חות בופריע/בפ'#2/ מן הכה ארום חבילו
008 Dt11:17M /ותי<ש>תצון#2/ בופריע/בפ'#2/ מן עלוי ארעא טבתה
009 בפריע Dt 7:04 בכון דלא ישיצי יתכון בפריע:
010 Dt 7:22 יכלין למישיציה יתהון בפריע דלא תסגון עליכון חיות
011 Dt 9:03 יתהון ותסופון יתהון בפריע היך מה די מלל ייי לכון:
012 Lv24:12 נפשתה דלא יהוון קטילין בפריע יתי מן דחמי ליה למתקטלה
013 Nu 9:08 נפשתה דלא יהוון קטלין בפריע יתי מן דחמי לה למתקטלה
014 Nu15:34 נפשן דלא יהוון קטולין בפריע יתי מן דחמי ליה למתקטלה
015 Nu27:05 נפשן דלא יהוון קטלין בפריע יתי מן דחמי ליה למתקטלה
016 Nu17:11 מדבחה ושוי קטרה והובל בפריע לגו עם כנישתה וכפר עליהון
017 Nu17:11M קטורן ואזל בפריע לוות עמא דכנישתה וכפ<ר>
018 Ex32:08 סטון בפריע מן ארחא די פקדת יתהון עשו
019 Dt 9:12 פריקין מן מצרים סטון בפריע מן ארחה דפקדית יתהון עבדו
020 Dt 9:16 לכון עגל מסכה סטיתון בפריע מן אורחא דפקיד מימרה דייי
021 Dt28:20M בופריע/יסוף יתכון בפריע#2/ מן קדם עובדיכון בישיה
022 Dt 4:26 ארום מיסתיפא תסתיפון בפריע מעילוי ארעא די אתון עברין
023 בפריעה Ex11:01 מן הכא כד ישלח יתכון בפריעה מטרוד יטרוד יתכון מן הכה:

## בצורה *n.* drought

[109]

001 ובצורתא s em/sf Dt 5:20M ומטר דלא נחת ובצורתא אתיא לעלמא
002 ובצורתה Dt 5:21 סלקין ומטר לא נחת ובצורתה אתייה על עלמא ומלכוותה

## בצל *n.* onion

[109]

001 בצליה p em/sf Nu11:05 בטיחיה וית כרתיה וית בצליה וית תומיה:

### בקדמיתה *adv.* formerly [109 בקדמייתה]

|  |  |  |  |
|---|---|---|---|
| 001 | בקדמיתא | Gn28:19 | לוז הוה שמה דקרתא בקדמיתא: |
| 002 | | Gn43:18 | כספא דאתחזר בטעונינון בקדמיתא אנן מתעלין למתרברבא |
| 003 | | Gn13:03 | די פרס תמן משכניה בקדמיתא בין ביתאל ובין עייה: |
| 004 | | Gn41:21 | חשיך היך מה דהוון בקדמיתא ואיתעירית: |
| 005 | | Gn13:04 | אתר מדבחה די בנה תמן בקדמיתא וצלי תמן אברם בשם ממרה |
| 006 | | Gn43:20 | מנך רבוני מחת נחתין בקדמיתא למזבן מזון: |
| 007 | | Gn44:08 | יתיה {יתיה} לוותך בקדמיתא מן ארעא דכנען והיך כדין |
| 008 | בקדמיתה | Nu10:14 | משריה דבנוי דיהודה בקדמיתה לחיילוותהון ורבה דהוה |
| 009 | | Dt17:07 | ידוי דסהדיא יפשטן ביה בקדמיתה למיקטל יתיה וידי כל עמא |
| 010 | | Dt13:10 | ידיכון ישלטון ביה בקדמיתה למקטלה יתיה וידיהון דכל |
| 011 | | Nu10:13 | ונטלו בקדמיתה על פם גזירת מימר׳ בידה |

### בקורה *n.* herd of cattle [110]

|  |  |  |  |
|---|---|---|---|
| 001 | בקרת s ab/cn | Dt 7:13 | חמריכון ומשחכון בקרת תוריכון ועדרי עניכון על |
| 002 | | Dt28:04 | ארעכון ובפירי בעיריכון בקרת תוריכון ועדרי עניכון: |
| 003 | | Dt28:18 | ולד מעיכון ובפרי ארעכון בקרת תוריכון ועדרי עניכון: |
| 004 | | Dt28:51 | לכון עבור או חמר ומשח בקרת תוריכון ועדרי עניכון |
| 005 | ולבקרת | Gn18:07M | ולבקרותה/ולבקרת תורייה#2#/ רהט |
| 006 | ולבקרותה s em/sf | Gn18:07 | ולבקרותה רהט אברהם ונסב בר תורין |
| 007 | לבקורתה | Lv22:27M | לשמך בר תורין ורהט לבקורתה ונסב בר תורין רכיך וטב |
| 008 | לבקרותיה | Lv22:27 | אתברך בכולה ורהט לבקרותיה ואייתי בת תורין שמין וטב |

### בקע ⇐ *vb.* קבע

### בקעה *n.* valley [110]

|  |  |  |  |
|---|---|---|---|
| 001 | בקעה s ab/cn | Gn11:02 | כד אסעו לבבהון ואשכחו בקעה בארעא דבבל ושרון תמן: |
| 002 | בבקעת | Gn38:25 | מקיימה לך תלתא צדיקין בבקעת דורא חנניה מישאל |
| 003 | בבקעתה s em/sf | Dt34:03M | וית מישרה בבקעתיה/<בבקע>תה#2#/ דיריחו קרתה |
| 004 | | Dt 8:07 | מבועין ותהומין נפקין בבקעתה ובטורה: |
| 005 | בבקעתיה | Dt34:03 | וית דרומה וית מישרה בבקעתיה דיריחו קרתה דעבדה |
| 006 | ודבקען p abs | Dt11:11 | למירת יתה ארע דטורין ודבקען מן מטרה דנחית מן שמייא |

### בקר *vb.* to visit [110]

|  |  |  |  |
|---|---|---|---|
| 001 | דבקר׳ pael | Ex33:07M | משכנה זמנה ויהווי כל דבקר׳ אולפן |
| 002 | למבקרא | Gn35:09 | וזוגיה ועוד אלפת יתן למבקרא ית בישיא מן אבונן אברהם |

### בקר#2 *vb.* to let graze free [110]

|  |  |  |  |
|---|---|---|---|
| 001 | מבקרין afel | Gn13:07 | הוון זמנין בעירהון אלא מבקרין ואזלין ברם {ברם} מפקדים |
| 002 | תווקרון | Dt24:20M | מן בתריכון לגיוריה תווקרון/ יתהון מן בתריכון לג#2# |
| 003 | ותבקרון | Ex23:11 | שביעיתא תשמטון יתה ותבקרון יתה וייכלון מסכיניה די |

### בקשיו *adv.* harshly, with difficulty [110]

|  |  |  |  |
|---|---|---|---|
| 001 | בקשיו | Ex 1:13 | מצרייא ית בני ישראל בקשיו: |
| 002 | | Ex 1:14 | כל פולחן די פלחו בהון בקשיו: |
| 003 | | Lv25:46 | גבר באחוי לא תשתעבד בה בקשיו: |
| 004 | | Lv26:27 | אורייתי ותהלכו עמי בקשיו: |
| 005 | | Lv26:40 | ולהוד די הליכו קדמי בקשיו: |
| 006 | | Lv26:24 | ואהלך אף אנה עמכון בקשיו ואמחי יתכון אוף אנה שבעה |
| 007 | | Lv26:28 | אף אנה עמכון ברגזן בקשיו ואמחי יתכון אף אנה שבעה |
| 008 | | Lv26:41 | אוף אנה אהלך עמהון בקשיו ואעל יתהון לארע |
| 009 | | Lv26:21 | ואן תהלכו קדמי בקשיו ולא תצבון למשמע לאולפן |
| 010 | | Lv25:43 | לא תשתעבד בה בקשיו ותדחלון מן אלהכון: |
| 011 | | Lv25:53 | עמה לא ישתעבד בה בקשי{ן}<ו> קדמך: |
| 012 | בקשייו | Lv26:23 | ממרי ותהלכון קדמיי בקשייו: |
| 013 | ובקשיו | Lv26:28M | ואדבר אף אנה בחמה ובקשיו ואוסף לממחי יתכון מחה חד |
| 014 | | Lv26:24M | עמכון בקשיו/בחמה ובקשיו#2#/ ואמחי יתכון אוף אנה \ |

### בר *n.* son [97 ביר]

|  |  |  |  |
|---|---|---|---|
| 001 | בין s ab/cn | Nu11:26M | מן גו עלמא ויהושוע בין נון דהוא שמשא מקבל נביתה |
| 002 | ביר | Gn 5:28M | ותרתין שנין ואולד בר/ביר#2#/: |
| 003 | | Gn11:30M | לה בנין /לא הוות לה ביר#2#/: |
| 004 | | Gn30:10M | דלאה ליעקב בר/ביר#2#/: |
| 005 | | Gn30:06M | \בר בגין כדן קראת{(י)} /ביר בגין כן קרת#2#/ שמ«ה» |
| 006 | | Gn18:10M | בעידנא הדין והא ביר#2#/ דכר לשרה אתתך |
| 007 | | Gn18:14M | הדין#2#/ ולשרה בר/ביר#2#/ דכר: |
| 008 | | Gn35:17M | ארום לחוד דין ליך בר/ביר דכר#2#/: |
| 009 | | Ex21:31M | \או בר/אין ביר#2#/ דכר מן בני ישראל יגש |
| 010 | | Lv12:02M | תעבר \ותלד בר/ותליד ביר#2#/ דכר ותסתאב שבעה |
| 011 | | Gn17:16M | אתן מנה לך ביר ואברך יתך ותהוי לאומין |
| 012 | | Gn29:34M | ועברת תוב וילדת בר/ביר#2#/ ואמרת כדון/כדו#2#/ |
| 013 | | Gn 4:26M | הוא אתיליד בר/ביר#2#/ וקרא ית שמיה אנוש |
| 014 | | Gn16:15M | וילידת הגר לאברם בן/ביר#2#/ וקרא אברם שמה דברה |
| 015 | | Gn19:38M | לחוד#2#/ היא ילידת בר/ביר#2#/ וקראת ^ית#2#^ שמה בר |
| 016 | | Gn19:37M | וילידת רבתא בר/ביר#2#/ וקרת שמה מואב הוא אבי |
| 017 | | Gn16:11M | בר ותיקרי שמה /וילדת ביר ותקרא ית שמה#2#/ ישמעל |
| 018 | | Gn30:17M | וילידת ליעקב בר/ביר#2#/ חמשיי: |
| 019 | | Gn21:02M | לעדנא דמליל יתה ייי /ביר לסבותא בזמנא די מלל עימיה |
| 020 | | Gn24:36M | שרה אתתיה דריבוני בר/ביר#2#/ לריבוני מן בתר דיסאב |
| 021 | | Gn 4:01M | ואמרת הא יתיהב לי בר/ביר#2#/ מן קדם ייי: |
| 022 | | Gn35:18M | מיתה הוה וקרא שמה בר/ביר#2#/ צערי ואבוי ^הוה#2#^ |
| 023 | | Gn30:19M | עוד#2#/ לאה וילדת בר/ביר#2#/ שתיתייא ליעקב: |
| 024 | | Gn30:07M | אמה{ה}תה דרחל בר/ביר#2#/ תניין ליעקב: |
| 025 | | Gn30:12M | זלפה אמהתה דלאה בר/ביר#2#/ תניין ליעקב: |
| 026 | | Gn30:05M | וילידת ליעקב בר/ביר#2#/ ^דכר#2#^: |
| 027 | בן | Ex35:30 | דמני ייי בשם דרבן בצלאל בן אור בר חור מן שבטה דבנוי |
| 028 | | Ex38:22 | ובצלאלא בן אור בר חור לשבטא דבנוי |
| 029 | | Nu34:23 | דבנוי דמנשה רבה חניאל בן אפוד: |
| 030 | | Gn36:35 | ומית חשם ומלך בתרה הדד בן בדד די קטל ית מדייני |
| 031 | | Nu34:22 | דבנוי דדן רבה <בקי> בן יגלי: |
| 032 | | Nu34:21 | דבנוי דבינמן אלידד בן כסלון: |
| 033 | | Ex33:11 | למשריתה ושמשיה יהושע בן נון טלי לא יזייע מגו |
| 034 | | Nu25:14 | אתקטל עם מדיניתה זמרי בן סלוא רב בית אבה דבנוי |
| 035 | | Gn36:38 | שאול ומלך בתרה בעל חנן בן עכבור: |
| 036 | | Nu 1:08 | דבנוי דישכר נתנאל בן צוער: |
| 037 | | Gn25:09 | כפילא בחקלא דעפרי׳ בן צחר חתיה די כל קובל |
| 038 | | Nu34:24 | דבנוי דאפרי׳ רבה קמואל בן שפטן: |
| 039 | | Gn16:15 | וילידת הגר לאברם בן וקרא אברם שמה דברה |
| 040 | בר | Gn 5:28 | ותרתין שנין ואולד בר: |
| 041 | | Gn30:10 | אמהתה דלאה ליעקב בר: |
| 042 | | Gn35:17 | ארום לחוד דין ליך בר: |
| 043 | | Nu 4:28M | על דאיתמ׳ \ברה דאהרן /בר א׳#2#/ כהנה רבה: |
| 044 | | Nu25:11M | בר אלעזר \ברה דאהרן /בר א׳#2#/ כהנה רבה חזר ית |
| 045 | | Nu 3:35 | דבנוי דמררי צוריאל בר אביחיל על סטרוי דמשכנה |
| 046 | | Gn25:12 | ואלין תלדותא דישמעל בר אברהם די ילידת הגר מצריתא |

|  |  | | | |
|---|---|---|---|---|
| 047 | Nu 4:33M | דאיתמר \ברה דאהרן | /בר | אה#2#/ כהנה רבה: |
| 048 | Nu 7:08M | דאיתמר \ברה דאהרן | /בר | אה#2#/ כהנה \רבה#2#/: |
| 049 | Ex 6:25 | ואלעזר | בר | אהרן נסב לה מן בנתיה |
| 050 | Ex38:21 | דלווי על ידוי דאתמר | בר | אהרן כהנא ^רבה#2#^: |
| 051 | Nu 3:32 | על רברבני ליוויי אלעזר | בר | אהרן כהנה סכום נטורי מטרת |
| 052 | Nu17:02 | אמר לאלעזר | בר | אהרן כהנה רבה וירים ית |
| 053 | Nu25:07 | וחמה פנחס בר אלעזר | בר | אהרן כהנה וקם מן גו כנישתה |
| 054 | Ex35:30M | בשם דרבן בצלאל | בן/<ב>ר#2#/ | אור בר חור מן שבטה |
| 055 | Ex31:02 | וקראת בשם טב דרבן בצלאל | בר | אורי בר חור מן שבטא דבנוי |
| 056 | Ex31:06M | אהליאב \ברה דאחיסמך | /בר | אחי#2#/ מן שבטא |
| 057 | Ex35:34 | יהב בלביה הוא ואהליאב | בר | אחיסמך מן שבטה דבנוי דדן: |
| 058 | Ex38:23 | ועמיה אהליאב | בר | אחיסמך מן שיבטא דבנוי דדן |
| 059 | Nu25:07 | וחמה פנחס | בר | אלעזר בר אהרן כהנה וקם |
| 060 | Nu25:11 | פינחס | בר | אלעזר ברה דאהרן כהנה רבה |
| 061 | Nu31:06 | קרבה יתהון וית «פנחס | בר» | אלעזר כהנא לסדרי קרבה |
| 062 | Gn27:29 | יתך יהוי לייט כבלעם | בר | בעור ומן דמברך יתך יהוי |
| 063 | Gn36:32 | ומלך באדום בלע | בר | בעור ושמיה דקרתא דנהבה: |
| 064 | Nu22:05 | ושלח שליחין לוות בלעם | בר | בעור פתורה חלמייה די על גף |
| 065 | Nu31:08 | דמדיינאי וית בלעם | בר | בעור קטלו בחרבה: |
| 066 | Dt23:05 | ודי אגרו עליכון ית בלעם | בר | בעור חלמיא דמן ארם נהרים |
| 067 | Gn28:05 | ואזל לפדן ארם לוות לבן | בר | בתואל ארמאה אחו«ה» |
| 068 | Nu 1:11 | דבנוי דבנימן אבידן | בר | גדעוני: |
| 069 | Nu 2:22 | שבטה דבנימן אבידן | בר | גדעוני: |
| 070 | Nu 7:60 | דבנוי דבנימן אבידן | בר | גדעוני: |
| 071 | Nu 7:65 | דבנוי דבנימן אבידן | בר | גדעוני: |
| 072 | Nu10:24 | דבנוי דבנימן אבידן | בר | גידעוני: |
| 073 | Nu27:01 | בנתה דצלפחד בר חפר | בר | גלעד בר מכיר בר מנשה |
| 074 | Nu13:12 | מן שבטה דבנוי דדן עמיאל | בר | גמלי: |
| 075 | Nu13:04 | שבטה דבנוי דראובן שמוע | בר | זכור: |
| 076 | Gn36:34 | ומית יובב | בר | זרח ומלך בתרה חשם מן ארעא |
| 077 | Ex31:02 | טב דרבן בצלאל בר אורי | בר | חור מן שבטא דבנוי דיהודה: |
| 078 | Ex35:30 | בשם דרבן בצלאל בן אור | בר | חור מן שבטה דבנוי דיהודה: |
| 079 | Ex38:22 | ובצלאלא בן אור | בר | חור לשבטא דבנוי דיהודה |
| 080 | Nu13:05 | דבנוי דשמעון שפ{ד}<ט> | בר | חורי: |
| 081 | Nu 1:09 | דבנוי דזבולון אליאב | בר | חילן: |
| 082 | Nu 2:07 | שבטה דזבולן^ אליאב | בר | חילן: |
| 083 | Nu 7:24 | דבנוי דזבולן אליאב | בר | חלן: |
| 084 | Nu 7:29 | דבנוי דזבולן אליאב | בר | חלן: |
| 085 | Nu10:16 | דבנוי דזבולן אליא' | בר | חלן: |
| 086 | Gn34:02 | וחמא יתה שכם | בר | חמור חיוויה רבה דארעא ונסב |
| 087 | Gn34:18 | דחמור ובאפוי דשכם | בר | חמור: |
| 088 | Gn34:31 | כדין דלא יהוו{ן}<י> שכם | בר | חמור מלגלג בנפשיה ומתגאי |
| 089 | Nu26:33 | וצלפחד | בר | חפר לא הוו ליה בנין ארום |
| 090 | Nu27:01 | וקרבין בנתה דצלפחד | בר | חפר בר גלעד בר מכיר בר |
| 091 | Gn49:18M | "לא ...": כד חמא ית גדעון | בר | יואש וית שמשון בר מנוח |
| 092 | Gn49:18 | יעקב לא לפורקנא דגדעון | בר | יואש סכיית נפשי דהוא פורקן |
| 093 | Dt33:17 | ואינון אלפיה דקטל גדעון | בר | יואש מן מדייניי דהוא מן |
| 094 | Nu13:07 | שבטה דבנוי דיששכר יגאל | בר | יוסף: |
| 095 | Nu27:01 | בר מנשה לזרעיית מנשה | בר | יוסף ואלין שמהת בנתיה |
| 096 | Nu32:33 | ולפלגות שבטה דמנשה | בר | יוסף ית מלכותא דסיחון |
| 097 | Nu36:12 | מן זרעיית בנוי דמנשה | בר | יוסף הוון לנשים והוות |
| 098 | Nu14:06 | ויהושע בר נון וכלב | בר | יפונה מן יילליה דארעא |
| 099 | Nu14:30 | יתכון בה אלהן כלב | בר | יפונה ויהושע בר נון: |
| 100 | Nu14:38 | ויהושע בר נון וכלב | בר | יפונה «חיוו» מן גובריה |
| 101 | Nu26:65 | גבר א{ל}<ר>ום אלהן כלב | בר | יפונה ויהושע בר נון: |
| 102 | Nu32:12 | אלהן כלב | בר | יפונה קניזייה ויהושע בר |
| 103 | Nu34:19 | שבטה דבנוי דיהודה כלב | בר | יפונה: |
| 104 | Dt 1:36 | ארום אלהן כלב | בר | יפונה הוא יחמי יתה וליה |
| 105 | Nu13:06 | שבטה דבנוי דיהודה כלב | בר | יפונה: |
| 106 | Nu16:01 | ופליג קרח | בר | יצהר בר קהת בר לוי |
| 107 | Lv24:10M | וגברה | ישראלייה/בר | ישראל#2#/: |
| 108 | Nu25:08 | ודקר ית תריהון ית גברא | בר | ישראל וית אתתה לגו מעיה |
| 109 | Nu25:08 | ועל בתר גברא | בר | ישראל לגו קהלא ודקר ית |
| 110 | Nu25:14 | ושמה דגברא | בר | ישראל קטילה מה די אתקטל עם |
| 111 | Dt17:15 | בר עממין די לא מן אחוכון | בר | ישראל הוא: |
| 112 | Nu 3:24 | דבנוי דגרשני אליסף | בר | לאל: |
| 113 | Nu16:01 | קרח בר יצהר בר קהת | בר | לוי {רת}<וד>תן ואבירם |
| 114 | Nu13:13 | מן שבטה דבנוי דאשר סתור | בר | מיכאל: |
| 115 | Nu13:15 | דבנוי דג{ת}<ד> גאואל | בר | מכי: |
| 116 | Nu27:01 | דצלפחד בר חפר בר גלעד | בר | מכיר בר מנשה לזרעיית |
| 117 | Nu36:01 | לזרעיית בנוי דגלעד | בר | מכיר בר מנשה מ«ן» |
| 118 | Gn24:24 | ואמרת לה ברת בתואל אנה | בר | מלכה די ילדת לנחור: |
| 119 | Gn49:17 | ומתהפך לאחורי הוא שמשון | בר | מנוח דאמתיה על |
| 120 | Gn49:18 | שעה ולא לפורקניה דשמשון | בר | מנוח סכיית נפשי דהוא פורקן |
| 121 | Gn49:18M | בר יואש וית שמשון | בר | מנוח לא אנה מסכי דפורקניה |
| 122 | Gn50:23 | דר תליתאי אף בנוי דמכיר | בר | מנשה אתיילדו על ברכוי |
| 123 | Nu27:01 | חפר בר גלעד בר מכיר | בר | מנשה לזרעיית מנשה בר |
| 124 | Nu32:39 | ואזלו בנוי דמכיר | בר | מנשה לגלעדה וכבשו יתה |
| 125 | Nu32:40 | ויהב משה ית גלעד למכיר | בר | מנשה ושרה בגווה: |
| 126 | Nu32:41 | ויאיר | בר | מנשה אזל וכבש ית כפרניהון |
| 127 | Nu36:01 | בנוי דגלעד בר מכיר | בר | מנשה מ«ן» זרעיית בנוי |
| 128 | Dt 3:14 | יאיר | בר | מנשה נסב ית כל תחום |
| 129 | Nu11:26 | מן גו משריתה ויהושע | בר | נון משמש נשיותיה בתריה |
| 130 | Nu11:28 | וענה יהושע | בר | נון משמשה דמשה מן |
| 131 | Nu13:08 | שבטה דבנוי דאפרים הושע | בר | נון: |
| 132 | Nu13:16 | דכנען וקרא משה להושע | בר | נון יהושע: |
| 133 | Nu14:06 | ויהושע | בר | נון וכלב בר יפונה מן |
| 134 | Nu14:30 | כלב בר יפונה ויהושע | בר | נון: |
| 135 | Nu14:38 | ויהושע | בר | נון וכלב בר יפונה |
| 136 | Nu24:20M | עמלק תבר יתהון יהושע | בר | נון מדבית אפרים תינין |
| 137 | Nu26:65 | כלב בר יפונה ויהושע | בר | נון: |
| 138 | Nu27:18 | למשה סב לך ית יהושע | בר | נון גבר דרוח קדש מן קדם |
| 139 | Nu32:12 | יפונה קניזייה ויהושע | בר | נון ארום אשלמו בתר ממרה |
| 140 | Nu32:28 | ית אלעזר וית יהושע | בר | נון וית ראשיה אבהת שבטיה |
| 141 | Nu34:17 | ארעא אלעזר כהנא ויהושע | בר | נון: |
| 142 | Dt 1:38 | יהושע | בר | נון דקיים משמש קדמך הוא |
| 143 | Dt31:23 | ופקד ית יהושע | בר | נון ואמר אתוקף וא«ז»דרז |
| 144 | Dt32:44 | דעמא הוא ויהושע | בר | נון: |
| 145 | Dt33:17 | אינון ריבבתה דקטל יהושע | בר | נון מן אימוראי דהוא מן |
| 146 | Dt34:09 | ויהושע | בר | נון מלא רוח דחכמה ארום סמך |
| 147 | Gn24:47 | מן את ואמרת ברת בתואל | בר | נחור די ילדת לה מלכה |
| 148 | Gn29:05 | להון חכימין אתון ית לבן | בר | נחור ואמרין חכימין |
| 149 | Nu13:10 | דבנוי דזבולן גדיאל | בר | סודי: |
| 150 | Nu13:11 | דבנוי דיוסף דמנש' גדי | בר | סוסי: |
| 151 | Nu 3:30 | דבנוי דקהתי אליצפן | בר | עזיאל: |
| 152 | Nu34:26 | דיששכר רבה פלטיאל | בר | עזן: |
| 153 | Nu 1:15 | דבנוי דנפתלי אחירע | בר | עינן: |
| 154 | Nu 2:29 | דבנוי דנפתלי אחירע | בר | עינן: |

|  |  | | | |
|---|---|---|---|---|
| 155 | Nu 7:78 | דבנוי דנפתלי אחירע | בר | עינן: |
| 156 | Nu 7:83 | דבנוי דנפתלי אחירע | בר | עינן: |
| 157 | Nu10:27 | דבנוי דנפתלי אחירע | בר | עינן: |
| 158 | Gn36:39 | ומית בעל חנן | בר | עכבור ומלך בתרה הדד ושמה |
| 159 | Nu 1:13 | שבטה דבנוי דאשר פגעיאל | בר | עכרן: |
| 160 | Nu 2:27 | שבטה דבנוי דאשר פגעיאל | בר | עכרן: |
| 161 | Nu 7:72 | שבטה דבנוי דאשר פגעיאל | בר | עכרן: |
| 162 | Nu 7:77 | שבטה דבנוי דאשר פעגיאל | בר | עכרן: |
| 163 | Nu10:26 | שבטה דבנוי דאשר פגעיאל | בר | עכרן: |
| 164 | Nu10:25 | ממני על חילוותיה אחיעזר | בר | עמי נדב: |
| 165 | Nu 1:12 | שבטה דבנוי דדן אחיעזר | בר | עמי שדי: |
| 166 | Nu 2:25 | שבטה דבנוי דדן אחיעזר | בר | עמי שדי: |
| 167 | Nu 7:66 | שבטה דבנוי דדן אחיעזר | בר | עמי שדי: |
| 168 | Nu 7:71 | שבטה דבנוי דדן אחיעזר | בר | עמי שדי: |
| 169 | Nu 1:10 | שבטה דבית אפרים אלישמע | בר | עמיהוד מן שבטה דבנוי |
| 170 | Nu 2:18 | דבנוי דאפרים אלישמע | בר | עמיהוד: |
| 171 | Nu 7:48 | דבנוי דאפר׳ אלישמע | בר | עמיהוד: |
| 172 | Nu 7:53 | דבנוי דאפרים אלישמע | בר | עמיהוד: |
| 173 | Nu10:22 | דבנוי דאפרים אלישמע | בר | עמיהוד: |
| 174 | Nu34:20 | דבנוי דשמע׳ שמואל | בר | עמיהוד: |
| 175 | Nu34:28 | דבנוי דנפתלי רבה פדהאל | בר | עמיהוד: |
| 176 | Nu 1:07 | דבנוי דיהודה נחשון | בר | עמינדב: |
| 177 | Nu 2:03 | דבנוי דיהודה נחשון | בר | עמינדב: |
| 178 | Nu 7:12 | קדמיה ית קרבניה נחשון | בר | עמינדב מן שבטה דבנוי |
| 179 | Nu 7:17 | דבנוי דיהודה נחשון | בר | עמינדב: |
| 180 | Nu10:14 | דבנוי דיהודה נחשון | בר | עמינדב: |
| 181 | Nu 1:10 | דבנוי דמנשה גמליאל | בר | פדה צור: |
| 182 | Nu 2:20 | שבטה דבנוי דמנשה גמליאל | בר | פדה צור: |
| 183 | Nu 7:54 | דבנוי דמנשה גמליאל | בר | פדה צור: |
| 184 | Nu 7:59 | דבנוי דמנשה גמליאל | בר | פדה צור: |
| 185 | Nu10:23 | דבנוי דמנשה גמליאל | בר | פדה צור: |
| 186 | Nu16:01 | בנוי דאליאב ואון | בר | פלת בנוי דראובן: |
| 187 | Nu24:09M | יהווי לייט כבלעם | בר | פעור ודמברך יתהון יהווי |
| 188 | Nu34:25 | דאפרים רבה אליצפן | בר | פרנך: |
| 189 | Gn23:08 | מני ובעון לי מן עפרון | בר | צוחר: |
| 190 | Gn23:11 | מני ובעון לי מן עפרון | בר | צוחר: ויזבן לי ית מערת |
| 191 | Nu 2:05 | דבנוי דיששכר נתנאל | בר | צוער: |
| 192 | Nu 7:18 | שבטה דבנוי דיששכר נתנאל | בר | צוער: |
| 193 | Nu 7:23 | דבנוי דיששכר נתנאל | בר | צוער: |
| 194 | Nu10:15 | דבנוי דיששכר נתנאל | {צ}<ב>ר | צוער: |
| 195 | Nu 1:06 | דבנוי דשמעון שלמיאל | בר | צורי שדי: |
| 196 | Nu 2:12 | דבנוי דשמעון שלמיאל | בר | צורי שדי: |
| 197 | Nu 7:36 | דבנוי דשמעון שלמיאל | בר | צורי שדי: |
| 198 | Nu 7:41 | רב שבטה דשמעון שלמיאל | בר | צורי שדי: |
| 199 | Nu10:19 | דבנוי דשמעון שלמיאל | בר | צורי שדי: |
| 200 | Nu22:02 | וחמא בלק | בר | צפור ית כל מה די עבדו |
| 201 | Nu22:04 | ית עשבה דאפי ברא ובלק | בר | צפור הוה מלך למואביי בשעתה |
| 202 | Nu22:10 | ואמר בלעם קדם ייי בלק | בר | צפור מלכהון דמואביי שלח |
| 203 | Nu22:16 | ואמרין ליה כדין אמר בלק | בר | צפור לא כען תתמנע מן מייתי |
| 204 | Nu16:01 | ופליג קרח בר יצהר | בר | קהת בר לוי {רת}<וד>תן |
| 205 | Ex17:16M | דבני ישרא׳ הוא שאול | בר | קיש והוא דבי׳ עמלק |
| 206 | Ex17:16 | דבנימין הוא יהוי שאול | בר | קיש הוא יסדר קרבא עם בית |
| 207 | Nu24:20M | <אגח> בהון קרבה שאול | בר | קיש וגמר יתהון ברם |
| 208 | Dt11:06 | ולאבירם בנוי דאליאב | בר | ראובן די פתחת ארעא ית פמה |
| 209 | Gn29:12 | אחוי דאביה הוא וארום | בר | רבקה הוא ורהטת ותניית |
| 210 | Nu 2:14 | שבטה דבנוי דגד אליסף | בר | רעואל: |
| 211 | Nu10:29 | ואמר משה לחובב | בר | רעואל מדיניה חמוי דמשה |
| 212 | Nu13:09 | דבנוי דבנימין פלטי | בר | רפוא: |
| 213 | Nu 1:05 | דבנוי דראובן אליצור | בר | שד«י»אור: |
| 214 | Nu 2:10 | דבנוי דראובן אליצור | בר | שדיאור: |
| 215 | Nu 7:30 | דבנוי דראובן אליצור | בר | שדיאור: |
| 216 | Nu 7:35 | דבנוי דראובן אליצור | בר | שדיאור: |
| 217 | Nu10:18 | דבנוי דראובן אליצור | בר | שדיאור: |
| 218 | Nu34:27 | דבנוי דאשר רבה אחיהוד | בר | שלמי: |
| 219 | Gn12:05 | ית שרי אתתיה וית לוט | בר | אחוי וית כל ממונהון דיקנין |
| 220 | Gn14:12 | ונסבו ית לוט וית ממונה | בר | אחוי דאברם ואזלו והוא הוה |
| 221 | Gn14:14 | אברם ארום אשתבי לוט | בר | אחוי וזאין ית עלמוי תורבוות |
| 222 | Gn14:16 | ית כל ממונה ואף ית לוט | בר | אחוי וממונה חזר ואף ית נשי׳ |
| 223 | Lv25:49 | או אחוי דאבוי או | בר | אחוי דאבוי יפרוק יתיה או מן |
| 224 | Gn29:13 | שמע לבן ית שמעה דיעקב | בר | אחתה ורהט לקדמותיה וגפף יתה |
| 225 | Gn25:20 | והוה יצחק | בר | ארבעין שנין כד {נסבת} נסב |
| 226 | Gn26:34 | והוה עשו | בר | ארבעין שנין ונסב אתה ית |
| 227 | Gn49:09 | לך יהודה לגור ברי לגור | בר | אריוון מן קטולוי דיוסף ברי |
| 228 | Dt33:22 | דייי ואמר דן מדמי לגור | בר | אריוון וארעא תיהווי שתייה |
| 229 | Lv27:07 | ואן מן | בר | אשתין שנין ולעיל אין דכר |
| 230 | Gn30:06 | ייי ואף שמע בקלי ויהב לי | בר | בגין כדן קראת{(׳)} שמ«ה» |
| 231 | Gn 4:24 | שבעה דרין איתלי לי ולמך | בר | ברה די לא קטל בדינא הוא |
| 232 | Gn11:31 | ית אברם בריה וית לוט | בר | ברה וית שרי כלתה אתתיה |
| 233 | Gn15:03 | הא לי לא יהבת בנין והא | בר | בתי ירית יתי: |
| 234 | Nu 1:14 | מן שבטה דבנוי דגד אליסף | בר | דעואל: |
| 235 | Nu 7:42 | דבנוי דג{ת}<ד> אליסף | בר | דעואל: |
| 236 | Nu 7:47 | דבנוי דג{ת}<ד> אליסף | בר | דעואל: |
| 237 | Nu10:20 | דבנוי דג{ת}<ד> אליסף | בר | דעואל: |
| 238 | Ex 6:15M | וצחר ושאול | ברה/בר#2# | דכנעניתה אליין אנון |
| 239 | Gn18:02M | למבשרא ית שרה דילדה | בר | דכר וחד מניהון הוה אזל |
| 240 | Gn18:10 | אחזר לוותך בשעתא הדא והא | בר | דכר לשרה אתתך ושר{ת}<ה> |
| 241 | Gn18:14 | לוותך בשעתא הדא ולשרה | בר | דכר: |
| 242 | Gn30:05 | ועברת בלהה וילידת ליעקב | בר | ^דכר^#2#: |
| 243 | Ex 1:16 | חמיין על מתברייא אן | בר | דכר הוא תקטלון יתיה ואן ברא |
| 244 | Ex 1:22 | פרעה לכל עמיה למימר כל | בר | דכר דמתיילד ליהודייא בנהרא |
| 245 | Ex21:31 | או | בר | דכר מן בני ישראל יגש או |
| 246 | Lv12:02 | למימר אתא ארום תעבר ותלד | בר | דכר ותסתאב שבעה יומין כיומי |
| 247 | Nu 5:28M | ותלד בר /ותידכי ותעבר | בר#2#/ | דכר: |
| 248 | Nu 5:28 | ודכיה היא ותעבר ותלד | בר | דכר: |
| 249 | Nu27:04 | זרעיתיה ארום לית ליה | בר | דכר הב לן אחסנה בגו אחי |
| 250 | Nu13:14 | שבטה דבנוי דנפתלי נחבי | בר | ופסי: |
| 251 | Gn29:33 | ועברת עוד תוב וילידת | בר | ואמרת ארום {...} שמיע קדם |
| 252 | Gn29:34 | ועברת תוב וילדת | בר | ואמרת כדון בהדא זמנא יזדמן |
| 253 | Gn29:35 | ועברת תוב וילידת | בר | ואמרת הדה זמנה נודי ונשבח |
| 254 | Gn30:23 | ועברת וילידת | בר | ואמרת כנש ייי ית חסדיי: |
| 255 | Gn17:16 | יתה ולחוד יהבת לך מנה | בר | וברכת יתה ותהווי לאומין |
| 256 | Ex 2:02 | ועברת אתתא וילדת | בר | וחמת יתיה ארום טב הוא וטמרת |
| 257 | Gn 4:25 | אדם עוד ית אתתיה וילדת | בר | וקרא׳ ית שמיה שת ארום שוי |
| 258 | Gn 4:26 | ולשת אף הוא אתיליד | בר | וקרא ית שמיה אנוש בכדין |
| 259 | Gn19:38 | וזעירתא אף היא ילידת | בר | וקראת ^ית#2#^ שמה בר עמי |
| 260 | Gn29:32 | ועברת לאה וילדת | בר | וקראת שמיה ראובן ארום אמרת |
| 261 | Gn19:37 | וילידת רבתא | בר | וקרת שמה מואב הוא אבי |
| 262 | Gn38:03 | ועברת וילדת | בר | וקרת ית שמיה ער: |

| | | | | |
|---|---|---|---|---|
| 263 | Gn38:04 | ועברת תוב וילדת | בר | וקרת ית שמיה אונן: |
| 264 | Gn38:05 | ואוספת תוב וילדת | בר | וקרת ית שמה שלה והוה דפסקת |
| 265 | Ex 2:22 | וילדת | בר | וקרת ית שמה גרשום ארום אמר |
| 266 | Gn16:11 | דייי הא את מתעברה וילדת | בר | ותיקרי שמה ישמעאל ארום שמיע |
| 267 | Gn17:19 | ברם הא אתתך שרה ילדת לך | בר | ותקרי ית שמו יצחק ואקים ית |
| 268 | Lv26:05M | יארע \ית זרעה /אפקות | בר | זרע#2#/ ותאכלון לחמכון |
| 269 | Nu 7:46 | צפיר עזין | בר | חד קרב יתה לחטאתה לשבקות |
| 270 | Gn 4:25 | שת ארום שוי לי «ייי» | בר | חורן חלף הבל ארו' קטל יתיה |
| 271 | Gn30:24 | יוסף למימר יסף ייי לי | בר | חורן: |
| 272 | Gn 5:32 | והוה נח | בר | חמש מאה שנין ואולד נח ית |
| 273 | Lv27:05 | ואן מן | בר | חמש שנין ועד בר עשרין |
| 274 | Lv27:06 | ואן מן ירח ועד | בר | חמש שנין ויהוי עלויה דדכרה |
| 275 | Gn30:17 | וילידת ליעקב | בר | חמשיי: |
| 276 | Nu 4:03 | בר תלתין שנין ולעיל ועד | בר | חמשין שנין כל דיעול לחיל |
| 277 | Nu 4:23 | מבר תלתין שנין ולעיל ועד | בר | חמשין שנין תסכום יתהון כל |
| 278 | Nu 4:30 | בר תלתין שנין ולעיל ועד | בר | חמשין שנין תסכום יתהון כל |
| 279 | Nu 4:35 | תלתין שנין <ולעיל> ועד | בר | חמשין <שנין> כל דייעול לחיל |
| 280 | Nu 4:39 | בר תלתין שנין ולעיל ועד | בר | חמשין שנין כל די יעול לחיל |
| 281 | Nu 4:43 | בר תלתין שנין ולעיל ועד | בר | חמשין שנין כל די«י»עול |
| 282 | Nu 4:47 | בר תלתין שנין ולעיל ועד | בר | חמשין שנין כל די יעול למפלח |
| 283 | Nu 8:25 | ומן | בר | חמשין שנין יחזור מן חיל |
| 284 | Gn15:09 | בר תלת שנין ושפנין וגוזל | בר | יון: |
| 285 | Lv12:06 | בר שתה לעל«ה» וגוזל | בר | יון או שפנין לחטאתה לתרע |
| 286 | Lv12:08 | שפנינין או תרין גוזלין | בר | יון חד לחטאתה וחד לעלתה |
| 287 | Nu 3:15 | לזרעייתהון כל דכורה מן | בר | ירח ולעיל תסכם יתהון: |
| 288 | Nu 3:22 | במניין כל דכורא מן | בר | ירח ולעל סכומיהון שבעה |
| 289 | Nu 3:28 | במניין כל דכורה מן | בר | ירח ולע«י»ל תמניה אלפין |
| 290 | Nu 3:34 | במניין כל דכורא מן | <בר> | ירח ולעיל שתה אלפין ותרתין |
| 291 | Nu 3:40 | דכריה דבני ישראל מן | בר | ירח ולעיל וקבל ית מניין |
| 292 | Nu18:16 | ופ«ו»רקניהון מן | בר | ירח תפרוק בעלויה כסף חמש |
| 293 | Nu26:62 | ותלתה אלפין כל דכורה מן | בר | ירח ולעיל ארום לא אסתכמו |
| 294 | Nu 3:39 | לזרעייתהון כל דכורה מן | בר | ירח{ה} ולעיל עשרין ותרין |
| 295 | Gn21:02 | ועברת וילדת שרה לאברהם | בר | לאשון סיבותה לעדנא דמליל |
| 296 | Gn21:07 | בנין שרה ארום ילדת ליה | בר | לאשון סיבותיה: |
| 297 | Nu17:23 | נצין וגמר ועבד לוזין | בר | ליליה: |
| 298 | Gn24:36 | וילדת שרה אתתיה דריבוני | בר | לריבוני מן בתר דיסאב ויהב |
| 299 | Gn11:10 | יחוס תלדו«תה» דשם שם | בר | מאה שנין הוה ואולד ית |
| 300 | Gn17:17M | לי למולדה /הא אברהם | בר | מאה שנה מולד#2#/ בנין ואן |
| 301 | Gn17:17 | אפוי ותמה ואמר בליביה הא | בר | מאה שנין אפשר לי למולדה |
| 302 | Gn21:05 | ואברהם | בר | מאה שנין הוה בזמנה דאתילד |
| 303 | Gn50:26 | ומית יוסף | בר | מאה ועשר שנין וחנטו יתיה |
| 304 | Ex12:42 | כד אתגלי ייי על אברם | בר | מאה ושרה אתתיה ברת תשעין |
| 305 | Ex12:42 | מה דאמר כתבא הא אברם | בר | מאה שנין אולד ושרה אתתיה |
| 306 | Nu33:39 | ואהרן | בר | מאה ועשרין ותלת שנין הוה |
| 307 | Dt31:02 | ואמר להון | בר | מאה ועשרין שנין אנה כען |
| 308 | Dt34:07 | ומשה | בר | מאה ועשרין שנין בזמנה |
| 309 | Gn 4:01 | קין ואמרת הא יתיהב לי | בר | מן קדם ייי: |
| 310 | Dt23:18 | דישראל ולא גבר נפק | בר | מן בני ישראל: |
| 311 | Lv11:16 | חספיתה וית צפר שחפה וית | בר | נצצא למינה: |
| 312 | Dt14:15 | חספיתה וית צפר שחפה וית | בר | נצצה למינה: |
| 313 | Dt21:18 | ארום יהווי לגבר | בר | סורוון ומורוון לית הוא שמע |
| 314 | Gn37:03 | ית יוסף מן כל בנוי ארום | בר | סיבו הוה ליה ועביד לי פרגוד |
| 315 | Gn44:20 | אית לן אבונן סב וטלי | בר | סיבו זעיר ואחוי מית ואשתייר |
| 316 | Gn38:20 | ושלח יהודה ית גדייה | בר | עזייא ביד רחמה עדולמייה |
| 317 | Lv22:27 | ומן בתר כדין אתבחר גדייה | בר | עזייה בגין למדכרה זכותי' |
| 318 | Gn37:31 | פרגודא דיוסף ונכסו צפיר | בר | עזין וצבעו ית פרגודה באדמה: |
| 319 | Gn38:17 | ואמר הא אנה אשלח גדי | בר | עזין מן ענה ואמרת אן תתן |
| 320 | Lv 4:23 | עלה וייתי ית קרבניה צפיר | בר | עזין דכר שלם מן מום: |
| 321 | Lv 4:28 | וייתי ית קרבניה צפירת | בר | עזין שלמה על חובתיה די |
| 322 | Lv 7:23 | כל תרב תור ואמר וגדי | בר | עזין לא תיכלון: |
| 323 | Lv17:03 | די יכוס תור אמר או גדי | בר | עזין במשריתה או די יכוס לבר |
| 324 | Lv23:19 | ותקרבון צפיר | בר | עזין חד לחטאתה ותרין אמרין |
| 325 | Nu 7:16 | צפיר | בר | עזין חד קרב יתה לחטאתה |
| 326 | Nu 7:22 | צפיר | בר | עזין חד קרב יתיה לחטאתה |
| 327 | Nu 7:28 | צפיר | בר | עזין חד קרב לחטאתה לשבקות |
| 328 | Nu 7:34 | צפיר | בר | עזין חד קרב לחטאתה לשבקות |
| 329 | Nu 7:40 | צפיר | בר | עזין חד קרב יתיה לחטאתה |
| 330 | Nu 7:52 | צפיר | בר | עזין חד קרב יתה לחטאתה |
| 331 | Nu 7:58 | צפיר | בר | עזין חד קרב יתיה לחטאתה |
| 332 | Nu 7:64 | צפיר | בר | עזין חד קרב יתיה לחטאתה |
| 333 | Nu 7:70 | צפיר | בר | עזין חד קרב יתיה לחטאתה |
| 334 | Nu 7:76 | צפיר | בר | עזין חד קרב יתיה לחטאתה |
| 335 | Nu 7:82 | צפיר | בר | עזין חד קרב יתיה לחט«א»תה |
| 336 | Nu15:24 | כסדר דינה וצפיר | בר | עזין חד לחטאתה: |
| 337 | Nu28:15 | וצפיר | בר | עזין תקרבון יתה לחטאתה קדם |
| 338 | Nu28:30 | צפיר | בר | עזין חד למכפרה עליכון: |
| 339 | Nu29:11 | וצפיר | בר | עזין חד קרב יתיה לחטאתה |
| 340 | Nu29:16 | וצפיר | בר | עזין חד קרב יתיה לחטאתה |
| 341 | Nu29:19 | וצפיר | בר | עזין חד קרב יתיה לחטאתה |
| 342 | Nu29:22 | וצפיר | בר | עזין לחטאתה חד {מן} בר< מן> |
| 343 | Nu29:25 | וצפיר | בר | עזין חד קרב יתיה לחטאתה |
| 344 | Nu29:28 | וצפיר | בר | עזין לחטאתה חד בר מעלת |
| 345 | Dt14:04M | אמר באמריה וגדי | בעיזיה/בר | עיזייה#2#/: |
| 346 | Lv 3:12 | ואין גדי | בר | עיזין קרבניה ויקרב יתיה קדם |
| 347 | Lv 9:03 | תמליל למימר סבו צפיר | בר | עיזין לחטאתה ועגל ואמר בני |
| 348 | Lv22:27M | לעלתה ותובן תליתיי גדי | בר | עיזין בגין למדכרה זכותי' |
| 349 | Nu 7:87M | דעזין תרין עשר /צפירי | בר | עיזין תרי ע'#2#/ לחטאתה: |
| 350 | Nu29:05 | וצפיר | בר | עיזין חד קרב יתיה לחטאת |
| 351 | Nu29:34M | "וצפיר ... ונסכה": <וצפיר> | בר | עיזין חד לחטאתה בר מן לעלת |
| 352 | Gn19:38 | בר וקראת ^ית#2#^ שמה | בר | עמי הוא אבוהון דבני עמוניי |
| 353 | Nu 8:24M | דאית לליוואי מן | ב{ת}ר | עש' |
| 354 | Ex30:14 | כל דעבר על מנייניה מ«ן» | בר | עשרין שנין ולעילא יתן אפרשו |
| 355 | Lv27:03 | ויהוי עלויה דדכרה מן | בר | עשרין ועד בר שתין שנין |
| 356 | Lv27:05 | ואן מן בר חמש שנין ועד | בר | עשרין ^שנין#2#^ ויהוי עלויה |
| 357 | Nu 1:03 | מן | בר | עשרין שנין ולעל כל נפקי חיל |
| 358 | Nu 1:18 | במניין שמהן מן | בר | עשרין שנין ולעיל |
| 359 | Nu 1:20 | לגולגלתהון כל דכורא מן | בר | עשרין שנין ולעיל כל נפקי |
| 360 | Nu 1:22 | לגולגלתהון כל דכורא מן | בר | עשרין שנין ולעיל כל נפקי |
| 361 | Nu 1:24 | במניין שמהן מן | בר | עשרין שנין ולעיל כל נפקי |
| 362 | Nu 1:26 | במניין שמהן מן | בר | עשרין שנין ולעיל כל נפקי |
| 363 | Nu 1:28 | במניין שמהן מן | בר | עשרין שנין ולעיל כל נפקי |
| 364 | Nu 1:30 | במניין שמהן מן | בר | עשרין שנין ולעיל כל נפקי |
| 365 | Nu 1:32 | «במניין שמהן» מן | בר | עשרין שנין ולעיל כל נפקי |
| 366 | Nu 1:34 | במניין שמהן מן | בר | עשרין שנין ולעיל כל נפקי |
| 367 | Nu 1:36 | במניין שמהן מן | בר | עשרין שנין ולעיל כל נפקי |
| 368 | Nu 1:38 | במניין שמהן מן | בר | עשרין שנין ולעיל כל נפקי |
| 369 | Nu 1:40 | במניין שמהן מן | בר | עשרין שנין ולעיל כל נפקי |
| 370 | Nu 1:42 | במניין שמהן מן | בר | עשרין שנין ולעיל כל נפקי |

|  |  |  |  |  |
|---|---|---|---|---|
| 371 | Nu 1:45 | ישראל לבית אבהתהון מן | בר | עשרין <שנין> ולעיל כל נפקי |
| 372 | Nu 8:24 | דא די תעבד ללווי מן | בר | עשרין שנין ולעיל ייעול לחיל |
| 373 | Nu14:29 | וכל מנייניכון מן | בר | עשרין שנין ולעיל די |
| 374 | Nu26:02 | סכומיהון דכל כנשתה מן | בר | עשרין שנין ולעיל |
| 375 | Nu26:04 | מן | בר | עשרין שנין ולעיל היך מה די |
| 376 | Nu32:11 | די סלקו מן מצרים מן | בר | עשרין שנין ולעיל ית ארעא די |
| 377 | Gn35:18 | ארום מיתה הוה וקרא שמה | בר | צערי ואבוי ^הוה#2^ קרי ליה |
| 378 | Nu 7:60 | דחנוכת רבותה דמדבחה קרב | בר | שבטה דבנוי דבנימן אבידן |
| 379 | Gn37:02 | תולדותיה דיעקב יוסף | בר | שבע עשרה שנה הוה רעי עם |
| 380 | Gn12:04 | ייי ואזל עמה לוט ואברם | בר | שבעין וחמש שנין הוה בזמנה |
| 381 | Gn 7:06 | ונח | בר | שית מאה שנין הווה ומבולא |
| 382 | Ex12:05 | אמר שלם מן מום דכר | בר | שתא יהווי לכון מן אמריא ומן |
| 383 | Lv12:06 | או לברה נקבה תייתי אמר | בר | שתה לעל«ה» וגוזל בר יון |
| 384 | Lv23:12M | מום לעלה לשמה /של' דכר | בר | שתה לעולה קודם#2/ דייי: |
| 385 | Nu 6:12 | יומי נזירותיה וייתי אמר | בר | שתה לאשמה ויומין קדמיין |
| 386 | Nu 6:14M | חד לעלה ואימרה חדה | ברת/בר#2/ | שתה שלם מן מום לחטאתה |
| 387 | Nu 6:14 | ית קורבניה קדם ייי אמר | בר | שתה שלם מן מום חד לעלה |
| 388 | Nu 7:15 | דכר חד בר תרתין ואמר חד | בר | שתה תלתיהון קרב לעלה: |
| 389 | Nu 7:21 | דכר חד בר תרתין ואמר חד | בר | שתה תלתיהון קרב לעלה: |
| 390 | Nu 7:21M | דכר חד אמר חד | בר | שתה לעלה |
| 391 | Nu 7:27 | בר תרתין {ואמר} ואמר חד | בר | שתה תלתיהון קרב לעלה: |
| 392 | Nu 7:27M | קרב לעלה /דכר חד אמר חד | בר | שתה לעלה#2/: |
| 393 | Nu 7:33 | דכר חד בר תרתין ואמר חד | בר | שתה תלתיהון קרב ^יתה#2^ |
| 394 | Nu 7:33M | דכר חד אמר חד | בר | שתה לעלתה |
| 395 | Nu 7:39 | דכר חד בר תרתין ואמר חד | בר | שתה תלתיהון קרב לעלה: |
| 396 | Nu 7:39M | דכר חד אמר חד | בר | שתה לעלתה |
| 397 | Nu 7:45 | דכר חד בר תרתין ואמר חד | בר | שתה תלתיהון קרב לעלה: |
| 398 | Nu 7:45M | קרב לעלה /דכר חד אמר חד | בר | שתה לעלה#2/: |
| 399 | Nu 7:51 | דכר חד בר תרתין ואמר חד | בר | שתה תלתיהון קרב לעלה: |
| 400 | Nu 7:51M | דכר חד אמר חד | בר | שתה <לעלה> |
| 401 | Nu 7:57 | דכר חד תרתין ואמר חד | בר | שתה תלתיהון קרב לעלה: |
| 402 | Nu 7:57M | דכר חד אמר חד | בר | שתה לעלה |
| 403 | Nu 7:63 | דכר חד בר תרתין ואמר חד | בר | שתה תלתיהון קרב לעלה: |
| 404 | Nu 7:69 | דכר חד בר תרתין ואמ' חד | בר | שתה תלתיהון קרב לעלה: |
| 405 | Nu 7:69M | דכר חד אימר <חד> | בר | שתה לעלה |
| 406 | Nu 7:75 | דכר חד בר תרתין ואמר חד | בר | שתה תלתיהון קרב לעלה: |
| 407 | Nu 7:75M | דכר חד אימר <חד> | בר | שתה לעלה |
| 408 | Nu 7:81 | דכר חד בר תרתין ואמר חד | בר | שתה תלתיהון קרב לעלה: |
| 409 | Nu 7:81M | דכר חד אימר <חד> | בר | שתה לעלה |
| 410 | Nu15:27 | נפש חד תתחייב ותקרב עז | בר | שתה לחטאתה: |
| 411 | Lv23:12 | תניפ{י}<ו>ן ית עומרה אמר | בר | שתיה שלם מן מום לעלה לשמה |
| 412 | Gn25:26 | <....> יעקב ויצחק | בר | שתין שנין הווה בזמנא דאוליד |
| 413 | Lv27:03 | דדכרה מן בר עשרין ועד | בר | שתין שנין ויהווי עלויה |
| 414 | Gn30:19 | ועברת תוב לאה וילדת | בר | שתיתייא ליעקב: |
| 415 | Nu15:09 | ויקרב עם | בר | תוריה מנחה סלת תלתה עשרונין |
| 416 | Nu 7:51 | תור חד | בר | תוריה«ן» בר תלת שנין דכר |
| 417 | Lv 1:05 | ויכוס {ו}<י>ת | בר | תורייה קדם ייי ויקרבון בנוי |
| 418 | Gn18:07 | ולבקרותה רהט אברהם ונסב | בר | תורין רכיך וטב ויהב לרביה |
| 419 | Ex29:01 | בכהונתא רבתה סב תור חד | בר | תורין ודכרין תרין שלמין מן |
| 420 | Lv 4:03 | על חובתיה די אתחייב תור | בר | תורין שלם מן מום לשמה דייי |
| 421 | Lv 4:14 | עלה ויקרבון קהלא תור | בר | תורין לחטאתה וייתון יתה |
| 422 | Lv 9:02 | ואמר לאהרן סב לך עגל | בר | תורין לחטתה ודכר לעלתה |
| 423 | Lv16:03 | לגו בית משריתא בתור | בר | תורין לחטאתה ודכר לעלתה: |
| 424 | Lv22:27M | פטיר {כ}<ב>ולי קרב לשמך | בר | תורין ורהט לבקורתה ונסב בר |
| 425 | Lv22:27M | תורין ורהט לבקורתה ונסב | בר | תורין רכיך וטב ויהב יתה |
| 426 | Lv23:18 | שתיהון שלמין מן מום ותור | בר | תורין חד ודכרין תרין יהוון |
| 427 | Nu 7:15 | תור חד | בר | תורין ב{ת}<ר> תלת שנין דכר |
| 428 | Nu 7:21 | תור חד | בר | תורין בר תלת שנין דכר חד בר |
| 429 | Nu 7:27 | | בר | תורין בר תלת שנין דכר חד בר |
| 430 | Nu 7:33 | תור חד | בר | תורין בר תלת שנין דכר חד בר |
| 431 | Nu 7:39 | תור חד | בר | תורין בר תלת שנין דכר חד בר |
| 432 | Nu 7:45 | תור חד | בר | תורין בר תלת שנין דכר חד בר |
| 433 | Nu 7:57 | תור חד | בר | תורין בר תלת שנין דכר חד |
| 434 | Nu 7:63 | תור חד | בר | תורין בר תלת שנין דכר חד בר |
| 435 | Nu 7:69 | תור חד | בר | תורין בר תלת שנין דכר חד בר |
| 436 | Nu 7:75 | תור חד | בר | תורין בר תלת שנין דכר חד בר |
| 437 | Nu 7:81 | תור חד | בר | תורין בר תלת שנין דכר חד בר |
| 438 | Nu 8:08 | פילה במשח ותור תניין | בר | תורין תסב לחטאתה: |
| 439 | Nu 8:08 | ויסבון תור | בר | תורין ומנחתה סולת פילה במשח |
| 440 | Nu15:08 | וארום תקרבון | בר | תורין עלה או נכסה בפירוש |
| 441 | Nu15:24 | ויקרבון כל עם כנישתה תור | בר | תורין חד לעלה לריח {ניחו} |
| 442 | Nu29:02 | לריח דרעוה קדם ייי תור | בר | תורין חד דכר חד אמרין בני |
| 443 | Nu29:08 | קדם ייי לריח דרעוה תור | בר | תורין חד דכר חד אמרין בני |
| 444 | Gn15:09 | עגלה ברת תלת שנין ועז | בר | תלת שנין ודכר בר תלת שנין |
| 445 | Gn15:09 | ועז בר תלת שנין ודכר | בר | תלת שנין ושפנין וגוזל בר |
| 446 | Nu 7:15 | תור חד בר תורין | ב{ת}<ר> | תלת שנין דכר חד בר תרתין |
| 447 | Nu 7:21 | תור חד בר תורין | בר | תלת שנין דכר חד בר תרתין |
| 448 | Nu 7:27 | בר תורין | בר | תלת שנין דכר חד בר תרתין |
| 449 | Nu 7:33 | תור חד בר תורין | בר | תלת שנין דכר חד בר תרתין |
| 450 | Nu 7:39 | תור חד בר תורין | בר | תלת שנין דכר חד בר תרתין |
| 451 | Nu 7:45 | תור חד בר תורין | בר | תלת שנין דכר חד בר תרתין |
| 452 | Nu 7:51 | תור חד בר תוריה«ן» | בר | תלת שנין דכר חד בר תרתין |
| 453 | Nu 7:57 | תור חד בר תורין | בר | תלת שנין דכר חד תרתין ואמר |
| 454 | Nu 7:63 | תור חד בר תורין | בר | תלת שנין דכר חד בר תרתין |
| 455 | Nu 7:69 | תור חד בר תורין | בר | תלת שנין דכר חד בר תרתין |
| 456 | Nu 7:75 | תור חד בר תורין | בר | תלת שנין דכר חד בר תרתין |
| 457 | Nu 7:81 | תור חד בר תורין | בר | תלת שנין דכר חד בר תרתין |
| 458 | Gn17:25 | וישמעאל בריה | בר | תלת עשרה שנין במגזר ליה ית |
| 459 | Gn41:46 | ויוסף | בר | תלתין שנין הווה כד קם קדם |
| 460 | Ex12:42M | "ויצחק ... אתקרב": הא | בר | תלתין ושבע שנין הוה ישחק |
| 461 | Ex12:42 | שנין תלד ויצחק הוה | בר | תלתין ושבע שנין כד אתקרב |
| 462 | Nu 4:03 | מן | בר | תלתין שנין ולעיל ועד בר |
| 463 | Nu 4:30 | מן | בר | תלתין שנין ולעיל ועד בר |
| 464 | Nu 4:35 | מן | בר | תלתין שנין <ולעיל> ועד בר |
| 465 | Nu 4:39 | מן | בר | תלתין שנין ולעיל ועד בר |
| 466 | Nu 4:43 | מן | בר | תלתין שנין ולעיל ועד בר |
| 467 | Nu 4:47 | מן | בר | תלתין שנין ולעיל ועד בר |
| 468 | Gn21:04 | וגזר אברהם ית יצחק בריה | בר | תמניה יומין היך מה דפקד |
| 469 | Gn16:16 | ואברם | בר | תמנין ושת שנין הווה בזמנה |
| 470 | Ex 7:07 | ומשה | בר | תמנין שנין הוה ואהרן בר |
| 471 | Ex 7:07 | בר תמנין שנין הוה ואהרן | בר | תמנין ותלת שנין במללותיהון |
| 472 | Gn30:07 | בלהה אמה{ה}תה דרחל | בר | תניין ליעקב: |
| 473 | Gn30:12 | וילידת זלפה אמהתה דלאה | בר | תניין ליעקב: |
| 474 | Nu 7:15 | ב{ת}<ר> תלת שנין דכר חד | בר | תרתין ואמר חד בר שתה |
| 475 | Nu 7:21 | תורין בר תלת שנין דכר חד | בר | תרתין ואמר חד בר שתה |
| 476 | Nu 7:27 | תורין בר תלת שנין דכר חד | בר | תרתין {ואמר} ואמר חד בר שתה |
| 477 | Nu 7:33 | תורין בר תלת שנין דכר חד | בר | תרתין ואמר חד בר שתה |
| 478 | Nu 7:39 | תורין בר תלת שנין דכר חד | בר | תרתין ואמר חד בר שתה |

|  |  |  |  |  |  |
|---|---|---|---|---|---|
| 479 | | Nu 7:45 | תורין בר תלת שנין דכר חד | בר | תרתין ואמר חד בר שתה |
| 480 | | Nu 7:51 | בר תלת שנין דכר חד | בר | תרתין ואמר חד בר שתה |
| 481 | | Nu 7:63 | תורין בר תלת שנין דכר חד | בר | תרתין ואמר חד בר שתה |
| 482 | | Nu 7:69 | תורין בר תלת שנין דכר חד | בר | תרתין ואמ' חד בר שתה |
| 483 | | Nu 7:75 | תורין בר תלת שנין דכר חד | בר | תרתין ואמר חד בר שתה |
| 484 | | Nu 7:81 | תורין בר תלת שנין דכר חד | בר | תרתין ואמר חד בר שתה |
| 485 | | Gn17:01 | והוה אברם | בר | תשעין ותשע שנין ואתגלי |
| 486 | | Gn17:24 | ואברהם | בר | תשעין ותשע שנין במגזר ליה |
| 487 | בבר | Gn21:23M | את משקר לי בברי ולא | בבר | ברי כחסדא דקושטא |
| 488 | ובר | Nu27:08 | למימר גבר ארום ימות | ובר | דכר לית ליה ותעברון ית |
| 489 | | Dt25:05 | כחדא וימות חד מנהון | ובר | לית ליה לא תתנסיב אתתה |
| 490 | | Gn18:08 | ונסב ליבא וחלב | ובר | תוריה די עבד ושוי קדמיהון |
| 491 | | Gn17:12 | | ובר | תמניה יומין יתגזר לכון כל |
| 492 | ובבר | Gn21:23 | הכה אם תשקר בי ובברי | ובבר | ברי כחסדא די עבדת עמך תעבד |
| 493 | ולבר | Ex21:21M | משתעבד ליה ולברי' | ולבר | ברי#2#:/ |
| 494 | לביר | Lv12:07M | ילד#2#/ | לבר/לביר#2#/ | דכר או לברה/<לבר>ת#2# |
| 495 | | Lv15:33M | דובה \לדכר או לנקבה | /לביר | {ו}<ד>כר או לברה נקבה#2# |
| 496 | לבר | Lv12:06 | וכד ישלמון יומי דכותה | לבר | דכר או לברה נקבה תייתי אמר |
| 497 | | Lv12:07 | דא גזרת אורייתה דילדתה | לבר | דכר או לברה נקבה: |
| 498 | | Ex 2:10 | לברתיה דפרעה והוה לה | לבר | וקרת שמה משה ואמרת ארום |
| 499 | מבר | Nu 3:43 | דכרי במניין שמהתהון | מבר | ירח ולעיל לסכומיהון עשרין |
| 500 | | Ex38:26 | כל דעבר על מנייניה | מבר | עשרין שנין ולעל לשתי מאה |
| 501 | | Nu 4:23 | | מבר | תלתין שנין ולעיל ועד בר |
| 502 | בנן s em/sf | Dt21:20 | ויימרון לחכימי קרתה | בנן | דין סורוון ומורוון לית הוא |
| 503 | ברא | Dt21:15 | רחימתה ושניתה ויהווי | ברא | בכורא דסניתא: |
| 504 | | Gn36:10 | שמהת בנוי דעשו אליפז | ברא | דעדה אתתיה דעשו {{ראו}} |
| 505 | | Gn21:10M | \ברה^בריה#2#^/ דאמתה | /ברא | דאמהתא#2#/ הדה עם ברי עם |
| 506 | | Ex23:12 | דתנח תורך וחמרך ויתניח | ברא | דאמתך יהודייתה וגיוריה: |
| 507 | | Dt21:16 | לית הוא רשיי למקדמה ית | ברא | דרחימתה קדם ברה דסניתה |
| 508 | | Gn 4:08 | תריהו' מדיינין באפי | ברא | וקם קין אל הבל אחוי וקטל |
| 509 | | Gn21:07M | שרה ארום ילדית ליה | ברא | לסבותא |
| 510 | | Gn 3:18 | כבעירא למיכ' עשבא דבאפי | ברא | נקום כען ונלעי ומן לעות |
| 511 | | Gn 2:05 | וכל אילניא דבאפי | ברא | קדם עד לא יהוי בארעא וכל |
| 512 | ברה | Nu24:15 | נבותיה ואמר אמר בלעם | ברה | בעור אמר גברה דיקיר מן |
| 513 | | Gn21:11 | דאברהם על עסק ישמעל | ברה: | |
| 514 | | Gn27:17 | לחמה דעבדת ביד יעקב | ברה: | |
| 515 | | Gn21:10 | טרוד ית אמתא הדה וית | ברה | ארום לא יירת ית ברה דאמתה |
| 516 | | Dt 1:31 | היך מה דסביל גבר ית | ברה | בכל ארחה די הלכתון עד |
| 517 | | Ex38:21M | דאתמר \בר אהרן | /ברה | דא'#2#/ כהנא ^רבה#2#^: |
| 518 | | Nu 3:32M | אלעזר \בר אהרן | /ברה | דא'#2#/ כהנה סכום נטורי |
| 519 | | Nu25:07M | פנחס בר אלעזר בר | אהרן/ברה | דא'#2#/ כהנה וקם |
| 520 | | Nu 4:16 | וסכומוי אלעזר | ברה | דאהרן כהנה רבה משחה |
| 521 | | Nu 4:28 | ומטרתהון על דאיתמ' | ברה | דאהרן כהנה רבה: |
| 522 | | Nu 4:33 | זמנה על ידוי דאיתמר | ברה | דאהרן כהנה רבה: |
| 523 | | Nu 7:08 | על ידוי דאיתמר | ברה | דאהרן כהנה: |
| 524 | | Nu25:11 | פינחס בר אלעזר | ברה | דאהרן כהנה רבה חזר ית |
| 525 | | Nu26:01 | למשה ול«א»<ל>עזר | ברה | דאהרן כהנא רבה למימר: |
| 526 | | Ex31:06 | שויית עמיה ית אהליאב | ברה | דאחיסמך מן שבטא |
| 527 | | Gn21:08 | ביומא דאתחסל ית יצחק | ברה | דהגר מצר«י»תא די ילדת |
| 528 | | Gn21:09 | וחמת שרה ית | ברה | דהגר מצריתא די ילדת |
| 529 | | Gn36:12 | הוות לחינתה לאליפז | ברה | דעשו וילידת לאליפז ית |
| 530 | | Gn36:17 | ואלין בנוי דרעואל | בר«ה» | דעשו רבה נחת רבה זרח |
| 531 | | Nu24:03M | ואמר אמר בלעם | בנוי/ברה#2#/ | דפעור אמר גברא דיקיר |
| 532 | | Nu23:18 | בלק ושמע אצת כען למלי | ברה | דצפור: |

|  |  |  |  |  |  |
|---|---|---|---|---|---|
| 533 | | Gn43:29 | וחמא ית בנימן אחוי | ברה | דאמה ואמר הדין הוא אחוכון |
| 534 | | Dt13:07 | ארום יטעי יתך אחוך | ברה | דאמ{ן}<ך> או ברך או ברתך |
| 535 | | Gn21:10 | וית ברה ארום לא יירת ית | ברה | דאמתה הדה עם ברי עם יצחק: |
| 536 | | Gn21:13 | ואף ית | ברה | דאמתה לאומה רבה אשויניה |
| 537 | | Lv24:10 | ונפק | ברה | דאתתה ישראליתה והוא ברה |
| 538 | | Lv24:10 | ישראל ואתנצון במשריתה | ברה | דאתתה ישראליתה וגברה |
| 539 | | Lv24:11 | ופרש | ברה | דאתתה ישראליתה בגדפין ^ית |
| 540 | | Lv24:10 | ברה דאתתה ישראליתה והוא | ברה | דגבר מצריי בגו בני ישראל |
| 541 | | Gn 4:24 | דדין איתלי לי ולמך בר | ברה | די לא קטל בדינא הוא דיתלי |
| 542 | | Gn46:10 | ויכין וצחר ושאול | ברה | דכנעניתה: |
| 543 | | Ex 6:15 | ויכין וצחר ושאול | ברה | דכנעניתה אליין אנון |
| 544 | | Dt21:16 | ית ברא דרחימתה קדם | ברה | דסניתה בכורא: |
| 545 | | Dt21:17 | ארום ית בכורא | ברה | דסניתה יקרב למיתן ^לה#2#^ |
| 546 | | Lv27:04M | ואן | נקבה/ברה#2#/ | היא ויהוי עלויה תלתין |
| 547 | | Nu20:26 | ותלבש יתהון אלעזר | ברה | ואהרן יתכנש וימות תמן: |
| 548 | | Nu20:25 | סב ית אהרן וית אלעזר | ברה | ואסק יתהון להר טורה: |
| 549 | | Gn22:14 | דקרב אברהם ית יצחק | ברה | ובטורא הדין אתגלי«ית» |
| 550 | | Gn44:19 | ורמז יוסף למנשה | ברה | וטפח ברגליה על פלטין |
| 551 | | Gn11:31 | אברם בריה וית לוט בר | ברה | וית שרי כלתה אתתיה דאברם |
| 552 | | Gn17:23 | ונסב אברהם ית ישמעאל | ברה | וית כל תרבבת ביתה וית כל |
| 553 | | Lv18:17 | וברתה לא תבזי ית ברת | ברה | וית ברת ברתה לא תסב למגליה |
| 554 | | Gn25:11 | וברך ייי ית יצחק | ברה | ויתב יצחק בבארה דאתגלי |
| 555 | | Gn22:09 | ית קיסייא ועקד ית יצחק | ברה | ושוי יתיה על ^גב#1#^ |
| 556 | | Gn27:15 | בגו בייתה ואלבשת ליעקב | ברה | זעירא: |
| 557 | | Gn27:42 | רבה ושלחת וקרת ליעקב | ברה | זעירא ואמרת לה הא עשו |
| 558 | | Lv22:28M | עיזה#2#/ \יתה וית | ברה#1#/ | לא תכסון <....> |
| 559 | | Gn27:06 | ורבקה אמרת ליעקב | ברה | למימר הא שמעית ית קלא |
| 560 | | Gn34:20 | ואתא חמור ושכם | ברה | לתרע קרתיהון ומלילו עם |
| 561 | | Dt14:15M | וית | ברת/<בר>ה#2#/ | נעמיתה וית חטפיתה |
| 562 | | Lv12:05 | ואין | ברה | נקבה תלד ותסתאב ארבעה עש' |
| 563 | | Gn27:15 | רבקה ית לבושי דעשו | ברה | רבה משבחיין דהווה בגו |
| 564 | | Gn27:42 | לרבקה ית מלוי דעשו | ברה | רבה ושלחת וקרת ליעקב ברה |
| 565 | ברי | Gn27:18 | אבא ואמר הנני מה את | ברי: | |
| 566 | | Gn27:26 | אבוי קרב כען ושק יתי | ברי: | |
| 567 | | Gn27:37 | ולך מן כדון מה אעבד | ברי: | |
| 568 | | Gn43:29 | ייי יהוי מחוס עלך | ברי: | |
| 569 | | Gn27:21 | יתך ברי הא את הוא דין | ברי | עשו או לא: |
| 570 | | Gn27:24 | ואמר את הוא דן | ברי | עשו ואמר אנה: |
| 571 | | Gn38:11 | עד זמן דיתרבי שלה | ברי | ארום אמר דלא ימות לחוד הוא |
| 572 | | Gn49:09 | אריוון מן קטולוי דיוסף | ברי | את הויית משיזב מן דינה |
| 573 | | Gn49:09 | משיזב מן דינה דתמר | ברי | את הויי' זכיי נייח ושרי |
| 574 | | Gn49:03 | חמיין על דחטית ראובן | ברי | אתיהיבת בכורתא ליוסף ברי |
| 575 | | Gn34:08 | חמור עמהון למימר שכם | ברי | אתרעיית נפשה בברתכון אסבו |
| 576 | | Ex 4:22 | ותימר לפרעה כדן אמר ייי | ברי | בוכרי ישראל: |
| 577 | | Gn49:04 | כדן אתרעת ראובן | ברי | בחכמתך ומן עבדיך טבי' |
| 578 | | Gn49:22 | אילנייא כן כבשת יוסף | ברי | בחכמתך כל חרשיהון דמצראי |
| 579 | | Gn49:22 | | ברי | דרבית יוסף ברי דרבית |
| 580 | | Gn49:22 | ברי דרבית יוסף | ברי | דרבית ותקפית ותוב הוי חמי |
| 581 | | Gn27:21 | קרב כען ואמשש יתך | ברי | הא את הוא דין ברי עשו או |
| 582 | | Gn22:07 | ואמר אבא ואמר הנני | ברי | ואמר הא אשתא וקיסייא ואן |
| 583 | | Gn27:01 | עשו בריה רבא ואמר ליה | ברי | ואמר ליה הא אנה: |
| 584 | | Gn27:20 | לברה מה כען אוחת למשכחי | ברי | ואמר ארום זמן ייי אלהך |
| 585 | | Ex 4:23 | ואמרית לך שלח ית | ברי | ויפלח קדמיי וסרבת למשלחא |
| 586 | | Gn38:26 | כך לא אסבת יתה לשלה | ברי | ולא אוסף תוב למחכם יתה: |

|  |  |  |  |  |  |
|---|---|---|---|---|---|
| 587 | | Gn49:22 | בחדא מנהון חס לך יוסף | ברי | ולא תליית עיינך ואסתכלת |
| 588 | | Gn49:03 | אתיהיבת בכורתא ליוסף | ברי | ומלכותא ליהודה וכהונתא |
| 589 | | Gn49:04 | ולא תוסיף למחטי תוב | ברי | ועל ד{ט}חטית תשתרי וישתבק |
| 590 | | Gn38:29 | מה תקפת ועתיד למתקף | ברי | וקרא שמיה פרץ: |
| 591 | | Gn48:19 | וסרב אבוי ואמר ידע אנא | ברי | ידע אנה אף הוא יהווי לאמה |
| 592 | | Gn21:23 | אם תשקר בי ובברי ובבר | ברי | כחסדא די עבדת עמך תעבד עמי |
| 593 | | Gn21:23M | משקר לי בברי ולא בבר | ברי | כחסדא דקושטא |
| 594 | | Gn24:08 | מן שבועתי הדה לחוד ית | ברי | לא תחזור לתמן: |
| 595 | | Gn43:14 | דלא תכלת על יוסף | ברי | לא אוסף למתכלה על בנימן: |
| 596 | | Gn49:09 | מדמה אנא לך יהודה לגור | ברי | לגור בר אריוון מן קטולוי |
| 597 | | Gn49:04 | מדמי אנה לך ראובן | ברי | לגנה זעירא דעלו בגווי |
| 598 | | Gn49:22 | למתקף מדמי אנה לך יוסף | ברי | לגפן שתילה על מבועין דמיין |
| 599 | | Gn27:13 | ליה אמה עלי אינון לווטך | ברי | לחוד שמע בקלי ואזל אייתי |
| 600 | | Gn22:14 | לי למקרבא ית יצחק | ברי | למעבד יתה עפר וקטם קדמיך |
| 601 | | Gn37:35 | ואמר ארום אחות על | ברי | לשאולה ובכה יתיה אבוי: |
| 602 | | Gn21:10 | ית ברה דאמתה הדה עם | ברי | עם יצחק: |
| 603 | | Gn42:38 | ואמר לא יחות | ברי | עמכון ארום אחוי מית והוא |
| 604 | | Gn45:28M | ומן דעד כדון יוסף | ברי | קיים איזיל |
| 605 | | Gn27:08 | וכדון | ברי | שמע בקלי ואזל לאן דאנה |
| 606 | | Gn27:43 | וכדון | ברי | שמע בקלי וקום אזל{{ך}} לך |
| 607 | | Gn24:06 | אזדהר לך דלא תחזור ית | ברי | תמן: |
| 608 | ברי׳ | Ex21:21M | ליה ולברי׳ ולבר | ברי״#2#/: | |
| 609 | בריה | Gn17:26 | בשר ערלתה וישמעאל | בריה: | |
| 610 | | Gn21:05 | דאתילד לה ית יצחק | בריה: | |
| 611 | | Gn22:13 | וקרב יתה לעלה תחות | בריה: | |
| 612 | | Dt10:06 | ואתקבר תמן ושמש אלעזר | בריה | בכהונתה רבתה מן בתריה: |
| 613 | | Gn17:25 | וישמעאל | בריה | בר תלת עשרה שנין במגזר ליה |
| 614 | | Gn21:04 | וגזר אברהם ית יצחק | בריה | בר תמניה יומין היך מה דפקד |
| 615 | | Nu17:02M | לאלעזר \בר אהרן | /בריה | דא״#2#/ כהנה רבה וירים |
| 616 | | Gn25:19 | ואלין תולדותא דיצחק | בריה | דאברהם אברהם אולד ית |
| 617 | | Gn28:09 | מחל«ת» ברת ישמעאל | בריה | דאברהם אחתה דנביות על |
| 618 | | Nu26:33M | וצלפחד \בר חפר | /בריה | דחפר#2#/ לא הוו ליה |
| 619 | | Gn12:05M | וית לוט \בר אחוי | /בריה | דא״#2#/ וית כל ממונהון |
| 620 | | Gn14:12M | \ממונה בר אחוי /סגולה | בריה | דאחוי#2#/ דאברם ואזלו |
| 621 | | Gn14:16M | סגולה ולחוד ית לוט | בריה | דאחוי וסגולה חזר ולחוד ית |
| 622 | | Gn21:10M | ארום לא יירת ית | \ברה/^בריה#2#^/ | דאמתה /ברא |
| 623 | | Gn21:03 | וקרא אברהם ית שם | בריה | דאתיליד ליה די ילדת לה |
| 624 | | Lv25:49M | חביבה או | בריה | דחביבה יפרוק יתיה או מן |
| 625 | | Gn27:05 | כד מלל יצחק עם עשו | בריה | ואזל עשו לאפיה ארעא למצוד |
| 626 | | Dt18:10 | ישתכח ביניכון גבר מעבר | בריה | וברתיה בנורא לא קסמי קסמין |
| 627 | | Gn11:31 | ונסב תרח ית אברם | בריה | וית לוט בר ברה וית שרי |
| 628 | | Lv18:17M | לא תבזי ית ברת | ברה/בריה#2#/ | וית \ברת ברתה /ברתה |
| 629 | | Nu20:28 | ואלבש יתהון ית אלעזר | בריה | ומית אהרן תמן בריש טורה |
| 630 | | Gn22:06 | דעלתא ושוי על יצחק | בריה | ונסב בידי«ה» ית אשתא וית |
| 631 | | Gn11:31 | שרי כלתה אתתיה דאברם | בריה | ונפקו עמהון מן אתון נורהון |
| 632 | | Gn22:03 | עולימוהי עמיה וית יצחק | בריה | ופצע קיסין לעלה וקם ואזל |
| 633 | | Gn 9:24 | וידע ית מה דעבד ליה | בריה | זעירא: |
| 634 | | Gn37:34 | שקא תחתוי ואתאבל על | בריה | יומין סגין: |
| 635 | | Dt 8:05 | ארום היך מה דרדי גבר ית | בריה | ייי אלהכון רדי יתכון: |
| 636 | | Dt 8:05M | דמפרגל אבה ית | בריה | ייי אלהך מפרגל לך |
| 637 | | Gn34:24 | ושמעו לחמור ולשכם | בריה | כל נפקי תרע קרתיה וגזרו כל |
| 638 | | Gn25:06 | ושלח יתהון מעלוי יצחק | בריה | עד הווה בחיין קדמיין לארעא |
| 639 | | Gn22:10 | סכינא למיכוס ית יצחק | בריה | ענה יצחק ואמר לאברהם |
| 640 | | Gn34:26 | וית חמור וית שכם | בריה | קטלו לפ<ת>גם דחרב ונסבו ית |
| 641 | | Gn27:01 | מן למחמי וקרא ית עשו | בריה | רבא ואמר ליה ברי ואמר ליה |
| 642 | בריי | Ex 4:23M | וסרבת למשלחא יתיה | /בריי | דפלחון קדמיי וסרבת דלא |
| 643 | ביריה | Ex12:42M | "בני ... רביעיא": | ביריה | בוכרה הנון ישראל וקרא |
| 644 | ברך | Gn45:09 | אבה ותימרון ליה כדן אמר | ברך | יוסף שוי יתי ייי לריבון |
| 645 | | Gn48:02 | ואתני ליעקב ואמר הא | ברך | יוסף אתי לוותך ואזדרז |
| 646 | | Dt13:07 | אחוך ברה דאמ{ן}<ך> או | ברך | או ברתך או את{ה}<ת> חובך |
| 647 | | Gn27:32 | אבוי מן את ואמר אנה | ברך | בוכרא עשיו: |
| 648 | | Ex 4:23 | יתיה הא אנה קטל ית | ברך | בוכרך: |
| 649 | | Gn21:13 | לאומה רבה אשויניה ארום | ברך | הוא: |
| 650 | | Gn28:14M | דארעא ובזרעיית | בניך/ברך#2#/ | /זרעיית אר׳ ובזר׳ |
| 651 | | Gn22:02 | ואמר דבר כען ית | ברך | ית יחידך די רחמת ית יצחק |
| 652 | | Gn22:12 | ייי את ולא מנעת ית | ברך | ית יחידך מני: |
| 653 | | Gn22:16 | פתגמא הדין ולא מנעת ית | ברך | ית יחידך: |
| 654 | | Gn24:05 | הדא הא מחזרה אחזור ית | ברך | לארעא דנפקת מן תמן: |
| 655 | ברן | Dt21:20M | דין סורוון ומורוון | /ברן | הדן סרהוון ומרוד#2#/ לית |
| 656 | בברה | Ex32:29 | קדם ייי ארום נגעתן גבר | בברה | ובאחוי ולמשויה עליכון יומא |
| 657 | בברי | Gn21:23M | הכא דלית את משקר לי | בברי | ולא בבר ברי כחסדא דקושטא |
| 658 | דברא | Ex32:22M | "ארום ... אינון": ארום | דברא | בישה שלטה{בישה שלטה} ביה |
| 659 | | Ex 4:25 | טנרא וגזרת ית ערלתא | דברא | וקרבת לרגלוי דמחבלה ואמרת |
| 660 | דברה | Gn16:15 | בן וקרא אברם שמה | דברה | {{ישמעאל}} דילי<ד>ת ליה |
| 661 | | Gn27:31 | אבא ויאכל מן ציידיה | דברה | מן בגלל תברך נפשך יתי: |
| 662 | | Lv20:12 | וגבר די ישמש עם אתתה | דברה | מתקטלה יתקטלון מרחקה עבדו |
| 663 | דברי | Gn30:15 | בעיא למיסב ית יברוחי | דברי | ואמרת רחל בגין כדין ישמש |
| 664 | | Gn30:16 | יתך ב«י»ברוחי | דבר{ו}י | ושמש עמה בליליʼ הו«א»: |
| 665 | | Gn37:33 | יתה ואמר הדא פרגודא | דברי | חיוה בישא אכלת יתה קטולין |
| 666 | | Gn27:27 | יתיה ואמר חמון ריחה | דברי | כריח קטרת בסמניה טביה |
| 667 | | Gn27:25 | אקרב לי ואכל מן ציידה | דברי | מן בגלל די תברך יתך נפשי |
| 668 | דבריה | Gn 4:17 | וקרא שמה דקרתה כשמיה | דבריה | חנוך: |
| 669 | דבריך | Gn30:14 | הבי כען לי מן יברוחי | דבריך: | |
| 670 | | Gn30:15 | תחות {{ד}}«י»ברוחי | דבריך: | |
| 671 | | Gn37:32 | חכם כען אן פרגודה | דבריך | היא אי לא: |
| 672 | דברך | Gn38:25 | אכר כען הא היא פרגודא | דברך | או לא ואנה איתמר לי כען |
| 673 | | Lv18:10 | עריתה דברתה | דברך | או ברת ברתך לא תבזה |
| 674 | | Lv18:15 | דכלתך לא תבזי אתתה | דברך | היא לא תבזה עריתה: |
| 675 | | Gn 3:10M | קל \ממרך שמעת בגנתה | /דברך | שמעת מטייל בגו גנתה#2#/ |
| 676 | ובברה | Dt28:56 | עייניה בבעיל חובה | ובברה | ובברתה: |
| 677 | ובברי | Gn21:23 | דייי הכה אם תשקר בי | ובברי | ובבר ברי כחסדא די עבדת |
| 678 | ולברה | Lv27:07M | דכסף \ולנקבתה עשר | /ולברה | נקבה עשרה#2#/ סלעין: |
| 679 | ולברי׳ | Ex21:21M | הוא /דהוא משתעבד ליה | ולברי׳ | ולבר ברי״#2#/: |
| 680 | | Lv21:02 | לוותיה לאמיה ולאבוי | ולברי׳ | ולברתיה ולאחוי: |
| 681 | לברה | Gn24:48 | ית ברת אחוי דריבוני | לברה: | |
| 682 | | Gn24:44 | היא אתתא די זמן ייי | לברה | דריבוני: |
| 683 | | Gn27:20 | ואמר יצחק | לברה | מה כען אוחת למשכחי ברי |
| 684 | | Lv15:33M | /לביר{ו}<ד>כר או | לברה | נקבה#2#/ ולגבר די ישמש עם |
| 685 | לברי | Gn24:04 | תזיל ותיסב אתה | לברי | ליצחק: |
| 686 | | Gn24:38 | זרעייתי ותיסב איתה | לבר«י» | ליצחק: |
| 687 | | Gn24:03 | על ארעא דלא תסב אתא | לברי | מן בנתהון דכנענעאי די אנא |
| 688 | | Gn24:07 | דרחמין קדמך ותיסב אתה | לברי | מן תמן: |
| 689 | | Gn24:37 | למימר לא תסב אתה | לברי | מן בנתהון דכנענאי די אנא |
| 690 | | Gn24:40 | ויצלח ארחך ותסב אתה | לברי | מן זרעיתי ומן ביתיה דאבא: |
| 691 | לבריה | Gn24:51 | דבר ואזל ותהוי אתא | לבריה | דריבוני היך מה דמלל ייי: |
| 692 | | Gn 3:15 | בעקבה וממרע יתיה ברם | לבריה | יהוי אסו ולך חויה לא יהוי |
| 693 | | Ex21:09 | ואם | לבריה | יזמן יתה כסדר דנהון דבנתה |
| 694 | לברך | Ex33:01 | ליצחק וליעקב למימר | לברך | אתן יתה: |

בנין p abs

695 Gn21:07 אחוי דאברהם אייניקת בנין שרה ארום ילדת ליה בר
696 Gn21:07M ואמ׳ עתידה היא למיינקה בנין שרה ארום ילדית ליה ברא
697 Gn11:30 והוות שרי עקרה לית לה בנין:
698 Gn19:32 עמה ונקים מן אבונן בנין:
699 Gn19:34 עמה ונקיים מן אבונן בני«ן»:
700 Gn20:17 ואמהתא וילדו ^בנין#2^:
701 Gn30:22 ואמר במימריה למיתן לה בנין:
702 Ex21:04 יסב יתיה אתה ותלד ליה בנין או בנן אתתא ובניה תהוי
703 Nu26:33 בר חפר לא הוו ליה בנין ארום אלהן בנן ושום בנתיה
704 Gn29:34 בעלי ארום ילדת ליה תלתא בנין בגין כדן קרא שמיה
705 Gn10:01 ויפת ואתילידו להון בנין בתר מבולא:
706 Gn38:25 תמר כלתי לית היא מעברא בנין דזנו בר{ם}<ת> קלא מן שמיא
707 Lv19:29 תזני ארעה ותתמלי ארעא בנין דזנו:
708 Dt32:20 ארום דר תהפכנין אנון בנין דלית להון היימנו:
709 Gn50:23 וחמא יוס«ף» לאפרים בנין דר תליתאי אף בנוי דמכיר
710 Gn30:08 די צלית קדם ייי דיתן לי בנין היך מה דיהב לאחתי לחוד
711 Gn15:02 לי ואנה אזל מן עלמא בלא בנין ואליעזר בר ביתי דעל ידוי
712 Gn29:31 במימר«י»ה למיתן לי בנין ורחל הוות עקרה:
713 Gn25:22 צערהון דבניא למה כען לי בנין ואזלת לבית מדרשא דשם רבה
714 Gn25:22M אית לי חיין למהוי לי בנין ואזלת למתבוע רחמין מן קדם
715 Gn30:01 ואמרת ליעקב הב לי בנין ואין לא מיתה אנה:
716 Gn17:17 מאה שנין אפשר לי למולדה בנין ואן שרה הא ברת תשעין שנין
717 Dt 4:25 ארום תולדון בנין ובני בנין ותתעתקון בארעא
718 Dt24:16 ימותון אבהן {על} בחובי בנין ובנין לא ימותון בחובי אבהן
719 Gn 5:04 ובהן בשניה הוה מולד בנין ובנן:
720 Gn 5:07 ובהן בשניה הוה מולד בנין ובנן:
721 Gn 5:10 ובהן בשנייה הוה מוליד בנין ובנן:
722 Gn 5:13 ובה בשנייה הווה מוליד בנין ובנן:
723 Gn 5:16 ובהן בשנייה הוה מוליד בנין ובנן:
724 Gn 5:19 ובהן בשני׳ הוה מולד בנין ובנן:
725 Gn 5:22 ובהן בשנייה הוה מולד בנין ובנן:
726 Gn 5:26 שנין ובהן בשניה הוה מלד בנין ובנן:
727 Gn 5:30 ובהן בשניי׳ הוה מולד בנין ובנן:
728 Gn11:11 ובהן בשניה הוה מוליד בנין ובנן:
729 Gn11:13 ובהן בשניה הוה מוליד בנין ובנן:
730 Gn11:15 ובהן בשניה הוה מוליד בנין ובנן:
731 Gn11:17 ובהן בשניה הוה מוליד בנין ובנן:
732 Gn11:19 ובהן בשניה הוה מולד בנין ובנן:
733 Gn11:21 ובהן בשניה הוה מולד בנין ובנן:
734 Gn11:23 ובהן בשניה הוה מוליד בנין ובנן:
735 Gn11:25 ובהין בשניה הוה מולד בנין ובנן:
736 Dt28:41 בנין ובנן תולדון ולא יהוון לכון
737 Gn15:03 ואמר אברם הא לי לא יהבת בנין והא בר בתי ירית יתי:
738 Dt32:19 דהוון חביבין עלוי היך בנין והיך בנן:
739 Gn 3:16 ועדוניך בצער תלדין בנין ולוות בעליך יהוי מתביך
740 Ex34:07 חובי אבהן רשיעין על בנין ועל בני בנין מרודין על דר
741 Gn30:20 בעלי ארום ילדית לי שתא בנין וקראת שמה זבולון:
742 Dt 4:25 ארום תולדון בנין ובני בנין ותתעתקון בארעא ותחבלון
743 Lv20:21 היא עריתה דאחוי בזי דלא בנין יהוון:
744 Gn44:27 אתון ידעתון ארום תרין בנין ילידת לי רחל אתתי:
745 Lv20:20 בזי חוביהון יקבלון דלא בנין ימותון:
746 Gn 6:10 ואולד נח תלתא בנין ית שם ית חם וית יפת:
747 Gn22:20 הא ילדת מלכא אף היא בנין לנחור אחוך:
748 Gn38:09 עובדוי על ארעא דלא מקמא בנין לשמה דאחוי:
749 Dt23:09 בנין מה די יתיילדו להון דר
750 Ex20:05 בקנא מן רשיעיא על בנין מרדין על דר תליתיא ועל דר
751 Ex34:07 רשיעין על בנין ועל בני בנין מרודין על דר תליתיי ועל דר
752 Nu14:18 מדכר חובי אבהן רשיען על בנין מרודין על דר תליתיי ועל דר
753 Dt 5:09 מדכר חובי אבהן רשיען על בנין מרודין על דר תליתיי ועל דר
754 Gn 7:03 שבעה דכר ונקבה למקיימא בנין על אפי ארעא:
755 Gn41:50 וליוסף אתיליד תרין בנין קדם עד לא תיתי שתא דכפנא
756 Dt21:15 וחדא סנייא וילדן לה בנין רחימתה ושניתה ויהווי ברא
757 Gn10:25 ולעבר אתילד תרין בנין שמה דחד מנהון פלג ארום

דב׳

758 Gn15:03M לי לא יהבת בנין/זרע דב׳#2#/ והא בר בתי ירית יתי:

דבנין

759 Gn21:12 ביצחק יתקרי לך זרע דבנין:
760 Dt28:30M /ישמש עמה בייתין דבנין#2#/ ולא תשרון בגוויהון
761 Lv22:13M ומשבקה ובנין/וזרע דבנין#2#/ לית לה ותחזור לביתה
762 Gn38:08 ויבם יתה ואקים זרע דבנין לשמה דאחוך:

ובנין

763 Nu27:03 דקרח ארום בחובוי מית ובנין דכרין לא הוון ליה:
764 Nu 3:04 קדם ייי במדברה דסיני ובנין לא הווה להון ושמש בכהונתה
765 Dt24:16 אבהן {על} בחובי בנין ובנין לא ימותון בחובי אבהן גבר
766 Lv22:13 תיהווי ארמלתה ומשבקה ובנין לית לה ותחזור לביתה דאבוה

p const בנוי

767 Gn46:07 בנוי וכל בנוי עמיה בנתיה ובנת בנתיה וכל

בני

768 Nu26:40 והוון בני בלע ארד ונעמן זרעייתה
769 Dt11:06M דאית בעצתא דקורח בגו בני י״#2#/:
770 Nu 8:19M /מות מחבל בקרבנותהון בני יש׳#2#/ לבית קודשה:
771 Dt31:11M הדה לקבל \כל ישראל/בני יש׳#2#/ «ב»משמעהון:
772 Ex14:03M במצרים על עסק בני ישרא׳ טעוותי פעור וג
773 Ex14:22 ועלו בני ישרא<׳> בגו ימא ביבשתא
774 Ex15:02M מן שמיר טינרא עניין בני ישרא׳ ואמרין אלין לאלין
775 Ex15:21 על דאתגאו ורדפו בתר עמא בני ישרא׳ רמא וטמע יתהון בימא
776 Ex16:03 ואמרין להון בני ישרא<׳> אלוי "מי יתן"
777 Ex20:02M כד הוה צווח ואמר עמי בני ישרא׳
778 Ex23:01M ידיכר׳ עם חי׳ עמי בני ישרא׳ לא תהוון אזלין בתר
779 Ex23:01M "לא תקבלון... חייבה": עמי בני ישרא׳ לא ישתב׳ חד מנכון
780 Ex39:06 מגלפן גלף חקק על שמהת בני ישרא׳:
781 Gn32:33 בגין כך לא אכלין בני ישראל ית ג{די}<יד>א דנשיא
782 Gn35:05M ונטלו והוות/בני ישראל והווה#2#/ דחלתא
783 Gn42:05 ועלו בני ישראל למזבן בגו עלליה
784 Gn45:21 ועבדו כן בני ישראל ויהב להון יוסף
785 Gn46:05 יעקב מן באר שבע וטענו בני ישראל ית יעקב אבוהון וית
786 Gn46:08 ואילן שמהת בני ישראל די עלו למצרים
787 Gn50:25 ואשבע יוסף ית בני ישראל למימר מדכרה ידכר
788 Ex 1:01 ואליין שמהת בני ישראל די עלו למצרים עם
789 Ex 1:09 ואמר לעמיה הא עמא בני ישראל סגין ותקיפין מנן:
790 Ex 1:12 ואעיקו מצראי מן קדם עמא בני ישראל:
791 Ex 1:13 ושעבידו מצרייא ית בני ישראל בקשיו:
792 Ex 2:23 מלכא דמצרים ואתנחו בני ישראל מן פולחנא וצווחו
793 Ex 3:10 יתך לפרעה ותפק ית עמי בני ישראל לפרוקין מן מצרים:
794 Ex 3:11 לוות פרעה וארום אסק ית בני ישראל פרוקין מן מצרים:
795 Ex 3:13 קדם ייי הא אנה אזל לוות בני ישראל ואמר להון אלה
796 Ex 4:31 ייי ברחמוי טביה ית בני ישראל וארום {ושמעו ארום
797 Ex 6:09 ומלל משה כדין עם בני ישראל ולא שמעו למילוי
798 Ex 6:10 {ומלל משה כדין עם בני ישראל} ומלל ייי עם משה
799 Ex 6:11 מלכא דמצרים וישלח ית בני ישראל מן ארעיה:
800 Ex 6:12 משה קדם ייי למימר הא בני ישראל לא שמעו למילוי
801 Ex 6:13 למפקא ית בני {ית בנין} ישראל מן ארעא:
802 Ex 6:13 ועם אהרן ופקד יתהון על בני ישראל ועל פרעה מלכא

|  |  |  |  |  |
|---|---|---|---|---|
| 803 | Ex 6:27 | מלכא דמצרים למפקא ית | בני | ישראל מן מצרים הוא משה |
| 804 | Ex 7:02 | ימלל עם פרעה וישלח ית | בני | ישראל מארעיה: |
| 805 | Ex 7:04 | ואפק ית חיילותי ית עמי | בני | ישראל מארעא דמצרים בסדרי |
| 806 | Ex 7:05 | על מצרים ואפקת ית | בני | ישראל פריקין מביניהון: |
| 807 | Ex 9:26 | בארעא דגשן די שרין תמן | בני | ישראל לא הוה ברדא: |
| 808 | Ex 9:35 | לבא דפרעה ולא שלח ית | בני | ישראל היך מה {דמליל} די |
| 809 | Ex10:20 | לביה דפרעה ולא שלח ית | בני | ישראל: |
| 810 | Ex10:23 | אתריה תלתא יומין ולכל | בני | ישראל הוה נהור |
| 811 | Ex11:07 | ולכל | בני | ישראל לא ינבח כלב בלשניה |
| 812 | Ex11:10 | לביה דפרעה ולא שלח ית | בני | ישראל מן ארע{א}יה: |
| 813 | Ex12:28 | ואזלו ועבדו | בני | ישראל היך מה דפקד ייי ית |
| 814 | Ex12:31 | עמי לחוד אתון ולחוד | בני | ישראל ואזלו פלחו קדם ייי |
| 815 | Ex12:33M | הכה אוף שעה /האנון הכה | בני | ישראל שעה#2/ חדא הא כל |
| 816 | Ex12:36 | ואשאלו להון ורוקנן | בני | ישראל ית מצריי מן |
| 817 | Ex12:37 | <ונטלו> | בני | ישראל מן פלוסין סכותה |
| 818 | Ex12:40 | ומשרוייהון די | בני | ישראל די שרון במצרים |
| 819 | Ex12:45 | עמי | בני | ישראל תותב בר עממין |
| 820 | Ex12:50 | <ועבדו> כל | בני | ישראל היך מה דפקד ייי ית |
| 821 | Ex12:51 | יומא הדין אפיק ייי ית | בני | ישראל פריקין מן ארעא |
| 822 | Ex13:18 | ומזיינין בעבדא טבא סלקו | בני | ישראל פריקין מן ארעא |
| 823 | Ex13:19 | משתבע«א» אשתבע ית | בני | ישראל למימר מדכרא ידכר |
| 824 | Ex14:02 | מליל עם | בני | ישראל ויחזרון וישרון קדם |
| 825 | Ex14:08 | מלכא דמצרים ורדף בתר | בני | ישראל ובני ישראל נפקו |
| 826 | Ex14:10 | ודחלו לחדא וצלון | בני | ישראל קדם ייי: |
| 827 | Ex14:10 | ופרעה קרב ונטלו | בני | ישראל ית עייניהון והא |
| 828 | Ex14:13 | ארבע כתין אתעבידו | בני | ישראל בזמנא דהוון קיימין |
| 829 | Ex14:15 | קיים תהווי לדידך מלל עם | בני | ישראל ויטלון: |
| 830 | Ex14:16 | על ימא ובזע יתיה ויעלון | בני | ישראל בגו ימא ביבשתא: |
| 831 | Ex14:25 | אלין לאלין נערק מן עמא | בני | ישראל ארום דין הוא ייי |
| 832 | Ex15:01 | די אתגאון ורדפו בתר עמא | בני | ישראל רמא וטבע יתהון בימא |
| 833 | Ex15:02 | והוה לן לפריק אמרין | בני | ישראל דן הוא אלהן |
| 834 | Ex15:09 | ארדוף בתר עמא | בני | ישראל וארע יתהון שריין |
| 835 | Ex15:18 | אמרין | בני | ישראל מה יאה הוא לך כליל |
| 836 | Ex16:06 | ואמר משה ואהרן לכל | בני | ישראל ברמשא ותדעון ארום |
| 837 | Ex16:15 | וחמון | בני | ישראל ואמרין{ואמרין} גבר |
| 838 | Ex16:17 | ועבדו כדן | בני | ישראל ולקטו מן דאסגו ומן |
| 839 | Ex16:31 | וקרון | בני | ישראל ית שמיה מנה והוא |
| 840 | Ex17:07 | ודיינוותיה על דאדיינון | בני | ישראל ועל די נסון קדם ייי |
| 841 | Ex17:07M | ומצותא על דאתנצון | בני | ישראל ועל דנסי יתהון ייי |
| 842 | Ex18:01M | ארום אפק ייי ית | /\בני#2/ | ישראל פריקין מן |
| 843 | Ex19:06 | איליין פתגמיא די תמלל עם | בני | ישראל: |
| 844 | Ex20:02M | לוחי קיימ' ואמר עמי | בני | ישראל |
| 845 | Ex20:02 | לוחי קיימא ואמר עמא | בני | <ישראל> וחזר ומקף על |
| 846 | Ex20:02 | בכן הוה צווח ואמר עמי | בני | ישראל אנה הוא ייי אלהכון |
| 847 | Ex20:03 | לוחי קיימא ואמר עמי | בני | <ישראל> וחזר ומקף על |
| 848 | Ex20:03 | וכן הוון צווח ואמר עמי | בני | ישראל לא יהווי לך אלה |
| 849 | Ex20:07 | עמי | בני | ישראל לא יסב גבר מנכון ית |
| 850 | Ex20:08 | עמי | בני | ישראל הוון דכירי«ן» ית |
| 851 | Ex20:12 | עמי | בני | ישראל הוון זהירין גבר |
| 852 | Ex20:13 | עמי | בני | ישראל לא תהוון קטולין לא |
| 853 | Ex20:14 | עמי | בני | ישראל לא תהוון גיורין לא |
| 854 | Ex20:15 | עמי | בני | ישראל לא תהוון גנבין לא |
| 855 | Ex20:16 | עמי | בני | ישראל לא תהוון סהדי{ן} |
| 856 | Ex20:17 | עמי | בני | ישראל לא תהוון חמודין לא |
| 857 | Ex21:31 | יגש או ברה נקבה מן | בני | ישראל כסדר דינא הדין |
| 858 | Ex21:31 | או בר דכר מן | בני | ישראל יגש או ברה נקבה מן |
| 859 | Ex22:17 | עמי | בני | ישראל כל חרש וחרשה לא |
| 860 | Ex22:21 | עמי | בני | ישראל כל ארמלה ויתמין לא |
| 861 | Ex22:27 | עמא | בני | ישראל דייניכון לא תבזון |
| 862 | Ex23:02 | עמי | בני | ישראל לא תהוון אזלין בתר |
| 863 | Ex23:03 | עמי | בני | ישראל ומסכינא די אתחייב |
| 864 | Ex23:06M | <די צריכה> בדינה /עמי | בני | ישראל לא תסטון סדר דינא |
| 865 | Ex23:14M | /\בני | | ישראל#2/ תלתא זמנין |
| 866 | Ex23:15M | מן מצרים עמי | בני | ישראל לית אתון רשיהין |
| 867 | Ex23:17M | עמי/\ | בני | ישראל#2/ תלתא זמנין בכל |
| 868 | Ex23:19 | דייי אלהכון עמי | בני | ישראל לא תבשלון ולא |
| 869 | Ex24:05M | ושדר ית בוכרי' | בני | ישראל ארום עד ההי' שעתא |
| 870 | Ex24:11M | שפיריא דהוון מתמנן על | בני | ישראל |
| 871 | Ex24:17 | בריש די טורא לעיני | בני | ישראל: |
| 872 | Ex25:02 | מלל עם | בני | ישראל ויפרשון לשמי אפרשן |
| 873 | Ex25:22 | ית כל מה דאפקד יתך על | בני | ישראל: |
| 874 | Ex27:20 | ואת תפקד ית | בני | ישראל וייסבון וייתון |
| 875 | Ex27:21 | עלם לדריהון מן לוות | בני | ישראל: |
| 876 | Ex28:01 | וית בנוי עמיה מן לוות | בני | ישראל למשמשא קדמוי |
| 877 | Ex28:09 | סבתא ותגלף עליהון שמהת | בני | ישראל: |
| 878 | Ex28:10 | על אבנא חדתה {{וית שמהת | בני | ישראל ששה אשתה מן שמהתהון |
| 879 | Ex28:11 | ית תרין אבניה על שמהת | בני | ישראל מקפן מאחדן דהב תעבד |
| 880 | Ex28:21 | <אבניה יהוויין> על שמהת | בני | ישראל תרתין עשרי על |
| 881 | Ex28:29 | ויטעון אהרן ית שמה{ה}ת | בני | ישראל בחושנה דדינה על |
| 882 | Ex28:38 | ית חובי קדישא די יקדישו | בני | ישראל לכל מתנת קדשהון |
| 883 | Ex29:28 | ואפרשו יהווי מן לוות | בני | ישראל מנכסת קודשיכון |
| 884 | Ex29:28 | לקיים עלם מן לוות | בני | ישראל ארום אפרשו היא |
| 885 | Ex29:43M | ממרי תמן לבני/על | בני#2/ | ישראל ויתקדש/וא'#2/ |
| 886 | Ex29:45 | ^איקר#2/ שכינתי בגו | בני | ישראל ויהווי ממרי להון |
| 887 | Ex29:45M | /יקר שכינתי ביני | ב{י}ני#2/ | ישראל ויהווי ממרי |
| 888 | Ex30:16 | ית כסף פורקניה מן לוות | בני | ישראל ותתן יתה לפלחן משכן |
| 889 | Ex30:31 | ועם | בני | ישראל תמלל למימר משח דרבו |
| 890 | Ex31:13 | ואת מלל עם | בני | ישראל למימר לחוד ית שובי |
| 891 | Ex31:16 | ויטרון | בני | ישראל ית יומא דשבתא למעבד |
| 892 | Ex31:17 | בין ממריה ובין | בני | ישראל סימן היא שבתא לעלם |
| 893 | Ex33:06 | ופרקו | בני | ישראל מני זייניהון |
| 894 | Ex34:17 | עמי | בני | ישראל דחלן טעוון דמתכה לא |
| 895 | Ex34:23M | עמי | בני | ישראל תלתה זמנין בכל שתה |
| 896 | Ex34:26 | דייי אלהכון עמי | בני | ישראל לא תבשלון ולא |
| 897 | Ex34:30 | וחמא אהרן וכל | בני | ישראל ית משה והא נהר זיו |
| 898 | Ex34:32 | ומן בתר כדין קרבו כל | בני | ישראל ופקד יתהון ית כל מה |
| 899 | Ex34:34 | והוה נפק וממלל עם | בני | ישראל ית מה דאתפקד: |
| 900 | Ex34:35 | וחמאן | בני | ישראל ית סבר אפוי דמשה |
| 901 | Ex35:29 | על ידוי דמשה אייתון | בני | ישראל נדבה לשמה דייי: |
| 902 | Ex36:03 | ית כל אפרשותה די אפרשו | בני | ישראל לעבידת פלחן |
| 903 | Ex39:14 | ואבניה על שמהת | בני | ישראל אינין תרתין עשרה על |
| 904 | Ex39:32 | משכנה משכן זימנא ועבדו | בני | ישראל כל מה די פקד ייי ית |
| 905 | Ex39:42 | פקד ייי ית משה כן עבדו | בני | ישראל ית כל פלחנא: |
| 906 | Ex40:36 | {ו}<י>טל{יו}{ון> | בני | ישראל בכל מטל{ין}<ני>הון: |
| 907 | Lv 1:02 | מלל עם | בני | ישראל ותימר ליהון בר נש |
| 908 | Lv 4:02 | מליל עם | בני | ישראל למימר נפש ארום תחטא |
| 909 | Lv 7:23 | מליל עם | בני | ישראל למימר כל תרב תור |
| 910 | Lv 7:29 | מלל עם | בני | ישראל למימר מן דמקרב ית |

|  |  | | | |
|---|---|---|---|---|
| 911 | Lv 7:34 | ולבנוי קיים עלם מן לוות | בני | ישראל: |
| 912 | Lv 7:34 | קבלת מן לוות | בני | ישראל מן נכסת קודשיהון |
| 913 | Lv 7:36 | דרבי יתהון מן לוות | בני | ישראל קיים עלם לדריהון: |
| 914 | Lv 7:38 | דסיני ביומא די פקד ית | בני | ישראל למקרבה ית קרבניהון |
| 915 | Lv 9:03 | ועם | בני | ישראל תמליל למימר סבו |
| 916 | Lv10:11 | ולמלפא ית כל | בני | ישראל ית כל קיימיה די מלל |
| 917 | Lv10:14M | מן נכיסת קודשי | בני#2#/ | ישראל: |
| 918 | Lv11:02 | מללו עם | בני | ישראל למימר דא חייתה די |
| 919 | Lv12:02 | מליל עם | בני | ישראל למימר אתא ארום תעבר |
| 920 | Lv15:02 | מללו עם | בני | ישראל ותימרון להון גבר |
| 921 | Lv15:31 | ותזהרון ית | בני | ישראל מן סאבותהון דלא |
| 922 | Lv16:34 | לכון לקים עלם למכפר' על | בני | ישראל מן כל חוביהון חדא |
| 923 | Lv17:02 | אהרן ועם בנוי ועם כל | בני | ישראל ותימר להון דן פתגמא |
| 924 | Lv17:03M | גבר גבר מבית/מן | בני#2#/ | ישראל די יכוס תור אמר |
| 925 | Lv17:05 | מן בגלל די ייתון | בני | ישראל ית דבחהון די אנון |
| 926 | Lv17:13 | וגבר גבר מן | בני | ישראל ומן גיוריה |
| 927 | Lv18:02 | מליל עם | בני | ישראל ותימר ליהון אנה ייי |
| 928 | Lv19:11 | עמי | בני | ישראל לא תהוון גנבין לא |
| 929 | Lv19:12M | עמי | בני | ישראל לא תומון שמי |
| 930 | Lv19:16M | \לא תיזו{ו}<י>ל בתר /עמי | בני | ישראל לא תהוון אזלין |
| 931 | Lv19:26 | עמי | בני | ישראל ולא תהוון נטורי |
| 932 | Lv20:02 | ישראל תימר גבר גבר מן | בני | ישראל ומן גיורה דמתגיירין |
| 933 | Lv21:24 | אהרן ועם בנוי ועם כל | בני | ישראל: |
| 934 | Lv22:03 | לקדשיה די יקדישון | בני | .ישראל לשמה דייי וסאבתיה |
| 935 | Lv22:18 | אהרן ועם בנוי ועם כל | בני | ישראל ותאמר להון גבר גבר |
| 936 | Lv22:27M | נבייה דייי ואמר עמי | בני | ישראל תור או אמר |
| 937 | Lv22:28 | עמי | בני | ישראל תורתא או רחילא לא |
| 938 | Lv23:02 | מלל עם | בני | ישראל ותימר להון מועדוי |
| 939 | Lv23:10 | מלל עם | בני | ישראל ותימר להון ארום |
| 940 | Lv23:34 | מליל עם | בני | ישראל למימר בחמשת עשר |
| 941 | Lv23:43 | בדמות מטלין אשרית | בני | ישראל בזמן אפקותהון |
| 942 | Lv23:43M | היך מטילין אשריית ית | בני#2#/ | ישראל בזמן אפקותהון |
| 943 | Lv24:02 | פקד ית | בני | ישראל וייסבון וייתון |
| 944 | Lv24:08 | קדם ייי בתדירה מן לוות | בני | ישראל קיים עלם: |
| 945 | Lv24:10 | והוא ברה דגבר מצריי בגו | בני | ישראל ואתנצון במשריתה ברה |
| 946 | Lv24:15 | ועם | בני | ישראל תמליל למימר {גבב} |
| 947 | Lv24:23 | ומלל משה עם | בני | ישראל ואפיקו ית «מן» |
| 948 | Lv25:02 | מליל עם | בני | ישראל ותימ' להון ארום |
| 949 | Lv25:33 | היא אחסנת{כ}<ה>ון בגו | בני | ישראל: |
| 950 | Lv25:46 | בהון תפלחן ובאחיכון | בני | ישראל גבר באחוי לא תשתעבד |
| 951 | Lv25:55 | ארום לשמי אינון | בני | ישראל עבדין עבדיי אינון |
| 952 | Lv26:46 | ייי בין מימריה ובין | בני | ישראל בטורא דסיני |
| 953 | Lv27:02 | מליל עם | בני | ישראל ותימר להון גבר ארום |
| 954 | Lv27:34M | מטול לאחוואותהון לוות | בני | ישראל |
| 955 | Lv27:34 | די פקד ייי ית משה על | בני | ישראל בטורא דסיני: |
| 956 | Nu 1:49 | סכומיהון לא תקבל בגו | בני | ישראל: |
| 957 | Nu 1:52 | וישרון | בני | ישראל גבר על משרי{י}תה |
| 958 | Nu 1:54 | ועבדו | בני | ישראל ככל מה די פקד ייי |
| 959 | Nu 2:02 | לבית אבהתהון ישרון | בני | ישראל מן כל קבל חזור חזור |
| 960 | Nu 2:32M | דבני /אלין סכומי | בני#2#/ | ישראל לבית אבהתהון |
| 961 | Nu 2:33 | וליוויי לא איסתכמו בגו | בני | ישראל היך מה די פקד ייי |
| 962 | Nu 2:34 | ועבדו | בני | ישראל כל מה די פקד ייי ית |
| 963 | Nu 3:08 | משכנה וית ^כל#2#^ מטרת | בני | ישראל למפלח ית פלחן |
| 964 | Nu 3:09 | אינון יהיבין לה מן לוות | בני | ישראל: |
| 965 | Nu 3:12 | א{ת}פרשת ית לויי מן גו | בני | ישראל חלף כל בוכריה פתחי |
| 966 | Nu 3:38 | מטרת בית קודשה למטרת | בני | ישראל וחלוניי די יקרוב |
| 967 | Nu 5:02 | פקד ית | בני | ישראל וישלחון מן משריתה |
| 968 | Nu 5:04 | ייי עם משה כדן עבדו | בני | ישראל: |
| 969 | Nu 5:04 | ועבדו כדן | בני | ישראל ושלחו יתהון לבר מן |
| 970 | Nu 5:06 | מליל עם | בני | ישראל גבר ^אר#2#^ אתה די |
| 971 | Nu 5:12 | מליל עם | בני | ישראל ותימר להון גבר גבר |
| 972 | Nu 6:02 | מליל עם | בני | ישראל ותימר להון גבר או |
| 973 | Nu 6:23 | למימר כדן תברכון ית | בני | ישראל אזל משה מן שמי |
| 974 | Nu 6:27 | וישון ית שמי ית ממרי על | בני | ישראל ואנה במ«י»מרי |
| 975 | Nu 8:06 | אפרש ית ליויי מן גו | בני | ישראל ותדכי יתהון: |
| 976 | Nu 8:10 | ליויי קדם ייי ויסמכון | בני | ישראל ית ידיהון על לוויי: |
| 977 | Nu 8:11M | /: אנפו קדם ייי מן | בני | ישראל ויהוון/ויהון#2#/ |
| 978 | Nu 8:14 | ותפרש ית ליווי מן גו | בני | ישראל ויהוון לשמי לווי: |
| 979 | Nu 8:16 | וולדה בכרי כל מן ולדה | בני | ישראל אפרשת יתהון לשמי: |
| 980 | Nu 8:16 | אינון יהבין לי מן גו | בני | ישראל חלף פתחי כל וולדה |
| 981 | Nu 8:19 | לאהרן ולבנוי מן גו | בני | ישראל למפלח ית פלחן דבני |
| 982 | Nu 8:19 | במשכן זמנה ולמכפירה על | בני | ישראל ולא יהוי בבני |
| 983 | Nu 8:20 | על ליווי כדן עבדו להון | בני | ישראל: |
| 984 | Nu 9:02 | ויעבדון | בני | ישראל ית פ«י»סחה |
| 985 | Nu 9:04 | ומליל משה עם | בני | ישראל למעבד פיסחה: |
| 986 | Nu 9:05 | ייי ית משה כדן עבדו | בני | ישראל: |
| 987 | Nu 9:07 | קרבנה דייי בזימניה בגו | בני | ישראל: |
| 988 | Nu 9:10 | מלל עם | בני | ישראל למימר גבר גבר ארום |
| 989 | Nu 9:17 | משכנה ומן בתר כדן יטלון | בני | ישראל ובאתרה די ישרי תמן |
| 990 | Nu 9:17 | תמן משכנה תמן ישרון | בני | ישראל: |
| 991 | Nu 9:18 | גזירת מימריה דייי יטלון | בני | ישראל ועל פ{ו}ם גזירת |
| 992 | Nu 9:19 | משכנה יומין סגין ויטרון | בני | ישראל ית מטרתה דייי ולא~ |
| 993 | Nu 9:22 | משכנה למשרי עלוי ישרון | בני | ישראל ולא יטלון |
| 994 | Nu10:12 | ונטלו | בני | ישראל למטלניהון מן מדברה |
| 995 | Nu10:28 | אלין מטלני | בני | ישראל לחילוותהון כהדן |
| 996 | Nu11:04 | וחזרו ובכון לחוד | בני | ישראל ואמרין אלווי מן |
| 997 | Nu11:26 | נפלין ושבע שנין ידלקון | בני | ישראל מן מני זייניהון |
| 998 | Nu13:24 | סגולה די לקטו מן תמן | בני | ישראל: |
| 999 | Nu13:32 | דארעא די ילילו יתה קדם | בני | ישראל למימר ארעא די |
| 1000 | Nu14:02M | כל עם כנישתה אלווי | /ב{י}ני | ישראל ליוויי#2#/ בארעא |
| 1001 | Nu14:02 | על משה ועל אהרן כל | בני | ישראל ואמרין להון כל עם |
| 1002 | Nu14:10 | במשכן זימנא על כל | בני | ישראל: |
| 1003 | Nu14:27 | שמיע קדמי ^^ית תורעמות | בני | ישראל די אנון מתרעמין |
| 1004 | Nu14:39 | ית פתגמיה האלין עם כל | בני | ישראל ואתאבלו עמא לחדה: |
| 1005 | Nu15:02 | מליל עם | בני | ישראל ותימר להון ארום |
| 1006 | Nu15:18 | מליל עם | בני | ישראל ותימ' להון ארום |
| 1007 | Nu15:32 | והוון | בני | ישראל במדברה ואשכחו גבר |
| 1008 | Nu15:38 | מליל עם | בני | ישראל ותימר להון |
| 1009 | Nu16:02 | וקמו קדם משה וגבריה מן | בני | ישראל מאתין וחמש«י»ן |
| 1010 | Nu17:17 | מליל עם | בני | ישראל וקבל מלוותהון חטר |
| 1011 | Nu17:21 | ומליל משה עם | בני | ישראל ויהבו ליה כל |
| 1012 | Nu17:24 | מן קדם ייי לוות כל | בני | ישראל וחמון ונסבון גבר |
| 1013 | Nu17:27 | ואמרין | בני | ישראל ^למשה#2#^ למימר הא |
| 1014 | Nu18:05 | יהווי רגוז ^תוב#2#^ על | בני | ישראל: |
| 1015 | Nu18:06 | ית אחיכון לוויי מן גו | בני | ישראל לכון מתנה אינון |
| 1016 | Nu18:11 | מתנתכון לכל אנפות | בני | ישראל לך יהבית ולבנך |
| 1017 | Nu18:19 | אפרשות קדשיה די יפרשון | בני | ישראל לשמה דייי יהבית לך |
| 1018 | Nu18:20 | חלקך ואחסנותך בגו | בני | ישראל: |

|  |  |  |  |  |
|---|---|---|---|---|
| 1019 | Nu18:22 | ולא יקרבון תוב | בני | ישראל למשכן זימנה למקרבה |
| 1020 | Nu18:23 | קיים עלם לדריהון ובגו | בני | ישראל לא יחסנון אחסנה: |
| 1021 | Nu18:24 | בגין כדן אמרית להון בגו | בני | ישראל לא יחסנון אחסנה: |
| 1022 | Nu18:26 | ארום תקבלון מן לו«ו»ת | בני | ישראל ית מעשרה די יהבית |
| 1023 | Nu18:28 | די תקבלון מן לוות | בני | ישראל ותתנון מניה ית |
| 1024 | Nu18:32 | טובה מניה וית קדשיהון | בני | ישראל לא תפסון ולא |
| 1025 | Nu19:02 | פקד ייי למימר מליל עם | בני | ישראל ויסבון וייתון לוותך |
| 1026 | Nu20:01 | ועלו | בני | ישראל כל עם כנישתה מדברה |
| 1027 | Nu20:12 | מימרי למקדשה שמי לעיני | בני | ישראל בשבועה בגין כדן לא |
| 1028 | Nu20:13 | מיא דייניה די אדיינו | בני | ישראל קדם ייי וקדש שמה |
| 1029 | Nu20:19 | ואמרין ליה | בני | ישראל ארח מלכא נסוק ואין |
| 1030 | Nu20:22 | ונטלו מן רקם ועלו | בני | ישראל כל כנישתה להר טורה: |
| 1031 | Nu20:29M | שנה בהיא שעתה היימינו | בני | ישראל ארום מית אה' |
| 1032 | Nu21:10 | <ונטלו> | בני | ישראל ושרון באובות: |
| 1033 | Nu21:15 | ארנונה אמרין כד יהוון | בני | ישראל עברין אנן נפקין |
| 1034 | Nu22:01 | ונטלו | בני | ישראל ושרון במישרה דמואב |
| 1035 | Nu22:03 | ועיקון מואביי מן קדם | בני | ישראל: |
| 1036 | Nu24:08 | די{ה}<ד>ה אינון יאכלון | בני | ישראל נכסי אמיה |
| 1037 | Nu25:01 | ושרון | ^בני#2# | ישראל בשטים ושרי עמא |
| 1038 | Nu25:06 | והא גבר מן | בני | ישראל אתי ואקרב לוות אחוי |
| 1039 | Nu25:08 | ואתכלת מגפתה מעילוי | בני | ישראל: |
| 1040 | Nu25:11 | חזר ית חמתיה מעילווי | בני | ישראל על דקני ית קנאתי |
| 1041 | Nu25:11 | ביניהון ולא שיציתי ית | בני | ישראל בקנאתי: |
| 1042 | Nu25:13 | לשמה דאלה«י»ה וכפר על | בני | ישראל: |
| 1043 | Nu26:62 | ארום לא אסתכמו בגו | בני | ישראל ארום לא אתיהב להון |
| 1044 | Nu26:62 | לא אתיהב להון אחסנה בגו | בני | ישראל: |
| 1045 | Nu26:63M | כהנה די סכמו ית | בני | ישראל במישריה דמואב |
| 1046 | Nu26:64 | ואהרן כהנה די סכמו ית | בני | ישראל במדברה דסיני: |
| 1047 | Nu27:08 | ועם | בני | ישראל תמלל למימר גבר ארום |
| 1048 | Nu27:21 | פמה ייעלון הוא ^וכל#2^ | בני | ישראל עמה וכל עם כנישתה: |
| 1049 | Nu28:02 | פקד ית | בני | ישראל ותימר להון ית קרבני |
| 1050 | Nu28:02 | קדמי לריח דרעוה עמי | בני | ישראל הוון זהירין למקרבה |
| 1051 | Nu31:09 | ושבון | בני | ישראל ית נשיהון דמדיינאי |
| 1052 | Nu32:17 | ואנן נעבר מזיינין קדם | בני | ישראל עד זמן די נעל יתהון |
| 1053 | Nu33:03 | קדמיה דפיסחא נפקו | בני | ישראל פריקין בראש גלי |
| 1054 | Nu33:05 | ונטלו | בני | ישראל מן פילוס{ופ}ין |
| 1055 | Nu33:40 | דכנען בזמנה דאתון | בני | ישראל: |
| 1056 | Nu33:51 | מליל עם | בני | ישראל ותימר להון ארום |
| 1057 | Nu34:02 | פקד ית | בני | ישראל ותימר להון ארום |
| 1058 | Nu34:13 | ופקד משה ית | בני | ישראל למימר דא ארעא די |
| 1059 | Nu34:29 | ייי ית משה למאחסנה ית | בני | ישראל בארעא דכנען: |
| 1060 | Nu35:02 | פקד ית | בני | ישראל ויתנון לליוויי מן |
| 1061 | Nu35:10 | מליל עם | בני | ישראל ותימר להון ארום |
| 1062 | Nu35:34 | דאשריית איקר שכינתי בגו | בני | ישראל: |
| 1063 | Nu35:34M | שכינתי שריה ביני | ב{י}ני#2#/ | ישראל: |
| 1064 | Nu36:05 | ופקד משה ית | בני | ישראל על פם גזירת ממרה |
| 1065 | Nu36:07 | שבט אבהתיה ידבקון | בני | ישראל: |
| 1066 | Nu36:08 | לאתה מן בגלל דירתון | בני | ישראל גבר אחסנות אבהתיה: |
| 1067 | Nu36:13 | די פקד ייי משה על | בני | ישראל במישריה דמואב סמיך |
| 1068 | Nu36:13M | דייי בידוי דמשה לוות | בני | ישראל במישרה#2#/ דמואב |
| 1069 | Dt 1:01 | איתיהיבת לכון אוריתה | בני | ישראל ובמישריה דמואב |
| 1070 | Dt 1:01 | כמה ניסין עבד ייי עמכון | בני | ישראל כד הוויתון קיימין |
| 1071 | Dt 1:01 | די מלל משה עם כל | בני | ישראל ואוכח יתהון עד |
| 1072 | Dt 1:03 | יום לירחא מלל משה עם | בני | ישראל כל מה די פקד ייי |
| 1073 | Dt 3:18 | תעברון קדם אחיכון | בני | ישראל כל בני חילה: |
| 1074 | Dt 4:44 | די סדר משה קדם עמא | בני | ישראל: |
| 1075 | Dt 4:45 | דינייה די מלל משה עם | בני | ישראל באפקותהון פריקין מן |
| 1076 | Dt 5:06 | וכן הוה צווח ואמר עמי | בני | ישראל אנה הוא ייי אלהכון |
| 1077 | Dt 5:07 | וכן הוה צווח ואמר עמי | בני | ישראל לא יהווי לכון אלה |
| 1078 | Dt 5:11 | עמי | בני | ישראל לא יסב אנש ^חד#2^ |
| 1079 | Dt 5:12 | עמי | בני | ישראל טורו ית יומא דשבתה |
| 1080 | Dt 5:16 | עמי | בני | ישראל יוקר כל אנש מנכון |
| 1081 | Dt 5:17 | עמי | בני | ישראל לא תהוון קטולין ולא |
| 1082 | Dt 5:18 | עמי | בני | ישראל לא תהוון גיורין ולא |
| 1083 | Dt 5:19 | עמי | בני | ישראל לא תהוון גנבין ולא |
| 1084 | Dt 5:20 | עמי | בני | ישראל לא תהוון משהדין |
| 1085 | Dt 5:21 | עמי | בני | ישראל לא תהוון חמודין ולא |
| 1086 | Dt11:06 | דהווה ברגליהון בגו עמא | בני | ישראל: |
| 1087 | Dt12:17M | עמי/\ | בני | ישראל#2#/ לית אתון רשיין |
| 1088 | Dt14:03 | עמי | בני | ישראל לא תאכלון כל מרחקה: |
| 1089 | Dt14:11 | עמי | בני | ישראל כל צפר דדכיה |
| 1090 | Dt14:20 | עמי | בני | ישראל כל עוף דדכי תאכלון: |
| 1091 | Dt14:21 | אתון קדם ייי אלהכון עמי | בני | ישראל לא תבשלון ולא |
| 1092 | Dt14:22 | עמי | בני | ישראל מעשרה תעשרון ית כל |
| 1093 | Dt14:22M | עמי :"ושתה" | בני | ישראל לית אתון רשאין |
| 1094 | Dt15:01 | עמי | בני | ישראל לסוף שבע שנין |
| 1095 | Dt15:06M | לאומין סגין ואתון עמי | בני/\ | ישראל#2#/ לא תצרכון |
| 1096 | Dt15:11 | ארום אין נטרין | בני | ישראל אולפן אוריתה ועבדין |
| 1097 | Dt15:19 | לשמה דייי אלהכון עמי | בני | ישראל לא תפלחון בביכורי |
| 1098 | Dt16:05 | עמי | בני | ישראל לית אתון רשיין |
| 1099 | Dt16:09 | עמי | בני | ישראל שובעה שבועין דיומין |
| 1100 | Dt16:16 | ובחגה דמטלייה עמי | בני | ישראל לית אתון רשיין |
| 1101 | Dt16:16M | /תבעין אולפן#2#/ /\עמי | בני | ישראל#2#/ קדם רבון כל |
| 1102 | Dt17:20 | הוא ובנוי בגו עמא | בני | ישראל: |
| 1103 | Dt18:13 | עמי | בני | ישראל שלמין תהוון בעבדה |
| 1104 | Dt18:14 | שמעין ואתון עמי | בני | ישראל לא כוותהון יהב לכון |
| 1105 | Dt22:10 | עמי | בני | ישראל לא תרדון בתור ובחמר |
| 1106 | Dt23:18 | ולא גבר נפק בר מן | בני | ישראל: |
| 1107 | Dt24:06 | עמי | בני | ישראל לא תהוון אסורי |
| 1108 | Dt24:07 | נפשא מן אחוי מן | בני | <ישראל> ויתג{ב}ר בה ויזבן |
| 1109 | Dt24:09 | עמי | בני | ישראל הוון דכירין ית מה |
| 1110 | Dt25:04 | עמי | בני | ישראל לא תזמון תורה |
| 1111 | Dt25:17 | עמי | בני | ישראל הוון דכירין ית מה |
| 1112 | Dt25:18 | קטלין יתיה ואתון עמי | בני | ישראל הוויתון לעיין |
| 1113 | Dt25:19 | מן תחות שמייא עמי | בני | ישראל לא תנשון הוון |
| 1114 | Dt27:14 | ליוויא ויאמרון לכל עמה | בני | ישראל קל תלי: |
| 1115 | Dt28:03 | בריכין תהוון עמי | בני | ישראל במה דאית לכון |
| 1116 | Dt28:04 | ובריכין תהוון עמי | בני | ישראל בפרי ולד מעיכון |
| 1117 | Dt28:05 | בריכון תהוון עמי | בני | ישראל בסלי ביכוריכון |
| 1118 | Dt28:06 | בריכין תהוון עמי | בני | ישראל ובריכין תהוון עמי |
| 1119 | Dt28:12M | "עמי לא תצרכון": | בני | ישראל לא תצרכון למיזף |
| 1120 | Dt28:69 | ייי ית משה למקיימה עם | בני | ישראל בארעה דמואב בר מן |
| 1121 | Dt29:09 | וסרכיכון כל עמא | בני | ישראל: |
| 1122 | Dt31:19 | שירתה הדה ואלף יתה ית | בני | ישראל ושוי יתה בפמהון |
| 1123 | Dt31:22 | ביומא ההוא ואלף יתה ית | בני | ישראל: |
| 1124 | Dt31:23 | ארום את תעיל ית | בני | ישראל לארעא די קיימת להון |
| 1125 | Dt32:02 | יבשם כמטרה אולפני על | בני | ישראל ויתקבל כטלא עליהון |
| 1126 | Dt32:03 | אנה מצלי ואתון עמי | בני | ישראל הבו איקר ותושבחה |

|  |  |  |  |  |  |
|---|---|---|---|---|---|
| 1127 | | Dt32:09 | ארום חלקה דייי אנון עמה | בני | ישראל יעקב עדב אחסנתיה: |
| 1128 | | Dt32:12 | אמר לבלחודהון ישרון עמא | בני | ישראל ולא הווי ביניהון |
| 1129 | | Dt32:19 | כעסה די אכעסו יתיה עמה | בני | ישראל דהוון חביבין עלוי |
| 1130 | | Dt32:36 | טבייה ית דיניהון דעמיה | בני | ישראל ועל עלבון עבדוי |
| 1131 | | Dt32:51 | על די לא קדשתון יתי בגו | בני | ישראל: |
| 1132 | | Dt32:51 | די סרבתון בשם ממרי בגו | בני | ישראל במי מצותה דרקם |
| 1133 | | Dt33:01 | ברך משה נביא דייי ית | בני | ישראל קדם עד לא ימות: |
| 1134 | | Dt33:02 | דמלאכין קדישין אמרין | בני | ישראל ית כל מה «די» מלל |
| 1135 | | Dt33:02 | אתגלי למתן אוריתה לעמי׳ | בני | ישראל {ו}<ד>נח ביקרי׳ על |
| 1136 | | Dt33:03 | אלא כל כדן למחבבה עמא | בני | ישראל נחית ריבוון דמלאכין |
| 1137 | | Dt33:04 | אמרין | בני | ישראל אורייתה פקד יתן |
| 1138 | | Dt33:29 | מן קדמיכון ואתון עמי | בני | ישראל כד תהוון לעיין |
| 1139 | | Dt34:08 | ובכון | בני | ישראל ית משה במישרה |
| 1140 | | Dt34:09 | ית ידוי עלוי ושמעו ליה | בני | ישראל ועבדו היך מה די פקד |
| 1141 | | Nu 3:18 | ואלין שמהת | בני | לוי לזרעייתהון לבני |
| 1142 | | Gn 9:18 | והוון | בני | נח די נפקו מן תיבותא שם |
| 1143 | | Nu13:22M | \בנוי דענק ג«י»ברא | /בני | עפרון גיברא#2#/ וחברון |
| 1144 | | Nu13:28M | \בנוי דענק גיברה | /<בני> | עפרון גברה#2#/ חמינן |
| 1145 | | Nu22:03M | בחייהון מן קדם עמא | בני | |
| 1146 | | Dt32:14 | עם טוב דפטימין ודכרין | בני | בתניי וגדיין עם טוב |
| 1147 | | Dt 1:16 | ההיא למימר תהוון שמעין | בני | אחיכון ודיינין יתהון דינין |
| 1148 | | Gn40:12 | אברהם יצחק ויעקב דמן | בני | בניהון עתידין למשתעבדא |
| 1149 | | Ex34:07 | אבהן רשיעין על בנין ועל | בני | בנין מרודין על דר תליתיי |
| 1150 | | Nu21:06 | ברייתה ואתון אציתו כל | בני | בשרא לטית חויה מן שרויה |
| 1151 | | Gn33:14M | ולסוברה בזכותיה ית | בני | גלותא עד זמן דיסופון |
| 1152 | | Gn16:05M | לבניה /ניצרוך מן | בני#2#/ | דהגר מצרייתה דהיא מבני |
| 1153 | | Gn46:15M | אלין/אליין#2#/ | בנוי/בני#2#/ | דלאה די ילדת ליעקב |
| 1154 | | Ex32:26M | ואתכנשו לוותיה כל | שבטי/בני#2#/ | דלוי: |
| 1155 | | Ex18:03M | וית תרין | בנוי/בני#2#/ | \די שמיה/דשום#2#/ דחד |
| 1156 | | Gn 6:02 | וחמון | בני | דייניא ית בנתהון דבני אנשא |
| 1157 | | Gn 6:04 | מן בתר כדין די עלו | בני | דיניא לות בנתהון דבני אנשא |
| 1158 | | Dt 3:18 | אחיכון בני ישראל כל | בני | חילה: |
| 1159 | | Lv15:14 | שפנינין או תרין גוזלין | בני | יוון וייתי קדם ייי לתרע |
| 1160 | | Lv15:29 | שפנונין או תרין גוזלין | בני | יוון ותתי יתהון לוות כהנא |
| 1161 | | Lv14:30 | שפניניה או מן גוזלייה | בני | יווניה מן די תארע ידה: |
| 1162 | | Lv 5:07 | שפנינין או תרין גוזלין | בני | יון לשמה דייי חד לחטאת׳ |
| 1163 | | Lv 5:11 | שפנינין או לתרין גוזלין | בני | יון וייתי ית קרבניה די |
| 1164 | | Lv14:22 | שפנינין או תרין גוזלין | בני | יון מן מה די תרע ידה ויהוי |
| 1165 | | Nu 6:10 | שופנינין או תרין גוזלין | בני | יון לוות כהנה בתרע משכן |
| 1166 | | Lv 1:14 | {או} או מן גוזליה | בני | יונה ית קרבניה: |
| 1167 | | Ex 6:13 | מלכא דמצרים למפקא ית | בני | {ית בני} ישראל מן ארעא: |
| 1168 | | Gn29:01 | יעקב רגלוי ואזל לארעא | בני | מדינחא: |
| 1169 | | Gn10:21 | אתילד אף הוא אבוהון דכל | בני | עבריא אחוי דיפת רבה: |
| 1170 | | Ex12:05 | לכון מן אמריא ומן גדייא | בני | עזיא תסבון לכון: |
| 1171 | | Nu18:17 | אמריה או בכוריה גדייה | בני | עזייה לא תפרקון קדש אינון |
| 1172 | | Lv22:27 | ידוי משכין דגדיין | בני | עזין ותבשילין עבד |
| 1173 | | Lv16:05M | \צפירין דעיזין /צפירי | בני | עיז#2#/ לחטאתה ודכר חד |
| 1174 | | Gn27:16 | וית משכא דגדייא | בני | עיזייא אלבשת על ידוי ועל |
| 1175 | | Dt13:14 | נפקו גברין | בני | עיצן בישן מן ביניכון |
| 1176 | | Gn23:10M | קדם | בני | עמא אתן יתה לך אזל קבר |
| 1177 | | Gn23:11M | יהבית לך קבר מתך /קדם | בני | עמא אתן יתה לך אזל קבר |
| 1178 | | Lv20:17 | עבד כדן וישתצון לעיני | בני | עמהון עריתה דאחתה בזי |
| 1179 | | Nu21:24M | תחומיהון \דבני עמון | /ב{י}ני | עמונאי#2#/ ארום תקיף |
| 1180 | | Dt 2:19M | דבני עמונייה /כל וקבל | בני | עמונאי#2#/ לא תעיקון |
| 1181 | | Dt 3:11M | עמוניי /באפרכיו ברבת | בני | עמונאי#2#/ תשע אמין |
| 1182 | | Gn23:11M | דעמא יהבית לך קבר /קדם | בני | עמי אתן יתי לך אזל קבר#1# |
| 1183 | | Nu22:05 | די על גף נהרא ארע | בני | עמיה למיקרי ליה למימר הא |
| 1184 | | Lv19:18M | נקמנין ולא נטרין עם | בני | עמכון ותרחמון לרחמכון |
| 1185 | | Ex32:28M | ועבדו \בנוי דלוי | /בני | שבטה דלוי#2#/ כמלוי |
| 1186 | | Dt10:08M | ההיא אפריש ייי ית | בנוי/בני#2#/ | שבטה דלוי למסבול ית |
| 1187 | | Dt18:01 | לכהנייא לליוויי כל | בני | שבטה דלוי חולק ואחסנה עם |
| 1188 | | Dt31:09 | הדה ויהב יתה לכהניה | בני | שבטה דלוי דטענין ית ארון |
| 1189 | | Ex29:38 | על גבי מדבחא אמרין | בני | שתהון תרין בכל יומא |
| 1190 | | Nu 7:17 | חמשה גדיין חמשה אמרין | בני | שתהון חמשה דן קרבנה די |
| 1191 | | Nu 7:23 | חמשה גדיין חמשה אמרין | בני | שתהון חמשה דן קרבנה |
| 1192 | | Nu 7:29 | חמשה גדיין חמשה אמרין | בני | שתהון חמשה דן קרבנה די |
| 1193 | | Nu 7:35 | חמשה גדיין חמשה אמרין | בני | שתהון חמשה דן קרבניה די |
| 1194 | | Nu 7:41 | חמשה גדיין חמשה אמרין | בני | שתהון חמשה דן קרבנה די |
| 1195 | | Nu 7:47 | חמשה גדיין חמשה תורין | בני | שתהון חמשה דן קרבנה די |
| 1196 | | Nu 7:53 | חמשה גדיין חמשה תורין | בני | שתהון חמשה דן קרבנה די |
| 1197 | | Nu 7:59 | חמשה גדיין חמשה תורין | בני | שתהון חמשה דן קרבנה די |
| 1198 | | Nu 7:65 | קודשיה קרב תורין <....> | בני | שתהון חמשה דן קרבנה די |
| 1199 | | Nu 7:71 | חמשה גדיין חמשה תורין | בני | שתהון חמשה דן קורבנה די |
| 1200 | | Nu 7:77 | חמשה גדיין חמשה תורין | בני | שתהון חמשה דין קרבנה די |
| 1201 | | Nu 7:83 | חמשה גדיין חמשה תורין | בני | שתהון חמשה דן קרבנה די |
| 1202 | | Nu 7:87 | דכרין תרין עשר אמרין | בני | שתהון תרין עשר ומנחתהון |
| 1203 | | Nu 7:88 | גדיין אשיתין אמרין | בני | שתהון אשתין דא חנוכת רבותה |
| 1204 | | Nu28:03 | די תקרבון קדם ייי אמרין | בני | שתהון שלמין מן מום תרין |
| 1205 | | Nu28:09 | שבתה תקרבון תרין אמרין | בני | שתהון שלמין מן מום ותרין |
| 1206 | | Nu28:11 | תרין ודכר חד אמרין | בני | שתהון <שבעה> שלמין מן מום: |
| 1207 | | Nu28:11 | עלה קדם ייי תורין | בני | שתהון תורין <בני תורין> |
| 1208 | | Nu28:19 | ודכר חד ושבעה אמרין | בני | שתהון שלמים מן מום יהוון |
| 1209 | | Nu28:27 | תרין ודכר חד שבעה אמרין | בני | שתהון: |
| 1210 | | Nu29:02 | תורין חד דכר חד אמרין | בני | שתהון שבעה שלמין מן מום: |
| 1211 | | Nu29:08 | תורין חד דכר חד אמרין | בני | שתהון שבעה שלמין מן מום |
| 1212 | | Nu29:13 | דכרין תרין אמרין | בני | שתהון ארבעת עשר שלמין מן |
| 1213 | | Nu29:17 | תקרבון תורין אמרין | בני | שתהון ארבעת עשר שלמין מן |
| 1214 | | Nu29:20 | חד עשר דכרין תרין אמרין | בני | שתהון ארבעת עשר שלמין מן |
| 1215 | | Nu29:23 | עשרה דכרין תרין אמרין | בני | שתהון ארבעת עשר שלמין מן |
| 1216 | | Nu29:26 | תשעה דכרין תרין אמרין | בני | שתהון ארבעת עשר שלמין מן |
| 1217 | | Nu29:29 | תמניה דכרין תרין אמרין | בני | שתהון ארבעת עשר שלמין מן |
| 1218 | | Nu29:32 | שבעה דכרין תרין אמרין | בני | שתהון ארבע עשר שלמין מן |
| 1219 | | Nu29:36 | ייי תור חד דכר חד אמרין | בני | שתהון שבעה שלמין מן מום: |
| 1220 | | Lv 9:03 | עיזין לחטאתה ועגל ואמר | בני | שת{י}הון שלמים מן מר׳ |
| 1221 | | Lv23:18 | על לחמה שבעה אמרין | בני | שתיהון שלמין מן מום ותור |
| 1222 | | Lv23:19 | חד לחטאתה ותרין אמרין | בני | שתיהון לנכסת קודשיה: |
| 1223 | | Nu28:11 | תורין בני שתהון תורין | <בני | תורין> תרין ודכר חד אמרין |
| 1224 | | Nu28:19 | קדם ייי תורין ^תרין#2#^ | בני | תורין <....> ודכר חד ושבעה |
| 1225 | | Nu28:27 | דרעוה קדם ייי תורין | בני | תורין תרין ודכר חד שבעה |
| 1226 | | Nu29:13 | דרעוה קדם ייי תורין | בני | תורין תלת עשר דכרין תרין |
| 1227 | | Nu29:17M | דמסליא תקרבון תורין | \בני | תורין תרי עשר דכרין |
| 1228 | | Lv25:45 | ולהוד מן | בני | תותביה דמתגיירין ביניכון |
| 1229 | בב׳ | Ex13:02M | קדמוי פתיחי וולד׳ | בב׳#2#/ | ישראל בבני אנשא |
| 1230 | בבני | Ex13:02 | פתחי כל וולד מעייה | בבני | ישראל בבני אנשא ובבעירה |
| 1231 | | Nu 8:19 | על בני ישראל ולא יהוי | בבני | ישראל רגוז בקרבותהון דבני |
| 1232 | | Nu15:29 | יציבייה | בבני | ישראל וגיוריה דמתגיירין |
| 1233 | | Dt31:19 | לי שבח שירתה הדה לסהדו | בבני | ישראל: |
| 1234 | דב׳ | Nu 1:02M | ית ריש כל עם כנישתה | דב׳#2#/ | ישראל לזרעייתהון |

דבני

|  |  | | | |
|---|---|---|---|---|
| 1235 | Nu27:12M | ית ארעא די יהבית | לבני/דב'#2#/ | ישראל: |
| 1236 | Nu 1:31 | סכומיהון לשבטה | דבני | זבולן חמשין ושבעה אלפין |
| 1237 | Gn23:07 | בשלמיהון בנימוס ארעא | דבני | חת: |
| 1238 | Gn23:11M | בשלמהון בנימוס ארעא | דבני | חת /ואודי {לעמיה} לעמא |
| 1239 | Nu36:05 | דייי למימר יאות שבטה | דבני | יוסף תבעין: |
| 1240 | Ex 5:15 | ואתון סרכיהון | דבני | ישרא' וצווחו קדם פרעה |
| 1241 | Ex17:16M | על כורסי מלכותיהון | דבני | ישרא' הוא שאול בר קיש |
| 1242 | Gn49:07 | אחסנתיה דלוי בגו שבטה | דבני | ישראל: |
| 1243 | Gn49:16 | ישתמעון לה כל שבטי | דבני | ישראל: |
| 1244 | Gn49:20 | אשר מה תפנוקי מלכייא | דבני | ישראל: |
| 1245 | Gn49:27 | מפלגין מותרו קרבניה | דבני | ישראל: |
| 1246 | Gn50:01 | מיניה תרי עשר שבטיא | דבני | ישראל די נפקו מיניה |
| 1247 | Ex 2:25 | קדם ייי ית שעבודהון | דבני | ישראל ואמר בממריה למפרוק |
| 1248 | Ex 3:09 | וכדון הא קבלתהון | דבני | ישראל סלקת לוותי ואף גלי |
| 1249 | Ex 4:29 | וכנשו ית כל חכימיא | דבני | ישראל: |
| 1250 | Ex 5:14 | ולקו סרכיהון | דבני | ישראל די שוון עליהון |
| 1251 | Ex 6:05 | אנא שמעת ית קבלתהון | דבני | ישראל דמצרייה משעבדין |
| 1252 | Ex 9:06 | דמצריי ומבעיריהון | דבני | ישראל לא מית אף לא חד: |
| 1253 | Ex12:03 | מללו {א} עם כל כנישתא | דבני | ישראל בעשרה יומין לירחא |
| 1254 | Ex12:06 | יתיה כל קהל כנישתא | דבני | ישראל ביני שמשותא: |
| 1255 | Ex12:23 | דייי על תרע אבהתה | דבני | ישראל ולא יתן רשו למחבלא |
| 1256 | Ex12:27 | די פסח ויגן על בתיהון | דבני | ישראל במצרים בקטלותה ית |
| 1257 | Ex12:42 | דייי בזמן אפקותיהון | דבני | ישראל פריקין מן ארעא |
| 1258 | Ex14:03 | <ויימר> פרעה על עסק עמא | דבני | ישראל טעיין אינון באורחא |
| 1259 | Ex14:15M | קדמיי ברם צלותהון | \דבני | ישראל קדמא /דעמי |
| 1260 | Ex16:01 | אלים ואתון כל כנישתא | דבני | ישראל למדברא דסין די בין |
| 1261 | Ex16:02 | ואתרעמו כל עדת כנישתא | דבני | ישראל על משה ועל אהרן |
| 1262 | Ex16:09 | לאהרן אמר לכל כנישתא | דבני | ישראל קרבו קדם ייי ארום |
| 1263 | Ex16:10 | מלל אהרן עם כל כנישתא | דבני | ישראל וכווינ{ן}<ו> למדברא |
| 1264 | Ex16:12 | שמיע קדמיי ית תורעמתהון | דבני | ישראל מליל{י} עמהון למימר |
| 1265 | Ex17:01 | ונטלו כל כנישתא | דבני | ישר«אל» ממדברא דסין |
| 1266 | Ex19:01 | תליתיא בזמן אפיקתהון | דבני | ישראל פריקין מן ארעא |
| 1267 | Ex19:03 | יעקב ותתני לשבטא | דבני | ישראל: |
| 1268 | Ex20:13M | עם קטולין דלא | /דבני | ישראל קטולין דלא#2#/ |
| 1269 | Ex20:14M | \דישראל עם גיורין | /דבני | ישראל גיורי#2#/ דלא |
| 1270 | Ex20:15M | עם גנבין דלא | /דבני | ישראל גנבין דלא#2#/ |
| 1271 | Ex20:17M | \דישרא' עם חמודין | /דבני | ישראל חמודין#2#/ דלא |
| 1272 | Ex24:04 | לתרין עשרתי שבטייה | דבני | ישראל: |
| 1273 | Ex24:05 | ושלח ית עולמיהון | דבני | ישראל וסדרו עליון וקריבו |
| 1274 | Ex24:11 | ולוות עולימיהון | דבני | ישראל לא פשט ידיה וחמון |
| 1275 | Ex28:30 | אהרן ית סדר דיניהון | דבני | ישראל על לביה~ קדם ייי |
| 1276 | Ex30:12 | ס{מ}«כ»ו{כ}«מ»יהון | דבני | ישראל למנייניהון ויתנון |
| 1277 | Ex35:01 | וכנש משה ית כל כנישתה | דבני | ישראל ואמר להון אליין |
| 1278 | Ex35:04 | ואמר משה לכל כנישתא | דבני | ישראל למימר דין פתגמא די |
| 1279 | Ex35:20 | ונפקו כל כנישתה | דבני | ישראל מן קדם משה: |
| 1280 | Lv10:14 | מן נכסת קדשיהון | דבני | ישראל: |
| 1281 | Lv16:05 | ומן לוות עם כנשתה | דבני | ישראל יסב תרין צפירין |
| 1282 | Lv16:16 | על קודשיה מן סואבותהון | דבני | ישראל ומן סרחניהון לכל |
| 1283 | Lv16:17 | ועל ידי כל קהל כנישתה | דבני | ישראל: |
| 1284 | Lv16:19 | ויקדש יתיה מן סאובתהון | דבני | ישראל: |
| 1285 | Lv16:21 | עלוי ית כל חובהון | דבני | ישראל וית כל סרחניהון לכל |
| 1286 | Lv19:02 | מליל עם כל כנשתה | דבני | ישראל ותימר ליהון קדישין |
| 1287 | Lv22:02 | ויזדהרון מן קדשיהון | דבני | ישראל ולא יפסון ית שמי |
| 1288 | Lv22:15 | ולא יפסון ית קדשיהון | דבני | ישראל ית מה די פרשון |
| 1289 | Nu 1:01 | תניינא בזמן אפקותהון | דבני | ישראל פריקין מן ארעא |
| 1290 | Nu 1:02 | ריש סכומיהון דכל כנשתא | דבני | ישראל לזרעייתהון |
| 1291 | Nu 1:16 | שבטי אבהתהון רישי אלפי | דבני | ישראל אינון: |
| 1292 | Nu 1:45 | והוון כל סכומיה | דבני | ישראל לבית אבהתהון מן בר |
| 1293 | Nu 1:53 | רגוז על עם כנישתה | דבני | ישראל ויטרון ליווי ית |
| 1294 | Nu 2:32M | /משירייתהון | דבני | ישראל לחיילוותהון#2#/ |
| 1295 | Nu 2:32 | אלין סכומיה | דבני | ישראל לבית אבהתהון סכומי |
| 1296 | Nu 3:12 | פתחי שירוי וולדה | דבני | ישראל ויהוון לשמי לויי: |
| 1297 | Nu 3:40 | סכום כל בוכרייה דכריה | דבני | ישראל מן בר ירח ולעיל |
| 1298 | Nu 3:41 | אמר ייי חלף כל בוכרה | דבני | ישראל וית בעיר«י»הון |
| 1299 | Nu 3:41 | חלף כל בוכרה דבעירהון | דבני | ישראל: |
| 1300 | Nu 3:42 | יתה ית כל בכור«י»ה | דבני | ישראל: |
| 1301 | Nu 3:45 | ית ליויי חלף כל בכוריה | דבני | ישראל וית בעיר«י»הון |
| 1302 | Nu 3:46 | על ליויי מן בכוריה | דבני | ישראל: |
| 1303 | Nu 3:50 | מן לוות בכוריה | דבני | ישראל קבל ית כספה אלף |
| 1304 | Nu 5:09 | אפרשו לכל קדש«י»הון | דבני | ישראל די יקרבון לכהנה |
| 1305 | Nu 7:84 | דרבי יתיה מלוות רברבני | דבני | ישראל פילוון דכסף |
| 1306 | Nu 8:09 | ותכנש ית כל כנשתה | דבני | ישראל: |
| 1307 | Nu 8:17 | ארום לשמי כל בכוריה | דבני | ישראל בבני אנשא ובבעירה |
| 1308 | Nu 8:18 | ית ליווי חלף כל בכוריה | דבני | ישראל: |
| 1309 | Nu 8:19 | ישראל למפלח ית פלחן | דבני | ישראל במשכן זמנה ולמכפירה |
| 1310 | Nu 8:19 | ישראל רגוז בקרבותהון | דבני | ישראל לבית קודשה: |
| 1311 | Nu 8:20 | משה ואהרון וכל כנשתה | דבני | ישראל ללווי כל מה די פקד |
| 1312 | Nu 9:01 | תנינתא בזמן אפקותהון | דבני | ישראל פריקן מן ארעא |
| 1313 | Nu10:28M | /אליין#2#/ מטלני | בני/דבני#2#/ | ישראל לחילוותהון |
| 1314 | Nu10:36M | רבוותה ואסגי אלפייה | דבני | ישראל |
| 1315 | Nu10:36 | יסגון רבוותה וברך אלפי | דבני | ישראל: |
| 1316 | Nu13:03 | כולהון גברין ראשיהון | דבני | ישראל אינון: |
| 1317 | Nu13:26 | ואהרן ולוות כנישתה | דבני | ישראל למדברה דפארן לרקם |
| 1318 | Nu14:05 | על אפיהון קדם כנישתה | דבני | ישראל: |
| 1319 | Nu14:07 | ואמר«י»ן לכל כנישתה | דבני | ישראל למימר ארעא די עברנן |
| 1320 | Nu15:25 | ויכפר כהנה על כל כנישתה | דבני | ישראל וישתבק להון ארום |
| 1321 | Nu15:26 | וישתבק לכל כנישתה | דבני | ישראל ולגיוריה דמתגיירין |
| 1322 | Nu15:29M | יציבייה | בבני/דבני#2#/ | ישראל וגיוריה |
| 1323 | Nu15:33 | אהרן ולוות כל כנשתה | דבני | ישראל: |
| 1324 | Nu17:06 | ואתרעמו כל עם כנשתה | דבני | ישראל מן יומא דמן בתרה על |
| 1325 | Nu17:20 | ית תורע«ו»מהון | דבני | ישראל דאינון מתרעמין |
| 1326 | Nu18:08 | אפרשותי לכל קדשיהון | דבני | ישראל לך יהבית לרבו ולבנך |
| 1327 | Nu18:11M | מתנוותהון לכל אפרשו | דבני#2#/ | ישראל לך יהבית \ |
| 1328 | Nu18:24 | ארום ית מעשרין | דבני | ישראל די יפרשון לשמה דייי |
| 1329 | Nu19:09 | דכי ותיהוי לכנישתה | דבני | ישראל למטרה למי אדיא חטאת |
| 1330 | Nu20:29M | אחי עמוד צלותהון | דבני | ישראל דהוית מכפר עליהון |
| 1331 | Nu23:10 | מן ארבעתי טכסי משריתה | דבני | ישראל דאתאמר עליהון יהוון |
| 1332 | Nu25:06 | משה לעיני כל כנשתה | דבני | ישראל ואינון בכיין תרע |
| 1333 | Nu26:51 | אלין סכומיהון | דבני | ישראל אשתין רבוון ואלפא |
| 1334 | Nu27:20 | די ישמעון כל כנישתה | ^דבני | ישראל#2#^: |
| 1335 | Nu30:02 | משה עם ראשי שבטיה | דבני | ישראל למימר דין פתגמא די |
| 1336 | Nu31:02 | אתנקם נקמתהון | דבני | ישראל מן לוות מדייניי |
| 1337 | Nu31:12 | כהנה ולוות כנישתה | דבני | ישראל ית שביתה~ וית בזתא |
| 1338 | Nu31:30 | ומן פלגותהון | דבני | ישראל תסב חד תליש מן |
| 1339 | Nu31:42 | ומן פלגותהון | דבני | ישראל די פלג משה מן |
| 1340 | Nu31:47 | ונסב משה מן פלגותהון | דבני | ישראל ית תליש חד מן חמשין |
| 1341 | Nu32:07 | כען תתברון ית לבהון | דבני | ישראל מלמעבר לארעא די יהב |
| 1342 | Nu32:09 | ית ארעא ותברו ית לבהון | דבני | ישראל דלא מיעול לארעא די |

|  | | | | | |
|---|---|---|---|---|---|
| 1343 | | Nu32:28 | וית ראשיה אבהת שבטיה | דבני | ישראל: |
| 1344 | | Nu33:01 | אלין מטלניהון | דבני | ישראל די נפקו פריקין מן |
| 1345 | | Nu33:09 | כל קבל שבעתי חכימי | דבני | ישראל ושרון תמן: |
| 1346 | | Nu33:38 | שנין בזמן אפקותהון | דבני | ישראל פריקין מן ארעא |
| 1347 | | Nu35:08 | די תתנון מן אחסנתהון | דבני | ישראל מן לוות שבטה דעמא |
| 1348 | | Nu36:01 | וקדם רברבני ראשי אבהתה | דבני | ישראל: |
| 1349 | | Nu36:03 | ויהוון לחד מבני שבטיה | דבני | ישראל לנשים ותתמנע |
| 1350 | | Nu36:08 | דירתה אחסנה מן שיבטהון | דבני | ישראל לבר מן זרעיית שבט |
| 1351 | | Nu36:09 | ידבקון שבטיהון | דבני | ישראל: |
| 1352 | | Dt 5:07 | ומקף על משירייתהון | דבני | ישראל וחזר ומתחקק על |
| 1353 | | Dt32:08 | לאומיה למניין שבטייה | דבני | ישראל: |
| 1354 | | Dt33:05 | ישתמעון לה כל שבטייה | דבני | ישראל: |
| 1355 | | Dt33:10 | אוריתך לקהל שבטיה | דבני | ישראל משוין קטרת בוסמנין |
| 1356 | | Dt33:27 | גבורתה מדברין שבטיה | דבני | ישראל הוא יטרוד |
| 1357 | | Nu21:24 | עד יבקה עד תחומיהון | דבני | עמון ארום תקיף ^הווה#2^ |
| 1358 | | Nu26:06 | לחצרונו זרעייתה | דבני | לחצרונו לכרמי זרעייתה |
| 1359 | | Ex 5:19M | דבנוי#2/^סרכי^ה^ | דבני/#2 | דישראל יתהון בביש |
| 1360 | | Lv 1:10 | מן אמריה או מן גדיא | דבני | עזיה לעלא דכר שלם מן מום |
| 1361 | | Gn19:38 | שמה בר עמי הוא אבוהון | דבני | עמוניי עד זמן יומא הדין: |
| 1362 | | Nu21:24 | ^הווה#2^ תחומיהון | דבני | עמוניי: |
| 1363 | | Dt 2:19 | ארום לא אתן מן ארעהון | דבני | עמוניי לכון ירתו ארום |
| 1364 | | Dt 3:11 | הלא היא יהיבא ברבת | דבני | עמוניי תשע אמין ארכה וארבע |
| 1365 | | Dt 3:16 | ועד נחל יבקה תחומיהון | דבני | עמוניי: |
| 1366 | | Dt 2:19 | ותקרבון סמוך לתחומיהון | דבני | עמונייה לא תעיקון יתהון |
| 1367 | | Dt 2:37 | להוד לארעהון | דבני | עמונייה לא קרבנן כל דסמיך |
| 1368 | דלבני | Nu 3:21 | לגרשון זרעייתה דבנוי | דלבני | וזרעייתה דבנוי דשמעי |
| 1369 | | Nu26:58 | דלוי זרעייתה דבנוי | דלבני | זרעייתה דבנוי דחברוני |
| 1370 | ובני | Ex15:01 | בכדו שבח משה | ובני | ישרא<'> ית שירת תושבחתה |
| 1371 | | Gn40:18 | יאבד וחיילותיה ישתצון | ובני | ישראל יפקון פריקין בריש |
| 1372 | | Ex12:35 | | ובני | ישראל עבדו כמלוי דמשה |
| 1373 | | Ex14:08 | ורדף בתר בני ישראל | ובני | ישראל נפקו פריקין בריש |
| 1374 | | Ex14:29 | | ובני | ישראל הליכו ביבשתא בגו |
| 1375 | | Ex15:19 | ייי עליהון מוי דימא | ובני | ישראל הליכו ביבשתא בגו |
| 1376 | | Ex15:19 | ייי עליהון ית מוי דימא | ובני | ישראל הליכו ביבשתא בגו |
| 1377 | | Ex16:35 | | ובני | ישראל אכלו ית מנה ארבעין |
| 1378 | | Lv24:23 | ורגמו יתיה באבנייה | ובני | ישראל עבדו היך מה די פקד |
| 1379 | | Nu26:04 | די פקד ייי ית משה | ובני | ישראל דנפקו פריקין מן |
| 1380 | | Dt 4:46 | מה די קטיל משה | ובני | ישראל באפקותהון פריקין מן |
| 1381 | | Dt10:06 | | ובני | ישראל נטלו מן ברייה |
| 1382 | | Nu24:06 | קורייהון מפקן חכימין | ובני | אורייה כשום<יי>ה {דמתחזי} |
| 1383 | | Nu21:34 | עד זמן דחמא בניהון | ובני | בניהון ואתא ונפל בידהון |
| 1384 | | Gn45:10 | קריב לוותי את ובניך | ובני | בניך וענך ותוריך וכל דילך: |
| 1385 | | Ex10:02 | דתתנון במשמעין דבניכון | ובני | בניכון מה די שנקת במצריי |
| 1386 | | Dt 6:02 | אנה מפקד יתכון ובניכון | ובני | בניכון כל יומי חייכון |
| 1387 | | Dt 4:25 | ארום תולדון בנין | ובני | בנין ותתעתקון בארעא |
| 1388 | | Ex10:06M | דכל מצריי /עבדיך | ובני | כל מצרא#2/ די לא חמון |
| 1389 | ולבני | Ex30:31M | \ועם | בני/ולבני#2/ | ישראל תמלל/תדבר#2/ |
| 1390 | | Lv 9:03M | \ועם | בני/ולבני#2/ | ישראל תמליל למימר |
| 1391 | | Lv20:02 | | ולבני | ישראל תימר גבר גבר מן |
| 1392 | | Dt 4:09 | ותלפון יתהון לבניכון | ולבני | בניכון: |
| 1393 | לבני | Ex33:05 | ואמר ייי למשה אמור | לבני | ישרא' אתון עם קשין למקבלה |
| 1394 | | Gn36:31 | קדם עד לא ימלך מלך | לבני | ישראל: |
| 1395 | | Ex 3:14M | והווי ואמ' כדין תימ' | לבני | ישראל אהיה שלח |
| 1396 | | Ex 3:14 | אהיה ואמר כדין תאמר | לבני | ישראל מן דאמר והוה עלמא |
| 1397 | | Ex 3:15 | ייי למשה כדין תאמר | לבני | ישראל ייי אלהה אבהתכון |
| 1398 | | Ex 6:06 | בשבועה אמר | לבני | ישראל אנה ^הוא#2^ ייי |
| 1399 | | Ex 9:04 | דישראל ולא ימות מכל | לבני | ישראל מדעם: |
| 1400 | | Ex20:22 | ואמר ייי למשה כדן תימר | לבני | ישראל אתון חמיתון ארום מן |
| 1401 | | Ex28:12 | דאפודה אבנין דדוכרן טב | לבני | ישראל ויקבל אהרן ית |
| 1402 | | Ex29:43 | ואזדמן ממרי תמן | לבני | ישראל ויתקדש בגו איקרי: |
| 1403 | | Ex30:16 | משכן זימנא ויהווי | לבני | ישראל לדכרן טב קדם ייי |
| 1404 | | Ex35:30 | ואמר משה | לבני | ישראל חמו דמני ייי בשם |
| 1405 | | Ex39:07 | דאפודה אבנין דדוכרין | לבני | ישראל היך מה די פקד ייי |
| 1406 | | Lv17:12 | בגין כדן אמרית | לבני | ישר«אל» כל נפש מנכון לא |
| 1407 | | Lv17:14 | אדמה בנפשה הוא ואמרת | לבני | ישראל ^אדם#2^ כל בשר{י} |
| 1408 | | Lv23:44 | מועדוי דייי ואלף יתהון | לבני | ישראל: |
| 1409 | | Nu11:26M | ויהווי תקלה | לבני | ישראל ומידד הוה מתנבי |
| 1410 | | Nu13:02 | ארעא דכנען די אנה יהב | לבני | ישראל גבר חד לשבט אבהתהון |
| 1411 | | Nu17:03 | אתקדשו ויהויין לסימן | לבני | ישראל: |
| 1412 | | Nu17:05 | דכרן טב | לבני | ישראל מן בגלל די לא יקרב |
| 1413 | | Nu19:10 | מסאב עד רמשה ויהווי | לבני | ישראל ולגיוריה דמתגיירין |
| 1414 | | Nu20:24 | ייעול לארעא די יהבית | לבני | ישראל על די סרבתון על פם |
| 1415 | | Nu27:11 | וירת יתה ותיהווי | לבני | ישראל לקיים דרין היך מה |
| 1416 | | Nu27:12 | ותחמי ית ארעא די יהבית | לבני | ישראל: |
| 1417 | | Nu30:01 | ואמר משה | לבני | ישראל כל מה די פקד ייי ית |
| 1418 | | Nu31:16 | הא אינון הוויין תקלה | לבני | ישראל בעצתיה דבלעם |
| 1419 | | Nu31:54 | למשכן זמנה דכרן טב | לבני | ישראל קדם ייי: |
| 1420 | | Nu35:15 | | לבני | ישראל ולגיורייה ולתותבייה |
| 1421 | | Nu36:02 | ית ארעא באחסנה בעדיין | לבני | ישראל ורבוני אתפקד מן קדם |
| 1422 | | Nu36:04 | ואין יהווי יוב«י»לה | לבני | ישראל ותתוסף אחסנתהון על |
| 1423 | | Nu36:07 | ולא תקף אחסנה | לבני | ישראל מן שבט לשבט ארום |
| 1424 | | Dt31:22M | ההוא ואלף יתה \ית | בני/לבני#2/ | ישראל: |
| 1425 | | Dt32:49 | ארעא דכנען דאנה יהב | לבני | ישראל לאחסנה: |
| 1426 | | Dt32:52 | תיעול לארעא די אנה יהב | לבני | ישראל: |
| 1427 | | Dt33:21 | עבד וסדרי דינוי אלף | לבני | ישראל: |
| 1428 | | Ex 6:17 | בנוי דגרשון | לבני | ושמעי לזרעייתהון: |
| 1429 | | Nu 3:18 | בני לוי לזרעייתהון | לבני | ושמעי: |
| 1430 | | Nu36:11M | \לבנוי דאחוי דאבוהון | /לבני | חביבהן#2/ לנשין: |
| 1431 | לבנוי | Nu 1:28 | | לבנוי | יששכר יחוסיהון |
| 1432 | מבני | Gn49:10 | לא ספרין מלפי אוריה | מבני | בנוי עד זמן דייתי מלכא |
| 1433 | | Gn16:05 | דהגר מצרייתה דהיא | מבני | בניהון דעמא דיהבו יתך |
| 1434 | | Nu36:03 | ויהוון לחד | מבני | שבטיה דבני ישראל לנשים |
| 1435 | p em/sf בנ' | Gn48:04M | הדא לבניך/לזרעת | בנ#2/לזרעיית | בניך#2/ מן בתרך |
| 1436 | בנה | Gn46:19M | \בנוי דרחל | /בנה | דרחל#2/ אתתיה דיעקב |
| 1437 | | Gn 3:15M | פקודיה ימנעון גרמיהון | בנה | דאתתה דלא למלעי באוריתה |
| 1438 | | Gn 3:15 | איתתה ובין בניך ובין | בנה | ויהוי כד יהוון בניה נטרין |
| 1439 | | Gn 3:15M | זרעית בנוי לבין זרעית | בנה | לעיין באורייתא ונטרין |
| 1440 | בנהא | Ex18:06M | ואתתך ותרין | בניה/בנהא#2/ | עמיה: |
| 1441 | בנו | Nu26:15 | | בנו | דגד לזרעייתהון לצפון |
| 1442 | בנוהי | Gn30:35 | לחוש באמריא ושוי ביד | בנוה«י»: | |
| 1443 | | Lv 1:07 | ויתנון | בנוהי | דאהרן כהניא אשא על גבי |
| 1444 | | Lv 3:02 | בתרע משכן זמנא ויזרקון | בנוהי | דאהרן כהניא ית אדמיה |
| 1445 | | Gn10:31 | אלין | בנוהי | דשם לזרעיתהון ללשניהון |
| 1446 | | Gn 8:01 | ברחמוי טביא ית נח וית | בנוהי | וית כל חייתה וית כל בעירה |
| 1447 | | Gn48:19M | "באמיא" ומן | בנוהי | יתבון בסנהדרין רבתא |
| 1448 | | Gn 7:07 | נח ובנוהי ואתתיה ונשי | בנוהי | עמה לתיבותא מן קדם מוי |
| 1449 | | Gn 7:13 | ואתתיה דנח ותלתי נשי | בנוהי | עמהו' לתיבותה: |
| 1450 | | Gn48:01 | אבוך ביש ודבר ית תרין | בנוהי | עמיה ית מנשה וית אפרים: |

1451 בנוי Gn30:35M בנוה«י» /בידי בנוי#2#/:
1452 Gn35:29 וקברו יתיה עשו ויעקב בנוי:
1453 Ex29:09M \ידיהון דבנוי /ידי בנוי#2#/:
1454 Dt 3:02M דהוא מסר יתיה בידי בנוי
1455 Nu24:15M ואמר אמר בלעם ברה/בנוי#2#/ בעור אמר גברה דיקיר
1456 Gn25:04 ואבידע ואלדעה כל אלין בנוי קטורה:
1457 Gn15:12M קיימן למשעבדא ית בנוי אימתא דא היא בבל קיבלא
1458 Dt 1:36M חלף די אשלם/לזרעיית בנוי אלף דא#2#/ למימר טב בתר
1459 Ex29:44 וית מדבחא וית אהרן וית בנוי אקדש למשמשא קדמיי בכהונתה
1460 Gn37:03 הוה רחים ית יוסף מן כל בנוי ארום בר סיבו הוה ליה ועביד
1461 Ex28:43 ויהוון על אהרן ועל בנוי במעיליהון למשכן זימנא
1462 Gn25:09 יתיה יצחק ו{ו}<י>שמעל בנוי במערתא כפילא בחקלא דעפרו'
1463 Gn23:11M :/ ועפרון הוי שרי \בגו בנוי /בתחומהון דבנוי#2#/ דחת
1464 Nu22:30 יתי על אחת כמה וכמה בנוי דאברהם דיצחק ויעקב
1465 Ex20:26 ואתון כהנייא בנוי דאהרן דקיימין ומשמשין
1466 Ex28:01 ואביהו אלעזר ואיתמר בנוי דאהרן:
1467 Lv 1:05 תורייה קדם ייי ויקרבון בנוי דאהרן כהניא ית דמא <...>
1468 Lv 1:08 ויסדרון בנוי דאהרן כהניא ית פסגי' ית
1469 Lv 1:11 צפונה קדם ייי ויזרקון בנוי דאהרן כהנא ית אדמה על גבי
1470 Lv 2:02 וייתי יתה לות בנוי דאהרן כהניא ויקמץ מתמן
1471 Lv 3:05 ויסדרון יתיה בנוי דאהרן על גבי מדבחא על
1472 Lv 3:08 קדם משכן זימנ' ויזורקון בנוי דאהרן ית דמיה על גבי
1473 Lv 3:13 קדם משכן זימנא ויזרקון בנוי דאהרן ית דמיה על גבי
1474 Lv 6:07 אוריתא דמנחתה יקרבו יתה בנוי דאהרן קדם ייי על גבי
1475 Lv 7:10 פילה במשח ונגיבה לכל בנוי דאהרן תהוי גבר כאחוי:
1476 Lv 7:33 קודשוהי וית תרבה מן בנוי דאהרן דידיה תיהווי שוקה
1477 Lv 8:13 ואקרב משה ית בנוי דאהרן ואלבש יתהון כתנן
1478 Lv 8:24 וקרב ית בנוי דאהרן ונסב משה מן אדמה
1479 Lv 9:09 וקרבו בנוי דאהרן ית אדמה לוותה וצבע
1480 Lv 9:12 ונכס ית עלתה ומינו בנוי דאהרן לוותיה ית אדמה וזרק
1481 Lv 9:18 קדשיה דמן עמה ומינו בנוי דאהרן ית אדמה לוותה וזרק
1482 Lv10:01 ונסבו בנוי דאהרן נדב ואביהוא גבר
1483 Lv10:16 על אלעזר ועל איתמר בנוי דאהרן ^מה#2#^ דאשתיירו
1484 Lv16:01 משה מן בתר דמיתו תרין בנוי דאהרן כהנא רבה בקרבותהון
1485 Lv21:01 ייי למשה אמר לכהנייא בנוי דאהרן ותמר להון על נפש
1486 Lv21:21 כל גבר דאית ביה מום מן בנוי דאהרן כהנא לא יקרב למקרבה
1487 Lv22:04 גבר גבר מן בנוי דאהרן והוא מצרע או דייב
1488 Nu 3:03 ואלין שמהת בנוי דאהרן כהניה די מרבין די
1489 Nu 9:06M ודטעינו בנדב ואביהוא בנוי דאהרן ולית אפשר להון
1490 Nu17:05 גבר חילוניי די לא מן בנוי דאהרן הוא למסדרה קטרה קדם
1491 Nu16:01 {רת<וד>תן ואבירם} בנוי דאליאב ואון בר פלת בנוי
1492 Nu16:12 למקרי לדתן ולאבירם בנוי דאליאב ואמרין לית אנן
1493 Dt11:06 ודי עבד לדתן ולאבירם בנוי דאליאב בר ראובן די פתחת
1494 Gn36:11 והוון בנוי דאליפז תימן ואומר צפו
1495 Gn36:15 רברבנוי דבנוי דעשו בנוי דאליפז בכוריה דעשו רבה
1496 Nu26:35M אלין/אליין#2#/בנוי דאפרים לזרעייתהון
1497 Nu 3:02 ואילן שמהת בנוי דארן בכורה נדב ואביהוא
1498 Nu26:44 בנוי דאשר לזרעייתהון לימנה
1499 Gn37:02 והוא הוה טלי מתרבי עם בנוי דבלהה ועם בנוי דזלפה
1500 Gn46:25 אלין בנוי דבלהה די יהב לבן לרחל
1501 Nu26:38 בנוי דבנימן לזרעייתהון לבלע
1502 Nu26:41M אלין/אליין#2#/בנוי דבנימן לזרעייתהון
1503 Gn36:17 בארעהון דאדומיי אלין בנוי דבשמת אתתיה דעשו:
1504 Nu32:02 ואתון בנוי דגד ובנוי דראובן ואמרין
1505 Nu32:25 ואמרין בנוי דגד ובנוי דראובן למשה
1506 Nu32:29 להון משה» אן יעברון בנוי דגד ובנוי דראובן עמכון
1507 Nu32:31 ועונו בנוי דגד ובנוי דראובן למימ'
1508 Nu32:34 ובנון בנוי דגד ית דיבון וית עטרות
1509 Nu26:30M אלין/אליין#2# בנוי דגלעד איעזר זרעיתה
1510 Nu36:01 ראשי שיבטייה לזרעיית בנוי דגלעד בר מכיר בר מנשה
1511 Ex 6:17 בנוי דגרשון לבני ושמעי
1512 Nu 3:25 ומסרת בנוי דגרשון במשכן זמנה משכנה
1513 Nu 4:38 וסכומי בנוי דגרשון לזרעייתהון
1514 Nu10:17 ומתפרק משכנה ונטלין בנוי דגרשון ובנוי דמררי טעני
1515 Nu 4:27M \פלחנה דבנוי /פלחן בנוי#2#/ דגרשוני לכל מטוליהון
1516 Nu 3:21M דבנוי /זרעיית בנוי#2#/ דגרשני:
1517 Lv24:11M דבנוי /מן שבטייה בנוי#2#/ דדן:
1518 Nu26:42M אלין/אליין#2#/בנוי דדן לזרעייתהון
1519 Nu26:26 בנוי דזבולן לזרעייתהון לסדר
1520 Gn37:02 עם בנוי דבלהה ועם בנוי דזלפה נשוי דאבוי ואייתי
1521 Gn46:18M אלין/אליין#2#/ בניה/בנוי#2#/ דזלפה די יהב לבן
1522 Gn10:20 אילין בנוי דחם לזרע{ו<י>}«יי»תהון
1523 Gn23:03 אפי מיתה ומליל עם בנוי דחת למימר:
1524 Gn23:10 ועפרון הוי שרי בגו בנוי דחת ועני עפרון חתייה עם
1525 Gn23:11M {לעמיה} לעמא דארעא קדם בנוי דחת#2#/: ומליל עמהון
1526 Gn23:18 לאברהם לקנין לקבל בנוי דחת לכל עללי תרע קרתיה:
1527 Gn23:20 לאחסנות דקבורה מן לות בנו«י» דחת:
1528 Gn25:10 חקלא די זכי אברהם מלוות בנוי דחת תמן אתקבר אברהם
1529 Gn49:32 חקלא ומערתא דביה מן בנוי דחת:
1530 Gn49:32M /דאית ביה מן לוות בנוי#2#/ דחת:
1531 Nu26:20 והוון בנוי דיהודה לזרעייתהון לשלה
1532 Gn48:08 וחמא ישראל ית בנוי דיוסף ואמר מאן אינון
1533 Nu26:28 בנוי דיוסף לזרעייתהון מנשה
1534 Nu26:37 אלפין וחמש מאוון אלין בנוי דיוסף לזרעייתהון:
1535 Nu36:01 בר מנשה מ«ן» זרעיית בנוי דיוסף ומללו קדם משה וקדם
1536 Gn27:40 ומשועבד ויהוי כד יהוון בנוי דיעקב לעיין באורייתא
1537 Gn27:40 צוארך ויהווי כד ישבקון בנוי <ד>יעקב פקודיא ומנעין
1538 Gn27:40M וכד ימנעון גרמיהון בנוי דיעקב דלא למלעי באורית'
1539 Gn34:13 ועונו בנוי דיעקב ית שכם וית חמור
1540 Gn34:25 מן גזרתהון ונסבו תרין בנוי דיעקב שמעון ולוי אחי
1541 Gn34:27 בנוי דיעקב עלו על קטיליא ובזון
1542 Gn34:31 עניין תרין בנוי דיעקב שמעון ולוי ואמרין
1543 Gn35:05 יתהון ולא רדפו בתר בנוי דיעקב:
1544 Gn35:22 בלהה ושמע ישראל והוון בנוי דיעקב תרין עשר:
1545 Gn35:26 דלאה גד ואשר אלין בנוי דיעקב דאתילדו לה
1546 Gn10:02 בנוי דיפת גמר ומגוג ומדי
1547 Gn22:14M ייי אלקים כד יהוון בנוי דיצחק עלין בשעת אננקי
1548 Gn10:29 {יקטן} <יובב> כל אלין בנוי דיקטן:
1549 Dt31:11M במעלהון דכל ישראל/בנוי דיש#2#/ למחמייה קדם
1550 Dt31:19M יתה ית \בני ישראל /בנוי דיש#2#/ ושוי יתה
1551 Dt32:09M אנון עמה \בני ישראל /בנוי דיש#2#/ יעקב עדב
1552 Dt32:12M ישרון עמא \בני ישראל /בנוי דיש#2#/ ולא הווי
1553 Dt32:36M דעמיה \בני ישראל /בנוי דיש#2#/ ועל עלבון
1554 Dt32:51M יתי בגו \בני ישראל /בנוי דיש#2#/:
1555 Dt33:01M דייי ית \בני ישראל /בנוי דיש#2#/ קדם עד לא
1556 Dt33:02M לעמ' \בני ישראל /בנוי דיש#2#/ {ו}<ד>נח
1557 Dt33:03M /לעמיה#2#/ \בני ישראל /בנוי דיש#2#/ נחית/כוות#2#/
1558 Dt33:04M אמרין \בני ישראל /בנוי דיש#2#/ אורייתה פקד

|  |  | | | |
|---|---|---|---|---|
| 1559 | Gn25:13 | ואלין שמהת | בנוי | דישמעאל בשמתיהון |
| 1560 | Gn25:16 | אלין אנון | בנוי | דישמעאל ואלין שמהתהון |
| 1561 | Dt33:02 | דישמעאל וכיוון דאשכחו | בנוי | דישמעאל דכתיב בגווה לא |
| 1562 | Dt33:03 | דלא בנוי דעשו ולא | בנוי | דישמעאל מקבלין אוריתה אלא |
| 1563 | Gn27:29 | ישתעבדון לך מלכוותא כל | בנוי | דישמעל הווי רב ושליט על |
| 1564 | Gn50:01 | תמן מלכוון ושולטנן מן | בנוי | דישמעל קיימין תמן שולטנין |
| 1565 | Ex 5:19 | וחמון סרכי | בנוי | דישראל יתהון בביש למימר |
| 1566 | Ex 6:26 | <אמר> ייי להון אפקו ית | בנוי | דישראל מן ארעא דמצרים על |
| 1567 | Dt32:51M | \בני ישראל במי מצותה | /בנוי | דישראל במוי דמ'#2#/ |
| 1568 | Nu26:23 | | בנוי | דיששכר לזרעייתהון תולע |
| 1569 | Gn46:15 | אלין | בנוי | דלאה די ילדת ליעקב |
| 1570 | Gn27:29 | מקדמין ושאלין בשלמך כל | בנוי | דלבן דהוא אחוי דאמך |
| 1571 | Ex 6:16 | ואליין ^הנ'#2#^ שמהת | בנוי | דלוי ליחוסיהון גרשום |
| 1572 | Ex32:28 | ועבדו | בנוי | דלוי כמלוי דמשה ונפל מן |
| 1573 | Nu 3:15 | סכום ית | בנוי | דלוי לבית אבהתהון |
| 1574 | Nu 3:17 | והוון אלין | בנוי | דלוי בשמהתהון גרשון |
| 1575 | Nu 4:02M | דקהת מן גו | דבנוי/בנוי#2#/ | דלוי לזרעייתהון |
| 1576 | Nu16:07 | ייי קדישא אסגיתון לכון | בנוי | דלוי: |
| 1577 | Nu16:08 | {לכון} <לקרח> שמעו כען | בנוי | דלוי: |
| 1578 | Nu16:10 | ואקרב יתך וית כל אחיכון | בנוי | דלוי עימך ואתון בעיין |
| 1579 | Dt21:05 | ויקרבון כהנייה | בנוי | דלוי ארום בהון אתרעי ייי |
| 1580 | Gn50:23 | בנין דר תליתאי אף | בנוי | דמכיר בר מנשה אתיילדו על |
| 1581 | Nu32:39 | ואזלו | בנוי | דמכיר בר מנשה לגלעדה |
| 1582 | Nu26:29 | | בנוי | דמנשה למכיר זרעייתה |
| 1583 | Nu36:12 | מן זרעיית | בנוי | דמנשה בר יוסף הוון לנשים |
| 1584 | Dt29:07M | \שבטה דבית מנשי /שבט | בנוי | דמנשה#2#/: |
| 1585 | Nu 3:36 | וסכום מטרת | בנוי | דמררי ליווחוי דמשכנה |
| 1586 | Nu 4:29 | | בנוי | דמררי לזרעייתהון |
| 1587 | Nu 4:45M | דבנוי /<זרע>ייות | בנוי#2#/ | דמררי די סכם משה |
| 1588 | Gn 7:13 | על נח ושם וח' ויפת | בנוי | דנח ואתתיה דנח ותלתי נשי |
| 1589 | Gn 9:19 | תלתא אינון אלין | בנוי | דנח ומאלין איתמלית כל |
| 1590 | Gn10:01 | ואלין תולדוות' | בנוי | דנח שם וחם ויפת |
| 1591 | Gn10:32 | אילין זרעית | בנוי | דנח לתל<ד>וותהון באומיהון |
| 1592 | Nu26:48 | | בנוי | דנפתלי לזרעייתהון ליחצאל |
| 1593 | Gn36:12 | לאליפז ית עמלק אלין | בנוי | דעדה אתתיה דעשו: |
| 1594 | Nu13:22 | ותמן אחימן ששי ותלמי | בנוי | דענק ג«י»ברא וחברון |
| 1595 | Nu13:28 | תקיפן רברבן לחדה ואוף | בנוי | דענק גיברה חמינן תמן: |
| 1596 | Nu13:33 | חמינן ית גיברי«י»ה | בנוי | דענק מן גיברייה והוונן |
| 1597 | Dt 1:28 | עד צית שמיא ולחוד | בנוי | דענק גוברא חמינן תמן: |
| 1598 | Dt 9:02 | מן יכיל למיקם קדם | בנוי | דענק גיבריה: |
| 1599 | Dt 9:02 | עם רברבין ותקיפין | בנוי | דענק גיבריה די אתון |
| 1600 | Gn27:29 | יפלחון קדמך אומיא כל | בנוי | דעשו ישתעבדון לך מלכוותא |
| 1601 | Gn36:05 | קרח אלין ^אינון#2#^ | בנוי | דעשו די אתילדו ליה בארעא |
| 1602 | Gn36:10 | אלן שמהת | בנוי | דעשו אליפז ברא דעדה |
| 1603 | Gn36:19 | אלין | בנוי | דעשו ואלין רברבניהון הוא |
| 1604 | Gn50:01 | קיימין תמן שולטנין מן | בנוי | דעשו קיימין תמן שולטנין |
| 1605 | Dt 2:04 | אתון עברין בתחום אחיכון | בנוי | דעשו דשריין בגבלה |
| 1606 | Dt 2:08 | ועברנן מן לוות אחונן | בנוי | דעשו ^אליין#2#^ דשריין |
| 1607 | Dt 2:29 | היך מה די עבדו לן | בנוי | דעשו דשריין בגבלה |
| 1608 | Dt33:03 | הלא גלי וידוע קדמוי דלא | בנוי | דעשו ולא בנוי דישמעאל |
| 1609 | Nu24:03 | נבותה ואמר אמר בלעם | בנוי | דפעור אמר גברא דיקיר מן |
| 1610 | Nu26:21 | והוון | בנוי | דפרץ לחצרון זרעייתה |
| 1611 | Nu 4:15 | ומן בתר כדן ייעלון | בנוי | דקהת למטען במשכן ולא |
| 1612 | Nu 4:15 | ולא ימותון אלין מטלני | בנוי | דקהת במשכן זימנה: |
| 1613 | Gn49:02M | מניה פסול ישמעל וכל | בנוי | דקטורה ויצחק אבה קם |
| 1614 | Gn50:01 | קיימין תמן שולטנין מן | בנוי | דקטור«ה» תמן קאים |
| 1615 | Ex 6:14 | אליין רישי{ה} בית אבהתהון | בנוי | דראובן בוכרי דישראל |
| 1616 | Nu 1:20 | והוון | בנוי | דראובן בכורא דישראל |
| 1617 | Nu16:01 | דאליאב ואון בר פלת | בנוי | דראובן: |
| 1618 | Nu26:05 | ראובן בכוריה דישראל | בנוי | דראובן חנוך דזרעיית{י}ה |
| 1619 | Gn46:19 | | בנוי | דרחל אתתיה דיעקב יוסף |
| 1620 | Gn46:22 | אלין | בנוי | דרחל דילידת ליעקב כל |
| 1621 | Gn36:17 | ואלין | בנוי | דרעואל בר«ה» דעשו רבה |
| 1622 | Nu26:36 | ואלין | בנוי | דשותלח לערן זרעייתה |
| 1623 | Gn10:22 | | בנוי | דשם עלם ואשור וארפכשד |
| 1624 | Nu26:12 | | בנוי | דשמעון לזרעייתהון לנמואל |
| 1625 | Gn36:20 | אלין | בנוי | דשעיר חוורניה דייריה |
| 1626 | Nu24:17 | תקיפי מואביי וישיצי כל | בנוי | דשת וירוקן מרי נכסייה: |
| 1627 | Gn36:21 | אלין רברבניה חוורני' | «בנוי | דגבלה בארעהון דאדומיי» |
| 1628 | Nu26:19 | | בנוי | דיהודה ער ואונן ומית |
| 1629 | Gn49:08 | מקדמין ושאלין בשלמך כל | בנוי | דאבוך: |
| 1630 | Gn42:32 | תרין עשר אנן אחין | בנוי | דאבונן חד מנן מן דנפק |
| 1631 | Lv10:12 | ועם אלעזר ועם איתמר | בנוי | דאשתיירו סבו ית מנחתה די |
| 1632 | Gn26:07M | ושאלון | עמא/בנוי#2#/ | דאתרא על אתתיה ואמרו |
| 1633 | Gn42:11 | כלנן | בנוי | דגבר חד אנן היימינן אנן לא |
| 1634 | Gn42:13 | תרין עשר עבדך אחין אנן | בנוי | דגבר חד בארעא דכנען והא |
| 1635 | Gn23:05 | ועניין | בנו«י» | דחתאה ית אברה' למימר |
| 1636 | Gn33:19 | די פרס תמן משכניה מלוות | בנוי | די חמור אבוי דשכם במאה |
| 1637 | Ex18:03 | וית תרין | בנוי | די שמיה דחד מנהון גרשם |
| 1638 | Dt28:54 | חובה טליותיה ובשיור | בנוי | די ישייר: |
| 1639 | Dt28:54M | בנוי די ישייר /במותרי | בנוי | די יותר#2#/: |
| 1640 | Dt28:55 | מן למתן לחד מנהון מן בשר | בנוי | די יאכל מן בלי דלא ישתייר |
| 1641 | Gn23:11 | דביה לך אתן יתה לקבל | בנוי | דעמא יהבית לך קבר מתך: |
| 1642 | Nu 4:34 | ורברבני עם כנשתה ית | בנוי | דקהתי לזרעייתהון |
| 1643 | Nu10:21 | ונטלין | בנוי | דקהתים טעני מקדשה ומקימין |
| 1644 | Nu 8:22 | זימנא קדם אהרן וקדם | בנוי | היך מה די פקד ייי ית משה |
| 1645 | Nu20:26M | \^ית#2#/ אלעזר | ברה/בנוי#2#/ | ואהרן יתכנש וימות |
| 1646 | Gn 9:01 | וברך ייי ית נח וית | בנוי | ואמר להון תקופו וסגון |
| 1647 | Lv 8:27M | דבנוי /כף ידוי | בנוי#2#/ | ואניף יתהון אנפו קדם |
| 1648 | Dt 6:04M | קרא לתרין עשרתי | בנוי | ואק' |
| 1649 | Ex 4:20 | ונסב משה ית אתתיה וית | בנוי | וארכב יתהון על חמרא וחזר |
| 1650 | Gn46:15 | דינה ברתיה כל נפשתה | בנוי | ובנתיה תלתין ותלת: |
| 1651 | Lv22:02 | מליל עם אהרן ועם | בנוי | ויזדהרון מן קדשיהון דבני |
| 1652 | Gn18:19 | מן בגלל די יפקד ית | בנוי | וית אנשי בייתיה בתרה |
| 1653 | Gn31:17 | וקם יעקב וטען ית | בנוי | וית נשוי על גמליה: |
| 1654 | Gn36:06 | ונסב עשו ית נשוי וית | בנוי | וית בנתיה וית כל נפשתא |
| 1655 | Lv 8:30 | ית אהרן וית לבושוי וית | בנוי | וית לבושי בנוי עמה: |
| 1656 | Nu21:35 | ושצון יתיה וית | בנוי | וית כל עמיה עד די לא שיירו |
| 1657 | Dt 2:33 | וקטל{{י}}נן יתיה וית | <בנוי> | וית כל עמיה: |
| 1658 | Gn37:35 | <וקמו> כל | בנוי | וכל בנתיה למנחמה יתיה וסרב |
| 1659 | Gn46:07 | | בנוי | וכל בנוי עמיה בנתיה ובנת |
| 1660 | Gn49:33 | ואשלם יעקב למפקדא ית | בנוי | וכנש רגלוי לגו דרגשה וסאף |
| 1661 | Gn32:23 | לחינתיה וית חד עשרתי | בנוי | ועבר ית מעבר יבקה: |
| 1662 | Ex29:21 | על אהרן ועל לבושו' ועל | בנוי | ועל לבושי בנוי עמי ויתקדש |
| 1663 | Lv17:02 | מליל עם אהרן ועם | בנוי | ועם כל בני ישראל ותימר |
| 1664 | Lv21:24 | ומליל משה עם אהרן ועם | בנוי | ועם כל בני ישראל: |
| 1665 | Lv22:18 | מליל עם אהרן ועם | בנוי | ועם כל בני ישראל ותאמר |
| 1666 | Lv 8:06 | ואקרב משה ית אהרן וית | בנוי | וקדש יתהון במיא: |

|  |  |  |  |  |  |
|---|---|---|---|---|---|
| 1667 | Nu 8:13 | ית ליוויי קדם אהרן וקדם | בנוי | ותניף יתהון אנפו קדם ייי: | |
| 1668 | Lv20:03 | יתיה מגו עמה ארום מן | בנוי | יהב למעברה בנורא קדם פלחנה | |
| 1669 | Lv 6:15 | וכהנא דמתרבי מן בתרה מן | בנוי | יקרב יתה קיים עלם קדם ייי | |
| 1670 | Nu14:24M | לתמן ובנוי/וזרעיית | בנוי#2#/ | ירתון יתה/יתהון#2#/: | |
| 1671 | Gn 9:27M | וכד מתגיירין | בנוי | ישרון במדרשי' דשם והי | |
| 1672 | Dt21:16 | ויהווי ביומא די יחסין ית | בנוי | ית מה די יהווי לה לית הוא | |
| 1673 | Lv13:02 | כהנא {ו}או לוות חד מן | בנוי | כהניא: | |
| 1674 | Dt33:09 | לא חכם בעובדה דעגלה ועל | בנוי | לא קנה רחמין בעובדה דזמרי | |
| 1675 | Gn50:13 | ואובילו יתיה | בנוי | לארעא דכנען וקברו יתיה | |
| 1676 | Gn 3:15M | לבין איתתה בין זרעית | בנוי | לבין זרעית בנה לעיין | |
| 1677 | Gn50:12 | ועבדון | בנוי | ליה היך מה דפקד יתהון: | |
| 1678 | Lv22:27 | יתיה וברחמוי טבייה וזמן | בנוי | למהוי מצליין ואמרין דידהון | |
| 1679 | Lv 6:02 | פקד ית אהרן וית | בנוי | למימר דא גזירת אוריתה | |
| 1680 | Lv 6:18 | מלל עם אהרן ועם | בנוי | למימר דא גזירת אוריתה | |
| 1681 | Lv20:02 | בישר«אל» די יתן מן | בנוי | למעברה קדם פלחנה נכרייה | |
| 1682 | Lv20:04 | ההר' כד יתן מן זרעית | בנוי | למעברה בנורא קדם פלחנה | |
| 1683 | Ex31:10 | לאהרן כהנא וית לבושי | בנוי | למשמשה: | |
| 1684 | Ex35:19 | לאהרן כהנא וית לבושי | בנוי | למשמשה: | |
| 1685 | Ex39:41 | כהנא וית לבושי{ה} | בנוי | למשמשה: | |
| 1686 | Ex40:12 | ותקרב ית אהרן וית | בנוי | לתרע משכן זימנה ותקדש | |
| 1687 | Ex29:30M | מן בתר{א}<ה> /מן | בנוי | מן ב'#2#/ די יעול למשכן | |
| 1688 | Gn17:19M | /דעלם ולזרעיית | בנוי#2#/ | מן בתרה: | |
| 1689 | Ex28:43M | קיים דעלם לה ולזרעיית | בנוי | מן בתרה | |
| 1690 | Dt 4:37M | /ובחר בזרעיית | בנוי#2#/ | מן בתריהון ופרק ואפק | |
| 1691 | Gn49:10 | ספרין מלפי אוריה מבני | בנוי | עד זמן דייתי מלכא משיחא | |
| 1692 | Gn 7:07M | ואתתיה ונשי | בנוהי/בנוי#2#/ | עמה לתיבותא מן קדם | |
| 1693 | Lv 8:02 | סב ית אהרן וית | בנוי | עמה וית לבושיה וית משחה | |
| 1694 | Lv 8:30 | ועל לבושוי ועל לבושי | בנוי | עמה וקדש ית אהרן וית | |
| 1695 | Lv 8:30 | וית בנוי וית לבושי | בנוי | עמה: | |
| 1696 | Ex29:21 | ועל בנוי ועל לבושי | בנוי | עמי ויתקדש הוא ולבושוי | |
| 1697 | Gn 8:18 | נח ובנוי ואתתיה ונשי | בנוי | עמיה: | |
| 1698 | Gn46:06 | ואתון מצרימה יעקב וכל | בנוי | עמיה: | |
| 1699 | Gn46:07 | בנוי וכל | בנוי | עמיה בנתיה ובנת בנתיה וכל | |
| 1700 | Gn48:01M | ונסב#2#/ ית תרין | בנוהי/בנוי#2#/ | עמיה ית מנשה וית | |
| 1701 | Ex28:01 | לוותך ית אהרן אחוך וית | בנוי | עמיה מן לוות בני ישראל | |
| 1702 | Ex28:41 | יתהון ית אהרן אחוך וית | בנוי | עמיה ותרבי{ה} יתהון ותשלם | |
| 1703 | Ex29:21 | ולבושוי ובנוי ולבושי | בנוי | עמיה: | |
| 1704 | Gn22:14 | ית גזרתך וכדון כד יהוון | בנוי | קיימין בשעת עקתא תהווי | |
| 1705 | Lv10:06 | ולאלעזר ולאיתמר | בנוי | ראשיכון לא תכסון | |
| 1706 | Dt10:08 | בשעתה ההיא אפריש ייי ית | בנוי | שבטה דלוי למסבול ית ארון | |
| 1707 | Nu 3:10 | וית אהרן וית | בנוי | תטכס ויטרון ית כהונתהון | |
| 1708 | Ex29:04 | וית אהרן וית | בנוי | תקרב לתרע משכן זימנא ותקדש | |
| 1709 | Ex29:08 | וית | בנוי | תקרב ותלבש יתהון כתנן: | |
| 1710 | Ex40:14 | וית | בנוי | תקרב ותלבש יתהון כתנוון: | |
| 1711 | Ex30:30 | וית אהרן וית | בנוי | תרבי ותקדש יתהון למשמשה | |
| 1712 | Lv10:04 | משה למישאל ולאלצפן | בנויהי | דעזיאל חביבה דאהרן ואמר | בנויהי |
| 1713 | Nu 6:23 | מליל עם אהרן ועם | בנויי | למימר כדן תברכון ית בני | בנויי |
| 1714 | Gn48:09 | ואמר יוסף לאבוי | בני | אנון די יהב לי ייי הכא | בני |
| 1715 | Ex13:15M | \בנן אנן מפרקין | /בני | אפרוק#2#/ ^אנון#2#^: | |
| 1716 | Ex 4:22M | ישראל /מימריה דייי | בני | בוכרי הנין ישראל#2#/: | |
| 1717 | Ex12:42 | למקיימא מה דאמר כתבא | בני | בוכרי אינון ישראל וקרא | |
| 1718 | Dt28:06 | ובריכין תהוון עמי | בני | במיפקכון מן בית כנשתכון: | |
| 1719 | Gn30:26 | הב לי ית נשי וית | בני | די פלחית קדמיך בהן ואזיל | |
| 1720 | Ex21:05 | ית רבני ית אתתי וית | בני | לית אנה נפק לחירותה: | |
| 1721 | Dt11:09M | ולבניהון/ולזרעיית | בני'#2#/ | ארע עבדה/דעבד#2#/ פירין | בני' |
| 1722 | Dt 1:08M | ולבניהון/ולזרעיית | בני'#2#/ | מן בתריהון: | |
| 1723 | Dt28:46M | וכפרישן ובזרעיית | בני'#2#/ | עד לעלם: | |
| 1724 | Gn32:12 | יתי וישיצי אמה עם | בניא: | | בניא |
| 1725 | Gn25:22 | ואדחקו | בניא | במעהא ואמרת אן כדין היא | |
| 1726 | Dt33:24 | נבייא דייי ואמר בריך מן | בניא | יהווי מרעיה {בשבטיה} | |
| 1727 | Gn36:14 | אלין הוון | בניה | דאהליבמה ברת ענה ברת | בניה |
| 1728 | Gn36:18 | ואלן | בניה | דאהליבמה אתתה דעשו רבה | |
| 1729 | Gn46:18 | אלין | בניה | דזלפה די יהב לבן | |
| 1730 | Gn35:23 | | בניה | דלאה בכורה דיעקב ראובן | |
| 1731 | Gn36:16 | בארעהון דאדומיי אלין | בניה | דעדה: | |
| 1732 | Gn27:29 | הווי רב ושליט על אחך כל | בניה | דקטור' ויהוון מקדמין | |
| 1733 | Dt 6:04 | פסילה ישמעאל וכל | בני{כ}<ה> | דקטורה ויצחק אבה קם | |
| 1734 | Gn35:24 | | בניה | דרחל יוסף ובנימין: | |
| 1735 | Gn36:13 | ואלין | בניה | דרעואל נחת וזרח שמה | |
| 1736 | Gn38:09 | ארום לא לשמיה יתקרון | בניה | והוה כד הוה עליל לוות אתתא | |
| 1737 | Dt32:05 | חבלו קודמוי | ב{(י)}ניה | חביביה לא קדמוי חבלו | |
| 1738 | Gn 3:15 | ובין בנה ויהוי כד יהוון | בניה | נטרין אורייתא ועבדין | |
| 1739 | Ex18:06 | אתי לוותך ואתתך ותרין | בניה | עמיה: | |
| 1740 | Dt22:07 | תשלחון ית אמהתה וית | בניה | תסבון לכון מן בגלל דייטיב | |
| 1741 | Dt 5:29M | למייטבה להון ולזרעיית | בניה' | | בניה' |
| 1742 | Lv15:31 | דאיקר שכינתיה שריה | בניהון: | | בניהון |
| 1743 | Lv17:08M | מן גיוריה דמתגיירין | בניהון | | |
| 1744 | Dt31:21 | לא תנשה מן פם זרעיית | בניהון | ארום גלי קדמי יצרהון בישה | |
| 1745 | Lv17:08M | /מן גיוריה דמתגיירין | בניהון#2#/ | ביניכון די יקרב | |
| 1746 | Gn11:05M | בני אנשה% /די בנון | בניהון | דבני#2#/: | |
| 1747 | Gn 6:04M | מן בתר מן די יזדמנו | בניהון | דמלאכיא | |
| 1748 | Ex 2:06 | בכי וחסת עלוי ואמרת מן | בניהון | דעבריה{ון} הוא דין: | |
| 1749 | Gn16:05 | מצרייתה דהיא מבני | בניהון | דעמא דיהבו יתך באתון נורא | |
| 1750 | Nu21:34 | דחמא בניהון ובני | בניהון | ואתא ונפל בידהון ומן בתר | |
| 1751 | Nu21:34 | ייי יתיה עד זמן דחמא | בניהון | ובני בניהון ואתא ונפל | |
| 1752 | Lv26:29 | בירושלם למיכל בשר | בניהון | ובשר בנתהון אכלו: | |
| 1753 | Dt12:31 | לטעוותהון ארום לחוד ית | בניהון | וית בנתהון יוקדון בנורא | |
| 1754 | Ex30:21 | עלם להון ולזרעיי«ת» | בניהון | ולדריהון: | |
| 1755 | Ex28:33M | ומקף וזגונין דדהב | בניהון | חזר ומקף#2#/: | |
| 1756 | Dt 4:10 | וקיימין על ארעא וית | בניהון | יילפון יתהון: | |
| 1757 | Gn40:18 | בישא על ישראל ורמי | בניהון | לנהרא ברם פרעה יאבד | |
| 1758 | Ex18:11 | מצריי על ישרא' למרמא | בניהון | לנהר«א» בה בפתגמא יתפרע | |
| 1759 | Dt10:15M | בבניהון/בזרעיית | בניהון#2#/ | מן בתרהון בכון | |
| 1760 | Ex20:13M | \בניכון מן בתריכון | /בניהון | מן בתריהון#2#/ וילפון | |
| 1761 | Ex20:14M | \בניכון מן בתריכון | /בניהון | מן בתריהון#2#/ וילפון | |
| 1762 | Ex20:16M | \בניכון מן בתריכון | /בניהון | מן בתריהון#2#/ וילפון | |
| 1763 | Ex20:17M | \בניכון מן בתריכון | /בניהון | מן בתריהון#2#/ וילפון | |
| 1764 | Dt 5:20M | שהדין דשקר דלא יקומון | בניהון | מן בתריהון וילפון אוף | |
| 1765 | Ex20:15M | \בניכון מן בתריכון | /בניהון | מן בתריהן#2#/ וילפון | |
| 1766 | Gn40:12 | יצחק ויעקב דמן בני | בניהון | עתידין למשתעבדא בשעבודא | |
| 1767 | Gn33:02 | ושוי ית לחינתה וית | בניהון | קדמיין וית לאה ובניה | |
| 1768 | Nu21:29 | קדם טעוותה כמוש מסר | בניהון | שלילן בקולריא ובנתהון | |
| 1769 | Gn31:43M | בנתי הינין ובניא {הין} | בניי | אנון חשיבין דמן בנתיי | בניי |
| 1770 | Gn30:30 | למעבד ואנה זקיק למפרנסה | בניי | ואנשי בייתי: | |
| 1771 | Gn31:43 | ליעקב בנתא בנתיי ובניא | בניי | וענה עניי וכל מה דאת חמי | |
| 1772 | Gn42:37 | לאבוי למימר ית תרין | בניי | תקטול אין לא אייתית יתיה | |
| 1773 | Ex20:05 | לשנאי כד יהוון | ב{מ}<נ>ייא | משלמין בחטאה בתר אבהתהן | בנייא |
| 1774 | Gn34:30M | וישיצי אמהתא עם | בנייה#2#/: | | בנייה |

|  |  |  |  |  |  |
|---|---|---|---|---|---|
| 1775 | | Dt22:06 | לא תסבון אמהתה עם | בנייה: | |
| 1776 | | Nu20:10M | "עמה דמלפין ...": | בנייה | סרהבנייה |
| 1777 | | Nu13:22M | טניס מצרים /הוות | בנייה | קדם עד לא יתבני טנוס |
| 1778 | בניך | Gn26:24M | יתך ואסגי ית זרעית | בניך | |
| 1779 | | Gn28:14 | זרעייתא דארעא ובזרעיית | בניך: | |
| 1780 | | Gn48:11 | והא חזי יתי ייי אף ית | בניך: | |
| 1781 | | Lv10:14M | דבניך /וחולק | בניך#2#/ | אתייהבון מן נכסת |
| 1782 | | Gn 8:16 | את ואתתך ובניך ונשי | בניך | אתך: |
| 1783 | | Gn26:03M | לך ולבנך/ולזרעיית | בניך#2#/ | אתן ית כל ארעתא האלין |
| 1784 | | Dt34:04 | וליעקב למימר לזרעיית | בניך | אתן יתה חמי יתה ותמן לית |
| 1785 | | Gn15:13 | ותותבין יהוון זרעיית | בניך | בארעא דלא דידהון וישעבדון |
| 1786 | | Gn48:05 | וכדון תרין | בניך | דאתילדו לך בארעא דמצרים |
| 1787 | | Gn21:13M | ארום ברך/זרעיית | בניך#2#/ | הוא: |
| 1788 | | Lv10:13M | דבניך /וחולק | בניך#2#/ | היא מן קרבנוי דייי ארום |
| 1789 | | Ex15:12 | ימא הוה אמר לארעא קבלי | בניך | וארעא הוות אמרה לימא קבלי |
| 1790 | | Gn 3:15 | בינך ובין איתתה ובין | בניך | ובין בנה ויהוי כד יהוון |
| 1791 | | Gn16:10 | דייי מסגיא אסגיא ית | בניך | ולא יתמנון מן סוגי: |
| 1792 | | Gn45:10 | לוותי את ובניך ובני | בניך | וענך ותוריך וכל דילך: |
| 1793 | | Gn22:17 | די על גף ימא וירתון | בניך | ית קירי בעלי דבביהון: |
| 1794 | | Gn24:60 | אלפין וריבוון וירתון | בניך | ית קרי בעלי דבביהון: |
| 1795 | | Gn24:60M | צדיקין וירתון זרעיית | בניך | ית קורוי |
| 1796 | | Gn32:13 | אייטב לך ואשוי ית | בניך | כחלא דימא די לא יתמנון מן |
| 1797 | | Gn26:04M | ואסגי יתך/זרעיית | בניך#2#/ | ככוכבי שמיא ואתן לבניך |
| 1798 | | Gn22:18M | ד{ערא}<אר>עא /בזרעית | בניך | כל אומה דא"#2#/ חלף |
| 1799 | | Gn26:04M | כל אומיא /בזרעת | בניך | כל אומה#2#/ {{דע}} דארעא: |
| 1800 | | Gn13:16 | ואשוי ית | בניך | כעפרא דארעא ארום |
| 1801 | | Gn28:14 | ויהוון | בניך | כעפרא דארעא ותתקף מערבא |
| 1802 | | Lv21:17 | אהרן למימר גבר גבר מן | בניך | לדריהון די יהוי ביה מום |
| 1803 | | Gn13:16 | למימני ית עפרא דארעא אף | בניך | לית אפשר להון למתמניה: |
| 1804 | | Nu18:19M | <ייי> לך ולבנך/לזרעיית | בניך | מן#2#/ בתרך: |
| 1805 | | Gn13:15M | יתה ולבניך/ולזרעיית | בניך | מן בתרך אתן ית ארעא#2#/ |
| 1806 | | Gn17:07 | קיימי ביני ובינך ובין | בניך | מן בתרך לדריהון לקיים עלם |
| 1807 | | Gn28:04M | "ולבנך ...": ולזרעיית | בניך | מן בתרך למירות יתך ית ארע |
| 1808 | | Gn28:13M | יתה ולבניך/ולזרעיית | בניך | מן בתרך#2#/: |
| 1809 | | Gn28:14M | /זרעיית אר' ובזר' | בניך | מן בתרך#2#/: |
| 1810 | | Gn48:04M | /לזרעת בנ'#2#/לזרעיית | בניך#2#/ | מן בתרך אחסנות/אחסנת#2# |
| 1811 | | Ex15:18 | כליל מלכותא ייי כד חמון | בניך | ניסי פרישתך בימא וגבורתא |
| 1812 | | Gn 6:18 | את ובניך ואתתך ונשי | בניך | עמ': |
| 1813 | בניכון | Ex32:13M | מסגייה אסגי ית זרעיית | בניכון | |
| 1814 | | Lv20:14 | תריהון ולא תהוי זנו | בניכון: | |
| 1815 | | Dt 4:09 | יתהון לבניכון ולבני | בניכון: | |
| 1816 | | Dt30:19 | דתיחון אתון וזרעיית | בניכון: | |
| 1817 | | Ex33:01M | \לברך אתן /לזרעיית | בניכון | את'#2#/ יתה: |
| 1818 | | Ex34:16 | טעוותהון ויטעיין ית | בניכון | בתר טעוותהון: |
| 1819 | | Gn 9:09 | ית קיימי עמכון ועם | בניכון | בתריכון: |
| 1820 | | Gn17:10M | וביניכון ובין זרעית | בניכון#2#/ | בתריכון במגזר |
| 1821 | | Gn17:10 | ביני וביניכו' ובין | בניכון | בתריכון במגזר לכון כל |
| 1822 | | Ex22:28 | לא תשהון למיפקה בוכרי | בניכון | די דכריא תקדשון לשמי: |
| 1823 | | Dt11:02 | יומא הדין ארום לא ית | בניכון | די לא חכימו ודלא חמון ית |
| 1824 | | Dt29:21 | ויאמרון דרה אחרייה | בניכון | די יקומון מן בתרכון |
| 1825 | | Gn17:12 | כל בר עממין די לא מן | בניכון | הוא: |
| 1826 | | Ex10:02M | /למיתנייה במש' | בניכון#2#/ | ובני בניכון מה די |
| 1827 | | Ex32:02 | דדהבא די באדני נשיכון | בניכון | ובנתכון ואייתון לוותי: |
| 1828 | | Dt28:32 | | בניכון | ובנתכון מסירין לאמא אחרי |
| 1829 | | Dt28:53 | פרי וולד מעיכון בשר | בניכון | ובנתכון די יהב ייי אלהכון |
| 1830 | | Ex32:13M | אתן בניכון/לזרעיית | בניכון#2#/ | ויחסנון יתה עד לעלם: |
| 1831 | | Ex 3:22 | דדהב ולבושין ותשוון על | בניכון | ועל בנתכון ותרוקנון ית |
| 1832 | | Ex32:13 | ומללת עמהון אסגי ית | בניכון | ככוכבי שמיא וכל ארעא הדא |
| 1833 | | Dt 6:02 | יתכון ובניכון ובני | בניכון | כל יומי חייכון ומן בגלל |
| 1834 | | Nu21:29M | \מסר בניהון /מסרתון | ב{י}ניכון | כפיתין בקולר#2#/ שלילן |
| 1835 | | Lv21:17M | גבר מן בניך/זרעיית | בניכון#2#/ | לדריהון די יהווי ביה |
| 1836 | | Ex13:14 | ויהוי ארום ישאלון | בניכון | למחר למימר מה הא דא ותימר |
| 1837 | | Dt 6:20 | ארום ישאלון יתכון | בניכון | למחר למימר מה סהדוותה |
| 1838 | | Dt32:46 | יומא הדין די תפקדון ית | בניכון | למטור ולמעבד ית כל מילי |
| 1839 | | Lv22:03 | כל גבר די יקרוב מן כל | בניכון | לקדשיה די יקדישון בני |
| 1840 | | Ex10:02 | במשמעין דבניכון ובני | בניכון | מה די שנקת במצריי וית |
| 1841 | | Dt28:59 | ית מחוותכון וית מחוות | בניכון | מחוון בישן והיימנין |
| 1842 | | Lv22:03M | די יקדישון /זרעית | בניכון | מן קדשיה דיק"#2#/ בני |
| 1843 | | Gn 9:09M | בתריכון /וית זרעיית | בניכון | מן בת"#2#/: |
| 1844 | | Dt 7:04 | ארום יטעון ית | בניכון | מן בתר מימרי דלא יפלחון |
| 1845 | | Ex20:13 | עם קטולין דלא יקומון | בניכון | מן בתריכון וילפון לחוד |
| 1846 | | Ex20:14 | עם גיורין דלא יקומון | בניכון | מן בתריכון וילפון לחוד |
| 1847 | | Ex20:15 | עם גנבין דלא יקומון | בניכון | מן בתריכון וילפון לחוד |
| 1848 | | Ex20:16 | סהדי שיקרא דלא יקומון | בניכון | מן בתריכון וילפון לחוד |
| 1849 | | Ex20:17 | עם חמודין דלא יקומון | בניכון | מן בתריכון וילפון לחוד |
| 1850 | | Dt 5:17 | עם קטולין דלא יקומון | בניכון | מן בתריכון וילפון לחוד |
| 1851 | | Dt 5:18 | דלא יקומון <....> | בניכון | מן בתריכון וילפון לחוד |
| 1852 | | Dt 5:19 | עם גנבין דלא יקומון | בניכון | מן בתריכון וילפון לחוד |
| 1853 | | Dt 5:20 | משהדי שקר דלא יקומון | בניכון | מן בתריכון «וילפון לחוד |
| 1854 | | Dt 5:21 | לחמודיה דלא יקומון | בניכון | מן בתריכון וילפון לחוד |
| 1855 | | Dt12:25M | לכון ולזרעיית | בניכון#2#/ | מן בתריכון ארום תעבד |
| 1856 | | Dt11:21 | דיסגון יומיכון ויומי | בניכון | על <ארעא> די קיים ממרא |
| 1857 | | Dt 4:10M | וית \בניהון יילפון | /בניכון | תיל"#2#/ יתהון: |
| 1858 | | Ex34:20 | תקטלון יתה וכל בכורי | בניכון | תפרקון ולא יתחמון קדמיי |
| 1859 | בנינן | Ex17:03 | ממצרים למקטלה יתן וית | בנינן | וית בעירן בצהותא: |
| 1860 | בנך | Gn15:05 | לה כדין יהוון זרעיית | בנך: | |
| 1861 | | Gn12:07M | ליה לבניך/לזרעית | בנך#2#/ | אתן ית ארעא הדה ובנה |
| 1862 | | Gn15:18M | למימ' לבניך/לזרעית | בנך#2#/ | אתן ית ארעא הדא מנילוס |
| 1863 | | Gn26:24 | אנה וברכת יתך וסגית ית | בנך | בזכוותא דאברהם עבדי: |
| 1864 | | Gn22:17M | בניך /וירתן זרעיית | בנך#2#/ | ית קירי בעלי דבביהון: |
| 1865 | | Gn22:17 | אברך יתך ומסגיא אסגי ית | בנך | ככוכבי שמיא וכחלא די על גף |
| 1866 | | Gn28:14M | ויהוון בניך/זרעיית | בנך#2#/ | כעפרא דארעא ותתקף מערבא |
| 1867 | | Gn17:09M | /ובנך#2#/ /זרעיית | בנך#2#/ | מן ב{רת}<תר>ך לדריהון: |
| 1868 | | Gn17:07M | לאלה ולבניך/ולזרעית | בנך#2#/ | מן בתרך: |
| 1869 | בנן | Ex13:15 | דכרייא וכל בכור«י»ה | בנן | אנן מפרקין^אנון#2#^: |
| 1870 | בבנוי | Gn15:12M | למקום ומשעבדה | בבנוי | אימה חשכה |
| 1871 | | Lv 6:11 | כל דכורא | בבנוי | דאהרן ייכלון יתה קיים |
| 1872 | | Dt31:19M | לסהדו \בבני ישראל | /בבנוי | דיש"#2#/: |
| 1873 | | Dt32:01 | מן גו עלמא ולא אסהדית | בבנוי | דקיריס אין מסהד אנה בהון |
| 1874 | בבניהון | Dt10:15 | יתהון ובחר | בבניהון | מן בתרהון בכון מן כל |
| 1875 | | Dt 4:37 | ית אבהתכון ויתרעי | בבניהון | מן בתריהון ופרק ואפק |
| 1876 | בבניכון | Ex13:13 | בכורי בני אנש«א» | בבניכון | תפרקון: |
| 1877 | בבנינן | Ex10:09 | ובסבינן ניזל | בב<נ>ינן | ובבנתן בענן ובתורינן |
| 1878 | דב' | Nu 2:03M | "... דבנוי": <משרי>תה | דב' | |
| 1879 | | Nu 2:03M | ממני על חיילות שבטה | דב' | |
| 1880 | | Dt 2:04M | /בתחומיהון דאחיהון | דב"#2#/ | דעשו \אליין#2#/ |
| 1881 | | Nu 2:10M | דבנוי /<משרי>תה | דב"#2#/ | דראובן \מן#2#/ דרומה |
| 1882 | | Lv 7:35M | ורבותהו/ורבוייה | דב"#2#/ | דבנוי מן קרבנוי דייי |

|  |  |  |  |  |  |
|---|---|---|---|---|---|
| 1883 | דבנר' | Ex 6:24 | אינון זרעייותיהון | דבנר' | דקרח: |
| 1884 | דבנוי | Gn23:10M | "בגו בנוי": בתחומיהון | דבנוי | |
| 1885 | | Ex29:09 | דאהרן וקרבן ידיהון | דבנוי: | |
| 1886 | | Ex29:27 | מן דאהרן ומן | דבנוי: | |
| 1887 | | Nu 1:10M | דיוסף דהוא מן שבטה | דבנוי | דא'#2#/ אלישמע בר |
| 1888 | | Nu26:16 | לאזני זרעייתה | דבנוי | דאזני לערי זרעייתה |
| 1889 | | Nu26:38 | לאחירם זרעייתה | דבנוי | דאחירמי: |
| 1890 | | Nu26:30M | דגלעד איעזר זרעיתה | דבנוי | דאיעזרי לחלק זרעיתה |
| 1891 | | Nu16:01M | בנוי/מן שבטה | דבנוי#2#/ | דאליאב ואון בר פלת |
| 1892 | | Nu 1:08M | דיוסף דהוא מן שבטה | דבנוי | דאפ'#2#/ נתנאל בן |
| 1893 | | Nu 7:48 | דמדבחה קרב רב שבטה | דבנוי | דאפר' אלישמע בר |
| 1894 | | Nu34:24 | ולשבטה | דבנוי | דאפרי' רבה קמואל בן |
| 1895 | | Nu 1:32M | דיוסף דהוא מן שבטה | דבנוי | דאפרים תולדוותהון |
| 1896 | | Nu 1:33M | /מן שב'#2#/ | ∧דבנוי#2#/ | דאפרים ארבעין אלפין |
| 1897 | | Nu 2:18 | ממני על משרית שבטה | דבנוי | דאפרים אלישמע בר |
| 1898 | | Nu 2:18 | טכס משרית שבטה | דבנוי | דאפרים לחיילוותהון מן |
| 1899 | | Nu 2:24 | דמשרית שבטה | דבנוי | דאפרים עשרה רבוון תמנייה |
| 1900 | | Nu 7:53 | גרמיה רב לשבטה | דבנוי | דאפרים אלישמע בר |
| 1901 | | Nu10:22 | ממני על חילוות שבטה | דבנוי | דאפרים אלישמע בר |
| 1902 | | Nu10:22 | ונטל טכס משרית שבטה | ד<ב>נוי | דאפרים לחילוותהון ורבה |
| 1903 | | Nu10:22M | /ויטלון טכס משריתה | דבנוי#2#/ | דאפרים לחילוותהון |
| 1904 | | Nu13:08 | מן שבטה | דבנוי | דאפרים הושע בר נון: |
| 1905 | | Nu26:37 | אלין זרעייתה | דבנוי | דאפרים לסכומיהון תלתין |
| 1906 | | Nu34:25 | ומן שבטה | דבנוי | דאפרים רבה אליצפן בר |
| 1907 | | Dt33:17 | אימוראי דהוא מן שבטה | דבנוי | דאפרים ואינון אלפיה דקטל |
| 1908 | | Nu26:17 | לאראלי זרעייתה | דבנוי | דאראלי: |
| 1909 | | Nu26:40 | ארד ונעמן זרעייתה | דבנוי | דארדי לנעמן זרעייתה |
| 1910 | | Nu26:17 | לארוד זרעייתה | דבנוי | דארודי לאראלי זרעייתה |
| 1911 | | Nu26:38 | דבלעי לאשבל זרעייתה | דבנוי | דאשבלי לאחירם זרעייתה |
| 1912 | | Nu 1:13 | מן שבטה | דבנוי | דאשר פגעיאל בר עכרן: |
| 1913 | | Nu 1:41 | סכומיהון דשבטה | דבנוי | דאשר ארבעין וחד אלפין |
| 1914 | | Nu 2:27 | ממני על משרית שבטה | דבנוי | דאשר פגעיאל בר עכרן: |
| 1915 | | Nu 2:27 | ודשריין סמיכין לה רבה | דבנוי | דאשר ורבה דהוה ממני על |
| 1916 | | Nu 7:72 | דמדבחה קרב רב שבטה | דבנוי | דאשר פגעיאל בר עכרן: |
| 1917 | | Nu 7:77 | נכסיה גרמיה רב שבטה | דבנוי | דאשר פעגיאל בר עכרן: |
| 1918 | | Nu10:26 | ועל חילוותי שבטה | דבנוי | דאשר פגעיאל בר עכרן: |
| 1919 | | Nu13:13 | מן שבטה | דבנוי | דאשר סתור בר מיכאל: |
| 1920 | | Nu26:47 | אלין זרעייתה | דבנוי | דאשר לסכומיהון חמשין |
| 1921 | | Nu34:27 | ומן שבטה | דבנוי | דאשר רבה אחיהוד בר |
| 1922 | | Nu26:31 | ואשריאל זרעיתה | דבנוי | דאשריאלי ושכם זרעייתה |
| 1923 | | Nu34:21 | ומן שבטה | דבנוי | דבינמן אלידד בן כסלון: |
| 1924 | | Nu26:35M | לבכר זרעייתה | דבנוי | דבכרי לתחן זרעייתה |
| 1925 | | Nu26:38 | לבלע זרעייתה | דבנוי | דבלעי לאשבל זרעייתה |
| 1926 | | Nu 2:22 | ושבטה | דבנוי | דבנימין ורבה דהוה ממני |
| 1927 | | Nu13:09 | מן שבטה | דבנוי | דבנימין פלטי בר רפוא: |
| 1928 | | Nu 1:11 | מן שבטה | דבנוי | דבנימן אבידן בר |
| 1929 | | Nu 1:37 | סכומיהון דשבטה | דבנוי | דבנימן תלתין וחמשה אלפין |
| 1930 | | Nu 2:22M | /חיילוות#2#/ שבטה | ∧דבנוי#2#/ | דבנימן אבידן בר |
| 1931 | | Nu 7:60 | דמדבחה קרב בר שבטה | דבנוי | דבנימן אבידן בר |
| 1932 | | Nu 7:65 | נכסיה גרמיה רב שבטה | דבנוי | דבנימן אבידן בר |
| 1933 | | Nu10:24 | ועל "צבא" שבטה | דבנוי | דבנימן אבידן בר |
| 1934 | | Nu26:44 | לבריעה זרעייתה | דבנוי | דבר«י»עיה: |
| 1935 | | Nu 1:14 | מן שבטה | דבנוי | דגד אליסף בר דעואל: |
| 1936 | | Nu 1:25 | סכומיהון לשבטה | דבנוי | דגד ארבעין וחמשה אלפין |
| 1937 | | Nu 2:14 | ממני על משריית שבטה | דבנוי | דגד אליסף בר רעואל: |
| 1938 | | Nu 2:14 | ושבטה | דבנוי | דגד ורבה דהוה ממני על |
| 1939 | | Nu26:18 | אלין זרעייתה | דבנוי | דגד לסכום{ו}<י>הון |
| 1940 | | Nu34:14 | לבית אבהתהון ושבטה | דבנוי | דגד לבית אבהתהון ופלגות |
| 1941 | | Dt29:07M | ולשבטה \דבית דגדי | /דבנוי | דגד#2#/ ולפלגות שבטה |
| 1942 | | Dt 3:12 | דבנוי דראובני ולשבטה | דבנוי | דגדי: |
| 1943 | | Dt 4:43M | מן שבטה | דבנוי | דגדי וית גוולן |
| 1944 | | Nu26:48 | לגוני זרעייתה | דבנוי | דגוני: |
| 1945 | | Nu36:01M | /אבהתה לזרעייתה | דבנוי#2#/ | דגלעד בר מכיר בר |
| 1946 | | Nu26:29 | גלעד לגלעד זרעייתה | דבנוי | דגלעדי: |
| 1947 | | Nu 4:22 | קבל ית ריש סכומיה | דבנוי | דגרשון אוף אינון |
| 1948 | | Nu 4:24 | דא פלחן זרעייתה | דבנוי | דגרשון למפלח ולמטעון: |
| 1949 | | Nu 4:41 | אלין סכומי זרעיית | דבנוי | דגרשון כל די פלח במשכן |
| 1950 | | Nu 4:27 | ת«י»הוי כל פלחנה | דבנוי | דגרשוני לכל מטוליהון |
| 1951 | | Nu 4:28 | דן פלחן זרעייתה | דבנוי | דגרשוני במשכן זמנה |
| 1952 | | Nu26:57 | לגרשון זרעייתה | דבנוי | דגרשוני לקהת{י} זרעייתה |
| 1953 | | Nu 3:21 | אלין אינון זרעייתה | דבנוי | דגרשני: |
| 1954 | | Nu 3:23 | זרעייתה | דבנוי | דגרשני בשפלוי דמשכנה |
| 1955 | | Nu 3:24 | ורב בית אבא דשבטה | דבנוי | דגרשני אליסף בר לאל: |
| 1956 | | Nu 7:42 | דמדבחה קרב רב שבטה | דבנוי | דג{ת}<ד> אליסף בר |
| 1957 | | Nu 7:47 | נכסיה גרמיה רב שבטה | דבנוי | דג{ת}<ד> אליסף בר |
| 1958 | | Nu10:20 | ועל חיילוות שבטה | דבנוי | דג{ת}<ד> אליסף בר |
| 1959 | | Nu13:15 | מן שבטה | דבנוי | דג{ת}<ד> גאואל בר מכי: |
| 1960 | | Ex35:34 | בר אחיסמך מן שבטה | דבנוי | דדן: |
| 1961 | | Ex38:23 | בר אחיסמך מן שיבטא | דבנוי | דדן נגר ואומן וצייר |
| 1962 | | Lv24:11 | ברת דברי לשבטה | דבנוי | דדן: |
| 1963 | | Nu 1:12 | מן שבטה | דבנוי | דדן אחיעזר בר עמי שדי: |
| 1964 | | Nu 1:39 | סכומיהון דשבטה | דבנוי | דדן אשתין ותרין אלפין |
| 1965 | | Nu 2:25 | ממני על משרית שבטה | דבנוי | דדן אחיעזר בר עמי שדי: |
| 1966 | | Nu 2:25 | «טכס» משרית שבטה | דבנוי | דדן מן צפונה לחיילוותהון |
| 1967 | | Nu 2:25M | דבנוי /משרייתה | דבנוי#2#/ | דדן מן צפונה |
| 1968 | | Nu 2:31M | אלפין ושית /דמשריתה | דבנוי | דדן מאה ושבעין וחמשה |
| 1969 | | Nu 2:31 | כל סכומייה דמשרית שבטה | דבנוי | דדן חמש עשרה ריבוון |
| 1970 | | Nu 7:66 | דמדבחה קרב רב שבטה | דבנוי | דדן אחיעזר בר עמי שדי: |
| 1971 | | Nu 7:71 | נכסיה גרמיה רב שבטה | דבנוי | דדן אחיעזר בר עמי שדי: |
| 1972 | | Nu10:25M | /חיילוות שבטה | דבנוי | דדן#2#/ אחיעזר בר |
| 1973 | | Nu10:25 | ונטל טכס משריית | דבנוי | דדן מכנש לכל משריתה |
| 1974 | | Nu13:12 | מן שבטה | דבנוי | דדן עמיאל בר גמלי: |
| 1975 | | Nu26:42M | דשוחמי אלין זרעייתה | דבנוי | דדן לזרעייתהון: |
| 1976 | | Nu34:22 | ומן שבטה | דבנוי | דדן רבה <בקי> בן יגלי: |
| 1977 | | Nu 1:09 | מן שבטה | דבנוי | דזבולן אליאב בר חילן: |
| 1978 | | Nu 2:07 | ושבטה | דבנוי | דזבולן ~ורבה דהוה ממני |
| 1979 | | Nu 7:24 | רבותה דמדבחה קרב שבטה | דבנוי | דזבולן אליאב בר חלן: |
| 1980 | | Nu 7:29 | מן נכסי גרמיה רב שבטה | דבנוי | דזבולן אליאב בר חלן: |
| 1981 | | Nu10:16 | ועל חיילוות שבטה | דבנוי | דזבולן אליא' בר חלן: |
| 1982 | | Nu13:10 | מן שבטה | דבנוי | דזבולן גדיאל בר סודי: |
| 1983 | | Nu26:27 | אלין זרעייתה | דבנוי | דזבולנ{ן}<י> לסכומיהון |
| 1984 | | Nu26:13 | לזרח זרעייתה | דבנוי | דזרחי לשאול זרעייתה |
| 1985 | | Nu26:20 | דפרצי לזרח זרעייתה | דבנוי | דזרחי: |
| 1986 | | Nu26:45 | דבריעה לחבר זרעייתה | דבנוי | דחבר למלכיאל זרעייתה |
| 1987 | | Nu26:58 | דבנוי דלבני זרעייתה | דבנוי | דחברוני זרעייתה דבנוי |
| 1988 | | Nu 3:27 | דיצהרי וזרעייתה | דבנוי | ד«ח»ברני וזרעייתה |
| 1989 | | Nu26:39 | לחופם זרעייתה | דבנוי | דחופמי: |
| 1990 | | Nu26:30M | לחלק זרעיתה | דבנוי | דחלקי: |

1991 Nu26:21 לחמול זרעייתה דבנוי דחמולי:
1992 Nu26:05 חנוך דזרעיית{י}ה דבנוי דחנכי לפלוא זרעייתה
1993 Nu26:32 דשמידעי וחפר זרעיתה דבנוי דחפרי:
1994 Nu26:21 דפרץ לחצרון זרעייתה דבנוי דחצרוני לחמול זרעייתה
1995 Gn23:10 עם אברהם במשמעהון דבנוי דחת לכל עללי תרע קרתיה
1996 Gn23:10M בנוי /בתחומיהון דבנוי#2#/ דחת ועני עפרון חתייה
1997 Gn23:11 עם אברהם במשמעהון דבנוי דחת לכל עללי תרע קרתיה
1998 Gn23:11M בנוי /בתחומהון דבנוי#2#/ דחת ועני עפרון חתייה
1999 Gn23:16 ית כספא דמלל במשמעהון דבנוי דחת ארבעין מאה סלעין
2000 Ex31:02 אורי בר חור מן שבטא דבנוי דיהודה:
2001 Ex35:30 אור בר חור מן שבטה דבנוי דיהודה:
2002 Ex38:22 בן אור בר חור לשבטא דבנוי דיהודה עבד ית כל די פקד
2003 Nu 1:07 מן שבטה דבנוי דיהודה נחשון בר
2004 Nu 2:03 לחיילוותהון ורב שבטה דבנוי דיהודה נחשון בר
2005 Nu 2:03 מדנחה טכס משרית שבטה דבנוי דיהודה לחיילוותהון ורב
2006 Nu 2:09 כל סכומיה דמשרית שבטה דבנוי דיהודה תמני עשרה רבוון
2007 Nu 7:12 בר עמינדב מן שבטה דבנוי דיהודה:
2008 Nu 7:17 גרמי{ר}<ה> רב שבטה דבנוי דיהודה נחשון בר
2009 Nu10:14 ממני על חיילוות שבטה דבנוי דיהודה נחשון בר
2010 Nu10:14 ונטל טכס מן משריה דבנוי דיהודה בקדמיתה
2011 Nu13:06 מן שבטה דבנוי דיהודה כלב בר יפנה:
2012 Nu26:22 אלין זרעייתה דבנוי דיהודה לסכומיכון שבעין
2013 Nu34:19 שמהת גברייה מן שבטה דבנוי דיהודה כלב בר יפונה:
2014 Nu 1:08M לישׂשכר מן שבטה/ דבנוי דיוסף דהוא מן שבטה
2015 Nu 1:10M דבית אפרים /מן שבטה דבנוי דיוסף דהוא מן שבטה
2016 Nu 1:32M מן שבטה דבנוי דיוסף דהוא מן שבטה
2017 Nu13:11 מן שבטה דבנוי דיוסף דמנש' גדי בר
2018 Nu34:23M מן שבטה דבנוי דיוסף דהוא שבטה דבנוי
2019 Nu36:01M בנוי /זרעייתה דבנוי#2#/ דיוסף ומללו קדם משה
2020 Nu26:26 <ל>איחלאל זרעייתה דבנוי דיחלאלי:
2021 Nu26:26 לאלון זרעייתה דבנוי דיחלאלי <ל>איחלאל
2022 Nu26:48 ליחצאל זרעייתה דבנוי דיחצאלי לגוני זרעייתה
2023 Nu26:12 ליכין זרעייתה דבנוי דיכיני:
2024 Nu26:12 לימין זרעייתה דבנוי דימיני ליכין זרעייתה
2025 Nu26:44 לימנה זרעייתה דבנוי דימנה לישוי זרעייתה
2026 Nu24:05M משכניהון \דבית יעקב /דבנוי דיע'#2# בזכות משכניה
2027 Gn46:26 נפקי חלציה בר מנשוי דבנוי דיעקב כל נפשתא שתין
2028 Nu 3:27 דבנוי דעמרמי וזרעייתה דבנוי דיצהרי וזרעייתה דבנוי
2029 Nu26:49 ליצר זרעייתה דבנוי דיצרי לשלם זרעייתה
2030 Dt32:08M שבטייה \דבני ישראל /דבנוי דיש'#2#/
2031 Dt33:05M שבטייה \דבני ישראל% /דבנוי דיש'#2#/:
2032 Nu26:24 לישוב זרעייתה דבנוי דישובי לשמרון זרעייתה
2033 Nu26:44 דימנה לישוי זרעייתה דבנוי דישוי לבריעה זרעייתה
2034 Nu 7:18 דמדבחה קרב רב שבטה דבנוי דיששכר נתנאל בר צוער:
2035 Dt33:10M לקהל שבטיה \דבני ישראל/דבנוי דישראל#2# משוין
2036 Nu 1:08 מן שבטה דבנוי דיששכר נתנאל בן צוער:
2037 Nu 1:29 סכומ«י»הון לשבטה דבנוי דיששכר חמשין וארבעה
2038 Nu 2:05 ודשריין סמיכין לה שבטה דבנוי דיששכר ורב שבטה דבנוי
2039 Nu 2:05 דיששכר ורב שבטה דבנוי דיששכר נתנאל בר צוער:
2040 Nu 7:23 נכסיה גרמיה רב שבטה דבנוי דיששכר נתנאל בר צוער:
2041 Nu10:15 ועל חיילוות שבטה דבנוי דיששכר נתנאל {צ}<ב>ר
2042 Nu13:07 מן שבטה דבנוי דיששכר יגאל בר יוסף:
2043 Nu26:25 אלין זרעיתה דבנוי דיששכר לסכומיהון אשתין
2044 Nu34:26 ומן שבטה דבנוי דיששכר רבה פלטיאל בר
2045 Gn31:01 ושמע ית מלוי דבנוי דלבן למימר נסב יעקב ית
2046 Ex 6:19 אלין אינון זרעיותיהון דבנוי דלוי ליחוסיהון:
2047 Nu 4:02 דבנוי דקהת מן גו דבנוי דלוי לזרעייתהון
2048 Dt33:11 «ברך ייי חיילוות שבטה דבנוי דלוי וקרבן ידוי תקבל»
2049 Nu26:58 אלין זרעייתה דבנוי דלויי זרעייתה דבנוי
2050 Nu34:23M דיוסף דהוא שבטה דבנוי דמ'
2051 Nu 3:33 דבנוי דמחלי וזרעייתה דבנוי דמושי אלין אינון זרעייתה
2052 Nu26:58 דבנוי דמחלי זרעייתה דבנוי דמושי זרעייתה דבנוי
2053 Nu 3:33 למררי זרעייתה דבנוי דמחלי וזרעייתה דבנוי
2054 Nu26:58 דחברוני זרעייתה דבנוי דמחלי זרעייתה דבנוי
2055 Nu26:29 למכיר זרעייתה דבנוי דמכיר' ומכיר אולד ית
2056 Nu26:45 למלכיאל זרעייתה דבנוי דמלכיאלי:
2057 Nu 1:10 בר עמיהוד מן שבטה דבנוי דמנשה גמליאל בר
2058 Nu 1:35 סכומיהון דשבטה דבנוי דמנשה תלתין ותרין אלפין
2059 Nu 2:20M על משרית שבטה /\דבנוי#2#/ דמנשה גמליאל בר
2060 Nu 2:20M שבטה/מן שב'#2#/ /\דבנוי#2#/ דמנשה ורבה דהוה ממני
2061 Nu 7:54 דמדבחה קרב רב שבטה דבנוי דמנשה גמליאל בר
2062 Nu 7:59 נכסיה גרמיה רב שבטה דבנוי דמנשה גמליאל בר
2063 Nu10:23 ועל חילוות שבטה דבנוי דמנשה גמליאל בר
2064 Nu13:11M סוסי /דהוא מן שבטה דבנוי דמנשה#2#/:
2065 Nu26:34 אלין זרעיתה דבנוי דמנשה סכומיהון חמשין
2066 Nu34:23 ולבנוי דיוסף מן שבטה דבנוי דמנשה רבה חניאל בן
2067 Dt 3:13M יהבית לפלגות שבטה /\דבנוי#2#/ דמנשה כל תחום
2068 Dt 4:43M במותניין מן שבטא דבנוי דמנשה
2069 Dt 4:43 דברה בבותנין לשבטה דבנוי דמנשה:
2070 Dt33:17 מדייניי דהוא מן שבטה דבנוי דמנשה:
2071 Nu 3:33 אלין אינון זרעייתה דבנוי דמררי:
2072 Nu 3:35 ורב בית אבה זרעייתה דבנוי דמררי צוריאל בר אביחיל
2073 Nu 4:33 דן פלחנ{ה} זרעיתה דבנוי דמררי לכל פלחנהון במשכן
2074 Nu 4:42 וסכומי זרעיתה דבנוי דמררי לזרעייתהון
2075 Nu 4:45 אלין סכומי זרעייתה דבנוי דמררי די סכם משה ואהרן
2076 Nu26:57 דקהתי למררי זרעייתה דבנוי דמררי:
2077 Nu26:12 לנמואל זרעיתה ^דבנוי#2#^ דנמואלי לימין זרעייתה
2078 Nu26:40 דארדי לנעמן זרעייתה דבנוי דנעמי:
2079 Nu 1:15 מן שבטה דבנוי דנפתלי אחירע בר עינן:
2080 Nu 1:43 סכומיהון דשבטה דבנוי דנפתלי חמשין ותלתה אלפין
2081 Nu 2:29M ושבטה /\דבנוי#2#/ דנפתלי ורבה דהוה
2082 Nu 2:29 ממני על משרית דשבטה דבנוי דנפתלי אחירע בר עינן:
2083 Nu 7:78 דרבותה קרב רב שבטה דבנוי דנפתלי אחירע בר עינן:
2084 Nu 7:83 נכסיה גרמיה רב שבטה דבנוי דנפתלי אחירע בר עינן:
2085 Nu10:27 ועל חילוות שבטה דבנוי דנפתלי אחירע בר עינן:
2086 Nu13:14 מן שבטה דבנוי דנפתלי נחבי בר ופסי:
2087 Nu26:50 אילין זרעייתה דבנוי דנפתלי לזרעייתהון
2088 Nu34:28 ומן שבטה דבנוי דנפתלי רבה פדהאל בר
2089 Nu 3:27 ד«ח»ברני וזרעייתה דבנוי דעזיאלי אלין אינון
2090 Nu 3:27 ולבנוי דקהת זרעייתה דבנוי דעמרמי וזרעיתה דבנוי
2091 Nu26:16 דאזני לערי זרעייתה דבנוי דערי:
2092 Nu26:36 דשותלח לערן זרעייתה דבנוי דערני:
2093 Gn36:15 «אלין» רברבנוי דבנוי דעשו בנוי דאליפז בכוריה
2094 Nu26:23 דתולעי לפוה זרעייתה דבנוי דפוני:
2095 Nu26:05 דחנכי לפלוא זרעייתה דבנוי דפלואי:
2096 Nu26:20 דשלני לפרץ זרעייתה דבנוי דפרצי לזרח זרעייתה
2097 Nu26:15 לצפון זרעייתה דבנוי דצפוני לחגי זרעיתה
2098 Nu 3:29 זרעיתה דבנוי דקהת ישרון על שיפולוי

|  |  |  |  |  |
|---|---|---|---|---|
| 2099 | Nu 4:02 | קבל ית סכומיהון | דבנוי | דקהת מן גו דבנוי דלוי |
| 2100 | Nu 4:04 | דן פולחנה | דבנוי | דקהת במשכן זימנא |
| 2101 | Nu26:58 | דבנוי דמושי זרעייתה | דבנוי | דקרחי וקהת אולד ית |
| 2102 | Ex 6:14 | וכרמי אליין זרעתהון | דבנוי | דראובן: |
| 2103 | Nu 1:05 | יקומון עמכון מן שבטה | דבנוי | דראובן אליצור בר |
| 2104 | Nu 1:21 | סכומיהון לשבטה | דבנוי | דראובן ארבעין ושתה אלפין |
| 2105 | Nu 2:10 | דהוה ממני על שבטה | דבנוי | דראובן אליצור בר |
| 2106 | Nu 2:10 | טקס משרית שבטה | דבנוי | דראובן דרומה לחיילוותהון |
| 2107 | Nu 2:16 | כל סכומייה דמשרית שבטה | דבנוי | דראובן חמש עשרה רבוון |
| 2108 | Nu 7:30 | דמדבחה קרב רב שבטה | דבנוי | דראובן אליצור בר |
| 2109 | Nu 7:35 | מן נכסי גרמיה רב שבטה | דבנוי | דראובן אליצור בר |
| 2110 | Nu10:18 | על חיילותיה שבטה | דבנוי | דראובן אליצור בר |
| 2111 | Nu10:18 | ונטל טכס משרית שבטה | דבנוי | דראובן לחילוותהון ורבה |
| 2112 | Nu13:04 | ואלה שמהתהון מן שבטה | דבנוי | דראובן שמוע בר זכור: |
| 2113 | Nu26:07 | אליין זרעייתה | דבנוי | דראובן והוון סכומיהון |
| 2114 | Nu34:14 | ארום נסבו שבטה | דבנוי | דראובן לבית אבהתהון |
| 2115 | Dt 3:12 | וקרוייוי יהבית לשבטה | דבנוי | דראובני ולשבטה דבנוי |
| 2116 | Dt 3:16 | ולשבטה | דבנוי | דראובני ודבנוי דגדי |
| 2117 | Nu26:13 | דזרחי לשאול זרעייתה | דבנוי | דשאולי: |
| 2118 | Nu26:42M | לשוחם זרעייתה | דבנוי | דשוחמי אלין זרעייתה |
| 2119 | Nu26:43 | כל זרעייתה | דבנוי | דשוחמי לסכומיהון אשתין |
| 2120 | Nu26:15 | דחגי לשוני זרעייתה | דבנוי | דשוני: |
| 2121 | Nu26:31 | ושכם זרעייתה | דבנוי | דשכמי: |
| 2122 | Nu26:49 | דיצרי לשלם זרעייתה | דבנוי | דשלמי: |
| 2123 | Nu26:20 | לשלה זרעייתה | דבנוי | דשלני לפרץ זרעייתה |
| 2124 | Nu26:32 | ושמידע זרעייתה | דבנוי | דשמידעי וחפר זרעיתה |
| 2125 | Nu34:20 | ומן שבטה | דבנוי | דשמעו' שמואל בר |
| 2126 | Ex 6:15 | אליין אנון זרעיותיהון | דבנוי | דשמעון: |
| 2127 | Nu 1:06 | מן שבטה | דבנוי | דשמעון שלמיאל בר |
| 2128 | Nu 1:23 | סכומיכון לשבטה | דבנוי | דשמעון חמשין ותשעה אלפין |
| 2129 | Nu 2:12 | ממני על משרית שבטה | דבנוי | דשמעון שלמיאל בר |
| 2130 | Nu 2:12 | סמיכין ליה שבטה | דבנוי | דשמעון ורבה דהוה ממני על |
| 2131 | Nu 7:36 | דמדבחה קרב רב שבטה | דבנוי | דשמעון שלמיאל בר |
| 2132 | Nu10:19 | ועל חיילוות שבטה | דבנוי | דשמעון שלמיאל בר |
| 2133 | Nu13:05 | מן שבטה | דבנוי | דשמעון שפ{ד}<ס> בר |
| 2134 | Nu25:14 | בן סלוא רב בית אבה | דבנוי | דשמעוני: |
| 2135 | Nu26:14M | זרעיתה/זרעייתה#2/^דבנוי#2#^ | | דשמעוני |
| 2136 | Nu 3:21 | דבנוי דלבני וזרעייתה | דבנוי | דשמעי אלין אינון זרעייתה |
| 2137 | Nu26:24 | לשמרון זרעייתה | דבנוי | דשמרוני: |
| 2138 | Nu26:39 | לשפופם זרעייתה | דבנוי | דשפופמי לחופם זרעייתה |
| 2139 | Nu26:23 | תולע זרעייתה | דבנוי | דתולעי לפוה זרעייתה |
| 2140 | Nu26:35M | דבכרי לתחן זרעייתה | דבנוי | דתחני: |
| 2141 | Ex29:20 | ועל רום אודניהון | דבנוי | דימינא ועל אליון ידיהון |
| 2142 | Nu 3:21 | לגרשון זרעייתה | דבנוי | דלבני וזרעייתה דבנוי |
| 2143 | Nu26:58 | דבנוי דלויי זרעייתה | דבנוי | דלבני זרעייתה דבנוי |
| 2144 | Nu26:06 | לכרמי זרעייתה | דבנוי | ד{מ}<כ>רמי: |
| 2145 | Nu26:26 | לסדר זרעיתה | דבנוי | דס{ד}ר<ד>י לאלון זרעייתה |
| 2146 | Nu 3:27 | אלין אינון זרעייתה | דבנוי | דקהתי: |
| 2147 | Nu 3:30 | ורב בית אבה | דבנוי | דקהתי אליצפן בר עזיאל: |
| 2148 | Nu 3:30M | דבית מן זרעייתיה | דבנוי#2#/ | דקהתי אליצפן בר |
| 2149 | Nu 4:18 | תשיצון ית שבט זרעייתה | דבנוי | דקהתי מן גו ליוויי: |
| 2150 | Nu 4:37 | אלין סכומי זרעייתה | דבנוי | דקהתי כל די פלח במשכן |
| 2151 | Nu26:57 | לקהת{י} זרעייתה | דבנוי | דקהתי למררי זרעייתה |
| 2152 | Dt 4:43M | ראובני /מן שבטה | דבנוי | דראובני#2#/ וית גרם |

|  |  |  |  |  |  |
|---|---|---|---|---|---|
| 2153 | | Dt29:07M | לשבטה \דבית ראובן | /דבנוי | דראובני#2#/ ולשבטה דבית |
| 2154 | | Lv 8:27 | דאהרן ועל כפי ידיהון | דבנוי | ואניף יתהון אנפו קדם ייי: |
| 2155 | | Ex29:24 | על כפי ידיהון | דבנוי | ותניף יתהון אנפו קדם ייי: |
| 2156 | | Nu26:35M | לשותלח זרעיתה | דבנוי | לשותלחי לבכר זרעייתה |
| 2157 | | Lv 7:35 | רבותא דאהרן ורבותהו' | דבנוי | מן קרבנוי דייי ביומא די |
| 2158 | | Ex 5:19M | בנוי ^/סרכיהון | דבנוי#2#^/סרכי^ה | דבני#2#/ דישראל |
| 2159 | דבניא | Gn25:22 | אן כדין היא צערהון | דבניא | למה כען לי בנין ואזלת |
| 2160 | דבניך | Lv10:14 | ארום חולקך וחולקהון | דבניך | אתייהבון מן נכסת קדשיהון |
| 2161 | | Lv10:13 | ארום חולקך וחולקהון | דבניך | היא מן קרבנוי דייי ארום |
| 2162 | דבניכון | Ex10:02 | בגלל דתתנון במשמעין | דבניכון | ובני בניכון מה די שנקת |
| 2163 | ובנהא | Ex21:04M | בנן אתתא \ובניה תהוי | /ובנהא | תה<וי>#2#/ לריבונה והוא |
| 2164 | ובנהה | Gn33:07 | וקרבת לחוד לאה | ובנהה | ושאל«ין» בשלמיה <....>: |
| 2165 | ובנוהי | Gn 7:07 | ועל נח | ובנוהי | ואתתיה ונשי בנוהי עמה |
| 2166 | ובנוי | Gn25:03 | ית שבא וית דדן | ובנוי | דדן הוון תגרן ואמופרין |
| 2167 | | Dt17:20 | יומין על מלכותיה הוא | ובנוי | בגו עמא בני ישראל: |
| 2168 | | Gn46:08 | די עלו למצרים יעקב | ובנוי | ב{ז}<ו>כריה דיעקב |
| 2169 | | Nu 4:05 | וייעלון אהרן | ובנוי | במסלת משריתה ויפרקו ית |
| 2170 | | Nu10:08 | | ובנוי | דאהרן כהנ{א}<י>א יתקעון |
| 2171 | | Nu26:09 | | ובנוי | דאליאב נמואל ודתן |
| 2172 | | Gn10:23 | | ובנוי | דארם עוץ וחול וגתר |
| 2173 | | Gn46:17 | | ובנוי | דאשר ימנה וישוה וישוי |
| 2174 | | Gn46:21 | | ובנוי | דבנימן בלע ובכר ואשבל |
| 2175 | | Gn46:17 | ובריעה ושרח אחתהון | ובנוי | דבריעה חבר ומלכיאל: |
| 2176 | | Gn46:16 | | ובנוי | דגד צפיון וחגי שוני |
| 2177 | | Gn10:03 | | ובנוי | דגמר אשכנז וריפת |
| 2178 | | Gn46:23 | | ובנוי | דדן חשים: |
| 2179 | | Gn46:14 | | ובנוי | דזבולון סרד ואלון |
| 2180 | | Gn10:06 | | ובנוי | דחם כוש ומצרים ופוט |
| 2181 | | Gn46:12 | | ובנוי | דיהודה ער ואונן ושלה |
| 2182 | | Gn46:27 | | ובנוי | דיוסף די אתיילדו לה |
| 2183 | | Gn34:07 | | ובנוי | דיעקב עלו מן אפי ברה כדי |
| 2184 | | Ex 6:21 | מאה ותלתין ושבע שנין% | ובנוי | דיצהר קרח ונפג וזכרי: |
| 2185 | | Ex 1:07 | | ובנוי | דישראל תקפו ואתילדו |
| 2186 | | Gn46:13 | | ובנוי | דיששכר תולע ופוה ויוב |
| 2187 | | Gn10:07 | | ובנוי | דכוש סבא וחוילה וסבתא |
| 2188 | | Gn46:11 | | ובנוי | דלוי גרשון קהת ומררי: |
| 2189 | | Gn25:04 | | ובנוי | דמדין עיפה ועפר וחנוך |
| 2190 | | Gn10:07M | ולובאי וזינגאי | ובנוי | דמורייטינוס זמרגד |
| 2191 | | Ex 6:19 | | ובנוי | דמררי מחלי ומושי אלין |
| 2192 | | Nu 3:20 | | ובנוי | דמררי לזרעייתהון מחלי |
| 2193 | | Nu10:17 | ונטלין בנוי דגרשון | ובנוי | דמררי טעני משכנה: |
| 2194 | | Gn46:24 | | ובנוי | דנפתלי יחצאל וגוני |
| 2195 | | Ex 6:22 | | ובנוי | דעזיאל מישאל ואלצפן |
| 2196 | | Dt 2:12 | חוורנייה מן לקדמין | ובנוי | דעשו ירתו יתהון ושיצון |
| 2197 | | Nu26:08 | | ובנוי | דפלוא אליאב: |
| 2198 | | Ex 6:18 | | ובנוי | דקהת עמרם ויצהר |
| 2199 | | Nu 3:19 | | ובנוי | דקהת עמרם ויצהר |
| 2200 | | Ex 6:24 | | ובנוי | דקרח אסיר ואלקנה |
| 2201 | | Nu26:11 | | ובנוי | דקרח על דילא הוון בעצתה |
| 2202 | | Gn46:09 | | ובנוי | דראובן חנוך ופלוא |
| 2203 | | Nu32:02 | ואתון בנוי דגד | ובנוי | דראובן ואמרין למשה |
| 2204 | | Nu32:25 | ואמרין בנוי דגד | ובנוי | דראובן למשה למימר עבדך |
| 2205 | | Nu32:29 | אן יעברון בנוי דגד | ובנוי | דראובן עמכון ית ירדנה כל |
| 2206 | | Nu32:31 | ועני בנוי דגד | ובנוי | דראובן למימ' ית מה די |

|  |  |  |  |  |  |
|---|---|---|---|---|---|
| 2207 | | Nu32:37 | | ובנוי | דראובן בנון ית חשבון |
| 2208 | | Gn10:07 | וסבתא ורעמ' וסבתכא | ובנוי | דרעמה שבא ודדן: |
| 2209 | | Gn46:10 | | ובנוי | דשמעון ימואל וימין |
| 2210 | | Ex 6:15 | | ובנוי | דשמעון ימואל וימין |
| 2211 | | Gn10:04 | | ובנוי | דיון אלישא ותרשיש |
| 2212 | | Lv 6:13M | די /קרבן אהרן | ובנוי | די#2#/ יקרבון קדם ייי |
| 2213 | | Gn34:05 | סאב ית דינה ברתה | ובנוי | הוון עם בעירה באפיה ברא |
| 2214 | | Gn 8:18 | ונפק נח | ובנוי | ואתתיה ונשי בנוי עמיה: |
| 2215 | | Ex18:05 | יתרו חמוי דמשה | ובנוי | ואתתיה לוות משה למדברא |
| 2216 | | Ex29:21 | ויתקדש הוא ולבושוי | ובנוי | ולבושי בנוי עמיה: |
| 2217 | | Ex29:09 | יתהון המיינין אהרן | ובנוי | ותשווי להון <....> כהונתה |
| 2218 | | Lv 8:31 | דפקדית למימר אהרן | ובנוי | יאכלון יתיה: |
| 2219 | | Gn48:19 | אחוי זעירא יתקף מנה | ובנוי | יהוון שליטין באמיא: |
| 2220 | | Nu 4:19 | לבית קודש קדשיה אהרן | ובנוי | ייעלון וישרון יתהון גבר |
| 2221 | | Nu14:24 | יתה לארעא די על לתמן | ובנוי | ירתון יתה: |
| 2222 | | Nu24:07 | מן מדינת בעלי דבביהון | ובנוי | ישלטון באומין סגין יתקף |
| 2223 | | Ex29:10 | זימנא ויסמך אהרן | ובנוי | ית ידיהון על ריש תורא: |
| 2224 | | Ex29:15 | תסב ויסמכון אהרן | ובנוי | ית ידיהון על ראשה דדיכרא: |
| 2225 | | Ex29:19 | תניינא ויסמוך אהרן | ובנוי | ית ידיהון על ריש תורא: |
| 2226 | | Ex29:32 | ויאכלון אהרן | ובנוי | ית בשרא דדכרא וית לחמה די |
| 2227 | | Ex40:31 | ויקדשון מנה משה אהרן | ובנוי | ית ידיהון וית רגליהון: |
| 2228 | | Lv 8:14 | דחטאתה וסמך אהרן | ובנוי | ית ידיהון על ראש תורה |
| 2229 | | Lv 8:18 | דעלתה וסמכו אהרן | ובנוי | ית ידיהון על ראשה דדכרה: |
| 2230 | | Lv 8:22 | דאשלמותה וסמכו אהרן | ובנוי | ית ידיהון על ריש דדכרה: |
| 2231 | | Lv 8:36 | ועבד אהרן | ובנוי | ית כל פתגמיה די פקד ייי |
| 2232 | | Dt18:05 | מימרה דייי קדישא הוא | ובנוי | כל יומיה: |
| 2233 | | Nu 4:15 | וישלם אהרן | ובנוי | למכסיה ית קדשיה וית כל |
| 2234 | | Ex29:28M | לאהרן | ולבנוי/ובנוי#2#/ | לקיים עלם מן לוות |
| 2235 | | Ex27:21 | יסדר יתיה אהרן | ובנוי | מן רמשא עד צפרא קדם ייי |
| 2236 | | Ex30:19 | ויקדשון אהרן | ובנוי | מנה ית ידיהון וית |
| 2237 | | Nu 3:38 | מן מדנחה משה אהרן | ובנוי | נטרין מטרת בית קודשה |
| 2238 | | Lv25:41 | ויפוק מן לוותך הוא | ובנוי | עמה ויחזור לזרעית«י»ה |
| 2239 | | Lv25:54 | בשתה דיובילה הוא | ובנוי | עמיה: |
| 2240 | | Lv 6:09 | מניה יכלון אהרן | ובנוי | פטירין תתאכל בתר קדיש |
| 2241 | | Nu 4:27M | /על פם אהרן | ובנוי#2#/ | ת«י»הוי כל פלחנה |
| 2242 | ובניא | Gn31:43 | ליעקב בנתא בנתיי | ובניא | בניי וענה עניי וכל מה דאת |
| 2243 | | Gn31:43M | אילין בנתי הינין | ובניא | {הין} בניי אנון חשיבין |
| 2244 | ובניה | Gn33:02 | קדמיין וית לאה | ובניה | אחריין <....>: |
| 2245 | | Gn35:25 | | ובניה | דבלהה אמהתה <....>: |
| 2246 | | Gn33:07M | \ובנהה ושאל«ין» | ובניה/ | וסגדו#2#/ בשלמיה <....>: |
| 2247 | | Ex21:04 | ליה בנין או בנן אתתא | ובניה | תהוי לריבונה והוא יפוק |
| 2248 | ובניהון | Dt31:13 | | ובניהון | די לא חכמו ישמעון וילפון |
| 2249 | | Nu16:27 | משכניהון ונשיהון | ובניהון | וטפלהון: |
| 2250 | ובניהן | Gn33:06M | /וקריבו אמהתא הנין | ובניהן | וסגדו#2#/ בשלמיה: |
| 2251 | | Gn33:06 | וקריבן לחינתה אינין | ובניהן | ושאלין בשלמיה: |
| 2252 | | Gn32:16 | גמלים מיינקין | ובניהן | תלתין תורין נקבן ארבעין |
| 2253 | ובניך | Gn 6:18 | עמך ותיעול לתיבותה את | ובניך | ואתתך ונשי בניך עמ': |
| 2254 | | Gn19:12 | מה אית לך הכה חתנך | ובניך | ובנותיך וכל מה דאית לך |
| 2255 | | Gn45:10 | ותיהווי קריב לוותי את | ובניך | ובני בניך וענך ותוריך וכל |
| 2256 | | Lv10:14 | תאכלון באתר דכי את | ובניך | ובנתך עמך ארום חולקך |
| 2257 | | Gn 8:16 | פוק מן תבותא את ואתתך | ובניך | ונשי בניך אתך: |
| 2258 | | Gn17:09 | ואת ית קיימי תטר את | ובניך | מן ב{רת}<תר>ך לדריהון: |
| 2259 | | Gn17:09 | ואת ית קיימי תטר את | ובניך | מן ב{רת}<תר>ך לדריהון: |
| 2260 | | Lv10:09 | וחמר עתיק לא תשתון את | ובניך | עמך במעלכון במשכן זימנא |
| 2261 | | Nu18:02 | לוותך וישמשון יתך ואת | ובניך | עמך קדם משכנה דסהדותא: |
| 2262 | ובניכון | Dt30:02 | כען מפקד יתכון אתון | ובניכון | בכל לבביכון ובכל |
| 2263 | | Dt 1:39 | די אמרתון לבזה יהוון | ובניכון | די לא חכמון יומא הדין |
| 2264 | | Dt 6:02 | די אנה מפקד יתכון | ובניכון | ובני בניכון כל יומי |
| 2265 | | Ex20:10 | תעבדון כל עובדה אתון | ובניכון | ובנתכון ועבדכון |
| 2266 | | Dt 5:14 | תעבדון על עבידה אתון | ובניכון | ובנתכון ועבדיכון |
| 2267 | | Dt12:12 | קדם ייי אלהכון אתון | ובניכון | ובנתכון ועבדיכון |
| 2268 | | Dt12:18 | ייי אלהכון בה אתון | ובניכון | ובנתכון ועבדיכון |
| 2269 | | Dt16:11 | קדם ייי אלהכון אתון | ובניכון | ובנתכון ועבדכון ואמהתכון |
| 2270 | | Dt16:14 | בזמני מועדיכון אתון | ובניכון | ובנתכון ועבדיכון |
| 2271 | | Nu14:33 | | ובניכון | יהוון טעיין במדברה |
| 2272 | | Ex22:23 | יהוויי נשיכון ארמלן | ובניכון | יתמין: |
| 2273 | ובנך | Nu18:01 | ואמר ייי לאהרן את | ובנך | ואנשי ביתך עמך תקבלון ית |
| 2274 | | Nu18:07 | ואת | ובנך | עמך תטרון ית כהנתכון לכל |
| 2275 | ובבניה | Dt28:57 | היוצת מבין רגליה | ובבניה | די תוליד ארום תאכל יתהון |
| 2276 | ובבניכון | Dt28:46 | לכון לאתין ולסימנין | ובבניכון | עד לעלם: |
| 2277 | ודב' | Lv 7:31M | לאהרן/דא#2#/ | ולבנוי/ודב#2#/: | |
| 2278 | ודבנוי | Dt 3:16 | ולשבטה דבנוי דראובני | ודבנוי | דגדי יהבית מן גלעדה ועד |
| 2279 | | Lv 6:13 | דין קרבנה דאהרן | ודבנוי | די יקרבון קדם ייי ביומא |
| 2280 | ודבנן | Gn31:16 | ייי מאבונן דידן אינון | ודבנן | וכדון מה די אמר ייי לך |
| 2281 | ודיבנוי | Nu 4:27 | על גזרת פמה דאהרן | ודיבנוי | ת«י»הוי כל פלחנה דבנוי |
| 2282 | ולבנוהי | Gn17:19 | קיימי עמה לקיים עלם | ולבנוהי | מן בתרה: |
| 2283 | | Gn 9:08 | ואמ' ייי לנח | ולבנוהי | עמה למימר: |
| 2284 | | Lv 2:03 | מן מנחתה לאהרן | ולבנוהי | קדש קדשים מן קרבנוי |
| 2285 | ולבנוי | Lv 7:31 | ויהוי ניעה לאהרן | ולבנוי: | |
| 2286 | | Lv 8:31 | ואמר משה לאהרן | ולבנוי | בשלו ית בשרה בתרע משכן |
| 2287 | | Ex28:40 | | ולבנוי | דאהרן תעבד כתונין ותעבד |
| 2288 | | Nu32:01 | הוה לבנוי דראובן | ולבנוי | דגד תקיף לחדה וחמון ית |
| 2289 | | Nu34:23 | | ולבנוי | דיוסף מן שבטה דבנוי |
| 2290 | | Nu18:21 | | ולבנוי | דלוי הא יהבית כל מעשר |
| 2291 | | Nu 3:27 | | ולבנוי | דקהת זרעייתה דבנוי |
| 2292 | | Nu 7:09 | | ולבנוי | דקהת לא יהב משה לא מן |
| 2293 | | Nu32:06 | ואמר משה לבנוי דגד | ולבנוי | דראובן האחיכון יעלון |
| 2294 | | Nu32:33 | להון משה לבנוי דגד | ולבנוי | דראובן ולפלגות שבטה |
| 2295 | | Lv24:09 | ותיהוי לאהרן | ולבנוי | ויאכלון יתה באתר קדיש |
| 2296 | | Lv 9:01 | קרא משה לאהרן | ולבנוי | ולחכימי ישראל: |
| 2297 | | Dt 1:36 | אתן ית ארעא די דרס בה | ולבנוי | חלף די אשלם למימר טב בתר |
| 2298 | | Ex29:35 | ותעבד לאהרן | ולבנוי | כדן כל מה דפקדית יתך שבעה |
| 2299 | | Gn25:06 | | ולבנוי | לחינתי די לאברהם יהב |
| 2300 | | Ex28:04 | דקדש לאהרן אחוך | ולבנוי | למשמשא קדמוי בכהנתה רבתה: |
| 2301 | | Ex29:28 | ויהוי לאהרן | ולבנוי | לקיים עלם מן לוות בני |
| 2302 | | Nu 8:19 | ית ליווי מתנה לאהרן | ולבנוי | מן גו בני ישראל למפלח ית |
| 2303 | | Nu 3:09 | ותתן ית ליויי לאהרן | ולבנוי | מתנה אינון יהיבין לה |
| 2304 | | Nu 3:51 | ית כסף פרקוניה לאהרן | ולבנוי | על פם גזירת ממרה דייי |
| 2305 | | Nu 3:48 | ותתן ית כספה לאהרן | ולבנוי | פרקוניה דאשתיירו בהון: |
| 2306 | | Lv 2:10 | מן מנחתה לאהרן | ולבנוי | קדש קדשים מן קרבנוי דייי: |
| 2307 | | Lv 7:34 | יתהון לאהרן כהנא | ולבנוי | קיים עלם מן לוות בני |
| 2308 | ולבניהון | Dt11:09 | לאבהתכון למיתן להון | ולבניהון | ארע עבדה פירין טבין |
| 2309 | | Ex28:43 | ימותון קיים עלם להון | ולבניהון | בתריהון: |
| 2310 | | Dt 1:08 | וליעקב למתן להון | ולבניהון | מן בתריהון: |
| 2311 | ולבניך | Gn28:13 | דמך עלה לך אתן יתה | ולבניך: | |
| 2312 | | Nu18:19 | לשמה דייי יהבית לך | ולבניך | ולבנתך עמך לקיים עלם קיים |
| 2313 | | Gn17:07 | למהווי במימרי לך לאלה | ולבניך | מן בתרך: |
| 2314 | | Gn17:08 | ואתן לך | ולבניך | מן בתרך ית ארעא תותבותך |

|  |  |  |  |  |  |
|---|---|---|---|---|---|
| 2315 | Gn35:12 | וליצחק לך אתננה | ולבניך | מן בתרך אתן ית ארעא: | |
| 2316 | Gn13:15 | די את חמי לך אתן יתה | ולבניך | עד לעלם: | |
| 2317 | Lv10:15 | אנפו קדם ייי ויהוי לך | ולבניך | עמך לקיים עלם היך מה דפקד | |
| 2318 | Dt 4:40 | הדין די ייטב לכון | ולבניכון | מן בתריכון ומן בגלל די | ולבניכון |
| 2319 | Dt12:25 | מן בגלל דייטב לכון | ולבניכון | מן בתריכון ארום תעבד | |
| 2320 | Dt12:28 | מן בגלל דייטיב לכון | ולבניכון | מן בתריכון עד לעלם ארום | |
| 2321 | Ex12:24 | הדין לקיים לכון | ולבניכון | עד לעלם: | |
| 2322 | Dt29:28 | ייי אלהן וגלייתה לן | ולבנינן | עד עלמא למעבד ית כל | ולבנינן |
| 2323 | Nu18:09 | ממרי קדש קדשין הוא לך | ולבנך: | | ולבנך |
| 2324 | Gn26:03 | עמך ואברך יתך ארום לך | ולבנך | אתן ית כל ארעתא האלין | |
| 2325 | Nu18:19 | עלם הוא קדם <ייי> לך | ולבנך | בתרך: | |
| 2326 | Nu18:11 | בני ישראל לך יהבית | ולבנך | ולבנתך עמך לקיים עלם כל | |
| 2327 | Nu18:08 | ישראל לך יהבית לרבו | ולבנך | לקיים עלם: | |
| 2328 | Gn28:04 | ית ברכתה דאברהם לך | ולבנך | עמך למירתך ית ארעא | |
| 2329 | Dt 5:29 | מן בגלל דייטיב להון | וליבניהון | לעלם: | וליבניהון |
| 2330 | Gn31:16M | \אינון ודבנן /הוא | וליבנינן#2/ | וכדון/וכדו#2/ מה די | וליבנינן |
| 2331 | Lv18:21 | | ומבניך | לא תתן למתעברה בנורא קדם | ומבניך |
| 2332 | Dt 2:10 | רברבין וסגין ותקיפין | כבנוי | דענק גוברייה: | כבנוי |
| 2333 | Dt 2:11 | יתחשבון אוף אנון | כבנוי | דענק גובריה ומואביי | |
| 2334 | Dt 2:21 | רברבין וסגין ותקיפין | כבנוי | דענק גיברייא ושיצי יתהון | |
| 2335 | Nu25:14M | סלוא רב בית אבה | דבנוי/לב׳#2/ | דשמעוני: | לב׳ |
| 2336 | Gn31:46M | "לאחוהי ... אבנין": | לבנוהי | דהוה קרי להון בלשון | לבנוהי |
| 2337 | Ex39:27 | עובד גרדיי לאהרן | לבנ{ין}{וי}: | | לבנוי |
| 2338 | Ex29:27M | לאהרן ומן מה דאית | לבנוי#2/: | | |
| 2339 | Ex29:29 | קודשא די לאהרן יהווי | לבנוי | בתרוי למתרבי בהון ולמשלמה | |
| 2340 | Gn15:11M | דעתידין משעבדה | לבנוי | דאברם וזכותא דאברם | |
| 2341 | Nu 1:40 | | לבנוי | דאשר יחוסיהון לזרעייתהון | |
| 2342 | Nu 1:36 | | לבנוי | דבנימן יחוסיהון | |
| 2343 | Nu26:45 | | לבנוי | דבריעה לחבר זרעייתה | |
| 2344 | Nu 3:21M | | לגרשון/לבנוי | דג׳#2/ זרעייתה \ | |
| 2345 | Nu 1:24 | | לבנוי | דגד יחוס«י»הון | |
| 2346 | Nu32:06 | ואמר משה | לבנוי | דגד ולבנוי דראובן | |
| 2347 | Nu32:33 | ויהב להון משה | לבנוי | דגד ולבנוי דראובן | |
| 2348 | Nu 7:07 | ארבעה תורין יהב משה | לבנוי | דגרשון כמסת פולחניהון: | |
| 2349 | Nu 1:38 | | לבנוי | דדן יחוסיהון לזרעייתהון | |
| 2350 | Nu 1:30 | | לבנוי | דזבולן יחוסיהון | |
| 2351 | Nu 1:26 | | לבנוי | דיהודה יחוסיהון | |
| 2352 | Nu 1:10 | | לבנוי | דיוסף הוא שבטה דבית | |
| 2353 | Nu 1:32 | | לבנוי | דיוסף הוא שבטה דבית | |
| 2354 | Dt33:17 | רימנה כדין לית אפשר | לבנוי | דיוסף למשתעבדה ויהוון | |
| 2355 | Dt32:49M | דאנה יהב לבני | ישראל/לבנוי | דיש׳#2/ לאחסנה: | |
| 2356 | Dt33:02 | אוריתה על טורא דפראן | לבנוי | דישמעאל וכיוון דאשכחו | |
| 2357 | Dt 2:09 | מן ארעהון ירתו ארום | לבנוי | דלוט יהבית ית לחיית | |
| 2358 | Dt 2:19 | עמוניי לכון ירתו ארום | לבנוי | דלוט יהבית יתה ירתו: | |
| 2359 | Nu 1:34 | | לבנוי | דמנשה יחוסיהון | |
| 2360 | Nu 7:08 | תמניה תוריה יהב משה | לבנוי | דמררי כמסת פולחנהון | |
| 2361 | Nu 1:42 | | לבנוי | דנפתלי יחוסיהון | |
| 2362 | Dt 2:22 | היך מה די עבד | לבנוי | דעשו דשריין בגבלה די | |
| 2363 | Dt33:02 | דגבלה למתן אורית | לבנוי | דעשו וכיוון די אשכחו | |
| 2364 | Nu32:01 | ובע«י»ר סגין הוה | לבנוי | דראובן ולבנוי דגד תקיף | |
| 2365 | Nu 1:22 | | לבנוי | דשמעון יחוסיהון | |
| 2366 | Dt33:02M | ביקרי׳ \על | טורה/לבנוי#2/ | דגבלה למתן אורית | |
| 2367 | Nu36:11 | ונעה בנתיה דצלפחד | לבנוי | דאחוי דאבוהון לנשין: | |
| 2368 | Gn47:21M | דלא יהוו מוניין | לבנוי | דיעקוב ואמרין להון | |
| 2369 | Gn49:01 | וקרא יעקב | לבנוי | ואמר להון אתכנשו וחווי | |
| 2370 | Gn32:01 | ואקדם לבן בצפרא ונשק | לבנוי | ולבנתיה וברך יתהון ואזל | |
| 2371 | Gn47:29 | דישראל למימת וקרא | לבנוי | ליוסף ואמר ליה אן כען | |
| 2372 | Gn42:01 | במצרים ואמר יעקב | לבנוי | למה כען תתחמון שביעין | |
| 2373 | Ex29:29M | דאית לאהרן יהוון | לבנוי | מן בתרה למרביה בה | |
| 2374 | Gn31:28 | ולא שבקתי יתי למנשקיה | לבני | ולבנתי כדון אסכלת ית מה | לבני |
| 2375 | Ex 5:14M | למלבן /סכום | לבניא#2/ | לא היך דאתמ«ל» ולא | לבניא |
| 2376 | Gn16:05 | ארעא מינן ולא נצרך | לבניה | דהגר מצרייתה דהיא מבני | לבניה |
| 2377 | Nu17:25 | סהדותא למטרה לסימן | לבני«ה» | סורבניה ויסופון | |
| 2378 | Gn31:43 | לאלין יומא דן או | לבניהון | די ילדן: | לבניהון |
| 2379 | Dt 7:03 | בנתכון לא תתנון | לבניהון | ובנתהון לא תסבון | |
| 2380 | Gn12:07 | על אברם ואמר ליה | לבניך | אתן ית ארעא הדה ובנה תמן | לבניך |
| 2381 | Gn15:18 | עם אברם קיים למימ׳ | לבניך | אתן ית ארעא הדא מנילוס | |
| 2382 | Gn24:07 | ודי קיים עמי למימר | לבניך | אתן ית ארעא הדא הוא ישלח | |
| 2383 | Ex33:01M | "לברך .. יתה": | לבניך | אתנינה | |
| 2384 | Gn26:04 | יתך ככוכבי שמיא ואתן | לבניך | ית כל ארעתא האלין | |
| 2385 | Gn48:04 | ואתן ית ארעא הדא | לבניך | מן בתרך אחסנות עלם: | |
| 2386 | Dt 7:03 | ובנתהון לא תסבון | לבניכון: | | לבניכון |
| 2387 | Ex13:08 | ותתנון | לבניכון | ביומא ההוא למימר מן בגלל | |
| 2388 | Lv25:46 | ותאחסנון יתהון | לבניכון | בתריכון לירתו ואחסנה | |
| 2389 | Ex32:13 | ארעא הדא דאמרת אתן | לבניכון | ויחסנון יתה עד לעלם: | |
| 2390 | Ex34:16 | ותסבון מבנתהון | לבניכון | ויטעון בנתהון בתר | |
| 2391 | Dt 4:09 | חייכון ותלפון יתהון | לבניכון | ולבני בניכון: | |
| 2392 | Dt11:19 | ותלפון יתהון | לבניכון | ותהווין הגיין בהון | |
| 2393 | Dt 6:07 | ותתנון יתהון | לבניכון | ותהוון הגיין בכון | |
| 2394 | Ex 5:19 | למימר לא תמנעון מן | לבניכון | סכום יום ביומיה: | |
| 2395 | Dt 6:21 | ותימרון | ל{{י}}בניכון | עבדין משעבדין הוינן | |
| 2396 | Dt23:18M | נפק בר \מן בני ישראל | /מבנוי | דישראל#2/: | מבנוי |
| 2397 | Lv 6:15M | \מן בתרה מן בנוי | /מבנוי | מבתרה#2/ יקרב/יעבד#2/ | |

[בר 110]

## בר 2# *n.* field

|  |  | |
|---|---|---|
| 001 | s ab/cn | בר |
| 002 | s em/sf | ברא |

|  |  |  |  |  |
|---|---|---|---|---|
| 001 | Dt14:05 | ואלין ודייצין ותורי | בר | ורימאנין: |
| 002 | Gn39:05 | ליה בבייתיה ובאפיה | ברא: | |
| 003 | Ex 9:21 | עבדוי וית בעיריה באפי | ברא: | |
| 004 | Ex10:05 | דצמחין לכון מן אפי | ברא: | |
| 005 | Ex16:25 | לא תשכחון יתיה באפי | ברא: | |
| 006 | Ex23:16 | ית עבד ידיכון מן אפי | ברא: | |
| 007 | Ex23:29 | דלא תסגי עליכון חיות | ברא: | |
| 008 | Lv14:07 | ית צפרה חייתה לאפי | ברא: | |
| 009 | Dt22:27 | ארום באפי | ברא | אשכח יתה צווחת רביתה |
| 010 | Ex 9:22 | בעירה ועל כל עשבא באפי | ברא | בארעא דמצרים: |
| 011 | Ex10:15 | טרף באילן ובעשבא דאפי | ברא | בכל ארעא דמצריי: |
| 012 | Gn24:63 | יצחק למצלוייה באפיה | ברא | {{ב}}«ל»עדוני רמשא ונטל |
| 013 | Ex 9:03M | /אתיא בניכסיך דאית באפי | ברא | בסוסוותא ובחמרא ויפרש#2/ |
| 014 | Gn30:16 | ואתא יעקב מן אפי | ברא | ברמשא ונפקת לאה לקדמותיה |
| 015 | Gn23:17 | דביה וכל אילנא די באפיה | ברא | די בכל תחומא {{מן}} |
| 016 | Nu19:16 | וכל די יקרוב באפי | ברא | דקטיל דחרב או במית או בגרם |
| 017 | Nu22:04 | בלשניה ית עשבה דאפי | ברא | ובלק בר צפור הוה מלך |
| 018 | Gn30:14 | ואשכח יברוחין באפי | ברא | ואייתי יתהון לוות לאה |
| 019 | Gn25:29 | מן}} ואתא עשו מן אפי | ברא | והוא משלהי: |
| 020 | Gn 4:08 | איתה ונפק תרינן לאפי | ברא | והוה כיון דנפקו תריהון |
| 021 | Ex23:16 | אתון מפקין וזרעין באפי | ברא | וחגא דאכנשותא במיפקה דשתא |
| 022 | Lv14:53M | חייתה למברא לקרתה לאפי | ברא | ויהי אין יסי{ני}<מ>וס הוא |
| 023 | Lv17:05 | די אנון דבחין באפי | ברא | וייתון יתהון קדם ייי לתרע |

024 Gn 2:19 מן אדמתא כל חיתא דאפי ברא וית כל עופה דשמיא ואיתי
025 Gn 2:20 דשמיא ולכל חיתא דאפי ברא ולאדם לא אשכח ליה זוג כד
026 Nu22:23 מן ארחה והלכת באפי ברא ומחת בלעם ית אתנתה
027 Gn40:18 ובליבני ובכל פלחין באפי ברא ועתיד פרעה למגזר גזרן בישא
028 Gn27:03 וקשתיך ופק לאפיה ברא וצוד לי צ{ו}<י>ד:
029 Gn 4:08M ונפוק תרינן באפי ברא וקם קין על הבל אחוי וקטל
030 Dt14:05M ותורין/ #2# בר/ברא/#2# ורימאנין:
031 Gn34:05 הוון עם בעירה באפיה ברא ושתק יעקב עד זמן דאתון:
032 Ex 1:14 ובלבני ובכל פולחן באפי ברא ית כל פולחן די פלחו בהון
033 Ex23:11 ומה דמשתייר תיכול חיות ברא כדין תעבדון לכרמיכון
034 Ex23:11M ברא /לחיותא דבאפי" ברא#2# כדין תעבדון לכרמיכון
035 Ex 9:19 וית כל מה דאית לך באפי ברא כל אינשא ובעיר«א» דאשתכח
036 Ex22:30 תליש מן חווה קטילא באפי ברא לא תיכלון לכלבא תטלקון או
037 Gn31:04 וקרא לרחל וללאה לאפי ברא לוות ענה:
038 Dt20:19 דבר נשה אילנה דאפי{לו} ברא למעירק מן קדמיך בשעת
039 Gn24:65 הוא דא גברא דאתי באפיה ברא לקדמותן ואמר עבדא הוא
040 Ex22:30M "חווה ...": חיות ברא מטלק באפה ברה לא
041 Dt 5:20 בחובי סהדי שקרא חיות ברא מיתגריה בבני אנשא:
042 Ex 9:25 ית כל מה דהוה באפי ברא מן בני אינשא ועד בעיר' וית
043 Lv26:06 דמלכוותה דמתילן בחיוות ברא מן ארעא וחרב דשני לא תעבר
044 Gn31:39 גנבין באימּמא וחיות ברא מתכלא בליליא אנה הוינא
045 Ex20:16 בחובי סהדי שקרא חיות ברא מתכלה בבני אינשא:
046 Gn34:28 די בקרתא וית מה די באפי ברא נסבו:
047 Gn 2:05 בארעא וכל עשביא דבאפי ברא עד לא יצמח ארום לא אמטר
048 Gn 4:08 כיון דנפקו תריהון באפי ברא ענה קין ואמר להבל מסתכל
049 Gn 3:18 לך ותיכל ית עשבא דבאפי ברא עני אדם ואמר בבעו ברחמין
050 Ex 9:25 וית כל עשבא דבאפי בר{ד}א שיצי ברדא וית כל {עשבא}
051 Ex 9:25 כל {עשבא} אילנייא דבאפי ברא תבר:
052 Dt 7:22 דלא תסגון עליכון חיות ברה: ברה
053 Dt28:16 במה דאית לכון באפי ברה:
054 Dt28:16M וליטין תהוון באפי ברה#2#/:
055 Dt32:24 מלכוותה דמתילן כחיוותה ברה אגרה בהון עם חמת{ה}הון
056 Gn 3:01 חכים מן כל חייתא דאפי ברה די ברא ייי אלהים ואמר
057 Gn29:02 וחמה והא בארה באפיה ברה והא תמן תלתא עדרי דען
058 Lv14:53 חייתה לבר מן קרתה לאפי ברה ויכפר על ביתיה וידכי:
059 Dt14:22 דאתון מפקין וזרעין באפי ברה ומכנשין עללתה דכל שתה
060 Dt28:38 סגין תפקון ותזרעון באפי ברה וקליל תכנשון ארום יקרסם
061 Lv26:22 בכון ית חיוותה דאפי ברה ותתכל יתכון ותשיצי ית
062 Lv26:04 עללתה ואילנייה דאפי ברה יצלח בפירוי:
063 Dt22:25 ואין באפי ברה ישכח גברה ית רביתה דמארסה
064 Gn34:07 ובנוי דיעקב עלו מן אפי ברה כדי שמעו ואתרגזו גבריא
065 Ex22:30M ברא מטלק באפה ברה לא תיכלון לבר עממיה תתנון
066 Lv26:20 פירי עללתה ואילנה דאפי ברה לא יצלח בפירוי:
067 Dt21:01 יתה קטיל ומטלק באפי ברה לא אתודע מן קטיל יתיה:
068 Dt24:19 ותנשון עמר באפי ברה לא תחזרון למיסב יתה
069 Dt11:15 ואתן עשבה באפי ברה לבעיריכון ותיכלון ותשבעון:
070 Gn 3:14 ומן כל חיותא דעל אפי ברה על מעך תהוי שחף ועפר יהוי
071 Lv25:12 קדש תיהווי לכון מן אפי ברה תיכלון עללתה:
072 בריה p em/sf Gn34:28M די/דאית/#2# באפי ברא/בריה/#2# נסבו:

See also: בר מן *prep.*
See also: לבר *adv.*
See also: לבר מן *prep.*
See also: לברה *adv.*
See also: מן לבר *adv.*

## בר בי *n.* household member [ברבי 98]

001 בר ביתי s em/sf Gn15:02 עלמא בלא בנין ואליעזר בר ביתי דעל ידוי איתעבד לי
002 בניבייתיה p em/sf Gn24:38M /ברם אלה הן בני<בי>יתיה/#2# דאבא תיזל/ואזל/#2#/

## בר דיריי *n.* name of a bird [98]

001 בר דירייה s em/sf Lv11:18M וית שרקריתה וית בר דירייה/#2#:/

## בר זוג *n.* spouse [99]

001 בר זוג s ab/cn Gn 2:18M אעבד ליה זוג/בר זוג/#2# כד נפק ביה:
002 Gn 2:20M לא אשכח ליה זוג/בר זוג/#2# כד נפק ביה:

## בר זרע *n.* seed [99]

001 כבר זרע s ab/cn Nu11:07M "כזרע כסבר הוא": כבר זרע כוסבר חיור

## בר מן *prep.* except for [110]

001 בר מ־ Gn46:26 יעקב מצרימה נפקי חלציה בר מנשוי דבנוי דיעקב כל נפשתא
002 Nu29:25 חד קרב יתיה לחטאתה בר מעלת תמידה ומנחתה ונסוכה:
003 Nu29:28 בר עזין לחטאתה חד בר מעלת תמידה ומנחת ונסוכה:
004 Nu29:31 וצפיר לחטאת חד בר מעלת תמידה וצלוחית מיא דהוות
005 Nu29:34 וצפיר לחטאתה חד בר מעלת תמידה מנחתה ונסכה:
006 Nu29:38 וצפיר לחטאתה חד בר מעלת תמידה ומנחתה ונסוכה:
007 בר מן Nu 5:29 דקנאתה תסטה אתתה בר מן בעלה ותסתאב:
008 Nu 5:20 ויהב גבר ביך ית תשמישה בר מן בעליך:
009 Nu17:14 אלפין ושבע מאה בר מן דהוון על עצתה דקרח:
010 Nu 5:08 אשמה דמתחזר לייי לכהנה בר מן דיכרה דכיפורייה די יכפר
011 Nu29:11 חד קרב יתיה לחטאתה בר מן חטאתה דכפוריה ועלתה
012 Lv23:38 דייי בר מן מתנוותכון בר מן כל נדריכון בר מן כל
013 Lv23:38 בר מן כל נדריכון בר מן כל נסיבתכון די תפרשון
014 Gn26:01 והוה כפנא בארעא בר מן כפנא קדמייה דיהווה ביומי
015 Nu29:34M בר עיזין חד לחטאתה בר מן לעלת תמידה ומנחתה
016 Nu 6:21 קדם ייי על נזירותיה בר מן מה די תרע ידה כפם נדרה
017 Dt18:08 חלק כחלק ויכלון בר מן מותרי קורבנוי די אחסינו
018 Lv23:38M /שבי קדשוי דייי בר מן מת'#2# בר מן כל נדריכון
019 Lv23:38 בשובי קדשוי דייי בר מן מתנוותכון בר מן כל
020 Nu29:39 קדם ייי במועדיכון בר מן נדריכון ונסיבתהון
021 Nu29:19 חד קרב יתיה לחטאתה בר מן עלת תמידה ומנחתה
022 Nu29:22 עזין לחטאתה חד {מן} בר< מן> עלת תמידה ומנחתה ונסוכה:
023 Lv 9:17 מנה וסדר על גבי מדבחה בר מן עלתה דצפרה:
024 Nu28:23 בר מן עלתה דצפרה די לעלתה
025 Nu28:31 בר מן עלתה דתמידה ומנחתה תקרבון
026 Nu29:06 {מן} בר< מן> עלתה דירחא ומנחתה
027 Nu29:16 חד קרב יתיה לחטאתה בר מן עלתה דתמידה מנחתה ונסכה:
028 Dt28:69 ישראל בארעה דמואב בר מן קיימה די קיים עמהון בטורה
029 Lv23:38 בר מן קרבניה דייי די אתון
030 Nu 5:19 עימך ואין לא סטית סאבה בר מן רשותה דבעליך תידכי מימיא
031 Nu 5:20 ואת ארום סטית בר מן רשותה דבעליך וארום אסתאבת
032 Nu 5:20M דומכה בר מן רשותה דבעלי'
033 בר מינה Dt 4:35 ייי הוא אלה לית אחרן בר מינה:
034 בר מיני Dt32:39 הוא ולית אלהא אחרן בר מיני אנה הוא דממית חיין בעלמא
035 בר מינך Gn41:44 פרעה ליוסף אנה פרעה בר מינך לא יפשוט גבר ית ידיה
036 בר מני Ex20:03 לא יהווי לך אלה אחרא בר מני:
037 Dt 5:07 יהווי לכון אלה אחרן בר מני:

|  |  |  |  |  |  |  |
|---|---|---|---|---|---|---|
| 038 | | | Gn14:24 | | בר מני | לחוד מה דאכלו טליא |
| 039 | | | Gn41:16 | יוסף ית פרעה למימר | בר מני | מן קדם ייי יתענה ית שלמא |
| 040 | בר מניה | | Dt 4:39 | מן לרע לית אלה אחרן | בר מניה: | |

See also: *prep.* לבר מן

## בר עממין *n.* gentile [101]

|  |  |  |  |  |  |  |
|---|---|---|---|---|---|---|
| 001 | בר עממין | s ab/cn | Gn17:27 | זבינת כספא מן לוות | בר עממין | אתגזרו עמה: |
| 002 | | | Gn17:12 | וזביני כספכון מן כל | בר עממין | די לא מן בניכון הוא: |
| 003 | | | Dt17:15 | למשווייה עליכון גבר | בר עממין | די לא מן אחוכון בר |
| 004 | | | Gn17:14M | וערל/וכל | בר עממין#2#/ | דכר די לא יגזר ית |
| 005 | | | Lv22:10 | לא יא־כ־ל קדש תותב | בר עממין | ואגירה לא יאכל קדש: |
| 006 | | | Ex12:43 | אורייתא דפסחא כל | בר עממ{נ}ין | לא יאכל מיניה: |
| 007 | | | Ex12:45M | דגבר אגירא כד הוא | בר עממין | לא יאכל מיניה: |
| 008 | | | Ex12:48 | כיציביא דארעא וכל | בר עממין | לא יאכל מניה: |
| 009 | | | Ex21:08 | זמן יתה ופרק יתה לגבר | בר עממין | לא יהווי רשיי למזבנה ית' |
| 010 | | | Lv22:10M | דכהנה ואגירא כד הוא | בר עממין | לא יאכ'#2#/ קדש: |
| 011 | | | Lv22:25 | {{ומן יד | בר עממין}} | לא תקרבון לחם אלהכון מן |
| 012 | | | Ex12:45 | עמי בני ישראל תותב | בר עממין | לאגירא לא ייכול מנה: |
| 013 | בר עממי' | s em/sf | Ex12:45M | /תותב ואגירא | בר עממי'#2#/ | לאגירא לא ייכול מנה: |
| 014 | בר עממיא | | Dt15:03 | ית | בר עממיא | את רשיי למדחק יתיה |
| 015 | | | Ex22:30 | תטלקון או לנכרייה | בר עממיא | תטלקון יתיה דהוא מדמי |
| 016 | בר עממיה | | Dt15:03M | ית נוכרייה | בר עממיה | תהון דחקין ודי יהווי לך |
| 017 | ובר עממיה | | Dt29:21 | די יקומון מן בתרכון | ובר עממיה | דייתי מן ארע רחיקה |
| 018 | לבר עממיא | | Dt14:21M | /תזבנון יתה | לבר <עממיא>#2#/ | ארום עם קדישין אתון |
| 019 | לבר עממיה | | Dt23:21 | | לבר עממיה | את רשי למיזף ולאחוך לית |
| 020 | | | Ex22:30M | ברה לא תיכלון | לבר עממיה | תתנון יתיה |
| 021 | בני עממיא | p em/sf | Dt14:21 | כל נבלה לתותביה מן | בני עממיא | די בקורייכון תתנון יתה |
| 022 | לבני עממיא | | Dt14:21 | מזבנה תזבנון יתיה | לבני עממיא | ארום עם קדישין אתון קדם |

## בראשית *n.* beginning [Heb.] [111]

|  |  |  |  |  |  |  |
|---|---|---|---|---|---|---|
| 001 | בראשית | s ab/cn | Gn 1:05 | רמש והוה צפר סדר עבד | בראשית | יום קדמאי: |
| 002 | | | Gn 1:08 | רמש והוה צפר סדר עבד | בראשית | יום תניין: |
| 003 | | | Gn 1:13 | רמש והוה צפר סדר עבד | בראשית | יום תליתאי: |
| 004 | | | Gn 1:19 | רמש והוה צפר סדר עבד | בראשית | יום רביעאי: |
| 005 | | | Gn 1:23 | רמש והוה צפר סדר עבד | בראשית | יום חמישי: |
| 006 | | | Gn 1:31 | רמש והוה צפר סדר עבד | בראשית | יום שתיתי: |
| 007 | | | Nu34:06 | רבה אוקיינוס אינון מי | בראשית | נוסוי מעזורי וספינתה עם |
| 008 | | | Nu34:06M | דאית בגוה הנון מיה | בראשית | ק'#2#/ דין יהווי לכון |

## ברגז *n.* name of unclean bird [111]

|  |  |  |  |  |  |  |
|---|---|---|---|---|---|---|
| 001 | ברגזה | s em/sf | Lv11:13M | וית עזה/ עזה וית | ברגזה#2#/: | |
| 002 | | | Lv11:13 | שקץ אינר' ית נשרא וית | ברגזה | וית עזה: |
| 003 | וברגזה | | Dt14:12M | ואיזה/ ועוזה | וברגזה#2#/: | |
| 004 | | | Dt14:12 | לא תיכלון מינהון נשרא | וברגזה | ואיזה: |

## ברד *n.* hail [111]

|  |  |  |  |  |  |  |
|---|---|---|---|---|---|---|
| 001 | ברד | s ab/cn | Ex 9:18M | בי<ו>מא הדין ולמחר | ברד | |
| 002 | | | Ex 9:23M | ואמטר ממרי' דייי | ברד#2#/ | על ארעא דמצרים: |
| 003 | | | Ex 9:18 | הא אנה מחית בשעתה למחר | ברד | תקיף לחדא די לא הוי כוותה |
| 004 | וברד | | Ex 9:28 | למהוי קלי מן קדם ייי | וברד | ואשלח יתכון ולא תוספון |
| 005 | | | Ex 9:23 | לשמיא וייי יהב קלין | וברד | והלכת אשתא בגו ארעא ואחת |
| 006 | ברדא | s em/sf | Ex 9:26 | תמן בני ישראל לא הוה | ברדא: | |
| 007 | | | Ex 9:22 | ית <ידך> לשמיא ויהוי | ברדא | בכל ארעא דמצרים על |
| 008 | | | Ex 9:25 | ושיציא | ברדא | בכל ארעא דמצרים ית כל מה |
| 009 | | | Ex 9:23M | /והוי אשתא מקפצא בגו | ברדא | ואמטר ממרי' דייי ברד#2#/ |
| 010 | | | Ex10:05 | דאשת{ריי}<ייר>ת לכון מן | ברדא | ויכול ית כל אילנייא דצמחין |
| 011 | | | Ex 9:19 | לגו ביתא ויחות עליהון | ברדא | וימותון: |
| 012 | | | Ex 9:25 | עשבא דבאפי בר{ד}א שיצי | ברדא | וית כל {עשבא} אילנייא |
| 013 | | | Ex10:15 | כל פרי אילנא די שייר | ברדא | ולא אשתייר כל טרף באילן |
| 014 | | | Ex14:24 | נפטה ואישתא ואבני | בר{ר}דא | וערבב ית משירייתיהון |
| 015 | | | Ex 9:23 | אשתא בגו ארעא ואחת ייי | ברדא | על ארעא דמצרים: |
| 016 | ברדה | | Ex10:12 | וארעא ית כל מה די שייר | ברדה: | |
| 017 | | | Ex 9:24 | והוה | ברדה | תקי«ף» ואשתא הוה מקפצה |
| 018 | | | Ex 9:24 | ואשתא הוה מקפצה בגו | ברדה | תקיף לחדא די לא הוות |
| 019 | וברדא | | Ex 9:34 | אתמנעו קליה ומטרא | וברדא | ואוס«ף» למחטי ואתוקף |
| 020 | | | Ex 9:33 | קדם ייי ואתמנעו קליא | וברדא | ומטר לא נחת לארעא: |
| 021 | | | Ex14:24M | ואישתא \ואבני | בר{ר}דא/וברדא#2#/ | וערבב ית |
| 022 | | | Ex 9:29 | קדם ייי קלייא ותמנעון | וברדא | לא יהוי תוב מן בגלל דתדע |
| 023 | וברדה | | Ex 9:34M | פסק מטרא | וברדה | וקלייה |

## ברדוק *n.* passing through [111]

|  |  |  |  |  |  |  |
|---|---|---|---|---|---|---|
| 001 | לברדק | s ab/cn | Ex36:33M | <משלבש> בגו לוחי/ | לברדק | ביני לוחי'#2#/ מן דן |

Probably to be read לברוח, 'as a bolt'.

## ברה *n.* daughter [111]

|  |  |  |  |  |  |  |
|---|---|---|---|---|---|---|
| 001 | ברא | s ab/cn | Ex 1:22 | בנהרא תטלקון יתיה וכל | ברא | נוקבא תקיימון: |
| 002 | | | Ex 1:16 | דכר הוא תקטלון יתיה ואן | ברא | נקבה היא ותיחי: |
| 003 | ברה | | Gn30:21M | /כן#2#/ ילדת | ברתה/ברה#2#/ | נקבה וקרת ית שמה |
| 004 | | | Ex21:31 | מן בני ישראל יגש או | ברה | נקבה מן בני ישראל כסדר |
| 005 | | | Nu31:15M | משה הא קיימתון כל | ∧ברה#2#/ | נקבה: |
| 006 | | | Nu36:08M | וכל | ברתה/ברה | נקבה#2#/ דירתה אחסנה מן |
| 007 | ברת | | Gn36:02 | בנתהון דכנענאי ית עדה | ברת | אלון חיתייא וית אהליבמה |
| 008 | | | Gn26:34 | ונסב אתה ית יהודית | ברת | בארה חיתייה <....>: |
| 009 | | | Gn24:24 | ואמרת לה | ברת | בתואל אנה בר מלכה די |
| 010 | | | Gn24:47 | לה ברת מן את ואמרת | ברת | בתואל בר נחור די ילדת לה |
| 011 | | | Gn25:20 | כד {נסבת} נסב ית רבקה | ברת | בתואל ארמאה מן פדן אחתיה |
| 012 | | | Lv24:11 | משה ושמה דאתתה שלמית | ברת | דברי לשבטה דבנוי דדן: |
| 013 | | | Gn11:29 | שמה דאתתיה דנחור מלכה | ברת | הרן אבוי דמלכה ואבוי |
| 014 | | | Gn34:03 | ואתרעיית נפשה בדינה | ברת | יעקב ורחם ית רביתא ומליל |
| 015 | | | Gn28:09 | ונסב ית מחל«ת» | ברת | ישמעאל בריה דאברהם אחתה |
| 016 | | | Gn36:03 | ואת בשמת | ברת | ישמעאל אחתיה דנביות: |
| 017 | | | Dt22:19 | אפיק שום ביש על בתולתה | ברת | ישראל וליה תיהווי לאתה |
| 018 | | | Gn34:01 | ונפקת דינה | ברת | לאה די ילדת ליעקב |
| 019 | | | Gn29:10 | כד חמה יעקב ית רחל | ברת | לבן אחוי דאמה וית ענה |
| 020 | | | Nu26:59 | ושמה דאתתה דעמרם יוכבד | ברת | לוי די ילדת יתה ללוי |
| 021 | | | Ex 6:23M | אהרן ית אלישבע | בת/ברת#2#/ | עמינדב אחתיה דנחשון |
| 022 | | | Gn36:02 | חיתייא וית אהליבמה | ברת | ענה ברת צבעון חיוייה: |
| 023 | | | Gn36:14 | אלין הוון בניה דאהליבמה | ברת | ענה ברת צבעון אתתיה |
| 024 | | | Gn36:18 | אלין רברבניה דאהליבמה | ברת | ענה אתתיה דעשו: |
| 025 | | | Gn41:45 | ליה ואסב ליה ית אסנת | ברת | פוטיפרע רבה דטנס ליה |
| 026 | | | Gn41:50 | מה די ילדת לה אסנת | ברת | פוטיפרע רבה דטנס: |
| 027 | | | Gn46:20 | מה דילידת ליה אסנת | ברת | פוטיפרע רבה דאון ית |
| 028 | | | Gn36:02 | וית אהליבמה ברת ענה | ברת | צבעון חיוייה: |
| 029 | | | Gn36:14 | בניה דאהליבמה ברת ענה | ברת | צבעון אתתיה דעשו וילדת |
| 030 | | | Nu25:15 | קטילתה מידיניתה כזבי | ברת | צור ריש אומין לבית אבה |

|  |  |  |  |  |  |  |
|---|---|---|---|---|---|---|
| 031 | | | Gn38:12 | וסגין יומייא ומיתת | ברת | שוע אתתיה דיהודה ואנחם |
| 032 | | | Lv20:17 | וגבר די יסב ית אחתה | ברת | אבוי או ברתה דאמה ויחמי ית |
| 033 | | | Dt27:22 | גברה די ישמש עם אחתיה | ברת | אבוי או ברת אמיה ויאמרון |
| 034 | | | Gn24:48 | באורחא דקושטא למסבה ית | ברת | אחוי דריבוני לברה: |
| 035 | | | Ex 6:20 | ונסב עמרם ית יוכבד | ברת | אחוי דאבוי לה לאתה דילדת |
| 036 | | | Dt27:22 | עם אחתיה ברת אבוי או | ברת | אמיה ויאמרון כל עמה אמן: |
| 037 | | | Lv18:17 | דאתתה וברתה לא תבזי ית | ברת | ברה וית ברת ברתה לא תסב |
| 038 | | | Lv18:17 | לא תבזי ית ברת ברה וית | ברת | ברתה לא תסב למגליה עריתהון |
| 039 | | | Lv18:10 | עריתה דברתה דברך או | ברת | ברתך לא תבזה ערייתהון ארום |
| 040 | | | Lv20:17M | יסב ית אחתה \ברת אבוי | /ברת | דאבוי#2#/ או ברתה דאמה |
| 041 | | | Nu27:09 | ואין לית ליה | ברת | ותתנון ית אחסנתיה לאחוי: |
| 042 | | | Gn24:23 | ואמר | ברת | מן את תניין כען לי האית |
| 043 | | | Gn24:47 | ושאלית יתה ואמרת לה | ברת | מן את ואמרת ברת בתואל בר |
| 044 | | | Lv11:16 | וית | ברת | נעמיתה וית חטפיתה וית צפר |
| 045 | | | Dt14:15 | וית | ברת | נעמיתה וית חטפיתה וית צפר |
| 046 | | | Ex 1:16M | /ותק'#2#/ יתיה ואן | ברא/ברת#2#/ | נקבה היא ותיחי |
| 047 | | | Lv12:05M | ואין \ברה/<ב>רת#2#/ | | נקבה תלד /נקבה |
| 048 | | | Lv 4:28M | צפירת/<צפי>רה#2#/ | בר/<בר>ת#2#/ | עזין \נקבה#2#/ שלמה |
| 049 | | | Lv 5:06 | מן ענה אמרה או צפירה | ברת | עיזין לחטאתה ויכפר עלוי |
| 050 | | | Nu25:18 | דפעור ועל עסק כזבי | ברת | רבה דמדין אחתהון מה די |
| 051 | | | Lv14:10 | שלמין מן מום ואמרה חדה | ברת | שת' שלמה מן מום ותלתה |
| 052 | | | Nu 6:14 | מום חד לעלה ואימרה חדה | ברת | שתה שלם מן מום לחטאתה ודכר |
| 053 | | | Nu15:27M | תתחייב ותקרב עז | בר/ברת#2#/ | שתה לחטאתה/לחטת#2#/: |
| 054 | | | Dt21:03 | חכימי קרתה ההיא עגלת | ברת | תורין די לא אתפלח בה די לא |
| 055 | | | Gn15:09 | ואמר ליה קרב קדמיי עגלה | ברת | תלת שנין ועז בר תלת שנין |
| 056 | | | Gn17:17 | למולדה בנין ואן שרה הא | ברת | תשעין שנין אפשר לה למילד: |
| 057 | | | Ex12:42 | בר מאה ושרה אתתיה | ברת | תשעין שנין למקימה מה דאמר |
| 058 | | | Ex12:42 | שנין אולד ושרה אתתיה | ברת | תשעין שנין תלד ויצחק הוה |
| 059 | בת | | Gn36:10 | דעשו {{רא}} רעואל | בת | בשמת אתתיה דעשו: |
| 060 | | | Lv24:11M | ושמה דאתתה שלמית | ברת/בת#2#/ | דברי \לשבטה דבנוי /מן |
| 061 | | | Gn28:09M | ונסב ית מחל«ת» | ברת/בת#2#/ | ישמעאל בריה דאברהם |
| 062 | | | Gn24:15 | נפקת די אתיילדת לבתואל | בת | מלכה אתתא דנחור אחוי |
| 063 | | | Ex 6:23 | ונסב אהרן ית אלישבע | בת | עמינדב אחתיה דנחשון ליה |
| 064 | | | Lv22:27 | ורהט לבקרותיה ואייתי | בת | תורין שמין וטב ויהב לרביה |
| 065 | | | Dt21:03M | קרתה ההיא עגלת | ברת/בת#2#/ | תורין די לא אתפלח |
| 066 | וברת | | Lv21:09 | | וברת | גבר כהן ארום טעוה ומפסה ית |
| 067 | לברה | | Lv12:06 | יומי דכותה לבר דכר או | לברה | נקבה תייתי אמר בר שתה |
| 068 | | | Lv12:07 | דילדתה לבר דכר או | לברה | נקבה: |
| 069 | לברת | | Lv12:07M | /לביר#2#/ דכר או | לברה/<לבר>ת#2#/ | נקבה: |
| 070 | | | Lv12:06M | דכר או \לברה נקבה | /<לבר>ת | <נקב>ת#2#/ תייתי אמר בר |
| 071 | בר' | s em/sf | Nu26:46M | \ושמה דברתה /שום | בר'#2#/ | דאשר סרח: |
| 072 | | | Gn20:12M | /<מן> דקושטין אחותי | בר'#2#/ | דאבה היא לחוד לא ברתה |
| 073 | ברתא | | Gn34:31M | לברתיה/טניפו ית | ברתא#2#/ | דיעקב ברם יאי הוא |
| 074 | | | Gn34:01M | "ברת ... ילדת": | ברתא | דלאה דאיתילידת |
| 075 | | | Ex 2:01 | מביתה דלוי ונסב ית | ברתא | דלוי: |
| 076 | ברתה | | Gn34:07 | עבד בישראל למשמשה עם | ברתה | דיעקב וכדן לא הוה כשר |
| 077 | | | Ex 2:08 | ואמרת לה | ברתה | דפרע' אזלי ואזלת רביתיה |
| 078 | | | Gn20:12 | ולחוד מן קושטא אחתי | ברתה | דאבה היא לחוד לא ברתה דאמה |
| 079 | | | Dt27:22M | ברת אמיה ויאמרון כל | /ברתה | דאבוי או ברתה דאמיה |
| 080 | | | Lv18:09 | עיריתה דאחתך | ברתה | דאבוך או ברתה דאמ«ך» מה |
| 081 | | | Gn20:12 | ברתה דאבה היא לחוד לא | ברתה | דאמה והוות לי לאיתה: |
| 082 | | | Lv20:17 | יסב ית אחתה ברת אבוי או | ברתה | דאמה ויחמי ית עריתה והיא |
| 083 | | | Dt27:22M | כל /ברתה דאבוי או | ברתה | דאמיה ויענון כל#2#/ עמה |
| 084 | | | Lv18:09 | דאחתך ברתה דאבוך או | ברתה | דאמ«ך» מה דאולד אבוך מן |
| 085 | | | Lv18:10M | או \ברת ברתך לא תבזה | /ברתה | דבר{ים}<תך> לא ת'#2#/ |
| 086 | | | Lv18:17M | וית \ברת ברתה | /ברתה | דברתה#2#/ לא תסב למגליה |
| 087 | | | Gn38:02 | וחמה תמן יהודה | ברתה | דגבר כנענ{ע}אי ושמיה שוע |
| 088 | | | Nu36:08 | וכל | ברתה | דירתה אחסנה מן שיבטהון |
| 089 | | | Ex 2:05 | ונחתת | ברתה | דפרעה למתקררא על נהרא |
| 090 | | | Ex 2:09 | ואמרת לה | ברתה | דפרעה אייבילי ית טליא הדין |
| 091 | | | Gn29:23 | והוה ברמשא ונסב ית לאה | ברתה | ואייתי יתה לוותה ועל |
| 092 | | | Gn34:05 | שמע ארום סאב ית דינה | ברתה | ובנוי הוון עם בעירה באפיה |
| 093 | | | Gn29:29 | ויהב לבן לרחל | ברתה | ית בלהה אמהתא לה לאמהה: |
| 094 | | | Lv18:17 | תבזי ית ברת ברה וית ברת | ברתה | לא תסב למגליה עריתהון |
| 095 | | | Gn29:28 | דא ואסיב לה ית רחל | ברתה | לה לאתה: |
| 096 | | | Gn30:21 | ומן בתר «כדין» ילדת | ברתה | נקבה וקרת ית שמה דינה: |
| 097 | ברתהון | | Nu18:12 | טוב דעבור וחמר שרוי | ברתהון | די יפרשון לשמה דייי לך |
| 098 | ברתי | | Gn24:48M | ית ברת אחוי /למיסב ית | ברתי | דאחוי#2#/ דריבוני לברה: |
| 099 | | | Dt22:16 | אבוה דרביתה לחכימייה ית | ברתי | יהבית לגברא הדין לאתה וסני |
| 100 | ברתיה | | Gn29:06 | ואמרין שלם והא רחל | ברתיה | אתייא עם ענה: |
| 101 | | | Gn34:31M | עלבן כן הוה לדינה | ברתיה | דיעקב ואמר היך אתה זני |
| 102 | | | Gn34:31 | על די סאבו לדינה | ברתיה | דיעקב כלא מן כל כדין דלא |
| 103 | | | Gn34:31M | לדינא \אחתן היך אתה | /ברתיה | דיעקב כאתה#2#/ טעיא |
| 104 | | | Gn36:39 | ושמה דאתתה מהיטבאל | ברתיה | דגברא סרד«א» דהווה לעי |
| 105 | | | Gn46:18 | די יהב לבן ללא«ה» | ברתיה | וילדת ית אלין ליעקב |
| 106 | | | Gn46:25 | די יהב לבן לרחל | ברתיה | וילידת ית אלין ליעקב כל |
| 107 | | | Gn46:15 | בפדן ארם וית דינה | ברתיה | כל נפשתה בנוי ובנתיה |
| 108 | | | Ex 2:21 | ואסב ליה ית צפורה | ברתיה | למשה: |
| 109 | | | Gn29:24 | ית זלפה אמתיה ללאה | ברתיה | לאמהה: |
| 110 | | | Ex21:07 | וארום יזבן גבר ית | ברתיה | לאמהתה לא תפוק בנימוסי |
| 111 | ברתך | | Dt13:07 | ברה דאמ{ן}<ך> או ברך או | ברתך | או את{ה}<ת> חובך או חברך |
| 112 | | | Gn29:18 | קדמך שבע שנין ברחל | ברתך | זעירתא: |
| 113 | | | Lv18:10 | דברתה דברך או ברת | ברתך | לא תבזה ערייתהון ארום |
| 114 | ברתן | | Gn34:17 | תשמעון לן למגזר ונסב ית | ברתן | וניזל: |
| 115 | בבר' | | Dt22:17M | למימר לא אשכחית | לברתך/בבר'#2#/ | סהדוותה ואלין אנון |
| 116 | בברתיה | | Gn34:19 | ארום אתרעיית נפשיה | בברתיה | דיעקב והוא הוה יקר מן כל |
| 117 | בברתכון | | Gn34:08 | ברי אתרעיית נפשה | בברתכון | אסבו יתה כען לה לאתה: |
| 118 | דברתה | | Nu26:46 | ושמה | דברתה | דאשר סרח: |
| 119 | | | Lv18:11 | ערייתה | דברתה | דאיתתה דאבוך מה דאולד |
| 120 | | | Lv18:10 | ערייתה | דברתה | דברך או ברת ברתך לא תבזה |
| 121 | | | Lv18:17M | \ברת ברתה /ברתה | דברתה#2#/ | לא תסב למגליה עריתהון |
| 122 | דברתי | | Dt22:17 | ואלין אנון סהדוותה | דברתי | ויפרשון שושיפה קדם חכימי |
| 123 | דברתך | | Lv18:10M | ברתך לא תבזה /ברתה | דבר{ים}<תך> | לא ת'#2#/ ערייתהון |
| 124 | וברתה | | Lv21:09M | \וברת גבר | /וברתה | דג'#2#/ כהן ארום טעוה |
| 125 | | | Lv22:12 | | וברתה | דכהן ארום תתנסב לגבר |
| 126 | | | Lv22:13 | | וברתה | דכהן ארום תיהווי ארמלתה |
| 127 | | | Lv18:17 | ערותה דאתתה | וברתה | לא תבזי ית ברת ברה וית |
| 128 | וברתיה | | Dt18:10 | ביניכון גבר מעבר בריה | וברתיה | בנורא לא קסמי קסמין ולא |
| 129 | ובברתה | | Dt28:56 | בבעיל חובה ובברה | ובברתה: | |
| 130 | ודברתה | | Lv18:17M | ערותה דאתתה | וברתה/ודברתה#2#/ | לא תבזי ית ברת ברה |
| 131 | ולברתיה | | Lv21:02 | לאמיה ולאבוי ולברי' | ולברתיה | ולאחוי: |
| 132 | לברתה | | Nu27:08 | ותעברון ית אחסנתיה | לברתה: | |
| 133 | | | Nu30:17 | בין גבר לאתתיה בין אב | לברתה | ברביותה בביתה דאבוה: |
| 134 | לברתיה | | Gn34:31 | ופלח{ו}<י> {{צלמין}} | לברתיה | דיעקב ברם יאי הוא דיהוון |
| 135 | | | Ex 2:07 | ואמרת אחתיה | לברתיה | דפרעה ה{ו}א אזיל ואיקרי |
| 136 | | | Ex 2:10 | ורבה טליא ואיתת יתיה | לברתיה | דפרעה והוה לה לבר וקרת |
| 137 | לברתך | | Dt22:17 | למימר לא אשכחית | לברתך | סהדוותה ואלין אנון |
| 138 | בנן | p abs | Dt32:19 | עלוי היך בנין והיך | בנן: | |

| | | | | | |
|---|---|---|---|---|---|
| 139 | | Ex21:04 | אתה ותלד ליה בנין או | בנן | אתתא ובניה תהוי לריבונה |
| 140 | | Gn19:08 | הא כען לי תרתין | בנן | דלא חכמן גב«ר» אפיק כען |
| 141 | | Ex 2:16 | ולרבה דמדין שבע | בנן | ואתין ודלין ומליין ית |
| 142 | | Nu26:33 | הוו ליה בנין ארום אלהן | בנן | ושום בנתיה דצלפחד מחלה |
| 143 | | Gn29:16 | וללבן תרת«י»ן | בנן | שמא {דרבא} דרבתא לאה ושמה |
| 144 | ובנן | Gn 5:04 | בשניה הוה מולד בנין | ובנן: | |
| 145 | | Gn 5:07 | בשניה הוה מולד בנין | ובנן: | |
| 146 | | Gn 5:10 | בשנייה הוה מוליד בנין | ובנן: | |
| 147 | | Gn 5:13 | הווה מוליד בנין | ובנן: | |
| 148 | | Gn 5:16 | בשנייה הוה מוליד בנין | ובנן: | |
| 149 | | Gn 5:19 | בשני׳ הוה מולד בנין | ובנן: | |
| 150 | | Gn 5:22 | בשנייה הוה מולד בנין | ובנן: | |
| 151 | | Gn 5:26 | בשניה הוה מלד בנין | ובנן: | |
| 152 | | Gn 5:30 | בשניי׳ הוה מולד בנין | ובנן: | |
| 153 | | Gn11:11 | בשניה הוה מוליד בנין | ובנן: | |
| 154 | | Gn11:13 | בשניה הוה מוליד בנין | ובנן: | |
| 155 | | Gn11:15 | בשניה הוה מוליד בנין | ובנן: | |
| 156 | | Gn11:17 | בשניה הוה מוליד בנין | ובנן: | |
| 157 | | Gn11:19 | בשניה הוה מולד בנין | ובנן: | |
| 158 | | Gn11:21 | בשניה הוה מולד בנין | ובנן: | |
| 159 | | Gn11:23 | בשניה הוה מולד בנין | ובנן: | |
| 160 | | Gn11:25 | בשניה הוה מולד בנין | ובנן: | |
| 161 | | Gn 6:01 | למסגי על אפי ארעא | ובנן | נקבן אתילידו להון: |
| 162 | | Dt28:41 | בנין | ובנן | תולדון ולא יהוון לכון ארום |
| 163 | בנת p const | Gn30:13 | תשבחה רבה ישבחון יתי | בנת | ישראל בבתי כנישותא וקראת |
| 164 | | Nu36:10M | כדין/כן#2/ עבדו | בנתה/בנת#2/ | דצלפחד: |
| 165 | | Gn27:46M | מן קדם \בנתהון דחיתאי | /בנת | חיתאי#2/^דחת#2/^ אן |
| 166 | ובנת | Gn46:07 | וכל בנוי עמיה בנתיה | ובנת | בנתיה וכל זרעיה אחתו עמיה |
| 167 | מבנת | Gn28:02M | אתה מן \בנתיה דלבן | /מבנת | לבן#2/ אחוי דאמך: |
| 168 | | Lv20:02M | סיב דישמש עם איתתה | מבנת | עממיא |
| 169 | בנתא p em/sf | Gn31:43 | וענה לבן ואמר ליעקב | בנתא | בנתיי ובניא בניי וענה עניי |
| 170 | בנתה | Gn19:30 | ושרה במערתא הוא ותרתין | בנתה: | |
| 171 | | Lv24:12 | יכלו למעבד פיסחה ובדין | בנתה | דצלפחד הוה משה זריז |
| 172 | | Nu15:34 | {פסחא} בזמנה ובתרין | בנתה | דצלפחד הוה משה זריז |
| 173 | | Nu27:01 | וקרבין | בנתה | דצלפחד בר חפר בר גלעד |
| 174 | | Nu27:07M | כדין/כן#2/ | בנתיה/בנתה#2/ | דצלפחד מלילו מתן |
| 175 | | Nu36:10 | ייי ית משה כדן עבדו | בנתה | דצלפחד: |
| 176 | | Nu24:25M | חזר לאתריה ואקים | בנתיה/בנתה#2/ | על פרה רבה |
| 177 | | Gn19:30 | וישרא במערתא הוא ותרתין | בנתה | עמיה ארום דחל למשרי בזער |
| 178 | בנתהון | Lv26:29 | למיכל בשר בניהון ובשר | בנתהון | אכלו: |
| 179 | | Ex34:16 | מבנתהון לבניכון ויטעון | בנתהון | בתר טעוותהון ויטעיין ית |
| 180 | | Gn30:13M | /שבוחה די שבחו יתי | בנתהון | דישראל בבתי מדרשייה |
| 181 | | Dt23:18 | תיהווי איתה נפקת בר מן | בנתהון | דישראל ולא גבר נפק בר מן |
| 182 | | Ex 6:25M | אהרן נסב לה מן | בנתיה/בנתהון#2/ | דפוטיאל ליה לאתה |
| 183 | | Gn 6:02 | וחמון בני דייניא ית | בנתהון | דבני אנשא ארום שפורין |
| 184 | | Gn 6:04 | די עלו בני דיניא לות | בנתהון | דבני אנשא וילידו להון |
| 185 | | Gn27:46 | אתעיקת בחי מן קדם | בנתהון | דחיתאי אן נסב יעקב את׳ |
| 186 | | Gn27:46 | אן נסב יעקב את׳ מן | בנתהון | דחיתיי כאלין מן בנתהון |
| 187 | | Gn24:37 | לא תסב אתה לברי מן | בנתהון | דכנענאי די אנא שרי |
| 188 | | Gn36:02 | עשו נסב ית נשוי מן | בנתהון | דכנענאי ית עדה ברת אלון |
| 189 | | Gn24:03 | דלא תסב אתא לברי מן | בנתהון | דכנענעאי די אנא שרא |
| 190 | | Gn28:01 | ואמר ליה לא תסב אתה מן | בנתהון | דכנענעאי: |
| 191 | | Gn28:06 | למימר לא תסב אתה מן | בנתהון | דכנענעאי: |
| 192 | | Gn28:08 | עשו ארום בישן אנון | בנתהון | דכנענעאי באפוי דיצחק |
| 193 | | Nu25:01 | ושרי עמא למזניה עם | בנתהון | דמואבי: |
| 194 | | Gn49:22 | בחד׳ מנהון והוון | בנתהון | דמלכייא ושולטנייא אמרין |
| 195 | | Gn49:22 | וזעירא בשנייא והוון | בנתהון | דמלכייא ושלטנייא מדיקין |
| 196 | | Nu31:50M | והוינן חמיין תמן | בנתהון | דמלכי<יה> מדיינאי ייתה |
| 197 | | Gn19:26 | ועל דהות אתתה דלוט מן | בנתהון | דסדומיא אסתכלת לבתר«ה» |
| 198 | | Gn27:46 | בנתהון דחיתיי כאלין מן | בנתהון | דעמא דארעא למה כען לי |
| 199 | | Gn34:01 | ליעקב למתחמייא עם | בנתהון | דעמא דארע׳: |
| 200 | | Nu31:50 | והוינן חמ{ד}<י>ין | בנתהון | יאתה ושפירתה מחטיתה |
| 201 | | Dt12:31 | לחוד ית בניהון וית | בנתהון | יוקדון בנורא לטעוותהון: |
| 202 | | Gn34:21 | היא בתחומה קדמיהון ית | בנתהון | נסב לן לנשין וית בנתן נתן |
| 203 | בנתי | Gn31:26M | וגנבת ית דעתי ודברת ית | בנתי | היך שביין דערקין מן קדם |
| 204 | | Gn31:43M | נשיא אילין | בנתי | הינין ובניא {הין} בניי |
| 205 | | Gn31:50 | אין תצער ית | בנתי | ואין תסב נשין על בנתי לית |
| 206 | | Gn31:50 | בנתי ואין תסב נשין על | בנתי | לית גבר עמן חמי ייי הוא |
| 207 | בנתיה | Nu27:01 | בר יוסף ואלין שמהת | בנתיה | מחלה נעה חגלה מלכה |
| 208 | | Gn19:16 | דאיתתיה וביד תרתין | בנתיה | במחוס מן קדם ייי עלוי |
| 209 | | Gn28:02 | וסב לך מן תמן אתה מן | בנתיה | דלבן אחוי דאמך: |
| 210 | | Gn19:36 | ועברין תרתין | בנתיה | דלוט מן אבוהון: |
| 211 | | Ex 6:25 | בר אהרן נסב לה מן | בנתיה | דפוטיאל ליה לאתה וילידת |
| 212 | | Nu 9:08 | למעבד פסחה בזמנה ובדין | בנתיה | דצלפחד הוה משה זריז |
| 213 | | Nu15:34M | בזמנא וב{ג}<ד>ין | בנתיה | דצלפחד הוה משה זריז |
| 214 | | Nu26:33 | ארום אלהן בנן ושום | בנתיה | דצלפחד מחלה ונעה חגלה |
| 215 | | Nu27:05 | פסחא בז<י>מניה ובתרין | בנתיה | דצלפחד הוה זריז מן בגלל |
| 216 | | Nu27:07 | כדין | בנתיה | דצלפחד מלילו מתן תתן |
| 217 | | Nu36:11 | וחגלה ומלכה ונעה | בנתיה | דצלפחד לבנוי דאחוי |
| 218 | | Gn19:14 | ומלל עם חתנוי נסבי | בנתיה | ואמר קומו פוקו מן |
| 219 | | Gn46:07 | בנוי וכל בנוי עמיה | בנתיה | ובנת בנתיה וכל זרעיה אחתו |
| 220 | | Gn36:06 | ית נשוי וית בנוי וית | בנתיה | וית כל נפשתא דביתי׳ וית |
| 221 | | Gn46:07 | בנוי עמיה בנתיה ובנת | בנתיה | וכל זרעיה אחתו עמיה |
| 222 | | Gn37:35 | <וקמו> כל בנוי וכל | בנתיה | למנחמה יתיה וסרב למתנחמה |
| 223 | | Nu24:25 | בלק חזר לאתריה ואקים | בנתיה | על פרה רבה: |
| 224 | בנתיהון | Gn49:22M | לעלמ׳ דאתי והוויין | בנתיהון | |
| 225 | בנתיי | Gn31:43M | בניי אנון חשיבין דמן | בנתיי | אתילידן וענה מן ענה דידי |
| 226 | | Gn31:43 | לבן ואמר ליעקב בנתא | בנתיי | ובניא בניי וענה עניי וכל |
| 227 | בנתייך | Gn31:41M | שנין בתרתין | בנתך/בנ{י}ת<י>יך#2/ | ושית שנין בענך |
| 228 | בנתך | Gn19:15 | דבר ית אתתך וית תרתין | בנתך | דאשכחן דלא תשתיצא בחובי |
| 229 | | Gn31:41 | ארבע עשרה שנין בתרתין | בנתך | ושית שנין בענך ושלחפת ית |
| 230 | | Gn31:31 | ארום אמרת לא תגזול ית | בנתך | מן לוותי: |
| 231 | בנתכון | Gn34:09 | והתערבו לן | בנתכון | הבו לן וית בנתן תסבון |
| 232 | | Ex 3:22 | ותשוון על בניכון ועל | בנתכון | ותרוקנון ית מצריי: |
| 233 | | Dt 7:03 | ולא תתערבון עמהון | בנתכון | לא תתנון לבניהון ובנתהון |
| 234 | | Lv19:29 | לא תשהר׳ ית | בנתכון | מן למסבה יתהון דלא תזני |
| 235 | | Gn34:16 | ונתן ית בנתן לכון וית | בנתכון | נסב לון ונשרי עמכון |
| 236 | בנתן | Gn34:16 | ונתן ית | בנתן | לכון וית בנתכון נסב לון |
| 237 | | Gn34:21 | בנתהון נסב לן לנשין וית | בנתן | נתן להון: |
| 238 | | Gn34:09 | לן בנתכון הבו לן וית | בנתן | תסבון לכון: |
| 239 | בבנתהון | Gn34:01M | למתחמייא \עם | בנתהון/בבנתהון#2/ | דעמא דארע׳: |
| 240 | דבנתה | Ex21:09 | יזמן יתה כסדר דנהון | דבנתה | יעבד לה: |
| 241 | דבנתהון | Ex21:09M | יתה כסדר דנהון | דבנתה/דבנתהון | דישראל#2/ יעבד לה: |
| 242 | ובנותיך | Gn19:12 | לך הכה חתנך ובניך | ובנותיך | וכל מה דאית לך בקרתא אפק |
| 243 | ובנתהון | Nu21:29 | בניהון שלילן בקולריא | ובנתהון | בשבייתה למלכיהון דאמוריי |
| 244 | | Gn24:13 | מעתד על עניא דמיא | ובנתהון | דעמא דארעא נפקין לממלי |
| 245 | | Dt 7:03 | לא תתנון לבניהון | ובנתהון | לא תסבון לבניכון: |
| 246 | ובנתיה | Gn46:15 | ברתיה כל נפשתה בנוי | ובנתיה | תלתין ותלת: |

| | | | | | |
|---|---|---|---|---|---|
| 247 | ובנתך | Lv10:14 | באתר דכי את ובניך | ובנתך | עמך ארום חולקך וחולקהון |
| 248 | ובנתכון | Dt28:53 | מעיכון בשר בניכון | ובנתכון | די יהב ייי אלהכון לכון |
| 249 | | Ex32:02 | באדני נשיכון בניכון | ובנתכון | ואייתון לוותי: |
| 250 | | Dt 5:14 | עבידה אתון ובניכון | ובנתכון | ועבדיכון ואמהת«י»כון |
| 251 | | Dt12:12 | אלהכון אתון ובניכון | ובנתכון | ועבדיכון ואמהתכון וליווי |
| 252 | | Dt12:18 | בה אתון ובניכון | ובנתכון | ועבדיכון ואמהתכון וליווי |
| 253 | | Dt16:14 | אתון ובניכון | ובנתכון | ועבדיכון ואמהתכון |
| 254 | | Ex20:10 | עובדה אתון ובניכון | ובנתכון | ועבדכון ואמהתיכון |
| 255 | | Dt16:11 | אלהכון אתון ובניכון | ובנתכון | ועבדיכון ואמהתכון וליוויי |
| 256 | | Dt28:32 | בניכון | ובנתכון | מסירין לאמא אחרי |
| 257 | ובבנתן | Ex10:09 | ובסבינן ניזל בב<נ>ינן | ובבנתן | בענן ובתורינן ניזל |
| 258 | ולבנתי | Gn31:28 | יתי למנשקיה לבני | ולבנתי | כדון אסכלת ית מה דעבדת: |
| 259 | | Gn31:43 | חמי {לי הו} לי הוא | ולבנתי | מה אעביד לאלין יומא דן או |
| 260 | ולבנתיה | Gn32:01 | בצפרא ונשק לבנוי | ולבנתיה | וברך יתהון ואזל וחזר |
| 261 | ולבנתך | Nu18:11 | ישראל לך יהבית ולבנך | ולבנתך | עמך לקיים עלם כל דדכי |
| 262 | | Nu18:19 | דייי יהבית לך ולבניך | ולבנתך | עמך לקיים עלם קיים מלח |
| 263 | לבנתיה | Nu36:02 | אחסנת צלפחד אחונן | לבנתיה: | |
| 264 | | Nu36:06 | דן פתגמא די פקד ייי | לבנתיה | {דצפל} דצלפחד למימ' למן |
| 265 | | Ex 2:20 | ואמר | לבנתיה | ואן הוא למה כען שבקתון ית |
| 266 | מבנתהון | Ex34:16 | ותסבון | מבנתהון | לבניכון ויטעון בנתהון |

## ברז *vb.* to bore

[112]

| | | | | | |
|---|---|---|---|---|---|
| 001 | ויברז peal | Ex21:06M | "וירצע ... לעלם": | ויברז | רִבוני' ית אונ<יה> ימינ' |

## ברזל ⇐ *n.* פרזל

## ברי *vb.* to create

[112]

| | | | | | |
|---|---|---|---|---|---|
| 001 | ברא peal | Gn 2:02 | שביעיא מן כל עבדתיה די | ברא: | |
| 002 | | Gn 2:08 | תמן ית אדם קדמיא די | ברא: | |
| 003 | | Gn 3:24 | עלמא תרין אלפין דשנין | ברא | אוריתא אתקן גנת עדן |
| 004 | | Gn 5:02M | אדם ביומא דברא/די | ברא#2/: | {ד} יתהון: |
| 005 | | Gn 1:01 | מלקדמין בחכמה | ברא | דייי שכלל ית שמיא וית |
| 006 | | Gn 2:02 | שביעיא עיבידתיה די | ברא | והוה שבא ונייח קדמוי ביומא |
| 007 | | Gn 1:01M | ברא דייי /בחוכמתא | ברא | ייי#2/ שכלל/ושכלל#2/ |
| 008 | | Gn 3:01 | מן כל חייתא דאפי ברה די | ברא | ייי אלהים ואמר לאיתתא ארום |
| 009 | | Gn 5:01 | תלדוותה דאדם ביומא די | ברא | ייי ית אדם בדמו מן קדם ייי |
| 010 | | Ex20:11 | ארום לשתא יומין | ברא | ייי שמיא וית ארעא ית ימיה |
| 011 | | Ex31:17 | לעלם ארום שתה יומין | ברא | ייי ית שמיא וית ארעא |
| 012 | | Dt 4:19M | /להון#2/ די | פליג/ברא#2/ | ייי אלהכון יתהון לכול |
| 013 | | Dt 4:32 | קדמיכון למן יומא די | ברא | ייי אלהים אדם קדמיה על |
| 014 | | Gn 6:06 | תהו מן קדם ייי ארום | ברא | ית אדם בארעא |
| 015 | | Gn 9:06 | ארום בדמו מן קדם ייי | ברא | ית אדם: |
| 016 | | Gn 1:27 | ייי ברה יתיה דכר וזוגיה | ברא | יתהון: |
| 017 | | Gn 5:01 | ית אדם בדמו מן קדם ייי | ברא | יתיה: |
| 018 | | Dt26:19 | ומנטלין על כל אומייה די | ברא | ליקרה ולתושבחה ולרוממי |
| 019 | בראת | Gn 6:07 | ארום הוה תהו קדמי ארום | בראת | יתהון: |
| 020 | ברה | Gn 2:03 | מן כל עיבידתיה די | ברה | איקרה דייי למעבד: |
| 021 | | Gn 5:02 | דכר ונוקב' | ברה | יתהון וברך יתהון וקרה ית |
| 022 | | Dt32:15 | ואנשון ית מימר אלהה די | ברה | יתהון וכפרו בדחלתיה דתקיפה |
| 023 | | Gn 1:27 | בדמותיה בדמו מן קדם ייי | ברה | יתיה דכר וזוגיה ברא יתהון: |
| 024 | | Dt32:06 | אבוך די קנה יתכון ודי | ברה | יתכון ושכלל יתכון: |
| 025 | | Dt32:18 | תקיפה די | ברה | יתכון שבקתון ואשיתון ית |
| 026 | ברי' | Gn 6:07M | אמחה ית בר נשא די | ברי'#2/ | מעלוי אפי/אפא#2/ דארעא |
| 027 | ברית | Gn 7:04 | ית כל ברייתיה די | ברית | מעלווי אפי ארעא: |
| 028 | ברית | Gn 8:21M | די עבדת /ית מה די | ברית#2/: | |
| 029 | | Gn 6:07M | בראת יתהון /תוהו ארום | ברית | יתהון#2/: |
| 030 | | Gn 6:07 | ואמר ייי אשיצה ית אדם די | ברית | מעלוי אפי דארעא מן |
| 031 | יברא | Nu16:30 | ואן ברייה חדתה | יברא | ייי ותפתח ארעא ית פמה |
| 032 | | Gn 3:24 | תרין כרוביה קדם על לא | יברא | עלמא תרין אלפין דשנין ברא |
| 033 | נברא | Gn 1:26 | ואמר ייי | נברא | בר נש בדמותן |
| 034 | דברא | Gn 5:02 | וקרה ית שמון אדם ביומא | דברא | {ד} יתהון: |
| 035 | | Gn 2:04 | באיתברייתהון ביומא | דברא | ייי אלהים שמיא וארעא: |
| 036 | | Dt32:18M | ית ממר אלהה די | שכלל/דברא#2/ | יתכון ועבד יתכון |
| 037 | | Gn21:33M | למיתן שבחא למרי/למן | דברא#2/ | עלמא ופלח וצלי בשם ממרי |
| 038 | דברית | Gn 3:09 | ואמר ליה הא כל עלמא | דברית | גלי קדמי חשוכה ונהורה גלי |
| 039 | | Gn 3:22 | אלהים הא אדם קדמיה | דברית | יתיה יחידיי בעלמא היך מה |
| 040 | | Nu12:07 | עבדי מש' בכל עולמי | דברית | מהימן הוא: |
| 041 | וברא | Gn 1:07 | | וברא | ייי ית רקיעא ואפרש בין מיא |
| 042 | | Gn 1:21 | | וברא | ייי ית תרין תניניא רברביא |
| 043 | | Gn 2:07 | | וברא | ייי אלהים ית אדם עפר מן |
| 044 | | Gn 2:19 | | וברא | ייי אלהים מן אדמתא כל חיתא |
| 045 | | Gn 1:16 | | וברא | ממרא דייי ית תרין נהוריא |
| 046 | | Gn 1:25 | | וברא | ממרא דייי ית חייתא דארעא |
| 047 | | Gn 1:27 | | וברא | ממרה דייי ית בר נשא |
| 048 | | Gn 3:21M | \ועבד ייי אלהים | /וברא | ממריה דייי#2/ לאדם |
| 049 | ותברא | Ex15:16M | בתקוף/ אימתי דמות' | ותברא | בתקף#2/ אדרע גבורתך |
| 050 | למברה | Dt32:01 | ברם עתיד הוא ייי | למברה | שמיא {חת}<חד>תין וארעא |
| 051 | למבריה | Ex12:42 | כד אתגלי ייי על עלמא | למבריה | יתיה הוה עלמא תהו ובהו |
| 052 | איתברא etpeel | Ex 3:14M | אנא הוויתי עד לא | איתברא | עלמא ואנא הוויתי מן |
| 053 | איתברי | Gn 4:08 | מסתכל אנה דלא ברחמי' | איתברי | עלמא ולא על פירי עובדין |
| 054 | | Gn 4:08 | מסתכל אנא די ברחמין | איתברי | עלמא ועל פירי עובדין טבין |
| 055 | איתבריאת | Nu16:30M | אן מן <י>ומי' עלמא | איתבריאת | מיתותה בעלמא לעלמא הדין |
| 056 | אתברון | Ex34:10 | אעבד נסין ופלאין די לא | אתברון | בכל ארעא ובכל אמיא ויחמי |
| 057 | אתברי | Gn 2:05 | ארעא ואדם עד כדון לא | את«ברי» | למהוי פלח בארעא: |
| 058 | | Gn 3:23 | דעדן למפלח ית ארעא די | אתברי | מן תמן: |
| 059 | | Gn 4:08M | אפעלגב די ברחמ' | אתברי | עלמא כפרי עובדין ומסב |
| 060 | | Gn11:01 | הוון משתעין דבה | אתברי | עלמא מן שרויה: |
| 061 | | Nu22:30 | דיצחק ויעקב דבגללהון | אתברי | עלמא מן ראש ובזכוותהון |
| 062 | אתבריו | Dt29:14M | מן יומי עלמא ודלא | אתבריו | עד כדון כולהון קיימין |
| 063 | אתבריין | Dt32:17 | חדתן אינון דמן כדון | אתבריין | דלא אתעסקו בהון אבהתכון: |
| 064 | אתבריית | Gn 2:23 | «אתה» ארום מן גבר | אתבריית | דא: |
| 065 | אתברית | Gn 3:19 | מחזרך לארעא ארום מנה | אתברית | ארום עפר את ולעפרא את |
| 066 | ית' | Ex34:10M | ופלאין די לא | אתברון/ית#2/ | בכל ארעא ובכל אמיא |
| 067 | | Dt32:17M | דמן כדון | אתבריין/ית#2/ | דלא/לא#2/ אתעסקו |
| 068 | תתברא | Gn 2:23 | אדם הדא זמנא ולא עוד | תתברא | אתה מן בר נשה היך מה |
| 069 | תתברי | Nu16:30M | הדין הא טב ואין לא | תתברי | כדון ותפתח |
| 070 | דאיתברי | Ex 3:14M | ואנא הוויתי מן | דאיתברי{ה} | עלמ' אנא הוא דהוויתי |
| 071 | דאתברי | Gn10:09M | מן יומא | דאתברי | עלמא לא הוה גיבר בחטאה |
| 072 | דאתברית | Gn 2:23 | אתה מן בר נשה היך מה | דאתברית | דא מני גרם מן גרמי ובשר |

## ברי 4# *vb.* to provide funerary meals [Heb.]

[!!]

| | | | | | |
|---|---|---|---|---|---|
| 001 | תוורון afel | Lv19:26M | דם קטילי סנהדרין /לא | תוורון | על אדם קס{ו}<י>ל{ו}<י> |

## ברי *adj.* healthy, firm [112]

| | | | | | | |
|---|---|---|---|---|---|---|
| 001 | בריין | p abs | Gn41:18 | נהרא סלקן שבע תוריין | בריין | בבשרהון ויאיין ברווהון |
| 002 | | | Gn41:05 | שבע שבלין סלקן בקנה חד | בריין | וטבן: |
| 003 | ובריין | | Gn41:02 | שבע תורין יאיין למחמי | ובריין | בבשריהון והויו רעין |
| 004 | בריאתה | p em/sf | Gn41:20 | שבעתי תוריא קדמייתא | בריאתה: | |
| 005 |ברייתא | | Gn41:07 | דקיקתה ית שבעתי שבליא | ברייתא | ומלייתא ואיתעיר פרעה והא |
| 006 | וברייתא | | Gn41:04 | תורייא יאיין למחמי | וברייתא | ואתער פרעה: |

## בריו *n.* strength (?) [112]

| | | | | | | |
|---|---|---|---|---|---|---|
| 001 | בבריותה | s em/sf | Nu24:06 | ומשבחין ומנטלין | בבריותה: | |
| 002 | ביברייותא | | Nu24:06M | רמין ומנטלין | ביב{צ}<ר>{ו}יי<ו>תא | |

Preferably to be read either as a form of ברת/ברות, 'juniper' or ברייה, 'creation'.

## בריי *adj.* foreign [113]

| | | | | | | |
|---|---|---|---|---|---|---|
| 001 | בריה | s ab/cn | Lv10:01 | וקריבו קדם ייי אשא | בריה | דלא פקד יתהון: |
| 002 | | | Nu 3:04 | ואביהוא בקרבותהון אשא | בריה | קדם ייי במדברה דסיני |
| 003 | | | Nu26:61 | ואביהוא בקרבותהון אשא | בריה | קדם ייי: |
| 004 | ברייה | | Ex30:09M | קטורן | ברייה | עלוון ומנחה ונסוך לא |
| 005 | בריה | s em/sf | Lv10:01M | פקד יתהון /בהן אשתא | בריה | מן תפין מה דלא אתפקד |
| 006 | בריתה | | Ex26:04 | וכן תעבד בסטרא דיריעתה | בריתה | בבית דבוקה תניינא: |
| 007 | | | Ex26:04 | על סטרא דיריעתה חדתה | בריתה | בבית דבוקה וכן תעבד בסטרא |
| 008 | | | Ex26:10 | על סיטרא דיריעתה חדתה | בריתה | בבית דבוק«ה» וחמשין |
| 009 | | | Ex36:11 | עבד בסיטרה די יריעתה | בריתה | בבית דבוקה·תניינא: |
| 010 | | | Ex36:11 | על סטרא דיריעתה חדה | בריתה | בבית דבוקה כן עבד בסיטרה |
| 011 | | | Ex36:17 | חמשין על סטרין דיריעתה | בריתה | בבית דבוקה וחמשין ענבין |

## ברייה *n.* creation [113]

| | | | | | | |
|---|---|---|---|---|---|---|
| 001 | ברייה | s ab/cn | Nu16:30 | ואן | ברייה | חדתה יברא ייי ותפתח ארעא |
| 002 | ברית | | Gn 2:01 | ואשלמו | ברית | שמ«י»א וארעא וכל |
| 003 | ברייתיה | s em/sf | Gn 7:04 | לילון ואישצי ית כל | ברייתיה | די ברריית מעלווי אפי |
| 004 | ברייתא | p em/sf | Dt11:06M | בגו עמא בני ישראל | /ברייתא | דאית בעצתא דקורח בגו |
| 005 | | | Gn 7:23 | ושיצי ית כל | ברייתא | די על אפי דארעא די מן |
| 006 | ברייתה | | Nu16:32 | וית בתיהון וית כל | ^^ברייתה | דהון עם קרח וית כל#2#^^ |
| 007 | | | Nu21:06 | ברומה אתון חמון כל | ברייתה | ואתון אציתו כל בני בשרא |
| 008 | | | Nu16:29 | גזרתה דמתגזר על כל | ברייתה | יתגזר על אילין לא מן קדם |
| 009 | | | Nu12:01 | דכושיה שני בגופה מן כל | ברייתה | כדין הות ציפורה אתתה |

## בריך *adj.* blessed [113]

| | | | | | | |
|---|---|---|---|---|---|---|
| 001 | ברוך | s ab/cn | Gn27:29M | דמברך יתך יהוי | מברך/ברוך#2#/ | כמשה נביא ספרון |
| 002 | | | Gn49:02 | ייי חד ענה יעקב ואמר | ברוך | שמיה כבודיה דמלכותיה לעלמי |
| 003 | בריך | | Gn 9:26 | ואמר | בריך | הוא ייי אלהא דשם ויהווי |
| 004 | | | Gn14:19 | ובריך יתיה ואמר | בריך | הוא אברם קדם אלהא עילאה |
| 005 | | | Gn24:27 | ואמר | בריך | הוא ייי אלהא דריבוני |
| 006 | | | Dt 3:02M | כן אמתין ליה קודשא | בריך | הוא והוא שמיה משבח שנין |
| 007 | | | Nu22:06M | ^ית מה#2#^ די את | מברך/בריך#2#/ | יהווי מברך וית מה |
| 008 | | | Dt27:15 | טורה דגריזים ואמרין | בריך | יהווי גברא דלא יעבד {{צלם |
| 009 | | | Gn27:33 | נפקת מן שמיא ואמרת לחוד | בריך | יהוי: |
| 010 | | | Ex18:10 | ואמר יתרו | בריך | ייי די שיזב יתכון מן |
| 011 | | | Nu24:09M | ודמברך יתהון יהווי | בריך | <כ>משה נבייא <ס>פריהון |
| 012 | | | Dt33:20 | ברך משה נביא דייי ואמר | בריך | מן דאפתי תחומה דגד נייח |
| 013 | | | Dt33:24 | משה נבייא דייי ואמר | בריך | מן בניא יהווי מרעיה |
| 014 | | | Dt 6:04M | /עד#2#/ /ענה יעקב אמ' | בריך | שמ'#2#/ לעלמי עלמין: |
| 015 | בריכה | | Gn24:31 | ואמר עול | בריכה | דייי למה כען את קיים לברא |
| 016 | | | Gn26:29 | בשלם את הוא מן כדון | בריכה | דייי: |
| 017 | | | Dt33:13 | נבייא דייי ואמר מה | בריכה | היא מן קדם ייי ארעא |
| 018 | וברוך | | Gn14:20 | | וברוך | הוא אלהא עליא די תבר |
| 019 | ובריך | | Gn40:23M | וישוי בשרא רחצונא | ובריך | יהוי גברא די יתרחיץ בשם |
| 020 | | | Nu10:36M | דייי מן תקוף רוגזך | ובריך | רבוותה ואסגי אלפייה דבני |
| 021 | בריכון | p abs | Dt28:05 | | בריכון | תהוון עמי בני ישראל בסלי |
| 022 | בריכין | | Nu22:12 | ולא תלוט ית עמה ארום | בריכין | אינון: |
| 023 | | | Gn49:25 | דסלקין מן ארעא מן לרע | בריכין | דדיא דינקת מנהון ומעיה |
| 024 | | | Gn27:29M | ומברכיך יהון | בריכין | כאהרן כהנא |
| 025 | | | Dt28:05M | ובתנורי אצוותכון | /בריכין | סלי ביכורייך ואבטיתך |
| 026 | | | Dt 7:14 | | בריכין | תהוון מן כל אומייה ולא |
| 027 | | | Dt28:03 | | בריכין | תהוון עמי בני ישראל במה |
| 028 | | | Dt28:06 | | בריכין | תהוון עמי בני ישראל |
| 029 | ובריכין | | Dt28:04 | | ובריכין | תהוון עמי בני ישראל |
| 030 | | | Dt28:06 | תהוון עמי בני ישראל | ובריכין | תהוון עמי בני במיפקכון |

## בריר *adj.* clear [114]

| | | | | | | |
|---|---|---|---|---|---|---|
| 001 | ברירא | s ab/cn | Ex30:34 | מרייא וחלבנה ולבונה | ברירא | מתקל במתקל יהווי: |
| 002 | ברירה | | Dt28:23 | וארעא די תחותיכון | ברירה | היך פרזלה מן למרביה לכון |
| 003 | | | Lv24:07 | ותתן על סדורה לבונה | ברירה | ותהוי ללחם לאדכרה קדם |
| 004 | ברירין | p abs | Lv26:19 | ית שמייה די עלויכון | ברירין | היך פרזלה מן למחתה לכון |
| 005 | | | Dt33:25 | הא עמא דבית אשר | ברירין | היך פרזלה וחסימין היך |
| 006 | | | Dt 8:09M | מנדעם בה ארע די אבניה | ברירין | כפורזלא וטורניה |
| 007 | | | Dt28:23M | דאית מעילוויכון | ברירין | כפורזלה דלא למחתה לכון |
| 008 | | | Lv26:19M | שמייא דאית מעילוויכון | ברירין | כפרזלא דלא למחתה לכון לא |
| 009 | וברירן | | Dt 8:09 | בה ארע דאבניה שריין | וברירן | היך פרזלה ומן טווריה |

## ברך *vb.* to bless [114]

| | | | | | | |
|---|---|---|---|---|---|---|
| 001 | בריך | pael | Dt 2:07M | ארום ייי אלהכון | ∧בריך | יתכון בכל עבדי^עובד#2#/ |
| 002 | ברך | | Gn28:06 | וחמ«ה» עשו ארום | ברך | יצחק ית יעקב ושלח יתיה |
| 003 | | | Dt33:01 | ודא ברכתה די | ברך | משה נביא דייי ית בני |
| 004 | | | Dt33:07 | ודא ברכתה די | ברך | משה נבייא דייי לשבטה |
| 005 | | | Dt33:08 | ולשבטה דלוי | ברך | משה נביא דייי ואמר תומייא |
| 006 | | | Dt33:12 | ולשבטה דבנימן | ברך | משה נבייא דייי ואמר רחימה |
| 007 | | | Dt33:13 | ולשבטה דיוסף | ברך | משה נבייא דייי ואמר מה |
| 008 | | | Dt33:18 | ולשבטה דזבולן | ברך | משה נבייא דייי ואמר חדון |
| 009 | | | Dt33:20 | ולשבטה דגד | ברך | משה נביא דייי ואמר בריך |
| 010 | | | Dt33:22 | ולשבטה דדן | ברך | משה נבייא דייי ואמר דן |
| 011 | | | Dt33:23 | ולשבטה דנפתלי | ברך | משה נבייא דייי ואמר |
| 012 | | | Dt33:24 | ולשבטה דאשר | ברך | משה נבייא דייי ואמר בריך |
| 013 | | | Ex20:11 | ביומא שביעיא בגין כדין | ברך | ייי ית יומא דשבתא וקדש |
| 014 | | | Dt33:11 | | «ברך | ייי חיילוות שבטה דבנוי |
| 015 | | | Gn24:01 | ועל ביומיא וממריה דייי | ברך | ית אברהם בכל«א»: |
| 016 | | | Gn24:35 | ויייי | ברך | ית ריבוני לחדא ותקף ויהב |
| 017 | | | Gn27:41 | ית יעקב על ברכתא די | ברך | יתה אבוי ואמר עשו בלבא |
| 018 | | | Gn28:06 | למסבה ליה מן תמן אתה כד | ברך | יתה ופקד עלוי למימר לא תסב |
| 019 | | | Gn49:01M | וכיון דאיתכסי מיני' | ברך | יתהון |
| 020 | | | Gn49:01 | גבר לפם עבדוי טבייא | ברך | יתהון: |
| 021 | | | Gn49:28 | יתהון גבר כמסת ברכתיה | ברך | יתהון: |
| 022 | | | Gn49:28 | תרין עשר ודא ברכתא די | ברך | יתהון גבר כמסת ברכתיה ברך |
| 023 | | | Gn27:34 | עד לחדא ואמר לאבוי | ברך | יתי אף אנא אבא: |
| 024 | | | Gn27:38 | הא ברכה חדא אית לך אבא | ברך | יתי אף אנה אבא ונטל עשו |

|  |  |  |  |  |  |
|---|---|---|---|---|---|
| 025 | | Gn27:27M | בטור בית מקדשה די | ברך | יתיה ממריה דייי |
| 026 | | Gn27:27 | בית מקדשא הוא טורא | ברך | יתיה חי וקיים כל |
| 027 | | Dt15:14 | ומן מעצרתך מן מה די | ברך | יתך ייי אלהך תתן לה: |
| 028 | | Dt12:07 | אתון ואינשי בתיכון די | ברך | יתכון ייי אלהכון: |
| 029 | | Dt15:06 | ארום ייי אלהכון | ברך | יתכון היך מה די מלל לכון |
| 030 | | Dt16:10M | היך מה \די יברך/די | ברך#2#/ | יתכון ייי אלהכון: |
| 031 | | Ex20:11M | ברך ייי /מן בגין כן | ברך | מימרי׳ דייי#2#/ ית יומא |
| 032 | | Gn22:14M | "ברי ... מן יד אקדמית": | ברך | קדמוי ובמניין אקד׳ |
| 033 | ברכו | Gn49:26 | יתוספון לך על ברכתא די | ברכו | יתי אבהתי אברהם ויצחק |
| 034 | ברכיה | Gn25:27M | הוא ומטול הכנא | ברכיה | אבוי ואמר ליה ועל חרבך |
| 035 | ברכת | Gn49:26M | דמתילין בטוורין ומן | ברכת | ארבעתי אמהתא דמתילין |
| 036 | | Gn17:20 | שמעית לקל צלותך הא | ברכת | יתה ותוקפת יתיה וסגית יתיה |
| 037 | | Nu23:11 | דברת יתך והא מברכה | ברכת | יתהון: |
| 038 | | Nu24:10 | דברת יתך והא מברכה | ברכת | יתהון דנא תלתה זמנין: |
| 039 | | Gn32:27 | ארום {ארום} אלה{ו}<י>ן | ברכת | יתי: |
| 040 | | Gn35:09M | וברכת׳ דאבילא | ברכת | יתיה ונחמת יתיה וכן כתבא |
| 041 | | Gn35:09 | וברכת יתה ברכת דאבילה | ברכת | יתיה ונחמת יתיה דכן |
| 042 | | Gn35:09M | יתיה וברכתה דאבלייה | ברכת | יתיה על אימיה |
| 043 | אברך | Nu 6:27 | ישראל ואנה במ«י»מרי | אברך | יתהון: |
| 044 | | Gn22:17 | ארי מברכה | אברך | יתך ומסגיא אסגי ית בנך |
| 045 | יבר׳ | Dt23:21M | לא תזופון מן בגלל | יבר׳ | |
| 046 | יברך | Gn48:16 | די פרק יתי מן כל עקא | יברך | ית טליא ויתקרי בהון שמי |
| 047 | | Gn27:19M | מן בגלל תברך/די | יברך#2#/ | יתי נפשך: |
| 048 | | Gn27:10 | לאבוך וייכול מן בגלל די | יברך | יתך קדם ייי עד לא ימות: |
| 049 | | Gn27:25M | דברי מן בגלל די | תברך/יברך#2#/ | יתך נפשי וקרב ליה |
| 050 | | Gn28:03 | ואלה שמייא | יברך | יתך ויתקף יתך ויסגי יתך |
| 051 | | Gn49:25 | יהווי בסעדך ואלה שמיא | יברך | יתך מן טוב טלה ומטרא |
| 052 | | Dt14:24 | ייקר שכינתיה תמן ארום | יברך | יתכון ייי אלהכון: |
| 053 | | Dt14:29 | וישבעון מן בגלל די | יברך | יתכון ייי אלהכון בכל עובד |
| 054 | | Dt15:04 | מסכינין#2#^ ארום מברכה | יברך | יתכון ממרה דייי בארעה דייי |
| 055 | | Dt15:10 | ארום מן בגלל פתגמא הדין | יברך | יתכון ייי אל«ה»כון בכל |
| 056 | | Dt16:10 | די תתנון היך מה די | יברך | יתכון ייי אלהכון: |
| 057 | | Dt16:15 | באתרה די יתרעי ייי ארום | יברך | יתכון ייי אלהכון בכל |
| 058 | | Dt23:21 | את רשי למיזף מן בגלל די | יברך | יתכון ייי אלהכון בכל |
| 059 | | Dt24:19 | יהווי מן בגלל די | יברך | יתכון ייי אלהכון בכל עובד |
| 060 | תב׳ | Nu 6:23M | תברכון /בהדן סידרא | תב׳#2#/ | ית בני ישראל אזל משה |
| 061 | תברך | Nu23:25 | יתהון ולהוד מברכה לא | תברך | יתהון: |
| 062 | | Gn27:19 | ואכל מן ציידי מן בגלל | תברך | יתי נפשך: |
| 063 | | Gn27:04 | לי ואכול מן בגלל די | תברך | יתך נפשי קדם עד לא אמות: |
| 064 | | Gn27:25 | ציידה דברי מן בגלל די | תברך | יתך נפשי וקרב ליה ואכל |
| 065 | | Gn27:31 | מן ציידיה דברה מן בגלל | תברך | נפשך יתי: |
| 066 | תברכון | Nu 6:23 | ועם בנויי למימר כדן | תברכון | ית בני ישראל אזל משה מן |
| 067 | מבורך | Ex20:02 | מן פום קודשא יהא שמה | מבורך | היך זיקין והיך ברקין והיך |
| 068 | | Gn35:09 | אלהא דעלמא יהא שמיה | מבורך | לעלם ולעלמי עלמין |
| 069 | | Ex15:03 | כן גבורתיה יהא שמיה | מבורך | לעלמי עלמין: |
| 070 | מברך | Dt32:12M | ייי \בממרה אמר/שמיה | מברך | אמ׳#2#/ לבלחודיהון ישרון |
| 071 | | Nu23:20 | הא למברכה אדברית | מברך | אנה ית ישראל וברכה לית |
| 072 | | Ex20:03 | מן פום קודשא יהא שמה | מברך | היך זקין והיך ברקין והיך |
| 073 | | Dt 5:06 | מן פם קודשא יהא שמיה | מברך | היך זיקין והיך ברקין והיך |
| 074 | | Dt 5:07 | מן פם קדשה יהי{ה} שמיה | מברך | היך זיקין והיך ברקין והיך |
| 075 | | Nu22:06 | מה#2#^ די את מברך יהווי | מברך | וית מה די את לייט יהווי |
| 076 | | Nu24:09 | מן דמברך יתהון יהווי | מברך | ומן דלייט יתהון יהווי ליט: |
| 077 | | Nu22:06 | אנה ^ית מה#2#^ די את | מברך | יהווי מברך וית מה די את |
| 078 | | Gn27:29 | ומן דמברך יתך יהוי | מברך | כמשה נביא ספרון דישראל: |

|  |  |  |  |  |  |
|---|---|---|---|---|---|
| 079 | | Dt 6:04 | ייי חד הוא יהא שמיה | מברך | לעלמי עלמין: |
| 080 | | Gn35:09M | עלמיא ייי והיא שמיה | מברך | לעלמיא |
| 081 | מברכה | Gn22:17 | ארי | מברכה | אברך יתך ומסגיא אסגי ית |
| 082 | | Nu23:11 | בעלי דבבי דברת יתך והא | מברכה | ברכת יתהון: |
| 083 | | Nu24:10 | דברת יתך והא | מברכה | ברכת יתהון דנא תלתה |
| 084 | | Dt15:04 | בכון מסכינין#2#^ ארום | מברכה | יברך יתכון ממרה דייי |
| 085 | | Nu23:25 | לא תילוט יתהון ולהוד | מברכה | לא תברך יתהון: |
| 086 | מברכייה | Dt27:15M | \הכה מברכין /כה | מברכייה#2#/ | הוון הפכין/מהפ׳#2#/ |
| 087 | מברכין | Dt27:15 | ישראל מן הכה ומן הכה | מברכין | הוון הפכין אפיהון כלפי |
| 088 | | Nu23:10 | דאיתאמר עליהון די הוון | מברכין | כעפרא דארעא או מן יכיל |
| 089 | מברכך | Gn12:03M | | מברכך | כאהרן כהנא ומל{ל}<ט>טך |
| 090 | דב׳ | Dt12:07M | \די ברך /מן מה | דב׳#2#/ | יתכון ייי אלהכון: |
| 091 | דבריך | Dt33:01M | ודא ברכתה \די | ברך/דבריך#2#/ | משה נביא דייי ית |
| 092 | דברך | Gn48:12 | ואפק יוסף יתהון מן | דברך | יתהון {ואר} ואשתטחו קדמוי |
| 093 | | Dt33:28 | לבלחודיהון מעין ברכתה | דברך | יתהון יעקב אבוהון לארע |
| 094 | | Gn27:04M | ואכול מן בגלל די | תברך/דברך#2#/ | יתך נפשי קדם עד לא |
| 095 | דברכיה | Gn33:14M | ואגר בירכתא רברבתא | דברכיה | אבא בעלמא הדין קדם עבדיה |
| 096 | דמברך | Nu24:09 | ומלכו דתקום לקב׳ מן | דמברך | יתהון יהווי מברך ומן |
| 097 | | Gn27:29 | כבלעם בר בעור ומן | דמברך | יתך יהוי מברך כמשה נביא |
| 098 | דמברכך | Gn12:03 | ואברך ית מן | דמברכך | יתך ומן דלאיט יתך יהוי |
| 099 | ובריך | Gn35:09M | "ועוד": דכן כתבה מפרש | ובריך | יתהון ממריה דייי ואמ׳ |
| 100 | | Gn14:19 | | ובריך | יתיה ואמר בריך הוא אברם |
| 101 | ובריכו | Gn24:60 | | ובריכו | ית רבקה ואמרין לה ברם עד |
| 102 | | Lv 9:23 | למשכן זימנא ונפקו | ובריכו | ית עמה ואתגלית איקר |
| 103 | ובריכינון | Lv 9:22M | וזקף ידוי קבל עמה | ובריכינון | ופסק מלמעבד |
| 104 | וברך | Gn47:07 | ואקים יתיה קדם פרעה | וברך | יעקב ית פרעה: |
| 105 | | Gn47:10 | | וברך | יעקב ית פרעה ונפק מן קדם |
| 106 | | Gn 2:03 | | וברך | איקריה דייי ית יומא שביעיא |
| 107 | | Nu10:36 | ורבוותה יסגון רבוותה | וברך | אלפי דבני ישראל: |
| 108 | | Gn 9:01 | | וברך | ייי ית נח וית בנוי ואמר |
| 109 | | Gn25:11 | והוה מן בתר דמית אברהם | וברך | ייי ית יצחק ברה ויתב |
| 110 | | Gn30:30 | לך קדמיי ותקף וסגה | וברך | ייי יתך בזכותי וכען מה |
| 111 | | Gn39:05 | ועל כל מה דהוה ליה | וברך | ייי ית ביתיה דמצרי«ה» |
| 112 | | Gn48:15 | | וברך | ית יוסף ואמר ייי די הלכו |
| 113 | | Dt26:15 | איקר שכינתך מן שמיא | וברך | ית עמך ית ישראל וית ארעא |
| 114 | | Gn28:01 | וקרא יצחק ליעקב | וברך | יתה ופקד יתיה ואמר ליה לא |
| 115 | | Gn 1:22 | | וברך | יתהון ממרא דייי למימר |
| 116 | | Gn 1:28 | | וברך | יתהון איקריה דייי ואמר |
| 117 | | Gn 5:02 | דכר ונוקב׳ ברה יתהון | וברך | יתהון וקרה ית שמון אדם |
| 118 | | Gn32:01 | ונשק לבנוי ולבנתיה | וברך | יתהון ואזל וחזר לבן |
| 119 | | Gn48:20 | | וברך | יתהון ביומא ההוא למימר |
| 120 | | Gn49:01M | רזא אתגנז מיניה חזר | וברך | יתה<ו>ן גבר כמפתר ברכתיה |
| 121 | | Gn49:01 | מנה ענה אבונן יעקב | וברך | יתהון גבר לפם עבדוי טבייא |
| 122 | | Ex39:43 | ייי ית משה כדן עבדו | וברך | יתהון משה ואמר להון תשרי |
| 123 | | Lv 9:22 | ית ידוהי בצלו על עמה | וברך | יתהון ונחת מן דקרב חטאתה |
| 124 | | Gn30:27 | חן וחסד באנפיך נסיית | וברך | יתי ייי בזכותך: |
| 125 | | Gn32:30 | למה כען את שאיל לשמי | וברך | יתי תמן: |
| 126 | | Gn48:03 | עלי בלוז בארעא דכנען | וברך | יתי: |
| 127 | | Gn26:12 | ההיא מאה שערין דגנין | וברך | יתיה ייי: |
| 128 | | Gn27:23 | דעשו אחוי שערניין | וברך | יתיה: |
| 129 | | Gn27:27 | ואריח ית ריח לבושוי | וברך | יתיה ואמר חמון ריחה דברי |
| 130 | | Gn35:09 | במיתייה מן פדן ארם | וברך | יתיה: |
| 131 | וברכת | Gn24:48M | ואודית ושבחת קדם ייי | וברכת | ית ייי אלה׳ |
| 132 | | Gn17:16 | | וברכת | יתה ולחוד יהבת לך מנה בר |

|  |  |  |  |  |  |  |
|---|---|---|---|---|---|---|
| 133 | | | Gn17:16 | ולחוד יהבת לך מנה בר | וברכת | יתה ותהווי לאומין ומלכין |
| 134 | | | Gn27:33 | כולה קדם עד לא תייתי | וברכת | יתה וברת קול נפקת מן שמיא |
| 135 | | | Gn35:09 | סביא אתגליתא עלוי | וברכת | יתה ברכת דאבילה ברכת יתיה |
| 136 | | | Gn26:24 | לא תדחל ארום עמך אנה | וברכת | יתך וסגית ית בנך בזכוותא |
| 137 | ואבר' | | Gn12:02 | ואמנא יתך לאמא רבה | ואבר' | יתך ואתוקף ית שמך ותהוי |
| 138 | ואברך | | Gn12:03 | | ואברך | ית מן דמברכך יתך ומן |
| 139 | | | Gn17:16M | | וברכת/וא{ת} ברך#2#/ | יתה ולחוד יהבת לך |
| 140 | | | Gn48:09 | דבר כען יתהון לוותי | ואברך | יתהון: |
| 141 | | | Gn17:16M | אתן מנה לך ביר | ואברך | יתך ותהוי לאומין סגין |
| 142 | | | Gn26:03 | הדא ואהווה במימרה עמך | ואברך | יתך ארום לך ולבנך אתן ית |
| 143 | | | Gn26:24M | תדחל ארום בסעדך ממרי | ואברך | יתך ואסגי ית זרעית בניך |
| 144 | | | Gn27:07 | לי תבשילין ואיכול | ואברך | יתך קדם ייי עד לא אמות: |
| 145 | | | Ex20:24 | אתגלי בממריה עליכון | ואברך | יתכון: |
| 146 | ויברך | | Ex23:25 | ותפלחון קדם ייי אלהכון | ויברך | ית לחמכון וית מייכון |
| 147 | | | Dt24:13M | וידמוך באיסטליתא | ויברך | יתך ולך תיהווי |
| 148 | | | Dt 1:11 | כוותכון אלף דזמנין | ויברך | יתכון היך מה דמלל לכון: |
| 149 | | | Dt 7:13 | וירחום יתכון | ויברך | יתכון ויסגי יתכון ויברך |
| 150 | | | Dt15:18 | קדמיך שית שנין דיומין | ויברך | יתכון ייי אלהכון בכל מה |
| 151 | | | Dt28:08 | ובכל אושטות ידיכון | ויברך | יתכון בארעא דייי אלהכון |
| 152 | | | Dt30:16 | דינוי ותיחיון ותסגון | ויברך | יתכון ייי אלהכון בארעא די |
| 153 | | | Dt 7:13 | יתכון ויסגי יתכון | ויברך | פירי ולד מעיכון ופירי |
| 154 | ותברכון | | Dt 8:10 | ותאכלון ותשבעון | ותברכון | ית ממרה דייי אלהכון על |
| 155 | ומברך | | Ex20:24M | מימרי' אתגלי עליכו' | ומברך | יתכון |
| 156 | ומברכיך | | Gn27:29M | "ומן דמברך ... מברך: | ומברכיך | יהון בריכין כאהרן כהנא |
| 157 | ודמברך | | Nu24:09M | כבלעם בר פעור | ודמברך | יתהון יהווי בריך <כ>משה |
| 158 | ולמברכה | | Dt10:08 | קדם ייי למשמשה קדמוי | ולמברכה | בשם ממרה קדישה עד זמן |
| 159 | | | Dt21:05 | אלהכון למשמשה קדמוי | ולמברכה | בשם ממריה דייי קדישה ועל |
| 160 | | | Dt28:12 | מטרה דארעכון בזמנה | ולמ«ב»רכה | ית כל עבד ידיכון |
| 161 | למברכה | | Nu23:20 | הא | למברכה | אדברית מברך אנה ית ישראל |
| 162 | | | Nu24:01 | שפר הוה מן קדם ייי | למברכה | ית ישראל ולא אזל היך מה |
| 163 | | | Dt27:12 | אילין יקומון | למברכה | ית עמא על טורה דגריזים |
| 164 | | | Gn27:30 | והוי כד אשלם יצחק | למברכה | ליעקב והוה לחוד מפוק |
| 165 | | | Gn35:09 | לעלמי עלמין אלפת יתן | למברכה | לחתנה ולכלתה מן אדם |
| 166 | למיברכה | | Gn35:09M | חזווה ועוד אלפת יתן | למיברכה | ית אבליה מן אבונן יעקב |
| 167 | אתברך | etpaal | Lv22:27 | מדנחייה דבסיבותיה | אתברך | בכולה ורהט לבקרותיה |
| 168 | אתברכו | | Gn29:22M | שנין דיומין מבועינן | אתברכו | ועדרי עניינן סגון וכדו |
| 169 | ית' | | Lv22:27M | דבסיבותיה | אתברך/ית'#2#/ | בכולה ורהט לבקרותיה |
| 170 | יתברכון | | Gn48:20 | ההוא למימר בזכותך | יתברכון | ישראל למימר ישוי יתך |
| 171 | מתברכין | | Nu23:10M | עליהון די הוון | מברכין/מתברכין#2#/ | כעפרא דארעא |
| 172 | ואיתברך | | Dt26:05 | ואתותב תמן בעם זעיר | ואיתברך | והוה תמן לאומה רבה |
| 173 | והתברכון | | Gn22:18 | | והתברכון | בזרעיתיך כל אומיא |
| 174 | ויתברכון | | Gn18:18 | יהוה לאמא רבה ותקיפה | ויתברכון | בזכוותא כל אומיא דארעא: |
| 175 | | | Gn18:18M | בזכוותא כל אומיא | ויתברכון/ | בזכוותה כל אומה#2#/ |
| 176 | | | Gn28:14 | וצפונא ודרומא ומדנחא | ויתברכון | בזכותך כל זרעייתא דארעא |
| 177 | | | Gn12:03 | דלאיט יתך יהוי ליט | ויתברכון | בזכותך כל {זעזר} זרעיותא |
| 178 | | | Gn26:04 | ית כל ארעתא האלין | ויתברכון | בזכותך כל אומיא {{דע}} |

[114]

## knee *n.* ברך

|  |  |  |  |  |  |  |
|---|---|---|---|---|---|---|
| 001 | ברכיה | s em/sf | Nu24:01M | בדכריה/למשיל | ברכיה/#2#^ברכיא#2#/^ | לקדמות קסמיה |
| 002 | ברכוי | p em/sf | Gn50:23 | בר מנשה אתיילדו על | ברכוי | דיוסף: |
| 003 | | | Gn48:12M | על ארעא/מן לוות | ברכוי | ושאלו בשלמה כנימוס |
| 004 | ברכיא | | Nu24:01M | בדכריה/למשיל | ברכיה/#2#^ברכיא#2#/^ | לקדמות קסמיה |
| 005 | ברכייה | | Dt28:35 | ייי#2#^ בשחנה בישה על | ברכייה | ועל שקייה די לא תיכלון |

[114]

## blessing *n.* ברכה

|  |  |  |  |  |  |  |
|---|---|---|---|---|---|---|
| 001 | ברכה | s ab/cn | Gn27:36 | ואמר הא לא שבקת לי חדא | ברכה: | |
| 002 | | | Gn27:36M | ברכה/אשתבק לעשו | ברכה#2#/: | |
| 003 | | | Gn27:38 | ואמר עשו לאבוהי הא | ברכה | חדא אית לך אבא ברך יתי אף |
| 004 | ברכת | | Gn35:09 | אתגליתא עלוי וברכת יתה | ברכת | דאבילה ברכת יתיה ונחמת |
| 005 | | | Gn49:25 | מן שמייא מן לעיל ומן | ברכת | מבועי תהומא דסלקין מן ארעא |
| 006 | בברכה | | Dt27:15M | בריך/ופתחו פומהון | בברכה#2#/ | יהווי גברא דלא יעבד |
| 007 | וברכה | | Nu23:20 | מברך אנה ית ישראל | וברכה | לית אנה מנע מנהון: |
| 008 | לברכה | | Dt23:06 | אלהכון לכון ית קללה | לברכה | ארום רחמכון ייי |
| 009 | בר' | s em/sf | Dt11:29M | למירות יתה אשווי ית/ | בר'#2#/ | על טורא דגריזים וית |
| 010 | ברכתא | | Gn27:41 | {ית} עשו ית יעקב על | ברכתא | די ברך יתה אבוי ואמר עשו |
| 011 | | | Gn49:28 | דישראל תרין עשר ודא | ברכתא | די ברך יתהון גבר כמסת |
| 012 | ברכתה | | Lv22:27 | ו<ז>כה למקבלה ית סדר | ברכתה | אלין תלתי קרבני קרבני |
| 013 | | | Gn28:04 | ויתן לך ית | ברכתה | דאברהם לך ולבנך עמך |
| 014 | | | Dt33:28 | לרוחצן לבלחודיהון מעין | ברכתה | דברך יתהון יעקב אבוהון |
| 015 | | | Dt33:01 | ודא | ברכתה | די ברך משה נביא דייי ית |
| 016 | | | Dt33:07 | ודא | ברכתה | די ברך משה נבייא דייי |
| 017 | ברכתי | | Gn33:11 | קבל כען ית | ברכתי | די אייתת לך ארום חן יתי |
| 018 | | | Gn27:36 | נסב והא כדון נסב | ברכתי | ואמר הא לא שבקת לי חדא |
| 019 | | | Lv25:21 | ואפקד ית | ברכתי | לכון בשתה שתיתיה ותעבד |
| 020 | ברכתיה | | Gn49:01M | יתה<ו>ן גבר כמפתר | ברכתיה | |
| 021 | | | Gn49:28 | די ברך יתהון גבר כמסת | ברכתיה | ברך יתהון: |
| 022 | | | Gn48:20 | וכמנשה ושוי ית | ברכתיה | דמנשה: |
| 023 | | | Gn39:05 | בזכותיה דיוסף והוה | ברכתיה | דייי בכל מה דהווה ליה |
| 024 | ברכתך | | Gn27:35 | אחוך בסוגי חכמתא ונסב | ברכתך: | |
| 025 | כברכתה | | Dt12:15M | ותיכלון בשר | כברכתיה/כברכתה#2#/ | דייי אלהכון יהב/די |
| 026 | | | Dt16:17 | גבר כמסת אושטות ידיה | כברכתה | דייי אלהכון די יהב לכון: |
| 027 | כברכתיה | | Dt12:15 | תכסון ותיכלון בשר | כברכתיה | דייי אלהכון יהב לכון בכל |
| 028 | ברכן | p abs | Gn27:12 | ואייתי עלי לווטין ולא | ברכן: | |
| 029 | | | Gn15:02M | ממריה דייי סגין | ברכן | יהב' |
| 030 | | | Dt33:23 | נפתלי שביע רעווה ומלי | ברכן | מן קדם ייי מערב {ו}<ד>ימא |
| 031 | | | Ex32:29 | עליכון יומא הדין | ברכן | ^סגיא#2#^ |
| 032 | וברכן | | Nu23:20M | אנה ית ישראל | וברכה/וברכ{ו}<ן>#2#/ | לית אנה מנע |
| 033 | לברכן | | Gn12:02 | ואתוקף ית שמך ותהוי | לברכן: | |
| 034 | | | Dt23:06M | לברכה/לווטייה | לברכן#2#/ | ארום רחמכון/רחם |
| 035 | | | Gn12:02M | לברכן/ויהווי אברם | לברכן | סגיאן#2#/: |
| 036 | ברכת | p const | Dt33:13 | דמחתין טלין ומטרין מן | ברכת | מבועי מן לרע דסלקין |
| 037 | ומבורכת | | Gn49:25M | מן לעיל\ומן | ברכת/ומבורכת#2#/ | מבועי תהומא דסלקין |
| 038 | בירכתא | p em/sf | Gn33:14M | ויקבל חולקיה ואגר | בירכתא | רברבתא דבירכיה אבא בעלמא |
| 039 | ברכייתה | | Dt33:16 | בסנייה ייתין כל אליין | ברכייתה | ויתעבדן כליל דרבו על |
| 040 | ברכתא | | Gn49:26 | | ברכתא | דאבוך יתוספון לך על ברכתא |
| 041 | | | Gn49:26 | דאבוך יתוספון לך על | ברכתא | די ברכו יתי אבהתי אברהם |
| 042 | | | Gn49:26 | עשו וישמעל יתין כל | ברכתא | האליין יתעבדון כליל דרבו |
| 043 | | | Gn49:02M | דהווה גלי להון סדר | ברכתא | ואתכסי מניה עני אבונן |
| 044 | | | Gn49:01M | בעא לאיתנ' להון קץ | ברכתא | וניחמתא ואתכסי מיניה |
| 045 | | | Gn49:01 | ולא <א>יתני להון קץ | ברכתא | וניחמתא מן דאתגלי ליה |
| 046 | ברכתה | | Dt28:08M | מימריה דייי יתכון ית/ | ברכתה | במכנש<יכ>ון#2#/ ובכל |
| 047 | | | Dt11:27 | ית | ברכתה | די תשמעון למצוותה דייי |
| 048 | | | Dt28:02 | וייתון עליכון כל | ברכתה | האליין ויארעון יתכון ארום |
| 049 | | | Dt33:16M | ייתין כל\אליין | ברכייתה/ברכתה | האליין#2#/ ויתעבדן |
| 050 | | | Dt11:26M | סדר ברכתה ולווטייה\ | ברכתה/ | וחילופיהון#2#/: |
| 051 | | | Dt30:01 | כל פתגמיא האיליין סדר | ברכתה | וחילופיהון די סדרת |
| 052 | | | Dt28:08 | יפקד ייי עמכון ית סדר | ברכתה | וייתון עליכון באוצריכון |
| 053 | | | Dt30:19 | דמתותה יהבית לכון ית | ברכתה | וית לווטייה ותבחרון |
| 054 | | | Dt11:26 | קדמיכון יומא הדין סדר | ברכתה | ולווטייה: |

[114]

|  |  |  |  |  |  |
|---|---|---|---|---|---|
| 055 | | Lv22:27M | יתיה וזכה למקבלה סדר | ברכתה | מן יצחק אבוי ולמקמה |
| 056 | | Dt11:29 | למירת יתה ותתנון ית | ברכתה | על טורא דגריזים וית |
| 057 | וברכת' | Gn35:09M | "וברכת יתה ...": | וברכת' | דאבילא ברכת יתיה ונחמת |
| 058 | וברכתה | Gn35:09M | עלוי ונחמת יתיה | וברכתה | דאבלייה ברכת יתיה על |

## ברם *conj.* but, however [114]

|  |  |  |  |  |  |
|---|---|---|---|---|---|
| 001 | בר' | Lv20:17M | דיתמלי עלמא מנהון | בר'#2#/ | מן כדון כל די עבד כדן |
| 002 | ברם | Dt32:01 | לשמיא אציתו ולארעא שמעו | ברם | ישעיה נבייה דקם מן בתרה |
| 003 | | Lv24:12M | יבהתון למימר לא שמעין | ברם | משה רבן אמר לא שמע' |
| 004 | | Nu 9:08M | יבהתון למימר לא שמעינן | ברם | משה רבן אמ' |
| 005 | | Nu15:34M | למימר לא שמעינן | ברם | משה רבן אמר לא שמעית |
| 006 | | Gn15:02M | וסגין קודמיך למ' לי | ברם | |
| 007 | | Gn15:01M | הדין ומגן עלך כל יומיא | ברם | אגריך ועבדך טבייה מתקנין |
| 008 | | Gn20:16 | דסלעין ועל כולא אתווכחת | ברם | אילו יהבת כל מה דילי לא |
| 009 | | Dt15:11M | לא הווי בכון מסכינין | ברם | אין שבקין הנון מצוותה |
| 010 | | Gn 4:13 | סגין אינון חוביי למסבול | ברם | אית יכלה קדמך למשרי |
| 011 | ברם | Gn24:38M | \ארום אלהין לביית' | /ברם | אלה הן בני<בי>יתיה#2#/ |
| 012 | | Gn47:18M | לא אשתייר קדם רבונן | ברם | אלא הן גופיהון וארען |
| 013 | | Gn28:17M | דין אתרה אתר הדיוט | ברם | אלאהן אתר מזמן לבית צלו |
| 014 | | Ex23:01M | בתר סוגיי' למבעשא | ברם | אלאהן למייטבה ולא יתמנע |
| 015 | | Ex23:02 | אזלין בתר סוגיא למבעשא | ברם | אלאהן למייטבה ולא יתמנע חד |
| 016 | | Nu23:19 | וחזרין וכפרין במיליהון | ברם | אלהה אמר ועבד גזר ומקיים |
| 017 | | Dt 1:36M | | ארום/ברם#2#/ | אלהן כלב בר יפונה |
| 018 | | Nu23:10 | ליה חולק לעלמא דאתי | ברם | אן מיית ^הוא#2#^ בלעם |
| 019 | | Dt 5:10M | | ונטר/ברם | אנא נטר#2#/ חסד וטבו |
| 020 | | Ex12:42 | פריקין מן ארעא דמצרים | ברם | ארבעה לילוון אינון די |
| 021 | | Dt15:04M | יהווי בכון מסכינין#2#^ | /ברם | ארום לא יהווי בכון |
| 022 | | Ex10:28M | קשייתא האלן דאת אמ' לי | ברם | בעי אנא למימות ולא |
| 023 | | Gn13:07 | אלא מבקרין ואזלין | {ברם} | מפקדים הוון רעווי |
| 024 | | Ex21:21M | יום חד או תרין יומין | /ברם | בתר יום או בתר תרי' |
| 025 | | Gn24:37M | תסב אתה לברי מן בנתהון | /ברם | די לא הן בנייתיה#2#/ |
| 026 | | Gn17:19 | ואמר ייי לאברהם | ברם | הא אתתך שרה ילדת לך בר |
| 027 | | Dt32:01 | עמה וגזירתהון בטלן | ברם | ^הא#2#^ אנה מסהד בהון קדם |
| 028 | | Gn42:21 | ואמרין גבר לאחוי | ברם | חייבין אנן באדמה דאחונה די |
| 029 | | Gn34:31 | {{צלמין}} לברתיה דיעקב | ברם | יאי הוא דיהוון אמרין |
| 030 | | Gn18:05M | כן תעברון ארום | בגין/ברם#2#/ | כדין באיש{ת}ון שורותא |
| 031 | | Gn 3:15M | בעקבהו' וממרע' יתהון | ברם | לבנין דאיתתה יהוי אסו ולך |
| 032 | | Gn 3:15 | יתיה בעקבה וממרע יתיה | ברם | לבריה יהוי אסו ולך חויה לא |
| 033 | | Dt24:06M | משכונה ריחייה ורכבה | {ג}<ב>רם | לית אתון רשאין למיהווי |
| 034 | | Dt32:03 | שמה קדישה בגידופין | ברם | לית איפשר לחד ממלאכי |
| 035 | | Ex14:20M | לא קריבו משרה אל משרה | ברם | מלאכי שירותא לא אמרו |
| 036 | | Gn27:22M | \ומוש ידיה מוש ידוי' | /ברם | ממוש ידיה ממוש ידוי#2#/ |
| 037 | | Gn20:16M | ליך מתנה על די אתכסית | ברם | מן עיינוי דצדיקא ליליא חד |
| 038 | | Gn24:60 | ברם עד כדון אחתן הויית | ברם | מן הכא ולהלא את אזלה |
| 039 | | Lv20:17 | עם קדמיי למבני עלמא | ברם | מן כדון כל די עבד כדן |
| 040 | | Gn13:07M | אלא מבקרין ואזלין ברם | {ברם} | מפקדים הוון רעווי דאברם |
| 041 | | Gn27:41M | יקרב' "סא" דהבל | ברם | מתעכב אנא עד זמן די ימטון |
| 042 | | Ex20:06 | | ברם | נטר אנה חסד וטיבו לאלפין |
| 043 | | Dt29:17 | ראשיא דחטה חלי כדבשה | ברם | סופיה מריר כלעניתה דמותה: |
| 044 | | Nu24:20M | בר קיש וגמר יתהון | ברם | סופיהון לאובדן עלמיא |
| 045 | | Nu24:24M | ויסופון ליתבי עיבר פרת | ברם | סופיהון דאיליין ודאיליין |
| 046 | | Dt32:01 | ולא טעמין כסא דמותה | ברם | סופיהון בליין לעלמא דאתי |
| 047 | | Gn24:60 | ית רבקה ואמרין לה | ברם | עד כדון אחתן הויית ברם מן |
| 048 | | Dt32:01 | וארעא כלבוש' תתכלי | ברם | עתיד הוא ייי למברה שמיא |
| 049 | | Gn 3:15M | ולך חויה לא יהווי אסו | ברם | עתידין הנון אלין ואלין |
| 050 | | Gn22:14M | ומשזיב יתהון מן כל עקא | ברם | עתידין הינון דריא ועתידין |
| 051 | | Nu24:14 | את יכיל שליט בהון | ברם | עתידין אינון עמא האליין |
| 052 | | Gn 3:24M | | ברם | פירי אילן חייא היא |
| 053 | | Nu21:34 | קיימין על מבועין דמיין | ברם | פירין לא עבדין בגין כדן |
| 054 | | Dt 3:02M | שתילין על מבועין דמיין | ברם | פירין לית אינון עבדין |
| 055 | | Gn40:18 | ורמי בניהון לנהרא | ברם | פרעה יאבד וחיילותיה ישתצון |
| 056 | | Gn40:12 | דחלמת חלמא טבא הדין | ברם | פתרוניה דחלמא לא הוה יוסף |
| 057 | | Ex10:28 | חד מאילן מלייה קשייתא | ברם | צבי אנה לממות ולא למהוי |
| 058 | | Ex14:15M | שמיע הא צלותך קדמיי | ברם | צלותהון דבני ישראל קדמא |
| 059 | | Gn38:25 | דאנה יקדה לא מפרסייה | ברם | שהדי דביני לביניה הוא יתן |
| 060 | | Ex 6:03 | ועל יעקב באלה שמיא | ברם | שמי תקיפא ייי לא אודעת |
| 061 | וברם | Gn28:19 | שמה דאתרא ההוא ביתאל | וברם | לוז הוה שמה דקרתא |
| 062 | | Gn48:19 | לאמה ואף הוא יתקף | וברם | אחוי זעירא יתקף מנה ובנוי |
| 063 | | Nu14:21 | | וברם | חי וקיים אנה במימרי לעלם |
| 064 | | Ex 9:16 | | וברם | לא מן בגלל דייטב לך קיימת |

## ברנש *n.* man, person [100]

|  |  |  |  |  |  |
|---|---|---|---|---|---|
| 001 | בי' s ab/cn | Gn11:07M | /די לא יכלון למשמוע | בי'#2#/ | לשנה דחבריה: |
| 002 | בר נש | Nu31:49 | דבידן ולא אסתכם מינהון | בר נש: | |
| 003 | | Lv22:04 | די יקרוב בכל טמא נפש | בר נש | או גבר די תפוק מנה |
| 004 | | Lv 1:02 | בני ישראל ותימר ליהון | בר נש | ארום יקרב מנכון קרבן קדם |
| 005 | | Lv13:02 | | בר נש | ארום «יהווי» במשך |
| 006 | | Nu19:14 | דא גזירת אוריתה | בר נש | ארום ימות במשכנה כל די על |
| 007 | | Gn 1:26 | ואמר ייי נברא | בר נש | בדמותן כד נפק {כ}<ב>ן |
| 008 | | Lv 5:04M | מה די יפרש ליה | בר נשה/בר נש#2#/ | בשבועה ויתכסי מניה |
| 009 | | Lv22:05 | שרץ די יסתאב ליה או | בר נש | די יסתאב ליה בכל |
| 010 | | Lv23:29M | "נפש ... ולא ציימה": | בר נש | דלא תצום |
| 011 | | Dt27:15M | במצעה "ידי ...": <ידי> | בר נש | ודי לא ישווי בטומרא |
| 012 | | Dt 5:24M | מימרה דייי עם | בר נשא/<בר >נש#2#/ | וה{י}<ו>א חיה: |
| 013 | | Ex33:20M | לא חמי יתי | בר נש | וחאי |
| 014 | | Ex33:20 | ארום לית אפשר דחמי יתי | בר נש | ויחי: |
| 015 | | Gn 1:02 | תהיא ובהיא וצדי מן | בר נש | ומן בעיר וריקנא מן כל |
| 016 | | Dt 4:28 | תמן טעוון עובד ידי | בר נש | טעוון דקיס טעוון דאבן די |
| 017 | | Gn 9:06 | אדמיה דבר נש על ידי | בר נש | ישתפך אדמיה ארום בדמו |
| 018 | | Lv24:21 | ישלם יתה ומה דיקטול | בר נש | יתקטל: |
| 019 | | Lv16:17 | וכל | בר נש | לא יהווי במשכן זימנה |
| 020 | | Gn34:31 | ויאמר באתה דלית לה | בר נש | תבע עלבנה כדון אתעבד |
| 021 | ברנש | Dt27:15M | "ואמרין": | ברנש | ודי ישווי בטומרה הוון |
| 022 | דבר נש | Nu 5:02 | וכל דמסאב בטמא נפש | דבר נש: | |
| 023 | | Lv 7:21M | בכל מסאב בסאביתה | דבר נש#2#/ | או בבעיר מסאב או בכל |
| 024 | | Nu 9:10 | מסאב בטמיה נפש | דבר נש | או בארח רחיקה לכון או |
| 025 | | Nu19:16 | דחרב או במית או בגרם | דבר נש | או בקברה יסתאב שבעה |
| 026 | | Nu19:13 | די יקרב במית בטמא נפש | דבר נש | די ימות ולא יתדי עלוי ית |
| 027 | | Ex30:32 | על בשרא | דבר נש | הדיוט לא יתמשח ובדמותה לא |
| 028 | | Nu 9:06 | דהוון מסאבין בטמא נפש | דבר נש | ולא יכלו למעבד פיסחה |
| 029 | | Nu19:11 | קרב במית כל טמא נפש | דבר נש | יהוי מסאב שבעה יומין: |
| 030 | | Lv 5:03 | או ארום יקרב בסאבה | דבר נש | לכל סאבתיה די יסתאב בה |
| 031 | | Nu 9:07 | אנן מסאבין בטמא נפש | דבר נש | למה נתמנע דלא למקרבה ית |
| 032 | | Nu31:35 | ונפש | דבר נש | מן נשייה די לא חכמן תשמיש |
| 033 | | Lv24:17M | יקטול כל נפש | דגבר/דבר נש#2#/ | מתקטלה יתקטל: |
| 034 | | Gn 9:06 | מן דשפך אדמיה | דבר נש | על ידי בר נש ישתפך אדמיה |
| 035 | | Nu31:46 | ונפש | דבר נש | שיתה עשר עשר אלפין: |
| 036 | | Nu31:40 | ונפש | דבר נש | שת עשר אלפין ואפרשותהון |

|  |  |  |  |  |  |  |
|---|---|---|---|---|---|---|
| 037 | | | Nu23:19M | /כעב'#2#/ | דבני אנשא/דבר נש#2#/ | עובדוי/עב'#2#/ |
| 038 | דבר נשא | | Gn 9:05 | בר נשא ומלוות אחוי | דבר נשא | אתבע ית נפשה דבר נשה: |
| 039 | | | Nu 5:06 | יעבדון מן כל חובוי | דבר נשא | למשקרי שקר בשמה דייי |
| 040 | דבר נשה | | Gn 9:05 | דבר נשא אתבע ית נפשה | דבר נשה: | |
| 041 | | | Dt20:19 | לא תקצון ארום לא היך | דבר נשה | אילנה דאפי{לו} ברא |
| 042 | דברנש | | Lv 7:21 | בכל סואבה בסאבותא | דברנש | או בבעיר מסאב או בכל שרץ |
| 043 | ובר נש | | Lv20:06M | "ונפש"... מן גו עמיה": | ובר נש | די יסתכל בתר בידין וגרם |
| 044 | בר נשא | s em/sf | Gn 9:06M | ייי ברא ית | אדם/בר נשא#2#/: | |
| 045 | | | Dt 8:03 | גזירת ממריה דייי ייחי | בר נשא: | |
| 046 | | | Gn 8:21 | למלט תוב ית ארעא בגלל | בר נשא | ארום יצר לבהון דבני אנשא |
| 047 | | | Gn 6:06M | ייי ארום ברא ית | אדם/בר נשא#2#/ | בארעא |
| 048 | | | Gn 1:27 | וברא ממרה דייי ית | בר נשא | בדמותיה בדמו מן קדם ייי |
| 049 | | | Gn 6:07M | /ממריה דייי אמחה ית | בר נשא | די ברי#2#/ מעלוי אפי |
| 050 | | | Gn40:23 | בספר קרביא לייט יהוי | בר נשא | די תרחץ בבשרא די ישוי |
| 051 | | | Nu 6:11M | ממה דחב על | בר נשא | דמית די קבר |
| 052 | | | Dt 5:24 | ימלל מימרה דייי עם | בר נשא | והו{י}<ו>א חיה: |
| 053 | | | Lv18:05 | דין{י}ני די יעבד יתהון | בר נשא | ויחי בהון כדן אמר ייי: |
| 054 | | | Dt 5:24M | מן קדם ייי לממללא עם | בר נשא | ויחי |
| 055 | | | Gn 9:05 | כל חיא אתבע יתיה ומלות | בר נשא | ומלוות אחוי דבר נשא אתבע |
| 056 | | | Lv27:29M | כל חרמה דמתחרם מן | בר נשא | לא יתפרק בכספא אלהן |
| 057 | | | Gn 2:18 | ייי אלהים לא תקן יהוי | בר נשא | לבלחודוי אעבד ליה זוג כד |
| 058 | | | Gn49:22M | עלמא /הנון מובדין ית | בר נשא | מן גו עלמ'#2#/ בגין כדין |
| 059 | בר נשה | | Dt 8:03 | על לחמא לבלחודוי חיי | בר נשה | ארום» כל מה דנפק מן פם |
| 060 | | | Lv 5:04 | לכל מה די יפרש ליה | בר נשה | בשבועה ויתכסי מניה והוא |
| 061 | | | Gn 2:23 | ולא עוד תתברא אתה מן | בר נשה | היך מה דאתברית דא מני גרם |
| 062 | | | Lv27:29 | כל אפרשו די יתאפרש מן | בר נשה | לא יתפרק ממת ימות: |
| 063 | ברנשא | | Lv 5:22 | על חדא מן כל מה די עבד | ברנשא | למיחטי בהון: |
| 064 | בבר נשא | | Lv20:06M | בתריהון ואחל רוגזי | בבר נשא | ההוא {{ואישיצי}} יתיה |
| 065 | | | Lv13:09 | מכתש צרעה ארום תיהוי | בבר נשא | ויתי לות כהנא: |
| 066 | | | Lv24:20 | שן היך מה דיתיהב מום | בבר נשא | כדן יתיהב ביה: |
| 067 | לבר נשא | | Ex 4:11 | למשה מן שוי <פם> | לבר נשא | או מן שוי אלמין או חרשין |
| 068 | | | Gn49:22 | לבוי אינון דמובדין | לבר נשא | מן עלמא בגין כדין יקום |
| 069 | מבר נשא | | Lv27:29M | די יתאפרש \מן | בר נשה/מבר נשא#2#/ | לא יתפרק ממת ימות: |
| 101 | בני נש | p abs | Dt32:01 | אין מסהד אנה בהון קדם | בני נש | דמייתין וטעמין כסא דמותה |
| 070 | דבני נש | | Nu31:46M | ונפש | דבר נש/דבני נש#2#/ | שיתה עשר |
| 071 | בני אינשא | p em/sf | Ex 9:25 | מה דהוה באפי ברא מן | בני אינשא | ועד בעיר' וית כל עשבא |
| 072 | | | Ex 9:09 | דמצרים ויהווי על | בני אינשא | ועל בעירא לשחין פרח עבד |
| 073 | בני אנ' | | Nu31:28M | חמש מאוון מן | בני אנשא/<בני >אנ'#2#/ | מן תוריה ומן |
| 074 | בני אנשא | | Gn 7:21 | דרחש על ארעא וכל | בני אנשא: | |
| 075 | | | Nu23:19 | דבני אנשא עובדוי דייי | בני אנשא | אמרין ולא עבדין גזרין |
| 076 | | | Dt32:08 | אומיה בפרישותיה לישני | בני אנשא | אקימת תחומין לאומיה |
| 077 | | | Ex13:13 | יתיה וכל בכורי | בני אנש«א» | בבניכון תפרקון: |
| 078 | | | Nu16:32M | דהון עם קרח | /בני אנשא | דאית בעצתיה דק'#2#/ |
| 079 | | | Nu12:03 | משה ענוון לחדה מן כל | בני אנשא | די על אפיה דארעא: |
| 080 | | | Dt32:26 | אשיצי יתהון אבטל מן | בני אנשא | דכרנהון: |
| 081 | | | Nu21:06M | ואתון אציתו כל | /בני אנשא | ואציתו ושמועו כל'#2#/ |
| 082 | | | Nu18:15 | מפרקה תפרק ית בכורי | בני אנשא | וית בכוריה דבעירה מסאבה |
| 083 | | | Nu31:47 | תליש חד מן חמשין מן | בני אנשא | ומן בעירה ויהב יתהון |
| 084 | | | Ex12:12 | בארעא דמצרים מן | בני אנשא | ועד בעירא ובכל טעוותיהון |
| 085 | | | Ex13:15 | דמצרים מן בכוריה | בני אנשא | ועד בכורי בעירא בגין |
| 086 | | | Nu 3:13 | בישראל מן | בני אנשא | ועד בעירה לשמי יהוון אמר |
| 087 | | | Ex 9:22 | בכל ארעא דמצרים על | בני אנשא | ועל בעירה ועל כל עשבא |
| 088 | | | Nu16:29 | אן כמיתותא דמיתן כל | בני אנשא | ימותון איליין ואין גזרתה |
| 089 | | | Nu16:29M | על איליין /וסכמות כל | בני אנשא | יס{ט}<ת>כם עליהון#2#/ |
| 090 | | | Lv27:29M | "בר נשה ... ימות:" | בני אנשא | לא יתפרק מתקטלה יתקטל |
| 091 | | | Gn 3:18 | בגין כן יהוי מפרש בין | בני אנשא | לבין בעירא: |
| 092 | | | Gn 4:26 | שמיה אנוש בכדין שרו | בני אנשא | למהוי עבדין להון טעון |
| 093 | | | Gn 6:01 | והוה ארום שרון | בני אנשא | למסגי על אפי ארעא ובנן |
| 094 | | | Nu23:19 | לא כמימר | בני אנשא | מימריה דייי ולא כעובדהון |
| 095 | | | Nu31:28 | נפש מן חמש מאוון מן | בני אנשא | מן תוריה ומן חמריה ומן |
| 096 | | | Gn 9:05M | יתיה מן לוות | בני אנשא | מן לוות גבר ואחוי אתבע |
| 097 | | | Gn 6:07 | מעלוי אפי דארעא מן | בני אנשא | עד בעירא: עד רחשא ועד |
| 098 | | | Gn 7:23 | די על אפי דארעא די מן | בני אנשא | עד בעירה עד ריחשא עד עוף |
| 099 | בני אנשה | | Gn11:05 | קרתא וית מגדלא דבנו | בני אנשה: | |
| 100 | | | Lv27:28 | דייי מן כל מה דלה מן | בני אנשה | ובעירה ומן חקל אחסנתיה |
| 102 | בבני אינשא | | Ex20:16 | חיות ברא מתכלה | בבני אינשא: | |
| 103 | | | Ex 9:10 | {טפל}<שלפ>וקין פרח | בבני אינשא | ובבעירה: |
| 104 | בבני אנשא | | Ex20:17 | מלכותא מתגריין | בבני אנשא: | |
| 105 | | | Dt 5:20 | חיות ברא מיתגריה | בבני אנשא: | |
| 106 | | | Gn 6:03M | הלא רוחי יהבי' | בבני אנשא | דיעבדון עובדין טבין עד |
| 107 | | | Ex 8:13 | דארעא והוון כלמיא | בבני אנשא | ובבעירא כל עפרא דארעא |
| 108 | | | Nu18:15 | די יקרבון לשמה דייי | בבני אנשא | ובבעירא דידך יהווי להוד |
| 109 | | | Ex13:02 | מעייה בבני ישראל | בבני אנשא | ובבעירה לשמי אינון: |
| 110 | | | Nu 8:17 | בכוריה דבני ישראל | בבני אנשא | ובבעירה ביומא דקטלת כל |
| 111 | | | Nu31:11M | /עדיתה/עדייתה#2#/ | \בבני אנשא | ובבעירה#2#/ |
| 112 | | | Nu31:26 | קבל ית עדיתה דשביתה | בבני אנשא | ובבעירה אתה ואלעזר |
| 113 | | | Dt 5:21M | מלכוותה מתגבייה | בבני אנשא | וג{ר}<ל>ותה אתיה לעלמא |
| 114 | | | Dt 5:21 | ומלכוותה מתגריין | בבני אנשא | וחמדין נכסיהון |
| 115 | | | Gn16:12 | והוא יהווי מדמי לערד | בבני אנשא | ידוהי ישלטון בכלא וידי |
| 116 | | | Gn 6:03 | עלמא הא רוחי יהבית | בבני אנשא | מן בגלל דאינון בשר |
| 117 | דבני | | Gn11:05M | /די בנון בניהון | דבני#2#/: | |
| 118 | דבני אנש' | | Nu31:35M | ונפש | דבר נש/דבני אנש'#2#/ | מן נשיה די לא |
| 119 | דבני אנשא | | Gn50:19 | גלייא מחשבתיהון | דבני אנשא: | |
| 120 | | | Gn 6:02 | דייניא ית בנתהון | דבני אנשא | ארום שפורין חיזו אנון |
| 121 | | | Gn 6:05 | ארום סגת בישתהון | דבני אנשא | בארעא וכל יצר מחשבת |
| 122 | | | Gn 6:04 | דיניא לות בנתהון | דבני אנשא | וילידו להון אינון |
| 123 | | | Gn 8:21 | ארום יצר לבהון | דבני אנשא | לה{ו}ון הגיין ביש מן |
| 124 | | | Nu23:19 | דייי ולא כעובדהון | דבני אנשא | עובדוי דייי בני אנשא |

## ברק *n.* lightning [115]

|  |  |  |  |  |  |  |
|---|---|---|---|---|---|---|
| 001 | כברקה | s em/sf | Dt32:41 | אין אשננה | כברקה | חרבי ותתוקף בדינה |
| 002 | ברקין | p abs | Ex20:02 | מבורך היך זיקין והיך | ברקין | והיך למפדין דנ{ז}<ו>ר |
| 003 | | | Ex20:03 | שמה מברך היך זקין והיך | ברקין | והיך למפדין דנור למפד |
| 004 | | | Dt 5:06 | מברך היך זיקין והיך | ברקין | והיך למפדין דנור <למפד |
| 005 | | | Dt 5:07 | מברך היך זיקין והיך | ברקין | והיך למפדין דנור <למפד |
| 006 | וברקין | | Ex19:16 | צפרא והווה קלין | וברקין | וענן תקיף על טורא ושופרא |

## ברקה *n.* a jewel [115]

|  |  |  |  |  |  |  |
|---|---|---|---|---|---|---|
| 001 | וברקתה | s em/sf | Ex28:17 | קדמיה סמקתה וירקתה | וברקתה | טורא חדתה וכתיב ומפרש |
| 002 | | | Ex39:10 | קדמ<י>ה סמקתה ירקתה | וברקתה | סדרה חדה וכתיב ומפרש |

## ברת קל *n.* voice, sound [112]

|  |  |  |  |  |  |  |
|---|---|---|---|---|---|---|
| 001 | ברת קל | s ab/cn | Gn22:10M | בה בשעתא נפקת | \בת קול/ברת קל#2#/ | מן שמייא ואמרת |
| 002 | בת קול | | Gn22:10 | יתהון בה בשעתא נפקת | בת קול | מן שמייא ואמרת אתון חמון |
| 003 | | | Gn27:33M | תייתי וברכת יתה | וברת קול/בת#2#/ | נפקת מן שמיא ואמרת |
| 004 | וברת קול | | Gn27:33 | תייתי וברכת יתה | וברת קול | נפקת מן שמיא ואמרת לחוד |

|  |  |  |  |  |
|---|---|---|---|---|
| 005 | ברת קל׳ | s em/sf | Nu21:06M | נפקת /ושלח ייי ברת קל׳#2#/ מן גו ארעא ואישתמע |
| 006 | ברת קלא | | Gn38:25 | היא מעברא בנין דזנו בר{ם}<ת> קלא מן שמיא נפקת ואמרת |
| 007 | | | Nu21:06 | ברת קלא נפקת מן גו ארעא ואישתמע |

## בשורה *n.* tidings [115]

|  |  |  |  |  |
|---|---|---|---|---|
| 001 | בישריה | s em/sf | Gn21:07M | ואמרת מה מהימן הווה בישריה די בשר לריבוני אברהם מן |
| 002 | בשורן | p abs | Gn49:21 | נפתלי אזגד קליל מבשר בשורן טבן דהוא בשר לאבונן יעקב |

## בשם *vb.* to be pleasing [115]

|  |  |  |  |  |
|---|---|---|---|---|
| 001 | יבשם | peal | Dt32:02 | יבשם כמטרה אולפני על בני ישראל |

## בשר *vb.* to announce [116]

|  |  |  |  |  |
|---|---|---|---|---|
| 001 | בשר | pael | Gn49:21 | מבשר בשורן טבן דהוא בשר לאבונן יעקב מן שירויה דעד |
| 002 | | | Gn21:07M | מהיימן הווה בישריה די בשר לריבוני אברהם מן שרוייה |
| 003 | מבשר | | Gn49:21 | נפתלי אזגד קליל מבשר בשורן טבן דהוא בשר לאבונן |
| 004 | | | Nu23:10 | קטלין יתיה ישראל בחרבה מבשר הוא בלעם דלית ליה חולק |
| 005 | | | Ex10:29 | ליה יאות וקושטא מללת מבשר הווינא עד דאנא יתיב במדין |
| 006 | | | Gn49:21 | דיוסף וכיון דהוא מבשר פמיה בכנישתיהון דישראל |
| 007 | למבשרא | | Gn18:02M | חד מניהון הוה אזל למבשרא ית שרה דילדה בר דכר וחד |
| 008 | | | Gn18:01 | מלאכא קדמאה ישתלח למבשרא לאבו«נן» אברהם די שרה |
| 009 | | | Gn28:12 | בייתי דאבוי סלקון למבשר{י}<א> למלאכי{ה} מרומא למימר |
| 010 | אתבשר | etpaal | Lv22:27 | למלאכין ומן יד אתבש«ר» לשרה דהא שרה ילדה |
| 011 | למתבשרה | | Lv22:27M | מלאכין וזכה למתבשרה דהא שרה ילדת ליצחק |

## בשר *n.* flesh [115]

|  |  |  |  |  |
|---|---|---|---|---|
| 001 | בשר׳ | s ab/cn | Ex23:19M | רשאין למבשל׳ ולמיכל בשר׳ וחלב מערבין כחדא |
| 002 | בשר | | Lv 7:19M | \יכול בשרה /יאכל בשר#2#/: |
| 003 | | | Nu11:04 | אלווי מן ייכל יתן בשר: |
| 004 | | | Dt12:20 | תוחמדת נפשיכון תיכלון בשר: |
| 005 | | | Lv17:14 | לא תיכלון ארום נפש כל <בשר> אדמה הוא כל דיאכל יתיה |
| 006 | | | Lv18:17 | למגליה עריתהון קריבת בשר אינון זנו היא: |
| 007 | | | Nu11:18 | למימר אלווי מן יוכל יתן בשר ארום טב הוה לן במצרים |
| 008 | | | Nu11:18 | אתקדשו למחר ותיכלון בשר ארום בכיתון במשמעה דייי |
| 009 | | | Nu11:21 | ביניהון ואת במימרך אמרת בשר אתן לכון וייכלון ירח |
| 010 | | | Ex23:19 | לא תבשלון ולא תיכלון בשר בחלב מערבין כחדא דלא יתקף |
| 011 | | | Dt14:21M | רשיין לבשלה ולמיכול בשר בחלב מערבין כחדה |
| 012 | | | Dt12:20 | ארום תתחמד נפשכון למיכל בשר בכל תוחמדת נפשיכון תיכלון |
| 013 | | | Dt28:55 | מן למתן לחד מנהון מן בשר בנוי די יאכל מן בלי דלא |
| 014 | | | Lv26:29 | לאבהתן בירושלם למיכל בשר בניהון ובשר בנתהון אכלו: |
| 015 | | | Dt28:53 | ותיכלון פרי וולד מעיכון בשר בניכון ובנתכון די יהב ייי |
| 016 | | | Dt 5:26M | /הלא#2#/ היידין כל בשרא/בשר#2#/ די שמע ית קל מימרה |
| 017 | | | Lv11:46M | דשרץ על ארעה/נפש בשר דשרצה על ארעא#2#/: |
| 018 | | | Ex16:12 | למימר ביני שמשתה תיכלון בשר ובצפרא תשבעון לחם ותידעון |
| 019 | | | Dt12:27 | ותקרבון עלוותכון בשר ודם על מדבחה דייי אלהכון |
| 020 | | | Ex34:26M | לא למבשלה ולא למיכל בשר וחלב מער׳ |
| 021 | | | Ex34:26 | לא תבשלון ולא תאכלון בשר וחלב מערבין כחדא דלא |
| 022 | | | Dt14:21 | לא תבשלון ולא תאכלון בשר וחלב מערבין כחדה דלא יתקף |
| 023 | | | Nu11:13 | קודמוי למימר הב לן בשר ונאכל: |
| 024 | | | Gn 6:03 | מן בגלל דאינון בשר ועובדיהון בישין הא יהבית |
| 025 | | | Nu11:18 | במצרים ויתן ייי לכון בשר ותכלון: |
| 026 | | | Lv13:14 | וביומא די יתחזי בה בשר חי יסתאב: |
| 027 | | | Dt12:15 | נפשתכון תכסון ותיכלון בשר כברכתיה דייי אלהכון יהב |
| 028 | | | Lv17:14 | ישראל ^אדם#2#^ כל בשר{י} לא תיכלון ארום נפש כל |
| 029 | | | Ex16:08 | כד יתן ייי לכון ברמשא בשר למיכל ולחם בצפרא למשבע כד |
| 030 | | | Nu11:13 | מן הן אית לי בשר למתין לכל עמא האלין ארום |
| 031 | | | Lv 7:20M | /תאכל#2#/ \בשרה מן נכסת /בשר מן נכיס#2#/ קדשיה דמפרש |
| 032 | | | Lv 7:21M | קודשיה מן קדם ייי /בשר נכיסת קודשה דאית קדם |
| 033 | | | Lv 7:17M | דמשתייר מן \בשרה דנכסת /בשר נ{סיכ}<כיס>ת#2#/ |
| 034 | | | Lv 7:18M | יתאכל מן \בשרה דנכסת /בשר נ{סיכ}<כיס>ת#2#/ קדשיה |
| 035 | | | Gn 6:03M | עובדין טבין עד דהנון בשר עובדין בישין הא יהבת לכון |
| 036 | | | Ex28:42 | להון מכנסין דבוץ למכסיה בשר ערוותהון מן אסר חרציהון |
| 037 | | | Gn17:25 | שנין במגזר ליה ית בשר ערלתה: |
| 038 | | | Gn17:26 | בזמן יומא דין גזר אברהם בשר ערלתה וישמעאל בריה: |
| 039 | | | Gn18:01 | אברהם בזימנא די גזר ית בשר ערלתה ותלתיהו׳ אשתלחו לתלת |
| 040 | | | Gn17:23 | דאברהם וגזר ית בשר ערלתהון בזמן יומא הדין |
| 041 | | | Gn17:24 | ותשע שנין במגזר ליה בשר ערלתיה: |
| 042 | | | Lv12:03 | וביומא תמיניה תגזרון בש«ר» ערלתיה: |
| 043 | | | Gn17:11 | ותגזרון ית בשר ערלתכו׳ ויהווי לסימן קיים |
| 044 | | | Gn 2:21 | אלעא מן אלעוי ושוי בשר תחותה: |
| 045 | בבשר | | Gn40:23 | ברב מזוגיה בבשר עביר בבשר דטעים כסא דמותא ולא אדכר |
| 046 | | | Gn40:23 | ואתרחיץ ברב מזוגיה בבשר עביר בבשר דטעים כסא דמותא |
| 047 | דבשר | | Dt21:20M | אכל \בבשרה ושתי בחמר /דבשר ושתי דחמר#2#/: |
| 048 | ובשר | | Lv26:29 | למיכל בשר בניהון ובשר בנתהון אכלו: |
| 049 | | | Gn40:23M | בבשר דטעים כסא /עבר ובשר טעם כסה#2#/ דמותא ולא |
| 050 | | | Gn 2:23 | דא מני גרם מן גרמי ובשר מן בשרי להדא יאי למתקריה |
| 051 | | | Lv 7:15 | ובשר נכסת אודיית קודשוי |
| 052 | | | Ex13:08M | דפסיריא דא ומרורא ובשר פיסחא דין עבד ייי ניסין |
| 053 | | | Ex22:30 | ועם קדישין תהוון לשמי ובשר תליש מן חווה קטילא באפי |
| 054 | לבשר | | Gn 2:24 | באתתיה ויהוון תריהו׳ לבשר חד: |
| 055 | ביסרא | s em/sf | Nu33:16M | \שאלי שאלתה /דמשילי ביסרא#2#/: |
| 056 | בישרא | | Ex16:03 | הווינן יתיבין על דודבת בישרא אכלין לחם ושבעין ארום |
| 057 | | | Ex29:31 | תסב ות{ת} בשל ית בישרא באתר קדיש: |
| 058 | | | Gn 6:12 | איתחבלת ארום חבלו כל בישרא ית אורחתי׳ על ארעא: |
| 059 | בישרה | | Nu12:13M | למימר אלה דמסי כל ביש<ר>ה אס{ר}׳ יתה |
| 060 | בש׳ | | Lv25:49M | יתיה או מן קריב{ה}<ת> בש׳ |
| 061 | | | Lv18:06M | בשריה /לכל קריבת בש׳#2#/ לא תקרבון למגלייה |
| 062 | בשר׳ | | Lv13:24 | או בשר׳ ארום יהווי במשכה כוויה |
| 063 | | | Lv15:02 | גבר ארום יהווי דייב מן בשר׳ דובה מסאב הוא: |
| 064 | | | Lv 8:17 | וית תורה וית משכה וית בשר׳ וית רעיה אוקיד בנורא |
| 065 | בשרא | | Gn 9:15 | מיא למבולא לחבלא כל בשרא: |
| 066 | בשרא | | Gn 9:04 | לחוד בשרא אדמ׳ בנפשא לא תאכלון: |
| 067 | | | Lv17:14 | ארום נפש כל בשרא אדמה בנפשה הוא ואמרת לבני |
| 068 | | | Dt12:20 | ^לכון#2#^ ותימרון איכל בשרא ארום תתחמד נפשכון למיכל |
| 069 | | | Ex12:08 | ויכלון ית בשרא בליליה פסחא צלי בנורא |
| 070 | | | Gn 8:17 | כל חיתה דעמך מן כל בשרא בעופא ובבעירא ובכל רחשא |
| 071 | | | Nu27:16 | ייי אלה דשליט בנשמת כל בשרא גבר מהימן על עם כנשתה: |
| 072 | | | Gn 6:17 | דמייא על ארעא למחבלא כל בשרא דאית ביה נשומא דחיין |
| 073 | | | Gn 7:15 | לתיבותא תרין תרין מן כל בשרא דאית בה נשמה דחיין: |
| 074 | | | Ex30:32 | על בשרא דבר נש הדיוט לא יתמשח |
| 075 | | | Ex29:32 | ויאכלון אהרן ובנוי ית בשרא דדכרא וית לחמה די בסלא |
| 076 | | | Gn 9:16 | ובין כל נפש חיתה בכל בשרא די על ארעא: |
| 077 | | | Gn 9:17 | קיימית בין ממרי ובין כל בשרא די על ארעא: |
| 078 | | | Ex23:18M | "מן חלבי ... צפרא": בשרא די תכסון בלילי ימא טבא |
| 079 | | | Ex34:25M | "בצפרא ... דפסחא": מן בשרא די תכסון בלילי יומא טבא |
| 080 | | | Dt 1:01 | נפלו פיגריכון ועל ידי בשרא די אתחמדתון ועל עסק עיגלה |
| 081 | | | Dt 5:26 | ארום היידין כל בשרא די שמע ית קל מימרה דאלה |

| | | | | | |
|---|---|---|---|---|---|
| 082 | | Gn17:14 | וערל דכר די לא יגזר ית | בשרא | דערלתיה ישתצי נפשא ההיא |
| 083 | | Gn 7:21 | וסאף כל | בשרא | דרחש על ארעא בעופא ובבעירה |
| 084 | | Nu16:22M | מתייהבה נשמתה לכל | בשרא#2#/ | הא גבר יחטא/חטי#2#/ ועל |
| 085 | | Dt12:27M | עלוותכון \בשר ודם | /בשרא | ואדמה#2#/ על מדבחה דייי |
| 086 | | Dt 1:01M | מן פיגריכון על ידי | בשרא | ובגין עגלא דעבדתון אמר |
| 087 | | Gn 9:15 | ובין כל נפש חיה בכל | בשרא | ולא יהוי תוב מיא למבולא |
| 088 | | Ex12:46M | תתברון ביה /בייתיה מן | בשרא | לברא ומצור׳ לא מניה |
| 089 | | Nu21:06 | ואתון אציתו כל בני | בשרא | לטית חויה מן שרויה ואמרית |
| 090 | | Dt16:04 | שובעה יומין ולא יבית מן | בשרא | מה די תכסון בלילי יומא טבה |
| 091 | | Gn 6:13 | ואמר ייי לנח קבילת כל | בשרא | סלקת קדמוי ארו׳ אתמליאת |
| 092 | | Gn 7:16 | ועלליה דכר ונקבה מן כל | בשרא | עלו היך מה דפקד ייי יתיה |
| 093 | | Gn40:23 | די תרחץ בבשרא די ישוי | בשרא | רוחצנא בגין כן לא אדכר |
| 094 | | Gn40:23M | בשרא ... בגין כן": וישוי | בשרא | רחצונא ובריך יהוי גברא די |
| 095 | | Gn 9:11 | עמכון ולא ישתצי כל | בשרא | תוב מן מוי דמבולא ולא יהבי |
| 096 | | Gn 6:19 | מן כל חייא מן כל | בשרא | תרין מן כול«א» תעיל |
| 097 | בשרה | Lv 7:19 | ובשרה כל דדכי יכול | בשרה: | |
| 098 | | Lv13:43 | כחזיו צרעת משך | בשרה: | |
| 099 | | Nu11:04M | דמיכל ית#2#/ | בשר/<בשר>ה#2#/: | |
| 100 | | Dt12:23 | נפשה לא תאכלון נפשה עם | בשרה: | |
| 101 | | Lv17:11 | ארום נפש | בשרה | באדמה היא ואנה יהבת לכון |
| 102 | | Ex22:26 | היא רקיעתא למשך | בשרה | במה הוא דמך ויהוי ארום |
| 103 | | Lv16:24 | ויסחי ית | בשרה | במיא באתר קדיש וילבש ית |
| 104 | | Lv22:06 | מן קדשיה ארום אלהן אסחי | בשרה | במיא: |
| 105 | | Nu19:07 | ויחוור לבושוי כהנא ויסחי | בשרה | במיא ומן בתר כד«י»ן |
| 106 | | Nu19:08 | יחוור לבושוי במיא ויסחי | בשרה | במיא ויהוי מסאב עד רמשא: |
| 107 | | Lv15:13 | ויחוור לבושוי ויסחי | בשרה | במייא דמבוע וידכי: |
| 108 | | Lv 8:31 | לאהרן ולבנוי בשלו ית | בשרה | בתרע משכן זימנה ותמן |
| 109 | | Lv18:12 | דאבוך לא תבזי קריבת | בשרה | דאבוך היא: |
| 110 | | Lv18:13 | דאמך לא תבזי ארום קריב׳ | בשרה | דאמך היא: |
| 111 | | Dt12:22 | לחוד היך מה דמתאכל ית | בשרה | דטבייה ודאיילה כדין תיכלון |
| 112 | | Nu18:15 | כל פתחי שרוי וולדה לכל | בשרה | די יקרבון לשמה דייי |
| 113 | | Lv 7:17 | ומה דמשתייר מן | בשרה | דנכסת קדשי«ה» ביומא |
| 114 | | Lv 7:18 | ואן מתאכלה יתאכל מן | בשרה | דנכסת קדשיה ביומ׳ תליתיה |
| 115 | | Lv 7:21 | בכל שרץ מסאב ויאכל מן | בשרה | דנכסת קודשיה מן קדם ייי |
| 116 | | Ex29:14 | וית | בשרה | דתורא וית משכא וית רעייה |
| 117 | | Nu16:22 | אלהה דשליט בנשמת כל | בשרה | הא גבר יחטא ועל כנישתה |
| 118 | | Nu19:05 | קדמוי ית משכ{נ}ה וית | בשרה | וי{א}<ת> אדמה עם רעייה |
| 119 | | Lv13:13 | והא כסית צרעתה ית כל | בשרה | וידכי ית מכתשא כלה איתהפיך |
| 120 | | Lv 9:11 | וית | בשרה | וית משכה אוקד בנורא לבר מן |
| 121 | | Lv13:04 | ואין בהקי חוורה היא במשך | בשרה | ומכיך לית חזוה מן משכה |
| 122 | | Nu11:13M | הב לן \בשר ונאכל | /בשרה | וניכול#2#/: |
| 123 | | Lv13:14M | /דאתחמי#2#/ בה | בשר/בשרה#2#/ | חי יסתאב: |
| 124 | | Lv13:15 | ית בשרה חייה ויסאב יתה | בשרה | חיה מסאב הוא צרעת הוא: |
| 125 | | Lv13:16 | או ארום ^יחזור#2#^ | בשרה | חיה ויתהפך לחוור ויתחזי |
| 126 | | Lv13:10M | ואחיות | בשרה | חייה בשומ׳ |
| 127 | | Lv13:15 | ויחמי כהנא ית | בשרה | חייה ויסאב יתה בשרה חיה |
| 128 | | Ex12:46 | לא מן חבורה לחברתה מן | בשרה | לברה וגרמא לא תתברון ביה: |
| 129 | | Nu12:12 | היא מתמנעה מנן צלי על | בשרה | מיתה דבה ויחי למה עבד ית |
| 130 | | Lv13:03 | דמכתשא מכיך מן משך | בשרה | מכת«ש» צרעה היא ויחמי |
| 131 | | Lv 7:20 | ונפשא די תיכול | בשרה | מן נכסת קדשיה דמפרש לשמה |
| 132 | | Lv15:03 | ^ריר^#2# דוביה או אתחת׳ | בשרה | מן דובה סאובתיה היא: |
| 133 | | Nu12:01M | /דהדין כושיה משני | בשרה#2# | מן כל ברייתה כדין הות |
| 134 | | Nu11:33 | | בשרה | עד כען הוה ביני שיניהון |
| 135 | | Lv 4:11 | וית משכא דתורא וית כל | בשרה | על רישיה ועל רגלוי |

| | | | | | |
|---|---|---|---|---|---|
| 136 | בשרהון | Lv13:38 | או אתה ארום יהוי במשך | בשרהון | בהקיין {בהקיין} חוורן: |
| 137 | | Lv13:39 | ויחמי כהנא והא במשך | בשרהון | בהקיין כהיין חוורן בהקי |
| 138 | | Gn 3:21 | לבושין דאוקר למשך | בשרהון | ואלבש יתהון: |
| 139 | | Nu 8:07 | ויעברון גלב על כל | בשרהון | ויחוורון לבושיהון וידכון: |
| 140 | | Lv11:11 | ושקצא יהוון לכון מן | בשרהון | לא תיכלון וית נבלתהון |
| 141 | | Dt14:08 | גרי מסאב הוא לכון מן | בשרהון | לא תיכלון ובנבלתהון לא |
| 142 | בשרי | Gn29:14 | ליה לבן לחוד היך קריב | בשרי | את ושרי עמיה ירח דיומין: |
| 143 | | Gn 2:23 | מני גרם מן גרמי ובשר מן | בשרי | להדא יאי למתקריה «אתה» |
| 144 | בשרי׳ | Lv21:02 | ארום אלהן לקריב | בשרי׳ | דקריב לוותיה לאמיה ולאבוי |
| 145 | בשריה | Lv20:19 | לא תבזי ארום ית קריבת | בשריה | בזי חוביהון יקבלון: |
| 146 | | Lv14:09 | לבושוי ויסחי ית | בשריה | במיא וידכי: |
| 147 | | Lv16:26 | יחוור לבושוי ויסחי ית | בשריה | במיא ובתר כדין ייעול לגו |
| 148 | | Lv16:28 | יחוור לבושוי ויסחי ית | בשריה | במיא ומן בתר כדין ייעול |
| 149 | | Lv21:02M | דקריב /אלא הן לקריבות | בשריה | דקר{ו}<י>ב#2#/ לוותיה |
| 150 | | Nu27:11 | ית אחסנתיה לקריבות | בשריה | דקריב לוותיה מן זרעיתיה |
| 151 | | Ex29:14M | וית | בשרה/<בש>ריה#2#/ | דתורא וית משכא וית |
| 152 | | Lv16:04 | ומכנסין דבוץ יהוון על | בשריה | והמיינין דבוץ יאסר |
| 153 | | Lv16:04 | אינון ויסחי במיא ית | בשריה | וילבש יתהון: |
| 154 | | Lv13:11 | מחלפה היא במשך | בשריה | ויסאב יתה כהנא לא יטרוד |
| 155 | | Lv15:16 | דזרע ויסחי במיא ית כל | בשריה | ויסתאב עד רמשא: |
| 156 | | Lv 6:03 | ומכניסין דבוץ ילבש על | בשריה | וירים ית קטמא די{י} תאכל |
| 157 | | Ex21:28 | תורא ולא יתאכיל ית | בשריה | ומריה דתורא יהוי זכיי: |
| 158 | | Lv13:03 | כהנא ית מכתשא במשך | בשריה | ושער במכתשה אתהפי׳ לחוור |
| 159 | | Nu12:12 | לגו עלמ׳ אתאכל פלגות | בשריה | כדין כד הוינא משתעבדין |
| 160 | | Lv18:06 | גבר גבר לוות כל קריב | בשריה | לא תקרבון למגליה עריה |
| 161 | | Lv13:02 | או בהקי ויהוי במשך | בשריה | למכתש צרעה וייתי לוות |
| 162 | | Lv15:03 | סאובתה בדוביה ריר | בשריה | מן ^ריר#2#^ דוביה או |
| 163 | | Lv25:49 | יפרוק יתיה או מן קריב | בשריה | מן זרעיתה יפרוק יתיה או |
| 164 | | Lv13:02 | ארום «יהווי» במשך | «בשריה» | שומה או קלפה או בהקי |
| 165 | בשרך | Gn40:19 | על צליבה ויאכל עופא ית | בשרך | מעלווי ראשך: |
| 166 | בשרן | Gn37:27 | נפשט ביה ארום אחונן קרב | בשרן | הוא ושמען ליה אחוי: |
| 167 | בבשרא | Gn40:23 | יהוי בר נשא די תרחץ | בבשרא | די ישוי בשרא רוחצנא בגין |
| 168 | | Lv 8:32 | ומה דמשתייר | בבשרא | ובלחמה בנורה תוקדון יתיה: |
| 169 | בבשרה | Lv15:07 | ומן די יקרב | בבשרה | דדיבה יחוור לבושוי ויסחי |
| 170 | | Dt21:20 | לית הוא שמע בקלן אכל | בבשרה | ושתי בחמר: |
| 171 | | Lv 6:20 | כל די יקרוב | בבשרה | יהווי קדיש <....> וית די |
| 172 | | Lv15:19 | דייבה דם תיהוי דובה | בבשרה | שבעה יומין תיהוי בריחוק |
| 173 | בבשרהון | Gn41:18 | שבע תוריין בריין | בבשרהון | ויאיין ברווהון והוויין |
| 174 | | Gn41:19 | מחמי לחדא וחסיין | בבשרהון | ולא חמת כוותיהון בכל |
| 175 | | Dt32:42 | מן אדמהון וחרבי תתכל | בבשרהון | מן אדם קטיליהון דעמי |
| 176 | בבשריה׳ | Dt32:42M | וחרבי תתכל | בבשרהון/<בבש>ריה׳#2#/ | \מן אדם/מד׳#2#/ |
| 177 | בבשרכון | Lv19:28 | על נפש דמית לא תתנון | בבשרכון | וכתב חקיק לא תשון בכון |
| 178 | | Gn17:13 | כספכון ויהוי קיימי | בבשרכון | לקיים עלם: |
| 179 | דבשרא | Lv13:10 | לשער חוור ורושם | דבשרא | חי בשומתה: |
| 180 | ובשרא | Lv13:18 | | ובשרא | ארום יהוי בה במשכיה שחנה |
| 181 | | Lv 7:19 | | ובשרא | די יקרב בכל סואבה {לא} לא |
| 182 | ובשרה | Lv 7:19 | לא יתאכל בנורא יתוקד | ובשרה | כל דדכי יכול בשרה: |
| 183 | | Lv17:16 | ואן לא יחוור לבושוי | ובשרה | לא יסחי במיא ויקבל |
| 184 | | Dt12:27 | על מדבחה דייי אלהכון | ובשרה | תיכלון: |
| 185 | ובשרהון | Nu18:18 | | ובשרהון | יהוי לך כניעה דאנפותה |
| 186 | ובבש׳ | Nu18:18M | | ובשרהון/ובבש׳#2#/ | יהווי לך כניעה |
| 187 | ובבשרהון | Lv21:05 | דקניהון לא יספרון | ובבשרהון | לא ישרטו׳ שרטת: |
| 188 | כבשרה | Ex 4:07 | חוביה והא חזרת למיהוי | כבשרה: | |
| 189 | | Dt12:15 | כחדה יאכלון יתיה | כבשרה | דטבייה ודא«יי»ל{יי}ה: |

| | | | | | | |
|---|---|---|---|---|---|---|
| 190 | | | Dt15:22 | כחדה תאכלון יתיה | כבשרה | דטבייה ודאיילה: |
| 191 | מבשרה | | Ex29:34 | ואין ישתייר | מבשרה | דאשלמותא ומן לחמה עד צפרא |
| 192 | מבשרהון | | Lv11:08 | | מבשרהון | לא תאכלון ובנבלתהן לא |
| 193 | בשריהון | p em/sf | Lv16:27 | בנורא ית משכיהון וית | בשריהון | וית רעיהון: |
| 194 | בבשריהון | | Gn41:02 | יאיין למחמי ובריין | בבשריהון | והויו רעין באגמין: |
| 195 | | | Gn41:03 | בישן למיחמי וחסין | בבשריהון | וקמו להון בסטר תורייא |
| 196 | | | Gn41:04 | דבישין למיחמי וחסין | בבשריהון | ית שבעתי תורייא יאיין |

## בשל *vb.* to ripen

[115]

| | | | | | | |
|---|---|---|---|---|---|---|
| 001 | בשילתה | peal | Nu 6:19 | ויסב כהנא ית אדרעה | בשילתה | מן דיכרא וחלה דפטיר חד מן |
| 002 | בשלו | | Gn40:10 | אפרחת אסקת נצי{ת}<ה> | בשלו | סגוליה ואתעבדו לענבין: |
| 003 | | | Ex16:23 | תאפון וית מה די תבשלון | בשלו | וית כל מה דמשתייר אצניעון |
| 004 | | | Lv 8:31 | ואמר משה לאהרן ולבנוי | בשלו | ית בשרה בתרע משכן זימנה |
| 005 | מבשל | pael | Ex12:09 | מיניה מהבהב ואף לא שליק | מבשל | במיא ארום אלהן צלי בנורא |
| 006 | תבשלון | | Ex16:23 | תאפון תאפון וית מה די | תבשלון | בשלו וית כל מה דמשתייר |
| 007 | | | Ex23:19 | עמי בני ישראל לא | תבשלון | ולא תיכלון בשר בחלב |
| 008 | | | Ex34:26 | עמי בני ישראל לא | תבשלון | ולא תאכלון בשר וחלב |
| 009 | | | Dt14:21 | עמי בני ישראל לא | תבשלון | ולא תאכלון בשר וחלב |
| 010 | דמבשלה | | Nu 6:19M | כהנא ית אדרעה | בשילתה/דמבשלה#2#/ | מן דיכרא וחלה |
| 011 | ובשל | | Gn25:29 | | ובשל | יעקב תבשיל דטלופחין {ואתא |
| 012 | ונבשל | | Ex23:19 | יתקף רוגזי עליכון | ונ{כ}בשל | עבוריכון צריכין דגנה |
| 013 | | | Dt14:21 | כחדה דלא יתקף רוגזי | ונבשל | עבוריכון צרירין דגנה וקשה |
| 014 | | | Ex34:26 | דלא יתקו«ף» רוגזי | ונבשל | עבריכון צרירין דגנא וקשה |
| 015 | ותבשל | | Ex29:31 | וית דכרא דאשלמותא תסב | ות{ת}בשל | ית בישרא באתר קדיש: |
| 016 | ותבשלון | | Dt16:07 | | ותבשלון | ותיכלון באתרה די יתרעי |
| 017 | ומבשלין | | Nu11:08M | \או שחקין במדוכתה | ומבשלין | בקידירה ועבדין#1#/ |
| 018 | לבשלה | | Dt14:21M | לית אתון רשיין | לבשלה | ולמיכול בשר בחלב מערבין |
| 019 | למבשל' | | Ex23:19M | לית אתון רשאין | למבשל' | ולמיכל בשר' וחלב |
| 020 | למבשלה | | Ex34:26M | לית אתון רשיין לא | למבשלה | ולא למיכל בשר וחלב מער' |
| 021 | אתבשל | etpaal | Lv 6:21 | בה יתבר ואין במן דנחש | אתבשל | ויתמרק וישתט«ף» במיא: |
| 022 | ית' | | Lv 6:21M | במן דנחש | אתבשל/^ית'#2#/ | ויתמרק |
| 023 | יתבשל | | Lv 6:21M | ומן דחסף די | תתבשל/יתבשל | יתבר#2#/ בה יתבר ואין |
| 024 | תתבשל | | Lv 6:21 | ומן דחסף די | תתבשל | בה יתבר ואין במן דנחש |
| 025 | | | Lv 6:21M | במן דנחש | אתבשל/^ית'#2#/'תתבשל#2#/ | ויתמרק |

## בשעתה ד־ *conj.* when

[115]

| | | | | | | |
|---|---|---|---|---|---|---|
| 001 | בשעתא | | Gn22:14M | \בזמנא קדמיא דאמרת | /בשעתא | דא#2#/ לי למקרבא |
| 002 | | | Gn31:10 | והוה | בשעתא | דאת«י»חמת ענא ונטל«ת» |
| 003 | | | Gn24:11 | בארא דמיא לעדוני רמשא | בשעתא | דנפקן מלוותא: |
| 004 | בשעתה | | Gn38:27 | והווה | בשעתה | דילדת והא תומיין בגו |

## [בשת] *n.* shame [Heb.]

[115]

| | | | | | | |
|---|---|---|---|---|---|---|
| 001 | לבשתהון | s em/sf | Ex32:12 | יימרון מצרים למימר | לבשתהון | אפק{ו}<י>תהון לקטלותהון |

## בת *n.* ⇐ ברה *n.*

## בת בי *n.* ⇐ בות

## בתדירה *adv.* always

[116]

| | | | | | | |
|---|---|---|---|---|---|---|
| 001 | בתד' | | Ex28:30M | לביה^ קדם ייי | תדירא/בתד'#2#/: | |
| 002 | בתדירא | | Ex28:29 | לדוכרן טב קדם ייי | בתדירא: | |
| 003 | | | Ex29:38 | שתהון תרין בכל יומא | בתדירא: | |
| 004 | | | Ex28:38 | ויהווי על בית אפוי | בתדירא | לרעוא עליהון קדם ייי: |
| 005 | | | Ex30:08 | {ית} יסדר יתיה קטרת | בתדירא | קדם ייי לדריכון: |
| 006 | בתדירה | | Ex27:20 | למסדרה בוצינין | בתדירה: | |
| 007 | | | Lv24:02 | למסדרה בוציניה | בתדירה: | |
| 008 | | | Lv24:04 | בוצינייה ^קדם ייי#2#^ | בתדירה: | |
| 009 | | | Lv24:08 | יסדר יתה קדם ייי | בתדירה | מן לוות בני ישראל קיים |
| 010 | | | Dt11:12 | דייי אלהכון תבע יתה | בתדירה | עיינוי דייי אלהכון בה |
| 011 | | | Nu 4:07 | וית קשוות נסוכה ולחם | בתדירה | עלוי יהווה: |
| 012 | | | Nu 9:16 | כדין יהוי | בתדירה | ענגה יכסי יתיה וחזיו אשא |
| 013 | | | Lv 6:13 | עשרין מכלתה סלת מנחה | בתדירה | פלוגתה תהוון מקרבין בצפרא |
| 014 | | | Lv24:03 | רמשה ועד צפרא קדם ייי | בתדירה | קיים עלם לדריכון: |
| 015 | | | Lv 6:06 | אשה | בתדירה | תיהווי יקד' עלוי לא תטפי: |
| 016 | בתדיריא | | Ex25:30 | סידור לחם אפיא קדמוי | בתדיריא: | |

## בתולה *n.* virgin

[116]

| | | | | | | |
|---|---|---|---|---|---|---|
| 001 | בתולה | s ab/cn | Dt22:28 | ארום ישכח גבר רבי | בתולה | די לא אתארסת ויתפוש יתה |
| 002 | | | Ex22:15 | וארום יתפס גבר | בתולה | דלא מארסה וישמש עמה |
| 003 | | | Gn24:16 | ורביתה שפירת חיזו לחדא | בתולה | וגבר לא חכים יתה ונחתת |
| 004 | | | Gn34:31 | ערלין אתקטלו על עסק | בתולה | {{ופלחי צלמין}} על די |
| 005 | | | Gn34:31M | \על עסק בתולה /בגין | בתולה#2#/ | {{ופלחי צלמין}} על די |
| 006 | | | Lv21:13M | יסב": וכהנא רבה אתה | בתולה | יסב |
| 007 | | | Dt22:23 | ארום יהווי רבי | בתולה | מארסה לגבר וישכח יתה גבר |
| 008 | בתולת | | Dt22:19M | ביש על \בתולתה | ברת/בתולת#2#/ | ישראל וליה תיהווי |
| 009 | בתולתה | s em/sf | Dt22:19 | ארום אפיק שום ביש על | בתולתה | ברת ישראל וליה תיהווי |
| 010 | | | Lv21:03 | ולאחתה | בתולתה | דקריבה לוותיה די לא |
| 011 | בתולין | p abs | Dt32:25 | דמותה להוד עלמין לחוד | בתולין | ינקין ומתרכין עם גברין |
| 012 | בתולן | | Nu20:17M | <לא> נשרגגה | בתולן | ולא ני{כ}<נ>וס נשי |
| 013 | | | Nu20:17M | א{ני}<רו>סן ולא נשרגגה | בתולן | ולא נבע{י}<ול> נשי |
| 014 | | | Gn34:31 | {{ערלין}} סאיבו | בתולן | ופלח{ו}<י> {{צלמין}} |
| 015 | | | Dt32:25M | לחוד/להוד#2#/ | בתולין/<בתו>לן#2#/ | ינקין ומתרכין עם |
| 016 | בתולת' | p em/sf | Ex22:16M | מאתן יתקנס היך מוהר' | בתולת' | |
| 017 | בתולתא | | Ex22:16 | כסף יתקל כנימוס פרני | בתולתא: | |

## בתולין *n.* virginity

[116]

| | | | | | | |
|---|---|---|---|---|---|---|
| 001 | בתולין | p abs | Dt22:14M | ולא אשכחית לה | סהדוון/בתולין#2#/: | |
| 002 | דבתולין | | Dt17:08M | דקטולין לבין אדם | דבתולין | בין מכתש |
| 003 | | | Dt17:08 | פתגם בדינה בין אדם | דבתול{ו}<י>ן | לאדם דקטולין בין דיני |

## בתכיף *adv.* suddenly

[116]

| | | | | | | |
|---|---|---|---|---|---|---|
| 001 | בתכוף | | Nu 6:09M | /ימות עלוהי מית מצוותה | בתכוף | באונסא#2#/ ויסאב ריש |
| 002 | | | Nu35:22 | ואין | בתכוף | דלא בעיל דבבו דחף יתיה או |
| 003 | | | Nu12:04 | ואמר ייי | בתכ{«ק»}וף | למשה ולאהרן <....> |
| 004 | בתכיף | | Nu 6:09 | ימות מית דסמיך ליה | בתכיף | דלא ידע ויסאב ריש |
| 005 | בתכף | | Nu35:22M | ואין | בתכוף/<בת>כף#2#/ | דלא בעיל דבבו דחף |
| 006 | בתקוף | | Dt 4:42 | די יקטול ית חברי{ח}<ה> | בתקוף | בדלא ידע והוא לא הוה סני |

## בתר *n.* portion

[116]

| | | | | | | |
|---|---|---|---|---|---|---|
| 001 | בתרייא | p em/sf | Gn15:17M | כד הוה אברם עבר ביני | בתרייא | האליין שמשא טמעה וחומטא |

## בתר *prep.* after

[116]

|  |  |  |  |  |  |
|---|---|---|---|---|---|
| 001 | בת' | Ex34:15M | /לדיירי דארע' ותסטון | בת'#2#/ | טעוותהון וידבחון |
| 002 | | Lv19:16M | לא תהוון אזלין | בת'#2#/ | לישנה תליתיה למרעיה וית |
| 003 | בתר | Gn32:20M | ית כל אילין דמהלכין | בתר | |
| 004 | | Lv19:04 | לא תסטון | בתר | {{...}} וטעוון דמתכה לא |
| 005 | | Ex33:08 | בתרע משכניה ומסתכלין | בתר | משה עד דהוה עליל למשכניה: |
| 006 | | Lv24:12M | דייניה דעתידין למקום | בתר | משה למהוון מתינין בדיני |
| 007 | | Lv24:12 | למלפה לדייניה דקיימין | בתר | משה דיהוון זריזין בדיני |
| 008 | | Nu 9:08 | לדייניה דקי«י»מין | בתר | משה די הוון זריזין בדיני |
| 009 | | Nu 9:08M | דיינייה דעתיד למקום | בתר | משה למהוון זריזין בדיני |
| 010 | | Nu15:34M | דייניה דעתידין למקום | בתר | משה למהוון מתינין |
| 011 | | Nu15:34 | למלפה לדייניה דקיימין | בתר | משה די הוון זריזין בדיני |
| 012 | | Nu27:05M | לדייניה דקיימין | בתריה/בתר | משה#2#/ די הוון |
| 013 | | Ex20:05 | ב{מ}<נ>ייא משלמין בחטאה | בתר | אבהתהון להון אנה קרא שנאיי: |
| 014 | | Lv16:32 | למשמשה בכהונתה רבתה | בתר | אבוי וילבוש ית לבושי בוצה |
| 015 | | Nu26:11M | "דאבוהון לא מיתו": ואזלו | בתר | אולפנה דמשה רבהון לא |
| 016 | | Dt11:30M | הנון מן מעבר יורדנה | בתר | אורח מיעלי שמשה בארעהון |
| 017 | | Gn37:17 | לדותינה ואזל יוסף | בתר | אחוי וארע יתהון בדתן: |
| 018 | | Lv26:18M | ואן \עד אילין | /בתר | אליין#2#/ מרדוותה לא |
| 019 | | Lv26:23M | ואן | באילין/בתר | אליין#2#/ מרדוותה לא |
| 020 | | Ex22:29 | שבעה יומין יהווה מתרבי | בתר | אמה וביומא תמינייא יפרשון |
| 021 | | Lv22:27 | יהוי מתרבי שבעה יומין | בתר | אמיה ומן יומא תמינייה |
| 022 | | Lv20:06M | ובר נש די יסתכל | בתר | בידין וגרם ידוע {{למטעי}} |
| 023 | | Lv 4:12 | יתיה על קיסי' באשתא | בתר | בית שפיכות קטמא יתוקד: |
| 024 | | Gn35:05 | יתהון ולא רדפו | בתר | בנוי דיעקב: |
| 025 | | Ex14:08 | דפרעה מלכא דמצרים ורדף | בתר | בני ישראל ובני ישראל |
| 026 | | Gn24:61 | על גמלי«א» והלכין | בתר | גברא ונסב עבדא ית רבקה |
| 027 | | Nu25:08 | ועל | בתר | גברא בר ישראל לגו קהלא |
| 028 | | Gn44:04 | על בייתיה קום רדף | בתר | גבריא ותארע יתהון ותימר |
| 029 | | Gn 6:03M | "דעתידין ... יעבדון": | בתר | דינה דדריה דמבולא מיחתם |
| 030 | | Gn49:22 | בתר חיזוי עייניה ולא | בתר | הרהורי לבוי אינון דמובדין |
| 031 | | Nu15:39 | יתהון ולא תו{פ}<ס>טון | בתר | הרהורי לבכון ובתר חזיו |
| 032 | | Gn49:22 | גברא חסידא דלא אזל | בתר | חיזוי עייניה ולא בתר |
| 033 | | Dt 6:14 | לא תיזלון | בתר | טעוון אחרניין מן טעוותהון |
| 034 | | Dt 8:19 | דייי אלהכון ותלוון | בתר | טעוון אחרניין ותפלחון |
| 035 | | Dt13:03 | די מלל לכון למימ' נזיל | בתר | טעוון אחרניין די לא חכמתון |
| 036 | | Dt28:14 | לימינה ולא לשמאלה למיזל | בתר | טעוון אחרניין למפלח |
| 037 | | Dt31:16 | עמה האיליין וטעיין | בתר | טעוון נכריין דאית בארעא די |
| 038 | | Dt31:18 | בישתה די עבדו די סטון | בתר | טעוון אחרניין: |
| 039 | | Dt31:20 | ויתפרנקון ויסטון | בתר | טעוון אחרניין ויפלחון |
| 040 | | Gn20:13 | עממיא {{לאטעאה}} יתי | בתר | טעוותהון וממרה דייי דבר |
| 041 | | Ex34:15 | עם דיירי ארעא ויטעון | בתר | טעוותהון וידבחון |
| 042 | | Ex34:16 | ויטעיין ית בניכון | בתר | טעוותהון: |
| 043 | | Ex34:16 | לבניכון ויטעון בנתהון | בתר | טעוותהון ויטעיין ית בניכון |
| 044 | | Dt29:17M | למיזל למפלח | קדם/בתר#2#/ | טעוותהון {{דאומייה}} |
| 045 | | Lv27:18 | ואן | בתר | יובילה יקדש חקליה ויחשב לה |
| 046 | | Lv25:15 | במניין שנין | בתר | יובלה תזבון מן לוות חברך |
| 047 | | Gn39:10 | כד מללת עם יוסף יום | בתר | יום ולא שמע אליה למשמשה |
| 048 | | Ex21:21M | חד או תרין יומין /ברם | בתר | יום או בתר תרי' יומין#2#/ |
| 049 | | Nu30:15 | משתק ישתוק לה בעלה יום | בתר | יום ויקיים ית כל נדרה או |
| 050 | | Gn41:31 | בארעא מן קדם כפנא ההוא | בתר | כדן ארום תקיף הוא לחדא: |
| 051 | | Dt15:09 | לכון דלא יהוי פתגם דחשי | בתר | לבכון זידנה למימר קרבת שתה |
| 052 | | Lv19:18 | לא תהוון אזלין | בתר | לישנא תליתיה דהוא קש' |
| 053 | | Lv19:16 | לא תיז{ו}<י>ל | בתר | לישנה תליתיה למרעיה וית |
| 054 | | Gn 9:28 | וחיה נח | בתר | מבולא תלת מאה וחמ«שין» |
| 055 | | Gn10:01 | ואתילידו להון בנין | בתר | מבולא: |
| 056 | | Gn10:32 | אתפרשו אומייא בארעא | בתר | מבולא: |
| 057 | | Gn11:10 | ית ארפכש' תרתין שנין | בתר | מבולא: |
| 058 | | Nu25:19 | והוה | בתר | מגפתה: |
| 059 | | Ex 3:01 | הווה רעי ית ענה <....> | בתר | מדברא ואתא לטורא דאיתגלית |
| 060 | | Nu14:43 | ארום בגין כדן די חזרתון | בתר | מימרה דייי ולא יהוי ייי |
| 061 | | Dt 1:36 | חלף די אשלם למימר טב | בתר | מימרה דייי: |
| 062 | | Gn26:18M | \מן בתר דמית אברהם | /בתר | מיתותא דאבא#2#/ וקרא להן |
| 063 | | Dt31:29 | ארום ידע אנה | בתר | מיתותי ארום מחבלה תחבלון |
| 064 | | Nu21:05 | ומלילו עמה | בתר | ממרה דייי ועל משה אתרעמו |
| 065 | | Nu21:07 | ואמרין חטינן ארום מללנן | בתר | ממרה דייי ועליך אתרעמנן |
| 066 | | Nu32:12 | בר נון ארום אשלמו | בתר | ממרה דייי: |
| 067 | | Dt13:05 | | בתר | ממרה דייי אלהכון תהלכון |
| 068 | | Dt31:27 | יומא הדין מסרבין הויתון | בתר | ממרה דייי ולהוד ארום בתר |
| 069 | | Nu14:24 | הוות רוח דקדש עמה ואשלם | בתר | ממרי ואעל יתה לארעא די על |
| 070 | | Dt31:27 | ממרה דייי ולהוד ארום | בתר | מתותי: |
| 071 | | Ex23:02 | בתר סוגיא דינא לא תיזל | בתר | סגיא למבאשא לא תמנע מן |
| 072 | | Ex23:01M | ולא תימרון בלבביכון | בתר | סוגי דינ' סטי |
| 073 | | Ex23:02 | {ו}תימרון בלבביכון | בתר | סוגיא דינא לא תיזל בתר |
| 074 | | Ex23:02 | ישראל לא תהוון אזלין | בתר | סוגיא למבעשא ברם אלאהן |
| 075 | | Ex23:01M | ישרא' לא תהוון אזלין | בתר | סוגיי' למבעשא ברם אלאהן |
| 076 | | Gn24:36M | לריבוני \מן בתר דיסאב | /בתר | סיבתא#2#/ ויהב לה ית כל |
| 077 | | Gn32:20 | ית תליתיא אף ית דמהלך | בתר | עדריא למימר כפתגמא הדין |
| 078 | | Ex15:01 | על די אתגאון ורדפו | בתר | עמא בני ישראל רמא וטבע |
| 079 | | Ex15:09 | שנאה ובעיל דבבא ארדוף | בתר | עמא בני ישראל וארע יתהון |
| 080 | | Ex15:21 | על דאתגאו ורדפו | בתר | עמא בני ישרא' רמא וטמע |
| 081 | | Lv20:05 | בתרי' {{למטעי}} | בתר | פלחנה נכריה מן גו עמה: |
| 082 | | Lv20:05M | מן בתריה למסטי | בתר#2#/ | פלחנה נכריה מן גו עמה: |
| 083 | | Gn48:01 | והוה | בתר | פתגמא האליין ואיתמר ליוסף |
| 084 | | Gn15:01 | | בתר | פתגמיא האילין מן דאתכנשו |
| 085 | | Gn22:01 | והוה | בתר | פתגמיא האלין וייי נסי ית |
| 086 | | Gn22:20 | והווה | בתר | פתגמיא האלין ואתני לאברהם |
| 087 | | Gn39:07 | והווה | בתר | פתגמ«י»א האלין ונטלת |
| 088 | | Gn40:01 | והוה | בתר | פתגמיא האלין סרחו רב |
| 089 | | Dt19:06 | דלא ירדוף תבע אדמה | בתר | קטולה ארום יזדעזע לבביה |
| 090 | | Lv20:06 | ונפש' די תסטי | בתר | שאלי אובה ומסקי זכורן |
| 091 | | Gn 7:04 | ארום | בתר | שבעה יומין הא אנה מחת מטר |
| 092 | | Lv19:31 | לא תטון | בתר | שואלי אוב' ומסקי דכורן לא |
| 093 | | Lv13:19 | ויהוי | בתר | שיחנא שומא חוורה או בהקי |
| 094 | | Gn38:24 | והוה היך | בתר | תלתא ירחין ואתני ליהודה |
| 095 | | Ex21:21M | יומין /ברם בתר יום או | בתר | תרי' יומין#2#/ יקום לא |
| 096 | ובתר | Nu15:39 | בתר הרהורי לבכון | ובתר | חזיו עיניכון די אתון טעיין |
| 097 | | Lv16:26 | ויסחי ית בשריה במיא | ובתר | כדין ייעול לגו משריתה: |
| 098 | | Gn49:19 | יכבשון קדמיהון ית ארעא | ובתר | כדן יחזרון לאתרהון בנכסין |
| 099 | | Nu 8:15 | | ובתר | כדן ייעלון ליואי ל«מ»פלח |
| 100 | | Nu31:02 | ישראל מן לוות מדייניי | ובתר | כדן תתכנש לוות עמך: |
| 101 | | Dt21:13 | וית אמה ירח דיומין | ובתר | כדן תיעול לוותה ותזדמן |
| 102 | | Lv14:08 | שעריה ויסחי במיא וידכי | ובתר | כן ייעול לגו משריתה וישרי |
| 103 | בתרה | Gn36:38 | ומית שאול ומלך | בתרה | בעל חנן בן עכבור: |
| 104 | | Gn36:35 | ומית חשם ומלך | בתרה | הדד בן בדד די קטל ית |
| 105 | | Gn36:39 | בעל חנן בר עכבור ומלך | בתרה | הדד ושמה דקרתא פעו ושמה |
| 106 | | Gn36:34 | ומית יובב בר זרח ומלך | בתרה | חשם מן ארעא דרומא: |
| 107 | | Gn36:33 | ומית בלע ומלך | בתרה | יובב <....>: |
| 108 | | Gn36:37 | ומית שמלה ומלך | בתרה | שאול מן ביני נהריי«א»: |

|  |  |  |  |
|---|---|---|---|
| 109 | | Gn36:36 | ומית הדד ומלך בתרה שמלה מן משרקה: |
| 110 | | Gn19:06 | לוותהון לברא ותרעא טרד בתרה: |
| 111 | | Ex15:20 | תופי בידה ונפקו כל נשיא בתרה בתופיא הוון חיילן: |
| 112 | | Gn18:19 | ית בנוי וית אנשי בייתיה בתרה ויסרון אורחא דייי למעבד |
| 113 | בתרהון | Gn41:19 | שבע תורין אחרנין סלקן בתרהון דלילן ובישן מחמי לחדא |
| 114 | | Lv17:07 | לשדיה די אנון טעיין בתרהון קיים עלם תיהווי דא להון |
| 115 | בתרוי | Ex29:29 | די לאהרן יהווי לבנוי בתרוי למתרבי בהון ולמשלמה בהון |
| 116 | בתרי | Gn32:03 | דאמה אינון דחזר למרדף בתרי {או משרין דעשו אחי אינון |
| 117 | | Gn24:05 | דלמה לא תצבי אתתא למיתי בתרי לארעא הדא הא מחזרה אחזור |
| 118 | בתרי' | Lv20:05 | יתיה וית כל {{דטעין}} בתרי' {{למטעי}} בתר פלחנה נכריה |
| 119 | בתריה | Gn31:23 | את אחוי עמיה ורדף בתרי{ת}<ה> ארח מהלך שבעה יומין |
| 120 | | Nu27:05 | למלפה לדייניה דקיימין בתריה די הוון זריזין בדיניה |
| 121 | | Nu11:26 | בר נון משמש נשיותיה בתריה ותרויהון מתנביין כחדא |
| 122 | | Nu16:25 | דתן ואבירם ואזלו בתריה חכימוי דישראל: |
| 123 | בתריהון | Gn41:06 | רוח דקדים צמחין בתריהון: |
| 124 | | Gn41:23 | שדיפן רוח דקדים צמחן בתריהון: |
| 125 | | Ex28:43 | עלם להון ולבניהון בתריהון: |
| 126 | | Nu15:39 | עיניכון די אתון טעיין בתריהון: |
| 127 | | Ex14:28 | חיילותיה דפרעה דעלו בתריהון בימא לא אשתייר בהון אף |
| 128 | | Lv20:06M | וגרם ידוע {{למטעי}} בתריהון ואחל רוגזי בבר נשא ההוא |
| 129 | | Ex14:09 | ורדפו מצריי בתריהון וארעו יתהון שריין על ימא |
| 130 | | Lv20:06 | ומסקי זכורן {{למטעי}} בתריהון ואשוי תקוף רגזי בנפש' |
| 131 | | Ex14:04 | ית לבה דפרעה וירדוף בתריהון ואתיקר <ב>פרעה ובכל |
| 132 | | Ex14:17 | לבהון דמצריי ויעלון בתריהון ואתיקר בפרעה ובכל |
| 133 | | Ex14:10 | והא מצריי נטלין בתריהון ודחלו לחדא וצלון בני |
| 134 | | Gn41:30 | שבעתי שנין כפנא בתריהון ותתנשי כל שבעה בארעא |
| 135 | | Ex14:23 | ורדפו מצרים ועלו בתריהון כל סוסוות פרעה ארתכוי |
| 136 | | Gn48:06 | ותולדתך דאולידת בתריהון לשמך יהוון {על} על שם |
| 137 | | Gn41:03 | תורין אחרנין סלקין בתריהון מנהרא בישן למיחמי וחסין |
| 138 | | Gn14:14 | תלת מאה עשר ורדף בתריהון עד קיסריון: |
| 139 | | Gn41:27 | חסיתה ובאישתא דסלקן בתריהון שבע שנין אינון ושבעתי |
| 140 | בתריי | Gn24:39 | מה דלמא דלא תיתי אתתא בתריי: |
| 141 | | Gn31:36 | ומה סרחני ארום רדפת בתריי: |
| 142 | בתריכון | Gn 9:09 | עמכון ועם בניכון בתריכון: |
| 143 | | Gn17:10 | וביניכו' ובין בניכון בתריכון במגזר לכון כל דכורא: |
| 144 | | Dt11:04 | אפיהון בזמנה די רדפו בתריכון ושיצי יתהון ממרה דייי |
| 145 | | Lv25:46 | ותאחסנון יתהון לבניכון בתריכון לירתו ואחסנה לעלם בהון |
| 146 | בתרך | Nu18:19 | הוא קדם <ייי> לך ולבנך בתרך: |
| 147 | | Gn35:12M | מן בתרך /ולזרעיית בתרך#2#/ אתן ית ארעא: |
| 148 | | Gn24:08 | ואין לא תצבי אתתא למיתיה בתרך ותזדכי מן שבועתי הדה לחוד |
| 149 | | Dt24:15 | עלך קדם ייי דלא יהווי בתרך חובה: |
| 150 | בתרכון | Lv26:25 | ואגרי בתרכון שלפי חרב למתפרעה מנכון על |
| 151 | | Lv26:33 | אדרי באומיה ואגרי בתרכון שלפי חרב ותיהוי ארעכון |
| 152 | בתרן | Gn32:21 | לחוד הא יעקב אתי בתרן ארום אמר ארעי «סבר» אפוי |
| 153 | דבת' | Nu17:06M | ישראל מן יומא דמן בתרה/דבת'#2#/ על משה ועל אהרן |
| 154 | ובתריה | Ex10:14 | לא הוה כדן גוב כוותיה ובתריה לא יהוי כדן: |
| 155 | | Ex10:14M | \ובתריה לא יהוי כדן /ובתריה לא יוסף למהווי כך#2#/: |

## בתר *conj.* **after** [116]

|  |  |  |  |
|---|---|---|---|
| 001 | בתר | Gn41:39 | ואמר פרעה ליוסף מן בתר {בתר} דאודע ייי יתך כל דא לית |
| 002 | | Lv25:48M | פרקון תיהוי ליה חד מן /בתר דזבן פרוק יהווי לה לחד |
| 003 | | Nu21:20M | "ומן דהוות סלקה ...": בתר דחזרת למהוי סלקה עמהון |
| 004 | | Gn46:30M | כילו עליי דלא מיתת בתר דחמית |
| 005 | | Gn46:30M | \מיתת מן בתר /מיתה בתר#2#/ דחמת סבר אפיך ארום כען |
| 006 | | Gn 5:07M | וחיה שת\מן בתר דאולד /בתר די אוליד#2#/ ית אנוש |
| 007 | | Gn 5:10M | אנו' \מן בתר דאולד /בתר די אולד#2#/ ית קינן תמני |
| 008 | | Gn 5:13M | קינן \מן בתר דאולד /בתר די אר#2#/ ית מהללאל |
| 009 | | Gn14:17M | מן בתר /לקדמותא בתר#2#/ די חזר מן דקטל |
| 010 | | Ex18:02M | דמשה \מן בתר דשבק /בתר די שבק#2#/ יתה: |
| 011 | | Lv13:35M | במשכ' \מן בתר דאדכי /בתר די דכי יתיה#2#/: |
| 012 | | Lv13:55M | כהנא \מן בתר דאתחוור /בתר די חוורו#2#/ ית מכתשא והא |
| 013 | | Dt 1:04 | בתר די קטל ית עוג מלכיהון |
| 014 | | Dt21:14M | בה פרגמטייה#2#/ חלף/בתר#2#/ די יהבת רשותך עלה: |
| 015 | | Dt12:30 | דלא תתקלון מן בתריהון בתר דישתיצון מן קדמיכון דלא |
| 016 | | Dt24:04M | "בתר ... מרחקה": בתר דסאב יתה ארום מר' |
| 017 | | Gn18:12 | ותמהת שרה בלבה למימר בתר דסאבית אפשר לי למחזור ליומי |
| 018 | | Gn50:14 | דסלק עמיה למקבר ית אבוי בתר דקבר ית אבוי: |
| 019 | ובתר | Nu35:28 | די ימות כהנה רבה ובתר די ימות כהנא רבה יחזור |
| 020 | | Lv14:43 | מן בתר די שמט ית אבניה ובתר דקליף ית ביתיה ומן באתר |

## בתרה מן *prep.* **behind** [117]

|  |  |  |  |
|---|---|---|---|
| 001 | בתרא מן | Ex11:05 | דאמה{ה}ת<ה> די טחנה בתרא מן רחיא וכל בכורא |

## בתריי *adj.* **last** [117]

|  |  |  |  |
|---|---|---|---|
| 001 | בתרייה s em/sf | Ex 4:08M | לקל נסה אחריה/בתרייה#2#/: |
| 002 | בתריין p abs | Nu 2:31M | /מאה#2#/ אחריין/^בתריין#2#^/אחרניין#2#/ הוון נטלין |

# ג

## גאי *vb.* to become haughty [118]

|  |  |  |  |  |
|---|---|---|---|---|
| 001 | אתגאון | etpaal | Ex15:01 | סוסון ורוכביהון על די אתגאון ורדפו בתר עמא בני ישראל |
| 002 | יתגא' | | Ex15:01M | ורוכביהון על די אתגאון/יתגא'#2#/ ורדפו בתר עמא בני |
| 003 | יתגאה | | Gn49:17 | למיקם מן דבית דן יתקף יתגאה על כל אמיה יהווי מדמי |
| 004 | מתגאי | | Gn14:23 | מה די לך דלא תיהווי מתג«אי» ותימר אנא עתרית ית |
| 005 | דאתגאו | | Ex15:21 | סוסוון ורוכביהון על דאתגאו ורדפו בתר עמא בני ישרא' |
| 006 | דמתגאה | | Ex15:21 | ונשבח קדם ייי גיותנה דמתגאה על גיותניא ומתנטל על |
| 007 | | | Ex15:01M | על גוותניה וכל מה דמתגאה#2#/ קדמוי הוא במימרי מתפרע |
| 008 | דמתגאי | | Ex15:01 | ונשבח קדם ייי דכל מן דמתגאי קדמוי הוא במימרי מתפרע |
| 009 | ומתגאה | | Ex15:01M | דהוא רם על רמיא/ ומתגאה על גוותניה וכל מה |
| 010 | ומתגאי | | Gn34:31 | בר חמור מלגלג בנפשיה ומתגאי בלביה ויאמר באתה דלית לה |

## גב *prep.* near, next to [118]

|  |  |  |  |  |
|---|---|---|---|---|
| 001 | גב | | Gn49:29 | אנא מתכנש לעמי קברו יתי גב אבהתי במערת«א» דבחקלא |
| 002 | | | Dt15:03 | למדחק יתיה דיהווי לך גב אחוך עברייה תשמט ידך: |
| 003 | | | Ex2:21M | ושרי משה למשרי לוות/גב#2#/ גברא ואסב/ויהב#2#/ |
| 004 | | | Gn22:05 | לעולימוי תבו לכון הכא גב חמרא ואנא ורביה נמטי עד הכא |
| 005 | | | Gn31:32 | גב מן די תשכח ית {{ טעותך |
| 006 | גבה | | Lv5:23M | אתפקד/דית'#2#/ לוותי'/גבה#2#/ או ית אבדתה די אשכח: |
| 007 | | | Gn27:15M | /תוחמדנייא די הוון גבה בבית'#2#/ דהווה בגו בייתה |
| 008 | | | Ex22:03M | בידיה/ מתאשכחא ישתכח גבה#2#/ גנבתה מן תורא עד |
| 009 | | | Gn27:44M | \ותשרי עמיה /ותתב גבה#2#/ יומין קלילן עד זמן די |
| 010 | | | Lv27:24M | דזבן יתיה מן לוותה/גבה#2#/ למן דהווה דידיה |
| 011 | | | Gn39:16M | וצנעת לבושוי בידה/גבה#2#/ עד זמן דאתא רבונה |
| 012 | | | Gn29:30M | ופלח\ עמיה עוד תוב שבע /גבה עוד שבע#2#/ שנין |
| 013 | גבהון | | Dt29:16 | ודאבנייה <....> יהיבן גבהון בגו בתייה דחלין מנהון דלא |
| 014 | גבי | | Gn29:19M | חורן/אחרן#2#/ שרי עמי/גבי#2#/: |
| 015 | | | Gn30:33M | באימריא גניב הוא עמי/גבי#2#/: |
| 016 | | | Gn31:05M | אלהה דאבה הווה בסעדי/גבי#2#/: |
| 017 | | | Lv25:23M | ותותבין אתון שריין גבי |
| 018 | | | Gn39:15M | ושבק לבושוי עמי/גבי#2#/ וערק ונפק לשוק' |
| 019 | | | Gn29:15M | מגן תנה לי/תפלוח גבי מגן חווי לי#2#/ כען מה |
| 020 | | | Gn31:32M | לך מה עמי/דאית גבי מן דידך#2#/ וסב לך ולא |
| 021 | | | Gn29:27M | עד תוב <שבע>/תפלוח גבי עוד שבע#2#/ שנין |
| 022 | | | Ex34:02M | ראש טורא/ותתעבר תמן גבי על ראש לטורא#2#/: |
| 023 | גבי' | | Gn45:01M | ולא קם גבר לוותיה/גבי'#2#/ כד אתחכם/איתוודע#2# |
| 024 | | | Gn44:09M | דאשתכח#2#/ לוותיה/גבי'#2#/ מן עבדך יתקטל ואף |
| 025 | גביה | | Gn13:14M | מן דאתפרש לוט מן לוותה/גביה#2#/ טול כען עיניך וחמי |
| 026 | גבך | | Lv25:40M | \יפלח עמך /יפלוח גבך#2#/: |
| 027 | | | Dt15:16M | ארום טב לה פלח קדמך/גבך#2#/: |
| 028 | | | Gn31:41M | בגו בייתך פלחית קדמיך/גבך#2#/ ארבע עשרה שנין בתרתין |
| 029 | | | Gn30:26M | וית בני די פלחית קדמיך/גבך#2#/ בהן ואיזל ארום את |
| 030 | | | Lv25:41M | ויפוק מן לוותך/גבך#2#/ הוא ובנוי עמה |
| 031 | | | Ex21:02M | קדמך /דיומין יפלח גבך#2#/ ובשתא שבעייתא תשלח יתיה |
| 032 | | | Ex8:25M | נפק מן\לוותך ונצליה/ גבך ונצלייה#2#/ קדם ייי ויעבר |
| 033 | | | Dt15:13M | /לחי<רות#2#/<ל> מן לוותך/גב{ר}<ך>#2#/ לא תשלח יתיה |
| 034 | | | Dt24:12M | \תידמוך במשכניה/ידמך גבך משכונה#2#/: |
| 035 | | | Lv19:13M | אגרה דאגירה עמך/גבך#2#/ עד צפרא: |
| 036 | | | Dt22:02M | /לוותך#2#/ ויהווי עמך/גבך#2#/ עד זמן די יתבע |
| 037 | | | Gn29:18M | \אפלח קדמך /אפלוח גבך#2#/ שבע שנין ∧דיומין#2#/ |
| 038 | | | Dt15:18M | אגריה דאגירה פלח קדמיך/גבך#2#/ שית שנין דיומין |
| 039 | | | Dt15:12M | ויפלח\קדמך שית /גבך שת#2#/ שנין ∧דיומין#2#/ |
| 040 | גבן | | Gn29:22M | עצה מה נעבד בה וישרי גבן שב<ע>{ו} שנין אוחראין |
| 041 | | | Gn34:22M | לנא גברייא למשרי עמן/גבן#2#/ למהוי ∧כולן#2#/ |

See also: *prep.* מן גב

## גבב *vb.* to rake, to gather [118]

|  |  |  |  |  |
|---|---|---|---|---|
| 001 | מגבב | pael | Nu15:32 | במדברה ואשכחו גבר מגבב קיסין ביומא דשבתה: |
| 002 | | | Nu15:33 | יתיה מן דאשכחו יתיה מגבב קיסין לוות משה ולוות |
| 003 | ויגבון | afel | Ex 5:07 | דקדמוי אינון יזלון ויגבון להון תבן: |
| 004 | למגבא | | Ex 5:12 | עמא בכל ארעא דמצרים למגבא קש לתבן: |
| 005 | למיגבה | | Ex 5:12M | \למגבא קש לתבן /למיגבה תבנא#2#/: |

## גבול *n.* border [118]

|  |  |  |  |  |
|---|---|---|---|---|
| 001 | לגבול | s ab/cn | Nu22:36 | לארעהון דמואביי דסמיך לגבול ארנונה די בסייפי תחומה: |
| 002 | דגבולא | s em/sf | Gn14:06 | שריין בטורא דגבלא עד דגבולא דפארן דסמיך למדברא: |

## גבורה *n.* might [119]

|  |  |  |  |  |
|---|---|---|---|---|
| 001 | גבורת | s ab/cn | Dt 3:24 | ית עבדך ית תקפך וית גבורת ידך תקיפתה די מן אלה |
| 002 | דגב' | | Ex32:16M | דגבורה/אצבע דגב'#2#/ מן קדם ייי אינון |
| 003 | דגבורה | | Ex 8:15 | חרשייה לפרעה אצבע דגבורה מן קדם ייי היא ואתוקף לבה |
| 004 | | | Ex31:18 | דאבן כתיבן באצבע דגבורה מן קדם ייי: |
| 005 | | | Ex32:16 | ולוחייא עבד דגבורה מן קדם ייי אינון וכתבא |
| 006 | | | Dt 9:10 | אבנייה כתיבן באצבע דגבורה מן קדם ייי ועליהון הוה |
| 007 | גבורת' | s em/sf | Ex14:31M | תקוף אדרע גבורת' די עבד בה מימרי' דייי |
| 008 | גבורתא | | Gn44:19 | יהודה ואמר דלמה דהא גבורתא מן דבית אבה היא ודן חיילא |
| 009 | גבורתה | | Dt33:27 | מלקדמין דמן תחות אדרע גבורתה מדברין שבטיה דבני ישראל |
| 010 | גבורתיה | | Gn44:19 | חביבא ויקירא דסלקות גבורתיה דיהודה אחוי ועוד חמא |
| 011 | | | Ex15:03 | ייי שמיה כשמיה כן גבורתיה יהא שמיה מבורך לעלמי |
| 012 | | | Gn49:24 | יעקב מן תחות אדרע גבורתיה מתפרנסין כל שבטיא |
| 013 | גבורתך | | Dt 3:24 | כעבדיך טבייה וכניסי גבורתך: |
| 014 | | | Ex15:16 | אימתך ופחדך בתקוף אדרע גבורתך תקיפא יהוון קיימין דמימין |
| 015 | וגבורן | p abs | Dt16:01 | בלליא ועבד לכון נסין וגבורן באיממה: |
| 016 | | | Dt 1:01M | "עבד ... הוויתון:" וגבורן עבד לכון ממריה דייי כד |
| 017 | וגבורתא | p em/sf | Ex15:18 | ניסי פרישתך בימא וגבורתא ביני גלליא בההיא שעתא |
| 018 | | | Nu21:14 | בספר קרבייה נסייה ^וגבורתא#2#^ דעבד ייי עם ישראל כד |
| 019 | וגבורתה | | Nu21:14 | קיימין על ימא דסוף וגבורתה דעבד עמהון כד הוון עברין |
| 020 | | | Nu21:15 | ולא הוון ידעין נסיה וגבורתה דעבד ייי עמהון בנחלי |

## גבי *vb.* to collect [119]

|  |  |  |  |  |
|---|---|---|---|---|
| 001 | מתגבייה | etpeel | Dt 5:21M | חמודייה מלכוותה מתגבייה בבני אנשא וג{ר}<ל>ותה |

## גביח *n.* hunchback [119]

|  |  |  |  |  |
|---|---|---|---|---|
| 001 | גביע | s ab/cn | Lv21:20 | ליה שער בגיבינוי או גביע או ננס או דחלזונה בעינוי |
| 002 | דגביח | | Lv21:20M | "גביע ... אשכתיה:" דגביח או דנסיס או דחלזונה |
| 003 | דגבייה | | Lv22:22 | דסמי או דתביר או דגבייה או נסיס או דמלי חזזיין לא |

## גבין *n.* eyebrows [119]

|  |  |  |  |  |
|---|---|---|---|---|
| 001 | גביני | p const | Lv14:09 | ית ראשיה וית דקנה וית גביני עייני וית כל שערה יספר |
| 002 | גבנוי | p em/sf | Lv21:20 | או די גבנוי חפיין על עיינוי או דלית |
| 003 | בגיבינוי | | Lv21:20 | או דלית ליה שער בגיבינוי או גביע או ננס או |

## capsule of a plant *n.* גבעול [119]

|  |  |  |  |  |  |  |
|---|---|---|---|---|---|---|
| 001 | p abs | גבעולין | *Ex 9:31* | הון בכירן וכתנה הוות | גבעולין | ואתרת נצה: |

## to prevail *vb.* גבר [120]

|  |  |  |  |  |  |  |
|---|---|---|---|---|---|---|
| 001 | etpaal | איתגברו | *Gn 7:20* | חמש עשרה אמין מלעיל | איתגברו | מיא וכסון טוריא: |
| 002 | | אתגברו | *Gn 7:19* | ומיא | אתגברו | לחדה לחדה על ארעא ואתכסון |
| 003 | | יתגברון | *Dt32:27* | יצחק ויעקב דלא | יתגברון | עליהון בעלי דבביהון ודי |
| 004 | | מתגברין | *Nu21:19* | למהווי להון לנחלין | מתגברין | ומן דהוות לנחלין מתגברין |
| 005 | | | *Ex17:11* | בצלו הוון דבית ישראל | מתגברין | ומנצחין וכד הוה מנע ידוי |
| 006 | | | *Ex17:11* | הוון דבית עמלק | מתגברין | ונפלין בחרבא: |
| 007 | | | *Nu21:19* | ומן דהוות לנחלין | מתגברין | חזרת למהווי סלקה עמהון |
| 008 | | | *Nu24:06* | כנחלין | מתגברין | כדן יהוון ישראל מתגברין |
| 009 | | | *Nu24:06* | כדן יהוון ישראל | מתגברין | על בעלי דבביכון כגינין |
| 010 | | ואיתגברו | *Gn 7:18* | | ואיתגברו | מיא וסגון לחדה על ארעא |
| 011 | | ואתגברו | *Gn 7:24* | | ואתגברו | מיא על ארעא מאה וחמשין |

## man *n.* גבר [119]

|  |  |  |  |  |  |  |
|---|---|---|---|---|---|---|
| 001 | s ab/cn | גב' | *Lv18:09M* | אבוך או מה דיילדת מן | גב'#2#/ | אוחרן לא תבזי עריתהון: |
| 002 | | | *Lv21:18M* | \יקרב למקרבה /יקרוב | גב'#2#/ | גבר סימי או חגיר או |
| 003 | | | *Nu 5:10M* | יהוון גבר /ליה יהווה | גב'#2#/ | די יתן לכהנה דידיה |
| 004 | | גבר | *Gn20:03* | אתתה דנסבת דהיא נסיבת | גבר: | |
| 005 | | | *Gn20:03M* | גבר /והיא אתת נסיבת | גבר#2#/: | |
| 006 | | | *Nu31:49M* | בידינן לא אתפקד מינן | גבר | |
| 007 | | | *Ex21:28* | וארום יגש תורא ית | גבר | או ית אתה וימות מתרגמא |
| 008 | | | *Ex21:29* | ולא ינטרון יתיה ויתקטל | גבר | או אתה תורא יתרגם ואף מריה |
| 009 | | | *Nu 5:06* | מליל עם בני ישראל | גבר | ^או#2#^ אתה די יעבדון מן |
| 010 | | | *Nu 6:02* | בני ישראל ותימר להון | גבר | או אתתה ארום יפרוש למנדור |
| 011 | | | *Dt17:02* | דייי אלהכון יהב לכון | גבר | או אתה די יעבד מה דסני |
| 012 | | | *Dt29:17* | דלא יהוי בכון | גבר | או אתה או זרעי או שבט |
| 013 | | | *Lv18:09* | או מה דילידת אמך מן | גבר | אוחרן לא תבזי עריתהון: |
| 014 | | | *Nu36:08* | דירתון בני ישראל | גבר | אחסנות אבהתיה: |
| 015 | | | *Ex12:03* | לירחא הדין ויסבון לכון | גבר | אימר לבית אבה{ה}תם אמר לכל |
| 016 | | | *Nu26:65* | במדברה ולא אשתייר מנהון | גבר | א{ל}<ר>ום אלהן כלב בר |
| 017 | | | *Nu25:05* | דישראל קס«ו»לו | גבר | אנשי עמיה דאתחברן לפלחי |
| 018 | | | *Gn45:22* | לכולהון יהב לכל | גבר | אסטולי ולבוש ולבנימן יהב |
| 019 | | | *Gn19:08* | לי תרתין בנן דלא חכמן | גב«ר» | אפיק כען יתהון לוותכון |
| 020 | | | *Lv15:02* | ישראל ותימרון להון גבר | גבר | ארום יהווי דייב מן בשר׳ |
| 021 | | | *Lv24:15* | תמליל למימר {גבב} | גבר | ארום יפריש שמה דאלה בגדפין |
| 022 | | | *Lv27:02* | בני ישראל ותימר להון | גבר | ארום יפרש נדר בעלויה נפשן |
| 023 | | | *Nu 5:12* | ישראל ותימר להון גבר | גבר | ארום ת{ו}<י>סטי אתתה ותשקר |
| 024 | | | *Nu 9:10* | עם בני ישראל למימר גבר | גבר | ארום יה«ו»י מסאב בטמיה |
| 025 | | | *Nu27:08* | בני ישראל תמלל למימר | גבר | ארום ימות ובר דכר לית ליה |
| 026 | | | *Nu30:03* | | גבר | ארום ידר נדר לשמה דייי או |
| 027 | | | *Gn 2:23* | למתקריה «אתה» ארום מן | גבר | אתברריית דא: |
| 028 | | | *Dt22:13* | ארום יסב | גבר | אתה ויזדמן לוותה ויסני |
| 029 | | | *Dt24:01* | ארום יסב | גבר | אתה ויפרין ויזדמן לוותה |
| 030 | | | *Dt24:05* | ארום יסב | גבר | אתה כשירוי לא יפוק לחיל |
| 031 | | | *Lv25:46* | ובאחיכון בני ישראל | גבר | באחוי לא תשתעבד בה בקשיו: |
| 032 | | | *Lv26:37* | ויתקלון | גבר | באחוי כמן קדם שלפי חרבה |
| 033 | | | *Nu36:07* | ישראל מן שבט לשבט ארום | גבר | באחסנות שבט אבהתיה ידבקון |
| 034 | | | *Nu36:09* | מן שבט לשבט אחרן ארום | גבר | באחסנתיה ידבקון שבטיהון |
| 035 | | | *Lv19:03* | | גבר | באיקריה דאבוי ודאימיה |
| 036 | | | *Ex16:29* | שתיתיא לחם בכפלא שרון | גבר | באתריה לא יפוק גבר מן |
| 037 | | | *Ex32:29* | הדין קדם ייי ארום נגעתן | גבר | בברה ובאחוי ולמשויה עליכון |
| 038 | | | *Lv19:11* | לא תכפרון ולא תשקרון | גבר | בחברה: |
| 039 | | | *Dt24:16* | לא ימותון בחובי אבהן | גבר | בחובי נפשיה ימות: |
| 040 | | | *Nu 5:20* | וארום אסתאבת ויהב | גבר | ביך ית תשמישה בר מן בעליך: |
| 041 | | | *Ex20:12* | בני ישראל הוון זהירין | גבר | ביקריה דאבוי ובאיקרה |
| 042 | | | *Dt 1:35* | אין יחמי | גבר | בעמא האלין דרה בישה הדין |
| 043 | | | *Dt22:23* | מארסה לגבר וישכח יתה | גבר | בקרתה וישמש עמה: |
| 044 | | | *Dt17:15* | רשיין למשווייה עליכון | גבר | בר עממין די לא מן אחוכון |
| 045 | | | *Ex22:15* | וארום יתפס | גבר | בתולה דלא מארסה וישמש עמה |
| 046 | | | *Ex33:08* | קיימין כל עמא ומתעתדין | גבר | בתרע משכניה ומסתכלין בתר |
| 047 | | | *Ex33:10* | וקיימין כל עמא ומצליין | גבר | בתרע משכניה: |
| 048 | | | *Nu11:10* | דעמה בכיין לזרעייהון | גבר | בתרע משכנה ותקף רוגזה דייי |
| 049 | | | *Dt24:07* | ארום ישתכח | גבר | ג{ב}<נ>ב נפשא מן אחוי מן |
| 050 | | | *Ex16:29M* | /מזון תרין יומין תיבו | גבר#2#/ | גבר באתריה לא יפוק גבר |
| 051 | | | *Lv15:02* | בני ישראל ותימרון להון | גבר | גבר ארום יהווי דייב מן |
| 052 | | | *Lv17:03* | | גבר | גבר מבית ישראל די יכוס |
| 053 | | | *Lv17:08* | ולהון תימר | גבר | גבר מן דבית ישראל ומן |
| 054 | | | *Lv18:06* | | גבר | גבר לוות כל קריב בשריה לא |
| 055 | | | *Lv20:02* | ולבני ישראל תימר | גבר | גבר מן בני ישראל ומן |
| 056 | | | *Lv20:09* | ארום | גבר | גבר די יזלזל איקריה דאבוי |
| 057 | | | *Lv21:17* | מליל עם אהרן למימר | גבר | גבר מן בניך לדריהון די |
| 058 | | | *Lv22:04* | | גבר | גבר מן בנוי דאהרן והוא |
| 059 | | | *Lv22:18* | בני ישראל ותאמר להון | גבר | גבר מן דב«י»ת ישראל |
| 060 | | | *Nu 1:04* | ועמהון יהוון | גבר | גבר מכל שבט גבר ראש |
| 061 | | | *Nu 4:19* | ייעלון וישרון יתהון | גבר | גבר על פולחניה ועל מטוליה: |
| 062 | | | *Nu 4:49* | סכם יתהון על ידוי דמשה | גבר | גבר על פלחניה ועל מטוליה |
| 063 | | | *Nu 5:12* | בני ישראל ותימר להון | גבר | גבר ארום ת{ו}<י>סטי אתתה |
| 064 | | | *Nu 9:10* | מלל עם בני ישראל למימר | גבר | גבר ארום יה«ו»י מסאב |
| 065 | | | *Ex21:33* | וארום יפתח | גבר | גוב או ארום יחפר גבר גוב |
| 066 | | | *Ex21:33* | גבר גוב או ארום יחפר | גבר | גוב ולא יכסה יתיה ויפל תמן |
| 067 | | | *Lv21:18* | ארום כל | גבר | דאית ביה מום לא יקרב |
| 068 | | | *Lv21:21* | כל | גבר | דאית ביה מום מן בנוי |
| 069 | | | *Dt27:16M* | ליט יהווי | גברא/גבר#2#/ | דזלא יקריה דאבוי |
| 070 | | | *Ex36:01* | ועבד בצלאל ואהליאב וכל | גבר | דחכים בלביה די שוי ייי |
| 071 | | | *Gn41:38* | אן אנן משכחין כוות דין | גבר | די רוח דקדש מן קדם ייי |
| 072 | | | *Ex25:02* | לשמי אפרשן מן לוות כל | גבר | די ידוב יתיה לביה תקבלון |
| 073 | | | *Ex30:38* | | גבר | די יעבד כוותיה למתהנייה |
| 074 | | | *Ex35:21* | ואתון כל | גבר | די נדב יתיה לביה וכל די |
| 075 | | | *Ex35:22* | וכל מני דהב וכל | גבר | די אניף אנפו{י} דדהב לשמה |
| 076 | | | *Ex35:23* | וכל | גבר | די אשתכח לוותיה תכלה |
| 077 | | | *Lv20:09* | ארום גבר | גבר | די יזלזל איקריה דאבוי |
| 078 | | | *Lv22:03* | אמור להון לדריכון כל | גבר | די יקרוב מן כל בניכון |
| 079 | | | *Lv22:04* | בכל טמא נפש בר נש או | גבר | די תפוק מנה תשמי{ע}<ש> |
| 080 | | | *Lv22:05* | או | גבר | די יקרוב בכל שרץ די יסתאב |
| 081 | | | *Nu 5:10* | ית קדשוי דידיה יהוון | גבר | די יתן לכהנה דידיה יהווי: |
| 082 | | | *Nu 5:30* | או | גבר | די תעבר עלוי רוח דקנא |
| 083 | | | *Dt23:11* | ארום יהווי בכון | גבר | די לא יהווי דכי מן קרי |
| 084 | | | *Dt27:18M* | ליט יהווי | גברה/גבר#2#/ | \די יטעי/דמט<ע>י#2#/ |
| 085 | | | *Dt27:19M* | ליט יהווי | גברה/גבר#2#/ | די יסטי דינה דגיורה |
| 086 | | | *Dt27:20M* | ליט יהווי | גברה/גבר#2#/ | די ישמש עם אתת אבוי |
| 087 | | | *Dt27:21M* | ליט יהווי | גברה/גבר#2#/ | \די ישמש/דמשמש#2#/ עם |
| 088 | | | *Dt27:23M* | ליט יהווי | גברה/גבר#2#/ | די ישמש עם חתנתיה |

|  |  |  |  |  |
|---|---|---|---|---|
| 089 | Dt27:25M | ליט יהווי | גברה/גבר#2/ | די נסיב שחוד למקטול |
| 090 | Dt27:26M | ליט יהווי | גברה/גבר#2/ | די לא יקים ית פתגמי |
| 091 | Ex30:33 | | גבר | דיפטם כוותיה ודי יתן מנה |
| 092 | Gn44:15M | דכוותי /מטיירא יטייר | גבר | דכוותי#2#/: |
| 093 | Nu19:09 | ויכנש | גבר | דכי ית קטמה דתורתה ויצנע |
| 094 | Nu19:18 | ויסב אזוב ויצבע במיא | גבר | דכי וידי על משכנה ועל כל |
| 095 | Gn49:02M | {דלא} יהווי ביניכון | גבר | דלביה פליג על אחוי למיזל |
| 096 | Dt29:17 | האינון דלא יהווי בכון | גבר | דלביה מהרהר בחטא' דהוא |
| 097 | Nu27:18 | סב לך ית יהושע בר נון | גבר | דרוח קדש מן קדם ייי שרייה |
| 098 | Gn 9:05M | בני אנשא מן לוות | גבר | ואחוי אתבע יתיה |
| 099 | Dt25:11 | ארום יתנצון גבריה כחדה | גבר | ואחוי ותקרוב אתתה דחד |
| 100 | Ex 1:01 | די עלו למצרים עם יעקב | גבר | ואנשי בייתיה עלו: |
| 101 | Ex35:29 | כל | גבר | ואתה דנדב לבהון יתהון |
| 102 | Ex36:06 | כרוז במשריתה למימר | גבר | ואתה לא יעבדון תוב עבידה |
| 103 | Ex16:22M | תרין עמרין \לכל | גולגלא/גבר#2/ | ואתון כל רברבני |
| 104 | Ex18:16 | אתיין לוותי ואדון בין | גבר | ובין חבריה ואודע יתהון ית |
| 105 | Dt 1:16 | יתהון דינין דקשט בין | גבר | ובין אחוי ובין תותביה: |
| 106 | Gn32:25 | מלאך שריאל בדמות | גבר | וגפף עמיה עד זמן די סליק |
| 107 | Gn37:15 | וארע יתיה מלאך בדמות | גבר | והא הוא טעי בחקלא ושאל |
| 108 | Ex21:16 | ומן די יגנב | גבר | ויזבן יתיה וישתכח בידיה |
| 109 | Dt22:22 | גבר משמש עם אתה נסיבת | גבר | וימותון לחוד תריהון גברה |
| 110 | Gn41:34 | יפקיד פרעה | גבר | וימנה אפיטרופין בכל ארעא |
| 111 | Ex11:07 | לא ינבח כלב בלשניה למן | גבר | ועד בעיר מן בגלל די תדעון |
| 112 | Ex11:07M | גבר ועד בעיר /לא על | גבר | ועל בעיר#2#/ מן בגלל די |
| 113 | Ex 2:12 | וחמא ארום לא הווה תמן | גבר | וקטל ית מצרייה וטמריה |
| 114 | Ex 2:12M | דאתי וחמא והא לית | גבר | זכאי נפיק מיניה ומחא ית |
| 115 | Nu31:53M | /עמה דחיל קרבה בזוז | גבר | חבריה#2#/: |
| 116 | Nu13:02 | די אנה יהב לבני ישראל | גבר | חד לשבט אבהתהון תשלחון כל |
| 117 | Dt 1:23 | מנכון תרין עשר גברין | גבר | חד מן כל שבט: |
| 118 | Nu17:24 | בני ישראל וחמון ונסבון | גבר | חוטרה: |
| 119 | Ex 7:12 | וטלקו | גבר | חוטריה והוון לחיון ובלע |
| 120 | Nu17:05 | מן בגלל די לא יקרב | גבר | חילוניי די לא מן בנוי |
| 121 | Ex36:02M | "ולכל ...:" ולוות כל | גבר | חכימי לבה די שווי מימרי' |
| 122 | Gn40:05 | וחלמו חלם תריהון | גבר | חלמא בלילי חד גבר כפתרון |
| 123 | Ex22:04 | ארום ייקד | גבר | חקל או כרם וישלח יקידתא |
| 124 | Gn47:20 | לפרעה ארום זבנו מצראי | גבר | חקליה ארום תקף עליהון כפנא |
| 125 | Gn34:25 | שמעון ולוי אחי דינה | גבר | חרביה ועלו לקרתא לרוחצן |
| 126 | Ex32:27 | ייי אלהה דישראל שוון | גבר | חרביה על ירכיה עברו וחזרו |
| 127 | Lv20:02M | | גבר | טלי{או} או גבר סיב דישמש |
| 128 | Gn44:11 | ית טעוניה על ארעא ופתחו | גבר | טעוניה: |
| 129 | Gn25:27 | ורבו טליא והוה עשו | גבר | ידע צידה גבר מרי חקלין |
| 130 | Nu16:22 | דשליט בנשמת כל בשרה הא | גבר | יחטא ועל כנישתה יהוי רגוז: |
| 131 | Gn41:44 | פרעה בר מינך לא יפשוט | גבר | ית ידיה למיסר זונה וית |
| 132 | Gn44:11 | ואוחון ואחתו | גבר | ית טעוניה על ארעא ופתחו |
| 133 | Ex10:23 | לא חמון | גבר | ית אחוי ולא קמו גבר מן |
| 134 | Ex21:07 | וארום יזבן | גבר | ית ברתיה לאמהתה לא תפוק |
| 135 | Ex21:18 | ידיינון גברין וימחי | גבר | ית חבריה באבן או במרתוק |
| 136 | Ex21:20 | וארום ימחי | גבר | ית עבדיה או ית אמהתיה |
| 137 | Ex21:26 | וארום ימחי | גבר | ית עיניה דעבדיה או ית |
| 138 | Ex32:27 | תרע לתרע במשריתא וקטלו | גבר | ית אחוי וגבר ית חבריה וגבר |
| 139 | Ex34:24M | מלך ושליט ית /תחמיד | גבר | ית#2#/ ארעכון במיסק לכון |
| 140 | Lv25:14 | לא {תיכון}<תונון> | גבר | ית אחוי: |
| 141 | Nu17:17 | תרין עשר חוטרין | גבר | ית שמה תכתוב על חוטרה: |
| 142 | Dt 1:31 | ייי אלהכון היך מה דסביל | גבר | ית ברה בכל ארחה די הלכתון |
| 143 | Dt 1:41 | ייי אלהן ואיזדיינתון | גבר | ית מאני זייניה ואוחיתון |
| 144 | Dt 8:05 | ארום היך מה דרדי | גבר | ית בריה ייי אלהכון רדי |
| 145 | Dt23:01 | לא יסב | גבר | ית אתתה דאבוי ולא יבזי כנף |
| 146 | Dt34:06 | טעותה פעור ולא חכם | גבר | ית קבורתיה עד זמן יומא |
| 147 | Lv27:26 | דייי בבעירה לא יקדש | גבר | יתיה אין תור אין אימר לשמה |
| 148 | Lv 7:10 | לכל בנוי דאהרן תהוי | גבר | כאחוי: |
| 149 | Lv21:09 | וברת | גבר | כהן ארום טעוה ומפסה ית |
| 150 | Gn41:12 | לה ופתר לן ית חלמינן | גבר | כחלמיה פתר: |
| 151 | Dt12:08 | עבדין הכה יומא הדין | גבר | כל דשפר ותקן באפוי: |
| 152 | Nu 7:05 | ותתן יתהון לילווא«י»י | גבר | כמיסת פולחניה: |
| 153 | Gn49:28 | ודא ברכתא די ברך יתהון | גבר | כמסת ברכתיה ברך יתהון: |
| 154 | Dt16:17 | | גבר | כמסת אושטות ידיה כברכתה |
| 155 | Gn49:01M | מיניה חזר וברך יתה<ו>ן | גבר | כמפתר ברכתיה |
| 156 | Ex16:21 | ולקטו יתיה בכל צפר וצפר | גבר | כפם מיכליה וכד הוה שמשא |
| 157 | Nu35:08 | שבטה דעמא זעירין תזערון | גבר | כפם אחסנ<ת>יה די יאחסנון |
| 158 | Gn40:05 | גבר חלמא בלילי חד | גבר | כפתרון חלמה רב מזוגיי«א» |
| 159 | Gn41:11 | חלם בלילי חד אנה והוא | גבר | כפתרון חלמא חלמנן: |
| 160 | Ex16:19 | ואמר משה להון | גבר | לא ישייר מנה עד צפרא: |
| 161 | Ex19:13 | יזדרקון ביה אן בעיר אין | גבר | לא יחי במתקע שופרא משה |
| 162 | Ex34:03 | וגבר לא יסק עמך ולהוד | גבר | לא יתחמי בכל טורא להוד ענה |
| 163 | Gn26:31 | ואקדימו בצפרא ואשתבעו | גבר | לאחוי ושלח יתהון יצחק |
| 164 | Gn37:19 | ואמרין | גבר | לאחוי הא מרי חלמיא האלין |
| 165 | Gn42:21 | ואמרין | גבר | לאחוי ברם חייבין אנן באדמה |
| 166 | Ex16:15 | ישראל ואמרין {ואמרין} | גבר | לאחוי מנא הוא ארום לא הון |
| 167 | Lv25:10 | היא תיהווי לכון ותחזרון | גבר | לאחסנתיה וגבר לזרעיתיה |
| 168 | Lv25:13 | בשתה דיובלה הדה תחזרון | גבר | לא<ח>סנתיה: |
| 169 | Nu 2:17 | שריין כדן הוון נטלין | גבר | לאתריה לטכסיהון: |
| 170 | Dt32:04 | שעין מזווג זוגין בין | גבר | לאתתה ומרים וממך ותלת שעין |
| 171 | Nu30:17 | די פקד ייי ית משה בין | גבר | לאתתיה בין אב לברתה |
| 172 | Dt22:05 | דגבר על אתה ולא ילבש | גבר | לבוש דאתה ארום סני ומרחק |
| 173 | Lv18:06 | גבר | גבר | לוות כל קריב בשריה לא |
| 174 | Gn45:01 | כל גבר מעלווי ולא קם | גבר | לוותיה כד אתחכם יוסף |
| 175 | Nu 2:34 | שרון לטכסיהון וכן נטלו | גבר | לזרעיתיה לבית אבהתיה: |
| 176 | Nu14:04 | ואמרין | גבר | לחברי' נשוי עלינן מלך |
| 177 | Gn11:03 | ואמרו | גבר | לחבריה אתון ונלבן לבנין |
| 178 | Gn13:13 | ועמה דסדם בישין | גבר | לחבריה וחייבין בגילוי |
| 179 | Ex18:07 | בשלמיה ונשק יתיה ושאלו | גבר | לחבריה מלין דשלם ועלו |
| 180 | Ex22:06 | ארום יתן | גבר | לחבריה כסף או מנין למנטרה |
| 181 | Ex22:09 | וארום יתן | גבר | לחבריה חמר או תור או אימר |
| 182 | Lv25:17 | ולא תונון | גבר | לחבריה ותדחלון מן אלהכון |
| 183 | Ex 2:01M | ואזל \גברא מביתה דלוי | /גבר | ליואי משבט' דלוי#2#/ |
| 184 | Gn25:27M | והוה ליה לסימנא די | גבר | ליסטיס גבר נפק ומקפח |
| 185 | Dt 3:20 | לכון בעבר ירדנה ותחזרון | גבר | לירותתיה די יהבית לכון: |
| 186 | Gn10:05 | נסי אומיא בארעותהון | גבר | ללשניה לזרעיתהון באומיהון: |
| 187 | Gn13:16 | דלית אפשר די כל | גבר | למימני ית עפרא דארעא אף |
| 188 | Nu31:53 | עבדי קרבה בזוז | גבר | לנפשיה: |
| 189 | Nu26:54 | זעירין תזערון אחסנתיה | גבר | לפום סכומוי יתיהב אחסנתיה: |
| 190 | Gn49:01 | אבונן יעקב וברך יתהון | גבר | לפם עבדוי טבייא ברך יתהון: |
| 191 | Ex12:04 | לוותיה כמנין נפשין | גבר | לפם מיכל«ה» תתמנון על |
| 192 | Ex16:16 | לכל גלגלה מניין נפשכון | גבר | לפם מה די במשכנה תסבון: |
| 193 | Ex16:16 | די פקד ייי לקטו מנה | גבר | לפם מיכליה עמר לכל גלגלה |
| 194 | Ex16:18 | דאסגי ומן דאזער לא חסר | גבר | לפם מיכליה לקטו: |
| 195 | Gn42:28 | ואזדעזע לבהון וחרדו | גבר | לקבל אחוי למימר מה הוא דא |
| 196 | Gn43:33 | כזעירותה ותמהו גברייא | גבר | לקבל חבריה: |

|  |  | | | | |
|---|---|---|---|---|---|
| 197 | Lv27:16 | ואין מחקל אחסנתיה יקדש | גבר | לשמה דייי ויהווי עלויה לפם | |
| 198 | Lv27:28 | להוד כל אפרשו די יפרש | גבר | לשמה דייי מן כל מה דלה מן | |
| 199 | Gn11:07 | תמן לשניהון דלא ישמעון | גבר | לשנה דחבריה: | |
| 200 | Gn42:25 | עבור ולמחזרה כספהון | גבר | לשקיה ולמיתן להון זבדין | |
| 201 | Ex19:15 | יומין לא יקרב מנכון | גבר | לתשמיש דערס: | |
| 202 | Lv17:03 | גבר | גבר | מבית ישראל די יכוס תור | |
| 203 | Nu15:32 | ישראל במדברה ואשכחו | גבר | מגבב קיסין ביומא דשבתה: | |
| 204 | Gn 2:24 | בגין כן יפרש | גבר | מדמכיה מן דאבוי ומן דאימיה | |
| 205 | Nu27:16 | דשליט בנשמת כל בשרא | גבר | מהימן על עם כנשתה: | |
| 206 | Lv16:21 | רישיה דצפירה וישלח ביד | גבר | מזומן למדבר': | |
| 207 | Gn31:49 | ביני ובינך ארום נסמר | גבר | מחבריה: | |
| 208 | Nu16:17 | וסבו | גבר | מחיתית«י»ה ותתנון עליהון | |
| 209 | Lv10:01 | דאהרן נדב ואביהוא | גבר | מחתיתיה ויהבו בהון אשא | |
| 210 | Nu16:17 | מחתיוון ואת ואהרן | גבר | מחתיתיה: | |
| 211 | Nu16:17 | קטרה ותקרבון קדם ייי | גבר | מחתיתיה תרתין מאוון וחמשין | |
| 212 | Nu16:18 | ונסב | גבר | מחתיתיה ויהבו עליהון אשא | |
| 213 | Nu31:50 | וקרבנן ית קרבנה דייי | גבר | מידהווינן עללין בבתיהון | |
| 214 | Nu 1:04 | ועמהון יהוון גבר | גבר | מכל שבט גבר ראש לבית אבהתה | |
| 215 | Ex22:13 | וארום ישאל | גבר | מלות חבריה ויתבר או ימות | |
| 216 | Ex34:24 | תחומכון ולא יתחמ«ד» | גבר | מלך ושליט ית ארעכון במיסק | |
| 217 | Gn39:11 | למחשבה חשבונוי ולא הוה | גבר | מן עמיה דביתיה תמן בביתה: | |
| 218 | Ex10:23 | גבר ית אחוי ולא קמו | גבר | מן אתריה תלתא יומין ולכל | |
| 219 | Ex11:02 | במשמעהון דעמא וישאלון | גבר | מן חבריה ואתתא מן לוות | |
| 220 | Ex12:22 | די במנה ואתון לא תיפקון | גבר | מן תרע ביתיה עד צפרא: | |
| 221 | Ex16:29 | שרון גבר באתריה לא יפוק | גבר | מן אתריה ביומא שביעיא: | |
| 222 | Ex36:04 | ית כל עבידת בית קודשא | גבר | מן עבידתה די אנון עבדין: | |
| 223 | Lv17:08 | ולהון תימר גבר | גבר | מן דבית ישראל ומן גייורה | |
| 224 | Lv17:10 | וגבר | גבר | מן דבית ישראל ומן גיוריה | |
| 225 | Lv17:13 | וגבר | גבר | מן בני ישראל ומן גייוריה | |
| 226 | Lv20:02 | ולבני ישראל תימר גבר | גבר | מן בני ישראל ומן גיורה | |
| 227 | Lv21:17 | מליל עם אהרן למימר גבר | גבר | מן בניך לדריהון די יהווי | |
| 228 | Lv22:04 | גבר | גבר | מן בנוי דאהרן והוא מצרע | |
| 229 | Lv22:18 | ישראל ותאמר להון גבר | גבר | מן דב«י»ת ישראל ומין | |
| 230 | Lv27:31 | ואין מפרוק יפרוק | גבר | מן מעשרה חומשה יוסף עלוי: | |
| 231 | Nu25:06 | והא | גבר | מן בני ישראל אתי ואקרב | |
| 232 | Nu26:64 | ובאלין לא הוה | גבר | מן סכומוי דמשה ואהרן | |
| 233 | Ex33:04 | הדין ואתאבלון ולא שוון | גבר | מני זייני«ה» עלוי: | |
| 234 | Ex33:05 | אשיצא יתכון וכדון אחתו | גבר | מני זיינן מעלוי ואדע מה | |
| 235 | Ex20:07 | עמי בני ישראל לא יסב | גבר | מנכון ית שמה דייי אלהיה | |
| 236 | Ex20:17 | עם חמודין לא יתחמד | גבר | מנכון ביתא דחבריה ולא | |
| 237 | Gn23:11M | לך אזל קבר מתך#1/: | גבר | מנן ית קבריה לא יכלה ממך | |
| 238 | Dt24:12 | ואין | גבר | מסכן הוא לא תידמוך | |
| 239 | Dt18:10 | לא ישתכח ביניכון | גבר | מעבר בריה וברתיה בנורא לא | |
| 240 | Gn45:01 | עלוי ואכרז ואמר אפקו כל | גבר | מעלווי ולא קם גבר לוותיה | |
| 241 | Gn13:11 | לוט מן לקדמין ואתפרשו | גבר | מעלוי אחוי: | |
| 242 | Gn39:02 | והוה ייי ית יוסף והוה | גבר | מצלח בעבדא טבא והוה רב | |
| 243 | Gn39:01 | דפרעה רב אספקלטריה | גבר | מצראי מן ידיהון דסרקיי די | |
| 244 | Ex 2:11 | וחמא בפולחניהון וחמא | גבר | מצריי מחי לגבר עברי מן | |
| 245 | Ex 2:19 | ואמרין | גבר | מצרייה שיזב יתן מן ידיהון | |
| 246 | Lv13:44 | | גבר | מצרע הוא מסאב הוא מסאבה | |
| 247 | Gn25:27 | והוה עשו גבר ידע צידה | גבר | מרי חקלין ויעקב הוה גבר | |
| 248 | Ex 4:10 | ברחמין מן קדמיך ייי לא | גבר | מרי ממלל אנה לא מן דאתמול | |
| 249 | Dt15:02 | סדר דינה ושמטתה ישמט כל | גבר | מרי חוב ית ידיה דיוזיף | |
| 250 | Dt22:22 | ארום ישתכח | גבר | משמש עם אתה נסיבת גבר | |
| 251 | Gn25:27M | עולמייא והוה עשו | גבר | נחוש ירכן ומר הוא | |
| 252 | Gn25:27M | לסימנא די גבר ליסטים | גבר | נפק ומקפח עבוריי' | |
| 253 | Dt23:18 | מן בנתהון דישראל ולא | גבר | נפק בר מן בני ישראל: | |
| 254 | Lv20:02M | גבר טלי{או} או | גבר | סיב דישמש עם איתתה מבנת | |
| 255 | Lv21:18 | ביה מום לא יקרב למקרבה | גבר | סימי או חגיר או פחוש או | |
| 256 | Gn41:33 | וכדון ימנה פרעה | גבר | סכלתן וחכים וישוי יתיה על | |
| 257 | Dt19:11 | וארום יהווי | גבר | סני לחבריה ויכמן לה ויקום | |
| 258 | Ex 2:11M | גבר מצריי מחי | לגבר/גבר#2/ | עברי מן אחוי: | |
| 259 | Gn39:14 | למימר חמון דאייתי לי | גבר | עבריי למגחכה {למגחכה} בן | |
| 260 | Gn32:25M | ואשתדי עמה מלאך בדמות | גבר | עד מסק | |
| 261 | Gn38:01 | מן לוות אחוי וסטה לוות | גבר | עדולמיי ושמה חירה: | |
| 262 | Nu 5:19 | ויימר לאתתה אן לא שמש | גבר | עימך ואין לא סטית סאבה | |
| 263 | Gn44:13 | ובזעו לבושיהון ושוון | גבר | על חמריה וחזרו לקרתא: | |
| 264 | Ex21:14 | <וארום יתחשב | גבר | על חבריה למקטל יתיה בכמנא | |
| 265 | Ex39:14 | על שמהתהון גליף חקיק | גבר | על שמיה לתרין עשרתי שבטיה: | |
| 266 | Nu 1:52 | וישרון בני ישראל | גבר | על משרי{י}תה וגבר על טקסיה | |
| 267 | Nu 2:02 | | גבר | על טכסיה באתיין | |
| 268 | Nu 2:17M | גבר לאתריה לטכסיהון\ | /גבר | על תחומיה לטכ#2/: | |
| 269 | Nu 4:19 | ייעלון וישרון יתהון גבר | גבר | על פולחניה ועל מטוליה: | |
| 270 | Nu 4:49 | יתהון על ידוי דמשה גבר | גבר | על פלחניה ועל מטוליה | |
| 271 | Dt22:26 | ארום היך מה די קיים | גבר | על חבריה ויקטול יתיה | |
| 272 | Ex33:11 | לקבל ממלל היך מה דממלל | גבר | עם חבריה וחזר למשריתה | |
| 273 | Lv15:18 | ואתתה די ישמש | גבר | עמה תשמיש דזרע וישזגון | |
| 274 | Lv15:24 | ואם משמשה ישמש | גבר | עמה ותהי נדתה עלוי יהוי | |
| 275 | Lv15:24M | מזדמנה יזדמן | גבר | עמה ותהווי ריחוק נדתה | |
| 276 | Nu 5:13 | וישמש | גבר | עמה תשמיש דזרע ויתכסי מן | |
| 277 | Gn31:50 | תסב נשין על בנתי לית | גבר | עמן חמי ייי הוא סהד ביני | |
| 278 | Nu 5:08M | ואין לית \לגברה פרוק | /גבר | פ#2/ למחזרה אשמה לה | |
| 279 | Gn15:10M | חבריה /לפסגין ושווי | גבר | פסגייה לקדמות חב#2/ וית | |
| 280 | Ex30:12 | למניינ<י>הון ויתנון | גבר | פרק{י}<ו>ן נפשה לשמה דייי | |
| 281 | Gn 6:09 | יחוס תלדוותיה דנח נח | גבר | צדיק שלם בעבדה טבא הוו | |
| 282 | Gn 9:20 | ושרי נח | גבר | צדיקא למפלח בארעא ונצב | |
| 283 | Gn42:35 | אינון מפנין שקיהון והא | גבר | צררא דכספא בסקיה וחמון ית | |
| 284 | Gn 4:23 | למימריה דפומי ארום לא | גבר | קטלת דאתקטל מן בגללה ולא | |
| 285 | Gn 4:23M | לא גבר /למילי לא | גבר#2/ | קטלת דאתקטל מן בגללה | |
| 286 | Nu 1:04 | יהוון גבר גבר מכל שבט | גבר | ראש לבית אבהתה הוא: | |
| 287 | Nu 1:44 | דישראל תרי עשר גברין | גבר | ראש לבית אבהתהון הוו: | |
| 288 | Dt 1:17M | מן קדם \מלך ושליט | /גבר | רב#2/ ארום דינה קדם ייי | |
| 289 | Dt22:28 | ארום ישכח | גבר | רבי בתולה די לא אתארסת | |
| 290 | Gn25:27M | גבר ...": גביר | גבר | רמאי הוה ומן ציידיה הוה | |
| 291 | Gn25:27 | מרי חקלין ויעקב הוה | גבר | שלם בעבדא טבא יתיב | |
| 292 | Gn25:27M | ועל חרבך תחיה ויעקב | גבר | שלם בעובדא טבא יתיב ומשמש | |
| 293 | Gn27:11 | לרבקה אמיה הא עשו אחי | גבר | שערין ואנה גבר שעשיע: | |
| 294 | Gn27:11 | אחי גבר שערין ואנה | גבר | שעשיע: | |
| 295 | Nu31:17M | בתשמיש דכורא קטלו | /גבר | תשמיש דזרע קט#2/:/ | |
| 296 | Dt27:17M | /דמשני#2/ תחומה | דגברא/גבר#2/ | ויאמרון/ויענון#2/ | |
| 297 | Dt21:22M | \בגברא סדר חובת דין | /בגבר | חובה סדר דין#2/ דקטולין | בגבר |
| 298 | Dt19:15 | לא יקום סהד | בגבר | לכל חובה ולכל סרחון בכל | |
| 299 | Dt19:16 | ארום יקום שהד דשקר | בגבר | למסהדה עלוי סהדי דשקר: | |
| 300 | Lv21:09M | \וברת גבר /וברתה | דג'#2/ | כהן ארום טעוה ומפסה ית | דג' |
| 301 | Ex12:45M | "תותב ... מנה": תותב | דגבר | אגירא כד הוא בר עממין לא | דגבר |
| 302 | Gn19:08M | די לא חכימן תשמיש | דגבר#2/ | אפיק כען יתהון לוותכון | |
| 303 | Gn44:01 | למטען ושוי כספא | דגבר | בפום טעוניה: | |
| 304 | Gn43:21 | ית טעונינן והא כספא | דגבר | בפם טעונה כספינן במתקליה | |

|  |  |  |  |  |  |
|---|---|---|---|---|---|
| 305 | | Lv20:10 | וגבר די ישמש עם אתתה | דגבר | ודי יגיי«ר» עם אתתיה |
| 306 | | Ex12:44 | וכל עבד | דגבר | זבין כספא ותגזרון יתיה |
| 307 | | Gn42:11 | כלנן בנוי | דגבר | חד אנן היימינן אנן לא הוון |
| 308 | | Gn42:13 | עבדך אחין אנן בנוי | דגבר | חד בארעא דכנען והא זעירא |
| 309 | | Ex21:35 | וארום יגש תורא | דגבר | ית תורא דחבריה וימות |
| 310 | | Lv22:12M | ארום תתנסב לגבר | /דגבר | כהן ארום תיהוי לגב'#2#/ |
| 311 | | Lv22:13M | וברתה | דכהן/דגבר | כהן#2#/ ארום תיהווי |
| 312 | | Gn38:02 | וחמה תמן יהודה ברתה | דגבר | כנענ{ע}אי ושמיה שוע ונסב |
| 313 | | Lv24:10 | דאתה ישראליתה והוא ברה | דגבר | מצריי בגו בני ישראל |
| 314 | | Lv 7:08 | וכהנא דיתקר' ית עלתה | דגבר | משכה דעלתה די יקרב לכהנא |
| 315 | | Lv24:17 | וגבר ארום יקטול כל נפש | דגבר | מתקטלה יתקטל: |
| 316 | | Dt22:05 | לא יהווי מני זיינה | דגבר | על אתה ולא ילבש גבר לבוש |
| 317 | וגבר | Lv13:29 | | וגבר | או איתה ארום יהוי ביה מכתש |
| 318 | | Lv13:38 | | וגבר | או אתה ארום יהוי במשך |
| 319 | | Lv20:27 | | וגבר | או אתה די יהווי בהון שאלי |
| 320 | | Dt20:05 | דלא ימות בסדרי קרבה | וגבר | אחרן ישכליל יתיה: |
| 321 | | Dt20:06 | דלא ימות בסדרי קרבא | וגבר | אחרן יפ«ר»ק יתיה: |
| 322 | | Dt20:07 | דלא ימות בסדרי קרבה | וגבר | אחרן יסב יתה: |
| 323 | | Dt28:30 | אתה תארש | וגבר | אחרן יסב יתה בתין תבנון |
| 324 | | Lv13:40 | | וגבר | ארום יתמרט שער רישיה קרח |
| 325 | | Lv15:16 | | וגבר | ארום יפוק מיניה תשמיש דזרע |
| 326 | | Lv22:14 | | וגבר | ארום יאכל קדש בשלו וי˜רסף |
| 327 | | Lv22:21 | | וגבר | ארו«ם» יקרב נכסת קודשין |
| 328 | | Lv24:17 | | וגבר | ארום יקטול כל נפש דגבר |
| 329 | | Lv24:19 | | וגבר | ארום יתן מום בחבריה היך מה |
| 330 | | Lv25:26 | | וגבר | ארום לא יהווי ליה פרוק |
| 331 | | Lv25:29 | | וגבר | ארום יזבן אתר בית משרוי |
| 332 | | Lv27:14 | | וגבר | ארום יקדש ית ביתה קדש לשמה |
| 333 | | Lv17:10 | | וגבר | גבר מן דבית ישראל ומן |
| 334 | | Lv17:13 | | וגבר | גבר מן בני ישראל ומן |
| 335 | | Lv15:05 | | וגבר | די יקרב במדמכיה יחוור |
| 336 | | Lv20:10 | | וגבר | די ישמש עם אתתה דגבר ודי |
| 337 | | Lv20:11 | | וגבר | די ישמש עם אתתה דאבוי |
| 338 | | Lv20:12 | | וגבר | די ישמש עם אתתה דברה |
| 339 | | Lv20:13 | | וגבר | די ישמש עם דכורה תשמיש |
| 340 | | Lv20:14 | | וגבר | די יסב ית אתה וית אמה |
| 341 | | Lv20:15 | | וגבר | די יתן תשמישיה בבעיר |
| 342 | | Lv20:17 | | וגבר | די יסב ית אחתה ברת אבוי או |
| 343 | | Lv20:18 | | וגבר | די ישמש עם אתה דוה ויבזי |
| 344 | | Lv20:20 | | וגבר | די ישמש עם חביבתה ערייתה |
| 345 | | Lv20:21M | | \וגבר#2# | די יסב ית אתתה דאחוי |
| 346 | | Nu19:20 | | וגבר | די יסתאב ולא יתדי עלוי |
| 347 | | Gn24:21 | | וגבר | הוה שתי ומסתכל בה שתק |
| 348 | | Ex32:27 | וקטלו גבר ית אחוי | וגבר | ית חבריה וגבר ית קריביה: |
| 349 | | Ex32:27 | ית אחוי וגבר ית חבריה | וגבר | ית קריביה: |
| 350 | | Nu 5:10 | | וגבר | ית קדשוי דידיה יהוון גבר |
| 351 | | Lv19:20 | | וגבר | {כ}<ד>י ישמש עם אתה תשמי" |
| 352 | | Gn24:16 | שפירת חיזו לחדא בתולה | וגבר | לא חכים יתה ונחתת לעיינה |
| 353 | | Ex34:03 | | וגבר | לא יסק עמך ולהוד גבר לא |
| 354 | | Lv25:10 | ותחזרון גבר לאחסנתיה | וגבר | לזרעיתיה תחזרון: |
| 355 | | Gn19:31 | רבתא לזערתא אבונן סב | וגבר | לית בארעא למיעול לוותן |
| 356 | | Nu 1:52 | גבר על משרי{י}תה | וגבר | על טקסיה לחיילוותהון: |
| 357 | ולגבר | Lv15:33 | ית דובה לדכר או לנקבה | ולגבר | די ישמש עם אתה מסאבה: |
| 358 | כגבר | Nu14:15 | וי«ת»קטל ית עמא האליין | כגבר | חד ו{א}ימרון אומייה די |
| 359 | לג' | Nu30:07M | מהווי תהווי | לג' | |
| 360 | | Gn29:19M | יתה לגבר /למתן | לג'#2#/ | חורן/אחרן#2#/ שרי עמי |
| 361 | לגב' | Lv22:12M | /דגבר כהן ארום תיהוי | לגב'#2#/ | חילוני היא באפרשות |
| 362 | לגבר | Dt24:02 | מבייתיה ותזיל ותתנסב | לגבר | אחרן: |
| 363 | | Dt24:02M | אחרן/ותיזל ותסב | לגבר | אחרן#2#/: |
| 364 | | Dt24:04 | לה לאתה מן בתר דאסתאבת | לגבר | אחרן ארום מרחקה הוא קדם |
| 365 | | Dt21:18 | ארום יהווי | לגבר | בר סורוון ומורוון לית הוא |
| 366 | | Ex21:08 | דלא זמן יתה ופרק יתה | לגבר | בר עממין לא יהווי רשיי |
| 367 | | Nu31:17 | בטפליה וכל אתה דחכמה | לגבר | בתשמיש דכורא קטלו: |
| 368 | | Gn34:14 | הדין למיסב ית אחתן | לגבר | די ליה <עורלה> ארום בזיון |
| 369 | | Dt25:09M | סידרא י{ד}<ת>עבד | לגברא/לגבר#2#/ | די לא צבה למיבני ית |
| 370 | | Nu21:09 | אין נכ«י»ת ח«י»ויה | לגבר | הוה מסתכל על חיויה דנחש |
| 371 | | Ex21:12 | מן ד ימחי | לגבר | וימות מתקטלא יתקטיל: |
| 372 | | Dt22:23 | יהווי רבי בתולה מארסה | לגבר | וישכח יתה גבר בקרתה וישמש |
| 373 | | Lv19:20 | דזרע והיא אמתה משעבדה | לגבר | ומפרק לא אתפרקת או כתב |
| 374 | | Nu30:07 | ואין מתנסבה תתנסב | לגבר | ונדרה עלה או פירוש סיפוותה |
| 375 | | Gn29:19 | יתה לך מן למסבה יתה | לגבר | חורן שרי עמי: |
| 376 | | Lv27:20 | חקלה ואן זבן ית חקלה | לגבר | חורן לא תתפרק עוד: |
| 377 | | Lv22:12 | וברתה דכהן ארום תתנסב | לגבר | חילוני היא באפרשות קדשייה |
| 378 | | Dt25:05 | תתנסיב אתתה דמיתה לברה | לגבר | חלוני יבמה יזדמן לוותה |
| 379 | | Lv21:03M | \אתנסבה לגבר/אנסבת | לגברא#2#/ | לעליה יסתאב: |
| 380 | | Lv21:03 | לוותיה די לא אתנסבה | לגבר | לעליה יסתאב: |
| 381 | | Ex 2:11 | וחמא גבר מצריי מחי | לגבר | עברי מן אחוי: |
| 382 | | Ex 2:14 | <ואמר> מן שוי יתך | לגבר | רב ושליט עלינן הא מקטל יתי |
| 383 | | Dt21:15 | ארום ייהוויין | לגבר | תרתין נשין חדה רחימא וחדא |
| 384 | גברא s em/sf | Ex11:03 | דעמא באפהון דמצריי לחוד | גברא | משה תקיף לחדא בארעא |
| 385 | | Gn43:13 | סבו ואזלו חזרו לוות | גברא: | |
| 386 | | Dt24:03 | יתה מן בייתיה ארום ימות | גברא | אחרייה די נסב יתה ליה |
| 387 | | Dt24:03 | וישני יתה | גברא | אחרייה ויכתוב לה אגרא |
| 388 | | Gn43:05 | את משלח לא נחות ארום | גברא | אמר לן לא תחמון סבר אפוי |
| 389 | | Nu25:08 | קהלא ודקר ית תריהון ית | גברא | בר ישראל וית אתתה לגו |
| 390 | | Nu25:08 | ועל בתר | גברא | בר ישראל לגו קהלא ודקר ית |
| 391 | | Ex22:06 | מן ביתא דגברא אין ישתכח | גברא | גנבא ישלם בכפלא: |
| 392 | | Gn38:25 | דדיינ«י»א ואמרת ליה | גברא | דאילין דיליה מיניה אנה |
| 393 | | Gn44:17 | ואמר חס לי מן למעבד דא | גברא | דאשתכח כלידא בידיה הו יהוי |
| 394 | | Gn24:65 | ואמרת לעבדא מן הוא דא | גברא | דאתי באפיה ברא לקדמותן |
| 395 | | Dt20:05 | עם עמא למימר מן הוא דן | גברא | דבנה בית חדת ולא שכליל |
| 396 | | Dt20:08 | עם עמא ויימרון מן הוא | גברא | דדחל מן חובוי וליביה תביר |
| 397 | | Dt20:08M | "מן ... כלבביה": מן | גברא | דדחלה ותביר ליבה מן חובה |
| 398 | | Gn43:19 | וקרבו לוות | גברא | דהוה ממני על פלטורין |
| 399 | | Dt27:16 | ליט יהווי | גברא | דזלא יקריה דאבוי ודאמה |
| 400 | | Gn41:45 | וקרא פרעה שמ' דיוסף | גברא | דטמירתא גלין ליה ואסב ליה |
| 401 | | Gn40:23M | בשרא רחצונא ובריך יהוי | גברא | די יתרחיץ בשם ממרי' דייי |
| 402 | | Ex32:01 | ולא מתרגם ארום דן משה | גברא | די אסק יתן מן ארעא דמצרים |
| 403 | | Nu16:07 | קטרה קדם ייי למחר ויהוי | גברא | די יתרעי ביה ייי קדישא |
| 404 | | Nu17:20 | ויהוי | גברא | די אתרעי ביה חוטריה ירטב |
| 405 | | Dt18:19 | ויהוי | גברא | די לא ישמע לדיבורי די ימלל |
| 406 | | Dt20:06 | ומן הוא | גברא | די נצב כרם ולא אפריק פירוי |
| 407 | | Dt20:07 | ומן הוא | גברא | די אריש אתה ולא נסב יתה |
| 408 | | Dt20:07M | הוא \גברא די אריש /דן | גברא | די ארס#2#/ אתה ולא נסב |
| 409 | | Dt27:15 | דעיבל ואמרין ליט יהווי | גברא | די יעבד {{צלם וצורה}} וכל |
| 410 | | Dt27:24 | ˜ליט יהווי | גברא | די יקטל לחבריה בטומרה |
| 411 | | Nu24:03 | בלעם בנוי דפעור אמר | גברא | דיקיר מן אבוי מה דאכסי מן |
| 412 | | Dt27:15 | ואמרין בריך יהווי | גברא | דלא יעבד {{צלם וצורה}} וכל |

|  |  |  | | | |
|---|---|---|---|---|---|
| 413 | | Lv14:11 | ויקים כהנא דמדכי ית | גברא | דמדכי ויתהון קדם ייי בתרע |
| 414 | | Dt28:54 | | גברא | דמחטי בכון ודמפרנק לחדה |
| 415 | | Dt22:29 | ויתן | גברא | דמשמש עמה לאבוה דרביתה |
| 416 | | Dt22:25 | וישמש עמא ^^ותקטלון ית | גברא | דשמש עמה^ לבלחודוי: |
| 417 | | Gn24:58 | ואמרן לה הא תזלין עם | גברא | הדין ואמרית איזיל: |
| 418 | | Gn29:22M | שבע שנין גברא ...": | גברא | הדין שרי בינינן שבע שנין |
| 419 | | Lv20:04 | דארעא ית עייניהון מן | גברא | ההו' כד יתן מן זרעית בנוי |
| 420 | | Lv17:04 | אדם זכיי שפך וישתיצי | גברא | ההוא מן גו עמיה: |
| 421 | | Lv17:09 | יתיה קדם ייי וישתיצי | גברא | ההוא מן גו עמה: |
| 422 | | Nu 9:13 | קרב בזימניה חובוי יקבל | גברא | ההוא: |
| 423 | | Dt17:05M | /ותפק#2# ית | גוברא/גברא#2#/ | ההוא או ית אתתה ההיא |
| 424 | | Dt17:12 | אלהכון או לדינה ויתקטל | גברא | ההוא ותבערון עבדי בישתא |
| 425 | | Gn43:17 | ועבד | גברא | היך מה דאמר יוסף ואעל |
| 426 | | Gn24:26 | ועקד | גברא | ואודי ושבח לשמא דייי: |
| 427 | | Ex 2:21 | ושרי משה למשרי לוות | גברא | ואסב ליה ית צפורה ברתיה |
| 428 | | Gn24:30 | אחתה למימר כדין מלל עמי | גברא | ואתא לוות גברא והא הוא |
| 429 | | Gn24:30 | מלל עמי גברא ואתא לוות | גברא | והא הוא קיים על גמליא על |
| 430 | | Gn26:13 | ותקף | גברא | והווה אזל ותקף עד זמן די |
| 431 | | Dt22:18 | חכימי קרתה ההוא ית | גברא | וירדון יתיה: |
| 432 | | Dt22:25 | רביתה דמארסה ויתקוף בה | גברא | וישמש עמא ^^ותקטלון ית |
| 433 | | Gn24:61 | על גמלי«א» והלכין בתר | גברא | ונסב עבדא ית רבקה ואזל: |
| 434 | | Gn29:22 | ואמר להון הא שבע שנין | גברא | חסידא הדין שרי בינינן |
| 435 | | Gn49:22 | ארום דין הוא יוסף | גברא | חסידא דלא אזל בתר חיזוי |
| 436 | | Nu21:01 | בדרומה ארום אסתלק אהרן | גברא | חסידה דבזכותיה הוון ענני |
| 437 | | Dt33:08 | ואורייא אלבישת לאהרן | גברא | חסידה די נפית יתיה וקם |
| 438 | | Nu15:35 | ייי למשה מימות ימות | גברא | ירגמון יתה באבניה כל עם |
| 439 | | Gn43:17 | היך מה דאמר יוסף ואעל | גברא | ית גבריא לפלטורין דיוסף: |
| 440 | | Gn43:24 | ואעיל | גברא | ית גבריא לפלטורין דיוסף |
| 441 | | Nu 5:15 | וי«י»תי | גברא | ית אתתיה לוות כהנה וייתי |
| 442 | | Gn24:29 | לבן ורהט לבן לוות | גברא | לברה לעיינה: |
| 443 | | Gn24:32 | ועל | גברא | לגו ביתא ושרא ^זממי#2#^ |
| 444 | | Gn30:43 | ותקף | גברא | לחדא לחדא והוי ליה ען סגין |
| 445 | | Gn37:15 | הוא טעי בחקלא ושאל יתיה | גברא | למימר מה את בעי: |
| 446 | | Gn43:03 | למימר הא מסהד' אסהד בן | גברא | למימר לא תחמון סבר אפוי |
| 447 | | Dt25:07 | ואין לא יתרעי | גברא | למיסב ית יבומתיה ותסק |
| 448 | | Gn43:07 | ואמרן משאל שאל | גברא | לנא ולתלדותן למימר הא כען |
| 449 | | Ex 2:01 | ואזל | גברא | מביתה דלוי ונסב ית ברתא |
| 450 | | Nu 5:31 | ויזדכי | גברא | מן חובה ואתתה ההיא תקבל ית |
| 451 | | Gn37:17 | ואמר | גברא | נטלו מן הכא ארום שמעת |
| 452 | | Dt22:24 | די לא צווחת בקרתה וית | גברא | על עסק די צער ית אתתה |
| 453 | | Gn 9:20M | ושרי נח | גבר/גברא#2#/ | צדיקא למפלח/למהוי |
| 454 | | Gn24:22 | אשלימו גמליא למשתי ונסב | גברא | קודש דדהב טבע מתקלה ותרין |
| 455 | | Ex 2:20 | הוא למה כען שבקתון ית | גברא | קרין ליה וייכל מזון: |
| 456 | | Gn42:30 | מלל | גברא | רבוני דארעא עמין מלין |
| 457 | | Gn42:33 | ואמר לן | גברא | רבוניה דארעא בדא אדע ארום |
| 458 | גברה | Dt27:17 | ליט יהווי | גברה | די יארע תחומה דגברא |
| 459 | | Dt27:18 | ליט יהווי | גברה | די יטעי סמייה באורחה |
| 460 | | Dt27:19 | ליט יהווי | גברה | די יסטי דינה דגיורה דיתמה |
| 461 | | Dt27:20 | ליט יהווי | גברה | די ישמש עם אתת אבוי ארום |
| 462 | | Dt27:21 | ליט יהווי | גברה | די ישמש עם כל בעיר ויאמרון |
| 463 | | Dt27:22 | ליט יהווי | גברה | די ישמש עם אחתיה ברת אבוי |
| 464 | | Dt27:23 | ליט יהווי | גברה | די ישמש עם חתנתיה ויאמרון |
| 465 | | Dt27:25 | ליט יהווי | גברה | די נסיב שחוד למקטול נפיש |
| 466 | | Dt27:26 | ליט יהווי | גברה | די לא יקים ית פתגמי אוריתה |

|  |  |  | | | |
|---|---|---|---|---|---|
| 467 | | Nu24:15 | אמר בלעם ברה בעור אמר | גברה | דיקיר מן אבוי מה דאתכסי מן |
| 468 | | Dt22:22 | גבר וימותון לחוד תריהון | גברה | דמשמש עם אתתה ואתתה |
| 469 | | Nu13:28M | גיברה/<בני> עפרון | גברה#2#/ | חמינן תמן: |
| 470 | | Dt22:25 | ואין באפי ברה ישכח | גברה | ית רביתה דמארסה ויתקוף בה |
| 471 | גוברא | Dt17:05 | הדין לגו קורייכון ית | גוברא | או ית אתתה ותרגמון יתהון |
| 472 | | Dt17:05 | ותפקון ית | גוברא | ההוא או ית אתתה ההיא די |
| 473 | | Dt 1:28 | שמיא ולחוד בנוי דענק | גוברא | חמינן תמן: |
| 474 | | Ex15:03 | ייי | גוברא | עבד קרביא ייי שמיה כשמיה |
| 475 | בג' | Lv20:05M | בגברה/אפי רוגזי | בג'#2#/ | ההוא ובזרעייתיה |
| 476 | בגברא | Gn19:09M | לך מנהון ודחפון | בגברא | |
| 477 | | Gn26:11 | כל עמא למימר מן דיקרב | בגברא | הדין ובאיתתיה מתקטל |
| 478 | | Dt29:19 | רוגזיה דייי וקנאתיה | בגברא | ההוא וידבקון בה כל לווטיה |
| 479 | | Dt21:22 | וארום יהווי | בגברא | סדר חובת דין דקטולין |
| 480 | בגברה | Lv20:03 | אשוי ית תקיף רוגזי | בגברה | ההוא ואשצא יתיה מגו עמה |
| 481 | | Lv20:05 | ואשוי אנה ית תקוף רגזי | בגברה | ההוא ובזרעייתיה ואישיצי} |
| 482 | דגברא | Dt33:16 | דיוסף ולגו קודקדה | דגברא | ^יוסף#2#^ דה{א}{ו<א מלך |
| 483 | | Ex22:06 | יתהון ויגנבון מן ביתא | דגברא | אין ישתכח גברא גנבא ישלם |
| 484 | | Gn20:07 | וכדון חזור אתתיה | דגברא | ארום נביא הוא ויצלי עליך |
| 485 | | Nu25:14 | ושמה | דגברא | בר ישראל קטילה מה די |
| 486 | | Gn44:26 | יכלין למיחמי סבר אפוי | דגברא | ואחונן זעירא לית הוא עמן: |
| 487 | | Dt27:17 | גברה די יארע תחומה | דגברא | ויאמרון כל עמא אמן: |
| 488 | | Gn49:26 | ריש יוסף ולגו קדקדא | דגברא | חסידא דרב ושליט על ארעא |
| 489 | | Lv22:27 | בגין למדכרא זכותא | דגברא | יחידה דאתעקד על חד מן |
| 490 | | Gn36:39 | דאתתה מהיטבאל ברתיה | דגברא | סרד«א» דהווה לעי במטרדה |
| 491 | | Lv22:27 | בגין למדכרה זכותי' | דגברא | תמימא דלבש בגו{י} ידוי |
| 492 | דגברה | Lv22:27 | למדכרה קדמי זכותיה | דגברה | מדנחייה דבסיבותיה אתברך |
| 493 | וגברא | Nu12:03 | | וגברא | משה ענוון לחדה מן כל |
| 494 | | Nu 9:13 | | וגברא | די יהווי דכי ובארח |
| 495 | | Dt17:12M | | וגוברא/וגברא#2#/ | די יעבד בזידנו דלא |
| 496 | | Dt24:11 | לברה תקום | וגברא | די את מוזף לה יפיק לוותך |
| 497 | וגברה | Lv24:10 | ברה דאתתה ישראליתה | וגברה | ישראלייה: |
| 498 | וגוברא | Dt17:12 | | וגוברא | די יעבד בזידנו דלא למשמע |
| 499 | לגברא | Dt25:09 | כהדן סידרא י{ד}<ת>עבד | לגברא | די לא צבה למיבני ית בייתה |
| 500 | | Gn43:06 | אבישתון לי למתנייא | לגברא | הא כען אית לכון אחוי: |
| 501 | | Dt22:16 | ית ברתי יהבית | לגברא | הדין לאתה וסני יתה: |
| 502 | | Gn24:60 | אזלה ומדבקה ל{ד}<ה> | לגברא | חסידא ומניך יקומון אלפין |
| 503 | | Gn28:12 | מרומא למימר אתון חמון | לגברא | חסידא דאיקונין דידיה |
| 504 | לגברה | Dt24:02M | \ותזיל ותתנסב | לגבר/<לגב>רה#2#/ | אחרן /ותיזל ותסב |
| 505 | | Lv25:27 | ויחזר ית מה דמשתייר | לגברה | דיזבן ליה ויחזור |
| 506 | | Lv25:27M | לגברה /מותרה | לגברה#2#/ | דיזבן/דז#2#/ ליה |
| 507 | | Lv17:04 | משכנה דייי אדם יתחשב | לגברה | ההוא כילו אדם זכיי שפך |
| 508 | | Lv21:03M | "לגבר לעליה יסתאב": | <לג>ברה | לה יסב' |
| 509 | | Nu 5:08 | ואין לית | לגברה | פרוק למחזרה אשמה לה אשמה |
| 510 | p abs גברין | Nu11:26 | ואשתיירו תרין | גברין | במשריתה שמה דחד אלדד |
| 511 | | Dt13:14 | נפקו | גברין | בני עיצן בישן מן ביניכון |
| 512 | | Nu 1:44 | דישראל תרי עשר | גברין | גבר ראש לבית אבהתהון הוו: |
| 513 | | Dt 1:23 | ונסבית מנכון תרין עשר | גברין | גבר חד מן כל שבט: |
| 514 | | Gn47:06 | ואן את ידע ואית בהון | גברין | גברי חיל ותשווי יתהון |
| 515 | | Ex18:21 | ואת תחמי מכל עמא | גברין | גברי חיל דחלין מן קדם ייי |
| 516 | | Ex18:25 | ובחר משה | גברין | גברי חיל מן כל ישראל |
| 517 | | Ex17:09 | משה ליהושע בחר לן | גברין | גיברין ופוק וסדר סדרי |
| 518 | | Ex32:18M | "גברין ... בקרבא": | גברין | גיברין דנפקין ונצחין |
| 519 | | Nu 9:06 | והוון | גברין | דהוון מסאבין בטמא נפש |
| 520 | | Nu13:32M | "מרי עיינן בישה": | גברין | דמיכלן בישן |

|  |  |  |  |
|---|---|---|---|
| 521 | | Nu13:32 | בגווה מרי עיינן בישה גברין דמשיחה: |
| 522 | | Gn47:02 | <אחוי> נסב חמשה גברי«ן» ואקם יתהון קדם פרעה: |
| 523 | | Nu13:02 | שלח לך גברין ויללון ית ארעא דכנען די |
| 524 | | Ex21:18 | וארום ידיינון גברין וימחי גבר ית חבריה באבן |
| 525 | | Dt25:01 | ארום יהוי דינין ביני גברין ויקרבון לדינה קדם דייניה |
| 526 | | Ex21:22 | וארום יתנצון גברין וירפשון אתה מעבר{ת}ה |
| 527 | | Dt 1:15 | ונסבת ית ראשי שבטיכון גברין חכימין וסכלתנין ומניית |
| 528 | | Ex 2:13M | מתנצין /דתן ואביר' גברין יהודאי' נציין#2# ואמר |
| 529 | | Nu31:03 | אזדיינו מן לוותכון גברין לחיל קרבה ויהוון על מדין |
| 530 | | Gn37:28 | ועברו גברין מדיינין תגרין ודלון |
| 531 | | Nu11:16 | למשה כנש לי שובעין גברין מן חכימי ישראל די את ידע |
| 532 | | Nu11:24 | דייי וכנש שובעין גברין מן גברי חכימי עמא ואקים |
| 533 | | Nu16:35 | ית מאת«י»ן וחמשין גברין מסדרי קטרתה: |
| 534 | | Nu16:02 | כנ«י»שתה מזמני קהלה גברין מפרשין בשמהן: |
| 535 | | Dt32:25 | ינקין ומתרכין עם גברין סבין: |
| 536 | | Ex 2:13 | ביומא תניינא והא תרין גברין עבריין מתנצין ואמר לחיבה |
| 537 | | Ex16:20 | שמעו למשה ושירו מניה גברין עד צפרא ועבד תולעין ואסרח |
| 538 | | Nu11:21 | אשתין רבוון רגליין גברין עמא די אנה שרי ביניהון |
| 539 | | Dt 1:22 | כלכון ואמרתון נשלח גברין קדמינן וילילו לנא ית ארעא |
| 540 | | Ex18:21 | חיל דחלין מן קדם ייי גברין קושטנין סניין ממונא |
| 541 | | Gn18:02 | והא תלתא מלאכין בדמות גברין קיימין עלוי וחמא ורהט |
| 542 | | Nu13:03 | גזרת ממרה דייי כולהון גברין ראשיהון דבני ישראל |
| 543 | ג'ר' | Gn32:29M | ועם גוברין /בדמות גר#2#/ ויכלת להון: |
| 544 | גובר' | Nu32:14M | \תרבו דגברין/תסגון גובר#2#/ חייבין למוספה תוב |
| 545 | גוברין | Ex16:20M | למשה ושירו מניה גברין/גוברין דתן {דתן} ואבירם |
| 546 | | Gn12:20 | ופקד עלוי פרעה גוברין: |
| 547 | | Dt 3:11M | עמונאי#2#/ תשע אמין/גוברין אומ#2#/ ארכה וארבע |
| 548 | | Gn13:08 | ובין רעיך ארום היך גוברין אחין אנא: |
| 549 | | Nu20:17M | ולא ני{כ}<נ>וס נשי גוברין באורחה דמלכא דעלמא ניזיל |
| 550 | | Nu20:17M | ולא נבע{י}<ול> נשי גוברין באסרטא דמלכא ניזיל לא |
| 551 | | Gn50:01 | תמן קאים יהודה ארייה גוברין דאחוי ענה יהודה ואמר |
| 552 | | Dt19:17M | ויקומון תרין גברייה/גוברין#2#/ דאית להון דינה |
| 553 | | Nu 9:06M | מסאבין /והוון תמן גוברין די הוון מסא#2#/ בטמא |
| 554 | | Gn32:29 | מלאכין מן קדם ייי ועם גוברין ויכלת להון: |
| 555 | | Dt25:01M | /מצו ביני תריין גוברין#2#/ ויקרבון לדינה קדם |
| 556 | | Nu13:23M | בתרין/ביני תרין גוברין#2#/ וכן מן רמונייה וכן מן |
| 557 | | Dt13:14M | בני עיצן בישן /יפקון גוברין חייבין#2#/ מן ביניכון |
| 558 | | Dt 1:13 | הבו לכון גוברין חכימין וסכלתנין והכמין |
| 559 | | Dt 2:11 | גוברין יתחשבון אוף אנון כבנוי |
| 560 | | Dt25:11M | ארום יתנצון גברייה/גוברין#2#/ כחדה גבר ואחוי |
| 561 | | Gn46:32M | אנ«ו»ן ועניהון /גוברין מרי{ה} נכסין הינון |
| 562 | | Gn46:34M | \מרי בעיר הוון /גוברין מרי{ה} נכסין הור#2#/ |
| 563 | דגברין | Ex32:28 | ההוא כתלתא אלפין דגברין: |
| 564 | | Nu32:14 | חלף אבהתכון תרבו דגברין חייבין למוספה תוב על תקוף |
| 565 | | Gn32:07 | אתא לקדמותך וארבע מאה דגברין פולמרכין עמה: |
| 566 | | Ex12:37 | סכותה כשתין רבבוון דגברין רגליין לבר מן טפליא: |
| 567 | דגוברין | Gn33:01 | את' ועמה ארבע מאה דגוברין רגלין ופלג ית טליא על |
| 568 | וגברין | Ex14:07M | רתכיהון דמצריים וגברין ממניין |
| 569 | | Nu16:02M | דאפי#2#/ משה וגברייה/<וגב>רין#2#/ מן בני ישראל |
| 570 | גברי p const | Nu11:24 | וכנש שובעין גברין מן גברי חכימי עמא ואקים יתהון |
| 571 | דגברי | Ex31:06 | ברה דאחיסמך מן שבטא ד{ב}ג<ב>רי דן ובלבי דכל חכימי לבי |
| 572 | לגברי | Ex19:03M | דבית יעקב ותתני לגברי דבית ישראל |
| 573 | גברוי p em/sf | Ex15:04 | דאשא בימא ושפר עולימוי גברוי דפרעה רמא וטמע יתהון בימא |
| 574 | גבריא | Gn43:16 | ואתקן ארום עמדי יאכלון גבריא באשון שירותא: |
| 575 | | Gn19:16 | ואשתהי ואתוקפו גבריא בידוהי ובידיה דאיתתיה |
| 576 | | Nu 1:05 | ואילן שמהת גבריא די יקומון עמכון מן שבטה |
| 577 | | Gn24:32 | למסחיה רגלוי ורגלי גבריא דעמיה: |
| 578 | | Nu 1:17 | ונסב משה ואהרן ית גבריא האילן די אתפרשו בשמהן: |
| 579 | | Nu 9:07 | ואמרין גבריא האינון ליה אנן מסאבין |
| 580 | | Gn18:22 | וכיוונו מן גבריא ואזלו לסדם ואברהם עד |
| 581 | | Gn34:07 | ברה כדי שמעו ואתרגזו גבריא ובאש להון לחדא ארום מרחקא |
| 582 | | Gn44:04 | על בייתיה קום רדף בתר גבריא ותארע יתהון ותימר להון |
| 583 | | Gn43:15 | ונסבו גבריא ית דורון הדא וכסף מכופלה |
| 584 | | Gn19:12 | ואמרין גבריא ללוט מן כדון מה אית לך |
| 585 | | Gn20:08 | האלין במשמעהון ודחילו גבריא לחודא: |
| 586 | | Gn43:16 | על בייתיה אעיל ית גבריא לפלטורין ונכוס נכסון |
| 587 | | Gn43:17 | יוסף ואעל גברא ית גבריא לפלטורין דיוסף: |
| 588 | | Gn43:18 | ודחלו גבריא לפלטורין ארום אתעלו |
| 589 | | Gn43:24 | ואעיל גברא ית גבריא לפלטורין דיוסף ויהב להון |
| 590 | | Nu22:20 | לה אין למקרא לך אתו גבריא קום אזל עמהון ולחוד ית |
| 591 | גבריה | Nu13:16 | אלין שמהת גבריה די שלח משה למיללה ית |
| 592 | | Nu32:11 | אם יחמון גבריה די סלקו מן מצרים מן בר |
| 593 | | Dt31:12 | כנש ית עמה גבריה ונשייה וטפלייה וגיוריכון |
| 594 | | Dt25:11 | ארום יתנצון גבריה כחדה גבר ואחוי ותקרוב |
| 595 | גברייא | Gn43:33 | וזעירא כזעירותה ותמהו גברייא גבר לקבל חבריה: |
| 596 | | Ex10:29 | למימר ארום מיתו כל גברייא דהוון תבעין ית נפשך ולא |
| 597 | | Gn34:21 | גברייא האילין שלמין בעבדא טבא |
| 598 | | Dt 3:11 | אשתייר מן שייר גברייא והא ערסיה ערס דפרזל הלא |
| 599 | | Ex10:11 | לא כדן אזלו כען גברייא ופלחו קדם ייי ארום יתה |
| 600 | | Ex16:20M | דתן {דתן} ואבירם גברייא חייבין#2#/ עד צפרא ועבד |
| 601 | | Gn34:22 | לחוד בדה אתערבו לנא גברייא למשרי עמן למהוי לאומא חדא |
| 602 | גברייה | Nu16:30 | ותדעון ארום ארגיזו גברייה אליין קדם ייי: |
| 603 | | Dt19:17 | ויקומון תרין גברייה דאית להון דינה קדם ייי |
| 604 | | Nu31:42 | ישראל די פלג משה מן גברייה דאתחילו: |
| 605 | | Nu14:22 | ארום כל גברייה דחמון ית איקרי וית ניסי |
| 606 | | Nu 9:06M | "והוון ... מסאבין": והוו גברייה דטעינו בארונה דיוסף |
| 607 | | Nu34:17 | אילין שמהת גברייה די יאחסנון לכון ית ארעא |
| 608 | | Nu16:14 | חקלוון וכרמין העייני גברייה האליין תסמי לא אנן סלקין: |
| 609 | | Nu22:09 | על בלעם ואמר מן אינון גברייה האליין די עמך: |
| 610 | | Nu26:10 | ית מאתיין וחמישתי גברייה והוון לנסין: |
| 611 | | Nu22:35 | דייי לבלעם אזל עם גברייה ולהוד ית פתגמא די אמלל |
| 612 | | Nu16:26 | סטון כען מעלוי משכן גברייה חייבייה האליין ולא תקרבון |
| 613 | | Nu34:19 | ואלין שמהת גברייה מן שבטה דבנוי דיהודה |
| 614 | גוב' | Nu 1:05M | /ואיליין#2#/ שמהת גבריא/גוב#2#/ די יקומון עמכון מן |
| 615 | | Nu22:20M | קרין להון ית{ה}ון גוב#2#/ קום אזל עמהון ולחוד ית |
| 616 | גוביר' | Gn24:59M | דאברהם וית אנשוי/גוביר' דהוו תמן#2#/: |
| 617 | גוברי' | Gn44:04M | רדף בתר \גבריא ותארע /גוברי' ואתרע#2#/ יתהון ותימר |
| 618 | גובריא | Gn19:05 | ואמרין ליה אן אנון גובריא די אתון לוותך בליליא אפיק |
| 619 | | Gn19:11 | וית גובריא די בתרע ביתה מחון |
| 620 | | Ex 5:09 | תתקף עבידתא על גובריא ויעבדון בה ולא יתעסקון |
| 621 | | Gn19:10 | ופשטו גובריא ית ידיהון ואעילו ית לוט |
| 622 | | Gn19:16M | ואשתהי ואתוקפו גבריא/גובריא#2#/ בידוהי/<בי>דיה#2#/ |
| 623 | גובריה | Nu11:25 | די עלוי ויהב על שבעתי גובריה חכימיה והוה כד שרת עליהון |
| 624 | | Gn20:08M | במשמעהון ודחילו גבריא/גובריה#2#/ לחודא: |
| 625 | גובריהון | Gn49:11 | ומחוור גלמתא מתרבי גובריהון לבושי מעגעגין בדמא מדמי |
| 626 | גובריא | Ex 4:19 | למצרים ארום מיתו כל גובריא דהוון תבעין ית נפשתא |
| 627 | | Nu 1:17M | ית\גבריא האילן /גובריא' האיליין#2#/ די אתפרשו |
| 628 | | Nu22:09M | גברייה\לה מה הנון גוברייא#2#/ האליין די/דאית#2#/ |

|  |  |  |  |  |  |  |
|---|---|---|---|---|---|---|
| 629 | | | Gn18:22M | תמן/ /מתמן#2# | גבריא/גובריא#2#/ | ואזלו לסדם |
| 630 | | | Ex35:22 | ואתון | גובריא | סמיך לנשיא כל די נדב |
| 631 | גובריה | | Dt 2:10 | ותקיפין כבנוי דענק | גובריה: | |
| 632 | | | Nu14:38 | בר יפונה «חיוה» מן | גובריה | האליין דאזלו למיללה ית |
| 633 | | | Dt 2:11 | אוף אנון כבנוי דענק | גובריה | ומואביי הוון קריין להון |
| 634 | | | Gn18:16 | וקמו מתמן מתמן | גובריה | ודיקו כלפי סדום ואברהם |
| 635 | | | Ex10:07M | שלח ית | עמא/גובריה#2#/ | ויפלחון קדם ייי |
| 636 | | | Gn45:01M | ואמר אפקו כל | גבר/גובריה#2#/ | מעלווי ולא קם גבר |
| 637 | | | Nu14:37 | ומיתו | גובריה | מפקי טבה ביש על ארעא |
| 638 | בגברייא | | Dt 1:35M | אין יחמי גבר | בעמא/בגברייא#2#/ | האלין/האליין#2#/ |
| 639 | בגובריא | | Gn19:09 | לך יתיר מנהון ודחקו | בגובריא | בלוט לחדה וקרבו למתבר |
| 640 | בגובריא | | Gn44:04M | ממני#2# \על | בייתיה/בגובריא#2#/ | קום רדף בתר |
| 641 | דגבריה | | Nu22:30 | ודי טלמת באפיהון | דגבריה | האליין לית הדא אתנתה דידי |
| 642 | דגבריי' | | Nu16:26M | גבריה /משכניהון | דגבריי#2#/ | חייבייה האליין ולא |
| 643 | דגובריא | | Gn14:24 | דאכלו טליא וחלקיהון | דגובריא | די אזלו עמי ענר ושכל |
| 644 | דגובריא | | Nu16:14M | העיניהון | דגובריא | האינון אין את מנקר לית |
| 645 | | | Gn44:01 | מלי ית טעוניהון | דגובריא | מזון היך מה דייכלון |
| 646 | דגובריה | | Gn23:02M | \דארבעתי אבהתא היא | /דגובריה | היא#2#/ חברון בארעא |
| 647 | וגבריא | | Gn44:03 | צפרא אנהר | וגבריא | אשתלחו אינון וחמריהון: |
| 648 | | | Gn46:32 | | וגבריא | רען ען ארום מרי בעירא |
| 649 | וגבריה | | Nu13:31 | | וגבריה | די אזלו עמיה אמרין לית |
| 650 | | | Nu16:02 | וקמו קדם משה | וגבריה | מן בני ישראל מאתין |
| 651 | וגבריהון | | Nu24:08M | יפלג{י}<ו>ן | וגבריהון | ישיצון#2#/: |
| 652 | וגוברהון | | Nu24:08 | אמיה בעלי דבביהון | וגוברהון | יקטלון וקוריהון יטלון |
| 653 | וגובריא | | Gn24:54 | ואכלו ושתו הוא | וגובריא | די עמי«ה» וביתו וקמו |
| 654 | וגובריא | | Gn46:32M | \וגבריא רען | /וגובריא | רעיין#2#/ ען ארום מרי |
| 655 | וגובריה | | Nu14:36 | | וגובריה | די שלח משה |
| 656 | לג' | | Nu22:30M | דגבריה /אמרת | לג#2#/ | האליין/א#2#/ לית הדא |
| 657 | לגבריא | | Gn19:08 | מה דשפר באפיכון לחוד | לגבריא | אלין לא תעבדון פתגם ארום |
| 658 | לגובריה | | Gn19:08M | קודמיכון לחוד | לגובריה#2#/ | אליך/האליין#2#/ לא |

See also: *prep.* מן גב

## גד *n.* fortune, luck

[120]

|  |  |  |  |  |  |  |
|---|---|---|---|---|---|---|
| 001 | גדה | s em/sf | Gn30:11 | ואמרת לאה את{ו}א | גדה | סבא דעתיד למגדעא משתודהון |

## גדוד *n.* troop

[121]

|  |  |  |  |  |  |  |
|---|---|---|---|---|---|---|
| 001 | לגדוד | s ab/cn | Gn30:22M | \מפתחא דמטרא /ולא | לגדוד | מופתח מס#2#/ ומפתחא |

## גדי *n.* kid

[121]

|  |  |  |  |  |  |  |
|---|---|---|---|---|---|---|
| 001 | גדי | s ab/cn | Lv22:27 | אוריית' דייי תור אמר או | גדי | ארום יתילד יהוי מתרבי שבעה |
| 002 | | | Gn38:17 | ואמר הא אנה אשלח | גדי | בר עזין מן ענה ואמרת אן |
| 003 | | | Lv 3:12 | ואין | גדי | בר עזין קרבניה ויקרב יתיה |
| 004 | | | Lv17:03 | די יכוס תור אמר או | גדי | בר עזין במשריתה או די יכוס |
| 005 | | | Lv22:27M | לעלתה ותובן תליתיי | גדי | בר עזין בגין למדכרה |
| 006 | | | Ex12:05M | \גדייא בני עזיא תסבון | /גדי | עזי' תס#2#/ לכון: |
| 007 | | | Lv 1:10M | גדיא דבני עזיה לעלא | /גדי | עזיה לעלתה#2#/ דכר שלם מן |
| 008 | | | Lv22:19M | תורייה מן אמרייה ומן | גדי | עזייה#2#/: |
| 009 | וגדי | | Dt14:04 | תאכלון תור אמר באמריה | וגדי | בעיזיה: |
| 010 | | | Lv 7:23 | למימר כל תרב תור ואמר | וגדי | בר עזין לא תיכלון: |
| 011 | לגדי | | Nu15:11M | או לאימר באימריה או | לגדי | עזייה |
| 012 | גדיא | s em/sf | Lv 1:10 | קרבני' מן אמריה או מן | גדיא | דבני עזיה לעלא דכר שלם מן |
| 013 | גדייה | | Gn38:20 | ושלח יהודה ית | גדייה | בר עזיא ביד רחמה |
| 014 | | | Lv22:27 | ומן בתר כדין אתבחר | גדייה | בר עזייה בגין למדכרה |
| 015 | | | Gn38:23 | נהווי לביזיון הא שלחית | גדייה | הדין והא כדון לא אשכחית |
| 016 | גדיין | p abs | Nu 7:88 | תורין דכרין אשתין | גדיין | אשיתין אמרין בני שתהון |
| 017 | | | Gn27:09 | ואייתי לי מן תמן תרין | גדיין | דעזין טבין ואעביד יתהון |
| 018 | | | Nu 7:17 | תורין תרין דכרין חמשה | גדיין | חמשה אמרין בני שתהון חמשה |
| 019 | | | Nu 7:23 | תורין תרין דכרין חמשה | גדיין | חמשה אמרין בני שתהון חמשה |
| 020 | | | Nu 7:29 | תורין תרין דכרין חמשה | גדיין | חמשה אמרין בני שתהון חמשה |
| 021 | | | Nu 7:35 | תורין תרין דכרין חמשה | גדיין | חמשה אמרין בני שתהון חמשה |
| 022 | | | Nu 7:41 | תורין תרין דכרין חמשה | גדיין | חמשה אמרין בני שתהון חמשה |
| 023 | | | Nu 7:47 | תורין תרין דכרין חמשה | גדיין | חמשה תורין בני שתהון חמשה |
| 024 | | | Nu 7:53 | תורין תרין דכרין חמשה | גדיין | חמשה תורין בני שתהון חמשה |
| 025 | | | Nu 7:59 | תורין תרין דכרין חמשה | גדיין | חמשה תורין בני שתהון חמשה |
| 026 | | | Nu 7:71 | תורין תרין דכרין חמשה | גדיין | חמשה תורין בני שתהון חמשה |
| 027 | | | Nu 7:77 | תורין תרין דכרין חמשה | גדיין | חמשה תורין בני שתהון חמשה |
| 028 | | | Nu 7:83 | תורין תרין דכרין חמשה | גדיין | חמשה תורין בני שתהון חמשה |
| 029 | גידין | | Lv 3:12M | ואין | גד'/גידין#2#/ | בר עזיין קרבניה |
| 030 | דגדיין | | Lv22:27 | בגו{י} ידוי משכין | דגדיין | בני עזין ותבשילין עבד |
| 031 | | | Lv22:27M | דתמימה דלבש משכין | דגדיין | ועבד תבשילין ואייתי |
| 032 | וגדיין | | Dt32:14 | ודכרין בני בתניי | וגדיין | עם טוב שומניהון דחטייא |
| 033 | גדיי | p const | Gn27:09M | תמן תרין \גדיין דעזין | /גדיי | עזין#2#/ טבין ואעביד |
| 034 | גדיא | p em/sf | Gn31:10 | עייני וחמת בחלמא והא | גדיא | דסלקין על ענא קרוחין |
| 035 | | | Gn31:12 | טל כען עיינך וחמי כל | גדיא | דסלקין על ענה קרוחין |
| 036 | גדייא | | Ex12:05 | לכון מן אמריא ומן | גדייא | בני עזיא תסבון לכון: |
| 037 | גדייה | | Nu18:17 | בכורי אמריה או בכוריה | גדייה | בני עזייה לא תפרקון קדש |
| 038 | בגדיה | | Nu15:11 | או עם אמרה באמריה או | בגדיה | או בעזיה: |
| 039 | דגדייא | | Gn27:16 | וית משכא | דגדייא | בני עיזייא אלבשת על ידוי |

## גדילה *n.* fringe

[121]

|  |  |  |  |  |  |  |
|---|---|---|---|---|---|---|
| 001 | גדילן | p abs | Dt22:12M | "צניפן": | גדילן | דציצית |
| 002 | | | Ex28:14M | תעבד יתהון עובד | קליעה/גדילן#2#/ | ותתן ית שישלתה |

## גדיש *n.* heap, pile

[121]

|  |  |  |  |  |  |  |
|---|---|---|---|---|---|---|
| 001 | גדישין | p abs | Ex22:05 | אשא ותשכח כובין ותיכל | גדישין | או קמתא או חקלא משלמא |

## גדל *n.* ⇐ נדל

## גדע *vb.* to cut off

[121]

|  |  |  |  |  |  |  |
|---|---|---|---|---|---|---|
| 001 | למגדעא | pael | Gn30:11 | גדה סבא דעתיד | למגדעא | משתודהון לאומה וקראת ית |

## גדף *n.* wing

[121]

|  |  |  |  |  |  |  |
|---|---|---|---|---|---|---|
| 001 | גדפי | p const | Dt22:12M | "בהון": ארבע | גדפי | טליתא ד{ט}תתעטף בה |

## גדפין *n.* blasphemy

[121]

|  |  |  |  |  |  |  |
|---|---|---|---|---|---|---|
| 001 | בגדפין | p abs | Lv24:16M | בזמן דהוא מחרף שמה | בגדפין | |
| 002 | | | Lv24:12 | דפרש שמיה קדישה | בגדפין | הוה משה מתין מן בגלל |
| 003 | | | Nu 9:08 | דפרש שמה קדישה | בגדפין | הוה משה ממתין מן בגלל |
| 004 | | | Nu15:34 | דפרש שמה קדישה | בגדפין | הוה משה מתין מן בגלל |
| 005 | | | Nu15:34M | דחרף שמא קדישא | בגדפין | הווה משה מתין מן בגלל |
| 006 | | | Nu27:05 | ובמחרף דפרש שמה קדישה | בגדפין | הווה משה מתין מן בגלל |
| 007 | | | Lv24:12M | דחרף שמה קדישה | בגדפין | ובמקושטה דחליל שובתה |
| 008 | | | Nu 9:08M | דחרף שמה קדישה | בגדפין | ובמקושטה דחלל ש«ו»בתה |

|  |  |  |  |  |  |  |
|---|---|---|---|---|---|---|
| 009 | | | Lv24:15 | ארום יפריש שמה דאלה | בגדפין | יקבל חובוי: |
| 010 | | | Lv24:11 | ברה דאתתה ישראליתה | בגדפין | ^ית שמה קדישה#2#^ וחרף |
| 011 | | | Lv24:16 | ומן די יפרש שמיה דייי | בגדפין | מתקטלה יתקטל מרגם ירגמון |
| 012 | בגידופין | | Dt32:03 | דמדכרין שמה קדישה | בגידופין | ברם לית איפשר לחד ממלאכי |
| 013 | | | Lv24:16 | בפרשותיה שמה דאלהה | בגידופין | יתקטל: |

### hell *n.* גהינם

[121]

|  |  |  |  |  |  |  |
|---|---|---|---|---|---|---|
| 001 | גהינם | s ab/cn | Gn15:17M | הוות הוה אברם והא | גהינם | דבערה כאתונה בשביבין |
| 002 | | | Gn15:17 | וכורסוון רמיו והא | גהינם | דמתילה באתונה בתנורא מקפה |
| 003 | | | Gn 3:24 | וקיימו פקודיה אתקן | גהינם | לרשיעיא דהיא מדמיה לחרב |
| 004 | | | Nu21:28M | עבדי קרבא כשלהובית | גהינם | נפקו מן קרתה דס' לחיית |
| 005 | בגיהינם | | Nu31:50 | הדין דלא מהוי עמה | בגיהינם | בעלמא דאתי דא תיקום לן |
| 006 | | | Nu31:50M | נהווי שותף עמא | בגיהינם | לעלמא דאתי היא תיקום לן |
| 007 | בגיהנם | | Gn49:22M | {שתוף} שותף עמה | בגיהנם | לעלמ' דאתי והוויין |
| 008 | דג' | | Dt32:35M | \ואשת' דגהינם/ואשא | דג'#2#/ | מעתדה/עתידה#2#/ להון |
| 009 | דגהינם | | Dt32:35 | תברהון דרשיעיא ואשת' | דגהינם | מעתדה להון ומזרז ומייתי |
| 010 | דגיהינם | | Dt30:15M | רשיעיא וית בישותה | דגיהינם | |
| 011 | וגהינם | | Gn15:17M | אתעתדו וכרסוון רמיו | וגהינם | דמתילה באתונה דמעתדא |
| 012 | | | Gn 3:24 | אתקן גנת עדן לצדיקיא | וגהינם | לרשיעיא אתקן גנת עדן |

### גו *n.* ⇐ מן גו *prep.*

### to answer *vb.* גוב

[122]

|  |  |  |  |  |  |  |
|---|---|---|---|---|---|---|
| 001 | ואגיבו | afel | Dt 1:25 | ו{נ}<א>חיתו לוותן | ואגיבו | יתן פתגם ואמרין טבא היא |

### well, cistern *n.* גוב

[122]

|  |  |  |  |  |  |  |
|---|---|---|---|---|---|---|
| 001 | גוב | s ab/cn | Ex21:33 | וארום יפתח גבר | גוב | או ארום יחפר גבר גוב ולא |
| 002 | | | Ex21:33 | גוב או ארום יחפר גבר | גוב | ולא יכסה יתיה ויפל תמן תור |
| 003 | וגוב | | Lv11:36 | לחוד מבוע | וגוב | בית כנשת מיין יהווי דכי |
| 004 | גובא | s em/sf | Gn37:29 | לגובא והא לית יוסף בגו | גובא | ובזע ית לבושוי: |
| 005 | | | Gn37:28 | ואפקון ית יוסף מן | גובא | וזבנא ית יוסף לסרקעין |
| 006 | דגובא | | Ex21:34 | מרא | דגובא | ישלם כסף יחזר למרוי והדא |
| 007 | וגובא | | Gn37:24 | ונסבו יתיה וטלקו לגובא | וגובא | הווה ריק«ן» לית ביה |
| 008 | לגובא | | Gn37:22 | אדם זכיי טלקו יתיה | לגובא | הדין די במדברא וידא |
| 009 | | | Gn37:24 | ונסבו יתיה וטלקו | לגובא | וגובא הווה ריק«ן» לית |
| 010 | | | Gn37:29 | וחזר ראובן | לגובא | והא לית יוסף בגו גובא |
| 011 | לגובה | | Gn22:10 | קרבנך מנך ונדחי | לגובה | דחבלא בעלמא דאתי עיינוי |
| 012 | גובין | p abs | Nu20:17 | ובכרמין ולא נשתי מי | גובין | ארח מלכא נהלך לא נסטי לא |
| 013 | | | Nu21:22 | ובכרמין ולא נשתי מי | גובין | בארח מלכא נהלך עד זמן |
| 014 | וגובין | | Lv11:36M | עיינוון | וגובין | בית כנשות דמיי יהוון |
| 015 | | | Dt 6:11 | כל טוב די לא בניתון | וגובין | חצובין די לא חצבתון כרמין |
| 016 | גוביא | p em/sf | Gn37:20 | יתיה ונטלק יתיה בחד מן | גוביא | ונימר חיוותא בשתא אכלת |

### locust *n.* גוב 2#

[122]

|  |  |  |  |  |  |  |
|---|---|---|---|---|---|---|
| 001 | גוב | s ab/cn | Dt32:24 | מן פחי כפן ואכילי | גוב | ומרווחי רווחן בישן ושן |
| 002 | | | Ex10:19 | יתה ימא דסוף לא אשתייר | גוב | חד בכל תחומיהון דמצריי: |
| 003 | | | Ex10:14 | לחדא קודמוי לא הוה כדן | גוב | כוותיה ובתריה לא יהוי כדן: |
| 004 | גובא | s em/sf | Ex10:13 | הוה ורוח קדומא טען ית | גובא: | |
| 005 | | | Ex10:04 | עמי הא אנא מייתי למחר | גובא | בתחומך: |
| 006 | | | Ex10:19 | בימא תקיף לחדא וטען ית | גובא | ואקלע יתה ימא דסוף לא |
| 007 | | | Ex10:14M | \כדן גוב כוותיה/כן | גובא | כמתא#2#/ ובתריה לא יהוי |
| 008 | | | Lv11:22 | ית אלין מנהון תאכלון ית | גובא | למינה וית רשונה למינהו וית |
| 009 | | | Ex10:14 | וסלק | גובא | על כל ארעא דמצרים ושרא |
| 010 | גובה | | Dt28:38 | תכנשון ארום יקרסם יתיה | גובה: | |
| 011 | בגובא | | Ex10:12 | ידך על ארעא דמצרים | בגובא | ויסק על ארעא דמצרים |

### color *n.* גוון

[!!]

|  |  |  |  |  |  |  |
|---|---|---|---|---|---|---|
| 001 | גוונא | s em/sf | Ex28:06M | וארגון\וצבע זהורי | /גוונא | זיהורי#2#/ סבא ובוץ שזיר |

### to go across *vb.* גוז

[122]

|  |  |  |  |  |  |  |
|---|---|---|---|---|---|---|
| 001 | אגיזית | afel | Nu21:06M | "ואסקת להון...":" | אגיזית | להון סל{ד}<ו>ויין מן ימא |
| 002 | ואגיז | | Dt32:10 | להון באר' מן תהומה | ואגיז | להון סלוי מן ימה אשרי |
| 003 | | | Nu11:31 | ורוח נסל מן קדם ייי | ואגיז | סלויין מן ימא ^ורפש על |
| 004 | ואגיזת | | Nu21:06 | להון בירא מן תהומא | ואגיזת | להון סלווי מן ימא וחזרו |

### young (of doves, birds) *n.* גוזל

[122]

|  |  |  |  |  |  |  |
|---|---|---|---|---|---|---|
| 001 | וגוזל | s ab/cn | Gn15:09 | בר תלת שנין ושפנין | וגוזל | בר יון: |
| 002 | | | Lv12:06 | אמר בר שתה לעל«ה» | וגוזל | בר יון או שפנין לחטאתה |
| 003 | גוזלין | p abs | Dt22:06 | בכל אילן או על ארעא | גוזלין | או בעיין ואמהון רביעה על |
| 004 | | | Lv 5:07 | תרין שפנינין או תרין | גוזלין | בני יון לשמה דייי חד |
| 005 | | | Lv 5:11 | לתרין שפנינין או לתרין | גוזלין | בני יון וייתי ית קרבניה |
| 006 | | | Lv14:22 | ותרין שפנינין או תרין | גוזלין | בני יון מן מה די תרע ידה |
| 007 | | | Lv15:14 | תרין שפנינין או תרין | גוזלין | בני יוון וייתי קדם ייי |
| 008 | | | Lv15:29 | תרין שפנונין או תרין | גוזלין | בני יוון ותתי יתהון לוות |
| 009 | | | Nu 6:10 | תרין שופנינין או תרין | גוזלין | בני יון לוות כהנה בתרע |
| 010 | | | Lv12:08 | תרין שפנינין או תרין | גוזלין | בר יון חד לחטאתה וחד |
| 011 | גוזלוי | p em/sf | Dt32:11 | כנשרה דמעורר קנה על | גוזלוי | מרחף פרס כנפוי וסבל יתהון |
| 012 | גוזליה | | Lv 1:14 | מן שפניניה {או} או מן | גוזליה | בני יונה ית קרבניה: |
| 013 | גוזלייה | | Dt22:06 | בעיין ואמהון רביעה על | גוזלייה | או על בעייה לא תסבון |
| 014 | | | Lv14:30 | חד מן שפנינייה או מן | גוזלייה | בני יוונה מן די תארע |

### (w. קרב) to fight *vb.* גוח

[123, but prob. not corrupt!]

|  |  |  |  |  |  |  |
|---|---|---|---|---|---|---|
| 001 | אגח | afel | Nu24:20M | אפרים תינין {איגחי} | <אגח> | בהון קרבה שאול בר קיש |
| 002 | דאגחו | | Nu24:20M | ריש מלכייה ואומייה | דאגחו | קרבה בדבית ישראל הוו |
| 003 | לאגחא | | Gn33:14M | ורבין אעול לות רבוני | לאגחא | קרבה בגבולא |

### skull *n.* גולגלה

[123]

|  |  |  |  |  |  |  |
|---|---|---|---|---|---|---|
| 001 | גולגלא | s ab/cn | Ex16:22 | בכיפלא תרין עמרין לכל | גולגלא | ואתון כל רברבני כנישתא |
| 002 | גולגלה | | Nu 3:47M | \לכל | גולגלתה^/לגולגלתיה#2#/גולגלה#2#/ | בסלעי |
| 003 | | | Ex38:26 | טבע לכל~ | גולגלה | פלגות סלעה בית קודשה~ כל |
| 004 | גלגלה | | Ex16:16 | גבר לפם מיכליה עמר לכל | גלגלה | מניין נפשכון גבר לפם מה |
| 005 | גולגלתה | s em/sf | Nu 3:47 | חמשה חמשה סלעין לכל | גולגלתה | בסלעי בית קדשה תיסב |
| 006 | לגולגלתיה | | Nu 3:47M | \לכל | גולגלתה^/לגולגלתיה#2#/גולגלה#2#/ | בסלעי |
| 007 | לגולגלוותהון | p em/sf | Nu 1:20M | שמהן | לגולגלתהון/לגול<גל>וותהון#2#/ | כל דכורא מן |
| 008 | לגולגלות' | | Nu 1:02M | כל דוכרא | לגולגלתהון/לגולגלות#2#/: | |
| 009 | לגולגלתהון | | Nu 1:02 | שמהן כל דוכרא | לגולגלתהון: | |
| 010 | | | Nu 1:18M | ולעיל | לגולגלתהון/<לגולג>לתהון#2#/: | |
| 011 | | | Nu 1:18 | עשרין שנין ולעיל | לגולגלתהון: | |
| 012 | | | Nu 1:20 | במניין שמהן | לגולגלתהון | כל דכורא מן בר עשרין |
| 013 | | | Nu 1:22 | סכומי במניין שמהן | לגולגלתהון | כל דכורא מן בר עשרין |

## cloak, hood *n.* גולה [123]

| | | | | |
|---|---|---|---|---|
| 001 | גולתה | s em/sf | Nu15:38 | על~ ציצין דצניף גולתה שיע תכלתה: |
| 002 | גוליהון | p em/sf | Nu15:38M | "צנפת ... תכלתה": צנפת גוליהון שזיר דתכלה |
| 003 | גוליכון | | Dt22:12 | לכון על ארבעתי זבית גוליכון די תתעטפון בהון: |
| 004 | גיליהון | | Nu15:38 | להון ציצין על צנפת גיליהון לדריהון וישוון על~ |

## coal *n.* גומרה [123]

| | | | | |
|---|---|---|---|---|
| 001 | גומרא | s ab/cn | Gn15:17M | דאישתרי בסוף יומיא גומרא די נור מן כורסי יקרא |
| 002 | גומרין | p abs | Lv16:12 | ויסב מלא מחתיתה גומרין דאשה מעלוי מדבחה מן קדם |
| 003 | וגומרין | | Gn15:17M | בשביבין דינור וגומרין דאשתה ומסקה תננה |
| 004 | | | Gn 3:24 | בגוה זיקוקין דנור וגומרין מבערן לרשיעיא למתפרעה |

## body *n.* גוף [124]

| | | | | |
|---|---|---|---|---|
| 001 | גופה | s em/sf | Lv 8:20 | ית ראשה וית פסגיה וית גופה: |
| 002 | | | Lv 1:08 | ית פסגי' ית ראשה וית גופה על קיסיה די על אשתה די |
| 003 | גופיה | | Lv 1:12 | לפיסגוי ית רישיה וית גופיה ויסדר כהנא יתהון על קיסיה |
| 004 | בגופה | | Nu12:01 | אלא היך מה דכושיה שני בגופה מן כל ברייתה כדין הות |
| 005 | גופיהון | p em/sf | Gn47:18M | קדם רבונן ברם אלא הן גופיהון וארען |
| 006 | גופינן | | Gn47:18 | מן רבוני אלהן בלהודי גופינן וארענן: |

## plug, cork *n.* גופה [124]

| | | | | |
|---|---|---|---|---|
| 001 | גופה | s ab/cn | Nu19:15 | וכל מן דחסף פתיח די לית גופה דשיע מקפה עלוי מסאב הוא: |

## vine *n.* גופן [134 גפן]

| | | | | |
|---|---|---|---|---|
| 001 | גפן | s ab/cn | Gn40:09 | ואמר ליה בחלמי והא גפן קדמוי: |
| 002 | לגפן | | Gn49:22 | מדמי אנה לך יוסף ברי לגפן שתילה על מבועין דמיין |
| 003 | גופנה | s em/sf | Nu 6:04 | נזירותה מכל די יעבד מן גופנה דחמרא מן כמישן עד פגן לא |
| 004 | ובגפנא | | Gn40:10 | ובגפנא תלתא שרביטין והיא אפרחת |
| 005 | גופנין | p abs | Nu20:05 | <ל<מצב {ו} לא תינין ולא גופנין ולא רימונין אוף לא מיין |
| 006 | וגופנין | | Dt 8:08 | ארע דחיטין ושערין וגופנין ותאנין ורימונין ארע דמן |
| 007 | גפנוי | p em/sf | Gn49:12 | יסמקון טורייא מן גפנוי ומעצרתא מן חמרא ויתחוורון |

## sulphur *n.* גופרי [124]

| | | | | |
|---|---|---|---|---|
| 001 | גפרי | s ab/cn | Gn19:24M | סדם ועל עמרה גפרית/גפרי#2#/ ואשא מן קדם/לוות#2#/ |
| 002 | | | Dt29:22 | גפרי ומלח יקידה כל ארעא לא |
| 003 | גפרית | | Gn19:24 | אחת על סדם ועל עמרה גפרית ואשא מן קדם ייי מן שמיא: |

## to commit adultery *vb.* גור [124]

| | | | | |
|---|---|---|---|---|
| 001 | יגייר | pael | Lv20:10 | עם אתתיה דגבר ודי יגיי«ר» עם אתתיה דחבריה אתקטלה |

## whelp *n.* גור [124]

| | | | | |
|---|---|---|---|---|
| 001 | לגור | s ab/cn | Gn49:09 | אנא לך יהודה לגור ברי לגור בר אריוון מן קטולוי דיוסף |
| 002 | | | Dt33:22 | דייי ואמר דן מדמי לגור בר אריוון וארעא תיהווי |
| 003 | | | Gn49:09 | מדמה אנא לך יהודה ברי לגור בר אריוון מן |

## body *n.* גושמה [125]

| | | | | |
|---|---|---|---|---|
| 001 | גושמת | s ab/cn | Ex22:12M | לא ישלם/ימטינ' עד גושמת חיבא דתבירא ולא ישלם#2# |

## shorn wool *n.* גז [125]

| | | | | |
|---|---|---|---|---|
| 001 | גזי | p const | Dt18:04 | חמרכון ומשחיכון ושירוי גזי עניכון תתנון להון: |
| 002 | גזי | | Dt18:04M | ושירוי גזז/^גיזי#2#^/גזי#2#/ עניכון תתנון |
| 003 | גיזי | | Dt18:04M | ושירוי גזז/^גיזי#2#^/גזי#2#/ עניכון תתנון |

## circumcision *n.* גזורה [125]

| | | | | |
|---|---|---|---|---|
| 001 | גזורתיה | s em/sf | Gn18:01M | \גזירתיה במיח' יומא /גזורתיה לתוקפה דיומא#2#/: |
| 002 | גזירתא | | Ex 4:26 | ואמרת מה חביב דם ^גזירתא#2#^ הדא דשיזב לחתניה הדין |
| 003 | גזירתה | | Ex 4:25 | שבק יתיה וכפר כען אדם גזירתה הדא על חובוי דחתניה הדין: |
| 004 | גזירתיה | | Gn18:01 | דיומא מתחמם מן אדם גזירתיה במיח' יומא: |
| 005 | גזרתא | | Gn35:09 | ועד כען הווה צער מן גזרתא ועוד אלפתא יתן למנחמה ית |
| 006 | גזרתהון | | Gn34:25 | כד הוון צעורין מן גזרתהון ונסבו תרין בנוי דיעקב |

## to shear *vb.* גזז [125]

| | | | | |
|---|---|---|---|---|
| 001 | תגזון | peal | Dt15:19 | בביכורי תוריכון ולא תגזון בכורי עניכון: |
| 002 | למגוז | | Dt15:19M | תוריכון ולא תגזון/למגוז#2#/ בכורי/בכרי#2#/ |
| 003 | למגז | | Gn38:13 | הא חמוך סלק לתמנתה למגז ענה: |
| 004 | למגזז | | Gn31:19 | ולבן אזל למגזז ית ענה וגנבת רחל ית |
| 005 | למיגז | | Gn31:19M | ולבן אזל למגזז/למיגז#2#/ ית ענה וגנבת רחל |

## shearer of sheep *n.* גזז [125]

| | | | | |
|---|---|---|---|---|
| 001 | גזזי | p const | Gn38:12 | ואנחם יהודה וסלק לוות גזזי ענה הוא וחירה רחמיה |

## robbery *n.* גזיל [125]

| | | | | |
|---|---|---|---|---|
| 001 | גזל | s ab/cn | Gn 5:29 | יתן מן עבדינן ביש' ומן גזל ידינן מן ארעא די אתליטת |
| 002 | בגזל | | Lv 5:21 | או באושטות יד או בגזל או די עצה ית חברה: |
| 003 | גזילא | s em/sf | Gn24:32M | בוורח דלא למיכל מן גזילא |
| 004 | גזלה | | Lv 5:23 | יחטא ויתחייב ויחזר ית גזלה דגזל או ית עיציה די עצה ית |
| 005 | בגזלה | | Lv 5:21M | או באושטות ידה או בגזלה או די |
| 006 | וגזילין | p abs | Gn49:12 | מלמיכל בהון חמיסיין וגזילין יסמקון טורייא מן גפנוי |
| 007 | | | Gn 6:13 | אתמליאת ארעא חמסין וגזילין מן קדימהון והא אנ' מחבל |

In theory it would be better to separate between גזל 'robbery' and גזיל 'stolen object' but, if so, the two forms seem to be confused in the texts.

## decree *n.* גזירה [125]

| | | | | |
|---|---|---|---|---|
| 001 | גזיר' | s ab/cn | Lv11:46 | דא גזיר' אוריתה דבעירה ועופה וכל |
| 002 | גזירת | | Ex12:43 | ייי למשה ולאהרן דא גזירת אורייתא דפסחא כל |
| 003 | | | Ex18:20 | יתהון ית קיימא וית גזירת אורייתא ותודע להו«ן» ית |
| 004 | | | Lv 7:37 | דא גזירת אורייתא לעלתה למנחתה |
| 005 | | | Lv 7:07 | כחטא«תה» כאשמא גזירת אורייתה חדה להון כהנא די |
| 006 | | | Nu 9:14 | וכסדרי דינוי כדן יעבד גזירת אורייתה חדה יהיווי לכון |
| 007 | | | Dt 4:44 | ודן גזירת אורייתה די סדר משה קדם |
| 008 | | | Lv 7:01 | ודא גזירת אורית' דאשמה קדש קדשין |
| 009 | | | Ex12:49 | גזירת אוריתא חדא יהוי ליציביא |
| 010 | | | Lv 6:07 | ודא גזירת אוריתא דמנחתה יקרבו יתה |
| 011 | | | Lv14:54 | דא ^גזירת#2#^ אוריתא לכל מכתש צרעתה |
| 012 | | | Lv 6:02 | וית בנוי למימר דא גזירת אוריתה דעלתה היא עלתה |
| 013 | | | Lv 6:18 | ועם בנוי למימר דא גזירת אוריתה דחטאתה באתרה די |
| 014 | | | Lv14:02 | דא תהוי גזירת אוריתה דמצרעה ביומא |
| 015 | | | Nu 6:21 | דא גז«י»רת אוריתה דנזירה די ידר |
| 016 | | | Nu19:02 | דא גזירת אוריתה די פקד ייי למימר |

|  |  |  |  |  |  |
|---|---|---|---|---|---|
| 017 | | Nu19:14 | דא | גזירת | אוריתה בר נש ארום ימות |
| 018 | | Nu31:21 | דעלו מן חיל קרבא דא | גזירת | אוריתה די פקד ייי ית |
| 019 | | Dt 4:08 | וסדרי דינין זכיין ככל | גזירת | אוריתה הדה די אנה סדר |
| 020 | | Dt17:11 | על פם | גזירת | אוריתה די ילפון יתכון ועל |
| 021 | | Lv14:32 | דא אורייתא | גזירת | דמן דבה מכתש צרעה די לא |
| 022 | | Nu10:13 | ונטלו בקדמיתה על פם | גזירת | מימר' בידה דמשה: |
| 023 | | Nu 9:18 | בני ישראל ועל פ{{ו}}ם | גזירת | מ«י»מרה דייי ישרון כל |
| 024 | | Nu 9:20 | מימריה ישרון ועל פם | גזירת | מימרה דייי יטלון: |
| 025 | | Nu 9:23 | על פם | גזירת | מימרה דייי ישרון ועל פם |
| 026 | | Nu 9:23 | מטרתה דייי נטרו על פם | גזירת | מימרה דייי על ידוי דמשה: |
| 027 | | Nu 9:23 | דייי ישרון ועל פם | גזירת | מימרה דייי יטלון ית מטרתה |
| 028 | | Nu14:41 | כען אתון מעברין על פם | גזירת | מימרה דייי והיא לא תצלח: |
| 029 | | Dt 1:43 | שמעתון וסרבתון על פם | גזירת | מימרה דייי ואזידתון |
| 030 | | Dt 9:23 | לכון וסריבתון על פם | גזירת | מימרה דייי אלהכון ולא |
| 031 | | Dt34:05 | בארעהון דמואביי על פם | גזירת | מימרה דייי: |
| 032 | | Ex17:01 | ו{א}<מ>טלניהון על פם | גזירת | מימריה דייי ושרון |
| 033 | | Nu 9:18 | על פ{{ו}}ם | גזירת | מימריה דייי יטלון בני |
| 034 | | Nu 9:20 | מניין על משכנה על פם | גזירת | מימריה ישרון ועל פם גזירת |
| 035 | | Nu22:18 | יכיל למעברה על פום | גזירת | מימריה דייי אלהי למעבד |
| 036 | | Nu 3:16 | וסכם יתהון משה על פם | גזירת | ממרה דייי היך מה דאיתפקד: |
| 037 | | Nu 3:51 | לאהרן ולבנוי על פם | גזירת | ממרה דייי היך מה די פקד |
| 038 | | Nu 4:37 | סכם משה ואהרן על פום | גזירת | ממרה דייי על ידוי דמשה: |
| 039 | | Nu 4:41 | סכם משה ואהרן על פום | גזירת | ממרה דייי: |
| 040 | | Nu 4:45 | סכם משה ואהרן על פם | גזירת | ממרה דייי על ידוי דמשה: |
| 041 | | Nu 4:49 | על פ{{ו}}ם | גזירת | ממרה דייי סכם יתהון |
| 042 | | Nu33:38 | כהנא להר טורא על פם | גזירת | ממרה דייי ומית תמן בסוף |
| 043 | | Nu36:05 | ית בני ישראל על פם | גזירת | ממרה דייי למימר יאות שבטה |
| 044 | | Dt 1:26 | למיסק וסרבתון על פם | גזירת | ממרה דייי אלהכון: |
| 045 | | Nu 3:39 | משה {{ואהרן}} על פם | גזירת | ממריה דייי לזרעייתיהון כל |
| 046 | | Nu33:02 | למטלניהון על פם | גזירת | ממריה דייי ואילין |
| 047 | | Dt 8:03 | כל מה דנפק מן פם | גזירת | ממריה דייי יחי בר נשא: |
| 048 | | Gn41:40 | על בייתי ועל | גזירת | פומך יתזנון כל עמי לחוד |
| 049 | | Nu27:21 | דאוריתה קדם ייי על | גזירת | פמה יפקון ועל גזירת פמה |
| 050 | | Nu27:21 | על גזירת פמה יפקון ועל | גזירת | פמה ייעלון הוא ^וכל#2#^ |
| 051 | | Dt 8:03M | מן פם /דנפק מן | גזירת#2#/דנפק | פום#2#/ גזירת ממריה |
| 052 | גזרת | Ex18:16 | ית קיימוי דייי וית | גזרת | אורייתא: |
| 053 | | Lv12:07 | ותדכי מן מבוע אדמיה דא | גזרת | אורייתה דילדתה לבר דכר או |
| 054 | | Nu 6:13 | ודא | גזרת | אורי«י»תה דנז«י»רה |
| 055 | | Lv13:59 | דא | גזרת | אוריתה דמכתש צרעתה בלבוש |
| 056 | | Nu 5:29 | דא | גזרת | אוריתה דקנאתה תסטה אתתה |
| 057 | | Nu15:16 | | גזרת | אוריתה אורייתה חדה לכון |
| 058 | | Nu15:29 | דמתגיירין ביניכון | גזרת | אוריתה חדה יהווי |
| 059 | | Nu15:15 | קהלא | גזרת | דאור«י»תיא לכון ולגיוריה |
| 060 | | Nu24:13 | לא אכל למעברה על פם | גזרת | מימרה דייי למעבד טבא או |
| 061 | | Nu20:24 | על די סרבתון על פם | גזרת | מימרי על עסק מייא דיינה: |
| 062 | | Nu27:14 | היך מה די סרבתון על פם | גזרת | מימרי במדברה דצין במי |
| 063 | | Nu11:20 | חלף די סרבתון על פם | גזרת | ממרה דייי די אקר שכינתיה |
| 064 | | Nu13:03 | יתהון מן מדברה על פם | גזרת | ממרה דייי כולהון גברין |
| 065 | | Nu 6:21 | כפם נדרה כדן יעבד על | גזרת | נזירותיה: |
| 066 | | Gn45:21 | יוסף עגלין על {על} | גזרת | פומיה דפרעה ויהב להון |
| 067 | | Nu 4:27 | על | גזרת | פמה דאהרן ודיבנוי |
| 068 | | Ex38:21 | דסהדותא דאסתכם על | גזרת | פמיה דמשה פלח<נ>יון |
| 069 | גיזירת | Lv 7:11 | ודא | גיזירת | אוריתה דנכסת קודשיה די |
| 070 | | Lv15:32 | דא | גיזירת | אוריתה דדיבה וית מה די |
| 071 | גיזרת | Lv14:57 | בין מסאבה ובין דכיה דא | גיזרת | אוריתה דצרעה: |
| 072 | וגיזרת | Lv26:46 | קיימי וסדרי דינייה | וגזירת | אוריתה די שווי ייי בין |
| 073 | | Dt33:10 | דינין בגו דבית יעקב | וגזירת | אוריתך לקהל שבטיה דבני |
| 074 | כגזירת | Gn 1:24M | למינה והוה כן | \כמימריה/כגזירת | ממרי#2#:/ |
| 075 | | Gn 1:03 | יהוי נהור והות נהור | כגזירת | ממריה: |
| 076 | גזרתה s em/sf | Nu16:29 | ימותון איליין ואין | גזרתה | דמתגזר על כל ברייתה יתגזר |
| 077 | גזרתך | Gn22:14M | פיקודך ונטרית ית | גזרתך | |
| 078 | | Gn22:14 | בחדוה וקיימית ית | גזרתך | וכדון כד יהוון בנוי |
| 079 | וגזרתך | Dt33:09 | ארום נטרו מימר פומך | וגזרתך | ואורייתך אינון זהירין: |
| 080 | גזירין p abs | Gn40:18M | פרעה מלכא מצרי' גזר | גזירין | בישין |
| 081 | גזרין | Gn40:18M | גזרן /למהוי גזר | גזרין#2#/ | בישא על ישראל ורמי |
| 082 | גזרן | Gn40:18 | ברא ועתיד פרעה למגזר | גזרן | בישא על ישראל ורמי בניהון |
| 083 | וגזירתהון p em/sf | Dt32:01 | דמותה מייתין עמה | וגזירתהון | בטלן ברם ^הא#2#^ אנה |

See also: *n.* גזורה

## גזל *vb.* to rob [125]

|  |  |  |  |  |  |
|---|---|---|---|---|---|
| 001 | גזילין peal | Gn49:12M | אכל בהון לא חמסין ולא | גזילין | |
| 002 | | Dt28:31 | למאכל מנהון חמריכון | גזילין | מן קדמיכון ולא יחזרון |
| 003 | תגזול | Gn31:31 | ארום דחלת ארום אמרת לא | תגזול | ית בנתך מן לוותי: |
| 004 | | Lv19:13 | לא תעצה ית חברך ולא | תגזול | לא יבית אגרה דאגירה עמך |
| 005 | תגזלון | Lv19:13M | תעצון ית חבריכון ולא | תגזלון | יתהון ולא יבית |
| 006 | דגזל | Lv 5:23 | ויתחייב ויחזר ית גזלה | דגזל | או ית עיציה די עצה ית חברא |
| 007 | דגזלו | Gn21:25 | על עיסק בירא דמיא | דגזַלו | עבדוי דאבימלך: |
| 008 | וגזילין | Dt28:29 | ותהוון להוד עציין | וגזילין | כל יומייה ולית מן |

## גזל *n.* ⇐ גזיל

## גזלן *n.* robber [125]

|  |  |  |  |  |  |
|---|---|---|---|---|---|
| 001 | וגזלנין p abs | Gn 6:11 | ואתמליאת ארעא חמסין | וגזלנין: | |

## גזר *vb.* to circumcise, to decree [126]

|  |  |  |  |  |  |
|---|---|---|---|---|---|
| 001 | גזורו peal | Gn17:12M | ובר תמניה יומין | יתגזר/גזורו#2#/ | לכון כל דכורא |
| 002 | גזר | Gn17:26 | בזמן יומא דין | גזר | אברהם בשר ערלתה וישמעאל |
| 003 | | Gn40:18M | הוא פרעה מלכא מצרי' | גזר | גזירין בישין |
| 004 | | Gn40:18M | \למגזור גזרן /למהוי | גזר | גזרין#2#/ בישא על ישראל |
| 005 | | Nu23:19 | ברם אלהה אמר ועבד | גזר | ומקיים ופתגמי נבואתה |
| 006 | | Gn17:25M | במגזור ליה ית/בזמן די | גזר | ית#2#/ בשר ערלתה: |
| 007 | | Gn18:01 | אבונן אברהם בזימנא די | גזר | ית בשר ערלתה ותלתיהו' |
| 008 | | Gn17:24M | שנין במגזור/בזמן די | גזר#2#/ | ליה בשר ערלתיה: |
| 009 | | Dt 1:01M | "ית ארעא ... נפשן": | גזר | עליכון דלא תיעלון לארעא |
| 010 | גזרין | Gn34:22 | כל דכורא היך דאינון | גזרין: | |
| 011 | | Nu23:19 | אמרין ולא עבדין | גזרין | ולא מקיימין וחזרין וכפרין |
| 012 | יג' | Lv12:03M | וביומא תמיניה | תגזרון/יג'#2#/ | בש«ר» ערלתיה: |
| 013 | יגזור | Gn34:22M | חדא \במגזור /כד | יגזור#2#/ | לנא כל דכורא היך/הך#2# |
| 014 | | Gn17:13M | בתיכון /מגזור | יגזור | מרביני בתי' וזביני |
| 015 | יגזר | Gn17:14 | וערל דכר די לא | יגזר | ית בשרא דערלתיה ישתצי נפשא |
| 016 | תגזור | Gn17:13 | מגזר | תגזור | ת{ת}<ר>בבת בתיכון וזביני' |
| 017 | תגזרון | Lv12:03 | וביומא תמיניה | תגזרון | בש«ר» ערלתיה: |
| 018 | | Ex12:44M | ותגזרון /זבינות כד | תגזרון#2#/ | יתיה בכדין יהווי כשר |
| 019 | מגזור | Gn17:13M | ת{ת}<ר>בבת בתיכון | /מגזור | יגזור מרביני בתי' וזביני |
| 020 | מגזר | Gn17:13 | | מגזר | תגזור ת{ת}<ר>בבת בתיכון |
| 021 | במגזר | Gn17:24 | בר תשעין ותשע שנין | במגזר | ליה בשר ערלתיה: |

| | | | | |
|---|---|---|---|---|
| 022 | | | Gn17:25 | בריה בר תלת עשרה שנין במגזר ליה ית בשר ערלתה: |
| 023 | | | Ex12:48 | ויעבד פיסחא קדם ייי במגזר ליה כל דכורא בכדן יהוי |
| 024 | | | Gn17:10 | ובין בניכון בתריכון במגזר לכון כל דכורא: |
| 025 | | | Gn34:22 | עמן למהוי לאומא חדא במגזר לנא כל דכורא היך דאינון |
| 026 | וגזר | | Gn21:04 | וגזר אברהם ית יצחק בריה בר |
| 027 | | | Gn17:23 | באנשי ביתיה דאברהם וגזר ית בשר ערלתהון בזמן יומא |
| 028 | וגזרו | | Gn17:23M | דאברהם וגזר/וגזרו#2# ית בשר ערלתהון בזמן |
| 029 | | | Gn34:24 | כל נפקי תרע קרתיה וגזרו כל דכורא כל נפקי תרע |
| 030 | וגזרת | | Ex 4:25 | ונסבת צפרה טנרא וגזרת ית ערלתא דברא וקרבת |
| 031 | ויגזר | | Dt30:06 | ויגזר ייי אלהכון ית לבביכון וית |
| 032 | ותגזרון | | Gn17:11 | ותגזרון ית בשר ערלתכו' ויהווי |
| 033 | | | Dt10:16 | ותגזרון ית ערלת טפשות לבביכון |
| 034 | | | Ex12:44 | עבד דגבר זבין כספא ותגזרון יתיה בכדין יהווי כשר |
| 035 | | | Lv19:23M | כל אילן דמיכל ותפרקון/ותגזרון#2# ערלתיה ית פריו |
| 036 | למגזור | | Ex 4:25 | ואמרת ארום חתנא בעא למגזור וחמוי לא שבק יתיה וכפר |
| 037 | | | Gn17:10M | בתריכון במגזר/למגזור#2# לכון כל דכורא: |
| 038 | | | Gn35:09M | ופקדת יתיה למגזור עורלתיה ויתב ליה בתרע |
| 039 | למגזר | | Gn40:18 | באפי ברא ועתיד פרעה למגזר גזרן בישא על ישראל ורמי |
| 040 | | | Gn34:17 | ואן לא תשמעון לן למגזר ונסב ית ברתן וניזל: |
| 041 | | | Gn34:15 | לכון אן תהוון כוותן למגזר לכון כל דכורא: |
| 042 | אתגזר etpeel | | Gn17:26M | יומא הדין/#2# גזר/אתגזר#2# אברהם בשר ערלתה |
| 043 | אתגזרו | | Gn17:27 | כספא מן לוות בר עממין אתגזרו עמה: |
| 044 | יתגזר | | Gn17:12 | ובר תמניה יומין יתגזר לכון כל דכורא לדריכון |
| 045 | | | Nu16:29 | דמתגזר על כל ברייתה יתגזר על אילין לא מן קדם ייי |
| 046 | דמתגזר | | Nu16:29 | איליין ואין גזרתה דמתגזר על כל ברייתה יתגזר על |

## גזר n. cut piece [126]

| | | | | |
|---|---|---|---|---|
| 001 | גזרייא | p em/sf | Gn15:17 | לאברם כד הוה עבר ביני גזרייא האילין: |

## גחך vb. to laugh [126]

| | | | | |
|---|---|---|---|---|
| 001 | גחכת | peal | Gn18:15 | הוות ואמר לה לא ארום גחכת: |
| 002 | | | Gn18:13 | ואמר ייי לאברהם כנן גחכת שרה למימר הא מן קושטא אלד |
| 003 | | | Gn18:15 | וכדבת שרה למימר לא גח<כ>ת ארום דחלא הוות ואמר לה לא |
| 004 | מג' | pael | Gn21:08M | \היך מגהך /למיתעבדה מג'#2# בפולחנא נוכריה: |
| 005 | מגהך | | Gn21:08 | עובדין די לא כשרין היך מגהך בפולחנא נוכריה: |
| 006 | | | Gn26:08 | על חרכא וחזא והא יצחק מגהך עם רבקה אתתה: |
| 007 | מגחכין | | Ex32:06M | ולמישתי וקמו למגחכה/מגחכין#2# בפלחנא נכריה: |
| 008 | ומגחכן | | Gn26:35 | סורבנין ומפחן רוח ומגחכן בפולחנא נוכראה {{היון}} |
| 009 | כמגחך | | Gn19:14 | מחבל ייי ית קרתא והוה כמגחך באפיה חתנוי: |
| 010 | | | Gn27:12 | יתי אבא ונהוי באפוי כמגחך בה ואייתי עלי לווטן ולא |
| 011 | למגחכה | | Gn39:17 | עברא די איית«י»ת לן למגחכה בי: |
| 012 | | | Gn39:14 | לי גבר עבריי למגחכה {למגחכה} בן על לוותי למשמשא עמי |
| 013 | | | Ex32:06 | למיכל ולמישתי וקמו למגחכה בפלחנא נכריה: |
| 014 | | | Gn39:14 | דאייתי לי גבר עבריי למגחכה {למגחכה} בן על לוותי |

## גט n. writ of divorce [126]

| | | | | |
|---|---|---|---|---|
| 001 | גיטא | s em/sf | Lv21:07M | \משב«קה» מן /דקבלת גיטא בלא תנאה מן#2# בעלה לא |

## גיבר n. hero, strong man [127]

| | | | | |
|---|---|---|---|---|
| 001 | גביר | s ab/cn | Gn25:27M | "גבר ידע ..." גביר גבר רמאי הוה ומן |
| 002 | גיבר | | Gn10:08 | ית נמרוד הוא שרי למהוי גיבר באר': |
| 003 | | | Gn10:09 | בגין כדין יתאמר כנמרוד גיבר בחטאה קדם ייי: |

| | | | | |
|---|---|---|---|---|
| 004 | | | Gn10:09M | דאתברי עלמא לא הוה גיבר בחטאה <כ>נמרוד ומרודה |
| 005 | | | Gn10:09 | הוא הוה גיבר בחטאה קדם ייי בגין כדין |
| 006 | גברא | s em/sf | Dt 2:20M | /אוף#2#/ היא גיברין/גברא#2# שרון בגווה/בה#2# |
| 007 | גיברא | | Nu13:22 | ותלמי בנוי דענק ג«י»ברא וחברון שבע שנין אתבנית |
| 008 | | | Nu13:22M | /בני עפרון גיברא#2# וחברון שבע שנין |
| 009 | | | Dt 2:21M | כבנוי דענק גיברייא/גיבראי#2# ושיצי/<ושי>ציא#2# |
| 010 | גיברה | | Dt 9:02M | בנוי דענק גיבריה/גיברה#2# די אתון חכמתון |
| 011 | | | Dt10:17 | כל ריבוניה אלה» רבה גיברה ודחילה די לא נסיב אפין |
| 012 | | | Nu13:28 | לחדה ואוף בנוי דענק גיברה חמינן תמן: |
| 013 | דגברא | | Dt 2:20M | ארע דגיברין/דגברא#2# תתחשב לחוד |
| 014 | גברין | p abs | Ex32:18 | ואמר לא קל גברין דנצחין בקרבא אנה שמע ולא |
| 015 | גיברין | | Dt33:06 | ויהוון עולימוי עם ג«י»ברין במניין: |
| 016 | | | Nu21:28 | ארום עם גיברין בערין היך אשתא נפקו מן |
| 017 | | | Ex32:18M | "גברין ... בקרבא": גברין גיברין דנפקין ונצחין לסדרי קרבה |
| 018 | | | Gn 6:04M | "גיבריה ... בנתהון": גיברין הוון שריין בארעא ביומי' |
| 019 | | | Ex17:09 | ליהושע בחר לן גיברין ופוק וסדר סדרי קרבא עם |
| 020 | | | Gn50:01M | עשו תמן הוו קאמין גיברין מדבית יעקב מדבי' ישמאל |
| 021 | | | Gn50:01M | ריחנין תמן קיימין גיברין מן דבית עשו תמן קיימין |
| 022 | | | Gn 6:04 | גיבריא די מן שרוי עלמא גיברין מפרשין בשמהן: |
| 023 | | | Dt 2:20 | דגיברין תתחשב לחוד היא גיברין שרון בגווה מן לקדמין |
| 024 | בג' | | Dt33:06M | עולימוי \עם ג«י»ברין/בג'#2# במניין: |
| 025 | דגיברין | | Dt 2:20 | ארע דגיברין תתחשב לחוד היא גיברין |
| 026 | גברי | p const | Gn47:06 | את ידע ואית בהון גברין גברי חיל ותשווי יתהון רברבני |
| 027 | | | Ex18:21 | ואת תחמי מכל עמא גברין גברי חיל דחלין מן קדם ייי גברין |
| 028 | | | Ex18:25 | ובחר משה גברין גברי חיל מן כל ישראל ושוי |
| 029 | גיברי | | Dt 3:18M | ישראל כל \בני חילה /גיברי חייל#2#/: |
| 030 | גיבריא | p em/sf | Gn 6:04M | הנון ג{ו}<י>בריא דאית מן יומת עלמא |
| 031 | | | Gn 6:04 | וילידו להון אינון גיבריא די מן שרוי עלמא גיברין |
| 032 | גיבריה | | Dt 9:02 | למיקם קדם בנוי דענק גיבריה: |
| 033 | | | Dt 9:02 | ותקיפין בנוי דענק גיבריה די אתון חכמתון ואתון |
| 034 | | | Gn 6:04 | גיבריה הוון בארעא ביומיה האינון |
| 035 | גיבריהון | | Nu21:15 | לאלין ורציצו רישי גיבריהון ושטפו נחליה מן אדמיהון |
| 036 | | | Dt32:42 | דעמי ושביהון מן ראשי גיבריהון פולימרכיהון בעלי דבביהון |
| 037 | גיברייא | | Gn15:20 | חתיי וית פריזיי וית גיברייא: |
| 038 | | | Dt 2:21 | ותקיפין כבנוי דענק גיברייא ושיצי יתהון ייי |
| 039 | גיברייה | | Gn14:05 | דהוו עמה וקטילו ית גיברייה בעשתרתא דקרנים וית |
| 040 | | | Nu13:33 | ותמן חמינן ית גיברי«י»ה בנוי דענק מן גיברייה |
| 041 | | | Nu13:33 | בנוי דענק מן גיברייה והוונן באפנה כקמציה וכך |
| 042 | דגיבריא | | Gn35:27 | אבוי ממרא קרתהון דגיבריא היא חברון דאתותב תמן |
| 043 | דגיברייה | | Dt 3:13 | ההוא יתקרי ארעהון דג{ו}<י>ברייה: |
| 044 | וגיברהא | | Nu32:38M | דילה ושמהת דרברבנהא וגיברהא חקיקן בהון |

## גיד n. sinew, male organ [127]

| | | | | |
|---|---|---|---|---|
| 001 | גידא | s em/sf | Gn32:33 | אכלין בני ישראל ית ג{די}<יד>א דנשיא די על כף ירכא |
| 002 | גידה | | Dt23:02M | "דפסיק ומסרס": <דפסיק> גידה ודמחבל בהתייה |
| 003 | בגידא | | Gn32:33 | קרב בכף ירכיה דיעקב בגידא דנשיא: |

## גיווה n. pride [127]

| | | | | |
|---|---|---|---|---|
| 001 | גיווי | s ab/cn | Dt33:29 | וסדיד זייניכון ותקיף גיווי סבריכון ותברין |
| 002 | ובגי' | | Gn15:17M | דאשיה ובגי' רשיעין די כפרו באוריתא |
| 003 | גיוותא | s em/sf | Dt33:26M | בשמיא וגיוותה/גי{ז}וותא#2# בשחקיה: |
| 004 | וגיוותה | | Dt33:26 | איקר שכינתיה בשמיא וגיוותה בשחקיה: |

## גיור *n.* stranger, proselyte [127]

|  |  |  |  |  |  |  |
|---|---|---|---|---|---|---|
| 001 | גיור | s ab/cn | Lv25:47 | עמך או לעקר זרעית | גיור: | |
| 002 | | | Nu15:14 | וארום יתותב עמכון | גיור | או מן מה די ביניכון |
| 003 | | | Lv19:33 | וארום יתותב עמכון | ג{ו}<י>ור | בארעכון לא תונון יתיה: |
| 004 | | | Lv19:34 | די בכון יהווי בכון | ג{י}י<ו>ר | דמתגייר ביניכון ותרחמון |
| 005 | | | Nu 9:14 | וארום יתותב עמכון | גי{זל}<ור> | ויעבד פסחה קדם ייי |
| 006 | | | Ex18:03 | מנהון גרשם ארום אמר | גיור | ותותב הוינא בארעא נכריה: |
| 007 | | | Lv25:35 | ותמוט ידה עמך ותתוקף בה | גיור | ותותב וייחי עמך: |
| 008 | | | Lv25:47 | וארום תארע יד | גיור | ותותב עמך ויתמסכן אחוך עמך |
| 009 | לגיור | | Lv25:47 | אחוך עמך ויזדבן | לגיור | ותותב עמך או לעקר זרעית |
| 010 | גיורא | s em/sf | Ex 2:12M | עלמיא וחמא והא לית | גיורא | עתיד למקום מן ההוא מצראה |
| 011 | גיורה | | Dt10:19 | ותרחמון ית | גיורה | ארום גיורין הויתון בארעא |
| 012 | | | Dt28:43 | | גיורה | די ביניכון יהוון רמין |
| 013 | | | Lv20:02 | גבר מן בני ישראל ומן | גיורה | דמתגיירין בישר«אל» די |
| 014 | | | Nu15:15 | עלם לדריכון כוותכון | גיורה | יהוי קדם ייי: |
| 015 | | | Dt10:18 | דיתמיה ודארמלתה ורחם | גיורה | למתן ליה מזון ואצטלי: |
| 016 | גייורה | | Lv17:08 | גבר מן דבית ישראל ומן | גייורה | די יתגיירון ביניכון די |
| 017 | בגיורא | | Ex12:19 | מן כנישתא דישראל | בגיורא | וביציבא דארעא: |
| 018 | דגיורא | | Ex23:09M | חכמתון מרירות נפשא | דגיורא | |
| 019 | | | Ex23:09M | /ואתון חכמתון נפשי | דגיורא#2#/ | ארום גיורין הויתון |
| 020 | | | Ex23:09 | ארום אתון ידעתון נפשא | דגיורא | ארום גיורין הויתון בארעא |
| 021 | דגיורה | | Dt27:19 | גברה די יסטי דינה | דגיורה | דיתמה וארמלתה ויאמרון כל |
| 022 | דגייורא | | Dt27:19M | כל /דמסט' סדר דיניה | דגייורא | ודיתמה ודארמלתה ויענון |
| 023 | וגיורא | | Ex22:20 | | וגיורא | לא תונון ולא תדחקון יתהון |
| 024 | | | Ex23:09 | | וגיורא | לא תדחקון ארום אתון |
| 025 | וגיורכון | | Dt 5:14 | וחמריכון וכל בעירכון | וגיורכון | די בקירויכון מן בגלל די |
| 026 | וגייורא | | Dt31:12M | דאית בארעכון | /וגייורא | דבא'#2#/ מן בגלל די |
| 027 | ובגיורא | | Lv17:15 | וקטילה ביציבייא | ובגיורא | ויחוור לבושוי ויסחי במיא |
| 028 | ולגיורה | | Lv25:06 | ולאגירך ולתותבך | ולגיורה | דמתגיירין ביניכון: |
| 029 | | | Nu 9:14 | חדה יהיווי לכון | ולגיורה | וליציבה דארעא: |
| 030 | כגיורה | | Lv24:22 | סדר דין חד יהווי לכון | כגיורה | כיציבה יהווי ארום אנה הוא |
| 031 | לגיורה | | Dt26:13M | מסכינייה | לגיורייה/<לגיו>רה#2#/ | ליתמייה |
| 032 | גיוורין | p abs | Gn15:13M | ותותבין יהוון | /גיוורין | יהוון#2#/ זרעיית בניך |
| 033 | גיורין | | Ex22:20M | ארום | דייר{ו}<י>ן/גיורין#2#/ | הוויתון בארעא |
| 034 | | | Lv19:34 | יתיה כוותכון ארום | גיורין | הוויתון בארעא דמצרים אמר |
| 035 | | | Dt10:19 | ותרחמון ית גיורה ארום | גיורין | הוויתון בארעא דמצרים: |
| 036 | | | Dt23:08M | /מצראי#2#/ ארום | דיורין/גיורין#2#/ | הוויתון בארעהון: |
| 037 | | | Ex23:09 | נפשא דגיורא ארום | גיורין | הויתון בארעא דמצרים: |
| 038 | | | Gn15:13 | לאברם מדע תדע ארו' | גיורין | ותותבין יהוון זרעיית בניך |
| 039 | | | Lv25:23M | דייי היא כל ארעא ארום | גיורין | ותותבין אתון שריין גבי |
| 040 | | | Ex12:38 | ואף | גיורין | סגין סלקו עמהון ועץ |
| 041 | גייר' | | Lv25:23M | דידי ארעא ארום | דגיורין/גייר'#2#/ | ותותבין אתון קדמי: |
| 042 | דגיורין | | Lv25:23 | ארום דידי ארעא ארום | דגיורין | ותותבין אתון קדמי: |
| 043 | גיר' | p em/sf | Dt24:17M | \דיניה דגיורייה /דין | גיר'#2#/ | ויתמייה ולא תמשכון |
| 044 | גיוריה | | Lv22:18 | דב«י»ת ישראל ומין | גיוריה | די בישראל די יקרב קרבניה |
| 045 | | | Lv17:08M | די יתגיירון /מן | גיוריה | דמתגיירין בניהון#2#/ |
| 046 | | | Lv17:08M | "מן ... ביניכון": מן | גיוריה | דמתגיירין בניהון |
| 047 | | | Lv17:10 | גבר מן דבית ישראל ומן | גיוריה | דמתגיירין ביניהון די יאכל |
| 048 | גיורייה | | Lv19:34M | ביניכון /לכון | גיורי{ו}<י>ה | דמתגיירין בי'#2#/ |
| 049 | גיוריכון | | Dt24:14 | מן אחיכון או מן | גיוריכון | די בארעכון בקורייכון: |
| 050 | גייוריה | | Lv17:13 | גבר מן בני ישראל ומן | גייוריה | דמתגיירין ביניהון די |
| 051 | גייורייה | | Nu15:30M | רמה מן יציבייה ומן | גייורייה | ית מימריה דייי#2#/ הוא |
| 052 | בגייורייה | | Ex12:19M | דישראל | בגיורא/בגייורייה#2#/ | וביציבא |
| 053 | דגיורייה | | Dt24:17 | לא תסטי דיניה | דגיורייה | ויתמייה ולא תמשכון לבושה |
| 054 | וגיוריה | | Ex23:12 | ברא דאמתך יהודייתה | וגיוריה: | |
| 055 | | | Lv16:29 | לא תעבדון יציביה | וגיוריה | דמתגיירין ביניכון: |
| 056 | | | Nu15:29 | יציבייה בבני ישראל | וגיוריה | דמתגיירין ביניכון גזרת |
| 057 | | | Lv17:12 | מנכון לא תאכל אדם | וגיוריה | דמתגירין ביניכון לא |
| 058 | | | Dt14:29 | עמכון בפלוג ארעא | וגיוריה | ואיתמיה וארמלתה |
| 059 | וגיורייה | | Dt26:11 | אתון וליויי | וגיורייה | די ביניכון: |
| 060 | | | Lv18:26 | האליין יציבייה | וג<י>ורייה | דמתגיירין ביניכון: |
| 061 | | | Dt16:14 | ואמהתכון וליוויי | וגיורייה | וארמלתה די בקורייכון: |
| 062 | וגיוריכון | | Dt31:12 | ונשייה וטפלייה | וגיוריכון | דאית בארעכון מן בגלל די |
| 063 | | | Ex20:10 | ואמהתיכון ובעירכון | וגיוריכון | די בקירויכון: |
| 064 | | | Dt29:10 | טפליכון נשיכון | וגיוריכון | די ביני משירייתכון מן |
| 065 | וגייורייה | | Dt 5:14M | "וגיורכון ... ": | וגייורייה | דאית בקורייכון |
| 066 | | | Dt31:12M | "וגיוריכון ...": | וגייורייה | די בא' |
| 067 | | | Dt16:11 | ^דאית בקורייכון#2#^ | וגייורייה | ויתמייה וארמלתה די |
| 068 | ובגיוריה | | Nu15:30 | בריש גלי ביציבייה | ובגיוריה | קדם ייי הוא מחרף ותישתצא |
| 069 | ולגיוריה | | Nu15:15 | דאור«י»תיא לכון | ולגיוריה | דמתגיירין קיים עלם |
| 070 | | | Nu15:16 | דין חד יהוי לכון | ולגיוריה | דמתגיירין ביניכון: |
| 071 | | | Nu15:26 | כנישתה דבני ישראל | ולגיוריה | דמתגיירין ביניהון ארום |
| 072 | | | Nu19:10 | ויהווי לבני ישראל | ולגיוריה | דמתגיירין ביניכון לקיים |
| 073 | | | Dt24:19 | לא תחזרון למיסב יתה | ולגיוריה | לייתמייה ולארמלתה יהווי |
| 074 | | | Lv19:10 | לא תלקטון למסכיניה | ולגיוריה | תשבקון יתהון כדן אמר ייי |
| 075 | | | Lv23:22 | לא תלקטון למסכיניה | ולגיוריה | תשבקון יתהון כדן אמר ייי |
| 076 | ולגיורייה | | Ex12:49 | חדא יהוי ליציביא | ולגיורייה | דמתגיירין ביניכון: |
| 077 | | | Nu 9:14M | \ולגיורה וליציבה | /ולגיורייה | וליציביה#2#/ דארעא: |
| 078 | | | Nu35:15 | לבני ישראל | ולגיורייה | ולתותבייה די ביניהון |
| 079 | ולגייורייה | | Nu15:29M | ישראל | וגיוריה/ולגייורייה#2#/ | דמתגיירין |
| 080 | כגיורייה | | Lv24:16 | יתיה כל עם כנשתה | כגיורייה | כיציבייה בפרשותיה שמה |
| 081 | כגייורייה | | Nu15:15M | כוותכון | גיורה/כגייורייה#2#/ | יהוי קדם ייי: |
| 082 | | | Lv24:22M | \כגיורה כיציבה | /כגייורייה | כיצי'#2#/ יהווי ארום |
| 083 | לג' | | Dt24:20M | יתהון מן בתריכון | לג'#2#/ | וליתמי «ולארמלתה» |
| 084 | | | Dt24:21M | מן בתריכון | לג'#2#/ | וליתמיה ולארמלתה יהווי |
| 085 | לגיוריה | | Dt24:20 | עוללתה מן בתריכון | לגיוריה | וליתמי «ולארמלתה» |
| 086 | | | Dt24:21 | עוללה מן בתריכון | לגיוריה | וליתמיה ולארמלתה יהווי: |
| 087 | לגיורייה | | Dt26:13 | ומעשר מסכינייה | לגיורייה | ליתמייה ולארמלתה ככל |
| 088 | לגייוריה | | Dt14:21M | מן בני עממיא די | /לגייוריה | דאית#2#/ בקורייכון |
| 089 | לגייורייה | | Dt26:12 | ומעשרה מסכינייה | לגייורייה | <ליתמיא> ולארמלתה |

## גיור #2 *n.* adulterer [127]

|  |  |  |  |  |  |  |
|---|---|---|---|---|---|---|
| 001 | גיורא | s em/sf | Ex20:14 | עם גיורין ארום בחובי | גיורא | מותנא אתא על עלמא: |
| 002 | גיורה | | Lv20:10 | דחבריה אתקטלה יתקטל | גיורה | וגיירתה: |
| 003 | גיורי' | p abs | Ex20:14M | גיורין /דבני ישראל | גיורי'#2#/ | דלא יקומון בניכון |
| 004 | גיורין | | Dt 5:18 | חברין ולא שותפין עם | גיורין | <....> דלא יקומון בניכון |
| 005 | | | Ex20:14 | לחוד אינון למהוי עם | גיורין | ארום בחובי גיורא מותנא |
| 006 | | | Ex20:14M | גיורין /אוף הינון | גיורין#2#/ | ארום בחובי גיורא |
| 007 | | | Ex20:14 | בכנישתהון דישראל עם | גיורין | דלא יקומון בניכון |
| 008 | | | Ex20:14 | לא חברין ולא שותפין עם | גיורין | ולא יתחמי בכנישתהון |
| 009 | | | Dt 5:18 | עמי בני ישראל לא תהוון | גיורין | ולא חברין ולא שותפין עם |
| 010 | | | Ex20:14 | עמי בני ישראל לא תהוון | גיורין | לא חברין ולא שותפין עם |
| 011 | גייורין | | Dt 5:18 | לחוד אינון למיהווי עם | גייורין | ארום בחובי גייוריה מותנה |
| 012 | לגיורי' | | Ex20:14M | ולא שותפין \עם | גיורין/לגיורי'#2#/ | ולא יתחמי |
| 013 | גייוריה | p em/sf | Dt 5:18 | עם גייורין ארום בחובי | גייוריה | מותנה נפק ^על#2#^ עלמא: |

## proud one *adj.* גיותן [127]

| | | | | |
|---|---|---|---|---|
| 001 | s em/sf | גיותנה | *Ex15:21* | נודה ונשבח קדם ייי גיותנה דמתגאה על גיותניא ומתנטל |
| 002 | p em/sf | גוותניה | *Ex15:01M* | רם על רמיא ומתגאה על גוותניה וכל מה דמתגאה#2#/ קדמוי |
| 003 | | גיותניא | *Ex15:21* | ייי גיותנה דמתגאה על גיותניא ומתנטל על מנטליא סוסוון |

## pride *n.* גיותנו [127]

| | | | | |
|---|---|---|---|---|
| 001 | s em/sf | גיותנותך | *Ex15:07* | ובסגי גיותנותך תפגר בעלי דבביהון דעמך |

## to band together *vb.* גייס [127]

| | | | | |
|---|---|---|---|---|
| 001 | etpeel | תתגייסון | *Dt14:01M* | חבורן חבורן /תתגייסון חבורן חבורן לאבאשא#2#/ |

## to convert to Judaism *vb.* גייר [127]

| | | | | |
|---|---|---|---|---|
| 001 | pael | גיירו | *Gn12:05* | דיקנין ית נפשתה די גיירו ונפק למזל לארעא דכנען |
| 002 | | מגייר | *Gn21:33* | מן תמן עד זמן דהוה מגייר יתהון ומילף יתהון למיתן |
| 003 | | | *Gn21:33M* | זייעין מן תמן דהווה מגייר יתהון בשם ממריה |
| 004 | | דתגיירון | *Lv17:10M* | ומן גיוריה דמתגיירין/דתגיירון#2# ביניהון |
| 005 | etpaal | יתגייר | *Lv19:33M* | וארום יתותב/יתגייר#2# עמכון ג{ו}<י>ור |
| 006 | | | *Nu 9:14M* | וארום יתותב/יתגייר#2# עמכון גי{זל}<ור> |
| 007 | | | *Nu15:14M* | וארום יתותב/יתגייר#2#/^אי#2#/ עמכון גיור או |
| 008 | | יתגיירון | *Lv17:08* | ישראל ומן גיורה די יתגיירון ביניכון די יקרב עלה או |
| 009 | | מתגיירין | *Gn 9:27M* | וכד מתגיירין בנוי ישרון במדרשי׳ דשם |
| 010 | | דמתגייר | *Lv19:34* | יהוי בכון ג{י}<י>ור דמתגייר ביניכון ותרחמון יתיה |
| 011 | | דמתגיירין | *Lv20:02* | ישראל ומן גיורה דמתגיירין בישר«אל» די יתן מן |
| 012 | | | *Lv19:34M* | /לכון גיורי{ן}<י>ה דמתגיירין בי#2# ותרחמון יתיה |
| 013 | | | *Lv17:10* | ישראל ומן גיוריה דמתגיירין ביניהון די יאכל |
| 014 | | | *Lv17:13* | ישראל ומן גייוריה דמתגיירין ביניהון די יצוד ציד |
| 015 | | | *Nu15:26* | ישראל ולגיוריה דמתגיירין ביניהון ארום לכל עמא |
| 016 | | | *Ex12:49* | ליציביא ולגיורייה דמתגיירין ביניכון: |
| 017 | | | *Lv16:29* | יציביה וגיוריה דמתגיירין ביניכון: |
| 018 | | | *Lv18:26* | יציבייה וג<י>ורייה דמתגיירין ביניכון: |
| 019 | | | *Lv25:06* | ולתותבך ולגיורה דמתגיירין ביניכון: |
| 020 | | | *Lv25:45* | ולהוד מן בני תותביה דמתגיירין ביניכון מנהון תקנון ומן |
| 021 | | | *Nu15:16* | יהוי לכון ולגיוריה דמתגיירין ביניכון: |
| 022 | | | *Nu15:29* | בבני ישראל וגיוריה דמתגיירין ביניכון גזרת אוריתה חדה |
| 023 | | | *Nu19:10* | ישראל ולגיוריה דמתגיירין ביניכון לקיים עולם: |
| 024 | | | *Lv17:08M* | מן גיוריה/ דמתגיירין בניהון#2#/ ביניכון די |
| 025 | | | *Lv17:08M* | מן גיוריה דמתגיירין בניהון |
| 026 | | | *Lv25:06M* | ולתותביכון אליין דמתגיירין עמכון |
| 027 | | | *Nu15:15* | לכון ולגיוריה דמתגיירין קיים עלם לדריכון |
| 028 | | דמתגירין | *Lv17:12* | לא תאכל אדם וגיוריה דמתגירין ביניכון לא יוכלון אדם: |

## adulterer *n.* גייר [127]

| | | | | |
|---|---|---|---|---|
| 001 | p abs | גיירין | *Dt 5:18M* | עם גייורין /הנון גיירין#2#/ ארום בחובי גייוריה |
| 002 | | | *Dt 5:18M* | לא תהוון גיורין/גיירין#2#/ ולא חברין ולא |

## adulteress *n.* גיירה [128]

| | | | | |
|---|---|---|---|---|
| 001 | s em/sf | וגיירתה | *Lv20:10* | אתקטלה יתקטל גיורה וגיירתה: |

## גיל ⇐ *n.* גולה

## uncovering *n.* גילוי [128]

| | | | | |
|---|---|---|---|---|
| 001 | s ab/cn | גילוי | *Gn49:12* | זכוכא דלא למיחמי בהון גילוי עריין מלמשפך בהון דם זכיי |
| 002 | | גלוי | *Gn49:12M* | זכיכא דלא אתחמ׳ בהון גלוי עריי׳ ודי לא חמון בהון |
| 003 | | | *Gn24:31M* | מן פולחנא נכראה ומן גלוי עריתא ומן שפיכות דם זכאי |
| 004 | | בגילוי | *Gn13:13* | גבר לחבריה וחייבין בגילוי עריתה ובשפיכות אדמיה |

## גיף ⇐ *n.* על גיף

## rim, railing *n.* גיפוף [128]

| | | | | |
|---|---|---|---|---|
| 001 | s ab/cn | גיפוף | *Ex25:25* | ותעבד ליה גיפוף פשך חזר ומקף ותעבד כליל |
| 002 | | | *Ex37:12M* | ועבד ליה גפוף/גיפוף#2#/ פשך חזר מקף ועבד |
| 003 | | גפוף | *Dt22:08M* | חדת ותעבד סייג/ג{ע}<פ>וף#2#/ לאגרך ולא תשווי |
| 004 | | | *Ex37:12* | ועבד ליה גפוף פשך חזר מקף ועבד כליל |
| 005 | s em/sf | גיפופי׳ | *Ex25:25M* | לג{ו}פ<ו>פיה/על גיפופי׳#2#/ חזר ומקף: |
| 006 | | גיפופיה | *Ex25:27* | לקבל גיפופיה יהוון עזקתיה לאתרין |
| 007 | | גפופא | *Ex37:14* | לקבל גפופא הוויין עזקי אתרין לאריחיה |
| 008 | | לגפופא | *Ex37:12* | מקף ועבד כליל דדהבא לגפופא חזר ומקף: |
| 009 | | לגפופיה | *Ex25:25* | ותעבד כליל דדהב לג{ו}פ<ו>פיה חזר ומקף: |

## arrow *n.* גיר [128]

| | | | | |
|---|---|---|---|---|
| 001 | p abs | גירין | *Dt32:42* | ארווי גירין מן אדמהון וחרבי תתכל |
| 002 | | גירין | *Ex15:04* | וחיילוותיה קשת עליהון גירין דאשא בימא ושפר עולימו |
| 003 | | | *Ex19:13* | ארום מתרגמ׳ יתרגם או גירין דאשה יגרו יזדרקון ביה אן |
| 004 | | בגירין | *Lv10:02M* | ועלת באפהון ומיתו בגירין דאשה |
| 005 | | וגרין | *Nu22:07* | ורברבני מדייניי וגרין דקסמין חתימין בידהון |
| 006 | p const | גירי | *Dt32:23* | למייתייה עליהון בישן גירי מחוות פורענותי אגרה בהון: |
| 007 | p em/sf | גירייא | *Gn49:23* | דהוה קשיא עלוי מן גירייא: |

## chalk, lime, plaster *n.* גיר #2 [128]

| | | | | |
|---|---|---|---|---|
| 001 | s em/sf | בגירא | *Dt27:04* | דעיבל ותשוען יתהון בגירא: |
| 002 | | בגירה | *Dt27:02* | רברבן ותשוען יתהון בגירה: |

## wave *n.* גל [128]

| | | | | |
|---|---|---|---|---|
| 001 | p em/sf | גלליא | *Ex15:18* | בימא וגבורתא ביני גלליא בההיא שעתא פתחו פומיהון |

## little knife, razor *n.* גלב [128]

| | | | | |
|---|---|---|---|---|
| 001 | s ab/cn | גלב | *Nu 6:05* | כל יומי נדר נזירותיה גלב לא יעלה על רישיה עד די |
| 002 | | | *Nu 8:07* | עליהון מי חטאתה ויעברון גלב על כל בשרהון ויחוורון |

## to roll *vb.* גלגל [129]

| | | | | |
|---|---|---|---|---|
| 001 | quadr. | וגלגל | *Gn29:10M* | דאמה וקרב יעקב וגלי/וגלגל#2#/ ית אבנא מעלוי פימא |
| 002 | | ויגלגלון | *Gn29:08M* | כל עדריא ויגלון/ויגלגלון#2#/ ית אבנא מעלוי פמה |
| 003 | quad/t | ויתגלגלין | *Gn29:03M* | תמן כל עדריא ומגלין/ויתגלגלין#2#/ ית אבנא מעילוי |

## wheel *n.* גלגל [129]

| | | | | |
|---|---|---|---|---|
| 001 | p const | גלגלי | *Ex14:25M* | נגדן לגלגלי חזרן גלגלי לרידוותא למיהון נגדן |
| 002 | | | *Ex14:25* | ופרק ית גלגלי רידוותיה והוו מדברין |
| 003 | | בגלגלי | *Ex14:25* | למהוי נגדין בגלג«לי» וקיסי חזרו למהוי נגדין |
| 004 | | לגלגלי | *Ex14:25M* | <ל>מהון נגדן לגלגלי חזרן גלגלי לרידוותא |

## גלו *n.* exile [129]

|  |  |  |  |  |  |  |
|---|---|---|---|---|---|---|
| 001 | גלותא | s em/sf | Gn33:14M | גלותא עד זמן דיסופון | גלותא | ורבין אעול לות רבוני |
| 002 | | | Gn33:14M | בזכותיה ית בני | גלותא | עד זמן דיסופון גלותא |
| 003 | גלותהון | | Nu24:07 | מנהון יהוי יכנש להון | גלותהון | מן מדינת בעלי דבביהון |
| 004 | בגלותא | | Ex 3:14M | הוא דהוויתי בסעדכון | בגלותא | דמצראי ואנא הוא דעתיד |
| 005 | וגלותא | | Ex20:17M | מתגריין בבני אנשא | וגלותא/ | אתא לעלמ'#2#/: |
| 006 | וגלותה | | Dt 5:21M | מתגבייה בבני אנשא | וג{ר}<ל>ותה | אתיה לעלמא |

## גלוליי *n.* wanderer [129]

|  |  |  |  |  |  |  |
|---|---|---|---|---|---|---|
| 001 | גלולאי | p em/sf | Gn47:21M | ואמרין להון אכסנאי | גלולאי | |
| 002 | גלוליא | | Gn47:21 | ואמרין להון אכסניא | גלוליא: | |
| 003 | גלוליי | | Gn47:21M | דלא קריין להון אכסניי | גלוליי | |
| 004 | וגלוליא | | Gn47:21M | לאחוי מטלטליא | וג{י}לוליא | מן בגלל כן טלטילינון |

## גלוסקום *n.* ossuary [129]

|  |  |  |  |  |  |  |
|---|---|---|---|---|---|---|
| 001 | בגלוסקומא | s em/sf | Gn50:26M | ושוון יתיה | בארונא/בגלוסקומא#2#/ | במצרים: |

## גלי *vb.* to reveal, to go into exile [129]

|  |  |  |  |  |  |  |
|---|---|---|---|---|---|---|
| 001 | גלו | peal | Gn43:30 | ואוחי יוסף ארום | גלו | מעוי על אחוי ובעא למבכי |
| 002 | גלוי | | Dt33:03M | הלא | גלי/גלוי#2#/ | וידוע/וידיע#2#/ קדמוי |
| 003 | גלי | | Ex14:08 | ישראל נפקו פריקין בריש | גלי: | |
| 004 | | | Lv26:13M | בקומה זקיפה ובראש | גלי | |
| 005 | | | Gn40:18 | יפקון פריקין בריש | גלי | אף את רב נחתומי' תקבל אגר |
| 006 | | | Gn 4:16M | ומטלטל מן מדנח לעדן | גלי/ | בארעא ושרה מן מדנחה |
| 007 | | | Nu15:30 | ונפש די תעבד בריש | גלי | ביציבייה ובגיוריה קדם ייי |
| 008 | | | Gn18:19 | ארום | גלי | הוא קדמוי מן בגלל די יפקד |
| 009 | | | Dt33:03 | הלא | גלי | וידוע קדמוי דלא בנוי דעשו |
| 010 | | | Gn 3:05 | ארום | גלי | וידיע קד' ייי ארום ביומא |
| 011 | | | Gn22:14 | מן קדמיך ייי כולא | גלי | וידיע קדמיך דלא הווה בלבי |
| 012 | | | Gn 4:12 | תוסף למתן פירי עללתא לך | גלי | ומטלטל תיהוי קין בארעא: |
| 013 | | | Gn 4:14 | לי למטמרה ויהוי קין | גלי | ומטלטל בארעא ויהוי כל די |
| 014 | | | Gn 4:16 | מן קדם ייי ושרא בארעא | גלי | ומטלטל מן מדנח לעדן והוה |
| 015 | | | Ex 9:27M | מימריה דייי הדה זמנא | גלי#2#/ | ייי\הוא צדיקא /צדיקא |
| 016 | | | Gn49:02M | בגווייה סברין דהווה | גלי | להון סדר ברכתא ואתכסי |
| 017 | | | Nu33:03 | בני ישראל פריקין בראש | גלי | לעיני כל מצריי: |
| 018 | | | Gn 3:05M | ארום\גלי וידיע קד' | /גלי | קדם#2#/ ייי ארום ביומא די |
| 019 | | | Gn29:32 | ראובן ארום אמרת ארום | גלי | קדם ייי ית צערי ארום כדון |
| 020 | | | Gn29:33M | ואמרת ארום {...} | שמיע/גלי#2#/ | קדם ייי ארום שניא |
| 021 | | | Gn31:42 | ית צערי וית לוותי דידי | גלי | קדם ייי ואוכח ברמש«א»: |
| 022 | | | Gn31:42M | גלי /קשיטות כף ידי | גלי#2#/ | קדם ייי ואוכח |
| 023 | | | Ex 4:31 | וארום {ושמעו ארום אדכר} | גלי | קדמוי ית צערון ועקדו ואודן |
| 024 | | | Dt 2:07 | ארום ייי אלהכון | גלי | קדמוי הלכותכון ית מדברה |
| 025 | | | Dt 5:28M | דייי לי אמר משה | שמעית/גלי | קדמוי#2#/ ית קל מליהון |
| 026 | | | Dt32:36 | דצדיקיה הוא מתנחם ארום | גלי | קדמוי ארום מטת ידיהון |
| 027 | | | Gn 3:09 | ליה הא כל עלמא דבריית | גלי | קדמי חשוכה ונהורה גלי קדמי |
| 028 | | | Gn 3:09 | גלי קדמי חשוכה ונהורה | גלי | קדמי ואת חשב דלא גלי קדמי |
| 029 | | | Gn 3:09 | גלי קדמי ואת חשב דלא | גלי | קדמי אתר דאת בגויה אן היא |
| 030 | | | Ex 3:07M | חמית ית /מימריה דייי | גלי | קדמי ית#2#/ צערהון דעמי |
| 031 | | | Ex 6:05M | /ולהוד#2#/\אנא שמעת ית | /גלי | קדמי ית#2#/ קבלתהון דבני |
| 032 | | | Dt 9:13 | ייי לי אמר משה למימר | גלי | קדמי ית קשיותהון דעמא |
| 033 | | | Dt31:21 | פם זרעיית בניהון ארום | גלי | קדמי יצרהון בישה דאינון |
| 034 | | | Gn20:06 | ממריה דייי בחלמא אף אנא | גלי | קדמיי ארום בתמימות לבך |
| 035 | | | Gn31:12 | נמורין ומקדקדין ארום | גלי | קדמיי ית כל מה דלבן עבד |
| 036 | | | Ex 3:07 | שמעית מן דחקהון ארום | גלי | קדמיי ית שעבודהון: |
| 037 | | | Ex 3:09 | ישראל סלקת לוותי ואף | גלי | קדמיי ית דוחקיה דמצרים |
| 038 | | | Ex32:09 | ואמר ייי למשה | גלי | קדמיי ית עמא האליין והא עם |
| 039 | | | Ex16:12M | קדמיי ית תורעמתהון | /גלי | קודמוי ית תורעמכון#2#/ |
| 040 | | | Gn 3:09M | ואך את סביר דלית | גלי | קודמ{ו}<י>י אתרא די את |
| 041 | גלייא | | Gn50:19 | לי הלא קדם ייי אינון | גלייא | מחשבתיהון דבני אנשא: |
| 042 | גליין | | Dt29:28 | טמירתה | גליין | אינון קדם ייי אלהן |
| 043 | | | Lv26:34M | ואתון גלין/תהוון | גליין | ומטלטלין#2#/ בארע |
| 044 | | | Gn18:21 | דלית עבדיהון בישייא | גליין | קדמי הא אינון קדמי כדלא |
| 045 | גלין | | Lv26:34 | דהיא צדי מנכון ואתון | גלין | בארע בעלי דבביכון בכדן |
| 046 | דגלי | | Ex16:08M | בצפר' למשב{עו}<וע> | דגלי | קדם ייי תורעמנתכון דאתון |
| 047 | וגלי' | | Nu22:31 | | וגלי' | ייי ית עיינוי דבלעם וחמא |
| 048 | וגלי | | Ex18:11 | הא כדון ידעת | וגלי | הוא לי ארום תקוף הוא ייי |
| 049 | | | Nu12:02M | לחוד בן מלל | וגלי | וידיע קדם |
| 050 | | | Gn 1:04 | | וגלי | קדם ייי ית נהורא ארום טב |
| 051 | | | Gn 1:10 | כנישות מיא קרא יממא | וגלי | קדם ייי ארום שפ{ן}<ר> |
| 052 | | | Gn 1:12 | די נצבת' מנה ובה למינה | וגלי | קדם ייי ארום שפר ותקן: |
| 053 | | | Gn 1:18 | בין נהורא ובין חשוכא | וגלי | קדם ייי ארום שפר ותקן: |
| 054 | | | Gn 1:21 | כל עופא דפרח למיניה | וגלי | קדם ייי ארום שפר ותקן: |
| 055 | | | Gn 1:25 | כל ריחשא דארעא למינהון | וגלי | קדם ייי ארו' שפר ותקין: |
| 056 | | | Gn 1:31 | | וגלי | קדם ייי ית כל מה דעבד והא |
| 057 | | | Gn 6:05 | | וגלי | קדם ייי ארום סגת בישתהון |
| 058 | | | Gn 6:12 | | וגלי | קדם ייי ית ארע' והא |
| 059 | | | Gn11:05M | איקר שכינתיה דייי | וגלי/ | קדם ייי#2#/ למחמי ית |
| 060 | | | Gn29:31 | | וגלי | קדם ייי ארום שניא הוות |
| 061 | | | Ex 2:25 | | וגלי | קדם ייי ית שעבודהון דבני |
| 062 | | | Ex 3:04 | | וגלי | קדם ייי ארום סטה משה |
| 063 | | | Dt32:19 | | וגלי | קדם ייי ארום הוה רגוז מן |
| 064 | | | Nu21:15 | ייי דידע מה בלבביה | וגלי | קדמוי מה בכוליתה רמז |
| 065 | | | Dt26:07 | ושמיע קדם ייי קל צלותן | וגלי | קדמוי ית צערן וית שעבודן |
| 066 | | | Nu11:01M | ושמע קדם/קודם ייי | וגלי | קודם#2#/ ייי ותקף רוגזה |
| 067 | גליו | pael | Gn41:45 | שמ' דיוסף גברא דטמירתא | גליו | ליה ואסב ליה ית אסנת ברת |
| 068 | תיגלי | | Lv18:07 | לא תיבזי אמך היא לא | תיגלי | עיריתה דאבוך הוא: |
| 069 | דמגלי | | Gn38:25 | בישא וטובוי כל אנש | דמגלי | עובדוי על דנסב«י»ת |
| 070 | | | Gn29:10 | אחוי דאמה וקרב יעקב | וגלי | ית אבנא מעלוי פימא דבארה |
| 071 | למגליה | | Lv18:17 | וית ברת ברתה לא תסב | למגליה | עריתהון קריבת בשר אינון |
| 072 | למגלייה | | Lv18:06 | קריב בשריה לא תקרבון | למגלייה | עריה כדן אמר ייי: |
| 073 | | | Lv18:18 | תסב למעקה לך{ך}<ה> | למגליי«ה» | עריתה עליה בחייה: |
| 074 | | | Lv18:19 | בנדת סאבתה לא תסב | למגלייה | עריתה: |
| 075 | יגלי | afel | Dt 4:27 | עם דמניין באומייה די | יגלי | ייי יתכון לתמן: |
| 076 | | | Dt28:36 | | יגלי | ייי יתכון וית מלכיכון די |
| 077 | | | Dt28:37 | ולתנויין בכל אומייה די | יגלי | יתכון ייי לתמן: |
| 078 | מגלה | | Lv18:24 | אסתאבון אומייה די אנה | מגלה | מן קדמיכון: |
| 079 | ואגלי | | Gn47:21 | בישא עבר יתהון יוסף | ואגלי | יתהון וטלטל יתהון מן |
| 080 | א' | etpeel | Nu12:06M | עלוי אתודע בחלם | א'#2#/ | עלוי ובחלמין אמלל עימיה: |
| 081 | איתגלי | | Lv16:02 | בענני איקר שכינתי ממרי | איתגלי | על כפרתה: |
| 082 | איתגלי' | | Nu14:14M | /ית'#2#/ /די חיזוו | איתגלי'#2#/ | את במימרך ייי ועננ |
| 083 | איתגליון | | Gn35:09M | אבונן יעקב צדיקא כד | איתגליון | עלוי במתייה מן פדן ארם |
| 084 | איתגליית | | Gn35:09M | במכלת רחמיך טבייה | איתגליית | עלוי ונחמת יתיה וברכתה |
| 085 | את' | | Nu24:15M | נביאיה/נבואה#2#/ | יתגלי/את'#2#/ | עלוי: |
| 086 | אתגלון | | Gn 8:05 | בעשיריא בחד לירחא | אתגלון | רישי טוריא: |
| 087 | אתגלי | | Gn16:05M | איקרי באפה וכדו | אתגלי | |
| 088 | | | Ex20:24 | די תדכרון ית שמי בצלו | אתגלי | בממריה עליכון ואברך |
| 089 | | | Ex12:42 | תנינא ליליא תליתיא כד | אתגלי | ייי על מצריי בפלגות ליליא |

090 Ex12:42 דוכרניא ליליא קדמיא כד אתגלי ייי על עלמא למבריה יתיה
091 Ex12:42 קדמיא לילי תנינא כד אתגלי ייי על אברם בר מאה ושרה
092 Gn18:21 אתגלי כען ואחמי הא כקבילתיה
093 Dt33:02 ואמר ייי מן סיני אתגלי למתן אוריתה לעמי׳ בני
094 Gn35:07 ייי בית אל ארום תמן אתגלי עלוי ייי במערקיה מן קדם
095 Gn35:07M ממריה דייי אלהא די אתגלי עלוי בבית אל ארום תמן
096 Nu12:06 נבייה ייי בחזיון אתגלי עלוי ובחלמין אמלל עימיה:
097 Nu24:03 מה דאכסי מן כל נבואה אתגלי עלוי:
098 Gn48:03 יעקב ליוסף אלה שמיא אתגלי עלי בלוז בארעא דכנען
099 Ex 3:16 להון ייי אלהה אבהתכון אתגלי עלי אלה«ה» דאברהם
100 Ex20:24M בשמי קדיש׳ מימרי׳ אתגלי עליכו׳ ומברך יתכון
101 Ex 3:18 ייי אלההון דעברייה אתגלי עלינן וכדו נזיל כען ארח
102 Ex 5:03 ואמרין אלהון דעבריי אתגלי עלינן נזיל כען אורח מהלך
103 Ex 4:01 בקלי ארום יאמרו לא אתגלי עלך ייי:
104 Ex 4:05 מן בגלל די יהימנון ארום אתגלי עלך ייי אלה אבהתהון אלהה
105 אתגלי׳ Ex19:11M שכינתא דייי לעיני כל /אתגלי׳ מימרי׳ דייי חמיין כל#2#
106 אתגליית Nu14:10 ואיקר שכינתה דייי אתגליית במשכן זימנא על כל בני
107 Ex16:10 והא איקר שכינתה דייי אתגליית בעננא:
108 Gn22:14 ברה ובטורא הדין אתגלי«ית» עלוי איקר שכינתיה
109 Gn35:07M בבית אל ארום תמן אתגליית עלוי יקר שכינתיה דייי
110 Ex20:20 מן בגלל למנסיית יתכון אתגליית עליכון איקר שכינתיה דייי
111 אתגלית Nu14:14 האליין ארום חזיו בחזיו אתגלית את במימרך ייי ועגן איקר
112 Gn35:09M ברחמך טביא אתגליתא/<אתג>לית#2# עלוי וברכת יתה
113 אתגליתא Gn35:09 אבונן אברהם צדיקא כד אתגליתא עלוי במשרה חזווה ועד כען
114 Gn35:09 ואת ברחמך טביא אתגליתא עלוי וברכת יתה ברכת
115 ית׳ Nu14:14M \ארום חזיו בחזיו אתגלית/ית׳#2# /די חיזוו איתגלי׳#2#
116 Ex12:42M ליליא תליתיא כד אתגל/ית׳#2# ייי על מצריי בפלגות
117 Ex12:42M ליליא קדמיא כד אתגל/ית׳#2# ייי על עלמא למבריה
118 Ex12:42M ליליא תי׳#2#/ כד אתגל/ית׳#2# ייי על אברם בר מאה
119 Dt33:02M ואמר ייי מן סיני אתגל/ית׳#2# למתן אוריתה לעמי׳
120 Lv16:02M ממרי איתגלי׳/ית׳#2#׳/מתגלי׳#2#/ על כפרתה:
121 Nu24:03M מן כל נבואה אתגל/ית׳#2# עלוי:
122 יתגלי Gn16:05 ואזל איקרי באפה וכדון יתגלי ייי וידון ביני ובינך
123 Gn31:49 וצפיתה די אמר יתגלי ייי וידון ביני ובינך ארום
124 Ex 5:21 ואמרו להון יתגלי ייי עליכון וידון די
125 Lv 9:06M בישא מן ליבכון ומן יד יתגלי לכון איקר שכינתה דייי
126 Nu24:15 מה דאתכסי מן כל נביאיה יתגלי עלוי:
127 Gn16:13 ארום אמרת הא אף כדון יתגלי עלי מן בתר דאתגלי על שרי
128 יתגליין Dt33:19 ייכלון וסימן דטמירן יתגליין להון:
129 תתגלי Ex19:11 ארום ביומא תליתיא תתגלי איקר שכינתא דייי לעיני כל
130 Gn11:07M "ואתגלי ונערבב": תתגלי ונערבבה
131 Ex20:26 על גבי מדבחי די לא תתגלי עריתך עלוי:
132 מתגלי Ex11:04 בפלגא דליליא ממ{ת}<ר>׳ מתגלי בגו מצרים:
133 Lv16:02M ממרי איתגלי׳/ית׳#2#׳/מתגלי׳#2#/ על כפרתה:
134 Lv 9:04 יומא הדין ממריה דייי מתגלי עליכון:
135 Ex19:09 ואמר ייי למש׳ הא ממרי מתגלי עלך בתקפא דעננא מן בגלל
136 מתגליין Nu24:16 על אפוי ורזי נבואתיה מתגליין ליה {והוה} והוה מתנבא על
137 מתגלין Nu24:04 על אפוי ורזי נבואת מתגלין לה והוה מתנבא על נפשיה
138 באיתגלאיותי Ex12:13M על מותא למזיק באיתגלאיותי למקטל בוכרייה
139 דאיתגלי Gn35:09M וכן כתבא מפר׳ ואמ׳ דאיתגלי ועוד אלפתא יתן למיקבר
140 Ex 3:01M ואתא לטורא דאיתגלית/דאיתגלי׳#2#/ עלוי איק/יקר׳#2#/
141 דאיתגליית Gn16:14M עלמייא הא היא בין /דאיתגליית עלוי יקר שכינתיה דייי
142 Gn31:13M אלהה \דאתגלית עלך /דאיתגליית עליך#2#/ בבית אל די
143 דאיתגלית Ex 3:01 בתר מדברא ואתא לטורא דאיתגלית עלוי איק׳ שכינתה דייי

144 דאתגלו Gn16:13 וצליית בשם ממריה דייי דאתגלו עליה את הוא אלהא קיים כל
145 דאתגלי Gn47:31M ליה בשבועה ואודי ומן דאתגלי איקר שכינתי׳ דייי וסגיד
146 Gn49:01M להון בסוף יומ<י>א מן דאתגלי לה{ו} רזא אתגנז מיניה
147 Gn49:01 יעקב רביע בגוויה מן דאתגלי לי קיצא ולא <א>יתני להון
148 Gn49:01 קץ ברכתא וניחמתא מן דאתגלי ליה קיצא רזא אתכסא מינה
149 Gn49:01 קץ פורקנא ונחמתא מן דאתגלי ליה רזא אתכסי מנה ומן
150 Gn16:13 כדון יתגלי עלי מן בתר דאתגלי על שרי רבונתי:
151 Gn16:14 כדן קרא לבארה באר׳ דאתגלי עלה קיים כל עלמייא הא היא
152 Gn25:11 ברה ויתב יצחק בבארה דאתגלי עלה קיים כל עלמיא:
153 Gn12:07 מדבח לשם ממרי׳ דייי דאתגלי עלוי:
154 Gn35:07 תמן מדבח וקרא לאתרא דאתגלי עלוי תמן {«ייי»} ייי
155 Gn24:62 דשם רבה לבארה דאתגלי עלי קיים כל עלמא והוא הוה
156 Gn35:01 מדבח לשם ממרי דייי דאתגלי עלך במערקך מן קדם עשו
157 דאתגליית Gn24:62M קיים כל עלמא והוא /דאתגליית עלוי יקר שכינת׳ דייי
158 Ex19:18 תנן כוליה מן בגלל דאתגליית עלוי איקר שכינת׳ דייי
159 Ex24:13 וסלק משה לטור«א» דאתגליית עלוי איקר שכינתה דייי:
160 דאתגלית Gn31:13 אנה הוא אלהה דאתגלית עלך בבית אל די רבית תמן
161 ואיתגלי Nu12:05 ואיתגלי איקר שכינתיה דייי בעמודה
162 Ex 6:03M ואיתגלית/ואיתגלי׳#2# במימרי על אברהם
163 Ex12:12M \ואעבר בממרי /ואיתגלי בממ׳#2#/ בארעא דמצרים
164 Gn35:09M כתבא מפרש ואמר ואיתגלי עלוי מימריה דייי במשרי
165 ואיתגליה Gn20:03 ואיתגליה מימריה דייי על אבימלך
166 ואיתגליית Nu11:25 ואיתגליית איקר שכינתה דייי בעננא
167 ואיתגלית Nu16:19 לתרע משכן זמנא ואיתגלית איקר שכינתה דייי על כל
168 Ex 6:03 ואיתגלית במימרי על אברהם על
169 ואתגלי Gn 9:21 ושתה מן חמרא ורווה ואתגלי בגו משכנה:
170 Nu11:17 ואתגלי בממרי ואמלל עמך תמן וארבי
171 Gn17:01 בר תשעין ותשע שנין ואתגלי {{ייי על}} ממריה דייי על
172 Gn31:24 ואתגלי ייי על לבן ארמאה בחלמא
173 Gn35:09 כתב{ת}<ה> מפרש ואמר ואתגלי ייי על יעקב זמן תנינות
174 Nu22:09 ואתגלי מימריה דייי על בלעם ואמר
175 Nu22:20 ואתגלי מימריה דייי על בלעם
176 Ex 3:02 ואתגלי מלאכא דייי עלוי בשלהובי
177 Gn12:07 ואתגלי ממרה דייי על אברם ואמר
178 Dt31:15 ואתגלי ממרה דייי במשכנה בעמודה
179 Gn18:01 אדמה וצבויים ואתגלי ממר׳ דייי על אברהם
180 Dt33:02 לא קבילו יתה חזר ואתגלי על טורה דסיני ועימיה
181 Gn26:02 ואתגלי עלוי ייי ואמר לא תיחות
182 Gn26:24 ואתגלי עלוי ייי בליליא ההוא ואמר
183 Gn11:07 אתון כען ואתגלי תמן לשניהון דלא ישמעון
184 ואתגליית Ex19:20 ואתגליית איקר שכינתא דייי על טורא
185 Ex34:05 ואתגלי«ת» איקר שכינת׳ דייי
186 Nu17:07 כסי יתיה עננה ואת{ל}«ג»<ל>יית איקר שכינתה דייי:
187 Lv18:25 ארעא ודכרת חובה עליה ואתגליית ארעא ית דיירה:
188 Ex 3:08M ואתגלית/ואתגליית#2#/ בממרי למשיזבא
189 ואתגלית Gn11:05 ואתגלית איקר שכינתיה דייי למחמי
190 Lv 9:23 ונפקו ובריכו ית עמה ואתגלית איקר שכינתה דייי על כל
191 Nu20:06 ואשתטחו על אפיהון וא«ת»גלית איקר שכינתיה דייי
192 Ex 3:08 ואתגלית בממרי למשיזבא יתהון מן
193 Ex19:20M איקר שכינתא דייי /ואתגלית ממר׳ דייי#2#/ על טורא
194 וית׳ Nu20:06M על אפיהון וא«ת»גלית/וית׳#2#/ איקר/יקר׳#2#/
195 ויתגלי Lv 9:06M פקד ייי תעבדון ותתגלי/ויתגלי׳#2#/ עליכו׳ איקר/יקר׳#2#/
196 ונתגלי Gn11:07M אתון כען ואתגלי/ונתגלי׳#2#/ ונערבב/ונערבבה#2#/
197 ותתגלי Lv 9:06 די פקד ייי תעבדון ותתגלי עליכו׳ איקר שכינתיה דייי:

**גליד** *n.* **hoarfrost** [130]

001 כגלידא s em/sf Ex16:14 מדברא דקיק מפספס דקיק כגלידא על ארעא:

**גלייה** *n.* **revealed matter (p.p. of גלי)** [130]

001 וגלייתה p em/sf Dt29:28 אינון קדם ייי אלהן וגלייתה לן ולבנינן עד עלמא למעבד

**גליף** *n.* **engraving** [130]

001 גליף s ab/cn Ex28:11 עובד אומ«ן» תהוי אבניה גליף חקיק תגלף ית תרין אבניה על
002 Ex28:21 תרתין עשרי על שמהתהון גליף חקיק על שמיה יהוויין לתרין
003 Ex28:36 דהב דכי ותגליף עלוי גליף חקיק קדש לשמה דייי:
004 Ex39:14 תרתין עשרה על שמהתהון גליף חקיק גבר על שמיה
005 Ex39:30 דהב דכי וכתבו עלוי כתב גליף חקיק קדיש לשמה דייי:
006 גלף Ex28:11M גליף חקיק תגלף/אבן גלף דחתום תג#2#/ ית תרין
007 Ex39:06 מקפן מאחדן דהב מגלפן גלף חקק על שמהת בני ישראל:
008 Nu 6:05M נזירותיה\גלב לא יעלה גלף/ לא יעבר#2#/ על רישיה עד
009 Ex28:21M שמהתהון\גליף חקיק על גלף/ {ת}<ד>חתום על#2#/ שמיה

**גלל** *vb.* **to roll** [130]

001 ויגלון afel Gn29:08 דיתכנשון כל עדריא ויגלון ית אבנא מעלוי פמה דבארה
002 ומגלין Gn29:03 ומתכנשין תמן כל עדריא ומגלין ית אבנא מעילוי פמא דבארה
003 אתגללו etpeel Gn43:30M יוסף ארום\גלו מעוי /אתגללו רחמוי#2#/ על אחוי ובעא
004 למגוללה polel Gn28:10 כל רעיא מתכנשין למג{ז}«ו»ללה יתה מעלוי פומא דבארה

See also: גלגל *vb.*

**גלמה** *n.* **hill** [130]

001 גלמתא p em/sf Gn49:12 מן חמרא ויתחוורון גלמתא מן סגי עבור ועדרין דען:
002 Gn49:11 מדם קטיליהון ומחוור גלמתא מתרבי גובריהון לבושי
003 גלמתה Dt12:02 טוריה רמייה ועל גלמתה ותחות כל אילן משבח:
004 בגלמתא Gn49:26M ארבעתי אמהתא דמתילין בגלמתא שרה רבקה רחל ולאה
005 בגלמתה Nu23:09 אמהתה צדיקתה דמתילין בגלמתה שרה רבקה רחל ולאה הא
006 Dt33:15 ובזכות אימהתה דמתילין בגלמתה שרה רבקה רחל ולאה:

**גלף** *vb.* **to engrave** [131]

001 תג׳ pael Ex28:11M תגלף/אבן גלף דחתום תג#2#/ ית תרין אבניה על שמהת
002 תגלף Ex28:11 תהוי אבניה גליף חקיק תגלף ית תרין אבניה על שמהת בני
003 מגלפן Ex39:06 מקפן מאחדן דהב מגלפן גלף חקק על שמהת בני
004 ותגליף Ex28:36 ותעבד ציצא דהב דכי ותגליף עלוי גליף חקיק קדש לשמה
005 ותגלף Ex28:09 ית תרין אבניה טבתא ותגלף עליהון שמהת בני ישראל:

**גלפו** *n.* **engraving** [131]

001 ובגלפות s ab/cn Ex31:05M ובגלפות אבנייה טבתה דאשלמותה
002 Ex35:33M ובאומנות ... לאשלמותה:" ובגלפות אבנייה טבתה דאשלמותה

**גלשלישן** *n.* **baldness** [131]

001 גלש לישן s ab/cn Lv13:41 אפוי יתמרט שער ראשה גלש לישן הוא דכי הוא:
002 גלשלשן Lv13:41M ראשה גלש לישן/<גלש>לשן#2#/ הוא דכי הוא:

**[גלשלשה]** *n.* **baldness** [!!]

001 בגלשלשתה s em/sf Lv13:42M מכתש חוור /בגלשלשתה מכתש חיור#2#/ סמוק

**גלשלשנו** *n.* **baldness** [131]

001 בגלשלשנות s ab/cn Lv13:43M או בגלשנותיה/^<בג>לושנת<ה>#2#^/בגלשלשנות#2#/ כחזיו
002 בגלשלשנותה p em/sf Lv13:55M /בקורחתה או בגלשלשנותה#2#/:

**גלשנו** *n.* **baldness** [131]

001 בגלושנתה s em/sf Lv13:42M בקרחתה או בגלשונתה/<בג>לושנתה#2#/:
002 Lv13:43M או בגלשנותיה/^<בג>לושנת<ה>#2#^/בגלשלשנות#2#/ כחזיו
003 Lv13:42 וארום יהוי בקרחתה או בגלושנתה מכתש חוור סמוק צרעה
004 בגלשונתה Lv13:42 מהלכה היא בקרחתה או בגלשונתה:
005 בגלשנותיה Lv13:43 בקרחו«תיה» או בגלשנותיה כחזיו צרעת משך בשרה:

**גמור** *adj.* ⇐ **גמיר**

**גמי** *n.* **papyrus** [131]

001 גומא s ab/cn Gn41:02M רעין באגמין/בגו {פ}<ג>ומא#2#/:
002 דגמי Ex 2:03 יתיה ונסבת ליה תיבו דגמי ושעיית יתיה בחימרא ובזיפתא
003 גומיא s em/sf Ex 2:05M ית תיבתה בגו אפרה/גומיא#2#/ ושלחת ית אמהתה ונסבת

**גמיר** *adj.* **perfect, complete, total** [131]

001 גמור s ab/cn Dt33:10M רוגזך וקרבן גמיר/גמור#2#/ «ברעווה על גבי
002 גמורה Dt13:17M עדיתה/בזתה#2#/ גמיר/גמורה#2#/ קדם ייי אלהכון
003 גמיר Dt33:10 טבין וכליין רוגזך וקרבן גמיר «ברעווה על גבי מדבחך»:
004 Ex28:31 ותעבד ית מעילה דאפודה גמיר דתכלה:
005 Dt13:17 ית קרתא וית על עדיתה גמיר קדם ייי אלהכון ותיהוי צדי
006 Ex39:22 דאפודה עובד גרדי{ו}י גמיר תכלה:
007 גמירא Gn 6:03M למבד ולמשתציה מחה גמירא הלא רוחי יהב׳ בבני אנשא
008 Lv 6:16 וכל מנחתה דכהנא גמירא תהוי לא תתאכל:
009 גמר Nu 4:06 משך דססגון ויפרשון לבוש גמר דתכלה מן לעיל וישוון
010 Lv 6:15 יתה קיים עלם קדם ייי גמירה תסתדר:

**גמירה** *n.* **destruction** [131]

001 גמירא s ab/cn Gn18:21 דסלקת קדמיי כלייה עבדו גמירא אינון חייבין ואין בעון
002 גמירה Ex11:01M /אשלח#2#/ יתכון בפריעה/גמירה#2#/ מטרוד יטרוד יתכון

**גמל** *vb.* **to repay** [132]

001 גמל peal Gn50:15M ית כל בישתא די גמלנן/גמל#2#/ יתיה:
002 גמלו Gn50:17 ולחוביהון ארום בישן גמלו יתך וכדון שרי כען ושבוק
003 גמלין Dt32:06M מן קדם ייי אתון תבעון/גמלין#2#/ דא אומה טפשה ולא
004 גמלנן Gn50:15 יחזר לן ית כל בישתא די גמלנן יתיה:

**גמל** *n.* **camel** [131]

001 גמלא s em/sf Gn24:64 ית יצחק ואתרכנת מעלוי גמלא:
002 גמלה Lv11:04M גמלתה/סתקי סתקתה ית גמלה#2#/ ארום^מסק#2#^ גרדה הוא
003 Dt14:07 סדיקי פרסתה דסדיקה ית גמלה וית ארנבא וית טפסה ארום
004 דגמלא Gn31:34 ושוית יתהון בעביטא דגמלא ויתבת עליהון ופשפש לבן
005 גמלים p abs Gn32:16 גמלים מיינקין ובניהון תלתין
006 גמלין Gn24:63 ונטל עיינוי וחמה והא גמלין אתין:

| | | | | |
|---|---|---|---|---|
| 007 | | | Gn24:10 | ונסב עבדא עשרה גמלין מן גמלוי דרבוניה וכל שפר |
| 008 | דגמלין | | Gn24:32M | "גמליא": זממין דגמלין דהוון זמימי באורח דלא |
| 009 | וגמלין | | Gn12:16 | ועבדין ואמהן ואתנין וגמלין: |
| 010 | | | Gn24:35 | ודהב ועבדין ואמהן וגמלין וחמרין: |
| 011 | | | Gn30:43 | ען סגין ואמהן ועבדין וגמלין וחמרין: |
| 012 | גמלוי | p em/sf | Gn24:20 | לבאירה למימלי ומלת לכל גמלוי: |
| 013 | | | Gn24:10 | ונסב עבדא עשרה גמלין מן גמלוי דרבוניה וכל שפר דייתיקא |
| 014 | גמליא | | Gn24:46 | לגמליך אשקי ושתית ואף גמליא אשקיית: |
| 015 | | | Gn24:61 | ורביתה ורכבין על גמלי«א» והלכין בתר גברא ונסב |
| 016 | | | Gn24:32 | ביתא ושרא ^זממי#2#^ גמליא ויהב תבן וכסה לגמליא |
| 017 | | | Gn24:11 | וארבע גמליא לבר מן קרת«א» על בארא |
| 018 | | | Gn24:22 | והוה כד אשלימו גמליא למשתי ונסב גברא קודש דדהב |
| 019 | | | Gn24:30 | גברא והא הוא קיים על גמליא על עיינא: |
| 020 | גמליה | | Gn31:17 | ית בנוי וית נשוי על גמליה: |
| 021 | בגמליא | | Ex 9:03 | חקלא בסוסיא ובחמיריא בגמליא בתוריא ובענה מותא תקף |
| 022 | וגמלהון | | Gn37:25 | אתיא מן גלעדה וגמלהון טעונין שעווה וקטף ולטום |
| 023 | וגמליא | | Gn32:08 | עמה ית ענה וית תוריא וגמליא לתרתין משריין: |
| 024 | לגמליא | | Gn24:31 | מן פלחנא נכראה ואתר לגמליא: |
| 025 | | | Gn24:31M | דם זכאי ואתרא אתקינת לגמליא |
| 026 | | | Gn24:46M | אשקי ושתית ואף גמליא/לגמליא#2#/ אשקיית: |
| 027 | | | Gn24:32 | גמליא ויהב תבן וכסה לגמליא ומיין למסחיה רגלוי ורגלי |
| 028 | לגמליך | | Gn24:44 | ותימר לי אף את שתי ואף לגמליך אמלא היא אתתא די זמן ייי |
| 029 | | | Gn24:14 | ואשתי ותימר שתי ואף לגמליך אשקי יתה זמנת לעבדך |
| 030 | | | Gn24:46 | מעלוה ואמרת שתה ואף לגמליך אשקי ושתית ואף גמליא |
| 031 | לגמלך | | Gn24:19 | למשקייה יתה ואמרת אף לגמלך אמלא עד זמן ישלמון |
| 032 | | | Gn24:44M | אמלא היא /ולחוד לגמלך אשק' היא#2#/ אתתא די זמן |

## camel *n.* גמלה

[131]

| | | | | |
|---|---|---|---|---|
| 001 | גמלתה | s em/sf | Lv11:04 | ומן מסלפי טלפין ית גמלתה ארום ^מסק#2#^ גררה הוא |

## recompense *n.* גמלין

[132 4# גמל]

| | | | | |
|---|---|---|---|---|
| 001 | גמולין | p abs | Dt32:41M | דעמי אשלם להון גמלין/גמולין#2#/ בישין: |
| 002 | גמלין | | Dt32:41 | דעמי אשלם להון גמלין בישין: |

## to complete, to fulfill *vb.* גמר

[132]

| | | | | |
|---|---|---|---|---|
| 001 | גמרתון | peal | Gn43:11 | ישראל אבוהון אן כדן גמרתון דא עבדו סבא מן טובא דארעא |
| 002 | וגמר | | Nu17:23 | ואפק פרחין ואנץ נצין וגמר ועבד לוזין בר ליליה: |
| 003 | | | Nu24:20M | קרבה שאול בר קיש וגמר יתהון ברם סופיהון לאובדן |
| 004 | | | Dt28:42M | \ישיצי יתהון חלזונה /וגמר יתיה חילנונה#2#/: |

## to steal *vb.* גנב

[132]

| | | | | |
|---|---|---|---|---|
| 001 | גנבת | peal | Gn31:30 | לבייתיה דאבוך למה גנבת ית דחלתי: |
| 002 | | | Gn31:32 | ידע יעק«ב» ארום רחל גנבת יתהון: |
| 003 | גנב | | Dt24:07 | ארום ישתכח גבר ג{ב}<נ>ב נפשא מן אחוי מן בני |
| 004 | גנבין | | Gn31:39 | תבע יתה מה דהוון גנבין באימּמא וחיות ברא מתכלא |
| 005 | גנוב | | Ex22:11 | ואין גנוב יתגנב מניה ישלם למריה: |
| 006 | גניב | | Gn30:33 | בעיזייא ולחוש באימריא גניב הוא עמי: |
| 007 | יגנב | | Ex21:16 | ומן די יגנב גבר ויזבן יתיה וישתכח |
| 008 | | | Ex21:37 | וארום יגנב תור או אימר ויכס יתיה או |
| 009 | נגנב | | Gn44:08 | ארעא דכנען והיך כדין נגנב מן ביתה דרבונך כסף או דהב: |
| 010 | נגנוב | | Gn44:08M | נגנב /ואיך נגנוב#2#/ מן ביתה דרבונך כסף או |
| 011 | וגנב | | Gn31:20 | וגנב יעקב ית דעתא דלבן ארמאה |
| 012 | וגנבת | | Gn31:19 | ולבן אזל למגזז ית ענה וגנבת רחל ית צלמייה די לאבוה: |
| 013 | | | Gn31:26 | לבן ליעקב מה עבדת וגנבת ית דעתי: |
| 014 | | | Gn31:26M | וגנבת ית דעתי ודברת ית בנתי |
| 015 | ויגנבון | | Ex22:06 | או מנין למנטרה יתהון ויגנבון מן ביתא דגברא אין ישתכח |
| 016 | אתגנבת | etpeel | Gn40:15 | ארום מתגנבא אתגנבת מן ארעא דעבריי ואף הכה לא |
| 017 | יתגנב | | Ex22:11 | ואין גנוב יתגנב מניה ישלם למריה: |
| 018 | יתגנבון | | Dt29:16M | מנהון דלא יתגנבון/<יתגנ>בון#2#/: |
| 019 | יתגנבון | | Dt29:16 | בתייה דחלין מנהון דלא יתגנבון: |
| 020 | מתגנ' | | Ex22:11M | ואין גנוב/מת{ע}<ג>נ'#2#/ יתגנב מניה ישלם |
| 021 | מתגנבא | | Gn40:15 | ארום מתגנבא אתגנבת מן ארעא דעבריי ואף |
| 022 | ויתגנבון | | Ex22:06M | יתהון ויגנבון/ויתגנבון#2#/ מן ביתא דגברא אין |

## thief *n.* גנב

[132]

| | | | | |
|---|---|---|---|---|
| 001 | גנב | s ab/cn | Dt 5:19M | דישראל עם גנבין/גנב#2#/ דלא יקומון בניכון |
| 002 | גנבא | s em/sf | Ex22:01 | אם בחת<ר>תא ישתכח גנבא וילקי וימות לית ליה חובת |
| 003 | | | Ex22:07 | אן לא ישתכח גנבא ויקרב מרה דביתא לוות |
| 004 | | | Ex22:06 | דגברא אין ישתכח גברא גנבא ישלם בכפלא: |
| 005 | גנבה | | Dt24:07 | בה ויזבן יתיה ויתקטל גנבה ההוא ותבערון עבדי בישתה |
| 006 | גנב' | p abs | Dt 5:19M | עם גנבין /אף אנון גנב'#2#/ ארום בחובי גנבייה כפנה |
| 007 | גנבי' | | Ex20:15M | עם גנבין /אוף הינון גנבי'#2#/ ארום בחובי גנביא כפנא |
| 008 | גנבין | | Ex20:15 | לחוד אינון למהוי עם גנבין ארום בחובי גנביא כפנא אתי |
| 009 | | | Dt 5:19 | לחוד אינון למהוי עם גנבין ארום בחובי גנבייה כפנה |
| 010 | | | Ex20:15 | בכנישתהון דישראל עם גנבין דלא יקומון בניכון |
| 011 | | | Ex20:15M | דלא /דבני ישראל עם גנבין דלא#2#/ יקומון בניכון |
| 012 | | | Dt 5:19 | בכנישתהון דישראל עם גנבין דלא יקומון בניכון |
| 013 | | | Ex20:15 | לא חברין ולא שותפין עם גנבין ולא יתחמי בכנישתהון |
| 014 | | | Dt 5:19 | חברין ולא שותפין עם גנבין ולא יתחמי בכנישתהון |
| 015 | | | Dt 5:19 | עמי בני ישראל לא תהוון גנבין ולא חברין ולא שותפין עם |
| 016 | | | Ex20:15 | עמי בני ישראל לא תהוון גנבין לא חברין ולא שותפין עם |
| 017 | | | Lv19:11 | עמי בני ישראל לא תהוון גנבין לא תכפרון ולא תשקרון גבר |
| 018 | | | Dt33:02 | דכתיב בגווה לא תהוון גנבין לא קבילו יתה חזר ואתגלי |
| 019 | גנביא | p em/sf | Gn31:39 | את תבע יתה מה דהוון גנביא גנבין באימּמא וחיות ברא |
| 020 | | | Ex20:15 | עם גנבין ארום בחובי גנביא כפנא אתי לעלמא: |
| 021 | גנביה | | Dt 5:19M | ולא שותפין עם גנבין^<גנ>ביה#2#^/ ולא יתחמי |
| 022 | גנבייה | | Dt 5:19 | עם גנבין ארום בחובי גנבייה כפנה נפק על עלמא: |
| 023 | לגנביי' | | Ex20:15M | ולא שותפין \עם גנבין/לגנביי'#2#/ ולא יתחמי |

## theft *n.* גנבה #2

[133]

| | | | | |
|---|---|---|---|---|
| 001 | גנבתה | s em/sf | Ex22:03 | <משתכחא> תשתכח בידיה גנבתה מן תורא עד חמר«א» עד |
| 002 | בגנבתה | | Ex22:02 | אן לית ליה ויזדבן בגנבתה: |

## garden *n.* גנה

[133]

| | | | | |
|---|---|---|---|---|
| 001 | גנא | s ab/cn | Gn 2:08 | ונצב ייי אלהים גנא בעדן מן לקדמין ושוי תמן |
| 002 | גנת | | Gn 3:24 | דשנין ברא אוריתא אתקן גנת עדן לצדיקיא וגהינם |
| 003 | | | Gn 3:24 | וגהינם לרשיעיא אתקן גנת עדן לצדיקיא דייכלון |
| 004 | | | Gn 3:02 | לחויה מן פירי אילני גנת נאכל: |
| 005 | לגנה | | Gn49:04 | מדמי אנה לך ראובן ברי לגנה זעירא דעלו בגווי נחלין |
| 006 | גנ' | s em/sf | Gn 3:24M | מדנ'/<מדנ>חה#2#/ לגנתה/גנ'#2#/ דעדן מן בני תרין |
| 007 | גנתא | | Gn 3:01 | לא תאכלון מכל אילני גנתא: |
| 008 | | | Gn 4:16 | מרבייה קודמוי היך פירי גנתא דעדן ומן דחטא וקטל להבל |
| 009 | | | Gn 2:09M | גנתה /דחייא בגו גנתא#2#/ ואילן דעתה דכל מן דהוה |
| 010 | | | Gn 2:10 | נפק מן עדן למשקייה ית גנתא ומן תמן הוה מתפרש וחזר |

| | | | | | |
|---|---|---|---|---|---|
| 011 | גנתאה | Gn 3:08 | דייי אלהים מהלך בגו׳ | גנתאה | למשב יומא ואמסר אדם ואתתה |
| 012 | גנתה | Gn 3:08 | ייי אלהים בגווא אלני | גנתה: | |
| 013 | | Gn 3:08M | דייי בגוא מציעות | גנתה#2#/: | |
| 014 | | Gn 3:03 | ומן פרי אילנא די במציעות | גנתה | אמר ייי לא תאכלון מנה ולא |
| 015 | | Gn 3:22 | פקודה הא ניטרד׳ יתיה מן | גנתה | דעדן קדם עד לא יפשוט ידיה |
| 016 | | Gn 3:23 | וטרד יתיה ייי אלהים מן | גנתה | דעדן למפלח ית ארעא די |
| 017 | | Gn 2:09 | ואילן חייא בגו מציעות | גנתה | ואילן דעתה דכל מן דהוה אכל |
| 018 | | Gn 3:10M | /דברך שמעת מטייל בגו | גנתה#2#/ | ודחלית ארום ערטלאי אנא |
| 019 | | Gn 3:08M | למשב יומא /מטייי׳ בגווא | גנתה | לתוקפי׳ דיומא#2#/ ואטמר |
| 020 | | Gn 2:16 | האדם למימר מן כל אילני | גנתה | מיכל תיכול: |
| 021 | בגינתה | Gn 2:15M | ית אדם ואצנע יתיה | בגינתה | למהווי#2#/ פלח באורית׳ |
| 022 | בגנתא | Gn 2:15 | ית אדם ואשרי יתיה | בגנתא | דעדן למהוי פלח באורית׳ |
| 023 | בגנתה | Gn 3:10 | ואמר ית קל ממרך שמעת | בגנתה | ודחלית ארום ערטלאי אנא |
| 024 | דגינתא | Gn27:27M | "כריח קטורת ...": כריחה | דגינתא | די נציבא בחקלא דעדן |
| 025 | כגינת׳ | Gn13:10 | ית סדום וית עמרה | כגינת׳ | דייי באילנא כארעא דמצרים |
| 026 | כגנתה | Dt11:10 | ^יתה#2#^ ברגליכון | כגנתה | דירקא: |
| 027 | לגנתה | Gn 3:24 | {מן} מלקדמין מן מדנ׳ | לגנתה | דעדן מן בני תרין כרוביה |
| 028 | כגינין p abs | Nu24:06 | על בעלי דבביכון | כגינין | שתילין על מבועין דמיין |

## to hide *vb.* גנז [133]

| | | | | | |
|---|---|---|---|---|---|
| 001 | אתגנז etpeel | Gn49:01M | מן דאתגלי לה{ו} רזא | אתגנז | מיניה חזר וברך יתה<ו>ן |
| 002 | אתגנזת | Nu21:20M | עמהון לנחלייה עמיקתה | אתגנזת | מנהון באירה דאית |
| 003 | יתגנזת | Nu21:20 | עמהון לחלתה עמיקתה | יתגנזת | מנהון בחלתה דבתחומיהון |
| 004 | ואתגנזת | Nu21:01M | <מיתת> מרים נביאתה | ואתגנזת | באירה עני׳ ואמ׳ לעמא |

## hidden, concealed *adj.* גניז [133]

| | | | | | |
|---|---|---|---|---|---|
| 001 | גניזיי׳ p em/sf | Gn49:01M | לכון ניסייא | גניזיי׳ | רזיי׳ טמירת׳ |
| 002 | גניזייא | Gn49:01 | רזייא סתימייא קיציה | גניזייא | מתן אגריהון דצדקייא |

## birthday *n.* גניסיה [133 גניסייה]

| | | | | | |
|---|---|---|---|---|---|
| 001 | גניסיא s ab/cn | Gn40:20 | והוה ביומא תליתא יום | גניסיא | דפרעה ועבד שרוי לכל |

## to protect *vb.* גנן [133]

| | | | | | |
|---|---|---|---|---|---|
| 001 | מגן afel | Nu10:34 | איקר שכינתה דייי הוה | מגן | באיממה במיטלהון מן משריתה: |
| 002 | | Gn15:01 | ממרי תרום לך דהוה הוה | מגן | לך בעלמא הדין ואף על גב |
| 003 | | Dt33:12 | ישרי לרחצן עלוי יהווי | מגן | עלוי כל יומיא ובתחומיה |
| 004 | | Nu23:21 | ויבבות זיו איקר מלכיהון | מגן | עליהון: |
| 005 | מגנא | Ex12:42 | דמצריי וימיניה הוות | מגנא | על בכוריהון דישראל |
| 006 | | Gn15:11M | והות זכותא דאברהם | מגנא | עליהון |
| 007 | ואגון | Gn33:05M | טליא די \חן ייי/ חס | ואגון | מימריה דייי#2#/ ית עבדך: |
| 008 | ואגן | Ex12:13 | ואחמי ית אדמיה ואפסח | ואגן | במימרי עליכון ולא יהווי |
| 009 | | Gn 7:16 | היך מה דפקד ייי יתיה | ואגן | ייי ברחמוי טבייה עלוי: |
| 010 | | Gn 7:16M | פקדת ממריה דייי וחס | ואגן | ממריה דייי עלוי#2#/: |
| 011 | | Ex12:27M | די \פסח ויגן על /חס | ואגן | ממריה דייי עלי#2#/ בתיהון |
| 012 | ויגן | Ex12:23 | תרתין מזוזייתא ויפסח | ויגן | מימריה דייי על תרע אבהתהן |
| 013 | | Ex12:13M | ואגן במימרי\ | ויגן/ | ממרי#2#/ עליכון ולא |
| 014 | | Ex12:27 | הוא קדם ייי די פסח | ויגן | על בתיהון דבני ישראל |

## גפן ⇐ *n.* גופן

## to embrace *vb.* גפף [134]

| | | | | | |
|---|---|---|---|---|---|
| 001 | וגפף pael | Gn29:13 | בר אחתה ורהט לקדמותיה | וגפף | יתה ונשק יתה ואעיל יתה לגו |
| 002 | | Gn48:10 | ואקריב יתהון לוותיה | וגפף | יתהון ונשק יתהון: |
| 003 | | Gn33:04 | ורהט עשו לקדמותה | וגפף | יתיה ואתרכן על צווריה ונשק |
| 004 | | Gn32:25 | מלאך שריאל בדמות גבר | וגפף | עמיה עד זמן די סליק עמוד |

## itch *n.* 2# גרב [135]

| | | | | | |
|---|---|---|---|---|---|
| 001 | גרב s ab/cn | Lv21:20M | בעייניה או דמלי | גרב | או דמלי חזזין או דחסיר |
| 002 | | Lv22:22M | /דמלי יבלי או דמילי | גרב{ר} | או דמילי חזזיין#2#/ לא |

## cud *n.* גרגרה [135]

| | | | | | |
|---|---|---|---|---|---|
| 001 | וגרגרה s ab/cn | Lv11:26M | וסתקתה לית היא סתיקה | וגרגרה | |

## Girgashite *adj.* גרגשיי [135]

| | | | | | |
|---|---|---|---|---|---|
| 001 | גרגשיא s em/sf | Gn10:16 | יבוסיא וית אמוראי וית | גרגשיא: | |
| 002 | גרגשיי | Gn15:21 | וית כנענאי וית | {ד}<ג>רגשיי | וית יבוסיי: |
| 003 | וגרגשיי | Dt 7:01 | סגין מן קדמיכון חתיי | וגרגשיי | ואמוריי וכנעניי ופריזייה |

## weaver *n.* גרדיי [135]

| | | | | | |
|---|---|---|---|---|---|
| 001 | גרדיי s ab/cn | Ex39:22 | ית מעילה דאפודה עובד | גרדי{ו}י | גמיר תכלה: |
| 002 | | Ex38:18M | /דדר#2#/ עובד | ציור/גרדיי#2#/ | ותכל<ה> וארגוון |
| 003 | | Ex28:32 | לפמה מן חזור חזור עבד | גרדיי | כפם סירה יהווי ליה <לא> |
| 004 | | Ex39:27 | ית כתונה דבוץ עובד | גרדיי | לאהרן לבנ{יו}<וי>: |
| 005 | וגרדיי | Ex35:35 | זיהורי טב{ת}ה ובבוץ | וגרדיי | עבדי כל עבידה ומלפי |

## cud *n.* גרה [135]

| | | | | | |
|---|---|---|---|---|---|
| 001 | גירה s ab/cn | Dt14:07 | וית טפסה ארום מסקין | גירה | אינון ופרסתהון לית היא |
| 002 | גרא | Dt14:06M | תרתין פרסן מסקה | גרא#2#/ | בבעירה יתה תאכלון |
| 003 | גרה | Lv11:03M | /פרסן#2#/ מסק | גררה/גרה#1#/ | בבעירה יתה תיכלון: |
| 004 | | Lv11:05 | וית טבזא ארום מסק | גרה | הוא ומטלפה לית הוא מטלף |
| 005 | | Lv11:07M | סתיקה והוא | גררה/גרה#2#/ | \לית הוא גרר /לא |

## גרו ⇐ *n.* גלו

## bald *adj.* גרוח [135]

| | | | | | |
|---|---|---|---|---|---|
| 001 | וגרוח s ab/cn | Gn30:32M | באמרייא ונמר | וקרח/וגרוח#2#/ | בעזייא ויהוי אגרי: |

## to incite *vb.* גרי [135]

| | | | | | |
|---|---|---|---|---|---|
| 001 | גרי pael | Nu21:06 | על מזוניהון בגין כדן | {ב}<ג>רי | ייי בעמא ית חויה שרפיתה |
| 002 | אגרה | Dt32:24 | דמתילן כחיוותא ברה | אגרה | בהון עם חמת{ה}הון דתניניא |
| 003 | אגרי | Ex11:01M | עוד מכתש חד | איית/אגרי#2#/ | על פרעה ועל מצריי |
| 004 | יגרה | Nu24:23 | דצדיקיה ובזמ{ז}נה די | יגרה | מלכותה אלין לאלין: |
| 005 | יגרי | Dt 7:20 | ולחות ית מחות אורעיתה | יגרי | ייי אלהכון בהון עד זמן די |
| 006 | | Dt28:20 | | יגרי | ייי בכון ית מאירתה וית |
| 007 | | Dt28:21 | | «יגרי» | ייי בכון ית מותנה |
| 008 | | Dt28:48 | קדם בעלי דבביכון די | יגרי | ייי בכון בכפן ובצהו |
| 009 | | Dt28:61 | כתיבין בספר אורייתה הדה | יגרי | ייי עליכון עד זמן די |
| 010 | | Dt29:21 | דארעא ההיא וית בישיה די | יגרי | ייי בה: |
| 011 | | Dt28:49M | \ישא ייי | /יגרי | מימריה דייי#2#/ עליכון |
| 012 | מגרי | Ex 8:17 | ליתך משלח ית עמי הא אנא | מגרי | בך ובשלטונך ובעמך |

013 Ex 9:14M ית כל מחוותיי על לבך /מגרי לכולהון מחתי וימטון עד
014 וגרי Dt 1:01M "ובחצרות": וגרי בכון חיוותה ובחצרות די
015 Gn12:17 וגרי ייי בפרעה מכתשין רברבן
016 Nu21:06M כדן {ב}ג<ג>רי ייי /וגרי מימריה דייי#2#/ בעמא ית
017 ואגרי Lv26:25 ואגרי בתרכון שלפי חרב למתפרעה
018 Lv26:33 ויתכון אדרי באומיה ואגרי בתרכון שלפי חרב ותיהוי
019 Lv26:25 ותתכ«נ»שון לקרויכון ואגרי מותנה בכון ותתמסרון ביד
020 Lv26:16M אנה אעבד דא לכון ואדכר/ואגרי#2#/ עליכון בביהילו ית
021 ואיגרי Lv26:22 ואיגרי בכון ית חיוותה דאפי ברה
022 מיתגריה etpaal Dt 5:20 סהדי שקרא חיות ברא מיתגריה בבני אנשא:
023 מתגרייא Dt 5:21M ומלכוותה מתגריין/<מת>גרייא#2#/ בבני אנשא וחמדין
024 מתגריין Ex20:17 בחובי חמודייה מלכותה מתגריין בבני אנשא:
025 Dt 5:21 על עלמא ומלכוותה מתגריין בבני אנשא וחמדין נכסיהון
026 תתגרון Dt 2:05 לא תתגרון בהון סדרי קרבה ארום לא
027 Dt 2:09M לקבליהון סדרי /תתגרון בהון סדרי#2#/ קרבה ארום
028 Dt 2:19 לא תעיקון יתהון ולא תתגרון לקבליהון סדרי קרבה ארום
029 ותתגרון Dt 2:24 וית ארעיה שרון למירת ותתגרון לקבלהון סדרי קרב:

## גרי 2# vb. to shoot [136]

001 אגרה pael Dt32:23 גירי מחוות פורענותי אגרה בהון:
002 יגרו Ex19:13 יתרגם או גירין דאשה יגרו ביה אן בעיר אין
003 ואגרי Ex 3:20M ואשלח/ואגרי#2#/ ית מחת פורענתי

## גרם vb. to cause to happen, to engender [136]

001 גרם peal Ex32:22M {בישה שלטה} ביה והוא גרם ליה למעבד
002 Gn 3:11M ואמר מאן תני/גרם#2#/ לך ארום ערטיליי את הא
003 גרמו Lv22:27M לן על חובינן כדן די גרמו חובייה ולית לן מה נקרבה
004 יגרום Dt20:08M ויחזור לבייתיה ולא יגרום לאחוי לתברא לבהון היך
005 דגרמו Lv26:29 חובייה ותקיפין חטאיה דגרמו לאבהתן בירושלם למיכל בשר

## גרם n. bone, self [136]

001 גרם s ab/cn Gn 2:23 היך מה דאתברית דא מני גרם מן גרמי ובשר מן בשרי להדא
002 בגרם Nu19:18 תמן ועל כל דיקרוב בגרם או בקטיל או במית או בקברה:
003 Nu19:16 דקטיל דחרב או במית או בגרם דבר נש או בקברה יסתאב שבעה
004 וגרם Lv20:06M די יסתכל בתר בידין וגרם ידוע {{למטעי}} בתריהון
005 Nu 9:12 לא ישיירון מניה עד צפרה וגרם לא יתברון ביה ככל קיימוי
006 גרמי' s em/sf Lv22:27M זכותה דישר' דעקד גרמי' על גבי מדבחה ופשט
007 גרמיה Nu 7:17 די אתנדב וקרב מנכסי גרמי{ר}<ה> רב שבטה דבנוי דיהודה
008 Nu 7:23 דאיתנדב וקרב מן נכסיה גרמיה רב שבטה דבנוי דיששכר
009 Nu 7:29 די אתנדב וקרב מן נכסי גרמיה רב שבטה דבנוי דזבולן
010 Nu 7:35 די אתנדב וקרב מן נכסי גרמיה רב שבטה דבנוי דראובן
011 Nu 7:41 די אתנדב וקרב מן נכסי גרמיה רב שבטה דשמעון שלמיאל
012 Nu 7:47 די אתנדב וקרב מן נכסיה גרמיה רב שבטה דבנוי דג{ת}<ד>
013 Nu 7:53 וקרב מן נ«כ»סיה גרמיה רב לשבטה דבנוי דאפרים
014 Nu 7:59 די אתנדב וקרב מן נכסיה גרמיה רב שבטה דבנוי דמנשה
015 Nu 7:65 די אתנדב וקרב מן נכסיה גרמיה רב שבטה דבנוי דבנימן
016 Nu 7:71 די אתנדב וקרב מן נכסיה גרמיה רב שבטה דבנוי דדן
017 Nu 7:77 די אתנדב וקרב מן נכסיה גרמיה רב שבטה דבנוי דאשר
018 Nu 7:83 די אתנדב וקרב מן נכסיה גרמיה רב שבטה דבנוי דנפתלי
019 גרמך Ex32:10 וכען מנע גרמך מן למבעי רחמין עליהון קדמי
020 Dt 9:14 מנע גרמך מן קדמיי מן למבעי עליהון
021 בגרמי Gn15:02M "ירית": סבר בגרמי יר'
022 וגרמא Ex12:46 לחברתה מן בשרה לברה וגרמא לא תתברון ביה:
023 גרמוי p em/sf Ex13:19 ונסב משה ית גרמוי דיוסף עמיה ארום
024 Gn50:25 ברחמוי טבייא ותסקון ית גרמוי מן הכה:
025 גרמי Gn 2:23 דאתברית דא מני גרם מן גרמי ובשר מן בשרי להדא יאי
026 גרמיהון Gn 3:15M ונטרין פקודיה ימנעון גרמיהון בנה דאתתה דלא למלעי
027 Gn27:40M על צואריה וכד ימנעון גרמיהון בנוי דיעקב דלא למלעי
028 Gn27:40 פקודיא ומנעין גרמיהון מלמלעי באורייתא תשלט ביה
029 גרמיי Ex13:19 ברחמוי טביה ותסקון ית גרמיי מן הכה עמכון:

## גרר vb. to drag [137]

001 גרירי' peal Ex14:25M ריתוותהון דהן מדברן גרירי' מן בתריהון אורחהון דמול'
002 גרירן Ex14:25 והוו מדברין יתהון גרירן לבתריהון ארחין דמולוותה

## גרר 2# vb. to chew the cud [137]

001 גרי peal Dt14:08 מטלפין טלפין הוא ולא גרי מסאב הוא לכון מן בשרהון לא
002 גרר Lv11:07 סתיקה והוא גררה לית הוא גרר מסאב הוא לכון:
003 מתגורר etpolel Lv11:07M \לית הוא גרר /לא מתגורר#2#/ מסאב הוא לכון:
004 Dt14:08M טלפין הוא ולא גרי/מתגורר#2#/ מסאב הוא לכון מן

## גררה n. cud [137]

001 גררה s ab/cn Lv11:03 סתיקה תרתין פרסתה מסק גררה בבעירה יתה תיכלון:
002 Dt14:06 טלפין בתרתין פרסתה מסיק גררה בבעירה יתה תאכלון:
003 Lv11:04 ית גמלתה ארום ^מסק#2#^ גררה הוא ומטלפה לית הוא מטלפי
004 Lv11:05M /ספוזא#1#/ ארום מסק גרה/גררה#2#/ הוא ומטלפה
005 Lv11:06 וית ארנבתה ארום מסקה גררה היא ומטלפה לא מטלפה מסאבה
006 Lv11:07 הוא וסתקתי סתיקה והוא גררה לית הוא גרר מסאב הוא לכון:
007 וגררה Lv11:26 וטלפין לית היא מטלף וגררה לית הוא מסק מסאבי' אינון
008 גררתא s em/sf Lv11:04 לא תיכלון מן {מ}מסקי גררתא ומן מטלפי טלפין ית גמלתה
009 גררתה Dt14:07 לא תאכלון מן מסקי גררתה ומן סדיקי פרסתה דסדיקה ית
010 גררן p abs Dt14:07M מסקין \גירה אינון /גררן הנון#2#/ ופרסתהון לית

## גרש n. coarse grain or flour! [137]

001 גרש s ab/cn Lv 2:14 דייי מהבהב קלי בנורא גרש פריחין תקרב ית מנחת
002 גרשה s em/sf Lv 2:16 ויסדר כהנא ית אדכרתה מן גרשה ומן טובה על כל לבונתה קרבן

## גשוריי adj. Geshurite [137]

001 גשורייה p em/sf Dt 3:14 תחום תרכונה עד תחום גשורייה {{ואפיקירוס}} וקרא

## גשן ⇐ וושט

## גשש vb. to grope [137]

001 מגששין pael Dt28:29 ותיהוון מגששין בטהריה היך מה דממשש סמייה

# ד

## ד־ *prep.* of, genitive particle [144 III די]

|  |  |  |  |  |  |
|---|---|---|---|---|---|
| 001 | ד׳ | Gn49:20M | \סוביכון דבית/סובוי | ד׳#2#/ | אשר מה /שמינין אינון |
| 002 | דא׳ | Nu 1:10M | דהוא מן שבטה דבנוי | דא׳#2#/ | אלישמע בר עמיהוד מן |
| 003 | | Lv 7:35M | דאהרן /רבוייה | דא׳#2#/ | ורבותהו׳/ורבוייה דב׳#2# |
| 004 | | Ex38:21M | \בר אהרן /ברה | דא׳#2#/ | כהנא ^רבה#2#: |
| 005 | | Nu 3:32M | \בר אהרן /ברה | דא׳#2#/ | כהנה סכום נטורי |
| 006 | | Nu17:02M | \בר אהרן /בריה | דא׳#2#/ | כהנה רבה וירים ית |
| 007 | | Nu25:07M | אלעזר בר אהרן/ברה | דא׳#2#/ | כהנה וקם מן גו כנישתה |
| 008 | | Lv 7:31M | ניעה/ניאה#2#/ | לאהרן/דא׳#2#/ | ולבנוי/ודב׳#2#/: |
| 009 | דאב׳ | Gn13:05M | /מדבר בזכותיה | דאב׳#2#/ | הוה ען ותורין |
| 010 | דאבימלך | Gn21:25 | דמיא דגזלו עבדוי | דאבימלך: | |
| 011 | | Gn20:18 | כל פתחי ילדה לביתה | דאבימלך | על עסק שרה אתתה |
| 012 | דאברה׳ | Gn24:09 | ית ידה תחות קיימה | {ו}<ל>אברה׳ | רבוניה ואשבע ליה |
| 013 | דאברהם | Gn20:18 | על עסק שרה אתתה | דאברהם: | |
| 014 | | Gn22:23 | מלכה לנחור אחוי | דאברהם: | |
| 015 | | Gn25:19 | תולדותא דיצחק בריה | דאברהם | אברהם אולד ית יצחק: |
| 016 | | Ex 3:16 | אתגלי עלי אלה«ה» | דאברהם | יצחק ויעקב למימר מדכרה |
| 017 | | Gn32:10 | ואמר יעקב אלהה | דאברהם | אבה ואלהה דיצחק אבה ייי |
| 018 | | Gn26:18 | דמיא די חפרו בימוי | דאברהם | אבוי וסתמו יתהון פלישתאי |
| 019 | | Gn26:24 | ואמר <אנה> הוא אלה׳ | דאברהם | אבוך לא תדחל ארום עמך |
| 020 | | Gn28:13 | ואמר אנה ייי אלהה | דאברהם | אבוך ואלהה דיצחק ארעא |
| 021 | | Gn28:09 | ברת ישמעאל בריה | דאברהם | אחתה דנביות על נשוי לה |
| 022 | | Gn21:07 | בבייתיה דנחור אחוי | דאברהם | אייניקת בנין שרה ארום |
| 023 | | Ex 3:06 | הוא אלהה דאבוך אלהה | דאברהם | אלהה דיצחק ואלהה |
| 024 | | Ex 3:15 | ייי אלהה אבהתכון אלהה | דאברהם | אלהה דיצחק ואלהיה |
| 025 | | Ex 4:05 | ייי אלה אבהתהון אלהה | דאברהם | אלהה דיצחק ואלהה |
| 026 | | Gn24:34 | ואמר עבדא | דאברהם | אנה: |
| 027 | | Nu22:30 | על אחת כמה וכמה בנוי | דאברהם | דיצחק ויעקב דבגללהון |
| 028 | | Gn22:10 | בעלמא דאתי עיינוי | דאברהם | הוויין בעייני דיצחק |
| 029 | | Gn26:01 | קדמייה דיהווה ביומוי | דאברהם | ואזיל יצחק לוות אבימלך |
| 030 | | Gn31:53 | אלהא | דאברהם | ואלהא דנחור ידינון |
| 031 | | Gn17:23 | כל דכורה באנשי ביתיה | דאברהם | וגזר ית בשר ערלתהון בזמן |
| 032 | | Gn24:59 | וית מיינקתה וית עבדא | דאברהם | וית אנשוי: |
| 033 | | Gn24:15 | אתתא דנחור אחוי | דאברהם | וקולתה על כתפה: |
| 034 | | Gn31:42 | אלולי אלהיה דאבא אלהא | דאברהם | ותקיפא דיצחק הו{ת}<ה> |
| 035 | | Gn28:04 | ויתן לך ית ברכתה | דאברהם | לך ולבנך עמך למירתך ית |
| 036 | | Gn15:11M | דישראל והות זכותא | דאברהם | מגנא עליהון |
| 037 | | Gn24:52M | /כיון דשמע#2#/ /עבדא | דאברהם | מליהון ואודי ושבח לשמה |
| 038 | | Gn26:24 | וסגית ית בנך בזכוותא | דאברהם | עבדי: |
| 039 | | Gn21:11 | ובאש פתגמא לחדא באפוי | דאברהם | על עסק ישמעאל ברה: |
| 040 | | Dt 6:04 | דלמה לטעוות דהוה אבוי | דאברהם | פלח אתון פלחין או דלמה |
| 041 | דאברם | Gn12:17 | על עסק שרי אתתיה | דאברם: | |
| 042 | | Gn14:13 | ואנון הוון מרי קיימא | דאברם: | |
| 043 | | Gn11:29M | נשין שמה /\דאיתתה | דאברם | שרי שמה#2#/ דאתתיה |
| 044 | | Gn15:11 | דבית ישראל בזכוותיה | דאברם | אבוהון משיזבה להון: |
| 045 | | Gn11:31 | וית שרי כלתה אתתיה | דאברם | בריה ונפקו עמהון מן אתון |
| 046 | | Gn13:07 | רעוי דבעירה דלוט רעוי | דאברם | הוון זממין בעירהון עד זמן |
| 047 | | Gn14:12 | לוט וית ממונה בר אחוי | דאברם | ואזלו והוא הוה שרי |
| 048 | | Gn13:07 | דיינין בין רעוי דבעירא | דאברם | ובין רעוי דבעירה דלוט |
| 049 | | Gn15:11M | דעתידין משעבדה לבנוי | דאברם | וזכותא דאברם צדיקה |
| 050 | | Gn16:03 | ונסבת שרי אתת׳ | דאברם | ית הגר מצריתה אמתה לסוף |
| 051 | | Gn15:11 | פסגייה ואשבת יתה זכותה | דאברם | כד נחת טייסא הווה שכין על |
| 052 | | Gn16:01 | ושרי אתתה | דאברם | לא הוות ילדה לה ולה אמתה |
| 053 | | Gn13:07 | מפקדים הוון רעווי | דאברם | מן אברם רבוניהו׳ למימר |
| 054 | | Gn15:11M | לבנוי דאברם וזכותא | דאברם | צדיקה משיזבה להון |
| 055 | | Gn16:08 | בית את אשכחה כביתיה | דאברם | ריבונך ואמרת מן קדם שרי |
| 056 | דאהליבמה | Gn36:18 | ואלן בניה | דאהליבמה | אתתה דעשו רבה יעוש |
| 057 | | Gn36:14 | אלין הוון בניה | דאהליבמה | ברת ענה ברת צבעון |
| 058 | | Gn36:18 | קרח אלין רברבניה | דאהליבמה | ברת ענה אתתיה דעשו: |
| 059 | דאהרן | Ex28:01 | אלעזר ואיתמר בנוי | דאהרן: | |
| 060 | | Lv10:01 | ונסבו בנוי | דאהרן | נדב ואביהוא גבר מחתיתיה |
| 061 | | Nu 3:04 | אלעזר ואיתמר בחיוי | דאהרן | אבוהון: |
| 062 | | Nu17:21 | תרין עשר חטרין וחטרה | דאהרן | בגו חוטריהון: |
| 063 | | Lv 7:33 | וית תרבה מן בנוי | דאהרן | דידיה תיהווי שוקה דימינה |
| 064 | | Lv 8:23 | אדמה ויהב על רום אדנה | דאהרן | דימינה ועל אליון ידיה |
| 065 | | Ex20:26 | ואתון כהנייא בנוי | דאהרן | דקיימין ומשמשין על גבי |
| 066 | | Nu17:05 | חילוניי די לא מן בנוי | דאהרן | הוא למסדרה קטרה קדם ייי |
| 067 | | Lv 8:13 | ואקרב משה ית בנוי | דאהרן | ואלבש יתהון כתנן ואסר |
| 068 | | Lv10:04 | בנויהי דעזיאל חביבה | דאהרן | ואמר להון קרבו סבו ית |
| 069 | | Nu 3:01 | ואילן תלדוותה | דאהרן | ודמשה ביומא די מלל |
| 070 | | Lv 6:13 | דין קרבנה | דאהרן | ודבנוי די יקרבון קדם ייי |
| 071 | | Nu 4:27 | על גזרת פמה | דאהרן | ודיבנוי ת«י»הוי כל |
| 072 | | Lv22:04 | גבר גבר מן בנוי | דאהרן | והוא מצרע או דייב בקדשייה |
| 073 | | Ex28:38 | ויהווי על בית אפוי | דאהרן | ויטען אהרן ית חובי קדישא |
| 074 | | Nu 9:06M | בנדב ואביהוא בנוי | דאהרן | ולית אפשר להון למעבד |
| 075 | | Ex29:27 | דכרא דאשל{ו}מו<ו>תא מן | דאהרן | ומן דבנוי: |
| 076 | | Lv 8:24 | וקרב ית בנוי | דאהרן | ונסב משה מן אדמה על רום |
| 077 | | Ex29:20 | ותתן על רום אודנה | דאהרן | ועל רום אודניהון דבנוי |
| 078 | | Ex29:24M | על כפי/כף#2#/ \ידוי | דאהרן | ועל כפי#2#/ ידיהון דבנוי |
| 079 | | Lv 8:27 | ית כולה על כפי ידוי | דאהרן | ועל כפי ידיהון דבנוי |
| 080 | | Ex29:09 | עלם ותשלם קרבן ידוי | דאהרן | וקרבן ידיהון דבנוי: |
| 081 | | Lv 7:35 | דא רבותא | דאהרן | ורבותהו׳ דבנוי מן קרבנוי |
| 082 | | Lv 8:12 | מן משחה דרבותה על ריש | דאהרן | ורבי יתיה למקדשה יתיה: |
| 083 | | Lv10:20 | ושמע משה ית מילוי | דאהרן | ושפר באפוי דמשה: |
| 084 | | Lv21:01 | למשה אמר לכהנייא בנוי | דאהרן | ותמר להון על נפש דמית לא |
| 085 | | Lv 6:11 | כל דכורא בבנוי | דאהרן | ייכלון יתה קיים עלם |
| 086 | | Ex 7:12 | לחיון ובלע חוטריה | דאהרן | ית חטריהון: |
| 087 | | Ex15:20 | ונסבת מרים נביאתה אחתה | דאהרן | ית תופי בידה ונפקו כל |
| 088 | | Lv 3:08 | זימנ׳ ויזרקון בנוי | דאהרן | ית דמיה על גבי מדבחה |
| 089 | | Lv 3:13 | זימנא ויזרקון בנוי | דאהרן | ית דמיה על גבי מדבחה |
| 090 | | Lv 9:09 | וקרבו בנוי | דאהרן | ית אדמה לוותה וצבע אצבעיה |
| 091 | | Lv 9:18 | דמן עמה וזמינו בנוי | דאהרן | ית אדמה לוותה וזרק יתיה |
| 092 | | Lv 1:11 | קדם ייי ויזרקון בנוי | דאהרן | כהנא ית אדמה על גבי מדבחה |
| 093 | | Lv16:01 | מן בתר דמיתו תרין בנוי | דאהרן | כהנא רבה בקרבנותהון קרבן |
| 094 | | Lv21:21 | דאית ביה מום מן בנוי | דאהרן | כהנא לא יקרב למקרבה לחם |
| 095 | | Nu26:01 | ול«א»<ל>עזר ברה | דאהרן | כהנא רבה למימר: |
| 096 | | Nu10:08 | ובנוי | דאהרן | כהנ{א}<י>א יתקעון |
| 097 | | Nu 4:16 | וסכומוי אלעזר ברה | דאהרן | כהנה רבה משחה דאנהרותה |
| 098 | | Nu 4:28 | על דאיתמ׳ ברה | דאהרן | כהנה רבה: |
| 099 | | Nu 4:33 | על ידוי דאיתמר ברה | דאהרן | כהנה רבה: |
| 100 | | Nu 7:08 | על ידוי דאיתמר ברה | דאהרן | כהנה: |
| 101 | | Nu25:11 | פינחס בר אלעזר ברה | דאהרן | כהנה רבה חזר ית חמתיה |
| 102 | | Lv 1:05 | קדם ייי ויקרבון בנוי | דאהרן | כהניא ית דמא <...> על גבי |
| 103 | | Lv 1:07 | ויתנון בנוהי | דאהרן | כהניא אשא על גבי מדבחא |
| 104 | | Lv 1:08 | ויסדרון בנוי | דאהרן | כהניא ית פסגי׳ ית ראשה |
| 105 | | Lv 2:02 | וייתי יתה לות בנוי | דאהרן | כהניא ויקמץ מתמן מלא |

|  |  |  |  |  |  |
|---|---|---|---|---|---|
| 106 | | Lv 3:02 | זמנא ויזרקון בנוהי | דאהרן | כהניא ית אדמיה על גבי |
| 107 | | Nu 3:03 | ואלין שמהת בנוי | דאהרן | כהניה די מרבין די אשלמו |
| 108 | | Nu17:23 | דסהדותא והא אפרח חוטרה | דאהרן | לביתה דלוי ואפק פרחין |
| 109 | | Lv 9:12 | ית עלתה וזמינו בנוי | דאהרן | לוותיה ית אדמה וזרק יתיה |
| 110 | | Ex28:03 | חכמה ויעבדון ית לבושי | דאהרן | למקדשא יתיה לממשמשה קדמוי |
| 111 | | Lv10:16 | אלעזר ועל איתמר בנוי | דאהרן | ^מה#2#^ דאשתיירו למימר: |
| 112 | | Lv 3:05 | ויסדרון יתיה בנוי | דאהרן | על גבי מדבחא על עלתה די |
| 113 | | Lv 6:07 | דמנחתה יקרבו יתה בנוי | דאהרן | קדם ייי על גבי מדבחה: |
| 114 | | Nu17:25 | ייי למשה חזר ית חוטרה | דאהרן | קדם סהדותא למטרה לסימן |
| 115 | | Ex32:25 | על די לא שמעו למילוי | דאהרן | קנון להון שם ביש לדרי |
| 116 | | Lv 7:10 | במשח ונגיבה לכל בנוי | דאהרן | תהוי גבר כאחוי: |
| 117 | | Nu17:18 | וית שמא | דאהרן | תכתב {ר}<ע>ל חוטרה דלוי |
| 118 | | Ex28:40 | ולבנוי | דאהרן | תעבד כתונין ותעבד להון |
| 119 | דאזני | Nu26:16 | לאזני זרעייתה דבנוי | דאזני | לערי זרעייתה דבנוי |
| 120 | דאחיסמך | Ex31:06 | עמיה ית אהליאב ברה | דאחיסמך | מן שבטא ד{ב}ג<ב>רי דן |
| 121 | דאחירמי | Nu26:38 | זרעייתה דבנוי | דאחירמי: | |
| 122 | דאיעזרי | Nu26:30M | איעזר זרעיתה דבנוי | דאיעזרי | לחלק זרעיתה דבנוי |
| 123 | דאיתמ' | Nu 4:28 | זמנה ומטרתהון על | דאיתמ' | ברה דאהרן כהנה רבה: |
| 124 | דאיתמר | Nu 4:33 | במשכן זמנה על ידוי | דאיתמר | ברה דאהרן כהנה רבה: |
| 125 | | Nu 7:08 | כמסת פולחנהון על ידוי | דאיתמר | ברה דאהרן כהנה: |
| 126 | דאליאב | Nu26:09 | ובנוי | דאליאב | נמואל ודתן ואבירם הוא |
| 127 | | Dt11:06 | לדתן ולאבירם בנוי | דאליאב | בר ראובן די פתחת ארעא |
| 128 | | Nu16:01 | ואבירם בנוי | דאליאב | ואון בר פלת בנוי |
| 129 | | Nu16:12 | לדתן ולאבירם בנוי | דאליאב | ואמרין לית אנן סלקין: |
| 130 | דאליפז | Gn36:11 | והוון בנוי | דאליפז | תימן ואומר צפו וגעתם |
| 131 | | Gn36:16 | עמלק אלין רברבנוי | דאליפז | בארעהון דאדומיי אלין |
| 132 | | Gn36:15 | דבנוי דעשו בנוי | דאליפז | בכוריה דעשו רבה תימן |
| 133 | דאלעזר | Nu19:03M | יכוס יתה במחמייה | דאלעזר#2#/: | |
| 134 | | Nu19:05M | קדמוי/למחמייה | דאלעזר#2#/ | ית משכ{נ}ה וית בשרה |
| 135 | דאנוש | Gn 5:11 | והוון כל יומי חיוי | דאנוש | תשע מאה וחמש שנין ומית |
| 136 | דאפ' | Nu 1:08M | דהוא מן שבטה דבנוי | דאפ#2#/: | נתנאל בן צוער: |
| 137 | דאפר' | Nu 7:48 | קרב רב שבטה דבנוי | דאפר' | אלישמע בר עמיהוד: |
| 138 | דאפרי' | Nu34:24 | ולשבטה דבנוי | דאפרי' | רבה קמואל בן שפטן: |
| 139 | דאפרים | Nu 2:18 | על משרית שבטה דבנוי | דאפרים | אלישמע בר עמיהוד: |
| 140 | | Nu 7:53 | גרמיה רב לשבטה דבנוי | דאפרים | אלישמע בר עמיהוד: |
| 141 | | Nu10:22 | על חילוות שבטה דבנוי | דאפרים | אלישמע בר עמיהוד: |
| 142 | | Nu13:08 | מן שבטה דבנוי | דאפרים | הושע בר נון: |
| 143 | | Nu 1:33 | סכומיהון דשבטה | דאפרים | ארבעין אלפין וחמש מאה: |
| 144 | | Dt34:02 | ארעא דנפתלי וית ארעא | דאפרים | ומנשה וית כל ארעא |
| 145 | | Dt33:17 | דהוא מן שבטה דבנוי | דאפרים | ואינון אלפיה דקטל גדעון |
| 146 | | Gn48:14 | ופשט ושוי על ראשה | דאפרים | והוא זעירא וית שמאליה על |
| 147 | | Gn48:17 | ית ימיניה על רישה | דאפרים | והוא לא שפר באפוי ואתוקף |
| 148 | | Nu26:35M | אלין/אליין#2#/בנוי | דאפרים | לזרעייתהון לשותלח |
| 149 | | Nu 2:18 | טכס משרית שבטה דבנוי | דאפרים | לחיילוותהון מן מערבה |
| 150 | | Nu10:22 | משרית שבטה ד<ב>נוי | דאפרים | לחילוותהון ורבה דהוה |
| 151 | | Nu26:37 | אלין זרעייתה דבנוי | דאפרים | לסכומיהון תלתין ותרין |
| 152 | | Gn48:17 | יתה מעילוי רישה | דאפרים | על רישא דמנשה: |
| 153 | | Nu 2:24 | דמשרית שבטה דבנוי | דאפרים | עשרה רבוון תמניה אלפין |
| 154 | | Nu34:25 | ומן שבטה דבנוי | דאפרים | רבה אליצפן בר פרנך: |
| 155 | | Nu 1:32M | דהוא מן שבטה דבנוי | דאפרים | תולדוותהון לזרעייוותהון |
| 156 | דאראלי | Nu26:17 | לאראלי זרעייתה דבנוי | דאראלי: | |
| 157 | דארדי | Nu26:40 | ונעמן זרעייתה דבנוי | דארדי | לנעמן זרעייתה דבנוי |
| 158 | דארודי | Nu26:17 | לארוד זרעייתה דבנוי | דארודי | לאראלי זרעייתה דבנוי |
| 159 | דארם | Gn10:23 | ובנוי | דארם | עוץ וחול וגתר ומש: |
| 160 | | Gn22:21 | אחוי וית קמואל אבוי | דארם: | |
| 161 | דארן | Nu 3:02 | ואילן שמהת בנוי | דארן | בכורה נדב ואביהוא |
| 162 | דאשבלי | Nu26:38 | לאשבל זרעייתה דבנוי | דאשבלי | לאחירם זרעייתה דבנוי |
| 163 | דאשכל | Gn14:13 | דממר' אמורי«ה» אחוי | דאשכל | ואחוי דענר ואנון הוון |
| 164 | דאשר | Gn46:17 | ובנוי | דאשר | ימנה וישוה וישוי |
| 165 | | Nu26:46 | ושמה דברתה | דאשר | סרח: |
| 166 | | Nu13:13 | מן שבטה דבנוי | דאשר | סתור בר מיכאל: |
| 167 | | Nu 1:13 | מן שבטה דבנוי | דאשר | פגעיאל בר עכרן: |
| 168 | | Nu 2:27 | על משרית שבטה דבנוי | דאשר | פגעיאל בר עכרן: |
| 169 | | Nu 7:72 | קרב רב שבטה דבנוי | דאשר | פגעיאל בר עכרן: |
| 170 | | Nu10:26 | ועל חילוותי שבטה דבנוי | דאשר | פגעיאל בר עכרן: |
| 171 | | Nu 7:77 | גרמיה רב שבטה דבנוי | דאשר | פעגיאל בר עכרן: |
| 172 | | Nu 1:41 | סכומיהון דשבטה דבנוי | דאשר | ארבעין וחד אלפין וחמש |
| 173 | | Dt33:24 | ולשבטה | דאשר | ברך משה נבייא דייי ואמר |
| 174 | | Nu 2:27 | סמיכין לה רבה דבנוי | דאשר | ורבה דהוה ממני על משרית |
| 175 | | Nu 1:40 | לבנוי | דאשר | יחוסיהון לזרעייתהון |
| 176 | | Nu26:44 | בנוי | דאשר | לזרעייתהון לימנה זרעייתה |
| 177 | | Nu26:47 | אלין זרעייתה דבנוי | דאשר | לסכומיהון חמשין ותלתה |
| 178 | | Nu34:27 | ומן שבטה דבנוי | דאשר | רבה אחיהוד בר שלמי: |
| 179 | דאשריאלי | Nu26:31 | ואשריאל זרעייתה דבנוי | דאשריאלי | ושכם זרעייתה דבנוי |
| 180 | דאתמר | Ex38:21 | דלווי על ידוי | דאתמר | בר אהרן כהנא ^רבה#2#^: |
| 181 | דבינמן | Nu34:21 | ומן שבטה דבנוי | דבינמן | אלידד בן כסלון: |
| 182 | דבכרי | Nu26:35M | לבכר זרעייתה דבנוי | דבכרי | לתחן זרעייתה דבנוי |
| 183 | דבלהה | Gn35:25 | ובניה | דבלהה | אמהתה <....>: |
| 184 | | Gn46:25 | אלין בנוי | דבלהה | די יהב לבן לרחל ברתיה |
| 185 | | Gn37:02 | הוה טלי מתרבי עם בנוי | דבלהה | ועם בנוי דזלפה נשוי |
| 186 | דבלעי | Nu26:38 | לבלע זרעייתה דבנוי | דבלעי | לאשבל זרעייתה דבנוי |
| 187 | דבלעם | Nu23:05 | מימרה דייי פתגם בפומיה | דבלעם | ואמר חזור לוות בלק וכדן |
| 188 | | Dt23:06 | אלהכון למשמע ללווטוי | דבלעם | והפך ייי אלהכון לכון ית |
| 189 | | Nu22:31 | וגל' ייי ית עיינוי | דבלעם | וחמא ית מלאכה דייי קים |
| 190 | | Nu22:25 | לכותלה ודחקת ית רגלה | דבלעם | לכותלה ואוסף לממחי יתה: |
| 191 | | Nu31:16 | לבני ישראל בעצתיה | דבלעם | למשקרה שקר בשמה דייי |
| 192 | דבלק | Nu22:07 | בלעם ומללו עימיה מלוי | דבלק: | |
| 193 | | Nu22:13 | בצפרא ואמר לרברבנוי | דבלק | איזילו לארעכון ארום לית |
| 194 | | Nu22:18 | וענה בלעם ואמר לעבדוי | דבלק | אם יתן לי בלק מלא ביתיה |
| 195 | | Nu24:10 | ותקיף רוגזה | דבלק | על בלעם וטפח בכף ידוי |
| 196 | דבנימין | Nu13:09 | מן שבטה דבנוי | דבנימין | פלטי בר רפוא: |
| 197 | | Nu 2:22 | ושבטה דבנוי | דבנימין | ורבה דהוה ממני על משרית |
| 198 | דבנימן | Nu 1:11 | מן שבטה דבנוי | דבנימן | אבידן בר גדעוני: |
| 199 | | Nu 2:22 | ממני על משרית שבטה | דבנימן | אבידן בר גדעוני: |
| 200 | | Nu 7:60 | קרב בר שבטה דבנוי | דבנימן | אבידן בר גדעוני: |
| 201 | | Nu 7:65 | גרמיה רב שבטה דבנוי | דבנימן | אבידן בר גדעוני: |
| 202 | | Nu10:24 | ועל "צבא" שבטה דבנוי | דבנימן | אבידן בר גידעוני: |
| 203 | | Gn44:12 | ואשתכח כלידא בטעוני' | דבנימן: | |
| 204 | | Gn45:14 | ואתרכן על צווארי | דבנימן | אחוי ובכא ובנימן בכה על |
| 205 | | Gn45:12M | ועיינוי \אחוי בנימן | /דבנימן | אחו#2#/ ארום בלשן |
| 206 | | Gn46:21 | ובנוי | דבנימן | בלע ובכר ואשבל גרא |
| 207 | | Dt33:12 | ולשבטה | דבנימן | ברך משה נבייא דייי ואמר |
| 208 | | Nu 1:36 | לבנוי | דבנימן | יחוסיהון לזרעייתהון |
| 209 | | Nu26:38 | בנוי | דבנימן | לזרעייתהון לבלע זרעייתה |
| 210 | | Nu26:41M | אלין/אליין#2#/בנוי | דבנימן | לזרעייתהון לסכומיהון |
| 211 | | Gn43:34 | ופלג להון ורבי חולקא | דבנימן | מן חולקיהון דכולן חמשה |
| 212 | | Nu 1:37 | סכומיהון דשבטה דבנוי | דבנימן | תלתין וחמשה אלפין וארבע |
| 213 | דבריעה | Gn46:17 | ושרח אחתהון ובנוי | דבריעה | חבר ומלכיאל: |

|  |  |  |  |
|---|---|---|---|
| 214 | | Nu26:45 | לבני דבריעה לחבר זרעייתה דבנוי |
| 215 | דבריעיה | Nu26:44 | זרעייתה דבנוי דבר«י»עיה: |
| 216 | דבשמת | Gn36:17 | דאדומיי אלין בנוי דבשמת אתתיה דעשו: |
| 217 | דבתואל | Gn28:02 | אזל לפדן ארם לבייתיה דבתואל אבוי דאמך וסב לך מן תמן |
| 218 | דג' | Nu 3:21M | לגרשון/לבנוי דג'#2#/ זרעייתה /\דשב'#2#/ |
| 219 | דגד | Nu 1:14 | מן שבטה דבנוי דגד אליסף בר דעואל: |
| 220 | | Nu 2:14 | על משריית שבטה דבנוי דגד אליסף בר רעואל: |
| 221 | | Nu 7:42 | קרב רב שבטה דבנוי דג{ת}<ד> אליסף בר דעואל: |
| 222 | | Nu 7:47 | גרמיה רב שבטה דבנוי דג{ת}<ד> אליסף בר דעואל: |
| 223 | | Nu10:20 | חיילוות שבטה דבנוי דג{ת}<ד> אליסף בר דעואל: |
| 224 | | Nu13:15 | מן שבטה דבנוי דג{ת}<ד> גאואל בר מכי: |
| 225 | | Gn46:16 | ובנוי דגד צפיון וחגי שוני ואצבון |
| 226 | | Nu 1:25 | סכומיהון לשבטה דבנוי דגד ארבעין וחמשה אלפין ושית |
| 227 | | Dt33:20 | ולשבטה דגד ברך משה נביא דייי ואמר |
| 228 | | Nu32:02 | ואתון בנוי דגד ובנוי דראובן ואמרין למשה |
| 229 | | Nu32:25 | ואמרין בנוי דגד ובנוי דראובן למשה למימר |
| 230 | | Nu32:29 | משה» אן יעברון בנוי דגד ובנוי דראובן עמכון ית |
| 231 | | Nu32:31 | וענו בנוי דגד ובנוי דראובן למימ' ית מה |
| 232 | | Nu32:06 | ואמר משה לבנוי דגד ולבנוי דראובן האחיכון |
| 233 | | Nu32:33 | ויהב להון משה לבנוי דגד ולבנוי דראובן ולפלגות |
| 234 | | Dt29:07M | \דבית דגדי /דבנוי דגד#2#/ ולפלגות שבטה דבית |
| 235 | | Nu 2:14 | ושבטה דבנוי דגד ורבה דהוה ממני על משריית |
| 236 | | Nu 1:24 | לבנוי דגד יחוס«י»הון לזרעייתהון |
| 237 | | Nu32:34 | ובנון בנוי דגד ית דיבון וית עטרות וית |
| 238 | | Nu34:14 | ושבטה דבנוי דגד לבית אבהתהון ופלגות שבטה |
| 239 | | Nu26:15 | בנו דגד לזרעייתהון לצפון זרעיתה |
| 240 | | Nu26:18 | אלין זרעייתה דבנוי דגד לסכומ{ו}<י>הון ארבעין |
| 241 | | Dt33:20 | בריך מן דאפתי תחומה דגד נייח ושרי בגו קרבה היך |
| 242 | | Nu32:01 | לבנוי דראובן ולבנוי דגד תקיף לחדה וחמון ית ארע |
| 243 | דגדי | Dt 3:12 | דראובני ולשבטה דבנוי דגדי: |
| 244 | | Dt 4:43M | מן שבטה דבנוי דגדי וית גוולן במותניין מן |
| 245 | | Dt29:07 | ראובן ולשבטה דבית דגדי ולפלגות שבטה דבית מנשי: |
| 246 | | Dt 3:16 | דבנוי דראובני ודבנוי דגדי יהבית מן גלעדה ועד נחל |
| 247 | דגדעון | Gn49:18 | יעקב לא לפורקנא דגדעון בר יואש סכיית נפשי דהוא |
| 248 | דגוג | Nu24:20 | עמלקיי ובעקבה ביומוי דגוג ומגוג אינון עתידין מסדרה |
| 249 | | Dt 4:47M | וית \ארע עוג /ארעא דגוג#2#/ מלכא דבותניין תרין |
| 250 | דגוני | Nu26:48 | לגוני זרעייתה דבנוי דגוני: |
| 251 | דגלעד | Nu26:30M | אלין/אליין#2# בנוי דגלעד איעזר זרעיתה דבנוי |
| 252 | | Nu36:01 | שיבטייה לזרעיית בנוי דגלעד בר מכיר בר מנשה מ«ן» |
| 253 | דגלעדי | Nu26:29 | לגלעד זרעייתה דבנוי דגלעדי: |
| 254 | דגמר | Gn10:03 | ובנוי דגמר אשכנז וריפת ותוגרמה: |
| 255 | דגן עדן | Dt30:15M | עלמא דאתי וית טובה דגן עדן וית מותה דמייתין בה |
| 256 | דגניסר | Dt 3:17 | וירדנה ותחומה מן ימא דגניסר ועד ימא דמישרה ימא |
| 257 | | Nu34:11 | ומקף על סיפווי ימה דגניסר מן מד«י»נחה: |
| 258 | דגרישוני | Nu 4:24M | "... ולמתעון" דגרישוני למיפלוח ולמיטול |
| 259 | דגרשון | Nu 4:22 | ית ריש סכומיה דבנוי דגרשון אוף אינון לבית אבהתהון |
| 260 | | Nu 3:25 | ומטרת בנוי דגרשון במשכן זמנה משכנה ופרסה |
| 261 | | Nu10:17 | משכנה ונטלין בנוי דגרשון ובנוי דמררי טעני משכנה: |
| 262 | | Nu 4:41 | סכומי זרעיית דבנוי דגרשון כל די פלח במשכן זימנה די |
| 263 | | Nu 7:07 | תורין יהב משה לבנוי דגרשון כמסת פולחניהון: |
| 264 | | Ex 6:17 | בנוי דגרשון לבני ושמעי לזרעייתהון: |
| 265 | | Nu 4:38 | וסכומי בנוי דגרשון לזרעייתהון לבית אבהתהון: |
| 266 | | Nu 4:24 | דא פלחן זרעייתה דבנוי דגרשון למפלח ולמטען: |
| 267 | דגרשוני | Nu 4:28 | דן פלחן זרעייתה דבנוי דגרשוני במשכן זמנה ומטרתהון על |
| 268 | | Nu26:57 | לגרשון זרעייתה דבנוי דגרשוני לקהת{י} זרעייתה דבנוי |
| 269 | | Nu 4:27 | כל פלחנה דבנוי דגרשוני לכל מטוליהון ולכל |
| 270 | דגרשני | Nu 3:24 | בית אבא דשבטה דבנוי דגרשני אליסף בר לאל: |
| 271 | | Nu 3:21 | אינון זרעייתה דבנוי דגרשני: |
| 272 | | Nu 3:23 | זרעייתה דבנוי דגרשני בשפלוי דמשכנה ישרון מן |
| 273 | דדן | Ex35:34 | אחיסמך מן שבטה דבנוי דדן: |
| 274 | | Lv24:11 | ברת דברי לשבטה דבנוי דדן: |
| 275 | | Nu 1:12 | מן שבטה דבנוי דדן אחיעזר בר עמי שדי: |
| 276 | | Nu 2:25 | על משרית שבטה דבנוי דדן אחיעזר בר עמי שדי: |
| 277 | | Nu 7:66 | קרב רב שבטה דבנוי דדן אחיעזר בר עמי שדי: |
| 278 | | Gn46:23 | ובנוי דדן חשים: |
| 279 | | Nu 1:39 | סכומיהון דשבטה דבנוי דדן אשתין ותרין אלפין ושבע |
| 280 | | Dt33:22 | ולשבטה דדן ברך משה נבייא דייי ואמר |
| 281 | | Nu 2:31 | דמשרית שבטה דבנוי דדן חמש עשרה ריבוון ושבעת |
| 282 | | Nu 1:38 | לבנוי דדן יחוסיהון לזרעייתהון |
| 283 | | Nu 2:25 | «טכס» משרית שבטה דבנוי דדן מן צפונה לחיילוותהון ורבה |
| 284 | | Ex38:23 | אחיסמך מן שיבטא דבנוי דדן נגר ואומן וצייר בתכלה |
| 285 | דהבל | Gn27:41M | עד זמן יקרב' "סא" דהבל ברם מתעכב אנא עד זמן די |
| 286 | דהגר | Gn16:05 | מינן ולא נצרך לבניה דהגר מצרייתה דהיא מבני בניהון |
| 287 | | Gn21:08 | דאתחסל ית יצחק ברה דהגר מצר«י»תא די ילדת |
| 288 | | Gn21:09 | וחמת שרה ית ברה דהגר מצריתא די ילדת לאברהם |
| 289 | דזבולון | Gn46:14 | ובנוי דזבולון סרד ואלון ויחלאל: |
| 290 | דזבולן | Nu10:16 | ועל חיילוות שבטה דבנוי דזבולן אליא' בר חלן: |
| 291 | | Nu 1:09 | מן שבטה דבנוי דזבולן אליאב בר חילן: |
| 292 | | Nu 2:07 | ממני על משרית שבטה דזבולן~ אליאב בר חילן: |
| 293 | | Nu 7:24 | דמדבחה קרב שבטה דבנוי דזבולן אליאב בר חלן: |
| 294 | | Nu 7:29 | גרמיה רב שבטה דבנוי דזבולן אליאב בר חלן: |
| 295 | | Nu13:10 | מן שבטה דבנוי דזבולן גדיאל בר סודי: |
| 296 | | Dt33:18 | ולשבטה דזבולן ברך משה נבייא דייי ואמר |
| 297 | | Nu 2:07 | ושבטה דבנוי דזבולן ~ורבה דהוה ממני על |
| 298 | | Nu 1:30 | לבנוי דזבולן יחוסיהון לזרעייתהון |
| 299 | | Nu26:26 | בנוי דזבולן לזרעייתהון לסדר זרעיתה |
| 300 | דזבולני | Nu26:27 | אלין זרעייתה דבנוי דזבולנ{ן}<י> לסכומיהון אשתין אלפין |
| 301 | דזלפה | Gn46:18 | אלין בניה דזלפה די יהב לבן ללא«ה» |
| 302 | | Gn37:02 | בנוי דבלהה ועם בנוי דזלפה נשוי דאבוי ואייתי יוסף |
| 303 | דזמרי | Dt33:09 | לא קנה רחמין בעובדה דזמרי ארום נטרו מימר פומך |
| 304 | דזרחי | Nu26:20 | לזרח זרעייתה דבנוי דזרחי: |
| 305 | | Nu26:13 | לזרח זרעייתה דבנוי דזרחי לשאול זרעייתה דבנוי |
| 306 | דח' | Nu 3:27M | \דבנוי ד«ח»ברני/דח'#2#/ וזרעייתה דבנוי |
| 307 | דחבר | Nu26:45 | לחבר זרעייתה דבנוי דחבר למלכיאל זרעייתה דבנוי |
| 308 | דחברוני | Nu26:58 | דלבני זרעייתה דבנוי דחברוני זרעייתה דבנוי דמחלי |
| 309 | דחברני | Nu 3:27 | וזרעייתה דבנוי ד«ח»ברני וזרעייתה דבנוי |
| 310 | דחגי | Nu26:15 | דצפוני לחגי זרעיתה דחגי לשוני זרעייתה דבנוי |
| 311 | דחופמי | Nu26:39 | לחופם זרעייתה דבנוי דחופמי: |
| 312 | דחלקי | Nu26:30M | לחלק זרעיתה דבנוי דחלקי: |
| 313 | דחם | Gn10:06 | ובנוי דחם כוש ומצרים ופוט וכנען: |
| 314 | | Gn10:20 | אילין בנוי דחם לזרע{וי}«יי»תהון |
| 315 | דחמולי | Nu26:21 | לחמול זרעייתה דבנוי דחמולי: |
| 316 | דחמור | Gn34:18 | ושפרו מיליהון באפוי דחמור ובאפוי דשכם בר חמור: |
| 317 | דחנוך | Gn 5:23 | והוון כל ימוי חיוי דחנוך תלת מאה ושתין וחמש שנין: |
| 318 | דחנכי | Nu26:05 | דזרעיית{י}ה דבנוי דחנכי לפלוא זרעייתה דבנוי |
| 319 | דחפר | Nu26:33M | \בר חפר /בריה דחפר#2#/ לא הוו ליה בנין ארום |
| 320 | דחפרי | Nu26:32 | וחפר זרעיתה דבנוי דחפרי: |
| 321 | דחצרוני | Nu26:21 | לחצרון זרעייתה דבנוי דחצרוני לחמול זרעייתה דבנוי |

| | | | |
|---|---|---|---|
| 322 | | Nu26:06 | לחצרון זרעייתה דבני דחצרוני לכרמי זרעייתה דבנוי |
| 323 | דחת | Gn23:20 | דקבורה מן לות בנו«י» דחת: |
| 324 | | Gn49:32 | ומערתא דביה מן בנוי דחת: |
| 325 | | Gn27:46M | דחיתאי /בנת חיתאי#2#/^דחת#2#^/ אן נסב \הוא#2#/ |
| 326 | | Gn23:16 | דמלל במשמעהון דבנוי דחת ארבעין מאה סלעין דכסף |
| 327 | | Gn23:11M | לעמא דארעא קדם בנוי דחת#2#/: ומליל עמהון למימר אם |
| 328 | | Gn23:10 | ועפרון הוי שרי בגו בנוי דחת וענה עפרון חתייה עם |
| 329 | | Gn23:11 | ביניכון לאחסנו דקבורה דחת וענה עפרון חתייה עם |
| 330 | | Gn27:46M | בנתהון \דחיתיי כאלין /דחת כאליין#2#/ מן בנתהון |
| 331 | | Gn23:10 | אברהם במשמעהון דבנוי דחת לכל עללי תרע קרתיה למימר: |
| 332 | | Gn23:11 | אברהם במשמעהון דבנוי דחת לכל עללי תרע קרתיה למימר: |
| 333 | | Gn23:18 | לאברהם לקנין לקבל בנוי דחת לכל עללי תרע קרתיה: |
| 334 | | Gn23:03 | אפי מיתה ומליל עם בנוי דחת למימר: |
| 335 | | Gn25:10 | זכי אברהם מלוות בנוי דחת תמן אתקבר אברהם ושרה |
| 336 | דיאיר | Nu32:41 | וקרא יתהון כופרני דיאיר: |
| 337 | | Dt 3:14 | בותנ«י»ין כופרנוי דיאיר עד יומא הדן: |
| 338 | דיהו' | Ex38:22M | שב'#2#/ \דבנוי דיהודה/דיהו'#2#/ עבד ית כל די פקד |
| 339 | דיהודה | Ex31:02 | בר חור מן שבטא דבנוי דיהודה: |
| 340 | | Ex35:30 | בר חור מן שבטה דבנוי דיהודה: |
| 341 | | Nu 7:12 | עמינדב מן שבטה דבנוי דיהודה: |
| 342 | | Nu13:06 | מן שבטה דבנוי דיהודה כלב בר יפנה: |
| 343 | | Nu34:19 | גברייה מן שבטה דבנוי דיהודה כלב בר יפונה: |
| 344 | | Nu 1:07 | מן שבטה דבנוי דיהודה נחשון בר עמינדב: |
| 345 | | Nu 2:03 | ורב שבטה דבנוי דיהודה נחשון בר עמינדב: |
| 346 | | Nu 7:17 | רב שבטה דבנוי דיהודה נחשון בר עמינדב: |
| 347 | | Nu10:14 | על חיילוות שבטה דבנוי דיהודה נחשון בר עמינדב: |
| 348 | | Gn46:12 | ובנוי דיהודה ער ואונן ושלה ופרץ |
| 349 | | Gn44:19 | דסלקות גבורתיה דיהודה אחוי ועוד חמא דנפקין |
| 350 | | Nu10:14 | טכס מן משריה דבנוי דיהודה בקדמיתה לחיילוותהון ורבה |
| 351 | | Dt33:07 | משה נבייא דייי לשבטה דיהודה ואמר שמע מימריה בקל |
| 352 | | Gn38:12 | ומיתת ברת שוע אתתיה דיהודה ואנחם יהודה וסלק לוות |
| 353 | | Gn38:15 | אפין הוות בבייתיה דיהודה ולא הוה יהודה חכם יתה: |
| 354 | | Dt33:07 | שמע מימריה בקל צלותה דיהודה ולוות עמיה תשלם יתיה מן |
| 355 | | Dt34:02 | ומנשה וית כל ארעא דיהודה ועד ימה אחרייה: |
| 356 | | Gn44:19 | וארתת יוסף מן קדמוה דיהודה ורמז יוסף למנשה ברה |
| 357 | | Nu 1:26 | לבנוי דיהודה יחוסיהון לזרעייתהון |
| 358 | | Nu26:20 | והוון בנוי דיהודה לזרעייתהון לשלה זרעייתה |
| 359 | | Nu 2:03 | טכס משרית שבטה דבנוי דיהודה לחיילוותהון ורב שבטה |
| 360 | | Nu26:22 | אלין זרעייתה דבנוי דיהודה לסכומיכון שבעין ושתה |
| 361 | | Gn38:07 | והוה ער בכורה דיהודה עבד עובדין בישין קדם ייי |
| 362 | | Ex38:22 | בר חור לשבטא דבנוי דיהודה עבד ית כל די פקד ייי ית |
| 363 | | Nu 1:27 | סכומיהון לשבטה דיהודה שובעין וארבעה אלפין ושית |
| 364 | | Nu 2:09 | דמשרית שבטה דבנוי דיהודה תמני עשרה רבוון ואשתה |
| 365 | דיוסף | Gn43:17 | ית גבריא לפלטורין דיוסף: |
| 366 | | Gn50:23 | אתיילדו על ברכוי דיוסף: |
| 367 | | Gn38:25 | על דנסב«י»ת פרגודה דיוסף אחי ואצבעת יתיה בדמא |
| 368 | | Gn50:15 | וחמון אחוי דיוסף ארום מית אבוהון ואמרין מה |
| 369 | | Gn49:09 | בר אריוון מן קטולוי דיוסף ברי את הויית משיזב מן |
| 370 | | Dt33:13 | ולשבטה דיוסף ברך משה נבייא דייי ואמר |
| 371 | | Gn41:45 | וקרא פרעה שמ' דיוסף גברא דטמירתא גליו ליה |
| 372 | | Nu13:11 | מן שבטה דבנוי דיוסף דמנש' גדי בר סוסי: |
| 373 | | Nu 1:08M | /לישסכר מן שבטה דבנוי דיוסף דהוא מן שבטה דבנוי |
| 374 | | Nu 1:10M | אפרים /מן שבטה דבנוי דיוסף דהוא מן שבטה דבנוי |
| 375 | | Nu 1:32M | מן שבטה דבנוי דיוסף דהוא מן שבטה דבנוי |
| 376 | | Nu34:23M | מן שבטה דבנוי דיוסף דהוא שבטה דבנוי דמ' |
| 377 | | Gn44:02 | כסף זבנה ועבד כמלתיה דיוסף די מליל: |
| 378 | | Gn46:27 | ובנוי דיוסף די אתיילדו לה במצרים |
| 379 | | Gn47:21M | מן בגלל {ל}«א»חו«י» דיוסף דלא קריין להון אכסניי |
| 380 | | Gn45:27 | ומלילו עמיה ית כל מלוי דיוסף דמלל עמהון וחמה ית עגלתא |
| 381 | | Nu 1:10 | לבנוי דיוסף הוא שבטה דבית אפרים |
| 382 | | Nu 1:32 | לבנוי דיוסף הוא שבטה דבית אפרים |
| 383 | | Gn50:08 | וכל אנשי בייתיה דיוסף ואחוי ובייתיה דאבוי לחוד |
| 384 | | Gn37:32 | ושלחו ית פרגודה מציירה דיוסף ואייתון לוות אבוהון |
| 385 | | Gn41:42 | ידיה ויהב יתיה על ידוי דיוסף ואלבש יתיה {{ל}}לבושין |
| 386 | | Gn48:08 | וחמא ישראל ית בנוי דיוסף ואמר מאן אינון אליין: |
| 387 | | Gn43:18 | ארום אתעלו לפלטורין דיוסף ואמרין על עיסק כספא |
| 388 | | Gn47:21 | מצראי מוניין לאחוי דיוסף ואמרין להון אכסניא |
| 389 | | Nu 9:06M | גברייה דטעינו בארונה דיוסף ודטעינו בנדב ואביהוא |
| 390 | | Gn44:14 | יהודה ואחווי לפלטורין דיוסף והוא כען הווה תמן ושאלו |
| 391 | | Gn39:05 | דמצרי«ה» בזכותיה דיוסף והוה ברכתיה דייי בכל מה |
| 392 | | Gn39:21M | ממרה דייי בסעדה דיוסף והטה לוותה חסד ושווי |
| 393 | | Gn43:24 | גברא ית גבריא לפלטורין דיוסף ויהב להון מיא ואסחון |
| 394 | | Gn49:21 | אוניתא דחקלא מפלטורין דיוסף וכיון דהוא מבשר פמיה |
| 395 | | Gn39:06 | כל מה דיליה תחות רשותא דיוסף ולא הו«ה» ידע מן בתריה |
| 396 | | Dt33:16 | כליל דרבו על רישא דיוסף ולגו קודקדה דגברא |
| 397 | | Nu36:01 | מ«ן» זרעיית בנוי דיוסף ומללו קדם משה וקדם |
| 398 | | Gn43:19 | דהוה ממני על פלטורין דיוסף ומללון עמיה בתרע«א» |
| 399 | | Gn37:31 | ונסב«ו» ית פרגודא דיוסף ונכסו צפיר בר עזין וצבעו |
| 400 | | Gn42:06 | עמא דארעא ואתון אחוי דיוסף ושאלו בשלמיה כנימוס ארעא: |
| 401 | | Gn45:16 | דפרעה למימר אתון אחוי דיוסף ושפר באפוי דפרעה ובאפוי |
| 402 | | Gn39:22 | בית חבושיה תחות רשותא דיוסף ית כל חבושיה די |
| 403 | | Gn39:22M | רשותא דיוסף /בידוי דיוסף#2#/ ית כל חבושיה די |
| 404 | | Gn39:20 | ונסב אדוניה דיוסף יתיה ושוי יתיה |
| 405 | | Gn42:04 | וית בנימין אחוי דיוסף לא שלח יעקב עם אחוי ארום |
| 406 | | Nu26:28 | בנוי דיוסף לזרעייתהון מנשה ואפרים: |
| 407 | | Nu26:37 | וחמש מאוון אלין בנוי דיוסף לזרעייתהון: |
| 408 | | Gn50:16 | שבטי' ית בלהה למרביתה דיוסף למימר לה אבוך פקיד |
| 409 | | Dt33:17 | כדין לית אפשר לבנוי דיוסף למשתעבדה ויהוון רמין |
| 410 | | Nu34:23 | ולבנוי דיוסף מן שבטה דבנוי דמנשה רבה |
| 411 | | Dt33:13 | היא מן קדם ייי ארעא דיוסף מן טוב אוצרי שמיא מן לעיל |
| 412 | | Ex13:19 | ונסב משה ית גרמוי דיוסף עמיה ארום משתבע«א» |
| 413 | דיחלאלי | Nu26:26 | לאלון זרעייתה דבנוי דיחלאלי <ל>איחלאל זרעייתה דבנוי |
| 414 | | Nu26:26 | זרעייתה דבנוי דיחלאלי: |
| 415 | דיחצאלי | Nu26:48 | ליחצאל זרעייתה דבנוי דיחצאלי לגוני זרעייתה דבנוי |
| 416 | דייי | Dt 1:01M | וגבורן עבד לכון ממריה דייי כד הווי' |
| 417 | דיכיני | Nu26:12 | ליכין זרעייתה דבנוי דיכיני: |
| 418 | דימיני | Nu26:12 | לימין זרעייתה דבנוי דימיני ליכין זרעייתה דבנוי |
| 419 | דימנה | Nu26:44 | לימנה זרעייתה דבנוי דימנה לישוי זרעייתה דבנוי |
| 420 | דיסכה | Gn11:29 | אבוי דמלכה ואבוי דיסכה: |
| 421 | דיע' | Dt 6:04M | קצה \דאבונן יעקב /דיע' אב#2#/ למתכנש |
| 422 | | Nu24:05M | \דבית יעקב /דבנוי דיע'#2#/ בזכות משכניה דיתיב |
| 423 | דיעקב | Gn37:02 | אלין ייחוס תולדותיה דיעקב יוסף בר שבע עשרה שנה הוה |
| 424 | | Gn46:19 | בנוי דרחל אתתיה דיעקב יוסף ובנימן: |
| 425 | | Gn35:23 | בניה דלאה בכורה דיעקב ראובן ושמעון ולוי |
| 426 | | Gn46:08 | ובנוי ב{ז}<ו>כריה דיעקב ראובן: |
| 427 | | Gn34:25 | ונסבו תרין בנוי דיעקב שמעון ולוי אחי דינה |
| 428 | | Gn34:31 | עניין תרין בנוי דיעקב שמעון ולוי ואמרין |
| 429 | | Gn35:05 | ולא רדפו בתר בנוי דיעקב: |

|  |  |  |  |  |  |
|---|---|---|---|---|---|
| 430 | | Ex 4:05 | אלהה דיצחק ואלהה | דיעקב: | |
| 431 | | Gn45:27 | למטען יתיה ונחת רוחיה | דיעקב | אבוהון: |
| 432 | | Dt 6:04 | אתון פלחין או לאלהיה | דיעקב | אבוכון אתון פלחין עניין |
| 433 | | Gn30:02 | ותקף רוגזה | דיעקב | ברחל ואמר הא מני אנון |
| 434 | | Gn32:26 | {י}<ו>קהת כף ירכיה | דיעקב | באתפגשותא עמה: |
| 435 | | Gn32:33 | ארום קרב בכף ירכיה | דיעקב | בגידא דנשיא: |
| 436 | | Gn27:22M | כד משתמע קלא | דיעקב | בצלותא לית רשו לעשו |
| 437 | | Gn29:13 | כדי שמע לבן ית שמעה | דיעקב | בר אחתה ורהט לקדמותיה |
| 438 | | Gn34:31 | {{צלמין}} לברתיה | דיעקב | ברם יאי הוא דיהוון אמרין |
| 439 | | Gn35:26 | גד ואשר אלין בנוי | דיעקב | דאתילדו לה בפדן דארם: |
| 440 | | Gn46:27 | נפשתא דאנשי בייתיה | דיעק«ב» | די עלו מצרימה שבעין: |
| 441 | | Gn27:40M | ימנעון גרמיהון בנוי | דיעקב | דלא למלעי באורית' ולא |
| 442 | | Gn28:05 | אחו«ה» דרבקה אמה | דיעקב | ועשו: |
| 443 | | Ex 3:06 | אלהה דיצחק ואלהה | דיעקב | ואטמר משה אפוי ארום דחל |
| 444 | | Gn34:31M | כן הוה לדינה ברתיה | דיעקב | ואמר היך אתה זני |
| 445 | | Gn49:02 | דאתכנשו תרין עשר שבטוי | דיעקב | ואפיקו שבטוי דיעקב |
| 446 | | Gn31:33 | ועל לבן במשכנ«א» | דיעקב | ובמשכנא דלאה ובמשכנא |
| 447 | | Gn34:19 | אתרעיית נפשיה בברתיה | דיעקב | והוא הוה יקר מן כל |
| 448 | | Gn34:07 | בישראל למשמשה עם ברתה | דיעקב | וכדן לא הוה כשר למתעבדא: |
| 449 | | Gn27:22 | יתה ואמר הא קלה קלה | דיעקב | ומוש ידיה מוש ידוי דעשו: |
| 450 | | Ex19:03M | יעקב /לאנשי בייתיה | דיעקב#2#/ | ותתני לשבטא דבני |
| 451 | | Gn34:13 | ועגון בנוי | דיעקב | ית שכם וית חמור אבוי |
| 452 | | Gn34:31M | \אחתן היך אתה /ברתיה | דיעקב | כאתה#2#/ טעיא נפקת ברא: |
| 453 | | Gn49:02 | דיעקב ואפיקו שבטוי | דיעקב | כחדא ואמרין שמע מנן |
| 454 | | Dt 6:04 | עניין תרין עשרתי שבטוי | דיעקב | כחדה בלבה שלמה ואמרין שמע |
| 455 | | Gn46:26 | חלציה בר מנשוי דבנוי | דיעקב | כל נפשתא שתין ושית: |
| 456 | | Gn34:31 | די סאבו לדינה ברתיה | דיעקב | כלא מן כל כדין דלא |
| 457 | | Ex 3:16M | /אלהא דיצחק ואלהא | דיעקב#2#/ | למימר מדכרה ידכר ייי |
| 458 | | Gn27:40 | ויהוי כד יהוון בנוי | דיעקב | לעיין באורייתא ומנטרין |
| 459 | | Gn34:07 | ובנוי | דיעקב | עלו מן אפי ברה כדי שמעו |
| 460 | | Gn34:27 | בנוי | דיעקב | עלו על קטיליא ובזון קרתא |
| 461 | | Gn27:40 | ויהוי כד ישבקון בנוי | <ד>יעקב | פקודיא ומנעין גרמיהון |
| 462 | | Ex 1:05 | כל נפשותא נפקי חלציה | דיעקב | שבעין נפשן ויוסף דהוה |
| 463 | | Ex 3:15 | אלהה דיצחק ואלהיה | דיעקב | שלחני לוותכון דן שמי לעלם |
| 464 | | Gn47:28 | שנין והוון יומין חיוי | דיעקב | שני חיוי מאה וארבעין ושבע |
| 465 | | Gn35:22 | ושמע ישראל והוון בנוי | דיעקב | תרין עשר: |
| 466 | דיעקוב | Gn47:21M | דלא יהוו מוניין לבנוי | דיעקוב | ואמרין להון אכסנאי |
| 467 | | Gn47:29M | וקרבו יומוי | דישראל/דיעקוב#2#/ | למימת/למימות#2#/ |
| 468 | דיעקן | Dt10:06 | ישראל נטלו מן ברייה | דיעקן | למוסרה תמן אתכנש אהרן |
| 469 | דיפת | Gn10:02 | בנוי | דיפת | גמר ומגוג ומדי ויון |
| 470 | | Gn 9:27 | יפת ייי תחומא | דיפת | וישרי יקר שכינתי' בגו |
| 471 | | Gn10:21 | דכל בני עבריא אחוי | דיפת | רבה: |
| 472 | דיצ' | Nu 3:27M | וזרעיתה \דבנוי | דיצהרי/דיצ'#2#/ | וזרעייתה דבנוי |
| 473 | דיצהר | Ex 6:21 | ובנוי | דיצהר | קרח ונפג וזכרי: |
| 474 | דיצהרי | Nu 3:27 | דעמרמי וזרעיתה דבנוי | דיצהרי | וזרעייתה דבנוי |
| 475 | דיצח' | Gn26:35M | ומררן חייהון | דיצח' | ודרבקה |
| 476 | דיצחק | Gn31:53 | יעקב בתקיפה דאבוי | דיצחק: | |
| 477 | | Gn32:10 | אלהה דאברהם אבה ואלהה | דיצחק | אבה ייי דאמר לי חזור |
| 478 | | Gn22:14 | עקתא תהווי מדכר עקדתיה | דיצחק | אבוהון ושמע בקל צלותהון |
| 479 | | Gn22:14M | מדכר להון עקידתא | דיצחק | אבוהן ושרי ושבק לחוביהון |
| 480 | | Gn28:08 | בנתהון דכנענעאי באפוי | דיצחק | אבוי: |
| 481 | | Lv22:27 | צלותן ואדכר לן עקידתיה | דיצחק | אבונן ומן בתר כדין אתבחר |
| 482 | | Gn28:13 | דאברהם אבוך ואלהה | דיצחק | ארעא «די» את דמך עלה לך |
| 483 | | Gn26:25 | משכניה וחפרו תמן עבדוי | דיצחק | באר: |
| 484 | | Gn26:19 | וחפרו עבדוי | דיצחק | בנחלה ואשכחו תמן בא<'> |
| 485 | | Gn25:19 | ואלין תולדותא | דיצחק | בריה דאברהם אברהם אולד |
| 486 | | Gn25:19M | /ואיל' יחוס תולדוות' | דיצחק#2#/ | בריה דאברהם אברהם |
| 487 | | Gn22:10 | בעיינוי דיצחק ועיינוי | דיצחק | הוויין משוטטן במלאכי |
| 488 | | Gn31:42 | אלהא דאברהם ותקיפא | דיצחק | הו{ת}<ה> לי ארום כדון |
| 489 | | Nu22:30 | בנוי דאברהם | דיצחק | ויעקב דבגללהון אתברי |
| 490 | | Ex 3:16M | \יצחק ויעקב /אלהא | דיצחק | ואלהא דיעקב#2#/ למימר |
| 491 | | Ex 3:06 | אלהה דאברהם אלהה | דיצחק | ואלהה דיעקב ואטמר משה |
| 492 | | Ex 4:05 | אלהה דאברהם אלהה | דיצחק | ואלהה דיעקב: |
| 493 | | Ex 3:15 | אלהה דאברהם אלהה | דיצחק | ואלהיה דיעקב שלחני |
| 494 | | Gn22:10 | דאברהם הוויין בעיינוי | דיצחק | ועיינוי דיצחק הוויין |
| 495 | | Gn26:32 | ביומא ההוא ואתון עבדוי | דיצחק | ותניאו ליה על עסק דבאירה |
| 496 | | Gn26:20 | רעויי דגרר עם רעוי | דיצחק | למימר דינן אנן מיא וקרא |
| 497 | | Gn35:28 | והוון ימוי | דיצחק | מאה ותמנין שנין: |
| 498 | | Gn22:14M | אלקים כד יהוון בנוי | דיצחק | עלין בשעת אננקי תהווי |
| 499 | דיצרי | Nu26:49 | ליצר זרעייתה דבנוי | דיצרי | לשלם זרעייתה דבנוי |
| 500 | דיקטן | Gn10:29 | <יובב> כל אלין בנוי | דיקטן: | |
| 501 | דירד | Gn 5:20 | והוון כל יומי חיוי | דירד | תשע מאה ושתין ותרתין שנין |
| 502 | דיש' | Lv 9:01M | ישראל /<ולחכי>מיה | דיש'#2#/: | |
| 503 | | Dt29:09M | כל עמא \בני | ישראל/דיש'#2#/ | |
| 504 | | Dt31:19M | \בבני ישראל /בבנוי | דיש'#2#/: | |
| 505 | | Dt32:08M | \דבני ישראל /דבנוי | דיש'#2#/ | |
| 506 | | Dt32:09M | \בני ישראל /בנוי | דיש'#2#/ | יעקב עדב אחסנתיה: |
| 507 | | Dt33:04M | \בני ישראל /בנוי | דיש'#2#/ | אורייתה \פקד יתן /יהב |
| 508 | | Dt33:02M | \בני ישראל /בנוי | דיש'#2#/ | {ו}<ד>נח ביקרי' על |
| 509 | | Dt32:12M | \בני ישראל /בנוי | דיש'#2#/ | ולא הווי/יהו'#2#/ |
| 510 | | Ex19:07M | משה וקרא לחכימי | עמא/דיש'#2#/ | וסדר קדמיהון ית כל |
| 511 | | Dt31:19M | \בני ישראל /בנוי | דיש'#2#/ | ושוי יתה בפמהון |
| 512 | | Dt32:49M | לבני ישראל/לבנוי | דיש'#2#/ | לאחסנה: |
| 513 | | Dt31:11M | דכל ישראל/בנוי | דיש'#2#/ | למחמייה קדם ייי אלהכון |
| 514 | | Dt33:01M | \בני ישראל /בנוי | דיש'#2#/ | קדם עד לא ימות: |
| 515 | | Nu23:10M | משריתה \דבני | ישראל/דיש'#2#/ | דאתאמר^דית'#2#^/ |
| 516 | | Dt33:03M | \בני ישראל /בנוי | דיש'#2#/ | נחית/כוות#2#/ ריבוון |
| 517 | | Dt27:14M | לכל עמה \בני | ישראל/דיש'#2#/ | קל/בקל#2#/ תלי: |
| 518 | דישובי | Nu26:24 | לישוב זרעיתה דבנוי | דישובי | לשמרון זרעייתה דבנוי |
| 519 | דישוי | Nu26:44 | לישוי זרעייתה דבנוי | דישוי | לבריעה זרעייתה דבנוי |
| 520 | דישכר | Nu 7:18 | קרב רב שבטה דבנוי | דישכר | נתנאל בר צוער: |
| 521 | דישמעאל | Gn25:13 | לתולדותהון בכורה | דישמעאל | נביו«ת» וקדר ואדבאל |
| 522 | | Gn25:13 | ואלין שמהת בנוי | דישמעאל | בשמתיהון לתולדותהון |
| 523 | | Dt33:02 | וכיוון דאשכחו בנוי | דישמעאל | דכתיב בגווה לא תהוון |
| 524 | | Gn25:16 | אלין אנון בנוי | דישמעאל | ואלין שמהתהון בכופרניהון |
| 525 | | Dt33:02 | על טורא דפראן לבנוי | דישמעאל | וכיוון דאשכחו בנוי |
| 526 | | Gn25:17 | ואלין שני חיוי | דישמעאל | מאה ותלתין ושבע שנין וסף |
| 527 | | Dt33:03 | בנוי דעשו ולא בנוי | דישמעאל | מקבלין אוריתה אלא כל כדן |
| 528 | דישמעל | Gn25:12 | ואלין תלדותא | דישמעל | בר אברהם די ילידת הגר |
| 529 | | Gn27:29 | לך מלכוותא כל בנוי | דישמעל | הווי רב ושליט על אחך כל |
| 530 | | Gn50:01 | ושולטנן מן בנוי | דישמעל | קיימין תמן שולטנין מן |
| 531 | דישר' | Dt32:03M | \דאינון דישראל | /דישר' | דאנון#2#/ אמרין קקק |
| 532 | | Lv22:27M | בגין למדכרה זכותה | דישר' | דעקד גרמי' על גבי מדבחה |
| 533 | | Ex14:05M | עם משרייתיהון | דישר' | ועבדו על ימא |
| 534 | דישרא' | Ex20:17 | ולא יתחמי בכנישתהון | דישרא' | עם חמודין דלא יקומון |
| 535 | דישראל | Gn27:29 | מברך כמשה נביא ספרון | דישראל: | |
| 536 | | Gn33:20 | וצלי תמן בשם ייי אלהא | דישראל: | |
| 537 | | Gn49:24 | מתפרנסין כל שבטיא | דישראל: | |

| | | | | | |
|---|---|---|---|---|---|
| 538 | Ex17:06 | | משה לעיני חכימיא | דישראל: | |
| 539 | Ex28:21M | | יוהין תרי שסתרי שבטייה | דישראל | |
| 540 | Ex34:23 | | כל עלמיא ייי אלהה | דישראל: | |
| 541 | Nu10:04 | | רברבני ראשי אלפייה | דישראל: | |
| 542 | Nu12:12M | | קצן למיעול לארעא | דישראל | |
| 543 | Nu16:25 | | ואזלו בתריה חכימוי | דישראל: | |
| 544 | Nu24:09M | | נבייא <ס>פריהון | דישראל | |
| 545 | Dt23:18M | | בני ישראל /מבנוי | דישראל#2/: | |
| 546 | Dt31:09 | | דייי וית חכימייה | דישראל: | |
| 547 | Ex 6:14 | | בנוי דראובן בוכרי | דישראל | חנוך ופלוא חצרון |
| 548 | Nu21:18 | | יתה בחוטריהון ספריהון | דישראל | משה ואהרן ומן מדברה |
| 549 | Nu21:18M | | /תרין סופרייה | דישראל#2/ | משה ואהרן ומן מדברה |
| 550 | Nu31:05 | | ואתחילו מן אלפיה | דישראל | אלף מן כל שבט תרין עשר |
| 551 | Dt32:03 | | קדישה עד זמן דאינון | דישראל | אמרין קקק תלתה זימנין |
| 552 | Gn49:15 | | ארום טב הוה וית ארעא | דישראל | ארום שמינין פרי«ה» |
| 553 | Nu32:04 | | דכבש ייי קדם כנישתה | דישראל | ארע בית מרעי היא ולעבדיך |
| 554 | Gn30:13M | | די שבחו יתי בנתהון | דישראל | בבתי מדרשייה וקרת#2/ |
| 555 | Ex12:19 | | נפשא ההיא מן כנישתא | דישראל | בגיורא וביציבא דארעא: |
| 556 | Ex12:06M | | /עם#2/ \דבני | ישראל/דישראל#2/ | ביני שמשותא: |
| 557 | Dt32:51M | | במי מצותה /בנוי | דישראל | במוי דמ'#2/ דרקם |
| 558 | Nu26:05 | | ראובן בכוריה | דישראל | בנוי דראובן חנוך |
| 559 | Ex12:03M | | כנישתא \דבני | ישראל/דישראל#2/ | בעשרה יומין לירחא |
| 560 | Dt33:26 | | לית כאלהא | דישראל | דאשרי איקר שכינתיה בשמיא |
| 561 | Dt12:09M | | בית נייחה ולארעא | דישראל | דמתקריי אחסנתה |
| 562 | Nu 7:02M | | הנון רברבני | דישראל | הנון דקיימין וממנין על |
| 563 | Ex12:21 | | וקרא משה לכל חכמיה | דישראל | ואמר להון אתמנון וסבו |
| 564 | Gn34:31 | | אמרין בכנישתיהון | דישראל | ובבית מדרשהון ערלין |
| 565 | Dt 1:01M | | דלא תיעלון לארעא | דישראל | ובגין מנתה דאמרתון דנפ' |
| 566 | Ex 9:04M | | דייי בין נכסיהון | דישראל | ובין נכסיהון דמצראי ולא |
| 567 | Ex14:20 | | וביני משרייתיהון | דישראל | והוה ענגא חשוך ופלגא |
| 568 | Ex24:11M | | \שכינתה דייי /אלהא | דישראל#2/ | והוון חדיין על |
| 569 | Gn15:11M | | מסאבא למיבז נכסיהון | דישראל | והות זכותא דאברהם מגנא |
| 570 | Ex20:02 | | ומקף על משרייותיהון | דישראל | וחזר ומתחקק על לוחי |
| 571 | Ex20:03 | | ומקף על משרייתיהון | דישראל | וחזר ומתחקק על לוחי |
| 572 | Dt 5:06 | | ומקף על משיריתהון | דישראל | וחזר ומ{חת}<תח>קק על |
| 573 | Ex17:05 | | וסב עמך מן חכימייא | דישרא«ל» | וחטרא די מחית בה ית |
| 574 | Gn48:13 | | בימיניה מן שמאלה | דישראל | וית מנשה בשמאליה מן |
| 575 | Ex 9:04 | | דמצריי וביני בעיריהון | דישראל | ולא ימות מכל לבני ישראל |
| 576 | Dt23:18 | | נפקת בר מן בנתהון | דישראל | ולא גבר נפק בר מן בני |
| 577 | Nu21:03 | | ושמע ייי בקל צלותהון | דישראל | ומסר בידיהון ית כנעניי |
| 578 | Gn48:13 | | בשמאליה מן ימיניה | דישראל | וקרב לוותיה: |
| 579 | Nu33:09 | | תרי עשרתי שבטיה | דישראל | ושבעין דקלין דתמרין |
| 580 | Ex15:27 | | שבעין <סביא> סנהדרין | דישראל | ושרון תמן על מיא: |
| 581 | Ex24:10M | | \שכינתה דייי /אלהא | דישראל#2/ | ותחות אפיפודן |
| 582 | Ex 3:16 | | אזל ותכנש ית חכימיא | דישראל | ותימר להון ייי אלהה |
| 583 | Ex24:01 | | ושבעין חכימיא | דישראל | ותצלון מן רחיק: |
| 584 | Gn49:21 | | מבשר פמיה בכנישתיהון | דישראל | חלבא ודיבשא נפק משפותיה: |
| 585 | Nu 1:20 | | בנוי דראובן בכורא | דישראל | יחוסיהון לזרעייתהון |
| 586 | Ex21:09M | | דבנתה/דבנתהון | דישראל#2/ | יעבד לה: |
| 587 | Ex12:47 | | כל כנישתא | דישראל | יעבדון פיסחא: |
| 588 | Lv 4:13 | | ואין כל כנשת' | דישראל | ישתאלון ויתכסי פתגם מן |
| 589 | Dt27:01 | | ופקד משה וחכימייה | דישראל | ית עמא למימר טורו ית כל |
| 590 | Dt31:30 | | במשמעהון דכל קהלה | דישראל | ית מלי שירתה הדה עד זמן |
| 591 | Ex 5:19 | | וחמון סרכי בנוי | דישראל | יתהון בביש למימר לא |
| 592 | Nu16:09 | | מנכון ארום אפרש אלה | דישראל | יתכון מן כנשתה דישראל |
| 593 | Gn48:10 | | ועייני | דישראל | כהון משיבה ולא הוה יכיל |
| 594 | Dt29:20 | | לבישתה מן כל שבטיה | דישראל | ככל לווטיה קיימה דכתיבין |
| 595 | Nu18:21 | | הא יהבית כל מעשר | דישראל | לאחסנה חלף פלחניהון די |
| 596 | Ex 3:18 | | לקלך ותיתי את וחכימיה | דישראל | לוות מלכא דמצרים |
| 597 | Nu13:26M | | ישראל /קהל כנישתה | דישראל#2/ | למדברה דפארן לרקם |
| 598 | Ex18:12 | | ואתא אהרן וכל חכימיא | דישראל | למיכל לחמא עם חמוי דמשה |
| 599 | Gn47:29 | | וקרבו יומוי | דישראל | למימת וקרא לבנוי ליוסף |
| 600 | Ex12:42 | | הוות מגנא על בכוריהון | דישראל | למקיימא מה דאמר כתבא בני |
| 601 | Nu16:09 | | יתכון מן כנשתה | דישראל | למקרבה יתכון לוותיה |
| 602 | Ex 6:26 | | ייי להון אפקו ית בנוי | דישראל | מן ארעא דמצרים על |
| 603 | Ex14:19 | | למהלך קדם משריתיהון | דישראל | מן קדמיהון וקם ליה |
| 604 | Nu24:06M | | כן יהוויין כנישתהון | דישראל | מפיקין חכימין ומלפי |
| 605 | Dt33:10M | | \דבני ישראל/דבנוי | דישראל#2/ | משוין קטרת בוסמנין |
| 606 | Nu11:26M | | עתיד משה ספרהון | דישראל | מתכנשה מן גו עלמא |
| 607 | Nu21:18M | | יתה \סנהדרין | דישראל#2/ | סכלתניהון דעמא |
| 608 | Ex 9:07 | | לא מית מן בעיריהון | דישראל | עד לא חד ואתוקף ליבא |
| 609 | Ex20:13 | | ולא יתחמי בכנישתיהון | דישראל | עם קטולין דלא יקומון |
| 610 | Ex20:14 | | ולא יתחמי בכנישתהון | דישראל | עם גיורין דלא יקומון |
| 611 | Ex20:15 | | ולא יתחמי בכנישתהון | דישראל | עם גנבין דלא יקומון |
| 612 | Ex20:16 | | ולא יתחמי בכנישתהון | דישראל | עם סהדי שיקרא דלא יקומון |
| 613 | Dt 5:17 | | ולא יתחמי בכנישתהון | דישראל | עם קטולין דלא יקומון |
| 614 | Dt 5:19 | | ולא יתחמי בכנישתהון | דישראל | עם גנבין דלא יקומון |
| 615 | Dt33:21 | | משה נבייא סופריהון | דישראל | קבור ויהווי היך מה דהוה |
| 616 | Nu25:05 | | ואמר משה לדיניה | דישראל | קט«ו»לו גבר אנשי עמיה |
| 617 | Nu 7:02M | | רברבני/רברבי#2/ | \/דישראל | ראשי בית אבהתהון אנון |
| 618 | Dt 5:20M | | ולא יתחמי בכנישתהון | דישראל | שהדין דשקר דלא יקומון |
| 619 | Ex32:27 | | כדין אמר ייי אלהה | דישראל | שוון גבר חרביה על ירכיה |
| 620 | Ex 5:01 | | כדן אמר ייי אלהה | דישראל | שלח ית עמא ויחגון |
| 621 | Dt32:37 | | אומיה למימר אן אלהא | דישראל | תקיפה דאתרחצו ביה: |
| 622 | Ex 1:07 | | ובנוי | דישראל | תקפו ואתילדו וסגון: |
| 623 | Nu 1:44 | | משה ואהרן ורברבניה | דישראל | תרי עשר גברין גבר ראש |
| 624 | Gn49:28 | | כל אלין שבטיא | דישראל | תרין עשר ודא ברכתא די |
| 625 | Nu31:04 | | שבט אלף מן כל שבטיהון | דישראל | תשלחון לחיל קרבה: |
| 626 | Nu13:07 | דיששכר | מן שבטה דבנוי | דיששכר | יגאל בר יוסף: |
| 627 | Nu 1:08 | | מן שבטה דבנוי | דיששכר | נתנאל בן צוער: |
| 628 | Nu 2:05 | | ורב שבטה דבנוי | דיששכר | נתנאל בר צוער: |
| 629 | Nu 7:23 | | גרמיה רב שבטה דבנוי | דיששכר | נתנאל בר צוער: |
| 630 | Nu10:15 | | ועל חיילוות שבטה דבנוי | דיששכר | נתנאל {צ}<ב>ר צוער: |
| 631 | Gn46:13 | | ובנוי | דיששכר | תולע ופוה ויוב |
| 632 | Nu 2:05 | | סמיכין לה שבטה דבנוי | דיששכר | ורב שבטה דבנוי דיששכר |
| 633 | Nu 1:29 | | לשבטה דבנוי | דיששכר | חמשין וארבעה אלפים וארבע |
| 634 | Nu26:23 | | בנוי | דיששכר | לזרעייתהון תולע זרעייתה |
| 635 | Nu26:25 | | אלין זרעיתה דבנוי | דיששכר | לסכומיהון אשתין וארבעה |
| 636 | Nu34:26 | | ומן שבטה דבנוי | דיששכר | רבה פלטיאל בר עזן: |
| 637 | Gn10:07 | דכוש | ובנוי | דכוש | סבא וחוילה וסבתא |
| 638 | Gn35:26 | דלאה | <....> | דלאה | גד ואשר אלין בנוי |
| 639 | Gn35:23 | | בניה | דלאה | בכורה דיעקב ראובן |
| 640 | Gn30:12 | | וילידת זלפה אמהתה | דלאה | בר תניין ליעקב: |
| 641 | Gn34:01M | | "ברת ... ילדת" ברתא | דלאה | דאיתילידת |
| 642 | Gn46:15 | | אלין בנוי | דלאה | די ילדת ליעקב בפדן ארם |
| 643 | Gn29:17 | | ועיני | דלאה | הוויין זקיפן בצלו בעיא |
| 644 | Gn29:28M | | שבעתי יומי משתותא | דא/דלאה#2/ | ואסיב לה ית רחל ברתה |
| 645 | Gn31:33 | | דיעקב ובמשכנא | דלאה | ובמשכנא דתרתין לחינת«א» |

|  |  |  |  |  |  |
|---|---|---|---|---|---|
| 646 | | Gn30:17 | ושמע ייי בקל צלותה | דלאה | ועב{רי}<יר>ת וילידת |
| 647 | | Gn31:33 | ולא אשכח ונפק מן משכנא | דלאה | ועל למשכנא דרחל: |
| 648 | | Gn30:10 | וילידת זלפה אמהתה | דלאה | ליעקב בר: |
| 649 | דלבן | Gn30:40 | קרוחיא וכל לחוש בעניה | דלבן | <....>: |
| 650 | | Gn32:03M | יתי או דלמה דמשריתיה | דלבן | אחוה דאמה אתיין מן בתרי |
| 651 | | Gn28:02 | לך מן תמן אתה מן בנתיה | דלבן | אחוי דאמך: |
| 652 | | Gn28:10 | בחדא ידא ואשקי ית ענא | דלבן | אחוי דאמה וניסא חמישאה |
| 653 | | Gn29:10 | לבן אחוי דאמה וית ענה | דלבן | אחוי דאמה וקרב יעקב וגלי |
| 654 | | Gn29:10 | דבארה ואשקי ית ענה | דלבן | אחוי דאמה: |
| 655 | | Gn32:03 | יתהון דלמא מלאכין מן | דלבן | אחוי דאמה אינון דחזר |
| 656 | | Gn25:20 | ארמאה מן פדן אחתיה | דלבן | ארמאה ליה לאיתה: |
| 657 | | Gn31:20 | וגנב יעקב ית דעתא | דלבן | ארמאה על דלא תני לה ארום |
| 658 | | Gn30:36 | ויעקב רעי ית ענא | דלבן | דאשתיירת: |
| 659 | | Gn27:29 | ושאלין בשלמך כל בנוי | דלבן | דהוא אחוי דאמך מ{ה}<ן> |
| 660 | | Gn31:02 | וחמא יעקב ית סבר אפוי | דלבן | והא לית אינון שיפין |
| 661 | | Gn31:01 | ושמע ית מלוי דבנוי | דלבן | למימר נסב יעקב ית כל מה |
| 662 | | Gn31:22 | והוה כיון דאזלו רעוי | דלבן | למשקיה ענה מן בארה ולא |
| 663 | | Gn31:12 | גלי קדמיי ית כל מה | דלבן | עבד לך: |
| 664 | דלווי | Ex38:21 | פמיה דמשה פלח<נ>ין | דלווי | על ידוי דאתמר בר אהרן |
| 665 | דלוט | Dt 2:09 | ארעהון ירתו ארום לבנוי | דלוט | יהבית ית לחיית ירתו: |
| 666 | | Dt 2:19 | לכון ירתו ארום לבנוי | דלוט | יהבית יתה ירתו: |
| 667 | | Gn13:07 | דהוון מטין לבית: ורעוי | דלוט | לא הוון זממין בעירהון אלא |
| 668 | | Gn19:26 | ועל דהות אתתה | דלוט | מן בנתהון דסדומיא אסתכלת |
| 669 | | Gn19:36 | ועברין תרתין בנתיה | דלוט | מן אבוהון: |
| 670 | | Gn19:26M | ואתתה | דלוט | על דהות מן עמה דסדם |
| 671 | | Gn13:07 | ובין רעוי דבעירה | דלוט | רעוי דאברם הוון זממין |
| 672 | דלוי | Gn49:03 | וכהונתא רבתא לשבטוי | דלוי: | |
| 673 | | Ex 2:01 | דלוי ונסב ית ברתא | דלוי: | |
| 674 | | Ex32:26 | ואתכנשו לוותיה כל שבטי | דלוי: | |
| 675 | | Nu16:07 | אסגיתון לכון בנוי | דלוי: | |
| 676 | | Nu16:08 | <לקרח> שמעו כען בנוי | דלוי: | |
| 677 | | Gn46:11 | ובנוי | דלוי | גרשון קהת ומררי: |
| 678 | | Nu17:18 | תכתב {ר}<ע>ל חוטרה | דלוי | ארום חטר לריש |
| 679 | | Dt21:05 | ויקרבון כהנייה בנוי | דלוי | ארום בהון אתרעי ייי |
| 680 | | Gn49:07 | יעקב ואסגי אחסנתיה | דלוי | בגו שבטה דבני ישראל: |
| 681 | | Dt33:08 | ולשבטה | דלוי | ברך משה נביא דייי ואמר |
| 682 | | Nu 3:17 | והוון אלין בנוי | דלוי | בשמהתהון גרשון וקהת |
| 683 | | Dt31:09 | יתה לכהניה בני שבטה | דלוי | דטענין ית ארון דקיימיה |
| 684 | | Nu18:21 | ולבנוי | דלוי | הא יהבית כל מעשר דישראל |
| 685 | | Nu17:23 | חוטרה דאהרן לביתה | דלוי | ואפק פרחין ואנץ נצין וגמר |
| 686 | | Ex 2:01 | ואזל גברא מביתה | דלוי | ונסב ית ברתא דלוי: |
| 687 | | Ex 2:01M | /גבר ליואי משבט' | דלוי#2#/ | ונסב ית ברתא דלוי |
| 688 | | Dt33:11 | ייי חיילוות שבטה דבנוי | דלוי | וקרבן ידוי תקבל» ברעווה |
| 689 | | Nu 3:06 | אקרב ית שבטה | דלוי | ותקם יתיה קדם אהרן כהנה |
| 690 | | Dt18:01 | לליוויי כל בני שבטה | דלוי | חולק ואחסנה עם ישראל |
| 691 | | Dt10:09 | בגין כדין לא הווה לשבטה | דלוי | חלק ואחסנה עם אחוי קרבנוי |
| 692 | | Ex32:28 | ועבדו בנוי | דלוי | כמלוי דמשה ונפל מן עמא |
| 693 | | Ex32:28M | דלוי /בני שבטה | דלוי#2#/ | כמלוי דמשה ונפל מן |
| 694 | | Nu 1:49 | לחוד ית שבטה | דלוי | לא תסכום וית ריש סכומיהון |
| 695 | | Dt33:09 | דאמיר על שבטה | דלוי | לאבוי ולאימיה לא נסב אפין |
| 696 | | Nu 3:15 | סכום ית בנוי | דלוי | לבית אבהתהון לזרעייתהון |
| 697 | | Nu 3:20 | אלין אינון זרעייתהון | דלוי | לבית אבהתהון: |
| 698 | | Nu 4:02 | דקהת מן גו דבנוי | דלוי | לזרעייתהון לבית אבהתהון: |
| 699 | | Nu26:57M | סכומי | לויי/דלוי#2#/ | לזרעייתהון לגרשון |
| 700 | | Ex 6:16 | ^הנ'#2#^ שמהת בנוי | דלוי | ליחוסיהון גרשום וקהת |
| 701 | | Ex 6:19 | אינון זרעיותיהון דבנוי | דלוי | ליחוסיהון: |
| 702 | | Dt10:08 | אפריש ייי ית בנוי שבטה | דלוי | למסבול ית ארון קיימה דייי |
| 703 | | Ex 6:16 | ומררי ושנוי חיוי | דלוי | מאה ותלתין ושבע שנין: |
| 704 | | Nu16:10 | יתך וית כל אחיכון בנוי | דלוי | עימך ואתון בעיין למיסב |
| 705 | | Nu18:02 | ואוף ית אחך שבטה | דלוי | שבטה דאבוך אקרב לוותך |
| 706 | דלויי | Nu26:58 | אלין זרעייתה דבנוי | דלויי | זרעייתה דבנוי דלבני |
| 707 | דלמך | Gn 4:23 | וצלה שמעו בקלי נשוהי | דלמך | א{נ}<צ>יתן למימריה דפומי |
| 708 | | Gn 5:31 | והוון כל יומוי | דלמך | שבע מאה ושבעין ושבע שנין |
| 709 | דמ' | Nu 3:33M | הינון זרעייתיה | דמ'#2#/: | |
| 710 | | Nu34:23M | דיוסף דהוא שבטה דבנוי | דמ' | |
| 711 | דמדין | Gn25:04 | ובנוי | דמדין | עיפה ועפר וחנוך |
| 712 | דמהללאל | Gn 5:17 | והוון כל יומי חיוי | דמהללאל | תמני מאה ותשעין וחמש |
| 713 | דמר' | Nu 3:33M | וזרעייתה \דבנוי | דמוש/דמר'#2#/ | אלין אינון זרעייתה |
| 714 | דמורייטינוס | Gn10:07M | וזינגאי ובנוי | דמורייטינוס | זמרגד ומזג |
| 715 | דמושי | Nu 3:33 | דמחלי וזרעייתה דבנוי | דמושי | אלין אינון זרעייתה דבנוי |
| 716 | | Nu26:58 | דמחלי זרעייתה דבנוי | דמושי | זרעייתה דבנוי דקרחי |
| 717 | דמחלי | Nu 3:33 | למררי זרעייתה דבנוי | דמחלי | וזרעייתה דבנוי דמושי |
| 718 | | Nu 3:33M | זרעייתה \דבנוי | דמחל/דמחלי#2#/ | וזרעייתה דבנוי |
| 719 | | Nu26:58 | דחברוני זרעייתה דבנוי | דמחלי | זרעייתה דבנוי דמושי |
| 720 | דמילחה | Dt 3:17 | ועד ימא דמישרה ימא | דמ«י»לחה | שפוע בית רמתה מין |
| 721 | דמכיר | Gn50:23 | בנין דר תליתאי אף בנוי | דמכיר | בר מנשה אתיילדו על ברכוי |
| 722 | | Nu32:39 | ואזלו בנוי | דמכיר | בר מנשה לגלעדה וכבשו |
| 723 | דמכיר' | Nu26:29 | למכיר זרעיי'תה דבנוי | דמכיר' | ומכיר אוליד ית גלעד |
| 724 | דמלכה | Gn11:29 | מלכה ברת הרן אבוי | דמלכה | ואבוי דיסכה: |
| 725 | דמלכיאלי | Nu26:45 | זרעייתה דבנוי | דמלכיאלי: | |
| 726 | דממר' | Gn14:13 | והוא שרי במשרי חזווה | דממר' | אמורי«ה» אחוי דאשכל |
| 727 | דמנש' | Nu13:11 | מן שבטה דבנוי דיוסף | דמנש' | גדי בר סוסי: |
| 728 | דמנשה | Gn48:17 | רישה דאפרים על רישא | דמנשה: | |
| 729 | | Gn48:20 | ושוי ית ברכתיה | דמנשה: | |
| 730 | | Nu13:11M | דהוא מן שבטה דבנוי/ | דמנשה#2#/: | |
| 731 | | Dt 4:43M | מן שבטא דבנוי | דמנשה | |
| 732 | | Dt 4:43 | בבותנין לשבטה דבנוי | דמנשה: | |
| 733 | | Dt29:07M | מנשי /שבט בנוי | דמנשה#2#/: | |
| 734 | | Dt33:17 | דהוא מן שבטה דבנוי | דמנשה: | |
| 735 | | Nu 1:10 | עמיהוד מן שבטה דבנוי | דמנשה | גמליאל בר פדה צור: |
| 736 | | Nu 2:20 | ממני על משרית שבטה | דמנשה | גמליאל בר פדה צור: |
| 737 | | Nu 7:54 | קרב רב שבטה דבנוי | דמנשה | גמליאל בר פדה צור: |
| 738 | | Nu 7:59 | גרמיה רב שבטה דבנוי | דמנשה | גמליאל בר פדה צור: |
| 739 | | Nu10:23 | ועל חילוות שבטה דבנוי | דמנשה | גמליאל בר פדה צור: |
| 740 | | Nu32:33 | דראובן ולפלגות שבטה | דמנשה | בר יוסף ית מלכותא |
| 741 | | Nu36:12 | מן זרעיית בנוי | דמנשה | בר יוסף הוון לנשים והוות |
| 742 | | Nu 2:20 | ודסמיכין עלוי שבטה | דמנשה | ורבה דהוה ממני על משרית |
| 743 | | Nu 1:34 | לבנוי | דמנשה | יחוסיהון לזרעייתהון |
| 744 | | Dt 3:13 | יהבית לפלגות שבטה | דמנשה | כל תחום תרכונה לכל |
| 745 | | Nu26:29 | בנוי | דמנשה | למכיר זרעיי'תה דבנוי |
| 746 | | Nu26:34 | אלין זרעיתה דבנוי | דמנשה | סכומיהון חמשין ותרין |
| 747 | | Nu34:14 | ופלגות שבטה | דמנשה | קבלו אחסנתהון: |
| 748 | | Nu34:15 | תרין שבטייה ופלגות שבטה | דמנשה | קבלו אחסנתהון מן עבר |
| 749 | | Nu34:23 | דיוסף מן שבטה דבנוי | דמנשה | רבה חניאל בן אפוד: |
| 750 | | Gn48:14 | וית שמאליה על רישיה | דמנשה | שלחף ית ידו«י» ארום |
| 751 | | Nu 1:35 | סכומיהון דשבטה דבנוי | דמנשה | תלתין ותרין אלפין ותרין |
| 752 | דמררי | Ex 6:19 | ובנוי | דמררי | מחלי ומושי אלין אינון |
| 753 | | Nu 3:35 | בית אבה זרעייתה דבנוי | דמררי | צוריאל בר אביחיל על |

|  | | | | | |
|---|---|---|---|---|---|
| 754 | | Nu 3:33 | אינון זרעייתה דבנוי | דמררי: | |
| 755 | | Nu26:57 | למררי זרעייתה דבנוי | דמררי: | |
| 756 | | Nu 4:45 | סכומי זרעייתה דבנוי | דמררי | די סכם משה ואהרן על פם |
| 757 | | Nu10:17 | בנוי דגרשון ובנוי | דמררי | טעני משכנה: |
| 758 | | Nu 7:08 | תוריה יהב משה לבנוי | דמררי | כמסת פולחנהון על ידוי |
| 759 | | Nu 3:20 | ובנוי | דמררי | לזרעייתהון מחלי ומושי |
| 760 | | Nu 4:29 | בנוי | דמררי | לזרעייתהון לבית אבהתהון |
| 761 | | Nu 4:42 | וסכומי זרעיתיה דבנוי | דמררי | לזרעייתהון לבית אבהתהון: |
| 762 | | Nu 3:36 | וסכום מטרת בנוי | דמררי | ליווחוי דמשכנה ונגרוי |
| 763 | | Nu 4:33 | דן פלחנ{ה} זרעיתיה דבנוי | דמררי | לכל פלחנהון במשכן זמנה על |
| 764 | דמש' | Dt34:08 | יומי בכיתה אבלה | דמש': | |
| 765 | דמשה | Lv 8:36 | די פקד ייי על ידוי | דמשה: | |
| 766 | | Lv10:07 | עליכון ועבדו כמלוי | דמשה: | |
| 767 | | Lv10:11 | מלל ייי עמהון על ידוי | דמשה: | |
| 768 | | Lv10:20 | דאהרן ושפר באפוי | דמשה: | |
| 769 | | Lv26:46 | בטורא דסיני על ידוי | דמשה: | |
| 770 | | Nu 4:37 | ממרה דייי על ידוי | דמשה: | |
| 771 | | Nu 4:45 | ממרה דייי על ידוי | דמשה: | |
| 772 | | Nu 4:49 | די פקד ייי על ידוי | דמשה: | |
| 773 | | Nu 9:23 | מימרה דייי על ידוי | דמשה: | |
| 774 | | Nu10:13 | על פם גזירת מימר' בידה | דמשה: | |
| 775 | | Nu10:13M | דמשה /על ידוי | דמשה#2#/: | |
| 776 | | Nu27:23 | מה די מלל ייי על ידוי | דמשה: | |
| 777 | | Ex35:29 | פקד ייי למעבד על ידוי | דמשה | אייתון בני ישראל נדבה |
| 778 | | Nu12:01 | כושיה הות ציפורה אתתה | דמשה | אלא היך מה דכושיה שני |
| 779 | | Nu11:10 | רוגזה דייי לחדה ובאפוי | דמשה | ביש: |
| 780 | | Ex34:29 | לוחי{ה} סהדותא בידוי | דמשה | במחתה מן טורא ומשה לא |
| 781 | | Nu 4:49 | דייי סכם יתהון על ידוי | דמשה | גבר גבר על פלחניה ועל |
| 782 | | Nu12:16 | מה יהווי בסופ«י»ה | דמשה | הוון ישראל אשתין רבוון |
| 783 | | Ex17:12 | וידוי | דמשה | הויין זקיפן בצלו ונסבו |
| 784 | | Nu26:64 | לא הוה גבר מן סכומוי | דמשה | ואהרן כהנה די סכמו ית |
| 785 | | Nu33:01 | לחילוותהון על ידוי | דמשה | ואהרן: |
| 786 | | Nu26:63M | אליך/אליי#2#/סכומוי | דמשה | ואלעזר כהנה די סכמו ית |
| 787 | | Ex18:05 | ואת«א» יתרו חמוי | דמשה | ובנוי ואתתיה לוות משה |
| 788 | | Ex34:30 | נהר זיו איקרהון דאפוי | דמשה | ודחלו מלמקרב לוותיה: |
| 789 | | Ex34:35 | נהר זיו איקרהון דאפוי | דמשה | והוה משה מחזר ית סודרה |
| 790 | | Ex34:35 | בני ישראל ית סבר אפוי | דמשה | {(והוה משה מחזר)} ארום |
| 791 | | Ex32:19 | העגל ומחלות ותקף רוגזה | דמשה | וטלק מן ידוי ית לוחיא |
| 792 | | Ex 8:09 | ועבד ייי כמילוי | דמשה | ומיתו ערדענייא מן ביתי |
| 793 | | Ex32:28 | ועבדו בני דלוי כמלוי | דמשה | ונפל מן עמא ביומא ההוא |
| 794 | | Ex 8:27 | ועבד ייי כמילוי | דמשה | ועבר ערברובא מפרעה ומן |
| 795 | | Ex12:35 | ובני ישראל עבדו כמלוי | דמשה | ושאילו מן מצריי מנין דכסף |
| 796 | | Ex17:12 | מן דא סט' והויין ידוי | דמשה | זקיפן בצלו מדכרא הימנות |
| 797 | | Nu12:01 | כדין הות ציפורה אתתה | דמשה | יאיה בריוה ושפירה בחיזוה |
| 798 | | Ex18:01 | יתרו רבה דמדין חמוי | דמשה | ית כל מה דעבד ייי למשה |
| 799 | | Ex18:02 | ונסב יתרו חמוי | דמשה | ית צפורה אתתא דמשה |
| 800 | | Ex18:14 | וחמא חמוי | דמשה | ית כל מה דהוה עבד |
| 801 | | Ex18:17 | ואמר חמוי | דמשה | ליה לא תקין פתגמא די את |
| 802 | | Nu17:05 | די מלל ייי על ידוי | דמשה | ליה: |
| 803 | | Nu 7:89M | למשכן /ו{מ}ב<מ>עלה | דמשה | למשכן#2#/ זימנא לממללה |
| 804 | | Ex33:09M | נחת /ויהווי כמיעליה | דמשה | למשכנה הוון נחת#2#/ |
| 805 | | Nu11:28 | יהושע בר נון משמשה | דמשה | מן רוביותיה ואמ' ריבוני |
| 806 | | Nu15:23 | פקד ייי עליכון על ידוי | דמשה | מן יומא די פקד ייי ולהל |
| 807 | | Ex18:02 | דמשה ית צפורה אתתא | דמשה | מן בתר דשבק יתה: |
| 808 | | Ex 6:09 | ישראל ולא שמעו למילוי | דמשה | מקפדות רוח ומפולחן קשה: |
| 809 | | Dt32:01 | כיוון דמטה קצה | דמשה | נבייא למתכנשה בשלם מן גו |
| 810 | | Nu10:29 | בר רעואל מדיניה חמוי | דמשה | נטלין אנן לאתרה די אמר |
| 811 | | Ex14:31 | ממריה דייי ובנבואתיה | דמשה | עבדיה: |
| 812 | | Ex18:12 | ונסב יתרו חמוי | דמשה | עלוון ונכסת קודשין לשמיה |
| 813 | | Ex38:21M | די אתפקד על מימר פומה | דמשה | פלחן ליוואי#2#/ על ידוי |
| 814 | | Ex38:21 | דאסתכם על גזרת פמיה | דמשה | פלח<נ>יון דלווי על ידוי |
| 815 | | Ex18:12 | למיכל לחמא עם חמוי | דמשה | קדם ייי: |
| 816 | | Ex34:34M | משה עליל /ובמעלה | דמשה#2#/ | קדם ייי למללה |
| 817 | | Lv24:12 | למ{מ}י<מ>ר לא שמענן | דמשה | רבהון אמר לא שמעית ואצנעו |
| 818 | | Nu26:11M | ואזלו בתר אולפנה | דמשה | רבהון לא מיתו במותנה ולא |
| 819 | | Nu27:05 | בהתין למימר לא שמענן | דמשה | רבהון אמר לא שמעית וקרב |
| 820 | | Nu 9:08 | בהתין למימר לא שמענן | דמשה | רבן אמר לא שמעתה ואמר |
| 821 | | Nu15:34 | למימר לא שמענן | דמשה | רבן ואמ' לא שמעת ואצנעו |
| 822 | דמתושלח | Gn 7:10 | לסוף שבעת יומי אבלא | דמתושלח | ומוי דמבולא הוון על |
| 823 | | Gn 5:27 | והוון כל יומי חיוי | דמתושלח | תשע מאה ושתין ותשע שנין |
| 824 | דנביות | Gn36:03 | ברת ישמעאל אחתיה | דנביות: | |
| 825 | | Gn28:09 | בריה דאברהם אחתה | דנביות | על נשוי לה לאתה: |
| 826 | דנח | Gn 6:09 | אילין יחוס תלדוותיה | דנח | נח גבר צדיק שלם בעבדה טבא |
| 827 | | Gn10:01 | ואלין תולדוות' בנוי | דנח | שם וחם ויפת ואתילידו |
| 828 | | Gn 7:11 | בסוף שית מאה שנין לחיוהי | דנח | ביר{ת}<ח>ה תניינא |
| 829 | | Gn 8:21 | ייי ברעווה ית קרבניה | דנח | ואמר ייי במחשבת לבה לא |
| 830 | | Gn 7:13 | ושם וח' ויפת בנוי | דנח | ואתתיה דנח ותלתי נשי |
| 831 | | Gn 9:19 | תלתא אינון אלין בנוי | דנח | ומאלין איתמלית כל ארעא: |
| 832 | | Gn 7:13 | ויפת בנוי דנח ואתתיה | דנח | ותלתי נשי בנוהי עמהו' |
| 833 | | Gn10:32 | אילין זרעית בנוי | דנח | לתל<ד>וותהון באומיהון ומן |
| 834 | | Gn 9:29 | והוון כל יומי חיוי | דנח | תשע מא' וחמשין שנין ומית |
| 835 | דנחור | Gn11:29 | להון נשין שמה דאתתיה | דנחור | מלכה ברת הרן אבוי |
| 836 | | Gn24:10 | לארעא נהרים לקרתא | דנחור: | |
| 837 | | Gn21:07 | מן ייזיל ותני בבייתיה | דנחור | אחוי דאברהם אייניקת בנין |
| 838 | | Gn24:15 | לבתואל בת מלכה אתתא | דנחור | אחוי דאברהם וקולתה על |
| 839 | | Gn31:53 | אלהא דאברהם ואלהא | דנחור | ידינון בינינן אלהה |
| 840 | דנחשון | Ex 6:23 | בת עמינדב אחתיה | דנחשון | ליה לאתה וילדת ליה ית |
| 841 | דנמואלי | Nu26:12 | זרעיתה ^דבנוי^#2# | דנמואלי | לימין זרעייתה דבנוי |
| 842 | דנמרוד | Gn48:22 | אבוי דאבה מן ידוי | דנמרוד | רשיעא ויהב יתיה ליצחק |
| 843 | דנעמי | Nu26:40 | לנעמן זרעייתה דבנוי | דנעמי: | |
| 844 | דנפתלי | Nu 1:15 | מן שבטה דבנוי | דנפתלי | אחירע בר עינן: |
| 845 | | Nu 2:29 | על משרית דשבטה דבנוי | דנפתלי | אחירע בר עינן: |
| 846 | | Nu 7:78 | קרב רב שבטה דבנוי | דנפתלי | אחירע בר עינן: |
| 847 | | Nu 7:83 | גרמיה רב שבטה דבנוי | דנפתלי | אחירע בר עינן: |
| 848 | | Nu10:27 | ועל חילוות שבטה דבנוי | דנפתלי | אחירע בר עינן: |
| 849 | | Gn46:24 | ובנוי | דנפתלי | יחצאל וגוני ויצר |
| 850 | | Nu13:14 | מן שבטה דבנוי | דנפתלי | נחבי בר ופסי: |
| 851 | | Dt33:23 | ולשבטה | דנפתלי | ברך משה נבייא דייי ואמר |
| 852 | | Nu 2:29 | ושבטה | דנפתלי | ורבה דהוה ממני על משרית |
| 853 | | Nu 1:43 | סכומיהון דשבטה דבנוי | דנפתלי | חמשין ותלתה אלפין וארבע |
| 854 | | Nu 1:42 | לבנוי | דנפתלי | יחוסיהון לזרעייתהון |
| 855 | | Nu26:48 | בנוי | דנפתלי | לזרעייתהון ליחצאל |
| 856 | | Nu26:50 | אילין זרעייתה דבנוי | דנפתלי | לזרעייתהון וסכומיהון |
| 857 | | Nu34:28 | ומן שבטה דבנוי | דנפתלי | רבה פדהאל בר עמיהוד: |
| 858 | דס' | Nu21:28M | גהינם נפקו מן קרתה | דס' | לחיית מואבאי |
| 859 | דסיחון | Nu21:27 | תתבני ותשתכלל קרתה | דסיחון: | |
| 860 | | Nu21:26 | ארום חשבון קרתה | דסיחון | מלכהון דאמוריי הוות והוא |
| 861 | | Nu34:15 | בית זימרא בית מלכותא | דסיחון | מלכותא דאמוריי ובית |

|  |  |  |  |  |  |
|---|---|---|---|---|---|
| 862 | | Nu32:33 | בר יוסף ית מלכותא | דסיחון | מלכיהון דאמוריי |
| 863 | | Nu21:28 | כשלהביתה נפקו מן קרתא | דסיחון | שיצון לחוות מואביי |
| 864 | דע' | Dt 2:05M | דרגלה ארום ירתו | לעשו/דע'#2#/ | יהבית ית טורא |
| 865 | דעדה | Gn36:16 | דאדומיי אלין בניה | דעדה: | |
| 866 | | Gn36:10 | בנוי דעשו אליפז ברא | דעדה | אתתיה דעשו {{רא}} רעואל |
| 867 | | Gn36:12 | ית עמלק אלין בנוי | דעדה | אתתיה דעשו: |
| 868 | דער' | Nu 3:27M | \דבנוי | דעזיאל'/דער'#2#/ | אלין אינון זרעייתה |
| 869 | דעוג | Dt 3:10 | קורי בית מלכותה | דעוג | בבותנין: |
| 870 | | Dt 3:04 | טרכונה בית מלכותה | דעוג | ב{כ}<ב>ותנין: |
| 871 | | Dt 3:13 | וכל בותנין בית מלכותה | דעוג | יהבית לפלגות שבטה דמנשה |
| 872 | | Nu32:33 | וית מלכותא | דעוג | מלכא דמותנין ארעא לקרייה |
| 873 | | Nu34:15 | דאמוריי ובית מלכותא | דעוג | מלכא דבותניין מה די קטל |
| 874 | דעזיאל | Ex 6:22 | ובנוי | דעזיאל | מישאל ואלצפן וסתרי: |
| 875 | | Lv10:04 | ולאלצפן בנויהי | דעזיאל | חביבה דאהרן ואמר להון |
| 876 | דעזיאלי | Nu 3:27 | וזרעייתה דבנוי | דעזיאלי | אלין אינון זרעייתה דבנוי |
| 877 | דעמ' | Nu 3:27M | זרעייתה \דבנוי | דעמרמי/דעמ'#2#/ | וזרעיתה דבנוי |
| 878 | דעמלק | Ex17:16 | למשיציא ית דוכרנא | דעמלק | לדרי דרין: |
| 879 | | Ex17:14 | אשיציא ית דכרניה | דעמלק | מן תחות שמיא: |
| 880 | | Dt25:19 | יתה תשיצון ית דוכרנייה | דעמלק | מן תחות שמייא עמי בני |
| 881 | דעמרם | Nu26:59 | ושמה דאתתה | דעמרם | יוכבד ברת לוי די ילדת |
| 882 | | Ex 6:21 | וית משה ושני חיוי | דעמרם | מאה ותלתין ושבע שנין: |
| 883 | דעמרמי | Nu 3:27 | דקהת זרעייתה דבנוי | דעמרמי | וזרעייתה דבנוי דיצהרי |
| 884 | דענק | Dt 1:28 | עד צית שמיא ולחוד בנוי | דענק | גוברא חמינן תמן: |
| 885 | | Dt 2:10 | וסגין ותקיפין כבנוי | דענק | גובריה: |
| 886 | | Dt 2:11 | יתחשבון אוף אנון כבנוי | דענק | גובריה ומואביי הוון |
| 887 | | Nu13:22 | ששי ותלמי בנוי | דענק | ג«י»ברא וחברון שבע |
| 888 | | Nu13:28 | רברבן לחדה ואוף בנוי | דענק | גיברה חמינן תמן: |
| 889 | | Dt 9:02 | מן יכיל למיקם קדם בנוי | דענק | גיבריה: |
| 890 | | Dt 9:02 | עם רברבין ותקיפין בנוי | דענק | גיבריה די אתון חכמתון |
| 891 | | Dt 2:21 | וסגין ותקיפין כבנוי | דענק | גיברייא ושיצי יתהון ייי |
| 892 | | Nu13:33 | ית גיברי«י»ה בנוי | דענק | מן גיברייה והוונן באפנה |
| 893 | דענר | Gn14:13 | אחוי דאשכל ואחוי | דענר | ואנון הוון מרי קיימא |
| 894 | דעפרר' | Gn25:09 | במערתא כפילא בחקלא | דעפרו' | בן צחר חתיה די כל קובל |
| 895 | דעפרון | Gn23:17 | וקמת חקלת | דעפרון | די בכפילה די קדם מימרא |
| 896 | | Gn49:29 | במערת«א» דבחקלא | דעפרון | חתי<'>: |
| 897 | דערד | Nu33:40 | ושמע כנענא' מלכא | דערד | ארום הוא הוה שרי בדרומ' |
| 898 | | Nu21:01 | ושמע כנענאה מלכא | דערד | דהוה שרי בדרומה ארום |
| 899 | דערי | Nu26:16 | לערי זרעייתה דבנוי | דערי: | |
| 900 | דערני | Nu26:36 | לערן זרעייתה דבנוי | דערני: | |
| 901 | דעשו | Gn27:22M | אוריתא שלטין ביה ידוי | דעשו | |
| 902 | | Gn27:22 | ומוש ידיה מוש ידוי | דעשו: | |
| 903 | | Gn36:10 | רעואל בת בשמת אתתיה | דעשו: | |
| 904 | | Gn36:12 | אלין בנוי דעדה אתתיה | דעשו: | |
| 905 | | Gn36:17 | אלין בנוי דבשמת אתתיה | דעשו: | |
| 906 | | Gn36:18 | ברת ענה אתתיה | דעשו: | |
| 907 | | Gn36:10 | אלן שמהת בנוי | דעשו | אליפז ברא דעדה אתתיה |
| 908 | | Gn36:09 | ואלין יחוס «תלדוותא» | דעשו | אבוהון דאדומיי בטורא |
| 909 | | Gn27:23 | ארום הוון ידוי כידוי | דעשו | אחוי שערניין וברך יתיה: |
| 910 | | Gn48:22 | ואנה נסבת יתיה מן ידוי | דעשו | אחוי לא בחרבי ולא בקשתי |
| 911 | | Gn32:03 | למרדף בתרי {או משרין | דעשו | אחי אינון דהוא אתי |
| 912 | | Gn32:03 | או משרין דמלאכין | דעשו | אחי אינון דהוא אתי לקדמ' |
| 913 | | Gn32:03M | יתהון דלמא דמשירייתא | דעשו | אחי אתיין לקדמותי |
| 914 | | Dt 2:08 | מן לוות אחונן בנוי | דעשו | ^אליין#2#^ דשריין בגבלה |
| 915 | | Gn32:12 | מן ידוי דאחי מן ידוי | דעשו | ארום דחל אנא מנה דלא ייתי |
| 916 | | Gn36:15 | «אלין» רברבנוי דבנוי | דעשו | בנוי דאליפז בכוריה דעשו |
| 917 | | Gn27:15 | ונסבת רבקה ית לבושוי | דעשו | ברה רבה משבחיין דהווה בגו |
| 918 | | Gn27:42 | ואתני לרבקה ית מלוי | דעשו | ברה רבה ושלחת וקרת ליעקב |
| 919 | | Gn36:05 | אלין ^אינון#2#^ בנוי | דעשו | די אתילדו ליה בארעא |
| 920 | | Dt 2:04 | בתחום אחיכון בנוי | דעשו | דשריין בגבלה וידחלון |
| 921 | | Dt 2:22 | היך מה די עבד לבנוי | דעשו | דשריין בגבלה די שיצון ית |
| 922 | | Dt 2:29 | היך מה די עבדו לן בנוי | דעשו | דשריין בגבלה ומואביי |
| 923 | | Gn36:01 | יחוס תולדוותיה{ון} | דעשו | הוא אדום: |
| 924 | | Gn29:17M | דלא תסוק במזליה | דעשו | ורחל |
| 925 | | Gn25:23M | מן בגלל דבסוף מלכותא | דעשו | ואח{ר}<ד> יעקב |
| 926 | | Gn36:19 | אלין בנוי | דעשו | ואלין רברבניהון הוא |
| 927 | | Gn36:14 | ענה ברת צבעון אתתיה | דעשו | וילדת לעשו ית יעוש וית |
| 928 | | Gn36:12 | לחינתה לאליפז ברה | דעשו | וילידת לאליפז ית עמלק |
| 929 | | Dt33:02 | למתן אורית לבנוי | דעשו | וכיוון די אשכחו כתיב |
| 930 | | Dt33:03 | וידוע קדמוי דלא בנוי | דעשו | ולא בנוי דישמעאל מקבלין |
| 931 | | Dt 2:12 | מן לקדמין ובנוי | דעשו | ירתו יתהון ושיצון יתהון |
| 932 | | Gn27:29 | קדמך אומיא כל בנוי | דעשו | ישתעבדון לך מלכוותא כל |
| 933 | | Gn36:40 | ואלין שמהת רברבנוי | דעשו | לזרעיתהון לאתריהון |
| 934 | | Gn50:01 | תמן שולטנין מן בנוי | דעשו | קיימין תמן שולטנין מן |
| 935 | | Gn36:10 | אליפז ברא דעדה אתתיה | דעשו | {{רא}} רעואל בת בשמת |
| 936 | | Gn36:15 | בנוי דאליפז בכוריה | דעשו | רבה תימן רבה אומר |
| 937 | | Gn36:17 | בנוי דרעואל בר«ה» | דעשו | רבה נחת רבה זרח רבה |
| 938 | | Gn36:18 | בניה דאהליבמה אתתה | דעשו | רבה יעוש רבה יעלם רבה |
| 939 | דפוטיאל | Ex 6:25 | אהרן נסב לה מן בנתיה | דפוטיאל | ליה לאתה וילידת ליה ית |
| 940 | דפוני | Nu26:23 | לפוה זרעייתה דבנוי | דפוני: | |
| 941 | דפלוא | Nu26:08 | ובנוי | דפלוא | אליאב: |
| 942 | דפלואי | Nu26:05 | לפלוא זרעייתה דבנוי | דפלואי: | |
| 943 | דפעור | Nu24:03 | ואמר אמר בלעם בנוי | דפעור | אמר גברא דיקיר מן אבוי מה |
| 944 | דפרע' | Gn12:15 | אתתה לפלטירין | דפרע': | |
| 945 | | Ex 2:08 | ואמרת לה ברתה | דפרע' | אזלי ואזלת רביתיה וקראת |
| 946 | דפרעה | Ex 9:14M | מחת פרענותי על ליביה | דפרעה | ובעבדך |
| 947 | | Ex 8:20M | ובבתי שליטוי /בבייתיה | דפרעה | ובתיהון דעבדוי#2#/ ובכל |
| 948 | | Gn41:25 | ואמר יוסף לפרעה חלמא | דפרע«ה» | חד הוא ית מה דייי עבד |
| 949 | | Gn40:18M | יאבד /בנהרא וסופי' | דפרעה | ייבד#2#/ וחיילותיה |
| 950 | | Gn40:17M | עליי' מן כל מזוני' | דפרעה#2#/ | עבד נחתום ועופא אכל |
| 951 | | Gn12:17M | /ועל אנשי דבייתי' | דפרעה#2#/ | על עסק שרי אתתיה |
| 952 | | Gn40:12M | פליתי' דרוגזי<ה> | דפרעה | עתיד למשתי בעקבה אף את |
| 953 | דפרץ | Nu26:21 | והוון בנוי | דפרץ | לחצרון זרעייתה דבנוי |
| 954 | דפרצי | Nu26:20 | לפרץ זרעייתה דבנוי | דפרצי | לזרח זרעייתה דבנוי |
| 955 | דצלפחד | Nu36:10 | ית משה כדן עבדו בנתה | דצלפחד: | |
| 956 | | Nu26:33 | אלהן בנן ושום בנתיה | דצלפחד | מחלה ונעה חגלה מלכה |
| 957 | | Nu27:01 | וקרבין בנתה | דצלפחד | בר חפר בר גלעד בר |
| 958 | | Lv24:12 | פיסחה ובדין בנתה | דצלפחד | הוה משה זריז מן בגלל |
| 959 | | Nu 9:08 | בזמנה ובדין בנתיה | דצלפחד | הוה משה זריז מן בגלל |
| 960 | | Nu15:34M | וב{ג}<ד>ין בנתיה | דצלפחד | הוה משה זריז מן בגלל |
| 961 | | Nu15:34 | בזמנה ובתרין בנתה | דצלפחד | הוה משה זריז מן בגלל |
| 962 | | Nu27:05 | ובתרין בנתיה | דצלפחד | הוה זריז מן בגלל דהוון |
| 963 | | Nu36:11 | ומלכה ונעה בנתיה | דצלפחד | לבנוי דאחוי דאבוהון |
| 964 | | Nu36:06 | פקד ייי לבנתיה {דצפל} | דצלפחד | למימ' למן דשפר באפהון |
| 965 | | Nu27:07 | כדין בנתיה | דצלפחד | מלילו מתן תתן להון ירתו |
| 966 | דצפוני | Nu26:15 | לצפון זרעיתה דבנוי | דצפוני | לחגי זרעיתה דחגי |
| 967 | דצפור | Nu23:18 | ושמע אצת כען למלי ברה | דצפור: | |
| 968 | דק' | Nu16:32M | /בני אנשא דאית בעצתיה | דק'#2#/ | וית כל#2#^^ מה דלהון |
| 969 | דקדמות | Dt 2:26 | ושלחית שלוחין מן מדברה | דקדמות | לוות סיחון מלכא דחשבון |

|  |  |  | | | |
|---|---|---|---|---|---|
| 970 | דקהת | Ex 6:18 | ובנוי | דקהת | עמרם ויצהר וחברון |
| 971 | | Nu 3:19 | ובנוי | דקהת | עמרם ויצהר וחברון |
| 972 | | Nu 4:04 | דן פולחנה דבנוי | דקהת | במשכן זימנא |
| 973 | | Nu 4:15 | ימותון אלין מטלני בנוי | דקהת | במשכן זימנה: |
| 974 | | Nu 3:27 | ולבנוי | דקהת | זרעייתה דבנוי דעמרמי |
| 975 | | Nu 3:29 | זרעיתה דבנוי | דקהת | ישרון על שיפולוי דמשכנה |
| 976 | | Nu 7:09 | ולבנוי | דקהת | לא יהב משה לא מן עגלתה |
| 977 | | Nu 4:15 | כדן ייעלון בנוי | דקהת | למטען במשכן ולא יקרבון |
| 978 | | Ex 6:18 | ועזיאל ושני חיוי | דקהת | מאה ותלתין ותלת שנין: |
| 979 | | Nu 4:02 | קבל ית סכומיהון דבנוי | דקהת | מן גו דבנוי דלוי |
| 980 | דקורח | Dt11:06M | /ברייתא דאית בעצתא | דקורח | בגו בני י״#2#/: |
| 981 | דקטור׳ | Gn27:29 | ושליט על אחך כל בניה | דקטור׳ | ויהוון מקדמין ושאלין |
| 982 | דקטורה | Gn49:02 | פסול ישמעאל וכל בנוי | דקטורה | ויצחק אבה קם מיניה |
| 983 | | Dt 6:04 | ישמעאל וכל בני{כ}<ה> | דקטורה | ויצחק אבה קם מיניה |
| 984 | | Gn50:01 | תמן שולטנין מן בנוי | דקטור«ה» | תמן קאים יהודה אריה |
| 985 | דקינן | Gn 5:14 | והוה כל יומי חיוי | דקינן | תשע מאה ועשר שנין ומית |
| 986 | דקרח | Ex 6:24 | ובנוי | דקרח | אסיר ואלקנה ואביאסף |
| 987 | | Nu16:24 | מן חזור חזור למשכנה | דקרח | דתן ואבירם: |
| 988 | | Nu16:27 | ואסתלקו מעלוי משכנה | דקרח | דתן ואבירם מן חזור חזור |
| 989 | | Ex 6:24 | זרעיותיהון דבנו׳ | דקרח: | |
| 990 | | Nu17:14 | בר מן דהוון על עצתה | דקרח: | |
| 991 | | Nu26:11M | דילא הוון בעצתה | דאבוהון/דקרח | אבוהון#2#/ לא מיתו: |
| 992 | | Nu27:03 | דאתרעמו קדם ייי בעצתה | דקרח | ארום בחובוי מית ובנין |
| 993 | | Nu26:09 | משה ועל אהרן בעצתה | דקרח | בזמנה די פלגו קדם ייי: |
| 994 | | Nu26:11 | ובנוי | דקרח | על דילא הוון בעצתה |
| 995 | דקרחי | Nu26:58 | דמושי זרעייתה דבנוי | דקרחי | וקהת אוליד ית עמרם: |
| 996 | דראובן | Nu 1:05 | עמכון מן שבטה דבנוי | דראובן | אליצור בר שד«י»אור: |
| 997 | | Nu 2:10 | ממני על שבטה דבנוי | דראובן | אליצור בר שדיאור: |
| 998 | | Nu 7:30 | קרב רב שבטה דבנוי | דראובן | אליצור בר שדיאור: |
| 999 | | Nu 7:35 | גרמיה רב שבטה דבנוי | דראובן | אליצור בר שדיאור: |
| 1000 | | Nu10:18 | חיילוותיה שבטה דבנוי | דראובן | אליצור בר שדיאור: |
| 1001 | | Gn46:09 | ובנוי | דראובן | חנוך ופלוא חצרון |
| 1002 | | Nu26:05 | בכוריה דישראל בנוי | דראובן | חנוך דזרעיית{י}ה דבנוי |
| 1003 | | Nu13:04 | שמהתהון מן שבטה דבנוי | דראובן | שמוע בר זכור: |
| 1004 | | Ex 6:14 | אליין זרעתהון דבנוי | דראובן: | |
| 1005 | | Nu16:01 | ואון בר פלת בנוי | דראובן: | |
| 1006 | | Nu 1:21 | סכומיהון לשבטה דבנוי | דראובן | ארבעין ושתה אלפין וחמש |
| 1007 | | Ex 6:14 | בית אבתהון בנוי | דראובן | בוכרי דישראל חנוך |
| 1008 | | Nu 1:20 | והוון בנוי | דראובן | בכורא דישראל יחוסיהון |
| 1009 | | Nu32:37 | ובנוי | דראובן | בנון ית חשבון וית |
| 1010 | | Nu 2:10 | טקס משרית שבטה דבנוי | דראובן | דרומה לחיילוותהון ורבה |
| 1011 | | Nu32:06 | לבנוי דגד ולבנוי | דראובן | האחיכון יעלון לסדרי קרבא |
| 1012 | | Nu32:02 | ואתון בנוי דגד ובנוי | דראובן | ואמרין למשה ולאלעזר |
| 1013 | | Nu26:07 | אליין זרעייתה דבנוי | דראובן | והוון סכומיהון ארבעין |
| 1014 | | Nu32:01 | סגין הוה לבנוי | דראובן | ולבנוי דגד תקיף לחדה |
| 1015 | | Nu32:33 | לבנוי דגד ולבנוי | דראובן | ולפלגות שבטה דמנשה בר |
| 1016 | | Nu 2:16 | דמשרית שבטה דבנוי | דראובן | חמש עשרה רבוון אלף וארבע |
| 1017 | | Nu32:25 | ואמרין בנוי דגד ובנוי | דראובן | למשה למימר עבדך יעבדון |
| 1018 | | Nu34:14 | ארום נסבו שבטה דבנוי | דראובן | לבית אבהתהון ושבטה דבנוי |
| 1019 | | Nu10:18 | טכס משרית שבטה דבנוי | דראובן | לחילוותהון ורבה דהוה |
| 1020 | | Nu32:31 | וענו בנוי דגד ובנוי | דראובן | למימ׳ ית מה די מלל ייי |
| 1021 | | Nu32:29 | בנוי דגד ובנוי | דראובן | עמכון ית ירדנה כל דמזיין |
| 1022 | דראובני | Dt 3:16 | ולשבטה דבנוי | דראובני | ודבנוי דגדי יהבית מן |
| 1023 | | Dt 3:12 | יהבית לשבטה דבנוי | דראובני | ולשבטה דבנוי דגדי: |

|  |  |  | | | |
|---|---|---|---|---|---|
| 1024 | דרבקה | Gn24:30 | וכדי שמע ית מילי | דרבקה | אחתה למימר כדין מלל עמי |
| 1025 | | Gn28:05 | בתואל ארמאה אחו«ה» | דרבקה | אמה דיעקב ועשו: |
| 1026 | | Gn35:09 | מרב{עו}<ני>תא | דרבק«ה» | אמיה ומיתת רחל עלוי |
| 1027 | | Gn35:08 | ומיתת דבורה מינקתה | דרבקה | ואתקברת מן תחות בלוטה |
| 1028 | דרחל | Gn35:24 | בניה | דרחל | יוסף ובנימין: |
| 1029 | | Gn31:33 | משכנא דלאה ועל למשכנא | דרחל: | |
| 1030 | | Gn46:19 | בנוי | דרחל | אתתיה דיעקב יוסף |
| 1031 | | Gn46:19M | \בנוי דרחל /בנה | דרחל#2#/ | אתתיה דיעקב יוסף |
| 1032 | | Gn30:07 | וילדת בלהה אמה{ה}תה | דרחל | בר תניין ליעקב: |
| 1033 | | Gn46:22 | אלין בנוי | דרחל | דילידת ליעקב כל נפשתא |
| 1034 | | Gn30:22 | ושמע ייי ית קל צלותה | דרחל | ואמר במימריה למיתן לה |
| 1035 | | Gn50:16M | למימר לה אבוך /אמהתא | דרחל | למימ׳ ליוסף אבוך#2#/ |
| 1036 | | Gn35:20 | היא קיימת קבורתא | דרחל | עד זמן יומא הדין: |
| 1037 | דרעואל | Gn36:13 | ואלין בניה | דרעואל | נחת וזרח שמה ומיזה |
| 1038 | | Gn36:17 | רבה מזה אלין רברבנוי | דרעואל | בארעהון דאדומיי אלין |
| 1039 | | Gn36:17 | ואלין בנוי | דרעואל | בר«ה» דעשו רבה נחת |
| 1040 | דרעמה | Gn10:07 | ורעמ׳ וסבתכא ובנוי | דרעמה | שבא ודדן: |
| 1041 | דשאולי | Nu26:13 | לשאול זרעייתה דבנוי | דשאולי: | |
| 1042 | דשוחם | Nu26:43M | זרעייתהון | דשוחם | |
| 1043 | דשוחמי | Nu26:42M | לשוחם זרעייתה דבנוי | דשוחמי | אלין זרעייתה דבנוי דדן |
| 1044 | | Nu26:43 | כל זרעייתה דבנוי | דשוחמי | לסכומיהון אשתין וארבעה |
| 1045 | דשוני | Nu26:15 | לשוני זרעייתה דבנוי | דשוני: | |
| 1046 | דשופן | Nu32:35M | יעזר ויגבהה /מכללתה | דשופן | וית מכוור ויג׳#2#/: |
| 1047 | דשותלח | Nu26:36 | ואלין בנוי | דשותלח | לערן זרעייתה דבנוי |
| 1048 | דשכם | Gn33:19 | בנוי די חמור אבוי | דשכם | במאה מרגליין: |
| 1049 | | Gn34:18 | באפוי דחמור ובאפוי | דשכם | בר חמור: |
| 1050 | | Gn34:26 | ונסבו ית דינה מבייתיה | דשכם | {דשכם} ונפקו: |
| 1051 | | Gn34:26 | ית דינה מבייתה דשכם | {דשכם} | ונפקו: |
| 1052 | | Gn34:06 | ונפק חמור אבוי | דשכם | לוות יעקב לממללה עמה: |
| 1053 | דשכמי | Nu26:31 | ושכם זרעייתה דבנוי | דשכמי: | |
| 1054 | דשלמי | Nu26:49 | לשלם זרעייתה דבנוי | דשלמי: | |
| 1055 | דשלני | Nu26:20 | לשלה זרעייתה דבנוי | דשלני | לפרץ זרעייתה דבנוי |
| 1056 | דשם | Gn10:22 | בנוי | דשם | עלם ואשור וארפכשד ולוד |
| 1057 | | Gn11:10 | אל«י»ן יחוס תלדו«תה» | דשם | שם בר מאה שנין הוה ואולד |
| 1058 | | Gn25:27M | יתיב ומשמש בבית מדרשא | דשם | ועבר ותבע אולפן מן קדם |
| 1059 | | Gn 9:27M | בנוי ישרון במדרשי׳ | דשם | והי כנען מש׳ להון |
| 1060 | | Gn 9:26 | ואמר בריך הוא ייי אלהא | דשם | ויהווי כנען עבד משתעבד |
| 1061 | | Gn 9:27 | יקר שכינתי׳ בגו משכוני | דשם | ויהווי כנען עבד משתעבד |
| 1062 | | Gn10:31 | אלין בנוהי | דשם | לזרעיתיהון ללשניהון בארעהון |
| 1063 | | Gn 9:27M | ויהווי /בבית מדרשוי | דשם | רבה ויהווי#2#/ כנען עבד |
| 1064 | | Gn24:62 | הוי אתי מן בית מקדשא | דשם | רבה לבארה דאתגלי עלי קיים |
| 1065 | | Gn25:22 | בנין ואזלת לבית מדרשא | דשם | רבה למתבע רחמין מן קדם |
| 1066 | דשמידעי | Nu26:32 | ושמידע זרעיתה דבנוי | דשמידעי | וחפר זרעייתה דבנוי |
| 1067 | דשמער׳ | Nu34:20 | ומן שבטה דבנוי | דשמער׳ | שמואל בר עמיהוד: |
| 1068 | דשמעון | Gn46:10 | ובנוי | דשמעון | ימואל וימין ואהד |
| 1069 | | Ex 6:15 | ובנוי | דשמעון | ימואל וימין ואהד |
| 1070 | | Nu 1:06 | מן שבטה דבנוי | דשמעון | שלמיאל בר צורי שדי: |
| 1071 | | Nu 2:12 | על משרית שבטה דבנוי | דשמעון | שלמיאל בר צורי שדי: |
| 1072 | | Nu 7:36 | קרב רב שבטה דבנוי | דשמעון | שלמיאל בר צורי שדי: |
| 1073 | | Nu 7:41 | מן נכסי גרמיה רב שבטה | דשמעון | שלמיאל בר צורי שדי: |
| 1074 | | Nu10:19 | ועל חיילוות שבטה דבנוי | דשמעון | שלמיאל בר צורי שדי: |
| 1075 | | Nu13:05 | מן שבטה דבנוי | דשמעון | שפ{ד}<ט> בר חורי: |
| 1076 | | Ex 6:15 | אנון זרעיותיהון דבנוי | דשמעון: | |
| 1077 | | Gn49:07 | לקבליהון אפלג חולקיה | דשמעון | בגו דבית יעקב ואסגי |

|  |  |  |  |  |  |
|---|---|---|---|---|---|
| 1078 | | Gn44:18 | חילי תקיף מן חילהון | דשמעון | ולוי בשבועתא אם אשלוף |
| 1079 | | Gn44:18M | חילי תקיף מן חיליהון | דשמעון | ולוי בשבועתא אם אשלוף |
| 1080 | | Nu 2:12 | סמיכין ליה שבטה דבנוי | דשמעון | ורבה דהוה ממני על משרית |
| 1081 | | Nu 1:23 | סכומיכון לשבטה דבנוי | דשמעון | חמשין ותשעה אלפין ותלת |
| 1082 | | Nu 1:22 | לבנוי | דשמעון | יחוסיהון לזרעייתהון |
| 1083 | | Nu26:12 | בנוי | דשמעון | לזרעייתהון לנמואל |
| 1084 | דשמעוני | Nu25:14 | רב בית אבא דבנוי | דשמעוני: | |
| 1085 | | Nu26:14 | אלין זרעיתה | דשמעוני | עשרין ותרין אלפין ותרתין |
| 1086 | דשמעי | Nu 3:21 | דלבני וזרעייתה דבנוי | דשמעי | אלין אינון זרעייתה דבנוי |
| 1087 | דשמרוני | Nu26:24 | זרעייתה דבנוי | דשמרוני: | |
| 1088 | דשמשון | Gn49:18M | לא לפורקנא | דגדעון/דשמשון#2#/ | בר יואש סכיית |
| 1089 | דשמשן | Gn49:18 | פורקן שעה ולא לפורקניה | דשמשן | בר מנוח סכיית נפשי דהוא |
| 1090 | דשעיר | Gn36:20 | אלין בנוי | דשעיר | חורניה דיירי ארעא |
| 1091 | דשפופמי | Nu26:39 | לשפופם זרעייתה דבנוי | דשפופמי | לחופם זרעייתה דבנוי |
| 1092 | דשרה | Gn23:01 | ושבע שנין שני חייה | דשרה: | |
| 1093 | | Gn24:67 | <ואעל יתה> יצחק למשכנה | דשרה | אמה ונסב ית רבקה והות לה |
| 1094 | | Gn25:12 | ילידת הגר מצריתא אמתא | דשרה | לאברהם: |
| 1095 | | Gn23:01 | והוון חייה | דשרה | מאה ועשרין ושבע שנין שני |
| 1096 | דשרי | Gn16:02 | על ידה ושמע אברם לקלה | דשרי: | |
| 1097 | | Gn16:08M | "אמתא ... אתייה": אמהתה | דשרי | מן הן אתייא |
| 1098 | | Gn16:08 | ואמר הגר אמתא | דשרי | מנן את אתייה ולאן את אזלה |
| 1099 | דשת | Nu24:17 | מואביי וישיצי כל בנוי | דשת | וירוקן מרי נכסייה: |
| 1100 | | Gn 5:08 | והוון כל יומוי חיוי | דשת | תשע מאה ותרתין עשרה שנין |
| 1101 | דתובל | Gn 4:22 | נחשא ופרזלא ואחתה | דתובל | קין הות נעמה בדיה |
| 1102 | דתולעי | Nu26:23 | תולע זרעייתה דבנוי | דתולעי | לפוה זרעייתה דבנוי |
| 1103 | דתחני | Nu26:35M | לתחן זרעייתה דבנוי | דתחני: | |
| 1104 | דתמר | Gn49:09 | את הויית משיזב מן דינה | דתמר | ברי את הויי' זכיי נייח |
| 1105 | דתרח | Gn11:27 | ואלין תל«ד»וותיה | דתרח | תרח אולד ית אברם ית |
| 1106 | | Gn11:28 | ומית הרן בחיוי | דתרח | אבוהי בארע תלדוותיה באתון |
| 1107 | | Gn11:32 | והוון יומי חוי | דתרח | מאוון וחמש שנין ומית תרח |
| 1108 | דאדמה | Gn14:02 | מלכא דעמרה שנאב מלכא | דאדמה | ושמאבר מלכא דצבוי' |
| 1109 | | Gn14:08 | ומלכא דעמרה ומלכא | דאדמה | ומלכא דצבוים ומלכה |
| 1110 | דאון | Gn46:20 | אסנת ברת פוטיפרע רבה | דאון | ית מנשה וית אפרים: |
| 1111 | דאיתם | Nu33:08 | ועברו בגו ימא במדברה | דאיתם | ושרון במרה: |
| 1112 | דאל' | Nu34:08M | דקילקי' /בתחומה | דאל' | דקלקאי#2#/: |
| 1113 | דאלסר | Gn14:01 | דשנער אריוך מלכא | דאלסר | כדר לעמר מלכא דעילם |
| 1114 | | Gn14:09M | ואריוך מלכא | דפונטוס/דאלסר#2#/ | ארבעה מלכין סדרו |
| 1115 | דאפרת | Gn48:07 | וקברית יתה תמן באורחא | דאפרת | היא בית לחם: |
| 1116 | דאפרתה | Gn35:19 | רחל ואתקברת בארחא | דאפרתה | היא בית לחם: |
| 1117 | דארנונה | Nu21:28 | מדבחין קדם במתה | דארנונה: | |
| 1118 | | Dt 2:24 | קומו טלו ועברו ית נחלה | דארנונה | חמון דהא מסרית בידיכון |
| 1119 | | Dt 3:08 | די בעבר ירדנה מן נחלה | דארנונה | עד טור תלגה: |
| 1120 | דבארה דשבע | Gn21:14 | ואזלת וטעת במדברא | דבארה דשבע: | |
| 1121 | דבבל | Gn10:10 | וקטיספי בארעא | דבבל: | |
| 1122 | | Gn14:09 | דאמיא ואמרפל מלכא | דבבל | ואריוך מלכא דפונטוס . |
| 1123 | | Gn11:02 | ואשכחו בקעה בארעא | דבבל | ושרון תמן: |
| 1124 | דבותניין | Dt 3:01 | ונפק עוג מלכא | דבותניין | לקדמותן הוא וכל עמיה |
| 1125 | | Nu34:15 | מלכותא דעוג מלכא | דבותניין | מה די קטל משה נביא |
| 1126 | | Dt 4:47 | וית ארע עוג מלכא | דבותניין | תרין מלכיהון דאמוריי די |
| 1127 | דבותנין | Dt 3:11 | ארום לחוד עוג מלכא | דבותנין | אשתייר מן שייר גבריא |
| 1128 | | Dt 1:04 | בחשבון וית עוג מלכא | דבותנין | דהווה שרי בעשת{ה}<ר>תה |
| 1129 | | Nu21:34 | חמא משה לעוג מלכא | דבותנין | דחל וארתת מן קדמוי ואמר |
| 1130 | | Dt 3:03 | לחוד ית עוג מלכא | דבותנין | וית כל עמיה וקטלנן יתיה |
| 1131 | | Nu21:33 | בתנין ונפק עוג מלכא | דבותנין | לקדמותהון הוא וכל עמיה |
| 1132 | | Dt29:06 | דחשבון ועוג מלכא | דבותנין | לקדמותן לסדרי קרבה |
| 1133 | דבותנן | Nu34:15M | "דבותניין ... עד מטי": | דבותנן | נפק לרפיח ולשוק מזיי עד |
| 1134 | דבית | Nu21:20M | רמתה דמצטייפה כל וקבל | דבית | ישימון |
| 1135 | דבית ירח | Nu34:15 | לבית ירח וממדנח ימא | דבית ירח | נפק להון תחומא |
| 1136 | דבעלה | Nu22:41 | בלעם ואסק יתיה לבמתה | דבעלה | וחמא מן תמן מן קצת עמא: |
| 1137 | דג' | Nu32:29M | ית ארעא/ארע#2#/ | גלעדה/דג'#2#/ | לאחסנה: |
| 1138 | דגבלא | Gn36:08 | ושרא עשו בטורא | דגבלא | עשו הוא אדום: |
| 1139 | | Gn36:09 | אבוהון דאדומיי בטורא | דגבלא: | |
| 1140 | | Gn36:21 | לרברבניהון בארעא | דגבלא: | |
| 1141 | | Gn36:21 | לרברבניהון בארעא | דגבלא: | |
| 1142 | | Gn14:06 | דהוון שריין בטורא | דגבלא | עד דגבולא דפארן דסמיך |
| 1143 | | Dt 2:12M | שרון חוורנייה/ובטורא | דגבלא | שרון חוורנאה#2#/ |
| 1144 | דגבלה | Dt 2:05 | לעשו יהבית ית טורא | דגבלה: | |
| 1145 | | Dt 2:22M | דשריין בטורא | דגבלה | |
| 1146 | | Gn36:21 | רברבניה חוורני' «בנוי | דגבלה | בארעהון דאדומיי» |
| 1147 | | Dt 2:01 | משה ואקפנן ית טורא | דגבלה | יומין סגין: |
| 1148 | | Nu24:18 | ירתו ויהווי טורא | דגבלה | ירתו לבעלי דבבוי וישראל |
| 1149 | | Dt33:02 | ביקרי' על טורה | דגבלה | למתן אורית לבנוי דעשו |
| 1150 | | Dt 1:02M | עד} <עד מטי> /טורא | דגבלה | עד די#2#/ רקם דגיעה על |
| 1151 | דגושן | Gn47:27 | בארעא דמצרים בארעא | דגושן | ואחסנו בה ותקפו וסגן |
| 1152 | | Gn45:10 | ותשרי בארעא | דגושן | ותיהווי קריב לוותי את |
| 1153 | דגיניסר | Dt33:23 | ייי מערב {ו}<ד>ימא | דגיניסר | ודרומא ירת: |
| 1154 | דגינסר | Nu34:11M | וימטי סמיך לימה | דגי<נ>סר | מן מערבה |
| 1155 | דגיעה | Dt 1:19 | יתן ומטינן עד רקם | דגיעה: | |
| 1156 | | Nu13:26M | <לרקם> | דגיעה | ואחזרו יתהון וית כל עמה |
| 1157 | | Nu34:04 | מן דרום לרקם | דגיעה | ויפוק טירת אדרייה ויעבר |
| 1158 | | Nu32:08 | כד שלחת יתהון מן רקם | דגיעה | למיחמי ית ארעא: |
| 1159 | | Dt 9:23 | דייי יתכון מן רקם | דגיעה | למימר עולו וירותו ית ארעא |
| 1160 | | Dt 2:14 | וימיא די הלכנן מן רקם | דגיעה | עד זמן די עברנן ית נחלה |
| 1161 | | Dt 1:02 | {מטי עד} <עד מטי> רקם | דגיעה | על דחסיתון וארגזתון קדמוי |
| 1162 | דגלעדה | Nu32:01M | /ארעא דמכיר וית ארעא | דגלעדה | וה{ו}א אתרא אתר דנכסין |
| 1163 | דגריזים | Dt27:12 | למברכה ית עמא על טורה | דגריזים | במעברכון ית ירדנה שמעון |
| 1164 | | Dt27:15 | אפיהון כלפי טורה | דגריזים | ואמרין בריך יהווי גברא |
| 1165 | | Dt11:29 | ית ברכתה על טורא | דגריזים | וית לווטייה על טורא |
| 1166 | | Dt27:15 | שתה שבטין סליקו לטורה | דגריזים | ושתה שבטין סליקו לטורה |
| 1167 | דגרר | Gn16:05 | וקדם אבימל' מלכא | דגרר | ואמרת אחי הוא מן בגלל דלא |
| 1168 | | Gn20:02 | היא ושלח אבימלך מלכא | דגרר | ודבר ית שרה: |
| 1169 | | Gn26:17 | מתמן יצחק ושרה בנחלה | דגרר | ויתב תמן: |
| 1170 | | Gn26:20 | ואדיינו רעווי' | דגרר | עם רעווי דיצחק למימר דינן |
| 1171 | דגשן | Gn46:28 | בגשנה ועלו לארעא | דגשן: | |
| 1172 | | Gn47:01 | והא אינון יהיבין בארעא | דגשן: | |
| 1173 | | Gn47:04 | ישרון כען עבדך בארעא | דגשן: | |
| 1174 | | Gn50:08 | ותוריהון שבקו בארעא | דגשן: | |
| 1175 | | Gn46:34 | מן בגלל דתישרון בארעא | דגשן | ארום מרחקי ^היא#2#^ |
| 1176 | | Ex 8:18 | ביומא ההוא עם ארעא | דגשן | די עמי שריין עלה די לא |
| 1177 | | Ex 9:26 | לחוד בארעא | דגשן | די שרין תמן בני ישראל לא |
| 1178 | | Gn47:06 | וית אחך ישרון בארעא | דגשן | ואן את ידע ואית בהון |
| 1179 | דדרמסק | Gn14:15M | לדרמשק/עיינוותה | דדרמסק#2#/: | |
| 1180 | דדרמשק | Nu34:15 | דמצפון עיינוות{י}{י}יה | דדרמשק | ומצפון עיינוותיה דדרמשק |
| 1181 | | Nu34:15 | ומצפון עיינוותיה | דדרמשק | נפק להון תחומא לנהרא |
| 1182 | דהנדקי | Gn 2:11 | דחזר ומקף ית כל ארעא | דהנדקי | דמן תמן דהבא נפק: |
| 1183 | דזרד | Nu21:12 | מן תמן נטלו ושרון בנחלה | דזרד: | |
| 1184 | | Dt 2:13 | דזרד ועברנן על נחלה | דזרד: | |
| 1185 | | Dt 2:13 | כדון קומו ועברו ית נחלה | דזרד | ועברנן על נחלה דזרד: |

|  |  |  |  |  |  |
|---|---|---|---|---|---|
| 1186 | | Dt 2:14 | די עברנן ית נחלה | דזרד | תלתין ותמניא שנין עד דסף |
| 1187 | דחברון | Gn37:14 | ושלח יתיה מן מישרא | דחברון | ואתא לשכם: |
| 1188 | דחורב | Ex33:06 | חקיק עליהון מן טורא | דחורב: | |
| 1189 | | Dt 5:02 | קיים עמן קיים בטורה | דחורב: | |
| 1190 | | Dt28:69 | די קיים עמהון בטורה | דחורב: | |
| 1191 | | Dt 1:02 | הוה לכון מהלכה מן טורא | דחורב | אורח טור גבלה {מטי עד} |
| 1192 | | Dt 4:10 | קדם ייי אלהכון בטורא | דחורב | בזמנה דאמר ייי לי אמר |
| 1193 | | Dt18:16 | ייי אלהכון בטורא | דחורב | ביום התכנשות קהלה למימר |
| 1194 | | Dt 4:15 | די מלל ייי עמכון בטורא | דחורב | מן גו להבי אשתה: |
| 1195 | דחלוצה | Gn16:07 | על עיינה באורחא | דחלו«צה»: | |
| 1196 | | Ex15:22 | סוף ונפקו למדברא | דחלוצה | והלכו ארח מהלך תלתא |
| 1197 | דחשבון | Dt 2:24 | ית סיחון מלכא | דחשבון | אמורייה וית ארעיה שרון |
| 1198 | | Dt 2:30 | ולא צבא סיחון מלכא | דחשבון | דלא למעברה יתן בתחומיה |
| 1199 | | Dt29:06 | הדין ונפק סיחון מלכא | דחשבון | ועוג מלכא דבותנין |
| 1200 | | Dt 2:26 | לוות סיחון מלכא | דחשבון | מלין דשלם למימר: |
| 1201 | | Dt 3:06 | די עבדנן לסיחון מלכא | דחשבון | שיצינן כל קורי |
| 1202 | דטנס | Gn41:50 | אסנת ברת פוטיפרע רבה | דטנס: | |
| 1203 | | Gn41:45 | אסנת ברת פוטיפרע רבה | דטנס | ליה לאתתה ונפק יוסף בכל |
| 1204 | דיהוד' | Gn48:07M | היא בית לחם | ∧דיהוד'#2#/: | |
| 1205 | דיהודה | Nu26:19 | בנוי | דיהודה | ער ואונן ומית ער |
| 1206 | דיון | Gn10:04 | ובנוי | דיון | אלישא ותרשיש כתים |
| 1207 | דירושלם | Gn14:18 | ומלכא צדק מלכא | דירושלם | הוא שם רובה אפק לחם |
| 1208 | דיריחו | Nu26:63M | דמואב דסמיך לירדנא | דיריחו: | |
| 1209 | | Nu31:12 | דמואב סמיך לירדנא | דיריחו: | |
| 1210 | | Nu33:48 | דמואב סמיך לירדנא | דיריחו: | |
| 1211 | | Nu36:13 | דמואב סמיך לירדנה | דיריחו: | |
| 1212 | | Nu33:50 | דמואב סמיך לירדנה | דיריחו | למ«י»מ{(י)}ר: |
| 1213 | | Nu26:03 | דמואב סמיך לירדנא | דיריחו | למימר: |
| 1214 | | Nu35:01 | דמואב סמיך לירדנה | דיריחו | למימר: |
| 1215 | | Nu34:15M | מעבר יורדנה | דיריחו | קדמאין מן מדנחה מן מישר |
| 1216 | | Nu34:15 | מן עבר לירדנה | דיריחו | קדמין מן מדנחה נפק להון |
| 1217 | | Dt34:03 | וית מישרה בבקעתיה | דיריחו | קרתה דעבדה תומרין היא |
| 1218 | דכוש | Gn 2:13 | דחזר ומקף ית כל ארעא | דכוש: | |
| 1219 | דכנען | Gn12:05 | דכנען ואתון לארעא | דכנען: | |
| 1220 | | Gn23:19 | היא חברון בארעא | דכנען: | |
| 1221 | | Gn31:18 | יצח«ק» אבוהי לארעא | דכנען: | |
| 1222 | | Gn36:05 | די אתילדו ליה בארעא | דכנען: | |
| 1223 | | Gn37:01 | תותבותיה דאבוי בארעא | דכנען: | |
| 1224 | | Gn42:05 | ארום הוה כפנא בארעא | דכנען: | |
| 1225 | | Gn42:32 | דן עם אבונן בארעא | דכנען: | |
| 1226 | | Gn44:18 | אבה שליטין בארעא | דכנען: | |
| 1227 | | Gn45:17 | ואזלו עולו לארעא | דכנען: | |
| 1228 | | Ex15:15 | כל דיירי דארעא | דכנען: | |
| 1229 | | Ex16:35 | מיעליהון לסייפי ארעא | דכנען: | |
| 1230 | | Nu26:19 | ומית ער ואונן בארעא | דכנען: | |
| 1231 | | Nu32:30 | ביניכון בארעא | דכנען: | |
| 1232 | | Nu33:51 | עברין ית ירדנה לארעא | דכנען: | |
| 1233 | | Nu34:29 | ית בני ישראל בארעא | דכנען: | |
| 1234 | | Nu35:10 | עברין ית ירדנה לארעא | דכנען: | |
| 1235 | | Gn46:31 | דאבא די בארע«א» | דכנען | אתון לוותי: |
| 1236 | | Gn48:07 | מיתת קדמ' רחל בארעא | דכנען | בארחא באשון עללתא דארעא |
| 1237 | | Nu33:40 | הוה שרי בדרומ' בארעא | דכנען | בזמנה דאתון בני ישראל: |
| 1238 | | Gn33:18 | לכרכה דשכם די בארעא | דכנען | במיתייא מפדן ארם ושרא |
| 1239 | | Gn47:14 | בארעא דמצרים ובארעא | דכנען | בעיבורה די אנון <....> |
| 1240 | | Nu34:02 | על{(י)}ל«י»ן לארעא | דכנען | דא ארעא די תיפול לכון |
| 1241 | | Dt32:49 | יריחו וחמי ית ארעא | דכנען | דאנה יהב לבני ישראל |
| 1242 | | Gn49:30 | כפלא די כל קבל ממרא | דכנען | די זבן אברהם ית חקלה |
| 1243 | | Lv14:34 | ארום תעלון לארעא | דכנען | די אנה יהב לכון אחסנה |
| 1244 | | Lv18:03 | וכעובדי דיירי ארעא | דכנען | די אנה מעל יתכון לתמן לא |
| 1245 | | Nu13:02 | גברין ויללון ית ארעא | דכנען | די אנה יהב לבני ישראל |
| 1246 | | Gn35:06 | יעקב לוזה די בארעא | דכנען | הי ביתאל הוא וכל עמא די |
| 1247 | | Gn44:18 | אנן כוותך בארעא | דכנען | היך מה דאת ופרעה רבך |
| 1248 | | Gn13:12 | אברם שרה בארעא | דכנען | ולט שרה בקרי משרה ופרס |
| 1249 | | Gn36:06 | קניינוי די קנה בארעא | דכנען | ואזל לארעא חורי מן קדם |
| 1250 | | Nu13:17 | משה למיללה ית ארעא | דכנען | ואמר להון משה סוקו |
| 1251 | | Gn23:02 | אבהתא היא חברון בארעא | דכנען | ואתה אברהם למספדא לשרה |
| 1252 | | Gn12:05 | גיירו ונפק למזל לארעא | דכנען | ואתון לארעא דכנען: |
| 1253 | | Gn46:06 | ממוניהון די קנון בארעא | דכנען | ואתון מצרימה יעקב וכל |
| 1254 | | Gn47:15 | ארעא דמצרים ומן ארעא | דכנען | ואתון כל מצראי לוות יוסף |
| 1255 | | Gn48:03 | אתגלי עלי בלוז בארעא | דכנען | וברך יתי: |
| 1256 | | Gn42:13 | אנן בנוי דגבר חד בארעא | דכנען | והא זעירא עם אבונן יומא |
| 1257 | | Gn47:01 | אתון מן ארעא | דכנען | והא אינון יהיבין בארעא |
| 1258 | | Gn44:08 | לוותך בקדמיתא מן ארעא | דכנען | והיך כדין נגנב מן ביתה |
| 1259 | | Gn16:03 | די שרא אברם בארעא | דכנען | ויהבת יתה לאברם בעלה ליה |
| 1260 | | Gn47:04 | לחדא ואישתלחון בארעא | דכנען | וכדון ישרון כען עבדך |
| 1261 | | Gn11:31 | דכשדאי למיזל לארעא | דכנען | ומטון עד חרן ושרן תמן: |
| 1262 | | Gn49:19M | יחסנון יתהון ית ארעא | דכנען | ומן בתר כן יחזרון בשלם |
| 1263 | | Dt 1:01 | דפראן למיללה ית ארעא | דכנען | ועל עסק מנה די אמרתון |
| 1264 | | Nu32:32 | קדם ייי בארעא | דכנען | ועמן ירתות אחסנותן מן עבר |
| 1265 | | Gn50:13 | ואובילו יתיה בנוי לארעא | דכנען | וקברו יתיה במערת חקל |
| 1266 | | Nu13:16 | משה למיללה ית ארעא | דכנען | וקרא משה להושע בר נון |
| 1267 | | Gn42:29 | יעקב אבוהון לארעא | דכנען | ותנון לה ית כל מה די יערע |
| 1268 | | Gn50:11 | וחמון דיירי ארעא | דכנען | ית אבלה באדר אטדה ואמרין |
| 1269 | | Ex 6:04 | למתן להון ית ארעא | דכנען | ית ארעא תותבותיהון די |
| 1270 | | Gn17:08 | תותבותך ית כל ארעא | דכנען | לאחסנת עילם ואהוי בממרי |
| 1271 | | Gn45:25 | ממצרים ואתו לארעא | דכנען | לוות יעקב אבוהון: |
| 1272 | | Gn42:07 | ואמרין מן ארעא | דכנען | למזבן מזון: |
| 1273 | | Nu34:02 | תיפול לכון לאחסנו ארעא | דכנען | לתחומ': |
| 1274 | | Gn47:13 | ארעא דמצרים וארעא | דכנען | מן קדם כפנא: |
| 1275 | | Nu35:14 | תלת קוריאן תתנון בארעא | דכנען | קריוא יהוויי לכון: |
| 1276 | | Gn50:05 | בקברי די חפרת לי בארעא | דכנען | תמן תקבר יתי וכדון אסוק |
| 1277 | דלבנן | Nu34:15M | לטור תלגה ולחומתה | דלבנן | ומן טור תלגה ולחומתה |
| 1278 | | Nu34:15M | ומן טור תלגה ולחומתה | דלבנן | נפק להון תחומה לחובה די |
| 1279 | דמאב | Dt32:49 | הדין הר נבו די בארע' | דמאב | די כל קבל יריחו וחמי ית |
| 1280 | | Dt34:01 | וסלק משה מן משרה | דמאב | לטורה דנבו ראש רמתה דאית |
| 1281 | דמדין | Nu25:18 | ועל עסק כזבי ברת רבה | דמדין | אחתהון מה די אתקטלת ביום |
| 1282 | | Ex 2:15 | מן קדם פרעה ושרה בארעא | דמדין | ויתב לה על בארה: |
| 1283 | | Ex18:01 | ושמע יתרו רבה | דמדין | חמוי דמשה ית כל מה דעבד |
| 1284 | | Ex 2:16 | ולרבה | דמדין | שבע בנן ואתין ודלין |
| 1285 | דמואב | Nu33:49 | עד אבל שיטין במישריה | דמואב: | |
| 1286 | | Dt 2:08 | ועברינן ארח מדברה | דמואב: | |
| 1287 | | Dt 1:01 | בני ישראל ובמישריה | דמואב | אתפרשת לכון כמה ניסין עבד |
| 1288 | | Nu22:01 | ישראל ושרון במישרה | דמואב | במעבר ליר{ח}<דנ>א |
| 1289 | | Dt28:69 | עם בני ישראל בארעה | דמואב | בר מן קיימה די קיים עמהון |
| 1290 | | Nu22:36M | לקרתא | דמואב | דאית כל וקביל ארנונא |
| 1291 | | Nu26:63M | ית בני ישראל במישריה | דמואב | דסמיך לירדנא דיריחו: |
| 1292 | | Nu26:03 | כהנא יתהון במשריה | דמואב | סמיך לירדנא דיריחו |
| 1293 | | Nu31:12 | בזתא למשריתא במישריה | דמואב | סמיך לירדנא דיריחו: |

|  |  |  |  |  |  |
|---|---|---|---|---|---|
| 1294 | | Nu33:48 | עבריה ושרון במישריה | דמואב | סמיך לירדנא דיריחו: |
| 1295 | | Nu33:50 | ייי עם משה במישריה | דמואב | סמיך לירדנה דיריחו |
| 1296 | | Nu35:01 | ייי עם משה במישריה | דמואב | סמיך לירדנה דיריחו |
| 1297 | | Nu36:13 | על בני ישראל במישריה | דמואב | סמיך לירדנה דיריחו: |
| 1298 | | Nu22:08M | לוותי ויתבו רברבני | דמואב | עם |
| 1299 | | Dt34:08 | ישראל ית משה במישרה | דמואב | תלתין יומין ואשלימו יומי |
| 1300 | דמותנין | Nu32:33 | וית מלכותא דעוג מלכא | דמותנין | ארעא לקרייה בתחומה קרייה |
| 1301 | דמיצרים | Lv25:55 | יתהון פריקין מן ארעא | דמיצרים | אנה ייי אלהכון: |
| 1302 | דמכיר | Nu32:01M | שפר לבית מרעי /ארעא | דמכיר | וית ארעא דגלעדה וה{ו}א |
| 1303 | דמצ' | Nu13:22M | יתבני טנוס | דמצ'#2#/: | |
| 1304 | דמצרי' | Gn41:46 | פרעה ועבר בכל ארעא | דמצרי': | |
| 1305 | | Gn41:48 | שנייה דיהוון בארעא | דמצרי' | ושוי מזון בקרויא מזון |
| 1306 | | Lv25:42 | פריקין מן ארעא | דמצרי' | לא יזדבנון כנימוסי |
| 1307 | דמצריי' | Ex12:41 | דייי פריקין מן ארעא | דמצריי': | |
| 1308 | דמצריים | Ex14:07M | רתכיהון | דמצריים | וגברין ממניין |
| 1309 | | Gn47:20M | דמצראי /ארעא | דמצריים#2#/ | לפרעה ארום זבנו מצראי |
| 1310 | | Gn47:21M | "סיפא": סיפא תחומ' | דמצריים | עד תחומא סיפא מן בגלל |
| 1311 | דמצרים | Gn21:21 | אימיה איתה מן ארעא | דמצרים: | |
| 1312 | | Gn41:29 | שבע תקף בכל ארעא | דמצרים: | |
| 1313 | | Gn41:33 | וישוי יתיה על ארעא | דמצרים: | |
| 1314 | | Gn41:41 | רב ושליט על כל ארעא | דמצרים: | |
| 1315 | | Gn41:43 | רב ושליט על כל ארעא | דמצרים: | |
| 1316 | | Gn41:44 | למרכב סוסא בכל ארעא | דמצרים: | |
| 1317 | | Gn41:45 | ונפק יוסף בכל ארעא | דמצרים: | |
| 1318 | | Gn41:56 | ותקף כפנא בארעא | דמצרים: | |
| 1319 | | Gn45:08 | ושליט בכל ארעא | דמצרים: | |
| 1320 | | Gn50:07 | דפרעה אפיטרופוי ארעא | דמצרים: | |
| 1321 | | Ex 6:28 | מלל ייי עם משה בארעא | דמצרים: | |
| 1322 | | Ex 7:21 | והות אדמה בכל ארעא | דמצרים: | |
| 1323 | | Ex 8:01 | ית ארדעניא על ארעא | דמצרים: | |
| 1324 | | Ex 8:02 | ארדעניה וחפון ית ארעא | דמצרים: | |
| 1325 | | Ex 8:03 | ית ארדעניא על ארעא | דמצרים: | |
| 1326 | | Ex 8:12 | לכלמין בכל ארעא | דמצרים: | |
| 1327 | | Ex 8:13 | הוון כלמין בכל ארעא | דמצרים: | |
| 1328 | | Ex 8:21 | קדם ייי אלהכון בארעא | דמצרים: | |
| 1329 | | Ex 9:09 | עבד שלפוקין בכל ארעא | דמצרים: | |
| 1330 | | Ex 9:22 | עשבא באפי ברא בארעא | דמצרים: | |
| 1331 | | Ex 9:23 | ואחת ייי ברדא על ארעא | דמצרים: | |
| 1332 | | Ex11:09 | נסי פרישתי בארע«א» | דמצרים: | |
| 1333 | | Ex12:13 | כל בכוריא בארעא | דמצרים: | |
| 1334 | | Ex13:18 | ישראל פריקין מן ארעא | דמצרים: | |
| 1335 | | Ex16:01 | תנינא לאפקותהון מארעא | דמצרים: | |
| 1336 | | Ex16:06 | יתכון פריקין מארעא | דמצרים: | |
| 1337 | | Ex16:32 | יתכון פריקין מן ארעא | דמצרים: | |
| 1338 | | Ex22:20 | הוויתון בארעא | דמצרים: | |
| 1339 | | Ex23:09 | גיורין הויתון בארעא | דמצרים: | |
| 1340 | | Ex32:07 | אפיקת פריקין מן ארעא | דמצרים: | |
| 1341 | | Lv19:36 | יתכון פריקין מן ארעא | דמצרים: | |
| 1342 | | Nu11:20 | כען נפקינן מן ארעא | דמצרים: | |
| 1343 | | Nu26:04 | דנפקו פריקין מן ארעא | דמצרים: | |
| 1344 | | Dt 7:08 | ומן ידוי דפרעה מלכא | דמצרים: | |
| 1345 | | Dt10:19 | גיורין הוויתון בארעא | דמצרים: | |
| 1346 | | Dt20:01 | יתכון פריקין מן ארעא | דמצרים: | |
| 1347 | | Dt29:24 | יתהון פריקין מן ארעא | דמצרים: | |
| 1348 | | Nu14:02 | בארעא מי{ן}<י>תינן | דמצרים | או במדברה הדין אלווי |
| 1349 | | Lv19:34 | גיורין הוויתון בארעא | דמצרים | אמר ייי אלהכון: |
| 1350 | | Lv23:43 | פריקין מן ארעא | דמצרים | אנה הוא ייי אלהכון: |
| 1351 | | Nu 8:17 | דקטלת כל בכוריה בארעא | דמצרים | «אקדשית» יתהון לשמי: |
| 1352 | | Nu 3:13 | קטלת כל בוכריה בארעא | דמצרים | אקדשת לשמי כל |
| 1353 | | Ex14:05 | ואתני למלכא | דמצרים | ארום ערקו עמא ואתהפך לבה |
| 1354 | | Ex 8:20 | שליטוי ובכל ארעא | דמצרים | אתחבלת ארע«א» מן קדם |
| 1355 | | Ex11:03 | משה תקיף לחדא בארעא | דמצרים | באפיה שליטוי דפרעה ובאפי |
| 1356 | | Gn47:27 | ושרון ישראל בארעא | דמצרים | בארעא דגושן ואחסנו בה |
| 1357 | | Ex10:12 | ארכן ידך על ארעא | דמצרים | בגובא ויסק על ארעא |
| 1358 | | Dt24:22 | משעבדין הוויתון בארעא | דמצרים | בגין כדין אנה מפקד יתכון |
| 1359 | | Ex32:11 | אפקת פריקין מן ארעא | דמצרים | בחיל«ך» רבה ובאדרעך |
| 1360 | | Gn40:18 | ישראל למשתעבדא בארעא | דמצרים | בסינא ובליבני ובכל פלחין |
| 1361 | | Nu 9:01 | פריקין מן ארעא | דמצ«ר»ים | בירחא קדמיא למימר: |
| 1362 | | Nu33:38 | ישראל פריקין מן ארעא | דמצרים | בירחא חמישיה בחד לירחא: |
| 1363 | | Gn41:19 | חמת כוותיהון בכל ארעא | דמצרים | בישן: |
| 1364 | | Ex12:12 | ואעבר בממרי בארעא | דמצרים | בלילי פסחא הדין ואקטל כל |
| 1365 | | Dt16:01 | אלהכון פריקין מן ארעא | דמצרים | בליליא ועבד לכון נסין |
| 1366 | | Ex 7:04 | עמי בני ישראל מארעא | דמצרים | בסדרי דינין רברבין: |
| 1367 | | Gn13:10 | דייי באילנא כארעא | דמצרים | בפיריה מעלך «לזער»: |
| 1368 | | Ex 7:19 | ויהוי אדמה בכל ארעא | דמצרים | בקיסיא ובאבניא: |
| 1369 | | Ex12:42 | ישראל פריקין מן ארעא | דמצרים | ברם ארבעה לילוון אינון |
| 1370 | | Gn41:34 | מן חמשה דעללתה דארעא | דמצרים | בשבעתי שני שבעה: |
| 1371 | | Gn40:05 | ורב נחתומיא די למלכא | דמצרים | דהוון חבושין בבית חבושין |
| 1372 | | Ex 3:09 | גלי קדמיי ית דוחקיה | דמצרים | דחקין יתהון: |
| 1373 | | Ex11:06 | צווחתה רבה בכל ארעא | דמצרים | די כוותה לא הוות וכוותה |
| 1374 | | Lv18:03 | כעובדי דיירי דארעא | דמצרים | די שריתון בגווה לא |
| 1375 | | Nu23:22 | דאפיק יתהון מן ארעא | דמצרים | די תוקפא ותושבחתה |
| 1376 | | Gn41:54 | בכל ארעתא ובכל ארעא | דמצרים | הוה לחמא: |
| 1377 | | Dt11:10 | למירת יתה לא כארעא | דמצרים | היא די נפקתון מן תמן די |
| 1378 | | Ex19:01 | ישראל פריקין מן ארעא | דמצרים | היך זמן יומא הדין עלו |
| 1379 | | Nu21:06 | מזונך אסקת עמי מארעא | דמצרים | ואחתת להון מנא מן שמייא |
| 1380 | | Gn47:13 | ואשתלהון דיירי ארעא | דמצרים | וארעא דכנען מן קדם |
| 1381 | | Ex 2:23 | האינון ומית מלכא | דמצרים | ואתנחו בני ישראל מן |
| 1382 | | Gn45:26 | הוא שליט בכל ארעא | דמצרים | ואתפלג לביה ארום לא הימן |
| 1383 | | Gn47:14 | כל כספא דאשתכח בארעא | דמצרים | ובארעא דכנען בעיבורה די |
| 1384 | | Dt28:27M | /מימריה דייי בשוח' | דמצרים#2#/ | ובטחוריה ובחרבנה |
| 1385 | | Dt13:06 | יתכון פריקין מן ארעא | דמצרים | ודי פ«ר»ק יתכון מן |
| 1386 | | Gn49:26 | דרב ושליט על ארעא | דמצרים | וזהיר ביקירא דאבוי |
| 1387 | | Dt33:16 | מלך ושליט בארעא | דמצרים | וזהיר באיקרהון דאחוי: |
| 1388 | | Ex 9:09 | לאבק על כל ארע«א» | דמצרים | ויהוי על בני אינשא ועל |
| 1389 | | Gn41:34 | אפיטרופין בכל ארעא | דמצרים | ויהוון מפקין חד מן חמשה |
| 1390 | | Ex10:21 | ויהוי חשוכא על ארעא | דמצרים | ויהוי ממשמש בחשוכא: |
| 1391 | | Ex10:13 | ית חוטריה על ארעא | דמצרים | ויייי דבר רוח דקדים בארעא |
| 1392 | | Ex10:12 | בגובא ויסק על ארעא | דמצרים | ויכול ית כל עשבא וארעא |
| 1393 | | Gn47:10M | וישקון ית כל ארעא | דמצרים | ויעדי כפנא ביומך ונפק |
| 1394 | | Gn41:30 | ותתנשי כל שבעה בארעא | דמצרים | וישיצא כפנא ית ארעא: |
| 1395 | | Ex 6:11 | עול מלל עם פרעה מלכא | דמצרים | וישלח ית בני ישראל מן |
| 1396 | | Dt29:15 | ית מה די שרינן בארעא | דמצרים | וית מה די עברנן ביני |
| 1397 | | Dt11:03 | בגו מצרים לפרעה מלכא | דמצרים | ולכל ארעי{א}<ה>: |
| 1398 | | Gn47:15 | ושלם כספא מן ארעא | דמצרים | ומן ארעא דכנען ואתון כל |
| 1399 | | Ex 4:20 | על חמרא וחזר לארעא | דמצרים | ונסב משה ית חוטרא די |
| 1400 | | Gn41:46 | כד קם קדם פרעה מלכא | דמצרים | ונפק יוסף מן קדם פרעה |
| 1401 | | Gn47:21 | מן סייפי דארעא | דמצרים | ועד סייפיה דלא יהוון |

|  |  | | | | |
|---|---|---|---|---|---|
| 1402 | Gn45:23 | חמרין טעונין מן טובא | דמצרים | ועשר אתנין טעונין עבור | |
| 1403 | Gn40:12 | בשעבודא דארעא | דמצרים | ועתידין למתפרקא על ידי | |
| 1404 | Dt 5:15 | משעבדין הויתון בארעא | דמצרים | ופרק ואפק יתכון ייי | |
| 1405 | Dt15:15 | משעבדין הוויתון בארעא | דמצרים | ופרק יתכון ייי אלהכון | |
| 1406 | Gn41:55 | וכפנת כל ארעא | דמצרים | וצווחו עמא קדם פרעה | |
| 1407 | Gn16:05 | דארעא קדם פרעה מלכא | דמצרים | וקדם אבימל' מלכא דגרר | |
| 1408 | Ex 1:17 | דמלל עמהון מלכא | דמצרים | וקיימון ית טליא: | |
| 1409 | Gn40:01 | לרבוניהון למלכא | דמצרים% | {{ורב נחתומיא}}: | |
| 1410 | Gn40:01 | סרחו רב מזוגייא למלכא | דמצרים | ורב נחתומייא לרבוניהון | |
| 1411 | Ex14:08 | ייי ית לבה דפרעה מלכא | דמצרים | ורדף בתר בני ישראל ובני | |
| 1412 | Ex10:14 | וסלק גובא על כל ארעא | דמצרים | ושרא בכל תחומיהון | |
| 1413 | Ex12:17 | פרוקין מן ארעא | דמצרים | ותטרון ית יומא הדין | |
| 1414 | Dt16:12 | משעבדין הוויתון בארעא | דמצרים | ותטרון ותעבדון ית קיימיה | |
| 1415 | Gn45:18 | לכון ית טובא דארעא | דמצרים | ותיכלון ית טובא דארעא: | |
| 1416 | Ex 3:18 | דישראל לוות מלכא | דמצרים | ותימרון ליה {ליה} ייי | |
| 1417 | Ex 6:29 | ייי מלל עם פרעה מלכא | דמצרים | ית כל מה די אנה | |
| 1418 | Ex 9:25 | ושיציא ברדא בכל ארעא | דמצרים | ית כל מה דהוה באפי ברא | |
| 1419 | Ex16:03 | מותנו קדם ייי בארעא | דמצרים | כד הווינן יתיבין על | |
| 1420 | Dt16:03 | פריקין מן ארעא | דמצרים | כל יומי חייכון: | |
| 1421 | Gn44:18 | רבך שליטין בארעא | דמצרים | כן אנה ויעקב אבה שליטין | |
| 1422 | Ex33:01 | אסקת פריקין מן ארעא | דמצרים | לארעא די קיימת לאברהם | |
| 1423 | Ex 1:15 | ואמר מלכא | דמצרים | לחייתא עברייתא די שמה | |
| 1424 | Ex 1:18 | וקרא מלכא | דמצרים | לחייתא ואמר להון מן בגלל | |
| 1425 | Nu33:01 | נפקו פריקין מן ארעא | דמצרים | לחילוותהון על ידוי דמשה | |
| 1426 | Ex32:01 | די אסק יתן מן ארעא | דמצרים | לית אנן ידעין מה הוה | |
| 1427 | Ex32:23 | די אפק יתן מן ארעא | דמצרים | לית אנן ידעין מה הוה | |
| 1428 | Gn45:20 | טובא דכל ארעא | דמצרים | לכון הוא: | |
| 1429 | Ex 5:12 | ואבדרון עמא בכל ארעא | דמצרים | למגבא קש לתבן: | |
| 1430 | Ex 5:04 | ואמר להון מלכא | דמצרים | למה כען משה ואהרן | |
| 1431 | Lv11:45 | יתכון פריקין מן ארעא | דמצרים | למהוי {למהווי} לכון לאלה | |
| 1432 | Lv22:33 | יתכון פריקין מן ארעא | דמצרים | למיהוי במימרי לכון לאלה | |
| 1433 | Lv25:38 | למיתן לכון ית ארעא | דמצרים | למיהוי ממרי לכון לאלה | |
| 1434 | Nu15:41 | ואפקת יתכון מן ארעא | דמצרים | למיהוי לכון לאלה פרוק | |
| 1435 | Ex 3:19 | ישבו«ק» יתכון מלכא | דמצרים | למיזל ולא מן ידא דהיא | |
| 1436 | Ex12:01 | למשה ולאהרן בארעא | דמצרים | למימר: | |
| 1437 | Nu 1:01 | ישראל פריקין מן ארעא | דמצרים | למימר: | |
| 1438 | Lv25:38 | יתכון פריקין מן ארעא | דמצרים | למיתן לכון ית ארעא | |
| 1439 | Dt 1:27 | סני יתן אפק יתן מארעא | דמצרים | לממסר יתן בידיהון | |
| 1440 | Ex 6:13 | ישראל ועל פרעה מלכא | דמצרים | למפקא ית בני {ית בני} | |
| 1441 | Ex 6:27 | דממללין עם פרעה מלכא | דמצרים | למפקה ית בני ישראל מן | |
| 1442 | Ex29:46 | די אפקת יתהון מארעא | דמצרים | למשריה איקר שכינתי | |
| 1443 | Lv26:45 | יתהון פריקין מן ארעא | דמצרים | לעיני אומייה למיהווי | |
| 1444 | Dt29:01 | ייי לעייניכון בארעא | דמצרים | לפרעה ולכל שולטנוי ולכל | |
| 1445 | Dt34:11 | דייי למיעבד בארעא | דמצרים | לפרעה ולכל עבדוי ולכל | |
| 1446 | Gn46:20 | ואתיליד ליוסף בארעא | דמצרים | מה דילידת ליה אסנת ברת | |
| 1447 | Ex 9:24 | כוותיה בכל ארעא | דמצרי«ם» | מן זמנא די הות אומה | |
| 1448 | Ex11:05 | ואתקטל כל בכוריה בארעא | דמצרים | מן בכורא דפרעה דהוה עתיד | |
| 1449 | Ex12:12 | ואקטל כל בכוריה בארעא | דמצרים | מן בני אנשא ועד בעירא | |
| 1450 | Ex12:29 | ית כל בכוריא בארעא | דמצרים | מן בכורא דפרעה דהוי עתיד | |
| 1451 | Ex13:15 | ייי כל בכוריה בארעא | דמצרים | מן בכוריה בני אנשא ועד | |
| 1452 | Ex20:02 | יתכון פריקין מן ארעא | דמצרים | מן בית עבדי: | |
| 1453 | Lv26:13 | יתכון פריקין מן ארעא | דמצרים | מן למיהוי להון עבדין | |
| 1454 | Dt 5:06 | יתכון פריקין מן ארעה | דמצרים | מן בית שעבוד עבדיה: | |
| 1455 | Dt 6:12 | יתכון פריקין מן ארעא | דמצרים | מן בית שעבוד עבדייה: | |
| 1456 | Dt 8:14 | דאפיק יתכון מן ארעא | דמצרים | מן בית שעבוד עבדייה: | |
| 1457 | Dt13:11 | יתכון פריקין מן ארעא | דמצרים | מן בית שעבוד עבדייה: | |
| 1458 | Gn49:23 | קרצוהי קדם פרעה מלכא | דמצרים | מן בגלל למחתי מן רבותא | |
| 1459 | Dt16:03 | נפקתון פריקין מן ארעא | דמצרים | מן בגלל דתדכרון ית יומא | |
| 1460 | Gn13:10M | ... מעלך": "כארץ" | דמצרים | מעלך | |
| 1461 | Gn45:19 | סיבו לכון מן ארעא | דמצרים | עגלן לטפליכון ולנשיכון | |
| 1462 | Gn15:18 | ית ארעא הדא מנילוס | דמצרים | עד נהרא רבה נהרה פרת: | |
| 1463 | Gn48:05 | בניך דאתילדו לך בארעא | דמצרים | עד מייתי לוותיך מצרימה | |
| 1464 | Dt 9:07 | פריקין מן ארעא | דמצרים | עד מיעלכון עד אתרה | |
| 1465 | Ex 6:26 | בנוי דישראל מן ארעא | דמצרים | על חילותיהון: | |
| 1466 | Ex 9:22 | ויהוי ברדא בכל ארעא | דמצרים | על בני אנשא ועל בעירה | |
| 1467 | Ex12:51 | ישראל פריקין מן ארעא | דמצרים | על חיילוותיהון: | |
| 1468 | Gn44:18 | עד זמן דנעבד כל ארעא | דמצרים | צדי מן דיור מנך אנה משרי | |
| 1469 | Gn47:06 | ארעא | דמצרים | קדמיך היא בבית שפר ארעא | |
| 1470 | Gn44:18M | עד זמן דימלו כל ארעא | דמצרים | קטילין | |
| 1471 | Gn44:18 | די ימלי כל ארעא | דמצרים | קטילין לית אנה מחזר יתה | |
| 1472 | Gn47:28 | וחיה יעקב בארעא | דמצרים | שבע עשרה שנין והוון | |
| 1473 | Ex10:22 | חשוך דקבל בכל ארעא | דמצרים | תלתא יומין: | |
| 1474 | Ex10:14 | ושרא בכל תחומיהון | דמצרים | תקיף לחדא קודמוי לא הוה | |
| 1475 | Nu34:05M | לקסם לנילוס | דמצרי/דמצרים#2#/ | ויהון/ויהווי#2#/ | |
| 1476 | Dt34:01 | מן משרה דמאב לטורה | דנבו | ראש רמתה דאית לוקבל | דנבו |
| 1477 | Dt34:02 | וית כל ארעא | דנפתלי | וית ארעא דאפרים ומנשה | דנפתלי |
| 1478 | Gn14:21 | ואמר מלכא | דסד' | לאברם הב לי נפשתא וממונה | דסד' |
| 1479 | Gn14:02 | סדרו קרבא עם ברע מלכא | דסדום | ועם ברשע מלכא דעמרה | דסדום |
| 1480 | Gn14:17 | ונפק מלכא | דסדום | לקדמותיה מן בתר די חזר מן | |
| 1481 | Gn19:26M | דלוט על דהות מן עמה | דסדם | אסתכלת מן בתרה למחמי מה | דסדם |
| 1482 | Gn19:04 | דמכו ועמא דקרתא עמא | דסדם | אקיפו על ביתיה מן | |
| 1483 | Gn13:13 | ועמה | דסדם | בישין גבר לחבריה וחייבין | |
| 1484 | Gn18:17 | די עבד אנה הואיל וכרכה | דסדם | במתנתה דיהבת לה בדינה הוא | |
| 1485 | Gn14:22 | ואמר אברם למלכא | דסדם | הא זקפי' ידי בשבועה קדם | |
| 1486 | Gn18:20 | ואמר ייי קבילתהון דעמא | דסדם | ועמרה ארום סגת וחובתהון | |
| 1487 | Gn14:10 | מליין חמר וערקו מלכא | דסדם | ודעמרה ונפלו תמן ומה | |
| 1488 | Gn14:11 | ונסבו ית כל ממונהון | דסדם | ודעמרה וית כל מזוניהון | |
| 1489 | Dt32:32 | לעבדיהון {ל}<ד>עמא | דסדם | ומחשבתהון מדמיין | |
| 1490 | Gn14:08 | ונפק מלכא | דסדם | ומלכא דעמרה ומלכא דאדמה | |
| 1491 | Gn19:01 | ולוט הוה יתיב בתרעא | דסדם | ו{ת}<ח>מא יתהון לוט ורהט | |
| 1492 | Ex14:25 | קרביהון} אוף על ימא | דסוף: | | דסוף |
| 1493 | Ex15:01 | רמא וטבע יתהון בימא | דסוף: | | |
| 1494 | Ex15:04 | רמא וטמע יתהון בימא | דסוף: | | |
| 1495 | Ex15:21 | רמא וטמע יתהון בימא | דסוף: | | |
| 1496 | Ex18:11M | וטמע ריתיכיהון בימ' | דסוף | | |
| 1497 | Ex18:11 | וטמע ית ארתכיהון בימא | דסוף: | | |
| 1498 | Nu14:25 | לכון למדברה ארח ימה | דסוף: | | |
| 1499 | Nu33:10 | מאילם ושרון על ימא | דסוף: | | |
| 1500 | Dt 1:40 | וטולו למדברה אורח ימה | דסוף: | | |
| 1501 | Dt 1:01 | הוויתון קיימין על ימא | דסוף | אתבזע קדמיכון ימא ואתעבד | |
| 1502 | Dt 2:01 | ונטלינן במדברה ארח ימה | דסוף | היך מה די מלל ממריה דייי | |
| 1503 | Nu21:14 | כד הוון קיימין על ימא | דסוף | וגבורתה דעבד עמהון כד | |
| 1504 | Ex13:18 | ית עמא ארח מדברא ימא | דסוף | ומזיינין בעבדא טבא סלקו | |
| 1505 | Dt 1:01 | על ימא וסרבתון על ימא | דסוף | ועל עסק ילילה די שלחתון | |
| 1506 | Nu33:11 | ונטלו מימא | דסוף | ושרון במדברה דסין: | |
| 1507 | Ex14:13 | דהוון קיימין על ימא | דסוף | חדא הוות אמרה נפל לימא | |
| 1508 | Ex10:19 | ית גובא ואקלע יתה ימא | דסוף | לא אשתייר גוב חד בכל | |
| 1509 | Nu21:04 | מן הר טורא ארח ימה | דסוף | למקפה ית ארעהון דאדומיי | |

|  | |  | | | |
|---|---|---|---|---|---|
| 1510 | | Ex23:31 | ית תחומיכון מן ימא | דסוף | עד ימ{א}הון דפלישתאי ומן |
| 1511 | | Dt11:04 | די אציף ית מוי דימה | דסוף | על אפיהון בזמנה די רדפו |
| 1512 | דסיאון | Dt 4:48 | נחיל ארנונה ועד טורה | דסיאון | הוא טור תלגה: |
| 1513 | דסין | Nu33:11 | דסוף ושרון במדברה | דסין: | |
| 1514 | | Ex16:01 | דבני ישראל למדברא | דסין | די בין אילם ובין סיני |
| 1515 | | Ex17:01 | דבני ישר«אל» ממדברא | דסין | ו{א}<מ>טלניהון על פם |
| 1516 | | Nu33:12 | ונטלו ממדברה | דסין | ושרון בדפקה: |
| 1517 | דסיני | Ex19:01 | יומא הדין עלו למדברא | דסיני: | |
| 1518 | | Ex19:11 | לעיני כל עמא על טורא | דסיני: | |
| 1519 | | Ex34:32 | דפקד ייי עמהון בטורא | דסיני: | |
| 1520 | | Lv 7:38 | קדם ייי במדברא | דסיני: | |
| 1521 | | Lv27:34 | על בני ישראל בטורא | דסיני: | |
| 1522 | | Nu 1:19 | וסכם יתהון במדברא | דסיני: | |
| 1523 | | Nu 3:01 | «ייי» עם משה בטורא | דסיני: | |
| 1524 | | Nu26:64 | ית בני ישראל במדברה | דסיני: | |
| 1525 | | Nu33:15 | מרפידים ושרון במדברה | דסיני: | |
| 1526 | | Dt 1:01 | להון הלא במדברה ובטורא | דסיני | איתיהיבת לכון אוריתה בני |
| 1527 | | Ex19:23 | ייכלין עמא למיסק לטורא | דסיני | ארום את אסהדת בן למימר |
| 1528 | | Lv 7:38 | פקד ייי ית משה בטורא | דסיני | ביומא די פקד ית בני |
| 1529 | | Nu 1:01 | דייי עם משה במדברה | דסיני | במשכן זמנא בחד לירחא |
| 1530 | | Nu 9:01 | ומלל ייי עם משה במדברה | דסיני | בשתה תנינתא בזמן אפקותהון |
| 1531 | | Lv 1:01 | משה בליביה ואמר טורה | דסיני | דהוה קדושי׳ קדוש שעה חדה |
| 1532 | | Ex19:18 | וטורא | דסיני | הו«ה» תנן כוליה מן בגלל |
| 1533 | | Ex30:13M | איתחמי למשה בטורה | דסיני | היך דינרא דאשה והיכדין |
| 1534 | | Ex34:04 | משה בצפרא וסלק לטורא | דסיני | היך מה דפקד יתיה ונסב |
| 1535 | | Nu 3:04 | בריה קדם ייי במדברה | דסיני | ובנין לא הווה להון ושמש |
| 1536 | | Ex24:16 | שכינתיה דייי על טורא | דסיני | וכסי יתיה ענגא שיתא יומין |
| 1537 | | Dt33:02 | יתה חזר ואתגלי על טורה | דסיני | ועימיה ר«י»בוון דמלאכין |
| 1538 | | Nu10:12 | למטלניהון מן מדברה | דסיני | ושרה ענגא במדברה דפראן: |
| 1539 | | Ex19:02 | רפידים ואתון למדברא | דסיני | ושרון במדברא וכוונו תמן |
| 1540 | | Nu33:16 | ונטלו ממדברה | דסיני | ושרון בקברי שאלי שאלתה: |
| 1541 | | Ex34:29 | כד נחת משה מן טורא | דסיני | ותרין לוחי{ה} סהדותא |
| 1542 | | Ex34:02 | לצפרא ותסק בצפרא לטורא | דסיני | ותתעתד לווחי תמן על ראש |
| 1543 | | Nu 9:05 | ביני שמשתה במדברה | דסיני | כל מה די פקד ייי ית משה |
| 1544 | | Lv25:01 | ייי עם משה ^בטורא | דסיני^#2# | למימר: |
| 1545 | | Nu 3:14 | ייי עם משה במדברה | דסיני | למימר: |
| 1546 | | Nu28:06 | היך מה דאתקרבת על טורא | דסיני | לריח דרעווה קרבן קדם ייי |
| 1547 | | Ex19:20 | שכינתא דייי על טורא | דסיני | על ריש טורא וקרא מימריה |
| 1548 | | Lv26:46 | ובין בני ישראל בטורא | דסיני | על ידוי דמשה: |
| 1549 | | Ex31:18 | אשלם למללה עמיה בטור׳ | דסיני | תרין לווחין סהדותא לווחין |
| 1550 | דעדן | Gn27:27M | דגינתא די נציבא בחקלא | דעדן | |
| 1551 | | Gn 4:16M | בארעא ושרה מן מדנחה | דעדן#2#/ | והוה עד לא קטל להבל |
| 1552 | | Gn 4:16 | קודמוי היך פירי גנתא | דעדן | ומן דחטא וקטל להבל חזרת |
| 1553 | | Gn 2:15 | אדם ואשרי יתיה בגנתא | דעדן | למהוי פלח באורית׳ ולמטור |
| 1554 | | Gn 3:23 | יתיה ייי אלהים מן גנתה | דעדן | למפלח ית ארעא די אתברי מן |
| 1555 | | Gn49:01 | דרשיעיא ושלוותה | דעדן | מה היא כחדא מתכנשין |
| 1556 | | Gn 3:24 | מלקדמין מן מדנ׳ לגנתה | דעדן | מן בני תרין כרוביה |
| 1557 | | Gn 3:22 | הא ניטרו׳ יתיה מן גנתה | דעדן | קדם עד לא יפשוט ידיה ויסב |
| 1558 | דעיבל | Dt11:29 | וית לווטייה על טורא | דעיבל: | |
| 1559 | | Dt27:13 | על לווטייה בטורא | דעיבל | ראובן גד ואשר זבולן |
| 1560 | | Dt27:15 | הפכין אפיהון כלפי טורה | דעיבל | ואמרין ליט יהוי גברא די |
| 1561 | | Dt27:15M | שבטין קמו על טורה | דעיבל | וארונה וכהנייה וליוואי |
| 1562 | | Dt27:15 | ושתה שבטין סליקו לטורה | דעיבל | וכהנייה וארונה במצעה וכל |
| 1563 | | Dt27:04 | יתכון יומא הדין בטורא | דעיבל | ותשועון יתהון בגירא: |
| 1564 | דעיון | Nu34:15 | נפק להון תחומה לכרכא | דעיון | דמן מדנח לבית ירח וממדנח |
| 1565 | דעילם | Gn14:01 | דאלסר כדר לעמר מלכא | דעילם | ותדעל מלכ{א}}«ה»ון |
| 1566 | | Gn14:09 | ית כדר לעמר מלכ׳ | דעילם | ותדעל מלכהון דאמיא |
| 1567 | דעמורה | Dt32:32 | מדמיין למחשבתהון דעמא | דעמורה | עבדיהון עבדין בישין |
| 1568 | דעמרה | Gn14:02 | דסדום ועם ברשע מלכא | דעמרה | שנאב מלכא דאדמה ושמאבר |
| 1569 | | Gn14:08 | ונפק מלכא דסדם ומלכא | דעמרה | ומלכא דאדמה ומלכא |
| 1570 | דערר | Gn20:02M | מלכא \דגרר ודבר ית | דערר/ | ונסב ית#2#/ שרה: |
| 1571 | דפארן | Nu12:16 | חצרות ושרון במדברה | דפארן: | |
| 1572 | | Gn14:06 | בטורא דגבלא עד דגבולא | דפארן | דסמיך למדברא: |
| 1573 | | Gn21:21 | ושרא במדברא | דפארן | ונסבת ליה אימיה איתה מן |
| 1574 | | Nu13:26 | דבני ישראל למדברה | דפארן | לרקם ואיתיבו יתהון פתגם |
| 1575 | | Dt33:02M | "למתן ... דפראן": לטורה | דפארן | למתן אורייתה |
| 1576 | דפונטוס | Gn14:01M | אריוך מלכא | דאלסר/דפונטוס#2#/ | כדר לעמר מלכא |
| 1577 | | Gn10:10M | בארעא | דבבל/דפונטוס#2#/: | |
| 1578 | | Gn14:09 | דבבל ואריוך מלכא | דפונטוס | ארבעה מלכין סדרו קרבא |
| 1579 | | Gn11:02M | בקעה בארעא | דבבל/דפונטוס#2#/ | ושרון תמן: |
| 1580 | דפלשת | Ex15:14 | אחדת לדיירי דארעא | דפלשת: | |
| 1581 | דפראן | Nu10:12 | ושרה ענגא במדברה | דפראן: | |
| 1582 | | Dt33:02 | למתן אוריתה על טורה | דפראן | לבנוי דישמעאל וכיוון |
| 1583 | | Dt 1:01 | די שלחתון מן מדברה | דפראן | למיללה ית ארעא דכנען |
| 1584 | דצבוי׳ | Gn14:02 | דאדמה ושמאבר מלכא | דצבוי׳ | ומלכא דקרתא דבלעת דיירי |
| 1585 | דצבוים | Gn14:08 | ומלכא דאדמה ומלכא | דצבוים | ומלכה דקרת<ה> דבלעת |
| 1586 | דצין | Nu27:14 | מי דייני רקם מדברא | דצין: | |
| 1587 | | Nu20:01 | כל עם כנישתה מדברה | דצין | בירחה קדמאה ושרון עמה |
| 1588 | | Nu27:14 | גזרת מימרי במדברה | דצין | במי דייני עם כנישתה |
| 1589 | | Nu33:36 | תרנוגלה ושרון במדברה | דצין | היא רקם: |
| 1590 | | Nu13:21 | ית ארעא מן מדברה | דצין | עד רחוב למעליה אנטוכיה: |
| 1591 | | Nu34:03 | מן דרומה מן מדברה | דצין | עד תחומיהון דאדומיי |
| 1592 | | Dt32:51 | במי מצותה דרקם במדברה | דצין | על די לא קדשתון יתי בגו |
| 1593 | דקילקי | Nu34:08 | דתחומה לאוולס | דקילקי: | |
| 1594 | דקיסריון | Dt34:01 | וית גלעד עד דן | דקיסריון: | |
| 1595 | | Nu34:15M | תורנגלה | דקיס{ס}רי{י}<ו>ן | די מן מדנח |
| 1596 | דקרנים | Gn14:05 | ית גיברייה בעשתרתא | דקרנים | וית זיותניה דבהון וית |
| 1597 | דרקם | Dt32:51 | בני ישראל במי מצותה | דרקם | במדברה דצין על די לא |
| 1598 | | Nu33:37 | ונטלו ממדברה | דרקם | ושרון בהר טורא בסיפי |
| 1599 | דשכם | Gn44:18 | שמעון ולוי בכרכא | דשכם | דהוו בשלווה ועלו בגווה |
| 1600 | | Gn33:18 | שלם בעבדא טבא לכרכה | דשכם | די בארעא דכנען במיתייא |
| 1601 | | Gn44:18M | ולוי תרין אחיי בכרכה | דשכם | דעלו בגווה וקטלה בה כל |
| 1602 | | Gn44:18 | ולוי תרין אחיי בכרכה | דשכם | דעלו בגווה וקטלו בה כל |
| 1603 | | Gn49:07 | ליט הוה כרכה | דשכם | כד עלו לגוויה שמעון |
| 1604 | | Gn49:06 | נפשי בכנישתיהון לכרכה | דשכם | למחרבה יתה לא חסו על |
| 1605 | דשנער | Gn14:01 | והווה ביומי אמרפל מלכה | דשנער | אריוך מלכא דאלסר |
| 1606 | דתנוס | Gn46:20M | פוטיפרע רבה | דאון/דתנוס#2#/ | ית מנשה וית |
| 1607 | דא׳ | Gn19:26M | מה יהוי בסוף בייתיה | דא׳ | |
| 1608 | | Ex28:28M | עיזקתה לעיזקוי | דא׳ | |
| 1609 | | Nu13:26M | וחמון להון ית פירייה | דא׳ | |
| 1610 | | Dt28:01M | כל \אומי ארעא /אומה | דא׳#2#/: | |
| 1611 | | Nu21:25M | אמוריי /קורייהון | דא׳#2#/ | בחשבון ובכל כופרנייה: |
| 1612 | | Lv26:04M | מטר/<מט>רא#2#/ | ארעכון/דא׳#2#/ | בזמנה ותתן ארעא פירי |
| 1613 | | Lv25:33M | דביתה וקרתה | לאחסנתה/דא׳#2#/ | ביובילה ארום בתי |
| 1614 | | Dt26:02M | כל \פירי ארעא /פיריה | דא׳#2#/ | די תייתון מן ארעכון |
| 1615 | | Gn12:05M | לוט \בר אחוי /בריה | דא׳#2#/ | וית כל ממונהון דיקנין |
| 1616 | | Nu26:55M | בשמ{ת}<ה>ת שבטי | אבהתהון/דא׳#2#/ | יחסנון: |
| 1617 | | Lv 5:25M | מן ענה בעלויה | לאשמה/דא׳#2#/ | \לוות כהנא/לכה#2#/: |

|  | |  |  |
|---|---|---|---|
| 1618 | | Nu33:52M | \דיירי ארעא /דיירה דא'#2#/ מן קדמיכון ותסיפון |
| 1619 | | Nu30:10M | ונדר ארמלא/דא'#2#/ ומשבקה/ודמשבק'#2#/ |
| 1620 | | Gn22:18M | /בזרעית בניך כל אומה דא'#2#/ חלף/חולף#2#/ די שמעת |
| 1621 | דאב' | Dt 1:11M | \אלהי אבהתכון /אלהה דאב'#2#/ יוסף עליכון כוותכון אלף |
| 1622 | דאבא | Gn24:40 | מן זרעיתי ומן ביתיה דאבא: |
| 1623 | | Gn41:51 | וית כל אנשי ביתיה דאב«א»: |
| 1624 | | Gn31:42 | אלולי אלהיה דאבא אלהא דאברהם ותקיפא דיצחק |
| 1625 | | Ex18:04 | אליעזר ארום מימר אלהה דאבא בסעדי ושיזב יתי מחרבא |
| 1626 | | Gn46:31 | ליה אחוי ואנשי בייתיה דאבא די בארע«א» דכנען אתון |
| 1627 | | Gn44:18 | מעבד על {על} כורחיה דאבא הא לא אשתמע לך ולא אתני לך |
| 1628 | | Gn44:18 | משתבע אנה לך בחיי רישיה דאבא היך מה דאת משתבע בחיי |
| 1629 | | Gn27:41 | דיקרבון יומי אבלא דאבא ואקטול ית יעקב אח{ו}י |
| 1630 | | Gn24:07 | די דבר יתי מן בייתא דאבא ומן ארעא תלדוותי ודי מלל |
| 1631 | | Gn26:18M | אברהם /בתר מיתותא דאבא#2#/ וקרא להן שמהן/שמהון#2#/ |
| 1632 | | Dt 6:04M | דהוה אבוי דאברהם/דאבא#2#/ פלח אתון פלחין או |
| 1633 | | Gn38:25 | מנכון אחיי ואינשי בייתי דאבא קבילו מיני סב לי יקד בעלמא |
| 1634 | | Gn24:38 | ארום אלהין לביית' דאבא תיזל ולוות זרעייתי ותיסב |
| 1635 | דאבה | Gn44:19 | רבא על דהוא מן עילעא דאבה אין לא הווה כשר למעבד כדין |
| 1636 | | Gn31:05 | היך דקדמוי ומימר אלהה דאבה הווה בסעדי: |
| 1637 | | Gn20:12 | מן קושטא אחתי ברתה דאבה היא לחוד לא ברתה דאמה |
| 1638 | | Gn20:13 | דייי דבר יתיה מן ביתה דאבה ואמרית לה דן חסדיך די |
| 1639 | | Gn16:05 | ובית תלדוותי ובייתי' דאבה ואתית יתיה עמך בהימנו עלית |
| 1640 | | Gn28:21 | ואחזר בשלם לביתיה דאבה ויהווה ייי לי לאלה פריק: |
| 1641 | | Gn44:18 | נהוי מרחק מן שאלת שלמה דאבה כל יומייא או דלמא דלא |
| 1642 | | Gn44:32 | מרחק מן שאלת שלמה דאבה כל יומיא: |
| 1643 | | Gn48:22 | נסב יתיה אברהם אבוי דאבה מן ידוי דנמרוד רשיעא ויהב |
| 1644 | | Gn49:02 | ואמר להון אברהם אבוי דאבה קם מניה פסול ישמעל וכל |
| 1645 | | Dt 6:04 | ואמר להון אברהם אבוי דאבה קם מיניה פסילה ישמעאל וכל |
| 1646 | דאבהתהון | Nu 1:47 | וליויי לשבטה דאבהתהון לא אסתכמו ביניהון: |
| 1647 | דאבהתכון | Gn43:23 | אלה{ת}כון ואלהה דאבהתכון יהב לכון סימן בטעוניכון |
| 1648 | דאבוה | Gn38:11 | תמר ויתבת לה בבייתה דאבוה: |
| 1649 | | Nu30:17 | אב לברתה ברביותה בביתה דאבוה: |
| 1650 | | Nu30:04 | ייי ותקיים קיים בביתה דאבוה ברביותה: |
| 1651 | | Lv21:09M | ית כליל כהונתה דאבוה היא מפסה |
| 1652 | | Gn19:26 | מה יהווי בסופה דבייתיה דאבוה והא היא קיימא עמוד דמלח |
| 1653 | | Dt22:21 | ית רביתה לתרע בייתה דאבוה וירגמון יתה עמא דקרתה |
| 1654 | | Dt22:21 | בישראל למזנייה בייתיה דאבוה ותבערון עבדי בישתה |
| 1655 | | Gn32:10M | ואלהה \דיצחק אבה/דאבוה#2#/ ייי דאמר לי חזור |
| 1656 | | Lv22:13 | לית לה ותחזור לביתה דאבוה כרביותה מן לחמה דאבוה |
| 1657 | | Lv22:13 | דאבוה כרביותה מן לחמה דאבוה תאכל וכל חלוני לא יאכל |
| 1658 | דאבוהון | Ex 2:16 | למשקייה ית ענה דאבוהון: |
| 1659 | | Gn37:12 | אחוי למרע ית ענא דאבוהון בשכם: |
| 1660 | | Gn 9:23 | וכסון ית עריתה דאבוהון ואפיהון הפיכו לבתרהון |
| 1661 | | Gn31:53 | ידינון בינינן אלהה דאבוהון ואשתבע יעקב בתקיפה |
| 1662 | | Gn 9:23 | הפיכו לבתרהון ועריתה דאבוהון לא חמון: |
| 1663 | | Nu26:11 | על דילא הוון בעצתה דאבוהון לא מיתו: |
| 1664 | | Nu36:11 | דצלפחד לבנוי דאחוי דאבוהון לנשין: |
| 1665 | דאבוהן | Nu36:12M | אבוהון /זרעייתה דאבוהן#2#/: |
| 1666 | דאבוי | Gn49:24 | למבעיה רחמין מן תקיפא דאבוי יעקב מן תחות אדרע |
| 1667 | | Gn46:01 | ונכס נכסין לאלה דאבוי יצחק: |
| 1668 | | Gn34:19 | יקר מן כל אנשי ביתיה דאבוי: |
| 1669 | | Nu27:10 | ית אחסנתיה לאחוי דאבוי: |
| 1670 | | Dt23:01 | ולא יבזי כנף עריתה דאבוי: |
| 1671 | | Lv20:17M | אחתה \ברת אבוי /ברת דאבוי#2#/ או ברתה דאמה ויחמי |
| 1672 | | Lv25:49 | או אחוי דאבוי או בר אחוי דאבוי יפרוק |
| 1673 | | Dt27:22M | אמיה ויאמרון כל /ברתה דאבוי או ברתה דאמיה ויענון |
| 1674 | | Gn46:31 | לאחוי ולאנשי בייתיה דאבוי אסוק כען ואתני לפרעה ואמר |
| 1675 | | Dt27:20M | אבוי /דמשמש עם אתתה דאבוי#2#/ ארום בזי עריתה דאבוי |
| 1676 | | Gn37:01 | יעקב בארעא תותבותיה דאבוי בארעא דכנען: |
| 1677 | | Lv20:11M | אתתה דאבוי \עריתה דאבוי בזי#2#/ מתקטלה יתקטל |
| 1678 | | Gn31:53 | ואשתבע יעקב בתקיפה דאבוי דיצחק: |
| 1679 | | Gn37:02 | ועם בנוי דזלפה נשוי דאבוי ואייתי יוסף ית טבהון |
| 1680 | | Gn40:23 | דלוי יתיה מן בייתה דאבוי ואתרחיץ ברב מזוגיה בבשר |
| 1681 | | Ex20:12 | הוון זהירין גבר ביקריה דאבוי ובאיקרה דאימיה מן בגלל |
| 1682 | | Gn49:26 | דמצרים וזהיר ביקירא דאבוי ובאיקרהון דאחוי: |
| 1683 | | Gn50:01 | ^בכין#2#^ על צווריה דאבוי ובכא עלוי יוסף ונשק |
| 1684 | | Gn50:01 | ונפל יוסף על אפוי דאבו«י» ובכה עלוי ונשק ליה |
| 1685 | | Dt21:18 | לית הוא שמע בקלה דאבוי ובקלה דאימיה וירדון יתיה |
| 1686 | | Lv19:03 | גבר באיקריה דאבוי ודאימיה תהוון זהירין וית |
| 1687 | | Lv20:09 | ודאמה ממת ימות עריתה דאבוי ודאימיה זל אדמיה ביה: |
| 1688 | | Lv20:09 | גבר די יזלזל איקריה דאבוי ודאמה ממת ימות אקריה |
| 1689 | | Dt27:16 | יהווי גברא דזלא יקריה דאבוי ודאמה ויאמרון כל עמא אמן: |
| 1690 | | Gn27:41 | די קטל להבל בחיובי דאבוי וחזר ואוליד ית שת וקרא |
| 1691 | | Gn50:22 | הוא ואנשי בייתיה דאבוי וחי«ה» יוסף מאה ועשר |
| 1692 | | Dt27:20 | אבוי ארום בזי עריתה דאבוי ויאמרון כל עמה אמן: |
| 1693 | | Dt23:01 | לא יסב גבר ית אתתה דאבוי ולא יבזי כנף עריתה דאבוי: |
| 1694 | | Gn 2:24 | כן יפרש גבר מדמכיה מן דאבוי ומן דאימיה וידבק באתתיה |
| 1695 | | Gn27:34 | כד שמע עשו ית מלוי דאבוי וצוח צווחה רבה תקיפא |
| 1696 | | Gn 9:22 | דכנענאי ית עריתה דאבוי ותני לתרין אחוי בשוק': |
| 1697 | | Lv25:49 | אחוי דאבוי או בר אחוי דאבוי יפרוק יתיה או מן קריב |
| 1698 | | Ex 6:20 | ית יוכבד ברת אחוי דאבוי לה לאתה דילדת לה: |
| 1699 | | Gn50:08 | דיוסף ואחוי ובייתיה דאבוי לחוד טפלהון ועניהון |
| 1700 | | Gn48:17 | שפר באפוי ואתוקף בידה דאבוי למחזרה יתה מעילוי רישה |
| 1701 | | Gn47:12M | וית כל \אנשי ביתיה לחם /דאבוי מזון#2#/ לפם טפליא: |
| 1702 | | Lv20:11 | וגבר די ישמש עם אתתה דאבוי מתקטלה יתקטל תריהון חובת |
| 1703 | | Gn28:12 | דילוון יתיה מן בייתי דאבוי סלקון למבשר{י}<א> |
| 1704 | | Gn26:15 | וכל בארייא דחפרו עבדוי דאבוי סתמו יתהון פלשתאי ומלון |
| 1705 | דאבוך | Gn49:08 | ושאלין בשלמך כל בנוי דאבוך: |
| 1706 | | Lv18:09 | עיריתה דאחתך ברתה דאבוך או ברתה דאמ«ך» מה דאולד |
| 1707 | | Ex 3:06 | ואמר אנה הוא אלהה דאבוך אלהה דאברהם אלהה דיצחק |
| 1708 | | Nu18:02 | ית אחך שבטה דלוי שבטה דאבוך אקרב לוותך ויזדמנון לוותך |
| 1709 | | Gn24:23 | כען לי האית בביתה ^דאבוך#2#^ אתר לנ{ון}<א> למבתה: |
| 1710 | | Lv18:07 | היא לא תיגלי עיריתה דאבוך הוא: |
| 1711 | | Lv18:08 | דאבוך לא תבזי עיריתה דאבוך הוא: |
| 1712 | | Lv18:12 | לא תבזי קריבת בשרה דאבוך היא: |
| 1713 | | Gn50:17 | דעבדוי די אלהה דאבוך ובכה יוסף במלל יתיה עמה: |
| 1714 | | Lv18:07 | עריתי' דאבוך ועריתה דאמך לא תיבזי אמך |
| 1715 | | Gn49:25 | מימר אלהא דאבוך יהווי בסעדך ואלה שמיא |
| 1716 | | Gn49:26 | ברכתא דאבוך יתוספון לך על ברכתא די |
| 1717 | | Gn46:03 | ואמר אנה הוא אלהיה דאבוך לא תדחל מיחות מצרים ארום |
| 1718 | | Lv18:08 | עריתה דאתתה דאבוך לא תבזי עיריתה דאבוך הוא: |
| 1719 | | Lv18:12 | עריתה דאחתה דאבוך לא תבזי קריבת בשרה דאבוך |
| 1720 | | Lv18:14 | עריתה דאחוי דאבוך לא תבזי ולאתתה לא תקרב |
| 1721 | | Lv20:19 | ועריתה דאחתה דאמך ואחתה דאבוך לא תבזי ארום ית קריבת |
| 1722 | | Gn12:01 | ומן בייתי' דאבוך לארעא די אחוי יתך: |
| 1723 | | Gn31:30 | מתחמדה אתחמדת לבייתיה דאבוך למה גנבת ית דחלתי: |
| 1724 | | Lv18:11 | עריית דברתה דאיתתה דאבוך מה דאולד אבו«ך» אחתך |
| 1725 | | Gn27:06 | למימר הא שמעית ית קלא דאבוך ממלל עם עשו אחוך למימר: |

|  |  |  |  |  |  |
|---|---|---|---|---|---|
| 1726 | דאבוך | Gn38:11 | תבי ארמלה בבייתיה | דאבוך | עד זמן דיתרבי שלה ברי |
| 1727 | | Nu18:01M | עמך תקבלון ית /ובייתה | דאבוך | עמך תסבלון ית#2#/ חובי |
| 1728 | דאבוכון | Gn31:29 | סגין למבאשא לכון ואלה | דאבוכון | ברמשא אמר לי למימר אזדהר |
| 1729 | | Dt 5:16M | הוון זהירין באיקרא | דאבוכון | ובאיקרא דאמכון |
| 1730 | | Gn31:05 | חמה אנה ית סבר אפוי | דאבוכון | והא לית אנון שפין לקבלי |
| 1731 | | Gn31:09 | ורוקן ייי ית נכסוי | דאבוכון | ויה«ב» לי: |
| 1732 | דאבונן | Gn49:02 | ואפיקו דרגשא דדהבא | דאבונן | יעקב רביע בגוויה סברין |
| 1733 | | Dt 6:04 | כיון דמטה קצה | דאבונן | יעקב למתכנש בשלם מן גו |
| 1734 | | Gn31:14 | לנא חלק ואחסנא בביתא | דאבונן: | |
| 1735 | | Gn31:01 | נסב יעקב ית כל מה | דאבונן | ומן דאבונן קנה ית כל |
| 1736 | | Gn42:32 | תרין עשר אנן אחין בנוי | דאבונן | חד מנן מן דנפק מלוותן לית |
| 1737 | | Gn31:01 | ית כל מה דאבונן ומן | דאבונן | קנה ית כל נכסיא האלין: |
| 1738 | דאביבא | Ex13:04 | פריקין בזמן ירחא | דאביבא: | |
| 1739 | | Dt16:01 | אלהכון ארום בזמן ירחה | דאביבא | אפיק יתכון ייי אלהכון |
| 1740 | | Ex23:15 | דפקדת יתכון בזמן ירחא | דאביבא | ארום בה נפקתון פריקין |
| 1741 | דאביבה | Ex34:18 | בזמן ירחא {דאברכה} | <דאביבה> | <ארום בירחא דאביבה> |
| 1742 | | Dt16:01 | טורו ית ירחא | דאביבה | ותעבדון פסחא קדם ייי |
| 1743 | | Ex34:18 | <דאביבה> <ארום בירחא | <דאביבה> | נפקתון פריקין מן מצרים: |
| 1744 | דאביה | Gn29:12 | יעקב לרחל ארום אחוי | דאביה | הוא וארום בר רבקה הוא |
| 1745 | דאבילא | Gn35:09M | "וברכת יתה ...": וברכת' | דאבילא | ברכת יתיה ונחמת יתיה וכן |
| 1746 | דאבילה | Gn35:09 | עלוי וברכת יתה ברכת | דאבילה | ברכת יתיה ונחמת יתיה דכן |
| 1747 | דאבלייה | Gn35:09M | ונחמת יתיה וברכתה | דאבלייה | ברכת יתיה על אימיה |
| 1748 | דאבן | Dt28:36 | טעוון דקי{ם}<ס> וטעוון | דאבן: | |
| 1749 | | Dt28:64 | טעון דקיס וטעוון | דאבן: | |
| 1750 | | Ex28:17 | ותשלם ביה אשלמיה | דאבן | ארבעה סדרי«ן» דאבן טבא |
| 1751 | | Dt 4:28 | בר נש טעוון דקיס טעוון | דאבן | די לא חזיין ולא שמעין ולא |
| 1752 | | Gn35:14 | קיימא <....> | דאבן | ונסך עלה נסוכין ואריק עלה |
| 1753 | | Ex28:17 | דאבן ארבעה סדרי«ן» | דאבן | טבא סדרא קדמיה סמקתה |
| 1754 | | Ex39:10 | ואשלימו בה ארבעה סדרין | דאבן | טבה סדרה קדמ<י>ה סמקתה |
| 1755 | | Dt29:16M | טעוון דקיס וטעוון | דאבן | טעוון דכסף טעוון דדהב |
| 1756 | | Ex31:18 | לווחין סהדותא לווחין | דאבן | כתיבין באצבע דגבורה מן קדם |
| 1757 | דאבניה | Dt 8:09 | כל מן דעם בה ארע | דאבניה | שריין וברירן היך פרזלה |
| 1758 | דאבנין | Ex34:04 | בידיה תרין לווחין | דאבנין: | |
| 1759 | | Dt 5:22 | יתהון על תרין לווחין | דאבנין | ויהב יתהון לי אמר משה: |
| 1760 | | Dt10:03 | וחצבית תרין לווחין | דאבנין | כקדמיה וסליקית לטורא |
| 1761 | | Ex34:01 | חצב לך תרין לוחין | דאבנין | כקדמיי ואכתוב על לוחיא ית |
| 1762 | | Ex34:04 | וחצב תרין לווחין | דאבנין | כקדמיי ואקדם משה בצפרא |
| 1763 | | Dt10:01 | חצוב לך תרין לווחין | דאבנין | כקדמיה וסק לוותי לטורא |
| 1764 | | Dt27:05 | קדם ייי אלהכון מדבח | דאבנין | לא תעברון עליהון מן |
| 1765 | | Ex20:25 | ואם מדבח | דאבנין | תבנון לשמי לא תבנון יתהון |
| 1766 | דאגי' | Lv25:50M | אגיר יהווי /כיומה | דאגי' | יה#2#/ עימיה: |
| 1767 | דאגירה | Dt24:14 | לא תעצי אגריה | דאגירה | דמסכינה וצריכה מן אחיכון |
| 1768 | | Lv19:13 | ולא תגזול לא יבית אגרה | דאגירה | עמך עד צפרא: |
| 1769 | | Dt15:18 | ארום בכפלה אגריה | דאגירה | פלח קדמיך שית שנין דיומין |
| 1770 | דאדומאי | Gn32:04 | לארע גבלא לתחומהון | דאדומאי: | |
| 1771 | | Nu21:04M | ואתעקת/וית#2#/ | /דאדומאי | ואיתעקת#2#/ נפשהון דעמה |
| 1772 | | Nu20:23M | דאדומיי /ארעהון | דאדומאי#2#/ | למימר: |
| 1773 | דאדומיי | Gn36:43 | הוא עשו אבוהון | דאדומיי: | |
| 1774 | | Nu33:37 | בהר טורא בסיפי ארעהון | דאדומיי: | |
| 1775 | | Gn36:16 | דאליפז בארעהון | דאדומיי | אלין בניה דעדה: |
| 1776 | | Gn36:17 | דרעואל בארעהון | דאדומיי | אלין בנוי דבשמת אתתיה |
| 1777 | | Gn36:09 | דעשו אבוהון | דאדומיי | בטורא דגבלא: |
| 1778 | | Nu21:04 | דסוף למקפה ית ארעהון | דאדומיי | ואתעקת נפשהון דעמה |
| 1779 | | Nu34:03 | דצין עד תחומיהון | דאדומיי | ויהווי לכון תחום דרומה |
| 1780 | | Nu20:18M | \ואמר להון מלכיהון | דאדומיי | לא תעברו בתחומין דלא |
| 1781 | | Nu20:23 | טורה סמיך לתחומיהון | דאדומיי | למימר: |
| 1782 | | Gn36:21 | דגבלה בארעהון | דאדומיי» | לרברבניהון בארעא |
| 1783 | | Gn36:31 | מלכיא די מלכו בארעהון | דאדומיי | קדם עד לא ימלך מלך לבני |
| 1784 | דאדם | Gn 5:01 | דין ספר יחוס תלדוותה | דאדם | ביומא די ברא ייי ית אדם |
| 1785 | | Gn48:22 | חד יתיר על אחך לבושיה | דאדם | קדמיי נסב יתיה אברהם אבוי |
| 1786 | | Gn 5:05 | והוון כל יומי חיוי | דאדם | תשע מאה ותלתין שנין ומית |
| 1787 | דאדמיי | Nu20:14 | מן רקם לוות מלכיהון | {{דאדמיי}} | כדן אמרין אחיכון ישראל |
| 1788 | דאו' | Dt29:28M | אורייתה /פיתגמייה | דאו'#2#/ | הדה: |
| 1789 | דאוכלוסין | Gn 4:10 | דא דעבדת קלא אדמהון | דאוכלוסין | צדיקין דהון עתידין |
| 1790 | דאומיא | Gn14:01 | מלכ{{א}}«ה»ון | דאומיא: | |
| 1791 | דאומייא | Dt20:16 | לחוד מן קורייתהון | דאומייא | האליין דייי אלהכון יהב |
| 1792 | | Dt18:09M | \דאתרא «ה»אינון | /דאומייא | ההנון#2#/: |
| 1793 | דאומייה | Dt 6:14 | אחרניין מן טעוותהון | {{דאומייה}} | די חזור חזור לכון: |
| 1794 | | Dt13:08 | מן טעוותהון | דאומייה | די חזור חזור לכון |
| 1795 | | Dt29:17 | למפלח קדם טעוותהון | {{דאומייה}} | האינון דלא יהווי בכון |
| 1796 | | Dt 9:04 | ית ארעא הדה ובחוביהון | דאומייה | האליין מימרה דייי טרד |
| 1797 | | Dt 9:05 | ארעהון ארום בחוביהון | דאומייה | האליין ייי אלהכון טרד |
| 1798 | | Dt32:31 | לא כרוחצינן רוחצניהון | דאומייה | על דחסינן וארגזן קדמוי |
| 1799 | דאומין | Nu35:04M | לברה אלף | אמין/דאומין#2#/ | מן חזור חזור: |
| 1800 | דאומנו | Ex35:33M | "עבידת באומנות": עבידה | דאומנו | |
| 1801 | דאוקר | Gn 3:21 | לאדם ולאתתיה לבושין | דאוקר | למשך בשרהון ואלבש יתהון: |
| 1802 | דאוריית' | Gn25:27M | בבית מדרשא אולפן | דאוריית' | |
| 1803 | | Ex20:06M | פיקודיא/מצוותי' | דאוריית#2#/: | |
| 1804 | דאורייתא | Ex16:04 | אין נטרינון מצוותה | דאורייתא | אן לא: |
| 1805 | | Dt15:11M | שבקין הנון מצוותה | דאורייתא | ארום לא פסקין מסכינייה |
| 1806 | | Gn 3:24 | על די נטרו מצוותה | דאורייתא | בעלמא הדין וקיימו פקודיה |
| 1807 | | Ex13:10 | ותטרון ית קיימיה | דאורייתא | הדה בזימנא מן עדן יומין |
| 1808 | | Dt15:04M | מצוותה | דאוריית'/<דאוריי>תא#2#/ | חלף כן ^ארום |
| 1809 | | Ex12:11M | אסירין \במצוותיה | דאורייתא#2#/ | מסניכון ברגליכון |
| 1810 | דאורייתה | Dt 8:02 | אין נטרין אתון מצוותה | דאורייתה | או לא: |
| 1811 | | Dt 4:40 | ית קיימוי וית מצוותה | דאורייתה | די אנה מפקד יתכון יומא |
| 1812 | | Dt 6:17 | מטור תטרון ית מצוותה | דאורייתה | דייי אלהכון וסהדותיה |
| 1813 | | Dt 7:09 | צדיקייה ולנטרי מצוותה | דאורייתה | לאלפין ד{ר}רין: |
| 1814 | דאורייתי | Lv22:31 | אגר טב לנטרי מצוותה | דאורייתי: | |
| 1815 | | Dt 5:10 | צדיקיה ולנטרי מצוותה | דאורייתי: | |
| 1816 | | Lv22:31 | ותטרון מצוותה | דאורייתי | ותעבדון יתהון אנה הוא |
| 1817 | | Dt15:04 | לחוד אין תטרון מצוותה | דאורייתי | חלף כן ^ארום לא יהווי |
| 1818 | | Dt 5:29 | ולמטור ית כל מצוותה | דאורייתי | כל יומייה מן בגלל דייטיב |
| 1819 | | Lv18:04 | תעבדון וית קיימי | דאורייתי | תטרון למהלכה בהון אנה |
| 1820 | | Lv19:19 | ית קימה | <ד>א{ד}ורייתי | תטרון בערכון לא |
| 1821 | | Lv26:15 | ואן בקיימי | דאורייתי | תעיקון ואן סדרי דיניי |
| 1822 | דאוריתא | Ex16:04M | מצוותה | דאורייתא/דאוריתא#2#/ | אן לא: |
| 1823 | | Gn 3:24 | על די לא נטרו מצוותה | דאוריתא | בעלמא הדין ארום אילן |
| 1824 | | Dt11:13 | משמע תשמעון למצוותה | דאוריתא | די אנה מפקד יתכון יומא |
| 1825 | | Ex15:25 | מיניה מימריה דייי מלה | דאוריתא | וטלק לגו מיא ואתחלון מיא |
| 1826 | | Gn 3:22 | עד די לא נטר מצותיה | דאוריתא | ולא קיים פקודה הא ניטרד' |
| 1827 | | Gn 3:22 | לביש אילו נטר מצוותה | דאוריתא | וקיים פקודה אית הוה חי |
| 1828 | | Dt15:11M | נט' ישראל מצוותה | דאוריתא | לא הווי בכון מסכינין |
| 1829 | | Gn 3:15 | וכד יהוון שבקין פקודי | דאוריתא | תהוי מתכוין ונכת יתיה |
| 1830 | דאוריתה | Dt 6:02 | ית כל קיימוי ומצוותה | דאוריתה | די אנה מפקד יתכון |
| 1831 | | Nu 5:30 | לה כהנה ית כל קיימיה | דאוריתה | האלין: |
| 1832 | | Dt17:20 | ודלא יסטי מן מצוותה | דאוריתה | לא לימינה ולא לשמאלה |
| 1833 | | Nu27:21 | וישאול לה בסדר דינהון | דאוריתה | קדם ייי על גזירת פמה |

|  |  |  |  |
|---|---|---|---|
| 1834 | דאוריתי | Lv26:03 | אן בקימה דאוריתי תהלכון וית פיקודיי תטרון |
| 1835 | דאוריתיא | Nu15:15 | קהלא גזרת דאור«י»תיא לכון ולגיוריה |
| 1836 | דאח' | Gn27:45M | /זמן די תחזור כוליתיה דאח#2#/ מנך וינשי ית מה דעבדת |
| 1837 | דאחוי | Gn38:09 | דלא מקמא בנין לשמה דאחוי: |
| 1838 | | Gn49:26 | ביקירא דאבוי ובאיקרהון דאחוי: |
| 1839 | | Dt25:09 | לא צבה למיבני ית בייתה דאחוי: |
| 1840 | | Dt33:16 | דמצרים וזהיר באיקרהון דאחוי: |
| 1841 | | Gn 4:21 | ושמה דאחוי יובל הוא הוה אבוהון דכל |
| 1842 | | Gn10:25 | אתפלגו דיירי ארעא ושמה דאחוי יקטן: |
| 1843 | | Lv20:21 | דאחוי מרחקה היא עריתה דאחוי בזי דלא בנין יהוון: |
| 1844 | | Gn37:02 | ואייתי יוסף ית טבהון דאחוי ביש לוות אבוהון: |
| 1845 | | Gn14:12M | בר אחוי /סגולה בריה דאחוי#2#/ דאברם ואזלו והוא הוה |
| 1846 | | Nu36:11 | בנתיה דצלפחד לבנוי דאחוי דאבוהון לנשין: |
| 1847 | | Lv18:14 | עריתה דאחוי דאבוך לא תבזי ולאתתה לא |
| 1848 | | Gn24:27 | דבר יתי ייי בבייתיה דאחוי דרבוני: |
| 1849 | | Gn24:28 | ורהטת רביתה בבייתה דאחוי דרבוני דאמה ותניית ית כל |
| 1850 | | Gn24:48M | אחוי /למיסב ית ברתי דאחוי#2#/ דריבוני לברה: |
| 1851 | | Gn38:09 | כד הוה עליל לוות אתתא דאחוי הוה מחבל עובדוי על ארעא |
| 1852 | | Gn14:16M | ולחוד ית לוט בריה דאחוי וסגולה חזר ולחוד ית |
| 1853 | | Dt20:08 | יימסי ויתבר ית לבהון דאחוי כלבביה: |
| 1854 | | Dt25:06 | די תולד <יקום> על שמה דאחוי מיתה ולא יתמחק שמיה |
| 1855 | | Lv20:21 | די יסב ית אתתה דאחוי מרחקה היא עריתה דאחוי בזי |
| 1856 | | Gn50:01 | יהודה ארייה גוברין דאחוי ענה יהודה ואמר לאחוי |
| 1857 | דאחוך | Gn27:44 | עד זמן די תשתדך כליתיה דאחוך: |
| 1858 | | Gn38:08 | ואקים זרע דבנין לשמה דאחוך: |
| 1859 | | Dt22:01 | לא תחמי ית תורא דאחוך או ית אמריה טעיין ותכסי |
| 1860 | | Lv18:16 | דאחוך לא תבזי עריתה דאחוך היא: |
| 1861 | | Gn38:08 | לאונן עול לוות אתתיה דאחוך ויבם יתה ואקים זרע דבנין |
| 1862 | | Lv18:16 | ערות דאתתה דאחוך לא תבזי עריתה דאחוך היא: |
| 1863 | | Dt22:04 | ית חמריה או תורה «דאחוך» מטלקין באורחא ותכסי |
| 1864 | | Gn 4:11 | למקבלה ית אדמה דאחוך מן ידיך: |
| 1865 | | Gn27:45 | עד דיחזור תקוף רוגזיה דאחוך מנך וינשי ית מה דעבדת |
| 1866 | דאחונה | Gn42:21 | ברם חייבין אנן באדמה דאחונה די חמינן בעקת נפשיה כד |
| 1867 | דאחי | Gn 4:09 | ידע הא נטורא דאחי אנה: |
| 1868 | | Gn32:12 | שיזב יתי כען מן ידוי דאחי מן ידוי דעשו ארום דחל אנא |
| 1869 | דאחיהון | Dt 2:04M | בנוי /בתחומיהון דאחיהון דב'#2#/ דעשו \ |
| 1870 | דאחיך | Gn37:14 | כען וחמי ית שלמיהון דאחיך וית שלמא דענא ואתיב יתי |
| 1871 | דאחך | Gn50:17 | שרי כען ושבוק לסרחניהון דאחך ולחוביהון ארום בישן גמלו |
| 1872 | דאחתה | Lv20:17 | לעיני בני עמהון עריתה דאחתה בזי חובוי יקבל: |
| 1873 | | Lv18:12 | עריתה דאחתה דאבוך לא תבזי קריבת בשרה |
| 1874 | | Lv18:13 | עריתה דאחתה דאמך לא תבזי ארום קריב' |
| 1875 | | Lv20:19 | ועריתה דאחתה דאמך ואחתה דאבוך לא תבזי |
| 1876 | דאחתך | Lv18:09 | עיריתה דאחתך ברתה דאבוך או ברתה |
| 1877 | דאטיף | Dt11:04M | די אציף/דאטיף#2#/ ית מוי דימה דסוף על |
| 1878 | דאיזוב | Ex12:22 | ותסבון מיסרא דאיזוב ותצבעון באדמה די במנה |
| 1879 | דאיליין | Nu24:24M | עיבר פרת ברם סופיהון דאיליין ודאיליין לאובדן עלמא |
| 1880 | דאמוראי | Dt 4:46M | סיחון מלכהון דאמוריי/דאמוראי#2#/ דהווא שרי בחשבון |
| 1881 | | Dt 3:02M | מלכהון דאמוריי/<דאמו>ראי#2#/ דהווה שרי |
| 1882 | | Dt 1:20M | עד טורהון דאמוריי/דאמוראי#2#/ די ייי אלהן יהב |
| 1883 | דאמוריי | Dt 4:46 | בארע סיחון מלכהון דאמוריי דהווא שרי בחשבון מה די |
| 1884 | | Dt 3:02 | עבדת לסיחון מלכהון דאמוריי דהווה שרי בחשבון: |
| 1885 | דאימוראי | Nu21:29M | למלכיהון דאמוריי/דאימוראי#2#/ סיחון: |
| 1886 | | Nu26:04M | דמצרים /מארעא דאימוראי#2#/: |
| 1887 | | Nu21:13 | דנפק מן תחומיהון דאימוראי ארום ארנונה תחומיהון |
| 1888 | | Nu21:26M | \דאמוריי הוות /דאימוראי היא#2#/ והוא סדר \ |
| 1889 | | Nu34:15M | דאמוריי /מלכיהון דאימוראי#2#/ ובית מלכותא דעוג |
| 1890 | | Nu32:33M | /<מל>כה <דאמו>ראה#2#/^דאימוראי#2#^/ וית מלכותא |
| 1891 | | Nu34:15M | לכנרת כרך דמלכותהון דאימוראי ומן כנרת כרך מלכותהון |
| 1892 | | Nu34:15M | כנרת כרך מלכותהון דאימוראי נפק להון תחומה לטור |
| 1893 | דאימוריי | Nu21:34 | דעבדת לסיחון מלכיהון דאימוריי די הווה שרי בחשבון: |
| 1894 | דאימיה | Nu12:12M | עלמ' אתאכל /מן מעוי דאימיה את#2#/ פלגות/<פל>גו#2# |
| 1895 | | Gn20:12M | לחוד לא ברתה דאמה/דאימיה#2#/ והוות לי לאיתה: |
| 1896 | | Gn 2:24 | מדמכיה מן דאבוי ומן דאימיה וידבק באתתיה ויהוון |
| 1897 | | Dt21:18 | שמע בקלה דאבוי ובקלה דאימיה וירדון יתיה ולא ישמע |
| 1898 | | Ex20:12 | ביקריה דאבוי ובאיקרה דאימיה מן בגלל דיסגון יומיכון על |
| 1899 | דאינש | Gn38:25 | אחי ובית אבא במכלותא דאינש מיכל בה מיתכל ליה בין |
| 1900 | דאיקוניה | Gn28:12M | לגברא חסידא דאיקונין/<דאיקו>ניה#2#/ דידיה קביעא |
| 1901 | דאיקונין | Gn28:12 | אתון חמון לגברא חסידא דאיקונין דידיה קביעא בכורסיה |
| 1902 | דאיקר | Ex33:23M | /ואחמי ית דבורה דאיקר#2#/ שכינתי ואפי איקר |
| 1903 | | Nu35:34 | ארעא די אתון שרין בה דאיקר שכינתי שריה בגווה ארום |
| 1904 | | Lv15:31 | יסאבון ית בית מקדשי דאיקר שכינתיה שריה בניהון: |
| 1905 | | Dt 4:39 | ארום ייי הוא אלה דאיקר שכינתיה שריה בשמיה |
| 1906 | | Dt 6:15 | קניי ופורען הוא אלהכון דאיקר שכינתיה ביניכון דלא יתקוף |
| 1907 | | Dt 7:21 | ארום ייי אלהכון דאיקר שכינתיה מדברה ביניכון אלה |
| 1908 | | Dt 9:03 | הדין ארום ייי אלהכון דאיקר שכינתיה מדברה קדמיכון אשה |
| 1909 | | Dt20:04 | ארום ייי אלהכון דאיקר שכינתיה מדברה ביניכון |
| 1910 | | Dt23:15 | ארום ייי אלהכון דאיקר שכינתיה מדברה בגו |
| 1911 | | Dt31:03 | ייי אלהכון דאיקר שכינתיה מדברה קדמיכון הוא |
| 1912 | | Dt31:06 | ארום ייי אלהכון דאיקר שכינתיה מדברה קדמיכון לא |
| 1913 | | Nu14:14 | הדה שמעו ארום את הוא דאיקר שכינתך בגו עמא האליין |
| 1914 | | Dt 3:24 | תקיפתה די מן אלה כוותך דאיקר שכינתך שרייא בשמייא |
| 1915 | דאישתא | Ex13:22 | דעננא באיממא ועמודא דאישתא בליליא מדברין ומעתדין |
| 1916 | | Ex13:21 | ולליא בעמוד' דעננא דאישתא למנהרא להון למהוי מהלכין |
| 1917 | דאית | Ex13:20M | ושרון באיתם בסיפה/בסופ'#2#/דאית בסייפי#2#/ מדברה: |
| 1918 | דאיתתה | Gn11:29M | ונחור להון נשין שמה ^דאיתתה דאברם שרי שמה#2#/ |
| 1919 | | Lv18:11 | עררייתה דברתה דאיתתה דאבוך מה דאולד אבו«ך» |
| 1920 | | Gn 3:15M | וממר' יתהון ברם לבנין דאיתתה יהוי אסו ולך חויה לא |
| 1921 | | Nu25:15 | ושמה דא«י»תתה קטילתה מידיניתה כזבי |
| 1922 | דאיתתיה | Gn 3:20 | וקרא האדם שמה דאיתתיה חוה ארום היא הוות אמהון |
| 1923 | | Gn19:16 | גבריא בידוהי ובידיה דאיתתיה וביד תרתין בנתיה במחוס |
| 1924 | דאכנשותא | Ex23:16 | וזרעין באפי ברא וחגא דאכנשותא במיפקה דשתא במכנשכון ית |
| 1925 | | Ex34:22 | בכרת חצדה דחטיא וחגא דאכנשותא במפקא דשתא: |
| 1926 | | Ex34:21 | שביעיה תתנוחון בחגא דאכנשותא ובחגא דחצדא תתנחון: |
| 1927 | דאלה | Lv24:15 | גבר ארום יפריש שמה דאלה בגדפין יקבל חובוי: |
| 1928 | | Dt 4:33 | די שמעו בקל מימריה דאלה חייה ממלל מן גו להבי אשתה |
| 1929 | | Dt 5:26 | בשרא די שמע ית קל מימרה דאלה חייה ממלל מן גו להבי אשתה |
| 1930 | דאלהא | Dt33:27 | מדור איקר שכינתה דאלהא מלקדמין דמן תחות אדרע |
| 1931 | דאלהה | Lv21:12 | ולא יפס ית בית מקדשה דאלהה ארום כליל משה רבותה |
| 1932 | | Lv24:16 | כיציבייה בפרשותיה שמה דאלהה בגידופין יתקטל: |
| 1933 | | Lv21:12 | ארום כליל משה רבותה דאלהה עלוי אמר ייי: |
| 1934 | דאלההון | Lv21:06 | אלההון ולא יפסון שמה דאלההון ארום ית קרבנוי דייי לחם |
| 1935 | דאלהיה | Nu25:13 | לעלם חלף דקני' לשמה דאלה«י»ה וכפר על בני ישראל: |
| 1936 | | Dt10:17M | ריבונייה /אלהא אלההון דאלהיה ורבתהון דרבונייה#2#/ |
| 1937 | דאלהייה | Dt 4:35M | "אלה לית": אלההון דאלהייה ולית אלא |
| 1938 | דאלהכון | Lv18:21 | ולא תפסו ית שמה דאלהכון אמר ייי: |
| 1939 | | Lv19:12 | לשקר ולא תפסון ית שמא דאלהכון כדן אמר ייי: |
| 1940 | | Lv23:14 | דתייתון ית קורבנה דאלהכון קיים עלם לדריכון בכל אתר |
| 1941 | דאמה | Gn29:10 | ית ענה דלבן אחוי דאמה: |

|  |  |  |  |  |  |
|---|---|---|---|---|---|
| 1942 | | Gn32:03 | מלאכין מן דלבן אחוי | דאמה | אינון דחזר למרדף בתרי {או |
| 1943 | | Gn32:03M | דמשריתיה דלבן אחוה | דאמה | אתיין מן בתרי למיקטול או |
| 1944 | | Gn43:29 | וחמא ית בנימן אחוי ברה | דאמה | ואמר הדין הוא אחוכון זעירא |
| 1945 | | Gn20:12 | דאבה היא לחוד לא ברתה | דאמה | והוות לי לאיתה: |
| 1946 | | Lv20:17 | אחתה ברת אבוי או ברתה | דאמה | ויחמי ית עריתה והיא תחמי |
| 1947 | | Gn29:10 | ית רחל ברת לבן אחוי | דאמה | וית ענה דלבן אחוי דאמה |
| 1948 | | Gn28:10 | ואשקי ית ענא דלבן אחוי | דאמה | וניסא חמישאה כיון דארים |
| 1949 | | Gn29:10 | דאמה וית ענה דלבן אחוי | דאמה | וקרב יעקב וגלי ית אבנא |
| 1950 | | Gn24:28 | בבייתה דאחוי דרבוני | דאמה | ותניית ית כל פתגמיא האלין: |
| 1951 | | Dt 6:04 | דלמה לטעוות לבן אחוה | דאמה | פלח אתון פלחין או לאלהיה |
| 1952 | דאמהתא | Gn21:10M | דאמתה/ברא | דאמהתא#2#/ | הדה עם ברי עם יצחק: |
| 1953 | | Gn21:13M | ואף ית ברה | דאמתה/דאמהתא#2#/ | לאומה רבה אשויניה |
| 1954 | דאמהתה | Ex11:05 | מלכותיה עד בכורה | דאמה{ה}ת<ה> | די טחנה בתרא מן רחיא |
| 1955 | | Ex21:26 | דעבדיה או ית עיניה | דאמה{ה}תה | ויחבול יתיה לחירותא |
| 1956 | דאמהתכון | Ex23:12M | ויתניח ברא | דאמתך/דאמהתכון#2#/ | יהודייתה וגיורייה |
| 1957 | דאמורא' | Gn48:22M | טב<י>א מן ידיהן | דאמורא' | דהוויי טבין לי מן חרבי |
| 1958 | דאמוראה | Nu32:33M | /<מל>כה | <דאמו>ראה#2#/^דאימוראי#2#/^ | וית מלכותא |
| 1959 | דאמוראי | Nu21:31M | /בארעא#2#/ | דאמריי/דאמוראי#2#/ | |
| 1960 | | Gn48:22 | טבייא מן ידיהון | דאמוראי | דטבין לי מן חרבי וקשתי: |
| 1961 | | Nu21:34M | מלכיהון | דאימורי/דאמוראי#2#/ | די הווה שרי |
| 1962 | | Nu21:21M | מלכיהון | דאמורי/דאמוראי#2#/ | למימר: |
| 1963 | | Gn15:16 | ארום לא שלימו חוביהון | דאמוראי | עד כען: |
| 1964 | דאמוריי | Nu21:29 | בשבייתיה למלכיהון | דאמוריי | סיחון: |
| 1965 | | Nu32:33 | דסיחון מלכיהון | דאמוריי | <דאמו>ראה#2# וית מלכותא |
| 1966 | | Dt 1:04 | קטל ית עוג מלכיהון | דאמוריי | דהווה שרי בחשבון וית |
| 1967 | | Ex23:23 | ויעל יתכון לארעהון | דאמוריי | דחתיי ופרזיי וכנעניי |
| 1968 | | Dt 1:20 | לכון מטיתון עד טורהון | דאמוריי | די ייי אלהן יהב לן: |
| 1969 | | Dt 3:08 | ^יד#2#^ תרין מלכיהון | דאמוריי | די בעבר ירדנה מן נחלה |
| 1970 | | Dt 4:47 | תרין מלכיהון | דאמוריי | די בעבר ירדנה מן מדנח |
| 1971 | | Nu21:26 | קרתה דסיחון מלכהון | דאמוריי | הוות והוא סדר קרבה עם |
| 1972 | | Dt 1:19 | די חמיתון אורח טורהון | דאמוריי | היך מה פקד ייי אלהן יתן |
| 1973 | | Nu34:15 | דסיחון מלכותא | דאמוריי | ובית מלכותא דעוג מלכא |
| 1974 | | Dt 1:07 | לכון ועולו לטורהון | דאמוריי | וכבישו ית כל כופרנוי |
| 1975 | | Dt31:04 | ולעוג מלכיהון | דא{ומ}<מו>ריי | ולארעהון די ישיצי |
| 1976 | | Nu21:21 | לוות סיחון מלכיהון | דאמוריי | למימר: |
| 1977 | | Dt 1:27 | לממסר יתן בידיהון | דאמוריי | למישיציי יתן: |
| 1978 | | Nu34:15 | לכנרת כרך מלכיהון | דאמוריי | נפק להון תחומה לרכבא |
| 1979 | דאמי | Dt 6:04M | לבן אחוה | דאמה/^דא<מי#2#/^דאמיה#2#/ | פלח אתון |
| 1980 | דאמיא | Gn14:09 | דעילם ותדעל מלכהון | דאמיא | ואמרפל מלכא דבבל |
| 1981 | דאמיה | Dt27:22M | /ברתה דאבוי או ברתה | דאמיה | ויענון כל#2#/ עמה אמן: |
| 1982 | | Dt 6:04M | לבן אחוה | דאמה/^דא<מי#2#/^דאמיה#2#/ | פלח אתון |
| 1983 | | Nu12:12 | לוולדה דעבד במעיה | דאמיה | תשעה ירחין במיא ובאשתא |
| 1984 | דאמך | Gn28:02 | מן בנתיה דלבן אחוי | דאמך: | |
| 1985 | | Dt13:07 | יטעי יתך אחוך ברה | דאמ{ן}<ך> | או ברך או ברתך או |
| 1986 | | Lv18:13 | לא תבזי ארום קריב' בשרה | דאמך | היא: |
| 1987 | | Lv20:19 | ועריתה דאחתה | דאמך | ואחתה דאבוך לא תבזי ארום |
| 1988 | | Gn28:02 | לבייתיה דבתואל אבוי | דאמך | וסב לך מן תמן אתה מן בנתיה |
| 1989 | | Lv18:07 | ערית' דאבוך ועריתה | דאמך | לא תיבזי אמך היא לא תיגלי |
| 1990 | | Lv18:13 | עריתה דאחתה | דאמך | לא תבזי ארום קריב' בשרה |
| 1991 | | Lv18:09 | ברתה דאבוך או ברתה | דאמ«ך» | מה דאולד אבוך מן אתה |
| 1992 | | Gn27:29 | כל בנוי דלבן דהוא אחוי | דאמך | מ{ה}<ן> דלייט יתך יהוי |
| 1993 | דאמכון | Dt 5:16M | דאבוכון ובאיקרא | דאמכון | היך מי די פקד יתכון |
| 1994 | דאמר | Ex29:41 | יתה ביני שמשתה כמנחתה | דאמר | דצפרא וכנסכה תקרבון יתיה |
| 1995 | | Nu28:08 | <ביני> שמשתה כמנחתה | דאמר | דצפרא וכנסוכוי כדן תקרבון |

|  |  |  |  |  |  |
|---|---|---|---|---|---|
| 1996 | דאמרה | Lv 4:35 | היך מה די יעבד תרבה | דאמרה | מעילוי נכסת קדשיה ויסדר |
| 1997 | דאמריי | Nu21:31 | ושרון ישראל בארעהון | דאמריי: | |
| 1998 | דאמתה | Gn21:10 | ארום לא יירת ית ברה | דאמתה | הדה עם ברי עם יצחק: |
| 1999 | | Gn21:13 | ואף ית ברה | דאמתה | לאומה רבה אשויניה ארום |
| 2000 | דאמתיה | Gn49:17 | הוא שמשון בר מנוח | דאמתיה | על בעלי דבבו«י» ודחלתו |
| 2001 | דאמתך | Ex23:12 | תורך וחמרך ויתניח ברא | דאמתך | יהודייתה וגיוריה: |
| 2002 | דאנהורתא | Ex39:37 | וית בוציניה בוציניה | דאנהורתא | וית כל מניה וית משחה |
| 2003 | דאנהרותה | Ex35:14 | בוציניה וית משחה | דאנהרותה^^: | |
| 2004 | | Ex39:37 | וית כל מניה וית משחה | דאנהרותה: | |
| 2005 | | Nu 4:09 | תכלה ויכסון ית מנרתה | דאנהרותה | וית בוצינה וית מלקט{ס}ה |
| 2006 | | Nu 4:16 | דאהרן כהנה רבה משחה | דאנהרותה | וקטרת בוסמנייה ומנחה |
| 2007 | דאנהרתה | Ex35:14 | וית מנרתה | דאנהרתה | ^^וית מנייה וית בוציניה |
| 2008 | דאנפו | Lv23:17 | תייתון לחם | דאנפו | תרתין חלין מן תרין |
| 2009 | דאנפותא | Ex38:24 | בית קודשא והווה דהבא | דאנפותא | עשרין ותשעה ככרין ושבע |
| 2010 | דאנפותה | Ex29:27 | ותקדש ית נעה | דאנפותה | וית שקה דאפרשותא די אתנף |
| 2011 | | Lv 7:34 | ארום ית ני{ש}<ע>ה | דאנפותה | וית שקה דאפרשו«תה» |
| 2012 | | Lv10:14 | וית ניעה | דאנפותה | וית שקה דאפרשות' תאכלון |
| 2013 | | Nu18:18 | ובשרהון יהווי לך כניעה | דאנפותה | וכשקה דימינה דידך יהוון: |
| 2014 | | Nu 6:20 | על {מעא}<ניעא> | דא«נ»פותה | ועל שקא דאפרשותה |
| 2015 | | Lv10:15 | שוקה דאפרשות' וניעה | דאנפותה | על קרבני תרביה ייתון |
| 2016 | | Lv23:15 | דתייתון ית עומרה | דאנפות«ה» | שבע שבין שלמן |
| 2017 | | Ex38:29 | ונחשה | דאנפותה | שבעין ככרין ותרין אלפין |
| 2018 | | Dt16:09 | דחצדה למחצד בעומרא | דאנפותה | תשרון לממני שובעה שבועין |
| 2019 | דאנש | Ex19:13 | לא תקרב ביה ידא | דאנש | ארום מתרגמ' יתרגם או גירין |
| 2020 | | Ex30:32M | על בשרא | דבר נש/דאנש#2#/ | הדיוט לא יתמשח |
| 2021 | | Nu12:16 | אוריתה דמצוה זעירה | דאנש | עבד הוא מקבל עילוי אגר |
| 2022 | דאנשא | Ex19:18M | בשלהובא | דאנשא | וסלק תננא כקטו{ן}<ר> תנן |
| 2023 | דאנשי בייתיה | Gn46:27 | תרתין נפשן כל נפשתא | דאנשי בייתיה | דיעק«ב» די עלו |
| 2024 | דאעי | Ex37:04M | אריחין \אעין דשטין | /דאעי | שטין#2#/ וחפא/<וח>פי#2# |
| 2025 | | Ex37:01M | ית ארונה \אעין דשטין | /דאעי | שיטין#2#/ תרתין אמין |
| 2026 | דאעין | Ex27:01 | ותעבד ית מדבחא {דעאין} | <דאעין> | דשטי«ן» חמש אמין ארך |
| 2027 | דאפ' | Ex34:29M | דאפוי/שבחו זיווהון | דאפ'#2#/ | במללותיה עמיה: |
| 2028 | דאפדא | Ex28:08 | והמינה | דאפדא | די עילוי כעבדא מנה יהווי |
| 2029 | דאפדה | Ex39:20 | לעיל מן המיינה | דאפדה: | |
| 2030 | | Ex39:08 | חושנה עובד אומן כעבדה | דאפדה | דהב תכלה וארגוון וצבע |
| 2031 | | Ex39:05 | והמיינה | דאפדה | די עלוי מנה הוא כעבדא דהב |
| 2032 | | Ex39:18 | ויהבו יתהון על כתפתה | דאפדה | מן כל קבל אפוי: |
| 2033 | | Ex39:20 | על תרתין כתפת«ה» | דאפדה | מן לרע מן כל קבל אפוי |
| 2034 | | Ex28:15 | דדינא עובד אומן כעבדה | דאפדה | תעבד יתיה דהב תכלה וארגון |
| 2035 | דאפדתה | Ex28:08M | והמינה | דאפדא/דאפדתה#2#/ | \די עילוי/דאית |
| 2036 | דאפודא | Ex28:27 | מלעיל להמיינה | דאפודא: | |
| 2037 | | Ex29:05 | ית כתנתה וית מעילה | דאפודא | וית אפודה וית חושנא ותטכס |
| 2038 | | Ex28:25 | מאחדתה ותתן על כתפתה | דאפודא | מן כל קבל אפוי: |
| 2039 | | Ex28:27 | יתהון על תרתין כתפתה | דאפודא | מן לרע מן כל וקבל אפוי |
| 2040 | דאפודה | Ex39:21 | מן עזקא לגו עזקיה | דאפודה | <....> ולא יזוע חושנה |
| 2041 | | Ex29:05 | ותטכס ליה בהמיינה | דאפודה: | |
| 2042 | | Ex28:12 | ייי על תרתין כתפתה | {דאפודה | אבנין דדוכרן} לדכרן טב: |
| 2043 | | Ex28:12 | תרתין אבניה על כתפתה | דאפודה | אבנין דדוכרן טב לבני |
| 2044 | | Ex39:07 | ושווי יתהון על כתפתה | דאפודה | אבנין דדוכרין לבני ישראל |
| 2045 | | Ex28:28 | מן עזקוי לגו עיזקא | דאפודה | בשזר דתכלה למיהוה על |
| 2046 | | Ex28:31 | ותעבד ית מעילה | דאפודה | גמיר דתכלה: |
| 2047 | | Lv 8:07 | אפדה וזרז יתיה בהמיינה | דאפודה | וטכס יתיה ביה: |
| 2048 | | Ex28:28 | דתכלה למיהוה על המיינה | דאפודה | ולא יזוע חושנא מעילוי |
| 2049 | | Ex28:26 | די מן סיטרא | דאפודה | מלגו: |

| | | | | | |
|---|---|---|---|---|---|
| 2050 | | Ex39:19 | על סיפוותה די מן סיטרה | דאפודה | מן לגו: |
| 2051 | | Ex39:22 | ועבדו ית מעילה | דאפודה | עובד גרדי{ו}י גמיר תכלה: |
| 2052 | | Ex28:29M | דדינה /בהמיינה | דאפודה#2#/ | על לביה במיעליה לגו |
| 2053 | דאפוי | Gn 4:05 | לחדה ואישתני זיווהון | דאפוי: | |
| 2054 | | Dt34:07 | ולא אשתנייו זיווהון | דאפוי: | |
| 2055 | | Ex34:29 | ארום נהר זיו איקרהון | דאפוי | במללותיה עמיה: |
| 2056 | | Ex34:30 | והא נהר זיו איקרהון | דאפוי | דמשה ודחלו מלמקרב |
| 2057 | | Ex34:35 | ארום נהר זיו איקרהון | דאפוי | דמשה והוה משה מחזר ית |
| 2058 | דאפי | Nu16:02M | קדם /וקמו בחוצפא | דאפי#2#/ | משה וגבריה/<וגב>ריך#2# |
| 2059 | | Ex 9:21M | באפי/דאפי#2#/ | | |
| 2060 | | Gn 2:19 | אלהים מן אדמתא כל חיתא | דאפי | ברא וית כל עופה דשמיא |
| 2061 | | Gn 2:20 | ולעופא דשמיא ולכל חיתא | דאפי | ברא ולאדם לא אשכח ליה זוג |
| 2062 | | Ex10:15 | כל טרף באילן ובעשבא | דאפי | ברא בכל ארעא דמצריי: |
| 2063 | | Nu22:04 | תורא בלשניה ית עשבה | דאפי | ברא ובלק בר צפור הוה מלך |
| 2064 | | Dt20:19 | לא היך דבר נשה אילנה | דאפי{לו} | ברא למעירק מן קדמיך בשעת |
| 2065 | | Gn 3:01 | הוה חכים מן כל חייתא | דאפי | ברה די ברא ייי אלהים ואמר |
| 2066 | | Lv26:04 | פירי עללתה ואילנייה | דאפי | ברה יצלח בפירוי: |
| 2067 | | Lv26:20 | פירי עללתה ואילנה | דאפי | ברה לא יצלח בפירוי: |
| 2068 | | Lv26:22 | ואיגרי בכון ית חיוותה | דאפי | ברה ותתכל יתכון ותשיצי ית |
| 2069 | דאפיך | Gn 4:06 | ולמה כען אשתני זיוהון | דאפיך: | |
| 2070 | דאפרשות' | Lv10:15 | שוקה | דאפרשות' | וניעה דאנפותה על קרבני |
| 2071 | | Lv10:14 | ניעה דאנפותה וית שקה | דאפרשות' | תאכלון באתר דכי את ובניך |
| 2072 | דאפרשותא | Ex29:27 | נעה דאנפותה וית שקה | דאפרשותא | די אתנף ודי אתפרש מן |
| 2073 | דאפרשותה | Nu31:52 | והווה דהבה | דאפרשותה | די אפרשו לשמה דייי |
| 2074 | | Nu 6:20 | דא«נ»פותה ועל שקא | דאפרשותה | ומן בתר כדין ישתה נזירה |
| 2075 | | Lv 7:34 | דאנפותה וית שקה | דאפרשו«תה» | קבלת מן לוות בני |
| 2076 | דאקנתה | Nu 5:25 | מן ידא דאתתה ית מנחתה | דאקנתה | ויניף ית מנחתה קדם ייי |
| 2077 | דאר' | Gn 2:06M | ית כל אפי ארעא/אפה | דאר'#2#/: | |
| 2078 | | Gn 4:03M | מן \פירי ארעא \פירא | דאר#2#/ | דורון \לשמה דייי /קדם |
| 2079 | דארבעה | Gn30:22M | "למיתן לה בנין": משום | דארבעה | מפתחיא דלא אינון מסירין |
| 2080 | דארגוון | Nu 4:13 | ויפרשון עלוי לבוש | דארגוון: | |
| 2081 | דארדופני | Ex15:25M | "אילן ... מיא": אילן | דארדופני | וכתב ביה שמא מפרשא וטלק |
| 2082 | דארונא | Ex25:14 | אריחי בעזקיא על סטרוי | דארונא | למטען ית ארונא בהון: |
| 2083 | דארונה | Ex37:05 | אריחיה בעזקיה על סטרוי | דארונה | למטען ית ארונה: |
| 2084 | דארז | Nu19:06 | ויסב כהנא קיס | דארז | ואזוב וצבע זהורי טבה ויקלק |
| 2085 | | Lv14:04 | צפירין חיין דכיין וקיס | דארז | וצבע דזיהורי טבא ואזוב: |
| 2086 | | Lv14:49 | ביתה תרתין צפרין וקיס | דארז | וצבע דזהורי טבה ואזובה: |
| 2087 | דארזא | Lv14:52 | ובצפרה חייתה ובקיסה | דארזא | ובאזובא ובצבע זחוריתה |
| 2088 | | Lv14:06 | חייתה יסב יתה וית קיסה | דארזא | וית צבע זהוריתה טבתה וית |
| 2089 | דארזה | Lv14:51 | ויסב ית קיסה | דארזה | וית אזוב וית צבע זהוריתה |
| 2090 | דאריה | Nu23:24 | מתנטלין ארום היך מה | דאריה | לא נייח ולא דמך עד זמן |
| 2091 | דארמלתה | Dt24:17 | ולא תמשכון לבושה | דארמלתה: | |
| 2092 | דארע' | Gn34:01 | עם בנתהון דעמא | דארע': | |
| 2093 | | Dt 1:25M | \פירי ארעא \פיריה | דארע#2#/ | ו{נ}<א>חיתו לוותן |
| 2094 | | Ex34:15M | ויטעון בתר/לדיירי | דארע' | ותסטון בת#2#/ טעוותהון |
| 2095 | דארעא | Gn 8:08 | מיא מעילוי אפיה | דארעא: | |
| 2096 | | Gn 8:13 | וחמא והא נגבו אפיה | דארעא: | |
| 2097 | | Gn 9:10 | נפקי תבותא לכל חיתא | דארעא: | |
| 2098 | | Gn12:03 | כל {זעזר} זרעיותא | דארעא: | |
| 2099 | | Gn18:18 | בזכוותא כל אומיא | דארעא: | |
| 2100 | | Gn19:25 | כל דייריה דקרתא וצמחוי | דארעא: | |
| 2101 | | Gn20:13M | כיון דבעון אומיא | דארעא | |
| 2102 | | Gn23:07M | \ואודי ושבח לעמיה | דארעא#2#/: | |
| 2103 | | Gn23:12 | אברה«ם» קדם עמא | דארעא: | |
| 2104 | | Gn26:04 | בזכותך כל אומיא {{דע}} | דארעא: | |
| 2105 | | Gn45:18 | ותיכלון ית טובא | דארעא: | |
| 2106 | | Ex12:19 | דישראל בגיורא וביציבא | דארעא: | |
| 2107 | | Nu 9:14 | לכון ולגיורא וליציבה | דארעא: | |
| 2108 | | Nu11:31 | אומ{ו}<י>ן רום על אפיה | דארעא: | |
| 2109 | | Nu12:03 | כל בני אנשא די על אפיה | דארעא: | |
| 2110 | | Nu13:26 | וחזון ליה ית פירי | דארעא: | |
| 2111 | | Nu32:17 | מן קדם דיריה | דארעא: | |
| 2112 | | Dt28:25 | לריחוק לכל מלכוותה | דארעא: | |
| 2113 | | Dt33:13 | דסלקין ומרווין צמחיה | דארעא: | |
| 2114 | | Gn36:20 | דשעיר חורניה דיריה | דארעא | לוטן ושובל וצבעון |
| 2115 | | Nu23:10 | די הוון מברכין כעפרא | דארעא | או מן יכיל מסכום חדה מן |
| 2116 | | Gn13:16 | כל גבר למימני ית עפרא | דארעא | אף בניך לית אפשר להון |
| 2117 | | Gn13:16 | ואשווי ית בניך כעפרא | דארעא | ארום היך מה{מה} דלית אפשר |
| 2118 | | Nu14:09 | ואתון לא תדחלון מן עמא | דארעא | ארום היך מה דלחמא קליל לן |
| 2119 | | Dt28:10 | ויחמון כל אומיה | דארעא | ארום שמיה דייי קדישה |
| 2120 | | Gn42:09 | למיחמי ית מעלליא | דארע«א» | אתי{ה}<ת>ון: |
| 2121 | | Gn42:12 | ואמר להון ארום מעללי | דארעא | אתיתון למיח«מי»: |
| 2122 | | Gn 3:18 | ידי נאכל מזון מן פירי | דארעא | בגין כן יהוי מפרש בין |
| 2123 | | Gn42:33 | ואמר לן גברא רבוניה | דארעא | בדא אדע ארום היימנין אתון |
| 2124 | | Nu14:06 | בר יפונה מן ייללייה | דארעא | בזעו לבושיהון: |
| 2125 | | Dt32:02 | דסלקין ומרווין צמחה | דארעא | בירחה דניסן: |
| 2126 | | Nu14:37M | ית סבה/דס#2#/ | דארעא#2#/ | במגפתה קדם ייי: |
| 2127 | | Gn43:11 | דא עבדו סבא מן טובא | דארעא | במניכון ואחתו דורון קליל |
| 2128 | | Lv 4:27 | נפש חדה תחטא בשלו מעמא | דארעא | במעבדה חדה מן מצוותיה |
| 2129 | | Ex15:15 | לבהון בגויהון כל דיירי | דארעא | דכנען: |
| 2130 | | Gn40:12 | למשתעבדא בשעבודא | דארעא | דמצרים ועתידין למתפרקא |
| 2131 | | Gn41:34 | חד מן חמשה דעללתה | דארעא | דמצרים בשבעתי שני שבעה: |
| 2132 | | Gn45:18 | ואתן לכון ית טובא | דארעא | דמצרים ותיכלון ית טובא |
| 2133 | | Gn47:21 | אשרי בקרייתא מן סייפי | דארעא | דמצרים ועד סייפיה דלא |
| 2134 | | Lv18:03 | כעובדי דיירי | דארעא | דמצרים די שריתון בגווה |
| 2135 | | Ex15:14 | רתיתא אחדת לדיירי | דארעא | דפלשת: |
| 2136 | | Gn 7:23 | ית כל ברייתא די על אפי | דארעא | די מן בני אנשא עד בעירה |
| 2137 | | Nu13:32 | {ואפיקו טבה | דארעא | די}: |
| 2138 | | Nu13:32 | ואפקו טיבה | דארעא | די ילילו יתה קדם בני |
| 2139 | | Dt 9:28 | דלא יימרון דיירי | דארעא | די אפקת יתן פריקין מן תמן |
| 2140 | | Gn24:03M | על ארעא \ואלוה' | דארעא#2#/ | דלא תסב אתא לברי מן |
| 2141 | | Gn 2:12 | ודהבא | דארעא | ההיא טב מן תמן בדלחא נפק |
| 2142 | | Dt29:21 | רחיקה ויחמון ית מחוותה | דארעא | ההיא וית בישיה די יגרי |
| 2143 | | Ex 8:13 | ובבעירא כל עפרא | דארעא | הוון כלמין בכל ארעא |
| 2144 | | Dt32:13 | ארכב יתהון על במסיה | דארעא | ואייכל יתהון עללת תפנוקי |
| 2145 | | Gn42:06 | והוא הוה מזבן לכל עמא | דארעא | ואתון אחוי דיוסף ושאלו |
| 2146 | | Gn28:14 | בזכוותך כל זרעייתא | דארעא | ובזרעיית בניך: |
| 2147 | | Nu22:05 | והא כסון ית חזווה | דארעא | והא אינון שרין מן |
| 2148 | | Ex 8:13 | בחוטרא ומחה ית עפרא | דארעא | והוון כלמיא בבני אנשא |
| 2149 | | Ex 8:12 | חו«ט»רך ומחי ית עפרא | דארעא | ויהוי לכלמין בכל ארעא |
| 2150 | | Nu13:20 | ותסבון מן פירי | דארעא | ויומיא יומי בכורי ענביה: |
| 2151 | | Ex10:15 | ארעא ואכל ית כל עשבא | דארעא | וית כל פרי אילנא די שייר |
| 2152 | | Nu22:11 | מצרים וכסון ית חזווה | דארעא | וכדון אתה כען לוט לי |
| 2153 | | Ex12:48 | יתיה ויהוי כיציביא | דארעא | וכל בר עממין לא יאכל |
| 2154 | | Ex10:05 | ויכסו ית חזווה | דארעא | ולא תיכול למיחמי{ה} ית |
| 2155 | | Dt28:26 | עופה דשמייא ולחייתה | דארעא | ולית דמניט: |
| 2156 | | Gn 1:30 | ולכל חיתא | דארעא | ולכל עופא דשמיא ולכל דרחש |
| 2157 | | Gn 4:14 | יומא דין מעילוי אפי | דארעא | ומן קדמוך לית אפשר לי |

|  |  |  |  |  |  |
|---|---|---|---|---|---|
| 2158 | | Gn34:02 | בר חמור חיויה רבה | דארעא | ונסב יתה ושמש עמה וצער |
| 2159 | | Gn27:28 | מן שמיא שפר ומן טובא | דארעא | וסגי עבור חמר ומשח: |
| 2160 | | Gn15:01 | מן דאתכנשו כל מלכוותה | דארעא | וסדרו קרבא לקבל אברם |
| 2161 | | Gn 9:02 | תהווא על כל חייתא | דארעא | ועל כל עופא דשמיא בכל מה |
| 2162 | | Ex 5:05 | סגין אינון כדן עמה | «דארעא» | ותבטלון יתהון מן |
| 2163 | | Gn28:14 | ויהוון בניך כעפרא | דארעא | ותתקף מערבא וצפונא ודרומא |
| 2164 | | Gn 8:22 | מן כדון כל יומי | דארעא | זרעין וחצדין וקריר וחמים |
| 2165 | | Ex32:12 | יתהון מעיל«וי» אפי | דארעא | חזור כען מן תקף רוגזך |
| 2166 | | Gn22:18 | בזרעיתיך כל אומיא | ד{ערא}<אר>עא | חלף די שמעת בקל ממריה: |
| 2167 | | Lv20:02 | נכרייה מתקטל יתקטל עמה | דארעא | ירגמון יתה באבניה: |
| 2168 | | Lv20:04 | ואן מכסיה יכסון עמא | דארעא | ית עייניהון מן גברא ההו׳ |
| 2169 | | Lv25:31 | מן חזור חזור על תחומיה | דארעא | יתחשב פרקון תיהוי ליה |
| 2170 | | Gn15:11 | אילין אינון מלכוותא | דארעא | כד יהוון עייצין עצן בישן |
| 2171 | | Gn19:28 | וחמה והא סליק קיטורא | דארעא | כקיטור תננא דאתונא: |
| 2172 | | Lv25:06 | ותיהוי שמיטתה | דארעא | לכון למיכל לך ולעבדך |
| 2173 | | Gn27:46 | כאלין מן בנתהון דעמא | דארעא | למה כען לי חיין: |
| 2174 | | Gn23:13 | במשמעהון <...> דעמא | דארעא | למימר לחוד אן לווי את |
| 2175 | | Gn 1:24 | למינה בעיר ורחש וחייתא | דארעא | למינה והוה כן כמימריה: |
| 2176 | | Gn 1:25 | וברא ממרה דייי ית חייתא | דארעא | למינה וית בעירה למינה וית |
| 2177 | | Gn 6:20 | למינה ומן כל רחשא | דארעא | למינה תרין מן כול׳ יעלון |
| 2178 | | Gn 1:25 | למינה וית כל ריחשא | דארעא | למינהון וגלי קדם ייי ארי |
| 2179 | | Gn 6:20M | למינה תרין /רמסה | דארעא | למינהון תריין#2#/ מן |
| 2180 | | Gn48:07 | בארחא באשון עללתא | דארעא | למיתא לאפרתה וקברת יתה |
| 2181 | | Gn35:16 | והוו«ה» אשון עללתה | דארעא | למתייה לאפרתה וילדת רחל |
| 2182 | | Gn11:01 | והוון כל דיירי | דארעא | לשן חד וממלל חד ובלשן |
| 2183 | | Gn 6:07 | אדם די ברית מעלוי אפי | דארעא | מן בני אנשא עד בעירא: עד |
| 2184 | | Lv27:30 | וכל מעשרה | דארעא | מן זרעא דארעא מן פירי |
| 2185 | | Lv27:30 | וכל מעשרה דארעא מן זרעא | דארעא | מן פירי אילנה לשמה דייי |
| 2186 | | Nu32:33 | לקרייה בתחומה קרייה | דארעא | מן חזור חזור: |
| 2187 | | Nu33:55 | לא תשיצון ית דיירי | «ד»ארעא | מן קדמיכון ויהווי ית כל |
| 2188 | | Gn24:13 | עניא דמיא ובנתהון דעמא | דארעא | נפקין למימלי מיא: |
| 2189 | | Dt33:17 | ועליין על כל אומייה | דארעא | נפקין לקרבה לקבל |
| 2190 | | Dt 1:08 | קדמיכון ית דיירי | דארעא | עולו וירתו ית ארעא דקיים |
| 2191 | | Gn26:07 | דלא יקטלון יתיה עמה | דארעא | על רבקה ארום שפירת היא |
| 2192 | | Gn42:30 | מלל גברא רבוני | דארעא | עמין מלין קשיין ושוי יתן |
| 2193 | | Gn 9:10 | ובבעירה ובכל חיתא | דארעא | עמכון מכל נפקי תבותא לכל |
| 2194 | | Gn16:05 | עלית עמך קדם מלכי | דארעא | קדם פרעה מלכא דמצרים |
| 2195 | | Gn23:11M | ואודי {לעמיה} לעמא/ | דארעא | קדם בנוי דחת#2#/: ומליל |
| 2196 | | Gn27:39 | ואמר ליה הא מן טובא | דארעא | תהוי משרויך ומן טוב טלא |
| 2197 | | Lv23:39 | בכנשתכון ית עללתה | דארעא | תחגון יתה חגה קדם ייי |
| 2198 | | Nu15:19 | ויהוי כד תיכלון מן לחמה | דארעא | תפרשון אפרשו לשמה דייי: |
| 2199 | דארעה | Lv18:27 | מרחקתה האליין עבדו עמה | דארעה | דמן קדמיכון ואסתאבת ארעא: |
| 2200 | | Nu14:14M | ארעא הדה שמעו /דיירי | דארעה | שמעינון#2#/ ארום את הוא |
| 2201 | דארעכון | Dt28:24 | ישוי ״ייי#2#^ ית מטרה | דארעכון | אבק ועפר מן שמייא וייחות |
| 2202 | | Dt28:12 | ית שמיא למיתן מטרה | דארעכון | בזמנה ולמ«ב»רכה ית כל |
| 2203 | | Dt11:14 | ואתן מטרה | דארעכון | בזמניה בכיר ולקיש |
| 2204 | | Lv19:09 | ובחצדכון ית חצדא | דארעכון | לא תשיצון אומנה אחריה |
| 2205 | | Lv23:22 | ית ^חצדה#1#^ | דארעכון | לא תשיצון אומנה אחריה |
| 2206 | דאש׳ | Lv19:21M | \דכר לאשמה /דכרה | דאש׳#2#/: | |
| 2207 | דאשא | Ex15:04 | קשת עליהון גירין | דאשא | בימא ושפר עולימו גברוי |
| 2208 | | Ex 3:02M | אשא מן גו /בשלהבי | דאשא | מגו#2#/ סניא/באשניא#2#/ |
| 2209 | | Ex20:02 | דנור מן ימיניה ולמפד | דאשא | מן שמאליה פרח וטייס באויר |
| 2210 | | Ex20:03 | דנורא מן ימינה ולמפד | דאשא | מן שמאלה פרח וטייס באויר |
| 2211 | דאשה | Lv10:02M | באפהון ומיתו בגירין | דאשה | |
| 2212 | | Gn15:17 | דינור שלה{ין}<בין#2#> | דאשה | דבגוה נפלו רשיעי׳ על דמרדו |
| 2213 | | Ex30:13M | בטורה דסיני היך דינרא | דאשה | והיכדין אמר ליה כדין |
| 2214 | | Lv13:24 | ארום יהווי במשכה כוויה | דאשה | ותיהוי מחת דיכויתה בהקי |
| 2215 | | Ex19:13 | מתרגם׳ יתרגם או גירין | דאשה | יגרו׳ יזדרקון ביה אן בעיר |
| 2216 | | Dt 5:06 | דנור> מן ימיניה ולמפד | דאשה | מן שמאליה פרח וטייס באויר |
| 2217 | | Dt 5:07 | ימיניה{ומל ול} ולמפד | דאשה | מן שמאליה פרח וטייס באויר |
| 2218 | | Lv16:12 | ויסב מלא מחתיתה גומרין | דאשה | מעלוי מדבחה מן קדם ייי |
| 2219 | דאשיה | Gn15:17M | "... אורייתא": | דאשיה | ובגי׳ רשעין די כפרו |
| 2220 | דאשלמו | Ex35:09 | ואבנין טבין ואבנין | דאשלמו{י} | למקבעה יתהון באפדא |
| 2221 | דאשלמוותא | Ex29:27 | ודי אתפרש מן דכרא | דאשל{ו}מו<ו>תא | מן דאהרן ומן דבנוי: |
| 2222 | דאשלמוותה | Ex31:05M | ובגלפות אבנייה טבתה | דאשלמוותה | ובנגרות קייסה למיעבד |
| 2223 | | Ex29:32M | וית לחמה די בסלא/ | דאשלמוותה | וית מזונה דאית בס׳#2#/ |
| 2224 | | Ex35:27M | לאפדה ולחשנה/ | דאשלמ{י}וותה | למשקעה בהון ואפדה |
| 2225 | | Ex29:27M | מן דאהרן ומן דבנוי/ | דאשלמוותה | מה מן דאית לאהרן ומן |
| 2226 | דאשלמותא | Ex29:26 | ית נעה{ית}<מן> דכרא | דאשלמותא | די לאהרן ותניף |
| 2227 | | Ex29:22 | שקה דימינא ארום דכרא | דאשלמותא | היא: |
| 2228 | | Ex29:34 | ואין ישתייר מבשרה | דאשלמותא | ומן לחמה עד צפרא ותיקד |
| 2229 | | Ex35:27 | אבני טבתה וית אבניה | דאשלמותא | לאפדה ולחשנה: |
| 2230 | | Ex29:31 | וית דכרא | דאשלמותא | תסב ות{ת}בשל ית בישרא |
| 2231 | דאשלמותה | Lv 8:31 | יתיה וית לחמה די בסלה | דאשלמותה | היך מה דפקדית למימר |
| 2232 | | Lv 8:22 | ית דכרה תנינא דכרה | דאשלמותה | וסמכו אהרן ובנוי ית |
| 2233 | | Lv 8:29 | קדם ייי מן דיכרה | דא«ש»למותה | למשה הוה לחולק היך מה |
| 2234 | דאשלמן | Ex25:07 | אבנין טבין ואבנין | דאשלמן | למקבעא באפודא ובחשנא: |
| 2235 | דאשמא | Lv19:22 | ויכפר עלוי בדכרה | דאשמא | קדם ייי על חובתיה די |
| 2236 | דאשמה | Lv14:17 | רגליה דימינה על אדמה | דאשמה: | |
| 2237 | | Lv14:28 | דימינה על אתר אדמה | דאשמה: | |
| 2238 | | Nu 5:07M | ויתן למן \דאתחייב ליה/ | דאשמה | דידיה#2#/: |
| 2239 | | Lv14:25 | ויכוס ית אמרה | ^^דאשמה | ויסב כהנא מן אדמה^^ |
| 2240 | | Lv 5:16 | יכפר עלוהי בדיכרה | דאשמה | וישתרי וישתבק ליה: |
| 2241 | | Lv14:24 | ויסב כהנא ית אמרה | דאשמה | וית לוגה דמשחה ויניף |
| 2242 | | Lv14:14 | ויסב כהנא מן אדמה | דאשמה | ויתן כהנא על רום אדנה דמן |
| 2243 | | Lv14:25 | ויסב כהנא מן אדמה^ | דאשמה | ויתן על רום אדניה דמן |
| 2244 | | Lv 7:01 | ודא גזירת אורית׳ | דאשמה | קדש קדשין הוא: |
| 2245 | דאשתא | Nu14:14 | קודמיהון ביממא ובעמודה | דאשתא | בליליא: |
| 2246 | דאשתה | Dt 1:33 | אתר לשרייכון בעמודה | דאשתה | בלילה למחויה יתכון בארחא |
| 2247 | | Gn15:17M | בשביבין דינור וגומרין | דאשתה | ומסקה תננה ורשיעי׳ לגווה |
| 2248 | | Lv10:02M | "אשא ...": עמודא | דאשתה | מן קדם ייי ואתפליגת |
| 2249 | דאתה | Dt22:05 | אתה ולא ילבש גבר לבוש | דאתה | ארום סני ומרחק קדם ייי |
| 2250 | | Lv24:10 | ונפק ברה | דאתה | ישראליתה והוא ברה דגבר |
| 2251 | | Lv18:22 | ועם דכר לא תשמש תשמיש | דאתה | מרחקה היא: |
| 2252 | | Lv20:13 | די ישמש עם דכורה תשמיש | דאתה | מרחקה עבדו תריהון |
| 2253 | דאתון | Ex 9:08 | לכון מלא כפיכון קטם | דאתון | ויזרוק יתיה משה לשמיא |
| 2254 | דאתונ׳ | Ex19:18M | קוטרי׳ היך ק{ל}<ו>טרא | דאתונ׳ | |
| 2255 | דאתונא | Gn19:28 | דארעא כקיטור תננא | דאתונא: | |
| 2256 | | Ex19:18 | וסלק{ת} תננא כתננא | דאתונא | ואזדעזע כל טורא לחדא: |
| 2257 | דאתנתה | Nu22:28 | ופתח ייי פמה | דאתנתה | ואמר לבלעם מה עבדת לך |
| 2258 | דאתרא | Gn33:17 | בגין כדין קרא שמה | דאתרא | סכות: |
| 2259 | | Gn38:22 | אשכחית יתה ולחוד עמה | דאתרא | אמרו לית הכא אתה נפקת בר: |
| 2260 | | Gn35:15 | וקרא יעקב ית שמה | דאתרא | די מלל עמיה תמן ייי |
| 2261 | | Dt18:09 | תלפון למעבד כמרחקתהון | דאתרא | «ה»אינון: |
| 2262 | | Gn28:19 | וקרא ית שמה | דאתרא | ההוא ביתאל וברם לוז הוה |
| 2263 | | Gn32:03 | בגין כן קרא שמיה | דאתרא | ההוא מחנים: |
| 2264 | | Gn32:31 | וקרא יעקב שמה | דאתרא | ^ההוא#2#^ פניאל ארום |
| 2265 | | Gn29:22 | וכנש לבן ית כל עמה | דאתרא | ועבד שירו ענה לבן ואמר |

|  |  |  |  |  |  |
|---|---|---|---|---|---|
| 2266 | | Gn28:11 | שמשא תמן ונסב מן אבנוי | דאתרא | ושוי תחות אסדי ראשה ודמך |
| 2267 | | Gn38:21 | ושאל ית עמא | דאתרא | למימר אן היא נפקת ברה |
| 2268 | | Gn18:24 | ולא את שרי ושבק לחובין | דאתרא | מן בגלל חמישיתי זכיי די |
| 2269 | | Ex17:07 | וקרא שמה | דאתרא | נסייוניה ודיינוותיה על |
| 2270 | | Gn26:07 | ושאלון עמא | דאתרא | על אתתיה ואמרו אחתי היא |
| 2271 | דאתרה | Nu21:03 | וית קריהון וקרון שמה | דאתרה | חרמה: |
| 2272 | | Gn18:26 | ואשבוק לכל חייבוי | דאתרה | בגללהון: |
| 2273 | | Gn21:31 | על כן קרא שמה | דאתרה | ההוא באר שבע ארום תמן |
| 2274 | | Nu11:03 | וקרא משה שמה | דאתרה | ההוא בית יקידתה ארום תמן |
| 2275 | | Nu11:34 | וקרא שמה | דאתרה | ההוא קברי שאלתה ארום תמן |
| 2276 | דאתתא | Gn38:20 | ית ערבוניה מן ידא | דאתתא | ולא אשכח יתה: |
| 2277 | דאתתה | Gn36:39 | ושמה דקרתא פעו ושמה | דאתתה | מהיטבאל ברתיה דגברא |
| 2278 | | Lv24:11 | יתיה לוות משה ושמה | דאתתה | שלמית ברת דברי לשבטה |
| 2279 | | Nu26:59 | ושמה | דאתתה | דעמרם יוכבד ברת לוי די |
| 2280 | | Lv18:08 | עריתה | דאתתה | דאבוך לא תבזי עריתה |
| 2281 | | Lv18:16 | ערות | דאתתה | דאחוך לא תבזי עריתה דאחוך |
| 2282 | | Gn 3:15M | ימנעון גרמיהון בנה | דאתתה | דלא למלעי באוריתה ולא |
| 2283 | | Lv18:17 | ערותה | דאתתה | וברתה לא תבזי ית ברת ברה |
| 2284 | | Nu 5:18 | קדם ייי ויפרע ית רישא | דאתתה | ויתן על כף ידה ית מנחתה |
| 2285 | | Lv24:10 | ואתנצון במשריתה ברה | דאתתה | ישראליתה וגברא ישראלייה: |
| 2286 | | Lv24:10M | ונפק ברה | דאתה/דאתתה#2/ | ישראליתה והוא ברה |
| 2287 | | Lv24:11 | ופרש ברה | דאתתה | ישראליתה בגדפין ׳ית שמה |
| 2288 | | Nu 5:25 | ויסב כהנה מן ידא | דאתתה | ית מנחתה דאקנתה ויניף ית |
| 2289 | דאתתיה | Gn11:29 | ונחור להון נשין שמה | דאתתיה | דנחור מלכה ברת הרן |
| 2290 | | Gn39:19 | כד שמע רבוניה ית מליא | דאתתיה | דמללת עמיה למימר כפתגמיא |
| 2291 | דאתתך | Gn 3:17 | אמר ארום שמעת לקלה | דאתתך | ואכלת מן אילנ׳ די פקדת |
| 2292 | דב׳ | Nu 1:02M | ית ריש כל עם כנישתה | דב׳#2#/ | ישראל לזרעייתהון |
| 2293 | | Nu20:29M | תלתין יומין כל | בית/דב׳#2#/ | ישראל: |
| 2294 | | Nu27:12M | ית ארעא די יהבית | לבני/דב׳#2#/ | ישראל: |
| 2295 | | Nu 2:03M | "... דבנוי": <משרי>תה | דב׳ | <דיהודה |
| 2296 | | Nu 2:03M | ממני על חיילות שבטה | דב׳ | <דיהודה |
| 2297 | | Dt 2:04M | /בתחומיהון דאחיהון | דב׳#2#/ | דעשו ∧אליין#2#/ |
| 2298 | | Nu 2:10M | שבטה דבנוי /<משרי>תה | דב׳#2#/ | דראובן ∧מן#2#/ דרומה |
| 2299 | | Lv 7:35M | ורבותהר/ורבוייה | דב׳#2#/ | דבנוי מן קרבנוי דייי |
| 2300 | דבמצרים | Ex 3:07 | חמית ית צערהון דעמי | דבמצרים | וית קבלתהון שמעית מן |
| 2301 | דבאירה | Gn26:32 | ותניאו ליה על עסק | דבאירה | דחפרו ואמרו לה אשכחנן |
| 2302 | דבאפי | Nu22:04M | בלשניה ית עשבה | דאפי/דבאפי#2#/ | ברא ובלק בר צפור |
| 2303 | | Lv26:04M | עללתה ואילנייה | דאפי/דבאפי#2#/ | ברה יצלח בפירוי: |
| 2304 | דבארה | Gn29:02 | ואבנא רבא על פימ«ה» | דבארה: | |
| 2305 | | Gn26:20 | דינן אנן מיא וקרא שמה | דבארה | עשק ארום אתעשקו עמיה: |
| 2306 | | Gn29:10 | ית אבנא מעלוי פימא | דבארה | ואשקי ית ענה דלבן אחוי |
| 2307 | | Gn28:10 | יתה מעלוי פומא | דבארה | ולא הוון יכלין כיון דאתא |
| 2308 | | Gn29:03 | ית אבנא מעילוי פמא | דבארה | ומשקין ית ענא ומחזירין ית |
| 2309 | | Gn29:08 | ית אבנא מעלוי פמה | דבארה | ונשקי ית ענא: |
| 2310 | | Gn28:10 | ית אבנא מעלוי פומא | דבארה | ספת בארה וסליקת באפוי |
| 2311 | דבבית דבוקה | Ex26:05 | בסיטרא דיריעתא | דבבית דבוקה | תניינא מכוונן יהוון |
| 2312 | דבר׳ | Gn50:01M | ומרגלין ומחזקין באבנ׳ | דבר׳ | וארגוונה תמן שפכין חמד נ׳ |
| 2313 | | Dt 3:14M | על שמה ית | בותנ«י»ין/דבר#2#/ | כופרנוי דיאיר |
| 2314 | דבוטנין | Gn43:11 | וקליל דבש שעוה משח | דבוטנין | ודלוזין: |
| 2315 | דבוץ | Ex39:28M | קובעיה בוץ וית אברקסין | דבוץ | בוץ#2#/ שזיר: |
| 2316 | | Lv16:04 | כתנן | דבוץ | דקדש {ו}<י>לבש ומכנסין |
| 2317 | | Ex28:39 | כתנא דבוץ ותעבד מצנפן | דבוץ | והמיין תעבד עובד צייר: |
| 2318 | | Ex39:28 | וית מצנפתה | דבוץ | וית כליליה קובעיה דבוץ וית |
| 2319 | | Ex39:28 | דבוץ וית כליליה קובעיה | דבוץ | וית מכנסי בוצה בוץ שזיר: |
| 2320 | | Lv 6:03 | וילבש כהנא לבושין | דבוץ | ומכניסין דבוץ ילבש על |
| 2321 | | Gn41:42 | ואלבש יתיה {{ל}}לבושין | דבוץ | ושוי מניכא דדהבא על |
| 2322 | | Ex28:39 | ותאחד כתנא | דבוץ | ותעבד מצנפן דבוץ והמיין |
| 2323 | | Ex28:39M | דבוץ /ותשקע כותנוון | דבוץ#2#/ | ותעבד מצנפן דבוץ והמיין |
| 2324 | | Lv16:04 | יהוון על בשריה והמיינין | דבוץ | יאסר ובמצנפן דבוץ יטכס |
| 2325 | | Lv16:04 | דקדש {ו}<י>לבש ומכנסין | דבוץ | יהוון על בשריה והמיינין |
| 2326 | | Lv16:04 | דבוץ יאסר ובמצנפן | דבוץ | יטכס לבושי קדשא אינון |
| 2327 | | Lv 6:03 | לבושין דבוץ ומכניסין | דבוץ | ילבש על בשריה וירים ית |
| 2328 | | Ex28:42 | ותעבד להון מכנסין | דבוץ | למכסיה בשר ערוותהון מן אסר |
| 2329 | | Ex39:27 | ועבדו ית כתונה | דבוץ | עובד גרדיי לאהרן |
| 2330 | | Ex36:08M | משכנה עשר יריען | בוץ/דבוץ#2#/ | שזיר תכלה/ותכ׳#2#/ |
| 2331 | דבוצה | Ex39:28M | וית מכנסי בוצה בוץ | /דבוצה | וית תושבחה עבד קובעיה |
| 2332 | | Ex28:04M | מצנפן והמיין /וכיתנתה | דבוצה | מצנפת׳ והימנה#2#/ |
| 2333 | | Ex39:27M | דבוץ עובד /כותנו{נ}תה | דבוצה | עבד#2#/ גרדיי לאהרן |
| 2334 | דבותניין | Dt 3:01 | וסלקנן לאורח | {ר}<ד>בותניין | ונפק עוג מלכא |
| 2335 | דבזיכיה | Nu 7:86 | בית קודשה כל דהבין | דבזיכיה | מאה ועשרין: |
| 2336 | דבזכותיה | Nu21:01 | אהרן גברא חסידה | דבזכותיה | הוון ענני איקרה מפקין ית |
| 2337 | דבחיין | Lv14:51M | צפרה \חייתה ויצבע | /דבחיין | ויצבוע#2#/ יתהון באדמה |
| 2338 | | Lv14:07M | ית צפרה \חייתה לאפי | /דבחיין | על אפי#2#/ ברא: |
| 2339 | דבחקלא | Gn49:29 | גב אבהתי במערת«א» | דבחקלא | דעפרון חתי<׳>: |
| 2340 | דבי׳ | Ex17:16M | הוא שאול בר קיש והוא | דבי׳ | עמלק |
| 2341 | | Ex17:16M | \עם בית עמלק \לוקבל | דבי׳ | עמלק#2#/ ויקטול מלכין עם |
| 2342 | דבייר | Dt21:04 | ההיא ית עגלתה לנחיל | דבייר | די לא אתפלח ביה ולא יזדרע |
| 2343 | דבייתה | Lv14:39 | והא הלך מכתשה בכותלי | דבייתה: | |
| 2344 | | Lv14:45 | וית קיסוי וית כל עפרא | דבייתה | ויפק לבר מן קרתה לאתר |
| 2345 | | Lv14:35 | וייתי מריה | דבייתה | ויתני לכהנא למימר כמכתש |
| 2346 | | Lv14:37 | מכתשה והא מכתשה בכותלי | דבייתה | שקען ירקן או סמקן |
| 2347 | דבייתי׳ | Gn12:17M | \ועל אנשי | דבייתי׳ | דפרעה#2#/ על עסק שרי |
| 2348 | דבייתיה | Gn19:26 | למחמי מה יהווי בסופה | דבייתיה | דאבוה והא היא קיימא עמוד |
| 2349 | דביכוריה | Dt26:04 | ויקבל כהנא סלא | דביכוריה | מן ידיכון ויצנע יתיה קדם |
| 2350 | דביכורייא | Nu28:26 | וביומא | דביכורייא | בקרבותכון מנחה מן חדתה |
| 2351 | דביכורין | Lv 2:14 | ואם תקרב מנחת | דביכורין | לשמה דייי מהבהב קלי |
| 2352 | דבישין | Gn41:04 | ואכלין תורייא | דבישין | למיחמי וחסין בבשריהון ית |
| 2353 | דבית | Nu 1:10 | לבנוי דיוסף הוא שבטה | דבית | אפרים אלישמע בר עמיהוד |
| 2354 | | Nu 1:32 | לבנוי דיוסף הוא שבטה | דבית | אפרים יחוסיהון לזרעייתהון |
| 2355 | | Gn49:20 | טוביכון | דבית | אשר מה תפנוקי מלכייא דבני |
| 2356 | | Dt33:25 | הא עמא | דבית | אשר ברירין היך פרזלה |
| 2357 | | Gn49:19 | מן | דבית | גד יפקון משיריין מטכסן |
| 2358 | | Dt 4:43 | וית גרם בגלעדה לשבטה | דבית | גדי וית דברה בבותנין |
| 2359 | | Gn49:16 | מן | דבית | דן יקום פורקן ודיין כחדא |
| 2360 | | Gn49:17 | פירוקא דעתיד למיקם מן | דבית | דן יתקף יתגאה על כל אמיה |
| 2361 | | Dt33:18 | נבייא דייי ואמר חדון | דבית | זבולן במיפקכון לפרגמטיכון |
| 2362 | | Dt33:19 | הא עמא | דבית | זבולן לטור בית מוקדשא |
| 2363 | | Gn49:12M | משיח׳ דעתיד למיקם מן | דבית | יהוד׳ עיינ׳ ד{ק}<כ>יין |
| 2364 | | Gn49:10 | לא פסקין מלכין מין | דבית | יהודה ואף לא ספרין מלפי |
| 2365 | | Gn49:07 | אפלג חולקיה דשמעון בגו | דבית | יעקב ואסגי אחסנתיה דלוי |
| 2366 | | Gn50:01M | תמן קיימין שליטין מן | דבית | יעקב תמן קאים אריה ... |
| 2367 | | Ex19:03M | לנשיא | דבית | יעקב ותתני לגברי דבית |
| 2368 | | Nu23:10 | מן יכיל למימני עולימיהון | דבית | יעקב דאיתאמר עליהון די |
| 2369 | | Nu24:05 | מא יאיין משכניהון | דבית | יעקב בזכות משכניה דיתיב |
| 2370 | | Nu24:05M | הנון בית מדרשייך | דבית | יעקב ובתי כנשתך דבית |
| 2371 | | Nu24:17 | קריבה עתיד מלך למקום מן | דבית | יעקב ופרוק ושליט מן דבית |
| 2372 | | Nu24:19 | עתיד מלך למקום מן | דבית | יעקב וישיצי מן דמתחייב מן |
| 2373 | | Dt33:04 | ירתו ואחסנה לקהל שבטייה | דבית | יעקב: |

|  |  |  |  |
|---|---|---|---|
| 2374 | | Dt33:05 | ויקום מלך מן דבית יעקב ככנש ית ראשי עמא |
| 2375 | | Dt33:10 | למלפה סדרי דינין בגו דבית יעקב וגזירת אוריתך לקהל |
| 2376 | | Gn15:11 | עייצין עצן בישן על דבית ישראל בזכוותיה דאברם |
| 2377 | | Ex17:11 | זקף ית ידוי בצלו הוון דבית ישראל מתגברין ומנצחין וכד |
| 2378 | | Ex19:03M | דבית יעקב ותתני לגברי דבית ישראל |
| 2379 | | Lv17:08 | ולהון תימר גבר גבר מן דבית ישראל ומן גיורה די |
| 2380 | | Lv17:10 | וגבר גבר מן דבית ישראל ומן גיוריה |
| 2381 | | Lv19:11M | עמי בני/דבית#2/ ישראל לא תהוון גנבין |
| 2382 | | Lv22:18 | ותאמר להון גבר גבר מן דב«י»ת ישראל ומין גיוריה די |
| 2383 | | Nu21:01M | סדרי קרבה כל וקבל {ר}<ד>בית ישראל ארום מטון |
| 2384 | | Nu21:01M | סדרי קרבה כל וקבל דבית ישראל ונשב{ן}<י> מנהון |
| 2385 | | Nu23:07 | יעקב ואתא זעיר לי דבית ישראל: |
| 2386 | | Nu24:05M | דבית יעקב ובתי כנשתך דבית ישראל |
| 2387 | | Nu24:05 | די חזור חזור לה די דבית ישראל: |
| 2388 | | Nu24:17 | יעקב ופרוק ושליט מן דבית ישראל ויקטל תקיפי מואביי |
| 2389 | | Dt32:15 | ואכלו דבית ישראל ובעטו ועתרו ופחזו |
| 2390 | | Dt32:43M | שבחו יתיה\עמיה/עמה דבית#2/ ישראל ארום עולבן ודם |
| 2391 | | Dt33:18 | לפרגמטיכון וחדון דבית יששכר במייתבכון |
| 2392 | | Dt29:07 | דבית דגדי ולפלגות שבטה דבית מנשי: |
| 2393 | | Ex17:08M | ואתון רברבני \דבית#2/ עמלק וסדרו סדרי קרבא |
| 2394 | | Ex17:09 | ופוק וסדר סדרי קרבא עם דבית עמלק למחר הא אנה קיים |
| 2395 | | Ex17:10 | למסדרא סדרי קרבא עם דבית עמלק ומשה ואהרן וחור |
| 2396 | | Ex17:11 | ידוי מן למצלייה הוון דבית עמלק מתגברין ונפלין |
| 2397 | | Nu24:20M | קרבה בדבית ישראל הוו דבית עמלק תבר יתהון יהושע בר |
| 2398 | | Dt25:17 | ית מה די עבדו לכון דבית עמלק באורחא בזמן אפקותכון |
| 2399 | | Dt25:18 | ומשלהיין ולא דחילו דבית עמלק מן קדם ייי: |
| 2400 | | Gn50:01M | תמן קיימין גיברין מן דבית עשו תמן קיימין שליטין מן |
| 2401 | | Dt29:07 | ויהבנן יתה לאחסנה לשבטה דבית ראובן ולשבטה דבית דגדי |
| 2402 | | Dt 4:43 | בארע מישרה לשבטה דבית ראובני וית גרם בגלעדה |
| 2403 | | Nu21:30M | דבית חשבון ושלטנו מן דבית דיבון |
| 2404 | | Nu21:30M | "מן חשבון ...": <מן> דבית חשבון ושלטנו מן דבית |
| 2405 | | Dt29:07 | דבית ראובן ולשבטה דבית דגדי ולפלגות שבטה דבית |
| 2406 | | Nu 3:30M | בית אבה דבנוי /ורבה דבית מן זרעייתיה דבנוי#2/ |
| 2407 | | Nu 3:35M | "ורב אבה דזרעייתה": ורבה דבית מן זרע' |
| 2408 | דבית אבה | Gn44:19 | דלמה דהא גבורתא מן דבית אבה היא ודן חיילא רבא על |
| 2409 | | Nu 3:24M | בית אבא דשבטה /ורבה דבית אבה מן שב'#2/ דבנוי |
| 2410 | דבית קודשה | Lv 4:06 | ייי ית אפי פרוכתה דבית קודשה: |
| 2411 | דביתא | Ex12:04 | ואן זעירין אינון עמא דביתא כמסת למתמניא על אימר פסחא |
| 2412 | | Ex22:07 | ישתכח גנבא ויקרב מרה דביתא לוות דייניא אין לא שלח |
| 2413 | דביתה | Lv25:33 | מן ליוויה ויפוק זבונה דביתה וקרתה לאחסנתה ביובילה |
| 2414 | דביתי' | Gn36:06 | וית בנתיה וית כל נפשתא דביתי' וית ממונה וית כל בעיריה |
| 2415 | דביתיה | Gn24:02 | ואמר אברהם לעבדיה סבא דביתיה דתפיס בכל מה דליה שוי |
| 2416 | | Gn39:11 | ולא הוה גבר מן עמיה דביתיה תמן בביתה: |
| 2417 | דבכורה | Gn41:51 | וקרא יוסף ית שמה דבכורה מנשה ארום נשי יתיה ייי |
| 2418 | דבכוריה | Lv23:20 | כהנא יתהון על לחמה דבכוריה אנפ{ן}<ו> קדם ייי על |
| 2419 | דבכורתה | Dt21:17 | דידיה הוא סדר דינה דבכורתה: |
| 2420 | דבלבך | Ex23:02 | לא תמנע מן למימר מה דבלבך על חברך בדינא דלא תהווי |
| 2421 | | Ex23:05 | עמיה משבק תשבק כל מה דבלבך על חברך ומפרק תפרק עמה |
| 2422 | | Dt22:04 | מנהון משבוק תשבוק מה דבלבך עלוי ומפרוק תפרוק ומטעון |
| 2423 | דבלוט | Gn35:08 | בלוטה וקרא שמיה דבלוט בכיתה: |
| 2424 | דבמימריה | Gn14:19 | אברם קדם אלהא עילאה דבמימריה קנה שמים וארעא: |
| 2425 | דבממריה | Gn14:22 | קדם ייי אלהא עליא דבממריה קנה שמיא וארעא: |
| 2426 | דבנהרא | Ex 8:05 | מנך ומן אנשי ביתך לחוד דבנהרא ישתיירון: |
| 2427 | | Ex 8:07 | שלטונך ומן עמך לחוד דבנהרא ישתיירון: |
| 2428 | דבנו' | Ex 6:24 | אינון זרעייתיהון דבנו' דקרח: |
| 2429 | דבנוי | Ex29:09 | דאהרן וקרבן ידיהון דבנוי: |
| 2430 | | Ex29:27 | מן דאהרן ומן דבנוי: |
| 2431 | | Nu 1:10M | דיוסף דהוא מן שבטה דבנוי דא'#2/ אלישמע בר |
| 2432 | | Nu26:16 | לאזני זרעייתה דבנוי דאזני לערי זרעייתה |
| 2433 | | Nu26:38 | לאחירם זרעייתה דבנוי דאחירמי: |
| 2434 | | Nu26:30M | דגלעד איעזר זרעיתה דבנוי דאיעזרי לחלק זרעיתה |
| 2435 | | Nu16:01M | בנוי/מן שבטה דבנוי#2/ דאליאב ואון בר פלת |
| 2436 | | Nu 1:08M | דיוסף דהוא מן שבטה דבנוי דאפ'#2/ נתנאל בן |
| 2437 | | Nu 7:48 | דמדבחה קרב רב שבטה דבנוי דאפר' אלישמע בר |
| 2438 | | Nu34:24 | ולשבטה דבנוי דאפרי' רבה קמואל בן |
| 2439 | | Nu 1:32M | דיוסף דהוא מן שבטה דבנוי דאפרים תולדוותהון |
| 2440 | | Nu 1:33M | /לש'#2/מן שב'#2/ \דבנוי#2/ דאפרים ארבעין אלפין |
| 2441 | | Nu 2:18 | ממני על משרית שבטה דבנוי דאפרים אלישמע בר |
| 2442 | | Nu 2:18 | טכס משרית שבטה דבנוי דאפרים לחילוותהון מן |
| 2443 | | Nu 2:24 | דמשרית שבטה דבנוי דאפרים עשרה רבוון תמנייה |
| 2444 | | Nu 7:53 | גרמיה רב לשבטה דבנוי דאפרים אלישמע בר |
| 2445 | | Nu10:22 | ממני על חילוות שבטה דבנוי דאפרים אלישמע בר |
| 2446 | | Nu10:22 | ונטל טכס משרית שבטה ד<ב>נוי דאפרים לחילוותהון ורבה |
| 2447 | | Nu10:22M | /ויסלון טכס משריתה דבנוי#2/ דאפרים לחילוותהון |
| 2448 | | Nu13:08 | מן שבטה דבנוי דאפרים הושע בר נון: |
| 2449 | | Nu26:37 | אלין זרעייתה דבנוי דאפרים לסכומיהון תלתין |
| 2450 | | Nu34:25 | ומן שבטה דבנוי דאפרים רבה אליצפן בר |
| 2451 | | Dt33:17 | אימוראי דהוא מן שבטה דבנוי דאפרים ואינון אלפיה דקטל |
| 2452 | | Nu26:17 | לאראלי זרעייתה דבנוי דאראלי: |
| 2453 | | Nu26:40 | ארד ונעמן זרעייתה דבנוי דארדי לנעמן זרעייתה |
| 2454 | | Nu26:17 | לארוד זרעייתה דבנוי דארודי לאראלי זרעייתה |
| 2455 | | Nu26:38 | דבלעי לאשבל זרעייתה דבנוי דאשבלי לאחירם זרעייתה |
| 2456 | | Nu 1:13 | מן שבטה דבנוי דאשר פגעיאל בר עכרן: |
| 2457 | | Nu 1:41 | סכומיהון דשבטה דבנוי דאשר ארבעין וחד אלפין |
| 2458 | | Nu 2:27 | ממני על משרית שבטה דבנוי דאשר פגעיאל בר עכרן: |
| 2459 | | Nu 2:27 | ודשריין סמיכין לה רבה דבנוי דאשר ורבה דהוה ממני על |
| 2460 | | Nu 7:72 | דמדבחה קרב רב שבטה דבנוי דאשר פגעיאל בר עכרן: |
| 2461 | | Nu 7:77 | מן נכסיה גרמיה רב שבטה דבנוי דאשר פעגיאל בר עכרן: |
| 2462 | | Nu10:26 | ועל חילוותי שבטה דבנוי דאשר פגעיאל בר עכרן: |
| 2463 | | Nu13:13 | מן שבטה דבנוי דאשר סתור בר מיכאל: |
| 2464 | | Nu26:47 | אלין זרעייתה דבנוי דאשר לסכומיהון חמשין |
| 2465 | | Nu34:27 | ומן שבטה דבנוי דאשר רבה אחיהוד בר |
| 2466 | | Nu26:31 | ואשריאל זרעיתה דבנוי דאשריאלי ושכם זרעייתה |
| 2467 | | Nu34:21 | ומן שבטה דבנוי דבינמן אלידד בן כסלון: |
| 2468 | | Nu26:35M | לבכר זרעייתה דבנוי דבכרי לתחן זרעייתה |
| 2469 | | Nu26:38 | לבלע זרעייתה דבנוי דבלעי לאשבל זרעייתה |
| 2470 | | Nu 2:22 | ושבטה דבנוי דבנימין ורבה דהוה ממני |
| 2471 | | Nu13:09 | מן שבטה דבנוי דבנימין פלטי בר רפוא: |
| 2472 | | Nu 1:11 | מן שבטה דבנוי דבנימן אבידן בר |
| 2473 | | Nu 1:37 | סכומיהון דשבטה דבנוי דבנימן תלתין וחמשה אלפין |
| 2474 | | Nu 2:22M | /חיילוות#2/ שבטה \דבנוי#2/ דבנימן אבידן בר |
| 2475 | | Nu 7:60 | דמדבחה קרב בר שבטה דבנוי דבנימן אבידן בר |
| 2476 | | Nu 7:65 | מן נכסיה גרמיה רב שבטה דבנוי דבנימן אבידן בר |
| 2477 | | Nu10:24 | ועל "צבא" שבטה דבנוי דבנימן אבידן בר |
| 2478 | | Nu26:44 | דישוי לבריעה זרעייתה דבנוי דבר«י»עיה: |
| 2479 | | Nu 1:14 | מן שבטה דבנוי דגד אליסף בר דעואל: |
| 2480 | | Nu 1:25 | סכומיהון לשבטה דבנוי דגד ארבעין וחמשה אלפין |
| 2481 | | Nu 2:14 | ממני על משריית שבטה דבנוי דגד אליסף בר רעואל: |

| | | |
|---|---|---|
| 2482 | Nu 2:14 | ושבטה דבנוי דגד ורבה דהוה ממני על |
| 2483 | Nu26:18 | אלין זרעייתה דבנוי דגד לסכום{ו}<י>הון |
| 2484 | Nu34:14 | לבית אבהתהון ושבטה דבנוי דגד לבית אבהתהון ופלגות |
| 2485 | Dt29:07M | ולשבטה \דבית דגדי /דבנוי דגד#2#/ ולפלגות שבטה |
| 2486 | Dt 3:12 | דבנוי דראובני ולשבטה דבנוי דגדי: |
| 2487 | Dt 4:43M | מן שבטה דבנוי דגדי וית גוולן |
| 2488 | Nu26:48 | לגוני זרעייתה דבנוי דגוני: |
| 2489 | Nu36:01M | /אבהתה לזרעייתה דבנוי#2#/ דגלעד בר מכיר בר |
| 2490 | Nu26:29 | גלעד לגלעד זרעייתה דבנוי דגלעדי: |
| 2491 | Nu 4:22 | קבל ית ריש סכומיה דבנוי דגרשון אוף אינון |
| 2492 | Nu 4:24 | דא פלחן זרעייתה דבנוי דגרשון למפלח ולמטען: |
| 2493 | Nu 4:41 | אלין סכומי זרעיית דבנוי דגרשון כל די פלח במשכן |
| 2494 | Nu 4:27 | ת«י»הוי כל פלחנה דבנוי דגרשוני לכל מטוליהון |
| 2495 | Nu 4:28 | דן פלחן זרעייתה דבנוי דגרשוני במשכן זמנה |
| 2496 | Nu26:57 | לגרשון זרעייתה דבנוי דגרשוני לקהת{י} זרעייתה |
| 2497 | Nu 3:21 | אלין אינון זרעייתה דבנוי דגרשני: |
| 2498 | Nu 3:23 | זרעייתה דבנוי דגרשני בשפלוי דמשכנה |
| 2499 | Nu 3:24 | ורב בית אבא דשבטה דבנוי דגרשני אליסף בר לאל: |
| 2500 | Nu 7:42 | דמדבחה קרב רב שבטה דבנוי דג{ת}<ד> אליסף בר |
| 2501 | Nu 7:47 | מן נכסיה גרמיה רב שבטה דבנוי דג{ת}<ד> אליסף בר |
| 2502 | Nu10:20 | ועל חיילוות שבטה דבנוי דג{ת}<ד> אליסף בר |
| 2503 | Nu13:15 | מן שבטה דבנוי דג{ת}<ד> גאואל בר מכי: |
| 2504 | Ex35:34 | בר אחיסמך מן שבטה דבנוי דדן: |
| 2505 | Ex38:23 | בר אחיסמך מן שיבטא דבנוי דדן נגר ואומן וצייר |
| 2506 | Lv24:11 | שלמית ברת דברי לשבטה דבנוי דדן: |
| 2507 | Nu 1:12 | מן שבטה דבנוי דדן אחיעזר בר עמי שדי: |
| 2508 | Nu 1:39 | סכומיהון דשבטה דבנוי דדן אשתין ותרין אלפין |
| 2509 | Nu 2:25 | ממני על משרית שבטה דבנוי דדן אחיעזר בר עמי שדי: |
| 2510 | Nu 2:25 | «סכס» משרית שבטה דבנוי דדן מן צפונה לחיילוותהון |
| 2511 | Nu 2:25M | שבטה דבנוי /משרייתה דבנוי#2#/ דדן מן צפונה |
| 2512 | Nu 2:31M | אלפין ושית /דמשריתה דבנוי דדן מאה ושבעין וחמשה |
| 2513 | Nu 2:31 | כל סכומייה דמשרית שבטה דבנוי דדן חמש עשרה ריבוון |
| 2514 | Nu 7:66 | דמדבחה קרב רב שבטה דבנוי דדן אחיעזר בר עמי שדי: |
| 2515 | Nu 7:71 | מן נכסיה גרמיה רב שבטה דבנוי דדן אחיעזר בר עמי שדי: |
| 2516 | Nu10:25M | /חל'#2#^/חיילוות שבטה דבנוי דדן#2#/ אחיעזר בר |
| 2517 | Nu10:25 | ונטל טכס משריית דבנוי דדן מכנש לכל משריתה |
| 2518 | Nu13:12 | מן שבטה דבנוי דדן עמיאל בר גמלי: |
| 2519 | Nu26:42M | דשוחמי אלין זרעייתה דבנוי דדן לזרעייתהון: |
| 2520 | Nu34:22 | ומן שבטה דבנוי דדן רבה <בקי> בן יגלי: |
| 2521 | Nu 1:09 | מן שבטה דבנוי דזבולן אליאב בר חילן: |
| 2522 | Nu 2:07 | ושבטה דבנוי דזבולן ^ורבה דהוה ממני |
| 2523 | Nu 7:24 | רבותה דמדבחה קרב שבטה דבנוי דזבולן אליאב בר חלן: |
| 2524 | Nu 7:29 | מן נכסי גרמיה רב שבטה דבנוי דזבולן אליאב בר חלן: |
| 2525 | Nu10:16 | ועל חיילוות שבטה דבנוי דזבולן אליא' בר חלן: |
| 2526 | Nu13:10 | מן שבטה דבנוי דזבולן גדיאל בר סודי: |
| 2527 | Nu26:27 | אלין זרעייתה דבנוי דזבול{ן}<י> לסכומיהון |
| 2528 | Nu26:13 | לזרח זרעייתה דבנוי דזרחי לשאול זרעייתה |
| 2529 | Nu26:20 | דפרצי לזרח זרעייתה דבנוי דזרחי: |
| 2530 | Nu26:45 | דבריעה לחבר זרעייתה דבנוי דחבר למלכיאל זרעייתה |
| 2531 | Nu26:58 | דבנוי דלבני זרעייתה דבנוי דחברוני זרעייתה דבנוי |
| 2532 | Nu 3:27 | דבנוי דיצהרי וזרעייתה דבנוי ד«ח»ברני וזרעייתה |
| 2533 | Nu26:39 | לחופם זרעייתה דבנוי דחופמי: |
| 2534 | Nu26:30M | דאיעזרי לחלק זרעיתה דבנוי דחלקי: |
| 2535 | Nu26:21 | לחמול זרעייתה דבנוי דחמולי: |
| 2536 | Nu26:05 | חנוך דזרעיית{י}ה דבנוי דחנכי לפלוא זרעייתה |
| 2537 | Nu26:32 | דשמידעי וחפר זרעיתה דבנוי דחפרי: |
| 2538 | Nu26:21 | דפרץ לחצרון זרעייתה דבנוי דחצרוני לחמול זרעייתה |
| 2539 | Gn23:10 | עם אברהם במשמעהון דבנוי דחת לכל עללי תרע קרתיה |
| 2540 | Gn23:10M | בנוי /בתחומיהון דבנוי#2#/ דחת וענה עפרון חתייה |
| 2541 | Gn23:11 | עם אברהם במשמעהון דבנוי דחת לכל עללי תרע קרתיה |
| 2542 | Gn23:11M | \בגו בנוי /בתחומהון דבנוי#2#/ דחת וענה עפרון חתייה |
| 2543 | Gn23:16 | ית כספא דמלל במשמעהון דבנוי דחת ארבעין מאה סלעין |
| 2544 | Ex31:02 | אורי בר חור מן שבטא דבנוי דיהודה: |
| 2545 | Ex35:30 | אור בר חור מן שבטה דבנוי דיהודה: |
| 2546 | Ex38:22 | בן אור בר חור לשבטא דבנוי דיהודה עבד ית כל די פקד |
| 2547 | Nu 1:07 | מן שבטה דבנוי דיהודה נחשון בר |
| 2548 | Nu 2:03 | לחיילוותהון ורב שבטה דבנוי דיהודה נחשון בר |
| 2549 | Nu 2:03 | מדנחה טכס משרית שבטה דבנוי דיהודה לחיילוותהון ורב |
| 2550 | Nu 2:09 | כל סכומיה דמשרית שבטה דבנוי דיהודה תמני עשרה רבוון |
| 2551 | Nu 7:12 | בר עמינדב מן שבטה דבנוי דיהודה: |
| 2552 | Nu 7:17 | גרמי{ד}<ה> רב שבטה דבנוי דיהודה נחשון בר |
| 2553 | Nu10:14 | ממני על חיילוות שבטה דבנוי דיהודה נחשון בר |
| 2554 | Nu10:14 | ונטל טכס מן משריה דבנוי דיהודה בקדמיתה |
| 2555 | Nu13:06 | מן שבטה דבנוי דיהודה כלב בר יפנה: |
| 2556 | Nu26:22 | אלין זרעייתה דבנוי דיהודה לסכומיכון שבעין |
| 2557 | Nu34:19 | שמהת גברייה מן שבטה דבנוי דיהודה כלב בר יפונה: |
| 2558 | Nu 1:08M | /לישׂשכר מן שבטה דבנוי דיוסף דהוא מן שבטה |
| 2559 | Nu 1:10M | דבית אפרים /מן שבטה דבנוי דיוסף דהוא מן שבטה |
| 2560 | Nu 1:32M | מן שבטה דבנוי דיוסף דהוא מן שבטה |
| 2561 | Nu13:11 | מן שבטה דבנוי דיוסף דמנש' גדי בר |
| 2562 | Nu34:23M | מן שבטה דבנוי דיוסף דהוא שבטה דבנוי |
| 2563 | Nu36:01M | בנוי /זרעייתה דבנוי#2#/ דיוסף ומללו קדם משה |
| 2564 | Nu26:26 | <ל>איחלאל זרעייתה דבנוי דיחלאלי: |
| 2565 | Nu26:26 | לאלון זרעייתה דבנוי דיחלאלי <ל>איחלאל |
| 2566 | Nu26:48 | ליחצאל זרעייתה דבנוי דיחצאלי לגוני זרעייתה |
| 2567 | Nu26:12 | דימיני ליכין זרעייתה דבנוי דיכיני: |
| 2568 | Nu26:12 | לימין זרעייתה דבנוי דימיני ליכין זרעייתה |
| 2569 | Nu26:44 | לימנה זרעייתה דבנוי דימנה לישוי זרעייתה |
| 2570 | Nu24:05M | משכניהון \דבית יעקב /דבנוי דיע#2#/ בזכות משכניה |
| 2571 | Gn46:26 | נפקי חלציה בר מנשוי דבנוי דיעקב כל נפשתא שתין |
| 2572 | Nu 3:27 | דבנוי דעמרמי וזרעיתה דבנוי דיצהרי וזרעייתה דבנוי |
| 2573 | Nu26:49 | ליצר זרעייתה דבנוי דיצרי לשלם זרעייתה |
| 2574 | Dt32:08M | שבטייה \דבני ישראל /דבנוי דיש#2#/ |
| 2575 | Dt33:05M | שבטייה \דבני ישראל% /דבנוי דיש#2#/: |
| 2576 | Nu26:24 | לישוב זרעיתה דבנוי דישובי לשמרון זרעייתה |
| 2577 | Nu26:44 | דימנה לישוי זרעייתה דבנוי דישוי לבריעה זרעייתה |
| 2578 | Nu 7:18 | דמדבחה קרב רב שבטה דבנוי דישכר נתנאל בר צוער: |
| 2579 | Dt33:10M | לקהל שבטיה \דבני ישראל/דבנוי דישראל#2#/ משוין |
| 2580 | Nu 1:08 | מן שבטה דבנוי דיששכר נתנאל בן צוער: |
| 2581 | Nu 1:29 | סכומ«י»הון לשבטה דבנוי דיששכר חמשין וארבעה |
| 2582 | Nu 2:05 | ודשריין סמיכין לה שבטה דבנוי דיששכר ורב שבטה דבנוי |
| 2583 | Nu 2:05 | דבנוי דיששכר ורב שבטה דבנוי דיששכר נתנאל בר צוער: |
| 2584 | Nu 7:23 | מן נכסיה גרמיה רב שבטה דבנוי דיששכר נתנאל בר צוער: |
| 2585 | Nu10:15 | ועל חיילוות שבטה דבנוי דיששכר נתנאל {צ}<ב>ר |
| 2586 | Nu13:07 | מן שבטה דבנוי דיששכר יגאל בר יוסף: |
| 2587 | Nu26:25 | אלין זרעיתה דבנוי דיששכר לסכומיהון אשתין |
| 2588 | Nu34:26 | ומן שבטה דבנוי דיששכר רבה פלטיאל בר |
| 2589 | Gn31:01 | ושמע ית מלוי דבנוי דלבן למימר נסב יעקב ית |

2590 Ex 6:19 אלין אינון זרעיותיהון דבנוי דלוי ליחוסיהון:
2591 Nu 4:02 דבנוי דקהת מן גו דבנוי דלוי לזרעייתהון
2592 Dt33:11 «ברך ייי חיילוות שבטה דבנוי דלוי וקרבן ידוי תקבל»
2593 Nu26:58 אלין זרעייתה דבנוי דלוויי זרעייתה דבנוי
2594 Nu34:23M דיוסף דהוא שבטה דבנוי דמ'
2595 Nu 3:33 דבנוי דמחלי וזרעייתה דבנוי דמושי אלין אינון זרעייתה
2596 Nu26:58 דבנוי דמחלי זרעייתה דבנוי דמושי זרעייתה דבנוי
2597 Nu 3:33 למררי זרעייתה דבנוי דמחלי וזרעייתה דבנוי
2598 Nu26:58 דבנוי דחברוני זרעייתה דבנוי דמחלי זרעייתה דבנוי
2599 Nu26:29 דמנשה למכיר זרעיייתה דבנוי דמכיר' ומכיר אולד ית
2600 Nu26:45 דחבר למלכיאל זרעייתה דבנוי דמלכיאלי:
2601 Nu 1:10 בר עמיהוד מן שבטה דבנוי דמנשה גמליאל בר
2602 Nu 1:35 סכומיהון דשבטה דבנוי דמנשה תלתין ותרין אלפין
2603 Nu 2:20M ממני על משרית שבטה /\דבנוי#2#/ דמנשה גמליאל בר
2604 Nu 2:20M שבטה/מן שב#2#/ /\דבנוי#2#/ דמנשה ורבה דהוה ממני
2605 Nu 7:54 דמדבחה קרב רב שבטה דבנוי דמנשה גמליאל בר
2606 Nu 7:59 מן נכסיה גרמיה רב שבטה דבנוי דמנשה גמליאל בר
2607 Nu10:23 ועל חילוות שבטה דבנוי דמנשה גמליאל בר
2608 Nu13:11M סוסי /דהוא מן שבטה דבנוי דמנשה#2#/:
2609 Nu26:34 אלין זרעיתה דבנוי דמנשה סכומיהון חמשין
2610 Nu34:23 ולבנוי דיוסף מן שבטה דבנוי דמנשה רבה חניאל בן
2611 Dt 3:13M יהבית לפלגות שבטה /\דבנוי#2#/ דמנשה כל תחום
2612 Dt 4:43M במותניין מן שבטא דבנוי דמנשה
2613 Dt 4:43 דברה בבותנין לשבטה דבנוי דמנשה:
2614 Dt33:17 מדייניי דהוא מן שבטה דבנוי דמנשה:
2615 Nu 3:33 אלין אינון זרעייתה דבנוי דמררי:
2616 Nu 3:35 ורב בית אבה זרעייתה דבנוי דמררי צוריאל בר אביחיל
2617 Nu 4:33 דן פלחנ{ה} זרעיתה דבנוי דמררי לכל פלחנהון במשכן
2618 Nu 4:42 וסכומי זרעיתיה דבנוי דמררי לזרעייתהון
2619 Nu 4:45 אלין סכומי זרעייתה דבנוי דמררי די סכם משה ואהרן
2620 Nu26:57 דקהתי למררי זרעייתה דבנוי דמררי:
2621 Nu26:12 לנמואל זרעיתה ^דבנוי#2#^ דנמואלי לימין זרעייתה
2622 Nu26:40 דארדי לנעמן זרעייתה דבנוי דנעמי:
2623 Nu 1:15 מן שבטה דבנוי דנפתלי אחירע בר עינן:
2624 Nu 1:43 סכומיהון דשבטה דבנוי דנפתלי חמשין ותלתה אלפין
2625 Nu 2:29M ושבטה /\דבנוי#2#/ דנפתלי ורבה דהוה
2626 Nu 2:29 ממני על משרית דשבטה דבנוי דנפתלי אחירע בר עינן:
2627 Nu 7:78 דרבותה קרב רב שבטה דבנוי דנפתלי אחירע בר עינן:
2628 Nu 7:83 מן נכסיה גרמיה רב שבטה דבנוי דנפתלי אחירע בר עינן:
2629 Nu10:27 ועל חילוות שבטה דבנוי דנפתלי אחירע בר עינן:
2630 Nu13:14 מן שבטה דבנוי דנפתלי נחבי בר ופסי:
2631 Nu26:50 אילין זרעייתה דבנוי דנפתלי לזרעייתהון
2632 Nu34:28 ומן שבטה דבנוי דנפתלי רבה פדהאל בר
2633 Nu 3:27 ד«ח»ברני וזרעייתה דבנוי דעזיאלי אלין אינון
2634 Nu 3:27 ולבנוי דקהת זרעייתה דבנוי דעמרמי וזרעיתה דבנוי
2635 Nu26:16 דאזני לערי זרעייתה דבנוי דערי:
2636 Nu26:36 דשותלח לערן זרעייתה דבנוי דערני:
2637 Gn36:15 «אלין» רברבנוי דבנוי דעשו בנוי דאליפז בכוריה
2638 Nu26:23 דתולעי לפוה זרעייתה דבנוי דפוני:
2639 Nu26:05 דחנכי לפלוא זרעייתה דבנוי דפלואי:
2640 Nu26:20 דשלני לפרץ זרעייתה דבנוי דפרצי לזרח זרעייתה
2641 Nu26:15 לצפון זרעיתה דבנוי דצפוני לחגי זרעיתה
2642 Nu 3:29 זרעיתה דבנוי דקהת ישרון על שיפולוי
2643 Nu 4:02 קבל ית סכומיהון דבנוי דקהת מן גו דבנוי דלוי

2644 Nu 4:04 דן פולחנה דבנוי דקהת במשכן זימנא
2645 Nu26:58 דבנוי דמושי זרעייתה דבנוי דקרחי וקהת אולד ית
2646 Ex 6:14 וכרמי אליין זרעתהון דבנוי דראובן:
2647 Nu 1:05 יקומון עמכון מן שבטה דבנוי דראובן אליצור בר
2648 Nu 1:21 סכומיהון לשבטה דבנוי דראובן ארבעין ושתה אלפין
2649 Nu 2:10 ורבה דהוה ממני על שבטה דבנוי דראובן אליצור בר
2650 Nu 2:10 טקס משרית שבטה דבנוי דראובן דרומה לחיילוותהון
2651 Nu 2:16 כל סכומייה דמשרית שבטה דבנוי דראובן חמש עשרה רבוון
2652 Nu 7:30 דמדבחה קרב רב שבטה דבנוי דראובן אליצור בר
2653 Nu 7:35 מן נכסי גרמיה רב שבטה דבנוי דראובן אליצור בר
2654 Nu10:18 ממני על חיילוותיה שבטה דבנוי דראובן אליצור בר
2655 Nu10:18 ונטל טכס משרית שבטה דבנוי דראובן לחילוותהון ורבה
2656 Nu13:04 ואלה שמהתהון מן שבטה דבנוי דראובן שמוע בר זכור:
2657 Nu26:07 אליין זרעייתה דבנוי דראובן והוון סכומיהון
2658 Nu34:14 ארום נסבו שבטה דבנוי דראובן לבית אבהתהון
2659 Dt 3:12 וקרוייוי יהבית לשבטה דבנוי דראובני ולשבטה דבנוי
2660 Dt 3:16 ולשבטה דבנוי דראובני ודבנוי דגדי
2661 Nu26:13 דזרחי לשאול זרעייתה דבנוי דשאולי:
2662 Nu26:42M לשוחם זרעייתה דבנוי דשוחמי אלין זרעייתה
2663 Nu26:43 כל זרעייתה דבנוי דשוחמי לסכומיהון אשתין
2664 Nu26:15 דחגי לשוני זרעייתה דבנוי דשוני:
2665 Nu26:31 ושכם זרעייתה דבנוי דשכמי:
2666 Nu26:49 דיצרי לשלם זרעייתה דבנוי דשלמי:
2667 Nu26:20 לשלה זרעייתה דבנוי דשלני לפרץ זרעייתה
2668 Nu26:32 ושמידע זרעייתה דבנוי דשמידעי וחפר זרעיתה
2669 Nu34:20 ומן שבטה דבנוי דשמער' שמואל בר
2670 Ex 6:15 אליין אנון זרעיותיהון דבנוי דשמעון:
2671 Nu 1:06 מן שבטה דבנוי דשמעון שלמיאל בר
2672 Nu 1:23 סכומיכון לשבטה דבנוי דשמעון חמשין ותשעה אלפין
2673 Nu 2:12 ממני על משרית שבטה דבנוי דשמעון שלמיאל בר
2674 Nu 2:12 ודשריין סמיכין ליה שבטה דבנוי דשמעון ורבה דהוה ממני על
2675 Nu 7:36 דמדבחה קרב רב שבטה דבנוי דשמעון שלמיאל בר
2676 Nu10:19 ועל חיילוות שבטה דבנוי דשמעון שלמיאל בר
2677 Nu13:05 מן שבטה דבנוי דשמעון שפ{ד}<ט> בר
2678 Nu25:14 בן סלוא רב בית אבה דבנוי דשמעוני:
2679 Nu26:14M זרעיתה/זרעייתה#2#/^דבנוי#2#/^ דשמעוני
2680 Nu 3:21 דבנוי דלבני וזרעייתה דבנוי דשמעי אלין אינון זרעייתה
2681 Nu26:24 לשמרון זרעייתה דבנוי דשמרוני:
2682 Nu26:39 לשפופם זרעייתה דבנוי דשפופמי לחופם זרעייתה
2683 Nu26:23 תולע זרעייתה דבנוי דתולעי לפוה זרעייתה
2684 Nu26:35M דבכרי לתחן זרעייתה דבנוי דתחני:
2685 Ex29:20 ועל רום אודניהון דבנוי דימינא ועל אליון ידיהון
2686 Nu 3:21 לגרשון זרעייתה דבנוי דלבני וזרעייתה דבנוי
2687 Nu26:58 דבנוי דלויי זרעייתה דבנוי דלבני זרעייתה דבנוי
2688 Nu26:06 לכרמי זרעייתה דבנוי ד{מ}<כ>רמי:
2689 Nu26:26 לזרעייתהון לסדר זרעיתה דבנוי דס{ד}ר<ד>י לאלון זרעייתה
2690 Nu 3:27 אלין אינון זרעייתה דבנוי דקהתי:
2691 Nu 3:30 ורב בית אבה דבנוי דקהתי אליצפן בר עזיאל:
2692 Nu 3:30M דבית מן זרעייתיה דבנוי#2#/ דקהתי אליצפן בר
2693 Nu 4:18 תשיצון ית שבט זרעייתה דבנוי דקהתי מן גו ליוויי:
2694 Nu 4:37 אלין סכומי זרעייתה דבנוי דקהתי כל די פלח במשכן
2695 Nu26:57 לקהת{י} זרעייתה דבנוי דקהתי למררי זרעייתה
2696 Dt 4:43M דבית ראובני /מן שבטה דבנוי דראובני#2#/ וית גרם
2697 Dt29:07M לשבטה\דבית ראובן /דבנוי דראובני#2#/ ולשבטה דבית

דבני

|  |  | | | |
|---|---|---|---|---|
| 2698 | Lv 8:27 | דאהרן ועל כפי ידיהון | דבנוי | ואניף יתהון אנפו קדם ייי: |
| 2699 | Ex29:24 | כל{י}<א> על כפי ידיהון | דבנוי | ותניף יתהון אנפו קדם ייי: |
| 2700 | Nu26:35M | לשותלח זרעיתה | דבנוי | לשותלחי לבכר זרעייתה |
| 2701 | Lv 7:35 | רבותא דאהרן ורבותהי | דבנוי | מן קרבנוי דייי ביומא די |
| 2702 | Ex 5:19M | בנוי ^/סרכיהון | דבנוי#2#^/סרכי־ה־ | דבני#2#/ דישראל |
| 2703 | Nu 1:31 | סכומיהון לשבטה | דבני | זבולן חמשין ושבעה אלפין |
| 2704 | Gn23:07 | בשלמיהון בנימוס ארעא | דבני | חת: |
| 2705 | Gn23:11M | בשלמהון בנימוס ארעא | דבני | חת /ואודי {לעמיה} לעמא |
| 2706 | Nu36:05 | דייי למימר יאות שבטה | דבני | יוסף תבעין: |
| 2707 | Ex 5:15 | ואתון סרכיהון | דבני | ישרא' וצווחו קדם פרעה |
| 2708 | Ex17:16M | על כורסי מלכותיהון | דבני | ישרא' הוא שאול בר קיש |
| 2709 | Gn49:07 | אחסנתיה דלוי בגו שבטה | דבני | ישראל: |
| 2710 | Gn49:16 | כחדא ישתמעון לה כל שבטי | דבני | ישראל: |
| 2711 | Gn49:20 | אשר מה תפנוקי מלכייא | דבני | ישראל: |
| 2712 | Gn49:27 | מפלגין מותרו קרבניה | דבני | ישראל: |
| 2713 | Gn50:01 | מיניה תרי עשר שבטיא | דבני | ישראל די נפקו מיניה |
| 2714 | Ex 2:25 | וגלי קדם ייי ית שעבודהון | דבני | ישראל ואמר בממריה למפרוק |
| 2715 | Ex 3:09 | וכדון הא קבלתהון | דבני | ישראל סלקת לוותי ואף גלי |
| 2716 | Ex 4:29 | וכנשו ית כל חכימיא | דבני | ישראל: |
| 2717 | Ex 5:14 | ולקו סרכיהון | דבני | ישראל די שוון עליהון |
| 2718 | Ex 6:05 | אנא שמעת ית קבלתהון | דבני | ישראל דמצרייה משעבדין |
| 2719 | Ex 9:06 | דמצריי ומבעיריהון | דבני | ישראל לא מית אף לא חד: |
| 2720 | Ex12:03 | מללו {א} עם כל כנישתא | דבני | ישראל בעשרה יומין לירחא |
| 2721 | Ex12:06 | יתיה כל קהל כנישתא | דבני | ישראל ביני שמשותא: |
| 2722 | Ex12:23 | דייי על תרע אבהתה | דבני | ישראל ולא יתן רשו למחבלא |
| 2723 | Ex12:27 | די פסח ויגן על בתיהון | דבני | ישראל במצרים בקטלותה ית |
| 2724 | Ex12:42 | דייי בזמן אפקותיהון | דבני | ישראל פריקין מן ארעא |
| 2725 | Ex14:03 | <ויימר> פרעה על עסק עמא | דבני | ישראל טעיין אינון באורחא |
| 2726 | Ex14:15M | קדמיי ברם צלותהון | \דבני | ישראל קדמא /דעמי |
| 2727 | Ex16:01 | אלים ואתון כל כנישתא | דבני | ישראל למדברא דסין די בין |
| 2728 | Ex16:02 | ואתרעמו כל עדת כנישתא | דבני | ישראל על משה ועל אהרן |
| 2729 | Ex16:09 | לאהרן אמר לכל כנישתא | דבני | ישראל קרבו קדם ייי ארום |
| 2730 | Ex16:10 | מלל אהרן עם כל כנישתא | דבני | ישראל וכווינ{ן}<ו> למדברא |
| 2731 | Ex16:12 | שמיע קדמיי ית תורעמתהון | דבני | ישראל מליל{י} עמהון למימר |
| 2732 | Ex17:01 | ונטלו כל כנישתא | דבני | ישר«אל» ממדברא דסין |
| 2733 | Ex19:01 | תליתיא בזמן אפיקתהון | דבני | ישראל פריקין מן ארעא |
| 2734 | Ex19:03 | לדבית יעקב ותתני לשבטא | דבני | ישראל: |
| 2735 | Ex20:13M | עם קטולין דלא | /דבני | ישראל קטולין דלא#2#/ |
| 2736 | Ex20:14M | \דישראל עם גיורין | /דבני | ישראל גיורי#2#/ דלא |
| 2737 | Ex20:15M | \דישראל עם גנבין דלא | /דבני | ישראל גנבין דלא#2#/ |
| 2738 | Ex20:17M | \דישרא' עם חמודין | /דבני | ישראל חמודין#2#/ דלא |
| 2739 | Ex24:04 | לתרין עשרתי שבטייה | דבני | ישראל: |
| 2740 | Ex24:05 | ושלח ית עולמיהון | דבני | ישראל וסדרו עליון וקריבו |
| 2741 | Ex24:11 | ולוות עולימיהון | דבני | ישראל לא פשט ידיה וחמון |
| 2742 | Ex28:30 | אהרן ית סדר דיניהון | דבני | ישראל על ליביה־ קדם ייי |
| 2743 | Ex30:12 | ס{מ}«כ»ו{כ}«מ»יהון | דבני | ישראל למנייניהון ויתנון |
| 2744 | Ex35:01 | וכנש משה ית כל כנישתה | דבני | ישראל ואמר להון אליין |
| 2745 | Ex35:04 | ואמר משה לכל כנישתא | דבני | ישראל למימר דין פתגמא די |
| 2746 | Ex35:20 | ונפקו כל כנישתה | דבני | ישראל מן קדם משה: |
| 2747 | Lv10:14 | מן נכסת קדשיהון | דבני | ישראל: |
| 2748 | Lv16:05 | ומן לוות עם כנשתה | דבני | ישראל יסב תרין צפירין |
| 2749 | Lv16:16 | על קודשיה מן סואבותהון | דבני | ישראל ומן סרחניהון לכל |
| 2750 | Lv16:17 | ועל ידי כל קהל כנישתה | דבני | ישראל: |
| 2751 | Lv16:19 | ויקדש יתיה מן סאובתהון | דבני | ישראל: |
| 2752 | Lv16:21 | עלוי ית כל חובהון | דבני | ישראל וית כל סרחניהון לכל |
| 2753 | Lv19:02 | מליל עם כל כנשתה | דבני | ישראל ותימר ליהון קדישין |
| 2754 | Lv22:02 | ויזדהרון מן קדשיהון | דבני | ישראל ולא יפסון ית שמי |
| 2755 | Lv22:15 | ולא יפסון ית קדשיהון | דבני | ישראל ית מה די יפרשון |
| 2756 | Nu 1:01 | תנינא בזמן אפקותהון | דבני | ישראל פריקין מן ארעא |
| 2757 | Nu 1:02 | ריש סכומיהון דכל כנשתא | דבני | ישראל לזרעייתהון |
| 2758 | Nu 1:16 | שבטי אבהתהון רישי אלפי | דבני | ישראל אינון: |
| 2759 | Nu 1:45 | והוון כל סכומיה | דבני | ישראל לבית אבהתהון מן בר |
| 2760 | Nu 1:53 | יהווי רגוז על עם כנישתה | דבני | ישראל ויטרון ליוויי ית |
| 2761 | Nu 2:32M | /משירייתהון | דבני | ישראל לחיילוותהון#2#/ |
| 2762 | Nu 2:32 | אלין סכומיה | דבני | ישראל לבית אבהתהון סכומי |
| 2763 | Nu 3:12 | בוכריה פתחי שירוי וולדה | דבני | ישראל ויהוון לשמי לויי: |
| 2764 | Nu 3:40 | סכום כל בוכרייה דכריה | דבני | ישראל מן בר ירח ולעיל |
| 2765 | Nu 3:41 | אמר ייי חלף כל בוכרה | דבני | ישראל וית בעיר«י»הון |
| 2766 | Nu 3:41 | חלף כל בוכרה דבעיריהון | דבני | ישראל: |
| 2767 | Nu 3:42 | יתה ית כל בכור«י»ה | דבני | ישראל: |
| 2768 | Nu 3:45 | ית ליווי חלף כל בכוריה | דבני | ישראל וית בעיר«י»הון |
| 2769 | Nu 3:46 | על ליויי מן בכוריה | דבני | ישראל: |
| 2770 | Nu 3:50 | מן לוות בכוריה | דבני | ישראל קבל ית כספה אלף |
| 2771 | Nu 5:09 | אפרשו לכל קדש«י»הון | דבני | ישראל די יקרבון לכהנה |
| 2772 | Nu 7:84 | דרבי יתיה מלוות רברבני | דבני | ישראל פילוון דכסף |
| 2773 | Nu 8:09 | זימנא ותכנש ית כל כנשתה | דבני | ישראל: |
| 2774 | Nu 8:17 | ארום לשמי כל בכוריה | דבני | ישראל בבני אנשא ובבעירה |
| 2775 | Nu 8:18 | ית ליווי חלף כל בכוריה | דבני | ישראל: |
| 2776 | Nu 8:19 | ישראל למפלח ית פלחן | דבני | ישראל במשכן זמנה ולמכפירה |
| 2777 | Nu 8:19 | ישראל רגוז בקרבותהון | דבני | ישראל לבית קודשה: |
| 2778 | Nu 8:20 | משה ואהרון וכל כנשתה | דבני | ישראל ללווי כל מה די פקד |
| 2779 | Nu 9:01 | תנינתא בזמן אפקותיהון | דבני | ישראל פריקין מן ארעא |
| 2780 | Nu10:28M | /אליין#2#/ מטלני | בני/דבני#2#/ | ישראל לחילוותהון |
| 2781 | Nu10:36M | רבוותה ואסגי אלפייה | דבני | ישראל |
| 2782 | Nu10:36 | יסגון רבוותה וברך אלפי | דבני | ישראל: |
| 2783 | Nu13:03 | כולהון גברין ראשיהון | דבני | ישראל אינון: |
| 2784 | Nu13:26 | ואהרן ולוות כל כנישתה | דבני | ישראל למדברה דפארן לרקם |
| 2785 | Nu14:05 | על אפיהון קדם כל כנישתה | דבני | ישראל: |
| 2786 | Nu14:07 | ואמר«י»ן לכל כנישתה | דבני | ישראל למימר ארעא די עברנן |
| 2787 | Nu15:25 | ויכפר כהנה על כל כנישתה | דבני | ישראל וישתבק להון ארום |
| 2788 | Nu15:26 | וישתבק לכל כנישתה | דבני | ישראל ולגיוריה דמתגיירין |
| 2789 | Nu15:29M | יציבייה | בבני/דבני#2#/ | ישראל וגיוריה |
| 2790 | Nu15:33 | אהרן ולוות כל כנשתה | דבני | ישראל: |
| 2791 | Nu17:06 | ואתרעמו כל עם כנשתה | דבני | ישראל מן יומא דמן בתרה על |
| 2792 | Nu17:20 | ית תורע«ו»מהון | דבני | ישראל דאינון מתרעמין |
| 2793 | Nu18:08 | אפרשותי לכל קדשיהון | דבני | ישראל לך יהבית לרבו ולבנך |
| 2794 | Nu18:11M | מתנוותהון לכל אפרשו | דבני#2#/ | ישראל לך יהבית \ |
| 2795 | Nu18:24 | ארום ית מעשרין | דבני | ישראל די יפרשון לשמה דייי |
| 2796 | Nu19:09 | באתר דכי ותיהוי לכנישתה | דבני | ישראל למטרה למי אדיא חטאת |
| 2797 | Nu20:29M | אחי עמוד צלותהון | דבני | ישראל דהוית מכפר עליהון |
| 2798 | Nu23:10 | מן ארבעתי טכסי משריתה | דבני | ישראל דאתאמר עליהון יהוון |
| 2799 | Nu25:06 | משה לעיני כל כנשתה | דבני | ישראל ואינון בכיין תרע |
| 2800 | Nu26:51 | אלין סכומיהון | דבני | ישראל אשתין רבוון ואלפא |
| 2801 | Nu30:02 | ומליל משה עם ראשי שבטיה | דבני | ישראל למימר דין פתגמא די |
| 2802 | Nu31:02 | אתנקם נקמתהון | דבני | ישראל מן לוות מדיינייי |
| 2803 | Nu31:12 | כהנה ולוות כנישתה | דבני | ישראל ית שביתה־ וית בזתא |
| 2804 | Nu31:30 | ומן פלגותהון | דבני | ישראל תסב חד תליש מן |
| 2805 | Nu31:42 | ומן פלגותהון | דבני | ישראל די פלג משה מן |

2806 Nu31:47 ונסב משה מן פלגותהון דבני ישראל ית תליש חד מן חמשין
2807 Nu32:07 ולמה כען תתברון ית לבהון דבני ישראל מלמעבר לארעא די יהב
2808 Nu32:09 ית ארעא ותברו ית לבהון דבני ישראל דלא מיעול לארעא די
2809 Nu32:28 וית ראשיה אבהת שבטיה דבני ישראל:
2810 Nu33:01 אלין מטלניהון דבני ישראל די נפקו פריקין מן
2811 Nu33:09 כל קבל שבעתי חכימי דבני ישראל ושרון תמן:
2812 Nu33:38 שנין בזמן אפקותהון דבני ישראל פריקין מן ארעא
2813 Nu35:08 די תתנון מן אחסנותהון דבני ישראל מן לוות שבטה דעמא
2814 Nu36:01 וקדם רברבני ראשי אבהתה דבני ישראל:
2815 Nu36:03 ויהוון לחד מבני שבטיה דבני ישראל לנשים ותתמנע
2816 Nu36:08 דירתה אחסנה מן שיבטהון דבני ישראל לבר מן זרעיית שבט
2817 Nu36:09 באחסנתיה ידבקון שבטיהון דבני ישראל:
2818 Dt 5:07 וחזר ומקף על משירייתהון דבני ישראל וחזר ומתחקק על
2819 Dt32:08 לאומיה למניין שבטייה דבני ישראל:
2820 Dt33:05 ישתמעון לה כל שבטייה דבני ישראל:
2821 Dt33:10 אוריתך לקהל שבטיה דבני ישראל משוין קטרת בוסמנין
2822 Dt33:27 גבורתה מדברין שבטיה דבני ישראל הוא יטרוד
2823 Nu21:24 עד יבקה עד תחומיהון דבני עמון ארום תקיף ^הווה#2^
2824 Gn11:05M /די בנון בניהון דבני#2/:
2825 Nu26:06 {לחצרון} לחצרון זרעייתה דבני דחצרוני לכרמי זרעייתה
2826 Ex 5:19M דבנוי#2^/סרכי־ה^ דבני#2/ דישראל יתהון בביש
2827 Lv 1:10 מן אמריה או מן גדיא דבני עזיה לעלא דכר שלם מן מום
2828 Gn19:38 שמה בר עמי הוא אבוהון דבני עמוניי עד זמן יומא הדין:
2829 Nu21:24 תקיף ^הווה#2^ תחומיהון דבני עמוניי:
2830 Dt 2:19 ארום לא אתן מן ארעהון דבני עמוניי לכון ירתו ארום
2831 Dt 3:11 הלא היא יהיבא ברבת דבני עמוניי תשע אמין ארכה וארבע
2832 Dt 3:16 ועד נחל יבקה תחומיהון דבני עמוניי:
2833 Dt 2:19 ותקרבון סמוך לתחומיהון דבני עמונייה לא תעיקון יתהון
2834 Dt 2:37 להוד לארעהון דבני עמונייה לא קרבנן כל דסמיך
2835 דבני אנש' Nu31:35M ונפש דבר נש/דבני אנש#2/ מן נשייה די לא
2836 דבני אנשא Gn50:19 גלייא מחשבתיהון דבני אנשא:
2837 Gn 6:02 בני דייניא ית בנתהון דבני אנשא ארום שפורין חיזו אנון
2838 Gn 6:05 ייי ארום סגת בישתהון דבני אנשא בארעא וכל יצר מחשבת
2839 Gn 6:04 בני דיניא לות בנתהון דבני אנשא וילידו להון אינון
2840 Gn 8:21 ארום יצר לבהון דבני אנשא לה{ו}ון הגיין ביש מן
2841 Nu23:19 דייי ולא כעובדיהון דבני אנשא עובדוי דייי בני אנשא
2842 דבני נש Nu31:46M ונפש דבר נש/דבני נש#2/ שיתה עשר
2843 דבניא Gn25:22 אן כדין היא צערהון דבניא למה כען לי בנין ואזלת
2844 דבניך Lv10:14 ארום חולקך וחולקהון דבניך אתייהבון מן נכסת קדשיהון
2845 Lv10:13 ארום חולקך וחולקהון דבניך היא מן קרבנוי דייי ארום
2846 דבניכון Ex10:02 בגלל דתתנון במשמעין דבניכון ובני בניכון מה די שנקת
2847 דבנימין Ex17:16 דעתיד למיקם מן שבטא דבנימין הוא יהוי שאול בר קיש
2848 דבנין Gn21:12 ביצחק יתקרי לך זרע דבנין:
2849 Dt28:30M /ישמש עמה בייתין דבנין#2/: ולא תשרון בגוויהון
2850 Lv22:13M ומשבקה ובנין/וזרע דבנין#2/: לית לה ותחזור לביתה
2851 Gn38:08 ויבם יתה ואקים זרע דבנין לשמה דאחוך:
2852 דבנתה Ex21:09 יזמן יתה כסדר דנהון דבנתה יעבד לה:
2853 דבנתהון Ex21:09M יתה כסדר דנהון דבנתה/דבנתהון דישראל#2/: יעבד לה:
2854 דבעיר Lv24:18 ומן די קטל נפש דבעיר ישלם יתה נפש תשלומי נפש:
2855 Lv 5:02 דחוה מסאבה או בנבלה דבעיר מסאב או בנבלה דשרץ מסאב
2856 דבעירא Ex11:05 רחיא וכל בכורא «ד»בעירא:
2857 Ex12:29 וכל בכורא דבעירא:
2858 Gn13:07 והוו דיינין בין רעוי דבעירא דאברם ובין רעוי דבעירה
2859 Ex13:12 דייי וכל פתחי וולדה דבעירא די יהוון לכון דכרייא לשמה
2860 דבעירה Gn13:07 דאברם ובין רעוי דבעירה דלוט רעוי דאברם הוון
2861 Lv11:46 דא גזיר' אוריתה דבעירה ועופה וכל נפש חיתה דרחשא
2862 Nu18:15 בני אנשא וית בכוריה דבעירה מסאבה תפרוק:
2863 דבעירהון Nu 3:41 דליויי חלף כל בוכרה דבעירהון דבני ישראל:
2864 דבעל' Nu 5:20M דומכה בר מן רשותה דבעל'
2865 דבעלה Nu 5:13 דזרע ויתכסי מן עינוי דבעלה ותטמר והיא דאסתאבת וסהד
2866 Nu30:11 ואין בבית דבעלה נדרת או קיימת קיים על
2867 דבעליך Nu 5:20 ארום סטית בר מן רשותה דבעליך וארום אסתאבת ויהב גבר ביך
2868 Nu 5:19 סטית סאבה בר מן רשותה דבעליך תידכי מימיא מריריה
2869 דבעלמי Gn22:10 חמון תרתין יחידיין דבעלמי חד נכס וחד מתנכס דנכס לא
2870 דבעמכון Ex22:27 לא תבזון ורבה דבעמכון לא תלוטון:
2871 דבקורייכון Dt14:29 ואיתמיה וארמלתה דבקורייכון ויאכלון וישבעון מן בגלל
2872 דבקריית' Gn47:21 ועד סייפא ועמא דבקריית' אשרי במדינתא ועמא
2873 דבר נש Nu 5:02 וכל דמסאב בטמא נפש דבר נש:
2874 Lv 7:21M בכל מסאב בסאביתה דבר נש#2/ או בבעיר מסאב או בכל
2875 Nu 9:10 מסאב בטמיה נפש דבר נש או בארח רחיקה לכון או
2876 Nu19:16 דחרב או במית או בגרם דבר נש או בקברה יסתאב שבעה
2877 Nu19:13 די יקרב במית בטמא נפש דבר נש די ימות ולא יתדי עלוי ית
2878 Ex30:32 על בשרא דבר נש הדיוט לא יתמשח ובדמותה לא
2879 Nu 9:06 דהוון מסאבין בטמא נפש דבר נש ולא יכלו למעבד פיסחה
2880 Nu19:11 די קרב במית לכל טמא נפש דבר נש יהוי מסאב שבעה יומין:
2881 Lv 5:03 או ארום יקרב בסאבה דבר נש לכל סאבתיה די יסתאב בה
2882 Nu 9:07 אנן מסאבין בטמא נפש דבר נש למה נתמנע דלא למקרבה ית
2883 Nu31:35 ונפש דבר נש מן נשייה די לא חכמן תשמיש
2884 Lv24:17M יקטול כל נפש דגבר/דבר נש#2/ מתקטלה יתקטל:
2885 Gn 9:06 מן דשפך אדמיה דבר נש על ידי בר נש ישתפך אדמיה
2886 Nu31:46 ונפש דבר נש שיתה עשר עשר אלפין:
2887 Nu31:40 ונפש דבר נש שת עשר אלפין ואפרשותהון
2888 Nu23:19M /כעב"#2/ דבני אנשא/דבר נש#2/ עובדוי/עב"#2/
2889 דבר נשא Gn 9:05 בר נשא ומלוות אחוי דבר נשא אתבע ית נפשה דבר נשה:
2890 Nu 5:06 די יעבדון מן כל חובוי דבר נשא למשקרי שקר בשמה דייי
2891 דבר נשה Gn 9:05 דבר נשא אתבע ית נפשה דבר נשה:
2892 Dt20:19 לא תקצון ארום לא היך דבר נשה אילנה דאפי{לו} ברא
2893 דברא Ex 4:25 טנרא וגזרת ית ערלתא דברא וקרבת לרגלוי דמחבלה ואמרת
2894 דברה Gn16:15 בן וקרא אברם שמה דברה {{ישמעאל}} דילי<ד>ת ליה
2895 Gn27:31 אבא ויאכל מן צידיה דברה מן בגלל תברך נפשך יתי:
2896 Lv20:12 וגבר די ישמש עם אתתה דברה מתקטלה יתקטלון מרחקה עבדו
2897 דברז' Dt20:19M כל מין דפרזל/דפור"#2/דברז'#2/ ארום מניה
2898 דברזל Dt27:05 לא תעברון עליהון מן דברזל:
2899 דברי Gn30:15 בעיא למיסב ית יברוחי דברי ואמרת רחל בגין כדין ישמש
2900 Gn30:16 יתך ב«י»ברוחי דבר{ו}י וישמש עמה בליל' הו«א»:
2901 Gn37:33 וחכם יתה ואמר הדא פרגודא דברי חיוה בישא אכלת יתה קטולין
2902 Gn27:27 יתיה ואמר חמון ריחה דברי כריח קטרת בסמניה טביה
2903 Gn27:25 אקרב לי ואכל מן צידה דברי מן בגלל די תברך יתך נפשי
2904 דבריה Gn 4:17 וקרא שמה דקרתה כשמיה דבריה חנוך:
2905 דבריך Gn30:14 הבי כען לי מן יברוחי דבריך:
2906 Gn30:15 תחות {{ד}}«י»ברוחי דבריך:
2907 Gn37:32 חכם כען אן פרגודה דבריך היא אי לא:
2908 דברך Gn38:25 אכר כען הא היא פרגודא דברך או לא ואנה איתמר לי כען
2909 Lv18:10 ערייתה דברתה דברך או ברת ברתך לא תבזה
2910 Lv18:15 דכלתך לא תבזי אתתה דברך היא לא תבזה עריתה:
2911 Gn 3:10M קל \ממרך שמעת בגנתה /דברך שמעת מטייל בגו גנתה#2/
2912 דברנש Lv 7:21 תקרב בכל סואבה בסאבותא דברנש או בבעיר מסאב או בכל שרץ
2913 דברתה Nu26:46 ושמה דברתה דאשר סרח:

|  |  |  |  |
|---|---|---|---|
| 2914 | | Lv18:11 | ערייתה דברתה דאיתתה דאבוך מה דאוליד |
| 2915 | | Lv18:10 | ערייתה דברתה דברך או ברת ברתך לא תבזה |
| 2916 | | Lv18:17M | וית \ברת ברתה /ברתה דברתה#2#/ לא תסב למגליה עריתהון |
| 2917 | דברתי | Dt22:17 | ואלין אנון סהדוותה דברתי ויפרשון שושיפה קדם חכימי |
| 2918 | דברתיה | Nu34:15 | להון תחומא לקרן זווי דברתיה וכל סרכון בית זימרא |
| 2919 | דבשם | Ex30:23 | חמש מאה סלעין וקנמון דבש«ם» פלגותא מתקל תרתי מאה |
| 2920 | | Ex30:23 | תרתי מאה וחמשין וקנה דבשם תקל תרתי מאה וחמשין: |
| 2921 | דבשמיא | Nu20:21 | דהוון מפקדין מן אבוהון דבשמיא דלא לסדרה לקבליהון סדרי |
| 2922 | דבשמייא | Dt33:24 | בין אחוי לבין אבוהון דבשמייא וארעא תיהווי מש{י}<ח> |
| 2923 | דבשר | Dt21:20M | אכל \בבשרה ושתי בחמר /דבשר ושתי דחמר#2#/: |
| 2924 | דבשרא | Lv13:10 | אתהפכת לשער חוור ורושם דבשרא חי בשומתה: |
| 2925 | דבתולין | Dt17:08M | אדם דקטולין לבין אדם דבתולין בין מכתש |
| 2926 | | Dt17:08 | פתגם בדינה בין אדם דבתול{ו}<י> לאדם דקטולין בין דיני |
| 2927 | דבתיך | Ex 8:17M | ובעמך ובאנשי ביתך/דבתיך#2#/ ית ערברובא/ערובא |
| 2928 | דג' | Lv21:09M | \וברת גבר /וברתה דג'#2#/ כהן ארום טעוה ומפסה ית |
| 2929 | | Dt32:35M | \ואשת' דגהינם/ואשא דג'#2#/ מעתדה/עתידה#2#/ להון |
| 2930 | דגב' | Ex32:16M | /עובד#2#/ דגבורה/אצבע דגב'#2#/ מן קדם ייי אינון |
| 2931 | דגבולא | Gn14:06 | שריין בטורא דגבלא עד דגבולא דפארן דסמיך למדברא: |
| 2932 | דגבורה | Ex 8:15 | חרשייה לפרעה אצבע דגבורה מן קדם ייי היא ואתוקף לבה |
| 2933 | | Ex31:18 | דאבן כתיבין באצבע דגבורה מן קדם ייי: |
| 2934 | | Ex32:16 | ולוחייא עבד דגבורה מן קדם ייי אינון וכתבא |
| 2935 | | Dt 9:10 | אבנייה כתיבין באצבע דגבורה מן קדם ייי ועליהון הוה |
| 2936 | דגביח | Lv21:20M | "גביע ... אשכתיה": דגביח או דנסיס או דחלזונה |
| 2937 | דגבר | Ex12:45M | "תותב ... מנה": תותב דגבר אגירא כד הוא בר עממין לא |
| 2938 | | Gn19:08M | די לא חכימן תשמיש דגבר#2#/ אפיק כען יתהון לוותכון |
| 2939 | | Gn44:01 | דייכלון למטען ושוי כספא דגבר בפום טעוניה: |
| 2940 | | Gn43:21 | ית טעונינן והא כספא דגבר בפם טעונה כספינן במתקליה |
| 2941 | | Lv20:10 | וגבר די ישמש עם אתתה דגבר ודי יגיי«ר» עם אתתיה |
| 2942 | | Ex12:44 | וכל עבד דגבר זבין כספא ותגזרון יתיה |
| 2943 | | Gn42:11 | כלנן בנוי דגבר חד אנן היימינן אנן לא הוון |
| 2944 | | Gn42:13 | עבדך אחין אנן בנוי דגבר חד בארעא דכנען והא זעירא |
| 2945 | | Ex21:35 | וארום יגש תורא דגבר ית תורא דחבריה וימות |
| 2946 | | Lv22:12M | \דכהן ארום תתנסב לגבר /דגבר כהן ארום תיהוי לגב'#2#/ |
| 2947 | | Lv22:13M | וברתה דכהן/דגבר כהן#2#/ ארום תיהווי |
| 2948 | | Gn38:02 | וחמה תמן יהודה ברתה דגבר כנענ{ע}אי ושמיה שוע ונסב |
| 2949 | | Lv24:10 | דאתה ישראליתה והוא ברה דגבר מצריי בגו בני ישראל |
| 2950 | | Lv 7:08 | וכהנא דיתקרב' ית עלתה דגבר משכה דעלתה די יקרב לכהנא |
| 2951 | | Lv24:17 | וגבר ארום יקטול כל נפש דגבר מתקטלה יתקטל: |
| 2952 | | Dt22:05 | לא יהווי מני זיינה דגבר על אתה ולא ילבש גבר לבוש |
| 2953 | דגברא | Dt33:16 | דיוסף ולגו קודקדה דגברא ^יוסף#2#^ דה{א}<ו>א מלך |
| 2954 | | Ex22:06 | יתהון ויגנבון מן ביתא דגברא אין ישתכח גברא גנבא ישלם |
| 2955 | | Gn20:07 | וכדון חזור אתתיה דגברא ארום נביא הוא ויצלי עליך |
| 2956 | | Nu25:14 | ושמה דגברא בר ישראל קטילה מה די |
| 2957 | | Gn44:26 | יכלין למיחמי סבר אפוי דגברא ואחונן זעירא לית הוא עמן: |
| 2958 | | Dt27:17 | גברה די יארע תחומה דגברא ויאמרון כל עמא אמן: |
| 2959 | | Gn49:26 | ריש יוסף ולגו קדקדא דגברא חסידא דרב ושליט על ארעא |
| 2960 | | Lv22:27 | בגין למדכרא זכותא דגברא יחידה דאתעקד על חד מן |
| 2961 | | Gn36:39 | דאתתה מהיטבאל ברתיה דגברא סרד«א» דהווה לעי במטרדה |
| 2962 | | Lv22:27 | בגין למדכרה זכותי' דגברא תמימא דלבש בגו{י} ידוי |
| 2963 | | Dt 2:20M | ארע דגיברין/דגברא#2#/ תתחשב לחוד |
| 2964 | דגברה | Lv22:27 | למדכרה קדמיי זכותיה דגברה מדנחייה דבסיבותיה אתברך |
| 2965 | דגבריה | Nu22:30 | יתהון ודי טלמת באפיהון דגבריה האליין לית הדא אתנתה דידי |
| 2966 | דגבריי' | Nu16:26M | גברייה /משכניהון דגבריי'#2#/ חייבייה האליין ולא |
| 2967 | דגברין | Ex32:28 | ההוא כתלתא אלפין דגברין: |
| 2968 | | Nu32:14 | חלף אבהתכון תרבו דגברין חייבין למוספה תוב על תקוף |
| 2969 | | Gn32:07 | אתא לקדמותך וארבע מאה דגברין פולמרכין עמה: |
| 2970 | | Ex12:37 | סכותה כשתין רבבוון דגברין רגליין לבר מן טפליא: |
| 2971 | דגדייא | Gn27:16 | וית משכא דגדייא בני עיזייא אלבשת על ידוי |
| 2972 | דגדיין | Lv22:27 | דלבש בגו{י} ידוי משכין דגדיין בני עזין ותבשילין עבד |
| 2973 | | Lv22:27M | דתמימה דלבש משכין דגדיין ועבד תבשילין ואייתי |
| 2974 | דגהינם | Dt32:35 | תברהון דרשיעיה ואשת' דגהינם מעתדה להון ומזרז ומייתי |
| 2975 | דגובא | Ex21:34 | מרא דגובא ישלם כסף יחזר למרוי והדא |
| 2976 | דגובריא | Gn14:24 | דאכלו טליא וחלקיהון דגובריא די אזלו עמי ענר ושכל |
| 2977 | דגוברייא | Nu16:14M | העיניהון דגוברייא האינון אין את מנקר לית |
| 2978 | | Gn44:01 | למימר מלי ית טעוניהון דגוברייא מזון היך מה דייכלון |
| 2979 | דגובריה | Gn23:02M | \דארבעתי אבהתא היא /דגובריה היא#2#/ חברון בארעא |
| 2980 | דגוברין | Gn33:01 | את' ועמה ארבע מאה דגוברין רגלין ופלג ית טליא על |
| 2981 | דגיבריא | Gn35:27 | אבוי ממרא קרתהון דגיבריא היא חברון דאתותב תמן |
| 2982 | דגיברייה | Dt 3:13 | ההוא יתקרי ארעהון דג{ו}<י>ברייה: |
| 2983 | דגיברין | Dt 2:20 | ארע דגיברין תתחשב לחוד היא גיברין |
| 2984 | דגיהינם | Dt30:15M | בה רשיעיה וית בישותה דגיהינם |
| 2985 | דגיורא | Ex23:09M | חכמתון מרירות נפשא דגיורא |
| 2986 | | Ex23:09M | /ואתון חכמתון נפשי דגיורא#2#/ ארום גיורין הויתון |
| 2987 | | Ex23:09 | ארום אתון ידעתון נפשא דגיורא ארום גיורין הויתון בארעא |
| 2988 | דגיורה | Dt27:19 | גברה די יסטי דינה דגיורה דיתמה וארמלתה ויאמרון כל |
| 2989 | דגיורייה | Dt24:17 | לא תסטי דיניה דגיורייה ויתמייה ולא תמשכון לבושה |
| 2990 | דגיורין | Lv25:23 | ארום דידי ארעא ארום דגיורין ותותבין אתון קדמי: |
| 2991 | דגייורא | Dt27:19M | כל /דמסט' סדר דיניה דגייורא ודיתמה ודארמלתה ויענון |
| 2992 | דגינתא | Gn27:27M | "כריח קטורת ...": כריחה דגינתא די נציבא בחקלא דעדן |
| 2993 | דגמי | Ex 2:03 | יתיה ונסבת ליה תיבו דגמי ושעיית יתיה בחימרא ובזיפתא |
| 2994 | דגמלא | Gn31:34 | ושוית יתהון בעביטא דגמלא ויתבת עליהון ופשפש לבן |
| 2995 | דגמלין | Gn24:32M | "גמליא": זממין דגמלין דהוון זמימי באורח דלא |
| 2996 | דדא | Gn29:28M | שבע יומי משתיא דדא |
| 2997 | דדאב | Nu 5:02M | כל דמצרע וכל דדיב/דדאב#2#/ וכל דמסאב בטמא |
| 2998 | דדבירה | Nu 7:89M | ית \קל דבירה /קלה דדבירה#2#/ ממלל עמיה מעלוי כפורת |
| 2999 | דדבית | Nu23:07 | אתא לוט לי ^דדבית#2#^ יעקב ואתא זעיר לי דבית |
| 3000 | | Nu24:05 | עתיד מייתיה עליכון דדבית יעקב בזכות |
| 3001 | | Nu24:05 | זימנא דשרי ביניכון דדבית יעקב ומשכניהון די |
| 3002 | דדברייתה | Dt 1:44 | דרדפן א{ז}<ו>רעייתא דדברייתה וכתיתו יתכון בגבלה עד |
| 3003 | דדה' | Nu 7:44M | עשרה סלעין די הוות דדה' |
| 3004 | | Nu 7:62M | עשרה סלעין די הוות דדה' |
| 3005 | דדהב | Ex11:02 | חברתה מנין דכסף ומנין דדהב: |
| 3006 | | Nu 7:80M | עשרה סלעין די הוות דדהב |
| 3007 | | Ex26:29M | וית עזקיהון תעבד דהב/דדהב#2#/ אתרין לנגריה |
| 3008 | | Ex28:33 | שפולוי מן חזור וזוגין דדהב ביניהון מן חזור חזור: |
| 3009 | | Ex28:33M | /חזור ומקף וזגונין דדהב בניהון חזר ומקף#2#/: |
| 3010 | | Ex25:17 | ותעבד כפרתה דדהב דכי תרתין אמין ופלג ארכה |
| 3011 | | Ex28:14 | ותרתין שישלן דדהב דכי מתחמן תעבד יתהון עובד |
| 3012 | | Ex36:13 | ועבד חמשין פורפין דדהב ודבק ית יריעתה חדא לקבל |
| 3013 | | Ex37:13 | ואתך ליה ארבעה עזקין דדהב ויהב ית עזקיה על ארבעתי |
| 3014 | | Ex39:16 | דדהב ותרתין עזקין דדהב ויהבו ית תרין עזקין על |
| 3015 | | Gn24:53 | עבד' מנין דכסף ומנין דדהב ולבושין ויהב לרבקה ודורון |
| 3016 | | Ex 3:22 | ביתה מנין דכסף ומנין דדהב ולבושין ותשוון על בניכון |
| 3017 | | Ex12:35 | מצריי מנין דכסף ומנין דדהב ולבושין: |
| 3018 | | Ex28:34 | זוגין דדהב ורמון זוגין דדהב ורמון על |
| 3019 | | Ex28:34 | זוגין דדהב ורמון זוגין דדהב ורמון על שיפולוי דמעילה |
| 3020 | | Ex39:19 | ועבדו תרתין עזקין דדהב ושוון על תרין סטרוי דחושנה |
| 3021 | | Ex39:20 | ועבדו תרתין עזקין דדהב ושוון יתהון על תרתין |

|  |  |  |  |  |  |
|---|---|---|---|---|---|
| 3022 | | Ex26:06 | ותעבד חמשין פורפין | דדהב | ותדב«ק» ית יריעתה חדה |
| 3023 | | Ex39:16 | ועבדו תרתי: <מאחדן> | דדהב | ותרתין עזקין דדהב ויהבו ית |
| 3024 | | Ex28:26 | ותעבד תרתין עזקין | דדהב | ותשוי יתהון על תרין סיטרוי |
| 3025 | | Ex25:12 | ותתך ליה ארבע עזקין | דדהב | ותתן על ארבעתי זוויתא |
| 3026 | | Ex25:26 | ותעבד ליה ארבע עזקין | דדהב | ותתן ית עזקייא על ארבעתי |
| 3027 | | Ex28:23 | על חושנה תרתין עזקין | דדהב | ותתן ית תרתין עזקיא על |
| 3028 | | Ex28:27 | ותעבד תרתין עזקין | דדהב | ותתן יתהון על תרתין כתפתה |
| 3029 | | Ex30:03 | קרנתיה ותעבד ליה כליל | דדהב | חזור ומקף: |
| 3030 | | Ex25:11 | יתיה ותעבד ליה כליל | דדהב | חזר ומקף: |
| 3031 | | Ex25:24 | דהב דכי ותעביד ליה כליל | דדהב | חזר ומק«ף»: |
| 3032 | | Ex37:02 | ומן לבר ועבד לה כליל | דדהב | חזר ומקף: |
| 3033 | | Ex37:11 | ומן לבר} ועבד ליה כליל | דדהב | חזר ומקף: |
| 3034 | | Ex37:26 | ועבד ליה כליל | דדהב | חזר ומקף: |
| 3035 | | Gn24:22 | למשתי ונסב גברא קודש | דדהב | טבע מתקלה ותרין שרין |
| 3036 | | Dt29:16M | דאבן טעוון דכסף טעוון | דדהב | טעוותה דקיסה ודאבנה הוון |
| 3037 | | Dt23:20M | /וזפ{י}<ו> דכסף וזפו | דדהב | {י}<ו>זפו כל פתגם די |
| 3038 | | Ex20:23 | קדמיי טעון דכסף וטעוון | דדהב | לא תעבדון לכון: |
| 3039 | | Ex25:25 | פשך חזר ומקף ותעבד כליל | דדהב | לג{ו}פ<ו>פיה חזר ומקף: |
| 3040 | | Ex35:22 | וכל גבר די אניף אנפו{י} | דדהב | לשמה דייי: |
| 3041 | | Nu 7:20M | מתקלה עשרה | דדהב | מלייה קטרתה |
| 3042 | | Nu 7:26M | <מתקלה> עשרה | דדהב | מלייה קטורה |
| 3043 | | Nu 7:38M | <מתקליה> עשרה | דדהב | מלייה קטרה |
| 3044 | | Nu 7:44M | <מתק>לה עשרה | דדהב | מלייה קטרה |
| 3045 | | Nu 7:56M | לקטרתה /מתקלה עשרה | דדהב | מלייה קטרה#2#/: |
| 3046 | | Nu 7:62M | מתקלה עשרה | דדהב | מלייה קטרה |
| 3047 | | Nu 7:68M | מתקלה עשרה | דדהב | מלייה קטרה |
| 3048 | | Nu 7:74M | עשרה סלעין | דדהב | מלייה קטורה |
| 3049 | | Nu 7:80M | ראשי קטרת /מתקלה עשרה | דדהב | מלייה קטרה#2#/ בוסמנין |
| 3050 | | Gn24:22 | שרין על ידה מן עשרה | דדהב | מתקלהון: |
| 3051 | | Ex25:18 | ותעבד תרין כרובין | דדהב | נגידין תעביד יתהון מן תרין |
| 3052 | | Ex37:07 | ועבד תרתין כרובין | דדהב | נגידין עבד יתהון מן תרין |
| 3053 | | Ex37:27 | ותרתין עזקין | דדהב | עבד ליה מן תחות לכלילה על |
| 3054 | | Ex37:03 | ואתך לה ארבע עזקין | דדהב | על ארבעתי זויתיה ותרתין |
| 3055 | | Nu 7:14 | הוות עבידה והיא הוות | דדהב | קרב יתה מלייה ראשי קטרת |
| 3056 | | Nu 7:14M | /עשרה סלעין דיהוות | דדהב#2#/ | קרב יתה מלייה ראשי קטרת |
| 3057 | | Nu 7:20 | הוות עבידה והיא הוות | דדהב | קרב יתה מלייה ראשי קטרת |
| 3058 | | Nu 7:26 | הוות עבידה והיא הוות | דדהב | קרב יתה מלייה ראשי בוסמנין |
| 3059 | | Nu 7:32 | הוות עבידה והיא הוות | דדהב | קרב יתה מלייה ראשי קטרת |
| 3060 | | Nu 7:38 | הוות עבידה והיא הוות | דדהב | קרב יתה מלייה ראשי |
| 3061 | | Nu 7:44 | הוות עבידה והיא הוות | דדהב | קרב יתה מלייה רישי קטרת |
| 3062 | | Nu 7:50 | הוות עבידה והיא הוות | דדהב | קרב יתה מלייה ראשי קטרת |
| 3063 | | Nu 7:50M | /עשרה סלעין די הוות | דדהב#2#/ | קרב יתה מלייה ראשי |
| 3064 | | Nu 7:56 | הוות עבידה והיא הוות | דדהב | קרב יתה מלייה ראשי קטרת |
| 3065 | | Nu 7:62 | הוות עבידה והיא הוות | דדהב | קרב יתה מלייה ראשי קטרת |
| 3066 | | Nu 7:68 | הוות עבידה והיא הוות | דדהב | קרב יתה מלייה ראשי קטרת |
| 3067 | | Nu 7:68M | /עשרה סלעין די הוות | דדהב#2#/ | קרב יתה מלייה ראשי קטרת |
| 3068 | | Nu 7:74 | הוות עבידה והיא הות | דדהב | קרב יתה מלייה ראשי קטרת |
| 3069 | | Nu 7:80 | הוות עבידה והיא הוות | דדהב | קרב יתה מלייה ראשי קטרת |
| 3070 | | Ex30:04 | ותרתין עזקין | דדהב | תעבד ליה מן תחות לכלילה על |
| 3071 | | Nu 7:86 | בזיכין | דדהב | תרתין עשרי מליין קטרה מן |
| 3072 | דדהב׳ | Nu31:50M | מפרקין מנהון קירויה | דדהב׳ | <...> וקדשיה <...> ועזקיה |
| 3073 | דדהבא | Gn49:02 | ופיקו דרגשא | דדהבא | דאבונן יעקב רביע בגוויה |
| 3074 | | Gn49:01 | ומקפן לדרגש«ה» | דדהבא | דהוה אבונן יעקב רביע |
| 3075 | | Ex32:25 | אינון ארום פרעו כלילא | דדהבא | דהוה ברישיהון דהוה שמה |
| 3076 | | Ex32:02 | להון אהרן פכרו קדשייא | דדהבא | די באדני נשיכון בניכון |
| 3077 | | Ex32:03 | ופרקו כל עמא ית קדשיא | דדהבא | «די» באדניהון ואייתון |
| 3078 | | Ex39:38 | וית מדבחה | דדהבא | וית משחה דרב{י}<ו>תה וית |
| 3079 | | Ex39:03 | ורדידו ית טסי | דדהבא | וקטעו יתהון שיזרין למעבד |
| 3080 | | Ex37:12 | פשך חזר מקף ועבד כליל | דדהבא | לגפופא חזר ומקף: |
| 3081 | | Ex40:05 | ותתן ית מדבחא | דדהבא | לקטרה קדם ארונה דסהדותה |
| 3082 | | Gn41:42 | דבוץ ושוי מניכא | דדהבא | על צואריה: |
| 3083 | | Ex28:24 | ותתן ית תרתין קליעתה | דדהבא | על תרתין עזקיא לגו סיטרוי |
| 3084 | | Ex39:17 | ויהבו תרתין קליעתה | דדהבא | על תרתין עזקיה על סיטרוי |
| 3085 | דדהבה | Ex40:26 | ושווי ית מדבחה | דדהבה | במשכן זימנא קדם פרוכתה: |
| 3086 | | Ex39:19M | "עזקין ... על": ע<ז>קייה | דדהבה | ויהבו על |
| 3087 | | Ex39:16M | דדהב /משקעתה | דדהבה#2#/ | ותרתין עזקין/עזקיה#2#/ |
| 3088 | | Nu 4:11 | ועל מדבחה | דדהבה | יפרשון לבוש {ח}<ד>תכלה |
| 3089 | | Lv 8:09 | כל קבל אפוהי ית ציצה | דדהבה | כליל בית קדשה היך מה די |
| 3090 | | Nu31:50 | שרין קריה כליליה | דדהבה | מן ראשיהון קדישין מן |
| 3091 | | Ex39:17M | תרתין קליעתה | דדהבא/דדהבה#2#/ | על תרתין עזקיה על |
| 3092 | | Dt 6:04 | חזור חזור לדרגשיה | דדהבה | עני אבונן יעקב ואמר להון |
| 3093 | דדוב | Lv15:07M | בבשרה | דדיבה/דדוב#2#/ | יחוור לבושוי ויסחי |
| 3094 | דדוכרין | Ex39:07 | על כתפתה דאפודה אבנין | דדוכרין | לבני ישראל היך מה די |
| 3095 | דדוכרן | Ex28:12 | על כתפתה דאפודה אבנין | דדוכרן | טב לבני ישראל ויקבל |
| 3096 | | Ex39:07M | אפו#2#/ אבנין | דדוכרין/<ד>דוכרן | טב{ן}#2#/ לבני |
| 3097 | | Ex28:12 | כתפתה {דאפודה אבנין | דדוכרן} | לדכרן טב: |
| 3098 | דדחלה | Dt20:08M | מן גברא | דדחלה | ותביר ליבה מן חובה די |
| 3099 | דדיב | Nu 5:02 | מן משריתה כל דמצרע וכל | דדיב | וכל דמסאב בטמא נפש דבר נש: |
| 3100 | דדיבה | Lv15:07 | ומן די יקרב בבשרה | דדיבה | יחוור לבושוי ויסחי במיא |
| 3101 | דדייניא | Gn38:25 | ויהבת יתהון בידוי | דדיינ«י»א | ואמרת ליה גברא דאילין |
| 3102 | דדיכרא | Ex29:15 | ית ידיהון על ראשה | דדיכרא: | |
| 3103 | דדין | Dt17:08M | "בדינה ... מכתש": לסדר | דדין | בין אדם דקטולין לבין אדם |
| 3104 | | Dt25:11 | למשיזבה ית בעלה מן ידוי | דדין | דמחי יתה ותפשוט ידה ותתוקף |
| 3105 | | Ex 4:25M | על חובוי \דחתניה הדין | /דדין | חתנה#2#/: |
| 3106 | דדינא | Ex28:15 | ותעבד חושנא | דדינא | עובד אומן כעבדה דאפדה |
| 3107 | דדינה | Dt17:09M | ית \עסק דינה /עסקא | דדינה#2#/: | |
| 3108 | | Ex28:30 | ותתן לחושנא | דדינה | ית אוריה וית תומי׳ ויהוון |
| 3109 | | Ex28:29 | בני ישראל בחושנה | דדינה | על לביה במיעליה לגו בית |
| 3110 | דדכיה | Gn 7:08 | מן בעירא | דדכיה | ומן בעירה דלית היא דכיה |
| 3111 | דדכר | Ex29:19M | על \ריש תורא /רישא | דדכר#2#/: | |
| 3112 | | Dt 4:16M | כל מן דעם דמ{ן}<ו> | דדכר | או דנקבה |
| 3113 | | Lv27:03M | ויהוי עלויה | דדכרה/<דד>כר#2#/ | מן בר עשרין ועד בר |
| 3114 | | Lv27:05M | ויהוי עלויה | דדיכרה/דדכר#2#/ | עשרין סלעין ולנקבתה |
| 3115 | דדכרא | Ex29:32 | אהרן ובנוי ית בשרא | דדכרא | וית לחמה די בסלא בתרע |
| 3116 | דדכרה | Lv 8:22 | ובנוי ית ידיהון על ריש | דדכרה: | |
| 3117 | | Nu 5:15 | מנחתה דקנאה היא מנחה | דדכרה | מדכרה חובין: |
| 3118 | | Lv27:03 | ויהוי עלויה | דדכרה | מן בר עשרין ועד בר שתין |
| 3119 | דדכרונה | Nu 5:18 | על כף ידה ית מנחתה | דדכרונה | מנחת דקנאותה היא ובידוי |
| 3120 | דדכרי | Ex39:34 | וית חפיי משכיה | דדכרי | מסמקיה וית חפיי משכי |
| 3121 | דדכרין | Ex25:05 | ומשכן | דדכרין | מסמקין ומשכין דססגונין |
| 3122 | | Ex26:14 | ותעבד חפוי למשכנא משכין | דדכרין | מסמקין וחפוי משכין |
| 3123 | | Ex35:07 | ומשכין | דדכרין | מסמקין ומשכין דססגונין |
| 3124 | | Ex35:23 | ובוץ שזיר ומעזי ומשכין | דדכרין | מסמקין ומשכין דססגונין |
| 3125 | | Ex36:19 | ועבד חפי למשכנא משכין | דדכרין | מסמקין וחפיי משך דססגונין |
| 3126 | | Ex39:34M | משכי דססגונה /<מ>שכין | דדכרין | סמקין וית חפיי <מ>שכין |
| 3127 | דדמא | Ex24:06 | ונסב משה פלגא | דדמא | ושוי בספלא ופלגא דדמ«א» |
| 3128 | | Ex24:06 | דדמא ושוי בספלא ופלגא | דדמ«א» | זרק על גבי מדבחא: |
| 3129 | דדן | Lv27:24M | /יח׳#2#/ חקלה | למן/דדן#2#/ | דזבן יתיה מן לוותה |

|  |  |  |  |
|---|---|---|---|
| 3130 | דדקנה | Lv13:30 | נתקה הוא צרעתה ראשה או דדקנה הוא: |
| 3131 | דדר' | Ex38:17M | כסף כל עמודה דדר#2/: |
| 3132 | | Gn 6:03 | מחתם הוא קדמוי סדר דינא דדר' דמבולא למובדה ולמישיציה |
| 3133 | | Ex38:18M | /וחפוי#2/ תרע דרתה/דדר#2/ עובד ציור/גרדיי#2/: |
| 3134 | דדרה | Gn 6:03M | דמבולא מיחתם הוא דינה דדרה דמבולא למבד ולמשתציה מחה |
| 3135 | | Nu12:01 | טבי«י»ה מן כל נשייה דדרה ההוא: |
| 3136 | דדרומיא | Ex27:09 | ית דרת משכנא לסטרא דדרומיא מדרומיא ווילון לדרתא בוץ |
| 3137 | דדרי | Gn 4:20 | עדה ית יבל הוא אבוהון דדרי משכנא וקניין בעיר: |
| 3138 | דדריה | Gn 6:03 | למקום כסדר דינא דדריה דמבולא הלא מחתם הוא קדמוי |
| 3139 | | Gn 6:03M | "... יעבדון": בתר דינה דדריה דמבולא מיחתם הוא דינה |
| 3140 | דדרין | Ex20:06 | אנה חסד וטיבו לאלפין דדרין לרחמוי צדיקיא ולנטורי |
| 3141 | | Dt 5:10 | ונטר חסד וטבו לאלפין ד{ר}ד<רין לרחמיי צדיקיה ולנטרי |
| 3142 | | Ex34:07M | חסד וטיבו לאלפין דרין/דדרין#2/ שרי ושביק לחובין |
| 3143 | דדרתא | Ex27:12 | ופותיא דדרת«א» לסיטרה מערביה ווילון |
| 3144 | דדרתה | Ex35:18 | ית סכוי דמשכנא וית סכוי דדרתה וית מתחיהון: |
| 3145 | | Ex27:17 | כל עמודוי דדרתה חזור חזור מכובשין כסף |
| 3146 | | Ex27:18 | ארכה דדרתה מאה אמין באמתה ופתיה |
| 3147 | | Nu 3:37 | ועמודוי דדרתה מן חזור חזור וחמריהון |
| 3148 | | Nu 4:32 | ועמודיה דדרתה מן חזור חזור וחומריהון |
| 3149 | | Ex27:19 | פלחנא וכל סכוי וכל סכי דדרתה נחש: |
| 3150 | דהא | Lv22:27M | מלאכין וזכה למתבשרה דהא שרה ילדת ליצחק אמרה |
| 3151 | | Dt 3:16M | קרתא דהא מתבנייה בימצע נחלא והוא |
| 3152 | דהדין | Nu12:01M | דכושיה שני בגופה /דהדין כושייה משני בשרה#2/ מן |
| 3153 | דזה' | Nu 4:08M | עליהון לבוש דצבע זהור/דזה#2/ סבה ויכסון יתיה |
| 3154 | דזהורי | Ex26:36 | משכנה תכלה וארגון וצבע דזהורי סבא ובוץ שזיר עובד ציור: |
| 3155 | | Ex27:16 | אמין תכלא וארגון וצבע דזהורי סבא ובוץ שזיר עובד צייר |
| 3156 | | Ex28:15 | דהב תכלה וארגון וצבע דזהורי סבא ובוץ שזיר תעבד יתיה: |
| 3157 | | Ex28:33 | תכלה וארגון וצבע דזהורי סבא על שפולוי מן חזור |
| 3158 | | Ex39:02 | דהב תכלה וארגון וצבע דזהורי סבא ובוץ שזיר: |
| 3159 | | Ex39:29 | שזיר תכלה וארגון וצבע דזהורי סבא עובד צייר היך מה די |
| 3160 | | Lv14:49 | צפרין וקיס דארז וצבע דזהורי סבה ואזובה: |
| 3161 | | Ex39:05 | דהב תכלה וארגון וצבע דזהורי סב{ת}א ובוץ שזיר היך מה |
| 3162 | דזהוריתה | Ex39:01 | תכלתה וארגוונה וצבע דזהוריתה סבתה עבדו ית לבושי שמוש |
| 3163 | דזי' | Gn 8:11 | לעדוני רמשא והא עלה דזי' קטים בפומה וידע נח ארום |
| 3164 | דזיהורי | Ex26:01M | וארגון וצבע זהור/דזיהורי#2/ סבא ציורין עבד |
| 3165 | | Ex36:08 | תכלה וארגון וצבע דזיהורי סבא צייורין עובד אומן |
| 3166 | | Ex36:35 | תכלה וארגון וצבע דזיהורי סבא ובוץ שזיר עובד אומן |
| 3167 | | Ex36:37 | תכלה וארגון וצבע דזיהורי סבא ובוץ שזיר עבד צייר: |
| 3168 | | Ex39:08 | דהב תכלה וארגון וצבע דזיהורי סבא {ובוץ} זרת ובוץ |
| 3169 | | Lv14:04 | דכיין וקייס דארז וצבע דזיהורי סבא ואזוב: |
| 3170 | | Ex38:18 | ותכל«ה» וארגון וצבע דזיהורי סבה ובוץ שזיר ועשרין |
| 3171 | | Ex39:24 | תכלה וארגון וצבע דזיהורי סבה בוץ שזיר: |
| 3172 | דזייתיכון | Dt28:40 | ארום ייתר נצייה דזייתיכון: |
| 3173 | דזית | Ex27:20 | וייתון לוותך משח דזית זכיך כתיש לאנהרותה למסדרה |
| 3174 | | Lv24:02 | וייתון לוותך משח דזית זכיך כתיש לאנהרותא למסדרה |
| 3175 | | Gn 8:11M | דזי' קטים בפומה /טרף דזית לקיט בפי#2/ /דאייתייאת |
| 3176 | | Ex30:24 | בסלעי בית קודשא ומשח דזית מלא ה«י»נה: |
| 3177 | דזכאי | Ex23:08M | ומערבב ומקלקל מיליה' דזכאי בשעת דיניהון#2/: |
| 3178 | | Dt16:19M | ומערבב ומקלקל מליהון דזכאי בשעת דינהון |
| 3179 | דזכייא | Gn18:25 | עם חייבא ויהוי דינא דזכייא כדינא דחייבא מחוס |
| 3180 | דזכרנה | Nu 5:15M | מנחה \דדכרה מדכרה /דזכרנה דמ'#2/ חובין: |
| 3181 | דזמנה | Nu 2:02M | זימנא ישרון /למשכנה דזמנה יחזור#2/: |
| 3182 | דזמנין | Dt 1:11 | עליכון כוותכון אלף דזמנין ויברך יתכון היך מה דמלל |
| 3183 | דזנו | Lv19:29 | ארעה ותתמלי ארעא בנין דזנו: |

|  |  |  |  |
|---|---|---|---|
| 3184 | | Gn38:25 | כלתי לית היא מעברא בנין דזנו בר{ם}<ת> קלא מן שמיא נפקת |
| 3185 | | Gn38:24 | ולחוד הא היא מעברה בגין דזנו ואמר יהודה אפיקו יתה |
| 3186 | | Dt23:19 | לא תיעלון אגר דזנו ופרוק כלב לבית מוקדשה דייי |
| 3187 | דזני | Dt23:19M | "דזנו ופרוק": דזני ופירוג {ס}<ד>ך<לב> |
| 3188 | דזעירא | Gn44:02 | דכספא תשוי בפום טעוניה דזעירא וית כסף זבנה ועבד כמלתיה |
| 3189 | | Dt 1:17M | כדינה דרבא כדינא דזעירא תה' |
| 3190 | דזעירה | Dt 1:17 | תסבון אפין בדינה כמלוי דזעירה וכמילוי דרבה תהוון שמעין |
| 3191 | דזעירתא | Gn29:16 | דרבתא לאה ושמה דזעירתא רחל: |
| 3192 | דזרע | Lv22:04 | די תפוק מנה תשמי{ע}<ש> דזרע: |
| 3193 | | Lv19:20 | ישמש עם אתה תשמי' דזרע והיא אמתה משעבדה לגבר |
| 3194 | | Lv15:17 | דמשך די יהוו עלוי תשמיש דזרע ויחוור במיא ויסתאב עד |
| 3195 | | Lv15:16 | ארום יפוק מיניה תשמיש דזרע ויסחי במיא ית כל בשריה |
| 3196 | | Lv15:18 | די ישמש גבר עמה תשמיש דזרע וישזגון במיא ויסתאבון עד |
| 3197 | | Nu 5:13 | וישמש גבר עמה תשמיש דזרע ויתכסי מן עינוי דבעלה |
| 3198 | | Lv15:32 | מה די תפוק מיניה תשמיש דזרע למסתאבה בה: |
| 3199 | | Lv18:20M | מדמ{ת}<כ>ך לתשמיש דזרע#2/ למסתאבה בה: |
| 3200 | | Nu31:17M | דכורא קטלו /גבר תשמיש דזרע קס'#2/: |
| 3201 | דזרעא | Dt22:09 | כלאים דלא תאבדון מליתה דזרעא די תזרעון ועללתה דכרמא: |
| 3202 | דזרעיית | Nu 3:35M | ורב בית אבה זרעייתה/<דזרע>יית#2/ דבנוי דמררי |
| 3203 | דזרעייתה | Nu26:05 | בנוי דראובן חנוך דזרעיית{י}ה דבנוי דחנכי לפלוא |
| 3204 | דח' | Nu 7:72M | ביומא חד עשרה דח' |
| 3205 | דחב' | Dt 5:21M | תחמד חד מנכון אתתא דחב' |
| 3206 | דחביב | Dt13:07 | חובך או חברך רחמך דחביב עליך כנפשך בטומרה למימר |
| 3207 | דחביבה | Lv25:49M | חביבה או בריה דחביבה יפרוק יתיה או מן |
| 3208 | דחביבתה | Lv20:20 | ישמש עם חביבתה ערייתה דחביבתה בזי חוביהון יקבלון דלא |
| 3209 | דחבישוי | Gn39:20 | בבית חבושי' באתרא דחבישוי דמלכא חבושין והוה תמן |
| 3210 | דחבלא | Gn22:10 | קרבנך מנך ונדחי לגובה דחבלא בעלמא דאתי עיינוי דאברהם |
| 3211 | דחבר' | Lv19:18 | ית חברך ולא תמנע זכותה דחבר' כד תדע בה דאית לה זכו |
| 3212 | דחברה | Dt22:24 | על עסק די צער ית אתתה דחברה ותבערון עבדי בישתה |
| 3213 | דחבריה | Gn11:07 | דלא ישמעון גבר לשנה דחבריה: |
| 3214 | | Ex22:07 | לא שלח ידי' במקמתא דחבריה: |
| 3215 | | Lv20:10 | ודי יגיי«ר» עם אתתיה דחבריה אתקטלה יתקטל גיורה |
| 3216 | | Ex21:35 | יגש תורא דגבר ית תורא דחבריה וימות ויזבנון ית תורא |
| 3217 | | Ex22:10 | אין לא פשט ידיה במקמתא דחבריה ויקבל מריה ולא ישלם: |
| 3218 | | Ex20:17 | יתחמד גבר מנכון ביתא דחבריה ולא אתתיה דחבריה ולא |
| 3219 | | Ex20:17 | ביתא דחבריה ולא אתתיה דחבריה ולא עבדיה ולא אמהתי ולא |
| 3220 | | Dt 5:21 | אנש מנכון ית אתתה דחבריה ולא יתחמד בייתיה דחבריה |
| 3221 | | Dt 5:21 | ולא יתחמד בייתיה דחבריה לא חקלה ולא עבדה ולא |
| 3222 | דחברך | Dt23:26 | דחצד לא תעבר על קיימתה דחברך: |
| 3223 | | Lv19:16M | ולא תשתוק אדמה דחברך בזמן דאת ידע בה קשיט |
| 3224 | | Lv19:16 | לא תיקום על אדם קטולוי דחברך בזמנה דאת ידע ליה זכו |
| 3225 | | Lv19:18 | ולא תתחשד בחובת אדמה דחברך ולא תהוון נוקמנין ולא |
| 3226 | | Dt23:25M | "בכרמיה ... לתתן": בכרמה דחברך ותאכול ענבין מה דנפשך |
| 3227 | | Dt23:25 | כאריס בכרמי«י»ה דחברך ותאכל ענבים דצורכה ותשבע |
| 3228 | | Dt23:26 | {ב}<כ>אריס בקיימתיה דחברך ותקטוף פירוכין בידיך ומגל |
| 3229 | | Lv18:20 | ולוות אתתה דחברך לא תתן שמושך לזרע למסתאבה |
| 3230 | | Dt19:14 | לא תֿארע תחומא דחברך מה דאתקינו קדמייה |
| 3231 | | Ex22:25 | אין ממשכנה תמשכן לבושא דחברך עד מטמע שמשא תחזר יתי' |
| 3232 | דחגא | Nu29:17 | וביומא תנינא דחגא דמטליא תקרבון תורין אמרין |
| 3233 | דחגה | Nu29:20 | וביומא תליתיה דחגה דמטלייה תקרבון תורין |
| 3234 | | Nu29:23 | וביומא רביעייה דחגה דמטלייה תקרבון תורין עשרה |
| 3235 | | Nu29:26 | וביומא חמישייה דחגה דמטלייה תקרבון תורין תשעה |
| 3236 | | Nu29:29 | וביומא שתיתיה דחגה דמטלייה תקרבון תורין תמניה |
| 3237 | | Nu29:32 | וביומא שביעיה דחגה דמטלייה תקרבון תורין שבעה |

|  |  |  |  |  |  |
|---|---|---|---|---|---|
| 3238 | דחגי | Nu28:26 | מן חדתה קדם ייי בזמן | {ב}<ד>חגי | שבועיכון יום טב וארוע |
| 3239 | דחד | Nu11:26 | תרין גברין במשריתה שמה | דחד | אלדד ושמה דתניינה מידד |
| 3240 | | Gn 2:11 | שמה | דחד | מינהון פישון הוא דחזר |
| 3241 | | Gn10:25 | אתילד תרין בנין שמה | דחד | מנהון פלג ארום ביומוי |
| 3242 | | Ex18:03 | וית תרין בנוי די שמיה | דחד | מנהון גרשם ארום אמר גיור |
| 3243 | | Dt25:11 | גבר ואחוי ותקרוב אתתה | דחד | מנהון למשיזבה ית בעלה מן |
| 3244 | דחדא | Ex 1:15 | לחייתא עברייתא די שמה | דחדא | מנהון שפרה ושמה דתנייתא |
| 3245 | דחדה | Gn 4:19 | ליה למך תרתין נשין שמה | דחדה | מינהון עדה ושמה דתינייתא |
| 3246 | | Ex18:03M | \די שמיה/דשום#2#/ | דחד/דחדה#2#/ | מנהון גרשם ארום אמר |
| 3247 | דחוב | Ex22:08M | כל \פתגם דחטיא /מלא | דחוב#2#/ | על תור על חמרא על אמר |
| 3248 | דחוה | Lv 5:02 | בכל מילה מסאבה או בנבלה | דחוה | מסאבה או בנבלה דבעיר מסאב |
| 3249 | דחורן | Ex22:04 | יקידתא ויוקד בחקלא | דחורן | בית שפר חקליה ובית שפר |
| 3250 | | Ex22:04M | /בחקל אוחרי מן שפר | דחורן#2#/ | בית שפר חקליה ובית שפר |
| 3251 | דחושנא | Ex28:23 | עזקיא על תרין סיטרוי | דחושנא: | |
| 3252 | | Ex28:24 | עזקיא לגו סיטרוי | דחושנא: | |
| 3253 | | Ex28:26 | יתהון על תרין סיטרוי | דחושנא | על סי{מפ}<פמ>ה די מן |
| 3254 | דחושנה | Ex39:19 | ושוון על תרין סטרוי | דחושנה | על סיפוותה די מן סיטרה |
| 3255 | דחזוה | Gn14:17M | \פרדסיא היא /למשרה | דחזוה | הוא#2#/ משרה דמלכא: |
| 3256 | דחטא' | Lv10:16M | "צפירה ... תבע": שעירה | דחטא' | מתבוע תב' |
| 3257 | דחטאה | Dt29:17M | בארעא ארום ראשיא | דחטה/דחטאה#2#/ | חלי כדבשה ברם סופיה |
| 3258 | דחטאת' | Lv 4:33 | ^ית#2#^ ידיה על ראשה | דחטאת' | ויכוס יתה לחטאתה באתרה די |
| 3259 | | Lv 5:09 | וידי מן אדמה | דחטאת' | על כתלא דמדבחא ומה |
| 3260 | דחטאתא | Lv 4:29 | ויסמוך ית ידיה על ראשה | דחטאתא | ויכוס ית חטאתא באתרה |
| 3261 | דחטאתה | Lv 4:29M | ית חטאתא באתרה | דעלתה/דחטאתה#2#/: | |
| 3262 | | Lv 8:14 | ית ידיהון על ראש תורה | דחטאתה: | |
| 3263 | | Lv 4:25 | ויסב כהנא מן אדמה | דחטאתה | באצבעיה ויתן על קרנתיה |
| 3264 | | Lv 4:34 | ויסב כהנא מן אדמה | דחטאתה | באצבעיה ויתן על קרנתיה |
| 3265 | | Lv 6:18 | למימר דא גזירת אוריתה | דחטאתה | באתרה די תת{כ}נ<כ>ס עלתא |
| 3266 | | Lv16:27 | תורה דחטאתה וית צפירה | דחטאתה | די אתועל אדמהון למכפרה |
| 3267 | | Lv 9:08 | ו{כ}נ<כ>ס ית עגלה | דחטאתה | דמן דידיה: |
| 3268 | | Lv 9:15 | דעמה ונסב ית צפירה | דחטאתה | דמן עמה ונכס יתה ודכי יתה |
| 3269 | | Lv16:06 | ויקרב אהרן ית תורא | דחטאתה | דמן דידיה ויכפר על ידוי |
| 3270 | | Lv16:11 | ויכוס ית תורה | דחטאתה | דמן דידיה: |
| 3271 | | Lv16:11 | ויקרב אהרן ית תורה | דחטאתה | דמן דידיה ויכפר על ידוי |
| 3272 | | Lv16:15 | ויכוס ית צפירה | דחטאתה | דמן עמא וייתי ית אדמה |
| 3273 | | Lv 8:02 | משחה דרבותה וית תור' | דחטאתה | וית תרין דכריה וית סלה |
| 3274 | | Lv16:27 | וית תורה | דחטאתה | וית צפירה דחטאתה די אתועל |
| 3275 | | Lv 8:14 | ואקרב ית תורה | דחטאתה | וסמך אהרן ובנוי ית |
| 3276 | | Lv10:19 | קדם ייי ואת מלף יתן | דחטאתה | חמ<י>רא מן מעשרה תנינה |
| 3277 | | Lv16:25 | וית תרבה | דחטאתה | יסדר על גבי מדבחה: |
| 3278 | | Lv 4:08 | וית כל תרבה דתורה | דחטאתה | ירים מניה ית תרבה דחפי על |
| 3279 | | Lv 4:20 | היך מה דעבד לתורה | דחטאתה | כן יתעבד ליה ויכפר עליהון |
| 3280 | דחטה | Nu18:12M | "דמשח ... לשמה": | דחטה | וכל טוב חמר ומשח |
| 3281 | | Dt29:17 | קביע בארעא ארום ראשיא | דחטה | חלי כדבשה ברם סופיה מריר |
| 3282 | דחטי | Dt15:09 | לכון דלא יהוי פתגם | דחטי | בתר לבכון זידנה למימר קרבת |
| 3283 | דחטיא | Gn30:14 | ואזל ראובן ביומי חצדא | דחטיא | ואשכח יברוחין באפי ברא |
| 3284 | | Ex34:22 | תעבדון לכון בכרת חצדה | דחטיא | וחגא דאכנשותא במפקא דשתא: |
| 3285 | | Ex22:08 | על כל פתגם | דחטיא | על תור על חמרא על אמר ועל |
| 3286 | דחטייא | Dt32:14 | וגדיין עם טוב שומניהון | דחטייא | אמר משה נבייה אין יהוון |
| 3287 | דחטין | Ex29:02 | פטירין משיחין במשח סלת | דחטין | תעבד יתהון: |
| 3288 | דחיה | Lv17:13 | ביניהון די יצוד ציד | דחיה | או עוף די יתאכל וישפוך ית |
| 3289 | | Gn 9:16M | דייי ובין כל נפש | חיתה/דחיה#2#/ | בכל בשרא די/דאית#2#/ |
| 3290 | דחיטין | Dt 8:08 | ארע | דחיטין | ושערין וגופנין ותאנין |
| 3291 | דחיי | Dt30:19 | שמיא וית ארעא ית אורחה | דחיי | וית אורחה דמתותה יהבית |
| 3292 | | Dt30:19 | לווטייה ותבחרון באורחה | דחיי | מן בגלל דתיחון אתון |
| 3293 | דחייא | Gn 2:09M | \חייא בגו מציעות גנתה | /דחייא | בגו גנתא#2#/ ואילן דעתה |
| 3294 | דחייבא | Gn18:25 | דינא דזכייא כדינא | דחייבא | מחוס מן קדמיך מן למעבד |
| 3295 | דחיין | Gn 7:15 | כל בשרא דאית בה נשמה | דחיין: | |
| 3296 | | Gn 7:22M | מן /דאית ביה נפש | דחיין | באפוי#2#/ כל מה די |
| 3297 | | Gn 3:24 | בעלמא הדין ארום אילן | דחיין | היא אורייתא לכל מן דלעי |
| 3298 | | Gn 2:07 | ונפח בנחירוי נשמ' | דחיין | והוה אדם לנפש דחייה |
| 3299 | | Gn 9:03 | כל רחש דאית ביה נשמה | דחיין | לכון יהווי למיכל כירק |
| 3300 | | Gn 6:17 | כל בשרא דאית ביה נשומא | דחיין | מן תחות שמיא כל מה די |
| 3301 | דחיל | Nu31:32M | עמא | עבדי/דחיל#2#/ | קרבא ענא/ען#2#/ |
| 3302 | | Nu31:42M | משה מן גברייה | דאתחילו/דחיל | קרבה#2#/: |
| 3303 | | Nu31:48M | /דאית [ל]אלפייה | דחיל | קרבה#2#/ רברבני אלפי |
| 3304 | | Nu31:49M | יתה ראש סכומיהון עמה | דחיל | קרבה דאית בידינן לא אתפקד |
| 3305 | | Nu31:53M | בזוו גבר לנפשיה /עמה | דחיל | קרבה בזוו גבר חבריה#2#/: |
| 3306 | דחילי | Gn44:18 | קשה מינהון ועד חד כמה | דחילי | קשי מן דידהון וערבת ית |
| 3307 | דחיתאי | Gn27:46 | בחי מן קדם בנתהון | דחיתאי | אן נסב יעקב את' מן |
| 3308 | דחיתיי | Gn27:46 | יעקב את' מן בנתהון | דחיתיי | כאלין מן בנתהון דעמא |
| 3309 | דחכים | Ex36:01 | ואהליאב וכל גבר | דחכים | בלביה די שוי ייי חכמה |
| 3310 | דחכימת | Ex35:25 | וכל אתה | דחכימת | לבה בידה הוות עזלה ית |
| 3311 | דחכמה | Dt34:09 | ויהושע בר נון מלא רוח | דחכמה | ארום סמך משה ית ידוי |
| 3312 | | Nu31:17 | דכורא בטפליה וכל אתה | דחכמה | לגבר בתשמיש דכורא קטלו: |
| 3313 | | Nu14:24M | חולף דהוות רוח | דחכמה | שרייה עלוי ואש' |
| 3314 | דחלזונה | Lv21:20M | דגביח או דנסיס או | דחלזונה | בעייניה או דמלי גרב או |
| 3315 | | Lv21:20 | או גביע או ננס או | דחלזונה | בעינוי או דמלי חזזיין או |
| 3316 | דחליזון | Lv21:20M | /^<בעי>ניה#2#^/ | /דחליזון | עייניה#2#/ או דמלי |
| 3317 | דחלמא | Gn40:12 | טבא הדין ברם פתרוניה | דחלמא | לא הוה יוסף אמר ופתר ליה |
| 3318 | | Gn40:18 | חלמא הדין ופתרוניה | דחלמא | לא אמר יוסף ופת{ח}<ר> |
| 3319 | | Gn40:18 | יוסף ואמר דן פתרונה | דחלמא | תלתי סליה תלתיה שעבודיא |
| 3320 | דחלמוי | Gn37:20 | מה יהווי בסופהון | דחלמוי: | |
| 3321 | דחמ' | Nu 6:03M | חדת וחלד חמר/וחמע | דחמ'#2#/ | עתיק לא ישתי וכל עצורה |
| 3322 | דחמוי | Ex18:24 | ושמע משה לקלה | דחמוי | ועבד כל מה דאמר: |
| 3323 | דחמי | Ex 4:13 | ייי שלח כען ביד דן | דחמי | ליה למשתלחא: |
| 3324 | דחמיע | Lv 7:13 | על חלין לחם | דחמיע | יקרב קרבני' על נכסת |
| 3325 | דחמר | Dt21:20M | בחמר /דבשר ושתי | דחמר#2#/: | |
| 3326 | | Dt32:14 | חדה יהוון שתיין כור | דחמר: | |
| 3327 | | Nu 6:03M | חלד חמר /יתבזר חמר | דחמר#2#/ | חדת וחלד חמר/וחמע |
| 3328 | דחמרא | Nu 6:04 | מכל די יעבד מן גופנה | דחמרא | מן כמישן עד פגן לא יאכל: |
| 3329 | | Ex13:13 | וכל פתחי וולדא | דחמרא | תפרקון באמר אין לא תפרקון |
| 3330 | | Ex34:20 | ופתח{ן}<י> וולדה | דחמרא | תפרקון באמר ואין לא |
| 3331 | דחנוכת | Nu 7:18 | ביומא תנינא | דחנוכת | רבותה דמדבחה קרב רב שבטה |
| 3332 | | Nu 7:24 | ביומא תליתיא | דחנוכת | רבותה דמדבחה קרב שבטה |
| 3333 | | Nu 7:30 | ביומא רביעיה | דחנוכת | רבותה דמדבחה קרב רב שבטה |
| 3334 | | Nu 7:36 | ביומא חמישיה | דחנוכת | רבותה דמדבחה קרב רב שבטה |
| 3335 | | Nu 7:42 | ביומא שתיתיה | דחנוכת | רבותה דמדבחה קרב רב שבטה |
| 3336 | | Nu 7:48 | יומא שביעיה | דחנוכת | רבותה דמדבחה קרב רב שבטה |
| 3337 | | Nu 7:54 | ביומא תמיניה | דחנוכת | רבותה דמדבחה קרב רב שבטה |
| 3338 | | Nu 7:60 | ביומא תשיעיה | דחנוכת | רבותה דמדבחה קרב בר שבטה |
| 3339 | | Nu 7:66 | ביומא עשיריה | דחנוכת | רבותה דמדבחה קרב רב שבטה |
| 3340 | | Nu 7:72 | ביום חד עשר יומין | דחנוכת | רבותה דמדבחה קרב רב שבטה |
| 3341 | דחנכת | Nu 7:78 | ביום תרין עשר יומין | דחנכת | מדבחה דרבותה קרב רב שבטה |
| 3342 | דחסד | Nu21:34M | דהוה מחסד /דן עוג | דחסד#2#/ | לאברהם/לאבהתן |
| 3343 | דחסיר | Lv22:23 | ותור או אמר | דחסיר | אבר או יתיר אבר נסיבה |
| 3344 | דחסף | Nu19:17 | מין דמבוע דכין לגו מן | דחסף: | |
| 3345 | | Lv 6:21 | ומן | דחסף | די תתבשל בה יתבר ואין במן |

|  |  |  |  |
|---|---|---|---|
| 3346 | | Lv11:33 | וכל מן דחסף די יפול מנהון לגוויה כל מה |
| 3347 | | Lv15:12 | ומן דחסף די יקרב ביה דיבה יתבר וכל |
| 3348 | | Nu 5:17 | כהנא מיין דכין לגו מן דחסף ומן עפרה די יהווי בשיפולי |
| 3349 | | Lv14:05 | חדתה {לבד}<לגו> מן דחסף על מיין דמבוע: |
| 3350 | | Lv14:50 | ית צפירה חדתה לגו מן דחסף על מיין מבוע: |
| 3351 | | Nu19:15 | וכל מן דחסף פתיח די לית גופה דשיע מקפה |
| 3352 | דחצד | Dt23:26 | פירוכין בידיך ומגל דחצד לא תעבר על קיימתה דחברך: |
| 3353 | דחצדא | Ex23:16 | וחגא דחצדא בכרת עבד ידיכון מה די |
| 3354 | | Ex34:21 | בחגא דאכנשותא ובחגא דחצדא תתנחון: |
| 3355 | דחצדה | Dt16:09 | מ׳ די את משרי מגלה דחצדה למחצד בעומרא דאנפותה |
| 3356 | דחצדיכון | Lv19:09 | למחצד ולקט«ה» דחצדיכון לא תלקטון: |
| 3357 | דחצדכון | Lv23:22 | בחקליכון למחצדה ולקטה דחצדכון לא תלקטון למסכיניה |
| 3358 | דחקלא | Gn33:19 | וזבן ית תחומא דחקלא די פרס תמן משכניה מלוות |
| 3359 | | Gn49:21 | זעירת ואייתי אוניתא דחקלא מפלטורין דיוסף וכיון |
| 3360 | | Gn23:13 | מקבל מני הא יהבית כספא דחקלא קבל מני ונקבר ית מתי תמן: |
| 3361 | דחקלכון | Lv19:09 | לא תשיצון אומנה אחריה דחקלכון למחצד ולקט«ה» דחצדיכון |
| 3362 | דחרב | Ex17:13 | עמלק וית עמיה לפתגם דחרב: |
| 3363 | | Nu31:08M | קטלו בחרבה/לפתגם דחרב#2#/: |
| 3364 | | Dt13:16 | בה וית בעירה לפתגם דחרב: |
| 3365 | | Dt20:13 | ית כל דכורה לפתגם דחרב: |
| 3366 | | Nu19:16 | די יקרוב באפי ברא דקטיל דחרב או במית או בגרם דבר נש או |
| 3367 | | Lv26:36M | אילנה ויערקון מערוקי דחרב ויפ׳ |
| 3368 | | Nu21:24 | ושיצי יתיה ישראל לפתגם דחרב וירתו ית ארעיה מן ארנונה |
| 3369 | | Gn34:26 | שכם בריה קטלו לפ<ת>גם דחרב ונסבו ית דינה מבייתה |
| 3370 | | Gn44:18 | וקטלו כל דכורא לפתגם דחרב על די סאבו לדינה אחתן דלא |
| 3371 | | Dt13:16 | דיירי קרתה ההיא לפתגם דחרב תשיצון יתה וית כל מה דאית |
| 3372 | דחרבא | Ex20:25 | פרזלא {ארום פרזלא} דחרבא מתעברא עברת עליהון ואפסת |
| 3373 | דחרוף | Lv 5:01 | תחטא ותשמע קל שבועה דחרוף והוא שהד או די חמה או די |
| 3374 | דחרנה | Ex18:04M | ושמה דאחרינא/דחרנה#2#/ אליעזר ארום מימר |
| 3375 | דחשנה | Ex39:16 | עזקין על תרין סטרוי דחשנה: |
| 3376 | | Ex39:17 | תרתין עזקיה על סיטרוי דחשנה: |
| 3377 | דחתא | Lv18:13M | עריתה דאחתה/דחתא#2#/ דאמך לא תבזי ארום |
| 3378 | דחתאה | Gn23:05 | ועניין בנו«י» דחתאה ית אברה׳ למימר ליה: |
| 3379 | דחתה | Nu11:26M | גברין במשריתה שמה דחד/דחתה#2#/ אלדד ושמה דתניינה |
| 3380 | | Lv20:17M | יתיה קדם עמהון עריתה דחתה בז#2#/ חובוי יקבל: |
| 3381 | | Lv18:12M | עריתה דאחתה/דחתה#2#/ דאבוך לא תבזי קריבת |
| 3382 | | Lv20:19M | ועריתה דאחתה/דחתה#2#/ דאמך ואחתה/וחתה#2#/ |
| 3383 | | Gn 4:19M | תרתין נשין שמה דחדה/דחתה#2#/ מינהון עדה ושמה |
| 3384 | דחתיי | Ex23:23 | יתכון לארעהון דאמוריי דחתיי ופרזיי וכנעניי וחיויי |
| 3385 | דחתך | Lv18:09M | עריתה דאחתך/דחתך#2#/ ברתה דאבוך או ברתה |
| 3386 | דחתניה | Ex 4:25 | גזירתה הדא על חובוי דחתניה הדין: |
| 3387 | דטבייה | Dt12:22 | היך מה דמתאכל ית בשרה דטבייה ודאיילה כדן תיכלון יתיה |
| 3388 | | Dt15:22 | כחדה תאכלון יתיה כבשרה דטבייה ודאיילה: |
| 3389 | | Dt12:15 | כחדה יאכלון יתיה כבשרה דטבייה ודא«יי»ל{יי}ה: |
| 3390 | דטבין | Gn48:22 | מן ידיהון דאמוראי דטבין לי מן חרבי וקשתי: |
| 3391 | דטוורין | Dt11:11 | לתמן למירת יתה ארע דטוורין ודבקען מן מטרה דנחית מן |
| 3392 | דטורא | Ex19:17 | משריתא ואתעתדו בשפלוי דטורא: |
| 3393 | | Ex32:19 | ותבר יתהון בשיפלוי דטורא: |
| 3394 | | Ex24:04 | בצפרא ובנה מדבח בשפולא דטורא ותרתי עשרי קיימין |
| 3395 | דטינרא | Ex33:22 | שכינתי ואשוי יתך בנקרה דטינרא ואפרוש כפי עליך עד |
| 3396 | דטלא | Gn21:17M | /מימריה דייי בקלא דטלא#2#/ באתרא דהוא ביה/תמן#2#/: |
| 3397 | | Gn21:20M | ייי\עם טליא/בסעדא דטלא#2#/ ורבה ושרא במדברא והוי |
| 3398 | דטלופחין | Gn25:34 | יהב לעשו לחם ותבשיל דטלופחין ואכל ושתה וקם ואזל ליה |
| 3399 | | Gn25:29 | ובשל יעקב תבשיל דטלופחין {ואתא עשו מן} ואתא עשו |
| 3400 | דטליא | Ex 2:04M | ליה/הוה בסופיה דטליא#2#/: |
| 3401 | | Ex 2:08 | רביתיה וקראת ית אמיה דטליא: |
| 3402 | | Gn21:17 | שמע ייי בקל צלותיה דטליא באתרא דהוא ביה: |
| 3403 | | Gn21:16 | אמרת לא אחמי במותא דטליא ויתבת לה מן כל קבליה |
| 3404 | | Gn21:17 | ושמיע ייי ית קליה דטליא וקרא מלאכא דייי להגר מן |
| 3405 | דטליתא | Gn34:03M | /מילין דשלם על לבה דטליתא#2#/ מלל דשלם: |
| 3406 | דטליתה | Dt22:19M | ויתנון לאבוה דרביתה/דטליתה#2#/ ארום אפיק שום ביש |
| 3407 | | Dt22:29M | עמה לאבוה דרביתה/דטליתה#2#/ חמשין סלעין דכסף |
| 3408 | | Dt22:16M | ויימר אבוה דרביתה/דטליתה#2#/ לחכימייה ית ברתי |
| 3409 | | Dt22:15M | סהדוותה \דרביתה לוות /דטליתה קדם#2#/ חכימי קרתה לתרע |
| 3410 | דטמירתא | Gn41:45 | פרעה שמ׳ דיוסף גברא דטמירתא גליין ליה ואסב ליה ית |
| 3411 | דטעו | Lv26:01M | תקימון לכון ואבן דמתכה/דטעו#2#/ לא תתנון בארעכון |
| 3412 | דיאבהתן | Dt33:15 | עבדה פירין טבין בזכותה דיאבהתן דמתילין בטורייא אברהם |
| 3413 | דיאי | Gn 2:09 | אלהים מן אדמתא כל אילן דיאי למחמי וטב למיכל ואילן חייא |
| 3414 | דיאנה | Nu15:02 | בארעא בית מידוריכון ד«י»אנה יהב לכון: |
| 3415 | דיבבו | Nu29:01M | ויבבו יהווי לכון /דיבבו יהווי לכ#2#/: |
| 3416 | דיבבותה | Nu31:06 | בית קודשא וחצוצרתה דיבבותה בידיה: |
| 3417 | דידיהון | Nu16:15M | תסתכל לדורון דידיהון לא חמ<רא> <...> נסיבית |
| 3418 | דיהודיי | Ex 9:01 | כדין אמר ייי אלההון דיה{י}דיי שלח ית עמי ויפלחון |
| 3419 | | Ex 9:13 | כדין אמר ייי אלההון דיהודיי שלח ית עמא ויפלחון |
| 3420 | דיובילה | Lv25:54 | באלין ויפוק בשתה דיובילה הוא ובנוי עמיה: |
| 3421 | | Lv25:50 | שתה דאזדבן לה עד שתה דיובילה ויהווי כסף זבוניה במניין |
| 3422 | | Lv25:52 | אשתייר בשנייה עד שתה דיובילה ויחשב לה כפם שנוי יחזר |
| 3423 | | Lv27:18 | דאשת«יירן» עד שתה דיובילה ויתמנע מן עלויה: |
| 3424 | | Lv27:23 | ית מיסת עלויה עד שתה דיובילה ויתן ית עלויה ביומא ההוא |
| 3425 | | Lv25:40 | יהווי עמך עד שתה דיובילה יפלח עמך: |
| 3426 | | Lv27:17 | אן מן שתה דיובילה יקדש חקלה בעלויה יקום: |
| 3427 | | Lv27:21 | ותיהוי חקלה במפקה דיובילה קדש לשמה דייי כחקל אפרשו |
| 3428 | | Lv27:24 | בשתה דיובילה תחזור חקלה למן דזבן יתיה |
| 3429 | דיובל׳ | Ex21:06M | פלח עמא עד שתא דיובל׳ |
| 3430 | דיובלה | Lv25:13 | בשתה דיובלה הדה תחזרון גבר |
| 3431 | | Lv25:28 | מן דזבן יתיה עד שתה דיובלה ויפוק ביובילה ויחזור |
| 3432 | דיומ׳ | Nu11:20M | עד \ירח יומין/דירח דיומ׳#2#/ירח דיומין#2#/ עד זמן |
| 3433 | דיומא | Gn18:01M | /גזורתיה לתוקפה דיומא#2#/: |
| 3434 | | Gn 3:08M | בגוא גנתה לתוקפי׳ דיומא#2#/ ואסמר אדם ואתתה מן קדם |
| 3435 | | Gn28:10 | קדמיא אתקצרו שע{י}<ו>י דיומא ו{ש}<ט>מעת שמשא דלא |
| 3436 | | Lv12:05M | יומין/תרין שבועין דיומא#2#/ כרחוק נדתה ושתין ושתה |
| 3437 | | Gn18:01 | יתיב בתרע משכניה בתקפה דיומא מתחמם מן אדם גזירתיה |
| 3438 | דיומין | Gn29:14 | בשרי את ושרי עמיה ירח דיומין: |
| 3439 | | Lv25:21M | מזון#2#/ לתלת שנין \דיומין#2#/: |
| 3440 | | Nu11:21M | וייכלון ירח יומין/דיומין#2#/: |
| 3441 | | Dt16:09 | לממני שובעה שבועין דיומין: |
| 3442 | | Gn29:18M | גבך#2#/ שבע שנין \דיומין#2#/ ברחל ברתך זעירתא: |
| 3443 | | Dt31:10 | למימר לסוף שבע שנין דיומין באשון שתה דשמי«ט»תה |
| 3444 | | Gn16:03 | אמתה לסוף שבע שנין עשר דיומין די שרא אברם בארעא דכנען |
| 3445 | | Dt15:12M | /גבך שת#2#/ שנין \דיומין#2#/ ובשתה שביעיתה <תשלח> |
| 3446 | | Dt21:13 | ית אבוה וית אמה ירח דיומין ובתר כדן תיעול לוותה |
| 3447 | | Gn29:20M | ברחל שבע שנין \דיומין#2#/ והוון באפוי כיומין |
| 3448 | | Dt15:18 | פלח קדמיך שית שנין דיומין ויברך יתכון ייי אלהכון |
| 3449 | | Gn41:01 | והווה לסוף תרתין שנין דיומין ופרעה חלם והא הוא קיים |
| 3450 | | Lv19:23M | לכון ריחוק לא יתאכל /דיומין יהוון לכון ערלין לא |
| 3451 | | Ex21:02M | שית שנין \יפלח קדמך /דיומין יפלח גבך#2#/ ובשתא |
| 3452 | | Gn29:22M | שרי בינינן שבע שנין דיומין מבועינן אתברכו ועדרי |
| 3453 | | Nu11:20M | /דירח דיומ׳#2#/ירח דיומין#2#/ עד זמן דיפוק מנחיריכון |

|  |  |  |  |
|---|---|---|---|
| 3454 | Ex23:10M | | ושית שנין \דיומין#2#/ תזרעון ית ארע{א}כון |
| 3455 | Lv25:03M | | <שנין> דיומין תזרעון חקליכון |
| 3456 | Dt16:09 | | ישראל שובעה שבועין דיומין תמנון לכון מ' די את משרי |
| 3457 | Dt14:28 | | לסוף תלת שנין דיומין ת{נ}<פ>קון ית מעשר |
| 3458 | Dt15:01 | | ישראל לסוף שבע שנין דיומין תעבדון שמטה: |
| 3459 | Lv25:03M | | ושית שנין תזברון/דיומין תקטפון#2#/ כרמיכון |
| 3460 | Gn13:10M | דיורדנה | וחזא ית כל משריה דיורדנה והא כלה אתר בית משקוי |
| 3461 | Gn13:11M | | מישר ירדנ'/משריה דיורדנה#2#/ ונטל לוט מן לקדמין |
| 3462 | Ex15:16M | | דיר<ד>נה/מגיזתה דיורדנה עד זמן דיעברון עמה |
| 3463 | Ex15:16M | | "מגזתה דירנה": מגיזתה דיורדנה עד זמן דיעברון עמה |
| 3464 | Gn 6:07M | דיי' | ית אדם די ברית /ממריה דיי' אמחה ית בר נשא די ברי'#2# |
| 3465 | Dt 9:05M | | "ייי ... וליעקב": ממריה דיי' עם אברהם ועם יצ' ועם |
| 3466 | Lv23:24M | דייבבו | דכרן \טב תקיעה ויבבו/דייבבו#2#/ יום טב וארוע קדיש: |
| 3467 | Gn 4:03 | דייי | פירי ארעא דורון לשמה דייי: |
| 3468 | Gn 4:26 | | ומכניין יתהון בש' ממרה דייי: |
| 3469 | Gn10:09M | | בחטאה <כ>נמרוד ומרודה דייי |
| 3470 | Gn12:08 | | וצלי תמן בשם ממריה דייי: |
| 3471 | Gn13:04 | | תמן אברם בשם ממרה דייי: |
| 3472 | Gn13:18 | | תמן מדבח בשם ממריה דייי: |
| 3473 | Gn21:02M | | די מלל עימיה ממריה דייי#2#/: |
| 3474 | Gn22:14 | | עלוי איקר שכינתיה דייי: |
| 3475 | Gn24:26 | | גברא ואודי ושבח לשמא דייי: |
| 3476 | Gn25:11M | | /עלוי יקר שכינתיה דייי#2#/: |
| 3477 | Gn26:29 | | את הוא מן כדון בריכה דייי: |
| 3478 | Gn27:27M | | די ברך יתיה ממריה דייי |
| 3479 | Ex 3:06 | | למסתכלא באיקר שכינתה דייי: |
| 3480 | Ex 9:20M | | דהוה דחיל מן פתגמ' דייי |
| 3481 | Ex13:12 | | יהוון לכון דכרייא לשמה דייי: |
| 3482 | Ex18:05 | | דתמן שריא איקר שכינתא דייי: |
| 3483 | Ex20:21 | | דתמן שרי איקר שכינתיה דייי: |
| 3484 | Ex24:13 | | עלוי איקר שכינתה דייי: |
| 3485 | Ex28:36 | | גליף חקיק קדש לשמה דייי: |
| 3486 | Ex29:18M | | /קרבן מתקבל הוא לשמה דייי#2#/: |
| 3487 | Ex29:25M | | קדם ייי /מתקבל לשמה דייי#2#/: |
| 3488 | Ex29:28 | | אפרשותכון לשמה דייי: |
| 3489 | Ex29:41M | | יתקבל /מתקבל לשמה דייי#2#/: |
| 3490 | Ex30:10 | | קדש קדשים הוא לשמה דייי: |
| 3491 | Ex30:13 | | פלגא סלעא אפרשו לשמה דייי: |
| 3492 | Ex30:14 | | ולעילא יתן אפרשו לשמה דייי: |
| 3493 | Ex30:37 | | קדש תהווי לכון לשמה דייי: |
| 3494 | Ex34:05 | | וצלי תמן בשם מימריה דייי: |
| 3495 | Ex35:22 | | אניף אנפו{י} דדהב לשמה דייי: |
| 3496 | Ex35:29 | | בני ישראל נדבה לשמה דייי: |
| 3497 | Ex39:30 | | גליף חקיק קדיש לשמה דייי: |
| 3498 | Lv 2:03 | | קדש קדשים מן קרבנוי דייי: |
| 3499 | Lv 2:10 | | קדש קדשים מן קרבנוי דייי: |
| 3500 | Lv 2:16M | | ייי /מתקבל לשמה דייי#2#/: |
| 3501 | Lv 3:05M | | \קדם ייי /לשמה דייי#2#/: |
| 3502 | Lv 3:11 | | מדבחה לחם קרבן לשמה דייי: |
| 3503 | Lv 3:16 | | דרעוה כל תרבה לשמה דייי: |
| 3504 | Lv 6:08 | | ריח דרעוה אדכרתה לשמה דייי: |
| 3505 | Lv 6:14M | | תקרבון לריח דרעוה לשמה דייי |
| 3506 | Lv 7:11 | | קודשיה די יקרב לשמה דייי: |
| 3507 | Lv 8:28M | | ייי /מתקבל הוא לשמה דייי#2#/: |

|  |  |  |
|---|---|---|
| 3508 | Lv 9:06 | עליכו' איקר שכינתיה דייי: |
| 3509 | Lv 9:06M | יתגלי לכון איקר שכינתה דייי |
| 3510 | Lv17:06 | תרבה לריח דרעוה לשמה דייי: |
| 3511 | Lv19:24 | פרי{ו} קדש פרקן לשמה דייי: |
| 3512 | Lv22:15 | ית מה די יפרשון לשמה דייי: |
| 3513 | Lv22:22 | על גבי מדבחה לשמה דייי: |
| 3514 | Lv22:27M | יתיה \קדם ייי /לשמה דייי#2#/: |
| 3515 | Lv23:05M | \קדם ייי /הוא לשמה דייי#2#/: |
| 3516 | Lv23:12 | שלם מן מום לעלה לשמה דייי: |
| 3517 | Lv23:17 | יתאפיין בכורייה לשמה דייי: |
| 3518 | Lv23:25M | \קדם ייי /לשמה דייי#2#/: |
| 3519 | Lv23:38 | די תפרשון לשמה דייי: |
| 3520 | Lv24:07M | קרבן מתקבל לשמה דייי#2#/: |
| 3521 | Lv25:02 | ותשמט ארעא שמטה לשמה דייי: |
| 3522 | Lv27:02 | נדר בעלויה נפשן לשמה דייי: |
| 3523 | Lv27:22 | חקל אחסנתיה יקדש לשמה דייי: |
| 3524 | Lv27:23 | ביומא ההוא קדש לשמה דייי: |
| 3525 | Lv27:28 | קדשין ^הוא#2#^ לשמה דייי: |
| 3526 | Lv27:30 | לשמה דייי הוא קדש לשמא דייי: |
| 3527 | Lv27:32 | עשיריה יהוי קדיש לשמה דייי: |
| 3528 | Nu 4:41 | על פום גזירת ממרה דייי: |
| 3529 | Nu 8:11 | למפלח ית פ{{ו}}לחנה דייי: |
| 3530 | Nu12:02M | לחוד במשה מלל מימריה דייי |
| 3531 | Nu15:08 | או לנכסת קודשין לשמה דייי: |
| 3532 | Nu15:10M | \קדם ייי /לשמה דייי#2#/: |
| 3533 | Nu15:13M | \קדם ייי /לשמה דייי#2#/: |
| 3534 | Nu15:19 | תפרשון אפרשו לשמה דייי: |
| 3535 | Nu16:03 | מתרברבין על קהל כנישתה דייי: |
| 3536 | Nu16:11M | דאתרעמו על יקר שכינתה דייי |
| 3537 | Nu17:06 | קטלתון ית עם כנישתה דייי: |
| 3538 | Nu17:07 | איקר שכינתה דייי: |
| 3539 | Nu18:17 | מתקבל לריח דרעוה לשמה דייי: |
| 3540 | Nu28:06M | מתקבל /מתקבל לשמה דייי#2#/: |
| 3541 | Nu28:07 | ניסוך חמר בחיר לשמה דייי: |
| 3542 | Nu28:08M | קרבן מתקבל לשמה דייי#2#/: |
| 3543 | Nu29:06M | לריח דרעוה לשמה דייי#2#/: |
| 3544 | Nu31:16 | והוה מגפתה בעם כנשתה דייי: |
| 3545 | Nu31:29 | לאלעזר כהנא אפרשותה דייי: |
| 3546 | Nu31:30 | נטרי מטרת משכנה דייי: |
| 3547 | Nu32:12 | ארום אשלמו בתר ממרה דייי: |
| 3548 | Dt 1:36 | למימר טב בתר מימרה דייי: |
| 3549 | Dt 4:30 | ותשמעון בקל מימריה דייי: |
| 3550 | Dt10:05 | די פקד יתיה ממרה דייי: |
| 3551 | Dt12:11 | נדריכון די תדרון לשמה דייי: |
| 3552 | Dt18:21 | די לא מלל יתיה ממרא דייי: |
| 3553 | Dt23:02 | ודמסרס בקהל כנשתה דייי: |
| 3554 | Dt23:03 | יתחשב להון בקהל כנישתה דייי: |
| 3555 | Dt23:09 | יתחשב להון בקהל כנישתה דייי: |
| 3556 | Dt33:12 | תשרי איקר שכינתיה דייי: |
| 3557 | Dt34:05 | על פם גזירת מימרה דייי: |
| 3558 | Ex 3:01 | עלוי איק' שכינתה דייי חורב: |
| 3559 | Lv17:04 | קרבן קדם ייי קדם משכנה דייי אדם יתחשב לגברה ההוא כילו |
| 3560 | Nu30:03 | גבר ארום ידר נדר לשמה דייי או ישתבע שבועה למקיימה |
| 3561 | Nu10:33 | ונטלו מטור בית מקדשה דייי אורח <....> מהלך תלתה יומין |

|  |  | | | |
|---|---|---|---|---|
| 3562 | Nu10:33M | דייי /מן סורה | דייי#2/ | אורח <....> מהלך תלתה |
| 3563 | Gn19:24 | וממריה | דייי | אחת על סדם ועל עמרה |
| 3564 | Dt10:09 | ואחסנה עם אחוי קרבנוי | דייי | אינון אחסנתיה היך מה דמלל |
| 3565 | Dt 4:01 | ותיעלון ותירתון ית ארעא | דייי | אלה אבהתכון יהב לכון: |
| 3566 | Dt29:24 | על די שבקו ית קיימה | דייי | אלה אבהת{כ}הון די קיים |
| 3567 | Gn24:03 | ואשבע יתך בשם ממריה | דייי | אלהא דשמיא הוא אלהא דשליט |
| 3568 | Gn35:07M | וצלי תמן בשם ממריה | דייי | אלהא די אתגלי עלוי |
| 3569 | Gn21:33 | עלמא ופלח וצלי בשם ממרי | דייי | אלהה דעלמא: |
| 3570 | Lv 4:22 | ויעבד חדא מן כל מצוותה | דייי | אלהה דלא כשרין למתעבדה |
| 3571 | Nu22:18 | על פום גזירת מימריה | דייי | אלהי למעבד זעירה או רבתה: |
| 3572 | Ex20:07 | רבא ית מן די יסב שמה | דייי | אלהיה על מגן: |
| 3573 | Ex20:07 | לא יסב גבר מנכון ית שמה | דייי | אלהיה על מגן ארום לא מזכי |
| 3574 | Dt18:07 | וישמש בשם מימרה | דייי | אלהיה ככל אחוי ליוויי |
| 3575 | Ex20:07M | חד מנכון בשם ממריה | דייי | אלהיכון לשקר ארום לא מזכי |
| 3576 | Gn 3:08 | ושמעו ית קל ממרה | דייי | אלהים מהלך בגו' גנתאה למשב |
| 3577 | Dt 6:15 | ביניכון דלא יתקוף רוגזה | דייי | אלהך בך וישיצי יתכון |
| 3578 | Ex15:26 | משמע תשמעו' בקל ממריה | דייי | אלהכון ודשפיר באפוי תעבדון |
| 3579 | Ex20:12 | דיסגון יומיכון על ארעא | דייי | אלהכון יהב לכון: |
| 3580 | Ex23:01M | חד מנכון בשי' ממרי' | דייי | אלהכון לשקר ולא תשוון |
| 3581 | Ex23:19 | תייתון לבי{ה}<ת> מוקדשא | דייי | אלהכון עמי בני ישראל לא |
| 3582 | Ex34:26 | תייתון לבית מקדשא | דייי | אלהכון עמי בני ישראל לא |
| 3583 | Dt 1:26 | על פם גזירת ממרה | דייי | אלהכון: |
| 3584 | Dt 1:32 | אתון מהיימנין בשם ממרה | דייי | אלהכון: |
| 3585 | Dt 3:20 | לחוד אינון ית ארעא | דייי | אלהכון יהב לכון בעבר ירדנה |
| 3586 | Dt 4:02 | מניה למיטר ית מצוותה | דייי | אלהכון די אנה מפקד יתכון: |
| 3587 | Dt 4:04 | אדבקתון באולפן אוריתיה | דייי | אלהכון הא אתון חיין |
| 3588 | Dt 4:04M | דייי /בשם ממ<ריה | דייי>#2/ | אלהכון הא אתון חיין |
| 3589 | Dt 4:21 | למיעול לארעא «טבתה» | דייי | אלהכון יהב לכון לאחסנה: |
| 3590 | Dt 4:23 | וכל דמו די פקד מימרה | דייי | אלהכון: |
| 3591 | Dt 4:23 | דלא תנשון ית קיים מימרה | דייי | אלהכון די קיים עמכון |
| 3592 | Dt 4:23M | מימרה דייי/קיימה | דייי#2/ | אלהכון די קיים עמכון |
| 3593 | Dt 4:29M | ייי/לאולפן אוריתא | דייי#2/ | אלהכון ותשכחון/ותארעון |
| 3594 | Dt 5:11 | אנש ^חד#2^ מנכון שמה | דייי | אלהכון על מגן ארום לא יזכי |
| 3595 | Dt 5:16 | דייטיב לכון על ארעא | דייי | אלהכון יהב לכון: |
| 3596 | Dt 6:02 | דתי{ת}<ד>חלון ית מימרה | דייי | אלהכון ולמיטור ית כל |
| 3597 | Dt 6:13 | ית איקר שכינתה | דייי | אלהכון תהוון <....> |
| 3598 | Dt 6:16 | לא תנסון ית איקר שכינתה | דייי | אלהכון היך מה דניסיתון |
| 3599 | Dt 6:17 | ית מצוותה דאורייתה | דייי | אלהכון וסהדותיה וקיימוי די |
| 3600 | Dt 7:16 | ותיכלון ית כל נכסי אמייה | דייי | אלהכון יהב לכון לא יחוסון |
| 3601 | Dt 8:06 | ית מצוותה דאורייתה | דייי | אלהכון למהלכה באורחתיה |
| 3602 | Dt 8:10 | ותשבעון ותברכון ית ממרה | דייי | אלהכון על ארעא טבתה די יהב |
| 3603 | Dt 8:14 | ותנשון ית אולפן אורייתה | דייי | אלהכון דאפיק יתכון מן ארעא |
| 3604 | Dt 8:18 | ותידכרון ית מימרה | דייי | אלהכון ארום הוא די יהב |
| 3605 | Dt 8:19 | תנשון ית אולפן אורייתה | דייי | אלהכון ותזלון בתר טעוון |
| 3606 | Dt 8:20 | אין לא תשמעון בקל ממרה | דייי | אלהכון: |
| 3607 | Dt 9:04 | בזמנה די ישיצי מימרה | דייי | אלהכון יתהון מן קדמיכון |
| 3608 | Dt 9:07 | ית מה דארגזתון ית מימרה | דייי | אלהכון במדברה למן יומא |
| 3609 | Dt 9:23 | על פם גזירת מימרה | דייי | אלהכון ולא היימנתון בשם |
| 3610 | Dt11:01 | ותרחמון ית אולפן אורייתה | דייי | אלהכון ותטר{ת}ון מטרתיה |
| 3611 | Dt11:02 | חמון ית אולפן אורייתה | דייי | אלהכון ית תוקפיה וית ידיה |
| 3612 | Dt11:12 | ארעא | דייי | אלהכון תבע יתה בתדירה |
| 3613 | Dt11:12 | תבע יתה בתדירה עיינוי | דייי | אלהכון בה מסתכלין בה מן |
| 3614 | Dt11:13 | למירחם ית אולפן אורייתה | דייי | אלהכון ולמפלח קדמוי בכל |
| 3615 | Dt11:22 | למרחם ית אולפן אורייתה | דייי | אלהכון למהלכה בכל אורחן |
| 3616 | Dt11:27 | ברכתה די תשמעון למצוותה | דייי | אלהכון די אנה מפקד יתכון |
| 3617 | Dt11:28 | אין לא תשמעון למצוותה | דייי | אלהכון ^ותסטון מן ארחה |
| 3618 | Dt11:31 | למיעל למירת ית ארעא | דייי | אלהכון יהב לכון ותרתון יתה |
| 3619 | Dt12:09 | כדון לנווחתה ולאחסנותה | דייי | אלהכון יהב לכון: |
| 3620 | Dt12:10 | ית ירדנה ותשרון בארעא | דייי | אלהכון מחסן יתכון ויניח |
| 3621 | Dt12:15 | ותיכלון בשר כברכתיה | דייי | אלהכון יהב לכון בכל |
| 3622 | Dt12:27 | קודשיכון ישתפך על מדבחה | דייי | אלהכון ובשרה תיכלון: |
| 3623 | Dt12:27 | בשר ודם על מדבחה | דייי | אלהכון ודם נכסת קודשיכון |
| 3624 | Dt13:04 | רחמין ית אולפן אורייתה | דייי | אלהכון בכל לבבכון ובכל |
| 3625 | Dt13:05 | בתר ממרה | דייי | אלהכון תהלכון ומן קדמוי |
| 3626 | Dt13:11 | יתכון מן בתר ממרה | דייי | אלהכון דאפק יתכון פריקין |
| 3627 | Dt13:13 | תשמעון בחדה מן קורייכון | דייי | אלהכון יהב לכון למשרי תמן |
| 3628 | Dt13:19 | ארום תשמעון בקל ממרה | דייי | אלהכון למיטר ית כל מצוותה |
| 3629 | Dt15:04 | יתכון ממרה דייי בארעה | דייי | אלהכון יהב לכון אחסנה |
| 3630 | Dt15:05 | משמע תשמעון בקל ממרה | דייי | אלהכון למטור למעבד ית כל |
| 3631 | Dt15:07 | מן קורייכון בארעכון | דייי | אלהכון יהב לכון לא תתוקפון |
| 3632 | Dt15:19 | דיכרייה תקדשון לשמה | דייי | אלהכון עמי בני ישראל לא |
| 3633 | Dt16:05 | פסחא בחדה מן קורייכון | דייי | אלהכון יהב לכון: |
| 3634 | Dt16:17 | כמסת אושטות ידיה כברכתה | דייי | אלהכון די יהב לכון: |
| 3635 | Dt16:18 | תמנון לכון בכל קורייכון | דייי | אלהכון יהב לכון לשבטיכון |
| 3636 | Dt16:20 | דתיחון ותירתון ית ארעא | דייי | אלהכון יהב לכון: |
| 3637 | Dt16:21 | כל אילן סמיך למדבחה | דייי | אלהכון דתעבדון לכון: |
| 3638 | Dt16:22M | כל אילן סמיך למדבחה | דייי | אלהכון די תעבדון לכון |
| 3639 | Dt17:02 | בחדה מן קורייכון | דייי | אלהכון יהב לכון גבר או אתה |
| 3640 | Dt17:14 | ארום תיעלון לארע' | דייי | אלהכון יהב לכון ותירתון |
| 3641 | Dt18:09 | ארום {א}אתון עללין לארעא | דייי | אלהכון יהב לכון לא תלפון |
| 3642 | Dt19:01 | ייי אלהכון ית אומייא | דייי | אלהכון יהיב לכון ית ארעהון |
| 3643 | Dt19:02 | ל{גוו}ך בגו ארעכון | דייי | אלהכון יהב לכון למרת יתה: |
| 3644 | Dt19:09 | למרחם ית אולפן אורייתה | דייי | אלהכון ולמהלכה באורחן |
| 3645 | Dt19:10 | אדם זכיי בגו ארעכון | דייי | אלהכון יהיב לכון לאחסנה |
| 3646 | Dt19:14 | די תאחסנון בארעכון | דייי | אלהכון יהב לכון למירת יתה: |
| 3647 | Dt20:16 | דאומייא האליין | דייי | אלהכון יהב לכון אחסנה לא |
| 3648 | Dt21:01 | ארום ישתכח קטיל בארעא | דייי | אלהכון יהב לכון למירת יתה |
| 3649 | Dt21:23 | ולא תסאבון ית ארעכון | דייי | אלהכון יהיב לכון אחסנה: |
| 3650 | Dt23:19 | ופרוק כלב לבית מוקדשה | דייי | אלהכון ^לכל נדר ארום |
| 3651 | Dt24:04 | ייי ולא תחייבון ית ארעא | דייי | אלהכון יהב לכון אחסנה: |
| 3652 | Dt25:15 | יארכון יומיכון על ארעא | דייי | אלהכון יהיב לכון: |
| 3653 | Dt25:19 | מן חזור חזור בארעא | דייי | אלהכון יהיב לכון אחסנה |
| 3654 | Dt26:01 | ויהווי ארום תיעלון לארעא | דייי | אלהכון יהב לכון אחסנה |
| 3655 | Dt26:02 | די תייתון מן ארעכון | דייי | אלהכון יהב לכון ותשוון |
| 3656 | Dt26:04 | ויצנע יתיה קדם מדבחה | דייי | אלהכון: |
| 3657 | Dt27:02 | תעברון ית ירדנה לארעא | דייי | אלהכון יהיב לכון ותקימון |
| 3658 | Dt27:03 | מן בגלל די תעלון לארעא | דייי | אלהכון יהב לכון ארע עבדין |
| 3659 | Dt27:06 | מן מום תבנון ית מדבחה | דייי | אלהכון ותסדרון עלוי עלוון |
| 3660 | Dt27:10 | ותשמעון בקל מימריה | דייי | אלהכון ותעבדון ית מצוותה |
| 3661 | Dt28:01 | משמע תשמעון בקל מימרה | דייי | אלהכון למיטר למעבד ית כל |
| 3662 | Dt28:02 | ארום תשמעון בקל מימריה | דייי | אלהכון: |
| 3663 | Dt28:08 | ויברך יתכון בארעא | דייי | אלהכון יהב לכון: |
| 3664 | Dt28:09 | ארום תטרון ית מצוותיה | דייי | אלהכון ותהלכון באורחן |
| 3665 | Dt28:13 | לרע ארום תשמעון למצוותה | דייי | אלהכון די אנה מפקד יתכון |
| 3666 | Dt28:15 | לא תשמעון בקל מימריה | דייי | אלהכון למיטור למיעבד ית כל |
| 3667 | Dt28:45 | לא שמעתון בקל מימרה | דייי | אלהכון למיטור מיצוותיה |
| 3668 | Dt28:62 | ארום לא שמעתון בקל ממרה | דייי | אלהכון: |
| 3669 | Dt29:11 | למעברכון בקיימה | דייי | אלהכון ובשבועתה דייי |

|  |  | | | |
|---|---|---|---|---|
| 3670 | Dt29:11 | דייי אלהכון ובשבועתה | דייי | אלהכון מקיים עמכון יומא |
| 3671 | Dt29:17 | יומא הדין מן בתר מימרה | דייי | אלהכון למיזל למפלח קדם |
| 3672 | Dt30:02 | ותחזרון <ל>אולפן אורייתה | דייי | אלהכון ותשמעון בקל מימריה |
| 3673 | Dt30:03 | ויקבל מימרה | דייי | אלהכון ית תותבתכון וירחם |
| 3674 | Dt30:06 | למירחם ית אולפן אוריתה | דייי | אלהכון בכל לבביכון ובכל |
| 3675 | Dt30:08 | ותשמעון בקל מימריה | דייי | אלהכון ותעבדון ית כל |
| 3676 | Dt30:10 | ארום תשמעון בקל ממרה | דייי | אלהכון למיטור מצוותה |
| 3677 | Dt30:16 | למרחום ית אולפן אורייתה | דייי | אלהכון ולמהלכה באורחן |
| 3678 | Dt30:20 | למרחום ית אולפן אוריתה | דייי | אלהכון ולמשמע בקל מימרה |
| 3679 | Dt31:26 | יתה מן סטר ארון קיימה | דייי | אלהכון ויהוי תמן לכון |
| 3680 | Dt26:14 | דמית שמענן בקל מימריה | דייי | אלה{כון}<נן> עבדנן {כ}בכל |
| 3681 | Dt 1:25 | ואמרין טבא היא ארעא | דייי | אלהן י{ת}<ה>ב לן: |
| 3682 | Dt 2:29 | נעבר ית ירדנה הדן לארעא | דייי | אלהן יהב לן: |
| 3683 | Dt 4:07 | קריב לוותיה כוות ממרה | דייי | אלהן בכל זמן דאנן מצליין |
| 3684 | Dt 5:24 | {ה}אחזי יתן מימרה | דייי | אלהן די יקריה וית תוקפיה |
| 3685 | Dt 5:25 | אנן למשמע ית קל מימרה | דייי | אלהן תוב ומייתין אנן: |
| 3686 | Dt18:16 | אוסף למשמע ית קל ממרה | דייי | אלהן וית אשתה רבתה הדה לא |
| 3687 | Dt26:18 | ומימרא | דייי | אמלך יתכון יומא הדין |
| 3688 | Dt26:17 | ית מימרה | דייי | אמלכתון עליכון יומא הדין |
| 3689 | Gn13:14 | וממרה | דייי | אמר לאברם מן דאתפרש לוט |
| 3690 | Dt31:02 | למיפוק ולמיעול וממרה | דייי | אמר לי לא תעבר ית ירדנה |
| 3691 | Dt18:02 | ליה ביני אחוי קרבנוי | דייי | אנון אחסנותיה היך מה דמלל |
| 3692 | Dt32:09 | ארום חלקה | דייי | אנון עמה בני ישראל יעקב |
| 3693 | Lv19:08 | יקבל ארום ית קרבנוי | דייי | אפס ותשתיצי נפשה מן גו |
| 3694 | Nu15:21 | אצוותכון תפרשון לשמה | דייי | אפרשו לדריכון: |
| 3695 | Nu18:24 | ישראל די יפרשון לשמה | דייי | אפרשו יהבית ללוויי אחסנה |
| 3696 | Dt21:23M | /בזיו יקר שכינתיה | דייי | אצלב ולא תס׳#2#/ ית |
| 3697 | Lv10:13 | דבניך היא מן קרבנוי | דייי | ארום כדן אתפקדית: |
| 3698 | Nu22:22 | ותקף רוגזה | דייי | ארום אזל הוא וא«ת»עתד |
| 3699 | Dt 5:05 | למתנייה לכון ית דבירוי | דייי | ארום דחלתון מן קדם להבי |
| 3700 | Ex10:21M | ידך לשמיא /ואמ׳ מימרי׳ | דייי | ארעם ידך על שמיא#2#/ |
| 3701 | Lv 7:05M | \קדם ייי /מתקבל לשמה | דייי#2#/ | אשמה הוא: |
| 3702 | Nu31:39M | ואפרשותה | דייי | אשתין וחד |
| 3703 | Nu31:39 | מאוון ואפרשותהון לשמה | דייי | אשתין וחד חמרין: |
| 3704 | Ex16:10 | למדברא והא איקר שכינתה | דייי | אתגליית בעננא: |
| 3705 | Nu14:10 | באבניא ואיקר שכינתה | דייי | אתגליית במשכן זימנא על כל |
| 3706 | Gn32:03M | או דילמה דמשיריין | דייי | אתיין לשיזב׳ יתי |
| 3707 | Dt 6:22 | ושוי מימרה | דייי | אתין וסימנין רברבין ובישין |
| 3708 | Nu25:03 | דפעור ותקף רוגזה | דייי | בישראל: |
| 3709 | Nu32:13 | ותקף רוגזה | דייי | בישראל וטלטל יתהון במדברה |
| 3710 | Ex 4:14 | ותקף רוגזא | דייי | במשה ואמר הלא אהרן אחוך |
| 3711 | Nu31:03 | על מדין למשויא נקמתה | דייי | במדין: |
| 3712 | Gn13:10 | סדום וית עמרה כגינת׳ | דייי | באילנא כארעא דמצרים |
| 3713 | Nu22:22 | הוא וא«ת»עתד מלאכה | דייי | בארחה למסטן לה והוא רכיב |
| 3714 | Ex 7:03M | וית נסוי#2#/^תימה | דייי#2#^/ | בארעא דמצרי: |
| 3715 | Dt29:26 | ותקיף רוגזה | דייי | בארעא ההיא למייתיה עלה ית |
| 3716 | Dt15:04 | מברכה יברך יתכון ממרה | דייי | בארעה דייי אלהכון יהב לכון |
| 3717 | Dt34:05 | ומית תמן <משה> עבדה | דייי | בארעהון דמואביי על פם |
| 3718 | Ex19:18 | עלוי איקר שכינת׳ | דייי | באשתא וסלק{ת} תננא כתננא |
| 3719 | Nu18:15 | לכל בשרה די יקרבון לשמה | דייי | בבני אנשא ובבעירא דידך |
| 3720 | Lv27:26 | בוכרה די יתאפרש לשמה | דייי | בבעירה לא יקדש גבר יתיה |
| 3721 | Lv24:16 | ומן די יפרש שמיה | דייי | בגדפין מתקטלה יתקטל מרגם |
| 3722 | Gn 3:08M | בגוא אלני גנתה /ממריה | דייי | בגוא מציעות גנתה#2#/: |
| 3723 | Ex 7:17M | \ייי בדא תדע /מימריה | דייי | בהדא זמנא תדע#2#/ ארום |
| 3724 | Nu12:09 | ותקף רוגזה | דייי | בהון ואזל: |
| 3725 | Nu15:31 | ארום פתגמא | דייי | בזי וית מצוותה אפס |
| 3726 | Nu 9:07 | דלא למקרבה ית קרבנה | דייי | בזימניה בגו בני ישראל: |
| 3727 | Gn35:07M | עלוי יקר שכינתיה | דייי | בזמן דערק מן קדם עשו |
| 3728 | Ex12:42 | ומזומן הוא לפורקן לשמה | דייי | בזמן אפקותיהון דבני ישראל |
| 3729 | Lv23:04 | אילין מועדוי | דייי | {בזמניהון} יומין טבין |
| 3730 | Gn20:06 | ואמר לה ממריה | דייי | בחלמא אף אנא גלי קדמיי |
| 3731 | Gn31:11 | ואמר לי מלאכא | דייי | בחלמא יעקב ואמר הא אנא: |
| 3732 | Dt12:14 | באתרא די יתרעי ממרא | דייי | בחר מן שבטיכון תמן תקרבון |
| 3733 | Dt 3:26 | ותקף רוגזיה | דייי | בי מן בגללכון ולא שמע בקל |
| 3734 | Nu36:13M | במישריה /דפקד מימריה | דייי | בידוי דמשה לוות בני |
| 3735 | Gn 2:02 | ואשלם ממריה | דייי | ביומ׳ שביעיא עיבידתיה די |
| 3736 | Ex14:30 | ופרק ושיז׳ ממריה | דייי | ביומא ההוא ית ישראל מן |
| 3737 | Lv 7:35 | דבנוי מן קרבנוי | דייי | ביומא די אקריב יתהון |
| 3738 | Nu32:10 | ותקיף רוג«ז»א | דייי | ביומא ההוא וקיים בשבועה |
| 3739 | Gn 1:04 | טב הוא ואפ{שר}<רש> ממרא | דייי | בין נהורא לבין חשוכא: |
| 3740 | Ex 9:04M | "יפרש ...:" ויכסי מימריה | דייי | בין נכסיהון דישראל ובין |
| 3741 | Nu22:24 | וקם ליה מלאכה | דייי | ביני סייגי כרמיה סיג מן |
| 3742 | Ex34:09M | כען יקר שכינתיה | דייי#2#/ | בינינן ארום עם קשין/קשי |
| 3743 | Dt 7:04 | אחרניין די יתקוף רוגזיה | דייי | בכון דלא ישיצי יתכון |
| 3744 | Dt 7:07M | צבא מימריה | דייי | בכון ואיתרעי בכון ארום |
| 3745 | Dt 9:08 | קדם ייי ותקף רוגזיה | דייי | בכון למשיציה יתכון: |
| 3746 | Dt11:17 | דלא יתקף רוגזה | דייי | בכון ויעצור ית שמייא ולא |
| 3747 | Gn39:05 | דיוסף והוה ברכתיה | דייי | בכל מה דהווה ליה בבייתיה |
| 3748 | Ex 9:14M | לית כוותי/כוות ממריה | דייי#2#/ | בכל ארעא: |
| 3749 | Dt 6:05 | ית אולפן אורייתה | דייי | בכל לבבכון ובכל |
| 3750 | Ex13:17M | ארום אמר ייי/מימרי׳ | דייי | במחשבת דל<ב>יה#2#/ דלא |
| 3751 | Dt31:15 | ואתגלי ממרה | דייי | במשכנה בעמודה דעננה וקם לה |
| 3752 | Gn35:09M | ואיתגלי עלוי מימריה | דייי | במשרי חזווה ועוד אלפת יתן |
| 3753 | Ex 4:22M | בוכרי ישראל /מימריה | דייי | בני בוכרי הנין ישראל#2# |
| 3754 | Nu23:19 | דבני אנשא עובדוי | דייי | בני אנשא אמרין ולא עבדין |
| 3755 | Gn39:21M | ממרה | דייי | בסעדה דיוסף והטה לוותה |
| 3756 | Gn48:21M | \ייי עמכון /מימרי׳ | דייי | בסעדיכון#2#/ ויחזור יתכון |
| 3757 | Nu14:43M | יהוי \ייי עמכון /ממריה | דייי | בסעדכון#2#/: |
| 3758 | Nu14:09M | \ומימר דייי /ומימריה | דייי | בסעדן לא תדחלון#2#/ עמן |
| 3759 | Nu21:06M | ייי /וגרי מימריה | דייי#2#/ | בעמא ית חויה שרפיתה |
| 3760 | Nu11:33M | תקוף בעמה /ותקף רוגזה | דייי | בעמה#2#/ ומחה סגין לחדה: |
| 3761 | Nu12:05 | ואיתגלי איקר שכינתיה | דייי | בעמודה דעננה וקם לה בתרע |
| 3762 | Ex34:05 | איקר שכינתי׳ | דייי | בעננא ואתעתד לוותיה תמן |
| 3763 | Nu11:25 | ואיתגליית איקר שכינתה | דייי | בענניא ומלל עמה ורבי מן |
| 3764 | Dt 4:03 | ית כל מה די עבד ממריה | דייי | בפלחי טעוותה פעור <...> |
| 3765 | Gn49:27 | תשרי איקר שכינתא | דייי | בצפרא יהוון כהנייא מקרבין |
| 3766 | Gn25:21M | ייי ועברת /ושמע ממרי׳ | דייי | בקל צלו<ת>י ועב׳#2#/ |
| 3767 | Dt10:10 | לילוון ושמע קל ממרה | דייי | בקל צלותי אמר משה לחוד |
| 3768 | Gn21:17M | צלותיה דטליא /מימריה | דייי | בקלא דטלא#2#/ באתרא דהוא |
| 3769 | Dt 1:45M | בקל בכותכון /מימריה | דייי | בקלכון#2#/ ולא אצית |
| 3770 | Lv23:38M | מתנוותכון /שבי קדשוי | דייי | בר מן מת׳#2#/ בר מן כל |
| 3771 | Lv23:38 | אתון מקרבין בשובי קדשוי | דייי | בר מן מתנוותכון בר מן כל |
| 3772 | Ex 9:23M | בגו ברדא ואמטר ממרי׳ | דייי | ברד#2#/ על ארעא דמצרים: |
| 3773 | Dt29:22 | וצבויים די הפך ממרה | דייי | ברוגזיה ובכליתה: |
| 3774 | Gn24:01 | סאב ועל ביומיא וממריה | דייי | ברך ית אברהם בכל«א»: |
| 3775 | Gn 1:17 | ושוי יתהון איקרי׳ | דייי | ברקיעא שמיא למנהרא על |
| 3776 | Dt28:27M | בשחנה דמצריי /מימריה | דייי | בשוח׳ דמצרים#2#/ |
| 3777 | Dt 4:14 | ויתי פקד ממריה | דייי | בשעתה ההיא למלפה יתכון |

|  |  | | | |
|---|---|---|---|---|
| 3778 | Lv17:06 | כהנא ית אדמה על מדבחה | דייי | בתרע משכן זמנא ויסדר תרבה |
| 3779 | Nu31:50 | וקרבנן ית קרבנה | דייי | גבר מידהווינן עללין |
| 3780 | Ex 3:07M | מחמי חמית ית /מימריה | דייי | גלי קדמי ית#2/ צערהון |
| 3781 | Nu11:20M | די מאסתון יקר שכינתה | דייי | דאית ביניכון |
| 3782 | Dt 6:12 | תנשון ית אולפן אורייתה | דייי | דאפיק יתכון פריקין מן ארעא |
| 3783 | Gn16:13 | וצליית בשם מימריה | דייי | דאתגלו עליה את הוא אלהא |
| 3784 | Gn12:07 | ובנה תמן מדבח לשם ממרי' | דייי | דאתגלי עלוי: |
| 3785 | Gn35:01 | ובני תמן מדבח לשם ממרי | דייי | דאתגלי עלך במערקך מן קדם |
| 3786 | Gn20:13 | יתי בתר סעוותהון וממרה | דייי | דבר יתיה מן ביתה דאבה |
| 3787 | Ex35:05 | יתה לבה ייתי ית אפרשותא | דייי | דהב וכסף ונחש: |
| 3788 | Ex14:19 | ונטל מלאכא | דייי | דהוי עתיד למהלך קדם |
| 3789 | Ex34:10 | שרי ביניהון ית עובדוי | דייי | דחילין אינון די אנה אעבד |
| 3790 | Ex14:13 | וחמון ית פורקנוי | דייי | די יעבד לכון יומא הדין |
| 3791 | Lv 4:02 | תחטא בשלוה מן כל מצוותה | דייי | די לא כשרין מתעבדה ותעבד |
| 3792 | Lv 4:13M | די לא כשרין /פקודוי | דייי | די לא כשרה#2/ למתעבדה |
| 3793 | Lv 5:17 | ותעבד חדה מן כל מצוותה | דייי | די לא כשרין למתעבדה ולא |
| 3794 | Lv23:02 | ותימר להון מועדוי | דייי | די תארעון יתהון |
| 3795 | Lv23:38 | בר מן קרבניה | דייי | די אתון מקרבין בשובי קדשוי |
| 3796 | Nu11:20 | סרבתון על פם גזרת ממרה | דייי | די אקר שכינתיה שריה |
| 3797 | Dt 1:01 | לשמיה וארון קיימא | דייי | די אעלתון בגווה וחפיתון |
| 3798 | Dt31:08 | ומימרה | דייי | די א«י»קר שכינתיה מדברה |
| 3799 | Nu18:13 | בארעהון די ייתון לשמה | דייי | דידך יהווי כל דידכי |
| 3800 | Lv23:37 | אילין מועד(ו)«י»ן | דייי | דיתארעון יתהון יומין טבין |
| 3801 | Lv 1:03 | אן עלה קרבנה לשמה | דייי | דכר שלם מן מום יקרב יתיה |
| 3802 | Lv 3:06 | לנכיסת קודשיה לשמה | דייי | דכר או נקבה שלם מן מום |
| 3803 | Lv 5:25 | וית אשמה ייתי לשמה | דייי | דכר שלם מן מום מן ענה |
| 3804 | Lv 4:27 | במעבדה חדה מן מצוותיה | דייי | דלא כשרין למתעבדה ויתחייב: |
| 3805 | Lv 8:35 | יומין ותטרון ית מטרתה | דייי | דלא תמותון ארום כדן פקדית: |
| 3806 | Nu22:13M | אתי עמכון /סרב מימריה | דייי | דלא למשבוק יתי למיתי |
| 3807 | Dt 8:11 | תנשון ית אולפן אורייתה | דייי | דלא למטור מצוותה וסדרי |
| 3808 | Gn40:23 | כתבא דכתיב בספר אוריתא | דייי | דמתילא בספר קרביא לייט |
| 3809 | Nu21:14 | כתיב ומפרש בספר אורייתה | דייי | דמתילה בספר קרבייה נסייה |
| 3810 | Ex17:15 | מדבח וצלי תמן בשם מימרי | דייי | דעבד ליה ניסין: |
| 3811 | Gn35:03 | ואבנה תמן מדבח לשמה | דייי | דענה יתי בשעת עקתי והווה |
| 3812 | Gn22:14 | למיהוי אמרין בטור מקדשא | דייי | דקרב אברהם ית יצחק ברה |
| 3813 | Ex 4:28 | לאהרן ית כל פתגמיא | דייי | דשלח יתיה ייי <....>: |
| 3814 | Gn28:16 | הא מן קושטא איקר שכינה | דייי | דשריה באתרה הדין ואנה לית |
| 3815 | Gn 1:29 | ואמר אקריה | דייי | הא יהבית לכון ית כל עשביא |
| 3816 | Gn 3:22M | אלהים הא אדם /ממריה | דייי | הא הוה אד#2/ קדמיה |
| 3817 | Gn16:11 | ואמר לה מלאכה | דייי | הא את מתעברה וילדת בר |
| 3818 | Gn16:14M | עלוי יקר שכינתיה | דייי | הא הוא בן#2/ רקם ובין |
| 3819 | Ex 9:27M | /חבית דסרבית על מימריה | דייי | הדה זמנא גלי#2/ ייי הוא |
| 3820 | Ex15:18 | פומיהון כחדא ואמרין | דייי | הוא מלכותא מן קדם עלמא ועד |
| 3821 | Lv27:26 | אין תור אין אימר לשמה | דייי | הוא: |
| 3822 | Lv27:30 | מן פירי אילנה לשמה | דייי | הוא קדש לשמא דייי: |
| 3823 | Nu15:30M | גיוורייה ית מימריה | דייי#2/ | הוא מחרף ותישתצא |
| 3824 | Nu16:07M | ביה \ייי קדישא /מימריה | דייי | הוא קדיש#2/ אסגיתון |
| 3825 | Dt18:02M | מימריה | דייי | הוא אחסנתיה |
| 3826 | Ex13:21 | וממרי«ה» | דייי | הוה מדבר קדמיהון באיממא |
| 3827 | Nu10:34 | וענן איקר שכינתה | דייי | הוה מגן באיממה במיטלהון מן |
| 3828 | Ex 9:29 | תוב מן בגלל דתדע ארום | דייי | ה(ו)<י>א ארעא: |
| 3829 | Ex19:05M | \דידי היא כל /לשמה | דייי | היא כל#2/ ארעא: |
| 3830 | Lv25:23M | לחלטין ארום לשמה | דייי | היא כל ארעא ארום גיורין |
| 3831 | Lv 8:21M | הוא/מתקבל הוא לשמיה | דייי#2/ | היך מה פקד ייי ית משה: |
| 3832 | Nu 3:16 | משה על פם גזירת ממרה | דייי | היך מה דאיתפקד: |
| 3833 | Nu 3:51 | ולבנוי על פם גזירת ממרה | דייי | היך מה די פקד ייי ית משה: |
| 3834 | Nu31:47 | דנטרין מטרת משכנא | דייי | היך מה די פקיד ייי ית |
| 3835 | Gn21:23M | לי בשבועה בשם מימריה | דייי | הכא דלית את משקר לי בברי |
| 3836 | Gn21:23 | וכדון אשתבע לי בשמה | דייי | הכה אם תשקר בי ובברי ובבר |
| 3837 | Nu14:44 | לריש טורא וארון קיימא | דייי | ומשה לא זעו מן משריתה: |
| 3838 | Nu22:25 | וחמת אתנתה ית מלאכה | דייי | ואדחקת לכותלה ודחקת ית |
| 3839 | Dt 1:43 | על פם גזירת מימרה | דייי | ואזידתון וסליקתון לטורא: |
| 3840 | Dt32:01 | כדין קם ליה משה נבייא | דייי | ואזרז ואמר אציתו שמיה |
| 3841 | Dt18:01 | עם ישראל קורבנוי | דייי | ואחסנותיה יאכלון: |
| 3842 | Ex 7:20M | וארים חוטריה /מימריה | דייי | ואסען בחוטר#2/ ומחה |
| 3843 | Nu33:02 | על פם גזירת ממריה | דייי | ואילין מטלניהון למיפקנהון: |
| 3844 | Ex40:35 | אשרי עלוי איקר שכינתה | דייי | ואיקר שכינתה דייי מלא |
| 3845 | Lv10:12 | די אשתיירת מן קרבנוי | דייי | ואכלו יתה פטירין סמיך |
| 3846 | Lv23:44 | משה ית סדרי מועדוי | דייי | ואלף יתהון לבני ישראל: |
| 3847 | Gn35:09M | מפרש ובריך יתהון ממריה | דייי | ואמ' להון מימריה דייי |
| 3848 | Gn18:30 | ואמר לא כען יתקף רוגזא | דייי | ואמלל מה דילמה אם ישתכחון |
| 3849 | Gn18:32 | לא כען {א}<י>תקף רוגז' | דייי | ואמלל לחוד זמנא הדין מה |
| 3850 | Gn 1:28 | וברך יתהון איקריה | דייי | ואמר ליהון ממרה דייי תקופו |
| 3851 | Gn22:14 | אברהם וצלי בשם ממריה | דייי | ואמר בבעו ברחמין מן קדמיך |
| 3852 | Gn26:02M | עלוי ייי/יקר שכינתיה | דייי#2/ | ואמר לא תיחות מצרימה |
| 3853 | Lv22:27M | הא בכין פרש משה נבייה | דייי | ואמר עמי בני ישראל תור |
| 3854 | Dt33:08 | דלוי ברך משה נביא | דייי | ואמר תומייא ואורייא אלבישת |
| 3855 | Dt33:12 | דבנימן ברך משה נבייא | דייי | ואמר רחימה דייי ישרי לרחצן |
| 3856 | Dt33:13 | דיוסף ברך משה נבייא | דייי | ואמר מה בריכה היא מן קדם |
| 3857 | Dt33:18 | דזבולן ברך משה נבייא | דייי | ואמר חדון דבית זבולן |
| 3858 | Dt33:20 | דגד ברך משה נביא | דייי | ואמר בריך מן דאפתי תחומה |
| 3859 | Dt33:22 | דדן ברך משה נבייא | דייי | ואמר דן מדמי לגור בר |
| 3860 | Dt33:23 | דנפתלי ברך משה נבייא | דייי | ואמר נפתלי שביע רעווה |
| 3861 | Dt33:24 | דאשר ברך משה נבייא | דייי | ואמר בריך מן בניא יהווי |
| 3862 | Ex 7:25M | ית מיא דנהרא /מימריה | דייי | ואסיקית נהרא#2/ ואסי |
| 3863 | Dt 4:20 | ויתכון אפרש מימריה | דייי | ואפק יתכון מן כורה דפרזלה |
| 3864 | Ex24:04 | וכתב משה ית כל פתגמיי | דייי | ואקדם בצפרא ובנה מדבח |
| 3865 | Ex18:12 | ונכסת קודשין לשמיה | דייי | ואתא אהרן וכל חכימיא |
| 3866 | Gn15:06 | והיימן אברם בשם ממרא | דייי | ואתחשבת ליה לזכו: |
| 3867 | Nu21:05M | עמא בשם מימריה | דייי | ובמשה למ'#2/ כען אסקתון |
| 3868 | Lv22:24 | לא תקרבון אלין לשמה | דייי | ובארעכון לא תעבדון: |
| 3869 | Gn 9:16 | קיים עלם בין מימרא | דייי | ובין כל נפש חיתה בכל בשרא |
| 3870 | Dt 5:05 | הוינה מעתד בין ממריה | דייי | וביניכון בשעתה ההיא |
| 3871 | Ex14:31 | ייי והימנו בשם ממריה | דייי | ובנבואתיה דמשה עבדיה: |
| 3872 | Gn28:17M | אילהן אתר בית מקדשא | דייי | ודין היכלא מכוון תרע |
| 3873 | Gn24:62M | עלוי יקר שכינתי' | דייי | והוא#2/ הוה שרי בארעא |
| 3874 | Ex12:42 | על אפי תהומא וממריה | דייי | והוה נהורא ונהר וקרא יתה |
| 3875 | Ex24:11 | וחמון ית איקר שכינתה | דייי | והוון חדיין על קרבניהון |
| 3876 | Nu14:41 | על פם גזירת מימרה | דייי | והיא לא תצלח: |
| 3877 | Gn 7:16M | עלוי /די פקדת ממריה | דייי | וחס ואגן ממריה דייי |
| 3878 | Lv27:16 | אחסנתיה יקדש גבר לשמה | דייי | ויהווי עלויה לפם זרעה זרע |
| 3879 | Lv 5:21 | תחטא ותשקר שקר בשמה | דייי | וי(ח)<כ>פר בחברה בפקדון או |
| 3880 | Lv 5:15 | שקר ותחטא בשלו מן קדשוי | דייי | וייתי ית אשמיה קדם ייי דכר |
| 3881 | Lv 4:31 | מדבחה לריח דרעוה לשמ' | דייי | ויכפר עלוי כהנא וישתרי |
| 3882 | Lv 4:35 | על גבי מדבחה על קרבנוי | דייי | ויכפר עלוי כהנא על חובתיה |
| 3883 | Nu14:08M | ויתן /איתרעי בן מימריה | דייי | ויעל יתן#2/ יתה לן ארע |
| 3884 | Lv27:14 | יקדש ית ביתה קדש לשמה | דייי | ויעלי יתה כהנה בין טב ובין |
| 3885 | Lv 1:14 | מן עופא עלה קרבנה לשמה | דייי | ויקרב מן שפניניה {או} או |

|  |  | | | |
|---|---|---|---|---|
| 3886 | Lv 2:08 | די יתקרב מן אלין לשמה | דייי | ויקרב יתה לות כהנא ויסדר |
| 3887 | Lv16:09 | עלוהי עדוה לשם ממריה | דייי | ויקרב יתה לחטאתה: |
| 3888 | Gn40:23M | די יתרחיץ בשם ממרי׳ | דייי | וישווי ממרה דייי רחצניה |
| 3889 | Lv 5:21M | בשם ממריה | דייי | וישקר בחברה בפקדונה או |
| 3890 | Lv 7:25M | די תיכול מן גוא /לשמיה | דייי | וישתצי נפשה ההיא מן#2#/ |
| 3891 | Ex18:16 | ואודע יתהון ית קיימוי | דייי | וית גזירת אורייתא: |
| 3892 | Ex24:03 | ותני לעמא ית כל פתגמיא | דייי | וית כל סדרי דינא וענון כל |
| 3893 | Dt10:13 | למטור ית מצוותה | דייי | וית קיימוי די אנה מפקד |
| 3894 | Dt31:09 | דטענין ית ארון דקיימייה | דייי | וית חכימייה דישראל: |
| 3895 | Gn28:22 | יהווי בית מקדשיא לשמה | דייי | וכל מה דתתן לי חד מן עשרה |
| 3896 | Ex13:12 | כל שרוי פתחי וולדה לשמה | דייי | וכל פתחי וולדה דבעירא די |
| 3897 | Ex35:24 | ודנחש אייתון ית אפרשותה | דייי | וכל מן די אשתכח לוותיה אעי |
| 3898 | Nu11:24 | עם עמא ית כל פתגמוי | דייי | וכנש שובעין גברין מן גברי |
| 3899 | Nu 9:19 | בני ישראל ית מטרתה | דייי | ולא־ יטלון: |
| 3900 | Nu14:43 | כדן די חזרתון בתר מימרה | דייי | ולא יהוי ייי עמכון: |
| 3901 | Nu23:19 | לא כמימר בני אנשא מימריה | דייי | ולא כעובדיהון דבני אנשא |
| 3902 | Dt18:22 | די יימלל נבייא בשם ממרה | דייי | ולא יהווי פתגמא ולא יתי |
| 3903 | Dt31:27 | מסרבין הויתון בתר ממרה | דייי | ולהוד ארום בתר מתותי: |
| 3904 | Nu16:09 | ית פלחן משכן זימנא | דייי | ולמיקם קדם כנישתה למשמשה |
| 3905 | Nu33:38 | טורא על פם גזירת ממרה | דייי | ומית תמן בסוף ארבעין שנין |
| 3906 | Ex20:20 | עליכון איקר שכינתיה | דייי | ומן בגלל דתיהוי דחלתה דייי |
| 3907 | Nu16:03 | וביניכון שריא שכינתה | דייי | ומן בגלל מה אתון מתרברבין |
| 3908 | Lv23:18 | תרין יהוון עלה לשמה | דייי | ומנחתהון ונסכהון קרבן |
| 3909 | Nu15:24 | לריח {ניחו} דרעוה לשמה | דייי | ומנחתיה ונס«ו»כוי כסדר |
| 3910 | Gn 8:20 | ובנה נח מדבח לשם ממרה | דייי | ונסב מן כל בעירה דוכי׳ ומן |
| 3911 | Lv23:13 | מתקבל לריח דרעוה לשמה | דייי | ונסוכוי חמר רבעות הינה: |
| 3912 | Ex 4:27 | יתיה בטור בית מוקדשא | דייי | ונשק יתיה: |
| 3913 | Lv22:03 | יקדישון בני ישראל לשמה | דייי | וסאבתיה עלוי ותשתיצי נפשה |
| 3914 | Lv 7:20 | נכסת קדשיה דמפרש לשמה | דייי | וסאובתיה עלוי ותשתיצא נפשה |
| 3915 | Gn47:31M | דאתגלי איקר שכינתי׳ | דייי | וסגיד ישראל |
| 3916 | Ex19:18M | מזיו יקר שכינתיה | דייי | וסלק קוטרי׳ היך |
| 3917 | Lv16:08 | עדוין עדיו חד לשם ממרי׳ | דייי | ועדיו חד לעזאזל: |
| 3918 | Nu21:05 | ומלילו עמה בתר ממרה | דייי | ועל משה אתרעמו למה כען |
| 3919 | Nu21:07 | ארום מללנן בתר ממרה | דייי | ועליך אתרעמנן צלי קדם ייי |
| 3920 | Gn12:08 | ובנא תמן מדבח לש׳ ממריה | דייי | ופלח וצלי תמן בשם ממריה |
| 3921 | Gn26:25 | תמן מדבח וצלי בשם ממרי | דייי | ופרס תמן משכניה וחפרו תמן |
| 3922 | Ex34:06 | ועברת איקר שכינתיה | דייי | וצלי משה ואמר ייי ייי |
| 3923 | Gn24:48 | ועקדת ואודת ושבחת לשמה | דייי | וצלי«י»ת קדם אלהה |
| 3924 | Dt29:19 | ארום בכדן יתקוף רוגזיה | דייי | וקנאתיה בגברא ההוא וידבקון |
| 3925 | Nu22:27 | וחמת אתנתה ית מלאכה | דייי | ורבעת לה תחות בלעם ומחת |
| 3926 | Ex 9:21M | דלא שוי לביה לפתגמ׳ | דייי#2#/ | ושבק ית עבדוי וית |
| 3927 | Ex 9:21 | די לא שוי לבא לפתגמוי | דייי | ושבק ית עבדוי וית בעיריה |
| 3928 | Ex16:07 | יתחמון איקר שכינתה | דייי | ושמיע ית תורעמתכון קדם ייי |
| 3929 | Nu11:01 | הגין ביש במשמעה | דייי | ושמע קדם ייי ותקף רוגזה |
| 3930 | Ex 4:31 | והימנו עמא בשם ממריה | דייי | ושמעו ארום אדכר ייי ברחמוי |
| 3931 | Ex17:01 | על פם גזירת מימריה | דייי | ושרון ברפידים ולא הוה |
| 3932 | Ex24:10 | וחמון ית איקר שכינתה | דייי | ותחות אפיפודן דרגלוי כעובד |
| 3933 | Ex18:23M | למיקם /יתך מימרי׳ | דייי | ותיכול למיקם#2#/ |
| 3934 | Nu15:39 | ית כל מצוותה | דייי | ותעבדון יתהון ולא |
| 3935 | Nu 5:06 | דבר נשא למשקרי שקר בשמה | דייי | ותתחוב נפשה ההוא: |
| 3936 | Dt17:10 | ההוא די יתרעי ממריה | דייי | ותתטרון למעבד כל מה די |
| 3937 | Ex 9:28M | ויפסוק קדמוי | דייי | זכאה |
| 3938 | Gn 4:25M | ארום שוי לי ממריה | דייי | זרע אוחרן חולף הבל די |
| 3939 | Lv 5:07 | גוזלין בני יון לשמה | דייי | חד לחטאת׳ וחד לעלתה: |
| 3940 | Nu18:26 | ותפרשון מיניה אפרשותה | דייי | חד מן עשרה ממעשרה: |
| 3941 | Gn16:09 | ואמר לה מלאכה | דייי | חזרי לוות רבונתיך ואצטערי |
| 3942 | Nu22:34 | ואמר בלעם למלאכה | דייי | חטאת ארום לא ידעת ארום את |
| 3943 | Lv 5:12 | על גבי מדבחא על קרבנוי | דייי | חטאתה היא: |
| 3944 | Ex36:01M | חכימי ליבה דיהב מימריה | דייי | חכמ׳ |
| 3945 | Ex36:02M | לבה די שווי מימרי׳ | דייי | חכמה בלבה כל די רברב לביה |
| 3946 | Ex19:11M | כל /אתגלי׳ מימרי׳ | דייי | חמיין כל#2#/ עמא על טורא |
| 3947 | Gn50:20M | לטבן /בושן ממריה | דייי | חשב יתיה לטב מק׳#2#/ |
| 3948 | Dt 9:04 | דאומייה האליין מימרה | דייי | טרד יתהון מן קדמיכון: |
| 3949 | Dt11:17 | מן עלוי ארעא טבתה דממרא | דייי | יהב לכון: |
| 3950 | Nu18:19 | יפרשון בני ישראל לשמה | דייי | יהבית לך ולבניך ולבנתך עמך |
| 3951 | Gn 1:03 | ואמר ממ«רא» | דייי | יהוי נהור והות נהור כגזירת |
| 3952 | Gn 1:06 | ואמר ממרא | דייי | יהוי רקיעא במציעות מיא |
| 3953 | Lv27:09 | כל מה די יפרש מינה לשמה | דייי | יהוי קדיש: |
| 3954 | Gn20:11 | אמרית לחוד לית דחלתה | דייי | יהיבה באתרא הדין וקטלין |
| 3955 | Gn22:08M | אזדמן לה אמר /ממריה | דייי | יזדמן לה אימרא#2#/ לעלתה |
| 3956 | Gn43:29M | יהוי מחוס עלך /מימרי׳ | דייי | יחוס עלך#2#/ ברי: |
| 3957 | Nu 9:18 | על פ{{ו}}ם גזירת מימריה | דייי | יטלון בני ישראל |
| 3958 | Nu 9:20 | ועל פם גזירת מימרה | דייי | יטלון: |
| 3959 | Nu 9:23 | ועל פם גזירת מימרה | דייי | יטלון ית מטרתה דייי נטרו |
| 3960 | Dt 8:03 | דנפק מן פם גזירת ממריה | דייי | יחי בר נשא: |
| 3961 | Ex20:11M | ברא /ושכלל מימרי׳ | דייי#2#/ | ייי שמיא וית ארעא ית |
| 3962 | Lv 7:29 | ית נכסת קודשוי לשמה | דייי | ייתי ית קרבניה לייי מן |
| 3963 | Nu 5:21M | עמיך כד יתן מימריה | דייי | ירכיך מסיין וית כרסיך |
| 3964 | Nu 9:18 | גזירת מ«י»מרה | דייי | ישרון כל יומין די שרי ענגה |
| 3965 | Nu 9:23 | על פם גזירת מימרה | דייי | ישרון ועל פם גזירת מימרה |
| 3966 | Dt33:12 | נבייא דייי ואמר רחימה | דייי | ישרי לרחצן עלוי יהווי מגן |
| 3967 | Gn 1:20 | ואמר ממרא | דייי | ישרצון מיא שרץ נפש דחיא |
| 3968 | Nu30:06M | /לא יקומון וממריה | דייי | ישתרי וישת׳#2#/ לה ארום |
| 3969 | Nu30:13M | /אפס יתהון ומימריה | דייי | ישתרי וישת׳#2#/ לה: |
| 3970 | Gn 1:16 | וברא ממרא | דייי | ית תרין נהוריא רברביא ית |
| 3971 | Gn 1:25 | וברא ממרה | דייי | ית חייתא דארעא למינה וית |
| 3972 | Gn 1:27 | וברא ממרה | דייי | ית בר נשא בדמותיה בדמו |
| 3973 | Gn 2:03 | וברך איקריה | דייי | ית יומא שביעיא וקד׳ יתיה |
| 3974 | Gn 2:15M | דעדן למהוי /ממריה | דייי | ית אדם ואצנע יתיה בגינתה |
| 3975 | Gn13:10M | קדם עד לא יחבל ממריה | דייי | ית |
| 3976 | Gn16:11M | קדם ייי /שמע ממריה | דייי#2#/ | ית צעריך: |
| 3977 | Gn19:29M | /בזמן דחבל מימריה | דייי#2#/ | ית קרוי׳/קרי׳#2#^ |
| 3978 | Gn33:05M | ייי /חס ואגון מימריה | דייי#2#/ | ית עבדך: |
| 3979 | Ex14:27M | לקדמותיהן ושנק מימרי׳ | דייי | ית מצריי׳ בגו ימא |
| 3980 | Ex20:11M | כן ברך מימרי׳ | דייי#2#/ | ית יומא דשבתא וקדש |
| 3981 | Ex31:17M | ברא ייי/ושכלל מימריה | דייי#2#/ | ית שמיא וית ארעא וביומא |
| 3982 | Ex32:35M | ייי /וחבל מימריה | דייי#2#/ | ית עמא על אשר עשו את |
| 3983 | Lv 3:03M | קרבן \קדם ייי /לשמה | דייי#2#/ | ית תרבא דחפי ית/על#2#/ |
| 3984 | Nu 8:04M | ייי /חווי מימריה | דייי#2#/ | ית משה כדן עבד בצלאל |
| 3985 | Nu11:29M | ייי /יתן מימריה | דייי#2#/ | ית רוח קודשה עליהון: |
| 3986 | Nu14:21 | לעלם ותתמלא איקר שכינתה | דייי | ית כל ארעא: |
| 3987 | Nu22:31M | ית עיינוי /ופתח מימריה | דייי | ית עייניה#2#/ דבלעם וחמא |
| 3988 | Nu31:07M | היך מה די פקד מימריה | דייי#2#/ | ית משה וקטלו כל דכורא: |
| 3989 | Dt 5:28 | ושמע מימרה | דייי | ית קל מליכון בזמנה דמללתון |
| 3990 | Dt11:23 | ויטרוד ממרה | דייי | ית כל אומייא האליין |
| 3991 | Dt28:59M | ויכסי מימריה | דייי | ית מחתה וית מחת זרעיית |
| 3992 | Dt33:01 | ברכתה די ברך משה נביא | דייי | ית בני ישראל קדם עד לא |
| 3993 | Dt34:01 | יריחו וחווי ליה מימריה | דייי | ית כל ארעא וית גלעד עד |

|  |  | | | |
|---|---|---|---|---|
| 3994 | Dt34:09 | היך מה די פקד מימריה | דייי | ית משה: |
| 3995 | Lv 8:04M | ייי /די פקד ממריה | דייי#2/ | יתה ויתכנשו עם כנשתה |
| 3996 | Nu10:29M | "ייי ...": מימריה | דייי | יתיה אתן לכון אתה עימן |
| 3997 | Dt 1:03M | יתיה למימר להון /ממריה | דייי | יתיה עליהון#2/: |
| 3998 | Dt 9:16 | מן אורחא דפקיד מימרה | דייי | יתכון: |
| 3999 | Dt 9:23 | וכד שלח מימרה | דייי | יתכון מן רקם דגיעה למימר |
| 4000 | Dt28:08M | באוצריכון /מימריה | דייי | יתכון ית ברכתה |
| 4001 | Gn 1:09 | ואמר ממרה | דייי | יתכנשון מיא מן תחות שמיא |
| 4002 | Ex32:11M | למה ה'/כען מימריה | דייי#2/ | יתקוף רוגזך בעמך די |
| 4003 | Nu17:28 | כל די יקרב למקרבה למשכנה | דייי | יתקטל ה<ו>א ספנן הא |
| 4004 | Ex24:17 | וחיזו איקר שכינתיה | דייי | כאשתא אכלה אשא מתכלה בריש |
| 4005 | Gn18:33 | ואסתלקת איקר שכינ«תיה» | דייי | כד אשלם לממללא עם אברהם |
| 4006 | Ex30:12 | פרק{י}<ו>ן נפשה לשמה | דייי | כד תהוי מני יתהון דלא |
| 4007 | Nu21:14M | כן יעבד להון <מימריה> | דייי | כד הנון עבר' בנ{ה}<ח>לי |
| 4008 | Dt29:23 | כל אומיה למה ממרה | דייי | כדן עבד לארעה הדה מה תקיף |
| 4009 | Nu13:03 | מדברה על פם גזרת ממרה | דייי | כולהון גברין ראשיהון דבני |
| 4010 | Lv27:21 | במפקה דיובילה קדש לשמה | דייי | כחקל אפרשו לכהנה תיהוי |
| 4011 | Gn21:06M | חדה רבה עבד לי ממריה | דייי | כל דשמע בקלי {ו}<י>חדי |
| 4012 | Ex13:15M | כל פתחי וולדא /לשמה | דייי | כל קדמי פתח ולי#2/: |
| 4013 | Ex31:15M | קדש \קדם ייי /לשמה | דייי#2/ | כל \די יעבד/דעבד#2/: |
| 4014 | Ex35:05 | מן לוותכון אפרשו לשמה | דייי | כל די ידוב יתה לבה ייתי ית |
| 4015 | Nu27:17 | בשלם דלא תיהווי כנשתה | דייי | כעין די לית ליה רעי: |
| 4016 | Ex 8:27M | ייי כמילוי /מימרי'\ | דייי | כפיתגמי#2/ דמשה ועבר |
| 4017 | Gn22:15 | וקרא מלאכה | דייי | לאברהם זמן תניינות מן |
| 4018 | Nu18:28 | ותתנון מניה ית אפרשותה | דייי | לאהרן כהנה: |
| 4019 | Nu21:16M | באירה די אמ' מימריה | דייי#2/ | לאהרן ולמשה כנש ית |
| 4020 | Nu31:41 | ויהב משה ית תלש אפרשותה | דייי | לאלעזר כהנא היך מה די פקד |
| 4021 | Nu22:12 | ואמר ממרה | דייי | לבלעם לא תיזיל עמהון ולא |
| 4022 | Nu22:35 | ואמר מלאכה | דייי | לבלעם אזל עם גברייה ולהוד |
| 4023 | Gn21:17 | קליה דטליא וקרא מלאכא | דייי | להגר מן שמיא ואמר לה מה |
| 4024 | Ex 3:14M | "ייי ... שלח": מימרה | דייי | למשה דן דאמ' לעלמ' הווי |
| 4025 | Ex 3:15M | ייי למשה כדין /מימריה | דייי | למשה תניינות כדין#2/ |
| 4026 | Ex 4:21M | במיזלך למחזור /מימריה | דייי | למשה כד תיזל למיזל#2/ |
| 4027 | Ex19:20 | על ריש טורא וקרא מימריה | דייי | למשה מן טורא וסלק משה: |
| 4028 | Ex24:16M | יומין וקרא /דבירא | דייי#2/ | למשה ביומא שביעיא |
| 4029 | Ex34:01M | ייי למשה חצוב /מימריה\ | דייי | למשה חצוב#2/ לך תרין |
| 4030 | Gn 2:18M | בר נשא לבלחודוי /ממריה | דייי | לא שפר למהווי אדם |
| 4031 | Gn 3:01M | לחוד ארום אמ' ממריה/ | דייי#2/ | לא תאכלון מכל אילני |
| 4032 | Lv 2:11 | כל מנחתה דיקרבון לשמה | דייי | לא תתקרב חמיע ארום כל |
| 4033 | Nu 9:13 | מן גו עמה ארום קרבנה | דייי | לא קרב בזימניה חובוי יקבל |
| 4034 | Nu14:09 | לחוד באיקר שכינתה | דייי | לא תמרדון ואתון לא תדחלון |
| 4035 | Nu30:03 | שבועה למקיימה קיים לשמא | דייי | לא יבטל פתגמיה כל די יפוק |
| 4036 | Dt11:21 | על <ארעא> די קיים ממרא | דייי | לאבהתכון למיתן לכון כיומי |
| 4037 | Gn 3:21M | אלהים /וברא ממריה | דייי#2/ | לאדם ולאתתיה לבושין |
| 4038 | Dt31:04 | ויעבד מימרה | דייי | להון היך מה דעבד לסיחון |
| 4039 | Nu22:08M | <די> מלל ממריה | דייי | לוותי ויתבו רברבני דמואב |
| 4040 | Nu 3:39 | על פם גזירת ממריה | דייי | לזרעייתהון כל דכורה מן בר |
| 4041 | Nu11:10 | בתרע משכנה ותקף רוגזה | דייי | לחדה ובאפוי דמשה ביש: |
| 4042 | Dt23:03 | לא ייעול ממזר בקהל כנשתה | דייי | לחוד דר עשיריי לא יתחשב |
| 4043 | Dt23:04 | ומואביי בקהל כנשתה | דייי | לחוד דר עשריי לא יתחשב |
| 4044 | Lv 4:03 | תורין שלם מן מום לשמה | דייי | לחטאת: |
| 4045 | Lv21:06 | דאלההון ארום ית קרבנוי | דייי | לחם אלההון אינון מקריבין |
| 4046 | Dt 5:28 | דמללתון עמי ואמר מימרה | דייי | לי אמר משה שמעית ית קל |
| 4047 | Dt 9:19M | מנכון ושמע מימריה | דייי | לי אמר |
| 4048 | Dt34:04 | ואמר מימריה | דייי | לי אמר משה דא ארעא דקיימת |
| 4049 | Gn 1:10 | וקרא ממרא | דייי | ליבשת' ארעא ולבית כנישות |
| 4050 | Ex12:42 | כחדא הוא לילי פסחא לשמה | דייי | לילי נטיר ומזומן הוא |
| 4051 | Nu18:12 | ברתהון די יפרשון לשמה | דייי | לך יהבית יתהון: |
| 4052 | Lv 7:14 | מן כל קרבן אפרשו לשמה | דייי | לכהנא דזרק ית אדם נכסת |
| 4053 | Nu 5:08M | לייי /דאתחזר לשמה | דייי#2/ | לכהנה בר מן דיכרה |
| 4054 | Ex16:15M | לכון למיכל /במימרי' | דייי | לכון למזון#2/: |
| 4055 | Dt 3:21 | האליין כדן יעבד מימרה | דייי | לכל מלכוותה די אתון עברין |
| 4056 | Ex30:15 | סלעא למיתן ית אפרשתה | דייי | לכפרא על נפשתכון: |
| 4057 | Lv16:08M | "עדיו ...": עדב חד לשמה | דייי | לכפרה על עמא ועדב חד |
| 4058 | Gn31:07M | לי /שבק יתיה מימריה | דייי | למבאשה לי#2/: |
| 4059 | Nu20:04 | ית קהל ^עם#2^ כנישתה | דייי | למדברה הדין לממות תמן אנן |
| 4060 | Gn24:31 | ואמר עול בריכה | דייי | למה כען את קיים לברא והא |
| 4061 | Gn19:13M | ייי ושלח יתן /\ממריה | דייי | למחבלה#2/ למשיציא |
| 4062 | Dt10:10M | ייי /בעא מימריה | דייי#2/ | למחבלה יתכון: |
| 4063 | Gn11:05 | ואתגלית איקר שכינתיה | דייי | למחמי ית קרתא וית מגדלא |
| 4064 | Gn 1:22 | וברך יתהון ממרא | דייי | למימר תקיפו וסגון ומלון ית |
| 4065 | Gn17:03 | ומליל עמה ממרה {לממר} | דייי | למימר: |
| 4066 | Nu11:18 | בשר ארום בכיתון במשמעה | דייי | למימר אלווי מן יוכל יתן |
| 4067 | Nu36:05 | ישראל על פם גזירת ממרה | דייי | למימר יאות שבטה דבני יוסף |
| 4068 | Dt31:25 | ליוויי טעני ארון קיימה | דייי | למימר: |
| 4069 | Dt34:11 | די שלח יתיה מימריה | דייי | למיעבד בארעא דמצרים לפרעה |
| 4070 | Gn 2:03 | עיבידתיה די ברה איקרה | דייי | למעבד: |
| 4071 | Gn18:19 | בתרה ויטרון אורחא | דייי | למעבד צדקתה ודינא מן בגלל |
| 4072 | Nu24:13 | למעברה על פם גזרת מימרה | דייי | למעבד טבא או בישא מן דעתי |
| 4073 | Nu22:26 | ואוסף מלאכה | דייי | למעבר וקם ליה באתר דחיק די |
| 4074 | Nu18:06 | מתנה אינון יהיבין לשמה | דייי | למפלח ית פלחן משכן זימנה: |
| 4075 | Dt10:08 | למסבול ית ארון קיימה | דייי | למקום קדם ייי למשמשה קדמוי |
| 4076 | Dt10:15 | באב<ה>תכון אתרעי ממרה | דייי | למרחמ«ו»ה יתהון ובחר |
| 4077 | Ex12:23 | ותעבר איקר שכינתיה | דייי | למשיציא ית מצריי |
| 4078 | Gn 1:05 | וקרא ממרא | דייי | לנהורא אימ' ולחשוכא קרא |
| 4079 | Ex35:21 | יתיה אייתון ית אפרשותא | דייי | לעבידת משכן זימנא ולכל |
| 4080 | Ex19:11 | תתגלי איקר שכינתא | דייי | לעיני כל עמא על טורא |
| 4081 | Lv22:18 | לשמה {יקרבון לשמה} | דייי | לעלה: |
| 4082 | Dt 4:20 | מן מצרים למהווי לשמה | דייי | לעם אחסנה כיומא הדין: |
| 4083 | Dt29:12 | יתכון יומא הדין לשמה | דייי | לעם קדישין והוא יהווי לכון |
| 4084 | Lv22:21 | יקרב נכסת קודשין לשמה | דייי | לפרש נדר או נסיבה בתורין |
| 4085 | Nu23:03 | מה דלמא יזדמן מימריה | דייי | לקדמותי ופתגמא די יחווי |
| 4086 | Lv24:09 | קדשין הוא לה מן קרבנוי | דייי | לקיים עלם: |
| 4087 | Ex29:18 | מדבחא עלה הוא לשמה | דייי | לריח דרעוא קרבן קדם ייי |
| 4088 | Lv19:05 | תכסון נכסת קדשין לשמה | דייי | לרעוה עליכון תיכסון יתיה: |
| 4089 | Lv22:29 | <....> נכסת אודיה לשמה | דייי | לרעוה עליכון תכסון יתיה: |
| 4090 | Gn 1:08 | וקרא ממרא | דייי | לרקיעא שמיא והוה רמש והוה |
| 4091 | Dt33:07 | ברכתה די ברך משה נבייא | דייי | לשבטה דיהודה ואמר שמע |
| 4092 | Ex30:14M | יתן אפרשו/אפרשותה | דייי#2/ | לשמה דייי: |
| 4093 | Lv19:21 | ווייתי ית אשמה לשמה | דייי | לתרע משכן זימנא דכר לאשמה: |
| 4094 | Nu34:15 | דעלוי סדר נצחני קרבוי | דייי | מדעבדין ומנהרא רובא נהרא |
| 4095 | Lv 2:14 | תקרב מנחת דביכורין לשמה | דייי | מהבהב קלי בנורא גרש פריחין |
| 4096 | Ex13:17M | יתהון \ייי ארח /מימריה | דייי | מהלך#2/ ארעהון דפלישתי |
| 4097 | Lv21:21M | יקרוב למקרבה ית קרבנה | דייי | מום ביה |
| 4098 | Nu18:28 | תפרשון אוף אתון אפרשותה | דייי | מכל מעשריכון די תקבלון |
| 4099 | Ex40:35 | דייי ואיקר שכינתה | דייי | מלא משכנה: |
| 4100 | Ex40:35M | מלא /עננה וביקר שכינתה | דייי | מלא#2/ משכנה: |
| 4101 | Ex15:25 | אילן ונסב מיניה מימריה | דייי | מלה דאוריתא וטלק לגו מיא |

|  |  | | | |
|---|---|---|---|---|
| 4102 | Nu10:29M | ונייסבה לך ארום מימריה | דייי | מלל טב על ישראל |
| 4103 | Ex40:34 | משכן זימנא ואיקר שכינתה | דייי | מלת ית משכנה: |
| 4104 | Dt34:10 | די חכם יתיה מימריה | דייי | ממלל כל וקבל ממלל: |
| 4105 | Gn22:11 | וקרא ליה מלאכא | דייי | מן שמיא ואמר אברהם אברהם |
| 4106 | Ex19:03 | ייי וקרא ליה דבירה | דייי | מן טורא למימר כדין תימר |
| 4107 | Ex19:17 | עמא לקדמות איקר שכינתא | דייי | מן משריתא ואתעתדו בשפלוי |
| 4108 | Lv27:28 | אפרשו די יפרש גבר לשמה | דייי | מן כל מה דלה מן בני אנשה |
| 4109 | Nu10:36M | ואמ[ר] תוו כען ממריה | דייי | מן תקוף רוגזך ובריך |
| 4110 | Nu18:29 | תפרשון ית כל אפרשותה | דייי | מן כל תרבה ית טובה מנה: |
| 4111 | Nu25:04 | בכדן יחזור תקוף רוגזה | דייי | מן ישראל: |
| 4112 | Nu31:37 | והוות אפרשותה לשמה | דייי | מן ענה שת מאוון ^ושבעין |
| 4113 | Dt 6:21M | יתן פריקין ^מימריה | דייי#2#/ | מן מצרים ביד תקיפה: |
| 4114 | Dt13:18 | מן בגלל דיחזור ממרה | דייי | מן תקוף רוגזיה ויתן לכון |
| 4115 | Dt 1:37M | ייי /בי תקוף רוגזה | דייי#2#/ | מן בגללכון למימר להוד |
| 4116 | Ex 3:04 | למחמי וקרא ליה ממריה | דייי | מן גו סניה ואמר ליה משה |
| 4117 | Nu31:28 | ותפרשון אפרשו לשמה | דייי | מן לות עמא עבדי קרבה |
| 4118 | Nu23:08 | אנה מזער יתהון וממריה | דייי | מסגי יתהון: |
| 4119 | Nu23:08 | לייט ^יתהון#2#^ וממריה | דייי | מסגי יתהון מה אנה מזער |
| 4120 | Gn16:10 | ואמר לה מלאכא | דייי | מסגיא אסגיא ית בניך ולא |
| 4121 | Dt 8:20 | כאומייה דמימרה | דייי | מסיף מן קדמיכון כדן תסופון |
| 4122 | Dt32:30 | תקיפה שבק יתהון ומימרה | דייי | מסר יתהון ביד |
| 4123 | Gn35:13 | ואסתלקת איקר שכינתה | דייי | מעילוי באתרא די מלל עמיה: |
| 4124 | Gn17:22 | ואסתלק' איקר שכינתיה | דייי | מעלוי אברהם: |
| 4125 | Nu22:23 | וחמת אתנתה ית מלאכה | דייי | מעתד בארחה וחרבה שליפה |
| 4126 | Lv 9:04 | ארום יומא הדין ממריה | דייי | מתגלי עליכון: |
| 4127 | Lv23:20 | אמריה קדש יהוון לשמה | דייי | מתנה לכהנא יתיהבון: |
| 4128 | Lv24:16M | ודמבזה שם מימריה | דייי | מתק' |
| 4129 | Nu11:29 | לי אלווי מן יתן כל עם | דייי | נביין ארום ישרי ייי ית |
| 4130 | Nu 9:23 | דייי יטלון ית מטרתה | דייי | נטרו על פם גזירת מימרה |
| 4131 | Ex13:08M | באפקותן /לן מימרי | דייי | ניסים במפקיהון#2#/ פריקין |
| 4132 | Ex14:31M | די עבד בה מימר' | דייי | נסין במצרי' והימינו |
| 4133 | Dt33:02 | כל מה «די» מלל מימרה | דייי | נעבד ונשמע ופשט ימיניה |
| 4134 | Nu34:15 | מה די קטל משה נביא | דייי | נפק לרפיון ולשוק מזיי |
| 4135 | Nu19:13 | ולא יתדי עלוי ית משכנה | דייי | סאב ותשתיצא נפשה ההיא |
| 4136 | Nu19:20 | קהלה ארום ית בית מקדשא | דייי | סאב מי אדיה לא אזרק עלוי |
| 4137 | Gn15:02M | "בבעו ... יהבת": ממריה | דייי | סגין ברכן יהב' |
| 4138 | Ex 9:05M | פתגמייא הדין /מימריה | דייי | סימנא הדין#2#/ בארעא: |
| 4139 | Nu 4:49 | על פ{{ו}}ם גזירת ממרה | דייי | סכם יתהון על ידוי דמשה |
| 4140 | Lv 2:01 | תקרב קרבן מנחה לשמה | דייי | סלת יהוי קרבניה ויריק עליה |
| 4141 | Dt 1:27 | ואמרתון על מה דהוה ממרה | דייי | סני יתן אפק יתן מארעא |
| 4142 | Gn41:25 | דפרע«ה» חד הוא ית מה | דייי | עבד אתני לפרעה: |
| 4143 | Gn41:28 | די מלילית עם פרעה ית מה | דייי | עבד אתני לפרעה: |
| 4144 | Dt33:21 | עמא בעלמא דאתי זכותה | דייי | עבד וסדרי דינוי אלף לבני |
| 4145 | Dt23:04 | יתחשב להון בקהל כנשתה | דייי | עד לעולם: |
| 4146 | Dt11:04 | ושיצי יתהון ממרה | דייי | עד זמן יומא הדין: |
| 4147 | Ex34:32M | די מלל מימריה | דייי | עימיה בטר' |
| 4148 | Gn 2:16M | על האדם למימר /ממריה | דייי | על אדם ולמימר#2#/ מן כל |
| 4149 | Gn12:07 | ואתגלי ממרה | דייי | על אברם ואמר ליה לבניך |
| 4150 | Gn16:07 | וארע יתה מלאכה | דייי | על עיינה דמיא במדברא על |
| 4151 | Gn17:01 | ואתגלי {{ייי על}} ממריה | דייי | על אברם ואמר לה אנא אלהא |
| 4152 | Gn18:01 | וצבויים ואתגלי ממר' | דייי | על אברהם במשרי חזוה והוא |
| 4153 | Gn18:19 | מן בגלל די ייתי ממריה | דייי | על אברהם ית מה דימלל עמה: |
| 4154 | Gn20:03 | ואיתגליה מימריה | דייי | על אבימלך בחלמא בליליא |
| 4155 | Gn35:05 | ונטלו והוות דחלתא | דייי | על קרייתא די חזור חזור |
| 4156 | Ex12:23 | ויפסח ויגן מימריה | דייי | על תרע אבהתה דבני ישראל |
| 4157 | Ex12:27M | ויגן על /חס ואגן ממריה | דייי | על#2#/ בתיהון דבני ישראל |
| 4158 | Ex19:20 | ואתגליית איקר שכינתא | דייי | על טורא דסיני על ריש טורא |
| 4159 | Ex19:20M | דייי /ואתגלית ממר' | דייי#2#/ | על טורא דסיני על ריש |
| 4160 | Ex20:20 | ומן בגלל דתיהוי דחלתה | דייי | על בית אפיכון ולא תיחטון: |
| 4161 | Ex24:16 | ושרת אי{י}קר שכינתיה | דייי | על טורא דסיני וכסי יתיה |
| 4162 | Ex40:38 | ארום ענן איקר שכינתא | דייי | על משכנא באיממא ואשתא |
| 4163 | Lv 9:23 | עמה ואתגלית איקר שכינתה | דייי | על כל עמא: |
| 4164 | Nu 6:06 | כל יומי נזירותיה לשמה | דייי | על נפש דמית לא יעול: |
| 4165 | Nu16:19 | ואיתגלית איקר שכינתה | דייי | על כל עם כנישתה: |
| 4166 | Nu22:09 | ואתגלי מימריה | דייי | על בלעם ואמר מן אינון |
| 4167 | Nu22:20 | ואתגלי מימריה | דייי | על בלעם בליליה ואמר לה |
| 4168 | Nu22:32 | ואמר ליה מלאכה | דייי | על מה מחית ית אתנתך דנה |
| 4169 | Nu23:04 | ואזדמן מימרה | דייי | על בלעם ואמר ליה ית שבעתי |
| 4170 | Nu23:16 | ואזדמן מימריה | דייי | על בלעם ושוי פתגם בפמיה |
| 4171 | Nu32:14 | תוב על תקוף רוגזה | דייי | על ישראל: |
| 4172 | Nu 4:37 | ואהרן על פם גזירת ממרה | דייי | על ידוי דמשה: |
| 4173 | Nu 4:45 | ואהרן על פם גזירת ממרה | דייי | על ידוי דמשה: |
| 4174 | Nu 9:23 | נטרו על פם גזירת מימרה | דייי | על ידוי דמשה: |
| 4175 | Nu31:16 | דבלעם למשקרה שקר בשמה | דייי | על עסק טעוותה דפעור והוה |
| 4176 | Gn 7:16M | דייי וחס ואגן ממריה | דייי | עלוי#2#/: |
| 4177 | Ex 3:02 | ואתגלי מלאכא | דייי | עלוי בשלהובי אשא מן גו |
| 4178 | Ex 3:02M | יתיה יקר שכינתיה | דייי | עלוי בשלהבן אשה |
| 4179 | Nu10:34M | שכינתה דייי /יקרה | דייי | עליה#2#/ הוה מגן באיממה |
| 4180 | Nu20:06 | איקר שכינתיה | דייי | עליהון: |
| 4181 | Lv10:07 | תמותון ארום משח דרבותה | דייי | עליכון ועבדו כמלוי דמשה: |
| 4182 | Dt 9:19 | וכליתה די רגז מימרה | דייי | עליכון לשיצי יתכון ושמע |
| 4183 | Dt 9:20 | ובאהרן רגז ממרה | דייי | עליכון למישצייה יתיה |
| 4184 | Dt 9:20M | ממרה דייי /תקף רוגזה | דייי#2#/ | עליכון למישצייה יתיה |
| 4185 | Dt28:49M | \ישא ייי /יגרי מימריה | דייי#2#/ | עליכון אומה מן רוחקה |
| 4186 | Dt28:61M | /ישווי עליכון מימריה | דייי | {עליכון} עד זמן |
| 4187 | Nu 1:01 | ומליל ממרה | דייי | עם משה במדברה דסיני |
| 4188 | Dt 5:24 | חמינן% ארום ימלל מימריה | דייי | עם בר נשא וה{י}<ו>א חיה: |
| 4189 | Dt 2:01 | היך מה די מלל ממריה | דייי | עמי אמר משה ואקפנן ית |
| 4190 | Ex10:10 | להון יהוי כען מימריה | דייי | עמכון כד אשלח יתכון וית |
| 4191 | Dt 9:10 | כל דביריייה די מלל ממרה | דייי | עמכון בטורה מן גו להבי |
| 4192 | Dt10:04 | דביריה די מלל ממריה | דייי | עמכון בטורה מן גו להבי |
| 4193 | Nu14:09 | מעילויהון ומימר | דייי | עמן לא תדחלון מנהון: |
| 4194 | Ex12:41 | הדין נפקו כל חילוותה | דייי | פריקין מן ארעא דמצריי': |
| 4195 | Nu23:05 | ושווי מימרה | דייי | פתגם בפומיה דבלעם ואמר |
| 4196 | Dt18:05 | למקום למשמשה בשם מימרה | דייי | קדישא הוא ובנוי כל יומיה: |
| 4197 | Dt 5:11 | רבה ית מן די יסב ית שמה | דייי | קדישה על מגן: |
| 4198 | Dt 9:23 | ולא היימנתון בשם מימרה | דייי | קדישה ולא שמעתון בקל |
| 4199 | Dt21:05 | קדמוי ולמברכה בשם ממריה | דייי | קדישה ועל מימר פומהון |
| 4200 | Dt28:10 | אומייה דארעא ארום שמיה | דייי | קדישה איתקרי עליכון |
| 4201 | Ex12:29M | /בפלגות ליליא וממריה | דייי | קטל#2#/ ית כל בכוריא |
| 4202 | Ex17:13M | וית עמיה לפתגם/שמת' | דייי | קטלא ומחיי לפתגם#2#/ |
| 4203 | Ex15:25M | ליה /חווי לי מימר' | דייי#2#/ | קיימין וסדרי דינין ותמן |
| 4204 | Nu22:31 | דבלעם וחמא ית מלאכה | דייי | קים מתעתד באורחה וחרביה |
| 4205 | Dt11:07 | חמיין ית כל עבדוי | דייי | רברביה די עבד: |
| 4206 | Ex10:19M | רוח בימא תקיף /ממריה | דייי | רוח מערב תקיף#2#/ לחדא |
| 4207 | Gn40:23M | ממר' דייי וישווי ממרה | דייי | רחצניה |
| 4208 | Lv23:08 | ותקרבון קרבנה לשמה | דייי | שבעה יומין ביומא קדמיה |
| 4209 | Nu31:38M | שובעין ותרין /ואפרשותה | דייי | שובעין ותריין#2#/ תורין: |

|  |  |  |  |  |  |
|---|---|---|---|---|---|
| 4210 | | Nu31:38 | אלפין ואפרשותהון לשמה | דייי | שובעין ותרין תורין: |
| 4211 | | Gn 1:01 | מלקדמין בחכמה ברא | דייי | שכלל ית שמיא וית ארעא: |
| 4212 | | Nu16:28M | ייי אשתלחת /מימריה | דייי | שלח יתי#2#/ למעבד ית כל |
| 4213 | | Nu16:29M | אשתלח«י»ת /לא מימריה | דייי | שלח יתי#2#/: |
| 4214 | | Gn 2:21M | אלהים שנה /ואעל ממריה | דייי | שנה#2#/ עמ«י»קה על אדם |
| 4215 | | Nu14:42 | ארום לית איקר שכינתה | דייי | שרי עליכון דלא תתברון קדם |
| 4216 | | Ex17:07 | הא מן קושטא איקר שכינתה | דייי | שרייא {ביניהון} בינינן אי |
| 4217 | | Dt31:17 | על די לית איקר שכינתה | דייי | שרייה בינינן ארען יתן |
| 4218 | | Nu31:52 | דאפרשותה די אפרשו לשמה | דייי | שת עשר אלפין ושבע מאה |
| 4219 | | Ex13:09 | מן בגלל דתיהוי אוריתא | דייי | תדירא בפמיכון ארום ביד |
| 4220 | | Ex22:10M | שבועתא ... תריהון": מומתא | דייי | תהוי על תרויהו׳ |
| 4221 | | Ex22:10 | שבועתא | דייי | תהי בין תריהון אין לא פשט |
| 4222 | | Lv22:27 | כתיב ומפרש בספר אוריית׳ | דייי | תור אמר או גדי ארום יתילד |
| 4223 | | Dt28:25M | /ישווי יתכון מימריה | דייי | תיבירי קדל#2#/ |
| 4224 | | Nu31:40 | אלפין ואפרשותהון לשמה | דייי | תלתין ותרתין נפשן: |
| 4225 | | Nu15:14M | היך מה די תעבדון /לשמה | דייי | תעבדון#2#/ \כדן יעבד /כן |
| 4226 | | Gn 1:11 | ואמ׳ ממרא | דייי | תפק ארעא דתין דעשב |
| 4227 | | Gn 1:24 | ואמר ממריה | דייי | תפק ארעא נפ׳ דחיא למינה |
| 4228 | | Nu11:33 | קדם עד לא אשתצי ורוגזה | דייי | תקוף בעמה ומחה סגין לחדה: |
| 4229 | | Gn 1:28 | דייי ואמר ליהון ממרה | דייי | תקופו וסגון ומלון ית ארעא |
| 4230 | | Gn35:09M | דייי ואמ׳ להון מימריה | דייי | תקופו וסגון ומלון ית ארעא |
| 4231 | | Lv 3:09M | ועבד יתה /מתקבל לשמה | דייי | תרבה וניעה שלמה לוקבל |
| 4232 | | Ex 9:01M | עמיה כדין אמ׳ מימרי׳ | דייי#2#/ | אלההון/אלהה#2#/ |
| 4233 | | Ex14:24M | ייי /ואודיק מימרי׳ | דייי#2#/ | ברוגז/ברגוז#2#/ על |
| 4234 | דייקר | Nu35:34M | די אתון שרין בה | דאיקר/דייקר#2#/ | שכינתי שריה בגווה |
| 4235 | דיכויתה | Lv13:24 | כוויה דאשה ותיהוי מחת | דיכויתה | בהקי חוורה וסמוקה או |
| 4236 | דילדתה | Lv12:07 | אדמיה דא גזרת אורייתה | דילדתה | לבר דכר או לברה נקבה: |
| 4237 | דילעבדך | Gn47:04 | ארום לית מרעה לענה | דילעבדך | ארום תקף כפנא לחדא |
| 4238 | דימא | Nu11:22 | ספק להון אן ית כל נוני | דימא | אן מתכנש להון «ה»א ספק |
| 4239 | | Dt33:23 | ברכן מן קדם ייי מערב | {ו}<ד>ימא | דגיניסר ודרומא ירת: |
| 4240 | | Gn32:13 | לך ואשוי ית בניך כחלא | דימא | די לא יתמנון מן סגי: |
| 4241 | | Ex15:19 | וחזר ייי עליהון מוי | דימא | ובני ישראל הליכו ביבשתא |
| 4242 | | Ex15:19 | {וחזר ייי עליהון ית מוי | דימא | ובני ישראל הליכו ביבשתא |
| 4243 | | Gn 1:26 | וישלטון בנוניא | דימא | ובעופ׳ דשמיא ובבעירא ובכל |
| 4244 | | Gn 1:28 | יתה ושלוטו בנוניי | דימא | ובעופא דשמיא ובכל חייתא |
| 4245 | | Ex15:10 | ייי כסון עליהון מוי | דימא | נחיתו ושקעו היך איברא במיא |
| 4246 | | Gn41:49 | וכנש יוסף עבור כחלא | דימא | סגין לחדא עד זמן דאתמנע מן |
| 4247 | | Ex15:08 | קפון תהומיא בפלגות | דימא | רבא: |
| 4248 | | Gn 9:02 | תרחש על ארעא ובכל נוני | דימא | רבה בידכון מסרת: |
| 4249 | | Gn49:13 | זבולן על סייפי | דימא | רבה ישרי והוא יהווי שליט |
| 4250 | דימה | Dt11:04 | די אציף ית מוי | דימה | דסוף על אפיהון בזמנה די |
| 4251 | | Nu11:22M | אין ענה ותורייה <...> | דימה | רבה אין מתכנשין להון הא |
| 4252 | | Dt30:13 | נביא די יחות לעמקוי | דימה | רבה ויסק יתה לן וישמע לן |
| 4253 | דימי׳ | Lv14:14M | ועל אליון רגליה | ימינה/דימי׳#2#/: | |
| 4254 | דימינ׳ | Lv14:17 | דימינה ועל אליון ידיה | דימינ׳ | ועל אליון רגליה דימינה על |
| 4255 | דימינא | Ex29:22 | תרבא די עליהון וית שקה | דימינא | ארום דכרא דאשלמותא היא: |
| 4256 | | Ex29:20 | ועל רום אודניהון דבנוי | דימינא | ועל אליון ידיהון דימינא |
| 4257 | | Ex29:20 | ועל אליון ידיהון | דימינא | ועל אליון רגליהון דימינא |
| 4258 | | Ex29:20 | ועל אליון רגליהון | דימינא | ותזרק ית אדמה על גבי |
| 4259 | דימינה | Lv 8:23 | דימינה על אליון רגלה | דימינה: | |
| 4260 | | Lv 8:25 | וית תרביהון וית שקה | דימינה: | |
| 4261 | | Lv 8:26 | ושוי על תרביה ועל שקה | דימינה: | |
| 4262 | | Lv14:25 | ועל אליון רגליה | דימינה: | |
| 4263 | | Lv 9:21 | וית ניעיה וית שקה | דימינה | אניף אהרן אנפו קדם ייי |

|  |  |  |  |  |  |
|---|---|---|---|---|---|
| 4264 | | Nu18:18 | לך כניעה דאנפותה וכשקה | דימינה | דידך יהוון: |
| 4265 | | Lv 8:24 | ועל אליון רגליהו׳ | דימינה | וזרק משה ית אדמה על גבי |
| 4266 | | Lv 8:23 | על רום אדנה דאהרן | דימינה | ועל אליון ידיה דימינה על |
| 4267 | | Lv 8:24 | מן אדמה על רום אדניהון | דימינה | ועל אליון ידיהון דימינה |
| 4268 | | Lv 8:24 | ועל אליון ידיהון | דימינה | ועל אליון רגליהו׳ דימינה |
| 4269 | | Lv14:14 | על רום אדנה דמן דמדכי | דימינה | ועל אליון ידיה דימינה ועל |
| 4270 | | Lv14:14 | דימינה ועל אליון ידיה | דימינה | ועל אליון רגליה ימינה: |
| 4271 | | Lv14:17 | רום אדנה» דמן דמדכי | דימינה | ועל אליון ידיה דימינ׳ ועל |
| 4272 | | Lv14:25 | על רום אדניה דמן דמדכ׳ | דימינה | ועל אליון ידיה דימינה ועל |
| 4273 | | Lv14:25 | דימינה ועל אליון ידיה | דימינה | ועל אליון רגליה דימינה: |
| 4274 | | Lv14:28 | על רום אדנה דמן דמדכי | דימינה | ועל אליון ידוי דימינה ועל |
| 4275 | | Lv14:28 | דימינה ועל אליון ידוי | דימינה | ועל אליון רגליה דימינה על |
| 4276 | | Lv 7:33 | דידיה תיהווי שוקה | דימינה | לחולק: |
| 4277 | | Lv14:16 | ויצבע כהנא ית אצבעיה | דימינה | מן מש{כ}<ח>ה דעל כף ידיה |
| 4278 | | Lv14:27 | וידי כהנא באצבעיה | דימינה | מן משחה די על כף ידה |
| 4279 | | Lv 8:23 | דימינה ועל אליון ידיה | דימינה | על אליון רגלה דימינה: |
| 4280 | | Lv14:17 | דימינ׳ ועל אליון רגליה | דימינה | על אדמה דאשמה: |
| 4281 | | Lv14:28 | דימינה ועל אליון רגליה | דימינה | על אתר אדמה דאשמה: |
| 4282 | | Lv 7:32 | וית שקה | דימינה | תתנון אפרשו לכהנא מן נכסת |
| 4283 | דימיני | Ex29:20M | ידיהון | דימינא/^ימ׳#2#/^דימיני#2#/ | ועל אליון |
| 4284 | דימיניה | Ex29:22M | עליהון וית שקה | דימינא/דימיניה#2#/ | ארום דכרא דאשלמותא |
| 4285 | | Ex29:20M | אליון רגליהון | דימינא/דימיניה#2#/ | ותזרק ית אדמה |
| 4286 | | Lv 7:32M | וית שקה | דימינה/<דימי>ניה#2#/ | תתנון אפרשו לכהנא |
| 4287 | דינור | Gn15:17M | דבערה כאתונה בשביבין | דינור | וגומרין דאשתה ומסקה תננה |
| 4288 | | Gn15:17 | בתנורא מקפה שביבין | דינור | שלה{ין}<בין#2#> דאשה |
| 4289 | דיעלם | Lv16:29M | ותהי לכון לקיים | עלם/דיעלם#2#/ | בירחה שביעיה בעשרה |
| 4290 | דיערא | Gn49:01M | להון כל מה דאתערע | דיערא | להון בסוף יומ<י>א מן |
| 4291 | דיצרה | Gn 4:07 | מסרת רשות{{ה}}«א» | דיצרה | בישא ואת תהוי שלט בה בין |
| 4292 | דיק׳ | Dt31:03M | ייי אלהכון | דאיקר/דיק׳#2#/ | שכינתיה מדברה |
| 4293 | | Dt31:08M | ומימרה דייי \די | א«י»קר/דיק׳#2#/ | שכינתיה מדברה קדמך |
| 4294 | דיקר | Ex 8:18M | ארום אנה הוא ייי | דממרי/דיקר | שכינה שריא#2#/ שרי בגו |
| 4295 | | Ex33:23 | קדמיי ותחמי ית דברא | דיקר | שכינתי ואפי איקר שכינתי |
| 4296 | | Nu35:34M | איקר שכינתי בגו בני | /דיקר | שכינתי שרייה ביני |
| 4297 | | Lv16:16M | "די ... סואביהון": | דיקר | שכינתיה שרייה בגו |
| 4298 | | Dt 6:15M | הוא אלהכון | דאיקר/דיקר#2#/ | שכינתיה ביניכון דלא |
| 4299 | | Dt 9:03M | ארום ייי אלהכון | דאיקר/דיקר#2#/ | שכינתיה מדברה |
| 4300 | | Nu14:14M | ארום את הוא | דאיקר/<ד>יקר#2#/ | שכינתך בגו עמא |
| 4301 | דירדנה | Ex15:16 | די פרקת ית מגזתה | דיר<ד>נה: | |
| 4302 | | Nu13:29 | על ימא ועל מגיזתה | דירדנה: | |
| 4303 | | Dt 1:05 | בעברה | דירדנה | בארעהון דמואביי שרי משה |
| 4304 | דירח | Nu11:20M | עד \ירח יומין | /דירח | דיומ#2#/ירח דיומין#2#/ |
| 4305 | דירחא | Nu29:06 | {מן}בר< מן> עלתה | דירחא | ומנחתה ועלתה דתמידה |
| 4306 | דיריעא | Ex26:02M | אמין באמתא | דיריעתה/דיריעא#2#/ | חדתה משחא חדא לכל |
| 4307 | דיריעתא | Ex26:10 | ענבין תעבד על סטרא | דיריעתא | בבית דבוקה תניינא: |
| 4308 | | Ex26:05 | עונבין תעביד בסיטרא | דיריעתא | דבבית דבוקה תניינא |
| 4309 | | Ex26:13 | במותריי«א» בארכה | דיריעתא | דמשכנא יהווי שפיעה על |
| 4310 | | Ex26:08 | ארכה | דיריעתא | חדתה תלתין אמין באמתא |
| 4311 | דיריעתה | Ex36:17 | ענבין עבד על סטרה | דיריעתה | בבית דבוקה תניינא: |
| 4312 | | Ex26:04 | וכן תעבד בסטרא | דיריעתה | בריתה בבית דבוקה תניינא: |
| 4313 | | Ex36:17 | ענבין חמשין על סטרין | דיריעתה | בריתה בבית דבוקה וחמשין |
| 4314 | | Ex36:12 | ענבין עבד בסיטרה | דיריעתה | די בבית דיבוקה תניינה |
| 4315 | | Ex36:09 | ארכה | דיריעתה | חדא עשרין ותמני אמין |
| 4316 | | Ex36:11 | ענבין דתכלה על סטרא | דיריעתה | חדה בריתה בבית דבוקה כן |
| 4317 | | Ex36:15 | וארבע אמין פותיה | דיריעתה | חדה משחה חדה |

|  |  |  |  |
|---|---|---|---|
| 4318 | | Ex26:02 | ארכה דיריעתה חדתה עשרין ותמנין אמין |
| 4319 | | Ex26:02 | ופתיא ארבע אמין באמתא דיריעתה חדתה משחא חדא לכל |
| 4320 | | Ex26:04 | עונבין דתכלה על סטרא דיריעתה חדתה בריתה בבית דבוקה |
| 4321 | | Ex26:10 | חמשין ענבין על סיטרא דיריעתה חדתה בריתה |
| 4322 | דירקא | Dt11:10 | ברגליכון כגנתה דירקא: |
| 4323 | דישר' | Nu11:24M | \חכימי עמא /חכימייה דישר#2#/ ואקים יתהון חזור חזור |
| 4324 | דיתמה | Dt27:19 | די יסטי דינה דגיורה דיתמה וארמלתה ויאמרון כל עמא |
| 4325 | דיתמיה | Dt10:18 | עבד דיניהון דיתמיה ודארמלתה ורחם גיורה למתן |
| 4326 | דךלב | Dt23:19M | ופרוק": דזני ופירוג {ס}<ד>ך<לב> |
| 4327 | דכ' | Nu31:26M | כנישתה/עמה דכ#2#/: |
| 4328 | | Nu31:27M | כל \עם כנישתה /עמא דכ#2#/: |
| 4329 | | Nu20:29M | כל \עם כנישתה /עמא דכ#2#/ ארום סאף אהרן ובכון ית |
| 4330 | | Nu35:12M | קדם \עם כנישתה /עמה דכ#2#/ בדינה: |
| 4331 | | Ex35:01M | ית כל כנישתה/עמה דכ#2#/ דבני ישראל ואמר להון |
| 4332 | | Nu20:11M | /מין סגי ושתין עמה דכ#2#/ ובעיריהון: |
| 4333 | | Nu16:03M | ארום כל כנישתה/עמא דכ#2#/ כולהון קדישין/צדיקין#2# |
| 4334 | | Nu15:36M | כל \עם כנשתה /עמה דכ#2#/ לבר מן משריתה ורגמו |
| 4335 | | Nu16:05M | כנשתה /{ע}<כ>ל עמא דכ#2#/ למימר בצפרה וידע |
| 4336 | | Nu35:25M | יתה \עם כנישתה /עמא דכ#2#/ \לקורי שזבותה /לקרתה |
| 4337 | | Ex38:25M | \עם כנישתה /עמא דכ#2#/ מאה כיכרין ואלף ושבע |
| 4338 | | Nu16:02M | כנ«י»שתה/עמא דכ#2#/ מזמני קהלה/משכנה#2#/ |
| 4339 | דכהונתה | Ex 1:21 | בייתה דמלכותא וביתא דכהונתה רבתה מרים נסבת כליל |
| 4340 | דכהן | Lv22:12 | וברתה דכהן ארום תתנסב לגבר חילוני היא |
| 4341 | | Lv22:13 | וברתה דכהן ארום תיהוי ארמלתה ומשבקה |
| 4342 | דכהנ' | Lv14:15 | ו«י»ריק על כף ידיה דכהנ' דשמאלה: |
| 4343 | דכהנא | Lv 6:16 | וכל מנחתה דכהנא גמירא תהוי לא תתאכל: |
| 4344 | | Dt17:12 | בזידנו דלא למשמע למלוי דכהנא דקיים מעתד למשמשא תמן קדם |
| 4345 | | Lv14:27 | מן משחה די על כף ידה דכהנא דשמאלה שבעה זימנין קדם |
| 4346 | | Lv 6:22M | דכורה \בכהניא ייכול /דכהנא יאכל#2#/ יתה קדש קדשין |
| 4347 | | Nu 5:18 | דקנאותה היא ובידוי דכהנא יהוון מיא מרירה מלווטיה: |
| 4348 | | Lv14:18 | דמשתייר די על כף ידוהי דכהנא יתן על ראשיה דמן דמדכי |
| 4349 | | Lv14:29 | מן משחא די על ידוי דכהנא יתן על ראשה דמן דמדכי |
| 4350 | דכהנה | Lv14:26 | יריק כהנא על כף ידיה דכהנה דשמאלה: |
| 4351 | | Lv22:10M | \ואגירה לא יאכל /תותבה דכהנה ואגירא כד הוא בר עממין |
| 4352 | | Nu 5:18M | קנתה היא ובי{ו}די דכהנה יהוון מיה בדוקיה לבדק |
| 4353 | | Lv27:12 | בין טב ובין ביש כעלויה דכהנה כדין יהווי: |
| 4354 | דכהנייא | Dt18:03 | ודין יהווי סדר דיניהון דכהנייא מן לוות ^עמה מן לוות#2#^ |
| 4355 | דכולהון | Gn43:34M | מן חולקיהון דכולן/דכולהון#2#/ חמשה חולקין ושתון |
| 4356 | דכולן | Gn43:34 | דבנימן מן חולקיהון דכולן חמשה חולקין ושתון ורוון |
| 4357 | דכומריא | Gn47:26 | מן חמשה להוד ארעיהון דכומריא בלחודיהון לא הוות לפרעה: |
| 4358 | | Gn47:22 | להון ארעהון דכומריא לא זבן ארום חולק לכומריא |
| 4359 | | Gn47:22M | לכומריא /חולקיהון דכומריא#2#/ מן לוות פרעה וייכלון |
| 4360 | דכורכותי | Gn37:07 | ושאלו בשלמה דכורכותי: |
| 4361 | דכ' | Nu16:16M | וכל \עם כנישתך /עמא דכ#2#/ הוון/יהוון#2#/ קדם |
| 4362 | דכינשתה | Nu15:33M | ולוות כל כנשתה/עמה דכינשתה#2#/ דבני ישראל: |
| 4363 | דכיפה | Nu24:21 | משרויך ושוית בניקרא דכיפה ית מדורך: |
| 4364 | דכיפורי | Lv16:03M | יעול אהרן ביומא דכיפורי לקודש' |
| 4365 | | Lv 8:34M | שבעה יומין קומי יומא דכיפורי מטול לכפרה עליכון |
| 4366 | דכיפוריה | Lv23:27 | שביעייה הדן צומה דכיפוריה הוא יום טב וארוע קדיש |
| 4367 | | Ex30:10 | זמן בשתא מן אדם חטאתה דכיפוריה חדא זמן בשתא יכפר עלוי |
| 4368 | | Lv25:09 | יומין לירחה ביום צומא דכיפוריה תעברון שיפורה בכל |
| 4369 | דכיפורייה | Nu 5:08 | לכהנה בר מן דיכרה דכיפורייה די יכפר ליה עלוי: |
| 4370 | | Lv23:28 | הדין ארום יום צומה דכיפורייה הוא לכפרה עליכון קדם |
| 4371 | | Lv23:29 | כזמן יום צומה דכיפורייה ותשתיצא מן גו עמא: |
| 4372 | דככריה | Ex38:27 | והוות מאתה דככריה דכ{ת}<ס>פה למתכה ית חומרי |
| 4373 | דכל | Dt31:11 | במעלהון דכל ישראל למחמייה קדם ייי |
| 4374 | | Gn 8:09 | ארום מיא הוון על אפיה דכל ארע' ופשט ידה ונסב יתה |
| 4375 | | Gn45:20 | זייניכון ארו{ב}<ם> טובא דכל ארעא דמצרים לכון הוא: |
| 4376 | | Ex10:15 | וכסי ית כל חזווה דכל ארעא וחשכת ארעא ואכל ית כל |
| 4377 | | Gn10:21 | אתילד אף הוא אבוהון דכל בני עבריא אחוי דיפת רבה: |
| 4378 | | Dt32:07 | יומת עלמא אתבוננו בשנוי דכל דר ודר שאלו לאבהתכון |
| 4379 | | Nu 7:03 | על תרין רברבנין ותור מן דכל חד ואקרבו יתהון קדם {ייי} |
| 4380 | | Gn 3:20 | ארום היא הוות אמהון דכל חייא: |
| 4381 | | Ex31:06 | ד{ב}ג<ב>רי דן ובלבי דכל חכימי לבי שוית חכמה |
| 4382 | | Nu 1:02 | קבילו ית ריש סכומיהון דכל כנשתא דבני ישראל |
| 4383 | | Nu26:02 | קבילו ית ראש סכומיהון דכל כנשתה מן בר עשרין שנין |
| 4384 | | Ex10:06 | ובתי כל שלטונך ובתיהון דכל מצריי די לא חמון אבהתך |
| 4385 | | Nu11:14 | למסובלה טורחתהון דכל עמא האלין ארום תקיפין |
| 4386 | | Dt13:10 | למקטלה יתיה וידיהון דכל עמא באחריתה: |
| 4387 | | Nu11:11 | באפך למשויה ית מטולהון דכל עמה האלין עלי: |
| 4388 | | Dt31:30 | ומלל משה במשמעהון דכל קהלה דישראל ית מלי שירתה |
| 4389 | | Dt14:22 | באפי ברה ומכנשין עללתה דכל שתה ושתה: |
| 4390 | | Gn 4:21 | יובל הוא הוה אבוהון דכל תפשי כנורא ואבובא: |
| 4391 | דכלאים | Lv19:19 | לא תזרעון כלאים ולבוש דכל<א>ים {עלאר}<עמר> וכתן שעטנז |
| 4392 | דכלתך | Lv18:15 | עריתה דכלתך לא תבזי אתתה דברך היא לא |
| 4393 | דכנ' | Nu20:27M | כל \עם כנישתה /עמא דכנ#2#/: |
| 4394 | | Nu16:22M | ועל כנישתה/עמא דכנ#2#/ יהוי רגוז: |
| 4395 | | Nu35:25M | \עם כנישתה /עמא דכנ#2#/ ית קטולא מן ידוי דתבע |
| 4396 | | Lv24:16M | כל \עם כנשתה /עמה דכנ#2#/ כגיורייה כיציבייה |
| 4397 | | Nu10:03M | כל \עם כנישתה /עמא דכנ#2#/ לתרע/בת#2#/ משכן |
| 4398 | דכניש' | Ex34:22M | דחטיא וחגא דאכנשותא/דכניש#2#/ במפקא דשתא \ |
| 4399 | | Nu20:08M | וית בעיריהון /עמה דכניש' ובעי#2#/: |
| 4400 | | Lv 8:04M | עם כנשתה /וכנשו עמה דכניש#2#/ לתרע משכן זימנא: |
| 4401 | דכנישותא | Ex23:16M | ברא וחגא דאכנשותא/דכנישותא#2#/ במיפקה דשתא |
| 4402 | דכנישתא | Nu32:02M | \עם כנישתה /עמא דכנישתא#2#/ למימר: |
| 4403 | דכנישתה | Nu15:24M | /מן עייני עמא דכנישתה#2#/ אתעבדת לשלו/בשלו#2#/ |
| 4404 | | Nu14:35M | אעבד לכל כנשתה/עמה דכנישתה#2#/ בישתה הדה/אליין#2#/ |
| 4405 | | Lv10:06M | כנשתא יהוי ריגז /עמה דכנישתה הווי רגוז#2#/ ואחיכון |
| 4406 | | Nu15:26M | \עמא דאשתלון /<עמא> דכנישתה הוות בשלו#2#/: |
| 4407 | | Nu17:11M | ואזל בפריע לוות עמא דכנישתה וכפ<ר> |
| 4408 | | Nu 4:34M | \עם כנשתה /עמא דכנישתה#2#/ ית בנוי דקהתי |
| 4409 | | Nu16:26M | כנישתה /עם עמא דכנישתה#2#/ למימר סטון כען מעלוי |
| 4410 | דכנעיא | Gn10:19 | והוה תחומהון דכנעיא מן צידון מעלך לגררה עד |
| 4411 | דכנענאי | Gn 9:18 | ויפת וחם הוא אבוהון דכנענאי: |
| 4412 | | Gn24:37 | אתה לברי מן בנתהון דכנענאי די אנא שרי בארעהון: |
| 4413 | | Dt11:30M | מיעלי שמשה בארעהון דכנענאי דיתבין במשרא כל וקבל |
| 4414 | | Ex 3:08 | כדובש«א» לארעהון דכנענאי וחתיי ואמריי ופריזיי |
| 4415 | | Gn 9:22 | וחמא חם אבוהו' דכנענאי ית עריתה דאבוי ותני |
| 4416 | | Gn36:02 | נסב ית נשוי מן בנתהון דכנענאי ית עדה ברת אלון חיתייא |
| 4417 | דכנענאיי | Ex 3:17 | דמצריי לארעהון דכנענאיי וחתיי ואמריי ופריזיי |
| 4418 | | Ex13:05 | יעל יתכון ייי לארעהון דכנענאיי וחתיי ואמריי וחויי |
| 4419 | דכנעניא | Gn10:18 | כדין אתפרשו זרעיהון דכנע<נ>יא: |
| 4420 | דכנעניי | Dt11:30 | מטמעי שמשה בארעהון דכנעניי דשריין במשרה כל קבל |
| 4421 | | Ex13:11 | יעל יתכון ייי לארעהון דכנעניי היך מה די קיים לך |
| 4422 | | Dt 1:07 | ובחוף ימא ארעהון דכנעניי וטור בית מוקדשה עד נהרה |
| 4423 | דכנעניתה | Gn46:10 | וצחר ושאול ברה דכנעניתה: |
| 4424 | | Ex 6:15 | וצחר ושאול ברה דכנעניתה אליין אנון זרעיותיהון |
| 4425 | דכנענעאי | Gn28:01 | לא תסב אתה מן בנתהון דכנענעאי: |

| | | | | | |
|---|---|---|---|---|---|
| 4426 | | Gn28:06 | לא תסב אתה מן בנתהון | דכנענאי: | |
| 4427 | | Gn28:08 | ארום בישן אנון בנתהון | דכנענאי | באפוי דיצחק אבוי: |
| 4428 | | Gn24:03 | אתא לברי מן בנתהון | דכנענאי | די אנא שרא ביניהון: |
| 4429 | דכנש' | Lv10:17M | \עם כנשתה /עמיה | דכנש'#2#/ | למכפרה עליכון קדם ייי: |
| 4430 | דכנשתא | Nu20:01M | \עם כנישתה מדברה /עמא | דכנשתא | במ'#2#/ דצין בירחה |
| 4431 | | Nu16:09M | ולמקום קודם עמא | דכנשתא#2#/ | למשמשה יתהון: |
| 4432 | דכנשתה | Lv24:14 | וירגמון יתיה כל עמה | דכנשתה: | |
| 4433 | | Nu35:24M | כנישתה /וידינון עמא | דכנשתה#2#/ | בין קטולא ובין תבוע |
| 4434 | | Nu13:26M | יתהון וית כל עמה | דכנשתה | וחמון להון ית פירייה דא' |
| 4435 | | Nu14:01M | \וארעמן כל עמה/ | דכנשתה#2#/ | ושוון ית קלהון |
| 4436 | | Nu 1:18M | כל \עם כנשתא /עמא | דכנשתה#2#/ | כנשו בחד ^יום#2#^ |
| 4437 | | Nu16:24M | עם כל כנשתה/עמא | דכנשתה#2#/ | למימר אסתלקו/יס'#2#/ |
| 4438 | | Nu33:14M | הוה תמן מין לעמא | \דכנשתה#2#/ | למישתי: |
| 4439 | | Nu14:10M | \עם כנישתה מרגום /עמא | דכנשתה | למרגם#2#/ יתהון באבניא |
| 4440 | | Nu31:43M | \דעם כנשתה /דעמה | דכנשתה#2#/ | מן ע{מ}<נ>ה תלתין ותלת |
| 4441 | | Nu 3:07M | \עם כנ«י»שתה /עמא | דכנשתה#2#/ | קדם משכן זימנא למיפלח |
| 4442 | | Nu15:24M | עם כנישתה /כל עמה | דכנשתה#2#/ | תור בר תורין חד לעלה |
| 4443 | דכנשתך | Nu16:11M | את קרח וכל עמא | דכנשתך | אליין דאתרעמו על יקר |
| 4444 | דכסבר | Ex16:31 | ית שמיה מנה והוא כזרע | דכסבר | חיור וטעמיה כשישין בדבש: |
| 4445 | דכסף | Ex26:32 | דהב על ארבעה חמרין | דכסף: | |
| 4446 | | Ex36:36 | ואתך להון ארבעה חומרין | דכסף: | |
| 4447 | | Lv27:06 | עלויה תלת סלעין | דכסף: | |
| 4448 | | Lv27:16 | דשערין בחמשין סלעין | דכסף: | |
| 4449 | | Gn23:15 | ארעא דארבע מאה סלעין | דכסף | ביני ובינך מה היא חשיב וית |
| 4450 | | Lv27:03 | עלויה חמשין סלעין | דכסף | בסלעי בית קודשה: |
| 4451 | | Nu 7:14 | בזך חדה מתקליה עשר סלעין | דכסף | הוות עבידה והיא הוות דדהב |
| 4452 | | Nu 7:20 | בזך חדה מתקליה עשר סלעין | דכסף | הוות עבידה והיא הוות דדהב |
| 4453 | | Nu 7:26 | בזך חדה מתקליה עשר סלעין | דכסף | הוות עבידה והיא הוות דדהב |
| 4454 | | Nu 7:32 | בזך חדה מתקליה עשר סלעין | דכסף | הוות עבידה והיא הוות דדהב |
| 4455 | | Nu 7:38 | בזך חדה מתקליה עשר סלעין | דכסף | הוות עבידה והיא הוות דדהב |
| 4456 | | Nu 7:44 | בזך חדה מתקליה עשר סלעין | דכסף | הוות עבידה והיא הוות דדהב |
| 4457 | | Nu 7:50 | מתקל«י»ה עשר סלעין | דכסף | הוות עבידה והיא הוות דדהב |
| 4458 | | Nu 7:56 | בזך חדה מתקליה עשר סלעין | דכסף | הוות עבידה והיא הוות דדהב |
| 4459 | | Nu 7:62 | בזך חדה מתקליה עשר סלעין | דכסף | הוות עבידה והיא הוות דדהב |
| 4460 | | Nu 7:68 | בזך חדה מתקליה עשר סלעין | דכסף | הוות עבידה והיא הוות דדהב |
| 4461 | | Nu 7:74 | בזך חדה מתקליה עשר סלעין | דכסף | הוות עבידה והיא הות דדהב |
| 4462 | | Nu 7:80 | בזך חדה מתקליה עשר סלעין | דכסף | הוות עבידה והיא הוות דדהב |
| 4463 | | Gn37:28 | לסרקיין בעשרין סלעין | דכסף | ואובילו ית יוסף מצרימה: |
| 4464 | | Ex35:24 | כל דאפרש אפרשו | דכסף | ודנחש אייתון ית אפרשותה |
| 4465 | | Dt23:20M | די יתוזף /וזפ{י}<ו> | דכסף | וזפו דדהב {י}<ו>זפו כל |
| 4466 | | Gn45:22 | יהב תלת מאה סלעין | דכסף | וחמש אסטלון ולבושיהון: |
| 4467 | | Ex20:23 | לא תעבדון קדמיי טעון | דכסף | וטעוון דדהב לא תעבדון |
| 4468 | | Dt22:19 | ויקנסון יתיה מאה סלעין | דכסף | ויתנון לאבוה דרביתה ארום |
| 4469 | | Dt22:29 | דרביתה חמשין סלעין | דכסף | וליה תהוי לאתה חלף די צער |
| 4470 | | Lv27:06 | עלויה דדכרה חמש סלעין | דכסף | ולנקבתה עלויה תלת סלעין |
| 4471 | | Lv27:07 | עלויה חמשה עשר סלעין | דכסף | ולנקבתה עשר סלעין: |
| 4472 | | Gn24:53 | ואפיק עבד' מנין | דכסף | ומנין דדהב ולבושין ויהב |
| 4473 | | Ex 3:22 | קריבת תותבת ביתה מנין | דכסף | ומנין דדהב ולבושין ותשוון |
| 4474 | | Ex11:02 | {מנין} חברתה מנין | דכסף | ומנין דדהב: |
| 4475 | | Ex12:35 | ושאילו מן מצריי מנין | דכסף | ומנין דדהב ולבושין: |
| 4476 | | Nu 7:85 | מתקלה פיילתה חד«ת»ה | דכסף | ושבעין דמזורקה חדה כל כסף |
| 4477 | | Dt23:20 | לאחוך זפו דממון זפו | דכסף | זפו לכל מילה די יתוזף: |
| 4478 | | Nu 7:13 | וקרבניה די קרב פיילי | דכסף | חדא מאה ותלתין סלעין בסלעי |
| 4479 | | Nu 7:19 | קרב ית קרבניה פיילי | דכסף | חדה מאה ותלתין סלעין בסלעי |
| 4480 | | Nu 7:25 | קרבניה די קרב פיילי | דכסף | חדה מאה ותלתין סלעין בסלעי |
| 4481 | | Nu 7:31 | קרבניה די קרב פיילי | דכסף | חדה מאה ותלתין סלעין בסלעי |
| 4482 | | Nu 7:37 | קרבניה די קרב פיילי | דכסף | חדה מאה ותלתין סלעין בסלעי |
| 4483 | | Nu 7:43 | קרבניה די קרב פיילי | דכסף | חדה מאה ותלתין סלעין בסלעי |
| 4484 | | Nu 7:49 | קרבניה דיקרב פיילי | דכסף | חדה מאה ותלתין סלעין בסלעי |
| 4485 | | Nu 7:55 | קרבניה די קרב פיילי | דכסף | חדה מאה ותלתין סלעין בסלעי |
| 4486 | | Nu 7:61 | קרבניה די קרב פיילי | דכסף | חדה מאה ותלתין סלעין בסלעי |
| 4487 | | Nu 7:67 | קרבני<ה> די קרב פיילי | דכסף | חדה מאה ותלתין סלעין בסלעי |
| 4488 | | Nu 7:73 | קרבניה די קרב פיילי | דכסף | חדה מאה ותלתין סלעין בסלעי |
| 4489 | | Nu 7:79 | קרבניה די קרב פיילי | דכסף | חדה מאה ותלתין סלעין בסלעי |
| 4490 | | Nu 7:85M | פיילתה/פיילתה חדתה | דכסף#2#/ | חד«ת»ה דכסף ושבעין |
| 4491 | | Dt29:16M | דקיס וטעוון דאבן טעוון | דכסף | טעוון דדהב טעוותה דקיסה |
| 4492 | | Gn20:16 | דסלעין | דכסף | לאחוך הא כספ«ה» ההוא |
| 4493 | | Ex38:27M | /והוה מאה קינטרין | דכסף | למתכ'#2#/ ית חומרי |
| 4494 | | Nu10:02 | עבד לך תרתין חצוצרין | דכסף | נגידן תעבד יתהון ויהוין |
| 4495 | | Ex36:24 | וארבעין חומרין | דכסף | עבד תחות עשרין לוחייא |
| 4496 | | Gn23:16 | דחת ארבעין מאה סלעין | דכסף | עברין בכל אתר מתקבלין בכל |
| 4497 | | Ex26:19 | וארבעין חומרין | דכסף | תעבד תחות עשרין לוחיא תרין |
| 4498 | | Nu 7:13 | הוה מתקלה מזרק חד | דכסף | תקל שובעין סלעין בסלעי |
| 4499 | | Nu 7:19 | הות מתקלה מזרק חד | דכסף | תקל שבעין סלעין בסלעי |
| 4500 | | Nu 7:25 | הוות מתקלה מזרק חד | דכסף | תקל שבעין סלעין בסלעי |
| 4501 | | Nu 7:31 | הוות מתקלה מזרק חד | דכסף | תקל שובעין סלעין בסלעי |
| 4502 | | Nu 7:37 | הוות מתקליה מזרק חד | דכסף | תקל שובעין סלעין בסלעי |
| 4503 | | Nu 7:43 | הוות מתקליה מזרק חד | דכסף | תקל שובעין בסלעי בית קודשה |
| 4504 | | Nu 7:49 | הוות מתקליה מזרק חד | דכסף | תקל שובעין ^סלעין#2#^ |
| 4505 | | Nu 7:55 | הוות מתקליה מזרק חד | דכסף | תקל שובעין סלעין בסלעי |
| 4506 | | Nu 7:61 | הוות מתקליה מזרק חד | דכסף | תקל שובעין סלעין בסלעי |
| 4507 | | Nu 7:67 | הוות מתקליה מזרק חד | דכסף | תקל שובעין סלעין בסלעי |
| 4508 | | Nu 7:73 | הוות מתקליה מזרק חד | דכסף | תקל שובעין בסלעי בית קודשה |
| 4509 | | Nu 7:79 | הוות מתקליה מזרק חד | דכסף | תקל שובעין בסלעי בית קודשה |
| 4510 | | Ex36:26 | וארבעין חומריהון | דכסף | תרין חומרין תחות לוחה חדה |
| 4511 | | Nu 7:84 | דכסף תרתי עשרי מזרקין | דכסף | תרין עשר בזיכין דכסף |
| 4512 | | Nu 7:84 | דבני ישראל פילוון | דכסף | תרתי עשרי מזרקין דכסף |
| 4513 | | Nu 7:84 | דכסף תרין עשר בזיכין | דכסף | תרתי עשרי: |
| 4514 | | Ex26:21 | וארבעין חמריהון | דכסף | תרתין חמרין תחות לוחה חדתה |
| 4515 | דכספא | Gn42:35 | שקיהון והא גבר צררא | דכספא | בסקיה וחמון ית צרריהון |
| 4516 | | Gn44:02 | וית כלידי כלידא | דכספא | תשוי בפום טעוניה דזעירא |
| 4517 | דכספה | Dt29:16M | יתהון בשוקייה וטעוותה | דכספה | ודדהבה הוון יהיבין עמהון |
| 4518 | | Ex38:27 | והוות מאתה דככריה | דכ{ת}<ס>פה | למתכה ית חומרי |
| 4519 | דכספיהון | Gn42:35 | וחמון ית צרריהון | דכספיהון | אינון ואבוהון ודחילו: |
| 4520 | דכפוריה | Nu29:11 | לחטאתה בר מן חטאתה | דכפוריה | ועלתה דתמידה ומנחתה |
| 4521 | דכפורייה | Lv23:27M | דכיפוריה/יום צום | דכפורייה#2#/ | הוא יום טב וארוע קדיש |
| 4522 | דכפן | Gn41:27 | קדום יהוין שבע שנין | דכפן: | |
| 4523 | | Gn45:06M | דנה תרתין שנין | כפנא/דכפן#2#/ | בגו ארעא ועד/ועוד#2# |
| 4524 | | Gn45:11 | ארום עד כדון חמש שנין | דכפן | ולא תשתיצא את ואנשי ביתך: |
| 4525 | דכפנא | Gn41:50 | קדם עד לא תיתי שתא | דכפנא | מה די ילדת לה אסנת ברת |
| 4526 | דכפרתה | Ex25:18 | יתהון מן תרין סטריה | דכפרתה: | |
| 4527 | | Ex37:07 | יתהון מן תרין סטריה | דכפרתה: | |
| 4528 | דכרכה | Gn14:02M | דצבוי' ומלכא | דקרתא/דכרכה#2#/ | דבלעת דיירי היא |
| 4529 | דכרמא | Dt22:09 | דזרעא די תזרעון ועללתה | דכרמא: | |
| 4530 | דכרמי | Nu26:06 | זרעייתה דבנוי | ד{מ}<כ>רמי: | |
| 4531 | דכשדאי | Gn11:28 | תלדוותיה באתון נורהון | דכשדאי: | |
| 4532 | | Gn16:05 | דיהבו יתך באתון נורא | דכשדאי: | |
| 4533 | | Gn11:31 | עמהון מן אתון נורהון | דכשדאי | למיזל לארעא דכנען ומטון |

|  |  |  |  |
|---|---|---|---|
| 4534 | | Gn15:07 | יתך מן אתון נורהון דכשדאי למיתן לך ית ארעא הדא |
| 4535 | דכתן | Lv13:47 | בלבוש דעמר או בלבוש דכתן: |
| 4536 | דכתנה | Lv13:48M | בערבה לכתנא/^ל<כית<נא>#2#/^דכתנה#2#/ או לעמרא |
| 4537 | | Lv13:59M | או בשתיא או בערבא /דכ{נ}ת<נ>ה או דשתייה או דערבה#2# |
| 4538 | | Lv13:52M | או ית כל /דעמרה או דכ{נ}ת<נ>ה ית כל#2#/ מן דמשך די |
| 4539 | דלבביכון | Dt28:67 | דייתי צפרא מן פחדא דלבביכון די תתפחדון ומן חזווי |
| 4540 | דלבושה | Lv14:55 | ולצרעתה דלבושה ולביתה: |
| 4541 | דלביה | Ex13:17M | /מימרי׳ דייי במחשבת דל<ב>יה#2#/ דלא יתבר לבהון דעמא |
| 4542 | | Dt29:17 | דלא יהווי בכון גבר דלביה מהרהר בחטא׳ דהוא מדמי |
| 4543 | | Gn49:02 | יהווי ביניכון גבר דלביה פליג על אחוי למיזל למפלח |
| 4544 | דלבן | Gn30:37 | ונסב לי׳ יעקב חטרא דלבן רטיב ודלוז ודלוב וקלף בהון |
| 4545 | דלבני | Nu 3:21 | לגרשון זרעייתה דבנוי דלבני וזרעייתה דבנוי דשמעי |
| 4546 | דלווחי׳ | Ex27:08M | חלול/חליל#2#/ לוחין/דלווחי׳#2#/ תעבד יתיה היך |
| 4547 | דלווס | Lv 5:01M | קל שבועה דחרוף/דלווס#2#/ והוא שהד או די חמה |
| 4548 | דלווסה | Nu 5:21 | כהנה ית אתתה בשבועתה דלווסה ויאמר כהנה לאתתה ישווי |
| 4549 | דלוויי | Nu 2:17 | משכן זימנה משרייתיהון דלוויי בגו משריתיה היך מה דהוון |
| 4550 | דלוחא | Ex26:16 | עשר אמין ארכה דלוחא ואמה ופלגא פתיא דלוחא |
| 4551 | | Ex26:16 | דלוחא ואמה ופלגא פתיא דלוחא חדתא: |
| 4552 | דלוחה | Ex36:21 | ואמה ופלגת אמה פתייה דלוחה חדה: |
| 4553 | דלוחיה | Ex36:21 | עשר אמין ארכה דלוחיה ואמה ופלגת אמה פתייה |
| 4554 | דלוחין | Ex38:07 | למטען יתיה בהון חליל דלוחין עבד יתיה: |
| 4555 | דלחם | Nu 4:07 | ועל פתורה דלחם אפיה יפרשון {ד}<ל>בוש |
| 4556 | | Ex29:23 | וככר דלחם חד וחלה דלחם פילה במשח חדה |
| 4557 | | Ex29:23 | וככר דלחם חד וחלה דלחם פילה במשח חדה ועריך חד מן |
| 4558 | דלחמא | Nu14:09 | עמא דארעא ארום היך מה דלחמא קליל לן למיכל כדן אינון |
| 4559 | דליביה | Dt29:17 | או אתה או זרעי או שבט דליביה סטי עלוי יומא הדין מן בתר |
| 4560 | דליוויי | Nu 3:49 | דאישתייר על פרקוניהון דליוויי: |
| 4561 | דליויי | Nu 3:41 | וית בעיר«י»הון דליויי חלף כל בוכרה דבעירהון |
| 4562 | | Nu 3:45 | וית בעיר«י»הון דליויי חלף בעיריהון ויהוון לשמי |
| 4563 | דליליא | Ex12:42M | ליליא /בפלגו דליליא#2#/ הוה ידיה/ימיניה#2#/ |
| 4564 | | Ex12:29 | והוה בפלגא דלילי«א» ויייי קטל ית כל בכוריא |
| 4565 | | Ex11:04 | משה כדן אמר ייי בפלגא דליליא ממ{ת}<ר>י מתגלי בגו |
| 4566 | דליליה | Dt23:11 | די לא יהווי דכי מן קרי דליליה ויפוק מן לבר מן משריתה |
| 4567 | דמ׳ | Nu 7:10M | ית חנכת מדבחה /רבותה דמ׳#2#/ ביומא דרבי יתיה וקריבו |
| 4568 | | Dt32:51M | /בנוי דישראל במוי דמ׳#2#/ דרקם במדברה דצין על |
| 4569 | | Lv19:28M | נפש דמית /לטמא נפש דמ׳#2#/ לא תתנון בבשרכון וכתב |
| 4570 | דמאכ׳ | Dt 1:01M | בלחמה הדין דמיכליה/דמאכ׳#2#/ קליל ובחצרות נפלו |
| 4571 | דמבולא | Gn 7:07 | לתיבותא מן קדם מוי דמבולא: |
| 4572 | | Gn 7:10 | אבלא דמתושלח ומוי דמבולא הוון על ארעא: |
| 4573 | | Gn 6:03 | למקום כסדר דינא דדריה דמבולא הלא מחתם הוא קדמוי סדר |
| 4574 | | Gn 9:11 | כל בשרא תוב מן מוי דמבולא ולא יהבי תוב מבול למחבלא |
| 4575 | | Gn 6:03M | מיחתם הוא דינה דדרה דמבולא למבד ולמשתציה מחה גמירא |
| 4576 | | Gn 6:03 | קדמוי סדר דינא דדר׳ דמבולא למובדה ולמישיציה מן גוא |
| 4577 | | Gn 6:03M | בתר דינה דדריה דמבולא מיחתם הוא דינה דדרה |
| 4578 | | Gn 8:02 | שמיא ואיתמנע מטרא דמבולא מן תחות שמיא: |
| 4579 | דמבוע | Gn26:19 | ואשכחו תמן בא<׳> מיין דמבוע: |
| 4580 | | Lv14:05 | מן דחסף על מיין דמבוע: |
| 4581 | | Lv14:06M | צפרתה דנכיסה על מיין דמבוע |
| 4582 | | Nu19:17M | דמבוע דכין לגו /מים דמבוע בגו#2#/ מן דחסף: |
| 4583 | | Nu19:17 | תורתה ויתן עלוי מין דמבוע דכין לגו מן דחסף: |
| 4584 | | Lv14:52M | צפרה ובמיא דמבועא/<דמ>בוע#2#/ ובצפרה חייתה |
| 4585 | | Lv15:13 | ויסחי בשרה במייא דמבוע וידכי: |
| 4586 | דמבועא | Lv14:52 | ביתה באדמה דצפרה ובמיא דמבועא ובצפרה חייתה ובקיסה דארזא |
| 4587 | דמבועה | Lv14:51 | דצפרה נכיסתה ובמיא דמבועה ויידי על ביתה שבעה זמנין: |
| 4588 | דמבועיא | Lv14:06 | דצפרה דנכיסתה על מיא דמבועיא: |
| 4589 | דמדבח׳ | Ex27:05M | דמדבחא /פלגות דמדבח׳#2#/: |
| 4590 | | Lv 1:15 | וימציא אדמה על כותלה דמדבח׳: |
| 4591 | דמדבחא | Ex27:05 | ותהוי מצדתא עד פלגא דמדבחא: |
| 4592 | | Ex29:12 | אדמה תשפך על יסודי דמדבחא: |
| 4593 | | Lv 4:30 | אדמה ישפוך על יסודי דמדבחא: |
| 4594 | | Ex29:12 | מן אדמא ותתן על קרנתה דמדבחא באצבעך וית כל אדמה תשפך |
| 4595 | | Lv 4:30 | באצבעיה ויתן על קרנתיה דמדבחא דעלתה וית כל אדמה ישפוך |
| 4596 | | Lv 5:09 | מן אדמה דחטאת׳ על כתלא דמדבחא ומה דמשתייר באדמה ימצה על |
| 4597 | | Lv 5:09 | באדמה ימצה על יסודי דמדבחא חטאתה הוא: |
| 4598 | | Ex27:07 | אריחיא על תרין סטריה דמדבחא למטען יתה: |
| 4599 | | Ex27:05 | ותתן יתה תחות סובבה דמדבחא מן לרע ותהוי מצדתא עד |
| 4600 | דמדבחה | Lv 4:34 | אדמיה ישפוך על יסודי דמדבחה: |
| 4601 | | Lv 9:09 | כל דמה אריק על יסודי דמדבחה: |
| 4602 | | Nu 7:11 | קרבנהון לחנוכת רבותה דמדבחה: |
| 4603 | | Nu 7:84 | דא חנוכת רבותה דמדבחה ביומא דרבי יתיה מלוות |
| 4604 | | Lv 4:18 | ומן אדמה יתן על קרנותיה דמדבחה די קדם ייי די במשכ׳ זימנא |
| 4605 | | Lv 4:07 | דתורא ישפוך על יסודי דמדבחה דעלתא די בתרע משכן זמנה: |
| 4606 | | Lv 4:18 | כל אדמה ישפוך על יסודי דמדבחה דעלתה די בתרע משכן זמנא: |
| 4607 | | Lv 4:25 | באצבעיה ויתן על קרנתיה דמדבחה דעלתה וית כל אדמה ישפוך |
| 4608 | | Lv 4:34 | באצבעיה ויתן על קרנתיה דמדבחה דעלתה וית כל אדמיה ישפוך |
| 4609 | | Lv 4:07 | כהנא מן אדמה על קרנתיה דמדבחה דקטרת בוסמנייה קדם ייי די |
| 4610 | | Lv 9:09 | באדמה ויהב על קרנתה דמדבחה וית כל דמה אריק על יסודוי |
| 4611 | | Nu18:07M | מדבחה ולגו מן /עסקא דמדבחה ומן לגו מן#2#/ פרוכתה |
| 4612 | | Lv 8:15 | אדמה אריק על יסודוי דמדבחה וקדש יתיה למכפרה עלוי: |
| 4613 | | Ex38:07 | אריחיה בעזקיה על סטרוי דמדבחה למטען יתיה בהון חליל |
| 4614 | | Lv 1:11 | ויכוס יתיה על שפולי דמדבחה מן צפונה קדם ייי ויזרקון |
| 4615 | | Nu 7:88 | אשתין דא חנוכת רבותה דמדבחה מן בתר דרבי יתיה: |
| 4616 | | Lv 8:15 | אדמה ויהב על קרנתיה «ד»מדבחה מן חזור חזור באצבעה |
| 4617 | | Lv16:18 | דצפירה ויתן על קרנתה דמדבחה מן חזור חזור: |
| 4618 | | Nu 7:18 | תנינא דחנוכת רבותה דמדבחה קרב רב שבטה דבנוי דישכר |
| 4619 | | Nu 7:24 | תליתיא דחנוכת רבותה דמדבחה קרב שבטה דבנוי דזבולן |
| 4620 | | Nu 7:30 | רביעיה דחנוכת רבותה דמדבחה קרב רב שבטה דבנוי דראובן |
| 4621 | | Nu 7:36 | חמישיה דחנוכת רבותה דמדבחה קרב רב שבטה דבנוי דשמעון |
| 4622 | | Nu 7:42 | שתיתיה דחנוכת רבותה דמדבחה קרב רב שבטה דבנוי |
| 4623 | | Nu 7:48 | שביעיה דחנוכת רבותה דמדבחה קרב רב שבטה דבנוי דאפר׳ |
| 4624 | | Nu 7:54 | תמיניה דחנוכת רבותה דמדבחה קרב רב שבטה דבנוי דמנשה |
| 4625 | | Nu 7:60 | תשיעיה דחנוכת רבותה דמדבחה קרב בר שבטה דבנוי דבנימן |
| 4626 | | Nu 7:66 | עשיריה דחנוכת רבותה דמדבחה קרב רב שבטה דבנוי דדן |
| 4627 | | Nu 7:72 | יומין דחנוכת רבותה דמדבחה קרב רב שבטה דבנוי דאשר |
| 4628 | דמדברא | Ex14:03 | בעל צפון טעותי נגדוי דמדברא: |
| 4629 | | Ex14:03M | דצפון {נגהו} <נגדוי> דמדברא |
| 4630 | דמדברה | Dt32:10 | ארע יתהון שרין בארע דמדברה ובצללתה יליל ישימון דבר |
| 4631 | דמדינתא | Gn47:21 | אשרי במדינתא ועמא דמדינתא אשרי בקרייתא מן סייפי |
| 4632 | דמדכי | Lv14:11 | כהנא דמדכי ית גברא דמדכי ויתהון קדם ייי בתרע משכן |
| 4633 | דמדנחה | Lv22:27M | בגין למדכרה סבייה דמדנחה פטיר {כ}<ב>ולי קרב לשמך |
| 4634 | דמואבאי | Nu21:15M | לתחומיהון דמואבי/דמואבאי#2#/: |
| 4635 | | Nu25:01M | עם בנתהון דמואב׳/<דמוא>באי#2#/: |
| 4636 | | Nu21:13M | /בינ׳#2#/ מו{ב}<א>בי /דמואבאי בין מואבאי#2#/ <ובין> |
| 4637 | | Dt28:69M | דמואב /בארעהון דמואבאי#2#/ בר מן קיימה די קיים |
| 4638 | | Nu21:20I | רמתה די בתחומיהון דמואבאי והא היא מצ׳ |
| 4639 | | Gn36:35 | ית מדייני בתחומיהון דמואבאי ושמה דקרתיה עוית: |
| 4640 | | Dt 2:18M | ית תחומיהון דמואבי/דמואבאי#2#/ ית לחיית: |
| 4641 | | Nu21:26M | עם מלכיהון דמואבי/דמואבאי#2#/ קדמייה ונסב ית כל |

|  |  |  |  |  |  |
|---|---|---|---|---|---|
| 4642 | | Nu21:20M | באירה דאית בתחומיהון | דמואבאי | ריש רמתה דמצטייפה |
| 4643 | | Nu22:10M | צפור מלכהון | דמואביי/דמואבאי#2#/ | שלח לוותי: |
| 4644 | | Dt 1:05M | בארעהון | דמואביי/דמואבאי#2#/ | שרי משה למפרשה |
| 4645 | דמואבי | Nu25:01 | עמא למזניה עם בנתהון | דמואבי: | |
| 4646 | דמואביה | Gn19:37 | מואב הוא אבי אבוהון | דמואביה | עד זמן יומא הדין: |
| 4647 | דמואביי | Nu21:15 | היא סמיכה לתחומיהון | דמואביי: | |
| 4648 | | Nu33:44 | במגזיה עברייה בתחומה | דמואביי: | |
| 4649 | | Nu33:44M | דמואביי /בתחומיהון | דמואביי#2#/: | |
| 4650 | | Nu21:13 | ארום ארנונה תחומיהון | דמואביי | בין מו{ב}<א>ביי <ובין> |
| 4651 | | Nu22:36 | ונפק לקדמותיה לארעהון | דמואביי | דסמיך לגבול ארנונה די |
| 4652 | | Dt 2:18 | יומא הדין ית תחומיהון | דמואביי | ית לחיית: |
| 4653 | | Dt34:06 | יתיה בחילת' בארעהון | דמואביי | כל וקבל טעותה פעור ולא |
| 4654 | | Nu23:07 | דבר יתי בלק מלכיהון | דמואביי | מטורי מדינ{ת}<ח>ה אתא |
| 4655 | | Dt34:05 | עבדה דייי בארעהון | דמואביי | על פם גזירת מימרה דייי: |
| 4656 | | Nu21:26 | סדר קרבה עם מלכיהון | דמואביי | קדמייה ונסב ית כל ארעא |
| 4657 | | Nu21:20 | בחלתה דבתחומיהון | דמואביי | ריש רמתה והא היא מצטפייה |
| 4658 | | Nu22:10 | בלק בר צפור מלכהון | דמואביי | שלח לוותי: |
| 4659 | | Dt 1:05 | בעברה דירדנה בארעהון | דמואביי | שרי משה למפרשה ית ספר |
| 4660 | דמול' | Ex14:25M | מן בתריהון אורחהון | דמול' | |
| 4661 | דמולוותה | Ex14:25 | גרירן לבתריהון ארחין | דמולוותה | למהוי נגדין בגלג«לי» |
| 4662 | דמות | Lv10:19M | רבה יומא הדין | {ו}<ד>מיתו/דמות#2#/ | תרין נדב |
| 4663 | דמות' | Ex15:16M | ופחדך בתקוף /אימתי | דמות' | ותברא בתק#2#/ אדרע |
| 4664 | דמותא | Gn40:23 | עביר בבשר דטעים כסא | דמותא | ולא אדכר כתבא דכתיב בספר |
| 4665 | דמותה | Dt29:17 | ברם סופיה מריר כלעניתה | דמותה: | |
| 4666 | | Dt32:01 | לעולם ולא טעמין כסא | דמותה | ברם סופיהון בליין לעלמא |
| 4667 | | Dt32:25 | מדמכיהון אימתיה | דמותה | להוד עלמין לחוד בתולין |
| 4668 | | Dt32:01 | דמייתין וטעמין כסא | דמותה | מייתין עמה וגזירתהון בטלן |
| 4669 | דמזרקה | Nu 7:85 | חד«ת»ה דכסף ושבעין | דמזרקה | חדה כל כסף מניא תרתין |
| 4670 | דמחבלה | Ex 4:25 | דברא וקרבת לרגלוי | דמחבלה | ואמרת ארום חתנא בעא |
| 4671 | דמטליא | Nu29:17 | וביומא תנינא דחגא | דמטליא | תקרבון תורין אמרין בני |
| 4672 | דמטליה | Lv23:34 | לירחא שביעיה הדין חגה | דמטליה | שבעה יומין קדם ייי: |
| 4673 | | Dt16:13 | חגה | דמטליה | תעבדון לכון שבעה יומין |
| 4674 | דמטלייה | Dt31:10 | שתה דשמי«ט»תה בחגה | דמטלייה: | |
| 4675 | | Dt16:16 | <....> ובחגה | דמטלייה | עמי בני ישראל לית אתון |
| 4676 | | Nu29:20 | וביומא תליתיה דחגה | דמטלייה | תקרבון תורין חד עשר |
| 4677 | | Nu29:23 | וביומא רביעייה דחגה | דמטלייה | תקרבון תורין עשרה דכרין |
| 4678 | | Nu29:26 | וביומא חמישייה דחגה | דמטלייה | תקרבון תורין תשעה דכרין |
| 4679 | | Nu29:29 | וביומא שתיתיה דחגה | דמטלייה | תקרבון תורין תמניה דכרין |
| 4680 | | Nu29:32 | וביומא שביעיה דחגה | דמטלייה | תקרבון תורין שבעה דכרין |
| 4681 | דמטרא | Gn30:22 | למלאכא ולא לשרף מפתחא | דמטרא | ומפתחא דפרנסתא ומפת«חי» |
| 4682 | דמיא | Gn24:30M | על גמליא על עיינא | ∧דמיא#2#/: | |
| 4683 | | Ex15:05 | נחתו ושקעו במצולתיה | דמיא | אדמון לאבנא: |
| 4684 | | Gn16:07 | יתה מלאכה דייי על עיינה | דמיא | במדברא על עיינה באורחא |
| 4685 | | Gn21:25 | ית אבימלך על עיסק בירא | דמיא | דגזלו עבדוי דאבימלך: |
| 4686 | | Gn26:18 | יצחק וחפר ית בארייתא | דמיא | די חפרו בימוי דאברהם אבוי |
| 4687 | | Gn30:38 | במו{ד}<ר>כוותא בשקיא | דמיא | דתיעול ענה למשתי <....>: |
| 4688 | | Gn24:13 | הא אנא קיים מעתד על עניא | דמיא | ובנתהון דעמא דארעא נפקין |
| 4689 | | Gn24:43 | אנא קיים מעתד על עיינא | דמיא | והא רביתא דנפקי לממלי |
| 4690 | | Lv11:10 | ובנחליא מן כל שרצא | דמיא | ומן כל נפש חיתה די במי' |
| 4691 | | Gn24:11 | לבר מן קרת«א» על בארא | דמיא | לעדוני רמשא בשעתא דנפקן |
| 4692 | | Ex15:08 | קמו צרירין היך זיקיא | דמיא | נזליא קפון תהומיא בפלגות |
| 4693 | | Dt 2:06 | מזבון מן לוותהון דבירה | דמיא | סלקא עמכון לראשי טוריה |
| 4694 | דמיה | Gn42:22 | בטלייא ולא שמעתון ולחוד | דמיה | הא מתבע: |
| 4695 | דמיטר' | Gn30:22M | למלאך ולא לשרף מפתחיא | דמיטר' | מפתחיא דפרנסתא מפתחיא |
| 4696 | דמיי' | Gn24:29M | לעיינה/על עיינ' | דמיי'#2#/: | |
| 4697 | דמייא | Ex14:29M | דמין /היך שורין | דמייא#2#/ | מן ימינהון ומן שמלהון: |
| 4698 | | Gn 6:17 | הא אנה מייתי ית מבולא | דמייא | על ארעא למחבלא כל בשרא |
| 4699 | דמייה | Dt10:07 | ליטבתה ארע בית נחלין | דמייה: | |
| 4700 | דמיין | Dt10:07M | ארעא נחלין | דמיין | |
| 4701 | | Dt10:07M | ארע בית נחלין | דמייה/דמיין#2#/: | |
| 4702 | | Nu21:34 | יאין קיימין על מבועין | דמיין | ברם פירין לא עבדין בגין |
| 4703 | | Dt 3:02M | שתילין על מבועין | דמיין | ברם פירין לית אינון |
| 4704 | | Gn21:19 | ייי ית עיינה וחמת באר | דמיין | ואזלת ומלת ית זיקא מיא |
| 4705 | | Gn21:14 | בצפרא ונסב לחם וזיק | דמיין | ויהיב להגר שווי על כתפה |
| 4706 | | Nu24:06 | יאין ומשבחין כארזייה | דמיין | ומשבחין ומנטלין בבריותה: |
| 4707 | | Gn49:22 | לגפן שתילה על מבועין | דמיין | ושלחת שרשי' לארעא ופגרת |
| 4708 | | Nu24:06 | שתילין על מבועין | דמיין | כדן יהוון קורייהון מפקן |
| 4709 | | Nu33:09M | /תרי עשרי עיינוון | דמיין | כל וקבל#2#/ תרי עשרתי |
| 4710 | | Nu33:09M | "תרתין ...": תריסר מבועין | דמיין | כל וקבל תריסר שבטין |
| 4711 | | Ex15:27 | ותמן תרתין עשרין פיגין | דמיין | כל קבל תרין עשר שבטי |
| 4712 | | Nu33:09 | תרתין עשרי פיגיין | דמיין | כל קבל תרי עשרתי שבטיה |
| 4713 | | Dt 8:07 | לארע טבה ארע בית נחלין | דמיין | מבועין ותהומין נפקין |
| 4714 | | Ex14:22 | ומיא הוון להון שורין | דמיין | מן ימינהון ומן שמלאהון: |
| 4715 | | Gn 6:17M | מייתי ית מבולא | דמייא/דמיין#2#/ | על ארעא למחבלא כל |
| 4716 | | Gn49:04 | זעירא דעלו בגווי נחלין | דמיין | שטפן ולא יכלת למסובריה |
| 4717 | דמיכל | Lv19:23 | לארע' ותנצבון כל אילן | דמיכל | ותפרקון ערלתיה ית פריו |
| 4718 | דמיכלן | Nu13:32M | "מרי עיינן בישה": גברין | דמיכלן | בישן |
| 4719 | דמילה | Dt23:15 | ולא יחמי בכון ערייה | דמילה | ולא יחזר איקר שכינתיה |
| 4720 | דמילחא | Nu34:15 | עד מטי ספר ימא | דמ«י»לחא | דין הוא תחומא דתרין |
| 4721 | דמילי | Lv22:22M | חזזיין /דמלי יבלי או | דמילי | גרב{ר} או דמילי |
| 4722 | | Lv22:22M | או דמילי גרב{ר} או | דמילי | חזזיין#2#/ לא תקרבון |
| 4723 | דמילין | Dt22:14 | וישווי עלה עלילן | דמילין | ויפק עלה שם בישן ויימר ית |
| 4724 | | Dt22:17 | והא הוא שווי לה עלילן | דמילין | למימר לא אשכחית לברתך |
| 4725 | דמים | Gn21:19M | עיינה וחמת באר | דמיין/דמים#2#/ | ואזלת ומלת ית זיקא |
| 4726 | | Gn21:14M | שווי על /מזון וקרבה | דמים | ויהב להגר שיוי על#2#/ |
| 4727 | דמימרה | Dt 8:20 | כאומייה | דמימרה | דייי מסיף מן קדמיכון כדן |
| 4728 | דמין | Ex14:29 | ומיא הוון להון שורין | דמין | מן ימינהון ומן שמלהון: |
| 4729 | דמיצראי | Gn41:08 | וקרא ית כל חרישיהון | דמיצראי | וית כל חכימיהון ותני |
| 4730 | | Gn47:21 | ומן סיפא תחומיהון | דמיצראי | ועד סייפא ועמא דבקריית' |
| 4731 | דמישרה | Dt 3:17 | מן ימא דגניסר ועד ימא | דמישרה | ימא דמ«י»לחה שפוע |
| 4732 | דמית | Dt14:01 | על בית אפיכון על נפש | דמית: | |
| 4733 | | Lv19:28 | ושרט' על נפש | דמית | לא תתנון בבשרכון וכתב חקיק |
| 4734 | | Lv21:01 | דאהרן ותמר להון על נפש | דמית | לא יסתאב כהנא רבה די בעמה: |
| 4735 | | Lv21:01M | רבה די בעמה /לטמא נפיש | דמית | לא יסתאב בעמיה#2#/: |
| 4736 | | Lv21:11 | ועל כל נפש | דמית | לא ייעול לאבוי ולאמה לא |
| 4737 | | Nu 6:06 | לשמה דייי על נפש | דמית | לא יעול: |
| 4738 | דמית' | Nu12:12M | מסאבה באהילה | כמיתייה/דמית'#2#/ | והא מ{ת}<ד>מיא |
| 4739 | דמיתא | Ex21:35 | ית כספיה ואף ית הנייתה | דמיתא | יפלגון: |
| 4740 | | Ex21:36 | תור תחות תור והנייתה | דמיתא | תהוי דידיה: |
| 4741 | דמיתה | Dt25:05 | לית ליה לא תתנסיב אתתה | דמיתה | לברה לגבר חלוני יבמה |
| 4742 | | Ex21:34 | כסף יחזר למרוי והדא | דמיתה | תהוי דידיה: |
| 4743 | דמכתש | Lv13:59 | דא גזרת אוריתה | דמכתש | צרעתה בלבוש דעמר או בכתן |
| 4744 | דמכתשא | Lv13:03 | אתהפי' לחוור וחזווי | דמכתשא | מכיך מן משך בשרה מכת«ש» |
| 4745 | דמכתשה | Lv13:45 | ומצרעה | דמכתשה | ביה לבושוי יהוון בזיעין |
| 4746 | | Lv13:46 | כל יומין | דמכתשה | ביה יסתאב מסאב הוא |
| 4747 | | Lv13:12 | ותכסי צרעתה ית כל משכא | דמכתשה | מן ראשה ועד רגלוי לכל |
| 4748 | דמלאך | Ex 4:26 | דשיזב לחתניה הדין מידא | דמלאך | מותא: |
| 4749 | דמלאכי | Gn32:27 | דשחרא ארום מטא זמניהון | דמלאכי | מרומא למשבחא ואנ«א» |

|  |  |  |  |  |  |
|---|---|---|---|---|---|
| 4750 | דמלאכיא | Gn 6:04M | מן די יזדמנו בניהון | דמלאכיא | |
| 4751 | דמלאכין | Gn32:03 | אתי לקדמותי) או משרין | דמלאכין | דעשו אחי אינון דהוא אתי |
| 4752 | | Gn32:03 | אתי לקדמ׳ או משרין | דמלאכין | מן קדם ייי אתין למשיזבא |
| 4753 | | Dt33:02 | ועימיה ר«י»בוון | דמלאכין | קדישין אמרין בני ישראל |
| 4754 | | Dt33:03 | ישראל נחית ריבוון | דמלאכין | קדישין דאפעלגב דהוא |
| 4755 | דמלה | Dt24:01 | קדמוי ארום אשכח בה עריה | דמלה | ויכתב לה אגרת שיבוקין |
| 4756 | דמלח | Gn19:26 | והא היא קיימא עמוד | דמלח | עד זמן דייחון מיתייא: |
| 4757 | דמלחא | Nu34:15M | מן מדנחה מן מישר ימה | דמלחא | נפק להון תחומה לכנרת |
| 4758 | דמלחה | Gn14:03 | במישר פרדיסיא היא ימה | דמלחה: | |
| 4759 | | Nu34:12 | ויהוון מפקנוי ימא | דמלחה | דא תיהווי לכון ארעא |
| 4760 | | Nu34:03 | דרומה מן סייפי ימה | דמלחה | מן מדנחה: |
| 4761 | | Dt 4:49 | ירדנה מן מדנחה ועד ימא | דמלחה | תחות ריש רמתה: |
| 4762 | דמלין | Ex18:16 | ארום יהוי להון עסק דין | דמלין | אתיין לוותי ואדון בין גבר |
| 4763 | | Ex18:16M | "דמלין ... ואדון": | דמלין | אתין לוותי ואנה דיין |
| 4764 | | Dt24:01M | בה עריה \דמלה ויכתב | /דמלין | ויכתוב#2#/ לה אגרת |
| 4765 | | Ex24:14 | עמכון מן דאית עסק דין | דמלין | יקרב לוותהון: |
| 4766 | דמלכא | Gn14:17 | במישר פרדסיא היא משרה | דמלכא: | |
| 4767 | | Dt 3:11 | אמין פתייה באמתיה | דמלכא: | |
| 4768 | | Gn40:01 | האלין סרחו רב מזוגייא | דמלכא | דמצרים ורב נחתומייא |
| 4769 | | Nu20:17M | נשי גוברין באורחה | דמלכא | דעלמא ניזיל |
| 4770 | | Gn41:43 | מקלסין קדמוי יחי אבוי | דמלכא | דרב בחכמתא וזעיר בשפר |
| 4771 | | Gn49:22 | מקלסין קדמיך יחי אבוי | דמלכא | דרב בחכמתא וזעירא בשנייא |
| 4772 | | Gn39:20 | באתרא דחבישי | דמלכא | חבושין והוה תמן |
| 4773 | | Gn 3:15 | שפיותיה בעוקבה ביומא | דמלכא | משיחא: |
| 4774 | | Gn49:12 | מה ייאיין עינוי | דמלכא | משיחא מן חמרא זכוכא דלא |
| 4775 | | Nu24:07 | ויתרומם מלכותיה | דמלכא | משיחא: |
| 4776 | | Nu11:26 | סלקין לירושלם ובידוי | דמלכא | משיחה אינון נפלין ושבע |
| 4777 | | Nu20:17M | נשי גוברין באסרטא | דמלכא | ניזיל לא נסטי |
| 4778 | | Nu20:19M | מלכא נסוק /באסטרטא | דמלכא | ניזיל#2#/ ואין מימך נשתה |
| 4779 | | Nu21:22M | מלכא נהלך /באיסטרטא | דמלכא | ניזיל#2#/ עד זמן דנעבר |
| 4780 | דמלכותא | Ex 1:21M | בייתה | דמלכותא/דמלכוותא#2#/ | וביתא דכהונתה |
| 4781 | דמלכוותה | Lv26:06 | יתכון ואבטל רשותהון | דמלכוותה | דמתילן בחיוות ברא מן |
| 4782 | דמלכותא | Ex 1:21 | ועבד להון בתים בייתה | דמלכותא | וביתא דכהונתה רבתה מרים |
| 4783 | דמלכותה | Nu22:39 | עם בלק ועלו לקרכה | דמלכותה | היא מרישה: |
| 4784 | דמלכותהון | Nu34:15M | תחומה לכנרת כרך | דמלכותהון | דאימוראי ומן כנרת כרך |
| 4785 | דמלכותיה | Gn49:02 | ואמר ברוך שמיה כבודיה | דמלכותיה | לעלמי עלמין: |
| 4786 | דמלכייא | Gn49:22 | מנהון והוון בנתהון | דמלכייא | ושולטנייא אמרין אלין |
| 4787 | | Gn49:22 | בשנייא והוון בנתהון | דמלכייא | ושלטנייא מדיקין עליך על |
| 4788 | דמלכייה | Nu31:50M | חמיין תמן בנתהון | דמלכי<יה> | מדיינאי יתיה ומפרנקתה |
| 4789 | | Nu31:50M | עלינן בנתהון | דמלכייה | מדיינאי ובקיטוני |
| 4790 | דממדנח | Nu34:15 | תרנגיל קסריון | דממדנח | מערבה דדן נפק להון תחומה |
| 4791 | דממון | Dt10:17 | בדינה ולא מקבל שחוד | דממון: | |
| 4792 | | Dt16:19M | דממון": ולא תסבון שחוד | דממון: | |
| 4793 | | Dt16:19 | בדינה ולא תקבלון שחוד | דממון | ארום שוחדה מסמי עייני |
| 4794 | | Dt23:20 | לא תוזף לאחוך זפו | דממון | זפו דכסף זפו לכל מילה די |
| 4795 | | Ex21:30 | אין קנס | דממון | ישתוי עלוי ויתן פרקון |
| 4796 | | Ex23:08M | \ושחד לא תקבלון /ושחד | דממון | לא תסביה#2#/ ארום שוחדא |
| 4797 | | Nu35:32M | /תסבון ש{ה}<ח>וד | דממון | למערוק לקרתה דשזבה#2#/ |
| 4798 | | Dt27:25M | נפיש /דמקבל שחוד | דממון | למקטול נפש#2#/ אדם |
| 4799 | דממרא | Dt11:17 | מן עלוי ארעא טבתה | דממרא | דייי יהב לכון: |
| 4800 | דממרי | Ex31:13M | הוא \ייי דקדשית יתכון | /דממרי | מקדש ית#2#/: |
| 4801 | | Ex 8:18 | דתדע ארום אנה הוא ייי | דממרי | שרי בגו ארעא: |
| 4802 | דמן | Lv14:32 | דא אורייתא גזירת | דמן | דבה מכתש צרעה די לא ארעת |
| 4803 | | Lv14:25 | דאשמה ויתן על רום אדניה | דמן | דמדכ׳ דימינה ועל אליון |
| 4804 | | Lv14:14 | ויתן כהנא על רום אדנה | דמן | דמדכי דימינה ועל אליון |
| 4805 | | Lv14:17 | כהנא «על רום אדנה» | דמן | דמדכי דימינה ועל אליון |
| 4806 | | Lv14:18 | דכהנא יתן על ראשיה | דמן | דמדכי ויכפר עלוהי כהנא קדם |
| 4807 | | Lv14:28 | על כף ידיה על רום אדנה | דמן | דמדכי דימינה ועל אליון |
| 4808 | | Lv14:29 | דכהנא יתן על ראשה | דמן | דמדכי למכפר׳ עלוי קדם ייי: |
| 4809 | | Lv27:08 | יתיה על פם די תארע ידיה | דמן | דנדר יעלי יתי כהנה: |
| 4810 | דמנה | Dt 2:06 | מזבון מן לוותהון בכסף | דמנה | נחית לכון מן שמיא ולהוד |
| 4811 | דמנחתה | Lv 6:08 | מנה בקמציה מן סלתה | דמנחתה | ומן טוב׳ וית כל לבונתה די |
| 4812 | | Nu29:06M | \ומנחתה ועלתה דתמידה | /דמנחתה | ועולת תמ#2#/ ומנחתה |
| 4813 | | Lv 6:07 | ודא גזירת אוריתא | דמנחתה | יקרבו יתה בנוי דאהרן קדם |
| 4814 | דמניין | Dt 4:27 | באומייה ותשתיירון עם | דמניין | באומייה די יגלי ייי יתכון |
| 4815 | דמסאב | Nu 5:02 | כל דמצרע וכל דדיב וכל | דמסאב | בטמא נפש דבר נש: |
| 4816 | דמסכינא | Ex23:06M | לא תסטון סדר דינא | דמסכינא | בשעה דינ#2#/: |
| 4817 | דמסכינה | Dt24:14 | לא תעצי אגריה דאגירה | דמסכינה | וצריכה מן אחיכון או מן |
| 4818 | דמסכינו | Dt16:03M | דצער /לחמא ענייא | דמסכינו#2#/ | ארום בבהילו נפקתון |
| 4819 | דמסן | Gn14:23 | אם מן חוט רצועה | דמסן | א«י»ן אסב מן כל מה די לך |
| 4820 | דמעזי | Nu31:20 | וכל מן דמשך וכל עבד | דמעזי | וכל מן דקיס תדכון: |
| 4821 | | Ex36:14 | ועבד יריען | דמעזי | חפיי למיפרס על משכנא |
| 4822 | דמעזן | Ex26:07 | ות«ע»בד יריען | דמעזן | לפרס על משכנא חדא עשרה |
| 4823 | דמעילה | Ex28:34 | דדהב ורמון על שיפולוי | דמעילה | מן חזור חזור: |
| 4824 | | Ex39:25 | בגו רמוני על שפולוי | דמעילה | מן חזור חזור בגו רמניה: |
| 4825 | | Ex39:26 | זוג ורמן על שפולוי | דמעילה | מן חזור חזור למשמשה |
| 4826 | | Ex39:24 | ועבדו על שפולוי | דמעילה | רמונין תכלה וארגוון וצבע |
| 4827 | דמצו | Dt17:08M | למכתש נתקה מילי | דיוניך/דמצו#2#/ | בקורייכון ותקומון |
| 4828 | דמצוה | Nu12:16 | לחיכימי ולנטרי אוריתה | דמצוה | זעירה דאנש עבד הוא מקבל |
| 4829 | דמצווה | Nu29:35M | בחדוה כנישין | דמצוון/<דמצו>וה#2#/ | תיהוי/<ת>הוי#2#/ |
| 4830 | דמצוון | Nu29:35 | בתיכון בחדוה כנישין | דמצוון | תיהווי לכון כל עבידה |
| 4831 | דמצפון | Nu34:15 | תלגא לתחומה לבנון | דמצפון | עיינוות{(י)}יה דדרמשק |
| 4832 | דמצרא׳ | Ex 8:17 | ערבובא ויתמלון בתיהון | דמצרא׳ | מן ערבובא וית ארעא די |
| 4833 | דמצראי | Ex10:19M | \תחום#2#/ | מצריי/דמצראי#2#/: | |
| 4834 | | Ex14:24M | ית משירייתיהון | מצריי/דמצראי#2#/: | |
| 4835 | | Ex18:09M | מן ידיהון | מצריי/דמצראי#2#/: | |
| 4836 | | Ex12:12M | טעוותיהון | דמצריי/דמצראי#2#/ | אעבד דינין שנין |
| 4837 | | Ex 7:22 | ועבדו כדן חרשיהון | דמצראי | בחרשיהון ואתוקף לבא דפרעה |
| 4838 | | Dt28:60M | /בכון ית כל מכתשיה | דמצראי#2#/ | די דחלתון מן קדמיהון |
| 4839 | | Ex 3:14M | בסעדכון בגלותא | דמצראי | ואנא הוא דעתיד למהווי |
| 4840 | | Gn49:23 | ולא יכלו ליה כל חרשהון | דמצראי | וחכימיהון אמרו בישתא קדם |
| 4841 | | Gn49:22 | ברי בחכמתך כל חרשיהון | דמצראי | וית כל חכימיהון כד ארכבו |
| 4842 | | Ex 9:04M | דישראל ובין נכסיהון | דמצראי | ולא ימות מן בעיריהון |
| 4843 | | Ex12:36M | \דמצריי ושאלו | /<ד>מצראי | ושאילו#2#/ להון ורוקנן |
| 4844 | | Ex10:14M | על כל ארעא | מצרים/דמצראי#2#/ | ושרא בכל תחומיהון |
| 4845 | | Ex11:03M | /דעמי׳ באפיהון | דמצראי#2#/ | לחוד גברא משה תקיף |
| 4846 | | Gn47:20 | וזבן יוסף ית כל ארעהון | דמצראי | לפרעה ארום זבנו מצראי גבר |
| 4847 | | Gn47:26 | עד יומא הדין על ארעהון | דמצראי | לפרעה לחד מן חמשה להוד |
| 4848 | | Ex 8:22M | /אמרייה הינון מרחקתהון | דמצראי | מנהון נסב ונקרבה קדם#2#/ |
| 4849 | | Ex 8:22M | דמצריי /מרחקתהון | דמצראי#2#/ | קדמיהון לית אפשר דלא |
| 4850 | דמצרי | Ex 7:03 | נסוי וית פרישתי בארעא | דמצרי: | |
| 4851 | דמצרי׳ | Gn44:18M | די נעבד כל ארעיה | דמצרי׳ | צדי |
| 4852 | דמצריה | Gn39:05 | וברך ייי ית ביתיה | דמצרי«ה» | בזכותיה דיוסף והוה |
| 4853 | דמצריי | Ex 6:07 | מן תחות ניר שעבודהון | דמצריי: | |
| 4854 | | Ex10:15 | דאפי ברא בכל ארעא | דמצריי: | |
| 4855 | | Ex10:19 | גוב חד בכל תחומיהון | דמצריי: | |
| 4856 | | Ex14:24 | וערבב ית משירייתיהון | דמצריי: | |
| 4857 | | Ex18:09 | שיזב יתהון מן ידיהון | דמצריי: | |

|  |  |  |  |  |  |
|---|---|---|---|---|---|
| 4858 | | Ex18:10 | מן תחות ניר שעבודהון | דמצריי: | |
| 4859 | | Ex12:12 | בעירא ובכל טעוותיהון | דמצריי | אעבד דינין שנין אמר ייי: |
| 4860 | | Ex 7:11 | ועבדו אף אינון חרשיהון | דמצריי | בחרשיהון כדן: |
| 4861 | | Dt 7:15 | כל בישין וכל מכתשיהון | דמצריי | בישייא די חכמתון לא ישוי |
| 4862 | | Dt28:60 | עליכון ית כל מכתישיהון | דמצריי | די דחלתון מן קדמיהון |
| 4863 | | Ex12:36 | ית חניהון דעמא באפיהון | דמצריי | ואשאלו להון ורוקנן בני |
| 4864 | | Ex 6:06 | מן תחות ניר שעבודהון | דמצריי | ואשיזב יתכון מן פולחניהון |
| 4865 | | Dt28:27 | ימחי יתכון ייי בשחנה | דמצריי | ובטחוריה ובחרבנה די לא |
| 4866 | | Ex 9:04 | ויפרש ייי ביני בעיריהון | דמצריי | וביני בעיריהון דישראל |
| 4867 | | Ex14:20 | ועל בין משרייתהון | דמצריי | וביני משרייתיהון דישראל |
| 4868 | | Ex14:30 | ית ישראל מן ידיהון | דמצריי | וחמון ישראל ית מצריי |
| 4869 | | Ex 3:21 | דעמא האילין באפיהון | דמצריי | ויהווי ארום תיזלון <לא |
| 4870 | | Nu34:05 | תחומה מן לקסם לנילוס | דמצריי | ויהוון מפ<ק>נו{ק}י |
| 4871 | | Ex12:42 | ידיה מקטלה בכוריהון | דמצריי | וימיניה הוות מגנא על |
| 4872 | | Ex14:17 | ואנה הא מתוקף ית לבהון | דמצריי | ויעלון בתריהון ואתיקר |
| 4873 | | Ex 9:06 | דבתרא ומית כל בעיריהון | דמצריי | ומבעיריהון דבני ישראל לא |
| 4874 | | Ex18:10 | שיזב יתכון מן ידיהון | דמצריי | ומן ידוי דפרעה דשיזב ית |
| 4875 | | Ex 8:02 | ית ידיה על מימיהון | דמצריי | וסלקון ארדעניה וחפון ית |
| 4876 | | Ex14:07 | ארתכין וכל ארתיכוהון | דמצריי | ורברבנין הוון ממנין על |
| 4877 | | Ex14:24 | ברוגז על משרייותיהון | דמצריי | ורמה עליהון נפטה ואישתא |
| 4878 | | Ex 3:17 | יתכון מן שעבודהון | דמצריי | לארעהון דכנענאיי וחתיי |
| 4879 | | Ex11:03 | ייי חניהון דעמא באפהון | דמצריי | לחוד גברא משה תקיף לחדא |
| 4880 | | Dt11:04 | ומה די עבד לחיילוותהון | דמצריי | לסוסוותהון ולארתכיהון די |
| 4881 | | Ex 8:22 | מרחקא אינון טעוותיהן | דמצריי | מנהון נסב למקרב«א» קדם |
| 4882 | | Lv26:13 | ותברית ניר שעבודיהון | דמצריי | מעילוויכון דהוה קשי |
| 4883 | | Ex 7:19 | וארכן ידיך על מימהון | דמצריי | על נהרייא ועל מבועיהון |
| 4884 | | Ex 8:22 | מקרבן אנן ית טעוותהון | דמצריי | קדמיהון לית אפשר דלא |
| 4885 | דמצריי' | Gn47:26M | על ארעהון/ארעא | דמצריי'#2#/ | דמצראי לפרעה לחד מן |
| 4886 | דמצרייה | Ex 3:08 | יתהון מן ידיהון | דמצרייה | ולמסקא יתכון מן ארעא הדא |
| 4887 | | Ex 6:05 | קבלתהון דבני ישראל | דמצרייה | משעבדין בהון ואדכרית |
| 4888 | דמצרעה | Lv14:02 | דא תהוי גזירת אוריתה | דמצרעה | ביומא דדכותיה וייתי לוות |
| 4889 | דמרחק | Dt15:22 | בקורייכון תיכלון יתיה | דמרחק | מן קדשיה ודדכי כחדה |
| 4890 | | Dt12:31 | קדם ייי אלהכון ארום כל | דמרחק | קדם ייי די סני ורחיק עבדו |
| 4891 | דמרחשון | Gn 8:14M | בירחא | תניינא/דמרחשון#2#/ | בעשרין ושבעה |
| 4892 | דמרי | Nu12:16M | חדה אמתינת לה שכינתה | דמרי | עלמא ומשכנה וכל ישראל |
| 4893 | דמשח | Lv14:10 | מנחה פילה במשח ולג חד | דמשח: | |
| 4894 | | Lv14:21 | חד פיל במשח למנחה ולג | דמשח: | |
| 4895 | | Nu18:12 | כל טוב | דמשח | וכל טוב דעבור וחמר שרוי |
| 4896 | דמשחא | Lv14:15 | ויסב כהנא מן לוגה | דמשחא | ו«י»ריק על כף ידיה |
| 4897 | דמשחה | Lv14:17 | ומן מותריה | דמשחה | די על כף ידיה יתן כהנא |
| 4898 | | Lv14:12 | יתיה לאשמה וית לוגה | דמשחה | ויניף יתהון אנפו קדם ייי: |
| 4899 | | Lv14:24 | ית אמרה דאשמה וית לוגה | דמשחה | ויניף יתהון כהנא אנפו קדם |
| 4900 | דמשיחה | Nu13:32 | מרי עיינן בישה גברין | דמשיחה: | |
| 4901 | דמשך | Lv13:48 | במשך או בכל עב<י>ד{י}ה | דמשך: | |
| 4902 | | Lv13:53 | או בערבה או בכל מן | דמשך: | |
| 4903 | | Lv13:52 | או בכיתן או ית כל מן | דמשך | די יהווי ביה מכתשה ארום |
| 4904 | | Lv13:58 | שתיה או ערבה או כל מן | דמשך | די תחוור ויתעבר מנהון |
| 4905 | | Lv15:17 | וכל לבוש וכל מן | דמשך | די יהוו עלוי תשמיש דזרע |
| 4906 | | Nu31:20 | וכל לבוש וכל מן | דמשך | וכל עבד דמעזי וכל מן דקיס |
| 4907 | | Lv13:57 | או בערבה או בכל מן | דמשך | מהלכה היא בנורא תוקדון |
| 4908 | | Lv13:49 | או בעור«בא» או בכל מן | דמשך | מכתש צרעה הוא ויתחמי |
| 4909 | דמשכן | Ex36:32M | /סטרוי#2#/ | דמשכנה/<דמש>כן#2#/ | תניינה וחמשה נגרין |
| 4910 | דמשכנא | Ex26:17 | כדין תעבד לכל לוחי | דמשכנא: | |
| 4911 | | Ex36:28 | ותרין לוחין עבד לסטרוי | דמשכנא | בשפלייה: |

|  |  |  |  |  |  |
|---|---|---|---|---|---|
| 4912 | | Ex25:09 | אנא מחזי יתך ית דמותא | דמשכנא | וית דמות כל מנוי וכדן |
| 4913 | | Ex35:18 | ית סכוי | דמשכנא | וית סכוי דדרתה וית |
| 4914 | | Ex26:13 | בארכה דיריעתא | דמשכנא | יהווי שפיעה על סטרה |
| 4915 | | Ex26:12 | על שיפולוי {ימא} | דמשכנא | <ימא>: |
| 4916 | | Ex40:22 | במשכן זימנא על שפולוי | דמשכנא | לצפונא לבר מן פרוכתה: |
| 4917 | | Ex26:13 | יהווי שפיעה על סטרה | דמשכנא | מן הכה ומן הכא למכסייה |
| 4918 | | Ex40:24 | לקבל פתורה על שפולוי | דמשכנא | מן דרומא: |
| 4919 | | Ex40:19 | על משכנה ושווי ית חפיא | דמשכנא | עלוי מן לעל היך מה די פקד |
| 4920 | | Ex26:12 | מותריא ביריעת«א» | דמשכנא | פלגא דריעתא דאשתיירת |
| 4921 | | Ex26:20 | ולסיטרא | דמשכנא | תניינ«א» לסיטרא צפונא |
| 4922 | דמשכנה | Ex36:22 | דן כדין עבד לכל לוחי | דמשכנה: | |
| 4923 | | Ex26:23 | תעבד לסיטרוי | דמשכנה | בשיפולי: |
| 4924 | | Ex36:32 | וחמשה נגרין ללוחי סטרה | דמשכנה | בשיפולייה מן מערבה: |
| 4925 | | Ex26:27 | נגרין ללוחי סטרין | דמשכנה | בשפולייה מן מערבה: |
| 4926 | | Ex38:20M | /לכל סכייה | דמשכנה | ודרתה חז#2#/ דנחש: |
| 4927 | | Ex38:31 | ``וית כל סכוי {{דרתה}} | דמשכנה | וית כל סכוי דרתה`` |
| 4928 | | Nu 4:25 | ויטענון ית יריעתה | דמשכנה | וית משכן זמנה חפייה וחפוי |
| 4929 | | Nu 3:36 | בנוי דמררי ליווחוי | דמשכנה | ונגרוי ועמודוי וחומרוי |
| 4930 | | Nu 4:31 | במשכן זימנה לווחוי | דמשכנה | ונגרוי ועמודוי וחומרוי: |
| 4931 | | Ex36:31 | חמשה ללוחי סטרה | {ה}<ד>משכנה | חדה: |
| 4932 | | Nu 5:17 | עפרה די יהווי בשיפולי | דמשכנה | יסב כהנא ויתן לגו מיא: |
| 4933 | | Nu 3:23 | דבנוי דגרשני בשפלוי | דמשכנה | ישרון מן מערבה: |
| 4934 | | Nu 3:35 | בר אביחיל על סטרוי | דמשכנה | ישרון מן צפונה: |
| 4935 | | Ex26:35 | לקבל פתורה על סטר' | דמשכנה | לדרומה ופתורא תתן על |
| 4936 | | Ex26:22 | ולשיפולוי | דמשכנה | מן מערבה תעבד שתה לוחין: |
| 4937 | | Ex36:27 | ולשפלוי | דמשכנה | מן מערבה עבד שתה לוחין: |
| 4938 | | Nu 3:29 | דקהת ישרון על שיפולוי | דמשכנה | מן דרומה: |
| 4939 | | Ex26:27 | וחמשה נגרין ללוחי סטרא | דמשכנה | תניינא וחמשה נגרין ללוחי |
| 4940 | | Ex36:25 | ולסטרה | דמשכנה | תניינה לסטרה צפונייה עבד |
| 4941 | | Ex36:32 | וחמשה נגרין ללוחי סיטרה | דמשכנה | תניינה וחמשה נגרין ללוחי |
| 4942 | דמשכניה | Ex26:26 | חמשין ללוחיה סיטריה | דמשכניה | חדתה: |
| 4943 | דמשרית | Nu 2:09 | כל סכומיה | דמשרית | שבטה דבנוי דיהודה |
| 4944 | | Nu 2:16 | כל סכומייה | דמשרית | שבטה דבנוי דראובן |
| 4945 | | Nu 2:24 | כל סכומי«י»ה | דמשרית | שבטה דבנוי דאפרים עשרה |
| 4946 | | Nu 2:31 | כל סכומייה | דמשרית | שבטה דבנוי דדן חמש עשרה |
| 4947 | דמשריתה | Nu 2:31M | ושבעת אלפין ושית | /דמשריתה | דבנוי דדן מאה ושבעין |
| 4948 | | Nu 4:15 | כל מני קדשיה במטלית | דמשריתה | ומן בתר כדן ייעלון בנוי |
| 4949 | דמתותה | Dt30:19 | אורחה דחיי וית אורחה | דמתותה | יהבית לכון ית ברכתה וית |
| 4950 | דמתכה | Ex34:17 | בני ישראל דחלן טעוון | דמתכה | לא תעבד לכון: |
| 4951 | | Lv19:04 | בתר {{...}} וטעוון | דמתכה | לא תעבדון לכון כדן אמר |
| 4952 | | Lv26:01 | לא תקימון לכון ואבן | דמתכה | לא תתנון בארעכון למסגד |
| 4953 | | Lv26:01M | וקיימה /טעוון | דמתכה#2#/ | לא תקימון לכון ואבן |
| 4954 | דנבו | Gn15:01 | מן בגין כדין הוה פתגם | דנבו | מן קדם ייי על אבר' צדיקא |
| 4955 | | Gn15:04 | והא פתגם | דנבו | מן קדם ייי על אברם למימר |
| 4956 | | Gn18:01M | מן בגין כן הווה פתגם | דנבו | מן קדם ייי לוות אברהם |
| 4957 | | Ex31:03 | ואשלמת עמיה רוח | דנב{י}<ו> | קרב דקדש מן קדם ייי |
| 4958 | דנבייא | Dt13:04M | שקרא ההוא /לפתגמייא | דנבייא | ההר'#2#/ או לחלם |
| 4959 | | Dt13:04 | לא תשמעון למילוי | דנבייא | שקרא ההוא או לחלם |
| 4960 | דנבלה | Lv 7:24 | ותרב | דנבלה | ותרב דקטילה יתעבד לכל |
| 4961 | דנגר | Ex35:35 | בלבהון למעבד כל עבידה | דנגר | ואומן וצייר בתכלא |
| 4962 | דנד' | Lv22:23M | יתיה ולנדר/ולפירוש | דנד'#2#/ | לא יתקבל ברעווה: |
| 4963 | דנדר | Lv22:21M | נדר או נסיבה /לפרוש | דנדר | או לנס'#2#/ בתורין או |
| 4964 | | Nu15:03M | עלוון או נכיסון פירוש | דנדר | או לנסיבה או בזמן דסדרי |
| 4965 | | Lv27:02M | \נדר בעלויה נפשן /פרוש | דנדר | בעילווי נפ'#2#/ לשמה |

|  |  |  |  |
|---|---|---|---|
| 4966 | | Dt23:22M | פרוש דנדר /תדרון דנדר#2#/ קדם ייי אלהכון לא תשהון |
| 4967 | דנהרא | Ex 7:24 | <....> למשתי מן מוי דנהרא: |
| 4968 | | Ex 7:25 | מן בתר דמחה ייי ית מיא דנהרא ואסי יתיה: |
| 4969 | | Ex 4:09 | לקלך ות{ת}<ס>ב מן מוי דנהרא ותשפוך ביבשתא ויהוון מיין |
| 4970 | | Gn 2:14 | רביעיא הוא נהרא רבה דנהרא פרת: |
| 4971 | | Gn 2:13 | ושמה דנהרא תיניינא גיחון הוא דחזר |
| 4972 | | Gn 2:14 | ושמה דנהרא תליתיא דקלת הוא דחזר |
| 4973 | דנור | Gn 3:24 | אתקן בגוה זיקוקין דנור וגומרין מבערן לרשיעיא |
| 4974 | | Ex20:02 | ברקין והיך למפדין דנ{ז}<ו>ר למפד דנור מן ימיניה |
| 4975 | | Ex20:03 | והיך ברקין והיך למפדין דנור למפד דנורא מן ימינה ולמפד |
| 4976 | | Dt 5:06 | והיך ברקין והיך למפדין דנור <למפד דנור> מן ימיניה |
| 4977 | | Dt 5:07 | והיך ברקין והיך למפדין דנור <למפד דנור> מן ימיניה |
| 4978 | | Ex20:02 | למפדין דנ{ז}<ו>ר למפד דנור מן ימיניה ולמפד דאשא מן |
| 4979 | | Dt 5:06 | והיך למפדין דנור <למפד דנור> מן ימיניה ולמפד דאשה מן |
| 4980 | | Dt 5:07 | והיך למפדין דנור <למפד דנור> מן ימיניה {ומל ול} ולמפד |
| 4981 | דנורא | Ex15:07 | תתכל יתהון היך מה דנורא בער בקשא: |
| 4982 | | Nu 9:17M | ובאתרה \די ישרי /דנורא <ישרי>#2#/ תמן משכנה |
| 4983 | | Ex20:03 | והיך למפדין דנור למפד דנורא מן ימינה ולמפד דאשא מן |
| 4984 | דנזירו | Nu 6:02 | יפרוש למנדור נדר ד{ג}<נ>זירו למתנזרה קדם ייי: |
| 4985 | דנחל | Lv23:40M | והדס וערבה דנחל/דנחלא#2#/ ותחדון קדם ייי |
| 4986 | דנחלה | Lv23:40 | ולולבין והדס וערבה דנחלה ותחדון קדם ייי אלהכון |
| 4987 | דנחלי | Nu21:15 | אטמרו אמוריי בגו מעריה דנחלי ארנונה אמרין כד יהוון |
| 4988 | דנחש | Ex26:37 | ותתיך להון חמשה חמרין דנחש: |
| 4989 | | Ex27:03 | ומחתיתא כל מנוי תעבד דנחש: |
| 4990 | | Ex36:38 | דהב וחומריהון חמש' דנחש: |
| 4991 | | Ex38:20 | ולדרתה מן חזור חזור דנחש: |
| 4992 | | Lv 6:21 | תתבשל בה יתבר ואין במן דנחש אתבשל ויתמרק וישתט«ף» |
| 4993 | | Ex38:08 | דנחש וית בסיס דיד«ה» דנחש במחזיין דנשייא צדיקתא |
| 4994 | | Ex30:18 | ותעבד כיור דנחש ובסיס דידה דנחש לקדוש |
| 4995 | | Nu21:09 | לגבר הוה מסתכל על חויה דנחש והווה חיי: |
| 4996 | | Nu21:09M | \ועבד משה חוי דנחש ויהב יתה על אתר תלי#2#/ |
| 4997 | | Ex38:08 | ועבד ית כיורה דנחש וית בסיס דיד«ה» דנחש |
| 4998 | | Ex38:17 | וחומרין לעמודי דנחש ונקלוות עמודיה וכבושיהון |
| 4999 | | Ex38:19 | ארבע וחומריהון ארבע דנחש ונקלוותהון כסף וחפוי |
| 5000 | | Nu21:09M | "חוי ... חיי": חוי דנחש ושוי יתיה והווה כל מן |
| 5001 | | Nu21:08 | ייי למשה עבד לך חויי דנחש ושוי יתי אל אתר תלי: |
| 5002 | | Ex27:04 | ותעבד לו קנקל עובד מצדה דנחש ותעבד על מצדתה ארבע עזקין |
| 5003 | | Ex26:11 | ותעבד פורפין דנחש חמשין ותעל ית פורפי בענביא |
| 5004 | | Ex36:18 | ועבד פורפיה דנחש חמשין למדבק ית משכנא למהוי |
| 5005 | | Ex30:18 | כיור דנחש ובסיס דידה דנחש לקדוש ותשווי יתיה בין משכן |
| 5006 | | Ex27:04 | על מצדתה ארבע עזקין דנחש על ארבעתי זווייתא: |
| 5007 | | Ex38:04 | למדבחה קנקל עובד מצדה דנחש תחות סוביבה מן לרע עד |
| 5008 | דנחשא | Ex35:16 | מדבחה דעלתה וית קנקלא דנחשא דידה וית אריחוי וית כל |
| 5009 | דנחשה | Ex38:05 | בארבעתי זויתה לקנקילה דנחשה אתרין לאריחיה: |
| 5010 | | Nu17:04 | אלעזר כהנא ית מחתיתה דנחשה די קריבו יקידיה ורדידו |
| 5011 | | Ex38:30 | מדבחה דנחשה וית קנקילה דנחשה דידיה וית כל מני מדבחה: |
| 5012 | | Ex39:39 | מדבחה דנחשה וית קנקלה דנחשה דידיה וית אריחוי וית כל |
| 5013 | | Nu21:08M | יהוי מסתכל לחוייה דנחשה וחאי |
| 5014 | | Nu21:09M | הוה מסתכל לחוויה דנחשה וחי |
| 5015 | | Ex38:30 | משכן זימנה וית מדבחה דנחשה וית קנקילה דנחשה דידיה |
| 5016 | | Ex39:39 | ית מדבחה דנחשה וית קנקלה דנחשה דידיה וית |
| 5017 | דנילוס | Gn47:10M | ייי דאיסקון מיא דנילוס וישקון ית כל ארעא |
| 5018 | דניסן | Dt32:02 | צמחה דארעא בירחה דניסן: |
| 5019 | דניר | Nu19:02 | די לא סלק עליה שעבוד דניר: |
| 5020 | | Dt21:03 | די לא סלק עליה שעבוד דניר: |
| 5021 | דניתקא | Lv13:32 | הוה בה שער מצלהב וחזוה דניתקא לית הוא מכיך מן משכה: |
| 5022 | דנכיסה | Lv14:51M | נכיסתה /צפרתה דנכיסה#2#/ ובמיא דמבועה ויידי על |
| 5023 | | Lv14:06M | דבחיין באדמה צפרתה דנכיסה על מיין דמבוע |
| 5024 | דנכיסת | Lv 4:26 | על גבי מדבחה כתרבה דנכיסת קדשיא ויכפר עלוי כהנא מן |
| 5025 | | Nu 7:88M | וכל תורייה דנכסת/דנכיסת#2#/ קודשייה עשרין |
| 5026 | דנכיסתה | Lv14:06 | חייתה באדמה דצפרה דנכיסתה על מיא דמבועיא: |
| 5027 | דנכסין | Nu32:01M | וה{ו}א אתרא אתר דנכסין הוא#2#/: |
| 5028 | | Nu32:04M | דישראל ארע \בית מרע'/דנכסין#2#/ היא ולעבדיך בעיר |
| 5029 | דנכסת | Lv 7:17 | ומה דמשתייר מן בשרה דנכסת קדשי«ה» ביומא תליתיה |
| 5030 | | Lv 7:18 | מתאכלה יתאכל מן בשרה דנכסת קדשיה ביומ' תליתיה לא |
| 5031 | | Lv 4:10 | היך מה דיתפרש מתורה דנכסת קודשיה ויסדר יתהון כהנא |
| 5032 | | Lv 7:11 | ודא גיזירת אוריתה דנכסת קודשיה די יקרב לשמה דייי: |
| 5033 | | Lv 7:21 | שרץ מסאב ויאכל מן בשרה דנכסת קודשיה מן קדם ייי ותשתיצי |
| 5034 | | Nu 7:88 | וכל תורייה דנכסת קודשייה עשרין וארבעה |
| 5035 | דנכסתא | Lv14:06M | /בדמא#2#/ דצפרה דנכיסתה/דנכסתא#2#/ על מיא דמבועיא: |
| 5036 | דנעמן | Nu26:40M | זרעייתיה דבנוי דנעמי'/דנע<מן#2#/: |
| 5037 | דנפ' | Dt 1:01M | ובגין מנתה דאמרתון דנפ' |
| 5038 | | Nu21:30M | דנפחיה /קרתה עד שוקא דנפ'#2#/ דסמיך/סמ'#2#/ |
| 5039 | דנפחיה | Nu21:30 | וצדיין ארחתיה עד כרכה דנפחיה דסמיך למי{ת}«ד»בא: |
| 5040 | דנפש | Dt28:65 | וסייף דעיינין ודייב דנפש: |
| 5041 | דנפשה | Gn35:18 | והוה במיפקה דנפשה ארום מיתה הוה וקרא שמה בר |
| 5042 | | Ex12:16 | די יתעביד לכל צורכיה דנפשה הוא לבלחודוי יתעבד לכון: |
| 5043 | דנפשיה | Nu35:23 | שני ליה ולא תבע בשתה דנפשיה: |
| 5044 | דנפשך | Ex 4:19 | דהוון תבעין ית בישתא דנפשך: |
| 5045 | | Dt23:25M | דחברך ותאכול ענבין מה דנפשך בעייה ותשבע ולמאניך לא |
| 5046 | דנקבה | Dt 4:16M | דמ{ן}<ו> דדכר או דנקבה |
| 5047 | דנשיא | Gn32:33 | בכף ירכיה דיעקב בגידא דנשיא: |
| 5048 | | Gn32:33 | ישראל ית ג{די}<יד>א דנשיא די על כף ירכא עד זמן יומא |
| 5049 | דנשייא | Ex38:08 | דיד«ה» דנחש במחזיין דנשייא צדיקתא דהוון מצליין בתרע |
| 5050 | דנשייה | Nu31:18 | וכל טפליה דנשייה דלא חכמין תשמיש דכורא |
| 5051 | | Ex38:08M | מצליין בתרע /בחזיון <ד>נשייה צניעתה דהוויין צניען |
| 5052 | דנתקה | Lv13:31 | יחמי כהנא ית מכתשה דנ{ק}ת<ק>ה והא לית חזוה מכיך מן |
| 5053 | | Lv13:31 | כהנא ית «מכתשה» דנ{ק}ת<ק>ה שבעה יומין: |
| 5054 | דס' | Ex30:23M | \מאה סלעין /מאוון דס'#2#/ וקנמון דבש«ם» פלגותא |
| 5055 | דסדומיא | Gn19:26 | אתתה דלוט מן בנתהון דסדומיא אסתכלת לבתר«ה» למחמי |
| 5056 | דסדר | Ex28:30M | "... דדינה": על חושנה דסדר דינה |
| 5057 | דסדרי | Nu31:28M | דייי מן לות \עמא עבדי /דסדרי קרבה אליין דנפקו לחיל#2# |
| 5058 | | Dt 2:14M | דסף כל דרא עמא עבדי/דסדרי#2#/ קרבה מן משריתה היך |
| 5059 | דסהדותא | Nu 4:05 | ויכסון בה ית ארונה דסהדותא: |
| 5060 | | Nu18:02 | ובניך עמך קדם משכנה דסהדותא: |
| 5061 | | Ex38:21 | סכומי משכנה משכנה דסהדותא דאסתכם על גזרת פמיה |
| 5062 | | Ex25:22M | דאית על ארונ' דסהדותא#2#/ ית כל מה דאפקד |
| 5063 | | Ex25:22 | כפורתא די על ארונא דסהדותא מן ביני תרין כרוביא ית |
| 5064 | דסהדותה | Nu 1:53 | ויטרון ליווי ית מטרתה דסהדותה: |
| 5065 | | Nu10:11 | איסתלק מעילוי משכנה דסהדותה: |
| 5066 | | Nu17:22 | חוטריה קדם ייי במשכנה דסהדותה: |
| 5067 | | Ex26:34 | «כפורתה» על ארונה דסהדותה בגו בית{א} קדש קדשיה: |
| 5068 | | Lv24:03 | לבר מן פרוכתה דסהדותה במשכן זמנה יסדר יתיה |
| 5069 | | Lv16:02 | לקבל כפרת די על ארונה דסהדותה דלא ימות ארום בענני איקר |
| 5070 | | Ex40:21 | וא{ע}<ט>יל על ארונה דסהדותה היך מה דפקיד ייי ית |
| 5071 | | Nu 9:15 | עננה ית משכנא משכנה דסהדותה וברמשא יהווי על משכנ' |
| 5072 | | Nu17:23 | דבתרה ועל משה למשכנה דסהדותה והא אפרח חוטרה דאהרן |
| 5073 | | Ex40:20 | ית אריחיה על ארונה דסהדותה ויהב ית כפורתה על ארונה |

| | | | |
|---|---|---|---|
| 5074 | | Ex39:35 | ית ארונה דסהדותה וית אריחוי וית כפורתה: |
| 5075 | | Nu 1:53 | חזור חזור למשכנה דסהדותה ולא יהוי רגוז על עם |
| 5076 | | Nu 1:50 | מני ית לוויי על משכנה דסהדותה ועל כל מנוי ועל כל |
| 5077 | | Ex40:03 | ותשוי תמן ית ארונה דסהדותה ותטל על ארונה ית פרוכתה: |
| 5078 | | Ex40:05 | דדהבא לקטרה קדם ארונה דסהדותה ותשוי ית פרסה דתרעה |
| 5079 | | Nu 7:89 | כפורת די על ארונה דסהדותה מן ביני תרין כרוביה מן |
| 5080 | דסהדיא | Dt17:07 | ידוי דסהדיא יפשטן ביה בקדמיתה למיקטל |
| 5081 | דסוראי | Gn 9:21M | ואתפרס במצע משכניה דסוראי ואתבזי במ׳ מש׳ |
| 5082 | דסיטרת | Ex26:18 | למשכניה עשרין לוחין דסיטרת דרומאה מן דרומה: |
| 5083 | דסילעה | Ex30:13M | "כהדן ...": דין שיעורא דסילעה איתחמי למשה בטורה |
| 5084 | דסלעין | Ex38:29 | אלפין וארבע מאוון דסלעין בסלעי בית קודשה: |
| 5085 | | Gn20:16 | ולשרה אמר הא יהבית אלף דסלעין ועל כולא אתווכחת ברם אילו |
| 5086 | דסלת | Gn18:06 | אוחי וסבי תלת סאין קמח דסלת לושי ועבידי פטירין: |
| 5087 | דסנדלי | Gn14:23M | אם מן חוט רצועה דמסן/דסנדלי#2/ א«י»ן אסב מן כל |
| 5088 | דסנה | Dt12:31M | \די סני ורחיק עבדו /דסנה עבדו#2/ לטעוותהון ארום |
| 5089 | דסניתא | Dt21:15 | ויהווי ברא בכורא דסניתא: |
| 5090 | דסניתה | Dt21:16 | ית ברא דרחימתה קדם ברה דסניתה בכורא: |
| 5091 | | Dt21:17 | ארום ית בכורא ברה דסניתה יקרב למיתן ^לה#2#^ חולק |
| 5092 | דסנפרינון | Ex24:10 | דרגלוי כעובד לבן דסנפרינון וכחזוי שמיא כד אינון |
| 5093 | דססגון | Nu 4:11 | ויכסון יתיה בחפוי משך דססגון ויכסון יתי אריחוי: |
| 5094 | | Nu 4:06 | ויתנון עלוי חפוי משך דססגון ויפרשון לבוש גמר דתכלה |
| 5095 | | Nu 4:08 | ויכסון יתיה בחפוי משך דססגון וישוון ית אריחוי: |
| 5096 | | Nu 4:14 | ויפרשון עלוי חפוי משך דססגון וישוון אריחוי: |
| 5097 | | Nu 4:10 | כל מניה לגו חפוי משך דססגון ויתנון על קופה: |
| 5098 | | Nu 4:12 | ויתנון בחפוי משך דססגון על קופה: |
| 5099 | דססגונה | Ex39:34 | מסמקיה וית חפיי משכי דססגונה וית פרוכתה דפרסה: |
| 5100 | דססגונין | Ex35:23 | דדכרין מסמקין ומשכין דססגונין אייתון: |
| 5101 | | Ex35:07 | דדכרין מסמקין ומשכין דססגונין ואעי שטין: |
| 5102 | | Ex25:05 | דדכרין מסמקין ומשכין דססגונין ואעין דשטין: |
| 5103 | | Nu 4:06M | דססגון /חפיי משכן דססגונין#2/ ויפרשון לבוש גמר |
| 5104 | | Nu 4:08M | /בחפיי משכין דססגונין#2/ וישוון ית אריחוי: |
| 5105 | | Ex39:34M | וית חפיי <מ>שכין דססגונין#2/ וית פרוכתה דפרסה: |
| 5106 | | Ex26:14 | מסמקין וחפוי משכין דססגונין מן לעיל: |
| 5107 | | Ex36:19 | מסמקין וחפיי משך דססגונין מן לעל: |
| 5108 | דסרדי | Nu26:26 | לסדר זרעיתה דבנוי דס{ד}ר<ד>י לאלון זרעייתה דבנוי |
| 5109 | דסרקיי | Gn39:01 | גבר מצראי מן ידיהון דסרקיי די אוחתו יתיה לתמן: |
| 5110 | דסרקין | Gn37:25 | וחמון והא סיעא דסרקין דסרקע«ין» אתיא מן |
| 5111 | דסרקע«ין» | Gn37:25 | והא סיעא דסרקין דסרקע«ין» אתיא מן גלעדה וגמלהון |
| 5112 | דע׳ | Ex31:16M | לדריהון לקיים עלם/דע׳#2/: |
| 5113 | | Lv 4:03M | {ו}<י>תחייב לחובתהון דע׳ |
| 5114 | | Lv16:31M | ית נפשתכון קיים עלם/דע׳#2/: |
| 5115 | | Nu18:08M | לרבו ולבנך לקיים עלם/דע׳#2/: |
| 5116 | | Nu18:23M | חובה#2/ קיים עלם/דע׳#2/ לדריהון ובגו בני |
| 5117 | | Lv24:03M | /ת#2/ קיים עלם/דע׳#2/ לדריכון: |
| 5118 | | Nu10:08M | לכון לקים עלם/דע׳#2/ לדריכון: |
| 5119 | | Nu15:15M | דמתגיירין קיים עלם/דע׳#2/ לדריכון כוותכון גיורה |
| 5120 | | Lv 7:34M | \קיים עלם/לקיים דע׳#2/ מן לוות בני ישראל: |
| 5121 | | Nu18:19M | ולבנתך עמך לקיים עלם/דע׳#2/ קיים מלח עלם הוא קדם |
| 5122 | דעבדה | Nu31:51M | כל \מן דעבידה/<דע>בדה#2/ {ע}<מ>אני |
| 5123 | דעבדוי | Gn50:17 | שרי כען ושבוק למרדיהון דעבדוי די אלהה דאבוך ובכה יוסף |
| 5124 | | Ex 8:20M | דפרעה ובתיהון דעבדוי#2/ ובכל ארעא דמצרים |
| 5125 | | Ex10:01M | וית לביהון דשליטוי/דעבדוי#2/ מן בגלל למשויה |
| 5126 | דעבדיה | Ex21:26 | וארום ימחי גבר ית עיניה דעבדיה או ית עיניה דאמה{ה}תה |
| 5127 | דעבדך | Gn44:31 | ויחתון עבדך ית שיביתיה דעבדך אבונן בדווי לשאול: |
| 5128 | | Gn44:16 | ייי ארעת חובתהון דעבדך הא אנן עבדין לריבוני לחוד |
| 5129 | דעבדכון | Gn19:02 | מסון כען לביתיה דעבדכון ואביתון ואסחון רגליכון |
| 5130 | דעבור | Nu18:12 | כל טוב דמשח וכל טוב דעבור וחמר שרוי ברתהון די |
| 5131 | דעבידה | Nu31:51 | דהבה מן לוותהון כל מן דעבידה: |
| 5132 | דעבראי | Ex 9:01M | /אלההא#2/ דיהו{י}דיי/דעבראי#2/ שלח ית עמי |
| 5133 | | Ex 9:13M | /אלהא#2/ דיהודיי/דעבראי#2/ שלח ית עמא |
| 5134 | דעבריה | Ex 2:06 | עלוי ואמרת מן בניהון דעבריה{ון} הוא דין: |
| 5135 | דעבריי | Ex 5:03 | ואמרין אלהון דעבריי אתגלי עלינן נזיל כען אורח |
| 5136 | | Gn40:15 | מתגנבא אתגנבת מן ארעא דעבריי ואף הכה לא עבדת כל |
| 5137 | | Ex10:03 | ליה כדון אמר ייי אלהון דעבריי עד אמת את מסרב למתכנעה |
| 5138 | | Ex 9:13M | /אלהא#2/ דיהודיי/דעבראי#2/<דעבר>יי#2/ שלח ית עמא |
| 5139 | דעברייה | Ex 3:18 | ליה{ליה} ייי אלההון דעברייה אתגלי עלינן וכדו נזיל |
| 5140 | דעבריין | Ex 7:16 | ותימר ליה ייי אלההון דעבריין שלח יתי לוותך למימר שלח |
| 5141 | דעגלה | Nu24:01 | והוה מדכר להון עבדה דעגלה: |
| 5142 | | Dt33:09 | וית אחוי לא חכם בעובדה דעגלה ועל בנוי לא קנה רחמין |
| 5143 | דעוף | Dt14:19M | וכל \שרץ עופא /שרצא דעוף#2/ מסאב הוא לכון לא |
| 5144 | דעופה | Lv11:23 | וכל שרצה דעופה דאית ליה ארבע רגלין שקץ |
| 5145 | | Lv11:20 | וכל שרצא דעופה דמהלך על ארבע שקץ הוא |
| 5146 | | Lv11:21 | ית דין תאכלון מכל שרצא דעופה דמהלך על ארבע כל דאית ליה |
| 5147 | דעזין | Gn27:09 | לי מן תמן תרין גדיין דעזין טבין ואעביד יתהון תבשילין |
| 5148 | | Nu 7:87 | ומנחתהון וצפירין דעזין תרין עשר לחטאתה: |
| 5149 | דעיזין | Lv16:05 | ישראל יסב תרין צפירין דעיזין לחטאתה ודכר חד לעלתה: |
| 5150 | דעיינה | Dt32:10 | היך מה דנטר שיכנה בבה דעיינה: |
| 5151 | דעיינין | Nu10:31M | ותיהווי לן מחווינ׳ דעיינין |
| 5152 | | Dt28:65 | תמן לב רוגזן וסייף דעיינין ודייב דנפש: |
| 5153 | דעיינינן | Nu11:06 | ארום אלהין <...> דעיינינן תליין בה: |
| 5154 | דעיינך | Gn46:04M | על עיינך/מחוס דעיינך#2/: |
| 5155 | דעלה | Ex40:06M | ותתן ית מדבחא דעלתה/דעלה#2/ קדם תרע משכנה משכן |
| 5156 | דעללתה | Gn41:34 | מפקין חד מן חמשה דעללתה דארעא דמצרים בשבעתי שני |
| 5157 | | Lv25:15 | חברך במניין שנין דעל{ת}<ל>תה יזבן לך: |
| 5158 | דעלם | Ex12:17M | לדריכון לקיים עלם/דעלם#2/: |
| 5159 | | Nu19:10M | ביניכון לקיים עולם/דעלם#2/: |
| 5160 | | Gn17:19M | לקיים \עלם ולבנוהי /דעלם ולזרעיית בנוי#2/ |
| 5161 | | Ex29:09M | עלם /שימוש לקיים דעלם#2/ ותשלם קרבן ידוי דאהרן |
| 5162 | | Nu18:11M | ולבנתך עמך לקיים עלם/דעלם#2/ כל דדכי באינשי ביתך |
| 5163 | | Lv10:09M | תמותון קיים עלם/דעלם#2/ לדריכו׳: |
| 5164 | | Lv23:31 | כל עבידה לא תעבדון קיים דעלם לדריכון בכל אתר |
| 5165 | | Lv23:41 | שבעה יומין בכל שנה קיים דעלם לדריכון בירחא שביעיה תחגון |
| 5166 | | Ex28:43M | חובין וימותון קיים דעלם לה ולזרעיית בנוי מן בתרה |
| 5167 | | Lv16:34M | דא לכון לקים עלם/דעלם#2/ למכפר׳ על בני ישראל |
| 5168 | | Lv 6:15M | /יעבד#2/ יתה קיים עלם/דעלם#2/ קדם ייי גמירה תסתדר: |
| 5169 | | Ex12:14M | לדריכון קיים עלם/דעלם#2/ תחגון יתיה: |
| 5170 | | Lv17:07M | בתרהון קיים עלם/דעלם#2/ תיהווי דא להון |
| 5171 | דעלמ׳ | Gn25:34M | /ואפי׳ על חיי׳ דעלמ׳#2/ דאתי: |
| 5172 | | Ex12:42M | \עלמא קציה /קצא דעלמ׳#2/ למתפרקא נירי פרזלא |
| 5173 | דעלמא | Gn21:33 | בשם ממרי דייי אלהה דעלמא: |
| 5174 | | Gn35:09 | יעקב צדיקא אורחיה דעלמא ארעת לדבורא |
| 5175 | | Dt32:05 | עבדוי אוף סדר דינוי דעלמא אשתני עלוי: |
| 5176 | | Gn25:34 | מיתיה וכפר בחייי דעלמא דאתי: |
| 5177 | | Dt24:06M | אלין כפר בחי{ו}וייה דעלמא דאתי |
| 5178 | | Gn35:09 | אלהא דעלמא יהא שמיה מבורך לעלם |
| 5179 | | Gn35:09M | מן פדן ארם אורחיה דעלמא כד ארעת לדבורה מרבית׳ |
| 5180 | | Nu20:17M | גוברין באורחה דמלכא דעלמא ניזיל |
| 5181 | דעלתא | Lv 4:07 | ישפוך על יסודי דמדבחה דעלתא די בתרע משכן זמנה: |

|  |  |  |  |  |  |
|---|---|---|---|---|---|
| 5182 | | Gn22:08 | ואן לא את הוא אמרא | דעלתא | ואזלו תריהון כחדא בלבה |
| 5183 | | Lv 1:04 | ויסמוך ידוי על ראשה | דעלתא | ויתרעי ליה למכפרה עלוי: |
| 5184 | | Gn22:06 | ונסב אברהם ית קיסיא | דעלתא | ושוי על יצחק בריה ונסב |
| 5185 | דעלתה | Lv 4:10 | יתהון כהנא על מדבחה | דעלתה: | |
| 5186 | | Lv 4:25 | ישפוך על יסודי מדבחה | דעלתה: | |
| 5187 | | Lv 4:29 | ויכוס ית חטאתא באתרה | דעלתה: | |
| 5188 | | Ex38:01 | ועבד ית מדבחה | דעלתה | אעין דשטין חמש אמין ארכה |
| 5189 | | Nu28:14M | תקרבון עם אמרא חמר \\ | דעלתה#2/ | דא עלתה די תהווי |
| 5190 | | Lv 4:18 | ישפוך על יסודי דמדבחה | דעלתה | די בתרע משכן זמנא: |
| 5191 | | Lv 7:08 | ית עלתה דגבר משכה | דעלתה | די יקרב לכהנא דידיה |
| 5192 | | Ex30:27M | דקטרתה וית מדבחה | דעלתה | הוות כל מנוי |
| 5193 | | Lv 6:02 | למימר דא גזירת אוריתה | דעלתה | היא עלתה דיקדה על גבי |
| 5194 | | Ex30:28 | וית מדבחה | דעלתה | וית כל מנוי וית כיורא וית |
| 5195 | | Ex31:09 | וית מדבחה | דעלתה | וית כל מנוי וית כיורה וית |
| 5196 | | Ex35:16 | וית מדבחה | דעלתה | וית קנקלא דנחשא דידה וית |
| 5197 | | Ex40:10 | ותרבי ית מדבחה | דעלתה | וית כל מנוי ותקדש ית |
| 5198 | | Lv 4:25 | ויתן על קרנתיה דמדבחה | דעלתה | וית כל אדמה ישפוך על |
| 5199 | | Lv 4:30 | ויתן על קרנתיה דמדבחא | דעלתה | וית כל אדמה ישפוך על |
| 5200 | | Lv 4:34 | ויתן על קרנתיה דמדבחה | דעלתה | וית כל אדמיה ישפוך על |
| 5201 | | Lv 8:18 | וקרב ית דכרה | דעלתה | וסמכו אהרן ובנוי ית |
| 5202 | | Ex40:06 | ותתן ית מדבחא | דעלתה | קדם תרע משכנה משכן זימנא: |
| 5203 | | Ex40:29 | וית מדבחא | דעלתה | שווי תרע משכנא משכן זימנא |
| 5204 | דעם | Nu31:43 | והוות פלגותה | דעם | כנשתה מן ע{מ}<נ>ה תלתין |
| 5205 | דעמ' | Lv18:03M | דכנען /וכעובדיהון | דעמ'#2/ | די אנה מעל יתכון לתמן |
| 5206 | דעמא | Ex11:03M | דפרעה ובאפי | עמא/דעמא#2/: | |
| 5207 | | Nu21:07 | וצלי משה על ידיהון | דעמא: | |
| 5208 | | Ex11:03 | ושווי ייי חניהון | דעמא | באפהון דמצריי לחוד גברא |
| 5209 | | Ex12:36 | וייי שוי ית חניהון | דעמא | באפיהון דמצריי ואשאלו להון |
| 5210 | | Ex32:17 | ושמע יהושע ית קלהון | דעמא | בייבין ואמר למשה קל סדרי |
| 5211 | | Ex19:08 | וחזר משה ית מליהון | דעמא | בצלו קדם ייי: |
| 5212 | | Gn18:20 | ואמר ייי קבילתהון | דעמא | דסדם ועמרה ארום סגת |
| 5213 | | Dt32:32 | מדמיין לעבדיהון | {ל}<ד>עמא | דסדם ומחשבתהון מדמיין |
| 5214 | | Dt32:32 | מדמיין למחשבתהון | דעמא | דעמורה עבדיהון עבדין |
| 5215 | | Gn34:01 | למתחמייא עם בנתהון | דעמא | דארע': |
| 5216 | | Gn23:13 | במשמעהון <...> | דעמא | דארעא למימר לחוד אן לווי |
| 5217 | | Gn24:13 | על עניא דמיא ובנתהון | דעמא | דארעא נפקין לממלי מיא: |
| 5218 | | Gn27:46 | דחיתיי כאלין מן בנתהון | דעמא | דארעא למה כען לי חיין: |
| 5219 | | Ex10:28 | בך ואמסר יתך בידיהון | דעמא | דהון תבעין נפשך ויקטלון |
| 5220 | | Gn16:05 | דהיא מבני בניהון | דעמא | דייהבו יתך באתון נורא |
| 5221 | | Nu31:36 | והוה פלגותה חלקהון | דעמא | דנפקין לחיל קרבה מנין ען |
| 5222 | | Dt 9:27 | לא תסתכל לקשיותהון | דעמא | האליין ולא לחוביהון ולא |
| 5223 | | Ex 3:21 | ואתן ית חניהון | דעמא | האיליין באפיהון דמצריי |
| 5224 | | Nu14:19 | כען ושבוק לחוביהון | {ו}<ד>עמא | האליין כתקוף חסדך |
| 5225 | | Dt 5:28 | משה שמעית ית קל מליהון | דעמא | האליין די מלילו עמך הא שפר |
| 5226 | | Dt 9:13 | גלי קדמי ית קשיותהון | דעמא | האליין והא עם קשיין קדל מן |
| 5227 | | Dt32:44 | שבח שירתה הדה במשמעהון | דעמא | הוא ויהושע בר נון: |
| 5228 | | Ex24:07 | ספר קיימא וקרא כשמעון | דעמא | ואמרין כל מה די מלל ייי |
| 5229 | | Lv16:24 | ית עלתה וית עלתהון | דעמא | ויכפר על ידוי ועל ידי אנש |
| 5230 | | Lv 4:03 | דמתרבה יתחייב לחובתון | דעמא | ויקרב על חובתיה די אתחייב |
| 5231 | | Ex11:02 | מלל כען במשמעהון | דעמא | וישאלון גבר מן חבריה ואתתא |
| 5232 | | Ex 5:06 | ביומא ההוא ית סרכיהון | דעמא | וית דחקיהון למימר: |
| 5233 | | Lv 9:07 | דעמא וקרב ית קרבניהון | דעמא | וכפר על ידיהון היך מה דפקד |
| 5234 | | Nu11:17 | ויטענון עמך במטלהון | דעמא | ולא תטעון את לבלחודך: |
| 5235 | | Ex 5:10 | ונפקו דחקיהון | דעמא | וסרכיהון ואמרין לעמא למימר |
| 5236 | | Lv 9:07 | וכפר על ידך ועל ידיהון | דעמא | וקרב ית קרבניהון דעמא וכפר |
| 5237 | | Nu26:54 | תסגון אחסנתיה ולשבטא | דעמא | זעירין תזערון אחסנתיה גבר |
| 5238 | | Nu26:56 | דעמא סגין ובין שבטה | דעמא | זעירין: |
| 5239 | | Nu35:08 | תסגון ומן לוות שבטה | דעמא | זעירין תזערון גבר כפם |
| 5240 | | Gn23:11 | לך אתן יתה לקבל בנוי | דעמא | יהבית לך קבר מתך: |
| 5241 | | Ex13:17 | אמר ייי דלא יתבר לבהון | דעמא | כד יחמון סדרי קרבא ויחזרון |
| 5242 | | Nu33:54M | לשבטה \דעמיה סגין | /דעמא | סגי#2/ תסגון אחסנתיה |
| 5243 | | Nu26:54 | לשבטא | דעמא | סגין תסגון אחסנתיה ולשבטא |
| 5244 | | Nu26:56 | תתפלג אחסנתיה בין שבטה | דעמא | סגין ובין שבטה דעמא |
| 5245 | | Nu35:08 | ישראל מן לוות שבטה | דעמא | סגין תסגון ומן לוות שבטה |
| 5246 | | Ex19:09 | ותני משה ית מליהו«ן» | דעמא | קדם ייי: |
| 5247 | | Nu21:18 | שכלילו יתה סכלתניהון | דעמא | שובעיתי חכימי דמפרשין משחו |
| 5248 | | Lv16:15M | דחטאתה \דמן | עמא/^דעמא#2/^דאית | לעמא#2/ וייתי ית |
| 5249 | דעמה | Ex10:28M | ואמסור יתך בין ידיהון | דעמה | אליין די תבעו יתך נפשך |
| 5250 | | Nu21:04 | דאדומיי ואתעקת נפשהון | דעמה | באורחה: |
| 5251 | | Nu11:10 | ושמע משה ית קלהון | דעמה | בכיין לזרעייהון גבר בתרע |
| 5252 | | Nu31:43M | פלגותה \דעם כנשתה | /דעמה | דכנשתה#2/ מן ע{מ}<נ>ה |
| 5253 | | Lv 9:15 | וקרב ית קרבניהון | דעמה | ונסב ית צפירה דחטאתה דמן |
| 5254 | דעמי | Dt32:42 | בעלי דבביהון | דעמי: | |
| 5255 | | Dt32:41 | לשנאוי ולבעלי דבביהון | דעמי | אשלם להון גמלין בישין: |
| 5256 | | Ex 3:07 | ייי מחמי חמית ית צערהון | דעמי | דבמצרים וית קבלתהון שמעית |
| 5257 | | Dt32:42 | בבשרהון מן אדם קטיליהון | דעמי | ושבייהון מן ראשי גיבריהון |
| 5258 | | Ex14:15M | \דבני ישראל קדמא | /דעמי | קדמת#2/ לדידך מלל עם |
| 5259 | דעמיה | Gn24:32 | רגלוי ורגלי גבריא | דעמיה: | |
| 5260 | | Nu22:40 | ושלח לבלעם ולרברבנוי | דעמיה: | |
| 5261 | | Gn40:07 | ושאל ית שליטוי דפרעה | דעמיה | במטרא בבייתיה דרבונה |
| 5262 | | Dt32:36 | טבייה ית דיניהון | דעמיה | בני ישראל ועל עלבון |
| 5263 | | Nu33:54 | תסגון אחסנתיה ולשבטה | דעמיה | זעירין תזער אחסנתיה לכל |
| 5264 | | Nu26:56M | /<שב>טיה#2/ | דעמא/<דע>מיה#2/ | סגין ובין שבטה |
| 5265 | | Nu33:54 | לזרעייתכון לשבטה | דעמיה | סגין תסגון אחסנתיה ולשבטה |
| 5266 | דעמך | Ex15:06M | שור בעלי דבביהון | דעמך | |
| 5267 | | Nu11:15 | ולא אחמי בבשתהון | דעמך: | |
| 5268 | | Ex15:07 | תפגר בעלי דבביהון | דעמך | תשלח בהון תקוף רוגזך תתכל |
| 5269 | דעמלקיא | Gn14:07 | וקטלו ית כל תחומהון | דעמלקיא | ואף ית אמורי" דהוון |
| 5270 | דעמלקיי | Nu24:07 | <דחס> על אגג מלכיהון | דעמלקיי | ויתרומם מלכותיה דמלכא |
| 5271 | דעמר | Lv13:47 | ביה מכתש צרעה בלבוש | דעמר | או בלבוש דכתן: |
| 5272 | | Lv13:59 | דמכתש צרעתה בלבוש | דעמר | או בכתן או בשתיא או בערבא |
| 5273 | דעמרה | Lv13:52M | או בכיתן או ית כל | /דעמרה | או דכ{נ}ת<נ>ה ית כל#2/ |
| 5274 | דען | Gn49:12 | מן סגי עבור ועדרין | דען: | |
| 5275 | | Nu32:36 | קרי תלילן ודירין | דען: | |
| 5276 | | Gn26:14 | והוה ליה קניין | דען | וקנין דתורין ועבדא סגיא |
| 5277 | | Nu32:16 | לוותיה ואמרין דירין | דען | נבנה לבעירן הכה וקרוין |
| 5278 | | Gn29:02 | ברה והא תמן תלתא עדרי | דען | רביעין עלה ארום מן בארה |
| 5279 | דענא | Gn21:28 | אברהם ית שבעתי אמריא | דענא | בלחודיהון: |
| 5280 | | Gn21:29 | מה אינון שבעתי אמרתא | {{דענא | בלחודיהון}} «האילן» |
| 5281 | | Gn37:14 | שלמיהון דאחיך וית שלמא | דענא | ואתיב יתי פתגם ושלח יתיה |
| 5282 | דענבי | Nu 6:03M | דע{ג}<נ>בין /שזוג | דענבי#2/ | לא ישתי וענבין רטיבין |
| 5283 | דענבין | Nu13:23 | מן תמן עוברה וסגולה | דענבין | חד וטענו יתיה בקופה בתרין |
| 5284 | | Nu 6:03 | לא ישתי וכל עצורה | דע{ג}<נ>בין | לא ישתי וענבין רטיבין |
| 5285 | דעננא | Ex13:22 | לא פסק עמוד«א» | דעננא | באיממא ועמודא דאישתא |
| 5286 | | Ex13:21 | באורחא ולילא בעמוד' | דעננא | דאישתא למנהרא להון למהוי |
| 5287 | | Ex33:10 | וחמון כל עמא ית עמודא | דעננא | דקיים בתרע משכנה וקיימין |
| 5288 | | Nu21:01M | אהרן ואסתלק עמודא | דעננא | וארום <מיתת> מרים |
| 5289 | | Ex33:09 | לתרע משכנה נחת עמודא | דעננא | וקיי«ם» בתרע משכנה ומלל |

|  |  |  |  |  |  |
|---|---|---|---|---|---|
| 5290 | | Ex13:21 | קדמיהון באימּמא בעמודא | דעננא | למדברא יתהון באורחא |
| 5291 | | Ex19:09 | ממרי מתגלי עלך בתקפא | דעננא | מן בגלל דישמעון עמא |
| 5292 | | Ex14:19 | מן בתריהון ונטל עמודא | דעננא | מן קדמיהון וקם ליה |
| 5293 | דעננה | Nu14:14 | הווה עליהון ובעמודה | דעננה | את מהלך קודמיהון בימּמא |
| 5294 | | Dt 1:33 | די תהלכון בה ובעמודה | דעננה | באימּמה: |
| 5295 | | Dt31:15 | דעננה וקם לה עמודה | דעננה | בתרע משכן זמנה: |
| 5296 | | Nu12:05 | שכינתיה דייי בעמודה | דעננה | וקם לה בתרע משכנה וקרא |
| 5297 | | Dt31:15 | דייי במשכנה בעמודה | דעננה | וקם לה עמודה דעננה בתרע |
| 5298 | דעפרה | Dt32:24 | דתניניא וזחלוי | דעפרה: | |
| 5299 | דעקד | Lv22:27M | למדכרה זכותה דישר' | דעקד | גרמי' על גבי מדבחה ופשט |
| 5300 | דעקרבין | Nu34:04 | מן דרומא מן מסקייתה | דעקרבין | ויעבר בטור פרזלא ויהוון |
| 5301 | דעקרתא | Gn30:22 | דקבריה ומפתחא | דעקרתא | <...> וכן כתבא ומפר«ש» |
| 5302 | | Gn30:22M | דקברא{ה} ומפתחיא | דעקרתא | |
| 5303 | | Gn30:22 | מקבריכ«ון» עמי מפתח | דעקרתא | דכן כתבה ומפרש ואמר ואדכר |
| 5304 | דערבה | Lv13:59M | או דשתייה או | דערבה#2#/ | או בכל מן משך לדכיה |
| 5305 | | Lv11:15M | \עורב' למינה /מינה | דערבה | למיניהון#2#/: |
| 5306 | דערלתיה | Gn17:14 | די לא יגזר ית בשרא | דערלתיה | ישתצי נפשא ההיא מן גו |
| 5307 | דערס | Ex19:15 | יקרב מנכון גבר לתשמיש | דערס: | |
| 5308 | דעשב | Gn 1:11 | ממרא דייי תפק ארעא דתין | דעשב | דמזריעין זרע אילן דפירין |
| 5309 | | Gn 1:12 | ואפקת ארעא דתין | דעשב | דמזרעין זרע למיניהון אילן |
| 5310 | | Dt29:22 | תצמח ולא יסק בה כל מן | דעשב | היך מה דאתהפכת סדם |
| 5311 | דעתיק | Lv26:10 | ותיכלון עתיקה | דעתיק | ועתיקה מן קדם חתתה תפנון: |
| 5312 | דעתיר | Ex30:15 | | דעתיר | לא יסגי ודמסכן לא יזער |
| 5313 | דעתק | Lv26:10M | ותיכלון עתיקה | דעתיק/דעתק#2#/ | ועתיקה מן קדם חתתה |
| 5314 | דפ' | Dt 6:21M | /הוינה תחות ידא | דפ'#2#/ | במצרים ופרק ואפק יתן |
| 5315 | | Lv25:22M | \דיעלון פירי /מעלה | דפ'#2#/ | עללתה תאכלון |
| 5316 | | Lv 2:04M | סלת חלין | פטירין/דפ'#2#/ | פילן במשח ועריכין |
| 5317 | דפולחן | Ex35:24M | פולחנא /עבידה | דפולחן#2#/ | אייתון: |
| 5318 | | Nu29:01 | יהווי לכון כל עבידה | דפולחן | לא תעבדון יום תקועה דשופר |
| 5319 | | Nu29:07M | כל עבידה | /\דפולחן#2#/ | לא תעבדון: |
| 5320 | | Nu29:35 | תיהווי לכון כל עבידה | דפולחן | לא תעבדון: |
| 5321 | דפומי | Gn 4:23 | א{נ}<צ>יתן למימריה | דפומי | ארום לא גבר קטלת דאתקטל |
| 5322 | דפורזל | Dt27:05M | /תני{ס}<פ>ון מן | דפורזל#2#/: | |
| 5323 | דפורענותה | Dt32:34 | הלא הוא דן כסא | דפורענותה | ממזג ומתקן ומעתד |
| 5324 | דפורענתא | Gn40:12 | בידרי דפרעה היא כסא | דפורענתא | דפרעה עתיד למשתי בסופא |
| 5325 | דפורקנא | Gn49:18M | דשעתא ולא אנה מודי' | דפורקנא | פורק' דריגעה לפורקנך |
| 5326 | דפורקניה | Gn49:18M | בר מנוח לא אנה מסכי | דפורקניה | פורקן דשעתא ולא אנה |
| 5327 | דפורקנך | Gn49:18M | רבון כל עלמיא | דפורקנך | פורקן עלמא |
| 5328 | דפטימין | Dt32:14 | ורכיכי עין עם טוב | דפטימין | ודכרין בני בתניי וגדיין |
| 5329 | דפטיר | Lv 8:26 | מן קדם ייי נסב חלה | דפטיר | חד וחלה לחם דפילה במשח |
| 5330 | | Nu 6:19 | דפטיר חד מן סלה ועריך | דפטיר | חד ויתן על כפי ידוי |
| 5331 | | Nu 6:19 | בשילתה מן דיכרא וחלה | דפטיר | חד מן סלה ועריך דפטיר חד |
| 5332 | דפטירה | Lv 8:26 | ומן סלה | דפטירה | {מן} מן קדם ייי נסב חלה |
| 5333 | דפטיריא | Ex13:08M | בגין מצוותה | דפטיריא | דא ומרורא ובשר פיסחא |
| 5334 | | Ex13:08 | למימר מן בגלל מצוותה | דפטיריא | עבד ייי לן נצחני קרבינן |
| 5335 | דפטיריה | Lv 8:02 | תרין דכריה וית סלה | דפטיריה: | |
| 5336 | | Nu 6:17 | קדשיה קדם ייי על סלה | דפטיריה | ויקרב כהנא ית מנחתיה וית |
| 5337 | | Lv23:06 | יומין לירחה חגא | דפטיריה | קדם ייי שבעה יומין |
| 5338 | | Ex34:18 | ית חגה | דפטיריה | תטרון שבעה יומין תאכלון |
| 5339 | דפטירייה | Dt16:16 | באתרא די יתרעי בחגה | דפטירייה | <....> ובחגה |
| 5340 | | Ex23:15 | ית חגא | דפטירייה | תטרון שבעה יומין תיכלון |
| 5341 | דפטירין | Ex29:02 | ולחם | דפטירין | וחלין פטירין דפילין במשח |
| 5342 | | Nu 6:15 | וסל | דפטירין | סלת חלין פילן במשח |
| 5343 | | Lv 7:12 | פילין במשח ועריכין | דפטירין | פילין במשח וסלת מרתחה |

|  |  |  |  |  |  |
|---|---|---|---|---|---|
| 5344 | | Nu 6:15M | ועריכין פטירין /וסלה | דפטירין | פילן במשח ועריכי פט'#2# |
| 5345 | | Ex12:39 | מן מצרים חוררן | דפטירין | קדם עד לא חמע ארום אטרדו |
| 5346 | דפיסחא | Lv23:11 | מן בתר יומא טבא קדמייא | דפיסחא | יניף יתה כהנא: |
| 5347 | | Lv23:15 | מן בתר יומא טבא קדמיה | דפיסחא | מן יומא דתייתון ית עומרה |
| 5348 | | Nu33:03 | מן בתר יומא טבא קדמיה | דפיסחא | נפקו בני ישראל פריקין |
| 5349 | | Lv23:16 | מן בתר יומא טבה קדמיה | דפיסחא | תמנון חמישין יומין |
| 5350 | דפירוכיין | Lv 2:14M | קלי בנורא קמ{ה}<ח> | דפירוכיין | תקרבון ית מנ' |
| 5351 | דפירין | Gn 1:11 | דעשב דמזריעין זרע אילן | דפירין | דעבד פירין למינה די נצבתא |
| 5352 | | Gn 1:12 | זרע למיניהון אילן | דפירין | דעבד פירין די נצבת' מנה |
| 5353 | דפיתא | Gn40:16 | בחלמי והא תלתא סלין | דפיתא | נקיתא על ראשי: |
| 5354 | דפלוגתא | Dt17:08M | למכתש חליט מלוי | <ד>פלוגתא | בבית מדרשיך |
| 5355 | דפלחן | Lv23:07 | יהווי לכון כל עבידה | דפלחן | לא תעבדון: |
| 5356 | | Lv23:08 | ארוע קדיש כל עבידה | דפלחן | לא תעבדון: |
| 5357 | | Lv23:21 | יהווי לכון כל עבידה | דפלחן | לא תעבדון קים דלעלם בכל |
| 5358 | | Lv23:25 | כל עבידה | דפלחן | לא תעבדון ותקרבון קרבנין |
| 5359 | | Lv23:36 | חדווה היא כל עבידה | דפלחן | לא תעבדון: |
| 5360 | | Nu28:18 | וארוע קדיש כל עבידה | דפלחן | לא תעבדון: |
| 5361 | | Nu28:25 | יהווי לכון כל עבידה | דפלחן | לא תעבדון: |
| 5362 | | Nu28:26 | יהווי לכון כל עבידה | דפלחן | לא תעבדון: |
| 5363 | | Nu29:12 | יהווי לכון כל עבידה | דפלחן | לא תעבדון ותחגון יתה חגה |
| 5364 | דפלישתאי | Gn16:05M | דגרר /מלכיהון | דפלישתאי#2#/ | ואמרת אחי הוא |
| 5365 | | Ex23:31 | ימא דסוף עד ימ(א)הון | דפלישתאי | ומן מדברא עד נהרא רבא |
| 5366 | | Gn26:08 | ואדיק אבימלך מלכא | דפלישתאי | על חרכא וחזא והא יצחק |
| 5367 | דפלישתיי | Ex13:17 | יתהון ייי ארח ארעהון | דפלישתיי | ארום קריבה הוא ארום אמר |
| 5368 | דפלשתאי | Gn21:32 | וחזרו לארעהון | {ל}<^ד#2#^>פלשתאי: | |
| 5369 | | Gn21:34 | ואיתותב אברהם בארעהון | דפלשתאי | יומין סגין: |
| 5370 | | Gn26:01 | אבימלך מלכאהון | דפלשתא«י» | לגררה: |
| 5371 | דפס' | Nu 9:12M | מניה ככל קיימי | דפס'#2#/ | יעבדון |
| 5372 | דפסח | Nu 9:14 | פסחה קדם ייי כקיימוי | דפסח | וכסדרי דינוי כדן יעבד |
| 5373 | | Nu 9:12M | \ככל קיימוי | דפסחה^<דפ>סח#2#^/ | ומצוותה לא יבטלון |
| 5374 | דפסחא | Ex34:25 | יבית בצפרא נכסת חגא | דפסחא: | |
| 5375 | | Ex12:43 | דא גזירת אורייתא | דפסחא | כל בר עממ{נ}ין לא יאכל |
| 5376 | | Ex23:18M | בלילי ימא טבא קדמיי' | דפסחא | מן רמשא עד צפרא |
| 5377 | דפסחה | Nu 9:12 | יתברון ביה ככל קיימוי | דפסחה | {יעבד«ו»ן}: |
| 5378 | | Ex34:25M | תכסון בלילי יומא טבא | דפסחה | מן רמשה ועד צפרא |
| 5379 | | Dt16:04 | בלילי יומא טבה קדמייה | דפסחה | עד צפרה: |
| 5380 | דפסיל | Dt15:21M | ביה \מום חגיר/מום | דפסיל#2#/ | או סמי כל מום ביש לא |
| 5381 | דפסילה | Dt17:01 | יהווי ביה מום כל מילה | דפסילה | ארום מה דסני ומרחק קדם |
| 5382 | דפעור | Nu25:05 | דאתחברן לפלחי טעוותה | דפעור: | |
| 5383 | | Dt 4:46 | בחלתה דסמיך לטעוותה | דפעור | בארע סיחון מלכהון |
| 5384 | | Nu31:16 | דייי על עסק טעוותה | דפעור | והוה מגפתה בעם כנשתה |
| 5385 | | Nu25:18 | שקרו לכון על עסק טעותה | דפעור | ועל עסק כזבי ברת רבה |
| 5386 | | Nu25:03 | ואתחברו ישראל לטעוותה | דפעור | ותקף רוגזה דייי בישראל: |
| 5387 | דפרזל | Dt20:19 | למעברה עלוי כל מין | דפרזל | ארום מניה תאכלון ויתיה לא |
| 5388 | | Dt 3:11 | גברייא והא ערסיה ערס | דפרזל | הלא היא יהיבא ברבת דבני |
| 5389 | דפרזלה | Dt 4:20 | ואפק יתכון מן כורה | דפרזלה | מן מצרים למהווי לשמה |
| 5390 | | Dt28:48 | כל מדעם וישוי נירה | דפרזלה | על צואריכון עד זמן די |
| 5391 | דפריזאי | Dt 3:05M | מבדרתה סגין /קורייתה | דפריזאי | סגי#2#/ להדה: |
| 5392 | דפרנסתא | Gn30:22 | מן שמי«יא» מפתחא | דפרנסתא | דכן כתבא מפרש ואמר פתח |
| 5393 | | Gn30:22 | מפתחא דמטרא ומפתחא | דפרנסתא | ומפת«חי» דקבריה ומפתחא |
| 5394 | | Gn30:22M | מפתחיא דמיטר' מפתחיא | דפרנסתא | מפתחיא דקברא{ה} ומפתחיא |
| 5395 | דפרסה | Ex35:12 | ית כפרתה וית פרכתה | דפרסה: | |
| 5396 | | Ex39:34 | דססגונה וית פרוכתה | דפרסה: | |
| 5397 | | Ex40:21 | משכנה ושווי ית פרוכתה | דפרסה | וא{ע}<ט>יל על ארונה |

| | | | | | |
|---|---|---|---|---|---|
| 5398 | | Nu 4:05 | משריתה ויפרקו ית פרכתה | דפרסה | ויכסון בה ית ארונה |
| 5399 | דפרסתה | Dt14:06 | וכל בעירה | דפרסתה | סדיקה ומסליף טלפין בתרתין |
| 5400 | דפרעה | Gn40:11 | ושוית כסא בכף ידיה | דפרעה: | |
| 5401 | | Gn40:21 | ושוי כסא בכף ידא | דפרעה: | |
| 5402 | | Gn41:16 | ייי יתענה ית שלמא | דפרעה: | |
| 5403 | | Gn45:02 | מצראי ואשתמע בפלטורין | דפרעה: | |
| 5404 | | Gn47:14 | יוסף ית כספא לפלטורין | דפרעה: | |
| 5405 | | Ex10:11 | יתהון מן לוות אפוי | דפרעה: | |
| 5406 | | Ex18:04 | בסעדי ושיזב יתי מחרבא | דפרעה: | |
| 5407 | | Ex 2:09 | ואמרת לה ברתה | דפרעה | אייבילי ית טליא הדין |
| 5408 | | Gn42:15 | בדא תבדקון חיי רישיה | דפרעה | אן תפקון מן הכה ארום אלהן |
| 5409 | | Gn50:07 | וסלקו עמיה כל שליטוי | דפרעה | אפיטרופוי ארעא דמצרים: |
| 5410 | | Gn42:16 | אתון אן לא חיי רישיה | דפרעה | ארום ילילין אתון: |
| 5411 | | Gn40:11 | וכסא | דפרעה | בידי ונסבת ית ענביא |
| 5412 | | Gn49:23 | לשן תליתיי בפליטורין | דפרעה | דהוה קשיא עלוי מן גירייא: |
| 5413 | | Ex11:05 | בארעא דמצרים מן בכורא | דפרעה | דהוה עתיד למיתב על כורסי |
| 5414 | | Ex12:29 | בארעא דמצרים מן בכורא | דפרעה | דהוי עתיד למיתב על כורסי |
| 5415 | | Ex14:28 | וית פרשיה לכל חיילותיה | דפרעה | דעלו בתריהון בימא לא |
| 5416 | | Gn40:07 | ושאל ית שליטוי | דפרעה | דעמיה במטרא בבייתיה |
| 5417 | | Ex18:10 | ידיהון דמצריי ומן ידוי | דפרעה | דשיזב ית עמא מן תחות ניר |
| 5418 | | Ex 2:07 | ואמרת אחתיה לברתיה | דפרעה | ה{ו}א אזיל ואיקרי ליך אתה |
| 5419 | | Gn40:12 | ושוי«ת» כסא בידוי | דפרעה | היא כסא דפורענתא דפרעה |
| 5420 | | Ex 7:03 | ואנה אתוקף ית לבא | דפרעה | ואסגי ית נסוי וית פרישתי |
| 5421 | | Gn41:37 | ושפר פתגמא באפוי | דפרעה | ובאפוי כל שלטנוי: |
| 5422 | | Gn45:16 | אחוי דיוסף ושפר באפוי | דפרעה | ובאפוי עבדוי: |
| 5423 | | Ex11:03 | דמצרים באפיה שליטוי | דפרעה | ובאפי עמא: |
| 5424 | | Ex 8:20 | ערברוב תקף בפלטורין | דפרעה | ובבתי שליטוי ובכל ארעא |
| 5425 | | Ex14:05 | ערקו עמא ואתהפך לבה | דפרעה | ודשלטנוי לוות עמא ואמרין |
| 5426 | | Ex 2:10 | טליא ואיתת יתיה לברתיה | דפרעה | והוה לה לבר וקרת שמה משה |
| 5427 | | Gn49:22 | יתך בארתכא תיניינתא | דפרעה | והוון מקלסין קדמיך יחי |
| 5428 | | Ex15:04 | ארתכוי | דפרעה | וחיילוותיה קשת עליהון |
| 5429 | | Gn45:21 | על {על} גזרת פומיה | דפרעה | ויהב להון זוודין לאורחא: |
| 5430 | | Ex14:04 | ואתוקף ית לבה | דפרעה | וירדוף בתריהון ואתיקר |
| 5431 | | Ex 7:13 | ואתוקף לבא | דפרעה | ולא שמע להון היך מה דמלל |
| 5432 | | Ex 7:22 | בחרשיהון ואתוקף לבא | דפרעה | ולא שמע להון היך מה דמלל |
| 5433 | | Ex 8:15 | ייי היא ואתוקף לבה | דפרעה | ולא שמע להון היך מה דמלל |
| 5434 | | Ex 9:07 | עד לא חד ואתוקף ליבא | דפרעה | ולא שלח ית עמא: |
| 5435 | | Ex 9:12 | ותקף ייי לבא | דפרעה | ולא שמע להון היך מה די |
| 5436 | | Ex 9:35 | ואתוקף לבא | דפרעה | ולא שלח ית בני ישראל |
| 5437 | | Ex10:20 | ותוקף ייי ית לביה | דפרעה | ולא שלח ית בני ישראל: |
| 5438 | | Ex10:27M | ית לביה/לבא#2#/ | \דפרעה#2#/ | ולא צבא למשלחה יתהון: |
| 5439 | | Ex11:10 | פרעה ותוקף ייי ית לביה | דפרעה | ולא שלח ית בני ישראל מן |
| 5440 | | Gn40:20 | ביומא תליתאה יום גניסיא | דפרעה | ועבד שרוי לכל שלטנוי |
| 5441 | | Ex14:09 | ימא כל סוסוותה ארתכוי | דפרעה | ופרשוי וחיילוותיה סמיך |
| 5442 | | Gn12:15 | וחמון יתה רברבנוי | דפרעה | ושבחו יתה קדם פרעה |
| 5443 | | Gn40:11 | ועצר«ת» יתהון בכסה | דפרעה | ושוית כסא בכף ידיה דפרעה: |
| 5444 | | Gn40:12 | ענביה ועצרת יתהון בכסא | דפרעה | ושוי«ת» כסא בידוי דפרעה |
| 5445 | | Gn41:08 | והוה בצפרא ואטרפת רוחיה | דפרעה | ושלח וקרא ית כל חרישיהון |
| 5446 | | Ex10:29 | הי לפרעה מן בכוריה | דפרעה | ישרי: ואמר משה לפרעה |
| 5447 | | Gn40:13 | ותשוי כסא בכף ידיה | דפרעה | כסדר דינא קדמיה די הוות |
| 5448 | | Ex10:07 | ואמרו עבדוי | דפרעה | ליה עד אימת יהווי דין לן |
| 5449 | | Gn45:16 | וקלה אשתמע בפלטורין | דפרעה | למימר אתון אחוי דיוסף |
| 5450 | | Gn50:04 | מלילו כען במשמעיה | דפרעה | למימר: |
| 5451 | | Gn50:04 | יוסף עם אנשי בייתיה | דפרעה | למימר אן אשכחית חן וחסד |
| 5452 | | Ex 5:14 | די שוון עליהון דחקוי | דפרעה | למימר מן בגלל מה לא |
| 5453 | | Ex 2:05 | ונחתת ברתה | דפרעה | למתקררא על נהרא ורביתה |
| 5454 | | Gn41:35 | עיבור תחות רשותא | דפרעה | מזון בקריתא ויטרון: |
| 5455 | | Ex14:08 | ותוקף ייי ית לבה | דפרעה | מלכא דמצרים ורדף בתר בני |
| 5456 | | Dt 7:08 | עבדיה ומן ידוי | דפרעה | מלכא דמצרים: |
| 5457 | | Ex 7:14 | ייי למשה אתוקף לבא | דפרעה | סרב מן למשלחיה ית עמא: |
| 5458 | | Gn40:17 | ובסל עילאה מכל מיכלא | דפרעה | עבד נחתום ועופא אכל יתהון |
| 5459 | | Ex 9:20 | מן קדם ייי מן שליטוי | דפרעה | ערק ית עבדוי וית |
| 5460 | | Gn40:12 | דפרעה היא כסא דפורענתא | דפרעה | עתיד למשתי בסופא ואת רב |
| 5461 | | Gn37:36 | למצראי לפוטיפר שליטא | דפרעה | רב ספקליטוריה: |
| 5462 | | Gn39:01 | יתיה פוטיפר שליטא | דפרעה | רב אספקלטריה גבר מצראי מן |
| 5463 | | Gn44:18 | דאת משתבע בחיי רישיה | דפרעה | רבך דאן שלף אנה חרבי |
| 5464 | | Gn44:18 | למהווי מדמיין לדינוי | דפרעה | רבך: ואמר הא כען רבונן הא |
| 5465 | | Ex15:04 | בימא ושפר עולימו גברוי | דפרעה | רמא וטמע יתהון בימא |
| 5466 | דפרקון | Lv19:24M | כל פרי{ו} קדש | פרקן/דפרקון#2#/ | לשמה דייי: |
| 5467 | דפרקניהר' | Dt33:29 | ישראל מן כוותכון עם | דפרקניהר' | קריב מן קדם ייי מגין |
| 5468 | דפרת | Dt 1:07 | עד נהרה רבה נהרה | דפרת: | |
| 5469 | | Ex23:31M | ומן מדברא עד נהרא | רבא/דפרת#2#/ | ארום אמסר{א} בידיכון |
| 5470 | | Nu34:15M | לנהרא רובא נהרא | פרת/דפרת#2#/ | דעלוי סדר נצחני קרבוי |
| 5471 | | Nu34:15M | להון תחומה לנהרה רבה | דפרת | דעלוי סד' |
| 5472 | | Dt11:24 | מן נהרא רבה נהרא | דפרת | ועד ימה אחרנייה יהווי |
| 5473 | דצבע | Nu 4:08 | ויפרשון עליהון לבוש | דצבע | זהורי טבה ויכסון יתיה |
| 5474 | דצדיקא | Gn20:16 | אתכסית ברם מן עיינוי | דצדיקא | ליליא חד ולכל מאן דהוה |
| 5475 | דצדיקיה | Dt32:35 | לעדן די תימוט רגליהון | דצדיקיה | ארום קריב הוא יום תברהון |
| 5476 | | Dt32:36 | ועל עלבון עבדוי | דצדיקיה | הוא מתנחם ארום גלי קדמוי |
| 5477 | | Dt32:36 | קדמוי ארום מטת ידיהון | דצדיקיה | ואנון שביקין ורטישין |
| 5478 | | Nu24:23 | רשיעיה למיתן אגרהון | דצדיקיה | ובזמ{ז}נה די יגרה מלכותה |
| 5479 | דצדקייא | Gn49:01 | גניזייא מתן אגריהון | דצדקייא | ופורענתהון דרשיעיא |
| 5480 | דצורכה | Dt23:25 | דחברך ותאכל ענבים | דצורכה | ותשבע ולגו מניך לית איפשר |
| 5481 | דציצית | Dt22:12M | "צניפן": גדילן | דציצית | |
| 5482 | דצלו | Gn28:17 | ייי והדן תרעא תרעא | דצלו | מזומן עד צי«ת» שמיא: |
| 5483 | דצניף | Nu15:38 | וישוון על~ ציצין | דצניף | גולתה שיע תכלתה: |
| 5484 | דצער | Dt16:03 | תיכלון עלוי פטירין לחם | דצער | ארום בבהילו נפקתון פריקין |
| 5485 | | Nu30:14 | כל נדר וכל שבועה לקיום | דצער | נפש בעלה יקיים יתהון ובעלה |
| 5486 | דצפון | Ex14:11M | למקטלה יתן במדברא | \דצפון#2#/ | \מה היא דא דעבדת /מה |
| 5487 | | Ex14:03M | טרד עליהון טעותא | דצפון | {נגהו} <נגדוי> דמדברא |
| 5488 | דצפירא | Gn38:25 | אחי ואצבעת יתיה בדמא | דצפירא | ואמרית ליעקב {אבר} <אבה> |
| 5489 | דצפירה | Lv16:21 | ידוי על ראשה | דצפירה | דבחיין ויתודי עלוי ית כל |
| 5490 | | Lv 4:24 | ויסמוך ידיה על ראשה | דצפירה | ויכוס י{ד}<ת>יה באתרה די |
| 5491 | | Lv16:21 | ויתן יתהון על רישיה | דצפירה | וישלח ביד גבר מזמן |
| 5492 | | Lv16:18 | מן אדמה דתורא ומן אדמה | דצפירה | ויתן על קרנתה דמדבחה |
| 5493 | | Nu 7:16 | ולשלוון למכפרה באדמה | דצפירה | על חובוי ועל חובי שלות |
| 5494 | | Nu 7:22 | ולשלוון למכפרה באדמה | דצפ«י»רה | על חובוי ועל חובי שלות |
| 5495 | | Nu 7:28 | ולשלוון למכפרה באדמה | דצפירה | על חובוי ועל חובי שלות |
| 5496 | | Nu 7:34 | ולשלוון למכפרה באדמה | דצפירה | על חובוי ועל חובי שלות |
| 5497 | | Nu 7:40 | ולשלוון למכפרה באדמה | דצפירה | על חובוי ועל חובי שלות |
| 5498 | | Nu 7:46 | לשלוון למכפרה באדמה | דצפירה | על חובוי ועל חובי שלות |
| 5499 | | Nu 7:52 | ולשלוון למכפרה באדמה | דצפירה | על חובוי ועל חובי שלות |
| 5500 | | Nu 7:58 | ולשלוון למכפרה באדמה | דצפירה | על חובוי ועל חובי שלות |
| 5501 | | Nu 7:64 | ולשלון למכפרה באדמה | דצפירה | על חובוי ועל חובי שלות |
| 5502 | | Nu 7:70 | ולשלוון למכפרה באדמה | דצפירה | על חובוי ועל חובי שלות |
| 5503 | | Nu 7:76 | ולשלוון למכפרה באדמה | דצפירה | על חובוי ועל חובי שלות |
| 5504 | | Nu 7:82 | ולשלוון לכפרה באדמה | דצפירה | על חובוי ועל חובי שלות |
| 5505 | דצפרא | Nu28:08 | שמשתה כמנחתה דאמר | דצפרא | וכנסוכוי כדן תקרבון יתיה |

|  |  |  |  |  |  |
|---|---|---|---|---|---|
| 5506 | | Ex29:41 | ביני שמשתה כמנחתה דאמר | דצפרא | וכנסכה תקרבון יתיה לריח |
| 5507 | דצפרה | Lv 9:17 | מדבחה בר מן עלתה | דצפרה: | |
| 5508 | | Nu28:23 | בר מן עלתה | דצפרה | די לעלתה דתמידה תקרבון ית |
| 5509 | | Lv14:06 | וית צפרה חייתה באדמה | דצפרה | דנכיסתה על מיא דמבועיא: |
| 5510 | | Lv14:52 | וידכי ית ביתה באדמה | דצפרה | ובמיא דמבועא ובצפרה חייתה |
| 5511 | | Lv14:51 | ויצבע יתהון באדמה | דצפרה | נכיסתה ובמיא דמבועה ויידי |
| 5512 | דצפרין | Dt22:06 | ארום יארע קן | דצפרין | קדמיכון בארחה בכל אילן או |
| 5513 | דצרעה | Lv14:57 | דכיה דא גזירת אוריתה | דצרעה: | |
| 5514 | דק' | Dt21:02M | חזור חזור | לקטילה/דק#2#:/ | |
| 5515 | | Nu35:04M | ללוואי מן שורה/ | דק#2#/ | לברה אלף אמין/דאומין#2# |
| 5516 | | Nu27:18M | גבר \דרוח קדש /דירוח | דק#2#/ | מן קדם ייי שרייה עלוי |
| 5517 | דקבורה | Gn23:09 | לי ביניכון לאחסנו | דקבור«ה»: | |
| 5518 | | Gn49:30 | עפרון חתייה לאחסנו | דקבורה: | |
| 5519 | | Gn23:11 | יתה לי ביניכון לאחסנו | דקבורה | דחת ועניה עפרון חתייה עם |
| 5520 | | Gn50:13 | אברהם ית חקלא לאחסנא | דקבורה | מן לוות עפרון חתייה קדם |
| 5521 | | Gn23:20 | דביה לאברהם לאחסנות | דקבורה | מן לות בנו«י» דחת: |
| 5522 | | Gn23:04 | אנה עמכון הבו לי אחסנו | דקבורה | עמכון ואקבר מתי מן קדמיי: |
| 5523 | דקבל | Ex10:22 | ית ידא לשמיא והוה חשוך | דקבל | בכל ארעא דמצרים תלתא |
| 5524 | דקברא | Gn30:22M | דפרנסתא מפתחיא | דקברא{ה} | ומפתחיא דעקרתא |
| 5525 | דקבריה | Gn30:22 | דאית בהון רעוא מפתחא | דקבריה | דכן כתבה ומפרש ואמר הא |
| 5526 | | Gn30:22 | דפרנסתא ומפת«ח» | דקבריה | ומפתחא דעקרתא <...> וכן |
| 5527 | דקדושיה | Lv 1:01 | מן קדם ייי משכן זמנא | דקדושיה | קדוש עלם ורבויה רבוי עלם |
| 5528 | דקדים | Ex10:13 | דמצרים וייי דבר רוח | דקדים | בארעא כל יומא ההוא וכל |
| 5529 | | Gn41:06 | דקיקין ושדיפן רוח | דקדים | צמחין בתריהון: |
| 5530 | | Gn41:23 | דקיקין שדיפן רוח | דקדים | צמחן בתריהון: |
| 5531 | דקדרינין | Gn 6:14 | עבד לך תבו אעין | דקדרינ«י»ן | כמדורונין תעבד ית |
| 5532 | דקדש | Ex30:35 | עובד בסם ממזג דכי | דקדש: | |
| 5533 | | Lv16:04 | כתנן דבוץ | דקדש | {ו}<י>לבש ומכנסין דבוץ |
| 5534 | | Ex30:31 | תמלל למימר משח רבו | דקדש | יהוי דין לי לדריכון: |
| 5535 | | Ex30:25 | מפטם עובד בשם משח רבו | דקדש | יהוי: |
| 5536 | | Ex28:02M | \לבושי קדש /לבושין | דקדש#2#/ | לאהרן אחוך לאיקר |
| 5537 | | Ex28:04 | והמיין ויעבדון לבושי | דקדש | לאהרן אחוך ולבנוי למשמשא |
| 5538 | | Gn41:38 | כוות דין גבר די רוח | דקדש | מן קדם ייי שרייה עלוי: |
| 5539 | | Ex31:03 | עמיה רוח דנב{י}<ו> קרב | דקדש | מן קדם ייי בחכמה |
| 5540 | | Ex35:31 | ואשלמ{ת} עמה רוח | דקדש | מן קדם ייי בחכמה ובסכלתנו |
| 5541 | | Nu24:02 | לטכסיהון והוה עלוי רוח | דקדש | מן קדם ייי: |
| 5542 | | Nu14:24 | כלב חלף די הוות רוח | דקדש | עמה ואשלם בתר ממרי ואעל |
| 5543 | | Ex30:25 | ותעבד יתה משח רבו | דקדש | פטום מפטם עובד בשם משח |
| 5544 | דקהלה | Lv 4:21 | ית תורה קדמיה חטאתה | דקהלה | הוא: |
| 5545 | דקהתי | Nu 3:30 | ורב בית אבה דבנוי | דקהתי | אליצפן בר עזיאל: |
| 5546 | | Nu 3:27 | אינון זרעייתה דבנוי | דקהתי: | |
| 5547 | | Nu 4:37 | אלין סכומי זרעיתה דבנוי | דקהתי | כל די פלח במשכן זמנה די |
| 5548 | | Nu26:57 | לקהת{י} זרעייתה דבנוי | דקהתי | למררי זרעייתה דבנוי |
| 5549 | | Nu 4:34 | עם כנשתה ית בנוי | דקהתי | לזרעייתהון לבית אבהתהון: |
| 5550 | | Nu 4:18 | ית שבט זרעייתה דבנוי | דקהתי | מן גו ליוויי: |
| 5551 | דקהתים | Nu10:21 | ונטלין בנוי | דקהתים | טעני מקדשה ומקימין ית |
| 5552 | דקור' | Lv 3:11M | על גבי מדבחה לחם | קרבן/דקור'#2#/ | לשמה דייי: |
| 5553 | דקוריין | Nu32:38 | וקרון בשמהן ית שמהת | דקוריין | דבנו: |
| 5554 | דקורייתה | Dt 2:35 | | דקורייתה | די כבשינן: |
| 5555 | דקושטא | Gn21:23M | ולא בבר ברי כחסדא | דקושטא | |
| 5556 | | Gn24:48 | אברהם דדבר יתי באורחא | דקושטא | למסבה ית ברת אחוי דריבוני |
| 5557 | דקושטה | Dt32:41 | חרבי ותתוקף בדינה | {ב}<ד>קושטה | יד ימיני אחזר נקמתה |
| 5558 | דקטול | Nu35:31 | ולא תקבלון ממון על נפש | דקטול | דהוא חייב למתקטלה ארום |
| 5559 | דקטולה | Dt22:26M | ביש לית לטליתה חובה | דקטולה | |

|  |  |  |  |  |  |
|---|---|---|---|---|---|
| 5560 | דקטולין | Dt19:06 | בנפשה ולה לית סדר דין | דקטולין | ארום ל{ה}<א> הוה סני |
| 5561 | | Dt22:26 | לית לרביתה סדר דין | דקטולין | ארום היך מה די קיים גבר |
| 5562 | | Dt17:08 | אדם דבתול{ו}<י>ן לאדם | דקטולין | בין דיני ממון לדיני נפשן |
| 5563 | | Dt21:22 | בגברא סדר חובת דין | דקטולין | ויתקטל ותצלבון יתיה על |
| 5564 | | Gn37:22 | הדין די במדברא וידא | דקטולין | לא תפש<ס>ון ביה מן בגלל |
| 5565 | | Dt17:08M | לסדר דדין בין אדם | דקטולין | לבין אדם דבתולין בין |
| 5566 | דקטורתה | Ex31:08M | וית מדבחיה | דקטרת/דקטורתה#2#/: | |
| 5567 | דקטילה | Gn27:41M | "על שמיה": <על שמיה> | דקטילה | ארום ממתן עד זמן יקרב' |
| 5568 | | Lv 7:24 | ותרב דנבלה ותרב | דקטילה | יתעבד לכל עבידה ומיכול לא |
| 5569 | דקטיליה | Gn15:01 | אחיהון או קריביהון | דקטיליה | האילין די נפלו קדמיי |
| 5570 | דקטירה | Dt21:06M | על עגלתה | דקטילה/דקט{ו}<י>רה#2#/ | בנחלה: |
| 5571 | דקטרת | Ex31:08 | וית כל מניה וית מדבחיה | דקטרת: | |
| 5572 | | Lv 4:07 | אדמה על קרנתיה דמדבחה | דקטרת | בוסמנייה קדם ייי די במשכן |
| 5573 | דקטרתא | Ex30:27 | וית מניה וית מדבחא | דקטר{ט}<ת»א: | |
| 5574 | דקטרתה | Ex37:25 | ועבד ית מדבחה | דקטרתה | אעין דשטין אמה ארכה ואמה |
| 5575 | | Ex30:27M | וית מדבחה | דקטרתה | וית מדבחה דעלתה הוות כל |
| 5576 | | Ex35:15 | ^וית מדבחה | דקטרתה | וית אריחוי וית משחה |
| 5577 | | Lv16:13 | קדם ייי ויכסי תננה | דקטרתה | ית כפרתה די על סהדותה ולא |
| 5578 | דקיימה | Dt28:69 | אילין מילין | דקיימה | די פקד ייי ית משה |
| 5579 | דקיימייה | Dt31:09 | דלוי דסענין ית ארון | דקיימייה | דייי וית חכימייה |
| 5580 | דקייס | Lv11:32 | יסתאב מן כל {מה} <מן> | דקייס | או לבוש או משך או סק כל |
| 5581 | דקים | Dt10:01 | לטורא ותעביד לך ארון | דקים: | |
| 5582 | דקיס | Dt28:36 | טעוון אוחרניין טעוון | דקי{ם}<ס> | וטעוון דאבן: |
| 5583 | | Dt28:64 | אתון ואבהתכון טעוון | דקיס | וטעוון דאבן: |
| 5584 | | Dt29:16M | וית מרחקתהון טעוון | דקיס | וטעוון דאבן טעוון דכסף |
| 5585 | | Dt 4:28 | עובד ידי בר נש טעוון | דקיס | טעוון דאבן די לא חזיין ולא |
| 5586 | | Lv15:12 | ביה דיבה יתבר וכל מן | דקיס | יתמרק וישתטף במיא: |
| 5587 | | Nu31:20 | וכל עבד דמעזי וכל מן | דקיס | תדכון: |
| 5588 | דקיסה | Dt29:16M | טעוון דדהב טעוותה | דקיסה | ודאבנה הוון מטלקין יתהון |
| 5589 | | Dt29:16 | טעוותהון וית טעוותה | דקיסה | ודאבנייה <....> יהיבן |
| 5590 | דקירויתה | Dt 2:35M | | דקורייתה/דקירויתה#2#/ | די כבשינן/כבש#2# |
| 5591 | דקיריס | Dt32:01 | עלמא ולא אסהדית בבנוי | דקיריס | אין מסהד אנה בהון קדם |
| 5592 | דקליעתה | Ex28:14 | קליעה ותתן ית שישלתה | דקליעתה | על מאחדתה: |
| 5593 | דקלקאי | Nu34:08M | /בתחומה דאל' | דקלקאי#2#/: | |
| 5594 | דקנא | Nu 5:30 | או גבר די תעבר עלוי רוח | דקנא | ויקנא ית אתתיה ויקים ית |
| 5595 | דקנאה | Nu 5:15 | עלוי לבונה ארום מנחתה | דקנאה | היא מנחה דדכרה מדכרה |
| 5596 | | Nu 5:14 | ויעבור עלוי רוח | דק{ב}<נ>אה | ויקנא ית אתתיה והיא |
| 5597 | | Nu 5:30M | די תעבר עלוי רוח | דקנא/דקנאה#2#/ | ויקנא ית אתתיה ויקים |
| 5598 | דקנאותה | Nu 5:18 | ית מנחתה דדכרונה מנחת | דקנאותה | היא ובידוי דכהנא יהוון |
| 5599 | דקנאתה | Nu 5:29 | דא גזרת אוריתה | דקנאתה | תסטה אתתה בר מן בעלה |
| 5600 | דקסמין | Nu22:07 | ורברבני מדייניי וגרין | דקסמין | חתימין בידהון ואתון לוות |
| 5601 | דקצוין | Lv 6:14 | ייתי יתה תופיני מנחה | דקצוין | תקריב לריח דרעוה קדם ייי: |
| 5602 | דקרר' | Nu32:38M | ית שמהת | דקוריין/דקרר'#2#/ | דבנו/די בנון#2#/: |
| 5603 | דקריב | Ex12:04 | ויסב הוא ומגורי«ה» | דקריב | לוותיה כמנין נפשין גבר |
| 5604 | | Lv21:02M | לקריבות בשריה | דקר{ו}<י>ב#2#/ | לוותיה לאמיה ולאבוי |
| 5605 | | Nu27:11 | אחסנתיה לקריבות בשריה | דקריב | לוותיה מן זרעיתיה וירת |
| 5606 | דקריבה | Lv21:03 | ולאחתה בתולתה | דקריבה | לוותיה די לא אתנסבה לגבר |
| 5607 | דקריבין | Dt21:06 | וכל חכימי קרתה ההיא | דקריבין | לקטילה יסחון ית ידיהון |
| 5608 | דקרתא | Gn19:15 | דלא תשתיצא בחובי | דקרתא: | |
| 5609 | | Gn26:33M | /מן בגין קרון שמ' | דקרתא | בארה דשבע#2#/ עד זמן |
| 5610 | | Gn36:32 | בלע בר בעור ושמיה | דקרתא | דנהבה: |
| 5611 | | Gn19:22 | לתמן בגין כדין קרא שמה | דקרתא | זער: |
| 5612 | | Gn36:39 | ומלך בתרה הדד ושמה | דקרתא | פעו ושמה דאתתה מהיטבאל |
| 5613 | | Gn28:19 | וברם לוז הוה שמה | דקרתא | בקדמיתא: |

|  |  |  |  |  |  |
|---|---|---|---|---|---|
| 5614 | | Gn14:02 | מלכא דצבוי' ומלכא | דקרתא | דבלעת דיירי היא זער: |
| 5615 | | Gn41:48 | מזון בקרויא מזון תחומה | דקרתא | די חזור חזר לה יהב בגוה: |
| 5616 | | Gn24:13M | דעמא \דארעא נפקין | /דקרתא | דנפקין#2#/ לממלי מיא: |
| 5617 | | Gn10:11 | ית נינוה וית פלטיותא | דקרתא | וית הדיף: |
| 5618 | | Gn19:25 | כל משרה וית כל דייריה | דקרתא | וצמחוי דארעא: |
| 5619 | | Gn34:20M | \אנשי קרתיהון /עמא | דקרתא#2#/ | למימר: |
| 5620 | | Gn19:02 | ליה לא ארום ברחובא | דקרתא | נבית: |
| 5621 | | Gn19:04 | קדם עד לא דמכו ועמא | דקרתא | עמא דסדם אקיפו על ביתיה |
| 5622 | דקרתה | Gn14:05 | דהוון שריין בגווה | דקרתה: | |
| 5623 | | Dt21:21 | וירגמון יתיה כל עמא | דקרתה | באבנייה וימות ותבערון |
| 5624 | | Dt22:21 | דאבוה וירגמון יתה עמא | דקרתה | באבנייה ויקטלון יתה ארום |
| 5625 | | Gn14:08 | ומלכא דצבוים ומלכה | דקרת<ה> | דבלעת דייריה היא זער |
| 5626 | | Gn 4:17 | והוה בני קריה וקרא שמה | דקרתה | כשמיה דבריה חנוך: |
| 5627 | | Nu35:04 | תתנון לליוויי מכותלה | דקרתה | לברה אלף אמין |
| 5628 | דקרתיה | Gn36:35 | דמואבאי ושמה | דקרתיה | עוית: |
| 5629 | דקש' | Lv19:36 | מוזנין דקשט מכלן | דקש' | והינין דקשט ומתקלין דקשט |
| 5630 | דקשוט | Dt16:18M | ית עמא דינין | דקשט/<דק>שוט#2#/: | |
| 5631 | | Dt33:19 | ותמן יקרבון קרבנין | דקשוט | ארום תוגרת ימייא ייכלון |
| 5632 | | Dt 1:16M | יתהון דינין | דקשט/<דק>שוט#2#/ | בין/לבין#2#/ גבר |
| 5633 | דקשט | Dt16:18 | וידונון ית עמא דינין | דקשט: | |
| 5634 | | Dt 1:16 | ודיינין יתהון דינין | דקשט | בין גבר ובין אחוי ובין |
| 5635 | | Lv19:36 | דקשט מכלן דקש' והינין | דקשט | ומתקלין דקשט יהוי לכון אמר |
| 5636 | | Lv19:36 | והינין דקשט ומתקלין | דקשט | יהוי לכון אמר ייי אלהכון |
| 5637 | | Lv19:36 | מוזנין | דקשט | מכלן דקש' והינין דקשט |
| 5638 | דראובני | Dt 4:43M | /מן שבטה דבנוי | דראובני#2#/ | וית גרם בגלעדה |
| 5639 | | Dt29:07M | ראובן /דבנוי | דראובני#2#/ | ולשבטה דבית דגדי |
| 5640 | דראשיכון | Lv19:27 | לא תקפון א{ר}<ו>מנה | דראשיכון | ולא תחבלון ית שומת |
| 5641 | דרב | Gn41:10 | ושוי יתי במטרא בבייתה | דרב | אספקלטוריא יתי וית רב |
| 5642 | | Gn40:03 | ושווי יתהון במטרא בביתיה | דרב | אספקלטוריה בבית חבושיה |
| 5643 | | Gn40:20 | ו{ח}<רו>מם ית ראשה | דרב | מזוגיה וארים ית ראש«ה» |
| 5644 | | Gn40:20 | וארים ית ראש«ה» | דרב | נחתומיא בגו שלטנוי: |
| 5645 | דרבא | Gn29:16 | תרת«י»ן בנן שמא | {דרבא} | דרבתא לאה ושמה דזעירתא |
| 5646 | | Dt 1:17M | "כמלוי ... תהוון": כדינה | דרבא | כדינא דזעירא תה' |
| 5647 | דרבה | Lv19:15 | למסכנה ולא תוקרון אפוי | דרבה | בקושטא תהוו«ן» דיינין ית |
| 5648 | | Lv19:32 | קיימין ותייקרון אפוי | דרבה | ותדחלון מן קדם אלהכון אמר |
| 5649 | | Dt 1:17 | כמלוי דזעירה וכמילוי | דרבה | תהוון שמעין ולא תדחלון |
| 5650 | דרבו | Ex30:25 | פטום מפטם עובד בשם משח | דרבו | דקדש יהוי: |
| 5651 | | Ex30:25 | ותעבד יתה משח | דרבו | דקדש פטום מפטם עובד בשם |
| 5652 | | Ex30:31 | ישראל תמלל למימר משח | דרבו | דקדש יהווי דין לי לדריכון: |
| 5653 | | Gn49:26 | האליין יתעבדון כליל | דרבו | על ריש יוסף ולגו קדקדא |
| 5654 | | Dt33:16 | ברכייתה ויתעבדן כליל | דרבו | על רישא דיוסף ולגו קודקדה |
| 5655 | דרבו' | Gn31:35M | /יתקוף רוגזה | דרבו'#2#/ | ארום \לא אכיל /לית אנה |
| 5656 | דרבון | Ex17:16 | מן תחות כורסי איקרי | דרבון | כל עלמא קדמיה {מאה} |
| 5657 | דרבונא | Gn39:21M | חסד ושווי חסדא באפיה | דרבונא | בית חבישא |
| 5658 | דרבונה | Gn40:07 | דעמיה במטרא בבייתיה | דרבונה | למימר מן בגלל מן אפיכון |
| 5659 | דרבוני | Gn24:27 | יתי ייי בבייתיה דאחוי | דרבוני: | |
| 5660 | | Gn33:15 | אשכח חן וחסד באפוי | דרבוני: | |
| 5661 | | Gn24:12 | ואמר ייי אלהה | דרבוני | אברהם יזדמן לי כען קדמוי |
| 5662 | | Gn24:28 | רביתה בבייתה דאחוי | דרבוני | דאמה ותניית ית כל פתגמיא |
| 5663 | | Gn47:25 | יתן נשכח חן וחסד באפוי | דרבוני | ונהוי עבדין לפרעה: |
| 5664 | | Gn39:07 | האלין ונטלת אתתיה | דרבוני | ית עיינה לוות יוסף ואמרת |
| 5665 | | Nu32:27 | ייי לסדרי קרבה היך מה | דרבוני | ממלל: |
| 5666 | | Nu32:25 | עבדך יעבדון היך מה | דרבוני | מפקד: |
| 5667 | דרבוניה | Gn39:08 | וסרב ואמר לאתתיה | דרבוניה | הא רבוני לא ידע מן בתריה |
| 5668 | | Gn24:10 | עשרה גמלין מן גמלוי | דרבוניה | וכל שפר דייתיקא דריבוניה |
| 5669 | | Gn39:02 | והוה רב ושליט בביתיה | דרבוניה | מצרייה: |
| 5670 | דרבונייה | Dt10:17M | דאלהיה ורבתהון | דרבונייה#2#/ | אלה» רבה גיברה |
| 5671 | דרבונך | Gn44:08 | והיך כדין נגנב מן ביתה | דרבונך | כסף או דהב: |
| 5672 | דרבונן | Nu32:27M | קרבה היך מה | דרבוני/<דרבו>נן#2#/ | ממלל: |
| 5673 | | Nu32:25M | יעבדון היך מה | דרבוני/<דרבו>נן#2#/ | מפקד: |
| 5674 | | Gn47:25M | \באפוי דרבוני /באפי | דרבונן#2#/ | ונהוי/וניהווי#2#/ |
| 5675 | דרבותא | Ex31:11 | וית משחא | דרבותא | וית קטרת בסמניה לקידוש כל |
| 5676 | | Ex25:06 | לאנהרותא בסמנין למשחא | דרבותא | ולקטרת בסמניה: |
| 5677 | | Ex35:08 | לאנהרותא ובשמנין למשחה | דרבותא | ולקטרת בוסמניה: |
| 5678 | | Ex29:21 | על גבי מדבחא ומן משח | דרבותא | ותדי על אהרן ועל לבושי' |
| 5679 | דרבותה | Lv10:07 | ולא תמותון ארום משח | דרבותה | דייי עליכון ועבדו כמלוי |
| 5680 | | Lv21:10 | יתארק על ראשה מן משחה | דרבותה | וישל«ם» ית קרבן ידוי |
| 5681 | | Ex35:15 | וית אריחוי וית משחה | דרבותה | וית קטורת בוסמנייה וית |
| 5682 | | Ex39:38 | דדהבא וית משחה | דרב{י}<ו>תה | וית קטרת בסמניה וית |
| 5683 | | Lv 8:02 | וית לבושיה וית משחה | דרבותה | וית תור' דחטאתה וית תרין |
| 5684 | | Ex35:28 | משחה לאנהרותא ולמשחה | דרבותה | ולקטרת בושמיה: |
| 5685 | | Lv 8:30 | ונסב משה מן משחה | דרבותה | ומן אדמ' די על גבי מדבחה |
| 5686 | | Lv 8:10 | ונסב משה ית משחה | דרבותה | ורבי ית משכנה וית כל מנוי |
| 5687 | | Ex40:09 | ותסב ית משחה | דרבותה | ותרבי ית משכנה וית כל מה |
| 5688 | | Ex29:07 | ותיסב ית משחא | דרבותה | ותריק על ראשיה ותרבי |
| 5689 | | Nu 4:16 | ומנחה תדירה ומשחה | דרבותה | סכום כל משכנה וכל מה דביה |
| 5690 | | Lv 8:12 | ואריק מן משחה | דרבותה | על ריש דאהרן ורבי יתיה |
| 5691 | | Ex37:29 | ועבד ית משחה | דרבותה | קדש וית קטרת בוסמניה דכי |
| 5692 | | Nu 7:78 | יומין דחנכת מדבחה | דרבותה | קרב רב שבטה דבנוי דנפתלי |
| 5693 | דרביתה | Dt22:19 | דכסף ויתנון לאבוה | דרביתה | ארום אפיק שום ביש על |
| 5694 | | Dt22:15 | ויסב אבוה | דרביתה | ואמה ויפקון ית סהדוותה |
| 5695 | | Dt22:29 | גברא דמשמש עמה לאבוה | דרביתה | חמשין סלעין דכסף וליה |
| 5696 | | Dt22:15 | ואמה ויפקון ית סהדוותה | דרביתה | לוות חכימי קרתה לתרע |
| 5697 | | Dt22:16 | ויימר אבוה | דרביתה | לחכימייה ית ברתי יהבית |
| 5698 | | Gn34:03 | רביתא ומליל עם לבה | {ו}<ד>רביתה | מלל דשלם: |
| 5699 | דרבן | Ex33:17 | באפי ומניית יתן בשם | דרבן: | |
| 5700 | | Ex31:02 | משה דמנית וקראת בשם טב | דרבן | בצלאל בר אורי בר חור מן |
| 5701 | | Ex35:30 | ישראל חמו דמני ייי בשם | דרבן | בצלאל בן אור בר חור מן |
| 5702 | | Ex33:12 | אמרת חמי דמניית יתך בשם | דרבן | ולחוד אשכחת חן וחסד קדמיי: |
| 5703 | דרבנן | Gn44:18M | "ורבוני לא": במשמועה | דרבנן | ולא <יתקוף> |
| 5704 | דרבק' | Gn35:09M | ארעת לדבורה מרבית' | דרבק' | אימיה ומיתת עלוי רחל |
| 5705 | דרברבין | Dt32:07 | דר ודר שאלו לאבהתכון | דרברבין | מנכון באורית' ויתנון |
| 5706 | דרבתא | Gn29:16 | בנן שמא {דרבא} | דרבתא | לאה ושמה דזעירתא רחל: |
| 5707 | דרגוז | Dt28:65M | ייי לכון תמן לב | רוגזן/דרגוז#2#/ | וסייף דעיינין ודייב |
| 5708 | דרגלה | Dt 2:05 | מן ארעהון עד מדרס כפה | דרגלה | ארום ירתו לעשו יהבית ית |
| 5709 | | Dt28:56 | די לא אנסת כפה | דרגלה | למקבע יתה על ארעא מן |
| 5710 | דרגלוי | Ex24:10 | דייי ותחות אפיפודן | דרגלוי | כעובד לבן דסנפרינון |
| 5711 | דרגליכון | Dt28:65 | ולא יהווי נייח לכפה | דרגליכון | ויתן ייי לכון תמן לב |
| 5712 | דרגלין | Nu11:21M | כאשתין רבוון | דרגלין | עמה |
| 5713 | דרוגזי | Gn40:12M | פליתי' | דרוגזי | דפרעה עתיד למשתי בעקבה |
| 5714 | דרוח | Ex 8:11 | וחמא פרעה ארום הוות שעת | דרוח | ותקף ית לביה ולא שמע להון |
| 5715 | | Gn 7:22 | כל די נשמה | דרוח | חיין בנחירוי מן כל מה די |
| 5716 | | Nu27:18 | ית יהושע בר נון גבר | דרוח | קדש מן קדם ייי שרייה עלוי |
| 5717 | דרחימתה | Dt21:16 | רשיי למקדמה ית ברא | דרחימתה | קדם ברה דסניתה בכורא: |
| 5718 | דרחיקין | Dt13:08 | לכון דקריבין לכון או | דרחיקין | {ל}<מנ>כון מן סייפי ארעא |
| 5719 | דרחיקן | Dt20:15 | כדן תעבד לכל קרייתה | דרחיקן | מנכון לחדה די לא מן קרי |
| 5720 | דרחמי | Gn28:13M | "ייי קיים עלוי": מלאך | דרחמי | מן קדם ייי קם מעתד |
| 5721 | דרחמין | Nu20:16 | בקל צלותן ושלח <מלאכה> | דרחמין | וש«י»ז{{ו}}ב יתן מן |

|  |  |  |  |  |  |
|---|---|---|---|---|---|
| 5722 | | Ex32:34M | וביומא דאדכר /מלאך | דרחמין | ילך ידבר קודמך וביום |
| 5723 | | Gn 1:02 | פריס על אפי תהומא ורוח | דרחמין | מן קדם ייי הוה מנשבא |
| 5724 | | Gn 8:01 | בתיבותא ועבר ייי רוח | דרחמין | על ארעא ושדכו מיא: |
| 5725 | | Ex23:23M | ארום ידבר מלאכי/מלאך | דרחמין#2#/ | קדמיכון ויעל יתכון |
| 5726 | | Gn24:07 | הדא הוא ישלח מלאכא | דרחמין | קדמך ותיסב אתה לברי מן |
| 5727 | דרחמן | Ex23:20 | הא אנה משלח מלאך | דרחמן | קדמיכון למנטרא יתכון |
| 5728 | דריב' | Gn24:10M | וכל שפר טוב אפותיקי | דריב' | |
| 5729 | דריבוייה | Lv 1:01M | "דהוה ... חדה לא": | דריבוייה | ריבוי שעה וקדושיה קדוש |
| 5730 | דריבוני | Gn24:27 | ואמר בריך הוא ייי אלהא | דריבוני | אברהם דלא שבק חסדה |
| 5731 | | Gn24:42 | מן קדמיך ייי אלהא | דריבוני | אברהם אם ברעות קדמך |
| 5732 | | Gn24:48 | וצלי«י»ת קדם אלהה | דריבוני | אברהם דדבר יתי באורחא |
| 5733 | | Gn24:44 | אתתא די זמן ייי לברה | דריבוני: | |
| 5734 | | Gn44:24 | ותנינן ליה ית מלוי | דריבוני: | |
| 5735 | | Gn31:35 | לאבוה לא יבאש באפוי | דריבוני | ארום לא אכיל למיקם |
| 5736 | | Ex32:22 | למשה לא יתקף רוגזא | דריבו{ת}<נ>י | את חכם ית עמא ארום |
| 5737 | | Gn24:36 | וילדת שרה אתתיה | דריבוני | בר לריבוני מן בתר דיסאב |
| 5738 | | Gn24:51 | ואזל ותהוי אתא לבריה | דריבוני | היך מה דמלל ייי: |
| 5739 | | Gn24:48 | למסבה ית ברת אחוי | דריבוני | לברה: |
| 5740 | דריבוניה | Ex21:08 | אין באיש באפוי | דריבוניה | דלא זמן יתה ופרק יתה |
| 5741 | | Gn24:10 | וכל שפר דייתיקא | דריבוניה | עמיה וקם ואזל לארעא |
| 5742 | דריבוניתה | Gn16:04 | עברת וזל איקרה | דריבוניתה | באפה: |
| 5743 | דריגעה | Gn49:18M | מודי' דפורקנא פורק' | דריגעה | לפורקנך סכיית ואודיקת |
| 5744 | דריעתא | Ex26:12 | דמשכנא פלגא | דריעתא | דאשתיירת תשפ«ע» על |
| 5745 | דרישא | Lv13:30M | צרעתה/<צר>עא#2#/ | ראשה/דרישא#2#/ | או דדקנה הוא: |
| 5746 | דרישה | Gn11:04M | לן קריה ומגדל | וראשה/דרישה#2#/ | מטי עד צית שמיא |
| 5747 | דרמיו | Gn29:22M | עצה \דרמיו למסבה יתה | /דרמיו | ואסיבו לה#2#/ ללאה חלף |
| 5748 | | Gn29:22 | שבע שנין ויהבו לה עצה | דרמיו | למסבה יתה ללאה חלף רחל: |
| 5749 | דרעוא | Ex29:25 | מדבחה על עלתה לריח | דרעוא | קדם ייי קרבן הוא קדם ייי: |
| 5750 | | Lv 1:09 | עלה קרבן דמתקבל לריח | דרעוא | קדם ייי: |
| 5751 | | Lv 1:13 | קרבן מתק«ב»ל לריח | דרעוא | קדם ייי: |
| 5752 | | Ex29:18 | עלה הוא לשמה דייי לריח | דרעוא | קרבן קדם ייי הוא: |
| 5753 | דרעוה | Lv 2:12 | מדבחה לא יתקבלון לריח | דרעוה: | |
| 5754 | | Lv 6:08 | על ^גבי#2#^ מדבח' ריח | דרעוה | אדכרתה לשמה דייי: |
| 5755 | | Lv 3:16 | מדבחה לחם קרבן לריח | דרעוה | כל תרבה לשמה דייי: |
| 5756 | | Lv 4:31 | כהנא על גבי מדבחה לריח | דרעוה | לשמ' דייי ויכפר עלוי כהנא |
| 5757 | | Lv 6:14M | רסוקין תקרבון לריח | דרעוה | לשמה דייי |
| 5758 | | Lv17:06 | זמנא ויסדר תרבה לריח | דרעוה | לשמה דייי: |
| 5759 | | Lv23:13 | במשח קרבן מתקבל לריח | דרעוה | לשמה דייי ונסוכוי חמר |
| 5760 | | Nu15:24 | חד לעלה לריח {ניחו} | דרעוה | לשמה דייי ומנחתיה |
| 5761 | | Nu18:17 | תסדר קרבן מתקבל לריח | דרעוה | לשמה דייי: |
| 5762 | | Nu29:06M | /קרבן מתקבל לריח | דרעוה | לשמה דייי#2#/: |
| 5763 | | Nu28:02 | מתקבל מנכון קדמי לריח | דרעוה | עמי בני ישראל הוון |
| 5764 | | Lv 1:17 | הוא קרבן מתקבל לריח | דרעוה | קדם ייי: |
| 5765 | | Lv 2:02 | מדבחה קרבן מתקבל לריח | דרעוה | קדם ייי: |
| 5766 | | Lv 3:05 | אשתה קרבן מתקבל לריח | דרעוה | קדם ייי: |
| 5767 | | Lv 6:14 | מנחה דקצוין תקריב לריח | דרעוה | קדם ייי: |
| 5768 | | Lv23:18 | קרבן דמתקבל לריח | דרעוה | קדם ייי: |
| 5769 | | Nu15:03 | מועדיכון למקרבה לריח | דרעוה | קדם ייי מן תוריה או מן |
| 5770 | | Nu15:07 | תלתות הינה תקרבון לריח | דרעוה | קדם ייי: |
| 5771 | | Nu15:10 | הינה קרבן מתקבל לריח | דרעוה | קדם ייי: |
| 5772 | | Nu15:13 | למקרבה קרבן מתקבל לריח | דרעוה | קדם ייי: |
| 5773 | | Nu15:14 | ויקרב קרבן מתקבל בלריח | דרעוה | קדם ייי היך מה די תעבדון |
| 5774 | | Nu28:08 | יתיה קרבן מתקבל לריח | דרעוה | קדם ייי: |
| 5775 | | Nu28:24M | מתקבל ברעוה/לריח | דרעוה#2#/ | קדם ייי סמיך לעלת |
| 5776 | | Nu28:27 | ותקרבון עלה לריח | דרעוה | קדם ייי תורין בני תורין |
| 5777 | | Nu29:02 | ותקרבון עלה לריח | דרעוה | קדם ייי תור בר תורין חד |
| 5778 | | Nu29:06 | כסדר דיניהון לריח | דרעוה | קדם ייי מתקבל: |
| 5779 | | Nu29:13 | עלה קרבן מתקבל לריח | דרעוה | קדם ייי תורין בני תורין |
| 5780 | | Nu29:36 | עלה קרבן מתקבל לריח | דרעוה | קדם ייי תור חד דכר חד |
| 5781 | | Ex29:41 | תקרבון יתיה לריח | דרעוה | קרבן קדם ייי יתקבל: |
| 5782 | | Lv 8:21 | מדבחה עלה הוא לריח | דרעוה | קרבן הוא היך מה פקד ייי |
| 5783 | | Lv 8:28M | הני{ף}<ך> לריח | דרעוה | קרבן \הוא קדם ייי /מתקבל |
| 5784 | | Nu28:08M | דרעוה קדם ייי /לריח | דרעוה | קרבן מתקבל לשמה דייי#2# |
| 5785 | | Nu28:13 | עם אמרא חתתה עלה ריח | דרעוה | קרבן קדם ייי מתקבל: |
| 5786 | | Nu29:08 | עלה קדם ייי לריח | דרעוה | תור בר תורין חד דכר חד |
| 5787 | דרעווה | Nu28:06 | על טורא דסיני לריח | דרעווה | קרבן קדם ייי מתקבל: |
| 5788 | דרעייא | Ex 2:19 | שיזב יתן מן ידיהון | דרעייא | ואף מדלי דלה לן ואשקי ית |
| 5789 | דרשיעיא | Gn49:01 | דצדקייא ופורענתהון | דרשיעיא | ושלוותה דעדן מה היא |
| 5790 | דרשיעיה | Dt32:35 | קריב הוא יום תברהון | דרשיעיה | ואשת' דגהינם מעתדה להון |
| 5791 | דש' | Nu 1:21M | סכומיהון | לשבטה/דש'#2#/ | דבנוי דראובן ארבעין |
| 5792 | | Nu10:18M | /ויטלון טכס משריית | דש'#2#/ | דבנוי דראובן |
| 5793 | | Nu 1:25M | סכומיהון | לשבטה^דש'#2#^/מן | ש'#2#/ דבנוי דגד |
| 5794 | | Nu 1:27M | סכומיהון | לשבטה^דש'#2#^/מן | ש'#2#/ דיהודה |
| 5795 | | Nu 1:29M | סכומ«י»הון | לשבטה^דש'#2#^/מן | ש'#2#/ דבנוי |
| 5796 | | Nu 1:31M | סכומיהון | לשבטה^דש'#2#^/מן | ש'#2#/ דבני זבולן |
| 5797 | | Nu 1:23M | סכומיכון | לשבטה^דש'#2#^/מן | שב'#2#/ דבנוי |
| 5798 | דשב' | Lv24:08M | ביומא | דשובתה/דשב'#2#/ | ביומא דשובתה יסדר |
| 5799 | | Ex31:16M | /למהוון עבדין ית יומא | דשב'#2#/ | לדריהון לקיים עלם |
| 5800 | דשבועיא | Ex34:22 | וחגא | דשבועיא | היא עצרתא תעבדון לכון |
| 5801 | דשבועיה | Dt16:10 | ותעבדון חגה | דשבועיה | היא עצרתה קדם ייי אלהכון |
| 5802 | דשבטה | Nu 1:33 | סכומיהון | דשבטה | דאפרים ארבעין אלפין וחמש |
| 5803 | | Nu 1:35 | סכומיהון | דשבטה | דבנוי דמנשה תלתין ותרין |
| 5804 | | Nu 1:37 | סכומיהון | דשבטה | דבנוי דבנימן תלתין וחמשה |
| 5805 | | Nu 1:39 | סכומיהון | דשבטה | דבנוי דדן אשתין ותרין |
| 5806 | | Nu 1:41 | סכומיהון | דשבטה | דבנוי דאשר ארבעין וחד |
| 5807 | | Nu 1:43 | סכומיהון | דשבטה | דבנוי דנפתלי חמשין ותלתה |
| 5808 | | Nu 2:29 | דהוה ממני על משרית | דשבטה | דבנוי דנפתלי אחירע בר |
| 5809 | | Nu 3:24 | ורב בית אבא | דשבטה | דבנוי דגרשני אליסף בר |
| 5810 | דשביעיא | Ex34:22M | וחגא | דשבועיא/<דש>בי<עיא>#2#/ | היא עצרתא |
| 5811 | דשביתא | Ex12:29 | כורסי מלכוותא עד בכורא | דשביתא | די בבית חבוש«ה» וכל |
| 5812 | דשביתה | Nu31:26 | קבל ית עדיתה | דשביתה | בבני אנשא ובבעירה אתה |
| 5813 | דשבתא | Ex20:11 | כדין ברך ייי ית יומא | דשבתא | וקדש יתיה: |
| 5814 | | Ex31:16 | בני ישראל ית יומא | דשבתא | למעבד ית יום שבתא לדריהון |
| 5815 | | Ex20:08 | דכירי«ן» ית יומא | דשבתא | למקד<ש>א יתיה: |
| 5816 | דשבתה | Nu15:32 | גבר מגבב קיסין ביומא | דשבתה: | |
| 5817 | | Dt 5:15 | אלהכון למעבד ית יומא | דשבתה: | |
| 5818 | | Nu28:10 | עלתה | דשבתה | ביום שבתה תקרבון יתיה |
| 5819 | | Dt 5:12 | ישראל טורו ית יומא | דשבתה | למקדשה יתיה היך מה די פקד |
| 5820 | דשהדותא | Ex30:26 | משכן זימנא וית ארונא | דשהדותא: | |
| 5821 | | Ex30:06 | קדם פרכתא די על ארונא | דשהדותא | וקדם כפרתה דעל שהדותא |
| 5822 | | Ex26:33 | לגו מן פרכתא ית ארונה | דשהדותא | ותפרש פרכתא לכון בין |
| 5823 | דשובתא | Dt 5:12M | הוון זהירין ית יומא | דשובתא | |
| 5824 | דשובתה | Ex35:03M | \ביום שבתא /ביומא | דשובתה#2#/: | |
| 5825 | | Lv24:08 | ביומא | דשובתה | ביומא דשובתה יסדר יתה קדם |
| 5826 | | Lv24:08 | ביומא דשובתה ביומא | דשובתה | יסדר יתה קדם ייי בתדירה |
| 5827 | דשום | Ex18:03M | בנוי/בני#2#/ \די שמיה/ | דשום#2#/ | דחד/דחדה#2#/ מנהון |
| 5828 | דשומנה | Nu11:08M | /כשישיין רוטבה | דשומנה#2#/: | |
| 5829 | דשופירא | Ex19:13M | במתקעה | דשופירא | הנון יסקו{ל}<ך> |

|  |  |  |  |
|---|---|---|---|
| 5830 | דשופר | Nu29:01 | לא תעבדון יום תקועה דשופר ויבבו יהווי לכון: |
| 5831 | דשזבה | Nu35:32M | דממון למערוק לקרתה דשזבה#2#/ למחזור למשרי בארעא |
| 5832 | דשזיר | Nu 4:06M | לבוש \גמר דתכלה /דשזיר דתכ#2#/ מן לעיל וישוון |
| 5833 | דשחרא | Gn32:27 | יתי ארום מטא סלק עמודא דשחרא ארום מטא זמניהון דמלאכי |
| 5834 | דשט' | Ex35:24M | \אעי שטין /<א>עין דשט#2#/ לכל עבידת פולחנא |
| 5835 | דשטין | Ex25:05 | ומשכין דססגונין ואעין דשטין: |
| 5836 | | Ex37:25 | ית מדבחה דקטרתה אעין דשטין אמה ארכה ואמה פתיה מרבע |
| 5837 | | Ex37:04 | ועבד אריחין אעין דשטין וחפא יתהון דהב: |
| 5838 | | Ex36:36 | ועבד לה ארבעה עמודין דשטין וחפי יתהון דהב וקליותהון |
| 5839 | | Ex37:15 | ועבד ית אריחיה אעין דשטין וחפי יתהון דהב למטען ית |
| 5840 | | Ex37:28 | ועבד ית אריחי«ה» אעין דשטין וחפי יתהון דהב: |
| 5841 | | Ex38:06 | ועבד ית אריחיה אעין דשטין וחפי יתהון נחש: |
| 5842 | | Ex25:13 | ותעבד אריחין אעין דשטין ותחפי יתהון דהב: |
| 5843 | | Ex25:28 | ית אריח{ו}<י>ה אעין דשטי«ן» <ותחפי> יתהון דהב למטען |
| 5844 | | Ex26:37 | ותעבד לפרסה חמשא עמודין דשטין ותחפי יתהון דהב |
| 5845 | | Ex30:05 | ותעבד ית אריחיה אעין דשטין ותחפי יתהון דהב: |
| 5846 | | Ex27:06 | אריחין למדבחא אעין דשטין ותחפי{ה} יתהון נחש: |
| 5847 | | Ex27:01 | {דעאין} <דאעין> דשטי«ן» חמש אמין ארך וחמש אמין |
| 5848 | | Ex38:01 | ית מדבחה דעלתה אעין דשטין חמש אמין ארכה וחמש אמין |
| 5849 | | Ex36:31 | ועבד נגרין אעין דשטין חמשה ללוחי סטרה |
| 5850 | | Ex26:26M | ותעבד נגרין אעין דשתין/דשטין#2#/ חמשין ללוחיה סיטריה |
| 5851 | | Ex26:32 | יתה על ארבעה עמודין דשטין מחפין דהב וקלוותהון דהב |
| 5852 | | Ex26:15 | ית לווחיה למשכנא אעין דשטין קיימין: |
| 5853 | | Ex36:20 | ית לווחיה למשכניה אעין דשטין קיימין: |
| 5854 | | Ex25:10 | ארונה אעה {דשתא} דשטין תרתין אמין ופלג ארכה |
| 5855 | | Ex25:23 | ותעבד פתורא אעין דשטין תרתין אמין ארכן ואמתא |
| 5856 | | Ex37:01 | בצלאל ית ארונה אעין דשטין תרתין אמין ופלג ארכיה |
| 5857 | | Ex37:10 | ועבד ית פתורה אעין דשטין תרתין אמין ארכה ואמה פתיה |
| 5858 | דשיבוקין | Dt24:03 | אחרייה ויכתוב לה אגרא דשיבוקין וישווי בידה ויטרוד יתה |
| 5859 | דשיזבו | Nu35:25M | שזבותה /לקרתה דשיזבו#2#/ די ערק תמן וישרי בגווה |
| 5860 | | Nu35:27M | שיזבותה /קרתה דשיזבו#2#/ ויקטול תבוע אדמא |
| 5861 | | Nu35:13M | לכון /{ו}קוריין דשיזבו יהווי לכו#2#/: |
| 5862 | | Nu35:14M | קריוא/קרו#2#/\ דשיזבו#2#/ יהווי לכון: |
| 5863 | | Nu35:11M | די יעירוק /קוריין דשיזבו יהוויין לכון וייעירוק#2# |
| 5864 | | Nu35:14M | קוריין דשיזבו יהוון לכון |
| 5865 | | Dt19:02 | תלת קרוין דשיזבו תפרשון ל{גוו}ך בגו ארעכון |
| 5866 | | Nu35:14M | \תתנון מן עבר לירדנה /דשיזבו תתנון בארעא מעבר |
| 5867 | דשיזבות | Nu35:06 | לליוויי ית שת קרין דשיזבות דתתנון די יערקון תמן |
| 5868 | דשיזבותה | Nu35:28M | שיזבותיה /בקרתה דשיזבותה#2#/ ישרי עד זמן די ימות |
| 5869 | דשיטין | Dt10:03 | ועבדית ארון אעין דשיטין וחצבית תרין לוחין דאבנין |
| 5870 | דשינד פין | Gn50:01M | ית אבוי בערס דשנדפין/דשינד פין#2#/ מחפיא דהב |
| 5871 | דשיע | Nu19:15 | דחסף פתיח די לית גופה דשיע מקפה עלוי מסאב הוא: |
| 5872 | דשיפור' | Ex20:18 | וית למפדיי' וית קלא דשיפור' וית טורא תנן וחמון עמא |
| 5873 | דשיפורא | Ex19:19 | והוה קלא דשיפורא אזל ותקף לחדא משה הוה |
| 5874 | דשיקרא | Ex18:21 | קושטנין סניין ממונא {{דשיקרא}} ותשוי עליהון רברבני |
| 5875 | דשליט | Gn24:03 | אלהא דשמיא הוא אלהא דשליט על ארעא דלא תסב אתא לברי |
| 5876 | דשליטוי | Ex10:01 | ית לביה וית לביהון דשליטוי מן בגלל למשויה ניסיא |
| 5877 | דשלם | Gn34:03 | עם לבה {ו}<ד>רביתה מלל דשלם: |
| 5878 | | Gn37:04 | יכלין לממללה עמיה מלין דשלם: |
| 5879 | | Gn50:21 | ומליל על לבביהון מלין דשלם: |
| 5880 | | Dt20:10 | ותכרזון עלווה מילין דשלם: |
| 5881 | | Gn43:27M | ושאל להון בשלם/מלין דשלם#2#/ ואמר הא שלם הוא אבוכון |
| 5882 | | Ex18:07 | ושאלו גבר לחבריה מלין דשלם ועלו למשכנה: |
| 5883 | | Gn17:07M | לדריהון לקיים \עלם /דשלם לכון ל#2#/ למהווי |
| 5884 | | Dt 2:26 | מלכא דחשבון מלין דשלם למימר: |
| 5885 | | Gn34:03M | לבה {ו}<ד>רביתה /מילין דשלם על לבה דטליתא#2#/ מלל |
| 5886 | | Dt20:11M | אין \שלם תענה /מילין דשלם תעני#2#/ יתכון ותפתח |
| 5887 | דשלמון | Ex35:09M | ואבנין דאשלמו{י}/דשלמון#2#/ למקבעה יתהון |
| 5888 | דשלפי | Dt25:10 | שמיה בישראל בייתה דשלפי סנדלה ומבטלה מצוות יבומה: |
| 5889 | דשמ' | Gn 6:07M | שמיא /רמסה ועד עופא דשמ#2#/ ארום הוה תהו קדמי ארום |
| 5890 | דשמאלה | Lv14:15 | על כף ידיה דכהנ' דשמאלה: |
| 5891 | | Lv14:26M | ויריק על ידא דידיה דשמאלה |
| 5892 | | Lv14:26 | כהנא על כף ידיה דכהנה דשמאלה: |
| 5893 | | Lv14:16 | מש{כ}<ח>ה דעל כף ידיה דשמאלה וידי מן משחה בא<צ>בעה |
| 5894 | | Lv14:27 | די על כף ידה דכהנא דשמאלה שבעה זימנין קדם ייי: |
| 5895 | דשמיא | Gn 9:02 | דארעא ועל כל עופא דשמיא בכל מה די תרחש על ארעא |
| 5896 | | Gn24:07 | ייי אלהא דשמיא די דבר יתי מן בייתא דאבא |
| 5897 | | Gn24:03 | בשם ממריה דייי אלהא דשמיא הוא אלהא דשליט על ארעא |
| 5898 | | Gn 2:19 | דאפי ברא וית כל עופה דשמיא ואיתי יתהון לות אדם למחמי |
| 5899 | | Gn 1:26 | בנוניא דימא ובעופ' דשמיא ובבעירא ובכל ארעא ובכל |
| 5900 | | Gn 1:28 | בנונוי דימא ובעופא דשמיא ובכל חייתא דרחשא על ארעא: |
| 5901 | | Gn 1:30 | חיתא דארעא ולכל עופא דשמיא ולכל דרחש על ארעא דאית |
| 5902 | | Gn 2:20 | שמהן לכל בעירא ולעופא דשמיא ולכל חיתא דאפי ברא ולאדם |
| 5903 | | Gn 1:14 | יהוון נהורין ברקיעא דשמיא למפרשא בין איממא ובין |
| 5904 | דשמיטת | Dt15:09M | שביעייתה שנת שמטתה/דשמיטת#2#/ ויבאש באפ{ו}<י>ך |
| 5905 | דשמיטתה | Dt31:10 | דיומין באשון שתה דשמי«ט»תה בחגה דמטלייה: |
| 5906 | דשמיי' | Gn15:01 | תניינא ויתחלל בי שמא דשמיי' מן בגין כדין הוה פתגם |
| 5907 | דשמייא | Dt28:26 | למזון לכל עופה דשמייא ולחייתה דארעא ולית דמניט: |
| 5908 | דשנ' | Gn11:23M | תרתין מאוון שנין/דשנ#2#/ ובהן בשניה הוה מוליד |
| 5909 | דשנאה | Dt32:27 | אילולי כעסן דשנאה די תקף ואילולי דאדכר להון |
| 5910 | דשנאוי | Dt33:11 | תקבל» ברעווה תבר חרצה דשנאוי ובעלי דבבוי מן קדמוי לא |
| 5911 | דשנאך | Ex23:04 | ארום תערע תורא דשנאך או חמריה טעון מחזרא תחזר |
| 5912 | | Ex23:05 | ארום תחמי חמרא דשנאך רביע תחות טעוניה ותתמנע |
| 5913 | דשנדפין | Gn50:01 | יוסף ית אבוי בערס דשנדפין מחפיא דהב מ{בק}<קב>עא |
| 5914 | דשני | Lv26:06 | בחיוות ברא מן ארעא וחרב דשני לא תעבר בארעכון: |
| 5915 | דשנין | Gn 3:24 | יברא עלמא תרין אלפין דשנין ברא אוריתא אתקן גנת עדן |
| 5916 | | Gn 5:22M | מאה שנין /מאוון\ דשנין#2#/ ובהן בשנייה הוה מולד |
| 5917 | | Gn 7:11M | לחיוהי /לסוף שת מאוון דשנין להוי#2#/ דנח ביר{ת}<ח>ה |
| 5918 | | Lv25:08M | שובין דשנין שבע {שנין} זבנין ויהוון |
| 5919 | דשער | Gn25:25 | כו<ליה כ>כלן דשער וקרון שמה <...>: |
| 5920 | דשערין | Lv27:16 | עלויה לפם זרעה זרע כור דשערין בחמשין סלעין דכסף: |
| 5921 | | Nu 5:15 | עלה עשרון מכלתה קמח דשערין לא יריק <משחה ולא יתן> |
| 5922 | דשעתא | Gn49:18M | מסכי דפורקניה פורקן דשעתא ולא אנה מודי' דפורקנא |
| 5923 | דשפיר | Gn16:06 | אמתיך בידך עבדי לה מה דשפיר באפיך וצ{רע}<ער>ת יתה |
| 5924 | דשפר | Nu20:05M | <ל>מצב {ו}לא תינין /דשפר למזדרעה הוא לא למנצוב |
| 5925 | דשקר | Ex 5:09M | במלין דשקרין/דשקר#2#/: |
| 5926 | | Dt19:16 | בגבר למסהדה עלוי סהדי דשקר: |
| 5927 | | Dt19:18M | שהדה שקר אסהיד /שהדו דשקר אסיד שהדו דשקר אסיד#2#/ |
| 5928 | | Dt19:18M | /שהדו דשקר אסיד שהדו דשקר אסיד#2#/ באחוי: |
| 5929 | | Ex20:16M | שקרא/אוף הנון לסהדי דשקר#2#/ ארום בחובי סהדי שקרא |
| 5930 | | Dt 5:20M | וילפון אוף הנון שהדין דשקר ארום בחובי שהדי שיקרא |
| 5931 | | Dt 5:20 | למהוי מסהדין {מ}<ס>הדי דשקר ארום בחובי סהדי שקרא חיות |
| 5932 | | Dt19:16 | ארום יקום שהד דשקר בגבר למסהדה עלוי סהדי |
| 5933 | | Ex20:16M | סהדי שיקרא /לסהדא דשקר#2#/ דלא יקומון בניכון |
| 5934 | | Dt 5:20M | דישראל שהדין דשקר דלא יקומון בניהון |
| 5935 | | Dt19:18 | דייניה יאות והא שהד דשקר הוא שהדה שקר אסהיד באחוי: |
| 5936 | | Dt 5:20 | לא תהוון משהדין שהדי דשקר לא חברין ולא שותפין לשהדי |
| 5937 | | Ex23:07M | מן מלין דשקרין/דשקר#2#/ תהוון רחקין וכל מן |

|  |  |  |  |  |  |
|---|---|---|---|---|---|
| 5938 | דשקרא | Ex20:16M | \סהדי{ן} שקר /סהדין | דשקרא#2#/ | לא חברין ולא שותפין עם |
| 5939 | דשקריין | Dt13:06 | יתקטל ארום מלל מילין | דשקריין | קדם ייי אלהכון דאפק |
| 5940 | דשקרין | Ex 5:09 | בה ולא יתעסקון במלין | דשקרין: | |
| 5941 | | Ex23:07 | מן מלין | דשקרין | תהוון רחקין וכל מן דמזכי |
| 5942 | דשרץ | Lv 5:02 | דבעיר מסאב או בנבלה | דשרץ | מסאב ויתכסי מנה והוא מסא' |
| 5943 | דשת' | Ex30:01M | /מדבח קטורן אעין | דשת'#2#/ | תעבד יתיה: |
| 5944 | דשתא | Ex34:22 | וחגא דאכנשותא במפקא | דשתא: | |
| 5945 | | Ex23:16 | וחגא דאכנשותא במיפקה | דשתא | במכנשכון ית עבד ידיכון |
| 5946 | | Ex25:10 | ויעבדון ארונה אעה | {דשתא} | דשטין תרתין אמין ופלג |
| 5947 | | Gn24:55M | יומין או עשרה יומין | /דשתא | שלמא או עשר ירחי' |
| 5948 | דשתה | Dt11:12 | מן ראשה דשתה ועד סופה | דשתה: | |
| 5949 | | Dt11:12 | בה מסתכלין בה מן ראשה | דשתה | ועד סופה דשתה: |
| 5950 | דשתין | Ex26:26 | ותעבד נגרין אעין | דשתין | חמשין ללוחיה סיטריה |
| 5951 | דת' | Dt 3:08M | תרין /<מן> ידיהון | דת'#2#/ | מלכיהון דאמוריי די בעבר |
| 5952 | דתאנה | Gn 3:07M | להון אזרין /טרפין | דתאנה | ועבדו להון איסטלוון#2#/: |
| 5953 | דתבוע | Dt19:12M | יתיה בידוי | דתבע/דתבוע#2#/ | אדמא/דמ'#2#/ ויקטל |
| 5954 | דתבר | Lv24:20 | תבר תשלומי | ד{ג}<ת>בר | עין תשלומי עין שן |
| 5955 | דתו' | Ex29:10M | תורא/^ראשה#2#/^ראשי | דתו'#2#/: | |
| 5956 | | Ex28:37M | יתיה על שזר | תכלה/דתו'#2#/ | ויהווי על מצנפתה |
| 5957 | דתוכלה | Ex28:31M | \גמיר דתכלה /שזיר | דתוכלה#2#/: | |
| 5958 | דתורא | Lv 7:23M | בר עזין לא תיכלון | /דתורא{י} | דאמר ודעז לא תאכלון#2# |
| 5959 | | Ex34:19 | דיכרייה פתחיי וולדה | דתורא | ודאמרא: |
| 5960 | | Lv 4:04 | ויסמוך ית ידיה על ראשה | דתורא | ויכוס ית תורא קדם ייי: |
| 5961 | | Lv 4:05 | דמתרבי מן ^מדמה#2#^ | דתורא | ויעל {ל}יתיה למשכן זימנא: |
| 5962 | | Ex29:14 | וית בשרה | דתורא | וית משכא וית רעיה תוקד |
| 5963 | | Lv 4:11 | וית משכא | דתורא | וית כל בשרה על רישיה ועל |
| 5964 | | Lv16:18 | עלוי ויסב מן אדמה | דתורא | ומן אדמה דצפירה ויתן על |
| 5965 | | Ex21:28 | יתאכיל ית בשריה ומריה | דתורא | יהוי זכיי: |
| 5966 | | Lv 4:07 | במשכן זימנא וית כל דמה | דתורא | ישפוך על יסודי דמדבחה |
| 5967 | | Lv 4:16 | כהנא דמתרבי מן אדמה | דתורא | למשכן זמנא: |
| 5968 | | Lv 4:15 | ית ידיהון על ראשה | דתורא | קדם ייי ויכוס ית תורא קדם |
| 5969 | דתורה | Lv 4:08 | וית כל תרבה | דתורה | דחטאתה ירים מניה ית תרבה |
| 5970 | | Lv27:32M | וכל מעשרה \תורין וען | /דתורה | ודענה#2#/ כל מה די יעבר |
| 5971 | | Lv16:15 | היך מה דעבד לאדמה | דתורה | וידי יתיה על כפרתה ולקבל |
| 5972 | | Lv 4:04M | ית תורא לתרע /ויעל ית | דתורה | ויכוס ית תורה לתר'#2#/ |
| 5973 | דתורין | Gn26:14 | ליה קניין דען וקנין | דתורין | ועבדא מסגיא וקנין ביה |
| 5974 | דתורתה | Nu19:09 | ויכנש גבר דכי ית קטמה | דתורתה | ויצנע יתה לבר מן משריתה |
| 5975 | | Nu19:10 | ויחוור מן דמכנש ית קטמא | דתורתה | ית לבושוי ויהווי מסאב עד |
| 5976 | דתחומה | Nu34:08 | ויהוון מפ<ק>נו{ק}י | דתחומה | לאוולס דקילקי: |
| 5977 | דתי' | Nu 4:09M | ויסבון לבוש | תכלה/דתי'#2#/ | ויכסון ית מנרתה |
| 5978 | דתיבותא | Gn 6:16 | יתה מן לעיל ותרעא | דתיבותא | בסיטרא תשוי מדורין |
| 5979 | | Gn 8:06 | ופתח נח ית תרעא | דתיבותא | די עבד: |
| 5980 | | Gn 8:13 | ועבר נח ית חפייה | דתיבותא | וחמא והא נגבו אפיה |
| 5981 | | Gn 6:15 | תלת מאה אמין אורכ' | דתיבותא | חמשין אמין פתיה ותלתין |
| 5982 | דתינה | Gn 3:07 | אינון וחייטו להון עלין | דתינה | ועבדו להון אזרין: |
| 5983 | דתכ' | Nu 4:06M | \גמר דתכלה /דשזיר | דתכ'#2#/ | מן לעיל וישוון אריחוי: |
| 5984 | דתכלה | Ex28:31 | ית מעילה דאפודה גמיר | דתכלה: | |
| 5985 | | Nu15:38M | צנפת גוליהון שזיר | דתכלה | |
| 5986 | | Nu 4:11 | דדהבה יפרשון לבוש | {ח}<ד>תכלה | ויכסון יתיה בחפוי משך |
| 5987 | | Nu 4:07 | אפיה יפרשון {ד}<ל>בוש | דתכלה | ויתנון עלוי ית פיאלוותה |
| 5988 | | Ex28:28 | לגו עיזקא דאפודה בשזר | דתכלה | למיהוה על המיינה דאפודה |
| 5989 | | Ex39:31 | ויהבו עלוי שזיר | דתכלה | למתן על מצנפתה מן לעיל |
| 5990 | | Nu 4:06 | ויפרשון לבוש גמר | דתכלה | מן לעיל וישוון אריחוי: |
| 5991 | | Ex26:04 | ותעבד עונבין | דתכלה | על סטרא דיריעתה חדתה |
| 5992 | | Ex36:11 | ועבד ענבין | דתכלה | על סטרא דיריעתה חדה בריתה |
| 5993 | דתמידה | Nu28:31 | בר מן עלתה | דתמידה | ומנחתה תקרבון שלמין מן |
| 5994 | | Nu29:06 | דירחא ומנחתה ועלתה | דתמידה | ומנחתה ונסוכיהון כסדר |
| 5995 | | Nu29:11 | חטאתה דכפוריה ועלתה | דתמידה | ומנחתה ונסוכיהון: |
| 5996 | | Ex29:42M | תדירא לדריכון /עולתה | דתמידה | לד'#2#/ בתרע משכן זימנא |
| 5997 | | Nu29:16 | יתיה לחטאתה בר מן עלתה | דתמידה | מנחתה ונסכה: |
| 5998 | | Nu28:23 | עלתה דצפרה די לעלתה | דתמידה | תקרבון ית אילין: |
| 5999 | דתמרין | Ex15:27 | ישראל ושובעין דקלין | דתמרין | כל קבל שבעין <סביא> |
| 6000 | | Nu33:09 | דישראל ושבעין דקלין | דתמרין | כל קבל שבעתי חכימי דבני |
| 6001 | דתנייאתא | Ex 1:15M | היא הוות יוכבד ושמה | דתנייאתא | פועה היא הוות מרים |
| 6002 | דתניניא | Dt32:24 | בהון עם חמת{ה}הון | דתניניא | וזחלוי דעפרה: |
| 6003 | דתניניה | Dt32:33 | חמתהון מדמייא לחמתהון | דתניניה | בזמנה דאנון שתיין |
| 6004 | דתקיפה | Dt32:15 | יתהון וכפרו בדחלתיה | דתקיפה | דהוה פרק יתהון בשעת |
| 6005 | דתרין | Nu34:15M | /הדין {חלה} חלקהון | דתרין#2#/ | שבטיה ופלגות שבטה: |
| 6006 | דתרע | Nu 4:25 | עלוי מן לעיל וית חפוי~ | דתרע | משכן זימנא: |
| 6007 | דתרעא | Ex40:28 | ושווי ית פרסה | דתרעא | למשכנא: |
| 6008 | | Ex35:15 | בוסמנייה וית פרסה | דתרעא | לתרע משכנה~: |
| 6009 | דתרעה | Ex40:05 | דסהדותה ותשווי ית פרסה | דתרעה | למשכנה: |
| 6010 | דתרתין | Gn31:33 | ובמשכנא דלאה ובמשכנא | דתרתין | לחינת«א» ולא אשכח ונפק |
| 6011 | | Nu 3:46 | וית פרקוניה | דתרתין | מאוון ושבעין ותלתה |
| 6012 | דתשמיש | Lv15:32M | דזרע /שכבת זרע | דתשמיש#2#/ | למסתאבה בה: |
| 6013 | דתשרי | Lv16:29M | בעש<ר>תי יומין לירחא | דתשרי | תצומון ותענון ית נפשתכון |
| 6014 | בדבית | Nu23:21 | לית אנה חמי עבדי שקר | בדבית | יעקב ולא עבדי פלחן נכריי |
| 6015 | | Nu23:23 | אנה חמי נטורי נחשין | בדבית | יעקב ולא קסמי קסמין |
| 6016 | ודמשה | Nu 3:01 | ואילן תלדוותה דאהרן | ודמשה | ביומא די מלל «ייי» עם |
| 6017 | ודרבקה | Gn26:35M | ומררן חייהון דיצח' | ודרבקה | |
| 6018 | ודעמרה | Gn14:11 | ית כל ממונהון דסדם | ודעמרה | וית כל מזוניהון ואזלו: |
| 6019 | | Gn14:10 | חמר וערקו מלכא דסדם | ודעמרה | ונפלו תמן ומה |
| 6020 | ודאבנה | Dt29:16M | דדהב טעוותה דקיסה | ודאבנה | הוון מטלקין יתהון |
| 6021 | ודאיילה | Dt12:15 | כבשרה דטבייה | ודא«יי»ל{יי}ה: | |
| 6022 | | Dt15:22 | יתיה כבשרה דטבייה | ודאיילה: | |
| 6023 | | Dt12:22 | ית בשרה דטבייה | ודאיילה | כדן תיכלון יתיה דמרחק מן |
| 6024 | ודאיליין | Nu24:24M | ברם סופיהון דאיליין | ודאיליין | לאובדן עלמא ייבידון |
| 6025 | ודאימיה | Lv20:09 | ממת ימות אקריה דאבוי | ודאימיה | זל אדמיה ביה: |
| 6026 | | Lv19:03 | גבר באיקריה דאבוי | ודאימיה | תהוון זהירין וית שבת |
| 6027 | ודאמה | Lv20:09 | די יזלזל איקריה דאבוי | ודאמה | ממת ימות אקריה דאבוי |
| 6028 | ודארמלתה | Dt27:19M | דגייורא ודיתמה | ודארמלתה | ויענון כל#2#/ עמא אמן: |
| 6029 | | Dt10:18 | עבד דיניהון דיתמיה | ודארמלתה | ורחם גיורה למתן ליה מזון |
| 6030 | ודב' | Lv 7:31M | לאהרן/דא'#2#/ | ולבנוי/ודב'#2#/: | |
| 6031 | ודבית | Dt25:18 | עננא פלט ית«י»ה | ודבית | עמלק קטלין יתיה ואתון |
| 6032 | ודבנוי | Lv 6:13 | דין קרבנה דאהרן | ודבנוי | די יקרבון קדם ייי ביומא |
| 6033 | ודבעירא | Gn47:18M | ובעירא /ודענה | ודבעירא#2#/ | לרבוני ולא נשאר מן |
| 6034 | ודבקען | Dt11:11 | למירת יתה ארע דטוורין | ודבקען | מן מטרה דנחית מן שמייא |
| 6035 | ודברתה | Lv18:17M | ערותה דאתתה | וברתה/ודברתה#2#/ | לא תבזי ית ברת ברה |
| 6036 | ודדבית | Nu23:23 | דעתיד מייתייה עליכון | ודדבית | ישראל אמר בלעם במתל |
| 6037 | ודדהבה | Dt29:16M | וטעוותה דכספה | ודדהבה | הוון יהיבין עמהון לגו |
| 6038 | ודיבנוי | Nu 4:27 | על גזרת פמה דאהרן | ודיבנוי | ת«י»הוי כל פלחנה דבנוי |
| 6039 | ודיתמה | Dt27:19M | סדר דיניה דגייורא | ודיתמה | ודארמלתה ויענון כל#2#/ |
| 6040 | ודמסכן | Ex30:15 | דעתיר לא יסגי | ודמסכן | לא יזער מפלגות סלעא למיתן |
| 6041 | ודנחש | Ex35:24 | כל דאפרש אפרשו דכסף | ודנחש | אייתון ית אפרשותה דייי |
| 6042 | ודסמיכין | Nu 2:27M | \ודשריין | סמיכין/ודסמיכין#2#/ | לה/עלוי#2#/ רבה |
| 6043 | ודעז | Lv 7:23M | תיכלון /דתורא{י} דאמר | ודעז | לא תאכלון#2#/: |
| 6044 | ודעמר' | Lv13:48M | /דכתנה#2#/ \או | לעמרא/ודעמר'#2#/ | או במשך או בכל |
| 6045 | ודענה | Gn47:18M | כספא \וענה ובעירא | /ודענה | ודבעירא#2#/ לרבוני ולא |

|  |  |  |  |
|---|---|---|---|
| 6046 | ודעניכון | Dt12:06 | ובכורי תוריכון ודע{י}ניכון: |
| 6047 | | Dt14:23 | ובכורי«י» תוריכון ודעניכון מן בגלל דתלפון למדחל |
| 6048 | ודשלטנוי | Ex14:05 | עמא ואתהפך לבה דפרעה ודשלטנוי לוות עמא ואמרין מה היא |
| 6049 | וחלד חמר | Nu 6:03 | לא ישתי חלד חמר חדת וחלד חמר עתיק לא ישתי וכל עצורה |
| 6050 | חלד חמר | Nu 6:03 | ועתיק לא ישתי חלד חמר חדת וחלד חמר עתיק לא |
| 6051 | מאן דעאן | Gn30:31M | תתן לי כל מאן דעאן |
| 6052 | לדבית | Ex19:03 | טורא למימר כדין תימר לדבית יעקב ותתני לשבטא דבני |
| 6053 | מד' | Nu24:17M | מן דבית/דליקום מד'#2#/ יעקב ופרוק ושליט מן |
| 6054 | מדבית | Gn49:11 | משיחא דעתיד למיקם מן מדבית יהודה אסר חרציה ונפק |

## ד־ who, which (relative) *conj.* [די 144]

|  |  |  |  |
|---|---|---|---|
| 001 | דא' | Gn24:22M | והוה \כד אשלימו /כיון דא'#2#/ גמליא למשתי ונסב גברא |
| 002 | | Nu15:34M | יתה במטרה עד זמן דיתפרש/דא'#2#/ להון קדם ייי מה |
| 003 | | Gn22:14M | קדמיא דאמרת /בשעתא דא'#2#/ לי למקרבא/קרב#2#/ ית |
| 004 | | Dt 1:36M | /לזרעיית בנוי אלף דא'#2#/ למימר טב בתר מימרה |
| 005 | דאגחו | Nu24:20M | ריש מלכייה ואומייה דאגחו קרבה בדבית ישראל הוו |
| 006 | דאדיינון | Ex17:07 | ודיינוותיה על דאדיינון בני ישראל ועל די נסון |
| 007 | דאדיינן | Ex17:07M | ודיינוותיה על דאדיינון/דאדיינן#2#/ בני ישראל ועל די |
| 008 | דאדכר | Ex32:34 | מלאכי ידבר קדמך וביומא דאדכר יתהון אדכר עליהון |
| 009 | דאודע | Gn41:39 | ליוסף מן בתר {בתר} דאודע ייי יתך כל דא לית סכלתן |
| 010 | | Gn18:17 | דלא איפוך יתה עד זמן דאודע יתיה: |
| 011 | דאול' | Gn 5:30 | וחיה למך מן בתר דאול' ית נח חמש מאה ותשעין |
| 012 | דאולד | Gn11:19 | וחיה פלג מן בתר דאולד רעו תרתין מאון ותשע שנין |
| 013 | | Lv18:09 | או ברתה דאמ«ך» מה דאולד אבוך מן אתה חורי או מה |
| 014 | | Lv18:11 | דברתה דאיתתה דאבוך מה דאולד אבו«ך» אחתך היא לא תבזי |
| 015 | | Gn 5:04 | יומוי חיוי אדם מן בתר דאולד ^ית#2#^ שת תמני מאה שנין |
| 016 | | Gn 5:07 | וחיה שת מן בתר דאולד ית אנוש תמני מאה ושבע |
| 017 | | Gn 5:10 | וחיה אנו' מן בתר דאולד ית קינן תמני מאה |
| 018 | | Gn 5:13 | וחיה קינן מן בתר דאולד ית מהללאל תמני מאה |
| 019 | | Gn 5:16 | וחיה מהללאל מן בתר דאולד ית ירד תמני מאה ותלתין |
| 020 | | Gn 5:19 | וחיה ירד מן בתר דאולד ית חנוך תמני מאה שנין |
| 021 | | Gn 5:22 | מן קדם ייי מן בתר דאולד ית מתושל' תלת מאה שנין |
| 022 | | Gn 5:26 | וחיה מתושלח מן בתר דאולד ית למך שבע מא' ותמנין |
| 023 | | Gn11:11 | וחיה שם מן בתר דאולד ית ארפכשד חמש מאה שנין |
| 024 | | Gn11:13 | וחיה ארפכשד מן בתר דאולד ית שלח ארבע מאה ותלתין |
| 025 | | Gn11:15 | וחיה שלח מן בתר דאולד ית עבר ארבע מאה ותלת |
| 026 | | Gn11:17 | וחיה עבר מן בתר דאולד ית פלג ארבע מאה ותלתין |
| 027 | | Gn11:21 | וחי' רעו מן בתר דאולד ית שרוג תרתין מאוון ושבע |
| 028 | | Gn11:23 | וחיה שרוג מן בתר דאולד ית נחור תרתין מאוון שנין |
| 029 | | Gn11:25 | וחיה נחור מן בתר דאולד ית תרח מאה ותשע עשרה |
| 030 | דאוליד | Gn25:26 | שתין שנין הווה בזמנא דאוליד יתהון: |
| 031 | דאולידת | Gn48:06 | ותולדתך דאולידת בתריהון לשמך יהוון {על} |
| 032 | דאוף | Gn47:22M | פרעה \וייכלון ית /דאוף אכלין ית#2#/ חולקהון די |
| 033 | דאוקד | Lv 4:21 | ויוקד יתה היך מה דאוקד ית תורה קדמיה חטאתה דקהלה |
| 034 | | Nu19:08M | ומן דמוקד/דאוקד#2#/ יתה יחוור לבושוי |
| 035 | דאורייתה | Dt 8:06 | ותיטרון ית מצוותה דאורייתה דייי אלהכון למהלכה |
| 036 | דאזדבן | Lv25:50 | עם מן דזבן יתיה מן שתה דאזדבן לה עד שתה דיובילה ויהווי |
| 037 | דאזדמנת | Ex 9:18 | במצרים למן יומא דאזדמנת ועד כדון: |
| 038 | דאזדמנתון | Nu16:11 | את וכל עם כנישתך דאזדמנתון קדם ייי ואהרן מה הוא |
| 039 | דאזלו | Nu14:38 | מן גובריה האליין דאזלו למיללה ית ארעא: |
| 040 | | Gn31:22 | והוה כיון דאזלו רעוי דלבן למשקיה ענה מן |
| 041 | דאזמן | Ex30:06 | וקדם כפרתה דעל שהדותא דאזמן לך ממרי תמן: |
| 042 | | Ex29:42 | משכן זימנא קדם ייי דאזמן לכון תמן לממללה עמך תמן: |
| 043 | | Ex30:36 | קדם שהדותא במשכן זמנא דאזמן ממרי לך תמן קדש קדשים |
| 044 | דאזער | Nu11:32M | מן דזער/סלוויין דאזער#2#/ אסף עשרה כורוון ושטחו |
| 045 | | Ex16:18 | ולא שייר מן דאסגי ומן דאזער לא חסר גבר לפם מיכליה |
| 046 | דאזרות | Gn27:20M | מה \כען אוחת /היא דאזרות#2#/ למשכחי ברי ואמר ארום |
| 047 | דאחוי | Gn49:26M | {ע}<כלי>ל רבותהון דאחוי#2#/: |
| 048 | דאחמי | Lv13:07M | "דאתחוי ... ויתחמי": דאחמי יתה לכהנה למדכייה יתיה |
| 049 | דאחרינא | Ex18:04 | ושמה דאחרינא אליעזר ארום מימר אלהה |
| 050 | דאטמ' | Dt 7:20M | אליין דאשתיירו דאטמ'#2#/ מן קדמיכון: |
| 051 | דאי' | Ex20:11M | ית ימיה וית כל מה דבהון/דאי' בהר#2#/ והוה שבא |
| 052 | | Lv 3:10M | /דאית עליהון#2#/ די/דאי'#2#/ על כסליה וית מה |
| 053 | | Lv16:02M | /כלוקבל#2#/ כפרת די/דאי'#2#/ על ארונה דסהדותה דלא |
| 054 | דאיהוא | Lv14:40M | מכתשה למברה לקרתה דאיהוא בנה ביתה באונס' וטלומא |
| 055 | דאיחוי | Lv13:07M | במשכה מן בתר דאתחוי/דאיחוי#2#/ לוות כהנא |
| 056 | דאייתי | Gn39:14 | ואמרת להון למימר חמון דאייתי לי גבר עבריי למגחכה |
| 057 | | Lv 9:08M | ית עגלה דחטאתה דמן/דאייתי מן#2#/ דידיה/דדליה#2# |
| 058 | | Lv16:06M | דחטאתה \דמן דידיה /דאייתי מן דידיה#2#/ ויכפר |
| 059 | | Lv16:11M | ית תורה דחטאתה דמן/דאייתי מ<ן>#2#/ דידיה: |
| 060 | | Lv16:11M | ית תורה דחטאתה דמן/דאייתי מן#2#/ דידיה ויכפר |
| 061 | דאייתייאת | Gn 8:11M | דזית לקיט בפי#2#/ דאייתייאת/ יתיה מטור משחא#2#/ |
| 062 | דאייתת | Ex15:26 | קיימוי כל מכתשיה בישיה דאייתת למצרייה לא אשוי יתהון |
| 063 | דאיכול | Nu22:11 | יתהון מה ^דלמא#2#^ {י}<ד>איכול למסדרה קרבה לקבליהון |
| 064 | דאילין | Gn38:25 | ואמרת ליה גברא דאילין דיליה מיניה אנה מעברה |
| 065 | דאימוראי | Dt 1:19M | אורח טורהון דאמוריי/דאימוראי#2#/ היך מה פקד/דפ'#2# |
| 066 | | Dt 1:07M | ית כל כופרנוי /דאימוראי ולכל כופרניה«ו»ן#2#/ |
| 067 | | Dt 1:27M | יתן בידיהון דאמוריי/דאימוראי#2#/ למישיצי יתן: |
| 068 | דאימתינת | Nu12:16M | ומן בגלל דאימתינת מרים למשה על נהרה שעה |
| 069 | דאין | Dt32:36 | ארום דאין הוא ייי ברחמ{ו}<וי> טבייה |
| 070 | דאינון | Ex10:08M | מן ומן אנון/דאינון#2#/הנין#2#/ אזלין: |
| 071 | | Gn 6:03 | בבני אנשא מן בגלל דאינון בשר ועובדיהון בישין הא |
| 072 | | Gn34:22 | במגזר לנא כל דכורא היך דאינון גזרין: |
| 073 | | Dt32:03 | ית שמה קדישה עד זמן דאינון דישראל אמרין קקק תלתה |
| 074 | | Gn47:14M | ^הנון#2#^/ <....> /דאינון זבנין#2#/ ואעל יוסף ית |
| 075 | | Dt 4:10 | מן קדמוי כל יומיא דאינון חיין וקיימין על ארעא וית |
| 076 | | Dt31:13M | כל יומיה \די אתון/דאינון#2#/ חיין וקיימין על |
| 077 | | Nu11:16 | חכימי ישראל די את ידע דאינון חכימי עמא וסרכי הון ותדבר |
| 078 | | Gn48:22 | בזכוותי ובעובדיי טביא דאינון טבין לי מן חרבי ומן קשתי |
| 079 | | Gn30:22 | ארבע מפתחן דאינון מסירין ביד רבון כל |
| 080 | | Nu17:20 | דבני ישראל דאינון מתרעמין עליכון: |
| 081 | | Ex 5:08 | וית סכום ליבנא דאינון עבדין היך דאיתמל והיך |
| 082 | | Dt31:21 | גלי קדמי יצרהון בישה דאינון עבדין יומא הדין קדם עד לא |
| 083 | | Nu13:19 | ומה ארעא דאינון שריין בה הא טבה היא או |
| 084 | דאיסקון | Gn47:10M | יהא רעווא מן קדם ייי דאיסקון מיא דנילוס וישקון ית כל |
| 085 | דאישתייר | Nu 3:49 | ית כסף פרקוניה מן מה דאישתייר על פרקוניהון דליוויי: |
| 086 | דאישתיירו | Nu 3:46 | מאוון ושבעין ותלתה דאישתיירו על ליויי מן בכוריה דבני |
| 087 | דאישתירו | Gn30:36M | דלבן דאשתיירת/מה דאישתירו#2#/: |
| 088 | דאישתרי | Gn15:17M | ובזכותהון עתיד דאישתרי בסוף יומיא גומרא די נור |
| 089 | דאית | Ex 3:07M | צערהון דעמי דבמצרים/דאית במצ'#2#/ וית |
| 090 | | Ex 4:18M | ואחזור לוות אחי די/דאית#2#/ במצרים ואחמי העד |
| 091 | | Lv25:07M | די בארעכון/ולחייתה דאית בא'#2#/ תיהוי כל עללת |
| 092 | | Gn34:28M | בקרתא וית מה די/דאית#2#/ באפי ברא/בריה#2#/ |
| 093 | | Ex 9:03M | ובחמיריא/אתיא בניכסיך דאית באפי ברא בסוסוותא ובחמרא |
| 094 | | Ex 9:25M | דמצרים ית כל מה דהוה/דאית#2#/ באפי ברא מן |
| 095 | | Gn35:06M | יעקב לוזה די/דאית#2#/ בארעא דכנען הי |
| 096 | | Gn46:31M | ואנשי בייתיה דאבא די/דאית#2#/ בארע«א» דכנען אתון |
| 097 | | Dt 4:17 | דמו כל בעיר דאית בארעא דמו כל עוף דפרח |

098 Dt31:16 וטעיין בתר טעוון נכריין דאית בארעא די אינון עללין לתמן
099 Gn33:18M די בארעא /קרתה שכם דאית בארעה#2/ דכנען במיתייא
100 Dt15:11M ולצריכיכון/ולצריכייה דאית#2/ בארעכון:
101 Dt24:14M או מן גיוריכון די/דאית#2/ בארעכון בקורייכון:
102 Dt31:12 וטפלייה וגיוריכון דאית בארעכון מן בגלל די ישמעון
103 Gn34:29M מה \דהווה בגו בייתה /דאית בבי#2/:
104 Lv14:36M /מכתש ולא יסב כל מה דאית בבית#2/ ומן בתר כדין
105 Gn39:22M די בבית חבושיה /חבישא דאית בבית חבושא#2/ וית כל מה
106 Ex12:29M /בכ׳#2/ דשביתא די/דאית#2/ בבית חבוש«ה» וכל
107 Gn45:11M עד כדון חמש שנין דכפן \/דאית בגו ארעא#2/ ולא תשתיצא
108 Gn18:24M די בגווה /צדיקייא דאית בגווה#2/:
109 Nu34:06M די בגווה /קדמייה דאית בגווה הנון מיה בראשית
110 Lv11:33M לגוויה כל \מה דביה /דאית בגוויה#2/ יסתאב ויתיה
111 Ex36:12M \די בבית דיבוקה /דאית בדבוקה#2/ תניינה
112 Gn 7:15 תרין תרין מן כל בשרא דאית בה נשמה דחיין:
113 Ex40:09M ית משכנה וית כל מה דביה/דאית בה#2/ ותקדש יתי׳ וכל
114 Dt 8:15M \ארע בית חיווין/ארע דאית בה חוון#2/ שרפין ועקרבין
115 Dt10:14 ושמי שמייא ארעא וכל מה דאית בה:
116 Dt13:16 תשיצון יתה וית כל מה דאית בה וית בעירה לפתגם דחרב:
117 Gn30:22 פתח ידך ומשביע לכל חיי דאית בהון רעוא מפתחא דקבריה דכן
118 Lv14:40M וישמטון ית אבניה די/דאית#2/ בהן מכתשה ויטלקון
119 Gn23:20M "דביה ... דקבורה": דאית בחקלא דאית בכל תחומא
120 Lv19:09M ולקט«ה» דחצדיכון /דאית בחקליכון למחצד ולקט
121 Lv23:22 לא תשיצון אומנה אחריה דאית בחקליכון למחצדה ולקטה
122 Gn 7:22M באפוי#2/ כל מה די/דאית#2/ ביבשתא מיתו:
123 Ex 7:17M הא אנה מחי בחוטרא די/דאית#2/ בידי על מיא די
124 Nu31:49M סכומיהון עמה דחיל קרבה דאית בידינן לא אתפקד מינן גבר
125 Ex11:08M פוק את וכל עמא דעמך/דאית בידך#2/ ומ«ן» בתר
126 Gn 1:29 כל ארעא וית כל אילניא דאית ביה פירי אילן דמזרעין זרע
127 Gn 1:30 דשמיא ולכל דרחש על ארעא דאית ביה נפש דחיא ית כל עשבא
128 Gn 6:17 על ארעא למחבלא כל בשרא דאית ביה נשומא דחיין מן תחות
129 Gn 7:22M דרוח חיין בנחירוי מן /דאית ביה נפש דחיין באפוי#2/
130 Gn 9:03 כל רחש דאית ביה נשמה דחיין לכון יהווי
131 Gn30:35 עזיא קרוחתא ונמורתא כל דאית ביה שומה חיורא וכל לחוש
132 Gn49:32M ומערתא \דביה מן בנוי /דאית ביה מן לוות בנוי#2/
133 Lv 8:10M ית משכנה וית כל מנוי \/דאית ביה#2/ וית כל מה דביה
134 Lv13:45M \דמכתשה ביה לבושוי /דאית ביה מכתשה לבר׳#2/ יהוון
135 Lv13:54M ית \מנה דביה /דן דאית ביה#2/ מכתש׳ ויטרוד
136 Lv13:57M יתיה ית \מנה דבי /דן דאית ביה#2/ מכתשה:
137 Lv14:32M דמן דבה מכתש /אחווית דאית ביה מ׳#2/ צרעה די לא
138 Lv21:18 ארום כל גבר דאית ביה מום לא יקרב למקרבה גבר
139 Lv21:21 כל גבר דאית ביה מום מן בנוי דאהרן
140 Lv22:20 כל מה דאית ביה מום לא לרעוה יהווי
141 Nu 4:16M מה \דביה בבית קודשה /דאית ביה בית קודשה#2/
142 Gn 9:15M ואדכר ית קיימי \/דאית#2/ בין ממרי וביניכון ובין
143 Gn10:12M וית תלאסר \/דאית#2/ בין נינוה ובין הדיף
144 Gn35:02M דאית עמיה אעבירו טעותא דאית ביני׳ ות{ה}<ד>כון
145 Nu11:20M מאסתון יקר שכינתה דייי דאית ביניכון
146 Nu15:14M גיור או מן מה די/דאית#2/ ביניכון לדריכון ויקרב
147 Dt16:11M ויתמייה וארמלתה די/דאית#2/ ביניכון באתרא די
148 Dt28:43M גיורה די/דאית#2/ ביניכון יהוון רמין
149 Gn23:20M דאית בחקלא דאית בכל תחומא חזור חזור
150 Dt22:04M \מה דבלבך /ית מה דאית בלבך#2/ עלוי ומפרוק
151 Ex23:05M כל מה \דבלבך על חברך /דאית בליבך עלוי#2/ ומפרק

152 Nu21:13M /מעבר ארנון#2/ די/דאית#2/ במדברה דנפק מן
153 Dt 8:02 יתכון> למידע ית מה דאית במחשבת לבבכון הא אין נטרין
154 Lv11:10M "חיתה די ... לכון": דחייה דאית במיא שקץ הנון לכון
155 Dt14:09M תאכלון מן כל \מה די/דאית#2/ במיא כל דאית ליה
156 Dt 4:18M דמו כל נונייא די/דאית#2/ במייא מן לרע
157 Gn 3:03M ומן פרי אילנא די/דאית#2/ במציעות גנתה אמר ייי
158 Lv 4:18M /דאית#2/ קדם ייי די/דאית#2/ במשכ׳ זימנא וית כל
159 Lv 4:07M קדם ייי די/דאית#2/ במשכן זימנא וית כל
160 Ex16:16M גבר לפם מה די/דאית#2/ במשכנה תסבון:
161 Nu19:14M יהווי מסאב שבעה /דאית במשכנה יסתאב שב׳#2/
162 Ex32:03M ואייתון לוות אהרן /דאית במשמעהון ואייתון יתהון
163 Ex32:02M די \באדני נשיכון /דאית במשמעי נשייה#2/ בניכון
164 Ex19:18M תנן אתונה וזעו כל עמא דאית במשרית׳
165 Ex 7:17M בידי על מיא די/דאית#2/ בנהרא ויהפכון
166 Ex 7:20M /ו<מ>חת#2/ ית מיא די/דאית#2/ בנהרא קדם פרעה וקדם
167 Ex 7:21M ונוניא די/דאית#2/ בנהרא מיתו ואסרח
168 Dt 2:36M ארנונה וקרתה די/דאית#2/ בנחלה ועד גלעדה לא
169 Ex29:32M /דאשלמותה וית מזונה דאית בס#2/ בתרע משכן זימנא:
170 Nu22:36M דאית כל וקביל ארנונא דאית בס׳
171 Ex12:22M /ב>דמה#2/ \די במנה /דאית בסופלה#2/ ואתון ותתנון
172 Gn23:11M כפילה די/דאית ליה דאית#2/ בסייפי׳ חקליה בכסף שלים
173 Nu33:06M ושרון באיתם די/דאית#2/ בסיפי מדברה:
174 Lv 8:31M יתיה וית לחמה די/דאית#2/ בסלה דאשלמותה
175 Dt 3:25M ית ארעא טבתה די/דאית#2/ בעבר ירדנה טורא טבה
176 Dt 4:47M מלכיהון דאמוריי די/דאית#2/ בעבר ירדנה מן מדנח
177 Dt11:06M עמא בני ישראל /ברייתא דאית בעצתא דקורח בגו בני
178 Nu16:32M דהון עם קרח /בני אנשא דאית בעצתיה דק׳#2/ וית
179 Dt 5:14M וגיורייה דאית בקורייכון
180 Dt12:12M \וליואי די /וליואי דאית#2/ בקורייכון ארום לית להון
181 Dt12:18M \וליואי די /וליואי דאית#2/ בקורייכון
182 Dt14:21M די /לגיוריה דאית#2/ בקורייכון תתנון יתה
183 Dt16:11 ואמהתכון וליוויי ^דאית בקורייכון#2^ וגיורייה
184 Dt14:29M וארמלתה דבקורייכון/דאית בקר׳#2/ ויאכלון
185 Gn34:28M וית מה <....> די/דאית#2/ בקרתא וית מה די
186 Lv25:30M /ויקים#2/ ביתה די/דאית#2/ בקרתה דלה שור לחלטו
187 Dt 5:08M וצורה}} וכל דמו די/דאית#2/ בשמייא מן לעיל ודי
188 Nu21:20M אתגנגזת מנהון באירה דאית בתחומיהון דמואבאי ריש
189 Gn19:11M וית גובריא די/דאית#2/ בתרע ביתה מחון
190 Lv 4:18M דמדבחה דעלתה די/דאית#2/ בתרע משכן זמנא:
191 Gn31:32M אחיך חכים#2/ לך מה עמי/דאית גבי מן דידך#2/ וסב לך
192 Gn35:05M דייי על קרייתא די/דאית#2/ חזור חזור יתהון ולא
193 Lv25:44M אומי«י»ה די/דאית#2/ חזור חזור להוד
194 Nu16:34M וכל ישראל די/דאית#2/ חזור חזור להון ערקו
195 Dt 6:14M {{דאומייה}} די/דאית#2/ חזור חזור לכון:
196 Dt13:08M טעוותהון דאומייה די/דאית#2/ חזור חזור לכון
197 Dt17:14M מלך ככל אומייא די/דאית#2/ חזור חזור לן:
198 Dt21:02M די מן /ית קרייתא דאית#2/ חזור חזור לקטילה/דק׳#2/
199 Gn18:24 מה דילמא דאי«ת» חמשין זכיין בגו קרתא הא
200 Gn47:04M ארום \תקף כפנא /דאית כופנא#2/ לחדא ואישתלחון
201 Nu22:36M לקרתא דמואב דאית כל וקביל ארנונא דאית בס׳
202 Ex39:19M מן לגו /סיפו{׳}<ו>ה דאית כל וקבל אפודה מן לגו#2/:
203 Gn49:30M די בחקל כפלא די/דאית#2/ כל קבל ממרא דכנען די
204 Gn50:13M חתייה \קדם ממרא /דאית כלוקביל ממריה#2/:
205 Gn23:17M בכפילה \די קדם מימרא /דאית כלוקבל ממ׳#2/ חקלא

|  |  |  |
|---|---|---|
| 206 | Gn23:19M | חקל כפילא \די כל קובל /דאית כלוקבל#2#/ מימרא היא |
| 207 | Gn25:09M | די כל קובל /חתיי׳ דאית כלוקבל#2#/ מימרא: |
| 208 | Gn35:04M | בלוטה \דסמיך לשכם /דאית כלוקבל שכם#2#/: |
| 209 | Lv14:16M | מן מש{כ}<ח>ה דעל/דאית#2#/ כף ידיה דשמאלה וידי |
| 210 | Gn25:06M | ולבנוי לחינתי די/דאית#2#/ לאברהם יהב אברהם |
| 211 | Ex29:26M | דכ׳#2#/ דאשלמותא די/דאית#2#/ לאהרן ותניף |
| 212 | Ex29:27M | דבנוי /דאשלמוותה מה מן דאית לאהרן ומן מה דאית |
| 213 | Ex29:29M | "די לאהרן ... בהון": דאית לאהרן יהוון לבנוי |
| 214 | Ex39:01M | לבושי קדש{י}<ה>^^ די/דאית#2#/ לאהרן היך מה דפקד |
| 215 | Gn29:09M | /אתה#2#/ עם ענה די לאבוהי/דאית לאבוהא#2#/ ארום |
| 216 | Gn31:01M | ומן דאבונן קנה ית /דאית לאבונן ומן {מן} <מה> |
| 217 | Gn31:01M | לאבונן ומן {מן} <מה> דאית לאבונן תקף ית#2#/ כל |
| 218 | Nu31:48M | על סכומי חילוותה /דאית [ל]אלפייה דחיל קרבה#2#/ |
| 219 | Ex29:27M | מן דאית לאהרן ומן מה דאית לבנוי#2#/: |
| 220 | Gn12:20 | וית אתתיה וית כל מה דאית לה: |
| 221 | Gn31:21M | וערק הוא וכל מה די/דאית#2#/ לה וקם ועבר ית נהרא |
| 222 | Lv11:09 | כל מה די {מב}<במ>יא כל דאית לה סנפירין וקסקסין במיא |
| 223 | Lv19:18 | זכותה דחבר׳ כד תדע בה דאית לה זכו בדינה ולא תתחשד |
| 224 | Dt 4:08 | והלא היידה אומה ומלכו דאית לה קיימין וסדרי דינין |
| 225 | Gn46:32M | ותוריהון וכל מה דלהון/דאית להון#2#/ אייתון: |
| 226 | Gn47:01M | ותוריהון וכל מה דלהו«ן»/דאית להון#2#/ אתון מן |
| 227 | Nu16:33M | "דהוה להון חיין שאול": דאית להון בחיין לשאולה |
| 228 | Dt19:17 | ויקומון תרין גברייה דאית להון דינה קדם ייי לקדם |
| 229 | Ex28:26M | מלגו /סיפו{נ}<ו>ה דאית לוקבל אפודה מן לגיו#2#/: |
| 230 | Dt34:01 | לטורה דנבו ראש רמתה דאית לוקבל יריחו וחווי ליה |
| 231 | Dt 5:21M | ולא לביערה ולא לכל מה דאית לחבריכון ארום בחובי |
| 232 | Gn20:16M | ברם אילו יהבת כל מה דילי/דאית לי#2#/ לא הוינה כמסת |
| 233 | Gn13:01M | ואתתיה וכל מה דהוה/^דאית#2#^/ ליה ולוט עמה |
| 234 | Gn20:07M | תמות אבימלך וכל מה דיליה/דאית <ליה>#2#/: |
| 235 | Gn23:11M | לי ית מערת כפילה די/דאית ליה דאית#2#/ בסייפי׳ |
| 236 | Gn24:02M | דהוה שליט בכל מה דאית ליה |
| 237 | Gn24:36M | ויהב לה ית כל מה דיליה/דאית ליה#2#/: |
| 238 | Ex32:24M | ואמרית להון מן דאית ליה דהב פריקו ואייתון לי |
| 239 | Ex35:16M | וית קנקלא דנחשא דידה/דאית ליה#2#/ וית אריחוי וית |
| 240 | Ex38:30M | וית קנקילה דנחשה דידיה/דאית ליה#2#/ וית כל מני |
| 241 | Ex39:39M | וית קנקלה דנחשה דידיה/דאית ליה#2#/ וית אריחוי וית |
| 242 | Lv11:21 | דעופה דמהלך על ארבע כל דאית ליה קרסולין לעיל מן רגלוי |
| 243 | Lv11:23 | וכל שרצה דעופה דאית ליה ארבע רגלין שקץ הוא |
| 244 | Lv27:24M | \למן דהווה דידיה /לדן דאית ליה#2#/ אחסנות ארעא: |
| 245 | Lv27:28M | לשמה דייי מן כל מה דלה/דאית ליה#2#/ מן בני אנשה |
| 246 | Nu 1:50M | \מה דליה אינון יטענון /דאית ליה הנון יסבלון#2#/ ית |
| 247 | Nu16:05M | ייי \מן דמן דידה /כל דאית ליה#2#/ וית קדישוי ויקרב |
| 248 | Dt 4:07 | ארום היידה אומה ומלכו דאית ליה אלה קריב לוותיה כוות |
| 249 | Dt14:09 | מן כל מה די במיא כל דאית ליה סנפרין וקשקשין <....>: |
| 250 | Nu16:26M | ולא תקרבון בכל מה דלהון/דאית לייי#2#/ דלא תשיצון |
| 251 | Gn14:23M | מתג«אי» ותימר אנא /דאית לך ולא תהווי מתרברב ואמר |
| 252 | Gn19:12 | ובניך ובנותיך וכל מה דאית לך בקרתא אפק מן |
| 253 | Gn33:09M | כל מה דילך /יהוי לך מה דאית לך#2#/: |
| 254 | Gn45:10M | \וכל דילך /וכל מה דאית לך#2#/: |
| 255 | Ex 9:19 | כנש ית בעירך וית כל מה דאית לך באפי ברא כל אינשא |
| 256 | Dt 8:13 | ודהב יסגי לכון וכל מה דאית לכון יסגי: |
| 257 | Dt28:03 | עמי בני ישראל במה דאית לכון בקורייכון <....>: |
| 258 | Dt28:16 | ליטין תהוון במה דאית לכון בקורייכון וליטין |
| 259 | Dt28:16 | וליטין תהוון במה דאית לכון באפי ברה: |
| 260 | Nu 8:24M | דן פולחנה דאית לליוואי מן ב{ת}ר עש׳ |
| 261 | Lv 9:15M | צפירה דחטאתה \דמן עמה /דאית לעמא#2#/ ונכס יתה ודכי |
| 262 | Lv16:15M | דחטאתה \דמן עמא/^דעמא#2#^/דאית לעמא#2#/ וייתי ית |
| 263 | Lv 9:18M | קדשיה \דמן עמה /דאית לעמה#2#/ וזמינו |
| 264 | Gn49:22M | בארתכא תיניינתא דפרעה/דאית לפרעה#2#/ והוון מקלסין |
| 265 | Lv11:09M | תאכלון מן כל מה די/דאית#2#/ {מב}<במ>יא כל דאית לה |
| 266 | Gn 6:04M | הנון ג{ו}<י>בריא דאית מן יומת עלמא |
| 267 | Lv 8:26M | ומן סלה דפטירה {מן} \^דאית#2#/ מן קדם ייי נסב חלה |
| 268 | Lv18:28M | די פלטת ית אומייה די/דאית#2#/ מן קדמיכון: |
| 269 | Lv26:19M | ואשוי ית שמייא דאית מעילוויכון ברירין כפרזלא |
| 270 | Dt28:23M | "די עלוויכון ... וצמחין": דאית מעילוויכון ברירין כפורזלה |
| 271 | Gn 9:16M | /דחיה#2#/ בכל בשרא די/דאית#2#/ על ארעא: |
| 272 | Gn 9:17M | ממרי ובין כל בשרא די/דאית#2#/ על ארעא: |
| 273 | Gn30:37M | חוורתא די/דאית#2#/ על חוטרתא: |
| 274 | Gn32:33M | ג{די}<יד>א דנשיא די/דאית#2#/ על כף ירכא עד זמן |
| 275 | Ex25:22M | /מן ביני תרי כרובייא דאית על ארונ׳ דסהדותא#2#/ ית |
| 276 | Ex33:16M | אנה ועמך מן כל עמה דאית על#2#/ ארעא: |
| 277 | Ex37:13M | זיווייתה \די לארבעתי /דאית על ארבע#2#/ רגלוי: |
| 278 | Ex37:16M | ית \מניה די על /מאניה דאית על#2#/ פתרה ית פילוותא |
| 279 | Lv 1:08M | וית גופה על קיסיה די/דאית#2#/ על אשתה די/דאית#2#/ |
| 280 | Lv 1:12M | יתהון על קיסיה די/דאית#2#/ על אשתה די/דאית#2#/ |
| 281 | Lv 1:17M | מדבחה על קיסיה די/דאית#2#/ על אשתה עלה הוא קרבן |
| 282 | Lv 3:03M | כרסה וית כל תרבה די/דאית#2#/ על בני גווה: |
| 283 | Lv 3:04M | /דאית#2#/ עליהון די/דאית#2#/ על כסליה וית מה די |
| 284 | Lv 3:05M | /דאית#2#/ על קיסיה די/דאית#2#/ על אשתה קרבן מתקבל |
| 285 | Lv 3:05M | מדבחא על עלתה די/דאית#2#/ על קיסיה די/דאית#2#/ |
| 286 | Lv 3:09M | כרסה וית כל תרבה די/דאית#2#/ על בני גווה: |
| 287 | Lv 3:14M | כרסא וית כל תרבה די/דאית#2#/ על בני גוה: |
| 288 | Lv 3:15M | די/דאית#2#/ עליהן דעל/דאית <על>#2#/ כסליה וית מה |
| 289 | Lv 4:08M | כרסה וית כל תרבה די/דאית#2#/ על בני גווה: |
| 290 | Lv 7:04M | /דאית#2#/ עליהון די/דאית#2#/ על כסליה וית מה |
| 291 | Lv 8:16M | ונסב ית כל תרבא די/דאית#2#/ על בני גווה וית מה |
| 292 | Lv 8:25M | וית כל תרבה די/דאית#2#/ על בני גוה וית מה |
| 293 | Lv11:02M | תכלון מן כל בעירה די/דאית#2#/ על ארעא: |
| 294 | Lv14:17M | ומה דאשתייר מן משחה דאית על |
| 295 | Lv14:18M | \מן משחה#2#/ די/דאית#2#/ על כף ידוהי/ידיה#2#/ |
| 296 | Lv14:27M | דימינה מן משחה די/דאית#2#/ על כף ידה דכהנא |
| 297 | Lv14:28M | ויתן כהנא מן משחה די/דאית#2#/ על כף ידיה על רום |
| 298 | Lv16:13M | קט׳#2#/ ית כפרתה די/דאית#2#/ על סהדותה ולא/דלא#2#/ |
| 299 | Nu 3:26M | וית פרס תרע דרתה די/דאית#2#/ על משכנה ועל גבי |
| 300 | Nu 4:26M | /פרס#2#/ תרע דרתה די/דאית#2#/ על משכנה ועל מדבחה |
| 301 | Nu 7:89M | עמיה מעלוי כפורת די/דאית#2#/ על ארונה דסהדותה |
| 302 | Nu33:07M | \דסמיך לטעותה צפון /דאית על אפי טעוותה צפון#2#/ |
| 303 | Gn 7:23M | ושיצי ית כל ברייתא די/דאית#2#/ על אפי דארעא די מן |
| 304 | Dt 7:06M | סגולה מן כל אומיה די/דאית#2#/ על אפי ארעא: |
| 305 | Dt14:02M | מן כל אומייה די/דאית#2#/ על אפי ארעא: |
| 306 | Nu12:03M | מן כל בני אנשא די/דאית#2#/ על אפיה דארעא/אר׳#2# |
| 307 | Ex29:21M | ותסב מן אדמה די/דאית#2#/ על גבי מדבחא ומן משח |
| 308 | Lv 1:08M | /דאית#2#/ על אשתה די/דאית#2#/ על גבי מדבחה: |
| 309 | Lv 1:12M | /דאית#2#/ על אשתה די/דאית#2#/ על גבי מדבחה: |
| 310 | Lv 6:08M | וית כל לבונתה די/דאית#2#/ על «גבי» מנחתה |
| 311 | Lv 8:30M | אדמ׳/ומדמה#2#/ די/דאית#2#/ על גבי מדבחה ואדי על |
| 312 | Dt 2:36M | \די על נחל/^נחיל#2#^/ /דאית על גיף נח#2#/ ארנונה |
| 313 | Dt 3:12M | ההיא מן לחיית די/דאית#2#/ על גיף נחל ארנונה |

|  |  |  |  |
|---|---|---|---|
| 314 | | Nu22:05M | פתורה חלמייה   די/דאית#2#/   על גף נהרא ארע בני |
| 315 | | Ex28:08M | /דאפדתה#2#/ \די עילוי   /דאית   עלוי#2#/ כעבדא מנה יהווי |
| 316 | | Ex39:05M | דאפדה/אפו׳#2#/   די/דאית#2#/   עלוי מנה הוא כעבדא |
| 317 | | Nu11:25M | ^בית#2#/ קודשה   די/דאית#2#/   עלוי ויהב על שבעתי |
| 318 | | Ex31:07M | וית כפורתה   די/דאית#2#/   עלי וית כל מני משכניה |
| 319 | | Nu30:15M | די עלה קיים /אסרה   דאית   עליה יקים#2#/ יתהון ארום |
| 320 | | Ex29:13M | כליתה וית תרבא   די/דאית#2#/   עליהון ותסדר על גבי |
| 321 | | Ex29:22M | וית תרבא   די/דאית#2#/   עליהון וית שקה דימינא |
| 322 | | Lv 3:04M | כולייתיה וית תרבה   די/דאית#2#/   עליהון די/דאית#2#/ על |
| 323 | | Lv 3:10M | וית תרבה \די עליהן   /דאית   עליהון#2#/ די/דאי׳#2#/ |
| 324 | | Lv 7:04M | כלייתה־ וית תרבה   די/דאית#2#/   עליהון די/דאית#2#/ על |
| 325 | | Dt 7:25M | תחמדון כסף ודהב   דאית   עליהון |
| 326 | | Lv 3:15M | כליתה וית תרבה   די/דאית#2#/   עליהן דעל/דאית |
| 327 | | Lv 4:09M | כלייתה וית תרבה   די/דאית#2#/   עליהן די על כסליה וית |
| 328 | | Gn 7:23M | \ומן דהוה עמיה /ואילין   דאית   עמה#2#/ בתיבותה: |
| 329 | | Gn 8:01M | וית כל בעירה   די/דאית#2#/   עמה בתיבותא ועבר ייי |
| 330 | | Gn20:16M | לילי חד ועל כל מה   דאית   עמי ועל כלה אתוכחית |
| 331 | | Gn33:15M | כען עמך מן עמא   די/דאית#2#/   עמי ואמר למה כען אשכח |
| 332 | | Gn35:02M | "דהווה ... לבושיכון":   דאית   עמיה אעבירו טעותא דאית |
| 333 | | Nu22:40M | דעמיה/ולרברבנייה   דאית   עמיה#2#/: |
| 334 | | Gn 8:17M | כל חיתה   דעמך/דאית   עמך#2#/ מן כל בשרא |
| 335 | | Nu22:09M | האליין   די/דאית#2#/   עמך: |
| 336 | | Gn 9:10M | ובכל חיתא דארעא   ^/דאית#2#/   עמכון מכל/מן כל#2#/ |
| 337 | | Gn 9:10M | וית כל נפש חייתא   די/דאית#2#/   עמכון {ב}בעופא |
| 338 | | Gn 9:12M | עמכון לדרי ארעא /דחיא   דאית   עמכון לדורת עולם#2#/: |
| 339 | | Ex24:14 | אהרן וחור עמכון מן   דאית   עסק דין דמלין יקרב |
| 340 | | Gn18:14M | ייי פתגם לעידנא   /דאית   קדם ייי מחסור לזמנא#2#/ |
| 341 | | Ex29:23M | די פטירי {{מן}}   «די»/דאית#2#/   קדם ייי: |
| 342 | | Lv 4:18M | על קרנותיה דמדבחה   די/דאית#2#/   קדם ייי די/דאית#2#/ |
| 343 | | Lv 7:21M | ייי /בשר נכיסת קודשה   דאית   קדם ייי#2#/ ותשתיצי נפש׳ |
| 344 | | Lv16:18M | /ויפוק#2#/ למדבחה   די/דאית#2#/   קדם ייי ויכפר עלוי |
| 345 | | Gn33:14M | לרגל עבידתא \די בידי   /דאית   קדמי#2#/ ולרגל טלייא |
| 346 | | Lv18:27M | עבדו עמה דארעה   דמן/דאית#2#/   קדמיכון ואסתאבת ארעא: |
| 347 | | Lv 7:20M | \דמפרש לשמה דייי   /דאית   קודם ייי#2#/ וסאובתיה |
| 348 | | Dt28:23M | לא טל ולא מטר וית ארעא   דאית   תוחתיכון חסימה כנחשה |
| 349 | | Gn 7:19M | כל טוריא רמיה   די/דאית#2#/   תחות כל שמיא: |
| 350 | | Nu16:31M | /ואתבזעת#2#/ ארעא   די/דאית#2#/   תחותיהו{ת}«ן»: |
| 351 | | Lv26:19M | לא טל ולא מטר וית ארעא   דאית   ת<ח>ותיכון חסימה כנחשה |
| 352 | | Nu18:13M | /בכורת#2#/ כל מה   די/דאית#2#/   בארעהון/<בארע>כן#2#/ |
| 353 | | Lv14:29M | דמשתייר מן משחא   די/דאית#2#/   על ידוי/<על >ידה#2#/ |
| 354 | דאית׳ | Lv19:22M | על חובתיה די   אתחייב/דאית׳#2#/   וישתרי וישתבק ליה |
| 355 | | Gn24:33M | אנה אכל עד זמן   דאמלל/דאית׳#2#/   מליי ואמר מלל: |
| 356 | דאיתאמר | Nu23:10 | עולימיהון דבית יעקב   דאיתאמר   עליהון די הוון מברכין |
| 357 | דאיתברי | Ex 3:14M | עלמא ואנא הוויתי מן   דאיתברי{ה}   עלמ׳ אנא הוא דהוויתי |
| 358 | דאיתגלי | Gn35:09M | וכן כתבא מפר׳ ואמ׳   דאיתגלי   ועוד אלפתא יתן למיקבר |
| 359 | | Ex 3:01M | ואתא לטורא   דאיתגלית/דאיתגלי׳#2#/   עלוי איק׳/יקר#2#/ |
| 360 | דאיתגליית | Gn16:14M | עלמייא הא היא בין   /דאיתגליית   עלוי יקר שכינתיה דייי |
| 361 | | Gn31:13M | אלהה \דאתגלית עלך   /דאיתגליית   עליך#2#/ בבית אל די |
| 362 | דאיתגלית | Ex 3:01 | בתר מדברא ואתא לטורא   דאיתגלית   עלוי איק׳ שכינתה דייי |
| 363 | דאיתחייב | Dt19:15M | סרחון חובה   דאיתחייב   על מימר תריין |
| 364 | דאיתחשבית | Nu33:56M | ויהוי היך מה   דאתחשבת/דאיתחשבית#2#/   למעבד להון אעבד |
| 365 | דאיתחשד | Dt19:19M | לה היך מה   דאתחשב/דאיתחשד#2#/   למעבד לאחוי |
| 366 | דאיתי | Gn32:14 | בליליה ההוא ונסב מן מה   דאיתי   בידי דורון לעשו אחוי: |
| 367 | | Dt 7:10M | אגר מצוון קלילן   דאיתי   בידיה בעלמא הדין |
| 368 | דאיתיהיבו | Ex40:20M | ית תרין לוחי אבניה   דאיתיהיבו   ליה בחורב והוון |
| 369 | דאיתיליד | Gn46:27M | דיוסף \די   אתיילדו/דאיתיליד#2#/   לה במצרים תרתין |
| 370 | דאיתילידת | Gn34:01M | ילדת": ברתא דלאה   דאיתילידת |
| 371 | דאיתכסי | Gn49:01M | ואתכסי מיניה וכיון   דאיתכסי   מיני׳ ברך יתהון |
| 372 | דאיתמול | Ex 5:08M | עבדין היך   דאיתמל/<דאית>מול#2#/   והיך דקדמוי תשוון |
| 373 | | Ex 5:07M | לבנין לא היך   דאיתמל/<דאית>מול#2#/   ולא היך דקדמוי |
| 374 | דאיתמל | Ex 5:08 | ליבנא דאינון עבדין היך   דאיתמל   והיך דקדמוי תשוון עליהון |
| 375 | | Ex 5:07 | למלבן לבנין לא היך   דאיתמל   ולא היך דקדמוי אינון |
| 376 | דאיתנדב | Nu 7:23 | שתהון חמשה דן קרבנה   דאיתנדב   וקרב מן נכסיה גרמיה רב |
| 377 | דאיתפקד | Nu 3:16 | ממרה דייי היך מה   דאיתפקד: |
| 378 | דאכול | Nu22:06 | אינון מנן מה דלמה   דאכול   למשצ«י»א יתהון ואטרוד |
| 379 | דאכיל | Nu23:24 | לא נייח ולא דמך עד זמן   דאכיל   פשוט ושתי {ארום} <אדם> |
| 380 | דאכל | Lv17:14M | /דמא#2#/ הוא כל   דיאכל/דאכל#2#/   יתיה ישתיצא: |
| 381 | | Lv 7:25M | ארום כל \די   ייכול/דאכל#2#/   תרב מן בעירה די יקרב |
| 382 | דאכלא | Dt 9:03M | דמעבר קודמיכון אשא   דאכלא   אש׳ |
| 383 | דאכלה | Lv17:10M | ואשו׳ אפי רוגזי בנפשה   דאכלה   ית אדמ׳ |
| 384 | | Nu28:02 | קדמיי הלא אשתא היא   דאכלה   יתיה והיא מתקבל מנכון |
| 385 | דאכלו | Gn21:33M | בעין למיתן לה טימי מה   דאכלו   ושתין עני אבונן אברהם |
| 386 | | Gn14:24 | בר מני לחוד מה   דאכלו   טליא וחלקיהון דגובריא די |
| 387 | דאכלין | Gn43:32 | לבלחודיהון ולמצראי   דאכלין   עמיה לבלחודיהון ארום לא |
| 388 | דאכלית | Lv10:19M | עליהון הא אילו   אכלית/דאכלית#2#/   מן חטאתה יומא הדין |
| 389 | דאכסי | Nu24:03 | גברא דיקיר מן אבוי מה   דאכסי   מן כל נבואה אתגלי עלוי: |
| 390 | | Nu24:15M | מן אבוי מה   דאתכסי/דאכסי#2#/   מן כל נביאיה |
| 391 | דאלפית | Dt 4:05M | חמון \דהא   אלפית/דאלפית#2#/הא   ילפאת#2#/ יתכון |
| 392 | דאמ׳ | Nu23:02M | ועבד בלק היך מה   דמלל/דאמ׳#2#/   בלעם וקרב בלק |
| 393 | | Gn21:01 | טיביא ית שרה היך מה   דאמ׳   ועבד ייי ניסין לשרה |
| 394 | | Ex 3:14M | מימרה דייי למשה דן   דאמ׳   לעלמ׳ הווי והווה ועתיד |
| 395 | דאמור | Dt33:09M | דאמיר/<דא>מור#2#/   על שבטה דלוי |
| 396 | דאמיר | Dt33:09 | דאמיר   על שבטה דלוי לאבוי |
| 397 | דאמלל | Ex25:22M | ית כל מה   דאפקד/דאמלל#2#/   יתך על בני ישראל: |
| 398 | | Gn24:33 | לית אנה אכל עד זמן   דאמלל   מליי ואמר מלל: |
| 399 | | Nu22:20 | עמהון ולחוד ית פתגמא   דאמלל   עמך יתיה תעבד: |
| 400 | דאמר | Nu23:30 | ועבד בלק היך מה   דאמר   בלעם וקרב תור ודבר על כל |
| 401 | | Gn41:54 | שבע שני כפנא למיתי כמה   דאמר   יוסף והוה כפנא בכל ארעתא |
| 402 | | Gn43:17 | ועבד גברא היך מה   דאמר   יוסף ואעל גברא ית גבריא |
| 403 | | Ex18:24 | לקלה דחמוי ועבד כל מה   דאמר: |
| 404 | | Lv 7:23M | לא תיכלון /דתורא{י}   דאמר   ודעז לא תאכלון#2#/: |
| 405 | | Gn21:33 | ושתו והוה אמר להון מן   דאמר   והוה עלמא אתון אכלין ולא |
| 406 | | Ex 3:14 | תאמר לבני ישראל מן   דאמר   והוה עלמא מן שרויא ועתיד |
| 407 | | Dt 4:10 | בטורא דחורב בזמנה   דאמר   ייי לי אמר משה כנש לי ית |
| 408 | | Ex12:42 | דישראל למקיימא מה   דאמר   כתבא בני בוכרי אינון |
| 409 | | Ex12:42 | תשעין שנין למקימה מה   דאמר   כתבא הא אברם בר מאה שנין |
| 410 | | Gn32:10 | ואלהה דיצחק אבה ייי   דאמר   לי חזור לארעך ולתולדותך |
| 411 | | Ex17:10 | ועבד יהושע היך מה   דאמר   ליה משה רביה למסדרא סדרי |
| 412 | | Gn22:02 | תמן לעלה על חד טוריה   דאמר   לך: |
| 413 | | Ex 8:23 | קדם ייי אלה{ו}ן היך מה   דאמר   לן: |
| 414 | דאמריתון | Gn43:27 | הא שלם הוא אבוכון סבא   דאמריתון   הא עד כען הוא בחיין: |
| 415 | דאמרת | Ex32:13 | שמיא וכל ארעא הדא   דאמרת   אתן לבניכון ויחסנון יתה |
| 416 | | Gn22:14 | בלבי פלגו בזמנא קדמיא   דאמרת   לי למקרבא ית יצחק ברי |
| 417 | | Gn49:18 | לפורקניה סכיינת נפשי   דאמרת   למיתייה לעמך בית ישראל |
| 418 | דאמרתון | Dt 1:01M | דישראל ובגין מנתה   דאמרתון   דנפ׳ |
| 419 | | Gn43:29 | הדין הוא אחוכון זעירא   דאמרתון   לי ואמר מן קדם ייי יהוי |
| 420 | דאן | Nu23:10M | לעלמא דאתי \ברם   אן/דאן#2#/   מיית ^הוא#2#^ בלעם |
| 421 | | Gn44:18 | בחייר רישיה דפרעה רבך   דאן   שלף אנה חרבי מן גווה תיקא |

|  |  |  |  |
|---|---|---|---|
| 422 | דאנא | Gn 3:22 | יחידיי בעלמא היך מה דאנא יחידיי בשמי מרומא עתידין |
| 423 | | Ex10:29 | מללת מבשר הוינא עד דאנא יתיב במדין למימר ארום |
| 424 | | Gn24:42 | ברעות קדמך למצלחה ארחי דאנא מהלך עלה: |
| 425 | דאנה | Dt31:27 | וית קדלכון קשייא הא עד דאנה בחיין עמכון יומא הדין |
| 426 | | Nu22:30 | חסיר דעתה מה אן אנה דאנה בעיר מסאב ומיתה בעלמא הדין |
| 427 | | Dt32:49 | וחמי ית ארעא דכנען דאנה יהב לבני ישראל לאחסנה: |
| 428 | | Gn 9:12M | \די אנה משוי בין ממרי /דאנה יהיב בין בממרי#2#/ |
| 429 | | Gn38:25 | אנה מעברה ואנה אף על גב דאנה יקדה לא מפרסייה ברם שהדי |
| 430 | | Dt19:09 | כל מצוותה הדה למעבד יתה דאנה מפקד יתכון יומא הדין למרחם |
| 431 | | Gn27:08 | ברי שמע בקלי ואזל לאן דאנה מפקדה יתך: |
| 432 | | Dt32:01 | בליביה ואמר ווי כען עלי דאנה מתכנש מן גו עלמא ולא |
| 433 | | Gn44:18 | ארעא ועל חד כמה וכמה דאנה קשה מינהון ועד חד כמה |
| 434 | דאנון | Dt32:03M | דישראל /דישר' דאנון#2#/ אמרין קקק תלתה זימנין |
| 435 | | Nu12:16 | ישראל אשתין רבוון דאנון {פּמום}סכום> תמניין |
| 436 | | Dt32:33 | לחמתהון דתניניה בזמנה דאנון שתיין ורוגזיהון מדמי |
| 437 | | Dt32:03 | פמיה בעשרין וחדה מילין דאנון תמניין וחמשה אתין וכן הוא |
| 438 | דאנן | Dt 4:07 | ממרה דייי אלהן בכל זמן דאנן מצליין קדמוי הוא עני יתן: |
| 439 | | Dt12:08 | לא תעבדון ככל מה דאנן עבדין הכה יומא הדין גבר כל |
| 440 | | Dt 4:07M | "בכל ... עני": כל שעה דאנן קריין לה הוא עניין |
| 441 | דאס' | Ex40:37M | עד יומא \די יסתלק/דאס'#2#/: |
| 442 | דאסגו | Ex16:17 | בני ישראל ולקטו מן דאסגו ומן דזער: |
| 443 | דאסגי | Ex16:18 | בעמרא ולא שייר מן דאסגי ומן דאזער לא חסר גבר לפם |
| 444 | | Ex16:17M | "מן ... דזער": שבט' דאסגי ושבט' דאצער דן ודן <דן |
| 445 | דאסי | Ex21:19M | יתן ואגר אסיא דמאס/דאסי#2#/ יתיה: |
| 446 | דאסתאבת | Nu 5:13 | דבעלה ותטמר והיא דאסתאבת וסהד דלית בה והיא לה |
| 447 | | Dt24:04 | יתה לה לאתה מן בתר דאסתאבת לגבר אחרן ארום מרחקה הוא |
| 448 | דאסתכם | Ex38:21 | משכנה משכנה דסהדותא דאסתכם על גזרת פמיה דמשה |
| 449 | דאעבד | Gn28:15 | לא ישבוק מימרי עמך עד דאעבד ית דמלילית לך: |
| 450 | דאעיק | Dt 4:30 | בזמנה דאעיק לכון וארעא יתכון כל עקייה |
| 451 | דאפ' | Gn19:17M | והוה \כד אפקו /כיון דאפ'#2#/ יתהון לברא ואמר אשתיזב |
| 452 | | Nu15:41M | \די פרקת ואפקת/דאפ#2#/ יתכון מן ארעא |
| 453 | דאפי | Ex 9:25M | אילנייא/אלנא/#2# דבאפי/דאפי#2#/ ברא תּבר: |
| 454 | | Ex 9:25M | וית כל עשבא דבאפי/דאפי#2#/ בר{ד}א שיצי/מחה#2#/ |
| 455 | דאפיק | Nu23:22 | אלהא דאפיק יתהון מן ארעא דמצרים די |
| 456 | | Dt 6:12 | ית אולפן אורייתה דייי דאפיק יתכון פריקין מן ארעא |
| 457 | | Dt 8:14 | אורייתה דייי אלהכון דאפיק יתכון מן ארעא דמצרים מן |
| 458 | | Dt20:01 | ארום ייי אלהכון עמכון דאפיק יתכון פריקין מן ארעא |
| 459 | דאפיקו | Nu14:37M | ביש על ארעא /האליין דאפיקו ית טבה/דט'#2#/ דארעא#2# |
| 460 | | Ex12:39 | ואפון ית חמיעה דדהון דאפיקו מן מצרים חוררן דפטירין |
| 461 | דאפעלגב | Dt33:03 | ריבוון דמלאכין קדישין דאפעלגב דהוא מייתי עליהון יסורין |
| 462 | דאפק | Dt 6:12M | דייי דאפיק/דיפרק דאפק#2#/ יתכון פריקין מן ארעא |
| 463 | | Dt13:06 | דשקריין קדם ייי אלהכון דאפק יתכון פריקין מן ארעא |
| 464 | | Dt13:11 | מן בתר ממרה דייי אלהכון דאפק יתכון פריקין מן ארעא |
| 465 | דאפקד | Ex25:22 | תרין כרובייא ית כל מה דאפקד יתך על בני ישראל: |
| 466 | דאפקת | Gn15:07 | ואמר ליה אנה ייי דאפקת יתך מן אתון נורהון דכשדאי |
| 467 | דאפרש | Ex35:24 | כל דאפרש אפרשו דכסף ודנחש אייתון |
| 468 | דאפרשית | Lv20:24 | כדבשא אנה ייי אלהכון דאפרשית יתכון מן אומייה: |
| 469 | דאפתי | Dt33:20 | נביא דייי ואמר בריך מן דאפתי תחומה דגד נייח ושרי בגו |
| 470 | דאצער | Ex16:17M | דן ודן <דן דא'> ודן דאצער |
| 471 | | Ex16:17M | שבט' דאסגי ושבט' דאצער דן ודן <דן דא'> ודן |
| 472 | דאקדם | Gn28:10M | רישיה כיון דקדם/דאקדם#2# בצפרא ואשכח |
| 473 | דאקיים | Gn28:10M | חדא היא אבנא דאקים/דאקיים#2#/ קיימא ואריק משח על |
| 474 | דאקים | Nu 9:15 | וביומא דאקים משה ית משכנה כסי עננה ית |
| 475 | | Gn28:10 | לאבן חדא היא אבנא דאקים קיימא ואריק משח על ראשה |
| 476 | דאקימת | Gn21:29 | בלחודיהון}} «האילן» דאקימת לבלחודיהון: |
| 477 | דארבע | Gn23:15 | רבוני קבל מני ארעא דארבע מאה סלעין דכסף ביני ובינך |
| 478 | דארבעתי | Gn23:02 | ומיתת שרה בקרתהון דארבעתי אבהתא היא חברון בארעא |
| 479 | דארגזו | Nu14:23 | די קיימת לאבהתהון וכל דארגזו קדמי לא יחמון יתה: |
| 480 | דארגזתון | Dt 9:07 | אדכרו לא תנשון ית מה דארגזתון ית מימרה דייי אלהכון |
| 481 | דארגיזו | Nu14:23M | \אליין#2# דארגזו/<דאר>גיזו#2#/ קדמי לא יחמון |
| 482 | דארים | Gn28:10 | דאמה וניסא חמישאה כיון דארים אבונן יעקב ית אבנא מעלוי |
| 483 | דארע | Lv25:49M | או \תארע ידיה ויתפרק /דארע בן ידוי וית#2#/: |
| 484 | | Lv14:30M | \מן די תארע /ממה דארע#2#/ ידה: |
| 485 | | Lv10:19 | אפשר מיכל מיניה ואנא דארע יתי א«ו» נסה רבה יומא |
| 486 | | Gn 4:15M | יתיה כל מן די יארע/דארע#2#/ יתיה: |
| 487 | דארע' | Lv25:31M | דארעא/מן חקלה דארע'#2#/ יתחשב פרקון תיהוי |
| 488 | דארעמתון | Nu16:11 | ואהרן מה הוא חשיב דארעמתון עלוי: |
| 489 | דאש' | Gn27:30M | והוי \כד אשלם/כיון דאש'#2#/ יצחק למברכה \סבר#2#/ |
| 490 | | Lv 1:01M | והוה \כד אשלם/כיון דאש'#2#/ משה למקמה ית משכנה |
| 491 | | Ex31:18M | \כד אשלם/כיוון דאש'#2#/ למללה עמיה בטור/מן |
| 492 | | Lv 5:24M | או מכל מה דיש{בת}<תב>ע/דאש'#2#/ עלוהי לשק' וישלם |
| 493 | | Gn18:33M | דייי \כד אשלם/כיון דאש'#2#/ לממללא/למללא#2#/ עם |
| 494 | דאשבע | Gn50:06 | וקבור ית אבוך היך מה דאשבע יתך: |
| 495 | דאשכח | Gn15:01M | או דלמא דאשכח לי זכו בזמנ' קדמיא די |
| 496 | דאשכחו | Dt33:02 | לבנוי דישמעאל וכיוון דאשכחו בנוי דישמעאל דכתיב בגווה |
| 497 | | Nu15:33 | ואקרבו יתיה מן דאשכחו יתיה מגבב קיסין לוות משה |
| 498 | דאשכחן | Gn19:15 | ית אתתך וית תרתין בנתך דאשכחן דלא תשתיצא בחובי דקרתא: |
| 499 | | Gn19:15M | בחובי דקרתא/אילין דאשכחן דלא תסתפי בחובי קרתא#2# |
| 500 | דאשכחנן | Gn44:08 | הא כספ«א» דאשכחנן בפום טעונינן חזרנן יתיה |
| 501 | דאשלימו | Nu16:31M | \כד אשלם/כיוון דאשלימו#2#/ למללא ית כל פיתגמיה |
| 502 | דאשלם | Nu 7:01 | והוה ביומא דאשלם משה ל{א}«מ»קמה ית |
| 503 | | Dt31:30 | מלי שירתה הדה עד זמן דאשלם יתהון: |
| 504 | דאשלמוותה | Lv 8:31M | בסלה דאשלמותה/דאשלמוותה#2#/ היך מה דפקדית |
| 505 | | Ex29:34M | \דאשלמותא ומן לחמה /דאשלמוותה ומן מזונה#2#/ עד צפרא |
| 506 | | Lv 8:29M | מן דיכרה דא«ש»למותה/דאשלמוותה#2#/ למשה הוה |
| 507 | | Ex29:31M | וית דכרא דאשלמותא/<דאשל<מוותה#2#/ תסב ות{ת}בשל ית |
| 508 | | Lv 8:22M | \דכרה דאשלמותה/דאשלמוותה#2#/^דכר אש#2#^/ וסמכו |
| 509 | דאשלמותיה | Ex29:22M | ארום דכרא דאשלמותא/<דאשלמו>תיה#2#/ היא |
| 510 | דאשפל | Lv10:20M | אחי אלף יתי' לי ועל דאשפל קבל עלה אגר סגי ושמע |
| 511 | דאשרי | Lv16:16M | למשכן זמנא \די שרי/דאשרי#2#/ איקר שכינתיה בגו |
| 512 | | Dt33:16 | ומלאיה ודעבד רעותה מן דאשרי איקר שכינתיה בסנייה ייתין |
| 513 | | Dt33:26 | לית כאלהא דישראל דאשרי איקר שכינתיה בשמיא |
| 514 | דאשריית | Nu35:34 | ארום אנא הוא ייי דאשריית איקר שכינתי בגו בני |
| 515 | דאשתאכח | Gn44:16M | \מן דאשתכח /דן דאשתאכח#2#/ כלידא בידיה: |
| 516 | דאשתהינון | Gn43:10 | ארום אלולי דאשתהינון ארום כדון חזרנון ואתינן |
| 517 | דאשתייר | Ex29:34 | לחמה עד צפרא ותיקד מה דאשתייר בנורא לא יתאכל ארום קדש |
| 518 | | Gn14:10M | \בגווהון ומה דאשתייר#2#/ לטורא ערקו: |
| 519 | | Lv14:17M | "ומן ... על": ומה דאשתייר מן משחה דאית על |
| 520 | דאשתיירו | Nu 3:48 | ולבנוי פרקונייה דאשתיירו בהון: |
| 521 | | Dt 7:20M | אטמרו /ישיצון אליין דאשתיירו דאטמ#2#/ מן קדמיכון: |
| 522 | | Dt19:20 | ומה דאשתיירו ישמעון וידחלון ולא |
| 523 | | Gn14:10 | ונפלו תמן ומה דאשתיי«רו» לטורא ערקו: |
| 524 | | Lv10:16 | בנוי דאהרן ^מה#2#^ דאשתיירו למימר: |
| 525 | | Lv10:12 | ועם איתמר בנוי דאשתיירו סבו ית מנחתה די אשתיירת |
| 526 | דאשתיירן | Lv27:18 | ית כספה על פם שנייה דאשת«יירן» עד שתה דיובילה ויתמנע |
| 527 | | Ex28:10 | חדתה}} וית שמהת שתתה דאשתיירן על אבנא תניינ{ו}תא |
| 528 | דאשתיירת | Gn30:36 | רעי ית ענא דלבן דאשתיירת: |
| 529 | | Ex10:05 | ית שייר פליטתה דאשת{ריי}<ייר>ת לכון מן ברדא ויכול |

|  |  |  |  |  |  |
|---|---|---|---|---|---|
| 530 | | Ex26:12 | דמשכנא פלגא דריעתא | דאשתיירת | תשפ«ע» על שיפולוי |
| 531 | דאשתכח | Gn47:14 | וכנש יוסף ית כל כספא | דאשתכח | בארעא דמצרים ובארעא |
| 532 | | Dt32:05 | חבלו אלה להון מומה | דאשתכח | בהון דרא עקמנה ופתלתנה |
| 533 | | Ex 9:19 | כל אינשא ובעיר«א» | דאשתכח | בחקלא ולא יתכנש לגו ביתא |
| 534 | | Gn44:16 | לחוד אנן לחוד מן | דאשתכח | כלידא בידיה: |
| 535 | | Gn44:17 | חס לי מן למעבד דא גברא | דאשתכח | כלידא בידיה הו יהוי לי |
| 536 | | Gn44:09M | ית מן \די | ישתכח/דאשתכח#2/# | לוותיה/גבי"#2/# מן |
| 537 | דאשתכללת | Ex 9:18M | למן יומא | דאזדמנת/דאשתכללת#2/# | ועד כדון: |
| 538 | דאשתלון | Nu15:26 | ביניהון ארום לכל עמא | דאשתלון: | |
| 539 | דאשתלחו | Dt 1:01M | ילילי"ה \די | שלחתון/דאשתלחו#2/# | מן מדברה דפראן |
| 540 | דאשתליית | Nu15:28M | "דאשתלת ... לה": | דאשתליית | דחטת בשלו קדם ייי ויכפר |
| 541 | דאשתלת | Nu15:28 | ויכפר כהנא על נפשה | דאשתלת | בחובתה בשלותה קדם ייי |
| 542 | דאת | Gn39:09 | ארום אלהן יתיך בגלל | דאת | א«י»תתיה והיכדין אעבד |
| 543 | | Ex10:28M | דלא מלייא קשייתא האלן | דאת | אמ' לי ברם בעי אנא למימות |
| 544 | | Gn 3:09 | חשב דלא גלי קדמי אתר | דאת | בגויה אן היא מצותה דפקדת |
| 545 | | Gn44:18 | בארעא דכנען היך מה | דאת | ופרעה רבך שליטין בארעא |
| 546 | | Gn31:43 | בניי וענה עניי וכל מה | דאת | חמי {לי הו} לי הוא ולבנתי |
| 547 | | Lv19:16 | אדם קטולוי דחברך בזמנה | דאת | ידע ליה זכו בדינא אמר ייי: |
| 548 | | Nu10:31 | תשבק יתן ארום בגין כדן | דאת | ידע נסיא דעבד ייי עמן בכל |
| 549 | | Gn44:18 | כוות פרעה רבך ארום | דאת | ימה מה משתבע {ימ} בה את |
| 550 | | Gn44:18 | אנה משרי ומן פרעה רבך | דאת | ימי ביה אנה מחסל על מנת |
| 551 | | Gn44:18 | בחיי רישיה דאבא היך מה | דאת | משתבע בחיי רישיה דפרעה רבך |
| 552 | | Gn21:22 | לממר ייי עמך בכל מה | דאת | עבד: |
| 553 | | Dt32:50 | ותתכנש בשלם בטורא | דאת | עליל לתמן ותתכנש בשלם לוות |
| 554 | | Ex20:24M | "אתרא ... יתכון": אתר | דאת | קאים לצלוי' בשמי קדיש' |
| 555 | | Gn49:22 | וכל מיני דהב סברין | דאת | תלית עיינך ומסתכלין בחדא |
| 556 | | Gn13:14 | כען עיניך וחמי מן אתרא | דאת | תמן לצפונה ולדרומה ומדנחה |
| 557 | דאת' | Gn35:17M | \כדי אתקשיית /בזמן | דאת'#2/# | במילדה ואמרת לה חייתא |
| 558 | | Dt12:05M | לארעא \די | יתרע'/דאת'#2/# | ייי אלהכון מן כל |
| 559 | דאתא | Gn43:25 | ואתקנו ית דורון עד זמן | דאתא | יוסף באשון שרותא ארום |
| 560 | | Gn28:10 | ולא הוון יכלין כיון | דאתא | אבונן יעק«ב» ארים יתה |
| 561 | | Gn39:16 | וצנעת לבושיה בידה עד זמן | דאתא | רבונה לביתיה: |
| 562 | דאתאמר | Nu23:10 | משריתה דבני ישראל | דאתאמר | עליהון יהוון סגיין ככוכבי |
| 563 | דאתאשכח | Gn47:14M | ית כל כספא | דאשתכח/דאתאשכח#2/# | בארעא דמצרים |
| 564 | דאתבני | Gn16:02 | כען לות אמתי מה דלמה | דאתבני | אף אנה על ידה ושמע אברם |
| 565 | | Gn16:05 | תלד ואנה ארבי דילמא | דאתבני | אף אנה על ידה וחמת ארום |
| 566 | | Gn30:03 | ותלד ואנה ארבי מה דלמה | דאתבני | אף אנה על ידיה: |
| 567 | דאתברי | Gn10:09M | מן יומא | דאתברי | עלמא לא הוה גיבר בחטאה |
| 568 | דאתברית | Gn 2:23 | אתה מן בר נשה היך מה | דאתברית | דא מני גרם מן גרמי ובשר |
| 569 | דאתגאו | Ex15:21 | סוסוון ורוכביהון על | דאתגאו | ורדפו בתר עמא בני ישרא' |
| 570 | דאתגלו | Gn16:13 | וצליית בשם ממריה דייי | דאתגלו | עליה את הוא אלהא קיים כל |
| 571 | דאתגלי | Gn47:31M | ליה בשבועה ואודי ומן | דאתגלי | איקר שכינתי' דייי וסגיד |
| 572 | | Gn49:01M | להון בסוף יומ<י>א מן | דאתגלי | לה{ו} רזא אתגנז מיניה |
| 573 | | Gn49:01 | יעקב רביע בגוויה מן | דאתגלי | לי קיצא ולא <א>יתני להון |
| 574 | | Gn49:01 | קץ ברכתא וניחמתא מן | דאתגלי | ליה קיצא רזא אתכסא מינה |
| 575 | | Gn49:01 | קץ פורקנא ונחמתא מן | דאתגלי | ליה רזא אתכסי מנה ומן |
| 576 | | Gn16:13 | כדון יתגלי עלי מן בתר | דאתגלי | על שרי רבונתי: |
| 577 | | Gn16:14 | בגין כדן קרא לבארה באר' | דאתגלי | עלה קיים כל עלמייא הא היא |
| 578 | | Gn25:11 | ברה ויתב יצחק בבארה | דאתגלי | עלה קיים כל עלמיא: |
| 579 | | Gn12:07 | מדבח לשם ממרי' דייי | דאתגלי | עלוי: |
| 580 | | Gn35:07 | תמן מדבח וקרא לאתרא | דאתגלי | עלוי תמן {«ייי»} ייי |
| 581 | | Gn24:62 | דשם רבה לבארה | דאתגלי | עלי קיים כל עלמא והוא הוה |
| 582 | | Gn35:01 | תמן מדבח לשם ממרי' דייי | דאתגלי | עלך במערקך מן קדם עשו |
| 583 | דאתגליית | Gn24:62M | קיים כל עלמא והוא | /דאתגליית | עלוי יקר שכינתי' דייי |

|  |  |  |  |  |  |
|---|---|---|---|---|---|
| 584 | | Ex19:18 | תנן כוליה מן בגלל | דאתגליית | עלוי איקר שכינת' דייי |
| 585 | | Ex24:13 | וסלק משה לטור«א» | דאתגליית | עלוי איקר שכינתה דייי: |
| 586 | דאתגלית | Gn31:13 | אנה הוא אלהה | דאתגלית | עלך בבית אל די רבית תמן |
| 587 | דאתהפכת | Dt29:22 | בה כל מן דעשב היך מה | דאתהפכת | סדם ועמורה אדמה |
| 588 | דאתון | Gn34:05 | ברא ושתק יעקב עד זמן | דאתון: | |
| 589 | | Nu33:40 | בארעא דכנען בזמנה | דאתון | בני ישראל: |
| 590 | | Dt20:20 | לחוד אילנה | דאתון | ידעין די לא אילן עבד |
| 591 | | Nu31:14M | דעלו מן /מאוותה | דאתון | מן קדם#2/# חיל קרבא: |
| 592 | | Dt14:22 | ית כל עללת זרעיכון מה | דאתון | מפקין וזרעין באפי ברה |
| 593 | | Ex16:08 | קדם ייי ית תורעמתכון | דאתון | מתרעמין עלוי ואנן מה אנן |
| 594 | | Ex16:08M | קדם ייי תורעמנתכון | דאתון | מתרעמין לא עלינן |
| 595 | | Dt30:18 | תסגון יומין על ארעא | דאתון | עברין ית ירדנה למיעול |
| 596 | | Dt28:21 | יתכון מעילווי ארעא | דאתון | עלין לתמן למירת יתה: |
| 597 | | Dt 7:07M | בכון ארום מן בגלל | דאתון | ענוותנין |
| 598 | | Dt28:52 | רמייה ותליל«י»ה | דאתון | רחיצין בהון בכל ארעכון |
| 599 | דאתותב | Gn35:27 | דגיבריא היא חברון | דאתותב | תמן אברהם ויצחק: |
| 600 | דאתחברן | Nu25:05 | גבר אנשי עמיה | דאתחברן | לפלחי טעוותה דפעור: |
| 601 | דאתחוור | Lv13:55 | ויחמי כהנא מן בתר | דאתחוור | ית מכתשא והא לא הפך |
| 602 | דאתחוי | Lv13:07 | קלפתה במשכה מן בתר | דאתחוי | לוות כהנא לדכותה ויתחמי |
| 603 | דאתחזר | Gn43:18 | ואמרין על עיסק כספא | דאתחזר | בטעונינון בקדמיתא אנן |
| 604 | | Gn43:12 | סבו בידכון וית כספא | דאתחזר | בפום טעוניכון תחזרון |
| 605 | | Nu 5:08M | לה אשמה \דמתחזר לייי | /דאתחזר | לשמה דייי#2/# לכהנה |
| 606 | דאתחיי' | Lv 4:23 | אין אתודע ליה חובתיה | דאתחיי' | עלה וייתי ית קרבניה צפיר |
| 607 | דאתחייב | Nu 5:07 | יוסף עלוי ויתן למן | דאתחייב | ליה: |
| 608 | | Nu 6:11M | מה די חטא /מן מה | דאתחייב#2/# | על נפשה ויקדש ית ראשה |
| 609 | | Lv 5:05 | מן אלין ויתוודי על מה | דאתחייב | עלוי: |
| 610 | | Lv 5:07 | אמר וייתי ית אשמיה | דאתחייב | תרין שפנינין או תרין |
| 611 | דאתחייבת | Nu12:16 | אוף על גב | דאתחייבת | מרים בנייתה למצטרעה אית |
| 612 | דאתחילו | Nu31:42 | די פלג משה מן גברייה | דאתחילו: | |
| 613 | דאתחמי | Lv13:14M | \די | יתחזי/^דיתחמי"#2/^דאתחמי"#2/# | בה בשר |
| 614 | דאתחסל | Gn21:08 | אברהם שרו רבא ביומא | דאתחסל | ית יצחק ברה דהגר |
| 615 | דאתחשב | Dt19:19 | ותעבדון לה היך מה | דאתחשב | למעבד לאחוי ותבערון עבדי |
| 616 | דאתחשבת | Nu33:56 | ויהוי היך מה | דאתחשבת | למעבד להון אעבד לכון: |
| 617 | דאתטש | Lv14:43 | ית ביתיה ומן באתר | דאתטש: | |
| 618 | | Lv14:48 | הלך מכתשה בביתה מן בתר | דאתטש | ית ביתה וידכי כהנא ית |
| 619 | דאתי | Gn15:01 | מתקנין לך קדמיי לעלמא | דאתי: | |
| 620 | | Gn15:01M | מתקנין לך קודמוי לעלמא | דאתי | |
| 621 | | Gn25:34 | וכפר בחיוי דעלמא | דאתי: | |
| 622 | | Gn39:10 | דלהא למהוי עמה לעלמא | דאתי: | |
| 623 | | Nu23:23 | לכון קדם ייי לעלמא | דאתי: | |
| 624 | | Dt22:07 | ותארכון יומין לעלמא | דאתי: | |
| 625 | | Dt24:06M | כפר בחי{ו}וייה דעלמא | דאתי | |
| 626 | | Dt32:35 | פורענותה עליהון לעלמה | דאתי: | |
| 627 | | Gn15:01 | הדין ולית לי חול' לעלמא | דאתי | או דילמא דיזלון אחיהון או |
| 628 | | Dt32:39 | הדין ומחיי מיתי בעלמא | דאתי | אנה הוא דמחי ואנה הוא דמסי |
| 629 | | Gn24:65 | לעבדא מן הוא דא גברא | דאתי | באפיה ברא לקדמותן ואמר |
| 630 | | Nu23:10 | דלית ליה חולק לעלמא | דאתי | ברם אן מיית ^הוא#2^ בלעם |
| 631 | | Nu31:50 | מהוי עמה בגיהינם בעלמא | דאתי | דא תיקום לן ביום דינה רבה |
| 632 | | Gn38:25 | ספיא ולא ניקוד בעלמא | דאתי | דהוא אשא אכל' אשא טב לי |
| 633 | | Nu31:50M | עמא בגיהינם לעלמא | דאתי | היא תיקום לן |
| 634 | | Gn 4:07 | ישתרי וישתבק לך בעלמ' | דאתי | ואין לא תיטב עובדך בעלמא |
| 635 | | Gn49:22M | שותף עמה בגיהנם לעלמ' | דאתי | והוויין בנתיהון |
| 636 | | Ex 2:12M | בעלמא הדין ובעלמא | דאתי | וחמא והא לית גבר זכאי |
| 637 | | Dt33:06 | מייתין רשיעיה לעלמא | דאתי | ויהוון עולימוי עם |

|  |  |  |  |  |  |
|---|---|---|---|---|---|
| 638 | | Dt30:15M | חיי עלמא | דאתי | וית טובה דגן עדן וית |
| 639 | | Dt32:01 | ברם סופיהון בליין לעלמא | דאתי | וכן ישעיה נבייא פירש ואמר |
| 640 | | Lv18:29M | מן חיי עלמא | דאתי | ולא יחי להון חולק בגו |
| 641 | | Lv20:06M | יתיה מן חיי עלמא | דאתי | ולא יהיא ליה חולק ביני |
| 642 | | Dt 7:10 | למתפרעה מנהון לעלמא | דאתי | ולא משהי אגר טב לשנאוי עד |
| 643 | | Dt 7:10M | למישיציה יתהון לעלמא | דאתי | ולא משהי למשל{ו}<'> |
| 644 | | Ex15:12 | את תבע יתהון מנה לעלמא | דאתי | ופתחת ארעא ית פומא ובלעה |
| 645 | | Gn38:25 | קדם אבהתי צדיקיא בעלמא | דאתי | וקבילו מיני אחי ובית אבא |
| 646 | | Dt33:21 | ונפק בראשי עמא בעלמא | דאתי | זכותה דייי עבד וסדרי דינוי |
| 647 | | Gn 3:24 | וקיים כאילן חייא לעלמא | דאתי | טבא היא אוריתא לפלחי בעלמא |
| 648 | | Nu22:30 | הדין ולא אתייה לעלמא | דאתי | לית את יכיל למלוט יתי |
| 649 | | Ex15:12 | יתבע יתהון מנה לעלמא | דאתי | מן יד ארכנת ימינך ייי על |
| 650 | | Gn22:10 | ונדחי לגובה דחבלא בעלמא | דאתי | עיינוי דאברהם הוויין |
| 651 | | Gn 3:24 | למתפרעה מנהון לעלמא | דאתי | על די לא נטרו מצותה |
| 652 | | Gn15:17M | דמעתדא לרשיעיא לעלמא | דאתי | על די לא עסקו אולפן |
| 653 | | Gn 4:08 | מתפרעה מן רשעי' לעלמא | דאתי | על עסק פתגמא הדין הוון |
| 654 | דאתי' | Dt 7:10M | אגר מצוותה קלילן | דאתי' | בידיהון בעלמ' |
| 655 | דאתיהיבת | Nu21:19 | ומן | דאתיהיבת | להון בירא מתנה חזרת |
| 656 | דאתיחמת | Gn31:10 | והוה בשעתא | דאת«י»חמת | ענא ונטל«ת» עייני |
| 657 | | Gn30:41 | והוה בכל | דאתיחמת | ענה בכירתה ושוי יעקב ית |
| 658 | דאתילד | Gn21:05 | בר מאה שנין הוה בזמנה | דאתילד | לה ית יצחק בריה: |
| 659 | דאתילדו | Gn35:26 | אלין בנוי דיעקב | דאתילדו | לה בפדן דארם: |
| 660 | | Gn48:05 | וכדון תרין בניך | דאתילדו | לך בארעא דמצרים עד |
| 661 | דאתיליד | Gn21:03 | וקרא אברהם ית שם בריה | דאתיליד | ליה די ילדת לה שרה |
| 662 | דאתינא | Gn44:18 | רבונן הא בזמנא קדמאה | דאתינא | אמרת לן מן קדם ייי דחיל |
| 663 | | Gn44:18M | רבנן הא בזמנא קדמא | דאתינא | אמרת לן מן קדם ייי אנא |
| 664 | דאתינן | Gn44:18 | הלא מן זמנא קדמייא | דאתינן | לוותך הויית אמר לן |
| 665 | דאתית | Ex 5:23 | ומן זמנא | דאתית | לוות פרעה לממללה בשם ממרך |
| 666 | דאתכנש | Nu27:13 | לוות עמך אוף את היך מה | דאתכנש | אהרן אחוך: |
| 667 | | Nu33:39M | שנין הוה בזמנה | דמית/דאתכנש#2#/ | בהר טורא: |
| 668 | | Dt32:50 | בשלם לוות עמך היך מה | דאתכנש | בשלם אהרן אחוך בהור טורא |
| 669 | | Dt34:07 | מאה ועשרין שנין בזמנה | דאתכנש | לא כהיין עיינוי ולא |
| 670 | דאתכנשו | Gn15:01 | בתר פתגמיא האילין מן | דאתכנשו | כל מלכוותה דארעא וסדרו |
| 671 | | Gn49:02 | מן | דאתכנשו | תרין עשר שבטוי דיעקב |
| 672 | דאתכסי | Nu24:15 | גברה דיקיר מן אבוי מה | דאתכסי | מן כל נביאיה יתגלי עלוי: |
| 673 | דאתמול | Ex 4:10 | גבר מרי ממלל אנה לא מן | דאתמול | ולא מן דקדמוי לחוד מן |
| 674 | | Dt19:04 | לא הוה סני יתיה לא מן | דאתמול | ולא מן דקדמוי: |
| 675 | דאתמל | Gn31:02 | שיפין לקבליה לא הך | דאתמל | ולא היך דקדמוי: |
| 676 | | Gn31:05 | אנון שפין לקבלי לא היך | דאתמל | ולא היך דקדמוי ומימר אלהה |
| 677 | | Ex 5:14 | סכומכון למלבן לא היך | דאתמ«ל» | ולא היך דקדמוי לחוד |
| 678 | | Dt 4:42 | לא הוה סני יתיה לא מן | דאתמל | ולא מן דקדמוי ויערק לחדה |
| 679 | | Dt19:06 | הוה סני יתיה לא מן | דאתמל | ולא מן דקדמוי: |
| 680 | | Ex21:29 | ואין תור נגשן הוא מן | דאתמל | ומן דקדמוי ויתאסהד במרוי |
| 681 | | Ex21:36 | ארום תור נגשן הוא מן | דאתמל | ומן דקדמוי ולא ינטר יתה |
| 682 | דאתמנע | Gn41:49 | דימא סגין לחדא עד זמן | דאתמנע | מן לממני ארום לא הוי סכום |
| 683 | דאתני | Gn41:32 | ועל | דאתני | חלמא לפרעה תרתין זמנין |
| 684 | דאתנצון | Ex17:07M | בית נסיונ' ומצותא על | דאתנצון | בני ישראל ועל דנסי |
| 685 | דאתסיאת | Nu12:16 | מן אתריהון עד זמן | דאתסיאת | מרים נביאתה מן צרעתה |
| 686 | דאתסיית | Nu12:16M | מצרעתה ומן בתר | דאתסיית | נביאת{י}ה מן מצרעתה |
| 687 | דאתעבד | Ex38:24 | {{ובארגוון}} כל דהבא | דאתעבד | לעבידתה בכל עבידת |
| 688 | דאתעקד | Lv22:27 | זכותא דגברא יחידה | דאתעקד | על חד מן טוריא היך אמר |
| 689 | דאתערע | Gn49:01M | דהוי מתני להון כל מה | דאתערע | דיערא להון בסוף יומ<י>א |
| 690 | דאתפקד | Ex34:34 | עם בני ישראל ית מה | דאתפקד: | |
| 691 | דאתפרש | Gn13:14 | דייי אמר לאברם מן | דאתפרש | לוט מן לוותה טול כען |
| 692 | | Lv 4:10M | מתורה דנכסת קודשיה | /דאתפרש | מן תור נכיסת קוד'#2#/ |
| 693 | דאתפתח | Gn49:01 | ליה רזא אתכסי מנה ומן | דאתפתח | ליה תרעא אטרד מנה ענה |
| 694 | דאתקבלון | Ex24:11 | חדיין על קרבניהון | דאתקבלון | היך אכלון והיך שתין: |
| 695 | דאתקטל | Gn 4:23 | דפומי ארום לא גבר קטלת | דאתקטל | מן בגללה ולא עולם חבלת |
| 696 | דאתקינו | Dt19:14 | תֿארע תחומא דחברך מה | דאתקינו | קדמייה באחסנתכון די |
| 697 | דאתקרבת | Nu28:06 | עלה תדירה היך מה | דאתקרבת | על טורא דסיני לריח |
| 698 | דאתקרי | Gn49:15M | \מן שירויא /בית מקדש' | דאתקרי | בית מנוח#2#/ ארום טב |
| 699 | דאתר' | Nu21:06M | וינכת לעמה אליין | דאתר' | |
| 700 | דאתרבין | Nu 3:03M | כהניה די | מרבין/דאתרבין#2#/ | די אשלמו קרבן |
| 701 | דאתרחצו | Dt32:37 | אן אלהא דישראל תקיפה | דאתרחצו | ביה: |
| 702 | דאתרעית | Gn33:10 | מלאכין מן קדם ייי | דאתרעית: | |
| 703 | דאתרעמו | Nu21:06M | וינכת לעמה אליין | דאתר<עמו> | |
| 704 | | Nu16:11M | וכל עמא דכנשתך אליין | דאתרעמו | על יקר שכינתה דייי |
| 705 | | Nu21:06 | על מזונה וישלט בעמא | דא«ת»רעמו | על מזוניהון בגין כדן |
| 706 | | Nu27:03 | לא הוה בגו עם כנשתה | דאתרעמו | קדם ייי בעצתה דקרח ארום |
| 707 | דב' | Gn15:03M | לי לא יהבת בנין/זרע | דב'#2#/ | והא בר בתי ירית יתי: |
| 708 | | Dt12:07M | \די ברך /מן מה | דב'#2#/ | יתכון ייי אלהכון: |
| 709 | דבישראל | Nu18:14 | כל אפרשו | דבישראל | דידך יהווי: |
| 710 | דבא' | Dt31:12M | בארעכון /וגייורא | דבא'#2#/ | מן בגלל די ישמעון |
| 711 | דבאיסודי | Nu 5:17M | ומן עפרה דתחות טבלה | דבאיסודי | משכנה |
| 712 | דבאפי | Gn 2:05 | וכל אילניא | דבאפי | ברא קדם עד לא יהוי בארעא |
| 713 | | Gn 2:05 | יהוי בארעא וכל עשביא | דבאפי | ברא עד לא יצמח ארום לא |
| 714 | | Gn 3:18 | כבעירא למיכ' עשבא | דבאפי | ברא נקום כען ונלעי ומן |
| 715 | | Gn 3:18 | תרבי לך ותיכל ית עשבא | דבאפי | ברא עני אדם ואמר בבעו |
| 716 | | Ex 9:25 | וית כל {עשבא} אילנייא | דבאפי | ברא תבר: |
| 717 | | Ex 9:25 | ועד בעיר' וית כל עשבא | דבאפי | בר{ד}א שיצי ברדא וית כל |
| 718 | | Gn 3:01M | חכים מן כל חייתא | דאפי/דבאפי#2#/ | ברה די ברא ייי אלהים |
| 719 | | Lv26:22M | בכון ית חיוותה | דאפי/דבאפי#2#/ | ברה ותתכל יתכון |
| 720 | דבאפי' | Ex23:11M | \חיית ברא /לחיותא | דבאפי' | ברא#2#/ כדין תעבדון |
| 721 | דבגוה | Gn15:17 | שלה{ין}<בין#2#> דאשה | דבגוה | נפלו רשיעי' על דמרדו |
| 722 | דבגללהון | Nu22:30 | דאברהם דיצחק ויעקב | דבגללהון | אתברי עלמא מן ראש |
| 723 | דבה | Gn11:01 | בית קדשה הוון משתעין | דבה | אתברי עלמא מן שרויה: |
| 724 | | Nu12:12 | מנן צלי על בשרה מיתה | דבה | ויחי למה עבד ית זכותה: |
| 725 | | Lv14:32 | דא אורייתא גזירת דמן | דבה | מכתש צרעה די לא ארעת ידה |
| 726 | דבהון | Nu13:02 | תשלחון כל רברביה | דבהון: | |
| 727 | | Nu23:10 | תיהוי אחריתה כזעירה | דבהון: | |
| 728 | | Ex20:11 | ארעא ית ימיה וית כל מה | דבהון | והוה שבא ונייח קדמוי |
| 729 | | Gn41:56 | ופתח יוסף כל אוצריה | דבהון | וזבן למצרים ותקף כפנא |
| 730 | | Gn14:05 | דקרנים וית זיותניה | דבהון | וית אמתניה דהוון שריין |
| 731 | | Lv14:40M | ויטלקון ית אבנייה | דבהון | מכתשה למברה לקרתה דאיהוא |
| 732 | דבזכו' | Gn31:22M | ארום אזל יעקב חסידא | דבזכו' | הוון מיא טיפין מ{יא}<ן> |
| 733 | דבזכותה | Nu21:01 | אסתלקת מרים נביאתה | דבזכותה | הוות בירה סלקה להון ארום |
| 734 | דבחיין | Lv16:20 | מדבחה ויקרב ית צפירה | דבחיין: | |
| 735 | | Lv14:06M | צפרתה | דבחיין | באדמה צפרתה דנכיסה על |
| 736 | | Lv14:52M | חייתה ובקיסה /ובצפרתה | דבחיין | וב'#2#/ דארזא ובאזובא |
| 737 | | Lv16:21 | ידוי על ראשה דצפירה | דבחיין | ויתודי עלוי ית כל חובהון |
| 738 | | Lv14:06M | ית צפרה | חייתה/דבחיין#2#/ | יסב יתה וית קיסה |
| 739 | | Lv14:53M | \צפרה חייתה /צפורתה | דבחיין#2#/ | לבר מן קרתה לאפי ברה |
| 740 | | Gn 9:03M | דחיין לכון /כל רמס | דבחיין | לכון#2#/ יהווי למיכל |
| 741 | דבי | Lv13:57 | תוקדון יתיה ית מנה | דבי | מכתשה: |
| 742 | דבידינן | Nu31:49M | ע{מ}<ב>די קרבה | דבידך/דבידינן#2#/ | ולא אסתכם מינהון |
| 743 | דבידן | Nu31:49 | עמא ע{מ}<ב>די קרבה | דבידן | ולא אסתכם מינהון בר נש: |
| 744 | דביה | Nu 4:16 | סכום כל משכנה וכל מה | דביה | בבית קודשה ובמנוי: |
| 745 | | Gn23:17 | קדם מימרא חקלא ומערתא | דביה | וכל אילנא די באפיה ברא די |

|  |  |  |  |  |  |
|---|---|---|---|---|---|
| 746 | | Lv 8:10 | וית כל מנוי וית כל מה | דביה | וקדש יתהון: |
| 747 | | Ex40:09 | ית משכנה וית כל מה | דביה | ותקדש יתי׳ וכל מנוי ויהוי |
| 748 | | Lv11:33 | יפול מנהון לגוויה כל מה | דביה | יסתאב ויתיה תתברון: |
| 749 | | Gn23:20 | וקמת חקלא ומערתא | דביה | לאברהם לאחסנות דקבורה |
| 750 | | Gn23:11 | חקלא יהבית לך ומערתא | דביה | לך אתן יתה לקבל בנוי דעמא |
| 751 | | Gn23:11 | חקלא יהבית לך ומערתא | דביה | לך אתן יתה לך קבר ביתך |
| 752 | | Dt33:06 | ולא ימות במותנה תניינה | דביה | מייתין רשיעיה לעלמא דאתי |
| 753 | | Lv13:54 | כהנא «ויחוורון ית מנה | דביה | מכתש׳» ויטרוד יתה שבעה |
| 754 | | Gn49:32 | קניין חקלא ומערתא | דביה | מן בנוי דחת: |
| 755 | דבייתה | Lv14:35M | וייתי \מריה דבייתה /דן | דבייתה | דידה#2#/ ויתני לכהנא |
| 756 | דביני | Gn38:25 | לא מפרסייה ברם שהדי | דביני | לביניה הוא יתן בליביה |
| 757 | דבירה | Dt 2:06 | מזבון מן לוותהון | דבירה | דמיא סלקא עמכון לראשי |
| 758 | דבכון | Ex35:10 | וכל חכים ליבא | דבכון | ייתון ויעבדון ית כל מה די |
| 759 | דבלעת | Gn14:02 | דצבוי׳ ומלכא דקרתא | דבלעת | דיירי היא זער: |
| 760 | | Gn14:08 | דצבוים ומלכה דקרת<ה> | דבלעת | דייריה היא זער וסדרו |
| 761 | דבמימריה | Lv22:09M | יתכון /הוא ייי | דבמימריה | מקדש יתהון#2#/: |
| 762 | דבממרי | Lv21:08M | יתכון /בממרי אנה ייי | דבממרי | מקד׳ יתכון#2#/: |
| 763 | | Lv20:08M | דקדשת יתכון /הוא ייי | דבממרי | מקדש ית#2#/: |
| 764 | | Lv21:15M | דקדשת יתהון /הוא ייי | דבממרי | מקדש יתיה#2#/: |
| 765 | | Lv21:23M | דקדשת יתהון /הוא ייי | דבממרי | מקדש יתיה#2#/: |
| 766 | דבמשכן | Lv 4:18M | "די קדם ... זימנא": | דבמשכן | זמנא די מן קדם ייי |
| 767 | דבנה | Dt20:05 | למימר מן הוא דן גברא | דבנה | בית חדת ולא שכליל יתיה |
| 768 | דבנו | Nu32:38 | בשמהן ית שמהת דקוריין | דבנו: | |
| 769 | | Gn11:05 | למחמי ית קרתא וית מגדלא | דבנו | בני אנשה: |
| 770 | דבסוף | Gn25:23M | "קדם זעירא": מן בגלל | דבסוף | מלכותא דעשו ואח{ר}<ד> |
| 771 | דבסיבותיה | Lv22:27 | זכותיה דגברה מדנחייה | דבסיבותיה | אתברך בכולה ורהט |
| 772 | דבסיפי | Nu20:16 | והא אנן ברקם קרתה | דבסיפי | תחומך: |
| 773 | דבעון | Gn20:13M | "כד ... <לאטעאה>": כיון | דבעון | אומיא דארעא |
| 774 | דבעמ׳ | Ex23:11M | ותיכלון יתי׳ מסכנייה | דבעמ׳ | ומ׳ |
| 775 | דבעמה | Lv21:04 | לא יסתאב רבה | דבעמה | דלא יפס ית כהנתא: |
| 776 | דבעמכון | Ex22:24M | לעמי׳ ית מסכיניי׳ | דבעמכון | לא תהוון לכון מ{י}רי |
| 777 | | Lv21:04M | דלא יפס ית כהנתא | /דבעמכון | למפסה כליל בה#2#/: |
| 778 | דבערה | Gn15:17M | הוה אברם והא גהינם | דבערה | כאתונה בשביבין דינור |
| 779 | דבקירויכון | Dt14:27M | וליויי \די | בקורייכון/דבקירויכון#2#/ | לא תשבקון יתהון |
| 780 | דבקר׳ | Ex33:07M | משכנה זמנה ויהווי כל | דבקר׳ | אולפן |
| 781 | דברא | Gn 5:02 | וקרה ית שמהון אדם ביומא | דברא | {ד} יתהון: |
| 782 | | Gn 2:04 | באיתבריותהון ביומא | דברא | ייי אלהים שמיא וארעא: |
| 783 | | Dt32:18M | ית ממר אלהה די | שכלל/דברא#2#/ | יתכון ועבד יתכון |
| 784 | | Gn21:33M | למיתן שבחא למרי/למן | דברא#2#/ | עלמא ופלח וצלי בשם ממרי |
| 785 | דברחמין | Gn 4:08M | מסתכל אנה \דלא | ברחמי׳/דברחמין#2#/ | איתברי עלמא ולא על |
| 786 | דבריך | Dt33:01M | ודא ברכתה \די | ברך/דבריך#2#/ | משה נביא דייי ית |
| 787 | דברית | Gn 3:09 | ואמר ליה הא כל עלמא | דברית | גלי קדמי חשוכה ונהורה גלי |
| 788 | | Gn 3:22 | ייי אלהים הא אדם קדמיה | דברית | יתיה יחידיי בעלמא היך מה |
| 789 | | Nu12:07 | עבדי מש׳ בכל עולמי | דברית | מהימן הוא: |
| 790 | דברך | Gn48:12 | ואפק יוסף יתהון מן | דברך | יתהון {ואר} ואשתטחו קדמוי |
| 791 | | Dt33:28 | לבלחודיהון מעין ברכתה | דברך | יתהון יעקב אבוהון לארע |
| 792 | | Gn27:04M | ואכול מן בגלל די | תברך/דברך#2#/ | יתך נפשי קדם עד לא |
| 793 | דברכיה | Gn33:14M | ואגר בירכתא רברבתא | דברכיה | אבא בעלמא הדין קדם עבדיה |
| 794 | דבשמיא | Gn21:33M | להון צלון קדם אבוכון | דבשמיא | דמן דידיה אכלתון ומן |
| 795 | דבת׳ | Nu17:06M | ישראל מן יומא | דמן בתרה/דבת׳#2#/ | על משה ועל אהרן |
| 796 | דבתחומיהון | Nu21:20 | יתגנזת מנהון בחלתה | דבתחומיהון | דמואביי ריש רמתה והא |
| 797 | דבתרין | Nu22:39M | מרישה /ואתון לקרתה | דבתרין | שוקה היא בית דיב׳#2#/: |
| 798 | דגבייה | Lv22:22 | דסמי או דתביר או | דגבייה | או נסיס או דמלי חזזיין לא |
| 799 | דגזל | Lv 5:23 | ויתחייב ויחזר ית גזלה | דגזל | או ית עיציה די עצה ית חברא |
| 800 | דגזלו | Gn21:25 | על עיסק בירא דמיא | דגזלו | עבדוי דאבימלך: |
| 801 | דגלי | Ex16:08M | בצפר׳ למשב{עו}<וע> | דגלי | קדם ייי תורעמנתכון דאתון |
| 802 | דגרמו | Lv26:29 | חובייה ותקיפין חטאיה | דגרמו | לאבהתן בירושלם למיכל בשר |
| 803 | דדא | Gn29:27M | \משתותא דא /משתיא | דדא#2#/ | ואתן לך אף/לחוד#2#/ ית |
| 804 | דדאן | Gn18:25M | דדיינן כל /דיינה | דדאן | כל#2#/ דיירי ארעא לא יעבד |
| 805 | דדבית | Nu23:07 | אתא לוט לי | ^דדבית#2#^ | יעקב ואתא זעיר לי דבית |
| 806 | דדבר | Gn24:48 | קדם אלהה דריבוני אברהם | דדבר | יתי באורחא דקושטא למסבה ית |
| 807 | | Gn48:15 | אברהם ויצחק ייי | דדבר | יתי מן טליותי עד יומא |
| 808 | דדחל | Dt20:08 | עמא ויימרון מן הוא גברא | דדחל | מן חובוי וליביה תביר על |
| 809 | | Ex32:26 | בתרע משריתה ואמר מן | דדחל | מן קדם ייי ייתי לוותי |
| 810 | דדידיה | Gn49:10 | דייתי מלכא משיחא | דדידיה | היא מלכותא וליה ישתעבדון |
| 811 | דדיינן | Gn18:25 | למעבד פתגמא הדין דיינא | דדיינן | כל דיירי ארעא לא יעבד |
| 812 | דדיכרה | Lv27:05 | ^שנין#2#^ ויהוי עלויה | דדיכרה | עשרין סלעין ולנקבתה עשרין |
| 813 | דדין | Lv27:29M | רחמין מן קדם ייי מטול | דדין | קטול מתחייב איתקטלא |
| 814 | דדכי | Nu18:11 | ולבנתך עמך לקיים עלם כל | דדכי | באינשי ביתך יאכל יתה: |
| 815 | | Lv 7:19 | בנורא יתוקד ובשרה כל | דדכי | יכול בשרה: |
| 816 | | Dt14:11M | ישראל כל צפר | דדכיה/דדכי#2#/ | תאכלון: |
| 817 | | Dt14:20 | עמי בני ישראל כל עוף | דדכי | תאכלון: |
| 818 | דדכיה | Dt14:11 | עמי בני ישראל כל צפר | דדכיה | תאכלון: |
| 819 | דדכרית | Ex31:02M | "דמנית ... טב": | דדכרית | וקריית בשום טב מן יומי |
| 820 | דדמ׳ | Lv15:24M | וכל מדמוך \די | ידמוך/דדמ׳#2#/ | עלוהי יסתאב: |
| 821 | דדמוך | Lv15:20M | וכל \מה#2#/ \די | תדמוך/דדמוך#2#/ | עלוי ברחוק נדתה |
| 822 | | Lv15:26M | מדמוך \די | תדמוך/דדמוך#2#/ | עלוי כל יומי דובה |
| 823 | דדמי | Lv19:14M | ולקדם אכסנייה | דדמי | לסמיא לא תשוון תקלה |
| 824 | דדמיך | Lv15:04M | כל מדמך די | ידמך/דדמיך#2#/ | עלוי דיבה/דובה#2#/ |
| 825 | דדמכה | Dt13:07M | \את{ה}<ת> חובך /אתתה | דדמכה | חובך או {עובך} <חברך> |
| 826 | דה׳ | Gn44:01M | \למן דהוה /ית דן | דה׳#2#/ | ממנא אפיטרופוס על \ |
| 827 | דהא | Lv22:27 | ומן יד אתבש«ר» לשרה | דהא | שרה ילדה ליצחק ומן בתר |
| 828 | | Dt 4:05 | חמון | דהא | אלפית יתכון קיימין וסדרי |
| 829 | | Dt11:26 | חמון | דהא | אנה כען סדר קדמיכון יומא |
| 830 | | Gn44:19 | ענה יהודה ואמר דלמה | דהא | גבורתא מן דבית אבה היא ודן |
| 831 | | Dt 1:08M | חמון | דמסרית/דהא | מ׳#2#/הא יהבית#2#/ |
| 832 | | Gn44:18M | דכן בגלל בנימן אחונ׳ | דהא | ממנין שבטיי׳ ואית ליה |
| 833 | | Dt 1:21 | חמון | דהא | מסר ייי אלהיכון |
| 834 | | Dt 2:24 | ית נחלה דארנונה חמון | דהא | מסרית בידיכון ית סיחון |
| 835 | | Dt 2:31 | ואמר ייי לי אמר משה חמי | דהא | שריית לממסר קדמך ית סיחון |
| 836 | דהבינן | Lv22:27M | "דהוויין ... ופטרין": | דהבינן | מקרבי{נ}ן קדמך כל שנה |
| 837 | דהו׳ | Dt 6:04 | או דלמה לטעוות לבן | ^דהו׳#2#^ | דאמה פלח אתון פלחין או |
| 838 | דהוא | Gn27:29 | בשלמך כל בנוי דלבן | דהוא | אחוי דאמך מ{ה}<ן> דלייט |
| 839 | | Gn38:25 | ולא ניקוד בעלמא דאתי | דהוא | אשא אכל׳ אשא טב לי בהית |
| 840 | | Gn32:03 | משרין דעשו אחי אינון | דהוא | אתי לקדמותי} או משרין |
| 841 | | Gn32:03 | דמלאכין דעשו אחי אינון | דהוא | אתי לקדמ׳ או משרין דמלאכין |
| 842 | | Gn25:06M | יצחק בריה עד | הווה/דהוא#2#/ | בחיין \רועיבר#2#/ |
| 843 | | Gn21:17 | בקל צלותיה דטליא באתרא | דהוא | ביה: |
| 844 | | Gn49:21 | קליל מבשר בשורן טבן | דהוא | בשר לאבונן יעקב מן שירויה |
| 845 | | Lv 5:24M | יוסף#2#/ עלוי למן | הוא/דהוא#2#/ | דידיה יתן יתיה ביומא |
| 846 | | Nu 9:13M | וגברא די | יהווי׳^דהווי#2#^/דהוא#2#/ | דכי ובארח |
| 847 | | Nu35:22 | יתיה או טלק עלוי כל מן | דהוא | דלא בכמנה: |
| 848 | | Nu35:31 | ממון על נפש דקטול | דהוא | חייב למתקטלה ארום מתקטלה |
| 849 | | Gn49:21 | מפלטורין דיוסף וכיון | דהוא | מבשר פמיה בכנישתיהון |
| 850 | | Ex22:30 | בר עממיא תטלקון יתיה | דהוא | מדמי לכלבא: |
| 851 | | Lv19:14M | דלא שמע לקדם אכסנייה | דהוא | מדמי לסמייה לא תשוון |
| 852 | | Dt27:18M | דמטעה אכסנייה באורחה | דהוא | מדמי לסמייה ויענון |
| 853 | | Dt29:17 | גבר דלביה מהרהר בחטא׳ | דהוא | מדמי לשריש קביע בארעא ארום |

ד–

|  |  | | | |
|---|---|---|---|---|
| 854 | Dt33:03 | דמלאכין קדישין דאפעלגב | דהוא | מייתי עליהון יסורין סגין |
| 855 | Dt33:16 | דגברא ^יוסף#2#^ | דה{א}{ו}<א | מלך ושליט בארעא דמצרים |
| 856 | Gn44:18 | דכן בגלל בנימן אחונן | דהוא | ממניין שבטייא ואית ליה |
| 857 | Gn44:19 | היא ודן חיילא רבא על | דהוא | מן עילעא דאבהא אין לא הווה |
| 858 | Nu 1:08M | מן שבטה דבנוי דיוסף | דהוא | מן שבטה דבנוי דאפ#2#/ |
| 859 | Nu 1:10M | /מן שבטה דבנוי דיוסף | דהוא | מן שבטה דבנוי דא#2#/ |
| 860 | Nu 1:32M | מן שבטה דבנוי דיוסף | דהוא | מן שבטה דבנוי דאפרים |
| 861 | Nu13:11M | \דמנש' גדי בר סוסי | /דהוא | מן שבטה דבנוי דמנשה#2# |
| 862 | Dt33:17 | בר נון מן אימוראי | דהוא | מן שבטה דבנוי דאפרים |
| 863 | Dt33:17 | בר יואש מן מדייניי | דהוא | מן שבטה דבנוי דמנשה: |
| 864 | Dt 3:02M | למחווייה יתיה לדרייה | דהוא | מסר יתיה בידי בנוי |
| 865 | Ex21:21M | \ארום זבינת כספא הוא | /דהוא | משתעבד ליה ולברי' ולבר |
| 866 | Gn44:18 | על חד כמה וכמה על אחונן | דהוא | מתמני עמין מן שבטיא ומקבל |
| 867 | Gn49:01 | רזא אתכסא מינה סברין | דהוא | מתני להון קץ פורקנא ונחמתא |
| 868 | Nu24:04M | מתנבא על נפשיה | דנפיל/דהוא | נפ#2#/ בחרבא וסוף |
| 869 | Gn38:25 | טב לי בהית בעלמא הדין | דהוא | עלם עבו{ד}<ר> ולא נבהית קדם |
| 870 | Gn28:11M | חדא ביהוא זמנא ידע | דהוא | עתיד למיסב ארבע נשין |
| 871 | Gn49:18 | בר יואש סכיית נפשי | דהוא | פורקן שעה ולא לפורקניה |
| 872 | Gn49:18 | בר מנוח סכיית נפשי | דהוא | פורקן עבור אלא לפורקניה |
| 873 | Lv11:26 | לכל בעירא | דהוא | פריס פרסה וטלפין לית היא |
| 874 | Lv19:18 | אזלין בתר לישנא תליתייה | דהוא | קש' כחרבא מחי מן תרין |
| 875 | Gn27:09 | תבשילין לאבוך היך מה | דהוא | רחים: |
| 876 | Ex15:01M | ייי \דכל מן דמתגאי | /דהוא | רם על רמיא ומתגאה על |
| 877 | Nu34:23M | מן שבטה דבנוי דיוסף | דהוא | שבטה דבנוי דמ' |
| 878 | Nu11:26M | עלמא ויהושע בין נון | דהוא | שמשא מקבל נביתה מן בתרה |
| 879 | Dt14:28 | עללתכון בשתה תליתיתה | דהוא | שנת מעשר מסכינייה ותצנעון |
| 880 | Ex18:05 | ואתתיה לוות משה למדברא | דהוא | שרי תמן דתמן שריא איקר |
| 881 | Dt 6:04 | עשו אחי דלמה לטעוות | דהוה | אבוי דאברהם פלח אתון |
| 882 | Gn49:01 | ומקפן לדרגש«ה» דדהבא | דהוה | אבונן יעקב רביע בגוויה מן |
| 883 | Gn 2:19 | מה הוא קרא ליהון וכל מה | דהוה | אדם קרי ליה בלשן בית קדשה |
| 884 | Gn13:05 | ולחוד ללוט | דהוה | אזל עם אברם הוה ען ותורין |
| 885 | Nu24:01 | ישראל ולא אזל היך מה | דהוה | אזל בכל זמן למשאליה בדכריה |
| 886 | Gn 2:09 | גנתה ואילן דעתה דכל מן | דהוה | אכל מנה ידע למפרשה בין טב |
| 887 | Gn 2:17 | ומן אילן דעתה דכל מן | דהוה | אכל מינה ידע למפרשה בין טב |
| 888 | Gn39:06 | מאן דעם ארום אלהן לחמא | דהוה | אכל והוה יוסף יאי ברווה |
| 889 | Gn40:18 | ליה יוסף היך מה | דהוה | אמר באפוי ואמר ליה יוסף |
| 890 | Gn44:04 | לא ארחקו ויוסף אמר למן | דהוה | אפיטרופוס על בייתיה קום |
| 891 | Ex 1:05 | שבעין נפשן ויוסף | דהוה | במצרים: |
| 892 | Ex 9:25 | ארעא דמצרים ית כל מה | דהוה | באפי ברא מן בני אינשא ועד |
| 893 | Gn15:01 | יתי או דלמא מצוון קלילן | דהוה | בידי בזימנא קדמיה דנפלו |
| 894 | Gn30:29 | פלחת קדמ{ת}<ך> וית מה | דהוה | בעירך קדמיי ותק«י»ף |
| 895 | Ex32:25 | ארום פרעו כלילא דדהבא | דהוה | ברישיהון דהוה שמה מפרשה |
| 896 | Gn28:10 | שמשא דלא באשונא מן בגלל | דהוה | דבירא מתחמד לממלל' {ליה} |
| 897 | Nu 9:08 | הוה משה ממתין מן בגלל | דהוה | דהוון דיניהון דיני נפשין |
| 898 | Ex 9:20M | "מן דחל ... ייי": איוב | דהוה | דחיל מן פתגמ' דייי |
| 899 | Ex 9:20M | מן דחל/דן | דהוה | דחל#2#/ מן קדם ייי מן |
| 900 | Lv24:12M | משה מתי{י}ן מן בגלל | דהוה | דינהון דיני נפשן ומסאבין |
| 901 | Nu15:34 | הוה משה זריז מן בגלל | דהוה | דיניהון דיני ממון ובמקוששה |
| 902 | Gn15:01 | עלך למקטל ממרי תרום לך | דהוה | הוה מגן לך בעלמא הדין |
| 903 | Gn39:23 | מן דעם מן בתרה מן בגלל | דהוה | ייי עמיה וכלמה דהוה עבד |
| 904 | Dt25:18 | והוון מקטלין בכון כל | דהוה | לביה מהרהר מן בתר ממרי |
| 905 | Nu16:33 | ונחתו אינון וכל מה | דהוה | להון חיין שאול וכסיית |
| 906 | Gn13:01 | הוא ואתתיה וכל מה | דהוה | ליה ולוט עמה לדרומה: |
| 907 | Gn39:05 | על ביתיה ועל כל מה | דהוה | ליה וברך ייי ית ביתיה |
| 908 | Gn46:01M | ונטל ישראל וכל | מה דיליה/דהוה | ליה#2#/ ואתא |
| 909 | Gn30:30 | ארום קליל בעיר | דהוה | לך קדמיי ותקף וסגה וברך |
| 910 | Ex10:29M | יהיב במדין לא מן סוף | דהוה | לך רחמין הוינא מצלי עליך |
| 911 | Gn21:33 | זעיין מן תמן עד זמן | דהוה | מגייר יתהון ומילף יתהון |
| 912 | Dt32:03 | ית שמה קדיש' עד זמן | דהוה | מחנך פמיה בעשרין וחדה |
| 913 | Nu21:34 | ואמר הלא דין הוא עוג | דהוה | מחסד לאברהם ושרה ואמר |
| 914 | Gn44:01 | ופקיד למן | דהוה | ממנא אפיטרופוס על בייתי |
| 915 | Gn43:16 | ית בנימן ואמר למן | דהוה | ממני אפיטרופו«ס» על |
| 916 | Gn43:19 | וקרבו לוות גברא | דהוה | ממני על פלטורין דיוסף |
| 917 | Nu 2:07 | דבנוי דזבולן ^^ורבה | דהוה | ממני על משרית שבטה |
| 918 | Nu 2:10 | דרומה לחיילוותהון ורבה | דהוה | ממני על שבטה דבנוי דראובן |
| 919 | Nu 2:12 | שבטה דבנוי דשמעון ורבה | דהוה | ממני על משרית שבטה דבנוי |
| 920 | Nu 2:14 | ושבטה דבנוי דגד ורבה | דהוה | ממני על משריית שבטה דבנוי |
| 921 | Nu 2:18 | מן מערבה ורבה | דהוה | ממני על משרית שבטה דבנוי |
| 922 | Nu 2:20 | עלוי שבטה דמנשה ורבה | דהוה | ממני על משרית שבטה דמנשה |
| 923 | Nu 2:22 | דבנוי דבנימין ורבה | דהוה | ממני על משרית שבטה דבנימן |
| 924 | Nu 2:25 | צפונה לחיילוותהון ורבה | דהוה | ממני על משרית שבטה דבנוי |
| 925 | Nu 2:27 | לה רבה דבנוי דאשר ורבה | דהוה | ממני על משרית שבטה דבנוי |
| 926 | Nu 2:29 | ושבטה דנפתלי ורבה | דהוה | ממני על משרית דשבטה דבנוי |
| 927 | Nu 3:32 | ורבה | דהוה | ממני על רברבני ליוויי |
| 928 | Nu10:14 | לחיילוותהון ורבה | דהוה | ממני על חיילוות שבטה דבנוי |
| 929 | Nu10:18 | דראובן לחילוותהון ורבה | דהוה | ממני על חיילוותיה שבטה |
| 930 | Nu10:22 | דאפרים לחילוותהון ורבה | דהוה | ממני על חילוות שבטה דבנוי |
| 931 | Nu10:25 | משריתה לחילוותהון ורבה | דהוה | ממני על חילוותיה אחיעזר |
| 932 | Dt 1:27 | במשכנכון ואמרתון על מה | דהוה | ממרה דייי סני יתן אפק יתן |
| 933 | Ex 5:13 | סכום יום ביומא היך מה | דהוה | מתיהב לכון תבן: |
| 934 | Ex20:02 | דבורייא קדמיא | דהוה | נפיק מן פום קודשא יהא שמה |
| 935 | Nu24:16 | והוה מתנבא על נפשיה | דהוה | נפל בחרבה וסוף נבואתיה |
| 936 | Gn39:03 | ייי הווה עמיה וכל מה | דהוה | עבד הוה ייי מצלח על ידוי: |
| 937 | Gn39:23 | דהוה ייי עמיה וכלמה | דהוה | עבד הוה ייי מצלח על ידוי: |
| 938 | Ex14:25 | ישראל ארום דין הוא ייי | דהוה | עבד להון נצחני קרביהון עד |
| 939 | Ex18:14 | וחמא חמוי דמשה ית כל מה | דהוה | עבד לעמ«א» ואמר מה פתגמא |
| 940 | Ex33:08 | ומסתכלין בתר משה עד | דהוה | עליל למשכניה: |
| 941 | Dt33:21 | קבור ויהווי היך מה | דהוה | עליל ונפק בראשי עמא בעלמא |
| 942 | Gn32:14M | מה \דאיתי בידי דורון | /דהוה | עמה דו'#2#/ לעשו אחוי: |
| 943 | Gn 7:23 | ואשתיר לחוד נח ומן | דהוה | עמיה בתיבותה: |
| 944 | Gn20:16 | ליליא חד ולכל מאן | דהוה | עמיך ועל כולא |
| 945 | Ex11:05 | דמצרים מן בכורא דפרעה | דהוה | עתיד למיתב על כורסי |
| 946 | Dt32:15 | וכפרו בדחלתיה דתקיפה | דהוה | פרק יתהון בשעת עקתהון: |
| 947 | Lv 1:01 | בליביה ואמר טורה דסיני | דהוה | קדושי' קדוש שעה חדה ורבויה |
| 948 | Gn45:01 | יוסף למסוברא לכל מאן | דהוה | קיים עלוי ואכרז ואמר אפקו |
| 949 | Dt32:01 | נבייה דקם מן בתרה בגין | דהוה | קרב לארעא ורחיק מן שמיא |
| 950 | Gn31:46M | לבנוהי | דהוה | קרי להון בלשון בית קודשא |
| 951 | Dt32:01 | נבייא משה בגין | דהוה | קריב לשמיא ורחיק מן ארעא |
| 952 | Lv26:13 | דמצריי מעילוויכון | דהוה | קשי עליכון היך ניר פרזלה |
| 953 | Gn49:23 | תליתיי בפליטורין דפרעה | דהוה | קשיא עלוי מן גירייא: |
| 954 | Gn27:14M | היך מה \דרחם אבו{ת}י | /דהוה | רחים אבוי#2#/: |
| 955 | Gn29:20 | קליל«י»ן מן רחמתא | דהוה | רחם יתה: |
| 956 | Gn24:02M | "דתפיס ... דלית": | דהוה | שליט בכל מה דאית ליה |
| 957 | Ex32:25 | דדהבא דהוה ברישיהון | דהוה | שמה מפרשה חקיק עליהון על |
| 958 | Ex33:06 | מני זייניהון מעילויהון | דהוה | שמה מפרשה חקיק עליהון מן |
| 959 | Gn40:12 | ופתר ליה יוסף היך מה | דהוה | שפר באפוי ואמר ליה יוסף |
| 960 | Dt 1:44M | ונפקו אמורייה | דשריין/דהוה | שרה#2#/ בטורא ההוא |
| 961 | Gn28:10 | עשרין שנין כל יומין | דהוה | שרי בחרן אלין חמישיתי |

דהוה

|  |  |  |  |  |  |
|---|---|---|---|---|---|
| 962 | | Nu21:01 | ושמע כנענאה מלכא דערד | דהוה | שרי בדרומה ארום אסתלק |
| 963 | | Dt 6:04M | לבן ^דהו׳#2#^/דהוה#2#/ | | דאמה/^<דא>מי#2#^ |
| 964 | דהוו | Gn44:18 | ולוי בכרכא דשכם | דהוו | בשלווה ועלו בגווה וקטלו כל |
| 965 | | Dt32:01 | ולשמייא שמעו ותריהון על | דהוו | דחילין מן לשמה קדישה קמו |
| 966 | | Nu 7:02 | רברבני שבטיה אינון | דהוו | ממנין על סכומיה: |
| 967 | | Dt29:14M | ייי אלהנא וית כל דריה | דהוו | מן יומי עלמא ודלא אתבריו |
| 968 | | Gn 4:08 | טבין הר׳ מדבר ועל | דהוו | עובדיי טבין מן דידך אתקביל |
| 969 | | Gn14:05 | אתא כדר לעומר ומלכיא | דהוו | עמה וקטילו ית גיברייה |
| 970 | | Gn24:59M | וית אנשוי/גוביר׳ | דהוו | תמן#2#/: |
| 971 | דהווא | Dt 4:46 | סיחון מלכהון דאמוריי | דהווא | שרי בחשבון מה די קטיל |
| 972 | דהווה | Gn27:15 | דעשו ברה רבה משבחיין | דהווה | בגו בייתה ואלבשת ליעקב |
| 973 | | Gn34:29 | שבו ובזו וית כל מה | דהווה | בגו בייתה: |
| 974 | | Dt11:06 | משכניהון וית כל קאמיה | דהווה | ברגליהון בגו עמא בני |
| 975 | | Gn49:02 | רביע בגוויה סברין | דהווה | גלי להון סדר ברכתא |
| 976 | | Nu 9:08M | /מתין#2#/ מן בגלל | דהוה/דהווה#2#/ | דהוון דיניהון דיני |
| 977 | | Lv27:24 | דזבן יתיה מן לוותה למן | דהווה | דידיה אחסנות ארעא: |
| 978 | | Lv24:12 | הוה משה זריז מן בגלל | דהווה | דיניהון דיני ממון במקוששה |
| 979 | | Nu 9:08M | זריז מן בגלל | דהוון/דהווה#2#/ | דיניהון דיני ממון |
| 980 | | Nu15:34M | משה מתין מן בגלל | דהווה | דיניהון דיני נפשה |
| 981 | | Gn39:05 | ברכתיה דייי בכל מה | דהווה | ליה בבייתיה ובאפיה ברא: |
| 982 | | Gn36:39 | ברתיה דגברא סרד«א» | דהווה | לעי במטרדה כל ימוי חיוי |
| 983 | | Gn21:33M | לא הוון זייעין מן תמן | דהווה | מגייר יתהון בשם ממריה |
| 984 | | Dt 3:02M | הלא הוא דן עוג רשיעא | דהווה | מחסר לאבהתן אברהם שרה |
| 985 | | Ex15:02M | להון דין הוא אבונן | דהווה | מינק יתן דבש מן כיפ׳ |
| 986 | | Nu10:16M | ועל/ורבה | דהווה | ממני על#2#/ חיילוות |
| 987 | | Nu10:19M | "ועל חיילוות": ורבה | דהווה | ממני על חילר׳ |
| 988 | | Nu10:20M | "ועל חיילוות": ורבה | דהווה | ממני על חיילוות |
| 989 | | Nu10:23M | \ועל חילוות /ורבה | דהווה | ממני על חיילוות#2#/ שבטה |
| 990 | | Nu10:26M | "ועל חיילוות{י}": ורבה | דהווה | ממני על חיילוות |
| 991 | | Dt33:17M | נון מן אימוראי | דהוא/דהווה#2#/ | מן שבטה דבנוי |
| 992 | | Nu21:09M | יתיה והווה כל מן | דהווה | מנכית בחווייה הוה מסתכל |
| 993 | | Nu21:20M | ומן | דהוות/דהווה#2#/ | סלקה עמהון לראשי |
| 994 | | Dt 9:28 | לארעא די מלל להון ועל | דהווה | סני יתהון <אפיק יתהון> |
| 995 | | Gn35:02 | לאנשי ביתיה ולכל מן | דהווה | עמיה עברו ית פלחנא נכריה |
| 996 | | Dt28:63 | ויהווי היך מה | דהווה | רעווה מן קדם ייי עליכון |
| 997 | | Dt 1:04 | וית עוג מלכא דבותנין | דהווה | שרי בעשת{ה}<ר>תה |
| 998 | | Dt 1:04 | עוג מלכיהון דאמוריי | דהווה | שרי בחשבון וית עוג מלכא |
| 999 | | Dt 3:02 | לסיחון מלכהון דאמוריי | דהווה | שרי בחשבון: |
| 1000 | דהווי | Nu 9:13M | וגברא די יהווי/^דהווי#2#^/דהוא#2#/ | | דכי ובארח |
| 1001 | דהוויי׳ | Gn48:22M | מן ידיהן דאמורא׳ | דהוויי׳ | טבין לי מן חרבי ומן |
| 1002 | דהוויין | Lv22:27 | לן קרב«נ»ינן מה | דהוויין | מקריבין ומתכפר על חובינן |
| 1003 | | Ex38:08M | <ד>נשייה צניעתה | דהוויין | צניען בתרע#2#/ משכן |
| 1004 | דהווינן | Nu13:32M | בגווה מרי עיינן | /דהווינן | חמיין תמן מרי עי׳#2#/ |
| 1005 | דהוויתון | Gn28:12 | קביעא בכורסיה איקרא | דהוויתון | מתחמדין למחמי יתה והא |
| 1006 | דהוויתי | Ex 3:14M | עלמ׳ אנא הוא | דהוויתי | בסעדכון בגלותא דמצראי |
| 1007 | דהוון | Gn21:33M | ולתהו{מ}<ב>ייא ומן | דהוון | אכלין ושתיין הוו בעין |
| 1008 | | Gn41:21 | וחזוויהן חשיך היך מה | דהוון | בקדמיתא ואיתעירית: |
| 1009 | | Gn31:39 | יתה מני את תבע יתה מה | דהוון | גנביא גנבין באיממא וחיות |
| 1010 | | Nu15:34 | הוה משה מתין מן בגלל | דהוון | דיני נפשן למלפה לדייניה |
| 1011 | | Lv24:12 | הוה משה מתין מן בגלל | דהוון | דיניהון דיני נפשן ובגין |
| 1012 | | Nu 9:08 | הוה משה זריז מן בגלל | דהוון | דיניהון דיני ממון במקוששה |
| 1013 | | Nu 9:08 | ממתין מן בגלל דהוה | דהוון | דיניהון דיני נפשין למלפה |
| 1014 | | Nu15:34M | הוה משה זריז מן בגלל | דהוון | דיניהון דיני ממון |
| 1015 | | Nu27:05 | הוה זריז מן בגלל | דהוון | דיניהון דיני ממון במקוששה |
| 1016 | | Nu27:05 | הווה משה מתין מן בגלל | דהוון | דיניהון דיני נפש למלפה |
| 1017 | | Gn24:32M | "גמליא": זממין דגמלין | דהוון | זמימי באורח דלא למיכל מן |
| 1018 | | Gn40:05 | די למלכא דמצרים | דהוון | חבושין בבית חבושין |
| 1019 | | Dt32:19 | יתיה עמה בני ישראל | דהוון | חביבין עלוי היך בנין והיך |
| 1020 | | Gn28:10 | וניסא רביעאה אבנא | דהוון | כל רעיא מתכנשין |
| 1021 | | Nu21:28 | {{קטילו כומריה}} | דהו{ן}<ו>ן | מדבחין קדם במתה |
| 1022 | | Nu21:29 | ספון אשתיצון עמא | דהוון | מדבחין קדם טעוותה כמוש |
| 1023 | | Gn13:07 | זממין בעירהון עד זמן | דהוון | מטין לבית: |
| 1024 | | Nu31:48 | וקרבו לוות משה סכומיה | דהוון | ממנין על סכומי חילוותה |
| 1025 | | Dt32:38 | וחמר ניסוכיהון | דהוון | מנסכין קדמוי יקום כען |
| 1026 | | Nu 9:06 | והוון גברין | דהוון | מסאבין בטמא נפש דבר נש |
| 1027 | | Nu20:21 | ישראל מעילוויהון | דהוון | מפקדין מן אבוהון דבשמיא |
| 1028 | | Ex38:08 | במחזיין דנשייא צדיקתא | דהוון | מצליין בתרע משכן זימנא: |
| 1029 | | Ex 1:12 | וכל | דהוון | מצערין יתהון בכדן הוון |
| 1030 | | Nu11:34 | ארום תמן קברו ית עמא | דהוון | מתחמדין: |
| 1031 | | Ex24:11M | עולמייא שפיריא | דהוון | מתמנן על בני ישראל |
| 1032 | | Gn39:22 | בבית חבושיה וית כל מה | דהוון | עבדין תמן הוא הוה עבד: |
| 1033 | | Ex34:01 | על לוחיא ית דבריא | דהוון | על לוחיא קדמייי די תברת: |
| 1034 | | Nu17:14 | אלפין ושבע מאה בר מן | דהוון | על עצתה דקרח: |
| 1035 | | Gn14:05M | ומלכיא | דהוו/דהוון#2#/ | עמה וקטילו ית |
| 1036 | | Gn32:08 | ועקת ליה ופלג ית עמא | דהוון | עמה ית ענה וית טוריא |
| 1037 | | Ex10:23M | הוות נהורא על | דהוון | עסיקי׳ בפיתגמי אורייתא |
| 1038 | | Gn24:31M | אתקנית עבידן קשיין | דהוון | קיימין בגווה מן פולחנא |
| 1039 | | Ex14:13 | בני ישראל בזמנא | דהוון | קיימין על ימא דסוף חדא |
| 1040 | | Gn14:05 | דבהון וית אמתניה | דהוון | שריין בגווה דקרתה: |
| 1041 | | Gn14:06 | וית חורייא | דהוון | שריין בטורא דגבלא עד |
| 1042 | | Gn14:07 | דעמלקיא ואף ית אמורי׳ | דהוון | שריין בעין גדי תמריא: |
| 1043 | | Gn47:21M | אעבר בקורייתא וית עמא | דהוון | שריין בקורייתא אעבר |
| 1044 | | Nu 2:17 | בגו משריתה היך מה | דהוון | שריין כדן הוון נטלין גבר |
| 1045 | | Nu32:39 | יתה וישיצון ית אימוריי | דהוון | שריין בגווה: |
| 1046 | | Gn47:21M | ועד סופיה וית עמא | דהוון | שרין במדינתא אעבר |
| 1047 | | Nu21:32 | ושיצון ית אמוריי | דהוון | שרין תמן: |
| 1048 | | Ex 4:19 | ארום מיתו כל גובריא | דהוון | תבעין ית בישתא דנפשך: |
| 1049 | | Ex10:29 | ארום מיתו כל גברייא | דהוון | תבעין ית נפשך ולא מן סוף |
| 1050 | | Nu19:18 | ועל כל מנייה ועל נפשתה | דהוון | תמן ועל כל דיקרוב בגרם או |
| 1051 | | Nu32:39M | שריין בגווה /אימוראי | דהוון | תמן#2#/: |
| 1052 | | Nu31:16M | תקלה/תוק׳#2#/ /הנין | דהוון | תקלה#2#/ לבני ישראל |
| 1053 | דהוות | Ex14:13 | לכון יומא הדין וכיתא | דהוות | אמרה נחזור למצרים אמר |
| 1054 | | Ex14:14 | וכיתא | דהוות | אמרה נסדר לקבליהון סדרי |
| 1055 | | Ex14:14 | נצחני קרביכון וכיתא | דהוות | אמרה נלוולי לקבליהון |
| 1056 | | Gn29:17M | "זקיפן ...": רכיכן על | דהוות | בכייא ומצלייה דלא תסוק |
| 1057 | | Nu21:19 | לנחלין מתגברין ומן | דהוות | לנחלין מתגברין חזרת |
| 1058 | | Nu 2:07M | דזבולן ^^ורבה | דהוה/דהוות#2#/ | ממני על משרית |
| 1059 | | Nu29:31 | תמידה וצלוחית מיא | דהוות | מתקרבה ביומא שתיתיה |
| 1060 | | Nu28:06M | עלה תדירה היך מה | דאתקרבת/דהוות | מתקרבת#2#/ על טורא |
| 1061 | | Nu21:20 | ומן | דהוות | סלקה עמהון לראשי טורייה |
| 1062 | | Gn31:39 | לוותך כל חדא מנהון | דהוות | ערקה מן מניינה אנה הוינא |
| 1063 | | Nu14:24M | "חלף ... ואשלם": חולף | דהוות | רוח דחכמה שרייה עלוי |
| 1064 | דהוי | Dt 7:10 | להון אגר מצוון קליל{י}ן | דהוי | בידיהון: |
| 1065 | | Nu12:12M | ארום מה דהדין וולד | דהוי | במע׳ |
| 1066 | | Gn49:01M | ס{י}ברון | דהוי | מתני להון כל מה דאתערע |
| 1067 | | Ex12:29 | דמצרים מן בכורא דפרעה | דהוי | עתיד למיתב על כורסי |
| 1068 | | Ex14:19 | ונטל מלאכא דייי | דהוי | עתיד למהלך קדם משריתיהון |
| 1069 | דהוינא | Ex10:29 | ית נפשך ולא מן סוף | דהוינא | תבע עלך מן קדם ייי הווינא |

|  |  |  |  |
|---|---|---|---|
| 1070 | דהוינן | Nu11:05 | מדכרין אנן ית נוניה דהוינן אכלין במצרים מגן ית |
| 1071 | | Nu10:31 | עמן בכל אתר {דחזינן} <דהוינן> שרין ונטלין במדברה |
| 1072 | דהוית | Nu20:29M | צלותהון דבני ישראל דהוית מכפר עליהון חד זמן בכל |
| 1073 | דהון | Nu16:32 | בתיהון וית כל ~~ברייתה דהון עם קרח וית כל#2#~~ |
| 1074 | | Gn14:17 | ית כדר לעמ' וית מלכייא דהון עמיה במישר פרדסיא היא משרה |
| 1075 | | Gn24:54M | הוא וגובריא די/דהון#2#/ עמי«ה» וביתו |
| 1076 | | Gn 4:10 | אדמהון דאוכלוסין צדיקין דהון עתידין למיקום מן הבל אחוך |
| 1077 | | Ex10:28 | ואמסר יתך בידיהון דעמא דהון תבעין נפשך ויקטלון יתך: |
| 1078 | דהות | Ex14:13 | ונערבב יתהון כיתא דהות אמרה נפול לימא אמר להון |
| 1079 | | Gn25:01M | "קטורה": היא הות הגר דהות אסירה לה מן שירויה |
| 1080 | | Gn19:26 | ועל דהות אתתה דלוט מן בנתהון |
| 1081 | | Gn19:26M | ואתתה דלוט על דהות מן עמה דסדם אסתכלת |
| 1082 | | Gn25:01M | "קטורה": היא הגר דהות קטירא ליה מלקדמין |
| 1083 | דהיא | Nu24:24 | לשון מן מדינת איטליא דהיא <....> ויצטרפון עמהון |
| 1084 | | Lv15:26M | כמדמוך נדתה /יומין דהיא דייבה כמדמו' ריחוק נד'#2# |
| 1085 | | Gn 3:20M | היא /חווייא ארום דהיא#2#/ הוות אמהון דכל חייא: |
| 1086 | | Gn31:22 | תלתא יומין סברין דלמה דהיא טייפה ולא טפת בכדן אתני |
| 1087 | | Lv15:23 | על מדמכה הוא או על מנה דהיא יתבה עלוי כד יקרוב בה יהוי |
| 1088 | | Gn16:05 | לבניה דהגר מצרייתה דהיא מבני בניהון דעמא דיהבו יתך |
| 1089 | | Gn 3:24 | אתקן גהינם לרשיעיא דהיא מדמיה לחרב שנונה אכלה מן |
| 1090 | | Gn20:03 | את מאית על אתתה דנסבת דהיא נסיבת גבר: |
| 1091 | | Nu14:08 | הדה ויתן יתה לן ארע דהיא עבדה פירין טבין נקיין |
| 1092 | | Dt20:20 | ותבנון כרכומין על קרתה דהיא עבדה עמכון סדרי קרבה |
| 1093 | | Lv26:34 | ארעא ית שמטה כל יומין דהיא צדי מנכון ואתון גלין בארע |
| 1094 | | Lv26:35 | כל יומין דהיא צדי מנכון תשמט ית מה דלא |
| 1095 | | Dt26:12 | עללת<כ>ון בשתה תליתייה דהיא שנת מעשר מסכינייה ותתנון |
| 1096 | | Gn38:25 | עני יתי בשעתא הדה דהיא שעת אננקי אלהא דעני |
| 1097 | | Lv26:19 | ואחרב ית בית מקדשי דהיא תקוף חיילכון ואשוי ית |
| 1098 | | Ex 3:19 | למיזל ולא מן ידא דהיא תקיפא: |
| 1099 | דהינון | Gn44:01M | מזון היך מה דייכלון/דהינון יכל{ו}<י>ן#2#/ למטען |
| 1100 | | Ex 5:08M | וית סכום ליבנא דאינון/דהינון#2#/ עבדין היך דאיתמל |
| 1101 | דהלכת | Gn35:03 | והווה בסעדי באורחא דהלכת: |
| 1102 | דהלכתון | Dt 1:33M | בארחא \די תהלכון/דהלכתון#2#/ בה ובעמודה דעננה |
| 1103 | דהן | Ex14:25M | ריתוותהון דהן מדברן גרירי' מן בתריהון |
| 1104 | דהנון | Gn 6:03M | עובדין טבין עד דהנון בשר עובדין בישין הא יהבת |
| 1105 | | Gn34:22M | היך/הך#2#/ דאינון/<ד>הנון#2#/ גזרין: |
| 1106 | | Dt 4:10M | דאינון חיין /יומין דהנון חי'#2#/ וקיימין על ארעא |
| 1107 | | Dt 1:01M | יתהון עד אינון/דהנון#2#/ יהיבין בעבר ירדנה |
| 1108 | | Nu12:16M | /שת'#2#/ רבוון דאנון/דהנון#2#/ {פמום}<סכום> |
| 1109 | | Nu13:19M | ומה ארעא דאינון/דהנון#2#/ שריין בה הא טבה היא |
| 1110 | דז' | Lv25:27M | /מותרה לגברה#2#/ דיזבן/דז'#2#/ ליה ויחזור לאחסנתיה: |
| 1111 | דזבין | Dt28:68 | לעבדין ולאמהן ולית דזבין יתכון: |
| 1112 | דזבינו | Dt18:08M | להון אבהתהון /זבונייה דזבינו לה על אבהתה#2#/: |
| 1113 | דזבן | Lv25:25 | לוותה ויפרוק ית מה דזבן אחוי: |
| 1114 | | Lv25:28 | לה ויהווי זבונה ביד מן דזבן יתיה עד שתה דיובלה ויפוק |
| 1115 | | Lv25:30 | בקרתה דלה שור לחלטו למן דזבן יתיה לדרוי לא יפוק |
| 1116 | | Lv25:50 | ויחשב עם מן דזבן יתיה מן שתה דאזדבן לה עד |
| 1117 | | Lv27:24 | דיובילה תחזור חקלה למן דזבן יתיה מן לוותה למן דהווה |
| 1118 | | Lv25:48M | תיהוי ליה חד מן /בתר דזבן פרוק יהווי לה לחד מ'#2#/ |
| 1119 | דזבנין | Dt 1:11M | אלף דזמנין/דן דזבנין#2#/ ויברך יתכון היך מה |
| 1120 | דזידנה | Lv26:41M | ובכדן ירעון ית /דזידנה ובכן ימרקון ית#2#/ |
| 1121 | דזכייה | Gn18:25M | דחייבא מחוס /כסדר דנה דזכייה כחייבה הא מחוס#2#/ |
| 1122 | דזלא | Dt27:16 | ליט יהווי גברא דזלא יקריה דאבוי ודאמה ויאמרון |
| 1123 | דזמן | Gn24:14M | יתה#2#/ זמנת/^זמן#2#^/דזמן#2#/ לעבדך ליצחק |
| 1124 | דזמנית | Ex15:17M | בית שכינת קודשך ייי דזמנית לך ייי בית מקדשך ייי |
| 1125 | דזער | Ex16:17 | ולקטו מן דאסגו ומן דזער: |
| 1126 | | Nu11:32 | וכנשו ית סלווי מן דזער אסף עשרה כורוון ושטחו להון |
| 1127 | דזקפית | Ex 6:08 | ואעל יתכון לארעא דזקפית ידי בשבועה למתן יתה |
| 1128 | דזרק | Lv 7:14 | אפרשו לשמה דייי לכהנא דזרק ית אדם נכסת קדשיה דידיה |
| 1129 | דח' | Nu17:03M | /יקידת אשתה בנפש#2#/ /<דח'> בנפש#2#/ ויעבדון יתהון |
| 1130 | | Nu35:02M | /ופרוילי לקורייתה דח'#2#/ יתהון/להון#2#/ תתנון |
| 1131 | דחב | Nu 6:11M | "על ... על נפשה": ממה דחב על בר נשא דמית די קבר |
| 1132 | דחבו | Nu17:03 | מחתיתהון דחייביה האליין דחבו בנפשתהון ויעבדון יתהון |
| 1133 | דחביתון | Lv26:28 | יתכון אף אנה שבעה על דחביתון: |
| 1134 | דחבל | Gn19:29M | \כד שיציא ייי /בזמן דחבל מימריה דייי#2#/ ית קרוי |
| 1135 | דחגיר | Lv21:18M | פחוש או פסיע /דסמי או דחגיר או דפסיק או דמסר'#2#/: |
| 1136 | דחד | Nu16:15 | ית קרבנהון לא חמרא דחד מנהון אטענת ולא אבאשת לחד |
| 1137 | דחדה | Dt28:63M | \דהווה רעווה מן קדם/דחדה#2#/ ייי עליכון למייטבה |
| 1138 | דחור | Lv13:56 | והא כהה מכתשה מן בתר דחור יתיה ויבזע יתיה מן לבושיה |
| 1139 | דחזווי | Lv21:20 | או דמלי חזזיין או דחזווי חשיך או דמרחש אשכתיה: |
| 1140 | דחזר | Gn 2:11 | דחד מינהון פישון הוא דחזר ומקף ית כל ארעא דהנדקי |
| 1141 | | Gn 2:13 | תיניינא גיחון הוא דחזר ומקף ית כל ארעא דכוש: |
| 1142 | | Gn 2:14 | דנהרא תליתיא דקלת הוא דחזר ומקף מן מדנח אתוריה ונהרא |
| 1143 | | Gn32:03 | דלבן אחוי דאמה אינון דחזר למרדף בתרי {או משרין דעשו |
| 1144 | דחזרת | Nu21:20M | "ומן דהוות ...": בתר דחזרת למהוי סלקה עמהון לראשי |
| 1145 | דחטא | Gn 4:16 | היך פירי גנתא דעדן ומן דחטא וקטל להבל חזרת למהוי |
| 1146 | | Ex32:33 | ואמר ייי למשה מן דחטא קדמיי אמחק יתיה מן ספר |
| 1147 | דחטא' | Lv10:16 | וית צפירה דחטא' מתבע תבע משה והא אתוקד |
| 1148 | דחטאתה | Lv 4:33M | לחטאתה/לקרבן דחטאתה#2#/ באתרה די יכוס ית עלתה: |
| 1149 | | Lv10:16M | וית צפירה דחטא'/דחטאתה#2#/ מתבע תבע משה והא |
| 1150 | | Lv 5:08M | קודמוי ויעזום /דן ד«ח»טאתה קדמייה ויע'#2#/ ית |
| 1151 | דחטון | Dt32:30 | רבבה רבותה מערקין על דחטון וארגיזו קדמוי תקיפה שבק |
| 1152 | דחטינן | Dt32:31 | רוחצניהון דאומייה על דחטינן וארגזן קדמוי אתעבדון |
| 1153 | דחטית | Gn49:03 | לך הוויין חמיין על דחטית ראובן ברי אתיהיבת בכורתא |
| 1154 | | Gn49:04 | ומן עבדיך טביי' {ט}<ד>חטית ולא תוסיף למחטי תוב ברי |
| 1155 | | Gn49:04 | למחטי תוב ברי ועל ד{ט}חטית תשתרי וישתבק לך: כי |
| 1156 | דחטיתון | Lv26:18 | למרדי יתכון שבעה על דחטיתון: |
| 1157 | | Lv26:21 | עליכון מחוון שבעה כמה דחטיתון: |
| 1158 | | Lv26:24 | יתכון אוף אנה שבעה על דחטיתון: |
| 1159 | | Dt 1:02 | רקם דגיעה על דחטיתון וארגזתון קדמוי אתעכבתון |
| 1160 | | Lv26:18M | יתכון חד לשבעה על דחטיתון קדמי#2#/: |
| 1161 | | Lv26:24M | /על חד שבעה מה דחטיתון קדמי#2#/: |
| 1162 | | Lv26:28M | מחה חד שובעה על דחטיתון קדמי |
| 1163 | דחטת | Nu15:28M | דאשתליית דחטת בשלו קדם ייי ויכפר עלוי |
| 1164 | דחיא | Gn 9:12M | די עמכון לדרי ארעא /דחיא דאית עמכון לדורת עולם#2# |
| 1165 | | Gn 1:21 | רברביא וית כל נפש דחיא דרחשא די שרצו מיי' למינהון |
| 1166 | | Gn 1:20 | דייי ישרצון מיא שרץ נפש דחיא ועופא דפרח על ארעא על אפי |
| 1167 | | Gn 1:30 | על ארעא דאית ביה נפש דחיא ית כל עשבא למזון והוה כן |
| 1168 | | Gn 1:24 | ממריה דייי תפק ארעא נפ' דחיא למינה בעיר ורחש וחייתא |
| 1169 | דחייביה | Nu17:03 | ית מחתיתהון דחייביה האליין דחבו בנפשתהון |
| 1170 | דחייה | Lv11:10M | "חיתה די ... לכון": דחייה דאית במיא שקץ הנון לכון |
| 1171 | | Lv11:46M | חיתה דרחשא במיא /נפשן דחייה דרמסה במ'#2#/ ולכל |
| 1172 | | Gn 2:07 | דחיין והוה אדם לנפש דחייה ממללא: |
| 1173 | דחייתה | Lv14:51 | צבע זהוריתה וית צפרה דחייתה ויצבע יתהון באדמה דצפרה |
| 1174 | דחכימיאה | Dt 8:09M | "דאבניה ... נחשה": דחכימיאה תקיפין הי כפרזלא |
| 1175 | דחכמ' | Ex28:03M | אשלמית עמהון רוח חכמה/דחכמ'#2#/ ויעבדון ית לבושוי |
| 1176 | דחכמת | Dt 9:24M | ייי מן יומא \די חכמית/דחכמת#2#/ יתכון: |
| 1177 | דחלי | Lv 2:11M | כל דמחמע וכל דמדבש/דחלי#2#/ לא תקרבון מניה קרבן |

|  |  |  |  |
|---|---|---|---|
| 1178 | דחליל | Nu27:05 | דיני ממון במקושהה דחליל שבתה בזדנו ובמחרף דפרש |
| 1179 | | Lv24:12M | קדישה בגדפין ובמקושהה דחליל שובתה בזידנו הוה משה |
| 1180 | דחלל | Nu 9:08 | דיני ממון במקושהה דחלל שבתה בזידנו ובמחרפה דפרש |
| 1181 | | Lv24:12 | דיני ממון במקושהה דחלל שובתה בזידנו ובמחרפה דפרש |
| 1182 | | Nu 9:08M | קדישה בגדפין ובמקושהה דחלל ש«ו»בתה בזידנו הווה |
| 1183 | | Nu15:34 | דיני ממון ובמקושהה דחלל ש«ו»בתה בזידנו ובמחרפה |
| 1184 | | Nu15:34M | זריז במקושהה דחלל שובתה בזידנו וב<מ>חרפה |
| 1185 | דחלמת | Gn40:12M | /קבל אגר טב בחלמא דחלמת#2#/ ברם פתרוניה דחלמא לא |
| 1186 | | Gn40:12 | מזוגיא לא מובדין אגרין דחלמת חלמא טבא הדין ברם פתרוניה |
| 1187 | | Gn40:18 | נחתומי' תקבל אגר ביש דחלמת חלמא הדין ופתרוניה דחלמא |
| 1188 | דחמא | Nu21:34 | קיים ייי יתיה עד זמן דחמא בניהון ובני בניהון ואתא |
| 1189 | | Gn32:03M | "כד חמה ...": כיון דחמא יתהון דלמא דמשרייתא |
| 1190 | דחמה | Gn29:10M | והוה \כד חמה /כיון דחמה#2#/ יעקב ית רחל ברת לבן |
| 1191 | | Nu21:34M | ואמר /כ<י>ו{י}ן דחמה משה עוג ^רשיעה#2#^ זע |
| 1192 | | Dt 3:02M | כיוון דחמה משה עוג רשיעא זע ואירתת |
| 1193 | | Gn24:30M | כדי חמה /הוי כיון דחמה#2#/ ית קדשא וית שיריא |
| 1194 | דחמון | Nu14:22 | ארום כל גברייה דחמון ית איקרי וית ניסי |
| 1195 | דחמי | Gn22:14M | "ברחמין ...": את הוא ייי דחמי ולא אתחמי |
| 1196 | | Ex33:20 | למחמי אפי ארום לית אפשר דחמי יתי בר נש וייחי: |
| 1197 | | Ex22:09 | או יתבר או ישתבי ולית דחמי יתיה: |
| 1198 | | Nu 9:08 | יהוון קטלין בפריע ית מן דחמי לה מתקטלה בדינה ולא יהוון |
| 1199 | | Dt22:08 | לגו בייתך דלא יפול מן דחמי לה למיפל מניה: |
| 1200 | | Lv24:12 | קטילין בפריע ית מן דחמי ליה למתקטלה בדינה ^או#2#^ |
| 1201 | | Nu15:34 | קטולין בפריע ית מן דחמי ליה למתקטלה בדינה דלא |
| 1202 | | Nu27:05 | יהוון קטלין בפריע ית מן דחמי ליה למתקטלה בדינה ולא |
| 1203 | | Dt25:01 | ית זכייה ויחייבון ית מן דחמי ליה למחייבה: |
| 1204 | | Ex33:19 | טובי קדמיך ואחוס על מן דחמי למחוס וארחם על מן דחמי |
| 1205 | | Ex33:19 | דחמי למחוס וארחם על מן דחמי למרחמה: |
| 1206 | דחמית | Gn46:30M | עליי דלא מיתת בתר דחמית |
| 1207 | | Gn33:10 | ארום בגין כדין דחמית סבר אפיך מן ידוי ארום |
| 1208 | דחמיתון | Dt28:34M | עייניכון \די תחמון/ד{ת}חמיתון#2#/: |
| 1209 | | Gn45:13 | במצרי' וית כל מה דחמיתון ותוחון ותחתון ית אבא |
| 1210 | | Ex14:13 | לא תדחלון ארום היך מה דחמיתון ית מצריי יומא הדין לא |
| 1211 | דחמת | Gn46:30 | זימנא לא מיתת מן בתר דחמת סבר אפיך ארום כען את |
| 1212 | דחס | Nu24:07 | יתקף מן שאול {רחם} <דחס> על אגג מלכיהון דעמלקיי |
| 1213 | דחסיר | Lv21:20M | גרב או דמלי חזזין או דחסיר כולייה |
| 1214 | דחפי | Ex29:13 | ותסב כל תרבה דחפי ית כרסה וית מה דמשתייר |
| 1215 | | Ex29:22 | תרבא ואליתה וית תרבה דחפי ית כרסה וית מה דמשתייר מן |
| 1216 | | Lv 3:03 | קרבן קדם ייי ית תרבא דחפי ית כרסה וית כל תרבה די על |
| 1217 | | Lv 3:09 | שזרתה ועבד יתה ית תרבה דחפי ית כרסה וית כל תרבה די על |
| 1218 | | Lv 3:14 | קרבן קדם ייי ית תרבה דח{כ}<פ>י ית כרסא וית כל תרבה די |
| 1219 | | Lv 7:03 | מנה ית אליתה ^וית תרבה דחפי ית כרסה: |
| 1220 | | Lv 4:08 | ירים מניה ית תרבה דחפי על כרסה וית כל תרבה די על |
| 1221 | | Dt 7:25M | כספא ודהבא דמחפי/דחפי#2#/ עליהון ותסבון לכון |
| 1222 | דחפרו | Gn26:32 | ליה על עסק דבאירה דחפרו ואמרן לה אשכחנן מיין: |
| 1223 | | Nu21:18 | בירא דחפרו ית<ה> רברבני עלמא מן |
| 1224 | | Gn26:15 | וכל באריא דחפרו עבדוי דאבוי סתמו יתהון |
| 1225 | דחרף | Lv24:23 | ישראל ואפיקו ית «מן» דחרף לבר מן משריתה ורגמו יתיה |
| 1226 | | Nu15:34M | שובתה בזידנו וב<מ>חרפה דחרף שמא קדישא בגדפין הווה |
| 1227 | | Lv24:12M | "מתין ...": זריז במחרפה דחרף שמה קדישה בגדפין ובמקושהה |
| 1228 | | Nu 9:08M | <ממון> ומחרפה דחרף שמה קדישה בגדפין ובמקושהה |
| 1229 | דחשיבו | Ex18:11 | רבוניא ארום בפתגמ«א» דחשיבו מצריי על ישרא' למדמא |
| 1230 | דחתום | Ex28:21M | \גליף חקיק על /גלף {ת}<ד>חתום על#2#/ שמיה יהוויין |
| 1231 | | Ex28:11M | חקיק תגלף /אבן גלף דחתום תג#2#/ ית תרין אבניה על |
| 1232 | דחתים | Ex39:14M | על שמהתהון גליף חקיק/דחתים#2#/ גבר על שמיה |
| 1233 | | Ex39:06M | גלף \חקק על שמהת /דחתים על שמהתהון#2#/ בני |
| 1234 | | Ex39:30M | \חקיק קדיש לשמה דייי /דחתים קדש קדם ייי#2#/: |
| 1235 | דס' | Nu14:37M | \האליין דאפיקו ית טבה/דס'#2#/ דארעא#2#/ במגפתה קדם |
| 1236 | דסאס | Dt28:49M | ארעא היך מה דסייס/דסאס#2#/ נשרא אומה די לא |
| 1237 | דסורין | Dt11:11M | ארע \דסוורין ודבקען /דסורין ובמשרין#2#/ מן מטרה |
| 1238 | דסייס | Gn 7:14 | למינה וכל דפרח וכל דסייס: |
| 1239 | | Gn 7:14M | וכל דסייס /צפר דסייס#2#/: |
| 1240 | | Dt 4:17 | בארעא דמו כל עוף דפרח דסייס באויר שמיא: |
| 1241 | | Dt28:49 | מסייפי ארעא היך מה דסייס נשרא אומה די לא תיכלון |
| 1242 | דסמירן | Dt33:19 | ימייא ייכלון וסימן דסמירן יתגליין להון: |
| 1243 | דסעיין | Lv20:05M | בתר /אליין {{דסעיין}} מן בתריה למסטי בתר#2#/ |
| 1244 | דסעים | Gn40:23 | מזוגיה בבשר עביר בבשר דסעים כסא דמותא ולא אדכר כתבא |
| 1245 | דסעימין | Ex33:03M | כחלבא וחליין \דסעימין#2#/ כדובשא ארום לא אסלק |
| 1246 | דסעין | Lv20:05 | יתיה וית כל {{דסעין}} בתרי' {{למסעי}} בתר |
| 1247 | דסעינו | Nu 9:06M | והוו גברייה דסעינו בארונה דיוסף ודסעינו |
| 1248 | דסען | Nu11:12 | סען יתהון בעב{ר}<ך> היך דסען פידגוגה ית יונקא על ארעא |
| 1249 | דסענין | Dt31:09 | לכהניה בני שבטה דלוי דסענין ית ארון דקיימייה דייי וית |
| 1250 | דסרד | Nu12:14M | שובעה יומין דסרד שובעה יומין |
| 1251 | די הווי | Dt26:03 | ותיתון לוות כהנא די הווי ממני כהנא רבא ביומיה |
| 1252 | | Nu 9:21 | ואית זימנין די הווי עננה מן רמשא ועד צפרה |
| 1253 | די הוון | Nu15:34 | דקיימין בתר משה די הוון זריזין בדיני ממונא |
| 1254 | די מלל | Dt33:02 | בני ישראל ית כל מה «די» מלל מימרה דייי נעבד ונשמע |
| 1255 | די תרחץ | Gn40:23 | לייט יהוי בר נשא די תרחץ בבשרא די ישוי בשרא |
| 1256 | דיא' | Nu13:32M | למיללה יתה ארע אכלה/דיא'#2#/ דיירייה היא וכל עמה |
| 1257 | | Dt 9:07M | לא תנשון ית מה דארגזתון/דיא'#2#/ ית מימרה דייי |
| 1258 | דיאכל | Lv19:08 | ומה דיאכל יתה חובוי יקבל ארום ית |
| 1259 | | Lv17:14 | כל <בשר> אדמה הוא כל דיאכל יתיה ישתיצא: |
| 1260 | | Lv11:40M | ומן \די ייכול/דיאכל#2#/ מן נבלתה יחוור |
| 1261 | דיאנה | Dt27:10 | ית מצוותה וית קיימוי דיאנה מפקד יתכון יומא הדין: |
| 1262 | דיאשתפך | Nu35:33 | ולארעא לא יכפר באדמה דיאשתפך בה ארום אלהין באדמה דמן |
| 1263 | דידי | Lv 6:20M | וית \די ידי /מן דידי#2#/ עלוי /יתקדש ודי ידי מן |
| 1264 | דידע | Gn20:16 | מה דילי לא הוינה כמסת דידע אברהם צדיקה דלא חכמת יתך: |
| 1265 | | Nu21:15 | ורמז רבון כל עלמא ייי דידע מה בלבביה וגלי קדמוי מה |
| 1266 | דידעה | Gn 3:22 | מנה ומנה תקום אומ' חדא דידעה למפרשה בין טב לביש אילו |
| 1267 | דיהב | Lv22:31 | יתהון אנה הוא ייי דיהב אגר טב לנטרי מצוותה |
| 1268 | | Gn28:04 | למירתך ית ארעא תותבותך דיהב ייי לאברהם: |
| 1269 | | Gn30:08 | ייי דיתן לי בנין היך מה דיהב לאחתי לחוד אשתמעת וקראת |
| 1270 | | Dt20:14 | ית ביזת בעלי דבביכון דיהב <לכון> ייי אלהכון: |
| 1271 | | Lv24:20M | שן היך מה דיתיהב/דיהב#2#/ מום בבר נשא |
| 1272 | | Ex36:01M | חכימי ליבה דיהב מימריה דייי חכמ' |
| 1273 | דיהבו | Gn16:05 | דהיא מבני בניהון דעמא דיהבו יתך באתון נורא דכשדאי: |
| 1274 | דיהבת | Gn18:17 | וכרכה דסדם במתנתה דיהבת לה בדינה הוא דלא איפוך |
| 1275 | דיהווה | Gn26:01 | בר מן כפנא קדמייה דיהווה ביומוי דאברהם ואזיל |
| 1276 | | Dt 1:04M | דאמוריי דהווה/דיהווה#2#/ שרי בחשבון וית |
| 1277 | דיהווי | Dt15:03 | את רשיי למדחק יתיה דיהווי לך גב אחוך עברייה תשמט |
| 1278 | | Nu23:27 | יתך לאתר אחרן מה דילמה דיהווי רעווה מן קדם ייי ותלוט |
| 1279 | דיהוון | Gn34:31 | אבוהון לא יאה הוא דיהוון אמרין בכנישתיהון |
| 1280 | | Gn34:31 | דיעקב ברם יאי הוא דיהוון אמרין בכנישתיהון דישראל |
| 1281 | | Gn41:48 | ית כל מזון שבעתי שנייה דיהוון בארעא דמצרי' ושוי מזון |
| 1282 | | Lv24:12 | דקיימין בתר משה דיהוון זריזין בדיני ממונה |
| 1283 | | Nu36:04M | שבטה \די יהוויין/דיהוון#2#/ להון ומן אחסנות |
| 1284 | | Nu23:10M | מסגין^/סגיין#2#^/ /דיהוון סגייאן#2#/ ככוכבי שמיא |
| 1285 | | Nu19:18M | תמן ועל כל דיקרוב /דיהוון תמן כל דיקרבא#2#/ בגרם |

|  |  |  |  |
|---|---|---|---|
| 1286 | דיהוות | Nu 7:14M | הוות דדהב /עשרה סלעין דיהוות דדהב#2#/ קרב יתה מלייה |
| 1287 | דיהי | Ex32:05M | אהרן ואמר יהא רעוה דיהי נכסא בי כחגה מן רשיעיה |
| 1288 | דיהיא | Dt20:20M | מקף#2#/ על קרתה דהיא/דיהיא#2#/ עבדה עמכון סדרי קרבה |
| 1289 | דיהמן | Ex 4:05M | מן בגלל \די יהימנון/דיהמן#2#/ ארום אתגלי עלך ייי |
| 1290 | דיוזיף | Dt15:02 | כל גבר מרי חוב ית ידיה דיוזיף בחבריה לא ידחק ית חבריה |
| 1291 | דיז׳ | Nu17:19M | קדם סהדותא \די אזדמן/דיז#2#/ ממרי לכון תמן: |
| 1292 | דיזבן | Lv25:27 | ית מה דמשתייר לגברה דיזבן ליה ויחזור לאחסנתיה: |
| 1293 | דיזלון | Gn15:01M | "דמצטרפין לגיונין": דיזלון אחיהון וקריבהון דקטיליי׳ |
| 1294 | | Gn15:01 | לעלמא דאתי או דילמא דיזלון אחיהון או קריביהון |
| 1295 | דיחזור | Dt13:18 | מן חרמה מן בגלל דיחזור ממרה דייי מן תקוף רוגזיה |
| 1296 | | Gn27:45 | עד דיחזור תקוף רוגזיה דאחוך מנך |
| 1297 | דיטבא | Ex 9:16M | לא מן בגלל \דייטב לך /דיטבא לך#2#/ קיימת יתך עד כדון |
| 1298 | דיטעון | Lv11:25M | וכל \די יסיט/דיטעון#2#/ מן נבלתיהון יחוור |
| 1299 | דייבבו | Lv25:09M | \שיפור יבבו /שופר דייבבו#2#/ בירחה שביעיה בעשרה |
| 1300 | דייהוון | Lv25:44M | /ועבדיכון ואמהתכון דייהוון לכון#2#/ מן לוות |
| 1301 | דייחון | Gn19:26 | קיימא עמוד דמלח עד זמן דייחון מיתייא: |
| 1302 | דייטב | Ex 9:16 | וברם לא מן בגלל דייטב לך קיימת יתך עד כדון אלא |
| 1303 | | Dt 6:03M | למעבד דייטיב/^<דיי>טב#2#^/למייטבה#2#/ לכון ודי |
| 1304 | | Dt 6:18 | ותקן קדם ייי מן בגלל דייטב לכון ותיעלון ותירתון ית |
| 1305 | | Dt12:25 | לא תיכלון יתיה מן בגלל דייטב לכן ולבניכון מן בתריכון |
| 1306 | דייטיב | Dt 5:29 | כל יומייה מן בגלל דייטיב להון וליבניהון לעלם: |
| 1307 | | Gn12:13 | א׳ ^מן#2#^ בגלל דייטיב לי בגללך ותתקיים נפשי |
| 1308 | | Dt 5:16 | יומיכון ומן בגלל דייטיב לכון על ארעא דייי אלהכון |
| 1309 | | Dt 6:03 | ישראל ותיטרון למעבד דייטיב לכון ודי תסגון לחדה |
| 1310 | | Dt 6:18M | מן בגלל דייטב/^דייטיב#2#^/למייטבה#2#/ לכון ותיעלון |
| 1311 | | Dt12:28 | אנה מפקד יתכון מן בגלל דייטיב לכון ולבניכון מן בתריכון |
| 1312 | | Dt22:07 | תסבון לכון מן בגלל דייטיב לכון בע«ל»מא הדין |
| 1313 | דייי | Gn45:05M | סגי שלח יתי ממריה דייי#2#/ קדמכון: |
| 1314 | דייהווי | Dt17:09 | וליוויי ולוות דייניה דייהווי ממני ביומיא האינון |
| 1315 | דייכול | Lv17:10M | /בניכון#2#/ \די יאכל/דייכול#2#/ <....> ית אדמה |
| 1316 | | Ex12:15 | מן בתיכון ארום כל דייכול חמ«י»ע ותשתיצי אנשא |
| 1317 | | Nu22:06M | מנן מה דלמה דאכול/{ש}<ד>ייכול#2#/ למשצ«י»א יתהון |
| 1318 | | Dt28:55M | בשר בנוי \די יאכל/דייכול#2#/ מן בלי דלא ישתייר |
| 1319 | דייכלון | Gn 3:24 | אתקן גנת עדן לצדיקיא דייכלון ויתפרנקון מן פרי אילנ׳ |
| 1320 | | Gn44:01 | דגובריא מזון היך מה דייכלון למטען ושוי כספא דגבר |
| 1321 | דיילדת | Lv18:09M | /דילידת מן אבוך או מה דיילדת מן גב׳#2#/ אוחרן לא תבזי |
| 1322 | דייללו | Nu13:25 | וחזרו מן דייללו ית ארעא לסוף ארבעין |
| 1323 | דיימר | Ex14:03M | עתיד דיימר פרעה לדתן ואבירם |
| 1324 | | Gn41:55 | אזלו לוות יוסף מה דיימר לכון תעבדון: |
| 1325 | דייספר | Nu 6:19 | ידוי דנזירה מן בתר די«י»ספר ית כליל נזירותיה: |
| 1326 | דייעול | Lv14:46 | ומן דייעול לגו ביתה כל יומין די |
| 1327 | | Nu 4:30 | שנין תסכום יתהון כל דייעול לחיל קרבה למפלח ית פלחן |
| 1328 | | Nu 4:35 | ועד בר חמשין <שנין> כל דייעול לחיל קרבה למפלח במשכן |
| 1329 | | Nu 4:43 | ועד בר חמשין שנין כל די«י»עול לחיל קרבה למפלח במשכון |
| 1330 | דייתון | Ex16:05 | שתיתא ויצנעון ית מה דייתון ויהוי בכפולה על מה די |
| 1331 | דייתי | Gn49:10 | אוריה מבני בנוי עד זמן דייתי מלכא משיחא דדידיה היא |
| 1332 | | Dt29:21 | מן בתרכון ובר עממיה דייתי מן ארע רחיקה ויחמון ית |
| 1333 | | Dt28:67 | תהוון אמרין מן יתן דייתי צפרא מן פחדא דלבביכון די |
| 1334 | | Dt28:67M | לווי מן יתן וייתי/דייתי#2#/ רמשה וברמשה תהוון |
| 1335 | דייתרעי | Nu16:05 | ויקרב לוותיה וית מן די«י»תרעי ליה וקרב לוותיה: |
| 1336 | דיכבשון | Dt28:52 | בכל קורייכון עד זמן דיכבשון שורייה רמייה |
| 1337 | דילא | Nu26:11 | ובנוי דקרח על דילא הוון בעצתה דאבוהון לא |
| 1338 | דילדה | Gn18:02M | אזל למבשרא ית שרה דילדה בר דכר וחד מניהון הוה |
| 1339 | דילדת | Gn38:27 | והווה בשעתה דילדת והא תומיין בגו מעייה: |
| 1340 | | Gn38:05 | שמה שלה והוה דפסקת מן דילדת יתיה: |
| 1341 | | Ex 6:20 | ברת אחוי דאבוי לה לאתה דילדת לה: |
| 1342 | דילדתן | Ex 1:19M | /קדם ייי ועני יתהון דילדתן#2#/ ואינון/והינין#2#/ |
| 1343 | דילוון | Gn28:12 | עד צית שמיא והא מלאכיה דילוון יתיה מן בייתי דאבוי סלקון |
| 1344 | דילידת | Lv18:09 | אבוך מן אתה חורי או מה דילידת אמך מן גבר אוחרן לא תבזי |
| 1345 | | Gn46:22 | אלין בנוי דרחל דילידת ליעקב כל נפשתא |
| 1346 | | Gn16:15 | שמה דברה {{ישמעאל}} דילי<ד>ת ליה הגר ישמעאל: |
| 1347 | | Gn46:20 | בארעא דמצרים מה דילידת ליה אסנת ברת פוטיפרע |
| 1348 | | Lv18:09M | מה דילידת אמך מן גבר /דילידת מן אבוך או מה דיילדת מן |
| 1349 | | Lv18:11M | אבו«ך» אחתך היא /דילידת מן אבוך חתך היא#2#/ לא |
| 1350 | דיליף | Dt17:19M | יומוי חיויי מן בגלל דיליף למדחול מן <קדם>#2#/ ייי |
| 1351 | דילפון | Dt31:12 | די ישמעון ומן בגלל דילפון וידחלון מן קדם ייי אלהכון |
| 1352 | דילקטון | Ex16:05M | ית מה דייתון/דילקטו<ן>#2#/ ויהוי בכפולה |
| 1353 | דימוש | Gn27:12 | מה {ל} דלמה דימוש יתי אבא ונהוי באפוי כמגחך |
| 1354 | דימחי | Ex21:15 | ומן דימחי לאבוי ולאמה מתקטלה |
| 1355 | ד ימחי | Ex21:12 | מן ד ימחי לגבר וימות מתקטלא יתקטיל: |
| 1356 | דימלו | Gn44:18M | עד ... מצראי": עד זמן דימלו כל ארעא דמצרים קטילין |
| 1357 | דימליל | Gn17:23 | בזמן יומא הדין היך מה דימליל עמה ייי: |
| 1358 | דימלל | Dt29:12 | לאלה פרוק היך מה «ד־־מלל לכון והיך מה» דקיים |
| 1359 | | Nu14:17M | ייי היך מה דמלילתא/דימלל#2#/ למ«י»מר: |
| 1360 | | Gn18:19 | דייי על אברהם ית מה דימלל עמה: |
| 1361 | דיניח | Dt25:19M | די יניח /בזמן דיניח#2#/ ייי אלהכון יתכון |
| 1362 | דינקת | Gn49:25 | מן לרע בריכין דדיא דינקת מנהון ומעיה דרבעת |
| 1363 | דיס׳ | Dt24:04M | מן בתר דאסתאבת/דיס׳#2#/ לגבר אחרן ארום |
| 1364 | דיסאב | Gn24:36 | בר לריבוני מן בתר דיסאב ויהב לה ית כל מה דיליה: |
| 1365 | דיסב | Gn32:21 | אחמי סבר אפוי מה דלמה דיסב לי אפין: |
| 1366 | דיסגון | Ex20:12 | ובאיקרה דאימיה מן בגלל דיסגון יומיכון על ארעא דייי |
| 1367 | | Dt 5:16 | ייי אלהכון מן בגלל דיסגון יומיכון ומן בגלל דייטיב |
| 1368 | | Dt11:21 | מן בגלל דיסגון יומיכון ויומי בניכון על |
| 1369 | דיסופון | Gn33:14M | ית בני גלותא עד זמן דיסופון גלותא ורבין אעול לות |
| 1370 | דיסטון | Dt13:14M | ית דיירי קרת{י}הון /דיסטון ית יתבי קורייכון#2#/ |
| 1371 | דיסטם | Gn50:15 | אבוהון ואמרין מה דלמה דיסטם יוסף יתן ומחזרא יחזר לן |
| 1372 | דיעבד | Lv18:29 | ארום כל מן דיעבד מן כל מרחקתה האליין |
| 1373 | | Lv13:51M | לכל מה \די יתעבד/דיעבד#2#/ משכה לעבידה צרעה |
| 1374 | דיעבדון | Gn 6:03M | רוחי יהבי׳ בבני אנשא דיעבדון עובדין טבין עד דהנון |
| 1375 | דיעבר | Gn28:10M | חמישאה כיון דארים/דיעבר#2#/ אבונן יעקב ית אבנא |
| 1376 | | Ex 8:25M | קדם ייי ויעבר/ד<י>עבר#2#/ ית ערברובא מן פרעה |
| 1377 | דיעברון | Ex33:22 | ואפרוש כפי עליך עד דיעברון כיתי מלאכיה די תחמי: |
| 1378 | | Ex15:16 | ית נחלי ארנונא עד דיעברון עמא האליין די פרקת ית |
| 1379 | | Ex15:16M | דיורדנה עד זמן דיעברון עמה האליין דקנית |
| 1380 | | Ex15:16M | דיורדנה עד זמן דיעברון עמה האליין דקנית לשמך |
| 1381 | | Ex15:16 | דמימין כאבנייא עד זמן דיעברון עמך ייי ית נחלי ארנונא |
| 1382 | דיעול | Nu19:14M | במשכנה כל \די על/דיעול#2#/ במשכנה וכל די יהיב |
| 1383 | | Nu 4:03 | ועד בר חמשין שנין כל דיעול לחיל קרבה למעבד |
| 1384 | דיעלו | Nu15:34M | ארבעה דינין \דקמו קדם /דיעלו לקדם#2#/ משה רבן בתרין |
| 1385 | דיעלון | Lv25:22 | עד שתה תשיעיתה עד זמן דיעלון פירי עללתה תאכלון |
| 1386 | דיעקוב | Gn31:36M | \ותקף רוגזה דיעקוב#2#/ ואדיין בלבן/עם |
| 1387 | דיערוק | Nu35:15 | שת קרייתה האלין לשיזבה דיערוק תמן כל די קטל נפש בשלו: |
| 1388 | דיפול | Lv11:35M | וכל \די יפל/דיפול#2#/ מנבלתהון עלוי יסתאב |
| 1389 | דיפוק | Gn15:04 | יתך דן ארום אלהן מן דיפוק מן מעיך הוא ירת יתך: |
| 1390 | | Nu11:20 | עד ירח יומין עד זמן דיפוק מנחיריכון ויהוי לכון |
| 1391 | | Nu32:24 | ודרין לעניכון וית מה דיפוק מפומיכון תעבדון: |
| 1392 | | Nu30:13M | די ישמע כל פירוש/דיפוק#2#/ ספוותה לנדרא |
| 1393 | דיפסם | Ex30:33 | גבר דיפסם כוותיה ודי יתן מנה על |

| | | | |
|---|---|---|---|
| 1394 | דיפקד | Lv 9:05M | ונסבו ית מה דפקד/דיפקד#2#/ משה לתרע/קודם#2#/ |
| 1395 | | Nu 1:19 | היך מה דיפקד ייי ית משה וסכם יתהון |
| 1396 | | Ex 7:02M | ית כל מה \די פקדת/^דיפקד#2#^/אנא מפקד#2#/ יתך |
| 1397 | דיפרוק | Lv25:33M | יפרוק מן ליווייה /ודי דיפרוק מין ליוואי{'}#2#/ ויפוק |
| 1398 | דיפרק | Dt 6:12M | אורייתה דייי דאפיק/דיפרק דאפק#2#/ יתכון פריקין |
| 1399 | דיק' | Lv22:03M | בניכון מן קדשיה דיק'#2#/ בני ישראל לשמה דייי |
| 1400 | | Dt19:03M | למערק לתמן כל דקטיל/^דיק'#2#^/ /ויהוי למיערוק תמן |
| 1401 | | Dt23:15M | ארום ייי אלהכון דאיקר/דיק'#2#/ שכינתיה מדברה |
| 1402 | | Lv 7:35M | דייי ביומא \די אקריב/דיק'#2#/<די> יקרב#2#/ יתהון |
| 1403 | דיקבול | Dt24:15M | אזדהר לך \דלא יצוח/דיקבול#2#/ עלך קדם ייי דלא |
| 1404 | דיקדה | Lv 6:02 | אוריתה דעלתה היא עלתה דיקדה על גבי מדבח' כל ליליה עד |
| 1405 | דיקומון | Gn22:14 | כל עקא דעתידין דריא דיקום«ון» מבתרה למיהוי אמרין |
| 1406 | דיקטול | Gn 4:15 | ואמר ליה ייי בשבועה כל דיקטול קין עד שובעה דרין יתלי |
| 1407 | | Lv24:21 | קטול בעיר ישלם יתה ומה דיקטול בר נש יתקטל: |
| 1408 | | Nu35:15M | תמן כל \די קטל/דיקטול#2#/ נפש בשלו: |
| 1409 | דיקטלון | Nu23:24M | ש{כ}ד<כ>ין עד דקטלין/דיקטלון#2#/ בעלי «ד»בביכון |
| 1410 | דיקיימית | Gn26:03 | האלין ואקים ית שבועתה דיקיימית לאברהם אבוך: |
| 1411 | דיקיר | Nu24:03 | בנוי דפעור אמר גברא דיקיר מן אבוי מה דאכסי מן כל |
| 1412 | | Nu24:15 | ברה בעור אמר גברה דיקיר מן אבוי מה דאתכסי מן כל |
| 1413 | דיקנין | Gn12:05 | בר אחוי וית כל ממונהון דיקנין וית נפשתה די גיירו ונפק |
| 1414 | דיקרב | Gn26:11 | ית כל עמא למימר מן דיקרב בגברא הדין ובאיתתיה מתקטל |
| 1415 | | Gn26:11M | למימר \מן דיקרב /כל דיקרב#2#/ בגברא הדין ובאיתתיה |
| 1416 | | Nu19:18M | /דיהוון תמן כל דיקרב#2#/ בגרם או בקטיל או במית |
| 1417 | | Ex19:12M | כל \דיקרב לטורא יתקטל /דיקרב בטור מתקטל#2#/ |
| 1418 | | Lv15:10 | וכל דיקרב בכל מן די יהווי תחתוי |
| 1419 | | Ex19:12 | ודלא למקרב בשפולוי כל דיקרב לטורא יתקטל יתקט«י»ל: |
| 1420 | | Nu 7:49 | קרבניה דיקרב פיילי דכסף חדה מאה ותלתין |
| 1421 | דיקרבון | Gn27:41 | הא אנה ממתין עד זמן דיקרבון יומי אבלא דאבא ואקטול ית |
| 1422 | | Lv 2:11 | כל מנחתה דיקרבון לשמה דייי לא תתקרב חמיע |
| 1423 | דיקרו' | Lv 6:11 | לדריכון מן קרבנוי כל דיקרו' בהון יהוי קדיש: |
| 1424 | דיקרוב | Nu19:18 | נפשתה דהוון תמן ועל כל דיקרוב בגרם או בקטיל או במית או |
| 1425 | | Lv15:11M | וכל \די יקרוב/^דקרב#2#^/דיקרוב#2#/ ביה דיבה |
| 1426 | | Lv15:10M | וכל דיקרב/^דקרב#2#^/דיקרוב#2#/ בכל מן די |
| 1427 | | Nu19:21M | אדיה יהווי מסאב /כל דיקרוב במי הדיה יסתאב#2#/ עד |
| 1428 | | Nu19:13M | כל \די יקרב/דיקרוב#2#/ במית בטמא נפש |
| 1429 | | Nu31:19 | יומין כל דקטל נפש וכל דיקרוב בקטול תדכון ביומא תליתיה |
| 1430 | | Nu17:28M | יקרב למקרבה למשכנה /דיקרוב למקרבה במש'#2#/ דייי |
| 1431 | דיקריב | Ex29:37M | יהווי קד«י»ש /דיקריב על גבי מדבחה יתקדש#2#/: |
| 1432 | דירבה | Lv 4:22M | "אין ... ויעבד": דירבה יתחייב ויע' |
| 1433 | דירבי | Lv 6:13 | יקרבון קדם ייי ביומא דירבי יתהון עשרין מכלתה סלת |
| 1434 | דירוח | Nu27:18M | בר נון גבר \דרוח קדש /דירוח דק'#2#/ מן קדם ייי שרייה |
| 1435 | דיריע' | Ex36:09M | /אומין באומתה דיריע'#2#/ חדא/חתה#2#/ משחת חדא |
| 1436 | דירע | Dt27:17M | גברה די יארע/^דירע#2#^/דמשני#2#/ תחומה דגברא |
| 1437 | דירעון | Nu20:14M | \די ארעון /^דירעון#2#^/ארעו#2#/ יתן: |
| 1438 | דירתה | Nu36:08 | וכל ברתה דירתה אחסנה מן שיבטהון דבני |
| 1439 | דירתון | Nu36:08 | ייהוויין לאתה מן בגלל דירתון בני ישראל גבר אחסנות |
| 1440 | דיש' | Ex29:34M | צפרא ותיקד מה דאשתייר/דיש'#2#/ בנורא לא יתאכל ארום |
| 1441 | | Dt22:22M | תריהון גברה דמשמש/דיש'#2#/ עם אתתה/אתה#2#/ |
| 1442 | | Gn18:30M | מה דילמה אם ישתכחון/דיש'#2#/ תמן תלתי«ן» ואמר |
| 1443 | דישווה | Dt13:18M | רוגזיה \ויתן לכון /דישווה עליכון#2#/ רחמין וירחם |
| 1444 | דישווית | Gn28:22 | ואבנא הדא דישווית קיימא יהווי בית מקדשיא |
| 1445 | דישיצי | Dt12:30M | מן בתריהון בתר דישתיצון/דישיצי יתהון#2#/ |
| 1446 | דישכחון | Gn18:30M | לא אשיצא אן אשכחת/דישכחון#2#/ תמן תלתין: |
| 1447 | דישלימון | Lv12:04 | לא תיעול עד זמן דישלימון יומי דכיתה: |
| 1448 | דישלמו | Nu 6:05M | על רישיה עד \די שלמין/דישלמו#2#/ יומיא די יתנזר |
| 1449 | דישמעון | Nu30:06M | ביומא דשמע/^דישמעון#2#^/די שמוע#2#/ כל נדרה |
| 1450 | | Ex19:09 | בתקפא דעננא מן בגלל דישמעון עמא במללותי עמך ואף |
| 1451 | דישמש | Lv20:02M | טלי{או} או גבר סיב דישמש עם איתתה מבנת עממיא |
| 1452 | דישריין | Nu13:18 | ארעא מה היא וית עמא דישריין בגווה הא תקיפין אינון או |
| 1453 | דישתבע | Lv 5:24 | או מכל מה דיש{בת}<תב>ע עלוהי לשק' וישלם יתה |
| 1454 | דישתייר | Ex28:10M | שתתה/שית#2#/ דאשתיירן/דישתייר#2#/ על אבנא |
| 1455 | דישתיצון | Dt12:30 | תתקלון מן בתריהון בתר דישתיצון מן קדמיכון דלא תתבעון |
| 1456 | דישתכח | Lv24:12 | בדינה ^או#2#^ דילמה דישתכח לה זכו מן זוי ח«ו»רי |
| 1457 | דישתכחון | Gn18:29 | עימיה ואמר מה דילמא דישתכחון תמן ארבעין ואמר לא אשיצא |
| 1458 | | Gn18:31 | קדם ייי מה דילמה דישתכחון תמן {תל} עשרין ו{י}אמר |
| 1459 | דישתעי | Dt27:24M | דישתעי על חבריה לישן תליתאי |
| 1460 | דית' | Nu17:20M | ויהוי גברא \די אתרעי/דית'#2#/ ביה חוטריה ירטב |
| 1461 | | Nu25:18M | אחתהון מה \די אתקטלת/דית'#2#/ ביום מגפתה על עסק |
| 1462 | | Nu23:10M | /דיש'#2#/ דאתאמר/^דית'#2#^/ עליהון יהוון |
| 1463 | | Nu23:10M | דבית יעקב דאיתאמר/^דית'#2#^/ עליהון די הוון |
| 1464 | | Nu27:03M | בגו עם כנשתה דאתרעמו/דית'#2#/ קדם ייי בעצתה דקרח |
| 1465 | | Lv16:27M | צפירה דחטאתה די אתועל/דית'#2#/ אדמהון/דמ'#2#/ |
| 1466 | | Lv 5:23M | ית פקדוניה \די אתפקד/דית'#2#/ לוותי"/גבה#2#/ או ית |
| 1467 | | Lv 5:07M | וייתי ית אשמיה דאתחייב/דית'#2#/ תרין/תריין#2#/ |
| 1468 | דיתאמר | Gn34:31M | יאי הוא \דיהוון אמרין/דיתאמר#2#/ בכנישתיהון דישראל |
| 1469 | דיתארעון | Lv23:37 | מועד{ו}«י»ן דייי דיתארעון יתהון יומין טבין |
| 1470 | דיתבה | Gn38:21 | למימר אן היא נפקת ברה דיתבה בפרשות ארחתה על ארחה |
| 1471 | דיתבין | Dt11:30M | שמשה בארעהון דכנענאי דיתבין במשרא כל וקבל גלג<לה> |
| 1472 | דיתהוון | Nu29:18 | וחמר ניסוכיהון מה דיתהוון מקריבין עמהון עם תורייה |
| 1473 | דיתח' | Lv 5:19M | על חובתיה \די אתחייב/דיתח'#2#/ אשמה ייתי קדם ייי |
| 1474 | דיתחבלון | Gn 4:23 | ולא עולם חבלת דיתחבלון זרעיתי מן בתרי: |
| 1475 | דיתחמי | Lv13:14M | \די יתחזי/^דיתחמי#2#^/דאתחמי#2#/ בה בשר |
| 1476 | דיתיב | Nu24:05 | יעקב בזכות משכניה דיתיב בהון ישראל אבוכון כמה |
| 1477 | דיתיהב | Lv24:20 | שן תשלומי שן היך מה דיתיהב מום בבר נשא כדן יתייהב |
| 1478 | דיתיילדון | Dt23:09M | בנין מה \די יתיילדו/דיתיילדון#2#/ להון דר תליתי |
| 1479 | דיתיכול | Lv 7:27M | כל נפש \די תאכל/דיתיכול#2#/ כל אדם/דם#2#/ |
| 1480 | דיתכנשון | Gn29:08 | לא אנן יכלין עד זמן דיתכנשון כל עדריא ויגלון ית אבנא |
| 1481 | דיתכסא | Gn18:14 | הא אית אפשר דיתכסא מן קדם ייי פתגם לעידנא |
| 1482 | דיתלי | Gn 4:24 | די לא קטל בדינא הוא דיתלי ליה עד שבעין ושבעה דרין |
| 1483 | דיתמלי | Lv20:17M | ברם /קדמאי מן בגלל דיתמלי עלמא מנהון בר'#2#/ מן |
| 1484 | דיתן | Gn30:08 | בצלותא די צלית קדם ייי דיתן לי בנין היך מה דיהב לאחתי |
| 1485 | דיתנחון | Ex23:12M | מן בגלל \דתנח תורך /דיתנחון תוריכון#2#/ וחמרך |
| 1486 | דיתסתאבון | Lv18:28M | יתה /בזמן דיתסתאבון#2#/ היך מה די פלטת ית |
| 1487 | דיתעבד | Ex29:01 | ודן פתגמא ד<י>תעבד להון למקדשה יתהון למשמשה |
| 1488 | דיתפרש | Lv24:12 | יתה במטרתה עד זמן דיתפרש להון מן קדם ייי בהידין |
| 1489 | | Nu15:34 | יתה במטרה עד זמן דיתפרש להון קדם ייי מה יתעבד לה: |
| 1490 | | Lv 4:10 | היך מה דיתפרש מתורה דנכסת קודשיה ויסדר |
| 1491 | דיתקטלון | Dt22:24M | יתהון באבנייה וימותון/דיתקטלון יתהון#2#/ ית רביתה |
| 1492 | דיתקר' | Lv 7:08 | וכהנא דיתקר' ית עלתה דגבר משכה דעלתה |
| 1493 | דיתרבי | Gn38:11 | בבייתיה דאבוך עד זמן דיתרבי שלה ברי ארום אמר דלא |
| 1494 | דכבש | Nu32:04 | ארעא דכבש ייי קדם כנישתה דישראל ארע |
| 1495 | דכושיה | Nu12:01 | אתתה דמשה אלא היך מה דכושיה שני בגופה מן כל ברייתה |
| 1496 | דכינישתה | Nu15:25M | על כל כנישתה/עמא דכינישתה#2#/ דבני ישראל וישתבק |
| 1497 | דכל | Gn 2:09 | מציעות גנתה ואילן דעתה דכל מן דהוה אכל מנה ידע למפרשה |
| 1498 | | Gn 2:17 | ומן אילן דעתה דכל מן דהוה אכל מינה ידע |
| 1499 | | Ex15:01 | נודי ונשבח קדם ייי דכל מן דמתגאי קדמוי הוא במימרי |
| 1500 | | Gn24:10M | ^מלוויתיה#2#/ וכל/דכל#2#/ שפר דייתיקא |
| 1501 | דכמין | Gn49:17 | דרבוע בארעא ולעורמנא דכמין בפרשת ארחתה דנכת לסוסיא |

|  |  |  |  |  |  |
|---|---|---|---|---|---|
| 1502 | דכמן | Gn49:17M | מדמי לחווייה חרמני' | דכמן | בפרשת ארחת' <...> בעקבא |
| 1503 | דכן | Gn44:18 | ואחסנא בפילוג ארעא כל | דכן | בגלל בנימן אחונן דהוא |
| 1504 | | Gn44:18M | ואחסנא בפילוג ארעא כל | דכן | בגלל בנימן אחונ' דהא |
| 1505 | | Gn30:22 | שמי«יא» מפתחא דפרנסתא | דכן | כתבא מפרש ואמר פתח ידך |
| 1506 | | Gn35:09M | משכניה כמחום יומא | דכ{ו}<ן> | כתבא מפרש ואמר ואיתגלי |
| 1507 | | Gn30:22 | בהון רעוא מפתחא דקבריה | דכן | כתבה ומפרש ואמר הא אנא פתח |
| 1508 | | Gn30:22 | עמי מפתח דעקרתא | דכן | כתבה ומפרש ואמר ואדכר ייי |
| 1509 | | Gn35:09 | ברכת יתיה ונחמת יתיה | דכן | כתב{ת}<ה> מפרש ואמר ואתגלי |
| 1510 | | Gn35:09M | "ועוד": | דכן | כתבה מפרש ובריך יתהון |
| 1511 | דכניש' | Ex16:22M | רברבני כנישתא/עמא | דכניש'#2#/ | ותנון למשה: |
| 1512 | דכנענאי | Gn10:18M | זרעיהון/זרעוותהון | דכנענאי#2#/ | דכנע<נ>יא: |
| 1513 | | Ex13:11M | דכנעניי/לארעא | דכנע<נ>אי#2#/ | היך מה די קיים לך |
| 1514 | | Dt 1:07M | ימא ארעהון | דכנעניי/דכנענאי#2#/ | וטור בית מוקדשה |
| 1515 | | Gn50:11M | דכנען /ארעהון | דכנענאי#2#/ | ית אבלה באדר אטדה |
| 1516 | דכפתיה | Gn25:21M | בטור פולחנא אתר | דכפתיה | תמן אבוי על עסקי את' |
| 1517 | דכתבין | Dt28:58 | ית כל פתגמי אוריתה הדה | דכתבין | בספר אוריתה הדין למדחל |
| 1518 | דכתיב | Dt33:02 | דאשכחו בנוי דישמעאל | דכתיב | בגווה לא תהוון גנבין לא |
| 1519 | | Gn40:23 | דמותא ולא אדכר כתבא | דכתיב | בספר אוריתא דייי דמתילא |
| 1520 | | Dt30:10 | למיטור מצוותה וקיימוי | דכתיב | בספר אורייתה הדה ארום |
| 1521 | דכתיבין | Ex12:42M | ארבע לילוון הנון | דכתיבין#2#/ | בספר דוכרניא ליליא |
| 1522 | | Dt29:19 | וידבקון בה כל לווטיה | דכתיבין | בספר אורייתה הדין וימחוק |
| 1523 | | Dt29:20 | ככל לווטיה קיימה | דכתיבין | בספר אורייתה הדין: |
| 1524 | | Dt29:26 | עלה ית כל לווטיה | דכתיבין | בספר אורייתה הדה: |
| 1525 | דל' | Ex20:20M | /תדירא בפמ' מן בגלל | דל' | תתחייבו'#2#/: |
| 1526 | דלא | Gn49:22 | הוא יוסף גברא חסידא | דלא | אזל בתר חיזוי עייניה ולא |
| 1527 | | Gn44:34 | אבה וטליא לית הוא עמי | דלא | אחמי בבישתא די יארע ית |
| 1528 | | Gn30:22M | משום דארבעה מפתחיא | דלא | אינון מסירין לא למלאך ולא |
| 1529 | | Gn18:17 | דיהבת לה בדינה הוא | דלא | איפוך יתה עד זמן דאודע |
| 1530 | | Dt32:21 | אינון אקנון יתי באלה | דלא | אלה ואכעסו יתי במרחקתהון |
| 1531 | | Dt32:21 | ואנה אקני יתהון באמה | דלא | אמה באמה מנבלה אכעס יתהון: |
| 1532 | | Gn26:09 | ואמר לה יצחק ארי אמרית | דלא | אמות מן בגללה: |
| 1533 | | Nu 5:22 | אמן אמן דלא אסתאבת אמן | דלא | אסתאב: |
| 1534 | | Nu 5:22 | ותימר אתתה אמן אמן אמן | דלא | אסתאבת אמן דלא אסתאב: |
| 1535 | | Ex33:03 | קשין למקבלה אולפן אינון | דלא | אשיצא יתכון באורחא: |
| 1536 | | Lv26:35 | צדי מנכון תשמט ית מה | דלא | אשממת בשמיט<י>כון כד |
| 1537 | | Gn15:01 | ואתקימן עלי או דלמא | דלא | אשתכח בידי מצוה בזמנא |
| 1538 | | Gn44:18 | דאבה כל יומייא או דלמא | דלא | אשתמע לך ולא אתני לך ארום |
| 1539 | | Gn49:12M | מן חמרא זכיכא | דלא | אתחמ' בהון גלוי עריי' ודי |
| 1540 | | Dt32:17 | אינון דמן כדון אתבריין | דלא | אתעסקו בהון אבהתכון: |
| 1541 | | Lv10:01M | אשתא בריה מן תפין מה | דלא | אתפקד להון#2#/: |
| 1542 | | Nu21:06 | דמיכלי קליל ייתי חויה | דלא | אתרעם על מזונה וישלט בעמא |
| 1543 | | Nu20:18M | לא תעברו בתחומין | דלא | בחרבה אפוק לקדמותך#2#/: |
| 1544 | | Ex21:11 | לה ויפק יתה לחירותא מגן | דלא | בכסף: |
| 1545 | | Gn 3:09 | ונהורה גלי קדמי ואת חשב | דלא | גלי קדמי אתר דאת בגויה אן |
| 1546 | | Gn15:13 | יהוון זרעיית בניך בארעא | דלא | דידהון וישעבדון יתהון |
| 1547 | | Gn49:02 | עשו אחוי ואנה דחיל | דלא | {דלא} יהווי ביניכון גבר |
| 1548 | | Gn 6:08 | ונח על | דלא | הוה בדרה צדיק ^ההוא#2#^ |
| 1549 | | Gn44:18 | על די סאבו לדינה אחתן | דלא | הור' מתמניי' עמן מן שבטיא |
| 1550 | | Gn22:14 | כולא גלי וידיע קדמיך | דלא | הווה בלבי פלגו בזמנא קדמיא |
| 1551 | | Dt 9:28 | יתן פריקין מן תמן על | דלא | הוות יוכלא מן קדם ייי |
| 1552 | | Gn16:05 | דלא יקטלון יתך וחמית | דלא | הויינה ילדה ונסיבת להגר |
| 1553 | | Ex21:08 | אין באיש באפוי דריבוניה | דלא | זמן יתה ופרק יתה לגבר |
| 1554 | | Gn45:06 | ארעא ועד כדון חמש שנין | דלא | זרעין ולא חצדין: |
| 1555 | | Nu31:18 | וכל טפליה דנשייה | דלא | חכמין תשמיש דכורא קיימו |
| 1556 | | Gn19:08 | הא כען לי תרתין בנן | דלא | חכמן גב«ר» אפיק כען |
| 1557 | | Gn20:16 | כמסת דידע אברהם צדיקה | דלא | חכמת יתך: |
| 1558 | | Dt28:64 | תמן טעוון אחרניין | דלא | חכמתון אתון ואבהתכון טעון |
| 1559 | | Nu35:23 | או בכל אבן די ימות בה | דלא | חמה יתיה ואפל עלוי ומית |
| 1560 | | Lv19:14 | ית מה דלא שמע וקדם מן | דלא | חמי לא תתן תקלה ותדחלון מן |
| 1561 | | Lv24:12M | וזריזין בדיני ממונה | דלא | יבהתון למימר לא שמעין ברם |
| 1562 | | Nu15:34M | וזריזין בדיני ממונה | דלא | יבהתון למימר לא שמעינן |
| 1563 | | Ex19:21 | למשה חות אסהיד בעמא | דלא | ידחקון קדם ייי למיחמיה |
| 1564 | | Nu 6:09 | מית דסמיך ליה בתכיף | דלא | ידע ויסאב ריש נזירותיה |
| 1565 | | Gn47:21M | בקורייתא אעבר במדינתא | דלא | יהוו מוניין לבנוי דיעקוב |
| 1566 | | Gn49:02 | אחוי ואנה דחיל דלא | {דלא} | יהווי ביניכון גבר דלביה |
| 1567 | | Ex30:12 | דייי כד תהוי מני יתהון | דלא | יהווי בהון מותן מחבל בזמן |
| 1568 | | Lv16:02 | מליל עם אהר«ן» אחוך | דלא | יהווי <עליל> בכל זמן |
| 1569 | | Dt15:09 | לה ולא יצוח עלך קדם ייי | דלא | יהווי בך חובה: |
| 1570 | | Dt19:10 | אלהכון יהיב לכון לאחסנה | דלא | יהווי עליכון חובת שפיכות |
| 1571 | | Dt23:22 | ייי אלהכון מן לוותכון | דלא | יהווי בכון חובה: |
| 1572 | | Dt24:15M | עליכון קדם ייי אזדהרו | דלא | יהווי בכון חובה |
| 1573 | | Dt24:15 | לך דלא יצוח עלך קדם ייי | דלא | יהווי בתרך חובה: |
| 1574 | | Dt29:17 | {{דאומייה}} האינון | דלא | יהווי בכון גבר דלביה מהרהר |
| 1575 | | Ex22:23 | רוגזי ואקטל יתכון בחרבא | דלא | יהוויי נשיכון ארמלן |
| 1576 | | Gn47:21M | מן קרי לקרי מן בגלל | דלא | יהוון קריין לאחוי מטלטליא |
| 1577 | | Gn47:21 | דמצרים ועד סייפיה | דלא | יהוון מצראי מוניין לאחוי |
| 1578 | | Ex34:12 | ארעא די אתון עלין בגווה | דלא | יהוון לתוקלה ביניכון: |
| 1579 | | Lv24:12 | ו{מ}מתינין בדיני נפשתה | דלא | יהוון קטילין בפריע ית מן |
| 1580 | | Lv24:12 | מן זוי ח«ו»רי בדינה | דלא | יהוון בהתין למ{מ}י<מ>ר לא |
| 1581 | | Nu 9:08 | ומתינין בדיני נפשתה | דלא | יהוון קטלין בפריע ית מן |
| 1582 | | Nu27:05 | {בדיני} בדיניה נפשן | דלא | יהוון קטלין בפריע ית מן |
| 1583 | | Gn34:31 | דיעקב כלא מן כל כדין | דלא | יהוו{ן}<י> שכם בר חמור |
| 1584 | | Ex19:22 | ומשמשין קדם ייי יתקדשון | דלא | יהוי בהון רגוז מן קדם ייי: |
| 1585 | | Ex19:24 | לא ידחקון למיסק קדם ייי | דלא | יהוי בהון רגוז: |
| 1586 | | Dt15:09 | אזדהרו לכון | דלא | יהוי פתגם דחטי בתר לבכון |
| 1587 | | Dt29:17 | | דלא | יהוי בכון גבר או אתה או |
| 1588 | | Nu15:34 | ומתינין בדיני נפשן | דלא | יהיוון קטולין בפריע ית מן |
| 1589 | | Nu15:34 | דחמי ליה למתקטלה בדינה | דלא | יהיוון בה{ד}<ת>ין למימר לא |
| 1590 | | Dt25:03 | ארבעין ימחי יתיה לא יוסף | דלא | יוסף לממחי יתיה על אלין |
| 1591 | | Ex21:08M | דריבוניה \דלא זמן יתה | /דלא | יזמן ופריק יתה#2#/ ופרק |
| 1592 | | Ex23:33 | ולא ישרון בארעכון | דלא | יחייבון יתכון קדמיי ארום |
| 1593 | | Dt11:16 | אזדהרו לכון | דלא | יטעי לבביכון ותסטון |
| 1594 | | Dt 9:28 | | דלא | יימרון דיירי דארעא די אפקת |
| 1595 | | Gn32:12 | דעשו ארום דחל אנא מנה | דלא | ייתי ויקטול יתי וישיצי אמה |
| 1596 | | Lv24:12 | אמר לא שמעית במסאבין | דלא | יכלו למעבד פיסחה ובדין |
| 1597 | | Nu 9:08 | הוה משה ממתין במסאבין | דלא | יכלו למעבד פסחה בזמנה |
| 1598 | | Nu15:34 | אמר לא שמעת במסאבין | דלא | יכלו מעבד פיסחא {פסחא} |
| 1599 | | Nu27:05 | אמר לא שמעית במסאבין | דלא | יכלו מעבד פסחא בז<י>מניה |
| 1600 | | Nu 4:20M | משקעין מאני בית קודשא | דלא | ימו' |
| 1601 | | Gn38:11 | שלה ברי ארום אמר | דלא | ימות לחוד הוא כאחוי ואזלת |
| 1602 | | Lv16:02 | די על ארונה דסהדותה | דלא | ימות ארום בענני איקר |
| 1603 | | Lv16:13M | על סהדותה | ולא/דלא#2#/ | ימות: |
| 1604 | | Dt20:05 | ויחזור לבייתיה | דלא | ימות בסדרי קרבה וגבר אחרן |
| 1605 | | Dt20:06 | יזיל ויחזור לבייתיה | דלא | ימות בסדרי קרבא וגבר אחרן |
| 1606 | | Dt20:07 | יתה יזיל ויחזור לבייתיה | דלא | ימות בסדרי קרבה וגבר אחרן |
| 1607 | | Ex28:43 | דלא יקבלון חובין | דלא | ימותון קיים עלם להון |
| 1608 | | Ex30:20 | זימנא יתקדשון במיא | דלא | ימותון או בקרובותהון |
| 1609 | | Lv15:31 | בני ישראל מן סאבותהון | דלא | ימותון בסאבתהון דלא יסאבון |

1610 Nu 4:20 רבה ית כל מני בית קודשה דלא ימותון:
1611 Nu18:22 למקרבה למסבול חובין דלא ימותון:
1612 Lv15:31 דלא ימותון בסאבתהון דלא יסאבון ית בית מקדשי דאיקר
1613 Nu20:21M לקבליהון/להון#2# סדרי /דלא יסדרון סד׳#2#/ קרבה:
1614 Dt17:17M ולא יסגי לבבה /נשין דלא יסטון ליביה#2#/ וכסף ודהב
1615 Dt27:15 ואמרין בריך יהווי גברא דלא יעבד {{צלם וצורה}} וכל דמו
1616 Gn42:04 יעקב עם אחוי ארום אמר דלא יערע יתיה סקל:
1617 Ex 5:03 ונקרב קדם ייי אלהן דלא יערע יתן במותנא או בחרבא:
1618 Dt22:08 אדם זכיי לגו בייתך דלא יפול מן דחמי לה למיפל
1619 Dt 7:04 ית בניכון מן בתר מימרי דלא יפלחון קדם {סדם ס} <טעוון>
1620 Lv21:04 לא יסתאב רבה דבעמה דלא יפס ית כהנתא:
1621 Dt24:15M הוא סבל לך ית נפ׳ דלא יצווח עליכון קדם ייי
1622 Dt24:15 קדמך ית נפשיה אזדהר לך דלא יצוח עלך קדם ייי דלא יהווי
1623 Ex28:43 בגו בית ק<ו>ד{י}שא דלא יקבלון חובין דלא ימותון
1624 Ex20:13 דישראל עם קטולין דלא יקומון בניכון מן בתריכון
1625 Ex20:13M /דבני ישראל קטולין דלא#2#/ יקומון בניכון
1626 Ex20:14 דישראל עם גיורין דלא יקומון בניכון מן בתריכון
1627 Ex20:15 דישראל עם גנבין דלא יקומון בניכון מן בתריכון
1628 Ex20:15M /דבני ישראל גנבין דלא#2#/ יקומון בניכון
1629 Ex20:16 דישראל עם סהדי שיקרא דלא יקומון בניכון מן בתריכון
1630 Ex20:17 דישרא׳ עם חמודין דלא יקומון בניכון מן בתריכון
1631 Dt 5:17 דישראל עם קטולין דלא יקומון בניכון מן בתריכון
1632 Dt 5:18 שותפין עם גיורין <....> דלא יקומון בניכון מן בתריכון
1633 Dt 5:19 דישראל עם גנבין דלא יקומון בניכון מן בתריכון
1634 Dt 5:20 ולא יתחבר עם משהדי שקר דלא יקומון בניכון מן בתריכון
1635 Dt 5:20M דישראל שהדין דשקר דלא יקומון בניהון מן בתריהון
1636 Dt 5:21 ולא שותפין לחמודיה דלא יקומון בניכון מן בתריכון
1637 Gn 4:15 ליה ושוי ייי לקין סימן דלא יקטול יתיה כל מן די יארע
1638 Gn16:05 ואמרת אחי הוא מן בגלל דלא יקטלון יתך וחמית דלא
1639 Gn16:05M \מן בגלל דלא /בגין דלא#2#/ יקטלון יתך וחמית דלא
1640 Gn26:07 דחל למימר אתתיה היא דלא יקטלון יתיה עמא דארעא על
1641 Nu 4:15M במשכן ולא /למסבול דלא#2#/ יקרבון לבית קודשה ולא
1642 Ex 8:22 דמצריי קדמיהון לית אפשר דלא ירגמון יתן:
1643 Dt19:06 דלא ירדוף תבע אדמה בתר קטולה
1644 Dt28:55M "מן בלי ... ובצוקה": דלא ישייר לה כל מנדעם בעקין
1645 Dt 7:04 יתקוף רוגזיה דייי בכון דלא ישיצי יתכון בפריע:
1646 Gn11:07 כען ואתגלי תמן לשניהון דלא ישמעון גבר לשנה דחבריה:
1647 Dt28:55 בשר בנוי די יאכל מן בלי דלא ישתייר לה כל מדעים בצער
1648 Dt 8:14M ויתקוף/דלא ית׳#2# לבביכון ותנשון
1649 Ex15:12 ארעא מן דינא יומא רבה דלא יתבע יתהון מנה לעלמא דאתי
1650 Ex13:17 קריבה הוא ארום אמר ייי דלא יתבר לבהון דעמא כד יחמון
1651 Dt32:27 אברהם יצחק ויעקב דלא יתגברון עליהון
1652 Dt29:16 בגו בתייה דחלין מנהון דלא יתגנבן:
1653 Ex10:28M שמע למליך אזדהר לך דלא יתקוף רוגזי בך ואמסור יתך
1654 Ex34:26 בשר וחלב מערבין כחדא דלא יתקו«ף» רוגזי ונבשל
1655 Dt 6:15 דאיקר שכינתיה ביניכון דלא יתקוף רוגזה דייי אלהך בך
1656 Ex10:28 שמע {מי} מליך אזדהר לך דלא יתקף רוגזי בך ואמסר יתך
1657 Ex22:23 דלא יתקף רוגזי ואקטל יתכון
1658 Ex23:19 בשר בחלב מערבין כחדא דלא יתקף רוגזי עליכון ונ{כ}בשל
1659 Dt11:17 דלא יתקף רוגזה דייי בכון
1660 Dt14:21 בשר וחלב מערבין כחדה דלא יתקף רוגזי ונבשל עבוריכון
1661 Dt17:20 דלא יתקף ליבביה מן אחוי ודלא
1662 Gn20:09 חובין רברבין עבדין דלא כשרין למתעבדא עבדת עמי:
1663 Gn21:08M /\בישין#2#\די לא/^דלא#2#^/ כשרין היך מגהך

1664 Lv 4:22 מן כל מצוותה דייי אלהה דלא כשרין למתעבדה בשלו
1665 Lv 4:27 חדה מן מצוותיה דייי דלא כשרין למתעבדה ויתחייב:
1666 Ex 4:23M דפלחון קדמיי וסרבת דלא לאשתלחא יתהון#2# הא אנה
1667 Ex 7:14M דפרעה סרב \מן למשלחיה /דלא למ׳#2#/ \ית עמא/לעמיה#2#
1668 Dt32:03 זמינין מנהון ילף משה דלא למדכרה ית שמה קדיש׳ עד זמן
1669 Lv26:19M ברירין כפרזלא דלא למחתה לכון לא טל ולא מטר
1670 Dt28:23M ברירין כפורזלה דלא למחתה לכון לא טל ולא מטר
1671 Dt 8:11 ית אולפן אורייתיה דייי דלא למטור מצוותה וסדרי דינוי
1672 Gn49:12 משיחא מן חמרא זכוכא דלא למיחמי בהון גילוי עריין
1673 Gn24:32M דהוון זמימי באורח דלא למיכל מן גזילא
1674 Dt12:23 לחוד אתוקפו דלא למיכל אדמה ארום אדמה הוא
1675 Ex19:12 למימר אזדהרו לכון דלא למיסק לטורא ודלא למקרב
1676 Gn 3:15M גרמיהון בנה דאתתה דלא למלעי באוריתה ולא למיטר׳
1677 Gn27:40M גרמיהון בנוי דיעקב דלא למלעי באורית׳ ולא למטור
1678 Lv26:19M ת<ח>ותיכון חסימה כנחשה דלא למסקה לכון דתין וצמחין
1679 Dt28:23M תוחתיכון חסימה כנחשה {ו}<ד>לא למסקה לכון דתין וצמחין
1680 Lv18:30 ותיטרון ית מט{מ}רתי דלא למעבד מנימוסי מרחקתה די
1681 Lv26:15 סדרי דיניי תרחק נפשכון דלא למעבד ית כל פיקודי במפסכון
1682 Dt 4:21 על מליכון וקיים בשבועה דלא למעבר יתי ית ירדנה ודלא
1683 Dt 2:30 צבא סיחון מלכא דחשבון דלא למעברה יתן בתחומיה ארום
1684 Lv20:04 בנורא קדם פלחנה נכריה דלא למקטול יתיה:
1685 Nu 9:07 נפש דבר נש למה נתמנע דלא למקרבה ית קרבנה דייי
1686 Nu20:21M מן למשבק /וסרב אדומאי דלא למשבוק#2#/ ית ישראל
1687 Nu22:13M עמכון /סרב מימריה דייי דלא למשבוק יתי למיתי ע׳#2#/:
1688 Ex 8:25 לחוד לא יסף פרעה למשקרה דלא למשלחא ית עמא די יקרבון
1689 Ex 9:17 עד כדון את מתרברב בעמי דלא למשלחא יתהון:
1690 Ex 7:27 ארום מסרב את ^דלא#2#^ למשלחה הא אנה משיצא ית
1691 Ex10:04M ארום אין מסרב את \דלא#2#/ למשלחה ית עמי הא אנא
1692 Dt17:12 וגוברא די יעבד בזידנו דלא למשמע למלוי דכהנא דקיים
1693 Ex22:16M אין מסרבה יסרב אבוה למסבה/דלא למתן#2#/ יתה ליה כסף
1694 Nu20:21 מפקדין מן אבוהון דבשמיא דלא לסדרה לקבליהון סדרי קרבה:
1695 Ex22:15 וארום יתפס גבר בתולה דלא מארסה וישמש עמה מפר{ז}<נ>ה
1696 Nu31:50 עם חדה מנהון בעלמא הדין דלא מהוי עמה בגיהינם בעלמא
1697 Dt32:01 קדם שמייא וקדם ארעא דלא מייתין לעולם ולא טעמין כסא
1698 Nu19:07M ויהוי כהנא מסאב ומרחק/דלא מיכל#2#/ מן קדשיה עד
1699 Nu32:09 ית לבהון דבני ישראל דלא מיעול לארעא די יהב להון
1700 Gn19:21 לך אפין אף לפתגמא הדין דלא מיפך ית קרתא די מללתא:
1701 Gn46:30M בהדא זמנא כילו עליי דלא מיתת בתר דחמית
1702 Ex10:28M אמר ליה אזדהר למימ׳ דלא מלייא קשייתא האלן דאת אמ׳
1703 Gn38:09 הוה מחבל עובדוי על ארעא דלא מקמא בנין לשמה דאחוי:
1704 Lv11:47 דמתאכלה ובין חייתה דלא מתאכלה:
1705 Gn22:10 אבוהי אבא כפות יתי יאות דלא נבעוט יתך ויתפסיל קרבנך
1706 Gn38:23 ואמר יהודה תסב לה דלא נהווי לביזיון הא שלחית
1707 Nu31:50M חד מנן עם חד מנהין דלא נהווי שותף עמא
1708 Nu12:12M הדין וייחי דלא נובד זכותה
1709 Dt 5:20M ענגין מסתלקין ומטר דלא נחת ובצורתא אתיא לעלמא
1710 Lv 1:01 רבוי עלם בדינא הוא דלא ניעול לגויה עד זמן די
1711 Nu21:34M \ברם פירין לא עבדין /דלא עבדין פירין#2#/ בגין כדן
1712 Lv10:01 וקריבו קדם ייי אשא בריה דלא פקד יתהון:
1713 Gn26:29 אין תעבד עמן בישא היך מה דלא קריבנן לך והיך מה דעבדנן
1714 Gn47:21M {ל}<א>חו<י> דיוסף דלא קריין להון אכסניי גלוליי
1715 Gn24:27 ייי אלהא דריבוני אברהם דלא שבק חסדה וקושטה עם ריבוני
1716 Ex 9:21M לפתגמוי דייי /ובלעם דלא שוי לביה לפתגמ׳ דייי#2#/
1717 Nu20:18M לית את עבר בתחומי דלא שלופי חרבה

|  |  |  |  |  |  |
|---|---|---|---|---|---|
| 1718 | Lv19:14 | לא תלו' ית מה | דלא | שמע וקדם מן דלא חמי לא תתן | |
| 1719 | Lv19:14M | ולא תלוטון חרשה בגין | דלא | שמע לקדם אכסניה דהוא | |
| 1720 | Dt31:29 | יומייא ארום תעבדון מה | דלא | שפר ותקן קדם ייי למכעסה | |
| 1721 | Dt22:09 | לא תזרעון כרמיכון כלאים | דלא | תאבדון מליתה דזרעא די | |
| 1722 | Gn 3:11 | הא מן אלנא די פקדת יתך | דלא | תאכל מנה אכלת: | |
| 1723 | Gn19:19 | לית אוכל למשתיזבא לטורא | דלא | תארע יתי בישתא ואמות: | |
| 1724 | Nu16:34 | ערקו לקלהון ארום אמרו | דלא | תבלע יתהון ארעא: | |
| 1725 | Ex23:02 | מה דבלבך על חברך בדינא | דלא | תהוי סעי ואמר מן בתר סגיא | |
| 1726 | Ex23:29 | מן קדמיכון בשתא חדא | דלא | תהוי ארעא צדי דלא תסגי | |
| 1727 | Ex22:07M | לא שלח ידי' במקמתא | /דלא | תושיט בעבידת#2#/ דחבריה: | |
| 1728 | Lv19:29 | בנתכון מן למסבה יתהון | דלא | תזני ארעה ותתמלי ארעא בגין | |
| 1729 | Dt 4:16 | | דלא | תחבלון עובדיכון ותעבדון | |
| 1730 | Gn24:06 | ליה <אברהם> אזדהר לך | דלא | תחזר ית ברי תמן: | |
| 1731 | Gn14:23 | אסב מן כל מה די לך | דלא | תיהווי מתג«א» ותימר אנא | |
| 1732 | Gn49:22M | "והוון בנתהון": | דלא | תיהווי {שתוף} שותף עמה | |
| 1733 | Nu27:17 | יתהון מן סדרי קרבא בשלם | דלא | תיהווי כנשתה דייי כעין די | |
| 1734 | Dt 8:12 | | דלא | תיכלון ותשבעון ובתין | |
| 1735 | Dt 1:01M | גזר עליכון | דלא | תיעלון לארעא דישראל | |
| 1736 | Gn24:39 | ואמרת לריבוני מה דלמא | דלא | תיתי אתתא בתריי: | |
| 1737 | Gn43:14 | וית בנימן ואנה היך מה | דלא | תכלת על יוסף ברי לא אוסף | |
| 1738 | Lv 8:35 | ותטרון ית מטרתה דייי | דלא | תמותון ארום כדן פקדית: | |
| 1739 | Lv10:06 | לא תבזעון | דלא | תמותון ועל כל עם כנשתא | |
| 1740 | Lv10:09 | עמך במעלכון במשכן זימנא | דלא | תמותון קיים עלם לדריכו': | |
| 1741 | Gn31:29M | אזדהר לך \מן למללה | /דלא | תמלל#2#/ עם יעקב מן טב | |
| 1742 | Gn31:20 | ית דעתא דלבן ארמאה על | דלא | תני לה ארום ערק הוא: | |
| 1743 | Dt 4:23 | אזדהרו לכון | דלא | תנשון ית קיים מימרה דייי | |
| 1744 | Gn24:03 | הוא אלהא דשליט על ארעא | דלא | תסב אתא לברי מן בנתהון | |
| 1745 | Dt 7:22 | למישיציה יתהון בפריע | דלא | תסגון עליכון חיות ברה: | |
| 1746 | Ex23:29 | חדא דלא תהוי ארעא צדי | דלא | תסגי עליכון חיות ברא: | |
| 1747 | Gn29:17M | על דהוות בכייא ומצליה | דלא | תסוק בזמליה דעשו ורחל | |
| 1748 | Lv13:45M | יתהון רחוק מן מסאבה | דלא | תסתאבון מסאב הוא | |
| 1749 | Lv13:45 | ואמר רחוקו מן מסאבה | דלא | תסתאבון: | |
| 1750 | Gn19:15M | דקרתא /אילין דאשכחן | דלא | תסתפי בחובי קרתא#2#/: | |
| 1751 | Gn19:17 | בכל משרא לטורא אשתיזב | דלא | תסתפי: | |
| 1752 | Nu14:43M | וכנענאי#2#/ תמן | קדמיכון/דלא | תפלחון קדמיהון#2#/ | |
| 1753 | Lv23:29M | ... ולא ציימה": בר נש | דלא | תצום | |
| 1754 | Ex34:12 | אזדהר לך | דלא | תקיים קיים עם דיירי ארעא | |
| 1755 | Ex34:12M | קיים /איזדהרו לכון | דלא | תקיימון קי#2#/ עם דיירי | |
| 1756 | Ex34:15M | | לא/דלא#2#/ | תקיימון קיים עם דיירי | |
| 1757 | Dt12:13 | אזדהרו לכון | דלא | תקרבון עלוותכון בכל היידין | |
| 1758 | Ex20:25M | קרב' מותא לכולא אסטמר | דלא | תריק סייפך עלי ולא תפיס | |
| 1759 | Dt12:19 | אזדהרו לכון | דלא | תשבקון ית ליוואי כל יומיכון | |
| 1760 | Nu16:26 | ולא תקרבון בכל מה דלהון | דלא | תשיצון בכל חוביהון: | |
| 1761 | Gn19:15 | וית תרתין בנתך דאשכחן | דלא | תשתיצא בחובי דקרתא: | |
| 1762 | Dt12:30 | בתר דישתיצון מן קדמיכון | דלא | תתבעון לטעוותהון למימר היך | |
| 1763 | Nu14:42 | שכינתה דייי שרי עליכון | דלא | תתברון קדם בעלי דבביכון: | |
| 1764 | Gn25:23M | ואח{ר}<ד> יעקב מלכותיה | דלא | תתחבל ולא תפסוק מיניה | |
| 1765 | Dt20:18 | די פלחו לטעוותהון | דלא | תתחייבון קדם ייי | |
| 1766 | Dt 4:19 | | דלא | תתלון עייניכון לשמייא | |
| 1767 | Dt15:09M | באחיכון מס{ק}<כ>י' | דלא | תתנון לה ויצבוח עליכון | |
| 1768 | Dt 7:25 | עליהון ותסבון לכון | דלא | תתקלון בהון ארום סני ומרחק | |
| 1769 | Dt12:30 | אזדהרו לכון | דלא | תתקלון מן בתריהון בתר | |
| 1770 | Dt 1:39M | ובניכון \די | לא/דלא#2#/ | חכמון/חכמין#2#/ יומא | |
| 1771 | Gn12:03 | ית מן דמברכך יתך ומן | דלאיט | יתך יהוי ליט ויתברכון | דלאיט |
| 1772 | Nu26:58 | דלויי זרעייתה דבנוי | דלבני | זרעייתה דבנוי דחברוני | דלבני |
| 1773 | Lv22:27 | זכותי' דגברא תמימא | דלבש | בגו{י} ידוי משכין דגדיין | דלבש |
| 1774 | Lv22:27M | למדכרה זכותי' דתמימה | דלבש | משכין דגדיין ועבד תבשילין | |
| 1775 | Gn34:01M | ברת לאה \די | ילדת/דלד'#2#/ | ליעקב למתחמייא עם | דלד' |
| 1776 | Gn39:10 | למשמשה עמה בעלמ' הדין | דלהא | למהוי עמה לעלמא דאתי: | דלהא |
| 1777 | Gn49:26 | אבהתי אברהם ויצחק | דלהון | אתחמדון רברבני עלמא מן | דלהון |
| 1778 | Nu 3:41M | בעיר«י»הון | דליויי/דלואי#2#/ | חלף כל בוכרה | דלואי |
| 1779 | Ex26:16M | פתיא \דלוחא חדתא | /דלוחה | חתה#2#/: | דלוחה |
| 1780 | Gn40:23 | דלעל וחסדא דלרע וחסדא | דלוי | יתיה מן בייתה דאבוי | דלוי |
| 1781 | Nu22:04 | די חזור חזור היך מה | דלחך | תורא בלשניה ית עשבה דאפי | דלחך |
| 1782 | Nu 3:45M | בעיר«י»הון | דליויי/דליוואי#2#/ | חלף/חולף#2#/ | דליוואי |
| 1783 | Nu24:09 | יתהון יהוי מברך ומן | דלייט | יתהון יהוי ליט: | דלייט |
| 1784 | Nu24:09M | לקבליהון מן | דלייט | יתהון יהוי לייט | |
| 1785 | Gn27:29 | דהוא אחוי דאמך מ{ה}<ן> | דלייט | יתך יהוי לייט כבלעם בר | |
| 1786 | Nu24:17M | מלך \למקום מן | דבית/דליקום | מד"#2#/ יעקב ופרוק | דליקום |
| 1787 | Ex15:12M | בשבועה ואשתבע לארעא | דלית | | דלית |
| 1788 | Gn16:05M | הויינה ילדה /וכדו חמית | דלית | אנה ילדה#2#/ ונסיבת להגר | |
| 1789 | Gn13:16 | דארעא ארום היך מה{מה} | דלית | אפשר די כל גבר למימני ית | |
| 1790 | Lv10:19M | מן מעשרה תנינה | ולית/דלית#2#/ | אפשר מיכל/למיכל#2#/ | |
| 1791 | Dt33:17 | והדרא ליה הוויין כמה | דלית | אפשר למפלח בבכורי תורייה | |
| 1792 | Gn21:23M | בשם ממריה דייי הכא | דלית | את משקר לי בברי ולא בבר | |
| 1793 | Ex15:12 | ייי על ארעא בשבועה | דלית | את תבע יתהון מנה לעלמא | |
| 1794 | Nu 5:13 | ותטמר והיא דאסתאבת וסהד | דלית | בה והיא לה אתפשת: | |
| 1795 | Dt32:17 | דבחו קדם טעוות שדיה | דלית | בהון ממש טעוון די לא חכמו | |
| 1796 | Dt32:28M | עיצן בישן אינון | ולית/דלית#2#/ | בהון שוכלתנו: | |
| 1797 | Gn47:13 | ולחם | דלית | בכל ארעא ארום תקף כפנא | |
| 1798 | Gn 3:09M | ואך את סבירה | דלית | גלי קודמ{ו}<י>י' אתרא די | |
| 1799 | Gn 7:08 | מן בעירא דדכיה ומן בעירה | דלית | היא דכיה ומן עופא וכל | |
| 1800 | Gn44:18M | בגווה ית דינה אחתן | דלית | היא ממנין שבטייא ולית לה | |
| 1801 | Gn44:18 | בגווה ית דינה אחתן | דלית | היא ממנין שבטיא ולית | |
| 1802 | Lv26:37 | כמן קדם שלפי חרבה ורדף | דלית | ולא תיהוי לכון תקומה קדם | |
| 1803 | Nu14:16 | על | דלית | יכלה קדם ייי למיעלה ית עמא | |
| 1804 | Gn34:31 | ומתגאי בלביה ויאמר באתה | דלית | לה בר נש תבע עלבנה כדון | |
| 1805 | Dt32:20 | דר תהפכנין אנון בנין | דלית | להון היימנו: | |
| 1806 | Gn34:31M | מטעיה נפקת ברא | דלית | ליה תבו{י}<ו>ע איתעביד | |
| 1807 | Lv11:12 | כל | דלית | ליה סנפירין וקשקסין במיא | |
| 1808 | Lv21:20 | חפיין על עיינוי או | דלית | ליה שער בגיבינוי או גביע | |
| 1809 | Nu23:10 | בחרבה מבשר הוא בלעם | דלית | ליה חולק לעלמא דאתי ברם אן | |
| 1810 | Nu27:08M | ארום ימות ובר דכר | לית/דלית#2#/ | ליה ותעברון ית | |
| 1811 | Lv22:27 | ומתכפר על חובינן וכדון | דלית | לן למקרב{י}ה מן עדרי ענינן | |
| 1812 | Nu20:05M | אוף לא מיין | לית/ד<לית>#2#/ | לן למשתי: | |
| 1813 | Gn18:21 | אינון בנפשתהון דלמא | דלית | עבדיהון בישייא גליין קדמי | |
| 1814 | Ex14:11 | למשה הא מן בל{ו}<י> | דלית | קברין במצרים דברת יתן | |
| 1815 | Dt32:04 | מפרנס כל עלמא צדיקה | דלית | קדמוי שקר ארום כל ארחתיה | |
| 1816 | Dt32:04 | דינין וקשוט אלהה היימנה | דלית | קדמוי עוולה זכיי וקשוט | |
| 1817 | Gn 3:24 | היא אורייתא לכל מן | דלעי | בה ונטר פקודיה הוי חי | דלעי |
| 1818 | Lv24:12 | משה וסכם יתכון בדעתיה | דלעיל | בתרין מנהון הוה משה זריז | דלעיל |
| 1819 | Gn40:23 | שבק יוסף חסדא | דלעל | וחסדא דלרע וחסדא דלוי יתיה | דלעל |
| 1820 | Lv23:21 | דפלחן לא תעבדון קים | דלעלם | בכל אתר בית מדוריכון | דלעלם |
| 1821 | Ex30:21M | בניהון ולדריהון /קיים | דלעלם | להון עד לעלם#2#/: | |
| 1822 | Gn40:23 | יוסף חסדא דלעל וחסדא | דלרע | וחסדא דלוי יתיה מן בייתה | דלרע |
| 1823 | Nu15:14M | ויקרב קרבן | מתקבל/דמ"#2#/ | בלריח דרעוה קדם ייי | דמ' |
| 1824 | Nu17:14M | \מיתיה דמיתו /אליין | דמ"#2#/ | במגפתה ארבעת עשר אלפין | |
| 1825 | Nu 5:15M | \דדכרה מדכרה /דוכרנה | דמ"#2#/ | חובין: | |

|  |  |  |  |
|---|---|---|---|
| 1826 | | Nu 2:14M | דגד ורבה \דהוה ממני/דמ#2#/ על משריית/חילוות#2#/ |
| 1827 | דמאסי | Ex21:19 | בטלוניה יתן ואגר אסיא דמאסי יתיה: |
| 1828 | דמארסה | Dt22:25 | ברה ישכח גברה ית רביתה דמארסה ויתקוף בה גברא וישמש עמא |
| 1829 | דמארשא | Dt22:27 | אשכח יתה צווחת רביתה דמארשא ולית מן דמשיזיב יתיה: |
| 1830 | דמבזי | Dt27:16M | ויאמרון כל עמא אמן /דמבזי אבוי ואמה ויענון כל עמא |
| 1831 | | Ex21:15M | ומן דימחי/^דמוח#2#/^דמבזי#2#/ לאבוי ולאמה |
| 1832 | דמבזעין | Lv13:45 | יהוון בזיעין היך דמבזעין על אבילה וראשיה יהווי |
| 1833 | דמברך | Nu24:09 | ומלכו דתקום לקב' מן דמברך יתהון יהווי מברך ומן |
| 1834 | | Gn27:29 | כבלעם בר בעור ומן דמברך יתך יהוי מברך כמשה נביא |
| 1835 | דמברכך | Gn12:03 | ואברך ית מן דמברכך יתך ומן דלאיט יתך יהוי |
| 1836 | דמבשלה | Nu 6:19M | כהנא ית אדרעה בשילתה/דמבשלה#2#/ מן דיכרא וחלה |
| 1837 | דמגלי | Gn38:25 | בישא וטובוי כל אנש דמגלי עובדוי על דנסב«י»ת |
| 1838 | דמדבר | Dt20:04M | מדברה ביניכון למסדרה /דמדבר קדמיכון#2#/ לכון סדרי |
| 1839 | דמדבש | Lv 2:11 | חמיע ארום כל דמחמע וכל דמדבש לא תקרבון מניה קרבן קדם |
| 1840 | דמדי | Nu19:21 | להון לקיים עלם ומן דמדי מי אדיה יחוור לבושוי ומן |
| 1841 | דמדיינאי | Nu31:08 | רבע חמישתי מלכיהון דמדיינאי וית בלעם בר בעור קטלו |
| 1842 | | Nu31:09 | בני ישראל ית נשיהון דמדיינאי וית טפליהון וית בעיריהון |
| 1843 | דמדייניי | Nu31:50 | עללין בבתיהון דמדייניי בקיטוני מלכיהון והוינן |
| 1844 | | Nu31:08M | מלכיהון דמדיינאי/<דמדיי>ניי#2#/ וית בלעם בר |
| 1845 | | Nu31:09M | ית נשיהון דמדיינאי/<דמדיי>ניי#2#/ וית טפליהון וית |
| 1846 | | Nu31:08 | וית מלכיהון דמדייניי קטלו על קטליהון ית אוי |
| 1847 | דמדכה | Lv14:04 | ויפקד כהנא ויסב למן דמדכה תרתין צפירין חיין דכיין |
| 1848 | דמה | Lv 4:09M | די על כסליה וית מה/דמה#2#/ דמשתייר מן חצר כבדה על |
| 1849 | | Lv 8:16M | על בני גווה וית מה/דמה#2#/ דמשתייר מן חצר כבדה |
| 1850 | דמהלך | Gn24:65M | מן הוא דא גברא דאת/דמהלך#2#/ באפיה ברא לקדמותן |
| 1851 | | Gn32:20 | אף ית תליתיא אף ית דמהלך בתר עדריא למימר כפתגמא |
| 1852 | | Lv11:20 | וכל שרצא דעופה דמהלך על ארבע שקץ הוא לכון: |
| 1853 | | Lv11:21 | תאכלון מכל שרצא דעופה דמהלך על ארבע כל דאית ליה |
| 1854 | | Lv11:27 | וכל דמהלך על כפי ידוי בכל חייתה |
| 1855 | | Lv11:42 | כל דמהלך על מעוי וכל דמהלך על ארבע |
| 1856 | | Lv11:42 | כל דמהלך על מעוי וכל דמהלך על ארבע עד כל דמסגי |
| 1857 | דמהלכה | Lv11:27 | על כפי ידוי בכל חייתה דמהלכה על ארבע מסאבין אינון לכון |
| 1858 | | Gn32:21 | «סבר» אפוי בדורון דמהלכה קדמוי ומן בתר כדון אחמי |
| 1859 | דמהלכין | Gn32:20M | לחוד ית כל אילין דמהלכין בתר |
| 1860 | דמובדין | Gn49:22 | בתר הרהורי לבוי אינון דמובדין לבר נשא מן עלמא בגין |
| 1861 | דמוח' | Ex21:15M | ומן דימחי/^דמוח#2#/^דמבזי#2#/ לאבוי ולאמה |
| 1862 | דמוקד | Ex22:05 | או חקלא משלמא ישלם מן דמוקד ית יקדתיה: |
| 1863 | | Nu19:08 | ומן דמוקד יתה יחוור לבושוי במיא |
| 1864 | | Lv16:28 | ומן דמוקד יתהון יחוור לבושוי ויסחי |
| 1865 | דמזדרע | Lv11:37M | די יזדרע{י}<ו>ן דכי /דמזדרע די יזדרע דכי#2#/ הוא: |
| 1866 | דמזיין | Nu32:21 | ויעבר לכון כל דמזיין ית ירדנה קדם ייי עד זמן |
| 1867 | | Nu32:27 | ועבדך יעברו כל דמזיין לחיל קרבה קדם ייי לסדרי |
| 1868 | | Nu32:29 | עמכון ית ירדנה כל דמזיין לחיל קרבה קדם ייי |
| 1869 | דמזכי | Ex23:07 | תהוון רחקין וכל מן דמזכי בדינא לא תקטלון ארום לא |
| 1870 | דמזריעין | Gn 1:11 | תפק ארעא דתין דעשב דמזריעין זרע אילן דפירין דעבד |
| 1871 | דמזרעין | Gn 1:12 | ואפקת ארעא דתין דעשב דמזרעין זרע למיניהון אילן דפירין |
| 1872 | | Gn 1:29 | דאית ביה פירי אילן דמזרעין זרע לכון יהבית יתהון |
| 1873 | | Gn 1:29 | לכון ית כל עשביא דמזרעין זרע די על אפי כל ארעא |
| 1874 | דמזרק | Lv 7:14M | לשמה דייי לכהנא דזרק/דמזרק#2#/ ית אדם/דס#2#/ נכסת |
| 1875 | דמחה | Ex 7:25 | ושלמו שבעת יומין מן בתר דמחה ייי ית מיא דנהרא ואסי |
| 1876 | | Ex21:19 | על מרדניתא ויזדכי{ה} מן דמחה יתה לחוד אגר בטלוניה יתן |
| 1877 | דמחטי | Dt28:54 | גברא דמחטי בכון ודמפרנק לחדה תבאש |
| 1878 | דמחטייה | Dt28:56M | מחטיתה/דמחטייה#2#/ בכון ומפרנקתה |
| 1879 | דמחי | Ex21:19M | מסמכיי' ויזכ' דן דמחי |
| 1880 | | Dt32:39 | מיתי בעלמא דאתי אנה הוא דמחי ואנה הוא דמסי ולית |
| 1881 | | Dt25:11 | ית בעלה מן ידוי דדין דמחי יתה ותפשוט ידה ותתוקף |
| 1882 | דמחייב | Nu35:33M | /אדמא#2#/ הוא יחייב/דמחייב#2#/ ית ארעא ולארעא לא |
| 1883 | דמחמע | Ex13:07 | חמיע ולא יתחמי {ב} דמחמע בכל תחומיכון: |
| 1884 | | Lv 2:11 | לא תתקרב חמיע ארום כל דמחמע וכל דמדבש לא תקרבון מניה |
| 1885 | דמחנך | Dt 8:05M | ארום היך מה דרדי/דמחנך#2#/ גבר ית בריה ייי |
| 1886 | דמחפי | Dt 7:25 | לא תתחמדון כספא ודהבה דמחפי עליהון ותסבון לכון דלא |
| 1887 | דמחרף | Lv24:14 | אסק ית מן דמחרף לבר מן משריתה ויסמכון ית |
| 1888 | דמחתין | Dt33:13 | טוב אוצרי שמיא מן לעיל דמחתין טלין ומטרין מן ברכת מבועי |
| 1889 | דמטא | Gn40:23 | יוסף ואנשי יתיה עד זמן דמטא קיצא למתפרקא: |
| 1890 | | Nu12:12 | ולא מתנזק וכיון {מ} דמטא קצה למפ{י}<ו>ק לגו עלמ' |
| 1891 | דמטה | Nu12:12 | חמייה בשעבודן וכיון דמטה קצה למחסנה ית ארעא למה היא |
| 1892 | | Dt 6:04 | כיון דמטה קצה דאבונן יעקב למתכנש |
| 1893 | | Dt32:01 | כיוון דמטה קצה דמשה נבייא למתכנשה |
| 1894 | דמטיילין | Ex14:05M | ותנון אקטרין דמטיילין עם משרייתיהון דישר' |
| 1895 | דמטלף | Lv11:03 | כל דמטלף טלפין וסיתקתי' סתיקה |
| 1896 | | Dt14:06M | פרסתה מסיק גררה /דמטלף טלפין ופרסתה סדיקה תרתין |
| 1897 | דמטעה | Dt27:18M | "די יטעי ...": דמטעה אכסנייה באורחה דהוא מדמי |
| 1898 | דמטעי | Dt27:18M | /גבר#2#/ \די יטעי/דמט<ע>י#2#/ סמייה באורחה |
| 1899 | דמייכל | Nu11:18M | יוכל יתן /הוה לן מן דמייכל ית#2#/ בשר ארום טב הוה |
| 1900 | | Nu11:04M | יתן /ליוואי הווה לן דמייכל יתן#2#/ בשר/<בשר>ה#2#/: |
| 1901 | דמיים | Gn49:22M | שתילה על מבועין דמיין/דמיים#2#/ ושלחת שרשי' לארעא |
| 1902 | דמייתין | Nu16:29M | כל /ממ{ות}<יתו>תא דמייתין בה כל#2#/ בני אנשא |
| 1903 | | Dt30:15M | דגן עדן וית מותה דמייתין בה רשיעיה וית בישותה |
| 1904 | | Dt32:01 | אנה בהון קדם בני נש דמייתין וטעמין כסא דמותה מייתין |
| 1905 | דמיכלי | Nu21:06 | קדמוי על עסק מנה דמיכלי קליל ייתי חויה דלא אתרעם |
| 1906 | דמיכליה | Nu21:05 | אתיעקת בלחמה הדין דמיכליה קליל: |
| 1907 | | Dt 1:01 | נפשן מעיקה בלחמה הדין דמיכליה קליל ובחצרות נפלו |
| 1908 | דמיקום | Gn22:14M | דעתידין דריא דיקומ«ון»/דמיקום#2#/ מבתרה למיהוי |
| 1909 | דמישיזיב | Dt32:39 | ואנה הוא דמסי ולית דמישיזיב מן ידיי: |
| 1910 | דמית | Gn25:11 | והוה מן בתר דמית אברהם וברך ייי ית יצחק |
| 1911 | | Gn26:18 | יתהון פלישתאי מן בתר דמית אברהם וקרא להן שמהן |
| 1912 | | Lv22:04M | בכל סמא נפש \בר נש או /דמית או#2#/ גבר די תפוק |
| 1913 | | Nu33:39 | ותלת שנין הוה בזמנה דמית בהר טורא: |
| 1914 | | Nu 6:11M | ממה דחב על בר נשא דמית די קבר |
| 1915 | | Dt25:06M | על שמה דאחוי מיתה/דן דמית#2#/ ולא יתמחק/ימ#2#/ שמיה |
| 1916 | | Dt26:14 | ארון ותכריכין על נפש דמית שמענן בקל מימריה דייי |
| 1917 | דמיתו | Nu20:03M | ליוויי מיתנן במותנה דמיתו |
| 1918 | | Nu20:03 | אלווי מתינן היך מה דמיתו אחונן קדם ייי: |
| 1919 | | Nu17:14M | /לב<ר מן>\ מיתייה דמיתו /אליין דמיתו#2#/ דהוון |
| 1920 | | Nu17:14 | והוון מיתיה דמיתו במגפתה ארבעת עשר אלפין |
| 1921 | | Nu17:27M | כולן אישתצינן אית מנן דמיתו במגפתה ואית מנן די תכלת |
| 1922 | | Nu25:09 | והוון מיתיה דמיתו במגפתה עשרין וארבעה |
| 1923 | | Nu17:14M | דמיתו /אליין דמיתו#2#/ דהוון על עצתה דקרח: |
| 1924 | | Nu26:10 | יתהון וית קרח בזמנה דמיתו עם כנישתה כד תכלת אשתה ית |
| 1925 | | Lv10:19 | רבה יומא הדין {ו}<ד>מיתו תרין נדב ואביהוא ואנה |
| 1926 | | Lv16:01 | ייי עם משה מן בתר דמיתו תרין בנוי דאהרן כהנא רבה |
| 1927 | דמיתן | Nu16:29 | אן כמיתותא דמיתן כל בני אנשא ימותן איליין |
| 1928 | דמיתת | Gn24:67 | יתה ואנחם יצחק מן בתר דמיתת שרה אמיה: |
| 1929 | | Gn27:41M | די ימטון יומי אבלא דמיתת אבא ובכן אנא קטל ית |
| 1930 | דמכהייה | Lv26:16M | וית קדחיתה מסיפה/דמכהייה#2#/ עיינין ומדיבה נפש |
| 1931 | דמכוון | Gn28:17M | הוא והדן תרעא דמכוון עד <צית> |
| 1932 | דמכליה | Nu21:06M | מעיקה בלחמה הדין דמכלי{י}ה קליל בגין כן ייתי#2#/ |
| 1933 | דמכנש | Nu19:10 | ויחוור מן דמכנש ית קטמא דתורתה ית לבושוי |

| | | | | | |
|---|---|---|---|---|---|
| 1934 | דמלי | Lv21:20M | או דחלזונה בעייניה או | דמלי | גרב או דמלי חזזין או |
| 1935 | דמלי | Lv21:20 | או דחלזונה בעינוי או | דמלי | חזזין או דחזווי חשיך או |
| 1936 | | Lv22:22 | או דגבייה או נסיס או | דמלי | חזזין לא תקרבון אליין קדם |
| 1937 | | Lv21:20M | בעייניה או דמלי גרב או | דמלי | חזזין או דחסיר כולייה |
| 1938 | | Lv22:22M | או \דמלי חזזין | /דמלי | יבלי או דמילי גרב{ר} או |
| 1939 | דמלי' | Gn12:04 | ואזל אברם היך מה | דמלי' | עמה ייי ואזל עמה לוט |
| 1940 | דמליל | Ex 9:35 | ית בני ישראל היך מה | {דמליל} | די מליל ייי עם משה: |
| 1941 | | Nu23:26M | למימר כל מה \די | ימלל/דמליל#2/ | ייי יתה אעבד: |
| 1942 | | Gn21:02 | בר לאשון סיבותה לעדנא | דמליל | יתה ייי: |
| 1943 | דמלילית | Gn28:15 | מימרי עמך עד דאעבד ית | דמלילית | לך: |
| 1944 | דמלילתא | Gn18:05 | כן{ך}}ן תעביד כמה | דמלילתא: | |
| 1945 | | Nu14:17 | כען חילך ייי היך מה | דמלילתא | למ«י»מר: |
| 1946 | דמלל | Nu23:02 | ועבד בלק היך מה | דמלל | בלעם וקרב בלק ובלעם תור |
| 1947 | | Lv10:05 | לבר מן משריתה היך מה | דמלל | משה: |
| 1948 | | Nu17:12 | ונסב אהרן היך מה | דמלל | משה ורהט לגו קהלא והא שרי |
| 1949 | | Gn21:01 | ייי ניסין לשרה היך מה | דמלל: | |
| 1950 | | Gn23:16 | ^לעפרון#2/^ ית כספא | דמלל | במשמעיהון דבנוי דחת ארבעין |
| 1951 | | Ex12:25 | די יתן ייי לכון היך מה | דמלל | {דמלל} ותיטרון ית פולחנא |
| 1952 | | Ex12:25 | ייי לכון היך מה דמלל | {דמלל} | ותיטרון ית פולחנא הדין: |
| 1953 | | Gn24:51 | לבריה דריבוני היך מה | דמלל | ייי: |
| 1954 | | Ex 7:13 | ולא שמע להון היך מה | דמלל | ייי: |
| 1955 | | Ex 7:22 | ולא שמע להון היך מה | דמלל | ייי: |
| 1956 | | Ex 8:11 | ולא שמע להון היך מה | דמלל | ייי: |
| 1957 | | Ex 8:15 | ולא שמע להון היך מה | דמלל | ייי: |
| 1958 | | Ex19:08 | בלבא שלמא ואמרו׳ כל מה | דמלל | ייי נעבד וחזר משה ית |
| 1959 | | Dt10:09 | אינון אחסנתיה היך מה | דמלל | ייי אלהכון עמכון: |
| 1960 | | Dt18:02 | אנון אחסנותיה היך מה | דמלל | להון: |
| 1961 | | Dt 1:11 | ויברך יתכון היך מה | דמלל | לכון: |
| 1962 | | Dt11:25 | די תדרכון בגווה היך מה | דמלל | לכון: |
| 1963 | | Gn45:27 | עמיה ית כל מלוי דיוסף | דמלל | עמהון וחמה ית עגלתא דשלח |
| 1964 | | Ex 1:17 | ייי ולא עבדון היך מה | דמלל | עמהון מלכא דמצרים וקיימון |
| 1965 | דמלל' | Nu14:28M | \היך מה דמללתון /כן | דמלל#2/ | במשמעי כדין/כך#2/ |
| 1966 | דמללנן | Ex14:12 | הלא הוא דן פתגמא | דמללנן | עמך במצרים למימר ארפי |
| 1967 | דמללת | Nu14:20 | ייי הא שרית ושבקת כמה | דמללת: | |
| 1968 | | Gn27:19 | עשו בכורך עבדת היך מה | דמללת | עמי קום כען תב ואכל מן |
| 1969 | | Gn39:19 | רבוניה ית מליא דאתתיה | דמללת | עמיה למימר כפתגמיא האילין |
| 1970 | דמללתון | Ex12:31 | פלחו קדם ייי היך מה | דמללתון: | |
| 1971 | | Nu14:28 | אמר ייי אין לא היך מה | דמללתון | במשמעי כדין אעבד לכון: |
| 1972 | | Dt 5:28 | ית קל מליכון בזמנה | דמללתון | עמי ואמר מימרה דייי לי |
| 1973 | דמלפין | Nu20:10 | ואמר להון שמעו כען עמה | דמלפין | מלפניהון די צרכו למילף הא |
| 1974 | דממית | Dt32:39 | אחרן בר מיני אנה הוא | דממית | חיין בעלמא הדין ומחיי |
| 1975 | דממלל | Ex33:11 | ממלל לקבל ממלל היך מה | דממלל | גבר עם חבריה וחזר למשריתה |
| 1976 | דממללין | Ex 6:27 | אינון | דממללין | עם פרעה מלכא דמצרים |
| 1977 | דממני | Gn44:04M | דהוה אפיטרופוס /לדן | ממני#2/ | על בייתיה |
| 1978 | | Ex12:13M | יהא רשו למלאכיא מחבלא | דממני | על מותא למזיק |
| 1979 | | Nu 3:32M | ורבה \דהוה | ממני/דממני#2/ | על רברבני ליוויי |
| 1980 | דממשש | Dt28:29 | מגששין בטהריה היך מה | דממשש | סמייה בהבלייה ולא יצלחן |
| 1981 | דמן | Gn31:21M | לישראל ביומי יפתח | דמן | גלעד |
| 1982 | | Dt23:05 | ית בלעם בר בעור חלמיא | דמן | ארם נהרים למלוט יתכון: |
| 1983 | | Gn38:25 | או לא ואנה איתמר לי כען | דמן | אינון עזקתה ושו{ת}<ש>פא |
| 1984 | | Gn40:12 | אברהם יצחק ויעקב | דמן | בני בניהון עתידין למשתעבדא |
| 1985 | | Gn31:43M | {היין} בניי אנון חשיבין | דמן | בנתיי אתילידין וענה מן ענה |
| 1986 | | Nu16:05 | למימר בצפרה וידע ייי מן | דמן | דידיה וית קדישוי ויקרב |
| 1987 | | Gn21:33M | צלון קדם אבוכון דבשמיא | דמן | דידיה אכלתון ומן דידיה |

| | | | | | |
|---|---|---|---|---|---|
| 1988 | | Lv 9:08 | ית עגלה דחטאתה | דמן | דידיה: |
| 1989 | | Lv16:06 | אהרן ית תורא דחטאתה | דמן | דידיה ויכפר על ידוי |
| 1990 | | Lv16:11 | ויכוס ית תורה דחטאתה | דמן | דידיה: |
| 1991 | | Lv16:11 | אהרן ית תורה דחטאתה | דמן | דידיה ויכפר על ידוי |
| 1992 | | Nu35:33 | בה ארום אלהין באדמה | דמן | דשפך יתיה: |
| 1993 | | Dt 8:08 | ותאנין ורימונין ארע | דמן | זייתה עבדין משח ותומרייה |
| 1994 | | Dt32:17 | חכמו יתהון חדתן אינון | דמן | כדון אתבריין דלא אתעסקו |
| 1995 | | Nu34:15 | תחומה לכרכא דעיון | דמן | מדנח לבית ירח וממדנח ימא |
| 1996 | | Lv16:15 | ויכוס ית צפירה דחטאתה | דמן | עמא וייתי ית אדמה לגו מן |
| 1997 | | Lv 9:15 | ונסב ית צפירה דחטאתה | דמן | עמה ונכס יתה ודכי יתה |
| 1998 | | Lv 9:18 | וית דכרה נכסת קדשיה | דמן | עמה וזמינו בנוי דאהרן ית |
| 1999 | | Lv18:27 | האליין עבדו עמה דארעה | דמן | קדמיכון ואסתאבת ארעא: |
| 2000 | | Gn 2:11 | ומקף ית כל ארעא דהנדקי | דמן | תמן דהבא נפק: |
| 2001 | | Lv19:18 | כחרבא מחי מן תרין סטרוי | דמן | תרין חורפוי למעקה בה ית |
| 2002 | דמן בג' | Nu22:30M | דיצחק ויעקב | דבגללהון/דמן בג#2/ | אתברי עלמא מן ראש |
| 2003 | דמן בתרה | Nu17:06 | דבני ישראל מן יומא | דמן בתרה | על משה ועל אהרן למימר |
| 2004 | דמן תחות | Dt33:27 | שכינתה דאלהא מלקדמין | דמן תחות | אדרע גבורתה מדברין שבטיה |
| 2005 | דמנא | Gn39:05 | והוה מן זמנא | דמנא | יתיה אפיטרופוס על ביתיה |
| 2006 | דמנה | Ex25:35 | וחזור תחות תרין קנין | דמנה | לשתי קנין דנפקין מן מנרתה: |
| 2007 | דמנט | Lv26:06M | ולית | דמניט/דמנט#2/ | יתכון ואבטל רשותהון |
| 2008 | | Dt28:26M | דארעא ולית | דמניט/דמנט | יתכון#2/: |
| 2009 | דמני | Ex35:30 | משה לבני ישראל חמו | דמני | ייי בשם דרבן בצלאל בן |
| 2010 | דמניט | Dt28:26 | ולחייתה דארעא ולית | דמניט: | |
| 2011 | | Lv26:06 | ות{ת}<ד>מכון ולית | דמניט | יתכון ואבטל רשותהון |
| 2012 | דמניית | Gn41:41 | ואמר פרעה ליוסף חמי | דמניית | יתך רב ושליט על כל ארעא |
| 2013 | | Ex 7:01 | ואמר ייי למשה חמי | דמניית | יתך רב ושליט לפרעה ואהרן |
| 2014 | | Ex33:12 | דתשלח עמי ואת אמרת חמי | דמניית | יתך בשם דרבן ולחוד אשכחת |
| 2015 | דמנית | Ex31:02 | חמי משה | דמנית | וקראת בשם טב דרבן בצלאל |
| 2016 | דמנכית | Nu21:08M | על רום ויהווי כל | דמנכית | בחוויה יהוי מסתכל לחוויה |
| 2017 | דמנשבין | Dt32:02 | ית מימר פומי כרוחייה | דמנשבין | על דתי עשביה וכרסיסי |
| 2018 | דמסאבין | Lv11:31 | אליין | דמסאבין | לכון בכל שרצה כל די יקרב |
| 2019 | דמסגי | Lv11:42 | דמהלך על ארבע עד כל | דמסגי | ברגלוי כל {ד} שרצה דשרץ על |
| 2020 | | Lv11:42M | ברגלוי /עד {ג}<נ>דל | דמסגי | עד מאה ריגלין#2/ כל |
| 2021 | דמסט' | Dt27:19M | וארמלתה ויאמרון כל | /דמסט' | סדר דיניה דגייורא ודיתמה |
| 2022 | דמסי | Dt32:39 | אנה הוא דמחי ואנה הוא | דמסי | ולית דמישיזיב מן ידיי: |
| 2023 | | Ex15:26 | עליכון ארום אנה הוא ייי | דמסי | יתכון: |
| 2024 | | Nu12:13M | "ואמ'...": למימר אלה | דמסי | כל ביש<ר>ה אס{ר}י יתה |
| 2025 | דמסר' | Lv21:18M | דחגיר או דפסיק או | דמסר#2/: | |
| 2026 | דמסרי | Dt 3:09 | קריין לטור תלגה טורא | דמסרי | פירוי ואמוריי הוון קריין |
| 2027 | | Dt 4:48M | ארנונה ועד טורה | דסיאון/דמסרי | פירוי#2/ הוא טור |
| 2028 | דמסרית | Gn15:01 | בעלמא הדין ואף על גב | דמסרית | בעלי דבבך קדמיך בעלמא |
| 2029 | | Dt 1:08 | חמון | דמסרית | קדמיכון ית דיירי דארעא |
| 2030 | דמסרס | Dt23:02M | /כל דפסיק וכל | דמסרס#2/ | בקהל כנשתה דייי: |
| 2031 | דמע' | Dt18:10M | גבר מעבר /בכון | דמע#2/ | בריה וברתיה בנורא לא |
| 2032 | דמעבר | Dt 1:38M | נון \דקיים משמש קדמך | /דמעבר | קדמיכון#2/ הוא ייעול |
| 2033 | | Dt 9:03M | "דאיקר ... מתאכלה": הוא | דמעבר | קודמיכון אשא דאכלא אש' |
| 2034 | דמעורר | Dt32:11 | כנשרה | דמעורר | קנה על גוזלוי מרחף פרס |
| 2035 | דמעיק | Nu10:09 | בעלי דבביכון על סנאה | דמעיק | לכון ותתקעון בחצוצרת' |
| 2036 | דמעתדא | Gn15:17M | וגהינם דמתילה באתונה | דמעתדא | לרשיעיא לעלמא דאתי על די |
| 2037 | דמפ' | Nu11:26M | חכימיה | דמתפרשין/דמפ#2/ | ולא נפקו שבעתי |
| 2038 | דמפס | Ex31:14 | ארום קדש הוא לכון מן | דמפ{ם}<ס> | יתיה מתקטלה יתקטל ארום |
| 2039 | דמפק | Dt23:24M | "פירוש ... בפומכון": מן | דמפק | מן פומכון תיטרון למיעבד |
| 2040 | דמפרגל | Dt 8:05M | "... יתכון": היך כמה | דמפרגל | אבה ית בריה ייי אלהך |
| 2041 | דמפרש | Lv 7:20 | בשרה מן נכסת קדשיה | דמפרש | לשמה דייי וסאובתיה עלוי |

|  |  |  |  |  |  |
|---|---|---|---|---|---|
| 2042 | דמפרשין | Nu21:18 | דעמא שובעיתי חכימי | דמפרשין | משחו יתה בחוטריהון |
| 2043 | דמצטייפה | Nu21:20M | דמואבאי ריש רמתה | דמצטייפה | כל וקבל דבית ישימון |
| 2044 | דמצטרעה | Nu12:12M | אחתן כאיתתה מעברה | דמצטרעה | בעיבורה וכד מטה זימנא |
| 2045 | דמצטרפין | Gn15:01 | תדחל אברם ואף על גב | דמצטרפין | לגיונין סגין ואתין עלך |
| 2046 | דמצמחין | Ex10:05M | ית כל אילנייא | דצמחין/דמצמחין#2#/ | לכון מן אפי ברא: |
| 2047 | דמצפיה | Nu23:28 | בלעם ריש טעוותה פעור | דמצפיה | מן {על} <כל> קבל |
| 2048 | דמצרע | Nu 5:02 | וישלחון מן משריתה כל | דמצרע | וכל דדיב וכל דמסאב בטמא |
| 2049 | דמקבל | Dt27:25M | נסיב שחוד למקטול נפיש | /דמקבל | שחוד דממון למקטול נפש#2# |
| 2050 | דמקדש | Lv27:15 | ואן מן | דמקדש | יפרוק ית בייתיה ויוסף |
| 2051 | | Lv27:19 | מפרוק יפרוק ית חקלה מן | דמקדש | יתה ויסף חמש כסף עלויה |
| 2052 | דמקפה | Lv25:29M | \קריה מקפה /קרתה | דמ<ק>פ{ק}ה#2#/ | שור ותיהוי פרקוניה |
| 2053 | דמקפן | Nu32:38M | "מקפן שורין רמין": קרתה | דמקפן | מגדליהא חזור חזור דילה |
| 2054 | דמקרב | Nu 7:12 | והוה מן | דמקרב | ביומא קדמיה ית קרבניה |
| 2055 | | Lv 7:29 | עם בני ישראל למימר מן | דמקרב | ית נכסת קודשוי לשמה דייי |
| 2056 | | Lv 7:33 | מן | דמקרב | ית נכסת קודשוהי וית תרבה |
| 2057 | | Lv 7:09 | ועל מסרייתה לכהנה | דמקרב | יתה לה יהווי: |
| 2058 | | Lv 7:18 | לא יתקבל ברעוה מן | דמקרב | יתיה לא יתחשב לה פסיל |
| 2059 | | Lv10:03 | די מליל ייי למימר במן | דמקרב | לוותי אתקדש ובאפי כל עמא |
| 2060 | | Nu15:04 | ויקרב מן | דמקרב | קרבניה קדם ייי מנחה עשרון |
| 2061 | דמרבי | Lv 6:19 | כהנא | דמרבי | יתה ייכול יתה בתר קדיש |
| 2062 | דמרדו | Gn15:17 | דבגוה נפלו רשיעי' על | דמרדו | רשיעיא על אורייתא בחייהון |
| 2063 | דמרחק | Dt14:03M | לא תאכלון כל | מרחקה/דמרחק#2#/: | |
| 2064 | | Dt12:15 | יהב לכון בכל קורייכון | דמרחק | מן קודשייה ודדכי מן |
| 2065 | | Dt12:22 | כדן תיכלון יתיה | דמרחק | מן קודשייה ודדכי מן |
| 2066 | דמרחש | Lv21:20 | או דחזווי חשיך או | דמרחש | אשכתיה: |
| 2067 | דמשיזיב | Dt28:29 | כל יומייה ולית מן | דמשיזיב: | |
| 2068 | | Dt28:31M | די ישיזיב יתכון | /דמשיזיב | יתהון#2#/ מן יד |
| 2069 | | Dt22:27 | רביתה דמארשא ולית מן | דמשיזיב | יתיה: |
| 2070 | דמשייר | Ex12:10 | מניה עד צפרא ומה | דמשייר | מיניה עד צפרא בנורא |
| 2071 | | Lv 3:15M | כסליה וית מה | דמשתייר/דמשייר#2#/ | מן חצר כבדה על \ |
| 2072 | | Nu33:55M | ית כל מה \די | תשיירון/דמשייר#2#/ | מנהון לסיכין |
| 2073 | | Lv 3:10M | כסליה וית מה | דמשתייר/דמשייר#2#/ | על/מן#2#/ חצר כבדה |
| 2074 | דמשילי | Nu33:16M | בקברי \שאלי שאלתה | /דמשילי | ביסרא#2#/: |
| 2075 | דמשיריין | Gn32:03M | למיקטול או דילמה | דמשיריין | דייי אתיין לשיזב' יתי |
| 2076 | דמשירייתא | Gn32:03M | דחמא יתהון דלמא | דמשירייתא | דעשו אחי אתיין |
| 2077 | דמשלח | Lv16:26 | ומן | דמשלח | ית צפירה לעזאזל יחוור |
| 2078 | דמשלם | Dt32:35 | דידי היא נקמתה ואנה הוא | דמשלם | לעדן די תימוט רגליהון |
| 2079 | דמשמש | Ex22:18 | כל | דמשמש | עם בעיר מתקטלה יתקטיל: |
| 2080 | | Dt22:22 | לחוד תריהון גברה | דמשמש | עם אתתה ואתתה ותבערון |
| 2081 | | Dt27:20M | \די ישמש עם אתת אבוי | /דמשמש | עם אתתה דאבוי#2#/ ארום |
| 2082 | | Dt27:21M | גברה/גבר#2#/ \די | ישמש/דמשמש#2#/ | עם כל בעיר ויאמרון |
| 2083 | | Dt22:29 | ויתן גברא | דמשמש | עמה לאבוה דרביתה חמשין |
| 2084 | דמשמשין | Ex33:19M | אעבד כל כיתי מלאכיה | דמשמשין | קדמי על אפי#2#/ ואחוס |
| 2085 | דמשני | Dt27:17M | גברה די | יארע/^דירע#2#^/דמשני#2#/ | תחומה דגברא |
| 2086 | דמשריתיה | Gn32:03M | למיקטול יתי או דלמה | דמשריתיה | דלבן אחוה דאמה אתיין |
| 2087 | דמשתבע | Dt 5:11M | "רבה ... על מגן": למן | דמשתבע | בשקר בשמה ומשקר |
| 2088 | דמשתייר | Ex16:23 | תבשלון בשלו וית כל מה | דמשתייר | אצניעון לכון למטרה עד |
| 2089 | | Lv 5:09 | על כתלא דמדבחא ומה | דמשתייר | באדמה ימצה על יסודוי |
| 2090 | | Lv 8:32 | ומה | דמשתייר | בבשרא ובלחמה בנורה |
| 2091 | | Ex17:16 | מלכין עם שלטונין ומה | דמשתייר | בהון ישיצון יתהון מרדכי |
| 2092 | | Lv26:36 | ומה | דמשתייר | בכון ואעל תברה בלבביכון |
| 2093 | | Lv26:39 | ומה | דמשתייר | בכון יתמסון בחוביהון |
| 2094 | | Lv14:18 | ומה | דמשתייר | די על כף ידוהי דכהנא יתן |
| 2095 | | Dt19:20M | ומה | דאשתיירו/דמשתייר#2#/ | ישמעון וידחלון |
| 2096 | | Lv25:27 | זבוניה ויחזר ית מה | דמשתייר | לגברה דיזבן ליה ויחזור |
| 2097 | | Ex29:13 | דחפי ית כרסה וית מה | דמשתייר | מחצר כבדה וית תרתין |
| 2098 | | Ex29:22 | דחפי ית כרסה וית מה | דמשתייר | מן חצר כבדה וית תרתין |
| 2099 | | Lv 2:03 | ומה | דמשתייר | מן מנחתה לאהרן ולבנוהי |
| 2100 | | Lv 2:10 | ומה | דמשתייר | מן מנחתה לאהרן ולבנוי |
| 2101 | | Lv 3:15 | דעל כסליה וית מה | דמשתייר | מן חצר כבדה על כליתה |
| 2102 | | Lv 4:09 | די על כסליה וית מה | דמשתייר | מן חצר כבדה על כוליתה |
| 2103 | | Lv 7:17 | ומה | דמשתייר | מן בשרה דנכסת קדשי«ה» |
| 2104 | | Lv 8:16 | די על בני גווה וית מה | דמשתייר | מן חצר כבדה וית תרתין |
| 2105 | | Lv 8:25 | די על בני גוה וית מה | דמשתייר | מן חצר כבדה וית תרתין |
| 2106 | | Lv 9:10 | וית כלייתה וית מה | דמשתייר | מן חצר כבדה מן חטא«תה» |
| 2107 | | Lv 9:19 | כרסה וכלייתה ומה | דמשתייר | מן חצר כבדה: |
| 2108 | | Lv14:29 | ומן | דמשתייר | מן משחא די על ידוי דכהנא |
| 2109 | | Lv 7:16 | וביומא דבתרה ומה | דמשתייר | מנה יתאכ': |
| 2110 | | Nu33:55M | "מה די ... מנהון": מה | דמשתייר | מנהון |
| 2111 | | Lv 6:09 | ומה | דמשתייר | מניה יכלון אהרן ובנוי |
| 2112 | | Lv19:06 | וביומ' תליתייה ומה | דמשתייר | עד יומא תליתייה בנורא |
| 2113 | | Lv 3:10 | די על כסליה וית מה | דמשתייר | על חצר כבדה על כליתה |
| 2114 | | Lv 7:04 | די על כסליה וית מה | דמשתייר | על חצר כבדה על כליתה |
| 2115 | | Ex23:11 | מסכינייה די עמך ומה | דמשתייר | תיכול חיית ברא כדין |
| 2116 | דמשתיירה | Gn32:09 | יתיה ותהוי משריתה | דמשת{ר}יי<ר>ה | לשיזבה: |
| 2117 | דמשתיירין | Ex14:03M | פרעה לדתן ואבירם | דמשתיירין | במצרים על עסק בני |
| 2118 | דמשתיירן | Lv27:18M | /אגב שנייה | דמשתיירן#2#/ | עד שתה דיובילה ויתמנע |
| 2119 | דמשתכחין | Dt20:11M | ישתכחון בגווה יהווי | /דמשתכחין | בה יהוון#2#/ לכון |
| 2120 | דמתאכל | Dt12:22 | לחוד היך מה | דמתאכל | ית בשרה דטבייה ודאיילה |
| 2121 | דמתאכלה | Lv11:47 | ובין דכיא ובין חייתה | דמתאכלה | ובין חייתה דלא מתאכלה: |
| 2122 | דמתאפייה | Lv 7:09M | מנחתה | דמתאפית/^דמתאפייה#2#^/תתאפה#2#/ | בתנורא וכל |
| 2123 | דמתאפית | Lv 7:09 | וכל מנחתה | דמתאפית | בתנורא וכל נעבד במרתחה |
| 2124 | דמתגאה | Ex15:21 | ונשבח קדם ייי גיותנה | דמתגאה | על גיותניא ומתנטל על |
| 2125 | | Ex15:01M | על גוותניה וכל מה | דמתגאה#2#/ | קדמוי הוא במימרי מתפרע |
| 2126 | דמתגאי | Ex15:01 | ונשבח קדם ייי דכל מן | דמתגאי | קדמוי הוא במימרי מתפרע |
| 2127 | דמתגזר | Nu16:29 | איליין ואין גזרתה | דמתגזר | על כל ברייתה יתגזר על |
| 2128 | דמתגייר | Lv19:34 | יהווי בכון ג{י}י<ו>ר | דמתגייר | ביניכון ותרחמון יתיה |
| 2129 | דמתגיירין | Lv20:02 | בני ישראל ומן גיורה | דמתגיירין | בישר«אל» די יתן מן |
| 2130 | | Lv19:34M | /לכון גיורי{ו}<י>ה | דמתגיירין | בי#2#/ ותרחמון יתיה |
| 2131 | | Lv17:10 | ישראל ומן גיוריה | דמתגיירין | ביניהון די יאכל |
| 2132 | | Lv17:13 | ישראל ומן גייוריה | דמתגיירין | ביניהון די יצוד ציד |
| 2133 | | Nu15:26 | דבני ישראל ולגיוריה | דמתגיירין | ביניהון ארום לכל עמא |
| 2134 | | Ex12:49 | ליציביא ולגיורייה | דמתגיירין | ביניכון: |
| 2135 | | Lv16:29 | יציביה וגיוריה | דמתגיירין | ביניכון: |
| 2136 | | Lv18:26 | יציבייה וג<י>ורייה | דמתגיירין | ביניכון: |
| 2137 | | Lv25:06 | ולתותבך ולגיורה | דמתגיירין | ביניכון: |
| 2138 | | Lv25:45 | ולהוד מן בני תותביה | דמתגיירין | ביניכון מנהון תקנון ומן |
| 2139 | | Nu15:16 | יהוי לכון ולגיוריה | דמתגיירין | ביניכון: |
| 2140 | | Nu15:29 | בבני ישראל וגיוריה | דמתגיירין | ביניכון גזרת אוריתה חדה |
| 2141 | | Nu19:10 | לבני ישראל ולגיוריה | דמתגיירין | ביניכון לקיים עולם: |
| 2142 | | Lv17:08M | יתגיירון /מן גיוריה | דמתגיירין | בניהון#2#/ ביניכון די |
| 2143 | | Lv17:08M | מן גיוריה | דמתגיירין | בניהון |
| 2144 | | Lv25:06M | ולתותביכון אליין | דמתגיירין | עמכון |
| 2145 | | Nu15:15 | לכון ולגיוריה | דמתגיירין | קיים עלם לדריכון |
| 2146 | דמתגירין | Lv17:12 | לא תאכל אדם וגיוריה | דמתגירין | ביניכון לא יוכלון אדם: |
| 2147 | דמתח | Nu24:06M | אורייתה היך שמיי | דמתח{ייה} | ייי ושכלל לבית שכינה |
| 2148 | | Nu24:06 | כשום<יי>ה {דמתחזי} | <דמתח | ייי> לבית שכינה לה כדן |
| 2149 | דמתחזי | Nu24:06 | ובני אורייה כשום<יי>ה | {דמתחזי} | <דמתח ייי> לבית שכינה לה |

|  |  |  |  |  |  |
|---|---|---|---|---|---|
| 2150 | דמתחזור | Nu 5:08 | למחזרה אשמה לה אשמה | דמתחזור | לייי לכהנה בר מן דיכרה |
| 2151 | דמתחייב | Dt17:06 | תלתה סהדין יתקטל מן | דמתחייב | להתקטלה לא יתקטל על פם |
| 2152 | | Nu24:19 | דבית יעקב וישיצי מן | דמתחייב | מן כרכה חייבא היא <....>.: |
| 2153 | | Nu25:04 | ויהוון דיינין כל מן | דמתחייב | קטלה יצלבון יתיה על |
| 2154 | דמתחרם | Lv27:29M | כל חרמה | דמתחרם | מן בר נשא לא יתפרק בכספא |
| 2155 | דמתיילד | Ex 1:22 | עמיה למימר כל בר דכר | דמתיילד | ליהודייא בנהרא תטלקון |
| 2156 | דמתילא | Gn40:23 | דכתיב בספר אוריתא דייי | דמתילא | בספר קרביא לייט יהוי |
| 2157 | דמתילה | Gn15:17 | רמיו והא גהינם | דמתילה | באתונה בתנורא מקפה שביבין |
| 2158 | | Gn15:17M | וכרסוון רמיו וגהינם | דמתילה | באתונה דמעתדא לרשיעיא |
| 2159 | | Nu21:14 | בספר אורייתה דייי | דמתילה | בספר קרבייה נסייה |
| 2160 | דמתילין | Gn49:26M | ברכת ארבעתי אמהתא | דמתילין | בגלמתא שרה רבקה רחל |
| 2161 | | Dt33:15 | ויעקב ובזכות אימהתה | דמתילין | בגלמתה שרה רבקה רחל |
| 2162 | | Nu23:09 | בזכות אבהתה צדיקיה | דמתילין | בטווריה אברהם יצחק |
| 2163 | | Dt33:15 | טבין בזכותה דיאבהתן | דמתילין | בטווריא אברהם יצחק |
| 2164 | | Gn49:26M | "דלהון אתחמדון ...": | דמתילין | בטוורין ומן ברכת ארבעתי |
| 2165 | | Gn40:12 | משה ואהרן ומרים | דמתילין | בסגוליא ודי אמרת נסבית |
| 2166 | | Gn15:11M | "ונחת": ונחתו אומיא | דמתילין | לעופא מסאבא למיבז |
| 2167 | דמתילן | Nu23:09 | ובזכות אמהתה צדיקתה | דמתילן | בגלמתה שרה רבקה רחל |
| 2168 | | Dt33:15M | ובזכות אימהתה | דמתיליך/<דמתי>לך#2#/ | בגלמתה שרה רבקה |
| 2169 | | Lv26:06 | ואבטל רשותהון דמלכוותה | דמתילן | בחיוות ברא מן ארעא וחרב |
| 2170 | | Dt32:24 | ושן ארבעתי מלכוותה | דמתילן | כחיוותה ברה אגרה בהון עם |
| 2171 | דמתכווה | Ex34:17M | דחלן טעוון | דמתכה/דמתכווה#2#/ | לא תעבד לכון: |
| 2172 | דמתנוכת | Nu21:08M | תר#2#/ תלי \והוי כל | דמתנוכת | מן חוויה ויחמי יתיה |
| 2173 | דמתנצחין | Ex32:18 | אנה שמע ולא קל חלשין | דמתנצחין | בקרבא אנה שמע קל מקלסין |
| 2174 | דמתעבד | Ex38:24M | \דאתעבד לעבידתה | /דמתעבד | לעיבי׳#2#/ בכל עבידת \ |
| 2175 | דמתעיק | Nu10:09M | <על> סנאה | דמ<ת>ע{ת}יק | לכון ותתייבבון |
| 2176 | דמתפרע | Ex20:05 | אלה קניי ו{כ}<פ>ורען | דמתפרע | בקנא מן רשיעיא על בנין |
| 2177 | דמתפרשין | Nu11:26 | הוון מן שבעתי חכימיה | דמתפרשין | ולא נפקו שבעתי חכימיה מן |
| 2178 | דמתקבל | Lv 1:09 | על גבי מדבחא עלה קרבן | דמתקבל | לריח דרעוא קדם ייי: |
| 2179 | | Lv23:18 | ומנחתהון ונסכהון קרבן | דמתקבל | לריח דרעוה קדם ייי: |
| 2180 | דמתקרי | Dt12:09M | לבית מוקדשה | דמתקרי | בית נייחה ולארעא דישראל |
| 2181 | דמתקריי | Dt12:09M | ולארעא דישראל | דמתקריי | אחסנתה |
| 2182 | דמתרבא | Lv21:10M | וכהנא | דמתרבי/<דמתר>בא#2#/ | מן אחוי די יתארק |
| 2183 | דמתרבה | Lv 4:03M | "דמתרבה ... דעמא": | דמתרבה | {ו}<י>תחייב לחובתהון דע׳ |
| 2184 | | Lv 4:03 | אין כהנא | דמתרבה | יתחייב לחובתון דעמא ויקרב |
| 2185 | דמתרבי | Lv 4:22 | א{ו}<י>ן כהנא | דמתרבי | יחטא ויעבד חדא מן כל |
| 2186 | | Lv 4:05 | ויסב כהנא | דמתרבי | מן ^מדמה#2#^ דתורא ויעל |
| 2187 | | Lv 4:16 | וייתי כהנא | דמתרבי | מן אדמה דתורא למשכן זמנא: |
| 2188 | | Lv21:10 | וכהנא | דמתרבי | מן אחוי די יתארק על ראשה |
| 2189 | | Lv 6:15 | וכהנא | דמתרבי | מן בתרה מן בנוי יקרב יתה |
| 2190 | דנבעי | Gn19:18 | כען קליל זעיר עד זמן | דנבעי | רחמין מן קדם ייי: |
| 2191 | דנבעין | Gn49:25M | מבועי תהומא | דסלקין/<ד>נבעין | וסל׳#2#/ מן ארעא |
| 2192 | דנדב | Ex35:29 | כל גבר ואתה | דנדב | לבהון יתהון למייתייה לכל |
| 2193 | דנדר | Lv27:08 | על פם די תארע ידיה דמן | דנדר | יעלי יתי כהנה: |
| 2194 | | Dt23:22 | ארום תפרשון פרוש | דנדר | קדם ייי אלהכון לא תשהון |
| 2195 | | Gn31:13M | לי תמן נדר/פירו׳ | דנדר#2#/ | כדון/כדו#2#/ קום פוק מן |
| 2196 | דנדרתון | Dt23:24 | תטרון ותעבדון היך מה | דנדרתון | קדם ייי אלהכון נדבה די |
| 2197 | דנוניי׳ | Gn48:16M | \נוניא יסגון במיא | /דנוניי׳ | סגן בימא#2#/: |
| 2198 | דנזירה | Nu 6:13 | ודא גזרת אורי«י»תה | דנז«י»רה | ביומא דשלמון ית יומי |
| 2199 | | Nu 6:21 | דא גז«י»רת אוריתה | דנזירה | די ידר קרבני<ה> קדם ייי |
| 2200 | | Nu 6:19 | חד ויתן על כפי ידוי | דנזירה | מן בתר די«י»ספר ית כליל |
| 2201 | דנחית | Dt11:11 | דטוורין ודבקען מן מטרה | דנחית | מן שמייא היא שתייה מייה: |
| 2202 | דנחת | Gn27:28 | ויתן לך ייי מטוב טלא | דנחת | מן שמיא שפר ומן טובא דארעא |
| 2203 | | Gn27:39 | תהוי משרויך ומן טוב טלא | דנחת | מן שמיא מן לעיל: |
| 2204 | | Dt 9:21 | עפרה לוות {נורא} <נחלה> | דנחת | מן טורא: |
| 2205 | | Dt11:11M | מן מטרה | דנחית/דנחת#2#/ | מן שמייא היא שתייה |
| 2206 | דנחתין | Gn49:25 | יתך מן טוב טלה ומטרא | דנחתין | מן שמייא מן לעיל ומן ברכת |
| 2207 | דנטל | Gn28:10 | ראשה וניסא תליתאה כיון | דנטל | אבונן יעקב רגלוי למזל |
| 2208 | דנטר | Gn 3:24M | היא אוריית׳ כל מן | {ה}<ד>נטר | יתה בעלמא הדין הוי חי |
| 2209 | | Gn50:15M | יוסף יתן ומחזרא | /דנטר | לן יוסף סנה והוא מח׳#2# |
| 2210 | | Dt32:10 | יתהון ונטר יתהון היך מה | דנטר | שיכנה בבה דעיינה: |
| 2211 | דנטרו | Gn15:17 | בעלמ׳ הדין וצדיקיא על | דנטרו | יתה מן עקתא אשתיזבון כל |
| 2212 | דנטרין | Nu31:47 | ויהב יתהון לילוויי | דנטרין | מטרת משכנא דייי היך מה די |
| 2213 | דניטרוד | Gn 3:22M | בין טב לביש /וכדו טב | דניטרוד | ית׳#2#/ אילו נטר מצותה |
| 2214 | דניכול | Nu22:11M | קרבה לקבליהון ואטרוד | /דניכול | למסדרה לקובליהון |
| 2215 | דניכל | Nu22:06M | "דאכיל ... ואטרוד": | דניכל | נסדרה לקובליהון קרבה |
| 2216 | דניסיתון | Dt 6:16 | דייי אלהכון היך מה | דניסיתון | קדמוי בניסיונה: |
| 2217 | דניעול | Ex10:26 | נפלח קדם ייי עד זמן | דניעול | לתמן: |
| 2218 | דניפק | Dt 8:03M | מן פם /דנפק מן | גזירת#2#/דניפק | פום#2#/ גזירת ממריה |
| 2219 | דנכיס | Gn22:10M | חד נכיס וחד מתנכיס | דנכיס | לא חאיס די מתנכס |
| 2220 | דנכס | Gn22:10 | דבעלמי חד נכס וחד מתנכס | דנכס | לא מעכב ודמתנכס פשט |
| 2221 | דנכת | Gn49:17 | דכמין בפרשת ארחתה | דנכת | לסוסיא בעקבי ומן אימתה |
| 2222 | דנס׳ | Nu 4:07M | \קשוות נסוכה /קשוותה | דנס׳#2#/ | ולחם בתדירה עלוי יהווה: |
| 2223 | | Dt 6:16M | אלהכון היך מה | דניסיתון/דנס׳#2#/ | קדמוי בניסיונה |
| 2224 | דנסב | Gn28:10 | עמיה וניסא תנינא אבניא | דנסב | אבונן יעקב ושוי יתהון |
| 2225 | דנסבית | Gn48:22 | חד יתיר על אחיך שכם | דנסבית | בזכוותי ובעובדיי טבייא מן |
| 2226 | | Gn48:22M | חד יתיר על אחיך | דנסבית | בזכותי ובעבדיי{׳} טב<י>א |
| 2227 | | Gn38:25 | אנש דמגלי עובדוי על | דנסב«י»ת | פרגודה דיוסף אחי |
| 2228 | דנסבת | Gn20:03 | ליה הא את מאית על אתתה | דנסבת | דהיא נסיבת גבר: |
| 2229 | דנסי | Ex17:07M | דאתנצון בני ישראל ועל | דנסי | יתהון ייי |
| 2230 | דנסיס | Lv21:20M | דגביח או | דנסיס | או דחלזונה בעייניה או |
| 2231 | דנסית | Dt33:08M | גברא חסידה \די | נפית/דנסית#2#/ | יתיה וקם בנסיונה |
| 2232 | דנעבד | Gn44:18 | מחזר יתה לתיקה עד זמן | דנעבד | כל ארעא דמצרים צדי מן |
| 2233 | דנעבר | Nu20:17M | עד זמן \די תחומך נעבר | /דנעבר | <תח׳>#2#/: |
| 2234 | | Nu21:22 | בארח מלכא נהלך עד זמן | דנעבר | תחומך: |
| 2235 | דנפיל | Nu24:04 | לה והוה מתנבא על נפשיה | דנפיל | בחרבא וסוף נבואתיה |
| 2236 | דנפלו | Gn15:01 | דהוה בידי בזימנא קדמיה | דנפלו | קדמיי ואתקימן עלי או דלמא |
| 2237 | דנפק | Dt 8:07M | ותהומין | נפקין/דנפק#2#/ | בבקעתה ובטורה: |
| 2238 | | Gn28:10 | עם אבונן יעקב בזמנא | דנפק | מבאר שבע למיזל לחרן נסא |
| 2239 | | Gn42:32 | בנוי דאבונן חד מנן מן | דנפק | מלוותן לית אנן ידעין מה |
| 2240 | | Nu21:13 | מן עבר ארנונה די במדברה | דנפק | מן תחומיהון דאימוראי ארום |
| 2241 | | Nu32:24M | מה דיפוק מפומיכון /ומה | דנפק | מן פמיכון#2#/ תעבדון: |
| 2242 | | Dt 8:03 | חיי בר נשה ארום» כל מה | דנפק | מן פם גזירת ממריה דייי |
| 2243 | | Dt 8:03M | כל מה \דנפק מן פם | /דנפק | מן גזירת#2#/דניפק |
| 2244 | | Gn42:13 | יומא הדין וחד מנן מן | דנפק | מן לוותן לית אנן ידעין מה |
| 2245 | | Nu30:03M | נפשה ולא יפס פתגמוי כל | דנפק | מפ׳#2#/ יעבד: |
| 2246 | דנפקו | Nu31:27M | קרבה דנפקין/אליין | דנפקו#2#/ | לחיל קרבא ובין כל עם |
| 2247 | | Nu31:28M | /דסדרי קרבה אליין | דנפקו | לחיל#2#/ קרבה דנפקין |
| 2248 | | Nu31:36M | חלקהון אליין | דנפקו | לחיל |
| 2249 | | Nu26:04 | ית משה ובני ישראל | דנפקו | פריקין מן ארעא דמצרים: |
| 2250 | | Gn 4:08 | לאפי ברא והוה כיון | דנפקו | תריהון באפי ברא ענה קין |
| 2251 | דנפקי | Gn24:43 | עיינא דמיא והא רביתא | דנפקי | לממלי ואמרת לה אשקיין יתי |
| 2252 | דנפקין | Ex32:18M | גברין גיברין | דנפקין | ונצחין לסדרי קרבה |
| 2253 | | Nu31:27 | {מ}<ב׳>ן תפשי קרבה | דנפקין | לחיל קרבא ובין כל עם |
| 2254 | | Nu31:28 | מן לות עמא עבדי קרבה | דנפקין | לחיל קרבה חדא נפש מן חמש |
| 2255 | | Nu31:36 | והוה פלגותה חלקהון דעמא | דנפקין | לחיל קרבה מנין ען תלתין |
| 2256 | | Gn24:13M | \דארעא נפקין /דקרתא | דנפקין#2#/ | לממלי מיא: |
| 2257 | | Ex25:33 | חזר ושושן כן לשתי קנין | דנפקין | מן מנרתה: |

|  |  |  |  |  |  |
|---|---|---|---|---|---|
| 2258 | | Ex25:35 | קנין דמנה לשתי קנין | דנפקין | מן מנרתה: |
| 2259 | | Ex37:19 | ושושן כדן לשתי קניה | דנפקין | מן מנרתה: |
| 2260 | | Dt33:22 | תיהווי שתייה מן מבועיה | דנפקין | מן בותניין: |
| 2261 | | Ex37:21 | קנין מנה לשתי קנין | דנפקין | מניה: |
| 2262 | | Gn44:19 | דיהודה אחוי ועוד חמא | דנפקין | שערתיה מלביה ובזעו לבושיה |
| 2263 | דנפקן | Gn24:11 | דמיא לעדוני רמשא בשעתא | דנפקן | מלוותא: |
| 2264 | דנפקת | Gn24:05 | אחזור ית ברך לארעא | דנפקת | מן תמן: |
| 2265 | דנפקתון | Ex13:03 | הוון דכירין יומא הדין | דנפקתון | פריקין ממצרים מן |
| 2266 | | Dt 9:07 | במדברה למן יומא | דנפקתון | פריקין מן ארעא דמצרים |
| 2267 | | Dt16:03 | דתדכרון ית יומא | דנפקתון | פריקין מן ארעא דמצרים |
| 2268 | | Dt16:06M | שמשא בזמן | אפקותהון/דנפקתון#2#/ | פריקין מן מצרים: |
| 2269 | | Dt24:09M | \אפקותכון פריקין | /דנפקתון | פריקין#2#/ מן מצרים: |
| 2270 | דנצחין | Ex32:18 | ואמר לא קל גברין | דנצחין | בקרבא אנה שמע ולא קל |
| 2271 | דנתחבלה | Gn 4:23M | \דיתחבלון זרעיתי | /דנתחבלה | תחותוי ויבדן זרעית#2#/ |
| 2272 | דנתן | Gn29:19M | \תקן מסבה יתה /טב לי | דנתן | יתה#2#/ לך מן למסבה יתה |
| 2273 | דנתקטלה | Gn 4:23M | \דאתקטל מן בגללה ולא | /דנתקטלה | תחותוי לא#2#/ עולם חבלת |
| 2274 | דנתר | Lv26:36M | "עליה ... ויפלון": טרפה | דנתר | מן אילנה ויערקון מערוקי |
| 2275 | דס' | Dt 5:16M | אלהכון מן בגלל | דיסגון/דס'#2#/ | יומיכון ומן בגלל |
| 2276 | דסאב | Dt24:04M | "בתר ... מרחקה": בתר | דסאב | יתה ארום מר' |
| 2277 | דסאבית | Gn18:12 | שרה בלבה למימר בתר | דסאבית | אפשר לי למחזר ליומי |
| 2278 | דסאיבו | Gn44:18M | בה כל דכור' מן בגלל | דסאיבו | בגווה ית דינה אחתן דלית |
| 2279 | | Gn44:18 | בה כל דכורא מן בגלל | דסאיבו | בגווה ית דינה אחתן דלית |
| 2280 | דסביל | Dt 1:31 | ייי אלהכון היך מה | דסביל | גבר ית ברה בכל ארחה די |
| 2281 | דסבל | Nu11:12M | יתהון בעובך היך מה | דסבל | בידגוגה ית |
| 2282 | דסדיקה | Dt14:07 | גררתה ומן סדיקי פרסתה | דסדיקה | ית גמלה וית ארנבא וית |
| 2283 | דסדר | Nu 7:41M | חמשה דן קרבנה די | אתנדב/דסדר#2#/ | וקרב מן נכסי גרמיה |
| 2284 | דסדרו | Nu24:20 | נבותה ואמר שרוי אומיה | דסדרו | <קרבה> עם ישראל עמלקיי |
| 2285 | דסדרי | Dt 2:16M | די ספו עמא | עבדי/דסדרי#2#/ | קרבה לממות מן גו |
| 2286 | דסחסגונין | Ex25:05M | ומשכין | דססגונין/דסחסגונין#2#/ | ואעין דשטין: |
| 2287 | דסל' | Gn31:10M | /בחזוי והא תישיא | דסל'#2#/ | על ענא קרוחין נמורין |
| 2288 | דסלק | Gn50:14 | הוא ואחוי וכל מן | דסלק | עמיה למקבר ית אבוי בתר |
| 2289 | דסלקו | Gn50:14M | מן דסלק /וכל אלן | דסלקו#2#/ | עמיה למקבר/למקבור#2#/ |
| 2290 | דסלקות | Gn44:19 | יוסף חביבא ויקירא | דסלקות | גבורתיה דיהודה אחוי |
| 2291 | דסלקין | Dt32:02 | עשביה וכרסיסי מלקוש | דסלקין | ומרווין צמחה דארעא בירחה |
| 2292 | | Dt33:13 | מן ברכת מבועי מן לרע | דסלקין | ומרווין צמחיה דארעא: |
| 2293 | | Gn49:25 | ומן ברכת מבועי תהומא | דסלקין | מן ארעא מן לרע בריכין |
| 2294 | | Gn31:10 | וחמת בחלמא והא גדיא | דסלקין | על ענא קרוחין נמורין |
| 2295 | | Gn31:12 | כען עיינך וחמי כל גדיא | דסלקין | על ענה קרוחין נמורין |
| 2296 | דסלקן | Gn41:27 | תורייה חסיתה ובאישתא | דסלקן | בתריהון שבע שנין אינון |
| 2297 | דסלקת | Gn18:21 | כען ואחמי הא כקבילתיה | דסלקת | קדמיי כלייה עבדו גמירא |
| 2298 | דסמי | Lv21:18M | חגיר או פחוש או פסיע | /דסמי | או דחגיר או דפסיק או |
| 2299 | | Lv22:22 | | דסמי | או דתביר או דגבייה או נסיס |
| 2300 | דסמיך | Nu21:30 | ארחתיה עד כרכה דנפחיה | דסמיך | למי{ת}«ד»בא: |
| 2301 | | Gn35:04 | יתהון יעקב תחות בלוטה | דסמיך | לשכם: |
| 2302 | | Nu22:36 | לארעהון דמואביי | דסמיך | לגבול ארנונה די בסייפי |
| 2303 | | Dt 4:46 | בעבר ירדנה בחלתה | דסמיך | לטעוותה דפעור בארע סיחון |
| 2304 | | Nu33:07 | ושרון בפונדקי חירתה | דסמיך | לטעותה צפון ושרון קדם |
| 2305 | | Nu 6:09 | וארום ימות מית | דסמיך | ליה בתכיף דלא ידע ויסאב |
| 2306 | | Nu26:63M | ישראל במישריה דמואב | דסמיך | לירדנא דיריחו: |
| 2307 | | Gn14:06 | עד דגבולא דפארן | דסמיך | למדברא: |
| 2308 | | Dt 2:37 | עמונייה לא קרבנן כל | דסמיך | לנחל יבקא וקורי טורה וכל |
| 2309 | דסני | Dt 4:25 | וכל דמו ותעבדון מה | דסני | ומרחק קדם ייי אלהכון למכעס |
| 2310 | | Dt 7:25M | בהון ארום סני/מן | דסני#2#/ | ומרחק קדם ייי אלהכון |
| 2311 | | Dt 9:18 | די חטיתון למעבד מה | דסני | ומרחק קדם ייי למכעסה |
| 2312 | | Dt17:01 | כל מילה דפסילה ארום מה | דסני | ומרחק קדם ייי אלהכון |
| 2313 | | Dt17:02 | גבר או אתה די יעבד מה | דסני | ומרחק קדם ייי אלהכון |
| 2314 | | Dt18:12M | ארום סני/מן | דסני#2#/ | ומרחק קדם ייי \ |
| 2315 | | Dt23:19M | "מרחקה מן קדם": מן | דסני | ומרחק ק' |
| 2316 | | Dt25:16M | ארום סני/מה | דסני#2#/ | ומרחק קדם ייי אלהכון כל |
| 2317 | | Dt27:15 | וצורה}} וכל דמו מה | דסני | ומרחק קדם ייי עבד ידי אומן |
| 2318 | | Dt27:15 | וצורה}} וכל דמו מה | דסני | ומרחק קדם ייי עובד ידי |
| 2319 | | Ex23:22 | כל מה די ימלל ואסני למן | דסני | יתכון ואעיק למן דעיק |
| 2320 | | Ex23:22M | יתכון /ימלל ואסני למאן | דסני | יתכון ומעיק למאן דעיק |
| 2321 | דסנייתא | Dt21:15M | | דסניתא/^<דס>נייתא#2#^/לס'#2#/: | |
| 2322 | | Dt21:17M | /בוכרא#2#/ ברה | דסניתה/<דס>נייתא#2#/ | יקרב/יקדם |
| 2323 | | Dt21:16M | ברה/לברא#2#/ | דסניתה/דסנייתא#2#/ | בכורא/בוכרא#2#/: |
| 2324 | דססגונה | Nu 4:25 | זמנה חפייה וחפוי | ^^דססגונה | די עלוי מן לעיל וית |
| 2325 | דסעד | Dt32:36 | ורטישין ולית להון | דסעד | וסמך: |
| 2326 | דסף | Nu32:13M | ארבעין שנין עד | סף/דסף#2#/ | כל דרה די עבד מה דשני |
| 2327 | | Dt 2:14 | תלתין ותמניא שנין עד | דסף | כל דרא עמא עבדי קרבה מן |
| 2328 | דסרבית | Ex 9:27M | \חטית הדא זמנא /חבית | דסרבית | על מימריה דייי הדה זמנא |
| 2329 | דע' | Nu14:08M | לן ארע \דהיא עבדה | /דע'#2#/ | פירין טבין נקיין כחלבה |
| 2330 | דעב' | Nu16:13M | מן ארעא | עבדה/דעב'#2#/ | פירין טבין נקיין |
| 2331 | דעבד | Gn27:41 | בלבא לית אנא עבד היך מה | דעבד | קין די קטל להבל בחיובי |
| 2332 | | Gn24:66 | ליצחק ית כל פתגמא | {ל}<ד>עבד: | |
| 2333 | | Dt18:12 | סני ומרחק קדם ייי כל | דעבד | אלין ובגלל מרחקתה האליין |
| 2334 | | Dt25:16 | ומרחק קדם ייי אלהכון כל | דעבד | אלין כל דעביד שקר: |
| 2335 | | Lv 8:34 | היך מה | דעבד | ביומא הדין פקד ייי למעבד |
| 2336 | | Lv 8:34M | "היך מה ...": היך כמה | דעבד | <ביומא> הדין הכדין פקד |
| 2337 | | Nu12:12 | והא מ{ת}<ד>מיא לוולדה | דעבד | במעיה דאמיה תשעה ירחין |
| 2338 | | Lv 7:09M | בתנורא וכל | נעבד/דעבד#2#/ | במרתחה ועל מסרייתה |
| 2339 | | Nu15:29 | יהווי לכו{ל}«ן» מן | דעבד | בשלו: |
| 2340 | | Gn 1:31 | וגלי קדם ייי ית כל מה | דעבד | והא שפר ותקן לחדא והוה רמש |
| 2341 | | Gn38:10 | ובאש קדם י{ת} מה | דעבד | ומית אף הוא במימר מן קדם |
| 2342 | | Gn42:28 | אחוי למימר מה הוא דא | דעבד | ייי לנא: |
| 2343 | | Ex18:01 | חמוי דמשה ית כל מה | דעבד | ייי למשה ולישראל עמיה |
| 2344 | | Ex18:08 | ותני משה לחמוי ית כל מה | דעבד | ייי לפרעה ולמצריי על עסק |
| 2345 | | Nu10:31 | בגין כדן דאת ידע נסיא | דעבד | ייי עמן בכל אתר {דחזינן} |
| 2346 | | Nu21:14 | נסייה ^וגבורתא#2#^ | דעבד | ייי עם ישראל כד הוון |
| 2347 | | Nu21:15 | הוון ידעין נסיה וגבורתה | דעבד | ייי עמהון בנחלי <....> |
| 2348 | | Dt 7:18M | ית מה \די | פרע/^דעבד#2#^/אתפרע#2#/ | ייי אלהכון מן |
| 2349 | | Lv24:19 | יתן מום בחבריה היך מה | דעבד | כדן יתעבד ליה: |
| 2350 | | Dt24:06 | תמשכנון ריחייה ארום כל | דעבד | כדן בחובי נפשן הוא חביל: |
| 2351 | | Dt31:04 | מימרה דייי להון היך מה | דעבד | לסיחון ולעוג מלכיהון |
| 2352 | | Lv16:15 | ויעבד לאדמה היך מה | דעבד | לאדמה דתורה וידי יתיה על |
| 2353 | | Gn 9:24 | נח מן חמריה וידע ית מה | דעבד | ליה בריה זעירא: |
| 2354 | | Ex17:15 | וצלי תמן בשם מימרי דייי | דעבד | ליה ניסין: |
| 2355 | | Ex14:13M | <די> ביקר שכינת' הוא | דעבד | <לכון> |
| 2356 | | Dt 3:22 | ארום ייי אלהכון הוא | דעבד | לכון סדר נצחני קרביכון: |
| 2357 | | Lv 4:20 | ויעבד לתורא היך מה | דעבד | לתורה דחטאתה כן יתעבד ליה |
| 2358 | | Nu21:14 | על ימא דסוף וגבורתה | דעבד | עמהון כד הוון עברין בנחלי |
| 2359 | | Gn 1:11 | זרע אילן דפירין | דעבד | פירין למינה די נצבתא מינה |
| 2360 | | Gn 1:12 | למיניהון אילן דפירין | דעבד | פירין די נצבת' מנה ובה |
| 2361 | | Dt11:09M | בני'#2#/ ארע | עבדה/דעבד#2#/ | פירין טבין נקיין |
| 2362 | | Ex21:27M | \שן עבדיה /שניי' | דעבד#2#/ית | שנה <ע'>#2#/ או שן |
| 2363 | | Lv 4:31 | וית כל תרבה יעבד היך מה | דעבד | תרבה מעלוי נכיסת קדשי' |
| 2364 | | Ex31:15M | דייי'#2#/ כל \די | יעבד/דעבד#2#/ | עבידה/עיבידה#2#/ |
| 2365 | דעבד' | Gn50:19M | מיני חסלת בישתא | דעבד'#2#/ | לי הלא קדם ייי אינון |

2366 דעבדא Ex 3:17 וחיויי ויבוסיי לארעא דעבדא פירין נקיא כחלבא וחליין
2367 Ex13:05 למתן לכון ארעא דעבדא פירין טבין נקיין כחלבא
2368 Ex33:03 לארעא דעבדא פירין טבין נקיין כחלבא
2369 דעבדה Dt 8:08M ארע \דחיטין ושערין /דעבדה חיטין ושערין#2#/ וגופנין
2370 Lv18:29M "נפשתה ...": נפשה דעבדה מן גו עמהון
2371 Lv20:24 למרת יתה {ארע} ארע דעבדה פירין טבין נקיין כחלבה
2372 Dt27:03M יהב לכון ארע עבדין/דעבדה#2#/ פירין /\טבין#2#/
2373 Dt31:20 די קיימת לאבהתהון ארע דעבדה פרין טבין נקיין כחלבה
2374 Dt34:03 בבקעתיה דיריחו קרתה דעבדה תומרין היא זער:
2375 דעבדו Gn44:18M דילמא לא אשתמע לך מה דעבדו שמעון ולוי תרין אחיי
2376 Gn44:18 דילמא לא אשתמע לך מה דעבדו שמעון ולוי תרין אחיי
2377 Nu 5:07 ויתו«ו»דון ית חובתהון דעבדו וחזרו ית אשמה בקרנה
2378 Ex36:04M /\אליק#2#/ דעבדין/{י}<ד>עבדו#2#/ ית כל עבידת \
2379 Lv18:29M נפשתה דעבדן/דעבדו#2#/ מן גו עמהון:
2380 דעבדין Ex36:04 ואתון כל חכימיא דעבדין ית כל עבידת בית קודשא גבר
2381 דעבדית Ex19:04 אתון חמיתון ית קלא דעבדית למצריי וטענית יתכון בענני
2382 Gn26:10 ואמר אבימלך מה היא דא דעבדית לנא הא בקליל זעיר אילו
2383 דעבדן Lv18:29 וישתי«צון» נפשתה דעבדן מן גו עמהון:
2384 דעבדנן Ex14:05 עמא ואמרין מה היא דא דעבדנן ארום שלחנן ית ישראל מן
2385 Gn26:29 דלא קריבנן לך והיך מה דעבדנן עמך טבן ושלחנן יתך בשלם
2386 דעבדת Gn 3:19 דין וחושבן על כל מה דעבדת:
2387 Gn31:28 כדון אסכלת ית מה דעבדת:
2388 Gn27:17 ית תבשילייה וית לחמה דעבדת ביד יעקב ברה:
2389 Gn27:45 דאחוך מנך וינשי ית מה דעבדת ואשלח ואדב«ו»ר יתך מן
2390 Gn22:16 קיימת אמר ייי ארום חלף דעבדת ית פתגמא הדין ולא מנעת ית
2391 Nu21:34 ותעבד ליה היך מה דעבדת לסיחון מלכיהון דאימוריי
2392 Gn12:18 לאברם ואמר מה הי' דא דעבדת לי למה כען לא תנית לי
2393 Gn29:25 לא' ואמר ללבן מה היא דעבדת לי הלא ברחל פלחת עמך
2394 Ex14:11 יתן במדברא מה היא דא דעבדת לנא למפקה יתן מן מצרים:
2395 Ex14:11M היא דא דעבדת /מה דעבדת#2#/ לנא למפקה יתן/יתהון#2#
2396 Gn20:09M לנא ומה חטאנא /היא דא דעבדת לנו ומה חטינן#2#/ לך
2397 Lv20:17 ית עריייתיה חסד הוה דעבדת עם קדמיי למבני עלמא ברם
2398 Gn 4:10 ואמר מה היא דא דעבדת קלא אדמהון דאוכלוסין
2399 דעבדתון Gn44:05 מקסם יקסם ביה אבאשתון דעבדתון:
2400 Gn44:05M /אבעשתון במה דעבדתון#2#/:
2401 Dt 1:01M בשרא ובגין עגלא דעבדתון אמר במימריה
2402 Gn50:19 הוא משלמה לכון בישתא דעבדתון לי הלא קדם ייי אינון
2403 דעביד Dt22:05 קדם ייי אלהכון כל דעביד אלין:
2404 Dt24:06M חתנין וכלין ארום כל דעביד אלין כפר בחי{ו}וייה
2405 Dt25:16 אלהכון כל דעבד אלין כל דעביד שקר:
2406 דעבר Nu12:12M לוולדה דעבד/<דע>בר#2#/ במעיה דאמיה
2407 Ex30:13 כהדן סדרא יתנון כל דעבר על סכומה מן פלגות סלעא
2408 Ex30:13M אמר ליה כדין יתנון כל דעבר <על>
2409 Ex30:14 כל דעבר על מנייניה מ«ן» בר עשרין
2410 Ex38:26 סלעה בית קודשה˜ כל דעבר על מנייניה מבר עשרין שנין
2411 Dt31:03 יתהון יהושע הוא דעבר קדמיכון היך מה די מלל ייי:
2412 דעד Gn45:28 למיחמי ולדא לא סכיית דעד כדון יוסף בחיין איזי«ל»
2413 Gn45:28M {ט}<ת>וב למחמי ומן דעד כדון יוסף ברי קיים איזיל
2414 Gn49:21 לאבונן יעקב מן שירויה דעד כדון יוסף בחיין והוא
2415 Ex24:05M הוות פולחנא בבוכרייא דעד כדון לא אתעבד משכן
2416 Gn13:07M עד /לכנענאי ופריזאי דעד#2#/ כען אנון שריין בארעא:
2417 Ex 9:30M ארום על דקדם אתון דחלין/דעד לא דחלון#2#/ מן קדם
2418 דעיינינן Nu11:06M בה /אלהן מנתה הדה דעיינינן חמיין#2#/:
2419 דעילוויהון Dt33:28 עיבור וחמר לחוד שמיא דעילוויהון יהוון מחתין עליהון טלין
2420 דעינוותן Gn25:27M ית יעקב מן בגלל דעינוות{א}<ן> הוא ומשמש בבית מדרשא
2421 דעיק Ex23:22 דסני יתכון ואעיק למן דעיק יתכון:
2422 Ex23:22M דסני יתכון ומעיק למאן דעיק יתכון#2#/:
2423 דעל Gn12:14M על אברם מצרימה /כוון דעל אברם למצרים#2#/ וחמון
2424 Lv 3:15 כליתה וית תרבה די עליהן דעל כסליה וית מה דמשתייר מן
2425 Lv14:16 דימינה מן מש{כ}<ח>ה דעל כף ידיה דשמאלה וידי מן
2426 Ex27:21 במשכן זימנא לבר מן פרכתה דעל שהדותא יסדר יתיה אהרן
2427 Ex30:06 דשהדותא וקדם כפרתה דעל שהדותא דאזמן לך ממרי תמן:
2428 דעל אפי Ex33:16 «אמיה» מכל עמיה דעל אפי ארעא:
2429 Gn 3:14 כל בעירא ומן כל חיותא דעל אפי ברה על מעך תהוי שחף ועפר
2430 דעל גבי Nu 3:26M על משכנה ועל גבי/דעל <גבי>#2#/ מדבחה
2431 דעל ידוי Gn15:02 בנין ואליעזר בר ביתי דעל ידוי איתעבד לי נסין בדרמשק
2432 דעלה Nu30:09 יבטל יתה ויבטל ית נדרה דעלה וית פירוש שפוותה די קיימת
2433 דעלו Gn44:18M תרין אחיי בכרכה דשכם דעלו בגוה וקטלה בה כל דכור'
2434 Gn44:18 תרין אחיי בכרכה דשכם דעלו בגווה וקטלו בה כל דכורא
2435 Gn49:04 ראובן ברי לגנה זעירא דעלו בגווי נחלין דמיין שטפן ולא
2436 Ex14:28 לכל חיילותיה דפרעה דעלו בתריהון בימא לא אשתייר
2437 Nu31:14 אלפיה ורברבני מאויתה דעלו מן חיל קרבא:
2438 Nu31:21 כהנא לעמא עבדי קרבא דעלו מן חיל קרבא דא גזירת
2439 דעלוי Nu34:15M תחומה לנהרה רבה דפרת דעלוי סד'
2440 Nu34:15 לנהרא רובא נהרא פרת דעלוי סדר נצחני קרבוי דייי
2441 דעלית Ex 5:23M דאתית לוות פרעה /שעתא דעלית קדם פרעה#2#/ לממללה בשם
2442 דעלל Nu 4:03M בר חמשין שנין כל דיעול/דעלל#2#/ לחיל קרבה למעבד
2443 Nu 4:30M תסכום יתהון כל דייעול/דעלל#2#/ לחיל קרבה למפלח
2444 Nu 4:35M חמשין <שנין> כל דייעול/דעלל#2#/ לחיל קרבה למפלח
2445 Nu 4:39M שנין כל \די יעול/דעלל#2#/ לחיל קרבה למפלח
2446 Nu 4:47M "די ... במשכן": דעלל למפלוח פלחן עבידתה ופלחן
2447 דעמי' Ex11:03M \דעמא באפהון דמצריי /דעמי' באפיהון דמצראי#2#/ לחוד
2448 דעמיך Gn20:16M ולכל מאן \דהוה עמיך/דעמיך#2#/ ועל כולא אתווכחת ברם
2449 דעמך Ex11:08 למימר פוק את וכל עמא דעמך ומ«ן» בתר כדון אפוק ונפק
2450 Gn 8:17 כל חיתה דעמך מן כל בשרא בעופא ובבעירא
2451 דענה Gn35:03 תמן מדבח לשמה דייי דענה יתי בשעת עקתי והווה בסעדי
2452 דעני Gn38:25 הדה דהיא שעת אננקי אלהא דעני לאנינקי ואנהר עייני והב לי
2453 Gn38:25 מן קדמיך ייי את הוא דעני לעיקי בשעת עקתהון עני יתי
2454 דערעו Dt25:18M \די ארעו/דערעו#2#/ יתכון באורחא והוון
2455 דערקין Gn31:26M ית בנתי היך שביין דערקין מן קדם שלפי חרבא
2456 דעתיד Gn30:11 לאה את{{ו}}א גדה טבא דעתיד למגדעא משתודהון לאומה
2457 Gn49:11 מה יאי הוא מלכא משיחא דעתיד למיקם מן מדבית יהודה אסר
2458 Gn49:12M יאי הוא מלכא משיח' דעתיד למיקם מן דבית יהוד'
2459 Gn49:17 יהווי דן פירוקא דעתיד למיקם מן דבית דן יתקף
2460 Ex17:16 קדמיה {מאה} <מלכה> דעתיד למיקם מן שבטא דבנימין הוא
2461 Nu 9:08M שמעית למלפה דיינייה דעתיד למקום בתר משה למהוון
2462 Gn27:27 כריח קטרת בסמניה טביה דעתיד למתקרבא עלגבי מדבחא בטור
2463 Nu23:23 יעקב טבתה וניחמתה דעתיד מייתייה עליכון ודדבית
2464 דעתידא Gn15:12 דא {{היא אדום רשיעא דעתידא למיפל ולא תהוי ליה
2465 דעתידי' Gn15:12M ... אימה": מלכוותה דעתידי' למקום ומשעבדה בבנוי
2466 דעתידין Gn40:18 תלתיה שעבודיא תקיפיה דעתידין ישראל למשתעבדא בארעא
2467 Gn 3:15 ולך חויה לא יהוי אסו דעתידין אינון מעבד שפיותיה
2468 Gn22:14 יתהון מן כל עקא דעתידין דריא דיקומ«ון» מבתרה
2469 Gn 6:03 ייי לא יתדנון כל דריה דעתידין למקום כסדר דינא דדריה
2470 Lv24:12M שמעית למלפה דייניה דעתידין למקום בתר משה למהוון
2471 Nu15:34M שמעית למלפה דייניה דעתידין למקום בתר משה למהוון
2472 Dt29:14 ייי אלהן וית כל דרייה דעתידין למקום מן בתרן עמן קיימין
2473 Gn15:11M הנון ארבעתי מלכוותא דעתידין משעבדה לבנוי דאברם

| | | | |
|---|---|---|---|
| 2474 | דפ' | Dt 1:19M | היך מה   פקד/דפ#2#/   ייי אלהן יתן ומטינן |
| 2475 | דפור' | Dt20:19M | כל מין   דפרזל/דפור#2#/דברז#2#/   ארום מניה |
| 2476 | דפטר' | Ex12:17M | ית פטיראה/מצוותה   דפטר#2#/   ארום בזמן/היך זמן#2#/ |
| 2477 | דפילה | Lv 8:26 | חלה דפטיר חד וחלה לחם   דפילה   במשח חדה ועריך חד ושוי על |
| 2478 | דפילין | Ex29:02 | דפטירין וחלין פטירין   דפילין   במשח ועריכין פטירין |
| 2479 | דפל' | Gn30:29M | פלחת /חכם ית פלחני   דפל#2#/   קדמ{ת}<ך> וית מה דהוה |
| 2480 | דפלחון | Ex 4:23M | למשלחא יתיה /בריי   דפלחון   קדמיי וסרבת דלא לאשתלחא |
| 2481 | דפסיק | Lv21:18M | /דסמי או דחגיר או   דפסיק   או דמסר#2#/: |
| 2482 | | Dt23:02 | לא ייעול   דפסיק   ודמסרס בקהל כנשתה דייי: |
| 2483 | | Dt23:02M | \דפסיק ודמסרס /כל   דפסיק   וכל דמסרס#2#/ בקהל כנשתה |
| 2484 | דפסקת | Gn38:05 | וקרת ית שמה שלה והוה   דפסקת   מן דילדת יתיה: |
| 2485 | דפקד | Ex16:24 | יתיה עד צפרא היך מה   דפקד   משה ולא אסרח ורמה לא הוות |
| 2486 | | Lv 9:05 | ונסבו ית מה   דפקד   משה לתרע משכן זימנה |
| 2487 | | Nu17:12M | ונסב אהרן היך מה   דמלל/דפקד#2#/   משה ורהט לגו קהלא |
| 2488 | | Gn 7:16 | מן כל בשרא עלו היך מה   דפקד   ייי יתיה ואגן ייי ברחמוי |
| 2489 | | Ex 7:06 | ועבד משה ואהרן היך מה   דפקד   ייי יתהון כדן עבדו: |
| 2490 | | Ex 7:10 | ועבדו כד«ן» היך מה   דפקד   ייי וטלק אהרן ית חוטריה |
| 2491 | | Ex12:28 | ועבדו בני ישראל היך מה   דפקד   ייי ית משה ואהרן כן |
| 2492 | | Ex12:50 | כל בני ישראל היך מה   דפקד   ייי ית משה וית אהרן כן |
| 2493 | | Ex16:34 | היך מה   דפקד   ייי ית משה ואצנע יתיה |
| 2494 | | Ex34:32 | ופקד יתהון ית כל מה   דפקד   ייי עמהון בטורא דסיני: |
| 2495 | | Ex39:01 | די לאהרן היך מה   דפקד   ייי ית משה: |
| 2496 | | Ex39:21 | מעלוי אפודה היך מה   דפקד   ייי ית משה: |
| 2497 | | Ex39:26 | למשמשה היך מה   דפקד   ייי ית משה: |
| 2498 | | Ex40:16 | ועבד משה כל מה   דפקד   ייי יתיה כדין עבד: |
| 2499 | | Ex40:25 | בוציניה קדם ייי היך מה   דפקד   ייי ית משה: |
| 2500 | | Lv 8:17 | לבר מן משריתה היך מה   דפקד   ייי ית משה: |
| 2501 | | Lv 9:07 | וכפר על ידיהון היך מה   דפקד   ייי: |
| 2502 | | Lv 9:10 | סדר על גבי מדבחה היך מה   דפקד   ייי ית משה: |
| 2503 | | Lv 9:21 | אנפו קדם ייי היך מה   דפקד   ^ייי ית#2#^ משה: |
| 2504 | | Lv10:15 | עמך לקיים עלם היך מה   דפקד   ייי: |
| 2505 | | Dt 5:16 | ית אבוי וית אמיה היך מה   דפקד   ייי אלהכון מן בגלל דיסגון |
| 2506 | | Gn50:12 | ועבדון בנוי ליה היך מה   דפקד   יתהון: |
| 2507 | | Gn21:04 | בר תמניה יומין היך מה   דפקד   יתיה ייי: |
| 2508 | | Ex34:04 | לטורא דסיני היך מה   דפקד   יתיה ונסב בידיה תרין |
| 2509 | | Dt12:21M | לכון היך מה \די   פקדית/דפקד#2#/   יתכון ותאכלון |
| 2510 | | Dt24:08 | כהנייא וליוויא היך   דפקד   יתכון תטרון למעבד: |
| 2511 | | Nu36:13M | על בני ישראל במישריה   /דפקד   מימריה דייי בידוי דמשה |
| 2512 | דפקדו | Dt24:08M | /וליוואי#2#/ היך   דפקד/<דפק>דו#2#/   יתכון תטרון למעבד: |
| 2513 | דפקדית | Dt 9:12 | סטון בפריע מן ארחה   דפקדית   יתהון עבדו להון מסכה: |
| 2514 | | Ex29:35 | ולבנוי כדן כל מה   דפקדית   יתך שבעה יומין תשלמון ית |
| 2515 | | Lv 8:31 | בסלה דאשלמותה היך מה   דפקדית   למימר אהרן ובנוי יאכלון |
| 2516 | דפקדת | Lv10:18 | יתה בקודשא היך מה   דפקדת: |
| 2517 | | Gn 3:09 | דאת בגויה אן היא מצותה   דפקדת   יתך: |
| 2518 | | Ex23:15 | תיכלון פטירין היך מה   דפקדת   יתכון בזמן ירחא דאביבא |
| 2519 | | Ex34:18 | תאכלון פטירין היך מה   דפקדת   יתכון בזמן ירחא {דאברכה} |
| 2520 | דפקי' | Gn 6:22 | ועבד נח כל מה   דפקי'   יתיה ייי כדין עבד: |
| 2521 | דפקיד | Ex 7:20 | כדן משה ואהרן היך מה   דפקיד   ייי וארים חוטריה ומחה ית |
| 2522 | | Ex40:21 | ארונה דסהדותה היך מה   דפקיד   ייי ית משה: |
| 2523 | | Lv 8:04 | ועבד משה היך מה   דפקיד   ייי יתה ויתכנשו עם כנשתה |
| 2524 | | Lv 9:06M | "די פקד ... דייי":   דפקיד   ייי תעבדון אע{ר}<ד>ו |
| 2525 | | Nu36:10 | היך מה   דפקיד   ייי ית משה כדן עבדו בנתה |
| 2526 | | Dt 9:16 | סטיתון בפריע מן אורחא   דפקיד   מימרה דייי יתכון: |
| 2527 | דפרח | Dt 4:17 | דאית בארעא דמו כל עוף   דפרח   דטייס באויר שמייא: |
| 2528 | | Gn 7:14 | וכל עופה למינה וכל   דפרח   וכל דטייס: |
| 2529 | | Gn30:37M | ונסב לי' יעקב חטרא   דלבן/דפרח   לבן#2#/ רטיב ודלוז |
| 2530 | | Gn 1:21 | למינהון וית כל עופא   דפרח   למיניה וגלי קדם ייי ארום |
| 2531 | | Gn 1:20 | מיא שרץ נפש דחיא ועופא   דפרח   על ארעא על אפי אויר רקיע |
| 2532 | דפרק | Dt13:06M | קדם ייי אלהכון   דאפק/דפרק   ואפ#2#/ יתכון פריקין |
| 2533 | | Dt 8:14M | "דאפיק יתכון מן":   דפרק   ואפיק יתכון פריקין מן |
| 2534 | דפרקית | Lv25:42M | \אינון די אפקית /הנון   דפרקית   ואפ#2#/ ית{כ}<ה>ון |
| 2535 | | Lv26:45M | \קדמי ודי אפקת /קדמאי   דפרקית   ואפקית#2#/ יתהון פריקין |
| 2536 | דפרקת | Lv22:33 | דפרקת   ואפקת יתכון פריקין מן |
| 2537 | | Lv22:33 | לאלה פרוק אנה הוא ייי   דפרקת   לאבהתכון ועתיד למפרק |
| 2538 | דפרש | Nu 9:08 | שבתה בזידנו ובמחרפה   דפרש   שמה קדישה בגדפין הוה משה |
| 2539 | | Nu15:34 | בזידנו ובמחרפה   דפרש   שמה קדישה בגדפין הוה משה |
| 2540 | | Nu27:05 | דחליל שבתה בזדנו ובמחרף   דפרש   שמה קדישה בגדפין הווה משה |
| 2541 | | Lv24:12 | שובתה בזידנו ובמחרפה   דפרש   שמיה קדישה בגדפין הוה משה |
| 2542 | דפשר | Gn41:08 | פרעה להון ית חלמוי ולית   דפשר   יתהון לפרעה: |
| 2543 | | Gn41:24 | לחרש«י»א ולי«ת»   דפשר   לי: |
| 2544 | דפתר | Gn40:22 | רב נחתומיה צלב היך מה   דפתר   להון יוסף: |
| 2545 | | Gn41:13 | והוה היך מה   דפתר   לן כדין הוות יתי חזר |
| 2546 | דצד | Gn27:33 | לחדה ואמר מן כדון הוא   דצד   ציד ואייתי לי ואכלת מן |
| 2547 | דצליב | Dt21:23 | ארום ליט קדם ייי כל   דצליב   ולא תסאבון ית ארעכון דייי |
| 2548 | דצמחין | Ex10:05 | ויכול ית כל אילנייא   דצמחין   לכון מן אפי ברא: |
| 2549 | דק' | Lv 6:20M | כל \די   יקרוב/דק#2#/   בבשרה יהווי קדיש |
| 2550 | | Dt 4:07M | דאית ליה אלה   קריב/דק#2#/   לוותיה כוות ממרה דייי |
| 2551 | | Lv 7:08M | משכה דעלתה \די   יקרב/דק#2#/   לכהנא דידיה יהווי: |
| 2552 | | Lv22:18M | די בישראל \די   יקרב/דק#2#/   קרבניה לכל נדריהון |
| 2553 | | Lv22:18M | נסיבתהון \די   יקרבון/דק#2#/   לשמה/קודם#2#/ |
| 2554 | דקאים | Ex21:14 | אפילו אין הוא כהנא רבה   דקאים   ומשמש {על גב} על גבי |
| 2555 | | Dt17:12M | \דקיים מעתד למשמשא   /דקאים   למשמשה#2#/ תמן קדם ייי |
| 2556 | דקבלית | Gn15:01M | כען עלי דלמא   איתקבלת/דקבלית#2#/   אגר מצוותה בעלמא |
| 2557 | דקבלת | Lv21:07M | ואתה \משב«קה» מן   /דקבלת   גיטא בלא תנאה מן#2#/ |
| 2558 | דקבר | Gn50:14 | עמיה למקבר ית אבוי בתר   דקבר   ית אבוי: |
| 2559 | | Gn35:09M | מיתיא מרבנא משה   דקבר   יתיה רבון עלמיא ייי והיא |
| 2560 | דקדם | Gn28:10 | תחות אסדי רישיה כיון   דקדם   בצפרא ואשכח כולהון לאבן |
| 2561 | | Nu11:23M | האיפשר {קדם}   דקדם   ייי אית חוסרנה |
| 2562 | דקדמך | Gn32:18M | אלין אנון די   קדמיך/דקדמך#2#/: |
| 2563 | דקדשו' | Ex28:38M | קדישא די   יקדישו/^דקדשו#2#^/<די>   יקדשון#2#/ בני |
| 2564 | דקדשית | Lv22:16 | קדשיהון ארום אנה ייי   דקדשית   יתהון: |
| 2565 | | Ex31:13 | למדע ארום אנה הוא ייי   דקדשית   יתכון: |
| 2566 | | Lv22:09 | אפיסו יתיה אנה ייי   דקדשית   יתכון: |
| 2567 | | Lv22:32 | עמי ישראל אנה הוא ייי   דקדשית   יתכון: |
| 2568 | דקדשת | Lv21:15 | זרעה בעמה ארום אנה ייי   דקדשת   יתהון: |
| 2569 | | Lv21:23 | בית מקדשי ארום אנה ייי   דקדשת   יתהון: |
| 2570 | | Lv20:08 | ותעבדון יתהון אנה ייי   דקדשת   יתכון: |
| 2571 | | Lv21:08 | לכון ארום קדיש אנה ייי   דקדשת   יתכון: |
| 2572 | דקהין | Gn33:04M | עשו הוה בכי עד   דק{ר}<ה>ין   שניו ויעקב הוה |
| 2573 | דקטיל | Gn44:18 | לא אתיבנא לגווה עד זמן   דקטיל   אנה כל מצראי מינך אנה |
| 2574 | | Dt19:03 | לכון למערק לתמן כל   דקטיל   בשלו: |
| 2575 | | Nu19:16 | וכל די יקרוב באפי ברא   דקטיל   דחרב או במית או בגרם |
| 2576 | | Dt22:26M | גבר על חבריה   ויקטול/דקטיל#2#/   יתיה ומ«ת»חייב |
| 2577 | דקטילה | Dt21:06 | ית ידיהון על עגלתה   דקטילה   בנחלה: |
| 2578 | דקטיליי' | Gn15:01M | אחיהון וקריבהון   דקטיליי'   האילין ויצרפון עמהון |
| 2579 | דקטל | Dt33:17 | דאפרים ואינון אלפיה   דקטל   גדעון בר יואש מן מדייניי |
| 2580 | | Dt33:17 | עם שולטנין אינון ריבבתה   דקטל   יהושע בר נון מן אימוראי |
| 2581 | | Dt 4:46M | בחשבון מה \די   קטיל/דקטל#2#/   משה ובני ישראל |

|  |  |  |  |
|---|---|---|---|
| 2582 | | Gn44:18M | לא אתביניה לגוה עד זמן דקטל אנה כל מצראי מנך אנה משרי |
| 2583 | | Lv24:21M | ומן \די קטול/^דקטל/#2#/^ויתקטל/#2# בעיר ישלם יתה |
| 2584 | | Dt19:03M | למיערוק תמן כל דקטל/#2# בשלו: |
| 2585 | | Gn14:17 | מן בתר די חזר מן דקטל ית כדר לעמ' וית מלכייא |
| 2586 | | Gn 4:24 | ארום קין דקטל להבל שבעה דרין איתלי לי |
| 2587 | | Gn 4:24M | \דקטל להבל עד/ על דקטל להבל |
| 2588 | | Nu31:19 | משריתה שבעה יומין כל דקטל נפש וכל דיקרוב בקטול תדכון |
| 2589 | | Nu35:30M | כל \די יקטול/דקטל/#2# נפש \לפם סהדין /על |
| 2590 | דקטלין | Nu23:24 | ולא ש{כ}ד<כ>ין עד דקטלין בעלי «ד» בביכון וישפכון |
| 2591 | דקטלת | Ex 2:14 | מקטל יתי את אמר היך מה דקטלת ית מצריה ודחל משה ואמר |
| 2592 | | Nu 8:17 | ובבעירה ביומא דקטלת כל בכוריה בארעא דמצרים |
| 2593 | דקיים | Dt10:01M | ותעביד לך ארון דקים/דקיים/#2#: |
| 2594 | | Ex33:10 | כל עמא ית עמודא דעננא דקיים בתרע משכנה וקיימין כל עמא |
| 2595 | | Ex24:08 | עמא ואמר הא אדם קיימא דקיים ייי עמכון ית כל פתגמיי' |
| 2596 | | Dt 1:08 | עולו וירתו ית ארעא דקיים ייי לאבהתכון לאברהם |
| 2597 | | Dt30:20 | יומיכון על ארעא דקיים ייי לאבהתכון לאברהם |
| 2598 | | Dt13:18 | ויסגי יתכון היך מה דקיים לאבהתכון: |
| 2599 | | Dt29:12 | לכון והיך מה» דקיים לאבהתכון לאברהם ליצחק |
| 2600 | | Nu14:16 | ית עמא האליין לארעא דקיים להון ונכס יתהון במדברה: |
| 2601 | | Ex29:30 | יומין ילבש יתהון כהנא דקיים מן בתר{א}<ה> די יעול |
| 2602 | | Dt17:12 | דלא למשמע למלוי דכהנא דקיים מעתד למשמשא תמן קדם ייי |
| 2603 | | Dt 1:38 | יהושע בר נון דקיים משמש קדמך הוא ייעול לתמן |
| 2604 | דקיימה | Nu30:10 | ארמלא ומשבקה כל מה דקיימה על נפשה יקום עלה: |
| 2605 | דקיימין | Lv24:12 | ובגין למלפה לדייניה דקיימין בתר משה דיהוון זריזין |
| 2606 | | Nu 9:08 | נפשין למלפה לדייניה דקי«י»מין בתר משה די הווין |
| 2607 | | Nu15:34 | נפשן למלפה לדייניה דקיימין בתר משה די הוון זריזין |
| 2608 | | Nu27:05 | נפש למלפה לדייניה דקיימין בתריה די הוון זריזין |
| 2609 | | Dt29:14M | "דקמו ... הדין": דקיימין הכא עמנא קיימין יומא |
| 2610 | | Nu 7:02M | רברבני דישראל הנון דקיימין וממנין על מנייניה |
| 2611 | | Ex19:22 | ולחוד כהניא דקיימין ומשמשין קדם ייי יתקדשון |
| 2612 | | Ex20:26 | כהנייא בנוי דאהרן דקיימין ומשמשין על גבי מדבחי לא |
| 2613 | | Ex33:23 | ואעבר ית כיתי מלאכיה דקיימין ומשמשין קדמיי ותחמי ית |
| 2614 | | Dt18:07 | אלהיה ככל אחוי ליוויי דקיימין ומשמשין תמן קדם ייי: |
| 2615 | | Dt28:07 | ייי ית בעלי דבביכון דקיימין עילוי«י»כון למ{אב}באשה |
| 2616 | דקיימת | Dt34:04 | לי אמר משה דא ארעא דקיימת לאברהם ליצחק וליעקב |
| 2617 | | Dt32:27 | דאדכר להון קיימה דקיימת לאבהתהון אברהם יצחק |
| 2618 | | Dt26:15 | ארעא די יהבת לן היך מה דקיימת לאבהתן ארע עבדה פירין |
| 2619 | | Dt 1:35 | בישה הדין ית ארעא טבתה דקיימת למיתן לאבהתכון: |
| 2620 | | Dt31:16 | יתיה ומפסין ית קיימי דקיימת עמהון: |
| 2621 | דקימ' | Dt34:04M | משה דא ארעא דקיימת/דקימ'/#2# לאברהם ליצחק |
| 2622 | דקליף | Lv14:43 | די שמט ית אבניה ובתר דקליף ית ביתיה ומן באתר דאתטש: |
| 2623 | דקם | Gn19:27 | ואקדם אברהם בצפרא לאתרא דקם וצלי תמן קדם ייי: |
| 2624 | | Dt32:01 | שמעו ברם ישעיה נבייה דקם מן בתרה בגין דהוה קרב |
| 2625 | דקמו | Dt29:14M | קיימין הכא יומא הדין /דקמו/ מן יומת עלמא/#2# קדם ייי |
| 2626 | | Lv24:12 | דן חד מן ארבעה דינין דקמו קדם משה וסכם יתכון בדעתיה |
| 2627 | | Nu 9:08 | דן חד מן ארבעה דינין דקמו קדם משה בתרין מנהון הוה |
| 2628 | | Nu15:34 | דן חד מן ארבעה דינין דקמו קדם משה רבן בתרין מנהון |
| 2629 | | Nu27:05 | דן חד מן ארבעה דינין דקמו קדם משה בתרין מנהון הוה |
| 2630 | | Dt29:14 | ארום כל דרייה דקמו קדמינן מן עלמא ועד כדון |
| 2631 | דקמת | Nu12:16 | מקבל עילוי אגר סגיא לפם דקמת לה מרים על גיף נהרא למידע |
| 2632 | דקני | Nu25:11 | מעילווי בני ישראל על דקני ית קנאתי ביניהון ולא |
| 2633 | | Nu25:13 | קים כהנא לעלם חלף דקני לשמה דאלה«י»ה וכפר על |
| 2634 | דקנית | Ex15:16M | דיעברון עמה האליין דקנית לשמך/#2#: |
| 2635 | | Ex15:16M | דיעברון עמה האליין דקנית לשמך |
| 2636 | דקציין | Lv 6:14M | תופיני מנחה דקצוין/<דקצ>יין/#2# תקריב לריח דרעוה |
| 2637 | דקר' | Nu 7:12M | והוה מן/דן/#2# דמקרב/דקר'/#2# ביומא קדמיה ית |
| 2638 | | Lv15:22M | וכל מן \די יקרוב/דקר'/#2# בכל מן די תתב עלוי |
| 2639 | | Gn12:11M | והוה כדי קרב/כיוון דקר'/#2# למיעו' למצרים |
| 2640 | דקרא | Gn26:33 | יתיה שבעה בגין כדן שמה דקרא לבארה באר שבע עד זמן יומא |
| 2641 | דקרב | Gn22:14 | אמרין בטור מקדשא דייי דקרב אברהם ית יצחק ברה ובטורא |
| 2642 | | Nu19:16M | וכל \די יקרוב/דקרב/#2# באפי ברא דקטיל |
| 2643 | | Ex30:29 | ויהון קדש קודשין כל דקרב בהון יהוי קדיש: |
| 2644 | | Lv11:26M | לכון/#2# כל \די יקרב/דקרב/#2# בהון יסתאב: |
| 2645 | | Lv15:27M | כל \די יקרוב/דקרב/#2# בהון יסתאב ויחור |
| 2646 | | Lv15:11M | וכל \די יקרוב/^דקרב/#2#/^ ביה דיבה |
| 2647 | | Nu19:22M | וכל \די יקרוב/דקרב/#2# ביה מסאבה יסתאב |
| 2648 | | Lv15:10M | וכל דיקרב/^דקרב/#2#/^ בכל מן די |
| 2649 | | Lv22:04M | ומן \די יקרוב/^דקרב/#2#/^ בכל טמא נפש |
| 2650 | | Lv15:21M | וכל \די יקרוב/דקרב/#2# במדמוכה{ו}<י>חוור |
| 2651 | | Lv 9:22 | עמה וברך יתהון ונחת מן דקרב חטאתה ועלתה ונכסת קודשיה: |
| 2652 | | Lv 7:08M | וכהנא דיתקר'/דקרב/#2# ית עלתה דגבר משכה |
| 2653 | | Lv 7:16M | קרבניה ביומא \די יקרב/דקרב/#2# ית קורבנה/דבחה/#2#/ |
| 2654 | | Lv 7:18M | יתקבל ברעוה מן דמקרב/דקרב/#2# יתיה לא יתחשב לה |
| 2655 | | Nu 1:51 | יקימון יתה לוויי וחלוניי דקרב למשמשה יתקטל: |
| 2656 | | Nu 3:38M | וחלוניי \די יקרב/דקרב/#2# למשמשה יתקטל: |
| 2657 | | Ex32:19M | והוה \כדי קריב /כיוון דקרב/#2# למשריתה וירא את העגל |
| 2658 | דקרבין | Ex19:22M | ולחוד כהניא דקיימין/דקרבין/#2# ומשמשין קדם ייי |
| 2659 | דקריב | Lv15:19M | נדתה וכל \די יקרוב/דקריב/#2# בה יסתא' עד רמשא: |
| 2660 | | Ex30:29M | \דקרב בהון יהוי קדיש /דקריב בהון יתקדש/#2#: |
| 2661 | | Lv25:25 | אחסנתיה וייתי קריביה דקריב לוותה ויפרוק ית מה דזבן |
| 2662 | | Lv21:02 | ארום אלהן לקריב בשרי' דקריב לוותיה לאמיה ולאבוי |
| 2663 | | Dt13:08M | לכון \דקריבין לכון /דקריב לוותכון/#2# או דרחיקין |
| 2664 | דקריבין | Dt13:08 | די חזור חזור לכון דקריבין לכון או דרחיקין |
| 2665 | דר' | Dt13:07M | או {עובך}<חברך> דר'/#2# או חברך רחמך דחביב עליך |
| 2666 | דרב | Gn41:43 | קדמוי יחי אבוי דמלכא דרב בחכמתא וזעיר בשפר ורכיך |
| 2667 | | Gn49:22 | קדמיך יחי אבוי דמלכא דרב בחכמתא וזעירא בשנייא והוון |
| 2668 | | Gn49:26 | ולגו קדקדא דגברא חסידא דרב ושליט על ארעא דמצרים |
| 2669 | דרבה | Lv 4:22M | כהנא דמתרבי יחטא /בזמן דרבה יחוב/#2#/ ויעבד חדא מן כל |
| 2670 | דרבוייה | Lv 1:01M | רבוי עלם בדינא /דרבוייה/ רבוי עלם וקדושיה קדוש |
| 2671 | דרבוע | Gn49:17 | יהווי מדמי לחיוויא דרבוע בארעא ולעורמנא דכמין |
| 2672 | דרבי | Lv 7:36 | ייי למיתן להון ביומא דרבי יתהון מן לוות בני ישראל |
| 2673 | | Nu 7:10 | ית חנכת מדבחה ביומא דרבי יתיה וקריבו רברבני ית |
| 2674 | | Nu 7:84 | רבותה דמדבחה ביומא דרבי יתיה מלוות רברבני דבני |
| 2675 | | Nu 7:88 | רבותה דמדבחה מן בתר דרבי יתיה: |
| 2676 | | Nu35:25 | עד די ימות כהנה רבא <ד>רבי יתיה במשחה דבית קודשה: |
| 2677 | | Nu35:25M | ימות כהנה רבא <ד>רבי/דרבי'/#2# יתיה במשחה |
| 2678 | דרביע | Gn49:17M | מדמי לחיוויא דרבוע/דרביע/#2# בארעא ולעורמנא |
| 2679 | דרבית | Gn49:22 | ברי דרבית ברי יוסף ברי דרבית ותקפית |
| 2680 | | Gn49:22 | ברי דרבית יוסף ברי דרבית ותקפית ותוב הוי חמי לך |
| 2681 | דרביתה | Ex40:15 | ותרבי יתהון היך מה דרביתה ית אבוהון וישמשון קדמיי |
| 2682 | דרבעת | Gn49:25 | דדיא דינקת מנהון ומעיה דרבעת בגווהון: |
| 2683 | דרדי | Dt 8:05 | עם לבביכון ארום היך מה דרדי גבר ית בריה ייי אלהכון רדי |
| 2684 | דרדף | Lv26:36 | חרבה ויפלון ולית דר«ד»ף: |
| 2685 | | Lv26:17 | סנאיכון ותערקון ולית דרדף יתכון: |
| 2686 | דרדפן | Dt 1:44 | ורדפו יתכון היך מה דרדפן א{ז}<ו>רעייתא דדברייתה |
| 2687 | דרחיש | Gn 7:08 | היא דכיה ומן עופא וכל דרחיש על ארעא: |
| 2688 | דרחם | Gn27:14 | אמיה תבשילין היך מה דרחם אבו{ת}י: |
| 2689 | דרחמת | Gn27:04 | ועבד לי תבשילין היך מה דרחמת ואייתי לי ואכול מן בגלל |

|  |  |  | | | |
|---|---|---|---|---|---|
| 2690 | דרחש | Dt 4:18 | דמו כל | דרחש | בארעא דמו כל נונייא די |
| 2691 | | Gn 1:26 | ובכל ארעא ובכל רחשא | דרחש | על ארעא: |
| 2692 | | Gn 1:30 | ולכל עופא דשמיא ולכל | דרחש | על ארעא דאית ביה נפש דחיא |
| 2693 | | Gn 7:14 | בעירה למינה וכל רחשא | דרחש | על ארעא למינהו וכל עופה |
| 2694 | | Gn 7:21 | ובכל חיתא ובכל רחשא | דרחש | על ארעא וכל בני אנשא: |
| 2695 | | Gn 7:21 | וסאף כל בשרא | דרחש | על ארעא בעופא ובבעירה ובכל |
| 2696 | | Gn 8:17 | בעופא ובבעירא ובכל רחשא | דרחש | על ארעא אפק עמך ויתלדון |
| 2697 | | Gn 8:19 | כל רחשא וכל עופה וכל | דרחש | על ארעא לזרעיתהון נפקו מן |
| 2698 | | Lv11:44 | ית נפשתיכון בכל שרצה | דרחש | על ארעא: |
| 2699 | דרחשא | Lv11:46 | ועופה וכל נפש חיתה | דרחשא | במיא ולכל שרצה דשרץ על |
| 2700 | | Gn 1:21 | רברביא וית כל נפש דחיא | דרחשא | די שרצו מיי׳ למינהון וית |
| 2701 | | Gn 1:28 | דשמיא ובכל חיתא | דרחשא | על ארעא: |
| 2702 | דריבונן | Gn44:24M | ליה ית מלוי | דריבוני/דריבונן#2#/: | |
| 2703 | דרמס | Dt 4:18M | דמו כל | דרחש/דרמס#2#/ | בארעא/על א'#2#/ דמו |
| 2704 | | Gn 7:14M | וכל \רחשא דרחש /רמסא | דרמס#2#/ | על ארעא למינהו וכל עופה |
| 2705 | | Gn 7:21M | כל בשרא | דרחש/דרמס#2#/ | על ארעא בעופא |
| 2706 | | Gn 8:17M | \רחשא דרחש /רמסא | דרמס#2#/ | על ארעא אפק עמך ויתלדון |
| 2707 | | Gn 8:19M | עופה וכל דרחש/וכל | דרמס#2#/ | על ארעא לזרעיתהון |
| 2708 | דרמסה | Lv11:46M | במיא /נפשן דחייה | דרמסה | במ'#2#/ ולכל/וכ'#2#/ |
| 2709 | דרמש | Gn 1:26M | רחשא/רמשא#2#/ | דרחש/דרמש#2#/ | על ארעא: |
| 2710 | | Gn 1:30M | עופא דשמיא ולכל | דרחש/דרמש#2#/ | על ארעא דאית ביה נפש |
| 2711 | דרעי | Gn46:34 | ^היא#2#^ למצרא«י» כל | דרעי | ען: |
| 2712 | דרצצת | Ex15:06M | היא בחיילא ימינך ייי | דרצצת | ומרצצת שור בעלי דבביהון |
| 2713 | דרתכין | Ex14:07M | ארתכין /מאוון | דרתכ{ו}<י>ן#2#/ | וכל ארתיכוהון |
| 2714 | דש' | Ex35:07M | \ואעי שטין /<וא>עין | דש'#2#/: | |
| 2715 | | Nu13:28M | הנון עמא אליין | דש'#2#/ | בארעא וקרווה תקיפן |
| 2716 | | Gn24:30M | /<על >ידי אחתי וכיון | דש'#2#/ | ית מילי דרבקה/רבקה#2# |
| 2717 | | Dt31:04M | ולארעהון די | ישיצי/דש'#2#/ | יתהון: |
| 2718 | | Nu 4:14M | \די | ישמשו/^דש'#2#^/<ישמ>שון#2#/ | עלוי בהון ית |
| 2719 | | Nu21:32M | \דהוון | שרין/דש'#2#/ | תמן: |
| 2720 | דשבק | Ex18:02 | אתתא דמשה מן בתר | דשבק | יתה: |
| 2721 | | Dt24:04M | בעלה קדמייה \די | שבוק/דשבק#2#/ | יתה למיחזור למיסב |
| 2722 | דשה' | Ex31:07M | זמנא וית ארונה | לשהדותה/דשה'#2#/ | וית כפורתה די |
| 2723 | דשוויית | Ex10:02M | וית ניסי פרישתי | דשוויית | ביניכון#2#/ ותדעון |
| 2724 | דשווית | Ex15:26M | מכתשיה בישיה | דאייתת/דשווית#2#/ | למצרייה/על |
| 2725 | דשוי | Ex36:02 | ולכל די חכים לבה | דשוי | ייי חכמה בלבה כל די נדב |
| 2726 | דשויתי | Gn28:22M | ואבנא הדא | דישווית/^דשויתי#2#^/אקימת#2#/ | קיימא יהווי |
| 2727 | דשזיב | Ex18:10M | ומן ידוי דפרעה | דשיזב/דשזיב#2#/ | ית עמא מן תחות ניר |
| 2728 | דשחף | Lv11:42M | כל | דמהלך/דשחף#2#/ | על מעוי וכל דמהלך על |
| 2729 | דשיז' | Dt19:09M | עוד תלת קוריין | דשיז' | |
| 2730 | דשיזב | Ex18:10 | דמצריי ומן ידוי דפרעה | דשיזב | ית עמא מן תחות ניר |
| 2731 | | Dt22:27M | דמארשא ולית מן | דמשיזיב/דשיזב#2#/ | יתיה: |
| 2732 | | Ex 4:26 | דם ^גזירתא#2#^ הדא | דשיזב | לחתניה הדין מידא דמלאך |
| 2733 | דשיצון | Dt 7:24M | \די | ישיצי/^דשיצון#2#^/תשיצון#2#/ | יתהון: |
| 2734 | דשלח | Gn45:27 | עמהון וחמה ית עגלתא | דשלח | יוסף למטען יתיה ונחת |
| 2735 | | Ex 4:28 | ית כל פתגמיא דייי | דשלח | יתיה ייי <....>: |
| 2736 | | Ex13:17M | והוה \כד שלח /בזמן | דשלח#2#/ | פרעה ית עמא ולא דבר |
| 2737 | דשלחת | Gn42:36 | יתי תכלתון יוסף מן | דשלחת | יתיה לוותכון לדותינא לית |
| 2738 | דשלטין | Gn17:16 | ותהווי לאומין ומלכין | דשלטין | באומיא מנה יקומון: |
| 2739 | | Gn17:06 | ואשוי יתך לאומין מלכין | דשלטין | באמיא מן חלציך יפקון: |
| 2740 | | Gn35:11 | יקומון מינך ומלכין | דשלטין | באמיא מן חלציך יפקון: |
| 2741 | דשליט | Nu16:22 | על אפיהון ואמרין אלהה | דשליט | בנשמת כל בשרה הא גבר יחטא |
| 2742 | | Nu27:16 | ימני ייי אלה | דשליט | בנשמת כל בשרא גבר מהימן |
| 2743 | דשלמון | Nu 6:13 | דנז«י»רה ביומא | דשלמון | ית יומי נזירותיה ייתי |
| 2744 | דשמ' | Gn27:34M | \כד שמע /כיון | דשמ'#2#/ | עשו ית מלוי דאבוי |
| 2745 | | Nu 4:12M | שמושה \די | ישמשון/דשמ'#2#/ | בהון בגו בית קודשה |
| 2746 | דשמוע | Lv24:14M | \ית מן | דשמעון/^<דש>מוע#2#^/ | י{ד}<ת> /כל אליין |
| 2747 | דשמיש | Nu24:05 | ב{ית}<תי> מדרשייה | דשמיש | בהון ישראל אבוכון מה יאי |
| 2748 | דשמע | Gn29:13M | והוי \כדי שמע /כיון | דשמע#2#/ | לבן ית שמעה דיעקב בר |
| 2749 | | Gn39:15M | והוי \כדי שמע /כיון | דשמע#2#/ | ארום ארימת/ארעימת#2#/ |
| 2750 | | Gn21:06M | עבד לי ממריה דייי כל | דשמע | בקלי {ו}<י>חדי לי{יתי} |
| 2751 | | Gn21:06 | אתעבד לי מן קדם ייי כל | דשמע | יחדי עמי: |
| 2752 | | Nu30:06 | ואין בטל אבוה יתה ביומא | דשמע | כל נדרה וקיימה די קיימת על |
| 2753 | | Nu24:04 | אימר | דשמע | מימר מן קדם ייי עליה די |
| 2754 | | Nu24:16 | אמר | דשמע | מימר מן קדם ייי וידע דיעה |
| 2755 | | Gn24:52M | והוה \כד שמע/כיון | דשמע#2#/ | /עבדא דאברהם מליהון |
| 2756 | | Gn39:19M | והוה \כד שמע /כיון | דשמע#2#/ | רבוניה ית מליא דאתתיה |
| 2757 | דשמעו | Lv24:14M | י{ד}<ת> /כל אליין | דשמעו | ית#2#/ ידיהון על ראשה |
| 2758 | דשמעון | Lv24:14 | משריתה ויסמכון ית מן | דשמעון | י{ד}<ת> ידיהון על ראשה |
| 2759 | דשמעתון | Dt 5:23M | \כד שמעתון /כיוון | דשמעתון#2#/ | ית \קל ממרה/קלה#2#/ |
| 2760 | דשמש | Dt22:25 | עמא ^^ותקטלון ית גברא | דשמש | עמה^^ לבלחודוי: |
| 2761 | דשני | Nu32:13 | עד סף כל דרה די עבד מה | דשני | ומרחק קדם ייי: |
| 2762 | | Dt32:05 | דרא עקמנה ופתלתנה דרה | דשני | עבדוי אוף סדר דינוי דעלמא |
| 2763 | דשף | Lv26:36 | וירדוף קל עליה | דשף | עם חבר ונתר ויערקון כמקדם |
| 2764 | דשפך | Gn 9:06 | מן | דשפך | אדמיה דבר נש על ידי בר נש |
| 2765 | | Nu35:33 | בה ארום אלהין באדמה דמן | דשפך | יתיה: |
| 2766 | | Dt21:07M | "חמון יתיה": דידן | דשפך | יתיה |
| 2767 | דשפר | Nu36:06 | דצלפחד למימ' למן | דשפר | באפהון יהוויין לנשין להוד |
| 2768 | | Gn19:08 | לוותכון ועבדו להון מה | דשפר | באפיכון לחוד לגבריא אלין |
| 2769 | | Gn20:15 | הא ארעי קדמיך מה | דשפר | באפך שרי: |
| 2770 | | Gn16:06M | עבידי מה | ד{פ}ש<פ>ר | ותקן קודמך וצע' |
| 2771 | | Lv10:19M | אית אפשר | ד{פ}ש<פ>ר | ותקן ק' |
| 2772 | | Dt 6:18 | ותעבד | דשפר | ותקן קדם ייי מן בגלל דייטב |
| 2773 | | Dt 6:18M | דשפר /ותעבדון מה | דשפר#2#/ | ותקן קדם ייי מן בגלל |
| 2774 | | Dt12:08 | הכה יומא הדין גבר כל | דשפר | ותקן באפוי: |
| 2775 | | Dt12:25 | מן בתריכון ארום תעבד | דשפר | ותקן קדם ייי: |
| 2776 | | Dt12:25M | /תעבדון#2#/ דשפר/מה | דשפר#2#/ | ותקן קדם ייי: |
| 2777 | | Dt12:28 | עד לעלם ארום תעבדון מה | דשפר | ותקן קדם ייי אלהכון: |
| 2778 | | Dt13:19 | יומא הדין למיעבד מה | דשפר | ותקן קדם ייי אלהכון: |
| 2779 | | Dt21:09 | תבערון ^אדמה#2#^ מה | דשפר | ותקן קדם ייי: |
| 2780 | | Dt23:17 | בחדה מן קרייכון לאן | דשפר | לה לא תונון יתיה: |
| 2781 | | Dt12:11M | ידיכון וכל שפר/מה | דשפר#2#/ | נדריכון די תדרון לשמה |
| 2782 | | Ex15:26M | באפוי תעבדון /ומה | דשפר | קודמוי תעבד#2#/ ותציתון |
| 2783 | דשרון | Dt 2:23 | ועווייא | דשרון | בכופרנייה עד עזה |
| 2784 | | Nu10:05M | משריתה | דשרין/<דש>רון#2#/ | מן מדנחה: |
| 2785 | | Nu10:06M | ויטלון משריתה | דשרין/<דש>רון#2#/ | מן דרומא יבבון |
| 2786 | | Nu14:45M | וכנעניי \די | שרין/דשרון#2#/ | /עמלקאי וכנענאי אלין |
| 2787 | דשרי | Nu24:05 | מה יאי הוא משכן זימנא | דשרי | ביניכון דדבית יעקב |
| 2788 | דשריה | Gn28:16 | איקר שכינה דייי | דשריה | באתרה הדין ואנה לית אנה |
| 2789 | דשריין | Dt 2:04 | אחיכון בנוי דעשו | דשריין | בגבלה וידחלון מנכון |
| 2790 | | Dt 2:08 | בנוי דעשו ^אליין#2#^ | דשריין | בגבלה מן אורח משרה מן |
| 2791 | | Dt 2:22 | די עבד לבנוי דעשו | דשריין | בגבלה די שיצון ית |
| 2792 | | Dt 2:29 | די עבדו לן בנוי דעשו | דשריין | בגבלה ומואביי דשריין |
| 2793 | | Dt 2:29 | דשריין בגבלה ומואביי | דשריין | בלחיית עד זמן די נעבר ית |
| 2794 | | Lv26:32M | \די שריין /אלין | דשריין#2#/ | בה: |
| 2795 | | Dt 1:44 | ונפקו אמורייה | דשריין | בטורא ההוא לקדמותכון |
| 2796 | | Dt 2:22M | "דשריין בגבלה": | דשריין | בטורא דגבלה |
| 2797 | | Nu14:45M | /עמלקאי וכנענאי אלין | דשריין#2#/ | בטורה ההוא ומחון יתהון |

|  |  |  |  |
|---|---|---|---|
| 2798 | | Gn 4:20M | בעיר /אביהון כל דשריין במשכנין ומרי נכסין#2#/: |
| 2799 | | Dt11:30 | שמשה בארעהון דכנעניי דשריין במשרה כל קבל גלגלה סמיך |
| 2800 | | Nu13:18M | וית עמא דישריין/אליין עליה#2#/ בגווה הא תקיפין |
| 2801 | דשרין | Nu10:05 | יבבו ויטלון משריתה דשרין מן מדנחה: |
| 2802 | | Nu10:06 | תניינות ויטלון משריתה דשרין מן דרומא יבבון יתקעון |
| 2803 | דשרן | Gn14:07M | ולחוד ית אמוראי אלין/ דשרן#2#/ בעין גדי תמריא |
| 2804 | דשרץ | Gn 7:21M | ובכל שרצה דשרץ על ארעא ובכל |
| 2805 | | Lv11:29 | יהווי לכון מסאב בשרצא דשרץ על ארעא כבושתה ועכברה |
| 2806 | | Lv11:41 | וכל שרצא דשרץ על ארעה שקץ הוא לא יתאכל: |
| 2807 | | Lv11:42 | דמסגי ברגלוי כל {ד}שרצה דשרץ על ארעא לא תאכלון יתהון |
| 2808 | | Lv11:43 | ית נפשתכון בכל שרצא דשרץ על ארעא ולא תסתאבון בהון |
| 2809 | | Lv11:46 | דרחשא במיא ולכל שרצה דשרץ על ארעה: |
| 2810 | דשרצה | Lv11:46M | דשרץ על ארעה /נפש בשר דשרצה על ארעא#2#/: |
| 2811 | דשתון | Ex17:01 | ולא הוה להון מיא דשתון עמא: |
| 2812 | דשתייה | Lv13:59M | בערבא /דכ{נ}ת<נ>ה או דשתייה או דערבה#2#/ או בכל מן |
| 2813 | דת' | Nu 4:26M | וית כל מה \די יתעבד/דת'#2#/ להון ויפלחון: |
| 2814 | | Nu31:50M | בעלמא דאתי \דא תיקום/דת'#2#/ לן ביום דינה רבה |
| 2815 | | Nu15:19M | \כד תיכלון /בזמן דת'#2#/ מן לחמה/מזונה#2#/ דארעא |
| 2816 | דתביע | Nu35:25M | קטולא מן ידוי דתבע/<דת>ביע#2#/ אדמא/דמה#2#/ |
| 2817 | דתביר | Lv22:22 | דסמי או דתביר או דגבייה או נסיס או דמלי |
| 2818 | דתבירא | Ex22:12M | /ימטינ' עד גושמת חיבא דתבירא ולא ישלם#2#/: |
| 2819 | דתבע | Nu35:25 | כנישתה ית קטולא מן ידוי דתבע אדמא ויחזרון יתה עם כנישתה |
| 2820 | | Dt19:12 | תמן וימסרון יתיה בידוי דתבע אדמא ויקטל יתיה: |
| 2821 | | Ex33:07 | משכן זימנא והוה כל מן דתבע אולפן מן קדם ייי נפק למשכן |
| 2822 | דתגיירון | Lv17:10M | ומן גיוריה דמתגיירין/דתגיירון#2#/ ביניהון |
| 2823 | דתדכר | Gn40:14M | ארום אן אדכרת/דתדכר#2#/ יתי עמך כד ייטב לך |
| 2824 | דתדע | Ex 8:18 | ערב{ו}{ר<ו>בא מן בגלל דתדע ארום אנה הוא ייי דממרי שרי |
| 2825 | | Ex 9:29 | לא יהוי תוב מן בגלל דתדע ארום דייי ה{ו}<י>א ארעא: |
| 2826 | דתדעון | Dt29:05 | לא שתיתון מן בגלל דתדעון ארום אנה ^הוא#2#^ ייי |
| 2827 | דתהווי | Gn21:30M | מן בגלל דתהוון/<ד>תהווי#2#/ לי לסהדו ארום |
| 2828 | | Dt31:19 | יתה בפמהון מן בגלל דתהווי לי שבח שירתה הדה לסהדו |
| 2829 | דתהוון | Gn21:30 | מן יד{ו}<י> מן בגלל דתהוון לי לסהדו ארום חפירית ית |
| 2830 | דתהוי | Ex30:12 | בהון מותן מחבל בזמן דתהוי מני יתהון: |
| 2831 | דתוקפתא | Nu23:22M | דמצרים \די תוקפא/דתוקפתא#2#/ ותושבחתה ורוממותה |
| 2832 | דתזל | Gn28:15 | {יתך} יתך בכל {דתלך} דתזל ואחזור יתך {לתר} לארעא הדא |
| 2833 | דתחות | Nu 5:17M | ומן עפרה דתחות טבלה דבאיסודי משכנה |
| 2834 | דתחותיכון | Lv26:19M | וית ארעא \די תחתכון/דתחותיכון#2#/ חסימה היך נחשה |
| 2835 | דתחייבון | Lv 4:14M | חובתה \די אתחייבו/דתחייבון#2#/ עלה ויקרבון קהלא |
| 2836 | דתחמי | Ex33:23 | איקר שכינתי לית איפשר דתחמי: |
| 2837 | דתטריד | Nu12:14M | דינה הוא ד{ס}ת<ס>ריד מן קדמייה שובעה |
| 2838 | דתידחלון | Dt 6:02 | מן בגלל דתי{ת}{<ד>חלון ית מימרה דייי אלהכון |
| 2839 | דתידע | Ex 8:06 | ואמר כמיליך מן בגלל דתידע ארום לית כייי אלהן: |
| 2840 | דתיהווי | Ex30:12M | \כד תהוי /בזמן דתיהווי#2#/ מני יתהון דלא/ולא#2#/ |
| 2841 | דתיהוי | Ex13:09 | על בית אפיכון מן בגלל דתיהוי אוריתא דייי תדירא בפמיכון |
| 2842 | | Ex20:20 | שכינתיה דייי ומן בגלל דתיהוי דחלתה דייי על בית אפיכון |
| 2843 | דתיחון | Dt30:19 | באורחה דחיי מן בגלל דתיחון אתון וזרעיית בניכון: |
| 2844 | | Dt 5:33 | יתכון תהלכון מן בגלל דתיחון וייטיב לכון ותסגון |
| 2845 | | Dt 4:01 | יתכון למעבד מן בגלל דתיחון ותיעלון ותירתון ית ארעא |
| 2846 | | Dt16:20 | תהוון רדפין מן בגלל דתיחון ותירתון ית ארעא דייי |
| 2847 | | Dt 8:01 | תטרון למעבד מן בגלל דתיחון ותסגון ותיעלון ותרתון ית |
| 2848 | דתייתון | Lv23:14 | לא תיכלון עד זמן דתייתון ית קורבנה דאלהכון קיים |
| 2849 | | Lv23:15 | קדמיה דפיסחא מן יומא דתייתון ית עומרה דאנפות«ה» שבע |
| 2850 | דתיכ' | Lv23:29M | ארום כל נפש \די תאכל/דתיכ'#2#/ למצום ולא «צײמה» |
| 2851 | דתיכו' | Lv17:15M | וכל נפש \די תאכל/דתיכו'#2#/ נבילה וקטילה |
| 2852 | דתיכל | Gn 2:17 | מינה ארום כיומא דתיכל מימת תמות: |
| 2853 | דתיכלון | Dt14:04M | /בעירה#2#/ \די תאכלון/דתיכלון#2#/ תור אמר באמריה |
| 2854 | דתיכסון | Lv19:06 | ביומא דתיכסון יתיה יתאכל וביומ' |
| 2855 | דתימר | Gn21:12 | על טליה ועל אמתך כל מה דתימר לך שרה שמע בקלה ארום |
| 2856 | דתינייתא | Gn 4:19 | דחדה מינהון עדה ושמה דתינייתא צלה: |
| 2857 | דתיסגון | Dt11:09M | ומן בגלל \די תארכון/דתיסגון#2#/ יומין על ארעא די |
| 2858 | דתיעול | Gn19:22 | אוכל למעבד פתגם עד זמן דתיעול לתמן בגין כדין קרא שמה |
| 2859 | | Gn30:38 | בשקיא דמיא דתיעול ענה למשתי <....>: |
| 2860 | דתיקום | Gn49:07 | כחדא לית אומה ומלכה דתיקום לקבליהון אפלג חולקיה |
| 2861 | | Gn49:09 | ולית אומה ומלכו דתיקום לקובלך: |
| 2862 | דתישרון | Gn46:34 | להוד אנן להוד מן בגלל דתישרון בארעא דגשן ארום מרחקי |
| 2863 | דתיתי | Gn30:38M | בשקיא דמיא דתיעול/<ד>תיתי#2#/ ענה למשתי <....>: |
| 2864 | דתכבשון | Dt20:20 | סדרי קרבה עד זמן דתכ{נ}<ב>שון יתיה: |
| 2865 | דתכסון | Lv 7:02 | באתרא דתכסון ית עלתא תכסון ית אשמה וית |
| 2866 | דתלך | Gn28:15 | ואנטר {יתך} יתך בכל {דתלך} דתזל ואחזור יתך {לתר} |
| 2867 | דתלפון | Dt14:23 | ודעניכון מן בגלל דתלפון למדחל מן קדם ייי אלהכון |
| 2868 | דתלת | Ex16:36 | ועמרה חד מן עשרה דתלת סאין הוא: |
| 2869 | דתמימה | Lv22:27M | בגין למדכרה זכותי' דתמימה דלבש משכין דגדיין ועבד |
| 2870 | דתמן | Gn22:02M | לך לארע טור מוריה /דתמן עתיד די יתבני |
| 2871 | | Gn31:21M | ארום חמא ברוח קודשא דתמן עתיד למיהוי |
| 2872 | | Ex20:21 | ומשה קרב לערפלא דתמן שרי איקר שכינתיה דייי: |
| 2873 | | Ex18:05 | למדברא דהוא שרי תמן דתמן שריא איקר שכינתא דייי: |
| 2874 | דתמנון | Lv23:16 | מן בתר שבתה שביעיתה מן דתמנון להוד מן בתר יומא טבה |
| 2875 | דתנדרתון | Dt23:24M | תיטרון למיעבד היך מה דתנדרתון קדם ייי אלהכון נדיבה |
| 2876 | דתנזר | Nu 6:05M | יומיא \די יתנזר/דתנזר#2#/ קדם ייי קדיש |
| 2877 | דתנח | Ex23:12 | שביעא תתנחון מן בגלל דתנח תורך וחמרך ויתניח ברא |
| 2878 | דתניינא | Gn41:52 | וית שמה דתניינא קרא אפרים ארום תקף יתי |
| 2879 | דתניינה | Nu11:26 | שמה דחד אלדד ושמה דתניינה מידד ושרת עליהון רוח |
| 2880 | דתנייתא | Ex 1:15 | דחדא מנהון שפרה ושמה דתנייתא פועה: |
| 2881 | דתסטה | Nu 5:29M | \תסטה אתתה /ד{טסת}<תסט>ה אתתה#2#/ בר מן |
| 2882 | דתע' | Gn 6:15M | תעבד /ודין שעורא דתע'#2#/ יתיה תלת מאה אמין |
| 2883 | דתעבד | Ex30:37 | וקטרתה דתעבד בדמותה לא תעבדון לכון קדש |
| 2884 | דתעבדון | Dt16:21 | למדבחה דייי אלהכון דתעבדון לכון: |
| 2885 | דתעלון | Ex23:27M | ואשיצי ית כל עמא דתעלון לוותהון ואשו{ו}<י> |
| 2886 | דתפיס | Gn24:02 | לעבדיה סבא דביתיה דתפיס בכל מה דליה שוי כען ידך |
| 2887 | דתפרשון | Lv22:15M | \די יפרשון לשמה דייי /דתפרשון קדם ייי#2#/: |
| 2888 | | Nu35:13M | וקוריתה \די תתנון/דתפרשון#2#/ שת קריי שיזבו{ן} |
| 2889 | דתצלחון | Dt29:08 | ותעבדון יתהון מן בגלל דתצלחון ית כל מה די תעבדון: |
| 2890 | דתקום | Nu24:09 | ולית אומה ומלכו דתקום לקב' מן דמברך יתהון יהווי |
| 2891 | | Dt33:20 | אריוותה לית אומה ומלכו דתקום לקובליה קטילוי חכימין בני |
| 2892 | דתקיף | Dt32:27M | דשנאה \די תקף/דתקיף#2#/ ואילולי דאדכר להון |
| 2893 | דתקן | Nu 9:08M | כען ואשמע יתכון מה דתקן מן קדם ייי מעבד לכון דן |
| 2894 | | Nu 9:08 | קומו כען ואשמע יתכון מה דתקן מן קדם ייי מעבד לכון: |
| 2895 | דתקנן | Dt10:12 | ולמהלכה בכל ארחן דתקנן קדמוי ולמרחום ית אולפן |
| 2896 | | Dt11:22 | למהלכה בכל אורחן דתקנן קדמוי ולמד<ב>קה באולפן |
| 2897 | | Dt26:17 | פרוק למהלכה באורחן דתקנן קדמוי ולמטור קיימוי |
| 2898 | | Dt28:09 | אלהכון ותהלכון באורחן דתקנן קדמוי: |
| 2899 | | Dt30:16 | אלהכון ולמהלכה באורחן דתקנן קדמוי ולמטור מצוותה |
| 2900 | | Dt19:09 | אלהכון ולמהלכה באורחן דתקנן קדמויי כל יומיא ותוספון |
| 2901 | דתרין | Nu34:15 | דין הוא תחומא דתרין שבטיה ופלגות שבטה: |
| 2902 | דתשלח | Gn38:17 | אן תתן ערבון עד זמן דתשלח: |
| 2903 | | Ex33:12 | ואת לא אודעת יתי ית מה דתשלח עמי ואת אמרת חמי דמניית |
| 2904 | דתשלם | Lv25:29 | שור ותיהוי פרקוניה עד דתשלם שנת זבוניה יומין במניין |
| 2905 | דתשתיצון | Dt28:61M | {עליכון} עד זמן דתשתיצון#2#/: |

2906 Dt28:45 יתכון עד זמן דתש«ת»יצון ארום לא שמעתון בקל
2907 דתתבוננון Dt29:08M מן בגלל דתצלחון/דתתבוננון#2#/ \ית כל/בכל#2#/
2908 דתתכרין Dt16:03M ית יומא דנפקתון /דתתכרין יום יום מפקנותכון#2#/
2909 דתתן Gn28:22 לשמה דייי וכל מה דתתן לי חד מן עשרה אפרש יתהון
2910 דתתנון Ex10:02 בגלל דתתנון במשמעין דבניכון ובני
2911 Nu35:06 ית שת קרין דשיזבות דתתנון די יערקון תמן קטולייה
2912 Dt15:10M יהיב לה /באפיכון בזמן דתתנון לה#2#/ ארום מן בגלל
2913 דתתניה Ex 9:16 ית תקף חיילי ומן בגלל דתתניה ית שמי קדישא בכל ארעא:
2914 דתתעטף Dt22:12M ארבע גדפי טליתא ד{ט}תתעטף בה
2915 דתתקפון Dt11:08 יומא הדין מן בגלל דתתקפון ותיעלון ותירתון ית ארעא
2916 ודאית Dt 5:08M בשמייא מן לעיל ודי/ו<ד>אית#2#/ בארעא מן לרע
2917 ודאכל Lv19:08M \ומה דיאכל/ודאכל#2#/ יתה חובוי יקבל ארום
2918 Lv11:40M "ומן די ... יחוור": ודאכל מנבלתהון יחוור
2919 ודאשתייר Ex23:11M די עמך \ומה דמשתייר/ודאשתייר#2#/ תיכול חיית ברא
2920 ודדכי Dt15:22 יתיה דמרחק מן קדשיה ודדכי כחדה תאכלון יתיה כבשרה
2921 Dt12:15 דמרחק מן קודשייה ודדכי מן קודשיה כחדה יאכלון
2922 Dt12:22 יתיה דמרחק מן קודשייה ודדכי מן קודשייה כחדה ייכלון
2923 ודטעינו Nu 9:06M בארונה דיוסף ודטעינו בנדב ואביהוא בנוי
2924 ודיאכול Lv14:47M לבושוי \ומן די יאכול/ודיאכול#2#/ בביתה יחוור ית
2925 ודידמוך Lv14:47M \ומן די ידמוך/ודידמוך#2#/ בביתה יחוור ית
2926 ודיטעון Lv11:28M \ומן די יטעון/ודיטעון#2#/ ית נבלתהון יחוור
2927 ודיע' Dt19:05M \ודי ייעול/ודיע'#2#/ עם חבריה
2928 ודיעול Lv14:46M \ומן דייעול לגו ביתה /ודיעול לבייתה#2#/ כל יומין די
2929 ודיקרוב Lv11:36M דמיי יהוון דכיין ודיקרוב
2930 Lv15:07M \ומן די יקרב/ודיקרוב#2#/ בבשרה דדיבה/דדוב#2#
2931 Nu19:11M \כל די קרב/ודיקרוב#2#/ במית כל טמא
2932 Lv11:39M יקרב בנבלתה יסתאב /ודיקרוב בנבלתהון יסתאב#2#/ עד
2933 ודישלח Lv 1:06M וישלח/ודישלח#2#/ ית עלתה ויפסג יתיה
2934 ודיתיב Lv15:06 ודיתיב על מנא די יתיב עלוי דיבה
2935 ודכתות Lv22:24 ודמעוך ודכתות ונתיק ודמר<י>ס לא תקרבון
2936 ודלא Dt29:14M דהוו מן יומי עלמא ודלא אתבריו עד כדון כולהון
2937 Dt11:02 ית בניכון די לא חכימו ודלא חמון ית אולפן אורייתה דייי
2938 Dt 4:21 דלא למעבר יתי ית ירדנה ודלא למיעול לארעא «טבתה» דייי
2939 Ex19:12 לכון דלא למיסק לטורא ודלא למקרב בשפולוי כל דיקרב
2940 ודמ' Lv16:26M \ומן דמשלח/ודמ'#2#/ ית צפירה לעזאזל
2941 ודמבזה Lv24:16M "ומן די ... מתקטלה": ודמבזה שם מימריה דייי מתק'
2942 ודמברך Nu24:09M כבלעם בר פעור ודמברך יתהון יהווי בריך <כ>משה
2943 ודמחבל Dt23:02M <דפסיק> גידה ודמחבל בהתייה
2944 ודמסרס Dt23:02 לא ייעול דפסיק ודמסרס בקהל כנשתה דייי:
2945 ודמעיך Lv22:24M ודמעוך/ודמעיך#2#/ ודכתות ונתיק
2946 ודמפרנק Dt28:54 גברא דמחטי בכון ודמפרנק לחדה תבאש עייניה באחוי
2947 ודמפרנקה Dt28:56M בכון ומפרנקתה/ודמפרנקה#2#/ די לא אנסת כפה
2948 ודמריס Lv22:24 ודמעוך ודכתות ונתיק ודמר<י>ס לא תקרבון אלין לשמה דייי
2949 ודמשבק' Nu30:10M ארמלא/דא'#2#/ ומשבקה/ודמשבק'#2#/ כל מה דקיימה על
2950 ודמשתייר Ex17:16M \ומה דמשתייר בהון /ודמשתייר מנהון#2#/ ישיצון יתהון
2951 ודנתיק Lv22:24M ודכתות ונתיק/ודנתיק#2#/ ודמר<י>ס לא תקרבון
2952 ודסמיכין Nu 2:20 ודסמיכין עלוי שבטה דמנשה ורבה
2953 ודעבד Dt33:16 בזכות ארעא ומלאיה ודעבד רעותה מן דאשרי איקר
2954 ודענה Lv27:32M \תורין וען /דתורה ודענה#2#/ כל מה די יעבר שרביטה
2955 ודקטול Lv24:18M \ומן די קטל/ודקטול#2#/ נפש דבעיר ישלם יתה
2956 ודקרוב Lv22:04M ומן \די יקרוב/^דקרב#2#^/ודקרוב#2#/ בכל טמא נפש
2957 ודשפיר Ex15:26 בקל ממריה דייי אלהכון ודשפיר באפוי תעבדון ותציתון
2958 ודשרון Nu 3:38M ודשריין/<ודש>רון#2#/ קדם משכנה קדמיין
2959 ודשריין Nu 2:05 ודשריין סמיכין לה שבטה דבנוי

2960 Nu 2:12 ודשריין סמיכין ליה שבטה דבנוי
2961 Nu 2:27 ודשריין סמיכין לה רבה דבנוי
2962 Nu 3:38 ודשריין קדם משכנה קדמיין קדם
2963 Nu 2:03 ודשריין קדמיין מן מדנחה טכס
2964 ומידנטר Dt 7:08M יתכון \ומן די נטר/ומידנטר#2#/ומן מה די נטר#2#/ ית
2965 כדלא Gn18:21 קדמי הא אינון קדמי כדלא ידעת:

## דא *pron.* ⇐ דה

## דבב *vb.* be an enemy [138]

001 etpaal ואתדבב Gn42:07 ית אחוי וחכם יתהון ואתדבב עליהון ומלל עמהון מלין

## דבוק *n.* attachment [138]

001 s em/sf דבוקה Ex28:27M מלעיל /כל וקבל דבוקה מלעיל#2#/ להמיינה
002 Ex39:20M המיינה /אפוי כל וקבל דבוקה מן לעיל להמ{נ}יי<נ>ה#2#/
003 Ex39:20M אפוי כל וקבל דבוקה מן לעיל להמנייה
004 בדבוקה Ex36:17M סטרה דיריעתה בבית דבוקה/בדבוקה#2#/ תניינא:
005 Ex36:12M בבית דיבוקה /דאית בדבוקה#2#/ תניינה מכוונן הוון

## דבור *n.* ⇐ דביר

## דבורי *n.* ⇐ דברי #2

## דבח *vb.* to sacrifice [138]

001 peal דבחו Dt32:17 דבחו קדם טעוות שדיה דלית בהון
002 דבחין Lv17:05 ית דבחהון די אנון דבחין באפי ברא וייתון יתהון קדם
003 ידבחון Lv17:07 ולא ידבחון עוד ית דבחיהון לשדיה די
004 וידבחון Ex34:15 ויטעון בתר טעוותהון וידבחון לטעוותיהון ויקרון לכון
005 ונדבח Ex 5:17M ניזיל ונקריב/^ונדבח#2#^/נקרבה#2#/ קדם ייי:
006 pael מדבחין Nu21:28 כומריה}} דהו{ן}<ו>ן מדבחין קדם במתה דארנונה:
007 Nu21:29 ספון אשתיצון עמא דהוון מדבחין קדם טעוותה כמוש מסר
008 דמדבח Ex22:19 מאן דמדבח קדם טעוון אחרניין ישתיצא

## דבח *n.* animal sacrifice [138]

001 s em/sf דבחה Lv 7:16M /דקרב#2#/ ית קורבנה/דבחה#2#/ יתאכל וביומא/ומן
002 דבחהון Lv17:05 די ייתון בני ישראל ית דבחהון די אנון דבחין באפי ברא
003 p abs דבחין Lv23:37 קדם ייי עלוון ומנחוון דבחין ונסוכין סכום יום ביומא:
004 p const לדבחי Nu25:02 וקרין לעמא לדבחי טעוותהון ואכלו עמא וסגדו
005 p em/sf דבחיהון Ex34:15 לכון ותאכלון מן דבחיהון:
006 Lv19:06M וביומ' תליתייה /ביום דבחיהון יתאכל ומן יומא דבתרה#2#
007 Lv17:07 ולא ידבחון עוד ית דבחיהון לשדיה די אנון טעיין

## דביר *n.* divine speech [138]

001 s em/sf דב' Lv 1:01M \בכן קרא דבירה /וקרא דב'#2#/ למשה ומליל ייי עמיה מן
002 דבורה Ex33:23M דברא דיקר /ואחמי ית דבורה דאיקר#2#/ שכינתי ואפי
003 דביר' Ex20:13M /דביר' שתיי'#2#/ עמי בני ישראל
004 דבירא Ex24:16M עננא שיתא יומין וקרא /דבירא דייי#2#/ למשה ביומא
005 Gn28:10 באשונא מן בגלל דהווה דבירא מתחמד לממלל' {ליה} עמיה
006 Ex20:03 דבירא תנינא כד הוה נפק מן פום
007 דבירה Ex19:03 מן קדם ייי וקרא ליה דבירה דייי מן טורא למימר כדין

|  |  |  |  |  |  |  |
|---|---|---|---|---|---|---|
| 008 | | | Lv 1:01 | מן קדם ייי בכן קרא | דבירה | למשה ומליל ייי עמיה מן |
| 009 | | | Nu 7:89 | עמיה הוא שמע ית קל | דבירה | ממלל עמיה מעלוי כפורת די |
| 010 | | | Nu 7:89 | תרין כרוביה מן תמן הוה | דבירה | ממלל עמיה: |
| 011 | | | Dt 5:06 | | דב«י»רה | קדמיה כד הוה נפק מן פם |
| 012 | | | Dt 5:07 | | דבירה | תנינה כד הוא נפק מן פם |
| 013 | דבירי | | Dt 4:12 | מן גו להבי אשתה קול | דבירי | אתון שמעין ודמו לית אתון |
| 014 | דברא | | Ex33:23 | ומשמשין קדמיי ותחמי ית | דברא | דיקר שכינתי ואפי איקר |
| 015 | דדבירה | | Nu 7:89M | ית \קל דבירה /קלה | דדבירה#2#/ | ממלל עמיה מעלוי כפורת |
| 016 | דבירין | p abs | Dt 4:12M | אשתה קול/קל#2#/ | דבירי/דבירין#2#/ | אתון שמעין ודמו |
| 017 | דבורייא | p em/sf | Ex20:02 | | דבורייא | קדמיא דהוה נפיק מן פום |
| 018 | דבירוי | | Dt33:03 | ונטלין ושריין על פם | דבירוי: | |
| 019 | | | Dt18:18 | אחיהון כוותך ואישווי | דבירוי | בפומיה וימלל להון ית כל |
| 020 | | | Dt 5:05 | ההיא למתנייה לכון ית | דבירוי | דייי ארום דחלתון מן קדם |
| 021 | | | Dt 4:36 | ית אשתיה רבתה וקל | דבירוי | שמעתון מן גו להבי אשתה: |
| 022 | דביריא | | Ex19:06M | קדישא אליין | פתגמיא/דביר<י>א#2#/ | די תמלל עם בני |
| 023 | דביריה | | Ex34:28 | ית מילי קיימא עשירתי | דביריה: | |
| 024 | | | Dt 4:09 | לחדה די לא תנשון ית | דביריה | די חמון עייניכון ודלא |
| 025 | | | Dt10:02 | ואכתב על לווחייה ית | דביריה | די הוון על לווחייה קדמייה |
| 026 | | | Dt10:04 | ככתבה קדמייה ית עשרתי | דביריה | די מלל ממריה דייי עמכון |
| 027 | | | Dt 5:22 | ית | דביריה | האליין מלל ייי עם כל |
| 028 | | | Dt 4:13 | פקד יתכון למעבד עשרתי | דביריה | וכתב יתהון על תרין לוחי |
| 029 | | | Dt32:10 | אלף יתהון עשרתי | דביריה | עייני יתהון ונטר יתהון |
| 030 | דבירייא | | Ex19:25 | קרובו קבילו עשירתא | דבירייא: | |
| 031 | דביריה | | Dt 9:10 | ועליהון הוה כתיב כל | דבירייה | די מלל ממרה דייי עמכון |
| 032 | | | Dt31:01 | ואזל משה ומלל ית | דבירייה | האליין לכל ישראל: |
| 033 | דברי | | Dt 4:10 | ית עמא ואשמע יתהון ית | דברי | די ילפון למדחול מן קדמוי |
| 034 | דבריא | | Ex34:01 | ואכתוב על לוחיא ית | דבריא | דהוון על לוחיא קדמייי די |
| 035 | דבריי׳ | | Ex19:08M | וחזר משה ית | מליהון/דבריי׳#2#/ | דעמא בצלו קדם ייי: |
| 036 | דיבירייא | | Ex20:01 | ומלל ייי ית כל שבח | דיבירייא | האליין למימר: |
| 037 | לדיברוי | | Dt18:19 | ויהוי גברא די לא ישמע | לדיברוי | די ימלל בשם ממרי אנה |

## דבק vb. to stick to, to adhere [138]

|  |  |  |  |  |  |  |
|---|---|---|---|---|---|---|
| 001 | ידבק | peal | Lv27:08M | יתיה על פם די | תארע/ידבק#2#/ | ידיה דמן דנדר יעלי |
| 002 | ידבקון | | Nu36:07 | גבר באחסנות שבט אבהתיה | ידבקון | בני ישראל: |
| 003 | | | Nu36:09 | אחרן ארום גבר באחסנתיה | ידבקון | שבטיהון דבני ישראל: |
| 004 | וידבק | | Ex28:07 | ליה מן תרין סטרוי | וידבק: | |
| 005 | דבק | pael | Ex36:10 | חדא לקבל חדא וחמש יריען | דבק | חדא לקבל חדא: |
| 006 | ידבק | | Dt28:21M | | «יגרי/ידבק#2#/ | ייי» בכון ית מותנה |
| 007 | מדבק | | Ex26:03 | חמש יריען יהויין | מדבק | חדא לקבל חדא: |
| 008 | מדבקן | | Ex28:07 | תרתין כתפן | מדבקן | יהויין ליה מן תרין סטרוי |
| 009 | | | Ex39:04 | כתפן עבדו ליה | מדבקן | מן תרין סטרוי אדבק: |
| 010 | ודבק | | Ex36:10 | | ודבק | ית חמש יריען חדא לקבל חדא |
| 011 | | | Ex36:13 | ועבד חמשין פורפין דדהב | ודבק | ית יריעתה חדא לקבל חדא |
| 012 | | | Ex36:16 | | ודבק | ית חמש יריען לבלחודיהון |
| 013 | ותדבק | | Ex26:06 | חמשין פורפין דדהב | ותדב«ק» | ית יריעתה חדה לקבל חדא |
| 014 | | | Ex26:09 | | ותדבק | ית חמש יריען לבלחודיהון |
| 015 | | | Ex26:11 | ותעל ית פורפי בענביא | ותדבק | ית משכניה ויהוי כלה חד: |
| 016 | למדבק | | Ex36:18 | ועבד פורפיה דנחש חמשין | למדבק | ית משכנא למהוי כלה חד: |
| 017 | אדבק | etpaal | Ex39:04 | מדבקן מן תרין סטרוי | אדבק: | |
| 018 | אדבקנן | | Dt 3:29 | על חטאינן על די | אדבקנן | לפלחי טעוותה פעור: |
| 019 | אדבקתון | | Dt 4:04 | ואתון על די | אדבקתון | באולפן אורייתה דייי |
| 020 | איתדבקו | | Gn45:15M | "ונשק ...": | איתד<ב>קו | ובכה |
| 021 | ידבק | | Dt13:18 | ולא | ידבק | בידיכון מן חרמה מן בגלל |
| 022 | תדב׳ | | Dt13:05M | תדבקון /ובשם ממריה | תדב׳#2#/: | |
| 023 | תדבקון | | Dt13:05 | שלמה ובאולפן אורייתה | תדבקון: | |
| 024 | | | Dt10:20 | ובאולפן אורייתה | ת{ת}<ד>בקון | ובשמיה קדישה תהוון |
| 025 | | | Dt10:20M | תפלחון בקרבנה ובמימרה | תדבקון | ובשמיה תימון בקושט׳ |
| 026 | וידבק | | Gn 2:24 | מן דאבוי ומן דאימיה | וידבק | באתתיה ויהוון תריהו׳ לבשר |
| 027 | וידבקון | | Dt29:19 | וקנאתיה בגברא ההוא | וידבקון | בה כל לווטיה דכתיבין |
| 028 | | | Dt28:60 | די דחלתון מן קדמיהון | וידבקון | בכון: |
| 029 | ומדבקה | | Gn24:60 | מן הכא ולהלא את אזלה | ומדבקה | ל{ד}<ה> לגברא חסידא ומניך |
| 030 | ולמדבקה | | Dt11:22 | אורחן דתקנן קדמוי | ולמד<ב>קה | באולפן אורייתה: |
| 031 | | | Dt30:20 | ולמשמע בקל מימרה | ולמדבקה | ביה ארום היא חייכון |

## דבר vb. to lead, to drive [138]

|  |  |  |  |  |  |  |
|---|---|---|---|---|---|---|
| 001 | דבור | peal | Gn12:19M | /וכדי#2#/ הא אתתך | דבר/דבור#2#/ | ואזל: |
| 002 | | | Gn24:51M | הא רבקה קדמיך | דבר/דבור#2#/ | ואזל ותהוי אתא לבריה |
| 003 | דבר | | Gn12:19 | לי לאתה וכדין הא אתתך | דבר | ואזל: |
| 004 | | | Gn24:51 | הא רבקה קדמיך | דבר | ואזל ותהוי אתא לבריה |
| 005 | | | Gn19:15 | מלאכיא בלוט למימר קום | דבר | ית אתתך וית תרתין בנתך |
| 006 | | | Nu25:04 | ואמר ייי למשה | דבר | ית כל ראשי עמא ואקים יתהון |
| 007 | | | Gn24:07 | ייי אלהא דשמיא די | דבר | יתי מן בייתא דאבא ומן ארעא |
| 008 | | | Nu23:07 | ונטל במתל נבותה מן ארם | דבר | יתי בלק מלכיהון דמואביי |
| 009 | | | Gn20:13 | בתר טעוותהון וממרה דייי | דבר | יתיה מן ביתה דאבה ואמרית |
| 010 | | | Gn22:02 | ואמר | דבר | כען ית ברך ית יחידך די |
| 011 | | | Gn48:09 | די יהב לי ייי הכא ואמר | דבר | כען יתהון לוותי ואברך |
| 012 | | | Ex14:06 | וית עמא עבדי קרבא | דבר | עמה: |
| 013 | | | Ex10:13 | על ארעא דמצרים וייי | דבר | רוח דקדים בארעא כל יומא |
| 014 | דברת | | Nu23:11 | עבדת לי למלוט בעלי דבבי | דברת | יתך והא מברכה ברכת יתהון: |
| 015 | | | Nu24:10 | לבלעם למלוט בעלי דבביי | דברת | יתך והא מברכה ברכת יתהון |
| 016 | אדבר | | Lv26:41M | "אוף אנה אהלך": לחוד אנה | אדבר | |
| 017 | | | Ex33:05M | זעיר אין \אסלק איקר | /אדבר | יקר#2#/ שכינתי מן בניכון |
| 018 | | | Nu23:27 | ואמר בלק לבלעם אתה כען | אדבר | יתך לאתר אחרן מה דילמה |
| 019 | ודבר | | Nu22:41 | והוה בצפרא | ודבר | בלק ית בלעם ואסק יתיה |
| 020 | | | Nu23:28 | | ודבר | בלק ית בלעם ריש טעוותה |
| 021 | | | Gn48:13 | | ודבר | יוסף ית תריהון ית אפרים |
| 022 | | | Gn31:23 | | ודבר | את אחוי עמיה ורדף |
| 023 | | | Gn20:02 | אבימלך מלכא דגרר | ודבר | ית שרה: |
| 024 | | | Gn22:03 | בצפרא ושווי ית חמרה | ודבר | ית תרין עולימוהי עמיה וית |
| 025 | | | Gn32:23 | וקם בלילה ההוא | ודבר | ית תרתין נשוי וית תרתין |
| 026 | | | Gn48:01 | ליוסף הא אבוך ביש | ודבר | ית תרין בנוהי עמיה ית |
| 027 | | | Nu27:22 | היך מה די פקד ייי יתיה | ודבר | ית יהושע ואקים יתיה קדם |
| 028 | ואדבור | | Gn27:45 | ית מה דעבדת ואשלח | ואדב«ו»ר | יתך מן תמן למה כען אתכל |
| 029 | ואדבר | | Lv26:28M | "ואהלך ... דחביתון": | ואדבר | אף אנה בחמה ובקשיו ואוסף |
| 030 | דבר | pael | Ex32:34 | וכדון {וכדון} אזל | דבר | ית עמא לאתרא די מללת לך הא |
| 031 | | | Ex13:17 | כד שלח פרעה ית עמא ולא | דבר | יתהון ייי ארח ארעהון |
| 032 | | | Dt32:10 | ובצללתה יליל ישימון | דבר | יתהון ארבעין שנין במדברה |
| 033 | | | Gn24:27 | עם ריבוני אנא באורחא | דבר | יתי ייי בבייתיה דאחוי |
| 034 | | | Dt 8:02 | ית כל אורחה די | דבר | יתכון ייי אלהכון דנה |
| 035 | | | Dt 8:15 | די | דבר | יתכון במדברה רבה ודחילה |
| 036 | דברת | | Ex15:13 | | דברת | בחסדך עמא האליין די פרקת |
| 037 | | | Ex14:11 | דלית קברין במצרים | דברת | יתן למקטלה יתן במדברא מה |
| 038 | אדבר | | Gn33:14 | כען רבוני קדם עבדה ואנא | אדבר | יתהון להוני לרגל עבידתא די |
| 039 | ידבר | | Ex33:14M | בית משרוי /אפי רעותי׳ | ידבר | יתך ואניי{ך}<ח> יתך#2#/: |
| 040 | תדבר | | Ex15:13 | עמא האליין די פרקת | תדבר | יתהון בתקפך למדור |
| 041 | מדברין | | Ex14:25 | ית גלגלי רידוותיה והוו | מדברין | יתהון גרירן לבתריהון |
| 042 | | | Dt33:27 | דמן תחות אדרע גבורתה | מדברין | שבטיה דבני ישראל הוא |
| 043 | מדברן | | Ex14:25M | ריתוותהון דהן | מדברן | גרירי׳ מן בתריהון |

|  |  |  |  |  |  |  |
|---|---|---|---|---|---|---|
| 044 | דדבר | | Gn24:48 | אלהה דריבוני אברהם | דדבר | יתי באורחא דקושטא למסבה ית |
| 045 | | | Gn48:15 | אברהם ויצחק ייי | דדבר | יתי מן טליותי עד יומא |
| 046 | | | Dt 1:33 | | דדבר | קדמיכון בארחא למתקנה לכון |
| 047 | ודבר | | Ex13:18M | ואקף/ודבר#2#/ | | ייי ית עמא ארח |
| 048 | | | Ex14:21 | משה ית ידיה על ימא | ודבר | ייי ית ימא ברוח קדום תקיף |
| 049 | | | Gn47:17 | ובקנין תורייה ובחמריא | ודבר | יתהון בלחמא בכל בעירהון |
| 050 | | | Nu23:14 | | ודבר | יתיה לחקל סכייה ריש רמתה |
| 051 | | | Nu23:30 | דאמר בלעם וקרב תור | ודבר | על כל מדבח: |
| 052 | ודברית | | Lv26:13 | עליכון היך ניר פרזלה | ודברית | יתכון <בקומה> זקיפה: |
| 053 | | | Lv26:13M | נ{וף}<יר> פרזלה | ודברית | יתכון בקומה זקיפה ובראש |
| 054 | | | Dt29:04 | | ודברית | יתכון ארבעין שנין במדברה |
| 055 | ודברת | | Gn31:26M | וגנבת ית דעתי | ודברת | ית בנתי היך שביין דערקין |
| 056 | ואדבר | | Lv26:12M | \וידבר ממרי ביניכון | /ואדבר | יקר שכינתי בי״#2#/ |
| 057 | ותדבר | | Nu11:16 | חכימי עמא וסרכי הון | ותדבר | יתהון למשכן זימנא |
| 058 | אדברית | etpeel | Nu23:20 | הא למברכה | אדברית | מברך אנה ית ישראל וברכה |
| 059 | ואדברת | | Gn12:15 | ושבחו יתה קדם פרעה | ואד{כ}<ב>רת | אתתה לפלטירין דפרע׳: |
| 060 | אדבר | etpaal | Gn33:14M | הדין קדם עבדיה ואנא | אדבר | לבלחודוי לאולפן אוריתא די |
| 061 | ידבר | | Ex34:09 | אשכחת חן וחסד קדמיך ייי | ידבר | איקרך ייי בינינן ארום עם |
| 062 | | | Ex12:42 | מן גו מדברא <....> דן | ידבר | בריש ענא ודין ידבר בריש |
| 063 | | | Ex12:42 | דן ידבר בריש ענא ודין | ידבר | בריש ענה ומימריה מדבר ביני |
| 064 | | | Ex23:23 | ארום | ידבר | מלאכי קדמיכון ויעל יתכון |
| 065 | | | Ex32:34 | די מללת לך הא מלאכי | ידבר | קדמך וביומא דאדכר יתהון |
| 066 | | | Ex32:34M | דאדכר /מלאך דרחמין ילך | ידבר | קודמך וביום דוכרני |
| 067 | מדבר | | Gn13:05M | דהוה \אזל עם אברם | /מדבר | בזכוותיה דאב׳#2#/ הוה |
| 068 | | | Ex12:42 | ידבר בריש ענה ומימריה | מדבר | ביני תריהון ואנה ואינון |
| 069 | | | Gn 4:08 | על פירי עובדין טבין הוה | מדבר | ומיסב אפין אית בדינא |
| 070 | | | Gn 4:08 | פירי עובדין טבין הו׳ | מדבר | ועל דהוו עובדיי טבין מן |
| 071 | | | Ex13:21 | וממרי«ה» דייי הוה | מדבר | קדמיהון באיממא בעמודא |
| 072 | | | Ex33:03M | קשין למקבלה /לית מימרי | מדבר | קדמיכון ארום עם קשי קדל |
| 073 | | | Dt 1:30 | הוא באיקר שכינתיה | מדבר | קדמיכון הוא יעבד לכון |
| 074 | | | Nu14:14M | דעננה את מהלך/הוות | מדבר#2#/ | קודמיהון בימּמא/באימ׳#2# |
| 075 | מדברה | | Dt23:15 | אלהכון דאיקר שכינתיה | מדברה | בגו משירייתכון למשזבה |
| 076 | | | Ex33:14 | ואמר איקר שכינתי | מדברה | ביניכון ואתק{ו}<י>ן לכון |
| 077 | | | Dt 1:42 | ארום לית איקר שכינתי | מדברה | ביניכון ולא תתנגפון קדם |
| 078 | | | Dt 7:21 | אלהכון דאיקר שכינתיה | מדברה | ביניכון אלה רבה ודחילה: |
| 079 | | | Dt20:04 | אלהכון דאיקר שכינתיה | מדברה | ביניכון למסדרה לכון סדרי |
| 080 | | | Dt 9:03 | אלהכון דאיקר שכינתיה | מדברה | קדמיכון אשה אכלה מתאכלה |
| 081 | | | Dt31:03 | אלהכון דאיקר שכינתיה | מדברה | קדמיכון הוא ישיצי ית |
| 082 | | | Dt31:06 | אלהכון דאיקר שכינתיה | מדברה | קדמיכון לא מרפה יתכון ולא |
| 083 | | | Dt31:08 | די א«י»קר שכינתיה | מדברה | קדמך הוא יהווי בסעדך לא |
| 084 | מדברי׳ | | Ex12:42 | תריהון ואנה ואינון | מדברי׳ | כחדא הוא לילי פסחא לשמה |
| 085 | מדברין | | Nu23:09 | ארום חמי אנה עמא האליין | מדברין | ואתיין בזכות אבהתה צדיקיה |
| 086 | | | Dt33:03 | אורייתה והא אינון | מדברין | ואתיין לרגל עננוי ונטלין |
| 087 | | | Ex13:22 | ועמודא דאישתא בליליא | מדברין | ומעתדין ומנהרין קדם עמא: |
| 088 | דמדבר | | Dt 1:33M | דדבר/דמדבר#2#/ | | קדמיכון בארחא למתקנה |
| 089 | | | Dt20:04M | מדברה ביניכון למסדרה | /דמדבר | קדמיכון#2#/ לכון סדרי |
| 090 | ואדבר | | Lv26:24M | ואהלך/ואדבר#2#/ | | אף/אוף#2#/ אנה |
| 091 | וידבר | | Lv26:12 | | וידבר | ממרי ביניכון ויהווי מימרי |

## [דבר #2] *vb.* to speak [Heb.] [!!]

|  |  |  |  |  |  |  |
|---|---|---|---|---|---|---|
| 001 | תדבר | pael | Ex30:31M | /ולבני#2#/ ישראל | תמלל/תדבר#2#/ | למימר משח דרבו דקדש |

## דבר *n.* impulse [!!]

|  |  |  |  |  |  |  |
|---|---|---|---|---|---|---|
| 001 | דברא | s em/sf | Ex32:22M | "ארום ... אינון": ארום | דברא | בישה שלטה {בישה שלטה} ביה |

דביר *n.* See also:

## דבר #2 *n.* high pasture (GN?) [!!]

|  |  |  |  |  |  |  |
|---|---|---|---|---|---|---|
| 001 | דברה | s em/sf | Dt 4:43 | לשבטה דבית גדי וית | דברה | בבותנין לשבטה דבנוי |

## דברה *n.* ⇐ דבר

## דברו *v.n.* leading! [139]

|  |  |  |  |  |  |  |
|---|---|---|---|---|---|---|
| 001 | בדברות | s ab/cn | Ex33:16 | קדמיך אנה ועמך הלא | בדברות | איקר שכינת«ך» עמן |

## דברי #2 *n.* bee [138 דבורי]

|  |  |  |  |  |  |  |
|---|---|---|---|---|---|---|
| 001 | דברייתה | p em/sf | Dt 1:44M | דדברייתה | /דברייתה | זיבורייתה#2#/ וכתיתו |
| 002 | דדברייתה | | Dt 1:44 | דרדפן א{ז}<ו>רעייתא | דדברייתה | וכתיתו יתכון בגבלה עד |

## דבש *vb.* to make sweet like honey [139]

|  |  |  |  |  |  |  |
|---|---|---|---|---|---|---|
| 001 | דמדבש | pael | Lv 2:11 | ארום כל דמחמע וכל | דמדבש | לא תקרבון מניה קרבן קדם |

## דבש *n.* honey [139]

|  |  |  |  |  |  |  |
|---|---|---|---|---|---|---|
| 001 | דבש | s ab/cn | Ex15:02M | אבונן דהווה מינק יתן | דבש | מן כיפ׳ ומשח יתן משח מן |
| 002 | | | Gn43:11 | דורון קליל קטף וקליל | דבש | שעוה משח דבוטנין ודלוזין: |
| 003 | בדבש | | Ex16:31 | חיור וטעמיה כשישין | בדבש: | |
| 004 | | | Nu11:08 | טעמיה כטעם ששי«י»ן | בדבש: | |
| 005 | דבשה | s em/sf | Dt32:13 | מלכין ואיינק יתהון | דבשה | מן כיפה ומשח {משח} יתהון |
| 006 | דוב׳ | | Dt32:13M | ואיינק יתהון | דבשה/דוב׳#2#/ | מן כיפה ומשח {משח} |
| 007 | דובשא | | Dt 8:08M | ומן תומרייה עבדין | דובשא | |
| 008 | ודיבשא | | Gn49:21 | דישראל חלבא | ודיבשא | נפק משפותיה: |
| 009 | כדב׳ | | Ex13:05M | כדבשא /וחלב וטעימין | כדב׳#2#/ | ותפלחון ית פלחנא הדין |
| 010 | כדבש׳ | | Gn49:21M | יעקב לישנ׳ חלי׳ | כדבש׳ | |
| 011 | כדבשא | | Lv20:24 | כחלבה וחליין וטעמיין | כדבשא | אנה ייי אלהכון דאפרשית |
| 012 | | | Ex13:05 | נקיין כחלבא וחליין | כדבשא | ותפלחון ית פלחנא הדין |
| 013 | כדבשה | | Nu14:08 | נקיין כחלבה וחליין | כדבשה: | |
| 014 | | | Dt 6:03 | כחלבה וחליין וטעימין | כדבשה: | |
| 015 | | | Dt 8:08 | משח ותומרייה חליין | כדבשה: | |
| 016 | | | Dt11:09 | כחלבה וחליין וטעימין | כדבשה: | |
| 017 | | | Nu16:14 | נקיין כחלבה וחלין | כדבשה | אעלת יתן ויהבת לן אחסנת |
| 018 | | | Dt29:17 | ארום ראשיא דחטה חלי | כדבשה | ברם סופיה מריר כלעניתה |
| 019 | | | Nu13:27 | נקין כחלבה וחליין | כדבשה | היא והא מן פירה: |
| 020 | | | Dt27:03 | נקיין כחלבה וחליין | כדבשה | היך מה די מלל ייי אלהכון |
| 021 | | | Dt31:20 | כחלבה וחליין וטעימין | כדבשה | וייאכלון וישבעון |
| 022 | | | Nu16:13 | נקיין כחלבה וחליין | כדבשה | למקטלה יתן במדברה ארום |
| 023 | כדוב׳ | | Dt27:03M | /וחליין וטעימין | כדוב׳#2#/ | היך מה די מלל ייי |
| 024 | כדובשא | | Ex 3:17 | נקיא כחלבא וחליין | כדובשא: | |
| 025 | | | Dt26:09 | נקיין כחלבה וטעימין | כדובשא: | |
| 026 | | | Ex33:03 | נקיין כחלבא וחליין | כדובשא | ארום לא אסלק איקר שכינתי |
| 027 | | | Ex 3:08 | נקין כחלבא וחליין | כדובש«א» | לארעהון דכנענאי וחתיי |
| 028 | כדובשה | | Dt26:15 | נקיין כחלבה וחליין | כדובשה: | |

## דבתר־ *n.* the next one [139]

|  |  |  |  |  |  |  |
|---|---|---|---|---|---|---|
| 001 | דבתר' | s em/sf | Gn19:34 | והוה מן יומא | דבתר<'> | ואמרת רבתא לזעירתא הא |
| 002 | דבתרא | | Ex 9:06 | ית פתגמא הדין מן יומא | דבתרא | ומית כל בעיריהון דמצריי |
| 003 | | | Ex32:06 | ואקדמו מן יומא | דבתרא | וסדרון עליהן עלוון וקרבו |
| 004 | דבתרה | | Ex32:30 | והוה מן יומא | דבתרה | ואמר משה לעמא אתון |
| 005 | | | Ex18:13 | והוה מן יומא | דבתר«ה» | ויתב משה למדן ית עמא |
| 006 | | | Lv 7:16 | ית קורבנה יתאכל וביומא | דבתרה | ומה דמשתייר מנה יתאכ': |
| 007 | | | Lv19:06M | יתאכל ומן יומא | דבתרה#2/ | ומה דמשתייר עד יומא |
| 008 | | | Nu17:23 | והוה מן יומא | דבתרה | ועל משה למשכנה דסהדותה |
| 009 | דבתריה | | Nu34:15 | להון תחומא לקרן זווי | דב{ר}ת<ר>יה | וכל טרכון בית זימרא |
| 010 | | | Nu11:32 | וכל ליליא וכל יומא | דבתריה | וכנשו ית סלווי מן דזער |

## דגן *n.* grain [139]

|  |  |  |  |  |  |  |
|---|---|---|---|---|---|---|
| 001 | דגנא | s em/sf | Ex34:26 | ונבשל עבריכון צרירין | דגנא | וקשה מערבין כחדא: |
| 002 | דגנה | | Ex23:19 | עבוריכון צריכין | דגנה | וקשה מערבין כחדא: |
| 003 | | | Dt14:21 | ונבשל עבוריכון צרירין | דגנה | וקשה מערבין כחדה: |
| 004 | דגנין | p abs | Gn26:12 | בשתא ההיא מאה שערין | דגנין | וברך יתיה ייי: |

## דד *n.* breast [139]

|  |  |  |  |  |  |  |
|---|---|---|---|---|---|---|
| 001 | דדיא | p em/sf | Gn49:25 | מן ארעא מן לרע בריכין | דדיא | דינקת מנהון ומעיה דרבעת |

## דה *pron.* this (f.) [153 s.v. דן]

|  |  |  |  |  |  |  |
|---|---|---|---|---|---|---|
| 001 | דא | | Gn 2:23 | ארום מן גבר אתברית | דא: | |
| 002 | | | Gn20:05 | ובקשיטות כפי ידי עבדת | דא: | |
| 003 | | | Nu12:12M | בנחמותה לא כדון תתרחק | דא | |
| 004 | | | Dt32:27 | ולא מן קדם ייי אדעבדת | דא: | |
| 005 | | | Dt32:06 | הלא מן קדם ייי אתון תבעון | דא | אומה טפשה ולא חכימייה הלא |
| 006 | | | Lv14:32 | | דא | אורייתא גזירת דמן דבה מכתש |
| 007 | | | Nu14:35 | אנה ייי מללת אין לא | דא | אעבד לכל כנשתה בישתה הדה די |
| 008 | | | Nu34:02 | לארעא דכנען | דא | ארעא די תיפול לכון לאחסנו |
| 009 | | | Nu34:13 | משה ית בני ישראל למימר | דא | ארעא די תתאחסנון יתה בעדיון |
| 010 | | | Dt34:04 | מימריה דייי לי אמר משה | דא | ארעא דקיימת לאברהם ליצחק |
| 011 | | | Gn37:32 | לוות אבוהון ואמרין | דא | אשכחנן חכם כען אן פרגודה |
| 012 | | | Dt14:04 | | דא | בעיר די תאכלון תור אמר |
| 013 | | | Gn29:27 | משתותא דא ואתן לך אף ית | דא | בפולחנא די תפלח עד תוב |
| 014 | | | Gn24:65 | ואמרת לעבדא מן הוא | דא | גברא דאתי באפיה ברא לקדמותן |
| 015 | | | Gn44:17 | ואמר חס לי מן למעבד | דא | גברא דאשתכח כלידא בידיה הו |
| 016 | | | Lv11:46 | | דא | גזיר' אוריתה דבעירה ועופה |
| 017 | | | Ex12:43 | ואמר ייי למשה ולאהרן | דא | גזירת אורייתא דפסחא כל |
| 018 | | | Lv 6:02 | ית אהרן וית בנוי למימר | דא | גזירת אוריתה דעלתה היא עלתה |
| 019 | | | Lv 6:18 | עם אהרן ועם בנוי למימר | דא | גזירת אוריתה דחטאתה באתרה |
| 020 | | | Lv 7:37 | | דא | גזירת אורייתא לעלתה למנחתה |
| 021 | | | Lv14:54 | | דא | ˆגזירת#2ˆ אוריתא לכל מכתש |
| 022 | | | Nu 6:21 | | דא | גז«י»רת אוריתה דנזירה די |
| 023 | | | Nu19:02 | | דא | גזירת אוריתה די פקד ייי |
| 024 | | | Nu19:14 | | דא | גזירת אוריתה בר נש ארום |
| 025 | | | Nu31:21 | קרבא דעלו מן חיל קרבא | דא | גזירת אוריתה די פקד ייי ית |
| 026 | | | Lv12:07 | עלה ותדכי מן מבוע אדמיה | דא | גזרת אורייתה דילדתה לבר דכר |
| 027 | | | Lv13:59 | | דא | גזרת אוריתה דמכתש צרעתה |
| 028 | | | Nu 5:29 | | דא | גזרת אוריתה דקנאתה תסטה |
| 029 | | | Lv15:32 | | דא | גיזירת אוריתה דדיבה וית מה |
| 030 | | | Lv14:57 | בין מסאבה ובין דכיה | דא | גיזרת אוריתה דצרעה: |
| 031 | | | Ex17:14 | ואמר ייי למשה כתב | דא | דוכרן טב בספרא ושוי במשמעה |
| 032 | | | Gn30:15 | ואמרת לה הא זעירא היא | דא | די נסבת ית בעלי ואת בעיא |
| 033 | | | Nu 8:24 | | דא | די תעבד ללווי מן בר עשרין |
| 034 | | | Gn42:28 | לקבל אחוי למימר מה הוא | דא | דעבד ייי לנא: |
| 035 | | | Gn26:10 | ואמר אבימלך מה היא | דא | דעבדית לנא הא בקליל זעיר |
| 036 | | | Ex14:05 | לוות עמא ואמרין מה היא | דא | דעבדנן ארום שלחנן ית ישראל |
| 037 | | | Gn 4:10 | ואמר מה היא | דא | דעבדת קלא אדמהון דאוכלוסין |
| 038 | | | Gn12:18 | פרעה לאברם ואמר מה הי' | דא | דעבדת לי למה כען לא תנית לי |
| 039 | | | Gn20:09M | לנא ומה חטאנא /היא | דא | דעבדת לנו ומה חטינן#2/ לך |
| 040 | | | Ex14:11 | למקטלה יתן במדברא מה היא | דא | דעבדת לנא למפקה יתן מן |
| 041 | | | Gn15:12 | קיימא עלוהי "אימה" | דא | היא בבל "חשכה" דא היא מדי |
| 042 | | | Gn15:12M | למשעבדא ית בנוי אימתא | דא | היא בבל קיבלא דא היא |
| 043 | | | Gn15:12 | דא היא בבל "חשכה" | דא | היא מדי "גדולה" דא היא |
| 044 | | | Gn15:12M | אימתא דא היא בבל קיבלא | דא | היא מידי סגיא{ת}<ה> דא |
| 045 | | | Gn15:12 | דא היא מדי "גדולה" | דא | היא יון נפלת עלוהי דא |
| 046 | | | Gn15:12M | דא היא מידי סגיא{ת}<ה> | דא | היא ייוון נפלת עלוהי דא |
| 047 | | | Gn15:12 | דא היא יון נפלת עלוהי | דא | {{היא אדום רשיעא דעתידא |
| 048 | | | Gn15:12M | היא ייוון נפלת עלוהי | דא | היא <....> ומן בתר כדין |
| 049 | | | Gn29:28 | ואשלם שבעתי יומי משתותא | דא | ואסיב לה ית רחל ברתה לה |
| 050 | | | Gn20:06 | ארום בתמימות לבך עבדת | דא | ואתחס{ב}<כ>ת אף אנא יתך |
| 051 | | | Gn29:27 | אשלם שבעתי יומי משתותא | דא | ואתן לך אף ית דא בפולחנא די |
| 052 | | | Gn12:12 | מצריה וימרון אתתיה היא | דא | ויקט' יתי ויתך יקיימון: |
| 053 | | | Ex13:08M | בגין מצוותה דפסיריא | דא | ומרורא ובשר פיסחא דין עבד |
| 054 | | | Ex13:14 | בניכון למחר למימר מה הא | דא | ותימר ליה ביד תקיפא אפיק |
| 055 | | | Lv11:02 | מללו עם בני ישראל למימר | דא | חייתה די תכלון מן כל בעירה |
| 056 | | | Nu 7:84 | | דא | חנוכת רבותה דמדבחה ביומא |
| 057 | | | Nu 7:88 | אמרין בני שתהון אשתין | דא | חנוכת רבותה דמדבחה מן בתר |
| 058 | | | Nu35:05M | לכון פרוירי קריתה | /דא | יהווי לכון פרוורילי |
| 059 | | | Ex26:17 | חדתא משלושין דא לקבל | דא | כדין תעבד לכל לווחי דמשכנא: |
| 060 | | | Lv17:07 | בתרהון קיים עלם תיהווי | דא | להון לדריהון: |
| 061 | | | Gn 3:14 | אלהים לחויה ארום עבדית | דא | ליט תהוה חויה מן כל בעירא |
| 062 | | | Gn41:39 | {בתר} דאודע ייי יתך כל | דא | לית סכלתן וחכים כוותך: |
| 063 | | | Lv16:34 | ותיהוי | דא | לכון לקים עלם למכפר' על בני |
| 064 | | | Lv26:16 | אנה אעבד | דא | לכון ואדכר עליכון בביהילו |
| 065 | | | Ex26:17 | ללוחא חדתא משלושין | דא | לקבל דא כדין תעבד לכל לווחי |
| 066 | | | Gn 2:23 | מן בר נשה היך מה דאתברית | דא | מני גרם מן גרמי ובשר מן |
| 067 | | | Nu16:09 | הא זעירא היא | דא | מנכון ארום אפרש אלה דישראל |
| 068 | | | Gn25:20M | \כד {נסבת} נסב /בזמנא | דא | נסב#2/ ית רבקה ברת |
| 069 | | | Ex17:12 | חד מן דא סטרא וחד מן | דא | סט' והויין ידוי דמשה זקיפן |
| 070 | | | Ex17:12 | הוון אחידין בידוי חד מן | דא | סטרא וחד מן דא סט' והויין |
| 071 | | | Gn42:18 | להון יוסף ביומא תליתא | דא | עבדו וחיון מן קדם ייי אנה |
| 072 | | | Gn43:11 | אבוהון אן כדן גמרתון | דא | עבדו סבא מן טובא דארעא |
| 073 | | | Gn45:17 | ואמר פרעה ליוסף אמר לאחך | דא | עבדו טענו ית בעירכון ואזלו |
| 074 | | | Gn45:19 | ואת אתפקדת | דא | עבדו סיבו לכון מן ארעא |
| 075 | | | Nu16:06 | | דא | עבידו סבו לכון מחתיין קרח |
| 076 | | | Nu28:14 | הינא תקרבון עם אמרא חמר | דא | עלתה די תהווי מקרבה בכל ריש |
| 077 | | | Gn45:23 | ולאבוי שלח כדורון | דא | עשרה חמרין טעונין מן טובא |
| 078 | | | Nu 4:24 | | דא | פלחן זרעייתה דבנוי דגרשון |
| 079 | | | Ex 9:16 | יתך עד כדון אלא מן בגלל | דא | קיימת יתך עד כדון מן בגלל |
| 080 | | | Gn17:10 | | דא | קימי די תטרון ביני וביניכו' |
| 081 | | | Lv 7:35 | | דא | רבותא דאהרן ורבותהו' דבנוי |
| 082 | | | Lv14:02 | | דא | תהוי גזירת אוריתה דמצרעה |
| 083 | | | Nu34:12 | ויהוון מפקנוי ימא דמלחה | דא | תיהווי לכון ארעא לתחומה |
| 084 | | | Nu31:50 | עמה בגיהינם בעלמא דאתי | דא | תיקום לן ביום דינה רבה |
| 085 | דאדי | | Gn 3:13 | ייי אלהים לאתתא מה היא | דאדי | עבדית ואמרת אתתא חויה |

|  |  |  |  |  |  |
|---|---|---|---|---|---|
| 086 | בדא | Gn42:33 | לן גברא רבוניה דארעא | בדא | אדע ארום הימנין אתון חד |
| 087 | | Ex22:19M | /כל טעותי' ישתיצי | בדא | אלה{ו}<י>ן#2#/ קדם ייי |
| 088 | | Nu13:17 | ואמר להון משה סוקו | ב{ר}<ד>א | לדרומה ותסקון ית טורא: |
| 089 | | Gn42:15 | | בדא | תבדקון חיי רישיה דפרעה אן |
| 090 | | Ex 7:17 | כדן אמר ייי | בדא | תדע ארום אנה ייי הא אנה |
| 091 | | Nu16:28 | ואמר משה | בדא | תדעון ארום מן קדם ייי |
| 092 | בדה | Gn34:22 | לחוד | בדה | אתערבו לנא גברייא למשרי |
| 093 | | Lv26:27 | ואן | בדה | לא תשמעון לאולפן אורייתי |
| 094 | | Gn34:15 | לחוד | בדה | נתערב לכון אן תהוון כוותן |
| 095 | דדא | Gn29:28M | שבע יומי משתיא | דדא | |
| 096 | | Gn29:27M | \משתותא דא /משתיא | דדא#2#/ | ואתן לך אף/לחוד#2#/ ית |
| 097 | ודא | Ex25:03 | | ודא | אפרשתא די תקבלון |
| 098 | | Gn49:28 | שבטיא דישראל תרין עשר | ודא | ברכתא די ברך יתהון גבר |
| 099 | | Dt33:01 | | ודא | ברכתה די ברך משה נביא |
| 100 | | Dt33:07 | | ודא | ברכתה די ברך משה נבייא |
| 101 | | Lv 6:07 | | ודא | גזירת אוריתא דמנחתה יקרבו |
| 102 | | Lv 7:01 | | ודא | גזירת אורית' דאשמה קדש |
| 103 | | Nu 6:13 | | ודא | גזרת אורי«י»תה |
| 104 | | Lv 7:11 | | ודא | גיזירת אוריתה דנכסת קודשיה |
| 105 | | Nu 4:31 | | ודא | מטרת מטולהון לכל פולחנהון |
| 106 | | Dt 6:01 | | ודא | מצוותה וקיימיה וסדרי |
| 107 | | Nu 4:19 | | ודא | עבדו להון וייחון ולא |
| 108 | | Lv15:03 | | ודא | תיהווי סאובתה בדוביה ריר |
| 109 | לדא | Ex 7:23 | בייתו ולא שוי לביה אף | לדא | מח«ו»תה: |

[140]

## gold *n.* דהב

|  |  |  |  |  |  |
|---|---|---|---|---|---|
| 001 | דהב s ab/cn | Gn44:08 | מן ביתה דרבונך כסף או | דהב: | |
| 002 | | Ex25:13 | אעין דשטין ותחפי יתהון | דהב: | |
| 003 | | Ex26:29 | ותחפי{ה} ית נגריה | דהב: | |
| 004 | | Ex28:13 | ותעבד מאחדן | דהב: | |
| 005 | | Ex30:05 | אעין דשטין ותחפי יתהון | דהב: | |
| 006 | | Ex32:31M | זהב /ועבדו להון אלהי | דהב#2#/: | |
| 007 | | Ex36:34 | לאריחי' וחפי ית נגריה | דהב: | |
| 008 | | Ex37:04 | אעין דשטין וחפא יתהון | דהב: | |
| 009 | | Ex37:28 | אעין דשטין וחפי יתהון | דהב: | |
| 010 | | Ex26:29 | דהב וית עזקיהון תעבד | דהב | אתרין לנגריה ותחפי{ה} ית |
| 011 | | Ex36:34 | חפה דהב וית עזקיהון עבד | דהב | אתרין לאריחי' וחפי ית |
| 012 | | Ex39:13 | ובנימן מקפן מאחדן | דהב | באשלמותהון: |
| 013 | | Ex25:11 | ותחפי יתיה | דהב | דכי מן גיו ומן בר תחפי |
| 014 | | Ex25:24 | ותחפי יתיה | דהב | דכי ותעביד ליה כליל דדהב |
| 015 | | Ex25:29 | ומנקותה די ישתמש בהון | דהב | דכי תעבד יתהון: |
| 016 | | Ex25:31 | ותעבד מנרתא | דהב | דכי נגידא תתעב«ד» מנרתה |
| 017 | | Ex25:36 | מנה יהוון כלה נגידא חדה | דהב | דכי: |
| 018 | | Ex25:38 | ומלקט«יה» ומחתיתה | דהב | דכי יעבד יתיה: |
| 019 | | Ex25:39 | קנטר | דהב | דכי יעבד יתה ית כל מניה |
| 020 | | Ex28:22 | שישלא מתחמן עובד קליעה | דהב | דכי: |
| 021 | | Ex28:36 | ותעבד ציצא | דהב | דכי ותגליף עלוי גליף חקיק |
| 022 | | Ex30:03 | ותחפי יתיה | דהב | דכי אגרוי וית כתלוי |
| 023 | | Ex37:02 | וחפי יתיה | דהב | דכי מן לגו ומן לבר ועבד לה |
| 024 | | Ex37:06 | ועבד כפורתה | דהב | דכי תרתין אמין ופלג ארכה |
| 025 | | Ex37:11 | וחפי יתיה | דהב | דכי {מן לגו ומן לבר} ועבד |
| 026 | | Ex37:16 | קשוותא די ישתמש בהון | דהב | דכי: |
| 027 | | Ex37:17 | ועבד ית מנרתה | דהב | דכי נגידא עבד מנרתה בסיס |
| 028 | | Ex37:22 | מנה הוון כלה נגידה חדא | דהב | דכי: |
| 029 | | Ex37:23 | שבעה ומלקטה ומחתיתה | דהב | דכי: |
| 030 | | Ex37:24 | קנטר | דהב | דכי עבד יתה וית כל מניה: |
| 031 | | Ex37:26 | וחפי יתיה | דהב | דכי ית איגרוי וית כותלוי |
| 032 | | Ex39:15 | שלשלת מתאמין עובד קליעה | דהב | דכי: |
| 033 | | Ex39:25 | ועבדו זוגין | דהב | דכי ויהבו ית זוגיא בגו |
| 034 | | Ex39:30 | ית ציצה כליל בית קודשה | דהב | דכי וכתבו עלוי כתב גליף |
| 035 | | Ex26:37 | דשטין ותחפי יתהון | דהב | ואונקלוותהון דהב ותתיך |
| 036 | | Ex36:36 | יתהון דהב וקליותהון | דהב | ואתך להון ארבעה חומרין |
| 037 | | Ex36:38 | וחפי ראשיהון וכבושיהון | דהב | וחומריהון חמש' דנחש: |
| 038 | | Ex26:29 | וית לוחי תחפי{ה} | דהב | וית עזקיהון תעבד דהב אתרין |
| 039 | | Ex36:34 | וית לוחיה חפה | דהב | וית עזקיהון עבד דהב אתרין |
| 040 | | Ex35:22 | ועזקין וזמרגדין וכל מני | דהב | וכל גבר די אניף אנפו{י} |
| 041 | | Ex25:03 | די תקבלון מן לוותהון | דהב | וכסף ונחש: |
| 042 | | Ex35:05 | ייתי ית אפרשותא דייי | דהב | וכסף ונחש: |
| 043 | | Ex12:35M | מצראי מאני כסף ומאני | דהב | ולבושין#2#/: |
| 044 | | Ex26:32 | עמודין דשטין מחפין | דהב | וקלוותהון דהב על ארבעה |
| 045 | | Ex36:36 | עמודין דשטין וחפי יתהון | דהב | וקליותהון דהב ואתך להון |
| 046 | | Ex26:37 | יתהון דהב ואונקלותהון | דהב | ותתיך להון חמשה חמרין |
| 047 | | Ex28:20 | יוסף ובנימן מאחדן | דהב | יהוויין <באשלמותהון>: |
| 048 | | Ex25:28 | דשטי«ן» <ותחפי> יתהון | דהב | למטען בהון ית פתורה: |
| 049 | | Ex37:15 | אעין דשטין וחפי יתהון | דהב | למטען ית פתרה: |
| 050 | | Gn50:01 | אבוי בערס דשנדפין מחפיא | דהב | מן בק}קב>עא מרגליין מליא |
| 051 | | Ex39:06 | טבת{ן}<ה> מקפן מאחדן | דהב | מגלפן גלף חקק על שמהת בני |
| 052 | | Gn49:22 | קטלין מעוכין וכל מיני | דהב | סברין דאת תליית עיינך |
| 053 | | Nu 8:04 | ודן עבד מנרתה נגודה | דהב | עד בסיס דידה ועד שושניה |
| 054 | | Ex26:32 | מחפין דהב וקלוותהון | דהב | על ארבעה חמרין דכסף: |
| 055 | | Ex32:24M | ואמרית להון מן דאית ליה | דהב | פריקו ואייתון לי ואת' |
| 056 | | Ex28:06 | וייעבדון ית אפודה | דהב | תכל«א» וארגון וצבע זהורי |
| 057 | | Ex28:08 | עילוי כעבדא מנה יהווי | דהב | תכלה וארגון וצבע זהורי טבא |
| 058 | | Ex28:15 | כעבדה דאפדה תעבד יתיה | דהב | תכלה וארגון וצבע דזהורי |
| 059 | | Ex39:02 | ועבד ית אפדה | דהב | תכלה וארגוון וצבע דזהורי |
| 060 | | Ex39:05 | די עלוי מנה הוא כעבדא | דהב | תכלה וארגוון וצבע דזהורי |
| 061 | | Ex39:05M | \כעבדא דהב /כעבד{י}ה | דהב#2#/ | תכלה וארגוון וצבע |
| 062 | | Ex39:08 | עובד אומן כעבדה דאפדה | דהב | תכלה וארגוון וצבע דזיהורי |
| 063 | | Ex28:11 | בני ישראל מקפן מאחדן | דהב | תעבד יתהון: |
| 064 | | Nu 7:86M | /קוד"#2#/ כל | דהבין/דהבא#2#/ | דבזיכיה/בזיכה#2#/ |
| 065 | דדה' | Nu 7:44M | עשרה סלעין די הוות | דדה' | |
| 066 | | Nu 7:62M | עשרה סלעין די הוות | דדה' | |
| 067 | דדהב | Ex11:02 | חברתה מנין דכסף ומנין | דדהב: | |
| 068 | | Nu 7:80M | עשרה סלעין די הוות | דדהב | |
| 069 | | Ex26:29M | וית עזקיהון תעבד | דהב/דדהב#2#/ | אתרין לנגריה |
| 070 | | Ex28:33 | שפולוי מן חזור וזוגין | דדהב | ביניהון מן חזור חזור: |
| 071 | | Ex28:33M | /חזור ומקף וזגונין | דדהב | בניהון חזור ומקף#2#/: |
| 072 | | Ex25:17 | ותעבד כפרתה | דדהב | דכי תרתין אמין ופלג ארכה |
| 073 | | Ex28:14 | ותרתין שישלן | דדהב | דכי מתחמן תעבד יתהון עובד |
| 074 | | Ex36:13 | ועבד חמשין פורפין | דדהב | ודבק ית יריעתה חדא לקבל |
| 075 | | Ex37:13 | ואתך ליה ארבעה עזקין | דדהב | ויהב ית עזקיה על ארבעתי |
| 076 | | Ex39:16 | דדהב ותרתין עזקין | דדהב | ויהבו ית תרין עזקין על |
| 077 | | Gn24:53 | עבד' מנין דכסף ומנין | דדהב | ולבושין ויהב לרבקה ודורון |
| 078 | | Ex 3:22 | ביתה מנין דכסף ומנין | דדהב | ולבושין ותשוון על בניכון |
| 079 | | Ex12:35 | מצריי מנין דכסף ומנין | דדהב | ולבושין: |
| 080 | | Ex28:34 | זוגין | דדהב | ורמון זוגין דדהב ורמון על |
| 081 | | Ex28:34 | זוגין דדהב ורמון זוגין | דדהב | ורמון על שיפולוי דמעילה |
| 082 | | Ex39:19 | ועבדו תרתין עזקין | דדהב | ושוון על תרין סטרוי דחושנה |

|  |  | |  |  |  |  |
|---|---|---|---|---|---|---|
| 083 | | | Ex39:20 | ועבדו תרתין עזקין | דדהב | ושוון יתהון על תרתין |
| 084 | | | Ex26:06 | ותעבד חמשין פורפין | דדהב | ותדב«ק» ית יריעתה חדה |
| 085 | | | Ex39:16 | ועבדו תרתי: <מאחדן> | דדהב | ותרתין עזקין דדהב ויהבו ית |
| 086 | | | Ex28:26 | ותעבד תרתין עזקין | דדהב | ותשוי יתהון על תרין סיטרוי |
| 087 | | | Ex25:12 | ותתך ליה ארבע עזקין | דדהב | ותתן על ארבעתי זוויתא |
| 088 | | | Ex25:26 | ותעבד ליה ארבע עזקין | דדהב | ותתן ית עזקייא על ארבעתי |
| 089 | | | Ex28:23 | על חושנה תרתין עזקין | דדהב | ותתן ית תרתין עזקיא על |
| 090 | | | Ex28:27 | ותעבד תרתין עזקין | דדהב | ותתן יתהון על תרתין כתפתה |
| 091 | | | Ex30:03 | קרנתיה ותעבד ליה כליל | דדהב | חזור ומקף: |
| 092 | | | Ex25:11 | יתיה ותעבד ליה כליל | דדהב | חזור ומקף: |
| 093 | | | Ex25:24 | דכי ותעביד ליה כליל | דדהב | חזור ומק«ף»: |
| 094 | | | Ex37:02 | ומן לבר ועבד לה כליל | דדהב | חזור ומקף: |
| 095 | | | Ex37:11 | ומן לבר} ועבד ליה כליל | דדהב | חזור ומקף: |
| 096 | | | Ex37:26 | ועבד ליה כליל | דדהב | חזור ומקף: |
| 097 | | | Gn24:22 | למשתי ונסב גברא קודש | דדהב | טבע מתקלה ותרין שרין |
| 098 | | | Dt29:16M | דאבן טעוון דכסף טעוון | דדהב | טעוותה דקיסה ודאבנה הוון |
| 099 | | | Dt23:20M | /וזפ{י}<ו> דכסף וזפו | דדהב | {י}<ו>זפו כל פתגם די |
| 100 | | | Ex20:23 | קדמיי טעון דכסף וטעוון | דדהב | לא תעבדון לכון: |
| 101 | | | Ex25:25 | חזר ומקף ותעבד כליל | דדהב | לג{ו}פ<ו>פיה חזר ומקף: |
| 102 | | | Ex35:22 | גבר די אניף אנפו{י} | דדהב | לשמה דייי: |
| 103 | | | Nu 7:20M | מתקלה עשרה | דדהב | מלייה קטרתה |
| 104 | | | Nu 7:26M | <מתקלה> עשרה | דדהב | מלייה קטורה |
| 105 | | | Nu 7:38M | <מתקליה> עשרה | דדהב | מלייה קטרה |
| 106 | | | Nu 7:44M | <מתק>לה עשרה | דדהב | מלייה קטרה |
| 107 | | | Nu 7:56M | לקטרתה /מתקלה עשרה | דדהב | מלייה קטרה#2#/: |
| 108 | | | Nu 7:62M | מתקלה עשרה | דדהב | מלייה קטרה |
| 109 | | | Nu 7:68M | מתקלה עשרה | דדהב | מלייה קטרה |
| 110 | | | Nu 7:74M | עשרה סלעין | דדהב | מלייה קטורה |
| 111 | | | Nu 7:80M | ראשי קטרת /מתקלה עשרה | דדהב | מלייה קטרה#2#/ בוסמנין |
| 112 | | | Gn24:22 | שרין על ידה מן עשרה | דדהב | מתקלהון: |
| 113 | | | Ex25:18 | ותעבד תרין כרובין | דדהב | נגידין תעביד יתהון מן תרין |
| 114 | | | Ex37:07 | ועבד תרתין כרובין | דדהב | נגידין עבד יתהון מן תרין |
| 115 | | | Ex37:27 | ותרתין עזקין | דדהב | עבד ליה מן תחות לכלילה על |
| 116 | | | Ex37:03 | ואתך לה ארבע עזקין | דדהב | על ארבעתי זויתיה ותרתין |
| 117 | | | Nu 7:14 | הוות עבידה והיא הוות | דדהב | קרב יתה מלייה ראשי קטרת |
| 118 | | | Nu 7:14M | /עשרה סלעין דיהוות | דדהב#2#/ | קרב יתה מלייה ראשי קטרת |
| 119 | | | Nu 7:20 | הוות עבידה והיא הוות | דדהב | קרב יתה מלייה ראשי קטרת |
| 120 | | | Nu 7:26 | הוות עבידה והיא הוות | דדהב | קרב יתה מלייה ראשי בוסמנין |
| 121 | | | Nu 7:32 | הוות עבידה והיא הוות | דדהב | קרב יתה מלייה ראשי קטרת |
| 122 | | | Nu 7:38 | הוות עבידה והיא הוות | דדהב | קרב יתה מלייה ראשי |
| 123 | | | Nu 7:44 | הוות עבידה והיא הוות | דדהב | קרב יתה מלייה רישי קטרת |
| 124 | | | Nu 7:50 | הוות עבידה והיא הוות | דדהב | קרב יתה מלייה ראשי קטרת |
| 125 | | | Nu 7:50M | /עשרה סלעין די הוות | דדהב#2#/ | קרב יתה מלייה ראשי |
| 126 | | | Nu 7:56 | הוות עבידה והיא הוות | דדהב | קרב יתה מלייה ראשי קטרת |
| 127 | | | Nu 7:62 | הוות עבידה והיא הוות | דדהב | קרב יתה מלייה ראשי קטרת |
| 128 | | | Nu 7:68 | הוות עבידה והיא הוות | דדהב | קרב יתה מלייה ראשי קטרת |
| 129 | | | Nu 7:68M | /עשרה סלעין די הוות | דדהב#2#/ | קרב יתה מלייה ראשי קטרת |
| 130 | | | Nu 7:74 | הוות עבידה והיא הות | דדהב | קרב יתה מלייה ראשי קטרת |
| 131 | | | Nu 7:80 | הוות עבידה והיא הוות | דדהב | קרב יתה מלייה ראשי קטרת |
| 132 | | | Ex30:04 | ותרתין עזקין | דדהב | תעבד ליה מן תחות לכלילה על |
| 133 | | | Nu 7:86 | בזיכין | דדהב | תרתין עשרי מליין קטרה מן |
| 134 | ודהב | | Dt 7:25M | תחמדון כסף | ודהב | דאית עליהון |
| 135 | | | Gn24:35 | ויהב לה עאן ותורין וכסף | ודהב | ועבדין ואמהן וגמלין |
| 136 | | | Dt 8:13 | ועניכון יסגון וכסף | ודהב | יסגי לכון וכל מה דאית לכון |
| 137 | | | Nu24:13 | לי בלק מלא ביתיה כסף | ודהב | לא אכל למעברה על פם גזרת |
| 138 | | | Dt17:17 | ולא יסטן לבבה וכסף | ודהב | לא יסגי לה לחדא: |
| 139 | | | Nu22:18 | לי בלק מלא ביתיה כסף | ודהב | לית ^אנה#2#^ יכיל למעברה |
| 140 | דהבא | s em/sf | Gn36:39 | מה הוא כספא ומה הוא | דהבא: | |
| 141 | | | Ex38:24 | עבידת בית קודשא והווה | דהבא | דאנפותא עשרין ותשעה ככרין |
| 142 | | | Ex38:24 | {{ובארגוון}} כל | דהבא | דאתעבד לעבידתה בכל עבידת |
| 143 | | | Ex31:04 | אומנון ולמעבד באומנות | דהבא | ובאומנות כספא ובאומנות |
| 144 | | | Ex35:32 | למעבד באומנות | דהבא | ובאומנות כספא ובאומנות |
| 145 | | | Ex28:05 | ואינון יקבלון ית | דהבא | וית תכלתה וית ארגוונא וית |
| 146 | | | Nu31:22 | להוד ית | דהבא | וית כספה וית נחשה וית |
| 147 | | | Gn 2:11 | כל ארעא דהנדקי דמן תמן | דהבא | נפק: |
| 148 | | | Ex32:24 | להון {לאן לכון} <למן> | דהבא | פרקו יתיה והבו יתיה לי{ה} |
| 149 | דהבה | | Nu31:52 | והווה | דהבה | דאפרשותה די אפרשו לשמה |
| 150 | | | Ex35:32M | אומנ' | דהבה | וכספה אומנות נחשה |
| 151 | | | Nu31:54 | משה ואלעזר כהנא ית | דהבה | מן לוות רברבני אלפיה |
| 152 | | | Nu31:51 | משה ואלעזר כהנא ית | דהבה | מן לוותהון כל מן דעבידה: |
| 153 | בדהבא | | Dt 1:01 | בגווה וחפיתון יתיה | בדהבא | סנינה אמר במימריה וכפר על |
| 154 | דדהב' | | Nu31:50M | מפרקין מנהון קירויה | דדהב' | <...> וקדשיה <...> ועזקיה |
| 155 | דדהבא | | Gn49:02 | /<ואקיפו/> דרגשא | דדהבא | דאבונן יעקב רביע בגוויה |
| 156 | | | Gn49:01 | ומקפן לדרגש«ה» | דדהבא | דהוה אבונן יעקב רביע |
| 157 | | | Ex32:25 | אינון ארום פרעו כלילא | דדהבא | דהוה ברישיהון דהוה שמה |
| 158 | | | Ex32:02 | אהרן פכרו קדשייא | דדהבא | די באדני נשיכון בניכון |
| 159 | | | Ex32:03 | ופרקו כל עמא ית קדשיא | דדהבא | «די» באדניהון ואייתון |
| 160 | | | Ex39:38 | וית מדבחה | דדהבא | וית משחה דרב{י}<ו>תה וית |
| 161 | | | Ex39:03 | ורדידו ית טסי | דדהבא | וקטעו יתהון שיזרין למעבד |
| 162 | | | Ex37:12 | פשך חזור מקף ועבד כליל | דדהבא | לגפופא חזר ומקף: |
| 163 | | | Ex40:05 | ותתן ית מדבחא | דדהבא | לקטרה קדם ארונה דסהדותה |
| 164 | | | Gn41:42 | דבוץ ושוי מניכא | דדהבא | על צואריה: |
| 165 | | | Ex28:24 | ותתן ית תרתין קליעתה | דדהבא | על תרתין עזקיא לגו סיטרוי |
| 166 | | | Ex39:17 | ויהבו תרתין קליעתה | דדהבא | על תרתין עזקיה על סיטרוי |
| 167 | דדהבה | | Ex40:26 | ושווי ית מדבחה | דדהבה | במשכן זימנא קדם פרוכתה: |
| 168 | | | Ex39:19M | ע<ז>קייה | דדהבה | ויהבו על |
| 169 | | | Ex39:16M | דדהב /משקעתה | דדהבה#2#/ | ותרתין עזקין/עזקיה#2#/ |
| 170 | | | Nu 4:11 | ועל מדבחה | דדהבה | יפרשון לבוש {ח}<ד>תכלה |
| 171 | | | Lv 8:09 | כל קבל אפוהי ית ציצה | דדהבה | כליל בית קדשה היך מה די |
| 172 | | | Nu31:50 | שרין קריה כליליה | דדהבה | מן ראשיהון קדישין מן |
| 173 | | | Ex39:17M | תרתין קליעתה | דדהבא/דדהבה#2#/ | על תרתין עזקיה על |
| 174 | | | Dt 6:04 | חזור חזור לדרגשיה | דדהבה | עני אבונן יעקב ואמר להון |
| 175 | ודהבא | | Gn 2:12 | | ודהבא | דארעא ההיא טב מן תמן |
| 176 | ודהבה | | Dt 7:25 | בנורא לא תתחמדון כספא | ודהבה | דמחפי עליהון ותסבון לכון |
| 177 | ובדהבא | | Gn13:02 | לחדא בבעירה בכספא | ובדהבא: | |
| 178 | ודדהבה | | Dt29:16M | וטעוותה דכספה | ודדהבה | הוון יהיבין עמהון לגו |
| 179 | דהבין | p abs | Nu 7:86 | בסלעי בית קודשה כל | דהבין | דבזיכיה מאה ועשרין: |

*n.* זהב See also:

## דוב *vb.* to flow, to drip

|  |  | |  |  |  |  |
|---|---|---|---|---|---|---|
| 001 | ידוב | peal | Lv15:25 | ואתה ארום | ידוב | דוב ^אדמה#2#^ יומין סגין |
| 002 | תדוב | | Lv15:25 | אשון נדתה או ארום | ת{ת}<ד>וב | על נדתה כל יומי{ן} דוב |
| 003 | דדאב | | Nu 5:02M | כל דמצרע וכל | דדיב/דדאב#2#/ | וכל דמסאב בטמא |
| 004 | דדיב | | Nu 5:02 | מן משריתה כל דמצרע וכל | דדיב | וכל דמסאב בטמא נפש דבר נש: |
| 005 | ומדיבה | afel | Lv26:16 | קדחיתה מסיפה עיינין | ומדיבה | נפש ותזרעון לריקנו |

[140]

[140]

## דוב *n.* gonorrheal flow

| | | | | |
|---|---|---|---|---|
| 001 | דוב | s ab/cn | Lv15:25 | ואתה ארום ידוב דוב ^אדמה#2#^ יומין סגין בלא |
| 002 | | | Lv15:08M | וארום ירק דיבה/דובה#2#/ {בדיביה} <בדכיה> |
| 003 | | | Lv15:11M | ביה דיבה/דובה#2#/ דיקרוב#2#/ וידוי לא שזיג/שטף#2#/ |
| 004 | | | Lv15:06M | די יתיב עלוי דיבה/דובה#2#/ יחוור לבושוי ויסחי |
| 005 | | | Lv15:09M | די ירכב עלוי דיבה/דובה#2#/ יסתאב: |
| 006 | | | Lv15:12M | דחסף די יקרב ביה דיבה/דובה#2#/ יתבר וכל מן דקיס |
| 007 | | | Lv15:13M | וארום ידכי דיבה/דובה#2#/ מן דובה וימני ליה |
| 008 | | | Lv15:25 | על נדתה כל יומי{ן} דוב סאבתה כיומי ריחוק נדתה |
| 009 | | | Lv15:30 | עליה כהנא קדם ייי מן דוב סא«ב»תה: |
| 010 | דדוב | | Lv15:07M | בבשרה דדיבה/דדובה#2#/ יחוור לבושוי ויסחי |
| 011 | דובה | s em/sf | Lv15:19 | תיהוי דייבה דם תיהוי דובה בבשרה שבעה יומין תיהוי |
| 012 | | | Lv15:33 | ודיבתה ית דובה ודדייב ית דובה לדכר או |
| 013 | | | Lv15:13 | וארום ידכי דיבה מן דובה וימני ליה שבעה יומין |
| 014 | | | Lv15:28 | ואן אדכיית מן דובה ותמני ליה שבעה יומין |
| 015 | | | Lv15:04M | דדמיך#2#/ עלוי דיבה/דובה#2#/ יסתאב וכל מן די יתיב |
| 016 | | | Lv15:26 | די תדמוך עלוי כל יומי דובה כמדמוך נדתה יהוי לה וכל מן |
| 017 | | | Lv15:33 | ודיבתה ית דובה ודדייב ית דובה לדכר או לנקבה ולגבר די |
| 018 | | | Lv15:02 | ארום יהווי דייב מן בשר׳ דובה מסאב הוא: |
| 019 | | | Lv15:03 | דוביה או אתחת׳ בשרה מן דובה סאובתיה היא: |
| 020 | | | Lv15:19M | ואתה ארום תיהוי דייבה/דובה#2#/ דם/אדם#2#/ תיהוי |
| 021 | דוביה | | Lv15:15 | ויכפר עלוי כ{ק}הנה מן דוביה: |
| 022 | | | Lv15:03 | ריר בשריה מן ^ריר#2#^ דוביה או אתחת׳ בשרה מן דובה |
| 023 | בדוביה | | Lv15:03 | ודא תיהווי סאובתה בדוביה ריר בשריה מן ^ריר#2#^ |

[140]

## דוד *n.* pot, cauldron

| | | | | |
|---|---|---|---|---|
| 001 | דודבת | p const | Ex16:03 | כד הוינן יתיבין על דודבת בישרא אכלין לחם ושבעין |
| 002 | דדוויתה | p em/sf | Ex38:03M | מדבחה ית דודוותה/דדוויתה#2#/ וית מגרופתיה |
| 003 | דודוותה | | Ex38:03 | ית כל מני{ה} מדבחה ית דודוותה וית מגרופתיה וית מזרקיה |
| 004 | דודותא | | Ex27:03 | ותעבד {דידי}<דודו>תא למדשנא יתיה ומגרופיתא |

[140]

## דווי *n.* sorrow

| | | | | |
|---|---|---|---|---|
| 001 | בדווי | s ab/cn | Gn44:31 | שיביתיה דעבדך אבונן בדווי לשאול: |
| 002 | בדוי | | Gn42:38 | בה ותחתון ית שיבתי בדוי לשאול: |

[141]

## דוכן *n.* dais

| | | | | |
|---|---|---|---|---|
| 001 | דוכנה | s em/sf | Lv 9:22M | וקם אהרן על דוכנה וזקף ידוי קבל עמה |

## דוכרן ⇐ *n.* דכרן

[141]

## דון *vb.* to judge

| | | | | |
|---|---|---|---|---|
| 001 | דאין | peal | Gn15:14M | די ישתעבדון יתהון דאין אנה ומן בתר כן יפקון |
| 002 | | | Gn19:09M | "דין ... בגובריא": דאין דינינן כדון נבעש לך מנהון |
| 003 | דיין | | Ex18:16M | דמלין אתין לוותי ואנה דיין |
| 004 | דיינין | | Gn13:07 | והוו דיינין בין רעוי דבעירא דאברם |
| 005 | | | Gn13:08 | ללוט לא כען יהוון דיינין ביני ובינך ובין רעיי ובין |
| 006 | | | Ex18:26 | והוו דיינ{ו}<י>{ן} ית עמא בכל שעה ית |
| 007 | | | Lv19:15 | דרבה בקושטא תהוו«ן» דיינין ית חבריהון: |
| 008 | | | Nu25:04 | קדם ייי ויהוון דיינין כל מן דמתחייב קטלה יצלבון |
| 009 | דין | | Gn19:09 | והא הוא בעי למהוי דין דינינן כדון נבאש לך יתיר |
| 010 | דן | | Gn30:06 | ואמרת רחל דן יתי ייי ואף שמע בקלי ויהב |
| 011 | ידון | | Ex 1:10 | ונסב עליהון עצן בישן ידון דינין נזער יתהון קדם עד לא |
| 012 | ידונון | | Ex18:22 | יתה לוותך וכל פתגם זער ידונון אינון ויקל מעלווך ויטענון |
| 013 | | | Ex18:22M | פתגמ׳ זעירי/ ידונון#2#/ אינון ויקל מעלווך |
| 014 | | | Ex18:26 | משה וית פתגמ׳ זעירא ידונון אינון: |
| 015 | | | Ex18:22M | פתגמ׳ זעיר׳ ידונון הינון ו{תו}<ית>קולל |
| 016 | ידינון | | Gn31:53 | דאברהם ואלהא דנחור ידינון בינינן אלהה דאבוהון |
| 017 | דדאן | | Gn18:25M | דדיינן כל/דיינה דדאן כל#2#/ דיירי ארעא לא יעבד |
| 018 | ואדון | | Ex18:16 | דין דמלין אתיין לוותי ואדון בין גבר ובין חבריה ואודע |
| 019 | ודיינין | | Dt 1:16 | שמעין בני אחיכון ודיינין יתהון דינין דקשט בין גבר |
| 020 | וידון | | Gn16:05 | באפה וכדון יתגלי ייי וידון ביני ובינך ויפרוס שלמה |
| 021 | | | Gn31:49 | די אמר יתגלי ייי וידון ביני ובינך ארום נטמר גבר |
| 022 | | | Ex 5:21 | להון יתגלי ייי עליכון וידון די אסבתון ית שמן ביש באפי |
| 023 | וידונון | | Dt16:18 | יהב לכון לשבטיכון וידונון ית עמא דינין דקשט: |
| 024 | | | Dt25:01 | לדינה קדם דייניה ו«י»דונון יתהון ויזכון ית זכייה |
| 025 | | | Dt25:01M | לוות דינייה/ וידונון#2#/ יתהון ויזכון ית זכייה |
| 026 | | | Nu35:24 | וידונון עם כנישתה בין קטולא ובין |
| 027 | וידינון | | Ex18:22 | וידינון ית עמא בכל שעה ויהוי כל |
| 028 | | | Nu35:24M | \וידונון עם כנישתה /וידינון#2#/ עמא דכנשתה בין |
| 029 | ותדונון | | Dt 1:16M | שמועו מן אחיכון ותדונון יתהון בקשוט |
| 030 | למדן | | Ex18:13 | דבתר«ה» ויתב משה למדן ית עמא וקמו עמא קדם משה |
| 031 | יתדנון | etpeel | Gn 6:03 | ואמר ייי לא יתדנון כל דריה דעתידין למקום |
| 032 | אדינו | etpaal | Nu20:13 | אנון מיא דייניה די אדינו בני ישראל קדם ייי וקדש |
| 033 | אדינו | | Gn26:22 | תמן וחפר באר חורי ולא אדינו עליה וקרא שמה רחובות |
| 034 | ידיינון | | Ex21:18 | וארום ידיינון גברין וימחי גבר ית חבריה |
| 035 | מדיינין | | Gn 4:08 | הדין הוון תריהו׳ מדיינין באפי ברא וקם קין אל |
| 036 | | | Ex17:02 | להון משה מה אתון מדיינין עמי {מנ} מה אתון מנסון |
| 037 | | | Ex15:12 | ימא וארעא הוון מדיינין תריהון כחדא ואמרין ימא |
| 038 | דאדיינון | | Ex17:07 | ודיינוותיה על דאדיינון בני ישראל ועל די נסון |
| 039 | דאדיינן | | Ex17:07M | ודיינוותיה על דאדיינון/דאדיינן#2#/ בני ישראל ועל די |
| 040 | ואדיין | | Gn31:36 | ואדיין בלבן וענה יעקב ואמר |
| 041 | | | Gn 6:06 | ברא ית אדם בארעא {ואריק}<ואדיין> ואתפייס עם לבה: |
| 042 | ואדיינו | | Nu14:02M | ואתרעמו/ואדיינו#2#/ על משה ועל אהרן |
| 043 | | | Nu20:03 | ואדיינו עמה עם כנ«י»שתה ואמרין |
| 044 | | | Gn26:20 | ואדיינו רעווי דגרר עם רעוי |
| 045 | ואדינו | | Gn26:21 | וחפרו באר חורי ואדינו אף עלה וקרא שמה שטנה: |
| 046 | | | Ex17:02 | ואדינו עמא עם משה ואמרין הב לן |
| 047 | ודינו | | Ex17:03M | למייא ואתרעמו/^ויתרעמו#2#^/ודיינו#2#/ עמא עם משה |

[141]

## דוק *vb.* to look at

| | | | | |
|---|---|---|---|---|
| 001 | אדוק | peal | Dt26:15M | אדיק/<א>דוק#2#/ כען ברחמיך טביה מן |
| 002 | אדיק | afel | Dt26:15 | אדיק כען ברחמיך טביה מן מדור |
| 003 | מדיקין | | Gn49:22 | דמלכייא ושלטנייא מדיקין עליך על כוותיה ומצוותך |
| 004 | מודי׳ | | Gn49:18M | פורקן דשעתא ולא אנה מודי׳ דפורקנא פורק׳ דריגעה |
| 005 | ואדיק | | Gn26:08 | סגו לי׳ תמן יומיא ואדיק אבימלך מלכא דפלישתאי על |
| 006 | | | Ex14:24 | והוה בעדוני צפרא ואדיק ייי ברוגז על משריותיהון |
| 007 | | | Gn19:28 | ואדיק כלפי סדם וכלפי עמרה |
| 008 | ואדיקו | | Gn18:16M | \ודיקו כלפי סדום /ואדיקו כל קבל סד׳#2#/ ואברהם |
| 009 | ואודיק | | Ex14:24M | צפרא \ואדיק ייי /ואודיק מימרי׳ דיי׳#2#/ ברוגז |
| 010 | ואודיקת | | Gn49:18M | לפורקנך סכיית ואודיקת רבון כל עלמיא דפורקנך |
| 011 | ודיקו | | Gn18:16 | וקמו מתמן מתמן גובריה ודיקו כלפי סדום ואברהם אזל |

## דור *vb.* ⇐ *n.* דייר

## דורון *n.* gift [142]

001 דר׳ s ab/cn Gn32:14M בידי דורון /דהוה עמה דר׳#2/# לעשו אחוי:
002 דורון Gn43:26 בייתה ואייתיון לה ית דורון די בידיהון לפלטורין
003 Gn33:10 חן וחסד באפך ותקבל דורון דידי מנ{ו}<י> ארום בגין
004 Gn33:10M /קדמיך ותקבל ית דורון#2/# דידי מנ{ו}<י> ארום
005 Gn 4:04M הבל \וית קרבניה/וית דורון דידיה#2/:
006 Gn43:15 ונסבו גובריא ית דורון הדא וכסף מכופלה נסבו
007 Gn32:19 ותאמר לעבדך ליעקב דורון היא ואשלחת לריבוני לעשו
008 Gn25:06 די לאברהם יהב אברהם דורון ושלח יתהון מעלוי יצחק
009 Gn32:14 ונסב מן מה דאיתי בידי דורון לעשו אחוי:
010 Gn46:28M שלח קדמוי לוות/בהדא דורון לוות#2/# יוסף למתקנה
011 Gn 4:03 קין מן פירי ארעא דורון לשמה דייי:
012 Gn43:25 ואתקנו ית דורון עד זמן דאתא יוסף באשון
013 Gn45:23M \כדורון דא /כהדא דורון#2/# עשרה חמרין טעונין מן
014 Gn32:22 ועברת דורון קדמוי והוא אבית בליליא
015 Gn43:11 דארעא במניכון ואחתו דורון קליל קטף וקליל דבש שעוה
016 בדורון Gn32:21 אמר ארעי «סבר» אפוי בדורון דמהלכה קדמיי ומן בתר כדון
017 ודורון Gn24:53 ולבושין ויהב לרבקה ודורון יהב לאחיה ולאמה:
018 ולדורון Gn 4:05M ולקין ולקרבניה/ולדורון דידיה#2/# לא קבל
019 כדורון Gn45:23 ולאבוי שלח כדורון דא עשרה חמרין טעונין מן
020 לדורון Nu16:15M תסתכל "תקבל ... אטענת" לדורון דידיהון לא חמ<רא> <...>
021 דורון p abs Gn25:06M יהב אברהם דורון/דורון#2/# ושלח יתהון מעלוי

## דחי *vb.* to push, to repel [142]

001 ונדחי etpeel Gn22:10 יתך ויתפסיל קרבנך מנך ונדחי לגובה דחבלא בעלמא דאתי

## דחיל *adj.* terrible, frightening [142]

001 דחיל s ab/cn Gn28:17 ודחל ואמר מה דחיל הוא אתרא הדין «לית אתרא
002 Ex15:02 תוקפן ורוב תושבחתן דחיל כל עלמיא ייי אמר בממרי
003 Ex15:11 מן כוותך הדור בקדושה דחיל תושבחן כל עלמיא עבד נסין
004 דחילא Ex15:12 הוות בעה למבלע יתהון דחילא הוות ארעא מן דינא יומא
005 ודחילה Dt 7:21 ביניכון אלה רבה ודחילה:
006 Dt 8:15 דבר יתכון במדברה רבה ודחילה ארע בית חיווין שרפין
007 Dt28:58 מן קדם שמיה יקירה ודחילה הדין מן קדם ייי אלהכון:
008 Dt28:58M למידחול ית שמה קדישה ודחילה הדין מן קדם ייי#2/#
009 Dt 1:19 ית כל מדברה רבה ודחילה ההוא די חמיתון אורח
010 Dt10:17 אלה» רבה גיברה ודחילה די לא נסיב אפין בדינה ולא
011 דחילין p abs Ex34:10 ביניהון ית עובדוי דייי דחילין אינון די אנה אעבד עמך:

## דחילה *n.* fearful thing [142]

001 דחילתה p em/sf Dt10:21 עמכון ית רברבתה וית דחילתה האליין די חמיין עייניכון:

## דחך *vb.* to laugh [142]

001 דחכית peal Gn18:15M שרה למימר לא גח<כ>ת/דחכית#2/# ארום דחלא הוות ואמר
002 דחכת Gn18:15M ואמר לה לא ארום גחכת/דחכת#2/:

## דחל *vb.* to fear [143]

001 דחיל peal Gn42:18 וחיון מן קדם ייי אנה דחיל:
002 Gn44:18M אמרת מן קדם פרעה אנה דחיל דילמא לא אתמר לך או דילמא
003 Gn44:18 את אמרת מן פרעה אנה דחיל דילמא לא אתאמר לך או דילמא
004 Gn49:02 פסולה עשו אחוי ואנה דחיל דלא {דלא} יהווי ביניכון
005 Gn44:18M אמרת לן מן קדם ייי אנא דחיל וכדו את אמרת מן קדם פרעה
006 Gn44:18 אמרת לן מן קדם ייי דחיל וכדו את אמרת מן פרעה אנה
007 Gn44:18 אמר לן מן קדם ייי אנה דחיל וכדון חזרו דינך למהווי
008 Ex 9:20M איוב דהוה דחיל מן פתגמ׳ דייי
009 דחילו Dt25:18 לעיין ומשלהיין ולא דחילו דבית עמלק מן קדם ייי:
010 דחילין Ex 1:21 והוה ארום דחילין חייתא מן קדם ייי וקנון
011 Dt32:01 שמעו ותריהון על דהוו דחילין מן לשמה קדישה קמו למסהדה
012 דחל Gn32:12 דאחי מן ידוי דעשו ארום דחל אנא מנה דלא ייתי ויקטול
013 Nu21:34 לעוג מלכא דבותנין דחל וארתת מן קדמוי ואמר הלא
014 Gn26:07 ואמרו אחתי היא ארום דחל למימר אתתיה היא דלא יקטלון
015 Gn19:30 ותרתין בנתה עמיה ארום דחל למשרי בזער ושרה במערתא
016 Ex 3:06 ואסמר משה אפוי ארום דחל מן למסתכלא באיקר שכינתה
017 Gn22:12 ארום כדון ידעת ארום דחל מן קדם ייי את ולא מנעת ית
018 Ex 9:20 מן דחל מן קדם ייי מן שליטוי דפרעה
019 Ex 9:20M מן דחל/דן דהוה דחל#2/# מן קדם ייי מן שליטוי
020 דחלא Gn18:15 למימר לא גח<כ>ת ארום דחלא הוות ואמר לה לא ארום גחכת:
021 דחלון Ex 9:30M אתון דחלין/דעד לא דחלון#2/# מן קדם ייי אלהן:
022 דחלין Lv19:03M ודאימיה תהוון זהירין/דחלין#2/# וית שבת קדשיי
023 Dt13:05 תהלכון ומן קדמוי תהוון דחלין וית מצוותיה תטרון ובקל
024 Dt10:20 מן קדם ייי אלהכון תהוון דחלין וקדמוי תהוון מצליין
025 Ex 9:30 אנה ארום על דקדם אתון דחלין מן קדם ייי אלהן:
026 Ex18:21 מכל עמא גברין גברי חיל דחלין מן קדם ייי גברין קושטנין
027 Dt 7:19 לכל אומייה די אתון דחלין מן קדמיהון:
028 Dt29:16 יהיבן גבהון בגו בתייה דחלין מנהון דלא יתגנבן:
029 דחלית Dt 9:19 ארום דחלית מן קדם רוגזה וכליתה די
030 דחלת Gn31:31 יעקב ואמר ללבן ארום דחלת ארום אמרת לא תגזול ית בנתך
031 דחלתון Nu12:08 מסתכל ומן בגלל מה לא דחלתון לממללה בעבדי במשה:
032 Dt 5:05 ית דבירוי דייי ארום דחלתון מן קדם להבי אשתה ולא
033 Dt28:60 כל מכתישיהון דמצריי די דחלתון מן קדמיהון וידבקון בכון:
034 תדחול Gn15:01M צדיקא למימר לא תדחל/תדחול#2/# אברם ואף על גב
035 Gn46:03M אלהיה דאבוך לא תדחל/תדחול#2/# \מיחות מצרים/למיחת
036 תדחלי Gn35:17M לה חייתא לא תדחלין/תדחלי#2/# ארום לחוד דין ליך
037 תדחל Gn15:01 על אבר׳ צדיקא למימר לא תדחל אברם ואף על גב דמצטרפין
038 Gn26:24 אלה׳ דאברהם אבוך לא תדחל ארום עמך אנה וברכת יתך
039 Gn26:24M "תדחל ... בנך": תדחל ארום בסעדך ממרי ואברך יתך
040 Dt31:08 מרפה יתך ולא שבק יתך לא תדחל ולא תתרע:
041 Gn46:03 אנה הוא אלהיה דאבוך לא תדחל מיחות מצרים ארום לאומה
042 Nu21:34 כדין אמר ייי למשה לא תדחל מן קדמוי ארום בידך מסרית
043 Dt 3:02 ואמר ייי לי אמר משה לא תדחל מנה ארום בידך מסרית יתיה
044 תדחלון Gn43:23 ואמר שלם לכון לא תדחלון אלה{ת}כון ואלהה דאבהתכון
045 Gn50:21 וכדון לא תדחלון אנה אכלכל יתכו«ן» וית
046 Gn50:19 ואמר להון יוסף לא תדחלון ארום מני הוא משלמה לכון
047 Ex14:13 אמר להון משה לא תדחלון ארום היך מה דחמיתון ית
048 Ex20:20 ואמר משה לעמא לא תדחלון ארום מן בגלל למנסיית
049 Ex14:13 לימא אמר להון משה לא תדחלון אתע<ת>דו וחמון ית פורקנוי
050 Dt 1:21 אלה אבהתכון לכון לא תדחלון ולא תבהלון:
051 Dt20:03 לא יתבר לבביכון לא תדחלון ולא תפחדון ולא תתברון
052 Dt31:06 אתוקיפו ואזדרזו לא תדחלון ולא תתרעון מן קדמיהון
053 Dt10:20M "דחלין ...": תדחלון וקדמוי תפלחון ובשים ממר׳
054 Ex14:14 קרבא אמר להון משה לא תדחלון ייי הוא עבד לכון נצחני
055 Dt 1:29 לכון לא תבהלון ולא תדחלון מינהון:
056 Dt18:22 מליל יתיה נבייא לא תדחלון מיניה:
057 Nu14:09 לא תמרדון ואתון לא תדחלון מן עמא דארעא ארום היך מה
058 Dt 1:17 דרבה תהוון שמעין ולא תדחלון מן קדם מלך ושליט ארום

|  |  |  |  |
|---|---|---|---|
| 059 | | Dt 7:21M | לא תתברון/תדחלון#2# מן קדמיהון ארום |
| 060 | | Dt 6:02M | יתי מימרה דייי /תדחלון מן קודם ייי#2# אלהכון |
| 061 | | Nu14:09 | ומימר דייי עמן לא תדחלון מנהון: |
| 062 | | Dt 3:22 | לא תדחלון מנהון ארום ייי אלהכון הוא |
| 063 | | Dt 7:18 | לא תדחלון מנהון מדכרה תדכרון ית מה |
| 064 | | Dt20:01 | עם סגין מנכון לא תדחלון מנהון ארום ייי אלהכון |
| 065 | | Dt 6:13M | <....>/ית ייי א' תדחלון#2# משתבע{ו}<י>ן ומקיימין: |
| 066 | | Nu14:09M | דייי בסעדן לא תדחלון#2# עמן לא תדחלון מנהון: |
| 067 | | Ex14:14 | יתהון אמר להון משה לא תדחלון קומן שתוקו {י}<ו>הבו איקר |
| 068 | תדחלין | Gn21:17 | ואמר לה מה ליך הגר לא תדחלין ארום שמע ייי בקל צלותיה |
| 069 | | Gn35:17 | ואמרת לה חייתא לא תדחלין ארום לחוד דין ליך בר: |
| 070 | תידחלי | Gn21:17M | מה ליך הגר לא תדחלין/תידחלי#2# ארום שמע ייי בקל |
| 071 | דדחל | Dt20:08 | ויימרון מן הוא גברא דדחל מן חובוי וליביה תביר על |
| 072 | | Ex32:26 | בתרע משריתה ואמר מן דדחל מן קדם ייי ייתי לוותי |
| 073 | דתידחלון | Dt 6:02 | מן בגלל דתי{ת}<ד>חלון ית מימרה דייי אלהכון |
| 074 | ודחילו | Gn42:35 | אינון ואבוהון ודחילו: |
| 075 | | Gn20:08 | האלין במשמעהון ודחילו גבריא לחודא: |
| 076 | | Ex 1:17M | חייתא מן קדם ייי /ודחילו ילדתא מן קדם ייי#2# |
| 077 | | Ex14:10M | נטלין בתריהון ודחלו/ודחילו#2# לחדא וצלון |
| 078 | | Nu22:03M | \ודחלו מואביי /ודחילו מאובאי#2#/ מן קדם עמא |
| 079 | | Ex14:31 | די עבד ייי במצרים ודחילו עמא מן קדם ייי והימנו בשם |
| 080 | ודחל | Gn32:08 | ודחל יעקב לחדא ועקת ליה ופלג |
| 081 | | Ex 2:14 | היך מה דקטלת ית מצריה ודחל משה ואמר הא כען אתידע |
| 082 | | Gn28:17 | ודחל ואמר מה דחיל הוא אתרא הדין |
| 083 | | Ex32:05 | ית חור נביא קדמוי ודחל ובנה מדבח קדמוי ואכרז |
| 084 | ודחלו | Gn43:18 | ודחלו גבריא לפלטורין ארום אתעלו |
| 085 | | Ex 1:17 | ודחלו חייתא מן קדם ייי ולא |
| 086 | | Ex14:10 | מצריי נטלין בתריהון ודחלו לחדא וצלון בני ישראל קדם |
| 087 | | Nu22:03 | ודחלו מואביי מן קדם עמא לחדה |
| 088 | | Ex34:30 | איקרהון דאפוי דמשה ודחלו מלמקרב לוותיה: |
| 089 | | Ex34:30M | \דמשה ודחלו מלמקרב /ודחלו מלק#2#/ לוותיה: |
| 090 | ודחלין | Ex20:02 | וכל ישראל חמיין יתיה ודחלין והוה חזר ומתחקק על תרין |
| 091 | | Ex20:03 | וכל ישראל חמיין יתיה ודחלין והוה חזר ומתחקק על תרין |
| 092 | ודחלית | Gn 3:10 | ית קל ממרך שמעת בגנתה ודחלית ארום ערטלאי אנא ואטמרית: |
| 093 | ודחלן | Ex20:02M | ישרא' חמיין יתיה ודחלן והוה חזר ומתחקק על |
| 094 | ואדחל | Ex33:13 | יתי כען ית אורחתך ואדחל מן קדמ{ו}<י>ך מן בגלל די |
| 095 | וידחלון | Dt21:21 | וכל ישראל ישמעון וידחלון: |
| 096 | | Dt13:12 | וכל ישראל ישמעון וידחלון ולא יוסיפון למעבד |
| 097 | | Dt17:13 | וכל עמא ישמעון וידחלון ולא יזידון תוב: |
| 098 | | Dt19:20 | ומה דאשתיירו ישמעון וידחלון ולא יוספון למעבד תוב |
| 099 | | Dt31:12 | ומן בגלל דילפון וידחלון מן קדם ייי אלהכון ויטרון |
| 100 | | Dt 2:04 | דעשו דשריין בגבלה וידחלון מנכון ותזדהרון לחדה: |
| 101 | | Dt28:10 | קדישה איתקרי עליכון וידחלון מנכון: |
| 102 | ותדחלון | Lv19:14 | דלא חמי לא תתן תקלה ותדחלון מן אלהכון כדן אמר ייי: |
| 103 | | Lv25:17 | ולא תונון גבר לחבריה ותדחלון מן אלהכון ארום אנה ייי |
| 104 | | Lv25:36 | שערין ורביין ותדחלון מן אלהכון ויחי אחוך עמך: |
| 105 | | Lv25:43 | לא תשתעבד בה בקשיו ותדחלון מן אלהכון: |
| 106 | | Lv19:32 | ותייקרון אפוי דרבה ותדחלון מן קדם אלהכון אמר ייי: |
| 107 | ולמדחול | Dt 8:06 | למהלכה באורחתיה ולמדחול מן קדמוי: |
| 108 | ולמדחל | Dt 8:06M | באורחתיה ולמדחול/<ולמד>חל#2# מן קדמוי: |
| 109 | למדחול | Dt 6:24 | ית כל קיימיה האיליין למדחול מן קדם ייי אלהן למייטבה |
| 110 | | Dt10:12M | למידחל/אלה הן למדחול#2#/ מן קדם ייי אלהכון |
| 111 | | Dt17:19M | חיויי מן בגלל דיליף למדחול מן <קדם>#2#/ ייי אלהיה |
| 112 | | Dt 4:10 | ית דברי די ילפון למדחול מן קדמוי כל יומיא דאינון |
| 113 | | Dt 5:29 | שלמה ^הדין#2#^ להון למדחול מן קדמי ולמטור ית כל |
| 114 | למדחל | Dt 6:24M | קיימיה האיליין למדחול/<למד>חל#2# מן קדם ייי אלהן |
| 115 | | Dt14:23 | מן בגלל דתלפון למדחל מן קדם ייי אלהכון כל |
| 116 | | Dt28:58 | בספר אוריתה הדין למדחל מן קדם שמיה יקירה ודחילה |
| 117 | | Dt31:13 | לא חכמו ישמעון וילפון למדחל מן קדם ייי אלהכון כל |
| 118 | | Dt 4:10M | דברי די ילפון למדחול/<למד>חל#2# מן קדמוי כל יומיא |
| 119 | | Dt 5:29M | ^הדין#2#^ להון למדחול/<למד>חל#2# מן קדמי ולמטור |
| 120 | למידחול | Dt28:58M | מן קדם ייי /הדה למידחול ית שמה קדישה ודחילה |
| 121 | למידחל | Dt10:12 | מן לוותכון ארום אלהן למידחל מן קדם ייי אלהכון ולמהלכה |

## דחלה *n.* fear, divinity [143]

|  |  |  |  |  |
|---|---|---|---|---|
| 001 | דדחלה | s ab/cn | Dt20:08M | מן גברא דדחלה ותביר ליבה מן חובה די |
| 002 | בדחלא | | Lv26:02M | בדחלה /תהבון עלין בדחלא#2#/ \אנ{י}<ה> ייי /כדן אמ' |
| 003 | בדחלה | | Dt12:05 | תתבעון ותהוון עלין בדחלה: |
| 004 | | | Lv19:30 | תהוון מצלין בדחל«ה» אמר ייי: |
| 005 | | | Lv26:02 | תהוון מצליין בדחלה אנ{י}<ה> ייי: |
| 006 | | | Lv19:30M | בדחל«ה» /עלין בדחלה כדן#2#/ אמר ייי: |
| 007 | דחלתא | s em/sf | Gn35:05 | ונטלו והוות דחלתא דייי על קרייתא די |
| 008 | דחלתה | | Gn20:11 | ארום אמרית לחוד לית דחלתה דייי יהיבה באתרא הדין |
| 009 | | | Ex20:20 | דייי ומן בגלל דתיהוי דחלתה דייי על בית אפיכון ולא |
| 010 | בדחלתה | | Dt32:15M | /וכפתו#2# בדחלתיה/בדחלתה#2#/ דתקיפה דהוה פרק |
| 011 | בדחלתיה | | Dt32:15 | די ברה יתהון וכפרו בדחלתיה דתקיפה דהוה פרק יתהון |
| 012 | ודחלתו | | Gn49:17 | על בעלי דבבו«י» ודחלתו על שנאוי נפק לקרבא לקבל |
| 013 | ודחלתכון | | Gn 9:02 | ודחלתכון ואימתכון תהווא על כל |
| 014 | | | Gn 9:02M | תהווא /ואמתכון ודחלתכון יהווא#2#/ על כל חייתא |
| 015 | | | Dt11:25 | באפיכון פחדכון ודחלתכון ישווי ייי אלהכון על אפי |
| 016 | | | Dt11:25M | קודמיכון אמתכון ודחלתכון נתן#2#/ ייי אלהכון |
| 017 | | | Dt 2:25 | אשרי למיתן פחדכון ודחלתכון על אפי אומייא די תחות כל |
| 018 | דחלן | p abs | Ex34:17 | עמי בני ישראל דחלן טעוון דמתכה לא תעבד לכון: |
| 019 | דחלתי | p em/sf | Gn31:30 | דאבוך למה גנבת ית דחלתי: |

## דחף *vb.* to push [143]

|  |  |  |  |  |
|---|---|---|---|---|
| 001 | דחף | peal | Nu35:22 | ואין בתכוף דלא בעיל דבבו דחף יתיה או טלק עלוי כל מן |
| 002 | | | Nu35:22M | דחף יתיה /בסנה דחף יתיה#2#/ או טלק עלוי כל |
| 003 | ידחוף | | Nu35:20 | ואן בשנא ידחוף יתיה או טלק עלוי בכמנה |
| 004 | ודחפון | | Gn19:09M | לך מנהון לך מנהון ודחפון בגברא |
| 005 | למידחוף | | Dt 6:19 | למידחוף ית כל בעלי דבביכון |
| 006 | למידחף | | Dt 6:19M | למידחוף/למשיצייה#2#/<למיד>חף#2#/ ית כל |
| 007 | ותדחף | etpeel | Dt19:05 | למקטב קיסין ו{יז}<ת>דחף י{ת}דיה בסיקורא למיקץ |

## דחק *vb.* to urge, to press [143]

|  |  |  |  |  |
|---|---|---|---|---|
| 001 | דחיק | peal | Nu22:26 | דייי למעבר וקם ליה באתר דחיק די לא הוה תמן אורח למסטי |
| 002 | | | Ex22:24M | תהוון לכון מ{י}רי חוב דחיק ולא תשוון עליהון ולא |
| 003 | דחק | | Gn33:13M | קדמיי אן דחקין/דחק אנא#2#/ עליהון יום חד |
| 004 | | | Ex22:24 | לא תהווי ליה כמרי חוב דחק ולא תשוון עלוי שערין |
| 005 | דחקוון | | Dt26:07M | דוחקן /עמלן וית דחקוון#2#/: |
| 006 | דחקון | | Ex 5:13M | ודחקו דחקין/דחקון#2#/ למימר אשלמו |
| 007 | דחקין | | Dt15:03M | נוכרייה בר עממיה תהוון דחקין ודי יהווי לך מן אחוך |
| 008 | | | Ex 3:09 | ית דוחקיה דמצרים דחקין יתהון: |
| 009 | | | Ex 5:13 | ודחקו דחקין למימר אשלמו עבידתכון סכום |
| 010 | | | Gn33:13 | מיינקין קדמיי אן דחקין עליהון יום חד מייתן כל |
| 011 | ידחק | | Dt15:02 | ידיה דיוזיף בחבריה לא ידחק ית חבריה וית אחוי ארום |

|  |  |  |  |  |  |
|---|---|---|---|---|---|
| 012 | ידחקון | Ex19:24 | עמך וכהניא ועמא לא | ידחקון | למיסק קדם ייי דלא יהוי |
| 013 | | Ex19:21 | חות אסהיד בעמא דלא | ידחקון | קדם ייי למיחמיה ויפל |
| 014 | תדחקון | Ex23:09 | וגיורא לא | תדחקון | ארום אתון ידעתון נפשא |
| 015 | | Ex22:20 | וגיורא לא תונון ולא | תדחקון | יתהון ארום דייר{ו}<י>ן |
| 016 | | Ex22:20M | ולא תדחקון יתהון | /תדחקון | יתהון ולא תצערון |
| 017 | ודחק | Gn33:11M | ודחק עלוי ונסב /מנדעם | ודחק | ביה#2#/: |
| 018 | | Gn33:11 | וארום אית לי כל מן דעם | ודחק | עלוי ונסב: |
| 019 | | Gn19:03 | | ודחק | עליהו«ן» לחדא וסטון |
| 020 | ודחקו | Gn19:09 | נבאש לך יתיר מנהון | ודחקו | בגובריא בלוט לחדה וקרבו |
| 021 | | Ex 5:13 | | ודחקו | דחקין למימר אשלמו |
| 022 | ודחקת | Nu22:25 | דייי ואדחקת לכותלה | ודחקת | ית רגלה דבלעם לכותלה |
| 023 | למדחק | Dt15:03 | ית בר עממיא את רשיי | למדחק | יתיה דיהווי לך גב אחוך |
| 024 | etpeel ואדחקו | Gn25:22 | | ואדחקו | בניא במעהא ואמרת אן כדין |
| 025 | ואדחקת | Nu22:25 | אתנתה ית מלאכה דייי | ואדחקת | לכותלה ודחקת ית רגלה |

## דחק *n.* oppression [143]

|  |  |  |  |  |  |
|---|---|---|---|---|---|
| 001 | s em/sf דחקהון | Ex 3:07 | וית קבלתהון שמעית מן | דחקהון | ארום גלי קדמיי ית |
| 002 | דוחקן | Dt26:07 | ית צערן וית שעבודן וית | דוחקן: | |
| 003 | p em/sf דוחקיה | Ex 3:09 | לוותי ואף גלי קדמיי ית | דוחקיה | דמצרים דחקין יתהון: |

## דחק #2 *n.* oppressor [143]

|  |  |  |  |  |  |
|---|---|---|---|---|---|
| 001 | p em/sf דוח׳ | Ex 5:10M | ונפקו | דחקיהון/דוח#2#/ | דעמא וסרכיהון |
| 002 | דחקוי | Ex 5:14 | ישראל די שוון עליהון | דחקוי | דפרעה למימר מן בגלל מה לא |
| 003 | דחקיא | Ex 5:14M | די שוון עליהון | דחקוי/דחקיא#2#/ | דפרעה למימר מן בגלל |
| 004 | דחקיהון | Ex 5:10 | ונפקו | דחקיהון | דעמא וסרכיהון ואמרין |
| 005 | | Ex 5:06 | ית סרכיהון דעמא וית | דחקיהון | למימר: |

## די *prep.* of, genitive particle [144 s.v. די conj.]

|  |  |  |  |  |  |
|---|---|---|---|---|---|
| 001 | די | Gn33:19 | תמן משכניה מלוות בנוי | די | חמור אבוי דשכם במאה |
| 002 | | Gn47:28M | חיוי דיעקב /יומוי | די | יעקוב#2#/ שני חיוי מאה |
| 003 | | Dt 4:46M | ט׳#2#/ דפעור בארע | ∧די#2#/ | סיחון מלכהון דאמוריי |
| 004 | | Gn24:42M | אברהם אם ברעות | קדמך/די | אלה#2#/ למצלחה ארחי |
| 005 | | Gn50:17 | ושבוק למרדיהון דעבדוי | די | אלהה דאבוך ובכה יוסף במלל |
| 006 | | Ex12:40 | ומשרוייהון | די | בני ישראל די שרון במצרים |
| 007 | | Ex35:23 | לוותיה תכלה וארגוון וצבע | די | זיהורי טבא ובוץ שזיר ומעזי |
| 008 | | Ex 9:03 | מחת פורענתי הוויא בבעירך | די | חקלא בסוסיא ובחמיריא בגמליא |
| 009 | | Ex24:17 | אכלה אשא מתכלה בריש | די | טורא לעיני בני ישראל: |
| 010 | | Lv15:31M | יסאבון ית בית מקדשי | דאיקר/די | יקר#2#/ שכינתיה שריה |
| 011 | | Ex26:02 | חדתה עשרין ותמנין אמין | די | יריעתה חדתא ופתיא ארבע אמין |
| 012 | | Ex36:11 | בבית דבוקה כן עבד בסיטרה | די | יריעתה בריתה בבית דבוקה |
| 013 | | Ex36:15 | ארכה | די | יריעתה חדא תלתין אמין באמתא |
| 014 | | Gn15:17M | בסוף יומיא גומרא | די | נור מן כורסי יקרא יתוקיד |
| 015 | | Ex29:23 | במשח חדה ועריך חד מן סלא | די | פטירי {{מן}} «די» קדם |
| 016 | | Nu35:16 | ואן במן | די | פרזל מחה יתה ומית קטיל |
| 017 | | Dt 5:20M | שהדי דשקר /שהדין | די | שקר#2#/ לא חברין ולא |

See also: ד־

## די *conj.* who, which (relative) [144]

|  |  |  |  |  |  |
|---|---|---|---|---|---|
| 001 | | Nu13:32 | {ואפיקו טבה דארעא | די}: | |
| 002 | די | Gn40:03 | בבית חבושיה אתרא | די | יוסף חביש תמן: |
| 003 | | Gn18:01 | למבשרא לאבו«נן» אברהם | די | שרה ילדה לה ית יצחק |
| 004 | | Dt 1:02M | /טורא דגבלה עד | די#2#/ | רקם דגיעה על דחטיתון |
| 005 | | Ex12:39M | דדהון דאפיקו /לישה | די | א׳#2#/ מן מצרים חוררן |
| 006 | | Dt 8:09M | תחסר כל מנדעם בה ארע | די | אבניה ברירין כפורזלא |
| 007 | | Dt 3:29 | ומתוודין על חטאינן על | די | אדבקנן לפלחי טעוותה פעור: |
| 008 | | Dt 4:04 | ואתון על | די | אדבקתון באולפן אורייתה דייי |
| 009 | | Nu20:13 | אנון מיא דייניה | די | אדיינו בני ישראל קדם ייי |
| 010 | | Gn18:17M | /ניפך#2#/ יתה עד זמן | דאודע/די | אדע#2#/ יתיה: |
| 011 | | Gn 5:13M | \מן בתר דאולד /בתר | די | אר#2#/ ית מהללאל תמני |
| 012 | | Gn39:01 | מצראי מן ידיהון דסרקיי | די | אוחתו יתיה לתמן: |
| 013 | | Gn 5:10M | \מן בתר דאולד /בתר | די | אולד#2#/ ית קינן תמני מאה |
| 014 | | Gn 5:07M | שת \מן בתר דאולד /בתר | די | אוליד#2#/ ית אנוש תמני |
| 015 | | Lv25:45 | ומן זרעייתהון די עמכון | די | אולידו בארעכון ויהוון לכון |
| 016 | | Lv10:06 | יבכון ית כל יקידתה | די | אוקד ייי: |
| 017 | | Ex29:42M | משכן זימנא קדם ייי | דאזמן/די | אזדמן ממרי#2#/ לכון תמן |
| 018 | | Nu17:19 | במשכן זמנה קדם סהדותא | די | אזדמן ממרי לכון תמן: |
| 019 | | Gn33:14 | בידי ולרגל טלייא עד זמן | די | אזל לוות רבוני לגבלה: |
| 020 | | Gn14:24 | טליא וחלקיהון דגובריא | די | אזלו עמי ענר ושכל וממרא |
| 021 | | Nu13:31 | וגבריה | די | אזלו עמיה אמרין לית אנן |
| 022 | | Gn12:01 | ומן בייתי דאבוך לארעא | די | אחוי יתך: |
| 023 | | Dt18:08 | בר מן מותרי קורבנוי | די | אחסינו להון אבהתהון: |
| 024 | | Dt 7:20 | יסופון מה די אשתיירו ומה | די | אטמרו מן קדמיכון: |
| 025 | | Dt 8:16 | | די | אייכל יתכון מנה במדברה די |
| 026 | | Gn43:02 | אשלמו למיכל ית עיבורא | די | אייתון ממצרי׳ ואמר להון |
| 027 | | Gn39:17 | למימר על לוותי עבדא עברא | די | איית«י»ת לן למגחכה בי: |
| 028 | | Gn33:11 | קבל כען ית ברכתי | די | אייתת לך ארום חן יתי ייי |
| 029 | | Ex16:32M | ית \לחמא די אכלת /מזוני | די | איכלית#2#/ יתכון במדברא |
| 030 | | Gn24:14 | ותהוי רביתה | די | א«י»מר לה ארכיני כען |
| 031 | | Ex 8:17M | די "די ... בה": | די | אינון יתבין |
| 032 | | Ex12:42 | ברם ארבעה לילוון אינון | די | אינון כתיבין בספר דוכרניא |
| 033 | | Nu13:19 | היא או בישה ומה קרייתה | די | אינון שריין בגויהין הא קרי |
| 034 | | Nu14:27 | אימת לכנישתה בישתה הדה | די | אינון מתרעמין קדמיי עלויי |
| 035 | | Dt31:16 | טעוון נכריין דאית בארעא | די | אינון עללין לתמן ביניהון |
| 036 | | Dt31:08 | ומימרה דייי | די | א«י»קר שכינתיה מדברה קדמך |
| 037 | | Ex10:05M | ויאכל ית מותר פליטתא | די | אישתייר לכון |
| 038 | | Dt18:06 | מן כל ישראל מן אתרא | די | איתותב לתמן וייתי בכל |
| 039 | | Ex12:19 | ישתכח בגו בתיכון ארום כל | די | אכל חמיע ותשתיצי נפשא ההיא |
| 040 | | Gn21:33 | בעין למיתן ליה אדמי מה | די | אכלו ושתו והוה אמר להון מן |
| 041 | | Ex16:32 | מן בגלל די יחמון ית לחמא | די | אכלת יתכון במדברא באפקותי |
| 042 | | Dt32:19 | ארום הוה רגוז מן כעסה | די | אכעסו יתיה עמה בני ישראל |
| 043 | | Nu21:16M | /סלקית באירה היא באירה | די | אמ׳ מימריה דייי#2#/ לאהרן |
| 044 | | Nu22:35 | עם גברייה ולהוד ית פתגמא | די | אמלל עמך יתה תמלל ואזל |
| 045 | | Gn22:03 | לעלה וקם ואזל לאתרא | די | אמר לה ייי: |
| 046 | | Gn22:09 | ואתון לאתרה | די | אמר ליה ייי ובנה תמן אברהם |
| 047 | | Gn26:02 | תיחות מצרימה שרי בארעא | די | אמר לך: |
| 048 | | Gn31:16 | אינון ודבנן וכדון מה | די | אמר ייי לך עבד: |
| 049 | | Gn31:49 | וצפיתה | די | אמר יתגלי ייי וידון ביני |
| 050 | | Ex 6:26 | הוא אהרן ומשה | די | <אמר> ייי להון אפקו ית בנוי |
| 051 | | Ex32:14 | תהו מן קדם ייי על בישתא | די | אמר למייתיה על עמא: |
| 052 | | Nu10:29 | דמשה נטלין אנן לאתרה | די | אמר ייי יתה אתן לכון אזל |
| 053 | | Nu14:40 | הא אנן וניסוק לאתרא | די | אמר ייי ארום חטינן: |
| 054 | | Nu21:16 | להון בירה היא בירא | די | אמר ייי לאהרן ולמשה כנש |
| 055 | | Gn49:18M | סכיינת נפשי | דאמרת/די | אמרית#2#/ למיתייה לעמך |
| 056 | | Ex23:13 | ובכל מה | די | אמרת לכון תהוון זהירין ושום |
| 057 | | Ex32:12 | ויהוי תהו קדמך על בישתא | די | אמרת למיתי על עמך: |
| 058 | | Dt28:68 | בלברנייה ובאלפייה באורחה | די | אמרת לכון לא תוספון תוב |

| | | | | |
|---|---|---|---|---|
| 059 | Nu14:31 | וספלכון | די | אמרתון לבזה יהוון ואעיל |
| 060 | Dt 1:01 | ארעא דכנען ועל עסק מנה | די | אמרתון נפשן מעיקה בלחמה |
| 061 | Dt 1:39 | וטפליכון | די | אמרתון לבזה יהוון ובניכון |
| 062 | Gn24:03 | לברי מן בנתהון דכנענאי | די | אנא שרא ביניהון: |
| 063 | Gn24:37 | לברי מן בנתהון דכנענאי | די | אנא שרי בארעהון: |
| 064 | Gn27:08M | \ואזל לאן דאנה /במה | די | אנא#2#/ מפקדה יתך: |
| 065 | Ex25:09 | כל מה | די | אנא מחזי יתך ית דמותא |
| 066 | Dt27:04 | ותקימון ית אבנייה האליין | די | אנא מפקד יתכון יומא הדין |
| 067 | Gn 9:12 | ואמר ייי דין סימן קיימ׳ | די | אנה משוי בין ממרי וביניכון |
| 068 | Gn28:20 | בסעדי וינטר יתי באורחא | די | אנה מהלך בה ויתן לי לחם |
| 069 | Ex 6:29 | מלכא דמצרים ית כל מה | די | אנה ממל{ך}<ל> עמך: |
| 070 | Ex34:10 | עובדוי דייי דחילין אינון | די | אנה אעבד עמך: |
| 071 | Ex34:11 | אזדהר לך ית מה | די | אנה מפקד יתך יומא הדין הא |
| 072 | Lv14:34 | ארום תעלון לארעא דכנען | די | אנה יהב לכון אחסנה ואשוי |
| 073 | Lv18:03 | דיירי ארעא דכנען | די | אנה מעל יתכון לתמן לא |
| 074 | Lv18:24 | בכל אליין אסתאבון אומייה | די | אנה מגלה מן קדמיכון: |
| 075 | Lv20:22 | ולא תפלוט יתכון ארעא | די | אנה מעל יתכו׳ לתמן למשרי |
| 076 | Lv20:23 | ולא תהלכון בנימוסי אומייה | די | אנה משלח מן קדמיכון ארו׳ ית |
| 077 | Lv23:10 | להון ארום תיעלון לארעא | די | אנה יהב לכון ותחצדון ית |
| 078 | Lv25:02 | להון ארום תיעלון לארעא | די | אנה יהב לכון ותשמט ארעא |
| 079 | Nu 5:03 | ולא יסאבון ית משיריתהון | די | אנה שרי ביניהון: |
| 080 | Nu11:21 | רבוון רגליין גברין עמא | די | אנה שרי ביניהון ואת במימרך |
| 081 | Nu13:02 | ויללון ית ארעא דכנען | די | אנה יהב לבני ישראל גבר חד |
| 082 | Nu15:18 | להון ארום במעלכון לארעא | די | אנה מעל יתכון לתמן: |
| 083 | Dt 4:01 | ולסדר דינ{נ}<י>יה | די | אנה מלף יתכון למעבד מן בגלל |
| 084 | Dt 4:02 | ית מצוותה דייי אלהכון | די | אנה מפקד יתכון: |
| 085 | Dt 4:02 | לא תוסיפון על פתגמא | די | אנה כען מפקד יתכון ולא |
| 086 | Dt 4:08 | ככל גזירת אוריתה הדה | די | אנה סדר קדמיכון יומא הדין: |
| 087 | Dt 4:40 | וית מצוותה דאורייתה | די | אנה מפקד יתכון יומא הדין די |
| 088 | Dt 5:01 | קיימיה וית סדרי דינייה | די | אנה ממלל במשמעכון יומא הדין |
| 089 | Dt 5:31 | תליף יתהון ויעבדון בארעא | די | אנה יהב לכון למירת יתה: |
| 090 | Dt 6:02 | כל קיימוי ומצוותה דאוריתה | די | אנה מפקד יתכון ובניכון ובני |
| 091 | Dt 6:06 | ויהוון פתגמייה האליין | די | אנה מפקד יתכון יומא הדין |
| 092 | Dt 7:11 | קיימייה וית סדרי דינייה | די | אנה מפקד יתכון יומא הדין |
| 093 | Dt 8:01 | כל מצוותה | די | אנה מפקד יתכון יומא הדין |
| 094 | Dt 8:11 | וסדרי דינוי וקיימוי | די | אנה מפקד יתכון יומא הדין: |
| 095 | Dt10:13 | מצוותה דייי וית קיימוי | די | אנה מפקד יתכון יומא הדין |
| 096 | Dt11:08 | ותטרון ית כל מצוותה | די | אנה מפקד יתכון יומא הדין |
| 097 | Dt11:13 | תשמעון למצוותה דאוריתא | די | אנה מפקד יתכון יומא הדין |
| 098 | Dt11:22 | תטרון ית כל מצוותה הדה | די | אנה מפקד יתכון למעבד יתה |
| 099 | Dt11:27 | למצוותה דייי אלהכון | די | אנה מפקד יתכון יומא הדין: |
| 100 | Dt11:28 | ^^ותסטון מן ארחה טבתה | די | אנה מפקד יתכון יומא הדין |
| 101 | Dt11:32 | קיימיה וית סדרי דינייה | די | אנה סדר קדמיכון יומא הדין: |
| 102 | Dt12:11 | תמן תמן תיתון ית כל מה | די | אנה מפקד יתכון עלוותכון |
| 103 | Dt12:14 | ותמן תעבדון ית כל מה | די | אנה מפקד יתכון: |
| 104 | Dt12:28 | ית כל פתגמייה האליין | די | אנה מפקד יתכון מן בגלל |
| 105 | Dt13:01 | ית כל פתגמא | די | אנה מפקד יתכון יתיה תטרון |
| 106 | Dt13:19 | למיטר ית כל מצוותה | די | אנה מפקד יתכון יומא הדין |
| 107 | Dt15:05 | למעבד ית כל מצוותה הדה | די | אנה מפקד יתכון יומא הדין: |
| 108 | Dt15:05M | ית כל פיקודייה האליין | די | אנה#2#/ מפקד יתכון יומא |
| 109 | Dt27:01 | למימר טורו ית כל מצוותה | די | אנה מפקד יתכון יומא הדין: |
| 110 | Dt28:01 | למיטר למעבד ית כל מצוותה | די | אנה מפקד יתכון יומא הדין |
| 111 | Dt28:13 | למצוותה דייי אלהכון | די | אנה מפקד יתכון יומא הדין |
| 112 | Dt28:14 | <ולא> תסטון מן כל פתגמייא | די | אנה מפקד יתכון יומא הדין לא |
| 113 | Dt28:15 | ית כל מצוותה וקיימוי | די | אנה מפקד יתכון יומא הדין |
| 114 | Dt30:02 | בקל מימריה ככל מה | די | אנה כען מפקד יתכון אתון |
| 115 | Dt30:08 | ותעבדון ית כל מצוותה | די | אנה כען מפקד יתכון יומא |
| 116 | Dt30:11 | ארום מצוותה הדה | די | אנה מפקד יתכון יומא הדין לא |
| 117 | Dt30:16 | | די | אנה כען מפקד יתכון יומא |
| 118 | Dt32:46 | שוון לבביכון לכל פתגמיה | די | אנה משהד בכון יומא הדין די |
| 119 | Dt32:52 | ארעא ותמן לא תיעול לארעא | די | אנה יהב לבני ישראל: |
| 120 | Gn47:14 | ובארעא דכנען בעיבורה | די | אנון <....> ואעל יוסף ית |
| 121 | Ex 8:17 | מן ערבובא וית ארעא | די | אנון שריין בה: |
| 122 | Ex12:13 | אדמה לכון לסימן על בתייה | די | אנון שריין תמן ואחמי ית |
| 123 | Ex36:04 | בית קודשא גבר מן עבידתה | די | אנון עבדין: |
| 124 | Lv17:05 | בני ישראל ית דבחהון | די | אנון דבחין באפי ברא וייתון |
| 125 | Lv17:07 | עוד ית דבחיהון לשדיה | די | אנון טעיין בתרהון קיים עלם |
| 126 | Lv22:02 | ולא יפסון ית שמי קדישא | די | אנון מקדשין <לשמי אנה> ייי: |
| 127 | Nu14:27 | ^^ית תורעמות בני ישראל | די | אנון מתרעמין עלווי^^: |
| 128 | Nu18:21 | לאחסנה חלף פלחניהון | די | אנון פלחין ית פלחן משכן |
| 129 | Ex35:22 | וכל מני דהב וכל גבר | די | אניף אנפו{י} דדהב לשמה |
| 130 | Ex 5:21 | יתגלי ייי עליכון וידון | די | אסבתון ית שמן ביש באפי פרעה |
| 131 | Ex32:01 | מתרגם ארום דן משה גברא | די | אסק יתן מן ארעא דמצרים לית |
| 132 | Ex33:01 | אזל סק מן הכה את ועמא | די | אסקת פריקין מן ארעא דמצרים |
| 133 | Ex 5:21M | שליטוי למתן /יתכון | די | אסרי׳ ית רחן קדם פרעה |
| 134 | Gn28:15M | מימרי עמך עד דאעבד/זמן | די | אעבד#2#/ ית \מה#2#/ |
| 135 | Ex 3:20 | {פרישות ידי} <פרישותי | די> | אעבד ביניהון ומן בתר כדון |
| 136 | Ex 6:01 | ייי למשה כדון תחמי מה | די | אעבד לפרעה ארום בידא תקיפא |
| 137 | Dt 1:01 | לשמיה וארון קיימא דייי | די | אעלתון בגווה וחפיתון יתיה |
| 138 | Ex35:21M | /ידוב רוחיה עלוי ייתון | די | אפ#2#/ דייי לעבידת משכן |
| 139 | Gn31:16 | ארום כל נכסיא | די | אפיק ייי מאבונן דידן אינון |
| 140 | Dt 7:19 | תקיפתה ואדרעה מנטלתה | די | אפיק יתכון פריקין ייי |
| 141 | Dt 8:15 | ועקרבין וצהו די לית מיין | די | אפיק לכון מיין מן כיף שמיר |
| 142 | Ex32:07 | אזל חות ארום חבלו עמך | די | אפיקת פריקין מן ארעא |
| 143 | Ex32:23 | לפנינו ארום דין משה | די | אפק יתן מן ארעא דמצרים לית |
| 144 | Lv19:36 | יהוי לכון אמר ייי אלהכון | די | אפק יתכון פריקין מן ארעא |
| 145 | Nu24:08 | אלה | די | אפק יתהון פריקין מן מצרים |
| 146 | Dt18:18 | וימלל להון ית כל מה | די | אפקד יתיה: |
| 147 | Lv25:42 | ארום עבדייה אינון | די | אפקית ית{כ}<ה>ון פריקין מן |
| 148 | Ex29:46 | ארום אנה הוא ייי אלההון | די | אפקת יתהון מארעא דמצרים |
| 149 | Ex32:11 | למה ה׳ יתקוף רוגזך בעמך | די | אפקת פריקין מן ארעא דמצרים |
| 150 | Lv11:45 | ארום אנה הוא ה׳ | די | אפקת יתכון פריקין מן ארעא |
| 151 | Lv25:38 | אנה ייי אלהכון {די} | די | אפקת יתכון פריקין מן ארעא |
| 152 | Lv25:55 | ישראל עבדין עבדיי אינון | די | אפקת יתהון פריקין מן ארעא |
| 153 | Dt 9:12 | חבילו עמך ית עובדהון | די | אפקת פריקין מן מצרים סטון |
| 154 | Dt 9:26 | ואחסנותך די פרקת בתוקפך | די | אפקת מן מצרים ביד תקיפה: |
| 155 | Dt 9:28 | דלא יימרון דיירי דארעא | די | אפקת יתן פריקין מן תמן על |
| 156 | Dt 9:29 | ^ואינון#2#^ עמך ואחסנתך | די | אפקת פריקין בחילך רבה |
| 157 | Ex36:03 | משה ית כל אפרשותה | די | אפרשו בני ישראל לעבידת |
| 158 | Nu31:52 | והווה דהבה דאפרשותה | די | אפרשו לשמה דייי שת עשר |
| 159 | Lv20:25 | ובכל מה די תרחש ארעא | די | אפרשית לכון למסאב׳: |
| 160 | Dt11:04 | לסוסוותהון ולארתכיהון | די | אציף ית מוי דימה דסוף על |
| 161 | Nu 9:15M | וביומא דאקים/די | | אק#2#/ משה ית משכנה |
| 162 | Gn31:51 | הדין והא קיימתא הדא | די | אקימית ביני ובינך: |
| 163 | Nu11:20 | על פם גזרת ממרה דייי | די | אקר שכינתיה שריה ביניכון |
| 164 | Lv 7:35 | מן קרבנוי דייי ביומא | די | אקריב יתהון למשמשה בכהונתה |
| 165 | Ex25:15M | בעזקיא \די בארונא | /די | ארונא#2#/ יהוון אריחי לא |
| 166 | Dt20:07 | ומן הוא גברא | די | אריש אתה ולא נסב יתה יזיל |

|  |  |  |  |  |
|---|---|---|---|---|
| 167 | Dt20:07M | \גברא די אריש /דן גברא | די | ארס#2#/ אתה ולא נסב |
| 168 | Dt25:18 | | די | ארעו יתכון באורחא והוון |
| 169 | Nu20:14 | אתון ידעתון ית כל עקיה | די | ארעון יתן: |
| 170 | Ex 6:08M | לארעא \דזקפית ידי | /די | ארעימית ית ידי#2#/ בשבועה |
| 171 | Ex18:08 | על עסק ישראל ית כל עקיא | די | ארען יתהון באורחא ושזיב |
| 172 | Gn33:08 | ואמר מן לך כל משריתא הדא | די | ארעת ואמר למשכחא חן וחסד |
| 173 | Lv 5:22M | אביד' ויכפר בה וישתבע | /די | אשכח יבידה וישקר בה |
| 174 | Lv 5:23 | אתפקד לוותי' או ית אבדתה | די | אשכח: |
| 175 | Dt33:02 | אורית לבנוי דעשו וכיוון | די | אשכחו כתיב בגווה לא תהוון |
| 176 | Ex33:13 | מן קדמ{ו}<י>ך מן בגלל | די | אשכחת חן וחסד באפיך וחמי |
| 177 | Dt 1:36 | די דרס בה ולבנוי חלף | די | אשלם למימר טב בתר מימרה |
| 178 | Dt31:24 | הדה בגו ספר עד זמן | די | אשלם יתהון: |
| 179 | Nu 3:03 | דאהרן כהניה די מרבין | די | אשלמו קרבן ידיהון למשמשה |
| 180 | Ex28:03 | ואת תמלל עם כל חכימא ליבא | די | אשלמית עמהון רוח חכמה |
| 181 | Ex 5:02 | ואמר פרעה מן ^הוא#2#^ ייי | די | אשמע בקליה למשלחיה ית |
| 182 | Dt 2:36 | ועד גלעדה לא הוות קרייה | די | אשתזבת מינן ית כלא מסר ייי |
| 183 | Dt 7:20 | בהון עד זמן די יסופון מה | די | אשתיירו ומה די אסמרו |
| 184 | Lv10:12 | דאשתיירו סבו ית מנחתה | די | אשתיירת מן קרבנוי דייי |
| 185 | Ex35:23 | וכל גבר | די | אשתכח לוותיה תכלה וארגוון |
| 186 | Ex35:24 | ית אפרשותה דייי וכל מן | די | אשתכח לוותיה אעי שטין לכל |
| 187 | Lv 5:18 | עלוי כהנא על שלותיה | די | אשתלי והוא לא הוה ידע |
| 188 | Nu12:11 | לא כען תשווי עלינן חובה | די | אשתלינן ודי חטינן: |
| 189 | Gn 3:09M | גלי קודמ{ו}<י>י אתרא | די | את בגווה היך אינון |
| 190 | Gn13:14M | ולדרומה ומדנחה ומערבה | /די | את בגווה צפר' ומדנחה |
| 191 | Gn13:15 | ארום ית כל ארעא | די | את חמי לך אתן יתה ולבניך עד |
| 192 | Gn28:13 | אבוך ואלהה דיצחק ארעא | «די» | את דמך עלה לך אתן יתה |
| 193 | Ex 3:05 | מעלוי רגליך ארום אתרא | די | את קאים עלוי אתר קדיש הוא: |
| 194 | Ex18:14 | ואמר מה פתגמא הדין | די | את עבד לעמא מן בגלל מה את |
| 195 | Ex18:17 | דמשה ליה לא תקין פתגמא | די | את עבד: |
| 196 | Ex25:40 | וחמי ועבד בדמותיהון | די | את חמי בטורא: |
| 197 | Ex33:12 | ואמר משה קדם ייי חמי | די | את אמר לי אסק ית עמא |
| 198 | Ex34:10 | ובכל אמיא ויחמי כל עמא | די | את שרי ביניהון ית עובדוי |
| 199 | Nu11:16 | גברין מן חכימי ישראל | די | את ידע דאינון חכימי עמא |
| 200 | Nu22:06 | ארום ידע אנה ^ית מה#2#^ | די | את מברך יהווי מברך וית מה |
| 201 | Nu22:06 | מברך יהווי מברך וית מה | די | את לייט הווי ליט: |
| 202 | Dt16:09 | דיומין תמנון לכון מ' | די | את משרי מגלה דחצדה למחצד |
| 203 | Dt24:11 | לברה תקום וגברא | די | את מוזף לה יפיק לוותך ית |
| 204 | Nu12:15 | ועמה לא נטלו עד זמן | די | אתאסית מרים: |
| 205 | Gn 3:23 | גנתה דעדן למפלח ית ארעא | די | אתברי מן תמן: |
| 206 | Ex15:01 | מיניה סוסון ורוכביהון על | די | אתגאון ורדפו בתר עמא בני |
| 207 | Gn35:07M | תמן בשם ממריה דייי אלהא | די | אתגלי עלוי בבית אל ארום |
| 208 | Ex 7:15 | על גף נהרא וחוטרא | די | אתהפך לחיוי תסב בידך: |
| 209 | Gn19:05 | ליה אן אנון גובריא | די | אתון לוותך בליליא אפיק |
| 210 | Ex23:16 | דחצדא בכרת עבד ידיכון מה | די | אתון מפקין וזרעין באפי ברא |
| 211 | Ex34:12 | תקיים קיים עם דיירי ארעא | די | אתון עלין בגווה דלא יהוון |
| 212 | Lv23:38 | בר מן קרבניה דייי | די | אתון מקרבין בשובי קדשוי |
| 213 | Nu15:39 | לבכון ובתר חזיו עיניכון | די | אתון טעיין בתריהון: |
| 214 | Nu28:02 | לחמי לחם סדור פתורי מה | די | אתון מקרבין קדמיי הלא אשתא |
| 215 | Nu33:55 | ויעיקון לכון על ארעא | די | אתון שרין בה: |
| 216 | Nu35:33 | ולא תחייבון ית ארעא | די | אתון שרין בה ארום דמא הוא |
| 217 | Nu35:34 | ולא תסאבון ית ארעא | די | אתון שרין בה דאיקר שכינתי |
| 218 | Dt 3:21 | מימרה דייי לכל מלכוותה | די | אתון עברין תמן: |
| 219 | Dt 4:05 | אלהי למעבד כדן בגו ארעא | די | אתון עללין לתמן למירות יתה: |
| 220 | Dt 4:14 | די תעבדון יתהון בארעא | די | אתון עברין לתמן למירת יתה: |
| 221 | Dt 4:26 | בפריע מעילוי ארעא | די | אתון עברין ית ירדנה תמן |
| 222 | Dt 6:01 | למלפה יתכון למעבד בארעא | די | אתון עברין לתמן למירת יתה: |
| 223 | Dt 7:01 | יתכון ייי אלהכון לארעא | די | אתון עללין לתמן למירת יתה |
| 224 | Dt 7:19 | ייי אלהכון לכל אומייה | די | אתון דחלין מן קדמיהון: |
| 225 | Dt 9:02 | בנוי דענק גיבריה | די | אתון חכמתון ואתון שמעתון מן |
| 226 | Dt11:08 | ותיעלון ותירתון ית ארעא | די | אתון עברין לתמן למרת יתה: |
| 227 | Dt11:10 | ארום ארעא | די | אתון עלי{ן}<ן> לתמן למירת |
| 228 | Dt11:11 | וארעא | די | אתון עברין לתמן למירת יתה |
| 229 | Dt11:29 | יתכון ייי אלהכון לארעא | די | אתון עלין לתמן למירת יתה |
| 230 | Dt12:01 | לכון למירת יתה כל יומיא | די | אתון חיין וקיימין על ארעא: |
| 231 | Dt12:02 | די פלחו תמן אומייה | די | אתון משיציין יתהון ית |
| 232 | Dt12:29 | ייי אלהכון ית אומייה | די | אתון עלין לתמן למטרד יתהון |
| 233 | Dt18:14 | ארום אומייה האיליין | די | אתון משצי יתהון לחדודי |
| 234 | Dt23:21 | אושטות ידיכון על ארעא | די | אתון עלין לתמן למירת יתה: |
| 235 | Dt28:63 | ותתעקרון מן עילוי ארעא | די | אתון עלין לתמן למירת יתה: |
| 236 | Dt30:16 | יתכון ייי אלהכון בארעא | די | אתון עללין לתמן למירת יתה: |
| 237 | Dt31:13 | ייי אלהכון כל יומיה | די | אתון חיין וקיימין על ארעא |
| 238 | Dt31:13 | חיין וקיימין על ארעא | די | אתון {חיין וקיימין על ארעא |
| 239 | Dt31:13 | חיין וקיימין על ארעא} | די | אתון} עברין ית ירדנה לתמן |
| 240 | Dt32:47 | הדין תסגון יומין על ארעא | די | אתון עברין ית ירדנה תמן |
| 241 | Lv16:27 | דחטאתה וית צפירה דחטאתה | די | אתועל אדמהון למכפרה לגו |
| 242 | Lv 6:02M | היא עלתה דיקדה /על | די | אתוקדת#2#/ על גבי מדבח' כל |
| 243 | Ex 6:04 | ית ארעא תותבותיהון | די | אתותבו בה: |
| 244 | Gn21:23 | עמך תעבד עמי ועם ארעא | די | אתותבת בה: |
| 245 | Lv19:22 | וישתבק ליה מן חובתיה | די | אתחיי: |
| 246 | Ex23:03 | עמי בני ישראל ומסכינא | די | אתחייב בדינא לא תסב ליה |
| 247 | Lv 4:03 | דעמא ויקרב על חובתיה | די | אתחייב תור בר תורין שלם מן |
| 248 | Lv 4:28 | בר עזין שלמה על חובתיה | די | אתחייב: |
| 249 | Lv 4:28 | או אין אתודע ליה חובתיה | די | אתחייב וייתי ית קרבניה |
| 250 | Lv 4:35 | עלוי כהנא על חובתיה | די | אתחייב וישתביק ליה: |
| 251 | Lv 5:06 | אשמיה קדם ייי על חובתיה | די | אתחייב נקבה מן ענה אמרה או |
| 252 | Lv 5:10 | עלוי כהנא מן חובתיה | די | אתחייב וישתרי וישתבק ליה: |
| 253 | Lv 5:11 | בני יון וייתי ית קרבניה | די | אתחייב עשרין מכלתה סלת |
| 254 | Lv 5:13 | ויכפר עלוי כהנא על חובתיה | די | אתחייב מן חדא מן אלין |
| 255 | Lv 5:16 | וית מה | די | אתחייב מן קדשיה ישלם וית |
| 256 | Lv 5:19 | אשמה הוא על חובתיה | די | אתחייב אשמה ייתי קדם ייי: |
| 257 | Lv 5:24 | הוא דידיה יתן יתיה ביומא | די | אתחייב: |
| 258 | Lv19:22 | דאשמא קדם ייי על חובתיה | די | אתחייב וישתרי וישתבק ליה מן |
| 259 | Lv 4:14 | ותתודע חובתה | די | אתחייבו עלה ויקרבון קהלא |
| 260 | Dt 1:01 | פיגריכון ועל ידי בשרא | די | אתחמדתון ועל עסק עיגלה די |
| 261 | Gn46:27 | ובנוי דיוסף | די | אתיילדו לה במצרים תרתין |
| 262 | Gn24:15 | לממללא והא רבקה נפקת | די | אתיילדת לבתואל בת מלכה |
| 263 | Gn36:05 | ^אינון#2#^ בנוי דעשו | די | אתילדו ליה בארעא דכנען: |
| 264 | Gn20:16 | ההוא יהיב ליך מתנה על | די | אתכסית ברם מן עייני |
| 265 | Gn 5:29 | ומן גזל ידינן מן ארעא | די | אתליטת במימר מן קדם ייי: |
| 266 | Gn21:12M | /ולא על אמהתך כל מה | די | אֹתמ#2#/ לך שרה שמע בקלה |
| 267 | Lv 1:01 | חדה לא סלקית ליה עד זמן | די | אתמלל עמי מן קדם ייי משכן |
| 268 | Lv 1:01 | דלא ניעול לגויה עד זמן | די | אתמלל עמיה מן קדם ייי בכן |
| 269 | Nu22:08 | ואתיב יתכון פתגם היך מה | די | אתמלל מן קדם ייי עמי ושרון |
| 270 | Gn38:18 | ואמר מה ערבונא | די | אתן ליך ואמרת עזקתך |
| 271 | Ex25:16 | ותתן לגו ארונא ית שהדותא | די | אתן לך: |
| 272 | Ex25:21 | <....> תתן ית שהדותא | די | אתן לך: |
| 273 | Nu 7:17 | בני שתהון חמשה דן קרבנה | די | אתנדב וקרב מנכסי גרמי{ר}<ה> |
| 274 | Nu 7:29 | בני שתהון חמשה דן קרבנה | די | אתנדב וקרב מן נכסי גרמיה רב |

|  |  | | | |
|---|---|---|---|---|
| 275 | Nu 7:35 | בני שתהון חמשה דן קרבניה | די | אתנדב וקרב מן נכסי גרמיה רב |
| 276 | Nu 7:41 | בני שתהון חמשה דן קרבנה | די | אתנדב וקרב מן נכסי גרמיה רב |
| 277 | Nu 7:47 | בני שתהון חמשה דן קרבנה | די | אתנדב וקרב מן נכסיה גרמיה |
| 278 | Nu 7:53 | בני שתהון חמשה דן קרבנה | די | אתנדב וקרב מן נ«כ»סיה |
| 279 | Nu 7:59 | בני שתהון חמשה דן קרבנה | די | אתנדב וקרב מן נכסיה גרמיה |
| 280 | Nu 7:65 | בני שתהון חמשה דן קרבנה | די | אתנדב וקרב מן נכסיה גרמיה |
| 281 | Nu 7:71 | בני שתהון חמשה דן קורבנה | די | אתנדב וקרב מן נכסיה גרמיה |
| 282 | Nu 7:77 | בני שתהון חמשה דין קרבנה | די | אתנדב וקרב מן נכסיה גרמיה |
| 283 | Nu 7:83 | בני שתהון חמשה דן קרבנה | די | אתנדב וקרב מן נכסיה גרמיה |
| 284 | Ex29:27 | דאנפותה וית שקה דאפרשותא | די | אתנף ודי אתפרש מן דכרא |
| 285 | Nu20:13M | הנון מי מצותה | די | אתנצון |
| 286 | Ex 4:20 | ונסב משה ית חוטרא | די | אתעבד ביה ניסין מן קדם ייי |
| 287 | Ex17:09 | מעתד על ריש רמתא וחוטרא | די | אתעבד ביה נסין קדם ייי |
| 288 | Lv18:30 | דלא למעבד מנימוסי מרחקתה | די | אתעבדו מן קדמיכון ולא |
| 289 | Ex38:21M | דלווי /משכן סהדותה | די | אתפקד על מימר פומה דמשה |
| 290 | Lv 5:23 | ית חברא או ית פקדוניה | די | אתפקד לוותי' או ית אבדתה די |
| 291 | Ex19:04M | "קלא ... קליליו": | די | אתפרעת מן מצראי וסבלית |
| 292 | Nu 1:17 | ואהרן ית גבריא האילן | די | אתפרשו בשמהן: |
| 293 | Nu11:26M | מן {ס}<ש>ובעתי סבייה | די | אתפרשו בשמהן ולא נפקי |
| 294 | Nu25:14 | דגברא בר ישראל קטילה מה | די | אתקטל עם מדיניתה זמרי בן |
| 295 | Nu25:18 | ברת רבה דמדין אחתהון מה | די | אתקטלת ביום מגפתה על עסק |
| 296 | Ex23:20 | לאעלא יתכו«ן» באתרא | די | אתקנת: |
| 297 | Nu17:20 | ויהוי גברא | די | אתרעי ביה חוטריה ירטב ואבטל |
| 298 | Nu14:35 | לכל כנשתה בישתה הדה | די | אתרעמו קדמי«י» במדברה הדה |
| 299 | Nu14:29 | מן בר עשרין שנין ולעיל | די | אתרעמתון קדמיי: |
| 300 | Lv22:18 | ישראל ומין גיוריה | די | בישראל די יקרב קרבניה לכל |
| 301 | Gn13:18 | ואתא ושרא במישריה חזוה | די | בחברו' ובנה תמן מדבח בשם |
| 302 | Ex 4:18 | איזל כען ואחזור לוות אחי | די | במצרים ואחמי העד כען אינון |
| 303 | Dt31:12M | וגייוריה | די | בא' |
| 304 | Gn35:04 | די בידיהון וית קדשיא | די | באדנהון וטמר יתהון יעקב |
| 305 | Ex32:02 | אהרן פכרו קדשייא דדהבא | די | באדני נשיכון בניכון ובנתכון |
| 306 | Ex32:03 | כל עמא ית קדשיא דדהבא | «די» | באדניהון ואייתון לוות |
| 307 | Gn34:28 | וית מה די בקרתא וית מה | די | באפי ברא נסבו: |
| 308 | Gn23:17 | ומערתא דביה וכל אילנא | די | באפיה ברא די בכל תחומא {מן} |
| 309 | Ex25:15 | בעזקיא | די | בארונא יהוון אריחי לא |
| 310 | Gn 6:17 | דחיין מן תחות שמיא כל מה | די | בארע' ישתיצי: |
| 311 | Dt32:49 | עברייה הדין הר נבו | די | בארע' דמאב די כל קבל |
| 312 | Gn33:18 | בעבדא טבא לכרכה דשכם | די | בארעא דכנען במיתייא |
| 313 | Gn35:06 | ועל יעקב לוזה | די | בארעא דכנען הי ביתאל הוא |
| 314 | Gn46:31 | אחוי ואנשי בייתיה דאבא | די | באר«א» דכנען אתון |
| 315 | Nu18:13 | בכרת כל מה | די | בארעהון די ייתון לשמה דייי |
| 316 | Lv25:07 | ולבעיריכון ולחיותה | די | בארעכון תיהוי כל עללת |
| 317 | Dt24:14 | מן אחיכון או מן גיוריכון | די | בארעכון בקורייכון: |
| 318 | Lv14:36 | ית מכתשה ולא יסתאב כל מה | די | בבית' ומן בתר כדין ייעול |
| 319 | Ex36:12 | ענבין עבד בסיטרה דיריעתה | די | בבית דיבוקה תניינה מכוונן |
| 320 | Ex12:29 | מלכוותא עד בכורא דשביתא | די | בבית חבוש«ה» וכל בכורא |
| 321 | Gn39:22 | דיוסף ית כל חבושיה | די | בבית חבושיה וית כל מה דהוון |
| 322 | Gn18:24 | מן בגלל חמישיתי זכיי | די | בגווה: |
| 323 | Nu34:06 | עם מי«י»א קדמויי | די | בגווה דין יהווי לכון תחום |
| 324 | Dt30:03 | ויכנש יתכון מן כל אומיה | די | בדר יתכון ייי אלהכון לתמן: |
| 325 | Lv14:40 | כהנא וישמטון ית אבניה | די | בהן מכתשה ויטלקון יתהון |
| 326 | Nu31:32 | והוה עדיתה שייר בזתה | די | בזזו עמא עבדי קרבא ענא |
| 327 | Gn49:30 | במערתא | די | בחקל כפלא די כל קבל ממרא |
| 328 | Gn 6:02 | להון {א}נשי' מן כל מה | די | בחרו: |
| 329 | Gn 7:22 | חיין בנחירוי מן כל מה | די | ביבשתא מיתו: |
| 330 | Gn33:14 | יתהון להוני לרגל עבידתא | די | בידי ולרגל טלייא עד זמן די |
| 331 | Ex 7:17 | ייי הא אנה מחי בחוטרא | די | בידי על מיא די בנהרא |
| 332 | Dt20:08M | ותביר ליבה מן חובה | די | בידיה יהך ויחזור לבייתיה |
| 333 | Gn35:04 | ליעקב ית כל פלחנא נכריה | די | בידיהון וית קדשיא די |
| 334 | Gn43:26 | ואייתון לה ית דורון | די | בידיהון לפלטורין ושאלון |
| 335 | Gn38:18 | עזקתך ושו{ת}<ש>פך וחוטרך | די | בידך ויהב לוותה ועל לוותה |
| 336 | Ex16:01 | דבני ישראל למדברא דסין | די | בין אילם ובין סיני |
| 337 | Dt29:10 | טפליכון נשיכון וגיוריכון | די | ביני משיריתכון מן קצוצי |
| 338 | Nu11:04 | וערבובה | די | ביניהון איתחמדו תוחמודה |
| 339 | Nu35:15 | ולגיורייה ולתותבייה | די | ביניהון יהוויין שת קרייתה |
| 340 | Nu15:14 | עמכון גיור או מן מה | די | ביניכון לדריכון ויקרב קרבן |
| 341 | Dt16:11 | ויתמייה וארמלתה | די | ביניכון באתרא די יתרעי ייי |
| 342 | Dt26:11 | אתון וליוויי וגיורייה | די | ביניכון: |
| 343 | Dt28:43 | גיורה | די | ביניכון יהוון רמין עליכון |
| 344 | Lv19:34 | כיציבה | די | בכון יהווי בכון ג{י}<ו>ר |
| 345 | Gn23:17 | וכל אילנא די באפיה ברא | די | בכל תחומא {מן} מן חזר חזור: |
| 346 | Gn23:17 | וקמת חקלת דעפרון | די | בכפילה די קדם מימרא חקלא |
| 347 | Gn37:22 | טלקו יתיה לגובא הדין | די | במדברא וידא דקטולין לא |
| 348 | Nu21:13 | נטלו ושרון מן עבר ארנונה | די | במדברה דנפק מן תחומיהון |
| 349 | Lv11:10 | דמיא ומן כל נפש חיתה | די | במי' מרחקה אנון לכון: |
| 350 | Lv11:10M | ובנחליא מן כל שרצא | דמיא/די | במיא#2#/ ומן כל נפש |
| 351 | Lv11:10M | ומן כל נפש חייתה | די | במיא מר<חקה> |
| 352 | Dt14:09 | ית אילין תאכלון מן כל מה | די | במיא כל דאית ליה סנפרין |
| 353 | Dt 4:18 | דרחש בארעא דמו כל נוניא | די | במייא מן לרע לארעא: |
| 354 | Ex12:22M | תרתין מזוזיתא מן אדמה | די | במנא |
| 355 | Ex12:22 | תרתין מזוזתייא מן אדמא | די | במנה ואתון לא תיפקון גבר מן |
| 356 | Ex12:22 | דאיזוב ותצבעון באדמה | די | במנה ואתון ותתנון על שקופא |
| 357 | Gn 3:03 | ומן פרי אילנא | די | במציעות גנתה אמר ייי לא |
| 358 | Lv 4:18 | דמדבחה די קדם ייי | די | במשכ' זימנא וית כל אדמה |
| 359 | Lv 4:07 | דקטרת בוסמנייה קדם ייי | די | במשכן זימנא וית כל דמה |
| 360 | Ex16:16 | מניין נפשכון גבר לפם מה | די | במשכנה תסבון: |
| 361 | Ex19:16 | לחדא ואזדעזעו כל עמא | די | במשריתא: |
| 362 | Gn13:04 | עד אתר מדבחה | די | בנה תמן בקדמיתא וצלי תמן |
| 363 | Ex 7:17 | בחוטרא די בידי על מיא | די | בנהרא ויהפכון לאדם: |
| 364 | Ex 7:18 | ונוניא | די | בנהרא ימותון ויסרח נהרא |
| 365 | Ex 7:20 | וארים חוטריה ומחה ית מיא | די | בנהרא קדם פרעה וקדם שליטוי |
| 366 | Ex 7:21 | ונוניא | די | בנהרא מיתו ואסרח נהרא ולא |
| 367 | Gn11:05M | מגדלא \דבנו בני אנשה% | /די | בנון בניהון דבני#2#/: |
| 368 | Nu32:38M | דקוריין/דקרו#2#/ | דבנו/די | בנון#2#/: |
| 369 | Dt 2:36 | די על נחל ארנונה וקרתה | די | בנחלה ועד גלעדה לא הוות |
| 370 | Gn23:11 | ויזבן לי ית מערת כפילה | די | בסייפי' חקליה בכסף שלים |
| 371 | Nu22:36 | דסמיך לגבול ארנונה | די | בסייפי תחומה: |
| 372 | Gn23:09 | ויזבן לי ית מערת כפילה | די | בסייפיה חקליה בכסף שלים |
| 373 | Nu33:06 | מן סכות ושרון באיתם | די | בסיפי מדברה: |
| 374 | Ex29:32 | ית בשרא דדכרא וית לחמה | די | בסלא בתרע משכן זימנא: |
| 375 | Lv 8:31 | תאכלון יתיה וית לחמה | די | בסלה דאשלמותה היך מה דפקדית |
| 376 | Gn50:10 | ומטון עד אדר אטדה | די | בעבר ירדנא ואספדו תמן הספד |
| 377 | Gn50:11 | כן קרא שמה אבל מצרים | די | בעבר ירדנה: |
| 378 | Dt 3:08 | תרין מלכיהון דאמוריי | די | בעבר ירדנה מן נחלה דארנונה |
| 379 | Dt 3:25 | בבעו ואחמי ית ארעא טבתה | די | בעבר ירדנה טורא טבה הדין |
| 380 | Dt 4:47 | תרין מלכיהון דאמוריי | די | בעבר ירדנה מן מדנח שמשה: |
| 381 | Lv21:01 | דמית לא יסתאב כהנא רבה | די | בעמה: |
| 382 | Dt12:12 | ועבדיכון ואמהתכון וליוויי | די | בקורייכון ארום לית להון חלק |

|  |  | | | |
|---|---|---|---|---|
| 383 | Dt12:18 | ועבדיכון ואמהתכון וליווי | די | בקורייכון ותחדון קדם ייי |
| 384 | Dt14:21 | לתותבייה מן בני עממיא | די | בקורייכון תתנון יתה ויכלון |
| 385 | Dt14:27 | וליויי | די | בקורייכון לא תשבקון יתהון |
| 386 | Dt16:14 | וליוויי וגיורייה וארמלתה | די | בקורייכון: |
| 387 | Ex20:10 | ובעירכון וגיוריכון | די | בקירויכון: |
| 388 | Dt 5:14 | וכל בעירכון וגיורכון | די | בקירויכון מן בגלל די תניחון |
| 389 | Gn34:28 | וית תוריהון <....> וית מה | די | בקרתא וית מה די באפי ברא |
| 390 | Lv25:30 | לה שנה שלימה ויקום ביתה | די | בקרתה דלה שור לחלטו למן |
| 391 | Gn 2:02 | שביעיא מן כל עבדתיה | די | ברא: |
| 392 | Gn 2:02 | ביומ׳ שביעיא עיבידתיה | די | ברא והוה שבא ונייח קדמוי |
| 393 | Gn 2:08 | ושוי תמן ית אדם קדמיא | די | ברא: |
| 394 | Gn 3:01 | מן כל חייתא דאפי ברה | די | ברא ייי אלהים ואמר לאיתתא |
| 395 | Gn 5:01 | יחוס תלדוותה דאדם ביומא | די | ברא ייי ית אדם בדמו מן קדם |
| 396 | Gn 5:02M | /שמהון#2#/ אדם ביומא | דברא/די | ברא#2#/ {ד} יתהון: |
| 397 | Dt 4:32 | די הוון קדמיכון למן יומא | די | ברא ייי אלהים אדם קדמיה על |
| 398 | Dt26:19 | ומנטלין על כל אומייה | די | ברא ליקרה ולתושבחה ולרוממי |
| 399 | Gn 2:03 | קדמוהי מן כל עיבידתיה | די | ברה איקרה דייי למעבד: |
| 400 | Dt32:15 | סגין ואנשון ית מימר אלהה | די | ברה יתהון וכפרו בדחלתיה |
| 401 | Dt32:18 | תקיפה | די | ברה יתכון שבקתון ואשיתון ית |
| 402 | Gn 4:08M | "אנא די ...": אפעלגב | די | ברחמ׳ אתברי עלמא כפרי |
| 403 | Gn 4:08 | ואמר לקין מסתכל אנא | די | ברחמין איתברי עלמא ועל פירי |
| 404 | Gn 6:07M | דיי׳ אמחה ית בר נשא | די | ברי׳#2#/ מעלוי אפי/אפא#2# |
| 405 | Gn 7:04 | ואישצי ית כל ברייתיה | די | בריית מעלווי אפי ארעא: |
| 406 | Gn 6:07 | ואמר ייי אשיצה ית אדם | די | ברית מעלוי אפי דארעא מן |
| 407 | Gn 8:21M | \היך מה די עבדת /ית מה | די | ברית#2#/: |
| 408 | Gn27:27M | למתקרבה בטור בית מקדשה | די | ברך יתיה ממריה דייי |
| 409 | Gn27:41 | עשו ית יעקב על ברכתא | די | ברך יתה אבוי ואמר עשו בלבא |
| 410 | Gn49:28 | תרין עשר ודא ברכתא | די | ברך יתהון גבר כמסת ברכתיה |
| 411 | Dt12:07 | אתון ואינשי בתיכון | די | ברך יתכון ייי אלהכון: |
| 412 | Dt15:14 | מן אדרך ומן מעצרתך מן מה | די | ברך יתך ייי אלהך תתן לה: |
| 413 | Dt16:10M | תתנון היך מה \די יברך | /די | ברך#2#/ יתכון ייי אלהכון: |
| 414 | Dt33:01 | ודא ברכתה | די | ברך משה נביא דייי ית בני |
| 415 | Dt33:07 | ודא ברכתה | די | ברך משה נבייא דייי לשבטה |
| 416 | Gn49:26 | יתוספון לך על ברכתא | די | ברכו יתי אבהתי אברהם |
| 417 | Gn28:17M | מכוון תרע בית מקדשא | די | בשמייא ולית דין אתרה אתר |
| 418 | Ex20:04 | {{צלם וצורה}} וכל דמות | די | בשמייא מלעיל ודי בארעא |
| 419 | Dt 5:08 | {{צלם וצורה}} וכל דמו | די | בשמייא מן לעיל ודי בארעא |
| 420 | Gn21:07M | מה מהיימן הווה בישריה | די | בשר לריבוני אברהם מן |
| 421 | Nu21:20I | "בחלתה ... מצ": בריש רמתה | די | בתחומיהון דמואבאי והא היא |
| 422 | Gn19:11 | וית גובריא | די | בתרע ביתה מחון בסידוריה |
| 423 | Lv 4:07 | על יסודי דמדבחה דעלתא | די | בתרע משכן זמנה: |
| 424 | Lv 4:18 | על יסודי דמדבחה דעלתה | די | בתרע משכן זמנא: |
| 425 | Lv21:20 | או | די | גבנוי חפיין על עיינוי או |
| 426 | Gn25:27M | סייפא והוה ליה לסימנא | די | גבר ליסטיס גבר נפק ומקפח |
| 427 | Gn17:24M | ותשע שנין במגזר/בזמן | די | גזר#2#/ ליה בשר ערלתיה: |
| 428 | Gn17:25M | שנין במגזר ליה ית/בזמן | די | גזר ית#2#/ בשר ערלתה: |
| 429 | Gn18:01 | לוות אבונן אברהם בזימנא | די | גזר ית בשר ערלתה ותלתיהו׳ |
| 430 | Gn12:05 | ממונהון דיקנין וית נפשתה | די | גיירו ונפק למזל לארעא |
| 431 | Gn50:15 | יחזר לן ית כל בישתא | די | גמלנן יתיה: |
| 432 | Lv22:27M | לן על חובינן כדן | די | גרמו חובייה ולית לן מה |
| 433 | Nu24:05 | די חזור חזור לה | די | דבית ישראל: |
| 434 | Gn24:07 | ייי אלהא דשמיא | די | דבר יתי מן בייתא דאבא ומן |
| 435 | Dt 8:02 | ות«י»דכרון ית כל אורחה | די | דבר יתכון ייי אלהכון דנה |
| 436 | Dt 8:15 | | די | דבר יתכון במדברה רבה ודחילה |

|  |  | | | |
|---|---|---|---|---|
| 437 | Dt28:60 | ית כל מכתישיהון דמצריי | די | דחלתון מן קדמיהון וידבקון |
| 438 | Lv25:38 | אנה ייי אלהכון | {די} | די אפקת יתכון פריקין מן |
| 439 | Nu35:06 | וית קרייתה | די | {ד«י»} תתנון לליוויי ית |
| 440 | Lv15:04M | "מדמך ... דיבה": בית מדמוך | די | {ד}י<ד>מוך עלויי דייבה |
| 441 | Gn44:15 | ארום מקסם יקסם רב ושלט | {די} | דכוותי: |
| 442 | Lv13:35M | \מן בתר דאדכי /בתר | די | דכי יתיה#2#/: |
| 443 | Lv16:32 | ויכפר כהנא | די | {דכי} ^רבי#2#^ יתיה ודי |
| 444 | Ex22:28 | למיפקה בוכרי בניכון | די | דכריא תקדשון לשמי: |
| 445 | Dt 1:36 | יתה וליה אתן ית ארעא | די | דרס בה ולבנוי חלף די אשלם |
| 446 | Ex34:01M | על לוחיא ית דבריא | דהוון/די | הר׳#2#/ על לוחיא קדמיי |
| 447 | Lv11:26M | "דהוא פריס ... וגררה": | די | הוא מטלפ{ין} טלפין וסתקתה |
| 448 | Gn 2:19M | קרא ליהון וכל מה | דהוה/די | הוה#2#/ אדם קרי ליה |
| 449 | Gn44:05M | הלא דן \די ישתי | /די | הוה שתי#2#/ רבוני ביה |
| 450 | Ex 5:13M | יום ביומא היך מה | דהוה/די | הוו#2#/ מתיהב לכון תבן: |
| 451 | Nu21:34 | לסיחון מלכיהון דאימוריי | די | הווה שרי בחשבון: |
| 452 | Nu 9:08 | דקי«י»מין בתר משה | די | הווין זריזין בדיני ממוניה |
| 453 | Ex10:29M | אנא מן זמנא קדמייה | די | הווינא יהיב במדין לא מן |
| 454 | Nu11:05M | מדכרין אנן ית נוניה | דהוינן/די | הווינן#2#/ אכלין |
| 455 | Dt28:62 | ותשתיירון עם במניין חלף | די | הוויתון ככוכבי שמייא לסוגי |
| 456 | Gn27:15M | רבה משבחיין/תוחמדנייא | די | הוון גבה בבית#2#/ דהווה |
| 457 | Gn30:29M | מה \דהוה בעירך קדמיי | /די | הוון ניכסיך רעיין קדמי#2# |
| 458 | Ex10:06 | ואבהת אבהתך מן יומא | די | הוון על ארעא עד יומא הדין |
| 459 | Nu 9:06M | /והוון תמן גוברין | די | הוון מסא׳#2#/ בטמא/לט׳#2# |
| 460 | Nu23:10 | יעקב דאיתאמר עליהון | די | הוון מברכין כעפרא דארעא או |
| 461 | Nu27:05 | לדייניה דקיימין בתריה | די | הוון זריזין בדיניה ממונא |
| 462 | Dt 4:32 | שאילו כען ליומיא קדמייה | די | הוון קדמיכון למן יומא די |
| 463 | Dt10:02 | על לווחייה ית דביריה | די | הוון על לווחייה קדמייה די |
| 464 | Dt32:38 | | די | הוון מקרבין קדמוי תרבי נכסי |
| 465 | Gn40:13 | דפרעה כסדר דינא קדמיה | די | הוות מזיג ליה: |
| 466 | Nu 7:20M | עשרה סלע | די | הוות <דדהב |
| 467 | Nu 7:32M | והיא הוות /עשרה סלעין | די | הוות#2#/ דדהב קרב יתה |
| 468 | Nu 7:44M | עשרה סלעין | די | הוות דדה׳ |
| 469 | Nu 7:50M | הוות דדהב /עשרה סלעין | די | הוות דדהב#2#/ קרב יתה |
| 470 | Nu 7:62M | עשרה סלעין | די | הוות דדה׳ |
| 471 | Nu 7:68M | הוות דדהב /עשרה סלעין | די | הוות דדהב#2#/ קרב יתה |
| 472 | Nu 7:80M | "עשר ...": עשרה סלעין | די | הוות דדהב |
| 473 | Nu14:24 | ועבדי כלב חלף | די | הוות רוח דקדש עמה ואשלם בתר |
| 474 | Gn41:53 | ושלמון שבעתי שני שבענא | די | הוין במצרים: |
| 475 | Ex 9:24 | ארעא דמצרי«ם» מן זמנא | די | הות אומה ומלכו: |
| 476 | Lv15:23M | הוא או על \מנה דהיא /מן | די | היא#2#/ יתבה/יתבא#2#/ |
| 477 | Ex 8:17M | "די אנון שריין בה": | די | הינון שריין |
| 478 | Lv26:40 | די שקרו קדמי ולהוד | די | הליכו קדמי בקשיו: |
| 479 | Gn48:15 | וברך ית יוסף ואמר ייי | די | הלכו אבהתי קדמוי בקושטא |
| 480 | Dt 2:14 | וימיא | די | הלכנן מן רקם דגיעה עד זמן |
| 481 | Dt 1:31 | גבר ית ברה בכל ארחה | די | הלכתון עד מיעלכון עד אתרה |
| 482 | Nu13:19M | די אינון /קורייתה | די | הנון#2#/ שריין בגויהין הא |
| 483 | Nu17:20M | דבני ישראל | דאינון/די | הנון#2#/ מתרעמין |
| 484 | Dt18:06M | לתמן וייתי בכל תוחמדת | /די | הנון תותבין וייתה כל |
| 485 | Dt29:22 | ועמורה אדמה וצבויים | די | הפך ממרה דייי ברוגזיה |
| 486 | Gn49:30 | די כל קבל ממרא דכנען | די | זבן אברהם ית חקלה מן לוות |
| 487 | Gn50:13 | יתיה במערת חקל כפילא | די | זבן אברהם ית חקלא לאחסנא |
| 488 | Gn45:04 | ואמר אנה יוסף אחוכון | די | זבנתון יתי מצרימה: |
| 489 | Gn25:10 | חקלא | די | זכי אברהם מלוות בנוי דחת |
| 490 | Gn24:44 | ואף לגמליך אמלא היא אתתא | די | זמן ייי לברה דריבוני: |

|  |  |  |  |  |
|---|---|---|---|---|
| 491 | Nu14:30 | אין אתון תיעלון לארעא | די | זקפית ידי בשבועה למשריה |
| 492 | Dt30:09 | למחדי עליכון לטב היך מה | די | חדה על אבהתכון: |
| 493 | Lv13:56M | כהה מכתשה מן בתר | דחור/די | חוור#2#/ יתיה ויבזע |
| 494 | Lv13:55M | \מן בתר דאתחוור /בתר | די | חוורו#2#/ ית מכתשא והא לא |
| 495 | Nu 8:04 | שושניה נגידה היא כחזוה | די | חזה ייי ית משה כדן עבד |
| 496 | Gn35:05 | דחלתא דייי על קרייתא | די | חזור חזור יתהון ולא רדפו |
| 497 | Lv25:44 | לך מן לוות אומי«י»ה | די | חזור חזור להוד מנהון תזבנון |
| 498 | Nu16:34 | וכל ישראל | די | חזור חזור להון ערקו לקלהון |
| 499 | Nu22:04 | קהלא הדין ית כל קירויא | די | חזור חזור היך מה דלחך תורא |
| 500 | Nu24:05 | דדבית יעקב ומשכניהון | די | חזור חזור לה די דבית |
| 501 | Nu35:02 | למישרי ופרוירין לקרוין | די | חזור חזור יתהון תתנון |
| 502 | Dt 6:14 | מן טעוותהון {{דאומייה}} | די | חזור חזור לכון: |
| 503 | Dt13:08 | מן טעוותהון דאומייה | די | חזור חזור לכון דקריבין לכון |
| 504 | Dt17:14 | עלינן מלך ככל אומייא | די | חזור חזור לן: |
| 505 | Gn14:17 | דסדום לקדמותיה מן בתר | די | חזר מן דקטל ית כדר לעמ' |
| 506 | Gn41:48 | בקרויא מזון תחומה דקרתא | די | חזר חזר לה יהב בגוה: |
| 507 | Nu24:04 | מימר מן קדם ייי עליה | די | חז{{ר}}«י»ו שדי הוה חז' |
| 508 | Nu14:43 | בחרבה ארום בגין כדן | די | חזרתון בתר מימרה דייי ולא |
| 509 | Nu 6:11 | לעלתה ויכפר עלוי על מה | די | חטא על נפשה ויקדש ית ראשה |
| 510 | Dt 9:18 | לא שתית על כל חוביכון | די | חטיתון למעבד מה דסני ומרחק |
| 511 | Nu14:14M | בחזיו אתגלית/ית#2#/ | /די | חיזוו איתגלי#2#/ את |
| 512 | Gn25:07 | יומי> שני חייא אברהם | די | חייה מאה ושבעין וחמש שנין: |
| 513 | Ex36:02 | לבצלאל ולאהליאב ולכל | די | חכים לבה דשוי ייי חכמה בלבה |
| 514 | Dt34:10 | נבייא עוד בישראל כמשה | די | חכם יתיה מימריה דייי ממלל |
| 515 | Dt 9:24 | הויתון קדם ייי מן יומא | די | חכמית יתכון: |
| 516 | Dt 7:15 | מכתשיהון דמצריי בישייא | די | חכמתון לא ישוי יתהון בכון |
| 517 | Gn42:09 | ואדכר יוסף ית חלמיא | די | חלם להון ואמר להון ילילין |
| 518 | Gn37:06 | להון שמעו כען חלמא הדין | די | חלמית: |
| 519 | Gn37:10 | ואמר ליה מה חלמא הדין | די | חלמת הא מייתי ניתי אנא ואמך |
| 520 | Lv 5:01 | שבועה דחרוף והוא שהד או | די | חמה או די ידע אין לא יתני |
| 521 | Nu14:22M | ארום כל גברייה | דחמון/די | חמון#2#/ ית איקרי וית |
| 522 | Dt 4:09 | די לא תנשון ית דביריה | די | חמון עייניכון ודלא יסטון מן |
| 523 | Dt29:02 | נסייה רברבייה | די | חמון עייניכון אתייה ופרישתה |
| 524 | Dt10:21 | רברבתה וית דחילתה האליין | די | חמיין עייניכון: |
| 525 | Dt 7:19 | נסייה רברבייה | די | חמין עייניכון ואתייה |
| 526 | Gn42:21 | חייבין אנן באדמה דאחונה | די | חמינן בעקת נפשיה כד הוה |
| 527 | Nu13:32 | אכלה דיירייה היא וכל עמה | די | חמינן בגווה מרי עיינן בישה |
| 528 | Ex26:30 | ותקים ית משכנה כסדר דינא | די | חמית בטורא: |
| 529 | Dt 1:19 | כל מדברה רבה ודחילה ההוא | די | חמיתון אורח טורהון דאמוריי |
| 530 | Dt 1:31 | ובמדברה | די | חמיתון די סבל יתכון ייי |
| 531 | Gn33:05 | אינון אילין לך ואמר טליא | די | חן ייי ית עבדך: |
| 532 | Gn21:08M | שרו רבא ביומא | דאתחסל/די | חסל#2#/ ית יצחק ברה |
| 533 | Gn21:25M | דמיא \דגזלו עבדוי | /די | חפרו יתה ע'#2#/ דאבימלך: |
| 534 | Gn26:18 | וחפר ית בארייתא דמיא | די | חפרו בימוי דאברהם אבוי |
| 535 | Gn50:05 | למימר הא אנה מאית בקברי | די | חפרת לי בארעא דכנען תמן |
| 536 | Gn11:06 | לא יתמנע מנהון כל מה | די | חשבו למעבד: |
| 537 | Ex11:05 | עד בכורה דאמה{ה}ת<ה> | די | טחנה בתרא מן רחיא וכל בכורא |
| 538 | Gn16:05M | מבני בניהון דעמא | דיהבו/די | טליקו#2#/ יתך באתון |
| 539 | Dt22:03 | וכדן תעבד לכל אבידתה | די | יאבד מניה ותשכח יתיה לית |
| 540 | Dt19:03 | ותתלתון ית תחום ארעכון | די | יאחסן יתכון ייי אלהכון |
| 541 | Nu34:17 | אילין שמהת גברייה | די | יאחסנון לכון ית ארעא אלעזר |
| 542 | Nu35:08 | תזערון גבר כפם אחסנ<ת>יה | די | יאחסנון יתן מן קרוי |
| 543 | Lv14:47 | יחוור ית לבושוי ומן | די | יאכול בביתה יחוור ית |
| 544 | Lv17:10 | גיוריה דמתגיירין ביניהון | די | יאכל <....> ית אדמה |
| 545 | Dt28:55 | לחד מנהון מן בשר בנוי | די | יאכל מן בלי דלא ישתייר לה |
| 546 | Ex12:07 | ועל שקופא על בתי | די | יאכלון ית פיסחא בהון: |
| 547 | Ex22:08 | לבוש ועל כל {ל}<י>בידא | די | יאמר ארום דן הוא לוו«ת» |
| 548 | Dt 5:27 | קרב את ושמע ית כל מה | די | יאמר ייי אלהן ואת תמלל עמן |
| 549 | Dt17:20 | ולא לשמאלה מן בגלל | די | יאריך יומין על מלכותיה הוא |
| 550 | Dt25:15 | יהווי לכון מן בגלל | די | יארכון יומיכון על ארעא דייי |
| 551 | Gn 4:14 | ומטלטל בארעא ויהוי כל | די | יארע יתה יקטיל יתיה: |
| 552 | Gn 4:15 | דלא יקטול יתיה כל מן | די | יארע יתיה: |
| 553 | Gn44:34 | הוא עמי דלא אחמי בבישתא | די | יארע ית אבה: |
| 554 | Lv14:22M | מן מה די תרע ידה /יוון | די | יארע בן ידוי ויהווי#2#/ |
| 555 | Nu35:19 | הוא יקטול ית קטולה בזמנה | די | יארע יתיה הוא יקטול יתיה: |
| 556 | Nu35:21 | יקטול ית קטולה בזמנה | די | יארע יתיה: |
| 557 | Nu35:21M | \בזמנה די יארע /בזמן | די | יארע#2#/ יתיה: |
| 558 | Dt27:17 | ליט יהווי גברה | די | יארע תחומה דגברא ויאמרון כל |
| 559 | Nu32:23 | הא אתחייבתון קדם ייי | די | יארעון יתכון: |
| 560 | Gn27:10 | לאבוך וייכול מן בגלל | די | יברך יתך קדם ייי עד לא |
| 561 | Gn27:19M | מן ציידי מן בגלל | תברך/די | יברך#2#/ יתי נפשך: |
| 562 | Dt14:29 | ויאכלון וישבעון מן בגלל | די | יברך יתכון ייי אלהכון בכל |
| 563 | Dt16:10 | ידיכון די תתנון היך מה | די | יברך יתכון ייי אלהכון: |
| 564 | Dt23:21 | לית את רשי למיזף מן בגלל | די | יברך יתכון ייי אלהכון בכל |
| 565 | Dt24:19 | ולארמלתה יהווי מן בגלל | די | יברך יתכון ייי אלהכון בכל |
| 566 | Gn 8:07M | די /אזל וחזר עד זמן | די#2#/ | יבשו מיא מעלוי ארעא: |
| 567 | Gn 8:07 | נפק וחזר נפק וחזר עד | די | יבשו מיא מעלוי ארעא: |
| 568 | Dt 4:27 | עם דמניין באומייה | די | יגלי ייי יתכון לתמן: |
| 569 | Dt28:37 | ולתנויין בכל אומייה | די | יגלי יתכון ייי לתמן: |
| 570 | Ex21:16 | ומן | די | יגנב גבר ויזבן יתיה וישתכח |
| 571 | Nu24:23 | אגרהון דצדיקיה ובזמ{ז}נה | די | יגרה מלכותה אלין לאלין: |
| 572 | Dt28:48 | ותעבדון קדם בעלי דבביכון | די | יגרי ייי בכון בכפן ובצהו |
| 573 | Dt29:21 | דארעא ההיא וית בישיה | די | יגרי ייי בה: |
| 574 | Ex25:02 | אפרשן מן לוות כל גבר | די | ידוב יתיה לביה תקבלון ית |
| 575 | Ex35:05 | אפרשו לשמה דייי כל | די | ידוב יתה לבה ייתי ית |
| 576 | Lv 6:20 | יהווי קדיש <....> וית | די | ידי עלוי תחוור באת' קדיש: |
| 577 | Lv22:04 | בקדשייה לא ייכול עד זמן | די | ידכי ומן די יקרוב בכל טמא |
| 578 | Lv14:47 | ומן | די | ידמוך בביתה יחוור ית לבושוי |
| 579 | Lv15:24 | שבעה יומין וכל מדמוך | די | ידמוך עלוהי יסתאב: |
| 580 | Lv15:04 | כל מדמך | די | ידמך עלוי דיבה יסתאב וכל מן |
| 581 | Lv 5:01 | והוא שהד או די חמה או | די | ידע אין לא יתני יקבל חובוי: |
| 582 | Lv23:43 | {מן} מן בגלל | די | ידעון דריכון ארום בענני |
| 583 | Nu 6:21 | גז«י»רת אוריתה דנזירה | די | ידר קרבני<ה> קדם ייי על |
| 584 | Gn30:08M | \דיהב לאחתי לחוד | /די | יהב ללאה אחתי ולחוד#2#/ |
| 585 | Gn46:18 | אלין בניה דזלפה | די | יהב לבן ללא«ה» ברתיה |
| 586 | Gn46:25 | אלין בנוי דבלהה | די | יהב לבן לרחל ברתיה וילידת |
| 587 | Gn47:22 | פרעה וייכלון ית חולקהון | די | יהב להון פרעה {בדין} בגין |
| 588 | Gn48:09 | ואמר יוסף לאבוי בני אנון | די | יהב לי ייי הכא ואמר דבר כען |
| 589 | Ex16:15 | ואמר משה להון הוא לחמא | די | יהב ייי לכון למיכל: |
| 590 | Ex21:08 | רשיי למזבנה ית' חלף | די | יהב רשותא עליה: |
| 591 | Nu32:07 | דבני ישראל מלמעבר לארעא | די | יהב להון ייי: |
| 592 | Nu32:09 | ישראל דלא מיעול לארעא | די | יהב להון ייי: |
| 593 | Dt 2:12 | ישראל לארע תותבותהון | די | יהב ייי להון: |
| 594 | Dt 8:10 | דייי אלהכון על ארעא טבתה | די | יהב לכון: |
| 595 | Dt 8:18 | דייי אלהכון ארום הוא | די | יהב לכון חיילה למקני נכסין |
| 596 | Dt12:01 | די תטרון למעבד בארעא | די | יהב ייי אלה אבהתכון לכון |
| 597 | Dt12:15M | דייי אלהכון | יהב/די | יהב#2#/ לכון בכל |
| 598 | Dt12:21 | מן תוריכון ומן עניכון | די | יהב ייי לכון היך מה די |

|  |  |  |  |  |
|---|---|---|---|---|
| 599 | Dt16:17 | ידיה כברכתה דייי אלהכון | די | יהב לכון: |
| 600 | Dt26:11 | ותחדון בכל טובה | די | יהב לכון ייי אלהכון |
| 601 | Dt28:52 | בכל קוריכון בכל ארעכון | די | יהב ייי אלהכון לכון: |
| 602 | Dt28:53 | בשר בניכון ובנתכון | די | יהב ייי אלהכון לכון בצער |
| 603 | Gn18:17M | דסדם במתנתה\דיהבת | /די | יהבה#2#/ לה בדינה |
| 604 | Nu18:26 | בני ישראל ית מעשרה | די | יהבית לכון מן לוותהון |
| 605 | Nu20:12 | ית קהלה הדין לאתרא | די | יהבית להון: |
| 606 | Nu20:24 | ארום לא ייעול לארעא | די | יהבית לבני ישראל על די |
| 607 | Nu27:12 | עבריה הדין ותחמי ית ארעא | די | יהבית לבני ישראל: |
| 608 | Dt 3:19 | אית לכון ישרון בקורייכון | די | יהב«י»ת לכון: |
| 609 | Dt 3:20 | ותחזרון גבר לירותתיה | די | יהבית לכון: |
| 610 | Dt 9:23 | עולו ויריתו ית ארעא | די | יהבית לכון וסריבתון על פם |
| 611 | Gn30:18 | ואמרת לאה יהב ייי אגרי | די | יהבת אמתי לבעלי וקראת שמיה |
| 612 | Gn35:12 | וית ארעא | די | יהבת לאברהם וליצחק לך |
| 613 | Dt21:14 | יתה בכסף לא תתגר עלה חלף | די | יהבת רשותך עלה: |
| 614 | Dt26:10 | בוכרת כל פירי ארעא מן מה | די | יהבת לן ייי ותצנעון קדם ייי |
| 615 | Dt26:15 | עמך ית ישראל וית ארעא | די | יהבת לן היך מה דקיימת |
| 616 | Lv15:17 | וכל לבוש וכל מן דמשך | די | יהוו עלוי תשמיש דזרע ויחוור |
| 617 | Lv13:52 | בכיתן או ית כל מן דמשך | די | יהווי ביה מכתשה ארום צרעה |
| 618 | Lv15:10 | וכל דיקרב בכל מן | די | יהווי תחתוי יסתאב עד רמשא |
| 619 | Lv20:27 | וגבר או אתה | די | יהווי בהון שאלי אובה או |
| 620 | Lv21:17 | גבר גבר מן בניך לדריהון | די | יהווי ביה מום לא יקרב |
| 621 | Lv25:44 | ועבדיך ואמהתיך | די | יהווי לך מן לוות אומי«י»ה |
| 622 | Nu 5:17 | לגו מן דחסף ומן עפרה | די | יהווי בשיפולי דמשכנה יסב |
| 623 | Nu 9:13 | וגברא | די | יהווי דכי ובארח ר«חי»קה |
| 624 | Nu 9:20 | ואית זמנין | די | יהווי עננה יומין מניין על |
| 625 | Nu 9:20M | די יהווי /וזימנין | די | יהווי#2#/ עננה יומין מניין |
| 626 | Dt17:01 | קדם ייי אלהכון תור ואמר | די | יהווי ביה מום כל מילה |
| 627 | Dt20:14 | וטפלייה ובעירה וכל מה | די | יהווי בקרתה וכל |
| 628 | Dt21:16 | די יחסין ית בנוי ית מה | די | יהווי לה לית הוא רשיי |
| 629 | Gn41:36 | טב לארעא לשבעתי שני כפנא | די | יהווין במצרים ולא תשתיצי |
| 630 | Nu36:04 | אחסנתהון על אחסנות שבטה | די | יהווין להון ומן אחסנות שבט |
| 631 | Ex13:12 | וכל פתחי וולדה דבעירא | די | יהוון לכון דכרייא לשמה |
| 632 | Nu34:09 | מפ<ק>נו{ק}י סירת ע<נ>בתה | די | יהוון לכון תחום צפונה: |
| 633 | Nu36:03 | ותתוסף על אחסנות שבטה | די | יהוון להון ומעד<י>ו{י} |
| 634 | Dt12:26 | לחוד קודשיכון | די | יהוון לכון ונדריכון תטענון |
| 635 | Dt19:17 | ייי לקדם כהנייה ודיינייה | די | יהוון ממניין ביומיא האינון: |
| 636 | Lv11:39 | וארום ימות מן בעירה | די | יהוי לכון למיכל מן די יקרב |
| 637 | Nu19:14 | כל די על במשכנה וכל | די | יהיב במשכנה יהווי מסאב שבעה |
| 638 | Ex 4:05 | מן בגלל | די | יהימנון ארום אתגלי עלך ייי |
| 639 | Ex18:20 | ותודע להו«ן» ית ארחא | די | יהלכון בה וית פתגמא די |
| 640 | Dt23:20M | דדהב {י}ו<ו>זפו כל פתגם | די | יוזף#2#/: |
| 641 | Dt28:54M | די ישייר /במותרי בנוי | די | יותר#2#/: |
| 642 | Lv25:48 | מן בתר | די | יזדבן פרקון תיהוי ליה חד מן |
| 643 | Gn 6:04M | האינון ולחד מן בתר מן | די | יזדמנו בניהון דמלאכיא |
| 644 | Lv11:37M | דכי /דמזדרע | די | יזדרע דכי#2#/ הוא: |
| 645 | Lv11:37 | על כל זרע זריע זרעונין | די | יזדרע{י}ו<ו>ן דכי הוא: |
| 646 | Nu 4:19M | להון /תקנתה עיבידו להון | די | יזוחון עיניהון מן מקדשה#2# |
| 647 | Dt18:20 | לחוד נבייא | די | יזיד לממללא פתגם בשם ממרי |
| 648 | Lv20:09 | ארום גבר גבר | די | יזלזל איקריה דאבוי ודאמה |
| 649 | Nu23:03 | דייי לקדמותי ופתגמא | די | יחווי ייי אתני לך ואזל |
| 650 | Dt30:13 | הוה לן חד כיונה נביא | די | יחות לעמקי דימה רבה ויסק |
| 651 | Nu18:09 | חטאתהון ולכל אשמיהון | די | יחזרון לשם ממרי קדש קדשין |
| 652 | Ex22:08 | יעלא מלי תריהון ית מן | די | יחייבון דיינייא ישלם בכפלא |
| 653 | Ex16:32 | למטרה לדריכון מן בגלל | די | יחמון ית לחמא די אכלת יתכון |
| 654 | Ex33:20M | אפי ארום לית אפשר דחמי/ | ד{ן}<י> | יחמי#2#/ יתי בר נש |
| 655 | Dt21:16 | ויהווי ביומא | די | יחסין ית בנוי ית מה די |
| 656 | Dt 4:17M | באויר שמייא /צפור דטאס | די | יטוס בש#2#/: |
| 657 | Lv11:28 | ומן | די | יטעון ית נבלתהון יחוור |
| 658 | Dt27:18 | ליט יהווי גברה | די | יטעי סמייה באורחה ויאמרון |
| 659 | Lv14:46 | דייעול לגו ביתה כל יומין | די | יטרוד יתיה יהוי מסאב עד |
| 660 | Nu10:32 | תיתי עמן ויהוי טבה הוא | די | ייטב ייי עמן ונוטב לך: |
| 661 | Dt 4:40 | אנה מפקד יתכון יומא הדין | די | ייטב לכון ולבניכון |
| 662 | Dt 1:20 | מטיתון עד טורהון דאמוריי | די | ייי אלהן יהב לן: |
| 663 | Dt 4:40 | די תארכון יומין על ארעא | די | ייי אלהכון יהב לכון כל |
| 664 | Lv 7:25 | ארום כל | די | ייכול תרב מן בעירה די יקרב |
| 665 | Lv11:40 | ומן | די | ייכול מן נבלתה יחוור לבושי |
| 666 | Dt18:22 | | די | ימלל נבייא בשם ממרה דייי |
| 667 | Dt17:11 | ילפון יתכון ועל סדר דינה | די | יימרון לכון תעבדון לא תסטון |
| 668 | Lv17:05 | מן בגלל | די | ייתון בני ישראל ית דבחהון |
| 669 | Nu18:13 | בכרת כל מה די בארעהון | די | ייתון לשמה דייי דידך יהווי |
| 670 | Gn18:19 | צדקתה ודינא מן בגלל | די | ייתי ממריה דייי על אברהם |
| 671 | Lv 4:24 | ויכוס י{ד}<ת>יה באתרה | די | יכוס ית עלתה קדם ייי חטאתה |
| 672 | Lv 4:33 | ויכוס יתה לחטאתה באתרה | די | יכוס ית עלתה: |
| 673 | Lv14:13 | ויכוס ית אמרה באתר | די | יכוס ית חטאתה וית עלתה באתר |
| 674 | Lv17:03 | גדי בר עזין במשריתה או | די | יכוס לבר ממשריתה: |
| 675 | Lv17:03 | גבר גבר מבית ישראל | די | יכוס תור אמר או גדי בר עזין |
| 676 | Lv 7:02M | באתרא | דתכסון/די | יכסון#2#/ ית עלתא |
| 677 | Ex29:33 | ויאכלון יתהון | די | יכפר בהון למשלמה ית קרבן |
| 678 | Ex32:30M | רחמין מן קדם ייי /דלמה | די | יכפר על חוביכון#2#/: |
| 679 | Lv 7:07 | אורייתה חדה להון כהנא | די | יכפר דידיה ליה יהווין: |
| 680 | Nu 5:08 | בר מן דיכרה דכיפורייה | די | יכפר ליה עלוי: |
| 681 | Gn31:43 | לאלין יומא דן או לבניהון | די | ילדן: |
| 682 | Gn21:03 | ית שם בריה דאתיליד ליה | די | ילדת לה שרה יצחק: |
| 683 | Gn21:08 | ברה דהגר מצר«י»תא | די | ילדת לאברהם עבד עובדין די |
| 684 | Gn21:09 | שרה ית ברה דהגר מצריתא | די | ילדת לאברהם עבד עובדין די |
| 685 | Gn24:24 | ברת בתואל אנה בר מלכה | די | ילדת לנחור: |
| 686 | Gn24:47 | ברת בתואל בר נחור | די | ילדת לה מלכה ושוית קדשה על |
| 687 | Gn34:01 | ונפקת דינה ברת לאה | די | ילדת ליעקב למתחמייא עם |
| 688 | Gn41:50 | תיתי שתא דכפנא מה | די | ילדת לה אסנת ברת פוטיפרע |
| 689 | Gn46:15 | אלין בנוי דלאה | די | ילדת ליעקב בפדן ארם וית |
| 690 | Nu26:59 | דעמרם יוכבד ברת לוי | די | ילדת יתה ללוי במצרים |
| 691 | Gn31:43M | דן או לבניהון די | ילדן/די | ילידו#2#/^ילדו#2#^/: |
| 692 | Gn16:16 | ושת שנין הווה בזמנה | די | ילידת הגר ית ישמע^א#2#^ל |
| 693 | Gn25:12 | תלדותא דישמעל בר אברהם | די | ילידת הגר מצריתא אמתא |
| 694 | Nu13:32 | ואפקו טיבה דארעא | די | ילילו יתה קדם בני ישראל |
| 695 | Nu14:34 | במניין יומין | די | יללתון ארבעין יומין יום חד |
| 696 | Dt 4:10 | עמא ואשמע יתהון ית דברי | די | ילפון למדחול מן קדמוי כל |
| 697 | Dt17:10 | דייי ותתטרון למעבד כל מה | די | ילפון יתכון: |
| 698 | Dt17:11 | על פם גזירת אוריתה | די | ילפון יתכון ועל סדר דינה די |
| 699 | Dt24:08 | לחדה ולמעבד ככל מה | די | ילפון יתכון כהנייא וליוויא |
| 700 | Ex16:05 | ויהוי בכפולה על מה | די | ילקטון סכום יום ביומיה: |
| 701 | Nu19:13 | במית בטמא נפש דבר נש | די | ימות ולא יתדי עלוי ית משכנה |
| 702 | Nu35:17 | ואן באבן מלא ידא | די | ימות בה מחת יתיה ומית קטול |
| 703 | Nu35:18 | או בקי{מ}<ס> מלא ידה | די | ימות בה מחה יתיה ומית קטול |
| 704 | Nu35:23 | או בכל אבן | די | ימות בה דלא חמה יתיה ואפל |
| 705 | Nu35:25 | ערק תמן וישרי בגווה עד | די | ימות כהנה רבא <ד>רבי יתיה |
| 706 | Nu35:25M | \עד די /עד זמן | די#2#/ | ימות כהנה רבא <ד>רבי |

|  |  |  |  |  |
|---|---|---|---|---|
| 707 | Nu35:28 | די ימות כהנא רבה ובתר | די | ימות כהנא רבה יחזור קטולה |
| 708 | Nu35:28 | שיזבותיה ישרי עד זמן | די | ימות כהנה רבה ובתר די ימות |
| 709 | Nu35:32 | למשרי בארעא עד זמן | די | ימות כהנא רבה: |
| 710 | Gn27:41M | ברם מתעכב אנא עד זמן | די | ימטון יומי אבלא דמיתת אבא |
| 711 | Gn44:18 | מחזור יתה לתיקה עד זמן | די | ימלי כל ארעא דמצרים קטילין |
| 712 | Nu24:13 | או בישא מן דעתי ית מה | די | ימליל ייי יתיה אמלל: |
| 713 | Ex23:22 | בקל ממרי ותעבד כל מה | די | ימלל ואסני למן דסני יתכון |
| 714 | Nu23:26 | מלילית עמך למימר כל מה | די | ימלל ייי יתה אעבד: |
| 715 | Dt 5:27 | ואת תמלל עמן ית כל מה | די | ימלל ייי אלהך עמך ונשמע |
| 716 | Dt18:19 | גברא די לא ישמע לדיבוריי | די | ימלל בשם ממרי אנה במימרי |
| 717 | Gn27:12M | יתי אבא ונהוי /הא דלמא | די | ימשמש וני#2#/ באפוי כמגחך |
| 718 | Dt 3:20 | עד זמן | די | יניח ייי לאחיכון כוותכון |
| 719 | Dt25:19 | ויהווי בזמנה | די | יניח ייי אלהכון יתכון מן כל |
| 720 | Ex20:07 | ייי ביום דינא רבא ית מן | די | יסב שמה דייי אלהיה על מגן: |
| 721 | Lv20:14 | וגבר | די | יסב ית אתה וית אמה מרחקה |
| 722 | Lv20:17 | וגבר | די | יסב ית אחתה ברת אבוי או |
| 723 | Lv20:21 | | די | יסב ית אתתה דאחוי מרחקה היא |
| 724 | Dt 5:11 | ייי ביום דינה רבה ית מן | די | יסב ית שמה דייי קדישה |
| 725 | Dt 6:02 | כל יומי חייכון ומן בגלל | די | יסגון יומיכון: |
| 726 | Nu14:33 | ויקבלון ית מרחקתכון עד | די | יסופון במדברה פגריכון: |
| 727 | Dt 7:20 | ייי אלהכון בהון עד זמן | די | יסופון מה די אשתיירו ומה די |
| 728 | Dt28:22 | וירדפון יתכון עד זמן | די | יסופון יתכון: |
| 729 | Dt28:51 | ועדרי עניכון עד זמן | די | יסופון יתכון: |
| 730 | Dt30:12 | הוה לן חד כמשה נבייא | די | יסוק לשמיא ויסב יתה לן |
| 731 | Dt27:19 | ליט יהווי גברה | די | יסטי דינה דגיורה דיתמה |
| 732 | Lv11:25 | וכל | די | יסיט מן נבלתיהון יחוור |
| 733 | Dt28:32M | /ולית לכון עובדין טבין | די | יספק אלה#2#/ על ידיכון |
| 734 | Lv 5:03 | בסאבה דבר נש לכל סאבתיה | די | יסתאב בה ויתכסי מנה והו' |
| 735 | Lv22:05 | די יסתאב ליה או בר נש | די | יסתאב ליה בכל ס{ב}אובתיה: |
| 736 | Lv22:05 | או גבר די יקרוב בכל שרץ | די | יסתאב ליה או בר נש די יסתאב |
| 737 | Nu19:20 | וגבר | די | יסתאב ולא יתדי עלוי ותשתיצי |
| 738 | Lv20:06M | ובר נש | די | יסתכל בתר בידין וגרם ידוע |
| 739 | Ex40:37 | ענגה ולא יטלון עד יומא | די | יסתלק: |
| 740 | Ex14:13 | וחמון ית פורקנוי דייי | די | יעבד לכון יומא הדין וכיתא |
| 741 | Ex30:38 | גבר | די | יעבד כוותיה למתהנייה ביה |
| 742 | Ex31:14 | מתקטלה יתקטל ארום כל מה | די | יעבד בה עבידה ותשתיצי נפשה |
| 743 | Ex31:15 | שבית«ה» קדש קדם ייי כל | די | יעבד עבידה {{ותשתיצי נפשה |
| 744 | Ex35:02 | קדש שבת שבתה קדם ייי כל | די | יעבד בה עבידה יתקטל: |
| 745 | Lv 4:35 | וית כל תרבה יעבד היך מה | די | יעבד תרבה דאמרה מעילוי נכסת |
| 746 | Lv 5:26 | ליה על חדא מן כל מה | די | יעבד למתחייבה בה: |
| 747 | Lv18:05 | קיימי וית סדרי די{י}ני | די | יעבד יתהון בר נשא ויחי בהון |
| 748 | Nu 6:04 | כל יומי נדר נזירותה מכל | די | יעבד מן גופנה דחמרא מן |
| 749 | Dt 3:24 | ושלטניך על ארעא מן לרע | די | יעבד כעבדיך טבייה וכניסי |
| 750 | Dt17:02 | יהב לכון גבר או אתה | די | יעבד מה דסני ומרחק קדם ייי |
| 751 | Dt17:12 | וגוברא | די | יעבד בזידנו דלא למשמע למלוי |
| 752 | Dt27:15 | ואמרין ליט יהווי גברא | די | יעבד {{צלם וצורה}} וכל דמו |
| 753 | Gn 6:03M | ועשרין שנין מין בגלל | די | יעבדו' |
| 754 | Gn 6:03 | מאה ועשרין שנין דילמא | די | יעבדון תתובה ולא עבדו: |
| 755 | Ex18:20 | די יהלכון בה וית פתגמא | די | יעבדון: |
| 756 | Ex28:04 | ואליין לבושיא | די | יעבדון חושנא ואפודה ומעילה |
| 757 | Nu 5:06 | ישראל גבר ^או#2#^ אתה | די | יעבדון מן כל חובוי דבר נשא |
| 758 | Lv18:29M | "נפשתה ...": נפשתה | די | יעבדן הי כאליין |
| 759 | Lv27:32 | וכל מעשרה תורין וען כל מה | די | יעבר שרביטה עשיריה יהוי |
| 760 | Ex29:30 | כהנא דקיים מן בתר{א}<ה> | די | יעול למשכן זימנא למשמשה בגו |
| 761 | Nu 4:23 | שנין תסכום יתהון כל | די | יעול לחיל קרבה למפלח פולחן |
| 762 | Nu 4:39 | ועד בר חמשין שנין כל | די | יעול לחיל קרבה למפלח משכן |
| 763 | Nu 4:47 | ועד בר חמשין שנין כל | די | יעול למפלח פלחן עבידה |
| 764 | Nu31:23 | כל מדעם | די | יעול לנורא תעברון בנורא |
| 765 | Dt28:53 | אלהכון לכון בצער ובצוקה | די | יעיקון לכון בעלי דבביכון: |
| 766 | Dt28:55 | לה כל מדעים בצער ובצוקה | די | יעיקון יתכון בעלי דבביכון |
| 767 | Dt28:57 | מדעם בסומרה בצער ובצוקה | די | יעיקון לכון בעלי דבביכון |
| 768 | Nu35:11 | קירוי שיזבו יהוון לכון | די | יעירוק תמן קטולה כל די |
| 769 | Lv27:14 | בין טב ובין ביש היך מה | די | יעלי יתיה כהנה כדן יקום: |
| 770 | Nu35:26 | קטולא ית תחום קרי שזבותה | די | יערוק תמן: |
| 771 | Gn42:29 | דכנען ותנון לה ית כל מה | די | יערע יתהון למימר: |
| 772 | Ex21:13 | לכון אתר קרי שיזבה | די | יערק לתמן: |
| 773 | Dt19:04 | ודן עסיק קטולא | די | יערק תמן ויחי די יקטול ית |
| 774 | Nu35:06 | שת קרין דשיזבות דתתנון | די | יערקון תמן קטוליה ועליהון |
| 775 | Lv11:32 | וכל | די | יפול עלוי מנהון במיתתהון |
| 776 | Lv11:33 | וכל מן דחסף | די | יפול מנהון לגוויה כל מה |
| 777 | Nu27:17 | | די | יפוק קדמיהון ודי יעול |
| 778 | Nu30:03 | דייי לא יבטל פתגמיה כל | די | יפוק מן פמה יעבד: |
| 779 | Nu33:54 | תזער אחסנתיה לכל מן | די | יפוק לה תמן עדווה דידיה |
| 780 | Lv11:35 | וכל | די | יפל מנבלתהון עלוי יסתאב |
| 781 | Gn18:19 | גלי הוא קדמיי מן בגלל | די | יפקד ית בנוי וית |
| 782 | Lv25:33 | וית מה | די | יפרוק מן ליווייה ויפוק |
| 783 | Ex11:07 | בעיר מן בגלל די תדעון | די | יפרש ייי בין מצריי ובין |
| 784 | Lv 5:04 | למבאשה או למיטבה לכל מה | די | יפרש ליה בר נשה בשבועה |
| 785 | Lv24:16 | ומן | די | יפרש שמיה דייי בגדפין |
| 786 | Lv27:09 | מנה קרבן קדם ייי כל מה | די | יפרש מינה לשמה דייי יהוי |
| 787 | Lv27:28 | להוד כל אפרשו | די | יפרש גבר לשמה דייי מן כל |
| 788 | Lv22:15 | דבני ישראל ית מה | די | יפרשון לשמה דייי: |
| 789 | Nu18:12 | דעבור וחמר שרוי ברתהון | די | יפרשון לשמה דייי לך יהבית |
| 790 | Nu18:19 | כל אפרשות קדשיה | די | יפרשון בני ישראל לשמה דייי |
| 791 | Nu18:24 | ית מעשרין דבני ישראל | די | יפרשון לשמה דייי אפרשו |
| 792 | Lv17:13 | דמתגיירין ביניהון | די | יצוד ציד דחיה או עוף די |
| 793 | Nu24:23M | האינון \כד ישווי ייי | /די | יקבע ייי ית כרסייה למ' |
| 794 | Ex28:38 | אהרן ית חובי קדישא | די | יקדישו בני ישראל לכל מתנת |
| 795 | Lv22:03 | מן כל בניכון לקדשיה | די | יקדישון בני ישראל לשמה |
| 796 | Nu19:17 | ויסבון למסאבה מן קטמה | די | יקדת תורתה ויתן עלוי מין |
| 797 | Nu35:12 | ולא ימות קטולא עד זמן | די | יקום קדם עם כנישתה בדינה: |
| 798 | Dt 1:17M | לאלהה הוא ופתגמא | די | יקום באפכון תק' |
| 799 | Nu 1:05 | ואילן שמהת גבריא | די | יקומון עמכון מן שבטה דבנוי |
| 800 | Dt29:21 | ויאמרון דרה אחרייה בניכון | די | יקומון מן בתרכון ובר עממיה |
| 801 | Nu35:11 | די יעירוק תמן קטולה כל | די | יקטול נפש בשלו: |
| 802 | Nu35:30 | כל | די | יקטול נפש לפם סהדין יתקטל |
| 803 | Dt 4:42 | למערק לתמן קטולה | די | יקטול ית חברי{ח}<ה> בתקוף |
| 804 | Dt19:04 | קטולא די יערק תמן ויחי | די | יקטול ית חבריה בלא ידע והוא |
| 805 | Dt27:24 | ^^ליט יהווי גברא | די | יקטל לחבריה בטומרה ויאמרון |
| 806 | Lv14:41 | וישפכון ית עפרא | די | יקלפון לבר מן קרתה לאת' |
| 807 | Nu 5:03M | יסאבו ית משריתכון | די | יקר שכינתי שרייה ביניכון |
| 808 | Dt 7:21M | ארום ייי אלהכון | דאיקר/די | יקר#2#/ שכינתיה מדברה |
| 809 | Ex29:37 | ויהוי מדבחא קדש קדשין כל | די | יקרב במדבחא יהווי קד«י»ש: |
| 810 | Lv 7:08 | ית עלתה דגבר משכה דעלתה | די | יקרב לכהנא דידיה יהווי: |
| 811 | Lv 7:11 | אוריתה דנכסת קודשיה | די | יקרב לשמה דייי: |
| 812 | Lv 7:15 | אודיית קודשוי ^ביום#2#^ | <די> | יקרב קרבניה יתאכל לא |
| 813 | Lv 7:16 | נדבה נכסת קרבניה ביומא | די | יקרב ית קורבנה יתאכל וביומא |
| 814 | Lv 7:19 | ובשרא | די | יקרב בכל סואבה {לא} לא |

|  |  |  |  |  |
|---|---|---|---|---|
| 815 | Lv 7:25 | כל די ייכול תרב מן בעירה | די | יקרב מנה קרבן קדם ייי |
| 816 | Lv 7:35M | דייי ביומא \די אקריב/דיק#2#/<די> | | יקרב#2#/ יתהון |
| 817 | Lv11:24 | ולאלין תסתאבון כל | די | יקרב בנבלתהו' יהוי מסאב עד |
| 818 | Lv11:26 | מסק מסאבי' אינון לכון כל | די | יקרב בהון יסתאב: |
| 819 | Lv11:27 | אינון לכון כ{י}<ל> | די | יקרב בנבלתהון יהוי מסאב עד |
| 820 | Lv11:31 | דמסאבין לכון בכל שרצה כל | די | יקרב בהון במיתתהון יהוי |
| 821 | Lv11:36 | כנשת מיין יהווי דכי ומן | די | יקרב בנבלתהון יסתאב: |
| 822 | Lv11:39 | די יהוי לכון למיכל מן | די | יקרב בנבלתה יסתאב עד רמשא: |
| 823 | Lv15:05 | וגבר | די | יקרב במדמכיה יחוור לבושוי |
| 824 | Lv15:07 | ומן | די | יקרב בבשרה דדיבה יחוור |
| 825 | Lv15:12 | ומן דחסף | די | יקרב ביה דיבה יתבר וכל מן |
| 826 | Lv17:08 | די יתגיירון ביניכון | די | יקרב עלה או נכיסן: |
| 827 | Lv22:18 | ומין גיוריה די בישראל | די | יקרב קרבניה לכל נדריהון |
| 828 | Nu17:28 | כל | די | יקרב למקרבה למשכנה דייי |
| 829 | Nu18:07 | אתן כהנתכון וחילוניי | די | יקרב למשמשה יתקט«י»ל: |
| 830 | Nu19:13 | כל | די | יקרב במית בטמא נפש דבר נש |
| 831 | Ex 8:25 | למשקרה דלא למשלחא ית עמא | די | יקרבון קדם ייי: |
| 832 | Lv 6:13 | דין קרבנה דאהרן ודבנוי | די | יקרבון קדם ייי ביומא דירבי |
| 833 | Lv 6:13M | די /קרבן אהרן ובנוי די#2#/ | | יקרבון קדם ייי ביומא |
| 834 | Lv22:18 | נדריהון ולכל נסיבתהון | די | יקרבון לשמה {יקרבון לשמה} |
| 835 | Lv27:09 | ואן בעיר | די | יקרבון מנה קרבן קדם ייי כל |
| 836 | Nu 5:09 | קדש«י»הון דבני ישראל | די | יקרבון לכהנה דידיה יהוי: |
| 837 | Nu18:15 | פתחי שרוי וולדה לכל בשרה | די | יקרבון לשמה דייי בבני אנשא |
| 838 | Lv 6:20 | כל | די | יקרוב בבשרה יהווי קדיש |
| 839 | Lv15:11 | וכל | די | יקרוב ביה דיבה וידוי לא |
| 840 | Lv15:19 | תיהוי בריחוק נדתה וכל | די | יקרוב בה יסתא' עד רמשא: |
| 841 | Lv15:21 | וכל | די | יקרוב במדמוכה {ו}<י>חוור |
| 842 | Lv15:22 | וכל מן | די | יקרוב בכל מן די תתב עלוי |
| 843 | Lv15:27 | כל | די | יקרוב בהון יסתאב ויחור |
| 844 | Lv22:03 | אמור להון לדריכון כל גבר | די | יקרוב מן כל בניכון לקדשיה |
| 845 | Lv22:04 | ייכול עד זמן די ידכי ומן | די | יקרוב בכל טמא נפש בר נש או |
| 846 | Lv22:05 | או גבר | די | יקרוב בכל שרץ די יסתאב ליה |
| 847 | Nu 1:51M | \דקרב למשמשה יתקטל | /די | יקרוב יתק#2#/: |
| 848 | Nu 3:10 | ית כהונתהון וחילוניי | די | יקרוב למשמשה יתקטל: |
| 849 | Nu 3:38 | למטרת בני ישראל וחלוניי | די | יקרוב למשמשה יתקטל: |
| 850 | Nu19:16 | וכל | די | יקרוב באפי ברא דקטיל דחרב |
| 851 | Nu19:21 | מי אדיה יחוור לבושוי ומן | די | יקרוב במי אדיה יהווי מסאב |
| 852 | Nu19:22 | וכל | די | יקרוב ביה מסאבה יסתאב ונפשה |
| 853 | Dt 5:24 | יתן מימרה דייי אלהן | די | יקריה וית תוקפיה וית קל |
| 854 | Dt 1:17 | קדם ייי הוא מתבע ופתגמה | די | יקשי מינכון תקרבון יתי |
| 855 | Lv15:09 | וכל מרכוב | די | ירכ' עלוי דיבה יסתאב: |
| 856 | Dt30:05 | יתכון ייי אלהכון לארעא | די | ירתו אבהתכון ותירתון יתה |
| 857 | Nu23:12 | וענה ואמר הלא מה | די | ישוי מימריה בפמי יתיה אטר |
| 858 | Gn40:23 | בר נשא די תרחץ בבשרא | די | ישוי בשרא רוחצנא בגין כן לא |
| 859 | Ex21:22 | סקל מתקנסא יתקנס היך מה | די | ישוי עלוי בעלה ויתן על פום |
| 860 | Nu22:38 | למללה כל מן דעם פתגמה | די | ישוי ייי בפמי יתה אמלל: |
| 861 | Dt28:31 | טבין קדם ייי אלהכון | די | ישיזיב יתכון מן יד |
| 862 | Dt28:54 | חובה טליותיה ובשיור בנוי | די | ישייר: |
| 863 | Dt28:45M | יתכון עד זמן דתש«ת»יצון/די | | ישיצון יתהון#2#/ |
| 864 | Dt28:48 | על צווריכון עד זמן | די | ישיצון יתכון: |
| 865 | Dt28:61 | יגרי ייי עליכון עד זמן | די | ישיצון יתכון: |
| 866 | Nu32:21 | ית ירדנה קדם ייי עד זמן | די | ישיצי ית בעלי דבבוי |
| 867 | Dt 7:23 | יתהון ערבוב רב זמן | די | ישיצי יתהון: |
| 868 | Dt 7:24 | מלך ושלטן באפיכון עד זמן | די | ישיצי יתהון: |
| 869 | Dt 9:04 | לא תאמרון בלבביכון בזמנה | די | ישיצי מימרה דייי אלהכון |
| 870 | Dt28:24 | וייחות עליכון עד זמן | די | ישיצי יתכון: |
| 871 | Dt31:04 | דא{ומ}<מו>רייי ולארעהון | די | ישיצי יתהון: |
| 872 | Gn24:19M | אמלא/אשקי#2#/ עד זמן /\די#2#/ | | ישלמון למישתי: |
| 873 | Nu 6:13M | נזירותה#2#/ \ביומא דשלמון/'די | | ישלמון#2#^/ ית יומי |
| 874 | Nu30:08 | וישמע בעלה ביומא | די | ישמע וישתוק לה ויקומון |
| 875 | Nu30:09 | ~ואין ביומא | די | ישמע בעלה יבטל יתהו ויבטל ית |
| 876 | Nu30:13 | יבטל יתהון בעלה ביומא | די | ישמע כל פירוש ספוותה לנדרא |
| 877 | Nu30:16 | יבטל יתהון בעלה מן בתר | די | ישמע ויקבל ית חובה: |
| 878 | Nu14:15 | כגבר חד ו{א}ימרון אומייה | די | ישמעון ית שמעך למימר: |
| 879 | Nu27:20 | ית מן רבותך עלוי מן בגלל | די | ישמעון כל כנישתה ^דבני |
| 880 | Dt 2:25 | אומייא די תחות כל שמיא | די | ישמעון שמעיכון וירגזון |
| 881 | Dt 4:06 | ובינתכון לעייני אומייה | די | ישמעון ית כל קיימיה האליין |
| 882 | Dt31:12 | דאית בארעכון מן בגלל | די | ישמעון ומן בגלל דילפון |
| 883 | Lv15:18 | ואתתה | די | ישמש גבר עמה תשמיש דזרע |
| 884 | Lv15:33 | דובה לדכר או לנקבה ולגבר | די | ישמש עם אתה מסאבה: |
| 885 | Lv19:20 | וגבר {כ}<ד>י | | ישמש עם אתה תשמי' דזרע |
| 886 | Lv20:10 | וגבר | די | ישמש עם אתתה דגבר ודי |
| 887 | Lv20:11 | וגבר | די | ישמש עם אתתה דאבוי מתקטלה |
| 888 | Lv20:12 | וגבר | די | ישמש עם אתתה דברה מתקטלה |
| 889 | Lv20:13 | וגבר | די | ישמש עם דכורה תשמיש דאתה |
| 890 | Lv20:18 | וגבר | די | ישמש עם אתה דוה ויבזי ית |
| 891 | Lv20:20 | וגבר | די | ישמש עם חביבתה עריתה |
| 892 | Dt27:20 | ליט יהווי גברה | די | ישמש עם אתת אבוי ארום בזי |
| 893 | Dt27:21 | ליט יהווי גברה | די | ישמש עם כל בעיר ויאמרון כל |
| 894 | Dt27:22 | ליט יהווי גברה | די | ישמש עם אחתיה ברת אבוי או |
| 895 | Dt27:23 | ליט יהווי גברה | די | ישמש עם חתנתיה ויאמרון כל |
| 896 | Nu 4:14 | ויתנון עלוי ית כל מנוי | די | ישמשו עלוי בהון ית מחתיתה |
| 897 | Nu 3:31 | ומדבחה ומני בית קודשה | די | ישמשון בהון ופרסה וכל |
| 898 | Nu 4:09 | וית כל מני שמושה | די | ישמשון יתיה בהון: |
| 899 | Nu 4:12 | ויסבון ית כל מני שמושה | די | ישמשון בהון בגו בית קודשה |
| 900 | Gn15:14 | ולחוד ית אמתא | די | ישעבדון יתהון מתפרעה אנה |
| 901 | Dt28:21 | בכון ית מותנה עד זמן | די | ישצי יתכון מעילווי ארעא |
| 902 | Nu 9:17 | יטלון בני ישראל ובאתרה | די | ישרי תמן משכנה תמן ישרון |
| 903 | Ex21:30 | ויתן פרקון נפשיה בכל מה | די | ישתוי עלוי: |
| 904 | Gn44:05 | הלא דן | די | ישתי רבוני ביה והוא מקסם |
| 905 | Dt23:16 | לא תמסור עבדה למריה | די | ישתיזב לוותך מן לוות |
| 906 | Gn44:09 | ית מן | די | ישתכח לוותיה מן עבדך יתקטל |
| 907 | Gn44:10 | כמליכון כן הוא ית מן | די | ישתכח לוותה יהווי לי עבד |
| 908 | Dt21:17 | חולק בכופלה בכל מה | די | ישתכח ליה ארום הוא שרוי |
| 909 | Dt20:11 | ותפתח לכון ויהווי כל עמא | די | ישתכחון בגווה יהווי לכון |
| 910 | Gn18:01 | אפשר לחד ממלאכי מרומא | די | ישתלח בידה יתיר מן חדה מילה |
| 911 | Ex25:29 | ובזיכוי וקשותה ומנקותה | די | ישתמש בהון דהב דכי תעבד |
| 912 | Ex37:16 | וית מנקיתא וית קשוותא | די | ישתמש בהון דהב דכי: |
| 913 | Gn15:14M | "אמתא ...": אומייא | די | ישתעבדון יתהון דאין אנה |
| 914 | Lv11:34 | מיין יסתאב וכל משקין | די | ישתתון בכל מן יסתאב: |
| 915 | Lv11:34M | \משקין די ישתתון/משקי | די | ישתתי#2#/ בכל מן יסתאב: |
| 916 | Gn 6:21 | ואת סב לך מן כל מיכל | די | יתאכל ותכנש לוותך ויהוי לך |
| 917 | Lv 6:03 | על בשריה וירים ית קטמא | די | {י}תאכל אשתה ית עלתה על גבי |
| 918 | Lv 7:18 | לה פסיל יהווי ונפשה | די | {י}תאכל מנה חובוי תקבל: |
| 919 | Lv11:34M | מיין יסתאב/מן כל מזונה | די | יתאכל די יתועל עלוי מים |
| 920 | Lv11:34 | מכל מיכל | די | יתאכל די יתיהב עלוי מיין |
| 921 | Lv17:13 | די יצוד ציד דחיה או עוף | די | יתאכל וישפוך ית אדמיה ויכסי |
| 922 | Lv27:26 | להוד בוכרה | די | יתאפרש לשמה דייי בבעירה לא |

923 Lv27:29 כל אפרשו די יתאפרש מן בר נשה לא יתפרק
924 Lv21:10 וכהנא דמתרבי מן אחוי די יתארק על ראשה מן משחה
925 Gn22:02M טור מוריה\דתמן עתיד די יתבני בית מקדשא#2/ וקרב
926 Dt22:02 בייתך ויהווי עמך עד זמן די יתבע יתיה אחוך ותחזר יתיה
927 Lv17:08 דבית ישראל ומן גייורה די יתגיירון ביניכון די יקרב
928 Dt23:20 זפו דכסף זפו דכל מילה די יתוזף:
929 Lv11:34M /מן כל מזונה די יתאכל/ די יתועל עלוי מים יס'#2/ וכל
930 Lv13:14 וביומא די יתחזי בה בשר חי יסתאב:
931 Dt19:15 ולכל סרחון בכל סרחון די יתחייב על פם תרין סהדין או
932 Dt15:08 תזבדון לה כמסת חסרוניה די יתחסר לה:
933 Lv15:04 עלוי דיבה יסתאב וכל מן די יתיב עלוי יסתאב:
934 Lv15:06 ודיתיב על מנא די יתיב עלוי דיבה יחוור לבושוי
935 Dt17:18 ויהווי כד די יתיב על כורסי מלכותיה
936 Lv11:34 מכל מיכל די יתאכל די יתיהב עלוי מיין יסתאב וכל
937 Dt23:09 בנין מה די יתילדו להון דר תליתי יתחשב
938 Dt15:19 כל בכורייה די יתילדון בתוריכון ובעניכון
939 Ex12:25 ויהוי ארום תיעלון לארעא די יתן ייי לכון היך מה דמלל
940 Lv20:02 דמתגיירין בישר«אל» די יתן מן בנוי למעברה קדם
941 Lv20:15 וגבר די יתן תשמישיה בבעיר מתקטלה
942 Nu 5:10 ית קדשוי דידיה יהוון גבר די יתן לכהנה דידיה יהווי:
943 Nu18:12M חמר ומשח שורייהון די יתנון לשמה
944 Dt17:10 ותעבד על פם פתגמא די יתנון לכון מן אתרא ההוא די
945 Dt17:11 תעבדון לא תסטון מן פתגמא די יתנון לכון לא לימינה ולא
946 Nu 6:05 רישיה עד די שלמין יומיא די יתנזר קדם ייי קדיש יהווי
947 Lv11:32 לבוש או משך או סק כל מן די יתעבד עבידה בהון במיא יתעל
948 Lv13:51 או בערבה או במשך לכל מה די יתעבד משכה לעבידה צרעה
949 Nu 4:26 מני פולחניהון וית כל מה די יתעבד להון ויפלחון:
950 Ex12:16 לא יתעבד בהון לחוד מה די יתעביד לכל צורכיה דנפשה הוא
951 Lv 6:23 וכל חטאתה די יתעל מן אדמה למשכן זימנה
952 Dt 7:04 {סדם ס} <סעוון> אחרניין די יתקוף רוגזיה דייי בכון דלא
953 Lv 2:08 ותיתי ית מנחתא די יתקרב מן אלין לשמה דייי
954 Ex35:29M לבהון יתהון למייתייה /<די> יתרברב לבהון למ'#2/ לכל
955 Gn40:23M רחצונא ובריך יהוי גברא די יתרחיץ בשם ממרי' דייי
956 Nu16:07 קדם ייי למחר ויהוי גברא די יתרעי ביה ייי קדישא אסגיתון
957 Dt12:05 ארום אלהן לארעא די יתרעי ייי אלהכון מן כל
958 Dt12:11 ויהווי אתרא די יתרעי ייי אלהכון ביה
959 Dt12:14 ארום אלהן באתרא די יתרעי ממרא דייי בחר מן
960 Dt12:18 אלהכון תיכלון יתיה באתרה די יתרעי ייי אלהכון בה אתון
961 Dt12:21 ארום יירחוק מנכון אתרה די יתרעי ייי אלהכון למשרייה
962 Dt12:26 תטענון ותייתון לאתרה די יתרעי ייי:
963 Dt14:23 קדם ייי אלהכון באתרה די יתרעי למשרי יקר שכינתיה תמן
964 Dt14:24 ארום ירחק מנכון אתרה די יתרעי ייי אלהכון למשרייה
965 Dt14:25 בידיכון ותיזלון לאתרה די יתרעי ייי אלהכון בה:
966 Dt15:20 יתיה שתה בשתה באתרה די יתרעי ייי אלהכון אתון
967 Dt16:02 אלהכון ען ותורין באתרה די יתרעי ייי למשריה איקר
968 Dt16:06 אלהן לאתרא די יתרעי ייי אלהכון למשרייה
969 Dt16:07 ותבשלון ותיכלון באתרה די יתרעי ייי אלהכון ביה
970 Dt16:11 וארמלתה די ביניכון באתרא די יתרעי ייי אלהכון למשרייה
971 Dt16:15 קדם ייי אלהכון באתרה די יתרעי ייי ארום יברך יתכון
972 Dt16:16 עלמיא ייי אלהכון באתרא די יתרעי בחגה דפטירייה
973 Dt17:08 ותקומון ותסקון לאתרה די יתרעי ייי אלהכון ביה:
974 Dt17:10 יתנון לכון מן אתרא ההוא די יתרעי ממריה דייי ותתטרון
975 Dt18:06 בכל תוחמדת נפשיה לאתרא די יתרעי ייי:
976 Dt23:17 עמכון ישרי ביניכון באתרא די יתרעי בחדה מן קרייכון לאן
977 Dt26:02 ותשוון בסלה ותזלון לאתרא די יתרעי ייי אלהכון למשרייה
978 Dt31:11 קדם ייי אלהכון באתרה די יתרעי תקרא ית אורייתה הדה
979 Dt 2:35 דקורייתה די כבשינן:
980 Ex11:06 רבה בכל ארעא דמצרים די כוותה לא הוות וכוותה לא תסף
981 Gn13:16 היך מה{מה} דלית אפשר די כל גבר למימני ית עפרא דארעא
982 Gn25:18 ושרון מן הנדין עד הלוצה די כל קבל מצרים מעלך לאתור
983 Gn49:30 במערתא די בחקל כפלא די כל קבל ממרא דכנען די זבן
984 Dt32:49 הר נבו די בארע' דמאב די כל קבל יריחו וחמי ית ארעא
985 Gn23:19 אתתיה במערתי חקל כפילא די כל קובל מימרא היא חברון
986 Gn25:09 דעפרו' בן צחר חתיה די כל קובל מימרא:
987 Gn15:17M דאשיה ובגי' רשעין די כפרו באוריתא
988 Ex24:12 אבניא ואורייתא וקיימא די כתבית למלפא יתהון:
989 Ex24:12M למלפא יתהון/ופיקודא די כתבית למחור' יתהון#2/:
990 Ex32:32 לא מחק יתי מן ספר אוריתך די כתבת:
991 Gn25:06 ולבנוי לחינתי די לאברהם יהב אברהם דורון
992 Ex29:26 {יח} <מן> דכרא דאשלמותא די לאהרן ותניף ית{הון}<יה>
993 Ex29:29 ולבושי קודשא די לאהרן יהווי לבנוי בתרוי
994 Ex39:01 ית לבושי קדש{י}<ה>^ די לאהרן היך מה דפקד ייי ית
995 Gn 3:22 חייא עד לעלמין וכדון על די לא נטר מצותיה דאוריתא ולא
996 Gn 3:24 מנהון לעלמא דאתי על די לא נטרו מצותה דאוריתא בעלמא
997 Gn 4:24 איתלי לי ולמך בר ברה די לא קטל בדינא הוא דיתלי ליה
998 Gn 7:02 שבעה דכר ונקב' ומן בעירא די לא דכיא הו{{ה}}«א» תרין
999 Gn11:07M \דלא ישמעון גבר /די/ לא יכלון למשמוע בי'#2/
1000 Gn15:01M די נפלו קודמוי או דלמא די לא ישתכח לי זכו בזמנה
1001 Gn15:17M לרשיעיא לעלמא דאתי על די לא עסקו אולפן אוריתא בעלמא
1002 Gn17:12 כספכון מן כל בר עממין די לא מן בניכון הוא:
1003 Gn17:14 וערל דכר די לא יגזר ית בשרא דערלתיה
1004 Gn19:08M \דלא חכמן גב«ר» \אית די לא חכימן תשמיש דגבר#2/
1005 Gn21:08 ילדת לאברהם עבד עובדין די לא כשרין היך מגהך בפולחנא
1006 Gn21:09 ילדת לאברהם עבד עובדין די לא כשרין:
1007 Gn32:13 ואשוי ית בניך כחלא דימא די לא יתמנון מן סגי:
1008 Gn45:06M חמש שנין דלא/אחרניין די לא#2/ זרעין ולא חצדין:
1009 Gn49:12M אדם "מלמיכל ... וגזיליך": די לא אכל בהון לא חמסין ולא
1010 Gn49:22M הוא יוסף גברא חסידא דלא/די לא#2/ אזל בתר חיזוי
1011 Ex 1:08 וקם מלך חדת על מצרים די לא ^הוה#2^ חכם ית יוסף
1012 Ex 8:18 דגשן די עמי שריין עלה די לא למהווי תמן ערב{ו}<ר>ובא
1013 Ex 9:18 בשעתה למחר ברד תקיף לחדא די לא הוי כוותה במצרים למן
1014 Ex 9:21 ומן די לא שוי לבא לפתגמוי דייי
1015 Ex 9:24 מקפצה בגו ברדה תקיף לחדא די לא הוות כוותיה בכל ארעא
1016 Ex10:06 שלטונך ובתיהון דכל מצריי די לא חמון אבהתך ואבהת אבהתך
1017 Ex12:30 ארום לא הוה תמן בית די לא הוה תמן מיתין:
1018 Ex12:30M לא הוה תמן מיתין/בייתא די לא הוה ביה מיתא מן
1019 Ex12:30M ביית מן מצרים די לא הוה ביה מית <מן> מצרים
1020 Ex20:26 בדרגין על גבי מדבחי די לא תתגלי עריתך עלוי:
1021 Ex22:15M גבר בתולה\דלא מארסה /די/ לא ארסת#2/ וישמש עמה
1022 Ex32:25 שמה מפרשה חקיק עליהון על די לא שמעו למילוי דאהרן קנון
1023 Ex34:10 כל עמך אעבד נסין ופלאין די לא אתברון בכל ארעא ובכל
1024 Lv 4:02 בשלוה מן כל מצותה דייי די לא כשרין מתעבדה ותעבד חדא
1025 Lv 4:13 ויעבדון חדא מן כל מצוותה די לא כשרין למתעבדה ויתחייבון:
1026 Lv 4:13M לא כשרין /פקודוי דייי די לא כשרה#2/ למתעבדה
1027 Lv 5:17 חדה מן כל מצוותה דייי די לא כשרין למתעבדה ולא ידע
1028 Lv14:32 גזירת דמן דבה מכתש צרעה די לא ארעת ידה למייתיה קרבן
1029 Lv16:01 יתיר דלא בזמנה קדם ייי די לא אתפקדו ומיתו:
1030 Lv16:01M אשה ברייה קדם ייי מה די לא

|  |  |  |  |  |
|---|---|---|---|---|
| 1031 | Lv21:03 | בתולתה דקריבה לוותיה | די | לא אתנסבה לגבר לעליה יסתאב: |
| 1032 | Lv24:12M | דיני נפשן ומסאבין | די | לא יכלו למ' |
| 1033 | Lv27:11 | ואן כל בעיר מסאב | די | לא יקרב מנה קדם ייי קרבן |
| 1034 | Lv27:22 | ואן ית חקל זבונה | די | לא מן חקל אחסנתיה יקדש לשמה |
| 1035 | Nu 9:08M | /מתיין#2#/ במסאבין | דלא/די | לא#2#/ יכלו למעבד פסחה |
| 1036 | Nu15:34M | דיני נפשה ובמסאבין | די | לא יכלו למעבד פיסחא בזמנא |
| 1037 | Nu17:05 | די לא יקרב גבר חילוניי | די | לא מן בנוי דאהרן הוא |
| 1038 | Nu17:05 | טב לבני ישראל מן בגלל | די | לא יקרב גבר חילוניי די לא |
| 1039 | Nu19:02 | סמוקה שלמה די לית בה מום | די | לא סלק עליה שעבוד דניר: |
| 1040 | Nu20:12 | ייי למשה ולאהרן חלף | די | לא היימנתון לי בשם מימרי |
| 1041 | Nu21:15 | לאתריהון לחוות קרתה | די | לא הוות בעצתהון אשתיזיבת |
| 1042 | Nu21:35 | וית בנוי וית כל עמיה עד | די | לא שיירו לה שזבא וירתו ית |
| 1043 | Nu22:26 | למעבר וקם ליה באתר דחיק | די | לא הווה תמן אורח למסטי לא |
| 1044 | Nu31:23 | במי אדיה ידכא וכל מה | די | לא ייעול בנורא תעברון במיא: |
| 1045 | Nu31:35 | ונפש דבר נש מן נשייה | די | לא חכמן תשמיש דכורא כל |
| 1046 | Dt 1:39 | לבזה יהוון ובניכון | די | לא חכמון יומא הדין למפרשה |
| 1047 | Dt 3:03 | כל עמיה וקטלנן יתיה עד | די | לא אישתייר ליה שיזבו: |
| 1048 | Dt 3:04 | בשעתה ההיא לא הות קריה | די | לא נסבנן יתהון |
| 1049 | Dt 4:09 | לכון וטורו נפשיכון לחדה | די | לא תנשון ית דביריה די חמון |
| 1050 | Dt 4:28 | טעוון דקיס טעוון דאבן | די | לא חזיין ולא שמעין ולא |
| 1051 | Dt 6:10 | לכון קירוין רברבן וטבן | די | לא בניתון: |
| 1052 | Dt 6:11 | לא חצבתון כרמין וזייתין | די | לא נצבתון ות«א»כלון |
| 1053 | Dt 6:11 | ובתין מליין כל טוב | די | לא בניתון וגובין חצובין די |
| 1054 | Dt 6:11 | לא בניתון וגובין חצובין | די | לא חצבתון כרמין וזייתין די |
| 1055 | Dt 6:12 | אזדהרו לכון | די | לא תנשון ית אולפן אורייתה |
| 1056 | Dt 8:03 | ואייכל יתכון ית מנה | די | לא חכמתון ולא חכימן אבהתכון |
| 1057 | Dt 8:09 | ארע | די | לא במסכנות תאכלון בה לחם לא |
| 1058 | Dt 8:11 | אזדהרו לכון | די | לא תנשון ית אולפן אורייתה |
| 1059 | Dt 8:16 | די אייכל יתכון מנה במדברה | די | לא חכמו אבהתכון מן בגלל |
| 1060 | Dt 8:20M | כן תישתצון חולף | די | לא שמעתון בקל |
| 1061 | Dt10:17 | אלה» רבה גיברה ודחילה | די | לא נסיב אפין בדינה ולא מקבל |
| 1062 | Dt11:02 | הדין ארום לא ית בניכון | די | לא חכימו ודלא חמון ית אולפן |
| 1063 | Dt11:28 | <....> {ולווטייה} אחרניין | די | לא חכמתון: |
| 1064 | Dt13:03 | נזיל בתר טעוון אחרניין | די | לא חכמתון יתהון ונפלח |
| 1065 | Dt13:07 | ונפלח כען טעוון אחרניין | די | לא חכמתון אתון ואבהתכון: |
| 1066 | Dt13:14 | ונפלח קדם טעוון אחרניין | די | לא חכמתון: |
| 1067 | Dt14:12 | ואיליין | די | לא תיכלון מינהון נשרא |
| 1068 | Dt17:03 | או לכל חילוות שמייא | די | לא פקדית: |
| 1069 | Dt17:15 | עליכון גבר בר עממין | די | לא מן אחוכון בר ישראל הוא: |
| 1070 | Dt18:19 | ויהוי גברא | די | לא ישמע לדיבורוי די ימלל בשם |
| 1071 | Dt18:20 | פתגם בשם ממרי ית מה | די | לא פקדית יתיה לממללא ודי |
| 1072 | Dt18:21 | אכדן נדע ^ית#2#^ פתגמא | די | לא מלל יתיה ממרא דייי: |
| 1073 | Dt18:22 | פתגמא ולא יתי הוא פתגמא | די | לא מלל יתיה בזידינו מליל |
| 1074 | Dt20:15 | קרייתה דרחיקן מנכון לחדה | די | לא מן קרי אומייה האליין |
| 1075 | Dt20:18 | מן בגלל | די | לא יילפון יתכון למעבד ככל |
| 1076 | Dt20:20 | לחוד אילנה דאתון ידעין | די | לא אילן עבד פירין הוא יתיה |
| 1077 | Dt21:03 | קרתה ההיא עגלת ברת תורין | די | לא אתפלח בה די לא סלק עליה |
| 1078 | Dt21:03 | ברת תורין די לא אתפלח בה | די | לא סלק עליה שעבוד דניר: |
| 1079 | Dt21:04 | ית עגלתה לנחיל דבייר | די | לא אתפלח ביה ולא יזדרע |
| 1080 | Dt22:24 | וימותון ית רביתה על עסק | די | לא צווחת בקרתה וית גברא |
| 1081 | Dt22:28 | ארום ישכח גבר רבי בתולה | די | לא אתארסת ויתפוש יתה וישמש |
| 1082 | Dt23:05 | על עסיק | די | לא אקדימו יתכון בלחמא ובמיא |
| 1083 | Dt23:11 | ארום יהווי בכון גבר | די | לא יהווי דכי מן קרי דליליה |
| 1084 | Dt25:09 | סידרא י{ד}<ת>עבד לגברא | די | לא צבה למיבני ית בייתה |
| 1085 | Dt27:26 | ליט יהווי גברה | די | לא יקים ית פתגמי אוריתה הדה |
| 1086 | Dt28:27 | דמצריי ובטחוריה ובחרבנה | די | לא תיכלון למיתאסייה: |
| 1087 | Dt28:33 | וכל לעותכון יאכלון אומה | די | לא חכמתון יתה ותהוון לחוד |
| 1088 | Dt28:35 | בישה על ברכייה ועל שקייה | די | לא תיכלון למתאסייה מן כף |
| 1089 | Dt28:36 | די תקימון עליכון לאומה | די | לא חכמתון אתון ואבהתכון |
| 1090 | Dt28:47 | חלף | די | לא פלחתון קדם ייי אלהכון |
| 1091 | Dt28:49 | היך מה דטייס נשרא אומה | די | לא תיכלון למישמע לשניה: |
| 1092 | Dt28:50 | אומה חציפת אפין | די | לא נסבת אפין לסב ועל עולם |
| 1093 | Dt28:51 | ארעכון עד זמן די תשתיצון | די | לא ישיירון לכון עבור או חמר |
| 1094 | Dt28:56 | מחטיתה בכון ומפרנקתה | די | לא אנסת כפה דרגלה למקבע יתה |
| 1095 | Dt28:61 | לחוד כל בושין וכל מכתשין | די | לא כתיבין בספר אורייתה הדה |
| 1096 | Dt29:25 | ואשטתחו להון טעוון | די | לא חכמו יתהון ולא אתבדרון |
| 1097 | Dt31:13 | ובניהון | די | לא חכמו ישמעון וילפון למדחל |
| 1098 | Dt32:17 | שדיה דלית בהון ממש טעוון | די | לא חכמו יתהון חדתן אינון |
| 1099 | Dt32:51 | דרקם במדברה דצין על | די | לא קדשתון יתי בגו בני |
| 1100 | Gn31:19 | ענה וגנבת רחל ית צלמייה | די | לאבוה: |
| 1101 | Gn29:09 | עמהון ורחל אתת עם ענה | די | לאבוהי ארום {{רעיא}} רעייה |
| 1102 | Ex25:26 | עזקייא על ארבעתי זוויתא | די | לארבעתי רגלוי: |
| 1103 | Ex37:13 | עזקיה על ארבעתי זוייתה | די | לארבעתי רגלוי: |
| 1104 | Ex33:07 | ייי נפק למשכן זימנא | די | לבר מן משריתא: |
| 1105 | Lv16:23 | וישלח ית לבושי בוצא | די | לבש במעלה לגו בית קדשה |
| 1106 | Gn31:21 | וערק הוא וכל מה | די | לה וקם ועבר ית נהרא ושוי ית |
| 1107 | Ex20:17 | תורי ולא חמריה ולא כל מה | די | לחברך ארום בחובי חמודייה |
| 1108 | Dt 5:21 | ולא חמריה ולא כל מה | די | לחברך ארום בחובי חמודיה |
| 1109 | Ex18:18 | את לחוד עמא האליין | «די» | {לחוד} עמך ארום תקף |
| 1110 | Lv 5:08 | יתהון לות כהנא ויקרב ית | די | לחטאתה קודמוי ויעזום ית |
| 1111 | Gn34:14 | הדין למיסב ית אחתן לגבר | די | ליה <עורלה> ארום בזיון הוא |
| 1112 | Gn46:02 | ואמר ייי לישראל בחזוה | די | ליליא ואמר יעקב יעקב |
| 1113 | Gn30:33 | למקבלה אגרי קדמיך כל | די | לית הוא קרח ונמר בעיזייא |
| 1114 | Lv11:10 | וכל | די | לית ליה סנפירין וקסקסין |
| 1115 | Lv25:31 | ובתי כופרנייה | די | לית להון שורין מן חזור חזור |
| 1116 | Nu19:02 | לוותך תורא סמוקה שלמה | די | לית בה מום די לא סלק עליה |
| 1117 | Nu19:15 | וכל מן דחסף פתיח | די | לית גופה דשיע מקפה עלוי |
| 1118 | Nu27:17 | תיהווי כנשתה דייי כעין | די | לית ליה רעי: |
| 1119 | Dt 8:15 | שרפין ועקרבין וצהו | די | לית מיין די אפיק לכון מיין |
| 1120 | Dt31:17 | ביומה ההוא הלא על | די | לית איקר שכינתה דייי שרייה |
| 1121 | Lv 5:23M | טלומא או ית פקד<'>[...] | די | לם ית חר' |
| 1122 | Gn40:05 | מזוגיי«א» ורב נחתומיא | די | למלכא דמצרים דהוון חבושין |
| 1123 | Nu28:23 | בר מן עלתה דצפרה | די | לעלתה דתמידה תקרבון ית |
| 1124 | Nu13:24 | נחל סגולה על עסק סגולה | די | לקטו מן תמן בני ישראל: |
| 1125 | Nu11:20M | "חלף ... ביניכון": חולף | די | מאסתון יקר שכינתה דייי |
| 1126 | Nu14:31 | יתהון ויחכמון ית ארעא | די | מאסתון בה: |
| 1127 | Lv11:09 | ית דין תאכלון מן כל מה | די | {מב}<במ>יא כל דאית לה |
| 1128 | Ex17:05 | דישרא«ל» וחטרא | די | מחית בה ית נהרא תיסב בידך |
| 1129 | Gn44:02 | זבנה ועבד כמלתיה דיוסף | די | מליל: |
| 1130 | Ex 9:35 | ישראל היך מה {דמליל} | די | מליל ייי עם משה: |
| 1131 | Ex24:03 | קל חד ואמרין כל פתגמיא | די | מליל ייי נעבד: |
| 1132 | Lv10:03 | משה לאהרן הוא פתגמא | די | מליל ייי למימר במן דמקרב |
| 1133 | Dt 5:28 | ית קל מליהון דעמא האליין | די | מלילו עמך הא שפר ותקן |
| 1134 | Dt 5:28 | שפר ותקן אייטיבו כל מה | די | מלילו: |
| 1135 | Dt18:17 | משה הא שפר ותקן כל מה | די | מלילו: |
| 1136 | Gn41:28 | ההוא פתגמא | די | מלילית עם פרעה ית מה דייי |
| 1137 | Gn42:14 | ואמר להון יוסף הא פתגמא | די | מלילת עמכון למימר ילילין |
| 1138 | Gn36:31 | ואלין מלכיא | די | מלכו בארעהון דאדומיי |

|  |  |  |  |  |
|---|---|---|---|---|
| 1139 | Gn21:02M | ייי /ביר לסבותא בזמנא | די | מלל עימיה ממריה דייי#2#/: |
| 1140 | Gn35:13 | שכינתה דייי מעילוי באתרא | די | מלל עמיה: |
| 1141 | Gn35:15 | וקרא יעקב ית שמה דאתרא | די | מלל עמיה תמן ייי בית אל: |
| 1142 | Ex 4:30 | ומליל אהרן ית כל פתגמיא | די | מלל ייי עם משה ועבד נסייא |
| 1143 | Ex 6:28 | והוה ביומא | די | מלל ייי עם משה בארעא |
| 1144 | Ex 9:12 | ולא שמע להון היך מה | די | מלל ייי עם משה: |
| 1145 | Ex16:23 | {ואמר} משה הוא פתגמא | די | מלל ייי שבת שבתא קדש קדם |
| 1146 | Ex16:24M | יתיה עד צפרא היך מה | דפקד/די | מלל#2#/ משה ולא אסרח |
| 1147 | Ex24:07 | כשמעון דעמא ואמרין כל מה | די | מלל ייי נעבד ונשמע: |
| 1148 | Ex34:32M | "דפקד ... בטורא": | די | מלל מימריה דייי עימיה בטו' |
| 1149 | Lv10:11 | בני ישראל ית כל קיימיה | די | מלל ייי עמהון על ידוי |
| 1150 | Nu 3:01 | דאהרן ודמשה ביומא | די | מלל «ייי» עם משה בטורא |
| 1151 | Nu 5:04 | לבר מן משריתה היך מה | די | מלל ייי עם משה כדן עבדו |
| 1152 | Nu15:22 | ית כל מצוותה האליין | די | מלל <ייי> עם משה: |
| 1153 | Nu17:05 | כקרח וככנישתיה היך מה | די | מלל ייי על ידוי דמשה ליה: |
| 1154 | Nu27:23 | ופקד עלוי ופקד יתיה מה | די | מלל ייי על ידוי דמשה: |
| 1155 | Nu32:31 | דראובן למימ' ית מה | די | מלל ייי עם עבדך כדן נעבד: |
| 1156 | Dt 1:01 | אלין פתגמייה | די | מלל משה עם כל בני ישראל |
| 1157 | Dt 1:21 | ארעא סוקו וירתו היך מה | די | מלל ייי אלה אבהתכון לכון לא |
| 1158 | Dt 2:01 | ארח ימה דסוף היך מה | די | מלל ממריה דייי עמי אמר משה |
| 1159 | Dt 4:15 | לא חמיתון כל דמו ביומא | די | מלל ייי עמכון בטורא דחורב |
| 1160 | Dt 4:45 | וקיימיה וסדריי{ה} דינייה | די | מלל משה עם בני ישראל |
| 1161 | Dt 6:03 | ודי תסגון לחדה היך מה | די | מלל ייי אלה אבהתכון לכון |
| 1162 | Dt 6:19 | מן קדמיכון היך מה | די | מלל ייי: |
| 1163 | Dt 9:03 | יתהון בפריע היך מה | די | מלל ייי לכון: |
| 1164 | Dt 9:10 | הוה כתיב כל דביריה | די | מלל ממרה דייי עמכון בטורה |
| 1165 | Dt 9:28 | ייי למיעלה יתהון לארעא | די | מלל להון ועל דהווה סני |
| 1166 | Dt10:04 | קדמייה ית עשרתי דביריה | די | מלל ממריה דייי עמכון בטורה |
| 1167 | Dt12:20 | ית תחומיכון היך מה | די | מלל ^לכון#2#^ ותימרון איכל |
| 1168 | Dt13:03 | וייתי אתה או סימנה | די | מלל לכון למימ' נזיל בתר |
| 1169 | Dt15:06 | אלהכון ברך יתכון היך מה | די | מלל לכון ותזופון לאומין |
| 1170 | Dt19:08 | ויתן לכון ית כל ארעא | די | מלל למיתן לאבהתכון: |
| 1171 | Dt23:24M | ייי אלהכון נדיבה היך מה | די | מלל |
| 1172 | Dt26:18 | חביבין היך סגולה היך מה | די | מלל לכון ולמיטר כל מצוותיה: |
| 1173 | Dt26:19 | קדם ייי אלהכון היך מה | די | מלל: |
| 1174 | Dt27:03 | וחליין כדבשה היך מה | די | מלל ייי אלהכון לכון: |
| 1175 | Dt31:03 | הוא דעבר קדמיכון היך מה | די | מלל ייי: |
| 1176 | Gn18:05M | /כן תעביד היך מה | די | מללת#2#/: |
| 1177 | Ex32:34 | אזל דבר ית עמא לאתרא | די | מללת לך הא מלאכי ידבר קדמך |
| 1178 | Nu22:20M | ולחוד ית פתגמא | דאמלל/די | מללת#2#/ עמך יתיה תעבד: |
| 1179 | Dt 1:14 | ^הא#2#^ שפר פתגמא | די | מללת למעבד: |
| 1180 | Gn19:21 | הדין דלא מיפך ית קרתא | די | מללתא: |
| 1181 | Gn19:21M | ית קרתא ד'/היך מה | די#2#/ | מללתא: |
| 1182 | Dt23:24 | קדם ייי אלהכון נדבה | די | מללתון בפומכון: |
| 1183 | Gn 1:07 | מן תחות רקיעא ובין מיא | די | מלעיל לרקיעא והוה כן |
| 1184 | Ex 4:10 | מן דקדמוי לחוד מן זמנא | די | {מ}מללת עם עבדך ארום חגר |
| 1185 | Ex33:17 | למשה להוד ית פתגמא הדין | די | {מ}מללת אעבד ארום אשכחת חן |
| 1186 | Gn 6:04 | וילידו להון אינון גיבריא | די | מן שרוי עלמא גיברין מפרשין |
| 1187 | Gn 7:23 | ברייתא די על אפי דארעא | די | מן בני אנשא עד בעירה עד |
| 1188 | Gn14:15 | ורדף יתהון עד חובה | די | מן צפון לדרמשק: |
| 1189 | Ex28:26 | דחושנא על סי{מפ}<פמ>ה | די | מן סיטרא דאפודה מלגו: |
| 1190 | Ex39:19 | סטרוי דחושנה על סיפוותה | די | מן סיטרה דאפודה מן לגו: |
| 1191 | Nu34:15M | נפק להון תחומה לחובה | די | מן צפון עיינוותה דדרמסק |
| 1192 | Nu34:15M | דקיס{ס}רי{י}<ו>ן | די | מן מדנח מער{ב}<ת> דן נפק |
| 1193 | Dt 3:24 | וית גבורת ידך תקיפתה | די | מן אלה כוותך דאיקר שכינתך |
| 1194 | Dt21:02 | וימשחון לקרייתה | די | מן חזור חזור לקטילה: |
| 1195 | Lv 4:18M | דבמשכן זמנא | די | מן קדם ייי |
| 1196 | Lv18:28 | היך מה די פלטת ית אומייה | די | מן קדמיכון: |
| 1197 | Gn 1:07 | ית רקיעא ואפרש בין מיא | די | מן תחות רקיעא ובין מיא די |
| 1198 | Gn30:02 | ואת ניזל ונבעי קדם ייי | די | «מנע» מניך פירי וולד |
| 1199 | Nu 3:03 | שמהת בנוי דאהרן כהניה | די | מרבין די אשלמו קרבן ידיהון |
| 1200 | Gn15:17M | לגווה אתמריין על | די | מרדו בחייהון באולפן |
| 1201 | Ex20:07M | שמה דייי אלהיה על מגן | /די | משתבע בשמי' לשקר#2#/: |
| 1202 | Lv 3:04 | די על כסליה וית מה | די | משתייר מן חצר כבדה על כליתה |
| 1203 | Gn22:10M | מתנכיס דנכיס לא חאיס | די | מתנכס |
| 1204 | Ex35:21 | ואתון כל גבר | די | נדב יתיה לביה וכל די נדבת |
| 1205 | Ex35:22 | גובריא סמיך לנשיא כל | די | נדב יתיה לביה אייתי{ן}<ו> |
| 1206 | Ex35:26 | וכל נשיא | די | נדב לבהון יתהון בחכמה הוון |
| 1207 | Ex36:02 | דשוי ייי חכמה בלבה כל | די | נדב יתיה לבה למקרבה לעבידתה |
| 1208 | Ex35:21 | גבר די נדב יתיה לביה וכל | די | נדבת רוחה יתיה אייתון ית |
| 1209 | Gn31:13 | די רבית תמן קיימא | די | נדרת לי תמן נדר כדון קום |
| 1210 | Ex24:14 | אמתינו לי הכא עד זמן | די | נחזור לוותכון והא אהרן |
| 1211 | Ex34:29M | \כד נחת משה מן /בזמן | די | נחת מן#2#/ טורא דסיני |
| 1212 | Dt 7:08 | די רחם ייי יתכון ומן | די | נטר ית שבועתה די קיים |
| 1213 | Dt 7:08M | נטר/ומידנטר#2#/ומן מה | די | נטר#2#/ ית שבועתה די קיים |
| 1214 | Gn 3:24 | מן פרי אילנ' על | די | נטרו מצוותה דאורייתא בעלמא |
| 1215 | Gn30:02M | אנא ואת ניזל ונבעי קדם | /די | נמניע יתהון אתיי אנה ואת |
| 1216 | Gn 2:22 | ושכלל ייי אלהים ית אלעא | די | נסב מן אדם לאתה ואייתי יתה |
| 1217 | Nu12:01 | במשה על עסק אתתה כושיתה | די | נסב והלו אתה כושיה הות |
| 1218 | Dt24:03 | ארום ימות גברא אחרייה | די | נסב יתה ליה לאתה: |
| 1219 | Dt24:05 | שתה חדא ויחדי ית אתתיה | די | נסב: |
| 1220 | Gn30:15M | היא דא די נסבת /זעיר | די | נסבית#2#/ ית בעלי ואת בעיא |
| 1221 | Gn30:15 | ואמרת לה הא זעירא היא דא | די | נסבת ית בעלי ואת בעיא למיסב |
| 1222 | Ex17:07 | דאדיינון בני ישראל ועל | די | נסון קדם ייי למימר הא |
| 1223 | Dt 1:22 | יתן פתגמא ית ארחא | די | נסוק בה וית קו{ח}<ר>יתה די |
| 1224 | Dt27:25 | ליט יהווי גברה | די | נסיב שחוד למקטול נפיש אדם |
| 1225 | Gn44:18M | עד ... מצראי": עד זמן | די | נעבד כל ארעיה דמצרי' צדי |
| 1226 | Dt 2:29 | דשריין בלחיית עד זמן | די | נעבר ית ירדנה הדן לארעא |
| 1227 | Gn20:13 | די תעבדון עמי לכל אתר | די | נעול לתמן אמרי כען עלי אחי |
| 1228 | Dt 1:22 | נסוק בה וית קו{ח}<ר>יתה | די | נעול בגוויהון: |
| 1229 | Nu32:17 | קדם בני ישראל עד זמן | די | נעל יתהון לאתריהון וישרון |
| 1230 | Dt33:08 | אלבישת לאהרן גברא חסידה | די | נפית יתיה וקם בנסיונה ובדקת |
| 1231 | Gn15:01M | לי זכו בזמנ' קדמיא | די | נפלו קודמוי או דלמא די לא |
| 1232 | Gn15:01 | קריביהון דקטיליה האילין | די | נפלו קדמיי ויהוון בכרכיהון |
| 1233 | Dt 1:01M | בכון חיוותה ובחצרות | די | נפלו מן פיגריכון על ידי |
| 1234 | Gn12:04 | וחמש שנין הוה בזמנה | די | נפק מחרן: |
| 1235 | Gn28:10 | עם אבונן יעקב בזמנא | די | נפק מן באר שבע למיזל |
| 1236 | Gn 9:18 | והוון בני נח | די | נפקו מן תיבותא שם וחם |
| 1237 | Gn10:14 | וית פתרוסיא וית כסלוחיא | די | נפקו מן תמן פלישתייא וית |
| 1238 | Gn50:01 | ושרשוי מטיין עד דרי עלמא | די | נפקו מיניה תרי עשר שבטיא |
| 1239 | Gn50:01 | שבטיא דבני ישראל | די | נפקו מיניה כהנייא |
| 1240 | Nu33:01 | אלין מטלניהון דבני ישראל | די | נפקו פריקין מן ארעא דמצרים |
| 1241 | Dt 2:23 | עד עזה קפוטקייה | די | נפקו מן קפו{קד}<דק>ייא |
| 1242 | Dt11:10 | יתה לא כארעא דמצרים היא | די | נפקתון מן תמן די תזרעון ית |
| 1243 | Dt23:05M | באורחא בזמן | אפקותכון/די | נפקתון#2#/ פריקין מן |
| 1244 | Dt25:17M | עמלק באורחא בזמן | אפקותכון/די | נפקתון#2#/ פריקין מן |
| 1245 | Dt20:06 | ומן הוא גברא | די | נצב כרם ולא אפריק פירוי |
| 1246 | Gn 1:12 | אילן דפירין דעבד פירין | די | נצבת' מנה ובה למינה וגלי |

|  |  | | | |
|---|---|---|---|---|
| 1247 | Gn 1:11 | דפירין דעבד פירין למינה | די | נצבתא מינה ובה על ארעא והוה |
| 1248 | Gn27:27M | כריח ...": כריחה דגינתא | די | נציבא בחקלא דעדן |
| 1249 | Gn 7:22 | כל | די | נשמה דרוח חיין בנחירוי מן |
| 1250 | Gn34:13 | אבוי בסגי חכמתהון ומללו | די | סאב ית דינה אחתהון: |
| 1251 | Gn34:27 | עלו על קטיליא ובזון קרתא | די | סאבו אחתהון: |
| 1252 | Gn34:31 | בתולה {{ופלחי צלמין}} על | די | סאבו לדינה ברתיה דיעקב |
| 1253 | Gn44:18 | כל דכורא לפתגם דחרב על | די | סאבו לדינה אחתן דלא הור׳ |
| 1254 | Gn15:17 | הווה והא אברם חזי עד | די | סאבסלין אסתדרו וכורסוון |
| 1255 | Dt 1:31 | ובמדברה די חמיתון | די | סבל יתכון ייי אלהכון היך מה |
| 1256 | Gn46:06M | די קנון /סגולהון | די | סגולו#2#/ בארעא דכנען |
| 1257 | Gn31:18M | וקניינוי די קנה /סגולה | די | סגל נכסי קנינוי די סגל#2#/ |
| 1258 | Gn31:18M | די סגל נכסי קנינוי | די | סגל#2#/ בפדן ארם למיזל |
| 1259 | Dt 4:44 | ודן גזירת אורייתה | די | סדר משה קדם עמא בני |
| 1260 | Dt30:01 | עם לבביכון בכל אומייה | די | סדר יתכון ייי אלהכון לתמן: |
| 1261 | Dt30:15 | חמון | די | סדרית קדמיכון יומא הדין ית |
| 1262 | Dt30:01 | סדר ברכתה וחילופיהון | די | סדרת קדמיכון ותתחזרון עם |
| 1263 | Nu14:19 | כתקוף חסדך והיך מה | די | סובלת לעמא האליין מן מצרים |
| 1264 | Dt31:18 | ההוא על כל בישתה די עבדו | די | סטון בתר טעוון אחרניין: |
| 1265 | Gn11:06M | מנהון כל מה \די חשבו | /די | סכו#2#/ למעבד: |
| 1266 | Nu 1:44 | אילין סכומיה | די | סכם משה ואהרן ורברבניה |
| 1267 | Nu 3:39 | כל סכומי ליואי | די | סכם משה {{ואהרן}} על פם |
| 1268 | Nu 4:37 | כל די פלח במשכן זמנה | די | סכם משה ואהרן על פם גזירת |
| 1269 | Nu 4:41 | כל די פלח במשכן זימנה | די | סכם משה ואהרן על פום |
| 1270 | Nu 4:45 | זרעייתה דבנוי דמררי | די | סכם משה ואהרן על פם גזירת |
| 1271 | Nu 4:46 | כל סכומיה | די | סכם משה ואהרן ורברבני |
| 1272 | Nu26:63M | דמשה ואלעזר כהנה | די | סכמו ית בני ישראל במישריה |
| 1273 | Nu26:64 | סכומוי דמשה ואהרן כהנה | די | סכמו ית בני ישראל במדברה |
| 1274 | Gn32:25 | גבר וגפף עמיה עד זמן | די | סליק עמוד שחרא: |
| 1275 | Nu21:01 | ארום מטון ישראל ארחה | די | סליקו בה יללייה וסדרו קרבה |
| 1276 | Lv16:09 | ויקרב אהרן ית צפירה | די | סלק עלוהי עדוה לשם ממריה |
| 1277 | Lv16:10 | וצפירה | די | סלק עלוי עדוה לעזאזל יקים |
| 1278 | Nu32:11 | אם יחמון גבריה | די | סלקו מן מצרים מן בר עשרין |
| 1279 | Dt12:31 | ארום כל דמרחק קדם ייי | די | סני ורחיק עבדו לטעוותהון |
| 1280 | Dt16:22 | ולא תקימון לכון קיימה | די | סני ורחיק קדם ייי אלהכון: |
| 1281 | Dt 2:15 | מן גו משריתה עד זמן | די | ספו: |
| 1282 | Dt 2:16 | והוה כד | די | ספו עמא עבדי קרבה לממות |
| 1283 | Gn15:17M | והא אברם חז{ו}<י> על | די | ספסלין אתעתדו וכרסוון רמיו |
| 1284 | Nu11:20 | ויהוי לכון לריחוק חלף | די | סרבתון על פם גזרת ממרה דייי |
| 1285 | Nu20:24 | די יהבית לבני ישראל על | די | סרבתון על פם גזרת מימרי |
| 1286 | Nu27:14 | היך מה | די | סרבתון על פם גזרת מימרי |
| 1287 | Dt32:51 | על | די | סרבתון בשם ממרי בגו בני |
| 1288 | Gn 1:31M | קדם ייי ית כל מה | דעבד/די | עב׳#2#/ והא שפר ותקן |
| 1289 | Gn27:17M | וית \לחמה דעבדת /מזונא | די | עב׳#2#/ ביד יעקב ברה: |
| 1290 | Gn 2:02M | ביומא שביעאה מכל עבדתיה | די | עבד |
| 1291 | Gn 8:06 | ופתח נח ית תרעא דתיבותא | די | עבד: |
| 1292 | Gn18:08 | ונסב ליבא וחלב ובר תוריה | די | עבד ושוי קדמיהון והוא הוה |
| 1293 | Gn18:17 | אנה מאברהם רחמי ית מה | די | עבד אנה הואיל וכרכה דסדם |
| 1294 | Gn26:29M | קריבנן לך והיך מה | דעבדנן/די | עבד#2#/ עמך טבן |
| 1295 | Ex14:31 | ישראל ית ידא תקיפתא | די | עבד ייי במצרים ודחילו עמא |
| 1296 | Ex14:31M | תקוף אדרע גבורת׳ | די | עבד בה מימרי׳ דייי נסין |
| 1297 | Ex18:09 | וחדה יתרו על כל טבתא | די | עבד ייי לישראל די שיזב |
| 1298 | Lv 5:22 | על שקר על חדא מן כל מה | די | עבד ברנשא למיחטי בהון: |
| 1299 | Lv20:17 | עלמא ברם מן כדון כל | די | עבד כדן וישתצון לעיני בני |
| 1300 | Nu32:13 | ארבעין שנין עד סף כל דרה | די | עבד מה דשני ומרחק קדם ייי: |
| 1301 | Dt 1:30 | נצחני קרביכון ככל מה | די | עבד ייי עמכון במצרים |
| 1302 | Dt 2:22 | היך מה | די | עבד לבנוי דעשו דשריין |
| 1303 | Dt 3:21 | עיינך חמיין ית כל מה | די | עבד ייי אלהכון לתרין מלכייה |
| 1304 | Dt 4:03 | עייניכון חמיין ית כל מה | די | עבד ממריה דייי בפלחי טעוותה |
| 1305 | Dt 4:34 | או ניסייה | די | עבד ייי למיעול למבחר ליה |
| 1306 | Dt 4:34 | רברבין ככל מה | די | עבד לכון ייי אלהכון במצרים |
| 1307 | Dt 9:21 | ואכתת יתיה זקיק טבאות עד | די | עבד עפרה וארמי ית עפרה לוות |
| 1308 | Dt10:21 | הוא תשבחתכון והוא אלהכון | די | עבד עמכון ית רברבתה וית |
| 1309 | Dt11:03M | די/אתוי וית עובדוי | די#2#/ | עבד בגו מצרים לפרעה |
| 1310 | Dt11:03 | פרישתה וית עבדוי משבחתה | די | עבד בגו מצרים לפרעה מלכא |
| 1311 | Dt11:04 | ומה | די | עבד לחיילוותהון דמצריי |
| 1312 | Dt11:05 | ומה | די | עבד לכון במדברה עד מעלכון |
| 1313 | Dt11:07 | ית כל עבדוי דייי רברביה | די | עבד: |
| 1314 | Dt24:09 | ישראל הוון דכירין ית מה | די | עבד ייי אלהכון למרים |
| 1315 | Dt29:01 | אתון חמיתון ית כל מה | די | עבד ייי לעייניכון בארעא |
| 1316 | Dt34:12 | ולכל חזווייה רברבייה | די | עבד משה חמיין כל ישראל: |
| 1317 | Ex 3:16 | ידכר ייי יתכון וית מה | די | עבדו לכון מצריי: |
| 1318 | Ex 3:16M | מה \די עבדו לכון מצריי | /די | עבדו מתעבד לכון |
| 1319 | Nu22:02 | בלק בר צפור ית כל מה | די | עבדו ישראל לאמריי: |
| 1320 | Dt 2:12 | ושרון באתריהון היך מה | די | עבדו ישראל לארע תותבותהון |
| 1321 | Dt 2:29 | היך מה | די | עבדו לן בנוי דעשו דשריין |
| 1322 | Dt17:05 | ההוא או ית אתתה ההיא | די | עבדו ית פתגמא בישה הדין לגו |
| 1323 | Dt25:17 | ישראל הוון דכירין ית מה | די | עבדו לכון דבית עמלק באורחא |
| 1324 | Dt31:18 | ביומ׳ ההוא על כל בישתה | די | עבדו די סטון בתר טעוון |
| 1325 | Gn27:45M | \ית מה דעבדת /יתך מה | די | עבדית#2#/ ואשלח ואדב«ו»ר |
| 1326 | Nu14:11 | בשם ממרי בכל ניסי פרישתי | די | עבדית ביניהון: |
| 1327 | Nu14:22 | וית ניסי פר«י»שתי | די | עבדית במצרים ובמדברה ונסון |
| 1328 | Dt10:05 | ושווית ית לווחיה בארונה | די | עבדית והוון תמן היך מה די |
| 1329 | Dt 3:06 | ושיצינן יתהון היך מה | די | עבדנן לסיחון מלכא דחשבון |
| 1330 | Gn 8:21 | ית כל חייא היך מה | די | עבדת: |
| 1331 | Gn19:19 | חן וחסד קדמך ותוקפת חסדך | די | עבדת עמי למקימה ית נפשי |
| 1332 | Gn21:23 | בי ובברי ובבר ברי כחסדא | די | עבדת עמך תעבד עמי ועם ארעא |
| 1333 | Gn32:11 | מן כל חסדיא ומן כל קושטא | די | עבדת עם עבדך ארום בחוטרי |
| 1334 | Dt 3:02 | ארעיה ותעבד ליה היך מה | די | עבדת לסיחון מלכהון דאמוריי |
| 1335 | Gn44:15 | להון יוסף מה עבדא הדן | די | עבדתון הלא ידעתון ארום מקסם |
| 1336 | Dt 1:01 | ועם יעקב ומשכן זימנא | די | עבדתון לשמיה וארון קיימא |
| 1337 | Dt 1:01 | אתחמדתון ועל עסק עיגלה | די | עבדתון אמר ייי במימרה |
| 1338 | Dt 9:21 | וית חוביכון | די | עבדתון ית טעוון נסבת ואוקדת |
| 1339 | Gn32:32M | ודנחת ליה שמשא כד/כיון | די#2#/ | עבר ית פניאל והוא הווה |
| 1340 | Nu13:32 | בני ישראל למימר ארעא | די | עברינן בה למיללה יתה ארע |
| 1341 | Nu14:07 | דבני ישראל למימר ארעא | די | עברנן בגווה למיללה יתה טבה |
| 1342 | Dt 2:14 | מן רקם דגיעה עד זמן | די | עברנן ית נחלה דזרד תלתין |
| 1343 | Dt29:15 | בארעא דמצרים וית מה | די | עברנן ביני אומייה די |
| 1344 | Dt29:15 | מה די עברנן ביני אומייה | די | עברתון: |
| 1345 | Gn 7:16M | דכר ונקבה מן /ואילין | די | עיילו דכר וזוגה מן#2#/ כל |
| 1346 | Ex28:08 | והמינה דאפדא | די | עילוי כעבדא מנה יהווי דהב |
| 1347 | Nu10:09M | על סנאה דמעיק/די | עיק#2#/ | לכון/יתכון#2# |
| 1348 | Gn 9:16 | כל נפש חיתה בכל בשרא | די | על ארעא: |
| 1349 | Gn 9:17 | בין ממרי ובין כל בשרא | די | על ארעא: |
| 1350 | Gn30:37 | חוורין מן קלופיתא חוורתא | די | על חוטרתא: |
| 1351 | Gn32:33 | ית ג{די}<יד>א דנשיא | די | על כף ירכא עד זמן יומא הדין |
| 1352 | Gn38:14 | ויתבת לה בפרשות אורחתה | די | על ארח תמנתה ארום חמת ארום |
| 1353 | Ex25:22 | ואמלל עמך מעילוי כפורתא | די | על ארונא דסהדותא מן ביני |
| 1354 | Ex30:06 | ותתן יתיה קדם פרכתא | די | על ארונא דשהדותא וקדם כפרתה |

| | | | | |
|---|---|---|---|---|
| 1355 | Ex37:16 | ועבד ית מניה | די | על פתרה ית פילוותא וית |
| 1356 | Lv 1:08 | ראשה וית גופה על קיסיה | די | על אשתה די על גבי מדבחה: |
| 1357 | Lv 1:12 | כהנא יתהון על קיסיה | די | על אשתה די על גבי מדבחה: |
| 1358 | Lv 1:17 | על גבי מדבחה על קיסיה | די | על אשתה עלה הוא קרבן מתקבל |
| 1359 | Lv 3:03 | דחפי ית כרסה וית כל תרבה | די | על בני גווה: |
| 1360 | Lv 3:04 | וית תרבה די עליהון | די | על כסליה וית מה די משתייר |
| 1361 | Lv 3:05 | על עלתה די על קיסיה | די | על אשתה קרבן מתקבל לריח |
| 1362 | Lv 3:05 | על גבי מדבחא על עלתה | די | על קיסיה די על אשתה קרבן |
| 1363 | Lv 3:09 | דחפי ית כרסה וית כל תרבה | די | על בני גווה: |
| 1364 | Lv 3:10 | כליתה וית תרבה די עליהן | די | על כסליה וית מה דמשתייר על |
| 1365 | Lv 3:14 | ית כרסא וית כל תרבה | די | על בני גוה: |
| 1366 | Lv 4:08 | דחפי על כרסה וית כל תרבה | די | על בני גווה: |
| 1367 | Lv 4:09 | כלייתה וית תרבה די עליהן | די | על כסליה וית מה דמשתייר מן |
| 1368 | Lv 7:04 | וית תרבה די עליהון | די | על כסליה וית מה דמשתייר על |
| 1369 | Lv 8:16 | ונסב ית כל תרבא | די | על בני גווה וית מה דמשתייר |
| 1370 | Lv 8:25 | וית אליתה וית כל תרבה | די | על בני גוה וית מה דמשתייר |
| 1371 | Lv11:02 | די תכלון מן כל בעירה | די | על ארעא: |
| 1372 | Lv14:17 | ומן מותריה דמשחה | די | על כף ידיה יתן כהנא «על |
| 1373 | Lv14:18 | ומה דמשתייר | די | על כף ידוהי דכהנא יתן על |
| 1374 | Lv14:27 | באצבעיה דימינה מן משחה | די | על כף ידה דכהנא דשמאלה שבעה |
| 1375 | Lv14:28 | ויתן כהנא מן משחה | די | על כף ידיה על רום אדנה דמן |
| 1376 | Lv16:02 | {מן} פרכתה לקבל כפרת | די | על ארונה דסהדותה דלא ימות |
| 1377 | Lv16:13 | תננה דקטרתה ית כפרתה | די | על סהדותה ולא ימות: |
| 1378 | Nu 3:26 | דרתה וית פרס תרע דרתה | די | על משכנה ועל גבי מדבחה |
| 1379 | Nu 4:26 | דרתה וית חפוי תרע דרתה | די | על משכנה ועל מדבחה |
| 1380 | Nu 7:89 | ממלל עמיה מעלוי כפורת | די | על ארונה דסהדותה מן ביני |
| 1381 | Nu14:24 | בתר ממרי ואעל יתה לארעא | די | על לתמן ובנוי ירתון יתה: |
| 1382 | Nu19:14 | ארום ימות במשכנה כל | די | על במשכנה וכל די יהיב |
| 1383 | Dt 2:36 | מן לחיית | די | על נחל ארנונה וקרתה די |
| 1384 | Gn 1:29 | ית כל עשביא דמזרעין זרע | די | על אפי כל ארעא וית כל |
| 1385 | Gn 7:23 | ושיצי ית כל ברייתא | די | על אפי דארעא די מן בני אנשא |
| 1386 | Dt 7:06 | היך סגולה מן כל אומיה | די | על אפי ארעא: |
| 1387 | Dt14:02 | היך סגולה מן כל אומייה | די | על אפי ארעא: |
| 1388 | Nu12:03 | לחדה מן כל בני אנשא | די | על אפיה דארעא: |
| 1389 | Ex29:21 | ותסב מן אדמה | די | על גבי מדבחא ומן משח דרבותא |
| 1390 | Lv 1:08 | גופה על קיסיה די על אשתה | די | על גבי מדבחה: |
| 1391 | Lv 1:12 | על קיסיה די על אשתה | די | על גבי מדבחה: |
| 1392 | Lv 6:08 | ומן טוב׳ וית כל לבונתה | די | על «גבי» מנחתה ויסדר |
| 1393 | Lv 8:30 | מן משחה דרבותה ומן אדמ׳ | די | על גבי מדבחה ואדי על אהרן |
| 1394 | Dt 3:12 | בשעתה ההיא מן לחיית | די | על גיף נחל ארנונה ופלגות |
| 1395 | Dt 4:48 | מלחית | די | על גיף נחיל ארנונה ועד |
| 1396 | Gn22:17 | ית בנך ככוכבי שמיא וכחלא | די | על גף ימא וירתון בניך ית |
| 1397 | Nu22:05 | בר בעור פתורה חלמייה | די | על גף נהרא ארע בני עמיה |
| 1398 | Lv14:29 | ומן דמשתייר מן משחא | די | על ידוי דכהנא יתן על ראשה |
| 1399 | Gn38:30 | ומן בתר כן נפק אחוי | די | על ידיה זהוריתא וקרא שמה |
| 1400 | Nu30:15 | כל נדרה או ית כל קיומא | די | עלה קיים יתהון ארום שתק לה |
| 1401 | Gn 6:04 | האינון ולחוד מן בתר כדין | די | עלו בני דיניא לות בנתהון |
| 1402 | Gn46:08 | ואילן שמהת בני ישראל | די | עלו למצרים יעקב ובנוי |
| 1403 | Gn46:26 | כל נפשתא | די | עלו עם יעקב מצרימה נפקי |
| 1404 | Gn46:27 | דאנשי בייתיה דיעק«ב» | די | עלו מצרימה שבעין: |
| 1405 | Ex 1:01 | ואליין שמהת בני ישראל | די | עלו למצרים עם יעקב גבר |
| 1406 | Nu 9:08M | "דקמו ... מנהון": | די | עלו לקדם משה רבן בתריין |
| 1407 | Nu21:01M | ישראל ארום מטון לאורחא | די | עלו בה ולילייה ונסדרא סדרי |
| 1408 | Dt28:23 | ויהוון שמיא | די | עלווכון חסימין היך נחשה מן |
| 1409 | Gn37:23 | ואשלחו ית פרגודא מציירה | די | עלוי: |
| 1410 | Ex39:05 | והמיינה דאפדה | די | עלוי מנה הוא כעבדא דהב תכלה |
| 1411 | Nu 4:25 | חפייה וחפוי ~דססגונה | די | עלוי מן לעיל וית חפוי~ |
| 1412 | Nu11:25 | עמה ורבי מן רוח קודשה | די | עלוי ויהב על שבעתי גובריה |
| 1413 | Lv26:19 | חיילכון ואשוי ית שמייה | די | עלויכון ברירין היך פרזלה מן |
| 1414 | Ex31:07 | ארונה לשהדותה וית כפורתה | די | עלי וית כל מני משכניה: |
| 1415 | Ex29:13 | וית תרתין כליתה וית תרבא | די | עליהון ותסדר על גבי מדבחה: |
| 1416 | Ex29:22 | וית תרתין כליתה וית תרבא | די | עליהון וית שקה דימינא ארום |
| 1417 | Lv 3:04 | תרתין כולייתיה וית תרבה | די | עליהון די על כסליה וית מה |
| 1418 | Lv 7:04 | תרתין כלייתה~ וית תרבה | די | עליהון די על כסליה וית מה |
| 1419 | Lv 3:10 | וית תרתין כליתה וית תרבה | די | עליהן די על כסליה וית מה |
| 1420 | Lv 3:15 | וית תרתין כליתה וית תרבה | די | עליהן דעל כסליה וית מה |
| 1421 | Lv 4:09 | וית תרתין כלייתה וית תרבה | די | עליהן די על כסליה וית מה |
| 1422 | Gn 8:01 | כל חייתה וית כל בעירה | די | עמה בתיבותא ועבר ייי רוח |
| 1423 | Gn33:15 | אשבוק כען עמך מן עמא | די | עמי ואמר למה כען אשכח חן |
| 1424 | Ex 8:18 | ביומא ההוא עם ארעא דגשן | די | עמי שריין עלה די לא למהווי |
| 1425 | Gn24:54 | ואכלו ושתו הוא וגובריא | די | עמי«ה» וביתו וקמו בצפרא |
| 1426 | Gn35:06 | הי ביתאל הוא וכל עמא | די | עמיה: |
| 1427 | Ex22:24 | תוזף ית עמי ית מסכינה | די | עמך לא תהווי ליה כמרי חוב |
| 1428 | Ex23:11 | יתה וייכלון מסכיניה | די | עמך ומה דמשתייר תיכול חיית |
| 1429 | Nu11:17 | תמן וארבי מן רוח קדשה | די | עמך ואשוי עליהון ויטענון |
| 1430 | Nu22:09 | מן אינון גברייה האליין | די | עמך: |
| 1431 | Gn 9:10 | וית כל נפש חייתא | די | עמכון {ב}בעופא ובבעירה ובכל |
| 1432 | Gn 9:12 | ובין כל נפש חיתא | די | עמכון לדרי ארעא: |
| 1433 | Lv25:45 | תקנון ומן זרעייתיהון | די | עמכון די אולידו בארעכון |
| 1434 | Gn35:03M | יתי בשעת /מדבחא לאלהא | די | ענה יתי בשע#2#/ עקתי |
| 1435 | Lv 5:21 | או באושטות יד או בגזל או | די | עצה ית חברה: |
| 1436 | Lv 5:21M | באושטות ידה או בגזלה או | די | <עצה> |
| 1437 | Lv 5:23 | ית גזלה דגזל או ית עיציה | די | עצה ית חברא או ית פקדוניה |
| 1438 | Nu35:25 | עם כנישתה לקורי שזבותה | די | ערק תמן וישרי בגווה עד די |
| 1439 | Gn35:01M | דאתגלי עלך במערקך/בזמנה | די | ערקת#2#/ מן קדם עשו אחוך: |
| 1440 | Nu31:42 | ומן פלגותהון דבני ישראל | די | פלג משה מן גברייה דאתחילו: |
| 1441 | Nu26:09 | דתן ואבירם מזמני כנשתה | די | פלגו קדם ייי על משה ועל |
| 1442 | Nu26:09 | אהרן בעצתה דקרח בזמנה | די | פלגו קדם ייי: |
| 1443 | Nu 4:37 | זרעיתה דבנוי דקהתי כל | די | פלח במשכן זמנה די סכם משה |
| 1444 | Nu 4:41 | זרעיית דבנוי דגרשון כל | די | פלח במשכן זימנה די סכם משה |
| 1445 | Gn15:17M | מן דינה אישתיזבו על | די | פלחו בחייהון בעלמא הדין |
| 1446 | Ex 1:14 | באפי ברא ית כל פולחן | די | פלחו בהון בקשיו: |
| 1447 | Dt12:02 | תסייפון ית כל אתרייה | די | פלחו תמן אומייה די אתון |
| 1448 | Dt20:18 | יתכון למעבד ככל מרחקתהון | די | פלחו לטעוותהון דלא תתחייבון |
| 1449 | Gn30:26 | ואזיל ארום את ידעת פלחני | די | פלחית קדמך: |
| 1450 | Gn30:26 | הב לי ית נשי וית בני | די | פלחית קדמיך בהן ואזיל ארום |
| 1451 | Gn24:40 | ואמר לי «ייי» | די | פלחת קדמוי בקושטא ישלח |
| 1452 | Gn30:29 | ואמר ליה את ידע ית מה | די | פלחת קדמ{ת}<ך> וית מה דהוה |
| 1453 | Lv18:28 | בסאבותכון יתה היך מה | די | פלטת ית אומייה די |
| 1454 | Dt 4:19 | להון ותפלחון קדמיהון | די | פליג ייי אלהכון יתהון לכול |
| 1455 | Ex12:27 | מכס פסחא הוא קדם ייי | די | פסח ויגן על בתיהון דבני |
| 1456 | Gn30:38 | ואקם ית חוטריא | די | פצל במו{ד}<ר>כוותא בשקיא |
| 1457 | Gn 7:05 | ועבד נח כל מ{ן}<ה> | די | פקד יתיה ייי: |
| 1458 | Gn 7:09 | לתיבותא דכר וזוגה היך מה | די | פקד ייי ית נח: |
| 1459 | Ex16:16 | דן פתגמא | די | פקד ייי לקטו מנה גבר לפם |
| 1460 | Ex16:32 | ואמר משה דן פתגמא | די | פקד ייי מלה עמרא מנה למטרה |
| 1461 | Ex19:07 | ית כל פתגמיא האליין | די | פקד יתיה ייי: |
| 1462 | Ex35:01 | ואמר להון אליין פתגמיא | די | פקד ייי למעבד יתהון: |

|  |  |  |  |  |
|---|---|---|---|---|
| 1463 | Ex35:04 | ישראל למימר דין פתגמא | די | פקד ייי למימר: |
| 1464 | Ex35:10 | ייתון ויעבדון ית כל מה | די | פקד ייי: |
| 1465 | Ex35:29 | למייתייה לכל עבידתה | די | פקד ייי למעבד על ידוי דמשה |
| 1466 | Ex36:01 | פלחן בית קודשא לכל מה | די | פקד ייי: |
| 1467 | Ex36:05 | כמסת פלחנא לעבידתה | די | פקד ייי למעבד יתה: |
| 1468 | Ex38:22 | דבנוי דיהודה עבד ית כל | די | פקד ייי ית משה: |
| 1469 | Ex39:05 | סב{ת}א ובוץ שזיר היך מה | די | פקד ייי ית משה: |
| 1470 | Ex39:07 | לבני ישראל היך מה | די | פקד ייי ית משה: |
| 1471 | Ex39:29 | סבא עובד צייר היך מה | די | פקד ייי ית משה: |
| 1472 | Ex39:31 | על מצנפתה מן לעיל היך מה | די | פקד ייי ית משה: |
| 1473 | Ex39:32 | ועבדו בני ישראל כל מה | די | פקד ייי ית משה כדין עבדו: |
| 1474 | Ex39:42 | ככל מה | די | פקד ייי ית משה כן עבדו בני |
| 1475 | Ex39:43 | והא עבדו יתה היך מה | די | פקד ייי ית משה כדין עבדו |
| 1476 | Ex40:19 | עלוי מן לעל היך מה | די | פקד ייי ית משה: |
| 1477 | Ex40:23 | לחם אפיה קדם ייי היך מה | די | פקד ייי ית משה: |
| 1478 | Ex40:27 | קטרת בסמנין טבין היך מה | די | פקד ייי ית משה: |
| 1479 | Ex40:29 | וסדר עלוי ית עלתה היך מה | די | פקד ייי ית משה: |
| 1480 | Ex40:32 | מדבחה יתקדשון היך מה | די | פקד ייי ית משה: |
| 1481 | Lv 7:36 | | די | פקד ייי למיתן להון ביומא |
| 1482 | Lv 7:38 | | די | פקד ייי ית משה בטורא |
| 1483 | Lv 7:38 | משה בטורא דסיני ביומא | די | פקד ית בני ישראל למקרבה ית |
| 1484 | Lv 8:04M | משה היך מה \דפקיד ייי | /די | פקד ממריה דייי#2#/ יתה |
| 1485 | Lv 8:05 | משה לעם כנשתה דן פתגמא | די | פקד ייי למעבד: |
| 1486 | Lv 8:09 | כליל בית קדשה היך מה | די | פקד ייי ית משה: |
| 1487 | Lv 8:13 | ושוי להון כובעין היך מה | די | פקד ייי ית משה: |
| 1488 | Lv 8:29 | למשה הוה לחולק היך מה | די | פקד ייי ית משה: |
| 1489 | Lv 8:36 | אהרן ובנוי ית כל פתגמיה | די | פקד ייי על ידוי דמשה: |
| 1490 | Lv 9:06 | ואמ׳ משה דן פתגמה | די | פקד ייי תעבדון ותתגלי |
| 1491 | Lv16:34 | חדא זמן בשתה ועבד היך מה | די | פקד ייי ית משה: |
| 1492 | Lv17:02 | ותימר להון דן פתגמא | די | פקד ייי למימר: |
| 1493 | Lv24:23 | ובני ישראל עבדו היך מה | די | פקד ייי ית משה: |
| 1494 | Lv27:34 | אלין פקודיה | די | פקד ייי ית משה על בני |
| 1495 | Nu 1:54 | ועבדו בני ישראל ככל מה | די | פקד ייי ית משה כדן עבדו: |
| 1496 | Nu 2:33 | בגו בני ישראל היך מה | די | פקד ייי ית משה: |
| 1497 | Nu 2:34 | ועבדו בני ישראל כל מה | די | פקד ייי ית משה כדן שרון |
| 1498 | Nu 3:42 | וסכם משה היך מה | די | פקד ייי יתה ית כל |
| 1499 | Nu 3:51 | גזירת ממרה דייי היך מה | די | פקד ייי ית משה: |
| 1500 | Nu 4:49 | ועל מטוליה וסכומוי | די | פקד ייי על ידוי דמשה: |
| 1501 | Nu 8:03 | מנרתה סדר בוציניה היך מה | די | פקד ייי את משה: |
| 1502 | Nu 8:20 | דבני ישראל ללווי כל מה | די | פקד ייי ית משה על ליווי |
| 1503 | Nu 8:22 | אהרן וקדם בנוי היך מה | די | פקד ייי ית משה על ליוויי |
| 1504 | Nu 9:05 | במדברה דסיני כל מה | די | פקד ייי ית משה כדן עבדו |
| 1505 | Nu15:23 | על ידוי דמשה מן יומא | די | פקד ייי ולהל לדריכון: |
| 1506 | Nu15:23 | כל מה | די | פקד ייי עליכון על ידוי |
| 1507 | Nu15:36 | יתיה באבניה ומית היך מה | די | פקד ייי ית משה: |
| 1508 | Nu17:26 | ועבד משה היך מה | די | פקד ייי יתיה כדן עבד: |
| 1509 | Nu19:02 | דא גזירת אוריתה | די | פקד ייי למימר מליל עם בני |
| 1510 | Nu20:09 | חוטרא מן קדם ייי היך מה | די | פקד יתיה: |
| 1511 | Nu20:27 | ועבד משה היך מה | די | פקד ייי וסלקו להר טורה |
| 1512 | Nu26:04 | עשרין שנין ולעיל היך מה | די | פקד ייי ית משה ובני ישראל |
| 1513 | Nu27:11 | ישראל לקיים דדין היך מה | די | פקד ייי ית משה: |
| 1514 | Nu27:22 | ועבד משה היך מה | די | פקד ייי יתיה ודבר ית יהושע |
| 1515 | Nu30:01 | משה לבני ישראל כל מה | די | פקד ייי ית משה: |
| 1516 | Nu30:02 | ישראל למימר דין פתגמא | די | פקד ייי: |
| 1517 | Nu30:17 | אלין קיימיה | די | פקד ייי ית משה בין גבר |
| 1518 | Nu31:07M | על מדינאי היך מה | די | פקד מימריה דייי#2#/ ית |
| 1519 | Nu31:07 | ואזדיינו על מדיין היך מה | די | פקד ייי ית משה וקטלו כל |
| 1520 | Nu31:21 | חיל קרבא דא גזירת אוריתה | די | פקד ייי ית משה: |
| 1521 | Nu31:31 | משה ואלעזר כהנא היך מה | די | פקד ייי ית משה: |
| 1522 | Nu31:41 | דייי לאלעזר כהנא היך מה | די | פקד ייי ית משה: |
| 1523 | Nu34:13 | די תתאחסנון יתה בעדיון | די | פקד ייי למיתן לתישעתי |
| 1524 | Nu34:29 | אלין | די | פקד ייי ית משה למאחסנה ית |
| 1525 | Nu34:29M | בארעא/אליין שבטייה | די | פקד ייי למאחס׳ ית ארעא#2#/ |
| 1526 | Nu36:06 | דן פתגמא | די | פקד ייי לבנתיה {דצפל} |
| 1527 | Nu36:13 | מצוותה וסדרי{ה} דנייה | די | פקד ייי משה על בני ישראל |
| 1528 | Dt 1:03 | משה עם בני ישראל כל מה | די | פקד ייי יתיה למימר להון: |
| 1529 | Dt 1:41 | נסוק ונסדר קרבה ככל מה | די | פקד יתן ייי אלהן |
| 1530 | Dt 2:37 | יבקא וקורי טורה וכל מה | די | פקד ייי אלהן: |
| 1531 | Dt 4:05 | וסדרי דינין היך מה | די | פקד ייי אלהי למעבד כדן בגו |
| 1532 | Dt 4:13 | ותני לכון ית קיימה | די | פקד יתכון למעבד עשרתי |
| 1533 | Dt 4:23 | {{צלם וצורא}} וכל דמו | די | פקד מימרה דייי אלהכון: |
| 1534 | Dt 5:12 | דשבתה למקדשה יתיה היך מה | די | פקד יתכון ייי אלהכון: |
| 1535 | Dt 5:16M | דאמכון היך מי | די | פקד יתכון ייי |
| 1536 | Dt 5:32 | ותיטרון למעבד היך מה | די | פקד ייי אלהכון יתכון לא |
| 1537 | Dt 5:33 | בכל אורחה | די | פקד ייי אלהכון יתכון תהלכון |
| 1538 | Dt 6:01 | וקיימיה וסדרי דינייה | די | פקד ייי אלהכון למלפה יתכון |
| 1539 | Dt 6:17 | אלהכון וסהדותיה וקיימוי | די | פקד יתכון: |
| 1540 | Dt 6:20 | וקיימיה וסדרי דינייה | די | פקד ייי אלהן יתכון: |
| 1541 | Dt 6:25 | הדה קדם ייי אלהן היך מה | די | פקד יתן: |
| 1542 | Dt10:05 | עבדית והוון תמן היך מה | די | פקד יתיה ממרה דייי: |
| 1543 | Dt13:06 | יתכון מן אורחא | די | פקד יתכון ייי אל«ה»כון |
| 1544 | Dt20:17 | וחיווייה ויבוסייה היך מה | די | פקד יתכון ייי אל‹ה›כון: |
| 1545 | Dt28:45 | למיטור מיצוותיה וקיימוי | די | פקד יתכון: |
| 1546 | Dt28:69 | אילין מילין דקיימה | די | פקד ייי ית משה למקיימה עם |
| 1547 | Dt34:09 | בני ישראל ועבדו היך מה | די | פקד מימריה דייי ית משה: |
| 1548 | Ex31:11 | קטרת בסמניה לקידוש כל מה | די | פקדית יתך תעבדון: |
| 1549 | Dt12:21 | די יהב ייי לכון היך מה | די | פקדית יתכון ותאכלון |
| 1550 | Gn 3:09M | די פקדת יתך פיקודיה | די | פקדיתך |
| 1551 | Gn 3:09M | היך אינון פיקודייה | די | פקדת יתך פיקודיה די פקדיתך |
| 1552 | Gn 3:11 | ערטיליי את הא מן אלנא | די | פקדת יתך דלא תאכל מנה אכלת: |
| 1553 | Gn 3:17 | דאתתך ואכלת מן אילנ׳ | די | פקדת יתך למימר לא תיכול |
| 1554 | Gn 7:16M | ייי ברחמוי סבייה עלוי | /די | פקדת ממריה דייי וחס ואגן |
| 1555 | Ex 7:02 | את תמלל ית כל מה | די | פקדת יתך ואהרן אחוך ימלל |
| 1556 | Ex31:06 | חכמה ויעבדון ית כל מה | די | פקדת יתך: |
| 1557 | Ex32:08 | סטון בפריע מן ארחא | די | פקדת יתהון עשו להם עגל מסכה |
| 1558 | Dt26:13 | ולארמלתה ככל פיקודייך | די | פקדת יתן לא עברנן מן מצותך |
| 1559 | Dt26:14 | עבדנן {כ} בכל מה | די | פקדת יתן: |
| 1560 | Dt31:05 | ותעבדון להון ככל מצוותה | די | פקדת לכון: |
| 1561 | Dt31:29 | תחבלון ותסטון מן ארחה | די | פקדת יתכון ותארע יתכון |
| 1562 | Nu31:47 | מטרת משכנא דייי היך מה | די | פקיד ייי ית משה: |
| 1563 | Gn13:03 | דרומא עד ביתאל עד אתרא | די | פרס תמן משכניה בקדמיתא בין |
| 1564 | Gn33:19 | וזבן ית תחומא דחקלא | די | פרס תמן משכניה מלוות בנוי |
| 1565 | Dt 7:18 | מנהון מדכרה תדכרון ית מה | די | פרע ייי אלהכון מן פרעה ומן |
| 1566 | Lv26:25 | חרב למתפרעה מנכון על | די | פרעתון ית קיימיי |
| 1567 | Gn48:16 | מלאכא | די | פרק יתי מן כל עקא יברך ית |
| 1568 | Dt13:11M | ייי#2#/ אלהכון | דאפק/די | פרק ואפק#2#/ יתכון |
| 1569 | Ex 6:07 | ארום אנה הוא ייי אלהכון | די | פרקית ואפקית יתכון מן תחות |
| 1570 | Lv25:55M | די אפקת /עבדין הינון | די | פרקית ואפ#2#/ יתהון |

|  |  | | | |
|---|---|---|---|---|
| 1571 | Lv26:13 | אנה ייי אלהכון | די | פרקית יתכון פריקין מן ארעא |
| 1572 | Dt 5:06 | אנה הוא ייי אלהכון | די | פרקית ואפקית יתכון פריקין |
| 1573 | Ex15:13 | דברת בחסדך עמא האליין | די | פרקת תדבר יתהון בתקפך למדור |
| 1574 | Ex15:16 | עד דיעברון עמא האליין | די | פרקת ית מגזתה דיר<ד>נה: |
| 1575 | Ex20:02 | אנה הוא ייי אלהכון | די | פרקת ואפקת יתכון פריקין מן |
| 1576 | Nu15:41 | <....> | די | פרקת ואפקת יתכון מן ארעא |
| 1577 | Dt 9:26 | לא תתחבל עמך ואחסנותך | די | פרקת בתוקפך די אפקת מן |
| 1578 | Dt21:08 | ימרון כפר לעמך ישראל | די | פרקת ייי ולא תשוי חובת |
| 1579 | Gn 4:11 | ליט תהווי קין מן ארעא | די | פתחת ית פומ״ה#2#^ למקבלה |
| 1580 | Nu17:27M | יתהון אשתה ואית מנן | די | פתחת ארעא ית פומה ובלעת |
| 1581 | Dt11:06 | בנוי דאליאב בר ראובן | די | פתחת ארעא ית פמה ובלעת |
| 1582 | Gn27:33M | כדון \הוא דצד /דן | די | צד#2#/ ציד ואייתי לי ואכלת |
| 1583 | Gn13:04M | די בנה תמן /לאתר מדבחה | די | צלי תמן#2#/ בקדמיתא וצלי |
| 1584 | Dt 9:25 | וית ארבעין לילוותה | די | צליית ארום אמר ייי למשיציה |
| 1585 | Gn30:08 | ואמרת רחל בצלותא | די | צלית קדם ייי דיתן לי בנין |
| 1586 | Dt22:24 | בקרתה וית גברא על עסק | די | צער ית אתתה דחברה ותבערון |
| 1587 | Dt22:29 | דכסף וליה תהוי לאתה חלף | די | צער יתה ולית הוא רשיי |
| 1588 | Ex23:06 | לא תסטי דינא {הצרוכה} | <די | צריכה> בדינה: |
| 1589 | Nu20:10 | כען עמה דמלפין מלפניהון | די | צרכו למילף הא מן כיפה הדין |
| 1590 | Gn32:21M | מה דלמה \דיסב לי אפין | /די | קבל ית סבר אפו#2#/: |
| 1591 | Nu 6:11M | ממה דחב על בר נשא דמית | די | קבר |
| 1592 | Gn23:17 | חקלת דעפרון די בכפילה | די | קדם מימרא חקלא ומערתא דביה |
| 1593 | Ex29:23 | מן סלא די פטירי {{מן}} | «די» | קדם ייי: |
| 1594 | Lv 4:18 | יתן על קרנותיה דמדבחה | די | קדם ייי די במשכ׳ זימנא וית |
| 1595 | Lv16:18 | ויפק למדבחה | די | קדם ייי ויכפר עלוי ויסב מן |
| 1596 | Nu21:11 | ושרון במגזת עבריה במדברה | די | קדם מואביי מן מדנח שמשה: |
| 1597 | Gn33:14M | לבלחודוי לאולפן אוריתא | די | קדמיי ולסוברה בזכותיה ית |
| 1598 | Gn32:18 | את אזל ולמן אלין אנון | די | קדמיך: |
| 1599 | Lv24:21 | ומן | די | קטול בעיר ישלם יתה ומה |
| 1600 | Dt 4:46 | דהווא שרי בחשבון מה | די | קטיל משה ובני ישראל |
| 1601 | Gn 4:25M | זרע אוחרן חולף הבל | די | קטל יתה קין אחוי |
| 1602 | Gn27:41 | אנא עבד היך מה דעבד קין | די | קטל להבל בחיובי דאבוי וחזר |
| 1603 | Gn36:35 | ומלך בתרה הדד בן בדד | די | קטל ית מדייני בתחומייהון |
| 1604 | Lv24:18 | ומן | די | קטל נפש דבעיר ישלם יתה נפש |
| 1605 | Nu33:04 | ומצריי הוון קברין ית מה | די | קטל ייי בהון כל בכוריה |
| 1606 | Nu34:15 | דעוג מלכא דבותניין מה | די | קטל משה נביא דייי נפק |
| 1607 | Nu35:15 | לשיזבה דיערוק תמן כל | די | קטל נפש בשלו: |
| 1608 | Dt 1:04 | בתר | די | קטל ית עוג מלכיהון דאמוריי |
| 1609 | Nu 3:13 | כל ב{{ו}}כ«ו»ריה ביומא | די | קטלת כל בוכריה בארעא |
| 1610 | Gn50:24 | מן ארעא הדא לארעא | די | קיים לאברהם ליצחק |
| 1611 | Ex 2:24 | ברחמוי טבייא ית קיימא | די | קיים עם אברה«ם» עם |
| 1612 | Ex13:05 | ואמריי וחויי ויבוסיי | די | קיים ייי לאבהתכון למתן לכון |
| 1613 | Ex13:11 | לארעהון דכנעניי היך מה | די | קיים לך ולאבהתכון ויהב יתה |
| 1614 | Dt 1:01 | אלולי דאדכר לכון קיימה | די | קיים עם אבהתכון עם אברהם |
| 1615 | Dt 2:14 | קרבה מן משריתה היך מן | די | קיים ייי להון: |
| 1616 | Dt 4:23 | קיים מימרה דייי אלהכון | די | קיים עמכון ותעבדון לכון |
| 1617 | Dt 4:31 | ולא מנשי ית קיים אבהתכון | די | קיים להון: |
| 1618 | Dt 6:10 | יתכון ייי אלהכון לארעא | די | קיים לאבהתכון לאברהם |
| 1619 | Dt 6:18 | ותירתון ית ארעא טבתה | די | קיים ייי לאבהתכון: |
| 1620 | Dt 6:23 | יתן למתן לן ית ארעא | די | קיים לאבהתן: |
| 1621 | Dt 7:08 | ומן די נטר ית שבועתה | די | קיים לאבהתכון אפק יתכון |
| 1622 | Dt 7:12 | ית קיימייה וית חסדייה | די | קיים לאבהתכון: |
| 1623 | Dt 7:13 | ועדרי עניכון על ארעא | די | קיים לאבהתכון למיתן להון: |
| 1624 | Dt 8:01 | ותיעלון ותרתון ית ארעא | די | קיים ייי לאבהתכון: |
| 1625 | Dt 8:18 | למקיימה ית קיימיה | די | קיים לאבהתכון כיומא הדין: |
| 1626 | Dt 9:05 | ומן בגלל למקיימה ית פתגם | די | קיים ייי לאבהתכון לאברהם |
| 1627 | Dt 9:09 | לוחי אבנייה לוחי קיימה | די | קיים ייי עמכון ושרית בטורה |
| 1628 | Dt11:09 | די תארכון יומין על ארעא | די | קיים ייי לאבהתכון למיתן |
| 1629 | Dt11:21 | ויומי בניכון על <ארעא> | די | קיים ממרא דייי לאבהתכון |
| 1630 | Dt19:08 | ית תחומיכון היך מה | די | קיים לאבהתכון ויתן לכון ית |
| 1631 | Dt22:26 | דין דקטולין ארום היך מה | די | קיים גבר על חבריה ויקטול |
| 1632 | Dt26:03 | אלהן ארום עלינן לארעא | די | קיים ייי לאבהתן למיתן לן: |
| 1633 | Dt28:09 | לשמיה לעם קדישין היך מה | די | קיים לכון ארום תטרון ית |
| 1634 | Dt28:11 | ובפרי ארעכון על ארעא | די | קיים ייי לאבהתכון למיתן |
| 1635 | Dt28:69 | בארעה דמואב בר מן קיימה | די | קיים עמהון בטורה דחורב: |
| 1636 | Dt29:24 | דייי אלה אבהת{כ}הון | די | קיים עמהון באפקותיה יתהון |
| 1637 | Dt31:07 | תיעל ית עמה האליין לארעא | די | קיים ייי לאבהתהון «למיתן |
| 1638 | Nu30:05 | וישמע אבוה ית נדרה וקיימה | די | קיימ׳ על נפשה וישתוק לה |
| 1639 | Gn15:17M | וצדיקין | די | קיימו אורייתא מן עקתא |
| 1640 | Gn 9:17 | ייי לנח דן סימן קימא | די | קיימית בין ממרי ובין כל |
| 1641 | Ex32:13 | ליצחק ולישראל עבדיך | די | קיימת להון בשם מימרך ומללת |
| 1642 | Ex33:01 | מן ארעא דמצרים לארעא | די | קיימת לאברהם ליצחק |
| 1643 | Lv26:45 | ואדכר להון קיימה | די | קיימת עם קדמי ודי אפקת |
| 1644 | Nu11:12 | ית יונקא על ארעא | {די} | קיימת לאבהתהון: |
| 1645 | Nu14:23 | אן יחמון ית ארע׳ | די | קיימת לאבהתהון וכל דארגזו |
| 1646 | Nu30:05 | ויקומון כל נדרה וכל קיים | די | קיימת על נפשה יקום: |
| 1647 | Nu30:06 | דשמע כל נדרה וקיימה | די | קיימת על נפשה לא יקום |
| 1648 | Nu30:07 | עלה או פירוש סיפוותה | די | קיימת על נפשה: |
| 1649 | Nu30:08 | לה ויקומון נדריה וקיומא | די | קיימת על נפשה «יקומון»: |
| 1650 | Nu30:09 | דעלה וית פירוש שפוותה | די | קיימת על נפשה^ ומן קדם ייי |
| 1651 | Nu30:12 | כל נדרה וכל קיימה | די | קיימת על נפשה יקום: |
| 1652 | Nu32:11 | עשרין שנין ולעיל ית ארעא | די | קיימת לאברהם ליצחק |
| 1653 | Dt10:11 | וייעלון וייירתון ית ארעא | די | קיימת לאבהתהון למתן להון: |
| 1654 | Dt31:20 | ארום אעיל יתהון לארעא | די | קיימת לאבהתהון ארע דעבדה |
| 1655 | Dt31:21 | אעיל יתהון לארעא | די | קיימת: |
| 1656 | Dt31:23 | תעיל ית בני ישראל לארעא | די | קיימת להון ואנה במימרי אהוי |
| 1657 | Lv14:43M | שמט ית אבניה ובתר | דקליף/די | קלף#2#/ ית ביתיה |
| 1658 | Dt 4:10 | יומא | די | קמתון קדם ייי אלהכון בטורא |
| 1659 | Gn31:18 | כל בעירא וית כל ממוניה | די | קנה נכסוי וקניינוי די קנה |
| 1660 | Gn31:18 | די קנה נכסוי וקניינוי | די | קנה בפדן ארם למיזל לוות |
| 1661 | Gn36:06 | כל בעיריה וית כל קניינוי | די | קנה בארעא דכנען ואזל לארעא |
| 1662 | Dt32:06 | ולא חכימייה הלא הוא אבוך | די | קנה יתכון ודי ברה יתכון |
| 1663 | Gn46:06 | ית קנינהון וית ממוניהון | די | קנון בארעא דכנען ואתון |
| 1664 | Gn26:18 | וקרא להן שמהן בשמהתא | די | קרא להון אבוי: |
| 1665 | Gn33:03 | ארעא שבעה זמנין עד זמן | די | קרב לוות אחיו: |
| 1666 | Nu 7:13 | וקרבניה | די | קרב פיילי דכסף חדא מאה |
| 1667 | Nu 7:25 | קרבניה | די | קרב פיילי דכסף חדה מאה |
| 1668 | Nu 7:31 | קרבניה | די | קרב פיילי דכסף חדה מאה |
| 1669 | Nu 7:37 | קרבניה | די | קרב פיילי דכסף חדה מאה |
| 1670 | Nu 7:43 | קרבניה | די | קרב פיילי דכסף חדה מאה |
| 1671 | Nu 7:55 | קרבניה | די | קרב פיילי דכסף חדה מאה |
| 1672 | Nu 7:61 | קרבניה | די | קרב פיילי דכסף חדה מאה |
| 1673 | Nu 7:67 | קרבני<ה> | די | קרב פיילי דכסף חדה מאה |
| 1674 | Nu 7:73 | קרבניה | די | קרב פיילי דכסף חדה מאה |
| 1675 | Nu 7:79 | קרבניה | די | קרב פיילי דכסף חדה מאה |
| 1676 | Nu19:11 | כל | די | קרב במית כל טמא נפש דבר נש |
| 1677 | Dt21:03 | ותהווי קרתה | די | קריבה לק«ט»ילה ויסבון |
| 1678 | Nu17:04 | כהנא ית מחתיתה דנחשה | די | קריבו יקידיה ורדידו יתהון |

|  |  |  |  |  |
|---|---|---|---|---|
| 1679 | Nu 7:84M | "דרבי יתיה ...": | די | רבי יתיה מן לוות |
| 1680 | Nu 7:88M | רבותה דמדבחה מן בתר | דרב/די | רב#2/ יתיה: |
| 1681 | Gn31:13 | דאתגלית עלך בבית אל | די | רבית תמן קיימא די נדרת לי |
| 1682 | Ex36:02M | דייי חכמה בלבה כל | די | רברב לביה למק{ור}<רו>ב |
| 1683 | Dt 9:19 | מן קדם רוגזה וכליתה | די | רגז מימרה דייי עליכון לשיצי |
| 1684 | Dt11:04 | דסוף על אפיהון בזמנה | די | רדפו בתריכון ושיצי יתהון |
| 1685 | Dt30:07 | בעלי דבביכון ועל שנאיכון | די | רדפו יתכון: |
| 1686 | Gn41:38 | אנן משכחין כוות דין גבר | די | רוח דקדש מן קדם ייי שרייה |
| 1687 | Dt 7:08M | מן רחמתה\די רחם/מה | די | רח#2/ ייי יתכון ומן די |
| 1688 | Dt 7:08 | ארום מן רחמתה | די | רחם ייי יתכון ומן די נטר ית |
| 1689 | Gn22:02 | דבר כען ית ברך ית יחידך | די | רחמת ית יצחק ואזל לך לארע |
| 1690 | Nu22:30M | הלא אנא היא אתנ[א] | די | רכ' |
| 1691 | Nu22:30 | שאלה היא הלא אנה אתנתך | די | רכבת עליי מן טליותך עד יומא |
| 1692 | Dt18:16 | ככל מה | די | שאלתון מן קדם ייי אלהכון |
| 1693 | Dt24:04 | לית הוא רשיי בעלה קדמייה | די | שבוק יתה למיחזור למיסב יתה |
| 1694 | Gn30:13M | וקראת /שבוחה | די | שבחו יתי בנתהון דישראל |
| 1695 | Ex18:02M | דמשה \מן בתר דשבק/בתר | די | שבק#2/ יתה: |
| 1696 | Dt29:24 | ויאמרון על | די | שבקו ית קיימה דייי אלה |
| 1697 | Dt28:20 | מן קדם עובדיכון בישיה | די | שבקתון אולפן אורייתי: |
| 1698 | Ex 8:08 | קדם ייי על עסק ארדעניא | די | שווי לפרעה: |
| 1699 | Ex36:02M | ולוות כל גבר חכימי לבה | די | שווי מימרי' דייי חכמה בלבה |
| 1700 | Lv26:46 | דינייה וגזירת אוריתה | די | שווי ייי בין מימריה ובין |
| 1701 | Ex 4:21 | למצרים חמי כל נסי | די | שווית בידך ותעבדינון קדם |
| 1702 | Ex 5:14 | ולקו סרכיהון דבני ישראל | די | שוון עליהון דחקוי דפרעה |
| 1703 | Gn28:18 | יעקב בצפרא ונסב ית אבנא | די | שוי אסדי ראשה ושוי יתה |
| 1704 | Ex36:01 | וכל גבר דחכים בלביה | די | שוי ייי חכמה וסכלתנו בהון |
| 1705 | Gn 3:12 | ואמר אדם אתתה | די | שוית עמי היא יהבת לי מן |
| 1706 | Ex10:02 | די שנקת במצריי וית נסיי | די | שוית בהון ותדעון ארום אנה |
| 1707 | Lv14:48M | מכתשה בביתה מן בתר | דאתטש/די | שטח#2/ ית ביתה וידכי |
| 1708 | Ex18:09 | טבתא די עבד ייי לישראל | די | שיזב יתהון מן ידיהון |
| 1709 | Ex18:10 | ואמר יתרו בריך ייי | די | שיזב יתכון מן ידיהון דמצריי |
| 1710 | Ex10:12 | כל עשבא וארעא ית כל מה | די | שייר ברדה: |
| 1711 | Ex10:15 | דארעא וית כל פרי אילנא | די | שייר ברדא ולא אשתייר כל טרף |
| 1712 | Dt 2:22 | דעשו דשריין בגבלה | די | שיצון ית חורנייה |
| 1713 | Dt32:18 | ואשיתון ית ממר אלהה | די | שכלל יתכון ועבד יתכון |
| 1714 | Gn46:05 | וית נשיהון בעגלתה | די | שלח פרעה למטען יתיה: |
| 1715 | Nu13:16 | אלין שמהת גבריה | די | שלח משה למיללה ית ארעא |
| 1716 | Nu14:36 | וגובריה | די | שלח משה למ{ר}«ייי»לה ית |
| 1717 | Dt34:11 | לכל אתייה וניסי פרישתה | די | שלח יתיה מימריה דייי למיעבד |
| 1718 | Nu13:27 | ליה ואמרין עלינן לארעא | די | שלחת יתן ולהוד ארע עבדה |
| 1719 | Nu24:12 | לבלק הלא להוד לשליחך | די | שלחת לוותי מללת למימר: |
| 1720 | Dt 1:01 | ימא דסוף ועל עסק ילליה | די | שלחתון מן מדברה דפראן |
| 1721 | Nu 6:13M | ית יומי /ביומא | די | שלם יומא#2/ נזירותיה ייתי |
| 1722 | Nu 6:05 | גלב לא יעלה על רישיה עד | די | שלמין יומיא די יתנזר קדם |
| 1723 | Ex 1:15 | למצרים לחייתא עברייתא | די | שמה דחדא מנהון שפרה ושמה |
| 1724 | Nu30:06M | ביומא דשמע/^דישמעון#2/^ | די | שמוע#2/ כל נדרה |
| 1725 | Lv14:43 | מכתשה ויהלך בביתה מן בתר | די | שמט ית אבניה ובתר דקליף ית |
| 1726 | Ex18:03 | וית תרין בנוי | די | שמיה דחד מנהון גרשם ארום |
| 1727 | Gn26:05 | חלף | די | שמע אברהם בקל מ^י#2^מרי |
| 1728 | Nu30:15 | יתהון ארום שתק לה ביומא | די | שמע: |
| 1729 | Nu30:16M | בעלה מן בתר \די ישמע/די | | שמע#2/ ויקבל ית חובה |
| 1730 | Dt 5:26 | ארום היידין כל בשרא | די | שמע ית קל מימרה דאלהה חייה |
| 1731 | Dt 5:26M | היידה אומה ומלכו | די | שמע קלא לאלהה חייה ממ' |
| 1732 | Dt29:18M | ויהווי כד/כד | די#2/ | שמע ית מילי לווטיה הדין |
| 1733 | Dt 4:33 | היידה אומה ומלכו | די | שמעו בקל מימריה דאלה חייה |
| 1734 | Gn22:18 | אומיא ד{ערא}<אר>עא חלף | די | שמעת בקל ממריה: |
| 1735 | Dt 4:33 | מן גו להבי אשתה היך מה | די | שמעתון אתון וחייתון: |
| 1736 | Dt22:29M | ויתן גברא | דמשמש/די | שמש#2/ עמה לאבוה |
| 1737 | Ex10:02 | דבניכון ובני בניכון מה | די | שנקת במצריי וית נסיי די |
| 1738 | Lv26:40 | חובי אבהתהון בשקריהון | די | שקרו קדמי ולהוד די הליכו |
| 1739 | Nu25:18 | אינון לכון בשקריהון | די | שקרו לכון על עסק טעותה |
| 1740 | Gn16:03 | לסוף שנין עשר דיומין | די | שרא אברם בארעא דכנען |
| 1741 | Gn19:29 | הפכתא כדי הפך ית קרייתא | די | שרא בהון לוט: |
| 1742 | Ex12:40 | ומשרוייהון די בני ישראל | די | שרון במצרים ארבע מאה |
| 1743 | Lv16:16 | וכן יעביד למשכן זמנא | די | שרי איקר שכינתיה בגו |
| 1744 | Nu 9:18 | דייי ישרון כל יומין | די | שרי עננה על משכנה ישרון: |
| 1745 | Lv26:32 | ויצדון עליה בעלי דבביכון | די | שריין בה: |
| 1746 | Nu13:28 | ארום חציפין אינון עמה | די | שריין בארעא וקרו{וה}<ין> |
| 1747 | Ex 9:26 | לחוד בארעא דגשן | די | שרין תמן בני ישראל לא הוה |
| 1748 | Nu14:45 | ונחתו עמלקיי וכנעניי | די | שרין בטורה ההוא ומחון יתהון |
| 1749 | Dt29:15 | ארום ידעתון ית מה | די | שרינן בארעא דמצרים וית מה |
| 1750 | Lv18:03 | דיירי דארעא דמצרים | די | שריתון בגווה לא תעבדון |
| 1751 | Dt 1:46 | ברקם יומין סגין כיומיא | די | שריתון: |
| 1752 | Gn 1:21 | וית כל נפש דחיא דרחשא | די | שרצו מיי' למינהון וית כל |
| 1753 | Lv17:10M | ואשווי תקוף רוגזי בנפש' | די | תאוכל ית א' |
| 1754 | Dt19:14 | דאתקינו קדמייה באחסנתכון | די | תאחסנון בארעכון דייי אלהכון |
| 1755 | Lv 7:27 | כל נפש | די | תאכל כל אדם ותשתיצא נפשה |
| 1756 | Lv17:15 | וכל נפש | די | תאכל נבילה וקטילה ביציבייא |
| 1757 | Lv23:29 | ארום כל נפש | די | תאכל למצום ולא «צימה» |
| 1758 | Gn 3:05 | וידיע קד' ייי ארום ביומא | די | תאכלון מינה ויתפתחן עיינכון |
| 1759 | Dt14:04 | דא בעיר | די | תאכלון תור אמר באמריה וגדי |
| 1760 | Nu22:17 | אייקר יתך לחדא וכל מה | די | תאמר לי אעבד ואתה כען לווט |
| 1761 | Gn34:11 | חן וחסד באפיכון וית מה | די | תאמרון לי אתן: |
| 1762 | Gn34:12 | פרן וכתובה ואתן היך מה | די | תאמרון לי ואסבו לי ית רביתה |
| 1763 | Ex16:23 | קדש קדם ייי למחר ית מה | די | תאפון תאפון וית מה די |
| 1764 | Dt 4:40 | מן בתריכון ומן בגלל | די | תארכון יומין על ארעא די ייי |
| 1765 | Dt11:09 | ומן בגלל | די | תארכון יומין על ארעא די |
| 1766 | Lv14:30 | מן גוזלייה בני יווניה מן | די | תארע ידה: |
| 1767 | Lv14:31 | ית מה | די | תארע ידה ית חד לחטאתה וית |
| 1768 | Lv27:08 | כהנה ויעלי יתיה על פם | די | תארע ידיה דמן דנדר יעלי יתי |
| 1769 | Gn32:20 | תמללון עם עשו בזמניה | די | תארעון יתה: |
| 1770 | Lv23:02 | ותימר להון מועדי דייי | די | תארעון יתהון יומ«ין» טבין |
| 1771 | Lv23:04 | ואירועין קדישין | די | תארעון יתהון בזמניהון: |
| 1772 | Ex 4:19M | תבעין ית בישתא דנפשך | /די | תבעו ית נפשך למקטל יתך#2 |
| 1773 | Ex10:28M | בין ידיהון דעמה אליין | די | תבעו יתך נפשך למקטול יתך |
| 1774 | Gn14:20 | וברוך הוא אלהא עליא | די | תבר בעלי דבבך קדמך ויהב לה |
| 1775 | Gn27:04 | ואייתי לי ואכול מן בגלל | די | תברך יתך נפשי קדם עד לא |
| 1776 | Gn27:25 | מן ציידה דברי מן בגלל | די | תברך יתך נפשי וקרב ליה ואכל |
| 1777 | Ex34:01 | דהוון על לוחיא קדמייי | די | תברת: |
| 1778 | Dt10:02 | הוון על לוחייה קדמייה | די | תברת ותשוי יתהון בארונה: |
| 1779 | Ex16:23 | מה די תאפון תאפון וית מה | די | תבשלון בשלו וית כל מה |
| 1780 | Ex20:24 | וית תוריכון בכל אתרא | די | תדכרון ית שמי בצלו אתגלי |
| 1781 | Lv15:20 | וכל | די | תדמוך עלוי ברחוק נדתה יסתאב |
| 1782 | Lv15:26 | כל מדמוך | די | תדמוך עלוי כל יומי דובה |
| 1783 | Ex 9:14 | ובשלטונך ובעמך מן בגלל | די | תדע ארום לית כוותי בכל |
| 1784 | Ex11:07 | למן גבר ועד בעיר מן בגלל | די | תדעון די יפרש ייי בין מצריי |
| 1785 | Dt12:11 | ידיכון וכל שפר נדריכון | די | תדרון לשמה דייי: |
| 1786 | Dt12:17 | ועניכון וכל נדריכון | ^די | תדרון#2^ ונדבתיכון |

| | | | | |
|---|---|---|---|---|
| 1787 | Dt11:25 | אלהכון על אפי כל ארעא | די | תדרכון בגווה היך מה דמלל |
| 1788 | Nu28:14 | עם אמרא חמר דא עלתה | די | תהווי מקרבה בכל ריש ירח |
| 1789 | Nu28:14 | ונסוכיהון מה | די | תהוון מקרבין עמהון פלגות |
| 1790 | Nu29:21 | ומנחתהון וניסוכיהון מה | די | תהוון מקריבין עמהון עם |
| 1791 | Nu29:24 | ומנחתהון וניסוכיהון | די | תהוון מקריבין עמהון עם |
| 1792 | Nu29:27 | ^^ומנחתהון ונסוכיהון מה | די | תהוון מקרבין עם תורייה עם |
| 1793 | Nu29:30M | ונסוכיהון/וחימר מה | די | תהוון מקריב«י»ן עמהון עם |
| 1794 | Nu29:33 | ומנחתהון ונסוכיהון מה | די | תהוון מקריבין עמהון עם |
| 1795 | Nu29:37 | ומנחתיהון וניסוכיהון מה | די | תהוון מקריבין עמהון עם |
| 1796 | Dt 1:33 | בלילה למחויה יתכון בארחא | די | תהלכון בה ובעמודה דעננה |
| 1797 | Dt25:06 | ויהווי בכורה | די | תולד <יקום> על שמה דאחוי |
| 1798 | Dt28:57 | היוצת מבין רגליה ובבניה | די | תוליד ארום תאכל יתהון |
| 1799 | Nu23:22 | יתהון מן ארעא דמצרים | די | תוקפא ותושבחתה ורוממותה |
| 1800 | Ex23:16M | וזרעין באפי /עללתכון | די | תזרעון {י}<כ>לפי#2#/ ברא |
| 1801 | Dt11:10 | היא די נפקתון מן תמן | די | תזרעון ית זרעיכון ותשקון |
| 1802 | Dt22:09 | דלא תאבדון מליתה דזרעא | די | תזרעון ועללתה דכרמא: |
| 1803 | Lv13:58 | או ערבה או כל מן דמשך | די | תחוור ויתעבר מנהון מכתשה |
| 1804 | Nu20:17 | לימינה ולא לשמאלה עד זמן | די | תחומך נעבר: |
| 1805 | Gn 7:19 | ואתכסון כל טוריא רמיה | די | תחות כל שמיא: |
| 1806 | Nu 6:18 | נזירותיה ויתן על אשתא | די | תחות נכסת קו<ד>שיה: |
| 1807 | Dt 2:25 | ודחלתכון על אפי אומייא | די | תחות כל שמיא די ישמעון |
| 1808 | Dt 4:19 | אלהכון יתהון לכול אומייה | די | תחות כל שמיא: |
| 1809 | Nu16:31 | האיליין ואתפתחת ארעא | די | תחותיהו{ת}«ן»: |
| 1810 | Dt28:23 | לכון טלא ומטרה וארעא | די | תחותיכון ברירה היך פרזלה מן |
| 1811 | Gn 3:19M | אפיך תאכל מזון עד זמן | די | תחזור לארעא |
| 1812 | Gn27:45M | תקוף רוגזיה דאחוך /זמן | די | תחזור כוליתיה דאח#2#/ מנך |
| 1813 | Dt19:14M | קדמייה באחסנתכון | /די | תחם יתיה קדמאי |
| 1814 | Dt28:34 | משגעין מן חזיו עייניכון | די | תחמון: |
| 1815 | Dt28:67 | ומן חזווי עייניכון | די | תחמון: |
| 1816 | Ex33:22 | עד דיעברון כיתי מלאכיה | די | תחמי: |
| 1817 | Nu23:13 | אתא כען עמי לאתר אוחרן | די | תחמי יתהון מן תמן להוד |
| 1818 | Dt 3:28 | והוא יחסן יתהון ית ארעא | די | תחמי: |
| 1819 | Nu34:02M | דא ארעא \די תיפול | /<די> | תחסן#2#/ לכון לאחסנו |
| 1820 | Lv26:19 | טלין ומטרין וית ארעא | די | תחתכון חסימה היך נחשה |
| 1821 | Gn17:10 | דא קימי | די | תטרון ביני וביניכו׳ ובין |
| 1822 | Dt12:01 | אלין קיימיה וסדרי דינייה | די | תטרון למעבד בארעא די יהב |
| 1823 | Dt31:19M | יתה בפמהון מן בגלל | דתהווי/די | תיהווי#2#/ לי שבח |
| 1824 | Dt26:02 | שירוי בוכרת כל פירי ארעא | די | תייתון מן ארעכון דייי |
| 1825 | Lv 7:20 | ונפשא | די | תיכול בשרה מן נכסת קדשיה |
| 1826 | Lv 7:25 | קרבן קדם ייי ותשתצא נפשה | די | תיכול מן גוא עמה: |
| 1827 | Dt32:35 | ואנה הוא דמשלם לעדן | די | תימוט רגליהון דצדיקיה ארום |
| 1828 | Ex23:27 | ואערבב ית כל עמיא | די | תיעלון ביניהון ואשוי ית כל |
| 1829 | Nu34:02 | לארעא דכנען דא ארעא | די | תיפול לכון לאחסנו ארעא |
| 1830 | Lv11:02 | ישראל למימר דא חייתה | די | תכלון מן כל בעירה די על |
| 1831 | Nu17:27M | דמיתו במגפתה ואית מנן | די | תכלת יתהון אשתה ואית מנן |
| 1832 | Ex23:18M | "מן חלבי ... צפרא": בשרא | די | תכסון בלילי ימא טבא קדמיי׳ |
| 1833 | Ex34:25M | "... דפסחא": מן בשרא | די | תכסון בלילי יומא טבא דפסחה |
| 1834 | Dt16:04 | ולא יבית מן בשרא מה | די | תכסון בלילי יומא טבה קדמייה |
| 1835 | Gn17:21 | וית קיימי אקים עם יצחק | די | תלד לך שרה לעדנה הדן בשתה |
| 1836 | Dt 5:31 | וקיימיה וסדרי דינייה | די | תליף יתהון ויעבדון בארעא די |
| 1837 | Ex 4:12 | עם ממלל פמך ואלף יתך ית | די | תמלל: |
| 1838 | Ex19:06 | ואמה קדישא אליין פתגמיא | די | תמלל עם בני ישראל: |
| 1839 | Dt 5:14 | די בקירויכון מן בגלל | די | תניחון עבדך ואמהתך כוותכון: |
| 1840 | Lv23:12 | ותעבדון ותקרבון ביומא | די | תניפ{י}<ו>ן ית עומרה אמר בר |
| 1841 | Ex 4:09 | ביבשתא ויהוון מיין | די | תסב מן נהרא ויהוון לאדם |
| 1842 | Ex23:30 | יתהון מן קדמיכון עד זמן | די | תסגון ותאחסנון ית ארעא: |
| 1843 | Lv20:06 | ונפש׳ | די | תסטי בתר שאלי אובה ומסקי |
| 1844 | Dt28:20 | עד זמן די תשתצון ועד זמן | די | תסתופון בופריע מן קדם |
| 1845 | Ex 4:17 | וית חוטרא הדין תיסב בידך | די | תעבד בה ית נסי פרישתא: |
| 1846 | Lv23:30 | וכל נפש | די | תעבד כל עבידה הכזמן יומא |
| 1847 | Nu 8:24 | דא | די | תעבד ללווי מן בר עשרין שנין |
| 1848 | Nu15:30 | ונפש | די | תעבד בריש גלי ביציבייה |
| 1849 | Gn20:13 | דאבה ואמרית לה דן חסדיך | די | תעבדון עמי לכל אתר די נעול |
| 1850 | Ex 4:15 | פמה ואלף יתכון ית מה | די | תעבדון: |
| 1851 | Nu15:12 | כמניינה | די | תעבדון כהדין סדרא תקרבון עם |
| 1852 | Nu15:14 | דרעוה קדם ייי היך מה | די | תעבדון כדן יעבד: |
| 1853 | Dt 1:18 | בשעתה ההיא ית כל פתגמיה | די | תעבדון: |
| 1854 | Dt 4:14 | יתכון קיימין וסדרי דינין | די | תעבדון יתהון בארעא די אתון |
| 1855 | Dt14:29 | אלהכון בכל עובד ידיכון | די | תעבדון: |
| 1856 | Dt15:18 | יתכון ייי אלהכון בכל מה | די | תעבדון: |
| 1857 | Dt16:22M | סמיך למדבחה דייי אלהכון | די | תעבדון לכון |
| 1858 | Dt28:20 | מזופתה בכל אושטות ידיכון | די | תעבדון עד זמן די תשתצון |
| 1859 | Dt29:08 | מן בגלל דתצלחון ית כל מה | די | תעבדון: |
| 1860 | Nu 5:30 | או גבר | די | תעבר עלוי רוח דקנא ויקנא ית |
| 1861 | Dt27:02 | ויהווי ביומא | די | תעברון ית ירדנה לארעא דייי |
| 1862 | Dt27:03M | /הדין#2#/ במעברכון/בזמן | די | תעברון ית יורדנה#2#/ |
| 1863 | Dt27:04M | ית ירדנה /בזמן | די | תעברון ית יורדנה#2#/ |
| 1864 | Dt27:04M | "במעברכון ...": ביומה | די | תעיברון |
| 1865 | Dt27:03 | הדה במעברכון מן בגלל | די | תעלון לארעא דייי אלהכון יהב |
| 1866 | Lv15:32 | אוריתה דדיבה וית מה | די | תפוק מיניה תשמיש דזרע |
| 1867 | Lv22:04 | בכל טמא נפש בר נש או גבר | די | תפוק מנה תשמי{ע}<ש> דזרע: |
| 1868 | Gn29:27 | ואתן לך אף ית דא בפולחנא | די | תפלח עד תוב <שבע> שנין |
| 1869 | Dt32:46 | אנה משהד בכון יומא הדין | די | תפקדון ית בניכון למטור |
| 1870 | Lv23:38 | בר מן כל נסיבתכון | די | תפרשון לשמה דייי: |
| 1871 | Ex25:03 | ודא אפרשתא | די | תקבלון מן לוותהון דהב וכסף |
| 1872 | Nu18:28 | דייי מכל מעשריכון | די | תקבלון מן לוות בני ישראל |
| 1873 | Dt28:36 | ייי יתכון וית מלכיכון | די | תקימון עליכון לאומה די לא |
| 1874 | Gn26:13 | והווה אזל ותקף עד זמן | די | תקף לחדא: |
| 1875 | Dt32:27 | אילולי כעסן דשנאה | די | תקף ואילולי דאדכר להון |
| 1876 | Lv 5:02 | או נפש | די | תקרב בכל מילה מסאבה או |
| 1877 | Lv 7:21 | ונפשא | די | תקרב בכל סואבה בסאבותא |
| 1878 | Lv20:16 | ואתה | די | תקרב לוות כל בעיר למשמשה |
| 1879 | Lv22:06 | נפש | די | תקרב בה תיהווי מסאבה עד |
| 1880 | Ex29:38M | על גבי /וכהדין סידרא | די | תקרבון על#2#/ מדבחא אמרין |
| 1881 | Nu28:03 | ותימר להון דן סדר קרבנה | די | תקרבון קדם ייי אמרין בני |
| 1882 | Dt20:02M | ויהוי \כד תקרבון /בזמן | די | תקרבון#2#/ לסדרי קרבא |
| 1883 | Nu19:22 | ביה מסאבה יסתאב ונפשה | די | תקרוב ביה תיהווי מסאבה עד |
| 1884 | Lv15:23M | עלוי \כד יקרוב /בזמנה | די | תקר{י}ב#2#/ בה יהוי מסאב |
| 1885 | Gn 9:02 | ועל כל עופא דשמיא בכל מה | די | תרחש על ארעא ובכל נוני |
| 1886 | Lv20:25 | בבעירה ובעופה ובכל מה | די | תרחש ארעא די אפרשית לכון |
| 1887 | Gn 7:08M | דכיה ומן עופא וכל | דרחיש/די | תרמס#2#/ על ארעא: |
| 1888 | Lv 1:05 | מדבחא מן חזור חזור | די | תרע משכן ז«י»מנא: |
| 1889 | Lv14:22 | גוזלין בני יון מן מה | די | תרע ידה ויהוי חד לחטאת׳ וחד |
| 1890 | Nu 6:21 | ייי על נזירותיה בר מן מה | די | תרע ידה כפם נדרה כדן יעבד |
| 1891 | Dt 5:33 | ותורכון יומין בארעא | די | תרתון: |
| 1892 | Dt14:26 | ובחמר חדת ובעתיק ובכל מה | די | תשאל יתכון נפשיכון ותאכלון |
| 1893 | Ex21:01 | ואילין דינייא | די | תשווי קדמיהון: |
| 1894 | Nu33:55 | ויהווי ית כל מה | די | תשיירון מנהון לסיכין |

|  |  |  |  |  |  |
|---|---|---|---|---|---|
| 1895 | | Gn31:32 | גב מן | די | תשכח ית {{טעותך ימות}} קביל |
| 1896 | | Ex 5:11 | אזלו סבו לכון תבן מן אן | די | תשכחון ארום לא מתמנע מן |
| 1897 | | Dt12:13 | עלוותכון בכל היידין אתר | די | תשכחון: |
| 1898 | | Dt15:18 | לא יבאש באפך בזמנה | די | תשלח יתיה לחירותה מן לוותך |
| 1899 | | Lv25:30 | ואן לא יתפרק עד זמן | די | תשלם לה שנה שלימה ויקום |
| 1900 | | Lv 8:33 | לא תפקון שבעה יומין עד | די | תשלמון יומי אשלמותכון ארום |
| 1901 | | Dt 7:12 | ויהוי חלף | די | תשמעון ית סדרי דינייה |
| 1902 | | Dt11:27 | ית ברכתה | די | תשמעון למצוותה דייי אלהכון |
| 1903 | | Gn27:44 | עמיה יומין קלילן עד זמן | די | תשתדך כליתיה דאחוך: |
| 1904 | | Dt28:51 | ופרי ארעכון עד זמן | די | תשתיצון די לא ישיירון לכון |
| 1905 | | Dt28:20 | ידיכון די תעבדון עד זמן | די | תשתצון ועד זמן די תסתופון |
| 1906 | | Nu34:13 | בני ישראל למימר דא ארעא | די | תתאחסנון יתה בעדיון די פקד |
| 1907 | | Lv15:20 | ברחוק נדתה יסתאב וכל מן | די | תתב עלוי יסתאב: |
| 1908 | | Lv15:22 | וכל מן די יקרוב בכל מן | די | תתב עלוי יחוור לבושוי ויסחי |
| 1909 | | Lv15:26 | נדתה יהוי לה וכל מן | די | תתב עלוי מסאב יהווי כסואבת |
| 1910 | | Dt28:67M | די תתפחדון /תבר לבבכון | די | תתברון#2#/ ומן חזווי |
| 1911 | | Lv 6:21 | ומן דחסף | די | תתבשל בה יתבר ואין במן דנחש |
| 1912 | | Dt14:26 | ותזבנון בכספא ככל מה | די | תתחמד נפשיכון בתורין ובען |
| 1913 | | Lv 6:18 | אוריתה דחטאתה באתרה | די | תת{כ}נ<כ>ס עלתא תת{כ}נ<כ>ס |
| 1914 | | Nu35:04 | ופרורי קרייתה | די | תתנון לליוויי מכותלה דקרתה |
| 1915 | | Nu35:06 | וית קרייתה די | {ד«י»} | תתנון לליוויי ית שת קרין |
| 1916 | | Nu35:07 | כל קוריין | די | תתנון לליוויי ארבעין ותמני |
| 1917 | | Nu35:08 | וקוריאן | די | תתנון מן אחסנותהון דבני |
| 1918 | | Nu35:13 | וקוריתה | די | תתנון שת קריי שיזבו{{ן}} |
| 1919 | | Dt16:10 | כמסת אושטות ידיכון | די | תתנון היך מה די יברך יתכון |
| 1920 | | Dt22:12 | על ארבעתי זבית גוליכון | די | תתעטפון בהון: |
| 1921 | | Dt28:67 | צפרא מן פחדא דלבביכון | די | תתפחדון ומן חזווי עייניכון |
| 1922 | דאדי | Gn 3:13 | אלהים לאתתא מה היא | דאדי | עבדית ואמרת אתתא חויה |
| 1923 | ודי | Dt23:05 | פריקין מן מצרים | ודי | אגרו עליכון ית בלעם בר |
| 1924 | | Gn40:12 | ומרים דמתילין בסגוליא | ודי | אמרת נסבית ענביה ועצרת |
| 1925 | | Lv26:45 | קיימה די קיימת עם קדמי | ודי | אפקת יתהון פריקין מן ארעא |
| 1926 | | Ex29:27 | שקה דאפרשותא די אתנף | ודי | אתפרש מן דכרא |
| 1927 | | Ex20:04 | דמות די בשמייא מלעיל | ודי | בארעא מן לרע ודי במיא |
| 1928 | | Dt 5:08 | דמו די בשמייא מן לעיל | ודי | בארעא מן לרע לארעא: |
| 1929 | | Ex20:04 | מלעיל ודי בארעא מן לרע | ודי | במיא מן תחות לארעא |
| 1930 | | Dt 5:08M | מן לרע/<מן >תחות#2#/ | \ודי | במייא מן לרע#2#/ לארעא |
| 1931 | | Dt32:06 | הוא אבוך די קנה יתכון | ודי | ברה יתכון ושכלל יתכון: |
| 1932 | | Lv25:33M | די יפרוק מן ליווייה | /ודי | דיפרוק מין ליוואי{'}#2#/ |
| 1933 | | Nu12:11 | עלינן חובה די אשתלינן | ודי | חטינן: |
| 1934 | | Nu22:30 | מה את יכיל למילט יתהון | ודי | טלמת באפיהון דגבריה האליין |
| 1935 | | Lv20:10 | די ישמש עם אתתה דגבר | ודי | יגיי«ר» עם אתתיה דחבריה |
| 1936 | | Lv 6:20M | דיד{י}#2#/ עלוי /יתקדש | ודי | ידי מן אדמה על לבוש ודי |
| 1937 | | Lv 6:20M | ידי מן אדמה על לבוש | ודי | ידי על#2#/ תחוור באת' |
| 1938 | | Dt15:03M | בר עממיה תהון דחקין | ודי | יהווי לך מן אחוך |
| 1939 | | Dt19:05 | | ודי | ייעול עם חבריה ב{ק}<ח>ורשא |
| 1940 | | Dt18:20 | לא פקדית יתיה לממללא | ודי | ימלל בשום טעוון אחרניין |
| 1941 | | Nu27:17 | די יפוק קדמיהון | ודי | יעול קדמיהון ודי יפק יתהון |
| 1942 | | Nu27:17 | יפק יתהון לסדרי קרבא | ודי | יעל יתהון מן סדרי קרבא |
| 1943 | | Lv15:32M | \וית מה די תפוק | /ודי | יפוק#2#/ מיניה תשמיש |
| 1944 | | Nu27:17 | ודי יעול קדמיהון | ודי | יפק יתהון לסדרי קרבא ודי |
| 1945 | | Dt27:15M | "ואמרין": ברנש | ודי | ישווי בטומרה הוון עניין |
| 1946 | | Lv16:32 | די {דכי} ^רבי#2#^ יתיה | ודי | ישלם ית קרבן ידוי למשמשה |
| 1947 | | Ex30:33 | גבר דיפטם כוותיה | ודי | יתן מנה על חלוניי וישתצי |
| 1948 | | Gn49:12M | אתחמ' בהון גלוי עריי' | ודי | לא חמון בהון למשפך אדם |
| 1949 | | Ex21:13 | | ודי | לא אתכוון ליה ומן קדם ייי |
| 1950 | | Dt11:02M | /חכימין#2#/ | ודלא/ולא#2#/ודי | לא#2#/ חמון ית |
| 1951 | | Dt27:15M | "ידי ...": <ידי> בר נש | ודי | לא ישווי בטומרא |
| 1952 | | Dt32:27 | עליהון בעלי דבביהון | ודי | לא ייאמרון שנאיהון |
| 1953 | | Gn24:07 | דאבא ומן ארעא תלדוותי | ודי | מלל עמי ודי קיים עמי למימר |
| 1954 | | Dt11:06 | | ודי | עבד לדתן ולאבירם בנוי |
| 1955 | | Dt13:06 | פריקין מן ארעא דמצרים | ודי | פ«ר»ק יתכון מן בית שעבוד |
| 1956 | | Gn24:07 | תלדוותי ודי מלל עמי | ודי | קיים עמי למימר לבניך אתן |
| 1957 | | Gn34:11M | \וית מה די תאמרון | /ודי | תימר#2#/ לי אתן: |
| 1958 | | Dt 6:03 | למעבד דייטיב לכון | ודי | תסגון לחדה היך מה די מלל |

See also: ד־

## דיב wolf *n.* [144]

|  |  |  |  |  |  |
|---|---|---|---|---|---|
| 001 | לדיב s ab/cn | Gn49:27M | תקיף בתחומיה/מדמי | לדיב | חטיף#2#/ יתבניה בית מקדשה |

## דיד־ possessive particle *pron.* [145]

|  |  |  |  |  |  |
|---|---|---|---|---|---|
| 001 | דדהון | Ex12:39 | ואפון ית חמיעה | דדהון | דאפיקו מן מצרים חוררן |
| 002 | | Lv22:27 | דידהון בשעת אננקי | דדהון | עני יתן בהדה שעתה ושמע |
| 003 | דידה | Ex30:27M | וית כיורייה וית בסיס | דידה | |
| 004 | | Ex30:28 | וית כיורא וית בסיס | דידה: | |
| 005 | | Ex35:16 | וית כיורה וית בסיס | דידה: | |
| 006 | | Lv27:15 | ויוסף חומש כסף ויהוי | דידה: | |
| 007 | | Nu23:22 | תוקפא ותושבחתה ורוממותה | דידה | אינון: |
| 008 | | Nu24:08 | ורוממות{{י}}ה | די{ה}<ד>ה | אינון יאכלון בני ישראל |
| 009 | | Ex30:18 | ותעבד כיור דנחש ובסיס | דידה | דנחש לקדוש ותשווי יתיה בין |
| 010 | | Ex38:08 | כיורה דנחש וית בסיס | דיד«ה» | דנחש במחזיין דנשייא |
| 011 | | Ex35:16 | דעלתה וית קנקלא דנחשא | דידה | וית אריחוי וית כל מנוי וית |
| 012 | | Nu16:05 | בצפרה וידע ייי מן דמן | דידה | וית קדישוי ויקרב לוותיה |
| 013 | | Lv14:35M | דבייתה /דן דבייתה | דידה#2#/ | ויתני לכהנא למימר כמכתש |
| 014 | | Nu 8:04 | מנרתה נגודה דהב עד בסיס | דידה | ועד שושניה נגידה היא כחזוה |
| 015 | | Ex25:31 | מנרתה בסי{ם}<ס> | דידה | וקניה כלידיא חזוריה |
| 016 | | Ex37:17 | נגידא עבד מנרתה בסיס | דידה | וקניה כלידיה חזוריה |
| 017 | דידהון | Lv22:27 | למהוי מצליין ואמרין | דידהון | בשעת אננקי דדהון עני יתן |
| 018 | | Gn15:13 | זרעיית בניך בארעא דלא | דידהון | וישעבדון יתהון ויצערון |
| 019 | | Gn44:18 | חד כמה דחילי קשי מן | דידהון | וערבת ית טליא מן לוות אבה |
| 020 | דידי | Lv25:23 | לא תזדבן לחלוטין ארום | דידי | ארעא ארום דגיורין ותותבין |
| 021 | | Gn31:42 | יתי ית צערי וית לוותי | דידי | גלי קדם ייי ואוכח |
| 022 | | Gn31:43M | אתילידן ועאנה מן ענה | דידי | היא |
| 023 | | Ex19:05 | סגלה מן כל אמיה ארום | דידי | היא כל ארעא: |
| 024 | | Dt32:35 | | דידי | היא נקמתה ואנה הוא דמשלם |
| 025 | | Nu12:07M | /עבדי משה בכל קומיסטון | דידי | היימן הוא#2#/: |
| 026 | | Gn33:10 | וחסד באפך ותקבל דורון | דידי | מנ{ו}<י> ארום בגין כדין |
| 027 | | Nu22:30 | האליין לית הדא אתנתה | דידי | שאלה היא הלא אנה אתנתך די |
| 028 | דידיה | Gn 4:04M | קרבניה /וית דורון | דידיה#2#/: | |
| 029 | | Ex21:34 | למרוי והדא דמיתה תהוי | דידיה: | |
| 030 | | Ex21:36 | תור והנייתה דמיתא תהוי | דידיה: | |
| 031 | | Ex31:09 | וית כיורה וית בסיס | דידיה: | |
| 032 | | Lv 9:08 | ית עגלה דחטאתה דמן | דידיה: | |
| 033 | | Lv16:11 | ית תורה דחטאתה דמן | דידיה: | |
| 034 | | Lv27:15M | עלויה עלוי ויהווי | דידיה#2#/: | |
| 035 | | Nu 5:07M | \דאתחייב ליה/ דאשמה | דידיה#2#/: | |
| 036 | | Lv27:24 | מן לוותה למן דהווה | דידיה | אחסנות ארעא: |
| 037 | | Gn21:33M | קדם אבוכון דבשמיא דמן | דידיה | אכלתון ומן דידיה שתתון |

|  |  |  |  |  |  |  |
|---|---|---|---|---|---|---|
| 038 | | | Lv14:26M | כהנא רבה ויריק על ידא | דידיה | דשמאלה |
| 039 | | | Dt21:17 | ארום הוא שרוי צעריה | דידיה | הוא סדר דינה דבכורתה: |
| 040 | | | Gn41:43 | יתיה בארתכא תניינתא | דידיה | והוון מקלסין קדמוי יחי |
| 041 | | | Lv16:06 | ית תורא דחטאתה דמן | דידיה | ויכפר על ידוי ועל ידי |
| 042 | | | Lv16:06M | דידיה/דאייתי מן | דידיה#2#/ | ויכפר על ידוי ועל ידי |
| 043 | | | Lv16:11 | ית תורה דחטאתה דמן | דידיה | ויכפר על ידוי ועל ידי |
| 044 | | | Ex38:30 | דנחשה וית קנקילה דנחשה | דידיה | וית כל מני מדבחה: |
| 045 | | | Ex39:39 | דנחשה וית קנקלה דנחשה | דידיה | וית אריחוי וית כל מנוי |
| 046 | | | Lv 7:08 | דעלתה די יקרב לכהנא | דידיה | יהווי: |
| 047 | | | Lv 7:14 | דזרק ית אדם נכסת קדשיה | דידיה | יהווי: |
| 048 | | | Nu 5:10 | יהוון גבר די יתן לכהנה | דידיה | יהווי: |
| 049 | | | Nu33:54 | די יפוק לה תמן עדווה | דידיה | יהווי לשבטיה אבהתכון |
| 050 | | | Nu 5:10 | וגבר ית קדשוי | דידיה | יהוון גבר די יתן לכהנה |
| 051 | | | Nu 5:09 | ישראל די יקרבון לכהנה | דידיה | יהוי: |
| 052 | | | Lv 5:24 | יוסף עלוי למן הוא | דידיה | יתן יתיה ביומא די אתחייב: |
| 053 | | | Gn 4:05M | ולקרבניה/ולדורון | דידיה#2#/ | לא קבל ברעווא ובאש |
| 054 | | | Lv 7:07 | חדה להון כהנא די יכפר | דידיה | ליה יהוויין: |
| 055 | | | Lv 8:11 | וית כיורה וית בסיס | דידיה | למקדשה יתיה: |
| 056 | | | Gn28:12 | לגברא חסידא דאיקונין | דידיה | קביעא בכורסיה איקרא |
| 057 | | | Gn21:33M | דמן דידיה אכלתון ומן | דידיה | שתתון לא הוון זייעין מן |
| 058 | | | Lv 7:33 | תרבה מן בנוי דאהרן | דידיה | תיהווי שוקה דימינה לחולק: |
| 059 | דידך | | Gn 4:08 | ועל דהוו עובדיי טבין מן | דידך | אתקביל קרבני מני ברעוא |
| 060 | | | Gn49:03 | יתיר על אחך בכורותא | דידך | היא ומלכותא וכהנתא רבתא לך |
| 061 | | | Gn31:32M | מה עמי/דאית גבי מן | דידך#2#/ | וסב לך ולא ידע |
| 062 | | | Nu18:13 | די ייתון לשמה דייי | דידך | יהווי כל דידכי באנשי ביתך |
| 063 | | | Nu18:14 | כל אפרשו דבישראל | דידך | יהווי: |
| 064 | | | Nu18:15 | דייי בבני אנשא ובבעירא | דידך | יהווי להוד מפרקה תפרק ית |
| 065 | | | Nu18:18 | דאנפותה וכשקה דימינה | דידך | יהוון: |
| 066 | דידן | | Gn31:16 | די אפיק ייי מאבונן | דידן | אינון ודבנן וכדון מה די |
| 067 | | | Gn34:23 | וכל בעירהון הלא | דידן | אינון לחוד נתערב להון |
| 068 | | | Dt21:07M | "חמון יתיה": | דידן | דשפך יתיה |
| 069 | דדידיה | | Gn49:10 | דייתי מלכא משיחא | דדידיה | היא מלכותא וליה ישתעבדון |
| 070 | לדידך | | Gn 4:08M | "... קרבנכ": וקדמין | לדידך | אתקביל ברעוא קרבני וקרב׳ |
| 071 | | | Ex14:15 | עד אימת את קיים תהווי | לדידך | מלל עם בני ישראל ויטלון: |

## דיור *n.* inhabitant [145]

|  |  |  |  |  |  |  |
|---|---|---|---|---|---|---|
| 001 | דיור | s ab/cn | Gn44:18 | כל ארעא דמצרים צדי מן | דיור | מנך אנה משרי ומן פרעה רבך |
| 002 | דיורין | p abs | Dt23:08 | לא תרחקון מצריי ארום | דיורין | הוויתון בארעהון: |

## דייב *n.* gonnorheic man [145]

|  |  |  |  |  |  |  |
|---|---|---|---|---|---|---|
| 001 | דאב | s ab/cn | Lv15:02M | גבר ארום יהווי | דייב/דאב#2#/ | מן בשר׳ דובה מסאב |
| 002 | דאיב | | Lv22:04M | והוא מצרע או | דייב/דאיב#2#/ | בקדשייה לא ייכול |
| 003 | דייב | | Lv22:04 | דאהרן והוא מצרע או | דייב | בקדשייה לא ייכול עד זמן די |
| 004 | | | Lv15:02 | להון גבר גבר ארום יהווי | דייב | מן בשר׳ דובה מסאב הוא: |
| 005 | ודאיב | | Lv15:33M | /ודייבה בריחוק נדתה | ודאיב#2#/ | ית דובה לדכר או לנקבה |
| 006 | ודדייב | | Lv15:33 | ודיבתה ית דובה | ודדייב | ית דובה לדכר או לנקבה |
| 007 | די׳ | s em/sf | Lv15:32M | דדיבה/אחויית | די׳#2#/ | \וית מה די תפוק/ודי |
| 008 | דיבה | | Lv15:08 | וארום ירק | דיבה | {בדיביה} <בדכיה> יחוור |
| 009 | | | Lv15:11 | וכל די יקרוב ביה | דיבה | וידוי לא שזיג במיא יחוור |
| 010 | | | Lv15:06 | על מנא די יתיב עלוי | דיבה | יחוור לבושוי ויסחי במיא |
| 011 | | | Lv15:04 | כל מדמך די ידמך עלוי | דיבה | יסתאב וכל מן די יתיב עלוי |
| 012 | | | Lv15:09 | וכל מרכוב די ירכו׳ עלוי | דיבה | יסתאב: |
| 013 | | | Lv15:12 | ומן דחסף די יקרב ביה | דיבה | יתבר וכל מן דקיס יתמרק |
| 014 | | | Lv15:13 | וארום ידכי | דיבה | מן דובה וימני ליה שבעה |
| 015 | דדיבה | | Lv15:32 | דא גיזירת אוריתה | דדיבה | וית מה די תפוק מיניה |
| 016 | | | Lv15:07 | ומן די יקרב בבשרה | דדיבה | יחוור לבושוי ויסחי במיא |

## דייב #2 *n.* weariness [145]

|  |  |  |  |  |  |  |
|---|---|---|---|---|---|---|
| 001 | ודייב | s ab/cn | Dt28:65 | רוגזן וסייף דעיינין | ודייב | דנפש: |

## דייבה *n.* gonnorheic woman [145]

|  |  |  |  |  |  |  |
|---|---|---|---|---|---|---|
| 001 | דוה | s ab/cn | Lv20:18 | וגבר די ישמש עם אתה | דוה | ויבזי ית עריתה וית מבוע |
| 002 | דייבה | | Lv15:04M | די {ד}י<ד>מוך עלוי | דייבה | |
| 003 | | | Lv15:19 | ואתה ארום תיהוי | דייבה | דם תיהוי דובה בבשרה שבעה |
| 004 | | | Lv20:18M | די ישמש עם אתה | דוה/דייבה#2#/ | ויבזי ית עריתה וית |
| 005 | | | Lv15:26M | נדתה/יומין דהיא | דייבה | כמדמר׳ ריחוק נד׳#2#/ |
| 006 | ודייבה | | Lv15:33M | ית דובה ודדייב | /ודייבה | בריחוק נדתה ודאיב#2#/ |
| 007 | ודיבתה | s em/sf | Lv15:33 | | ודיבתה | ית דובה ודדייב ית דובה |

## דייה *n.* kite [145]

|  |  |  |  |  |  |  |
|---|---|---|---|---|---|---|
| 001 | דייתה | s em/sf | Lv11:19M | וית \דיי{ר}<ת>ה חוורתה | /דייתה | חוור#2#/ ואכומתה |
| 002 | | | Lv11:19 | וית | דיי{ר}<ת>ה | חוורתה ואכומתה למינה |
| 003 | דיתה | | Lv11:14 | וית | דיתה | וית אבו למינה: |
| 004 | ודייתה | | Dt14:18 | | ודייתה | חוורתה ואכומתה למינה |
| 005 | | | Dt14:13 | ובת ביתה וית אייבו | ודייתה | למינה: |

## דיין *n.* judge [146]

|  |  |  |  |  |  |  |
|---|---|---|---|---|---|---|
| 001 | דיין | s ab/cn | Gn 4:08 | ואמר לקין אית דין ואית | דיין | ואית עלם אוחרן ואית מתן |
| 002 | | | Gn 4:08 | ואמר להבל לית דין ולית | דיין | ולית עולם חורן לית מתן אגר |
| 003 | ודיין | | Gn49:16 | מן דבית דן יקום פורקן | ודיין | כחדא ישתמעון לה כל שבטי |
| 004 | דיינא | s em/sf | Gn18:25 | מן למעבד פתגמא הדין | דיינא | דדיינן כל דיירי ארעא לא |
| 005 | דיינה | | Gn18:25M | הדין \דיינא דדיינן כל | /דיינה | דדאן כל#2#/ דיירי ארעא |
| 006 | | | Dt25:02 | למלקה חייבה וירבע יתיה | דיינה | וימחי יתיה קדמוי כמסת |
| 007 | דדיינן | p abs | Gn18:25 | פתגמא הדין דיינא | דדיינן | כל דיירי ארעא לא יעבד |
| 008 | דיינין | | Ex21:22 | עלוי בעלה ויתן על פום | דיינין: | |
| 009 | | | Dt32:31M | בעלי דבביכון | דיינינן/דיינין#2#/: | |
| 010 | | | Dt16:18 | | דיינין | וסרכין תמנון לכון בכל |
| 011 | דדייניא | p em/sf | Gn38:25 | ויהבת יתהון בידוי | דדיינ«י»א | ואמרת ליה גברא דאלין |
| 012 | דייני׳ | | Ex15:12M | דן לוקבל דן | דייני׳ | ימא [...] קבל קטילך [...] |
| 013 | דייניא | | Ex22:07 | ויקרב מרה דביתא לוות | דייניא | אין לא שלח ידי׳ במקמתא |
| 014 | | | Ex22:08 | ארום דן הוא לוו«ת» | דייניא | יעלא מלי תריהון ית מן די |
| 015 | | | Ex22:08 | ית מן די יחייבון | דייניא | ישלם בכפלא לחבריה: |
| 016 | | | Gn 6:02 | וחמון בני | דייניא | ית בנתהון דבני אנשא ארום |
| 017 | דייניה | | Ex21:22M | דיינין/מימר | דייניה#2#/: | |
| 018 | | | Dt17:09 | כהניא וליוויי לוות | דייניה | דייהווי ממני ביומיא |
| 019 | | | Lv24:12M | אמר לא שמעית למלפה | דייניה | דעתידין למקום בתר משה |
| 020 | | | Nu15:34M | אמ׳ לא שמעית למלפה | דייניה | דעתידין למקום בתר משה |
| 021 | | | Dt25:01 | ויקרבון לדינה קדם | דייניה | וי«»דונון יתהון ויזכון |
| 022 | | | Ex21:06 | ונקרב יתיה רבוני לוות | דייניה | ויקרב יתיה לתרעא או |
| 023 | | | Dt19:18 | ויתבעון | דייניה | יאות והא שהד דשקר הוא |
| 024 | דיינייה | | Nu 9:08M | אמר לא שמעית למלפה | דיינייה | דעתיד למקום בתר משה |
| 025 | דייניכון | | Dt 1:16 | ופקדית ית | דייניכון | בשעתה ההיא למימר תהוון |
| 026 | | | Dt31:28 | ית כל חכימי שבטיכון | דייניכון | וסרכיכון ואמלל במשמעהון |
| 027 | | | Ex22:27 | עמא בני ישראל | דייניכון | לא תבזון ורבה דבעמכון לא |
| 028 | דיינינן | | Dt32:31 | בעלי דבבי{כון}<נן> | דיינינן: | |

|  |  |  |  |  |  |  |
|---|---|---|---|---|---|---|
| 029 | ודייניה | | Dt19:17 | קדם ייי לקדם כהנייה | ודייניה | די יהוון ממניין ביומיא |
| 030 | ודייניכון | | Dt21:02 | ויפקון חכימיכון | ודייניכון | וימשחון לקרייתה די מן |
| 031 | לדייניה | | Lv24:12 | נפשן ובגין למלפה | לדייניה | דקיימין בתר משה דיהוון |
| 032 | | | Nu 9:08 | דיני נפשין למלפה | לדייניה | דקי«י»מין בתר משה די |
| 033 | | | Nu15:34 | דיני נפשן למלפה | לדייניה | דקיימין בתר משה די הוון |
| 034 | | | Nu27:05 | דיני נפש למלפה | לדייניה | דקיימין בתריה די הוון |
| 035 | לדיניה | | Nu25:05 | ואמר משה | לדיניה | דישראל קט«ו»לו גבר |

## דיינו ⇐ *n.* דיינין

## דיינין *n.* strife [146]

|  |  |  |  |  |  |  |
|---|---|---|---|---|---|---|
| 001 | דיינין | p abs | Dt17:08 | צרעתה למכתש נתקה מילי | דיינין | בקורייכון ותקומון ותסקון |
| 002 | דינין | | Dt25:01 | ארום יהווי | דינין | ביני גברין ויקרבון לדינה |
| 003 | דייני | p const | Nu27:14 | על עסק מיא אינון מי | דייני | רקם מדברא דצין: |
| 004 | | | Nu27:14 | מימרי במדברה דצין במי | דייני | עם כנישתה למקדשה שמי |
| 005 | דייניה | p em/sf | Nu20:24 | מימרי על עסק מייא | דייניה: | |
| 006 | | | Nu20:13 | אנון מיא | דייניה | די אדיינו בני ישראל קדם |
| 007 | | | Dt33:08 | ובדקת יתיה במי | דייניה | ואשתכח מהימן: |
| 008 | ודיינוותיה | | Ex17:07 | שמה דאתרא נסייוניה | ודיינוותיה | על דאדיינון בני ישראל |

## דייץ *n.* ibex [146]

|  |  |  |  |  |  |  |
|---|---|---|---|---|---|---|
| 001 | ודייצון | p abs | Dt14:05M | ואלין | ודייציין/<ודיי>צון#2#/ | ותורי^ותור#2#^ |
| 002 | ודייצין | | Dt14:05 | ויחמורין ואלין | ודייצין | ותורי בר ורימאנין: |

## דייר *n.* inhabitant [146]

|  |  |  |  |  |  |  |
|---|---|---|---|---|---|---|
| 001 | דייר | s ab/cn | Ex12:48 | וארום יתותב עמכון | דייר | ויעבד פיסחא קדם ייי במגזר |
| 002 | | | Gn23:04 | אנה | דייר | ותותב אנה עמכון הבו לי |
| 003 | | | Ex 2:22 | ית שמה גרשום ארום אמר | דייר | ותותב אנא בארע נוכראה: |
| 004 | דייארה | s em/sf | Nu32:17M | מן קדם | דייריה/דייארה#2#/ | דארעא: |
| 005 | דיירה | | Lv18:25M | אר'#2#/ ית | דייריה/<דיי>רה#2#/: | |
| 006 | | | Nu33:52M | ית כל \דיירי ארעא | /דיירה | דא'#2#/ מן קדמיכון |
| 007 | | | Lv25:10 | ותכרזון חירו לארעא לכל | דיירה | יובלה היא תיהווי לכון |
| 008 | דיירין | p abs | Ex22:20 | תדחקון יתהון ארום | דייר{ו}<י>ן | הוויתון בארעא דמצרים: |
| 009 | דאירי | p const | Gn11:09 | כדן ערבב ייי לשני כל | דאירי | ארעא ומן תמן דרי יתהון |
| 010 | דיירי | | Dt 1:08M | ית \דיירי דארעא | /דיירי | א'#2#/ עולו וירתו |
| 011 | | | Gn 6:11 | וחבלו | דיירי | ארעא עובדיהון קדם ייי |
| 012 | | | Gn10:25 | ארום ביומוי אתפלגו | דיירי | ארעא ושמה דאחוי יקטן: |
| 013 | | | Gn18:25 | הדין דיינא דדיינן כל | דיירי | ארעא לא יעבד דינא: |
| 014 | | | Gn34:30 | לי למיסבא שמי ביש קדם | דיירי | ארעא בכנעניי ובפריזיי |
| 015 | | | Gn41:57 | וכל | דיירי | ארעא עלו למצרים למזבן |
| 016 | | | Gn47:13 | תקף כפנא לחדא ואשתלהון | דיירי | ארעא דמצרים וארעא דכנען |
| 017 | | | Gn50:01M | ענפוי מטיין על כל | דיירי | ארעא ושרשוי מטיין עד |
| 018 | | | Gn50:11 | וחמון | דיירי | ארעא דכנען ית אבלה באדר |
| 019 | | | Ex15:15M | יתהון אמסון בלבהון כל | דיירי | ארעא |
| 020 | | | Ex23:31 | אמסר{א} בידיכון ית כל | דיירי | ארעא ואטרוד יתהון |
| 021 | | | Ex34:12 | לך דלא תקיים קיים עם | דיירי | ארעא די אתון עלין בגווה |
| 022 | | | Ex34:15 | לא תקיימון קיים עם | דיירי | ארעא ויטעון בתר טעוותהון |
| 023 | | | Lv18:03 | לא תעבדון וכעובדי | דיירי | ארעא דכנען די אנה מעל |
| 024 | | | Nu33:52 | ותשיצון ית כל | דיירי | ארעא מן קדמיכון ותסיפון |
| 025 | | | Nu33:53 | ותישיצון ית | דיירי | ארעא ותשרון בגווה ארום |
| 026 | | | Gn11:01 | והוון כל | דיירי | דארעא לשן חד וממלל חד |
| 027 | | | Ex15:15 | אתמסי לבהון בגויהון כל | דיירי | דארעא דכנען: |
| 028 | | | Lv18:03 | כעובדי | דיירי | דארעא דמצרים די שריתון |
| 029 | | | Nu33:55 | ואין לא תשיצון ית | דיירי | «ד»ארעא מן קדמיכון |
| 030 | | | Dt 1:08 | חמון דמסרית קדמיכון ית | דיירי | דארעא עולו וירתו ית ארעא |
| 031 | | | Dt 9:28 | דלא יימרון | דיירי | דארעא די אפקת יתן פריקין |
| 032 | | | Nu14:14M | \לדיירי ארעא הדה שמעו | /דיירי | דארעה שמעינון#2#/ ארום |
| 033 | | | Gn14:02 | ומלכא דקרתא דבלעת | דיירי | היא זער: |
| 034 | | | Dt13:16 | מקטל תקטלון ית | דיירי | קרתה ההיא לפתגם דחרב |
| 035 | | | Dt13:14 | מן ביניכון ואטעון ית | דיירי | קרת{י}הון למימר ניזיל |
| 036 | דירי | | Dt 9:28M | דלא יימרון | דיירי/דירי#2#/ | דארעא די אפקת יתן |
| 037 | דדרי | | Gn 4:20 | ית יבל הוא אבוהון | דדרי | משכנא וקניין בעיר: |
| 038 | לדיירי | | Nu14:14 | ואמרין | לדיירי | ארעא הדה שמעו ארום את הוא |
| 039 | | | Ex34:15M | ארעא ויטעון בתר | /לדיירי | דארע' ותסטון בת'#2#/ |
| 040 | | | Ex15:14 | אתרגוזו רתיתא אחדת | לדיירי | דארעא דפלשת: |
| 041 | דייריה | p em/sf | Lv18:25 | עליה ואתגליית ארעא ית | דייריה: | |
| 042 | | | Gn36:20 | בנוי דשעיר חוורניה | דייריה | דארעא לוטן ושובל |
| 043 | | | Nu32:17 | תלי{נ}<לי>ן מן קדם | דייריה | דארעא: |
| 044 | | | Gn19:25 | וית כל משרה וית כל | דייריה | דקרתא וצמחוי דארעא: |
| 045 | | | Gn14:08 | ומלכה דקרת<ה> דבלעת | דייריה | היא זער וסדרו לקבלתהון |
| 046 | דיירייה | | Nu13:32 | למיילה יתה ארע אכלה | דיירייה | היא וכל עמה די חמינן |
| 047 | לדייראה | | Ex34:12M | קי'#2#/ \עם | דיירי/לדייראה#2#/ | ארעא די אתון עלין |

## דייתיקי *n.* testament, will [146]

|  |  |  |  |  |  |  |
|---|---|---|---|---|---|---|
| 001 | דייתיקא | s em/sf | Gn24:10 | גמלוי דרבוניה וכל שפר | דייתיקא | דריבוניה עמיה וקם ואזל |

## [דיל־] *pron.* possessive particle [146]

|  |  |  |  |  |  |  |
|---|---|---|---|---|---|---|
| 001 | דדליה | | Lv 9:08M | \דאייתי מן#2#/ | דידיה/דדליה#2#/: | |
| 002 | דילה | | Nu32:38M | מגדליהא חזור חזור | דילה | ושמהת רברבנהא וגיברהא |
| 003 | דיליה | | Gn38:25 | ואמרת ליה גברא דאילין | דיליה | מיניה אנה מעברה ואנה |
| 004 | דילך | | Gn45:10 | בניך ועניך ותוריך וכל | דילך: | |

## דין *n.* judgment [147]

|  |  |  |  |  |  |  |
|---|---|---|---|---|---|---|
| 001 | דין | s ab/cn | Dt24:17M | לא תסטי \דיניה דגיורייה | /דין | גיו'#2#/ ויתמייה ולא |
| 002 | | | Ex18:16 | ארום יהוי להון עסק | דין | דמלין אתיין לוותי ואדון |
| 003 | | | Ex24:14 | וחור עמכון מן דאית עסק | דין | דמלין יקרב לוותהון: |
| 004 | | | Dt19:06 | בנפשה ולה לית סדר | דין | דקטולין ארום ל{ה}<א> הוה |
| 005 | | | Dt21:22 | יהווי בגברא סדר חובת | דין | דקטולין ויתקטל ותצלבון |
| 006 | | | Dt21:22M | דין \בגבר חובה סדר | דין#2#/ | דקטולין ויתקטל ותצלבון |
| 007 | | | Dt22:26 | ביש לית לרביתה סדר | דין | דקטולין ארום היך מה די |
| 008 | | | Gn 4:08 | עני הבל ואמר לקין אית | דין | ואית דיין ואית עלם אוחרן |
| 009 | | | Gn 3:19 | את עתיד חזר וקאם ויהב | דין | וחושבן על כל מה דעבדת: |
| 010 | | | Dt21:05 | מימר פומהון יהווי כל | דין | וכל מכתש: |
| 011 | | | Gn 4:08 | ענה קין ואמר להבל לית | דין | ולית דיין ולית עולם חורן |
| 012 | | | Lv24:22 | סדר | דין | חד יהווי לכון כגיורה |
| 013 | | | Nu15:16 | אורייתה חדה לכון וסדר | דין | חד יהוי לכון ולגיוריה |
| 014 | | | Nu35:29M | \דרין לדריכון /סדר | דין | לד'#2#/ בכל אתר |
| 015 | | | Nu27:05M | דהוון דיניהון | דינ'/<ד>ין#2#/ | ממון במקושהה דחליל |
| 016 | דן | | Gn18:19M | ודינא /זכו וסדר | דן#2#/ | מן בגלל די ייתי |
| 017 | בדין | | Gn47:22 | די יהב להון פרעה | {בדין} | בגין כדין לא זבנו ית |
| 018 | דדין | | Dt17:08M | "בדינה ... מכתש": לסדר | דדין | בין אדם דקטולין לבין אדם |
| 019 | | | Lv27:29M | רחמין מן קדם ייי מטול | דדין | קטול מתחייב איתקטלא |
| 020 | ובדין | | Lv24:12 | דלא יכלו למעבד פיסחה | ובדין | בנתה דצלפחד הוה משה |
| 021 | | | Nu 9:08 | יכלו למעבד פסחה בזמנה | ובדין | בנתיה דצלפחד הוה משה |

| | | | | | |
|---|---|---|---|---|---|
| 022 | | Nu15:34M | למעבד פיסחא בזמנא | ובג}ג<ד>ין | בנתיה דצלפחד הוה משה |
| 023 | דינ' s em/sf | Ex23:06M | דינא דמסכינא בשעה | דינ#2#/: | |
| 024 | | Lv 1:01M | עלם וקדושיה קדוש עלם | דינ'#2#/ | הוא דלא ניעול לגויה |
| 025 | | Ex23:01M | בלבביכון בתר סוגי | דינ' | סטי |
| 026 | דינא | Gn18:25 | כל דיירי ארעא לא יעבד | דינא: | |
| 027 | | Ex20:07M | ית חוביכון חייבי ביום | דינא | |
| 028 | | Ex23:07M | ייי ית חייבא בשע' | דינא#2#/: | |
| 029 | | Lv 9:16M | וקרב יתיה כסדר | דינה/<דינ>א#2#/: | |
| 030 | | Gn 6:03 | הלא מחתם הוא קדמוי סדר | דינא | דדר' דמבולא למובדה |
| 031 | | Gn 6:03 | דדיה דעתידין למקום כסדר | דינא | דדריה דמבולא הלא מחתם הוא |
| 032 | | Gn18:25 | זכייה עם חייבא ויהוי | דינא | דזכייא כדינא דחייבא מחוס |
| 033 | | Ex26:30 | ותקים ית משכנה כסדר | דינא | די חמית בטורא: |
| 034 | | Ex23:06M | ישראל לא תסטון סדר | דינא | דמסכינא בשעה דינ'#2#/: |
| 035 | | Ex21:31 | נקבה מן בני ישראל כסדר | דינא | הדין יתעבד ליה: |
| 036 | | Gn14:07 | וחזרו ועלו לעין | דינא | היא רקם וקטלו ית כל |
| 037 | | Ex23:06 | לא תסטי | דינא | {הצרוכה} <די צריכה> בדינה: |
| 038 | | Lv 5:10 | ^יתיה#2#^ עליה כסדר | דינא | ויכפר עלוי כהנא מן חובתיה |
| 039 | | Ex24:03 | פתגמיא דייי וית כל סדרי | דינא | וענון כל עמא קל חד ואמרין |
| 040 | | Ex23:08 | נסבוי ויסלטל מלי | דינא | זכיי בדינא: |
| 041 | | Ex15:12 | דחילא הוות ארעא מן | דינא | יומא רבה דלא יתבע יתהון |
| 042 | | Ex23:02 | בלבביכון בתר סוגיא | דינא | לא תיזל בתר סגיא למבאשא לא |
| 043 | | Lv24:12 | להון מן קדם ייי בהידין | דינא | מקטלין יתיה: |
| 044 | | Gn40:13 | כסא בכף ידיה דפרעה כסדר | דינא | קדמיה די הוות מזיג ליה: |
| 045 | | Gn38:25 | בשעתא הדה ויפרוק יתי מן | דינא | רבא הדין מיד קם יהודה על |
| 046 | | Ex20:07 | ארום לא מזכי ייי ביום | דינא | רבא ית מן די יסב שמה דייי |
| 047 | | Gn 4:07 | עובדך בעלמא הדין ליום | דינא | רבה חטאך נטיר ועל תרע לבה |
| 048 | | Ex34:07 | ומזכיה לא מזכי{ה} ביום | דינא | רבה מדכר חובי אבהן רשיעין |
| 049 | | Ex23:02 | טעי ואמר מן בתר סגיא | דינא | שלם: |
| 050 | דינה | Ex28:30M | על חושנה דסדר | דינה | |
| 051 | | Lv 9:16 | ית עלתה וקרב יתיה כסדר | דינה: | |
| 052 | | Lv10:03 | אהרן וקבל עלוהי מכלת | דינה: | |
| 053 | | Nu29:18 | אמרייא במניינהון כסדר | דינה: | |
| 054 | | Nu29:21 | אמרייה במניינהון כסדר | דינה: | |
| 055 | | Nu29:24 | דכרייה במניינהון כסדר | דינה: | |
| 056 | | Nu29:27 | ובמניינהון בסדר | דינה:^^ | |
| 057 | | Nu29:30M | אמרייה במניינהון כסדר | דינה: | |
| 058 | | Nu29:37 | אמריה במניינהון כסדר | דינה: | |
| 059 | | Dt17:09 | ויתנון לכון ית עסק | דינה: | |
| 060 | | Gn15:17M | פקודייה וצדיקייא מן | דינה | אישתיזבו על די פלחו |
| 061 | | Gn49:09 | ברי את הויית משיזב מן | דינה | דתמר ברי את הוי' זכיי |
| 062 | | Dt21:17 | צעריה דידיה הוא סדר | דינה | דבכורתה: |
| 063 | | Dt27:19 | ליט יהווי גברה די יסטי | דינה | דגיורה דיתמה וארמלתה |
| 064 | | Gn 6:03M | דדריה דמבולא מיחתם הוא | דינה | דדרה דמבולא למבד ולמשתציה |
| 065 | | Gn 6:03M | "... די יעבדון": בתר | דינה | דדריה דמבולא מיחתם הוא |
| 066 | | Dt17:11 | די ילפון יתכון ועל סדר | דינה | די יימרון לכון תעבדון לא |
| 067 | | Nu12:14M | נזיפה נזף בא{ב}<פ>יה | דינה | הוא ד{ט}ת<ט>ריד |
| 068 | | Nu15:24 | ונס«ו»כוי כסדר | דינה | וצפיר בר עזין חד לחטאתה: |
| 069 | | Dt15:02 | ודן ^הוא#2#^ סדר | דינה | ושמטתה ישמט כל גבר מרי חוב |
| 070 | | Lv19:16 | תליתיה למרעיה וית בעלי | דינה | לא תשתוק לא תיקום על אדם |
| 071 | | Dt25:02M | אי{ת}<ן> מין | דינה | למלקי רשיעה ויכפתיניה |
| 072 | | Dt 1:17 | מן קדם מלך ושליט ארום | דינה | קדם ייי הוא מתבע ופתגמה די |
| 073 | | Dt19:17 | תרין גברייה דאית להון | דינה | קדם ייי לקדם כהנייה |
| 074 | | Nu14:18 | ומזכייה לא מזכי ביום | דינה | רבה מדכר חובי אבהן רשיען |
| 075 | | Nu31:50 | דאתי דא תיקום לן ביום | דינה | רבה למכפרה על נפשתן קדם |

| | | | | | |
|---|---|---|---|---|---|
| 076 | | Dt 5:11 | ארום לא יזכי ייי ביום | דינה | רבה ית מן די יסב ית שמה |
| 077 | | Dt32:34 | חתום באוצרי ליום | דינה | רבה: |
| 078 | דינהון | Nu29:33 | אמרייה במניינהון כסדר | דינהון: | |
| 079 | | Dt16:19M | מליהון דזכאי בשעת | דינהון | |
| 080 | | Nu27:21 | יקום וישאול לה בסדר | דינהון | דאוריתה קדם ייי על גזירת |
| 081 | | Lv24:12M | מתי{י}ן מן בגלל דהוה | דינהון | דיני נפשן ומסאבין די לא |
| 082 | דיני | Gn16:05 | ואמרת שרי לות אברם | דיני | ועל בני מחוסי ושרוי צערי |
| 083 | דיניה | Dt24:17 | לא תסטי | דיניה | דגיורייה ויתמייה ולא |
| 084 | | Dt27:19M | ויאמרון כל /דמסט' סדר | דיניה | דגיורא ודיתמה ודארמלתה |
| 085 | | Dt26:16 | האיליין וית סדרי | דיניה | ותטרון ותעבדון יתהון בכל |
| 086 | דינן | Gn26:20 | עם רעוי דיצחק למימר | דינן | אנן מיא וקרא שמה דבארה |
| 087 | דנה | Gn18:25M | דחייבא מחוס /כסדר | דנה | דזכייה כחייבה הא מחוס#2#/. |
| 088 | | Gn18:25M | דיירי ארעא לא יעבד | דינא/דנה | הדין#2#/: |
| 089 | דנהון | Ex21:09 | ואם לבריה יזמן יתה כסדר | דנהון | דבנתה יעבד לה: |
| 090 | בד' | Ex23:07M | בדינא /וזכאי וקשוט | בד'#2#/ | לא תקטלון ארום לא |
| 091 | בדינ' | Ex23:01M | {זמן} <זכו> לחברה | בדינ' | ולא תימרון בלבביכון בתר |
| 092 | בדינא | Gn 4:08M | עובדין ומסב אפין לית | בדינא | |
| 093 | | Ex23:03 | ארום לית מיסב אפין | בדינא: | |
| 094 | | Ex23:08 | ויטלטל מלי דינא זכיי | בדינא: | |
| 095 | | Lv19:16 | בזמנה דאת ידע ליה זכו | בדינא | אמר ייי: |
| 096 | | Gn20:04 | ייי לחוד עמם זכיי | בדינא | אתקטל: |
| 097 | | Ex23:02 | מה דבלבך על חברך | בדינא | דלא תהווי טעי ואמר מן בתר |
| 098 | | Gn20:04M | ייי הוא לה למיזכי | בדינא | {ה} מתקטיל#2#/: |
| 099 | | Gn 4:24 | בר ברה די לא קטל | בדינא | הוא דיתלי ליה עד שבעין |
| 100 | | Lv 1:01 | עלם ורבויה רבוי עלם | בדינא | הוא דלא ניעול לגויה |
| 101 | | Ex23:02 | ז{מ}<כ>ן לחבריה | בדינא | «לא» {ו}תימרון בלבביכון |
| 102 | | Ex23:03 | ומסכינא די אתחייב | בדינא | לא תסב ליה אפי{ו}<ן> ארום |
| 103 | | Ex23:07 | רחקין וכל מן דמזכי | בדינא | לא תקטלון ארום לא יזכון |
| 104 | | Gn 4:08 | מדבר ומיסב אפין אית | בדינא | מן בגלל מה איתקבל קרבנך |
| 105 | בדינה | Ex23:06 | {הצרוכה} <די צריכה> | בדינה: | |
| 106 | | Nu35:12 | די יקום קדם עם כנישתה | בדינה: | |
| 107 | | Dt16:19 | ומטלטל מלוי זכיה | בדינה: | |
| 108 | | Lv24:12 | מן דחמי ליה למתקטלה | בדינה | ^או#2#^ דילמה דישתכח לה |
| 109 | | Dt32:41 | כברקה חרבי ותתוקף | בדינה | {ב}<ד>קושטה יד ימיני אחזר |
| 110 | | Dt17:08 | ארום יתכסי מנכון פתגם | בדינה | בין אדם דבתול{ו}<י>ן לאדם |
| 111 | | Lv19:35 | לא תעבדון שקר | בדינה | במתקלה במכלתה ובמוזניה: |
| 112 | | Lv24:12 | זכו מן זוי ח«ו»רי | בדינה | דלא יהוון בהתין |
| 113 | | Nu15:34 | מן דחמי ליה למתקטלה | בדינה | דלא יהיוון בה{ד}<ת>ין |
| 114 | | Gn18:17 | דסדם במתנתה דיהבת לה | בדינה | הוא דלא איפוך יתה עד זמן |
| 115 | | Nu12:14 | ואבוה נזפה נזף בה | בדינה | הוא תתכנע מן קדמוי שבעה |
| 116 | | Dt32:04 | עוולה זכיי וקשוט | בדינה | הוא: |
| 117 | | Dt33:09 | ולאימיה לא נסב אפין | בדינה | וית אחוי לא חכם בעובדה |
| 118 | | Lv19:18 | כד תדע בה דאית לה זכו | בדינה | ולא תתחשד בחובת אדמה |
| 119 | | Nu 9:08 | ית מן דחמי לה מתקטלה | בדינה | ולא יהוון בהתין למימר לא |
| 120 | | Nu27:05 | מן דחמי ליה למתקטלה | בדינה | ולא יהוון בהתין למימר לא |
| 121 | | Dt10:17 | די לא נסיב אפין | בדינה | ולא מקבל שחוד דממון: |
| 122 | | Dt16:19 | לא תסטון | בדינה | ולא תסבון אפין בדינה ולא |
| 123 | | Dt16:19 | בדינה ולא תסבון אפין | בדינה | ולא תקבלון שחוד דממון |
| 124 | | Dt32:04 | באוריתיה ותלת שעין יתב | בדינה | ותלת שעין מזווג זוגין בין |
| 125 | | Lv19:16M | בזמן דאת ידע בה קשיט | בדינה | כדין אמר ייי |
| 126 | | Dt 1:17 | לא תסבון אפין | בדינה | כמלוי דזעירה וכמילוי דרבה |
| 127 | | Lv19:15 | לא תעבדון שקר | בדינה | לא תיסב אפין למסכנה ולא |
| 128 | בדנה | Gn18:17M | /די יהבה#2#/ לה | בדינה/בדנה#2#/ | הוא דלא איפוך |
| 129 | דדינא | Ex28:15 | ותעבד חושנא | דדינא | עובד אומן כעבדה דאפדה |

|  |  |  |  |  |  |
|---|---|---|---|---|---|
| 130 | דדינה | Dt17:09M | ית \עסק דינה /עסקא | דדינה#2/: | |
| 131 | | Ex28:30 | ותתן לחושנא | דדינה | ית אוריה וית תומי' ויהוון |
| 132 | | Ex28:29 | בני ישראל בחושנה | דדינה | על לביה במיעליה לגו בית |
| 133 | ודינא | Gn18:19 | דייי למעבד צדקתה | ודינא | מן בגלל די ייתי ממריה |
| 134 | כדינא | Dt 1:17M | כדינה דרבא | כדינא | דזעירא תה' |
| 135 | | Gn18:25 | ויהוי דינא דזכייא | כדינא | דחייבא מחוס מן קדמיך מן |
| 136 | כדינה | Dt 1:17M | "כמלוי ... תהוון": | כדינה | דרבא כדינא דזעירא תה' |
| 137 | לדינה | Dt17:12 | תמן קדם ייי אלהכון או | לדינה | ויתקטל גברא ההוא ותבערון |
| 138 | | Dt25:01 | ביני גברין ויקרבון | לדינה | קדם דייניה ו«י»דונון |
| 139 | p abs דינין | Lv24:12M | מקטלין יתיה /באלין | דינין | אתעבד בה#2/: |
| 140 | | Dt33:10 | כשרין למלפה סדרי | דינין | בגו דבית יעקב וגזירת |
| 141 | | Dt 4:14 | יתכון קיימין וסדרי | דינין | די תעבדון יתהון בארעא די |
| 142 | | Lv24:12 | דן חד מן ארבעה | דינין | דקמו קדם משה וסכם יתכון |
| 143 | | Nu 9:08 | להון דן חד מן ארבעה | דינין | דקמו קדם משה בתרין מנהון |
| 144 | | Nu15:34 | דן חד מן ארבעה | דינין | דקמו קדם משה רבן בתרין |
| 145 | | Nu27:05 | דן חד מן ארבעה | דינין | דקמו קדם משה בתרין מנהון |
| 146 | | Dt 1:16 | אחיכון ודיינין יתהון | דינין | דקשט בין גבר ובין אחוי |
| 147 | | Dt16:18 | וידונון ית עמא | דינין | דקשט: |
| 148 | | Dt 4:05 | יתכון קיימין וסדרי | דינין | היך מה די פקד ייי אלהי |
| 149 | | Dt32:04 | שקר ארום כל ארחתיה | דינין | וקשוט אלהה היימנה דלית |
| 150 | | Ex15:25 | שוי ליה קיימין וסדרי | דינין | ותמן נסי יתי«ה»: |
| 151 | | Dt 4:08 | דאית לה קיימין וסדרי | דינין | זכיין ככל גזירת אוריתה |
| 152 | | Ex 1:10 | עליהון עצן בישן ידון | דינין | נזער יתהון קדם עד לא |
| 153 | | Ex 6:06 | יתכון ביד תקיפא ובסדרי | דינין | רברבין: |
| 154 | | Ex 7:04 | מארעא דמצרים בסדרי | דינין | רברבין: |
| 155 | | Ex12:12 | טעוותיהון דמצריי אעבד | דינין | שנין אמר ייי: |
| 156 | | Nu33:04 | ובטעוותהון עבד ייי | דינין | שנין: |
| 157 | p const דיני | Lv24:12 | מן בגלל דהווה דיניהון | דיני | ממון במקוששה דחלל שובתה |
| 158 | | Nu 9:08 | מן בגלל דהוון דיניהון | דיני | ממון במקוששה דחלל שבתה |
| 159 | | Nu15:34M | מן בגלל דהוון דיניהון | דיני | ממון ובאליין ובאליין אמ' |
| 160 | | Nu15:34 | מן בגלל דהוה דיניהון | דיני | ממון ובמקוששה דחלל |
| 161 | | Nu27:05 | מן בגלל דהוון דיניהון | דיני | ממון במקוששה דחליל שבתה |
| 162 | | Dt17:08 | לאדם דקטולין בין | דיני | ממון לדיני נפשן בין מכתש |
| 163 | | Nu27:05 | מן בגלל דהוון דיניהון | דיני | נפש למלפה לדייניה דקיימין |
| 164 | | Dt17:08M | דם דכי לדם מסאב בין | דיני | נפשא לדיני ממונא בין מכתש |
| 165 | | Nu15:34M | מן בגלל דהווה דיניהון | דיני | נפשה ובמסאבין די לא יכלו |
| 166 | | Nu 9:08 | דהוה דהוון דיניהון | דיני | נפשין למלפה לדייניה |
| 167 | | Lv24:12M | מן בגלל דהוה דינהון | דיני | נפשן ומסאבין די לא יכלו |
| 168 | | Lv24:12 | מן בגלל דהוון דיניהון | דיני | נפשן ובגין למלפה לדייניה |
| 169 | | Nu15:34 | משה מתין מן בגלל דהוון | דיני | נפשן למלפה לדייניה דקיימין |
| 170 | בדיני | Nu27:05 | בדיניה ממונא ומתינין | {בדיני} | בדיניה נפשן דלא יהוון |
| 171 | | Nu15:34 | משה די הוון זריזין | בדיני | ממונא ומתינין בדיני נפשן |
| 172 | | Lv24:12M | בדיני נפשתה וזריזין | בדיני | ממונה דלא יבהתון למימר |
| 173 | | Lv24:12 | משה דיהוון זריזין | בדיני | ממונה ו{מ}מתינין בדיני |
| 174 | | Nu 9:08M | משה למהוון זריזין | בדיני | ממונה ומתי' |
| 175 | | Nu15:34M | נפשתה וזריזין | בדיני | ממונה דלא יבהתון למימר |
| 176 | | Nu 9:08 | משה די הווין זריזין | בדיני | ממוניה ומתינין בדיני |
| 177 | | Nu15:34 | בדיני ממונא ומתינין | בדיני | נפשן דלא יהיוון קטולין |
| 178 | | Lv24:12M | משה למהוון מתינין | בדיני | נפשתה וזריזין בדיני |
| 179 | | Lv24:12 | ממונה ו{מ}מתינין | בדיני | נפשתה דלא יהוון קטילין |
| 180 | | Nu 9:08 | בדיני ממוניה ומתינין | בדיני | נפשתה דלא יהוון קטלין |
| 181 | | Nu15:34M | משה למהוון מתינין | בדיני{ה} | נפשתה וזריזין בדיני |
| 182 | לדיני | Dt17:08M | מסאב בין דיני נפשא | לדיני | ממונא בין מכתש סגיר |
| 183 | | Dt17:08 | דקטולין בין דיני ממון | לדיני | נפשן בין מכתש צרעתה למכתש |
| 184 | p em/sf דייני | Gn26:05 | מצותי וקיימי וסדרי | דייני: | |
| 185 | דינר' | Ex21:23 | ואין סקול תיהווי ויתן | ˆדינר#2ˆ | נפש תשלומי נפש: |
| 186 | דינוי | Dt33:21 | זכותה דייי עבד וסדרי | דינוי | אלף לבני ישראל: |
| 187 | | Dt32:05 | דרה דשני עבדוי אוף סדר | דינוי | דעלמא אשתני עלוי: |
| 188 | | Dt26:17M | ופיקודוי וסדרי | דינוי | ול<מ>שמוע בקל#2/ |
| 189 | | Dt26:17 | ומצוותיה וסדרי | ד«י»נוי | ולמשמע בקל מימריה: |
| 190 | | Dt11:01 | מטרתיה וקיימוי וסדרי | דינוי | ומצוותה כל יומייא: |
| 191 | | Ex24:03M | וית כל \סדרי | דינא/דינוי#2/ | וענון כל עמא קל חד |
| 192 | | Dt 8:11 | דלא למטור מצוותה וסדרי | דינוי | וקיימוי די אנה מפקד יתכון |
| 193 | | Dt30:16 | מצוותה וקיימוי וסדרי | דינוי | ותיחון ותסגון ויברך יתכון |
| 194 | | Nu 9:14 | כקיימוי דפסח וכסדרי | דינוי | כדן יעבד גזירת אורייתה |
| 195 | | Nu 9:03 | ככל קיימוי וככל סידרי | דינוי | תעבדון יתיה: |
| 196 | דיני | Ex16:28 | למטר מצוותי וסדרי | דיני: | |
| 197 | | Lv18:05 | ית קיימי וית סדרי | די{י}ני | די יעבד יתהון בר נשא |
| 198 | דיניא | Nu35:24 | ובין תבוע אדמא עם עסק | דיניא | האילין: |
| 199 | | Gn 6:04 | מן בתר כדין די עלו בני | דיניא | לות בנתהון דבני אנשא |
| 200 | דיניהון | Ex23:08M | מיליה' דזכאי בשעת | דיניהון#2/: | |
| 201 | | Ex28:30 | ˜ויטעון אהרן ית סדר | דיניהון | דבני ישראל על לביה˜ |
| 202 | | Lv24:12 | זריז מן בגלל דהווה | דיניהון | דיני ממון במקוששה דחלל |
| 203 | | Lv24:12 | מתין מן בגלל דהוון | דיניהון | דיני נפשן ובגין למלפה |
| 204 | | Nu 9:08 | זריז מן בגלל דהוון | דיניהון | דיני ממון במקוששה דחלל |
| 205 | | Nu 9:08 | מן בגלל דהוה דהוון | דיניהון | דיני נפשין למלפה לדייניה |
| 206 | | Nu15:34M | מתין מן בגלל דהווה | דיניהון | דיני נפשה ובמסאבין די |
| 207 | | Nu15:34M | זריז מן בגלל דהוון | דיניהון | דיני ממון ובאליין |
| 208 | | Nu15:34 | זריז מן בגלל דהוה | דיניהון | דיני ממון ובמקוששה דחלל |
| 209 | | Nu27:05 | זריז מן בגלל דהוון | דיניהון | דיני ממון במקוששה דחליל |
| 210 | | Nu27:05 | מתין מן בגלל דהוון | דיניהון | דיני נפש למלפה לדייניה |
| 211 | | Dt10:18 | עבד | דיניהון | דיתמיה ודארמלתה ורחם |
| 212 | | Dt18:03 | ודין יהווי סדר | דיניהון | דכהנייא מן לוות ˆעמה |
| 213 | | Dt32:36 | ברחמ{יו}<וי> טבייה ית | דיניהון | דעמיה בני ישראל ועל |
| 214 | | Nu29:06 | ומנחתה ונסוכיהון כסדר | דיניהון | לריח דרעוה קדם ייי |
| 215 | | Nu27:05 | וקרב משה ית סדר | דיניהון | קדם ייי: |
| 216 | דיניי | Lv18:26 | אתון ית קיימי וית סדרי | דיניי | ולא תעבדון מכל מרחקתא |
| 217 | | Lv19:37 | כל קיימיי וית כל סדרי | דיניי | ותעבדון יתהון אמר ייי: |
| 218 | | Lv20:22 | כל קיימי וית כל סדרי | דיניי | ותעבדון יתהון ולא תפלוט |
| 219 | | Lv25:18 | ית קיימי וית סדרי | דיניי | תטרון ותעבד«ו»ן יתהון |
| 220 | | Lv18:04 | ית סדרי | דיניי | תעבדון וית קיימי דאורייתי |
| 221 | | Lv26:15 | תעיקון ואן סדרי | דיניי | תרחק נפשכון דלא למעבד ית |
| 222 | דינייא | Ex21:01 | ואילין | דינייא | די תשווי קדמיהון: |
| 223 | | Nu36:13M | דנייה /וסדרי | דינייא#2/ | די פקד ייי משה על |
| 224 | דינייה | Dt 4:01 | שמעו לקיימיה ולסדר | דינ{נ}<י>יה | די אנה מלף יתכון למעבד |
| 225 | | Dt 4:45 | וקיימיה וסדרי{ה} | דינייה | די מלל משה עם בני ישראל |
| 226 | | Dt 5:01 | ית קיימיה וית סדרי | דינייה | די אנה ממלל במשמעכון יומא |
| 227 | | Dt 5:31 | מצוותה וקיימיה וסדרי | דינייה | די תליף יתהון ויעבדון |
| 228 | | Dt 6:01 | מצוותה וקיימיה וסדרי | דינייה | די פקד ייי אלהכון למלפה |
| 229 | | Dt 6:20 | סהדוותה וקיימיה וסדרי | דינייה | די פקד ייי אלהן יתכון: |
| 230 | | Dt 7:11 | וית קיימייה וית סדרי | דינייה | די אנה מפקד יתכון יומא |
| 231 | | Dt11:32 | ית כל קיימיה וית סדרי | דינייה | די אנה סדר קדמיכון יומא |
| 232 | | Dt12:01 | אלין קיימיה וסדרי | דינייה | די תטרון למעבד בארעא די |
| 233 | | Dt17:11M | ועל \סדר דינה /סדרי | דינייה#2/ | די יימרון לכון תעבדון |
| 234 | | Nu35:24M | עם עסק \דיניא האילין | /דינייה | האליין#2/: |
| 235 | | Dt 7:12 | חלף די תשמעון ית סדרי | דינייה | האליין ותטרון ותעבדון |
| 236 | | Lv26:46 | אלין קיימי וסדרי | דינייה | וגזירת אוריתה די שווי ייי |
| 237 | | Dt25:01M | ו«י»דונון /לוות | דינייה | וידונון#2/ יתהון ויזכון |

|  |  |  |  |  |
|---|---|---|---|---|
| 238 | | | Dt16:19M | ולא תסבון אפין בדינה/דינייה#2#/ ולא תקבלון שחוד |
| 239 | דינינן | | Gn19:09 | והא הוא בעי למהוי דין דינינן כדון נבאש לך יתיר מנהון |
| 240 | | | Gn19:09M | "דין ... בגובריא": דאין דינינן כדון נבעש לך מנהון לך |
| 241 | דינך | | Gn44:18 | ייי אנה דחיל וכדון חזרו דינך למהווי מדמיין לדינוי דפרעה |
| 242 | דנייה | | Nu36:13 | אילין מצוותה וסדרי{ה} דנייה די פקד ייי משה על בני |
| 243 | בדיני' | | Ex23:08M | זכיי בדינא /חכימייא בדיני' ומערבב ומקלקל מיליה/ |
| 244 | בדיניה | | Nu27:05 | בתריה די הוון זריזין בדיניה ממונא ומתינין {בדיני} |
| 245 | | | Nu27:05 | ממונא ומתינין {בדיני} בדיניה נפשן דלא יהוון קטלין |
| 246 | ודיניכון | | Dt 1:12 | טרחתכון ומטולכון ודיניכון: |
| 247 | לדינוי | | Gn44:18 | דינך למהווי מדמיין לדינוי דפרעה רבך: ואמר הא כען |
| 248 | לדינייה | | Dt17:12M | ייי אלהכון או לדינה/לדינייה#2#/ ויתקטל גברא ההוא |

## דינר *n.* dinar

[147]

|  |  |  |  |  |
|---|---|---|---|---|
| 001 | דינרא | s em/sf | Ex30:13M | בטורה דסיני היך דינרא דאשה והיכדין אמר ליה |

## דיעה *n.* knowledge

[148]

|  |  |  |  |  |
|---|---|---|---|---|
| 001 | דיעה | s ab/cn | Dt 1:13M | וסכלתנין וחכמין/ומרי דיעה#2#/ לשבטכון ואמני יתהון |
| 002 | | | Nu24:16 | מימר מן קדם ייי וידע דיעה מן קדם עליה וחזיו שדי הוה |
| 003 | ובדעה | | Ex31:03 | בחכמה בסכלתנ{ן}<ו> ובדעה ובכל עבידה: |
| 004 | | | Ex35:31 | ייי בחכמה ובסכלתנו ובדעה ובכל עבידא: |
| 005 | דעתא | s em/sf | Gn31:20 | וגנב יעקב ית דעתא דלבן ארמאה על דלא תני לה |
| 006 | דעתה | | Gn 2:09 | בגו מציעות גנתה ואילן דעתה דכל מן דהוה אכל מנה ידע |
| 007 | | | Gn 2:17 | ומן אילן דעתה דכל מן דהוה אכל מינה ידע |
| 008 | | | Nu22:30 | את אזל בלעם רשיעא חסיר דעתה מה אן אנה דאנה בעיר מסאב |
| 009 | דעתי | | Gn31:26 | מה עבדת וגנבת ית דעתי: |
| 010 | | | Nu16:28 | האליין ארום לא מן דעתי: |
| 011 | | | Gn31:26M | וגנבת ית דעתי ודברת ית בנתי היך שביין |
| 012 | | | Nu24:13 | למעבד טבא או בישא מן דעתי ית מה די ימליל ייי יתיה |
| 013 | בדעתיה | | Lv24:12 | קדם משה וסכם יתכון בדעתיה דלעיל בתרין מנהון הוה |

## דיעה 2# *n.* sweat

[148]

|  |  |  |  |  |
|---|---|---|---|---|
| 001 | בדעת | s ab/cn | Gn 3:19M | בדעת אפיך תאכל מזון עד זמן די |
| 002 | בדעתה | s em/sf | Gn 3:19 | בדעתה מן קדם אפיך תאכל לחם עד |

## דיר *n.* shed

[148]

|  |  |  |  |  |
|---|---|---|---|---|
| 001 | דירוון | p abs | Nu32:16M | לווּתיה ואמרין דירין/דירוון#2#/ דען נבנה לבעירן |
| 002 | דירין | | Nu32:16 | וקרבין לווּתיה ואמרין דירין דען נבנה לבעירן הכה |
| 003 | ודירוון | | Nu32:36M | תלילן ודירין/ודירוון#2#/ דען: |
| 004 | | | Nu32:24M | קריין לטפליכון ודרין/ודירוון#2#/ לעניכון וית מה |
| 005 | ודירין | | Nu32:36 | בית רמתה קרי תלילן ודירין דען: |
| 006 | ודרין | | Nu32:24 | לכון קריין לטפליכון ודרין לעניכון וית מה דיפוק |
| 007 | דרי | p em/sf | Ex 8:09 | ערדענייא מן ביתי ומן דרי ומן חקליה: |
| 008 | ומדריא | | Ex 8:09M | /בתיא#2#/ \ומן דרי/ומדריא#2#/ ומן חקליה: |

## דירה *n.* atrium, court

[148]

|  |  |  |  |  |
|---|---|---|---|---|
| 001 | דירת | s ab/cn | Nu34:09M | \טירת ע<נ>בתה /דירת עיינוותה#2#/ די יהוון |
| 002 | בדירת | | Lv 6:09M | תתאכל בתר קדיש בדרת/בדירת#2#/ משכן ז«י»מנא |
| 003 | דיירת | p const | Nu34:10M | /לתחומה מערבית בין דיירת עיינוותה לאפמייס#2#/: |

## דכדך ⇐ *vb.* דכך

## דכו *n.* purity

[148]

|  |  |  |  |  |
|---|---|---|---|---|
| 001 | דכוותה | s em/sf | Lv14:32M | /תארע בן ידוי ביומא דכוותה#2#/: |
| 002 | דכותה | | Nu 6:09M | רישיה ביום דכיותיה/דכותה#2#/ ביומא שביעי«ה» |
| 003 | | | Lv14:02M | /אחוויית מצרעה ביום דכותה ויתועל#2#/ לוות כהנא: |
| 004 | | | Lv12:06 | וכד ישלמון יומי דכותה לבר דכר או לברה נקבה |
| 005 | דכותיה | | Lv14:32 | ידה למייתיה קרבן ביום דכותיה: |
| 006 | דדכותיה | | Lv14:02 | אוריתה דמצרעה ביומא דדכותיה וייתי לוות כהנא: |
| 007 | לדכותה | | Lv13:07 | דאתחוי לוות כהנא לדכותה ויתחמי זמן תניינות לכהנא: |

## דכוות *prep.* like

[149]

|  |  |  |  |  |
|---|---|---|---|---|
| 001 | דכוות' | | Ex30:38M | גבר די יעבד כוותיה/דכוות'#2#/ למתהנייה ביה |
| 002 | דכוותה | | Lv22:24M | לא תעבדון \/דכוותה#2#/: |
| 003 | | | Ex30:33M | גבר דיפטם כוותיה/דכוותה#2#/ ודי יתן מנה על |
| 004 | דכוותי | | Gn44:15 | יקסם רב ושלט {די} דכוותי: |
| 005 | | | Gn44:15M | /מטיירא יטייר גבר דכוות'#2#/: |
| 006 | דכוותך | | Dt18:18M | דבירוי בפומיה /דכוותך ואשוי פתגמי בפומיה#2#/ |
| 007 | דכוותכון | | Lv19:18M | ותרחמון לרחמכון דכוותכון כדין אמר ייי |
| 008 | דכותן | | Dt 5:26M | מן גו להבי אשתה כוותן/דכותן#2#/ וחייה/ויחי#2#/: |

## דכור *n.* male

[149]

|  |  |  |  |  |
|---|---|---|---|---|
| 001 | דכור' | s em/sf | Gn44:18M | דעלו בגוה וקטלה בה כל דכור' מן בגלל דסאיבו בגווה ית |
| 002 | דכורא | | Gn17:10 | בתריכון במגזר לכון כל דכורא: |
| 003 | | | Gn34:15 | כוותן למגזר לכון כל דכורא: |
| 004 | | | Nu31:07 | ייי ית משה וקטלו כל דכורא: |
| 005 | | | Lv 6:11 | כל דכורא בבנוי דאהרן ייכלון יתה |
| 006 | | | Nu31:17 | וכדון קטולו כל דכורא בטפליה וכל אתה דחכמה לגבר |
| 007 | | | Ex12:48 | קדם ייי במגזר ליה כל דכורא בכדן יהוי כשר למעבד יתיה |
| 008 | | | Gn34:22 | לאומא חדא במגזר לנא כל דכורא היך דאינון גזרין: |
| 009 | | | Gn34:24 | תרע קרתיה וגזרו כל דכורא כל נפקי תרע קרתיה: |
| 010 | | | Nu31:35 | נשייה די לא חכמן תשמיש דכורא כל נפשתה תלתין ותרין |
| 011 | | | Gn17:12 | יומין יתגזר לכון כל דכורא לדריכון תורבבת בתיכון |
| 012 | | | Gn44:18 | ועלו בגווה וקטלו כל דכורא לפתגם דחרב על די סאבו |
| 013 | | | Nu 1:20 | שמהן לגולגלתהון כל דכורא מן בר עשרין שנין ולעיל כל |
| 014 | | | Nu 1:22 | שמהן לגולגלתהון כל דכורא מן בר עשרין שנין ולעיל כל |
| 015 | | | Nu 3:22 | סכומיהון במניין כל דכורא מן בר ירח ולעל סכומיהון |
| 016 | | | Nu 3:34 | וסכומיהון במניין כל דכורא מן <בר> ירח ולעיל שתה |
| 017 | | | Gn44:18 | דעלו בגווה וקטלו בה כל דכורא מן בגלל דסאיבו בגווה ית |
| 018 | | | Nu31:17 | אתה דחכמה לגבר בתשמיש דכורא קטלו: |
| 019 | | | Nu31:18 | דנשייה דלא חכמין תשמיש דכורא קיימו לכון: |
| 020 | דכורה | | Gn17:23 | וית כל זביני כספא כל דכורה באנשי ביתיה דאברהם וגזר |
| 021 | | | Lv 6:22 | וכל דכורה בכהניא ייכול יתה קדש |
| 022 | | | Lv 7:06 | כל דכורה בכהניא ייכול ייתה באתר |
| 023 | | | Lv27:07M | ולעיל \אין דכר /עם דכורה#2#/ ויהוי עלויה חמשה עשר |
| 024 | | | Nu18:10 | קדשיה תאכל יתיה כל דכורה יאכל יתיה קדש יהוי להון: |
| 025 | | | Lv18:22M | ועם דכר/דכורה#2#/ לא תשמש תשמיש דאתה |
| 026 | | | Dt20:13 | בידיכון ותקטלון ית כל דכורה לפתגם דחרב: |
| 027 | | | Nu 3:15 | לזרעייתהון כל דכורה מן בר ירח ולעיל תסכם |
| 028 | | | Nu 3:28 | במניין כל דכורה מן בר ירח ולע«י»ל תמניה |
| 029 | | | Nu 3:39 | דייי לזרעייתהון כל דכורה מן בר ירח{ה} ולעיל עשרין |
| 030 | | | Nu26:62 | עשרין ותלתה אלפין כל דכורה מן בר ירח ולעיל ארום לא |
| 031 | | | Lv20:13 | וגבר די ישמש עם דכורה תשמיש דאתה מרחקה עבדו |
| 032 | דכורכון | | Ex34:23M | בכל שתה יתחמי כל דכורכון תבעין אלפן קודם ייי |
| 033 | דוכריכון | p em/sf | Ex34:23 | זמנין בשתא יתחמיר כל דוכריכון קדם רבון כל עלמיא ייי |

|  |  |  |  |  |  |
|---|---|---|---|---|---|
| 034 | דכוריא | Gn34:25 | לקרתא לרוחצן וקטלו כל | דכוריא: | |
| 035 | דכוריכון | Dt16:16 | בכל שתה יתחמי כל | דכוריכון | קדם רבון כל עלמיא ייי |
| 036 | | Ex23:17 | בכל שתא יתחמון כל | דכוריכון | תבעין אולפן קדם רבון כל |

## דכור #2 *n.* ⇐ זכור

## דכי *vb.* to purify ritually [149]

|  |  |  |  |  |  |
|---|---|---|---|---|---|
| 001 | peal וידכי | Lv14:53M | ויכפר כהנא על בייתה | וידכי | |
| 002 | pael דכי | Lv13:35M | \מן בתר דאדכי /בתר די | דכי | יתיה#2#/: |
| 003 | | Lv16:32 | ויכפר כהנא די | {דכי} | ^רבי#2#^ יתיה ודי ישלם ית |
| 004 | דמדכי | Lv14:08 | ויתחוור מן | דמדכי | ית לבו«שוי» ויספר ית כל |
| 005 | | Lv14:11 | ויקים כהנא | דמדכי | ית גברא דמדכי ויתהון קדם |
| 006 | ודכי | Lv 9:15 | דמן עמה ונכס יתה | ודכי | יתה כקדמיה: |
| 007 | וידכי | Lv13:13 | כסית צרעתה ית כל בשרה | וידכי | ית מכתשא כלה איתהפיך |
| 008 | | Lv14:52 | | וידכי | ית ביתה באדמה דצפרה ובמיא |
| 009 | | Lv13:06 | ולא הלך מכתשה במשכא | וידכי | יתיה כהנא קלפה היא ויחוור |
| 010 | | Lv13:23 | לא הלכת שומה שחנה היא | וידכי | יתיה כהנא: |
| 011 | | Lv13:28 | כהיה שומת כוותיה היא | וידכי | יתיה כהנא ארום שומת |
| 012 | | Lv13:34 | הוא מכיך מן {מ}משכא | וידכי | יתיה כהנא ויחוור לבושוי |
| 013 | | Lv13:37 | בה אתאסי נתקא דכי הוא | וידכי | יתיה כהנא: |
| 014 | | Lv14:07 | מן צרעתה שובעה זימנין | וידכי | יתיה וישלח ית צפרה חייתה |
| 015 | | Lv16:19 | באצבעה שבעה זמנין | וידכי | יתיה ויקדש יתיה מן |
| 016 | | Lv13:17 | והא אתהפך מכתשה לחוור | וידכי | כהנא ית מכתשה דכי הוא: |
| 017 | | Lv14:48 | מן בתר דאתטש ית ביתה | וידכי | כהנא ית בייתה ארום איתאסי |
| 018 | | Lv14:07 | | וידכי | על מן דמדכי מן צרעתה |
| 019 | ותדכי | Nu 8:06 | מן גו בני ישראל | ותדכי | יתהון: |
| 020 | ותידכי | Nu 8:15 | ל«מ»פלח משכן זימנא | ותידכי | יתהון ותניף יתהון אנפו: |
| 021 | לדכי | Nu 8:21M | אהרן#1#/ | למדכייה/לדכי#2#/ | יתהון: |
| 022 | לדכאותיה | Lv15:13 | וימני ליה שבעה יומין | לדכאותיה | ויחוור לבושוי ויסחי בשרה |
| 023 | | Lv14:23 | יתהון ביומא תמיניה | לדכאותיה | לוות כהנא לתרע משכן |
| 024 | לדכותיה | Lv14:23M | תמיניה | לדכאותיה/^לדכותיה#2#/^למדכייה | יתיה#2#/ |
| 025 | לדכי | Lv13:59M | או בכל מן משך | לדכיה/<לד>כי#2#/ | יתיה או לסאבותיה |
| 026 | לדכיה | Lv13:59 | בערבא או בכל מן משך | לדכיה | יתיה או לסאבותיה: |
| 027 | למדכיה | Lv14:49 | ויסב | למדכי<ה> | ית ביתה תרתין צפרין וקיס |
| 028 | | Nu 8:07 | וכדן תעבד להון | למדכיה | יתהון אדי עליהון מי חטאתה |
| 029 | למדכיי' | Lv16:30 | הדין יכפר עליכון | למדכיי' | יתכון מן כל חוביכון קדם |
| 030 | למדכייה | Nu 8:21 | לבושיהון וכפר#1# | למדכייה | יתהון: |
| 031 | | Lv13:07M | דאחמי יתה לכהנה | למדכייה | יתיה וית' |
| 032 | | Lv13:59M | "לדכיה ... לסאבותיה": | למדכייה | יתיה או למסאבה יתיה |
| 033 | | Lv14:23M | תמיניה | לדכאותיה^/לדכותיה#2#/^למדכייה | יתיה#2#/ |
| 034 | | Lv15:13M | ליה שבעה יומין | לדכאותיה/למדכייה | יתיה#2#/ ויחוור |
| 035 | etpaal אדכיין | Lv15:28M | ואן | אדכיית/^<אד>כיין#2#/^תדכי#2#/ | מן דובה |
| 036 | אדכיית | Lv15:28 | ואן | אדכיית | מן דובה ותמני ליה שבעה |
| 037 | ידכא | Nu31:23 | וידכא להוד במי אדיה | ידכא | וכל מה די לא ייעול בנורא |
| 038 | ידכי | Nu19:12 | וביומא שביעיה לא | ידכי: | |
| 039 | | Lv15:13 | וארום | ידכי | דיבה מן דובה וימני ליה |
| 040 | | Nu19:12M | וביומא שביעיה | ואדכי/ידכי#2#/ | ואין לא יתדי עלוי |
| 041 | | Lv22:04 | לא ייכול עד זמן די | ידכי | ומן די יקרוב בכל טמא נפש |
| 042 | | Lv22:07M | וידכי /ועם מעלי שמשה | ידכי#2#/ | ומן בתר כדן יאכל מן |
| 043 | ית' | Nu31:23M | \אדיה ידכא /הזייה | ית'#2#/ | וכל מה די לא ייעול |
| 044 | תדכון | Lv16:30 | מן כל חוביכון קדם ייי | תדכון: | |
| 045 | | Nu31:20 | עבד דמעזי וכל מן דקיס | תדכון: | |
| 046 | | Nu31:19 | נפש וכל דיקרוב בקטול | תדכון | ביומא תליתיה וביומא |
| 047 | תדכי | Lv15:28 | יומין ומן בתר כדין | תדכי: | |
| 048 | | Lv15:28M | ואן | אדכיית/^<אד>כיין#2#/^תדכי#2#/ | מן דובה |
| 049 | תידכי | Nu 5:19 | בר מן רשותה דבעליך | תידכי | מימיא מרירה מלווטיה |
| 050 | דאדכי | Lv13:35 | יהלך נתקא במשכ' מן בתר | דאדכי: | |
| 051 | דמדכ' | Lv14:25 | ויתן על רום אדניה דמן | דמדכ' | דימינה ועל אליון ידיה |
| 052 | דמדכה | Lv14:04 | ויפקד כהנא ויסב למן | דמדכה | תרתין צפירין חיין דכיין |
| 053 | דמדכי | Lv14:14 | כהנא על רום אדנה דמן | דמדכי | דימינה ועל אליון ידיה |
| 054 | | Lv14:17 | «על רום אדנה» דמן | דמדכי | דימינה ועל אליון ידיה |
| 055 | | Lv14:28 | ידיה על רום אדנה דמן | דמדכי | דימינה ועל אליון ידוי |
| 056 | | Lv14:18 | דכהנא יתן על ראשיה דמן | דמדכי | ויכפר עלוהי כהנא קדם ייי: |
| 057 | | Lv14:11 | כהנא דמדכי ית גברא | דמדכי | ויתהון קדם ייי בתרע משכן |
| 058 | | Lv14:29 | דכהנא יתן על ראשה דמן | דמדכי | למכפר' עלוי קדם ייי: |
| 059 | | Lv14:07 | וידכי על מן | דמדכי | מן צרעתה שובעה זימנין |
| 060 | | Lv14:19 | ית חטאתה ויכפר על מן | דמדכי | מן סאבתה ומן בתר כן יכוס |
| 061 | | Lv14:31 | מנחתה ויכפר כהנא על מן | דמדכי | קדם ייי: |
| 062 | ואדכון | Gn35:02 | פלחנא נכריה מביניכון | ואדכון | וחוורו לבושיכון: |
| 063 | | Nu 8:21 | | ואדכון | ליוויי וחוורו לבושיהון |
| 064 | ואדכי | Nu19:12 | תליתיה וביומא שביעיה | ואדכי | ואין לא יתדי עלוי ביומא |
| 065 | וידכא | Lv11:32 | ויהוי מסאב עד רמשא | וידכא: | |
| 066 | | Nu31:23 | לנורא תעברון בנורא | וידכא | להוד במי אדיה ידכא וכל מה |
| 067 | וידכון | Lv11:32M | ויסתאבון עד רמשא | וידכון#2#/: | |
| 068 | | Nu 8:07 | ויחוורון לבושיהון | וידכון: | |
| 069 | וידכי | Lv13:06 | היא ויחוור לבושוי | וידכי: | |
| 070 | | Lv13:34 | כהנא ויחוור לבושוי | וידכי: | |
| 071 | | Lv13:58 | ויתחוור זמן תנינות | וידכי: | |
| 072 | | Lv14:09 | ויסחי ית בשריה במיא | וידכי: | |
| 073 | | Lv14:20 | מדבחה ויכפר עלוי כהנא | וידכי: | |
| 074 | | Lv14:53 | ברה ויכפר על ביתיה | וידכי: | |
| 075 | | Lv15:13 | בשרה במייא דמבוע | וידכי: | |
| 076 | | Lv17:15 | ויהווי מסאב עד רמשא | וידכי: | |
| 077 | | Nu19:19M | וביומא שביעיה | ויתדכי/וידכי#2#/ | ביומא שביעיה ויחוור |
| 078 | | Nu19:19 | לבושוי ויסחי במיא | וידכי | ברמשא: |
| 079 | | Lv14:08 | כל שעריה ויסחי במיא | וידכי | ובתר כן ייעול לגו משריתה |
| 080 | | Lv22:07 | ויטמע שמשה | וידכי | ומן בתר כדן יאכל מן קדשיה |
| 081 | ויתדכון | Nu 8:21M | | ואדכון/וית<דכון#2#/ | ליוויי/ליוואי#2#/ |
| 082 | ויתדכי | Nu19:19 | תליתיה וביומא שביעיה | ויתדכי | ביומא שביעיה ויחוור |
| 083 | ותדכון | Gn35:02M | טעותא דאית ביני' | ות{ה}<ד>כון | ותחוורון לבושיכון |
| 084 | ותדכי | Lv12:08 | לעלתה ויכפר עלה כהנא | ותדכי: | |
| 085 | | Lv12:07 | קדם ייי ויכפר עלה | ותדכי | מן מבוע אדמיה דא גזרת |
| 086 | ותידכון | Nu31:24 | ביומא שבעייה | ותידכון | ומן בתר כדין תיעלון לגו |
| 087 | ותידכי | Nu 5:28M | היא ותתעבר ותלד בר | /ותידכי | ותעבר בר#2#/ דכר: |
| 088 | למדכי | Lv14:04M | כהנא ויסב \למן | דמדכה/למדכי#2#/ | תרתין צפירין חיין |

[149]

## דכי *adj.* clean

|  |  |  |  |  |  |
|---|---|---|---|---|---|
| 001 | דכי s ab/cn | Ex25:36 | יהוון כלה נגידא חדה דהב | דכי: | |
| 002 | | Ex28:22 | מתחמן עובד קליעה דהב | דכי: | |
| 003 | | Ex37:16 | די ישתמש בהון דהב | דכי: | |
| 004 | | Ex37:22 | הוון כלה נגידה חדא דהב | דכי: | |
| 005 | | Ex37:23 | שבעה ומלקטה ומחתיתה דהב | דכי: | |
| 006 | | Ex39:15 | מתאמין עובד קליעה דהב | דכי: | |
| 007 | | Lv 6:04 | קטמה לבר מן משריתה לאתר | דכי: | |
| 008 | | Lv12:05 | יומין תתב תטר על אדם | דכי: | |
| 009 | | Ex30:03 | ותחפי יתיה דהב | דכי | אגרוי וית כתלוי |
| 010 | | Lv10:14 | דאפרשות' תאכלון באתר | דכי | את ובניך ובנתך עמך ארום |
| 011 | | Lv12:04M | בכל קדשין לא תקרב/ אדם | דכי | בכל קדש לא תקרב#2#/ |

|  |  |  |  |  |  |  |
|---|---|---|---|---|---|---|
| 012 | | | Ex30:35 | פס{י}<ו>ם עובד בסם ממזג | דכי | דקדש: |
| 013 | | | Lv11:37 | זרעונין די יזדרע{י}<ו>ן | דכי | הוא: |
| 014 | | | Lv11:37M | דכי /דמזדרע די יזדרע | דכי#2#/ | הוא: |
| 015 | | | Lv13:13 | מכתשא כלה איתהפיך לחוור | דכי | הוא: |
| 016 | | | Lv13:17 | וידכי כהנא ית מכתשה | דכי | הוא: |
| 017 | | | Lv13:37 | אוכם צמח בה אתאסי נתקא | דכי | הוא וידכי יתיה כהנא: |
| 018 | | | Lv13:39 | בהקי הוא הלך במשכא | דכי | הוא: |
| 019 | | | Lv13:40 | יתמרט שער רישיה קרח הוא | דכי | הוא: |
| 020 | | | Lv13:41 | שער ראשה גלש לישן הוא | דכי | הוא: |
| 021 | | | Nu 9:13 | וגברא די יהווי | דכי | ובארח ר«חי»קה ל«א» |
| 022 | | | Nu19:18 | ויסב אזוב ויצבע במיא גבר | דכי | וידי על משכנה ועל כל מנייה |
| 023 | | | Ex39:25 | ועבדו זוגין דהב | דכי | ויהבו ית זוגיא בגו רמוני |
| 024 | | | Ex39:30 | ציצה כליל בית קודשה דהב | דכי | וכתבו עלוי כתב גליף חקיק |
| 025 | | | Lv11:36 | בית כנשת מיין יהווי | דכי | ומן די יקרב בנבלתהון |
| 026 | | | Ex28:36 | ותעבד ציצא דהב | דכי | ותגליף עלוי גליף חקיק קדש |
| 027 | | | Nu19:09 | יתה לבר מן משריתה באתר | דכי | ותיהוי לכנישתה דבני ישראל |
| 028 | | | Ex25:24 | ותחפי יתיה דהב | דכי | ותעביד ליה כליל דדהב חזר |
| 029 | | | Ex25:38 | ומלקט«יה» ומחתיתה דהב | דכי | יעבד יתיה: |
| 030 | | | Ex25:39 | קנטר דהב | דכי | יעבד יתה ית כל מניה |
| 031 | | | Ex37:26 | וחפי יתיה דהב | דכי | ית איגרוי וית כותלוי |
| 032 | | | Nu19:09 | ויכנש גבר | דכי | ית קטמה דתורתה ויצנע יתה |
| 033 | | | Lv 4:12 | תורא לבר מן משריתה לאתר | דכי | לאתר בית שפיכות קיטמא |
| 034 | | | Dt17:08M | "... בקוריכון": דם | דכי | לדם מסאב בין דיני נפשא |
| 035 | | | Dt23:11 | בכון גבר די לא יהווי | דכי | מן קרי דליליה ויפוק מן |
| 036 | | | Ex25:11 | ותחפי יתיה דהב | דכי | מן גיו ומן בר תחפי יתיה |
| 037 | | | Ex37:02 | וחפי יתיה דהב | דכי | מן לגו ומן לבר ועבד לה |
| 038 | | | Ex37:11 | וחפי יתיה דהב | דכי | {מן לגו ומן לבר} ועבד ליה |
| 039 | | | Ex28:14 | ותרתין שישלן דדהב | דכי | מתחמן תעבד יתהון עובד |
| 040 | | | Ex25:31 | ותעבד מנרתא דהב | דכי | נגידא תתעב«ד» מנרתה |
| 041 | | | Ex37:17 | ועבד ית מנרתה דהב | דכי | נגידא עבד מנרתה בסיס דידה |
| 042 | | | Ex37:24 | קנטר דהב | דכי | עבד יתה וית כל מניה: |
| 043 | | | Ex37:29 | קדש וית קטרת בוסמניה | דכי | עבד בסם: |
| 044 | | | Ex25:29 | די ישתמש בהון דהב | דכי | תעבד יתהון: |
| 045 | | | Ex25:17 | ותעבד כפרתה דדהב | דכי | תרתין אמין ופלג ארכה ואמה |
| 046 | | | Ex37:06 | ועבד כפורתה דהב | דכי | תרתין אמין ופלג ארכה ואמה |
| 047 | דכיה | | Gn 7:08 | ומן בעירה דלית היא | דכיה | ומן עופא וכל דרחיש על |
| 048 | דדכי | | Nu18:11 | עמך לקיים עלם כל | דדכי | באינשי ביתך יאכל יתה: |
| 049 | | | Lv12:04 | יומין תתב תטר על אדם | דדכי | בכל קדשין לא תקרב |
| 050 | | | Lv 7:19 | בנורא יתוקד ובשרה כל | דדכי | יכול בשרה: |
| 051 | | | Dt14:11M | ישראל כל צפר | דדכיה/דדכי#2#/ | תאכלון: |
| 052 | | | Dt14:20 | עמי בני ישראל כל עוף | דדכי | תאכלון: |
| 053 | דידכי | | Nu18:13 | דייי דידך יהווי כל | דידכי | באנשי ביתך יאכל יתיה: |
| 054 | ודכיה | | Nu 5:28 | ואין לא אסתאבת אתתה | ודכיה | היא ותעבר ותלד בר דכר: |
| 055 | ודדכי | | Dt15:22 | יתיה דמרחק מן קדשיה | ודדכי | כחדה תאכלון יתיה כבשרה |
| 056 | | | Dt12:15 | דמרחק מן קודשייה | ודדכי | מן קודשיה כחדה יאכלון |
| 057 | | | Dt12:22 | יתיה דמרחק מן קודשייה | ודדכי | מן קודשייה כחדה ייכלון |
| 058 | דוכי׳ | s em/sf | Gn 8:20 | דייי ונסב מן כל בעירה | דוכי׳ | ומן כל עופא דיכיה וסדר |
| 059 | דיכיה | | Gn 8:20 | דוכי׳ ומן כל עופא | דיכיה | וסדר עלון על גבי מדבחה: |
| 060 | דכי׳ | | Lv12:04M | דכיתה /אשלמות יומא | דכי׳#2#/: | |
| 061 | דכיא | | Gn 7:02 | ונקב׳ ומן בעירא די לא | דכיא | הו{{ה}}«א» תרין דכר |
| 062 | | | Lv11:47 | למפרשה בין מסאבה ובין | דכיא | ובין חייתה דמתאכלה ובין |
| 063 | | | Gn 7:02 | מן כל בעירא | דכיא | תסב לך שבעה שבעה דכר ונקב׳ |
| 064 | דכיה | | Lv10:10 | חוליה ובין מסאבה ובין | דכיה: | |
| 065 | | | Lv14:57 | ולמלפה בין מסאבה ובין | דכיה | דא גיזרת אוריתה דצרעה: |
| 066 | | | Nu19:19 | וידי | דכיה | על מסאבה ביומא תליתיה |
| 067 | דכייה | | Lv27:27M | בביעירה \מסאבה ויתפרק | /דכייה | ויפרוק#2#/ בעלויה <....> |
| 068 | | | Gn 8:20M | מן כל בעירה | דוכי׳/דכייה#2#/ | ומן כל עופא דיכיה |
| 069 | | | Gn 8:20M | ומן כל עופא | דיכיה/דכייה#2#/ | וסדר עלון על גבי |
| 070 | | | Lv20:25 | ותפרשון בין בעירה | דכייה | למסאבה ובין עופא מסאבה |
| 071 | | | Lv24:06 | חלין בכל סדור על פתורה | דכייה | קדם ייי: |
| 072 | דכיתה | | Ex31:08 | וית מנוי וית מנרתה | דכיתה | וית כל מניה וית מדבחיה |
| 073 | | | Ex39:37 | ית מנרתה | דכיתה | וית בוציניה בוציניה |
| 074 | | | Lv24:04 | על מנרתה | דכיתה | יסדר ית בוציניה ^קדם |
| 075 | | | Lv24:06M | סדור על פתורה | דכייה/דכיתה#2#/ | קדם ייי: |
| 076 | בדכיה | | Lv15:08 | ירק דיבה {בדיביה} | <בדכיה> | יחוור לבושוי ויסחי במיא |
| 077 | דדכיה | | Gn 7:08 | מן בעירא | דדכיה | ומן בעירה דלית היא דכיה |
| 078 | | | Dt14:11 | עמי בני ישראל כל צפר | דדכיה | תאכלון: |
| 079 | לדכיי׳ | | Lv20:25 | ובין עופא מסאבה | לדכיי׳ | ולא תשקצון ית נפשתכון |
| 080 | דכיין | p abs | Lv11:36M | בית כנשות דמיי יהוון | דכיין | ודיקרוב |
| 081 | | | Lv14:04 | תרתין צפירין חיין | דכיין | וקייס דארז וצבע דזיהורי |
| 082 | | | Gn49:12M | דבית יהוד׳ עיינר׳ | ד{ק}<כ>יין | מן חמרא זכיכא דלא |
| 083 | דכין | | Nu 5:17 | ויסב כהנא מיין | דכין | לגו מן דחסף ומן עפרה די |
| 084 | | | Nu19:17 | ויתן עלוי מין דמבוע | דכין | לגו מן דחסף: |
| 085 | ודכיין | | Nu 7:14 | בוסמנין בסבין מפטמין | ודכיין | לקטרתה: |
| 086 | | | Nu 7:20 | בוסמנין סבין מפטמין | ודכיין | לקטרתה: |
| 087 | | | Nu 7:26 | בוסמנין סבין מפטמין | ודכיין | לקטרתה: |
| 088 | | | Nu 7:32 | בוסמנין סבין מפטמין | ודכיין | לקטרתה: |
| 089 | | | Nu 7:38 | בוסמנין סבין מפטמין | ודכיין | לקטרתה: |
| 090 | | | Nu 7:44 | בוסמנין סבין מפטמין | ודכיין | לקטרתה: |
| 091 | | | Nu 7:50 | בוסמנין סבין מפטמין | ודכיין | לקטרתה: |
| 092 | | | Nu 7:56 | בוסמנין סבין מפטמין | ודכיין | לקטרתה: |
| 093 | | | Nu 7:62 | בוסמנין סבין מפטמין | ודכיין | לקטרתה: |
| 094 | | | Nu 7:68 | בוסמנין סבין מפטמין | ודכיין | לקטרתה: |
| 095 | | | Nu 7:74 | בוסמנין סבין מפטמין | ודכיין | לקטרתה: |
| 096 | | | Nu 7:80 | בוסמנין סבין מפטמין | ודכיין | לקטרתה: |

## דכיו ⇐ n. דכי

## purity n. דכיו

[149]

|  |  |  |  |  |  |  |
|---|---|---|---|---|---|---|
| 001 | דכיותיה | s em/sf | Nu 6:09 | ויספר רישיה ביום | דכיותיה | ביומא שביעי«ה» יספר |
| 002 | דכיתה | | Lv12:04 | עד זמן דישלימון יומי | דכיתה: | |

## to crush vb. דכך

[149]

|  |  |  |  |  |  |  |
|---|---|---|---|---|---|---|
| 001 | דכיך | peal | Lv 2:14M | ביכורהון קדם ייי | דכיך | קלי בנורא קמ{ה}<ח> |
| 002 | מדכדך | quadr. | Gn44:19M | יהודה \ממכמך במילוי | /מדכדך | במלוי#2#/ ואמר מילין |
| 003 | ומדכדך | | Gn44:18 | יהודה זעף במלין | ומדכדך | בלישנא נהם כאריה ואמר |

## to remember vb. דכר

[149]

|  |  |  |  |  |  |  |
|---|---|---|---|---|---|---|
| 001 | דכירין | peal | Dt25:19 | ישראל לא תנשון הוון | דכירין: | |
| 002 | | | Ex13:03 | ואמר משה לעמא הוון | דכירין | יומא הדין דנפקתון פריקין |
| 003 | | | Ex20:08 | עמי בני ישראל הוון | דכירי«ן» | ית יומא דשבתא למקד<ש>א |
| 004 | | | Dt24:09 | עמי בני ישראל הוון | דכירין | ית מה די עבד ייי אלהכון |
| 005 | | | Dt25:17 | עמי בני ישראל הוון | דכירין | ית מה די עבדו לכון דבית |
| 006 | דדכרית | | Ex31:02M | "דמנית ... טב": | דדכרית | וקריית בשום טב מן יומי |
| 007 | ואדכר | | Lv18:25M | ואסתאבת ארעא | ודכרת/ואדכר#2#/ | חובה עליה ואתגליית ארעא |
| 008 | ודכרת | | Lv18:25 | ואסתאבת ארעא | ודכרת | חובה עליה ואתגליית ארעא |

| | | | | | |
|---|---|---|---|---|---|
| 009 | מדכר afel | Gn41:09 | למימר ית סרחנוי אנה | מדכר | יומא הדין: |
| 010 | מדכרא | Ex17:12 | ידוי דמשה זקיפן בצלו | מדכרא | הימנות אבהתא צדיקייא |
| 011 | מדכרה | Nu 5:15 | דקנאה היא מנחה דדכרה | מדכרה | חובין: |
| 012 | תדכרון | Ex23:13 | טע{י}ן אחרניין לא | תדכרון | ולא ישתמע על פומיכון: |
| 013 | | Ex20:24 | תוריכון בכל אתרא די | תדכרון | ית שמי בצלו אתגלי בממריה |
| 014 | דמ' | Nu 5:15M | מדכרה /דוכרנה | דמ'#2#/ | חובין: |
| 015 | דמדכרין | Dt32:03 | וויי להון לר{{שיע'}} | דמדכרין | שמה קדישה בגידופין ברם |
| 016 | ואדכר | Lv26:16 | אנה אעבד דא לכון | ואדכר | עליכון בביהילו ית שחפיתה |
| 017 | ותדכר | Gn40:14 | כען עמי חסד וטיבו | ותדכר | יתי לוות פרעה ותיפוק יתי |
| 018 | למדכרה | Lv22:27M | אתבחר תניין בגין | למדכרה | זכותה דישר' דעקד גרמי' |
| 019 | | Lv22:27M | גדי בר עיזין בגין | למדכרה | זכותי' דתמימה דלבש משכין |
| 020 | | Dt32:03 | לחד ממלאכי שירותה | למדכרה | ית שמה קדישה עד זמן |
| 021 | | Dt32:03 | מנהון ילף משה דלא | למדכרה | ית שמה קדיש' עד זמן דהוה |
| 022 | | Lv22:27M | איתבחר קדמי בגין | למדכרה | סבייה דמדנחה |
| 023 | | Lv22:27 | תורה אתבחר קדמי בגין | למדכרה | קדמיי זכותיה דגברה |
| 024 | אדכר etpeel | Gn21:01 | ויייי | אדכר | ברחמוי סיביא ית שרה |
| 025 | | Dt 9:27 | | אדכר | ברחמיך טבייה ^לעבדיך#2#^ |
| 026 | | Ex32:13 | | אדכר | ברחמך טביה לאברהם ליצחק |
| 027 | | Ex 4:31 | וארום {ושמעו ארום | אדכר} | גלי קדמוי ית צערון ועקדו |
| 028 | | Ex 4:31 | ממריה דייי ושמעו ארום | אדכר | ייי ברחמוי טבייה ית בני |
| 029 | | Gn40:23 | דטעים כסא דמותא ולא | אדכר | כתבא דכתיב בספר אוריתא |
| 030 | | Ex32:34 | קדמך וביומא דאדכר יתהון | אדכר | עליהון חוביהון: |
| 031 | | Gn40:23 | בשרא רוחצנא בגין כן לא | אדכר | {רב} רב מזוגיה ית יוסף |
| 032 | אדכרו | Dt32:07 | | אדכרו | יומין מן יומת עלמא |
| 033 | | Dt 9:07 | | אדכרו | לא תנשון ית מה דארגזתון |
| 034 | אדכרון | Dt 9:07M | | אדכרו/<אדכ>רון#2#/ההוון | זהירין#2#/ לא |
| 035 | אדכרת | Gn40:14 | ארום אן | אדכרת | יתי עמך כד ייטב לך ותעבד |
| 036 | אתכרית | Ex 3:16M | \ידכר ייי יתכון | /אתכרית | יתכון ברחמוי טב'#2#/ |
| 037 | יד' | Dt 9:27M | | אדכר/יד'#2#/ | ברחמיך טבייה |
| 038 | ידכר | Gn50:25 | בני ישראל למימר מדכרה | ידכר | ייי יתכון ברחמוי טבייא |
| 039 | | Ex 3:16 | ויעקב למימר מדכר | ידכר | ייי יתכון וית מה די עבדו |
| 040 | | Ex13:19 | בני ישראל למימר מדכרא | ידכר | ייי יתכון ברחמוי טביה |
| 041 | | Gn50:24 | הא אנא מית ויייי מדכרה | ידכר | יתכון ברחמוי טביא ויסק |
| 042 | תדכרון | Dt 7:18 | לא תדחלון מנהון מדכרה | תדכרון | ית מה די פרע ייי אלהכון |
| 043 | מדכר | Ex34:07 | מזכי{ה} ביום דינא רבה | מדכר | חובי אבהן רשיעין על בנין |
| 044 | | Nu14:18 | לא מזכי ביום דינה רבה | מדכר | חובי אבהן רשיען על בנין |
| 045 | | Dt 5:09 | קניי ופורען מתפרע בקנאה | מדכר | חובי אבהן רשיען על בנין |
| 046 | | Gn22:14M | עלין בשעת אננקי תהווי | מדכר | להון עקידתא דיצחק אבוהון |
| 047 | | Nu24:01 | ושוי למדברה אפוי והוה | מדכר | להון עבדה דעגלה: |
| 048 | | Gn22:14 | קיימין בשעת עקתא תהווי | מדכר | עקדתיה דיצחק אבוהון ושמע |
| 049 | | Nu22:30 | מן ראש ובזכוותהון הוא | מדכר | קדמיהון מה את יכיל למילט |
| 050 | מדכרא | Ex13:19 | ית בני ישראל למימר | מדכרא | ידכר ייי יתכון ברחמוי |
| 051 | מדכרה | Gn50:24 | לאחוי הא אנא מית ויייי | מדכרה | ידכר יתכון ברחמוי טביא |
| 052 | | Gn50:25 | ית בני ישראל למימר | מדכרה | ידכר ייי יתכון ברחמוי |
| 053 | | Ex 3:16 | יצחק ויעקב למימר | מדכרה | ידכר ייי יתכון וית מה די |
| 054 | | Dt 7:18 | לא תדחלון מנהון | מדכרה | תדכרון ית מה די פרע ייי |
| 055 | מדכרין | Nu11:05 | | מדכרין | אנן ית נוניה דהוינן אכלין |
| 056 | דאדכר | Ex32:34 | ידבר קדמך וביומא | דאדכר | יתהון אדכר עליהון |
| 057 | | Dt32:27 | דשנאה די תקף ואילולי | דאדכר | להון קיימה דקיימת |
| 058 | | Dt 1:01 | למישיצי יתכון אלולי | דאדכר | לכון קיימה די קיים עם |
| 059 | דתדכר | Gn40:14M | ארום אן | אדכרת/דתדכר#2# | יתי עמך כד ייטב לך |
| 060 | | Lv22:27 | עידן | דתדכר | לן קרב«נ»ינן מה דהוויין |
| 061 | דתדכרון | Dt16:03 | ארעא דמצרים מן בגלל | דתדכרון | ית יומא דנפקתון פריקין |
| 062 | דתידכרון | Nu15:40 | מן בגלל | דתידכרון | ית כל פיקודיי ותהוון |
| 063 | דתתכרין | Dt16:03M | ית יומא דנפקתון | /דתתכרין | יום יום מפקנותכון#2#/ |
| 064 | ואדכר | Gn42:09 | | ואדכר | יוסף ית חלמיא די חלם |
| 065 | | Gn 8:01 | | ואדכר | ייי ברחמוי טביא ית נח |
| 066 | | Gn19:29 | ייי ית קרוי משרה | ואדכר | ייי ברחמוי טביא ית אברהם |
| 067 | | Gn30:22 | דכן כתבה ומפרש ואמר | ואדכר | ייי ברחמוי טביא ית רחל |
| 068 | | Ex 2:24 | קדם ייי ית קבלתהון | ואדכר | ייי ברחמוי טבייא ית קיימא |
| 069 | | Gn 9:15 | | ואדכר | ית קיימי בין ממרי |
| 070 | | Ex32:34M | קודמך וביום דוכרני | ואדכר#2#/ | יתהון אדכר עליהון |
| 071 | | Lv26:45 | | ואדכר | להון קיימה די קיימת עם |
| 072 | | Lv22:27 | שעתה ושמע בקל צלותן | ואדכר | לן עקידתיה דיצחק אבונן |
| 073 | | Gn 9:16M | יתה \למדכרה קיים | /ואדכר | קיים#2#/ עלם בין מימרא |
| 074 | ואדכרית | Ex 6:05 | דמצרייה משעבדין בהון | ואדכרית | ברחמין ית קיימי: |
| 075 | ותדכרו' | Nu10:09M | בחצוצרוותה | ותדכרו' | |
| 076 | ותדכרון | Dt15:15 | | ות{ת}<ד>כרון | ארום עבדין משעבדין |
| 077 | | Dt16:12 | | ותדכרון | ארום עבדין משעבדין |
| 078 | | Dt24:18 | | ותדכרון | ארום עבדין משעבדין |
| 079 | | Dt24:22 | | ות{ת}<ד>כרון | ארום עבדין משעבדין |
| 080 | | Nu15:39 | למצנפן ותחמון יתיה | ות{ת}<ד>כרון | ית כל מצוותה דייי |
| 081 | ותידכרון | Dt 5:15 | | ותידכרון | ארום עבדין משעבדין |
| 082 | | Dt 8:02 | | ות«י»דכרון | ית כל אורחה די דבר |
| 083 | | Dt 8:18 | | ותידכרון | ית מימרה דייי אלהכון |
| 084 | ותתדכרון | Nu10:09 | ותתקעון בחצוצרת' | ותתדכרון | קדם ייי אלהכון |
| 085 | ומדכר | Ex17:12 | אברהם יצחק ויעקב | ומדכר | הימנות אמ{ה}התא {צדיקייא} |
| 086 | למדכרא | Lv22:27 | כדן אתבחר אימרא בגין | למדכרא | זכותא דגברא יחידה דאתעקד |
| 087 | למדכרה | Lv22:27 | גדייה בר עזייה בגין | למדכרה | זכותי' דגברא תמימא דלבש |
| 088 | | Gn 9:16 | קשתא בעננא ואחמי יתה | למדכרה | קיים עלם בין מימרא דייי |

See also: *vb.* דבר

## דכר *n.* male, ram [149]

| | | | | | |
|---|---|---|---|---|---|
| 001 | דכר s ab/cn | Gn18:14 | בשעתא הדא ולשרה בר | דכר: | |
| 002 | | Gn30:05 | וילידת ליעקב בר | ^דכר#2#: | |
| 003 | | Gn35:17M | לחוד דין ליך בר/ביר | דכר#2#/: | |
| 004 | | Nu 5:28 | ודכיה היא ותעבר ותלד בר | דכר: | |
| 005 | | Lv 3:06 | לנכיסת קודשיה לשמה דייי | דכר | או נקבה שלם מן מום יקרב |
| 006 | | Lv12:06 | ישלמון יומי דכותה לבר | דכר | או לברה נקבה תייתי אמר בר |
| 007 | | Lv12:07 | גזרת אורייתה דילדתה לבר | דכר | או לברה נקבה: |
| 008 | | Lv15:33M | \לדכר או לנקבה /לביר | {ו}<ד>כר | או לברה נקבה#2#/ ולגבר |
| 009 | | Dt 4:16 | {{צלם וצורא}} וכל דמו | דכר | או נקבה: |
| 010 | | Lv 3:01 | מן תוריה הוא מקרב אין | דכר | אין נוקבה שלם מן מו' יקרב |
| 011 | | Lv 8:22M | דכרה\ | דאשלמותה/דאשלמותה#2#/^דכר | אש'#2#^/ וסמכו |
| 012 | | Ex12:05 | אמר שלם מן מום | דכר | בר שתא יהווי לכון מן אמריא |
| 013 | | Lv23:12M | מן מום לעלה לשמה /של' | דכר | בר שתה לעולה קודם#2#/ |
| 014 | | Gn17:14 | וערל | דכר | די לא יגזר ית בשרא דערלתיה |
| 015 | | Lv 5:18M | וייתי' | אמר/דכר#2#/ | דכר שלם מן מום מן ענה |
| 016 | | Ex 1:22 | לכל עמיה למימר כל בר | דכר | דמתיילד ליהודייא בנהרא |
| 017 | | Nu27:04 | זרעיתיה ארום לית ליה בר | דכר | הב לן אחסנה בגו אחי אבונן: |
| 018 | | Ex 1:16 | חמיין על מתברייא אן בר | דכר | הוא תקטלון יתיה ואן ברא |
| 019 | | Gn 7:02M | דכר ונקבה» /תריין | דכר | וזוגה#2#/: |
| 020 | | Gn 7:09 | תרין עלו עם נח לתיבותא | דכר | וזוגה היך מה די פקד ייי ית |
| 021 | | Gn 7:16M | מן /ואילין די עיילו | דכר | וזוגה מן#2#/ כל בשרא עלו |
| 022 | | Gn 1:27 | מן קדם ייי ברה יתיה | דכר | וזוגיה ברא יתהון: |
| 023 | | Gn18:02M | ית שרה דילדה בר | דכר | וחד מניהון הוה אזל למהפך |
| 024 | | Lv27:07 | בר אשתין שנין ולעיל אין | דכר | ויהוי עלויה חמשה עשר סלעין |
| 025 | | Gn 5:02 | | דכר | ונוקב' ברה יתהון וברך |

|  |  |  |  |  |  |
|---|---|---|---|---|---|
| 026 | | Gn 7:02 | דכיא תסב לך שבעה שבעה | דכר | ונקב' ומן בעירא די לא דכיא |
| 027 | | Gn 6:19 | לתיבותה למקיימה עמך | דכר | ונקבה יהוון: |
| 028 | | Gn 7:02 | דכיא הו{(ה)}«א» תרין | דכר | ונקבה»: |
| 029 | | Gn 7:03 | אף מן עוף שמיא שבעא שבעה | דכר | ונקבה למקיימא בנין על אפי |
| 030 | | Gn 7:16 | ועלליה | דכר | ונקבה מן כל בשרא עלו |
| 031 | | Lv12:02 | אתא ארום תעבר ותלד בר | דכר | ותסתאב שבעה יומין כיומי |
| 032 | | Gn22:13 | ית עינוי וחמה והא | דכר | חד באילנא בקרנוי ואזל |
| 033 | | Nu 7:15 | תורין ב{ת}<ר> תלת שנין | דכר | חד בר תרתין ואמר חד בר שתה |
| 034 | | Nu 7:21M | "בר תלת ... לעלה": | דכר | חד אמר חד בר שתה לעלה |
| 035 | | Nu 7:21 | חד בר תורין בר תלת שנין | דכר | חד בר תרתין ואמר חד בר שתה |
| 036 | | Nu 7:27M | שתה תלתיהון קרב לעלה | /דכר | חד אמר חד בר שתה לעלה#2# |
| 037 | | Nu 7:27 | בר תורין בר תלת שנין | דכר | חד בר תרתין {ואמר} ואמר חד |
| 038 | | Nu 7:33M | "בר תלת ... לעלה": | דכר | חד אמר חד בר שתה לעלתה |
| 039 | | Nu 7:33 | חד בר תורין בר תלת שנין | דכר | חד בר תרתין ואמר חד בר שתה |
| 040 | | Nu 7:39M | "בר תלת ... לעלה": | דכר | חד אמר חד בר שתה לעלתה |
| 041 | | Nu 7:39 | חד בר תורין בר תלת שנין | דכר | חד בר תרתין ואמר חד בר שתה |
| 042 | | Nu 7:45M | תלתיהון קרב לעלה | /דכר | חד אמר חד בר שתה לעלה#2# |
| 043 | | Nu 7:45 | חד בר תורין בר תלת שנין | דכר | חד בר תרתין ואמר חד בר שתה |
| 044 | | Nu 7:51M | "בר תלת ... לעלה": | דכר | חד אמר חד בר שתה <לעלה> |
| 045 | | Nu 7:51 | תוריה«ן» בר תלת שנין | דכר | חד בר תרתין ואמר חד בר שתה |
| 046 | | Nu 7:57M | "תלת ... לעלה": | דכר | חד אמר חד בר שתה לעלה |
| 047 | | Nu 7:57 | חד בר תורין בר תלת שנין | דכר | חד תרתין ואמר חד בר שתה |
| 048 | | Nu 7:63 | חד בר תורין בר תלת שנין | דכר | חד בר תרתין ואמר חד בר שתה |
| 049 | | Nu 7:69M | "תלת ... לעלה": | דכר | חד אימר <חד> בר שתה לעלה |
| 050 | | Nu 7:69 | חד בר תורין בר תלת שנין | דכר | חד בר תרתין ואמ' חד בר שתה |
| 051 | | Nu 7:75M | "תלת ... לעלה": | דכר | חד אימר <חד> בר שתה לעלה |
| 052 | | Nu 7:75 | חד בר תורין בר תלת שנין | דכר | חד בר תרתין ואמר חד בר שתה |
| 053 | | Nu 7:81M | "תלת ... לעלה": | דכר | חד אימר <חד> בר שתה לעלה |
| 054 | | Nu 7:81 | חד בר תורין בר תלת שנין | דכר | חד בר תרתין ואמר חד בר שתה |
| 055 | | Nu29:02 | קדם ייי תור בר תורין חד | דכר | חד אמרין בני שתהון שבעה |
| 056 | | Nu29:08 | דרעוה תור בר תורין חד | דכר | חד אמרין בני שתהון שבעה |
| 057 | | Nu29:36 | דרעוה קדם ייי תור חד | דכר | חד אמרין בני שתהון שבעה |
| 058 | | Gn18:10 | לוותך בשעתא הדא והא בר | דכר | לשרה אתתך ושר{ת}<ה> הוות |
| 059 | | Lv18:22 | ועם | דכר | לא תשמש תשמיש דאתה מרחקה |
| 060 | | Lv19:21 | דייי לתרע משכן זימנא | דכר | לאשמה: |
| 061 | | Nu27:08 | למימר גבר ארום ימות ובר | דכר | לית ליה ותעברון ית אחסנתיה |
| 062 | | Dt25:05M | /מת#2#/ חד מנהון ובר | \דכר#2#/ | לית ליה לא תתנסיב |
| 063 | | Ex21:31 | או בר | דכר | מן בני ישראל יגש או ברה |
| 064 | | Lv22:19M | באמרייה ובעזייה | /דכר | מן תורייה מן אמרייה ומן |
| 065 | | Lv 1:03 | אן עלה קרבנה לשמה דייי | דכר | שלם מן מום יקרב יתיה לרעוה |
| 066 | | Lv 1:10 | מן גדיא דבני עזיה לעלא | דכר | שלם מן מום יקרב יתיה: |
| 067 | | Lv 4:23 | ית קרבניה צפיר בר עזין | דכר | שלם מן מום: |
| 068 | | Lv 5:15 | וייתי ית אשמיה קדם ייי | דכר | שלם מן מום מן ענה |
| 069 | | Lv 5:18 | וייתי אמר | דכר | שלם מן מום מן ענה בעלויה |
| 070 | | Lv 5:25 | וית אשמה ייתי לשמה דייי | דכר | שלם מן מום מן ענה בעלויה |
| 071 | | Lv22:19 | לרעווה עליכון | דכר | שלם מן «מום» בתורייה |
| 072 | דיכר' | Gn 7:03M | שמיא שבעא שבעה | דכר/דיכר#2#/ | ונקבה למקיימא בנין |
| 073 | דדכר | Ex29:19M | על \ריש תורא /רישא | דדכר#2#/: | |
| 074 | | Dt 4:16M | כל מן דעם דמ{ן}<ו> | דדכר | או דנקבה |
| 075 | | Lv27:03M | ויהוי עלויה | דדכרה/<דד>כר#2#/ | מן בר עשרין ועד בר |
| 076 | | Lv27:05M | ויהוי עלויה | דדיכרה/דדכר#2#/ | עשרין סלעין ולנקבתה |
| 077 | ודכר | Gn15:09 | שנין ועז בר תלת שנין | ודכר | בר תלת שנין ושפנין וגוזל |
| 078 | | Lv16:05 | צפירין דעיזין לחטאתה | ודכר | חד לעלתה: |
| 079 | | Nu 6:14 | שתה שלם מן מום לחטאתה | ודכר | חד שלם מן מום לנכסת |
| 080 | | Nu28:11 | תורין <בני תורין> תרין | ודכר | חד אמרין בני שתהון <שבעה> |
| 081 | | Nu28:19 | בני תורין <....> | ודכר | חד ושבעה אמרין בני שתהון |
| 082 | | Nu28:27 | תורין בני תורין תרין | ודכר | חד שבעה אמרין בני שתהון: |
| 083 | | Lv 9:04 | ותור | ודכר | לנכסת קדשיה למקרבה קדם ייי |
| 084 | | Lv 9:02 | לך עגל בר תורין לחטתה | ודכר | לעלתה שלמים מן מום וקרב |
| 085 | | Lv16:03 | בתור בר תורין לחטאתה | ודכר | לעלתה: |
| 086 | | Nu23:02 | וקרב בלק ובלעם תור | ודכר | על כל מדבח: |
| 087 | | Nu23:04 | מדבחיה סדרת וקרבת תור | ודכר | על כל מדבח: |
| 088 | | Nu23:14 | שבעה מדבחין וקרב תור | ודכר | על כל מדבח: |
| 089 | לדכר | Lv15:33 | ית דובה ודדייב ית דובה | לדכר | או לנקבה ולגבר די ישמש עם |
| 090 | מדכר | Nu 5:03 | | מדכר | עד נקבה תשלחון לבר מן |
| 091 | דוכרא s em/sf | Nu 1:02 | במניין שמהן כל | דוכרא | לגולגלתהון: |
| 092 | דיכרא | Nu 6:19 | ית אדרעה בשילתה מן | דיכרא | וחלה דפטיר חד מן סלה |
| 093 | | Ex29:16 | ותכוס ית | דיכרא | ותסב ית אדמיה ותזרק יתיה |
| 094 | | Ex29:20 | ותכוס ית | דיכרא | ותסב מן אדמיה ותתן על רום |
| 095 | | Ex29:15 | וית | דיכרא | חד{ת}ה תסב ויסמכון אהרן |
| 096 | | Ex29:18 | ותסדר ית כל | דיכרא | על גבי מדבחא עלה הוא לשמה |
| 097 | | Ex29:17 | וית | דיכרא | תפסג לפסג<ו>י ותשזג |
| 098 | דיכרה | Lv 8:29 | יתה אנפו קדם ייי מן | דיכרה | דא«ש»למותה למשה הוה |
| 099 | | Nu 5:08 | לייי לכהנה בר מן | דיכרה | דכיפורייה די יכפר ליה |
| 100 | | Nu 6:17 | וית | דיכרה | יקרב לניכסת קדשיה קדם ייי |
| 101 | דכ' | Lv 8:22M | /ידיהון#2#/ על ריש | דדכרה/דכ'#2#/: | |
| 102 | | Ex29:26M | <מן> דכרא /ניעה מן | דכ'#2#/ | דאשלמותא די/דאית#2#/ |
| 103 | דכרא | Ex29:27 | די אתנף ודי אתפרש מן | דכרא | דאשל{ו}מו<ו>תא מן דאהרן |
| 104 | | Ex29:22 | וית שקה דימינא ארום | דכרא | דאשלמותא היא: |
| 105 | | Ex29:26 | ותסב ית נעה {ית} <מן> | דכרא | דאשלמותא די לאהרן ותניף |
| 106 | | Ex29:31 | וית | דכרא | דאשלמותא תסב ותו{ת}בשל ית |
| 107 | | Nu 3:40M | /בכורי#2#/ | דכריה/^<דכ>רא#2#^/ | דבני ישראל מן בר |
| 108 | | Gn22:13 | ואזל אברהם ונסב ית | דכרא | וקרב יתה לעלה תחות בריה: |
| 109 | | Nu28:14 | ותלתות הינא תקרבון עם | דכרא | ורבעות הינא תקרבון עם אמרא |
| 110 | | Nu29:14 | תרין עשרונין תקרבון עם | דכרא | חדתא כהדין סידרא תקרבון עם |
| 111 | | Nu28:28 | חדתה תרין עשרונין עם | דכרא | חדתה תקרבון: |
| 112 | | Ex29:19 | ותיסב ית | דכרא | תניינא ויסמוך אהרן ובנוי |
| 113 | | Nu28:20M | ותרין עשרונין עם | דכרא#2#/ | תקרבון: |
| 114 | | Nu29:03 | עם תורה תרין עשרונין עם | דכרא | תקרבון: |
| 115 | | Ex29:22 | ותסב מן | דכרא | תרבא ואליתה וית תרבה דחפי |
| 116 | דכרה | Lv 9:19 | וית תרביה מן תורה ומן | דכרה | אלייתה וחפיי כרסה וכלייתה |
| 117 | | Lv19:21M | משכן זימנא \דכר לאשמה | /דכרה | דאש'#2#/: |
| 118 | | Lv 8:22 | וקרב ית דכרה תנינא | דכרה | דאשלמותה וסמכו אהרן ובנוי |
| 119 | | Lv 8:18 | וקרב ית | דכרה | דעלתה וסמכו אהרן ובנוי ית |
| 120 | | Nu15:11 | עם תורה חדתה או עם | דכרה | חדתה או עם אמרה באמריה או |
| 121 | | Nu28:12 | סלת מנחה פילה במשח עם | דכרה | חדתה תקרבון: |
| 122 | | Nu29:09 | עם תורה תרין עשרונין עם | דכרה | חדתה תקרבון: |
| 123 | | Lv 9:18 | ונכס ית תורה וית | דכרה | נכסת קדשיה דמן עמה וזמינו |
| 124 | | Lv 8:21 | במיא וסדר משה ית כל | דכרה | על גבי מדבחה עלה הוא לריח |
| 125 | | Lv 8:20 | וית | דכרה | פסג לפסגוי וסדר משה ית |
| 126 | | Lv 8:22 | וקרב ית | דכרה | תנינא דכרה דאשלמותה וסמכו |
| 127 | | Nu15:06 | או עם | דכרה | תקרבון מנחה סלת תרין |
| 128 | בדיכרה | Lv 5:16 | וכהנא יכפר עלוהי | בדיכרה | דאשמה וישתרי וישתבק ליה: |
| 129 | בדכרה | Lv19:22 | ויכפר עלוי | בדכרה | דאשמא קדם ייי על חובתיה |
| 130 | דדיכרא | Ex29:15 | ית ידיהון על ראשה | דדיכרא: | |
| 131 | דדיכרה | Lv27:05 | "שנין#2#^ ויהוי עלויה | דדיכרה | עשרין סלעין ולנקבתה עשרין |
| 132 | דדכרא | Ex29:32 | אהרן ובנוי ית בשרא | דדכרא | וית לחמה די בסלא בתרע |
| 133 | דדכרה | Lv 8:18 | ית ידיהון על ראשה | דדכרה: | |

|  |  |  |  |  |  |  |
|---|---|---|---|---|---|---|
| 134 | | | Lv 8:22 | ית ידיהון על ריש | דדכרה: | |
| 135 | | | Lv27:06 | חמש שנין ויהוי עלויה | דדכרה | חמש סלעין דכסף ולנקבתה |
| 136 | | | Lv27:03 | ויהוי עלויה | דדכרה | מן בר עשרין ועד בר שתין |
| 137 | לדיכרא | | Nu15:11M | לתורא חדא או | לדיכרא | חדא או לאימר באימריה או |
| 138 | לדכ׳ | | Nu15:06M | או עם | דכרה/לדכ׳#2#/ | תקרבון מנחה סלת תרין |
| 139 | דכרין | p abs | Nu23:01 | הכה שבעה תורין ושבעה | דכרין: | |
| 140 | | | Nu23:29 | הכה שבעה תורין ושבעה | דכרין: | |
| 141 | | | Nu 7:88 | עשרין וארבעה תורין | דכרין | אשתין גדיין אשיתין אמרין |
| 142 | | | Nu 7:17 | קודשיא קרב תורין תרין | דכרין | חמשה גדיין חמשה אמרין בני |
| 143 | | | Nu 7:23 | קודשיה קרב תורין תרין | דכרין | חמשה גדיין חמשה אמרין בני |
| 144 | | | Nu 7:29 | קודשיה קרב תורין תרין | דכרין | חמשה גדיין חמשה אמרין בני |
| 145 | | | Nu 7:35 | קודשיה קרב תורין תרין | דכרין | חמשה גדיין חמשה אמרין בני |
| 146 | | | Nu 7:41 | קודשיה קרב תורין תרין | דכרין | חמשה גדיין חמשה אמרין בני |
| 147 | | | Nu 7:47 | קודשיה קרב תורין תרין | דכרין | חמשה גדיין חמשה תורין בני |
| 148 | | | Nu 7:53 | קודשיה קרב תורין תרין | דכרין | חמשה גדיין חמשה תורין בני |
| 149 | | | Nu 7:59 | קודשה קרב תורין תרין | דכרין | חמשה גדיין חמשה תורין בני |
| 150 | | | Nu 7:71 | קודשיה קרב תורין תרין | דכרין | חמשה גדיין חמשה תורין בני |
| 151 | | | Nu 7:77 | קודשיה קרב תורין תרין | דכרין | חמשה גדיין חמשה תורין בני |
| 152 | | | Nu 7:83 | קודשיה קרב תורין תרין | דכרין | חמשה גדיין חמשה תורין בני |
| 153 | | | Nu 3:04M | \ובנין לא הווה להון | /דכרין | לא הוון להון#2#/ ושמש |
| 154 | | | Nu27:03 | ארום בחובוי מית ובנין | דכרין | לא הוון ליה: |
| 155 | | | Gn32:16 | נקבן ארבעין ותורין | דכרין | עשרה אתנין עשרין ולוודקין |
| 156 | | | Nu29:13 | בני תורין תלת עשר | דכרין | תרין אמרין בני שתהון |
| 157 | | | Nu29:17M | /\בני תורין תרי עשר | דכרין | תרין#2#/ אמרין בני שתהון |
| 158 | | | Nu29:20 | תקרבון תורין חד עשר | דכרין | תרין אמרין בני שתהון |
| 159 | | | Nu29:23 | תקרבון תורין עשרה | דכרין | תרין אמרין בני שתהון |
| 160 | | | Nu29:26 | תקרבון תורין תשעה | דכרין | תרין אמרין בני שתהון |
| 161 | | | Nu29:29 | תקרבון תורין תמניה | דכרין | תרין אמרין בני שתהון |
| 162 | | | Nu29:32 | תקרבון תורין שבעה | דכרין | תרין אמרין בני שתהון |
| 163 | | | Nu 7:87 | לעלתה תרין עשר תורין | דכרין | תרין עשר אמרין בני שתהון |
| 164 | ודכ׳ | | Nu29:20M | תורין חד עשר | דכרין/ודכ׳#2#/ | תרין אמרין בני שתהון |
| 165 | | | Nu29:23M | תורין עשרה | דכרין/ודכ׳#2#/ | תרין אמרין בני שתהון |
| 166 | | | Nu29:29M | דכרין /תרי עשר | ודכ׳#2#/ | תרין אמרין בני שתהון |
| 167 | ודכרין | | Dt32:14 | ען עם טוב דפטימין | ודכרין | בני בתניי וגדיין עם טוב |
| 168 | | | Gn32:15 | רחלין תרתין מאוותן | ודכרין | עשרין: |
| 169 | | | Ex29:01 | סב תור חד בר תורין | ודכרין | תרין שלמין מן מו«ם»: |
| 170 | | | Lv23:18 | מום ותור בר תורין חד | ודכרין | תרין יהוון עלה לשמה דייי |
| 171 | דדכרין | | Ex25:05 | ומשכן | דדכרין | מסמקין ומשכין דססגונין |
| 172 | | | Ex26:14 | חפוי למשכנא משכין | דדכרין | מסמקין וחפוי משכין |
| 173 | | | Ex35:07 | ומשכין | דדכרין | מסמקין ומשכין דססגונין |
| 174 | | | Ex35:23 | שזיר ומעזי ומשכין | דדכרין | מסמקין ומשכין דססגונין |
| 175 | | | Ex36:19 | ועבד חפי למשכנא משכין | דדכרין | מסמקין וחפיי משך דססגונין |
| 176 | | | Ex39:34M | דססגונה /<מ>שכין | דדכרין | סמקין וית חפיי <מ>שכין |
| 177 | דכרי | p const | Gn31:38 | ועזיך לא אתכלו ואמריי | דכרי | ענך לא אכלית: |
| 178 | דיכרייה | p em/sf | Ex34:19 | אינון וכל בעירכון | דיכרייה | פתחיי וולדה דתורא |
| 179 | | | Dt15:19 | בתוריכון ובעניכון | דיכרייה | תקדשון לשמה דייי אלהכון |
| 180 | דכרי | | Nu 3:43 | והוון כל בכוריה | דכרי | במניין שמהתהון מבר ירח |
| 181 | דכריא | | Ex22:28 | למיפקה בוכרי בניכון די | דכריא | תקדשון לשמי: |
| 182 | דכריה | | Nu29:14 | סידרא תקרבון עם תרין | דכריה: | |
| 183 | | | Nu 3:40 | למשה סכום כל בוכרייה | דכריה | דבני ישראל מן בר ירח |
| 184 | | | Lv 8:02 | תור׳ דחטאתה וית תרין | דכריה | וית סלה דפטיריה: |
| 185 | דכריהו | | Ex29:03 | וית תורא וית תרין | דכריהו: | |
| 186 | דכרייא | | Gn31:12M | עיינך וחמי כל | גדיא/דכרייא#2#/ | דסלקין על /\כל#2#/ |
| 187 | | | Ex13:15 | קדם ייי כל פתחי וולדא | דכרייא | וכל בכור«י»ה בנן אנן |
| 188 | | | Ex13:12 | דבעירא די יהוון לכון | דכרייא | לשמה דייי: |
| 189 | | | Nu29:18 | עמהון עם תורייה עם | דכרייא | עם אמרייא במיניינהון כסדר |
| 190 | דכרייה | | Nu29:24 | תורייה עם אמרייה ועם | דכרייה | במניינהון כסדר דינה: |
| 191 | | | Nu29:30M | עמהון עם תורייה עם | דכרייה | ועם אמרייה במניינהון |
| 192 | | | Nu29:37 | עמהון עם תוריה ועם | דכרייה | ועם אמריה במניינהון כסדר |
| 193 | | | Nu29:21 | עמהון עם תורייה עם | דכרייה | עם אמרייה במניינהון כסדר |
| 194 | | | Nu29:33 | עמהון עם תוריה עם | דכרייה | עם אמרייה במניינהון כסדר |
| 195 | דדכרי | | Ex39:34 | וית חפיי משכיה | דדכרי | מסמקיה וית חפיי משכי |

## דכר 2# *n.* remembrance [149]

|  |  |  |  |  |  |  |
|---|---|---|---|---|---|---|
| 001 | בדכריה | s em/sf | Nu24:01 | אזל בכל זמן למשאליה | בדכריה | לקדמות קסמיה ואזל ושוי |
| 002 | דדכרה | | Nu 5:15 | מנחתה דקנאה היא מנחה | דדכרה | מדכרה חובין: |

## דכרון *n.* remembrance [150]

|  |  |  |  |  |  |  |
|---|---|---|---|---|---|---|
| 001 | דדכרונה | s em/sf | Nu 5:18 | על כף ידה ית מנחתה | דדכרונה | מנחת דקנאותה היא ובידוי |

## דכרן *n.* remembrance [150]

|  |  |  |  |  |  |  |
|---|---|---|---|---|---|---|
| 001 | דוכרן | s ab/cn | Ex28:29M | "לגו ...": לבית קודשה | דוכרן | |
| 002 | דוכרן | | Ex17:14 | ואמר ייי למשה כתב דא | דוכרן | טב בספרא ושוי במשמעה |
| 003 | דכרן | | Lv23:24 | יהווי לכון שבת שבתה | דכרן | טב תקיעה ויבבו יום טב |
| 004 | | | Nu17:05 | | דכרן | טב לבני ישראל מן בגלל די |
| 005 | | | Nu29:31 | שתיתיה על גבי מדבחה | דכרן | טב לרביעות מטרה וניסוכה |
| 006 | | | Nu31:54 | ואייתון יתיה למשכן זמנה | דכרן | טב לבני ישראל קדם ייי: |
| 007 | דדוכרין | | Ex39:07 | כתפתה דאפודה אבנין | דדוכרין | לבני ישראל היך מה די |
| 008 | דדוכרן | | Ex28:12 | על כתפתה דאפודה אבנין | דדוכרן | טב לבני ישראל ויקבל |
| 009 | | | Ex39:07M | אפו׳#2#/ אבנין | דדוכרין/<ד>דוכרן | טב{ן}#2#/ לבני |
| 010 | | | Ex28:12 | כתפתה {דאפודה אבנין | דדוכרן} | לדכרן טב: |
| 011 | ולדוכרן | | Ex13:09 | לך לאתין על אדרעיכון | ולדוכרן | טב על בית אפיכון מן בגלל |
| 012 | | | Ex13:16 | לסימן על אדרעיכון | ולדוכרן | טב על בית אפיכון ארום |
| 013 | לדוכרן | | Ex12:14 | ויהוי יומא הדין לכון | לדוכרן | טב ותחגון יתיה חגא קדם |
| 014 | | | Ex28:29 | במיעליה לגו בית קודשא | לדוכרן | טב קדם ייי בתדירא: |
| 015 | | | Nu10:10 | קדשיכון ויהוין לכון | לדוכרן | טב קדם אלהכון אנה ייי |
| 016 | לדכרן | | Gn41:36 | ויהוי מזונא | לדכרן | טב לארעא לשבעתי שני כפנא |
| 017 | | | Ex28:12 | {דאפודה אבנין דדוכרן} | לדכרן | טב: |
| 018 | | | Ex30:16 | ויהווי לבני ישראל | לדכרן | טב קדם ייי לכפרה על |
| 019 | דוכרנא | s em/sf | Ex17:16 | אמר במימריה למשיציא ית | דוכרנא | דעמלק לדרי דרין: |
| 020 | דוכרנה | | Dt25:19M | יתה תשיצון ית | דוכרנייה/דוכרנה#2#/ | דעמלק מן תחות |
| 021 | | | Nu 5:18M | מנחתה | דוכרנה | {וית} מנחת קנתה היא |
| 022 | דוכרני | | Ex32:34M | ילך ידבר קודמך וביום | דוכרני | ואדכר#2#/ יתהון אדכר |
| 023 | דוכרניה | | Ex17:14M | דכרניה /תשיצון ית | דוכרניה#2#/ | דעמלק מן תחות שמיא: |
| 024 | דכרנהון | | Dt32:26 | אבטל מן בני אנשא | דכרנהון: | |
| 025 | דכרני | | Ex 3:15 | דן שמי לעלם ודן | דכרני | לדרי דרין: |
| 026 | דכרניה | | Ex17:14 | ארום משיציא אשיציא ית | דכרניה | דעמלק מן תחות שמיא: |
| 027 | דזכרנה | | Nu 5:15M | מנחה \דדכרה מדכרה | /דזכרנה | דמ׳#2#/ חובין: |
| 028 | דוכרניא | p em/sf | Ex12:42 | די אינון כתיבין בספר | דוכרניא | ליליא קדמיא כד אתגלי ייי |
| 029 | דוכרנייה | | Dt25:19 | למירת יתה תשיצון ית | דוכרנייה | דעמלק מן תחות שמייא עמי |

## דלא *prep.* without [150]

|  |  |  |  |  |  |  |
|---|---|---|---|---|---|---|
| 001 | דלא | | Gn15:02M | ואנה אזל מן עלמא | בלא/דלא#2#/ | בנין ואליעזר בר ביתי |
| 002 | | | Nu14:16M | \על דלית /עד | דלא#2#/ | יכלה קדם ייי למיעלה ית |
| 003 | דלא | | Gn28:10 | דיומא ו{ש}<ט>מעת שמשא | דלא | באשונא מן בגלל דהוה דבירא |
| 004 | | | Lv16:01 | רבה בקרבותהון קרבן יתיר | דלא | בזמנה קדם ייי די לא אתפקדו |

005 Nu35:22 או טלק עלוי כל מן דהוא דלא בכמנה:
006 Ex21:11M מגן דלא /ותפרוק מגן דלא#2#/ בכסף:
007 Dt33:03 הלא גלי וידוע קדמוי דלא בנוי דעשו ולא בנוי
008 Lv20:20 בזי חוביהון יקבלון דלא בנין ימותון:
009 Lv20:21 היא עריתה דאחוי בזי דלא בנין יהוון:
010 Nu35:22 ואין בתכוף דלא בעיל דבבו דחף יתיה או טלק
011 Gn 4:08 ואמר להבל מסתכל אנה דלא ברחמי' איתברי עלמא ולא על
012 דלה Lv25:30 ויקום ביתה די בקרתה דלה שור לחלטו למן דזבן יתיה
013 דילא Lv16:01M \דלא בזמנה /קדם ייי דילא בזמנא#2#/ קדם ייי די לא

## plane-tree *n.* דלוב [150]

001 ודלוב s ab/cn Gn30:37 חטרא דלבן רטיב ודלוז ודלוב וקלף בהון קלפין חוורין מן
002 ודלבוי p em/sf Gn30:37M רטיב ודלוז ודלוב/ודלבוי#2#/ וקלף בהון קלפין

## to draw *vb.* דלי [150]

001 דלה peal Ex 2:19 ידיהון דרעייא ואף מדלי דלה לן ואשקי ית ענן:
002 מדלי Ex 2:19 מן ידיהון דרעייא ואף מדלי דלה לן ואשקי ית ענן:
003 ודלון Gn37:28 גברין מדיינין תגרין ודלון ואפקון ית יוסף מן גובא
004 ודלין Ex 2:16 דמדין שבע בנן ואתין ודלין ומליין ית מור{נ}<כ>תה

## thin *adj.* דליל [150]

001 דלילן p abs Gn41:19 אחרנין סלקן בתרהון דלילן ובישן מחמי לחדא וחסיין

## lest, perhaps *adv.* דלמה [151]

001 דילמא Gn18:24 מה דילמא דאי«ת» חמשין זכיין בגו
002 Gn16:05 היא תלד ואנה ארבי דילמא דאתבני אף אנה על ידה וחמת
003 Gn 6:03 ארכא מאה ועשרין שנין דילמא די יעבדון תתובה ולא עבדו:
004 Gn15:01 לי חול' לעלמא דאתי או דילמא דיזלון אחיהון או קריביהון
005 Gn18:29 למתמללה עימיה ואמר מה דילמא דישתכחון תמן ארבעין ואמר
006 Gn18:28 מה דילמא יחסרון חמשתי זכיי חמשה הא
007 Gn44:18M מן קדם פרעה אנה דחיל דילמא לא אתמר לך או דילמא לא
008 Gn44:18M דילמא לא אתמר לך או דילמא לא אשתמע לך מה דעבדו
009 Gn44:18 אמרת מן פרעה אנה דחיל דילמא לא אתאמר לך או דילמא לא
010 Gn44:18 דילמא לא אתאמר לך או דילמא לא אשתמע לך מה דעבדו
011 Gn43:12 טעוניכון תחזרון בידכון דילמא שלו הות:
012 דילמה Gn18:30 רוגזא דייי ואמלל מה דילמה אם ישתכחון תמן תלתי«ן»
013 Nu23:27 אדבר יתך לאתר אחרן מה דילמה דיהווי רעווה מן קדם ייי
014 Lv24:12 למתקטלה בדינה ^או#2# דילמה דישתכח לה זכו מן זוי
015 Gn18:31 שרית למללה קדם ייי מה דילמה דישתכחון תמן {תל} עשרין
016 Gn32:03M מן בתרי למיקטול או דילמה דמשיריין דייי אתיין
017 Gn18:32 לחוד זמנא הדין מה דילמה ישתכחון תמן עשרה ואמר לא
018 דל' Gn24:05M ואמר ליה עבדא \מה דלמה/דל'#2#/ לא תצבי אתתא למיתי
019 דלמ' Gn49:22M שירין קטלין ומעוכין דלמ' תתלי אפך ותסתכל בחד'
020 דלמא Gn15:01 בלבה ואמר ווי כען עלי דלמא איתקבלת אגר מצוותה בעלמא
021 Gn15:01M או דלמא דאשכח לי זכו בזמנ' קדמיא
022 Gn15:01M די נפלו קודמוי או דלמא די לא ישתכח לי זכו בזמנה
023 Gn27:12M יתי אבא ונהוי/הא דלמא די ימשמש וני"#2#/ באפוי
024 Gn15:01 קדמיי ואתקימן עלי או דלמא דלא אשתכח בידי מצוה בזמנא
025 Gn24:39 ואמרת לריבוני מה דלמא דלא תיתי אתתא בתריי:
026 Gn44:18 שלמה דאבה כל יומייא או דלמא דלא אשתמע לך ולא אתני לך
027 Gn18:21 ומסכיין אינון בנפשתהון דלמא דלית עבדיהון בישייא גליין
028 Gn32:03M כיון דחמא יתהון דלמא דמשירייתא דעשו אחי אתיין
029 Nu22:11 כען לוט לי יתהון מה ^דלמא#2#^ {י}<ד>איכול למסדרה קרבה
030 Nu23:03 אתעתד על עלתך ואזל מה דלמא יזדמן מימריה דייי לקדמותי
031 Gn32:03 ואמר יעקב כד חמה יתהון דלמא מלאכין מן דלבן אחוי דאמה
032 Gn15:01 עליי ויקטלון יתי או דלמא מצוון קלילן דהוה בידי
033 Gn24:39M \דלא תיתי אתתא בתריי /דלמא/ רביה אית למיתי'
034 Dt 8:12M דלא/דלמא#2#/ תיכלון ותשבעון ובתין
035 דלמה Nu22:06 תקיפין אינון מנן מה דלמה דאכול למשצ«י»א יתהון
036 Gn16:02 עול כען לות אמתי מה דלמה דאתבני אף אנה על ידה ושמע
037 Gn30:03 ותלד ואנה ארבי מה דלמה דאתבני אף אנה על ידיה:
038 Gn44:19 פלטין ענה יהודה ואמר דלמה דהא גבורתא מן דבית אבה היא
039 Gn31:22 תרין תלתא יומין סברין דלמה דהיא טייפה ולא טפת בכדן
040 Ex32:30M רחמין מן קדם ייי /דלמה/ די יכפר על חוביכון#2#/:
041 Gn27:12 מה {ל} דלמה דימוש יתי אבא ונהוי באפוי
042 Gn32:21 כדון אחמי סבר אפוי מה דלמה דיסב לי אפין:
043 Gn50:15 מית אבוהון ואמרין מה דלמה דיססם יוסף יתן ומחזרא
044 Gn32:03M לקדמותי למיקטול יתי או דלמה דמשריתיה דלבן אחוה דאמה
045 Gn31:22M מיא ואמתינו תלתא יומין דלמה יהא טיפה ולא טפת ובכן
046 Lv26:41 לארע בעלי דבביהון או דלמה יתבר לבהון זידנה ובכדן
047 Gn24:05 ואמר ליה עבדא מה דלמה לא תצבי אתתא למיתי בתרי
048 Dt 6:04 קם מיניה פסילה עשו אחי דלמה לטעוות דהוה אבוי דאברהם
049 Dt 6:04 פלח אתון פלחין או דלמה לטעוות לבן ^דהוה^#2# דאמה

## to burn, to light *vb.* דלק [151]

001 ידלקון afel Nu11:26 אינון נפלין ושבע שנין ידלקון בני ישראל מן מני

## fever *n.* דלקי [150 דליקה]

001 ובדלקיתה s em/sf Dt28:22 בשחפיתה «ובקדחיתה ובדלקיתה וב<הר>הור לבה ובחרבה»

## likeness *n.* דמו [151]

001 דמו s ab/cn Dt 4:15 ארום לא חמיתון כל דמו ביומא די מלל ייי עמכון
002 Dt 4:16M דמ{ן}<ו> כל מן דעם דמ{ן}<ו> דדכר או דנקבה
003 Ex20:04M {{צלם וצורה}} וכל דמות/דמו#2#/ די בשמייא מלעיל ודי
004 Dt 4:23 לכון {{צלם וצורא}} וכל דמו די פקד מימרה דייי אלהכון:
005 Dt 5:08 לכון {{צלם וצורה}} וכל דמו די בשמייא מן לעיל ודי
006 Dt 4:16 לכון {{צלם וצורא}} וכל דמו דכר או נקבה:
007 Dt 4:25 לכון {{צלם וצורא}} וכל דמו ותעבדון מה דסני ומרחק קדם
008 Dt 4:16M "צורא ... נקבה": דמ{ן}<ו> כל מן דעם דמ{ן}<ו> דדכר
009 Dt 4:17 דמו כל בעיר דאית בארעא דמו כל
010 Dt 4:17 דמו כל בעיר דאית בארעא דמו כל עוף דפרח דטייס באויר
011 Dt 4:18 דמו כל דרחש בארעא דמו כל
012 Dt 4:18 דמו כל דרחש בארעא דמו כל נונייא די במייא מן לרע
013 Dt 4:25M וכל דמו /{{צלם}} דמו כל מן דעם#2#/ ותעבדון מה
014 Dt27:15 יעבד {{צלם וצורה}} וכל דמו מה דסני ומרחק קדם ייי עבד
015 Dt27:15 יעבד {{צלם וצורה}} וכל דמו מה דסני ומרחק קדם ייי עובד
016 דמות Ex20:04 לכון {{צלם וצורה}} וכל דמות די בשמייא מלעיל ודי בארעא
017 Ex25:09 יתך ית דמותא דמשכנא וית דמות כל מנוי וכדן תעבדון:
018 Dt27:15M {{צלם וצורה}} וכל דמו/דמות#2#/ מה דסני ומרחק קדם ייי
019 Dt27:15M {{צלם וצורה}} וכל דמו/דמות#2#/ מה דסני ומרחק קדם ייי
020 Ex32:24M סטנה בגווה ונפק מיניה דמות עגלה הדין
021 בדמו Gn 1:27 דייי ית בר נשא בדמותיה בדמו מן קדם ייי ברה יתיה דכר
022 Gn 5:01 די ברא ייי ית אדם בדמו מן קדם ייי ברא יתיה:
023 Gn 9:06 בר נש ישתפך אדמיה ארום בדמו מן קדם ייי ברא ית אדם:

|  |  |  |  |  |  |  |
|---|---|---|---|---|---|---|
| 024 | בדמות | | Gn32:25M | ואשתדי עמה מלאך | בדמות | גבר עד מסק |
| 025 | | | Gn32:25 | ואתפגש מלאך שריאל | בדמות | גבר וגפף עמיה עד זמן די |
| 026 | | | Gn37:15 | וארע יתיה מלאך | בדמות | גבר והא הוא טעי בחקלא |
| 027 | | | Gn18:02 | וחמא והא תלתא מלאכין | בדמות | גברין קיימין עלוי וחמא |
| 028 | | | Gn32:29M | ייי ועם גוברין | בדמות/ | גר#2#/ ויכלת להון: |
| 029 | | | Lv23:43 | בעינני איקר שכינתי | בדמות | מטלין אשרית בני ישראל |
| 030 | | | Gn25:27M | דהוה נחשא בירכא שמאלא | בדמות | סייפא והוה ליה לסימנא די |
| 031 | ודמו | | Dt 4:12 | קול דבירי אתון שמעין | ודמו | לית אתון חמיין ארום אלהן |
| 032 | | | Nu12:08 | בחזוין ולא בדמויין | ודמו | מן קדם ייי הוה מסתכל |
| 033 | דמותא | s em/sf | Ex25:09 | מה די אנא מחזי יתך ית | דמותא | דמשכנא וית דמות כל מנוי |
| 034 | בדמותה | | Ex30:37 | וקטרתה דתעבד | בדמותה | לא תעבדון לכון קדש תהווי |
| 035 | בדמותיה | | Gn 1:27 | ממרה דייי ית בר נשא | בדמותיה | בדמו מן קדם ייי ברה יתיה |
| 036 | | | Gn 5:03 | ותלתי' שנין ואולד | בדמותיה | כד נפק בה וקרא ית שמה |
| 037 | בדמותיהון | | Ex25:40 | וחמי ועבד | בדמותיהון | די את חמי בטורא: |
| 038 | בדמותן | | Gn 1:26 | ואמר ייי נברא בר נש | בדמותן | כד נפק {כ}<ב>ן וישלטון |
| 039 | ובדמותה | | Ex30:32 | הדיוט לא יתמשח | ובדמותה | לא תעבדון כוותיה לכון |
| 040 | בדמויין | p abs | Nu12:08 | עמיה בחזוין ולא | בדמויין | ודמו מן קדם ייי הוה |

[151]

## to be like *vb.* דמי

|  |  |  |  |  |  |  |
|---|---|---|---|---|---|---|
| 001 | דמ' | peal | Nu21:34M | אברהם ושרה | מדמיין/דמ#2#/ | לאלנין יאין קיימין |
| 002 | דדמי | | Lv19:14M | ולקדם אכסנייה | דדמי | לסמיא לא תשוון תקלה |
| 003 | מדמה | pael | Gn49:09 | | מדמה | אנא לך יהודה לגור ברי |
| 004 | מדמי | | Gn49:04 | | מדמי | אנה לך ראובן ברי לגנה |
| 005 | | | Gn49:22 | ותוב הוי חמי לך למתקף | מדמי | אנה לך יוסף ברי לגפן |
| 006 | אדמון | etpaal | Ex15:05 | ושקעו במצולתיה דמיא | אדמון | לאבנא: |
| 007 | מדמי | | Dt33:22 | נבייא דייי ואמר דן | מדמי | לגור בר אריוון וארעא |
| 008 | | | Gn49:27M | שבט תקיף בתחומיה\ | מדמי/ | לדיב חטיף#2#/ יתבניה |
| 009 | | | Gn49:17M | "יהווי דן ...": דן | מדמי | לחווייה חרמני' דכמן בפרשת |
| 010 | | | Gn49:17 | יתגאה על כל אמיה יהווי | מדמי | לחיוויא דרבוע בארעא |
| 011 | | | Ex22:30 | תטלקון יתיה דהוא | מדמי | לכלבא: |
| 012 | | | Lv19:14M | שמע לקדם אכסנייה דהוא | מדמי | לסמייה לא תשוון <ת>קל{ל}ה |
| 013 | | | Dt27:18M | אכסנייה באורחה דהוא | מדמי | לסמייה ויענון |
| 014 | | | Gn16:12 | והוא יהווי | מדמי | לערד בבני אנשא ידוהי |
| 015 | | | Dt32:33 | דאנון שתיין ורוגזיהון | מדמי | לראשי חווייה פתמנייה |
| 016 | | | Gn49:11 | לבושי מעגעגין בדמא | מדמי | לרפוס ענבים: |
| 017 | | | Dt29:17 | דלביה מהרהר בחטא' דהוא | מדמי | לשריש קביע בארעא ארום |
| 018 | מדמיא | | Nu12:12 | באהילה כמיתייה והא | מ{ת}<ד>מיא | לוולדה דעבד במעיה דאמיה |
| 019 | מדמיה | | Gn 3:24 | גהינם לרשיעיא דהיא | מדמיה | לחרב שנונה אכלה מן תרין |
| 020 | מדמייא | | Dt32:33 | ארום עמא האיליין חמתהון | מדמייא | לחמתהון דתניניה בזמנה |
| 021 | מדמייה | | Dt32:32M | ומחשבתהון | מדמיין/<מדמ>ייה#2#/ | למחשבתהון דעמא |
| 022 | מדמיין | | Nu21:34 | ואמר להון אברהם ושרה | מדמיין | לאלנין יאין קיימין על |
| 023 | | | Gn44:18 | וכדון חזרו דינך למהווי | מדמיין | לדינוי דפרעה רבך: ואמר הא |
| 024 | | | Dt32:32 | דסדם ומחשבתהון | מדמיין | למחשבתהון דעמא דעמורה |
| 025 | | | Dt32:32 | עמא האיליין עבדיהון | מדמיין | לעבדיהון {ל}<ד>עמא דסדם |
| 026 | | | Nu21:34M | אתון | מדמיין | שתילין על מבוע' |
| 027 | מדמין | | Dt 3:02M | שרה ואמר להון אתון | מדמין | לאלנין שתילין על מבועין |

[152]

## demai *n.* דמיי

|  |  |  |  |  |  |  |
|---|---|---|---|---|---|---|
| 001 | דמיי | s ab/cn | Lv11:36M | וגובין בית כנשות | דמיי | יהוון דכיין ודיקרוב |

[152]

## price, value *n.* דמין

|  |  |  |  |  |  |  |
|---|---|---|---|---|---|---|
| 001 | דמי | p const | Gn31:15M | לחוד מיכל ית\כסף זבנן | דמי/ | זבינתנא#2#/: |
| 002 | אדמי | | Gn21:33 | הוון בעין למיתן ליה | אדמי | מה די אכלו ושתו והוה אמר |
| 003 | דמוי | p em/sf | Lv 5:16M | \חומשי' יוסף/חמשין | דמ{יו}<וי> | יוסף#2#/ עלוי ויתן יתה |
| 004 | | | Lv 5:24M | יוסף/וחמשין | דמ{יו}<וי> | יוסף#2#/ עלוי למן הוא |
| 005 | | | Lv27:31M | מן מעשרה חומשה/חמשין | דמוי#2#/ | יוסף עלוי: |
| 006 | | | Nu 5:07M | יוסף/בראשה וחמשין | דמוי | יס#2#/ עלוי ויתן למן |
| 007 | | | Lv27:13M | יתה ויסף חמשה/חמשין | דמוי#2#/ | על עלויה: |
| 008 | | | Lv22:14M | חומשה עלוי/חומשין\ | דמוי | עלוי#2#/ ויתן לכהנה ית |
| 009 | דמיהון | | Nu20:19M | ונתן כסף/ | דמי{ל}<הו>ן | לך#2#/ לחוד/להוד#2#/ |

[152]

## to sleep *vb.* דמך

|  |  |  |  |  |  |  |
|---|---|---|---|---|---|---|
| 001 | דמך | peal | Ex22:26 | למשך בשרה במה הוא | דמך | ויהוי ארום יצווח עלך קדמי |
| 002 | | | Nu23:24 | דאריה לא נייח ולא | דמך | עד זמן דאכיל פשוט ושתי |
| 003 | | | Gn28:13 | דיצחק ארעא «ד'» את | דמך | עלה לך אתן יתה ולבניך: |
| 004 | דמכו | | Gn19:04 | קדם עד לא | דמכו | ועמא דקרתא עמא דסדם אקיפו |
| 005 | ידמוך | | Lv14:47 | ומן די | ידמוך | בביתה יחוור ית לבושוי ומן |
| 006 | | | Dt24:12M | לא\תידמוך במשכניה | ידמוך/ | גבך משכונה#2#/: |
| 007 | | | Lv15:24 | יומין וכל מדמוך די | ידמוך | עלוהי יסתאב: |
| 008 | | | Lv15:04M | בית מדמוך די | {ד}י<ד>מוך | עלויי דייבה |
| 009 | ידמך | | Lv15:04 | כל מדמך די | ידמך | עלוי דיבה יסתאב וכל מן די |
| 010 | תדמוך | | Lv15:20 | וכל די | תדמוך | עלוי ברחוק נדתה יסתאב וכל |
| 011 | | | Lv15:26 | כל מדמוך די | תדמוך | עלוי כל יומי דובה כמדמוך |
| 012 | תידמוך | | Dt24:12 | ואין גבר מסכן הוא לא | תידמוך | במשכניה: |
| 013 | במדמכה | | Gn19:35 | ושמשת עמה ולא ידע | במדמכה | ובמקמה: |
| 014 | דדמ' | | Lv15:24M | וכל מדמוך\די | ידמוך/דדמ#2#/ | עלוהי יסתאב: |
| 015 | דדמוך | | Lv15:20M | וכל\מה#2#/\די | תדמוך/דדמוך#2#/ | עלוי ברחוק נדתה |
| 016 | | | Lv15:26M | מדמוך\די | תדמוך/דדמוך#2#/ | עלוי כל יומי דובה |
| 017 | דדמיך | | Lv15:04M | כל מדמך די | ידמך/דדמיך#2#/ | עלוי דיבה/דובה#2#/ |
| 018 | דדמכה | | Dt13:07M | \את{ה}<ת> חובך/אתתה | דדמכה | חובך או {עובך} <חברך> |
| 019 | ודמך | | Gn 2:21 | שנה עמ«י»קה על אדם | ודמך | לה ונסב חדא {עלא} אלעא מן |
| 020 | | | Gn28:11 | ושוי תחות אסדי ראשה | ודמך | לה באתרא ההוא: |
| 021 | | | Gn41:05 | | ודמך | ליה וחלם זמן תניינות והא |
| 022 | וידמוך | | Dt24:13M | משכונה במעליה שמשא | וידמוך | באיסטליתא ויברך יתך ולך |
| 023 | | | Dt24:13 | משכוניה עם מטמעי שמשה | וידמוך | בלבושיה ויצלי עלך ולכון |
| 024 | ותדמכון | | Lv26:06 | ואתן שלמה בארעא | ות{ת}<ד>מכון | ולית דמניט יתכון ואבטל |
| 025 | ובמדמכון | | Dt 6:07 | ובהלכותכון באורחה | ובמדמכון | ובקומיכון: |
| 026 | ודידמוך | | Lv14:47M | \ומן די | ידמוך/ודידמוך#2#/ | בביתה יחוור ית |

See also: (v.)n. מדמך

[152]

## sleep, lying down (v.)n. דמך #2

|  |  |  |  |  |  |  |
|---|---|---|---|---|---|---|
| 001 | דומכה | s em/sf | Nu 5:20M | "תשמישה ... בעל'": | דומכה | בר מן רשותה דבעל' |
| 002 | בדמכה | | Gn19:33 | עם אבוה ולא ידע | בדמכה | ובמקמה: |
| 003 | ובדמככון | | Dt 6:07M | ובקומיכון/ | וב<ד>מככון | ובמקמכון#2#/: |
| 004 | | | Dt11:19 | ובהלכותכון באורחה | ובדמככון | ובקומיכון: |

[152]

## to be silent *vb.* דמם

|  |  |  |  |  |  |  |
|---|---|---|---|---|---|---|
| 001 | דמימין | peal | Ex15:16 | תקיפא יהוון קיימין | דמימין | כאבנייא עד זמן דיעברון |

**teruma** *n.* **דמע**

[153]

|  |  |  |  |
|---|---|---|---|
| 001 | ודמעכון s em/sf | Ex22:28 | מעשרתכון ודמעכון לא תשהון למיפקה בוכרי |

**this** *pron.* **דן**

[153]

|  |  |  |  |
|---|---|---|---|
| 001 | דאן | Ex 4:02 | ואמר ליה ייי מה הוא ^דאן#2#^ בידך ואמר חטר: |
| 002 | | Ex37:08 | כרוב חד מן דאן סטר{י}ה מן הכה וכרוב חד מן |
| 003 | דין | Gn25:26M | דאוליד יתהון/אומה דין#2#/: |
| 004 | | Ex 2:06 | בניהון דעבריה{ון} הוא דין: |
| 005 | | Ex 8:19 | עמך למח«ר» יהוי סימנא דין: |
| 006 | | Dt 6:24M | /היך זמן#2# יומא הדין/דין#2#/: |
| 007 | | Dt 8:11M | מפקד יתכון יומא הדין/דין#2#/: |
| 008 | | Dt11:32M | קדמיכון יומא הדין/דין#2#/: |
| 009 | | Dt27:10M | מפקד יתכון יומא הדין/דין#2#/: |
| 010 | | Dt29:14M | קיימין עמנא יומא דין |
| 011 | | Ex32:23 | אשר ילכו לפנינו ארום דין משה די אפק יתן מן ארעא |
| 012 | | Gn25:22M | הוא צערא דילדותא למה דין אנא מעדייא ואזלית |
| 013 | | Gn32:33M | ירכא עד זמן יומא הדין/דין#2#/ ארום קרב בכף ירכיה |
| 014 | | Ex16:25 | ואמר משה אכלו יתיה יומא דין ארום שבתא יומא הדין קדם |
| 015 | | Gn28:17M | "לית אתרא ...": לית דין אתר חול אילהן אתר |
| 016 | | Gn28:17M | די בשמייא ולית דין אתרה אתר הדיוט ברם אלאהן |
| 017 | | Dt27:04M | מפקד יתכון יומא הדין/דין#2#/ בטורא דעיבל ותשועון |
| 018 | | Gn48:18 | לאבוי לא כדן אבה ארום דין בכורה שוי ימינך על רישיה: |
| 019 | | Gn27:21 | ואמשש יתך ברי הא את הוא דין ברי עשו או לא: |
| 020 | | Ex32:29M | עליכון יומא הדין/דין#2#/ ברכן ^סגיא#2#^: |
| 021 | | Gn41:38 | אן אנן משכחין כוות דין גבר די רוח דקדש מן קדם ייי |
| 022 | | Gn17:26 | בזמן יומא דין גזר אברהם בשר ערלתה |
| 023 | | Dt32:46M | משהד בכון יומא הדין/דין#2#/ די תפקדון ית בניכון |
| 024 | | Ex34:11M | /יתכון#2#/ יומא הדין/דין#2#/ הא אנה טרד מן קדמיך |
| 025 | | Gn15:11 | הוא טייסא מסאבה{דיי} דין הוא עופא מסאבא אילין אינון |
| 026 | | Gn49:22 | אמרין אלין לאלין ארום דין הוא יוסף גברא חסידא דלא |
| 027 | | Ex14:25 | מן עמא בני ישראל ארום דין הוא ייי דהוה עבד להון |
| 028 | | Ex15:02M | ו{מא}<אמ>רין להון דין הוא אבונן דהווה מינק יתן |
| 029 | | Nu21:34 | וארתת מן קדמוי ואמר הלא דין הוא עוג דהוה מחסד לאברהם |
| 030 | | Nu34:15 | ספר ימא דמ«י»לחא דין הוא תחומא דתרין שבטיה |
| 031 | | Dt32:49M | סוק לטור עבריה הדין/דין#2#/ הר נבו די בארע' |
| 032 | | Dt28:01M | מפקד יתכון יומא הדין/דין#2#/ וישווי ייי אלהכון |
| 033 | | Gn24:12M | לי כען קדמוי יומא הדין/דין#2#/\ועבד חסד/ותעבד חסד |
| 034 | | Gn29:33 | שניא אנא ויהב לי אף ית דין וקראת שמיה שמעון: |
| 035 | | Nu34:06 | קדמויי די בגווה דין יהווי לכון תחום ימא: |
| 036 | | Dt 9:01M | עברין «יומא הדין»/דין#2#/ ית ירדנה/יורדנה#2#/ |
| 037 | | Dt30:19M | אסהדית בכון יומא הדין/דין#2#/ ית שמיא וית ארעא ית |
| 038 | | Lv11:04 | לחוד ית דין לא תיכלון מן{מ} מסקי גררתא |
| 039 | | Dt28:14M | מפקד יתכון יומא הדין/דין#2#/ לא לימינה ולא לשמאלה |
| 040 | | Ex30:31 | משח דרבו דקדש יהווי דין לי לדריכון: |
| 041 | | Gn35:17 | לא תדחלין ארום לחוד דין ליך בר: |
| 042 | | Dt31:02M | שנין אנה כען יומא הדין/דין#2#/ לית אנה יכיל תוב |
| 043 | | Dt15:11M | מפקד יתכון יומא הדין/דין#2#/ למימר מפתח/מפתוח#2#/ |
| 044 | | Dt32:48M | עם משה בזמן יומא הדין/דין#2#/ למימר: |
| 045 | | Dt13:19M | מפקד יתכון יומא הדין/דין#2#/ למיעבד מה דשפר ותקן |
| 046 | | Dt 7:11M | מפקד יתכון יומא הדין/דין#2#/ למעבד יתהון: |
| 047 | | Ex10:07 | דפרעה ליה עד אימת יהווי דין לן לתקלה שלח ית עמא |
| 048 | | Dt20:03M | /קרב'#2#/ יומא הדין/דין#2#/ לסדרי קרבה על |
| 049 | | Gn24:42 | ואתית יומא דין לעינא ואמרית בבעו ברחמין |
| 050 | | Dt29:12M | יתכון יומא הדין/דין#2#/ לשמה דייי לעם קדישין |
| 051 | | Dt29:17M | סטי עלוי יומא הדין/דין#2#/ מן בתר מימרה דייי |
| 052 | | Gn44:29 | ותסבון אף ית דין מן לוותי וארע יתיה סקול |
| 053 | | Dt31:27M | בחיין עמכון יומא הדין/דין#2#/ מסרבין הויתון בתר |
| 054 | | Gn 4:14 | הא טרדת יתי יומא דין מעילוי אפי דארעא ומן קדמוך |
| 055 | | Gn38:28 | על ידיה זיהוריה למימר דין נפק קדמיי: |
| 056 | | Dt11:26M | קדמיכון יומא הדין/דין#2#/ סדר ברכתה ולווטייה |
| 057 | | Dt21:20 | ויימרון לחכימי קרתה בנן דין סורוון ומורוון לית הוא שמע |
| 058 | | Ex25:19 | ותעבד כרוב חד מן דין סטריה{חד} מן הכא וכרוב חד |
| 059 | | Ex26:13 | ואמה מן דין סיטרא ואמה מן דין סיטרא |
| 060 | | Ex26:13 | מן דין סיטרא ואמה מן דין סיטרא במותריי«א» בארכה |
| 061 | | Gn 9:12 | ואמר ייי דין סימן קיימ' די אנה משוי בין |
| 062 | | Gn 5:01 | דין ספר יחוס תלדוותה דאדם |
| 063 | | Ex13:08M | דא ומרורא ובשר פיסחא דין עבד ייי ניסין לי במפק' |
| 064 | | Ex35:04 | דבני ישראל למימר דין פתגמא די פקד ייי למימר: |
| 065 | | Nu30:02 | שבטיה דבני ישראל למימר דין פתגמא די פקד ייי: |
| 066 | | Gn40:18M | יוסף ואמר \דן פתרונה /דין פתרוני#2#/ דחלמא תלתי |
| 067 | | Gn40:12 | ואמר ליה יוסף דין פתרוניה תלתי שרביטיה תלתי |
| 068 | | Gn40:12 | באפוי ואמר ליה יוסף דין פתרוניה תלתא שרביטא תלתא |
| 069 | | Gn40:18 | באפוי ואמר ליה יוסף דין פתרוניה תלתא סליא תלתה |
| 070 | | Ex32:29M | ידיכון יומא הדין/דין#2#/ קדם ייי ארום נגעתן |
| 071 | | Dt31:21M | דאינון עבדין יומא הדין/דין#2#/ קדם עד לא אעל יתהון |
| 072 | | Lv 6:13 | דין קרבנה דאהרן ודבנוי די |
| 073 | | Nu 7:77 | תורין בני שתהון חמשה דין קרבנה די אתנדב וקרב מן |
| 074 | | Ex30:13M | "כהדן ...": דין שיעורא דסילעה איתחמי |
| 075 | | Lv11:09 | ית דין תאכלון מן כל מה די |
| 076 | | Lv11:21 | להוד ית דין תאכלון מכל שרצא דעופה |
| 077 | | Dt30:16M | מפקד יתכון יומא הדין/דין#2#/ למרחום/<למר>חם#2#/ ית |
| 078 | | Dt19:09M | מפקד יתכון יומא הדין/דין#2#/ למרחם/למרחום#2#/ ית |
| 079 | | Dt11:28M | מפקד יתכון יומא הדין/דין#2#/ {ולווטייה} <....> |
| 080 | דן | Ex32:01 | נקרא ולא מתרגם ארום דן משה גברא די אסק יתן מן |
| 081 | | Nu21:34M | דין הוא עוג דהוה מחסד /דן עוג דחסד#2#/ לאברהם |
| 082 | | Dt 3:02M | מן קודמיה אמ' הלא הוא דן עוג רשיעא דהווה מחסר |
| 083 | | Gn48:15M | מן טליותי עד יומא הדין/דן#2#/: |
| 084 | | Gn31:43 | מה אעביד לאלין יומא דן או לבניהון די ילדן: |
| 085 | | Gn15:04 | אברם למימר לא ירת יתך דן ארום אלהן מן דיפוק מן מעיך |
| 086 | | Gn27:24 | ואמר את הוא דן ברי עשו ואמר אנה: |
| 087 | | Dt20:05 | עם עמא למימר מן הוא דן גברא דבנה בית חדת ולא שכליל |
| 088 | | Dt20:06M | ומן הוא \דן#2#/ גברא די נצב כרם ולא |
| 089 | | Dt20:07M | ומן הוא \גברא די אריש /דן גברא די ארס#2#/ אתה ולא |
| 090 | | Lv13:54M | ית \מנה דביה /דן דאית ביה#2#/ מכתש'» |
| 091 | | Lv13:57M | יתיה ית \מנה דבי /דן דאית ביה#2#/ מכתשה: |
| 092 | | Ex 3:14M | מימרה דייי למשה דן דאמ' לעלמ' הווי והווה |
| 093 | | Gn44:16M | אנן לחוד \מן דאשתכח /דן דאשתאכח#2#/ כלידא בידיה: |
| 094 | | Lv14:35M | וייתי \מריה דבייתה /דן דבייתה דידה#2#/ ויתני |
| 095 | | Gn44:01M | ופקיד \למן דהווה /ית דן דה#2#/ ממנא אפיטרופוס על |
| 096 | | Ex 9:20M | מן דחל/דן דהוה דחל#2#/ מן קדם ייי |
| 097 | | Lv25:28M | ויהווי זבונה ביד מן/דן#2#/ דזבן יתיה עד שתה |
| 098 | | Lv25:50M | ויחשב עם מן/דן#2#/ דזבן יתיה מן שתה |
| 099 | | Dt 1:11M | עליכון כוותכון אלף דזמנין/דן דזבנין#2#/ ויברך יתכון |
| 100 | | Lv 5:08M | קודמוי ויעזום /דן ד«ח»טאתה קדמייה ויע'#2# |
| 101 | | Ex 4:13 | מן קדמיך ייי שלח כען ביד דן דחמי ליה למשתלחא: |
| 102 | | Gn27:33M | /הוא#2#/ כדון \הוא דצד /דן די צד#2#/ ציד ואייתי לי |
| 103 | | Gn44:05 | הלא דן די ישתי רבוני ביה והוא מקסם |
| 104 | | Ex15:12M | דן לוקבל דן דייני' ימא [...] קבל קטילך |

|  |  |  |  |  |  |
|---|---|---|---|---|---|
| 105 | | Lv14:07M | וידכי על | מן/דן#2#/ | דמדכי מן צרעתה שובעה |
| 106 | | Lv14:08M | \ויתחוור מן /ויחוור | דן#2#/ | דמדכי ית לבו«שוי» |
| 107 | | Lv14:31M | ויכפר כהנא על | מן/דן#2#/ | דמדכי קדם ייי: |
| 108 | | Ex21:19M | מסמכיי׳ ויזכ׳ | דן | דמחי |
| 109 | | Dt25:06M | <יקום> על שמה דאחוי | מיתה/דן | דמית#2#/ ולא יתמחק |
| 110 | | Lv27:15M | ואן | מן/דן#2#/ | דמקדש יפרוק ית בייתיה |
| 111 | | Lv27:19M | <יפ>רק#2#/ ית חקלה | מן/דן#2#/ | דמקדש יתה ויסף חמש כסף |
| 112 | | Gn15:11 | פסגיי׳ היידין הוא טייסא | דן | הוא טייסא מסאבה {דיי} דין |
| 113 | | Ex15:02 | לפריק אמרין בני ישראל | דן | הוא אלהן ונשבחיניה אלה |
| 114 | | Ex15:02M | ואמרין אלין לאלין | דן | הוא אלהן ונשבחה יתיה אלה |
| 115 | | Ex22:08 | {ל}<י>בידא די יאמר ארום | דן | הוא לוו«ת» דייניא יעלא |
| 116 | | Lv26:19M | ואיתבר ית תקוף חייליכון | דן | הוא בית מוקדשה ואשוי ית |
| 117 | | Ex16:17M | שבט׳ דאסגי ושבט׳ דאצער | דן | ודן <דן דא׳> ודן דאצער |
| 118 | | Gn29:33M | בעלי ויהב לי לחוד אף | דן#2#/ | וקראת שמיה שמעון: |
| 119 | | Lv24:12 | | דן | חד מן ארבעה דינין דקמו קדם |
| 120 | | Nu 9:08M | מן קדם ייי מעבד לכון | דן | חד |
| 121 | | Nu 9:08 | ואמר להון | דן | חד מן ארבעה דינין דקמו קדם |
| 122 | | Nu15:34 | | דן | חד מן ארבעה דינין דקמו קדם |
| 123 | | Nu27:05 | | דן | חד מן ארבעה דינין דקמו קדם |
| 124 | | Gn44:19M | חשב יהודה בליביה ואמר | דן | חייליה |
| 125 | | Gn20:13 | מן ביתה דאבה ואמרית לה | דן | חסדיך די תעבדון עמי לכל אתר |
| 126 | | Ex12:42 | יסוק מן גו מדברא <....> | דן | ידבר בריש ענא ודין ידבר |
| 127 | | Nu18:09 | | דן | יהווי לך מן בית קדש קדשיה |
| 128 | | Gn 5:29 | וקר׳ ית שמיה נח למימר | דן | ינחם יתן מן עבדינן ביש׳ ומן |
| 129 | | Ex36:22 | «חדה» משלוושן דן לקבל | דן | כדין עבד לכל לווחי דמשכנה: |
| 130 | | Dt32:34 | הלא הוא | דן | כסא דפורענותה ממזג ומתקן |
| 131 | | Dt14:07M | לחוד/להוד#2#/ ית | אילין/דן#2#/ | לא תאכלון מן מסקי |
| 132 | | Ex15:12M | "תריהון ... דלית": | דן | לוקבל דן דייני׳ ימא [...] |
| 133 | | Ex25:20 | על כפרתא ואפיהון הפיכין | דן | לקבל דן לקבל כפרתא יהוון |
| 134 | | Ex25:20 | ואפיהון הפיכין דן לקבל | דן | לקבל כפרתא יהוון אפי |
| 135 | | Ex36:22 | ללוחה «חדה» משלוושן | דן | לקבל דן כדין עבד לכל לווחי |
| 136 | | Ex37:09 | על כפרתה ואפיהון הפיכן | דן | לקבל דן לקבל כפורתה הוון |
| 137 | | Ex37:09 | ואפיהון הפיכן דן לקבל | דן | לקבל כפורתה הוון אפי |
| 138 | | Nu28:03 | ותימר להון | דן | סדר קרבנה די תקרבון קדם ייי |
| 139 | | Ex26:13M | \מן הכה ומן הכא /מן | דן | סטרא ומן דן סטרא#2#/ |
| 140 | | Ex26:13M | ומן הכא /מן דן סטרא ומן | דן | סטרא#2#/ למכסייה יתה: |
| 141 | | Ex26:28 | בגו לוחי מש{מ}<לב>ש מן | דן | סטרא לגו דן סיטרא: |
| 142 | | Ex25:19 | {חד} מן הכא וכרוב חד מן | דן | סטרה מן הכה כפורתה תעבדון |
| 143 | | Ex32:15 | סטריהון מן דן סיטרא ומן | דן | סטרה אינון כתיבין: |
| 144 | | Ex36:33 | לוחי מן דן סטר{י}<ה> לגו | דן | סטרה: |
| 145 | | Ex38:15M | הכא לתרע /דן סטרה ומן | דן | סטרה לת׳#2#/ דרתה וולונין |
| 146 | | Ex38:15M | מן \הכה ומן הכא לתרע | /דן | סטרה ומן דן סטרה לת׳#2#/ |
| 147 | | Nu11:31M | חזור חזור /יום חד מן | דן | סטרה וכאורח יום חד מן דן |
| 148 | | Nu11:31M | סטרה וכאורח יום חד מן | דן | סטרה חז׳#2#/ למשריתה |
| 149 | | Nu22:24M | מן דן סטרה וסגייה מן | דן | סטרה |
| 150 | | Nu22:24M | באמצע כרמייה סגייה מן | דן | סטרה וסגייה מן דן סטרה |
| 151 | | Ex37:08 | מן הכה וכרוב חד מן | דן | סטרי מן הכה מן כפרתה עבד ית |
| 152 | | Ex36:33 | <משלבש> בגו לוחי מן | דן | סטר{י}<ה> לגו דן סטרה: |
| 153 | | Ex26:28 | מן דן סטרא לגו | דן | סיטרא: |
| 154 | | Ex32:15 | מן תרין סטריהון מן | דן | סיטרא ומן דן סטרה אינון |
| 155 | | Gn 9:17 | ואמר ייי לנח | דן | סימן קימא די קיימית בין |
| 156 | | Gn42:32 | הוה בסופיה וזעירא יומא | דן | עם אבונן בארעא דכנען: |
| 157 | | Nu 4:04 | | דן | פולחנה דבנוי דקהת במשכן |
| 158 | | Nu 8:24M | "דא די ... עשרין": | דן | פולחנה דאית לליוואי מן |
| 159 | | Gn49:17 | יהווי | דן | פירוקא דעתיד למיקם מן דבית |
| 160 | | Nu 4:28 | | דן | פלחן זרעייתה דבנוי דגרשוני |
| 161 | | Nu 4:33 | | דן | פלחנ{ה} זרעיתה דבנוי דמררי |
| 162 | | Ex14:12 | הלא הוא | דן | פתגמא דמללנן עמך במצרים |
| 163 | | Ex16:16 | | דן | פתגמא די פקד ייי לקטו מנה |
| 164 | | Ex16:32 | ואמר משה | דן | פתגמא די פקד ייי מלה עמרא |
| 165 | | Lv 8:05 | ואמר משה לעם כנשתה | דן | פתגמא די פקד ייי למעבד: |
| 166 | | Lv17:02 | כל בני ישראל ותימר להון | דן | פתגמא די פקד ייי למימר: |
| 167 | | Nu36:06 | | דן | פתגמא די פקד ייי לבנתיה |
| 168 | | Lv 9:06 | ואמ׳ משה | דן | פתגמה די פקד ייי תעבדון |
| 169 | | Gn40:18 | וענה יוסף ואמר | דן | פתרונה דחלמא תלתי סליה |
| 170 | | Nu 7:71 | תורין בני שתהון חמשה | דן | קורבנה די אתנדב וקרב מן |
| 171 | | Nu 7:17 | אמרין בני שתהון חמשה | דן | קרבנה די אתנדב וקרב מנכסי |
| 172 | | Nu 7:23 | אמרין בני שתהון חמשה | דן | קרבנה דאיתנדב וקרב מן נכסיה |
| 173 | | Nu 7:29 | אמרין בני שתהון חמשה | דן | קרבנה די אתנדב וקרב מן נכסי |
| 174 | | Nu 7:41 | אמרין בני שתהון חמשה | דן | קרבנה די אתנדב וקרב מן נכסי |
| 175 | | Nu 7:47 | תורין בני שתהון חמשה | דן | קרבנה די אתנדב וקרב מן |
| 176 | | Nu 7:53 | תורין בני שתהון חמשה | דן | קרבנה די אתנדב וקרב מן |
| 177 | | Nu 7:59 | תורין בני שתהון חמשה | דן | קרבנה די אתנדב וקרב מן |
| 178 | | Nu 7:65 | <....> בני שתהון חמשה | דן | קרבנה די אתנדב וקרב מן |
| 179 | | Nu 7:83 | תורין בני שתהון חמשה | דן | קרבנה די אתנדב וקרב מן |
| 180 | | Nu 7:35 | אמרין בני שתהון חמשה | דן | קרבניה די אתנדב וקרב מן |
| 181 | | Ex 3:15 | דיעקב שלחני לוותכון | דן | שמי לעלם ודן דכרני לדרי |
| 182 | | Dt14:09M | ית | אילין/דן#2#/ | תאכלון מן כל מה די |
| 183 | | Nu 7:12M | והוה | מן/דן#2#/ | דמקרב/דקר׳#2#/ ביומא |
| 184 | דדין | Dt25:11 | ית בעלה מן ידוי | דדין | דמחי יתה ותפשוט ידה ותתוקף |
| 185 | | Ex 4:25M | חובוי \דחתניה הדין | /דדין | חתנה#2#/: |
| 186 | דדן | Lv27:24M | /יח׳#2#/ חקלה | למן/דדן#2#/ | דזבן יתיה מן לוותה |
| 187 | ודין | Gn28:17M | אתר בית מקדשא דייי | ודין | היכלא מכוון תרע בית מקדשא |
| 188 | | Ex12:42 | דן ידבר בריש ענא | ודין | ידבר בריש ענה ומימריה מדבר |
| 189 | | Lv11:29 | | ודין | יהווי לכון מסאב בשרצא דשרץ |
| 190 | | Dt18:03 | | ודין | יהווי סדר דיניהון דכהנייא |
| 191 | | Gn 6:15M | \וכהדן סדרא תעבד | /ודין | שעורא דתע׳#2#/ יתיה תלת |
| 192 | ודן | Dt 4:44 | | ודן | גזירת אורייתה די סדר משה |
| 193 | | Ex16:17M | דאצער דן ודן <דן דא׳> | ודן | דאצער |
| 194 | | Dt14:12M | ואיליין/ודן#2#/ | | די לא תיכלון מינהון |
| 195 | | Ex 3:15 | לוותכון דן שמי לעלם | ודן | דכרני לדרי דרין: |
| 196 | | Ex16:17M | דאסגי ושבט׳ דאצער דן | ודן | <דן דא׳> ודן דאצער |
| 197 | | Dt15:02 | | ודן | ^הוא#2#^ סדר דינה ושמטתה |
| 198 | | Gn44:19 | גבורתא מן דבית אבה היא | ודן | חיילא רבא על דהוא מן עילעא |
| 199 | | Ex 3:12 | ארום אהויי ממרי עמך | ודן | יהווי לך סימן ארום ממרי |
| 200 | | Nu18:11 | | ודן | יהווי לכון אפרשות מתנתכון |
| 201 | | Nu34:07 | | ודן | יהווי לכון תחום צפונה מן |
| 202 | | Ex 3:12M | ודן יהווי לך /בסעדך | ודן | לך#2#/ סימן ארום ממרי |
| 203 | | Nu 8:04 | | ודן | עבד מנרתה נגודה דהב עד |
| 204 | | Dt19:04 | | ודן | עסיק קטולא די יערק תמן |
| 205 | | Ex29:01 | | ודן | פתגמא ד<י>תעבד להון למקדשה |
| 206 | לדן | Lv27:24M | \למן דהווה דידיה | /לדן | דאית ליה#2#/ אחסנות ארעא: |
| 207 | | Gn44:04M | \למן דהוה אפיטרופוס | /לדן | דממני ממני#2#/ על בייתיה |
| 208 | מדין | Ex37:08M | דאן סטר{י}ה מן הכה | /מדין | סטרא מהכה#2#/ וכרוב חד |

## דנה *adv.* here now

[153]

| | | | | |
|---|---|---|---|---|
| 001 | דנא | Nu24:10 | והא מברכה ברכת יתהון | דנא תלתה זמנין: |
| 002 | דנה | Dt 2:07 | הלכותכון ית מדברה רבה | דנה ארבעין שנין יי׳ אלהכון |
| 003 | | Dt 8:02 | די דבר יתכון יי׳ אלהכון | דנה ארבעין שנין במדברה מן בגלל |
| 004 | | Dt 8:04 | ורגליכון לא הליכו חפיין | דנה ארבעין שנין: |
| 005 | | Gn31:41 | | דנה לי עשרים שנין בגו בייתך |
| 006 | | Gn31:07M | בי ופרג אבוכון ית אגרי | דנה עשרה#2/ זמנין ולא יהב |
| 007 | | Gn31:41M | /ופרגת#2/ ית אגרי | ^דנה#2/ עשרה זמנין: |
| 008 | | Nu14:22 | ובמדברה ונסון יתה | דנה עשרה זמנין ולא שמעו בקלי: |
| 009 | | Gn31:38 | | דנה עשרי«ן» שנין אנה עמך |
| 010 | | Nu22:32 | על מה מחית ית אתנתך | דנה תלתא זמנין הא אנה נפקת |
| 011 | | Nu22:33 | יתי אתנתה וסטת קדמיי | דנה תלתה זמנין אילו לא סטת |
| 012 | | Nu22:28 | עבדת לך ארום מחית יתי | דנה תלתה זמנין: |
| 013 | | Gn27:36 | שמה יעקב והא עקב יתי | דנה תרין זמנין ית בכורת{ו}<י> |
| 014 | | Gn43:10 | ארום כדון חזרנון ואתינן | דנה תרין זמנין: |
| 015 | | Gn45:06 | ארום | דנה תרתין שנין כפנא בגו ארעא |

## דנח *vb.* to shine

[153]

| | | | | |
|---|---|---|---|---|
| 001 | דנח peal | Dt33:02 | לעמ׳ בני ישראל {ו}<ד>נח | ביקרי׳ על טורה דגבלה |
| 002 | דנחת | Ex22:02 | אן | דנחת עלוי שמש{ו}א אית ליה חובת |
| 003 | ודנחת | Gn32:32 | | ודנחת ליה שמשא כד עבר ית פניאל |

## דסלק *n.* ⇐ רסוק #2

## דעה *n.* ⇐ דיעה

## דעם *n.* ⇐ מנדעם

## דפוס *n.* ⇐ רפוס

## דקדמוי *n.* day-before-yesterday

[154 דקודמוי]

| | | | | |
|---|---|---|---|---|
| 001 | דקדמוי s ab/cn | Gn31:02 | לא הך דאתמל ולא היך | דקדמוי: |
| 002 | | Dt19:04 | לא מן דאתמול ולא מן | דקדמוי: |
| 003 | | Dt19:06 | לא מן דאתמל ולא מן | דקדמוי: |
| 004 | | Ex 5:07 | לא היך דאיתמל ולא היך | דקדמוי אינון יזלון ויגבון להון |
| 005 | | Dt 4:42 | לא מן דאתמל ולא מן | דקדמוי ויערק לחדה מן קרייתה |
| 006 | | Ex21:29 | נגשן הוא מן דאתמל ומן | דקדמוי ויתאסהד במרוי ולא ינטרון |
| 007 | | Ex21:36 | נגשן הוא מן דאתמל ומן | דקדמוי ולא ינטר יתה מריה משלמא |
| 008 | | Gn31:05 | לא היך דאתמל ולא היך | דקדמוי ומימר אלהה דאבה הווה |
| 009 | | Ex 5:14 | היך דאתמ«ל» ולא היך | דקדמוי לחוד אתמול ולחוד יומא |
| 010 | | Ex 4:10 | לא מן דאתמול ולא מן | דקדמוי לחוד מן זמנא די {מ}מללת |
| 011 | | Ex 5:08 | עבדין היך דאיתמל והיך | דקדמוי תשוון עליהון לא תמנעון |

## דקיק *adj.* small

[154]

| | | | | |
|---|---|---|---|---|
| 001 | דקיק s ab/cn | Lv13:30 | מן משכה ובה שער מצלהב | דקיק ויסאב יתיה כהנא נתקה הוא |
| 002 | | Ex16:14 | על אפי מדברא דקיק מפספס | דקיק כגלידא על ארעא: |
| 003 | | Ex16:14M | \דקיק כגלידא /חיור | דקיק כגיפורא#2/ על ארעא: |
| 004 | | Ex16:14 | טלא והא על אפי מדברא | דקיק מפספס דקיק כגלידא על ארעא: |
| 005 | זקיק | Dt 9:21 | יתיה בנורא ואכתת יתיה | זקיק טבאות עד די עבד עפרה וארמי |
| 006 | | Gn30:30 | מה אנה יכל למעבד ואנה | זקיק למפרנסה בניי ואנשי בייתי: |
| 007 | דקיקה s em/sf | Lv16:12 | חופנוי קטרת בסמנין | דקיקה ויעל לגו מן פרכתה: |
| 008 | דקיקין p abs | Gn41:06 | והא שבע שבלין | דקיקין ושדיפן רוח דקדים צמחין |
| 009 | | Gn41:23 | שבע שבלין צני{נ}<מ>ן | דקיקין שדיפן רוח דקדים צמחן |
| 010 | ודקיקין | Gn41:04M | דבישין למיחמי וחסין/ודקיקין#2/ | בבשריהון ית שבעתי |
| 011 | דקיקתה p em/sf | Gn41:07 | ובלעון שובליא | דקיקתה ית שבעתי שבליא ברייתא |
| 012 | | Gn41:27 | אינון ושבעתי שבליה | דקיקתה שדיפן רוח קדום יהוין שבע |
| 013 | מדקיקיהון | Gn19:11 | ביתה מחון בסידוריה | מדקיקיהון עד סביהון והוון לעין |

## דקל *n.* date-palm

[154]

| | | | | |
|---|---|---|---|---|
| 001 | דקלין p abs | Ex15:27 | שבטי ישראל ושובעין | דקלין דתמרין כל קבל שבעין |
| 002 | | Nu33:09 | שבטיה דישראל ושבעין | דקלין דתמרין כל קבל שבעתי חכימי |

## דקן *n.* beard

[154]

| | | | | |
|---|---|---|---|---|
| 001 | דקנה s em/sf | Lv14:09 | כל שעריה ית ראשיה וית | דקנה וית גביני עייני וית כל |
| 002 | בדיקנה | Lv13:29 | ביה מכתש בראשה או | בדיקנה: |
| 003 | דדקנה | Lv13:30 | הוא צרעתה ראשה או | דדקנה הוא: |
| 004 | דקניהון p em/sf | Lv21:05 | בראשי«הון» ושומת | דקניהון לא יספרון ובבשרהון לא |
| 005 | דקניכון | Lv19:27 | ולא תחבלון ית שומת | דקניכון: |

## דקק *vb.* to crush

[154]

| | | | | |
|---|---|---|---|---|
| 001 | ותידק peal | Ex30:36 | ותשחק מנה | ותידק ותתן מנה קדם שהדותא במשכן |

## דקר *vb.* to pierce

[154]

| | | | | |
|---|---|---|---|---|
| 001 | ודקר peal | Nu25:08 | בר ישראל לגו קהלא | ודקר ית תריהון ית גברא בר |

## דר *n.* age, generation

[154]

| | | | | |
|---|---|---|---|---|
| 001 | דר s ab/cn | Dt32:07 | עלמא אתבוננו בשנוי דכל | דר ודר שאלו לאבהתכון דרברבין |
| 002 | | Dt23:03 | בקהל כנשתה דייי לחוד | דר עשיריי לא יתחשב להון בקהל |
| 003 | | Dt23:04 | בקהל כנשתה דייי לחוד | דר עשריי לא יתחשב להון בקהל |
| 004 | | Ex20:05 | מרדין על דר תליתיא ועל | דר רביעיאי לשנאי כד יהוון |
| 005 | | Nu14:18 | מרודין על דר תליתיי ועל | דר רביעיי: |
| 006 | | Dt 5:09 | מרודין על דר תליתיי ועל | דר רביעיי כד משלמין בחטא קדמיי |
| 007 | | Ex34:07 | מרודין על דר תליתיי ועל | דר רבעיי: |
| 008 | | Dt32:20 | בסוף אחריותהון ארום | דר תהפכנין אנון בנין דלית להון |
| 009 | | Gn50:23 | יוס«ף» לאפרים בנין | דר תליתאי אף בנוי דמכיר בר |
| 010 | | Dt23:09 | בנין מה די יתיילדו להון | דר תליתי יתחשב להון בקהל |
| 011 | | Ex20:05 | רשיעיא על בנין מרדין על | דר תליתיא ועל דר רביעיאי לשנאי |
| 012 | | Ex34:07 | ועל בני בנין מרודין על | דר תליתיי ועל דר רבעיי: |
| 013 | | Nu14:18 | רשיען על בנין מרודין על | דר תליתיי ועל דר רביעיי: |
| 014 | | Dt 5:09 | רשיען על בנין מרודין על | דר תליתיי ועל דר רביעיי כד |
| 015 | ודר | Gn15:16 | | ודר רביעי יחזרון להכ׳ ארום לא |
| 016 | | Dt32:07 | אתבוננו בשנוי דכל דר | ודר שאלו לאבהתכון דרברבין |
| 017 | דרא s em/sf | Ex 1:06 | ומית יוסף וכל אחוי וכל | דרא ההוא: |
| 018 | | Dt 2:14 | ותמניא שנין עד דסף כל | דרא עמא עבדי קרבה מן משריתה |
| 019 | | Dt32:05 | להון מומה דאשתכח בהון | דרא עקמנה ופתלתנה דרה דשני |
| 020 | דרה | Dt29:21 | ויאמרון | דרה אחרייה בניכון די יקומון |
| 021 | | Dt 1:35 | אין יחמי גבר בעמא האלין | דרה בישה הדין ית ארעא טבתה |
| 022 | | Nu32:13 | ארבעין שנין עד סף כל | דרה די עבד מה דשני ומרחק קדם |
| 023 | | Dt32:05 | בהון דרא עקמנה ופתלתנה | דרה דשני עבדוי אוף סדר דינוי |
| 024 | בדרה | Gn 7:01 | יתך חמי׳ צדיק קדמי | בדרה הדין: |
| 025 | | Gn 6:08 | ונח על דלא הוה | בדרה צדיק ^ההוא#2# אשכח חן |
| 026 | | Gn 6:09M | בעבדה טבא הוו | בדרוי/בדרה#2/ קדם ייי פלח נח |
| 027 | דדר׳ s em/sf | Gn 6:03 | הוא קדמוי סדר דינא | דדר׳ דמבולא למובדה ולמישיציה |

|  |  |  |  |  |  |  |
|---|---|---|---|---|---|---|
| 028 | דדרה | | Gn 6:03M | דמבולא מיחתם הוא דינה | דדרה | דמבולא למבד ולמשתציה מחה |
| 029 | | | Nu12:01 | טבי«י»ה מן כל נשייה | דדרה | ההוא: |
| 030 | דדריה | | Gn 6:03 | למקום כסדר דינא | דדריה | דמבולא הלא מחתם הוא קדמוי |
| 031 | | | Gn 6:03M | בתר דינה | דדריה | דמבולא מיחתם הוא דינה |
| 032 | לדרכון | | Nu 9:10 | או בארח רחיקה לכון או | לדרכון | ויעבד פיסחה קדם ייי: |
| 033 | דרין | p abs | Ex 3:15 | לעלם ודן דכרני לדרי | דרין: | |
| 034 | | | Ex17:16 | ית דוכרנא דעמלק לדרי | דרין: | |
| 035 | | | Ex32:25 | קנון להון שם ביש לדרי | דרין: | |
| 036 | | | Dt 7:09 | דאורייתה לאלפין | ד{ר}רין: | |
| 037 | | | Gn 4:24 | קין דקטל להבל שבעה | דרין | איתלי לי ולמך בר ברה די |
| 038 | | | Ex32:25M | שם/שום#2#/ ביש | לדרי/דרין#2#/ | דרין: |
| 039 | | | Nu27:11 | לבני ישראל לקיים | דרין | היך מה די פקד ייי ית משה: |
| 040 | | | Gn 4:15 | כל דיקטול קין עד שובעה | דרין | יתלי ליה ושוי ייי לקין |
| 041 | | | Gn 4:24 | ליה עד שבעין ושבעה | דרין | יתלי ליה: |
| 042 | | | Nu35:29 | ויהוון אילין לכון לקיים | דרין | לדריכון בכל אתר |
| 043 | | | Ex34:07 | נטר חסד וטיבו לאלפין | דרין | שרי ושביק לחובין ומעבר על |
| 044 | דדרין | | Ex20:06 | אנה חסד וטיבו לאלפין | דדרין | לרחמוי צדיקיא ולנטורי |
| 045 | | | Dt 5:10 | ונטר חסד וטבו לאלפין | ד{ר}<ד>רין | לרחמיי צדיקיה ולנטרי |
| 046 | | | Ex34:07M | חסד וטיבו לאלפין | דרין/דדרין#2#/ | שרי ושביק לחובין |
| 047 | דרי | p const | Gn50:01 | שמיא ושרשוי מטיין עד | דרי | עלמא די נפקו מיניה תרי עשר |
| 048 | ודרי | | Ex12:42 | נירי פרזלא יתברון | ודרי | רשיעא ישתיצון ומשה יסוק |
| 049 | לדרי | | Gn 9:12 | כל נפש חיתא די עמכון | לדרי | ארעא: |
| 050 | | | Ex 3:15 | דן שמי לעלם ודן דכרני | לדרי | דרין: |
| 051 | | | Ex17:16 | ית דוכרנא דעמלק | לדרי | דרין: |
| 052 | | | Ex32:25 | קנון להון שם ביש | לדרי | דרין: |
| 053 | דרי | p em/sf | Ex 1:21M | ישראל ועבד להון בתים | /דרי | ועבדי להון בתין#2#/ בייתה |
| 054 | דריא | | Ex32:25M | "לד' דרין": בגו | דריא | |
| 055 | | | Gn22:14 | יתהון מן כל עקא דעתידין | דריא | דיקום«ון» מבתרה למיהוי |
| 056 | | | Gn22:14M | עקא ברם עתידין הינון | דריא | ועתידין למקום למהוון |
| 057 | דריה | | Dt29:14M | קדם ייי אלהנא וית כל | דריה | דהוו מן יומי עלמא ודלא |
| 058 | | | Gn 6:03 | ואמר ייי לא יתדנון כל | דריה | דעתידין למקום כסדר דינא |
| 059 | דרייה | | Dt29:14 | קדם ייי אלהן וית כל | דרייה | דעתידין למקום מן בתרן עמן |
| 060 | | | Dt29:14 | ארום כל | דרייה | דקמו קדמינן מן עלמא ועד |
| 061 | דריכון | | Lv23:43 | {מן} מן בגלל די ידעון | דריכון | ארום בעינני איקר שכינתי |
| 062 | בדרוי | | Gn 6:09 | שלם בעבדה טבא הוו | בדרוי | קדם ייי פלח נח בקושטא: |
| 063 | ולדריהון | | Ex30:21 | ולזרעיי«ת» בניהון | ולדריהון: | |
| 064 | לד' | | Nu35:29M | לדריכון /סדר דין | לד'#2#/ | בכל אתר בית מדוריכון: |
| 065 | | | Ex29:42M | /עולתה דתמידה | לד'#2#/ | בתרע משכן זימנא קדם ייי |
| 066 | לדרוי | | Lv25:30 | לחלטו למן דזבן יתיה | לדרוי | לא יפוק ביובילה: |
| 067 | לדריהון | | Gn17:09 | ובניך מן ב{רת}<תר>ך | לדריהון: | |
| 068 | | | Ex12:42 | לפורקן לכל ישראל | לדריהון: | |
| 069 | | | Ex40:15 | רבותהון לכהנא לעלם | לדריהון: | |
| 070 | | | Lv 7:36 | בני ישראל קיים עלם | לדריהון: | |
| 071 | | | Lv17:07 | עלם תיהווי דא להון | לדריהון: | |
| 072 | | | Lv21:17 | גבר גבר מן בניך | לדריהון | די יהווי ביה מום לא יקרב |
| 073 | | | Nu18:23 | ית חוביהון קיים עלם | לדריהון | ובגו בני ישראל לא |
| 074 | | | Nu15:38 | על צנפת גיליהון | לדריהון | וישוון על~ ציצין דצנין |
| 075 | | | Gn17:07 | ובין בניך מן בתרך | לדריהון | לקיים עלם למהווי במימרי |
| 076 | | | Ex31:16 | למעבד ית יום שבתא | לדריהון | לקיים עלם: |
| 077 | | | Ex27:21 | קדם ייי קיים עלם | לדריהון | מן לוות בני ישראל: |
| 078 | לדרייה | | Dt 3:02M | למחווייה יתיה | לדרייה | דהוא מסר יתיה בידי בנוי |
| 079 | לדריכו' | | Lv10:09 | דלא תמותון קיים עלם | לדריכו': | |
| 080 | לדריכון | | Ex16:33 | ייי לשהדותא למטרה | לדריכון: | |
| 081 | | | Ex30:08 | קטרת בתדירא קדם ייי | לדריכון: | |
| 082 | | | Ex30:31 | דקדש יהווי דין לי | לדריכון: | |
| 083 | | | Lv23:21 | בכל אתר בית מדוריכון | לדריכון: | |
| 084 | | | Lv24:03 | ייי בתדירה קיים עלם | לדריכון: | |
| 085 | | | Nu10:08 | לכון לקים עלם | לדריכון: | |
| 086 | | | Nu15:21 | לשמה דייי אפרשו | לדריכון: | |
| 087 | | | Nu15:23 | יומא די פקד ייי ולהל | לדריכון: | |
| 088 | | | Lv23:41 | בכל שנה קיים דעלם | לדריכון | בירחא שביעיה תחגון יתיה: |
| 089 | | | Lv 3:17 | קיים עלם | לדריכון | בכל אתר בית מדוריכון כל |
| 090 | | | Lv23:14 | דאלהכון קיים עלם | לדריכון | בכל אתר בית מדוריכון: |
| 091 | | | Lv23:31 | לא תעבדון קיים דעלם | לדריכון | בכל אתר בית מדוריכון: |
| 092 | | | Nu35:29 | לכון לקיים דרין | לדריכון | בכל אתר בית מדוריכון: |
| 093 | | | Ex29:42 | עלה תדירא | לדריכון | בתרע משכן זימנא קדם ייי |
| 094 | | | Nu15:14 | או מן מה די ביניכון | לדריכון | ויקרב קרבן מתקבל בלריח |
| 095 | | | Nu15:15 | דמתגיירין קיים עלם | לדריכון | כוותכון גיורה יהוי קדם |
| 096 | | | Lv22:03 | אמור להון | לדריכון | כל גבר די יקרוב מן כל |
| 097 | | | Ex31:13 | הוא ביני וביניכון | לדריכון | למדע ארום אנה הוא ייי |
| 098 | | | Ex12:17 | ותטרון ית יומא הדין | לדריכון | לקיים עלם: |
| 099 | | | Lv 6:11 | ייכלון יתה קיים עלם | לדריכון | מן קרבנוי כל דיקרב' בהון |
| 100 | | | Ex16:32 | מלה עמרא מנה למטרה | לדריכון | מן בגלל די יחמון ית לחמא |
| 101 | | | Ex30:10 | עלוי על קרנת«ה» | לדריכון | קדש קדשים הוא לשמה דייי: |
| 102 | | | Ex12:14 | יתיה חגא קדם ייי | לדריכון | קיים עלם תחגון יתיה: |
| 103 | | | Gn17:12 | יתגזר לכון כל דכורא | לדריכון | תורבבת בתיכון וזביני |

## דרג *n.* step(s) [155]

|  |  |  |  |  |  |  |
|---|---|---|---|---|---|---|
| 001 | בדרגין | p abs | Ex20:26 | על גבי מדבחי לא תסקון | בדרגין | על גבי מדבחי די לא תתגלי |

## דרגש *n.* couch [155]

|  |  |  |  |  |  |  |
|---|---|---|---|---|---|---|
| 001 | דרגשא | s em/sf | Gn47:31 | ושבח ישראל על ריש | דרגשא: | |
| 002 | | | Gn49:02 | ואפיקו | דרגשא | דדהבא דאבונן יעקב רביע |
| 003 | דרגשה | | Gn48:02 | ישראל ויתיב ליה על ריש | דרגשה: | |
| 004 | | | Gn49:33 | ית בנוי וכנש רגלוי לגו | דרגשה | וסאף ומית ואתכנש לעמיה: |
| 005 | לדרגשה | | Gn49:01 | שבטייא ומקפן | לדרגש«ה» | דדהבא דהוה אבונן יעקב |
| 006 | לדרגשיה | | Dt 6:04 | יתהון חזור חזור | לדרגשיה | דדהבה עני אבונן יעקב |

## דרגשיי *adj.* ⇐ גרגשיי

## דרד *vb.* to remove ashes [155]

|  |  |  |  |  |  |  |
|---|---|---|---|---|---|---|
| 001 | וידרדון | peal | Nu 4:13M | | ויש{בעון}/וי{רד}<דר>דון#2#/ | ית מדבחה |

## דרדר *n.* thorn [155]

|  |  |  |  |  |  |  |
|---|---|---|---|---|---|---|
| 001 | ודרדרין | p abs | Gn 4:16 | קדמו כו{כ}<ב>ין | ודרדרין: | |
| 002 | | | Gn 3:18 | וכו{כ}<ב>ין | ודרדרין | תרבי לך ותיכל ית עשבא |

## דרה *n.* atrium, court [155]

|  |  |  |  |  |  |  |
|---|---|---|---|---|---|---|
| 001 | דרת | s ab/cn | Ex27:09 | ותעבד ית | דרת | משכנא לסטרא דדרומיא |
| 002 | בדרת | | Lv 6:09 | פטירין תתאכל בתר קדיש | בדרת | משכן ז«י»מנא יאכלון יתה: |
| 003 | | | Lv 6:19 | יתה בתר קדיש תתאכל | בדרת | משכן זימנא: |
| 004 | דר' | s em/sf | Ex38:09M | לדרתה/ ולוות | דר'#2#/ | בוץ שזי«ר» מאה אמין |
| 005 | דרתא | | Ex38:31 | וית חומרי | דרתא | מן חזור חזור וית חומרי תרע |
| 006 | דרתה | | Ex35:17 | וית חומרוי וית פרש תרע | דרתה: | |
| 007 | | | Ex38:17 | מכבשין כסף כל עמודי | דרת«ה»: | |

|  |  |  |  |  |  |
|---|---|---|---|---|---|
| 008 | | Ex38:18 | חמש אמין לקבל וילון | דרתה: | |
| 009 | | Ex40:08 | ותתן ית פרס תרע | דרתה: | |
| 010 | | Nu 3:26 | ואילוות דרתה וית פרס תרע | דרתה | די על משכנה ועל גבי מדבחה |
| 011 | | Nu 4:26 | דרתה וית חפוי תרע | דרתה | די על משכנה ועל מדבחה |
| 012 | | Ex38:31 | דרתה ˜וית כל סכוי | {{דרתה}} | דמשכנה וית כל סכוי |
| 013 | | Ex40:33 | ושוי ית פרס תרע | דרתה | ואשלם משה ית עבדתה: |
| 014 | | Ex38:15 | מן הכה ומן הכא לתרע | דרתה | וולונין חמש עשרה אמין |
| 015 | | Ex38:31 | וית חומרי תרע | דרתה | ˜וית כל סכוי {{דרתה}} |
| 016 | | Ex39:40 | וית חמרה וית פרסה לתרע | דרתה | וית מתחיהון וית סכיהון וית |
| 017 | | Nu 3:26 | ואילוות | דרתה | וית פרס תרע דרתה די על |
| 018 | | Nu 4:26 | וית אילוותה | דרתה | וית חפוי תרע דרתה די על |
| 019 | | Ex40:33 | ואקים ית | דרתה | חזר חזור למשכנה ולמדבחה |
| 020 | | Ex35:17 | ית איליות | דרתה | ית עמודוי וית חומרוי וית |
| 021 | | Ex39:40 | ית ווילות | דרתה | ית עמודה וית חמרה וית פרסה |
| 022 | | Ex27:13 | ופותיא | דרתה | לסיטרה מדנחא מן מדנחא |
| 023 | | Ex38:09 | ועבד ית | דרתה | לסיטרה דרומיה מן דרומה |
| 024 | | Ex38:16 | כל ווילות | דרתה | מן חזור חזור בוץ שזיר: |
| 025 | | Ex38:31 | דמשכנה וית כל סכוי | דרתה˜ | מן חזור חזור: |
| 026 | | Ex40:08 | ותשוי ית | דרתה | מן חזור חזור ותתן ית פרס |
| 027 | | Ex38:18 | ופרס תרע | דרתה | עובד ציור ותכל«ה» וארגוון |
| 028 | | Ex27:16 | ולתרע | דרתה | פרס עשרין אמין תכלא |
| 029 | דדר' | Ex38:17M | כסף כל עמודה | דדר'#2#/: | |
| 030 | | Ex38:18M | /וחפוי#2#/ תרע | דרתה/דדר'#2#/ | עובד ציור/גרדיי#2#/ |
| 031 | דדרתא | Ex27:12 | ופותיא | דדרת«א» | לסיטרה מערביה ווילון |
| 032 | דדרתה | Ex35:18 | סכוי דמשכנא וית סכוי | דדרתה | וית מתחיהון: |
| 033 | | Ex27:17 | כל עמודי | דדרתה | חזור חזור מכובשין כסף |
| 034 | | Ex27:18 | ארכה | דדרתה | מאה אמין באמתה ופתיה |
| 035 | | Nu 3:37 | ועמודי | דדרתה | מן חזור חזור וחמריהון |
| 036 | | Nu 4:32 | ועמודיה | דדרתה | מן חזור חזור וחומריהון |
| 037 | | Ex27:19 | וכל סכוי וכל סכי | דדרתה | נחש: |
| 038 | ודרתה | Ex38:20M | /לכל סכייה דמשכנה | ודרתה | חז#2#/ דנחש: |
| 039 | ולדרתה | Ex38:20 | וכל סכייה למשכנה | ולדרתה | מן חזור חזור דנחש: |
| 040 | לדרתא | Ex27:09 | מדרומיא ווילון | לדרתא | בוץ שזיר מאה אמין באמתא |
| 041 | לדרתה | Ex38:09 | מן דרומה ווילון | לדרתה | בוץ שזי«ר» מאה אמין |

[155]

## south *n.* דרום

|  |  |  |  |  |  |
|---|---|---|---|---|---|
| 001 | דרום s ab/cn | Gn13:03M | מן \דרומא עד ביתאל | /דרום | ועד לביתאל#2#/ עד אתרא |
| 002 | | Nu34:04 | ויהוון מפ<ק>נו{ק}י מן | דרום | לרקם דגיעה ויפוק טירת |
| 003 | דרומא s em/sf | Gn36:34 | ומלך בתרה חשם מן ארעא | דרומא: | |
| 004 | | Ex36:23 | לסיטרא דרומיה מן | דרומא: | |
| 005 | | Ex40:24 | על שפולוי דמשכנא מן | דרומא: | |
| 006 | | Gn20:01 | מן תמן אברהם לארעא | דרומא | ושרא בין רקם ובין חלוצה |
| 007 | | Nu10:06 | ויטלון משריתה דשרין מן | דרומא | יבבון יתקעון למטלניהון: |
| 008 | | Nu34:04 | ומקף לכון תחומה מן | דרומא | מן מסקייתה דעקרבין ויעבר |
| 009 | | Gn13:03 | ואזל למטלנוי מן | דרומא | עד ביתאל עד אתרא די פרס |
| 010 | דרומה | Gn24:62 | והוא הוה שרי בארעא | דרומה: | |
| 011 | | Ex26:18 | לוחין דסיטרת דרומאה מן | דרומה: | |
| 012 | | Nu 3:29 | על שיפולוי דמשכנה מן | דרומה: | |
| 013 | | Ex38:09 | דרתה לסיטרה דרומיה מן | דרומה | ווילון לדרתה בוץ שזי«ר» |
| 014 | | Nu13:29 | עמלקאי שרין בארעא | דרומה | וחתאי ויבוסאי ואמוריי |
| 015 | | Dt34:03 | וית | דרומה | וית מישרה בבקעתיה דיריחו |
| 016 | | Nu 2:10 | שבטה דבנוי דראובן | דרומה | לחיילוותהון ורבה דהוה |
| 017 | | Ex36:23M | לווחין לסיטרא | דרומיה/<דרו>מה#2# | מן דרומא: |
| 018 | | Ex38:09M | ית דרתה לסיטרה | דרומיה/<דרו>מה#2# | מן דרומה ווילון |
| 019 | | Nu34:03 | ויהווי לכון תחום | דרומה | מן סייפי ימה דמלחה מן |
| 020 | | Nu34:03 | ויהווי לכון תחומא מן | דרומה | מן מדברה דצין עד |
| 021 | | Nu35:05 | אלפין באמתה וית סיטרה | דרומה | תרין אלפין באומתה וקרתה |
| 022 | דרומ' | Nu34:04M | לכון תחומה \מן | דרומא/דרומ'#2# | מן מסקייתה/מסוק#2#/ |
| 023 | דרומיה | Nu34:03M | לכון תחומא \מן | דרומה/דרומיה#2# | מן מדברה דצין עד |
| 024 | בדרומ' | Nu33:40 | ארום הוא הוה שרי | בדרומ' | בארעא דכנען בזמנה דאתון |
| 025 | בדרומה | Nu21:01 | מלכא דערד דהוה שרי | בדרומה | ארום אסתלק אהרן גברא |
| 026 | | Nu13:22 | וסליקו | בדרומה | ומטה כלב עד חברון ותמן |
| 027 | ודרומ' | Gn13:14M | את בגווה צפו' ומדנחה | ודרומ' | ומערבה#2#/: |
| 028 | ודרומא | Gn28:14 | ותתקף מערבא וצפונא | ודרומא | ומדנחא ויתברכון בזכוותך |
| 029 | | Dt33:23 | {ו}<ד>ימא דגיניסר | ודרומא | ירת: |
| 030 | ובדרומה | Dt 1:07 | במשרה בטורה בשפלתה | ובדרומה | ובחוף ימא ארעהון דכנענייּ |
| 031 | ולדרומה | Dt 3:27 | למערבה ולציפונא | ולדרומה | ולמדנחה וחמי בעיינך |
| 032 | | Gn13:14 | אתרא דאת תמן לצפונה | ולדרומה | ומדנחה ומערבה: |
| 033 | לד' | Nu13:22M | וסליקו | בדרומה/לד'#2#/ | ומטה/ואתון#2#/ כלב |
| 034 | לדרומה | Gn12:09 | ונטל אברם אזל ונטל | לדרומה: | |
| 035 | | Gn13:01 | דהוה ליה ולוט עמה | לדרומה: | |
| 036 | | Gn13:09 | אן את <לצפונה> אנא | לדרומה | אן את לדרומה ואנה לצפונה: |
| 037 | | Gn13:09 | אנא לדרומה אן את | לדרומה | ואנה לצפונה: |
| 038 | | Ex26:35 | פתורה על סטר' דמשכנה | לדרומה | ופתורא תתן על צפונה סטרה |
| 039 | | Nu13:17 | משה סוקו ב{ר}<ד>א | לדרומה | ותסקון ית טורא: |

## southern *adj.* דרומיי

[155]

|  |  |  |  |  |  |
|---|---|---|---|---|---|
| 001 | דרומאה s em/sf | Ex26:18 | עשרין לוחין דסיטרת | דרומאה | מן דרומה: |
| 002 | דרומיה | Ex36:23 | עשרין לווחין לסיטרא | דרומיה | מן דרומא: |
| 003 | | Ex38:09 | ועבד ית דרתה לסיטרה | דרומיה | מן דרומה ווילון לדרתה בוץ |
| 004 | דרומייא | Ex27:09M | דדרומיא /מן סטרא | דרומייא#2#/ | מדרומיא ווילון לדרתא |
| 005 | דרומייה | Nu35:05M | וית סיטרה | מערבייה/דרומייה#2#/ | תרין אלפין באומתה |
| 006 | דדרומיא | Ex27:09 | ית דרת משכנא לסטרא | דדרומיא | מדרומיא ווילון לדרתא בוץ |
| 007 | מדרומיא | Ex27:09 | משכנא לסטרא דדרומיא | מדרומיא | ווילון לדרתא בוץ שזיר |

## to scatter, to disperse *vb.* דרי

[156]

|  |  |  |  |  |  |
|---|---|---|---|---|---|
| 001 | דרי pael | Gn11:09 | כל דאירי ארעא ומן תמן | דרי | יתהון ייי על אפי כל ארעא: |
| 002 | אדרי | Lv26:33 | ויתכון | אדרי | באומיה ואגרי בתרכון שלפי |
| 003 | ידרי | Nu17:02 | מן ביני יקידיה וית אשתה | ידרי | להל ארום אתקדשו: |
| 004 | ודרי | Gn11:08 | | ודרי | ייי יתהון מן תמן על אפי כל |
| 005 | וידרי | Dt 4:27M | | ויבדר/וידרי#2#/ | ייי יתכון באומייה |
| 006 | | Dt28:64M | | ויבדר/וידרי#2#/ | יתכון ייי בכל אומיה |
| 007 | נדרי etpaal | Gn11:04 | סדרי קרבא קדם עד לא | נדרי | על אפי כל ארעא: |
| 008 | ואדרון | Ex 5:12M | | ואבדרון/ואדרון#2#/ | עמא בכל ארעא |

## to tread *vb.* דרך

[156]

|  |  |  |  |  |  |
|---|---|---|---|---|---|
| 001 | תדרכון peal | Dt11:25 | על אפי כל ארעא די | תדרכון | בגווה היך מה דמלל לכון: |

## threshing *(v.)n.* דרך

[156]

|  |  |  |  |  |  |
|---|---|---|---|---|---|
| 001 | דרכייה s em/sf | Dt25:04M | תורה בדרכיה/בשעת | דרכייה#2#/: | |
| 002 | בדרכיה | Dt25:04 | ישראל לא תזמון תורה | בדרכיה: | |

## דרך #2 *n.* thresher [156 דרך]

|  |  |  |  |  |  |  |
|---|---|---|---|---|---|---|
| 001 | דרכה | s em/sf | Lv26:05 | ויארע לכון | דרכה | ית קטפה וקטפה יארע ית זרעה |

## דרס *vb.* to tread [156]

|  |  |  |  |  |  |  |
|---|---|---|---|---|---|---|
| 001 | דרס | peal | Dt 1:36 | יתה וליה אתן ית ארעא די | דרס | בה ולבנוי חלף די אשלם |
| 002 | דרסין | | Dt33:29 | צוארי מלכיהון תהוון | דרסין: | |
| 003 | תדרסון | | Dt11:25M | כל ארעא די | תדרכון/ת{ס}דר<ס>ון#2#/ | בגווה היך מה |
| 004 | דתדרס | | Dt11:24 | כל אתר | דתדרס | כף רגליכון בה לכון יהוי |

## [דשן] *vb.* to remove ashes [157]

|  |  |  |  |  |  |  |
|---|---|---|---|---|---|---|
| 001 | למדשנא | pael | Ex27:03 | ותעבד {דידי'}<דודו>תא | למדשנא | יתיה ומגרופיתא ומזריקוי |

## דתה *n.* grass [157]

|  |  |  |  |  |  |  |
|---|---|---|---|---|---|---|
| 001 | דתין | p abs | Gn 1:11 | ואמ׳ ממרא דייי תפק ארעא | דתין | דעשב דמזריעין זרע אילן |
| 002 | | | Gn 1:12 | ואפקת ארעא | דתין | דעשב דמזרעין זרע למיניהון |
| 003 | | | Lv26:19M | כנחשה דלא למסקה לכון | דתין | וצמחין |
| 004 | | | Dt28:23 | פרזלה מן למרביה לכון | דתין | וצמחין: |
| 005 | | | Dt28:23M | {ו}<ד>לא למסקה לכון | דתין | וצמחין |
| 006 | דתי | p const | Dt32:02 | פומי כרוחייה דמנשבין על | דתי | עשביה וכרסיסי מלקוש דסלקין |

# ה

## interrogative particle *interj.* ה־

[!!]

|  |  |  |  |
|---|---|---|---|
| 001 | האחד | *Gn19:09* | ואמרין קרב להל ואמרין האחד אתא למתותבא בינינן והא הוא |
| 002 | האחיכון | *Nu32:06* | דגד ולבנוי דראובן האחיכון יעלון לסדרי קרבא ואתון |
| 003 | האיזיל | *Ex 2:07M* | דפרעה \ה{ו}א אזיל/האיזיל#2#/ ואיקרי ליך אתה |
| 004 | האיפשר | *Nu11:23M* | "הא ... מחסור": האיפשר {קדם} דקדם ייי אית |
| 005 | האית | *Gn44:19M* | עבדוי למימר \הא אית/האית#2#/ לכון אב או אח: |
| 006 | | *Nu11:23M* | ייי למשה \הא אית/^האית#2#^/אפשר מן#2#/ קדם ייי |
| 007 | האם | *Ex 4:18M* | במצרים ואחמי העד/האם#2#/ כען אינון בחיין ואמר |
| 008 | האנא | *Nu11:12* | האנא עברת ית כל עמא האלין או |
| 009 | הד' | *Nu16:13M* | \הא זעירא/הד'#2#/ היא ארום אסקת יתן |
| 010 | המ' | *Nu22:30M* | יומא הדין \הא מתכוונה/המ'#2#/ מתכוונת/אתכוונית#2# |
| 011 | המדלית | *Ex14:11M* | \הא מן בל{ו}<י> דלית/המדלית#2#/ קברין במצרים דברת |
| 012 | המ' | *Nu22:38M* | לוותך כדון \הא מיכל/המי'#2#/ אכול למללה כל מן דעם |
| 013 | המכסה | *Gn18:17M* | אמר בממריה הא מכס{ם}<ה>/המכסה מכס{ו}<י>#2#/ אנה |
| 014 | הספק | *Nu11:22M* | להון \«ה»א ספק/הספק#2#/ להון: |
| 015 | העד | *Ex 9:02M* | ארי מסרב את למשלחא ועד/העד#2#/ כדון את מתוקף בהון: |
| 016 | | *Ex10:07M* | אלההון \קדם עד לא תדע /העד כדן לא אתבוננתא למידע#2#/ |
| 017 | | *Ex 4:18* | אחי די במצרים ואחמי העד כען אינון בחיין ואמר יתרו |
| 018 | העיני | *Nu16:14* | לן אחסנת חקלוון וכרמין העיני גברייה האליין תסמי לא אנן |
| 019 | העיניהון | *Nu16:14M* | "העיני... סלקין": העיניהון דגובריא האינון אין את |

See also: הא *interj.* 2#
See also: הלא *adv.*
See also: הא *interj.*

## behold *interj.* הא

[158]

|  |  |  |  |
|---|---|---|---|
| 001 | הא | *Gn17:17M* | שנין אפשר לי למולדה \הא/ אברהם בר מאה שנה מולד#2# |
| 002 | | *Ex12:42* | שנין למקימה מה דאמר כתבא הא אברם בר מאה שנין אולד |
| 003 | | *Gn32:21* | ותימרון לחוד הא יעקב אתי בתרן ארום אמר |
| 004 | | *Nu11:26* | ומידד הוה מתנבא ואמר הא משה נביא מסתלק מן גו |
| 005 | | *Gn27:11* | ואמר יעקב לרבקה אמיה הא עשו אחי גבר שערין ואנה |
| 006 | | *Gn27:42* | ברה זעירא ואמרת לה הא עשו אחוך מתחשב עלך למקטל |
| 007 | | *Gn24:51* | הא רבקה קדמיך דבר ואזל ותהוי |
| 008 | | *Gn48:01* | האליין ואיתמר ליוסף הא אבוך ביש ודבר ית תרין בנוהי |
| 009 | | *Gn 3:22* | ואמר ייי אלהים הא אדם קדמיה דברית יתיה יחידיי |
| 010 | | *Ex24:08* | ית אדמה וזרק על עמא ואמר הא אדם קיימא דקיים ייי עמכון |
| 011 | | *Gn11:06* | ואמר ייי הא אומה חדה ולשון חד לכולהון |
| 012 | | *Gn29:15* | ואמר לבן ליעקב הא אחי את לית אפשר למפלח קדמיי |
| 013 | | *Gn31:51* | ואמר לבן ליעקב הא איגרא הדין והא קיימתא הדא |
| 014 | | *Dt26:10* | וכדון הא אייתינן ית שרוי בוכרת כל |
| 015 | | *Lv10:19* | ואביהוא ואנה אבל עליהון הא אילו אכלית מן חטאתה יומא |
| 016 | | *Ex 8:22* | למקרב«א» קדם ייי אלהן הא אין מקרבן אנן ית טעוותהון |
| 017 | | *Gn18:21* | בישייא גליין קדמי הא אינון קדמי כדלא ידעת: |
| 018 | | *Nu31:16* | הא אינון הוויין תקלה לבני |
| 019 | | *Ex33:14M* | ואמר \הא/הא#2#/ איקר שכינתי מדברה |
| 020 | | *Gn30:03* | ואמרת הא אמתי בלהה על לוותה {לוותה} |
| 021 | | *Gn16:06* | ואמר אברם לשרי הא אמתיך בידך עבדי לה מה דשפיר |
| 022 | | *Gn 9:09* | ואנ' הא אנא מקיים ית קיימי עמכון |
| 023 | | *Gn21:24* | ואמר אברהם הא אנא אשתבע ואקיים בשבועה: |
| 024 | | *Gn22:07M* | ואמר אבא ואמר הנני/הא אנא#2#/ ברי ואמר הא |
| 025 | | *Gn24:13* | הא אנא קיים מעתד על עניא דמיא |
| 026 | | *Gn24:43* | הא אנא קיים מעתד על עיינא דמיא |
| 027 | | *Gn27:18M* | אבא ואמר \הנני מה את /הא אנא מן את#2#/ ברי: |
| 028 | | *Gn30:02* | מני אנון פרי וולד מעייא הא אנא ואת ניזל ונבעי קדם ייי |
| 029 | | *Gn30:22* | דכן כתבה ומפרש ואמר הא אנא פתח ית קבריכון ואסיק |
| 030 | | *Gn31:11* | דייי בחלמא יעקב ואמר הא אנא: |
| 031 | | *Gn37:13* | יתך לוותהון ואמר ליה הא אנא: |
| 032 | | *Gn47:30* | יתי בקבורותיהון ואמר הא אנא עבד כמליך: |
| 033 | | *Gn49:29* | ופקד יתהון ואמר להון הא אנא מתכנש לעמי קברו יתי גב |
| 034 | | *Gn50:24* | ואמר יוסף לאחוי הא אנא מית וייי מדכרה ידכר |
| 035 | | *Ex 8:17* | ארום אן ליתך משלח ית עמי הא אנא מגרי בך ובשלטונך ובעמך |
| 036 | | *Ex 8:24* | ואמר <פרעה> הא אנא משלח יתכון ותקרבון קדם |
| 037 | | *Ex 8:25* | ואמר משה הא אנא נפק מן לוותך ונצליה קדם |
| 038 | | *Ex10:04* | מסרב את למשלחה ית עמי הא אנא מייתי למחר גובא בתחומך: |
| 039 | | *Dt 5:05M* | כען הוינה מעתד בין /הא אנא קאי' בין#2#/ ממריה |
| 040 | | *Gn 6:17* | ואנא הא אנה מייתי ית מבולא דמייא על |
| 041 | | *Gn 7:04* | ארום בתר שבעה יומין הא אנה מחת מטר על ארעא ארבעין |
| 042 | | *Gn18:26M* | חיבורי דאתרה בגללהון /הא אנה שרי ושבק לקרתה |
| 043 | | *Gn18:27M* | \הא כען שריית /למימר הא אנה שרי#2#/ למלל«א» קדם |
| 044 | | *Gn25:32* | ואמר עשו הא אנה אזל לממת ולמה כען לי |
| 045 | | *Gn27:01* | ואמר ליה ברי ואמר ליה הא אנה: |
| 046 | | *Gn27:41* | שת וקרא ית שמיה על שמיה הא אנה ממתין עד זמן דיקרבון |
| 047 | | *Gn32:11* | עברת ית ירדנא הדין וכדון הא אנה לתרתין משריין: |
| 048 | | *Gn38:17* | ואמר הא אנה אשלח גדי בר עזין מן ענה |
| 049 | | *Gn48:04* | ואמר לי הא אנה מתוקף יתך ומסגי יתך |
| 050 | | *Gn48:21* | ואמר ישראל ליוסף הא אנה מיית ויהווי ייי עמכון |
| 051 | | *Gn50:05* | אבא אשבע יתי למימר הא אנה מאית בקברי די חפרת לי |
| 052 | | *Ex 3:13* | ואמר <משה> קדם ייי הא אנה אזל לוות בני ישראל |
| 053 | | *Ex 4:23* | קדמיי וסרבת למשלחא יתיה הא אנה קטל ית ברך בוכרך: |
| 054 | | *Ex 6:30* | ואמר משה קדם ייי ^הא#2#^ אנה חגר ממלל והכדין יקבל |
| 055 | | *Ex 7:17* | ייי בדא תדע ארום אנה ייי הא אנה מחי בחוטרא די בידי על |
| 056 | | *Ex 7:27* | מסרב את ^דלא#2#^ למשלחה הא אנה משיצא ית כל תחומך |
| 057 | | *Ex 9:14* | ארום בזמנא הדא הא אנה משלח ית כל מחוותיי על |
| 058 | | *Ex 9:18* | הא אנה מחית בשעתה למחר ברד |
| 059 | | *Ex16:04* | ואמר ייי למשה הא אנה מחית לכון לחם מן שמיא |
| 060 | | *Ex17:09* | קרבא עם דבית עמלק למחר הא אנה קיים מעתד על ריש רמתא |
| 061 | | *Ex23:20* | הא אנה משלח מלאך דרחמן קדמיכון |
| 062 | | *Ex33:19* | ואמר הא אנה מעבר ית כל מכלת טובי |
| 063 | | *Ex34:10* | ואמר הא אנה מקיים קיים לקבל כל עמך |
| 064 | | *Ex34:11* | אנה מפקד יתך יומא הדין הא אנה טרד מן קדמיך ית אמריי |
| 065 | | *Nu18:06* | ואנה הא אנה אפרשית ית אחיכון לוויי |
| 066 | | *Nu22:32* | ית אתנתך דנה תלתא זמנין הא אנה נפקת למסטן לך ארום סטת |
| 067 | | *Nu24:14* | וכדון הא אנה אזל לוות עמי אתא אעיץ |
| 068 | | *Nu25:12* | בשבועה אמר הא אנה יהב לה ית קיימי שלם: |
| 069 | | *Dt31:27* | ארום הא אנה כען ידעת ית תורעמנותכון |
| 070 | | *Dt32:01* | וגזירתהון בטלן ברם ^הא#2#^ אנה מסהד בהון קדם שמייא |
| 071 | | *Gn44:16* | ייי ארעת חובתהון דעבדך הא אנן עבדין לריבוני לחוד אנן |
| 072 | | *Gn50:18* | אחוי ונפלו קדמוי ואמרו הא אנן לך לעבדין: |
| 073 | | *Nu14:40* | וסליקו לריש טורא למימר הא אנן וניסוק לאתרא די אמר ייי |
| 074 | | *Dt 5:03* | קיימה הדין ארום אלהן עמן הא אנן כולן הכה יומה הדין חיין |
| 075 | | *Dt 4:26* | הא אסהדית בכון יומא הדין קדם |
| 076 | | *Dt30:19* | הא אסהדית בכון יומא הדין ית |
| 077 | | *Dt 8:19* | קדמיהון ותסגדון להון הא אסהידית בכון יומא הדין ארום |
| 078 | | *Gn20:15* | ואמר אבימלך הא ארעי קדמיך מה דשפר באפך |
| 079 | | *Gn18:26* | ואמר ייי אם אשכח הא אשכח בסדם חמשין זכיין בגו |
| 080 | | *Gn22:07* | אבא ואמר הנני ברי ואמר הא אשתא וקיסייא ואן הוא אמרה |

|  |  |  |  |  |
|---|---|---|---|---|
| 081 | Nu17:28 | דייי יתקטל ה<1>א ספנן | הא | אשתיצינן: |
| 082 | Gn16:11 | ואמר לה מלאכה דייי | הא | את מתעברה וילדת בר ותיקרי |
| 083 | Gn20:03 | בחלמא בליליא ואמר ליה | הא | את מאית על אתתה דנסבת דהיא |
| 084 | Dt31:16 | ואמר ייי למשה | הא | את מתכנש בשלם עם אבהתך |
| 085 | Dt 4:04 | אורייתה דייי אלהכון | הא | אתון חיין וקיימין כולכון |
| 086 | Nu32:23 | ואין לא תעבדון כדין | הא | אתחייבתון קדם ייי די יארעון |
| 087 | Nu22:38 | ואמר בלעם לבלק | הא | אתית לוותך כדון הא מיכל |
| 088 | Nu 3:12 | ואנא | הא | א{ת} פרשת ית לויי מן גו בני |
| 089 | Ex33:21 | ואמר ייי | הא | אתר מזמן לוותי ותתעתד על |
| 090 | Gn12:19 | ונסב' יתה לי לאתה וכדין | הא | אתתך דבר ואזל: |
| 091 | Gn17:19 | ואמר ייי לאברהם ברם | הא | אתתך שרה ילדת לך בר ותקרי |
| 092 | Gn26:09 | אבימלך ליצחק ואמר לחוד | הא | אתתך היא והיך אמרת אחתי היא |
| 093 | Gn44:18 | רבך: ואמר הא כען רבונן | הא | בזמנא קדמאה דאתינא אמרת לן |
| 094 | Gn44:18M | ואמר בבעו רבנן | הא | בזמנא קדמא דאתינא אמרת |
| 095 | Gn 4:26M | "בכדין": | הא | בכדין שרון למפלח בפולחנא |
| 096 | Gn50:01M | ליואי במחלוקתיהון לזמרא | הא | בכין אתרכין |
| 097 | Lv22:27M | שיבטין קדישין לשמך | הא | בכין פרש משה נבייה דייי |
| 098 | Gn 3:18M | דארעא \בגין כן | /הא | בכן#2#/ יהוי מפרש בין |
| 099 | Gn27:40M | ולא למטור פקודייה | הא | בכן תהוי פרק ניר שעבודהו' |
| 100 | Ex 4:26M | בכדן שבחת /מלאכא מחבלה | הא | בכן שבח#2#/ צפרה ואמרת מה |
| 101 | Ex15:01M | בכדו/ | הא | בכן#2#/ שבח משה ובני |
| 102 | Ex15:12M | יתהון מנה לעלמא דאתי | /הא | בכן#2#/ ופתחת ארעא ית |
| 103 | Lv22:11M | "קניין ...": זבינות כספיה | הא | בכן יהווי ראשי למיכל |
| 104 | Nu21:17M |  | ∧הא#2#/ | בכן שבחו ישראל ית |
| 105 | Ex 6:12 | ומלל משה קדם ייי למימר | הא | בני ישראל לא שמעו למילוי |
| 106 | Gn26:10 | מה היא דא דעבדית לנא | הא | בקליל זעיר אילו שמש חד מן |
| 107 | Ex12:42M | "ויצחק ... אתקרב": | הא | בר תלתין ושבע שנין הוה |
| 108 | Gn48:02 | ואתני ליעקב ואמר | הא | ברך יוסף אתי לוותך ואזדרז |
| 109 | Gn17:20 | ולישמעאל שמעית לקל צלותך | הא | ברכת יתה ותוקפת יתיה וסגית |
| 110 | Gn17:20M | ישמעאל שמעית בקלך | הא#2#/ | ברכת יתה ותוקפת יתיה |
| 111 | Ex13:14 | בניכון למחר למימר מה | הא | דא ותימר ליה ביד תקיפא אפיק |
| 112 | Gn18:24M |  | מה/הא#2#/ | דילמא דאי«ת» |
| 113 | Gn18:28M |  | מה/הא#2#/ | דילמא יחסרון חמשתי |
| 114 | Gn18:29M | עימיה ואמר | מה/הא#2#/ | דילמא דישתכחון תמן |
| 115 | Gn18:31M | למללה קדם ייי | מה/הא#2#/ | דילמה דישתכחון תמן |
| 116 | Gn27:12M | דימוש יתי אבא ונהוי | /הא | דלמא די ימשמש וני״#2#/ |
| 117 | Gn16:14M | עלוי יקר שכינתיה דייי | הא | הוא בן#2#/ רקם ובין |
| 118 | Gn43:28 | ואמרין שלם לעבדך אבונן | הא | הוא בחיין ועקדו ואודו |
| 119 | Ex 7:15 | <איזל לוות> פרעה בצפרא | הא | הוא נפק מת{ו}ק<1>רדה על |
| 120 | Ex 8:16 | לצפרא ואתעתד קדם פרעה | הא | הוא נפק למתקוררה על נהרא |
| 121 | Gn 3:22M | הא אדם /ממריה דייי | הא | הוה אד#2#/ קדמיה דברית |
| 122 | Gn16:14 | עלה קיים כל עלמייא | הא | היא בין רקם ובין חלוצה: |
| 123 | Gn18:09 | אן היא שרה אתתך ואמר | הא | היא במשכנא: |
| 124 | Gn38:24 | זניית תמר כלתך ולחוד | הא | היא מעברה בגין דזנו ואמר |
| 125 | Gn38:25 | {אבר} <אבה> אכר כען | הא | היא פרגודא דברך או לא ואנה |
| 126 | Gn47:23 | ˜ואמר יוסף לעמא | הא | זבנית יתכון יומא הדין וית |
| 127 | Gn32:11 |  | הא | זעיר אנה ולית אנה כמסת מן |
| 128 | Gn14:22 | ואמר אברם למלכא דסדם | הא | זקפי' ידי בשבועה קדם ייי |
| 129 | Gn37:09 | ותני יתיה לאחוי ואמר | הא | חלמת חלם תוב והא שמשא וזהרא |
| 130 | Gn38:13 | ואתניה לתמר למימר | הא | חמוך סלק לתמנתה למגז ענה: |
| 131 | Gn30:34 | ואמר לבן | הא | טאבות אלוי יהוי כמליך: |
| 132 | Nu16:30M | מיתותה בעלמא לעלמא הדין | הא | טב ואין לא תתברי כדון |
| 133 | Dt19:18M | ויתבעון דייניה | יאות/הא | טבאית#2#/ והא שהד דשקר |
| 134 | Gn 4:14 |  | הא | טרדת יתי יומא דין מעילוי |
| 135 | Gn 1:29 | ואמר אקריה דייי | הא | יהבית לכון ית כל עשביא |
| 136 | Gn 6:03 | בשר ועובדיהון בישין | הא | יהבית לכון ארכא מאה ועשרין |
| 137 | Gn20:16 | ולשרה אמר | הא | יהבית אלף דסלעין ועל כולא |
| 138 | Gn23:13 | לחוד אן לווי את מקבל מני | הא | יהבית כספא דחקלא קבל מני |
| 139 | Nu18:08 | ייי עם אהרן ואמר ואנה | הא | יהבית לך ית מטרת אפרשותי |
| 140 | Nu18:21 | ולבנוי דלוי | הא | יהבית כל מעשר דישראל |
| 141 | Dt 1:08M | חמון דמסרית/דהא | מ'#2#/הא | יהבית#2#/ קדמיכון ית |
| 142 | Gn 6:03M | דהנון בשר עובדין בישין | הא | יהבת לכון ארכא מא' ועשרין |
| 143 | Lv10:19 | ומליל אהרן עם משה | הא | יומא הדין קרבו ית חטאתהון |
| 144 | Gn22:20 | ואתני לאברהם למימר | הא | ילדת מלכא אף היא בנין |
| 145 | Dt 4:05M | חמון \דהא | אלפית/דאלפית#2#/הא | ילפאת#2#/ יתכון |
| 146 | Gn 4:01 | וילידת ית קין ואמרת | הא | יתיהב לי בר מן קדם ייי: |
| 147 | Ex18:11 |  | הא | כדון ידעת וגלי הוא לי ארום |
| 148 | Gn 3:09 | ייי אלהים לאדם ואמר ליה | הא | כל עלמא דברית גלי קדמי |
| 149 | Gn33:13M | יום חד \מייתן כל ענא | /הא | כל ענה מייתין#2#/: |
| 150 | Ex12:33 | ישראל הכה אוף שעה חדא | הא | כל מצריי מייתין: |
| 151 | Gn44:08 |  | הא | כספ«א» דאשכחנן בפום |
| 152 | Gn20:16 | דכסף לאחוך | הא | כספ«ה» ההוא יהיב ליך |
| 153 | Gn12:11 | למצרים ואמר לשרי אתתה | הא | כען ידע אנא ארום את שפירת |
| 154 | Gn16:02 | ואמר שרי לאברהם | הא | כען מנע יתי ייי מן |
| 155 | Gn18:27 | וענה אברהם ואמר | הא | כען שריית למלל«א» קדם ייי |
| 156 | Gn18:31 | ואמר | הא | כען שרית למללה קדם ייי מה |
| 157 | Gn19:08 |  | הא | כען לי תרתין בנן דלא חכמן |
| 158 | Gn19:19 |  | הא | כען אשכח עבדך חן וחסד קדמך |
| 159 | Gn19:20 |  | הא | כען קרתא הדה קריבה למערק |
| 160 | Gn27:02 | ואמר | הא | כען סבית לא ידעית יומי |
| 161 | Gn44:18 | לדינוי דפרעה רבך: ואמר | הא | כען רבונן הא בזמנא קדמאה |
| 162 | Ex 2:14 | ית מצריה ודחל משה ואמר | הא | כען אתידע פתגמא: |
| 163 | Ex33:05M | קדל#2#/ למקבלה אולפן | ∧הא#2#/ | כקליל זעיר אין אסלק |
| 164 | Gn15:03 | ואמר אברם | הא | לי לא יהבת בנין והא בר בתי |
| 165 | Dt10:14 |  | הא | לייי אלהכון שמייא ושמי |
| 166 | Lv25:20 | מה נאכל בשתה שביעיתה | הא | לית אנן זרעין ולא כנישין ית |
| 167 | Nu23:20 |  | הא | למברכה אדברית מברך אנה ית |
| 168 | Gn18:25M |  | ∧הא#2#/ | מחוס מן קדמיך מן למעבד |
| 169 | Gn18:25M | /כסדר דנה דזכייה כחייבה | הא | מחוס#2#/ מן קדמיך מן |
| 170 | Gn44:07M | האליין \חס לעבד' | מן#2#/הא | מחוס מן למעבד#2#/ <...>: |
| 171 | Gn44:17M | ואמר | חס לי/הא | מחוס מן קדמוי#2#/ מן |
| 172 | Ex 9:03 |  | הא | מחת פורענתי הוויא בבעירך די |
| 173 | Ex32:34 | ית עמא לאתרא די מללת לך | הא | מלאכי ידבר קדמך וביומא |
| 174 | Ex17:06 |  | הא | ממרי קיים מתע{דת}<תד> על |
| 175 | Ex19:09 | ואמר ייי למש' | הא | ממרי מתגלי עלך בתקפא דעננא |
| 176 | Gn27:39 | וענה יצחק אבוי ואמר ליה | הא | מן טובא דארעא תהוי משריך |
| 177 | Gn28:16 | ואתער יעקב מן שנתיה ואמר | הא | מן קושטא איקר שכינה דייי |
| 178 | Gn43:03 | ואמר ליה יהודה למימר | הא | מסהד' אסהד בן גברא למימר לא |
| 179 | Gn37:19 | ואמרין גבר לאחוי | הא | מרי חלמיא האלין אתי: |
| 180 | Gn42:22 | ולא שמעתון ולחוד דמיה | הא | מתבע: |
| 181 | Ex14:17 | ואנה | הא | מתוקף ית לבהון דמצריי |
| 182 | Gn 3:22 | דאוריתא ולא קיים פקודה | הא | נישרו' יתיה מן גנתה דעדן |
| 183 | Gn19:21 | ואמ«ר» ליה | הא | נסבית לך אפין אף לפתגמא |
| 184 | Ex 5:05 | ואמר פרעה | הא | סגין אינון כדן עמה |
| 185 | Nu11:26 | אלדד הוה מתנבא ואמר | הא | סלוי סלק מן ימא ויהוי |
| 186 | Nu17:27 | ישראל ˆלמשה#2#ˆ למימר | הא | ספינן אשתיצינן כלן אבדנן |
| 187 | Gn29:07 | ואמר | הא | עד כדון יומא תלי לא אשון |
| 188 | Gn29:09M |  | ∧הא#2#/ | עד כען/כדון#2#/ הווה |

| | | | | | |
|---|---|---|---|---|---|
| | 189 | Gn31:14 | ועני רחל ולאה ואמרין לה | הא | עד כדון אית לנא חלק ואחסנא |
| | 190 | Gn43:28M | שלם לעבדך אבונן | הא/הא | עד כדון#2#/ הוא בחיין |
| | 191 | Ex 9:17 | | הא | עד כדון את מתרברב בעמי דלא |
| | 192 | Dt31:27 | וית קדלכון קשייא | הא | עד דאנה בחיין עמכון יומא |
| | 193 | Dt 4:03 | | הא | עייניכון חמיין ית כל מה די |
| | 194 | Nu22:05 | עמיה למיקרי ליה למימר | הא | עם סגין נפקו מן מצרים והא |
| | 195 | Nu22:11 | | הא | עם סגין נפקו מן מצרים |
| | 196 | Ex 1:09 | ואמר לעמיה | הא | עמא בני ישראל סגין ותקיפין |
| | 197 | Nu22:11M | \הא עם סגין נפקו | /הא | עמא נפק#2#/ מן מצרים |
| | 198 | Nu23:09 | שרה רבקה רחל ולאה | הא | עמא האליין שריין לבלחודיהון |
| | 199 | Nu23:24 | | הא | עמא כארייה שריין וכאריוותה |
| | 200 | Dt33:19 | | הא | עמא דבית זבולון לטור |
| | 201 | Dt33:25 | | הא | עמא דבית אשר ברירין היך |
| | 202 | Gn42:14 | ואמר להון יוסף | הא | פתגמא די מלילת עמכון למימר |
| | 203 | Gn34:21 | בארעא ויתגרון בה וארעא | הא | פתיא היא בתחומה קדמיהון ית |
| | 204 | Ex14:15M | תהווי מצלי/ קדמיי שמיע | הא | צלותך קדמיי ברם צלותהון |
| | 205 | Ex 3:09 | וכדון | הא | קבלתהון דבני ישראל סלקת |
| | 206 | Dt10:14M | \הא לייי | /הא | קדם ייי#2#/ אלהכון שמייא |
| | 207 | Gn17:04 | אנה | הא | קיימי עמך ותהוי לקהל כנשת |
| | 208 | Gn27:22 | יצחק אבוי ומשש יתה ואמר | הא | קלה קלה דיעקב ומוש ידיה |
| | 209 | Ex17:04M | יתי /לעמ׳ האליין | הא | קליל צעיר והינון רגמין |
| | 210 | Dt31:14 | ואמר ייי למשה למימר | הא«א» | קרבו יומי חייך למתכנשה |
| | 211 | Gn23:06M | קבל מנן רבונן | רב/הא | רב ושליט#2#/ מן קדם ייי |
| | 212 | Gn27:37 | ואתיב יצחק ואמר לעשו | הא | רב ושליט שויתי יתה לך וית |
| | 213 | Gn39:08 | וסרב ואמר לאתתיה דרבוניה | הא | רבוני לא ידע מן בתריה |
| | 214 | Ex35:30M | "חמו ... בצלאל": חמון | הא | רבי מימריה ייי וקרא בשם טב |
| | 215 | Ex31:02M | חמי משה \דמנית וקראת | /הא | רביית וקריית#2#/ בשם טב |
| | 216 | Gn 6:03 | ולמישיציה מן גוא עלמא | הא | רוחי יהבית בבני אנשא |
| | 217 | Gn29:22 | שירו ענה לבן ואמר להון | הא | שבע שנין גברא חסידא הדין |
| | 218 | Gn41:29 | | הא | שבע שנין אתיין שבע תקף בכל |
| | 219 | Ex 7:01M | יתך רב ושליט לפרעה | /הא | שויית יתך לרבון |
| | 220 | Ex31:06 | ואנה | הא | שויית עמיה ית אהליאב ברה |
| | 221 | Gn38:23 | תסב לה דלא נהווי לביזיון | הא | שלחית גדייה הדין והא כדון |
| | 222 | Nu14:13M | קדם ייי \וישמעון מצריי | /הא | שמעין מצראי#2#/ ארום |
| | 223 | Gn27:06 | אמרת ליעקב ברה למימר | הא | שמעית ית קלא דאבוך ממלל עם |
| | 224 | Gn42:02 | ואמר | הא | שמעית ארו«ם» עיבור מזדבן |
| | 225 | Gn19:34 | ואמרת רבתא לזעירתא | הא | שמשת ברמשא עם אבא נשקי יתיה |
| | 226 | Dt 1:14 | ועניתון יתי ואמרתון | ^הא#2#^ | שפר פתגמא די מלילת למעבד: |
| | 227 | Dt 5:28 | דעמא האליין די מלילו עמך | הא | שפר ותקן אייטיבו כל מה די |
| | 228 | Dt18:17 | ואמר ייי לי משה | הא | שפר ותקן כל מה די מלילו: |
| | 229 | Dt 2:31M | לי אמר משה חמי | דהא/הא#2#/ | שריית לממסר קדמך |
| | 230 | Nu14:20 | ואמר ייי | הא | שרית ושבקת כמה דמללת: |
| | 231 | Dt30:18 | | הא | תניית לכון יומא הדין ארום |
| דהא | 232 | Lv22:27 | ומן יד אתבש«ר» לשרה | דהא | שרה ילדה ליצחק ומן בתר |
| | 233 | Lv22:27M | מלאכין וזכה למתבשרה | דהא | שרה ילדת ליצחק אמרה |
| | 234 | Dt 4:05 | חמון | דהא | אלפית יתכון קיימין וסדרי |
| | 235 | Dt11:26 | חמון | דהא | אנה כען סדר קדמיכון יומא |
| | 236 | Gn44:19 | ענה יהודה ואמר דלמה | דהא | גבורתא מן דבית אבה היא ודן |
| | 237 | Dt 1:08M | חמון | דמסרית/דהא | מ׳#2#/הא יהבית#2#/ |
| | 238 | Dt 1:21 | חמון | דהא | מסר ייי אלהיכון |
| | 239 | Dt 2:24 | ית נחלה דארנונה חמון | דהא | מסרית בידיכון ית סיחון |
| | 240 | Dt 3:16M | קרתא | דהא | מתבנייה בימצע נחלא והוא |
| | 241 | Dt 2:31 | ייי לי אמר משה חמי | דהא | שריית לממסר קדמך ית סיחון |
| והא | 242 | Gn15:12 | בסימה נפלת על אברם | והא | אברם חזי ארבעה מלכוון |

| | | | | |
|---|---|---|---|---|
| 243 | Gn15:17 | שמשא טמע וחומטה הווה | והא | אברם חזי עד די סאבסלין |
| 244 | Gn15:17M | {וקמטתי}<וחמטה> הוות | והא | אברם חז{ו}<י> על די |
| 245 | Ex24:14 | די נחזור לוותכון | והא | אהרן וחור עמכון מן דאית |
| 246 | Gn26:08 | דפלישתאי על חרכא וחזא | והא | יצחק מגהך עם רבקה אתתה: |
| 247 | Nu12:10 | ועננה סטת מעלוי משכנה | והא | מרים מצרעתה ^^כתלגה |
| 248 | Gn33:01 | ית עיינוי וחמא | והא | עשו את׳ ועמה ארבע מאה |
| 249 | Gn24:15 | קדם עד לא אשלם לממללא | והא | רבקה נפקת די אתיילדת |
| 250 | Gn24:45 | אשלמת לממללה עם לבי | והא | רבקה נפקת וקולתה על כתפה |
| 251 | Gn29:06 | הא שלם ליה ואמרין שלם | והא | רחל ברתיה אתייא עם ענה: |
| 252 | Gn47:01 | אתון מן ארעא דכנען | והא | אינון יהיבין בארעא דגשן: |
| 253 | Ex 4:19M | מיתו/נחתו מיניכסהון | והא | אינון חשיבין כמיתיא#2#/ |
| 254 | Nu22:05 | כסון ית חזווה דארעא | והא | אינון שרין מן כל קבלי: |
| 255 | Dt33:03 | שדכין מן אולפן אורייתה | והא | אינון מדברין ואתיין לרגל |
| 256 | Ex16:10 | וכווינ{ן}<ו> למדברא | והא | איקר שכינתה דייי אתגליית |
| 257 | Gn 6:12 | וגלי קדם ייי ית ארע׳ | והא | איתחבלת ארום חבלו כל בישרא |
| 258 | Lv14:03 | משריתה ויחמי כהנא | והא | איתסי מכתש צרעתה מן מצרעה: |
| 259 | Gn 6:13 | וגזילין מן קדימהון | והא | אנ׳ מחבל יתהון וית ארעא: |
| 260 | Gn24:31 | למה כען את קיים לברא | והא | אנא פניית ביתה מן פלחנא |
| 261 | Gn41:17 | פרעה עם יוסף בחלמי | והא | אנא קיים על גיף {תוריין} |
| 262 | Gn28:15 | | והא | אנה במימרי עמך ואנטר {יתך} |
| 263 | Nu11:26M | מקבל נביתה מן בתרה | והא | אנון מן {ס}<ש>ובעתי סבייה |
| 264 | Gn37:07 | | והא | אנחנא מכרכין כורכוון בגו |
| 265 | Nu20:16 | יתן מן מצרים | והא | אנן ברקם קרתה דבסיפי |
| 266 | Gn32:19 | ואשלחת לריבוני לעשו | והא | אף מן בתרן: |
| 267 | Gn40:06 | יוסף בצפרא וחמא יתהון | והא | אפיהון בישין: |
| 268 | Nu17:23 | משה למשכנה דסהדותה | והא | אפרח חוטרה דאהרן לביתה |
| 269 | Gn15:12M | איתרמיית על אברם | והא | ארב׳ מלכוון קיימן למשעבדא |
| 270 | Lv13:17 | ויחמי יתיה כהנא | והא | אתהפך מכתשה לחוור וידכי |
| 271 | Lv13:25 | ויחמי יתיה כהנא | והא | אתהפך שער חוור |
| 272 | Dt 1:10 | ייי אלהכון אסגי יתכון | והא | אתון סגין וקיימין יומא |
| 273 | Lv10:16 | דחטא׳ מתבע תבע משה | והא | אתוקד ורגז על אלעזר ועל |
| 274 | Dt 9:16 | וחמית | והא | אתחייבתון קדם ייי אלהכון |
| 275 | Nu23:06 | וחזר לוותיה | והא | אתעתד על עלתה הוא וכל |
| 276 | Nu32:01M | וית ארעא דגלעדה | וה{ו}א | אתרא אתר דנכסין הוא#2#/: |
| 277 | Nu32:01 | וית ארע גלעד | והא | אתרה שפר לבית מרעי: |
| 278 | Gn29:02 | וחמה | והא | בארה באפיה ברה והא תמן |
| 279 | Gn18:10M | לוותך בעידנא הדין | והא | ביר#2#/ דכר לשרה אתתך |
| 280 | Lv13:39 | ויחמי כהנא | והא | במשך בשרהון בהקיין כהיין |
| 281 | Gn15:03 | הא לי לא יהבת בנין | והא | בר בתי ירית יתי: |
| 282 | Gn18:10 | אחזור לוותך בשעתא הדא | והא | בר דכר לשרה אתתך |
| 283 | Gn42:35 | והוו אינון מפנין שקיהון | והא | גבר צררא דכספא בסקיה וחמון |
| 284 | Nu25:06 | | והא | גבר מן בני ישראל אתי |
| 285 | Gn31:10 | עייני וחמית בחלמא | והא | גדיא דסלקין על ענא קרוחין |
| 286 | Gn15:17 | אסתדרו וכורסוון רמיו | והא | גהינם דמתילה באתונה בתנורא |
| 287 | Gn15:17M | וחומטא הוות הוה אברם | והא | גהינם דבערה כאתונה |
| 288 | Gn24:63 | רמשא ונטל עיינוי וחמה | והא | גמלין אתין: |
| 289 | Gn40:09 | ליוסף ואמר ליה בחלמי | והא | גפן קדמוי: |
| 290 | Gn22:13 | אברהם ית עינוי וחמה | והא | דכר חד באילנא בקרנוי ואזל |
| 291 | Gn19:09 | אתא למתותבא בינינן | והא | הוא בעי למהוי דין דינינן |
| 292 | Gn24:30 | גברא ואתא לוות גברא | והא | הוא קיים על גמליא על |
| 293 | Gn32:07 | לוות אחוך לוות עשו | והא | הוא אתא לקדמותך וארבע מאה |
| 294 | Gn37:15 | יתיה מלאך בדמות גבר | והא | הוא טעי בחקלא ושאל יתיה |
| 295 | Gn41:01 | שנין דיומין ופרעה חלם | והא | הוא קיים על גוף נהרא: |
| 296 | Gn41:07 | ומלייתא ואיתעיר פרעה | והא | הוא חלם: |

|  |  | | | |
|---|---|---|---|---|
| 297 | Gn42:27 | אבתותתה וחמא ית כספא | והא | הוא בפום טעונה: |
| 298 | Gn42:28 | ואמר לאחוי אחזר כספי | והא | הוא בפום טעוני ואזדעזע |
| 299 | Nu23:17 | ואתא לוותיה | והא | הוא מתעתד על עלתה ורברבני |
| 300 | Dt22:17 | | והא | הוא שווי לה עלילן דמילין |
| 301 | Gn19:26 | בסופה דבייתיה דאבוה | והא | היא קיימא עמוד דמלח עד זמן |
| 302 | Gn29:25 | והוה בצפרא | והא | ה«י»א לא׳ ואמר ללבן מה |
| 303 | Nu21:15 | הוות בעצתהון אשתיזיבת | והא | היא סמיכה לתחומיהון |
| 304 | Nu21:20 | דמואביי ריש רמתה | והא | היא מצטפייה מן כל קבל |
| 305 | Nu21:20I | די בתחומיהון דמואבאי | והא | היא מצ׳ |
| 306 | Lv13:36 | ויחמי יתי׳ כהנא {ל} | והא | הלך נתקה במשכא לא יפשפש |
| 307 | Lv14:39 | ביומא שביעיה ויחמי | והא | הלך מכתשה בכותלי דבייתה: |
| 308 | Lv14:44 | וייתי ויעול כהנא ויחמי | והא | הלך מכתשה בביתה צרעה מחלטה |
| 309 | Lv13:08 | ויחמי כהנא | והא | הלכת קלפתה במשכה ויסאב |
| 310 | Gn42:13 | דגבר חד בארעא דכנען | והא | זעירא עם אבונן יומא הדין |
| 311 | Lv13:20 | ויחמי כהנא | והא | חזוה מכיך מן משכה וסערה |
| 312 | Lv13:30 | ויחמי כהנא ית מכתש׳ | והא | חזוה מכיך מן משכה ובה שער |
| 313 | Gn48:11 | לא סכיית למיחמי | והא | חזי יתי ייי אף ית בניך: |
| 314 | Ex 4:07 | ואפיק יתה מן חוביה | והא | חזרת למיהוי כבשרה: |
| 315 | Ex 2:06 | ופתחת וחמת ית טליא | והא | טליא בכי וחסת עלוי ואמרת |
| 316 | Ex 4:06 | ידיה בחובי ואפיק יתה | והא | ידיה מצרעה כתלגא: |
| 317 | Gn28:13 | | והא | ייי קיים עלוי ואמר אנה ייי |
| 318 | Gn11:06 | חדה ולשון חד לכולהון | והא | כדון שרון למעבד וכדון לא |
| 319 | Gn27:36 | ית בכורתי{ו}<י> נסב | והא | כדון נסב ברכתי ואמר הא לא |
| 320 | Gn38:23 | הא שלחית גדייה הדין | והא | כדון לא אשכחית יתה: |
| 321 | Lv13:06 | שביעיה זמן תניינות | והא | כהה מכתשא ולא הלך מכתשה |
| 322 | Lv13:56 | אן חמא כהנא | והא | כהה מכתשה מן בתר דחור יתיה |
| 323 | Gn13:10M | ית כל משריה דיורדנה | והא | כלה אתר בית משקוי |
| 324 | Nu22:05 | עם סגין נפקו מן מצרים | והא | כסון ית חזווה דארעא והא |
| 325 | Nu17:07 | וכוונו למשכן זימנה | והא | כסי יתיה ענגה |
| 326 | Lv13:13 | ויחמי כהנא | והא | כסית צרעתה ית כל בשרה |
| 327 | Gn43:21 | ופתחנן ית טעונינן | והא | כספא דגבר בפם טעונה כספינן |
| 328 | Ex 7:16 | ויפלחון קדמיי במדברא | והא | לא שמעת עד כדון: |
| 329 | Ex 9:07 | ושלח פרעה | והא | לא מית מן בעירהון דישראל |
| 330 | Lv13:32 | ית מכתשה ביומא שביעיה | והא | לא הלך נ{ק}ת<ק>ה ולא הוה |
| 331 | Lv13:55 | דאתחוור ית מכתשא | והא | לא הפך מכתשה ית חזווה |
| 332 | Lv14:48 | מיעול יעו׳ כהנא ויחמי | והא | לא הלך מכתשה בביתה מן בתר |
| 333 | Ex 4:14 | ארום ממללה ימלל הוא | והא | לחוד הוא אתא לקדמותך ויחמי |
| 334 | Gn 5:24M | ייי \ולית ידיע אן הוא | /והא | לית הוא#2#/ <....> אתנגד |
| 335 | Gn31:02 | ית סבר אפוי דלבן | והא | לית אינון שיפין לקבליה לא |
| 336 | Gn31:05 | ית סבר אפוי דאבוכון | והא | לית אנון שפין לקבלי לא היך |
| 337 | Gn37:29 | וחזר ראובן לגובא | והא | לית יוסף בגו גובא ובזע ית |
| 338 | Ex 2:12M | בתרין עלמיא וחמא | והא | לית גיורא עתיד למקום מן |
| 339 | Ex 2:12M | הדין ובעלמא דאתי וחמא | והא | לית גבר זכאי נפיק מיניה |
| 340 | Lv13:21 | ואין יחמי יתה כהנא | והא | לית בה שער חוור ומכיכה לית |
| 341 | Lv13:26 | ואם יחמי יתיה כהנא | והא | לית בבהקיתה שער חוור |
| 342 | Lv13:31 | ית מכתשה דנ{ק}ת<ק>ה | והא | לית חזוה מכיך מן משכה ושער |
| 343 | Lv13:53 | ואין יחמי כהנא | והא | {לך} לא הלך מכתשה בלבוש או |
| 344 | Lv13:34 | ית נתקה ביומא שביעיה | והא | ל{ף}<א> הלך ניתקא במשכה |
| 345 | Nu23:11 | בעלי דבבי דברת יתך | והא | מברכה ברכת יתהון: |
| 346 | Nu24:10 | בעלי דבביי דברת יתך | והא | מברכה ברכת יתהון דנא תלתה |
| 347 | Lv13:05 | יתיה כהנא ביומא שביעיה | והא | מכתשה קאים בחזויה לא הלך |
| 348 | Lv14:37 | ויחמי ית מכתשה | והא | מכתשה בכותלי דבייתה שקען |
| 349 | Gn28:12 | וראשה מטי עד צית שמיא | והא | מלאכיה דילוון יתיה מן |
| 350 | Gn28:12 | מתחמדין למחמי יתה | והא | מלאכין מן קדם ייי סלקין |
| 351 | Gn41:02 | | והא | מן נהרא סלקין שבע תורין |
| 352 | Gn41:18 | | והא | מן נהרא סלקן שבע תוריין |
| 353 | Nu13:27 | כחלבה וחליין כדבשה היא | והא | מן פירה: |
| 354 | Dt17:04 | ותשמעון ותתבעון יאות | והא | מן קושטא אתכוון פתגמא |
| 355 | Dt13:15 | ותחקרון ותשאלון יאות | והא | מן קושטא אתכוון פתגמא |
| 356 | Nu24:11 | לאתרך אמרת מוקרא איקר | והא | מנע ייי יתך מנך ית איקרא: |
| 357 | Ex14:10 | בני ישראל ית עייניהון | והא | מצריי נטלין בתריהון ודחלו |
| 358 | Nu12:10 | ואסתכל אהרן במריים | והא | מצרעה^^: |
| 359 | Nu12:12 | מסאבה באהילה כמיתייה | והא | מ{ת}<ד>מיא לוולדה דעבד |
| 360 | Gn37:07 | כורכותי ולחוד אזדקפת | והא | מתכנשין כורכותכון ושאלו |
| 361 | Gn 8:13 | ית חפייה דתיבותא וחמא | והא | נגבו אפיה דארעא: |
| 362 | Ex34:30 | וכל בני ישראל ית משה | והא | נהר זיו איקרהון דאפוי |
| 363 | Gn38:29 | והוה כדי חזר ידיה | והא | נפק אחוי ואמרת מה תקפת |
| 364 | Gn37:25 | עייניה«ו»ן וחמון | והא | סיעא דסרקין דסרקע«ין» |
| 365 | Gn19:28 | וכלפי ארעא משרה וחמה | והא | סליק קיטורא דארעא כקיטור |
| 366 | Gn28:12 | וחלם | והא | סלם קבע בארעא וראשה מטי |
| 367 | Ex 3:02 | אשא מן גו סניא וחמא | והא | סניא בער באשתא וסנייה לית |
| 368 | Ex39:43 | וחמא משה ית כל עבידתיה | והא | עבדו יתה היך מה די פקד ייי |
| 369 | Ex 5:16 | את אמר לן עבדך עבדו | והא | עבדיך לקו ופרעה ועמא |
| 370 | Gn45:12 | | והא | עייניכון חמון ועייני אחוי |
| 371 | Ex16:14 | וסלקת ענגית טלא | והא | על אפי מדברא דקיק מפספס |
| 372 | Gn 8:11 | לותה יונה לעדוני רמשא | והא | עלה דזי׳ קטים בפומה וידע |
| 373 | Ex32:09 | קדמיי ית עמא האליין | והא | עם קשיין לקבלה אולפן |
| 374 | Dt 9:13 | קשיותהון דעמא האליין | והא | עם קשיין קדל מן למקבלה |
| 375 | Gn27:36 | איתקרי שמה יעקב | והא | עקב יתי דנה תרין זמנין ית |
| 376 | Dt 3:11 | אשתייר מן שייר גבריא | והא | ערסיה ערס דפרזל הלא היא |
| 377 | Gn15:04 | | והא | פתגם דנבו מן קדם ייי על |
| 378 | Gn31:51 | ליעקב הא איגרא הדין | והא | קיימתא הדא די אקימית ביני |
| 379 | Gn37:07 | כורכוון בגו חקלא | והא | קמת כורכותי ולחוד אזדקפת |
| 380 | Nu32:14 | | והא | קמת{ת}<ון> חלף אבהתכון |
| 381 | Gn24:43 | מעתד על עיינא דמיא | והא | רביתא דנפקי למימלי ואמרת לה |
| 382 | Gn41:03 | | והא | שבע תורין אחרנין סלקין |
| 383 | Gn41:05 | ליה וחלם זמן תניינות | והא | שבע שבלין סלקן בקנה חד |
| 384 | Gn41:06 | | והא | שבע שבלין דקיקן ושדיפן |
| 385 | Gn41:19 | | והא | שבע תורין אחרנין סלקן |
| 386 | Gn41:22 | וחמת בחלמי | והא | שבע שבלין סלקן בקנה חד |
| 387 | Gn41:23 | | והא | שבע שבלין צני{נ}<מ>ן |
| 388 | Dt19:18 | ויתבעון דייניה יאות | והא | שהד דשקר הוא שהדה שקר |
| 389 | Lv13:10 | ויחמי כהנא | והא | שומה חוור׳ במשכה והיא |
| 390 | Lv13:43 | ויחמי יתה כהנא | והא | שומת מכתשה חוורה וסמוקה |
| 391 | Gn15:17 | | והא | שמשא טמע וחומטה הווה והא |
| 392 | Gn37:09 | ואמר הא חלמת חלם חוב | והא | שמשא וזהרא וחד עשר כוכבין |
| 393 | Gn 1:31 | קדם ייי ית כל מה דעבד | והא | שפר ותקן לחדא והוה רמש |
| 394 | Nu17:11 | נפק רוגזה מן קדם ייי | ^והא#2#^ | שרי חבלה מחבל בעמא: |
| 395 | Nu17:12 | משה ורהט לגו קהלא | והא | שרי מחבלה מחבל בעמא ויהב |
| 396 | Gn25:24 | ואשלימו יומהא למילד | והא | תאומין בגו מעיה: |
| 397 | Gn49:20M | אינון פירי ארעכון | והא | תהוי מרביה עלל«ת» |
| 398 | Gn38:27 | והווה בשעתה דילדת | והא | תומיין בגו מעייה: |
| 399 | Gn31:10M | גדיא דסלקין /בחזוי | והא | תישיא דסל״#2#/ על ענא |
| 400 | Gn18:02 | ונטל עיינוהי וחמא | והא | תלתא מלאכין בדמות גברין |
| 401 | Gn40:16 | ליוסף אף אנה בחלמי | והא | תלתא סלין דפיתא נקיתא על |
| 402 | Gn29:02 | וחמה והא בארה באפיה ברה | והא | תמן תלתא עדרי דען רביעין |
| 403 | Ex 2:13 | ונפק ביומא תניינא | והא | תרין גברין עבריין מתנצין |

## האנה

|  |  | | | |
|---|---|---|---|---|
| 404 | Nu18:20M | {סנאח} | <האנה> | הוא חקל ואחסנתך ביני |

| | | | | |
|---|---|---|---|---|
| 405 | Ex 6:30M | קדם ייי ^הא#2^ | אנה/האנה#2/ | חגר/קשי#2/ ממלל |

הלא *adv.* **See also:**

## הא #2 *interj.* interrogative particle [158]

|  |  | | | |
|---|---|---|---|---|
| 001 הא | Gn 8:08 | ית יוונה מן לוותה למחמי | הא | א{וק}^תקלי#2#^לו מיא מעילוי |
| 002 | Ex 2:07 | אחתיה לברתיה דפרעה | ה{ו}א | אזיל ואיקרי ליך אתה |
| 003 | Nu32:06M | ולבנוי דראובן | האחיכון/הא | אחי#2#/ יעלון לסדרי |
| 004 | Ex16:04M | \יתהון אינון אין /יתכון | הא | אין אתון#2#/ נטרינון |
| 005 | Dt 8:02 | ית מה דאית במחשבת לבבכון | הא | אין נטרין אתון מצוותה |
| 006 | Gn18:14 | | הא | אית אפשר דיתכסא מן קדם ייי |
| 007 | Gn43:07 | למימר הא כען אבוכון קיים | הא | אית לכון אחוי ותנינן ליה |
| 008 | Gn44:19 | רבוני שאל ית עבדוי למימר | הא | אית לכון אב או אח: |
| 009 | Nu11:23 | ואמר ייי למשה | הא | אית קדם ייי מחסור כדון |
| 010 | Nu13:20 | אינון פריה או אפתרין | הא | אית בה אילנין או לא |
| 011 | Dt13:04 | ייי אלהכון יתכון למדע | הא | אית רחמין ית אולפן אורייתה |
| 012 | Gn24:21 | שתי ומסתכל בה שתק למידע | הא | אן אצלח ייי אורחה או לא: |
| 013 | Dt 4:32 | שמייא ועד סייפי{ה} שמיא | הא | אן הוה כפתגמא רבה הדן או |
| 014 | Nu11:12M | | האנא/הא | אנה#2#/ עברת ית כל עמא |
| 015 | Gn16:13 | קיים כל עלמייא ארום אמרת | הא | אף כדון יתגלי עלי מן בתר |
| 016 | Gn27:21 | קרב כען ואמשש יתך ברי | הא | את הוא דין ברי עשו או לא: |
| 017 | Gn27:24M | ואמר | \הא#2#/ | את הוא דן ברי עשו ואמר |
| 018 | Gn29:05M | להון \חכימין אתון ית | /הא | אתון חכימין ית#2#/ לבן |
| 019 | Gn24:23M | /חויין#2#/ כען לי | האית/הא#2#/ | ביתה ^דאבוך#2#^ אתר |
| 020 | Gn17:17 | על אפוי ותמה ואמר בליביה | הא | בר מאה שנין אפשר לי למולדה |
| 021 | Gn18:23 | וקרב אברהם ואמר | הא | ברגז את משיצייא זכייא עם |
| 022 | Gn18:24 | חמשין זכיין בגו קרתא | הא | ברגז את משיצא ולא את שרי |
| 023 | Gn27:38 | ואמר עשו לאבוהי | הא | ברכה חדא אית לך אבא ברך יתי |
| 024 | Gn17:17 | לי למולדה בנין ואן שרה | הא | ברת תשעין שנין אפשר לה |
| 025 | Nu16:22 | דשליט בנשמת כל בשרה | הא | גבר יחטא ועל כנישתה יהוי |
| 026 | Gn30:15 | ואמרת לה | הא | זעירא היא דא די נסבת ית |
| 027 | Nu16:09 | | הא | זעירא היא דא מנכון ארום |
| 028 | Nu16:13 | | הא | זעירא היא ארום אסקת יתן מן |
| 029 | Nu13:18M | אינון או מסגיין /רפיין | הא | זעירין הנון או סגין#2#/: |
| 030 | Nu13:19 | ומה ארעא דאינון שריין בה | הא | טבה היא או בישה ומה קרייתה |
| 031 | Nu11:23M | מחסור כדון תחמון | אן/הא#2#/ | יארע יתך פתגמוי |
| 032 | Nu11:22M | רבה אין מתכנשין להון | הא | כולא יספק להון |
| 033 | Nu13:19M | אינון או תלילן /בהון | הא | כופרנין הנון או כרכין#2#/: |
| 034 | Gn43:06 | אבישתון לי למתנייא לגברא | הא | כען אית לכון אחוי: |
| 035 | Gn43:07 | גברא לנא ולתלדותן למימר | הא | כען אבוכון קיים הא אית לכון |
| 036 | Gn18:21 | אתגלי כען ואחמי | הא | כקבילתיה דסלקת קדמיי כלייה |
| 037 | Gn24:05 | למיתי בתרי לארעא הדא | הא | מחזרה אחזור ית ברך לארעא |
| 038 | Gn43:07 | האליין ואמר יהוד' | הא | מידע הוינן ידעין ארום יימר |
| 039 | Gn37:10 | ליה מה חלמא הדין די חלמת | הא | מייתי ניתי אנא ואמך ואחך |
| 040 | Nu22:38 | לבלק הא אתית לוותך כדון | הא | מיכל אכול למללה כל מן דעם |
| 041 | Gn18:17 | וייי אמר בממריה | הא | מכס{ם}<ה> אנה מאברהם רחמי |
| 042 | Gn37:08 | ואמרין ליה אחוי | הא | ממלך תמלך עלנא אן משלט תשלט |
| 043 | Gn 3:11 | תני לך ארום ערטיליי את | הא | מן אלנא די פקדת יתך דלא |
| 044 | Gn18:13 | כען גחכת שרה למימר | הא | מן קושטא אלד ואנה סאבת: |
| 045 | Nu20:10 | מלפניהון די צרכו למילף | הא | מן כיפה הדין נפק לכון מיא: |
| 046 | Ex14:11 | ואמרין למשה | הא | מן בל{ו}<י> דלית קברין |
| 047 | Gn27:36 | ואמר | הא | מן קושטא איתקרי שמה יעקב |
| 048 | Ex17:07 | די נסון קדם ייי למימר | הא | מן קושטא איקר שכינתה דייי |
| 049 | Nu22:37 | לך למה כען לא אתית לוותי | הא | מן קושטה לית אנה יכיל |
| 050 | Gn30:02 | רוגזה דיעקב ברחל ואמר | הא | מני אנון פרי וולד מעייא הא |
| 051 | Ex 2:14 | יתך לגבר רב ושליט עלינן | הא | מקטל יתי את אמר היך מה |
| 052 | Nu11:29 | ואמר ליה משה | הא | מקנא את לי אלווי מן יתן כל |
| 053 | Gn18:28 | יחסרון חמשתי זכיי חמשה | הא | משיצא את בגלל חמשה ית כל |
| 054 | Nu22:30 | מן טליותך עד יומא הדין | הא | מתכוונה מתכוונת למעבד לך |
| 055 | Gn 4:09 | לית אנ{{א}}«ה» ידע | הא | נטורא דאחי אנה: |
| 056 | Nu11:22 | דימא אן מתכנש להון | «ה»א | ספק להון: |
| 057 | Nu11:22 | ותורייה אין מתנכס להון | הא | ספק להון אן ית כל נוני דימא |
| 058 | Gn43:27 | הוא אבוכון סבא דאמריתון | הא | עד כען הוא בחיין: |
| 059 | Ex 4:18M | "העד כען אינון בחיין": | הא | עד כדון הנון בחיין |
| 060 | Nu13:18 | הא תקיפין אינון או חלשין | הא | עם קלילין אינון או מסגיין: |
| 061 | Nu11:22 | | הא | ע{מ}<נ>יה ותורייה אין מתנכס |
| 062 | Gn42:16 | אתחבשו ויבדקון מליכון | הא | קושטנין אתון אן לא חיי |
| 063 | Nu31:15 | ואמר להון משה | הא | קיימתון כל נקבה: |
| 064 | Nu13:19 | די אינון שריין בגויהין | הא | קרי כפרנין אינון או תלילן: |
| 065 | Gn29:06 | ואמר להון | הא | שלם ליה ואמרין שלם והא רחל |
| 066 | Gn43:27 | ושאל להון בשלם ואמר | הא | שלם הוא אבוכון סבא דאמריתון |
| 067 | Lv10:19 | אכלית מן חטאתה יומא הדין | הא | שפר {קדם} הווה <קדם> ייי: |
| 068 | Gn24:58 | וקראן לרבקה ואמרן לה | הא | תזלין עם גברא הדין ואמרית |
| 069 | Nu13:18 | וית עמא דישריין בגווה | הא | תקיפין אינון או חלשין הא עם |

ה־ *interj.* **See also:**

## האיליין *pron.* these [153 s.v. דן]

|  |  | | | |
|---|---|---|---|---|
| 001 האיליין | Gn15:17M | בזמן דעבר בן פסגייא | האיליין | |
| 002 | Gn44:06 | ^למימר#2#^ ית פתגמיא | האיליין: | |
| 003 | Ex25:39 | יעבד יתה ית כל מניה | האיליין: | |
| 004 | Dt16:12 | ותעבדון ית קיימיה | האיליין: | |
| 005 | Dt19:09 | שיזבו על תלתי קרייתה | האיליין: | |
| 006 | Dt19:11 | {מן} לחדה מן קריתה | האיליין: | |
| 007 | Ex32:21 | לאהרן מה עבד לך עמא | האיליין | ארום אייתית עליהון חובין |
| 008 | Gn20:08M | פתגמי«א» | האלין/האיליין#2#/ | במשמעהון ודחילו |
| 009 | Gn21:29M | בלחודיהון}} | «האילן»/האיליין#2#/ | דאקימת |
| 010 | Ex19:07 | קדמיהון ית כל פתגמיא | האיליין | די פקד יתיה ייי: |
| 011 | Nu 1:17M | האילן /גובריא | האיליין#2#/ | די אתפרשו בשמהן: |
| 012 | Dt12:28 | ושמעו ית כל פתגמייה | האיליין | די אנה מפקד יתכון |
| 013 | Dt18:14 | ארום אומייה | האיליין | די אתון משצי יתהון |
| 014 | Dt 1:35M | /בגברייא#2#/ | האלין/האיליין#2#/ | דרה בישה |
| 015 | Ex33:12 | את אמר לי אסק ית עמא | האיליין | ואת לא אודעת יתי ית מה |
| 016 | Nu16:31 | למללא ית כל פיתגמיה | האיליין | ואתפתחת ארעא די |
| 017 | Dt31:16 | עם אבהתך וקיימין עמה | האיליין | וטעיין בתר טעוון נכריין |
| 018 | Dt28:15 | עליכון כל לווטייה | האיליין | ויארעון יתכון: |
| 019 | Gn41:35 | שבעתי שניא טבתא עללתא | האיליין | ויכנשון עיבור תחות רשותא |
| 020 | Gn15:01M | וקריבהון דקטיליי' | האיליין | ויצרפון עמהון ליגיונין |
| 021 | Gn19:25M | והפך ית קרייתא | האילין/האיליין#2#/ | וית כל משרה וית כל |
| 022 | Dt17:19 | למטור ית כל פתגמיה | האיליין | וית קיימיה האיליין למעבד |
| 023 | Dt26:16 | יתכון למעבד ית קיימיה | האיליין | וית סדרי דיניה ותטרון |
| 024 | Dt 9:27 | תסתכל לקשיותהון דעמא | האיליין | ולא לחוביהון ולא |
| 025 | Dt32:33 | ארום עמא | האיליין | חמתהון מדמייא לחמתהון |
| 026 | Dt12:30 | היך הוון פלחין אומייה | האיליין | ית טעוותהון ואעבד כדן |
| 027 | Ex21:11 | ואן תלתי מלייא | האיליין | לא יעבד לה ויפק יתה |
| 028 | Dt 6:24 | למעבד ית כל קיימיה | האיליין | למדחול מן קדם ייי אלהן |
| 029 | Dt17:19 | האיליין וית קיימיה | האיליין | למעבד יתהון: |
| 030 | Dt 7:22 | ייי אלהכון ית אומייה | האיליין | מן קדמיכון קליל לית אתון |
| 031 | Dt31:03 | הוא ישיצי ית אומיה | האיליין | מן קדמיכון ותרת{י}<ו>ן |
| 032 | Dt30:01 | עליכון כל פתגמיא | האיליין | סדר ברכתה וחילופיהון די |

|  |  |  |  |
|---|---|---|---|
| 033 | Dt32:32 | ארום עמא האיליין עבדיהון מדמיין לעבדיהון | |
| 034 | Dt32:45 | למללה ית כל פתגמייא האיליין עם כל ישראל: | |
| 035 | Gn34:21M | גברייא האילין/האיליין#2/ שלמין בעבדא טבא | |
| 036 | Nu 5:22M | אלין /{מ}<ב>דוקייה האיליין#2/ במעיך/כרסיך#2/ | |
| 037 | Gn15:17 | הוה עבר ביני גזרייא האילין: | האילין |
| 038 | Gn29:13 | ללבן ית כל פתגמ<י>א האילין: | |
| 039 | Nu35:24 | אדמא עם עסק דיניא האילין: | |
| 040 | Dt 6:25M | למעבד ית כל קיימיה האילין | |
| 041 | Ex 3:21 | ואתן ית חניהון דעמא האילין באפיהון דמצריי ויהווי | |
| 042 | Gn15:01 | או קריביהון דקטיליה האילין די נפלו קדמיי ויהוון | |
| 043 | Gn19:25 | והפך ית קרייתא האילין וית כל משרה וית כל דיירה | |
| 044 | Gn38:25 | ושו{ת}<ש>פא וחוטרא האילין מיניה אנה מעברה וזכאה היא | |
| 045 | Gn15:01 | בתר פתגמיא האילין מן דאתכנשו כל מלכוותה | |
| 046 | Gn39:19 | עמיה למימר כפתגמיא האילין עבד לי עבדך ותקף רוגזיה: | |
| 047 | Ex10:28M | מילין קשיין#2/ ברם/האי<ל>ין#2/ צבי אנה/הוה#2/ | |
| 048 | Gn34:21 | גברייא האילין שלמין בעבדא טבא עמן | |
| 049 | Gn21:29 | {{דענא בלחודיהון}} «האילן» דאקימת לבלחודיהון: | האילן |
| 050 | Nu 1:17 | משה ואהרן ית גברייא האילן די אתפרשו בשמהן: | |
| 051 | Gn39:17 | ומלילת עמיה כפתגמיא האילן למימר על לוותי עבדא עברא | |
| 052 | Gn24:28M | האלין /בפתגמ׳ האליין#2/: | האליין |
| 053 | Gn29:13M | ית כל פתגמ<י>א האילין/האליין#2/: | |
| 054 | Ex24:08 | עמכון ית כל פתגמי׳ האליין: | |
| 055 | Lv26:14 | תעבדון ית כל פיקודיה האליין: | |
| 056 | Nu 5:19M | מן מיה בדוקיה לבדק האליין | |
| 057 | Nu 5:19 | מימיא מרירה מלווטיה האליין: | |
| 058 | Nu22:17 | כען לווט לי ית עמא האליין: | |
| 059 | Nu32:15 | ותחבלון לכל עמא האליין: | |
| 060 | Nu35:24M | האלין /דינייה האליין#2/: | |
| 061 | Dt 8:17 | קנון לן ית נכסייה האליין: | |
| 062 | Dt31:17 | בינינן ארען יתן בישתה האליין: | |
| 063 | Gn44:07 | כען ימליל רבוני פתגמיא האליין <...>: | |
| 064 | Dt20:15 | די לא מן קרי אומייה האליין אנון: | |
| 065 | Ex34:27 | למשה כתב לך ית פתגמיא האליין ארום על מימר פתגמיא | |
| 066 | Nu11:13M | לכל עמא האלין/האליין#2/ ארום יבכון קודמוי | |
| 067 | Nu14:14 | דאיקר שכינתך בגו עמא האליין ארום חזיו בחזיו אתגלית את | |
| 068 | Nu16:28 | למעבד ית כל עיבידה האליין ארום לא מן דעתי: | |
| 069 | Nu22:06 | אתה כען לווט לי ית עמא האליין ארום תקיפין אינון מנן מה | |
| 070 | Ex11:09M | למסגי נסי פרישתי /\האליין#2/ בארע«א» דמצרים: | |
| 071 | Nu21:02 | אן ממסור תמסור ית עמא האליין בידינן ואשיצי ית קריהון: | |
| 072 | Dt 4:30 | וארעא יתכון כל עקייה האליין בסוף עקב יומיא ותתובון | |
| 073 | Nu14:38 | «חיוו» מן גובריה האליין דאזלו למיללה ית ארעא: | |
| 074 | Nu14:37M | טבה ביש על ארעא /האליין דאפיקו ית טבה/דס׳#2/ | |
| 075 | Nu17:03 | ית מחתיתהון דחייביה האליין דחבו בנפשתהון ויעבדון | |
| 076 | Ex15:13 | דברת בחסדך עמא האליין די פרקת תדבר יתהון בתקפך | |
| 077 | Ex15:16 | ארנונא עד דיעברון עמא האליין די פרקת ית מגזתה | |
| 078 | Ex18:18 | תלעי לחוד את לחוד עמא האליין «די» {לחוד} עמך ארום | |
| 079 | Nu15:22 | תעבדון ית כל מצוותה האליין די מלל «ייי» עם משה: | |
| 080 | Nu22:09 | ואמר מן אינון גברייה האליין די עמך: | |
| 081 | Dt 3:21M | ייי לכל מלכוותה האליין#2/ די אתון עברין תמן | |
| 082 | Dt 5:28 | ית קל מליהון דעמא האליין די מלילו עמך הא שפר ותקן | |
| 083 | Dt 6:06 | ויהוון פתגמייה האליין די אנה מפקד יתכון יומא | |
| 084 | Dt10:21 | ית רברבתה וית דחילתה האליין די חמיין עייניכון: | |
| 085 | Dt11:22M | הדה /פיקודייה האליין#2/ די אנה מפקד יתכון | |
| 086 | Dt15:05M | /ולמעבד ית כל פיקודייה האליין די אנה#2/ מפקד יתכון | |

| | | |
|---|---|---|
| 087 | Dt27:04 | ותקימון ית אבנייה האליין די אנא מפקד יתכון יומא |
| 088 | Dt20:16 | מן קורייתהון דאומייא האליין דייי אלהכון יהב לכון |
| 089 | Ex15:16M | עד זמן דיעברון עמה האליין דקנית לשמך#2/: |
| 090 | Ex15:16M | עד זמן דיעברון עמה האליין דקנית לשמך |
| 091 | Ex17:04M | ורגמ<י>ן יתי /לעמ׳ האליין הא קליל צעיר והינון |
| 092 | Nu24:14 | יתהון ־דתעבד לעמא האליין#2/^ ואין לא לי{א}<ת> את |
| 093 | Gn48:01 | והוה בתר פתגמא האליין ואיתמר ליוסף הא אבוך ביש |
| 094 | Gn43:07 | ליה על פום פתגמיא האליין ואמר יהוד׳ הא מידע הוינן |
| 095 | Dt31:28 | במשמעהון ית פתגמיא האליין ואסהד בהון ית שמיא וית |
| 096 | Gn26:03M | אתן ית כל ארעתא האלין/האליין#2/ ואקים ית שבועתה |
| 097 | Ex32:09 | למשה גלי קדמיי ית עמא האליין והא עם קשיין לקבלה אולפן |
| 098 | Dt 9:13 | קדמי ית קשיותהון דעמא האליין והא עם קשיין קדל מן |
| 099 | Dt 3:28M | יעבר קדם עמא האלין/האליין#2/ והוא יחסן יתהון ית |
| 100 | Dt28:02 | וייתון עליכון כל ברכתה האליין ויארעון יתכון ארום תשמעון |
| 101 | Dt 4:42 | ויערק לחדה מן קרייתיה האליין וייחי: |
| 102 | Dt19:05 | יעריק לחדה מיקרייתיה האליין וייחי: |
| 103 | Dt 4:06 | די ישמעון ית כל קיימיה האליין ויימרון לחוד עם חכימין |
| 104 | Dt28:45 | עליכון כל לווטייה האליין וירדפון יתכון ויארעון |
| 105 | Lv18:29 | מן דיעבד מן כל מרחקתה האליין וישתי«צון» נפשתה דעבדן |
| 106 | Dt33:16M | ברכייתה/ברכתה האליין#2/ ויתעבדן כליל דרבו על |
| 107 | Ex 4:09 | להוד לתרין נסייא האליין ולא ישמעון לקלך ות{ת}<ס>ב |
| 108 | Nu16:26 | משכן גברייה חייבייה האליין ולא תקרבון בכל מה דלהון |
| 109 | Ex 5:22 | כען אב{ש}<א>ש<ת> לעמא האליין ולמה כען שלחת יתי: |
| 110 | Nu21:25 | ישראל ית כל קורייתה האליין ושרון ישראל בכל קרווי |
| 111 | Dt 7:12 | תשמעון ית סדרי דינייה האליין ותטרון ותעבדון יתהון ויטר |
| 112 | Ex32:31 | ואמר בבעו חטון עמא האליין חובין רברבין ויעשו להם |
| 113 | Dt 9:05 | ארום בחוביהון דאומייה האליין ייי אלהכון טרד יתהון |
| 114 | Dt18:12 | דעבד אלין ובגלל מרחקתה האליין ייי אלהכון טרד יתהון |
| 115 | Lv18:26 | ולא תעבדון מכל מרחקתא האליין יציבייה וג<י>וריה |
| 116 | Gn49:26 | וישמעל יתין כל ברכתא האליין יתעבדון כליל דרבו על ריש |
| 117 | Nu14:15 | ו«ת»קטל ית עמא האליין כגבר חד ו{א}ימרון אומייה |
| 118 | Dt 3:21 | אלהכון לתרין מלכייה האליין כדן יעבד מימרה דייי לכל |
| 119 | Nu 5:23M | /וכתיב ית לווטייה האליין#2/ כהנא בספרא וימחוק לגו |
| 120 | Nu14:19 | לחוביהון {ו}<ד>עמא האליין כתקוף חסדך והיך מה די |
| 121 | Gn19:08M | לגובריה#2/ אלין/האליין#2/ לא תעבדון פתגם |
| 122 | Nu23:24 | {ארום} <אדם> כדן עמא האליין לא נייחין ולא ש{כ}ד<כ>ין |
| 123 | Nu14:16 | קדם ייי למיעלה ית עמא האליין לארעא דקיים להון ונכס |
| 124 | Dt31:07 | ארום את תיעל ית עמה האליין לארעא די קיים ייי |
| 125 | Nu22:30 | טלמת באפיהון דגברייה האליין לית הדא אתנתה דידי שאלה |
| 126 | Dt31:01 | משה ומלל ית דביריה האליין לכל ישראל: |
| 127 | Gn39:17M | עמיה כפתגמיא האילן/האליין#2/ למימר על לוותי עבדא |
| 128 | Ex20:01 | ייי ית כל שבח דיבירייא האליין למימר: |
| 129 | Nu35:15M | שת קרייתה האלין/האליין#2/ לשיזבה דיערוק תמן |
| 130 | Nu23:09 | ארום חמי אנה עמא האליין מדברין ואתיין בזכות אבהתה |
| 131 | Dt 9:04 | הדה ובחוביהון דאומייה האליין מימרה דייי טרד יתהון |
| 132 | Dt 5:22 | ית דביריה האליין מלל ייי עם כל קהלכון |
| 133 | Nu14:19 | והיך מה די סובלת לעמא האליין מן מצרים ועד כדון: |
| 134 | Nu14:13 | בחילך ית עמה {הדין} האליין מן ביניהון: |
| 135 | Dt11:23 | ממרה דייי ית כל אומייא האליין מן קדמיכון ותירתון אומין |
| 136 | Dt 7:17 | סגין אינון אומייה האליין מנן אייכדין איכל |
| 137 | Nu24:14 | ברם עתידין אינון עמא האליין משלוט בעמך סוף עקב יומיא: |
| 138 | Gn39:19M | למימר כפתגמיא האילין/האליין#2/ עבד לי עבדך ותקף |
| 139 | Lv18:27 | ארום ית כל מרחקתה האליין עבדו עמה דארעה דמן |
| 140 | Dt30:07 | אלהכון ית כל לווטייה האליין על בעלי דבביכון ועל |

141 Nu11:11M עמה האלין עלי /כל עמא האליין עלי#2#/:
142 Ex11:10M ית כל נסייה האלין/האליין#2#/ קודם פרעה ותוקף ייי
143 Ex34:27 ארום על מימר פתגמיא האליין קיימית עמך קיים ועם
144 Nu 7:13M האלין /מאנייה האליין#2#/ קרב יתהון מליין
145 Nu 7:19M האלין /מאנייה האליין#2#/ קרב יתהון מליין
146 Nu 7:25M האלין /מאנייה האליין#2#/ קרב יתהון פייליתה
147 Nu 7:31M האלין /מאנייה האליין#2#/ קרב יתהון מליין
148 Nu 7:37M האלין /מאנייה האליין#2#/ קרב יתהון מליין
149 Nu 7:43M האלין /מאנייה האליין#2#/ קרב יתהון מליין
150 Nu 7:49M האלין /מאנייה האליין#2#/ \קרב יתהון מליין /קרב
151 Nu 7:55M האלין /מאנייה האליין#2#/ קרב יתהון מליין
152 Nu 7:61M קרב יתהון /מאנייה האליין קרב#2#/ מליין פייליתה
153 Nu 7:67M האלין /מאנייה האליין#2#/ קרב יתהון מליין פלייתה
154 Nu 7:73M קרב יתהון /מאנייה האליין קרב#2#/ מליין פליתה
155 Nu 7:79M יתהון מליין /מאנייה האליין קרב מ#2#/ פייליתה
156 Gn15:17M אברם עבר ביני בתרייא האליין שמשא טמעה וחומטא הוות
157 Nu23:09 רחל ולאה הא עמא האליין שריין לבלחודיהון ובנימוס
158 Dt11:18 ותשוון ית פתגמייה האליין תדירין על לבביכון ועל
159 Nu16:14 וכרמין העיני גברייה האליין תסמי לא אנן סלקין:
160 Gn24:28 האלין ותניית ית כל פתגמיא האלין:
161 Gn31:01 דאבונן קנה ית כל נכסיא האלין:
162 Nu 5:30 ית כל קיימיה דאוריתה האלין:
163 Nu11:12 האנא עברת ית כל עמא האלין או אנה אולדת יתהון ארום
164 Nu11:13 לי בשר למתין לכל עמא האלין ארום יבכון קודמוי למימר
165 Nu11:14 טורחתהון דכל עמא האלין ארום תקיפין אינון מני:
166 Gn37:19 גבר לאחוי הא מרי חלמיא האלין אתי:
167 Gn20:08 ית «כל» פתגמי«א» האלין במשמעהון ודחילו גברייא
168 Dt 1:35 אין יחמי גבר בעמא האלין דרה בישה הדין ית ארעא
169 Gn26:03 ולבנך אתן ית כל ארעתא האלין ואקים ית שבועתה דיקיימית
170 Gn22:20 והוה בתר פתגמיא האלין ואתני לאברהם למימר הא
171 Dt 3:28 ארום הוא יעבר קדם עמא האלין והוא יחסן יתהון ית ארעא
172 Gn22:01 והוה בתר פתגמיא האלין וייי נסי ית אברהם
173 Gn26:04 ואתן לבניך ית כל ארעתא האלין ויתברכון בזכותך כל אומיא
174 Ex 5:23 בשם ממרך אבאש לעמא האלין ומפרק לא{ו} פרקית ית עמך:
175 Gn39:07 והוה בתר פתגמ«י»א האלין ונטלת אתתיה דרבוני יח
176 Nu14:11 אמתי ירגזון קדמי עמא האלין ועד אימתי לא יה«יי»מנון
177 Nu 5:23 ויכתוב יח לווטייה האלין כהנא בספרא וימחוק לגו מיא
178 Ex18:23 למיקם ולחו«ד» כל עמא האלין לאתריהון יעלון בשלם:
179 Ex10:28M "מליך אזדהר": מליא האלין לכן אמר ליה אזדהר למימ'
180 Nu35:15 יהוויין שת קרייתה האלין לשיזבה דיערוק תמן כל די
181 Gn40:01 והוה בתר פתגמיא האלין סרחו רב מזוגייא דמלכא
182 Nu11:11 יח מטולהון דכל עמה האלין עלי:
183 Nu14:39 ומליל משה יח פתגמיה האלין עם כל בני ישראל ואתאבלו
184 Ex11:10 עבדו יח כל נסייה האלין קודם פרעה ותוקף ייי יח
185 Nu 7:13 תרין מ{{י}}ניה האלין קרב יתהון מליין פייליתא
186 Nu 7:19 בית קודשה תרין מנייה האלין קרב יתהון מליין פייליתה
187 Nu 7:25 בית קודשה תרין מנייה האלין קרב יתהון פייליתה מליין
188 Nu 7:31 בית קודשה תרין מנייא האלין קרב יתהון מליין פייליתה
189 Nu 7:37 בית קודשא תרין מנייה האלין קרב יתהון מליין פייליתה
190 Nu 7:43 בית קודשה תרין מנייה האלין קרב יתהון מליין פייליתה
191 Nu 7:49 בית קודשה תרין מנייה האלין קרב יתהון מליין פייליתה
192 Nu 7:55 בית קודשה תרין מנייה האלין קרב יתהון מליין פייליתה
193 Nu 7:61 בית קדשה תרין מנייה האלין קרב יתהון מליין פייליתה
194 Nu 7:67 בית קודשה תרין מנייה האלין קרב יתהון מליין פליתה
195 Nu 7:73 בית קודשה תרין מנייה האלין קרב יתהון מליין פלייתה
196 Nu 7:79 בית קודשה תרין מנייה האלין קרב יתהון מליין פייליתה
197 האלן Ex10:28M למימ' דלא מלייא קשיתא האלן דאת אמ' לי ברם בעי אנא
198 הליין Ex32:31M ייי אתחייבו עמא הליין#2#/ \חובין רברבין /חובה

## האינון *pron.* those [158]

001 האינון Dt18:09 כמרחקתהון דאתרא «ה»אינון:
002 Dt19:17 יהוון ממניין ביומיא האינון:
003 Dt29:02 אתייה ופרישתה רברבייה האינון:
004 Nu16:14M העיניהון דגוברייא האינון אין את מנקר לית אנן
005 Nu14:38M מן גובריה האליין/האינון#2#/ דאזלו למיללה יח
006 Dt29:17 טעוותהון {{דאומיה}} האינון דלא יהווי בכון גבר דלביה
007 Gn 6:04M שריין בארעא ביומי' האינון ולחד מן בתר מן די יזדמנו
008 Gn 6:04 הוון בארעא ביומיה האינון ולחוד מן בתר כדין די עלו
009 Ex 2:23 והוה ביומיא סגיאייה האינון ומית מלכא דמצרים ואתנחו
010 Ex 2:11 והוה ביומ<י>א האינון ורבה משה ונפק לוות אחוי
011 Dt26:03 ממני כהנא רבא ביומיה האינון ותימרון לה אודינן ושבחינן
012 Dt17:09 דייהווי ממני ביומיא האינון ותתבעון ויתנון לכון יח
013 Nu24:23 אלווי מן ייחי ביומיא האינון כד ישווי ייי תקוף רוגזיה
014 Dt28:65 ובאומייה האינון לא תתניחון ולא יהווי נייח
015 Nu 9:07 ואמרין גברייא האינון ליה אנן מסאבין בטמא נפש
016 האנון Ex12:33M ישראל הכה אוף שעה /האנון הכה בני ישראל שעה#2#/
017 ההנון Dt18:09M «ה»אינון /דאומיא ההנון#2#/:
018 Dt19:17M ממניין ביומיא האינון/ההנון#2#/:
019 Dt29:02M רברבייה האינון/ההנון#2#/:
020 Dt28:65M ובאומייה האינון/ההנון#2#/ לא תתניחון ולא
021 Dt29:17M {{דאומייה}} האינון/ההנון#2#/ דלא/ולא#2#/ יהווי

## הבהב *vb.* to parch [158]

001 מהבהב quadr. Ex12:09 לא תיכלון מיניה מהבהב ואף לא שליק מבשל במיא
002 Lv 2:14 דביכורין לשמה דייי מהבהב קלי בנורא גרש פריחין תקרב

## הבל *n.* vapor [158]

001 בהבלייה p em/sf Dt28:29 היך מה דממשש סמייה בהבלייה ולא יצלחן אורחתכון

## הגי *vb.* to think, to study [158]

001 הגיין peal Dt11:19 יתהון לבניכון ותהוון הגיין בהון במייתביכון בגו
002 Dt 6:07 יתהון לבניכון ותהוון הגיין בכון במייתבכון בגו בתיכון

## הגיין *n.* thought [158]

001 הג' s ab/cn Gn 6:05M הגיין /מחשבות טובא הג'#2#/ ביש כל יומא/יומיא#2#/:
002 הגיין Gn 6:05 מחשבת לבהון לח{זי}<ד> הגיין ביש כל יומא:
003 Gn 8:21 דבני אנשא לה{ו}ון הגיין ביש מן טליותיהון ולא אוסף
004 הגין Nu11:01 והוה עמה כמתרעמין הגין ביש במשמעה דייי ושמע קדם

## הדה *pron.* this (f.) [153 s.v. דן]

001 הדא Gn21:30 ארום חפירית יח בארה הדא:
002 Ex33:13 ארום עמך אומתא רבתה הדא:
003 Gn28:15 ואחזור יתך {לתר} לארעא הדא ארום לא ישבוק מימרי עמך עד
004 Dt26:09 הדין ויהב לן יח ארעא הדא ארע עבדה פירין טבין נקיין

| | | | | |
|---|---|---|---|---|
| 005 | Nu22:30 | דגבריה האליין לית | הדא | אתנתה דידי שאלה היא הלא |
| 006 | Dt13:15 | פתגמא אתעבדת מרחקתה | הדא | ביניכון: |
| 007 | Ex32:13 | ככוכבי שמיא וכל ארעא | הדא | דאמרת אתן לבניכון ויחסנון |
| 008 | Gn31:51 | איגרא הדין והא קיימתא | הדא | די אקימית ביני ובינך: |
| 009 | Gn33:08 | ואמר מן לך כל משריתא | הדא | די ארעת ואמר למשכחא חן |
| 010 | Gn28:22 | ואבנא | הדא | דישווית קיימא יהווי |
| 011 | Ex 4:26 | מה חביב דם ^גזירתא#2#^ | הדא | דשיזב לחתניה הדין מידא |
| 012 | Gn24:05 | אתתא למיתי בתרי לארעא | הדא | הא מחזרה אחזור ית ברך |
| 013 | Ex 9:14 | ארום בזמנא | הדא | הא אנה משלח ית כל מחוותיי |
| 014 | Ex15:01M | תושבחתה /שבח שירתא | הדא#2#/ | הדה קדם ייי ואמרין |
| 015 | Gn24:07 | למימר לבניך אתן ית ארעא | הדא | הוא ישלח מלאכא דרחמין קדמך |
| 016 | Gn26:03 | אתותב בארעא | הדא | ואהווה במימרה עמך ואברך |
| 017 | Gn39:09 | והיכדין אעבד בישתא רבתא | הדא | ואחטי קדם אלהי: |
| 018 | Gn18:10 | מחזר אחזר לוותך בשעתא | הדא | והא בר דכר לשרה אתתך |
| 019 | Gn31:13 | כדון קום פוק מן ארעא | הדא | וחזור לארעא תלדוותך: |
| 020 | Gn43:15 | ונסבו גבריא ית דורון | הדא | וכסף מכופלה נסבו בידיהון |
| 021 | Gn18:14 | אחזור לוותך בשעתא | הדא | ולשרה בר דכר: |
| 022 | Ex 8:28 | פרעה ית לבה לחוד בזמנא | הדא | ולא שלח ית עמא: |
| 023 | Dt10:10M | /להוד#2#/ בזמנה | ההיא/הדא#2#/ | ולא הווה רעווה |
| 024 | Gn20:06M | ואתחס{ב}<כ>ת אף אנא | /הדא | ומנעית אוף א'#2#/ יתך |
| 025 | Gn46:30 | ליוסף אולי אנה מית | הדא | זימנא לא מיתת מן בתר דחמת |
| 026 | Gn 2:23 | ואמר אדם | הדא | זמנא ולא עוד תתברא אתה מן |
| 027 | Ex 9:27 | ולאהרן ואמר להון חטית | הדא | זמנא ייי הוא צדיקיא ופרעה |
| 028 | Ex10:17M | /להוד#2#/ \בזמנא הדין | /הדא | זמנא#2#/ וצלון קדם ייי |
| 029 | Dt 5:24M | להבי אשתה יומא | הדין/הדא#2#/ | חמינן |
| 030 | Dt 3:12 | וית ארעא | הדא | ירתינן בשעתה ההיא מן |
| 031 | Dt 5:03M | /יהיבין הכא#2#/ יומה | הדין/הדא | כולנן#2#/ חיין וקיימין: |
| 032 | Gn50:24 | ויסק יתכו«ן» מן ארעא | הדא | לארעא די קיים לאברהם |
| 033 | Ex 3:08 | ולמסקא יתכון מן ארעא | הדא | לארעא טבא ופתיא לארעא עבדא |
| 034 | Gn34:04 | אבוי למימר אסב ית רביתה | הדא | לאתה: |
| 035 | Gn48:04 | צדיקין ואתן ית ארעא | הדא | לבניך מן בתרך אחסנות עלם: |
| 036 | Gn31:52 | הדין <....> וית קיימתא | הדא | למבאשא: |
| 037 | Gn15:07 | דכשדאי למיתן לך ית ארעא | הדא | למירת יתה: |
| 038 | Gn15:18 | למימ' לבניך אתן ית ארעא | הדא | מנילוס דמצרים עד נהרא רבה |
| 039 | Ex 4:25 | וכפר כען אדם גזירתה | הדא | על חובוי דחתניה הדין: |
| 040 | Ex10:29 | ומחתא מתכליד מנך ומחתה | הדא | עשירייה הי לפרעה מן בכוריה |
| 041 | Gn37:33 | ותכם יתה ואמר | הדא | פרגודא דברי חיוה בישא אכלת |

## הדה

| | | | | |
|---|---|---|---|---|
| 042 | Gn20:05M | /כף#2#/ ידי עבדת | דא/הדה#2#/: | |
| 043 | Gn42:21 | כך אתת עלינן עקתה רבתה | הדה: | |
| 044 | Nu 5:30M | האליין% /שבח אורייתה | הדה#2#/: | |
| 045 | Dt 4:22 | ותירתון ית ארעא טבתה | הדה: | |
| 046 | Dt29:13 | קיימה הדין וית שבועתה | הדה: | |
| 047 | Dt29:26 | דכתיבין בספר אורייתה | הדה: | |
| 048 | Dt29:28 | ית כל פתגמי אורייתה | הדה: | |
| 049 | Dt31:12 | למעבד ית כל מילי אוריתה | הדה: | |
| 050 | Dt 5:25 | ארום תאכל יתן אשתה רבתה | הדה | אין מוספין אנן למשמע ית קל |
| 051 | Gn31:52 | הדין וסהדא היא קיימתא | הדה | אן אנא לא אעבור ואייתי |
| 052 | Dt30:10 | דכתיב בספר אורייתה | הדה | ארום תחזרון קדם ייי אלהכון |
| 053 | Dt17:04 | פתגמא אתעבדת מרחקתה | הדה | בישראל: |
| 054 | Dt22:21 | יתה ארום עבדת מרחקתה | הדה | בישראל למזנייה בייתיה |
| 055 | Dt17:18 | לה ית תניי אוריתה | הדה | בגו ספר מן קדם ^כהנייה |
| 056 | Dt31:24 | ית ^כל#2#^ מילי אורייתה | הדה | בגו ספר עד זמן די אשלם |
| 057 | Ex13:10 | ית קיימיה דאורייתא | הדה | בזימנא מן עדן יומין לעדן |
| 058 | Dt31:22 | וכתב משה ית שבח שירתה | הדה | ביומא ההוא ואלף יתה ית בני |
| 059 | Dt27:03 | ית כל פתגמי אוריתה | הדה | במעברכון מן בגלל די תעלון |
| 060 | Dt32:44 | ית ^כל#2#^ שבח שירתה | הדה | במשמעהון דעמא הוא ויהושע |
| 061 | Ex17:14M | כתב \דא דוכרן טב בספרא | /הדה | בספר#2#/ ושוי במשמעה |
| 062 | Gn38:25 | עקתהון עני יתי בשעתא | הדה | דהיא שעת אננקי אלהא דעני |
| 063 | Nu14:27 | עד אימת לכנישתה בישתה | הדה | די אינון מתרעמין קדמיי |
| 064 | Nu14:35 | דא אעבד לכל כנשתה בישתה | הדה | די אתרעמו קדמי«י» במדברה |
| 065 | Dt 4:08 | זכיין ככל גזירת אוריתה | הדה | די אנה סדר קדמיכון יומא |
| 066 | Dt11:22 | מטור תטרון ית כל מצוותה | הדה | די אנה מפקד יתכון למעבד |
| 067 | Dt15:05 | למעבד ית כל מצוותה | הדה | די אנה מפקד יתכון יומא |
| 068 | Dt30:11 | ארום מצוותה | הדה | די אנה מפקד יתכון יומא |
| 069 | Dt28:58 | ית כל פתגמי אוריתה | הדה | דכתבין בספר אוריתה הדין |
| 070 | Nu11:06M | תליין בה /אלהן מנתה | הדה | דעיינינן חמיין#2#/: |
| 071 | Nu16:21 | אתפרשו מן גו עם כנשתה | הדה | ואישצי יתהון כקליל זעיר: |
| 072 | Dt31:19 | כתבו לכון ית שבח שירתה | הדה | ואלף יתה ית בני ישראל |
| 073 | Nu17:10 | אתפרשו מן גו עם כנישתה | הדה | ואשיצי יתהון כקליל זעיר |
| 074 | Dt 9:04 | יתן ממרה למירת ית ארעא | הדה | ובחוביהון דאומייה האליין |
| 075 | Gn12:07 | ליה לבניך אתן ית ארעא | הדה | ובנה תמן מדבח לשם ממרי' |
| 076 | Dt31:09 | וכתב משה ית אוריתה | הדה | ויהב יתה לכהניה בני שבטה |
| 077 | Gn38:25 | למיחמי יתהון בשעתא | הדה | ויפרוק יתי מן דינא רבא |
| 078 | Gn21:10 | טרוד ית אמתא | הדה | וית ברה ארום לא יירת ית |
| 079 | Dt17:19M | /פתגמי שבח אורייתה | הדה | וית קיים#2#/ האיליין |
| 080 | Nu14:08 | בן ייי וייתי יתן לארעא | הדה | ויתן יתה לן ארע דהיא עבדה |
| 081 | Dt29:08 | ותיטרון ית מילי קיימה | הדה | ותעבדון יתהון מן בגלל |
| 082 | Dt29:08M | הדה /שבח אורייתה | הדה#2#/ | ותעבדון יתהון מן בגלל |
| 083 | Dt31:26M | סבו ית ספר אוריתה | הדין/הדה#2#/ | ותשוון יתה מן סטר |
| 084 | Gn18:32M | ואמלל לחוד \זמנא | הדין/הדה | זמנא#2#/ מה דילמה |
| 085 | Gn30:20 | זבד יתי ייי זבידין טבין | הדה | זמנא יזבוד יתי בעלי ארום |
| 086 | Ex 9:27M | דסרבית על מימריה דייי | הדה | זמנא גלי#2#/ ייי הוא |
| 087 | Gn29:35 | תוב וילידת בר ואמרת | הדה | זמנה נודי ונשבח קדם ייי |
| 088 | Dt28:61 | לא כתיבין בספר אורייתה | הדה | יגרי ייי עליכון עד זמן די |
| 089 | Nu14:35 | אתרעמו קדמי«י» במדברה | הדה | יספון ותמן ימותון: |
| 090 | Dt27:08 | ית כל פתגמי אוריתה | הדה | כתיב חקיק ומפרש יאות |
| 091 | Dt18:16 | דייי אלהן וית אשתה רבתה | הדה | לא אחמי תוב ולא אמות: |
| 092 | Gn24:08 | בתרך ותזדכי מן שבועתי | הדה | לחוד ית ברי לא תחזור לתמן: |
| 093 | Dt 4:22 | ארום אנה מתכנש בארעא | הדה | לית אנה עבר ית ירדנה ואתון |
| 094 | Dt28:58M | ודחילה הדין מן קדם ייי | /הדה | למידחול ית שמה קדישה |
| 095 | Dt 1:05 | למפרשה ית ספר אורייתה | הדה | למימר: |
| 096 | Dt 3:18 | אלהכון יהב לכון ית ארעה | הדה | למירת יתה מזיינין תעברון |
| 097 | Dt 9:06 | יהב לכון ית ארעא טבתה | הדה | למירת יתה ארום עם קשין קדל |
| 098 | Dt19:09 | ארום תטרון ית כל מצוותה | הדה | למעבד יתה דאנה מפקד יתכון |
| 099 | Dt27:26M | ית מילי שבח אורייתה | הדה#2#/ | למעבד יתהון ויאמרון |
| 100 | Dt27:26 | לא יקים ית פתגמי אוריתה | הדה | למעבד יתהון ויאמרון כל עמה |
| 101 | Nu14:03 | כען ייי מעל יתן לארעא | הדה | למפל בחרבה נשינן וטפלינן |
| 102 | Dt31:19 | דתהווי לי שבח שירתה | הדה | לסהדו בבני ישראל: |
| 103 | Nu32:05 | וחסד באפך יתיהב ית ארעא | הדה | לעבדך ולאחסנה לא תעבר יתן |
| 104 | Dt31:11 | יתרעי תקרא ית אורייתה | הדה | לקבל כל ישראל |
| 105 | Dt29:23 | ממרה דייי כדן עבד לארעה | הדה | מה תקיף הוא רוגזיה רבה |
| 106 | Dt19:20M | כפתגמא \בישה הדין | /הדה | מן בישה#2#/ ביניכון: |
| 107 | Gn 2:23M | היך מה דאתברית | דא/הדה#2#/ | מני גרם מן גרמי ובשר |
| 108 | Dt22:14 | שם בישן ויימר ית אתתה | הדה | נסבית וקרבית לוותה ולא |
| 109 | Nu21:17 | ישראל ית שירת תושבחתה | הדה | סוקי בירא הוון מזמרין ליה |
| 110 | Dt31:30 | דישראל ית מלי שירתה | הדה | עד זמן דאשלם יתהון: |
| 111 | Dt17:16M | באורחא \הדין תוב | /הדה | עוד#2#/ עד לעלם: |
| 112 | Gn21:10 | לא יירת ית ברה דאמתה | הדה | עם ברי עם יצחק: |

113 Ex15:01 ית שירת תושבחתה הדה קדם ייי ואמרין למימר נודי
114 Dt 6:25 נטור למעבד ית כל מצוותה הדה קדם ייי אלהן היך מה די פקד
115 Dt31:21 ועקין ותענה שבח שירתה הדה קדמיי לסהדו ארום לא תנשה
116 Gn19:20 הא כען קרתא הדה קריבה למערק לתמן והיא
117 Nu14:14 ואמרין לדיירי ארעא הדה שמעו ארום את הוא דאיקר
118 Lv25:13 בשתה דיובלה הדה תחזרון גבר לא<ח>סנתיה:
119 בהדא Gn46:28M יהודה שלח קדמוי לוות/בהדא #2# דורון לוות/ יוסף
120 Gn29:34 וילדת בר ואמרת כדון בהדא זמנא יזדמן לוותי בעלי ארום
121 Gn30:20M יתי בעלי ארום/כדו בהדא זמנא יזדמן בעלי לוותי
122 Gn46:30M הוינא מאית בהדא זמנא כילו עליי דלא מיתת
123 Ex 7:17M בדא תדע/מימריה דייי בהדא #2# זמנא תדע #2#/ ארום אנה \
124 Gn29:35M בר ואמרת הדה/כדו בהדא #2#/ זמנה נודי ונשבח
125 Gn34:15M לחוד/<ל>ה<וד>#2#/ בדה/בהדא #2#/ נתערב לכון אן תהוון
126 Nu16:28M ואמר משה בדא/בהדא #2#/ תדעון ארום מן קדם
127 Gn34:22M לחוד בדה/בהדא #2#/ אתערבו/ית/ #2#/ לנא
128 בהדה Dt18:06M מן חדא/ליואי בהדה #2#/ מן קורייכון/קרייכ #2#/
129 Lv22:27 אננקי דדהון עני יתן בהדה שעתה ושמע בקל צלותן ואדכר
130 והדא Ex21:34 ישלם כסף יחזר למרוי והדא דמיתה תהוי דידיה:
131 Gn45:28M נחמתא אסתכיתי למחמי והדא ניחמותא לא סברית {ס}<ת>וב
132 כהדא Gn45:23M ולאבוי שלח \כדורון דא /כהדא #2#/ עשרה חמרין
133 Lv16:03M "כהדן ... משריתא": כהדא מצוותה יעול אהרן ביומא
134 להדא Gn 2:23 מן גרמי ובשר מן בשרי להדא יאי למתקריה «אתה» ארום
135 Ex 7:23M לביה \אף לדא /אוף להדא #2#/ מח«ו»תה/מררותא #2#/:
136 להדה Dt 3:05 קורי מבדרתה סגין להדה:

## הדור ⇐ adj. הדיר

## הדיוט *n.* unlearned, simple

[158]

001 הדיוט s ab/cn Gn28:17 «לית אתרא הדין» אתר הדיוט ארום אתר מזומן מן קדם ייי
002 Gn28:17M ולית דין אתרה אתר הדיוט ברם אלאהן אתר מזמן
003 Ex30:32 על בשרא דבר נש הדיוט לא יתמשח ובדמותה לא
004 להדיוטין p abs Dt28:44 למלכין ואתון תהוון להדיוטין:
005 Dt28:13 יתכון ייי למלכין ולא להדיוטין ותהוון «לחוד» רמין

## הדייה *n.* sprinkling

[158]

001 הדיה s ab/cn Nu19:21M מסאב /כל דיקרוב במי הדיה יסתאב #2#/ עד רמשה:
002 הדייה Nu19:13M מישראל ארום מי אדיא/הדייה #2#/ לא אזרק/זרק #2#/ עלוי

## הדין *pron.* this

[153 s.v. דן]

001 הדין Gn 7:01 חמי' צדיק קדמי בדרה הדין:
002 Gn19:37 דמואביה עד זמן יומא הדין:
003 Gn19:38 עמוניי עד זמן יומא הדין:
004 Gn20:10 ארום עבדת ית פתגמא הדין:
005 Gn21:26M לא ידעת עד זמן יומא הדין
006 Gn21:26 ארום אלהי{ם}<ן> יומא הדין:
007 Gn26:33 באר שבע עד זמן יומא הדין:
008 Gn31:01M נכסיא האלין /איקרא הדין #2#/:
009 Gn34:31M בגין כן עבדינן פתגמ' הדין
010 Gn35:20 דרחל עד זמן יומא הדין:
011 Gn40:07 מן אפיכון בישן יומא הדין:
012 Gn40:14 יתי מן בית חבושא הדין:
013 Gn41:09 סרחנוי אנה מדכר יומא הדין:
014 Gn48:15 יתי מן טליותי עד יומא הדין:
015 Ex 2:18 מה אוחיתון למיתי יומא הדין:
016 Ex 3:12 תפלחון קדם ייי על טורא הדין:
017 Ex 4:25 הדא על חובוי דחתניה הדין:
018 Ex 5:14 לחוד אתמול ולחוד יומא הדין:
019 Ex10:17 מעלוי לחוד ית מותנא הדין:
020 Ex12:25 ותיטרון ית פולחנא הדין:
021 Ex13:05 ית פלחנא הדין בירחא הדין:
022 Ex32:24M ונפק מיניה דמות עגלה הדין
023 Nu14:32 אתון יפלון במ«ד»ברה הדין:
024 Dt 1:06 סגין לכון למישרי בטורא הדין:
025 Dt 1:31 עד מיעלכון עד אתרה הדין:
026 Dt 2:22 באתריהון עד זמן יומא הדין:
027 Dt 2:30 יתיה בידיכון ביומא הדין:
028 Dt 3:26 למללה קדמי תוב בפתגמא הדין:
029 Dt 3:27 ארום לא תעיבר ית ירדנה הדין:
030 Dt 4:04 וקיימין כולכון יומא הדין:
031 Dt 4:08 אנה סדר קדמיכון יומא הדין:
032 Dt 4:20 דייי לעם אחסנה כיומא הדין:
033 Dt 4:38 ית ארעהון לאחסנה ביומא הדין:
034 Dt 6:24 למקיימה יתן הכזמן יומא הדין:
035 Dt 7:10M דאיתי בידיה בעלמא הדין
036 Dt 8:11 די אנה מפקד יתכון יומא הדין:
037 Dt 8:18 די קיים לאבהתכון כיומא הדין:
038 Dt10:08 ממרה קדישה עד זמן יומא הדין:
039 Dt10:15 מן כל אומייה כיומא הדין:
040 Dt11:04 ממרה דייי עד זמן יומא הדין:
041 Dt11:05 עד מעלכון עד אתרה הדין:
042 Dt11:27 די אנה מפקד יתכון יומא הדין:
043 Dt11:32 אנה סדר קדמיכון יומא הדין:
044 Dt15:05 די אנה מפקד יתכון יומא הדין:
045 Dt15:15 פתגמא הדין #2#^ יומא הדין:
046 Dt21:08 ויתכפר להון אדמה הדין:
047 Dt22:26 בנפשיה כדן הוא פתגמא הדין:
048 Dt24:18 למעבד ית פתגמא הדין:
049 Dt24:22 יתכון למעבד ית פתגמא הדין:
050 Dt27:01 די אנה מפקד יתכון יומא הדין:
051 Dt27:10 דיאנה מפקד יתכון יומא הדין:
052 Dt29:03 ואדנין למשמע עד יומא הדין:
053 Dt29:11 מקיים עמכון יומא הדין:
054 Dt29:14 עמן קיימין הכה יומא הדין:
055 Dt29:20 דכתיבין בספר אורייתה הדין:
056 Dt29:23 מה תקיף הוא רוגזיה רבה הדין:
057 Dt29:27 יתהון לארע אחרני כיומא הדין:
058 Dt30:08 כען מפקד יתכון יומא הדין:
059 Dt31:02 לי לא תעבר ית ירדנה הדין:
060 Dt34:06 ית קבורתיה עד זמן יומא הדין:
061 Gn31:52 ואייתי לוותך ית איגרא הדין <....> וית קיימתא הדא
062 Dt11:28 די אנה מפקד יתכון יומא הדין <....> {ולווטייה} אחרניין
063 Gn15:01 בעלי דבבך קדמיך בעלמא הדין אגר עובדיך טביא מתקנין לך
064 Dt 7:10 ומשלם לשנאוי בעלמא הדין אגר עובדהון טבייה מן בגלל
065 Dt27:09 אציתו ושמעו ישראל יומא הדין איתמניתון לאומה קדם ייי
066 Nu14:02 דמצרים או במדברה הדין אלווי מי{ו}תינן:
067 Ex14:25 כד חמון מצריי תושבחתא הדין אמרין אלין לאלין נערק מן

|  |  | | | |
|---|---|---|---|---|
| 068 | Nu32:20 | משה אם תעבדון ית פתגמה | הדין | אן תזיינון קדם ייי לחיל |
| 069 | Gn19:05M | לוותך בליליא/ליליה | הדין#2#/ | אפיק יתהון לוותן ונחכם |
| 070 | Ex12:51 | והוה היך זמן יומא | הדין | אפיק ייי ית בני ישראל |
| 071 | Dt 2:07M | ית מדברה רבה | דנה/הדין#2#/ | ארבעין שנין ייי |
| 072 | Gn 3:24 | מצוותה דאוריתא בעלמא | הדין | ארום אילן דחיין היא |
| 073 | Gn19:13 | אנן ית א{רת}<תר>א | הדין | ארום סגת קבלתהון קדם ייי |
| 074 | Gn19:14 | קומו פוקו מן א{רת}<תר>א | הדין | ארום מחבל ייי ית קרתא והוה |
| 075 | Gn25:30 | יתי כען מן תבשילא סמוקא | הדין | ארום משלהי אנה בגין כדין |
| 076 | Gn32:33 | על כף ירכא עד זמן יומא | הדין | ארום קרב בכף ירכיה דיעקב |
| 077 | Lv23:28 | לא תעבדון הכזמן יומא | הדין | ארום יום צומה דכיפורייה |
| 078 | Dt 5:03 | אבהתן קיים ייי ית קיימה | הדין | ארום אלהן עמן הא אנן כולן |
| 079 | Dt 8:19 | הא אסהידית בכון יומא | הדין | ארום מסתפה תספון: |
| 080 | Dt 9:03 | ותידעון יומא | הדין | ארום ייי אלהכון דאיקר |
| 081 | Dt11:02 | ותידעון יומא | הדין | ארום לא ית בניכון די לא |
| 082 | Dt30:18 | הא תניית לכון יומא | הדין | ארום מסף תספון ולא תסגון |
| 083 | Dt 2:25 | יומא | הדין | אשרי למיתן פחדכון ודחלתכון |
| 084 | Gn 7:11 | לירחא היך זמן יומא | הדין | אתבזעו כל מבועי תהומא רבה |
| 085 | Gn22:14 | ית יצחק ברה ובטורא | הדין | אתגלי«ית» עלוי איקר |
| 086 | Gn17:26M | דין/היך זמן יומא | הדין#2#/ | גזר/אתגזר#2#/ אברהם |
| 087 | Ex13:04 | יומא | הדין | אתון נפקין פריקין בזמן |
| 088 | Gn28:17 | אתרא הדין «לית אתרא | הדין» | אתר הדיוט ארום אתר מזומן |
| 089 | Ex 9:05M | /ממריה דייי סימנא | הדין#2#/ | בארעא: |
| 090 | Ex 9:05 | מחר יעבד ייי פתגמייא | הדין | בארעא: |
| 091 | Gn38:25 | מיני סב לי יקד בעלמא | הדין | באשא טפיא ולא ניקוד בעלמא |
| 092 | Gn31:48 | הדן סהד ביני ובינך יומא | הדין | בגין כדין קרא שמה גלעד: |
| 093 | Ex13:10M | "קיימיה ... יומין": קיימה | הדין | בזימנא למיהון עבדין יתיה |
| 094 | Dt27:04 | די אנא מפקד יתכון יומא | הדין | בטורא דעיבל ותשועון יתהון |
| 095 | Nu 9:03 | בארבעת עשר יומין לירחה | הדין | ביני שמשתה תעבדון יתיה |
| 096 | Dt13:12 | למעבד כפיתגמא בישה | הדין | ביניכון: |
| 097 | Dt19:20 | למעבד תוב כפתגמא בישה | הדין | ביניכון: |
| 098 | Ex13:05 | כדבשא ותפלחון ית פלחנא | הדין | בירחא הדין: |
| 099 | Ex16:03 | הדין למקטלא ית כל קהלא | הדין | בכפנא: |
| 100 | Dt27:03M | \שבח#2# אוריתה | הדה/הדין#2#/ | במעברכון/בזמן די |
| 101 | Ex32:29 | ולמשויה עליכון יומא | הדין | ברכן ^סגיא#2#^: |
| 102 | Gn40:12 | אגרין דחלמת חלמא טבא | הדין | ברם פתרוניה דחלמא לא הוה |
| 103 | Dt12:08 | מה דאנן עבדין הכה יומא | הדין | גבר כל דשפר ותקן באפוי: |
| 104 | Gn38:25 | אשא טב לי בהית בעלמא | הדין | דהוא עלם עבו{ד}<ר> ולא |
| 105 | Gn37:06 | ואמר להון שמעו כען חלמא | הדין | די חלמית: |
| 106 | Gn37:10 | אבוי ואמר ליה מה חלמא | הדין | די חלמת הא מייתי ניתי אנא |
| 107 | Gn37:22 | זכיי טלקו יתיה לגובא | הדין | די במדברא וידא דקטולין לא |
| 108 | Ex18:14 | לעמ«א» ואמר מה פתגמא | הדין | די את עבד לעמא מן בגלל מה |
| 109 | Ex33:17 | ייי למשה להוד ית פתגמא | הדין | די {מ}מללת אעבד ארום אשכחת |
| 110 | Dt 4:40 | די אנה מפקד יתכון יומא | הדין | די ייטב לכון ולבניכון |
| 111 | Dt32:46 | די אנה משהד בכון יומא | הדין | די תפקדון ית בניכון למטור |
| 112 | Gn18:25 | מן קדמיך מן למעבד פתגמא | הדין | דיינא דדיינין כל דיירי ארעא |
| 113 | Gn19:21 | נסבית לך אפין אף לפתגמא | הדין | דלא מיפך ית קרתא די מללתא: |
| 114 | Nu31:50 | מנן עם חדה מנהון בעלמא | הדין | דלא מהוי עמה בגיהינם בעלמא |
| 115 | Gn39:10 | אליה למשמשה עמה בעלמ' | הדין | דלהא למהוי עמה לעלמא דאתי: |
| 116 | Nu21:05 | ונפשן אתיעקת בלחמה | הדין | דמיכליה קליל: |
| 117 | Dt 1:01 | אמרתון נפשן מעיקה בלחמה | הדין | דמיכליה קליל ובחצרות נפלו |
| 118 | Nu21:06M | /למימר נפשן מעיקה בלחמה | הדין | דמכלי{י}ה קליל בגין כן |
| 119 | Ex13:03 | לעמא הוון דכירין יומא | הדין | דנפקתון פריקין ממצרים מן |
| 120 | Ex34:11 | מה די אנה מפקד יתך יומא | הדין | הא אנה טרד מן קדמיך ית |
| 121 | Lv10:19 | אכלית מן חטאתה יומא | הדין | הא שפר {קדם} הווה <קדם> |
| 122 | Nu16:30M | מיתותה בעלמא לעלמא | הדין | הא טב ואין לא תתברי כדון |
| 123 | Nu22:30 | עליי מן טליותך עד יומא | הדין | הא מתכוונה מתכוונת למעבד |
| 124 | Nu14:13 | אסקית בחילך ית עמה | {הדין} | האליין מן ביניהון: |
| 125 | Gn43:29 | אחוי ברה דאמה ואמר | הדין | הוא אחוכון זעירא דאמרתון |
| 126 | Gn 4:08 | לעלמא דאתי על עסק פתגמא | הדין | הוון תריהו' מדיינין באפי |
| 127 | Gn 3:24M | מן {ה}<ד>נטר יתה בעלמא | הדין | הוי חי וקיים מאילן חייא |
| 128 | Gn 3:24 | היא אוריתא לפלחי בעלמא | הדין | היך פירי אילן חייא: |
| 129 | Gn17:23 | בשר ערלתהון בזמן יומא | הדין | היך מה דימליל עמה ייי: |
| 130 | Lv 8:34M | היך כמה דעבד <ביומא> | הדין | הכדין פקד ייי למעבד שבעה |
| 131 | Dt32:49 | סוק לטור עברייה | הדין | הר נבו די בארע' דמאב די |
| 132 | Nu22:19 | כען הכה אוף אתון בליליה | הדין | ואדע מה יוסיף מן קדם ייי |
| 133 | Ex 2:09 | דפרעה אייבילי ית טליא | הדין | ואוניקי יתה לי ואנה אתן ית |
| 134 | Nu22:08M | \וליליא ואתיב /ליליא | הדין | ואחזור#2#/ יתכון פתגם |
| 135 | Lv23:30 | כל עבידה הכזמן יומא | הדין | ואישיצי ית נפשה ההיא מן גו |
| 136 | Gn24:58 | לה הא תזלין עם גברא | הדין | ואמרית אזיל: |
| 137 | Gn28:16 | שכינה דייי דשריה באתרה | הדין | ואנה לית אנה ידע: |
| 138 | Gn21:26 | ידעית מן עבד ית פתגמא | הדין | ואף את לא תנית לי ולחוד |
| 139 | Gn15:01 | דהוה הוה מגן לך בעלמא | הדין | ואף על גב דמסרית בעלי דבבך |
| 140 | Ex12:12 | דמצרים בלילי פסחא | הדין | ואקטל כל בכוריה בארעא |
| 141 | Gn25:33 | יעקב אשתבע לי כיומא | הדין | ואשתבע לי' וזבין ית |
| 142 | Ex33:04 | עמא ית פתגמא בישא | הדין | ואתאבלון ולא שוון גבר מני |
| 143 | Gn26:11 | למימר מן דיקרב בגברא | הדין | ובאיתתיה מתקטל יתקטל: |
| 144 | Ex 2:15 | ושמע פרעה ית פתגמא | הדין | ובעה למקטל ית משה וערק |
| 145 | Ex 2:12M | ברוח נבואה בעלמא | הדין | ובעלמא דאתי וחמא והא לית |
| 146 | Lv10:19 | יתי א«ו» נסה רבה יומא | הדין | {ו}<ד>מיתו תרין נדב |
| 147 | Gn18:10M | א<ח>זור לוותך בעידנא | הדין | והא ביר#2#/ דכר לשרה |
| 148 | Gn31:51 | לבן ליעקב הא איגרא | הדין | והא קיימתא הדא די אקימית |
| 149 | Gn38:23 | לביזיון הא שלחית גדייה | הדין | והא כדון לא אשכחית יתה: |
| 150 | Ex10:06 | די הוון על ארעא עד יומא | הדין | ורז ונפק מן קדם פרעה: |
| 151 | Gn42:13 | והא זעירא עם אבונן יומא | הדין | וחד מנגן מן דנפק מן לוותן |
| 152 | Dt 3:25 | די בעבר ירדנה טורא טבה | הדין | וטור בית קודשה: |
| 153 | Dt26:09 | ואעיל יתן לארעא | הדין | ויהב לן ית ארעא הדא ארע |
| 154 | Nu12:12M | "מיתה ... זכותה": | הדין | וייחי דלא נובד זכותה |
| 155 | Dt28:15 | די אנה מפקד יתכון יומא | הדין | וייתון עליכון כל לווטייה |
| 156 | Ex12:06 | ארבעת עשר יומין לירחא | הדין | ויכסון יתיה כל קהל כנישתא |
| 157 | Dt29:19 | דכתיבין בספר אוריתה | הדין | וימחוק ייי ית שמיה |
| 158 | Ex12:03 | בעשרה יומין לירחא | הדין | ויסבון לכון גבר אימר |
| 159 | Dt28:01 | די אנה מפקד יתכון יומא | הדין | וישווי ייי אלהכון רמין |
| 160 | Gn47:23 | הא זבנית יתכון יומא | הדין | וית ארעא לפרעה שיבו לכון |
| 161 | Dt 3:25M | טור ציון טב | הדין | וית מקדשא |
| 162 | Dt29:13 | אנה כען מקיים ית קיימה | הדין | וית שבועתה הדה: |
| 163 | Dt29:18 | כדי שמע ית מילי לווטיה | הדין | ויתפייס במחשבת ליביה למימר |
| 164 | Dt29:18M | במחשבת ליביה /לווטה | הדין | ויתרברב בלביה#2#/ למימר |
| 165 | Gn32:11 | בחוטרי עברית ית ירדנא | הדין | וכדון הא אנה לתרתין |
| 166 | Ex14:13 | דייי די יעבד לכון יומא | הדין | וכיתא דהוות אמרה נחזור |
| 167 | Gn18:14M | \בשעתא הדא /בעידנה | הדין#2#/ | ולשרה בר/ביר#2#/ דכר: |
| 168 | Gn15:17M | אולפן אוריתא בעלמא | הדין | ולא נטרו פקודייא הוה כל |
| 169 | Gn15:17M | באולפן אורייתא בעלמא | הדין | ולא קיימו פקודייה |
| 170 | Gn22:16 | ארום חלף דעבדת ית פתגמא | הדין | ולא מנעת ית ברך ית יחידך: |
| 171 | Nu22:30 | בעיר מסאב ומיתה בעלמא | הדין | ולא אתייה לעלמא דאתי לית |
| 172 | Dt33:06 | יחי ראובן בעלמא | הדין | ולא ימות במותנה תניינה |
| 173 | Nu22:08 | ואמר להון אביתו הכה יומא | הדין | וליליא ואתיב יתכון פתגם |
| 174 | Gn15:01 | אגר מצוותה לך בעלמא | הדין | ולית לי חול' לעלמא דאתי או |
| 175 | Ex 9:18M | למחר ברד": בי<ו>מא | הדין | ולמחר ברד |

|  |  | | | |
|---|---|---|---|---|
| 176 | Ex19:10 | עמא ותקדש יתהון יומא | הדין | ולמחר ויחוורון לבושיהון: |
| 177 | Gn15:01M | {פ}<ת>ריס לך בעלמא | הדין | ומגן עלך כל יומיא ברם |
| 178 | Dt32:39 | הוא דממית חיין בעלמא | הדין | ומחיי מיתי בעלמא דאתי אנה |
| 179 | Dt29:06 | ואתיתון לאתרה | הדין | ונפק סיחון מלכא דחשבון |
| 180 | Gn31:52 | סהד אגרא | הדין | וסהדא היא קיימתא הדה אן |
| 181 | Gn24:12 | יזדמן לי כען קדמוי יומא | הדין | ועבד חסד עם רבוני |
| 182 | Gn19:34 | נשקי יתיה חמר אף ליליא | הדין | ועולי ושמש עמה ונקיים מן |
| 183 | Dt21:07 | ידינן לא שפכן ית אדמא | הדין | ועינינן לא חמון יתה: |
| 184 | Gn40:18 | תקבל אגר ביש דחלמת חלמא | הדין | ופתרוניה דחלמא לא אמר |
| 185 | Gn15:17 | אורייתא בחייהון בעלמ׳ | הדין | וצדיקיא על דנטרו יתה מן |
| 186 | Ex10:17 | כען לחוביי לחוד בזמנא | הדין | וצלון קדם ייי אלהכון ויעבר |
| 187 | Gn20:11 | דחלתה דייי יהיבה באתרא | הדין | וקטלין יתי על עסק שרה |
| 188 | Gn 3:24 | מצוותה דאורייתא בעלמא | הדין | וקיימו פקודיה אתקן גהינם |
| 189 | Gn15:17M | די פלחו בחייהון בעלמא | הדין | וקיימו פיקודייה ובזכותהון |
| 190 | Ex 1:18 | מן בגלל מה עבדתון פתגמא | הדין | וקיימתון טליא: |
| 191 | Dt26:03 | לה אודינן ושבחינן יומא | הדין | ושבחין יומא הדין קדם ייי |
| 192 | Dt22:07 | דייטיב לכון בע«ל»מא | הדין | ותארכון יומין לעלמא דאתי: |
| 193 | Nu27:12 | למשה סוק לטור עבריה | הדין | ותחמי ית ארעא די יהבית |
| 194 | Dt 5:01 | אנה ממלל במשמעכון יומא | הדין | ותלפון יתהון ותטרון למעבד |
| 195 | Dt31:26 | סבו ית ספר אוריתה | הדין | ותשוון יתה מן סטר ארון |
| 196 | Dt 4:39 | ותדעון יומא | הדין | ותתובון על לבבכון ארום ייי |
| 197 | Lv23:34 | יומין לירחא שביעיה | הדין | חגה דמטליה שבעה יומין קדם |
| 198 | Gn30:15M | יזדמן לותיך ליליא | הדין | חולף יבר״#2/ דבריך: |
| 199 | Dt 5:03 | הא אנן כולן הכה יומה | הדין | חיין וקיימין: |
| 200 | Nu34:15M | \דין הוא תחומא דתרין | /הדין | {חלה} חלקהון דתרין#2/ |
| 201 | Dt 5:24 | מן גו להבי אשתה יומא | הדין | חמינן: |
| 202 | Dt15:10 | לה ארום מן בגלל פתגמא | הדין | יברך יתכון ייי אל«ה»כון |
| 203 | Lv23:21 | חיין וקיימין הכזמן יומא | הדין | יום טב וארוע קדיש יהווי |
| 204 | Nu29:07 | יומין לירחא שביעיה | הדין | יום טב וארוע קדיש יהווי |
| 205 | Dt15:15 | מפקד יתכון ^ית פתגמא | הדין#2^ | יומא הדין: |
| 206 | Dt26:16 | יומא | הדין | ייי אלהכון מפקד יתכון |
| 207 | Lv16:30 | ארום ביומא | הדין | יכפר עליכון למדכיי׳ יתכון |
| 208 | Nu14:29 | במדברה | הדין | יפלון פגריכון וכל סכומיכון |
| 209 | Gn 4:07 | הלא אן תטיב עובדך בעלמא | הדין | ישתרי וישתבק לך בעלמ׳ דאתי |
| 210 | Nu22:04 | מדייניי כדון ישצון קהלא | הדין | ית כל קירויא די חזור חזור |
| 211 | Dt 1:35 | גבר בעמא האלין דרה בישה | הדין | ית ארעא טבתה דקיימת למיתן |
| 212 | Dt 2:18 | אתון עברין יומא | הדין | ית תחומיהון דמואביי ית |
| 213 | Dt 9:01 | אתון עברין «יומא | הדין» | ית ירדנה למיעול למירת |
| 214 | Dt30:15 | די סדרית קדמיכון יומא | הדין | ית סדר חייה וית טבתה וית |
| 215 | Dt30:19 | הא אסהדית בכון יומא | הדין | ית שמיא וית ארעא ית אורחה |
| 216 | Nu23:23 | בדבית ישראל בע{(׳)}דנא | הדין | יתאמר לבית יעקב טבתה |
| 217 | Dt13:01M | מפקד יתכון \יומא | הדין#2/ | יתיה תטרון למעבד לא |
| 218 | Ex21:31 | מן בני ישראל כסדר דינא | הדין | יתעבד ליה: |
| 219 | Dt33:21 | ונפק בראשי עמא בעלמא | הדין | כדין יהווי עליל ונפק בראשי |
| 220 | Dt 2:03 | סגין לכון למקפה ית טורא | הדין | כווינו לכון לצפונה: |
| 221 | Dt 1:10 | אתון סגין וקיימין יומא | הדין | ככוכבי שמיא לסוגי: |
| 222 | Ex14:13 | דחמיתון ית מצריי יומא | הדין | לא תוספון למיחמיה יתהון |
| 223 | Ex16:25 | יומא הדין קדם ייי יומא | הדין | לא תשכחון יתיה באפי ברא: |
| 224 | Nu20:05 | למיעל יתן לאתרה בישה | הדין | לא אתר שפר לבית זרע ולא |
| 225 | Dt22:20 | ואין קשוט הוה פתגמא | הדין | לא אשתכחו סהדוון לרביתה: |
| 226 | Dt28:14 | די אנה מפקד יתכון יומא | הדין | לא לימינה ולא לשמאלה למיזל |
| 227 | Dt30:11 | די אנה מפקד יתכון יומא | הדין | לא כסייה היא מנכון ולא |
| 228 | Dt22:16 | ית ברתי יהבית לגברא | הדין | לאתה וסני יתה: |
| 229 | Nu20:12 | כדן לא תיעלון ית קהלה | הדין | לאתרא די יהבית להון: |
| 230 | Dt17:05 | די עבדו ית פתגמא בישה | הדין | לגו קורייכון ית גוברא או |
| 231 | Ex12:17 | דמצרים ותטרון ית יומא | הדין | לדריכון לקיים עלם: |
| 232 | Dt 5:29 | יתן ויהוי לבה שלמה | ^הדין#2^ | להון למדחול מן קדמי |
| 233 | Dt 5:29M | יהווי לבה טבה | הדין | להון |
| 234 | Gn 4:07 | לא תיטב עובדך בעלמא | הדין | ליום דינא רבה חטאך נטיר |
| 235 | Gn28:17 | ואמר מה דחיל הוא אתרא | הדין | «לית אתרא הדין» אתר |
| 236 | Dt 1:32 | ובפתגמא | הדין | לית אתון מהיימנין בשם ממרה |
| 237 | Dt31:02 | שנין אנה כען יומא | הדין | לית אנה יכיל תוב למיפוק |
| 238 | Ex12:14 | ויהוי יומא | הדין | לכון לדוכרן טב ותחגון יתיה |
| 239 | Dt28:58 | הדה דכתבין בספר אוריתה | הדין | למדחל מן קדם שמיה יקירה |
| 240 | Dt26:18 | דייי אמלך יתכון יומא | הדין | למהווי לשמא לעם חביבין היך |
| 241 | Dt26:17 | אמלכתון עליכון יומא | הדין | למיהווי לכון לאלה פרוק |
| 242 | Dt28:13 | די אנה מפקד יתכון יומא | הדין | למיטור ולמעבד: |
| 243 | Dt10:13 | די אנה מפקד יתכון יומא | הדין | למייטב לכון: |
| 244 | Dt15:11 | אנה מפקד יתכון יומא | הדין | למימר מפתח תפתחון ית |
| 245 | Dt32:48 | ייי עם משה בזמן יומא | הדין | למימר: |
| 246 | Gn34:14 | אנן יכלין למעבד פתגמא | הדין | למיסב ית אחתן לגבר די ליה |
| 247 | Dt13:19 | די אנה מפקד יתכון יומא | הדין | למיעבד מה דשפר ותקן קדם |
| 248 | Dt11:13 | די אנה מפקד יתכון יומא | הדין | למירחם ית אולפן אוריתה |
| 249 | Nu20:04 | כנישתה דייי למדברה | הדין | לממות תמן אנן ובעירנן: |
| 250 | Gn18:25 | מן קדמיך מן למעבד פתגמא | הדין | לממתה זכייה עם חייבא ויהוי |
| 251 | Dt 7:11 | די אנה מפקד יתכון יומא | הדין | למעבד יתהון: |
| 252 | Dt 1:39 | די לא חכמון יומא | הדין | למפרשה בין טב לביש אינון |
| 253 | Ex16:03 | ארום אפקתון יתן למדברא | הדין | למקטלא ית כל קהלא הדין |
| 254 | Dt30:16 | אנה כען מפקד יתכון יומא | הדין | למרחום ית אולפן אורייתה |
| 255 | Dt19:09 | דאנה מפקד יתכון יומא | הדין | למרחם ית אולפן אורייתה |
| 256 | Dt20:03 | ישראל אתון קריבין יומא | הדין | לסדרי קרבה על בעלי דבביכון |
| 257 | Ex12:24 | ותיטרון ית פתגמא | הדין | לקיים לכון ולבניכון עד |
| 258 | Gn50:20 | לסבן מן בגלל ביומא | הדין | לקיימא עם סגון: |
| 259 | Dt29:12 | מן בגלל למקמה יתכון יומא | הדין | לשמה דייי לעם קדישין והוא |
| 260 | Gn18:32 | דייי ואמלל לחוד זמנא | הדין | מה דילמה ישתכחון תמן עשרה |
| 261 | Gn38:25 | ויפרוק יתי מן דינא רבא | הדין | מיד קם יהודה על רגלוי |
| 262 | Ex 4:26 | הדא דשיזב לחתניה | הדין | מידא דמלאך מותא: |
| 263 | Lv 9:04 | פילה במשח ארום יומא | הדין | ממריה דייי מתגלי עליכון: |
| 264 | Ex 9:06 | ועבד ייי ית פתגמא | הדין | מן יומא דבתרא ומית כל |
| 265 | Ex 3:03 | כען ואחמי ית חזיא רבא | הדין | מן בגלל לא יקד סנייה: |
| 266 | Dt 7:10M | דאתי׳ בידיהון בעלמ׳ | הדין | מן בגלל למישיציה יתהון |
| 267 | Dt11:08 | די אנה מפקד יתכון יומא | הדין | מן בגלל דתתקפון ותיעלון |
| 268 | Dt29:17 | דליביה סטי עלוי יומא | הדין | מן בתר מימרה דייי אלהכון |
| 269 | Dt28:58 | שמיה יקירה ודחילה | הדין | מן קדם ייי אלהכון: |
| 270 | Dt28:58M | ית שמה קדישה ודחילה | הדין | מן קדם ייי#2/ אלהכון: |
| 271 | Gn39:09 | לית רב ושליט בביתה | הדין | מני ולא חסך מני כל מה דעם |
| 272 | Dt31:27 | דאנה בחיין עמכון יומא | הדין | מסרבין הויתון בתר ממרה |
| 273 | Dt 7:10 | עד אנון יהיבין בעלמא | הדין | משלם להון אגר מצוון |
| 274 | Ex12:02 | ירחא | הדין | ניסן לכון ריש ירחין קדמיי |
| 275 | Nu20:10 | צרכו למילף הא מן כיפה | הדין | נפק לכון מיא: |
| 276 | Ex12:41 | שנין והוה היך זמן יומא | הדין | נפקו כל חילוותה דייי |
| 277 | Dt11:26 | כען סדר קדמיכון יומא | הדין | סדר ברכתה ולווטייה: |
| 278 | Lv23:14M | \עד זמן דתייתון /יומא | הדין#2/ | עד עידן#2/ ית קורבנה |
| 279 | Ex17:04 | ייי למימר מה אעבד לעמא | הדין | עוד קליל ורגמ<י>ן יתי: |
| 280 | Gn 7:13 | בזמן יומא | הדין | על נח ושם וח׳ ויפת |
| 281 | Gn39:11 | והווה היך זמן יומא | הדין | על לגו ביתא למחשבה חשבונוי |
| 282 | Gn47:26 | יתה יוסף לסימן עד יומא | הדין | על ארעהון דמצראי לפרעה לחד |
| 283 | Ex19:01 | דמצרים היך זמן יומא | הדין | עלו למדברא דסיני: |

|  |  |  |  |  |  |
|---|---|---|---|---|---|
| 284 | | Lv 8:34 | היך מה דעבד ביומא | הדין | פקד ייי למעבד למכפרה |
| 285 | | Gn33:14M | דברכיה אבא בעלמא | הדין | קדם עבדיה ואנא אדבר |
| 286 | | Ex16:25 | יומא דין ארום שבתא יומא | הדין | קדם ייי יומא הדין לא |
| 287 | | Ex32:29 | קרב{ו}<ן> ידיכון יומא | הדין | קדם ייי ארום נגעתן גבר |
| 288 | | Dt 4:26 | הא אסהדית בכון יומא | הדין | קדם שמיא וקדם ארעא ארום |
| 289 | | Dt26:03 | יומא הדין ושבחין יומא | הדין | קדם ייי אלהן ארום עלינן |
| 290 | | Dt29:09 | מעתדין כולכון יומא | הדין | קדם ייי אלהכון רישיכון |
| 291 | | Dt29:14 | אנון קיימין הכה יומא | הדין | קדם ייי אלהן וית כל דרייה |
| 292 | | Dt29:14M | הכא עמנא קיימין יומא | הדין | קדם ייי אלהנא וית כל דריה |
| 293 | | Dt31:21 | בישה דאינון עבדין יומא | הדין | קדם עד לא אעל יתהון לארעא |
| 294 | | Gn50:20M | למקיימ׳ היך זמן יומ׳ | הדין | קהל אוכלוסין סגין |
| 295 | | Gn29:22 | הא שבע שנין גברא חסידא | הדין | שרי בינינן באר«י»נן לא |
| 296 | | Gn29:22M | גברא | הדין | שרי בינינן שבע שנין |
| 297 | | Dt 6:06 | די אנה מפקד יתכון יומא | הדין | תדירין על לבבכון: |
| 298 | | Dt17:16 | לא תוספון למחזור באורחא | הדין | תוב עד לעלם: |
| 299 | | Gn30:15 | ישמש עמ«י»ך בליליא | הדין | תחות{{ד}}«י»ברוחוי |
| 300 | | Dt 8:01 | די אנה מפקד יתכון יומא | הדין | תטרון למעבד מן בגלל דתיחון |
| 301 | | Ex 4:17 | וית חוטרא | הדין | תיסב בידך די תעבד בה ית |
| 302 | | Gn32:20 | בתר עדריא למימר כפתגמא | הדין | תמללון עם עשו בזמניה די |
| 303 | | Dt32:47 | ארום הוא חייכון ובפתגמא | הדין | תסגון יומין על ארעא די |
| 304 | | Ex18:23 | אן ית פתגמא | הדין | תעבד ויפקד יתך ייי ותיכל |
| 305 | הדין | Gn 2:19M | שמיה/עד זמן יומא | הדין#2#/: | |
| 306 | | Gn18:25M | לא יעבד דינא/דנה | הדין#2#/: | |
| 307 | | Gn24:09 | ואשבע ליה על עסק פתגמא | הדין: | |
| 308 | | Dt 3:14 | כופרנוי דיאיר עד יומא | הדין: | |
| 309 | | Dt 4:32 | הא אן הוה כפתגמא רבה | הדין | או אין אשתמע כוותיה: |
| 310 | | Gn30:31 | מדעם אן תעבד לי פתגמא | הדין | אחזור ארעי ענך אנטר יתיה: |
| 311 | | Ex12:17 | פטיראה ארום בזמן יומא | הדין | אפקית ית חיילתכון פרוקין |
| 312 | | Gn30:32 | אעבר בכל ענך יומא | הדין | אפרש מן תמן כל אמר קרח |
| 313 | | Gn17:21 | די תלד לך שרה לעדנה | הדין | בשתה אחרי«תה»: |
| 314 | | Gn44:15 | ואמר להון יוסף מה עבדא | הדין | די עבדתון הלא ידעתון ארום |
| 315 | | Gn30:33 | ויסהדן עלי זכותי ביומא | הדין | ודמחר ארום תיעול למקבלה |
| 316 | | Nu14:11M | ירגזון קדמי עמא | האלין/הדין#2#/ | ועד אימתי לא |
| 317 | | Nu28:17 | ובחמשת עשר יומין לירחא | הדין | חגה שבעה יומין פטירין |
| 318 | | Dt28:61M | בספר אורייתה | הדה/הדין#2#/ | יגרי ייי עליכון |
| 319 | | Dt 2:29 | עד זמן די נעבר ית ירדנה | הדין | לארעא דייי אלהן יהב לן: |
| 320 | | Gn31:48 | ואמר לבן איגרא | הדין | סהד ביני ובינך יומא הדין |
| 321 | | Dt21:20M | סורוון ומורוון /ברן | הדן | סרהוון ומרודד#2#/ לית הוא |
| 322 | | Lv23:27 | יומין לירחא שביעייה | הדן | צומה דכיפוריה הוא יום טב |
| 323 | | Lv10:19 | אהרן עם משה הא יומא | הדן | קרבו ית חטאתהון וית עלתהון |
| 324 | בהדן | Nu 6:23M | למימר \כדן תברכון | בהדן/ | סידרא תב#2#/ ית בני |
| 325 | דהדין | Nu12:12M | באהילה כמיתה ארום מה | דהדין | וולד דהוי במע׳ |
| 326 | | Nu12:01M | דכושיה שני בגופה | דהדין/ | כושיה משני בשרה#2#/ מן |
| 327 | והדן | Gn28:17 | אתר מזומן מן קדם ייי | והדן | תרעא תרעא דצלו מזומן |
| 328 | | Gn28:17M | אתר מזמן לבית צלו הוא | והדן | תרעא דמכוון עד <צית |
| 329 | וכהד׳ | Nu28:14M | /לבית חתתותיה בזמנא | וכהד#2#/ | סדרא תהוון מקרבין עמי |
| 330 | וכהדין | Ex12:11 | | וכהדין | סדרא תיכלון יתיה חרציכון |
| 331 | | Ex29:38M | תהוון מקרבין על גבי | /וכהדין | סידרא די תקרבון על#2#/ |
| 332 | וכהדן | Gn 6:15 | | וכהדן | סדרא תעבד יתיה תלת מאה |
| 333 | | Nu23:05M | לוות בלק \וכדן | תמלל/וכהדן | סדרא תמלל#2#/: |
| 334 | | Nu 8:07M | | וכדן/וכהדן | סידרה#2#/ תעבד להון |
| 335 | כהד׳ | Nu 8:26M | ולמפלוח לא יפלוח | כהד#2#/ | סידרא תעבד לליוויי |
| 336 | כהדין | Nu15:12 | כמניינה די תעבדון | כהדין | סדרא תקרבון עם כל חד |
| 337 | | Nu28:14 | ירח וירח בהתחדתותיה | כהדין | סדרא תהוון מקרבין עמי בכל |
| 338 | | Nu28:21 | תקרבון עם אמרא חדתה | כהדין | סדרא תקרבון עם שבעתיה |
| 339 | | Nu29:04 | תקרבון עם אמרא חדתה | כהדין | סדרא תקרבון עם שבעתי{ה} |
| 340 | | Nu29:14 | תקרבון עם תורה חדתה | כהדין | סידרא תקרבון עם תלת עשרתי |
| 341 | | Nu29:14 | תקרבון עם דכרא חדתא | כהדין | סידרא תקרבון עם תרין |
| 342 | | Nu29:15 | תקרבון עם אמרא חדתא | כהדין | סידרא תקרבון עם |
| 343 | כהדן | Ex29:38 | | כהדן | סדר׳ תהוון מקרבין על גבי |
| 344 | | Ex29:40 | ונסוך רביעת הנה חמר | כהדן | סדרא תקרבון עם אמרא חדתה: |
| 345 | | Ex30:13 | | כהדן | סדרא יתנון כל דעבר על |
| 346 | | Lv16:03 | | כהדן | סדרא יהוי אהרן עלל לשמשה |
| 347 | | Nu28:24 | | כהדן | סדרא תקרבון בכל יום שבעתי |
| 348 | | Nu28:29 | תקרבון עם אמרא חדתה | כהדן | סדרא תקרבון ית שבעתי |
| 349 | | Nu 8:26 | מטרה ופלחן לא יפלח | כהדן | סידרא תעבד לליוויי |
| 350 | | Nu10:28 | בני ישראל לחילוותהון | כהדן | סידרא הוו נטלין: |
| 351 | | Nu15:13M | /וכל יציביה יעבדון | כהדן | סידרא#2#/ ית אלין למקרבה |
| 352 | | Nu29:10 | תקרבון עם אמרה חדתה | כהדן | סידרא תקרבון עם שבעתי |
| 353 | | Nu29:39 | «אלין» | כהדן | סידרא תהוון מקרבין קדם ייי |
| 354 | | Dt25:09 | קדמוי ותיעני ותימר | כהדן | סידרא י{ד}<ת>עבד לגברא די |
| 355 | | Nu15:11 | | כהדן | סידרה תקרבון עם תורה חדתה |
| 356 | | Dt 7:05 | ארום אלהן | כהדן | סידרה תעבדון להון מדבחיהון |

## הדיר *adj.* splendid, distinguished [159]

|  |  |  |  |  |  |  |
|---|---|---|---|---|---|---|
| 001 | s ab/cn | הדור | Ex15:11 | מרומא ייי מן כוותך | הדור | בקדושה דחיל תושבחן כל |
| 002 | | הדירא | Ex15:06 | ימנך ייי מה | הדירא | היא בחילא ימינך ייי תברת |

## הדס *n.* myrtle branch [159]

|  |  |  |  |  |  |  |
|---|---|---|---|---|---|---|
| 001 | s ab/cn | והדס | Lv23:40 | משבח תרוגין ולולבין | והדס | וערבה דנחלה ותחדון קדם ייי |

## הדף *vb.* to push [159]

|  |  |  |  |  |  |  |
|---|---|---|---|---|---|---|
| 001 | peal | הדף | Nu35:20M | ידחוף יתיה /בסנה | הדף | ית#2#/ או טלק עלוי בכמנה |

## [הדר] *vb.* to return [159]

|  |  |  |  |  |  |  |
|---|---|---|---|---|---|---|
| 001 | peal | תהדר | Gn15:12M | היא <....> ומן בתר כדין | תהדר | מלכוותא לעמא בית ישראל |
| 002 | | והדר | Gn27:41M | בחיובי דאבוי | וחזר/והדר#2#/ | ^אבוי#2#^/ ואוליד |

## הדר *n.* glory [159]

|  |  |  |  |  |  |  |
|---|---|---|---|---|---|---|
| 001 | s em/sf | והדרא | Dt33:17 | בכורותא ומלכותא ויקרא | והדרא | ליה הוויין כמה דלית אפשר |
| 002 | | והדרך | Gn35:09 | וצדיקותך ותוקפך | והדרך | {והדרך} לא פסקין לעלמי |
| 003 | | | Gn35:09 | וצדיקותך ותוקפך והדרך | {והדרך} | לא פסקין לעלמי עלמין |

## ההוא *pron.* that one [159]

|  |  |  |  |  |  |  |
|---|---|---|---|---|---|---|
| 001 | | ההו׳ | Dt13:04M | /לפתגמייא דנבייא | ההו׳#2#/ | או לחלם{ל}חלמייא |
| 002 | | | Lv20:04 | ית עייניהון מן גברא | ההו׳ | כד יתן מן זרעית בנוי |
| 003 | | ההוא | Gn28:11 | ראשה ודמך לה באתרא | ההוא: | |
| 004 | | | Gn28:11M | לעם חד ושכיב באתרא | ההוא | |
| 005 | | | Ex 1:06 | יוסף וכל אחוי וכל דרא | ההוא: | |
| 006 | | | Ex34:03 | כל קביל {ת} טורא | ההוא: | |
| 007 | | | Nu 5:06 | בשמה דייי ותתחוב נפשה | ההוא: | |
| 008 | | | Nu 6:11 | ויקדש ית ראשה ביומא | ההוא: | |
| 009 | | | Nu 9:13 | חובוי יקבל גברא | ההוא: | |
| 010 | | | Nu12:01 | מן כל נשייה דדרה | ההוא: | |

|  |  |  |  |
|---|---|---|---|
| 011 | Dt 9:19 | | אמר משה לחוד בזמנה ההוא: |
| 012 | Dt12:03 | | ית שמהן מן אתרה ההוא: |
| 013 | Dt18:20 | | אחרניין ויתקטל נבייא ההוא: |
| 014 | Nu 9:06 | | יכלו למעבד פיסחה ביומא ההוא <...>: |
| 015 | Nu21:03M | | וקרא#2#/ שמה דאתרה \/ההוא#2#/ חרמה: |
| 016 | Gn33:16 | | וחזר ביומא ההוא עשו לארחה לגבלה: |
| 017 | Gn21:31 | | על כן קרא שמה דאתרה ההוא באר שבע ארום תמן קיימו |
| 018 | Gn28:19 | | וקרא ית שמה דאתרא ההוא ביתאל וברם לוז הוה שמה |
| 019 | Gn32:03 | | בגין כן קרא שמיה דאתרא ההוא מחנים: |
| 020 | Gn32:31 | | וקרא יעקב שמה דאתרא ^ההוא#2#^ פניאל ארום חמית מלאכין |
| 021 | Dt13:04 | | למילוי דנבייא שקרא ההוא או לחלם {ל}חלמייא ההוא |
| 022 | Dt13:06 | | ונביא שקרא ההוא או חלם חלמייה ההוא יתקטל |
| 023 | Dt17:05 | | ותפקון ית גוברא ההוא או ית אתתה ההיא די עבדו ית |
| 024 | Dt13:04 | | ההוא או לחלם {ל}חלמייא ההוא ארום מנסי ייי אלהכון יתכון |
| 025 | Dt21:23 | | מקבר תקברון יתיה ביומה ההוא ארום ליט קדם ייי כל דצליב |
| 026 | Gn 6:08 | | על דלא הוה בדרה צדיק ^ההוא#2#^ אשכח חן וחסד קדם ייי: |
| 027 | Nu11:03 | | וקרא משה שמה דאתרה ההוא בית יקידתה ארום תמן בערת |
| 028 | Gn32:22 | | קדמוי והוא אבית בליליא ההוא במשריתא: |
| 029 | Gn41:31 | | שבעה בארעא מן קדם כפנא ההוא בתר כדן ארום תקיף הוא |
| 030 | Dt 1:19 | | ית כל מדברה רבה ודחילה ההוא די חמיתון אורח טורהון |
| 031 | Dt17:10 | | די יתנון לכון מן אתרא ההוא די יתרעי ממריה דייי |
| 032 | Dt31:17 | | ועקין וייאמרון ביומה ההוא הלא על די לית איקר שכינתה |
| 033 | Lv20:06M | | ואחל רוגזי בבר נשא ההוא {{ואישיצי}} יתיה מן חיי |
| 034 | Dt31:22 | | ית שבח שירתה הדה ביומא ההוא ואלף יתה ית בני ישראל: |
| 035 | Gn26:24 | | ואתגלי עלוי ייי בליליא ההוא ואמר <אנה> הוא אלה' |
| 036 | Lv20:06 | | ואשוי תקוף רגזי בנפש' ההוא וא{ציש}<שיצ>י יתיה מן גו |
| 037 | Dt31:17 | | ויתקוף רוגזי בהון ביומא ההוא ואשבוק יתהון ואהפוך אפי |
| 038 | Lv20:03 | | ית תקיף רוגזי בגברה ההוא ואשצא יתיה מגו עמה ארום מן |
| 039 | Gn26:32 | | והוה ביומא ההוא ואתון עבדוי דיצחק ותניאו |
| 040 | Lv20:05 | | אנה ית תקוף רגזי בגברה ההוא ובזורעייתיה {{ואישיצי}} יתיה |
| 041 | Gn32:23 | | וקם בלילה ההוא ודבר ית תרתין נשוי וית |
| 042 | Dt29:19 | | דייי וקנאתיה בגברא ההוא וידבקון בה כל לווטיה |
| 043 | Ex10:13 | | רוח דקדים בארעא כל יומא ההוא וכל ליליא צפרא הוה ורוח |
| 044 | Nu11:32 | | וקם עמא כל יומא ההוא וכל ליליא וכל יומא דבתריה |
| 045 | Nu14:45 | | וכנעניי די שרין בטורה ההוא ומחון יתהון וכתתו יתהון עד |
| 046 | Gn32:14 | | ואבית תמן בליליה ההוא ונסב מן מה דאיתי בידי |
| 047 | Nu32:10 | | רוג«ז»א דייי ביומא ההוא וקיים בשבועה למימר: |
| 048 | Gn28:11M | | מן אבני אתרא קדישא ההוא ושוינון איסדוהי ואתעבדן |
| 049 | Dt17:12 | | או לדינה ויתקטל גברא ההוא ותבערון עבדי בישתא מישראל: |
| 050 | Dt24:07 | | ויזבן יתיה ויתקטל גנבה ההוא ותבערון עבדי בישתה |
| 051 | Gn20:16 | | דכסף לאחוך הא כספ«ה» ההוא יהיב ליך מתנה על די |
| 052 | Gn29:02 | | רביעין עלה ארום מן בארה ההוא ישקון עדריא ואבנא רבא |
| 053 | Gn19:35 | | ואשקיין אף בליליא ההוא ית אבוהון חמר וקמת זעירתא |
| 054 | Gn30:35 | | ואפרש ביומא ההוא ית תישיא קרוחי ונמוריה וית |
| 055 | Ex 5:06 | | ופקד פרעה ביומא ההוא ית סרכיהון דעמא וית |
| 056 | Ex14:30 | | ושיז' ממריה דייי ביומא ההוא ית ישראל מן ידיהון דמצריי |
| 057 | Dt22:18 | | ויסבון חכימי קרתה ההוא ית גברא וירדון יתיה: |
| 058 | Lv22:30 | | ביומא ההוא יתאכל לא תשיירון מנה עד |
| 059 | Dt13:06 | | שקרא ההוא או חלם חלמייה ההוא יתקטל ארום מלל מילין |
| 060 | Dt 3:13 | | לכל בותנין לאתרה ההוא יתקרי ארעהון |
| 061 | Lv17:04 | | דייי אדם יתחשב לגברה ההוא כילו אדם זכיי שפך וישתצי |
| 062 | Ex32:28 | | דמשה ונפל מן עמא ביומא ההוא כתלתא אלפין דגברין: |
| 063 | Gn48:20 | | וברך יתהון ביומא ההוא למימר בזכותך יתברכון |
| 064 | Ex13:08 | | ותתנון לבניכון ביומא ההוא למימר מן בגלל מצוותה |
| 065 | Dt27:11 | | ופקד משה ית עמא ביומא ההוא למימר: |
| 066 | Dt 1:44 | | אמורייה דשריין בטורא ההוא לקדמותכון ורדפו יתכון |
| 067 | Ex12:15 | | חמ«י»ע ותשתיצי אנשא ההוא מן ישראל מן יומא קדמייה |
| 068 | Lv17:04 | | זכיי שפך וישתצי גברא ההוא מן גו עמיה: |
| 069 | Lv17:09 | | קדם ייי וישתיצי גברא ההוא מן גו עמה: |
| 070 | Nu 9:13 | | פיסחא וישתיצי נפשה ההוא מן גו עמה ארום קרבנה דייי |
| 071 | Nu15:30 | | הוא מחרף ותישתצא נפשא ההוא מן גו עמא: |
| 072 | Ex 2:12M | | גיורא עתיד למקום מן ההוא מצראה ומחא ית מצראה וטמע |
| 073 | Dt31:18 | | אסתר אפי רעותי ביומ' ההוא על כל בישתה די עבדו די |
| 074 | Ex 8:18 | | ואעבד ניסין ופליין ביומא ההוא עם ארעא דגשן די עמי שריין |
| 075 | Gn41:28 | | ההוא פתגמא די מלילית עם פרעה ית |
| 076 | Nu11:34 | | וקרא שמה דאתרה ההוא קברי שאלתה ארום תמן קברו |
| 077 | Lv27:23 | | ויתן ית עלויה ביומא ההוא קדש לשמה דייי: |
| 078 | Gn15:18 | | ^ביומא ההוא#2#^ קיים ייי עם אברם קיים |
| 079 | Nu13:24 | | לאתרה ההוא קרא נחל סגולה על עסק סגולה |
| 080 | Nu23:23M | ההיא | /בעי#2#/ הדין/ההיא#2#/ יתאמר לבית יעקב |
| 081 | Gn28:11M | ביהוא | ואתעבדן לאבנ' חדא ביהוא זמנא ידע דהוא עתיד למיסב |

## ההיא *pron.* **that one (f.)** [159 s.v. **ההוא**]

|  |  |  |  |
|---|---|---|---|
| 001 | Ex24:05M | ההי' | בני ישראל ארום עד ההי' שעתא הוות פולחנא בבוכרייא |
| 002 | Gn47:17 | ההיא | בכל בעירהון בשתא הה«י»א: |
| 003 | Nu12:01M | | מן כל נשיה דדרה ההוא/ההיא#2#/: |
| 004 | Nu22:04 | | הוה מלך למואביי בשעתה ההיא: |
| 005 | Dt 4:06 | | וסוכלתנין אומתה רבתה ההיא: |
| 006 | Dt 9:20 | | על עסק אהרן בשעתה ההיא: |
| 007 | Dt10:01 | | בשעתה ההיא אמר ייי לי אמר משה חצוב |
| 008 | Dt10:08 | | בשעתה ההיא אפריש ייי ית בנוי שבטה |
| 009 | Dt17:05 | | גוברא ההוא או ית אתתה ההיא די עבדו ית פתגמא בישה הדין |
| 010 | Dt21:06 | | וכל חכימי קרתה ההיא דקריבין לקטילה יסחון ית |
| 011 | Gn35:22 | | שרו«ן» ישראל בארעא ההיא ואזל ראובן וישכב ית בלהה |
| 012 | Gn21:22 | | והוה בשעתא ההיא ואמר אבימלך ופיכל רב |
| 013 | Gn26:12 | | וזרע יצחק בארעא ההיא ואשכח בשתא ההיא מאה שערין |
| 014 | Gn47:18 | | ושלמת שתא ההיא ואתן לוותיה בשתה תיניינתה |
| 015 | Dt29:21 | | ויחמון ית מחוותה דארעא ההיא וית בישיה די יגרי ייי בה: |
| 016 | Dt10:10 | | אמר משה לחוד בזמנה ההיא ולא הוה רעווה מן קדם ייי |
| 017 | Gn38:01 | | והווה בשעתא ההיא ונחית יהודה מן לוות אחוי |
| 018 | Dt 2:34 | | ית כל קורייוי בשעתה ההיא ושיצינן ית כל קורי תלילתה |
| 019 | Dt22:24 | | ית תרויהון לתרע קרתה ההיא ותרגמון יתהון באבנייה |
| 020 | Gn 2:12 | | ודהבא דארעא ההיא טב מן תמן בדלחא נפק ואבניא |
| 021 | Dt 1:18 | | ופקדית יתכון בשעתה ההיא ית כל פתגמיה די תעבדון: |
| 022 | Dt 3:08 | | ונסבנן בשעתה ההיא ית ארעא מן ^יד#2#^ תרין |
| 023 | Dt21:04 | | ויחותון חכימי קרתה ההיא ית עגלתה לנחיל דביר די לא |
| 024 | Dt 3:04 | | ית כל קורייוי בשעתה ההיא לא הות קריה די לא נסבנן |
| 025 | Dt29:26 | | ותקיף רוגזה דייי בארעא ההיא למייתיה עלה ית כל לווטיה |
| 026 | Dt 1:09 | | ואמרת לכון בשעתה ההיא למימר לית אנה יכיל |
| 027 | Dt 1:16 | | ופקדית ית דייניכון בשעתה ההיא למימר תהוון שמעין בני |
| 028 | Dt 3:18 | | ופקדת יתכון בשעתה ההיא למימר ייי אלהכון יהב לכון |
| 029 | Dt 3:21 | | וית יהושע פקדית בשעתה ההיא למימר עיינך חמיין ית כל מה |
| 030 | Dt 3:23 | | רחמין מן קדם ייי בשעתה ההיא למימר: |
| 031 | Dt 4:14 | | פקד ממריה דייי בשעתה ההיא למלפה יתכון קיימין וסדרי |
| 032 | Dt 5:05 | | דייי וביניכון בשעתה ההיא למתנייה לכון ית דבירוי |
| 033 | Dt13:16 | | תקטלון ית דיירי קרתה ההיא לפתגם דחרב תשיצון יתה וית |
| 034 | Ex12:15M | | וישתצי נפשא ההיא מישראל |
| 035 | Nu19:13 | | דייי סאב ותשתיצא נפשה ההיא מישראל ארום מי אדיא לא |

|  |  |  |  |  |  |
|---|---|---|---|---|---|
| 036 | | Gn26:12 | בארעא ההיא ואשכח בשתא | ההיא | מאה שערין דגנין וברך יתיה |
| 037 | | Ex31:14 | בה עבידה ותשתיצי נפשה | ההיא | מגו עמיה: |
| 038 | | Ex31:15 | עבידה {{ותשתיצי נפשה | ההיא | מגו עמיה}} ^^ביום שבתה^^ |
| 039 | | Ex12:15M | \אנשא ההוא /נפשא | ההיא#2# | /מן ישראל מן יומא |
| 040 | | Ex12:19 | אכל חמיע ותשתיצי נפשא | ההיא | מן כנישתא דישראל בגיורא |
| 041 | | Lv 7:25M | /לשמיה דייי וישתצי נפשה | ההיא | מן#2#/ עמה: |
| 042 | | Dt 3:12 | ארעא הדא ירתינן בשעתה | ההיא | מן לחיית די על גיף נחל |
| 043 | | Gn17:14 | בשרא דערלתיה ישתצי נפשא | ההיא | מן גו עמה ית קיימי אפס: |
| 044 | | Lv 7:20 | עלוי ותשתיצא נפשה | ההיא | מן גו עמיה: |
| 045 | | Lv 7:27 | כל אדם ותשתיצא נפשה | ההיא | מן גו עמיה: |
| 046 | | Lv23:30 | הדין ואישיצי ית נפשה | ההיא | מן גו עמא: |
| 047 | | Nu19:20 | יתדי עלוי ותשתיצי נפשה | ההיא | מן גו קהלה ארום ית |
| 048 | | Lv 7:21 | מן קדם ייי ותשתיצי נפש׳ | ההיא | מן גוא עמיה: |
| 049 | | Lv22:03 | עלוי ותשתיצי נפשה | ההיא | מן קדמוי אמר ייי: |
| 050 | | Gn10:11 | מן ארעא | ההיא | נפק אתוריא ובנה ית נינוה |
| 051 | | Dt21:03 | ויסבון חכימי קרתה | ההיא | עגלת ברת תורין די לא אתפלח |
| 052 | | Nu 5:31 | גברא מן חובה ואתתה | ההיא | תקבל ית חובה: |
| 053 | בההי | Gn24:60M | את אזלה מזדווגה | בההי | צדיק׳ יהי רעווא דמניך |
| 054 | בההיא | Gn44:19 | מלביה ובזעו לבושיה | בההיא | שעתא ואתבהל וארתת יוסף |
| 055 | | Ex15:18 | וגבורתא ביני גלליא | בההיא | שעתא פתחו פומיהון כחדא |
| 056 | | Nu21:15M | מלכין עם שלטנין | בה<הי>א | שעתה רמ{ה}<ז> ייי |
| 057 | בהיא | Nu20:29M | עליהון חד זמן בכל שנה | בהיא | שעתה היימינו בני ישראל |

[159]

## הוא *pron.* he

|  |  |  |  |  |  |
|---|---|---|---|---|---|
| 001 | הו | Gn44:17 | גברא דאשתכח כלידא בידיה | הו | יהוי לי עבד ואתון סקון בשלם |
| 002 | | Gn31:43 | עניי וכל מה דאת חמי{לי | הו} | לי הוא ולבנתי מה אעביד |
| 003 | הו׳ | Nu 6:20M | אנפו קדם ייי קדש | אינון/הו׳#2# | לכהנא על{מעא}<ניעא> |
| 004 | הוא | Gn17:12 | די לא מן בניכון | הוא: | |
| 005 | | Gn20:13 | לתמן אמרי כען עלי אחי | הוא: | |
| 006 | | Gn21:13 | רבה אשויניה ארום ברך | הוא: | |
| 007 | | Gn30:16 | ושמש עמה בלילי׳ | הו«א»: | |
| 008 | | Gn31:20 | על דלא תני לה ארום ערק | הוא: | |
| 009 | | Gn41:26 | שבע שנין אינון חלמא חד | הוא: | |
| 010 | | Gn44:22 | אן שבק טליא ית אבוי מית | הוא: | |
| 011 | | Gn45:20 | דכל ארעא דמצרים לכון | הוא: | |
| 012 | | Ex 3:05 | את קאים עלוי אתר קדיש | הוא: | |
| 013 | | Ex16:36 | חד מן עשרה דתלת סאין | הוא: | |
| 014 | | Ex21:21 | מיניה ארום זבינת כספא | הוא: | |
| 015 | | Ex29:14 | לבר מן משריתה חטאת | הוא: | |
| 016 | | Ex29:18 | לריח דרעוא קרבן קדם ייי | הוא: | |
| 017 | | Ex29:34 | בנורא לא יתאכל ארום קדש | הוא: | |
| 018 | | Ex34:14 | קניי ופורען מתפרע בקנא | הוא: | |
| 019 | | Lv 4:21 | תורה קדמיה חטאתה דקהלה | הוא: | |
| 020 | | Lv 5:09 | על יסודיי דמדבחא חטאתה | הוא: | |
| 021 | | Lv 6:18 | חטאתה קדם ייי קדש קדשין | הוא: | |
| 022 | | Lv 6:22 | ייכול יתה קדש קדשין | הוא: | |
| 023 | | Lv 7:01 | אורית׳ דאשמה קדש קדשין | הוא: | |
| 024 | | Lv 7:05 | מדבחה קרבן קדם ייי אשמה | הוא: | |
| 025 | | Lv 7:06 | קדיש יתאכל קודש קדשין | הוא: | |
| 026 | | Lv11:37 | די יזדרע{י}<ו>ן דכי | הוא: | |
| 027 | | Lv13:11 | לא יטרוד יתיה ארום מסאב | הוא: | |
| 028 | | Lv13:13 | כלה איתהפיך לחוור דכי | הוא: | |
| 029 | | Lv13:15 | בשרה חיה מסאב הוא צרעת | הוא: | |
| 030 | | Lv13:17 | וידכי כהנא ית מכתשה דכי | הוא: | |
| 031 | | Lv13:22 | ויסאב כהנא יתיה מכתשא | הוא: | |
| 032 | | Lv13:27 | כהנא יתיה מכתש צרעה | הוא: | |
| 033 | | Lv13:30 | הוא צרעתה ראשה או דדקנה | הוא: | |
| 034 | | Lv13:36 | כהנא לשערה מצלהבה מסאב | הוא: | |
| 035 | | Lv13:39 | בהקי הוא הלך במשכא דכי | הוא: | |
| 036 | | Lv13:40 | שער רישיה קרח הוא דכי | הוא: | |
| 037 | | Lv13:41 | ראשה גלש לישן הוא דכי | הוא: | |
| 038 | | Lv13:45M | מסאבה דלא תסתאבון מסאב | הוא | |
| 039 | | Lv13:51 | מחלט«א» מכתשה מסאב | הוא: | |
| 040 | | Lv14:13 | הוא לכהנא קדש קדשין | הוא: | |
| 041 | | Lv14:44 | מחלטה היא בביתה מסאב | הוא: | |
| 042 | | Lv15:02 | דייב מן בשר׳ דובה מסאב | הוא: | |
| 043 | | Lv18:07 | לא תיגלי עיריתה דאבוך | הוא: | |
| 044 | | Lv18:08 | לא תבזי עיריתה דאבוך | הוא: | |
| 045 | | Lv22:07 | מן קדשיה ארום לחמיה | הוא: | |
| 046 | | Lv27:26 | תור אין אימר לשמה דייי | הוא: | |
| 047 | | Nu 1:04 | שבט גבר ראש לבית אבהתה | הוא: | |
| 048 | | Nu12:07 | בכל עולמי דברית מהימן | הוא: | |
| 049 | | Nu12:07M | קומיסטון דידי היימן | הוא#2#/: | |
| 050 | | Nu14:01 | קלהון ובכון עמא בליליה | הוא: | |
| 051 | | Nu19:15 | דשיע מקפה עלוי מסאב | הוא: | |
| 052 | | Nu19:20 | אדיה לא אזרק עלוי מסאב | הוא: | |
| 053 | | Nu25:15 | אומין לבית אבה במדין | הוא: | |
| 054 | | Nu32:01M | אתרא אתר דנכסין | הוא#2#/: | |
| 055 | | Dt 4:24M | /קנאן ומתפרע בקנא | הוא#2#/: | |
| 056 | | Dt 7:25 | ומרחק קדם ייי אלהכון | הוא: | |
| 057 | | Dt17:01M | קדם ייי אלהכון | אינון/הוא#2#/: | |
| 058 | | Dt17:15 | לא מן אחוכון בר ישראל | הוא: | |
| 059 | | Dt32:04 | עוולה זכיי וקשוט בדינה | הוא: | |
| 060 | | Gn 5:24M | ידיע אן הוא /והא לית | הוא#2#/ | <....> אתנגד במימר |
| 061 | | Gn 5:24 | קדם ייי ולית ידיע אן | הוא | <....> אתנגד במימר מן קדם |
| 062 | | Gn14:19 | ובריך יתיה ואמר בריך | הוא | אברם קדם אלהא עילאה |
| 063 | | Gn36:01 | תולדוותיה{ון} דעשו | הוא | אדום: |
| 064 | | Gn36:08 | עשו בטורא דגבלא עשו | הוא | אדום: |
| 065 | | Gn36:19 | דעשו ואלין רברבניהון | הוא | אדום: |
| 066 | | Ex 6:26 | | הוא | אהרן ומשה די <אמר> ייי |
| 067 | | Nu23:10 | יתיה ישראל בחרבה מבשר | הוא | בלעם דלית ליה חולק לעלמא |
| 068 | | Nu23:10 | דאתי ברם אן מיית | ^הוא#2#^ | בלעם מותין קשיטין לוויי |
| 069 | | Nu26:09 | נמואל ודתן ואבירם | הוא | דתן ואבירם מזמני כנשתה |
| 070 | | Gn 4:09 | ואמר ייי לקין הן | הוא | הבל אחוך ואמר לית |
| 071 | | Gn49:22 | אלין לאלין ארום דין | הוא | יוסף גברא חסידא דלא אזל |
| 072 | | Gn27:46M | /^דחלת#2#^/ אן נסב | \הוא#2#/ | יעקב את׳ מן בנתהון |
| 073 | | Ex 6:27 | ית בני ישראל מן מצרים | הוא | משה ואהרן: |
| 074 | | Nu21:34 | מן קדמוי ואמר הלא דין | הוא | עוג דהוה מחסד לאברהם |
| 075 | | Gn36:43 | לארעא תותבותיהון | הוא | עשו אבוהון דאדומיי: |
| 076 | | Gn40:18M | [פרעה] | הוא | פרעה מלכא מצרי׳ גזר |
| 077 | | Ex17:16M | מלכותיהון דבני ישרא׳ | הוא | שאול בר קיש והוא דבי׳ |
| 078 | | Gn14:18 | ומלכא צדק מלכא דירושלם | הוא | שם רובה אפק לחם וחמר והוא |
| 079 | | Gn49:17 | רכבה ומתהפך לאחורי | הוא | שמשון בר מנוח דאמתיה על |
| 080 | | Gn 4:20 | וילידת עדה ית יבל | הוא | אבוהון דדרי משכנא וקניין |
| 081 | | Gn 9:18 | שם וחם ויפת וחם | הוא | אבוהון דכנעני: |
| 082 | | Gn10:21 | ולשם אתילד אף | הוא | אבוהון דכל בני עבריא אחוי |
| 083 | | Gn19:38 | ^יתי#2#^ שמה בר עמי | הוא | אבוהון דבני עמוניי עד זמן |
| 084 | | Dt32:06 | טפשה ולא חכימייה הלא | הוא | אבוך די קנה יתכון ודי ברה |

|  |  |  |  |  |
|---|---|---|---|---|
| 085 | Gn43:27 | להון בשלם ואמר הא שלם | הוא | אבוכון סבא דאמריתון הא עד |
| 086 | Ex15:02M | ו{מא}<אמ>דין להון דין | הוא | אבונן דהווה מינק יתן דבש |
| 087 | Gn19:37 | רבתא בר וקרת שמה מואב | הוא | אבי אבוהון דמואביה עד זמן |
| 088 | Gn29:15 | קדמיי מגן תנה לי כען מה | הוא | אגרך: |
| 089 | Lv15:23 | ואין על מדמכה | הוא | או על מנה דהיא יתבה עלוי |
| 090 | Nu34:06M | נוסוי מעווזי וספינתה | /הוא | אוקייאנוס ניסוי ומחוזוי |
| 091 | Dt22:02M | לא קריב | הוא | אחוך |
| 092 | Gn43:29 | אחוי ברה דאמה ואמר הדין | הוא | אחוכון זעירא דאמרתון לי |
| 093 | Dt18:02M | מימריה דייי | הוא | אחסנתיה |
| 094 | Gn 3:06M | וחמת אתתא ארום טב | \/הוא#2/ | אילנא למיכל וארום |
| 095 | Gn26:24 | בליליא ההוא ואמר <אנה> | הוא | אלה׳ דאברהם אבוך לא תדחל |
| 096 | Dt 4:24 | ייי אלהך אשא אכלה אשא | הוא | אלה קניי ופורען בקנא: |
| 097 | Dt 4:35 | למידע ארום ייי | הוא | אלה לית אחרן בר מינה: |
| 098 | Dt 4:39 | על לבבכון ארום ייי | הוא | אלה דאיקר שכינתיה שריה |
| 099 | Dt 7:09 | ותדעון ארום ייי אלהכון | הוא | אלה אלה היימנה נטר קיימה |
| 100 | Gn14:20 | וברוך | הוא | אלהא עליא די תבר בעלי דבבך |
| 101 | Gn16:13 | דייי דאתגלו עליה את | הוא | אלהא קיים כל עלמייא ארום |
| 102 | Gn17:01M | אברם ואמר לה אנא | \/הוא#2/ | אלהא שמיא פלח קדמי |
| 103 | Gn24:03 | ממריה דייי אלהא דשמיא | הוא | אלהא דשליט על ארעא דלא תסב |
| 104 | Dt10:17 | ארום ייי אלהכון | הוא | <אלהא> «על כל אלה ורבון |
| 105 | Gn31:13 | אנה | הוא | אלהה דאתגלית עלך בבית אל |
| 106 | Ex 3:06 | ואמר אנה | הוא | אלהה דאבוך אלהה דאברהם |
| 107 | Gn46:03 | ואמר אנה | הוא | אלהיה דאבוך לא תדחל מיחות |
| 108 | Dt 6:15 | ארום אלה קניי ופורען | הוא | אלהכון דאיקר שכינתיה |
| 109 | Ex15:02 | אמרין בני ישראל דן | הוא | אלהן ונשבחיניה אלה אבהתן |
| 110 | Ex15:02M | ואמרין אלין לאלין דן | הוא | אלהן ונשבחה יתיה אלה |
| 111 | Gn20:05 | הלא | הוא | אמר לי אחתי היא והיא אמרת |
| 112 | Gn22:08 | לה אמר לעלתה ואן לא את | הוא | אמרא דעלתא ואזלו תריהון |
| 113 | Gn22:07 | הא אשתא וקיסייא ואן | הוא | אמרה לעלת«ה»: |
| 114 | Ex 4:11M | אלהן אנה ייי /הלא | הוא | אנא ייי#2/: |
| 115 | Ex13:17 | דפלישתיי ארום קריבה | הוא | ארום אמר ייי דלא יתבר |
| 116 | Ex16:15 | {ואמרין} גבר לאחוי מנא | הוא | ארום לא הון ידעין משה |
| 117 | Gn32:07 | לוות אחוך לוות עשו והא | הוא | אתא לקדמותך וארבע מאה |
| 118 | Ex 4:14 | ממללה ימלל הוא והא לחוד | הוא | אתא לקדמותך ויחמי יתך |
| 119 | Gn 4:26 | ולשת אף | הוא | אתיליד בר וקרא ית שמיה |
| 120 | Nu 3:12M | \ואנא | הא/הוא#2/ | א{ת}פרשת ית לויי |
| 121 | Ex22:14 | עמי׳ לא ישלם אין אגיר | הוא | אתקבל באגרא: |
| 122 | Gn28:17 | ודחל ואמר מה דחיל | הוא | אתרא הדין «לית אתרא |
| 123 | Dt 1:30 | ייי אלהכון | הוא | באיקר שכינתיה מדבר קדמיכון |
| 124 | Gn43:27 | סבא דאמריתון הא עד כען | הוא | בחיין: |
| 125 | Gn43:28 | שלם לעבדך אבונן הא | הוא | בחיין ועקדו ואודו ושבחו: |
| 126 | Ex31:13 | קדשי תטרון ארום סימן | הוא | ביני וביניכון לדריכון למדע |
| 127 | Lv26:19M | ית תקוף חייליכון דן | הוא | בית מוקדשה ואשוי ית שמייא |
| 128 | Gn44:20 | זעיר ואחוי מית ואשתייר | הוא | בלחודוי לאמיה ואבוי רחים |
| 129 | Gn38:10 | י{ת} מה דעבד ומית אף | הוא | במימר מן קדם ייי: |
| 130 | Ex15:01 | ייי דכל מן דמתגאי קדמוי | הוא | במימרי מתפרע מיניה סוסון |
| 131 | Gn16:14M | יקר שכינתיה דייי הא | הוא | בן#2/ רקם ובין חלוצה: |
| 132 | Nu14:08 | אם רעי | הוא | בן ייי וייתי יתן לארעא הדה |
| 133 | Lv13:55 | חזווה ומכתש׳ לא הלך מסאב | הוא | בנורא תוקדון יתיה פחיתה |
| 134 | Lv27:25M | וכל עלווייה | יהו׳/הוא#2/ | בסלעי בית קודש׳ |
| 135 | Gn19:09 | אתא למתותבא בינינן והא | הוא | בעי למהוי דין דינינן כדון |
| 136 | Gn42:27 | וחמא ית כספא והא | הוא | בפום טעונה: |
| 137 | Gn42:28 | ואמר לאחוי אחזר כספי והא | הוא | בפום טעוני ואזדעזע לבהון |
| 138 | Ex12:45M | תותב דגבר אגירא כד | הוא | בר עממין לא יאכל מיניה |
| 139 | Lv22:10M | /תותבה דכהנה ואגירא כד | הוא | בר עממין לא יאכ׳#2/ קדש: |
| 140 | Gn20:05 | אחתי היא והיא אמרת אחי | הוא | בתמימות לבי ובקשיטות כפי |
| 141 | Dt20:06 | ומן | הוא | גברא די נצב כרם ולא אפריק |
| 142 | Dt20:07 | ומן | הוא | גברא די אריש אתה ולא נסב |
| 143 | Dt20:08 | עם עמא ויימרון מן | הוא | גברא דדחל מן חובוי וליביה |
| 144 | Lv11:07 | סתיקה והוא גררה לית | הוא | גרר מסאב הוא לכון: |
| 145 | Gn24:65 | ואמרת לעבדא מן | הוא | דא גברא דאתי באפיה ברא |
| 146 | Gn42:28 | גבר לקבל אחוי למימר מה | הוא | דא דעבד ייי לנא: |
| 147 | Nu14:14 | ארעא הדה שמעו ארום את | הוא | דאיקר שכינתך בגו עמא |
| 148 | Ex 4:02 | ואמר ליה ייי מה | הוא | ^דאן#2^ בידך ואמר חטר: |
| 149 | Lv21:08M | דקדשת יתכון /בממרי אנה | הוא | דבממרי מקד׳ יתכון#2/: |
| 150 | Gn36:39 | וידע מה הוא כספא ומה | הוא | דהבא: |
| 151 | Ex 3:14M | מן דאיתברי{ה} עלמ׳ אנא | הוא | דהוויתי בסעדכון בגלותא |
| 152 | Gn 2:11 | שמה דחד מינהון פישון | הוא | דחזר ומקף ית כל ארעא |
| 153 | Gn 2:13 | דנהרא תיניינא גיחון | הוא | דחזר ומקף ית כל ארעא |
| 154 | Gn 2:14 | ושמה דנהרא תליתיא דקלת | הוא | דחזר ומקף מן מדנח אתוריה |
| 155 | Nu12:14M | נזף בא{ב}<פ>יה דינה | הוא | ד{ט}ת<ס>ריד מן קדמיה |
| 156 | Nu10:32 | ארום תיתי עמן ויהוי טבה | הוא | די ייטב ייי עמן ונוטב לך: |
| 157 | Dt 8:18 | מימרה דייי אלהכון ארום | הוא | די יהב לכון חיילה למקני |
| 158 | Lv 5:24 | וחומשוי יוסף עלוי למן | הוא | דידיה יתן יתיה ביומא די |
| 159 | Gn34:31 | ליעקב אבוהון לא יאה | הוא | דיהוון אמרין בכנישתיהון |
| 160 | Gn34:31 | לברתיה דיעקב ברם יאי | הוא | דיהוון אמרין בכנישתיהון |
| 161 | Gn27:21 | כען ואמשש יתך ברי הא את | הוא | דין ברי עשו או לא: |
| 162 | Ex 2:06 | מן בניהון דעבריה{ון} | הוא | דין: |
| 163 | Gn 6:03M | דדריה דמבולא מיתחם | הוא | דינה דדרה דמבולא למבד |
| 164 | Gn 4:24 | בר ברה די לא קטל בדינא | הוא | דיתלי ליה עד שבעין ושבעה |
| 165 | Lv13:40 | יתמרט שער רישיה קרח | הוא | דכי הוא: |
| 166 | Lv13:41 | יתמרט שער ראשה גלש לישן | הוא | דכי הוא: |
| 167 | Gn18:17 | במתנתה דיהבת לה בדינה | הוא | דלא איפוך יתה עד זמן דאודע |
| 168 | Lv 1:01 | ורבויה רבוי עלם בדינא | הוא | דלא ניעול לגויה עד זמן די |
| 169 | Dt32:39 | מיתי בעלמא דאתי אנה | הוא | דמחי ואנה הוא דמסי ולית |
| 170 | Ex22:26 | רקיעתא למשך בשרה במה | הוא | דמך ויהוי ארום יצווח עלך |
| 171 | Dt32:39 | אלהא אחרן בר מיני אנה | הוא | דממית חיין בעלמא הדין |
| 172 | Dt32:39 | דאתי אנה הוא דמחי ואנה | הוא | דמסי ולית דמישיזיב מן |
| 173 | Dt 9:03M | "דאיקר ... מתאכלה": | הוא | דמעבר קודמיכון אשא דאכלא |
| 174 | Dt32:35 | דידי היא נקמתה ואנה | הוא | דמשלם לעדן די תימוט |
| 175 | Gn27:24 | ואמר את | הוא | דן ברי עשו ואמר אנה: |
| 176 | Ex14:12 | הלא | הוא | דן פתגמא דמללנן עמך |
| 177 | Dt 3:02M | מן קודמיה אמ׳ הלא | הוא | דן עוג רשיעא דהווה מחסר |
| 178 | Dt20:05 | סרכיה עם עמא למימר מן | הוא | דן גברא דבנה בית חדת ולא |
| 179 | Dt32:34 | הלא | הוא | דן כסא דפורענותה ממזג |
| 180 | Ex14:13M | <די> ביקר שכינת׳ | הוא | דעבד |
| 181 | Dt 3:22 | מנהון ארום ייי אלהכון | הוא | דעבד לכון סדר נצחני |
| 182 | Lv20:17M | ית עריתיה חסד | הוה/הוא#2/ | דעבדת עם קדמיי למבני |
| 183 | Dt31:03 | יתהון יהושע | הוא | דעבר קדמיכון היך מה די מלל |
| 184 | Gn38:25 | ברחמין מן קדמיך ייי את | הוא | דעני לעיקי בשעת עקתהון עני |
| 185 | Gn27:33 | רב לחדה ואמר מן כדון | הוא | דצד ציד ואייתי לי ואכלת מן |
| 186 | Lv11:45 | ארום אנה | הוא | ה׳ די אפקת יתכון פריקין מן |
| 187 | Gn 4:21 | ושמה דאחוי יובל | הוא | הוה אבוהון דכל תפשי כנורא |
| 188 | Gn10:09 | | הוא | הוה גיבר בחטאה קדם ייי |
| 189 | Gn39:22 | כל מה דהוון עבדין תמן | הוא | הוה עבד: |
| 190 | Gn42:06 | ויוסף | הוא | הוה שליט על ארעא והוא הוה |
| 191 | Nu33:40 | כנענא׳ מלכא דערד ארום | הוא | הוה שרי בדרומ׳ בארעא |
| 192 | Lv 8:21 | עלה הוא לריח דרעוה קרבן | הוא | היך מה פקד ייי ית משה: |

|  |  |  |  |  |
|---|---|---|---|---|
| 193 | Lv13:39 | בהקיין כהיין חוורן בהקי | הוא | הלך במשכא דכי הוא: |
| 194 | Ex35:34 | ולמלפא יהב בלביה | הוא | ואהליאב בר אחיסמך מן |
| 195 | Gn38:12 | וסלק לוות גזזי ענה | הוא | וחירה רחמיה עדולמיי |
| 196 | Dt32:44 | שירתה הדה במשמעהון דעמא | הוא | ויהושע בר נון: |
| 197 | Gn50:14 | וחזר יוסף מצרימה | הוא | ואחוי וכל מן דסלק עמיה |
| 198 | Gn32:28 | ואמר ליה מה שמך | ^הוא#2#^ | ואמר יעקב: |
| 199 | Lv17:14 | נפש כל בשרא אדמה בנפשה | הוא | ואמרת לבני ישראל ^אדם#2# |
| 200 | Gn50:22 | ושרא יוסף במצרים | הוא | ואנשי בייתיה דאבוי |
| 201 | Gn 1:04 | ייי ית נהורא ארום טב | הוא | ואפ{שר}<רש> ממרא דייי בין |
| 202 | Gn29:12 | לרחל ארום אחוי דאביה | הוא | וארום בר רבקה הוא ורהטת |
| 203 | Nu22:22 | ותקף רוגזה דייי ארום אזל | הוא | וא«ת»עתד מלאכה דייי |
| 204 | Gn13:01 | וסלק אברם ממצרים | הוא | ואתתיה וכל מה דהוה ליה |
| 205 | Lv25:41 | ויפוק מן לוותך | הוא | ובנוי עמה ויחזור |
| 206 | Lv25:54 | ויפוק בשתה דיובילה | הוא | ובנוי עמיה: |
| 207 | Dt17:20 | יאריך יומין על מלכותיה | הוא | ובנוי בגו עמא בני ישראל: |
| 208 | Dt18:05 | בשם מימרה דייי קדישא | הוא | ובנוי כל יומיה: |
| 209 | Gn24:54 | ואכלו ושתו | הוא | וגובריא די עמי«ה» וביתו |
| 210 | Ex 4:14 | ידע אנה ארום ממללה ימלל | הוא | והא לחוד הוא אתא לקדמותך |
| 211 | Gn28:17M | אתר מזמן לבית צלו | הוא | והדן תרעא דמכוון עד <צית> |
| 212 | Dt 3:02M | אמתין ליה קודשא בריך | הוא | והוא שמיה משבח שנין |
| 213 | Nu11:30 | ואתכנש משה למשריתה | הוא | וחכימיה וישראל: |
| 214 | Ex 2:02 | בר וחמת יתיה ארום טב | הוא | וטמרת יתיה תלתא ירחין: |
| 215 | Lv13:37 | צמח בה אתאסי נתקא דכי | הוא | וידכי יתיה כהנא: |
| 216 | Gn44:31 | ל{וו}<י>ת טליא עמן מית | הוא | ויחתון עבדך ית שיביתיה |
| 217 | Gn20:07 | אתתיה דגברא ארום נביא | הוא | ויצלי עליך ותחי ואית לית |
| 218 | Gn49:15M | ארום טב | הוה/הוא#2#/ | וית ארעא דישראל ארום |
| 219 | Lv13:49 | בכל מן דמשך מכתש צרעה | הוא | ויתחמי לכהנא: |
| 220 | Gn31:21 | וערק | הוא | וכל מה די לה וקם ועבר ית |
| 221 | Gn35:06 | בארעא דכנען הי ביתאל | הוא | וכל עמא די עמיה: |
| 222 | Ex12:30 | וקם פרעה בליליה | הוא | וכל שלטונוי וכל מצריי והות |
| 223 | Nu21:33 | מלכא דבותנין לקדמותהון | הוא | וכל עמיה לסדרי קרבה |
| 224 | Nu23:06 | והא אתעתד על עלתה | הוא | וכל רברבני מואביי: |
| 225 | Nu27:21 | ועל גזירת פמה ייעלון | הוא | ^וכל#2#^ בני ישראל עמה |
| 226 | Dt 2:32 | ונפק סיחון לקדמותן | הוא | וכל עמיה לסדרי קרבה |
| 227 | Dt 3:01 | מלכא דבותניין לקדמותן | הוא | וכל עמיה לסדרי קרבה |
| 228 | Nu18:09M | \הוא לך ולבנך /לך | הוא | ול#2#/: |
| 229 | Lv14:21 | ואם מסכן | הוא | ולא ארע' ידה ויסב אמר חד |
| 230 | Dt14:08 | חזירה ארום מטלפין טלפין | הוא | ולא גרי מסאב הוא לכון מן |
| 231 | Dt24:15 | עלוי שמשא ארום מסכן | הוא | ולאגר פעליה הוא מסר קדמך |
| 232 | Ex29:21 | לבושי בנוי עמי ויתקדש | הוא | ולבושוי ובנוי ולבושי בנוי |
| 233 | Gn31:43 | מה דאת חמי {לי הו} לי | הוא | ולבנתי מה אעביד לאלין יומא |
| 234 | Gn31:16M | דידן \אינון ודבנן | /הוא | וליבנינן#2#/ וכדון |
| 235 | Dt32:39 | כען ארום אנה אנה במימרי | הוא | ולית אלהא אחרן בר מיני אנה |
| 236 | Ex12:04 | על אימר פסחא ויסב | הוא | ומגורי«ה» דקריב לוותיה |
| 237 | Gn25:27M | עבוריי' ותואביי | הוא | ומטול הכנא ברכיה אבוי |
| 238 | Lv11:04 | ארום ^מסק#2#^ גררה | הוא | ומטלפה לית הוא מטלפי מסאב |
| 239 | Lv11:05 | וית טבזא ארום מסק גרה | הוא | ומטלפה לית הוא מטלף מסאב |
| 240 | Gn25:27M | מן בגלל דעינוות{א}<ן> | הוא | ומשמש בבית מדרשא אולפן |
| 241 | Lv11:07 | חזירה ארו' מטלף טלפין | הוא | וסתקתי סתיקה והוא גררה לית |
| 242 | Nu11:07 | «ומנה» כזרע כסבר | הוא | ועינה כחיזו בדולחה: |
| 243 | Gn19:33 | ית אבוהון חמר בליליא | הוא | ועלת רבתא ושמישת עם אבוה |
| 244 | Lv27:33 | מפרגה יפרג יתיה ויהוי | הוא | ופירוגיה יהווי קדיש לא |
| 245 | Lv27:10 | יפרג בעיר בבעיר ויהוי | הוא | ופרוגיה יהווי קדיש: |
| 246 | Ex 9:27M | \הוא צדיקיא /צדיקא | הוא#2#/ | ופרעה ועמא חייב«י»א: |
| 247 | Dt 1:17M | "דינה ... תקרבון": לאלהה | הוא | ופתגמא די יקום באפכון תק' |
| 248 | Gn29:12 | הוא וארום בר רבקה | הוא | ורהטת ותניית לאבוהי: |
| 249 | Gn14:15 | ופלג עליהון ליליא | הוא | ושלטנוי וקטל יתהון ורדף |
| 250 | Ex 9:34 | למחטי ואתוקף לביה | הוא | ושליט«וי»: |
| 251 | Gn37:27 | ביה ארום אחונן קרב בשרן | הוא | ושמען ליה אחוי: |
| 252 | Ex21:03 | יפוק אין נסב אתה | הוא | ותפק אתתיה עמיה: |
| 253 | Gn19:30 | למשרי בזער ושרה במערתא | הוא | ותרתין בנתה: |
| 254 | Gn19:30 | מן זער ושרא במערתא | הוא | ותרתין בנתה עמיה ארום דחל |
| 255 | Dt24:06 | כל דעבד כדן בחובי נפשן | הוא | חביל: |
| 256 | Dt32:47 | ריקן הוא מנכון ארום | הוא | חייכון ובפתגמא הדין תסגון |
| 257 | Gn41:07 | ואיתעיר פרעה והא | הוא | חלם: |
| 258 | Ex32:16 | כתב מפרש מן קדם ייי | הוא | חקוק על לוחיה: |
| 259 | Nu18:20M | <האנה>{סנאח} | הוא | חקל ואחסנתך ביני |
| 260 | Nu16:11 | קדם ייי ואהרן מה | הוא | חשיב דארעמתון עלוי: |
| 261 | Dt 4:48 | ועד טורה דסיאון | הוא | טור תלגה: |
| 262 | Gn27:27 | מדבחא בטור בית מקדשא | הוא | טורא ברך יתיה חי וקיים כל |
| 263 | Gn15:11 | שכין על פסגיי' היידין | הוא | טייסא דן הוא טייסא מסאבה |
| 264 | Gn15:11 | היידין הוא טייסא דן | הוא | טייסא מסאבה {דיי} דין הוא |
| 265 | Gn37:15 | יתיה מלאך בדמות גבר והא | הוא | טעי בחקלא ושאל יתיה גברא |
| 266 | Lv22:11 | יקנה נפש קניין כספיה | הוא | יאכל מניה ותרבבת |
| 267 | Dt 6:04 | אבונן ייי אלהן ייי חד | הוא | יהא שמיה מברך לעלמי עלמין: |
| 268 | Ex16:29 | לכון שובתא בגין כדין | הוא | יהב לכון ביומא שתיתיא לחם |
| 269 | Gn48:19 | ידע אנא ברי ידע אנה אף | הוא | יהווי לאמה ואף הוא יתקף |
| 270 | Ex 4:16 | על ידך לוות עמא ויהווי | הוא | יהווי לך לתורגמן ואת תהוי |
| 271 | Dt31:08 | שכינתיה מדברה קדמך | הוא | יהווי בסעדך לא מרפה יתך |
| 272 | Ex17:16 | למיקם מן שבטא דבנימין | הוא | יהוי שאול בר קיש הוא |
| 273 | Dt28:44M | אינון/הנון#2#/הוא#2#/ | | יוזפון לכון |
| 274 | Dt32:35 | דצדיקיה ארום קריב | הוא | יום תברהון דרשיעיה ואשת' |
| 275 | Lv23:27 | הדן צומה דכיפוריה | הוא | יום טב וארוע קדיש יהווי |
| 276 | Nu35:33 | אתון שרין בה ארום דמא | הוא | יחייב ית ארעא ולארעא לא |
| 277 | Dt 1:36 | ארום אלהן כלב בר יפונה | הוא | יחמי יתה וליה אתן ית ארעא |
| 278 | Dt 1:38 | לתמן יתיה אתוקף ארום | הוא | יחסן יתה ית ישראל: |
| 279 | Dt33:27 | שבטיה דבני ישראל | הוא | יטרוד בעלי דבביכון |
| 280 | Gn 9:26 | ואמר בריך | הוא | ייי אלהא דשם ויהווי כנען |
| 281 | Gn22:14M | "ברחמין ...": את | הוא | ייי דחמי ולא אתחמי |
| 282 | Gn24:27 | ואמר בריך | הוא | ייי אלהא דריבוני אברהם |
| 283 | Ex 5:02 | ישראל לית פרעה ידע מן | הוא | ייי וית ישראל לית אנה |
| 284 | Ex 5:02 | ואמר פרעה מן | ^הוא#2#^ | ייי די אשמע בקליה |
| 285 | Ex 6:02 | עם משה ואמר ליה אנא | הוא | ייי: |
| 286 | Ex 6:06 | אמר לבני ישראל אנה | ^הוא#2#^ | ייי ואפיק יתכון פריקין |
| 287 | Ex 6:07 | פרוק ותדעון ארום אנה | הוא | ייי אלהכון די פרקית ואפקית |
| 288 | Ex 6:29 | למימר "אני" ייי אנה | ^הוא#2#^ | ייי מלל עם פרעה מלכא |
| 289 | Ex 7:05 | וידעו מצריי ארום אנה | ^הוא#2#^ | ייי כד אשווי ית מחת |
| 290 | Ex 7:17M | תדע#2#/ ארום אנה | \הוא#2#/ | ייי הא אנה מחי בחוטרא |
| 291 | Ex 8:18 | מן בגלל דתדע ארום אנה | הוא | ייי דממרי שרי בגו ארעא: |
| 292 | Ex10:02 | בהון ותדעון ארום אנה | ^הוא#2#^ | ייי: |
| 293 | Ex12:12M | דינין שנין אמר/אנא | הוא#2#/ | ייי: |
| 294 | Ex14:04 | וידעון מצריי ארום אנה | הוא | ייי ועבדו כדן: |
| 295 | Ex14:25 | עמא בני ישראל ארום דין | הוא | ייי דהוה עבד להון נצחני |
| 296 | Ex15:26 | יתהון עליכון ארום אנה | הוא | ייי דמסי יתכון: |
| 297 | Ex16:12 | לחם ותידעון ארום אנה | הוא | ייי אלהכון: |
| 298 | Ex18:11 | וגלי הוא לי ארום תקוף | הוא | ייי מן אלהייא ורבון על כל |
| 299 | Ex20:02 | ואמר עמי בני ישראל אנה | הוא | ייי אלהכון די פרקת ואפקת |
| 300 | Ex29:46M | שכינתי ביניהון אנה | \הוא#2#/ | ייי אלההון: |

301 Ex29:46 וידעון ארום אנה הוא ייי אלההון די אפקת יתהון
302 Ex31:13 לדריכון למדע ארום אנה הוא ייי דקדשית יתכון:
303 Lv11:44 ארום אנה הוא ייי אלהכון ותתקדשון ותהון
304 Lv18:02M ותימר ליהון אנה \הוא#2#/ ייי אלהכון:
305 Lv19:36M לכון \אמר ייי /אנה הוא ייי#2#/ אלהכון די אפק
306 Lv20:08M אנה \ייי דקדשת יתכון /הוא ייי דבממרי מקדש ית#2#/:
307 Lv21:15M אנה \ייי דקדשת יתהון /הוא ייי דבממרי מקדש יתיה#2#/:
308 Lv21:23M אנה \ייי דקדשת יתהון /הוא ייי דבממרי מקדש יתיה#2#/:
309 Lv22:09M אנה \ייי דקדשית יתכון /הוא ייי דבמימריה מקדש
310 Lv22:16M ית קדשיהון ארום אנה הוא ייי ובממרי מקדש יתהון
311 Lv22:31 ותעבדון יתהון אנה הוא ייי דיהב אגר טב לנטרי
312 Lv22:32 בגו עמי ישראל אנה הוא ייי דקדשית יתכון:
313 Lv22:33 לכון לאלה פרוק אנה הוא ייי דפרקת לאבהתכון ועתיד
314 Lv23:43 מן ארעא דמצרים אנה הוא ייי אלהכון:
315 Lv24:22 כיציבה יהווי ארום אנה הוא ייי אלהכון:
316 Lv25:17M אלהכון ארום אנה \הוא#2#/ ייי אלהכון:
317 Lv26:01M /למהוון סגדין עליה אנה הוא ייי#2#/ אלהכון:
318 Lv26:13M אנה \הוא#2#/ ייי אלהכון די פרקית \
319 Nu15:41 לכון לאלה פרוק אנה ^הוא#2#^ ייי אלהכון:
320 Nu35:34 שריה בגווה ארום אנא הוא ייי דאשריית איקר שכינתי
321 Dt 5:06 ואמר עמי בני ישראל אנה הוא ייי אלהכון די פרקית ואפקית
322 Dt 5:09 תפלחון קדמיהון ארום אנה הוא ייי אלהכון אלה קניי ופורען
323 Dt29:05 דתדעון ארום אנה ^הוא#2#^ ייי אלהכון:
324 Dt32:01 כלבוש' תתכלי ברם עתיד הוא ייי למברה שמיא {חת}<חד>תין
325 Dt32:36 ארום דאין הוא ייי ברחמ{ין}<וי> טבייה ית
326 Dt 1:38 בר נון דקיים משמש קדמך הוא ייעול לתמן יתיה אתוקף ארום
327 Ex17:16 הוא יהוי שאול בר קיש הוא יסדר קרבא עם בית עמלק
328 Dt 1:30 שכינתיה מדבר קדמיכון הוא יעבד לכון נצחני קרביכון
329 Dt 3:28 יתיה וזריז יתיה ארום הוא יעבר קדם עמא האלין והוא
330 Dt19:05 ית חבריה ויקטל יתיה הוא יעריק לחדה מיקרייתה האליין
331 Ex 3:02 בער באשתא וסנייה לית הוא יקד:
332 Nu35:19 בזמנה די יארע יתיה הוא יקטול יתיה:
333 Nu35:19 תבוע אדמא הוא יקטול ית קטולה בזמנה די
334 Gn15:04 אלהן מן דיפוק מן מעיך הוא ירת יתך:
335 Dt 9:03 קדמיכון אשה אכלה מתאכלה הוא ישיצי יתהון והוא יכנע
336 Dt31:03 שכינתיה מדברה קדמיכון הוא ישיצי ית אומיה האיליין
337 Gn24:07 לבניך אתן ית ארעא הדא הוא ישלח מלאכא דרחמין קדמך
338 Gn41:25 חלמא דפרע«ה» חד הוא ית מה דייי עבד אתני לפרעה:
339 Gn44:10 לחוד כדון כמליכון כן הוא ית מן די ישתכח לוותה יהווי
340 Nu19:12 הוא יתדי עלוי ביומא תליתיה
341 Dt20:20 די לא אילן עבד פירין הוא יתיה תחבלון ותקצון ותבנון
342 Gn38:25 ברם שהדי דביני לביניה הוא יתן בליביה למיחמי יתהון
343 Gn48:19 אף הוא יהווי לאמה ואף הוא יתקף וברם אחוי זעירא יתקף
344 Gn38:11 ארום אמר דלא ימות לחוד הוא כאחוי ואזלת תמר ויתבת לה
345 Gn27:33M רב לחדה ואמר מן \הוא#2#/ כדון \הוא דצד /דן די
346 Ex21:14 יתיה בכמנא אפילו אין הוא כהנא רבה דקאים ומשמש
347 Lv 6:10 מן קרבנוי קדיש קדישין הוא כחטאת' כאשמה:
348 Lv17:14 ארום נפש כל <בשר> אדמה הוא כל דיאכל יתיה ישתיצא:
349 Gn36:39 ועתר וקנה נכסין וידע מה הוא כספא ומה הוא דהבא:
350 Ex39:05 דאפדה די עלוי מנה הוא כעבדא דהב תכלה וארגוון
351 Dt 5:05 אנה ^הוא#2#^ כען הוינה מעתד בין ממריה
352 Dt 4:32M שמיא הא \אן הוה/הוא#2#/ כפתגמא רבה הדן או אין
353 Lv11:41 שרצא דשרץ על ארעה שקץ הוא לא יתאכל:
354 Lv19:07 יתאכל ביומא תליתיה פסיל הוא לא יתקבל ברעווה:
355 Nu20:05M תינין /דשפר למזדרעה הוא לא למנצוב ביה לא
356 Dt23:08M ארום אחיכון אנון/הנון#2#/הוא#2#/ לא תרחקון מצריי
357 Dt24:12 ואין גבר מסכן הוא לא תידמוך במשכניה:
358 Lv21:07M \אנון קדם אלההון /הוא לאלהיה#2#/:
359 Dt33:21 שירויה ארום אתר מזומן הוא לבית קבורה ליה תמן מקב<ע>ן
360 Ex12:16 יתעביד לכל צורכיה דנפשה הוא לבלחודוי יתעבד לכון:
361 Lv13:46 דמכתשה ביה יסתאב מסאב הוא לבלחודוי ישרי לבר מן
362 Gn20:04M אתקטל /קודמיך ייי הוא לה למיזכי בדינא {ה}
363 Lv24:09 קדיש ארום קדש קדשין הוא לה מן קרבנוי דייי לקיים
364 Ex22:08 די יאמר ארום דן הוא לוו«ת» דיינא יעלא מלי
365 Dt30:14M ארום קריב היא/הוא#2#/ לוותכון פתגמא לחדה
366 Gn41:31 ההוא בתר כדן ארום תקיף הוא לחדא:
367 Ex16:15 משה ואמר משה להון הוא לחמא די יהב ייי לכון
368 Ex18:11 הא כדון ידעת וגלי הוא לי ארום תקוף הוא ייי מן
369 Ex12:42 ואנה ואינון מדברי' כחדא הוא ליליא פסחא לשמה דייי ליליא
370 Ex15:18 אמרין בני ישראל מה יאה הוא לך כליל מלכותא ייי כד חמון
371 Nu18:09 לשם ממרי קדש קדשין הוא לך ולבנך:
372 Lv14:13 קדיש ארום כחטאתה אשמה הוא לכהנא קדש קדשין הוא:
373 Ex12:02 לכון ריש ירחין קדמיי הוא לכון {הוא לכון} ולכל ראשי
374 Ex12:02 ירחין קדמיי הוא לכון {הוא לכון} ולכל ראשי ירחי שתא:
375 Ex31:14 ית יום שבתה ארום קדש הוא לכון מן דמפ{ם}<ס> יתיה
376 Lv11:04 לית הוא מטלפי מסאב הוא לכון:
377 Lv11:05 לית הוא מטלף מסאב הוא לכון:
378 Lv11:06M לית היא סתיקה מסאב הוא לכון#2#/:
379 Lv11:07 גררה לית הוא גרר מסאב הוא לכון:
380 Lv11:12 וקשקסין במיא שקץ הוא לכון:
381 Lv11:20 דעופה דמהלך על ארבע שקץ הוא לכון:
382 Lv11:23 דאית ליה ארבע רגלין שקץ הוא לכון:
383 Lv11:26M אינון לכון /מסאב הוא לכון#2#/ כל די יקרב
384 Lv11:38 מנבלתהון עלוי מסאב הוא לכון:
385 Lv11:39M ימות מן בעירה די יהוי/הוא#2#/ לכון למיכל/למזון#2#/
386 Lv23:32M שבת שבתה היא/הוא#2#/ לכון ותצימון בה ית
387 Nu18:31 ואינשי בתיכון ארום אגר הוא לכון חלף פולחנכון במשכן
388 Dt14:08 טלפין הוא ולא גרי מסאב הוא לכון מן בשרהון לא תיכלון
389 Dt14:10 <....> לא תאכלון מסאב הוא לכון:
390 Dt14:19 וכל שרץ עופא מסאב הוא לכון לא יתאכלון:
391 Lv23:28 ארום יום צומה דכיפורייה הוא לכפרה עליכון קדם ייי
392 Ex 2:20 ואמר לבנתיה ואן הוא למה כען שבקתון ית גברא
393 Lv14:53M ויהי אין יסי{ני}<מ>וס הוא למלקי תוב בצרעתה
394 Nu17:05 די לא מן בנוי דאהרן הוא למסדרה קטרה קדם ייי ולא
395 Gn50:11 אסדה ואמרין אבל תקיף הוא למצראי בגין כן קרא שמה אבל
396 Gn34:14 ליה <עורלה> ארום בזיון הוא לן:
397 Gn 3:06 אילנא למיכל וארום תחמדא הוא לעייניה ויאי אילנא למסתכלא
398 Ex12:42 דייי לילי נטיר ומזומן הוא לפורקן לכל ישראל לדריהון:
399 Ex12:42 לילי נטיר ומזומן הוא לפורקן לשמה דייי בזמן
400 Lv 8:21 דכרה על גבי מדבחה עלה הוא לריח דרעוה קרבן הוא היך מה
401 Ex29:18M ייי הוא /קרבן מתקבל הוא לשמה דייי#2#/:
402 Ex29:18 דיכרא על גבי מדבחא עלה הוא לשמה דייי לריח דרעוא קרבן
403 Ex30:10 לדריכון קדש קדשים הוא לשמה דייי:
404 Lv 8:28M \הוא קדם ייי /מתקבל הוא לשמה דייי#2#/:
405 Lv23:05M /מכס#2#/ פסחה \קדם ייי /הוא לשמה דייי#2#/:
406 Lv27:28 כל אפרש קדש קדשין ^הוא#2#^ לשמה דייי:
407 Lv 8:21M דרעוה \קרבן הוא/מתקבל הוא לשמיה דייי#2#/ היך מה פקד
408 Nu22:30 עלמא מן ראש ובזכוותהון הוא מדכר קדמיהון מה את יכיל

|  |  | | | |
|---|---|---|---|---|
| 409 | Lv25:16 | זבונה ארום מניין עללתה | הוא | מזבן לך: |
| 410 | Nu15:30 | ובגיוריה קדם ייי | הוא | מחרף ותישתצא נפשא ההוא |
| 411 | Lv11:05 | מסק גרה הוא ומטלפה לית | הוא | מטלף מסאב הוא לכון: |
| 412 | Lv11:04 | גררה הוא ומטלפה לית | הוא | מטלפי מסאב הוא לכון: |
| 413 | Lv11:26M | "דהוא פריס ... וגררה": די | הוא | מטלף{ין} טלפין וסתקתה לית |
| 414 | Lv13:32 | מצלהב וחזוה דניתקא לית | הוא | מכיך מן משכה: |
| 415 | Lv13:34 | ניתקא במשכה וחזוה לית | הוא | מכיך מן {מ}משכא וידכי יתיה |
| 416 | Lv17:11M | יכפר /בחובי נפ{קי}<ש>ן | הוא | מכפר#2#/: |
| 417 | Dt32:43 | ארעא לקייא וברחמוי טביה | הוא | מכפר על ארעא ועל עמא: |
| 418 | Gn49:11 | מה יאי | הוא | מלכא משיחא דעתיד למיקם מן |
| 419 | Gn49:12M | "ייאיין ...": יאי | הוא | מלכא משיח' דעתיד למיקם מן |
| 420 | Ex15:18 | כחדא ואמרין דייי | הוא | מלכותא מן קדם עלמא ועד עלם |
| 421 | Dt24:06M | ארום צרכי הוא נפשא | הוא | ממשכן ולא תהוון אסורי |
| 422 | Dt24:06M | זכיי הוא מתחשב ונפשתה | הוא | ממשכן |
| 423 | Gn 4:04 | והבל אייתי אף | הוא | מן בכירי ענה ומן |
| 424 | Gn26:29 | טבן ושלחנן יתך בשלם את | הוא | מן כדון בריכה דייי: |
| 425 | Ex12:19M | /וישתצי#2#/ נפשא | ההיא/הוא#2#/ | מן כנישתא דישראל |
| 426 | Ex21:29 | ואין תור נגשן | הוא | מן דאתמל ומן דקדמוי |
| 427 | Ex21:36 | אין אתודע ארום תור נגשן | הוא | מן דאתמל ומן דקדמוי ולא |
| 428 | Lv27:08 | וא«י»ן מסכן | הוא | מן עלויה ויקים יתיה קדם |
| 429 | Gn16:05 | מלכא דגרר ואמרת אחי | הוא | מן בגלל דלא יקטלון יתך |
| 430 | Ex18:18 | {לחוד} עמך ארום תקף | «הוא» | מנך פתגמא לית את יכיל |
| 431 | Dt32:47 | ארום לא פתגם ריקן | הוא | מנכון ארום הוא חייכון |
| 432 | Lv13:44 | גבר מצרע | הוא | מסאב הוא מסאבה יסא«ב» |
| 433 | Lv13:44 | גבר מצרע הוא מסאב | הוא | מסאבה יסא«ב» יתיה כהנא |
| 434 | Lv11:26 | לית היא מטלף וגררה לית | הוא | מסק מסאבי' אינון לכון כל |
| 435 | Dt24:15 | מסכן הוא ולאגר פעליה | הוא | מסר קדמך ית נפשיה אזדהר לך |
| 436 | Nu23:06M | וחזור לוותיה והא | אתעתד/`ית#2#/`הוא | מעת#2#/ על עלתה |
| 437 | Dt32:03 | תמניין וחמשה אתין וכן | הוא | מפרש ואמר האזינו השמים |
| 438 | Nu12:16 | דמצוה זעירה דאנש עבד | הוא | מקבל עילוי אגר סגיא לפם |
| 439 | Lv 3:01 | קרבניה אין מן תוריה | הוא | מקרב אין דכר אין נוקבה שלם |
| 440 | Lv 3:07 | אין אמ' | הוא | מקרב ית קרבניה ויקרב יתיה |
| 441 | Lv21:08M | קדישין יהוון לכון | /הוא | מקרב קדיש יהווי לכון#2#/ |
| 442 | Nu24:05 | ישראל אבוכון מה יאי | הוא | משכן זימנא דשרי ביניכון |
| 443 | Gn50:19 | לא תדחלון ארום מני | הוא | משלמה לכון בישתא דעבדתון |
| 444 | Gn14:17M | היא /למשרה דחזוה | הוא#2#/ | משרה דמלכא: |
| 445 | Nu24:21 | במתל נבותה ואמר מה תקיף | הוא | משרויך ושוית בניקרא דכיפה |
| 446 | Dt 1:17 | ושליט ארום דינה קדם ייי | הוא | מתבע ופתגמה די יקשי מינכון |
| 447 | Dt24:06M | כאשדיות אדם זכיי | הוא | מתחשב ונפשתה הוא ממשכן |
| 448 | Dt32:36 | ועל עלבון עבדוי דצדיקיה | הוא | מתנחם ארום גלי קדמוי ארום |
| 449 | Nu23:17 | ואתא לוותיה והא | הוא | מתעתד על עלתה ורברבני |
| 450 | Nu35:17 | בה מחת יתיה ומית קטול | הוא | מתקטלה יתקטל קטולה: |
| 451 | Nu35:18 | בה מחה יתיה ומית קטול | הוא | מתקטלה יתקטל קטולה: |
| 452 | Gn 2:14 | אתוריה ונהרא רביעיא | הוא | נהרא רבה דנהרא פרת: |
| 453 | Gn25:27M | עשו גבר נחוש ירכן ומר | הוא | נחי<ש> ירכן דהוה נחשא |
| 454 | Ex 7:15 | לוות> פרעה בצפרא הא | הוא | נפק מת{ו}ק<ו>רדה על נהרא |
| 455 | Ex 8:16 | ואתעתד קדם פרעה הא | הוא | נפק למתקורדה על נהרא ותימר |
| 456 | Dt 5:07 | דבירה תנינה כד | הוא | נפק מן פם קדשה יהי{ה} שמיה |
| 457 | Dt24:06M | ורכבה ארום צרכי | הוא | נפשא הוא ממשכן ולא תהוון |
| 458 | Dt12:23 | למיכל אדמה ארום אדמה | הוא | נפשה לא תאכלון נפשה עם |
| 459 | Dt24:15M | ומן בגין אגריה | הוא | סבל לך ית נפ' דלא יצווח |
| 460 | Dt15:02 | ודן | ^הוא#2#^ | סדר דינה ושמטתה ישמט כל |
| 461 | Dt21:17 | הוא שרוי צעריה דידיה | הוא | סדר דינה דבכורתה: |
| 462 | Gn31:50 | לית גבר עמן חמי ייי | הוא | סהד ביני ובינך: |

|  |  | | | |
|---|---|---|---|---|
| 463 | Nu 3:47 | תיסב עשרין מעין | הוא | סילעה: |
| 464 | Ex30:13 | עשרין מעין | הוא | סלעא פלגא סלעא אפרשו לשמה |
| 465 | Nu17:28 | למשכנה דייי יתקטל | ה<ו>א | ספנן הא אשתיצינן: |
| 466 | Ex14:14 | להון משה לא תדחלון ייי | הוא | עבד לכון נצחני קרביכון |
| 467 | Nu12:07 | לא כוות כל נביאה | הוא | עבדי מש' בכל עולמי דברית |
| 468 | Nu19:13 | אדיא לא אזרק עלוי מסאב | הוא | עד כען סאובתיה ביה: |
| 469 | Gn15:11 | טייסא מסאבה {דיי} דין | הוא | עופא מסאבא אילין אינון |
| 470 | Lv 5:19 | אשמה | הוא | על חובתיה די אתחייב אשמה |
| 471 | Lv17:11 | על נפשתכון ארום אדמה | הוא | על חובי נפשה יכפר: |
| 472 | Ex 4:16 | וימלל | הוא | על ידך לוות עמא ויהווי הוא |
| 473 | Gn30:33 | ולחוש באימריא גניב | הוא | עמי: |
| 474 | Gn44:34 | אסק לוות אבא וטליא לית | הוא | עמי דלא אחמי בבישתא די |
| 475 | Ex22:13M | /מית#2#/ מרה לית | ^הוא#2#/ | עמיה משלמא ישלם: |
| 476 | Gn44:26 | דגברא ואחונן זעירא לית | הוא | עמן: |
| 477 | Gn44:30 | לוות עבדך אבא וטליא לית | הוא | עמן ונפשיה חביבה עלוי |
| 478 | Dt 4:07 | זמן דאנן מצליין קדמוי | הוא | עני יתן: |
| 479 | Dt 4:07M | כל שעה דאנן קריין לה | הוא | ענין |
| 480 | Ex16:23 | ואמר {ואמר} משה | הוא | פתגמא די מלל ייי שבת שבתא |
| 481 | Lv10:03 | ואמר משה לאהרן | הוא | פתגמא די מליל ייי למימר |
| 482 | Dt18:22 | ולא יהווי פתגמא ולא יתי | הוא | פתגמא די לא מלל ייי יתיה |
| 483 | Dt22:26 | ומ«ת»חייב בנפשיה כדן | הוא | פתגמא הדין: |
| 484 | Gn49:21M | חקל כפילתא כד | הוא | פתח פומי' בכנישותא יעקב |
| 485 | Gn40:12M | ואמר ליה יוסף דין | פתרוניה/הוא | פתרונ' חלמא#2#/ תלתי |
| 486 | Ex 9:27 | להון חטית הדא זמנא ייי | הוא | צדיקיא ופרעה ועמא |
| 487 | Gn25:22M | "אן כדין ... קדם ייי": אכ | הוא | צערא דילדותא למה דין אנא |
| 488 | Lv13:15 | ויסאב יתה בשרה חיה מסאב | הוא | צרעת הוא: |
| 489 | Lv13:30 | ויסאב יתיה כהנא נתקה | הוא | צרעתה ראשה או דדקנה הוא: |
| 490 | Ex22:26M | בשרה \במה הוא דמך /במה | הוא | קאים#2#/ ויהוי ארום יצווח |
| 491 | Nu 6:08M | קדיש יהווי קדם /קודש\ | הוא | קד#2#/ ייי: |
| 492 | Nu16:07M | קדישא /מימריה דייי | הוא | קדיש#2#/ אסגיתון |
| 493 | Ex12:11 | יתיה בבהילו מאכס פסחא | הוא | קדם ייי: |
| 494 | Ex12:27 | ותימרון מכס פסחא | הוא | קדם ייי די פסח ויגן על |
| 495 | Ex12:42M | בזמן אפקותיהון /לפורקן | הוא | קדם ייי באפקותא#2#/ דבני |
| 496 | Ex29:25 | לריח דרעוא קדם ייי קרבן | הוא | קדם ייי: |
| 497 | Lv 8:28M | לריח דרעוה קרבן | \הוא | קדם ייי /מתקבל הוא לשמה |
| 498 | Lv23:03 | לא תעבדון שבי וניח | הוא | קדם ייי בכל אתר |
| 499 | Nu18:19 | לקיים עלם קיים מלח עלם | הוא | קדם <ייי> לך ולבנך בתרך: |
| 500 | Nu28:16M | נכסת/מכס#2#/ פסחא | ^הוא#2#/ | קדם ייי: |
| 501 | Dt24:04 | לגבר אחרן ארום מרחקה | הוא | קדם ייי ולא תחייבון ית |
| 502 | Gn24:15 | והוה | הוא | קדם עד לא אשלם לממללא והא |
| 503 | Gn 6:03 | דדריה דמבולא הלא מחתם | הוא | קדמוי סדר דינא דדר' דמבולא |
| 504 | Gn18:19 | ארום גלי | הוא | קדמיי מן בגלל די יפקד ית |
| 505 | Ex30:32 | תעבדון כוותיה לכון קדש | הוא | קדש יהוי לכון: |
| 506 | Lv27:30 | מן פירי אילנה לשמה דייי | הוא | קדש לשמא דייי: |
| 507 | Gn24:30 | גברא ואתא לוות גברא והא | הוא | קיים על גמליא על עיינא: |
| 508 | Gn41:01 | דיומין ופרעה חלם והא | הוא | קיים על גוף נהרא: |
| 509 | Gn 2:19 | יתהון לות אדם למחמי מה | הוא | קרא ליהון וכל מה דהוה אדם |
| 510 | Lv 1:13 | ויסדר על גבי מדבחא עלה | הוא | קרבן מתק«ב»ל לריח דרעוא |
| 511 | Lv 1:17 | על קיסיה די על אשתה עלה | הוא | קרבן מתקבל לריח דרעוה קדם |
| 512 | Lv 1:03M | אן עלה | ^הוא#2#/ | קרבנה לשמה דייי /\מן |
| 513 | Gn30:33 | אגרי קדמיך כל די לית | הוא | קרח ונמר בעיזייא ולחוש |
| 514 | Dt22:02M | ואין/ואם#2#/ לית | ^הוא#2#/ | קריב {ל}אחוך לוותך |
| 515 | Dt29:23 | עבד לארעא הדה מה תקיף | הוא | רוגזיה רבה הדין: |
| 516 | Gn24:65 | ברא לקדמותן ואמר עבדא | הוא | ריבוניה ונסיבת רדידה |

| | | | | |
|---|---|---|---|---|
| 517 | Ex15:21M | קדם ייי "כי" | הוא | רם על רמיא |
| 518 | Ex21:08M | \לא יהווי רשיי /לית | הוא | רשאי#2#/ למזבנה יתי' חלף |
| 519 | Dt21:16 | ית מה די יהווי לה לית | הוא | רשיי למקדמה ית ברא דרחימתה |
| 520 | Dt22:19 | וליה תיהווי לאתה לית | הוא | רשיי למשבקה יתה כל יומוי |
| 521 | Dt22:29 | חלף די צער יתה ולית | הוא | רשיי למשבקה יתה כל יומי |
| 522 | Dt24:04 | לית | הוא | רשיי בעלה קדמייה די שבוק |
| 523 | Gn 2:03 | וקד' יתיה ארום בה | הוא | שבה שבה וניח קדמוהי מן כל |
| 524 | Nu 1:10 | לבנוי דיוסף | הוא | שבטה דבית אפרים אלישמע |
| 525 | Nu 1:32 | לבנוי דיוסף | הוא | שבטה דבית אפרים יחוסיהון |
| 526 | Dt19:18 | יאות והא שהד דשקר | הוא | שהדה שקר אסהיד באחוי: |
| 527 | Dt22:17 | והא | הוא | שווי לה עלילן דמילין למימר |
| 528 | Ex 3:14 | למימר ליה הווי ויהווי | הוא | שלח יתי לוותכון: |
| 529 | Gn45:26 | כדון יוסף בחיין וארום | הוא | שליט בכל ארעא דמצרים |
| 530 | Gn 2:19 | בלשן בית קדשה נפש החיה | הוא | שמיה: |
| 531 | Nu 7:89 | למשכן זימנא לממללה עמיה | הוא | שמע ית קל דבירה ממלל עמיה |
| 532 | Dt21:18 | בר סורוון ומורוון לית | הוא | שמע בקלה דאבוי ובקלה |
| 533 | Dt21:20 | דין סורוון ומורוון לית | הוא | שמע בקלן אכל בבשרה ושתי |
| 534 | Dt21:17 | מה די ישתכח ליה ארום | הוא | שרוי צעריה דידיה הוא סדר |
| 535 | Gn10:08 | וכוש אולד ית נמרוד | הוא | שרי למהוי גיבר באר': |
| 536 | Nu35:21 | מתקטלה יתקטיל קטולה | הוא | תבוע אדמה יקטול ית קטולה |
| 537 | Dt32:43 | עולבן ודם עבדוי צדיקייה | הוא | תבע ונקמתה יחזר |
| 538 | Gn27:31 | ועבד אף | הוא | תבשילין ואייתי לאבוי ואמר |
| 539 | Nu34:15 | ספר ימא דמ«י»לחא דין | הוא | תחומא דתרין שבטיה ופלגות |
| 540 | Ex 1:16 | על מתברייא אן בר דכר | הוא | תקטלון יתיה ואן ברא נקבה |
| 541 | Gn 7:02 | בעירא די לא דכיא | הו{ה}«א» | תרין דכר ונקבה»: |
| 542 | Dt10:21 | | הוא | תשבחתכון והוא אלהכון די |
| 543 | Nu12:14 | ואבוה נזפה נזף בה בדינה | הוא | תתכנע מן קדמוי שבעה יומין |
| 544 | Nu32:23M | ואין לא תעבדון כדין | הא/הוא#2#/ | אתחייבתון/ית'#2#/ קדם |
| 545 | Gn44:18M | דכן בגלל בנימן אחונ' | דהא | ממנין שבטיי' ואית ליה |
| 546 | Gn27:29 | בשלמך כל בנוי דלבן | דהוא | אחוי דאמך מ{ה}<ן> דלייט |
| 547 | Gn38:25 | ולא ניקוד בעלמא דאתי | דהוא | אשא אכל' אשא טב לי בהית |
| 548 | Gn32:03 | משרין דעשו אחי אינון | דהוא | אתי לקדמותי} או משרין |
| 549 | Gn32:03 | דעשו אחי אינון | דהוא | אתי לקדמ' או משרין דמלאכין |
| 550 | Gn25:06M | יצחק בריה עד | הווה/דהוא#2#/ | בחיין ^ועיבר#2#/ |
| 551 | Gn21:17 | בקל צלותיה דטליא באתרא | דהוא | ביה: |
| 552 | Gn49:21 | קליל מבשר בשורן טבן | דהוא | בשר לאבונן יעקב מן שירויה |
| 553 | Lv 5:24M | יוסף#2#/ עלוי למן | הוא/דהוא#2#/ | דידיה יתן יתיה ביומא |
| 554 | Nu 9:13M | וגברא די | יהווי/^דהווי#2#/^דהוא#2#/ | דכי ובארח |
| 555 | Nu35:22 | יתיה או טלק עלוי כל מן | דהוא | דלא בכמנה: |
| 556 | Nu35:31 | ממון על נפש דקטול | דהוא | חייב למתקטלה ארום מתקטלה |
| 557 | Gn49:21 | מפלטורין דיוסף וכיון | דהוא | מבשר פמיה בכנישתיהון |
| 558 | Ex22:30 | בר עממיא תטלקון יתיה | דהוא | מדמי לכלבא: |
| 559 | Lv19:14M | דלא שמע לקדם אכסנייה | דהוא | מדמי לסמייה לא תשוון |
| 560 | Dt27:18M | דמטעה אכסנייה באורחה | דהוא | מדמי לסמייה ויענון |
| 561 | Dt29:17 | גבר דלביה מהרהר בחטא' | דהוא | מדמי לשריש קביע בארעא ארום |
| 562 | Lv24:16M | "... בגידופין": בזמן | דהוא | מחרף שמה בגדפין |
| 563 | Dt33:03 | דמלאכין קדישין דאפעלגב | דהוא | מייתי עליהון יסורין סגין |
| 564 | Dt33:16 | דגברא ^יוסף#2#^ | דה{א}<ו>א | מלך ושליט בארעא דמצרים |
| 565 | Gn44:18 | דכן בגלל בנימן אחונן | דהוא | ממניין שבטייא ואית ליה |
| 566 | Gn44:19 | היא ודן חיילא רבא על | דהוא | מן עילעא דאבה אין לא הווה |
| 567 | Nu 1:08M | מן שבטה דבנוי דיוסף | דהוא | מן שבטה דבנוי דאפ'#2#/ |
| 568 | Nu 1:10M | /מן שבטה דבנוי דיוסף | דהוא | מן שבטה דבנוי דא'#2#/ |
| 569 | Nu 1:32M | מן שבטה דבנוי דיוסף | דהוא | מן שבטה דבנוי דאפרים |
| 570 | Nu13:11M | גדי בר סוסי | /דהוא | מן שבטה דבנוי דמנשה#2# |
| 571 | Dt33:17 | בר נון מן אימוראי | דהוא | מן שבטה דבנוי דאפרים |
| 572 | Dt33:17 | בר יואש מן מדייניי | דהוא | מן שבטה דבנוי דמנשה: |
| 573 | Dt 3:02M | למחווייה יתיה לדרייה | דהוא | מסר יתיה בידי בנוי |
| 574 | Ex21:21M | \ארום זבינת כספא הוא | /דהוא | משתעבד ליה ולברי' ולבר |
| 575 | Gn44:18 | חד כמה וכמה על אחונן | דהוא | מתמני עמין מן שבטיא ומקבל |
| 576 | Gn49:01 | רזא אתכסא מינה סברין | דהוא | מתני להון קץ פורקנא ונחמתא |
| 577 | Nu24:04M | מתנבא על נפשיה | דנפיל/דהוא | נפ'#2#/ בחרבא וסוף |
| 578 | Gn38:25 | טב לי בהית בעלמא הדין | דהוא | עלם עבו{ד}<ר> ולא נבהת קדם |
| 579 | Gn28:11M | חדא ביהוא זמנא ידע | דהוא | עתיד למיסב ארבע נשין |
| 580 | Gn49:18 | בר יואש סכיית נפשי | דהוא | פורקן שעה ולא לפורקניה |
| 581 | Gn49:18 | בר מנוח סכיית נפשי | דהוא | פורקן עבור אלא לפורקניה |
| 582 | Lv11:26 | לכל בעירא | דהוא | פריס פרסה וטלפין לית היא |
| 583 | Lv19:18 | בתר לישנא תליתיה | דהוא | קש' כחרבא מחי מן תרין |
| 584 | Gn27:09 | תבשילין לאבוך היך מה | דהוא | רחים: |
| 585 | Ex15:01M | ייי \דכל מן דמתגאי | /דהוא | רם על רמיא ומתגאה על |
| 586 | Nu34:23M | מן שבטה דבנוי דיוסף | דהוא | שבטה דבנוי דמ' |
| 587 | Nu11:26M | ויהושע בין נון | דהוא | שמשא מקבל נביתה מן בתרה |
| 588 | Dt14:28 | עללתכון בשתה תליתיתה | דהוא | שנת מעשר מסכינייה ותצנעון |
| 589 | Ex18:05 | לוות משה למדברא | דהוא | שרי תמן דתמן שריא איקר |
| 590 | Ex14:25 | אינון יהיבין במצרים | והו' | עתיד למעבד להון נצחני |
| 591 | Gn32:22 | ועברת דורון קדמוי | והוא | אבית בליליא ההוא במשריתא: |
| 592 | Gn49:21 | דעד כדון יוסף בחיין | והוא | אודרז ונחת למצרים בשעתא |
| 593 | Dt10:21 | הוא תשבחתכון | והוא | אלהכון די עבד עמכון ית |
| 594 | Gn42:38 | עמכון ארום אחוי מית | והוא | בלחודוי אשתייר ויארע יתיה |
| 595 | Lv24:10 | ונפק ברה דאתה ישראליתה | והוא | ברה דגבר מצריי בגו בני |
| 596 | Gn41:11 | וחלמנן חלם בלילי חד אנה | והוא | גבר כפתרון חלמא חלמנן: |
| 597 | Ex32:22M | שלטה {בישה שלטה} ביה | והוא | גרם ליה למעבד |
| 598 | Lv11:07 | טלפין הוא וסתקתי סתיקה | והוא | גררה לית הוא גרר מסאב הוא |
| 599 | Ex17:16M | הוא שאול בר קיש | והוא | דבי' עמלק |
| 600 | Gn14:12 | בר אחוי דאברם ואזלו | והוא | הוה שרי בסדום: |
| 601 | Gn14:18 | שם רובה אפק להם וחמר | והוא | הוה כהן משמש בכהנת' רבתה |
| 602 | Gn18:08 | די עבד ושוי קדמיהון | והוא | הוה קיים עליהון תחות אילנא |
| 603 | Gn24:62 | עלי קיים כל עלמא | והוא | הוה שרי בארעא דרומה: |
| 604 | Gn24:62M | יקר שכינתי' דייי | והוא#2#/ | הוה שרי בארעא דרומה: |
| 605 | Gn34:19 | נפשיה בברתיה דיעקב | והוא | הוה יקר מן כל אנשי ביתיה |
| 606 | Gn37:02 | הוה רעי עם אחוי בענה | והוא | הוה טלי מתרבי עם בנוי |
| 607 | Gn42:06 | הוא הוה שליט על ארעא | והוא | הוה מזבן לכל עמא דארעא |
| 608 | Gn18:01 | על אברהם במשרי חזוה | והוא | הווה יתיב בתרע משכניה |
| 609 | Gn32:32 | שמשא כד עבר ית פניאל | והוא | הווה מטלע על ירכיה: |
| 610 | Gn48:14 | ושווי על ראשה דאפרים | והוא | זעירא וית שמאליה על רישיה |
| 611 | Dt 5:24 | דייי עם בר נשא | וה{י}<ו>א | חיה: |
| 612 | Lv 5:04 | בשבועה ויתכסי מניה | והוא | <ידע> ויתחייב לחדא מן |
| 613 | Gn16:12 | | והוא | יהווי מדמי לערד בבני אנשא |
| 614 | Gn49:13 | על סייפי דימא רבה ישרי | והוא | יהווי שליט במחוזוי ספינתה |
| 615 | Dt29:12 | לשמה דייי לעם קדישין | והוא | יהווי לכון לאלה פרוק |
| 616 | Gn 3:16 | ולוות בעליך יהוי מתביך | והוא | יהוי רשותה עליך בין למזכה |
| 617 | Gn 3:16M | רשותה עליך /רחצונך | והוא | יהוי שליט עלך#2#/ בין |
| 618 | Dt 3:28 | הוא יעבר קדם עמא האלין | והוא | יחסן יתהון ית ארעא די |
| 619 | Dt 9:03 | מתאכלה הוא ישיצי יתהון | והוא | יכנע יתהון קדמיהון ותירתון |
| 620 | Ex21:04 | ובניה תהוי לריבונה | והוא | יפוק לבלחודוי: |
| 621 | Ex16:31 | בני ישראל ית שמיה מנה | והוא | כזרע דכסבר חיור וטעמיה |
| 622 | Gn44:14 | ואחווי לפלטורין דיוסף | והוא | כען הווה תמן ושאלו בשלמיה |
| 623 | Gn48:17 | ימיניה על רישה דאפרים | והוא | לא שפר באפוי ואתוקף בידה |
| 624 | Lv 5:18 | על שלותיה די אשתלי | והוא | לא הוה ידע וישת«רי» |

דהא
דהוא

והו'
והוא

|  |  |  |
|---|---|---|
| 625 | Nu27:03 | אבונן מית במדברה והוא לא הוה בגו עם כנשתה |
| 626 | Nu35:23 | יתיה ואפל עלוי ומית והוא לא הוה שני ליה ולא תבע |
| 627 | Dt 4:42 | בתקוף בדלא ידע והוא לא הוה סני יתיה לא מן |
| 628 | Dt19:04 | יקטול ית חבריה בלא ידע והוא לא הוה סני יתיה לא מן |
| 629 | Gn50:15M | דנטר לן יוסף סנה/ והוא מח#2#/ יחזר לן ית כל |
| 630 | Lv 5:02 | דשרץ מסאב ויתכסי מנה והוא מסא' ויתחייב: |
| 631 | Lv22:04 | גבר גבר מן בנוי דאהרן והוא מצרע או דייב בקדשייה לא |
| 632 | Lv13:45 | ועל שפמה יהוי עוטס והוא מצרעה יהיה צווח ואמר רחוקו |
| 633 | Gn44:05 | דן די ישתי רבוני ביה והוא מקסם יקסם ביה אבאשתון |
| 634 | Gn25:29 | ואתא עשו מן אפי ברא והוא משלהי: |
| 635 | Nu21:26 | מלכהון דאמוריי הוות והוא סדר קרבה עם מלכיהון |
| 636 | Gn33:03 | והוא עבר קדמיהון ושאל בשלומהון |
| 637 | Ex 1:19 | קדם אבוהון בשמ«י»א והוא עני יתהון ואינון ילדן: |
| 638 | Ex14:25 | אינון יהיבין במצרים והוא עתיד למעבד להון נצחני |
| 639 | Nu22:22 | דייי בארחה למסטן לה והוא רכיב על אתנתיה ותרין |
| 640 | Lv 5:01 | ותשמע קל שבועה דחרוף והוא שהד או די חמה או די ידע |
| 641 | Lv13:43M | ויחמי יתה כהנא והא/והוא#2#/ שומת מכתשה חוורה |
| 642 | Dt 3:02M | ליה קודשא בריך הוא והוא שמיה משבח שנין סגיאין |
| 643 | Gn14:13 | ותני לאברם עברייא והוא שרי במשרי חזוה דממר' |
| 644 | Dt 3:16M | מתבנייה בימצע נחלא והוא תחומה |

## הואיל *conj.* since [160]

|  | |  |  |
|---|---|---|---|
| 001 | הואיל | Gn18:17 | רחמי ית מה די עבד אנה הואיל וכרכה דסדם במתנתה דיהבת |

## הודייה *n.* thanksgiving [160]

|  | |  |  |
|---|---|---|---|
| 001 | s ab/cn הודייה | Lv22:29M | "נכסת ... לרעוה": נכיסת הודייה קודם ייי לר' |

## הוי *vb.* to be [160]

|  | |  |  |
|---|---|---|---|
| 001 | ה' peal | Dt 3:09M | /סיריון ואימוראי' ה'#2#/ קריין יתיה/לה#2#/ |
| 002 | הו' | Dt32:30M | כד יהוון/הו'#2#/ ישראל לעיין באוריתה |
| 003 | | Nu32:01M | סגין הוה /נכסין הו'#2#/ לבנוי דראובן ולבנוי |
| 004 | | Gn 4:08 | ועל פירי עובדין טבין הו' מדבר ועל דהוו עובדיי טבין |
| 005 | | Nu11:26M | ותרויהון/ואינון הו'#2#/ מתנביין כחדא ואמרין |
| 006 | | Ex34:01M | ית דבריא דהוון/די הו'#2#/ על לוחיא קדמיי/קדמאי#2#/ |
| 007 | הוה | Gn15:17M | כדן הווה אברם חזי כד הוה אברם עבר ביני בתרייא |
| 008 | | Gn15:17M | שמשא טמעה וחומסא הוות הוה אברם והא גהינם דבערה |
| 009 | | Gn38:15 | בבייתיה דיהודה ולא הוה יהודה חכם יתה: |
| 010 | | Gn40:12 | ברם פתרוניה דחלמא לא הוה יוסף אמר ופתר ליה יוסף |
| 011 | | Ex12:42M | הא בר תלתין ושבע שנין הוה ישחק בזמן די אתקר' |
| 012 | | Gn42:23 | ארום <....> היך תרגומן הוה מנשה קיים ביניהו«ן»: |
| 013 | | Ex17:11 | והוה כד הוה משה זקף ית ידוי בצלו הוון |
| 014 | | Ex33:08 | והוה כד הוה משה נפק למשכנה קיימין כל |
| 015 | | Ex34:34 | וכד הוה משה עליל קדם ייי למללה |
| 016 | | Lv24:12M | דחליל שובתה בזידנו הוה משה מתי{י}ן מן בגלל דהווה |
| 017 | | Lv24:12 | דלעיל בתרין מנהון הוה משה זריז ובתרין מנהון הוה |
| 018 | | Lv24:12 | משה זריז באליין ובאילין מנהון הוה משה מתין באליין ובאילין |
| 019 | | Lv24:12 | ובדין בנתה דצלפחד הוה משה זריז מן בגלל דהווה |
| 020 | | Lv24:12 | דפרש שמיה קדישה בגדפין הוה משה מתין מן בגלל דהוון |
| 021 | | Nu 7:89 | וכד הוה משה עלל למשכן זימנא |
| 022 | | Nu 9:08 | קדם משה בתרין מנהון הוה משה זריז ובתרין מנהון הוה |
| 023 | | Nu 9:08 | משה זריז ובתרין מנהון הוה משה ממתין במסאבין דלא |
| 024 | | Nu 9:08 | ובדין בנתיה דצלפחד הוה משה זריז מן בגלל דהוון |

|  |  |  |
|---|---|---|
| 025 | Nu 9:08 | דפרש שמה קדישה בגדפין הוה משה ממתין מן בגלל דהוה |
| 026 | Nu10:35M | כד הווה ארונה נטל הוה משה קאים ידוי בצלו ואמר |
| 027 | Nu10:36 | וכד הוה שרי הוה משה מצלי ואמר חזור כען |
| 028 | Nu10:36M | וכד הווה ארונה שרי הוה משה זקיף ידוי בצלו |
| 029 | Nu15:34 | משה רבן בתרין מנהון הוה משה זריז ובתרין מנהון הוה |
| 030 | Nu15:34 | משה זריז ובתרין מנהון הוה משה מתין ובאלין ובאלין |
| 031 | Nu15:34M | בנתיה דצלפחד הוה משה זריז מן בגלל דהוון |
| 032 | Nu15:34 | ובתרין בנתה דצלפחד הוה משה זריז מן בגלל דהוה |
| 033 | Nu15:34 | דפרש שמה קדישה בגדפין הוה משה מתין מן בגלל דהוון |
| 034 | Nu27:05 | קדם משה בתרין מנהון הוה משה זריז ובתרין מנהון הוה |
| 035 | Nu27:05 | משה זריז ובתרין מנהון הוה משה מתין ובאילין ובאילין |
| 036 | Gn 4:21 | ושמה דאחוי יובל הוא הוה אבוהון דכל תפשי כנורא |
| 037 | Gn 3:22M | הא אדם /ממריה דייי הא הוה אד'#2#/ קדמיה דברית יתיה |
| 038 | Gn 2:19M | ליהון וכל מה דהוה/די הוה#2#/ אדם קרי ליה בלשן |
| 039 | Gn18:02M | קודמוי חד מניהון הוה אזל למבשרא ית שרה דילדה |
| 040 | Gn18:02M | בר דכר וחד מניהון הוה אזל למהפך ית סדום וחד |
| 041 | Gn18:02M | ית סדום וחד מניהון הוה אזל למישזבא ית לוט |
| 042 | Gn25:28 | ית עשו ארום מן צידיה הוה אכיל ורבקה רחמת ית יעקב: |
| 043 | Gn31:08 | אן כדין הוה אמר קרחין יהוי אגריך הוות |
| 044 | Ex15:12 | תריהון כחדא ואמרין ימא הוה אמר לארעא קבלי בניך וארעא |
| 045 | Ex 1:05M | ויוסף דהוה/עד כען הוה#2#/ במצרים: |
| 046 | Nu27:03 | אבונן מית במדברה והוא לא הוה בגו עם כנשתה דאתרעמו קדם |
| 047 | Gn 6:08 | ונח על דלא הוה בדרה צדיק ^ההוא#2#^ אשכח |
| 048 | Lv13:32 | לא הלך נ{ק}ת<ק>ה ולא הוה בה שער מצלהב וחזוה דניתקא |
| 049 | Gn12:04 | בר שבעין וחמש שנין הוה בזמנה די נפק מחרן: |
| 050 | Gn21:05 | ואברהם בר מאה שנין הוה בזמנה דאתילד לה ית יצחק |
| 051 | Nu33:39 | בר מאה ועשרין ותלת שנין הוה בזמנה דמית בהר טורא: |
| 052 | Ex12:30M | תמן מיתין /בייתא די לא הוה ביה מיתא מן מצראי#2#/: |
| 053 | Ex12:30M | ביית מן מצרים די לא הוה ביה מית <מן> מצרים |
| 054 | Nu11:33 | בשרה עד כען הוה ביני שיניהון קדם עד לא |
| 055 | Gn48:14 | ית ידו«י» ארום מנשה הוה בכורה: |
| 056 | Gn33:04M | "ובכו": עשו הוה בכי עד דק{ר}<ה>ין |
| 057 | Gn33:04M | שניו ויעקב הוה בכי על שעיעות צואריה |
| 058 | Gn42:13 | לית אנן ידעין מה הוה בסופיה: |
| 059 | Gn42:32 | מלוותן לית אנן ידעין מה הוה בסופיה וזעירא יומא דן עם |
| 060 | Gn42:36 | לית אנא <ידע> מה הוה בסופיה ואתון בעין למיסב ית |
| 061 | Ex 2:04M | אחתיה מה\אתעביד ליה /הוה#2#/ בסופיה דטליא#2#/: |
| 062 | Ex32:23 | לית אנן ידעין מה הוה בסיפי: |
| 063 | Ex15:12 | קבלי קטולי«ך» לא ימא הוה בעה לקבלא יתהון ולא ארעא |
| 064 | Dt 4:11 | בשיפולי טורה וטורה הוה בעיר באשתה עד צית שמיא |
| 065 | Ex12:42 | תשעין שנין תלד ויצחק הוה בר תלתין ושבע שנין כד |
| 066 | Ex 9:26 | שרין תמן בני ישראל לא הוה ברדא: |
| 067 | Gn25:27 | גבר מרי חקלין ויעקב הוה גבר שלם בעבדא טבא יתיב |
| 068 | Gn39:11 | ביתא למחשבה חשבונוי ולא הוה גבר מן עמיה דביתיה תמן |
| 069 | Nu26:64 | ובאלין לא הוה גבר מן סכומוי דמשה ואהרן |
| 070 | Gn10:09 | הוא הוה גיבר בחטאה קדם ייי בגין |
| 071 | Gn10:09M | מן יומא דאתברי עלמא לא הוה גיבר בחטאה <כ>נמרוד |
| 072 | Nu 7:89 | תרין כרוביה מן תמן הוה דבירה ממלל עמיה: |
| 073 | Lv20:17 | תחמי ית ערייתיה חסד הוה דעבדת עם קדמיי למבני עלמא |
| 074 | Ex 7:07 | ומשה בר תמנין שנין הוה ואהרן בר תמנין ותלת שנין |
| 075 | Gn11:10 | דשם שם בר מאה שנין הוה ואולד ית ארפכש' תרתין |
| 076 | Gn49:15 | וחמא מן שירויא ארום טב הוה וית ארעא דישראל ארום |
| 077 | Gn25:27M | גביר גבר רמאי הוה ומן ציידיה הוה טעים ליה |
| 078 | Gn35:18 | במיפקה דנפשה ארום מיתה הוה וקרא שמה בר צערי ואבוי |

|  |  | | | |
|---|---|---|---|---|
| 079 | Ex10:13 | ההוא וכל ליליא צפרא | הוה | ורוח קדומא טען ית גובא: |
| 080 | Gn48:14M | ראשה דאפרים והוא | /הוה#2#\ | זעירא וית שמאליה על |
| 081 | Nu27:05 | ובתרין בנתיה דצלפחד | הוה | זריז מן בגלל דהוון דיניהון |
| 082 | Dt32:30 | באוריתה ונטרין פיקודיה | הוה | חד מנהון רדף אלף ותרין |
| 083 | Nu24:04 | די חז{(ר)}«י»ו שדי | הוה | חז' וכד הוה חזי הוה משתטח |
| 084 | Nu24:04 | שדי הוה חז' וכד | הוה | חזי הוה משתטח על אפוי ורזי |
| 085 | Nu24:16 | מן קדם עליה וחזיו שדי | הוה | חזי וכד הווה בעי הווה |
| 086 | Gn 3:22 | דאוריתא וקיים פקודה אית | הוה | חי וקיים כאלן חייא עד |
| 087 | Gn 3:01 | וחויא | הוה | חכים מן כל חייתא דאפי ברה |
| 088 | Ex 1:08 | חדת על מצרים די לא | ^הוה#2#^ | חכם ית יוסף ולא הלך |
| 089 | Gn22:10 | במלאכי מרומא אברהם לא | הוה | חמא יתהון בה בשעתא נפקת |
| 090 | Gn22:10M | "מרומא": יצחק | הו(ת)<ה> | חמי יתהון |
| 091 | Gn37:02 | רעי עם אחוי בענה והוא | הוה | טלי מתרבי עם בנוי דבלהה |
| 092 | Gn25:27M | רמאי הוה ומן צידיה | הוה | טעים ליה בפימיה ורבקה |
| 093 | Ex12:42 | על מצריי בפלגות ליליא | הוה | ידיה מקטלה בכוריהון דמצריי |
| 094 | Gn 2:09M | דכל מן דהוה אכל מנה | ידע/הוה | ידע#2#/ למפרשה/מפ#2#/ |
| 095 | Gn38:16 | כען אעול לוותיך ארי לא | הוה | ידע ארום כלתה היא {ארום |
| 096 | Gn39:06 | תחות רשותא דיוסף ולא | הו«ה» | ידע מן בתריה כל מאן דעם |
| 097 | Ex34:29 | במחתה מן טורא ומשה לא | הוה | ידע ארום נהר זיו איקרהון |
| 098 | Lv 5:18 | שלותיה די אשתלי והוא לא | הוה | ידע וישת«רי» וישתביק |
| 099 | Gn44:14M | כנימוס ארעא/ עד כדון | הוה | יהיב תמן ואשטחו קדמוי על |
| 100 | Gn26:28 | ואמרו מחמא חמינן ארום | הוה | ייי עמך ואמרינן יהווי כען |
| 101 | Gn39:03 | עמיה וכל מה דהוה עבד | הוה | ייי מצלח על ידוי: |
| 102 | Gn39:23 | ייי עמיה וכלמה דהוה עבד | הוה | ייי מצלח על ידוי: |
| 103 | Gn32:26 | וחמא ארום לא | הוה | יכיל ליה וקרב בכף ירכיה |
| 104 | Gn48:10 | דישראל כהון משיבה ולא | הוה | יכיל למיחמי ואקריב יתהון |
| 105 | Gn34:19 | בברתיה דיעקב והוא | הוה | יקר מן כל אנשי ביתיה |
| 106 | Gn19:01 | לסדם ברמשא ולוט | הוה | יתיב בתרעא דסדם ו(ת){ח>מא |
| 107 | Ex10:14 | תקיף לחדא קודמוי לא | הוה | כדן גוב כוותיה ובתריה לא |
| 108 | Gn14:18 | רובה אפק לחם וחמר והוא | הוה | כהן משמש בכהנת' רבתה קדם |
| 109 | Gn15:17M | הדין ולא נטרו פקודייא | הוה | כל כדן הווה אברם חזי כד |
| 110 | Gn42:05 | למזבן בגו עלליה ארום | הוה | כפנא בארעא דכנען: |
| 111 | Dt 4:32 | ועד סייפי{ה} שמיא הא אן | הוה | כפתגמא רבה הדן או אין |
| 112 | Gn49:07 | ליס | הוה | כרכה דשכם כד עלו לגוויה |
| 113 | Gn34:07 | עם ברתה דיעקב וכדן לא | הוה | כשר למתעבדא: |
| 114 | Dt 9:10 | מן קדם ייי ועליהון | הוה | כתיב כל דביריה די מלל |
| 115 | Gn34:31M | אדם ולא תבוע עלבן כן | הוה | לדינה ברתיה דיעקב ואמר |
| 116 | Nu32:01 | ובע«י»ר סגין | הוה | לבנוי דראובן ולבנוי דגד |
| 117 | Ex17:01 | דייי ושרון ברפידים ולא | הוה | להון מיא דשתון עמא: |
| 118 | Lv 8:29 | דא«ש»למותה למשה | הוה | לחולק היך מה די פקד ייי ית |
| 119 | Gn41:54 | ארעתא ובכל ארעא דמצרים | הוה | לחמא: |
| 120 | Gn31:42 | דאברהם ותקיפא דיצחק | הו(ת)<ה> | לי ארום כדון ריקן שלחת |
| 121 | Gn37:03 | מן כל בנוי ארום בר סיבו | הוה | ליה ועביד לי פרגוד מצייר: |
| 122 | Dt 1:02 | ארח מהלך חד עשר יומין | הוה | לכון מהלכה מן טורא דחורב |
| 123 | Ex10:28M | /הא'<ל>ין#2#/ צבי | אנה/הוה#2#/ | לממות ולא למהוי שמע |
| 124 | Ex14:12 | ונפלח קדם מצריי ארום טב | הוה | לן פלחין קדם מצריי מן |
| 125 | Nu11:18M | ^/ולו#2#^/ \מן יוכל יתן | /הוה | לן מן דמייכל ית'#2#/ בשר |
| 126 | Nu11:18 | מן יוכל יתן בשר ארום טב | הוה | לן במצרים ויתן ייי לכון |
| 127 | Dt30:12 | היא אוריתה למימר לווי | הוה | לן חד כמשה נבייא די יסוק |
| 128 | Dt30:13 | היא אוריתה למימר לווי | הוה | לן חד כיונה נביא די יחות |
| 129 | Gn15:01 | למקטל ממרי תרום לך דהווה | הוה | מגן לך בעלמא הדין |
| 130 | Nu10:34 | וענן איקר שכינתה דייי | הוה | מגן באימאמה במיטלהון מן |
| 131 | Gn 4:08 | ולא על פירי עובדין טבין | הוה | מדבר ומיסב אפין אית בדינא |
| 132 | Ex13:21 | וממרי«ה» דייי | הוה | מדבר קדמיהון באימאמא בעמודא |
| 133 | Gn 5:04 | מאה שנין ובהן בשניה | הוה | מולד בנין ובנן: |
| 134 | Gn 5:07 | ושבע שנין ובהן בשניה | הוה | מולד בנין ובנן: |
| 135 | Gn 5:19 | מאה שנין ובהן בשני' | הוה | מולד בנין ובנן: |
| 136 | Gn 5:22 | מאה שנין ובהן בשנייה | הוה | מולד בנין ובנן: |
| 137 | Gn 5:30 | וחמש שנין ובהן בשניי' | הוה | מולד בנין ובנן: |
| 138 | Gn11:19 | ותשע שנין ובהן בשניה | הוה | מולד בנין ובנן: |
| 139 | Gn11:21 | ושבע שנין ובהן בשניה | הוה | מולד בנין ובנן: |
| 140 | Gn11:25 | שנין ובהן בשניה | הוה | מולד בנין ובנן: |
| 141 | Gn 5:10 | שנין ובהן בשנייה | הוה | מוליד בנין ובנן: |
| 142 | Gn 5:16 | ותלתין שנין ובהן בשנייה | הוה | מוליד בנין ובנן: |
| 143 | Gn11:11 | חמש מאה שנין ובהן בשניה | הוה | מוליד בנין ובנן: |
| 144 | Gn11:13 | ותלתין שני' ובהן בשניה | הוה | מוליד בנין ובנן: |
| 145 | Gn11:15 | ותלת שנין ובהן בשניה | הוה | מוליד בנין ובנן: |
| 146 | Gn11:17 | ותלתין שנין ובהן בשניה | הוה | מוליד בנין ובנן: |
| 147 | Gn11:23 | מאוון שנין ובהן בשניה | הוה | מוליד בנין ובנן: |
| 148 | Gn42:06 | הוה שליט על ארעא והוא | הוה | מזבן לכל עמא דארעא ואתון |
| 149 | Gn38:09 | עליל לוות אתתא דאחוי | הוה | מחבל עובדוי על ארעא דלא |
| 150 | Gn19:16M | תרתין בנתיה במחוס/כד | הוה | מחוס#2#/ מן קדם ייי עלוי |
| 151 | Gn19:24M | וממריה דייי | אחת/הוה | מחת#2#/ על סדם ועל |
| 152 | Gn44:05M | מקסם יקסם ביה/מטירה | הוה | מטיר ביה#2#/ אבאשתון |
| 153 | Gn 7:06 | מאה שנין הווה ומבולא | הוה | מיא על ארעא: |
| 154 | Gn 5:26 | ותרתין שנין ובהן בשניה | הוה | מלד בנין ובנן: |
| 155 | Nu22:04 | דאפי ברא ובלק בר צפור | הוה | מלך למואביי בשעתה ההיא: |
| 156 | Gn13:06 | ארעא למשרי כחדה ארום | הוה | ממוניהון סגין ולא הוון |
| 157 | Gn36:07 | ארום | הוה | ממוניהון סגיא מן למישרי |
| 158 | Ex19:19 | אזל ותקף לחדא משה | הוה | ממלל בקול נעים ומן קדם ייי |
| 159 | Nu24:01 | וחמה בלעם ארום שפר | הוה | מן קדם ייי למברכה ית |
| 160 | Nu11:09 | נחת טלא על משכנה בליליה | הוה | מנה נחת עלוי: |
| 161 | Ex17:11 | מתגברין ומנצחין וכד | הוה | מנע ידוי מן למצלייה הוון |
| 162 | Gn 1:02 | ורוח דרחמין מן קדם ייי | הוה | מנשבא על אפי מיא: |
| 163 | Nu12:08 | ודמו מן קדם ייי | הוה | מסתכל ומן בגלל מה לא |
| 164 | Nu21:09M | מן דהווה מנכית בחווייה | הוה | מסתכל לחוויה דנחשה וחי |
| 165 | Nu21:09 | נכ«י»ת ח«י»ויה לגבר | הוה | מסתכל על חיויה דנחש והווה |
| 166 | Ex34:34 | עליל קדם ייי למללה עמה | הוה | מעבר ית סודד(ר)יה |
| 167 | Gn42:21 | די חמינן בעקת נפשיה כד | הוה | מפרפר קדמינן ולא שמעינן |
| 168 | Ex 9:24 | והוה ברדה תקי«ף» ואשתא | הוה | מקפצה בגו ברדה תקיף לחדא |
| 169 | Nu24:04 | הוה חז' וכד הוה חזי | הוה | משתטח על אפוי ורזי נבואת |
| 170 | Gn44:18M | "דלא ... וכמה": ולא | הוה | מתמניא עמנן לא בפלגא עמן |
| 171 | Nu11:26 | עליהון רוח קודשה אלדד | הוה | מתנבא ואמר הא סלוי סלק מן |
| 172 | Nu11:26 | לישראל לתקלה ומידד | הוה | מתנבא ואמר הא משה נביא |
| 173 | Nu11:26M | לבני ישראל ומידד | הוה | מתנבי ואמר עתיד משה |
| 174 | Ex19:19 | בקול נעים ומן קדם ייי | הוה | מתענה ליה בקל: |
| 175 | Gn 2:10 | למשקייה ית גנתא ומן תמן | הוה | מתפרש וחזר והוה לארבעה |
| 176 | Nu 7:13 | סלעין בסלעי בית קודשא | הוה | מתקלה מזרק חד דכסף תקל |
| 177 | Nu 7:19M | /קוד#2#/ | הוות/הוה#2#/ | מתקלה מזרק חד דכסף |
| 178 | Nu 7:37M | /קוד#2#/ | הוות/הוה#2#/ | מתקליה מזרק חד דכסף |
| 179 | Nu 7:43M | /קוד#2#/ | הוות/הוה#2#/ | מתקליה מזרק חד דכסף |
| 180 | Ex10:23 | יומין ולכל בני ישראל | הוה | נהור במדוריה«ון»: |
| 181 | Ex20:02M | דבורייא קדמיא דהוה/כד | הוה#2#/ | נפיק מן פום/פם#2#/ |
| 182 | Gn 2:10 | ונהר | הוה | נפק מן עדן למשקייה ית |
| 183 | Ex20:03 | דבירא תנינא כד | הוה | נפק מן פום קודשא יהא שמה |
| 184 | Dt 5:06 | דב«י»רה קדמיה כד | הוה | נפק מן פם קודשא יהא שמיה |
| 185 | Gn 2:06 | וענן | הוה | סלק מן ארעא ומשקי ית כל |
| 186 | Dt 4:42 | בתקוף בדלא ידע והוא לא | הוה | סני יתיה לא מן דאתמל ולא |

|  |  |  |  |  |  |
|---|---|---|---|---|---|
| 187 | | Dt19:04 | חבריה בלא ידע והוא לא | הוה | סני יתיה לא מן דאתמול ולא |
| 188 | | Dt19:06 | דקטולין ארום ל{ה}<א> | הוה | סני יתיה לא מן דאתמל ולא |
| 189 | | Gn39:22 | מה דהוון עבדין תמן הוא | הוה | עבד: |
| 190 | | Gn15:17 | כל כדין אתחוי לאברם כד | הוה | עבר ביני גזרייא האילין: |
| 191 | | Gn41:56 | וכפנא | הוה | על כל אפי ארעא ופתח יוסף |
| 192 | | Gn38:09 | יתקרון בניה והוה כד | הוה | עליל לוות אתתא דאחוי הוה |
| 193 | | Ex33:09 | והוה כד | הוה | עליל משה לתרע משכנה נחת |
| 194 | | Ex12:42 | ייי על עלמא למבריה יתיה | הוה | עלמא תהו ובהו וחשוכא פריס |
| 195 | | Gn13:05 | ללוט דהוה אזל עם אברם | הוה | ען ותורין ומשכינין: |
| 196 | | Gn 4:02 | והוה הבל רעי ען וקין | הוה | פלח בארעא: |
| 197 | | Gn15:01 | שמא דשמיי' מן בגין כדין | הוה | פתגם דנבו מן קדם ייי על |
| 198 | | Gn38:25 | תריכון זכיין מן קדם ייי | הוה | פתגמא: |
| 199 | | Dt22:20 | ואין קשוט | הוה | פתגמא הדין לא אשתכחו |
| 200 | | Ex20:02 | ישראל חזיין יתיה בכן | הוה | צווח ואמר עמי בני ישראל |
| 201 | | Dt 5:07 | על לווחי קיימה וכן | הוה | צווח ואמר עמי בני ישראל |
| 202 | | Ex20:02M | ישראל חזין יתיה כד | הוה | צוח ואמר עמי בני ישרא' |
| 203 | | Ex20:02M | "בכן הוה צווח ...": וכן | הוה | צוח ואמר וכל ישרא' חזיין |
| 204 | | Dt 5:06 | על לוחי קיימה וכן | הוה | צוח ואמר עמי בני ישראל |
| 205 | | Gn18:22 | לסדם ואברהם עד כען | הוה | קאם בעי רחמין מן קדם ייי: |
| 206 | | Gn18:08 | עבד ושוי קדמיהון והוא | הוה | קיים עליהון תחות אילנא |
| 207 | | Gn35:18 | שמה בר צערי ואבוי | ^הוה#2#^ | קרי ליה בלשון בית קדשה |
| 208 | | Nu 7:15M | קרב לעלה /שתייה תלתהון | הוה | רב שבטה מקרב לעולה#2#/: |
| 209 | | Nu 7:21M | "קרב לעלה": | הוה | רב שבטה מקרב לעל' |
| 210 | | Nu 7:21M | שתה תלתיהון \קרב לעלה | /הוה | רב שבטה מקרב לעל'#2#/: |
| 211 | | Nu 7:27M | "קרב לעלה": | הוה | רב שבטה מקרב לעלה |
| 212 | | Nu 7:33M | "קרב לעלה": | הוה | רב שבטה מקרב לעולה |
| 213 | | Nu 7:51M | "קרב לעלה": | הוה | רב שבטה מקרב לעולה |
| 214 | | Nu 7:57M | תלתיהון \קרב לעלה | /הוה | רב שבטה מקרב לעלה#2#/: |
| 215 | | Nu 7:69M | תלתיהון \קרב לעלה | /הוה | רב שבטה מקרב לעלה#2#/: |
| 216 | | Nu 7:81M | תלתיהון \קרב לעלה | /הוה | רב שבטה מקרב לעלה#2#/: |
| 217 | | Dt 1:37 | לחוד עלי | הוה | רגוז מן קדם ייי מן בגללכון |
| 218 | | Dt32:19 | וגלי קדם ייי ארום | הוה | רגוז מן כעסה די אכעסו יתיה |
| 219 | | Dt 4:21 | ומן קדם ייי | הוה | רגז עלי על מליכון וקיים |
| 220 | | Gn37:03 | וישראל | הוה | רחים ית יוסף מן כל בנוי |
| 221 | | Gn37:04 | וחמון אחוי ארום יתיה | הוה | רחים אבוהון מן כל אחוי |
| 222 | | Gn30:36M | ובין יעקב ויעקב | \הוה#2#/ | רעי ית ענא דלבן |
| 223 | | Gn37:02 | יוסף בר שבע עשרה שנה | הוה | רעי עם אחוי בענה והוא הוה |
| 224 | | Ex31:17 | וית ארעא וביומא שביעיה | הוה | שבה וניח קדם ייי: |
| 225 | | Ex16:21 | וכד הוה שמשא קיים עלוי | הוה | שיח: |
| 226 | | Gn42:06 | ויוסף הוא | הוה | שליט על ארעא והוא הוה מזבן |
| 227 | | Gn28:19 | ההוא ביתאל וברם לוז | הוה | שמה דקרתא בקדמיתא: |
| 228 | | Ex16:21 | וצפר גבר כפם מיכליה וכד | הוה | שמשא קיים עלוי הוה שיח: |
| 229 | | Nu35:23 | ואפל עלוי ומית והוא לא | הוה | שני ליה ולא תבע בשתה |
| 230 | | Gn14:12 | אחוי דאברם ואזלו והוא | הוה | שרי בסדום: |
| 231 | | Gn14:13M | לאברם עברייא והוא | \הוה#2#/ | שרי במשרי חזוה דממר' |
| 232 | | Gn19:29M | הפך ית קרייתא די | שרא/הוה | שרי#2#/ בהון לוט: |
| 233 | | Gn24:62 | עלי קיים כל עלמא והוא | הוה | שרי בארעא דרומה: |
| 234 | | Nu10:36 | וכד | הוה | שרי הוה משה מצלי ואמר |
| 235 | | Nu33:40 | מלכא דערד ארום הוא | הוה | שרי בדרומ' בארעא דכנען |
| 236 | | Gn24:21 | וגבר | הוה | שתי ומסתכל בה שתק למידע הא |
| 237 | | Gn44:05M | הלא דן \די ישתי /די | הוה | שתי#2#/ רבוני ביה והוא |
| 238 | | Gn 6:07 | רחשא ועד עוף שמיא ארום | הוה | תהו קדמי ארום בראת יתהון: |
| 239 | | Ex12:30 | רבה במצרים ארום לא | הוה | תמן בית די לא הוה תמן |
| 240 | | Ex12:30 | לא הוה תמן בית די לא | הוה | תמן מיתין: |
| 241 | | Nu33:14 | ושרון ברפידים ולא | הוה | תמן מין לעמא למישתי: |
| 242 | | Ex19:18 | וטורא דסיני | הו«ה» | תנן כוליה מן בגלל |
| 243 | הוו | Nu 1:44 | גבר ראש לבית אבהתהון | הוו: | |
| 244 | | Gn 6:09 | גבר צדיק שלם בעבדה טבא | הוו | בדרוי קדם ייי פלח נח |
| 245 | | Gn21:33M | ומן דהוון אכלין ושתיין | הוו | בעין למיתן לה טימי מה |
| 246 | | Nu24:20M | קרבה בדבית ישראל | הוו | דבית עמלק תבר יתהון |
| 247 | | Nu26:33 | וצלפחד בר חפר לא | הוו | ליה בנין ארום אלהן בנן |
| 248 | | Nu27:03M | דכרין לא | הוון/^הווה#2#^/הוו#2#/ | ליה: |
| 249 | | Nu21:17M | סוקי באירה#2#/ | הוון/הוו#2#/ | מזמרין ליה והיא סלקא: |
| 250 | | Ex 5:13M | ביומא היך מה דהוה/די | הוו#2#/ | מתיהב לכון תבן: |
| 251 | | Nu 2:24 | ומאה לחיילוותהון ותלתין | הוו | נטלין: |
| 252 | | Nu10:28 | לחילוותהון כהדן סידרא | הוו | נטלין: |
| 253 | | Gn46:34M | /גוברין מרי{ה} נכסין | הוו#2#/ | עבדך מן טלייתהון |
| 254 | | Ex14:27M | "ומצריי ... ימא": ומצראי | הוו | ערקן לקדמותיהן ושנק |
| 255 | | Gn50:01M | קיימין מדבית עשו תמן | הוו | קאמין גיברין מדבית יעקב |
| 256 | | Gn50:01M | תמן קאים אריה ... תמן | הוו | שפכן {ת}<ח>מרין רתחנין |
| 257 | הוו' | Gn44:18 | די סאבו לדינה אחתן דלא | הוו' | מתמניי' עמן מן שבטיא ולא |
| 258 | הווה | Gn15:17M | פקודייא הוה כל כדן | הווה | אברם חזי כד הוה אברם |
| 259 | | Nu 9:08M | דחלל ש«ו» בתה בזידנו | הווה | <משה> |
| 260 | | Nu15:34M | דחרף שמא קדישא בגדפין | הווה | משה מתין מן בגלל דהווה |
| 261 | | Nu27:05 | דפרש שמה קדישה בגדפין | הווה | משה מתין מן בגלל דהוון |
| 262 | | Gn18:16M | סד'#2#/ ואברהם | אזל/הווה | אזל#2#/ עמהון למלוויה |
| 263 | | Nu10:35M | "כד נטל ... ויתבדרון": כד | הווה | ארונה נטל הוה משה קאים |
| 264 | | Nu10:36M | "וכד ... ישראל": וכד | הווה | ארונה שרי הוה משה זקיף |
| 265 | | Gn25:26 | ויצחק בר שתין שנין | הווה | בזמנא דאוליד יתהון: |
| 266 | | Gn16:16 | ואברם בר תמנין ושת שנין | הווה | בזמנה די ילידת הגר ית |
| 267 | | Gn25:06 | מעלוי יצחק בריה עד | הווה | בחיין קדמיין לארעא מדינחא: |
| 268 | | Nu22:29 | ארום שקרת בי אילו | הווה | בידי חרב ארום כדון קטלת |
| 269 | | Gn21:07M | "ואמרת": ואמרת מה מהיימן | הווה | בישריה די בשר לריבוני |
| 270 | | Gn22:14 | גלי וידיע קדמיך דלא | הווה | בלבי פלגו בזמנא קדמיא |
| 271 | | Ex32:01 | לית אנן ידעין מה | הווה | בסופה: |
| 272 | | Gn31:05 | דקדמוי ומימר אלהה דאבה | הווה | בסעדי: |
| 273 | | Nu24:16 | וחזיו שדי הוה חזי וכד | הווה | בעי הווה משתטח על אפוי |
| 274 | | Nu15:25 | וישתבק להון ארום שלו | הווה | ואינון אייתון ית קרבניהון |
| 275 | | Nu22:22M | דייי ארום אזל | הוא/הווה#2#/ | וא«ת»עתד מלאכה דייי |
| 276 | | Gn15:17 | והא שמשא טמע וחומטה | הווה | והא אברם חזי עד די |
| 277 | | Gn 7:06 | ונח בר שית מאה שנין | הווה | ומבולא הוה מיא על ארעא: |
| 278 | | Nu11:31M | רום /וכרום תרתין | הווה | {טל}<על>#2#/ על אפיה |
| 279 | | Gn18:01 | אברהם במשרי חזוה והוא | הווה | יתיב בתרע משכניה בתקפה |
| 280 | | Gn41:46 | ויוסף בר תלתין שנין | הווה | כד קם קדם פרעה מלכא |
| 281 | | Ex 9:24M | תקיף לחדא די לא | הוות/הווה#2#/ | כוותיה בכל ארעא |
| 282 | | Ex39:09 | מרבע | הווה | כפול עבדו ית חושנא זרת |
| 283 | | Gn44:19 | מן עילעא דאבה אין לא | הווה | כשר למעבד כדין מן בגין כדן |
| 284 | | Gn11:03 | להון לבניה לאבנין וחמרא | הווה | להון לשיע: |
| 285 | | Nu 3:04 | במדברה דסיני ובנין לא | הווה | להון ושמש בכהונתה רבתה |
| 286 | | Nu27:03M | דכרין לא | הוון/^הווה#2#^/הוו#2#/ | ליה: |
| 287 | | Nu11:04M | מן ייכל יתן /ליוואי | הווה | לן דמייכל יתן#2#/ בשר |
| 288 | | Dt10:09 | בגין כדין לא | הווה | לשבטה דלוי חלק ואחסנה עם |
| 289 | | Gn 5:13 | וארבעין שנין ובה בשנייה | הווה | מוליד בנין ובנן: |
| 290 | | Gn32:32 | כד עבר ית פניאל והוא | הווה | מטלע על ירכיה: |
| 291 | | Nu20:02 | ולא | הווה | מיין לעם כנישתה וכנשו על |
| 292 | | Gn29:09 | עד כען | הווה | ממלל עמהון ורחל אתת עם |
| 293 | | Nu24:16M | \הווה בעי הווה משתטח | /הווה | מש'#2#/ על אפוי ורזי |
| 294 | | Nu24:16 | הוה חזי וכד הווה בעי | הווה | משתטח על אפוי ורזי נבואתיה |

|  |  |  | | | |
|---|---|---|---|---|---|
| 295 | | Nu11:26M | רוח קודשה אלדד | הוה/הווה#2#/ | מתנבא ואמר הא סלוי |
| 296 | | Nu 7:25M | /קוד׳#2#/ | הוות/הווה#2#/ | מתקלה מזרק חד דכסף |
| 297 | | Nu 7:55M | בסלעי בית קדשה | הוות/הווה#2#/ | מתקליה מזרק חד דכסף |
| 298 | | Nu 7:61M | בית קדשה/קו׳#2#/ | הוות/הווה#2#/ | מתקליה מזרק חד דכסף |
| 299 | | Nu 7:73M | בסלעי בית קודשה | הוות/הווה#2#/ | מתקליה מזרק חד דכסף |
| 300 | | Nu 7:09 | ארום פלחן בית קדשא | הווה | עליהון בכתפיהון הוון טענין |
| 301 | | Nu14:14 | ייי וענן איקר שכינתך | הווה | עליהון ובעמודה דעננה את |
| 302 | | Gn39:03 | וחמא רבוניה ארום ייי | הווה | עמיה וכל מה דהוה עבד הוה |
| 303 | | Dt25:18 | מהרהר מן בתר ממרי | ה{ה}<וו>ה | עננא פלט ית«י»ה ודבית |
| 304 | | Ex33:11M | <טלי> זעיר לא | הווה | פסק מגו |
| 305 | | Gn18:01M | מן בגין כן | הווה | פתגם דנבו מן קדם ייי לוות |
| 306 | | Gn35:09 | במשרה חזווה ועד כען | הווה | צער מן גזרתא ועוד אלפתא |
| 307 | | Lv10:19 | יומא הדין הא שפר {קדם} | הווה | <קדם> ייי: |
| 308 | | Gn18:10 | בתרע משכנא וישמעאל | הווה | קיים מצית מן בתרה: |
| 309 | | Gn26:18M | /שמהון#2#/ בשמהתא די | \הווה#2#/ | קרא להון אבוי: |
| 310 | | Dt 2:36M | ועד גלעדה לא | הוות/<הוו>ה#2#/ | קרייה די אשתזבת |
| 311 | | Nu 7:75M | שתה תלתיהון \קרב לעלה | /הווה | רב שבטה מקרב לעלה#2#/: |
| 312 | | Gn37:24 | יתיה וטלקו לגובא וגובא | הווה | ריק«ן» לית ביה מיין: |
| 313 | | Dt10:10 | לחוד בזמנה ההיא ולא | הווה | רעווה מן קדם ייי למחבלה |
| 314 | | Ex 3:01 | ומש«ה» | הווה | רעי ית ענה <....> בתר מדברא |
| 315 | | Ex 9:11 | משה מן קדם שיחנא ארום | הווה | שחנא בחרשיא ובכל מצריי: |
| 316 | | Gn15:11 | דאברם כד נחת טייסא | הווה | שכין על פסגיי׳ היידין הוא |
| 317 | | Nu21:34 | מלכיהון דאימוריי די | הווה | שרי בחשבון: |
| 318 | | Nu21:24 | דבני עמון ארום תקיף | ^הווה#2#^ | תחומיהון דבני עמוניי: |
| 319 | | Gn44:14 | דיוסף והוא כען | הווה | תמן ושאלו בשלמיה כנימוס |
| 320 | | Ex 2:12 | להכא ולהכא וחמא ארום לא | הווה | תמן גבר וקטל ית מצרייה |
| 321 | | Nu22:26 | וקם ליה באתר דחיק די לא | הווה | תמן אורח למסטי לא לימינה |
| 322 | הווי | Dt32:20M | יהווי \בסוף אחריותהון | /הווי | באח׳#2#/ ארום דר תהפכנין |
| 323 | | Dt32:29 | אורית׳ אתבוננו מה | הווי | באחריותהון: |
| 324 | | Dt32:12 | עמא בני ישראל ולא | הווי | ביניהון פלחי פלחן נוכריי: |
| 325 | | Dt15:11M | מצוותה דאוריתא לא | הווי | בכון מסכינין ברם אין |
| 326 | | Ex 3:14M | למשה דן דאמ׳ לעלמ׳ | הווי | והווה ועתיד למימ׳ ליה הוי |
| 327 | | Ex 3:14 | שרויא ועתיד למימר ליה | הווי | ויהווי הוא שלח יתי |
| 328 | | Nu22:06 | מברך וית מה די את לייט | הווי | ליט: |
| 329 | | Nu18:16M | עשרין מעין | היא/הווי#2#/ | סלעה: |
| 330 | | Ex 4:12M | ממרי/במימ׳#2#/ | אהיה/הווי#2#/ | עם ממלל פמך ואלף |
| 331 | | Ex 4:15M | ממלל פמה ואלף יתכון | /הווי | עם מלל פמך ועם מלל פומיה |
| 332 | | Gn27:29 | מלכוותא כל בנוי דישמעל | הווי | רב ושליט על אחך כל בניה |
| 333 | | Lv10:06M | יהוי ריגז /עמה דכנישתה | הווי | רגוז#2#/ ואחיכון כל בית |
| 334 | הווי׳ | Dt 1:01M | לכון ממריה דייי כד | הווי׳ | |
| 335 | הוויא | Ex 9:03 | הא מחת פורענתי | הוויא | בבעירך די חקלא בסוסיא |
| 336 | הוויין | Gn22:10 | דאתי עיינוי דאברהם | הוויין | בעיינוי דיצחק ועיינוי |
| 337 | | Gn29:17 | ועיני דלאה | הוויין | זקיפן בצלו בעיא למיסבא |
| 338 | | Gn49:03 | ומלכותא וכהנתא רבתא לך | הוויין | חמיין על דחטית ראובן ברי |
| 339 | | Dt33:17 | ויקרא והדרא ליה | הוויין | כמה דלית אפשר למפלח |
| 340 | | Ex 9:31M | שערייה \הון בכירן | /הוויין | לקישן#2#/ וכתנה הוות |
| 341 | | Gn22:10 | דיצחק ועיינוי דיצחק | הוויין | משוטטן במלאכי מרומא |
| 342 | | Ex37:14 | לקבל גפופא | הוויין | עזקי אתרין לאריחיה למטען |
| 343 | | Nu31:16 | הא אינון | הוויין | תקלה לבני ישראל בעצתיה |
| 344 | הוויית | Gn44:18 | קדמייא דאתינן לוותך | הוויית | אמר לן מן קדם ייי אנה |
| 345 | הווין | Nu 9:08 | בתר משה די | הווין | זריזין בדיני ממוניה |
| 346 | הווינא | Ex10:29M | אנא מן זמנא קדמייה די | הווינא | יהיב במדין לא מן סוף |
| 347 | | Ex10:29 | תבע עלך מן קדם ייי | הווינא | מצלי עלך ומחתא מתכליה מנך |
| 348 | | Ex10:29 | יאות וקושטא מללת מבשר | הווינא | עד דאנא יתיב במדין למימר |
| 349 | הווינה | Dt 6:21M | משעבדין \הוינן לפרעה | /הווינה | תחות ידא דפ׳#2#/ |
| 350 | הווינן | Nu11:05M | ית נוניה דהוינן/די | הווינן#2#/ | אכלין במצרים מגן ית |
| 351 | | Ex16:03 | ייי בארעא דמצרים כד | הווינן | יתיבין על דודבת בישרא |
| 352 | | Gn42:31 | ליה היימינין אנן לא | הווינן | מיללין: |
| 353 | | Nu31:50M | "גבר ... ביום": כד | הווינן | עלינן בבתיהון |
| 354 | הווית | Dt 3:04M | בשעתה ההיא לא | הות/הווית#2#/ | קריה די לא נסבנן |
| 355 | הוויתון | Dt24:18 | ארום עבדין משעבדין | הוויתון | במצרים ופרק יתכון ^^ייי |
| 356 | | Ex22:20 | ארום דייר{ו}<י>ן | הוויתון | בארעא דמצרים: |
| 357 | | Lv19:34 | כוותכון ארום גיורין | הוויתון | בארעא דמצרים אמר ייי |
| 358 | | Dt10:19 | ית גיורה ארום גיורין | הוויתון | בארעא דמצרים: |
| 359 | | Dt15:15 | ארום עבדין משעבדין | הוויתון | בארעא דמצרים ופרק יתכון |
| 360 | | Dt16:12 | ארום עבדין משעבדין | הוויתון | בארעא דמצרים ותטרון |
| 361 | | Dt24:22 | ארום עבדין משעבדין | הוויתון | בארעא דמצרים בגין כדין |
| 362 | | Dt23:08 | מצריי ארום דיורין | הוויתון | בארעהון: |
| 363 | | Dt28:62 | עם במניין חלף די | הוויתון | ככוכבי שמייא לסוגי ארום |
| 364 | | Dt25:18 | ואתון עמי בני ישראל | הוויתון | לעיין ומשלהיין ולא דחילו |
| 365 | | Dt 9:07 | עד אתרה מסרבין | הוויתון | קדם ייי: |
| 366 | | Dt 9:22 | ובקברי שאלתה מרגזין | הוויתון | קדם ייי: |
| 367 | | Dt 1:01 | עמכון בני ישראל כד | הוויתון | קיימין על ימא דסוף |
| 368 | | Lv26:35 | אשמטת בשמיט<י>כון כד | הוויתון | שריין עלה: |
| 369 | הוויתי | Ex 3:14M | איתברא עלמא ואנא | הוויתי | מן דאיתברי{ה} עלמ׳ אנא |
| 370 | | Ex 3:14M | "אהיה ... לוותכון": אנא | הוויתי | עד לא איתברא עלמא ואנא |
| 371 | הוון | Ex 9:32 | לא לקיין ארום לקישן | הוון: | |
| 372 | | Ex37:17 | חזוריה ושושניה מנה | {י}הוון: | |
| 373 | | Nu 1:44M | לבית אבהתהון | הור/הוון#2#/: | |
| 374 | | Nu12:16 | יהווי בסופ«י»ה דמשה | הוון | ישראל אשתין רבוון דאנון |
| 375 | | Nu21:15 | כד | הוון | ישראל עברין בנחלי ארנונה |
| 376 | | Gn 8:05 | ומיא | הוון | אזלין וחסרין עד ירחא |
| 377 | | Ex17:12 | ויתב עליה ואהרן וחור | הוון | אחידין בידוי חד מן דא סטרא |
| 378 | | Ex37:09 | דן לקבל דן לקבל כפורתה | הוון | אפי כרובייה: |
| 379 | | Gn 6:04 | גיבריה | הוון | בארעא ביומיה האינון ולחוד |
| 380 | | Gn36:14 | אלין | הוון | בניה דאהליבמה ברת ענה |
| 381 | | Gn21:33 | והווה כד אכילין ושתין | הוון | בעין למיתן ליה אדמי מה די |
| 382 | | Nu26:11 | ובנוי דקרח על דילא | הוון | בעצתה דאבוהון לא מיתו: |
| 383 | | Gn27:15M | משבחיין/תוחמדנייא די | הוון | גבה בבית׳#2#/ דהווה בגו |
| 384 | | Ex17:11 | הוה מנע ידוי מן למצלייה | הוון | דבית עמלק מתגברין ונפלין |
| 385 | | Ex17:11 | משה זקף ית ידוי בצלו | הוון | דבית ישראל מתגברין |
| 386 | | Ex13:03 | ואמר משה לעמא | הוון | דכירין יומא הדין דנפקתון |
| 387 | | Ex20:08 | עמי בני ישראל | הוון | דכירי«ן» ית יומא דשבתא |
| 388 | | Dt24:09 | עמי בני ישראל | הוון | דכירין ית מה די עבד ייי |
| 389 | | Dt25:17 | עמי בני ישראל | הוון | דכירין ית מה די עבדו לכון |
| 390 | | Dt25:19 | עמי בני ישראל לא תנשון | הוון | דכירין: |
| 391 | | Dt27:15 | מן הכה ומן הכה מברכין | הוון | הפכין אפיהון כלפי טורה |
| 392 | | Dt27:15 | יתיה בטמרה ומלווטייה | הוון | הפכין אפיהון כלפי טורה |
| 393 | | Ex20:12 | עמי בני ישראל | הוון | זהירין גבר ביקריה דאבוי |
| 394 | | Nu28:02 | דרעוה עמי בני ישראל | הוון | זהירין למקרבה יתיה בזמניה: |
| 395 | | Dt 5:12M | "טורו ... דשבתה": | הוון | זהירין ית יומא דשובתא |
| 396 | | Dt 5:16M | "יוקר ... ייי": | הוון | זהירין באיקרא דאבוכון |
| 397 | | Dt 9:07M | אדכרו/<אדכ>רון#2#/ | הוון | זהירין#2#/ לא |
| 398 | | Dt25:19M | \לא תנשון הוון דכירין | /הוון | זהירין לא תנשון#2#/: |
| 399 | | Gn21:33M | ומן דידיה שתתון לא | הוון | זייעין מן תמן דהווה מגייר |
| 400 | | Nu12:16 | ועננֵי איקרה ובירה לא | הוון | זייעין ולא נטלין מן |
| 401 | | Gn13:07 | דלוט רעוי דאברם | הוון | זממין בעירהון עד זמן דהוון |
| 402 | | Gn13:07 | לבית: ורעוי דלוט לא | הוון | זממין בעירהון אלא מבקרין |

|  |  | | | |
|---|---|---|---|---|
| 403 | Gn21:33 | עלמא אתון אכלין ולא | הוון | זעיין מן תמן עד זמן דהוה |
| 404 | Nu27:05 | דקיימין בתריה די | הוון | זריזין בדיניה ממונא |
| 405 | Ex15:20 | כל נשיא בתרה בתופיא | הוון | חיילן: |
| 406 | Nu 7:09 | הווה עליהון בכתפיהון | הוון | טענין ית ארונה: |
| 407 | Gn27:23 | ולא חכם ית«י»ה ארום | הוון | ידוי כידוי דעשו אחוי |
| 408 | Gn 2:25 | אדם ואתתיה ועד כדון לא | הוון | ידעין מה היא בהתתה: |
| 409 | Nu21:15 | נחליה מן אדמיהון ולא | הוון | ידעין נסיה וגבורתה דעבד |
| 410 | Dt29:16M | וטעוותה דכספה ודדהבה | הוון | יהיבין עמהון לגו בייתיה |
| 411 | Gn47:09 | שנין קלילין ובישין | הוון | יומי שני חיי ולא ארעו ית |
| 412 | Nu13:20M | \יומי בכורי ענביה | /הוון | יומי בכרת ע<נביה>#2#/: |
| 413 | Gn13:06 | הוה ממוניהון סגין ולא | הוון | יכלין למשרי כחדא: |
| 414 | Gn28:10 | מעלוי פומא דבארה ולא | הוון | יכלין כיון דאתא אבונן |
| 415 | Gn43:32 | עמיה לבלחודיהון ארום לא | הוון | יכלין מצראי למיכל עם עבריי |
| 416 | Ex15:02M | מן ת{ר}<ד>י אמהתא | הוון | ינקיא באצבעתהון |
| 417 | Ex37:22 | חזוריהון וקניהון מנה | הוון | כלה נגידה חדא דהב דכי: |
| 418 | Ex 8:13 | ובבעירא כל עפרא דארעא | הוון | כלמין בכל ארעא דמצרים: |
| 419 | Ex14:22 | בגו ימא ביבשתא ומיא | הוון | להון שורין דמיין מן |
| 420 | Ex14:29 | ביבשתא בגו ימא ומיא | הוון | להון שורין דמין מן ימינהון |
| 421 | Nu 3:04M | לא הווה להון /דכרין לא | הוון | להון#2#/ ושמש בכהונתה |
| 422 | Nu27:03 | מית ובנין דכרין לא | הוון | ליה: |
| 423 | Nu36:12 | בנוי דמנשה בר יוסף | הוון | לנשים והוות אחסנתהון |
| 424 | Nu23:10 | יעקב דאיתאמר עליהון די | הוון | מברכין כעפרא דארעא או מן |
| 425 | Ex15:12 | ימא וארעא | הוון | מדיינין תריהון כחדא ואמרין |
| 426 | Ex19:15 | ואמר לעמ' | הוון | מזמנין לתלתא יומין לא יקרב |
| 427 | Nu21:17 | תושבחתה הדה סוקי בירא | הוון | מזמרין ליה והיא סלקא: |
| 428 | Dt29:16M | טעוותה דקיסה ודאבנה | הוון | מסלקין יתהון בשוקייה |
| 429 | Gn31:22M | אזל יעקב חסידא דבזכו' | הוון | מיא טיפין מ{יא}<ן> על |
| 430 | Ex14:07 | למצריי ורברבנין | הוון | ממנין על כולהון: |
| 431 | Nu11:26 | וחרש לא יפקון ואינון | הוון | מן שבעתי חכימיה דמתפרשין |
| 432 | Nu 9:06M | /והוון תמן גוברין די | הוון | מסא#2#/ בטמא/לט#2#/: |
| 433 | Ex 1:12M | \וכל דהוון /וכדון | הוון#2#/ | מצערין יתהון בכדן |
| 434 | Dt32:38 | די | הוון | מקרבין קדמוי תרבי נכסי |
| 435 | Gn14:13 | ואחוי דענר ואנון | הוון | מרי קיימא דאברם: |
| 436 | Gn22:10M | ועייני דיצחק | הוויין/הוון#2#/ | משוטטן במלאכי מרומא |
| 437 | Gn11:01 | וממלל חד ובלשן בית קדשה | הוון | משתעין דבה אתברי עלמא מן |
| 438 | Ex36:29 | מתאמין מן לרע וכחדה | הוון | מתאמין על ראשה לגו עזקתה |
| 439 | Ex33:09M | כמיעליה דמשה למשכנה | הוון | נחת#2#/ עמודא דעננא |
| 440 | Nu 2:09 | לחיילוותהון קדמיין | הוון | נטלין: |
| 441 | Nu 2:16 | לחיילוותהון תניינן | «הוון» | נטלין: |
| 442 | Nu 2:17 | היך מה דהוון שריין כדן | הוון | נטלין גבר לאתריה לטכסיהון: |
| 443 | Nu 2:31 | אלפין ושית מאוון אחריין | הוון | נטלין לטכסיהון: |
| 444 | Nu 2:34M | שריין לטכ'#2#/ וכן | נטלה/הוון | נטלין#2#/ גבר לזרעיתיה |
| 445 | Gn30:29M | \דהוה בעירך קדמיי /די | הוון | ניכסיך רעיין קדמי#2#/ |
| 446 | Ex24:10M | אינון \נקיין מן ענגא | /הוון | נקיין מן ענגייא#2#/: |
| 447 | Ex 1:12 | דהוון מצערין יתהון בכדן | הוון | סגיין ובכדן הוון תקיפין |
| 448 | Gn42:11 | חד אנן היימינן אנן לא | הוון | עבדיך ילילין: |
| 449 | Gn46:34 | ותימרון מרי בעיר | הוון | עבדך מן טלייתהון ועד כדון |
| 450 | Nu21:14 | וגבורתה דעבד עמהון כד | הוון | עברין בנחלי ארנונה: |
| 451 | Ex35:26 | נדב לבהון יתהון בחכמה | הוון | עזלן ית מעזי: |
| 452 | Gn 7:10 | דמתושלח ומוי דמבולא | הוון | על ארעא: |
| 453 | Ex10:06 | ואבהת אבהתך מן יומא די | הוון | על ארעא עד יומא הדין וזרז |
| 454 | Dt10:02 | על לווחייה ית דביריה די | הוון | על לווחייה קדמייה די תברת |
| 455 | Gn 8:09 | לוותה לתיבותה ארום מיא | הוון | על אפיה דכל ארע' ופשט ידה |
| 456 | Gn34:05 | סאב ית דינה ברתה ובנוי | הוון | עם בעירה באפיה ברא ושתק |
| 457 | Ex36:12 | תניינה מכוונן | הוון | ענבי חדא לקבל חדא: |
| 458 | Dt27:15M | ברנש ודי ישווי בטומרה | הוון | עניין כל עמא אלין לאלין |
| 459 | Nu21:01 | גברא חסידה דבזכותיה | הוון | ענני איקרה מפקין ית ישראל |
| 460 | Dt12:30 | לטעוותהון למימר היך | הוון | פלחין אומייה האיליין ית |
| 461 | Ex20:03 | ישראל חזיין יתיה וכן | הוון | צווח ואמר עמי בני ישראל |
| 462 | Gn34:25 | והוה ביומא תליתיא כד | הוון | צעורין מן גזרתהון ונסבו |
| 463 | Nu33:04 | ומצריי | הוון | קברין ית מה די קטל ייי |
| 464 | Nu16:16 | לקרח את וכל עם כנישתך | הוון | קדם ייי את «ואינון» |
| 465 | Dt 4:32 | כען ליומיא קדמייה די | הוון | קדמיכון למן יומא די ברא |
| 466 | Gn50:01M | רתחנין ותמן מוקדן ותמן | הוון | קיימין בוסמנין עבין תמן |
| 467 | Gn50:01M | בוסמנין עבין תמן | הוון | קיימין מדבית עשו תמן הוו |
| 468 | Gn50:01M | יעקב מדבי' ישמאל | הוון | קיימין אריה |
| 469 | Ex33:08M | כד יפוק משה למשכנה | הוון | קיימין כל עמא ומעתדין |
| 470 | Nu21:14 | דעבד ייי עם ישראל כד | הוון | קיימין על ימא דסוף |
| 471 | Dt 2:20 | בגווה מן לקדמין ועמוניי | הוון | קר{ו}<י>ן להון זמתנייה: |
| 472 | Dt 2:11 | דענק גובריה ומואביי | הוון | קריין להון אומתנייה: |
| 473 | Dt 3:09 | צידוניי | הוון | קריין לטור תלגה טורא דמסרי |
| 474 | Dt 3:09 | דמסרי פירוי ואמוריי | הוון | קריין יתיה שניר: |
| 475 | Ex37:25 | אמין משחת רומא <מניה> | הוון | קרנתא: |
| 476 | Ex37:25M | הוון /מניה ובה | הוון#2#/ | קרנתא: |
| 477 | Ex38:02 | מן משחת רומה <מניה> | הוון | קרנתה וחפי ית' נחש: |
| 478 | Gn13:07 | ואזלין ברם {ברם} מפקדים | הוון | רעווי דאברם מן אברם |
| 479 | Nu11:08M | "שרון עמה ולקטין": | הוון | שטין עמא ומלקטין |
| 480 | Gn 6:04M | גיברין | הוון | שריין בארעא ביומי' האינון |
| 481 | Gn12:06 | חזווה וכנעניא עד כען | הוון | שריין בארעא: |
| 482 | Nu 2:34M | \כדן שרון לטכסיהון /כן | הוון | שריין לטכ'#2#/ וכן נטלו |
| 483 | Nu13:29M | עמלקאי \שרין בארעא | /הוון | שריין בארע#2#/ דרומה |
| 484 | Gn25:03 | וית דדן ובנוי דדן | הוון | תגרן ואמופרין וראשי אומין: |
| 485 | Ex 1:12 | בכדן הוון סגיין ובכדן | הוון | תקיפין ואעיקו מצראי מן קדם |
| 486 | Gn 4:08 | דאתי על עסק פתגמא הדין | הוון | תריהו' מדיינין באפי ברא |

הוות

|  |  | | | |
|---|---|---|---|---|
| 487 | Gn29:09 | ארום {{רעיא}} רעייה | הוות: | |
| 488 | Ex 1:15M | "שפרה ... פועה": היא | הוות | יוכבד ושמה דתנייאתא |
| 489 | Gn29:31 | וגלי קדם ייי ארום שניא | הוות | לאה ואמר במימר«י»ה |
| 490 | Ex 1:15M | דתנייאתא פועה היא | הוות | מרים |
| 491 | Nu12:12M | "כדין ... וכיון": כן | הוות | מרים אחתן מטרפה עמן |
| 492 | Nu12:12 | וחזרין ומטרפין במדבר' | הוות | אחתן חמייה בשעבודן וכיון |
| 493 | Gn 3:20 | דאיתתיה חוה ארום היא | הוות | אמהון דכל חייא: |
| 494 | Gn49:07 | ואימתהון ארום קשיא | הוות | אמר אבונן יעקב אן שריין |
| 495 | Ex14:13 | קיימין על ימא דסוף חדא | הוות | אמרה נפל לימא וחדא הוות |
| 496 | Ex14:13 | הוות אמרה נפל לימא וחדא | הוות | אמרה נחזור למצרים וחדה |
| 497 | Ex14:13 | אמרה נחזור למצרים וחדה | הוות | אמרה נסדר לקבליהון סדרי |
| 498 | Ex14:13 | לקבליהון סדרי קרבה וחדא | הוות | אמרה נלולי לקבליהון ונערבב |
| 499 | Ex15:12 | לארעא קבלי בניך וארעא | הוות | אמרה לימא קבלי קטולי«ך» |
| 500 | Ex13:17M | ארום קריבה | הוא/הוות#2#/ | ארום אמר ייי/מימרי' |
| 501 | Gn 4:16 | והוה עד לא קטל להבל | הוות | ארעא מרבייה קודמוי היך |
| 502 | Ex15:12 | בעה למבלע יתהון דחילא | הוות | ארעא מן דינא יומא רבה דלא |
| 503 | Gn38:15 | ארום כסיית אפין | הוות | בבייתיה דיהודה ולא הוה |
| 504 | Ex16:24 | משה ולא אסרח ורמה לא | הוות | בגויה: |
| 505 | Nu21:01 | מרים נביאתה דבזכותה | הוות | בירה סלקה להון ארום מטון |
| 506 | Nu13:22M | קדם טניס מצרים | /הוות | בנייה קדם עד לא יתבני |
| 507 | Ex15:12 | לקבלא יתהון ולא ארעא | הוות | בעה למבלע יתהון דחילא הוות |
| 508 | Nu21:15 | לחוות קרתה די לא | הוות | בעצתהון אשתיזיבת והא היא |
| 509 | Nu15:26M | דאשתלון /<עמא> דכנישתה | הוות | בשלו#2#/: |
| 510 | Ex 9:31 | שערייה הון בכירן וכתנה | הוות | גבעולין ואתרת נצה: |

|  |  |  |  |  |  |
|---|---|---|---|---|---|
| 511 | Nu 7:44M | | עשרה סלעין די | הוות | דדה' |
| 512 | Nu 7:62M | | עשרה סלעין די | הוות | דדה' |
| 513 | Nu 7:14 | | דכסף הוות עבידה והיא | הוות | דדהב קרב יתה מלייה ראשי |
| 514 | Nu 7:20M | | עשרה סלע די | הוות | <דדהב |
| 515 | Nu 7:20 | | דכסף הוות עבידה והיא | הוות | דדהב קרב יתה מלייה ראשי |
| 516 | Nu 7:26 | | דכסף הוות עבידה והיא | הוות | דדהב קרב יתה מלייה ראשי |
| 517 | Nu 7:32M | | הוות /עשרה סלעין די | הוות#2/ | דדהב קרב יתה מלייה |
| 518 | Nu 7:32 | | דכסף הוות עבידה והיא | הוות | דדהב קרב יתה מלייה ראשי |
| 519 | Nu 7:38 | | דכסף הוות עבידה והיא | הוות | דדהב קרב יתה מלייה ראשי |
| 520 | Nu 7:44 | | דכסף הוות עבידה והיא | הוות | דדהב קרב יתה מלייה רישי |
| 521 | Nu 7:50M | | דדהב /עשרה סלעין די | הוות | דדהב#2/ קרב יתה מלייה |
| 522 | Nu 7:50 | | דכסף הוות עבידה והיא | הוות | דדהב קרב יתה מלייה ראשי |
| 523 | Nu 7:56 | | דכסף הוות עבידה והיא | הוות | דדהב קרב יתה מלייה ראשי |
| 524 | Nu 7:62 | | דכסף הוות עבידה והיא | הוות | דדהב קרב יתה מלייה ראשי |
| 525 | Nu 7:68M | | דדהב /עשרה סלעין די | הוות | דדהב#2/ קרב יתה מלייה |
| 526 | Nu 7:68 | | דכסף הוות עבידה והיא | הוות | דדהב קרב יתה מלייה ראשי |
| 527 | Nu 7:80M | | "עשר ...": עשרה סלעין די | הוות | דדהב |
| 528 | Nu 7:80 | | דכסף הוות עבידה והיא | הוות | דדהב קרב יתה מלייה ראשי |
| 529 | Gn15:17M | | שמשא טמעה וחומטא | הוות | הוה אברם והא גהינם דבערה |
| 530 | Gn18:15 | | לא גחן<כ>ת ארום דחלא | הוות | ואמר לה לא ארום גחכת: |
| 531 | Gn15:17M | | למיסוק {וקמטתי} <וחמטה | הוות | והא אברם חז{ו}<י> על די |
| 532 | Nu21:26 | | דסיחון מלכהון דאמוריי | הוות | והוא סדר קרבה עם מלכיהון |
| 533 | Ex11:06 | | דמצרים די כוותה לא | הוות | וכוותה לא תסף למחזי: |
| 534 | Gn25:21 | | רבקה אתתיה ארום עקרה | הוות | וענה יתיה ייי ועברת רבקה |
| 535 | Gn29:17 | | יעקב צדיקא ורחל | הוות | יאיה בריבוו{ד}<ת>ה |
| 536 | Dt 9:28 | | פריקין מן תמן על דלא | הוות | יוכלא מן קדם ייי למיעלה |
| 537 | Gn16:01 | | ושרי אתתה דאברם לא | הוות | ילדה לה ולה אמתה מצרייא |
| 538 | Gn30:01 | | וחמת רחל ארום לא | הוות | ילדה ליעקב וקניית רחל |
| 539 | Gn31:08 | | <....> נמרין יהוי אגרך | הוות | ילדה כל ענה נמרין: |
| 540 | Gn31:08 | | אמר קרחין יהוי אגריך | הוות | ילדה כל ענה <....> נמרין |
| 541 | Gn41:13 | | והוה היך מה דפתר לן כדין | הוות | יתי חזר לשמושי ויתיה צלב |
| 542 | Ex 9:24 | | ברדה תקיף לחדא די לא | הוות | כוותיה בכל ארעא |
| 543 | Ex30:27M | | דקטרתה וית מדבחה דעלתה | הוות | כל מנוי |
| 544 | Gn11:30M | | עקרה \לית לה בנין /לא | הוות | לה ביר#2/: |
| 545 | Gn36:12 | | ותמנע | הוות | לחינתה לאליפז ברה דעשו |
| 546 | Gn47:26 | | דכומריא בלחודיהון לא | הוות | לפרעה: |
| 547 | Ex12:42 | | בכוריהון דמצריי וימיניה | הוות | מגנא על בכוריהון דישראל |
| 548 | Nu14:14M | | ובעמודה דעננה את | מהלך/הוות | מדבר#2/ קודמיהון |
| 549 | Gn40:13 | | כסדר דינא קדמיה די | הוות | מזיג ליה: |
| 550 | Ex40:38M | | ביה לעיני כל בית | /הוות | מנ{ח}<ה>רה עלוי כל ליליה |
| 551 | Nu 7:25 | | סלעין בסלעי בית קודשה | הוות | מתקלה מזרק חד דכסף תקל |
| 552 | Nu 7:31 | | סלעין בסלעי בית קודשה | הוות | מתקלה מזרק חד דכסף תקל |
| 553 | Nu 7:37 | | סלעין בסלעי בית קודשה | הוות | מתקליה מזרק חד דכסף תקל |
| 554 | Nu 7:43 | | סלעין בסלעי בית קודשה | הוות | מתקליה מזרק חד דכסף תקל |
| 555 | Nu 7:49 | | סלעין בסלעי בית קודשה | הוות | מתקליה מזרק חד דכסף תקל |
| 556 | Nu 7:55 | | סלעין בסלעי בית קדשה | הוות | מתקליה מזרק חד דכסף תקל |
| 557 | Nu 7:61 | | סלעין בסלעי בית קדשה | הוות | מתקליה מזרק חד דכסף תקל |
| 558 | Nu 7:67 | | סלעין בסלעי בית קודשה | הוות | מתקליה מזרק חד דכסף תקל |
| 559 | Nu 7:73 | | סלעין בסלעי בית קודשה | הוות | מתקליה מזרק חד דכסף תקל |
| 560 | Nu 7:79 | | סלעין בסלעי בית קדשה | הוות | מתקליה מזרק חד דכסף תקל |
| 561 | Ex10:23M | | "הוה ... במדוריהון": | הוות | נהורא על דהוון עסיקי' |
| 562 | Nu 7:14 | | מתקליה עשר סלעין דכסף | הוות | עבידה והיא הוות דדהב קרב |
| 563 | Nu 7:20 | | מתקליה עשר סלעין דכסף | הוות | עבידה והיא הוות דדהב קרב |
| 564 | Nu 7:26 | | מתקליה עשר סלעין דכסף | הוות | עבידה והיא הוות דדהב קרב |
| 565 | Nu 7:32 | | מתקליה עשר סלעין דכסף | הוות | עבידה והיא הוות דדהב קרב |
| 566 | Nu 7:38 | | מתקליה עשר סלעין דכסף | הוות | עבידה והיא הוות דדהב קרב |
| 567 | Nu 7:44 | | מתקליה עשר סלעין דכסף | הוות | עבידה והיא הוות דדהב קרב |
| 568 | Nu 7:50 | | עשר סלעין דכסף | הוות | עבידה והיא הוות דדהב קרב |
| 569 | Nu 7:56 | | מתקליה עשר סלעין דכסף | הוות | עבידה והיא הוות דדהב קרב |
| 570 | Nu 7:62 | | מתקליה עשר סלעין דכסף | הוות | עבידה והיא הוות דדהב קרב |
| 571 | Nu 7:68 | | מתקליה עשר סלעין דכסף | הוות | עבידה והיא הוות דדהב קרב |
| 572 | Nu 7:74 | | מתקליה עשר סלעין דכסף | הוות | עבידה והיא הות דדהב קרב |
| 573 | Nu 7:80 | | מתקליה עשר סלעין דכסף | הוות | עבידה והיא הוות דדהב קרב |
| 574 | Ex35:25 | | וכל אתה דחכימת לבה בידה | הוות | עזלה ית תכלתה וית ארגונא |
| 575 | Ex16:13 | | וכסית ית משריותא ובצפרא | הוות | ענגית טלא חזור חזור |
| 576 | Gn29:31 | | למיתן לי בנין ורחל | הוות | עקרה: |
| 577 | Ex24:05M | | ארום עד ההי' שעתא | הוות | פולחנא בבוכרייא דעד כדון |
| 578 | Dt 2:36 | | די בנחלה ועד גלעדה לא | הוות | קרייה די אשתזבת מינן ית |
| 579 | Nu14:24 | | ועבדי כלב חלף די | הוות | רוח דקדש עמה ואשלם בתר |
| 580 | Gn18:10 | | לשרה אתתך ושר{ת}<ה> | הוות | שמעה בתרע משכנא וישמעאל |
| 581 | Ex 8:11 | | וחמא פרעה ארום | הוות | שעת דרווח ותקף ית לביה ולא |
| 582 | Gn 1:02 | | וארעא | הוות | תהיא ובהיא וצדי מן בר נש |
| 583 | Ex18:19 | הוי | יתך עצה ויהווי ייי עמך | הוי | את לעמא כ{מ}תבע אולפן |
| 584 | Gn24:62 | | ויצחק | הוי | אתי מן בית מקדשא דשם רבה |
| 585 | Dt15:11 | | ועבדין פיקודיה לא | הוי | ביניהון מסכינייה בגו ארעא |
| 586 | Ex15:12M | | קבל קטילך [...] ימא לא | הוי | בעה למטמע' יתהון ובמימ' |
| 587 | Ex 3:14M | | והווה ועתיד למימ' ליה | הוי | והווי ואמ' כדן תימ' לבני |
| 588 | Gn 3:24M | | יתה בעלמא הדין | הוי | חי וקיים מאילן חייא |
| 589 | Gn 3:24 | | מן דלעי בה ונטר פקודיה | הוי | חי וקיים כאילן חייא לעלמא |
| 590 | Gn49:22 | | ברי דרבית ותקפית ותוב | הוי | חמי לך למתקף מדמי אנה לך |
| 591 | Ex 9:18 | | ברד תקיף לחדא די לא | הוי | כוותה במצרים למן יומא |
| 592 | Gn24:30M | | ו\הוי כדי חמה | /הוי | כיון דחמה#2/ ית קדשא וית |
| 593 | Ex14:11M | | "... קבריו": לא | הוי | לן קב' |
| 594 | Gn37:11 | | וקנון ביה אחוי ואבוי | הוי | מנטר ית פתגמא: |
| 595 | Gn30:42 | | ובלקישי ענה לא | הוי | משוי והווה ליה ען סגין |
| 596 | Gn41:49 | | דאתמנע מן למממני ארום לא | הוי | סכום למנינה: |
| 597 | Ex20:02M | | וכן | הוי' | צווח ואמר וכל ישראל חזין |
| 598 | Gn23:10 | | ועפרון | הוי | שרי בגו בנוי דחת וענה |
| 599 | Gn23:11M | | קבר#2/: ועפרון | הוי | שרי \בגו בנוי /בתחומהון |
| 600 | Gn49:09 | הויי' | מן דינה דתמר ברי את | הויי' | זכיי נייח ושרי בגו קרבא |
| 601 | Ex17:12 | הויין | וידוי דמשה | הויין | זקיפן בצלו ונסבו אבן |
| 602 | Gn16:05 | הויינה | יקטלון יתך וחמית דלא | הויינה | ילדה ונסיבת להגר מצריתא |
| 603 | Gn24:60M | הויית | ואמרו לה עד כדון | הויית | אחת' כדון את אזלה |
| 604 | Gn24:60 | | לה ברם עד כדון אחתן | הויית | ברם מן הכא ולהלא את אזלה |
| 605 | Gn49:03 | | חיילי ושרוי צערי חמי | הויית | מסב תלתא חולקין יתיר על |
| 606 | Gn49:09 | | קטולוי דיוסף ברי את | הויית | משיזב מן דינה דתמר ברי |
| 607 | Gn41:53 | הוין | שבעתי שני שבענא די | הוין | במצרים: |
| 608 | Gn31:40 | הוינא | | הוינא | באיממא אכל יתי שרבא וקלשא |
| 609 | Ex18:03 | | ארום אמר גיור ותותב | הוינא | בארעא נכריה: |
| 610 | Gn46:30M | | "אנה ... דחמת": | הוינא | מאית בהדא זמנא כילו עליי |
| 611 | Ex10:29M | | מן סוף דהוה לך רחמין | הוינא | מצלי עליך ומחתא |
| 612 | Gn31:39 | | ערקה מן מניינה אנה | הוינא | משלם יתה מני את תבע יתה |
| 613 | Gn31:39 | | ברא מתכלא בליליא אנה | הוינא | משלם יתהון: |
| 614 | Nu12:12 | | פלגות בשריה כדין כד | הוינא | משתעבדין במצרים וחזרין |
| 615 | Gn29:33M | | ויהב לי אף ית דין /לא | הוינא | רחימא באפי בעלי ויהב לי |
| 616 | Gn20:16 | הוינה | יהבת כל מה דילי לא | הוינה | כמסת דידע אברהם צדיקה |
| 617 | Dt 5:05 | | אנה ^הוא#2^ כען | הוינה | מעתד בין ממריה דייי |
| 618 | Nu13:33 | הוינן | באפנה כקמציה וכך | הוינן | באפיהון: |

|  |  |  |  |  |  |
|---|---|---|---|---|---|
| 619 | | Gn43:07 | ואמר יהוד' הא מידע | הוינן | ידעין ארום יימר אחיתו ית |
| 620 | | Dt 6:21 | עבדין משעבדין | הוינן | לפרעה במצרים ופרק ואפק |
| 621 | הויתון | Ex23:09 | דגיורא ארום גיורין | הויתון | בארעא דמצרים: |
| 622 | | Dt 5:15 | ארום עבדין משעבדין | הויתון | בארעא דמצרים ופרק ואפק |
| 623 | | Dt31:27 | עמכון יומא הדין מסרבין | הויתון | בתר ממרה דייי ולהוד ארום |
| 624 | | Dt 9:24 | מסרבין | הויתון | קדם ייי מן יומא די חכמית |
| 625 | הויתי | Gn31:40M | | הוינא/הויתי#2/ | באיממא אכל יתי שרבא |
| 626 | הון | Ex 9:31 | לקיין ארום שערייה | הון | בכירן וכתנה הוות גבעולין |
| 627 | | Ex16:15 | לאחוי מנא הוא ארום לא | הון | ידעין משה ואמר משה להון |
| 628 | הות | Gn43:12 | תחזרון בידכון דילמא שלו | הות: | |
| 629 | | Gn25:01M | "קטורה": היא | הות | הגר דהות אסירה לה מן |
| 630 | | Gn29:31M | \שניא הוות לאה/לא | הות | לאה רחימא באפי בעלה#2/ |
| 631 | | Gn 4:22 | ואחתה דתובל קין | הות | נעמה בדיה קיניין וזמרין: |
| 632 | | Nu12:01 | די נסב והלו אתה כושיה | הות | ציפורה אתתה דמשה אלא |
| 633 | | Nu12:01 | בגופה מן כל ברייתה כדין | הות | ציפורה אתתה דמשה יאיה |
| 634 | | Ex 9:24 | דמצרי«ם» מן זמנא די | הות | אומה ומלכו: |
| 635 | | Gn 4:22M | \בדיה קיניין/היא | הות | בידייה קיניין#2/ וזמרין: |
| 636 | | Nu 7:74 | דכסף הוות עבידה והיא | הות | דדהב קרב יתה מלייה ראשי |
| 637 | | Ex36:07 | ועבידתה | הו{ה}<ת> | כמסת לכל עבידת למעבד יתה |
| 638 | | Nu 7:19 | סלעין בסלעי בית קודשא | הות | מתקלה מזרק חד דכסף תקל |
| 639 | | Dt 3:04 | קורייה בשעתה ההיא לא | הות | קריה די לא נסבנן יתהון |
| 640 | היון | Gn26:35 | ומגחכן בפולחנא נוכראה | {{היון}} | ולא מקבלן אולפן לא מן |
| 641 | אהוי | Dt31:23 | קיימת להון ואנה במימרי | אהוי | בסעדך: |
| 642 | | Ex 4:15 | ואנה במימרי {אלה} | «אהוי» | עם ממלל פ{פ}מך ועם ממלל |
| 643 | אהויי | Ex 3:12 | ואמר ארום | אהויי | ממרי עמך ודן יהווי לך |
| 644 | יה' | Lv25:50M | יהווי /כיומה דאגי' | יה'#2/ | עימיה: |
| 645 | יהא | Gn31:22M | תלתא יומין דלמה | יהא | טיפה ולא טפת ובכן אתנו |
| 646 | | Dt33:12M | ישרי לרחצן עלוי | יהווי/יהא#2/ | מגן עלוי כל יומיא |
| 647 | | Ex32:05M | ואכרז אהרן ואמר | יהא | רעוה דיהי נכסא בי כחגה מן |
| 648 | | Gn47:10M | "ונפק ... פרעה": ואמ' ליה | יהא | רעווא מן קדם ייי דאיסקון |
| 649 | | Ex39:43M | "תשרי ... ידיכון": | יהא | רעווה מן קדם ייי לאשראה |
| 650 | | Ex12:13M | "ולא ... בארעא": ולא | יהא | רשו למלאכיא מחבלא דממני |
| 651 | | Ex20:02 | דהוה נפיק מן פום קודשא | יהא | שמה מבורך היך זיקין והיך |
| 652 | | Ex20:03 | כד הוה נפק מן פום קודשא | יהא | שמה מברך היך זקין והיך |
| 653 | | Gn35:09 | אלהא דעלמא | יהא | שמיה מבורך לעלם ולעלמי |
| 654 | | Ex15:03 | שמיה כשמיה כן גבורתיה | יהא | שמיה מבורך לעלמי עלמין: |
| 655 | | Dt 5:06 | כד הוה נפק מן פם קודשא | יהא | שמיה מברך היך זיקין והיך |
| 656 | | Dt 6:04 | ייי אלהן ייי חד הוא | יהא | שמיה מברך לעלמי עלמין: |
| 657 | יהבי | Gn 9:11 | תוב מן מוי דמבולא ולא | יהבי | תוב מבול למחבלא ארעא: |
| 658 | יהו' | Nu29:35M | לגו בתיכון כנישת חדוה | יהו' | |
| 659 | | Dt32:12M | דיש'#2/ ולא | הווי/יהו'#2/ | ביניהון פלחי פלחן |
| 660 | יהוה | Gn18:18 | ואברהם מהוה | יהוה | לאמא רבה ותקיפה ויתברכון |
| 661 | יהוו | Gn47:21M | אעבר במדינתא דלא | יהוו | מוניין לבנוי דיעקוב |
| 662 | | Lv15:17 | וכל לבוש וכל מן משך די | יהוו | עלוי תשמיש דזרע ויחוור |
| 663 | יהווא | Gn 9:02M | \ואמתכון ודחלתכון | יהווא#2/ | על כל חייתא דארעא ועל |
| 664 | יהווה | Nu 4:07 | נסוכה ולחם בתדירה עלוי | יהווה: | |
| 665 | | Nu 5:10M | \דידיה יהוון גבר/ליה | יהווה | גב'#2/ די יתן לכהנה |
| 666 | | Ex22:29 | לעניכון שבעה יומין | יהווה | מתרבי בתר אמה וביומא |
| 667 | יהווי | Ex28:37 | מצנפתה לקבל אפי מצנפתה | יהווי: | |
| 668 | | Ex30:34 | ברירא מתקל במתקל | יהווי: | |
| 669 | | Lv 7:07M | /ביה#2/ ליה | יהוויין/יהווי#2/: | |
| 670 | | Lv 7:08 | די יקרב לכהנא דידיה | יהווי: | |
| 671 | | Lv 7:09 | לכהנה דמקרב יתה לה | יהווי: | |
| 672 | | Lv 7:14 | אדם נכסת קדשיה דידיה | יהווי: | |
| 673 | | Lv27:12 | ביש כעלויה דכהנה כדין | יהווי: | |
| 674 | | Nu 5:10 | גבר די יתן לכהנה דידיה | יהווי: | |
| 675 | | Nu18:14 | כל אפרשו דבישראל דידך | יהווי: | |
| 676 | | Nu18:18M | \דידך יהוון /לך | יהווי#2/: | |
| 677 | | Dt24:20 | וליתמי «ולארמלתה» | יהווי: | |
| 678 | | Dt24:21 | וליתמיה ולארמלתה | יהווי: | |
| 679 | יהווי | Gn 9:25 | ואמר ל{{ו}}«י»ט | יהווי | כנען עבד משתעב' יהווי |
| 680 | | Gn 4:11M | וכדון ליט | תהווי/יהווי#2/ | קין מן ארעא די |
| 681 | | Gn 4:12M | גלי ומטלטל | תיהוי/יהווי#2/ | קין בארעא: |
| 682 | | Gn34:31 | כלא מן כל כדין דלא | יהוו{ן}<י> | שכם בר חמור מלגלג |
| 683 | | Gn31:08 | כל ענה <....> נמרין | יהווי | אגרך הוות ילדה כל ענה |
| 684 | | Gn 3:15M | יהוי אסו ולך חויה לא | יהווי | אסו ברם עתידין הנון אלין |
| 685 | | Lv24:22 | לכון כגיורה כיציבה | יהווי | ארום אנה הוא ייי אלהכון: |
| 686 | | Dt24:05M | פתגם זכיי | יהווי | בבייתיה |
| 687 | | Dt21:22 | וארום | יהווי | בגברא סדר חובת דין |
| 688 | | Ex30:12 | כד תהוי מני יתהון דלא | יהווי | בהון מותן מחבל בזמן דתהוי |
| 689 | | Lv20:27 | וגבר או אתה די | יהווי | בהון שאלי אובה או מסקי |
| 690 | | Lv13:52 | או ית כל מן דמשך די | יהווי | ביה מכתשה ארום צרעה מחלטה |
| 691 | | Lv21:17 | גבר מן בניך לדריהון די | יהווי | ביה מום לא יקרב למקרבה |
| 692 | | Lv22:21 | ברעווה כל <מומה> לא | יהווי | ביה: |
| 693 | | Dt15:21 | וארום | יהווי | ביה מום חגיר או סמי כל |
| 694 | | Dt17:01 | ייי אלהכון תור ואמר די | יהווי | ביה מום כל מילה דפסילה |
| 695 | | Gn49:02 | ואנה דחיל דלא {דלא} | יהווי | ביניכון גבר דלביה פליג |
| 696 | | Nu12:06 | ואמר שמעו כען מיליי אין | יהווי | ביניכון נבייה ייי בחזיון |
| 697 | | Gn28:22 | ואבנא הדא דישווית קיימא | יהווי | בית מקדשיא לשמה דייי וכל |
| 698 | | Dt15:09 | יצוח עלך קדם ייי דלא | יהווי | בך חובה: |
| 699 | | Ex12:13 | ואגן במימרי עליכון ולא | יהווי | בכון מותא מחבל בקטלותי כל |
| 700 | | Lv19:34 | כיציבה די בכון | יהווי | בכון ג{י}<ו>ר דמתגייר |
| 701 | | Dt15:04M | /ברם ארום לא | יהווי | בכון מסכינין#2/ ארום |
| 702 | | Dt15:04 | חלף כן ^ארום לא | יהווי | בכון מסכינין#2^/ ארום |
| 703 | | Dt23:11 | ארום | יהווי | בכון גבר די לא יהווי דכי |
| 704 | | Dt23:15M | \'שן#2/ ולא | יחמי/יהווי#2/ | בכון עריה דמילה ולא |
| 705 | | Dt23:22 | אלהכון מן לוותכון דלא | יהווי | בכון חובה: |
| 706 | | Dt23:23 | וארום תתמנעו מן למדר לא | יהווי | בכון חובה: |
| 707 | | Dt24:15M | קדם ייי אזדהרו דלא | יהווי | בכון חובה |
| 708 | | Dt29:17 | {{דאומייה}} האינון דלא | יהווי | בכון גבר דלביה מהרהר |
| 709 | | Lv24:05 | חלין תרין עשרנין | יהווי | בכל חלה חדתה: |
| 710 | | Lv13:02 | בר נש ארום | «יהווי» | במשך «בשריה» שומה או |
| 711 | | Lv13:24 | או בשר' ארום | יהווי | במשכה כוויה דאשה ותיהוי |
| 712 | | Lv16:17 | וכל בר נש לא | יהווי | במשכן זימנה במעלה לכפרה |
| 713 | | Dt32:20 | רעותי מנהון אחמי מה | יהווי | בסוף אחריותהון ארום דר |
| 714 | | Gn19:26 | לבתר«ה» למחמי מה | יהווי | בסופה דבייתיה דאבוה והא |
| 715 | | Gn37:20 | אכלת יתיה ונחמי מה | יהווי | בסופהון דחלמוי: |
| 716 | | Nu12:16 | על גיף נהרא למידע מה | יהווי | בסופ«י»ה דמשה הוון |
| 717 | | Gn49:25 | מימר אלהא דאבוך | יהווי | בסעדך ואלה שמיא יברך יתך |
| 718 | | Dt31:08 | שכינתיה מדברה קדמך הוא | יהווי | בסעדך לא מרפה יתך ולא שבק |
| 719 | | Dt20:14 | ובעירה וכל מה די | יהווי | בקרתה וכל {עתידה}<עדיתה> |
| 720 | | Nu24:09M | בר פעור ודמברך יתהון | יהווי | בריך <כ>משה נבייא |
| 721 | | Nu 5:17 | מן דחסף ומן עפרה די | יהווי | בשיפולי דמשכנה יסב כהנא |
| 722 | | Dt24:15 | יצוח עלך קדם ייי דלא | יהווי | בתרך חובה: |
| 723 | | Dt19:11 | וארום | יהווי | גבר סני לחבריה ויכמן לה |
| 724 | | Dt27:15 | דגריזים ואמרין בריך | יהווי | גברא דלא יעבד {{צלם |
| 725 | | Dt27:15 | טורה דעיבל ואמרין ליט | יהווי | גברא די יעבד {{צלם |
| 726 | | Dt27:16 | ליט | יהווי | גברא דזלא יקריה דאבוי |

727 Dt27:24 ליט^^ יהווי גברא די יקטל לחבריה
728 Dt27:17 ליט יהווי גברה די יארע תחומה דגברא
729 Dt27:18 ליט יהווי גברה די יטעי סמייה באורחה
730 Dt27:19 ליט יהווי גברה די יסטי דינה דגיורה
731 Dt27:20 ליט יהווי גברה די ישמש עם אתת אבוי
732 Dt27:21 ליט יהווי גברה די ישמש עם כל בעיר
733 Dt27:22 ליט יהווי גברה די ישמש עם אחתיה ברת
734 Dt27:23 ליט יהווי גברה די ישמש עם חתנתיה
735 Dt27:25 ליט יהווי גברה די נסיב שחוד למקטול
736 Dt27:26 ליט יהווי גברה די לא יקים ית פתגמי
737 Ex28:08 די עילוי כעבדא מנה יהווי דהב תכלה וארגון וצבע
738 Lv15:02 להון גבר גבר ארום יהווי דייב מן בשר' דובה מסאב
739 Ex10:07 דפרעה ליה עד אימת יהווי דין לן לתקלה שלח ית עמא
740 Ex30:31 למימר משח דרבו דקדש יהווי דין לי לדריכון:
741 Dt25:01 ארום יהווי דינין ביני גברין ויקרבון
742 Lv11:36 וגוב בית כנשת מיין יהווי דכי ומן די יקרב בנבלתהון
743 Nu 9:13 וגברא די יהווי דכי ובארח ר«חי»קה
744 Dt23:11 יהווי בכון גבר די לא יהווי דכי מן קרי דליליה ויפוק
745 Gn49:17 יהווי דן פירוקא דעתיד למיקם מן
746 Nu24:20 קרבה וסופיהון לאבדן יהווי וא«ב»דנהון עד לעולם:
747 Dt 1:39M לבזה יהוון/יהווי#2#/ ובניכון די לא
748 Nu 9:13 ר«חי»קה ל«א» «י»הווי ויתמנע מלמעבד פיסחא
749 Nu14:31M יתהון ויחכמון ית ארעא /יהווי {ולאעליתהון} <ואעל
750 Lv 7:18 יתיה לא יתחשב לה פסיל יהווי ונפשה די {י}תאכל מנה
751 Nu36:04 ואין יהווי יוב«י»לה לבני ישראל
752 Gn28:20 <יעקב> נדר למימר אן יהווי ייי בסעדי וינטר יתי
753 Nu24:07 ופרוקהון מנהון יהווי יכנש להון גלותהון מן
754 Nu 6:05 די יתנזר קדם ייי קדיש יהווי יתרבי פרע שער רישיה:
755 Nu17:05 קטרה קדם ייי ולא יהווי כקרח וככנישתיה היך מה די
756 Lv19:24M יהוון /רביעיתה יהווי#2#/ כל פרי{ו} קדש פרקן
757 Nu18:13 ייתון לשמה דייי דידך יהווי כל דידכי באנשי ביתך יאכל
758 Dt21:05 קדישה ועל מימר פומהון יהווי כל דין וכל מכתש:
759 Lv15:26 מן די תתב עלוי מסאב יהווי כסואבת ריחוק נדתה:
760 Gn26:28 הוה ייי עמך ואמרינן יהווי כען שבועה בינינן ובינך
761 Ex28:16 מרבע יהווי כפל פשך ארכה ופשך פתיה:
762 Ex12:44 ותגזרון יתיה בכדין יהווי כשר למיכל מנה:
763 Gn 9:25 יהווי כנען עבד משתעב' יהווי לאחוי:
764 Gn48:19 אנא ברי ידע אנה אף הוא יהווי לאמה ואף הוא יתקף וברם
765 Lv25:05 לא תקטפון שבת שבתה יהווי לארעא:
766 Dt 5:29M אלווי "מי יתין" יהווי לבה טבה הדין להון
767 Dt24:05 מן דעם ביש זכיי מזמן יהווי לבייתיה שתה חדא ויחדי ית
768 Ex29:29 ולבושי קודשא די לאהרן יהווי לבנוי בתרוי למתרבי בהון
769 Dt21:18 ארום יהווי לגבר בר סורוון ומורוון
770 Lv25:48M חד מן /בתר דזבן פרוק יהווי לה לחד מ'#2#/ אחוי יפרוק
771 Dt21:16 יחסין ית בנוי ית מה די יהווי לה לית הוא רשיי למקדמה ית
772 Nu18:15 בבני אנשא ובבעירא דידך יהווי להוד מפרקה תפרק ית בכורי
773 Gn44:10 ית מן די ישתכח לוותה יהווי לי עבד ואתון תהוון זכיין:
774 Dt29:18 במחשבת ליביה למימר שלם יהווי לי ארום בקשיטות ליבי
775 Ex28:07M תרתין כתפן מדבקן יהויין/יהווי#2#/ ליה מן תרין סטרוי
776 Ex28:32 עבד גרדיי כפם סירה יהווי ליה <לא> יתבזע:
777 Lv25:26 וגבר ארום לא יהווי ליה פרוק ותארע ידיה ותשכח
778 Lv25:31M יתחשב פרקון תיהוי/יהווי#2#/ ליה וביובילה יפוק:
779 Dt18:02 ואחסנה לא יהווי ליה ביני אחוי קרבנוי דייי
780 Nu24:09 מברך ומן דלייט יתהון יהווי ליט:
781 Nu24:09M מן דלייט יתהון יהווי לייט כבלעם בר פעור
782 Ex 3:12 אהויי ממרי עמך ודן יהווי לך סימן ארום ממרי שלח יתך
783 Ex 4:16 לוות עמא ויהווי הוא יהווי לך לתורגמן ואת תהוי ליה
784 Ex20:03 ואמר עמי בני ישראל לא יהווי לך אלה אחרא בר מני:
785 Lv25:44 ועבדיך ואמהתיך די יהווי לך מן לוות אומי«י»ה די
786 Nu18:09 דן יהווי לך מן בית קדש קדשיה מן
787 Nu18:15M ^/לחוד#2#^/ מפרקה תפרק /יהווי לך לחוד מפרוק תפרוק#2#/
788 Nu18:18 ובשרהון יהווי לך כניעה דאנפותה וכשקה
789 Nu18:20 לא תתאחסן וחלק לא יהווי לך ביניהון מ«י»מרי חלקך
790 Dt15:03M תהון דחקין ודי יהווי לך מן אחוך
791 Nu29:01M יהווי לכון /דיבבו יהווי לכ#2#/:
792 Dt18:01 לא יהווי לכהנייא לליוויי כל בני
793 Nu15:29 גזרת אוריתה חדה יהווי לכו{ל}«ן» מן דעבד בשלו:
794 Gn 1:29M דייי הא יהבית/יהווי#2#/ לכון ית כל עשביא
795 Gn47:24 לפרעה וארבעה חלקין יהווי לכון למזרע תחומכון
796 Ex12:05 שלם מן מום דכר בר שתא יהווי לכון מן אמריא ומן גדייא
797 Ex12:16 וארוע קדיש <....> יהווי לכון כל עבידא לא יתעבד
798 Ex30:32M לכון קדש הוא קדש יהו/יהווי#2#/ לכון:
799 Lv11:29 ודין יהווי לכון מסאב בשרצא דשרץ על
800 Lv21:08M לכון /הוא מקרב קדיש יהווי לכון#2#/ ארום קדיש אנה
801 Lv22:20 דאית ביה מום לא לרעוה יהווי לכון:
802 Lv23:07 יומא טבא ואירוע קדיש יהווי לכון כל עבידה דפלחן לא
803 Lv23:21 הדין יום טב וארוע קדיש יהווי לכון כל עבידה דפלחן לא
804 Lv23:24 שביעייה בחד יומא לירחא יהווי לכון שבת שבתה דכרן טב
805 Lv23:27 הוא יום טב וארוע קדיש יהווי לכון ותצומון בה ית
806 Lv23:36 יום טב ואירוע קדיש יהווי לכון ותקרבון קרבנין קדם
807 Lv24:22 סדר דין חד יהווי לכון כגיורה כיציבה יהווי
808 Nu18:11 ודן יהווי לכון אפרשות מתנתכון לכל
809 Nu28:19M שלמים מן מום יהוון/<יה>וי#2#/ לכון:
810 Nu28:25 יום טב וארוע קדיש יהווי לכון כל עבידה דפלחן לא
811 Nu28:26 יום טב וארוע קדיש יהווי לכון כל עבידה דפלחן לא
812 Nu28:31M שלמין מן מום יהוון/יהווי#2#/ לכון ונסוכיהון:
813 Nu29:01 יום תקועה דשופר ויבבו יהווי לכון:
814 Nu29:01 יום טב וארוע קדיש יהווי לכון כל עבידה דפולחן לא
815 Nu29:07 הדין יום טב וארוע קדיש יהווי לכון ותצ«ו»מון ביה ית
816 Nu29:08 שבעה שלמין מן מום יהווי לכון:
817 Nu29:12 יום טב וארוע קדיש יהווי לכון כל עבידה דפלחן לא
818 Nu34:06 קדמויי די בגווה דין יהווי לכון תחום ימא:
819 Nu34:07 ודן יהווי לכון תחום צפונה מן ימה
820 Nu35:05M לכון פרוירי קריתה/דא יהווי לכון פרוילי קור'#2#/:
821 Nu35:13M /{ו}קוריין דשיזבו יהווי לכון#2#/:
822 Dt 5:07 ואמר עמי בני ישראל לא יהווי לכון אלה אחרן בר מני:
823 Dt20:11 עמא די ישתכחון בגווה יהווי לכון למסקי מסין ויפלחון
824 Dt23:13 ואתר מזמן יהווי לכון לבר מן משריתה ותפקון
825 Dt25:13 לא יהווי לכון בכיסיכון מתקל רב
826 Dt25:14 לא יהווי לכון בבתיכון מכלה רבה
827 Dt25:15 מתקלין שלמין וקשיטין יהווי לכון מכלן שלמן וקשיטן
828 Dt25:15 לכון מכלן שלמן וקשיטן יהווי לכון מן בגלל די יארכון
829 Dt29:12 דייי לעם קדישין והוא יהווי לכון לאלה פרוק היך מה
830 Gn 9:03 ביה נשמה דחיין לכון יהווי למיכל כירק עשב' יהבית
831 Ex28:32 פם ראשה במיצעה שפמה יהווי לפמה מן חזור חזור עבד
832 Nu33:54 לה תמן עדווה דידיה יהווי לשבטיה אבהתכון תאחסנון:
833 Ex34:12M בגווה דלא יהוון/<יה>וי#2#/ לתוקלה ביניכון:
834 Nu22:06 ^ית מה#2#^ די את מברך יהווי מברך וית מה די את לייט

|  | |  | | | |
|---|---|---|---|---|---|
| 835 | | Nu24:09 | לקב׳ מן דמברך יתהון | יהוי | מברך ומן דלייט יתהון |
| 836 | | Dt33:12 | דייי ישרי לרחצן עלוי | יהוי | מגן עלוי כל יומיא |
| 837 | | Gn16:12 | והוא | יהוי | מדמי לערד בבני אנשא ידוהי |
| 838 | | Gn49:17 | יתקף יתגאה על כל אמיה | יהוי | מדמי לחיוויא דרבוע בארעא |
| 839 | | Lv13:45M | יהוי> פריע ועל סטרה | יהוי | מהלך מסאבה מסאבה יהווין |
| 840 | | Nu21:06 | שרויה ואמרית ליה עפרא | יהוי | מזונך אסקת עמי מארעא |
| 841 | | Ex10:10M | להון \יהוי כען /כן | יהוי#2#/ | מימריה דייי עמכון |
| 842 | | Lv13:45 | על אבילה וראשיה | יהוי | מכסי ועל שפמה יהוי עוטם |
| 843 | | Gn49:14M | \רביע ביני /ותחומי׳ | יהוי | ממצע#2#/ תרין תחומיי׳: |
| 844 | | Ex 3:12M | ואמר ארום | אהויי/יהוויי#2#/ | ממרי עמך ודן יהווי |
| 845 | | Dt24:19 | לייתמייה ולארמלתה | יהווי | מן בגלל די יברך יתכון ייי |
| 846 | | Ex29:28 | ארום אפרשו היא ואפרשו | יהווי | מן לוות בני ישראל מנכסת |
| 847 | | Dt22:05 | לא | יהווי | מני זיינה דגבר על אתה ולא |
| 848 | | Nu19:14 | וכל די יהיב במשכנה | יהווי | מסאב שבעה יומין: |
| 849 | | Nu19:21 | ומן די יקרוב במי אדיה | יהווי | מסאב עד רמשה: |
| 850 | | Dt33:24 | דייי ואמר בריך מן בניא | יהווי | מרעיה {בשבטיה} <בשמיטה> |
| 851 | | Gn25:23 | ומלכו ממלכו תתקף ורבה | יהווי | משעבד קדם זעירא: |
| 852 | | Ex26:13M | על סטרה /יריעתה חתה | יהווי | משפע על סטר׳#2#/ דמשכנא |
| 853 | | Dt28:65 | האינון לא תתניחון ולא | יהווי | נייח לכפה דרגליכון ויתן |
| 854 | | Dt18:03 | ודין | יהווי | סדר דיניהון דכהנייא |
| 855 | | Lv27:25 | בית קודש׳ עשרין מעין | יהווי | סלעא: |
| 856 | | Nu19:13M | עלוי מסאב | הוא/יהווי#2#/ | עד כען סאובתיה |
| 857 | | Lv13:45 | יהוי מכסי ועל שפמה | יהווי | עוטם והוא מצרעה יהיה צווח |
| 858 | | Lv25:50 | במניין שנין כיומי אגיר | יהווי | עימיה: |
| 859 | | Nu 9:15 | משכנה דסהדותה וברמשא | יהווי | על משכנ׳ כחזיו אשתה עד |
| 860 | | Dt19:10 | יהיב לכון לאחסנה דלא | יהווי | עליכון חובת שפיכות אדם |
| 861 | | Lv16:02 | עם אהר«ן» אחוך דלא | יהווי | <עליל> בכל זמן לבית מקדשה |
| 862 | | Dt33:21 | עמא בעלמא הדין כדין | יהווי | עליל ונפק בראשי עמא בעלמא |
| 863 | | Lv25:40 | כאגיר כתותב | יהווי | עמך עד שתה דיובילה יפלח |
| 864 | | Nu 9:20 | ואית זימנין די | יהווי | ענגה יומין מניין על משכנה |
| 865 | | Nu 9:20M | יהוי /וזימנין די | יהווי#2#/ | ענגה יומין מניין על |
| 866 | | Dt18:22 | בשם ממרה דייי ולא | יהווי | פתגמא ולא יתי הוא פתגמא |
| 867 | | Ex29:37 | כל די יקרב במדבחא | יהווי | קד«י»ש: |
| 868 | | Lv 6:20 | כל די יקרוב בבשרה | יהווי | קדיש <....> וית די ידי |
| 869 | | Lv27:10 | ויהוי הוא ופרוגיה | יהווי | קדיש: |
| 870 | | Lv27:33 | ויהוי הוא ופירוגיה | יהווי | קדיש לא יתפרק: |
| 871 | | Nu 6:08 | כל יומי נזירותיה קדיש | יהווי | קדם ייי: |
| 872 | | Lv22:11M | זבינות כספיה הא בכן | יהווי | ראשי למיכל מינה |
| 873 | | Dt22:23 | ארום | יהווי | רבי בתולה מארסה לגבר |
| 874 | | Nu 1:53 | למשכנה דסהדותה ולא | יהווי | רגוז על עם כנישתה דבני |
| 875 | | Nu18:05 | וית מטרת מדבחה ולא | יהווי | רגוז ˆתוב#2#ˆ על בני |
| 876 | | Dt29:19 | לא | יהווי | רעווה מן קדם ייי למישרי |
| 877 | | Ex21:08 | יתה לגבר בר עממין לא | יהווי | רשיי למזבנה ית׳ חלף די |
| 878 | | Gn49:13 | דימא רבה ישרי והוא | יהווי | שליט במחוזוי ספינתה |
| 879 | | Nu24:22 | ארום אן | יהווי | שלמיה לביזה עד כען אשוריי |
| 880 | | Ex26:13 | בארכה דיריעתא דמשכנא | יהווי | שפיעה על סטרה דמשכנא מן |
| 881 | | Dt11:24 | דפרת ועד ימה אחרנייה | יהווי | תחומכון: |
| 882 | | Lv15:10 | וכל דיקרב בכל מן די | יהווי | תחתוי יסתאב עד רמשא |
| 883 | | Ex 7:01 | לפרעה ואהרן אחוך | יהווי | תרגמנך: |
| 884 | יהוויי | Nu35:14 | בארעא דכנען קריוא | יהוויי | לכון: |
| 885 | | Ex22:23 | ואקטל יתכון בחרבא דלא | יהוויי | נשיכון ארמלן ובניכון |
| 886 | יהוויין | Lv 7:07 | די יכפר דידיה ליה | יהוויין: | |
| 887 | | Lv23:15 | שבע שבין שלמין | יהוויין: | |
| 888 | | Gn41:36 | לשבעתי שני כפנא די | יהוויין | במצרים ולא תשתיצי ארעא |
| 889 | | Ex28:20 | ובנימן מאחדן דהב | יהוויין | <באשלמותהון>: |
| 890 | | Lv23:17 | מן תרין עשרונין סלת | יהוויין | חמיע יתאפיין בכורייה |
| 891 | | Lv26:33M | /וכר׳#2#/ | יהוון/יהוויין#2#/ | חריבן: |
| 892 | | Nu24:06M | "כדן ... יהוון": כן | יהוויין | כנישתהון דישראל מפיקין |
| 893 | | Nu36:03M | אחסנות שבטה די | יהוון/יהוויין#2#/ | להון ומעד<י>ו{י} |
| 894 | | Nu36:04 | על אחסנות שבטה די | יהוויין | להון ומן אחסנות שבט |
| 895 | | Nu35:11M | /קוריין דשיזבו | יהוויין | לכון ויייעירוק#2#/ תמן |
| 896 | | Nu35:13 | שת קריי שיזבו{ן} | {ו}<י>הוויין | לכון: |
| 897 | | Nu36:06 | למימ׳ למן דשפר באפהון | יהוויין | לנשין להוד לזרעיית שבט |
| 898 | | Nu36:06 | לזרעיית שבט אבהתהון | יהוויין | לנשין: |
| 899 | | Ex28:21 | גליף חקיק על שמיה | יהוויין | לתרין {עשרתין} עשרתי |
| 900 | | Ex28:21 | <אבניה | יהוויין> | על שמהת בני ישראל |
| 901 | | Ex27:02 | מן משחת רומא מנה | יהוויין | קרנתה ותחפי יתה נחשא: |
| 902 | | Ex30:02 | אמין משחת רומיה מנה | יהוויין | רומה קרנתה: |
| 903 | | Nu24:06M | לבית שכינה ליה כן | יהוויין | <רמין> |
| 904 | | Nu35:15 | ולתותבייה די ביניהון | יהוויין | שת קרייתה האלין לשיזבה |
| 905 | יהווין | Lv13:45M | מהלך מסאבה מסאבה | יהווין | קריין לה ולא עני יתהון |
| 906 | יהוון | Gn 6:19 | למקיימה עמך דכר ונקבה | יהוון: | |
| 907 | | Ex25:31 | חזוריה ושושניה מנה | יהוון: | |
| 908 | | Ex26:24 | לתריהון לתרין סטרין | יהוון: | |
| 909 | | Ex28:42 | חרציהון ועד ירכתהון | יהוון: | |
| 910 | | Ex37:17M | ושושנה מנה ובה | יהוון#2#/: | |
| 911 | | Lv20:21 | דאחוי בזי דלא בנין | יהוון: | |
| 912 | | Nu 5:09M | \דידיה יהוי /לה | יהוון#2#/: | |
| 913 | | Nu18:18 | וכשקה דימינה דידך | יהוון: | |
| 914 | | Nu29:13 | ארבעת עשר שלמין מן מום | יהוון: | |
| 915 | | Dt24:21M | ולארמלתה | יהווי/יהוון#2#/: | |
| 916 | | Nu21:15M | אמרין אלין לאלין כד | יהוון | ישראל |
| 917 | | Nu24:06 | ייי> לבית שכינה לה כדן | יהוון | ישראל חיין וקיימין לעולם |
| 918 | | Nu24:06 | כנחלין מתגברין כדן | יהוון | ישראל מתגברין על |
| 919 | | Dt32:14 | אמר משה נבייה אין | יהוון | ישראל לעיין באוריתה |
| 920 | | Dt32:30 | כד | יהוון | ישראל לעיין באוריתה |
| 921 | | Lv22:16 | יתהון חובי אשמה כד | יהוון | אכלין ית קדשיהון ארום אנה |
| 922 | | Nu 3:13 | ועד בעירה לשמי | יהוון | אמר ייי: |
| 923 | | Ex25:20 | דן לקבל דן לקבל כפרתא | יהוון | אפי כרובייא: |
| 924 | | Ex25:15 | בעזקיא די בארונא | יהוון | אריחי לא יזועון מניה: |
| 925 | | Lv24:12 | זוי ח«ו»רי בדינה דלא | יהוון | בהתין למ{מ}י<מ>ר לא שמענן |
| 926 | | Nu 9:08 | לה מתקטלה בדינה ולא | יהוון | בהתין למימר לא שמענן |
| 927 | | Nu27:05 | ליה למתקטלה בדינה ולא | יהוון | בהתין למימר לא שמענן |
| 928 | | Lv13:45 | דמכתשה ביה לבושוי | יהוון | בזיעין היך דמבזעין על |
| 929 | | Ex20:05 | דר רביעיאי לשנאי כד | יהוון | ב{מ}<נ>ייא משלמין בחטאה |
| 930 | | Gn22:14M | מן קדמיך ייי אלקים כד | יהוון | בנוי דיצחק עלין בשעת |
| 931 | | Gn22:14 | ית גזרתך וכדון כד | יהוון | בנוי קיימין בשעת עקתא |
| 932 | | Gn27:40 | פלח ומשועבד ויהוי כד | יהוון | בנוי דיעקב לעיין |
| 933 | | Nu21:15 | דנחלי ארנונה אמרין כד | יהוון | בני ישראל עברין אנן |
| 934 | | Gn 3:15 | בניך ובין בנה ויהוי כד | יהוון | בניה נטרין אורייתא ועבדין |
| 935 | | Nu 1:04 | ועמהון | יהוון | גבר גבר מכל שבט גבר ראש |
| 936 | | Nu 5:10 | וגבר ית קדשוי דידיה | יהוון | גבר די יתן לכהנה דידיה |
| 937 | | Ex28:08M | כעבדא מנה יהווי/ובה | יהוון#2#/ | דהב תכלה וארגון וצבע |
| 938 | | Gn13:08 | ואמר אבר׳ ללוט לא כען | יהוון | דיינין ביני ובינך ובין |
| 939 | | Lv11:36M | וגובין בית כנשות דמיי | יהוון | דכיין ודיקרוב |
| 940 | | Nu24:24 | וסופיהון לאבדן | יהוון | ואבדנהון עד לעולם: |
| 941 | | Nu14:31 | וטפלכון די אמרתון לבזה | יהוון | ואעיל יתהון ויחכמון ית |
| 942 | | Dt 1:39 | וטפליכון די אמרתון לבזה | יהוון | ובניכון די לא חכמון יומא |

| | | | | |
|---|---|---|---|---|
| 943 | Gn15:05 | יתהון ואמר לה כדין | יהוון | זרעיית בנך: |
| 944 | Gn15:13 | ארר' גיורין ותותבין | יהוון | זרעיית בניך בארעא דלא |
| 945 | Gn15:13M | יהוון /גיוורין | יהוון#2/ | זרעיית בניך בארעא דלא |
| 946 | Lv26:33 | ארעכון צדי וקורייכון | יהוון | חריבן: |
| 947 | Nu14:33 | ובניכון | יהוון | טעיין במדברה ארבעין שנין |
| 948 | Gn49:27 | איקר שכינתא דייי בצפרא | יהוון | כהנייא מקרבין אימר תמידא |
| 949 | Lv19:24 | ובשתה רביעתה | יהוון | כל פרי{ו} קדש פרקן לשמה |
| 950 | Ex25:36 | חזוריהם וקניהון מנה | יהוון | כלה נגידא חדה דהב דכי: |
| 951 | Ex37:22M | מנה הוון/ובה | יהוון#2/ | כלה נגידה חדא דהב דכי: |
| 952 | Nu14:03 | בחרבה נשינן וטפלינן | יהוון | לבזה הלא טב לן חזרנן |
| 953 | Ex29:29M | דאית לאהרן | יהוון | לבנוי מן בתרה למרביה בה |
| 954 | Nu35:03 | למשריהון ופרוידיהון | יה{ד}<ו>ון | לבעיריהון ולממונהון |
| 955 | Nu36:03 | על אחסנות שבטה די | יהוון | להון ומעד<י>ו{י} אחסנתן |
| 956 | Nu22:06M | לייט /מן לאט#2/ | הווי/יהוון#2/ | לייט: |
| 957 | Ex13:12 | פתחי וולדה דבעירא די | יהוון | לכון דכרייא לשמה דייי: |
| 958 | Ex23:33 | קדם טעיותיהון ארום | יהוון | לכון לתקלה: |
| 959 | Ex30:36M | לך תמן קדש קדשים | תהוי/יהוון#2/ | לכון: |
| 960 | Lv11:11 | ושקצא | יהוון | לכון מן בשרהון לא תיכלון |
| 961 | Lv11:35 | מסאבין אנון ומסאבין | יהוון | לכון: |
| 962 | Lv19:23M | לא יתאכל /דיומין | יהוון | לכון ערלין לא יתאכלון#2 |
| 963 | Lv21:08 | אנון מקרבין קדישין | יהוון | לכון ארום קדיש אנה ייי |
| 964 | Nu28:19 | בני שתהון שלמים מן מום | יהוון | לכון: |
| 965 | Nu28:31 | תקרבון שלמין מן מום | יהוון | לכון ונסוכיהון: |
| 966 | Nu29:08M | שלמין מן מום | יהווי/יהוון#2/ | לכון: |
| 967 | Nu34:09 | טירת ע<נ>בתה די | יהוון | לכון תחום צפונה: |
| 968 | Nu35:05 | וקרתה במצעה אלין | יהוון | לכון פרוירי קריתה: |
| 969 | Nu35:11 | קוריין קירוי שיזבו | יהוון | לכון די יעירוק תמן קטולה |
| 970 | Nu35:14M | קוריין דשיזבו | יהוון | לכון |
| 971 | Dt12:26 | לחוד קודשיכון די | יהוון | לכון ונדריכון תטענון |
| 972 | Dt20:11M | יהווי /דמשתכחין בה | יהוון#2/ | לכון למסקי/מס#2/ |
| 973 | Dt25:15M | שלמין וקשיטין | יהווי/יהוון#2/ | לכון מכלן שלמן |
| 974 | Dt25:15M | /רבן#2/ וקשיטן | יהווי/יהוון#2/ | לכון מן בגלל די |
| 975 | Dt28:40 | זייתין | יהוון | לכון בכל תחומיכון ומשח לא |
| 976 | Dt28:41 | בנין ובנן תולדון ולא | יהוון | לכון ארום ייזלון בשבייתה: |
| 977 | Dt28:44 | לא תוזפון להון אינון | יהוון | למלכין ואתון תהוון |
| 978 | Nu36:06M | דשפר באפהון | יהויין/יהוון#2/ | לנשין להוד/לחוד#2 |
| 979 | Lv22:21M | /בענא שלמין מן מום | יהוון | לרעווה#2/ כל <מומה> לא |
| 980 | Lv23:20 | ייי על תרין אמריה קדש | יהוון | לשמה דייי מתנה לכהנא |
| 981 | Gn48:05 | ומנשה כראובן ושמעון | יהוון | לשמי: |
| 982 | Ex34:12 | די אתון עלין בגווה דלא | יהוון | לתוקלה ביניכון: |
| 983 | Ex28:21M | שמיה | יהוויין/תהוויין#2/יהוון#2/ | לתרין |
| 984 | Dt30:04 | אין | יהוון | מבדריכון עד סייפי שמיא מן |
| 985 | Dt33:28 | לחוד שמיא דעילוויהון | יהוון | מחתין עליהון טלין ומטרין: |
| 986 | Nu 5:18 | היא ובידוי דכהנא | יהוון | מיא מרירה מלווטיה: |
| 987 | Nu 5:18M | היא ובי{ו}די דכהנה | יהוון | מיה בדוקיה לבדק |
| 988 | Ex26:24 | מתכוונין מן מלרע וכחדא | יהוון | מכוונין על רישא לגו עזקתא |
| 989 | Dt17:09M | "ייהווי ממני": | יהוון | ממניין |
| 990 | Dt19:17 | לקדם כהנייה ודיינייה די | יהוון | ממניין ביומיא האינון: |
| 991 | Nu23:10 | ישראל דאתאמר עליהון | יהוון | מסגין ככוכבי שמיא אמר |
| 992 | Gn49:27 | תמידא ובמנחתא וברמשא | יהוון | מפלגין מותרו קרבניה דבני |
| 993 | Gn47:21 | דמצרים ועד סייפיה דלא | יהוון | מצראי מוניין לאחוי דיוסף |
| 994 | Gn49:08 | לך מן בעלי דבביך | יהוון | מקדמין ושאלין בשלמך כל |
| 995 | Gn49:27 | ובמנחתא וביני שמשייא | יהוון | מקרבין {מקרבין} אימר |
| 996 | Gn27:40 | ומנטרין פיקודיא | יהוון | משויין ניר מטולהון על |
| 997 | Gn 3:15 | אורייתא ועבדין פקודייה | יהוון | מתכוונין לך ומחיי' יתך |
| 998 | Gn 1:14 | ואמ' ייי | יהוון | נהורין ברקיעא דשמיא |
| 999 | Dt28:07M | חדה \יפקון לקובליכון | /יהוון | נפקין לקדמותכון#2/ |
| 1000 | Dt28:25M | \תפקון קדמיהון לסדרי | /יהוון | נפקין לקדמותכון לס'#2/ |
| 1001 | Ex25:27 | לקבל גיפופיה | יהוון | עזקתיה לאתרין לאריחי |
| 1002 | Gn15:11 | אינון מלכוותא דארעא כד | יהוון | עייצין עצן בישן על דבית |
| 1003 | Gn48:06 | דאולידת בתריהון לשמך | יהוון | {על} על שם אחיהון יתקרון |
| 1004 | Lv16:04 | {ו}<י>לבש ומכנסין דבוץ | יהוון | על בשריה והמיינין דבוץ |
| 1005 | Lv23:18 | תורין חד ודכרין תרין | יהוון | עלה לשמה דייי ומנחתהון |
| 1006 | Ex26:05 | תניינא מכוונן | יהוון | ענביה חדא לקבל חדה: |
| 1007 | Gn 9:14 | ויהי כד | יהוון | ענניא פרסין על ארעא |
| 1008 | Dt28:07M | יערקון /אורחין טעיין | יהוון | ערקין#2/ מן קדמיכון: |
| 1009 | Dt23:14 | וסכיין | יהוון | קביען במא{ז}ני זייניכון |
| 1010 | Lv21:06 | קדישין | יהוון | קדם אלההון ולא יפסון שמה |
| 1011 | Nu16:16M | /עמא דכי#2/ | הוון/יהוון#2/ | \קדם/מזמנין ק'#2/ |
| 1012 | Nu24:06 | על מבועין דמיין כדן | יהוון | קורייהון מפקן חכימין ובני |
| 1013 | Lv24:12 | בדיני נפשתה דלא | יהוון | קטילין בפריע ית מן דחמי |
| 1014 | Nu 9:08 | בדיני נפשתה דלא | יהוון | קטלין בפריע ית מן דחמי לה |
| 1015 | Nu27:05 | בדיניה נפשן דלא | יהוון | קטלין בפריע ית מן דחמי |
| 1016 | Ex15:16 | אדרע גבורתך תקיפא | יהוון | קיימין דמימין כאבנייא |
| 1017 | Gn47:21M | קרי לקרי מן בגלל דלא | יהוון | קריין לאחוי מטלטליא |
| 1018 | Ex27:02M | /זווייתא מינ' וביה | יהוון | קרנת#2/ ותחפי יתה |
| 1019 | Ex30:02M | מנה יהוויין/וביה | יהוון#2/ | רומה קרנתה: |
| 1020 | Dt28:43 | גיורה די ביניכון | יהוון | רמין עליכון לעיל לעיל |
| 1021 | Ex19:13 | משה ואהרן אינון | יהוון | רשיין למיסק לטורא: |
| 1022 | Gn 3:15 | לראשך וקטלין יתך וכד | יהוון | שבקין פקודי דאוריתא תהוי |
| 1023 | Gn48:19 | זעירא יתקף מנה ובנוי | יהוון | שליטין באמיא: |
| 1024 | Dt32:14 | פקודייה מן ענבה חדה | יהוון | שתיין כור דחמר: |
| 1025 | Nu32:26M | יהויין /בעירינן | יהוון#2/ | תמן בקריי/<בקר>וי#2# |
| 1026 | Dt17:10M | על מימר#2/ די | יתנון/יהוון#2/ | לכון/להון#2/ מן |

יהוי

| | | | | |
|---|---|---|---|---|
| 1027 | Gn27:33 | שמיא ואמרת לחוד בריך | יהוי: | |
| 1028 | Ex30:25 | עובד בשם משח דרבו דקדש | יהוי: | |
| 1029 | Nu 5:09 | די יקרבון לכהנה דידיה | יהוי: | |
| 1030 | Lv16:03 | כהדן סדרא | יהוי | אהרן עלל לשמשה לגו |
| 1031 | Ex17:16 | מן שבטא דבנימין הוא | יהוי | שאול בר קיש הוא יסדר |
| 1032 | Gn31:08 | אן כדין הוה אמר קרחין | יהוי | אגריך הוות ילדה כל ענה |
| 1033 | Gn 3:15M | יתהון ברם לבנין דאיתתה | יהוי | אסו ולך חויה לא יהווי אסו |
| 1034 | Gn 3:15 | וממרע יתיה ברם לבריה | יהוי | אסו ולך חויה לא יהוי אסו |
| 1035 | Gn 3:15 | יהוי אסו ולך חויה לא | יהוי | אסו דעתידין אינון מעבד |
| 1036 | Gn 2:05 | דבאפי ברא קדם עד לא | יהוי | בארעא וכל עשביא דבאפי ברא |
| 1037 | Nu 8:19 | על בני ישראל ולא | יהוי | בבני ישראל רגוז בקרבותהון |
| 1038 | Lv13:18 | ובשרא ארום | יהוי | בה במשכיה שחנה ויתאסי: |
| 1039 | Ex19:22 | קדם ייי יתקדשון דלא | יהוי | בהון רגוז מן קדם ייי: |
| 1040 | Ex19:24 | למיסק קדם ייי דלא | יהוי | בהון רגוז: |
| 1041 | Ex16:26 | וביומא שביעיא שבתא לא | יהוי | ביה מניה: |
| 1042 | Lv13:29 | וגבר או איתה ארום | יהוי | ביה מכתש בראשה או בדיקנה: |
| 1043 | Lv13:47 | ולבוש ארום | יהוי | ביה מכתש צרעה בלבוש דעמר |
| 1044 | Dt15:07 | ארום | יהוי | ביניכון מסכינין חד מן |
| 1045 | Dt 7:14 | תהוון מן כל אומיה ולא | יהוי | בכון לא עקר לא עקרה אוף לא |
| 1046 | Dt29:17 | דלא | יהוי | בכון גבר או אתה או זרעי או |
| 1047 | Lv13:38 | וגבר או אתה ארום | יהוי | במשך בשרהון בהקיין |
| 1048 | Gn19:26M | מן בתרה למחמי מה | יהוי | בסוף בייתיה דא' |
| 1049 | Lv27:25 | וכל עלוויה | יהוי | בסלעי בית קודש' עשרין מעין |
| 1050 | Lv13:42 | וארום | יהוי | בקרחתה או בגלושנתה מכתש |

|  |  |  |  |  |  |
|---|---|---|---|---|---|
| 1051 | Gn 2:18 | | ואמר ייי אלהים לא תקן | יהוי | בר נשא לבלחודוי אעבד ליה |
| 1052 | Gn40:23 | | דמתילא בספר קרביא לייט | יהוי | בר נשא די תרחץ בבשרא די |
| 1053 | Nu 9:16 | | כדין | יהוי | בתדירה עננה יכסי יתיה |
| 1054 | Gn40:23M | | בשרא רחצונא ובריך | יהוי | גברא די יתרחיץ בשם ממרי' |
| 1055 | Ex30:02 | | אמה ארכה ואמה פתיא מרבע | יהוי | ותרתין אמין משחת רומיה מנה |
| 1056 | Ex21:28 | | ית בשריה ומריה דתורא | יהוי | זכיי: |
| 1057 | Gn 3:14M | | עבדית דא ליט | תהוה/יהוי#2/ | חויה מן כל בעירא ומן |
| 1058 | Nu14:43 | | בתר מימרה דייי ולא | יהוי | ייי עמכון: |
| 1059 | Ex10:14 | | גוב כוותיה ובתריה לא | יהוי | כדן: |
| 1060 | Gn30:34 | | ואמר לבן הא טאבות אלוי | יהוי | כמליך: |
| 1061 | Ex10:10 | | ואמר להון | יהוי | כען מימריה דייי עמכון כד |
| 1062 | Ex12:48 | | במגזר ליה כל דכורא בכדן | יהוי | כשר למעבד יתיה ויהוי |
| 1063 | Lv22:27 | | יומא תמינייה ולהל«ן» | יהוי | כשר למקרבה יתיה קדם ייי: |
| 1064 | Lv25:04 | | ובשתה שביעיתה שבת שבתה | יהוי | לארעא שמטתה קדם ייי |
| 1065 | Lv15:26 | | יומי דובה כמדמוך נדתה | יהוי | לה וכל מן די תתב עלוי מסאב |
| 1066 | Ex18:16 | | ארום | יהוי | להון עסק דין דמלין אתיין |
| 1067 | Nu18:10 | | כל דכורה יאכל יתיה קדש | יהוי | להון: |
| 1068 | Gn44:17 | | דאשתכח כלידא בידיה הו | יהוי | לי עבד ואתון סקון בשלם |
| 1069 | Gn12:03 | | יתך ומן דלאיט יתך | יהוי | ליט ויתברכון בזכותך כל |
| 1070 | Gn27:29 | | דאמך מ{ה}<ן> דלייט יתך | יהוי | לייט כבלעם בר בעור ומן |
| 1071 | Ex12:49 | | גזירת אוריתא חדא | יהוי | ליציביא ולגיורייה |
| 1072 | Ex12:49M | | חדא יהוי /חויה אחת | יהוי#2/ | ליציביא ולגיורייה |
| 1073 | Gn33:09M | | \יתקיים לך כל מה דילך | /יהוי | לך מה דאית לך#2/: |
| 1074 | Ex30:32 | | כוותיה לכון קדש הוא קדש | יהוי | לכון: |
| 1075 | Ex35:02 | | עבידא וביומא שביעיא | יהוי | לכון קדש שבת שבתה קדם ייי |
| 1076 | Lv11:39 | | וארום ימות מן בעירה די | יהוי | לכון למיכל מן די יקרב |
| 1077 | Lv19:23 | | ערלתיה ית פריו תלת שנין | יהוי | לכון ריחוק לא יתאכל: |
| 1078 | Lv19:36 | | דקשט ומתקלין דקשט | יהוי | לכון אמר ייי אלהכון די אפק |
| 1079 | Nu15:16 | | חדה לכון וסדר דין חד | יהוי | לכון ולגיוריה דמתגיירין |
| 1080 | Ex26:24 | | רישא לגו עזקתא חדא כדן | יהוי | לתריהון לתרין סטרין יהוון: |
| 1081 | Gn27:29 | | בר בעור ומן דמברך יתך | יהוי | מברך כמשה נביא ספרון |
| 1082 | Gn 3:14 | | על מעך תהוי שחף ועפר | יהוי | מזונך כל יומי חייך: |
| 1083 | Gn43:29 | | לי ואמר מן קדם ייי | יהוי | מחוס עלך ברי: |
| 1084 | Gn49:13 | | במחוזוי ספינתה ותחומה | יהוי | מטי עד צידן: |
| 1085 | Dt11:17 | | ויעצור ית שמייא ולא | יהוי | מטר וארעא לא תתן פירי |
| 1086 | Dt11:24 | | כף רגליכון בה לכון | יהוי | מן מדברה וטור בית מקדשה מן |
| 1087 | Lv11:24 | | כל די יקרב בנבלתהו' | יהוי | מסאב עד רמשא: |
| 1088 | Lv11:27 | | די יקרב בנבלתהון | יהוי | מסאב עד רמשא: |
| 1089 | Lv11:31 | | די יקרב בהון במיתתהון | יהוי | מסאב עד רמשא: |
| 1090 | Lv14:46 | | כל יומין די יטרוד יתיה | יהוי | מסאב עד רמשא: |
| 1091 | Lv15:23 | | יתבה עלוי כד יקרוב בה | יהוי | מסאב עד רמשא: |
| 1092 | Lv15:24 | | גבר עמה ותהי נדתה עלוי | יהוי | מסאב שבעה יומין וכל מדמוך |
| 1093 | Nu 9:10 | | למימר גבר גבר ארום | יה«ו»י | מסאב בטמיה נפש דבר נש או |
| 1094 | Nu19:11 | | במית כל טמא נפש דבר נש | יהוי | מסאב שבעה יומין: |
| 1095 | Nu21:08M | | כל דמנכית בחוויה | יהוי | מסתכל לחוייה דנחשה וחאי |
| 1096 | Gn 3:18 | | מן פירי דארעא בגין כן | יהוי | מפרש בין בני אנשא לבין |
| 1097 | Lv13:46M | | ישרי לבר מן משריתה | \יהוי#2/ | משרויה: |
| 1098 | Gn 3:16 | | תלדין בנין ולוות בעליך | יהוי | מתביך והוא יהוי רשותה עליך |
| 1099 | Lv22:27 | | אמר או גדי ארום יתילד | יהוי | מתרבי שבעה יומין בתר אמיה |
| 1100 | Gn 1:03 | | ואמר ממ«רא» דייי | יהוי | נהור והות נהור כגזירת |
| 1101 | Ex 8:19 | | עמי ובין עמך למח«ר» | יהוי | סימנא דין: |
| 1102 | Ex21:22 | | מעבר{ת}ה ויפוק ולדה ולא | יהוי | סקל מתקנסא יתקנס היך מה די |
| 1103 | Lv25:53 | | כאגיר שנה בשנה | יהוי | עמה לא ישתעבד בה |
| 1104 | Nu31:50M | | /לע'#2/ הדין דלא | מהוי/יהוי#2/ | עמה בגיהינם בעלמא |
| 1105 | Dt15:09 | | אזדהרו לכון דלא | יהוי | פתגם דחטי בתר לבכון זידנה |
| 1106 | Ex30:29 | | קדש קדשין כל דקרב בהון | יהוי | קדיש: |
| 1107 | Lv 6:11 | | קרבנוי כל דיקרב' בהון | יהוי | קדיש: |
| 1108 | Lv27:09 | | די יפרש מינה לשמה דייי | יהוי | קדיש: |
| 1109 | Lv27:32 | | די יעבר שרביטה עשיריה | יהוי | קדיש לשמה דייי: |
| 1110 | Nu15:15 | | לדריכון כוותכון גיורה | יהוי | קדם ייי: |
| 1111 | Lv 2:01 | | קרבן מנחה לשמה דייי סלת | יהוי | קרבניה ויריק עליה משח ויתן |
| 1112 | Lv 2:05M | | מנח{ח}<ה> על מסרת' | \יהוי#2/ | קרבנך סלת פילך/פילה#2/ |
| 1113 | Nu16:22 | | הא גבר יחטא ועל כנישתה | יהוי | רגוז: |
| 1114 | Lv10:06 | | תמותון ועל כל עם כנשתא | יהוי | ריגז ואחיכון כל בית ישראל |
| 1115 | Gn 1:06 | | ואמר ממרא דייי | יהוי | רקיעא במציעות מיא ויהוי |
| 1116 | Gn 3:16 | | בעליך יהוי מתביך והוא | יהוי | רשותה עליך בין למזכה ובין |
| 1117 | Gn 3:16M | | עליך /רחצונך והוא | יהוי | שליט עלך#2/ בין למזכה |
| 1118 | Gn35:10 | | יעקב ארום אלהן ישראל | יהוי | שמך וקרא ית שמיה ישראל:» |
| 1119 | Gn 9:15 | | כל נפש חיה בכל בשרא ולא | יהוי | תוב מיא למבולא לחבלא כל |
| 1120 | Ex 9:29 | | קלייא ותמנעון וברדא לא | יהוי | תוב מן בגלל דתדע ארום דייי |
| 1121 | Gn 9:11M | יהויי | מוי דמבולא ולא | יהב/<יה>וי#2/ | תוב/עוד#2/ מבול |
| 1122 | Ex28:07 | יהויין | תרתין כתפן מדבקן | יהוין | ליה מן תרין סטרוי וידבק: |
| 1123 | Ex26:03 | | חמש יריען | יהוין | מדבק חדא לקבל חדא: |
| 1124 | Nu32:26 | | נשינן קנינן וכל בעירן | יהוין | תמן בקריי גלעדה: |
| 1125 | Gn41:27 | יהוין | דקיקתה שדיפן רוח קדום | יהוין | שבע שנין דכפן: |
| 1126 | Gn27:29M | יהון | ומן דמברך ...": ומברכיך | יהון | בריכין כאהרן כהנא |
| 1127 | Nu 4:20M | | "כד ... ימותון": <כד> | יהון | כהנייא משקעין מאני |
| 1128 | Gn27:29M | | יהוי לייט כבלעם /ליטך | יהון | ליטין כבל#2/ בר בעור |
| 1129 | Lv22:21 | יהי | נסיבה בתורין או בען שלם | יהי | ברעווה כל <מומה> לא יהווי |
| 1130 | Ex27:01 | | וחמש אמין} פתיא מרבע | יהי | מדבחא ותלת אמין משחת רומה: |
| 1131 | Lv27:10M | | ופרוגיה \יהווי קדיש | /יהי | קודשא#2/: |
| 1132 | Gn24:60M | | מזדווגה בההי צדיק' | יהי | רעווא דמניך יפקר' אלפין |
| 1133 | Dt 5:07 | | כד הוא נפק מן פם קדשה | יהי{ה} | שמיה מברך היך זיקין והיך |
| 1134 | Lv20:06M | יהיא | מן חיי עלמא דאתי ולא | יהיא | ליה חולק ביני עמיה |
| 1135 | Lv13:45 | יהיה | יהווי עוטם והוא מצרעה | יהיה | צווח ואמר רחוקו מן מסאבה |
| 1136 | Nu 9:14 | יהיווי | יעבד גזירת אוריתיה חדה | יהיווי | לכון ולגיורה וליציבה |
| 1137 | Nu15:34 | יהיוון | ליה למתקטלה בדינה דלא | יהיוון | בה{ד}<ת>ין למימר לא שמענן |
| 1138 | Nu15:34 | | ומתינין בדיני נפשן דלא | יהיוון | קטולין בפריע ית מן דחמי |
| 1139 | Ex28:21M | יוהין | "יהוויין ... שבטיה": | יוהין | תרי שסרי שבטייה |
| 1140 | Nu36:08 | ייהוויין | זרעיית שבט אבהתה | ייהוויין | לאתה מן בגלל דירתון בני |
| 1141 | Dt21:15 | | ארום | ייהוויין | לגבר תרתין נשין חדה |
| 1142 | Dt30:04M | | אין | יהוון/ייהוויין#2/ | מבדריכון עד סייפי |
| 1143 | Gn38:23 | נהווי | ואמר יהודה תסב לה דלא | נהווי | לביזיון הא שלחית גדייה |
| 1144 | Nu31:50M | | מנן עם חד מנהין דלא | נהווי | שותף עמא בגיהינם |
| 1145 | Gn44:09 | נהוי | מן עבדך יתקטל ואף אנן | נהוי | לריבוני לעבדין: |
| 1146 | Gn44:18 | | לוותיך ואקמית יתיה קדמך | נהוי | מרחק מן שאלת שלמה דאבה כל |
| 1147 | Gn44:32 | ניהווי | אן לא אייתת יתה לוותך | ניהווי | מרחק מן שאלת שלמה דאבה כל |
| 1148 | Gn43:09 | ניהוי | יתיה לוותך ואקמית יתיה | ניהוי | מרחק מן שאלת בשלמך כל |
| 1149 | Dt 1:17M | תה' | דרבא כדינא דזעירא | תה' | |
| 1150 | Dt22:05M | | לא | יהווי/תה#2/ | מני זיינה דגבר על |
| 1151 | Lv26:02M | תהבון | \תהוון מצליין בדחלה | /תהבון | עלין בדחלא#2/ אנ{י}<ה> |
| 1152 | Gn 3:14 | תהוה | לחויה ארום עבדית דא ליט | תהוה | חויה מן כל בעירא ומן כל |
| 1153 | Gn 9:02 | תהווא | ודחלתכון ואימתכון | תהווא | על כל חייתא דארעא ועל כל |
| 1154 | Gn 4:11 | תהווי | וכדון ליט | תהווי | קין מן ארעא די פתחת ית |
| 1155 | Ex23:02 | | על חברך בדינא דלא | תהווי | טעי ואמר מן בתר סגיא דינא |
| 1156 | Lv 6:05 | | ואשתה על גבי מדבחא | תהווי | יקדה עלוהי לא תטפי ויוקד |
| 1157 | Nu30:07M | | "מתנסבה ... לגבר": מהווי | תהווי | לג' |
| 1158 | Ex14:15 | | למשה עד אימת את קיים | תהווי | לדידך מלל עם בני ישראל |

| | | | | | |
|---|---|---|---|---|---|
| 1159 | | Ex22:24 | ית מסכינה די עמך לא | תהוי | ליה כמרי חוב דחק ולא |
| 1160 | | Ex30:37 | לא תעבדון לכון קדש | תהוי | לכון לשמה דייי: |
| 1161 | | Gn22:14M | עלין בשעת אננקי | תהוי | מדכר להון עקידתא דיצחק |
| 1162 | | Gn22:14 | בנוי קיימין בשעת עקתא | תהוי | מדכר עקדתיה דיצחק אבוהון |
| 1163 | | Gn41:40 | את | תהוי | ממני אפיטרופ«וס» על |
| 1164 | | Gn13:08M | יהוון דיינין /בבעו | תהוי | מצה#2#/ ביני ובינך ובין |
| 1165 | | Nu28:14 | עם אמרא חמר דא עלתה די | תהוי | מקרבה בכל ריש ירח וירח |
| 1166 | | Gn14:23M | אנא /דאית לך ולא | תהוי | מתרברב ואמר אנה#2#/ |
| 1167 | | Dt23:14M | \וסכיין יהוון /וסכינה | תהוי | קבעה לכון#2#/ קביען |
| 1168 | תהוויין | Ex28:21M | שמיה | יהוויין/תהוויין#2#/יהוון#2#/ | לתרין |
| 1169 | תהוון | Dt24:20M | «ולארמלתה» | יהווי/תהוון#2#/: | |
| 1170 | | Dt 6:13 | שכינתה דייי אלהכון | תהוון | <....> משתבע{ו}<י>ן |
| 1171 | | Ex23:01M | חי' עמי בני ישרא' לא | תהוון | אזלין בתר סוגיי' למבעשא |
| 1172 | | Ex23:02 | עמי בני ישראל לא | תהוון | אזלין בתר סוגיא למבעשא |
| 1173 | | Lv19:16M | /עמי בני ישראל לא | תהוון | אזלין בת#2#/ לישנה |
| 1174 | | Lv19:18 | לא | תהוון | אזלין בתר לישנא תליתייה |
| 1175 | | Dt28:67 | יתן וייתי רמשה וברמשה | תהוון | אמרין מן יתן דייתי צפרא |
| 1176 | | Dt24:06M | נפשה הוא ממשכן ולא | תהוון | אסורי חתנין וכלין ארום |
| 1177 | | Dt24:06 | עמי בני ישראל לא | תהוון | אסורי חתנין וכלין ולא |
| 1178 | | Lv19:02 | ותימר ליהון קדישין | תהוון | ארום קדיש אנה בממרי כדן |
| 1179 | | Dt28:16M | תיהוון בקרתה וליטין | תהוון | באפי ברה#2#/: |
| 1180 | | Dt28:16 | ליטין | תהוון | במה דאית לכון בקורייכון |
| 1181 | | Dt28:16 | לכון בקורייכון וליטין | תהוון | במה דאית לכון באפי ברה: |
| 1182 | | Dt28:19 | ליטין | תהוון | במעלכון לגו בית כנישתיכון |
| 1183 | | Dt28:19M | לבית מדרשיכון וליטין | תהוון | במפקכון מן בתי מדרשיכון |
| 1184 | | Dt28:17 | ליטין | תהוון | בסלי בכוריכון ובתנורי |
| 1185 | | Dt18:13 | עמי בני ישראל שלמין | תהוון | בעבדה טבה עם ייי אלהכון: |
| 1186 | | Dt28:18 | ליטין | תהוון | בפרי ולד מעיכון ובפרי |
| 1187 | | Ex20:14 | עמי בני ישראל לא | תהוון | גיורין לא חברין ולא |
| 1188 | | Dt 5:18 | עמי בני ישראל לא | תהוון | גיורין ולא חברין ולא |
| 1189 | | Lv26:34M | צדי מנכון ואתון | גלין/תהוון | גליין ומטלטלין#2#/ |
| 1190 | | Ex20:15 | עמי בני ישראל לא | תהוון | גנבין לא חברין ולא שותפין |
| 1191 | | Lv19:11 | עמי בני ישראל לא | תהוון | גנבין לא תכפרון ולא |
| 1192 | | Dt 5:19 | עמי בני ישראל לא | תהוון | גנבין ולא חברין ולא |
| 1193 | | Dt33:02 | דכתיב בגווה לא | תהוון | גנבין לא קבילו יתה חזר |
| 1194 | | Dt10:20 | מן קדם ייי אלהכון | תהוון | דחלין וקדמוי תהוון מצליין |
| 1195 | | Dt13:05 | תהלכון ומן קדמוי | תהוון | דחלין וית מצוותיה תטרון |
| 1196 | | Lv19:15 | אפוי דרבה בקושטא | תהוו«ן» | דיינין ית חבריהון: |
| 1197 | | Dt33:29 | על פרקת צוארי מלכיהון | תהוון | דרסין: |
| 1198 | | Ex23:13 | ובכל מה די אמרת לכון | תהוון | זהירין ושום טע{י}<ו>ן |
| 1199 | | Lv19:03 | באיקריה דאבוי ודאימיה | תהוון | זהירין וית שבת קדשיי |
| 1200 | | Gn44:10 | יהווי לי עבד ואתון | תהוון | זכיין: |
| 1201 | | Nu29:35M | תמיניה כניש{ו}<י>ן | תהוון | ח{ווד}<דוו>ה |
| 1202 | | Ex20:17 | עמי בני ישראל לא | תהוון | חמודין לא חברין ולא |
| 1203 | | Dt 5:21 | עמי בני ישראל לא | תהוון | חמודין ולא חברין ולא |
| 1204 | | Ex 1:16 | מיילדין ית עברייתא | תהוון | חמיין על מתברייא אן בר |
| 1205 | | Gn34:15 | לחוד בדה נתערב לכון אן | תהוון | כוותן למגזר לכון כל |
| 1206 | | Dt28:44 | יהוון למלכין ואתון | תהוון | להדיוטין: |
| 1207 | | Ex22:24M | מסכיניי' דבעמכון לא | תהוון | לכון מ{י}רי חוב דחיק ולא |
| 1208 | | Dt33:29 | עמי בני ישראל כד | תהוון | לעיין באורייתא ועבדין |
| 1209 | | Ex19:06 | ואתון | תהוון | לשמי מלכין וכהנין ואמה |
| 1210 | | Ex22:30 | ועם קדישין | תהוון | לשמי ובשר תליש מן חווה |
| 1211 | | Lv26:12 | לכון לאלה פרוק ואתון | תהוון | לשמי לעם קדישין: |
| 1212 | | Dt23:21M | "למיזף ... די יברך": | תהוון | מוזפין לאחוך עיברייה לא |
| 1213 | | Ex 1:16 | ואמר כד | תהוון | מיילדין ית עברייתא תהוון |
| 1214 | | Dt28:06M | "תהוון ... מדרשכון": | תהוון | מיעלכון ויימ' |
| 1215 | | Nu29:35 | וביומא תמיניה כנישין | תהוון | מן מטליכון לגו בתיכון |
| 1216 | | Dt 7:14 | בריכין | תהוון | מן כל אומייה ולא יהוי |
| 1217 | | Lv11:43 | ולא תסתאבון בהון ולא | תהוון | מסאבין כוותהון: |
| 1218 | | Lv26:02 | תטרון ובית מקדשי | תהוון | מצליין בדחלה אנ{י}<ה> |
| 1219 | | Dt10:20 | תהוון דחלין וקדמוי | תהוון | מצליין ובאולפן אורייתה |
| 1220 | | Lv19:30 | תטרון ובבית מקדשי | תהוון | מצלין בדחל«ה» אמר ייי: |
| 1221 | | Ex29:38 | כהדן סדר' | תהוון | מקרבין על גבי מדבחא אמרין |
| 1222 | | Lv 2:13 | מנחתכון על כל קרבניכון | תהוון | מקרבין מלח: |
| 1223 | | Lv 6:13 | סלת מנחה בתדירה פלוגתה | תהוון | מקרבין בצפרא ופלגותה |
| 1224 | | Lv 6:13 | מקרבין בצפרא ופלגותה | תהוון | מקרבין ביני שמשתה: |
| 1225 | | Nu28:14 | ונסוכיהון מה די | תהוון | מקרבין עמהון פלגות הינא |
| 1226 | | Nu28:14 | בהתחדתותיה כהדין סדרא | תהוון | מקרבין עמי בכל ראשי ירחי |
| 1227 | | Nu28:21M | \תקרבון עם שבעתיה | /תהוון | מקרבין למניין שב#2#/ |
| 1228 | | Nu28:29M | סדרא \תקרבון ית שבעתי | /תהוון | מקרבין למניין שב#2#/ |
| 1229 | | Nu29:27 | ונסוכיהון מה די | תהוון | מקרבין עם תורייה עם |
| 1230 | | Nu29:39 | «אלין» כהדן סידרא | תהוון | מקרבין קדם ייי במועדיכון |
| 1231 | | Nu29:04M | \תקרבון עם שבעתי{ה} | /תהוון | מקריבין למניין ש#2#/ |
| 1232 | | Nu29:10M | סידרא \תקרבון עם | שבעת/תהוון | מקריבין למניין ש#2#/ |
| 1233 | | Nu29:15M | ארבעת עשרתי <אמרייה> | /תהוון | מקריבין למניין |
| 1234 | | Nu29:21 | וניסוכיהון מה די | תהוון | מקריבין עמהון עם תורייה |
| 1235 | | Nu29:24 | ומנחתהון וניסוכיהון די | תהוון | מקריבין עמהון עם תורייה |
| 1236 | | Nu29:30M | ונסוכיהון/וחימר מה די | תהוון | מקריב«י»ן עמהון עם |
| 1237 | | Nu29:33 | ונסוכיהון מה די | תהוון | מקריבין עמהון עם תוריה עם |
| 1238 | | Nu29:37 | וניסוכיהון מה די | תהוון | מקריבין עמהון עם תוריה |
| 1239 | | Dt 7:26 | מרחקה לגו בתיכון ולא | תהוון | מרחקין כוותהון משקצה |
| 1240 | | Dt 5:20 | עמי בני ישראל לא | תהוון | משהדין שהדי דשקר לא חברין |
| 1241 | | Dt10:20 | ובשמיה קדישה | תהוון | משתבעין ומקיימין: |
| 1242 | | Lv19:18 | בחובת אדמה דחברך ולא | תהוון | נוקמנין ולא נוטרנין ית |
| 1243 | | Dt28:43 | עליכון לעיל לעיל ואתון | תהוון | נחתין לרע לרע: |
| 1244 | | Lv19:26 | עמי בני ישראל ולא | תהוון | נטורי נחשין ולא |
| 1245 | | Ex20:16 | עמי בני ישראל לא | תהוון | סהדי{ן} שקר לא חברין ולא |
| 1246 | | Dt27:09M | הדין \איתמניתון לאומה | /תהוון | עם קדישין#2#/ קדם ייי |
| 1247 | | Dt28:03 | בריכין | תהוון | עמי בני ישראל במה דאית |
| 1248 | | Dt28:04 | ובריכין | תהוון | עמי בני ישראל בפרי ולד |
| 1249 | | Dt28:05 | בריכון | תהוון | עמי בני ישראל בסלי |
| 1250 | | Dt28:06 | בריכין | תהוון | עמי בני ישראל ובריכין |
| 1251 | | Dt28:06 | עמי בני ישראל ובריכין | תהוון | עמי בני במיפקכון מן |
| 1252 | | Dt28:25M | אורחן תערקון/סעיין | תהוון | עריקין#2#/ מן קדמיהון |
| 1253 | | Ex20:13 | עמי בני ישראל לא | תהוון | קטולין לא חברין ולא |
| 1254 | | Dt 5:17 | עמי בני ישראל לא | תהוון | קטולין ולא חברין ולא |
| 1255 | | Dt33:02 | די אשכחו כתיב בגווה לא | תהוון | קטולין לא קבילו יתה |
| 1256 | | Lv19:32 | רברבין מנכון באורייתה | תהוון | קיימין ותייקרון אפוי דרבה |
| 1257 | | Ex38:02M | הוון /מנה ובה | תהוון#2#/ | קרנתה וחפי ית' נחש: |
| 1258 | | Dt16:20 | קושטא קושט' | תהוון | רדפין מן בגלל דתיחון |
| 1259 | | Ex23:07 | מן מלין דשקרין | תהוון | רחקין וכל מן דמזכי בדינא |
| 1260 | | Dt 1:16 | בשעתה ההיא למימר | תהוון | שמעין בני אחיכון ודיינין |
| 1261 | | Dt 1:17 | דזעירה וכמילוי דרבה | תהוון | שמעין ולא תדחלון מן קדם |
| 1262 | | Dt18:15 | לכון ייי אלהכון למלוי | תהוון | שמעין: |
| 1263 | | Dt12:05M | ותהוון עלין /מקדשה | תהוון | תבעין ותעלון לתמן#2#/ |
| 1264 | תהוי | Lv 2:05 | סלת פילן במשח פטיר | תהוי: | |
| 1265 | | Ex28:11 | עובד אומ«ן» | תהוי | אבניה גליף חקיק תגלף יח |
| 1266 | | Gn 3:17 | לא תיכול מינה ליטא | תהוי | ארעא מן בגללך בצער תיכל |

|  |  |  |  |  |  |
|---|---|---|---|---|---|
| 1267 | | Ex23:29 | מן קדמיכון בשתא חדא דלא | תהוי | ארעא צדי דלא תסגי עליכון |
| 1268 | | Lv 7:10 | ונגיבה לכל בנוי דאהרן | תהוי | גבר כאחוי: |
| 1269 | | Lv14:02 | דא | תהוי | גזירת אוריתה דמצרעה ביומא |
| 1270 | | Ex21:34 | יחזר למרוי והדא דמיתה | תהוי | דידיה: |
| 1271 | | Ex21:36 | תחות תור והנייתה דמיתא | תהוי | דידיה: |
| 1272 | | Gn 4:12 | ארום | תהוי | {ו} פלח ית ארעא לא תוסף |
| 1273 | | Gn24:41M | בכדן/בכך#2#/ | תזדכה/תהוי | זכה#2#/ משבועתי ארום |
| 1274 | | Lv20:14 | יתיה וית תריהון ולא | תהוי | זנו בניכון: |
| 1275 | | Lv 6:02 | צפרא ואשתה על גבי מדבחה | תהוי | יקדה עלוי: |
| 1276 | | Gn26:28M | ייי עמך ואמרינן | יהווי/תהוי#2#/ | כען שבועה בינינן |
| 1277 | | Lv 6:16 | וכל מנחתה דכהנא גמירא | תהוי | לא תתאכל: |
| 1278 | | Dt22:29 | חמשין סלעין דכסף וליה | תהוי | לאתה חלף די צער יתה ולית |
| 1279 | | Gn15:12 | רשיעא דעתידא למיפל ולא | תהוי | ליה תקומה}{: |
| 1280 | | Ex 4:16 | יהווי לך לתורגמן ואת | תהוי | ליה לתבע אולפן מן קדם ייי: |
| 1281 | | Ex30:36 | ממרי לך תמן קדש קדשים | תהוי | לכון: |
| 1282 | | Nu29:35M | /<דמצו>וה#2#/ | תיהווי/<ת>הוי#2#/ | לכון כל עבידה |
| 1283 | | Ex21:04 | בנין או בנן אתתא ובניה | תהוי | לריבונה והוא יפוק |
| 1284 | | Ex21:04M | \ובניה תהוי /ובנהא | תה<וי>#2#/ | לריבונה והוא יפוק |
| 1285 | | Gn 3:14M | תהוי שחף ועפר | יהוי/תהוי#2#/ | מזונך כל יומי חייך: |
| 1286 | | Ex30:12 | נפשה לשמה דייי כד | תהוי | מני יתהון דלא יהווי בהון |
| 1287 | | Lv15:25 | סאבתה כיומי ריחוק נדתה | תהוי | מסאבה היא: |
| 1288 | | Gn49:20M | מרבייה עלל«ת» /וארעא | תהוי | מספק#2#/ תפנוקי מלכייא |
| 1289 | | Gn49:20M | אינון פירי ארעכון \והא | תהוי | מרבייה עלל«ת» /וארעא |
| 1290 | | Gn27:40M | פלח ומשועבד /יהודייא | תהוי | משעבד#2#/ ויהוי כד יהוון |
| 1291 | | Gn27:39 | ליה הא מן טובא דארעא | תהוי | משרויך ומן טוב טלא דנחת מן |
| 1292 | | Gn 3:15M | ולא למיטר׳ פיקודיה | תהוי | מתכוין ונכית יתהון |
| 1293 | | Gn 3:15 | שבקין פקודי דאוריתא | תהוי | מתכוין ונכת יתיה בעקבה |
| 1294 | | Ex23:26 | לא | תהוי | מתכלה ועקרה בארעך ית מניין |
| 1295 | | Ex22:10M | מומתא דייי | תהוי | על תרויהו׳ |
| 1296 | | Gn27:40 | ועל חרבך תחי וקדם אחוך | תהוי | פלח ומשועבד ויהוי כד יהוון |
| 1297 | | Gn27:40M | למטור פקודייה הא בכן | תהוי | פרק ניר שעבודהו׳ מעלווי |
| 1298 | | Gn34:10 | ועמן תשרון וארעא | תהוי | קדמיכון שרון ואתגרו בה |
| 1299 | | Gn 3:14 | דעל אפי ברה על מעך | תהוי | שחף ועפר יהוי מזונך כל |
| 1300 | | Gn 4:07 | דיצרה בישא ואת | תהוי | שלט בה בין לימזכי ובין |
| 1301 | תהון | Dt15:03M | ית נוכרייה בר עממיה | תהון | דחקין ודי יהווי לך מן |
| 1302 | | Lv23:32 | לירחה מן רמשה ועד רמשה | תהון | צימין צומיכון ושבתין |
| 1303 | תהי | Ex22:10 | שבועתא דייי | תהי | בין תריהון אין לא פשט ידיה |
| 1304 | | Lv14:02M | דא | תהוי/תהי#2#/ | גזירת אוריתה דמצרעה |
| 1305 | תיהווי | Lv 7:09M | דמקרב יתה לה | יהווי/תיהווי#2#/. | |
| 1306 | | Dt24:13M | ויברך יתך ולך | תיהווי | |
| 1307 | | Nu12:12M | "לא ... מנך": לא כדון | תיהווי | מרים אחתן כאיתתה מעברה |
| 1308 | | Nu23:10M | תיהוי אחריתה /וליוואי | תיהווי | אח#2#/ כזעירה דבהון: |
| 1309 | | Dt23:18 | לא | תיהווי | איתה נפקת בר מן בנתהון |
| 1310 | | Lv22:13 | וברתה דכהן ארום | תיהווי | ארמלתה ומשבקה ובנין לית |
| 1311 | | Dt25:05M | לית ליה לא | תתנסיב/תיהווי#2#/ | אתתה דמיתה לברה |
| 1312 | | Lv13:09 | מכתש צרעה ארום | תיהווי | בבר נשא וייתי לות כהנא: |
| 1313 | | Lv17:07 | טעיין בתרהון קיים עלם | תיהווי | דא להון לדריהון: |
| 1314 | | Ex21:23 | ואין סקול | תיהווי | ויתן ^דינו׳#2#^ נפש |
| 1315 | | Dt24:13 | ויצלי עלך ולכון | תיהווי | זכו קדם ייי אל«ה»כון: |
| 1316 | | Dt15:10 | לה ולא יבאש באפך כד | תיהווי | יהיב לה ארום מן בגלל |
| 1317 | | Lv 6:06 | אשה בתדירה | תיהווי | יקד׳ עלוי לא תטפי: |
| 1318 | | Nu27:17 | מן סדרי קרבא בשלם דלא | תיהווי | כנשתה דייי כעין די לית |
| 1319 | | Nu36:08M | מן זרעייתה שבט אביה | תיהווי#2#/ | לאתה מן בגלל דירתון |
| 1320 | | Dt22:19 | בתולתה ברת ישראל וליה | תיהווי | לאתה לית הוא רשיי למשבקה |
| 1321 | | Dt31:19M | מן בגלל דתהווי/די | תיהווי#2#/ | לי שבח שירתה הדה לסהדו |
| 1322 | | Lv25:10 | לכל דיירה יובלה היא | תיהווי | לכון ותחזרון גבר לאחסנתיה |
| 1323 | | Lv25:11 | היא שנת חמישתי שנייה | תיהווי | לכון לא תזרעון ולא תחצדון |
| 1324 | | Lv25:12 | ארום יובלה היא קדש | תיהווי | לכון מן אפי ברה תיכלון |
| 1325 | | Nu29:35 | בחדוה כנישין דמצוון | תיהווי | לכון כל עבידה דפולחן לא |
| 1326 | | Nu34:12 | מפקנוי ימא דמלחה דא | תיהווי | לכון ארעא לתחומה |
| 1327 | | Lv22:06 | נפש די תקרב בה | תיהווי | מסאבה עד רמשה ולא יאכל מן |
| 1328 | | Nu19:22 | ונפשה די תקרוב ביה | תיהווי | מסאבה עד רמשא: |
| 1329 | | Dt33:24 | אבוהון דבשמייא וארעא | תיהווי | מש{י}<ח> במייא ומסחי |
| 1330 | | Gn14:23 | אסב מן כל מה די לך דלא | תיהווי | מתג«אי» ותימר אנא עתרית |
| 1331 | | Lv 6:13M | \תהוון מקרבין בצפרא | /תיהווי | מתקרבה בצ׳#2#/ ופלגותה |
| 1332 | | Lv 6:13M | מקרבין ביני שמשתה | /תיהווי | מתקרבה ברמשה#2#/: |
| 1333 | | Lv15:03 | ודא | תיהווי | סאובתה בדוביה ריר בשריה |
| 1334 | | Lv 7:33 | מן בנוי דאהרן דידיה | תיהווי | שוקה דימינה לחולק: |
| 1335 | | Gn49:22M | "והוון בנתהון": דלא | תיהווי | {שתוף} שותף עמה בגיהנם |
| 1336 | | Dt33:22 | לגור בר אריוון וארעא | תיהווי | שתייה מן מבועיה דנפקין מן |
| 1337 | תיהוון | Dt28:67 | בצפרא | תיהוון | אמרין לווי מן יתן וייתי |
| 1338 | | Dt28:16M | לכון באפי ברה /ליט | תיהוון | בקרתה וליטין תהוון באפי |
| 1339 | תיהוי | Nu12:12 | לא כען | תיהוי | מרים מסאבה באהילה |
| 1340 | | Gn 4:12 | עללתא לך גלי ומטלטל | תיהוי | קין בארעא: |
| 1341 | | Lv27:21 | דייי כחקל אפרשו לכהנה | תיהוי | אחסנתיה: |
| 1342 | | Nu23:10 | תיהוי סופיה אלווי | תיהוי | אחריתה כזעירה דבהון: |
| 1343 | | Ex40:38 | על משכנא באיממא ואשתא | תיהוי | בליליא ביה לעיני כל בית |
| 1344 | | Lv15:19 | דובה בבשרה שבעה יומין | תיהוי | בריחוק נדתה וכל די יקרוב |
| 1345 | | Lv15:19 | ארום תיהוי דייבה דם | תיהוי | דובה בבשרה שבעה יומין |
| 1346 | | Lv15:19 | ואתה ארום | תיהוי | דייבה דם תיהוי דובה בבשרה |
| 1347 | | Lv25:07 | ולחיותה די בארעכון | תיהוי | כל עללת למיכל: |
| 1348 | | Nu 4:27 | פמה דאהרן ודיבנוי | ת«י»הוי | כל פלחנה דבנוי דגרשוני |
| 1349 | | Lv22:12M | לגבר /דגבר כהן ארום | תיהוי | לגב׳#2#/ חילוני היא |
| 1350 | | Lv25:31 | דארעא יתחשב פרקון | תיהוי | ליה וביובילה יפוק: |
| 1351 | | Lv25:48 | מן בתר די יזדבן פרקון | תיהוי | ליה חד מן אחוי יפרוק |
| 1352 | | Dt33:07 | וסעד וסמך מן שנאוי | תיהוי | ליה: |
| 1353 | | Lv26:37 | חרבה ורדף דלית ולא | תיהוי | לכון תקומה קדם |
| 1354 | | Lv25:32 | אחסנתהון פרקון לעלם | תיהוי | לליויי: |
| 1355 | | Dt 6:25 | וזכו | תיהוי | לן ארום נטור למעבד ית כל |
| 1356 | | Nu23:10 | מותין קשיטין לוויי | תיהוי | סופיה אלווי תיהוי אחריתה |
| 1357 | | Lv25:29 | זבוניה יומין במניין | תיהוי | פרקוניה: |
| 1358 | | Ex14:15M | "קיים תהווי מצלי": | תיהוי | קיים ומ׳ |
| 1359 | מהוה | Gn18:18 | ואברהם | מהוה | יהוה לאמא רבה ותקיפה |
| 1360 | מהווי | Nu30:07M | "מתנסבה ... לגבר": | מהווי | תהווי לג׳ |
| 1361 | מהוי | Nu31:50 | מנהון בעלמא הדין דלא | מהוי | עמה בגיהינם בעלמא דאתי דא |
| 1362 | דה׳ | Gn44:01M | \למן דהוה /ית דן | דה#2#/ | ממנא אפיטרופוס על \ |
| 1363 | דהבינן | Lv22:27M | "דהוויין ... ופטרין": | דהבינן | מקרבי{נ}ן קדמך כל שנה |
| 1364 | דהו׳ | Dt 6:04 | או דלמה לטעוות לבן | ^דהו׳#2#^ | דאמה פלח אתון פלחין או |
| 1365 | דהוה | Dt 6:04 | עשו אחי דלמה לטעוות | דהוה | אבוי דאברהם פלח אתון |
| 1366 | | Gn49:01 | ומקפן לדרגש«ה» דדהבא | דהוה | אבונן יעקב רביע בגוויה מן |
| 1367 | | Gn 2:19 | הוא קרא ליהון וכל מה | דהוה | אדם קרי ליה בלשן בית קדשה |
| 1368 | | Gn13:05 | ולחוד ללוט | דהוה | אזל עם אברם הוה ען ותורין |
| 1369 | | Nu24:01 | ישראל ולא אזל היך מה | דהוה | אזל בכל זמן למשאליה בדכריה |
| 1370 | | Gn 2:09 | גנתה ואילן דעתה דכל מן | דהוה | אכל מנה ידע למפרשה בין טב |
| 1371 | | Gn 2:17 | ומן אילן דעתה דכל מן | דהוה | אכל מינה ידע למפרשה בין טב |
| 1372 | | Gn39:06 | מאן דעם ארום אלהן לחמא | דהוה | אכל והוה יוסף יאי ברווה |
| 1373 | | Gn40:18 | ליה יוסף היך מה | דהוה | אמר באפוי ואמר ליה יוסף |
| 1374 | | Gn44:04 | ארחקו ויוסף אמר למן | דהוה | אפיטרופוס על בייתיה קום |

1375 Ex 1:05 שבעין נפשן ויוסף דהוה במצרים:
1376 Ex 9:25 ארעא דמצרים ית כל מה דהוה באפי ברא מן בני אינשא ועד
1377 Gn15:01 או דלמא מצוון קלילן דהוה בידי בזימנא קדמיה דנפלו
1378 Gn30:29 פלחת קדמ{ת}<ך> וית מה דהוה בעירך קדמיי ותק«י»ף
1379 Ex32:25 ארום פרעו כלילא דדהבא דהוה ברישיהון דהוה שמה מפרשה
1380 Gn28:10 דלא באשונא מן בגלל דהוה דבירא מתחמד למללי{ליה}
1381 Nu 9:08 הוה משה ממתין מן בגלל דהוה דהוון דיניהון דיני נפשין
1382 Ex 9:20M "מן דחל ... ייי": איוב דהוה דחיל מן פתגמ' דייי
1383 Ex 9:20M מן דחל/דן דהוה דחל#2/ מן קדם ייי מן
1384 Lv24:12M משה מתי{י}ן מן בגלל דהוה דינהון דיני נפשן ומסאבין
1385 Nu15:34 הוה משה זריז מן בגלל דהוה דיניהון דיני ממון ובמקושהה
1386 Gn15:01 עלך למקטל ממרי תרום לך דהוה הוה מגן לך בעלמא הדין
1387 Gn39:23 מן דעם מן בתרה מן בגלל דהוה ייי עמיה וכלמה דהוה עבד
1388 Dt25:18 והוון מקטלין בכון כל דהוה לביה מהרהר מן בתר ממרי
1389 Nu16:33 ונחתו אינון וכל מה דהוה להון חיין שאול וכסיית
1390 Gn13:01 הוא ואתתיה וכל מה דהוה ליה ולוט עמה לדרומה:
1391 Gn39:05 על ביתיה ועל כל מה דהוה ליה וברך ייי ית ביתיה
1392 Gn46:01M ונטל ישראל וכל מה דיליה/דהוה ליה#2/ ואתא
1393 Gn30:30 ארום קליל בעיר דהוה לך קדמיי ותקף וסגה וברך
1394 Ex10:29M יהיב במדין לא מן סוף דהוה לך רחמין הוינא מצלי עליך
1395 Gn21:33 זעיין מן תמן עד זמן דהוה מגייר יתהון ומילף יתהון
1396 Dt32:03 ית שמה קדיש' עד זמן דהוה מחנך פמיה בעשרין וחדה
1397 Nu21:34 ואמר הלא דין הוא עוג דהוה מחסד לאברהם ושרה ואמר
1398 Gn44:01 ופקיד למן דהוה ממנא אפיטרופוס על בייתי
1399 Gn43:16 ית בנימן ואמר למן דהוה ממני אפיטרופו«ס» על
1400 Gn43:19 וקרבו לוות גברא דהוה ממני על פלטורין דיוסף
1401 Nu 2:03M "ורב שבטה דבנוי": ורבה <ד>הוה ממני על חיילות שבטה דב'
1402 Nu 2:07 דבנוי דזבולן ״ורבה דהוה ממני על משרית שבטה
1403 Nu 2:10 דרומה לחיילוותהון ורבה דהוה ממני על שבטה דבנוי דראובן
1404 Nu 2:12 דבנוי דשמעון ורבה דהוה ממני על משרית שבטה דבנוי
1405 Nu 2:14 ושבטה דבנוי דגד ורבה דהוה ממני על משריית שבטה דבנוי
1406 Nu 2:18 מן מערבה ורבה דהוה ממני על משרית שבטה דבנוי
1407 Nu 2:20 עלוי שבטה דמנשה ורבה דהוה ממני על משרית שבטה דמנשה
1408 Nu 2:22 דבנוי דבנימין ורבה דהוה ממני על משרית שבטה דבנימן
1409 Nu 2:25 צפונה לחיילוותהון ורבה דהוה ממני על משרית שבטה דבנוי
1410 Nu 2:27 רבה דבנוי דאשר ורבה דהוה ממני על משרית שבטה דבנוי
1411 Nu 2:29 ושבטה דנפתלי ורבה דהוה ממני על משרית דשבטה דבנוי
1412 Nu 3:32 ורבה דהוה ממני על רברבני ליוויי
1413 Nu10:14 לחיילוותהון ורבה דהוה ממני על חיילוות שבטה דבנוי
1414 Nu10:18 לחילוותהון ורבה דהוה ממני על חיילוותיה שבטה
1415 Nu10:22 לחילוותהון ורבה דהוה ממני על חילוות שבטה דבנוי
1416 Nu10:25 משריתה לחילוותהון ורבה דהוה ממני על חילוותיה אחיעזר
1417 Dt 1:27 במשכנכון ואמרתון על מה דהוה ממרה דייי סני יתן אפק יתן
1418 Ex 5:13 סכום יום ביומא היך מה דהוה מתיהב לכון תבן:
1419 Gn25:27M ומר הוא נחי<ש> ירכן דהוה נחשא בירכא שמאלא בדמות
1420 Ex20:02 דבורייא קדמיא דהוה נפיק מן פום קודשא יהא שמה
1421 Nu24:16 והוה מתנבא על נפשיה דהוה נפל בחרבה וסוף נבואתיה
1422 Gn39:03 ייי הווה עמיה וכל מה דהוה עבד הוה ייי מצלח על ידוי:
1423 Gn39:23 דהוה ייי עמיה וכלמה דהוה עבד הוה ייי מצלח על ידוי:
1424 Ex14:25 ארום דין הוא ייי דהוה עבד להון נצחני קרביהון עד
1425 Ex18:14 חמוי דמשה ית כל מה דהוה עבד לעמ«א» ואמר מה פתגמא
1426 Ex33:08 ומסתכלין בתר משה עד דהוה עליל למשכניה:
1427 Dt33:21 קבור ויהווי היך מה דהוה עליל ונפק בראשי עמא בעלמא
1428 Gn32:14M מה \דאיתי בידי דורון /דהוה עמה דר'#2/ לעשו אחוי:
1429 Gn 7:23 ואשתיר לחוד נח ומן דהוה עמיה בתיבותה:
1430 Gn20:16 ליליא חד ולכל מאן דהוה עמיך ועל כולא אתווכחת
1431 Ex11:05 דמצרים מן בכורא דפרעה דהוה עתיד למיתב על כורסי
1432 Dt32:15 וכפרו בדחלתיה דתקיפה דהוה פרק יתהון בשעת עקתהון:
1433 Lv 1:01 ואמר טורה דסיני דהוה קדושי' קדוש שעה חדה ורבויה
1434 Gn45:01 יוסף למסוברא לכל מאן דהוה קיים עלוי ואכרז ואמר אפקו
1435 Dt32:01 נבייה דקם מן בתרה בגין דהוה קרב לארעא ורחיק מן שמיא
1436 Gn31:46M לבנוהי דהוה קרי להון בלשון בית קודשא
1437 Dt32:01 נבייא משה בגין דהוה קריב לשמיא ורחיק מן ארעא
1438 Lv26:13 דמצריי מעילויכון דהוה קשי עליכון היך ניר פרזלה
1439 Gn49:23 תליתיי בפליטורין דפרעה דהוה קשיא עלוי מן גירייא:
1440 Gn27:14M היך מה \דרחם אבו{ת}י /דהוה רחים אבוי#2/:
1441 Gn29:20 קליל«י»ן מן רחמתא דהוה רחם יתה:
1442 Gn24:02M "דתפיס ... דלית": דהוה שליט בכל מה דאית ליה
1443 Ex32:25 דדהבא דהוה ברישיהון דהוה שמה מפרשה חקיק עליהון על
1444 Ex33:06 מני זייניהון מעילויהון דהוה שמה מפרשה חקיק עליהון מן
1445 Gn40:12 ופתר ליה יוסף היך מה דהוה שפר באפוי ואמר ליה יוסף
1446 Dt 1:44M ונפקו אמורייה דשריין/דהוה שרה#2/ בטורא ההוא
1447 Gn28:10 עשרין שנין כל יומין דהוה שרי בחרן אלין חמישיתי
1448 Nu21:01 ושמע כנענאה מלכא דערד דהוה שרי בדרומה ארום אסתלק
1449 Dt 6:04M לבן ^דהר^/#2#/^דהוה#2/ דאמה/^<דא>מי#2^
1450 Gn44:18 ולוי בכרכא דשכם דהוו בשלווה ועלו בגווה וקטלו כל דהוו
1451 Dt32:01 שמעו ותריהון על דהוו דחילין מן לשמה קדישה קמו
1452 Nu 7:02 רברבני שבטיה אינון דהוו ממנין על סכומיה:
1453 Dt29:14M ייי אלהנא וית כל דריה דהוו מן יומי עלמא ודלא אתבריו
1454 Gn 4:08 טבין הר' מדבר ועל דהוו עובדיי טבין מן דידך אתקביל
1455 Gn14:05 אתא כדר לעומר ומלכיא דהוו עמה וקטילו ית גיברייה
1456 Gn24:59M וית אנשו'/גוביר' דהוו תמן#2/:
1457 Dt 4:46 סיחון מלכהון דאמוריי דהווא שרי בחשבון מה די קטיל דהווא
1458 Gn27:15 דעשו ברה רבה משבחיין דהווה בגו בייתה ואלבשת ליעקב דהווה
1459 Gn34:29 שבו ובזו וית כל מה דהווה בגו בייתה:
1460 Dt11:06 משכניהון וית כל קאמיה דהווה ברגליהון בגו עמא בני
1461 Gn49:02 רביע בגוויה סברין דהווה גלי להון סדר ברכתא
1462 Nu 9:08M /מתין#2/ מן בגלל דהוה/דהווה#2/ דהוון דיניהון דיני
1463 Lv27:24 יתיה מן לוותה למן דהווה דידיה אחסנות ארעא:
1464 Lv24:12 הוה משה זריז מן בגלל דהווה דיניהון דיני ממון במקושהה
1465 Nu 9:08M זריז מן בגלל דהוון/דהווה#2/ דיניהון דיני ממון
1466 Nu15:34M משה מתין מן בגלל דהווה דיניהון דיני נפשה
1467 Gn39:05 ברכתיה דייי בכל מה דהווה ליה בבייתיה ובאפיה ברא:
1468 Gn36:39 ברתיה דגברא סרד«א» דהווה לעי במטרדה כל ימוי חיוי
1469 Gn21:33M הוון זייעין מן תמן דהווה מגייר יתהון בשם ממריה
1470 Dt 3:02M הוא דן עוג רשיעא דהווה מחסר לאבהתן אברהם שרה
1471 Ex15:02M להון דין הוא אבונן דהווה מינק יתן דבש מן כיפ'
1472 Nu10:16M ועל/ורבה דהווה ממני על#2/ חיילוות
1473 Nu10:19M "ועל חיילוות": ורבה דהווה ממני על חילו'
1474 Nu10:20M "ועל חיילוות": ורבה דהווה ממני על חיילוות
1475 Nu10:23M \ועל חילוות /ורבה דהווה ממני על חיילוות#2/ שבטה
1476 Nu10:26M "ועל חיילוות{י}": ורבה דהווה ממני על חיילוות
1477 Dt33:17M נון מן אימוראי דהווא/דהווה#2/ מן שבטה דבנוי
1478 Nu21:09M יתיה והווה כל מן דהווה מנכית בחווייה הוה מסתכל
1479 Nu21:20M ומן דהוות/דהווה#2/ סלקה עמהון לראשי
1480 Dt 9:28 לארעא די מלל להון ועל דהווה סני יתהון <אפיק יתהון>
1481 Gn35:02 לאנשי ביתיה ולכל מן דהווה עמיה עברו ית פלחנא נכריה
1482 Dt28:63 ויהווי היך מה דהווה רעווה מן קדם ייי עליכון

|  |  |  |  |
|---|---|---|---|
| 1483 | | Dt 1:04 | עוג מלכא דבותנין דהווה שרי בעשת{ה}<ר>תה |
| 1484 | | Dt 1:04 | עוג מלכיהון דאמוריי דהווה שרי בחשבון וית עוג מלכא |
| 1485 | | Dt 3:02 | מלכהון דאמוריי דהווה שרי בחשבון: |
| 1486 | דהווי | Nu 9:13M | וגברא די יהווי/^דהווי#2#^/דהוא#2#/ דכי ובארח |
| 1487 | דהוויי | Gn48:22M | מן ידיהן דאמורא' דהוויי' טבין לי מן חרבי ומן |
| 1488 | דהוויין | Lv22:27 | לן קרב«נ»ינן מה דהוויין מקריבין ומתכפר על חובינן |
| 1489 | | Ex38:08M | <ד>נשייה צניעתה דהוויין צניען בתרע#2#/ משכן |
| 1490 | דהווינן | Nu13:32M | בגווה מרי עיינן /דהווינן חמיין תמן מרי עי'#2#/ |
| 1491 | דהוויתון | Gn28:12 | קביעא בכורסיה איקרא דהוויתון מתחמדין למחמי יתה והא |
| 1492 | דהוויתי | Ex 3:14M | עלמ' אנא הוא דהוויתי בסעדכון בגלותא דמצראי |
| 1493 | דהוון | Gn21:33M | ולתהו{מ}<ב>ייא ומן דהוון אכלין ושתיין הוו בעין |
| 1494 | | Gn41:21 | וחזוויהן חשיך היך מה דהוון בקדמיתא ואיתעירית: |
| 1495 | | Gn31:39 | יתה מני את תבע יתה מה דהוון גנביא גנבין באיממא וחיות |
| 1496 | | Nu15:34 | הוה משה מתין מן בגלל דהוון דיני נפשן למלפה לדייניה |
| 1497 | | Lv24:12 | הוה משה מתין מן בגלל דהוון דיניהון דיני נפשן וביגין |
| 1498 | | Nu 9:08 | הוה משה זריז מן בגלל דהוון דיניהון דיני ממון במקושהה |
| 1499 | | Nu 9:08 | ממתין מן בגלל דהוה דהוון דיניהון דיני נפשין למלפה |
| 1500 | | Nu15:34M | משה זריז מן בגלל דהוון דיניהון דיני ממון |
| 1501 | | Nu27:05 | הוה זריז מן בגלל דהוון דיניהון דיני ממון במקושהה |
| 1502 | | Nu27:05 | משה מתין מן בגלל דהוון דיניהון דיני נפש למלפה |
| 1503 | | Gn24:32M | "גמליא": זממין דגמלין דהוון זמימי באורח דלא למיכל מן |
| 1504 | | Gn40:05 | די למלכא דמצרים דהוון חבושין בבית חבושין |
| 1505 | | Dt32:19 | יתיה עמה בני ישראל דהוון חביבין עלוי היך בנין והיך |
| 1506 | | Gn28:10 | וניסא רביעאה אבנא דהוון כל רעיא מתכנשין |
| 1507 | | Nu21:28 | {{קטילו כומריה}} דהו{ן}<ו>ן מדבחין קדם במתה |
| 1508 | | Nu21:29 | ספון אשתיצון עמא דהוון מדבחין קדם טעוותה כמוש |
| 1509 | | Gn13:07 | זממין בעירהון עד זמן דהוון מטין לבית: |
| 1510 | | Nu31:48 | וקרבו לוות משה סכומיה דהוון ממנין על סכומי חילוותה |
| 1511 | | Dt32:38 | וחמר ניסוכיהון דהוון מנסכין קדמוי יקום כען |
| 1512 | | Nu 9:06 | והוון גברין דהוון מסאבין בטמא נפש דבר נש |
| 1513 | | Nu20:21 | ישראל מעילוויהון דהוון מפקדין מן אבוהון דבשמיא |
| 1514 | | Ex38:08 | במחזיין דנשייא צדיקתא דהוון מצליין בתרע משכן זימנא: |
| 1515 | | Ex 1:12 | וכל דהוון מצערין יתהון בכדן הוון |
| 1516 | | Nu11:34 | ארום תמן קברו ית עמא דהוון מתחמדין: |
| 1517 | | Ex24:11M | עולמייא שפיריא דהוון מתמנן על בני ישראל |
| 1518 | | Gn39:22 | בבית חבושיה וית כל מה דהוון עבדין תמן הוא הוה עבד: |
| 1519 | | Ex34:01 | על לוחיא ית דבריא דהוון על לוחיא קדמייא די תברת: |
| 1520 | | Nu17:14 | אלפין ושבע מאה בר מן דהוון על עצתה דקרח: |
| 1521 | | Gn14:05M | ומלכיא דהוה/דהוון#2#/ עמה וקטילו ית |
| 1522 | | Gn32:08 | ועקת ליה ופלג ית עמא דהוון עמה ית ענה וית תוריא |
| 1523 | | Ex10:23M | הוות נהורא על דהוון עסיקי' בפיתגמי אורייתא |
| 1524 | | Gn24:31M | אתקנית עבידן קשיין דהוון קיימין בגווה מן פולחנא |
| 1525 | | Ex14:13 | בני ישראל בזמנא דהוון קיימין על ימא דסוף חדא |
| 1526 | | Gn14:05 | דבהון וית אמתניה דהוון שריין בגווה דקרתה: |
| 1527 | | Gn14:06 | וית חורייא דהוון שריין בטורא דגבלא עד |
| 1528 | | Gn14:07 | דעמלקיא ואף ית אמורי' דהוון שריין בעין גדי תמריא: |
| 1529 | | Gn47:21M | בקורייתא וית עמא דהוון שריין בקורייתא אעבר |
| 1530 | | Nu 2:17 | בגו משריתה היך מה דהוון שריין כדן הוון נטלין גבר |
| 1531 | | Nu32:39 | וישיצון ית אימוריי דהוון שריין בגווה: |
| 1532 | | Gn47:21M | ועד סופיה וית עמא דהוון שרין במדינתא אעבר |
| 1533 | | Nu21:32 | ושיצון ית אמוריי דהוון שרין תמן: |
| 1534 | | Ex 4:19 | ארום מיתו כל גובריא דהוון תבעין ית בישתא דנפשך: |
| 1535 | | Ex10:29 | ארום מיתו כל גברייא דהוון תבעין ית נפשך ולא מן סוף |
| 1536 | | Nu19:18 | כל מנייה ועל נפשתה דהוון תמן ועל כל דיקרוב בגרם או |
| 1537 | | Nu32:39M | שריין בגווה/אימוראי דהוון תמן#2#/: |
| 1538 | | Nu31:16M | תקלה/תוק'#2#/ /הנין דהוון תקלה#2#/ לבני ישראל |
| 1539 | דהוות | Ex14:13 | לכון יומא הדין וכיתא דהוות אמרה נחזור למצרים אמר |
| 1540 | | Ex14:14 | וכיתא דהוות אמרה נסדר לקבליהון סדרי |
| 1541 | | Ex14:14 | נצחני קרביכון וכיתא דהוות אמרה נלוולי לקבליהון |
| 1542 | | Gn29:17M | "זקיפן ...": רכיכן על דהוות בכייא ומצלייה דלא תסוק |
| 1543 | | Nu21:19 | לנחלין מתגברין ומן דהוות לנחלין מתגברין חזרת |
| 1544 | | Nu 2:07M | דזבולן ^^ורבה דהוה/דהוות#2#/ ממני על משרית |
| 1545 | | Nu29:31 | תמידה וצלוחית מיא דהוות מתקרבה ביומא שתיתיה |
| 1546 | | Nu28:06M | עלה תדירה היך מה דאתקרבת/דהוות מתקרבת#2#/ על טורא |
| 1547 | | Nu21:20 | ומן דהוות סלקה עמהון לראשי טורייה |
| 1548 | | Gn31:39 | לוותך כל חדא מנהון דהוות ערקה מן מניינה אנה הוינא |
| 1549 | | Nu14:24M | "חלף ... ואשלם": חולף דהוות רוח דחכמה שרייה עלוי |
| 1550 | דהוי | Dt 7:10 | אגר מצוון קליל{י}ן דהוי בידיהון: |
| 1551 | | Nu12:12M | ארום מה דהדין וולד דהוי במע' |
| 1552 | | Gn49:01M | ס{י}ברון דהוי מתני להון כל מה דאתערע |
| 1553 | | Ex12:29 | דמצרים מן בכורא דפרעה דהוי עתיד למיתב על כורסי |
| 1554 | | Ex14:19 | ונטל מלאכא דייי דהוי עתיד למהלך קדם משריתיהון |
| 1555 | דהוינא | Ex10:29 | ית נפשך ולא מן סוף דהוינא תבע עלך מן קדם ייי הוינא |
| 1556 | דהוינן | Nu11:05 | מדכרין אנן ית נוניה דהוינן אכלין במצרים מגן ית |
| 1557 | | Nu10:31 | עמן בכל אתר {דחזינן} <דהוינן> שרין ונטלין במדברה |
| 1558 | דהוית | Nu20:29M | צלותהון דבני ישראל דהוית מכפר עליהון חד זמן בכל |
| 1559 | דהון | Nu16:32 | בתיהון וית כל ^^ברייתה דהון עם קרח וית כל#2#^^ |
| 1560 | | Gn14:17 | כדר לעמ' וית מלכייא דהון עמיה במישר פרדסיא היא משרה |
| 1561 | | Gn24:54M | הוא וגובריא די/דהון#2#/ עמי«ה» וביתו |
| 1562 | | Gn 4:10 | דאוכלוסין צדיקין דהון עתידין למיקום מן הבל אחוך |
| 1563 | | Ex10:28 | ואמסר יתך בידיהון דעמא דהון תבעין נפשך ויקטלון יתך: |
| 1564 | דהן | Ex14:25M | ריתוותהון דהן מדברן גרירי' מן בתריהון |
| 1565 | דהות | Ex14:13 | ונערבב יתהון כיתא דהות אמרה נפול לימא אמר להון |
| 1566 | | Gn25:01M | "קטורה": היא הות הגר דהות אסירה לה מן שירויה |
| 1567 | | Gn19:26 | ועל דהות אתתה דלוט מן בנתהון |
| 1568 | | Gn19:26M | ואתתה דלוט על דהות מן עמה דסדם אסתכלת |
| 1569 | | Gn25:01M | "קטורה": היא הגר דהות קטירא ליה מלקדמין |
| 1570 | די הווי | Dt26:03 | ותיתון לוות כהנא די הווי ממני כהנא רבא ביומיה |
| 1571 | | Nu 9:21 | ואית זמנין די הווי עננה מן רמשא ועד צפרה |
| 1572 | די הוון | Nu15:34 | דקיימין בתר משה די הוון זריזין בדיני ממונא |
| 1573 | דיהווה | Gn26:01 | בר מן כפנא קדמייה דיהווה ביומוי דאברהם ואזיל |
| 1574 | | Dt 1:04M | דאמוריי דהווה/דיהווה#2#/ שרי בחשבון וית |
| 1575 | דיהווי | Dt15:03 | את רשיי למדחק יתיה דיהווי לך גב אחוך עבריה תשמט |
| 1576 | | Nu23:27 | לאתר אחרן מה דילמה דיהווי רעווה מן קדם ייי ותלוט |
| 1577 | דיהוון | Gn34:31 | אבוהון לא יאה הוא דיהוון אמרין בכנישתיהון |
| 1578 | | Gn34:31 | דיעקב ברם יאי הוא דיהוון אמרין בכנישתיהון דישראל |
| 1579 | | Gn41:48 | כל מזון שבעתי שנייה דיהוון בארעא דמצרי' ושוי מזון |
| 1580 | | Lv24:12 | דקיימין בתר משה דיהוון זריזין בדיני ממונה |
| 1581 | | Nu36:04M | שבטה\די יהוויין/דיהוון#2#/ להון ומן אחסנות |
| 1582 | | Nu23:10M | מסגין^סגין#2#^/ /דיהוון סגייאן#2#/ ככוכבי שמיא |
| 1583 | | Nu19:18M | תמן ועל כל דיקרוב /דיהוון תמן כל דיקרב#2#/ בגרם |
| 1584 | דיהוות | Nu 7:14M | דדהב /עשרה סלעין דיהוות דדהב#2#/ קרב יתה מלייה |
| 1585 | דיהי | Ex32:05M | אהרן ואמר יהא רעוה דיהי נכסא בי כהנה מן רשיעיה |
| 1586 | דייהוון | Lv25:44M | /ועבדיכון ואמהתכון דייהוון לכון#2#/ מן לוות |
| 1587 | דייהווי | Dt17:09 | ולוויי ולוות דייניה דייהווי ממני ביומיא האינון |
| 1588 | דיתהוון | Nu29:18 | וחמר ניסוכיהון מה דיתהוון מקריבין עמהון עם תורייה |
| 1589 | דתהווי | Gn21:30M | מן בגלל דתהוון/<ד>תהווי#2#/ לי לסהדו ארום |
| 1590 | | Dt31:19 | יתה בפמהון מן בגלל דתהווי לי שבח שירתה הדה לסהדו |

|  |  |  |  |  |  |
|---|---|---|---|---|---|
| 1591 | דתהוון | Gn21:30 | מן יד{ו}<י> מן בגלל | דתהוון | לי לסהדו ארום חפירית ית |
| 1592 | דתהוי | Ex30:12 | בהון מותן מחבל בזמן | דתהוי | מני יתהון: |
| 1593 | דתיהווי | Ex30:12M | \כד תהוי /בזמן | דתיהווי#2#/ | מני יתהון דלא/ולא#2#/ |
| 1594 | דתיהוי | Ex13:09 | על בית אפיכון מן בגלל | דתיהוי | אוריתא דייי תדירא בפמיכון |
| 1595 | | Ex20:20 | שכינתיה דייי ומן בגלל | דתיהוי | דחלתה דייי על בית אפיכון |
| 1596 | ואהווה | Gn26:03 | אתותב בארעא הדא | ואהווה | במימרה עמך ואברך יתך ארום |
| 1597 | ואהוי | Gn17:08 | דכנען לאחסנת עילם | ואהוי | בממרי להון לאלה פריק: |
| 1598 | | Gn31:03 | לארע אבהתך לתלדוותך | ואהוי | בממרי עמך: |
| 1599 | והו׳ | Lv21:13 | | והו׳ | אתה בסחדודתה יסב: |
| 1600 | | Lv 5:03 | די יסתאב בה ויתכסי מנה | והו׳ | ידע ויתחייב: |
| 1601 | | Gn 1:15 | שמייא למנהרא על ארעא | והו׳ | כן כממריה: |
| 1602 | והוא | Ex16:10 | | והוא | כד מלל אהרן עם כל כנישתא |
| 1603 | | Gn 1:05 | איממ׳ ולחשוכא קרא לליא | והוא | רמש והוה צפר סדר עבד |
| 1604 | והוה | Gn17:01 | | והוה | אברם בר תשעין ותשע שנין |
| 1605 | | Gn 4:02 | למלד ית אחוי ית הבל | והוה | הבל רעי ען וקין הוה פלח |
| 1606 | | Gn39:06 | אלהן לחמא דהוה אכל | והוה | יוסף יאי ברווה ושפיר |
| 1607 | | Gn25:20 | | והוה | יצחק בר ארבעין שנין כד |
| 1608 | | Ex24:18 | בגו ענגא וסלק לטורא | והוה | משה בטורא ארבעין יומין |
| 1609 | | Ex34:35 | איקרהון דאפוי דמשה | והוה | משה מחזר ית סודרה על אפוי |
| 1610 | | Ex34:35 | ית סבר אפוי דמשה | {{והוה | משה מחזר}} ארום נהר זיו |
| 1611 | | Nu10:35 | והוה כד נטל ארונה ואמר | והוה | משה מצלי ואמר קום בבעו |
| 1612 | | Gn 5:32 | | והוה | נח בר חמש מאה שנין ואולד |
| 1613 | | Gn38:07 | | והוה | ער בכורה דיהודה עבד |
| 1614 | | Gn25:27 | ורבו טליא | והוה | עשו גבר ידע צידה גבר מרי |
| 1615 | | Gn25:27M | וסגיעו עולמייא | והוה | עשו גבר נחוש ירכן ומר |
| 1616 | | Gn26:34 | | והוה | עשו בר ארבעין שנין ונסב |
| 1617 | | Gn 2:07 | בנחירוי נשמ׳ דחיין | והוה | אדם לנפש דחייה ממללא: |
| 1618 | | Nu21:09 | | והוה | אין נכ«י»ת ח«י»ויה |
| 1619 | | Gn21:33 | אדמי מה די אכלו ושתו | והוה | אמר להון מן דאמר והוה עלמא |
| 1620 | | Gn 6:01 | | והוה | ארום שרון בני אנשא למסגי |
| 1621 | | Gn26:08 | | והוה | ארום סגו לי׳ תמן יומיא |
| 1622 | | Gn43:21 | | והוה | ארום עלינן לבית אב<ת>ותה |
| 1623 | | Gn44:24 | | והוה | ארום סלקנן לוות עבדך אבה |
| 1624 | | Ex 1:21 | | והוה | ארום דחילין חייתא מן קדם |
| 1625 | | Ex13:15 | | והוה | ארום אקשי פרעה למשלחה יתן |
| 1626 | | Ex 4:24 | | והוה | באורחא בבית אבתותה וארע |
| 1627 | | Nu17:07 | | והוה | באתכנשות עם כנישתה על משה |
| 1628 | | Gn26:32 | | והוה | ביומא ההוא ואתון עבדוי |
| 1629 | | Gn34:25 | | והוה | ביומא תליתיא כד הוון |
| 1630 | | Gn40:20 | | והוה | ביומא תליתא יום גניסיא |
| 1631 | | Ex 6:28 | | והוה | ביומא די מלל ייי עם משה |
| 1632 | | Ex16:22 | | והוה | ביומא שתיתיה לקטו לחם |
| 1633 | | Ex16:27 | | והוה | ביומא שביעיא נפקו מן עמא |
| 1634 | | Ex19:16 | | והוה | ביומא תליתיא לעדוני צפרא |
| 1635 | | Lv 9:01 | | והוה | ביומא תמיניה{ון} {לסוף} |
| 1636 | | Nu 7:01 | | והוה | ביומא דאשלם משה |
| 1637 | | Ex 2:11 | | והוה | ביומ<י>א האינון ורבה משה |
| 1638 | | Ex 2:23 | | והוה | ביומיא סגיאייה האינון ומית |
| 1639 | | Ex40:17 | | והוה | בירחא קדמיא בשתא תנייתא |
| 1640 | | Gn30:41 | | והוה | בכל דאתיחמת ענה בכירתה |
| 1641 | | Gn35:18 | | והוה | במיפקה דנפשה ארום מיתה הוה |
| 1642 | | Gn 4:17 | ועברת וילדת ית חנוך | והוה | בני קריה וקרא שמה דקרתה |
| 1643 | | Dt 1:03 | | והוה | בסוף ארבעין שנין בחד עשר |
| 1644 | | Ex14:24 | | והוה | בעדוני צפרא ואדיק ייי |
| 1645 | | Ex12:29 | | והוה | בפלגא דלילי«א» וייי קטל |
| 1646 | | Gn29:25 | | והוה | בצפרא והא ה«י»א לא׳ |
| 1647 | | Gn41:08 | | והוה | בצפרא ואטרפת רוחיה דפרעה |
| 1648 | | Nu22:41 | | והוה | בצפרא ודבר בלק ית בלעם |
| 1649 | | Ex 9:24 | | והוה | ברדה תקי«ף» ואשתא הוה |
| 1650 | | Gn39:05 | בזכותיה דיוסף | והוה | ברכתיה דייי בכל מה דהווה |
| 1651 | | Gn29:23 | | והוה | ברמשא ונסב ית לאה ברתה |
| 1652 | | Ex16:13 | | והוה | ברמשא וסלקת סלוי וכסית ית |
| 1653 | | Ex16:13M | "והוה ברמשא ... סלוי": | והוה | ברמשא וסליקו פיסיוניוון |
| 1654 | | Gn21:22 | | והוה | בשעתא ההיא ואמר אבימלך |
| 1655 | | Gn31:10 | | והוה | בשעתא דאת«י»חמת ענא |
| 1656 | | Nu10:11 | | והוה | בשתה תניינתה בעשרין לירחה |
| 1657 | | Gn22:01 | | והוה | בתר פתגמיא האלין וייי נסי |
| 1658 | | Gn40:01 | | והוה | בתר פתגמיא האלין סרחו רב |
| 1659 | | Gn48:01 | | והוה | בתר פתגמא האליין ואיתמר |
| 1660 | | Nu25:19 | | והוה | בתר מגפתה: |
| 1661 | | Gn39:02 | והוה ייי ית יוסף | והוה | גבר מצלח בעבדא טבא והוה רב |
| 1662 | | Gn38:05 | בר וקרת ית שמה שלה | והוה | דפסקת מן דילדת יתיה: |
| 1663 | | Gn24:15 | | והוה | הוא קדם עד לא אשלם לממללא |
| 1664 | | Gn38:24 | | והוה | היך בתר תלתא ירחין ואתני |
| 1665 | | Ex12:41 | ארבע מאה ותלתין שנין | והוה | היך זמן יומא הדין נפקו כל |
| 1666 | | Ex12:51 | | והוה | היך זמן יומא הדין אפיק ייי |
| 1667 | | Gn41:13 | | והוה | היך מה דפתר לן כדין הוות |
| 1668 | | Nu24:16 | נבואתיה מתגליין ליה | {והוה} | והוה מתנבא על נפשיה דהוה |
| 1669 | | Ex20:02 | חמיין יתיה ודחלין | והוה | חזר ומתחקק על תרין לוחי |
| 1670 | | Ex20:02M | חמיין יתיה ודחלין | והוה | חזר ומתחקק על תרין לוחי |
| 1671 | | Ex20:03 | חמיין יתיה ודחלין | והוה | חזר ומתחקק על תרין לוחי |
| 1672 | | Ex10:22 | וארכן משה ית ידא לשמיא | והוה | חשוך דקבל בכל ארעא דמצרים |
| 1673 | | Nu11:08 | ועבדין יתיה חוררן | והוה | טעמיה כטעם ששי«י»ן בדבש: |
| 1674 | | Gn40:04 | עליהון ושמש יתהון | והוה | יומין במטרא: |
| 1675 | | Gn21:20 | | והוה | ייי עם טליא ורבה ושרא |
| 1676 | | Gn39:02 | | והוה | ייי ית יוסף והוה גבר מצלח |
| 1677 | | Gn39:21 | | והוה | ייי עם יוסף ושוי עלוי חן |
| 1678 | | Gn12:14 | | והוה | כד על אברם מצרימה וחמון |
| 1679 | | Gn19:17 | | והוה | כד אפקו יתהון לברא ואמר |
| 1680 | | Gn20:13 | | והוה | כד בעין עממיא {{לאטעאה}} |
| 1681 | | Gn24:22 | | והוה | כד אשלימו גמליא למשתי ונסב |
| 1682 | | Gn24:52 | | והוה | כד שמע לשמה ייי כנימוס |
| 1683 | | Gn29:10 | | והוה | כד חמה יעקב ית רחל ברת |
| 1684 | | Gn30:25 | | והוה | כד ילדת רחל ית יוסף ואמר |
| 1685 | | Gn37:23 | | והוה | כד אתא יוסף לוות אחוי |
| 1686 | | Gn38:09 | לא לשמיה יתקרון בניה | והוה | כד הוה עליל לוות אתתא |
| 1687 | | Gn39:10 | | והוה | כד מללת עם יוסף יום בתר |
| 1688 | | Gn39:18 | | והוה | כד ארימת קלי וצווחת ושבק |
| 1689 | | Gn39:19 | | והוה | כד שמע רבוניה ית מליא |
| 1690 | | Gn44:19 | | והוה | כד חמא יוסף חביבא ויקירא |
| 1691 | | Ex13:17 | | והוה | כד שלח פרעה ית עמא ולא דבר |
| 1692 | | Ex17:11 | | והוה | כד הוה משה זקף ית ידוי |
| 1693 | | Ex33:08 | | והוה | כד הוה משה נפק למשכנה |
| 1694 | | Ex33:09 | | והוה | כד הוה עליל משה לתרע |
| 1695 | | Ex34:29 | | והוה | כד נחת משה מן טורא דסיני |
| 1696 | | Lv 1:01 | | והוה | כד אשלם משה למקמה ית |
| 1697 | | Nu10:35 | | והוה | כד נטל ארונה ואמר והוה |
| 1698 | | Nu11:25 | על שבעתי גובריה חכימיה | והוה | כד שרת עליהון רוח קודשה |

|  |  | | | |
|---|---|---|---|---|
| 1699 | Nu21:34 | | והוה | כד חמא משה לעוג מלכא |
| 1700 | Dt 2:16 | | והוה | כד די ספו עמא עבדי קרבה |
| 1701 | Dt31:24 | | והוה | כד אשלם משה למכתב ית |
| 1702 | Gn12:11 | | והוה | כדי קרב למיעו' למצרים |
| 1703 | Gn35:17 | | והוה | כדי אתקשיית במילדה ואמרת |
| 1704 | Gn38:29 | | והוה | כדי חזר ידיה והא נפק אחוי |
| 1705 | Ex32:19 | | והוה | כדי קריב למשריתה וירא את |
| 1706 | Gn 4:08 | ונפק תרינן לאפי ברא | והוה | כיון דנפקו תריהון באפי ברא |
| 1707 | Gn31:22 | | והוה | כיון דאזלו רעוי דלבן |
| 1708 | Gn 5:14 | | והוה | כל יומי חיוי דקינן תשע |
| 1709 | Ex33:07 | קרי ליה משכן זימנא | והוה | כל מן דתבע אולפן מן קדם |
| 1710 | Gn19:14 | ארום מחבל ייי ית קרתא | והוה | כמגחך באפיה חתנוי: |
| 1711 | Gn38:28 | | והוה | כמילדה ופשט וולדה ית ידה |
| 1712 | Gn 1:07 | מיא די מלעיל לרקיעא | והוה | כן כמימריה: |
| 1713 | Gn 1:09 | לאתר חד ותתחמי יבשתא | והוה | כן כמימריה: |
| 1714 | Gn 1:11 | נצבתא מינה ובה על ארעא | והוה | כן כממרה: |
| 1715 | Gn 1:24 | וחייתא דארעא למינה | והוה | כן כמימריה: |
| 1716 | Gn 1:30 | דחיא ית כל עשבא למזון | והוה | כן כממרה: |
| 1717 | Gn12:10 | | והוה | כפנא בארע' ונחת אברם |
| 1718 | Gn26:01 | | והוה | כפנא בארעא בר מן כפנא |
| 1719 | Gn41:54 | למיתי כמה דאמר יוסף | והוה | כפנא בכל ארעתא ובכל ארעא |
| 1720 | Gn 2:10 | ומן תמן הוה מתפרש וחזר | והוה | לארבעה ראשי נהרין רברבין: |
| 1721 | Ex 2:10 | יתיה לברתיה דפרעה | והוה | לה לבר וקרת שמה משה ואמרת |
| 1722 | Gn11:03M | יתהון באתונ' | והוין/והוה#2# | להון לבניה לאבנין |
| 1723 | Gn27:30 | יצחק למברכה ליעקב | והוה | לחוד מפוק נפוק יעקב |
| 1724 | Ex 4:04 | ופשט ידיה ואתוקף ביה | והוה | לחטר בכף ידה: |
| 1725 | Gn32:06 | | והוה | לי תורין וחמרין ועבדין |
| 1726 | Gn12:16 | ולאברם אייטב מן בגללה | והוה | ליה ען ותורין וחמרין |
| 1727 | Gn12:16M | והוה": היטיב בזכוותה | והוה | <ליה> |
| 1728 | Gn25:27M | שמאלא בדמות סייפא | והוה | ליה לסימנא די גבר ליסטיס |
| 1729 | Gn26:14 | | והוה | ליה קניין דען וקנין דתורין |
| 1730 | Ex15:02 | כל עלמיא ייי אמר בממרי | והוה | לן לפריק אמרין בני ישראל |
| 1731 | Gn 4:03 | | והוה | לסוף יומין ואייתי קין מן |
| 1732 | Gn 7:10 | | והוה | לסוף שבעת יומי אבלא |
| 1733 | Gn 8:06 | | והוה | לסוף ארבעין יומין ופתח נח |
| 1734 | Gn 8:13 | | והוה | לסוף שית מאה וחדה שנין |
| 1735 | Dt 9:11 | | והוה | לסוף ארבעין יומין וארבעין |
| 1736 | Ex38:27M | דכ{ת}<ס>פה למתכה | /והוה | מאה קינטרין דכסף |
| 1737 | Gn 7:17 | | והוה | מבולא ארבעין יומין על ארעא |
| 1738 | Nu31:16 | על עסק טעוותה דפעור | והוה | מגפתה בעם כנשתה דייי: |
| 1739 | Nu24:01 | ואזל ושוי למדברה אפוי | והוה | מדכר להון עבדה דעגלה: |
| 1740 | Gn 7:12 | | והוה | מטרא על ארעא ארבעין יומין |
| 1741 | Gn39:05 | | והוה | מן זמנא דמנא יתיה |
| 1742 | Ex18:13 | | והוה | מן יומא דבתר«ה» ויתב |
| 1743 | Ex32:30 | | והוה | מן יומא דבתרה ואמר משה |
| 1744 | Nu 7:12 | | והוה | מן דמקרב ביומא קדמיה ית |
| 1745 | Nu17:23 | | והוה | מן יומא דבתרה ועל משה |
| 1746 | Gn25:11 | | והוה | מן בתר דמית אברהם וברך |
| 1747 | Ex12:41 | | והוה | מסוף ארבע מאה ותלתין שנין |
| 1748 | Gn40:04M | ית יוסף עליהון | ושמש/והוה משמש#2#/ | יתהון והוה |
| 1749 | Gn10:30 | | והוה | משרוייהו' מן מישא מעלך |
| 1750 | Nu24:04 | ורזי נבואת מתגלין לה | והוה | מתנבא על נפשיה דנפיל בחרבא |
| 1751 | Nu24:16 | מתגליין ליה {והוה} | והוה | מתנבא על נפשיה דהוה נפל |
| 1752 | Ex12:42 | תהומא וממריה דייי | והוה | נהורא ונהר וקרא יתה לילי |

|  | |  | | | |
|---|---|---|---|---|---|
| 1753 | | Gn 8:07 | ושלח ית עורבא | והוה | נפק וחזר נפק וחזר עד די |
| 1754 | | Ex34:34 | סודר{ר}יה <עד'>{ד}מפקה | והוה | נפק וממלל עם בני ישראל ית |
| 1755 | | Gn 4:16 | ומטלטל מן מדנח לעדן | והוה | עד לא קטל להבל הוות ארעא |
| 1756 | | Nu31:32 | | והוה | עדיתה שייר בזתה די בזזו |
| 1757 | | Nu24:02 | שר{ו}<י>ן לטכסיהון | והוה | עלוי רוח דקדש מן קדם ייי: |
| 1758 | | Gn21:33 | והוה אמר להון מן דאמר | והוה | עלמא אתון אכלין ולא הוון |
| 1759 | | Ex 3:14 | לבני ישראל מן דאמר | והוה | עלמא מן שרויא ועתיד למימר |
| 1760 | | Nu11:01 | | והוה | עמה כמתרעמין הגין ביש |
| 1761 | | Ex14:20 | משרייתיהון דישראל | והוה | ענגא חשוך ופלגא נהורא |
| 1762 | | Nu31:36 | | והוה | פלגותה חלקהון דעמא דנפקין |
| 1763 | | Gn 1:05 | קרא לליא והוא רמש | והוה | צפר סדר עבד בראשית יום |
| 1764 | | Gn 1:08 | לרקיעא שמיא והוה רמש | והוה | צפר סדר עבד בראשית יום |
| 1765 | | Gn 1:13 | והוה רמש | והוה | צפר סדר עבד בראשית יום |
| 1766 | | Gn 1:19 | והוה רמש | והוה | צפר סדר עבד בראשית יום |
| 1767 | | Gn 1:23 | והוה רמש | והוה | צפר סדר עבד בראשית יום |
| 1768 | | Gn 1:31 | שפר ותקן לחדא והוה רמש | והוה | צפר סדר עבד בראשית יום |
| 1769 | | Ex19:19 | | והוה | קלא דשיפורא אזל ותקף לחדא |
| 1770 | | Gn39:02 | גבר מצלח בעבדא טבא | והוה | רב ושליט בביתיה דרבוניה |
| 1771 | | Lv10:16M | והא אתוקד/יתר#2#/ | ורגז/והוה רגז#2#/ | על אלעזר ועל |
| 1772 | | Gn 1:08 | ממרא דייי לרקיעא שמיא | והוה | רמש והוה צפר סדר עבד |
| 1773 | | Gn 1:13 | | והוה | רמש והוה צפר סדר עבד |
| 1774 | | Gn 1:19 | | והוה | רמש והוה צפר סדר עבד |
| 1775 | | Gn 1:23 | | והוה | רמש והוה צפר סדר עבד |
| 1776 | | Gn 1:31 | דעבד והא שפר ותקן לחדא | והוה | רמש והוה צפר סדר עבד |
| 1777 | | Gn 2:02 | שביעיא עיבידתיה די ברא | והוה | שבא ונייח קדמוי ביומא |
| 1778 | | Ex20:11 | ימיה וית כל מה דבהון | והוה | שבא ונייח קדמוי ביומא |
| 1779 | | Ex 9:10 | וזרק יתיה משה לשמיא | והוה | שיחנא עבד {טפל}<שלפ>וקין |
| 1780 | | Gn17:01 | שמיא פלח קדמי בקשטא | והוה | שלם בעבדא טבא: |
| 1781 | | Gn15:12M | "והוות שמשה": | והוה | שמשה קריב למטמוע ושנתא |
| 1782 | | Ex32:14 | | והוה | תהו מן קדם ייי על בישתא די |
| 1783 | | Gn10:19 | | והוה | תחומהון דכנעיא מן צידון |
| 1784 | | Gn39:20 | דחבישוי דמלכא חבושין | והוה | תמן בבית חבושא: |
| 1785 | | Ex34:28 | | והוה | תמן תבע אולפן מן קדם ייי |
| 1786 | | Dt26:05 | תמן בעם זעיר ואיתברך | והוה | תמן לאומה רבה ותקיפה |
| 1787 | והוו | Nu21:15M | מדם קטולהון | והוו | ישראל מהלכין על רישי |
| 1788 | | Gn42:35 | | והוו | אינון מפנין שקיהון והא גבר |
| 1789 | | Nu 9:06M | "והוון ... מסאבין": | והוו | גברייה דסעינו בארונה |
| 1790 | | Ex18:26 | | והוו | דיינ{ו}<י>ן ית עמא בכל שעה |
| 1791 | | Gn13:07 | | והוו | דיינין בין רעוי דבעירא |
| 1792 | | Ex14:25 | ופרק ית גלגלי רידוותיה | והוו | מדברין יתהון גרירן |
| 1793 | | Ex15:21M | "וענת ... דמתגאה": | והוו | מענ' לה' מרים נודה |
| 1794 | | Gn 2:25 | | והוו | תריהון ערטלין אדם ואתתיה |
| 1795 | והוואה | Gn26:35M | | והוון/והוואה#2#/ | סורבנין ומפחן רוח |
| 1796 | והווה | Gn26:13 | ותקף גברא | והווה | אזל ותקף עד זמן די תקף |
| 1797 | | Gn27:01 | | והווה | ארום סאב {יצקח} יצחק |
| 1798 | | Gn35:16 | ונטלו מביתאל | והוו«ה» | אשון עללתה דארעא למתייה |
| 1799 | | Gn14:01 | | והווה | ביומי אמרפל מלכה דשנער |
| 1800 | | Nu20:29M | בזיעין וקטמה בראשה | והווה | בכי ואמ' ווי לי עליך |
| 1801 | | Gn35:03 | דענה יתי בשעת עקתי | והווה | בסעדי באורחא דהלכת: |
| 1802 | | Lv22:27M | מדבחה ופדה יתיה | וברחמוי/והווה ברח#2#/ | טבייה וזמן |
| 1803 | | Gn38:01 | | והווה | בשעתא ההיא ונחית יהודה |
| 1804 | | Gn38:27 | | והווה | בשעתה דילדת והא תומיין |
| 1805 | | Gn22:20 | | והווה | בתר פתגמיא האלין ואתני |
| 1806 | | Gn39:07 | | והווה | בתר פתגמ«י»א האלין |

| | | | | | |
|---|---|---|---|---|---|
| 1807 | | Ex38:24 | בכל עבידת בית קודשא | והווה | דהבא דאנפותא עשרין ותשעה |
| 1808 | | Nu31:52 | | והווה | דהבה דאפרשותה די אפרשו |
| 1809 | | Gn35:05M | והוות/בני ישראל | והווה#2#/ | דחלתא דייי על קרייתא |
| 1810 | | Gn39:11 | | והווה | היך זמן יומא הדין על לגו |
| 1811 | | Ex 3:14M | דן דאמ׳ לעלמ׳ הווי | והווה | ועתיד למימ׳ ליה הוי |
| 1812 | | Nu21:09 | מסתכל על חיויה דנחש | והווה | חיי: |
| 1813 | | Gn11:02 | | והווה | כד אסעו לבבהון ואשכחו |
| 1814 | | Gn19:29 | | והווה | כד שיציא ייי ית קרוי משרה |
| 1815 | | Gn21:33 | בגויה מזון לעובריא | והווה | כד אכילין ושתין הוון בעין |
| 1816 | | Nu16:31 | | והווה | כד אשלם למללא ית כל |
| 1817 | | Dt 5:23 | | והווה | כד שמעתון ית קל ממרה |
| 1818 | | Nu21:09M | חווי דנחש ושווי יתיה | והווה | כל מן דהווה מנכית |
| 1819 | | Ex 7:10 | קדם פרעה וקדם עבדוי | והווה | לחיוא: |
| 1820 | | Gn30:42 | ענה לא הוי משוי | והווה | ליה ען סגין לקישיא ללבן |
| 1821 | | Gn41:01 | | והווה | לסוף תרתין שנין דיומין |
| 1822 | | Gn19:34 | | והווה | מן יומא דבתר<׳> ואמרת |
| 1823 | | Ex11:06 | | והווה | צווחתה רבה בכל ארעא |
| 1824 | | Ex19:16 | תליתיא לעדוני צפרא | והווה | קלין וברקן וענן תקיף על |
| 1825 | | Gn10:10 | | והווה | שרוי מלכותיה ב{כ}<ב>ל |
| 1826 | והווי | Dt23:14 | במא{ז}ני זייניכון | והווי | במייתבכון לבר ותחפור ביה |
| 1827 | | Ex 3:14M | ועתיד למימ׳ ליה הוי | והווי | ואמ׳ כדן תימ׳ לבני |
| 1828 | | Nu15:39M | \ויהווין לכון למצנפן | והווי/ | לכון לציציין#2#/ ותחמון |
| 1829 | | Nu12:12M | מסרפה עמן במדברה | והווי | עמן בעקב׳ וכיון |
| 1830 | | Ex34:02M | | ותהוי/והווי#2#/ | מזמן/זמין#2#/ לצפרא |
| 1831 | והוויין | Nu36:11 | | <והוויין> | מחלה תרצה וחגלה |
| 1832 | | Gn49:22M | בגיהנם לעלמ׳ דאתי | והוויין | בנתיהון |
| 1833 | | Ex 1:05M | | והוון/והוויין#2#/ | כל נפשותא נפקי |
| 1834 | | Gn41:18 | ויאיין ברווהון | והוויין | רעיין באגמא: |
| 1835 | והווינן | Nu31:50M | ייתה ומפרנקתה | והווינן | מפרקין מנהון קירויה |
| 1836 | | Nu31:50 | מחסיתה ומפרנקתה | והווינן | שרין קריה כליליה דדהבה |
| 1837 | והוון | Nu 3:17 | | והוון | אלין בנוי דלוי בשמהתהון |
| 1838 | | Nu11:35 | נטלו עמה בחצרות | והוון | בחצירות: |
| 1839 | | Gn29:20 | יעקב ברחל שבע שנין | והוון | באפוי כיומין קליל«י»ן |
| 1840 | | Gn35:22 | ית בלהה ושמע ישראל | והוון | בנוי דיעקב תרין עשר: |
| 1841 | | Gn36:11 | | והוון | בנוי דאליפז תימן ואומר |
| 1842 | | Nu 1:20 | | והוון | בנוי דראובן בכורא |
| 1843 | | Nu26:20 | | והוון | בנוי דיהודה לזרעייתהון |
| 1844 | | Nu26:21 | | והוון | בנוי דפרץ לחצרון |
| 1845 | | Gn 9:18 | | והוון | בני נח די נפקו מן תיבותא |
| 1846 | | Nu15:32 | | והוון | בני ישראל במדברה ואשכחו |
| 1847 | | Nu26:40 | | והוון | בני בלע ארד ונעמן |
| 1848 | | Gn49:22 | ואסתכלת בחד׳ מנהון | והוון | בנתהון דמלכייא ושולטנייא |
| 1849 | | Gn49:22 | בחכמתא וזעירא בשנייא | והוון | בנתהון דמלכייא ושלטנייא |
| 1850 | | Nu 9:06 | | והוון | גברין דהוון מסאבין בטמא |
| 1851 | | Ex24:11 | ית איקר שכינתה דייי | והוון | חדיין על קרבניהון |
| 1852 | | Gn23:01 | | והוון | חייה דשרה מאה ועשרין |
| 1853 | | Gn41:02M | סלקין שבע תורין | \והוון#2#/ | יאיין למחמי ובריין |
| 1854 | | Gn11:32 | | והוון | יומי חוי דתרח מאוון וחמש |
| 1855 | | Gn47:28 | דמצרים שבע עשרה שנין | והוון | יומין חיוי דיעקב שני |
| 1856 | | Gn35:28 | | והוון | ימוי דיצחק מאה ותמנין |
| 1857 | | Gn 5:04 | | והוון | כל יומוי חיוי אדם מן בתר |
| 1858 | | Gn 5:05 | | והוון | כל יומי חיוי דאדם תשע מאה |
| 1859 | | Gn 5:08 | | והוון | כל יומוי חיוי דשת תשע |
| 1860 | | Gn 5:11 | | והוון | כל יומי חיוי דאנוש תשע |
| 1861 | | Gn 5:17 | | והוון | כל יומי חיוי דמהללאל |
| 1862 | | Gn 5:20 | | והוון | כל יומי חיוי דירד תשע |
| 1863 | | Gn 5:23 | | והוון | כל ימוי חיוי דחנוך תלת |
| 1864 | | Gn 5:27 | | והוון | כל יומי חיוי דמתושלח תשע |
| 1865 | | Gn 5:31 | | והוון | כל יומוי דלמך שבע מאה |
| 1866 | | Gn 9:29 | | והוון | כל יומי חיוי דנח תשע מא׳ |
| 1867 | | Gn11:01 | | והוון | כל דיירי דארעא לשן חד |
| 1868 | | Ex 1:05 | | והוון | כל נפשותא נפקי חלציה |
| 1869 | | Nu 1:45 | | והוון | כל סכומיה דבני ישראל |
| 1870 | | Nu 1:46 | | והוון | כל סכומיה שתין ריבוון |
| 1871 | | Nu 3:43 | | והוון | כל בכוריה דכרי במניין |
| 1872 | | Ex 8:13 | ומחה ית עפרא דארעא | והוון | כלמיא בבני אנשא ובבעירא |
| 1873 | | Ex 8:14 | ית כלמייא ולא יכלו | והוון | כלמיא באנשא ובבעירא: |
| 1874 | | Ex10:21M | "ויהוי ... בחשוכא": | והוון | כמשש׳ בחשוכא |
| 1875 | | Ex37:09 | | והוון | כרובי פרסין בכנפיהון מלעל |
| 1876 | | Gn49:15 | כתפה לאולפן אוריתא | והוון | לה כל אחוי למסקי מסים: |
| 1877 | | Ex 7:12 | וטלקו גבר חוטריה | והוון | לחיון ובלע חוטריה דאהרן |
| 1878 | | Nu26:10 | וחמישיתי גברייה | והוון | לנסיון: |
| 1879 | | Gn19:11 | מדקיקיהון עד סביהון | והוון | לעין משכחא תרע ביתה ולא |
| 1880 | | Gn 9:23 | ושוון על כתף תריהון | והוון | מהלכין לבתרהון וכסון ית |
| 1881 | | Gn49:22 | עליך מן חרכייא | והוון | מזרקן קדמיך שירין עזקין |
| 1882 | | Gn49:22M | בך מן שירוויאה | והוון | מטלקין עלך שירין קטלין |
| 1883 | | Nu17:14 | | והוון | מיתיה דמיתו במגפתה |
| 1884 | | Nu25:09 | | והוון | מיתיה דמיתו במגפתה עשרין |
| 1885 | | Ex33:08M | בתרע משכניה ומסתכלין | /והוון | מס#2#/ בתר משה עד |
| 1886 | | Dt25:18 | די ארעו יתכון באורחא | והוון | מקטלין בכון כל דהוה לביה |
| 1887 | | Gn41:43 | בארתכא תנייניתא דידיה | והוון | מקלסין קדמוי יחי אבוי |
| 1888 | | Gn49:22 | בארתכא תיניינתא דפרעה | והוון | מקלסין קדמיך יחי אבוי |
| 1889 | | Ex36:29 | | והוון | מתאמין מן לרע וכחדה הוון |
| 1890 | | Gn18:08 | עליהון תחות אילנא | והוון | מתחמין היך אכלין והיך |
| 1891 | | Nu11:25 | שרת עליהון רוח קודשה | והוון | מתנבאין ולא פסקין: |
| 1892 | | Gn26:35 | | והוון | סורבנין ומפחן רוח ומגחכן |
| 1893 | | Nu 4:36 | | והוון | סכומיהון לזרעייתהון תרין |
| 1894 | | Nu 4:40 | | והוון | סכומיהון לזרעייתהון |
| 1895 | | Nu 4:44 | | והוון | סכומיהון לזרעייתהון תלתה |
| 1896 | | Nu 4:48 | | והוון | סכומיהון תמניה אלפין וחמש |
| 1897 | | Nu26:07 | זרעייתה דבנוי דראובן | והוון | סכומיהון ארבעין ותלתה |
| 1898 | | Nu26:62 | | והוון | סכומיהון עשרין ותלתה |
| 1899 | | Nu11:01M | | והוה/והוון#2#/ | עמה כמתרעמין הגין |
| 1900 | | Lv22:27M | קדמך כל שנה ושנה | והוו{ינ}ן | קורבנינן מכפרין לן על |
| 1901 | | Ex40:20M | דאיתיהיבו ליה בחורב | והוון | קיימין על את בבית אולפנה |
| 1902 | | Nu 9:06M | גברין דהוון מסאבין | /והוון | תמן גוברין די הוון |
| 1903 | | Dt10:05 | בארונה די עבדית | והוון | תמן היך מה די פקד יתיה |
| 1904 | | Ex36:30 | | והוון | תמנייא לוחין וחומריהון |
| 1905 | והוונן | Nu13:33 | בנוי דענק מן גיברייה | והוונן | באפנה כקמציה וכך הוינן |
| 1906 | והוות | Gn11:30 | | והוות | שרי עקרה לית לה בנין: |
| 1907 | | Nu36:12 | בר יוסף הוון לנשים | והוות | אחסנתהון {כ}<ע>ל שבט |
| 1908 | | Nu31:37 | | והוות | אפרשותה לשמה דייי מן ענה |
| 1909 | | Gn47:20 | ארום תקף עליהון כפנא | והוות | ארעא לפרעה: |
| 1910 | | Gn35:05 | ונטלו | והוות | דחלתא דייי על קרייתא די |
| 1911 | | Gn28:10 | טפת בארה וסליקת באפוי | והוות | טייפה עשרין שנין כל יומין |
| 1912 | | Gn11:01M | \והוון כל דיירי דארעא | /והוות | כל ארעא#2#/ לשן חד וממלל |
| 1913 | | Gn20:12 | היא לחוד לא ברתה דאמה | והוות | לי לאיתה: |
| 1914 | | Ex38:27 | | והוות | מאתה דככריה דכ{ת}<ס>פה |

|  |  |  |  |  |  |
|---|---|---|---|---|---|
| 1915 | | Gn26:10 | חד מן טליא עם אתתך | והוות | מייתי עלינן חובין רברבין: |
| 1916 | | Gn50:09 | רתיכין ולחוד פרשין | והוות | משרייתא סגיא לחדא: |
| 1917 | | Nu31:43 | | והוות | פלגותה דעם כנשתה מן |
| 1918 | | Gn15:17M | "והא שמשא": | והוות | שמשא אזלה למיסוק |
| 1919 | | Gn15:12 | | והוות | שמשה אישון למטמע ושנה |
| 1920 | | Gn 6:06 | | והוות | תהו מן קדם ייי ארום ברא |
| 1921 | | Ex32:14M | \והוה תהו מן קדם | /והוות | תוהו קד'#2/ ייי על |
| 1922 | | Ex11:06M | | והווה/והוות#2/ | צווחתה/צווחה#2/ |
| 1923 | והוי | Ex 9:23M | ארעא ואחת ייי ברדא | /והוי | אשתא מקפצא בגו ברדא |
| 1924 | | Gn27:30 | | והוי | כד אשלם יצחק למברכה |
| 1925 | | Gn24:30 | | והוי | כדי חמה ית קדשא וית שיריא |
| 1926 | | Gn29:13 | | והוי | כדי שמע לבן ית שמעה |
| 1927 | | Gn35:22 | | והוי | כדי שרו«ן» ישראל בארעא |
| 1928 | | Gn39:15 | | והוי | כדי שמע ארום ארימת קלי |
| 1929 | | Gn43:02 | | והוי | כדי אשלמו למיכל ית עיבורא |
| 1930 | | Nu21:08M | אתר /על תר#2/ תלי | \והוי | כל דמתנוכת מן חוויה |
| 1931 | | Ex 4:03 | לארעא וטלק יתיה לארעא | והוי | לחוי וערק משה ומן קדמוי: |
| 1932 | | Gn30:43 | ותקף גברא לחדא לחדא | והוי | ליה ען סגין ואמהן ועבדין |
| 1933 | | Gn21:20 | טליא ורבה ושרא במדברא | והוי | מן מתילף מרמי בקשתא: |
| 1934 | | Ex36:13 | חדא לקבל חדא בפורפיה | והוי | משכנה כלה חד: |
| 1935 | | Ex40:09M | מנוי/מאנוי#2/ | ויהוי/והוי#2/ | קדש: |
| 1936 | | Ex33:07 | משרית' רחיק מן משריתא | והוי | קרי ליה משכן זימנא והוה כל |
| 1937 | | Ex24:12 | למשה סוק לוותי לטורא | והוי | תמן ואתן לך ית לווחוי |
| 1938 | והויו | Gn41:02 | למחמי ובריין בבשריהון | והויו | רעין באגמין: |
| 1939 | והויין | Ex17:12 | דא סטרא וחד מן דא סט' | והויין | ידוי דמשה זקיפן בצלו |
| 1940 | | Ex 8:13M | ית עפרא דארעא | והוון/והויין#2/ | כלמיא בבני אנשא |
| 1941 | והוין | Gn11:03 | ונזי יתהון באתונ' | והוין | להון לבניה לאבנין וחמרא |
| 1942 | | Ex26:24M | \ויהון מתכוונין | /והוין | מתחמ{מ}יי#2/ מן מלרע |
| 1943 | והוינן | Nu31:50 | בקיטוני מלכיהון | והוינן | חמ{ד}<י>ין בנתהון יאתה |
| 1944 | | Nu31:50M | ובקיטוני מדמכיהון | והוינן | חמיין תמן בנתהון |
| 1945 | והות | Ex 7:21 | למשתי מיא מן נהרא | והות | אדמה בכל ארעא דמצרים: |
| 1946 | | Gn15:11M | למיבז נכסיהון דישראל | והות | זכותא דאברהם מגנא עליהון |
| 1947 | | Gn24:67 | אמה ונסב ית רבקה | והות | לה לאתה ורחם יתה ואנחם |
| 1948 | | Gn 1:03 | דייי יהוי נהור | והות | נהור כגזירת ממריה: |
| 1949 | | Nu31:32M | | והוה/<וה>ות#2/ | עדיתה שייר/מותרי#2 |
| 1950 | | Ex12:30 | וכל שלטונוי וכל מצריי | והות | צוו{ת}חת רבה במצרים ארום |
| 1951 | והי | Gn 9:27M | ישרון במדרשי' דשם | והי | כנען מש' להון |
| 1952 | ויהווה | Gn28:21 | ואחזר בשלם לביתיה דאבה | ויהווה | ייי לי לאלה פריק: |
| 1953 | ויהווי | Gn12:02M | ית שמך \ותהוי לברכן | /ויהווי | אברם לברכן סגיאן#2/: |
| 1954 | | Gn 9:26 | הוא ייי אלהא דשם | ויהווי | כנען עבד משתעבד להון: |
| 1955 | | Gn 9:27 | בגו משכוני דשם | ויהווי | כנען עבד משתעבד להון: |
| 1956 | | Gn 9:27M | דשם רבה | ויהווי#2/ | כנען עבד משתעבד להון: |
| 1957 | | Dt11:13 | | ויהווי | אין משמע תשמעון למצוותה |
| 1958 | | Dt20:11 | | ויהווי | אין שלם תענה יתכון ותפתח |
| 1959 | | Dt21:14 | | ויהווי | אין לא תתרעי בה ותשלח יתה |
| 1960 | | Dt24:01 | ויפרין ויזדמן לוותה | ויהווי | אין לא אשכחת חן וחסד |
| 1961 | | Dt25:02 | | ויהווי | אין מרדו אתחייב למלקה |
| 1962 | | Dt28:01 | | ויהווי | אין משמע תשמעון בקל מימרה |
| 1963 | | Dt28:15 | | ויהווי | אין לא תשמעון בקל מימריה |
| 1964 | | Nu15:24 | | ויהווי | אם מעיני כנישתה אתעבדת |
| 1965 | | Ex 1:10 | יתהון קדם עד לא יסגון | ויהווי | ארום יערע סדרי קרבא |
| 1966 | | Ex 3:21 | האילין באפיהון דמצריי | ויהווי | ארום תיזלון <לא תיזלון> |
| 1967 | | Ex13:05 | | ויהווי | ארום יעל יתכון ייי |
| 1968 | | Ex13:11 | | ויהווי | ארום יעל יתכון ייי |
| 1969 | | Ex22:22 | אין מצערה תצערין יתהון | ויהווי | ארום מצווח יצווח עליך |
| 1970 | | Dt11:29 | | ויהווי | ארום יעיל יתכון ייי |
| 1971 | | Dt15:16 | | ויהווי | ארום יאמר לך לית אנה נפק |
| 1972 | | Dt26:01 | | ויהווי | ארום תיעלון לארעא דייי |
| 1973 | | Dt30:01 | | ויהווי | ארום ייתון עליכון כל |
| 1974 | | Dt12:11 | | ויהווי | אתרא די יתרעי ייי אלהכון |
| 1975 | | Gn47:24 | | ויהווי | באשון עללתא ותתנון חד {מן |
| 1976 | | Dt25:19 | | ויהווי | בזמנה די יניח ייי אלהכון |
| 1977 | | Dt21:16 | | ויהווי | ביומא די יחסין ית בנוי ית |
| 1978 | | Dt27:02 | | ויהווי | ביומא די תעברון ית ירדנה |
| 1979 | | Dt25:06 | | ויהווי | בכורה די תולד <יקום> על |
| 1980 | | Dt27:04 | | ויהווי | במעברכון ית ירדנה ותקימון |
| 1981 | | Dt21:15 | לה בנין רחימתה ושניתה | ויהווי | ברא בכורא דסניתא: |
| 1982 | | Lv27:15M | /חמשין כסף עלויה עלוי | ויהווי | דידיה#2/: |
| 1983 | | Ex 3:14 | ועתיד למימר ליה הווי | ויהווי | הוא שלח יתי לוותכון: |
| 1984 | | Ex 4:16 | הוא על ידך לוות עמא | ויהווי | הוא יהווי לך לתורגמן ואת |
| 1985 | | Dt28:63 | | ויהווי | היך מה דהווה רעווה מן קדם |
| 1986 | | Dt33:21 | סופריהון דישראל קבור | ויהווי | היך מה דהוה עליל ונפק |
| 1987 | | Lv14:22M | די יארע בן ידוי | ויהווי#2/ | ויהוי חד לחטאת' וחד |
| 1988 | | Lv25:28 | ידיה כמסת למחזרה לה | ויהווי | זבונה ביד מן דזבן יתיה עד |
| 1989 | | Lv27:21M | | ותיהוי/ויהווי#2/ | חקלה במפקה דיובילה |
| 1990 | | Nu24:18 | א{ר}<ד>ום ירתו | ויהווי | טורא דגבלה ירתו |
| 1991 | | Gn48:21 | ליוסף הא אנה מיית | ויהווי | ייי עמכון ויחזור יתכון |
| 1992 | | Ex18:19 | שמע בקלי איעץ יתך עצה | ויהווי | ייי עמך הוי את לעמא |
| 1993 | | Nu33:55 | «ד»ארעא מן קדמיכון | ויהווי | ית כל מה די תשיירון מנהון |
| 1994 | | Gn27:40 | ניר מטולהון על צוארך | ויהווי | כד ישבקון בנוי <ד>יעקב |
| 1995 | | Dt17:18 | | ויהווי | כד די יתיב על כורסי |
| 1996 | | Dt29:18 | | ויהווי | כדי שמע ית מילי לווטיה |
| 1997 | | Ex33:07M | ויהווי לה משכנה זמנה | ויהווי | כל דבקר' אולפן |
| 1998 | | Nu21:08M | "אל אתר": על רום | ויהווי | כל דמנכית בחוויה יהוי |
| 1999 | | Dt20:11 | תענה יתכון ותפתח לכון | ויהווי | כל עמא די ישתכחון בגווה |
| 2000 | | Ex33:09M | משה לתרע משכנה נחת | /ויהווי | כמיעליה דמשה למשכנה |
| 2001 | | Lv25:50 | לה עד שתה דיובילה | ויהווי | כסף זבוניה במניין שנין |
| 2002 | | Ex25:20 | | ויהווי | כרובייא פרסין בכנפיהון |
| 2003 | | Ex30:04 | תעבד על תרין סטרוי | ויהווי | לאתרין לאריחיה למטען יתיה |
| 2004 | | Ex30:16 | יתה לפלחן משכן זימנא | ויהווי | לבני ישראל לדכרן טב קדם |
| 2005 | | Nu19:10 | ויהווי מסאב עד רמשה | ויהווי | לבני ישראל ולגיוריה |
| 2006 | | Ex33:07M | "רחיק ... אולפן": | ויהווי | לה משכנה זמנה ויהווי כל |
| 2007 | | Ex 7:09 | וטלק יתיה קדם פרעה | ויהווי | לחיויא: |
| 2008 | | Dt15:17 | באדניה ובתרע בית דינה | ויהווי | לך עבד משעבד ע{ו}ד לעולם |
| 2009 | | Lv25:08 | זמנין מן שובעה שנין | ויהווי | לכון יומי <שבע> שמיטי |
| 2010 | | Nu34:03 | | ויהווי | לכון תחומא מן דרומה מן |
| 2011 | | Nu34:03 | עד תחומיהון דאדומיי | ויהווי | לכון תחום דרומה מן סייפי |
| 2012 | | Nu35:12M | /קרויא#2/ לשיזבו | /ויהווי | לכון קורייתה לשיזבו#2/ |
| 2013 | | Ex 8:12 | ומחי ית עפרא דארעא | ויהווי | לכלמין בכל ארעא דמצרים: |
| 2014 | | Gn17:11 | ותגזרון ית בשר ערלתכו' | ויהווי | לסימן קיים בין ממרי |
| 2015 | | Ex13:16 | | ויהווי | לסימן על אדרעיכון ולדוכרן |
| 2016 | | Dt23:12 | | ^^ויהווי | לעידוני רמשה יסחי במיה |
| 2017 | | Ex 6:07 | יתכון לשמי לעם קדישין | ויהווי | מימרי לכון לאלה פרוק |
| 2018 | | Lv26:12 | וידבר ממרי ביניכון | ויהווי | מימרי לכון לאלה פרוק |
| 2019 | | Dt17:09M | ולוות דייניה | דייהווי/ויהווי#2/ | ממני ביומיא |
| 2020 | | Ex29:45 | שכינתי בגו בני ישראל | ויהווי | ממרי להון לאלה פריק: |
| 2021 | | Lv11:40 | מן נבלתה יחוור לבושוי | ויהווי | מסאב עד רמשא <....>: |
| 2022 | | Lv15:07 | לבושוי ויסחי במיא | ויהווי | מסאב עד רמשא: |

|  |  |  |  |  |  |
|---|---|---|---|---|---|
| 2023 | | Lv17:15 | לבושוי ויסחי במיא | ויהוי | מסאב עד רמשא וידכי: |
| 2024 | | Nu19:10 | קטמא דתורתה ית לבושוי | ויהוי | מסאב עד רמשא ויהוי לבני |
| 2025 | | Nu34:04M | /לטור#2#/ פרזלא | ויהוון/ויהוי#2# | מפ<ק>נו{ק}י מן |
| 2026 | | Nu34:05M | /דמצרים#2#/ | ויהוון/ויהוי#2# | מפ<ק>נו{ק}י למערבה |
| 2027 | | Dt23:15M | קדמיכון | ויהוויין/ויהוי#2# | משירייתכון קדישין |
| 2028 | | Ex 9:09 | כל ארע«א» דמצרים | ויהוי | על בני אינשא ועל בעירא |
| 2029 | | Ex28:35 | | ויהוי | על אהרן למשמשה וישתמע |
| 2030 | | Ex28:37 | יתיה על שזר תכלה | ויהוי | על מצנפתה לקבל אפי מצנפתה |
| 2031 | | Ex28:38 | | ויהוי | על בית אפוי דאהרן ויטען |
| 2032 | | Ex28:38 | לכל מתנת קדשהון | ויהוי | על בית אפוי בתדירא לרעוא |
| 2033 | | Lv27:03 | ועד בר שתין שנין | ויהוי | עלויה חמשין סלעין דכסף |
| 2034 | | Lv27:16 | יקדש גבר לשמה דייי | ויהוי | עלויה לפם זרעה זרע כור |
| 2035 | | Dt32:38 | יקום כען ויפרוק יתהון | ויהוי | עליהון כמגלה: |
| 2036 | | Dt15:09M | \דלא יהווי בך חובה | /ויהוי | עליכון חר#2#/: |
| 2037 | | Dt22:02 | ותעיל יתיה לגו בייתך | ויהוי | עמך עד זמן די יתבע יתיה |
| 2038 | | Ex28:32 | | ויהוי | פם ראשה במיצעה שפמה יהווי |
| 2039 | | Nu11:26M | "ויה[ו]י ...": | ויהוי | תקלה לבני ישראל ומידד |
| 2040 | ויהוויין | Lv25:45M | בארעכון | ויהוון/ויהוויין#2# | לכון לאחסנתה |
| 2041 | | Dt19:03 | יתכון ייי אלהכון | ויהוויין | לכון למערק לתמן כל דקטיל |
| 2042 | | Dt31:17 | אפי רעותי מנהון | ויהוויין | למזון ויארעון יתהון בישן |
| 2043 | | Dt 6:08M | על אדרעיכון | ויהוון/ויהוויין#2# | לתפילין על |
| 2044 | | Lv26:26 | במתק' בתנור חד | ויהוויין | מחזרן לכון לחמכון במתקל |
| 2045 | | Dt23:15 | בעלי דבביכון קדמיכון | ויהוויין | משירייתכון קדישין ולא |
| 2046 | ויהווין | Nu10:02 | נגידן תעבד יתהון | ויהווין | לכון למזמנה עם |
| 2047 | | Nu15:39 | | ויהווין | לכון למצנפן ותחמון יתיה |
| 2048 | ויהוון | Nu35:29 | | ויהוון | אילין לכון לקיים דרין |
| 2049 | | Ex27:07 | ותעל ית אריחיה בעזקיא | ויהוון | אריחיא על תרין סטריה |
| 2050 | | Nu10:08M | /בחצוצרת' | ויהוויין/<ויה>ון#2# | /בחצוצרוותה |
| 2051 | | Gn15:01 | האילין די נפלו קדמיי | ויהוון | בכרכיהון ובמדינתהון |
| 2052 | | Gn28:14 | | ויהוון | בניך כעפרא דארעא ותתקף |
| 2053 | | Nu25:04 | בסנהדרין קדם ייי | ויהוון | דיינין כל מן מתחייב קטלה |
| 2054 | | Dt28:66 | | ו«י»הוון | חייכון תלאין לכון מן |
| 2055 | | Dt20:09 | | ויהוון | כד ישלמון סרכייה לממללה |
| 2056 | | Ex29:28M | | ויהוי/ויהוון#2# | לאהרן ולבנוי |
| 2057 | | Ex 4:09 | מיין די תסב מן נהרא | ויהוון | לאדם ביבשתא: |
| 2058 | | Gn 1:14 | בין אימּמא ובין ליליא | ויהוון | לאתין ולזמנין ולמקדש' |
| 2059 | | Nu36:03 | | ויהוון | לחד מבני שבטיה דבני |
| 2060 | | Lv25:08M | שבע {שנין} זבנין | ויהוון | לכון יומי שבעתי שובי |
| 2061 | | Lv25:45 | די אולידו בארעכון | ויהוון | לכון לאחסנתה: |
| 2062 | | Nu10:08M | /בחצוצרוותה | ויהוון#2# | לכון לקים עלם/דע'#2#/ |
| 2063 | | Nu10:10M | קדשיכון | ויהוון/ויהוון#2# | לכון לדוכרן טב קדם |
| 2064 | | Nu35:12 | | ויהוון | לכון קוריאן לשיזבו מן |
| 2065 | | Dt28:46 | | ויהוון | לכון לאתין ולסימנין |
| 2066 | | Dt31:17M | רעותי מנהון | ויהוויין/ויהוון#2# | למזון ויארעון |
| 2067 | | Nu 7:05 | קבל מלוותהון | ויהוון | למפלח ית פלחן משכן זימנה |
| 2068 | | Nu 8:11 | ויניף אהרן ית לוויי | ויהוון | למפלח ית פ{ו}לחנה דייי: |
| 2069 | | Nu17:03M | אתקדשו/ית'#2# | ויהוויין/ויהוון#2# | לסימן לבני ישראל: |
| 2070 | | Nu 3:12 | וולדה דבני ישראל | ויהוון | לשמי לוויי: |
| 2071 | | Nu 3:45 | דלוויי חלף בעיריהון | ויהוון | לשמי ליוויי אנה ייי: |
| 2072 | | Nu 8:14 | מן גו בני ישראל | ויהוון | לשמי לוויי: |
| 2073 | | Dt 6:08 | לסימן על אדרעיכון | ויהוון | לתפילין על בית אפיכון: |
| 2074 | | Dt11:18 | לסימן על אדרעיכון | ויהוון | לתפילין על בית אפיכון: |
| 2075 | | Ex19:11 | | ויהוון | מזומנים ליומא תליתייא |
| 2076 | | Ex 4:09 | דנהרא ותשפוך ביבשתא | ויהוון | מיין די תסב מן נהרא |

|  |  |  |  |  |  |
|---|---|---|---|---|---|
| 2077 | | Gn 1:15 | | ויהוון | מנהרין ברקיע שמייא למנהרא |
| 2078 | | Gn41:34 | בכל ארעא דמצרים | ויהוון | מפקין חד מן חמשה דעללתה |
| 2079 | | Nu34:12 | ונחת תחומה לירדנה | ויהוון | מפקנוי ימא דמלחה דא |
| 2080 | | Nu34:04 | ויעבר בטור פרזלא | ויהוון | מפ<ק>נו{ק}י מן דרום לרקם |
| 2081 | | Nu34:05 | לקסם לנילוס דמצריי | ויהוון | מפ<ק>נו{ק}י למערבה: |
| 2082 | | Nu34:08 | למעלני אנטוכייה | ויהוון | מפ<ק>נו{ק}י דתחומה |
| 2083 | | Nu34:09 | ונפק תחומה לזפירין | ויהוון | מפ<ק>נו{ק}י טירת ע<נ>בתה |
| 2084 | | Gn27:29 | אחך כל בניה דקטור' | ויהוון | מקדמין ושאלין בשלמך כל |
| 2085 | | Dt33:06 | רשיעיה לעלמא דאתי | ויהוון | עולימוי עם ג«י»ברין |
| 2086 | | Ex28:30 | ית אוריה וית תומי' | ויהוון | על לביה ~ויטעון אהרן ית |
| 2087 | | Ex28:38M | קדשהון | ויהווי/ויהוון#2#/ | על בית אפוי בתדירא |
| 2088 | | Ex28:43 | | ויהוון | על אהרן ועל בנוי |
| 2089 | | Nu31:03 | גברין לחיל קרבה | ויהוון | על מדין למשויא נקמתה |
| 2090 | | Dt 6:06 | | ויהוון | פתגמייה האליין די אנה |
| 2091 | | Lv21:06 | אלההון אינון מקריבין | ויהוון | קדישין: |
| 2092 | | Nu35:03 | | ויהוון | קוריין להון למשריהון |
| 2093 | | Dt33:17 | לבנוי דיוסף למשתעבדה | ויהוון | רמין ומנטלין ועליין על כל |
| 2094 | | Dt28:23 | | ויהוון | שמיא די עלוויכון חסימין |
| 2095 | | Ex26:25 | | ויהוון | תמניא לוחין וחמריהון כסף |
| 2096 | | Gn 2:24 | דאימיה וידבק באתתיה | ויהוון | תריהו' לבשר חד: |
| 2097 | ויהוי | Gn 4:14 | לית אפשר לי למטמרה | ויהוי | קין גלי ומטלטל בארעא |
| 2098 | | Gn30:32 | ונמר וקרח בעזייא | ויהוי | אגרי: |
| 2099 | | Ex 7:19 | מימיהון ויהון לאדם | ויהוי | אדמה בכל ארעא דמצרים |
| 2100 | | Ex12:13 | | ויהוי | אדמה לכון לסימן על בתייה |
| 2101 | | Ex 4:08 | | ויהוי | אין לא יהימנון לך ולא |
| 2102 | | Ex 4:09 | | ויהוי | אין לא יהימנון להוד לתרין |
| 2103 | | Dt 8:19 | | ויהוי | אין מנשיה תנשון ית אולפן |
| 2104 | | Gn12:12 | | ויהוי | ארו' יחמון יתיך מצריה |
| 2105 | | Gn46:33 | | ויהוי | ארום יקרא לכון פרעה ויאמר |
| 2106 | | Ex12:25 | | ויהוי | ארום תיעלון לארעא די יתן |
| 2107 | | Ex13:14 | | ויהוי | ארום ישאלון בניכון למחר |
| 2108 | | Ex22:26 | למשך בשרה במה הוא דמך | ויהוי | ארום יצווח עלך קדמי ואשמע |
| 2109 | | Lv 5:05 | | ויהוי | ארום יתחייב לחדא מן אלין |
| 2110 | | Nu10:32 | | ויהוי | ארום תיתי עמן ויהוי טבה |
| 2111 | | Dt 6:10 | | ויהוי | ארום ייעל{א} יתכון ייי |
| 2112 | | Dt31:21 | | ויהוי | ארום יארען יתהון בישן |
| 2113 | | Ex16:05 | | ויהוי | ביומא שתיתאה ויצנעון ית מה |
| 2114 | | Lv14:09 | | ויהוי | ביומא שביעיה יספר ית כל |
| 2115 | | Ex16:05 | ויצנעון ית מה דייתון | ויהוי | בכפולה על מה די ילקטון |
| 2116 | | Lv13:02 | שומא או קלפה או בהקי | ויהוי | במשך בשריה למכתש צרעה |
| 2117 | | Ex 9:22 | ארכן ית <ידך> לשמיא | ויהוי | ברדא בכל ארעא דמצרים על |
| 2118 | | Lv13:19 | | ויהוי | בתר שיחנא שומא חוורה או |
| 2119 | | Nu16:07 | קטרה קדם ייי למחר | ויהוי | גברא די יתרעי ביה ייי |
| 2120 | | Nu17:20 | | ויהוי | גברא די אתרעי ביה חוטריה |
| 2121 | | Dt18:19 | | ויהוי | גברא די לא ישמע לדיבורי |
| 2122 | | Lv27:15 | בייתיה ויוסף חומש כסף | ויהוי | דידה: |
| 2123 | | Gn18:25 | לממתה זכייה עם חייבא | ויהוי | דינא דזכייא כדינא דחייבא |
| 2124 | | Lv27:10 | מפרגה יפרג בעיר בבעיר | ויהוי | הוא ופרוגיה יהווי קדיש: |
| 2125 | | Lv27:33 | ואין מפרגה יפרג יתיה | ויהוי | הוא ופירוגיה יהווי קדיש |
| 2126 | | Nu33:56 | | ויהוי | היך מה דאתחשבת למעבד להון |
| 2127 | | Lv14:22 | יון מן מה די תרע ידה | ויהוי | חד לחטאת' וחד לעלתה: |
| 2128 | | Dt 7:12 | | ויהוי | חלף די תשמעון ית סדרי |
| 2129 | | Ex10:21 | ייי ארכן ידך לשמיא | ויהוי | חשוכא על ארעא דמצרים |
| 2130 | | Nu10:32 | ויהוי ארום תיתי עמן | ויהוי | טבה הוא די ייטב ייי עמן |

|  |  |  |  |  |  |
|---|---|---|---|---|---|
| 2131 | | Ex12:14 | | ויהוי | יומא הדין לכון לדוכרן טב |
| 2132 | | Lv 5:23 | | ויהוי | יחטא ויתחייב ויחזר ית |
| 2133 | | Gn 3:15 | ובין בניך ובין בנה | ויהוי | כד יהוון בניה נטרין |
| 2134 | | Gn27:40 | אחוך תהוי פלח ומשועבד | ויהוי | כד יהוון בנוי דיעקב |
| 2135 | | Gn44:31 | | ויהוי | כד יחמי ארום ל{וו}<י>ת |
| 2136 | | Ex33:08M | "והוה ... ומתעתדין": | ויהוי | כד יפוק משה למשכנה הוון |
| 2137 | | Nu15:19 | | ויהוי | כד תיכלון מן לחמה דארעא |
| 2138 | | Dt20:02 | | ויהוי | כד תקרבון לסדרי קרבא |
| 2139 | | Nu19:07 | ייעול לגו משריתה | ויהוי | כהנא מסאב ומרחק מן קדשיה |
| 2140 | | Ex12:48 | יהוי כשר למעבד יתיה | ויהוי | כיציביא דארעא וכל |
| 2141 | | Gn 4:14 | קין גלי ומטלטל בארעא | ויהוי | כל די יארע יתה יקטיל |
| 2142 | | Ex18:22 | וידינון ית עמא בכל שעה | ויהוי | כל פתגם רב ייתון יתה |
| 2143 | | Ex26:11 | ותדבק ית משכניה | ויהוי | כלה חד: |
| 2144 | | Ex33:22 | | ויהוי | כמעיבר איקר שכינתי ואשוי |
| 2145 | | Ex29:28 | | ויהוי | לאהרן ולבנוי לקיים עלם |
| 2146 | | Nu11:26 | הא סלוי סלק מן ימא | ויהוי | לישראל לתקלה ומידד הוה |
| 2147 | | Ex 9:09 | | ויהוי | לאבק על כל ארע«א» |
| 2148 | | Dt 5:29 | לווי מן יתן | ויהוי | לבה שלמה ^הדין#2#^ להון |
| 2149 | | Lv27:19M | כסף עלויה עלוי | ותקום/ויהוי#2#/ | לה: |
| 2150 | | Ex21:06 | ית אדניה במרצעא | ויהוי | ליה עבד משתעבד לעלם: |
| 2151 | | Gn 6:21 | די יתאכל ותכנש לוותך | ויהוי | לך ולהון למיכל: |
| 2152 | | Ex13:09 | | ויהוי | לך לאתין על אדרעיכון |
| 2153 | | Ex29:26 | אנפו קדם ייי | ויהוי | לך לחולק: |
| 2154 | | Lv10:15 | למנפה אנפו קדם ייי | ויהוי | לך ולבניך עמך לקיים עלם |
| 2155 | | Ex12:06 | | ויהוי | לכון למטרה עד ארבעת עשר |
| 2156 | | Nu11:20 | דיפוק מנחיריכון | ויהוי | לכון לריחוק חלף די סרבתון |
| 2157 | | Dt19:03M | כל דקטיל/^דיק#2#^/ | /ויהוי | למיעירוק תמן כל דקטל#2#/ |
| 2158 | | Gn31:44 | ונקיים קיים אנא ואת | ויהוי | לסימן ביני ובינך: |
| 2159 | | Ex29:37 | מדבחא ותקדש יתיה | ויהוי | מדבחא קדש קדשין כל די |
| 2160 | | Ex40:10 | מנוי ותקדש ית מדבחה | ויהוי | מדבחה קדש קדשין: |
| 2161 | | Gn41:36 | | ויהוי | מזונא לדכרן טב לארעא |
| 2162 | | Lv13:49 | | ויהוי | מכתשה ירק או סמוק בלבוש |
| 2163 | | Gn17:08M | עילם \ואהוי בממרי | /ויהוי | ממריה#2#/ להון לאלה |
| 2164 | | Ex10:21 | חשוכא על ארעא דמצרים | ויהוי | ממשמש בחשוכא: |
| 2165 | | Lv11:25 | נבלתיהון יחוור לבושי | ויהוי | מסאב עד רמש': |
| 2166 | | Lv11:28 | נבלתהון יחוור לבושוי | ויהוי | מסאב עד רמש' מסאבין אינון |
| 2167 | | Lv11:32 | עבידה בהון במיא יתעל | ויהוי | מסאב עד רמשא וידכא: |
| 2168 | | Lv15:05 | לבושוי ויסחי במיא | ויהוי | מסאב עד רמשא: |
| 2169 | | Lv15:06 | לבושוי ויסחי במיא | ויהוי | מסאב עד רמשה: |
| 2170 | | Lv15:08M | לבושוי ויסחי במיא | ויסתאב/ויהוי | מסאב#2#/ עד רמשא: |
| 2171 | | Lv15:27 | לבושוי ויסחי במיא | ויהוי | מסאב עד רמשא: |
| 2172 | | Nu19:08 | במיא ויסחי בשרה במיא | ויהוי | מסאב עד רמשא: |
| 2173 | | Gn11:04M | \ותיהווי עבד' לקבליה | /ויהוי | מסדר לקובלה#2#/ סדרי |
| 2174 | | Gn 1:06 | רקיעא במציעות מיא | ויהוי | מפרש בין מיא ארע<י>א לבין |
| 2175 | | Ex26:06 | חדה לקבל חדא בפרפיה | ויהוי | משכני כלה חד: |
| 2176 | | Lv 7:31 | כהנא ית תרבה קדם ייי | ויהוי | ניעה לאהרן ולבנוי: |
| 2177 | | Lv27:03 | | ויהוי | עלויה דדכרה מן בר עשרין |
| 2178 | | Lv27:04 | ואן נקבה היא | ויהוי | עלויה תלתין סלעין: |
| 2179 | | Lv27:05 | בר עשרין ^שנין#2#^ | ויהוי | עלויה דדיכרה עשרין סלעין |
| 2180 | | Lv27:06 | ירח ועד בר חמש שנין | ויהוי | עלויה דדכרה חמש סלעין |
| 2181 | | Lv27:07 | שנין ולעיל אין דכר | ויהוי | עלויה חמשה עשר סלעין דכסף |
| 2182 | | Ex21:06M | ימינ' בא{ר}<ב>רזי' | ויהוי | פלח עמא עד שתא |
| 2183 | | Ex40:09 | ותקדש יתי' וכל מנוי | ויהוי | קדש: |
| 2184 | | Gn17:13 | בתיכון וזביני כספכון | ויהוי | קיימי בבשרכון לקיים עלם: |
| 2185 | | Dt17:19M | \ותיהווי עמיה | ויהוי | קרי ביה כל יומוי חיויי |
| 2186 | | Gn17:05 | תוב ית שמך אבר' | ויהוי | שמך אברהם ארום לקהל כנשת |
| 2187 | | Ex32:12 | חזור כען מן תקף רוגזך | ויהוי | תהו קדמך על בישתא די אמרת |
| 2188 | | Dt31:26 | קיימה דייי אלהכון | ויהוי | תמן לכון לסהד: |
| 2189 | ויהויין | Nu10:08 | יתקעון בחצוצרת' | ויהויין | לכון לקים עלם לדריכון: |
| 2190 | | Nu17:03 | יתהון קדם ייי אתקדשו | ויהויין | לסימן לבני ישראל: |
| 2191 | ויהוין | Nu10:10 | ועל נכסי קדשיכון | ויהוין | לכון לדוכרן טב קדם אלהכון |
| 2192 | ויהון | Ex 7:19 | בית כנישת{א} מימיהון | ויהון | לאדם ויהוי אדמה בכל ארעא |
| 2193 | | Gn28:11M | למיפק ארבע משיריין | ויהון | לעם חד ושכיב באתרא ההוא |
| 2194 | | Ex26:24 | | ויהון | מתכוונין מן מלרע וכחדא |
| 2195 | | Ex30:29 | ותקדש יתהון | ויהון | קדש קדשין כל דקרב בהון |
| 2196 | | Nu 8:11M | מן בני ישראל | ויהוון/ויהון#2#/ | למפלח/למיפלוח#2#/ |
| 2197 | ויהי | Lv14:53M | למברא לקרתה לאפי ברא | ויהי | אין יטי{ני}<מ>וס הוא |
| 2198 | | Lv27:33M | יפרג יתיה | ויהוי/ויהי#2#/ | הוא ופירוגיה יהווי |
| 2199 | | Gn 9:14 | | ויהי | כד יהוון ענניא פרסין על |
| 2200 | וייהוון | Ex25:37M | מן כל קבל /בוצינ' | וייהוון | מנהרין כלוקבל#2#/ אפיה: |
| 2201 | ונהווי | Gn47:19 | יתן וית ארעאן בלחמא | ונהווי | אנן וארען עבדין לפרעה והב |
| 2202 | ונהוי | Gn27:12 | דלמה דימוש יתי אבא | ונהוי | באפוי כמגחך בה ואייתי עלי |
| 2203 | | Gn22:10M | וישתכח קרבנן פסיל | ונהוי | חייב מות בידי שמייא |
| 2204 | | Gn47:25 | חן וחסד באפוי דרבוני | ונהוי | עבדין לפרעה: |
| 2205 | וני' | Gn27:12M | /הא דלמא די ימשמש | וני'#2#/ | באפוי כמגחך בה ואייתי |
| 2206 | וניהווי | Gn34:16 | נסב לון ונשרי עמכון | וניהווי | {כולה} כולן לאומה חדה: |
| 2207 | | Gn47:25M | דרבונן#2#/ | ונהוי/וניהווי#2#/ | עבדין לפרעה: |
| 2208 | ותהווי | Gn17:16 | לך מנה בר וברכת יתה | ותהווי | לאומין ומלכין דשלטין |
| 2209 | | Gn48:04 | מתוקף יתך ומסגי יתך | ותהווי | לקהל כנישת אומין צדיקין |
| 2210 | | Dt28:26 | | ותהווי | נבילתכון למזון לכל עופה |
| 2211 | | Dt21:03 | | ותהווי | קרתה די קריבה לק«ט»ילה |
| 2212 | | Lv15:24M | מזדמנה יזדמן גבר עמה | ותהווי | ריחוק נדתה עלוי יסתאב |
| 2213 | ותהוויין | Nu36:11M | | <והוויין>/ותהוויין#2#/ | מחלה תרצה |
| 2214 | ותהווין | Dt11:19 | ותלפון יתהון לבניכון | ותהווין | הגיין בהון במייתביכון |
| 2215 | | Ex 1:16M | מתברייא /בילדותכם | ותהווין | מסתכלן על מדבריהן#2#/ |
| 2216 | ותהוון | Dt 6:07 | ותתנון יתהון לבניכון | ותהוון | הגיין בכון במייתבכון בגו |
| 2217 | | Nu32:22 | ומן בתר כדן תחזרון | ותהוון | זכיין מן קדם ייי ומן |
| 2218 | | Dt28:29 | ולא יצלחן אורחתכון | ותהוון | להוד עציין וגזילין כל |
| 2219 | | Dt16:15 | ובכל עובד ידיכון | ותהוון | לחוד {ח} עמי חדיין: |
| 2220 | | Dt28:13 | למלכין ולא להדיוטין | ותהוון | «לחוד» רמין לעיל ולא |
| 2221 | | Dt28:33 | אומה די לא חכמתון יתה | ותהוון | לחוד עצן ורציצין כל |
| 2222 | | Dt28:25 | תערקון מן קדמיהון | ותהוון | לריחוק לכל מלכוותה דארעא: |
| 2223 | | Ex19:05 | ממרי ותטרון ית קיימי | ותהוון | לשמי לעם חביבין היך סגלה |
| 2224 | | Lv20:26 | | ותהוון | לשמי קדישין ארום קדיש אנה |
| 2225 | | Dt28:34 | | ותהוון | משגעין מן חזיו עייניכון |
| 2226 | | Dt28:32 | אחרי ועייניכון חמיין | ותהוון | סייפין עליהון כל יומייא |
| 2227 | | Dt12:05 | לבית מוקדשה תתבעון | ותהוון | עלין בדחלה: |
| 2228 | | Lv11:45 | לכון לאלה פרוק | ותהוון | קדישין ארום קדיש אנא: |
| 2229 | | Lv20:07 | ותתקדשון | ותהוון | קדישין ארום אנה ייי |
| 2230 | | Nu15:40 | ית כל פיקודיי | ותהוון | קדישין קדם ייי אלהכון: |
| 2231 | ותהוי | Gn24:44M | ותימר/ | <ו>תהוי | <אמרת>#2#/ לי אף |
| 2232 | | Gn24:51 | רבקה קדמיך דבר ואזל | ותהוי | אתא לבריה דריבוני היך מה |
| 2233 | | Gn24:41 | ואן לא יתנון לך | ותהוי | זכיי מן שבועתי: |
| 2234 | | Gn17:16M | מנה לך ביר ואברך יתך | ותהוי | לאומין סגין ומלכין |
| 2235 | | Gn12:02 | יתך ואתוקף ית שמך | ותהוי | לברכן: |
| 2236 | | Ex30:21 | ורגליהון ולא ימותון | ותהוי | להון לקיים עלם להון |
| 2237 | | Lv24:07 | על סדורה לבונה ברירה | ותהוי | ללחם לאדכרה קדם ייי: |
| 2238 | | Ex40:15 | קדמיי בכהונתה רבתה | ותהוי | למהווי להון רבותהון לכהנא |

| | | | | | |
|---|---|---|---|---|---|
| 2239 | | Gn17:04 | אנה הא קיימי עמך | ותהוי | לקהל כנשת אומין |
| 2240 | | Gn28:03 | ויתקף יתך ויסגי יתך | ותהוי | לקהל כנישתא אומין צדיקין: |
| 2241 | | Ex34:02 | | ותהוי | מזמן לצפרא ותסק בצפרא |
| 2242 | | Ex27:05 | סובבה דמדבחא מן לרע | ותהוי | מצדתא עד פלגא דמדבחא: |
| 2243 | | Gn32:09 | ויקטו«ל» יתיה | ותהוי | משריתה דמשת{ר}יי<ר>ה |
| 2244 | | Gn 9:16 | | ותהוי | קשתא בעננא ואחמי יתה |
| 2245 | | Gn24:14 | | ותהוי | רביתה די א«י»מר לה |
| 2246 | ותהון | Gn 3:05 | מינה ויתפתחן עיינכון | ותהון | כמלאכין מן קדם ייי ידעין |
| 2247 | | Lv11:44 | ייי אלהכון ותתקדשון | ותהון | קדישין ארום קדיש אנה ולא |
| 2248 | ותהי | Lv16:29 | | ותהי | לכון לקיים עלם בירחה |
| 2249 | | Ex40:15M | בכהונתה רבתה | ותהוי/ותהי#2/ | למהווי להון רבותהון |
| 2250 | | Gn 9:13 | ית קשתי^א#2#^שוי בעננא | ותהי | לסימן קים בין ממרי ובין |
| 2251 | | Lv15:24 | ואם משמשה ישמש גבר עמה | ותהי | נדתה עלוי יהוי מסאב שבעה |
| 2252 | ותיהווי | Nu32:22 | ייי ומן ישראל | ותיהווי | ארעא חדה לכון אחסנה קדם |
| 2253 | | Nu19:10M | מסאב עד רמשה | ויהווי/ותיהווי#2/ | לבני ישראל |
| 2254 | | Nu27:11 | מן זרעיתיה וירת יתה | ותיהווי | לבני ישראל לקיים דרין |
| 2255 | | Nu25:13 | | ותיהווי | ליה ולזרעית מן בתריה קים |
| 2256 | | Nu10:31M | ית משריין במדברה | ותיהווי | לן מחווינ׳ דעיינין |
| 2257 | | Gn11:04 | סגדה ונתן חרבא בידיה | ותיהווי | עבד׳ לקבליה סדרי קרבא |
| 2258 | | Dt17:19M | | \ותיהווי | עמיה ויהוי קרי ביה כל |
| 2259 | | Gn45:10 | ותשרי בארעא דגושן | ותיהווי | קריב לוותי את ובניך ובני |
| 2260 | | Lv25:06 | | ותיהווי | שמיטתה דארעא לכון למיכל |
| 2261 | ותיהוון | Ex30:21M | ולא ימותון | ותהוי/ותיהוון#2/ | להון לקיים עלם |
| 2262 | | Dt28:37M | \ותיהוי לצדו למתלין | ותיהוון/ | לשאמום למתלין#2/ |
| 2263 | | Dt28:29 | | ותיהוון | מגששין בטהריה היך מה |
| 2264 | ותיהוי | Nu24:18 | | ות«י»הוי | א{ר}<ד>ום ירתו ויהווי |
| 2265 | | Nu 5:27 | וישקי יתה ית מיא | ותיהוי | אין איסתאבת ותשקר שקר |
| 2266 | | Lv26:33 | ואגרי בתרכון שלפי חרב | ותיהוי | ארעכון צדי וקורייכון |
| 2267 | | Nu 5:27 | כרסה ותתמסי ירכה | ותיהוי | אתתה לל{י}<ו>ט בגו עמה: |
| 2268 | | Lv16:34 | | ותיהוי | דא לכון לקים עלם למכפר׳ |
| 2269 | | Lv27:21 | | ותיהוי | חקלה במפקה דיובילה קדש |
| 2270 | | Lv24:09 | | ותיהוי | לאהרן ולבנוי ויאכלון יתה |
| 2271 | | Nu19:21 | | ותיהוי | להון לקיים עלם ומן דמדי |
| 2272 | | Lv 5:13 | וישתרי וישתביק ליה | ותיהוי | לכהנא כמנחתה: |
| 2273 | | Nu19:09 | משריתה באתר דכי | ותיהוי | לכנישתה דבני ישראל למטרה |
| 2274 | | Nu10:31 | שרין ונטלין במדברה | ותיהוי | לן לסהדותה: |
| 2275 | | Dt28:37 | | ותיהוי | לצדו למתלין ולתנויין בכל |
| 2276 | | Lv13:24 | במשכה כוויה דאשה | ותיהוי | מחת דיכויתה בהקי חוורה |
| 2277 | | Lv25:29 | קריה מקפה שור | ותיהוי | פרקוניה עד דתשלם שנת |
| 2278 | | Dt13:17 | גמיר קדם ייי אלהכון | ותיהוי | צדי לעולם לא תתבני תוב: |
| 2279 | ולמהווי | Gn19:09M | /למתותב{ב}ה בינינן | ולמהווי#2/ | דין דינינן כדון נבאש |
| 2280 | | Gn18:12 | למחזר ליומי טליותי | ולמהווי | לי עדויין ורבוני אברהם |
| 2281 | | Dt26:19 | ולתושבחה ולרוממי | ולמהווי | ל{י}שמיה לעם קדישין קדם |
| 2282 | ולמהוון | Dt26:19M | ליקר ולשם ולתושבחתה | ולמהוון | עם |
| 2283 | ולמהוי | Gn 1:18 | | ולמהוי | שליט באימּמא ובליליא |
| 2284 | להווי | Ex 9:28M | ייי וימנע מן | למהוי/להווי#2/ | קלי מן קדם ייי וברד |
| 2285 | למהווי | Ex11:06M | וכוותה לא תוסף | למחז/למהווי#2/: | |
| 2286 | | Gn 2:18M | /ממריה דייי לא שפר | למהוי | אדם לבלחודוי#2/ אעבד |
| 2287 | | Gn17:07 | לדריהון לקיים עלם | למהווי | במימרי לך לאלה ולבניך |
| 2288 | | Dt25:13 | נסב בה ומתקל זעיר | למהווי | יהב בה: |
| 2289 | | Ex10:14M | כדן /ובתריה לא יוסף | למהווי | כן#2/: |
| 2290 | | Gn18:11 | ועלו ביומיא אתמנע מן | למהווי | לשרה אורח {כנס} כנשיא: |
| 2291 | | Ex40:15 | בכהונתה רבתה ותהוי | למהווי | להון רבותהון לכהנא לעלם |
| 2292 | | Nu21:19 | להון בירא מתנה חזרת | למהווי | להון לנחלין מתגברין ומן |
| 2293 | | Ex23:01 | לא תשותף ידך עם חייבה | למהווי | ליה סהד שקר: |
| 2294 | | Lv11:45 | ארעא דמצרים למהוי | {למהווי} | לכון לאלה פרוק ותהוון |
| 2295 | | Dt26:18 | אמלך יתכון יומא הדין | למהווי | לשמא לעם חביבין היך סגולה |
| 2296 | | Dt 4:20 | כורה דפרזלה מן מצרים | למהווי | לשמה דייי לעם אחסנה כיומא |
| 2297 | | Lv20:26 | יתכון מן אומייה | למהווי | לשמי: |
| 2298 | | Gn44:18 | דחיל וכדון חזרו דינך | למהווי | מדמיין לדינוי דפרעה רבך: |
| 2299 | | Dt25:13 | רב ומתקל זעיר מתקל רב | למהווי | נסב בה ומתקל זעיר למהווי |
| 2300 | | Nu21:19 | לנחלין מתגברין חזרת | למהווי | סלקה עמהון לריש טוריה |
| 2301 | | Gn 2:15M | ואצנע יתיה בגינתה | למהווי#2/ | פלח באורית׳ ולמטור |
| 2302 | | Ex 8:18 | עמי שריין עלה די לא | למהווי | תמן ערב{ו}<ר>ובא מן בגלל |
| 2303 | למהוויין | Gn30:41M | /במו<ר>כיותא | למהוויין | מתחמן בחוט׳#2/: |
| 2304 | למהוויין | Ex28:28M | בשזר דתכלה | למיהוה/למהווין#2/ | על המיינה דאפודה |
| 2305 | למהוון | Gn22:14M | דריא ועתידין למקום | למהוון | אמרין |
| 2306 | | Nu 9:08M | דעתיד למקום בתר משה | למהוון | זריזין בדיני ממונה ומתי׳ |
| 2307 | | Dt 4:20M | לשמה דייי לעם אחסנה | /למהוון | ליה לעם חביבין היך |
| 2308 | | Dt14:02M | ייי \למהוי לשמיה | /למהוון | ליה#2/ לעם חביבין היך |
| 2309 | | Dt26:18M | יומא הדין | למהווי/למהוון#2/ | לשמא לעם חביבין |
| 2310 | | Lv20:26M | מן אומייה | למהווי/למהוון#2/ | לשמי: |
| 2311 | | Dt 7:06M | ייי אלהכון | למהוי/למהוון#2/ | לשמיה לעם חביבין |
| 2312 | | Lv24:12M | למקום בתר משה | למהוון | מתינין בדיני נפשתה |
| 2313 | | Nu15:34M | למקום בתר משה | למהוון | מתינין בדיני{ה} נפשתה |
| 2314 | | Lv26:01M | קדמה ארום אנה ייי | /למהוון | סגדין עליה אנה הוא |
| 2315 | | Ex31:16M | למעבד ית יום שבתא\ | /למהוון | עבדין ית יומא דשב׳#2/ |
| 2316 | | Ex13:21M | למנהרא להון | למהוי/למהוון#2/ | מהלכין/אזלין#2/ |
| 2317 | למהוי | Gn40:18M | פרעה \למגזר גזרן | /למהוי | גזר גזרין#2/ בישא על |
| 2318 | | Gn10:08 | ית נמרוד הוא שרי | למהוי | גיבר באר׳: |
| 2319 | | Gn19:09 | בינינן והא הוא בעי | למהוי | דין דינינן כדון נבאש לך |
| 2320 | | Ex36:18 | חמשין למדבק ית משכנא | למהוי | כלה חד: |
| 2321 | | Gn34:22 | לנא גברייא למשרי עמן | למהוי | לאומא חדא במגזר לנא כל |
| 2322 | | Gn25:22M | אית לי חיין | למהוי | לי בנין ואזלת למתבוע |
| 2323 | | Lv11:45 | מן ארעא דמצרים | למהוי | {למהווי} לכון לאלה פרוק |
| 2324 | | Dt 7:06 | בכון אתרעי ייי אלהכון | למהוי | לשמיה לעם חביבין היך |
| 2325 | | Dt14:02 | ובכון אתרעי ייי | למהוי | לשמיה לעם חביבין היך |
| 2326 | | Ex13:21 | דאישתא למנהרא להון | למהוי | מהלכין בימּמא ובליליא: |
| 2327 | | Gn34:31M | \הוא דיהוון אמרין | /למהוי | מית<אמר>#2/ בכנישתיהון |
| 2328 | | Dt 5:20 | «וילפון לחוד אינון» | למהוי | מסהדין {מ}<ס>הדי דשקר |
| 2329 | | Lv22:27 | טבייה וזמן בנוי | למהוי | מצליין ואמרין דידהון בשעת |
| 2330 | | Gn 4:16 | דחטא וקטל להבל חזרת | למהוי | מרביה קדמו כו{כ}<ב>ין |
| 2331 | | Ex14:25 | ארחין דמולותוה | למהוי | נגדין בגלג«לי» וקיסי |
| 2332 | | Ex14:25 | בגלג«לי» וקיסי חזרו | למהוי | נגדין כמולותיה ורמין |
| 2333 | | Nu21:19M | נחלין שטפין חזרת | למהוי | נחתה עמהון {לא} |
| 2334 | | Nu21:20M | בתר דחזרת | למהוי | סלקה עמהון לראשי טורייה |
| 2335 | | Gn 4:26 | בכדין שרו בני אנשא | למהוי | עבדין להון טעון ומכניין |
| 2336 | | Ex20:13 | וילפון לחוד אינון | למהוי | עם קטולין ארום בחובי |
| 2337 | | Ex20:14 | וילפון לחוד אינון | למהוי | עם גיורין ארום בחובי |
| 2338 | | Ex20:15 | וילפון לחוד אינון | למהוי | עם גנבין ארום בחובי גנביא |
| 2339 | | Ex20:16 | וילפון לחוד אינון | למהוי | עם סהדי שקרא ארום בחובי |
| 2340 | | Ex20:17 | וילפון לחוד אינון | למהוי | עם חמודין לא יתחמד גבר |
| 2341 | | Dt 5:19 | וילפון לחוד אינון | למהוי | עם גנבין ארום בחובי |
| 2342 | | Dt 5:20M | "למהוי ... דשקר" | למהוי | עם משהדי שקרא |
| 2343 | | Dt 5:21 | וילפון לחוד אנון | למהוי | עם חמודין ולא יתחמד אנש |
| 2344 | | Gn39:10 | עמה בעלמ׳ הדין דלהא | למהוי | עמה לעלמא דאתי: |
| 2345 | | Gn 2:05 | עד כדון לא את«ברי» | למהוי | פלח בארעא: |
| 2346 | | Gn 2:15 | יתיה בגנתא דעדן | למהוי | פלח באורית׳ ולמטור |

2347 Gn 9:20M /גברא#2/ צדיקא למפלח/למהוי פלח#2/ בארעא ונצב \
2348 Ex 9:28 צלון קדם ייי וימנע מן למהוי קלי מן קדם ייי וברד ואשלח
2349 Gn 1:16 רברביא ית נהורא רבה למהוי שליט באיממא וית נהורא
2350 Gn 1:16 וית נהורא זעירא למהוי שליט בליליא וית סדור
2351 Ex10:28 ברם צבי אנה לממות ולא למהוי שמע {מי} מליך אזדהר לך
2352 למהון Ex14:25M "למהוי ... עמא": <ל>מהון נגדן לגלגלי חורן גלגלי
2353 למיהוה Ex28:28 דאפודה בשזר דתכלה למיהוה על המיינה דאפודה ולא יזוע
2354 למיהווי Dt24:06M לית אתון רשאין למיהווי אסרין חתנין וכלתין
2355 Lv26:45 דמצרים לעיני אומייה למיהווי במימרי להון לאלה פרוק
2356 Dt25:13M מתקלין רברבין למיהווי זבן בהון ומתקלין זעורין
2357 Dt25:14M מכלן ומכלן מכלה רבה למיהווי זבן בה ומכלה זעורה
2358 Dt25:14 נסב בה ומכלה זעירה למיהווי יהב בה:
2359 Dt26:17 עליכון יומא הדין למיהווי לכון לאלה פרוק למהלכה
2360 Dt25:13M בהון ומתקלין זעורין למיהווי מזבן בהון
2361 Dt25:14M זבן בה ומכלה זעורה למיהווי מזבן בה{ון}
2362 Dt25:14 זעי{ו}רה מכלה רבה למיהווי נסב בה ומכלה זעירה
2363 Dt 5:17 וילפון לחוד אינון למיהווי עם קטולין ארום בחובי
2364 Dt 5:18 וילפון לחוד אינון למיהווי עם גייורין ארום בחובי
2365 Ex10:28M בעי אנא למימות ולא למיהווי שמע למיליך אזדהר לך דלא
2366 למיהוון Dt11:18M על אדרעיכון ויהוון/למיהוון#2/ לתפילין על
2367 למיהוי Gn22:14 דיקומ«ון» מבתרה למיהוי אמרין בטור מקדשא דייי
2368 Lv22:33 מן ארעא דמצרים למיהוי במימרי לכון לאלה פרוק אנה
2369 Ex 4:07 יתה מן חוביה והא חזרת למיהוי כבשרה:
2370 Lv26:13 מן ארעא דמצרים מן למיהוי להון עבדין משעבדין ותברית
2371 Nu15:41 יתכון מן ארעא דמצרים למיהוי לכון לאלה פרוק אנה
2372 Lv25:38 לכון ית ארעא דמצרים למיהוי ממרי לכון לאלה פרוק:
2373 Gn31:21M ברוח קודשא דתמן עתיד למיהוי ש{ה}<יז>ב{י}<ו>תא
2374 למיהון Ex14:25M חזרן גלגלי לרידוותא למיהון נגדן למולוותא' ורמין על
2375 Ex13:10M קיימה הדין בזימנא למיהון עבדין יתיה מין אלין
2376 מידהווינן Nu31:50 ית קרבנה דייי גבר מידהווינן עללין בבתיהון דמדייני

## [הוך] *vb.* to go, to proceed [161]

001 יהך peal Dt20:08M ליבה מן חובה די בידיה יהך ויחזור לבייתיה ולא יגרום
002 תהכון Gn13:07M /צדיקא למ' לא ת<ה>כון/#2/ לכנעניא ופריזיא עד
003 Lv20:23M ולא תהלכון/תהכון#2/ בנימוסי/בקיימי#2/
See also: הלך *vb.*

## הוץ *n.* (unclear) [!!]

001 הוצא s em/sf Nu25:08M \לגו קהלא /לוות הוצא#2/ ודקר ית תריהון ית גברא

## הזייה *(v.)n.* sprinkling [!!]

001 הזייה s ab/cn Nu31:23M במי \אדיה ידכא /הזייה יתי#2/ וכל מה די לא

## היא *pron.* she [161]

001 הי Gn35:06 לוזה די בארעא דכנען הי ביתאל הוא וכל עמא די עימיה:
002 Ex10:29 מנך ומחתה הדא עשירייה הי לפרעה מן בכוריה דפרעה ישרי:
003 הי' Gn12:18 וקרא פרעה לאברם ואמר מה הי' דא דעבדת לי למה כען לא
004 היא Gn12:18 לא תנית לי ארום אתתך היא:
005 Gn31:43M ועני מן ענה דידי היא
006 Ex29:22 ארום דכרא דאשלמותא היא:
007 Lv 2:06 ותריק עלה משח מנחתה היא:
008 Lv 2:15 ותשוי עליה לבונ' מנחתה היא:
009 Lv 4:24 ית עלתה קדם ייי חטאתה היא:
010 Lv 5:11 עליה לבונה ארום חטאתא היא:
011 Lv 5:12 על קרבנוי דייי חטאתה היא:
012 Lv 6:22M יתה קדש קדשין הוא/היא#2/:
013 Lv10:12 למדבחה ארום קדש קדשין היא:
014 Lv13:25 ויסאב יתיה כהנא צרעה היא:
015 Lv13:28 כהנא ארום שומת כוותיה היא:
016 Lv15:03 בשרה מן דובה סאובתיה היא:
017 Lv15:25 ריחוק נדתה תהוי מסאבה היא:
018 Lv18:12 תבזי קריבת בשרה דאבוך היא:
019 Lv18:13 ארום קריב' בשרה דאמך היא:
020 Lv18:14 ולאתתה לא תקרב חביבתך היא:
021 Lv18:16 לא תבזי עריתה דאחוך היא:
022 Lv18:17 קריבת בשר אינון זנו היא:
023 Lv18:22 תשמש תשמיש דאתה מרחקה היא:
024 Lv18:23 בעיר למשמשה עמה מרחקה היא:
025 Nu19:09 למטרה למי אדיא חסאת היא:
026 Dt30:11 היא מנכון ולא רחיקה היא:
027 Nu24:19 דמתחייב מן כרכה חייבא היא <....>:
028 Gn15:12M ייוון נפלת עלוהי דא היא <....> ומן בתר כדין תהדר
029 Gn15:12 היא יון נפלת עלוהי דא {{היא אדום רשיעא דעתידא למיפל
030 Gn25:01M "קטורה": היא הגר דהות קטירא ליה
031 Gn23:02 בקרתהון דארבעתי אבהתא היא חברון בארעא דכנען ואתה
032 Gn23:02M אבהתא היא /דגובריה היא#2/ חברון בארעא דכנען
033 Gn23:19 כפילא די כל קובל מימרא היא חברון בארעא דכנען:
034 Gn35:27 ממרא קרתהון דגיבריא היא חברון דאתותב תמן אברהם
035 Gn29:25 והוה בצפרא והא ה«י»א לא' ואמר ללבן מה היא
036 Gn18:09 ואמרין ליה אן היא שרה אתתך ואמר הא היא
037 Gn38:25 מיניה אנה מעברה וזכאה היא תמר כלתי מיני היא מעברה
038 Gn38:26 וחכם יהודה ואמר זכאה היא תמר כלתי בגין כך לא אסבת
039 Gn15:12 קיימא עלוהי "אימה" דא היא בבל "חשכה" דא היא מדי
040 Gn15:12M ית בנוי אימתא דא היא בבל קיבלא דא היא מידי
041 Nu22:39M לקרתה דבתרין שוקה היא בית דיב'#2/:
042 Gn35:19 ואתקברת בארחא דאפרתה היא בית לחם:
043 Gn48:07 יתה תמן באורחא דאפרת היא בית לחם:
044 Gn14:02 ומלכא דקרתא דבלעת דיירי היא זער:
045 Gn14:08 דקרת<ה> דבלעת דייריה היא זער וסדרו לקבלתהון סדרי
046 Dt34:03 קרתה דעבדה תומרין היא זער:
047 Gn15:12 דא היא מדי "גדולה" דא היא יון נפלת עלוהי דא {{היא
048 Gn15:12M מידי סגיא{ת}<ה> דא היא ייוון נפלת עלוהי דא היא
049 Gn15:12 דא היא בבל "חשכה" דא היא מדי "גדולה" דא היא יון
050 Gn15:12M דא היא בבל קיבלא דא היא מידי סגיא{ת}<ה> דא היא
051 Ex10:07 תדע ארום מישתייציא היא מצרים:
052 Nu22:39 בלק ועלו לכרכה דמלכותה היא מרישה:
053 Gn14:07 וחזרו ועלו לעין דינא היא רקם וקטלו ית כל תחומהון
054 Nu33:36 ושרון במדברה דצין היא רקם:
055 Gn28:10 ואשכח כולהון לאבן חדא היא אבנא דאקים קיימא ואריק משח
056 Nu13:19 דאינון שריין בה הא טבה היא או בישה ומה קרייתה די
057 Gn 3:24M ברם פירי אילן חייא היא אוריית' כל מן {ה}<ד>נטר
058 Gn 3:24 הדין ארום אילן דחיין היא אורייתא לכל מן דלעי בה
059 Gn 3:24 חייא לעלמא דאתי טבא היא אורייתא לפלחי בעלמא הדין
060 Dt30:12 לא בשמיא היא אוריתה למימר לווי הוה לן
061 Dt30:13 ולא מן עבר לימה רבה היא אוריתה למימר לווי הוה לן
062 Lv25:33 ארום בתי קרוי ליוויי היא אחסנת{כ}<ה>ון בגו בני

|  |  |  |  |  |
|---|---|---|---|---|
| 063 | Gn37:32 | חכם כען אן פרגודה דבריך | היא | אי לא: |
| 064 | Gn20:05M | אחתי היא והיא \לחוד | היא#2#/ | אמרת אחי הוא בתמימות |
| 065 | Gn26:07 | על אתתיה ואמרו אחתי | היא | ארום דחל למימר אתתיה היא |
| 066 | Gn38:16 | לא הוה ידע ארום כלתה | היא | {ארום תעול לוותי} ואמרת מה |
| 067 | Nu16:13 | הא זעירא | היא | ארום אסקת יתן מן ארעא עבדה |
| 068 | Ex 9:29 | דתדע ארום דייי | ה{ו}<י>א | ארעא: |
| 069 | Dt 1:25 | יתן פתגם ואמרין טבא | היא | ארעא דייי אלהן י{ת}<ה>ב |
| 070 | Nu22:30M | הלא אנא | היא | אתנ[א] די רכ׳ |
| 071 | Gn24:44M | /ולחוד לגמלך אשק׳ | היא#2#/ | אתתא די זמן ייי לברה |
| 072 | Gn24:44 | את שתי ואף לגמליך אמלא | היא | אתתא די זמן ייי לברה |
| 073 | Nu21:16M | אמר ייי /סלקית באירה | היא | באירה די אמ׳ מימריה |
| 074 | Lv22:12 | ארום תתנסב לגבר חילוני | היא | באפרשות קדשייה לא תאכל: |
| 075 | Gn47:06 | ארעא דמצרים קדמיך | היא | בבית שפר ארעא אשרי ית אבוך |
| 076 | Lv14:44 | מכתשה בביתה צרעה מחלטה | היא | בביתה מסאב הוא: |
| 077 | Gn 2:25 | כדון לא הוון ידעין מה | היא | בהתתה: |
| 078 | Ex15:06M | משבחא | היא | בחיילא ימינך ייי דרצצת |
| 079 | Ex15:06 | ימנך ייי מה הדירא | היא | בחילא ימינך ייי תברת פרעה |
| 080 | Gn16:14 | עלה קיים כל עלמייא הא | היא | בין רקם ובין חלוצה: |
| 081 | Ex31:13M | תטרון ארום סימן | הוא/היא#2#/ | ביני וביניכון לדריכון |
| 082 | Nu21:16 | ומן תמן אתיהבת להון בירה | היא | בירא די אמר ייי לאהרן |
| 083 | Lv13:25 | וחזוה מכיך מן משכה צרעה | היא | בכוותיה הלכת ויסאב יתיה |
| 084 | Lv13:55 | בנורא תוקדון יתיה פחיתה | היא | בכליותה או בחדתותיה: |
| 085 | Lv13:04 | ואין בהקי חוורה | היא | במשך בשרה ומכיך לית חזוה |
| 086 | Lv13:11 | ^צרע{ת}<ה>#2#^ מחלפה | היא | במשך בשריה ויסאב יתה כהנא |
| 087 | Gn18:09 | היא שרה אתתך ואמר הא | היא | במשכנא: |
| 088 | Lv13:52 | מכתשה ארום צרעה מחלטה | היא | בנורא תתוקד: |
| 089 | Lv13:57 | או בכל מן דמשך מהלכה | היא | בנורא תוקדון יתיה ית מנה |
| 090 | Lv20:14 | ית אתה וית אמה מרחקה | היא | בנורא תוקדון יתיה וית |
| 091 | Gn22:20 | למימר הא ילדת מלכא אף | היא | בנין לנחור אחוך: |
| 092 | Lv13:42 | חוור סמוק צרעה מהלכה | היא | בקרחתה או בגלשונתה: |
| 093 | Lv13:42M | היא /סמקה צרעה פרחה | היא#2#/ | בקרחתה או בגלשונתה |
| 094 | Lv13:20 | וי׳ ית׳ כהנא מכתש צרעה | היא | בשחנה הלכת: |
| 095 | Gn34:21 | בה וארעא הא פתיא | היא | בתחומה קדמיהון ית בנתהון |
| 096 | Dt 2:20 | ארע דגיברין תתחשב לחוד | היא | גיברין שרון בגווה |
| 097 | Gn 4:10 | ואמר מה | היא | דא דעבדת קלא אדמהון |
| 098 | Gn12:12 | יתיך מצריה וימרון אתתיה | היא | דא ויקט׳ יתי ויתך יקיימון: |
| 099 | Gn20:09M | מה \עבדת לנא ומה חטאנא | /היא | דא דעבדת לנו ומה חטינן#2# |
| 100 | Gn26:10 | ואמר אבימלך מה | היא | דא דעבדית לנא הא בקליל |
| 101 | Gn30:15 | ואמרת לה הא זעירא | היא | דא די נסבת ית בעלי ואת |
| 102 | Ex14:05 | לוות עמא ואמרין מה | היא | דא דעבדנן ארום שלחנן ית |
| 103 | Ex14:11 | למקטלה יתן במדברא מה | היא | דא דעבדת לנא למפקה יתן מן |
| 104 | Nu16:09 | הא זעירא | היא | דא מנכון ארום אפרש אלה |
| 105 | Gn 3:13 | ואמר ייי אלהים לאתתא מה | היא | דא׳די עבדית ואמרת אתתא |
| 106 | Gn27:20M | לברה מה \כען אוחת | /היא | דאזרזת#2#/ למשכחי ברי |
| 107 | Nu28:02 | מקרבין קדמיי הלא אשתא | היא | דאכלה יתיה והיא מתקבל |
| 108 | Dt11:10 | יתה לא כארעא דמצרים | היא | די נפקתון מן תמן די תזרעון |
| 109 | Gn 7:08 | דדכיה ומן בעירה דלית | היא | דכיה ומן עופא וכל דרחיש על |
| 110 | Gn26:07 | ארום דחל למימר אתתיה | היא | דלא יקטלון יתיה עמא דארעא |
| 111 | Gn29:25 | לא׳ ואמר ללבן מה | היא | דעבדת לי הלא ברחל פלחת |
| 112 | Gn 3:20 | שמה דאיתתיה חוה ארום | היא | הוות אמהון דכל חייא: |
| 113 | Ex 1:15M | "שפרה ... פועה": | היא | הוות יוכבד ושמה דתנייאתא |
| 114 | Ex 1:15M | ושמה דתנייאתא פועה | היא | הוות מרים |
| 115 | Gn 4:22M | הות נעמה \בדיה קיניין | /היא | הות בידייה קינין#2#/ |
| 116 | Gn25:01M | "קטורה": | היא | הות הגר דהות אסירה לה מן |
| 117 | Nu22:30 | לית הדא אתנתה דידי שאלה | היא | הלא אנה אתנתך די רכבת עליי |
| 118 | Gn26:09 | אתתך היא והיך אמרת אחתי | היא | ואמר לה יצחק ארי אמרית |
| 119 | Lv17:11 | ארום נפש בשרה באדמה | היא | ואנה יהבת לכון יתה על גבי |
| 120 | Ex29:28 | בני ישראל ארום אפרשו | היא | ואפרשו יהווי מן לוות בני |
| 121 | Gn32:19 | ותאמר לעבדך ליעקב דורון | היא | ואשלחת לריבוני לעשו והא |
| 122 | Ex 8:15 | אצבע דגבורה מן קדם ייי | היא | ואתוקף לבה דפרעה ולא שמע |
| 123 | Nu 5:18 | דדכרונה מנחת דקנאותה | היא | ובידוי דכהנא יהוון מיא |
| 124 | Nu 5:18M | דוכרנה {וית} מנחת קנתה | היא | ובי{ו}די דכהנה יהוון מיה |
| 125 | Gn44:19 | דהא גבורתא מן דבית אבה | היא | ודן חיילא רבא על דהוא מן |
| 126 | Nu13:27 | נקין כחלבה וחליין כדבשה | היא | והא מן פירה: |
| 127 | Nu21:26M | הוות /דאימוראי | היא#2#/ | והוא סדר \סדרי#2#/ |
| 128 | Gn20:05 | הלא הוא אמר לי אחתי | היא | והיא אמרת אחי הוא בתמימות |
| 129 | Gn26:09 | ואמר לחוד הא אתתך | היא | והיך אמרת אחתי היא ואמר לה |
| 130 | Lv13:23 | לא הלכת שומה שחנה | היא | וידכי יתיה כהנא: |
| 131 | Lv13:28 | והיא כהיה שומת כוותיה | היא | וידכי יתיה כהנא ארום שומת |
| 132 | Lv27:04 | ואן נקבה | היא | ויהוי עלויה תלתין סלעין: |
| 133 | Lv13:06 | וידכי יתיה כהנא קלפה | היא | ויחוור לבושוי וידכי: |
| 134 | Lv13:03 | משך בשרה מכת«ש» צרעה | היא | ויחמי יתיה כהנא ויסאב |
| 135 | Nu13:18 | ותחמון ית ארעא מה | היא | וית עמא דישריין בגווה הא |
| 136 | Lv10:17 | קדיש ארום קודש קדשין | היא | ויתה יהב לכון למטעון ית |
| 137 | Nu13:32 | יתה ארע אכלה דיירייה | היא | וכל עמה די חמינן בגווה מרי |
| 138 | Nu32:04 | דישראל ארע בית מרעי | היא | ולעבדיך בעיר סגין: |
| 139 | Lv11:06 | ארנבתה ארום מסקה גררה | היא | ומטלפה לא מטלפה מסאבה היא |
| 140 | Gn49:03 | על אחך בכורותא דידך | היא | ומלכותא וכהנתא רבתא לך |
| 141 | Gn12:19 | למה אמרת אחתי | היא | ונסב׳ יתה לי לאתה וכדין הא |
| 142 | Gn20:02 | שרה אתתיה אחתי{{ה}} | היא | ושלח אבימלך מלכא דגרר |
| 143 | Ex 1:16 | יתיה ואן ברא נקבה | היא | ותיחי: |
| 144 | Nu 5:28 | לא אסתאבת אתתה ודכיה | היא | ותעבר ותלד בר דכר: |
| 145 | Gn19:20 | כען לתמן הלא זעירא | היא | ותתקיים נפשי: |
| 146 | Dt30:20 | מימרה ולמדבקה ביה ארום | היא | חייכון ואריכות יומיכון על |
| 147 | Dt 4:06 | ותטרון ותעבדון ארום | היא | חכמתכון וסוכלתנותכון |
| 148 | Gn23:15 | דכסף ביני ובינך מה | היא | חשיב וית מתך קבר: |
| 149 | Gn 3:12 | אדם אתתה די שוית עמי | היא | יהבת לי מן א«י»לנא |
| 150 | Dt 3:11 | והא ערסיה ערס דפרזל הלא | היא | יהיבא ברבת דבני עמוניי |
| 151 | Gn 4:22 | וצלה אף | היא | ילדת ית תובל קין אומן |
| 152 | Gn19:38 | וזעירתא אף | היא | ילידת בר וקראת ^ית#2#^ שמה |
| 153 | Gn14:03 | אתחברו במישר פרדיסיא | היא | ימה דמלחה: |
| 154 | Gn22:24 | ושמה ראומה וילידת אף | היא | ית טבח וית גחם וית |
| 155 | Gn49:01 | ושלוותה דעדן מה | היא | כחדא מתכנשין תרי עשר |
| 156 | Nu 8:04 | דידה ועד שושניה נגידה | היא | כחזוה די חזה ייי ית משה |
| 157 | Lv 6:10M | קדיש קדישין | הוא/היא#2#/ | כחטאת׳ כאשמה: |
| 158 | Ex19:05 | מן כל אמיה ארום דידי | היא | כל ארעא: |
| 159 | Ex19:05M | היא כל /לשמה דייי | היא | כל#2#/ ארעא: |
| 160 | Lv23:36 | קדם ייי כניסת חדווה | היא | כל עבידה דפלחן לא תעבדון: |
| 161 | Lv25:23M | לחלטין ארום לשמה דייי | היא | כל ארעא ארום גיורין |
| 162 | Gn40:12 | כסא בידוי דפרעה | היא | כסא דפורענתא דפרעה עתיד |
| 163 | Lv18:07 | דאמך לא תיבזי אמך | היא | לא תיגלי עיריתה דאבוך הוא: |
| 164 | Lv18:11M | /דילידת מן אבוך חתך | היא#2#/ | לא תבזי עריתה: |
| 165 | Lv18:11 | מה דאולד אבו«ך» אחתך | היא | לא תבזי עריתה: |
| 166 | Lv18:15 | דכלתך לא תבזי אתתה דברך | היא | לא תבזה עריתה: |
| 167 | Lv25:34 | לא יזדבן ארום אחסנת עלם | היא | להון: |
| 168 | Dt30:14 | ארום קריב | היא | לוותכון פתגמא לחדה במימר |
| 169 | Gn12:14 | ית אתתיה ארום שפירת | היא | לחדא: |
| 170 | Gn26:07 | על רבקה ארום שפירת | היא | לחדה: |

171 Gn20:12 מן קושטא אחתי ברתה דאבה היא לחוד לא ברתה דאמה והוות לי
172 Lv11:06 ומטלפה לא מטלפה מסאבה היא לכון:
173 Lv16:31 שבת שבתה היא לכון ותצומון ביה ית
174 Lv23:32 שבת שבתה היא לכון ותצימון בה ית נפשתכון
175 Gn21:07M מן שרוייה ואמ' עתידה היא למיינקה בנין שרה ארום
176 Gn43:32 עם עבריי לחם ארום מרחקה היא למצראי:
177 Gn46:34 דגשן ארום מרחקי ^היא#2#^ למצרא«י» כל דרעי ען:
178 Lv11:26 פריס פרסה וטלפין לית היא מטלף וגררה לית הוא מסק
179 Lv21:09 ארום טעוה ומפסה ית אבוה היא מטער' בנורא תתוקד:
180 Gn49:10 דייתי מלכא משיחא דדידיה היא מלכותא וליה ישתעבדון כל
181 Ex15:18M כחדא ואמרין דייי הוא/היא#2#/ מלכותא מן קדם עלמא
182 Gn44:18M ית דינה אחתן דלית היא ממנין שבטייא ולית לה חולק
183 Gn44:18 ית דינה אחתן דלית היא ממנין שבטיא ולית ל{ך}<ה>
184 Lv10:13 חולקך וחולקהון דבניך היא מן קרבנוי דייי ארום כדן
185 Lv13:21 בה שער חוור ומכיכה לית היא מן משכה והיא כהיה ויסרוד
186 Lv13:26 שער חוור ומכיכה לית היא מן משכה והיא כהיה ויטרוד
187 Dt33:13 דייי ואמר מה בריכה היא מן קדם ייי ארעא דיוסף מן
188 Nu 5:15 לבונה ארום מנחתה דקנאה היא מנחה דדכרה מדכרה חובין:
189 Dt30:11 יומא הדין לא כסייה היא מנכון ולא רחיקה היא:
190 Gn38:25 חס לה תמר כלתי לית היא מעברא בנין דזנו
191 Gn38:24 תמר כלתך ולחוד הא היא מעברה בגין דזנו ואמר
192 Gn38:25 היא תמר כלתי מיני היא מעברה חס לה תמר כלתי לית
193 Lv21:09M ית כליל כהונתה דאבוה היא מפסה
194 Nu21:20I בתחומיהון דמואבאי והא היא מצ'
195 Gn 3:09 קדמי אתר דאת בגויה אן היא מצותה דפקדת יתך:
196 Nu21:20 דמואביי ריש רמתה והא היא מצטפייה מן כל קבל
197 Gn14:17 דהון עמיה במישר פרדסיא היא משרה דמלכא:
198 Nu12:12 קצה למחסנה ית ארעא למה היא מתמנעה מנן צלי על בשרה
199 Gn38:21 ית עמא דאתרא למימר אן היא נפקת ברה דיתבה בפרשות
200 Dt12:23M ארום אדמה/דמא#2#/ הוא/היא#2#/ נפשה לא תאכלון נפשה
201 Dt32:35 דידי היא נקמתה ואנה הוא דמשלם לעדן
202 Dt14:07 גירה אינון ופרסתהון לית היא סדיקה מסאבין אינון לכון:
203 Nu18:16 בית קודשה עשרין מעין היא סלעה:
204 Nu21:15 בעצתהון אשתיזיבת והא היא סמיכה לתחומיהון דמואביי:
205 Lv11:06M לכון /וסת{ת}ק<ת>ה לית היא סתיקה מסאב הוא לכון#2#/:
206 Lv11:26M טלפין וסתקתה לית היא סתיקה וגרגרה
207 Gn46:33 יקרא לכון פרעה ויאמר מה היא עבדתיכון:
208 Gn47:03M ואמר פרעה לאחוי מן \היא#2#/ עבידתכון ואמרין לפרעה
209 Lv 6:02 דא גזירת אוריתה דעלתה היא עלתה דיקדה על גבי מדבח' כל
210 Ex34:22 וחגא דשבועיא היא עצרתא תעבדון לכון בכרת
211 Dt16:10 ותעבדון חגה דשבועיה היא עצרתה קדם ייי אלהכון כמסת
212 Lv20:21 יסב ית אתתה דאחוי מרחקה היא עריתה דאחוי בזי דלא בנין
213 Gn38:25 {אבר} <אבה> אכר כען הא היא פרגודא דברך או לא ואנה
214 Lv13:20M היא בשחנה הלכת/^<הל>כא#2#/^היא פרחה#2#/:
215 Lv10:03M ואמר משה לאהרן הוא/היא#2#/ פתגמא די מליל ייי
216 Gn25:22 במעהא ואמרת אן כדין היא צערהון דבניא למה כען לי
217 Dt 9:14 מן לרע שמייא ויוכלה היא קדמי לממנייה יתך לאומה רבה
218 Lv25:12 ארום יובלה היא קדש תיהווי לכון מן אפי ברה
219 Gn19:26 בסופה דבייתיה דאבוה והא היא קיימא עמוד דמלח עד זמן
220 Gn35:20 יעקב קיימא על קבורת' היא קיימת קבורתא דרחל עד זמן
221 Gn31:52 סהד אגרא הדין וסהדא היא קיימתא הדה אן אנא לא אעבור
222 Nu24:17 כדון מסתכל אנה ביה ולית היא קריבה עתיד מלך למקום מן
223 Gn10:12 בין נינוה ובין הדיף היא קרתא רבתא:
224 Ex22:26 תכסותי«ה» לבלחודוי היא רקיעתא למשך בשרה במה הוא

225 Ex31:17 ובין בני ישראל סימן היא שבתא לעלם ארום שתה יומין
226 Lv25:11 יובל היא שנת חמישתי שנייה תיהווי
227 Dt11:11 מן מטרה דנחית מן שמייא היא שתייה מייה:
228 Lv25:10 לארעא לכל דיירה יובלה היא תיהווי לכון ותחזרון גבר
229 Nu31:50M בגיהינם לעלמא דאתי היא תיקום לן
230 Ex22:26 ארום ה«י»א תכסותי«ה» לבלחודוי היא
231 Gn16:05 יתה לך לאתה ואמרית היא תלד ואנה ארבי דילמא דאתבני
232 Nu 5:31M /חובין#2#/ ואתתה ההיא/היא#2#/ תקבל ית חובה:
233 Gn24:15M והא רבקה נפקת די \היא#2#/ אתיילדת/מת'#2#/
234 Lv15:23M על \מנה דהיא /מן די היא#2#/ יתבה/יתבא#2#/ עלוי כד
235 Nu24:24 דהיא לשון מן מדינת איטליא דהיא <....> ויצטרפון עמהון
236 Lv15:26M כמדמוך נדתה /יומין דהיא דייבה כמדמו' ריחוק נד'#2#
237 Gn 3:20M היא /חווייא ארום דהיא#2#/ הוות אמהון דכל חייא:
238 Gn31:22 תלתא יומין סברין דלמה דהיא טייפה ולא טפת בכדן אתני
239 Lv15:23 על מדמכה הוא או על מנה דהיא יתבה עלוי כד יקרוב בה יהוי
240 Gn16:05 לבניה דהגר מצרייתה דהיא מבני בניהון דעמא דיהבו יתך
241 Gn 3:24 אתקן גהינם לרשיעיא דהיא מדמיה לחרב שנונה אכלה מן
242 Gn20:03 את מאית על אתתה דנסבת דהיא נסיבת גבר:
243 Nu14:08 הדה ויתן יתה לן ארע דהיא עבדה פירין טבין נקיין
244 Dt20:20 ותבנון כרכומין על קרתה דהיא עבדה עמכון סדרי קרבה
245 Lv26:34 ארעא ית שמטה כל יומין דהיא צדי מנכון ואתון גלין בארע
246 Lv26:35 כל יומין דהיא צדי מנכון תשמט ית מה דלא
247 Dt26:12 עללת<כ>ון בשתה תליתייה דהיא שנת מעשר מסכינייה ותתנון
248 Gn38:25 עני יתי בשעתא הדה דהיא שעת אננקי אלהא דעני
249 Lv26:19 ואחרב ית בית מקדשי דהיא תקוף חיילכון ואשוי ית
250 Ex 3:19 למיזל ולא מן ידא דהיא תקיפא:
251 Dt20:20M דיהיא מקף#2#/ על קרתה דהיא/דיהיא#2#/ עבדה עמכון סדרי קרבה
252 Gn20:05 והיא הלא הוא אמר לי אחתי היא והיא אמרת אחי הוא בתמימות לבי
253 Lv19:20 ישמש עם אתה תשמי' דזרע והיא אמתה משעבדה לגבר ומפרק לא
254 Nu 5:14 ויקנא ית אתתיה והיא אסתאבת או יעבור עלוי רוח
255 Gn40:10 ובגפנא תלתא שרביטין והיא אפרחת אסקת נצי{ת}<ה> בשלו
256 Lv13:10 והא שומה חוור' במשכה והיא אתהפכת לשער חוור ורושם
257 Gn20:03M \דהיא נסיבת גבר /והיא אתת נסיבת גבר#2#/:
258 Lv20:18 וית מבוע אדמה אפס והיא בזיית ית מבוע אדמה
259 Nu 5:13 מן עינוי דבעלה ותטמר והיא דאסתאבת וסהד דלית בה והיא
260 Nu 7:14 סלעין דכסף הוות עבידה והיא הוות דדהב קרב יתה מלייה
261 Nu 7:20 סלעין דכסף הוות עבידה והיא הוות דדהב קרב יתה מלייה
262 Nu 7:26 סלעין דכסף הוות עבידה והיא הוות דדהב קרב יתה מלייה
263 Nu 7:32 סלעין דכסף הוות עבידה והיא הוות דדהב קרב יתה מלייה
264 Nu 7:38 סלעין דכסף הוות עבידה והיא הוות דדהב קרב יתה מלייה
265 Nu 7:44 סלעין דכסף הוות עבידה והיא הוות דדהב קרב יתה מלייה
266 Nu 7:50 סלעין דכסף הוות עבידה והיא הוות דדהב קרב יתה מלייה
267 Nu 7:56 סלעין דכסף הוות עבידה והיא הוות דדהב קרב יתה מלייה
268 Nu 7:62 סלעין דכסף הוות עבידה והיא הוות דדהב קרב יתה מלייה
269 Nu 7:68 סלעין דכסף הוות עבידה והיא הוות דדהב קרב יתה מלייה
270 Nu 7:80 סלעין דכסף הוות עבידה והיא הוות דדהב קרב יתה מלייה
271 Nu 7:74 סלעין דכסף הוות עבידה והיא הות דדהב קרב יתה מלייה
272 Lv13:21 ומכיכה לית היא מן משכה והיא כהיה ויטרוד יתיה כהנא שבעה
273 Lv13:26 ומכיכה לית היא מן משכה והיא כהיה ויטרוד יתיה כהנה שבעה
274 Lv13:28 בהקיתה לא הלכת במשכה והיא כהיה שומת כוותיה היא וידכי
275 Gn38:14 ארום חמת ארום רבה שלה והיא לא אתנס«י»בת ליה לאתה:
276 Nu 5:14 קנאה ויקנא ית אתתיה והיא לא איסתאבת:
277 Nu14:41 על פם גזירת מימרה דייי והיא לא תצלח:
278 Nu 5:13 דאסתאבת וסהד דלית בה והיא לה אתפשת:

| | | | |
|---|---|---|---|
| 279 | | Nu28:02 | אשתא היא דאכלה יתיה והיא מתקבל מנכון קדמי לריח |
| 280 | | Nu21:17 | בירא הוון מזמרין ליה והיא סלקא: |
| 281 | | Gn19:20 | הדה קריבה למערק לתמן והיא קריבה אשתיזב כען לתמן הלא |
| 282 | | Gn35:09M | יתיה רבון עלמיא ייי והיא שמיה מברך לעלמיא |
| 283 | | Lv20:17 | דאמה ויחמי ית עריתה והיא תחמי ית עריתיה חסד הוה |

## היידה *pron.* which one (f.) [162 s.v. היידן]

| | | | |
|---|---|---|---|
| 001 | היידה | Dt 4:07 | ארום היידה אומה ומלכו דאית ליה אלה |
| 002 | | Dt 4:08 | והלא היידה אומה ומלכו דאית לה קיימין |
| 003 | | Dt 4:33 | היידה אומה ומלכו די שמעו בקל |
| 004 | | Dt 5:26M | "היידין ... ממלל": היידה אומה ומלכו די שמע קלא |

## היידן *pron.* which one [162]

| | | | |
|---|---|---|---|
| 001 | היידין | Dt12:13 | תקרבון עלוותכון בכל היידין אתר די תשכחון: |
| 002 | | Gn15:11 | הווה שכין על פסגיי' היידין הוא טייסא דן הוא טייסא |
| 003 | | Dt 5:26 | ארום היידין כל בשרא די שמע ית קל |
| 004 | איי' | Dt12:13M | עלוותכון בכל היידין/איי'#2#/ אתר די תשכחון |
| 005 | בהידין | Lv24:12 | להון מן קדם ייי בהידין דינא מקטלין יתיה: |
| 006 | והיידן | Gn15:11M | מסאבה {דיי} דין/והיידן#2#/ הוא עופא מסאבא |

## היימן *adj.* trustworthy [162]

| | | | |
|---|---|---|---|
| 001 | היימן s ab/cn | Nu12:07M | בכל קומיטטון דידי היימן הוא#2#:/ |
| 002 | היימנה s em/sf | Dt32:04 | דינין וקשוט אלהה היימנה דלית קדמוי עוולה זכיי |
| 003 | | Dt 7:09 | ייי אלהכון הוא אלה אלה היימנה נטר קיימה וחסדה לרחמוי |
| 004 | היימינין p abs | Gn42:31 | ואמרנא ליה היימינין אנן לא הוינן מיללין: |
| 005 | היימינן | Gn42:11 | כלנן בנוי דגבר חד אנן היימינן אנן לא הוון עבדיך |
| 006 | היימנין | Gn42:19 | אם היימנין אתון חד מנכון אחוכון |
| 007 | | Gn42:33 | דארעא בדא אדע ארום היימנין אתון חד מנכון אצנעון |
| 008 | | Gn42:34 | לא יללין אתון ארום לא היימנין אתון ית אחוכון אתן לכון |
| 009 | והיימנין | Dt28:59 | ובושין בישין והיימנין: |
| 010 | | Dt28:59 | בניכון מחוון בישן והיימנין ובושין בישין והיימנין: |
| 011 | והימנן | Dt28:59M | בישן והיימנין/והימנן#2#/ ובושין בישין |

## היימן *vb.* to believe [162]

| | | | |
|---|---|---|---|
| 001 | היימינו quadr. | Nu20:29M | בכל שנה בהיא שעתה היימינו בני ישראל ארום מית |
| 002 | היימן | Gn45:26M | לביה ארום לא הימן/היימן#2#/ להון: |
| 003 | היימנתון | Dt 9:23 | מימרה דייי אלהכון ולא היימנתון בשם מימרה דייי קדישה ולא |
| 004 | | Nu20:12 | ולאהרן חלף די לא היימנתון לי בשם מימרי למקדשה שמי |
| 005 | הימן | Gn45:26 | ואתפלג לביה ארום לא הימן להון: |
| 006 | יהיימנון | Nu14:11 | האלין ועד אימתי לא יה«יי»מנון בשם ממרי בכל ניסי |
| 007 | יהימנון | Ex 4:05 | מן בגלל די יהימנון ארום אתגלי עלך ייי אלה |
| 008 | | Ex 4:09 | ויהוי אין לא יהימנון להוד לתרין נסייא האליין |
| 009 | | Ex 4:01 | וענה משה ואמר ואין לא יהימנון לי ולא ישמעון בקלי ארום |
| 010 | | Ex 4:08 | ויהוי אין לא יהימנון לך ולא ישמעון לקל נסיה |
| 011 | יהמנון | Ex19:09 | ואף בנבואתך משה עבדי יהמנון לעלם ותני משה ית |
| 012 | תהיימנון | Dt28:66 | בליליה ובאימכה ולא תהיימנון בחייכון: |
| 013 | מהיימן | Gn21:07M | "ואמרת": ואמרת מה מהיימן הווה בישריה די בשר |
| 014 | מהיימנין | Dt 1:32 | ובפתגמא הדין לית אתון מהיימנין בשם ממרה דייי אלהכון: |
| 015 | דיהמן | Ex 4:05M | מן בגלל \די יהימנון/דיהמן#2#/ ארום אתגלי עלך ייי |
| 016 | והיימן | Gn15:06 | אברם בשם ממרא דייי והיימן |
| 017 | והימינו | Ex14:31M | דייי נסין במצרי' והימינו |
| 018 | והימנו | Ex14:31 | ודחילו עמא מן קדם ייי והימנו בשם ממריה דייי ובנבואתיה |

| | | | |
|---|---|---|---|
| 019 | | Ex 4:31 | והימנו עמא בשם ממריה דייי ושמעו |
| 020 | ויהימנון | Ex 4:08 | לקל נסיה קדמיה ויהימנון לקל נסה אחריה: |
| 021 | ויתהימנן quad/t | Gn42:20 | זעירא תייתון לוותי ויתהימנן מליכ{י'}<ו>ן ולא תמותון |

## היימנו *n.* trust [162]

| | | | |
|---|---|---|---|
| 001 | היימנו s ab/cn | Dt32:20 | אנון בנין דלית להון היימנו: |
| 002 | הימנות | Ex17:12 | דמשה זקיפן בצלו מדכרא הימנות אבהתא צדיקייא אברהם |
| 003 | | Ex17:12 | יצחק ויעקב ומדכר הימנות אמ{ה}התא {צדיקייא} צדיקתה |
| 004 | בהיימנות | Gn16:05M | עמך \בהימנו עלית /בהיימנות שמייא על'#2#/ עמך קדם |

See also: בהיימנו *adv.*

## היך *adv.* how [164 הך]

| | | | |
|---|---|---|---|
| 001 | היך | Dt 1:12M | אסבול לבלחודוי /היך אנא סבל לב'#2#/ טרחתכון |
| 002 | | Gn34:31M | ברתיה דיעקב ואמר היך אתה זני ונפקת ברא <מחשב> |
| 003 | | Dt12:30 | תתבעון לטעוותהון למימר היך הוון פלחין אומייה האיליין |
| 004 | | Dt 7:17M | "אייכדין ... למישיציה": היך כען ניכול {למורוד} |
| 005 | | Dt18:21M | /בלבביכון#2#/ אכדן/איכדין#2#/היך כען#2#/ נדע |
| 006 | והיך | Ex 6:30M | /קשי#2#/ ממלל והכדין/והיך#2#/ יקבל מני פרעה: |

## היך *prep.* like [164 הך]

| | | | |
|---|---|---|---|
| 001 | הי | Lv18:29M | נפשתה די יעבדן הי כאליין {ב}<כ>יאורייא מן |
| 002 | | Dt 8:09M | ותלמידייהא חסינין הי כנחשה |
| 003 | | Dt 8:09M | דחכימיאה תקיפין הי כפרזלא ותלמידייהא חסינין |
| 004 | | Nu12:10M | /לקת בצורעתה חוורה הי כת{ג}ל<ג>ה#2#/ ואסתכל |
| 005 | הי' | Nu21:28M | <ארום> מלך תציף הי' אשא נפק מן חשבון |
| 006 | היך | Dt30:13M | לנא מעיבר לימה רבה היך יונא נבייא#2#/ ויסק יתה |
| 007 | | Dt30:12M | מן יסק לן לשמיא היך משה נבייא |
| 008 | | Ex15:10 | מוי דימא נחיתו ושקעו היך איברא במיא תקיפ«י»א: |
| 009 | | Gn 3:09M | אתרא די את בגווה היך אינון פיקודייה די פקדת |
| 010 | | Ex24:11 | על קרבניהון דאתקבלון היך אכלון והיך שתין: |
| 011 | | Ex24:11M | היך /מתחמיין היך#2#/ אכלון והיך שתין: |
| 012 | | Gn18:08 | תחות אילנא והוון מתחמין היך אכלין והיך שתין: |
| 013 | | Gn19:03M | שירו והנון מתחמיין היך אכלין והיך שתיין |
| 014 | | Lv22:27 | דאתעקד על חד מן טוריא היך אמר לעלה על גבי מדבחה ופדה |
| 015 | | Dt33:20 | דגד נייח ושרי בגו קרבה היך אריא והיך אריוותה לית אומה |
| 016 | | Gn49:09 | זכיי נייח ושרי בגו קרבא היך אריה וכאריות«א» ולית |
| 017 | | Nu24:09M | ולית /בגו קרבה היך אריה והיך אריותהה#2#/ אומה |
| 018 | | Nu21:28 | ארום עם גיברין בערין היך אשתא נפקו מן חשבון עבדי |
| 019 | | Gn34:31 | כדון אתעבד לדינא אחתן היך אתה טעיא נפקת ברא: |
| 020 | | Dt32:19 | דהוון חביבין עלוי היך בנין והיך בנן: |
| 021 | | Gn21:16M | /מקובליה#2#/ רחיק כמרמי/היך#2#/ בקשתא ארום אמרת לא |
| 022 | | Gn38:24 | והוה היך בתר תלתא ירחין ואתני |
| 023 | | Gn13:08 | רעיי ובין רעיך ארום היך גוברין אחין אנא: |
| 024 | | Ex 5:07 | תבן לעמא למלבן לבנין לא היך דאיתמל ולא היך דקדמוי |
| 025 | | Ex 5:08 | סכום ליבנא דאינון עבדין היך דאיתמל והיך דקדמוי תשוון |
| 026 | | Gn31:05 | לית אנון שפין לקבלי לא היך דאתמל ולא היך דקדמוי ומימר |
| 027 | | Ex 5:14 | סכומכון למלבן לא היך דאתמ«ל» ולא היך דקדמוי |
| 028 | | Ex30:13M | למשה בטורה דסיני היך דינרא דאשה והיכדין אמר |
| 029 | | Gn31:02 | לקבליה לא הך דאתמל ולא היך דקדמוי: |
| 030 | | Gn31:05 | לקבלי לא היך דאתמל ולא היך דקדמוי ומימר אלהה דאבה |
| 031 | | Ex 5:07 | לבנין לא היך דאיתמל ולא היך דקדמוי אינון יזלון ויגבון |
| 032 | | Ex 5:14 | לא היך דאתמ«ל» ולא היך דקדמוי לחוד אתמול ולחוד |

|  |  |  |  |  |  |
|---|---|---|---|---|---|
| 033 | | Ex15:08 | ערמן ערמן קמו צרירין | היך | זיקיא דמיא נזליא קפון |
| 034 | | Ex20:02 | פום קודשא יהא שמה מבורך | היך | זיקין והיך ברקין והיך |
| 035 | | Dt 5:06 | פם קודשא יהא שמיה מברך | היך | זיקין והיך ברקין והיך |
| 036 | | Dt 5:07 | קדשה יהי{ה} שמיה מברך | היך | זיקין והיך ברקין והיך |
| 037 | | Gn17:21M | די תלד לך שרה | לעדנה/היך | זמנא#2#/ הדן בשתה |
| 038 | | Ex20:03 | פום קודשא יהא שמה מברך | היך | זקין והיך ברקין והיך |
| 039 | | Gn33:10 | ארום מן בגין כן ארע' | היך | חמי סבר אפי מלאכין מן קדם |
| 040 | | Dt20:08M | לאחוי לתברא לבהון | היך | לביה |
| 041 | | Gn21:08 | עבד עובדין די לא כשרין | היך | מגהך בפולחנא נוכריה: |
| 042 | | Ex22:16M | כסף מאתן יתקנס | היך | מוהר' בתולת' |
| 043 | | Lv23:43M | אשרית בני /בעננין | היך | מטילין אשריית ית בני#2#/ |
| 044 | | Dt 2:14 | עמא עבדי קרבה מן משריתה | היך | מן די קיים ייי להון: |
| 045 | | Gn48:16 | ויצחק ויסגון בארעא | היך | נוניא יסגון במיא: |
| 046 | | Lv26:19 | ארעא די תחתכון חסימה | היך | נחשה מלמרביה לכון צמחין: |
| 047 | | Dt28:23 | שמיא די עלוויכון חסימין | היך | נחשה מן מחתה לכון טלא |
| 048 | | Dt33:25 | היך פרזלה וחסימין | היך | נחשה וכיומי עולימותיהון |
| 049 | | Lv26:13 | דהוה קשי עליכון | היך | ניר פרזלה ודברית יתכון |
| 050 | | Dt 4:20M | /למהוון ליה לעם חביבין | היך | סגולה#2#/ כיומא הדין: |
| 051 | | Dt 7:06 | למהוי לשמיה לעם חביבין | היך | סגולה מן כל אומיה די |
| 052 | | Dt14:02 | למהוי לשמיה לעם חביבין | היך | סגולה מן כל אומייה די |
| 053 | | Dt26:18 | למהווי לשמא לעם חביבין | היך | סגולה היך מה די מלל לכון |
| 054 | | Dt28:09M | לעם קדישין/חביבין | היך | סגולה#2#/ היך מה די קיים |
| 055 | | Ex19:05 | ותהוון לשמי לעם חביבין | היך | סגלה מן כל אמיה ארום דידי |
| 056 | | Gn 3:24 | אוריתא לפלחי בעלמא הדין | היך | פירי אילן חייא: |
| 057 | | Gn 4:16 | הוות ארעא מרבייה קודמוי | היך | פירי גנתא דעדן ומן דחטא |
| 058 | | Lv26:19 | שמייה די עלויכון ברירין | היך | פרזלה מן למחתה לכון טלין |
| 059 | | Dt 8:09 | ארע דאבניה שריין וברירן | היך | פרזלה ומן טווריה חצבין |
| 060 | | Dt28:23 | וארעא די תחותיכון ברירה | היך | פרזלה מן למרביה לכון דתין |
| 061 | | Dt33:25 | הא עמא דבית אשר ברירין | היך | פרזלה וחסימין היך נחשה |
| 062 | | Ex19:18M | דייי וסלק קוטרי' | היך | ק{ל}<ו>טרא דאתונ' |
| 063 | | Gn29:14 | ואמר ליה לבן לחוד | היך | קריב בשרי את ושרי עמיה ירח |
| 064 | | Gn31:26M | ית דעתי ודברת ית בנתי | היך | שביין דערקין מן קדם שלפי |
| 065 | | Ex14:29M | הוון להון \שורין דמין | /היך | שורין דמייא#2#/ מן |
| 066 | | Nu24:06M | חכימין ומלפי אורייתה | היך | שמיי דמתח{ייה} ייי ושכלל |
| 067 | | Gn42:23 | לא ידעין ארום <....> | היך | תרגומן הוה מנשה קיים |
| 068 | הך | Gn34:31M | בלביה \ויאמר באתה /ואמר | הך | אתה#2#/ דלית לה בר נש תבע |
| 069 | | Gn31:02 | אינון שיפין לקבליה לא | הך | דאתמל ולא היך דקדמוי: |
| 070 | והיך | Dt33:20 | ושרי בגו קרבה היך אריא | והיך | אריוותה לית אומה ומלכו |
| 071 | | Nu24:09M | /בגו קרבה היך אריה | והיך | אריותה#2#/ אומה ומלכו |
| 072 | | Dt32:19 | חביבין עלוי היך בנין | והיך | בנן: |
| 073 | | Ex20:02 | שמה מבורך היך זיקין | והיך | ברקין והיך למפדין |
| 074 | | Ex20:03 | יהא שמה מברך היך זקין | והיך | ברקין והיך למפדין דנור |
| 075 | | Dt 5:06 | שמיה מברך היך זיקין | והיך | ברקין והיך למפדין דנור |
| 076 | | Dt 5:07 | שמיה מברך היך זיקין | והיך | ברקין והיך למפדין דנור |
| 077 | | Ex 5:08 | עבדין היך דאיתמל | והיך | דקדמוי תשוון עליהון לא |
| 078 | | Gn50:21M | יוסף עשרה כוכבין | והיך | כוכב אחד יכול למעקר |
| 079 | | Ex20:02 | היך זיקין והיך ברקין | והיך | למפדין דנ{ז}<ו>ר למפד דנור |
| 080 | | Ex20:03 | היך זקין והיך ברקין | והיך | למפדין דנור למפד דנורא מן |
| 081 | | Dt 5:06 | היך זיקין והיך ברקין | והיך | למפדין דנור <למפד דנור> מן |
| 082 | | Dt 5:07 | היך זיקין והיך ברקין | והיך | למפדין דנור <למפד דנור> מן |
| 083 | | Gn19:03M | מתחמיין היך אכלין | והיך | שתיין |
| 084 | | Gn18:08 | והוון מתחמין היך אכלין | והיך | שתין: |
| 085 | | Ex24:11 | דאתקבלון היך אכלון | והיך | שתין: |

היכמה *conj.* **See also:**

## היך *conj.* just as, as [164 הך]

|  |  |  |  |  |  |
|---|---|---|---|---|---|
| 001 | היך | Ex27:08 | חלול לוחין תעבד יתיה | היך | <אחמית> יתך בטורא כדן |
| 002 | | Gn45:12M | \בלשן בית קודשא פומיה | /היך | בתורגמן פומי#2#/ ממלל |
| 003 | | Gn34:22 | חדא במגזר לנא כל דכורא | היך | דאינון גזרין: |
| 004 | | Dt20:19 | ויתיה לא תקצון ארום לא | היך | דבר נשה אילנה דאפי{לו} ברא |
| 005 | | Nu11:12 | לי טען יתהון בעב{ר}<ך> | היך | דטען פידגוגה ית יונקא על |
| 006 | | Lv13:45 | ביה לבושוי יהוון בזיעין | היך | דמבזעין על אבילה וראשיה |
| 007 | | Dt24:08 | יתכון כהנייא וליוויא | היך | דפקד יתכון תטרון למעבד: |
| 008 | | Ex19:04M | יתכון על עננין קלילין | היך | על כנפי נשרין |
| 009 | הך | Gn34:22M | לנא כל דכורא | היך/הך#2#/ | דאינון/<ד>הנון#2#/ |
| 010 | והיך | Gn26:09 | ואמר לחוד הא אתתך היא | והיך | אמרת אחתי היא ואמר לה |

## היך זמן *prep.* at the time of [!!]

|  |  |  |  |  |  |
|---|---|---|---|---|---|
| 001 | היך זמן | Gn17:23M | ערלתהון \בזמן יומא | /היך זמן | יומ'#2#/ הדין היך מה |
| 002 | | Gn50:20M | "מן בגלל ...": למקיימ' | היך זמן | יומ' הדין קהל אוכלוסין |
| 003 | | Gn 7:11 | בשבעה עשר יומין לירחא | היך זמן | יומא הדין אתבזעו כל |
| 004 | | Gn 7:13M | | בזמן/היך זמן#2#/ | יומא הדין על נח |
| 005 | | Gn17:26M | \בזמן יומא דין | /היך זמן | יומא הדין#2#/ גזר |
| 006 | | Gn39:11 | והווה | היך זמן | יומא הדין על לגו ביתא |
| 007 | | Ex12:17M | דפטר'#2#/ ארום | בזמן/היך זמן#2#/ | יומא הדן אפקית |
| 008 | | Ex12:41 | מאה ותלתין שנין והוה | היך זמן | יומא הדין נפקו כל |
| 009 | | Ex12:51 | והוה | היך זמן | יומא הדין אפיק ייי ית |
| 010 | | Ex19:01 | מן ארעא דמצרים | היך זמן | יומא הדין עלו למדברא |
| 011 | | Lv23:21M | חיין וקיימין | הכזמן/היך זמן#2#/ | יומא הדין יום טב |
| 012 | | Dt 6:24M | למקיימה יתן | הכזמן/היך זמן#2#/ | יומא הדין/דין#2#/: |
| 013 | הכזמן | Lv23:21 | ותארעון חיין וקיימין | הכזמן | יומא הדין יום טב וארוע |
| 014 | | Lv23:28 | וכל עבידה לא תעבדון | הכזמן | יומא הדין ארום יום צומה |
| 015 | | Lv23:30 | נפש די תעבד כל עבידה | הכזמן | יומא הדין ואישיצי ית נפשה |
| 016 | | Dt 6:24 | כל יומייא למקיימה יתן | הכזמן | יומא הדין: |

## היכל *n.* temple [163]

|  |  |  |  |  |  |
|---|---|---|---|---|---|
| 001 | s em/sf היכלא | Gn28:17M | בית מקדשא דייי ודין | היכלא | מכוון תרע בית מקדשא די |

## היכמה *conj.* as, just as [164 הך מה]

|  |  |  |  |  |  |
|---|---|---|---|---|---|
| 001 | היך כמה | Dt 8:05M | "היך ... יתכון": | היך כמה | דמפרגל אבה ית בריה ייי |
| 002 | | Lv 8:34M | "היך מה ... עליכון": | היך כמה | דעבד <ביומא> הדין הכדין |
| 003 | היך מה | Lv 4:21 | משריתה ויוקד יתה | היך מה | דאוקד ית תורה קדמיה חטאתה |
| 004 | | Nu 3:16 | על פם גזירת ממרה דייי | היך מה | דאיתפקד: |
| 005 | | Gn21:01 | ברחמוי טיביא ית שרה | היך מה | דאמ' ועבד ייי ניסין לשרה |
| 006 | | Gn43:17 | ועבד גברא | היך מה | דאמר יוסף ואעל גברא ית |
| 007 | | Ex 8:23 | ונקרב קדם ייי אלה{ו}ן | היך מה | דאמר לן: |
| 008 | | Ex17:10 | ועבד יהושע | היך מה | דאמר ליה משה רביה למסדרא |
| 009 | | Nu23:30 | ועבד בלק | היך מה | דאמר בלעם וקרב תור ודבר |
| 010 | | Gn 3:22 | יתיה יחידיי בעלמא | היך מה | דאנא יחידיי בשמי מרומא |
| 011 | | Nu23:24 | וכאריוותה מתנטלין ארום | היך מה | דאריה לא נייח ולא דמך |
| 012 | | Gn50:06 | פרעה סק וקבור ית אבוך | היך מה | דאשבע יתך: |
| 013 | | Gn44:18 | אנה לך בחיי רישיה דאבא | היך מה | דאת משתבע בחיי רישיה |
| 014 | | Gn44:18 | אנן כוותך בארעא דכנען | היך מה | דאת ופרעה רבך שליטין |
| 015 | | Gn 2:23 | תתברא אתה מן בר נשה | היך מה | דאתברית דא מני גרם מן |
| 016 | | Dt29:22 | ולא יסק בה כל מן דעשב | היך מה | דאתהפכת סדם ועמורה |
| 017 | | Dt19:19 | ותעבדון לה | היך מה | דאתחשב למעבד לאחוי |
| 018 | | Nu33:56 | ויהוי | היך מה | דאתחשבת למעבד להון אעבד |
| 019 | | Nu27:13 | ותתכנש לוות עמך אוף את | היך מה | דאתכנש אהרן אחוך: |

|  |  | | | |
|---|---|---|---|---|
| 020 | Dt32:50 | ותתכנש בשלם לוות עמך | היך מה | דאתכנש בשלם אהרן אחוך |
| 021 | Nu28:06 | עלה תדירה | היך מה | דאתקרבת על טורא דסיני |
| 022 | Gn27:09 | יתהון תבשילין לאבוך | היך מה | דהוא רחים: |
| 023 | Gn40:12 | אמר ופתר ליה יוסף | היך מה | דהוה שפר באפוי ואמר ליה |
| 024 | Gn40:18 | ופת{ח}<ר> ליה יוסף | היך מה | דהוה אמר באפוי ואמר ליה |
| 025 | Ex 5:13 | סכום יום ביומא | היך מה | דהוה מתיהב לכון תבן: |
| 026 | Nu24:01 | ית ישראל ולא אזל | היך מה | דהוה אזל בכל זמן למשאליה |
| 027 | Dt33:21 | דישראל קבור ויהווי | היך מה | דהוה עליל ונפק בראשי עמא |
| 028 | Dt28:63 | ויהווי | היך מה | דהווה רעווה מן קדם ייי |
| 029 | Gn41:21 | מעיהן וחזוויהן חשיך | היך מה | דהוון בקדמיתא ואיתעירית: |
| 030 | Nu 2:17 | דלוויי בגו משריתה | היך מה | דהוון שריין כדן הוון |
| 031 | Ex14:13 | משה לא תדחלון ארום | היך מה | דחמיתון ית מצריי יומא |
| 032 | Dt28:49 | מן רוחקה מסייפי ארעא | היך מה | דטייס נשרא אומה די לא |
| 033 | Gn 7:09 | נח לתיבותא דכר וזוגה | היך מה | די פקד ייי ית נח: |
| 034 | Gn 8:21 | תוב למשיציא ית כל חייא | היך מה | די עבדת: |
| 035 | Gn18:05M | כמה דמלילתא /כן תעביד | היך מה | די מללת#2#/: |
| 036 | Gn19:21M | /למהפוך#2#/ ית קרתא | ד/היך מה | די#2#/ מללתא: |
| 037 | Gn34:12 | לחדא פרן וכתובה ואתן | היך מה | די תאמרון לי ואסבו לי ית |
| 038 | Ex 9:12 | לבא דפרעה ולא שמע להון | היך מה | די מלל ייי עם משה: |
| 039 | Ex13:11 | ייי לארעהון דכנעניי | היך מה | די קיים לך ולאבהתכון ויהב |
| 040 | Ex21:22 | יהוי סקל מתקנסא יתקנס | היך מה | די ישוי עלוי בעלה ויתן |
| 041 | Ex39:05 | טב{ת}א ובוץ שזיר | היך מה | די פקד ייי ית משה: |
| 042 | Ex39:07 | דדוכרין לבני ישראל | היך מה | די פקד ייי ית משה: |
| 043 | Ex39:29 | דזהורי צבע עובד צייר | היך מה | די פקד ייי ית משה: |
| 044 | Ex39:31 | למתן על מצנפתה מן לעיל | היך מה | די פקד ייי ית משה: |
| 045 | Ex39:43 | עבידתיה והא עבדו יתה | היך מה | די פקד ייי ית משה כדן |
| 046 | Ex40:19 | דמשכנא עלוי מן לעל | היך מה | די פקד ייי ית משה: |
| 047 | Ex40:23 | סדור לחם אפיה קדם ייי | היך מה | די פקד ייי ית משה: |
| 048 | Ex40:27 | עלוי קטרת בסמנין טבין | היך מה | די פקד ייי ית משה: |
| 049 | Ex40:29 | וסדר עלוי ית עלתה | היך מה | די פקד ייי ית משה: |
| 050 | Ex40:32 | על גבי מדבחה יתקדשון | היך מה | די פקד ייי ית משה: |
| 051 | Lv 4:35 | וית כל תרבה יעבד | היך מה | די יעבד תרבה דאמרה מעילוי |
| 052 | Lv 8:09 | דדהבה כליל בית קדשה | היך מה | די פקד ייי ית משה: |
| 053 | Lv 8:13 | ושוי להון כובעין | היך מה | די פקד ייי ית משה: |
| 054 | Lv 8:29 | למשה הוה לחולק | היך מה | די פקד ייי ית משה: |
| 055 | Lv16:34 | חדא זמן בשתה ועבד | היך מה | די פקד ייי ית משה: |
| 056 | Lv18:28 | יתכון בסאבותכון יתה | היך מה | די פלטת ית אומייה די |
| 057 | Lv24:23 | ובני ישראל עבדו | היך מה | די פקד ייי ית משה: |
| 058 | Lv27:14 | כהנה בין טב ובין ביש | היך מה | די יעלי יתיה כהנה כדן |
| 059 | Nu 2:33 | איסתכמו בגו בני ישראל | היך מה | די פקד ייי ית משה: |
| 060 | Nu 3:42 | וסכם משה | היך מה | די פקד ייי יתה ית כל |
| 061 | Nu 3:51 | על פם גזירת ממרה דייי | היך מה | די פקד ייי ית משה: |
| 062 | Nu 5:04 | יתהון לבר מן משריתה | היך מה | די מלל ייי עם משה כדן |
| 063 | Nu 8:03 | אפיה מנרתה סדר בוציניה | היך מה | די פקד ייי את משה: |
| 064 | Nu 8:22 | קדם אהרן וקדם בנוי | היך מה | די פקד ייי ית משה על |
| 065 | Nu15:14 | בלריח דרעוה קדם ייי | היך מה | די תעבדון כדן יעבד: |
| 066 | Nu15:36 | ורגמו יתיה באבניה ומית | היך מה | די פקד ייי ית משה: |
| 067 | Nu17:05 | יהווי כקרח וככנישתיה | היך מה | די מלל ייי על ידוי דמשה |
| 068 | Nu17:26 | ועבד משה | היך מה | די פקד ייי יתיה כדן עבד: |
| 069 | Nu20:09 | ית חוטרא מן קדם ייי | היך מה | די פקד יתיה: |
| 070 | Nu20:27 | ועבד משה | היך מה | די פקד ייי וסלקו להר טורה |
| 071 | Nu22:08 | ואתיב יתכון פתגם | היך מה | די אתמלל מן קדם ייי עמי |
| 072 | Nu26:04 | מן בר עשרין שנין ולעיל | היך מה | די פקד ייי ית משה ובני |
| 073 | Nu27:11 | לבני ישראל לקיים דרין | היך מה | די פקד ייי ית משה: |
| 074 | Nu27:14 | | היך מה | די סרבתון על פם גזרת |
| 075 | Nu27:22 | ועבד משה | היך מה | די פקד ייי יתיה ודבר ית |
| 076 | Nu31:07M | על מדינגאי | היך מה | די פקד מימריה דייי#2#/ |
| 077 | Nu31:07 | ואזדיינו על מדיין | היך מה | די פקד ייי ית משה וקטלו |
| 078 | Nu31:31 | ועבד משה ואלעזר כהנא | היך מה | די פקד ייי ית משה: |
| 079 | Nu31:41 | דייי לאלעזר כהנא | היך מה | די פקד ייי ית משה: |
| 080 | Nu31:47 | דנטרין מטרת משכנא דייי | היך מה | די פקיד ייי ית משה: |
| 081 | Dt 1:21 | ית ארעא סוקו וירתו | היך מה | די מלל ייי אלה אבהתכון |
| 082 | Dt 2:01 | במדברה ארח ימה דסוף | היך מה | די מלל ממריה דייי עמי אמר |
| 083 | Dt 2:12 | ושרון באתריהון | היך מה | די עבדו ישראל לארע |
| 084 | Dt 2:22 | | היך מה | די עבד לבנוי דעשו דשריין |
| 085 | Dt 2:29 | | היך מה | די עבדו לן בנוי דעשו |
| 086 | Dt 3:02 | וית ארעיה ותעבד ליה | היך מה | די עבדת לסיחון מלכהון |
| 087 | Dt 3:06 | ושיצינן יתהון | היך מה | די עבדנן לסיחון מלכא |
| 088 | Dt 4:05 | קיימין וסדרי דינין | היך מה | די פקד ייי אלהי למעבד כדן |
| 089 | Dt 4:33 | ממלל מן גו להבי אשתה | היך מה | די שמעתון אתון וחייתון: |
| 090 | Dt 5:12 | יומא דשבתה למקדשה יתיה | היך מה | די פקד יתכון ייי אלהכון: |
| 091 | Dt 5:32 | ותיטרון למעבד | היך מה | די פקד ייי אלהכון יתכון |
| 092 | Dt 6:03 | לכון ודי תסגון לחדה | היך מה | די מלל ייי אלה אבהתכון |
| 093 | Dt 6:19 | מן קדמיכון | היך מה | די מלל ייי: |
| 094 | Dt 6:25 | הדה קדם ייי אלהן | היך מה | די פקד יתן: |
| 095 | Dt 9:03 | ותסופון יתהון בפריע | היך מה | די מלל ייי לכון: |
| 096 | Dt10:05 | די עבדית והוון תמן | היך מה | די פקד יתיה ממרה דייי: |
| 097 | Dt12:20 | ייי אלהכון ית תחומיכון | היך מה | די מלל ^לכון#2#^ ותימרון |
| 098 | Dt12:21 | עניכון די יהב ייי לכון | היך מה | די פקדית יתכון ותאכלון |
| 099 | Dt15:06 | ייי אלהכון ברך יתכון | היך מה | די מלל לכון ותזופון |
| 100 | Dt16:10 | אושטות ידיכון די תתנון | היך מה | די יברך יתכון ייי אלהכון: |
| 101 | Dt19:08 | ייי אלהכון ית תחומיכון | היך מה | די קיים לאבהתכון ויתן |
| 102 | Dt20:17 | וחיוויה ויבוסיה | היך מה | די פקד יתכון ייי |
| 103 | Dt22:26 | סדר דין דקטולין ארום | היך מה | די קיים גבר על חבריה |
| 104 | Dt23:24M | קדם ייי אלהכון נדיבה | היך מה | די מלל |
| 105 | Dt26:18 | לעם חביבין היך סגולה | היך מה | די מלל לכון ולמיטר כל |
| 106 | Dt26:19 | קדישין קדם ייי אלהכון | היך מה | די מלל: |
| 107 | Dt27:03 | כחלבה וחליין כדבשה | היך מה | די מלל ייי אלהכון לכון: |
| 108 | Dt28:09 | ייי לשמיה לעם קדישין | היך מה | די קיים לכון ארום תטרון |
| 109 | Dt30:09 | ייי למחדי עליכון לטב | היך מה | די חדה על אבהתכון: |
| 110 | Dt31:03 | הוא דעבר קדמיכון | היך מה | די מלל ייי: |
| 111 | Dt34:09 | ליה בני ישראל ועבדו | היך מה | די פקד מימריה דייי ית |
| 112 | Gn30:08 | קדם ייי דיתן לי בנין | היך מה | דיהב לאחתי לחוד אשתמעת |
| 113 | Gn44:01 | טעוניהון דגובריא מזון | היך מה | דייכלון למטען ושוי כספא |
| 114 | Gn17:23 | ערלתהון בזמן יומא הדין | היך מה | דימליל עמה ייי: |
| 115 | Dt29:12 | יהווי לכון לאלה פרוק | היך מה | «ד־ד־מלל לכון והיך מה» |
| 116 | Nu 1:19 | | היך מה | דיפקד ייי ית משה וסכם |
| 117 | Lv24:20 | עין שן תשלומי שן | היך מה | דיתיהב מום בבר נשא כדן |
| 118 | Lv 4:10 | | היך מה | דיתפרש מתורה דנכסת קודשיה |
| 119 | Nu12:01 | ציפורה אתתה דמשה אלא | היך מה | דכושיה שני בגופה מן כל |
| 120 | Gn26:29 | אין תעבד עמן בישא | היך מה | דלא קריבנן לך והיך מה |
| 121 | Gn43:14 | חרנא וית בנימן ואנה | היך מה | דלא תכלת על יוסף ברי לא |
| 122 | Nu22:04 | כל קירויא די חזור חזור | היך מה | דלחך תורא בלשניה ית עשבה |
| 123 | Nu14:09 | מן עמא דארעא ארום | היך מה | דלחמא קליל לן למיכל כדן |
| 124 | Gn13:16 | כעפרא דארעא ארום | היך מה{מה} | דלית אפשר די כל גבר |
| 125 | Nu20:03 | למימר אלווי מתינן | היך מה | דמיתו אחונן קדם ייי: |
| 126 | Gn12:04 | ואזל אברם | היך מה | דמלי׳ עמה ייי ואזל עמה |
| 127 | Ex 9:35 | ולא שלח ית בני ישראל | היך מה | {דמליל} די מליל ייי עם |

|  |  |  |  |  |
|---|---|---|---|---|
| 128 | Nu14:17 | יתקוף כען חילך ייי | היך מה | דמלילתא למ«י»מר: |
| 129 | Gn21:01 | ועבד ייי ניסין לשרה | היך מה | דמלל: |
| 130 | Gn24:51 | אתא לבריה דריבוני | היך מה | דמלל ייי: |
| 131 | Ex 1:17 | מן קדם ייי ולא עבדון | היך מה | דמלל עמהון מלכא דמצרים |
| 132 | Ex 7:13 | לבא דפרעה ולא שמע להון | היך מה | דמלל ייי: |
| 133 | Ex 7:22 | לבא דפרעה ולא שמע להון | היך מה | דמלל ייי: |
| 134 | Ex 8:11 | ית לביה ולא שמע להון | היך מה | דמלל ייי: |
| 135 | Ex 8:15 | לבה דפרעה ולא שמע להון | היך מה | דמלל ייי: |
| 136 | Ex12:25 | לארעא די יתן ייי לכון | היך מה | דמלל {דמלל} ותיטרון ית |
| 137 | Lv10:05 | יתהון לבר מן משריתה | היך מה | דמלל משה: |
| 138 | Nu17:12 | ונסב אהרן | היך מה | דמלל משה ורהט לגו קהלא |
| 139 | Nu23:02 | ועבד בלק | היך מה | דמלל בלעם וקרב בלק |
| 140 | Dt 1:11 | אלף דזמנין ויברך יתכון | היך מה | דמלל לכון: |
| 141 | Dt10:09 | דייי אינון אחסנתיה | היך מה | דמלל ייי אלהכון עמכון: |
| 142 | Dt11:25 | ארעא די תדרכון בגווה | היך מה | דמלל לכון: |
| 143 | Dt18:02 | דייי אנון אחסנותיה | היך מה | דמלל להון: |
| 144 | Gn27:19 | אנה עשו בכורך עבדת | היך מה | דמללת עמי קום כען תב ואכל |
| 145 | Ex12:31 | ואזלו פלחו קדם ייי | היך מה | דמללתון: |
| 146 | Nu14:28 | במימרי אמר ייי אין לא | היך מה | דמללתון במשמעי כדין אעבד |
| 147 | Ex33:11 | עם משה ממלל לקבל ממלל | היך מה | דממלל גבר עם חבריה וחזר |
| 148 | Dt28:29 | ותיהוון מגששין בטהריה | היך מה | דממשש סמייה בהבלייה ולא |
| 149 | Dt12:22 | לחוד | היך מה | דמתאכל ית בשרה דטבייה |
| 150 | Dt23:24 | שפוותכון תטרון ותעבדון | היך מה | דנדרתון קדם ייי אלהכון |
| 151 | Ex15:07 | תקוף רוגזך תתכל יתהון | היך מה | דנורא בער בקשא: |
| 152 | Dt32:10 | עייני יתהון ונטר יתהון | היך מה | דנטר שיכנה בבה דעיינה: |
| 153 | Dt 6:16 | שכינתה דייי אלהכון | היך מה | דניסיתון קדמוי בניסיונה: |
| 154 | Dt 1:31 | סבל יתכון ייי אלהכון | היך מה | דסביל גבר ית ברה בכל ארחה |
| 155 | Nu11:12M | /סבול יתהון בעובך | היך מה | דסבל בידגוגה ית |
| 156 | Gn27:41 | עשו בלבא לית אנא עבד | היך מה | דעבד קין די קטל להבל |
| 157 | Lv 4:20 | ויעבד לתורא | היך מה | דעבד לתורה דחטאתה כן |
| 158 | Lv 4:31 | וית כל תרבה יעבד | היך מה | דעבד תרבה מעלוי נכיסת |
| 159 | Lv 8:34 | | היך מה | דעבד ביומא הדין פקד ייי |
| 160 | Lv16:15 | פרכתה ויעבד לאדמה | היך מה | דעבד לאדמה דתורה וידי |
| 161 | Lv24:19 | ארום יתן מום בחבריה | היך מה | דעבד כדן יתעבד ליה: |
| 162 | Dt31:04 | ויעבד מימרה דייי להון | היך מה | דעבד לסיחון ולעוג |
| 163 | Nu21:34 | ארעיה#2^ ותעבד ליה | היך מה | דעבדת לסיחון מלכיהון |
| 164 | Gn 7:16 | ונקבה מן כל בשרא עלו | היך מה | דפקד ייי יתיה ואגן ייי |
| 165 | Gn21:04 | בריה בר תמניה יומין | היך מה | דפקד יתיה ייי: |
| 166 | Gn50:12 | ועבדון בנוי ליה | היך מה | דפקד יתהון: |
| 167 | Ex 7:06 | ועבד משה ואהרן | היך מה | דפקד ייי יתהון כדן עבדו: |
| 168 | Ex 7:10 | פרעה ועבדו כד«ן» | היך מה | דפקד ייי וטלק אהרן ית |
| 169 | Ex12:28 | ואזלו ועבדו בני ישראל | היך מה | דפקד ייי ית משה ואהרן |
| 170 | Ex12:50 | <ועבדו> כל בני ישראל | היך מה | דפקד ייי ית משה וית |
| 171 | Ex16:24 | ואצנעון יתיה עד צפרא | היך מה | דפקד משה ולא אסרח ורמה |
| 172 | Ex16:34 | | היך מה | דפקד ייי ית משה ואצנע |
| 173 | Ex34:04 | וסלק לטורא דסיני | היך מה | דפקד יתיה ונסב בידיה תרין |
| 174 | Ex39:01 | קדש{י}<ה>^^ די לאהרן | היך מה | דפקד ייי ית משה: |
| 175 | Ex39:21 | יזוע חושנה מעלוי אפודה | היך מה | דפקד ייי ית משה: |
| 176 | Ex39:26 | מן חזור חזור למשמשה | היך מה | דפקד ייי ית משה: |
| 177 | Ex40:25 | ואעל בוציניה קדם ייי | היך מה | דפקד ייי ית משה: |
| 178 | Lv 8:17 | בנורא לבר מן משריתה | היך מה | דפקד ייי ית משה: |
| 179 | Lv 9:07 | דעמא וכפר על ידיהון | היך מה | דפקד ייי: |
| 180 | Lv 9:10 | סדר על גבי מדבחה | היך מה | דפקד ייי ית משה: |
| 181 | Lv 9:21 | אהרן אנפו קדם ייי | היך מה | דפקד^ייי ית#2^ משה: |

|  |  |  |  |  |  |
|---|---|---|---|---|---|
| 182 | | Lv10:15 | ולבניך עמך לקיים עלם | היך מה | דפקד ייי: |
| 183 | | Nu27:23M | ופקד יתיה \מה די מלל | /היך מה | דפקד#2/ ייי על ידוי |
| 184 | | Dt 5:16 | מנכון ית אבוי וית אמיה | היך מה | דפקד ייי אלהכון מן בגלל |
| 185 | | Lv 8:31 | לחמה די בסלה דאשלמותה | היך מה | דפקדית למימר אהרן ובנוי |
| 186 | | Ex23:15 | יומין תיכלון פטירין | היך מה | דפקדת יתכון בזמן ירחא |
| 187 | | Ex34:18 | יומין תאכלון פטירין | היך מה | דפקדת יתכון בזמן ירחא |
| 188 | | Lv10:18 | תאכלון יתה בקודשא | היך מה | דפקדת: |
| 189 | | Ex 7:20 | ועבדו כדן משה ואהרן | היך מה | דפקיד ייי וארים חוטריה |
| 190 | | Ex40:21 | על ארונה דסהדותה | היך מה | דפקיד ייי ית משה: |
| 191 | | Lv 8:04 | ועבד משה | היך מה | דפקיד ייי יתה ויתכנשו עם |
| 192 | | Nu36:10 | | היך מה | דפקיד ייי ית משה כדן |
| 193 | | Gn40:22 | וית רב נחתומיה צלב | היך מה | דפתר להון יוסף: |
| 194 | | Gn41:13 | והוה | היך מה | דפתר לן כדין הוות יתי חזר |
| 195 | | Ex 2:14 | הא מקטל יתי את אמר | היך מה | דקטלת ית מצריה ודחל משה |
| 196 | | Dt13:18 | עליכון ויסגי יתכון | היך מה | דקיים לאבהתכון: |
| 197 | | Dt26:15 | וית ארעא די יהבת לן | היך מה | דקיימת לאבהתן ארע עבדה |
| 198 | | Nu32:25 | למימר עבדך יעבדון | היך מה | דרבוני מפקד: |
| 199 | | Nu32:27 | קדם ייי לסדרי קרבה | היך מה | דרבוני ממלל: |
| 200 | | Ex40:15 | ותרבי יתהון | היך מה | דרביתה ית אבוהון וישמשון |
| 201 | | Dt 8:05 | עם לבביכון ארום | היך מה | דרדי גבר ית בריה ייי |
| 202 | | Dt 1:44 | לקדמותכון ורדפו יתכון | היך מה | דרדפן א{ז}<ו>רעייתא |
| 203 | | Gn27:14 | ועבדת אמיה תבשילין | היך מה | דרחם אבו{ת}י: |
| 204 | | Gn27:04 | ועבד לי תבשילין | היך מה | דרחמת ואייתי לי ואכול |
| 205 | | Dt23:24M | פומכון תיטרון למיעבד | היך מה | דתנדרתון קדם ייי אלהכון |
| 206 | | Lv 8:21 | לריח דרעוה קרבן הוא | היך מה | פקד ייי ית משה: |
| 207 | | Dt 1:19 | אורח טורהון דאמוריי | היך מה | פקד ייי אלהן יתן ומטינן |
| 208 | היך מי | Dt 5:16M | ובאיקרא דאמכון | היך מי | די פקד יתכון ייי |
| 209 | והיך מה | Nu14:19 | האליין כתקוף חסדך | והיך מה | די סובלת לעמא האליין מן |
| 210 | | Gn26:29 | היך מה דלא קריבנן לך | והיך מה | דעבדנן עמך טבן ושלחנן |
| 211 | | Dt29:12 | «ד־י־מלל לכון | והיך מה» | דקיים לאבהתכון לאברהם |

## הין *n.* hin measure

[163]

|  |  |  |  |  |  |
|---|---|---|---|---|---|
| 001 | הינא s em/sf | Nu15:06 | עשרנין פילה במשח תלתות | הינא: | |
| 002 | | Nu15:05 | וחמר לניסוך רביעות | הינא | משח וחמר לנסוך רביעות הינא |
| 003 | | Nu15:05 | משח וחמר לנסוך רביעות | הינא | תקרבון על עלתה או לנכסת |
| 004 | | Nu28:14 | תקרבון עם תורא ותלתות | הינא | תקרבון עם דכרא ורבעות הינא |
| 005 | | Nu28:14 | תקרבון עם דכרא ורבעות | הינא | תקרבון עם אמרא חמר דא עלתה |
| 006 | | Nu28:14 | מקרבין עמהון פלגות | הינא | תקרבון עם תורא ותלתות הינא |
| 007 | הינה | Ex30:24 | ומשח דזית מלא | ה«י»נה: | |
| 008 | | Lv23:13 | דייי ונסוכוי חמר רבעות | הינה: | |
| 009 | | Nu15:04M | פילה במשח כתש רבעית | הינה#2/: | |
| 010 | | Nu15:09 | עשרונין פיל במשח פלגות | הינה: | |
| 011 | | Nu28:05 | פילת במשח כתית רבעית | הינה: | |
| 012 | | Nu15:04 | מכלתה סלת פילה ברביעית | הינה | משח: |
| 013 | | Nu15:10 | וחמר תקרב לניסוך פלגות | הינה | קרבן מתקבל לריח דרעוה קדם |
| 014 | | Nu15:07 | וחמר לניסוך תלתות | הינה | תקרבון לריח דרעוה קדם ייי: |
| 015 | | Nu28:07 | ונסוכוי חמר רביעות | הינה | תקרבון עם אמרא חדתה במני |
| 016 | הנא | Ex29:40 | פילה במשח כתיש רביעת | הנא | ונסוך רביעת הנה חמר כהדן |
| 017 | הנה | Ex29:40 | רביעת הנא ונסוך רביעת | הנה | חמר כהדן סדרא תקרבון עם |
| 018 | והינין p abs | Lv19:36 | מוזנין דקשט מכלן דקש' | והינין | דקשט ומתקלין דקשט יהוי |

## היגדקיי *adj.* Indian [163]

|  |  |  |  |  |  |
|---|---|---|---|---|---|
| 001 | והינדקאי p em/sf | Gn10:07M | אפרכייותהון סיניראי | והינדקאי | וסמראי ולובאי וזינגאי |

## הינון *pron.* ⇐ אינון

## הינין *pron.* ⇐ אינין

## היספר *n.* morning [163]

|  |  |  |  |  |  |
|---|---|---|---|---|---|
| 001 | היספרא s em/sf | Gn44:03M | \צפרא אנהר | /היספרא | בנוגהא#2#/ וגבריא |

## הך ⇐ היך

## הכדין *adv.* thus, in this way [164 הכדן]

|  |  |  |  |  |  |
|---|---|---|---|---|---|
| 001 | הכדין | Lv 8:34M | דעבד <ביומא> הדין | הכדין | פקד ייי למעבד שבעה יומין |
| 002 | והיכדין | Ex30:13M | היך דינרא דאשה | והיכדין | אמר ליה כדין יתנון כל |

## הכדן #2 *adv.* how then [164]

|  |  |  |  |  |  |
|---|---|---|---|---|---|
| 001 | היך כדין | Gn44:34 | ארום | היך כדין | אסק לוות אבה וטליא לית |
| 002 | היכדין | Dt 7:17M | "אייכדין ... למישיציה": | היכדין | <אי>כול לשיצי' |
| 003 | אייכדין | Dt 7:17 | אומייה האליין מנן | אייכדין | איכל למישיצייה יתהון: |
| 004 | | Dt 1:12 | | א«י»יכדין | אסבול לבלחודוי טרחתכון |
| 005 | איכדין | Dt 1:12M | | \א«י»יכדין/^איכדין#2#^/ | אסבול לבלחודוי |
| 006 | | Dt18:21M | /בלבביכון#2#/ | אכדן/איכדין#2#/היך | כען#2#/ נדע |
| 007 | אכדן | Dt18:21 | תאמרון במחשבת לבבכון | אכדן | נדע ^ית#2#^ פתגמא די לא |
| 008 | והיך כדין | Gn44:08 | מן ארעא דכנען | והיך כדין | נגנב מן ביתה דרבונך כסף |
| 009 | והיכדין | Gn39:09 | בגלל דאת א«י»תתיה | והיכדין | אעבד בישתא רבתא הדא |
| 010 | | Ex 6:12 | לא שמעו למילוי | והיכדין | ישמע מני פרעה ואנה חגר |
| 011 | והכדין | Ex 6:30 | ^הא#2#^ אנה חגר ממלל | והכדין | יקבל מני פרעה: |

## הכה *adv.* here [164]

|  |  |  |  |  |  |
|---|---|---|---|---|---|
| 001 | הכא | Ex10:24 | עניכון ותוריכון יקום | הכא | אף טפליכון ייזיל עמכון: |
| 002 | | Gn37:17 | ואמר גברא נטלו מן | הכא | ארום שמעת יתהון אמרין |
| 003 | | Gn45:05 | באפיכון ארום זבנתון יתי | הכא | ארום לשיזבא שלח יתי ייי |
| 004 | | Gn45:08M | אתון שלחתון יתי | להכא/הכא#2#/ | ארום אלהן ייי ושוי |
| 005 | | Gn38:21 | על ארחה ואמרין לית | הכא | אתה נפקת בר: |
| 006 | | Gn38:22 | עמה דאתרא אמרו לית | הכא | אתה נפקת בר: |
| 007 | | Gn22:05 | לעולימוי תבו לכון | הכא | גב חמרא ואנא ורביה נמטי עד |
| 008 | | Gn21:23M | בשבועה בשם ממריה דייי | הכא | דלית את משקר לי בברי ולא |
| 009 | | Gn48:09 | בני אנון די יהב לי ייי | הכא | ואמר דבר כען יתהון לוותי |
| 010 | | Gn37:30 | לית אנה ידע לאן אנה | הכא | ואנה לית אנה ידע לאן אנה |
| 011 | | Ex25:19 | חד מן דין סטריה {חד} מן | הכא | וכרוב חד מן דן סטרה מן הכה |
| 012 | | Ex13:03 | ייי יתכון פריקין מן | הכא | ולא יתאכיל חמיע: |
| 013 | | Gn24:60 | כדון אחתן הויית ברם מן | הכא | ולהלא את אזלה ומדבקה |
| 014 | | Gn22:05 | חמרא ואנא ורביה נמטי עד | הכא | ונצלי ונחזור לוותכון: |
| 015 | | Gn19:12M | חתנך /עוד מאן אית לך | הכא | חתנין#2#/ ובניך ובנותיך |
| 016 | | Dt 5:03M | \כולן הכה /יהיבין | הכא#2#/ | יומה הדין/הדא כולנן#2#/ |
| 017 | | Ex11:01 | כדון ישלח יתכון מן | הכא | כד ישלח יתכון בפריעה מטרוד |
| 018 | | Ex26:13 | סטרה דמשכנא מן הכה ומן | הכא | למכסייה יתה: |
| 019 | | Ex38:15 | ולסטרה תניינה מן הכה ומן | הכא | לתרע דרתה וולונין חמש עשרה |
| 020 | | Ex24:14 | אמר ת{ו}<י>בו אמתינו לי | הכא | עד זמן די נחזור לוותכון |
| 021 | | Dt29:14M | "דקמו ... הדין": דקיימין | הכא | עמנא קיימין יומא הדין קדם |
| 022 | | Dt 5:31M | "ואת ... ואמלל": וכדו | הכא | קו' עמ' ואמ' |
| 023 | | Gn19:18M | לוט להון אמתינו | כען/הכא#2#/ | קליל·זעיר עד זמן |
| 024 | הכה | Gn50:25 | ותסקון ית גרמוי מן | הכה: | |
| 025 | | Ex11:01 | מטרוד יטרוד יתכון מן | הכה: | |
| 026 | | Ex33:15 | בינינן לא תסק יתן מן | הכה: | |
| 027 | | Nu22:24 | סיג מן הכה וסיג מן | הכה: | |
| 028 | | Nu23:15 | הכה על עלתך ואנה אזדמן | הכה: | |
| 029 | | Nu32:06 | לסדרי קרבא ואתון תשרון | הכה: | |
| 030 | | Ex12:33 | אן שהין אנון ישראל | הכה | אוף שעה חדא הא כל מצריי |
| 031 | | Nu22:19 | וכעין סקון תבו כען | הכה | אוף אתון בליליה הדין ואדע |
| 032 | | Gn21:23 | וכדון אשתבע לי בשמה דייי | הכה | אם תשקר בי ובברי ובבר ברי |
| 033 | | Gn42:15 | רישיה דפרעה אן תפקון מן | הכה | ארום אלהן אתא אחוכון זעירא |
| 034 | | Dt 9:12 | משה קום חות בופריע מן | הכה | ארום חבילו עמך ית עובדהון |
| 035 | | Ex33:01 | ייי עם משה אזל סק מן | הכה | את ועמא די אסקת פריקין מן |
| 036 | | Dt 5:31 | «ואת» | הכה | אתעתד קדמיי ואמלל עמך ית |
| 037 | | Ex12:33M | הכה אוף שעה /האנון | הכה | בני ישראל שעה#2#/ חדא הא |
| 038 | | Nu11:31 | כארח מהלך יום מן | הכה^^ | וכאורח מהלך יום מן הכה |
| 039 | | Ex37:08 | חד מן דאן סטר{י}ה מן | הכה | וכרוב חד מן דן סטרי מן הכה |
| 040 | | Ex26:13 | שפיעה על סטרה דמשכנא מן | הכה | ומן הכא למכסייה יתה: |
| 041 | | Ex38:15 | ולסטרה תניינה מן | הכה | ומן הכא לתרע דרתה וולונין |
| 042 | | Dt27:15 | במצעה וכל ישראל מן | הכה | ומן הכה מברכין הוון הפכין |
| 043 | | Nu22:24 | ביני סייגי כרמיה סיג מן | הכה | וסיג מן הכה: |
| 044 | | Nu32:16 | דירין דען נבנה לבעירן | הכה | וקרוין לטפלינן: |
| 045 | | Nu11:31 | וכאורח מהלך יום מן | הכה | חזור חזור למשריתה וכתרין |
| 046 | | Gn19:12 | ללוט מן כדון מה אית לך | הכה | חתנך ובניך ובנותיך וכל מה |
| 047 | | Nu22:08 | ואמר להון אביתו | הכה | יומא הדין ולילא ואתיב |
| 048 | | Dt12:08 | ככל מה דאנן עבדין | הכה | יומא הדין גבר כל דשפר ותקן |
| 049 | | Dt29:14 | כדון עמן אנון קיימין | הכה | יומא הדין קדם ייי אלהן וית |
| 050 | | Dt29:14 | מן בתרן עמן קיימין | הכה | יומא הדין: |
| 051 | | Dt 5:03 | אלהן עמן הא אנן כולן | הכה | יומה הדין חיין וקיימין: |
| 052 | | Ex25:19 | וכרוב חד מן דן סטרה מן | הכה | כפורתה תעבדון ית כרובייא |
| 053 | | Gn40:15 | מן ארעא דעברייי ואף | הכה | לא עבדת כל מאן דעם ארום |
| 054 | | Gn31:37 | מן כל מני ביתך שוי | הכה | לקבל אחי ואחיך ויוכיחן מן |
| 055 | | Dt27:15 | וכל ישראל מן הכה ומן | הכה | מברכין הוון הפכין אפיהון |
| 056 | | Ex37:08 | וכרוב חד מן דן סטרי מן | הכה | מן כפרתה עבד ית כרוביה מן |
| 057 | | Ex24:14M | אמתינו \לי הכא /לכון | הכה#2#/ | עד זמן די נחזור לוותכון |
| 058 | | Gn29:22 | עצה ונישרי יתה בינינן | הכה | עוד שבע שנין ויהבו לה עצה |
| 059 | | Nu23:15 | ואמר לבלק אתעתד | הכה | על עלתך ואנה אזדמן הכה: |
| 060 | | Ex13:19 | טביה ותסקון ית גרמיי מן | הכה | עמכון: |
| 061 | | Nu23:01 | תורין מדבחין ותקן לי | הכה | שבעה תורין ושבעה דכרין: |
| 062 | | Nu23:01 | ואמר בלעם לבלק בנה לי | הכה | שבעה תורין מדבחין ותקן לי |
| 063 | | Nu23:29 | שבעה מדבחין ואתקן לי | הכה | שבעה תורין ושבעה דכרין: |
| 064 | | Nu23:29 | ואמר בלעם לבלק בנה לי | הכה | שבעה מדבחין ואתקן לי הכה |
| 065 | ולהכא | Ex 2:12 | ואסתכיל להכא | ולהכא | וחמא ארום לא הווה תמן גבר |
| 066 | להכ' | Gn15:16 | ודר רביעי יחזרון | להכ' | ארום לא שלימו חוביהון |
| 067 | להכא | Gn45:13 | ותוחון ותחתון ית אבא | להכא: | |
| 068 | | Gn45:08 | וכען לא אתון שלחתון יתי | להכא | ארום אלהן ייי ושוי יתיה |
| 069 | | Ex 2:12 | ואסתכיל | להכא | ולהכא וחמא ארום לא הווה |
| 070 | | Ex 3:05 | ואמר לא תקרב | להכא | שלח מסניך מעלוי רגליך ארום |
| 071 | להכה | Gn42:15 | אלהן אתא אחוכון זעירא | להכה: | |
| 072 | מהכה | Ex37:08M | מן הכה /מדין סטרא | מהכה#2#/ | וכרוב חד מן דן סטרי מן |

## הכזמן *prep.* ⇐ היך זמן

## הכנה *adv.* thus, so

[!! cf. הכן]

|  |  |  |  |  |  |
|---|---|---|---|---|---|
| 001 | הכנא | Gn25:27M | ותואביי הוא ומטול | הכנא | ברכיה אבוי ואמר ליה ועל |

## הלא *adv.* affirmative particle

[165]

|  |  |  |  |  |  |
|---|---|---|---|---|---|
| 001 | הא לא | Lv10:17 | מן בגלל | הא לא | אכלתון ית חטאתה באתר קדיש |
| 002 | | Gn44:18 | על {על} כורחיה דאבא | הא לא | אשתמע לך ולא אתני לך מה |
| 003 | | Lv10:18 | | הא לא | אתעל ית אדמ׳ לבית קדשה |
| 004 | | Gn27:36 | כדון נסב ברכתי ואמר | הא לא | שבקת לי חדא ברכה: |
| 005 | הלא | Ex 4:14 | רוגזא דייי במשה ואמר | הלא | אהרן אחוך ליווי«ה» ידע |
| 006 | | Nu12:12M | למילד מית וולדה במיעה | הלא | מרים אחתן איצט ערת עימנה |
| 007 | | Dt 4:33M | | היידה/הלא#2#/ | אומה ומלכו די שמעו |
| 008 | | Nu12:02 | להוד עם משה מלל ייי | הלא | אוף עמן מלל ושמיע קדם ייי: |
| 009 | | Gn37:13 | ואמר ישראל ליוסף | הלא | אחיך רעין בשכם אתא ואשלח |
| 010 | | Dt11:30 | | הלא | אינון יהיבין בעבר ירדנה |
| 011 | | Gn42:22 | יתהון למימר לא תחטון | הלא | אמרית לכון לא תחטון בטלייא |
| 012 | | Gn 4:07 | | הלא | אן תטיב עובדך בעלמא הדין |
| 013 | | Nu22:30M | "להן את אזל ... די רכבת": | הלא | אנא היא אתנ[א] די רכ׳ |
| 014 | | Nu22:30 | הדא אתנתה דידי שאלה היא | הלא | אנה אתנתך די רכבת עליי מן |
| 015 | | Nu28:02 | מה די אתון מקרבין קדמיי | הלא | אשתא היא דאכלה יתיה והיא |
| 016 | | Gn29:25 | ללבן מה היא דעבדת לי | הלא | ברחל פלחת עמך ולמה כען |
| 017 | | Ex33:16 | חן וחסד קדמיך אנה ועמך | הלא | בדברות איקר שכינת«ך» עמן |
| 018 | | Dt 1:01 | עני משה ואמר להון | הלא | במדברה ובטורא דסיני |
| 019 | | Dt33:03 | | הלא | גלי וידוע קדמוי דלא בנוי |
| 020 | | Gn34:23 | וממוניהון וכל בעירהון | הלא | דידן אינון לחוד נתערב להון |
| 021 | | Nu21:34 | דחל וארתת מן קדמוי ואמר | הלא | דין הוא עוג דהוה מחסד |
| 022 | | Gn44:05 | | הלא | דן די ישתי רבוני ביה והוא |
| 023 | | Gn20:05 | | הלא | הוא אמר לי אחתי היא והיא |
| 024 | | Ex 4:11M | \ארום אלהן אנה ייי | /הלא | הוא אנא ייי#2#/: |
| 025 | | Ex14:12 | | הלא | הוא דן פתגמא דמללנן עמך |
| 026 | | Dt 3:02M | ואירתת מן קודמיה אמ׳ | הלא | הוא דן עוג רשיעא דהווה |
| 027 | | Dt32:06 | אומה טפשה ולא חכימייה | הלא | הוא אבוך די קנה יתכון ודי |
| 028 | | Dt32:34 | | הלא | הוא דן כסא דפורענותה ממזג |
| 029 | | Dt 3:11 | והא ערסיה ערס דפרזל | הלא | היא יהיבא ברבת דבני |
| 030 | | Dt 5:26M | | ארום/הלא#2#/ | היידין כל בשרא/בשר#2# |
| 031 | | Gn19:20 | קריבה אשתיזב כען לתמן | הלא | זעירא היא ותתקיים נפשי: |
| 032 | | Nu14:03 | וטפלינן יהוון לבזה | הלא | טב לן חזרנן למצרים: |
| 033 | | Gn44:15 | מה עבדא הדן די עבדתון | הלא | ידעתון ארום מקסם יקסם רב |
| 034 | | Gn31:15 | | הלא | כאלו נכריין אתחשבנן ליה |
| 035 | | Gn13:09 | | הלא | כל ארעא קדמך אתפר׳ כען |
| 036 | | Gn44:18M | ובפרעה רבך אנה מסיי׳ | הלא | לא אשתמע |
| 037 | | Nu24:12 | ואמר בלעם לבלק | הלא | להוד לשליחך די שלחת לוותי |
| 038 | | Nu12:02M | "להוד ... ייי": | הלא | לחוד במשה מלל מימריה |
| 039 | | Nu23:12 | וענה ואמר | הלא | מה די ישווי מימריה בפמי |
| 040 | | Gn 6:03 | כסדר דינא דדריה דמבולא | הלא | מחתם הוא קדמוי סדר דינא |
| 041 | | Nu23:26 | וענה בלעם ואמר לבלק | הלא | מלילית עמך למימר כל מה די |
| 042 | | Gn44:18 | לא יתקוף רוגזך בעבדך | הלא | מן זמנא קדמייא דאתינן |
| 043 | | Gn40:08 | לית ליה ואמר להון יוסף | הלא | מן קדם ייי פתרוניא תנון |
| 044 | | Dt32:06 | | הלא | מן קדם ייי אתון תבעון דא |
| 045 | | Nu22:37 | ואמר בלק לבלעם | הלא | משלח{ת}<ה> שלחת לוותך |
| 046 | | Dt31:17 | וייאמרון ביומה ההוא | הלא | על די לית איקר שכינתה דייי |
| 047 | | Gn50:19 | לכון בישתא דעבדתון לי | הלא | קדם ייי אינון גלייא |
| 048 | | Gn 6:03M | ולמשתציה מחה גמירא | הלא | רוחי יהבי׳ בבני אנשא |
| 049 | והלא | Dt 4:08 | | והלא | היידה אומה ומלכו דאית לה |
| 050 | והלו | Nu12:01 | אתתה כושיתה די נסב | והלו | אתה כושיה הות ציפורה אתתה |
| 051 | | Nu12:01M | די נסב \והלו אתה | /והלו | לא את׳#2#/ כושיה הות |

## הלו *adv.* ⇐ הלא

## הלך *vb.* to walk

[165]

|  |  |  |  |  |  |
|---|---|---|---|---|---|
| 001 | peal יילך | Dt20:05M | שכליל יתיה | {ו}<י>יזיל/יילך#2#/ | ויחזור לבייתיה |
| 002 | ילך | Ex32:34M | דאדכר /מלאך דרחמין | ילך | ידבר קודמך וביום דוכרני |
| 003 | דתלך | Gn28:15 | ואנטר {יתך} יתך בכל | {דתלך} | דתזל ואחזור יתך {לתר} |
| 004 | pael הליכו | Gn48:15M | ואמר ייי די | הלכו/הליכו#2#/ | אבהתי קדמוי בקושטא |
| 005 | | Ex14:29 | ובני ישראל | הליכו | ביבשתא בגו ימא ומיא הוון |
| 006 | | Ex15:19 | מוי דימא ובני ישראל | הליכו | ביבשתא בגו ימא: {וחזר ייי |
| 007 | | Ex15:19 | מוי דימא ובני ישראל | הליכו | ביבשתא בגו ימא:} |
| 008 | | Dt 8:04 | מעילויכון ורגליכון לא | הליכו | חפיין דנה ארבעין שנין: |
| 009 | | Lv26:40 | די שקרו קדמי ולהוד די | הליכו | קדמי בקשיו: |
| 010 | הלך | Gn13:17 | קום | הלך | בארעא לארכה ולפתייה ארום |
| 011 | | Lv13:39 | כהיין חוורן בהקי הוא | הלך | במשכא דכי הוא: |
| 012 | | Ex 1:08 | חכם ית יוסף ולא | הלך | בנימוסוי: |
| 013 | | Lv13:05 | מכתשה קאים בחזויה לא | הלך | מכתשה במשכה ויטרוד יתיה |
| 014 | | Lv13:06 | והא כהה מכתשא ולא | הלך | מכתשה במשכא וידכי יתיה |
| 015 | | Lv13:51 | <....> ביומא שביעיה ארום | הלך | מכתשה בלבוש או בשתיה או |
| 016 | | Lv13:53 | יחמי כהנא והא {לך} לא | הלך | מכתשה בלבוש או בשתיה או |
| 017 | | Lv14:39 | ביומא שביעיה ויחמי והא | הלך | מכתשה בכותלי דבייתה: |
| 018 | | Lv14:44 | ויעול כהנא ויחמי והא | הלך | מכתשה בביתה צרעה מחלטה היא |
| 019 | | Lv14:48 | יעו׳ כהנא ויחמי והא לא | הלך | מכתשה בביתה מן בתר דאתטש |
| 020 | | Lv13:55 | מכתשה ית חזוה ומכתש׳ לא | הלך | מסאב הוא בנורא תוקדון יתיה |
| 021 | | Lv13:34 | שביעיה והא ל{ף}<א> | הלך | ניתקא במשכה וחזוה לית הוא |
| 022 | | Lv13:32 | ביומא שביעיה והא לא | הלך | נ{ק}ת<ק>ה ולא הוה בה שער |
| 023 | | Lv13:36 | ויחמי יתי׳ כהנא {ל} והא | הלך | נתקה במשכא לא יפשפש כהנא |
| 024 | הלכא | Lv13:20M | היא בשחנה | הלכת/^<הל>כא#2#^/היא | פרחה#2#/: |
| 025 | הלכו | Gn48:15 | ית יוסף ואמר ייי די | הלכו | אבהתי קדמוי בקושטא אברהם |
| 026 | הלכנן | Dt 2:14 | וימיא די | הלכנן | מן רקם דגיעה עד זמן די |
| 027 | הלכת | Lv13:20 | מכתש צרעה היא בשחנה | הלכת: | |
| 028 | | Lv13:28 | באתרה תקום בהקיתה לא | הלכת | במשכה והיא כהיה שומת |
| 029 | | Lv13:25 | משכה צרעה היא בכוותיה | הלכת | ויסאב יתיה כהנא צרעה היא: |
| 030 | | Lv13:08 | ויחמי כהנא והא | הלכת | קלפתה במשכה ויסאב יתיה |
| 031 | | Lv13:23 | באתרה תיקום בהקיתה לא | הלכת | שומה שחנה היא וידכי יתיה |
| 032 | הלכתון | Dt 1:31 | גבר ית ברה בכל ארחה די | הלכתון | עד מיעלכון עד אתרה הדין: |
| 033 | אהלך | Dt 2:27 | ב{ע}<א>רעך בארחה בארחה | אהלך | לא אסטי לא לימינה ולא |
| 034 | | Lv26:41 | אוף אנה | אהלך | עמהון בקשיו ואעל יתהון |
| 035 | יהלך | Lv13:35 | ואם מהלכה | יהלך | נתקא במשכ׳ מן בתר דאדכי: |
| 036 | | Lv13:07M | ואן מהלכ«ה» | תהלך/יהלך#2#/ | קלפתה במשכה מן בתר |
| 037 | יהלכו | Lv26:40M | קדמי ולהוד די | הליכו/יהלכו#2#/ | קדמי בקשיו: |
| 038 | יהלכון | Ex18:20 | להו«ן» ית ארחא די | יהלכון | בה וית פתגמא די יעבדון: |
| 039 | נהלך | Ex 8:23 | ארח מהלך תלתא יומין | נהלך | במדברא ונקרב קדם ייי |
| 040 | | Nu20:17 | נשתי מי גובין ארח מלכא | נהלך | לא נסטי לא לימינה ולא |
| 041 | | Nu21:22 | נשתי מי גובין בארח מלכא | נהלך | עד זמן דנעבר תחומך: |
| 042 | תהלך | Lv13:22 | ואין מהלך | תהלך | במשכה ויסאב כהנא יתיה |
| 043 | | Lv13:27 | ביומא שביעיה אין מהלכה | תהלך | במשכה ויסאב כהנא יתיה מכתש |
| 044 | | Lv13:07 | ואן מהלכ«ה» | תהלך | קלפתה במשכה מן בתר דאתחוי |
| 045 | תהלכו | Lv26:21 | ואן | תהלכו | קדמי בקשיו ולא תצבון |
| 046 | תהלכון | Lv18:03 | תעבדון ובנימוסיהון לא | תהלכון: | |
| 047 | | Gn42:38 | ויארע יתיה סקול באורחא | תהלכון | בה ותחתון ית שיבתי בדוי |
| 048 | | Dt 1:33 | למחויה יתכון בארחא די | תהלכון | בה ובעמודה דעננה באימַמה: |
| 049 | | Lv20:23 | ולא | תהלכון | בנימוסי אומייה די אנה |

050 Lv26:03 אן בקימה דאוריתי תהלכון וית פיקודיי תטרון ותעבדון
051 Dt13:05 בתר ממרה דייי אלהכון תהלכון ומן קדמוי תהוון דחלין וית
052 Dt 5:33 פקד ייי אלהכון יתכון תהלכון מן בגלל דתיחון וייטיב
053 מהלך Ex13:17M ארח /ממריה דייי מהלך#2/ ארעהון דפלישתיי ארום
054 Gn 3:08 ית קל ממרה דייי אלהים מהלך בגו' גנתאה למשב יומא ואטמר
055 Gn28:20 וינטר יתי באורחא די אנה מהלך בה ויתן לי לחם למיכל ולבוש
056 Lv13:45M פריע ועל סטרה יהווי מהלך מסאבה מסאבה יהווין קריין
057 Gn24:42 קדמך למצלחה ארחי דאנא מהלך עלה:
058 Nu14:14 עליהון ובעמודה דענגה את מהלך קודמיהון ביממא ובעמודה
059 Lv13:22 ואין מהלך תהלך במשכה ויסאב כהנא יתיה
060 Gn30:36 ושוי ארח מהלך תלתא יומין בינה ובין יעקב
061 Ex 3:18 עלינן וכדו נזיל כען ארח מהלך תלתא יומין במדברא ונקרב
062 Ex 5:03 עלינן נזיל כען אורח מהלך תלתא יומין במדברא ונקרב
063 Ex 8:23 ארח מהלך תלתא יומין נהלך במדברא
064 מהלכה Lv13:42 מכתש חוור סמוק צרעה מהלכה היא בקרחתה או בגלשונתה:
065 Lv13:57 בערבה או בכל מן דמשך מהלכה היא בנורא תוקדון יתיה ית
066 Lv13:35 ואם מהלכה יהלך נתקא במשכ' מן בתר
067 Lv13:07 ואן מהלכ«ה» תהלך קלפתה במשכה מן בתר
068 Lv13:22M ואין/ואם#2/ מהלך/מהלכה#2/ תהלך במשכה ויסאב
069 Lv13:27 כהנא ביומא שביעיה אין מהלכה תהלך במשכה ויסאב כהנא
070 מהלכי' Ex12:42M מדברי' /והנון מהלכי'#2/ כחדא הוא לילי פסחא
071 מהלכין Dt 1:02 ועב<ר>תון בהון מהלכין ארבעין שנין:
072 Ex13:21 למנהרא להון למהוי מהלכין ביממא ובליליא:
073 Gn 9:23 על כתף תריהון והוון מהלכין לבתרהון וכסון ית עריתה
074 Nu21:15M והוו ישראל מהלכין על רישי טורייה מלעיל ולא
075 Ex 2:05 למתקררא על נהרא ורביתה מהלכין על גוף נהרא וחמא ית תיבתה
076 דהלכת Gn35:03 והווה בסעדי באורחא דהלכת:
077 דהלכתון Dt 1:33M בארחא \די תהלכון/דהלכתון#2/ בה ובעמודה דענגה
078 דמהלך Gn24:65M מן הוא דא גברא דאתי'/דמהלך#2/ באפיה ברא לקדמותן
079 Gn32:20 אף ית תליתיא אף ית דמהלך בתר עדריא למימר כפתגמא
080 Lv11:20 וכל שרצא דעופה דמהלך על ארבע שקץ הוא לכון:
081 Lv11:21 תאכלון מכל שרצא דעופה דמהלך על ארבע כל דאית ליה
082 Lv11:27 וכל דמהלך על כפי ידוי בכל חייתה
083 Lv11:42 כל דמהלך על מעוי וכל דמהלך על ארבע
084 Lv11:42 כל דמהלך על מעוי וכל דמהלך על ארבע עד כל דמסגי
085 דמהלכה Lv11:27 על כפי ידוי בכל חייתה דמהלכה על ארבע מסאבין אינון לכון
086 Gn32:21 «סבר» אפוי בדורון דמהלכה קדמיי ומן בתר כדון אחמי
087 דמהלכין Gn32:20M לחוד ית כל אילין דמהלכין בתר
088 ואהלך Lv26:24 ואהלך אף אנה עמכון בקשיו ואמחי
089 Lv26:28 ואהלך אף אנה עמכון ברגזן בקשיו
090 והלכו Ex15:22 ונפקו למדברא דחלוצה והלכו ארח מהלך תלתא יומין
091 Gn22:19M כחדא לבאר שבע /והלכו כחדא לבארה דשבע#2/
092 והלכין Gn24:61 ורכבין על גמלי«א» והלכין בתר גברא ונסב עבדא ית
093 והלכנן Dt 1:19 ונטלן מן חורב והלכנן ית כל מדברה רבה ודחילה
094 והלכת Ex 9:23 וייי יהב קלין וברד והלכת אשתא בגו ארעא ואחת ייי
095 Nu22:23 וסטת אתנתה מן ארחה והלכת באפי ברא ומחת בלעם ית
096 Gn 7:18 וסגון לחדה על ארעא והלכת תיבותא על אפי מיא:
097 והלכתון Dt 1:02M בהון מהלכין ארבעין /והלכתון יתיה לא'#2/ שנין:
098 ויהלך Lv14:43 ואם יחזור מכתשה ויהלך בביתה מן בתר די שמט ית
099 Ex21:19 אין יקום ויהלך בשוקא על מרדניתא
100 ונהלך Gn33:12 ואמר נטול כען ונהלך וניזיל מן כל קובלך:
101 ותהל' Lv26:23M לאולפן אורייתי ותהל'#2/ קדמיי בקשיו:
102 ותהלכו Lv26:27 תשמעון לאולפן אורייתי ותהלכו עמי בקשיו:
103 ותהלכון Dt28:09 מצוותיה דייי אלהכון ותהלכון באורחן דתקנן קדמוי:
104 Lv26:23 לא תתרדון קדם ממרי ותהלכון קדמיי בקשיו:
105 ולמהלכה Dt19:09 אורייתה דייי אלהכון ולמהלכה באורחן דתקנן קדמויי כל
106 Dt30:16 אורייתה דייי אלהכון ולמהלכה באורחן דתקנן קדמוי
107 Dt10:12 מן קדם ייי אלהכון ולמהלכה בכל ארחן דתקנן קדמוי
108 למהלך Ex14:19 מלאכא דייי דהוי עתיד למהלך קדם משריתיהון דישראל
109 למהלכה Dt10:12M ולמהלכה בכל ארחן\ /למהלכה באורחה#2/ דתקנן קדמוי
110 Dt26:17 לכון לאלה פרוק למהלכה באורחן דתקנן קדמוי ולמטור
111 Dt 8:06 דאורייתה דייי אלהכון למהלכה באורחתיה ולמדחול
112 Dt13:06 יתכון ייי אל«ה»כון למהלכה בה ותעב{ד}<ר>ון עבדי
113 Lv18:04 קיימי דאורייתי תטרון למהלכה בהון אנה ייי אלהכון:
114 Dt11:22 אורייתה דייי אלהכון למהלכה בכל אורחן דתקנן קדמוי
115 Gn14:14M בייתיה ולא צבו למהלכה עימיה ואיתבחר מניהון
116 תתהלכון etpaal Dt13:05M וית מצוותיה תטרון /תתהלכון וקודמוי תפלחון וית

vb. הוך **See also:**

## walking (v.)n. 2# הלך [!!]

001 הליככון s em/sf Dt 2:07M /ידע#2/ קדמוי הלכותכון/הליככון#2/ ית מדברה רבה דנה

## legal decision n. הלכה [165]

001 הלכתה s em/sf Lv10:20M כרוז במשריתיה ואמר הלכתה "התעלמה" מיני ואהרן אחי

## walking (v.)n. הלכו [166]

001 הלכותכון s em/sf Dt 2:07 ייי אלהכון גלי קדמוי הלכותכון ית מדברה רבה דנה ארבעין
002 ובהלכותכון Dt 6:07 בגו בתיכון ובהלכותכון באורחה ובמדמכון
003 Dt11:19 בגו בתיכון ובהלכותכון באורחה ובדמכון

## belt n. המיין [166]

001 והמיין s ab/cn Ex28:04 וכיתנה מאחדה מצנפן והמיין ויעבדון לבושי דקדש לאהרן
002 Ex28:39 דבוץ ותעבד מצנפן דבוץ והמיין תעבד עובד צייר:
003 Ex39:05M והמיינה/<והמ>יין#2/ דאפדה/אפר#2/ די
004 המיינה s em/sf Ex39:29 וית המיינה בוץ שזיר תכלה וארגוון
005 Ex39:20 לקבל בית דבוקה לעיל מן המיינה דאפדה:
006 Ex28:28 בשזר דתכלה למיהוי על המיינה דאפודה ולא יזוע חושנא
007 בהימיינה Ex28:29M \בחושנה דדינה /בהימיינה דאפודה#2/ על לביה
008 בהמיינה Ex29:05 וית חושנא ותטכס ליה בהמיינה דאפודה:
009 Lv 8:07 עלוי אפדה וזרז יתיה בהמיינה דאפודה וטכס יתיה ביה:
010 Lv 8:07 כו<ת>נתה ואסר יתיה בהמיינה ואלבש יתיה מעילה ויהב
011 בהמנייה Lv 8:07M /ומסר#2/ יתיה בהמיינה/בהמנייה#2/ דאפודה וטכס יתיה
012 Lv 8:07M ואסר יתיה בהמיינה/בהמנייה#2/ ואלבש יתיה\
013 והימנה Ex28:04M דבוצה מצנפת' והימנה#2/ ויעבדון לבושי דקדש
014 והמיינה Ex39:05 והמיינה דאפדה די עלוי מנה הוא
015 והמינה Ex28:08 והמינה דאפדא די עילוי כעבדא מנה
016 להמינה Ex39:20M דבוקה מן לעיל להמ{נ}יי<נ>ה#2/ דאפדה:
017 Ex28:27 לקבל בית דבוקה מלעיל להמיינה דאפודא:
018 להמנייה Ex39:20M דבוקה מן לעיל להמנייה
019 הימנין p abs Lv 8:13M המייני' ושוי להון\ /הימנין וטכ' לה#2/ כובעין
020 המייני' Lv 8:13 יתהון כתנן ואסר יתהון המייני' ושוי להון כובעין היך מה
021 המיינין Ex29:09 ותיסר יתהון המיינין אהרן ובנוי ותשוי להון
022 Ex28:40 כתונין ותעבד להון המיינין וכובעין תעבד להון לאיקר
023 והמיינין Lv16:04 דבוץ יהוון על בשריה והמיינין דבוץ יאסר ובמצנפן דבוץ
024 Ex28:39M מצנפן דבוץ והמיין/והמיינין#2/ תעבד עובד צייר

## הן *adv.* where, wherever [166]

|  |  | |  |  |
|---|---|---|---|---|
| 001 | הן | | Gn33:08M | ואמר מן/הן אית#2#/ לך כל משריתא הדא |
| 002 | | | Nu11:13 | מן הן אית לי בשר למתין לכל עמא |
| 003 | | | Dt32:37M | אינון אומיה למימר אן/הן#2#/ אלהא דישראל תקיפה |
| 004 | | | Gn16:08M | אמהתה דשרי מן הן אתייא |
| 005 | | | Gn 4:09 | ואמר ייי לקין הן הוא הבל אחוך ואמר לית |
| 006 | | | Gn18:09M | ואמרין ליה אן/הן#2#/ היא שרה אתתך ואמר הא |
| 007 | אן | | Dt32:37 | עתידין אינון אומיה למימר אן אלהא דישראל תקיפה דאתרחצו |
| 008 | | | Dt 1:28M | לאן/אן#2#/ אנן סלקין אחינן אמסון |
| 009 | | | Gn19:05 | וקרון ללוט ואמרין ליה אן אנון גובריא די אתון לוותך |
| 010 | | | Gn37:16 | אחי אנא בעי תני לי כען אן אנון רען: |
| 011 | | | Lv22:06M | ארום \אלהן אסחי/אלא הן אן אס#2#/ בשרה במיא: |
| 012 | | | Gn29:04 | להון «יעקב» אחי מן אן אתון ואמרין מן חרן אנן: |
| 013 | | | Gn42:07 | מלין קשין ואמר להון מן אן אתי{ה}<ת>ון ואמרין מן ארעא |
| 014 | | | Gn 5:24 | בקושטא קדם ייי ולית ידיע אן הוא <....> אתנגד במימר |
| 015 | | | Gn 3:09 | גלי קדמי אתר דאת בגויה אן היא מצוותה דפקדת יתך: |
| 016 | | | Gn18:09 | ואמרין ליה אן היא שרה אתתך ואמר הא היא |
| 017 | | | Gn38:21 | ושאל ית עמא דאתרא למימר אן היא נפקת ברה דיתבה בפרשות |
| 018 | ואן | | Gn16:08 | את אתייה ולאן את אזלה ואן בית את אשכחה כביתיה דאברם |
| 019 | | | Gn22:07 | ואמר הא אשתא וקיסייא ואן הוא אמרה לעלת«ה»: |
| 020 | והן | | Gn22:07M | הא אשתא וקיסייא ואן/והן#2#/ הוא אמרה לעלת«ה»: |
| 021 | | | Ex 2:20M | ואמר לבנתיה ואן/והן#2#/ הוא למה כען שבקתון ית |

## הן #2 *adv.* now

[!! cf. 166 s.v. הן adv.]

|  |  | |  |  |
|---|---|---|---|---|
| 001 | הן | | Ex15:24 | עמא על משה למימר מה הן אנן שתיין: |

## הנון ⇐ *pron.* אינון

## הני *vb.* to benefit [166]

|  |  |  |  |  |
|---|---|---|---|---|
| 001 | מתהניין | etpeel | Gn37:26 | לאחוי מה ממון אנן מתהניין ארום נקטול ית אחונן |
| 002 | למתהניי׳ | | Lv18:23M | בעירה למ{נ}<ת>הניי׳ מניה מר׳ |
| 003 | למתהנייה | | Ex30:38 | גבר די יעבד כוותיה למתהנייה ביה וישתצי מגו עמיה: |

## הנייה *n.* benefit, enjoyment [166]

|  |  |  |  |  |
|---|---|---|---|---|
| 001 | הנייתה | s em/sf | Ex21:35 | ית כספיה ואף ית הנייתה דמיתא יפלגון: |
| 002 | והנייתה | | Ex21:36 | ישלם תור תחות תור והנייתה דמיתא תהוי דידיה: |

## הנני *interj.* Here I am [Heb.] [!!]

|  |  | |  |  |
|---|---|---|---|---|
| 001 | הנני | | Gn22:01 | ואמר ליה אברה׳ הנני: |
| 002 | | | Gn22:11 | אברהם אברהם ואמר הנני: |
| 003 | | | Gn31:11M | בלשון קודשא ואמר הנני#2#/: |
| 004 | | | Gn46:02M | בלשון בית ^קדשא#2#^ הנני: |
| 005 | | | Ex 3:04 | בלשון בית קודשא ואמר הנני: |
| 006 | | | Gn22:07 | אבוהי ואמר אבא ואמר הנני ברי ואמר הא אשתא וקיסייא |
| 007 | | | Gn27:18 | לוות אבוי ואמר אבא ואמר הנני מה את ברי: |

## הספד *n.* eulogy [Heb.] [167]

|  |  |  |  |  |
|---|---|---|---|---|
| 001 | הספד | s ab/cn | Gn50:10 | בעבר ירדנא ואספדו תמן הספד רב ותקיף לחדא ונטר על אבוי |

## הפוכה *n.* destruction [167]

|  |  |  |  |  |
|---|---|---|---|---|
| 001 | הפוכתא | s em/sf | Gn18:02M | ית לוט מן גוא הפוכתא |

## הפך *vb.* to turn [167]

|  |  |  |  |  |
|---|---|---|---|---|
| 001 | הפיכין | peal | Dt27:15M | ומלווטייה הוון הפכין/הפיכין#2#/ אפיהון כלפי |
| 002 | | | Ex25:20 | על כפרתא ואפיהון הפיכין דן לקבל דן לקבל כפרתא |
| 003 | הפיכן | | Ex37:09 | על כפרתה ואפיהון הפיכן דן לקבל דן לקבל כפורתה |
| 004 | | | Gn 9:23M | /אפ׳#2#/ לבתרהון /הפיכן/ מן בתר#2#/ ועריתה |
| 005 | הפך | | Gn19:29 | לוט מן גוא הפכתא כדי הפך ית קרייתא די שרא בהון |
| 006 | | | Lv13:55 | דאתחוור ית מכתשא והא לא הפך מכתשה ית חזוה ומכתש׳ לא |
| 007 | | | Dt29:22 | אדמה וצבויים די הפך ממרה דייי ברוגזיה ובכליתה: |
| 008 | | | Lv13:55M | ית חזוה ומכתש׳ לא הלך/הפך#2#/ מסאב הוא בנורא תוקדון |
| 009 | הפכין | | Dt27:15 | ומן הכה מברכין הוון הפכין אפיהון כלפי טורה דגריזים |
| 010 | | | Dt27:15 | בטמרה ומלווטייה הוון הפכין אפיהון כלפי טורה דעיבל |
| 011 | אהפוך | | Dt32:20 | ואמר אהפוך אפי רעותי מנהון אחמי מה |
| 012 | ואהפוך | | Dt31:17 | ההוא ואשבוק יתהון ואהפוך אפי רעותי מנהון ויהוויין |
| 013 | ואהפך | | Dt31:17M | ואשבוק יתהון ואהפוך/<ואה>פך#2#/ אפי רעותי מנהון |
| 014 | והפך | | Ex10:19 | והפך ייי רוח בימא תקיף לחדא |
| 015 | | | Dt23:06 | למשמע ללווטוי דבלעם והפך ייי אלהכון לכון ית קללה |
| 016 | | | Gn19:25 | והפך ית קרייתא האילין וית כל |
| 017 | ויהפכון | | Ex 7:17 | בידי על מיא די בנהרא ויהפכון לאדם: |
| 018 | למהפוך | | Gn18:01M | אשתלח למיפך/למהפוך#2#/ סדם ועמורה אדמה |
| 019 | | | Gn19:21M | לפתגמא הדין דלא מיפך/למהפוך#2#/ ית קרתא ד׳/היך מה |
| 020 | למהפך | | Gn18:02M | וחד מניהון הוה אזל למהפך ית סדום וחד מניהון הוה |
| 021 | הפיכו | pael | Gn 9:23 | עריתה דאבוהון ואפיהון הפיכו לבתרהון ועריתה דאבוהון לא |
| 022 | מהפ׳ | | Dt27:15M | מברכייה#2#/ הוון הפכין/מהפ׳#2#/ אפיהון כלפי |
| 023 | איתהפיך | etpeel | Lv13:13 | וידכי ית מכתשא כלה איתהפיך לחוור דכי הוא: |
| 024 | אתהפי׳ | | Lv13:03 | במשך בשריה ושער במכתשה אתהפי׳ לחוור וחזווי דמכתשא מכיך |
| 025 | אתהפך | | Lv13:04 | חזוה מן משכה ושערה לא אתהפך לחוור ויסרוד כהנא ית |
| 026 | | | Lv13:20 | מכיך מן משכה וסערה אתהפך לחוור וי׳ ית׳ כהנא מכתש |
| 027 | | | Ex 7:15 | על גף נהרא וחוטרא די אתהפך לחיוי תסב בידך: |
| 028 | | | Lv13:17 | ויחמי יתיה כהנא והא אתהפך מכתשה לחוור וידכי כהנא ית |
| 029 | | | Lv13:25 | ויחמי יתיה כהנא והא אתהפך שער חוור בבה{י}ק<י>תה |
| 030 | אתהפכת | | Lv13:10 | שומה חוור׳ במשכה והיא אתהפכת לשער חוור ורושם דבשרא חי |
| 031 | ית׳ | | Lv13:03M | במכתשה אתהפי׳/ית׳#2#/אחזיו#2#/ לחוור וחזווי |
| 032 | | | Lv13:20M | מן משכה וסערה אתהפך/ית׳#2#/ לחוור וי׳ ית׳ כהנא |
| 033 | | | Lv13:10M | חוור׳ במשכה והיא אתהפכת/ית#2#/ לשער/שער#2#/ חוור |
| 034 | יתהפך | | Lv13:25M | יתיה כהנא והא אתהפך/יתהפך#2#/ שער חוור/חיור#2#/ |
| 035 | מתהפך | | Gn49:17M | וממרע יתי׳ ומן אמתי׳ מתהפך רכב׳ ונפל לאחורי׳ |
| 036 | דאתהפכת | | Dt29:22 | בה כל מן דעשב היך מה דאתהפכת סדם ועמורה אדמה |
| 037 | ואתהפך | | Ex14:05 | דמצרים ארום ערקו עמא ואתהפך לבה דפרעה ודשלטנוי לוות |
| 038 | ואתהפכו | | Ex 7:20 | קדם פרעה וקדם שליטוי ואתהפכו כל מיא נהרא לדמא: |
| 039 | ויתהפך | | Lv13:16 | ^יחזור#2#^ בשרה חיה ויתהפך לחוור ויתחזי לוות כהנא: |
| 040 | ויתהפכון | | Ex 7:17M | בנהרא ויהפכון/ויתהפכון#2#/ לאדם/לדם#2#/: |
| 041 | ומתהפך | | Gn49:17 | ומן אימתה מסתחר רכבה ומתהפך לאחורי הוא שמשון בר |

See also: אפך *vb.*

## הפכה *n.* overthrow [167 הפיכה]

|  |  |  |  |  |
|---|---|---|---|---|
| 001 | הופכתא | s em/sf | Gn18:01M | מגו/מן ג׳#2#/ הפכתא/הופכתא#2#/ ומלאכה תליתאה |
| 002 | הפכתא | | Gn18:01 | למשיזבה ללוט מגו הפכתא ומלאכה תליתאה אשתלח למיפך |
| 003 | | | Gn19:29 | ושלח ית לוט מן גוא הפכתא כדי הפך ית קרייתא די שרא |

## [הר #2] *n.* mountain [Heb.] [!!]

|  |  |  |  |  |  |  |
|---|---|---|---|---|---|---|
| 001 | הור | s ab/cn | *Nu21:04M* | ונטלו מן | הר/הור#2/ | טורא ארח ימה דסוף |
| 002 | הר | | *Dt32:49* | סוק לטור עברייה הדין | הר | נבו די בארע' דמאב די |
| 003 | | | *Nu21:04* | ונטלו מן | הר | טורא ארח ימה דסוף למקפה ית |
| 004 | בהור | | *Dt32:50* | דאתכנש בשלם אהרן אחוך | בהור | טורא ואתכנש בשלם לוות |
| 005 | | | *Nu20:23M* | ייי למשה ולאהרן | בהר/בהור#2/ | טורה סמיך לתחומיהון |
| 006 | בהר | | *Nu33:37* | ונטלו ממדברה דרקם ושרון | בהר | טורא בסיפי ארעהון דאדומיי: |
| 007 | | | *Nu33:39* | שנין הוה בזמנה דמית | בהר | טורא: |
| 008 | | | *Nu20:23* | ואמר ייי למשה ולאהרן | בהר | טורה סמיך לתחומיהון |
| 009 | להור | | *Nu20:25M* | ברה ואסק יתהון | להר/להור#2/ | טורה: |
| 010 | | | *Nu20:27M* | די פקד ייי וסלקו | להר/להור#2/ | טורה לעיני/חמיין#2/ |
| 011 | להר | | *Nu33:38* | וסלק אהרן כהנא | להר | טורא על פם גזירת ממרה דייי |
| 012 | | | *Nu20:22* | בני ישראל כל כנישתה | להר | טורה: |
| 013 | | | *Nu20:25* | אלעזר ברה ואסק יתהון | להר | טורה: |
| 014 | | | *Nu20:27* | די פקד ייי וסלקו | להר | טורה לעיני כל עם כנישתה: |
| 015 | מהור | | *Nu33:41* | ונטלו | מהור | טורא ושרון בצלמונה: |

## הרהור *n.* thought [167]

|  |  |  |  |  |  |  |
|---|---|---|---|---|---|---|
| 001 | ובהרהור | s ab/cn | *Dt28:22* | «ובקדחיתה ובדלקיתה | וב<הר>הור | לבה ובחרבה» ובשדפונה |
| 002 | הרהורי | p const | *Gn49:22* | חיזוי עייניה ולא בתר | הרהורי | לבוי אינון דמובדין |
| 003 | | | *Nu15:39* | ולא ת{פ}<ס>טון בתר | הרהורי | לבכון ובתר חזיו עיניכון |

## הרהר *vb.* to meditate [167]

|  |  |  |  |  |  |  |
|---|---|---|---|---|---|---|
| 001 | מהרהר | quadr. | *Dt29:17* | יהוי בכון גבר דלביה | מהרהר | בחטא' דהוא מדמי לשריש |
| 002 | | | *Dt25:18* | בכון כל דהוה לביה | מהרהר | מן בתר ממרי ה{ה}<וו>ה |

## התחדתו *v.n.* renewing [168]

|  |  |  |  |  |  |  |
|---|---|---|---|---|---|---|
| 001 | בהתחדתותיה | s em/sf | *Nu28:14* | בכל ריש ירח וירח | בהתחדתותיה | כהדין סדרא תהוון מקרבין |

## התכנשו *v.n.* gathering together [168]

|  |  |  |  |  |  |  |
|---|---|---|---|---|---|---|
| 001 | התכנשות | s ab/cn | *Dt18:16* | בטורא דחורב ביום | התכנשות | קהלה למימר לא אוסף למשמע |

# ו

**and** *conj.* ־ו

## WITH COMMON VOCABULARY

ואבאישו Dt26:06; ואבאשו Nu20:15; ואבדנהון <Nu24:20>, Nu24:24; ואבדרון Ex 5:12; ואבה {<Gn44:18>}; ואבהת
Ex10:06; ואבהתכון Dt13:07, Dt28:36, Dt28:64; ואבובא Gn 4:21; ואבוה Nu12:14; ואבוהון Gn42:35; ואבוז Ex15:09;
ואבוי Gn11:29, Gn35:18, Gn37:11, Gn44:20; ואבוכון Gn31:07; ואבוכן Gn31:07M; ואבוסא' Nu13:29M; ואבטיתך
Dt28:05M; ואבטל Lv26:06, Nu17:20; ואבית Gn28:11M, Gn32:14; ואביתו Gn19:02M, Gn24:54M, Gn31:54; ואביתון
Gn19:02; ואבן Gn29:02M, Lv26:01; ואבנא Gn28:22, Gn29:02; ואבנה Gn35:03, Dt28:36M, Dt28:64M; ואבני Ex14:24;
ואבניא Gn 2:12; ואבניה Ex39:14; ואבנין Ex25:07, Ex35:09, Ex35:09; ואבעשו Nu20:15M; ואבר' Gn12:02; ואברך
Gn12:03, {Gn17:16M}, Gn17:16M, Gn26:03, Gn27:07, Gn48:09, Ex20:24; ואברקסין Lv 6:03M, Lv16:04M; וא' Ex29:43M, Nu
2:09M; ואגון Gn33:05M; ואגיבו Dt 1:25; ואגיז Nu11:31, Dt32:10; ואגיזת Nu21:06; ואגירא Ex12:45M, Lv22:10M;
ואגירה Lv22:10; ואגלי Gn47:21; ואגן Gn 7:16, Gn 7:16M, Ex12:13, Ex12:27M; ואגר Gn31:38M, Gn33:14M, Ex21:19;
ואגרי Ex 3:20M, Lv26:16M, Lv26:25, Lv26:25, Lv26:33; ואגרן Nu22:07M; ואדבור <Gn27:45>; ואדבר Lv26:12M,
Lv26:24M, Lv26:28M; ואדברת {<Gn12:15>}; ואדון Ex18:16; ואדוע Ex33:05M; ואדחל Ex33:13; ואדחקו Gn25:22;
ואדחקת Nu22:25; ואדי Lv 8:11, Lv 8:15M, Lv 8:30; ואדיין {<Gn 6:06>}, Gn31:36; ואדיינו Gn26:20, Nu14:02M,
Nu20:03; ואדינו Gn26:21, Ex17:02; ואדיק Gn19:28, Ex14:24, Gn26:08?; ואדיקו Gn18:16M; ואדכון Gn35:02, Nu 8:21;
ואדכי Nu19:12; ואדכר Gn 8:01, Gn 9:15, Gn 9:16M, Gn19:29, Gn30:22, Gn42:09, Ex 2:24, Ex32:34M, Lv18:25M, Lv22:27,
Lv26:16, Lv26:45; ואדכרית Ex 6:05; ואדם Gn 2:05; ואדמה Dt12:27M; ואדנין Dt29:03; ואדע Gn42:34, Ex33:05,
Nu22:19; ואדרון Ex 5:12M; ואדרעא Dt11:02M; ואדרעה Dt 7:19; ואדרעוי Gn49:24; ואדרעיה Dt11:02; ואהווה
Gn26:03; ואהוי Gn17:08, Gn31:03; ואהלך Lv26:24, Lv26:28; ואהפוך Dt31:17; ואהפך <Dt31:17M>; ואובילו Gn37:28,
Gn50:13; ואו' Ex36:21M, Dt30:20M; ואודו Gn43:28, Ex 4:31M, Ex12:27; ואודי Gn23:07M, Gn23:11M, Gn24:26, Gn24:52M,
Gn47:31, Gn47:31M, Ex34:08; ואודיק Ex14:24M; ואודיקת Gn49:18M; ואודית Gn24:48M; ואודן Ex 4:31; ואודע
Ex18:16, Ex33:13M; ואודעת Ex33:17M; ואודת Gn24:48; ואוחון Gn44:11; ואוחי Gn18:06, Gn18:07, Gn43:30, Ex10:16,
Ex34:08, Lv22:27, Lv22:27M; ואוחיית Gn24:18, Gn24:20, Gn24:46; ואוחיתו Dt 1:25M; ואוחיתון Dt 1:41; ואוחתו
Gn44:11M; ואוטב Gn32:10; ואוכ' Lv11:19M; ואוכח Gn21:25, Gn31:42, Dt 1:01; ואוכלסין Gn31:29; ואול' Gn11:24;
ואולד Gn 5:03, Gn 5:09, Gn 5:12, Gn 5:15, Gn 5:25, Gn 5:28, Gn 5:32, Gn 6:10, Gn11:10, Gn11:12, Gn11:14, Gn11:16,
Gn11:18, Gn11:20, Gn11:22, Gn11:26; ואוליד Gn 5:06, Gn 5:18, Gn 5:21, Gn27:41; ואומ' Ex25:17M, Ex26:13M, Ex26:16M,
Ex37:01M; ואומה Ex25:23M, Ex25:23M, Ex30:02M, Ex37:01M, Ex37:10M, Ex37:10M, Ex37:25M; ואומייה Nu24:20M;
ואומין Ex37:06M; ואומן Ex35:35, Ex38:23; ואומנ' Ex31:04M; ואומת' Ex25:10M; ואוניקי Ex 2:09; ואונקלוות
Ex27:10M; ואונקלוותהון Ex26:37; ואונקת Ex 2:09; ואוסיף Nu22:15; ואוסיפו Gn37:05; ואוסף Gn 8:10, Gn18:29,
Gn25:01, <Ex 9:34>, Lv26:18, Lv26:21, Lv26:28M, Nu22:25, Nu22:26; ואוספו Gn37:08; ואוספת Gn 4:02, Gn38:05; ואוף
Gn21:26M, Gn21:26M, Ex16:24M, Nu13:28, Nu16:13M, Nu18:02, Nu24:25M, Dt 1:28M, Dt 2:06M, Dt 2:15M, Dt 9:09, Dt 9:18,
Dt15:17M; ואוקדת Dt 9:21, Dt32:22; ואורי Ex 4:15M; ואורייא Dt33:08; ואורייתא Ex24:12; ואורייתך Dt33:09;
ואוריתה Dt33:02; ואותייה Dt14:16; ואזדהר Ex10:28M; ואזדיינו Nu31:07; ואזדמן Gn16:04M, Gn29:21M, Gn29:23M,
Gn29:30M, Gn30:04M, Gn30:16M, Ex29:43, Lv22:27M, Nu23:04, Nu23:16; ואזדמנת Gn19:33M; ואזדעזע Gn27:33,
Gn42:28, Gn44:19, Ex19:18; ואזדעזעו Ex19:16; ואזדעזען Ex20:18; ואזדרז Gn43:31, Gn48:02, Dt31:07, <Dt31:23>;
ואזדרזו Dt31:06; ואזוב Lv14:04, Nu19:06; ואזובה Lv14:49; ואזידתון Dt 1:43; ואזיל Gn18:06, Gn24:10M, Gn24:56M,
Gn26:01, Gn30:25, Gn30:26; ואזילו Gn42:33; ואזל Gn12:04, Gn12:04, Gn12:19, Gn13:03, Gn16:05, Gn22:02, Gn22:03,
Gn22:13, Gn24:10, Gn24:38M, Gn24:51, Gn24:61, Gn25:34, Gn26:17, Gn27:05, Gn27:08, Gn27:13, Gn27:14, Gn28:05, Gn28:07,
Gn28:09, Gn29:01, Gn30:14, Gn32:01, Gn35:22, Gn36:06, Gn37:17, Ex 2:01, Ex 4:18, Ex 4:27, Ex 4:29, Ex18:27, Nu12:09,
Nu16:25, Nu17:11M, Nu22:21, Nu22:35, Nu22:39, Nu23:03, Nu23:03, Nu24:01, Nu24:25, Dt17:03, Dt31:01, Dt31:14; ואזל'
Ex12:32M; ואזלו Gn14:11, Gn14:12, Gn18:22, Gn22:06, Gn22:08, Gn22:19, Gn24:61M, Gn26:31, Gn29:07M, Gn29:07,
Gn42:26, Gn43:13, Gn45:17, Gn45:24, Gn50:18, Ex12:28, Ex12:31, Nu13:26, Nu16:25, Nu21:15, Nu22:07, Nu26:11M, Nu32:39,
Nu33:08M, Dt29:25; ואזלון Gn37:12; ואזלין Gn13:07; ואזלת Gn21:14, Gn21:16, Gn21:19, Gn25:22, Gn38:11, Gn38:19, Ex
2:08; ואזמן Ex25:22; ואזער Nu23:07M; ואזרז Dt32:01; ואח' Lv25:46M; ואחד {<Gn25:23M>}; ואחורי Gn44:14, Ex
4:12M; ואחוריית Gn26:05M, Ex16:28M; ואחוי Gn 9:05M, Gn14:13, Gn44:20, Gn50:08, Gn50:14, Dt25:11; ואחויית
Lv26:46M; ואחונן Gn44:26; ואחוס Ex33:19; ואחזור Gn28:15, Gn50:05, Ex 4:18, Ex14:27, Nu22:08M; ואחזר Gn28:21,
Ex14:27M, Ex34:35M; ואחזרו Nu13:26M, Dt 1:25M; ואחטי Gn39:09; ואחיות Lv13:10M; ואחיי Gn47:01; ואחיך
Gn31:37; ואחיכון Lv10:06; ואחיתו {<Dt 1:25>}; ואחך Gn37:10, Gn47:05; ואחל Lv20:06M; ואחלש Nu20:28M; ואחמי
Gn 9:16, Gn18:21, Ex 3:03, Ex 4:18, Ex12:13, Ex33:23M, Dt 3:25, Dt 3:25M; ואחסנא Gn31:14, Gn44:18, Gn44:18, Gn44:18M,
Gn44:18M, Gn44:18; ואחסנ' Gn44:18M; ואחסנה Ex 6:08, Lv25:46, Nu27:07, Nu32:32M, Dt10:09, Dt12:12, Dt14:27, Dt14:29,



Dt18:01, Dt18:02, Dt33:04; ואחסנו Gn34:10, Gn47:27; ואחסנון Gn49:22; ואחסנותיה Dt18:01; ואחסנותך Nu18:20, Dt
9:26; ואחסנתיה Dt18:01M; ואחסנתך Nu18:20M, Dt 9:29; ואחרב Lv26:19; ואחת Ex 9:23; ואחתה Gn 4:22, Lv20:19;
ואחתו Gn43:11, Gn44:11; ואחתת Gn24:18, Gn24:20M, Gn24:46, Nu21:06; ואטיל {<Ex40:21>}; ואטל Ex15:22,
Ex33:22M, Nu11:17M, Nu11:25M; ואטמר Gn 3:08, Ex 3:06; ואטמרית Gn 3:10; ואטעון Dt13:14; ואטעינו Gn44:13M;
ואטען Ex 7:20M; ואטרדת Nu12:15; ואטרוד Ex23:31, Ex33:02, Nu22:06, Nu22:06M, Nu22:11; ואטרפת Gn41:08;
ואיבוסאי Dt20:17M; ואי' Gn50:21, Dt 2:23M; ואיגרי Lv26:22; ואידה Dt 7:19M; ואידרע Dt 7:19M; ואיזדיינתון Dt
1:41; ואיזדמן Gn34:02M; ואיזה Dt14:12; ואיזיל Gn24:56; ואיחמי Gn45:28; ואייטב Ex 1:20; ואייכל Lv22:27M,
{Lv22:27}, Lv22:27, Dt 8:03, Dt32:13; ואיינק Ex 2:09M, Dt32:13; ואייקר Ex14:04M; ואיית' Lv24:11M; ואייתון Gn37:32,
Gn42:34, Gn43:26, Gn47:17, Ex32:02, Ex32:03M, Ex32:03, Ex32:24M, Ex39:33, Lv24:11, Nu 7:03, Nu31:12, Nu31:54; ואייתי
Gn 2:22, Gn 4:03, Gn27:04, Gn27:09, Gn27:12, Gn27:14, Gn27:25, Gn27:31, Gn27:33, Gn29:23, Gn30:14, Gn31:52, Gn37:02,
Gn47:07, Gn49:21, Lv22:27M, Lv22:27, Lv22:27M; ואייתיית {<Ex 2:10M>}; ואייתת Ex 2:10M; ואיך Gn44:08M, Ex
6:12M; ואיכול Gn27:07; ואיל' Gn25:19M; ואילוות Nu 3:26; ואילולי Dt32:27; ואיליין Nu 1:05M, Dt14:12; ואילין Gn
7:16M, Gn 7:23M, Ex21:01, Nu33:02, Dt27:13; ואילן Gn 2:09, Gn 2:09, Gn46:08, Nu 1:05, Nu 3:01, Nu 3:02; ואילנה Lv26:20;
ואילנייה Lv26:04; ואים Ex40:37M; ואימה Gn35:09M; ואימוראי Ex33:02M, Dt 3:09M; ואימוריי Dt20:17; ואימיה
Dt21:19; ואיממא Gn 8:22; ואימני Ex32:10M, Nu14:12M; ואימרה Nu 6:14; ואימתהון Gn49:07; ואימתכון Gn 9:02;
ואין Gn 4:07, Gn18:21, Gn24:08, Gn30:01, Gn31:50, Ex 4:01, Ex21:10M, Ex21:23, Ex21:27, Ex21:29, Ex21:31M, Ex22:11,
Ex22:12, Ex29:34, Ex34:20, Ex40:37, Lv 1:10M, Lv 2:05, Lv 3:01, Lv 3:06, Lv 3:12, Lv 4:13, Lv 4:27, Lv 4:32, Lv 5:01M, Lv 5:07,
Lv 5:11, Lv 5:17, Lv 6:21, Lv 7:16, Lv12:05, Lv12:08, Lv13:04, Lv13:12, Lv13:21, Lv13:22, Lv13:23, Lv13:53, Lv13:57, Lv14:48,
Lv15:23, Lv25:28, <Lv27:08>, Lv27:13, Lv27:16, Lv27:20, Lv27:31, Lv27:33M, Lv27:33, Nu 5:08, Nu 5:19, Nu 5:28, Nu10:04,
Nu11:15, Nu16:29, Nu16:30M, Nu19:12, Nu20:19, Nu24:14, Nu27:09, Nu27:10, Nu27:11, Nu30:06, Nu30:07, Nu30:09, Nu30:11,
Nu30:13, Nu30:15, Nu30:16, Nu32:20M, Nu32:23, Nu33:55, Nu35:22, Nu36:04, Dt19:08, Dt22:02, Dt22:20, Dt22:25, Dt24:12,
Dt25:07; ואינון Ex 1:19, Ex12:42, Ex24:02, Ex28:05, Ex38:17, Nu 1:50, Nu11:26M, Nu11:26, Nu15:25, <Nu16:16>, Nu18:23,
Nu25:06, Dt 1:39, Dt 9:29, Dt15:06, Dt33:17; ואינשי בייתי Gn38:25; ואינשי בתיכון Nu18:31, Dt12:07; ואיסתגנון
Gn47:27M; ואיעול Gn29:21; ואיקר Ex14:17M, Ex40:34, Ex40:35, Nu14:10; ואיקרי Ex 2:07; ואירוע Lv23:07, Lv23:36;
ואירועין Lv23:04, Lv23:37; ואירעון Lv23:02; ואירתת Dt 3:02M; ואישווי Dt11:14M, Dt18:18; ואישיצא Lv17:10;
ואישיצי {Lv20:05}, Lv23:30, Dt 9:14; ואישיציא {Lv20:06M}; ואישיצינון <Nu21:02M>; ואישצון Nu21:03M; ואישצי
Gn 7:04, Nu16:21; ואישתא Ex14:24; ואישתה Nu 1:21M; ואישתטח Gn33:03M; ואישתטחו Nu16:22; ואישתין Gn
5:20M; ואישתלחון Gn47:04; ואישתמע Nu21:06; ואישתני Gn 4:05; ואית Gn 4:08, Gn 4:08, Gn 4:08, Gn 4:08, Gn20:07,
Gn44:18, Gn44:18M, Gn44:20M, Gn47:06, Ex32:10, Nu 9:20, Nu 9:21, Nu14:12, Nu17:27M, Nu17:27M; ואיתבחר Gn14:14M;
ואיתבר Lv26:19M; ואיתברך Dt26:05; ואיתגברו Gn 7:18; ואיתגלי Gn35:09M, Ex 6:03M, Ex12:12M, Nu12:05;
ואיתגליה Gn20:03; ואיתגליית Nu11:25; ואיתגלית Ex 6:03, Nu16:19; ואיתה Lv15:18M; ואיתו Nu 7:03M; ואיתותב
Gn21:34; ואיתחסנו Gn34:10M, Gn47:27M; ואיתי Gn 2:19; ואיתיבו Nu13:26; ואיתיעקר Nu22:03M; ואיתכנש Gn
5:27; ואיתכנשו Ex32:01; ואיתמיה Dt14:29; ואיתמנע Gn 8:02; ואיתמר Gn48:01; ואיתנחת Gn45:27M; ואיתניח Gn
2:02M; ואיתעיר Gn41:07; ואיתעירית Gn41:21; ואיתעקת Nu21:04M; ואיתפתחון <Gn 3:07>; ואיתקוסטו
Nu16:01M; ואיתרוקנו Ex33:06M; ואיתרכינו {<Gn50:18M>}, Nu16:22M, Nu20:06M; ואיתרעי Dt 7:07M; ואיתת Ex
2:10; ואך Gn 3:09M; ואכול Gn27:04, Gn27:19M; ואכולו {<Lv10:12M>}; ואכומתה Lv11:19, Dt14:18; ואכילו Ex16:18;
ואכילי Dt32:24; ואכל Gn 3:06, Gn25:34, Gn27:19, Gn27:25, Gn27:25, Gn31:15, Ex10:15; ואכלו Gn19:03, Gn24:54,
Gn26:30, Gn31:46, Gn31:54, Gn49:23, Lv10:12, Nu25:02, Dt32:15; ואכלין Gn41:04, Gn41:20; ואכלית Gn 3:12; ואכלכל
Gn45:11; ואכלת Gn 3:06, Gn 3:13, Gn 3:17, Gn27:33, Lv 9:24, Lv10:02, Nu16:35; ואכניש Gn 5:20; ואכעסו Dt32:21;
ואכפן Dt 8:03; ואכרז Gn45:01, Ex32:05, Ex32:05M; ואכתב Dt10:02; ואכתוב Ex34:01; ואכתת Dt 9:21; ואל Lv17:09;
ואלבש Gn 3:21, Gn41:42, Lv 8:07, Lv 8:13, Nu20:28; ואלבשת Gn27:15; ואלה Gn28:03, Gn31:29, Gn43:14, Gn49:25,
Nu13:04; ואלהא Gn31:29M, Gn31:53, Ex 3:16M; ואלהה Gn28:13, Gn32:10, Gn43:23, Ex 3:06, Ex 4:05; ואלהיה Ex 3:15;
ואלוה' Gn24:03M; ואליין Gn11:27M, Gn25:16M, Gn36:18M, Gn36:19M, Gn46:08M, Ex 1:01, Ex 6:16, Ex28:04, Nu 3:01M, Nu
3:02M, Nu 3:03M, Nu 3:18M, Nu13:04M, Nu26:36M, Nu26:57M, Nu27:01M, Nu34:19M, Dt27:13M; ואלילו Dt 1:24; ואלין Gn
3:15M, Gn10:01, Gn11:27, <Gn25:07>, Gn25:12, Gn25:13, Gn25:16, Gn25:17, Gn25:19, <Gn36:01>, Gn36:09, Gn36:13,
Gn36:17, Gn36:19, Gn36:31, Gn36:40, Nu 3:03, Nu 3:18, Nu26:36, Nu26:57, Nu27:01, Nu34:19, Dt14:05, Dt22:17; ואליתה
Ex29:22; ואלן Gn36:18; ואלף Ex 4:12, Ex 4:15, Ex38:25, Lv23:44, Dt31:19, Dt31:22; ואלפא Nu26:51; ואם Ex20:25,
Ex21:05, Ex21:09, Ex32:32, Lv 1:10, Lv 1:14, Lv 2:07, Lv 2:14, Lv13:22M, Lv13:26, Lv13:28, Lv13:35, Lv14:21, Lv14:43, Lv15:24,
Lv19:07, Nu27:09M, Dt22:02M, Dt22:20M; ואמ' Gn 1:11, Gn 1:14, Gn 4:06, Gn 9:08, Gn20:09, Gn21:07M, Gn21:33M,
Gn22:11M, Gn27:01M, Gn31:11M, Gn35:09M, Gn35:09M, Gn47:10M, Ex 3:04M, Ex 3:13M, Ex 3:14M, Ex10:21M, Ex24:03M, Lv
9:06, Nu 7:69, Nu11:28, Nu12:13, Nu14:11, Nu15:34, Nu20:29M, Nu21:01M, Dt 5:31M; ואמה Gn24:55, Ex19:06, Ex21:15M,
Ex25:17, Ex25:23, Ex26:13, Ex26:13, Ex26:16, Ex30:02, Ex36:21, Ex37:01, Ex37:01, Ex37:06, Ex37:10, Ex37:10, Ex37:25,
Dt22:15, Dt27:16M; ואמהון Dt22:06; ואמהותי' <Dt 5:14M>; ואמהותכון <Dt12:18M>; ואמהן Gn12:16, Gn20:14,
Gn24:35, Gn30:43, Gn32:06, Lv25:44; ואמהתא Gn20:17; ואמהתה <Dt22:06M>; ואמהתיך Lv25:44; ואמהתיכון

Ex20:10, <Dt 5:14>, <Dt16:11M>; ואמהתך Dt 5:14; ואמהתכון Lv25:44M, Dt 5:14M, Dt12:12, Dt12:18, Dt16:11, Dt16:14;
ואמופרין Gn25:03; ואמור Nu 6:23M, Dt 5:30; ואמוראי Dt 2:11M, Dt20:17M; ואמוריי Nu13:29, Dt 3:09, Dt 7:01; ואמות
Gn19:19; ואמחוק Dt 9:14; ואמחי Ex 3:20M, Lv26:24, Lv26:28; ואמטר Ex 9:23M; ואמי' Lv20:09M; ואמירו Ex 1:14M;
ואמך Gn37:10; ואמלל Gn18:30, Gn18:32, Ex25:22, Nu11:17, Dt 5:31, Dt31:28, Dt32:01; ואמנא Gn12:02; ואמני Dt 1:13,
Dt 9:14M; ואמסור Ex10:28M; ואמסי Gn 7:21M; ואמסר Ex10:28; ואמר Gn 1:03, Gn 1:06, Gn 1:09, Gn 1:20, Gn 1:24, Gn
1:26, Gn 1:28, Gn 1:29, Gn 2:18, Gn 2:23, Gn 3:01, Gn 3:04, Gn 3:09, Gn 3:10, Gn 3:11, Gn 3:12, Gn 3:13, Gn 3:14, Gn 3:18, Gn
3:22, Gn 4:08, Gn 4:08, Gn 4:08, Gn 4:08, Gn 4:08, Gn 4:09, Gn 4:09, Gn 4:10, Gn 4:13, Gn 4:15, Gn 4:23, Gn 6:03, Gn 6:07, Gn
6:13, Gn 7:01, Gn 8:21, Gn 9:01, Gn 9:12, Gn 9:17, Gn 9:25, Gn 9:26, Gn11:06, Gn12:01, Gn12:07, Gn12:11, Gn12:18, Gn13:08,
Gn14:19, Gn14:21, Gn14:22, Gn14:23M, Gn15:01, Gn15:02, Gn15:03, Gn15:05, Gn15:05, Gn15:07, Gn15:08, Gn15:09, Gn15:13,
Gn16:02, Gn16:06, Gn16:08, Gn16:09, Gn16:10, Gn16:11, Gn17:01, Gn17:09, Gn17:15, Gn17:17, Gn17:18, Gn17:19, Gn18:03,
Gn18:06, Gn18:09, Gn18:10, Gn18:13, Gn18:15, Gn18:20, Gn18:23, Gn18:26, Gn18:27, Gn18:28, Gn18:29, Gn18:29, Gn18:30,
Gn18:30, Gn18:31, Gn18:32, Gn18:32, Gn19:02, Gn19:07, Gn19:14, Gn19:17, Gn19:18, <Gn19:21>, Gn20:02, Gn20:03,
Gn20:04, Gn20:06, Gn20:10, Gn20:11, Gn20:15, <Gn21:12>, Gn21:17, Gn21:22, Gn21:24, Gn21:26, Gn21:29, Gn21:30,
Gn22:01, Gn22:01, Gn22:02, <Gn22:05>, Gn22:07, Gn22:07, Gn22:07, Gn22:07, Gn22:08, Gn22:10, Gn22:11, Gn22:11,
Gn22:12, Gn22:14, Gn22:16, Gn24:02, Gn24:05, Gn24:06, Gn24:12, Gn24:17, Gn24:23, Gn24:27, Gn24:31, Gn24:33, Gn24:33,
Gn24:34, Gn24:40, Gn24:55, Gn24:56, Gn24:65, Gn25:23, Gn25:27M, Gn25:30, Gn25:31, Gn25:32, Gn25:33, Gn26:02, Gn26:09,
Gn26:09, Gn26:10, Gn26:16, Gn26:22, Gn26:24, Gn26:27, Gn27:01, Gn27:01, Gn27:02, Gn27:11, Gn27:18, Gn27:18, Gn27:19,
Gn27:20, Gn27:20, Gn27:21, Gn27:22, Gn27:24, Gn27:24, Gn27:25, Gn27:26, Gn27:27, Gn27:31, Gn27:32, Gn27:32, Gn27:33,
Gn27:34, Gn27:35, Gn27:36, Gn27:36, Gn27:37, Gn27:38, Gn27:39, Gn27:41, Gn28:01, Gn28:13, Gn28:16, Gn28:17, Gn29:04,
<Gn29:05>, Gn29:06, Gn29:07, Gn29:14, Gn29:15, Gn29:18, Gn29:19, Gn29:21, Gn29:22, Gn29:25, Gn29:26, Gn29:31,
Gn30:02, Gn30:22, Gn30:22, Gn30:22, Gn30:22, Gn30:25, Gn30:27, Gn30:28, Gn30:29, Gn30:31, Gn30:31, Gn30:34,
Gn31:03, Gn31:05, Gn31:11, Gn31:11M, Gn31:11, Gn31:12, Gn31:24, Gn31:26, Gn31:31, Gn31:36, Gn31:43, Gn31:46, Gn31:48,
Gn31:51, Gn32:03, Gn32:09, Gn32:10, Gn32:17, Gn32:27, Gn32:27, Gn32:28, Gn32:28, Gn32:29, Gn32:30, Gn32:30, Gn33:05,
Gn33:05, Gn33:08, Gn33:08, Gn33:09; Gn33:10, Gn33:12, Gn33:13, Gn33:15, Gn33:15, Gn34:04, Gn34:11, Gn34:30, Gn34:31M,
Gn34:31M, Gn35:01, Gn35:02, Gn35:09M, Gn35:09, Gn35:10, Gn35:11, Gn37:06, Gn37:09, Gn37:10, Gn37:13, Gn37:13,
Gn37:14, Gn37:16, Gn37:17, Gn37:21, Gn37:22, Gn37:26, Gn37:30, Gn37:33, Gn37:35, Gn38:08, Gn38:11, Gn38:16, Gn38:17,
Gn38:18, Gn38:22, Gn38:23, Gn38:24, Gn38:25, Gn38:25, Gn38:26, Gn39:08, Gn40:08, Gn40:09, Gn40:12, Gn40:12, Gn40:16,
Gn40:18, Gn40:18, Gn41:15, Gn41:25, Gn41:38, Gn41:39, Gn41:41, Gn41:44, Gn41:55, Gn42:01, Gn42:02, Gn42:07, Gn42:09,
Gn42:12, Gn42:14, Gn42:18, Gn42:28, Gn42:33, Gn42:36, Gn42:37, Gn42:38, Gn43:02, Gn43:03, Gn43:06, Gn43:07, Gn43:08,
Gn43:11, Gn43:16, Gn43:23, Gn43:27, Gn43:29, Gn43:29, Gn43:31, Gn44:10, Gn44:15, Gn44:16, Gn44:17, Gn44:18M, Gn44:18,
Gn44:18, Gn44:19M, Gn44:19, Gn44:19, Gn44:25, <Gn44:27>, Gn45:01, Gn45:03, Gn45:04, Gn45:04, Gn45:17, Gn45:24,
Gn45:28, Gn46:02, Gn46:02, Gn46:02, Gn46:03, Gn46:30, Gn46:31, Gn46:31, Gn47:01, Gn47:03, Gn47:05, Gn47:08, Gn47:09,
Gn47:16, Gn47:23, Gn47:29, Gn47:30, Gn47:31, Gn48:02, Gn48:03, Gn48:04, Gn48:08, Gn48:09, Gn48:09, <Gn48:11>,
Gn48:15, Gn48:18, Gn48:19, Gn48:21, Gn49:01, Gn49:02M, Gn49:02, Gn49:29, Gn50:01, Gn50:06, Gn50:19, Gn50:21, Gn50:24,
Ex 1:09, Ex 1:15, Ex 1:16, Ex 1:18, Ex 2:13, <Ex 2:14>, Ex 2:14, Ex 2:18, Ex 2:20, Ex 2:25, Ex 3:03, Ex 3:04, Ex 3:04, Ex 3:05, Ex
3:06, Ex 3:07, Ex 3:11, Ex 3:12, Ex 3:13, Ex 3:13, Ex 3:14, Ex 3:14, Ex 3:15, Ex 4:01, Ex 4:02, Ex 4:02, Ex 4:03, Ex 4:04, Ex 4:06,
Ex 4:07, Ex 4:10, Ex 4:11, Ex 4:13, Ex 4:14, Ex 4:18, Ex 4:18, Ex 4:19, Ex 4:21, Ex 4:27, Ex 5:02, Ex 5:04, Ex 5:05, Ex 5:17, Ex
5:22, Ex 6:01, Ex 6:02, Ex 6:30, Ex 7:01, Ex 7:08, Ex 7:14, Ex 7:19, Ex 7:26, Ex 8:01, Ex 8:04, Ex 8:05, Ex 8:06, Ex 8:06, Ex 8:12,
Ex 8:16, Ex 8:21, Ex 8:22, Ex 8:24, Ex 8:25, Ex 9:01, Ex 9:08, Ex 9:13, Ex 9:22, Ex 9:27, Ex 9:29, Ex10:01, Ex10:09, Ex10:10,
Ex10:12, Ex10:16, Ex10:21, Ex10:24, Ex10:25, Ex10:28, Ex10:29, Ex10:29, Ex11:01, Ex11:04, Ex11:09, Ex12:01, Ex12:21,
Ex12:31, Ex12:43, Ex13:03, Ex14:15, Ex14:26, Ex15:26, Ex16:04, Ex16:06, Ex16:08, Ex16:09, Ex16:15, Ex16:19, Ex16:23,
{Ex16:23}, Ex16:25, Ex16:28, Ex16:32, Ex16:33, Ex17:02, Ex17:05, Ex17:09, Ex17:14, Ex17:16, Ex18:06, Ex18:10, Ex18:14,
Ex18:15, Ex18:17, Ex19:09, Ex19:10, Ex19:15, Ex19:21, Ex19:24, Ex19:25, Ex20:02M, Ex20:02M, Ex20:02M, Ex20:02, Ex20:02M,
Ex20:02, Ex20:03, Ex20:03, Ex20:20, Ex20:22, Ex23:02, Ex24:08, Ex24:12, Ex30:34, Ex31:12, Ex32:02, Ex32:05, Ex32:05M,
Ex32:09, Ex32:11, Ex32:17, Ex32:18, Ex32:21, Ex32:22, Ex32:24, Ex32:26, Ex32:27, Ex32:29, Ex32:30, Ex32:31, Ex32:33,
Ex33:05, Ex33:12, Ex33:14, Ex33:15, Ex33:17, Ex33:18, Ex33:19, Ex33:20, Ex33:21, Ex34:01, Ex34:06, Ex34:09, Ex34:10,
Ex34:27, Ex35:01, Ex35:04, Ex35:30, Ex39:43, Lv 1:01, Lv 7:23, Lv 8:05, Lv 8:31, Lv 9:02, Lv 9:03, Lv 9:04M, Lv 9:07, Lv10:03,
Lv10:04, Lv10:06, Lv10:20M, Lv13:45, Lv16:02, Lv21:01, Lv22:27M, Nu 3:40, Nu 6:23, Nu 7:04, Nu 7:11, Nu 7:15, Nu 7:21, Nu
7:27, {Nu 7:27}, Nu 7:33, Nu 7:39, Nu 7:45, Nu 7:51, Nu 7:57, Nu 7:63, Nu 7:75, Nu 7:81, Nu 9:08, Nu 9:08, Nu10:29, Nu10:30,
Nu10:31, Nu10:35M, Nu10:35, Nu10:35, [Nu10:36M], Nu10:36, Nu11:11, Nu11:16, Nu11:21, Nu11:23, Nu11:26, Nu11:26,
Nu11:26M, Nu11:27, Nu11:29, Nu12:04, Nu12:06, Nu12:11, Nu12:14, Nu13:17, Nu13:30, Nu14:13, Nu14:20, Nu14:41, Nu15:35,
Nu15:37, Nu16:08, Nu16:15, Nu16:16, Nu16:28, Nu17:11, Nu17:25, Nu18:01, Nu18:08, Nu18:20, Nu20:10, Nu20:12, Nu20:18M,
Nu20:20, Nu20:23, Nu21:08, Nu21:34, Nu21:34, Nu22:08, Nu22:09, Nu22:10, Nu22:12, Nu22:13, Nu22:18, Nu22:20, Nu22:28,
Nu22:29, Nu22:30, Nu22:32, Nu22:34, Nu22:35, Nu22:37, Nu22:38, Nu23:01, Nu23:03, Nu23:04, Nu23:05, Nu23:11, Nu23:12,

Nu23:13, Nu23:15, Nu23:16, Nu23:17, Nu23:18, Nu23:25, Nu23:26, Nu23:27, Nu23:29, Nu24:03, Nu24:10, Nu24:12, Nu24:15,
Nu24:20, Nu24:21, Nu24:23, Nu25:04, Nu25:05, Nu26:01, Nu27:06, Nu27:12, Nu27:18, Nu30:01, Nu31:15, Nu31:21, Nu31:25,
Nu32:06, Nu32:20, Nu32:25M, <Nu32:29>, Dt 1:01, Dt 1:34, Dt 1:42, Dt 2:02, Dt 2:09, Dt 2:31, Dt 3:02, Dt 3:02M, Dt 3:26, Dt
5:01, Dt 5:06, Dt 5:07, Dt 5:28, Dt 6:04, Dt 9:12, Dt 9:13, Dt10:11, Dt17:01, Dt18:17, Dt29:01, Dt31:02, Dt31:07, Dt31:14,
Dt31:16, Dt31:23, Dt32:01, Dt32:01, Dt32:01, Dt32:03, Dt32:20, Dt32:37, Dt32:46, Dt33:02, Dt33:07, Dt33:08, Dt33:12, Dt33:13,
Dt33:18, Dt33:20, Dt33:22, Dt33:23, Dt33:24, Dt33:27, Dt34:04; ואמרא Ex13:05M; ואמרה Lv14:10; ואמרו Gn11:03,
Gn11:04M, Gn24:54, Gn24:57, Gn26:07, Gn26:28, Gn29:08, Gn50:18, Ex 5:10M, Ex 5:21, Ex10:07, Ex10:08, Nu22:04M;
ואמרון Gn11:04, <Gn47:25M>, <Ex 5:01M>; ואמרי Gn44:18; ואמריא Gn30:40; ואמרי' Ex14:25M, Ex19:08; ואמריי
Gn31:38, Ex 3:08, [Ex 3:08], Ex 3:17, Ex13:05; ואמרין Gn18:05, Gn18:09, Gn19:02, Gn19:05, Gn19:09, Gn19:09, Gn19:12,
Gn24:50, Gn24:60, Gn29:04, Gn29:05, Gn29:06, Gn31:14, Gn34:31, Gn37:08, Gn37:19, Gn37:32, Gn38:21, Gn40:08, Gn42:07,
Gn42:10, Gn42:13, Gn42:21, Gn43:18, Gn43:20, Gn43:28, Gn44:07, Gn47:03, Gn47:04, Gn47:18, Gn47:21, Gn47:21M, Gn47:25,
Gn49:02, Gn50:11, Gn50:15, Ex 1:19, Ex 2:19, Ex 5:01, Ex 5:03, Ex 5:10, Ex 8:15, Ex10:03, Ex10:07M, Ex14:05, Ex14:11,
Ex15:01, Ex15:02M, [<Ex15:02M>], Ex15:12, Ex15:18, Ex16:03, Ex16:15, [Ex16:15], Ex17:02, Ex17:03, Ex20:19, Ex24:03,
Ex24:07, Ex36:05, Lv22:27, Nu 9:07, Nu11:04, Nu11:26, Nu12:02, Nu13:27, Nu14:02, Nu14:04, <Nu14:07>, Nu14:10, Nu14:14,
Nu16:03, Nu16:12, Nu16:22, Nu17:27, Nu20:03, Nu20:19, Nu21:02, Nu21:07, Nu22:04, Nu22:14, Nu22:16, Nu31:49, Nu32:02,
Nu32:05, Nu32:16, Nu32:25, Nu36:02, Dt 1:25, Dt 6:04, Dt27:14M, Dt27:15, Dt27:15, Dt27:15; ואמרינן Gn26:28, Gn44:26,
Nu14:04M; ואמרית Gn16:05, Gn20:13, Gn24:42, Gn24:58, Gn38:25, Gn41:24, Gn44:21, Ex 4:23, Ex32:24M, Lv20:24, Nu21:06,
Dt 1:20, Dt 1:29, Dt 9:26, Dt32:40; ואמרן Gn24:58, Gn26:32?, Gn34:14, Gn43:07; ואמרנא Gn42:31; ואמרנן Gn44:20,
Gn44:22; ואמרת Gn 3:02, Gn 3:13, Gn 4:01, Gn16:05, Gn16:05, Gn16:08, Gn16:13M, Gn19:31, Gn19:34, Gn21:06, Gn21:07,
Gn21:07M, Gn21:10, Gn22:10, Gn24:18, Gn24:19, Gn24:24, Gn24:25, Gn24:39, Gn24:43, Gn24:45, Gn24:46, Gn24:47, Gn24:47,
Gn24:65, Gn25:22, Gn27:13, Gn27:33, Gn27:42, Gn27:46, Gn29:33, Gn29:34, Gn29:35, Gn30:01, Gn30:03, Gn30:06, Gn30:08,
Gn30:11, Gn30:13, Gn30:14, Gn30:15, Gn30:15, Gn30:16, Gn30:18, Gn30:20, Gn30:23, Gn31:35, Gn35:17, Gn38:16, Gn38:17,
Gn38:18, Gn38:25, Gn38:25, Gn38:25, Gn38:29, Gn39:07, Gn39:14, Gn44:23, Gn44:28, Ex 2:06, Ex 2:07, Ex 2:08, Ex 2:09, Ex
2:10, Ex 3:17, Ex 4:25, Ex 4:26, Lv17:14, Nu22:30, Dt 1:09; ואמרתה [<Lv14:10M>]; ואמרתון Dt 1:14, Dt 1:22, Dt 1:27, Dt
1:41, Dt 5:24; ואמשמש Gn27:21M; ואמשש Gn27:21; ואמתא Ex25:10, Ex25:10, Ex25:23; ואמתה Ex37:01M; ואמתינו
Gn31:22, Gn31:22M; ואמתכון Gn 9:02M; ואן Gn16:08, Gn17:17, Gn22:07, Gn22:08, Gn24:41, Gn24:49, Gn34:17, Gn43:05,
Gn47:06, Ex 1:16, Ex 2:20, Ex 7:27M, Ex12:04, Ex21:11, Lv 7:18, Lv13:07, Lv13:26M, Lv13:37, Lv13:41, Lv15:28, Lv17:16,
Lv20:04, Lv25:30, Lv25:52, Lv25:54, Lv26:14, Lv26:15, Lv26:15, Lv26:18, Lv26:21, Lv26:23, Lv26:27, Lv27:04, Lv27:05, Lv27:06,
Lv27:07, Lv27:09, Lv27:10, Lv27:11, Lv27:15, Lv27:18, Lv27:19, Lv27:20, Lv27:22, Lv27:27, Nu15:27, Nu16:30, Nu32:30,
Nu35:16, Nu35:17, Nu35:20, Nu35:26, Dt20:12, Dt30:17; ואנא Gn 6:17, Gn19:19, Gn22:05, Gn27:41M, Gn27:41, <Gn32:27>,
Gn33:14M, Gn33:14, Gn44:18, Gn48:22, Ex 3:14M, Lv10:19, Nu 3:12; ואנ' Gn 9:09; ואנה Gn13:09, Gn15:02, Gn16:02M,
Gn16:05, Gn18:13, Gn18:27, Gn24:31M, Gn27:11, Gn28:16, Gn30:03, Gn30:30, Gn34:30, Gn37:30, Gn38:25, Gn38:25, Gn38:25,
Gn41:15, Gn42:37, Gn43:14, Gn44:18M, Gn46:04, Gn48:07, Gn48:22, Gn49:02M, Ex 2:09, Ex 3:19, Ex 4:12, Ex 4:15, Ex 4:21, Ex
6:12, Ex 7:03, Ex12:42, Ex14:17, Ex18:16M, Ex31:06, Lv10:19, Lv17:11, Lv20:03, Lv20:24, Nu 6:27, Nu18:06, Nu18:08, Nu23:15,
Dt10:10, Dt31:18, Dt31:23, Dt32:21, Dt32:35, Dt32:39; ואנהר Gn38:25; ואנהרון Gn38:25; ואנון Gn14:13, Gn42:08,
Gn42:23, Gn42:36, Gn49:19, Ex36:03, Dt32:36; ואנחם Gn24:67, Gn38:12; ואנטר Gn28:15; ואנייח {<Ex33:14M>}; ואניך
Lv 8:27, Lv 8:29, Nu 8:21M; ואניץ Nu17:23M; ואנן Ex10:26, Ex16:07, Ex16:08, Nu32:17; ואנץ Nu17:23; ואנקלוות
Ex38:10M, Ex38:11M, Ex38:12M, Ex38:17M; ואנקלוותהון Ex36:36M, Ex38:19M; ואנקלוותיהון Ex26:32M, Ex27:17M;
ואנשון Dt32:15; ואנשי Gn40:23; ואנשי בייתי Gn30:30; ואנשי בייתיה Gn46:31, Gn50:22, Ex 1:01; ואנשי ביתך
Gn45:11, Nu18:01; ואנשי בתיכון Dt14:26, Dt15:20; ואנתון <Dt32:03M>; ואסב Gn18:05, Gn27:45M, Gn41:45, Ex 2:21,
Ex 6:07M; ואסבו Gn34:12; ואסבת Gn21:21M, Gn30:04; ואסגי Gn17:02M, Gn26:04, Gn43:34M, Gn49:07, Ex 7:03,
Lv26:09, Nu10:36M; ואסהד Dt31:28; ואסחון Gn18:04, Gn19:02, Gn43:24; ואסט' Dt10:18M; ואסטולי Gn45:22M;
ואסטי Gn24:49; ואסטלוותהון Gn45:22M; ואסי Gn20:17, Ex 7:25; ואסיב Gn29:28; ואסיבו Gn29:22M; ואסיק
Gn30:22; ואסיקו Ex24:05M; ואסיקית Ex 7:25M; ואסני Ex23:22, Ex23:22M; ואספדו Gn50:10; ואסק Ex 8:01, Nu20:25,
Nu22:41; ואסקון Ex 8:03; ואסקת Nu21:06; ואסר Lv 8:07, Lv 8:13; ואסרח Ex 7:21, Ex16:20; ואסרחת Ex 8:10; ואסרי
Ex 7:21M, Ex16:20M, Dt18:11M; ואסרית Ex 8:10M; ואסתאבת Lv18:25, Lv18:27; ואסתכיל Ex 2:12; ואסתכל Ex 7:23M,
Nu12:10; ואסתכלו Dt32:01; ואסתכלת Gn49:22; ואסתכרו Gn 8:02M; ואסתלק Gn12:08, Gn26:22, Gn26:23?,
Nu12:09M, Nu21:01M; ואסתלק' Gn17:22; ואסתלקו Nu16:27; ואסתלקת Gn18:33, Gn35:13; ואסתתמו Gn 8:02;
ואעבד Ex 8:18, Dt12:30; ואעבדית Dt10:03M; ואעביד Gn27:09; ואעבר Gn 8:13M, Ex12:12, Ex23:25M, Ex33:23; ואעי
Ex35:07; ואעיל Gn29:13, Gn43:24, Nu14:31, Dt26:09; ואעילו Gn19:10, Nu31:54M; ואעין Ex25:05, <Ex35:07M>; ואעיק
Ex23:22, Lv20:23; ואעיקו Ex 1:12; ואעל Gn 2:21M, Gn 8:09, <Gn24:67>, Gn29:23M, Gn43:17, Gn47:07M, Gn47:14, Ex
4:06, Ex 6:08, Ex37:05, Ex38:07, Ex40:21, Ex40:25, <Lv 9:23>, Lv26:36, Lv26:41, Nu14:24, <Nu14:31M>; ואערבב Ex23:27;
ואף Gn14:07, Gn14:16, Gn14:16, Gn21:13, Gn21:26, Gn24:14, Gn24:25, Gn24:44, Gn24:46, Gn24:46, Gn30:06, Gn40:15,
Gn44:09, Gn48:19, Gn49:10, Ex 2:19, Ex 3:09, Ex12:09, Ex12:38, Ex12:39, Ex12:46, Ex19:09, Ex21:29, Ex21:35, Nu24:25; גב

ואף על Gn15:01, Gn15:01; ואפ' Lv25:42M, Lv25:55M, Dt13:06M; ואפדה Ex35:27M; ואפודה Ex28:04; ואפון Ex12:39;
ואפי Ex33:23; ואפ״י Gn25:34M; ואפיהון Gn 9:23, Ex25:20, Ex37:09; ואפילו Lv21:04M; ואפין Ex12:39M; ואפיק
Gn24:53, Ex 4:06, Ex 4:07, Ex 6:06, Ex19:17, Dt 8:14M, Dt16:01M; ואפיקו {Gn49:02}, Ex36:06M, Lv10:05, Lv24:23,
{Nu13:32}, Nu15:36; ואפל Nu35:23; ואפלג Gn45:26M; ואפני Lv26:09, {<Lv26:09M>}; ואפסח Ex12:13; ואפסת
Ex20:25; ואפק Gn15:05, Gn43:23, Gn48:12, Ex 7:04, Ex13:16M, Lv10:20M, Nu17:23, Nu17:24, Nu20:16M, Dt 4:20, Dt 4:37, Dt
5:15, Dt 6:21, Dt 7:08M, Dt 7:19M, Dt13:11M, Dt15:15M, Dt24:18M, Dt26:08; ואפקד Lv25:21, Dt31:14M; ואפקו Gn19:16,
Lv10:04, Nu13:32; ואפקון Gn37:28; ואפקית Ex 6:07, Lv19:36M, Lv25:38M, Lv26:13M, Lv26:45M, Dt 5:06; ואפקר
Lv26:30M; ואפקת Gn 1:12, Ex 7:05, Ex20:02, Ex29:46M, Lv22:33, Nu15:41; ואפרוק <Ex 6:06>; ואפרוש Ex33:22;
ואפרנס Gn45:11M; ואפרש {<Gn 1:04>}, Gn 1:07, Gn30:35, Ex 6:07; ואפרשו Ex29:28; ואפרשות Dt12:11, Dt12:17;
ואפרשותה Nu31:38M, Nu31:39M; ואפרשותהון Nu31:38, Nu31:39, Nu31:40; ואפרשית Lv20:26; ואפתחו Gn 3:07M;
ואפתי Ex34:24; ואצבעת Gn38:25; ואצדי Lv26:30, Lv26:31, Lv26:32; ואצטלי Dt10:18; ואצטערי Gn16:09; ואציתו
Nu21:06M; ואצנע Gn 2:15M, Ex16:33, Ex16:34, Nu17:19, Nu17:22; ואצנעו Gn19:16, Lv24:12, Nu15:34, {<Dt26:10M>};
ואצנע׳ Nu15:34M; ואצנעון Ex16:24; ואצנען Ex16:24M; ואצער Dt 8:03M; ואקבור Gn23:13M, Gn50:05; ואקבר
Gn23:04; ואק' Dt 6:04M; ואקדימו Gn26:31, Nu14:40; ואקדם Gn19:27, Gn20:08, Gn21:14, Gn22:03, Gn28:18, Gn32:01,
Ex24:04, Ex34:04; ואקדמו Ex32:06; ואקדמית Gn22:14; ואקדש Ex29:44; ואקדת Gn24:48M; ואקטול Gn27:41, Ex
3:20; ואקטל Ex11:05M, Ex12:12, Ex22:23; ואקיים Gn 6:18, Gn17:07, Gn21:24, Gn21:28M, Gn28:18M, Gn30:38M,
Gn31:45M, Gn35:20M; ואקים Gn 9:11, Gn17:19, Gn21:28, Gn26:03, Gn38:08, Gn47:07, Ex40:18, Ex40:18, Ex40:33, Lv26:09,
Nu11:24, Nu24:25, Nu25:04, Nu27:22, Dt 6:04; ואקלע Ex10:19; ואקם Gn30:38, Gn31:45, Gn33:20, Gn35:20, Gn47:02;
ואקמית Gn43:09, Gn44:18; ואקף Ex13:18; ואקפו Nu21:15M, Nu21:15; ואקפנן Dt 2:01; ואקרב Gn27:25M, Gn48:13M,
Lv 8:06, Lv 8:13, Lv 8:14, Lv 8:18M, Lv 8:22M, Lv 9:15M, Lv 9:16M, Lv 9:17M, Nu16:10, Nu25:06; ואקרבו Nu 7:03, Nu15:33;
ואקריב Gn48:10; ואקריבו Lv 9:09M, Lv 9:12M, Lv 9:18M; וארב' Nu 2:16M; וארבי Nu11:17; וארבע Gn11:16, Gn24:11,
Gn32:07, Gn43:33, Gn50:01, Ex21:37, Ex36:15, Ex38:29, Nu 1:29, Nu 1:31, Nu 1:37, Nu 1:43, Nu 2:06, Nu 2:08, Nu 2:09, Nu 2:16,
Nu 2:21, Nu 2:23, Nu 2:30, Nu 7:85, Nu26:43, Nu26:47, Nu26:50, Dt 3:11; וארבעה Gn47:24, Nu 1:27, Nu 1:29, Nu 2:04, <Nu
2:06M>, Nu 7:88, Nu25:09; Nu26:25, Nu26:43; וארבעין Gn 5:13, Gn 7:04, Gn 7:04M, Gn 7:12, Gn47:28, Ex24:18, Ex26:19,
Ex26:21, Ex34:28, Ex36:24, Ex36:26, Nu 1:25M, Dt 9:09, Dt 9:11, Dt 9:18, Dt10:10; וארבעת Nu 2:06; וארגוון Ex25:04,
Ex27:16, Ex28:33, Ex35:06, Ex35:23, Ex36:08, Ex36:35, Ex36:37, Ex38:18, Ex39:02, Ex39:05, Ex39:08, Ex39:24, Ex39:29;
וארגוונא Gn50:01; וארגוונה Gn50:01M, Ex39:01; וארגון Ex26:01, Ex26:36, Ex28:06, Ex28:08, Ex28:15; וארגונא
Ex26:31; וארגזן Dt32:31; וארגזתון Dt 1:02; וארגיזו Dt32:30; וארגמן {Ex25:04}; וארהטו Gn41:14; וארר' Lv 2:04;
וארום Gn 3:06, Gn29:12, Gn33:11, Gn45:26, Ex 3:11, Ex 4:31, Ex12:48, Ex21:07, <Ex21:14>, Ex21:18, Ex21:20, Ex21:22,
Ex21:26, Ex21:28, Ex21:33, Ex21:35, Ex21:37, Ex22:09, Ex22:13, Ex22:15, Lv11:37, Lv11:38, Lv11:39, Lv13:31, Lv13:42,
Lv15:08, Lv15:13, Lv19:05, Lv19:23, Lv19:33, Lv25:14, Lv25:20, Lv25:25, Lv25:35, Lv25:39, Lv25:47, Nu 5:20, Nu 6:09, Nu 9:14,
Nu10:09, Nu15:08, Nu15:14, Nu15:22, Nu21:01, Nu21:01M, Dt15:13, Dt15:21, Dt18:06, Dt18:21, Dt19:11, Dt21:22, Dt23:23;
וארון Nu14:44, Dt 1:01; וארונה Dt27:15, Dt27:15M; וארוע Ex12:16, Ex12:16M, Lv23:03, Lv23:08M, Lv23:21, Lv23:24,
Lv23:27, Lv23:39, Lv23:39, Nu28:18, Nu28:25, Nu28:26, Nu29:01, Nu29:07, Nu29:12; וארועין Lv23:02M; וארחם Ex33:19;
ואריח Gn27:27; ואריכות Dt30:20; ואריס Gn40:20, Ex 7:20, Nu20:11; ואריע <Lv23:03M>; ואריק {<Gn 6:06>},
Gn28:10, Gn28:18, Gn35:14, Lv 8:12; וארכב Gn41:43, Ex 4:20; וארכן Gn49:15, Ex 7:19, Ex 8:02, Ex 8:13, Ex 9:23, Ex10:13,
Ex10:22, Ex14:16, Ex14:21, Ex14:27; וארמי Dt 9:21; וארמלתה Dt14:29, Dt16:11, Dt16:14, Dt27:19; וארע Gn16:07,
Gn31:23, Gn31:25M, Gn37:15, Gn37:17, Gn44:06, Gn44:29, Ex 4:24, Ex 4:27, Ex15:09; וארעא Gn 1:02, Gn 2:01, Gn 2:04, Gn
2:04, Gn14:19, Gn14:22, Gn34:10, Gn34:21, Gn47:13, Gn47:19, Gn49:20M, Ex10:12, Ex15:12, Ex15:12, Lv25:23, Dt 4:30,
Dt11:11, Dt11:17, Dt28:23, Dt32:01, Dt32:01, Dt33:22, Dt33:24; וארעה Nu35:33M; וארעו Gn32:02, Ex 5:20, Ex14:09;
וארעון Dt 4:30M; וארעין Lv23:02M; וארעם Gn27:38M, Gn29:11M, Ex 9:22M, Ex 9:23M, Ex10:22M, Nu20:11M; וארעמן
Nu14:01M; וארעמת Gn21:16M; וארעמתון Dt 1:27; וארען Gn47:18M, Gn47:19; וארענן Gn47:18; וארפי Ex 4:26;
וארשעתון Dt 1:43M; וארתת Gn44:19, Gn44:19M, Nu21:34; ואשא Gn19:24, Nu16:35, Dt32:35M; ואשאלו Ex12:36;
ואשבוק Gn18:26, Dt31:17; ואשבע Gn24:03, Gn24:09, Gn24:37, Gn50:25; ואשבת Gn15:11; ואש' Nu14:24M; ואשר'
Lv17:10M; ואשווי Gn13:16, Ex 7:04, Ex 8:19, Ex21:13, Lv17:10M, Lv26:04, Dt28:48M; ואשרי Gn17:02, Gn17:06, Gn17:20,
Gn32:13, Gn44:21, Ex23:27, {<Ex23:27M>}, Ex23:31, Ex33:22, Lv14:34, Lv20:05, Lv20:06, Lv26:11M, Lv26:17, Lv26:19,
Lv26:19M, Lv26:30, Lv26:31, Nu11:17, {<Dt 1:13M>}, Dt18:18M; ואשטתח Nu14:05; ואשטתחו Dt29:25; ואשטתחית Dt
9:25; ואשיזב Ex 6:06; ואשיצא Ex32:10; ואשיצי Ex15:09M, Ex22:23M, Ex23:23M, Ex23:27M, {<Lv20:06>}, Lv20:17M,
Lv26:30, Nu17:10, Nu21:02; ואשיתון Dt32:18; ואשכח Gn26:12, Gn28:10, Gn30:14, Gn39:04; ואשכחו Gn11:02, Gn26:19,
Nu15:32; ואשלח Gn27:45, Gn37:13, Ex 3:10, Ex 3:20, Ex 8:04, Ex 9:28, Ex23:28, Ex33:02, Nu20:26, Nu20:28; ואשלחו
Gn37:23; ואשלחת Gn32:19; ואשלימו Gn25:24, Ex39:10, Dt34:08; ואשלם Gn 2:02, Gn17:22, Gn29:28, Gn49:33, Ex34:33,
Ex40:33, Nu14:24, Dt32:45; ואשלם {Ex35:31}; ואשלמ' Gn24:19; ואשלמו Gn 2:01; ואשלמת Ex31:03; ואשמע Ex22:22,
Ex22:26, Nu 9:08M, Nu 9:08, Dt 1:17, Dt 4:10; ואשעה Ex 2:03M; ואשצא Lv20:03; ואשצי Nu14:12; ואשקי Gn28:10,
Gn29:10, Ex 2:17, Ex 2:19; ואשקיין Gn19:33, Gn19:35; ואשקיית Gn21:19, Gn24:18, Gn24:20M; ואשקן Gn19:33M;

ואשרי Gn 2:15, Gn 3:24, Gn18:26, Gn47:11, Gn49:24, Ex25:08, Ex29:45, Lv26:11, Nu10:36; ואשרתהון Dt 7:05; ואשתא Ex
9:24, Ex25:32M, Ex40:38; ואשתבע Gn24:09M, Gn25:33, Gn31:53, Gn47:31, Ex15:12M; ואשתבעו Gn26:31; ואשת'
Lv12:05M, Dt32:35; ואשתדי Gn32:25M; ואשתדכו Gn 8:01M; ואשתדר Gn32:25M; ואשתה Lv 6:02, Lv 6:05, Nu 2:09,
Nu 2:11, Nu31:38M, Nu31:44M, Dt27:15M; ואשתהי Gn19:16, Gn43:31M; ואשתהיית Gn32:05; ואשתון <Gn24:54M>;
ואשתטח Gn17:03, Gn17:17, Gn23:12, Nu16:04, Nu22:31; ואשתטחו Gn48:12, Lv 9:24, {<Nu17:10>}, Nu20:06;
ואשתטחית Dt 9:18; ואשתי Gn24:14; ואשתיזבת Gn32:31; ואשתייר Gn32:25, Gn44:20; ואשתיירו Nu11:26; ואשתין
Gn 5:18M, Gn 5:27M, Lv12:05M, Nu 3:50; ואשתיצון Nu16:33; ואשתיצית <Ex 9:15M>; ואשתיר Gn 7:23; ואשתכח
Gn28:10, Gn44:12, Dt33:08; ואשתלהון Gn47:13; ואשתלהן Gn47:13M; ואשתמע Gn45:02; ואשתעיר {<Nu21:05M>};
ואשתצון Gn 7:23; ואת Gn 3:09, Gn 4:07, Gn 6:21, Gn15:15, Gn17:09, {Gn25:29}, Gn30:02, Gn30:02M, Gn30:15, Gn31:44,
Gn32:13, Gn35:09, Gn35:09M, Gn36:03, Gn40:12, Gn42:20, Gn45:19, Ex 4:16, Ex 9:30, Ex 9:30M, Ex14:16, Ex18:21, Ex27:20,
Ex28:01, Ex28:03, Ex30:23, Ex31:13, Ex33:12, Ex33:12, Lv10:19, Lv11:15, Nu 1:50, Nu 5:20, Nu11:21, Nu16:17, Nu18:02,
Nu18:07, Nu32:35M, Dt 5:27, <Dt 5:31>, Dt31:07; ואתא Gn13:18, Gn13:18M, Gn14:13, Gn24:30, Gn25:29, Gn27:18, Gn30:16,
Gn33:18, Gn34:20, Gn35:06M, Gn35:27, Gn37:14, Gn40:06, Gn44:14, Gn46:01, Gn47:01, Ex 3:01, Ex 8:20, Ex10:03, <Ex18:05>,
Ex18:12, Ex19:07, Ex24:03, Ex24:18, Lv 9:23M, Nu21:34, Nu23:07, Nu23:17; ואתאבל Gn37:34; ואתאבלו Ex33:04M,
Nu14:39; ואתאבלון Ex33:04; ואתאמר Gn48:01M; ואתבהל Gn44:19; ואתבזי Gn 9:21M; ואתבזעו Ex14:21;
ואתבזעת Nu16:31M; ואתבך Gn40:13M; ואתבלעת Nu11:02; ואת' Ex15:25M, Ex32:24M, Lv 5:02M, Lv 5:03M, Lv 5:04M;
ואתגברו Gn 7:24; ואתגלי Gn 9:21, Gn11:07, Gn12:07, Gn17:01, Gn18:01, Gn26:02, Gn26:24, Gn31:24, Gn35:09, Ex 3:02,
Nu11:17, Nu22:09, Nu22:20, Dt31:15, Dt33:02; ואתגליית Ex 3:08M, Ex19:20, <Ex34:05>, Lv18:25, {<Nu17:07>}; ואתגלית
Gn11:05, Ex 3:08, Ex19:20M, Lv 9:23, <Nu20:06>; ואתגנזת Nu21:01M; ואתגרו Gn34:10; ואתדבב Gn42:07; ואתה
Gn23:02, Ex35:29, Ex36:06, Lv15:19, Lv15:25, Lv18:18, Lv18:23, Lv20:16, Lv21:07, Nu20:06, Nu21:23, Nu22:17, Nu30:04M,
Dt32:44; ואתהפך Ex14:05; ואתהפכו Ex 7:20; ואתו Gn22:09M, Gn45:25, Ex15:23; ואתון Gn 9:07, Gn11:31M, Gn12:05,
Gn19:01M, Gn22:09, Gn26:27, Gn26:32, Gn42:06, Gn42:16, Gn42:19, Gn42:29, Gn42:36, Gn44:10, Gn44:17, Gn45:18M,
Gn46:06, Gn46:28M, Gn47:15, Gn50:10M, Gn50:20, Ex 2:17, Ex 5:15, Ex12:22, Ex12:22, Ex15:23M, Ex15:27, Ex16:01, Ex16:22,
Ex17:08, Ex19:02, Ex19:06, Ex20:26, Ex23:09M, Ex35:21, Ex35:22, Ex36:04, Ex39:33M, Lv26:12, Lv26:34, Nu13:22M, Nu13:23M,
Nu13:26M, Nu14:09, Nu16:10, Nu20:01M, Nu21:06, Nu21:07, Nu21:23M, Nu22:07, Nu22:14, Nu22:16, Nu22:39M, Nu31:19,
Nu32:02, Nu32:06, Nu33:09, Dt 1:40, Dt 4:04, Dt 4:22, Dt 9:02, Dt15:06, Dt18:14, Dt21:09, Dt25:18, Dt28:12, Dt28:43, Dt28:44,
Dt28:44, Dt30:08, Dt32:03, Dt33:29; ואתוקף Gn12:02, Gn17:02, Gn17:06, Gn48:02M, Gn48:17, Ex 4:04, Ex 7:13, Ex 7:22, Ex
8:15, Ex 9:07, Ex 9:34, Ex 9:35, Ex10:20M, Ex14:04, Lv26:09; ואתוקפו Gn19:15, Gn19:16, Ex 1:20, Ex12:33; ואתותב
Gn20:01, Dt26:05; ואתחבלת Gn 6:11M; ואתחברו Nu25:03; ואתחייב Lv 5:17; ואתחיילו {<Nu31:07M>}; ואתחילו
Nu31:05; ואתחלון Ex15:25; ואתחסכת {<Gn20:06>}; ואתחסל Gn21:08; ואתחשבו Gn37:18; ואתחשבת Gn15:06;
ואתיב Gn27:37, Gn37:14, Nu22:08; ואתיחמו Gn30:39; ואתייה Dt 7:19; ואתייחסו Nu 1:18; ואתיין Nu23:09, Dt33:03;
ואתילד Nu26:60; ואתילדו Ex 1:07; ואתילדון Gn 9:07; ואתיליד Gn 4:18, Gn46:20; ואתילידו Gn10:01; ואתין
Gn15:01, Ex 2:16; ואתינן Gn43:10; ואתיקף Gn48:17M, Ex 4:04; ואתיקר Ex14:04, Ex14:17; ואתית Gn16:05, Gn24:42;
ואתיתון Dt29:06; ואתך Ex36:36, Ex37:03, Ex37:13, Ex38:05; ואתכלון Ex36:06; ואתכליית Nu17:13, Nu17:15M;
ואתכלת Nu25:08; ואתכנ״ Gn 5:05; ואתכניש Gn 5:11, Gn 5:14, Gn 5:31; ואתכנש Gn 5:08, Gn 5:17, Gn 5:23M, Gn 9:29,
Gn25:08, Gn25:17, Gn35:29, Gn47:30, Gn49:33, Nu11:30, Dt32:50; ואתכנשו Ex32:26, Nu16:03, Nu20:02M; ואתכסון Gn
7:19; ואתכסי Gn49:01M, Gn49:02M; ואתכסיית Gn24:65; ואתליית Gn 7:17M; ואתמלי Ex19:18M; ואתמליאת Gn
6:11; ואתמליית Nu14:21M; ואתמנעו Gn11:08, Ex 9:33; ואתן Gn17:08, Gn26:04, Gn29:27, Gn30:28, Gn34:12, Gn45:18,
Gn46:06M, Gn47:16, Gn47:18, Gn48:04, Ex 3:21, Ex 6:08, Ex24:12, Lv26:06, Nu21:16, Dt11:14, Dt11:15; ואתנגד Gn25:08M,
Gn35:29M; ואתנגיד Gn25:17M; ואתנדדת Gn31:40; ואתנו Gn49:01M; ואתנחו Ex 2:23, Ex16:30; ואתני Gn22:20,
Gn27:42, Gn31:22M, Gn38:24, Gn46:31, Gn48:02, Ex14:05; ואתניה Gn38:13; ואתניח Ex20:11M; ואתניחו Ex16:30M;
ואתניחת Gn 8:04M; ואתנין Gn12:16; ואתנצון Gn26:21M, Lv24:10; ואתעבד Dt 1:01; ואתעבדו Gn40:10; ואתעבדן
Gn28:11M; ואתעטפת Gn24:65M, Gn38:14; ואתעיק Gn32:08M; ואתעיקו Ex 1:12M; ואתעיקת Lv20:23M; ואתעיר Gn
9:24; ואתעקת Nu21:04; ואתער Gn28:16, Gn41:04; ואתעתד Ex 8:16, Ex 9:13, Ex34:05, <Nu22:22>; ואתעתדו Ex19:17,
Dt31:14, Dt31:14; ואתעתדת Ex 2:04; ואתפגש Gn32:25; ואתפייס Gn 6:06; ואתפלג Gn45:26; ואתפליגת Lv10:02M;
ואתפרסם Gn 9:21M; ואתפרשו Gn13:11; ואתפתחת Nu16:31; ואתצמצמת Gn24:65M; ואתקבלת Ex10:15M;
ואתקבר Dt10:06; ואתקברת Gn35:08, Gn35:19, Nu20:01; ואתקוף Ex32:10M; ואתקטל Ex11:05; ואתקימן Gn15:01;
ואתקין {<Ex33:14>}; ואתקן Gn21:33M, Gn43:16, Nu23:01M, Nu23:29; ואתקנו Gn43:25; ואתקף Gn17:06M; ואתקררו
Gn18:04; ואתקשיית Gn35:16; ואתר Gn24:31, Dt23:13; ואתרא Gn24:31M; ואתרגזו Gn34:07; ואתרחיץ Gn40:23, Ex
8:05; ואתרכינו Lv 9:24M, Nu17:10M; ואתרכן Gn17:03M, Gn17:17M, Gn33:04, Gn45:14, Gn46:29, Nu14:05M, Nu16:04M;
ואתרכנת Gn24:64; ואתרע Gn44:04M, Ex 9:31M; ואתרעיית Gn34:03; ואתרעמו Ex15:24, Ex16:02, Ex17:03, Nu14:02,
Nu14:36M, Nu17:06; ואתרעת Gn49:04; ואתרשל Gn 9:21M; ואתרת Ex 9:31; ואתת Gn 8:11M, Gn19:33M; ואתתא
Ex11:02; ואתתה Gn 3:08, Gn19:26M, Lv15:18, Nu 5:31, Nu30:04, Dt22:22; ואתתיה Gn 2:25, Gn 7:07, Gn 7:13, Gn 8:18,
Gn13:01, Ex18:05; ואתתך Gn 6:18, Gn 8:16, Ex18:06

ובאבניא Ex 7:19; ובאד Dt 4:34M; ובאדרע Ex32:11M, Nu20:20, Dt 4:34, Dt 5:15, Dt26:08; ובאדרעך Ex32:11, Dt 9:29;
ובאולפן Dt10:20, Dt13:05; ובאומייה Dt28:65; ובאומנות Ex31:04, Ex31:04, Ex31:05, Ex35:32, Ex35:32, Ex35:33;
ובאזובא Lv14:52; ובאחוי Ex32:29; ובאחיכון Lv25:46; ובאחסנתיה Gn49:27, Dt33:12; ובאילין Lv24:12, Nu27:05,
Nu27:05; ובאימּמה Dt28:66; ובאיקרא Dt 5:16M; ובאיקרה Ex20:12; ובאיקרהון Gn49:26; ובאיש Nu16:15;
ובאישתא Gn41:27; ובאיתתיה Gn26:11; ובאליין Lv24:12M, Lv24:12M, Nu 9:08M, Nu 9:08M, Nu15:34M, Nu15:34M,
Nu26:64M, Nu27:05M, Nu27:05M; ובאלין Nu15:34, Nu15:34, Nu26:64; ובאלפייה Dt28:68; ובאנשי בייתיה Gn12:17;
ובאנשי ביתך Ex 8:17; ובאסתלקות Ex40:36, <Nu 9:22>; ובאעצבתך Ex 7:28M; ובאפוי Gn34:18, Gn41:37, Gn45:16,
Ex 5:21, Nu11:10; ובאפי Gn45:16M, Ex11:03, Lv10:03; ובאפיה Gn39:05; ובאפקותכון Dt28:19; ובאצבען Ex38:23M;
ובאצותך Ex 7:28; ובארבעה עשרי {<Gn14:05>}; ובארגוון <Ex35:35M>, Ex38:23, {Ex38:24}; ובארגוונא Ex35:35;
ובארח Nu 9:13; ובארעא Gn47:14, Dt 3:24M; ובארעכון Lv22:24; ובאש Gn 4:05, Gn21:11, Gn34:07, Gn38:10,
Gn48:17M; ובאשלמות Lv12:06M; ובאשמימות Dt28:28M; ובאשתא Nu12:12; ובאתין Dt26:08; ובאתכנשון
Nu10:07; ובאתרה Nu 9:17; ובאתת Dt28:54; ובבוץ Ex35:35; ובבוצה Ex38:23; ובבית יקידתה Dt 9:22; מדרשהון
ובבית Gn34:31; ובבית מקדשי Lv19:30; ובבניה Dt28:57; ובבניכון Dt28:46; ובבנתן Ex10:09; ובבעירא Gn 1:26,
Gn 8:17, Ex 8:13, Ex 8:14, Lv 7:26, Nu18:15; ובבעירה Gn 7:21, Gn 9:10, Ex 9:10, Ex13:02, Nu 8:17, Nu31:11M, Nu31:26;
ובבעלת Dt28:54M; ובבר Gn21:23; ובברה Dt28:56; ובברי Gn21:23; ובברתה Dt28:56; ובבש' Nu18:18M;
ובבשרהון Lv21:05; ובבתי Ex 7:28, Ex 8:20; ובבתי מד' Gn34:31M; ובבתיהון Dt19:01; וב' Lv14:52M, Dt 1:07M; ובג'
Nu12:08M; ובגו Ex39:03, Ex39:03, Ex39:03, Nu18:23; ובגי' Gn15:17M; ובגיורא Lv17:15; ובגיוריה Nu15:30; ובגין
Lv24:12, Dt 1:01M, Dt 1:01M, Dt15:15; ובגלל Dt18:12; ובגלפות Ex31:05M; ובגפנא Gn40:10; ובדהבא Gn13:02;
ובדין Lv24:12, Nu 9:08, {<Nu15:34M>}; ובדלחא Ex28:20; ובדלחה Ex39:13; ובדלקיתה Dt28:22; ובדמותה Ex30:32;
ובדמככון <Dt 6:07M>, Dt11:19; ובדעה Ex31:03, Ex35:31; ובדקת Dt33:08; ובדרומה Dt 1:07; ובה Gn 1:11, Gn 1:12,
Gn 5:13, Gn24:14, Ex28:08M, Ex37:17M, Ex37:22M, Ex37:25M, Ex38:02M, Lv13:30; ובהו Ex12:42, Ex12:42M; ובהיא Gn
1:02; ובהין Gn11:25; ובהלכותכון Dt 6:07, Dt11:19; ובהן Gn 5:04, Gn 5:07, Gn 5:10, Gn 5:16, Gn 5:19, Gn 5:22, Gn 5:26,
Gn 5:30, Gn11:11, Gn11:13, Gn11:15, Gn11:17, Gn11:19, Gn11:21, Gn11:23; ובהרהור <Dt28:22>; ובוץ Ex25:04, Ex26:31,
Ex26:36, Ex27:16, Ex28:06, Ex28:08, Ex28:15, Ex35:06, Ex35:23, Ex36:35, Ex36:37, Ex38:18, Ex39:02, Ex39:05, {Ex39:08},
Ex39:08, Ex39:24M; ובוצה Ex35:35M; ובושין Dt28:59, Dt28:59M; ובזהב Gn13:02M; ובזו Gn34:29; ובזון Gn34:27;
ובזזו Gn34:27M, Gn34:29M; ובזי Gn25:34, Lv24:11M, Lv24:15M; ובזיזוי Ex25:29M; ובזיית Gn16:04M, Gn16:05M;
ובזיכוי Ex25:29; ובזיפתא Ex 2:03; ובזית Gn16:05M; ובזכוותהון Nu22:30; ובזכות Nu23:09, Dt33:15; ובזכותהון
Gn15:17M; ובזמנה {Nu24:23}; ובזמני Nu10:10; ובזע Gn37:29, Gn37:34, Ex14:16, Lv13:56M; ובזעו Gn44:13, Gn44:19;
ובזעירא Gn44:12; ובזר' Gn28:14M; ובזרעיית Gn28:14, Dt28:46M; ובזרעייתיה Lv20:05; ובחגא Ex34:21; ובחגה
Dt16:16; ובחובי Dt 9:04M, Dt32:43; ובחוביהון Dt 9:04; ובחוף Dt 1:07; ובחזוון {<Dt 4:34>}; ובחזויין {<Dt 4:34M>};
ובחזוין Dt26:08; ובחיכוך {<Dt28:27M>}; ובחיתה Gn 7:21M; ובחלמין Nu12:06; ובחמיריא Ex 9:03; ובחמר Dt14:26,
Dt22:10; ובחמרא Ex 9:03M; ובחמריא Gn47:17; ובחמשת עשר Lv23:06, Nu28:17, Nu29:12; ובחסרון Dt28:48;
ובחצדה Ex34:21M; ובחצדכון Lv19:09; ובחר Gn13:11, Ex18:25, Dt10:15; ובחרבה <Dt28:22>, Dt28:27M; ובחרבנה
Dt28:27; ובחשנא Ex25:07; ובחשנה Ex35:09; ובטוב Dt28:47M; ובטורא Gn22:14, Dt 1:01, Dt 2:12M; ובטורה Dt 8:07;
ובטחוריה Dt28:27; ובטירתהון Gn25:16; ובטיתך Dt28:05M; ובטעוותהון Nu33:04, Dt32:16; וביד Gn19:16M,
Gn19:16, Ex 6:01M, Nu20:20M, Dt 4:34; ובידא Ex 6:01; ובידוי Nu 5:18, Nu11:26; ובידי {Nu 5:18M}; ובידיה Gn19:16;
ובידך Gn 4:07; וביה Ex27:02M, Ex30:02M, Nu13:23M; וביובילה Lv25:31; וביום Ex32:34M, Nu10:10; וביומא Ex13:06,
Ex16:26, Ex22:29, Ex23:12, Ex31:17, Ex32:34, Ex34:21, Ex35:02, Lv 7:16, Lv12:03, Lv13:14, Lv14:10, Lv15:14, Lv15:29, Lv23:03,
Lv23:39, Nu 6:10, Nu 9:15, Nu19:12, Nu19:12, Nu19:19, Nu28:09, Nu28:25, Nu28:26, Nu29:17, Nu29:20, Nu29:23, Nu29:26,
Nu29:29, Nu29:32, Nu29:35, Nu31:19, Dt 5:14, Dt16:08; וביומ' Lv19:06, Lv23:39M; וביומה Ex12:16M, Ex31:15; ובייתה
Nu18:01M; ובייתי' Gn16:05; ובייתיה Gn50:08; ובין Gn 1:07, Gn 1:14, Gn 1:18, Gn 3:15, Gn 3:15, Gn 3:15, Gn 3:16, Gn
3:18M, Gn 4:07M, Gn 4:07, Gn 9:12, Gn 9:13, Gn 9:15, Gn 9:16, Gn 9:17, Gn10:12, Gn13:03, Gn13:07, Gn13:08, Gn13:08,
Gn16:14, Gn17:07, Gn17:10M, Gn17:10, Gn20:01, Gn30:36, Gn31:37M, Gn32:17, Ex 8:19, Ex 9:04M, Ex11:07, Ex14:02, Ex16:01,
Ex18:16, Ex26:33, Ex30:18, Ex31:17, Ex40:07, Ex40:30, Lv10:10, Lv10:10, Lv10:10, Lv11:47, Lv11:47, Lv11:47, Lv14:57, Lv20:25,
Lv26:46, Lv27:12, Lv27:14, <Nu21:13>, Nu26:56, Nu31:27, Nu35:24, Dt 1:16, Dt 1:16, Dt33:24M; וביני Gn49:27, Ex 9:04,
Ex14:20, Nu18:23M; וביניכו' Gn17:10; וביניכון Gn 9:12, Gn 9:15, Gn17:10M, Gn17:11, Ex31:13, Nu16:03, Dt 5:05; ובינך
Gn13:08, Gn16:05, Gn16:05, Gn17:02, Gn17:07, Gn23:15, Gn26:28, Gn31:44, Gn31:48, Gn31:49, Gn31:50, Gn31:51; ובינתכון
Dt 4:06; וביציבא Ex12:19; וביקר Ex40:34M, Ex40:35M; ובירה Nu12:16; ובירחא Nu28:16; ובירחה Nu29:01;
ובירקונה Dt28:22; ובישין Gn47:09, Dt 6:22; ובישירות Dt 9:05M; ובישן Gn41:19; ובישתא Gn41:20; ובית Gn16:05,
Gn48:06M, Nu34:15; וביתא Ex 1:21; ובית אבא Gn38:25; ובית מקדשי Lv26:02; ובית שפר Ex22:04; ובית שקוותן
Gn29:22; וביתו Gn24:54; ובך Ex 7:29; ובכא Gn43:30, Gn45:14, Gn50:01; ובכדן Ex 1:12, Lv26:41; ובכה Gn27:38,
Gn29:11, Gn35:09, Gn37:35, Gn42:24, Gn45:15M, Gn45:15, Gn46:29, Gn50:01, Gn50:17, Ex 7:29M; ובכו Gn33:04; ובכון
Gn50:03, Nu11:04, Nu14:01, Nu20:29, Dt14:02, Dt34:08; ובכורי Dt12:06, Dt12:17; ובכוריי <Dt14:23>; ובכי Gn35:09M,
Gn45:02M; ובכין Gn50:01M; ובכינרין Gn31:27; ובכיריה Gn30:42; ובכיתון Nu11:20, Dt 1:45; ובכל Gn 1:26, Gn 1:26,

Gn 1:28, Gn 7:21, Gn 7:21M, Gn 7:21, Gn 7:21M, Gn 8:17, Gn 9:02, Gn 9:10, Gn40:18, Gn41:54, Gn47:17M, Ex 1:14, Ex 7:28, Ex
7:29, Ex 8:20, Ex 9:11, Ex12:12, Ex14:04, Ex14:17, Ex23:13, Ex31:03, Ex34:10, Ex35:31, Lv18:23, Lv20:25, Lv25:24, Nu21:25, Dt
4:29, Dt 6:05, Dt 6:05, Dt 6:22, Dt10:12, Dt11:13, Dt13:04, Dt14:26, Dt15:10, Dt16:15, Dt26:16, Dt26:16M, Dt28:08, Dt30:02,
Dt30:06, Dt30:10, Dt32:15M; ובכליתה Dt29:22, Dt29:27; ובכן Gn27:41M, Gn31:22M, Lv26:41M, Dt14:02M;
ובכנישותיהון Gn49:06M; ובכעס Dt29:27; ובכרמין Nu20:17, Nu21:22; ובכת Gn21:16; ובלב Ex31:06M, Dt28:47;
ובלבביכון Dt30:14; ובלבי Ex31:06; ובלבני Ex 1:14; ובלבניא Ex 1:14M; ובלחמה Lv 8:32; ובליבי Gn40:18;
ובלילה Lv 8:35; ובליליא Gn 1:18, Ex13:21; ובלע Ex 7:12; ובלעה Ex15:12; ובלעו Gn41:07; ובלען Gn41:07M,
Gn41:24; ובלעת Nu16:32, Nu17:27M, Nu26:10, Dt11:06; ובלקישי Gn30:42; ובלשן Gn11:01; ובמבעי Lv27:29M; ובמ'
Lv19:35M; ובמדברא Nu14:22, Dt 1:31; ובמדינתהון Gn15:01; ובמדרשיהון Dt 6:07; ובמדמכון Gn34:31; ובמה
Ex33:16; ובמוזניא Lv19:35; ובמחצדיכון Lv23:22; ובמחרף Nu27:05; ובמחרפה Lv24:12, Nu 9:08, Nu15:34,
<Nu15:34M>; ובמי Dt 9:22M; ובמיא Lv14:51, Lv14:52, Dt23:05; ובמיין Dt23:05M; ובמימ' Ex15:12M; ובמימר
Ex15:08; ובמימרה Dt10:20M; ובמישריה Dt 1:01; ובממרי Lv22:16M; ובמנוי Nu 4:16; ובמנחתא Gn49:27, Gn49:27;
ובמניין Gn22:14M; ובמנרתא Ex25:34; ובמנרתה Ex37:20; ובמסאבין Nu15:34M; ובמעלה Ex34:34M, {<Nu 7:89M>};
ובמפקיה Ex28:35; ובמצנפן Lv16:04; ובמקושה Lv24:12M, Nu 9:08M, Nu15:34; ובמקמה Gn19:33, Gn19:35;
ובמקמכון Dt 6:07M, Dt11:19M; ובמשח' Gn 6:16; ובמשכנא Gn31:33, Gn31:33; ובמשרויה Nu 1:51M; ובמשרין
Dt11:11M; ובן Ex31:13M; ובנא Gn12:08; ובנבואתיה Ex14:31; ובנבלתהון Dt14:08; ובנבלתהון Lv11:08; ובנ'
Gn25:03M; ובנגרות Ex31:05, Ex31:05M, Ex35:33; ובנה Gn 2:22M, Gn 8:20, Gn10:11, Gn12:07, Gn13:18, Gn22:09, Gn26:25,
Gn33:17, Gn35:07, Ex17:15, Ex24:04, Ex32:05, Nu23:14; ובנהא Ex21:04M; ובנהה Gn33:07; ובנוהי Gn 7:07; ובנוי Gn
8:18, Gn10:03, Gn10:04, Gn10:06, Gn10:07, Gn10:07, Gn10:07M, Gn10:23, Gn25:03, Gn25:04, Gn34:05, Gn34:07, Gn46:08,
Gn46:09, Gn46:10, Gn46:11, Gn46:12, Gn46:13, Gn46:14, Gn46:16, Gn46:17, Gn46:17, Gn46:21, Gn46:23, Gn46:24, Gn46:27,
Gn48:19, Ex 1:07, Ex 6:15, Ex 6:18, Ex 6:19, Ex 6:21, Ex 6:22, Ex 6:24, Ex18:05, Ex27:21, Ex29:09, Ex29:10, Ex29:15, Ex29:19,
Ex29:21, Ex29:28M, Ex29:32, Ex30:19, Ex40:31, Lv 6:09, Lv 6:13M, Lv 8:14, Lv 8:18, Lv 8:22, Lv 8:31, Lv 8:36, Lv25:41, Lv25:54,
Nu 3:19, Nu 3:20, Nu 3:38, Nu 4:05, Nu 4:15, Nu 4:19, Nu 4:27M, Nu10:08, Nu10:17, Nu14:24, Nu24:07, Nu26:08, Nu26:09,
Nu26:11, Nu32:02, Nu32:25, Nu32:29, Nu32:31, Nu32:37, Dt 2:12, Dt17:20, Dt18:05; ובנון Ex 1:11, Nu32:34; ובנותיך
Gn19:12; ובנחליא Lv11:09, Lv11:10; ובנטלות Nu 1:51M; ובני Gn35:01, Gn40:18, Gn45:10, Gn46:07, Ex10:02, Ex10:06M,
Ex12:35, Ex14:08, Ex14:29, Ex15:01, Ex15:19, Ex15:19, Ex16:35, Lv24:23, Nu21:34, Nu24:06, Nu26:04, Dt 4:25, Dt 4:46, Dt 6:02,
Dt10:06; ובניא Gn31:43, Gn31:43M; ובני גווה Lv 1:13; ובני גוויה Lv 4:11; ובני גויה Lv 1:09; ובניה Gn33:02,
Gn33:07M, Gn35:25, Ex21:04; ובניהון Nu16:27, Dt31:13; ובניהן Gn32:16, Gn33:06, Gn33:06M; ובניך Gn 6:18, Gn 8:16,
Gn17:09, Gn19:12, Gn45:10, Lv10:09, Lv10:14, Nu18:02; ובניכון Ex20:10, Ex22:23, Nu14:33, Dt 1:39, Dt 5:14, Dt 6:02,
Dt12:12, Dt12:18, Dt16:11, Dt16:14, Dt30:02; ובנימוס Nu23:09; ובנימוסיהון Lv18:03; ובנין Lv22:13, Nu 3:04, Nu27:03,
Dt24:16; ובניסיונה Dt 9:22; ובנך Nu18:01, Nu18:07; ובנכסי Gn47:17M, Gn47:17M; ובנן Gn 5:04, Gn 5:07, Gn 5:10, Gn
5:13, Gn 5:16, Gn 5:19, Gn 5:22, Gn 5:26, Gn 5:30, Gn 6:01, Gn11:11, Gn11:13, Gn11:15, Gn11:17, Gn11:19, Gn11:21, Gn11:23,
Gn11:25, Dt28:41; ובנת Gn46:07; ובנתהון Gn24:13, Nu21:29, Dt 7:03; ובנתיה Gn46:15; ובנתך Lv10:14; ובנתכון
Ex20:10, Ex32:02, Dt 5:14, Dt12:12, Dt12:18, Dt16:11, Dt16:14, Dt28:32, Dt28:53; ובסבינן Ex10:09; ובסגי Ex15:07;
ובסדרות Ex30:08; ובסדרי Ex 6:06, Dt 4:34; ובסוגי Ex15:06M; ובסייפי Dt 6:09; ובסימו {<Gn50:02M>}, Gn50:26M;
ובסיס Ex30:18; ובסיפי Dt11:20; ובסיקא Ex 7:19M; ובסכלתנו Ex35:31; ובסל Gn40:17; ובסלקות Ex40:36M, Nu
9:19M; ובסלקותיה Nu 9:22M; ובסלתא Gn40:17M; ובסמייותה <Dt28:28M>; ובסמיותא {<Dt28:28>}; ובעא
Gn43:30; ובעבדי {Gn48:22M}; ובעבדך Ex 9:14M; ובעה Ex 2:15, Ex 4:24, Dt26:05M; ובעובדוי Gn48:22, Gn48:22;
ובעון Gn23:08, Gn23:11; ובעופא Gn 1:28; ובעופ' Gn 1:26; ובעופה Lv20:25; ובעזייה Lv22:19; ובעטו Dt32:15;
ובעי' Nu20:08M; ובעיית Dt 3:23M; ובעיל דבבא Ex15:09; ובעיר <Nu32:01>; ובעירא Gn47:18, <Ex 9:19>; ובעירה
Lv27:28, Dt20:14; ובעיריהון Nu20:11; ובעירכון Ex20:10, Dt 3:19; ובעירנן Nu20:04, Nu20:19; ובעית Dt 3:23M, Dt
9:18, Dt 9:18M, Dt 9:20, Dt 9:25, Dt 9:25M, Dt 9:26; ובעיתי Dt 3:23; ובעל דבבא Ex15:06; ובעל דבבו Gn 3:15;
ובעל דבבוהי <Dt33:11M>; ובעלה Nu30:14; ובעלי דבבוי Dt33:11; ובעלמא Ex 2:12M; ובעמודא Ex13:21M;
ובעמודה Nu14:14, Nu14:14, Dt 1:33; ובעמך Ex 7:28, Ex 7:29, Ex 7:29M, Ex 8:17, Ex 9:14; ובען Dt14:26; ובענה Ex 9:03;
ובענה Dt15:19; ובעצפתכון Dt28:17M; ובעקבה Nu24:20; ובערטליו Dt28:48M; ובערטליין Dt28:48; ובערת
Nu11:01; ובעש Gn21:11M, Gn34:07M, Nu16:15M; ובעשר Ex10:15, Ex10:15M; ובעשרא <Nu29:07M>; ובעשרה
Nu29:07; ובעת Gn38:25; ובעתיק Dt14:26; ובפירי Dt28:04, Dt28:04, Dt28:11; ובפלחנא Gn13:13; ובפרי Dt28:11,
Dt28:18, Dt30:09, Dt30:09; ובפריזיי Gn34:30; ובפרישן Dt 4:34, Dt26:08; ובפרעה Gn44:18M, Gn44:18; ובפרשוי
Ex14:17, Ex14:18, Ex15:19; ובפתגמא Dt 1:32, Dt32:47; ובצבע Ex35:35, Ex38:23, Lv14:52; ובצדיותה Dt32:10M; ובצורתה
Dt28:48; ובצוקה Dt28:53, Dt28:55, Dt28:57; ובצוקין Dt28:53M, Dt28:55M, Dt28:57M; ובצורתא Dt 5:20M; Dt
5:21; ובצלהלתא Dt32:10; ובצפרא Ex16:07, Ex16:12, Ex16:13; ובצפרה Lv14:52; ובצפרתה Lv14:52M; ובקברי Dt 9:22,
Dt 9:22M; ובקדחיתה <Dt28:22>; ובקומיכון Dt 6:07; ובקומכון Dt11:19; ובקיטוני Ex 7:28, Nu31:50M, Dt32:25;
ובקיסה Lv14:52; ובקל Dt13:05; ובקלה Dt21:18; ובקנין Gn47:17, Gn47:17; ובקסטרוותהון Gn25:16M;
ובקרבותיהון Ex40:32; ובקשיו Lv26:24M, Lv26:28M; ובקשיטות Gn20:05, Dt 9:05; ובר Gn17:12, Gn18:08, Nu27:08,

Dt25:05; וברא Gn 1:07, Gn 1:16, Gn 1:21, Gn 1:25, Gn 1:27, Gn 2:07, Gn 2:19, Gn 3:21M; ובראש Lv26:13M; ובראשי Nu28:11; וברביין Lv25:37; ובר נש Lv20:06M; ובר עממיה Dt29:21; וברגזה Dt14:12, Dt14:12M; וברד Ex 9:23, Ex 9:28; וברדא Ex 9:29, Ex 9:33, Ex 9:34, Ex14:24M; וברדה Ex 9:34M; וברוך Gn14:20; וברולין Ex28:19; וברחמוי Lv22:27, Dt32:43; ובריין Gn41:02; ובריייתא Gn41:04; ובריך Gn14:19, Gn35:09M, Gn40:23M, Nu10:36M; ובריכו Gn24:60, Lv 9:23; ובריכין Dt28:04, Dt28:06; ובריכינון Lv 9:22M; ובריירן Dt 8:09; ובריש' Nu10:10; וברך Gn 1:22, Gn 1:28, Gn 2:03, Gn 5:02, Gn 9:01, Gn25:11, Gn26:12, Gn27:23, Gn27:27, Gn28:01, Gn30:27, Gn30:30, Gn32:01, Gn32:30, Gn35:09, Gn39:05, Gn47:07, Gn47:10, Gn48:03, Gn48:15, Gn48:20, Gn49:01M, Gn49:01, Ex39:43, Lv 9:22, Nu10:36, Dt26:15; וברכה Nu23:20; וברכן {<Nu23:20M>}; וברכת Gn17:16, Gn17:16, Gn24:48M, Gn26:24, Gn27:33, Gn35:09; וברכת' Gn35:09M; וברכתה Gn35:09M; וברם Gn28:19, Gn48:19, Ex 9:16, Nu14:21; וברמשא Gn49:27, Nu 9:15; וברמשה Dt28:67; וברעותיהון Gn49:06; וברקן Ex19:16; וברקתה Ex28:17, Ex39:10; וברת Lv21:09; וברת קול Gn27:33; וברתה Lv18:17, Lv21:09M, Lv22:12, Lv22:13; וברתיה Dt18:10; ובשבועה <Dt29:11M>; ובשבועתה Dt29:11; ובשבע Dt28:07, Dt28:25; ובשדפונה Dt28:22; ובשדפנה Dt28:22M; ובשהיא Nu 9:19; ובשיור Dt28:54; ובשים Dt10:20M; ובשל Gn25:29; ובשלטונך Ex 8:17, Ex 9:14; ובשם Dt13:05M; ובשמהן Nu 4:32; ובשמיה Dt10:20, Dt10:20M; ובשמנין Ex35:08; ובשעמימות Dt28:28; ובשפיכות Gn13:13; ובשר Gn 2:23, Gn40:23M, Ex13:08M, Ex22:30, Lv 7:15, Lv26:29; ובשרא Lv 7:19, Lv13:18; ובשרה Lv 7:19, Lv17:16, Dt12:27; ובשרהון Nu18:18; ובשתא Ex21:02, Ex23:11; ובשתה Lv19:24, Lv19:25, Lv25:04, Dt15:12; ובת Gn28:11, Gn28:11M; ובת ביתה Dt14:13M; ובתורינן Ex10:09; ובתחומיה Dt33:12; ובתי {Ex 1:21M}, Ex10:06, Lv25:31; ובתי כנשתך Nu24:05M; ובתיהון Ex 8:20M, Ex10:06; ובתין Dt 6:11, Dt 8:12; ובתלת Gn14:04; ובתנורי Dt28:05, Dt28:17; ובתנורך Ex 7:28; ובתר Gn49:19, Lv14:08, Lv14:43, Lv16:26, Nu 8:15, Nu15:39, Nu31:02, Nu35:28, Dt21:13; ובתריה Ex10:14, Ex10:14M; ובתרין Lv24:12, Nu 9:08, Nu15:34, Nu15:34, Nu27:05, Nu27:05; ובתרע Lv 8:35, Dt15:17

וגבורן Dt 1:01M, Dt16:01; וגבורתא Ex15:18, Nu21:14; וגבורתה Nu21:14, Nu21:15; וגבר Gn19:31, Gn24:16, Gn24:21, Ex32:27, Ex32:27, Ex34:03, Lv13:29, Lv13:38, Lv13:40, Lv15:05, Lv15:16, Lv17:10, Lv17:13, Lv19:20, Lv20:10, Lv20:11, Lv20:12, Lv20:13, Lv20:14, Lv20:15, Lv20:17, Lv20:18, Lv20:20, Lv20:21M, Lv20:27, Lv22:14, Lv22:21, Lv24:17, Lv24:19, Lv25:10, Lv25:26, Lv25:29, Lv27:14, Nu 1:52, Nu 5:10, Nu19:20, Dt20:05, Dt20:06, Dt20:07, Dt28:30; וגברא Nu 9:13, Nu12:03, Dt17:12M, Dt24:11; וגברה Lv24:10; וגבריא Gn44:03, Gn46:32; וגבריה Nu13:31, Nu16:02; וגבריהון Nu24:08M; וגברין Ex14:07M, <Nu16:02M>; וגדי Lv 7:23, Dt14:04; וגדיין Dt32:14; וגהינם Gn 3:24, Gn15:17M; וגוב Lv11:36; וגובא Gn37:24; וגובין Lv11:36M, Dt 6:11; וגוברא Dt17:12; וגוברהון Nu24:08; וגובריא Gn24:54; וגוברייא Gn46:32M; וגוברייה Nu14:36; וגוזל Gn15:09, Lv12:06; וגומרין Gn 3:24, Gn15:17M; וגופנין Dt 8:08; וגזילין Gn 6:13, Gn49:12, Dt28:29; וגזירת Lv26:46, Dt33:10; וגזירתהון Dt32:01; וגזלנין Gn 6:11; וגזר Gn17:23, Gn21:04; וגזרו Gn17:23M, Gn34:24; וגזרת Ex 4:25; וגזרתך Dt33:09; וגיברהא Nu32:38M; וגיוותה Dt33:26; וגיורא Ex22:20, Ex23:09; וגיוריה Ex23:12, Lv16:29, Lv17:12, Nu15:29, Dt14:29; וגיורייה <Lv18:26>, Dt16:14, Dt26:11; וגיוריכון Ex20:10, Dt29:10, Dt31:12; וגיורכון Dt 5:14; וגייורא Dt31:12M; וגייורייה Dt 5:14M, Dt16:11, Dt31:12M; וגיירתה Lv20:10; וגל' Nu22:31; וגלגל Gn29:10M; וגלוליא {Gn47:21M}; וגלותא Ex20:17M; וגלותה {<Dt 5:21M>}; וגלי Gn 1:04, Gn 1:10, Gn 1:12, Gn 1:18, Gn 1:21, Gn 1:25, Gn 1:31, Gn 6:05, Gn 6:12, Gn11:05M, Gn29:10, Gn29:31, Ex 2:25, Ex 3:04, Ex18:11, Nu11:01M, Nu12:02M, Nu21:15, Dt26:07, Dt32:19; וגלייתה Dt29:28; וגמלהון Gn37:25; וגמליא Gn32:08; וגמלין Gn12:16, Gn24:35, Gn30:43; וגמר Nu17:23, Nu24:20M, Dt28:42M; וגנב Gn31:20; וגנבת Gn31:19, Gn31:26, Gn31:26M; וגפף Gn29:13, Gn32:25, Gn33:04, Gn48:10; וגרגשיי Dt 7:01; וגרדיי Ex35:35; וגרוח Gn30:32M; וגרי Gn12:17, Nu21:06M, Dt 1:01M; וגרין Nu22:07; וגרם Lv20:06M, Nu 9:12; וגרמא Ex12:46; וגררה Lv11:26

ודא Gn49:28, Ex25:03, Lv 6:07, Lv 7:01, Lv 7:11, Lv15:03, Nu 4:19, Nu 4:31, Nu 6:13, Dt 6:01, Dt33:01, Dt33:07; ודאבנה Dt29:16M; ודאבנייה Dt29:16; ודאיב Lv15:33M; ודאיילה {<Dt12:15>}, Dt12:22, Dt15:22; ודאיליין Nu24:24M; ודאימיה Lv19:03, Lv20:09; ודאית <Dt 5:08M>; ודאכל Lv11:40M, Lv19:08M; ודאמה Lv20:09, Dt27:16; ודאמרא Ex34:19; ודארמלתה Dt10:18, Dt27:19M; ודאשתייר Ex23:11M; ודב' Lv 7:31M; ודבית Dt25:18; ודבנוי Lv 6:13, Dt 3:16; ודבנן Gn31:16; ודבעירא Gn47:18M; ודבק Ex36:10, Ex36:13, Ex36:16; ודבקען Dt11:11; ודבר Gn20:02, Gn22:03, Gn31:23, Gn32:23, Gn47:17, Gn48:01, Gn48:13, Ex13:18M, Ex14:21, Nu22:41, Nu23:14, Nu23:28, Nu23:30, Nu27:22; ודברית Lv26:13, Lv26:13M, Dt29:04; ודברת Gn31:26M; ודברתה Lv18:17M; ודדבית Nu23:23; ודדהבה Dt29:16M; ודדייב Lv15:33; ודדכי Dt12:15, Dt12:22, Dt15:22; ודהב Gn24:35, Nu22:18, Nu24:13, Dt 7:25M, Dt 8:13, Dt17:17; ודהבא Gn 2:12; ודהבה Dt 7:25; ודורון Gn24:53; ודחילה Dt 1:19, Dt 7:21, Dt 8:15, Dt10:17, Dt28:58, Dt28:58M; ודחילו Gn20:08, Gn42:35, Ex 1:17M, Ex14:10M, Ex14:31, Nu22:03M; ודחל Gn28:17, Gn32:08, Ex 2:14, Ex32:05; ודחלו Gn43:18, Ex 1:17, Ex14:10, Ex34:30, Ex34:30M, Nu22:03; ודחלין Ex20:02, Ex20:03; ודחלית Gn 3:10; ודחלן Ex20:02M; ודחלתו Gn49:17; ודחלתכון Gn 9:02, Gn 9:02M, Dt 2:25, Dt11:25M, Dt11:25; ודחפון Gn19:09M; ודחק Gn19:03, Gn33:11, Gn33:11M; ודחקו Gn19:09, Ex 5:13; ודחקת Nu22:25; ודטעינו Nu 9:06M; ודי Gn24:07, Gn24:07, Gn34:11M, Gn40:12, Gn49:12M, Ex20:04, Ex20:04, Ex21:13, Ex29:27, Ex30:33, Lv 6:20M, Lv 6:20M, Lv15:32M, Lv16:32, Lv20:10, Lv25:33M, Lv26:45, Nu12:11, Nu22:30, Nu27:17, Nu27:17, Nu27:17, Dt 5:08, Dt 5:08M, Dt 6:03, Dt11:02M, Dt11:06, Dt13:06, Dt15:03M, Dt18:20, Dt19:05, Dt23:05, Dt27:15M, Dt27:15M, Dt32:06, Dt32:27; ודיאכול Lv14:47M; ודיבנוי Nu 4:27; ודיבשא Gn49:21; ודיבתה Lv15:33; ודידמוך Lv14:47M; ודיטעון Lv11:28M; ודייב Dt28:65; ודייבה Lv15:33M; ודיין Gn49:16; ודיינו Ex17:03M; ודיינוותיה Ex17:07; ודייניה Dt19:17; ודייניך Dt21:02; ודייניכון Dt 1:16; ודייצון <Dt14:05M>; ודייצין Dt14:05; ודייתה Dt14:13, Dt14:18; ודין Gn 6:15M, Gn28:17M, Ex12:42, Lv11:29, Dt18:03; ודינא Gn18:19; ודיניכון Dt 1:12; ודיע' Dt19:05M; ודיעול Lv14:46M; ודיקו Gn18:16; ודיקרוב Lv11:36M, Lv11:39M, Lv15:07M, Nu19:11M; ודירוון Nu32:24M, Nu32:36M; ודירין Nu32:36; ודישלח Lv 1:06M; ודיתיב Lv15:06; ודיתמה Dt27:19M; ודכ' Nu29:20M, Nu29:23M; ודכי Lv 9:15; ודכיה Nu 5:28; ודכיין Nu 7:14, Nu 7:20, Nu 7:26, Nu 7:32, Nu 7:38, Nu 7:44, Nu 7:50, Nu 7:56, Nu 7:62, Nu 7:68, Nu 7:74, Nu 7:80; ודכר Gn15:09, Lv 9:02, Lv 9:04, Lv16:03, Lv16:05, Nu 6:14, Nu23:02, Nu23:04, Nu23:14, Nu28:11, Nu28:19, Nu28:27; ודכרין Gn32:15, Ex29:01, Lv23:18, Dt32:14; ודכרת Lv18:25; ודכתות Lv22:24; ודלא Ex19:12, Dt 4:09, Dt 4:21, Dt11:02, Dt17:20, Dt29:14M; ודלבוי Gn30:37M; ודלוב Gn30:37; ודלוז Gn30:37; ודלוזין Gn43:11; ודלון Gn37:28; ודלין Ex 2:16; ודם Dt12:27, Dt12:27, Dt32:43; ודמבזה Lv24:16M; ודמברך Nu24:09M; ודמ' Lv16:26M; ודמו Nu12:08, Dt 4:12; ודמחבל Dt23:02M; ודמחר Gn30:33; ודמך Gn 2:21, Gn28:11, Gn41:05; ודמסכן Ex30:15; ודמסרס Dt23:02; ודמעוך Lv22:24; ודמעיך Lv22:24M; ודמעכון Ex22:28; ודמפרנק Dt28:54; ודמפרנקה Dt28:56M; ודמריס <Lv22:24>; ודמשבק' Nu30:10M; ודמשתייר Ex17:16M; ודמתנכס Gn22:10; ודן Gn44:19, Ex 3:12, Ex 3:12M, Ex 3:15, Ex16:17M, Ex16:17M, Ex29:01, Nu 8:04, Nu18:11, Nu34:07, Dt 4:44, Dt14:12M, Dt15:02, Dt19:04; ודנחש Ex35:24; ודנחת Gn32:32; ודנתיק Lv22:24M; ודסמיכין Nu 2:20, Nu 2:27M; ודעבד Dt33:16; ודעו Lv 7:23M; ודעמר' Lv13:48M; ודענה Gn47:18M, Lv27:32M; ודעניכון {Dt12:06}, Dt14:23; ודקטול Lv24:18M; ודקיקין Gn41:04M; ודקר Nu25:08; ודקרוב Lv22:04M; ודר Gn15:16, Dt32:07; ודרדרייא Gn10:04M; ודרדרין Gn 3:18, Gn 4:16; ודרומא Gn28:14, Dt33:23; ודרום' Gn13:14M; ודרי Gn11:08, Ex12:42; ודרין Nu32:24; ודרתה Ex38:20M; ודשלטנוי Ex14:05; ודשפיר Ex15:26; ודשרון <Nu 3:38M>; ודשריין Nu 2:03, Nu 2:05, Nu 2:12, Nu 2:27, Nu 3:38

והא Gn 1:31, Gn 5:24M, Gn 6:12, Gn 6:13, Gn 8:11, Gn 8:13, Gn11:06, Gn13:10M, Gn15:03, Gn15:04, Gn15:12M, Gn15:12, Gn15:17, Gn15:17, Gn15:17, Gn15:17M, Gn15:17M, Gn18:02, Gn18:10M, Gn18:10, Gn19:09, Gn19:26, Gn19:28, Gn22:13, Gn24:15, Gn24:30, Gn24:31, Gn24:43, Gn24:45, Gn24:63, Gn25:24, Gn26:08, Gn27:36, Gn27:36, Gn28:12, Gn28:12, Gn28:12, Gn28:13, Gn28:15, Gn29:02, Gn29:02, Gn29:06, Gn29:25, Gn31:02, Gn31:05, Gn31:10, Gn31:10M, Gn31:51, Gn32:07, Gn32:19, Gn33:01, Gn37:07, Gn37:07, Gn37:07, Gn37:09, Gn37:15, Gn37:25, Gn37:29, Gn38:23, Gn38:27, Gn38:29, Gn40:06, Gn40:09, Gn40:16, Gn41:01, Gn41:02, Gn41:03, Gn41:05, Gn41:06, Gn41:07, Gn41:17, Gn41:18, Gn41:19, Gn41:22, Gn41:23, Gn42:13, Gn42:27, Gn42:28, Gn42:35, Gn43:21, Gn45:12, Gn47:01, Gn48:11, Gn49:20M, Ex 2:06, Ex 2:12M, Ex 2:12M, Ex 2:13, Ex 3:02, Ex 4:06, Ex 4:07, Ex 4:14, Ex 4:19M, Ex 5:16, Ex 7:16, Ex 9:07, Ex14:10, Ex16:10, Ex16:14, Ex24:14, Ex32:09, Ex34:30, Ex39:43, Lv10:16, Lv13:05, Lv13:06, Lv13:08, Lv13:10, Lv13:13, Lv13:17, Lv13:20, Lv13:21, Lv13:25, Lv13:26, Lv13:30, Lv13:31, Lv13:32, Lv13:34, Lv13:36, Lv13:39, Lv13:43, Lv13:53, Lv13:55, Lv13:56, Lv14:03, Lv14:37, Lv14:39, Lv14:44, Lv14:48, Nu11:26M, Nu12:10, Nu12:10, Nu12:12, Nu13:27, Nu17:07, Nu17:11, Nu17:12, Nu17:23, Nu20:16, Nu21:15, Nu21:20, Nu21:20I, Nu22:05, Nu22:05, Nu23:06, Nu23:11, Nu23:17, Nu24:10, Nu24:11, Nu25:06, Nu32:01, {Nu32:01M}, Nu32:14, Dt 1:10, Dt 3:11, Dt 9:13, Dt 9:16, Dt13:15, Dt17:04, Dt19:18, Dt22:17, Dt33:03; והאדם Gn 4:01; והב Gn38:25, Gn47:19, Ex16:33, Nu17:11; והבו Ex32:24, Nu16:07; והדא Gn45:28M, Ex21:34; והדן Gn28:17, Gn28:17M; והדס Lv23:40; והדר Gn27:41M; והדרא Dt33:17; והדרך Gn35:09; והוא Gn 1:05, Gn 3:16, Gn 3:16M, Gn14:12, Gn14:13, Gn14:18, Gn16:12, Gn18:01, Gn18:08, Gn24:62, Gn24:62M, Gn25:29, Gn32:22, Gn32:32, Gn33:03, Gn34:19, Gn37:02, Gn41:11, Gn42:06, Gn42:38, Gn44:05, Gn44:14, Gn48:14, Gn48:17, Gn49:13, Gn49:21, Gn50:15M, Ex 1:19, Ex14:25, Ex16:10, Ex16:31, Ex17:16M, Ex21:04, Ex32:22M, Lv 5:01, Lv 5:02, Lv 5:04, Lv 5:18, Lv11:07, Lv13:43M, Lv13:45, Lv22:04, Lv24:10, Nu21:26, Nu22:22, Nu27:03, Nu35:23, Dt 3:02M, Dt 3:16M, Dt 3:28, Dt 4:42, {<Dt 5:24>}, Dt 9:03, Dt10:21, Dt19:04, Dt29:12; והובל Nu17:11; והו' Gn 1:15, Ex14:25, Lv 5:03, Lv21:13; והווה Gn 1:05, Gn 1:07, Gn 1:08, Gn 1:09, Gn 1:11, Gn 1:13, Gn 1:13, Gn 1:19, Gn 1:19, Gn 1:23, Gn 1:23, Gn 1:24, Gn 1:30, Gn 1:31, Gn 1:31, Gn 2:02, Gn 2:07, Gn 2:10, Gn 4:02, Gn 4:03, Gn 4:08, Gn 4:16, Gn 4:17, Gn 5:14, Gn 5:32, Gn 6:01, Gn 7:10, Gn 7:12, Gn 7:17, Gn 8:06, Gn 8:07, Gn 8:13, Gn10:19, Gn10:30, Gn11:03M, Gn12:10, Gn12:11, Gn12:14, Gn12:16, Gn12:16M, Gn15:12M, Gn17:01, Gn17:01, Gn19:14, Gn19:17, Gn20:13, Gn21:20, Gn21:22, Gn21:33, Gn21:33, Gn22:01, Gn24:15, Gn24:22, Gn24:52, Gn25:11, Gn25:20, Gn25:27, Gn26:01, Gn26:08, Gn26:14, Gn26:32, Gn26:34, Gn27:30, Gn29:10, Gn29:23, Gn29:25, Gn30:25, Gn30:41, Gn31:10, Gn31:22, Gn32:06, Gn34:25, Gn35:17, Gn35:18, Gn37:23, Gn38:05, Gn38:07, Gn38:09, Gn38:24, Gn38:28, Gn38:29, Gn39:02, Gn39:02, Gn39:02, Gn39:05, Gn39:05, Gn39:06, Gn39:10, Gn39:18, Gn39:19, Gn39:20, Gn39:21, Gn40:01, Gn40:04M, Gn40:04, Gn40:20, Gn41:08, Gn41:13, Gn41:54, Gn43:21, Gn44:19, Gn44:24, Gn48:01, Ex 1:21, Ex 2:10, Ex 2:11, Ex 2:23, Ex 3:14, Ex 4:04, Ex 4:24, Ex 6:28, Ex 9:10, Ex 9:24, Ex10:22, Ex12:29, Ex12:41, Ex12:41, Ex12:42, Ex12:51, Ex13:15, Ex13:17, Ex14:20, Ex14:24, Ex15:02, Ex16:13, Ex16:13M, Ex16:22, Ex16:27, Ex17:11, Ex18:13, Ex19:16, Ex19:19, Ex20:02, Ex20:02M, Ex20:03, Ex20:11, Ex24:18, Ex32:14, Ex32:19, Ex32:30, Ex33:07, Ex33:08, Ex33:09, Ex34:28, Ex34:29, Ex34:34, Ex34:35, Ex38:27M, Ex40:17, Lv 1:01, Lv 9:01, Lv10:16M, Nu 7:01, Nu 7:12, Nu10:11, Nu10:35, Nu10:35, Nu11:01, Nu11:08, Nu11:25, Nu17:07, Nu17:23, Nu21:09, Nu21:34, Nu22:41, Nu24:01, Nu24:02, Nu24:04,

{Nu24:16}, Nu24:16, Nu25:19, Nu31:16, Nu31:32, Nu31:36, Dt 1:03, Dt 2:16, Dt 9:11, Dt26:05, Dt31:24; והוו Gn 2:25, Gn13:07, Gn42:35, Ex14:25, Ex15:21M, Ex18:26, Nu 9:06M, Nu21:15M; והוואה Gn26:35M; והווה Gn10:10, Gn11:02, Gn14:01, Gn19:29, Gn19:34, Gn21:33, Gn22:20, Gn26:13, Gn27:01, Gn30:42, Gn35:03, Gn35:05M, <Gn35:16>, Gn38:01, Gn38:27, Gn39:07, Gn39:11, Gn41:01, Ex 3:14M, Ex 7:10, Ex11:06, Ex19:16, Ex38:24, Lv22:27M, Nu16:31, Nu20:29M, Nu21:09, Nu21:09M, Nu31:52, Dt 5:23; והווי Ex 3:14M, Ex34:02M, Nu12:12M, Nu15:39M, Dt23:14; והוויין Gn41:18, Gn49:22M, Ex 1:05M, <Nu36:11>; והווינן Nu31:50, Nu31:50M; והוון Gn 5:04, Gn 5:05, Gn 5:08, Gn 5:11, Gn 5:17, Gn 5:20, Gn 5:23, Gn 5:27, Gn 5:31, Gn 9:18, Gn 9:23, Gn 9:29, Gn11:01, Gn11:32, Gn18:08, Gn19:11, Gn23:01, Gn26:35, Gn29:20, Gn35:22, Gn35:28, Gn36:11, Gn41:02M, Gn41:43, Gn47:28, Gn49:15, Gn49:22, Gn49:22M, Gn49:22, Gn49:22, Gn49:22, Ex 1:05, Ex 7:12, Ex 8:13, Ex 8:14, Ex10:21M, Ex24:11, Ex33:08M, Ex36:29, Ex36:30, Ex37:09, Ex40:20M, {Lv22:27M}, Nu 1:20, Nu 1:45, Nu 1:46, Nu 3:17, Nu 3:43, Nu 4:36, Nu 4:40, Nu 4:44, Nu 4:48, Nu 9:06, Nu 9:06M, Nu11:01M, Nu11:25, Nu11:35, Nu15:32, Nu17:14, Nu25:09, Nu26:07, Nu26:10, Nu26:20, Nu26:21, Nu26:40, Nu26:62, Dt10:05, Dt25:18; והוונן Nu13:33; והוות Gn 6:06, Gn11:01M, Gn11:30, Gn15:12, Gn15:17M, Gn20:12, Gn26:10, Gn28:10, Gn35:05, Gn47:20, Gn50:09, Ex11:06M, Ex32:14M, Ex38:27, Nu31:37, Nu31:43, Nu36:12; והוי Gn21:20, Gn24:30, Gn27:30, Gn29:13, Gn30:43, Gn35:22, Gn39:15, Gn43:02, Ex 4:03, Ex 9:23M, Ex24:12, Ex33:07, Ex36:13, Ex40:09M, Nu21:08M; והויר Gn41:02; והויין Ex 8:13M, Ex17:12; והוין Gn11:03, Ex26:24M; והוינן Nu31:50, Nu31:50M; והוכח Gn21:25M, Gn31:42M, Dt 1:01M; והופיע Dt33:02; והות Gn 1:03, Gn15:11M, Gn24:67, Ex 7:21, Ex12:30, <Nu31:32M>; והי Gn 9:27M; והיא Gn19:20, Gn20:03M, Gn20:05, Gn35:09M, Gn38:14, Gn40:10, Lv13:10, Lv13:21, Lv13:26, Lv13:28, Lv19:20, Lv20:17, Lv20:18, Nu 5:13, Nu 5:13, Nu 5:14, Nu 5:14, Nu 7:14, Nu 7:20, Nu 7:26, Nu 7:32, Nu 7:38, Nu 7:44, Nu 7:50, Nu 7:56, Nu 7:62, Nu 7:68, Nu 7:74, Nu 7:80, Nu14:41, Nu21:17, Nu28:02; והיבו Nu16:07M; והיידן Gn15:11M; והיימן Gn15:06; והיימנין Dt28:59, Dt28:59; והיך Gn18:08, Gn19:03M, Gn26:09, Gn50:21M, Ex 5:08, Ex 6:30M, Ex20:02, Ex20:02, Ex20:03, Ex20:03, Ex24:11, Nu24:09M, Dt 5:06, Dt 5:06, Dt 5:07, Dt 5:07, Dt32:19, Dt33:20; והיך כדין Gn44:08; והיך מה Gn26:29, Nu14:19, <Dt29:12>; והיכדין Gn39:09, Ex 6:12, Ex30:13M; והימינו Ex14:31M; והימנה Ex28:04M; והימנו Ex 4:31, Ex14:31; והימנן Dt28:59M; והינדקאי Gn10:07M; והינון Ex 4:01M, Ex17:04M; והינין Ex 1:19M, Lv19:36; והכדין Ex 6:30; והלא Dt 4:08; והלו Nu12:01M, Nu12:01; והלכו Gn22:19M, Ex15:22; והלכין Gn24:61; והלכנן Dt 1:19; והלכת Gn 7:18, Ex 9:23, Nu22:23; והלכתון Dt 1:02M; והמדאי Gn10:02M; והמיין Ex28:04, Ex28:39, <Ex39:05M>; והמיינה Ex39:05; והמיינין Ex28:39M, Lv16:04; והמינה Ex28:08; והן Gn22:07M, Ex 2:20M; והנון Gn19:03M, <Gn49:19M>, Ex12:42M, Ex24:02M, Ex28:05M, Ex36:03M, Ex38:17M, Nu 1:50M, Nu16:16M, Dt 1:39M, Dt 9:29M, Dt15:06M, Dt28:12M; והנייתה Ex21:36; והפך Gn19:25, Ex10:19, Dt23:06; והצלחו Dt32:15; והתברכון Gn22:18; והתערבו Gn34:09

ווילולין Ex39:12M; וות' Dt14:13M

וזאין Gn14:14; וזבונן Gn42:02; וזבין Gn25:33, Gn39:01; וזביני Gn17:12, Gn17:13M; וזבינת Gn17:12M, Gn17:13M; וזבן Gn33:19, Gn41:56, Gn47:20; וזבנא Gn37:28; וזגונין Ex28:33M; וזה' Ex28:15M; וזהיר Gn49:26, Dt33:16; וזהרא Gn37:09; וזוגה Gn 6:19M, Gn 7:02M, Gn 7:09, Gn 7:16M; וזוגיה Gn 1:27, Gn 5:02M, Gn35:09; וזוגין Ex28:33; וזחלוי Dt32:24; וזידתון {<Dt 1:43M>}; וזייתין Dt 6:11; וזימנין Nu 9:20M, Nu 9:21M; וזינגאי Gn10:07M; וזיק Gn21:14; וזיתין Dt 6:11M; וזכאה Gn38:25; וזכאי Ex23:07M; וזכה Lv22:27M, <Lv22:27>, Lv22:27M; וזכו Dt 6:25; וזכותא Gn15:11M; וזל Gn16:04; וזמינו Lv 9:12, Lv 9:18; וזמן Lv22:27; וזמרגדין Ex28:19, Ex35:22, Ex39:12; וזמרין Gn 4:22; וזעו Ex19:18M; וזעזע Gn44:19M; וזעיר Gn41:43; וזעירא Gn42:32, Gn43:33, Gn49:22; וזעירתא Gn19:38; וזפו {<Dt23:20M>}, Dt23:20M, {<Dt23:20M>}; וזקף Lv 9:2?, Lv 9:22M; וזרז Gn18:06M, Gn18:06M, Gn18:07M, Ex10:06, Ex10:16M, Lv 8:07; וזרזת Gn24:18M, Gn24:20M, Gn24:46M; וזרזתון <Dt 1:41M>; וזריז Ex34:08M, Nu11:27, Dt 3:28; וזריזו Gn44:11M, Nu14:44M; וזריזין Lv24:12M, Nu15:34M; וזרע Gn26:12, Lv22:13M; וזרעיית Nu14:24M, Dt30:19; וזרעייתה Nu 3:21, Nu 3:27, Nu 3:27, Nu 3:33; וזרעין Ex23:16, Dt14:22; וזרעיתה Nu 3:27; וזרק Ex 9:10, Ex24:08, Lv 8:19, Lv 8:24, Lv 9:12, Lv 9:18; וזרת Ex39:09

וחאי Ex33:20M, Nu21:08M; וחבל Ex32:35M; וחבלו Gn 6:11; וחבק Gn29:13M, Gn33:04M, Gn48:10M; וחברי Dt18:11; וחבש Gn42:17, Gn42:24; וחגא Ex23:16, Ex23:16, Ex34:22, Ex34:22; וחד Gn18:02M, Gn18:02M, Gn22:10M, Gn22:10, Gn42:13, Ex12:18M, Ex17:12, Lv 5:07, Lv12:08, Lv14:22, Lv15:15, Lv15:15, Nu 1:41, Nu 2:16M, Nu 2:28, Nu 6:11, Nu31:34, Nu31:39M, Nu31:39; וחדא Ex14:13, Ex14:13M, Ex14:13, Dt21:15; וחד עשר Gn37:09; וחדה Gn 8:13, Ex14:13, Ex18:09, Dt32:03; וחדון Lv 9:24, Dt33:18; וחוביהון Gn18:20M; וחובתהון Gn18:20, Nu15:25; וחו' Dt26:15M; וחווי Gn49:01, Ex 4:28, Dt34:01; וחוור Gn41:14; וחוורו Gn35:02, Ex19:14, Nu 8:21; וחוטרא Gn38:25, Ex 7:15, Ex17:09; וחוטריכון Ex12:11; וחוטרך Gn38:18; וחוי Gn20:14, Ex15:25; וחויא Gn 3:01; וחויי Ex 3:08, Ex13:05; וחול' Nu16:13M; וחולדה Lv11:30; וחולק Lv10:13M, Lv10:14M, Nu18:20M; וחולקהון Lv10:13, Lv10:14; וחומטא Gn15:17M; וחומטה Gn15:17; וחומרוון Ex38:17M; וחומרוי Nu 3:36, Nu 4:31; וחומריהון Ex27:12, Ex27:14, Ex27:15, Ex27:16, Ex27:17, Ex27:18, Ex36:30, Ex36:38, Ex38:10, Ex38:11, Ex38:12, Ex38:14, Ex38:15, Ex38:19, Nu 4:32; וחומרין Ex38:17; וחומשה <Nu 5:07>; וחומשוי Lv 5:24; וחושבן Gn 3:19; וחושנא Ex25:07M; וחזא Gn13:10, Gn13:10M, Gn26:08, Ex32:05M; וחזה Nu24:21M; וחזור' Ex32:27M; וחזוה Lv13:25, Lv13:32, Lv13:34; וחזווי Lv13:03; וחזוויהן Gn41:21; וחזויה Nu11:07M; וחזון Nu13:26; וחזור Gn31:13, Ex25:35, Ex25:35, Ex37:21, Ex37:21; וחזור חזור Nu 1:50; וחזיו Nu 9:16, Nu24:16; וחזר Gn 2:10, Gn 8:07M, Gn 8:07, Gn 8:07, Gn14:16, Gn15:01, Gn20:14M, Gn22:19M, Gn26:18, Gn27:41, Gn32:01, Gn33:16, Gn37:29, Gn37:30, Gn38:22, Gn40:21, Gn42:24, Gn50:14, Ex 4:07, Ex 4:18M, Ex 4:20, Ex 5:22, Ex10:08, {Ex15:19}, Ex15:19, Ex19:08, Ex20:02, Ex20:02, Ex20:02, Ex20:03, Ex20:03, Ex20:03, Ex32:31M, Ex33:11, Nu17:15, Nu23:06, Nu24:25, Dt 5:06, Dt 5:06, Dt 5:07, Dt 5:07; וחזרו Gn 8:03, Gn14:07, Gn21:32, Gn32:07, Gn44:13, Ex14:28, Ex32:27, Ex34:31, Nu 5:07, Nu11:04, Nu13:25, Nu14:36, Nu21:06, Nu33:07M; וחזרין Nu12:12, Nu23:19; וחזרנן Gn43:21; וחזרת Gn 8:09; וחזרתון Dt 1:45; וחטיה Ex 9:32; וחטרא Ex17:05; וחטרה Nu17:21; וחי Nu21:09M; וחי' Gn11:21, Nu18:04M; וחיה Gn 5:03, Gn 5:06, Gn 5:07, Gn 5:09, Gn 5:10, Gn 5:12, Gn 5:13, Gn 5:15, Gn 5:16, Gn 5:18, Gn 5:19, Gn 5:21, Gn 5:25, Gn 5:26, Gn 5:28, Gn 5:30, Gn 9:28, Gn11:11, Gn11:13, Gn11:15, Gn11:16, Gn11:17, Gn11:18, Gn11:19, Gn11:20, Gn11:22, Gn11:23, Gn11:24, Gn11:25, Gn11:26, Gn47:28, <Gn50:22>; וחיואי Ex13:05M, Ex23:23M; וחיוואי Ex33:02M, Dt20:17M; וחיווייה Dt20:17; וחיויי Ex 3:17, Ex23:23, Dt 7:01; וחיון Gn42:18; וחיות Gn31:39; וחיזו Ex24:17, Nu24:16M; וחיזויהון Lv14:37; וחייבין Gn13:13; וחייה Dt 5:26; וחייטו Gn 3:07; וחייל Dt 3:28M; וחיילוותה Nu 2:04, Nu 2:26M; וחיילוותהון Nu 2:19, Nu 2:26; וחיילוותיה Ex14:09, Ex15:04, Nu 2:06, Nu 2:08, Nu 2:11, Nu 2:13, Nu 2:15, Nu 2:19M, Nu 2:21, Nu 2:23, Nu 2:28M, Nu 2:30M; וחיילוותיהון <Nu 2:28>, Nu 2:30; וחיילותיה Gn40:18; וחיילותיהון <Nu 2:32>; וחייתא Gn 1:24; וחייתון Dt 4:33; וחילוניי Ex29:33, Nu 3:10, Nu18:04, Nu18:07; וחילופיהון Dt11:26M, Dt11:28M, Dt30:01; וחימר Nu29:27M, Nu29:30M; וחיתאי Ex33:02M, Ex34:11M; וחכים Gn41:33, Gn41:39; וחכימיה Ex 3:18, Nu11:30; וחכימיהון Gn49:23; וחכימייה Dt27:01; וחכימיכון Dt 5:23; וחכימית Nu22:07M; וחכם Gn 4:17, Gn 4:25, Gn37:33, Gn38:26, Gn42:07, Gn42:08; וחכמין Dt 1:13; וחלב Gn18:08, Ex13:05M, Ex23:19M, Ex34:26M, Ex34:26, Dt14:21; וחלבנה Ex30:34; וחלד חמר Nu 6:03; וחלה Ex29:23, Lv 8:26, Nu 6:19; וחלוניי Nu 1:51, Nu 3:38; וחליין Ex 3:08, Ex 3:17, Ex13:05, Ex33:03, Lv20:24, Nu13:27, Nu14:08, Nu16:13, Dt 6:03, Dt11:09, Dt26:09M, Dt26:15, Dt27:03, Dt27:03M, Dt31:20; וחלין Ex29:02, Nu16:14; וחלם Gn28:12, Gn37:05, Gn37:09, Gn41:05; וחלמו Gn40:05; וחלמנן Gn41:11; וחלף Dt 4:37; וחלק Nu18:20; וחלקיהון Gn14:24; וחלת <Ex29:23M>; וחמא Gn 8:13, Gn 9:22, Gn18:02, Gn18:02, {<Gn19:01>}, Gn26:08M, Gn31:02, Gn32:26, Gn33:01, Gn34:02, Gn39:03, Gn40:16, Gn42:01, Gn42:07, Gn42:27, <Gn43:16>, Gn43:29, Gn48:08, Gn48:17, Gn49:15, Gn50:23, Ex 2:05, Ex 2:11, Ex 2:11, Ex 2:12M, Ex 2:12, Ex 2:12M, Ex 3:02, Ex 8:11, Ex 9:34, Ex12:42, Ex18:14, Ex32:05, Ex32:25, Ex34:30, Ex39:43, Lv13:03, Lv22:27M, Nu22:02, Nu22:31, Nu22:41, Nu24:20, Dt33:21; וחמאן Ex34:35; וחמ' Gn 5:15, Nu22:41M; וחמדין Dt 5:21; וחמה Gn18:02M, Gn19:28, Gn22:04, Gn22:13, Gn24:63, <Gn28:06>, Gn28:08, Gn29:02, Gn33:05, Gn38:02, Gn38:15, Gn40:06, Gn45:27, Gn46:29, Nu24:01, Nu24:02, Nu24:21, Nu25:07; וחמוי Ex 4:25; וחמון Gn 6:02, Gn12:14, Gn12:15, Gn37:04, Gn37:18, Gn37:25, Gn42:35, Gn50:11, Gn50:15, Ex 5:19, Ex14:13, Ex14:30, Ex14:31, Ex16:15, Ex20:18, Ex24:10, Ex24:11, Ex32:01, Ex33:10, Lv 9:24, Nu13:26M, Nu17:24, Nu20:29, Nu32:01, Nu32:09; וחמי Gn13:14, Gn31:12, Gn37:14, Ex25:40, Ex33:13, Ex33:13M, Nu27:12M, Dt 3:27, Dt32:49; וחמים Gn 8:22; וחמישיתי Nu26:10; וחמישתי Ex36:10M; וחמית Gn16:05, Dt 9:16; וחמיתון Dt29:16; וחמע Nu 6:03M; וחמר Gn14:18, Gn27:37, Lv10:09, Lv22:27M, Nu15:05, Nu15:05, Nu15:07, Nu15:10, Nu18:12, Nu29:18, Nu29:21M, Nu29:24M, Nu29:33M, Nu29:37M, Dt28:39, Dt29:05, Dt32:38, Dt33:28; וחמרא Gn11:03, Dt16:13; וחמרה {<Nu15:20>}, Nu18:27, Nu18:30; וחמרוי Ex39:33; וחמריהון Gn44:03, Ex26:25, Ex27:10, Nu 3:37; וחמריכון Dt 5:14, Dt11:14, Dt11:14M; וחמרים Nu31:39M; וחמרין Gn12:16, Gn24:35, Gn30:43, Gn32:06, Ex27:11, Nu31:34, Nu31:39, Nu31:45; וחמרך Ex23:12; וחמש Gn 5:06, Gn 5:11, Gn 5:17, Gn 5:21, Gn 5:23, Gn 5:30, Gn11:12, Gn11:32, Gn25:07, Gn45:22, Ex27:01, Ex27:01, Ex36:10, Ex38:01, Ex38:25, Ex38:26, Nu 1:21, Nu 1:33, Nu 1:41, Nu 1:46, Nu 2:11, Nu 2:19, Nu 2:32, Nu 3:22, Nu 3:50, Nu 4:44, Nu 4:48, Nu26:18, Nu26:22, Nu26:27, Nu26:37, Nu31:36, Nu31:36M, Nu31:37, Nu31:39, Nu31:43, Nu31:45; וחמש עשר' Gn 5:10; וחמש עשרה Ex27:14; וחמשה Gn18:28, Ex26:27, Ex26:27, Ex36:32, Ex36:32, <Ex38:25M>, Ex38:28, Nu 1:25, Nu 1:25M, Nu 1:29M, Nu 1:37, Nu 2:15, Nu 2:21, Nu 2:23, Nu 2:31M, <Nu 3:50M>, Nu26:41M, Nu26:50, Nu31:32M, Dt32:03; וחמשין Gn 7:24, Gn 8:03, <Gn 9:28>, Gn 9:29, Ex26:05, Ex26:10, Ex30:23, Ex30:23, Ex30:23M, Ex36:12, Ex36:17, Ex38:26, Lv 5:24M, Nu 1:25, Nu 1:46, Nu 2:15, Nu 2:16M, Nu 2:16, Nu 2:32, Nu 4:36, Nu 5:07M, <Nu16:02>, Nu16:17, Nu16:35, Nu26:10M, Nu31:32, Nu31:52; וחמת Gn 3:06, Gn16:04, Gn16:05, Gn21:09, Gn21:19, Gn24:64, Gn30:01, Gn30:09, Gn31:10, Gn38:25, Gn41:22, Ex 2:02, Ex 2:06, Nu22:23, Nu22:25, Nu22:27, Nu22:33; וחמתיה Dt29:19M; וחנטו Gn50:02, Gn50:26; וחננה Ex34:06M; וחס Gn 7:16M; וחסד Gn 6:08, Gn18:03, Gn19:19, Gn30:27, Gn32:06, Gn33:08, Gn33:10, Gn33:15, Gn34:11, Gn39:04, Gn39:21, Gn47:25, Gn47:29, Gn50:04, Ex33:12, Ex33:13, Ex33:13M, Ex33:13, Ex33:16, Ex33:17, Ex34:09, Nu11:11M, Nu11:15, Nu32:05, Dt 7:09M, Dt24:01; וחסדא Gn40:23, Gn40:23; וחסדה Dt 7:09; וחסיין Gn41:19; וחסימין Dt33:25; וחסין Gn41:03, Gn41:04; וחסל Gn21:08M, Gn47:15M, Nu17:23M, Nu17:23M; וחסלו Gn21:15M; וחסלת Gn47:18M; וחסקין Gn 8:03; וחסרו Gn 8:03; וחסרין Gn 8:05; וחסת Ex 2:06; וחפא Ex37:04; וחפה <Ex36:36M>; וחפוי Ex26:14, Ex38:17, Ex38:18M, Ex38:19, Nu 3:25, Nu 4:25; וחפויה Nu 3:25; וחפון Ex 8:02; וחפי Ex36:34, Ex36:36, Ex36:38, Ex37:02, <Ex37:04M>, Ex37:11, Ex37:15, Ex37:26, Ex37:28, Ex38:02, Ex38:06, <Ex38:17M>, Ex38:28; וחפיי Ex36:19, Ex38:28M, Lv 9:19M, Lv 9:19, Nu 3:25M, Nu 4:25M; וחפיתון Dt 1:01; וחפר Gn26:18, Gn26:22; וחפרו Gn26:19, Gn26:21, Gn26:25, Ex 7:24; וחצב Ex34:04; וחצבית Dt10:03; וחצדין Gn 8:22; וחצוצרוות Nu31:06M;

וחצוצרתה Nu31:06; וחקל Lv25:34; וחרב Lv26:06; וחרבה Nu22:23; וחרבי Dt32:42; וחרביה Nu22:31; וחרדו Gn42:28; וחרדונה {<Lv11:29>}; וחרכי Gn 8:02M; וחרספין Dt14:09M; וחרף Lv24:11M, Lv24:11; וחרפתה Dt14:18M; וחרש Nu11:26; וחרשה Ex22:17; וחשב Gn38:15; וחשוכא Gn 1:02, Ex12:42, Ex12:42M; וחשוכ' Ex14:20M; וחשכת Ex10:15; וחשנה Ex35:09M, Ex35:27M; וחתאי Ex23:23M, Nu13:29; וחתה Lv20:19M; וחתיי Ex 3:08, Ex 3:17, Ex13:05, Ex34:11

וטב Gn 2:09, Gn18:07, Lv22:27, Lv22:27M, Dt 5:33M, Dt19:13; וטבו Gn24:49, Gn47:29, Dt 5:10; וטביין Dt14:05; וטבן Gn41:05, Gn41:22, Dt 6:10, Dt27:06M; וטבע Ex15:01; וטבתהון Dt23:07M; וטובוי Gn38:25; וטול Dt 3:27; וטולו Nu14:25M, Dt 1:07, Dt 1:40, Dt 2:24M; וטור Dt 1:07, Dt 3:25, Dt11:24; וטורא Ex19:18, Dt 9:15; וטורה Dt 4:11, Dt 5:23; וטורו Dt 4:09; וטורניה Dt 8:09M; וטחנין Nu11:08; וטיבו Gn40:14, Ex20:06, Ex34:07; וטייס Ex20:02, Ex20:03, Dt 5:06, Dt 5:07; וטכ' Lv 8:13M; וטכיסו Ex28:28M, Ex39:21M; וטכס Gn46:29, Ex14:06, Lv 8:07; וטלומא Lv14:40M; וטלטל Gn47:21, Nu32:13; וטלי Gn44:20; וטליא Gn44:33, Gn44:34; וטליה Gn44:30; וטלייה Gn22:05M; וטלייתא Gn24:61M, Ex 2:05M; וטלפין Lv11:26; וטלק Ex 4:03, Ex 7:09, Ex 7:10, Ex10:19M, Ex15:25M, Ex15:25, Ex32:19, Dt 9:17M, Dt29:27; וטלקו Gn37:24, Ex 7:12; וטלקית Dt 9:17; וטלקת Gn21:15, {<Ex 4:25M>}; וטלקתיה Ex32:24M; וטמע Ex 2:12M, Ex 2:12M, Ex15:01M, Ex15:04, Ex15:21, Ex18:11, Ex18:11M; וטמעת {<Gn28:10>}; וטמר Gn35:04, Ex 3:06M; וטמריה Ex 2:12; וטמרת Ex 2:02; וטעווה Lv21:14; וטעוון Ex20:23, Lv19:04, Dt28:36, Dt28:64, Dt29:16M; וטעוותה Dt29:16M; וטעוותהון Dt12:03M; וטעותהון Dt12:03; וטעיימין Ex 3:08M; וטעיין Dt31:16; וטעימין Ex 3:17M, Ex13:05M, Nu14:08M, Nu16:13M, Nu16:14M, Dt 6:03, Dt11:09, Dt26:09, Dt26:15M, Dt27:03M, Dt31:20; וטעמיה Ex16:31; וטעמיין Lv20:24; וטעמין Dt32:01; וטען Gn31:17, Ex10:19, Dt32:11; וטענו Gn 7:17, Gn46:05, Gn50:13M, Ex12:34, Lv10:05, Nu13:23; וטענון Gn45:19; וטענית Ex19:04; וטעת Gn21:14; וטפח Gn44:19, Nu24:10; וטפיין Lv11:35M; וטפלהון Nu16:27; וטפלייה Dt 2:34, Dt 3:06, Dt20:14, Dt31:12; וטפליכון Dt 1:39, Dt 3:19; וטפלינן Nu14:03; וטפלכון Nu14:31; וטרד Gn 3:23, Gn 3:24, Ex10:11; וטרדו Ex 2:17

ויאי Gn 3:06; ויאיין Gn41:18; ויאכול Ex29:32M, <Lv 7:21M>; ויאכל Gn27:31, Gn40:19, Ex10:05M, Ex10:05M, Ex10:12M, Lv 7:21; ויאכלון Ex29:32, Ex29:33, Lv24:09, Dt14:29; ויאמר Gn34:31, Gn46:33, Nu 5:21, Dt20:03; ויאמרו Ex 3:13; ויאמרון Dt21:07, Dt27:14, Dt27:16, Dt27:17, Dt27:18, Dt27:19, Dt27:20, Dt27:21, Dt27:22, Dt27:23, Dt27:24, Dt27:25, Dt27:26, Dt29:21; ויארע Gn42:38, Lv26:05, Dt19:05, Dt19:06; ויארעו Dt28:02M; ויארעון Dt28:02, Dt28:15, Dt28:15M, Dt28:45, Dt31:17; ויבאש Dt15:09, Dt15:09M; ויבבו Lv23:24, Nu29:01; ויבבות Nu23:21; ויבדן Gn 4:23M; ויבדקון Gn42:16; ויבדר Dt 4:27, Dt28:64; ויבהלון Dt 2:25, Dt 2:25M; ויבוסאי Ex23:23M, Ex33:02M, Ex34:11M, Nu13:29; ויבוסי Ex 3:08; ויבוסיי Ex 3:17, Ex13:05, Ex23:23, Ex33:02, Ex34:11; ויבוסייה Dt 7:01, Dt20:17; ויבזי Lv20:17M, Lv20:18; ויבזע Lv13:56; ויבטל Nu30:09; ויבישן Nu 6:03M; ויבם Gn38:08, Dt25:05; ויבנו Ex25:08; ויבער Lv 6:05M; ויברז Ex21:06M; ויברך Ex23:25, Dt 1:11, Dt 7:13, Dt 7:13, Dt15:18, Dt24:13M, Dt28:08, Dt30:16; ויבשין Nu 6:03; וי' Lv13:20; ויגבון Ex 5:07; ויגזר Dt30:06; ויגלגלון Gn29:08M; ויגלון Gn29:08; ויגן Ex12:13M, Ex12:23, Ex12:27; ויגנבון Ex22:06; ויד {<Dt17:07M>}; וידא Gn37:22; וידבחון Ex34:15; וידבק Gn 2:24, Ex28:07; וידבקון Dt28:60, Dt29:19; וידבר Lv26:12; וידה Dt 7:19; וידוי Ex17:12, Lv15:11; וידון Gn16:05, Gn31:49, Ex 5:21; וידונון Nu35:24, Dt16:18, <Dt25:01>, Dt25:01M; וידוע Dt33:03; וידחלון Dt 2:04, Dt13:12, Dt17:13, Dt19:20, Dt21:21, Dt28:10, Dt31:12; וידי Gn16:12, Lv 4:06, Lv 4:17, Lv 5:09, Lv14:16, Lv14:27, Lv16:14, Lv16:15, Lv16:19, Nu19:18, Nu19:19, Dt17:07; וידיהון Dt13:10; וידינון Ex18:22, Nu35:24M; וידינן Gn37:27; וידיע Gn 3:05, Gn22:14, Nu12:02M, Dt33:03M; וידיעין Dt 1:15M; וידכא Lv11:32, Nu31:23; וידכון Nu 8:07; וידכי Lv13:06, Lv13:06, Lv13:13, Lv13:17, Lv13:23, Lv13:28, Lv13:34, Lv13:34, Lv13:37, Lv13:58, Lv14:07, Lv14:07, Lv14:08, Lv14:09, Lv14:20, Lv14:48, Lv14:52, Lv14:53, Lv14:53M, Lv15:13, Lv16:19, Lv17:15, Lv22:07, Nu19:19, Nu19:19M; וידמוך Dt24:13M, Dt24:13; וידע Gn 8:11, Gn 9:24, Gn36:39, Gn38:09, Nu16:05, Nu24:16; וידעו Gn 3:07, Ex 7:05, Ex14:18; וידעון Ex10:02M, Ex14:04, Ex29:46, Nu14:31M; וידרדון {<Nu 4:13M>}; וידרי Dt 4:27M, Dt28:64M; ויהב Gn 3:19, Gn14:20, Gn18:07, Gn20:14, Gn21:14M, Gn21:27, Gn21:33, Gn24:32, Gn24:35, Gn24:36, Gn24:53, Gn25:05, Gn29:24, Gn29:29, Gn29:33, Gn29:33M, Gn30:06, <Gn31:09>, Gn38:18, Gn41:42, Gn43:24, Gn43:24, Gn45:21, Gn45:21, Gn47:17, Gn48:22, Ex 2:21M, Ex13:11, Ex31:18, Ex34:33, Ex37:13, Ex40:18, Ex40:18M, Ex40:20, Ex40:22, Ex40:30, Lv 8:07, Lv 8:07, Lv 8:08, Lv 8:15, Lv 8:23, Lv 8:27, Lv 9:09, Lv22:27, Lv22:27M, Nu 3:51, Nu 5:20, Nu 7:06, Nu11:25, Nu17:12, Nu21:09M, Nu31:41, Nu31:47M, Nu31:47, Nu32:33, Nu32:40, Dt 5:22, Dt 9:10, Dt10:04, Dt26:09, Dt31:09, Dt33:02M; ויהבו Gn29:22, Gn35:04, Ex39:16, Ex39:17, Ex39:18M, Ex39:18, Ex39:19M, Ex39:25, Ex39:31, Lv10:01, Nu16:18, Nu17:21; ויהבית Lv 7:34M, Nu 8:19; ויהבנן Dt29:07; ויהבת Gn 3:06, Gn16:03, Gn16:05, Gn21:16M, Gn21:16M, Gn27:17, Gn30:04M, Gn30:09, Gn38:25, Lv 7:34, Nu16:14; ויהווה Gn28:21; ויהווי Gn 9:26, Gn 9:27, Gn 9:27M, Gn12:02M, Gn17:11, Gn27:40, Gn47:24, Gn48:21, Ex 1:10, Ex 3:14, Ex 3:21, Ex 4:16, Ex 6:07, Ex 7:09, Ex 8:12, Ex 9:09, Ex13:05, Ex13:11, Ex13:16, Ex18:19, Ex22:22, Ex25:20, Ex28:32, Ex28:35, Ex28:37, Ex28:38, Ex28:38, Ex29:45, Ex30:04, Ex30:16, Ex33:07M, Ex33:07M, Ex33:09M, Lv11:40, Lv14:22M, Lv15:07, Lv17:15, Lv25:08, Lv25:28, Lv25:50, Lv26:12, Lv27:03, Lv27:15M, Lv27:16, Lv27:21M, Nu11:26M, Nu15:24, Nu19:10, Nu19:10, Nu21:08M, Nu24:18, Nu33:55, Nu34:03, Nu34:03, Nu34:04M, Nu34:05M, Nu35:12M, Dt11:13, Dt11:29, Dt12:11, Dt15:09M, Dt15:16, Dt15:17, Dt17:09M, Dt17:18, Dt20:11, Dt20:11, Dt21:14, Dt21:15, Dt21:16, Dt22:02, Dt23:12, Dt23:15M, Dt24:01, Dt25:02, Dt25:06, Dt25:19, Dt26:01, Dt27:02, Dt27:04, Dt28:01, Dt28:15, Dt28:63, Dt29:18, Dt30:01, Dt32:38, Dt33:21; ויהוויין Lv25:45M, Lv26:26, Dt 6:08M, Dt19:03, Dt23:15, Dt31:17; ויהווין Nu10:02, Nu15:39; ויהוון Gn 1:14, Gn 1:15, Gn 2:24, Gn15:01, Gn27:29, Gn28:14, Gn41:34, Ex 4:09, Ex 4:09, Ex19:11, Ex26:25, Ex27:07, Ex28:30, Ex28:38M, Ex28:43, Ex29:28M, Lv21:06, Lv25:08M, Lv25:45, Nu 3:12, Nu 3:45, Nu 7:05, Nu 8:11M, Nu 8:14, <Nu10:08M>, Nu10:08M, Nu10:10M, Nu17:03M, Nu25:04, Nu31:03, Nu34:04, Nu34:05, Nu34:08, Nu34:09, Nu34:12, Nu35:03, Nu35:12, Nu35:29, Nu36:03, Dt 6:06, Dt 6:08, Dt11:18, Dt20:09, Dt28:23, Dt28:46, <Dt28:66>, Dt31:17M, Dt33:06, Dt33:17; ויהוי Gn 1:06, Gn 3:15, Gn 4:14, Gn 4:14, Gn 6:21, Gn11:04M, Gn12:12, Gn17:05, Gn17:08M, Gn17:13, Gn18:25, Gn27:40, Gn30:32, Gn31:44, Gn41:36, Gn44:31, Gn46:33, Ex 4:08, Ex 4:09, Ex 7:19, Ex 9:09, Ex 9:22, Ex10:21, Ex10:21, Ex12:06, Ex12:13, Ex12:14, Ex12:25, Ex12:48, Ex13:09, Ex13:14, Ex16:05, Ex16:05, Ex18:22, Ex21:06, Ex21:06M, Ex22:26, Ex26:06, Ex26:11, Ex29:26, Ex29:28, Ex29:37, Ex32:12, Ex33:08M, Ex33:22, Ex40:09, Ex40:10, Lv 5:05, Lv 5:23, Lv 7:31, Lv10:15, Lv11:25, Lv11:28, Lv11:32, Lv13:02, Lv13:19, Lv13:49, Lv14:09, Lv14:22, Lv15:05, Lv15:06, Lv15:08M, Lv15:27, Lv27:03, Lv27:04, Lv27:05, Lv27:06, Lv27:07, Lv27:10, Lv27:15, Lv27:19M, Lv27:33, Nu10:32, Nu10:32, Nu11:20, Nu11:26, Nu15:19, Nu16:07, Nu17:20, Nu19:07?, Nu19:08, Nu33:56, Dt 5:29, Dt 6:10, Dt 7:12, Dt 8:19, Dt17:19M, Dt18:19, Dt19:03M, Dt20:02, Dt31:21, Dt31:26; ויהויין Nu10:08, Nu17:03; ויהוין Nu10:10; ויהון Gn28:11M, Ex 7:19, Ex26:24, Ex30:29, Nu 8:11M; ויהי Gn 9:14, Lv14:53M, Lv27:33M; ויהיב Gn21:14, Ex40:18; ויהימנון Ex 4:08; ויהלך Ex21:19, Lv14:43; ויהפכון Ex 7:17; ויוטב Dt 5:33M; ויוכ' Gn31:37M; ויוכיחן Gn31:37; ויוכלה Dt 9:14; ויומא Ex20:10; ויומי Dt11:21; ויומיא <Nu 6:12M>, Nu13:20; ויומין Nu 6:12; ויוסף Lv22:14, Lv27:15, Nu32:15; ויוספון Dt20:08; ויוקד Ex22:04, Lv 4:12, Lv 4:21, Lv 6:05, Lv13:52, Nu19:05; ויורדנה Dt 3:17M; ויזבן Gn23:09, Gn23:11, Ex21:16, Lv25:25, Dt24:07; ויזבנון Ex21:35; ויזדבן Ex22:02, Lv25:39, Lv25:47; ויזדהרון Lv22:02; ויזדכי {Ex21:19}, Nu 5:31; ויזדמן Dt22:13, Dt24:01; ויזדמנון Nu10:03, Nu10:04, Nu18:02, Nu18:04; ויזכ' Ex21:19M; ויזכון Dt25:01; ויזל Dt17:03M; ויזלון Ex 8:07; ויזמון Dt22:19M; ויזרוק Ex 9:08; ויזרק Lv17:06; ויזרקון Lv 1:11, Lv 3:02, Lv 3:08, Lv 3:13; ויחבול Ex21:26; ויחבר Nu19:07M; ויחגון Ex 5:01; ויחדי Gn21:06M, Ex 4:14, Dt24:05; ויחוור Lv13:06, Lv13:34, Lv13:58M, Lv14:08M, Lv14:09, Lv15:13, Lv15:17, Lv17:15, Nu19:07, Nu19:10, Nu19:19; ויחוורון Ex19:10, <Lv13:54>, Nu 8:07; ויחוס Ex12:13M, Ex12:23M; ויחור Lv15:27; ויחות Ex 9:19, Ex 9:19M, Nu34:11M, Nu34:12M; ויחותון Dt21:04; ויחזור Gn40:13, Gn48:21, Lv14:39, Lv25:27, Lv25:28, Lv25:41, Dt20:05, Dt20:06, Dt20:07, Dt20:08M, Dt20:08, Dt28:68M, Dt30:03; ויחזר Gn28:21M, Lv 5:23, Lv25:27, Dt28:60, Dt28:68; ויחזרו Ex13:17M, Nu 5:07M; ויחזרון Gn29:03M, Ex13:17, Ex14:02, Ex14:26, Nu35:25, Dt 1:22M; ויחי Gn 3:22, Lv18:05, Lv25:36, Nu12:12, Nu21:08M, Dt 5:24M, Dt 5:26M, Dt19:04; ויחייבון Dt25:01; ויחכימו Nu11:16M; ויחכמון Nu14:31; ויחלוש Lv 6:04M, Lv16:23M; ויחמון <Ex34:10M>, Dt28:10, Dt29:21; ויחמורין Dt14:05; ויחמי Ex 4:14, {<Ex12:23>}, Ex34:10, Lv13:03M, Lv13:03, Lv13:05, Lv13:06, Lv13:08, Lv13:10, Lv13:13, Lv13:15, Lv13:17, Lv13:20, Lv13:25, Lv13:27, Lv13:30, Lv13:32, Lv13:34, Lv13:36, Lv13:39, Lv13:43, Lv13:50, Lv13:55, Lv14:03, Lv14:37, Lv14:39, Lv14:44, Lv14:48, Lv20:17, Nu21:08M; ויחסנון Ex32:13, Nu32:30M; ויחשב Lv25:27, Lv25:50, Lv25:52, Lv27:18, Lv27:23; ויחת Nu34:11M; ויחתון Gn44:31, Ex11:08, Nu 4:05M, Nu16:30; ויט' Lv 1:16M; ויטור Gn28:20M, Dt 7:12M; ויטושון Lv14:42M; ויטלון Ex14:15, Nu 2:17M, Nu 4:25M, Nu 9:21, Nu 9:21, Nu10:05, Nu10:06, Nu10:17M, Nu10:18M, Nu10:22M, Nu10:25M; ויטלטל Ex23:08; ויטלק Ex21:18, {<Lv 1:16>}, Nu19:06; ויטלקון Lv14:40M, Lv14:40; ויטמע Lv22:07; ויטעון Ex28:29, Ex28:30, Ex34:15, Ex34:16, Ex34:16M, Lv15:10; ויטעיין Ex34:16; ויטען Ex28:38; ויטענון Ex18:22, Nu 4:25, Nu11:17; ויטר Dt 7:12; ויטרוד Lv13:04, Lv13:05, Lv13:21, Lv13:26, Lv13:31, Lv13:33, Lv13:50, Lv13:54, Lv14:38, Dt 7:01, Dt 7:22, Dt11:23, Dt24:03; ויטרון Gn18:19, Gn41:35, Ex31:16, Lv22:09, Nu 1:53, Nu 3:07, Nu 3:08, Nu 3:10, Nu 9:19, Nu18:03, Nu18:04, Dt31:12; וייאכל Dt28:51; וייאכלון Dt31:20; וייאמרון Dt29:23, Dt29:24, Dt31:17; וייאדי Lv14:51, Nu19:04; וייהוון Ex25:37M; וייחון Nu 4:19; וייחות Dt28:24; וייחי Ex33:20, Lv25:35, Nu12:12M, Dt 4:42, Dt19:05; וייטב Dt30:05; וייטבו Gn34:18M; וייטיב Dt 5:33; וייכול Gn27:10; וייכל Ex 2:20; וייכלון Gn47:22, Ex23:11, Lv26:16, Nu11:21, Dt26:12; ויילילייה Gn 8:22M; ויילון Nu13:02; ויימ' Dt28:06M; ויימר <Ex14:03>, Nu 5:19, Dt22:14, Dt22:16, Dt25:08; ויימרון Dt 4:06, Dt20:08, Dt21:20, Dt27:26M, Dt32:07; וייסבון Ex27:20, Lv24:02; וייעול Lv15:14M, Nu 4:05M; וייעירוק Nu35:11M; וייעלו Nu 5:24; וייעלון Nu 4:05, Nu 5:22, Nu 5:24M, Nu 5:27, Dt10:11; וייפון Lv26:26; וייפיין Lv26:26M; וייקום Dt25:08; וייר' Dt28:02M, Dt28:15M, Dt28:45M; ויירע Dt19:05M, Dt19:06M; ויירתון Dt10:11; וייתה Dt18:06M; וייתון Gn15:01, Ex27:20, Lv 4:14, Lv17:05, Lv24:02, Nu19:02, {<Dt 2:22>}, Dt13:03M, Dt14:29, Dt28:02, Dt28:08, Dt28:15, Dt28:45; וייתועל Lv13:09M; וייתי Gn27:12M, Gn42:16, Lv 2:02, Lv 4:04, Lv 4:16, Lv 4:23, Lv 4:28, Lv 5:06, Lv 5:07, Lv 5:08, Lv 5:11, Lv 5:12, Lv 5:15, Lv 5:18, Lv13:02, Lv13:09, Lv14:02, Lv14:23, Lv14:35, Lv14:44, Lv15:14, Lv16:15, Lv19:21, Lv25:25, <Nu 5:15>, Nu 5:15, Nu 6:10M, Nu 6:12, Nu14:08, Dt13:03, Dt18:06, Dt28:67; ויכ' Nu 8:21M; ויכול Ex10:05, Ex10:05, Ex10:12; ויכוס Lv 1:05, Lv 1:11, Lv 3:02, Lv 3:08, Lv 3:13, Lv 4:04, Lv 4:04M, Lv 4:15, Lv 4:15M, Lv 4:24, Lv 4:29, Lv 4:33, Lv14:05, Lv14:13, Lv14:25, Lv14:50, Lv16:11, Lv16:15, Nu19:03; ויכל Gn 3:22; ויכלו Gn14:09; ויכלון Ex12:08, Dt14:21, Dt18:08; ויכלת Gn32:29; ויכמון Dt19:11M; ויכמן Dt19:11; ויכנש Nu19:09, Dt30:03; ויכנשון Gn41:35, Gn41:35; ויכס Ex21:37; ויכסו Ex10:05; ויכסון Ex12:06, Lv17:05, Nu 4:05, Nu 4:08, Nu 4:09, Nu 4:11, Nu 4:11, Nu 4:12M; ויכסי Ex 9:04M, Lv16:13, Lv17:13, Dt28:59M; ויכפ' Nu17:12M; ויכפר Lv 4:20, Lv 4:26, Lv 4:31, Lv 4:35, Lv 5:06, Lv 5:10, Lv 5:13, Lv 5:18, {<Lv 5:21>}, Lv 5:22,

Lv 5:26, Lv12:07, Lv12:08, Lv14:18, Lv14:19, Lv14:20, Lv14:31, Lv14:53, Lv14:53M, Lv15:15, {Lv15:15}, Lv15:30, Lv16:06,
Lv16:11, Lv16:16, Lv16:17, Lv16:18, Lv16:24, Lv16:32, Lv16:33, Lv19:22, Nu 6:11, Nu15:25, Nu15:28, Nu15:28M, Dt32:43M;
**ויכפתיניה** Dt25:02M; **ויכתב** Dt24:01, Dt24:03M; **ויכתוב** Nu 5:23, Dt17:18, Dt24:01M, Dt24:03; **וילבוש** Lv16:04M,
Lv16:32; **וילבש** Lv 6:03, Lv 6:04, Lv16:04, Lv16:24, <Lv16:32M>; **וילדו** Gn20:17; **וילדן** Dt21:15; **וילדת** Gn 4:17, Gn
4:25, Gn16:11M, Gn16:11, Gn21:02, Gn24:36, Gn29:32, Gn29:34, Gn30:07, Gn30:19, Gn30:39, Gn35:16, Gn36:14, Gn38:03,
Gn38:04, Gn38:05, Gn46:18, Ex 2:02, Ex 2:22, Ex 6:23, Nu26:59; **וילוות** Nu 4:26M; **וילידו** Gn 6:04; **וילידת** Gn 4:01, Gn
4:20, Gn16:15, Gn19:37, Gn22:24, Gn25:02, Gn29:33, Gn29:35, Gn30:05, Gn30:10, Gn30:12, Gn30:17, Gn30:23, Gn36:04,
Gn36:12, Gn46:25, Ex 6:25; **וילילו** Nu13:21, Dt 1:22; **ויללון** Dt 1:22M; **וילעון** Ex 7:18M; **וילפון** Ex20:13, Ex20:14,
Ex20:15, Ex20:16, Ex20:17, Dt 5:17, Dt 5:18, Dt 5:19, Dt 5:20M, <Dt 5:20>, Dt 5:21, Dt31:13, Dt32:29; **וילקון** Dt21:18M,
Dt22:18M; **וילקטו** Ex16:04; **וילקי** Ex22:01; **וימ'** Lv25:35M; **וימות** Ex21:12, Ex21:28, Ex21:35, Ex22:01, Ex22:09, Nu20:26,
Dt13:11, Dt21:21, Dt25:05; **וימותון** Ex 9:19, Ex28:43M, Lv22:09, Dt17:05, Dt22:22, Dt22:24; **וימחוק** Nu 5:23, Dt29:19;
**וימחי** Ex21:18, Dt25:02; **וימטון** Ex 9:14M; **וימטי** Nu34:11M; **וימיא** Dt 2:14; **וימיניה** Ex12:42; **וימלל** Ex 4:16, Dt18:18,
Dt20:02; **וימללו** Dt20:05, <Dt25:08M>; **וימללון** <Dt20:05M>, <Dt25:08>, Dt25:08M; **וימבא** Gn 8:22M; **וימבה**
Dt28:66M; **וימנה** Gn41:34; **וימנון** Dt20:09M, Dt20:09; **וימני** Lv15:13; **וימנע** Ex 9:28; **וימסור** Dt 7:02, Dt 7:23, Dt 7:24,
Dt20:13M, Dt21:10M, Dt31:05; **וימסר** Dt20:13, Dt21:10, <Dt31:05M>; **וימסרון** Dt19:12; **וימציא** Lv 1:15; **וימרון**
Gn12:12, {Nu14:15}; **וימשחון** Dt21:02; **וינחתון** Dt21:04M; **וינטר** Gn28:20; **ויני'** Nu 8:21M; **ויניח** Dt12:10; **ויניק**
Lv14:12, Lv14:24, Lv23:11, Lv23:20, Nu 5:25, Nu 8:11; **וינכת** Nu21:06M, Nu21:06M; **וינשי** Gn27:45; **ויסאב** Lv13:03,
Lv13:08, Lv13:11, Lv13:15, Lv13:22, Lv13:25, Lv13:27, Lv13:30, Nu 6:09; **ויסב** Gn 3:22, Ex12:04, Lv 4:05, Lv 4:25, Lv 4:30, Lv
4:34, Lv14:04, Lv14:12, Lv14:14, Lv14:15, Lv14:21, Lv14:24, Lv14:25, Lv14:49, Lv14:51, Lv16:07, Lv16:12, Lv16:14, Lv16:18, Nu
5:17, Nu 5:25, Nu 6:18M, Nu 6:19, Nu19:04, Nu19:06, Nu19:18, Dt22:15, Dt25:05, Dt30:12; **ויסבול** Ex28:12M, Ex28:29M,
Lv16:22M; **ויסבון** Ex12:03, Ex12:07, Lv14:42, Nu 4:09, Nu 4:12, Nu 8:08, Nu19:02, Nu19:17, Dt19:12, Dt21:03, Dt22:18;
**ויסבלון** Ex18:22M, Nu11:17M; **ויס'** Lv14:21M, Nu16:27M; **ויסגוד** Dt17:03M; **ויסגון** Gn 8:17, Gn 8:17M, Gn48:16; **ויסגי**
Gn28:03, Dt 7:13, Dt13:18, Dt30:05; **ויסד'** Lv 2:02; **ויסדר** Ex30:07, Lv 1:09, Lv 1:12, Lv 1:13, Lv 1:15, Lv 1:17, Lv 2:08, Lv
2:09, Lv 2:16, Lv 3:11, Lv 3:16, Lv 4:10, Lv 4:19, Lv 4:31, Lv 4:35, Lv 5:12, Lv 6:05, Lv 6:05, Lv 6:08, Lv 7:05, Lv 7:31, Lv14:20,
Lv17:06, Lv27:14M, Nu 5:26; **ויסדרון** Lv 1:07, Lv 1:08, Lv 3:05; **ויסדרן** Ex 1:10; **ויסהדן** Gn30:33; **ויסוף** Lv26:20;
**ויסופון** Nu17:25, Nu24:24M, Dt13:12M; **ויסוק** Dt25:07M; **ויסחי** Lv14:08, Lv14:09, Lv15:05, Lv15:06, Lv15:07, Lv15:08,
Lv15:10, Lv15:11, Lv15:13, Lv15:16, Lv15:21, Lv15:22, Lv15:27, Lv16:04, Lv16:24, Lv16:26, Lv16:28, Lv17:15, Nu19:07,
Nu19:08, Nu19:19; **ויסט'** Nu24:24M; **ויסטון** Ex34:16M, Dt31:20; **ויסטיין** Ex34:16M; **ויסמוך** Ex29:19, Lv 1:04, Lv 3:02, Lv
3:08M, Lv 3:13, Lv 4:04, Lv 4:24, Lv 4:29, Lv 4:33, Lv16:21; **ויסמך** Ex29:10; **ויסמכון** Ex29:15, Lv 4:15, Lv24:14, Nu 8:10;
**ויסני** Dt22:13; **ויסעוד** Dt32:38M; **ויסף** Lv27:13, Lv27:19; **ויספר** Lv13:33, Lv14:08, Nu 6:09, Nu 6:18; **ויסק** Gn50:24,
Ex10:12, Dt30:13; **ויסקון** Ex 1:10, Ex 7:28; **ויסקן** Ex 7:28M; **ויסרח** Ex 7:18; **ויסרי** Ex 7:18M; **ויסתאב** Lv11:25M,
Lv11:28M, Lv11:40M, Lv15:05M, Lv15:06M, Lv15:07M, Lv15:08, Lv15:10, Lv15:11, Lv15:16, Lv15:17, Lv15:21, Lv15:22,
Lv17:15M, Lv22:06M, Nu19:08M; **ויסתאבון** Lv15:18; **ויסתגון** Ex 1:20M; **ויסתלק** Nu 9:21, Nu 9:21; **ויסתר** Lv14:45M;
**ויעבד** Ex12:48, Lv 4:20, Lv 4:22, Lv14:19, Lv16:15, Nu 5:30, Nu 9:10, Nu 9:14, Dt31:04; **ויעבדון** Ex 5:09, Ex25:10, Ex28:03,
Ex28:04, Ex28:06, Ex31:06, Ex35:10, Lv 4:13, Nu 9:02, Nu15:38, Nu17:03, Dt 5:31, Dt20:12M; **ויעבור** Nu 5:14; **ויעבר** Ex
8:07M, Ex 8:25, Ex10:17, Ex23:25, {<Lv 1:16>}, Lv13:58M, Nu21:07, Nu32:21, Nu34:04, Nu34:04, Dt 7:15; **ויעברון** Ex 8:04M,
Nu 8:07; **ויע'** Lv 4:22M, Lv 5:08M; **ויעדון** Ex 8:04; **ויעדי** Gn47:10M; **ויעול** Lv14:44, Lv14:44M; **ויעזום** Lv 5:08; **ויעזם**
Lv 1:15; **ויעיבר** <Nu32:21M>; **ויעיקה** Nu21:05M; **ויעיקון** Nu33:55, Dt28:52, Dt28:52; **ויעל** Ex23:23, Lv 2:02M, Lv
4:04M, Lv 4:05, Lv 4:16M, Lv16:12, Lv16:23, Nu14:08M, Dt30:05; **ויעלון** Ex 7:28, Ex14:16, Ex14:17, Lv14:42; **ויעלי** Lv27:08,
Lv27:12, Lv27:14; **ויעלן** Ex 7:28M; **ויענון** Dt21:07, Dt27:14, Dt27:14M, Dt27:16M, Dt27:17M, Dt27:18M, Dt27:20M,
Dt27:22M, Dt27:23M, Dt27:24M, Dt27:25M, Dt27:26M; **ויעצור** Dt11:17; **ויערבב** {Dt 7:23}, Dt 7:23M; **ויערוק** Dt19:11;
**ויערע** Nu35:27; **ויערק** Dt 4:42; **ויערקון** Lv26:36, Lv26:36M, Nu10:35; **ויפ'** Lv26:36M; **ויפגר** Lv14:45; **ויפול** Lv11:38,
Lv11:38M; **ויפוק** Ex21:22, Lv14:03, Lv14:38, Lv16:18M, Lv16:24, Lv25:28, Lv25:33, Lv25:41, Lv25:54, Nu34:04, Dt23:11;
**ויפטור** Lv14:53M; **ויפיקו** Dt22:15M; **ויפל** Ex19:21, Ex21:33; **ויפלגון** Ex21:35, Nu24:08; **ויפלוח** Dt17:03M; **ויפלון**
Lv26:07, Lv26:08, Lv26:36; **ויפלח** Ex 4:23, Dt15:12; **ויפלחו** Ex10:03; **ויפלחון** Ex 7:16, Ex 7:26, Ex 8:16, Ex 9:01, Ex 9:13,
Ex10:07, Nu 4:26, Nu18:23, Dt 7:04M, Dt20:11, Dt31:20; **ויפנון** Lv14:36; **ויפסג** Lv 1:06; **ויפסון** Dt31:20; **ויפסוק** Ex
9:28M; **ויפסח** Ex12:23; **ויפק** Ex21:11, Lv 4:12, Lv 4:21, Lv 6:04, Lv14:45, Lv16:18, Nu19:03, Nu34:04M, Nu34:09M, Dt22:14;
**ויפקד** Ex18:23, Lv13:54, Lv14:04, Lv14:05, Lv14:36, Lv14:40; **ויפקו** <Dt21:19M>; **ויפקון** Gn40:18M, Ex16:04,
{<Ex21:22M>}, Dt21:02, Dt21:19, Dt22:15, Dt22:21, Dt22:21M; **ויפרוח** Lv14:43M; **ויפרוס** Gn16:05, Ex33:07M; **ויפרוע** Nu
5:18M; **ויפרוק** Gn38:25, Lv25:25, Lv27:27M, Dt32:38; **ויפרין** Dt24:01; **ויפריש** Dt28:59; **ויפרע** Nu 5:18; **ויפרקו** Nu 4:05;
**ויפרקון** <Nu 4:05M>; **ויפרש** Ex 9:04, Lv 2:09M, Lv 6:03M, Dt29:20; **ויפרשון** Ex25:02, Nu 4:06, Nu 4:08, Nu 4:13, Nu 4:14,
Dt22:17; **ויפשט** Dt25:11M; **ויצבוח** Dt15:09M; **ויצבוע** Lv 4:06M, Lv 4:17M, Lv14:06M, Lv14:16M, Lv14:51M, Nu19:18M;
**ויצבע** Lv 4:17, Lv14:06, Lv14:16, Lv14:51, Lv16:23M, Nu19:18; **ויצדון** Lv26:22, Lv26:32; **ויצדיין** Lv26:32M; **ויצטרפון**
Gn15:01, Nu24:24; **ויצלב** Gn40:19; **ויצלח** Gn24:40; **ויצלי** Gn20:07, Dt24:13; **ויצנע** Lv16:23, Nu19:09, Dt26:04; **ויצנעון**

Ex16:05; **ויצערון** Gn15:13, Nu24:24; **ויצרוץ** Ex 7:28M; **ויצרפון** Gn15:01M; **ויקבל** Gn33:14M, Ex22:10, Ex28:12, Lv 5:17,
Lv16:22, Lv17:16M, Lv17:16, Lv24:15M, Nu30:16, Dt26:04, Dt30:03; **ויקבלון** Gn49:22, Lv22:16, Nu14:33; **ויק'** Dt25:11M;
**ויקדון** Lv16:27; **ויקדש** Lv16:19, Nu 6:11; **ויקדשון** Ex30:19, Ex30:21, Ex40:31; **ויקום** Lv25:30, Dt19:11, Dt33:05; **ויקומון**
Gn41:30, Nu30:05, Nu30:08, Nu30:12, Dt19:17; **ויקט'** Gn12:12; **ויקטול** <Gn32:09>, Gn32:12, Ex17:16, Nu35:27, Dt19:06M,
Dt19:11, Dt22:26; **ויקטי'** Ex21:29M; **ויקטל** Nu24:17, Dt19:05, Dt19:06, Dt19:12; **ויקטלו** Dt21:04; **ויקטלון** Gn15:01,
Gn20:11M, Gn34:30M, Ex10:28, Dt21:04M, Dt21:21M, Dt22:21; **ויקטרון** Dt21:04M; **ויקיים** Nu 5:30M, Nu30:15; **ויקים**
Lv14:11, Lv16:07, Lv25:30M, Lv27:08, Lv27:11, Nu 5:16, Nu 5:18, Nu 5:30, Nu30:15M; **ויקירא** Gn44:19; **ויקל** Ex18:22;
**ויקלק** Nu19:06; **ויקמוץ** Lv 5:12, Nu 5:26; **ויקמץ** Lv 2:02; **ויקנא** Nu 5:14, Nu 5:14, Nu 5:30; **ויקנסון** Dt22:19; **ויקף**
Nu34:04M, Nu34:05M; **ויקרא** Dt33:17; **ויקראון** Dt25:08; **ויקרב** Ex21:06, Ex22:07, Ex24:02, Lv 1:13, Lv 1:14, Lv 1:15, Lv
2:08, Lv 3:03, Lv 3:07, Lv 3:09, Lv 3:12, Lv 3:14, Lv 4:03, Lv 5:08, Lv 7:12, Lv 7:14, Lv 8:24M, Lv12:07, Lv14:12, Lv14:20M,
Lv14:30, Lv15:15, Lv15:30, Lv16:06, Lv16:09, Lv16:09, Lv16:11, Lv16:20, Lv16:24, Nu 5:16, Nu 5:25, Nu 6:11, Nu 6:14, Nu 6:16,
Nu 6:16, Nu 6:17, Nu 8:12M, Nu15:04, Nu15:09, Nu15:14, Nu16:05, Dt20:02; **ויקרבון** Ex 8:04, Lv 1:05, Lv 4:14, Nu15:24,
Dt21:05, Dt25:01; **ויקרוב** Lv15:15M, Lv16:06M, <Dt20:02M>; **ויקרון** Ex34:15, Dt25:08M; **וירב'** Dt25:02M; **וירבע**
Dt25:02; **וירגזון** Dt 2:25; **וירגיזו** Dt31:20; **וירגמון** Lv24:14, Dt21:21, Dt22:21; **וירדדון** Ex28:28; **וירדון** Dt21:18,
Dt22:18; **וירדוף** Ex14:04, Ex14:04M, Lv26:36; **וירדנה** Dt 3:17; **וירדפון** Lv26:08, Dt28:22, Dt28:45; **וירולון**
<Ex39:12M>; **וירולין** Ex39:12; **וירוקן** Nu24:17; **וירות** Gn27:41; **וירח** Nu28:14, Dt33:14; **וירחום** Dt 7:13; **וירחם**
Dt13:18, Dt30:03; **וירים** Lv 2:09, Lv 6:03, Lv 6:08, Nu 6:20, Nu17:02; **וריק** Lv 2:01, <Lv14:15>, Lv14:26M; **וירית**
Gn27:41M; **ויריתו** Dt 9:23; **וירע** Gn44:29M; **וירפשון** Ex21:22; **וירפשן** Ex21:22M?; **וירצע** Ex21:06; **וירקתה** Ex28:17;
**וירת** Nu27:11, Dt 1:21M; **וירתו** Nu21:24, Nu21:35, Dt 1:08, Dt 1:21, Dt 2:21, Dt 4:47; **וירתו/וירתון** <Dt 2:21M>; **וירתון**
Gn22:17, Gn24:60, Dt 3:20; **וירתן** Gn22:17M; **וישאול** Nu27:21; **וישאל** <Nu27:21M>; **וישאלון** Ex11:02, Ex11:08;
**וישאלונך** Gn32:18; **וישבע** Nu 5:19, Nu 5:21; **וישבעון** Nu 4:13, Dt14:29, Dt26:12, Dt31:20; **וישבקו** Dt31:20; **ויש'**
{<Ex31:14M>}, Lv25:26M, Dt29:25M; **וישווי** Gn40:23M, Lv 6:03, Nu17:12M, Nu24:23M, Dt22:14, Dt24:03, Dt28:01, Dt28:13,
Dt30:07; **וישוון** Ex 1:10, Nu 4:06, Nu 4:08, Nu 4:11M, Nu 4:14, Nu 4:19M, Nu15:38, Nu16:07M; **וישוי** Gn40:23M, Gn41:33, Nu
5:20M, Dt 7:15, Dt24:01, Dt27:15, Dt28:48; **וישון** Nu 6:27; **וישוע** Lv14:42; **וישזבון** Nu35:25; **וישזגון** Lv15:18; **וישטתף**
<Lv15:12M>; **וישייר** Dt28:11, Dt30:09; **וישיצא** Gn41:30; **וישיצון** Gn34:30, Nu32:39; **וישיצי** Gn32:12, Gn34:30M,
Nu24:17, Nu24:19, Dt 6:15, Dt 7:04M, Dt11:23M; **וישירי** Lv 5:16M; **וישכב** Gn35:22; **וישכ'** Lv25:26M, Dt22:28M; **וישכח**
Dt22:23; **וישלח** Gn43:14, Ex 6:11, Ex 7:02, Ex22:04, Lv 1:06, Lv 6:04, Lv14:07, Lv14:53, Lv16:21, Lv16:22, Lv16:23, Dt24:01,
Dt24:03M; **וישלחון** Nu 5:02, Dt19:12; **וישלט** Nu21:06; **וישלטון** Gn 1:26, Lv26:17; **וישלם** Lv 5:24, Lv16:20, <Lv21:10>,
Nu 4:15; **וישמוט** Dt19:05M; **וישמוע** Nu30:08M, Nu30:12M; **וישמט** Dt19:05; **וישמטון** Lv14:40; **וישמע** Nu30:05,
Nu30:08, Nu30:12, Dt30:12, Dt30:13; **וישמעון** Ex 3:18, Nu14:13; **וישמש** Ex22:15, Ex40:13M, Ex40:13, Nu 5:13, Nu 8:26,
Dt18:07, Dt22:23, Dt22:25, Dt22:28, Dt24:01M; **וישמשון** Ex28:41, Ex40:15, <Nu 3:06>, Nu18:02; **וישני** Dt24:03;
**וישעבדון** Gn15:13, Nu24:24M, Nu24:24; **וישפוך** Lv17:13; **וישפכון** Lv14:41, Nu23:24; **וישקון** Gn29:03M, Gn29:08M,
Gn47:10M; **וישקי** Nu 5:24, Nu 5:27; **וישקר** Lv 5:21M, Lv 5:21M, Lv 5:22M; **וישרון** Gn34:21, {<Gn34:23>}, Ex14:02,
Ex14:02M, Nu 1:52, Nu 4:19, Nu32:17; **וישרותך** Gn35:09; **וישרי** Gn 9:27, Gn29:22M, Lv14:08, Nu35:25; **וישרץ** Ex 7:28;
**וישתביק** <Lv 4:26>, Lv 4:35, Lv 5:13, Lv 5:18; **וישתבע** Lv 5:22; **וישתבק** Gn 4:07, Gn49:04, Lv 4:20, Lv 4:31, Lv 5:10, Lv
5:16, Lv 5:26, Lv19:22, Nu15:25, Nu15:26, Nu15:28, Nu15:28M, Nu30:09M; **וישת'** Lv 5:22M, Nu15:25M, Nu15:26M, Nu20:06M,
Nu30:06M, Nu30:13M; **וישתון** Ex17:06; **וישתוק** Nu30:05, Nu30:08, Nu30:12; **וישתטף** <Lv 6:21>, Lv15:12; **וישתי'**
Nu19:20M; **וישתיצ'** Nu15:30M; **וישתיצון** <Lv18:29>, Lv20:18; **וישתיצי** Lv17:09, Nu 9:13; **וישתכח** Gn22:10M, Ex21:16;
**וישתכחון** Dt22:28; **וישתלהון** Ex 7:18; **וישתמע** Ex28:35; **וישתעבדון** Gn15:13M; **וישתצון** Lv20:17; **וישתצי**
Ex12:15M, Ex12:19M, Ex30:33, Ex30:38, Lv 7:25M, Lv 7:27M, Lv17:04; **וישתרי** Lv 4:20, Lv 4:26M, Lv 4:31, Lv 5:10, Lv 5:13,
Lv 5:16, <Lv 5:18>, Lv19:22, Nu15:25M, Nu15:26M, Nu15:28M; **וית** Gn 1:01, Gn 1:16, Gn 1:16, Gn 1:21, Gn 1:21, Gn 1:25, Gn
1:25, Gn 1:29, Gn 2:19, Gn 4:04, Gn 4:04M, Gn 6:10, Gn 6:13, Gn 8:01, Gn 8:01, Gn 8:01, Gn 9:01, Gn 9:09M, Gn 9:10, Gn10:11,
Gn10:11M, Gn10:11, Gn10:12, Gn10:13M, Gn10:13M, Gn10:13M, Gn10:13, Gn10:13, Gn10:13, Gn10:14, Gn10:14, Gn10:14,
Gn10:14M, Gn10:15, Gn10:16, Gn10:16, Gn10:16, Gn10:17, Gn10:17, Gn10:17, Gn10:18, Gn10:18, Gn10:18, Gn10:18M,
Gn10:26, Gn10:26, Gn10:26, Gn10:27, Gn10:27, Gn10:27, Gn10:28, Gn10:28, Gn10:28, Gn10:29, Gn10:29, Gn10:29, Gn11:05,
Gn11:26, Gn11:27, Gn11:31, Gn11:31, Gn12:05, Gn12:05, Gn12:05, Gn12:20M, Gn12:20M, Gn13:10, Gn14:05, Gn14:05,
Gn14:06, Gn14:11, Gn14:12, Gn14:16, Gn14:17, Gn15:10, Gn15:19, Gn15:19, Gn15:19, Gn15:20, Gn15:20, Gn15:20, Gn15:21,
Gn15:21, Gn15:21, Gn15:21, Gn17:21, Gn17:23, Gn17:23, Gn18:19, Gn19:10, Gn19:11, Gn19:15, Gn19:25, Gn19:25, Gn20:17,
Gn21:10, Gn21:14, Gn22:03, Gn22:06, Gn22:21, Gn22:21, Gn22:22, Gn22:22, Gn22:22, Gn22:22, Gn22:22, Gn22:24, Gn22:24,
Gn22:24, Gn23:15, Gn24:30, Gn24:59M, Gn24:59, Gn24:59, Gn24:59, Gn24:59M, Gn25:02, Gn25:02, Gn25:02, Gn25:02,
Gn25:02, Gn25:03, Gn27:16, Gn27:17, Gn27:37, Gn29:10, Gn30:26, Gn30:29, Gn30:35, Gn31:17, Gn31:18, Gn31:42, Gn31:52,
Gn32:08, Gn32:23, Gn32:23, Gn33:02, Gn33:02, Gn33:05, Gn34:09, Gn34:11, Gn34:13, Gn34:16, Gn34:21, Gn34:26, Gn34:26,
Gn34:28, Gn34:28, Gn34:28, Gn34:28, Gn34:29, Gn34:29, Gn34:29, Gn34:29, Gn35:04, Gn35:12, Gn36:02, Gn36:05, Gn36:05,
Gn36:06, Gn36:06, Gn36:06, Gn36:06, Gn36:06, Gn36:06, Gn36:14, Gn36:14, Gn37:14, Gn39:22, Gn40:22, Gn41:08, Gn41:10,

Gn41:44, Gn41:51, Gn41:52, Gn42:04, Gn42:33, Gn42:34, Gn43:12, Gn43:13, Gn43:14, Gn43:15, Gn43:18, Gn44:02, Gn44:02, Gn45:13, Gn45:18, Gn46:05, Gn46:05, Gn46:06, Gn46:15, Gn46:20, Gn46:28, Gn47:06, Gn47:11, Gn47:12, Gn47:19, Gn47:21, Gn47:21M, Gn47:21M, Gn47:21M, Gn47:23, Gn48:01, Gn48:13, Gn48:14, Gn49:15, Gn49:18M, Gn49:22, Gn49:31, Gn49:31, Gn50:21, Ex 1:11, Ex 3:07, Ex 4:17, Ex 4:20, Ex 5:02, Ex 5:06, Ex 5:08, Ex 5:20, Ex 6:21, Ex 6:23, Ex 6:23, Ex 6:23, Ex 7:03M, Ex 7:03, Ex 8:17, Ex 9:15, Ex 9:19, Ex 9:20, Ex 9:21, Ex 9:25M, Ex 9:25, Ex 9:25, Ex10:01, Ex10:02, Ex10:02M, Ex10:08, Ex10:10, Ex10:15, Ex12:27, Ex12:50, Ex14:06, Ex14:28, Ex16:23, Ex16:23, Ex17:03, Ex17:03, Ex17:13, Ex18:03, Ex18:16, Ex18:20, Ex18:20, Ex18:26, Ex20:11, Ex20:11, Ex20:18, Ex20:18, Ex20:18, Ex20:24, Ex20:24, Ex21:05, Ex23:25, Ex23:28M, Ex23:28, Ex23:28, Ex24:03, Ex25:09, Ex26:01, Ex26:09, Ex26:29, Ex26:29, Ex26:35, Ex28:01, Ex28:05, Ex28:05, Ex28:05, Ex28:05, Ex28:10, {Ex28:10}, Ex28:25, Ex28:30, Ex28:41, Ex29:03, Ex29:03, Ex29:04, Ex29:04, Ex29:05, Ex29:05, Ex29:05, Ex29:08, Ex29:12, Ex29:13, Ex29:13, Ex29:13, Ex29:14, Ex29:14, Ex29:14, Ex29:15, Ex29:17, Ex29:22, Ex29:22, Ex29:22, Ex29:22, Ex29:22, Ex29:27, Ex29:31, Ex29:32M, Ex29:32, Ex29:39, Ex29:39M, Ex29:41, Ex29:44, Ex29:44, Ex29:44, Ex30:03, Ex30:03, Ex30:19, Ex30:26, Ex30:27M, Ex30:27, Ex30:27M, Ex30:27M, Ex30:27, Ex30:27, Ex30:27, Ex30:27M, Ex30:28, Ex30:28, Ex30:28, Ex30:28, Ex30:30, Ex30:30, Ex31:07, Ex31:07, Ex31:07, Ex31:08, Ex31:08, Ex31:08, Ex31:08, Ex31:08, Ex31:09, Ex31:09, Ex31:09, Ex31:09, Ex31:10, Ex31:10, Ex31:10, Ex31:11, Ex31:11, Ex31:17, Ex34:13, Ex34:13, Ex35:11, Ex35:11, Ex35:11, Ex35:11, Ex35:11, Ex35:11, Ex35:11, Ex35:12, Ex35:12, Ex35:13, Ex35:13, Ex35:13, Ex35:14, Ex35:14, Ex35:14, Ex35:14, Ex35:15, Ex35:15, Ex35:15, Ex35:15, Ex35:15, Ex35:16, Ex35:16, Ex35:16, Ex35:16, Ex35:16, Ex35:16, Ex35:17, Ex35:17, Ex35:18, Ex35:18, Ex35:19, Ex35:25, Ex35:25, Ex35:25, Ex35:27, Ex35:28, Ex35:28, Ex36:16, Ex36:16M, Ex36:34, Ex36:34, Ex36:38, Ex36:38, Ex37:16, Ex37:16, Ex37:16, Ex37:24, Ex37:26, Ex37:29, Ex38:03, Ex38:03, Ex38:03, Ex38:03M, Ex38:03M, Ex38:03M, Ex38:03, Ex38:03M, Ex38:08, Ex38:27, Ex38:28, Ex38:30, Ex38:30, Ex38:30, Ex38:31, Ex38:31, Ex38:31, Ex38:31, Ex39:18, Ex39:28, Ex39:28M, Ex39:28M, Ex39:28, Ex39:28, Ex39:29, Ex39:33, Ex39:34, Ex39:34M, Ex39:34, Ex39:34, Ex39:35, Ex39:35, Ex39:36, Ex39:36, Ex39:37, Ex39:37, Ex39:37, Ex39:38, Ex39:38, Ex39:38, Ex39:38, Ex39:39, Ex39:39, Ex39:39, Ex39:39, Ex39:39, Ex39:40, Ex39:40, Ex39:40, Ex39:40M, Ex39:40, Ex39:40, Ex39:41, Ex39:41, Ex40:09, Ex40:10, Ex40:11, Ex40:12, Ex40:14, Ex40:29, Ex40:29M, Ex40:31, Lv 1:01, Lv 1:01, Lv 1:01, Lv 1:08, Lv 1:12, Lv 3:03, Lv 3:04, Lv 3:04, Lv 3:04, Lv 3:09, Lv 3:10, Lv 3:10, Lv 3:10, Lv 3:14, Lv 3:15, Lv 3:15, Lv 3:15, Lv 4:07, Lv 4:08, Lv 4:08, Lv 4:09, Lv 4:09, Lv 4:09, Lv 4:11, Lv 4:11, Lv 4:18, Lv 4:19, Lv 4:25, Lv 4:26, Lv 4:30, Lv 4:31, Lv 4:34, Lv 4:35, Lv 5:10, Lv 5:16, Lv 5:16, Lv 5:25, Lv 6:02, Lv 6:08, Lv 6:20, Lv 7:02, Lv 7:03, Lv 7:03, Lv 7:04, Lv 7:04, Lv 7:04, Lv 7:30M, Lv 7:32, Lv 7:33, Lv 7:34, Lv 8:02, Lv 8:02, Lv 8:02, Lv 8:02, Lv 8:02, Lv 8:02, Lv 8:03, Lv 8:06, Lv 8:08, Lv 8:10, Lv 8:10, Lv 8:11, Lv 8:11, Lv 8:11, Lv 8:15, Lv 8:16, Lv 8:16, Lv 8:16, Lv 8:17, Lv 8:17, Lv 8:17, Lv 8:17, Lv 8:20, Lv 8:20, Lv 8:20, Lv 8:21, Lv 8:21, Lv 8:25, Lv 8:25, Lv 8:25, Lv 8:25, Lv 8:25, Lv 8:25, Lv 8:30, Lv 8:30, Lv 8:30, Lv 8:31, Lv 9:07, Lv 9:09, Lv 9:10, Lv 9:10, Lv 9:10, Lv 9:11, Lv 9:11, Lv 9:13, Lv 9:13, Lv 9:14, Lv 9:18, Lv 9:19, Lv 9:21, Lv 9:21, Lv 9:24, Lv10:14, Lv10:14, Lv10:16, Lv10:19, Lv11:05, Lv11:06, Lv11:07, Lv11:11, Lv11:13, Lv11:13, Lv11:13, Lv11:13M, Lv11:14, Lv11:14, Lv11:16, Lv11:16, Lv11:16, Lv11:16, Lv11:17, Lv11:17, Lv11:17, Lv11:18, Lv11:18, Lv11:18, Lv11:19, Lv11:19, Lv11:19, Lv11:22, Lv11:22, Lv11:22, Lv13:33, Lv14:06, Lv14:06, Lv14:06, Lv14:06, Lv14:09, Lv14:09, Lv14:09, Lv14:12, Lv14:13, Lv14:20, Lv14:24, Lv14:31, Lv14:41, Lv14:45, Lv14:45, Lv14:51, Lv14:51, Lv14:51, Lv15:30, Lv15:32, Lv16:20, Lv16:20, Lv16:21, Lv16:24, Lv16:25, Lv16:27, Lv16:27, Lv16:27, Lv16:27, Lv16:33, Lv16:33, Lv16:33M, Lv18:04, Lv18:05, Lv18:17, Lv18:26, Lv19:03, Lv19:16, Lv19:37, Lv20:05, Lv20:09M, Lv20:14, Lv20:14, Lv20:15, Lv20:16, Lv20:18, Lv20:22, Lv22:28M, Lv25:05, Lv25:18, Lv25:33, Lv26:03, Lv26:16, Lv26:19, Lv26:19M, Lv26:40, Nu 1:18, Nu 1:49, Nu 1:50, Nu 3:07, Nu 3:08, Nu 3:10, Nu 3:10, Nu 3:26, Nu 3:26, Nu 3:41, Nu 3:45, Nu 3:46, Nu 4:07, Nu 4:07M, Nu 4:07, Nu 4:07, Nu 4:09, Nu 4:09, Nu 4:09M, Nu 4:09, Nu 4:09, Nu 4:10, Nu 4:14, Nu 4:14, Nu 4:14, Nu 4:15, Nu 4:25, Nu 4:25, Nu 4:26, Nu 4:26, Nu 4:26, Nu 4:26, Nu 4:26, Nu 4:27M, {Nu 5:18M}, Nu 5:21, Nu 5:21M, Nu 6:16, Nu 6:17, Nu 6:17, Nu 7:01, Nu 7:06, Nu 7:07, Nu 7:08, Nu 7:08, Nu 7:08M, Nu 8:12, Nu11:05, Nu11:05M, Nu11:05, Nu11:05, Nu11:05, Nu13:18, Nu13:26M, Nu14:22, Nu15:31, Nu16:05, Nu16:05, Nu16:10, Nu16:30, Nu16:32, Nu16:32, Nu16:32, Nu17:02, Nu17:18, Nu18:03M, Nu18:05, Nu18:15, Nu18:17M, Nu18:17, Nu18:32, Nu19:05, {<Nu19:05>}, Nu20:08, Nu20:25, Nu21:02M, Nu21:03, Nu21:34, Nu21:35, Nu21:35, Nu22:06, Nu25:08, Nu26:10, Nu26:59, Nu26:59, Nu26:60, Nu26:60, Nu28:04, Nu28:08, Nu30:09, Nu31:06, Nu31:08, Nu31:08, Nu31:08, Nu31:08, Nu31:08, Nu31:08, Nu31:09, Nu31:09, Nu31:09, Nu31:09, Nu31:10, Nu31:10, Nu31:11, Nu31:12, Nu31:22, Nu31:22, Nu31:22, Nu31:22, Nu31:22, Nu31:22, Nu32:01, Nu32:01M, Nu32:24, Nu32:28, Nu32:28, Nu32:33, Nu32:34M, Nu32:34M, Nu32:34, Nu32:34, Nu32:35, Nu32:35, Nu32:35M, Nu32:36, Nu32:36, Nu32:37, Nu32:37, Nu32:38, Nu32:38, Nu32:38, Nu32:42, Nu33:52, Nu33:52, Nu35:05, Nu35:05, Nu35:05, Nu35:06, Nu35:07, Nu35:14, Dt 1:04, Dt 1:22, Dt 2:04, Dt 2:24, Dt 2:31, Dt 2:33, Dt 2:33, Dt 3:02, Dt 3:02, Dt 3:03, Dt 3:12, Dt 3:21, Dt 3:24, Dt 3:25M, Dt 4:10, Dt 4:19, Dt 4:19, Dt 4:40, Dt 4:43, Dt 4:43, Dt 4:43M, Dt 4:47, Dt 5:01, Dt 5:16, Dt 5:24, Dt 5:24, Dt 7:11, Dt 7:11, Dt 7:12, Dt 9:21, Dt 9:25, Dt10:13, Dt10:15M, Dt10:15M, Dt10:21, Dt11:02, Dt11:03, Dt11:03, Dt11:03M, Dt11:06, Dt11:06, Dt11:06, Dt11:29, Dt11:32, Dt12:06, Dt12:06, Dt12:31, Dt13:05M, Dt13:05, Dt13:16, Dt13:16, Dt13:17, Dt13:17, Dt14:07, Dt14:07, Dt14:08, Dt14:13, Dt14:14, Dt14:15, Dt14:15, Dt14:15, Dt14:15, Dt14:16, Dt14:16, Dt14:17, Dt14:17, Dt14:18M, Dt14:18M, Dt15:02, Dt15:16, Dt17:19, Dt17:19M, Dt18:16, Dt21:13, Dt22:07, Dt22:24, Dt26:07, Dt26:07, Dt26:07M, Dt26:15, Dt26:16, Dt27:10, Dt28:20, Dt28:20, Dt28:23M, Dt28:36, Dt28:59, Dt28:59M, Dt29:13, Dt29:14M, Dt29:14, Dt29:15, Dt29:16, Dt29:16M, Dt29:16, Dt29:21, Dt30:06, Dt30:15, Dt30:15M, Dt30:15, Dt30:15M, Dt30:15M, Dt30:15, Dt30:19, Dt30:19, Dt30:19, Dt31:09, Dt31:27, Dt31:28, Dt33:09, Dt34:01, Dt34:02, Dt34:02, Dt34:02, Dt34:03, Dt34:03; **ויתאחסנון** Nu32:30; **ויתאסהד** Ex21:29; **ויתאסי** Lv13:18; **ויתאפרשון** Lv22:02M; **ויתב** Gn25:11, Gn26:17, Gn35:09M, Gn35:09M, Gn35:09, Gn48:02, Ex 2:15, Ex17:12, Ex18:13; **ויתבדרון** Nu10:35; **ויתבו** Gn37:25, Gn43:33M, Ex32:06, Nu22:08M; **ויתבזי** Dt25:03; **ויתבין** Gn25:03M; **ויתבית** Dt 9:09M; **ויתבעון** Dt19:18; **ויתבר** Ex22:13, Dt20:08; **ויתברכון** Gn12:03, Gn18:18M, Gn18:18, Gn26:04, Gn28:14; **ויתבת** Gn21:16, Gn21:16, Gn31:34, Gn38:11, Gn38:14; **ויתʼ** Ex33:04M, Lv 5:17M, Lv13:07M, Lv25:49M, Nu10:35M, Nu13:26M, Nu18:27M, Nu20:06M, Nu21:04M, Nu25:03M, Nu25:08M, Dt 1:01M, Dt 1:27M, Dt14:29M; **ויתגלגלין** Gn29:03M; **ויתגלי** Lv 9:06M; **ויתגנבון** Ex22:06M; **ויתגר** {Dt24:07}; **ויתגרון** Gn34:21; **ויתדכון** <Nu 8:21M>; **ויתדכי** Nu19:19; **ויתה** Lv10:17, Nu22:33, Dt 1:38M; **ויתהון** Lv14:11, Lv20:14M; **ויתהימנן** Gn42:20; **ויתהפך** Lv13:16; **ויתהפכון** Ex 7:17M; **ויתודון** Lv26:40; **ויתודי** Lv16:21; **ויתודע** Lv 4:14M; **ויתוודון** <Nu 5:07>; **ויתוודי** Lv 5:05; **ויתון** Gn15:01M; **ויתוספון** Ex 1:10; **ויתועל** Lv13:16M, Lv14:02M; **ויתוקף** Dt22:25M; **ויתחווי** Lv13:19; **ויתחוור** Lv13:58, Lv14:08; **ויתחוורון** Gn49:12; **ויתחזי** Lv13:16, <Lv13:49M>; **ויתחייב** Lv 4:22, Lv 4:27, Lv 5:02, Lv 5:03, Lv 5:04, Lv 5:23, Dt19:06, Dt19:11; **ויתחייבון** Lv 4:13; **ויתחלל** Gn15:01M, Gn15:01; **ויתחמי** Lv13:07, Lv13:19M, Lv13:49; **ויתחשב** Nu18:30; **ויתי** Dt 4:14; **ויתיב** Gn26:17M; **ויתיבון** Dt 1:22; **ויתיה** Gn41:13, Lv11:33, Dt10:20M, Dt20:19; **ויתינייה** Gn10:02M; **ויתך** Gn12:12; **ויתכון** Lv26:33, Dt 4:20; **ויתכנשו** Gn34:30, Lv 8:04; **ויתכנשין** Gn29:03M; **ויתכסי** Lv 4:13, Lv 5:02, Lv 5:03, Lv 5:04, Nu 5:13; **ויתכפר** Dt21:08; **ויתלדון** Gn 8:17; **ויתלע** Lv 1:17; **ויתמייה** Dt16:11, Dt24:17; **ויתמין** Ex22:21; **ויתמלון** Gn41:47, Ex 8:17, Ex10:06; **ויתמלי** Gn16:05M; **ויתמנע** Lv27:18, Nu 9:13, Nu36:03M; **ויתמנעו** Ex 9:33M; **ויתמסי** Nu 5:27M; **ויתמסכן** Lv25:47; **ויתמרק** Lv 6:21; **ויתן** Gn27:28, Gn28:04, Gn28:20, Ex21:22, Ex21:23, Ex21:30, Lv 2:01, Lv 4:07, Lv 4:25, Lv 4:30, Lv 4:34, Lv 5:16, Lv14:14, Lv14:25, Lv14:28, Lv15:14, Lv16:08, Lv16:13, Lv16:18, Lv16:21, Lv22:14, Lv27:23, Nu 5:07, Nu 5:17, Nu 5:18, Nu 6:18, Nu 6:19, Nu11:18, Nu14:08, Nu19:17, Nu20:08, Dt 6:23, Dt13:18, Dt18:03, Dt19:08, Dt22:29, Dt24:01M, Dt28:65; **ויתנון** Ex12:07, Ex30:12, Lv 1:07, Nu 4:06, Nu 4:07, Nu 4:10, Nu 4:10, Nu 4:12, Nu 4:12M, Nu 4:14, Nu35:02, Dt13:02, Dt17:04M, Dt17:09, Dt22:19, Dt32:07; **ויתנזר** Nu 6:12; **ויתנחו** {<Ex 5:15M>}; **ויתני** Lv14:35, Dt17:04; **ויתניח** Ex23:12; **ויתנכס** Lv 1:05M; **ויתנפח** Nu 5:27M; **ויתסגון** Gn 8:17M; **ויתסי** Lv13:18M; **ויתעבד** Ex33:16, <Lv13:58M>; **ויתעבדן** Dt33:16; **ויתעבר** Lv13:58; **ויתעתדון** Nu11:16; **ויתפוש** Dt22:28; **ויתפייס** Dt29:18; **ויתפסיל** Gn22:10; **ויתפרנקון** Gn 3:24, Dt31:20; **ויתפרק** Lv25:49, Lv27:27; **ויתפשון** Dt21:19; **ויתפתחן** Gn 3:05; **ויתקבל** Dt32:02; **ויתקדש** Ex29:21, Ex29:43, Lv22:32, Nu20:13M; **ויתקולל** {<Ex18:22M>}; **ויתקוף** Ex32:10, Dt 7:04M, Dt 8:14, Dt19:05M, Dt22:25, Dt31:17; **ויתקטל** Ex21:29, Lv24:21M, Dt17:12, Dt18:20, Dt19:12M, Dt21:22, Dt22:25M, Dt24:07; **ויתקטלון** Dt22:22M; **ויתקלון** Lv26:37; **ויתקנʼ** Ex16:05M; **ויתקעון** Nu10:03; **ויתקף** Gn28:03; **ויתקפון** Gn 8:17; **ויתקרי** Gn48:16, Dt25:10; **ויתרברב** Dt29:18M; **ויתרגזון** Dt 2:25M; **ויתרומם** Nu24:07; **ויתרך** Ex 1:10M; **ויתרעי** Lv 1:04, Dt 4:37; **ויתרעמו** Ex16:02M, Ex17:03M

**וכאורח** Nu11:31, Nu11:31M; **וכאריוותה** Nu23:24, Nu24:09; **וכאריותא** <Gn49:09>; **וכאשון** Gn19:15, Nu 9:17; **וכבושו** Nu21:32M; **וכבושיהון** Ex27:10, Ex27:11, Ex36:38, Ex38:10, Ex38:11, <Ex38:12>, Ex38:17, Ex38:19; **וכבישו** Gn 1:28, Dt 1:07; **וכבש** Ex38:28, Nu32:41, Nu32:42, Dt 2:34M; **וכבשו** Gn35:09M, Nu21:32, Nu32:39; **וכבשינן** Dt 2:34; **וכבשנן** Dt 3:04; **וכבשת** Gn49:22; **וכʼ** Lv11:46M; **וכד** Gn 3:15, Gn 9:27M, Gn27:22M, Gn27:40M, Ex15:09, Ex16:21, Ex17:11, Ex34:34, Lv12:06, Nu 1:51, Nu 1:51, Nu 7:89, Nu10:17M, Nu10:36, Nu10:36M, Nu11:09, Nu12:12M, Nu24:04, Nu24:16, Dt 9:23; **וכדבת** Gn18:15; **וכדו** Gn 3:22M, Gn16:05M, Gn16:05M, Gn20:07M, Gn21:23M, Gn24:49M, Gn27:03M, Gn27:08M, Gn27:43M, Gn29:22M, Gn30:30M, Gn31:30M, Gn44:18M, Gn44:18, Gn44:30M, Gn45:05M, Gn47:04M, Gn48:05M, Ex 3:18, Ex32:10M, Ex33:13M, Nu11:06M, {<Nu12:12M>}, Nu22:06M, Dt 5:25M, Dt 5:31M, Dt10:12M, Dt10:22M; **וכדוות** Gn18:15M; **וכדון** Gn 3:22, Gn 4:11, Gn11:06, Gn16:05, Gn20:07, Gn21:23, Gn22:14, Gn24:49, Gn27:03, Gn27:08, Gn27:43, Gn29:22, Gn31:16, Gn31:30, Gn31:44, Gn32:11, Gn37:20, Gn41:33, Gn44:18, Gn44:30, Gn44:33, Gn45:05, Gn47:04, Gn48:05, Gn50:05, Gn50:17, Gn50:21, Ex 1:12M, Ex 3:09, Ex 3:10, Ex 3:18M, Ex 4:12, Ex 5:18, Ex 9:19, Ex10:17, Ex19:05, Ex32:30, Ex32:32, Ex32:34, {Ex32:34}, Ex33:05, Lv22:27, Nu11:06, Nu14:17, Nu22:06, Nu22:11, Nu22:19M, Nu22:34, Nu24:11, Nu24:14, Nu31:17, Dt 4:01, Dt 5:25, Dt10:12, Dt10:22, Dt26:10, Dt31:19; **וכדי** Gn12:19M, Gn24:30; **וכדין** Gn12:19; **וכדן** Gn34:07, Ex25:09, Ex27:11, Nu 8:07, Nu23:05, Nu23:16, Dt22:03, Dt22:03, Dt22:03; **וכהדʼ** Nu28:14M; **וכהדין** Ex12:11, Ex29:38M; **וכהדן** Gn 6:15, Nu 8:07M, Nu23:05M; **וכהונתא** Gn49:03; **וכהיין** Gn27:01, Lv22:27M; **וכהן** Ex12:42, Lv22:11, Nu19:03M; **וכהנא** Lv 5:16, Lv 6:15, Lv 7:08, Lv21:10, Lv21:13M; **וכהניא** Ex19:24; **וכהנייה** Dt27:09, Dt27:15, Dt27:15M; **וכהנין** Ex19:06; **וכהנתא** Gn49:03; **וכובין** {<Gn 3:18>}; **וכובעין** Ex28:40; **וכווי** Gn 7:11, Gn 8:02; **וכווינו** {<Ex16:10>}, Dt 1:24; **וכווינן** Dt 2:01, Dt 2:08, Dt 3:01; **וכוון** Ex10:06M, Dt 2:08M; **וכוונו** Gn18:22M, Ex19:02, Nu17:07; **וכוונית** Dt 9:15, Dt10:05; **וכוותה** Ex11:06; **וכוין** Ex 7:23, Ex32:15; **וכוינו** Nu21:33; **וכולהון** Nu23:13; **וכולייתה** Lv 9:19M; **וכונתיה** Ex 9:32; **וכורסוון** Gn15:17; **וכחדא** Ex26:24; **וכחדה** Ex36:29; **וכחה** Lv11:30; **וכחזוי** Ex24:10; **וכחיזו** Nu 9:16M; **וכחלא** Gn22:17; **וכי** Gn43:33M; **וכיוון** Dt33:02, Dt33:02; **וכיוונו** Gn18:22; **וכיומי** Dt33:25; **וכיון** Gn24:30M, Gn49:01M, Gn49:21, Nu12:12, Nu12:12, Nu12:12M; **וכיתא** Ex14:13, Ex14:14, Ex14:14; **וכיתנה** Ex28:04; **וכיתנתה** Ex28:04M; **וכך** Nu13:33; **וככל** Nu 9:03; **וככנישתיה** Nu17:05; **וככר** Ex29:23; **וכל** Gn 2:01, Gn 2:05, Gn 2:05, Gn 2:19, Gn 6:05, Gn 7:01, Gn 7:08, Gn 7:14, Gn

Ex20:25M, Ex20:26M, Ex21:18, Ex21:22, Ex21:28, Ex21:29, Ex21:33, Ex21:36, Ex22:10, Ex22:12M, Ex22:20, Ex22:20M, Ex22:24M, Ex22:24, Ex22:24M, Ex22:24M, Ex23:01M, Ex23:01M, Ex23:01M, Ex23:02, Ex23:13, Ex23:15, Ex23:18, Ex23:19, Ex23:24, Ex23:24, Ex23:33, Ex28:28, Ex28:35, Ex28:43M, Ex30:12M, Ex30:20M, Ex30:21, Ex32:18, Ex33:04, Ex34:20, Ex34:24, Ex34:25, Ex34:26, Ex34:26M, Ex39:21, Ex39:23, Ex39:43M, Ex40:35, Ex40:37, Lv 2:13, Lv 5:08, Lv 5:11, Lv 5:17, Lv 7:26M, Lv 8:35M, Lv10:07, Lv10:09M, Lv11:43, Lv11:43, Lv11:44, Lv13:06, Lv13:32, Lv13:45M, Lv14:21, Lv14:36, Lv14:36M, Lv15:31M, Lv16:13, Lv17:07, Lv18:21M, Lv18:21, Lv18:26, Lv18:28, Lv18:29M, Lv18:30, Lv19:11, Lv19:12, Lv19:12, Lv19:13, Lv19:13M, Lv19:13M, Lv19:14M, Lv19:15, Lv19:16M, Lv19:17, Lv19:18, Lv19:18, Lv19:18, Lv19:18, Lv19:18M, Lv19:26, Lv19:26, Lv19:27, Lv20:06M, Lv20:14, Lv20:22, Lv20:23, Lv20:25, Lv21:06, Lv21:12, Lv21:15, Lv21:23, Lv22:02, Lv22:06, Lv22:09, Lv22:15, Lv22:16M, Lv22:32, Lv23:29, Lv25:11, Lv25:11, Lv25:17, Lv25:20, Lv25:36M, Lv26:11, Lv26:14, Lv26:19M, Lv26:20, Lv26:21, Lv26:26, Lv26:31, Lv26:37, Lv27:10M, Lv27:28, Lv27:33, Nu 1:53, Nu 4:15, Nu 4:15, Nu 4:19, Nu 4:20, Nu 5:03, Nu 5:15, Nu 7:09, Nu 8:19, Nu 8:25M, Nu 8:25M, Nu 9:06, Nu 9:08, Nu 9:12M, Nu 9:19, Nu 9:22, Nu10:07, Nu11:15, Nu11:17, Nu11:19, Nu11:19, Nu11:19, Nu11:25, Nu11:26M, Nu11:26, Nu12:08, Nu12:08M, Nu12:12, Nu12:16, Nu14:22, Nu14:42M, Nu14:43, Nu15:22, Nu15:39, Nu16:15, Nu16:26, Nu17:05, Nu17:25, Nu18:03, Nu18:05, Nu18:22, Nu18:32, Nu18:32, Nu19:13, Nu19:20, Nu20:02, Nu20:05, {Nu20:05}, Nu20:05, Nu20:05, Nu20:17, Nu20:17M, Nu20:17M, Nu20:17M, Nu20:17, Nu20:17M, Nu21:05, Nu21:06M, Nu21:15M, Nu21:15, Nu21:22, Nu21:22M, Nu21:22M, Nu21:23, Nu22:12, Nu22:26, Nu22:26M, Nu22:30, Nu23:19, Nu23:19, Nu23:19, Nu23:21, Nu23:23, Nu23:24, Nu23:24, Nu24:01, Nu25:11, Nu26:11M, Nu26:11M, Nu26:65, Nu27:05, Nu30:03M, Nu31:49, Nu31:50M, Nu33:14, Nu35:12, Nu35:23, Nu35:23M, Nu35:31, Nu35:32, Nu35:33, Nu35:34, Nu36:07, Nu36:09, Dt 1:17, Dt 1:21, Dt 1:26, Dt 1:29, Dt 1:42, Dt 1:42, Dt 1:43, Dt 1:45, Dt 1:45, Dt 2:09, Dt 2:19, Dt 2:27, Dt 2:27M, Dt 2:30, Dt 3:26, Dt 4:02, Dt 4:21M, Dt 4:28, Dt 4:28, Dt 4:28, Dt 4:31, Dt 4:31, Dt 4:42, Dt 5:05, Dt 5:09, Dt 5:17, Dt 5:17, Dt 5:17, Dt 5:18, Dt 5:18, Dt 5:19, Dt 5:19, Dt 5:19, Dt 5:20, Dt 5:20, Dt 5:20M, Dt 5:21M, Dt 5:21M, Dt 5:21, Dt 5:21, Dt 5:21, Dt 5:21, Dt 5:21, Dt 5:21, Dt 5:21, Dt 5:21, Dt 5:21M, Dt 5:21, Dt 5:21M, Dt 5:22, Dt 5:22M, Dt 5:32, Dt 5:32M, Dt 7:02, Dt 7:03, Dt 7:10, Dt 7:10M, Dt 7:14M, Dt 7:14, Dt 7:16, Dt 7:26, Dt 7:26, Dt 8:03, Dt 9:23, Dt 9:23, Dt 9:27, Dt 9:27, Dt10:10, Dt10:17, Dt11:02M, Dt11:17, Dt13:01, Dt13:09, Dt13:09, Dt13:09M, Dt13:09, Dt13:09, Dt13:12, Dt13:18, Dt14:01, Dt14:08, Dt14:21, Dt15:07, Dt15:09, Dt15:09, Dt15:10, Dt15:19, Dt16:04, Dt16:04, Dt16:19, Dt16:19M, Dt16:19, Dt16:22, Dt17:11, Dt17:11M, Dt17:13, Dt17:16, Dt17:17, Dt17:17, Dt17:20, Dt17:20M, Dt18:10, Dt18:10, Dt18:10, Dt18:16, Dt18:16M, Dt18:22, Dt18:22, Dt19:04, Dt19:06, Dt19:10, Dt19:13, Dt19:20, Dt19:21, Dt20:03, Dt20:03, Dt20:05, Dt20:06, Dt20:07, Dt20:08M, Dt20:08, Dt21:04, Dt21:08, Dt21:18, Dt21:23, Dt21:23M, Dt22:05, Dt22:08, Dt22:14, Dt23:01, Dt23:06, Dt23:07, Dt23:11, Dt23:15, Dt23:15, Dt23:18, Dt24:04, Dt24:05, Dt24:06M, Dt24:06, Dt24:15, Dt24:17, Dt25:06, Dt25:18, Dt26:13, Dt26:14, Dt26:14, Dt27:15, Dt28:13, Dt28:13, <Dt28:14>, Dt28:14, Dt28:14M, Dt28:23M, Dt28:29, Dt28:30, Dt28:30, Dt28:31, Dt28:31M, Dt28:32, Dt28:39, Dt28:41, Dt28:65, Dt28:66, Dt29:03, Dt29:13, Dt29:17M, Dt29:22, Dt29:22, Dt29:25, Dt30:11, Dt30:13, Dt30:17, Dt30:18, Dt31:06, Dt31:06, Dt31:08, Dt31:08, Dt32:01, Dt32:01, Dt32:06, Dt32:12, Dt32:27, Dt33:03, Dt33:03, Dt33:06, Dt33:11M, Dt33:17, Dt34:06, Dt34:07, Dt34:10; **ולאבהתכון** Ex13:11; **ולאבהתן** Nu20:15; **ולאבוי** Gn45:23, Lv21:02; **ולא'** Nu 6:07M; **ולאגיריכון** Lv25:06M; **ולאגירך** Lv25:06; **ולאגר** Dt24:15; **ולאדם** Gn 2:20, Gn 3:17; **ולאחוי** Gn37:10, Lv21:02; **ולאחוך** Dt23:21; **ולאחיה** Gn34:11; **ולאחסנה** Nu32:05; **ולאחסנות** Lv25:41; **ולאחסנותה** Dt12:09; **ולאחסנת** <Lv25:41M>; **ולאחסנתה** Dt12:09M; **ולאחתה** Lv21:03; **ולאחתיה** Nu 6:07; **ולאימיה** Dt33:09; **ולאינשי בייתי** Gn34:30; **ולאינשי בתיכון** Dt26:11; **ולאלין** Lv11:24; **ולאמה** Gn24:53, Gn28:07, Ex21:15, Lv21:11; **ולאמהן** Dt28:68; **ולאמהתך** Lv25:06; **ולאמהתכון** Lv25:06M; **ולאמיה** Nu 6:07; **ולאן** Gn16:08, Gn32:18; **ולאנשי בייתיה** Gn46:31; **ולארמלתה** Dt24:19, <Dt24:20>, Dt24:21, Dt26:12, Dt26:13; **ולארעא** Nu35:33, Dt12:09M, Dt32:01; **ולארעהון** Dt31:04; **ולארתיכהון** <Dt11:04M>; **ולארתכיהון** Dt11:04; **ולאשלמוותה** Lv 7:37M; **ולאשלמותה** Lv 7:37; **ולאשמה** <Lv 7:37>; **ולאתתה** Gn 3:16, Lv18:14, Lv18:19, Lv18:20M; **ולאתתיה** Gn 3:21; **ולב'** Nu20:28M; **ולבהקיתה** Lv14:56; **ולבונה** Ex30:34; **ולבוש** Gn28:20, Gn45:22, Lv13:47, Lv19:19, Dt10:18M; **ולבושא** Lv13:58; **ולבושה** Lv13:47M; **ולבושו** Lv21:10; **ולבושוי** Ex29:21; **ולבושי** Ex29:21, Ex29:29, Ex35:21M; **ולבושיהון** Gn45:22, {<Lv10:06>}; **ולבושין** Gn24:53, Ex 3:22, Ex12:35, Ex12:35M; **ולבי' מקדש'** Lv12:04; **ולבישין** Ex 3:22M; **ולבית** Gn 1:10; **ולבית מוקדשה** Dt12:09M; **ולביתה** Lv14:55; **ולבן** Dt 1:16M; **ולבנוהי** Gn 9:08, Gn17:19, Lv 2:03; **ולבנוי** Gn25:06, Ex28:04, Ex28:40, Ex29:28, Ex29:35, Lv 2:10, Lv 7:31, Lv 7:34, Lv 8:31, Lv 9:01, Lv24:09, Nu 3:09, Nu 3:27, Nu 3:48, Nu 3:51, Nu 7:09, Nu 8:19, Nu18:21, Nu32:01, Nu32:06, Nu32:33, Nu34:23, Dt 1:36; **ולבני** Ex30:31M, Lv 9:03M, Lv20:02, Dt 4:09; **ולבניהון** Ex28:43, Dt 1:08, Dt11:09; **ולבניך** Gn13:15, Gn17:07, Gn17:08, Gn28:13, Gn35:12, Lv10:15, Nu18:19; **ולבניכון** Ex12:24, Dt 4:40, Dt12:25, Dt12:28; **ולבנין** Ex 5:16; **ולבנינן** Dt29:28; **ולבנך** Gn26:03, Gn28:04, Nu18:08, Nu18:09, Nu18:11, Nu18:19; **ולבנתי** Gn31:28, Gn31:43; **ולבנתיה** Gn32:01; **ולבנתך** Nu18:11, Nu18:19; **ולבעירה** Gn33:17, Dt28:26M; **ולבעירכון** Lv25:07; **דבביהון** **ולבעלי** Dt32:41; **ולבקרותה** Gn18:07; **ולבר** Ex21:21M; **ולברה** Lv27:07M; **ולברי'** Ex21:21M, Lv21:02; **ולברתיה** Lv21:02; **ולבשת** Gn38:19; **ול'** Lv20:14M, Nu18:09M, Dt18:01M; **ולג** Lv14:10, Lv14:21; **ולגבר** Lv15:33; **ולגו** Gn49:26, Dt23:25, Dt33:16; **ולגו מן** Nu18:07; **ולגיורה** Lv25:06, Nu 9:14; **ולגיוריה** Lv19:10, Lv23:22, Nu15:15, Nu15:16, Nu15:26, Nu19:10, Dt24:19; **ולגיורייה** Ex12:49, Nu 9:14M, Nu35:15; **ולגייורייה** Nu15:29M; **ולדוכרן** Ex13:09, Ex13:16; **ולדרומה** Gn13:14, Dt 3:27; **ולדריהון** Ex30:21; **ולדרתה** Ex38:20; **ולה** Gn16:01, Dt19:06; **ולהוד** Ex 5:14M, Ex 6:04M, Ex 6:05M,



7:14, Gn 7:14, Gn 7:14, Gn 7:14, Gn 7:14, Gn 7:21, Gn 8:02M, Gn 8:19M, Gn 8:19, Gn 8:19, Gn 8:19M, Gn13:01, Gn15:01M, Gn17:14M, Gn19:12, Gn20:07, Gn23:17, Gn24:10M, Gn24:10, Gn26:15, Gn28:22, Gn30:32, Gn30:35, Gn30:40, Gn31:21, Gn31:43, Gn34:23, Gn35:06, Gn37:35, Gn39:03, Gn41:57, Gn45:10, Gn45:10M, Gn46:01, Gn46:06, Gn46:07, Gn46:07, Gn46:32, Gn47:01, Gn49:02M, Gn49:22M, Gn49:22, Gn49:23M, Gn50:08, Gn50:14, Gn50:14M, Ex 1:06, Ex 1:06, Ex 1:12, Ex 1:22, Ex10:13, Ex11:05, Ex11:08, Ex12:12M, Ex12:29, Ex12:30, Ex12:30, Ex12:44, Ex12:48, Ex13:12, Ex13:13, Ex13:13, Ex13:15, Ex14:07, Ex15:01M, Ex18:12, Ex18:14, Ex18:22, Ex20:02M, Ex20:02, Ex20:02M, Ex20:02M, Ex20:02, Ex20:03, Ex20:03, Ex20:04, Ex20:18, Ex22:09, Ex23:07, Ex27:19, Ex27:19, Ex32:13, Ex34:19, Ex34:20, Ex34:20M, Ex34:30, Ex34:31, Ex35:10, Ex35:21, Ex35:22, Ex35:22, Ex35:23, Ex35:24, Ex35:25, Ex35:26, Ex36:01, Ex38:20, Ex40:09, Lv 2:11, Lv 2:13, Lv 3:17, Lv 6:16, Lv 6:22, Lv 6:23, Lv 7:09, Lv 7:09, Lv 7:10, Lv 7:26, Lv11:10, Lv11:20, Lv11:23, Lv11:25, Lv11:27, Lv11:32, Lv11:33, Lv11:34, Lv11:35, Lv11:41, Lv11:42, Lv11:46, Lv15:04, Lv15:09, Lv15:10, Lv15:11, Lv15:12M, Lv15:12, Lv15:17, Lv15:17, Lv15:19, Lv15:20, Lv15:20, Lv15:21, Lv15:22, Lv15:24, Lv15:24M, Lv15:26, Lv16:17, Lv16:29, Lv17:15, Lv22:10, Lv22:13, Lv23:28, Lv23:30, Lv23:31M, Lv27:25, Lv27:30, Lv27:32, Nu 3:31, Nu 3:36, Nu 3:36, Nu 4:16, Nu 5:02, Nu 5:02, Nu 5:09, Nu 6:03, Nu 7:88, Nu 8:20, Nu11:32, Nu11:32, Nu12:16M, Nu13:32, Nu14:23, Nu14:29, Nu14:29, Nu15:13M, Nu16:06, Nu16:11, Nu16:11M, Nu16:16, Nu16:33, Nu16:34, Nu18:12, Nu18:12M, Nu19:14, Nu19:15, Nu19:16, Nu19:22, Nu21:33, Nu22:17, Nu23:06, Nu27:21, Nu30:05, Nu30:12, Nu30:14, Nu31:13, Nu31:17, Nu31:18, Nu31:19, Nu31:20, Nu31:20, Nu31:20, Nu31:20, Nu31:23, Nu32:26, Nu34:15, Nu36:08, Dt 2:32, Dt 2:37, Dt 3:01, Dt 3:07, Dt 3:10, Dt 3:10, Dt 3:13, Dt 4:16, Dt 4:23, Dt 4:25, Dt 4:49, Dt 5:08, Dt 5:14, Dt 6:04, Dt 7:15, Dt 8:13, Dt10:14, Dt12:11, Dt12:17, Dt12:20M, Dt13:12, Dt14:06, Dt14:19, Dt14:26M, Dt17:13, Dt18:11M, Dt20:14, Dt20:14, Dt21:05, Dt21:06, Dt21:21, Dt23:02M, Dt27:15, Dt27:15, Dt27:15, Dt28:33, Dt28:61; **וכליין** Dt33:10; **וכלייתה** Lv 9:19; **וכלין** Dt24:06M, Dt24:06; **וכליתה** Dt 9:19; **וכלמה** Gn39:23; **וכלפי** Gn19:28, Gn19:28; **וכלתין** Dt24:06M; **וכמ'** Gn44:18M; **וכמה** Gn44:18, Gn44:18, Nu22:30; **וכמטמעי** Dt23:12; **וכמילוי** Dt 1:17; **וכמנו** Nu14:44; **וכן** Gn30:22, Gn34:07M, Gn35:09M, Ex20:02M, Ex20:02M, Ex20:03, Ex25:09M, Ex26:04, Lv16:16, Nu 2:34, Nu13:23, Nu13:23, Dt 5:06, Dt 5:07, Dt22:03M, Dt32:01, Dt32:03; **וכניסי** Dt 3:24, Dt 3:24M; **וכנישו** Nu16:03M; **וכנסוכוי** Ex29:41M, Nu28:08; **וכנסכה** Ex29:41; **וכנענאי** {Ex23:23M}, Ex34:11M, Nu13:29, Nu14:25M, Nu14:43M, Nu14:45M; **וכנעני** Dt20:17M, Dt20:17M; **וכנעניא** Gn12:06; **וכנעניי** Ex23:23, <Ex34:11>, Nu14:25, Nu14:43, Nu14:45, Dt 7:01; **וכנש** Gn29:22, Gn41:48, Gn41:49, Gn47:14, Gn49:33, Ex35:01, Nu11:24, Nu16:19, Nu20:08, Nu21:23; **וכנשו** Ex 4:29, Ex 8:10, Lv 8:04M, Nu11:32, Nu20:02, Nu20:10; **וכנשין** Dt14:22M; **וכסא** Gn40:11; **וכסדרי** Nu 9:14; **וכסה** Gn24:32; **וכסון** Gn 7:19M, Gn 7:20, Gn 9:23, Ex 8:02M, Nu22:11; **וכסי** Ex10:15, Ex24:15, Ex24:16, Ex40:34; **וכסיית** Gn38:14, Nu16:33; **וכסית** Ex16:13; **וכסן** Ex14:28; **וכסף** Gn24:35, Gn43:12, Gn43:15, Ex25:03, Ex35:05, Ex38:25, Dt 8:13, Dt17:17; **וכספא** Gn43:22, Ex31:04M; **וכספה** Ex35:32M, Ex35:32M; **וכעובדהון** Dt32:32; **וכעובדי** Lv18:03; **וכעובדיהון** Lv18:03M; **וכעין** Nu22:19; **וכעם** Nu17:05M; **וכען** Gn30:30, Gn45:08, Ex32:10, Ex33:13; **וכפנא** Gn41:56, Gn43:01; **וכפנת** Gn41:55; **וכפר** Gn25:34M, Gn25:34, Ex 4:25, Lv 9:07, Lv 9:07, Nu 8:21M, Nu17:11, <Nu17:11M>, Nu17:12, Nu25:13, Dt 1:01; **וכפרו** Dt32:15; **וכפרין** Nu23:19; **וכפרישן** Dt28:46M; **וכפתו** Dt32:15M; **וכר'** Lv26:33M; **וכרוב** Ex25:19, Ex37:08; **וכרום** Nu11:31M; **וכרכה** Gn18:17; **וכרמיכון** Lv25:04; **וכרמין** Nu16:14; **וכרמכון** Lv19:10; **וכרסוון** Gn15:17M; **וכרסיסי** Dt32:02; **וכשקה** Nu18:18; **וכתב** Ex15:25M, Ex24:04, Ex34:28, Ex39:12, Lv19:28, Nu33:02, Dt 4:13, Dt 5:22, Dt10:04, Dt31:09, Dt31:22; **וכתבא** Ex32:16; **וכתבו** Ex39:30; **וכתבית** Dt10:04M; **וכתובה** Gn34:12; **וכתיב** Ex28:17, Ex28:18, Ex28:19, Ex28:20, Ex39:10, Ex39:11, Ex39:13, Nu 5:23M; **וכתיתו** Dt 1:44; **וכתן** Lv19:19, {<Dt22:11>}; **וכתנה** {<Ex 9:31>}, Ex 9:31; **וכתרין** Nu11:31; **וכתתו** Nu14:45

**ולא** Gn 2:23, Gn 3:03, Gn 3:03, Gn 3:15M, Gn 3:22, Gn 4:08, Gn 4:23, Gn 6:03, Gn 8:09, Gn 8:12, Gn 8:21, Gn 9:11, Gn 9:11, Gn 9:15, Gn13:06, Gn13:06, Gn13:06M, Gn14:14M, Gn14:23M, Gn15:12, Gn15:17M, Gn15:17M, Gn16:05M, Gn16:05, Gn16:10, Gn17:05, Gn18:24, Gn19:11, Gn19:17, Gn19:33, Gn19:35, Gn21:12M, Gn21:23M, Gn21:33, Gn22:12, Gn22:12, Gn22:14M, Gn22:16, Gn25:23M, Gn26:22M, Gn26:22, Gn26:35, Gn26:35, Gn27:12, Gn27:23, Gn27:40M, Gn28:10, Gn30:22, Gn30:22M, Gn30:22M, Gn30:22, Gn31:02, Gn31:05, Gn31:07, Gn31:22M, Gn31:22, Gn31:22M, Gn31:22, Gn31:27, Gn31:28, Gn31:32, Gn31:33, Gn31:34, Gn31:35, Gn34:19, Gn34:31M, Gn35:05, Gn35:10, Gn36:07, Gn37:04, Gn38:15, Gn38:20, Gn38:25, Gn38:25, Gn38:25, Gn38:26, Gn39:06, Gn39:09, Gn39:10, Gn39:11, Gn40:23, Gn41:19, Gn41:21, Gn41:31, Gn41:36, Gn42:02, Gn42:20, Gn42:21, Gn42:22, Gn43:08, Gn44:18M, Gn44:18M, Gn44:18, Gn44:18, Gn44:18, Gn44:28, Gn45:01, Gn45:01, Gn45:03, Gn45:05, Gn45:06, Gn45:09, Gn45:11, Gn47:09, Gn47:18, Gn47:19, Gn48:10, Gn48:22, Gn49:01, Gn49:04, Gn49:04, Gn49:10M, Gn49:12M, Gn49:18, Gn49:18M, Gn49:22, Gn49:22, Gn49:23, Gn49:26M, Gn50:21, Ex 1:08, Ex 1:17, Ex 2:03, Ex 3:02M, Ex 3:03M, Ex 3:19, Ex 4:01, Ex 4:08, Ex 4:09, Ex 4:10, Ex 4:21, Ex 5:07, Ex 5:09, Ex 5:14, Ex 6:09, Ex 7:04, Ex 7:13, Ex 7:21, Ex 7:22M, Ex 7:22, Ex 7:23, Ex 8:11, Ex 8:14, Ex 8:15, Ex 8:15M, Ex 8:28, Ex 9:04M, Ex 9:04, Ex 9:07, Ex 9:11, Ex 9:12, Ex 9:19, Ex 9:28, Ex 9:35, Ex10:05, Ex10:15, Ex10:19M, Ex10:20, Ex10:23, Ex10:27, Ex10:28M, Ex10:28, Ex10:29, Ex11:10, Ex12:10, Ex12:13, Ex12:13M, Ex12:23, Ex12:39, Ex13:03, Ex13:07, Ex13:07, Ex13:17, Ex14:20M, Ex14:20, Ex15:12, Ex15:22, Ex15:23, Ex16:18, Ex16:20, Ex16:24, Ex16:27, Ex17:01, Ex19:12M, Ex20:05, Ex20:13, Ex20:13, Ex20:14, Ex20:14, Ex20:15, Ex20:15, Ex20:16, Ex20:16, Ex20:17, Ex20:17, Ex20:17, Ex20:17, Ex20:17, Ex20:17, Ex20:17, Ex20:17, Ex20:19, Ex20:19, Ex20:20,

1:36, Nu 1:38, Nu 1:40, Nu 1:42, Nu 1:45, Nu 3:15, <Nu 3:28>, Nu 3:34, Nu 3:39, Nu 3:40, Nu 3:43, Nu 4:03, Nu 4:23, Nu 4:30,
<Nu 4:35>, Nu 4:39, Nu 4:43, Nu 4:47, Nu 8:24, Nu14:29, Nu26:02, Nu26:04, Nu26:62, Nu32:11; **ולעילא** Ex30:14; **ולעין**
Gn19:11M; **ולעל** Ex30:14M, Ex38:26, Nu 1:03, Nu 3:22; **ולעלמי** Gn35:09; **ולעמא** Nu11:18; **ולעמך** Ex 8:05; **ולעפרא** Gn
3:19; **ולפירוש** Lv22:23M; **ולפלגות** Nu32:33, Dt29:07; **ולפם** Lv25:16, Nu 9:17M; **ולפף** Ex36:16M; **ולפתייה** Gn13:17;
**ולציפונא** Dt 3:27; **ולצריכייה** Dt15:11M; **ולצריכיכון** Dt15:11; **ולצרעתה** Lv14:55; **ולקבל** Lv16:15, Dt33:17; **ולקדם**
Lv16:14M, Lv19:14M; **ולקדקדא** Gn49:26; **ולקו** Ex 5:14; **ולקט** Gn47:14M, Lv19:09M; **ולקטה** <Lv19:09>, Lv23:22;
**ולקטו** Ex16:17, Ex16:21, Nu13:23; **ולקטין** Nu11:08; **ולקטרת** Ex25:06, Ex35:08, Ex35:28; **ולקיום** Nu30:13; **ולקיים**
Nu30:13M; **ולקיש** Dt11:14; **ולקלפתה** Lv14:56; **ולקסמי** Dt18:14; **ולקרבניה** Gn 4:05; **ולרבה** Ex 2:16; **ולרבון**
Gn45:08; **ולרביתה** Dt22:26; **ולרברבנוי** Nu22:40; **ולרברבני** Nu32:02; **ולרברבנייה** Nu22:40M; **ולרגל** Gn33:14;
**ולרומחין** Nu33:55M; **ולרוממי** Dt26:19; **ולרמחים** Nu33:55; **ולשבועה** Nu 5:21; **ולשבטא** Nu26:54; **ולשבטה** Nu33:54,
Nu34:24, Dt 3:12, Dt 3:16, Dt29:07, Dt33:08, Dt33:12, Dt33:13, Dt33:18, Dt33:20, Dt33:22, Dt33:23, Dt33:24; **ולש'** Nu34:20M,
Nu34:21M, Nu34:22M, Nu34:25M, Nu34:26M, Nu34:27M, Nu34:28M; **ולשומתה** Lv14:56; **ולשון** Gn11:06; **ולשוק**
Nu34:15M, Nu34:15; **ולשיפולוי** Ex26:22; **ולשלוון** Nu 7:16, Nu 7:22, Nu 7:28, Nu 7:34, Nu 7:40, Nu 7:52, Nu 7:58, Nu 7:70,
Nu 7:76, Nu 7:82; **ולשלון** Nu 7:64; **ולשלטוניך** Ex 8:05; **ולשם** Dt26:19M; **ולשמייא** Dt32:01; **ולשמך** Gn49:08;
**ולשמשא** Dt17:03; **ולשפלוי** Ex36:27; **ולתהובייא** {<Gn21:33M>}; **ולתולדותך** Gn32:10; **ולתושבחא** Ex28:40;
**ולתושבחה** Dt26:19; **ולתושבחתה** Dt26:19M; **ולתותבייה** Nu35:15; **ולתותביכון** Lv25:06M; **ולתותבך** Lv25:06;
**ולתלדותי** Nu10:30; **ולתלדותן** Gn43:07; **ולתנויין** Dt28:37; **ולתפניק** Gn47:24; **ולתרע** Ex27:16, Lv17:04, Dt21:19;
**ולתשבחא** Ex28:02

**ומאה** Lv26:08M, Nu 2:24, Nu 2:24M, Nu 7:85M; **ומאוותה** Nu31:54; **ומאלין** Gn 9:19; **ומאני** Ex12:35M, Nu 3:31M, Nu
4:34M, Nu31:06M; **ומאצרתך** Dt15:14M; **ומאתה** Lv26:08; **ומאתן** Nu26:14M; **ומבגלל** Dt18:12M; **ומבולא** Gn 7:06;
**ומבטלה** Dt25:10; **ומבכרה** {<Dt33:14>}; **ומבניך** Lv18:21; **ומבעיריהון** Ex 9:06; **ומברך** Ex20:24M; **ומברכיך**
Gn27:29M; **ומבשלין** Nu11:08M; **ומ'** Ex14:15M, Ex23:11M, Nu 4:16M, Nu11:08M; **ומדיוקיטוס** Nu34:15; **ומגדל** Gn11:04;
**ומגוריה** <Ex12:04>; **ומגחכן** Gn26:35; **ומגל** Dt23:26M, Dt23:26; **ומגלין** Gn29:03; **ומגן** Gn15:01M; **ומגפתה** Nu17:15;
**ומגרופיתא** Ex27:03; **ומדבחה** Nu 3:31; **ומדבחן** <Nu 3:31M>; **ומדבקה** Gn24:60; **ומדי** Nu19:21M; **ומדיבה** Lv26:16;
**ומדייניי** Gn37:36; **ומדכדך** Gn44:18; **ומדכר** Ex17:12; **ומדמה** Lv 8:30M; **ומדנחא** Gn28:14; **ומדנחה** Gn13:14,
Gn13:14M; **ומדריא** Ex 8:09M; **ומה** Gn14:10, Gn14:10M, Gn20:09M, Gn20:09, Gn31:36, Gn36:39, Gn44:16, Ex12:10,
Ex15:26M, Ex17:16, Ex23:11, Lv 2:03, Lv 2:10, Lv 5:09, Lv 6:09, Lv 7:16, Lv 7:17, Lv 8:32, Lv 9:19, Lv14:17M, Lv14:18, Lv19:06,
Lv19:08, Lv24:21, Lv26:29M, Lv26:36, Lv26:39, Nu13:19, Nu13:19, Nu13:20, Nu32:24M, Dt 7:20, Dt11:04, Dt11:05, Dt19:20;
**ומואבאי** Dt23:04M; **ומואביי** Dt 2:29, Dt23:04; **ומוותר** Dt21:13M; **ומוחי** Gn41:32; **ומוי** Gn 7:10, Gn 7:10M; **ומוסייא**
Gn10:02M; **ומופתח** Gn30:22M, Gn30:22M; **ומורוון** Dt21:18, Dt21:20; **ומוש** Gn27:22; **ומותרי** Dt 3:13M; **ומזבדה**
Dt15:08; **ומזבן** Ex21:16M; **ומזבנה** Dt21:14; **ומזומן** Ex12:42, Ex12:42; **ומזון** Gn45:23, Ex16:08M; **ומזייניין** Gn49:19;
**ומזיינין** Ex13:18; **ומזכיה** Ex34:07; **ומזכייה** Nu14:18, Nu14:18M; **ומזמין** Ex12:42M; **ומזרז** Dt32:35; **ומזריקוי** Ex27:03;
**ומזרקה** Nu 7:13, <Nu 7:19M>, <Nu 7:25M>, <Nu 7:31M>, <Nu 7:37M>, <Nu 7:49M>, <Nu 7:55M>, <Nu 7:67M>, <Nu
7:73M>, <Nu 7:79M>; **ומזרקתה** Nu 7:19, Nu 7:25, Nu 7:31, Nu 7:37, Nu 7:43, Nu 7:49, Nu 7:55, Nu 7:61, Nu 7:67, <Nu 7:73>,
Nu 7:79; **ומחא** Ex 2:12M, Ex 2:12M; **ומחה** Ex 7:20, Ex 8:13, Nu11:33, Nu20:11; **ומחוור** Gn49:11; **ומחוזוי** Nu34:06M;
**ומחון** Nu14:45; **ומחזירין** Gn29:03; **ומחזקא** Gn50:01; **ומחזקין** Gn50:01M; **ומחזרא** Gn50:15; **ומחי** Ex 8:12, Ex 8:13M;
**ומחיי** Ex17:13M, Dt32:39; **ומחיי'** Gn 3:15; **ומחרפה** Nu 9:08M; **ומחשבתהון** Dt32:32; **ומחת** <Ex 7:20M>, Nu22:23?,
Nu22:27; **ומחתא** Ex10:29M, Ex10:29; **ומחתה** Ex10:29; **ומחתיהון** Nu 3:37; **ומחתיתא** Ex27:03; **ומחתיתה** Ex25:38,
Ex37:23; **ומטה** Nu13:22; **ומטול** Gn25:27M; **ומטולכון** Dt 1:12; **ומטון** Gn11:31, Gn50:10, Nu13:23, Dt 1:24; **ומטינן** Dt
1:19; **ומטלטל** Gn 4:12, Gn 4:14, Gn 4:16, Dt16:19; **ומטלטלין** Lv26:34M; **ומטליף** Dt14:06; **ומטלניהון** {<Ex17:01>};
**ומטלפה** Lv11:04, Lv11:05, Lv11:06; **ומטלק** Dt21:01; **ומטעון** Dt22:04; **ומטען** Ex23:05, <Dt22:04M>; **ומטר** Ex 9:33, Dt
5:20M, Dt 5:21; **ומטרא** Gn49:25, Ex 9:33M, Ex 9:34; **ומטר'** Ex20:16M; **ומטרה** Dt28:23; **ומטרין** Lv26:19, Dt33:13,
Dt33:28; **ומטרפין** Nu12:12; **ומטרת** Nu 3:25, Nu18:03; **ומטרתהון** Nu 3:31, Nu 4:28; **ומיא** Gn 7:19, Gn 8:05, Ex14:22,
Ex14:29; **ומיד** Gn38:25; **ומידנטר** Dt 7:08M; **ומיילל** Gn35:09M; **ומיין** Gn24:32, Ex34:28, Dt 9:18M; **ומיית** Gn35:29M;
**ומייתי** Dt32:35; **ומייתין** Dt 5:25; **ומיכול** Lv 7:24; **ומיכל** <Lv 7:24M>; **ומילל** <Gn35:09>; **ומילף** Gn21:33; **ומילת**
Gn24:16M; **ומים** Ex34:28M, Dt 2:28; **ומימר** Gn31:05, Nu14:09; **ומימרא** Dt26:18; **ומימרה** Dt31:08, Dt32:30; **ומימריה**
Ex12:42, Nu14:09M, Nu30:09M, Nu30:13M; **ומין** Lv22:18; **ומינהון** Gn28:11M; **ומיני** Gn39:04; **ומינך** Gn16:05M,
Gn24:60M; **ומיסב** Gn 4:08; **ומיעיכין** Ex35:22M; **ומיקרין** <Nu22:15>; **ומיש'** Gn14:10; **ומישרה** <Dt 3:17>; **ומית** Gn
5:05, Gn 5:08, Gn 5:11, Gn 5:14, Gn 5:17, Gn 5:20, Gn 5:23M, Gn 5:27, Gn 5:31, Gn 9:29, Gn11:28, Gn11:32, Gn25:08, Gn25:17,
Gn35:29, Gn36:33, Gn36:34, Gn36:35, Gn36:36, Gn36:37, Gn36:38, Gn36:39, Gn38:07, Gn38:10, Gn49:33, Gn50:26, Ex 1:06, Ex
2:23, Ex 9:06, Ex21:20, Nu 3:04, Nu15:36, Nu20:28, Nu26:19, Nu26:61, Nu33:38, Nu35:16, Nu35:17, Nu35:18, Nu35:20, Nu35:21,
Nu35:23, Dt34:05; **ומיתה** Nu20:01, Nu22:30; **ומיתו** Ex 8:09, Lv10:02M, Lv10:02, Lv16:01, Nu14:37, Nu21:06, Nu21:06M;
**ומיתון** Ex 8:09M; **ומיתת** Gn23:02, Gn35:08, Gn35:09, Gn35:09M, Gn35:19, Gn38:12; **ומכ'** Lv22:27M; **ומכיך** Lv13:04;

Ex10:26M, <Ex12:31M>, Ex33:12M, Ex33:12M, Ex34:03, Lv25:45, Lv26:39, Lv26:40, Nu13:27, Nu22:35, Nu23:25, Dt 2:06, Dt
2:15, Dt15:17M, Dt26:13, Dt31:27; **ולהון** Gn 6:21, Lv17:08, {<Dt 1:39>}; **ולהות** <Dt 7:20M>; **ולהטה** Dt32:22; **ולהכא** Ex
2:12; **ולהל** Nu15:23, Nu32:19; **ולהלא** Gn24:60; **ולהלן** <Lv22:27>; **ולהן** Gn43:32; **ולואי** Nu 1:47M; **ולובאי** Gn10:07M;
**ולוודקין** Gn32:16; **ולווטיה** Dt11:28; **ולווטייה** Dt11:26; **ולווי** Gn21:07M, Nu 1:53; **ולוות** Gn 3:16, Gn24:38, Ex24:11,
Ex36:02M, Lv18:14M, Lv18:19M, Lv18:20, Nu11:18M, Nu13:26, Nu15:33, Nu15:33, Nu31:12, Nu31:12, Dt17:09, Dt33:07;
**ולוחייא** Ex32:16; **ולוט** Nu23:13M; **ולוייא** Gn50:01; **ולולבין** Lv23:40; **ולזמנין** Gn 1:14; **ולזרעייות** <Ex30:21M>;
**ולזרעיית** Gn17:19M, Gn28:04M, Gn35:12M, Ex28:43M, <Ex30:21>, Dt 1:08M, Dt 5:29M, Dt11:09M, Dt12:25M; **ולזרעית**
Nu25:13; **ולזרעיתיה** <Nu25:13M>; **ולח'** Ex34:07M; **ולחד** Gn 6:04M; **ולחוביהון** Gn50:17; **ולחוד** Gn 6:04, Gn 9:05,
Gn13:05, Gn14:07M, Gn14:16M, Gn14:16M, Gn15:14, Gn17:16, Gn20:12, Gn21:26, Gn24:14M, Gn24:25M, Gn24:44M,
Gn24:46M, Gn30:08M, Gn37:07, Gn38:22, Gn38:24, Gn42:22, Gn43:08, Gn43:08, Gn44:09M, Gn47:03, Gn50:09, Ex 3:09M, Ex
5:14, Ex 6:04, Ex 6:05, Ex 8:17M, Ex10:26, Ex12:31, Ex12:38M, Ex12:39M, <Ex18:23>, Ex19:22, Ex33:12, <Ex34:03M>,
<Lv25:45M>, Lv26:39M, Lv26:40M, Nu13:27M, Nu22:20, <Nu22:35M>, Nu23:25M, Nu23:25M, Dt 1:28, Dt15:17, Dt26:13M,
Dt31:27M; **ולחוש** Gn30:33; **ולחות** Dt 7:20; **ולחטאינן** Ex34:09; **ולחטאתה** Lv 7:37; **ולחיותה** Lv25:07; **ולחייה**
Dt18:03; **ולחייתה** Lv25:07M, Dt28:26; **ולחינתיה** Gn22:24; **ולחכימי** Lv 9:01; **ולחכימיא** Ex24:14; **ולחלתה** {Dt 2:06};
**ולחם** Gn45:23, Gn47:13, Ex16:08, Ex29:02, Lv23:14, Nu 4:07; **ולחרשיא** Ex 7:11; **ולחשוכא** Gn 1:05; **ולחשנה** Ex35:27;
**ולחתה** Lv21:03M; **ולטום** Gn37:25; **ולטלי** Dt28:50M; **ולטליתה** Dt22:26M; **ולטעוותהון** Ex23:32; **וליביה** Dt20:08;
**וליבניהון** Dt 5:29; **וליבנינן** Gn31:16M; **וליגיונין** Nu21:28M; **וליה** Gn49:10, Dt 1:36, Dt22:19, Dt22:29; **וליואי**
Dt16:14M, Dt17:09M; **וליוואי** Nu 8:12M, Nu23:10M, Dt12:12M, Dt12:18M, Dt24:08M, Dt26:11M, Dt27:09M, Dt27:15M;
**וליווי** Nu 2:33, Nu 8:12, Dt12:12, Dt12:18; **וליוויא** Dt17:18, Dt24:08; **וליוויי** Dt16:11, Dt16:14, Dt17:09; **וליויי** Nu 1:47,
Dt14:27, Dt26:11; **וליטין** Dt28:16M, Dt28:16, Dt28:19M; **ולייואי** Dt16:11M; **ולילדותי** Gn24:04; **ולילי** Gn 8:22, Nu 9:21;
**וליליא** Ex13:21, Nu22:08; **וליליה** Lv 8:35M, Nu 9:21M; **ולילייה** Nu21:01M; **וליציבה** Nu 9:14; **וליציביה** Nu 9:14M;
**ולית** Gn 4:08, Gn 4:08, Gn 4:08, Gn 5:24, Gn15:01, Gn28:17M, Gn29:15M, Gn32:11, Gn41:08, <Gn41:24>, Gn44:18M,
Gn44:18, Gn49:09, Ex22:09, Lv10:19, Lv22:27M, Lv26:06, Lv26:17, Lv26:36, Lv27:34M, Nu 9:06M, Nu21:05M, Nu24:09,
Nu24:17, Nu24:17, Dt 4:35M, Dt22:02, Dt22:27, Dt22:29, Dt28:26, Dt28:29, Dt28:31, Dt28:31, Dt28:32M, Dt28:68, Dt32:28,
Dt32:36, Dt32:39, Dt32:39; **וליתמי** Dt24:20; **וליתמיה** Dt24:21; **ולך** Gn 3:15M, Gn 3:15, Gn27:37, Dt24:13M; **ולכון**
Ex10:16, Dt24:13; **ולכל** Gn 1:30, Gn 1:30, Gn 1:30, Gn 2:20, Gn20:16M, Gn35:02, Ex10:23, Ex11:07, Ex12:02, Ex35:21,
Ex36:02, Lv11:46, Lv22:18, Nu 4:27, Nu 4:32, Nu13:26, Nu14:29M, Nu18:09, Nu18:09, Nu35:03M, Nu35:03, Dt 1:07M, Dt 7:18M,
Dt11:03, Dt19:15, Dt29:01, Dt29:01, Dt31:09M, Dt34:11, Dt34:11, Dt34:12, Dt34:12; **ולכלתה** Gn35:09; **וללבושי** Ex35:21;
**וללוואי** Nu18:26M; **ולמאניך** Dt23:25M; **ולמבכי** Gn23:02; **ולמבכייה** Gn23:02M; **ולמברכה** Dt10:08, Dt21:05,
<Dt28:12>; **ולמדבחה** Ex40:33; **ולמדבקה** <Dt11:22>, Dt30:20; **ולמדחול** Dt 8:06; **ולמדחל** <Dt 8:06M>; **ולמדנחה** Dt
3:27; **ולמה** Gn 4:06, Gn25:32, Gn29:25, Gn47:15, Ex 5:22, Nu11:11, Nu14:03, Nu20:04, Nu20:05, Nu32:07; **ולמהווי** Gn18:12,
Gn19:09M, Dt26:19; **ולמהוון** Dt26:19M; **ולמהוי** Gn 1:18; **ולמהלכה** Dt10:12, Dt19:09, Dt30:16; **ולמומי** Nu 5:21M;
**ולמזון** Gn47:24; **ולמזוניכון** Gn47:24; **ולמחזרה** Gn42:25; **ולמחר** Gn30:33M, Ex 9:18M, Ex19:10; **ולמטור** Gn 2:15, Dt
5:29, Dt26:17, Dt30:16; **ולמטלה** Nu10:02; **ולמטעון** Nu 4:24; **ולמטען** <Nu 4:24M>; **ולמטר** <Dt 5:29M>, <Dt26:17M>,
<Dt30:16M>; **ולמיטול** Nu 4:24M; **ולמיטור** Dt 6:02, <Dt26:18M>; **ולמיטר** Gn 2:16M, Dt26:18; **ולמיכול** Dt14:21M;
**ולמיכל** Ex23:19M; **ולמיעבד** Ex31:04M; **ולמיעול** Dt31:02; **ולמיקם** Nu16:09; **ולמישיציה** Gn 6:03, Ex32:12M;
**ולמישתי** Ex32:06; **ולמיתן** Gn42:25; **ולמכניה** Gn 4:26M; **ולמכפירה** Nu 8:19; **ולמלפא** Ex31:04, Ex35:32, Ex35:34,
Lv10:11; **ולמלפה** Lv14:57; **ולממונהון** Nu35:03; **ולממסור** Dt23:15M; **ולממסיא** <Nu 5:22M>; **ולממסיה** Nu 5:22;
**ולמן** Gn32:18, Dt 4:32; **ולמנחתכון** Nu29:39; **ולמסב** Gn43:18; **ולמסגייה** Dt28:63; **ולמסור** Dt23:15; **ולמסייפה**
<Dt28:63>; **ולמסקא** Ex 3:08; **ולמעבד** Ex31:04, <Ex36:01>, Ex36:02M, Dt15:05M, Dt24:08, Dt28:13, Dt32:46; **ולמעבריה**
Gn49:23; **ולמעלה** Ex23:20M; **ולמערת** Nu34:15; **ולמפד** Ex20:02, Ex20:03, Dt 5:06, Dt 5:07; **ולמפלוח** Nu 8:26M,
Dt10:12M, Dt11:13M; **ולמפלח** Dt10:12, Dt11:13, Dt29:17M; **ולמפס'** Lv20:03; **ולמפרש'** Gn 1:18; **ולמפרשה** Lv10:10,
Lv14:57M; **ולמצראי** Gn43:32; **ולמצריי** Ex18:08; **ולמקדש'** Gn 1:14; **ולמקום** Nu16:09M; **ולמקיימ'** Gn45:07M;
**ולמקמה** Lv22:27M; **ולמרדה** Gn10:08M; **ולמרחום** Dt10:12; **ולמשבוק** Gn 4:13M, <Dt29:19M>; **ולמשבק** Gn 4:13,
Dt29:19; **ולמשויה** Ex32:29, Dt26:19; **ולמשחה** Ex35:28; **ולמשיצא** Ex32:12; **ולמשיצייה** Dt28:63M; **ולמשלמה**
Ex29:29; **ולמשמוע** <Dt26:17M>; **ולמשמע** Dt26:17, Dt30:20; **ולמשתציה** Gn 6:03M; **ולמתעקפא** Gn43:18; **ולמתפוס**
Dt20:19M; **ולמתקימה** Gn45:07; **ולנדר** Lv22:23; **ולנטורי** Ex20:06; **ולנטרי** Gn 3:24M, Nu12:16, Dt 5:10, Dt 7:09, Dt
7:09M; **ולניכסיהון** Nu35:03M; **ולנכיסת** Lv 7:37M, Nu 7:17M, Nu 7:29M, Nu 7:35M, Nu 7:41M, Nu 7:47M, Nu 7:53M, Nu
7:59M, Nu 7:65M, Nu 7:71M, Nu 7:77M, Nu 7:83M; **ולנכסוי** <Gn33:17M>; **ולנכסת** Lv 7:37, Nu 7:17, Nu 7:23, Nu 7:29, Nu
7:35, Nu 7:41, Nu 7:47, Nu 7:53, Nu 7:59, Nu 7:65, Nu 7:71, Nu 7:77, Nu 7:83, Nu29:39; **ולנסכיהון** Nu29:39; **ולנקבתה**
Lv27:05, Lv27:06, Lv27:07; **ולנשיכון** Gn45:19; **ולנתקה** Lv14:54; **ולסדר** Dt 4:01; **ולסדרי** Dt 4:01M; **ולסוברה**
Gn33:14M; **ולסטרא** Ex27:15; **ולסטרה** Ex36:25, Ex38:15; **ולסיטרא** Ex26:20; **ולסיטרה** Ex38:11, Ex38:12, Ex38:13;
**ולסימנין** Dt28:46; **ולעבדיך** Ex 8:05M, Nu32:04; **ולעבדיכון** Lv25:06M; **ולעבדך** Lv25:06; **ולעופא** Gn 2:20;
**ולעורמנא** Gn49:17; **ולעיל** Lv27:07, Nu 1:18, Nu 1:20, Nu 1:22, Nu 1:24, Nu 1:26, Nu 1:28, Nu 1:30, Nu 1:32, Nu 1:34, Nu

ומכיכה Lv13:21, Lv13:26; ומכלה Dt25:14M, Dt25:14, Dt25:14; ומכלן Dt25:14M; ומכניין Gn 4:26; ומכניסין Lv 6:03;
ומכנסין Lv16:04; ומכנשין Dt14:22; ומכפר Ex34:07, Nu14:18; ומכתש' Lv13:55; ומלא Lv 9:17; ומלאיה Dt33:16;
ומלאכה Gn18:01, Gn18:01; ומלאת <Gn24:45>; ומלי' Gn17:06M; ומלו Lv16:12; ומלווטייה Dt27:15; ומלוות Gn 9:05;
ומלוי Lv16:12M; ומלון Gn 1:22, Gn 1:28, Gn 9:01, Gn26:15, Gn35:09M, Gn42:25; ומלות Gn 9:05; ומלח Dt29:22;
ומלטסך {<Gn12:03M>}; ומלי Dt33:23; ומליין Ex 2:16; ומלייתא Gn41:07; ומליל Gn 8:15, Gn17:03, Gn23:03, Gn23:08,
Gn23:11M, Gn34:03, Gn34:13M, Gn41:17, Gn50:04, Gn50:21, Ex 4:30, Ex 6:02, Ex 6:13, Ex13:01, Ex14:01, Ex16:11, Ex25:01,
Ex30:22, Ex40:01, Lv 1:01, Lv 4:01, Lv 5:14, Lv 5:20, Lv 6:01, Lv 6:12, Lv 6:17, Lv 7:22, Lv 7:28, Lv 8:01, Lv10:08, Lv10:12,
Lv10:19, Lv11:01, Lv12:01, Lv13:01, Lv14:01, Lv14:33, Lv15:01, Lv16:01, Lv17:01, Lv18:01, Lv19:01, Lv20:01, Lv21:16, Lv21:24,
Lv22:01, Lv22:17, Lv22:26, Lv23:01, Lv23:09, Lv23:23, Lv23:26, Lv23:33, Lv23:44, Lv24:01, Lv24:13, Lv25:01, Lv27:01, Nu 1:01,
Nu 1:48, Nu 2:01, Nu 3:05, Nu 3:14, Nu 3:44, Nu 4:01, Nu 4:17, Nu 4:21, Nu 5:01, Nu 5:05, Nu 5:11, Nu 6:01, Nu 6:22, Nu 8:01, Nu
9:04, Nu 9:09, Nu10:01, Nu13:01, Nu14:26, Nu14:39, Nu15:01, Nu15:17, Nu16:05, Nu16:20, Nu16:23, Nu16:26, Nu17:01,
Nu17:09, Nu17:16, Nu17:21, Nu18:08, Nu18:25, Nu19:01, Nu20:07, Nu25:10, Nu25:16, Nu26:03, Nu26:52, Nu27:15, Nu28:01,
Nu30:02, Nu31:01, Nu31:03, Nu33:50, Nu34:01, Nu34:16, Nu35:01, Nu35:09, Dt 2:17, Dt 4:12, Dt27:09; ומלילו Gn34:20,
Gn45:27, Nu21:05; ומלילת Gn39:17; ומלך Gn36:32, Gn36:33, Gn36:34, Gn36:35, Gn36:36, Gn36:37, Gn36:38, Gn36:39;
ומלכא Gn14:02, Gn14:08, Gn14:08, Gn14:08; ומלכה Gn14:08, Gn49:07; ומלכו Gn25:23, Gn49:09, Ex 9:24, Nu24:09, Dt
4:07, Dt 4:08, Dt 4:33, Dt 5:26M, Dt33:20; ומלכוותה Dt 5:21; ומלכות <Dt 4:07M>; ומלכותא Gn49:03, Gn49:03,
Dt33:17; ומלכיא Gn14:05; ומלכין Gn17:16, Gn17:16M, Gn35:11; ומלל Gn19:14, Gn20:08, Gn34:08, Gn41:09, Gn42:07,
Gn42:24, Gn44:06, Ex 6:09, {Ex 6:10}, Ex 6:10, Ex 6:12, Ex 6:29, Ex20:01, Ex30:11, Ex30:17, Ex31:01, Ex32:07, Ex33:01,
Ex33:09, Ex33:11, Ex34:31, Ex34:34M, Lv24:23, Nu 3:11, Nu 8:05, Nu 8:23, Nu 9:01, Nu11:24, Nu11:25, Nu30:01M, Dt31:01,
Dt31:30, Dt32:44, Dt32:48; ומללו Gn34:13, Nu22:07, Nu36:01; ומללון Gn43:19; ומללית Dt 1:43; ומללת Ex32:13,
Nu12:01; ומלפי Ex35:35, Nu24:06M; ומלקטה Ex25:38M, Ex37:23; ומלקטיה <Ex25:38>; ומלקטין Nu11:08M; ומלת
Gn21:19, Gn24:16, Gn24:20; וממדנח Nu34:15; וממונה Gn14:16, Gn14:21; וממוניהון Gn34:23; וממך Dt32:04; וממלל
Gn11:01, Ex34:34; וממנין Nu 7:02M; וממר' Gn 3:15M; וממרה Gn13:14, Gn20:13, Dt31:02; וממריה Gn19:24, Gn24:01,
Ex12:29M, Ex12:42, <Ex13:21>, Nu23:08, Nu23:08, Nu30:06M; וממרע Gn 3:15, Gn49:17M; וממתרה Lv14:17M; ומן Gn
1:02, Gn 1:02, Gn 2:10, Gn 2:17, Gn 2:24, Gn 3:03, Gn 3:14, Gn 3:18, Gn 3:19, Gn 4:04, Gn 4:16, Gn 5:29, Gn 6:20, Gn 6:20, Gn
7:02, Gn 7:08, Gn 7:08, Gn 7:23, Gn 8:20, Gn 9:19M, Gn10:32, Gn11:09, Gn12:01, Gn12:01, Gn12:03, Gn18:05, Gn21:33M,
Gn21:33M, Gn24:07, Gn24:31M, Gn24:31M, Gn24:40, Gn25:27M, Gn27:28, Gn27:29, Gn27:39, Gn31:01, Gn31:01M, Gn32:11,
Gn44:18, Gn47:15, Gn47:21, Gn47:31M, Gn48:19M, Gn48:22M, Gn48:22, Gn49:01, Gn49:04, Gn49:17M, Gn49:17, Gn49:25,
Gn49:26M, Ex 3:22, Ex 5:23, Ex 8:04, Ex 8:05, Ex 8:07, Ex 8:07, Ex 8:07, Ex 8:09, Ex 8:09, Ex 8:25, Ex 8:25, Ex 8:27, Ex 8:27M,
Ex 9:21, Ex10:08, Ex12:05, Ex14:22, Ex14:29, Ex16:17, Ex16:18, Ex18:10, Ex21:15, Ex21:16, Ex21:29, Ex21:36, Ex22:29M,
Ex23:31, Ex26:13, Ex26:13M, Ex29:21, Ex29:27, Ex29:27M, Ex29:34, Ex29:34M, Ex32:15, Ex36:33M, Ex38:15, Ex38:15M,
Ex39:01, Lv 1:02, Lv 2:02, Lv 2:16, Lv 4:18, Lv 6:08, Lv 6:21, Lv 7:16M, Lv 8:26, Lv 8:30, Lv 8:33, Lv 9:19, Lv11:04, Lv11:10,
Lv11:10M, Lv11:28, Lv11:36, Lv11:40, Lv14:17, Lv14:26, Lv14:29, Lv14:46, Lv14:47, Lv14:47, Lv15:07, Lv15:12, Lv16:16,
Lv16:18, Lv16:26, Lv16:28, Lv17:08, Lv17:10, Lv17:13, Lv18:21M, Lv19:03M, Lv19:06M, Lv20:02, Lv21:12, Lv21:22, Lv22:04,
{Lv22:25}, Lv22:27, Lv24:16, Lv24:18, Lv24:21, Lv25:45, Lv27:28, Nu 2:22M, Nu 5:17M, Nu 5:17, Nu 8:25, Nu15:30M, Nu19:08,
Nu19:21, Nu19:21, Nu21:16, Nu21:18, Nu21:19, Nu21:19, Nu21:20, Nu24:09, Nu31:28, Nu31:28, Nu31:30, Nu31:30, Nu31:30,
Nu31:30, Nu31:30, Nu31:42, Nu31:47, Nu32:22, Nu34:15M, Nu34:15M, Nu34:15M, Nu34:20, Nu34:21, Nu34:22, Nu34:24M,
Nu34:25, Nu34:26, Nu34:27, Nu34:28, Nu35:08M, Nu36:03M, Nu36:04, Dt 2:08, Dt 7:08, Dt 7:08M, Dt 7:08, Dt 7:18, Dt 8:08M,
Dt 8:09, Dt10:07, Dt12:21, Dt14:07, Dt15:14, Dt20:06, Dt20:07, Dt27:15, Dt28:56, Dt28:67, Dt30:04, Dt32:25M; ומן באתר
Lv14:43; ומן בגין Dt24:15M; ומן בגלל Ex 9:16M, Ex 9:16, Ex20:20, Nu12:08, Nu12:16M, Nu16:03, Dt 4:40, Dt 5:16, Dt
6:02, Dt 8:16, Dt 9:05, Dt11:09, Dt31:12; ומן בר Ex25:11; ומן בתר Gn10:18, Gn15:12M, Gn15:14M, Gn24:55, Gn30:21,
Gn32:21, Gn38:30, Gn45:15, Gn49:19M, Ex 3:20, Ex 5:01, Ex11:01, <Ex11:08>, Ex12:21M, Ex15:09, Ex34:32, Lv14:08M,
Lv14:19, Lv14:36, Lv15:28, Lv16:28, Lv22:07, Lv22:27, Lv22:27, Lv26:27M, Nu 4:15, Nu 5:26, Nu 6:20, Nu 8:22, Nu 9:17,
Nu12:14, Nu12:16M, Nu19:07, Nu21:15, Nu21:34, Nu31:24, Nu32:22, Nu35:28M; ומן יד Lv 9:06M, Lv22:27; ומן לבר Gn
6:14, Ex37:02; {ומן לבר {Ex37:11}; ומן לגו Nu18:07M; ומן לוות Lv16:05, Nu31:52, Nu35:08; ומן קדם Ex19:19,
Ex21:13, Nu30:06, Nu30:09, Nu30:13, Dt 4:21; ומן קדמוי Ex 4:03, Dt13:05; ומן קדמוך Gn 4:14; ומן קצת Gn47:02;
ומנגבה Lv 7:10M; ומנה Gn 3:22, Gn15:05, <Nu11:07>; ומנהר Ex12:42M; ומנהרא Nu34:15; ומנהרין Ex13:22; ומנחא
<Ex30:09M>; ומנחה Ex30:09M, Lv 9:04, Nu 4:16; ומנחוון Ex30:09, Lv23:37; ומנחת Nu 4:16M, Nu29:28; ומנחתה Nu
8:08, Nu28:31, Nu29:06, Nu29:06, Nu29:11, Nu29:19, Nu29:22, Nu29:25, Nu29:34M, Nu29:38; ומנחתהון Lv23:18, Nu 6:15, Nu
7:87, Nu28:20, Nu28:28, <Nu28:31M>, Nu29:03, Nu29:09, <Nu29:11M>, Nu29:14, Nu29:18, Nu29:21, Nu29:24, Nu29:27,
Nu29:30, Nu29:31M, Nu29:33; ומנחתיה Lv23:13, Nu15:24; ומנחתיהון Nu29:37; ומנטלין Nu24:06M, Nu24:06M, Nu24:06,
Dt26:19, Dt28:01, Dt33:17; ומנטרין Gn27:40; ומני Gn40:04, Gn41:43, Ex 3:22M, Nu 1:19M, Nu 3:31, Nu31:06; ומניית
Ex33:17, Dt 1:15; ומניך Gn24:60; ומנין Gn24:53, Ex 3:22, Ex11:02, Ex12:35; ומנכסהון <Ex 9:06M>; ומנן Nu 3:16M,
Nu17:27, Nu17:27; ומנעין Gn27:40; ומנעית Gn20:06M; ומנצחין Ex17:11; ומנקותה Ex25:29; ומנרתה Nu 3:31;

ומסאבין Lv11:35, Lv24:12M; ומסב Gn 4:08M; ומסגי Gn48:04, Ex34:06, Nu14:18; ומסגיא Gn22:17; ומסגייה Dt 9:14,
Dt26:05; ומסחי Dt33:24; ומסכיין Gn18:21; ומסכינא Ex23:03; ומסניכון Dt29:04; ומספד {<Gn35:09>}, Gn35:09M;
ומסקה Gn15:17M; ומסקי Lv19:31, Lv20:06, Dt18:11; ומסר Lv 8:07M, Nu21:03, Dt 2:33, Dt 3:03; ומסתכל Gn24:21,
Gn49:22M; ומסתכלין Gn28:12, Gn49:22, Ex33:08; ומעבר Ex34:07, Nu14:18; ומעדיו {<Nu36:03>}; ומעוכייה
Nu31:50M; ומעוכין Gn49:22M; ומעזי Ex25:04, <Ex35:06>, Ex35:23; ומעזין <Ex35:23M>; ומעיה Gn49:25; ומעילה
Ex28:04; ומעיק Ex23:22M; ומעלה Ex21:10; ומעממא Ex 8:27; ומענא Lv 1:02M; ומעצרתא Gn49:12; ומערבב
Ex23:08M, Dt16:19M; ומערבה Gn13:14, Gn13:14M, Nu 7:19M; ומערתא Gn23:11, Gn23:11, Gn23:17, Gn23:20, Gn49:32;
ומעשר Dt26:13; ומעשרה Dt14:24M, Dt26:12; ומעתד Dt32:34; ומעתדין Ex13:22, Ex33:08M; ומפולחן Ex 6:09; ומפחן
Gn26:35; ומפחת Gn26:35M; ומפסה Lv21:07, Lv21:09, Lv21:14; ומפסין Dt31:16; ומפקה Ex21:10; ומפרוק Dt22:04;
ומפרנקתה Nu31:50, Nu31:50M, Dt28:56; ומפרק Ex 5:23, Ex23:05, Lv19:20, <Dt22:04M>; ומפרש <Gn30:22>, Gn30:22,
Gn30:22, Ex28:17, Ex28:18, Ex28:19, Ex28:20, Ex39:10, Ex39:11, Ex39:12, Ex39:13, Lv22:27, Nu21:14, Dt27:08; ומפתחא
Gn30:22, Gn30:22; ומפתחי <Gn30:22>; ומצור' Ex12:46M; ומצוותה Nu 9:12M, Dt11:01; ומצוותיה Dt26:17; ומצוותך
Gn49:22; ומצותא Ex17:07M; ומצותה Dt 6:02; ומצלייה Gn29:17M; ומצליין Ex33:10; ומצפון Nu34:15; ומצראי
Ex14:27M, <Nu33:04M>; ומצריי Ex14:27, Nu33:04; ומצרעה Lv13:45; ומקבל Gn44:18; ומקבעין Gn50:01M;
ומקדוניאה Gn10:02M; ומקדקדין Gn30:39, Gn31:10, Gn31:12; ומקדשין Gn38:25; ומקטל Gn49:11, Gn49:17;
ומקטלין Nu21:15M, Nu21:15, Dt25:18M, Dt33:17; ומקיים Gn21:24M, Nu23:19; ומקיימין Dt 6:13, Dt10:20; ומקימין
Nu10:21; ומקלקל Ex23:08M, Dt16:19M; ומקף Gn 2:11, Gn 2:13, Gn 2:14, Ex20:02, Ex20:03, Ex25:11, <Ex25:24>, Ex25:25,
Ex25:25, Ex28:33M, Ex28:33M, Ex30:03, Ex37:02, Ex37:11, Ex37:12, Ex37:26, Nu34:04, Nu34:05, Nu34:11, Dt 5:06, Dt 5:07;
ומקפח Gn25:27M; ומקפן Gn49:01; ומר Gn25:27M; ומרבביינ' Lv22:11M; ומרבייני Gn17:27M; ומרגליין Dt33:21;
ומרגלין Gn50:01M; ומרגליתא Gn 2:12; ומרגליתה Ex28:20, Ex39:13; ומרוד Dt21:18M, Dt21:20M; ומרודה
Gn10:09M; ומרווחי Dt32:24; ומרווין Dt32:02, Dt33:13; ומרורא Ex13:08M; ומרורי Ex12:34M; ומרחק Nu19:07,
Nu32:13, Dt 4:25, Dt 7:25, Dt 9:18, Dt17:01, Dt17:02, Dt18:12, Dt22:05, Dt23:19M, Dt25:16, Dt27:15, Dt27:15; ומרחקה Dt
7:26; ומרי Gn 4:20M, Dt 1:13M; ומריה Ex21:28; ומרים Dt32:04; ומרירא Gn27:34; ומרצצת Ex15:06M; ומררו Ex 1:14;
ומררן Gn26:35M; ומשבחין Nu24:06M, Nu24:06, Nu24:06; ומשביע Gn30:22; ומשבקה Lv21:14, Lv22:13, Nu30:10;
ומשועבד Gn27:40; ומשזיב Gn22:14M; ומשח Gn27:28, Ex15:02M, Ex30:24, <Ex35:08M>, Nu18:12M, Dt28:40, Dt28:51,
Dt32:13; ומשחא Ex35:08; ומשחה Nu 4:16; ומשחיכון Dt11:14, Dt12:17, Dt18:04; ומשחכון Dt 7:13, Dt14:23; ומשחת
Ex27:18, Ex38:18M; ומשיזב Gn22:14; ומשיזבא Ex 5:23M; ומשיציין Nu21:15M; ומשכין Ex25:05, Ex35:07, Ex35:07,
Ex35:23, Ex35:23; ומשכינין Gn13:05; ומשכן Ex25:05, Dt 1:01; ומשכנה Nu12:16M; ומשכניהון Nu24:05; ומשלהיין
Dt25:18; ומשלוויות' Ex27:03M; ומשליתא Ex27:03; ומשלם Dt 7:10; ומשמש Gn25:27M, Gn27:22M, Ex21:14,
Lv16:03M; ומשמשין Ex19:22, Ex20:26, Ex33:23, Dt18:07; ומשנייה Nu12:01M; ומשעבדה Gn15:12M; ומשקה
Gn21:33M; ומשקי Gn 2:06; ומשקין Gn29:03; ומשקר Dt 5:11M; ומשרוייהון Ex12:40; ומשש Gn27:22; ומשתיה
Lv16:29M; ומתברא Ex23:24; ומתגאה Ex15:01M; ומתגאי Gn34:31; ומתהפך Gn49:17; ומתוודין Dt 3:29; ומתחיהון
Nu 4:32; ומתחייב <Dt22:26>; ומתחקק Ex20:02M, Ex20:02, Ex20:02, Ex20:03, Ex20:03, {<Dt 5:06>}, Dt 5:07; ומתי' Nu
9:08M; ומתינין {Lv24:12}, Nu 9:08, Nu15:34, Nu27:05; ומתכנשה Gn31:30M; ומתכנשין Gn29:03; ומתכפר Lv22:27;
ומתנטל Ex15:21; ומתעתדין Ex33:08; ומתפסה Lv21:07M; ומתפרע Dt 4:24M; ומתפרק Nu10:17; ומתקבלין
Gn23:16M; ומתקל Dt25:13, Dt25:13; ומתקלין Lv19:36, Dt25:13M, Dt25:13M; ומתקן Dt32:34; ומתקרא Dt27:08;
ומתרגם <Dt27:08>; ומתרין Lv10:02M; ומתרכין Dt32:25; ומתרע Lv10:07

ונאכל Nu11:13, Dt 2:28; ונביא Dt13:06; ונבייא Dt13:06M; ונבנה Gn11:04; ונבעי Gn30:02, Gn30:02M, Ex32:30M;
ונבשל {Ex23:19}, Ex34:26, Dt14:21; ונ' Gn 6:02M; ונגדו {<Nu21:15M>}; ונגיבה Lv 7:10; ונגף Ex32:35; ונגר טורא
Dt14:18; ונגרה Ex26:28; ונגרוי Nu 3:36, Nu 4:31; ונגריהון Nu 3:37M, Nu 4:32M; ונגרין Dt 3:05; ונדבח Ex 5:17M;
ונדבתיכון {<Dt12:06>}, Dt12:17; ונדחי Gn22:10; ונדר Gn28:20, Nu30:10; ונדרה Nu30:07; ונדרו Nu21:02; ונדריכון
Dt12:06, Dt12:26; ונהווי Gn47:19; ונהוי Gn22:10M, Gn27:12, Gn47:25; ונהורא Ex14:20; ונהורה Gn 3:09; ונהלך
Gn33:12; ונהר Gn 2:10, Ex12:42; ונהרא Gn 2:14; ונוטב Nu10:29, Nu10:32; ונוניא Ex 7:18, Ex 7:21; ונוקב' Gn 5:02;
ונזבון Gn43:04; ונזבן Gn37:27; ונזדמנה Gn19:32M; ונזי Gn11:03; ונזיל Gn30:02M; ונזל Gn43:08; ונזף
{<Gn37:10>}; ונחזור Gn22:05; ונחזורו <Nu14:04>; ונחי Gn42:02, Gn47:19; ונחיה Gn43:08; ונחית Gn38:01; ונחכם
Gn19:05; ונחם Gn50:21; ונחמי Gn37:20, Gn45:28M; ונחמן Gn45:28, Nu10:29, Nu24:05; ונחמת Gn35:09M, Gn35:09,
Gn35:09M; ונחמתא Gn49:01; ונחש Ex25:03, Ex35:05, Ex35:24M; ונחשה Ex35:32M, Ex38:29; ונחשת Ex38:29M; ונחת
Gn12:10, Gn15:11, Gn45:27, Gn49:21, Ex19:14, Ex19:25, Ex32:15, Lv 9:22, Nu20:28, Nu21:20, Nu34:11, Nu34:11, Nu34:12,
Dt26:05, Dt26:05M; ונחתה Nu21:19M, Nu21:19, Nu21:20M, <Nu21:20M>; ונחתו Gn15:11M, Gn42:03, Gn43:15, Ex12:42,
Lv22:27M, Nu14:45, Nu16:33, Nu20:15; ונחתין Gn28:12; ונחתית Dt10:05; ונחתת Gn24:16, Gn24:45, Ex 2:05, Dt 9:15;
ונטולו Nu14:25; ונטל Gn12:09, Gn12:09, Gn13:10, Gn13:11, Gn13:18M, Gn18:02, Gn20:01, Gn22:04, Gn22:13, Gn24:63,
Gn27:38, Gn29:01, Gn29:11, Gn31:17M, Gn33:01, Gn33:05, Gn35:21, Gn43:29, Gn46:01, Ex14:19, Ex14:19, Nu 2:17, Nu10:14,
Nu10:18, Nu10:22, Nu10:25, Nu23:07, Nu23:18, Nu24:02, Nu24:03, Nu24:15, Nu24:20, Nu24:21, Nu24:23; ונטלו Gn35:05,

Gn35:16, Gn37:25, Gn42:26, Gn46:05M, <Ex12:37>, Ex13:20, Ex14:10, Ex16:01, Ex17:01, Ex19:02, Nu10:05M, Nu10:12, Nu10:13, Nu10:28M, Nu10:33, Nu14:01, Nu20:22, Nu21:04, <Nu21:10>, Nu21:11, Nu22:01, Nu33:03, Nu33:05, Nu33:06, <Nu33:07>, Nu33:08, Nu33:09, Nu33:10, Nu33:11, Nu33:12, Nu33:13, Nu33:14, Nu33:15, Nu33:16, Nu33:17, Nu33:18, Nu33:19, Nu33:20, Nu33:21, Nu33:22, Nu33:23, Nu33:24, Nu33:25, Nu33:26, Nu33:27, Nu33:28, Nu33:29, Nu33:30, Nu33:31, Nu33:32, Nu33:33, Nu33:34, Nu33:35, Nu33:36, Nu33:37, Nu33:41, Nu33:42, Nu33:43, Nu33:44, Nu33:45, Nu33:46, Nu33:47, Nu33:48; **ונטלין** Nu10:17, Nu10:21, Nu10:31, Dt33:03; **ונטלינן** Dt 2:01; **ונטלן** Dt 1:19; **ונטלק** Gn37:20; **ונטלת** Gn21:16, Gn24:64, <Gn31:10>, Gn39:07; **ונטר** Gn 3:24, Gn26:05, Gn27:41M, Gn50:10, Dt 5:10, Dt32:10; **ונטרין** Gn 3:15M, Gn27:40M, Dt32:14, Dt32:30; **ונטרית** Gn22:14M; **וניאה** Lv10:15M; **וני'** Gn11:04M, Gn27:12M; **וניהווי** Gn34:16, Gn47:25M; **וניזיל** Gn33:12; **וניזל** Gn34:17; **וניח** Gn 2:03, Ex20:10, Ex31:17; **וניחמתא** Gn49:01M, Gn49:01; **וניחמתה** Nu23:23; **וניטב** Nu10:29M, Nu10:32M; **ונייח** Gn 2:02, Ex20:11, Lv23:03, Lv25:02M, Lv25:04M, Dt 5:14; **ונייטבה** Gn32:10M, Nu10:29M; **וניכול** Gn27:07M, Nu11:13M, Dt 2:28M; **וניכל** Gn 3:18M; **ונימר** Gn37:20; **וניסא** Gn28:10, Gn28:10, Gn28:10, Gn28:10; **וניסוך** Nu29:31; **וניסוכה** Nu29:31; **וניסוכיהון** Nu29:19, Nu29:21, Nu29:24, Nu29:34M, Nu29:37; **וניסוק** Ex 1:10M, Nu14:40; **וניסי** Dt34:11; **וניעה** Lv 3:09M, Lv10:15; **וניפוק** Nu21:01M; **ונירי** Ex12:42M; **ונירת** Nu13:30; **ונירתון** Nu13:30M; **ונישרי** Gn29:22; **ונכוס** Gn43:16; **ונכי'** Lv 9:22M; **ונכיסת** Dt12:06M; **ונכית** Gn 3:15M; **ונכס** Gn31:54, Gn46:01, Lv 8:15, Lv 8:19, Lv 8:23, {<Lv 9:08>}, Lv 9:12, Lv 9:15, Lv 9:18, Nu14:16, Nu22:40; **ונכסו** Gn37:31, Ex12:21; **ונכסי** Gn37:26, Gn47:18M; **ונכסין** Gn26:14M; **ונכסת** Ex18:12, Lv 9:22, Lv27:29M, Dt12:06, Dt12:11; **ונכת** Gn 3:15; **ונכתו** Nu21:06, {<Nu21:06M>}; **ונלבן** Gn11:03; **ונלעי** Gn 3:18; **ונמור** Gn30:32M, Gn30:33M; **ונמוריה** Gn30:35; **ונמורתא** Gn30:35; **ונמר** Gn30:32, Gn30:32, Gn30:33; **ונסב** Gn 2:21, Gn 4:19, Gn 8:09, Gn 8:20, Gn 9:23, Gn11:29, Gn11:31, Gn12:05, Gn17:23, Gn18:07, Gn18:08, Gn20:02M, Gn20:14, Gn21:14, Gn21:27, Gn22:06, Gn22:06, Gn22:10, Gn22:13, Gn24:10, Gn24:22, Gn24:61, Gn24:67, Gn25:01, Gn26:34, Gn27:14, Gn27:35, Gn28:09, Gn28:11, Gn28:18, Gn29:23, Gn30:37, Gn31:45, Gn32:14, Gn32:24, Gn33:11, Gn34:02, Gn34:17, Gn36:06, Gn38:02, Gn38:06, Gn39:20, Gn42:24, Gn43:34, Gn48:01M, Gn48:13M, Ex 1:10, Ex 2:01, Ex 4:20, Ex 4:20, Ex 6:20, Ex 6:23, Ex13:19, Ex15:25, Ex18:02, Ex18:12, Ex24:06, Ex24:07, Ex24:08, Ex34:04, Ex40:20, Ex40:20M, Lv 8:10, Lv 8:15, Lv 8:16, Lv 8:24, Lv 8:25, Lv 8:28M, Lv 8:29, Lv 8:30, Lv 9:15, Lv22:27M, Lv22:27M, Nu 1:17, Nu 3:49, Nu 7:06, Nu16:18, Nu17:04, Nu17:12, Nu20:09, Nu21:26, Nu22:41M, Nu25:07, Nu31:47, Nu31:51, Nu31:54; **ונסב'** Gn12:19; **ונסבו** Gn 6:02, Gn14:11, Gn14:12, Gn31:46, Gn34:25, Gn34:26, Gn37:24, <Gn37:31>, Gn43:15, Gn46:06, Ex 9:10, Ex17:12, Ex36:03, Lv 9:05, Lv10:01, Nu21:25, Nu31:11, Dt 1:25; **ונסבון** Nu17:24; **ונסבינן** Dt29:07; **ונסבית** Gn 3:06, Dt 1:23; **ונסבנן** Dt 3:08; **ונסבת** <Gn 3:06>, Gn16:03, Gn21:21, Gn27:15, Gn30:09, Gn38:28, Gn40:11, Ex 2:03, Ex 2:05, Ex 2:09, Ex 4:25, Ex15:20, Nu 8:18, Dt 1:15; **ונסדר** Dt 1:41; **ונסדרא** Nu21:01M; **ונסו** Nu14:22M; **ונסוך** Ex29:40, Ex30:09M; **ונסוכ'** Nu 6:15M; **ונסוכה** Nu28:10, Nu29:22, Nu29:25, Nu29:28, Nu29:38; **ונסוכוי** <Nu15:24>, Nu28:07, Nu28:24; **ונסוכיהון** Nu28:14, Nu28:31, Nu29:06, Nu29:11, Nu29:22M, Nu29:25M, Nu29:27, Nu29:30, Nu29:31M, Nu29:33; **ונסוכין** Ex30:09, Lv23:18M, Lv23:37, Dt 3:19M; **ונסון** Nu14:22; **ונסיב** Gn 2:15, Gn28:11M, Ex14:07, Lv 8:23, Nu16:01M; **ונסיבו** Nu16:01M; **ונסיבכון** Nu29:39M; **ונסיבת** Gn16:05, Gn24:65; **ונסיבתהון** Nu29:39; **ונסיבתכון** Dt12:06M, Dt12:17M; **ונסך** Gn35:14; **ונסכה** Nu29:16, Nu29:34; **ונסכהון** Lv23:18; **ונסכוי** <Nu15:24M>, Nu28:15; **ונסכיהון** Nu 6:15, Nu28:09; **ונסק** Gn35:03; **ונעבד** Gn11:04, Dt 5:27, Dt30:12, Dt30:13; **ונעוץ** Ex 1:10M; **ונערבב** Ex14:13, Ex14:14; **ונערבב/ונערבבה** Gn11:07M; **ונערבבה** Gn11:07M, Gn22:10M, Ex14:13M, Ex14:14M; **ונפוק** Gn 4:08M; **ונפח** Gn 2:07; **ונפיש** <Gn32:17>; **ונפל** Gn49:17M, Gn50:01, Ex32:28, Nu21:34; **ונפלו** Gn14:10, Gn15:01, Gn50:18; **ונפלוח** Dt13:07M, Dt13:14M; **ונפלח** Ex14:12, Dt13:03, Dt13:07, Dt13:14; **ונפלין** Ex17:11; **ונפק** Gn 4:08, Gn 4:16, Gn 8:18, Gn12:05, Gn14:08, Gn14:17, Gn19:06, Gn19:14, Gn24:63, Gn25:25, Gn31:33, Gn34:06, Gn39:12, Gn39:12, Gn39:15, Gn41:45, Gn41:46, Gn43:31, Gn44:28, Gn46:29, Gn47:10, Gn49:11, Ex 2:11, Ex 2:13, Ex 8:08, Ex 8:26, Ex 9:33, Ex10:06, Ex10:18, Ex11:08, Ex17:09M, Ex18:07, Ex32:24M, Ex34:34M, Lv24:10, Nu11:24, Nu21:23, Nu21:33, Nu22:36, Nu34:09, Dt 2:32, Dt 3:01, Dt29:06, Dt33:21, Dt33:21; **ונפקו** Gn11:31, Gn34:26, Ex 5:10, Ex15:20M, Ex15:20, Ex15:22, Ex35:20, Lv 9:23, Nu12:04, Nu12:05, Nu20:11, Nu20:20, Nu31:13, Dt 1:44; **ונפקון** Ex17:06; **ונפקת** Gn30:16, Gn34:01, Lv 9:24, Lv10:02; **ונפקת ברא** Gn34:31M; **ונפש** Gn32:17M, Lv 2:01, Lv 5:01, Lv 7:21M, Nu15:30, Nu31:35, Nu31:40, Nu31:46; **ונפשא** Lv 7:20, Lv 7:21; **ונפש'** Lv20:06; **ונפשה** Lv 7:18, Nu15:30M, Nu19:22; **ונפשיה** Gn44:30; **ונפשן** Nu21:05, Nu21:05M; **ונפשתה** Dt24:06M; **ונצב** Gn 2:08, Gn 9:20, Gn21:33; **ונצחין** Ex32:18M; **ונצלי** Gn22:05; **ונצליה** Ex 8:25; **ונצלייה** Gn22:05M, Ex 8:25M; **ונקב'** Gn 7:02; **ונקבה** Gn 6:19, Gn 7:03, Gn 7:16; **ונקבר** Gn23:13; **ונקום** Gn35:03, Gn43:08; **ונקטול** Gn37:20; **ונקיים** Gn19:34, Gn26:28, Gn31:44; **ונקיימה** Gn19:34M, Gn26:28M, Gn31:44M; **ונקים** Gn19:32; **ונקלוות** Ex38:17; **ונקלוותהון** Ex38:19; **ונקמתה** Dt32:43; **ונקרב** Ex 3:18, Ex 5:03, Ex 8:23, Ex10:25, Ex21:06; **ונקרבא** Ex 3:18M; **ונקרבה** Ex 5:03M, Ex 5:08M, Ex 8:22M, <Ex 8:23M>, Ex10:25M; **ונקריב** Ex 5:08, Ex 5:17; **ונרוממה** Ex15:02M; **ונרוממנה** Ex15:02; **ונשאל** Gn24:57; **ונשבח** Gn29:35, Ex15:01, Ex15:21; **ונשבחה** {<Gn29:35M>}, Ex15:02M, Ex15:21M; **ונשבחיניה** Ex15:02; **ונשבי** {<Nu21:01M>}; **ונשוי** Gn11:04M; **ונשוק** Gn27:26M; **ונשי** Gn 6:18, Gn 7:07, Gn 8:16, Gn 8:18; **ונשיה** Dt 3:06; **ונשיהון** Nu16:27; **ונשייה** Dt 2:34, Dt31:12; **ונשמע** Ex20:19, Ex24:07, Dt 5:27, Dt33:02; **ונשמש** Gn19:32; **ונשק** Gn27:27, Gn29:11, Gn29:13, Gn32:01, Gn33:04, Gn45:15, Gn48:10, Gn50:01, Gn50:01, Ex 4:27, Ex18:07; **ונשקי** Gn19:32, Gn29:08; **ונשרי** Gn34:16; **ונשתון** Dt 2:28M; **ונשתי** Ex17:02, Dt 2:28; **ונתחייב** Gn37:21; **ונתיק** Lv22:24; **ונתכסי** Ex33:16M; **ונתן** Gn11:04, Gn34:16, Nu20:19M; **ונתר** Lv26:36

**וסאבתיה** Lv22:03; **וסאובתיה** Lv 7:20; **וסאיבתה** Lv 7:20M; **וסאף** Gn 7:21, Gn25:08, Gn35:29, Gn49:33; **וסב** Gn27:09M, Gn28:02, Gn31:32, Ex17:05, Nu17:17M; **וסבו** Ex12:21, Nu16:17; **וסבי** Gn18:06; **וסבייה** Dt27:01M; **וסביכון** Dt 5:23M; **וסבל** Dt32:11; **וסבלית** Ex19:04M; **וסבתון** Dt 1:01M; **וסגד** Dt17:03; **וסגדו** Gn33:06M, Gn33:07M, Ex33:10M, Nu25:02; **וסגה** Gn30:29, Gn30:30; **וסגולה** Gn14:16M, Gn14:21M, Nu13:23; **וסגון** Gn 1:22, Gn 1:28, Gn 7:17, Gn 7:18, Gn 9:01, Gn 9:07, Gn 9:07, Gn35:09M, Gn47:27M, Ex 1:07, Ex 1:20; **וסגונן** Gn26:22M; **וסגי** Gn27:28, Gn35:11, Gn45:28M, Nu14:18M; **וסגייה** Nu22:24M; **וסגיית** Gn17:20M; **וסגין** Gn15:02M, Gn15:02, Gn38:12, Gn45:28M, Dt 1:28, Dt 2:10, Dt 2:21; **וסגית** Gn17:20, Gn26:24; **וסגן** Gn47:27; **וסדיד** Dt33:29; **וסדר** Gn 8:20, Gn18:19M, Gn22:09, Ex17:09M, Ex17:09, Ex19:07, Ex40:23, Ex40:25M, Ex40:27, Ex40:29, Lv 8:16, Lv 8:20, Lv 8:21, Lv 8:28, Lv 9:13, Lv 9:14, Lv 9:17, Lv 9:20, Nu15:16; **וסדרא** Ex28:19; **וסדרה** Ex28:18, Ex28:20, Ex39:11, Ex39:12, Ex39:13; **וסדרו** Gn14:08, Gn15:01, Ex17:08, Ex24:05, Nu21:01, Nu21:23; **וסדרון** Ex32:06; **וסדרי** Gn26:05, Ex15:25, Ex16:28, Lv26:46, {Nu36:13}, Nu36:13M, Dt 4:05, Dt 4:08, Dt 4:14, {Dt 4:45}, Dt 5:31, Dt 6:01, Dt 6:20, Dt 8:11, Dt11:01, Dt12:01, Dt26:17, Dt26:17M, Dt30:16, Dt33:21; **וסהד** Nu 5:13, Nu35:30; **וסהדא** Gn31:52; **וסהדותיה** Dt 6:17; **וסובלוהי** Nu13:23M; **וסוכוי** Ex39:40M; **וסוכלתנותכון** Dt 4:06; **וסוכלתנין** Dt 4:06; **וסומקא** Lv13:24M; **וסוף** Nu24:04, Nu24:16; **וסופי'** Gn40:18M; **וסופיהון** Nu24:20, Nu24:24; **וסוק** Dt10:01M; **וסוקו** Gn45:09M; **וסחון** Gn19:02M; **וסטה** Gn38:01, Gn38:16, Gn42:24; **וסטון** Gn19:03, Nu20:21; **וסטת** Nu22:23, Nu22:33; **וסיג** Nu22:24; **וסייף** Dt28:65; **וסיכותה** Lv16:29M; **וסיכיהון** Nu 3:37; **וסימן** Dt33:19; **וסימנין** Dt 6:22; **וסיעא** Gn26:26; **וסיפ'** Ex28:18M; **וסיתקתי'** Lv11:03; **וסכום** Ex 5:18, Nu 3:36; **וסכומהון** Nu 2:28; **וסכומו** {Nu 2:06}; **וסכומוי** Nu 2:08, Nu 2:11, Nu 2:13M, Nu 2:19M, Nu 2:26M, Nu 2:28M, Nu 4:16, Nu 4:49; **וסכומי'** Ex 5:18M, Nu 4:38, Nu 4:42; **וסכומיה** Nu 2:23; **וסכומיהון** Nu 2:04, Nu 2:13, Nu 2:15, <Nu 2:19>, Nu 2:21, Nu 2:26, Nu 2:30, Nu 3:34, Nu26:50; **וסכיהון** Nu 4:32; **וסכיין** Dt23:14; **וסכינה** Dt23:14M; **וסכלתנו** Ex36:01; **וסכלתנין** Dt 1:13, Dt 1:15; **וסכם** Lv24:12, Nu 1:19, Nu 3:16, Nu 3:42, Nu 4:34; **וסכמות** {<Nu 3:36M>}, Nu 4:16M, Nu16:29M; **וסל** Nu 6:15; **וסל'** Gn49:25M; **וסלה** Nu 6:15M; **וסליק** Gn50:07; **וסליקו** Ex16:13M, Nu13:21, Nu13:22, Nu14:40, Nu21:33; **וסליקית** Dt10:03; **וסליקת** Gn28:10; **וסליקתון** Dt 1:43; **וסלק** Gn13:01, Gn19:30, Gn38:12, Gn46:29M, Gn50:09, Ex10:14, {Ex19:18}, Ex19:18M, Ex19:18M, Ex19:20, Ex24:09, Ex24:13, Ex24:15, Ex24:18, Ex34:04, Nu33:38, Dt34:01; **וסלקו** Gn45:25, Gn50:07, Nu20:27, Nu32:09; **וסלקון** Ex 8:02; **וסלקנן** Dt 3:01; **וסלקת** Ex 2:23, Ex16:13, Ex16:14; **וסלקתו** Gn24:16; **וסלת** Lv 7:12; **וסמוקה** Lv13:19, Lv13:24, Lv13:43; **וסמך** Lv 8:14, <Lv 8:22M>, Nu27:23, Dt32:36, Dt33:07; **וסמכו** Lv 8:18, Lv 8:22; **וסממיתה** <Lv11:30M>; **וסממנין** Ex35:08M; **וסממתה** Lv11:30; **וסמקה** Lv13:43M; **וסמראי** Gn10:07M; **וסנדליכון** Dt29:04M; **וסני** Dt22:16; **וסנייה** Ex 3:02; **וסנין** Gn37:04; **וסעד** Dt33:07; **וסעדו** Gn18:05; **וסערה** Lv13:20; **וסף** Gn25:17; **וספידו** Gn50:10M; **וספינתה** Nu34:06M, Nu34:06; **וספר** Gn41:14; **וספרינה** Ex28:18, Ex39:11; **וסק** Dt10:01; **וסרב** Gn37:35, Gn39:08, Gn48:19, Nu20:21M; **וסרבו** Nu20:21; **וסרבת** Ex 4:23; **וסרבתון** Dt 1:01, Dt 1:26, Dt 1:43; **וסריבתון** Dt 9:23; **וסרכי הון** Nu11:16; **וסרכיהון** Ex 5:10; **וסרכיכון** Dt29:09, Dt31:28; **וסרכין** Dt 1:15, Dt16:18; **וסרמנד'** Lv11:30M; **וסתב** {<Gn 8:22>}; **וסתווה** Gn 8:22M; **וסתימון** Gn26:15M; **וסתימן** Gn26:18M; **וסתיקה** Dt14:07M; **וסתיקתה** Lv11:07M; **וסתמו** Gn26:18; **וסתקת** Lv11:03M; **וסתקתה** Lv11:04M, {<Lv11:05M>}, {<Lv11:06M>}; **וסתקתי'** Lv11:07

**ועב'** Gn25:21M; **ועבד** Gn 3:21, Gn 6:22, Gn 7:05, Gn19:03M, Gn19:03, Gn21:01, Gn21:08, Gn24:12, Gn26:30, Gn27:04, Gn27:07, Gn27:31, Gn29:22, Gn29:28, Gn40:20, Gn42:25, Gn43:17, Gn44:02, Gn50:10M, Ex 1:21, Ex 4:30, Ex 7:06, Ex 8:09, Ex 8:20, Ex 8:27, Ex 9:06, Ex16:20, Ex17:06, Ex17:10, Ex18:24, Ex25:40, Ex36:01, Ex36:11, Ex36:13, Ex36:14, Ex36:17, Ex36:18, Ex36:19, Ex36:20, Ex36:23, Ex36:31, Ex36:33, Ex36:35, Ex36:36, Ex36:37, Ex37:01, Ex37:02, Ex37:04, Ex37:06, Ex37:07, Ex37:10, Ex37:11, Ex37:12, Ex37:12, Ex37:15, Ex37:16, Ex37:17, Ex37:23, Ex37:25, Ex37:26, Ex37:28, Ex37:29, Ex38:01, Ex38:02, Ex38:03, Ex38:04, Ex38:06, Ex38:08, Ex38:09, <Ex38:30>, Ex39:02, Ex39:08, Ex40:16, Lv 3:09, Lv 3:10, Lv 8:04, Lv 8:36, Lv16:34, Lv22:27M, Nu 8:03, Nu 8:20, Nu17:23, Nu17:26, Nu20:27, Nu21:09M, Nu23:02, Nu23:19, Nu23:30, Nu27:22, Nu31:31, Dt16:01, Dt32:04, Dt32:18; **ועבדא** Gn26:14; **ועבדו** Gn 3:07, Gn 3:07M, Gn19:08, Gn31:46, Gn42:20, Gn45:21, Ex 7:10, Ex 7:11, Ex 7:20, Ex 7:22, Ex 8:03, Ex 8:13, Ex 8:14, Ex12:28, <Ex12:50>, Ex14:04, Ex14:05M, Ex16:17, Ex32:28, Ex32:31M, Ex36:07, Ex36:08, Ex39:01, Ex39:06, Ex39:15, Ex39:16, Ex39:19, Ex39:20, Ex39:22, Ex39:24, Ex39:25, Ex39:27, Ex39:30, Ex39:32, Lv10:07, Nu 1:54, Nu 2:34, Nu 5:04, Nu 9:05, Nu17:03M, Dt34:09; **ועבדוי** Gn14:15M; **ועבדון** Gn50:12; **ועבדי** Ex 1:21M, Nu14:24; **ועבדיך** Gn42:10, Ex 9:30M, Lv25:44; **ועבדיכון** Lv25:44M, Dt 5:14, Dt12:12, Dt12:18, Dt16:14; **ועבדין** Gn 3:15, Gn12:16, Gn20:14, Gn24:35, Gn26:14M, Gn30:43, Gn32:06, Lv23:32, Nu11:08M, Nu11:08, Dt 5:27M, Dt15:11, Dt33:29; **ועבדית** Gn22:14, Dt10:03; **ועבדך** Gn15:01M, Nu32:27; **ועבדכון** Ex20:10, Dt16:11; **ועבדת** Gn27:14, Gn41:47; **ועבור** Gn27:37; **ועביד** Gn37:03; **ועבידי** Gn18:06, Gn18:06M; **ועבידת** Nu 4:47; **ועבידתה** Ex36:07; **ועבירת** {<Gn30:17>}; **ועבר** Gn 8:01, Gn 8:13, Gn12:06, Gn31:21, Gn32:23, Gn32:24, Gn32:24, Gn41:42, Gn41:46, Ex 8:27; **ועברו** Gn37:28, Gn50:04, Nu33:08, Dt 2:13, Dt 2:24; **ועברין** Gn19:36; **ועברינן** Dt 2:08; **ועברן** Ex36:06; **ועברנן** Dt 2:08, Dt 2:13; **ועברת** Gn 4:01, Gn 4:17, Gn16:04, Gn21:02, Gn25:21, Gn29:32, Gn29:33, Gn29:34, Gn29:35, Gn30:05, Gn30:07, Gn30:19, Gn30:23, Gn32:22, Gn38:03, Gn38:04, Gn38:14, Gn38:18, Gn38:19, Ex 2:02, Ex34:06; **ועברתון** <Dt 1:02>, {<Dt

1:41M>}; ועגול Ex29:23M; ועגל Lv 9:03; ועד Gn 2:25, Gn 6:07, Gn 6:07M, Gn12:06, Gn13:03M, Gn19:04, Gn31:29, Gn35:09, Gn44:18, Gn45:06, Gn46:34, Gn47:21, Gn47:21M, Gn47:21, Ex 9:02, Ex 9:18, Ex 9:25, Ex11:07, Ex12:12, Ex13:15, Ex15:18, Ex24:05M, Ex28:42, Ex34:25M, Lv13:12, Lv23:32, Lv24:03, Lv27:03, Lv27:05, Lv27:06, Nu 3:13, Nu 4:03, Nu 4:23, Nu 4:30, Nu 4:35, Nu 4:39, Nu 4:43, Nu 4:47, Nu 6:04M, Nu 8:04, Nu 9:21, Nu14:11, Nu14:19, Dt 2:36, Dt 3:16, Dt 3:16, Dt 3:17, Dt 4:32, Dt 4:48, Dt 4:49, Dt11:12, Dt11:24, Dt13:08, Dt28:35, Dt28:64, Dt29:10, Dt29:14, Dt34:02; ועדב Lv16:08M; ועד זמן Dt28:20; ועדוניך Gn 3:16; ועדיו Lv16:08; ועדיוו Lv16:08M; ועדיתיהון {<Dt 2:35>}, {<Dt 3:07>}; ועדרי Gn29:22M, Dt 7:13, Dt14:23M, Dt28:04, Dt28:18, Dt28:51; ועדרין Gn49:12; ועובדיהון Gn 6:03; ועוברתא Gn49:22; ועוגבא Gn 4:21M; ועוד Gn35:09M, Gn35:09, Gn35:09M, Gn35:09, Gn44:19, Gn45:06M, Gn48:22; ועווייא Dt 2:23; ועוזה Dt14:12M; ועוכברה Lv11:29M; ועולו Dt 1:07; ועולי Gn19:34; ועולת Nu29:06M, Nu29:11M; ועופא Gn 1:20, Gn 1:22, Gn40:17; ועופה Lv11:46; ועז Gn15:09; ועזיך Gn31:38; ועזקיה Nu31:50M; ועזקין Ex35:22; ועיבר Gn25:06M; ועידונייך {<Gn 3:16M>}; ועייני Gn22:10, Gn45:12, Gn48:10; ועייניכון Dt 4:34, Dt28:32; ועיינין Dt29:03; ועיינינן Dt 6:22; ועיינכון Gn45:20; ועימיה Dt33:02; ועין עגלה Ex28:18, Ex39:11; ועינה Nu11:07; ועיני Gn29:17; ועיניכון Dt 1:30; ועיצה Gn11:01M; ועיקו Nu22:03M; ועיקון Nu22:03; ועכברה Lv11:29; ועל Gn 4:07, Gn 4:08, Gn 4:08, Gn 6:15M, Gn 7:07, Gn 9:02, Gn12:17M, Gn12:20M, Gn16:04, Gn19:24, Gn19:26, Gn20:09, Gn20:16M, Gn20:16, Gn20:16M, Gn21:12, Gn24:01, Gn24:32, Gn25:27M, Gn25:34, Gn27:16, Gn27:18M, Gn27:40, Gn29:13M, Gn29:23, Gn29:30, Gn30:04, Gn31:33, Gn31:33, Gn33:01, Gn33:01, Gn35:06, Gn37:08, Gn38:02, Gn38:18, Gn39:04, Gn39:05, Gn40:02, Gn40:06M, Gn41:14, Gn41:32, Gn41:40, Gn43:26, Gn43:30, Gn44:18, Gn49:03M, Gn49:04, Ex 3:22, Ex 6:03, Ex 6:13, Ex 7:10, Ex 7:19, Ex 7:19, Ex 7:19, Ex 7:23, Ex 8:01, Ex 8:01, Ex 9:09, Ex 9:22, Ex 9:22, Ex10:03M, Ex11:01, Ex11:07M, Ex12:07, Ex12:22, Ex12:22M, Ex12:23, Ex14:20, Ex14:26, Ex16:02, Ex17:07M, Ex17:07, Ex20:05, Ex22:08, Ex22:08, Ex28:43, Ex29:17, Ex29:20, Ex29:20, Ex29:20, Ex29:21, Ex29:21, Ex29:21, Ex29:24M, Ex32:24M, Ex32:25M, Ex34:07, Ex34:07, Lv 4:11, Lv 7:09, Lv 8:23, Lv 8:24, Lv 8:24, Lv 8:26, Lv 8:27, Lv 8:30, Lv 8:30, Lv 9:07M, Lv10:06, Lv10:16, Lv10:20M, Lv13:45, Lv13:45M, Lv14:14, Lv14:14, Lv14:17, Lv14:17, Lv14:25, Lv14:25, Lv14:28, Lv14:28, Lv16:24M, Lv16:33, Lv16:33, Lv21:11, Nu 1:50, Nu 1:50, Nu 4:07, Nu 4:11, Nu 4:19, Nu 4:26, Nu 4:49, Nu 6:20, Nu 7:16, Nu 7:22, Nu 7:28, Nu 7:34, Nu 7:40, Nu 7:46, Nu 7:52, Nu 7:58, Nu 7:64, Nu 7:70, Nu 7:76, Nu 7:82, Nu10:10, Nu10:15, Nu10:16, Nu10:19, Nu10:20, Nu10:23, Nu10:24, Nu10:26, Nu10:27, Nu13:29, Nu14:02, Nu14:18, Nu16:03, Nu16:22, Nu17:06, Nu17:07, Nu17:08, Nu17:23, Nu19:18, Nu19:18, Nu19:18, Nu20:02, Nu20:06M, Nu21:05, Nu25:08, Nu26:09, Nu27:21, Dt 4:36, Dt 5:09, Dt 9:28, Dt11:18, Dt11:20M, Dt12:02, Dt17:11, Dt21:05, Dt28:35M, Dt28:35, Dt28:50, Dt30:07, Dt32:36, Dt32:43, Dt33:09; ועל בני Gn16:05; ועל גבי Lv 2:12, Lv21:23, Nu 3:26, {<Nu18:03>}; ועל ידי Lv16:06, Lv16:11, Lv16:17, Lv16:17, Lv16:24, Dt 1:01; ועל ידיהון Lv 9:07; ועל עסק Gn17:20M, Nu25:18, Dt 1:01, Dt 1:01, Dt 1:01; ועל פם Nu 9:20, Nu 9:23; ועל פ{ }ם {Nu 9:18}; ועלו Gn 7:15, Gn14:07, Gn18:11, Gn19:01, Gn19:03, Gn34:25, Gn42:05, Gn44:18, Gn45:25M, Gn46:28, Ex14:22, Ex14:23, Ex18:07, Nu13:26, Nu20:01, Nu20:22, Nu22:39; ועלוון Ex30:09; ועלון {<Ex10:25>}; ועליהון Nu35:06, Dt 9:10; ועליין Dt33:17; ועליך Gn16:05M, Nu21:07; ועליתון Dt29:06M; ועלליה Gn 7:16; ועללין Gn41:21; ועללתה Dt22:09, Dt32:22; ועלת Gn19:33, Lv10:02M; ועלתה Lv 9:22, Nu29:06, Nu29:11; ועם Gn 9:09, Gn14:02, Gn21:23, Gn32:29, Gn37:02, Ex 2:24, Ex 4:15, Ex 4:15M, Ex 6:13, Ex12:09, Ex22:30, Ex30:31, Ex34:27, Lv 6:18, Lv 9:03, Lv10:12, Lv10:12, Lv11:01, Lv13:01, <Lv14:33>, Lv15:01, Lv17:02, Lv17:02, Lv18:22, Lv21:24, Lv21:24, Lv22:02, Lv22:07M, Lv22:18, Lv22:18, Lv24:15, Nu 2:01, Nu 4:01, Nu 4:17, Nu 6:23, Nu 9:11, Nu14:26, Nu16:05, Nu16:20, Nu18:26, Nu19:01, Nu27:08, Nu29:18M, Nu29:18M, Nu29:21M, Nu29:21M, Nu29:24, Nu29:24M, Nu29:24M, Nu29:30M, Nu29:33M, Nu29:33M, Nu29:37, Nu29:37, Dt 1:01, Dt 6:10M, Dt 6:10M, Dt 9:05M, Dt 9:05M; ועמא Gn19:04, Gn47:21, Gn47:21, Ex 5:16, Ex 9:27, Ex19:24, Ex24:02, Ex33:01; ועמדוי Ex27:10; ועמה Gn13:13, Gn33:01, Nu12:15; ועמהון Nu 1:04; ועמודא Ex13:22; ועמוד' Ex27:11; ועמודוי Ex39:33, Nu 3:36, Nu 3:37, Nu 4:31; ועמודיה Nu 4:32; ועמודיהון Ex38:19; ועמוניי Dt 2:20; ועמיה Ex38:23; ועמיך Ex 7:28M; ועמיק {<Lv13:04M>}; ועמך Ex33:16, Ex33:16M, Ex33:16; ועמלקאי Nu14:25M; ועמלקיי Nu14:25; ועמן Gn34:10, Nu32:32; ועמרה Ex16:36; וען Ex12:38, Lv27:32, Nu22:40; וענא Gn33:13; וענבו Ex39:21; וענבין Nu 6:03; וענה Gn18:27, Gn23:10, Gn23:11, Gn23:14, Gn25:21, Gn27:37M, Gn27:39, Gn31:14, Gn31:31, Gn31:36, Gn31:43, Gn31:43M, Gn31:43, Gn40:18, Gn41:16, Gn42:22, Gn47:18, Ex 4:01, Nu11:28, Nu22:18, Nu23:12, Nu23:26; וענו Nu32:31; וענון Gn34:13, Ex19:08, Ex24:03; ועני Gn22:14, Ex 1:19M; ועניהון Gn46:32, Gn47:01, Gn50:08; ועניין Gn23:05, Gn24:50, Dt27:15; וענִיכון Dt 8:13, Dt12:17; וענין Gn34:13M, Gn46:32M; ועִינַנן Dt21:07; וענִיתון Dt 1:14, Dt 1:41; וענך Gn45:10; וענן Gn 2:06, Ex19:16, Nu10:34, Nu14:14; ועננה Nu12:10; ועננֵי Nu12:16; וענת Ex15:21; ועפר Gn 3:14, Lv14:42, Dt28:24; ועצרת <Gn40:11>, Gn40:12; ועקד Gn22:09, Gn24:26, Ex34:08, Nu22:31; ועקדו Gn43:28, Ex 4:31, Ex12:27; ועקדת Gn24:48; ועקיליה Nu31:50M; ועקין Dt31:17, Dt31:21; ועקרבין Dt 8:15, Dt18:11M; ועקרה Ex23:26; ועקת Gn32:08; וערבב Ex14:24; וערבה Lv23:40; וערבובה Nu11:04; וערבת Gn44:18; ועריך Ex29:23, Lv 8:26, Nu 6:19; ועריכי Ex29:02M, Lv 7:12M, Nu 6:15M; ועריכין Ex29:02, Lv 2:04, Lv 7:12, Nu 6:15; ועריתה Gn 9:23, Lv18:07, Lv20:19; וערל Gn17:14; וערע Gn28:11M, Gn31:25, Gn44:06M, Ex 4:27M; וערעו Ex 5:20M; וערפדא Dt14:18M; וערפלה Dt 4:11, Dt 5:22; וערק Gn31:21, Gn39:12, Gn39:15, Gn39:18, Ex 2:15, Ex 4:03, Dt26:05M; וערקו Gn14:10; וערקת Gn16:06; ועשר Gn 5:14, Gn45:23, Gn50:22, Gn50:26; ועשרון Lv14:21, Nu28:05, Nu29:04, Nu29:15; ועשרונה Nu28:05M; ועשרין Gn 6:03M, Gn 6:03, Gn23:01, Ex12:18, Ex38:18, Nu 7:86, Nu33:39, Dt31:02, Dt34:07; ועשרן Nu28:13;

ועתיד Gn38:29, Gn40:18, Ex 3:14M, Ex 3:14, Lv22:33; ועתידין Gn22:14M, Gn40:12; ועתיק Nu 6:03, Dt14:26M, Dt29:05; ועתיקה Lv26:10; ועתר Gn36:39; ועתרו Dt32:15

ופ' Ex10:24M; ופגרת Gn49:22; ופדה Lv22:27; ופר' Ex36:09M; ופוק Ex17:09; ופורען {<Ex20:05>}, Ex34:14, Dt 4:24, Dt 5:09, Dt 6:15; ופורענתהון Gn49:01; ופורקניהון <Nu18:16>; ופותיא Ex27:12, Ex27:13; ופותיה Ex38:18; ופחדך Ex15:16; ופחזו Dt32:15; ופטירין Gn19:03, Lv22:27; ופיגרכון Nu14:32; ופיילת חווה <Lv11:30M>; ופיילת חוויה Lv11:30; ופייס Gn23:11M; ופייסו Gn23:08M; ופיסג Lv 1:12; ופיקודא Ex24:12M; ופיקודוי Dt 6:02M, Dt26:17M, {Dt28:45M}; ופיקודייה Dt11:01M; ופירוג Dt23:19M; ופירוגיה Lv27:33; ופירוכיין Lv23:14; ופירוקה Nu18:16M; ופירי Dt 7:13; ופכרת Gn49:22M; ופלאין Ex15:11, Ex33:16, Ex34:10; ופלג Gn14:15, Gn32:08, Gn33:01, Gn43:34, Ex25:10, Ex25:10, Ex25:10, Ex25:17, Ex25:17, Ex25:23, Ex37:01, Ex37:01, Ex37:01, Ex37:06, Ex37:06, Ex37:10, Nu16:01M, Nu31:27; ופלגר' Nu34:13; ופלגו <Ex37:01M>, <Ex37:01M>; ופלגה Ex14:20, Ex14:20M, Ex24:06M, Ex24:06, Ex26:16; ופלגא Ex26:16M; ופלגות Ex24:06M, Nu34:14, Nu34:15, Nu34:15, Dt 3:12; ופלגותה Lv 6:13; ופלגת Ex36:21; ופלוח Ex10:08M; ופלח Gn 5:22, Gn 5:24, Gn12:08, Gn13:04M, Gn21:33, Gn22:14, Gn26:25M, Gn29:20, Gn29:30, Gn33:20M, Gn35:07M, Ex17:15M, Dt17:03; ופלחו Ex10:11, Ex12:31M; ופלחי {<Gn34:31>}, {Gn34:31}; ופלחן Nu 4:47M, Nu 8:26; ופלטת Lv18:25M; ופליג Nu16:01; ופליין Ex 8:18; ופליית חווייתה Lv11:30M; ופם Ex39:23; ופנית Gn24:20; ופסג Gn15:10, Lv 1:12M; ופסק Lv 9:22M, Nu 9:13M; ופסקו Gn11:08M, Ex 9:33M; ופסקת Nu21:30; ופצע Gn22:03; ופק Gn27:03; ופקד Gn12:20, Gn26:11, Gn28:01, Gn28:06, Gn32:05, Gn32:20, Gn49:29, Gn50:02, Ex 1:22, Ex 5:06, Ex 6:13, Ex34:32, Ex36:06, Nu27:19M, Nu27:23, Nu27:23, Nu32:28, Nu34:13, Nu36:05, Dt 3:28, Dt 6:24, Dt27:01, Dt27:11, Dt31:10, Dt31:14, Dt31:23, Dt31:25; ופקדינון Lv27:34M; ופקדית Dt 1:16, Dt 1:18; ופקדת Gn35:09M, Dt 3:18; ופקו Gn45:09; ופקח Gn21:19; ופקיד Gn 2:16, Gn32:18, Gn42:25, Gn44:01; ופקידו Gn50:16; ופרג Gn31:07M; ופרגת Gn31:41M; ופרוגיה Lv27:10; ופרווילי Nu35:04M; ופרווילְיהון Nu35:03M; ופרוילי Nu35:02M; ופרוירי Nu35:04; ופרויריהון Nu35:03; ופרוירין Nu35:02; ופרוק Lv19:20M, Nu24:17, Dt23:19; ופרוקהון Nu24:07; ופרזיי Ex23:23, Ex34:11; ופרזלא Gn 4:22; ופרט Lv19:10; ופרי Dt28:04M, Dt28:11M, Dt28:11M, Dt28:42, Dt28:51; ופריזאי Gn13:07M, Ex23:23M, Ex33:02M, Ex34:11M, Dt20:17M; ופריזי Ex 3:08; ופריזיא Gn13:07; ופריזיה Dt20:17; ופריזיי Ex 3:17; ופריזייה Dt 7:01; ופריק Ex21:08M, <Dt23:19M>; ופרישתה Dt 7:19, Dt29:02; ופרנס Gn47:17M; ופרס Gn13:12, Gn13:18, Gn26:25, Gn35:21, Ex 9:33, Ex33:07, Ex38:18, Ex40:19; ופרסה Nu 3:25, Nu 3:31; ופרסתהון Dt14:06M; ופרסתהון Dt14:07; ופרעה Gn41:01, Gn44:18, Ex 5:16, Ex 9:27, Ex14:10; ופרק Ex14:25, Ex14:30, Ex21:08, Dt 4:37, Dt 5:15, Dt 6:21, Dt 7:08, Dt 7:08M, Dt15:15, Dt24:18, Dt26:08; ופרקו Ex32:03, Ex33:06; ופרש Gn12:08, Lv24:11; ופרשוי Ex14:09, Ex14:23; ופשט Gn 8:09, Gn22:10, Gn38:28, Gn48:14, Gn48:14, Ex 4:04, Lv22:27M, Dt33:02; ופשטו Gn19:10; ופשך Ex28:16, Ex39:09M; ופשפש Gn31:34, Gn31:35, Gn44:12; ופת' Dt 1:32M; ופתגמא Nu23:03, Dt 1:17M; ופתגמה Dt 1:17; ופתגמי Nu23:19; ופתוי Ex26:02M; ופתורא Ex26:35; ופתורה Nu 3:31; ופתח Gn 8:06, Gn41:56, Gn42:27, Nu22:28, Nu22:31M; ופתחו Gn44:11, Dt27:15M; ופתחי {<Ex34:20>}; ופתחנן Gn43:21; ופתחת Ex 2:06, Ex15:12, Nu16:32; ופתיא Ex 3:08, Ex26:02, Ex26:08, Ex36:09; ופתיה Ex27:18; ופתיי Ex36:09M; ופתיר Gn41:15; ופתלתנה Dt32:05; ופתר Gn40:08, Gn40:08M, Gn40:12, {<Gn40:18>}, Gn41:12; ופתרוניה Gn40:18

וצבח Gn27:34M; וצבע Ex25:04, Ex26:01, Ex26:31, Ex26:36, Ex27:16, Ex28:06, Ex28:08, Ex28:15, Ex28:33, Ex35:06, Ex35:23, Ex36:08, Ex36:35, Ex36:37, Ex38:18, Ex39:01, Ex39:02, Ex39:05, Ex39:08, Ex39:24, Ex39:29, Lv 9:09, Lv14:04, Lv14:49, Nu19:06; וצבעו Gn37:31; וצ' Nu28:30M; וצדי Gn 1:02; וצדיה Gn 1:02M; וצדיין Nu21:30; וצדיקותך Gn35:09; וצדיקיא Gn15:17; וצדיקייא Gn15:17M; וצדיקין Gn15:17M; וצהו Dt 8:15; וצוד Gn27:03; וצווחו Gn41:55, Ex 2:23, Ex 5:15, Ex14:10M, <Nu11:02>; וצווחת Gn39:15, Gn39:18; וצוח Gn27:34; וצוחית Gn39:14; { }וצורא {Dt 4:16}, {Dt 4:23}, {Dt 4:25}; { }וצורה {Ex20:04}, {Dt 5:08}, {Dt27:15}, {Dt27:15}; וצחון Ex17:03; וצייר Ex35:35, Ex38:23; וציצייתה Dt22:12M; וצלבין Nu25:04M; וצלוחית Nu29:31; וצלון Ex10:17, Ex14:10; וצלי Gn12:08, Gn13:04, Gn19:27, Gn20:17, Gn21:33, Gn22:14, Gn25:21, Gn26:25, Gn28:11, Gn33:20, Gn35:07M, Ex 8:08, Ex 8:26, Ex10:18, Ex15:25, Ex17:04, Ex17:15, Ex32:11, Ex34:05, Ex34:06, Nu11:02, Nu12:13, Nu21:07; וצליית Gn16:13, <Gn24:48>, Dt 3:23M, Dt 9:18M, Dt 9:20, Dt 9:25M, Dt 9:26; וצלינן Nu20:16, Dt26:07; וצלית Dt 3:23M; וצליתי Dt 3:23; וצלם {Lv26:01}; וצלמ' Dt 7:05M; וצלמי {Dt 7:05}, {Dt12:03}; וצמחה Gn19:25M; וצמחוי Gn19:25; וצמחין Lv26:19M, Dt28:23, Dt28:23M; וצנעת Gn39:16; וצנתה Gn 8:22M; וצע' Gn16:06M; וצער Gn34:02, Dt 8:03; וצערו Dt26:06; וצערת {<Gn16:06>}; וצפונא Gn28:14; וצפיר Nu15:24, Nu28:15, Nu28:22, Nu29:05, Nu29:11, Nu29:16, Nu29:19, Nu29:22, Nu29:25, Nu29:28, Nu29:31, Nu29:34, Nu29:38; וצפירה Lv16:10; וצפירין Nu 7:87; וצפיתה Gn31:49; וצפר Ex16:21, Ex30:07, Ex36:03; וצריכה Dt24:14

וקאם Gn 3:19, Ex33:09M; וקבור Gn50:06; וקבילו Gn38:25; וקבל Gn 4:04, Gn 8:21, Ex32:04, Lv 8:28, Lv10:03, Nu 3:40, Nu17:17; וקבלה Dt28:66M; וקברו Gn25:09, Gn35:29, Gn50:13, Dt34:06; וקברין Nu25:04; וקברת Gn48:07; וקד' Gn 2:03; וקדושיה Lv 1:01M, Lv 1:01M; וקדיש Nu 7:01; וקדליכון Dt10:16; וקדם Gn16:05, Gn16:12, Gn25:18, Gn27:40, Ex 7:10, Ex 7:20, Ex30:06, Lv10:03M, Lv16:14, Lv19:14, Nu 8:13, Nu 8:22, Nu27:02, Nu27:02, Nu27:02, Nu27:19, Nu27:19, Nu27:21,

Nu27:22, Nu36:01, Dt 4:26, Dt19:17M, Dt32:01; וקדם עד לא Gn37:18; וקדמוי Dt10:20M, Dt10:20, Dt13:05; וקדמין Gn 4:08M; וקדש Ex19:14, Ex19:23, Ex20:11, Lv 1:01, Lv 8:06, Lv 8:10, Lv 8:15, Lv 8:30, Nu 7:01, Nu20:13; וקדשיה Nu31:50M; וקדשין Ex35:22; וקהל Gn35:11; וקהת {<Gn32:26>}; וקודמוי Dt13:05M; וקולתה Gn24:15, Gn24:45; וקום Gn27:43; וקומה Ex38:18; וקורוויהון Nu24:08M; וקורי Dt 2:37; וקוריאן Nu35:08; וקוריי {Dt 2:37M}; וקורייה Lv25:32M; וקורייהון Nu24:08; וקורייכ' Dt 6:09M; וקורייכון Lv26:33; וקוריין Nu32:16M, Dt 9:01; וקורייתה Nu35:08M, Dt 3:07; וקורייתיה Nu13:28M; וקוריתה Nu35:13; וקושטא Ex10:29; וקושטה Gn24:27; וקטולו Dt 1:44M; וקטילה Lv17:15, Lv22:08; וקטילו Gn14:05, Nu21:35M; וקטיעו <Ex39:03M>; וקטל Gn 4:08, Gn 4:08M, Gn 4:16, Gn14:15, Gn15:01, Ex 2:12, Ex13:15, Nu35:16M, Nu35:17M, Nu35:18M, Nu35:20M, Nu35:21M, Nu35:23M; וקטלה Gn44:18M; וקטלו Gn14:07, Gn34:25, Gn44:18, Gn44:18, Ex32:27, Nu14:45M, Nu21:24M, Nu31:07; וקטלון {<Dt29:06>}; וקטלין Gn 3:15, Gn20:11; וקטלנן Dt 3:03; וקטל{}נן {Dt 2:33}; וקטם Gn18:27, Gn22:14; וקטמה Nu20:29M; וקטע Gn22:03M; וקטעו Ex39:03, Nu13:23M; וקטף Gn37:25; וקטפה Lv26:05; וקטרת Gn38:28, Nu 4:16; וקטרתה Ex30:37; וקיומא Nu30:08; וקים Gn 8:22; וקייסא Gn 8:22M; וקיים Gn 3:22, Gn 3:22, Gn 3:24M, Gn 3:24, Gn24:09M, Gn25:33M, Gn27:27, Gn47:31M, <Ex33:09>, Nu14:21, Nu14:28, Nu32:10, Dt 1:34M, Dt 4:21, Dt32:40; וקיימא Ex24:12; וקיימה Lv26:01, Nu30:05, Nu30:06, <Dt 5:31M>; וקיימו Gn 3:24, Gn15:17M, Gn21:27, Gn21:32, Gn26:31M; וקיימוי Dt 6:17, Dt 8:11, Dt11:01, Dt28:15, Dt28:45, Dt30:10, Dt30:16; וקיימון Ex 1:17; וקיימי Gn26:05; וקיימיה Dt 4:45, Dt 5:31, Dt 6:01, Dt 6:20; וקיימין Ex33:10, Lv23:21, Nu24:06, Dt 1:10, Dt 4:04, Dt 4:10, Dt 5:03, Dt12:01, Dt31:13, Dt31:13, Dt31:16; וקיימית Gn22:14; וקיימן Nu27:02; וקיימת Nu30:04M; וקיימתהון Dt 7:05; וקיימתון Ex 1:18; וקייס Lv14:04; וקיס Lv14:49; וקיסי Ex14:25; וקיסייא Gn22:07; וקל Dt 4:36; וקלה Gn45:16; וקלוות Ex27:10, Ex27:11, Ex38:10, Ex38:11, Ex38:12; וקלוותהון Ex26:32, Ex27:17; וקליותהון Ex36:36; וקלייה Ex 9:34M; וקליל Gn43:11, Dt28:38; וקלף Gn30:37; וקלפיתה <Lv14:56M>; וקלק Ex 4:03M, Ex 7:09M, Ex15:25M; וקלקו Ex 7:12M; וקלשא Gn31:40; וקם Gn 4:08, Gn 4:08M, Gn21:32, Gn22:03, Gn23:03, Gn23:07, Gn23:11M, Gn24:10, Gn25:34, Gn31:17, Gn31:21, Gn32:23, Gn46:05, Ex 1:08, Ex 2:17, Ex12:30, Ex14:19, Ex14:19, Ex20:21, Ex24:13, Ex32:26, Lv 9:22M, Nu11:32, Nu12:05, Nu16:25, Nu17:13, Nu22:13, Nu22:21, Nu22:24, Nu22:26, Nu24:25, Nu25:07, Dt31:15, Dt33:08; וקמו Gn18:16, {<Gn22:19>}, Gn24:54, <Gn37:35>, Gn41:03, Gn43:15, Gn43:15, Ex 9:10, Ex15:08M, Ex18:13, Ex20:18, Ex20:21M, Ex32:06, Ex33:10M, Lv 9:05, Nu16:02, Nu16:02M, Nu16:18, Nu16:27M, Nu22:14; וקמח Lv23:14; וקמת Gn19:35, Gn23:17, Gn23:20, Gn24:61, Gn29:35, Gn38:19, Ex 2:04M; וקמתה Gn19:35M; וקמתון Dt 4:11; וקנאתיה Dt29:19; וקנה Gn36:39, Ex30:23; וקנון Gn37:11, Ex 1:21, Dt32:15; וקניה Ex25:31, Ex37:17; וקניהון Ex25:36, Ex37:22; וקניין Gn 4:20, Dt32:15M; וקניינוי Gn31:18; וקניית Gn30:01; וקנין Gn26:14, Gn26:14, Ex 1:21M; וקניניהון Gn34:23M; וקניתהון Ex37:22M; וקנמון Ex30:23; וקסקסיין Lv11:09M, Lv11:10M, Lv11:12M; וקסקסין Lv11:09, Lv11:10; וקצוצה Lv11:30M; וקציעה Ex30:24; וקציצה Lv11:30; וקציצו Ex39:03M; וקקה Dt14:17; וקרא Gn 1:05, Gn 1:08, Gn 1:10, Gn 2:20, Gn 3:09, Gn 3:20, Gn 4:17, Gn 4:26, Gn 5:03, Gn12:18, Gn16:15, Gn20:08, Gn20:09, Gn21:03, Gn21:17, Gn22:11, Gn22:15, Gn26:09, Gn26:18, Gn26:20, Gn26:21, Gn26:22, Gn26:33, Gn27:01, Gn27:41, Gn28:01, Gn28:19, Gn31:04, Gn31:47, Gn31:54, Gn32:31, Gn35:07, Gn35:08, Gn35:10, Gn35:15, Gn35:18, Gn38:29, Gn38:30, Gn41:08, Gn41:14, Gn41:45, Gn41:51, Gn47:29, Gn49:01, Ex 1:18, Ex 3:04, Ex 7:11, Ex 8:04, Ex 8:21, Ex 9:27, Ex10:24, Ex12:21, Ex12:31, Ex12:42, Ex12:42, Ex12:42M, Ex12:42, Ex17:07, Ex19:03, Ex19:07, Ex19:20, Ex24:07, Ex24:16, Ex32:05M, Ex34:31, Ex35:30M, Ex36:02, Lv 1:01M, Lv10:04, Nu11:03, Nu11:34, Nu12:05, Nu13:16, Nu21:03M, Nu32:41, Nu32:42, Dt 3:14, Dt 5:01, Dt29:01, Dt31:07; וקרא' Gn 4:25; וקראן Gn24:58; וקראת Gn19:38, Gn29:32, Gn29:33, Gn30:08, Gn30:11, Gn30:13, Gn30:18, Gn30:20, Ex 2:08, Ex31:02; וקרב Gn15:10, Gn18:23, Gn22:02, Gn22:13, Gn27:22, Gn27:25, Gn27:27, Gn29:10, Gn32:26, Gn44:18, Gn48:13, Lv 8:18, Lv 8:22, Lv 8:24, Lv 9:02, Lv 9:07, Lv 9:07, Lv 9:08, Lv 9:15, Lv 9:16, Lv 9:16, Lv 9:17, Nu 7:17, Nu 7:19M, Nu 7:23, Nu 7:29, Nu 7:35, Nu 7:41, Nu 7:47, Nu 7:53, Nu 7:59, Nu 7:65, Nu 7:71, Nu 7:77, Nu 7:83, Nu 8:12, Nu16:05, Nu23:02, Nu23:14, Nu23:30, Nu27:05; וקרב' Gn 4:08M; וקרבה Gn21:14M; וקרבו Gn19:09, Gn43:19, Gn45:04, Gn47:29, Ex32:06, <Lv 9:05M>, Lv 9:09, Lv10:05, Nu 7:10, Nu31:48, Nu36:01; וקרבין Nu27:01, Nu32:16; וקרבית Ex19:04, Dt22:14; וקרבן Ex29:09, Lv22:22, <Nu27:01M>, Dt33:10, Dt33:11; וקרבני Gn 4:08; וקרבניה Nu 7:13; וקרבנן Nu31:50; וקרבת Gn33:07?, Ex 4:25, Nu23:04, Dt22:14M; וקרבתון Dt 1:22, Dt 4:11, Dt 5:23; וקרי' Gn 5:29; וקרה Gn 5:02; וקרוי Dt 2:37M; וקרוויי Dt 3:12; וקרוין {<Nu13:28>}, Nu32:16; וקרון Gn19:05, Gn25:25, Ex16:31, Nu21:03, Nu32:38; וקרושא Gn31:40M; וקרח Gn30:32; וקריב Gn15:10M, Ex34:06, Nu14:18; וקריבהון Gn15:01M; וקריבו Gn33:06M, Ex24:05, Ex32:06M, Lv 9:05, Lv10:01, Nu 7:02, Nu 7:03M, Nu 7:10; וקריבן Gn33:06; וקריוי Dt 3:12M; וקרייה Lv25:32; וקריין Nu35:08M; וקריית Ex31:02M, Ex31:02M; וקרין Nu25:02; וקריר Gn 8:22; וקרת Gn19:37, Gn27:42, Gn30:13M, Gn30:21, Gn30:24, Gn38:03, Gn38:04, Gn38:05, <Gn39:14>, Ex 2:10, Ex 2:22; וקרתה Lv25:33, Nu35:05, Dt 2:36; וקשותא Ex23:19, Ex34:26, Dt14:21; וקשוט Gn24:12M, Gn24:49M, Ex23:07M, Ex34:06, Nu14:18M, Dt32:04, Dt32:04; וקשה Ex25:29; וקשט Gn24:14M, Gn47:29M; וקשי Ex 4:10M; וקשיטין Dt25:15, Dt28:59M; וקשיטן Dt25:15, Dt28:59M; וקשקסין Lv11:12; וקשקשין Dt14:09; וקשתי Gn48:22; וקשתיך Gn27:03

וראשה Gn11:04, Gn28:12; וראשי Gn25:03, Nu31:26; וראשיה Lv13:45; ורב {Gn40:01}, Gn40:01, Gn40:05, Gn45:08M, Nu 2:03, Nu 2:05, Nu 3:24, Nu 3:30, Nu 3:35, Nu34:18, <Nu34:18M>; ורבא Gn21:08; ורבה Gn 9:21M, Gn21:20, Gn25:23, Ex 2:10, Ex 2:11, Ex22:27, Nu 2:03M, Nu 2:07, Nu 2:10, Nu 2:12, Nu 2:14, Nu 2:18, Nu 2:20, Nu 2:22, Nu 2:25, Nu 2:27, Nu 2:29, Nu 3:24M, Nu 3:30M, Nu 3:32, Nu 3:35M, Nu10:14, Nu10:16M, Nu10:18, Nu10:19M, Nu10:20M, Nu10:22, Nu10:23M, Nu10:25, Nu10:26M; ורבו Gn25:27; ורבוותה Nu10:36; ורבויה Lv 1:01, Lv 1:01; ורבוייה Lv 7:35M; ורבון Gn43:34M, Ex18:11, Dt10:17; ורבוני Gn18:12, Gn44:18, Nu36:02; ורבותהו' Lv 7:35; ורבי Gn 2:09, Gn43:34, Lv 1:01, Lv 8:10, Lv 8:11, Lv 8:12, Lv 8:15, Nu 6:05M, Nu 7:01, Nu 7:01, Nu11:25; ורביה Gn22:05; ורביין Lv25:36; ורבין Gn33:14M, Ex22:24; ורביתה Gn24:16, Gn24:61, Ex 2:05; ורבעות Nu28:14; ורבעת Nu22:27; ורברבן Ex18:25; ורברבני Ex18:21, Ex18:21, Ex18:21, Ex18:25, Ex18:25, Ex35:27, Nu 4:34, Nu 4:46, Nu22:07, Nu23:17, Nu31:14, Nu31:48, Nu31:52M, Dt 1:15, {<Dt 1:15>}; ורברבניה Nu 1:44; ורברבנין Ex14:07; ורבתהון Dt10:17M; ורגז Gn40:02, Ex16:20, Lv10:16, Nu31:14; ורגלוי Ex29:17, Lv 1:09, Lv 1:13; ורגלי Gn24:32; ורגליה Lv 1:13M; ורגליהון Ex30:21; ורגליכון Dt 8:04; ורגמו Lv24:23, Nu15:36; ורגמין <Ex17:04>; ורדידו Ex39:03, Nu17:04; ורדף Gn14:14, Gn14:15, Gn31:23, Ex14:08, Lv26:37; ורדפו Ex14:09, Ex14:23, Ex15:01, Ex15:21, Dt 1:44; ורהט Gn18:02, Gn19:01, Gn24:17, Gn24:29, Gn29:13, Gn33:04, Lv22:27, Lv22:27M, Nu11:27M, Nu17:12; ורהטת Gn24:20, Gn24:28, Gn29:12; ורוב Ex15:02; ורוגזה Nu11:33; ורוגזיהון Dt32:33; ורווה Gn 9:21; ורוון Gn43:34; ורוח Gn 1:02, Gn 6:17M, Ex10:13, Ex10:13M, Nu11:31; ורוכביהון Ex15:01, Ex15:21, Dt20:01; ורומם {<Gn40:20>}; ורוממו Ex14:14, Dt32:03; ורוממותה Nu23:22; ורוממותיה <Nu24:08M>; ורוממות{}ה {Nu24:08}; ורוקינו Ex33:06M; ורוקן Gn31:09; ורוקנן Ex12:36; ורושם Lv13:10; ורזי Nu24:04, Nu24:16; ורחיק Ex34:06, Nu14:18, Dt12:31, Dt16:22, Dt32:01, Dt32:01; ורחם Gn24:67, Gn25:28, Gn29:18, Gn29:30, Gn34:03, Dt10:18; ורחמן Ex22:22, Ex22:26, Dt 4:31; ורחמנא Ex34:06; ורחמנה Nu12:13; ורחש Gn 1:24; ורטישין Dt32:36; וריבוון Gn24:60; וריבונן Nu36:02M; וריחנין Gn50:01; ורימאנין Dt14:05; ורימונין Dt 8:08; וריקנא Gn 1:02; ורכבה Dt24:06M, Dt24:06M; ורכבי Gn24:61M; ורכבין Gn24:61, Dt20:01M; ורכיך Gn41:43, Gn49:22M; ורכיכי Dt32:14; ורמה Gn 2:21, Ex14:24, Ex16:24, Ex32:04, Nu11:31M; ורמון Ex28:34, Ex28:34, <Ex39:26M>; ורמז Gn44:19, Nu21:15; ורמי Gn40:18; ורמין Ex14:25, Ex14:25M; ורמן Ex39:26, Ex39:26; ורמש Gn 1:24M; ורמת Gn 7:17; ורעוי Gn13:07; ורעון Gn29:07M; ורעייה Lv 4:11; ורעמו Nu14:36; ורפש Nu11:31; ורציצו Nu21:15; ורציצין Dt28:33; ורקיתה Dt18:03; ורשיעי' Gn15:17M; ורשיעיה Ex12:42M

ושאיל Gn19:01; ושאילו Ex12:35, Ex12:36M; ושאל Gn18:02, Gn23:07, Gn23:11M, Gn32:30, Gn33:03, Gn37:15, Gn38:21, Gn40:07, Gn43:27, Ex18:07; ושאלו Gn37:07, Gn42:06, Gn43:26M, Gn44:14, Gn48:12M, Ex12:35M, Ex18:07; ושאלון Gn26:07, Gn43:26; ושאלי Dt18:11; ושאלין Gn27:29, Gn33:06, <Gn33:07>, Gn49:08; ושאלית Gn24:47; ושאר Dt 3:13; ושבון Nu21:01, Nu31:09; ושבוק Gn50:17, Gn50:17, Gn50:17M, Ex10:17M, Nu14:19, Nu14:19M; ושבח Gn23:07M, Gn24:26, Gn24:52M, Gn47:31, Ex34:08; ושבחו Gn12:15, Gn43:28, Ex12:27, {<Lv 9:24M>}; ושבחין Dt26:03; ושבחינן Dt26:03; ושבחן Ex 4:31; ושבחת Gn24:48, Gn24:48M; ושבט' Ex16:17M; ושבטה Nu 2:07, Nu 2:14, Nu 2:22, Nu 2:29, Nu34:14; ושבייהון Dt32:42; ושביעו Gn25:08; ושביק Ex34:07, Nu14:18; ושביתכון Nu31:19; ושבע Gn 5:07, Gn 5:31, Gn11:21, Gn23:01, Gn25:17, Gn35:29, Gn47:28, Ex 6:16, Ex 6:21, Ex12:42, Ex12:42M, Ex38:24, Ex38:25, Ex38:28M, Nu 1:39, Nu 2:26, Nu 4:36, Nu11:26, Nu17:14, Nu26:07, Nu26:34, Nu26:51, Nu31:32, Nu31:52; ושבעה Gn 4:24, Gn 8:14, Nu 1:31, Nu 2:08, Nu23:01, Nu23:29, Nu28:19, Nu31:43; ושבעין Gn 5:31, Gn25:07, Ex16:03, Ex24:01, Ex24:09, Ex38:25, Ex38:28, Nu 2:31M, Nu 3:46, Nu 7:85, Nu31:37, Nu33:09; ושבעת Nu 2:31, Nu31:36; ושבעתי Gn41:26, Gn41:27, Gn41:27, Ex38:28; ושבק Gn18:24, Gn18:26M, Gn22:14M, Gn39:06, Gn39:12, Gn39:15, Gn39:18, Ex 9:21, Ex14:27, Ex23:21; ושבקו Dt32:15M, Dt32:15M; ושבקין Dt31:16; ושבקת Nu14:20; ושבתין Lv23:32; וש' Gn22:14M, Gn26:29M, Nu 2:09M, Nu 2:11M; ושגג Gn43:31; ושדיפן Gn41:06; ושדכו Gn 8:01; ושדר Ex24:05M; ושהית Gn32:05M; ושובעה Gn 8:14M; ושובעי' Ex24:01M; ושובעין Ex15:27, Nu 3:43, Nu31:32M, Nu31:36M; ושוו Nu16:18; ושווי Gn15:10M, Gn22:03, Gn24:09, Gn39:21M, Gn40:03, Gn48:14, Ex11:03, Ex39:07, Ex40:05M, Ex40:08M, Ex40:18, Ex40:19, Ex40:20, Ex40:21, Ex40:26, Ex40:28, Ex40:30, Ex40:30M, Ex40:33, Nu21:09M, Nu23:05, Dt10:02M; ושווית Gn40:11M, Dt 1:15M, Dt10:05; ושוון Gn 9:23, Gn24:33, Gn43:32, Gn44:13, Gn50:26, Ex 1:11, Ex17:12, Ex39:19, Ex39:20, Lv 9:20, Lv10:01, Nu14:01, Nu16:07, Nu16:18M, Dt26:06; ושוי Gn 1:17, Gn 2:08, Gn 2:21, Gn 4:15, Gn15:10, Gn18:08, Gn22:06, Gn22:09, Gn28:10, Gn28:11, Gn28:18, Gn30:35, Gn30:36, Gn30:40, Gn30:41, Gn31:21, Gn32:17, Gn33:02, Gn37:34, Gn39:20, Gn39:21, Gn39:21, Gn39:22, Gn40:21, Gn41:10, Gn41:42, Gn41:48, Gn42:30, Gn44:01, Gn45:02, Gn45:08, Gn47:26, Gn48:20, Ex 9:05, Ex14:21, Ex17:14, Ex18:25, Ex24:06, {<Ex30:18M>}, Ex40:24, Lv 8:08, Lv 8:09, Lv 8:09, Lv 8:13, Lv 8:26, Nu17:11, Nu21:08, Nu22:21, Nu23:16, Nu24:01, Dt 6:22, Dt31:19; ושויית Ex 2:03, Ex 2:03; ושוינון Gn28:11M; ושוית Gn24:47, Gn31:34, Gn40:11, <Gn40:12>, Nu24:21; ושולטן Dt11:25; ושולטנה Dt 4:39; ושולטנייא Gn49:22; ושולטנן Gn50:01; ושום Gn10:06M, Gn10:07M, Ex23:13, Nu26:33; ושומת Lv16:29M, Lv21:05; ושופרא Ex19:16; ושורבא Gn 8:22M; ושושן Ex25:33, Ex37:19; ושושנ' Ex25:34M; ושושנה Ex37:17M, Ex37:20M; ושושניה Ex25:31, Ex25:34, Ex37:17, Ex37:20; ושושפא {<Gn38:25>}; ושושפך {<Gn38:18>}; ושזג Gn43:31M, Lv 9:14; ושזיב Gn37:21, Ex 2:17, Ex18:08; ושזיגו Gn18:04M; ושחד Ex23:08, Ex23:08M; ושטחו Nu11:32; ושטם Gn27:41; ושטפו Nu21:15; ושיזב Ex18:04; ושיזבת Dt26:05; ושיז' Ex14:30; ושיז{}ב {<Nu20:16>}; ושיירו Ex16:20, Ex36:07; ושיצא Ex23:23; ושיצון Nu14:45M, Nu21:32, Nu32:39M, Dt 2:12; ושיצי Gn 7:23, Nu21:03, Nu21:24, Dt 2:21, Dt11:04; ושיציא Ex 9:25, Ex17:13, <Dt 2:21M>; ושיצינן Dt 2:34, Dt 3:06; ושיצית Ex 9:15; ושיקועיהון Ex38:19M; ושירוי

Dt18:04; ושית Gn31:41, Gn46:26, Ex23:10, Lv25:03, Nu 1:25, Nu 1:27, Nu 2:04, Nu 2:31, Nu 2:31M, Nu 3:28, Nu 4:40, Nu26:41M; ושיתין Nu 3:50M; ושכיב Gn28:11M; ושכלל Gn 1:01M, Gn 2:22, Ex20:11M, Ex31:17M, Nu24:06M, Dt32:06; ושלוותה Gn49:01; ושלוטו Gn 1:28; ושלופי Lv26:06M; ושלח Gn 8:07, Gn 8:08, Gn 8:12, Gn19:13, Gn19:29, Gn20:02, Gn21:14, Gn25:06, Gn26:31, Gn28:05, Gn28:06, Gn31:04, Gn32:04, Gn37:14, Gn38:20, Gn41:08, Gn41:14, Gn45:24, Ex 9:07, Ex 9:27, Ex18:27, Ex24:05, Nu13:03, Nu13:17, Nu16:12, Nu20:14, Nu20:16, Nu21:06M, Nu21:21, Nu21:32, Nu22:05, Nu22:15, Nu22:40, Nu31:06; ושלחו Gn12:20M, Gn24:59, Gn37:32, Nu 5:04; ושלחית Dt 2:26; ושלחני Gn45:07; ושלחנן Gn26:29; ושלחתך Gn31:07; ושלחפת Gn31:41; ושלחת Gn27:42, Gn32:06, Gn49:22, Ex 2:05; ושלחתון Gn26:27; ושלט Gn44:15; ושלטו <Nu21:30M>; ושלטונך Nu21:30; ושלטן Ex 9:30; ושלטן Dt 7:24; ושלטנו Nu21:30M; ושלטנוי Gn14:15; ושלטנייא Gn49:22; ושלטניך Dt 3:24; ושליט Gn23:06M, Gn27:29, Gn27:37, Gn39:02, Gn39:09, Gn41:41, Gn41:43, Gn45:08, Gn49:26, Ex 2:14, Ex 7:01, Ex34:24, Nu24:17, Dt 1:17, Dt11:25M, Dt33:16; ושליטוי <Ex 9:34>; ושליטין Gn44:18; ושלימו Gn21:15; ושלם Gn47:15; ושלמו Gn50:03, Ex 7:25; ושלמון Gn41:53; ושלמת Gn47:18, Ex39:32; ושם Gn10:02, Gn10:03, Gn10:04, Gn48:16; ושמ' Ex12:42M, Nu30:08M; ושמה Gn 2:13, Gn 2:14, Gn 4:19, Gn 4:21, Gn10:25, Gn16:01, Gn22:24, Gn24:29, Gn25:01, Gn29:16, Gn36:35, Gn36:39, Gn36:39, Gn38:01, Gn38:06, Ex 1:15, Ex 1:15M, Ex18:04, Lv24:11, Nu11:26, Nu25:14, Nu25:15, Nu26:46, Nu26:59; ושמהת Nu32:38M; ושמוע Dt 5:27M; ושמועו Nu21:06M, Dt12:28M, Dt27:09M; ושמטתה Dt15:02; ושמי Dt10:14; ושמיה Gn36:32, Gn38:02; ושמיני Dt32:14M; ושמיע Gn21:17, Ex 2:24, Ex16:07, Nu12:02, Dt26:07; ושמישת Gn19:33; ושמע Gn14:14, Gn16:02, Gn22:14, Gn23:16, Gn25:21M, Gn28:07, Gn30:17, Gn30:22, Gn31:01, Gn35:22, Gn37:21, Ex 2:15, Ex18:01, Ex18:24, Ex32:17, Lv10:20, Lv10:20M, Lv22:27, Nu11:01, Nu11:10, Nu16:04, Nu20:16, Nu21:01, Nu21:03, Nu22:36, Nu23:18, Nu30:05M, Nu33:40, Dt 1:34, Dt 5:27, Dt 5:28, Dt 9:19, Dt 9:19M, Dt10:10; ושמעו Gn 3:08, Gn34:24, Gn45:02, Ex 4:31, Ex23:21, {<Ex33:04>}, Dt12:28, Dt27:09, Dt34:09; ושמען Gn37:27; ושמש Gn19:34, Gn30:16, Gn34:02, Gn39:04, Gn40:04, Nu 3:04, Dt10:06; ושמשיה Ex33:11; ושמשת Gn19:35; ושן Dt32:24; ושנא Dt22:16M; ושנה Gn15:12, Lv22:27M, Dt15:20M; ושנוי Ex 6:16; ושני Ex 6:16M, Ex 6:21, Ex 6:18?; ושנייה Nu12:01; ושניתה <Dt21:15M>; ושנין Gn 1:14M; ושניתה Dt21:15; ושנק Ex14:27M; ושנתא Gn15:12M; ושעבידו Ex 1:13; ושעיית Ex 2:03; ושעורה Lv13:04; ושער Lv13:03, Lv13:31, Lv13:37; ושערייה Ex 9:31; ושערין Dt 8:08, Dt 8:08M; ושפיע Ex26:12; ושפיר Gn39:06; ושפירא <Gn29:17>; ושפירה Nu12:01; ושפירתה Nu31:50; ושפכו Nu21:15M; ושפנין Gn15:09; ושפעיה Ex26:12M; ושפר Gn41:37, Gn45:16, Ex15:04, Lv10:20M, Lv10:20, Dt 1:23; ושפרו Gn34:18; ושצון Nu21:35; ושק Gn27:26; ושקועיהון Ex36:38M, Ex38:10M, Ex38:12M, {<Ex38:17M>}; ושקיעווייהון Ex27:11M; ושקע Ex38:28M; ושקעו Ex15:05, Ex15:10, Ex15:10M; ושקעת Nu11:02M; ושקץ Lv11:11M; ושקצא Lv11:11; ושרא Gn 4:16, Gn13:18, Gn19:30, Gn20:01, Gn21:20, Gn21:21, Gn22:19, Gn24:32, Gn33:18, Gn36:08, Gn37:01, Gn50:22, Ex10:14; ושרה Gn 4:16M, Gn19:30, Gn26:17, Ex 2:15, Nu10:12, Nu32:40; ושרו Gn16:05, Gn49:03; ושרון Gn11:02, Gn25:18, Gn47:27, Ex13:20, Ex15:27, Ex17:01, Ex19:02, Ex19:02M, Nu11:35M, Nu12:16, Nu20:01, Nu21:10, Nu21:11, Nu21:12, Nu21:13, Nu21:25, Nu21:31, Nu22:08, Nu25:01, Nu33:05, Nu33:06, Nu33:07, Nu33:07, Nu33:08, Nu33:09, Nu33:10, Nu33:11, Nu33:12, Nu33:13, Nu33:14, Nu33:15, Nu33:16, Nu33:17, Nu33:18, Nu33:19, Nu33:20, Nu33:21, <Nu33:22>, Nu33:23, Nu33:24, Nu33:25, Nu33:26, Nu33:27, Nu33:28, Nu33:29, Nu33:30, Nu33:31, Nu33:32, Nu33:33, Nu33:34, <Nu33:35>, Nu33:36, Nu33:37, Nu33:41, Nu33:42, Nu33:43, Nu33:44, Nu33:45, Nu33:46, Nu33:47, Nu33:48, Nu33:49, Dt 2:12, Dt 2:21, Dt 2:22, Dt 2:23, Dt33:28; ושרט' Lv19:28; ושרי Gn 8:10, Gn 8:12, Gn 9:20, Gn22:14M, Gn26:06, Gn29:14, Gn35:01, Gn49:09, Ex 2:21, Ex32:11M, Nu25:01, Dt33:20; ושריה Gn24:47; ושריין Gn41:54, Dt33:03; ושרין Nu24:09; ושרינן Nu20:15, Dt 3:29; ושרית Dt 9:09; ושריתון Dt 1:46; ושרן Gn11:31; ושרניק Ex14:27M; ושרצון Gn 8:17M; ושרשוי Gn50:01M, Gn50:01; ושרת Ex24:16, Nu11:26; וששה Ex37:18; ושת Gn16:16, Nu 2:15, Nu31:45M; ושתא Ex23:11M, Ex25:32; ושתדכת Gn 8:04; ושתו Gn 9:21, Gn25:34, Lv12:05, Nu 1:21, Nu26:22, Nu31:38, Nu31:44, Dt14:22, Dt27:15; ושתה Gn21:33, Gn23:54, <Gn26:30M>, Nu20:11; ושתון Gn24:54M, Gn26:30, Gn43:34; ושתי Gn27:25, Nu23:24, Dt21:20, Dt21:20M; ושתיין Gn21:33M; ושתין Gn 5:18, Gn 5:20, Gn 5:23, Gn 5:27, Gn21:33, Gn21:33M, Lv12:05, Nu20:11M; ושתית Gn24:46; ושתק Gn34:05, Lv10:03, Nu13:30

ותאחד Ex28:39; ותאחסן Ex15:17, Ex34:09; ותאחסנון Ex23:30, Lv25:46, Nu33:54; ותאכול Dt23:25M; ותאכל Lv26:38, Dt23:25; ותאכלון Ex34:15, Lv25:19, Lv25:22, Lv26:05, <Dt 6:11>, Dt 8:10, Dt12:21, Dt14:23, Dt14:26; ותאמר Gn32:19, Lv22:18; ותאמרון Dt 8:17; ותאנין Dt 8:08; ותארכון Dt22:07; ותארע Gn44:04, Lv25:26, Dt31:29; ותארעון Lv23:21, Dt 4:29M; ותב Gn 8:11, Gn22:19, Ex 4:18; ותבחרון Dt30:19; ותבטלון Ex 5:05; ותביר Dt20:08M; ותבכי Dt21:13; ותבלוע Nu16:30M; ותבלע Nu16:30; ותבן Ex 5:18; ותבנון Dt20:20, Dt27:05; ותבע Gn25:27M; ותבעין Dt18:11; ותבר Dt17:07, Dt17:12, Dt19:13, Dt19:19, Dt21:21, Dt22:21, Dt22:22, Dt22:24, Dt24:07; ותבקרון Ex23:11; ותבעריון Ex32:19; ותברא Ex15:16M; ותברו Nu32:09; ותברין Dt33:29; ותברית Lv26:13, Dt 9:17; ותברכון Dt 8:10; ותבשיל Gn25:34; ותבשילין Lv22:27; ותבשל {Ex29:31}; ותבשלון Dt16:07; ות' Ex39:29M, Nu 9:13M, Nu29:03M; ותגזרון Gn17:11, Ex12:44, Lv19:23M, Dt10:16; ותגליף Ex28:36; ותגלף Ex28:09; ותדבק <Ex26:06>, Ex26:09, Ex26:11; ותדבר Nu11:16; ותדונון Dt 1:16M; ותדחלון Lv19:14, Lv19:32, Lv25:17, Lv25:36, Lv25:43; ותדחף {<Dt19:05>}; ותדי Ex29:21; ותדכון {<Gn35:02M>}; ותדכי Lv12:07, Lv12:08, Nu 8:06; ותדכר Gn40:14; ותדכרו' Nu10:09M; ותדכרון {<Nu15:39>}, {<Dt15:15>}, Dt16:12, Dt24:18, {<Dt24:22>}; ותדמיתה Ex30:32M; ותדעון Ex 6:07, Ex10:02, Ex16:06, Nu14:34, Nu16:30, Dt 4:39, Dt 7:09; ותהווי Gn17:16, Gn48:04, Lv15:24M, Dt21:03, Dt28:26; ותהוויין Nu36:11M; ותהווין Ex 1:16M, Dt11:19; ותהוון Ex19:05, Lv11:45, Lv20:07, Lv20:26, Nu15:40, Nu32:22, Dt 6:07, Dt12:05, Dt16:15, Dt28:13, Dt28:25, Dt28:29, Dt28:32, Dt28:33, Dt28:34; ותהוי Gn 9:16, Gn12:02, Gn17:04, Gn17:16M, Gn24:14, Gn24:41, <Gn24:44M>, Gn24:51, Gn28:03, Gn32:09, Ex27:05, Ex30:21, Ex34:02, Ex40:15, Lv24:07; ותהומין Dt 8:07; ותהון Gn 3:05, Lv11:44; ותהי Gn 9:13, Ex40:15M, Lv15:24, Lv16:29; ותהל' Lv26:23M; ותהלכו Lv26:27; ותהלכון Lv26:23, Dt28:09; ותואביי Gn25:27M; ותוב Gn49:22, Nu10:36; ותובן Lv22:27M; ותודע Ex18:20; ותוחון Gn45:13; ותולדתך Gn48:06; ותומרייה Dt 8:08; ותוספון Dt19:09; ותוקיפי Gn21:18M; ותוקף Gn19:19M, Ex10:20, Ex11:10, Ex14:08, Dt 3:28; ותוקפו Gn21:18; ותוקפך Gn35:09; ותוקפת Gn17:20, Gn19:19; ותור Ex29:36, Lv 9:04, Lv22:23, Lv23:18, Nu 7:03, Nu 8:08, Dt14:05M; ותורא Ex21:32, Ex34:03; ותורי Dt14:05; ותוריהון Gn46:32, Gn47:01, Gn50:08; ותורייא Gn33:13; ותורייה Ex34:03M, Nu11:22, Nu11:22M; ותוריך Gn45:10; ותוריכון Ex10:24, Dt 8:13; ותורין Gn12:16, Gn13:05, Gn20:14, Gn21:27, Gn24:35, Gn32:16, Ex12:38, Nu31:33, Nu31:38, Nu31:44, Dt14:05M, Dt16:02; ותורכון Dt 5:33; ותורתה Lv22:28M; ותושבחא Ex14:14; ותושבחה Dt32:03; ותושבחתה Nu23:22, Nu24:08; ותותב Gn23:04, Ex 2:22, Ex18:03, Lv25:35, Lv25:47, Lv25:47; ותותבין Gn15:13, Lv25:23M, Lv25:23; ותזבנון Dt14:26; ותזדבנון Dt28:68; ותזדהרון Dt 2:04, Dt 4:15, Dt23:10; ותזדכי Gn24:08; ותזדמן Dt21:13, Dt21:13M; ותזדמנון Nu35:11M; ותזהר Ex18:20; ותזהרון Lv15:31; ותזופון Dt15:06; ותזיל Dt24:02; ותזלון Gn19:02, Gn19:02M, Dt 8:19, Dt16:07, Dt26:02; ותזמנון Nu35:11; ותזער Lv26:22; ותזפון Dt15:06M, Dt28:12M; ותזרעון Gn47:23, Lv26:16, Dt28:38; ותזרק Ex29:16, Ex29:20; ותחבל Ex15:07M; ותחבלון Nu32:15, Dt 4:25; ותח' Lv25:46M; ותחגון Ex12:14, Lv23:41, Nu29:12; ותחדון Lv23:40, Dt12:07, Dt12:12, Dt12:18, Dt14:26, Dt16:11, Dt26:11, Dt27:07; ותחוורון Gn35:02M, Nu31:24; ותחום Nu34:06; ותחומה Gn49:13, Dt 3:16, Dt 3:17; ותחומי' Gn49:14M; ותחות Ex24:10, Dt12:02; ותחזור Lv22:13, Dt23:14; ותחזר Dt22:02; ותחזרון Lv25:10, Dt 3:20, Dt 4:30M, Dt30:02; ותחטא Lv 5:15; ותחי Gn20:07; ותחמון Nu13:18, Nu15:39, Dt20:01, Dt21:11M; ותחמי Ex33:23, Nu27:12, Nu27:13, Dt 4:19M, Dt21:11; ותחסול Nu17:25M; ותחסן Ex34:09M; ותחפור Dt23:14; ותחפי Ex25:11, Ex25:13, Ex25:24, <Ex25:28>, {Ex26:29}, Ex26:37, Ex27:02, {Ex27:06}, Ex30:03, Ex30:05; ותחצדון Lv23:10; ותחקרון Dt13:15; ותחתון Gn42:38, Gn44:29, Gn45:13; ותטור Lv12:04M; ותטכס Ex29:05, <Ex29:09M>; ותטל Ex40:03; ותטלק Dt25:09M; ותטמר Nu 5:13; ותטעון {Dt 4:19}; ותטרד Ex23:28; ותטרון Ex12:17, Ex12:17, Ex13:10, Ex15:26, Ex19:05, Ex31:14, Lv 8:35, Lv18:05, Lv18:26, Lv19:37, Lv20:08, Lv20:22, Lv22:31, Nu18:05, Dt 4:06, Dt 4:40, Dt 5:01, Dt 7:12, {Dt11:01}, Dt11:08, Dt11:32, Dt16:12, Dt26:16; ותיאכלון Lv26:26; ותיבדון Lv26:38; ותי' Ex12:32M; ותידכון Nu31:24; ותידכי Nu 5:28M, Nu 8:15; ותידכרון Dt 5:15, <Dt 8:02>, Dt 8:18; ותידע Nu32:23M; ותידעון Ex16:12, Nu32:23M, Dt 8:05M, Dt 9:03, Dt 9:06, Dt11:02; ותידק Ex30:36; ותיהווי Gn11:04, Gn45:10, Lv25:06, Nu10:31M, Nu19:10M, Nu25:13, Nu27:11, Nu32:22, Dt17:19M; ותיהוון Ex30:21M, Dt28:29, Dt28:37M; ותיהוי Lv 5:13, Lv13:24, Lv16:34, Lv24:09, Lv25:29, Lv26:33, Lv27:21, Nu 5:27, Nu 5:27, Nu10:31, Nu19:09, Nu19:21, <Nu24:18>, Dt13:17, Dt28:37; ותיזל Ex17:05, Dt24:02M; ותיזלון Ex12:32, Dt14:25; ותיזרעון Lv25:22; ותיחדון Dt16:14; ותיחון Dt30:16; ותיחי Ex 1:16; ותיחמון Dt 4:19; ותיטור Lv12:05M; ותיטרון Ex12:24, Ex12:25, Lv18:30, Dt 5:32, Dt 6:03, Dt 7:11, Dt 8:06, Dt29:08; ותייקרון Lv19:32; ותיישים Gn32:15; ותייתון Lv23:10, Dt12:26; ותייתי Gn27:10; ותיכול Ex18:23M; ותיכוס Ex29:11; ותיכל Gn 3:18, Ex18:23, Ex22:05; ותיכלון Gn45:18, Ex12:11, Ex23:11M, Lv10:13, Lv26:10, Nu11:18, Nu18:31, Dt 2:06M, Dt 7:16, Dt11:15, Dt12:07, Dt12:15, Dt16:07, Dt20:14, Dt27:07, Dt28:53; ותיכסון Dt12:21, Dt16:02; ותימ' Lv25:02, Nu15:18; ותימר Gn14:23, Gn24:14, Gn24:44, Gn44:04, Ex 3:16, Ex 4:22, Ex 7:09, Ex 7:16, Ex 7:26, Ex 8:16, Ex 9:01, Ex 9:13, Ex13:14, Lv 1:02, Lv17:02, Lv18:02, Lv19:02, Lv23:02, Lv23:10, Lv27:02, Nu 5:12, Nu 5:22, Nu 6:02, Nu 8:02, Nu15:02, Nu15:38, Nu18:26, Nu18:30, Nu28:02, Nu28:03, Nu33:51, Nu34:02, Nu35:10, Dt25:07, Dt25:09; ותימרון Gn32:21, Gn45:09, Gn46:34, Ex 3:18, Ex12:27, Ex13:14M, Lv15:02, Dt 6:21, Dt12:20, Dt17:14, Dt26:03, Dt26:05, Dt26:13; ותינין Dt 8:08M; ותינק Ex 2:07M; ותיסב Gn24:04, Gn24:07, Gn24:38, Ex29:05, Ex29:07, Ex29:19, Lv24:05, Dt21:11, Dt21:13; ותיסבון Dt26:02; ותיסגי Ex23:29M; ותיסק Ex19:24; ותיסר Ex29:09; ותיסתרון {<Dt12:03>}; ותיעול Gn 6:18, Ex 3:18M, Lv13:02M; ותיעלון Dt 4:01, Dt 6:18, Dt 8:01, Dt11:08, Dt12:06M, Dt12:26M; ותיעני Dt25:09; ותיפוק Gn40:14; ותיפי Lv24:05; ותיקד Ex29:34; ותיקדון Dt13:17; ותיקרי Gn16:11; ותירגמון Dt13:11; ותירוק Dt25:09; ותירתון Dt 4:01, Dt 4:22, Dt 6:18, Dt 9:03, Dt11:08, Dt11:23, Dt12:29, Dt16:20, Dt17:14, Dt19:01, Dt30:05; ותישיצון Nu33:53, Dt 7:02M, Dt 7:02, Dt 7:24M, Dt 9:03M, Dt17:12M, Dt20:20M, Dt22:21M, Dt22:22M, Dt22:24M; ותישתיצי Lv23:30M; ותישתצא Nu15:30; ותישתצון <Dt11:17M>; ותיתב Dt21:13; ותיתון Gn45:18, Gn45:19, Dt12:06, Dt17:09M, Dt26:03; ותיתי Ex 3:18, Ex18:19, Lv 2:08; ותיתן Ex25:21; ותכבשון Nu32:22M; ותכ' Ex36:08M; ותכוונון Nu34:10; ותכוס Ex29:16, Ex29:20; ותכלא Ex35:06; ותכל<ה <Ex38:18>; ותכלה Ex25:04, Ex26:01; ותכלון Nu11:18; ותכלית Nu16:35M; ותכלת Lv 9:24M, Nu11:01, Dt32:22; ותכנש Gn 6:21, Ex 3:16, Nu 8:09, Dt22:02M; ותכנשון Ex23:10, Lv25:03, Dt11:14; ותכסון Dt27:07; ותכסי Lv13:12, Dt22:01, Dt22:04, Dt23:14; ותכסיתה Ex21:10; ותכפל Ex26:09; ותכרזון Lv25:10, Dt20:10; ותכריכין Dt26:14; ותכתבון Dt 6:09, Dt11:20, Dt27:03, Dt27:08; ותכתוב Ex34:01M, Dt10:02M, <Dt27:03M>; ותלבש Ex28:41, Ex29:05, Ex29:08, Ex40:13, Ex40:14, Nu20:26; ותלד Gn30:03, Ex21:04, Lv12:02, Nu 5:28; ותלוט Nu23:13, Nu23:27; ותליד Lv12:02M; ותלילייה <Dt28:52>; ותלילן Dt 1:28, Dt 9:01; ותליתאין Gn 6:16; ותלמידייהא Dt 8:09M; ותלפון Dt

4:09, Dt 5:01, Dt11:19; ותלש Dt29:27; ותלת Gn11:15, Gn14:04M, Gn46:15, Ex 6:18, Ex 7:07, Ex27:01, Ex38:01, Ex38:26M, Nu 1:23, Nu 2:13, Nu 3:50, Nu26:25, Nu31:36, Nu31:43, Nu33:39, Dt32:04, Dt32:04, Dt32:04; ותלתא Ex25:32, Ex25:32, Ex37:18; ותלתה Ex38:26, Lv12:04, Lv14:10, Nu 1:43, Nu 1:46, Nu 2:30, Nu 2:32, Nu 3:43, Nu 3:46, Nu26:07, Nu26:47, Nu26:62, Nu28:12; ותלתות Nu28:14; ותלתי Gn 7:13; ותלתי' Gn 5:03; ותלתיהו' Gn18:01; ותלתין Gn 5:05, Gn 5:16, Gn 6:15, Gn11:13, Gn11:17, Gn25:17, Gn47:09, Ex 6:16, Ex 6:18, Ex 6:21, Ex12:40, Ex12:41, Ex38:24, Lv12:04, Nu 2:24, Nu 4:40, Nu 7:13, Nu 7:19, Nu 7:25, Nu 7:31, Nu 7:37, Nu 7:43, Nu 7:49, Nu 7:55, Nu 7:61, Nu 7:67, Nu 7:73, Nu 7:79, Nu 7:85, Nu26:07, Nu26:51, Nu31:36M; ותמה Gn17:17; ותמהו Gn43:33; ותמהת Gn18:12; ותמוט Lv25:35; ותמחי Ex17:06; ותמיה Gn17:17M; ותמלל Ex 4:15, Ex 9:01M; ותמללון Nu20:08; ותמן Gn41:12, Gn49:31, Gn50:01M, Gn50:01M, Ex15:25, Ex15:27, Lv 8:31, Nu13:22, Nu13:33, Nu14:35, Dt12:14, Dt32:52, Dt33:19, Dt34:04; ותמנון Lv23:15, Lv25:08, Nu 4:27M; ותמני Ex36:09, Lv15:28, Nu35:07; ותמניא Dt 2:14; ותמניי Nu 2:09M; ותמנייה Nu 2:24M; ותמנין Gn 5:25, Gn 5:26, Gn 5:28, Gn35:28, Ex26:02, Nu 4:48; ותמר Lv21:01; ותמשחון Nu35:05; ותנון Gn26:32M, Gn42:29, Gn45:26, Ex14:05M, Ex16:22, Nu13:27; ותנחם Ex32:12M; ותני Gn 9:22, Gn14:13, Gn21:07, Gn24:66, Gn29:12, Gn29:13, Gn37:05, Gn37:09, Gn37:10, Gn40:09, Gn41:08, Gn47:01, Ex 4:28M, Ex18:08, Ex19:09, Ex24:03, Nu11:27, Dt 4:13; ותניאו Gn26:32; ותניית Gn24:28, Gn29:12; ותנינן Gn41:12, Gn43:07, Gn44:24; ותניף Ex29:24, Ex29:26, Nu 8:13, Nu 8:15; ותניק Ex 2:07; ותנצבון Lv19:23; ותנשון Dt 8:14, Dt24:19; ותסב Gn24:40, Gn47:30, {<Ex 4:09>}, Ex28:09, Ex29:12, Ex29:13, Ex29:16, Ex29:20, Ex29:21, Ex29:22, Ex29:25M, Ex29:26, Ex40:09, Lv12:08, Nu 3:47, Dt15:17, Dt24:02M; ותסבון Gn44:29, Gn45:18, Ex12:22, Ex34:16, Lv23:40, Nu13:20, Dt 7:25; ותסגדון Dt 4:19, Dt 8:19, Dt11:16, Dt30:17; ותסגון Dt 5:33, Dt 8:01, Dt22:07M, Dt30:16; ותסדר Ex25:37, Ex29:13, Ex29:18, Ex29:25, Ex30:07M, Ex40:04, Ex40:04, Dt20:12; ותסדרון Dt27:06; ותסופון Nu33:52M, {<Dt 7:24>}, Dt 9:03, Dt11:17; ותסטון Ex34:15M, Dt 4:19M, Dt11:16, Dt11:28, Dt31:29; ותסיפון Nu33:52, Dt12:03; ותסכמון Nu 4:27; ותסמוך Nu27:18; ותספר Dt21:12; ותסק Ex34:02, Dt25:07; ותסקון Gn50:25, Ex13:19, Nu13:17, Dt17:08; ותסתאב Lv12:02, Lv12:05, Nu 5:29; ותסתכל Gn49:22M; ותעבד Gn24:12M, Gn40:14, Gn47:29, Ex 4:21M, Ex23:22, Ex25:11, Ex25:13, Ex25:17, Ex25:18, Ex25:19, Ex25:23, Ex25:25, Ex25:25, Ex25:26, Ex25:28, Ex25:29, Ex25:31, Ex25:37, Ex26:04, Ex26:06, <Ex26:07>, Ex26:10, Ex26:11, Ex26:14, Ex26:15, Ex26:18, Ex26:26, Ex26:31, Ex26:36, Ex26:37, Ex27:01, Ex27:02, Ex27:03, Ex27:04, Ex27:06, Ex27:09, Ex28:02, Ex28:13, Ex28:15, Ex28:22, Ex28:23, Ex28:26, Ex28:27, Ex28:31, Ex28:33, Ex28:36, Ex28:39, Ex28:40, Ex28:42, Ex29:35, Ex30:01, Ex30:03, Ex30:05, Ex30:18, Ex30:25, Ex30:35, Lv 4:02, Lv 5:17, Lv25:21, Nu21:34, Dt 3:02, Dt 6:18, Dt17:10, Dt22:08; ותעבדון Lv19:37, Lv20:08, Lv20:22, Lv22:31, Lv23:12, Lv25:18, <Lv25:18>, Lv26:03, Nu15:39, Dt 4:06, Dt 4:16, Dt 4:23, Dt 4:25, Dt 4:25, Dt 5:13, Dt 6:18M, Dt 7:12, Dt16:01, Dt16:10, Dt16:12, Dt17:10M, Dt19:19, Dt23:24, Dt26:16, Dt27:10, Dt28:48, Dt29:08, Dt30:08, Dt31:05; ותעבדינון Ex 4:21; ותעביד Gn35:01M, Ex25:24, Dt10:01; ותעבר Ex12:23, Nu 5:28M, Nu 5:28, Dt21:13; ותעברון Lv25:09, Nu27:07, Nu27:08, Dt12:10, {<Dt13:06>}; ותע' Dt 4:25M; ותעיל Ex25:14, Dt22:02; ותעל Ex26:11, Ex26:33, Ex27:07, Ex40:04, Ex40:04, Lv 2:08M, Dt21:12; ותעלון Dt12:05M; ותענה Dt31:21; ותענון Lv16:29M, Dt26:05; ותערקון Lv26:17; ותפוק Dt24:02; ותפלג Nu31:27M, Dt22:01M, Dt22:04M; ותפלון Nu14:43; ותפלחון Ex13:05, Ex23:25, Nu18:07, Dt 4:19, Dt 4:28, Dt 8:19, Dt11:16, Dt28:36, Dt28:39, Dt28:48M, Dt28:64, Dt30:17; ותפסו' Ex23:02M; ותפסוק Nu11:28M; ותפק Gn40:14M, Ex 3:10, Ex21:03, Nu20:08, Dt17:05M, Dt24:02M; ותפקד Nu27:19; ותפקון Dt17:05, Dt22:24, Dt23:13; ותפרוק Gn27:40, Ex21:11M; ותפרקון Lv19:23, Dt14:25; ותפרש Ex26:33, Nu 3:41, Nu 8:14; ותפרשון Ex13:12, Lv20:25, Nu18:26, Nu31:28, Dt14:25M; ותפש' Gn25:34M; ותפשוט Dt25:11; ותפשית Dt 9:17; ותפשת Gn39:12; ותפתוח Nu16:30M, Dt20:11M; ותפתח Nu16:30M, Nu16:30, Nu26:10, Dt20:11; ותצבעון Ex12:22; ותצ' Lv19:23M, Nu17:19M; ותצומון Lv16:31, Lv23:27, <Nu29:07>; ותצורון Dt14:25; ותצימון Lv16:31M, Lv23:32, <Nu29:07M>; ותציתון Ex15:26; ותצלבון Dt21:22; ותצלון Ex 8:24M, Ex12:32, Ex24:01, Dt 4:29; ותצמי Dt21:12; ותצנעון Dt14:28, Dt26:10; ותצרי Gn15:17M; ותצרכון Dt28:12; ותצרפון Dt14:25M; ותקבון Dt11:20M; ותקבל Gn33:10, Gn33:10M, Ex29:25, Ex30:16; ותקבעון Dt 6:09, {<Dt11:20>}; ותקבר Gn47:30; ותק' Ex 1:16M; ותקדמון Gn19:02, Dt16:07; ותקדש Ex19:10, Ex28:41, Ex29:04, Ex29:27, Ex29:37, Ex30:29, Ex30:30, Ex40:09, Ex40:10, Ex40:11, Ex40:12, Ex40:13M, Ex40:13; ותקדשון Lv21:08, Lv25:10; ותקום Lv27:19; ותקומון Dt17:08; ותקוף Dt 2:30M, Dt 8:17; ותקופה Gn31:42M; ותקטוף Dt23:26; ותקטל <Nu14:15>; ותקטלון Ex21:14, Lv20:16, Nu25:17, Dt 7:02, Dt20:13, Dt22:25; ותקטלוניה <Ex34:20M>; ותקטלנה Ex13:13M; ותקטרון Dt 6:08, Dt11:18; ותקיים Nu30:04; ותקיימון Ex 1:16M, Dt27:02M; ותקים Ex26:30, <Nu 8:13>, Nu27:19; ותקימון Dt27:02, Dt27:04; ותקין Gn 1:25; ותקיף <Gn30:29>, Gn50:10, Nu24:10, Nu32:10, Dt29:26, Dt33:29; ותקיפא Gn31:42, Ex32:10, Dt 9:02M; ותקיפה Gn18:18, Nu14:12, Dt 9:14, Dt26:05; ותקיפין Ex 1:09, Lv26:29, Nu22:15M, Dt 1:28M, Dt 2:10, Dt 2:21, Dt 4:38, <Dt 7:01M>, Dt 9:01, Dt 9:02, <Dt11:23M>; ותקיפן Dt 7:01, <Dt 9:01M>, Dt11:23; ותקל Gn23:16; ותקם Nu 3:06; ותקן Gn 1:10, Gn 1:12, Gn 1:18, Gn 1:21, Gn 1:31, Gn16:06M, Gn19:08M, Lv10:19M, Nu23:01, Nu23:29M, Dt 5:28, Dt 6:18, Dt12:08, Dt12:25, Dt12:28, Dt13:19, Dt18:17, Dt21:09, Dt31:29; ותקף Gn24:35, Gn26:13, Gn26:13, Gn30:02, Gn30:30, Gn30:43, Gn31:36M, Gn39:19, Gn41:56, Ex 4:14, Ex 8:11, Ex 8:28, Ex 9:12, Ex10:27, Ex19:19, Ex32:19, Nu11:01, Nu11:10, Nu11:33M, Nu12:09, Nu22:22, Nu25:03, Nu32:13, Dt 1:34, Dt 2:30, Dt 3:26, Dt 3:28M, Dt 9:08; ותקפו Gn47:27; ותקפון Dt20:12; ותקפינן Gn26:22; ותקפית Gn49:22; ותקצון Dt20:20, Dt25:12; ותקציץ Dt21:12M; ותקצצון Dt25:12M; ותקרא Gn16:11M; ותקרב Ex29:03, Ex29:10, Ex40:12, Nu 8:09, Nu 8:10, Nu15:27, Dt25:09; ותקרבון Ex 8:24, Ex20:24, Lv23:08, Lv23:12, Lv23:16, Lv23:18, Lv23:19, Lv23:25, Lv23:27, Lv23:36, Nu15:03, Nu16:17, Nu28:19, Nu28:27, Nu29:02, Nu29:08, Nu29:13, Nu29:36, Dt 2:19, Dt12:27; ותקרוב Dt25:09M, Dt25:11; ותקרון Lv25:10M, Dt20:10M; ותקרי Gn17:19; ותרב Lv 7:24, Lv 7:24; ותרבבת Lv22:11; ותרבי {Ex28:41}, Ex29:07, Ex29:36, Ex29:36, Ex30:26, Ex40:09, Ex40:10, Ex40:11, Ex40:13M, Ex40:13, Ex40:15; ותר' Lv 2:06M; ותרגמון Dt17:05, Dt22:24; ותרדפון Lv26:07; ותרויהון Nu11:26; ותרוקנון Ex 3:22; ותרחמון Lv19:18M, Lv19:18, Lv19:34, {<Dt 6:05>}, Dt10:19, Dt11:01; ותרחק Lv26:30; ותרי עשר <Nu 7:03M>; ותריהון Dt32:01; ותריין Lv14:22M, Nu31:38M; ותרין Gn11:20M, Gn24:22, <Gn25:23>, Ex18:06, Ex26:19, Ex26:23, Ex32:15, Ex34:29, Ex36:24, Ex36:26, Ex36:28, Ex37:03, Ex38:29, Lv14:22, Lv23:19, Nu 1:35, Nu 1:35, Nu 1:39, Nu 2:26, Nu 3:39, Nu 3:43, Nu22:22, Nu26:14, Nu26:34, Nu26:37, Nu28:09, Nu28:12M, Nu28:12, Nu28:20M, Nu31:33, Nu31:35, Nu31:38, Nu35:06M, Dt 9:15, Dt10:03, Dt32:30; ותרין עשר Nu 7:03; ותריס Dt33:29; ותריק Ex29:07, Lv 2:06; ותרסק Lv 2:06M; ותרעא Gn 6:16, Gn19:06; ותרעי Lv26:34; ותרצע Dt15:17M; ותרקי Gn10:02M, Gn10:02M; ותרתון Dt 8:01, Dt11:31, Dt26:01, {<Dt31:03>}; ותרתי עשרי Ex24:04; ותרתין Gn 5:18, Gn 5:20, Gn 5:26, Gn 5:28, Gn11:20, Gn19:30, Gn19:30, Ex25:12, Ex25:12, Ex26:21, Ex26:25, Ex28:14, Ex30:02, Ex30:04, Ex36:26M, Ex37:03M, Ex37:03, Ex37:25, Ex37:27, Ex39:16, Nu 3:34, Nu 3:43, Nu 4:44M, Nu26:14, Nu31:40, Nu35:06; ותרתין עשרה Gn 5:08; ותשאל Ex 3:22; ותשאלון Dt13:15; ותשבון Dt21:10; ותשבוק Ex32:32, Ex34:09; ותשבחתיה <Nu24:08M>; ותשבע Dt23:25, Dt23:25M; ותשבעון Lv25:19, Lv26:05, Dt 6:11, Dt 8:10, Dt 8:12, Dt11:15; ותשווי Gn47:06, Ex28:37, Ex29:06, Ex29:09, Ex30:18, Ex40:03, Ex40:05, Ex40:08, Lv24:06; ותשוון Ex 3:22, Dt11:18, Dt26:02, Dt31:26; ותשוי Gn40:13, Ex 4:15, Ex18:21, Ex26:35, Ex28:12, Ex28:26, Ex29:24, Lv 2:15, Dt10:02; ותשוע Gn 6:14; ותשוען Dt27:02, Dt27:04; ותשזבון Nu10:09M; ותשזג Ex29:17; ותשחק Ex30:36; ותשיצון Nu33:52, Dt17:07M, Dt19:13M; ותשיצי Ex15:09, Lv26:22; ותשכח Ex22:05, Lv25:26, Dt22:03; ותשכחון Dt 4:29; ותשלוף Dt25:09M; ותשלח <Nu20:26M>, Dt21:14; ותשלטון Dt15:06, Dt28:12M; ותשלם Ex28:17, Ex28:41, Ex29:09; ותשלף Dt25:09; ותשמוע Lv 5:01M; ותשמט Lv25:02; ותשמי' Lv16:29M; ותשמע Lv 5:01, Dt 4:30M, Dt32:01; ותשמעון Dt 4:30, Dt 6:03, Dt17:04, Dt27:10, Dt30:02, Dt30:08; ותשע Gn 5:27, Gn11:19, Gn11:24, Gn17:01, Gn17:24, Lv25:08, Nu 1:23M, <Nu 2:13M>; ותשע עשרה Gn11:25; ותשעה Ex38:24, Nu 1:23, Nu 2:13; ותשעון Dt27:04M; ותשעין Gn 5:17, Gn 5:30; ותשפוך Ex 4:09; ותשצון Dt21:21M; ותשקון Dt11:10; ותשקי Nu20:08; ותשקע Ex28:39M; ותשקר Lv 5:21, Nu 5:12, Nu 5:27; ותשרון Lv25:18, Lv25:19, Lv26:05, Nu33:53, Dt 8:12, Dt11:31, Dt12:10, Dt12:10, Dt17:14, Dt19:01, Dt26:01; ותשרי Gn27:44, Gn45:10, Ex34:09; ותשתון Dt 2:06M; ותשתיירון Dt 4:27, Dt28:62; ותשתיירן <Dt 4:27M>; ותשתיצא Lv 7:20, Lv 7:27, Lv23:29, Nu19:13; ותשתיצי Ex 9:15, Ex12:15, Ex12:19, Ex31:14, {Ex31:15}, Lv 7:21, Lv19:08, Lv22:03, Nu19:20; ותשתכלל Nu21:27; ותשתצא Lv 7:25; ותתב Gn27:44M; ותתבדרון Dt30:17; ותתבעון Dt 4:29M, Dt13:15, Dt17:04, Dt17:09; ותתברון Dt12:03, Dt28:66M; ותתגלי Lv 9:06; ותתגרון Dt 2:24; ותתדכרון Nu10:09; ותתובון Dt 4:30, Dt 4:39; ותתודע Lv 4:14; ותתון Dt17:09; ותתוסף Nu36:03, Nu36:04; ותתוקד Gn38:24; ותתוקף Lv25:35, Dt25:11, Dt32:41; ותתוקפון Nu13:20; ותתחוב Nu 5:06; ותתחשב Gn 1:09, Gn 9:14; ותתחמי Ex19:12; ותתחם Dt20:18M; ותתחייבון Lv 5:15M; ותתחייב Dt30:01; ותתחזרון Nu18:27; ותתטרון Dt17:10; ותתי Lv15:29; ותתייבבון Nu10:09M; ותתיך Ex26:37; ותתך Ex25:12; ותתכבש Nu32:22, {<Nu32:29>}; ותתכל Lv26:22, Lv26:38M; ותתכנש Nu27:13, Dt32:50, Dt32:50; ותתכנשון <Lv26:25>; ותתכפר Lv 9:07M; ותתלתון Dt19:03; ותתמלא Gn16:05, Nu14:21; ותתמלי Lv19:29; ותתמנע Ex23:05, Nu36:03; ותתמסי Nu 5:27; ותתמסרון Lv26:25; ותתן Ex25:12, Ex25:16, Ex25:26, Ex25:30, Ex26:32, Ex26:33, Ex26:34, Ex27:05, Ex28:14, Ex28:23, Ex28:24, Ex28:25, Ex28:27, Ex28:30, Ex29:03, Ex29:06, Ex29:12, Ex29:17, Ex29:20, Ex30:06, Ex30:16, Ex30:18, Ex30:18M, Ex30:36, Ex40:05, Ex40:06, Ex40:07, Ex40:07, Ex40:08, Lv 2:15, Lv24:07, Lv25:19, Lv26:04, Nu 3:09, Nu 3:48, Nu 7:05, Nu27:20, Nu31:29, Nu31:30, Dt15:17; ותתנגפון Lv26:17; ותתנו Nu27:09M; ותתנון Gn45:13, Gn47:24, Ex12:22, Ex12:22M, Ex13:08, Nu16:17, Nu18:28, Nu19:03, Nu27:09, Nu27:10, Nu27:11, Nu32:29, Dt 6:07, Dt 6:09M, Dt11:29, Dt26:12; ותתני Ex19:03, Ex19:03M; ותתנייח Lv25:02M; ותתנסב Dt24:02; ותתנפח <Nu 5:27>; ותתנשי Gn41:30; ותתעבר Ex34:02M; ותתעקרון Dt28:63; ותתערבון Gn34:09M; ותתעתד Ex 7:15, Ex33:21, Ex34:02; ותתעתקון Dt 4:25; ותתפחדון Dt28:66; ותתפיסון Dt 8:05; ותתפרקון <Nu10:09>; ותתק' <Nu13:20M>; ותתקדשון Lv11:44, Lv20:07; ותתקיים Gn12:13, Gn19:20; ותתקמה Gn12:13M; ותתקעון Nu10:05, Nu10:06, Nu10:09, Nu10:10; ותתקף Gn28:14, <Dt25:11M>; ותתרחמון Dt11:01M; ותתרעי Dt21:11

## WITH PROPER NOUNS

### PN

ואביאסף Ex 6:24; ואבידע Gn25:04; ואביהו Ex24:11M, Ex28:01; ואביהוא Ex24:01, Ex24:09, Lv10:01, Lv10:19, Nu 3:02, Nu 3:04, Nu 9:06M, Nu26:61; ואבימלך Gn20:04, Gn26:26; ואביר' Ex 2:13M; ואבירם Ex14:03M, Ex16:20M, Nu16:01, Nu16:24, Nu16:25, Nu16:27, Nu16:27, Nu26:09, Nu26:09; ואברהם Gn13:02, Gn17:24, Gn18:11, Gn18:16, Gn18:18, Gn18:22, Gn18:33, Gn21:05, Gn24:01; ואברם Gn12:04, Gn16:16; וא' Nu 3:38M; ואדבאל Gn25:13; ואהד Gn46:10, Ex 6:15;

**ואהליאב** *Ex35:34, Ex36:01;* **ואהליבמ'** *Gn36:05;* **ואהרון** *Nu 8:20;* **ואהרן** *Gn40:12, Ex 4:29, Ex 5:01, Ex 5:04, Ex 6:27, Ex 7:01, Ex 7:02, Ex 7:06, Ex 7:07, Ex 7:10, Ex 7:20, Ex 8:08, Ex10:03, Ex11:10, Ex12:28, Ex16:06, Ex17:10, Ex17:12, Ex19:13, Ex19:24, Ex24:01, Ex24:09, Lv 9:23, Lv10:20M, Nu 1:03, Nu 1:17, Nu 1:44, {Nu 3:39}, Nu 4:34, Nu 4:37, Nu 4:41, Nu 4:45, Nu 4:46, Nu12:01, Nu13:26, Nu14:05, Nu16:11, Nu16:16, Nu16:17, Nu16:18, Nu17:08, Nu20:06, Nu20:08, Nu20:10, Nu20:26, Nu21:18, Nu26:64, Nu33:01, Nu33:39;* **ואומר** *Gn36:11;* **ואון** *Nu16:01;* **ואונן** *Gn46:12, Nu26:19, Nu26:19;* **ואיתמר** *Ex28:01, Nu 3:02, Nu 3:04;* **ואלדעה** *Gn25:04;* **ואלון** *Gn46:14;* **ואליעזר** *Gn15:02;* **ואלעזר** *Ex 6:25, Nu20:28, Nu26:03, Nu26:63M, Nu31:13, Nu31:26, Nu31:31, Nu31:51, Nu31:54;* **ואלצפן** *Ex 6:22;* **ואלקנה** *Ex 6:24;* **ואמרפל** *Gn14:09;* **ואסתר** *Ex17:16;* **ואפיקירוס** *{Dt 3:14};* **ואפרים** *Gn49:22, Nu26:28;* **ואצבון** *Gn46:16;* **ואצר** *Gn36:21;* **ואראלי** *Gn46:16;* **וארד** *Gn46:21;* **ואשור** *Gn46:21;* **ואשבל** *Gn10:22, Gn10:24, Gn11:12;* **וארפכשד** *Gn10:22;* **וארם** *Gn14:09;* **ואריוך** *Gn46:16;* **וארודי** *Gn10:22;* **ואשר** *Gn35:26, Ex 1:04, {Ex28:19}, Dt27:13;* **ואשריאל** *Nu26:31*

**ובכר** *Gn46:21;* **ובלעם** *Ex 9:21M, Nu23:02;* **ובלק** *Nu22:04;* **ובנימין** *Gn35:24;* **ובנימן** *Gn45:14, Gn46:19, Ex 1:03?, Ex28:20, Ex39:13, Dt27:12;* **ובצלאלא** *Ex38:22;* **ובריעה** *Gn46:17;* **ובשמת** *Gn36:04;* **ובתואל** *Gn22:23, Gn24:50*

**וגד** *Ex39:12;* **וגוני** *Gn46:24;* **וגעתם** *Gn36:11;* **וגתר** *Gn10:23i*

**ודדן** *Gn10:07;* **ודודנים** *Gn10:04;* **ודומה** *Gn25:14;* **ודישון** *Gn36:21;* **ודישן** *Gn36:21;* **ודתן** *{<Nu16:01>}, {<Nu16:27>}, Nu26:09*

**והבל** *Gn 4:04;* **והרן** *Gn11:27*

**וזבולון** *Gn35:23;* **וזכרי** *Ex 6:21;* **וזרח** *Gn36:13, Gn46:12*

**וחברון** *Ex 6:18;* **וח'** *Gn 7:13;* **וחגי** *Gn46:16;* **וחגלה** *Nu36:11;* **וחוילה** *Gn10:07;* **וחול** *Gn10:23;* **וחור** *Ex17:10, Ex17:12, Ex24:14;* **וחירה** *Gn38:12;* **וחם** *Gn 9:18, Gn 9:18, Gn10:01;* **וחמול** *Gn46:12;* **וחנוך** *Gn25:04;* **וחפים** *Gn46:21;* **וחפר** *Nu26:32*

**ויאיר** *Nu32:41;* **ויגבהה** *Nu32:35;* **ויג'** *Nu32:35M;* **ויהודה** *Gn35:23, Ex 1:02, Dt27:12;* **ויהושוע** *Nu11:26M;* **ויהושע** *Ex17:14, Ex24:13, Nu11:26, Nu14:06, Nu14:30, Nu14:38, Nu26:65, Nu32:12, Nu34:17, Dt31:14, Dt32:44, Dt34:09;* **ויוב** *Gn46:13;* **ויוכבד** *Ex 1:21;* **ויון** *Gn10:02;* **ויוסף** *Gn39:01, Gn41:46, Gn42:06, Gn44:04, Gn46:04, Ex 1:05, Dt27:12;* **ויחלאל** *Gn46:14;* **ויכין** *Gn46:10, Ex 6:15;* **וימין** *Gn46:10, Ex 6:15;* **ויעקב** *Gn25:27, Gn25:27M, Gn25:34, Gn30:36, Gn31:25, Gn31:47, Gn32:02, Gn33:04M, Gn33:17, Gn34:05, Gn35:29, Gn40:12, Gn44:18, Ex 3:16, Ex17:12, Lv22:27, Nu21:18, Nu22:30, Dt32:27, Dt33:15;* **ויעק'** *Nu23:09;* **ויפת** *Gn 7:13, Gn 9:18, Gn 9:23, Gn10:01;* **ויצהר** *Ex 6:18, Nu 3:19;* **ויצחק** *Gn24:62, Gn25:26, Gn35:27, Gn48:15, Gn48:16, <Gn48:22>, Gn49:02M, Gn49:26, Ex12:42, Dt 6:04;* **ויצר** *Gn46:24;* **ויקטן** *Gn10:26;* **ויקשן** *Gn25:03;* **וישוה** *Gn46:17;* **וישוי** *Gn46:17;* **וישמעאל** *Gn17:25, Gn17:26, Gn18:10;* **וישמעל** *{<Gn25:09>}, Gn49:26;* **וישעייה** *Dt32:01;* **וישראל** *Gn37:03, Nu11:30, Nu24:18;* **וישכר** *Gn35:23, Dt27:12*

**וכוש** *Gn10:08;* **וכלב** *Nu14:06, Nu14:38;* **וכנען** *Gn10:06, Gn10:06M, Gn10:15;* **וכרמי** *Gn46:09, Ex 6:14*

**ולאה** *Gn31:14, Ex17:12, Nu23:09, Dt33:15;* **ולבן** *Gn31:19, {Gn31:25}, Gn31:25;* **ולוד** *Gn10:22;* **ולוט** *Gn13:01, Gn19:01, Gn19:23;* **ולוי** *Gn34:25, Gn34:31, Gn35:23, Gn44:18, Gn44:18M, Gn44:18, Gn44:18M, <Gn49:05>, Gn49:07, Gn49:07, Dt27:12;* **ולט** *Gn13:12;* **ולמך** *Gn 4:24*

**ומבשם** *Gn25:13;* **ומגוג** *Gn10:02, Nu11:26, Nu24:20;* **ומדד** *Nu11:26, Nu11:27;* **ומדי** *Gn10:02;* **ומואביי** *Dt 2:11;* **ומושי** *Ex 6:19, Nu 3:20;* **ומזג** *Gn10:07M;* **ומחויאל** *Gn 4:18;* **ומידד** *Nu11:26, Nu11:26M, Nu11:26M;* **ומיזה** *Gn36:13;* **ומכיר** *Nu26:29;* **ומלכא @ צדק** *Gn14:18;* **ומלכה** *Nu36:11;* **ומלכיאל** *Gn46:17;* **וממרא** *Gn14:24;* **ומנשה** *Gn48:05, Dt34:02;* **ומצרים** *Gn10:06, Gn10:13;* **ומרים** *Gn40:12, Nu12:05;* **ומררי** *Gn46:11, Ex 6:16, Nu 3:17;* **ומש** *Gn10:23;* **ומשא** *Gn25:14;* **ומשה** *<Ex 3:01>, Ex 6:26, Ex 7:07, Ex11:10, Ex12:42, Ex17:10, Ex19:03, Ex20:21, Ex33:07, Ex34:29, Nu 3:01M, Nu14:44, Nu16:18, Dt34:07;* **ומשך** *Gn10:02;* **ומשמע** *Gn25:14;* **ומתושאל** *Gn 4:18*

**ונבח** *Nu32:42;* **ונח** *Gn 6:08, Gn 7:06;* **ונחור** *Gn11:29;* **ונעה** *Nu26:33, Nu36:11;* **ונעמן** *Gn46:21, Nu26:40;* **ונפג** *Ex 6:21;* **ונפתלי** *Ex 1:04, Ex28:19, Ex39:12, Dt27:13*

**וסבתא** *Gn10:07;* **וסבתכא** *Gn10:07;* **וסתרי** *Ex 6:22*

**ועבר** *Gn25:27M;* **ועוג** *Dt29:06;* **ועזיאל** *Ex 6:18, Nu 3:19;* **ועזריה** *Gn38:25;* **ועירד** *Gn 4:18;* **וענה** *Gn36:20;* **ועפר** *Gn25:04;* **ועפרון** *Gn23:10, Gn23:11M;* **ועשו** *Gn27:30, Gn28:05*

**ופוה** *Gn46:13;* **ופוט** *Gn10:06;* **ופיכל** *Gn21:22, Gn21:32, Gn26:26;* **ופלוא** *Gn46:09, Ex 6:14;* **ופסי** *Nu13:14;* **ופרעה** *Ex14:10M;* **ופרץ** *Gn46:12*

**וצבעון** *Gn36:20;* **וצחר** *Gn46:10, Ex 6:15;* **וצלה** *Gn 4:22, Gn 4:23;* **וצלפחד** *Nu26:33*

**וקדמה** *Gn25:15;* **וקדר** *Gn25:13;* **וקהת** *Ex 6:16, Nu 3:17, Nu26:58;* **וקין** *Gn 4:02;* **וקנז** *Gn36:11*

**וראש** *Gn46:21;* **ורבקה** *Gn25:27M, Gn25:28, Gn27:05, Gn27:06;* **ורחל** *Gn29:09, Gn29:17M, Gn29:17, Gn29:31, Gn31:34;* **וריפת** *Gn10:03;* **ורעמ'** *Gn10:07*

**ושאול** *Gn46:10, Ex 6:15;* **ושובל** *Gn36:20;* **ושכל** *Gn14:24;* **ושכם** *Gn34:20, Nu26:31;* **ושלה** *Gn46:12;* **ושלח** *Gn10:24, Gn11:14;* **ושלם** *Gn46:24;* **ושם** *Gn 7:13;* **ושמאבר** *Gn14:02;* **ושמידע** *Nu26:32;* **ושמעון** *Gn35:23, Gn48:05;* **ושמעי** *Ex 6:17, Nu 3:18;* **ושמרון** *Gn46:13;* **ושרה** *{<Gn18:10>}, Gn18:11, Gn25:10, Ex12:42, Ex12:42, Nu21:34, Nu21:34;* **ושרח** *Gn46:17;* **ושרי** *Gn16:01*

**ותדעל** *Gn14:01, Gn14:09;* **ותובל** *Gn10:02;* **ותוגרמה** *Gn10:03;* **ותימא** *Gn25:15;* **ותירס** *Gn10:02;* **ותלמי** *Nu13:22;* **ותמנע** *Gn36:12;* **ותרצה** *Nu26:33, Nu27:01;* **ותרשיש** *Gn10:04*

**ובאהרן** *Dt 9:20;* **ובמשה** *Nu21:05M;* **ודמשה** *Nu 3:01;* **ודרבקה** *Gn26:35M;* **וכמנשה** *Gn48:20;* **ולאבירם** *Nu16:12, Dt11:06;* **ולאברם** *Gn12:16;* **ולא»לעזר** *<Nu26:01>;* **ולאהליאב** *Ex36:02;* **ולאהרן** *Ex 7:08, Ex 8:04, Ex 8:21, Ex 9:08, Ex 9:27, Ex10:16, Ex10:24, Ex12:01, Ex12:31, Ex12:43, Nu12:04, Nu20:12, Nu20:23;* **ולאיתמר** *Lv10:06;* **ולאלעזר** *Lv10:06, Nu32:02;* **ולאלצפן** *Lv10:04;* **ולבנימן** *Gn45:22;* **וליוסף** *Gn41:50;* **וליעקב** *Gn50:24, Ex 6:08, Ex33:01, Nu32:11, Dt 1:08, Dt 6:10, Dt 9:05, Dt 9:27, Dt29:12, Dt30:20, Dt34:04;* **וליצחק** *Gn35:12;* **ולישמעאל** *Gn17:20;* **ולישראל** *Ex18:01, Ex32:13;* **וללאה** *Gn31:04;* **וללבן** *Gn29:16;* **וללוי** *Gn34:30;* **ולמכיר** *Dt 3:15;* **ולמשה** *Ex24:01, Nu21:16;* **ולנדב** *Ex24:11M;* **ולעבר** *Gn10:25;* **ולעוג** *Dt31:04;* **ולקהת** *Nu 3:27M;* **ולקין** *Gn 4:05;* **ולרבקה** *Gn24:29;* **ולשכם** *Gn34:24;* **ולשם** *Gn10:21;* **ולשרה** *Gn18:14, Gn20:16;* **ולשת** *Gn 4:26*

## GN

**ואלעלה** *Dt 3:10;* **ואדרעת** *<Dt 3:10M>;* **ואוסייה** *{<Gn10:02M>};* **ואיטליא'** *Gn10:04;* **ואלייהרק** *Gn10:06M;* **ואדרעה** *Nu32:03*

**ובית @ נמרין** *Nu32:03;* **וביתניא** *Gn10:02;* **ובעון** *Nu32:03;* **וברבריא** *Gn10:03;* **וברכוי** *{<Gn10:03>}*

**וגרמניה** *Gn10:02*

**ודיבון** *<Nu32:03>;* **ודרדני'** *Gn10:04*

**וחברון** *Nu 3:19, Nu13:22;* **וחשבון** *Nu32:03*

**וטרסס** *Gn10:04*

**ולחיית** *Nu21:15M, Nu21:15M*

**ומדי** *Gn10:02;* **ומוסיא** *<Gn10:02>;* **ומצרים** *Gn10:06M;* **ומקדוניא** *Gn10:02*

**ונבו** *Nu32:03;* **ונציבין** *Gn10:10*

**וסימת** *Nu32:03*

**ועיה** *Gn12:08;* **ועמורה** *Gn18:01, Gn19:28M, Dt29:22;* **ועמרה** *Gn10:19, Gn18:20*

ופרכווי *Gn10:03M*

וצבויים *Gn18:01, Dt29:22;* וצבוים *Gn10:19*

וקטיספי *Gn10:10*

ושבם *Nu32:03M*

ותרקא *Gn10:02*

ובאילם *Nu33:09;* ובגבלה *Dt 2:12;* ובחצרות *Dt 1:01M, Dt 1:01;* ובחרב *Dt 9:08;* ודעמרה *Gn14:10, Gn14:11;* ולחומתה *Nu34:15M, Nu34:15M;* ומידיוקיסוס *Nu34:15*

**DN**

וייי *Gn18:17, Gn21:01, Gn22:01, Gn24:35, Gn24:56, Gn50:24, Ex 9:23, Ex10:13, Ex12:29, Ex12:36, Ex17:16, Dt17:16*

## וויי *interj.* woe!, alas! *[169]*

| | | | | | |
|---|---|---|---|---|---|
| *001* | ווי | *Gn15:01* | חשב אברם בלבה ואמר | ווי | כען עלי דלמא איתקבלת אגר |
| *002* | | *Dt32:01* | חשב משה בליביה ואמר | ווי | כען עלי דאנה מתכנש מן גו |
| *003* | | *Nu20:29M* | בראשה והווה בכי ואמ׳ | ווי | לי עליך אהרן אחי עמוד |
| *004* | | *Nu21:29* | | ווי | לכון מואביי ספון אשתיצון |
| *005* | וויי | *Nu24:23M* | ואמר | אלוויי/וויי#2#/^לר#2#^/ | מן ייחי ביומיא |
| *006* | | *Dt32:03* | אמר משה נבייה לרשיעיה | וויי | להון לר{{שיע׳}} דמדכרין |

## ווילה *n.* curtain [169]

| | | | | | |
|---|---|---|---|---|---|
| *001* | ווילון p abs | *Ex38:14* | | ווילון | חמש עשרה אמין לסיטרה |
| *002* | | *Ex38:15M* | לת׳#2#/ דרתה | וולונין/ווילון#2#/ | חמש עשרה אמין |
| *003* | | *Ex27:12* | לסיטרה מערביה | ווילון | חמשין אמין עמודיהון עשרה |
| *004* | | *Ex27:09* | לסטרא דדרומיא מדרומיא | ווילון | לדרתא בוץ שזיר מאה אמין |
| *005* | | *Ex38:09* | לסיטרה דרומיה מן דרומה | ווילון | לדרתה בוץ שזי«ר» מאה |
| *006* | | *Ex27:14* | וחמש עשרה אמין | ווילון | לסיטרא עמודיהון תלתא |
| *007* | | *Ex38:28M* | וחמשה עבד | אונקלוון/ווילון#2#/ | לעמודי וחפי |
| *008* | | *Ex27:11* | לסיטרה צפוניה באורך | ווילון | מאה אמין ארך ועמוד׳ עשרין |
| *009* | | *Ex27:15* | ולסטרא תניינא חמש עשרי | ווילון | עמודיהון תלתא וחומריהון |
| *010* | וולונין | *Ex38:15* | הכה ומן הכא לתרע דרתה | וולונין | חמש עשרה אמין עמודיהון |
| *011* | וילון | *Ex38:18* | ופותיה חמש אמין לקבל | וילון | דרתה: |
| *012* | | *Ex38:12* | ולסיטרה מערביה | וילון | חמשין אמין באמתה עמודיהון |
| *013* | ווילוות p const | *Ex38:18M* | /אומין כלוקבל | ווילוות#2#/ | דרתה: |
| *014* | ווילות | *Ex38:16* | כל | ווילות | דרתה מן חזור חזור בוץ |
| *015* | | *Ex39:40* | ית | ווילות | דרתה ית עמודה וית חמרה |
| *016* | וולוות | *Ex38:09M* | דרומה\ווילון לדרתה | /וולוות | דר׳#2#/ בוץ שזי«ר» |

## וולד *n.* womb, fetus [169]

| | | | | | |
|---|---|---|---|---|---|
| *001* | וולד s ab/cn | *Nu12:12M* | כמיתה ארום מה דהדין | וולד | דהוי במע׳ |
| *002* | | *Dt28:11* | ייי אלהכון לטבתה בפירי | וולד | מיעיכון ובפירי בעירכון |
| *003* | | *Dt28:51M* | וייאכל\פרי בעירכון | /וולד | מיעיכון#2#/ ופרי ארעכון |
| *004* | | *Gn30:02* | די «מנע» מניך פירי | וולד | מעייא: |
| *005* | | *Gn30:02* | ואמר הא מני אנון פרי | וולד | מעייא הא אנא ואת ניזל |
| *006* | | *Ex13:02* | לשמי כל בכורייא פתחי כל | וולד | מעייה בבני ישראל |
| *007* | | *Dt28:53* | ותיכלון פרי | וולד | מעיכון בשר בניכון ובנתכון |
| *008* | | *Dt30:09* | בכל עבד ידיכון בפרי | וולד | מעיכון ובפרי בעירכון ובפרי |
| *009* | ולד | *Dt 7:13* | ויסגי יתכון ויברך פירי | ולד | מעיכון ופירי ארעכון |
| *010* | | *Dt28:04* | עמי בני ישראל בפרי | ולד | מעיכון ובפירי ארעכון |
| *011* | | *Dt28:18* | ליטין תהוון בפרי | ולד | מעיכון ובפרי ארעכון בקרת |
| *012* | וול׳ s em/sf | *Ex13:12M* | וולדה /קדמוי פלחי | וול׳#2#/ | דבעירא די יהוון לכון |
| *013* | | *Ex34:20M* | וולדה /וכל קדמי פתחי | וול׳#2#/ | דחמרא תפרקון באמר ואין |
| *014* | | *Ex13:15M* | דייי כל קדמי פתח | וול׳#2#/ | דכרייא וכל בכור«י»ה |
| *015* | | *Ex34:19M* | וולדה /קדמיי פתחי | וול׳#2#/ | דתורא ודאמרא: |
| *016* | | *Nu18:15M* | וולדה /קדמוי פלחי | וול׳#2#/ | לכל בשרה די יקרבון לשמה |
| *017* | וולד׳ | *Ex13:02M* | בכורייא קדמוי פתיחי | וולד׳ | בב׳#2#/ ישראל בבני אנשא |
| *018* | | *Nu 3:12M* | וולדה /קדמי פתחי | וולד׳#2#/ | דבני ישראל ויהוון |
| *019* | | *Ex34:19M* | וולדא /קדמי פתחי | וולד׳#2#/ | לשמי אינון וכל בעירכון |
| *020* | וולדא | *Ex13:13* | וכל פתחי | וולדא | דחמרא תפרקון באמר אין לא |
| *021* | | *Ex13:15* | מקרבין קדם ייי כל פתחי | וולדא | דכרייא וכל בכור«י»ה בנן |
| *022* | | *Ex34:19* | כל פתחי שרוי | וולדא | לשמי אינון וכל בעירכון |
| *023* | וולדה | *Nu 8:16* | בני ישראל חלף פתחי כל | וולדה | בכרי כל מן ולדה בני |
| *024* | | *Nu12:12M* | מטה זימנא למילד מית | וולדה | במיעה הלא מרים אחתן |
| *025* | | *Nu 3:12* | כל בוכריה פתחי שירוי | וולדה | דבני ישראל ויהוון לשמי |
| *026* | | *Ex13:12* | לשמה דייי וכל פתחי | וולדה | דבעירא די יהוון לכון |
| *027* | | *Ex34:20* | ופתח{ן}<י> | וולדה | דחמרא תפרקון באמר ואין לא |
| *028* | | *Ex34:19* | בעירכון דיכרייה פתחיי | וולדה | דתורא ודאמרא: |
| *029* | | *Gn38:28* | והוה כמילדה ופשט | וולדה | ית ידה ונסבת חייתא וקטרת |
| *030* | | *Gn20:18M* | ייי בעד כל פתחי | ילדה/וולדה#2#/ | לביתה דאבימלך |
| *031* | | *Nu18:15* | כל פתחי שרוי | וולדה | לכל בשרה די יקרבון לשמה |
| *032* | | *Ex13:12* | ותפרשון כל שרוי פתחי | וולדה | לשמה דייי וכל פתחי וולדה |
| *033* | ולדא | *Gn45:28* | טבין ונחמן סכיית למיחמי | ולדא | לא סכיית דעד כדון יוסף |
| *034* | ולדה | *Nu 8:16* | כל וולדה בכרי כל מן | ולדה | בני ישראל אפרשת יתהון |
| *035* | | *Ex21:22* | אתה מעבר{ת}ה ויפוק | ולדה | ולא יהוי סקל מתקנסא יתקנס |
| *036* | ילדה | *Gn20:18* | טרד ייי בעד כל פתחי | ילדה | לביתה דאבימלך על עסק שרה |
| *037* | לוולדה | *Nu12:12* | והא מ{ת}<ד>מיא | לוולדה | דעבד במעיה דאמיה תשעה |

## וורי *vb.* ⇐ ברי #4

## וושט *n.* throat [170]

| | | | | | |
|---|---|---|---|---|---|
| *001* | בושטיה s em/sf | *Lv 1:16M* | /קורקבני | ב{ג}<ו>ש{נ}<ט>יה | ויט׳#2#/ יתה סמיך |

# ז

## זבד to provide *vb.* [171]

|  |  |  |  |  |
|---|---|---|---|---|
| 001 | זבד | peal | Gn30:20 | ואמרת לאה זבד יתי ייי זבידין טבין הדה |
| 002 | יזבוד | | Gn30:20 | זבידין טבין הדה זמנא יזבוד יתי בעלי ארום ילדית לי |
| 003 | תזבדון | pael | Dt15:08 | ית ידיכון לה ומזבדה תזבדון לה כמסת חסרוניה די יתחסר |
| 004 | תזוודון | | Dt15:14M | ליה /מזודה תזודה#2/^תזוודון#2/^ מן ענ' מן אדרך |
| 005 | תזוויד | | Dt15:14 | מזודא תזוויד ליה מן ענ' מן אדרך ומן |
| 006 | מזודא | | Dt15:14 | מזודא תזוויד ליה מן ענ' מן אדרך |
| 007 | ומזבדה | | Dt15:08 | תפתחון ית ידיכון לה ומזבדה תזבדון לה כמסת חסרוניה די |

## זבדין provisions *n.* [171]

|  |  |  |  |  |
|---|---|---|---|---|
| 001 | זבדין | p abs | Ex12:39M | /לסוב'#2/ ואף זוודין/זבדין#2/ לא עבדו להון: |
| 002 | | | Gn42:25 | גבר לשקיה ולמיתן להון זבדין לארחא ועבד להון כדון: |
| 003 | זבידין | | Gn30:20 | ואמרת לאה זבד יתי ייי זבידין טבין הדה זמנא יזבוד יתי |
| 004 | זווד' | | Ex12:39M | למשההייה ולחוד זווד' לאורחה לא יעבדו להון |
| 005 | זוודין | | Ex12:39 | ולא יכלו למסוברא ואף זוודין לא עבדו להון: |
| 006 | | | Gn45:23M | ולחם ומזון לאבוי לארחא/זוודין לאור'#2/: |
| 007 | | | Gn45:21 | פומיה דפרעה ויהב להון זוודין לאורחא: |

## זבון purchase *n.* [171]

|  |  |  |  |  |
|---|---|---|---|---|
| 001 | זבון | s ab/cn | Gn47:19M | יתן וית ארעאן בלחמא/זבון#2/ ונהווי אנן וארען |
| 002 | | | Lv25:14M | וארום תזבנון זבן/זבון#2/ לחבריכון או \ |
| 003 | זבונא | s em/sf | Gn44:02M | דזעירא וית כסף זבנה/זבונא#2/ ועבד כמלתיה |
| 004 | זבונה | | Lv25:51 | שנייה יחזור פרקוניה מן זבונה: |
| 005 | | | Lv25:16 | זעיר שנייה תזער כסף זבונה ארום מניין עללתה הוא מזבן |
| 006 | | | Lv25:28 | כמסת למחזרה לה ויהווי זבונה ביד מן דזבן יתיה עד שתה |
| 007 | | | Lv25:33 | יפרוק מן ליוויה ויפוק זבונה דביתה וקרתה לאחסנתה |
| 008 | | | Lv27:22 | ואן ית חקל זבונה די לא מן חקל אחסנתיה יקדש |
| 009 | זבוניה | | Lv25:50 | שתה דיובילה ויהווי כסף זבוניה במניין שנין כיומי אגיר |
| 010 | | | Lv25:27 | ויחשב ית שנין זבוניה ויחזר ית מה דמשתייר לגברה |
| 011 | | | Lv25:16 | לפם סגי שנין תסגי כסף זבוניה ולפם זעיר שנייה תזער כסף |
| 012 | | | Lv25:29 | פרקוניה עד דתשלם שנת זבוניה יומין במניין תיהוי |
| 013 | בזבונה | | Gn47:14M | ובארעא דכנען בעיבורה/בזבונה#2/ \די אנון/^הנון#2/^ |
| 014 | זבוניהון | p em/sf | Nu20:19 | אנן ובעירנן נתן כסף זבוניהון לחוד לית מלא בישה |
| 015 | זבונייה | | Dt18:08M | אחסינו להון אבהתהון /זבונייה דזבינו לה על אבהתה#2/: |

See also: זבן *n.*

זבי *n.* ⇐ זווי *n.*

## זבין purchase *n.* [171]

|  |  |  |  |  |
|---|---|---|---|---|
| 001 | זבין | s ab/cn | Ex12:44 | וכל עבד דגבר זבין כספא ותגזרון יתיה בכדין |
| 002 | זבי' | s em/sf | Lv25:16M | שנייה תזער כסף זבונה/זבי'#2/ ארום מניין עללתה |
| 003 | | | Lv25:27M | ית שנין/שני'#2/ זבוניה/זבי'#2/ ויחזר ית מה |
| 004 | | | Lv25:16M | שנין תסגי כסף זבוניה/זבי'#2/ ולפם זעיר שנייה |
| 005 | זבינ' | | Lv25:50M | ויהווי כסף זבוניה/זבינ'#2/ במניין שנין כיומי |
| 006 | זבינה | | Lv25:33M | ויפוק זבונה/זבינה#2/ דביתה וקרתה לאחסנתה |
| 007 | זביני | p const | Gn17:23 | כל תרבבת ביתה וית כל זביני כספא כל דכורה באנשי ביתיה |
| 008 | וזביני | | Gn17:12 | לדריכון תורבבת בתיכון וזביני כספכון מן כל בר עממין די |
| 009 | | | Gn17:13 | ת{ת}<ר>בבת בתיכון וזביני כספכון ויהוי קיימי |
| 010 | זבינ' | p em/sf | Nu20:19M | \נתן כסף זבוניהון/זבינ'#2/ /ונתן כסף |

## זבינה purchase *n.* [171]

|  |  |  |  |  |
|---|---|---|---|---|
| 001 | זבינת | s ab/cn | Gn17:27 | בייתיה תרבבת בייתיה זבינת כספא מן לוות בר עממין |
| 002 | | | Ex21:21 | לא יתפרע מיניה ארום זבינת כספא הוא: |
| 003 | וזבינת | | Gn17:12M | בתיכון וזבינ/וזבינת#2/ כספכון מן כל |
| 004 | | | Gn17:13M | מרביני בתי' וזבינ/וזבינת#2/ כספכון ויהוי קיימי |
| 005 | זבינתנא | s em/sf | Gn31:15M | ית \כסף זבנן /דמי זבינתנא#2/: |

## זבינו purchase *n.* [171]

|  |  |  |  |  |
|---|---|---|---|---|
| 001 | זבינות | s ab/cn | Ex12:44M | \זבין כספא ותגזרון /זבינות כד תגזרון#2/ יתיה |
| 002 | | | Gn17:27M | בייתיה זבינת/זבינות#2/ כספא מן לוות |
| 003 | | | Lv22:11M | "קניין ...": זבינות כספיה הא בכן יהווי |
| 004 | | | Gn17:23M | ביתה וית כל זבינ/זבינות#2/ כספא/כספיה#2/ כל |

## זבן to buy *vb.* [171]

|  |  |  |  |  |
|---|---|---|---|---|
| 001 | זבונן | peal | Gn43:02 | ואמר להון אבוהון חזורו זבונן לן זעיר מזון: |
| 002 | זבן | | Gn49:30 | כל קבל ממרא דכנען די זבן אברהם ית חקלה מן לוות |
| 003 | | | Gn50:13 | יתיה במערת חקל כפילא די זבן אברהם ית חקלא לאחסנא |
| 004 | | | Gn47:22 | להון ארעהון דכומריא לא זבן ארום חולק לכומריא מן לוות |
| 005 | | | Dt25:14M | ומכלן מכלה רבה למיהווי זבן בה ומכלה זעורה למיהווי |
| 006 | | | Dt25:13M | מתקלין רברבין למיהווי זבן בהון ומתקלין זעורין |
| 007 | זבנו | | Gn44:25 | ואמר אבה חזרו זבנו{ן}<ו> לן קליל מזון: |
| 008 | זבנין | | Gn47:14M | <....> /דאינון זבנין#2/ ואעל יוסף ית כספא |
| 009 | זבנית | | Gn47:23 | ^ואמר יוסף לעמא הא זבנית יתכון יומא הדין וית ארעא |
| 010 | יזבון | | Lv22:11M | וכהן ארום יקנה/יזב{י}<ו>ן#2/ נפש קניין כספיה |
| 011 | תזבון | | Dt 2:28M | בכסף \תזבנון לן ונאכל /תזבון לן וניכול#2/ ומים בכסף |
| 012 | | | Lv25:15 | במניין שנין בתר יובלה תזבון מן לוות חברך במניין שנין |
| 013 | תזבן | | Ex21:02 | ארום תזבן עבד עבריי שית שנין יפלח |
| 014 | תזבנון | | Dt 2:28 | מזון בכסף תזבנון לן ונאכל ומים בכסף תתנון |
| 015 | | | Lv25:14 | זבן לחבריכון או תזבנון מן חבריכון לא |
| 016 | | | Lv25:15M | שנין בתר יובלה תזוון/תזבנון#2/ מן לוות חברך |
| 017 | | | Dt 2:06M | ותיכלון ואוף מיין תזבנון מן לוותהון בכסף ותשתון |
| 018 | | | Dt 2:06M | "לית אתון ... עמיקתה:" תזבנון מן לוותהון בכסף ותיכלון |
| 019 | | | Lv25:44 | חזור חזור להוד מנהון תזבנון עבדין ואמהן: |
| 020 | מזבון | | Dt 2:06 | מיין לית אתון צריכין מזבון מן לוותהון דבירה דמיא |
| 021 | | | Dt 2:06 | מזון לית אתון צריכין מזבון מן לוותהון בכסף דמנה נחית |
| 022 | מזבן | | Dt 2:06M | \מזבון מן לוותהון /מזבן מנהון#2/ בכסף דמנה נחית |
| 023 | דזבין | | Dt28:68 | לעבדין ולאמהן ולית דזבין יתכון: |
| 024 | דזבן | | Lv25:25 | לוותה ויפרוק ית מה דזבן אחוי: |
| 025 | | | Lv25:28 | לה ויהווי זבונה ביד מן דזבן יתיה עד שתה דיובלה ויפוק |
| 026 | | | Lv25:30 | דלה שור לחלטו למן דזבן יתיה לדרוי לא יפוק |
| 027 | | | Lv25:50 | ויחשב עם מן דזבן יתיה מן שתה דאזדבן לה עד |
| 028 | | | Lv27:24 | דיובילה תחזור חקלה למן דזבן יתיה מן לוותה למן דהווה |
| 029 | | | Lv25:48M | תיהוי ליה חד מן /בתר דזבן פרוק יהווי לה לחד מ'#2/ |
| 030 | דזבנין | | Dt 1:11M | אלף דזמנין/דן דזבנין#2/ ויברך יתכון היך מה |
| 031 | וזבונן | | Gn42:02 | במצרים חותו לתמן וזבונן לן מתמן ונחי ולא נמות: |
| 032 | וזבין | | Gn39:01 | ויוסף הונחת למצרים וזבין יתיה פוטיפר שליטא דפרעה |
| 033 | וזבן | | Gn47:20 | וזבן יוסף ית כל ארעהון דמצראי |
| 034 | | | Gn33:19 | וזבן ית תחומא דחקלא די פרס תמן |
| 035 | ונזבון | | Gn43:04 | ית אחונן עמן נחות ונזבון לך מזון: |
| 036 | ותזבנון | | Dt14:26 | ותזבנון בכספא בכל מה די תתחמד |
| 037 | למזבן | | Gn42:05 | ועלו בני ישראל למזבן בגו עלליה ארום הוה כפנא |
| 038 | | | Gn42:07 | ואמרין מן ארעא דכנען למזבן מזון: |
| 039 | | | Gn42:10 | רבוני ועבדיך אתון למזבן מזון: |

|  |  |  |  |  |  |  |
|---|---|---|---|---|---|---|
| 040 | | | Gn43:20 | מחת נחתין בקדמיתא | למזבן | מזון: |
| 041 | | | Gn43:22 | חורן אחתנן בידינן | למזבן | מזון לא ידעינן מן שוי |
| 042 | | | Gn42:03 | אחו«י» יוסף עשרה | למז{ד}בן | עבור מן מצרים: |
| 043 | | | Gn41:57 | ארעא עלו למצרים | למזבן | עיבור מן יוסף ארום תקף |
| 044 | | למיזבן | Dt 2:06M | "מזבון מן לוותהון": | למיזבן | מנהון |
| 045 | | | Dt 2:06M | \מזבון מן לוותהון | /למיזבן | מנהון#2#/ דבירה דמיא |
| 046 | pael | זבינא | Gn45:04M | יוסף אחוכון די | זבנתון/זבינא#2#/ | יתי מצרימה: |
| 047 | | זבינו | Gn47:22M | לא זבנו /כן לא | זבינו#2#/ | ית ארעהון: |
| 048 | | | Gn37:36 | ומדייניי | זבינו | יתיה למצראי לפוטיפר |
| 049 | | זבן | Lv27:20 | לא יפרוק ית חקלה ואן | זבן | ית חקלה לגבר חורן לא תתפרק |
| 050 | | | Gn31:15 | נכריין אתחשבנן ליה ארום | זבן | יתן ואכל לחוד מיכל ית כסף |
| 051 | | | Gn25:31 | ואמר יעקב | זבן | כען ית בכורותך לי: |
| 052 | | זבנו | Gn47:22 | {בדין} בגין כדין לא | זבנו | ית ארעהון: |
| 053 | | | Gn47:20 | דמצראי לפרעה ארום | זבנו | מצראי גבר חקליה ארום תקף |
| 054 | | זבנתון | Gn45:04 | אנה יוסף אחוכון די | זבנתון | יתי מצרימה: |
| 055 | | | Gn45:05 | ולא יבאש באפיכון ארום | זבנתון | יתי הכא ארום לשיזבא שלח |
| 056 | | יז' | Lv25:15M | במניין שני עללן | יז'#2#/ | לך: |
| 057 | | יזבן | Lv25:29 | וגבר ארום | יזבן | אתר בית משרוי קריה מקפה |
| 058 | | | Ex21:07 | וארום | יזבן | גבר ית ברתיה לאמהתה לא |
| 059 | | | Gn23:09 | בסייפיה חקליה בכסף שלים | יזבן | יתה לי ביניכון לאחסנו |
| 060 | | | Gn23:11 | בסייפי' חקליה בכסף שלים | יזבן | יתה לי ביניכון לאחסנו |
| 061 | | | Ex21:37 | או אימר ויכס יתיה או | יזבן | יתיה חמשה תורין ישלם תחות |
| 062 | | | Lv25:15 | במניין שנין דעל{ת}<ל>תה | יזבן | לך: |
| 063 | | תזבן | Dt21:14 | ברשות נפשה ומזבנה לא | תזבן | יתה בכסף לא תתגר עלה חלף |
| 064 | | תזבנון | Lv25:14 | וארום | תזבנון | זבן לחביריכון או תזבנון |
| 065 | | | Dt14:21M | יתיה לבני עממיא | /תזבנון | יתה לבר <עממיא>#2#/ |
| 066 | | | Dt14:21 | ויכלון יתה או מזבנה | תזבנון | יתיה לבני עממיא ארום עם |
| 067 | | מזבן | Dt25:13M | ומתקלין זעורין למיהווי | מזבן | בהון |
| 068 | | | Dt25:14M | בה ומכלה זעורה למיהווי | מזבן | בה{ון} |
| 069 | | | Lv25:16 | ארום מניין עללתה הוא | מזבן | לך: |
| 070 | | | Gn42:06 | שליט על ארעא והוא הוה | מזבן | לכל עמא דארעא ואתון אחוי |
| 071 | | מזבנה | Dt14:21 | יתה ויכלון יתה או | מזבנה | תזבנון יתיה לבני עממיא |
| 072 | | דז' | Lv25:27M | /מותרה לגברה#2#/ | דיזבן/דז'#2#/ | ליה ויחזור לאחסנתיה: |
| 073 | | דזבינו | Dt18:08M | אבהתהון /זבונייה | דזבינו | לה על אבהתה#2#/: |
| 074 | | דיזבן | Lv25:27 | ית מה דמשתייר לגברה | דיזבן | ליה ויחזור לאחסנתיה: |
| 075 | | וזבין | Gn25:33 | כיומא הדין ואשתבע לי' | וזבין | ית בכורתיה ליעקב: |
| 076 | | וזבן | Gn41:56 | יוסף כל אוצריה דבהון | וזבן | למצרים ותקף כפנא בארעא |
| 077 | | וזבנא | Gn37:28 | ית יוסף מן גובא | וזבנא | ית יוסף לסרקעין בעשרין |
| 078 | | ויזבן | Ex21:16 | ומן די יגנב גבר | ויזבן | יתיה וישתכח בידיה מתקטלא |
| 079 | | | Dt24:07 | <ישראל> ויתג{ב}ר בה | ויזבן | יתיה ויתקטל גנבה ההוא |
| 080 | | | Gn23:09 | | ויזבן | לי ית מערת כפילה די |
| 081 | | | Gn23:11 | מן עפרון בר צוחר: | ויזבן | לי ית מערת כפילה די |
| 082 | | | Lv25:25 | וארום יתמסכן אחוך | ויזבן | מן אחסנתיה וייתי קריביה |
| 083 | | ויזבנון | Ex21:35 | ית תורא דחבריה וימות | ויזבנון | ית תורא חייה ויפלגון ית |
| 084 | | ונזבן | Gn37:27 | אתו | ונזבן | יתיה לסרקעין וידינן לא |
| 085 | | ומזבן | Ex21:16M | ומן די יגנב גבר | ויזבן/ומזבן#2#/ | יתיה וישתכח בידיה |
| 086 | | ומזבנה | Dt21:14 | ותשלח יתה ברשות נפשה | ומזבנה | לא תזבן יתה בכסף לא תתגר |
| 087 | | למזבנה | Ex21:08 | לא יהווי רשיי | למזבנה | ית' חלף די יהב רשותא |
| 088 | etpaal | יזדבן | Lv25:34 | פרוירי קרוי{כ}<ה>ון לא | יזדבן | ארום אחסנת עלם היא להון: |
| 089 | | | Lv27:28 | ומן חקל אחסנתיה לא | יזדבן | ולא יתפרק כל אפרשו קדש |
| 090 | | | Dt15:12 | ארום | יזדבן | לך אחוכון עבריה או אחתכון |
| 091 | | | Lv25:48 | מן בתר די | יזדבן | פרקון תיהוי ליה חד מן |
| 092 | | יזדבנון | Lv25:42 | מן ארעא דמצרי' לא | יזדבנון | כנימוסי עבדיה: |
| 093 | | תזדבן | Lv25:23 | וארעא לא | תזדבן | לחלוטין ארום דידי ארעא |
| 094 | | מזדבן | Gn42:01 | קודשא ארום אית עיבור | מזדבן | במצרים ואמר יעקב לבנוי |
| 095 | | | Gn42:02 | שמעית ארו«ם» עיבור | מזדבן | במצרים חותו לתמן וזבונן |
| 096 | | דאזדבן | Lv25:50 | מן דזבן יתיה מן שתה | דאזדבן | לה עד שתה דיובילה ויהווי |
| 097 | | ויזדבן | Ex22:02 | שלמא ישלם אן לית ליה | ויזדבן | בגנבתה: |
| 098 | | | Lv25:47 | עמך ויתמסכן אחוך עמך | ויזדבן | לגיור ותותב עמך או לעקר |
| 099 | | | Lv25:39 | וארום יתמסכן אחוך | ויזדבן | לך לא תשתעבד בה כנימוסי |
| 100 | | ותזדבנון | Dt28:68 | תוספון תוב למחמי יתה | ותזדבנון | תמן לבעלי דבביכון לעבדין |

זבין *n.* **See also:**
זבינה *n.* **See also:**

## זבן *n.* purchase [171]

|  |  |  |  |  |  |  |
|---|---|---|---|---|---|---|
| 001 | s ab/cn | זבן | Lv25:14 | וארום תזבנון | זבן | לחביריכון או תזבנון מן |
| 002 | s em/sf | זבנה | Gn44:02 | טעוניה דזעירא וית כסף | זבנה | ועבד כמלתיה דיוסף די |
| 003 | | זבנן | Gn31:15 | ואכל לחוד מיכל ית כסף | זבנן: | |

## זבן #2 *n.* time [171]

|  |  |  |  |  |  |  |
|---|---|---|---|---|---|---|
| 001 | p abs | זבנין | Lv25:08M | דשנין שבע {שנין} | זבנין | ויהוון לכון יומי שבעתי |

## זבר *vb.* to prune [172]

|  |  |  |  |  |  |  |
|---|---|---|---|---|---|---|
| 001 | pael | תזברון | Lv25:04 | לא תזרעון וכרמיכון לא | תזברון: | |
| 002 | | | Lv25:03 | חקלי{ק}<כ>ון ושית שנין | תזברון | כרמיכון ותכנשון ית עללתה: |

## זגון *n.* bell [175 [זיגון]

|  |  |  |  |  |  |  |
|---|---|---|---|---|---|---|
| 001 | s ab/cn | זגון | Ex39:26M | | זוג/זגון#2#/ | ורמן זוג/זגון#2#/ |
| 002 | | | Ex39:26M | זוג/זגון#2#/ ורמן | זוג/זגון#2#/ | ורמן/<ורמ>ו<ן>#2#/ על |
| 003 | p abs | זגונין | Ex39:25M | ועבדו | זוגין/זגונין#2#/ | דהב דכי ויהבו ית |
| 004 | | וזגונין | Ex28:33M | /חזור ומקף | וזגונין | דדהב בניהון חזר ומקף#2 |
| 005 | p em/sf | זגונייה | Ex39:25M | בגו /זוגי | בג'#2#/^זגונייה | ביני#2#^/ רמוני על |

## [זהב] *n.* gold [Heb.] [!!]

|  |  |  |  |  |  |  |
|---|---|---|---|---|---|---|
| 001 | s ab/cn | ובזהב | Gn13:02M | /בנכסין בכסף | ובזהב#2#/: | |

## זהורי *n.* scarlet [172]

|  |  |  |  |  |  |  |
|---|---|---|---|---|---|---|
| 001 | s ab/cn | זה' | Ex36:37M | וארגוון וצבע | דזיהורי/זה'#2#/ | טבא ובוץ שזיר עבד |
| 002 | | זהורי | Ex26:31M | וצבע \זיהורי טבא | /זהורי | טב#2#/ ובוץ שזיר עובד |
| 003 | | | Ex25:04 | {וארגמן} וארגוון וצבע | זהורי | טבא ובוץ ומעזי: |
| 004 | | | Ex26:01 | שזיר ותכלה וארגון וצבע | זהורי | טבא ציורין עבד אומן תעבד |
| 005 | | | Ex28:06 | תכל«א» וארגון וצבע | זהורי | טבא ובוץ שזיר עובד אומן: |
| 006 | | | Ex28:08 | דהב תכלה וארגון וצבע | זהורי | טבא ובוץ שזיר: |
| 007 | | | Nu 4:08 | עליהון לבוש דצבע | זהורי | טבה ויכסון יתיה בחפוי משך |
| 008 | | | Nu19:06 | קיס דארז ואזוב וצבע | זהורי | טבה ויקלק ויטלק לגו יקידת |
| 009 | | זחורי | Lv14:52M | ובצבע \זחוריתה טבתה | /זחורי | טבא#2#/: |
| 010 | | זיה' | Ex28:33M | וארגוון וצבע | דזהורי/זיה'#2#/ | טבא על שפולוי |
| 011 | | | Ex38:18M | וארגוון וצבע | דזיהורי/זיה'#2#/ | טבה ובוץ שזיר |
| 012 | | | Ex39:05M | וצבע \דזהורי טב{ת}א | /זיה' | <ט>בה#2#/ ובוץ שזיר |
| 013 | | | Ex39:24M | וארגוון וצבע | דזיהורי/זיה'#2#/ | טבה בוץ/ובוץ#2#/ |
| 014 | | זיהו' | Ex35:23M | וצבע \די | זיהורי/זיהו'#2#/ | טבא ובוץ שזיר ומעזי |
| 015 | | | Ex36:08M | וארגוון וצבע | דזיהורי/זיהו'#2#/ | טבא ציירין עובד |
| 016 | | | Ex36:35M | וארגוון וצבע | דזיהורי/זיהו'#2#/ | טבא ובוץ שזיר עובד |
| 017 | | | Ex39:08M | וארגוון וצבע | דזיהורי/זיהו'#2#/ | טבא {ובוץ} זרת |

|  |  |  |  |  |  |  |
|---|---|---|---|---|---|---|
| 018 | | | Ex39:29M | וארגוון וצבע | דזהורי/זיהור׳#2#/ | טבא עובד צייר |
| 019 | זיהורי | | Ex25:04M | וארגוון וצבע | זהורי/זיהורי#2#/ | טבא ובוץ ומעזי: |
| 020 | | | Ex26:31 | תכלה וארגונא וצבע | זיהורי | טבא ובוץ שזיר עובד אומן |
| 021 | | | Ex27:16M | וארגוון וצבע | דזהורי/זיהורי#2#/ | טבא ובוץ שזיר עובד |
| 022 | | | Ex28:06M | \וצבע זהורי /גוונא | זיהורי#2#/ | טבא ובוץ שזיר עובד |
| 023 | | | Ex35:06 | ותכלא וארגוון וצבע | זיהורי | טבא ובוץ {ומעזי שעיר} |
| 024 | | | Ex35:23 | תכלה וארגוון וצבע די | זיהורי | טבא ובוץ שזיר ומעזי |
| 025 | | | Ex39:02M | וארגוון וצבע | דזהורי/זיהורי#2#/ | טבא ובוץ שזיר: |
| 026 | | | Ex38:23M | \זהוריתה טבתה | /זיהורי | טבה#2#/ ובבוצה: |
| 027 | | | Ex39:03M | צבע \זיהוריתה טבתה | /זיהורי | טבה#2#/ ובגו בוצה עובד |
| 028 | | | Ex35:35 | בתכלא ובארגוונא ובצבע | זיהורי | טב{ת}ה ובבוץ וגרדיי עבדי |
| 029 | דזה׳ | | Nu 4:08M | עליהון לבוש דצבע | זהורי/דזה#2#/ | טבה ויכסון יתיה |
| 030 | דזהורי | | Ex26:36 | תכלה וארגוון וצבע | דזהורי | טבא ובוץ שזיר עובד ציור: |
| 031 | | | Ex27:16 | תכלא וארגוון וצבע | דזהורי | טבא ובוץ שזיר עובד צייר |
| 032 | | | Ex28:15 | דהב תכלה וארגוון וצבע | דזהורי | טבא ובוץ שזיר תעבד יתיה: |
| 033 | | | Ex28:33 | תכלה וארגוון וצבע | דזהורי | טבא על שפולוי מן חזור |
| 034 | | | Ex39:02 | דהב תכלה וארגוון וצבע | דזהורי | טבא ובוץ שזיר: |
| 035 | | | Ex39:29 | תכלה וארגוון וצבע | דזהורי | טבא עובד צייר היך מה די |
| 036 | | | Lv14:49 | צפרין וקיס דארז וצבע | דזהורי | טבה ואזובה: |
| 037 | | | Ex39:05 | דהב תכלה וארגוון וצבע | דזהורי | טב{ת}א ובוץ שזיר היך מה |
| 038 | דזיהורי | | Ex26:01M | וארגון וצבע | זהורי/דזיהורי#2#/ | טבא ציורין עבד |
| 039 | | | Ex36:08 | תכלה וארגוון וצבע | דזיהורי | טבא צייורין עובד אומן |
| 040 | | | Ex36:35 | תכלה וארגוון וצבע | דזיהורי | טבא ובוץ שזיר עובד אומן |
| 041 | | | Ex36:37 | תכלה וארגוון וצבע | דזיהורי | טבא ובוץ שזיר עבד צייר: |
| 042 | | | Ex39:08 | תכלה וארגוון וצבע | דזיהורי | טבא {ובוץ} זרת ובוץ |
| 043 | | | Lv14:04 | וקייס דארז וצבע | דזיהורי | טבא ואזוב: |
| 044 | | | Ex38:18 | וארגוון וצבע | דזיהורי | טבה ובוץ שזיר ועשרין |
| 045 | | | Ex39:24 | תכלה וארגוון וצבע | דזיהורי | טבה בוץ שזיר: |
| 046 | וזה׳ | | Ex28:15M | וארגון \וצבע | דזהורי/וזה#2#/ | טבא ובוץ שזיר תעבד |
| 047 | זהוריתא | s em/sf | Gn38:30 | נפק אחוי די על ידיה | זהוריתא | וקרא שמה זרח: |
| 048 | | | Ex28:05 | וית ארגוונא וית צבע | זהוריתא | טבתא וית בוצא: |
| 049 | זהוריתה | | Lv14:51 | וית אזוב וית צבע | זהוריתה | וית צפרה דחייתה ויצבע |
| 050 | | | Ex35:25 | וית ארגונא וית צבע | זהוריתה | טבתה וית בוצא: |
| 051 | | | Ex38:23 | בתכלה ובארגוון ובצבע | זהוריתה | טבתה ובבוצה: |
| 052 | | | Lv14:06 | קיסה דארזא וית צבע | זהוריתה | טבתה וית אזובה ויצבע |
| 053 | זחוריתה | | Lv14:52 | דארזא ובאזובא ובצבע | זחוריתה | טבתה: |
| 054 | זיהו׳ | | Ex39:01M | וארגוונה וצבע | דזהוריתה/זיהו#2#/ | טבתה/טבה#2#/ עבדו |
| 055 | זיהוריה | | Gn38:28 | חייתא וקטרת על ידיה | זיהוריה | למימר דין נפק קדמיי: |
| 056 | זיהוריתה | | Ex35:35M | טב{ת}ה ובבוץ | /זיהוריתה | טבתה ובוצה#2#/ וגרדיי |
| 057 | | | Ex39:03 | ובגו ארגוונא ובגו צבע | זיהוריתה | טבתה ובגו בוצה עובד |
| 058 | זיהורתא | | Ex28:05M | צבע זהוריתא טבתא | /זיהורתא | טבא#2#/ וית בוצא: |
| 059 | דזהוריתה | | Ex39:01 | תכלתה וארגוונה וצבע | דזהוריתה | טבתה עבדו ית לבושי שמוש |

## זהיר *adj.* careful [172]

|  |  |  |  |  |  |  |
|---|---|---|---|---|---|---|
| 001 | וזהיר | s ab/cn | Dt33:16 | ושליט בארעא דמצרים | וזהיר | באיקרהון דאחוי: |
| 002 | | | Gn49:26 | ושליט על ארעא דמצרים | וזהיר | ביקירא דאבוי ובאיקרהון |
| 003 | זהירין | p abs | Dt33:09 | וגזרתך ואורייתך אינון | זהירין: | |
| 004 | | | Dt 5:16M | "יוקר ... ייי": הוון | זהירין | באיקרא דאבוכון ובאיקרא |
| 005 | | | Ex20:12 | עמי בני ישראל הוון | זהירין | גבר ביקריה דאבוי ובאיקרה |
| 006 | | | Lv19:03 | דאבוי ודאימיה תהוון | זהירין | וית שבת קדשיי <תטרון> כדן |
| 007 | | | Ex23:13 | מה די אמרת לכון תהוון | זהירין | ושום טע{י}<ו>ן אחרניין לא |
| 008 | | | Dt 5:12M | "טורו ... דשבתה": הוון | זהירין | ית יומא דשובתא |
| 009 | | | Dt 9:07M | /<אדכ>רון#2#/הוון | זהירין#2#/ | לא תנשון ית מה |
| 010 | | | Dt25:19M | הוון דכירין /הוון | זהירין | לא תנשון#2#/: |
| 011 | | | Nu28:02 | עמי בני ישראל הוון | זהירין | למקרבה יתיה בזמניה: |

## זהר *vb.* to be careful [173]

|  |  |  |  |  |  |  |
|---|---|---|---|---|---|---|
| 001 | ותזהר | afel | Ex18:20 | | ותזהר | יתהון ית קיימא וית גזירת |
| 002 | ותזהרון | | Lv15:31 | | ותזהרון | ית בני ישראל מן |
| 003 | אזדהר | etpeel | Gn24:06 | ואמר ליה <אברהם> | אזדהר | לך דלא תחזור ית ברי תמן: |
| 004 | | | Gn31:24 | בחלמא בלליא ואמר לה | אזדהר | לך לא תמלל עם יעקב מן טב |
| 005 | | | Gn31:29 | ברמשא אמר לי למימר | אזדהר | לך מן למללה עם יעקב מן |
| 006 | | | Ex10:28M | למיהווי שמע למיליך | אזדהר | לך דלא יתקוף רוגזי בך |
| 007 | | | Ex10:28 | למהוי שמע {מי} מליך | אזדהר | לך דלא יתקף רוגזי בך |
| 008 | | | Ex34:11 | | אזדהר | לך ית מה די אנה מפקד יתך |
| 009 | | | Ex34:12 | | אזדהר | לך דלא תקיים קיים עם |
| 010 | | | Dt24:15 | הוא מסר קדמך ית נפשיה | אזדהר | לך דלא יצוח עלך קדם ייי |
| 011 | | | Ex10:28M | האלין לכן אמר ליה | אזדהר | למימ׳ דלא מלייא קשייתא |
| 012 | אזדהרו | | Dt24:08 | | אזדהרו | במכתש צרעתה למיטור לחדה |
| 013 | | | Dt23:22M | אלהכון מן לוותכון | ^אזדהרו#2#/ | דלא יהווי בכון חובה: |
| 014 | | | Dt24:15M | יצווח עליכון קדם ייי | אזדהרו | דלא יהווי בכון חובה |
| 015 | | | Ex19:12 | ית עמא חזור חזור למימר | אזדהרו | לכון דלא למיסק לטורא ודלא |
| 016 | | | Dt 4:09 | לחוד | אזדהרו | לכון וטורו נפשיכון לחדה |
| 017 | | | Dt 4:23 | | אזדהרו | לכון דלא תנשון ית קיים |
| 018 | | | Dt 6:12 | | אזדהרו | לכון די לא תנשון ית אולפן |
| 019 | | | Dt 8:11 | | אזדהרו | לכון די לא תנשון ית אולפן |
| 020 | | | Dt11:16 | | אזדהרו | לכון דלא יטעי לבביכון |
| 021 | | | Dt12:13 | | אזדהרו | לכון דלא תקרבון עלוותכון |
| 022 | | | Dt12:19 | | אזדהרו | לכון דלא תשבקון ית ליווי |
| 023 | | | Dt12:30 | | אזדהרו | לכון דלא תתקלון |
| 024 | | | Dt15:09 | | אזדהרו | לכון דלא יהוי פתגם דחטי |
| 025 | אזדהרון | | Ex23:21 | | אזדהרון | מן קדמוי ושמעו בקלי לא |
| 026 | אזדהרן | | Ex23:21M | אזדהרון/לכון | אזדהרן#2#/ | מן קדמוי ושמעו בקלי |
| 027 | איזדהרו | | Ex34:12M | לך דלא תקיים קיים | /איזדהרו | לכון דלא תקיימון קי׳#2# |
| 028 | יז׳ | | Dt24:08M | | אזדהרו/יז׳#2#/ | במכתש צרעתה למיטור |
| 029 | יזד׳ | | Dt 6:12M | | אזדהרו/יזד׳#2#/ | לכון די לא תנשון ית |
| 030 | | | Dt12:30M | | אזדהרו/יזד׳#2#/ | לכון דלא תתקלון |
| 031 | יזדהרון | | Dt 4:09M | לחוד/להוד#2#/ | אזדהרו/יזדהרון#2#/ | לכון וטורו נפשיכון |
| 032 | | | Dt 4:23M | | אזדהרו/יזדהרון#2#/ | לכון דלא תנשון ית |
| 033 | ואזדהר | | Ex10:28M | ליה פרעה אזיל מעלוי | /ואזדהר | לך#2#/ לא תוסיף לממללה |
| 034 | ויזדהרון | | Lv22:02 | עם אהרן ועם בנוי | ויזדהרון | מן קדשיהון דבני ישראל |
| 035 | ותזדהרון | | Dt 4:15 | | ותזדהרון | לחדא לנפשתכון ארום לא |
| 036 | | | Dt 2:04 | בגבלה וידחלון מנכון | ותזדהרון | לחדה: |
| 037 | | | Dt23:10 | על בעלי דבביכון | ותזדהרון | מכל מילה בישה: |

## זהר *n.* moon [172]

|  |  |  |  |  |  |  |
|---|---|---|---|---|---|---|
| 001 | זהרא | s em/sf | Dt 4:19 | ותיחמון ית שמשה וית | זהרא | וית סידור כוכביה כל חיילות |
| 002 | וזהרא | | Gn37:09 | חלמת חלם תוב והא שמשא | וזהרא | וחד עשר כוכבין שאלין |

## זוג *n.* bell [173]

|  |  |  |  |  |  |  |
|---|---|---|---|---|---|---|
| 001 | זוג | s ab/cn | Ex39:26 | | זוג | ורמן זוג ורמן על שפולוי |
| 002 | | | Ex39:26 | זוג ורמן | זוג | ורמן על שפולוי דמעילה |
| 003 | זוגין | p abs | Ex28:34 | | זוגין | דדהב ורמון זוגין דדהב |
| 004 | | | Ex28:34 | זוגין דדהב ורמון | זוגין | דדהב ורמון על שיפולוי |
| 005 | | | Ex39:25 | ועבדו | זוגין | דהב דכי ויהבו ית זוגיא |
| 006 | זיוגון | | Ex28:34M | | זוגין/זיוגון#2#/ | דדהב ורמון זוגין |

|  |  |  |  |  |
|---|---|---|---|---|
| 007 | | | Ex28:34M | דדהב ורמון זוגין/זיוגון#2#/ דדהב ורמון על |
| 008 | וזוגין | | Ex28:33 | טבא על שפולוי מן חזור וזוגין דדהב ביניהון |
| 009 | זוגי | p em/sf | Ex39:25M | ויהבו ית \זוגיא בגו /זוגי בג#2#/^זגונייה |
| 010 | זוגיא | | Ex39:25 | זוגין דהב דכי ויהבו ית זוגיא בגו רמוני על שפולוי |

זגון *n.* See also:

### זוג 2# *n.* pair [173]

|  |  |  |  |  |
|---|---|---|---|---|
| 001 | זוג | s ab/cn | Gn 2:18 | לבלחודוי אעבד ליה זוג כד נפק ביה: |
| 002 | | | Gn 2:20 | ברא ולאדם לא אשכח ליה זוג כד נפק ביה: |
| 003 | וזוגה | s em/sf | Gn 7:02M | ונקבה» /תריין דכר וזוגה#2#/: |
| 004 | | | Gn 7:09 | עם נח לתיבותא דכר וזוגה היך מה די פקד ייי ית נח: |
| 005 | | | Gn 6:19M | למקיימה עמך דכר ונקבה/וזוגה#2#/ יהוון: |
| 006 | | | Gn 7:16M | /ואילין די עיילו דכר וזוגה מן#2#/ כל בשרא עלו |
| 007 | וזוגיה | | Gn 1:27 | ייי ברה יתיה דכר וזוגיה ברא יתהון: |
| 008 | | | Gn 5:02M | דכר ונוקב'/וזוגיה#2#/ ברה יתהון וברך |
| 009 | | | Gn35:09 | לחתנה ולכלתה מן אדם וזוגיה ועוד אלפת יתן למבקרא ית |
| 010 | זוגין | p abs | Dt32:04 | בדינה ותלת שעין מזווג זוגין בין גבר לאתתה ומרים וממך |

### זוג 3# *n.* grape skin [173]

|  |  |  |  |  |
|---|---|---|---|---|
| 001 | זוגיה | s em/sf | Nu 6:04M | עד פגן /חרצניה ועד זוגיה#2#/ לא יאכל/ייכול#2#/: |

### זוד *vb.* to plan [173]

|  |  |  |  |  |
|---|---|---|---|---|
| 001 | יזיד | afel | Dt18:20 | לחוד נבייא די יזיד לממללא פתגם בשם ממרי ית מה |
| 002 | יזידון | | Dt17:13 | עמא ישמעון וידחלון ולא יזידון תוב: |
| 003 | ואזידתון | | Dt 1:43 | גזירת.מימרה דייי ואזידתון וסליקתון לטורא: |
| 004 | וזידתון | | Dt 1:43M | דייי ואזידתון/וז{דיט}<ידת>ון#2#/ וסליקתון |

### זווג *vb.* to yoke, to join [173]

|  |  |  |  |  |
|---|---|---|---|---|
| 001 | מזווג | pael | Dt32:04 | יתב בדינה ותלת שעין מזווג זוגין בין גבר לאתתה ומרים |
| 002 | מזווגן | | Nu 7:03 | קדם ייי שית עגלן מזווגן ותרין עשר תורין עגלה על |
| 003 | מזדווגה | etpaal | Gn24:60M | אחת' כדון את אזלה מזדווגה בההי צדיק' יהי רעווא |

### זווד *vb.* ⇐ זבד

### זווד *n.* ⇐ זבדין

### זווי *n.* corner [173]

|  |  |  |  |  |
|---|---|---|---|---|
| 001 | זווי | s ab/cn | Nu34:15 | פרת נפק להון תחומא לקרן זווי דברתיה וכל טרכון |
| 002 | זוי | | Lv24:12 | דילמה דישתכח לה זכו מן זוי ח«ו»רי בדינה דלא יהוון |
| 003 | זבית | p const | Dt22:12 | תעבדון לכון על ארבעתי זבית גוליכון די תתעטפון בהון: |
| 004 | זבייתא | p em/sf | Ex27:04M | על ארבעתי זווייתא/זבייתא#2#/: |
| 005 | זביתא | | Ex27:02 | ותעבד קרנתה על ארבעתי זביתא מן משחת רומא מנה יהוויין |
| 006 | זביתה | | Ex30:04M | לכלילה על תרתין זויתא/זביתה#2#/ תעבד על תרין סטרוי |
| 007 | זווייתא | | Ex27:04 | עזקין דנחש על ארבעתי זווייתא: |
| 008 | | | Ex27:02M | מנה יהוויין קרנתה /זווייתא מיני' וביה יהוון |
| 009 | זווייתה | | Ex38:02 | ועבד קרנתיה על ארבעתי זווייתה מן משחת רומה <מניה> הוון |
| 010 | זוויתא | | Ex25:26 | ית עזקייא על ארבעתי זוויתא די לארבעתי רגלוי: |
| 011 | | | Ex25:12 | דדהב ותתן על ארבעתי זוויתא ותרתין עזקין על סטריה |
| 012 | זווייתא | | Ex25:12M | ותתן על ארבעתי זוויתא/זווייתא#2#/ ותרתין עזקין על |
| 013 | זויתא | | Ex30:04 | לכלילה על תרתין זויתא תעבד על תרין סטרוי ויהווי |
| 014 | זויתה | | Ex38:05 | ואתך ארבע עזקין בארבעתי זויתה לקנקילה דנחשה אתרין |
| 015 | | | Ex37:27 | לכלילה על תרתין זויתה על תרין סטרוי לאתרין |
| 016 | זויתיה | | Ex37:03 | עזקין דדהב על ארבעתי זויתיה ותרתין עזקין על סטריה חד |
| 017 | זיר' | | Ex37:27M | לכלילה על תרתין זויתה/זיר'#2#/ על תרין סטרוי לאתרין |
| 018 | זירי' | | Ex37:03M | דדהב על ארבעתי זויתיה/זירי'#2#/ ותרתין עזקין על |
| 019 | זיוייתה | | Ex37:13 | ית עזקיה על ארבעתי זיוייתה די לארבעתי רגלוי: |

### זוז *n.* a weight (half shekel) [173]

|  |  |  |  |  |
|---|---|---|---|---|
| 001 | זוזין | p abs | Dt22:19M | יתיה מאה סלעין/זוזין#2#/ דכסף ויתנון לאבוה |
| 002 | | | Gn20:16M | אמר הא יהבית אלף \זוזין#2#/ דסלעין/«סל'»/ דכסף |
| 003 | | | Gn45:22M | סלעין דכסף /מוון זוזין#2#/ וחמש אסטלון ולבושיהון: |

### זוז 2# *n.* a jewel [174]

|  |  |  |  |  |
|---|---|---|---|---|
| 001 | זוזין | p abs | Ex28:19 | וסדרא תליתיא לשם זוזין וברולין וזמרגדין וכתיב |
| 002 | | | Ex39:12 | וסדרה תליתיה לשם זוזין וירולין וזמרגדין וכתב |

### זוזתניי *adj.* Zuztanite! [!!]

|  |  |  |  |  |
|---|---|---|---|---|
| 001 | זוזתנייה | p em/sf | Dt 2:20M | להון זמתנייה/זוזתנייה#2#/אימתני#2#/: |

### זוח *vb.* to turn away [174]

|  |  |  |  |  |
|---|---|---|---|---|
| 001 | יזוח | peal | Ex39:21M | דאפודה <....> ולא יזוע/יזוח#2#/ חושנה מעלוי אפודה |
| 002 | יזוחון | | Nu 4:19M | /תקנתה עיבידו להון די יזוחון עיניהון מן מקדשה#2#/ |

### זון *vb.* to feed, to nourish [174]

|  |  |  |  |  |
|---|---|---|---|---|
| 001 | יתזנון | etpeel | Gn41:40 | בייתי ועל גזירת פומך יתזנון כל עמי לחוד כרסי מלכותי |

### זוני *n.* girdle [174]

|  |  |  |  |  |
|---|---|---|---|---|
| 001 | זונה | s ab/cn | Gn41:44 | יפשוט גבר ית ידיה למיסר זונה וית רגלה למרכב סוסא בכל |

### זוע *vb.* to move [174]

|  |  |  |  |  |
|---|---|---|---|---|
| 001 | זייעין | peal | Nu12:16 | איקרה ובירה לא הוון זייעין ולא נטלין מן אתריהון |
| 002 | | | Gn21:33M | דידיה שתתון לא הוון זייעין מן תמן דהווה מגייר יתהון |
| 003 | זע | | Dt 3:02M | דחמה משה עוג רשיעא זע ואירתת מן קודמיה אמ' הלא |
| 004 | | | Nu21:34M | משה עוג ^רשיעה#2#^ זע וארתת מן קדמוי#2#/ הלא |
| 005 | זעו | | Nu14:44 | קיימא דייי ומשה לא זעו מן משריתה: |
| 006 | יזוע | | Ex28:28 | על המיינה דאפודה ולא יזוע חושנא מעילוי אפודה: |
| 007 | | | Ex39:21 | עזקיה דאפודה <....> ולא יזוע חושנה מעלוי אפודה היך מה |
| 008 | יזועון | | Ex25:15 | בארונא יהוון אריחי לא יזועון מניה: |
| 009 | תזעון | | Dt18:22M | יתיה נבייא לא תדחלון/תזעון#2#/ מיניה: |
| 010 | וזעו | | Ex19:18M | כקטו{ן}<ר> תנן אתונה וזעו כל עמא דאית במשרית' |
| 011 | יזייע | pael | Ex33:11 | יהושע בן נון טלי לא יזייע מגו משריתא: |
| 012 | וזעזע | quadr. | Gn44:19M | "ואזדעזע": וזעזע יתיה |
| 013 | יזדעזע | quad/t | Dt19:06 | אדמה בתר קטולה ארום יזדעזע לבביה ויארע יתיה ארום |
| 014 | ואזדעזע | | Gn27:33 | ואזדעזע יצחק זעוע רב לחדה ואמר |
| 015 | | | Gn44:19 | וטפח ברגליה על פלטין ואזדעזע כל פלטין ענה יהודה ואמר |
| 016 | | | Ex19:18 | תננא כתננא דאתונא ואזדעזע כל טורא לחדא: |
| 017 | | | Gn42:28 | והא הוא בפום טעוני ואזדעזע לבהון וחרדו גבר לקבל |
| 018 | ואזדעזעו | | Ex19:16 | ושופרא {ו}תקף לחדא ואזדעזעו כל עמא די במשריתא: |
| 019 | ואזדעזען | | Ex20:18 | טורא תנן וחמון עמא ואזדעזען וקמו להון מן רחיק: |

## creeping thing *n.* זחל [174]

001 וזחלוי p em/sf *Dt32:24* עם חמת{ה}הון דתניניא וזחלוי דעפרה:

## hornet *n.* זיבורי [175]

001 זיבורייתה s em/sf *Dt 1:44M* דדברייתה/דברייתה #2#/ זיבורייתה#2#/ וכתיתו/וקטולו#2#/

## malicious *adj.* זידן [175]

001 זידנה s em/sf *Lv26:41* או דלמה יתבר לבהון זידנה ובכדן ירעון ית חוביהון:
002 *Dt15:09* פתגם דחטי בתר לבכון זידנה למימר קרבת שתה שביעייתה

## malice *n.* זידנה [175]

001 דזידנה s ab/cn *Lv26:41M* ובכדן ירעון ית /דזידנה ובכן ימרקון ית#2#/
002 זדנתה s em/sf *Dt29:18* חובי שלותה על חובי זדנתה:

## malice *n.* זידנו [175]

001 זידנותה s em/sf *Dt29:18M* שלותה על חובי זדנתה/זידנותה#2#:/
*adv.* בזידנו See also:

## appearance *n.* זיו [175]

001 זיו s ab/cn *Nu23:21* ייי אלההון עמהון ויבבות זיו איקר מלכיהון מגן עליהון:
002 *Ex34:29* לא הוה ידע ארום נהר זיו איקרהון דאפוי במללותיה
003 *Ex34:30* ישראל ית משה והא נהר זיו איקרהון דאפוי דמשה ודחלו
004 *Ex34:35* משה מחזר}} ארום נהר זיו איקרהון דאפוי דמשה והוה
005 *Ex33:18M* קדם ייי חווי לי כען ית זיו איקרך#2#:/
006 זיוו *Ex34:35M* איקרהון דאפוי /שבחו זיוו באפוי#2#/ דמשה והוה
007 בזיו *Dt21:23M* כל דצליב ולא תסאבון /בזיו יקר שכינתיה דייי אצלב
008 מזיו *Ex19:18M* אתרגיף ואתמלי מזיו יקר שכינתיה דייי וסלק
009 זווהון s em/sf *Ex34:30M* איקרהון דאפוי /שבחו זווהון באפ#2#/ דמשה ודחלו
010 זיוהן *Gn 4:06* בעש לך ולמה כען אשתני זיוהן דאפיך:
011 זיווהון *Ex34:29M* איקרהון דאפוי /שבחו זיווהון דאפ#2#/ במללותיה עמיה:
012 *Gn 4:05* לקין לחדה ואישתני זיווהון דאפוי:
013 *Dt34:07* עייני ולא אשתנייו זיווהון דאפוי:
014 זיווהן *Dt34:07M* ולא אשתנייו זיווהון/זיוו<הן#2#/ דאפוי:
015 בזיוה *Gn29:17M* הוות יאיה בריבוו{ד}<ת>ה/בזיוה#2#/ ושפיר«א»

## distinguished *adj.* זיותן [175]

001 זיותניה p em/sf *Gn14:05* בעשתרתא דקרנים וית זיותניה דבהון וית אמתניה דהוון

## to arm *vb.* זיין [175]

001 תזיינון pael *Nu32:20* ית פתגמה הדין אן תזיינון קדם ייי לחיל קרבה:
002 מזייני *Nu31:05* כל שבט תרין עשר אלפין מזייני קרבה:
003 מזיינין *Nu32:30* ואן לא י{פ}<ע>ברון מזיינין עמכון ויתאחסנון ביניכון
004 *Nu32:17* ואנן נעבר מזיינין קדם בני ישראל עד זמן די
005 *Nu32:32* אנן נעבר מזיינ{י}ין קדם ייי בארעא דכנען
006 *Dt 3:18* ית ארעה הדה למירת יתה מזיינין תעברון קדם אחיכון בני
007 דמזיין *Nu32:21* ויעבר לכון כל דמזיין ית ירדנה קדם ייי עד זמן
008 *Nu32:27* ועבדך יעברו כל דמזיין לחיל קרבה קדם ייי לסדרי
009 *Nu32:29* עמכון ית ירדנה כל דמזיין לחיל קרבה קדם ייי
010 וזאין *Gn14:14* אשתבי לוט בר אחוי וזאין ית עלמוי תורבוות ביתיה
011 ומזייניין *Gn49:19* יפקון משריין מטכסן ומזייניין אנון יעברון עם ישראל

012 ומזיינין *Ex13:18* ארח מדברא ימא דסוף ומזיינין בעבדא טבא סלקו בני
013 אזדיינו etpaal *Nu31:03* משה עם עמא למימ' אזדיינו מן לוותכון גברין לחיל
014 תזדיי' *Nu32:20M* \אן תזיינון /ואין תזדיי#2#/ קדם ייי לחיל/לסדר#2#/
015 ואזדיינו *Nu31:07* ואזדיינו על מדיין היך מה די פקד
016 ואיזדיינתון *Dt 1:41* פקד יתן ייי אלהן ואיזדיינתון גבר ית מאני זייניה

## weapon *n.* זיין [175]

001 זיינא s em/sf *Ex33:04M* /מ>א<ני'>#2#/ זייני«ה»/<זיי>נא#2#/ עלוי:
002 זיינה *Dt22:05* לא יהווי מני זיינה דגבר על אתה ולא ילבש גבר
003 *Gn49:05* ולוי> אחין תלימין מרי זיינה שנינה עבדי קרב מן
004 זייניה *Dt 1:41* גבר ית מאני זייניה ואוחיתון למיסוק לטורא:
005 *Ex33:04* ולא שוון גבר מני זייני«ה» עלוי:
006 זיינן *Ex33:05* וכדון אחתו גבר מני זיינן מעלוי ואדע מה אעבד לכון:
007 זינך *Gn27:03* וכדון סב כען מני זינך בית ג{ו}<י>ריך וקשתיך ופק
008 *Gn27:03M* וכדו טול כען מאני זינך#2#/ בית ג{ו}<י>ריך וקשתיך
009 *Gn31:37M* ואחיך ויוכיחן /מאני זינך שווי כען בין אחי ובין
010 זייניהון p em/sf *Nu11:26* בני ישראל מן מני זייניהון וחרש לא יפקון ואינון
011 *Ex33:06* ופרקו בני ישראל מני זייניהון מעילויהון דהוה שמה מפרשה
012 זייניך *Gn27:40M* ועל חרבך/מאני זייני<ך#2#/ תחי וקדם אחוך תהוי
013 זייניכון *Gn45:20* לא יחוסון על מאני זייניכון ארו{ב}<ם> טובא דכל ארעא
014 *Dt23:14* יהוון קביען במא{ז}ני זייניכון והווי במייתבכון לבר
015 *Dt33:29* ותריס חייליכון וסדיד זייניכון ותקיף גיווי סבריכון
016 *Ex33:05M* מה /מא{«ייי»}ני זייניכון מעילוויכון ואדוע#2#/

## olive *n.* זיית [175]

001 דזית s ab/cn *Ex27:20* וייתון לוותך משח דזית זכיך כתיש לאנהרותה למסדרה
002 *Lv24:02* וייתון לוותך משח דזית זכיך כתיש לאנהרותא למסדרה
003 *Gn 8:11M* דזי' קטים בפומה /טרף דזית לקיט בפי#2#/ דאייתייאת
004 *Ex30:24* בסלעי בית קודשא ומשח דזית מלא ה«י»נה:
005 זייתה s em/sf *Dt 8:08* ורימונין ארע דמן זייתה עבדין משח ותומרייה חליין
006 דזי' *Gn 8:11* לעדוני רמשא והא עלה דזי' קטים בפומה וידע נח ארום
007 זייתין p abs *Dt28:40* יהוון לכון בכל תחומיכון זייתין
008 וזייתין *Dt 6:11* די לא חצבתון כרמין וזייתין די לא נצבתון ות«א»כלון
009 וזיתין *Dt 6:11M* חצבתון כרמין וזייתין/וזיתין#2#/ די לא נצבתון
010 זיתיכון p em/sf *Dt24:20* ארום תשמטון זיתיכון לא תיכלון עוללתה
011 דזייתיכון *Dt28:40* ארום ייתר נצייה דזייתיכון:
012 לזיתיכון *Ex23:11* תעבדון לכרמיכון לזיתיכון:

## Zemarite *adj.* זימריי [176]

001 זימרייא p em/sf *Gn10:18* וית ארוודייא וית זימרייא וית אנטוכיא ומן בתר כדין

## Negro *adj.* זינגיי [176]

001 וזינגאי p em/sf *Gn10:07M* וסמראי ולובאי וזינגאי ובנוי דמורייטינוס

## skin used for storing liquids *n.* זיק [176]

001 וזיק s ab/cn *Gn21:14* אברהם בצפרא ונסב לחם וזיק דמיין ויהיב להגר שווי על
002 זיקא s em/sf *Gn21:15* ושלימו מיא מן זיקא וטלקת ית טליא תחות חד מן
003 *Gn21:19* באר דמיין ואזלת ומלת ית זיקא מיא ואשקיית ית טליא:
004 זיקיא p em/sf *Ex15:08* ערמן קמו צרירין היך זיקיא דמיא נזליא קפון תהומיא
005 כזקיי' *Ex15:08M* /וקמו להו' צרירין כזקיי#2#/ דמיא נזליא קפון תהומיא

## זיק #2 *n.* flash of fire [176]

|  |  |  |  |  |  |  |
|---|---|---|---|---|---|---|
| 001 | זיקין | p abs | Ex20:02 | יהא שמה מבורך היך | זיקין | והיך ברקין והיך למפדין |
| 002 | | | Dt 5:06 | יהא שמיה מברך היך | זיקין | והיך ברקין והיך למפדין |
| 003 | | | Dt 5:07 | יהי{ה} שמיה מברך היך | זיקין | והיך ברקין והיך למפדין |
| 004 | זקין | | Ex20:03 | קודשא יהא שמה מברך היך | זקין | והיך ברקין והיך למפדין |

## זיקוק *n.* spark [176]

|  |  |  |  |  |  |  |
|---|---|---|---|---|---|---|
| 001 | זיקוקין | p abs | Gn 3:24 | תרין סיטריה אתקן בגוה | זיקוקין | דנור וגומרין מבערן |

## זכו *n.* merit [176]

|  |  |  |  |  |  |  |
|---|---|---|---|---|---|---|
| 001 | זכו | s ab/cn | Lv19:16 | דחברך בזמנה דאת ידע ליה | זכו | בדינא אמר ייי: |
| 002 | | | Lv19:18 | דחבר׳ כד תדע בה דאית לה | זכו | בדינה ולא תתחשד בחובת אדמה |
| 003 | | | Gn15:01M | או דלמא דאשכח לי | זכו | בזמנ׳ קדמיא די נפלו |
| 004 | | | Gn15:01M | או דלמא די לא ישתכח לי | זכו | בזמנה תניינא ויתחלל בי |
| 005 | | | Gn18:19M | למעבד \צדקתה ודינא | זכו/ | וסדר דן#2#/ מן בגלל די |
| 006 | | | Ex23:01M | חד מנכון למלפה {זמן} | <זכו> | לחברה בדינ׳ ולא תימרון |
| 007 | | | Lv24:12 | ^אוח#2#^ דילמה דישתכח לה | זכו | מן זוי ח«ו»רי בדינה דלא |
| 008 | | | Dt24:13 | ויצלי עלך ולכון תיהווי | זכו | קדם ייי אל«ה»כון: |
| 009 | בזכות | | Nu23:09 | האליין מדברין ואתיין | בזכות | אבהתה צדיקיה דמתילין |
| 010 | | | Dt33:16 | עבדה פירין טבין | בזכות | ארעא ומלאיה ודעבד רעותה |
| 011 | | | Nu24:05 | עליכון דדבית יעקב | בזכות | ב{ית}<תי> מדרשיה דשמיש |
| 012 | | | Nu24:05 | משכניהון דבית יעקב | בזכות | משכניה דיתיב בהון ישראל |
| 013 | | | Dt33:15M | עבדה פירין טבין | בזכותה/בזכות#2#/ | דיאבהתן/אבהתה#2#/ |
| 014 | וזכו | | Dt 6:25 | | וזכו | תיהוי לן ארום נטור למעבד |
| 015 | ובזכות | | Dt33:15 | אברהם יצחק ויעקב | ובזכות | אימהתה דמתילין בגלמתה |
| 016 | | | Nu23:09 | אברהם יצחק ויעק׳ | ובזכות | אמהתה צדיקתה דמתילין |
| 017 | לזכו | | Gn15:06 | ממרא דייי ואתחשבת ליה | לזכו: | |
| 018 | זכותא | s em/sf | Gn15:11M | נכסיהון דישראל והות | זכותא | דאברהם מגנא עליהון |
| 019 | | | Lv22:27 | אימרא בגין למדכרא | זכותא | דגברא יחידה דאתעקד על חד |
| 020 | זכותה | | Nu12:12 | דבה ויחי למה עבד ית | זכותה: | |
| 021 | | | Nu12:12M | הדין וייחי דלא נובד | זכותה | |
| 022 | | | Gn15:11 | על פסגייה ואשבת יתה | זכותה | דאברם כד נחת טייסא הווה |
| 023 | | | Lv22:27M | תניין בגין למדכרה | זכותה | דישר׳ דעקד גרמ׳ על גבי |
| 024 | | | Lv19:18 | בה ית חברך ולא תמנע | זכותה | דחבר׳ כד תדע בה דאית לה |
| 025 | | | Dt33:21 | בראשי עמא בעלמא דאתי | זכותה | דייי עבד וסדרי דינוי אלף |
| 026 | זכותי׳ | | Lv22:27 | בר עזייה בגין למדכרה | זכותי׳ | דגברא תמימא דלבש בגו{י} |
| 027 | | | Lv22:27M | בר עיזין בגין למדכרה | זכותי׳ | דתמימה דלבש משכין דגדיין |
| 028 | זכותיה | | Lv22:27 | קדמי בגין למדכרה קדמיי | זכותיה | דגברה מדנחייה דבסיבותיה |
| 029 | בזכות׳ | | Gn12:13M | בזכוותך /למייטבה לי | בזכות׳ | ותתקמה לי נפשי |
| 030 | בזכותה | | Dt33:15 | עבדה פירין טבין | בזכותה | דיאבהתן דמתילין בטורייא |
| 031 | בזכותי | | Gn48:22M | על אחיך דנסבית | בזכותי | ובעבדיי{׳} טב<י>א מן |
| 032 | בזכותיה | | Gn39:05 | ית ביתיה דמצרי«ה» | בזכותיה | דיוסף והוה ברכתיה דייי |
| 033 | | | Gn33:14M | די קדמיי ולסוברה | בזכותיה | ית בני גלותא עד זמן |
| 034 | בזכותך | | Gn30:27 | נסיית וברך יתי ייי | בזכותך: | |
| 035 | | | Gn48:20 | ביומא ההוא למימר | בזכותך | יתברכון ישראל למימר ישוי |
| 036 | | | Gn12:03 | יתך יהוי ליט ויתברכון | בזכותך | כל {זעזר} זרעיותא דארעא: |
| 037 | | | Gn26:04 | ארעתא האליין ויתברכון | בזכותך | כל אומיא {{דע}} דארעא: |
| 038 | דבזכו׳ | | Gn31:22M | ארום אזל יעקב חסידא | דבזכו׳ | הוון מיא טיפין מ{יא}<ן> |
| 039 | דבזכותה | | Nu21:01 | אסתלקת מרים נביאתה | דבזכותה | הוות בירה סלקה להון ארום |
| 040 | דבזכותיה | | Nu21:01 | אהרן גברא חסידה | דבזכותיה | הוון ענני איקרה מפקין ית |
| 041 | וזכותא | | Gn15:11M | משעבדה לבנוי דאברם | וזכותא | דאברם צדיקה משיזבה להון |
| 042 | זכון | p abs | Ex23:02 | יתמנע חד מנכון למלפה | ז{מ}<כו>ן | לחבריה בדינא «לא» |
| 043 | זכותי | p em/sf | Gn30:33 | ויסהדן עלי | זכותי | ביומא הדן ודמחר ארום |
| 044 | זכוותכון | | Dt 7:07M | בגלל | {דבנ}<זכו>ותכון | צבא מימריה דייי בכון |
| 045 | בזכותא | | Gn26:24 | יתך וסגית ית בנך | בזכוותא | דאברהם עבדי: |
| 046 | | | Gn18:18 | רבה ותקיפה ויתברכון | בזכוותא | כל אומיא דארעא: |
| 047 | בזכותה | | Gn12:16M | והוה": היטיב ... | בזכוותה | והוה |
| 048 | | | Gn18:18M | כל אומיא /ויתברכון | בזכוותה | כל אומה#2#/ דארעא: |
| 049 | בזכותהון | | Gn18:26M | שרי ושבק לקרתה | בזכוותהון#2#/: | |
| 050 | | | Dt 9:06 | ותידעון ארום לא | בזכוותהון | ייי אלהכון יהב לכון ית |
| 051 | בזכותי | | Gn48:22 | ולא בקשתי ארום אלהן | בזכוותי | ובעובדיי טביא דאינון |
| 052 | | | Gn48:22 | על אחיך שכם דנסבית | בזכוותי | ובעובדיי טבייא מן ידיהון |
| 053 | | | Gn30:30 | וסגה וברך ייי יתך | בזכוותי | וכען מה אנה יכל למעבד |
| 054 | בזכותיה | | Gn13:05M | \אזל עם אברם /מדבר | בזכוותיה | דאב#2#/ הוה ען ותורין |
| 055 | | | Gn15:11 | בישן על דבית ישראל | בזכוותיה | דאברם אבוהון משיזבה |
| 056 | בזכותך | | Gn12:13 | בגללך ותתקיים נפשי | בזכוותך: | |
| 057 | | | Gn28:14 | ומדנחא ויתברכון | בזכוותך | כל זרעייתא דארעא |
| 058 | בזכותכון | | Dt 9:05 | לא | בזכוותכון | ובקשיטות לבביכון אתון |
| 059 | בזכותן | | Dt 9:04 | מן קדמיכון למימר | בזכוותן | אעיל יתן ממרה למירת ית |
| 060 | ובזכוותהון | | Nu22:30 | אתברי עלמא מן ראש | ובזכוותהון | הוא מדכר קדמיהון מה את |
| 061 | ובזכותהון | | Gn15:17M | וקיימו פיקודייה | ובזכוותהון | עתיד דאישתרי בסוף |

## זכוך *adj.* ⇐ זכיך

## זכור *n.* apparition of the dead [176]

|  |  |  |  |  |  |  |
|---|---|---|---|---|---|---|
| 001 | זכורון | p abs | Dt18:11 | בישן ושאלי אובה ומסקי | זכורון | ותבעין אולפן מן מיתייה: |
| 002 | | | Lv20:06M | אובה ומסקי | זכורן/<זכו>רון#2#/ | {{למטעי}} בתריהון |
| 003 | | | Lv20:27 | בהון שאלי אובה או מסקי | זכורון | מתקטלה יתקטלון באבניה |
| 004 | זכורין | | Dt18:11M | אובה ומסקי | זכורון/זכורין#2#/ | ותבעין אולפן מן |
| 005 | | | Lv19:31M | "דכורן ... למסתאבה": | זכורין | לא תתבעון למ׳ |
| 006 | זכורן | | Lv20:06 | בתר שאלי אובה ומסקי | זכורן | {{למטעי}} בתריהון ואשוי |
| 007 | דכורון | | Lv19:31M | אוב׳ ומסקי | דכורן/דכורון#2#/ | לא תצבון למסתאבה |
| 008 | | | Lv20:06M | "זכורון ... בתריהון": | דכורון | למזנייה מן בתר |
| 009 | דכורן | | Lv19:31 | בתר שואלי אוב׳ ומסקי | דכורן | לא תצבון למסתאבה בהון אמר |

## זכי *vb.* to be innocent [177]

|  |  |  |  |  |  |  |
|---|---|---|---|---|---|---|
| 001 | זכה | peal | Lv22:27M | מן מרומייה מן בגין כן | זכה | ואזדמן לה תמן אמר תחותוי |
| 002 | | | Gn24:41M | /בכן#2#/ תזדכה/תהוי | זכה#2#/ | משבועתי ארום תיתי |
| 003 | זכי | | Gn25:10 | חקלא די | זכי | אברהם מלוות בנוי דחת תמן |
| 004 | וזכה | | Lv22:27M | וחמר אשקי יתיה | וזכה | למקבלה סדר ברכתה מן יצחק |
| 005 | | | Lv22:27 | עבד ואייכ{ו}ל לאבוי | ו<ז>כה | למקבלה ית סדר ברכתה אלין |
| 006 | | | Lv22:27M | <ואייכל> מלאכין | וזכה | למתבשרה דהא שרה ילדת |
| 007 | ויזכ׳ | | Ex21:19M | מסמכיי׳ | ויזכ׳ | דן דמחי |
| 008 | לימזכי | | Gn 4:07 | ואת תהוי שלט בה בין | לימזכי | ובין למחטי: |
| 009 | למזכה | | Gn 3:16 | יהוי רשותה עליך בין | למזכה | ובין למחטא: |
| 010 | למיזכי | | Gn20:04M | /קודמיך ייי הוא לה | למיזכי | בדינא {ה} מתקטיל#2#/: |
| 011 | יזכון | pael | Ex23:07 | לא תקטלון ארום לא | יזכון | קדמיי חייבא: |
| 012 | יזכי | | Dt 5:11 | אלהכון על מגן ארום לא | יזכי | ייי ביום דינה רבה ית מן די |
| 013 | מז׳ | | Dt 5:11M | על מגן ארום לא | יזכי/מז#2#/ | ייי ביום דינה רבה ית |
| 014 | מזכי | | Ex34:07 | על חטאין ומזכייה לא | מזכי{ה} | ביום דינא רבה מדכר חובי |
| 015 | | | Nu14:18 | על חטאין ומזכייה לא | מזכי | ביום דינה רבה מדכר חובי |
| 016 | | | Ex20:07M | אלהיכון לשקר ארום לא | מזכי | ייי ית חוביכון חייבי ביום |
| 017 | | | Ex20:07 | אלהיה על מגן ארום לא | מזכי | ייי ביום דינא רבא ית מן די |
| 018 | | | Ex23:07M | לא \יזכון קדמיי חייבא | /מזכי | ייי ית חייבא בשע׳ |
| 019 | | | Nu14:18M | לא \מזכי ביום | /<מזכי> | ייי ית חייבה <ביום>#2#/ |
| 020 | דמזכי | | Ex23:07 | תהוון רחקין וכל מן | דמזכי | בדינא לא תקטלון ארום לא |

|  |  |  |  |  |  |  |
|---|---|---|---|---|---|---|
| 021 | ויזכון | | Dt25:01 | ו«י»דונון יתהון | ויזכון | ית זכיה ויחייבון ית מן |
| 022 | ומזכיה | | Ex34:07 | מרדין ומכפר על חטאין | ומזכיה | לא מזכי{ה} ביום דינא רבה |
| 023 | ומזכייה | | Nu14:18 | ומכפר על חטאין | ומזכייה | לא מזכי ביום דינה רבה |
| 024 | | | Nu14:18M | ומזכייה /וקשוט | ומזכייה/#2# | לא \מזכי ביום /<מזכי> |
| 025 | למזכיה | | Nu19:17M | מן קטמה די יקדת | /למזכיה | מסאבה מן עפר יק'#2#/ |
| 026 | למזכיי' | | Gn18:05M | כן עברתון | למזכיי' | ית עבד' |
| 027 | נזדכי | etpaal | Gn44:16 | לרבוני מה נמליל ומה | נזדכי | מן קדם ייי ארעת חובתהון |
| 028 | תזדכה | | Gn24:41 | בכדן | תזדכה | משבועתי ארום תיתי לוות |
| 029 | דזתכי | | Nu 5:19M | תחות רשותה לבעליך | {דזתכי} | <תזדכי> מן מיה בדוקיה |
| 030 | ויזדכי | | Nu 5:31 | | ויזדכי | גברא מן חובה ואתתה ההיא |
| 031 | | | Ex21:19 | בשוקא על מרדניתא | ויזדכי{ה} | מן דמחה יתה לחוד אגר |
| 032 | ותזדכי | | Gn24:08 | תצבי אתתא למיתיה בתרך | ותזדכי | מן שבועתי הדה לחוד ית ברי |

## זכיי *adj.* just, innocent [177]

|  |  |  |  |  |  |  |
|---|---|---|---|---|---|---|
| 001 | זכאה | s ab/cn | Gn38:26 | וחכם יהודה ואמר | זכאה | היא תמר כלתי בגין כך לא |
| 002 | זכאי | | Gn24:31M | עריתא ומן שפיכות דם | זכאי | ואתרא אתקינת לגמליא |
| 003 | | | Ex 2:12M | דאתי וחמא והא לית גבר | זכאי | נפיק מיניה ומחא ית מיצראה |
| 004 | | | Gn13:13M | ובשפיכות אדמייה/דם | זכאי#2#/אדמה | זכייה#2#/ ובפלחנא |
| 005 | זכיי | | Ex21:28 | בשריה ומריה דתורא יהוי | זכיי: | |
| 006 | | | Ex22:01 | לית ליה חובת שפיכות אדם | זכיי: | |
| 007 | | | Nu35:27 | חובת שפיכות אדם | זכיי: | |
| 008 | | | Dt19:10 | עליכון חובת שפיכות אדם | זכיי: | |
| 009 | | | Dt19:10 | ולא ישתפך אדם | זכיי | בגו ארעכון דייי אלהכון |
| 010 | | | Dt21:08 | תשוי חובת שפיכות אדם | זכיי | בגו עמך ישראל ויתכפר להון |
| 011 | | | Gn20:04 | מן קדמך ייי לחוד עמם | זכיי | בדינא אתקטל: |
| 012 | | | Ex23:08 | נסבוי ויטלטל מלי דינא | זכיי | בדינא: |
| 013 | | | Gn18:24 | דאתרא מן בגלל חמישתי | זכיי | די בגווה: |
| 014 | | | Dt24:06M | ארום כאשדיות אדם | זכיי | הוא מתחשב ונפשתה הוא |
| 015 | | | Dt27:25 | שחוד למקטול נפיש אדם | זכיי | ויאמרון כל עמא אמן: |
| 016 | | | Dt32:04 | היימנה דלית קדמוי עוולה | זכיי | וקשוט בדינה הוא: |
| 017 | | | Gn18:28 | מה דילמא יחסרון חמשתי | זכיי | חמשה הא משיצא את בגלל חמשה |
| 018 | | | Gn37:22 | ראובן לא תשפכון אדם | זכיי | טלקו יתיה לגובא הדין די |
| 019 | | | Dt24:05M | "מן ... לבייתיה": פתגם | זכיי | יהווי בבייתיה |
| 020 | | | Dt22:08 | תשווי חובת שפיכות אדם | זכיי | לגו בייתך דלא יפול מן דחמי |
| 021 | | | Dt24:05 | יעבר עלוי כל מן דעם ביש | זכיי | מזמן יהווי לבייתיה שתה חדא |
| 022 | | | Gn24:41 | ואן לא יתנון לך ותהוי | זכיי | מן שבועתי: |
| 023 | | | Gn49:09 | דינה דתמר ברי את הויי' | זכיי | נייח ושרי בגו קרבא היך |
| 024 | | | Ex22:02 | אית ליה חובת שפיכות אדם | זכיי | שלמא ישלם אן לית ליה |
| 025 | | | Gn49:12 | עריין מלמשפך בהון דם | זכיי | שנוי נקיין מחלב{{א}}בא |
| 026 | | | Lv17:04 | לגברה ההוא כילו אדם | זכיי | שפך וישתצי גברא ההוא מן גו |
| 027 | וזכאי | | Ex23:07M | \וכל מן דמזכי בדינא | /וזכאי | וקשוט בד'#2#/ לא תקטלון |
| 028 | זכאה | s em/sf | Ex 9:28M | ויפסוק קדמוי דייי | זכאה | |
| 029 | זכייא | | Gn18:23 | הא ברגז את משיציא | זכייא | עם חייבא: |
| 030 | זכייה | | Dt21:08M | להון אדמה/דמה#2#/ | \זכייה#2#/ | הדין: |
| 031 | | | Gn13:13M | /דם זכאי#2#/אדמה | זכייה#2#/ | ובפלחנא נכרייה |
| 032 | | | Dt25:01 | יתהון ויזכון ית | זכייה | ויחייבון ית מן דחמי ליה |
| 033 | | | Dt19:13M | חובת שפיכות אדמה | זכייה#2#/ | מן ישראל וטב לכון: |
| 034 | | | Dt19:13 | ותבערון שפוכי אדמה | זכייה | מן ישראל וטב לכון: |
| 035 | | | Dt21:09M | ˆאדמה#2#/דמה#2#/ | \זכייה/ | מן ביניכון ארום |
| 036 | | | Gn18:25 | למעבד פתגמא הדין לממתה | זכייה | עם חייבא ויהוי דינא |
| 037 | דזכייא | | Gn18:25 | עם חייבא ויהוי דינא | דזכייא | כדינא דחייבא מחוס |
| 038 | דזכייה | | Gn18:25M | מחוס /כסדר דנה | דזכייה | כחייבה הא מחוס#2#/ |
| 039 | וזכאה | | Gn38:25 | מיניה אנה מעברה | וזכאה | היא תמר כלתי מיני היא |
| 040 | זכיין | p abs | Gn18:29 | לא אשיצא בגלל ארבעין | זכיין: | |
| 041 | | | Gn18:31 | לא אשיצא בגלל עשרין | זכיין: | |
| 042 | | | Gn44:10 | לי עבד ואתון תהוון | זכיין: | |
| 043 | | | Gn18:24 | מה דילמא דאי«ת» חמשין | זכיין | בגו קרתא הא ברגז את משיצא |
| 044 | | | Gn18:26 | הא אשכח בסדם חמשין | זכיין | בגו קרתא ואשרי ואשבוק לכל |
| 045 | | | Dt 4:08 | לה קיימין וסדרי דינין | זכיין | ככל גזירת אוריתה הדה די |
| 046 | | | Gn38:25 | שמיא נפקת ואמרת תריכון | זכיין | מן קדם ייי הוה פתגמא: |
| 047 | | | Nu32:22 | כדן תחזרון ותהוון | זכיין | מן קדם ייי ומן ישראל |
| 048 | זכיה | p em/sf | Dt16:19 | {נ}סבוי ומטלטל מלוי | זכיה | בדינה: |
| 049 | דזכאי | | Ex23:08M | ומערבב ומקלקל מיליה' | דזכאי | בשעת דיניהון#2#/: |
| 050 | | | Dt16:19M | ומערבב ומקלקל מליהון | דזכאי | בשעת דינהון |

## זכיך *adj.* clear [177]

|  |  |  |  |  |  |  |
|---|---|---|---|---|---|---|
| 001 | זכיך | s ab/cn | Ex27:20 | וייתון לוותך משח דזית | זכיך | כתיש לאנהרותה למסדרה |
| 002 | | | Lv24:02 | וייתון לוותך משח דזית | זכיך | כתיש לאנהרותא למסדרה |
| 003 | זכוכא | s em/sf | Gn49:12 | דמלכא משיחא מן חמרא | זכוכא | דלא למיחמי בהון גילוי |
| 004 | זכיכא | | Gn49:12M | ד{ק}<כ>יין מן חמרא | זכיכא | דלא אתחמ' בהון גלוי |

See also: *adj.* דכיך

## זכרן *n.* ⇐ דוכרן

## זלזל *vb.* ⇐ זלל

## זלל *vb.* to be of little value [177]

|  |  |  |  |  |  |  |
|---|---|---|---|---|---|---|
| 001 | זל | peal | Lv20:09 | ימות אקריה דאבוי ודאימיה | זל | אדמיה ביה: |
| 002 | וזל | | Gn16:04 | וחמת {{ע}}ארום עברת | וזל | איקרה דריבוניתה באפה: |
| 003 | | | Gn16:05M | וחמת ארום עברת | ואזל/וזל#2#/ | איקרי באפה וכדון |
| 004 | דזלא | pael | Dt27:16 | ליט יהווי גברא | דזלא | יקריה דאבוי ודאמה ויאמרון |
| 005 | ואזל | afel | Gn16:05 | על ידה וחמת ארום עברת | ואזל | איקרי באפה וכדון יתגלי ייי |
| 006 | יזלזל | quadr. | Lv20:09 | ארום גבר גבר די | יזלזל | איקריה דאבוי ודאמה ממת |

## זלפקק *n.* craw [178]

|  |  |  |  |  |  |  |
|---|---|---|---|---|---|---|
| 001 | זלפקקה | s em/sf | Lv 1:16 | ויעב{ד}<ר> ית | זלפקקה | בלקטה וי{ק}טל<ק> יתה סמיך |

## זמם *vb.* to muzzle [178]

|  |  |  |  |  |  |  |
|---|---|---|---|---|---|---|
| 001 | זמימי | peal | Gn24:32M | זממין דגמלין דהוון | זמימי | באורח דלא למיכל מן גזילא |
| 002 | זממין | | Gn13:07 | דלוט רעוי דאברם הוון | זממין | בעירהון עד זמן דהוון מטין |
| 003 | | | Gn13:07 | ורעוי דלוט לא הוון | זממין | בעירהון אלא מבקרין ואזלין |
| 004 | | | Gn24:32M | "גמליא": | זממין | דגמלין דהוון זמימי באורח |
| 005 | תזמון | | Dt25:04 | עמי בני ישראל לא | תזמון | תורה בדרכיה: |
| 006 | ויזמון | | Dt22:19M | | ויקנסון/ויזמון#2#/ | יתיה מאה סלעין |
| 007 | מזממין | pael | Gn13:07M | דאברם הוון | זממין/מזממין#2#/ | בעירהון עד זמן |
| 008 | | | Gn13:07M | דלוט לא הוון | זממין/מזממין#2#/ | בעירהון אלא מבקרין |

## זמם *n.* muzzle (of a camel) [178]

|  |  |  |  |  |  |  |
|---|---|---|---|---|---|---|
| 001 | זממי | p const | Gn24:32 | גברא לגו ביתא ושרא | ˆזממי#2#ˆ | גמליא ויהב תבן וכסה |

## זמן *vb.* to invite [178]

|  |  |  |  |  |  |  |
|---|---|---|---|---|---|---|
| 001 | זמין | peal | Ex34:02M | ותהוי/והווי#2#/ | מזמן/זמין#2#/ | לצפרא ותסק בצפרא |
| 002 | זמינין | | Ex19:15M | ואמר לעמ' הוון | מזמנין/זמינין#2#/ | לתלתא יומין לא |
| 003 | זמינו | pael | Lv 9:13 | וית עלתה | זמינו | לוותה לפיסגה וית רישיה |

|  |  |  |  |
|---|---|---|---|
| 004 | זמן | Gn24:44 | לגמליך אמלא היא אתתא די זמן ייי לברה דריבוני: |
| 005 | | Gn27:20 | למשכחי ברי ואמר ארום זמן ייי אלהך קדמוי: |
| 006 | | Ex21:08 | באיש באפוי דריבוניה דלא זמן יתה ופרק יתה לגבר בר עממין |
| 007 | | Gn24:12M | אברהם יזדמן/^אז'#2#^/זמן#2#/ לי כען קדמוי |
| 008 | | Gn24:14M | יתה#2#/ זמנת/^זמן#2#^/דזמן#2#/ לעבדך ליצחק |
| 009 | זמנת | Gn24:14 | שתי ואף לגמליך אשקי יתה זמנת לעבדך ליצחק ובה אדע ארום |
| 010 | זמנת' | Ex15:17M | בית שכינה לך אתקנת/זמנת'#2#/ ייי בית מוקדשך |
| 011 | יזמן | Ex21:08M | \דלא זמן יתה /דלא יזמן ופריק יתה#2#/ ופרק יתה |
| 012 | | Ex21:09 | ואם לבריה יזמן יתה כסדר דנהון דבנתה יעבד |
| 013 | מזומן | Dt33:21 | וחמא מן שירויה ארום אתר מזומן הוא לבית קבורה ליה תמן |
| 014 | | Gn28:17 | אתר הדיוט ארום אתר מזומן מן קדם ייי והדן תרעא תרעא |
| 015 | | Gn28:17 | והדן תרעא תרעא דצלו מזומן עד צי«ת» שמיא: |
| 016 | מזמן | Dt33:21M | שירויה ארום אתר מזומן/<מ>זמן#2#/ הוא לבית קבורה ליה |
| 017 | | Dt23:13 | ואתר מזמן יהווי לכון לבר מן משריתה |
| 018 | | Dt24:05 | עלוי כל מן דעם ביש זכיי מזמן יהווי לבייתיה שתה חדא |
| 019 | | Gn28:17M | הדיוט ברם אלאהן אתר מזמן לבית צלו הוא והדן תרעא |
| 020 | | Ex33:21 | ואמר ייי הא אתר מזמן לוותי ותתעתד על טנרא: |
| 021 | | Lv16:21 | דצפירה וישלח ביד גבר מזמן למדבר': |
| 022 | | Ex34:02 | ותהוי מזמן לצפרא ותסק בצפרא לטורא |
| 023 | מזמני | Nu26:09 | הוא דתן ואבירם מזמני כנשתה די פלגו קדם ייי על |
| 024 | | Nu 1:16 | אלין מזמני עם כנשתא רברבני שבטי |
| 025 | | Nu 1:16M | מזמני עם כנשתא /אליין מזמני עמה בכנישתה#2#/ רברבני |
| 026 | | Nu16:02 | רברבני כנ«י»שתה מזמני קהלה גברין מפרשין בשמהן: |
| 027 | מזמנין | Ex19:15 | ואמר לעמ' הוון מזמנין לתלתא יומין לא יקרב מנכון |
| 028 | | Nu16:16M | הוון/יהוון#2#/ \קדם/מזמנין ק'#2#/ ייי את |
| 029 | דאזמן | Ex30:06 | וקדם כפרתה דעל שהדותא דאזמן לך ממרי תמן: |
| 030 | | Ex29:42 | משכן זימנא קדם ייי דאזמן לכון תמן לממללה עמך תמן: |
| 031 | | Ex30:36 | קדם שהדותא במשכן זמנא דאזמן ממרי לך תמן קדש קדשים |
| 032 | דזמן | Gn24:14M | יתה#2#/ זמנת/^זמן#2#^/דזמן#2#/ לעבדך ליצחק |
| 033 | דזמנית | Ex15:17M | בית שכינת קודשך ייי דזמנית לך ייי בית מקדשך ייי |
| 034 | ואזמן | Ex25:22 | ואזמן ממרי לך תמן ואמלל עמך |
| 035 | וזמינו | Lv 9:12 | ונכס ית עלתה וזמינו בנוי דאהרן לוותיה ית |
| 036 | | Lv 9:18 | נכסת קדשיה דמן עמה וזמינו בנוי דאהרן ית אדמה לוותה |
| 037 | וזמן | Lv22:27 | יתיה וברחמוי טבייה וזמן בנוי למהוי מצליין ואמרין |
| 038 | ותזמנון | Nu35:11 | ותזמנון לכון קוריין קירוי שיזבו |
| 039 | ומזומן | Ex12:42 | לילי נטיר ומזומן הוא לפורקן לשמה דייי בזמן |
| 040 | | Ex12:42 | לשמה דייי לילי נטיר ומזומן הוא לפורקן לכל ישראל |
| 041 | ומזמין | Ex12:42M | הוא לפורקן לכל /נטור ומזמין לכל#2#/ ישראל לדריהון: |
| 042 | למזמנה | Nu10:02 | יתהון ויהווין לכון למזמנה עם כנ«י»שתה ולמטלה ית |
| 043 | etpaal אז' | Gn24:12M | אברהם יזדמן/^אז'#2#^/זמן#2#/ לי כען קדמוי |
| 044 | אזדמן | Nu23:15 | אתעתד הכה על עלתך ואנה אזדמן הכה: |
| 045 | | Gn16:02M | כען לות אמתי מה דלמה /אזדמן כען לות אמהתי#2#/ |
| 046 | | Gn22:08 | ואמר אברהם מן קדם ייי אזדמן לה אמר לעלתה ואן לא את |
| 047 | | Gn20:04M | ואבימלך לא קרב/אזדמן#2#/ לוותה ואמר בבעו |
| 048 | | Gn30:03M | על /אמהתי בלהה אזדמן#2#/ לוותה {לוותה} ותלד |
| 049 | | Ex29:42M | קדם ייי דאזמן/די אזדמן ממרי#2#/ לכון תמן לממללה |
| 050 | | Nu17:19 | זמנה קדם סהדותא די אזדמן ממרי לכון תמן: |
| 051 | | Gn24:50M | לממללא עמך טב או ביש /אזדמן פתגמ' לית אנה יכיל לממללא |
| 052 | | Gn41:32 | לפרעה תרתין זמנין ארום אזדמן פתגמא מן קדם ייי ומוחי |
| 053 | | Dt13:15M | אתכוון /<מן> קושטין אזדמן#2#/ פתגמא אתעבדת/יתעבדת#2# |
| 054 | | Dt17:04M | אתכוון /קושטין אזדמן#2#/ פתגמא אתעבדת/ית#2#/ |
| 055 | אזדמני | Gn19:34M | \ושמש עמה ונקיים מן /אזדמני לוותה ונקיימה מן#2#/ |
| 056 | אזדמנת | Gn19:34M | רבתא לזעירתא הא שמשת/אזדמנת#2#/ ברמשא עם אבא נשקי |
| 057 | יזדמן | Ex30:10M | מן אדם חטאת כיפורייה יזדמן בכל שנה יכ' |
| 058 | | Ex30:10M | "חדא זמן ... יכפר": יזדמן בכל שנה מן אדם חטאת |
| 059 | | Gn30:20M | ארום /כדו בהדא זמנא יזדמן בעלי לוותי ארום#2#/ |
| 060 | | Lv15:24M | "משמשה ... מדמוך": מזדמנה יזדמן גבר עמה ותהווי ריחוק |
| 061 | | Gn22:08M | לה אמר /ממריה דייי יזדמן לה אימרא#2#/ לעלתה ואן |
| 062 | | Dt25:05 | לברה לגבר חלוני יבמה יזדמן לוותה ויסב יתיה לה לאיתה |
| 063 | | Gn29:34 | ואמרת כדון בהדא זמנא יזדמן לוותי בעלי ארום ילדת ליה |
| 064 | | Gn30:15M | /בשבועתא יזדמן לותיך ליליא הדין חולף |
| 065 | | Gn24:12 | ייי אלהה דרבוני אברהם יזדמן לי כען קדמוי יומא הדין |
| 066 | | Nu23:03 | על עלתך ואזל מה דלמא יזדמן מימריה דייי לקדמותי |
| 067 | יזדמנו | Gn 6:04M | ולחד מן בתר מן די יזדמנו בניהון דמלאכיא |
| 068 | יזדמנון | Dt33:19 | לטור בית מוקדשא יזדמנון ותמן יקרבון קרבנין דקשוט |
| 069 | תזדמן | Gn30:16M | ואמרת לה לוותי תיעול/תזדמן#2#/ ארום מגיר אגרית יתך |
| 070 | מזדמנה | Lv15:24M | "משמשה ... מדמוך": מזדמנה יזדמן גבר עמה ותהווי |
| 071 | דאזדמנת | Ex 9:18 | במצרים למן יומא דאזדמנת ועד כדון: |
| 072 | דאזדמנתון | Nu16:11 | את וכל עם כנישתך דאזדמנתון קדם ייי ואהרן מה הוא |
| 073 | דיז' | Nu17:19M | קדם סהדותא \די אזדמן/דיז'#2#/ ממרי לכון תמן: |
| 074 | ואזדמן | Lv22:27M | מן בגין כן זכה ואזדמן לה תמן אמר תחותוי לעלתה |
| 075 | | Gn16:04M | ועל/ואזדמן#2#/ לוות הגר ועברת וחמת |
| 076 | | Gn29:21M | יומי פלחני ואיעול/ואזדמן#2#/ לוותה: |
| 077 | | Gn29:23M | יתה לוותה ועל/ואזדמן#2#/ לוותה: |
| 078 | | Gn30:16M | \ושמש עמה בלילי' /ואזדמן לוותה בליל'#2#/ |
| 079 | | Gn30:04M | בלהה אמהתה לאתה ועל/ואזדמן#2#/ לוותיה יעקב: |
| 080 | | Gn29:30M | \ועל אף לוות רחל /ואזדמן לחוד ית רחל#2#/ ורחם |
| 081 | | Nu23:04 | ואזדמן מימרה דייי על בלעם ואמר |
| 082 | | Nu23:16 | ואזדמן מימריה דייי על בלעם ושוי |
| 083 | | Ex29:43 | ואזדמן ממרי תמן לבני ישראל |
| 084 | ואזדמנת | Gn19:33M | /ואתת#2#/ רבתא ושמישת/ואזדמנת#2#/ עם אבוה ולא ידע |
| 085 | ואיזדמן | Gn34:02M | ונסב יתה \ושמש עמה /ואיזדמן לותה#2#/ וצער ית«ה»: |
| 086 | ויזדמן | Nu23:16M | \ואזדמן מימריה דייי /ויזדמן ייי#2#/ על בלעם ושוי |
| 087 | | Dt22:13 | ארום יסב גבר אתה ויזדמן לוותה ויסני יתה: |
| 088 | | Dt24:01 | יסב גבר אתה ויפרין ויזדמן לוותה ויהווי אין לא אשכחת |
| 089 | ויזדמנון | Nu10:03 | ויתקעון בהון ויזדמנון לוותך כל עם כנישתה לתרע |
| 090 | | Nu10:04 | ואין בחדה יתקעון ויזדמנון לוותך ^כל#2#^ רברבני |
| 091 | | Nu18:02 | דאבוך אקרב לוותך ויזדמנון לוותך וישמשון יתך ואת |
| 092 | | Nu18:04 | ויזדמנון לוותך ויטרון ית מטרת |
| 093 | ונזדמנה | Gn19:32M | ית אבונן חמר ונשמש/ונזדמנה#2#/ עמה ונקים מן אבונן |
| 094 | ותזדמן | Dt21:13 | ובתר כדן תיעול לוותה ותזדמן לוותה ותיסב יתה לך לאתה: |
| 095 | | Dt21:13M | לוותה /כן תעל עלה ותזדמן לוותה לך#2#/ ותיסב יתה |
| 096 | ותזדמנון | Nu35:11M | ותזמנון/ותזדמנון#2#/ לכון קוריין |
| 097 | לאזדמנא | Gn20:06M | יהבית לך רשו למקרב/לאזדמנא#2#/ לוותה: |
| 098 | למזדמנא | Gn20:06M | כן לא שבקית יתך למזדמנא |
| 099 | למזדמני | Gn39:14M | על לוותי \למשמשא עמי /למזדמני לוותי#2#/ וצוחית בקל |
| 100 | למיזדמנה | Gn19:31M | "למיעול ... כל": למיזדמנה לוותן כנימוס כל |
| 101 | | Gn34:07M | בישראל למשמשה/למיזדמנה#2#/ עם ברתה דיעקב |

## זמן *n.* set time [178]

|  |  |  |  |
|---|---|---|---|
| 001 | s ab/cn זמן | Lv16:34M | \חדא זמן בשתה /חד זמן בכל שתה#2#/ ועבד היך מה |
| 002 | | Nu20:29M | דהוית מכפר עליהון חד זמן בכל שנה בהיא שעתה היימינו |
| 003 | | Ex30:10 | אדם חטאתה דכיפוריה חדא זמן בשתא יכפר עלוי על |
| 004 | | Ex30:10 | אהרן עלוי על קרנתה חדא זמן בשתא מן אדם חטאתה דכיפוריה |
| 005 | | Lv16:34 | מן כל חוביהון חדא זמן בשתה ועבד היך מה די פקד |
| 006 | | Dt 4:07 | כוות ממרה דייי אלהן בכל זמן דאנן מצליין קדמוי הוא עני |
| 007 | | Gn27:45M | תקוף רוגזיה דאחוך /זמן די תחזור כוליתיה דאח#2#/ |
| 008 | | Dt 7:23 | יתהון ערבוב רב זמן די ישיצי יתהון: |

|  |  |  |  |  |  |
|---|---|---|---|---|---|
| 009 | | Ex23:01M | יתמנע חד מנכון למלפה | {זמן} | <זכו> לחברה בדינ' ולא |
| 010 | | Lv16:02 | דלא יהווי <עליל> בכל | זמן | לבית מקדשה לגו מן {מן} |
| 011 | | Ex 9:05 | ושוי ייי | זמן | למימר מחר יעבד ייי פתגמייא |
| 012 | | Nu24:01 | אזל היך מה דהוה אזל בכל | זמן | למשאליה בדכריה לקדמות |
| 013 | | Lv23:02 | ואירעון קדיש אלין אינון | זמן | סדרי מועדוי: |
| 014 | | Gn22:15 | וקרא מלאכה דייי לאברהם | זמן | תניינות מן שמיא: |
| 015 | | Gn37:09 | וחלם תוב | זמן | תניינות ותני יתיה לאחוי |
| 016 | | Gn41:05 | ודמך ליה וחלם | זמן | תניינות והא שבע שבלין סלקן |
| 017 | | Gn46:29M | ובכה על צואריה | תוב/זמן | תניינות#2#/: |
| 018 | | Lv13:07 | לוות כהנא לדכותה ויתחמי | זמן | תניינות לכהנא: |
| 019 | | Lv13:54 | ויטרוד יתה שבעה יומין | זמן | תניינות: |
| 020 | | Nu10:06 | ותתקעון יבבו | זמן | תניינות ויטלון משריתה |
| 021 | | Gn35:09 | ואתגלי ייי על יעקב | זמן | תנינות במיתייה מן פדן ארם |
| 022 | | Lv13:05 | יתיה כהנא שבע' יומין | זמן | תנינות: |
| 023 | | Lv13:06 | כהנא יתיה ביומא שביעיה | זמן | תנינות והא כהה מכתשא ולא |
| 024 | | Lv13:33 | ית ניתקה שובעה יומין | זמן | תנינות: |
| 025 | | Lv13:58 | מנהון מכתשה ויתחוור | זמן | תנינות וידכי: |
| 026 | כזמן | Lv23:29 | למצום ולא «ציימה» | כזמן | יום צומה דכיפורייה ותשתיצא |
| 027 | זמנ' s em/sf | Lv 3:08 | ויכוס יתיה קדם משכן | זמנ' | ויזרקון בנוי דאהרן ית |
| 028 | | Lv 4:04 | וייתי ית תורא לתרע משכן | זמנ' | קדם ייי ויסמוך ית ידיה על |
| 029 | זימנא | Ex29:11 | תורא קדם ייי בתרע משכן | זימנא: | |
| 030 | | Ex29:32 | לחמה די בסלא בתרע משכן | זימנא: | |
| 031 | | Ex38:08 | דהוון מצליין בתרע משכן | זימנא: | |
| 032 | | Ex39:40 | מני פלחן משכנה למשכן | זימנא: | |
| 033 | | Ex40:02 | תקים ית משכנה משכן | זימנא: | |
| 034 | | Ex40:06 | קדם תרע משכנה משכן | זימנא: | |
| 035 | | Lv 1:05 | די תרע משכן | ז«י»מנא: | |
| 036 | | Lv 4:05 | ויעל {ל}יתיה למשכן | זימנא: | |
| 037 | | Lv 4:14 | וייתון יתה לתרע משכן | זימנא: | |
| 038 | | Lv 6:19 | קדיש תתאכל בדרת משכן | זימנא: | |
| 039 | | Lv 8:03 | כנישתה כנש לתרע משכן | זימנא: | |
| 040 | | Lv 8:04 | עם כנשתה לתרע משכן | זימנא: | |
| 041 | | Lv15:29 | לוות כהנא לתרע משכן | זימנא: | |
| 042 | | Lv16:07 | קדם ייי לתרע משכן | זימנא: | |
| 043 | | Nu 4:03 | למעבד עב{ו}<י>דה במשכן | זימנא: | |
| 044 | | Nu 4:23 | קרבה למפלח פולחן במשכן | זימנא: | |
| 045 | | Nu 4:25 | וית חפוי~ דתרע משכן | זימנא: | |
| 046 | | Nu 6:10 | לוות כהנה בתרע משכן | זימנא: | |
| 047 | | Nu 8:24 | לחיל קרבה למפלח במשכון | זימנא: | |
| 048 | | Nu10:03 | כל עם כנישתה לתרע משכן | זימנא: | |
| 049 | | Ex28:43 | בנוי במעיליהון למשכן | זימנא | א{ו}<ו> בקרבותהון על גב |
| 050 | | Ex40:35 | יכל משה למיעל למשכני | זימנא | ארום אשרי עלוי איקר |
| 051 | | Nu 4:04 | דבנוי דקהת במשכן | זימנא | בבית ק«ו»דשיה: |
| 052 | | Ex33:07 | מן קדם ייי נפק למשכן | זימנא | די לבר מן משריתא: |
| 053 | | Dt 1:01 | יצחק ועם יעקב ומשכן | זימנא | די עבדתון לשמיה וארון |
| 054 | | Nu16:09 | למפלח ית פלחן משכן | זימנא | דייי ולמיקם קדם כנישתה |
| 055 | | Lv19:21 | לשמה דייי לתרע משכן | זימנא | דכר לאשמה: |
| 056 | | Lv10:09 | עמך במעלכון במשכן | זימנא | דלא תמותון קיים עלם |
| 057 | | Nu24:05 | אבוכון מה יאי הוא משכן | זימנא | דשרי ביניכון דדבית יעקב |
| 058 | | Ex40:34 | וכסי ענגא ית משכן | זימנא | ואיקר שכינתה דייי מלת ית |
| 059 | | Ex40:07 | ותתן ית כיורה בין משכן | זימנא | ובין מדבחא ותתן בגווה |
| 060 | | Ex40:30 | ושווי ית כיורה בין משכן | זימנא | ובין מדבחה ויהב תמן מיין |
| 061 | | Ex40:32 | במיעלהון למשכן | זימנא | ובקרבותיהון על גבי מדבחה |
| 062 | | Ex33:07 | והוי קרי ליה משכן | זימנא | והוה כל מן דתבע אולפן |
| 063 | | Ex30:16 | ותתן יתה לפלחן משכן | זימנא | ויהווי לבני ישראל לדכרן |
| 064 | | Lv 3:13 | ויכוס יתיה קדם משכן | זימנא | ויזרקון בנוי דאהרן ית |
| 065 | | Ex29:10 | ותקרב ית תורא קדם משכן | זימנא | ויסמך אהרן ובנוי ית |
| 066 | | Ex29:44 | ואקדש ית משכן | זימנא | וית מדבחא וית אהרן וית |
| 067 | | Ex30:26 | ותרבי ביה ית משכן | זימנא | וית ארונא דשהדותא: |
| 068 | | Lv 4:07 | קדם ייי די במשכן | זימנא | וית כל דמה דתורא ישפוך על |
| 069 | | Lv 4:18 | די קדם ייי די במשכ' | זימנא | וית כל אדמה ישפוך על |
| 070 | | Lv16:20 | ית קדשה וית משכן | זימנא | וית מדבחה ויקרב ית צפירה |
| 071 | | Lv15:14 | קדם ייי לתרע משכן | זימנא | ויתן יתהון לוות כהנא: |
| 072 | | Nu11:16 | ותדבר יתהון למשכן | זימנא | ויתעתדון תמן עמך: |
| 073 | | Ex35:21 | דייי לעבידת משכן | זימנא | ולכל פולחנא וללבושי |
| 074 | | Lv 9:23 | משה» ואהרן למשכן | זימנא | ונפקו ובריכו ית עמה |
| 075 | | Ex40:29 | שווי תרע משכנא משכן | זימנא | וסדר עלוי ית עלתה היך מה |
| 076 | | Ex39:32 | כל עבדת משכנה משכן | זימנא | ועבדו בני ישראל כל מה די |
| 077 | | Nu 8:15 | ליוויי ל«מ»פלח משכן | זימנא | ותידכי יתהון ותניף יתהון |
| 078 | | Nu 8:09 | ותקרב ית ליויי קדם משכן | זימנא | ותכנש ית כל כנשתה דבני |
| 079 | | Ex29:04 | בנוי תקרב לתרע משכן | זימנא | ותקדש יתהון במיא: |
| 080 | | Lv 6:09 | בתר קדיש בדרת משכן | ז«י»מנא | יאכלון יתה: |
| 081 | | Nu 2:02 | כל קבל חזור חזור למשכן | זימנא | ישרון: |
| 082 | | Nu 6:18 | ויספר נזירה בתרע משכן | זימנא | ית ריש נזירותיה ויתן על |
| 083 | | Ex30:20 | במעליהון למשכן | זימנא | יתקדשון במיא דלא ימותון |
| 084 | | Gn46:30 | אולי אנה מית הדא | זימנא | לא מיתת מן בתר דחמת |
| 085 | | Lv10:07 | ומתרע משכן | זימנא | לא תפקון ולא תמותון ארום |
| 086 | | Ex27:21 | במשכן | זימנא | לבר מן פרכתה דעל שהדותא |
| 087 | | Nu12:12M | עימנה וכד{י}<ו> מטת | זימנא | למיחמי בנחמותה לא כדון |
| 088 | | Nu12:12M | בעיבורה וכד מטה | זימנא | למילד מית וולדה במיעה |
| 089 | | Nu 3:07 | עם כנ«י»שתה קדם משכן | זימנא | למיפלח ית פלחן משכנה: |
| 090 | | Nu 7:89 | וכד הוה משה עלל למשכן | זימנא | לממללה עמיה הוא שמע ית קל |
| 091 | | Ex29:30 | די יעול למשכן | זימנא | למשמשה בגו בית קודשא: |
| 092 | | Ex40:24 | ושוי ית מנרתה במשכן | זימנא | לקבל פתורה על שפולוי |
| 093 | | Nu 3:38 | משכנה קדמיין קדם משכן | זימנא | מן מדנחה משה אהרן ובנוי |
| 094 | | Ex40:22 | ויהב ית פתורה במשכן | זימנא | על שפולוי דמשכנא לצפונא |
| 095 | | Nu14:10 | דייי אתגליית במשכן | זימנא | על כל בני ישראל: |
| 096 | | Ex29:42 | לדריכון בתרע משכן | זימנא | קדם ייי דאזמן לכון תמן |
| 097 | | Ex40:26 | ית מדבחה דדהבה במשכן | זימנא | קדם פרוכתה: |
| 098 | | Lv14:23 | לוות כהנא לתרע משכן | זימנא | קדם ייי: |
| 099 | | Nu 8:22 | ית פלחניהון במשכן | זימנא | קדם אהרן וקדם בנוי |
| 100 | זימנה | Nu 3:25 | וחפויה וחפוי תרע משכן | זימנה: | |
| 101 | | Nu 4:15 | מטלני בנוי דקהת במשכן | זימנה: | |
| 102 | | Nu 4:39 | לחיל קרבה למפלח משכן | זימנה: | |
| 103 | | Nu 4:43 | לחיל קרבה למפלח במשכון | זימנה: | |
| 104 | | Nu 4:47 | ועבידת מטול במשכן | זימנה: | |
| 105 | | Nu 6:13 | ייתי יתיה לתרע משכן | זימנה: | |
| 106 | | Nu17:08 | משה ואהרן קדם משכן | זימנה: | |
| 107 | | Nu18:06 | למפלח ית פלחן משכן | זימנה: | |
| 108 | | Nu18:21 | פלחין ית פלחן משכן | זימנה: | |
| 109 | | Nu18:31 | חלף פולחנכון במשכן | זימנה: | |
| 110 | | Nu25:06 | ואינון בכיין תרע משכן | זימנה: | |
| 111 | | Lv16:17 | בר נש לא יהווי במשכן | זימנה | במעלה לכפרה בגו בית קדשה |
| 112 | | Nu 4:41 | כל די פלח במשכן | זימנה | די סכם משה ואהרן על פום |
| 113 | | Nu18:23 | אנון ית פלחן משכן | זימנה | ואינון יקבלון ית חוביהון |
| 114 | | Nu20:06 | מן קדם קהלה בתרע משכן | זימנה | ואשתטחו על אפיהון |
| 115 | | Nu17:07 | ועל אהרן וכוונו למשכן | זימנה | והא כסי יתיה ענגה |
| 116 | | Lv16:23 | ויעל אהרן למשכן | זימנה | וישלח ית לבושי בוצא די |

|  |  |  |  |  |  |
|---|---|---|---|---|---|
| 117 | | Ex38:30 | בה> ית חומרי תרע משכן | זימנה | וית מדבחה דנחשה וית |
| 118 | | Lv16:33 | בית קדש קדשיה וית משכן | זימנה | וית מדבחה יכפר ועל כהנייה |
| 119 | | Nu17:15 | לוות משה לתרע משכן | זימנה | ומגפתה אתכליית: |
| 120 | | Lv 9:05 | מה דפקד משה לתרע משכן | זימנה | וקריבו עם כל כנשתה וקמו |
| 121 | | Lv 8:31 | בשלו ית בשרה בתרע משכן | זימנה | ותמן תאכלון יתיה וית לחמה |
| 122 | | Ex40:12 | וית בנוי לתרע משכן | זימנה | ותקדש יתהון במיא: |
| 123 | | Nu 7:05 | למפלח ית פלחן משכן | זימנה | ותתן יתהון לילווא«י»י |
| 124 | | Lv17:09 | ואל תרע משכן | זימנה | לא ייתי יתיה לקרבה יתיה |
| 125 | | Nu 4:31 | לכל פולחנהון במשכן | זימנה | לווחוי דמשכנה ונגרוי |
| 126 | | Lv12:06 | שפנין לחטאתה לתרע משכן | זימנה | לוות כהנא: |
| 127 | | Nu 8:26 | וישמש ית אחוי במשכן | זימנה | למיטר מטרה ופלחן לא יפלח |
| 128 | | Lv 6:23 | די יתעל מן אדמה למשכן | זימנה | למכפרה בגו בית קדשא לא |
| 129 | | Nu18:22 | תוב בני ישראל למשכן | זימנה | למקרבה למסבול חובין דלא |
| 130 | | Nu19:04 | ויידי כל קבל אפי משכן | זימנה | מן אדמה שובעה זמנין: |
| 131 | | Nu 2:17 | ונטל משכן | זימנה | משרייתהון דלוויי בגו |
| 132 | | Ex40:19M | ופרס ית פרסה/משכן | זימנה#2#/ | על משכנה ושווי ית חפיא |
| 133 | | Lv 8:35 | ובתרע משכן | זימנה | תישרון באימ׳ ובלילה שבעה |
| 134 | זמנא | Lv 4:16 | מן אדמה דתורא למשכן | זמנא: | |
| 135 | | Lv 4:18 | דעלתה די בתרע משכן | זמנא: | |
| 136 | | Lv14:11 | קדם ייי בתרע משכן | זמנא: | |
| 137 | | Dt31:14 | ויהושע ואתעתדו במשכן | זמנא: | |
| 138 | | Nu 1:01 | במדברה דסיני במשכן | זמנא | בחד לירחא תנינא בשתא |
| 139 | | Ex 9:27M | על מימריה דייי הדה | זמנא | גלי#2#/ ייי הוא צדיקיא |
| 140 | | Ex30:36 | מנה קדם שהדותא במשכן | זמנא | דאזמן ממרי לך תמן קדש |
| 141 | | Ex 5:23 | ומן | זמנא | דאתית לוות פרעה לממללה בשם |
| 142 | | Ex 4:10 | ולא מן דקדמוי לחוד מן | זמנא | די {מ}מללת עם עבדך ארום |
| 143 | | Ex 9:24 | בכל ארעא דמצרי«ם» מן | זמנא | די הות אומה ומלכו: |
| 144 | | Lv 4:18M | "די ... זימנא": דבמשכן | זמנא | די מן קדם ייי |
| 145 | | Lv16:16 | חוביהון וכן יעביד למשכן | זמנא | די שרי איקר שכינתיה בגו |
| 146 | | Gn39:05 | והוה מן | זמנא | דמנא יתיה אפיטרופוס על |
| 147 | | Lv 1:01 | עמי מן קדם ייי משכן | זמנא | דקדושיה קדוש עלם ורבויה |
| 148 | | Gn18:32 | רוגז׳ דייי ואמלל לחוד | זמנא | הדין מה דילמה ישתכחון תמן |
| 149 | | Gn17:21M | לך שרה לעדנה/היך | זמנא#2#/ | הדן בשתה אחרי«תה»: |
| 150 | | Nu16:18 | קטרה וקמו בתרע משכן | זמנא | ומשה ואהרן: |
| 151 | | Nu16:19 | כל עם כנישתה לתרע משכן | זמנא | ואיתגלית איקר שכינתה דייי |
| 152 | | Ex30:18 | ותשווי יתיה בין משכן | זמנא | ובין מדבחא ותתן תמן בגווה |
| 153 | | Lv 3:02 | ויכוס יתיה בתרע משכן | זמנא | ויזרקון בנוהי דאהרן כהניא |
| 154 | | Lv17:06 | על מדבחה דייי בתרע משכן | זמנא | ויסדר תרבה לריח דרעוה לשמה |
| 155 | | Ex31:07 | ית משכן | זמנא | וית ארונה לשהדותה וית |
| 156 | | Gn 2:23 | ואמר אדם הדא | זמנא | ולא עוד תתברא אתה מן |
| 157 | | Nu16:09M | קדם כנישתה /משכן | זמנא | ולמקום קודם עמא דכנשתא#2# |
| 158 | | Ex24:05M | כדון לא אתעבד משכן | זמנ{ן}<א> | ועד כדון לא אתייהבת |
| 159 | | Dt31:14 | ית יהושע ואתעתדו במשכן | זמנא | ופקד יתיה ואזל משה |
| 160 | | Ex10:17M | \בזמנא הדין /הדא | זמנא#2#/ | וצלון קדם ייי אלהכון |
| 161 | | Gn28:11M | לאבנ׳ חדא ביהוא | זמנא | ידע דהוא עתיד למיסב ארבע |
| 162 | | Gn30:20 | יתי ייי זבידין טבין הדה | זמנא | יזבוד יתי בעלי ארום ילדית |
| 163 | | Gn29:34 | בר ואמרת כדון בהדא | זמנא | יזדמן לוותי בעלי ארום ילדת |
| 164 | | Gn30:20M | בעלי ארום /כדו בהדא | זמנא | יזדמן בעלי לוותי ארום#2#/ |
| 165 | | Ex 9:27 | ואמר להון חטית הדא | זמנא | ייי הוא צדיקיא ופרעה ועמא |
| 166 | | Gn46:30M | הוינא מאית בהדא | זמנא | כילו עליי דלא מיתת בתר |
| 167 | | Lv 1:01 | ומליל ייי עמיה מן משכן | זמנא | למימר: |
| 168 | | Nu27:02 | כל עם כנשתה בתרע משכן | זמנא | למימר: |
| 169 | | Gn18:32M | לחוד \זמנא הדין/הדה | זמנא#2#/ | מה דילמה ישתכחון תמן |
| 170 | | Gn44:18 | רוגזך בעבדך הלא מן | זמנא | קדמייא דאתינן לוותך הוויית |
| 171 | | Ex10:29M | <מבשר> אנא מן | זמנא | קדמייה די הווינא יהיב |
| 172 | | Ex 7:17M | תדע /מימריה דייי בהדא | זמנא | תדע#2#/ ארום אנה \ |
| 173 | זמנה | Lv 4:07 | דעלתא די בתרע משכן | זמנה: | |
| 174 | | Nu 4:30 | למפלח ית פלחן משכן | זמנה: | |
| 175 | | Nu 4:35 | לחיל קרבה למפלח במשכן | זמנה: | |
| 176 | | Dt31:15 | עמודה דעננה בתרע משכן | זמנה: | |
| 177 | | Lv16:34M | "חדא ...": <חדא> | זמנה | בשתה בעשרתי יומין לירח |
| 178 | | Nu 4:37 | דקהתי כל די פלח במשכן | זמנה | די סכם משה ואהרן על פם |
| 179 | | Nu31:54 | ואייתון יתיה למשכן | זמנה | דכרן טב לבני ישראל קדם |
| 180 | | Ex33:07M | ויהווי לה משכנה | זמנה | ויהווי כל דבקר׳ אולפן |
| 181 | | Nu 8:19 | פלחן דבני ישראל במשכן | זמנה | ולמכפירה על בני ישראל ולא |
| 182 | | Nu 4:28 | דבנוי דגרשוני במשכן | זמנה | ומטרתהון על דאיתמ׳ ברה |
| 183 | | Nu 4:25 | יריעתה דמשכנה וית משכן | זמנה | חפייה וחפוי^^דססגונה די |
| 184 | | Lv24:03 | פרוכתה דסהדותה במשכן | זמנה | יסדר יתיה אהרן מן רמשה |
| 185 | | Lv 8:33 | ומן תרע משכן | זמנה | לא תפקון שבעה יומין עד די |
| 186 | | Lv17:04 | ולתרע משכן | זמנה | לא אייתי יתיה למקרבה יתיה |
| 187 | | Lv17:05 | יתהון קדם ייי לתרע משכן | זמנה | לוות כהנה קדם ייי ויכסון |
| 188 | | Nu18:04 | ויטרון ית מטרת משכן | זמנה | לכל מטרת פלחנה וחילוניי לא |
| 189 | | Nu 3:25 | ומטרת בנוי דגרשון במשכן | זמנה | משכנה ופרסה וחפויה וחפוי |
| 190 | | Gn29:35 | תוב וילידת בר ואמרת הדה | זמנה | נודי ונשבח קדם ייי בגין |
| 191 | | Nu 4:33 | לכל פלחנהון במשכן | זמנה | על ידוי דאיתמר ברה דאהרן |
| 192 | | Nu17:19 | ואצנע יתהון במשכן | זמנה | קדם סהדותא די אזדמן ממרי |
| 193 | בזימנא | Ex13:10M | קיימה הדין | בזימנא | למיהון עבדין יתיה מין |
| 194 | | Ex13:10 | קיימיה דאורייתא הדה | בזימנא | מן עדן יומין לעדן יומין: |
| 195 | | Gn15:01 | מצוון קלילן דהוה בידי | בזימנא | קדמיה דנפלו קדמיי ואתקימן |
| 196 | בזימניה | Nu 9:07 | למקרבה ית קרבנה דייי | בזימניה | בגו בני ישראל: |
| 197 | | Nu27:05 | דלא יכלו מעבד פסחא | בז<י>מניה | ובתרין בנתיה דצלפחד |
| 198 | | Nu 9:13 | קרבנה דייי לא קרב | בזימניה | חובוי יקבל גברא ההוא: |
| 199 | בזמנ׳ | Gn15:01M | או דלמא דאשכח לי זכו | בזמנ׳ | קדמיא די נפלו קודמוי או |
| 200 | בזמנא | Gn25:20M | שנין \כד {נסבת} נסב | /בזמנא | דא נסב#2#/ ית רבקה ברת |
| 201 | | Ex 8:28 | ותקף פרעה ית לבה לחוד | בזמנא | הדא ולא שלח ית עמא: |
| 202 | | Ex 9:14 | ארום | בזמנא | הדא הא אנה משלח ית כל |
| 203 | | Ex10:17 | שרי כען לחוביי לחוד | בזמנא | הדין וצלון קדם ייי אלהכון |
| 204 | | Nu15:34M | לא יכלו למעבד פיסחא | בזמנא | וב{ג}<ד>ין בנתיה דצלפחד |
| 205 | | Nu28:14M | /לבית חתתותיה | בזמנא | וכהד׳#2#/ סדרא תהוון |
| 206 | | Ex 9:18M | הא אנה מחית | בשעתה/בזמנא#2#/ | למחר ברד תקיף לחדא |
| 207 | | Lv16:01M | /קדם ייי דילא | בזמנא#2#/ | קדם ייי די לא אתפקדו |
| 208 | | Gn44:18M | ואמר בבעו רבנן הא | בזמנא | קדמא דאתינא אמרת לן |
| 209 | | Gn44:18 | ואמר הא כען רבונן הא | בזמנא | קדמאה דאתינא אמרת לן |
| 210 | | Gn22:14 | דלא הווה בלבי פלגו | בזמנא | קדמיא דאמרת לי למקרבא ית |
| 211 | | Gn15:01 | דלא אשתכח בידי מצוה | בזמנא | תניינא ויתחלל בי שמא |
| 212 | בזמנה | Dt 9:19 | צלותי אמר משה לחוד | בזמנה | ההוא: |
| 213 | | Dt10:10 | צלותי אמר משה לחוד | בזמנה | ההיא ולא הווה רעווה |
| 214 | | Nu 9:08 | דלא יכלו למעבד פסחה | בזמנה | ובדין בנתיה דצלפחד הוה |
| 215 | | Nu15:34 | מעבד פיסחא {פסחא} | בזמנה | ובתרין בנתה דצלפחד הוה |
| 216 | | Dt28:12 | למיתן מטרה דארעכון | בזמנה | ולמ«ב»רכה ית כל עבד |
| 217 | | Lv26:04 | ואשווי מטר ארעכון | בזמנה | ותתן ארעא פירי עללתה |
| 218 | | Lv16:01 | קרבן יתיר דלא | בזמנה | קדם ייי די לא אתפקדו |
| 219 | | Gn15:01M | די לא ישתכח לי זכו | בזמנה | תניינא ויתחלל בי בשם |
| 220 | בזמניה | Nu 9:02 | ישראל ית פ«י»סחה | בזמניה: | |
| 221 | | Nu28:02 | זהירין למקרבה יתיה | בזמניה: | |
| 222 | | Dt11:14 | ואתן מטרה דארעכון | בזמניה | בכיר ולקיש ותכנשון |
| 223 | | Nu 9:03 | שמשתה תעבדון יתיה | בזמניה | ככל קיימוי וככל סידרי |
| 224 | | Nu28:14M | \בהתחדתותיה | כהדין/בזמניה#2#/ | /לבית חתתותיה בזמנא |

225 דזמנה Nu 2:02M זימנא ישרון /למשכנה דזמנה יחזור#2#/:
226 כזמנה Dt 9:18M וצליית קודם ייי כזמנה קדמייה
227 לזמנא Gn18:14M /דאית קדם ייי מחסור לזמנא#2#/ אחזור לוותך בשעתא הדא
228 זימנין p abs Nu 9:20 ואית זימנין די יהווי ענגה יומין מניין
229 Nu 9:21 ואית זימנין די הווי עננה מן רמשא ועד
230 Lv14:07 דמדכי מן צרעתה שובעה זימנין וידכי יתיה וישלח ית צפרה
231 Lv 8:11 ואדי מניה על מדבחה שבעה זימנין ורבי ית מדבחה וית כל מנוי
232 Dt32:03 דישראל אמרין קקק תלתה זימנין מנהון ילף משה דלא למדכרה
233 Lv14:16 מן משחה בא<צ>בעה שבעה זימנין קדם ייי:
234 Lv14:27 ידה דכהנא דשמאלה שבעה זימנין קדם ייי:
235 זמנין Gn31:41 ושלחפת ית אגרי עשרה זמנין:
236 Gn43:10 חזרנון ואתינן דנה תרין זמנין:
237 Lv14:51 ויידי על ביתה שבעה זמנין:
238 Nu19:04 זימנה מן אדמה שובעה זמנין:
239 Nu22:28 ארום מחית יתי דנה תלתה זמנין:
240 Nu24:10 ברכת יתהון דנא תלתה זמנין:
241 Nu22:33 וסטת קדמיי דנה תלתה זמנין אילו לא סטת מן קדמיי ארום
242 Gn41:32 דאתני חלמא לפרעה תרתין זמנין ארום אזדמן פתגמא מן קדם
243 Ex23:17 תלתא זמנין בכל שתא יתחמון כל
244 Ex34:23M עמי בני ישראל תלתה זמנין בכל שתה יתחמי כל דכורכון
245 Dt16:16 תלתא זמנין בכל שתה יתחמי כל דכוריכון
246 Ex34:23 תלתא זמנין בשתא יתחמיר׳ כל דוכריכון
247 Ex34:24 קדם ייי אלהכון תלתא זמנין בשתא:
248 Nu22:32 מחית ית אתנתך דנה תלתא זמנין הא אנה נפקת למסטן לך ארום
249 Lv16:19 מן אדמה באצבעה שבעה זמנין וידכי יתיה ויקדש יתיה מן
250 Gn31:07 בי ושלחף ית אגרי עשרה זמנין ולא יהב ייי רשו{י} למבאשא
251 Nu14:22 ונסון יתה דנה עשרה זמנין ולא שמעו בקלי:
252 Nu20:11 בחטריה {תנין} תרין זמנין ונפקו מניה מיין סגין ושתו
253 Gn27:36 והא עקב יתי דנה תרין זמנין ית בכורת{ו}<י> נסב והא
254 Lv23:32M שביכון ועבדין זמני/זמנין#2#/ מועדיכון בחדוה:
255 Lv16:14 וקדם כפרתה ידי{ה} שבעה זמנין מן אדמה באצבעיה:
256 Lv25:08 לכון שבע שמיטין שובעה זמנין מן שובעה שנין ויהווי לכון
257 Gn33:03 בנימוס ארעא שבעה זמנין עד זמן די קרב לוות אחיו:
258 Lv 4:06 וידי מן {מ} דמא שבע זמנין קדם ייי ית אפי פרוכתה
259 Lv 4:17 מן אדמ׳ וידי שבעה [זמנין] קדם ייי ית אפי פרוכתה:
260 Lv 4:17M \שבעה [זמנין]/שבע זמנין#2#/ קדם ייי ית/על#2#/ אפי
261 Ex23:14 תלתא זמנין תחוגון קדמיי בשתא:
262 דזמנין Dt 1:11 עליכון כוותכון אלף דזמנין ויברך יתכון היך מה דמלל
263 וזימנין Nu 9:20M זימנין די יהווי /וזימנין די יהווי#2#/ עננה יומין
264 Nu 9:21M \ואית זימנין/וזימנין#2#/ די הווי עננה מן
265 ולזמנין Gn 1:14 ליליא ויהוון לאתין ולזמנין ולמקדש׳ בהון עבור שהרין
266 זמני p const Lv23:32 ושבתין שביכון ועבדין זמני מועדיכון בחדוה:
267 בזמני Nu29:39M מקרבין קדם ייי במועדיכון/בזמני מוע׳#2#/ בר מן
268 Nu15:03 נדרה או בנסיבה או בזמני מועדיכון למקרבה לריח
269 Dt16:14 ותיחדון עמי בזמני מועדיכון אתון ובניכון
270 ובזמני Nu10:10 וביום חדוותכון ובזמני מעדיכון וברישי ירחיכון
271 זמניהון p em/sf Gn32:27 עמודא דשחרא ארום מטא זמניהון דמלאכי מרומא למשבחא
272 בזמניהון Lv23:04 די תארעון יתהון בזמניהון:
273 Lv23:04 אילין מועדוי דייי {בזמניהון} יומין טבין ואירועין

זכו *n.* **See also:**

**זמר** *vb.* **to sing** [179]

001 מזמרין pael Nu21:17 הדה סוקי בירא הוון מזמרין ליה והיא סלקא:
002 לזמרא Gn50:01M ליואי במחלוקתיהון לזמרא הא בכין אתרכין

**זמר** *n.* **song** [179]

001 וזמרין p abs Gn 4:22 נעמה בדיה קיניין וזמרין:

**זמרגד** *n.* **emerald** [179]

001 וזמרגדין p abs Ex35:22 קטלין וקדשין ועזקין וזמרגדין וכל מני דהב וכל גבר די
002 Ex39:12 לשם זוזין וירולין וזמרגדין וכתב ומפרש עליהון שם
003 Ex28:19 לשם זוזין וברולין וזמרגדין וכתיב ומפרש עליהון שם

**זמתניי** *adj.* **Zamthanite** [179]

001 זמתנייה p em/sf Dt 2:20 הוון קר{ו}<י>ן להון זמתנייה:

**זנו** *n.* **harlotry** [179]

001 זנו s ab/cn Lv20:14 וית תריהון ולא תהוי זנו בניכון:
002 Lv18:17 עריתהון קריבת בשר אינון זנו היא:
003 Lv21:07M אתה טעוה/^טעיה#2#^/זנו#2#/ ומפסה/ומתפסה
004 בזנו Lv21:07M ומפסה/ומתפסה בזנו#2#/ לא יסבון ואתה
005 דזנו Lv19:29 ארעה ותתמלי ארעא בנין דזנו:
006 Gn38:25 לית היא מעברא בנין דזנו בר{ם}<ת> קלא מן שמיא נפקת
007 Gn38:24 הא היא מעברה בגין דזנו ואמר יהודה אפיקו יתה
008 Dt23:19 לא תיעלון אגר דזנו ופרוק כלב לבית מוקדשה דייי

**זני** *vb.* **to be a prostitute** [179]

001 זניית peal Gn38:24 ואתני ליהודה למימר זניית תמר כלתך ולחוד הא היא
002 תזני Lv19:29 מן למסבה יתהון דלא תזני ארעה ותתמלי ארעא בנין
003 למזניה pael Nu25:01 בשטים ושרי עמא למזניה עם בנתהון דמואבי:
004 למזנייה Dt22:21 מרחקתה הדה בישראל למזנייה בייתיה דאבוה ותבערון
005 Lv21:09M "טעוה ...": תשרי למזנייה ית כליל כהונתה דאבוה
006 Lv20:06M דכורון למזנייה מן בתר

**זני** *n.* **prostitute** [179]

001 זני s ab/cn Gn34:31M דיעקב ואמר היך אתה זני ונפקת ברא <מחשב> ית אחת׳
002 דזני Dt23:19M "דזנו ופרוק": דזני ופירוג {ס}<ד>ך<לב>

**זעוע** *n.* **shock** [179]

001 זעוע s ab/cn Gn27:33 ואזדעזע יצחק זעוע רב לחדה ואמר מן כדון הוא

**זעור** *adj.* **small** [179]

001 זיעור s ab/cn Gn44:20M /ואית ליה בסיבו זיעור#2#/ ואחוי מית ואשתייר הוא
002 זעורה s em/sf Dt25:14M למיהווי זבן בה ומכלה זעורה למיהווי מזבן בה{ון}
003 זעורין p abs Dt25:13M זבן בהון ומתקלין זעורין למיהווי מזבן בהון

**זעזע** *vb.* ⇐ **זוע**

## זעי vb. to leave [180]

|  |  |  |  |  |  |  |
|---|---|---|---|---|---|---|
| 001 | זעיין | peal | Gn21:33 | אתון אכלין ולא הוון | זעיין | מן תמן עד זמן דהוה מגייר |

## זעיף adj. indignant [!! cf. 180 s.v. זעף vb.]

|  |  |  |  |  |  |  |
|---|---|---|---|---|---|---|
| 001 | זעיפין | p abs | Gn40:06M | והא אפיהון | בישין/זעיפין#2#/: | |
| 002 | | | Gn40:07M | מן אפיכון | בישין/זעיפין#2#/ | יומא הדין: |

## זעיר adj. small [180]

|  |  |  |  |  |  |  |
|---|---|---|---|---|---|---|
| 001 | זעיר | s ab/cn | Gn19:22M | קרא שמה דקרתא | זער/<ז>עיר#2#/: | |
| 002 | | | Nu16:21 | הדה ואישצי יתהון כקליל | זעיר: | |
| 003 | | | Gn26:10 | דא דעבדית לנא הא בקליל | זעיר | אילו שמש חד מן טליא עם |
| 004 | | | Ex33:05 | קשין למקבלה אולפן כקליל | זעיר | אין אסלק איקר שכינתי |
| 005 | | | Gn32:11 | הא | זעיר | אנה ולית אנה כמסת מן כל |
| 006 | | | Gn30:15M | \זעירא היא דא די נסבת | /זעיר | די נסבית#2#/ ית בעלי ואת |
| 007 | | | Gn44:20 | אבונן סב וטלי בר סיבו | זעיר | ואחוי מית ואשתייר הוא |
| 008 | | | Dt26:05 | למצרים ואתותב תמן בעם | זעיר | ואיתברך והוה תמן לאומה רבה |
| 009 | | | Nu17:10 | הדה ואשיצי יתהון כקליל | זעיר | ואש{סת}<תס>חו על אפיהון: |
| 010 | | | Ex33:11M | "סלי ... מגר": <סלי> | זעיר | לא הוה פסק מגו |
| 011 | | | Nu23:07 | ^דדבית#2#^ יעקב ואתא | זעיר | לי דבית ישראל: |
| 012 | | | Dt25:13 | רב למהווי נסב בה ומתקל | זעיר | למהווי יהב בה: |
| 013 | | | Gn43:02 | אבוהון חזורו זבונון לן | זעיר | מזון: |
| 014 | | | Dt25:13 | בכיסיכון מתקל רב ומתקל | זעיר | מתקל רב למהווי נסב בה |
| 015 | | | Gn19:18 | להון אמתינו כען קליל | זעיר | עד זמן דנבעי רחמין מן קדם |
| 016 | | | Lv25:16 | תסגי כסף זבוניה ולפם | זעיר | שנייה תזער כסף זבונה ארום |
| 017 | זעירא | | Gn19:20M | לתמן והיא | קריבה/זעירא#2#/ | אשתיזב כען לתמן הלא |
| 018 | | | Gn49:04 | אנה לך ראובן ברי לגנה | זעירא | דעלו בגווי נחלין דמיין |
| 019 | | | Gn19:20 | אשתיזב כען לתמן הלא | זעירא | היא ותתקיים נפשי: |
| 020 | | | Gn30:15 | ואמרת לה הא | זעירא | היא דא די נסבת ית בעלי |
| 021 | | | Nu16:09 | הא | זעירא | היא דא מנכון ארום אפריש |
| 022 | | | Nu16:13 | הא | זעירא | היא ארום אסקת יתן מן ארעא |
| 023 | | | Gn28:10M | יתיב בחרן /בשעה | זעירא#2#/ | וניסא רביעאה אבנא |
| 024 | זעירה | | Nu22:18 | מימריה דייי אלהי למעבד | זעירה | או רבתה: |
| 025 | | | Nu12:16 | ולנטרי אוריתה דמצוה | זעירה | דאנש עבד הוא מקבל עילוי |
| 026 | | | Dt25:14 | למיהווי נסב בה ומכלה | זעירה | למיהווי יהב בה: |
| 027 | | | Dt25:14 | מכלה רבה ומכלה | זעי{ו}רה | מכלה רבה למיהווי נסב בה |
| 028 | זער | | Lv25:52 | ואן קלל | זער | אשתייר בשנייה עד שתה |
| 029 | | | Ex18:22 | יתה לוותך וכל פתגם | זער | ידונון אינון ויקל מעלווך |
| 030 | צעיר | | Ex17:04M | /לעמ' האליין הא קליל | צעיר | והינון רגמין יתיה#2#/: |
| 031 | | | Gn30:30M | ארום \קליל בעיר | /צעיר | מה#2#/ דהוה לך קדמיי |
| 032 | בזעיר | | Gn26:10M | לנא הא \בקליל זעיר | /בזעיר | קליל#2#/ אילו שמש חד מן |
| 033 | וזעיר | | Gn41:43 | אבוי דמלכא דרב בחכמתא | וזעיר | בשפר ורכיך בשנייה ומני |
| 034 | הז' | | Nu16:13M | \הא | זעירא/הז'#2#/ | היא ארום אסקת יתן |
| 035 | זעיר' | s em/sf | Ex18:22M | "פתגם ... ויסטנון": פתגמ' | זעיר' | ידונון הינון |
| 036 | זעירא | | Gn 9:24 | ית מה דעבד ליה בריה | זעירא: | |
| 037 | | | Gn25:23 | ורבה יהווי משעבד קדם | זעירא: | |
| 038 | | | Gn27:15 | ואלבשת ליעקב ברה | זעירא: | |
| 039 | | | Gn43:29 | ואמר הדין הוא אחוכון | זעירא | דאמרתון לי ואמר מן קדם |
| 040 | | | Gn27:42 | ושלחת וקרת ליעקב ברה | זעירא | ואמרת לה הא עשו אחוך |
| 041 | | | Gn48:14 | על ראשה דאפרים והוא | זעירא | וית שמאליה על רישיה |
| 042 | | | Ex18:26 | לוות משה וית פתגמ' | זעירא | ידונון אינון: |
| 043 | | | Gn48:19 | ואף הוא יתקף וברם אחוי | זעירא | יתקף מנה ובנוי יהוון |
| 044 | | | Gn42:15 | ארום אלהן אתא אחוכון | זעירא | להכה: |
| 045 | | | Gn42:34 | ואייתון ית אחוכון | זעירא | לוותי ואדע ארום לא ללין |
| 046 | | | Gn44:26 | סבר אפוי דגברא ואחונן | זעירא | לית הוא עמן: |
| 047 | | | Gn 1:16 | שליט באימממא וית נהורא | זעירא | למהוי שליט בליליא וית |
| 048 | | | Gn42:13 | חד בארעא דכנען והא | זעירא | עם אבונן יומא הדין וחד |
| 049 | | | Gn44:23 | אן לא יחות אחוכון | זעירא | עמכון לא תסגון למיחזי |
| 050 | | | Gn44:26 | למיחות אן נחת אחונן | זעירא | עמן אנן <נחתין> ארום לית |
| 051 | | | Gn42:20 | ואת אחוכון | זעירא | תייתון לוותי ויתהימנן |
| 052 | זעירי' | | Ex18:22M | זער ידונון /פתגמ' | זעירי' | ידונון#2#/ אינון ויקל |
| 053 | זעירת | | Gn49:21 | ונחת למצרים בשעתא | זעירת | ראייתי אוניתא דחקלא |
| 054 | זעירתא | | Gn29:18 | שבע שנין ברחל ברתך | זעירתא: | |
| 055 | | | Gn29:26 | למעבד כדן בארענא למיתן | זעירתא | קדמיי לרב{בר}<רב>נתא: |
| 056 | דזעירא | | Gn44:02 | תשוי בפום טעוניה | דזעירא | וית כסף זבנה ועבד כמלתיה |
| 057 | | | Dt 1:17M | כדינה דרבא כדינא | דזעירא | תה' |
| 058 | דזעירה | | Dt 1:17 | אפין בדינה כמלוי | דזעירה | וכמילוי דרבה תהוון שמעין |
| 059 | דזעירתא | | Gn29:16 | דרבתא לאה ושמה | דזעירתא | רחל: |
| 060 | וזעירא | | Gn49:22 | אבוי דמלכא דרב בחכמתא | וזעירא | בשנייא והוון בנתהון |
| 061 | | | Gn42:32 | ידעין מה הוה בסופיה | וזעירא | יומא דן עם אבונן בארעא |
| 062 | | | Gn43:33 | קדמוי רבה כרביותה | וזעירא | כזעירותה ותמהו גברייא גבר |
| 063 | וזעירתא | | Gn19:38 | | וזעירתא | אף היא ילידת בר וקראת |
| 064 | ובזעירא | | Gn44:12 | ופשפש ברבה שרי | ובזעירא | סייך ואשתכח כלידא |
| 065 | כזעירה | | Nu23:10 | אלווי תיהוי אחריתה | כזעירה | דבהון: |
| 066 | לזעירתא | | Gn19:34 | דבתר<'> ואמרת רבתא | לזעירתא | הא שמשת ברמשא עם אבא |
| 067 | לזערתא | | Gn19:31 | ואמרת רבתא | לזערתא | אבונן סב וגבר לית בארעא |
| 068 | זעירין | p abs | Nu26:56 | סגין ובין שבטה דעמא | זעירין: | |
| 069 | | | Ex12:04 | ואן | זעירין | אינון עמא דביתא כמסת |
| 070 | | | Nu13:18M | או מסגיין /רפיין הא | זעירין | הנון או סגין#2#/: |
| 071 | | | Dt 7:07M | ארום אתון עם | קלילין/זעירין#2#/ | מן כל אומייה: |
| 072 | | | Nu33:54 | אחסנתיה ולשבטה דעמיה | זעירין | תזער אחסנתיה לכל מן די |
| 073 | | | Nu26:54 | אחסנתיה ולשבטא דעמא | זעירין | תזערון אחסנתיה גבר לפום |
| 074 | | | Nu35:08 | ומן לוות שבטה דעמא | זעירין | תזערון גבר כפם אחסנ<ת>יה |
| 075 | זעיראתא | p em/sf | Gn19:35 | ית אבוהון חמר וקמת | זעיראתא | ושמשת עמה ולא ידע במדמכה |

## זעירו n. smallness [180]

|  |  |  |  |  |  |  |
|---|---|---|---|---|---|---|
| 001 | זעיר' | s em/sf | Gn43:33M | וזעירא כזעירותה/וכו' | זעיר#2#/ | ותמהו גברייא גבר לקבל |
| 002 | כזעירותה | | Gn43:33 | רבה כרביותה וזעירא | כזעירותה | ותמהו גברייא גבר לקבל |

## זעף vb. to rebuke [180]

|  |  |  |  |  |  |  |
|---|---|---|---|---|---|---|
| 001 | זעף | peal | Gn44:18 | וקרב לוותיה יהודה | זעף | במלין ומדכדך בלישנא נהם |

## זער vb. to be small [180]

|  |  |  |  |  |  |  |
|---|---|---|---|---|---|---|
| 001 | יזער | afel | Ex30:15 | דעתיר לא יסגי ודמסכן לא | יזער | מפלגות סלעא למיתן ית |
| 002 | נזער | | Ex 1:10 | עצן בישן ידון דינין | נזער | יתהון קדם עד לא יסגון |
| 003 | תזער | | Nu33:54 | ולשבטה דעמיה זעירין | תזער | אחסנתיה לכל מן די יפוק לה |
| 004 | | | Lv25:16 | זבוניה ולפם זעיר שנייה | תזער | כסף זבונה ארום מניין עללתה |
| 005 | תזערון | | Nu26:54 | ולשבטא דעמא זעירין | תזערון | אחסנתיה גבר לפום סכומוי |
| 006 | | | Nu35:08 | שבטה דעמא זעירין | תזערון | גבר כפם אחסנ<ת>יה די |
| 007 | מזער | | Nu23:08 | דייי מסגי יתהון מה אנה | מזער | יתהון וממריה דייי מסגי |
| 008 | דאזער | | Nu11:32M | מן דזער /סלוויין | דאזער#2#/ | אסף עשרה כורון ושטחו |
| 009 | | | Ex16:18 | ולא שייר מן דאסגי ומן | דאזער | לא חסר גבר לפם מיכליה |
| 010 | דאצער | | Ex16:17M | דן ודן <דן דא'> ודן | דאצער | |
| 011 | | | Ex16:17M | שבט' דאסגי ושבט' | דאצער | דן ודן <דן דא'> ודן |
| 012 | דזער | | Ex16:17 | ולקטו מן דאסגו ומן | דזער: | |
| 013 | | | Nu11:32 | וכנשו ית סלווי מן | דזער | אסף עשרה כורון ושטחו להון |

014 ואזער Nu23:07M יעקב \ואתא זעיר לי/ואזער#2#/ דבית ישראל:
015 ותזער Lv26:22 ותשיצי ית בעירכון ותזער יתכון ויצדון ארחתכון:

## loan *n.* זפו

[181]

001 זפו s ab/cn Dt23:20 לא תוזף לאחוך זפו דממון זפו דכסף זפו לכל מילה די
002 Dt23:20 לא תוזף לאחוך דממון זפו דכסף זפו לכל
003 Dt24:10 ארום תוזף לחברך זפו כל מה דעם לא תיעול לגו
004 Dt23:20 זפו דממון זפו דכסף זפו לכל מילה די יתוזף:
005 וזפו Dt23:20M יתוזף /וזפ{י}<ו> דכסף וזפו דדהב {י}<ו>זפו כל פתגם די
006 Dt23:20M לכל מילה די יתוזף /וזפ{י}<ו> דכסף וזפו דדהב
007 Dt23:20M דכסף וזפו דדהב {י}<ו>זפו כל פתגם די יוזף#2#/:

## pitch *n.* זפת

[181]

001 ובזיפתא s em/sf Ex 2:03 ושעיית יתיה בחימרא ובזיפתא ושויית בה ית טליא ושויית

## זק ⇐ *n.* זיק

## זק ⇐ *n.* זיק 2#

## erect, lifted up *adj.* זקיף

[!! cf. 181 s.v. זקף vb.]

001 זקיפה s ab/cn Lv26:13 ודברית יתכון <בקומה> זקיפה:
002 Lv26:13M ודברית יתכון בקומה זקיפה ובראש גלי
003 זקיפן p abs Gn29:17 ועיני דלאה הוויין זקיפן בצלו בעיא למיסבא יעקב
004 Ex17:12 סט' והויין ידוי דמשה זקיפן בצלו מדכרא הימנות אבהתא
005 Ex17:12 וידוי דמשה הויין זקיפן בצלו ונסבו אבן ושוון

## to erect *vb.* זקף

[181]

001 זקיף peal Nu10:36M ארונה שרי הוה משה זקיף ידוי בצלו ואמ[ר] תוו כען
002 זקף Ex17:11 והוה כד הוה משה זקף ית ידוי בצלו הוון דבית
003 זקפי' Gn14:22 אברם למלכא דסדם הא זקפי' ידי בשבועה קדם ייי אלהא
004 זקפית Nu14:30 אתון תיעלון לארעא די זקפית ידי בשבועה למשריה יתכון
005 זקפת Dt32:40 ארום זקפת ית ידיי בשבועה לשמיא
006 דזקפית Ex 6:08 ואעל יתכון לארעא דזקפית ידי בשבועה למתן יתה
007 וזקף Lv 9:22 אהרן ית ידוהי בצלו על עמה וזקף
008 Lv 9:22M וקם אהרן על דוכנה וזקף ידוי קבל עמה ובריכינון
009 אזדקפת etpeel Gn37:07 והא קמת כורכותי ולחוד אזדקפת והא מתכנשין כורכותכון

See also: *adj.* זקיף

## sower *n.* זרוע

[181]

001 לזרועא s em/sf Gn47:24M למזרע תחומכון /לכון לזרועא באפי ביריא#2#/ ולמזוניכון

## to be quick *vb.* זרז

[181]

001 זריז pael Gn19:22M אוחי/זריז#2#/ אשתיזב לתמן ארום לא
002 זריזו Gn45:09M \אוחו ופקו /זריזו וסוקו#2#/ לוות אבה
003 זריזתון Ex 2:18M <מן בגלל> מה אוחיתון/זריזתון#2#/ למיתי יומא הדין:
004 ואזרז Dt32:01 ליה משה נבייא דייי ואזרז ואמר אציתו שמיה ואמלל
005 וזרז Gn18:06M ואוחי/וזרז#2#/ אברהם ואזיל למשכנא
006 Ex10:06 על ארעא עד יומא הדין וזרז ונפק מן קדם פרעה:
007 Gn18:06M לות שרה ואמר אוחי/וזרז#2#/ וסבי תלת סאין קמח
008 Lv 8:07 מעילה ויהב עלוי אפדה וזרז יתיה בהמיינה דאפודה וטכס

009 Gn18:07M \יתה#2#/ לרביה ואוחי/וזרז#2#/ למעבד יתיה:
010 Ex10:16M ואוחי/וזרז#2#/ פרעה למקרי למשה
011 וזרזת Gn24:18M ואמרת שתה רבוני ואוחיית/וזרזת#2#/ ואחתת קולתה על ידה
012 Gn24:20M \ואוחיית ופנית קולתה /וזרזת ואחתת קו#2#/ לגו
013 Gn24:46M ואוחיית/וזרזת#2#/ ואחתת/אוחתת#2#/
014 וזרזתון Dt 1:41M זייניה ואוחיתון/וזר<ז>תון#2#/ למיסוק
015 וזריז Ex34:08M ואוחי/וזריז#2#/ משה ועקד לארעא/על
016 Nu11:27 וזריז טל«י»ה ותני למשה ואמר
017 Dt 3:28 ית יהושע ותוקף יתיה וזריז יתיה ארום הוא יעבר קדם
018 וזריזו Gn44:11M ואוחון ואחתו\ /וזריזו ואוחתו#2#/ גבר ית
019 Nu14:44M וכמנו/וזריזו#2#/ למסוק לריש/ריי#2#/
020 ומזרז Dt32:35 דגהינם מעתדה להון ומזרז ומייתי פורענותה עליהון
021 למזורזא Ex12:33 ואתוקפו מצריי על עמא למזורזא למשלחה יתהון מן ארעא
022 דאזרזת afel Gn27:20M מה \כען אוחת /היא דאזרזת#2#/ למשכחי ברי ואמר ארום
023 אזדרז etpaal Gn49:21 כדון יוסף בחיין והוא אזדרז ונחת למצרים בשעתא זעירת
024 תזדרז Dt15:14M ליה /מזדרזה תזדרז#2#/^תזוודון#2#/^ מן ענ' מן אדרך
025 מזדרזה Dt15:14M \מזודא תזוויד ליה /מזדרזה תזדרז#2#/^תזוודון#2#/^
026 ואזדרז Gn48:02 ברך יוסף אתי לוותך ואזדרז ישראל ויתב ליה על ריש
027 Dt31:07 קדם כל ישראל אתוקף ואזדרז ארום את תיעל ית עמה
028 Dt31:23 בר נון ואמר אתוקף וא«ז»דרז ארום את תעיל ית בני
029 Gn43:31 ושגג אפוי ונפק ואזדרז ואמר שוון לחם:
030 ואזדרזו Dt31:06 אתוקיפו ואזדרזו לא תדחלון ולא תתרעון

## quick *adj.* זריז

[182]

001 זריז s ab/cn Lv24:12M "מתין ...": זריז במחרפה דחרף שמה קדישה
002 Nu15:34M "מתין ... ואצנעו": זריז במקושה דחלל שובתה בזידנו
003 Lv24:12 בתרין מנהון הוה משה זריז ובתרין מנהון הוה משה מתין
004 Nu 9:08 בתרין מנהון הוה משה זריז ובתרין מנהון הוה משה
005 Nu15:34 בתרין מנהון הוה משה זריז ובתרין מנהון הוה משה מתין
006 Nu27:05 בתרין מנהון הוה משה זריז ובתרין מנהון הוה משה מתין
007 Lv24:12 בנתה דצלפחד הוה משה זריז מן בגלל דהווה דיניהון דיני
008 Nu 9:08 בנתיה דצלפחד הוה משה זריז מן בגלל דהוון דיניהון דיני
009 Nu15:34M בנתיה דצלפחד הוה משה זריז מן בגלל דהוון דיניהון
010 Nu15:34 בנתה דצלפחד הוה משה זריז מן בגלל דהווה דיניהון דיני
011 Nu27:05 בנתיה דצלפחד הוה זריז מן בגלל דהוון דיניהון דיני
012 זריזין p abs Lv24:12 בתר משה דיהוון זריזין בדיני ממונה ו(מ)מתינין
013 Nu 9:08M למקום בתר משה למהוון זריזין בדיני ממונה ומתי'
014 Nu 9:08 בתר משה די הווין זריזין בדיני ממוניה ומתינין
015 Nu15:34 בתר משה די הוון זריזין בדיני ממונא ומתינין בדיני
016 Nu27:05 דקיימין בתריה די הוון זריזין בדיניה ממונא ומתינין
017 וזריזין Lv24:12M מתינין בדיני נפשתה וזריזין בדיני ממונה דלא יבהתון
018 Nu15:34M בדיני{ה} נפשתה וזריזין בדיני ממונה דלא יבהתון

## to sow *vb.* זרע

[182]

001 זריע peal Lv11:37 יפל מנבלתהון על כל זרע זריע זרעונין די יזדרע{י}<ו>ן
002 זרעין Gn 8:22 מן כדון כל יומי דארעא זרעין וחצדין וקריר וחמים וקיט
003 Gn45:06 ועד כדון חמש שנין דלא זרעין ולא חצדין:
004 Lv25:20 שביעיתה הא לית אנן זרעין ולא כנישין ית עללתה:
005 תזרע Lv25:03 שית שנין תזרע חקלי{ק}<כ>ון ושית שנין
006 תזרעון Lv25:04 קדם ייי חקליכון לא תזרעון וכרמיכון לא תזברון:
007 Lv25:11 שנייה תיהוי לכון לא תזרעון ולא תחצדון ית כהותיכון
008 Dt22:09 תאבדון מליתה דזרעא די תזרעון ועללתה דכרמא:
009 Lv25:03M <שנין> דיומין תזרעון חקליכון

|  |  |  |  |  |  |  |
|---|---|---|---|---|---|---|
| 010 | | | Ex23:16M | באפי /עללתכון די | תזרעון | {י}<כ<לפי#2#/ ברא וחגא |
| 011 | | | Ex23:10 | ושית שנין | תזרעון | ית ארע{א}כון ותכנשון ית |
| 012 | | | Dt11:10 | די נפקתון מן תמן די | תזרעון | ית זרעיכון ותשקון |
| 013 | | | Lv19:19 | תרבעון כלאים חקלכון לא | תזרעון | כלאים ולבוש דכל<א>ים |
| 014 | | | Dt22:09 | לא | תזרעון | כרמיכון כלאים דלא תאבדון |
| 015 | וזרע | | Gn26:12 | | וזרע | יצחק בארעא ההיא ואשכח |
| 016 | וזרעין | | Ex23:16 | מה די אתון מפקין | וזרעין | באפי ברא וחגא דאכנשותא |
| 017 | | | Dt14:22 | מה דאתון מפקין | וזרעין | באפי ברה ומכנשין עללתה |
| 018 | ותזרעון | | Dt28:38 | זרע סגין תפקון | ותזרעון | באפי ברה וקליל תכנשון |
| 019 | | | Gn47:23 | לפרעה שיבו לכון זרע | ותזרעון | ית ארעא˘˘: |
| 020 | | | Lv26:16 | עיינין ומדיבה נפש | ותזרעון | לריקנו זרעיכון וייכלון |
| 021 | ותיזרעון | | Lv25:22 | | ותיזרעון | ית שתה תמיניתה ותאכלון |
| 022 | למזרע | | Gn47:24 | חלקין יהווי לכון | למזרע | תחומכון ולמזוניכון |
| 023 | דמזריעין | afel | Gn 1:11 | תפק ארעא דתין דעשב | דמזריעין | זרע אילן דפירין דעבד |
| 024 | דמזרעין | | Gn 1:12 | ואפקת ארעא דתין דעשב | דמזרעין | זרע למיניהון אילן דפירין |
| 025 | | | Gn 1:29 | דאית ביה פירי אילן | דמזרעין | זרע לכון יהבית יתהון |
| 026 | | | Gn 1:29 | לכון ית כל עשביא | דמזרעין | זרע די על אפי כל ארעא |
| 027 | יזדרע | etpeel | Lv11:37M | דכי /דמזדרע די | יזדרע | דכי#2#/ הוא: |
| 028 | | | Dt21:04 | די לא אתפלח ביה ולא | יזדרע | ויקטלו תמן ית עגלתה |
| 029 | יזדרעון | | Lv11:37 | זרע זריע זרעונין די | יזדרע{י}<ו>ן | דכי הוא: |
| 030 | תזדרע | | Dt29:22 | ומלח יקידה כל ארעא לא | תזדרע | ולא תצמח ולא יסק בה כל מן |
| 031 | דמזדרע | | Lv11:37M | די יזדרע{י}<ו>ן דכי | /דמזדרע | די יזדרע דכי#2#/ הוא: |
| 032 | למזדרעה | | Nu20:05M | {ו}לא תינין /דשפר | למזדרעה | הוא לא למנצוב ביה לא |

## seed *n.* זרע [182]

|  |  |  |  |  |  |  |
|---|---|---|---|---|---|---|
| 001 | זרע | s ab/cn | Gn 4:25M | ארום שוי לי ממריה דייי | זרע | אוחרן חולף הבל די קטל |
| 002 | | | Gn 1:11 | ארעא דתין דעשב דמזריעין | זרע | אילן דפירין דעבד פירין |
| 003 | | | Gn19:32M | עמה ונקים מן אבונן | \זרע#2#/ | בנין: |
| 004 | | | Gn15:03M | אברם הא לי לא יהבת | בנין/זרע | דב׳#2#/ והא בר בתי ירית |
| 005 | | | Gn21:12 | ארום ביצחק יתקרי לך | זרע | דבנין: |
| 006 | | | Gn38:08 | דאחוך ויבם יתה ואקים | זרע | דבנין לשמה דאחוך: |
| 007 | | | Gn 1:29 | ית כל עשביא דמזרעין | זרע | די על אפי כל ארעא וית כל |
| 008 | | | Lv15:32M | \תשמיש דזרע /שכבת | זרע | דתשמיש#2#/ למסתאבה בה: |
| 009 | | | Lv11:38 | וארום יתיהב מיין על כל | זרע | ויפול מנבלתהון עלוי מסאב |
| 010 | | | Gn47:19 | עבדין לפרעה והב לן | זרע | ונחי ולא נמות וארעא לא |
| 011 | | | Lv26:05M | \ית זרעה /אפקות בר | זרע#2#/ | ותאכלון לחמכון ותשבעון |
| 012 | | | Gn47:23 | ארעא לפרעה שיבו לכון | זרע | ותזרעון ית ארעא˘˘: |
| 013 | | | Lv11:37 | וארום יפל מנבלתהון על כל | זרע | זריע זרעונין די |
| 014 | | | Lv27:16 | ויהווי עלויה לפם זרעה | זרע | כור דשערין בחמשין סלעין |
| 015 | | | Gn 1:29 | ביה פירי אילן דמזרעין | זרע | לכון יהבית יתהון למזון: |
| 016 | | | Gn 1:12 | ארעא דתין דעשב דמזרעין | זרע | למיניהון אילן דפירין דעבד |
| 017 | | | Dt28:38 | | זרע | סגין תפקון ותזרעון באפי |
| 018 | | | Nu31:18M | דלא חכמין תשמיש | דכורא/זרע#2#/ | קיימו לכון: |
| 019 | דזרע | | Lv22:04 | תפוק מנה תשמי{ע}<ש> | דזרע: | |
| 020 | | | Lv19:20 | ישמש עם אתה תשמי׳ | דזרע | והיא אמתה משעבדה לגבר |
| 021 | | | Lv15:17 | די יהוו עלוי תשמיש | דזרע | ויחוור במיא ויסתאב עד |
| 022 | | | Lv15:16 | ארום יפוק מיניה תשמיש | דזרע | ויסחי במיא ית כל בשריה |
| 023 | | | Lv15:18 | די ישמש גבר עמה תשמיש | דזרע | וישזגון במיא ויסתאבון עד |
| 024 | | | Nu 5:13 | וישמש גבר עמה תשמיש | דזרע | ויתכסי מן עינוי דבעלה |
| 025 | | | Lv15:32 | מה די תפוק מיניה תשמיש | דזרע | למסתאבה בה: |
| 026 | | | Lv18:20M | מדמ{ת}<כ>ך לתשמיש | דזרע#2#/ | למסתאבה בה: |
| 027 | | | Nu31:17M | דכורא קטלו /גבר תשמיש | דזרע | קט׳#2#/: |
| 028 | וזרע | | Lv22:13M | ארמלתה ומשבקה | ובנין/וזרע | דבנין#2#/ לית לה |
| 029 | כזרע | | Ex16:31 | ית שמיה מנה והוא | כזרע | דכסבר חיור וטעמיה כשישין |
| 030 | | | Nu11:07 | «ומנה» | כזרע | כסבר הוא ועינה כחזיו |
| 031 | לזרע | | Lv18:20 | דחברך לא תתן שמושך | לזרע | למסתאבה בה: |
| 032 | זרעא | s em/sf | Lv27:30 | וכל מעשרה דארעא מן | זרעא | דארעא מן פירי אילנה לשמה |
| 033 | | | Lv15:18M | \תשמיש דזרע /שכבת | זרעא#2#/ | וישזגון במיא ויסתאבון |
| 034 | זרעה | | Lv21:15 | ולא יפס | זרעה | בעמה ארום אנה ייי דקדשת |
| 035 | | | Lv22:04M | גבר גבר מן | בנוי/זרעה#2#/ | דאהרן והוא מצרע או |
| 036 | | | Nu17:05M | חילוניי די לא מן | בנוי/זרעה#2#/ | דאהרן הוא למסדרה |
| 037 | | | Lv11:38M | על \כל זרע ויפול | /זרעה | ויפול#2#/ מנבלתהון עלוי |
| 038 | | | Lv26:05 | ית קטפה וקטפה יארע ית | זרעה | ותאכלון לחמכון ותשבעון |
| 039 | | | Lv27:16 | דייי ויהווי עלויה לפם | זרעה | זרע כור דשערין בחמשין |
| 040 | | | Lv20:03M | מגו עמה ארום מן | בנוי/זרעה#2#/ | יהב למעברה בנורא קדם |
| 041 | | | Lv20:04M | בנורא קדם פלחנה | /זרעה | לפר#2#/ נכריה דלא |
| 042 | זרעיה | | Gn46:07 | בנתיה ובנת בנתיה וכל | זרעיה | אחתו עמיה מצרימה: |
| 043 | | | Lv20:02M | קדם פלחנה /<מן> | זרעיה | לפלחן#2#/ נכרייה מתקטל |
| 044 | זרעך | | Lv18:21M | נכרייה ולא תפסו /ומן | זרעך | לא תתן לפלחנה נכריין ולא |
| 045 | דזרעא | | Dt22:09 | דלא תאבדון מליתה | דזרעא | די תזרעון ועללתה דכרמא: |
| 046 | זרעין | p abs | Gn49:19M | דבית גד יפקון | משיריין/זרעין#2#/ | מטכסן ומזיינניין |
| 047 | זרעיהון | p em/sf | Gn10:18 | ומן בתר כדין אתפרשו | זרעיהון | דכנע<נ>יא: |
| 048 | זרעיכון | | Lv26:16 | נפש ותזרעון לריקנו | זרעיכון | וייכלון יתהון |
| 049 | | | Dt11:10 | מן תמן די תזרעון ית | זרעיכון | ותשקון ˆיתה#2#ˆ ברגליכון |
| 050 | | | Dt30:06 | ית לבביכון וית לבבי | זרעיכון | למירחם ית אולפן אוריתה |
| 051 | | | Dt14:22 | תעשרון ית כל עללת | זרעיכון | מה דאתון מפקין וזרעין |
| 052 | לזרעייהון | | Ex 6:25M | לווייה | לזרעיותיהון/לזרעייהון#2#/: | |
| 053 | | | Nu11:10 | ית קלהון דעמה בכיין | לזרעייהון | גבר בתרע משכנה ותקף |

## seeds (in plural) *n.* זרעון [182]

|  |  |  |  |  |  |  |
|---|---|---|---|---|---|---|
| 001 | זרעונין | p abs | Lv11:37 | על כל זרע זריע | זרעונין | די יזדרע{י}<ו>ן דכי הוא: |

## family, clan *n.* זרעי [182]

|  |  |  |  |  |  |  |
|---|---|---|---|---|---|---|
| 001 | זרעי | s ab/cn | Dt29:17 | יהוי בכון גבר או אתה או | זרעי | או שבט דליביה סטי עלוי |
| 002 | זרעית | | Gn 3:15M | בין זרעית בנוי לבין | זרעית | בנה לעיין באורייתא |
| 003 | | | Gn 3:15M | חויה לבין איתתה בין | זרעית | בנוי לבין זרעית בנה |
| 004 | | | Gn10:32 | אילין | זרעית | בנוי דנח לתל<ד>וותהון |
| 005 | | | Lv20:04 | מן גברא ההו׳ כד יתן מן | זרעית | בנוי למעברה בנורא קדם |
| 006 | | | Gn26:24M | ואברך יתך ואסגי ית | זרעית | בניך |
| 007 | | | Gn17:10M | ממרי וביניכון ובין | זרעית | בניכון#2#/ בתריכון במגזר |
| 008 | | | Lv22:03M | לקדשיה די יקדישון | /זרעית | בניכון מן קדשיה דיק׳#2#/ |
| 009 | | | Lv25:47 | ותותב עמך או לעקר | זרעית | גיור: |
| 010 | | | Nu 4:42M | וסכומי | זרעיתיה/<זרע>ית#2#/ | דבנוי דמררי |
| 011 | בזרעית | | Gn22:18M | אומיא ד{ערא}<אר>עא | /בזרעית | בניך כל אומה דא׳#2#/ |
| 012 | בזרעת | | Gn26:04M | \בזכותך כל אומיא | /בזרעת | בניך כל אומה#2#/ {{דע}} |
| 013 | ולזרעית | | Gn17:07M | במימרי לך לאלה | ולבניך/ולזרעית | בנך#2#/ מן בתרך: |
| 014 | | | Nu25:13 | ותיהווי ליה | ולזרעית | מן בתריה קים כהנא לעלם |
| 015 | לזרעית | | Gn12:07M | על אברם ואמר ליה | לבניך/לזרעית | בנך#2#/ אתן ית ארעא |
| 016 | | | Gn15:18M | אברם קיים למימ׳ | לבניך/לזרעית | בנך#2#/ אתן ית ארעא |
| 017 | לזרעת | | Gn48:04M | ואתן ית ארעא הדא | לבניך/לזרעת | בנ׳#2#/לזרעיית |
| 018 | זרעיתה | s em/sf | Lv21:21M | דאית ביה מום מן | בנוי/זרעיתה#2#/ | דאהרן כהנא לא יקרב |
| 019 | | | Nu26:15 | דבנוי דצפוני לחגי | זרעיתה | דחגי לשוני זרעייתה |
| 020 | | | Nu26:12 | לזרעייתהון לנמואל | זרעיתה | ˆדבנוי#2#ˆ דנמואלי |
| 021 | | | Nu26:31 | ואשריאל | זרעיתה | דבנוי דאשריאלי ושכם |
| 022 | | | Nu26:32 | ושמידע | זרעיתה | דבנוי דשמידעי וחפר |
| 023 | | | Nu26:32 | דבנוי דשמידעי וחפר | זרעיתה | דבנוי דחפרי: |
| 024 | | | Lv25:49 | או מן קריב בשריה מן | זרעיתה | יפרוק יתיה או תארע ידיה |

|  |  |  |  |  |  |
|---|---|---|---|---|---|
| 025 | זרעיתי | Gn24:40 | ארחך ותסב אתה לברי מן | זרעיתי | ומן ביתיה דאבא: |
| 026 | | Gn 4:23 | ולא עולם חבלת דיתחבלון | זרעיתי | מן בתרי: |
| 027 | | Gn 4:23M | תחותוי ויבדן | זרעיתי#2#/ | מן בתרי: |
| 028 | זרעיתיה | Nu27:04 | יתמנע שם אבונן מן גו | זרעיתיה | ארום לית ליה בר דכר הב |
| 029 | | Nu27:11 | בשריה דקריב לוותיה מן | זרעיתיה | וירת יתה ותיהווי לבני |
| 030 | בזרעיתיך | Gn22:18 | והתברכון | בזרעיתיך | כל אומיא ד{ערא}<אר>עא |
| 031 | וזרעיתה | Nu 3:27 | דבנוי דעמרמי | וזרעיתה | דבנוי דיצהרי וזרעייתה |
| 032 | ולזרעיתיה | Nu25:13M | ותיהווי ליה | ולזרעית/<ולזרעי>תיה#2#/ | מן בתריה קים |
| 033 | לזרעיתיה | Lv25:41 | ובנוי עמה ויחזור | לזרעית«י»ה | ולאחסנות אבהתה יחזור: |
| 034 | | Nu 2:34 | וכן נטלו גבר | לזרעיתיה | לבית אבהתיה: |
| 035 | | Lv25:10 | גבר לאחסנתיה וגבר | לזרעיתיה | תחזרון: |
| 036 | p const זרעייות | Gn10:32M | אילין | זרעית/זרעייות#2#/ | בנוי דנח |
| 037 | | Gn12:03M | כל {זעזר} | זרעיותא/זרעייות#2#/ | דארעא: |
| 038 | | Ex 6:14M | אליין | זרעתהון/^זרעיית#2#^/זרעייות#2#/ | דבנוי |
| 039 | | Ex 6:19M | דלוי ליחוסיהון | /זרעייות | ליוואי לתלדוותהון#2#/: |
| 040 | זרעיית | Nu 4:45M | \זרעייתה דבנוי | /<זרע>ייות | בנוי#2#/ דמררי די סכם |
| 041 | | Nu 4:41M | סכומי | זרעיית/<זרע>ייות#2#/ | דבנוי דגרשון כל |
| 042 | | Nu 3:20M | אלין אינון | זרעייתהון/זרעייות#2#/ | דלוי/ליואי#2#/ |
| 043 | זרעיית | Dt28:59M | דייי ית מחתה וית מחת | זרעיית | <...> מחן רברבן וקשיטן |
| 044 | | Nu26:25M | \זרעייתה דבנוי | דיששכר/זרעיית | יש'#2#/ לסכומיהון |
| 045 | | Gn28:14M | בניך/ברך#2#/ | /זרעיית | אר' ובזר' בניך |
| 046 | | Nu 3:21M | אינון \זרעייתה דבנוי | /זרעיית | בנוי#2#/ דגרשני: |
| 047 | | Nu36:01 | מכיר בר מנשה מ«ן» | זרעיית | בנוי דיוסף ומללו קדם |
| 048 | | Nu36:12 | מן | זרעיית | בנוי דמנשה בר יוסף הוון |
| 049 | | Dt31:21 | ארום לא תנשה מן פם | זרעיית | בניהון ארום גלי קדמי |
| 050 | | Gn15:13 | גיורין ותותבין יהוון | זרעיית | בניך בארעא דלא דידהון |
| 051 | | Gn17:07M | ביני ובינך ובין | \/זרעיית#2#/ | בניך מן בתרך לדריהון |
| 052 | | Gn21:13M | /אשוי יתה#2#/ ארום | ברך/זרעיית | בניך#2#/ הוא: |
| 053 | | Gn24:60M | צדיקין וירתון | זרעיית | בניך ית קורוי |
| 054 | | Gn26:04M | ואסגי | יתך/זרעיית | בניך#2#/ ככוכבי שמיא |
| 055 | | Gn 9:09M | בניכון בתריכון /וית | זרעיית | בניכון מן בת'#2#/: |
| 056 | | Gn17:12M | בר עממין די לא מן | \/זרעיית#2#/ | בניכון הוא: |
| 057 | | Ex32:13M | מסגייה אסגי ית | זרעיית | בניכון |
| 058 | | Lv21:17M | למימר גבר גבר מן | בניך/זרעיית | בניכון#2#/ לדריהון די |
| 059 | | Gn15:05 | ואמר לה כדין יהוון | זרעיית | בנך: |
| 060 | | Gn17:09M | את ו\בניך/ובנך#2#/ | /זרעיית | בנך#2#/ מן ב{רת}<תר>ך |
| 061 | | Gn22:17M | \וירתון בניך /וירתן | זרעיית | בנך#2#/ ית קירי |
| 062 | | Gn22:17M | יתך ומסגיא אסגי ית | \/זרעיית#2#/ | בנך ככוכבי שמיא וכחלא |
| 063 | | Gn28:14M | ויהוון | בניך/זרעיית | בנך#2#/ כעפרא דארעא |
| 064 | | Ex 6:14M | אליין | זרעתהון/^זרעיית#2#^/זרעייות#2#/ | דבנוי |
| 065 | | Nu 4:28M | /פלחנה#2#/ | זרעייתה/<זרע>יית#2#/ | דבנוי דגרשוני |
| 066 | | Nu 4:41 | אלין סכומי | זרעיית | דבנוי דגרשון כל די פלח |
| 067 | | Nu36:08 | דבני ישראל לבר מן | זרעיית | שבט אבהתה ייהוויין לאתה |
| 068 | בזרעיית | Dt 4:37M | בבניהון /ובחר | בזרעיית | בנוי#2#/ מן בתריהון |
| 069 | | Dt10:15M | יתהון ובחר | בבניהון/בזרעיית | בניהון#2#/ |
| 070 | דזרעיית | Nu 3:35M | ורב בית אבה | זרעייתה/<דזרע>יית#2#/ | דבנוי דמררי |
| 071 | וזרעיית | Nu14:24M | לארעא די על לתמן | ובנוי/וזרעיית | בנוי#2#/ ירתון יתה |
| 072 | | Dt30:19 | מן בגלל דתיחון אתון | וזרעיית | בניכון: |
| 073 | ובזר' | Gn28:14M | /ברך#2#/ /זרעיית אר' | ובזר' | בניך מן בתרך#2#/: |
| 074 | ובזרעיית | Dt28:46M | /בכון כאתין וכפרישן | ובזרעיית | בני'#2#/ עד לעלם: |
| 075 | | Gn28:14 | כל זרעייתא דארעא | ובזרעיית | בניך: |
| 076 | ולזרעייות | Ex30:21M | עלם להון | ולזרעיי«ת»/<ולזרע>ייות#2#/ | בניהון |
| 077 | ולזרעיית | Gn17:19M | \עלם ולבנוהי /דעלם | ולזרעיית | בנוי#2#/ מן בתרה: |
| 078 | | Ex28:43M | קיים דעלם לה | ולזרעיית | בנוי מן בתרה |
| 079 | | Dt 1:08M | למתן להון | ולבניהון/ולזרעיית | בני'#2#/ |
| 080 | | Dt11:09M | למיתן להון | ולבניהון/ולזרעיית | בני'#2#/ ארע עבדה |
| 081 | | Dt 5:29M | למייטבה להון | ולזרעיית | בניה' |
| 082 | | Ex30:21 | לקיים עלם להון | ולזרעיי«ת» | בניהון ולדריהון: |
| 083 | | Gn13:15M | חמי לך אתן יתה | ולבניך/ולזרעיית | בניך מן בתרך אתן ית |
| 084 | | Gn26:03M | יתך ארום לך | ולבנך/ולזרעיית | בניך#2#/ אתן ית כל |
| 085 | | Gn28:04M | "ולבנך ... תותבותך": | ולזרעיית | בניך מן בתרך למירות יתך |
| 086 | | Gn28:13M | עלה לך אתן יתה | ולבניך/ולזרעיית | בניך מן בתרך#2#/: |
| 087 | | Dt12:25M | /למייטבה לכון | ולזרעיית | בניכון#2#/ מן בתריכון |
| 088 | | Gn35:12M | \ולבניך מן בתרך | /ולזרעיית | בתרך#2#/ אתן ית ארעא: |
| 089 | לזרעיית | Nu27:01 | בר מכיר בר מנשה | לזרעיית | מנשה בר יוסף ואלין |
| 090 | | Nu36:01 | וקרבו ראשי שיבטייה | לזרעיית | בנוי דגלעד בר מכיר בר |
| 091 | | Dt 1:36M | \ולבנוי חלף די אשלם | /לזרעיית | בנוי אלף דא'#2#/ למימר |
| 092 | | Gn48:04M | הדא לבניך/לזרעת | בנ'#2#/לזרעיית | בניך#2#/ מן בתרך |
| 093 | | Nu18:19M | הוא קדם <ייי> לך | ולבנך/לזרעיית | בניך מן#2#/ בתרך: |
| 094 | | Dt34:04 | ליצחק וליעקב למימר | לזרעיית | בניך אתן יתה חמי יתה |
| 095 | | Ex32:13M | הדא דאמרת אתן | בניכון/לזרעיית | בניכון#2#/ ויחסנון |
| 096 | | Ex33:01M | למימר \לברך אתן | /לזרעיית | בניכון את'#2#/ יתה: |
| 097 | | Nu36:06 | יהוויין לנשין להוד | לזרעיית | שבט אבהתהון יהוויין |
| 098 | p em/sf זרע' | Nu 3:35M | ורבה דבית מן | זרע' | |
| 099 | זרעוותהון | Gn10:18M | /כן#2#/ אתפרשו | זרעיהון/זרעוותהון | דכנענאי#2#/ |
| 100 | זרעיותא | Gn12:03 | בזכותך כל {זעזר} | זרעיותא | דארעא: |
| 101 | זרעיותיהון | Ex 6:15 | דכנעניתה אליין אנון | זרעיותיהון | דבנוי דשמעון: |
| 102 | | Ex 6:19 | ומושי אלין אינון | זרעיותיהון | דבנוי דלוי ליחוסיהון: |
| 103 | זרעייותהון | Ex 6:24M | | זרעייותיהון/^זרעיתיה#2#^/זרעייותהון#2#/ | דבנו' |
| 104 | | Nu 1:20M | /תולדוותהון | זרעייותהון#2#/ | לבית אבהתהון במניין |
| 105 | זרעייותהון | Nu 3:21M | אליין הנון | זרעייותהון | |
| 106 | זרעייותיהון | Ex 6:24 | אליין אינון | זרעייותיהון | דבנו' דקרח: |
| 107 | זרעייתא | Gn28:14 | ויתברכון בזכוותך כל | זרעייתא | דארעא ובזרעיית בניך: |
| 108 | זרעייתה | Nu26:14M | | זרעיתה/זרעייתה#2#/^דבנוי#2#^/ | דשמעוני |
| 109 | | Nu36:12M | שבט \אחסנות אבוהון | /זרעייתה | דאבוהן#2#/: |
| 110 | | Nu 3:21 | דשמעי אלין אינון | זרעייתה | דבנוי דגרשני: |
| 111 | | Nu 3:21 | לגרשון | זרעייתה | דבנוי דלבני וזרעייתה |
| 112 | | Nu 3:23 | | זרעייתה | דבנוי דגרשני בשפלוי |
| 113 | | Nu 3:27 | דעזיאלי אלין אינון | זרעייתה | דבנוי דקהתי: |
| 114 | | Nu 3:27 | ולבנוי דקהת | זרעייתה | דבנוי דעמרמי וזרעיתה |
| 115 | | Nu 3:33 | למררי | זרעייתה | דבנוי דמחלי וזרעייתה |
| 116 | | Nu 3:33 | דמושי אלין אינון | זרעייתה | דבנוי דמררי: |
| 117 | | Nu 3:35 | ורב בית אבה | זרעייתה | דבנוי דמררי צוריאל בר |
| 118 | | Nu 4:18 | לא תשיצון ית שבט | זרעייתה | דבנוי דקהתי מן גו |
| 119 | | Nu 4:24 | דא פלחן | זרעייתה | דבנוי דגרשון למפלח |
| 120 | | Nu 4:28 | דן פלחן | זרעייתה | דבנוי דגרשוני במשכן |
| 121 | | Nu 4:45 | אלין סכומי | זרעייתה | דבנוי דמררי די סכם משה |
| 122 | | Nu26:05 | דבנוי דחנכי לפלוא | זרעייתה | דבנוי דפלואי: |
| 123 | | Nu26:05M | חנוך | דזרעיית{י}ה/זרעייתה#2#/ | דבנוי דחנכי |
| 124 | | Nu26:06 | דבני דחצרוני לכרמי | זרעייתה | דבנוי ד{מ}<כ>רמי: |
| 125 | | Nu26:07 | אליין | זרעייתה | דבנוי דראובן והוון |
| 126 | | Nu26:12 | דבנוי דימיני ליכין | זרעייתה | דבנוי דיכיני: |
| 127 | | Nu26:12 | דנמואלי לימין | זרעייתה | דבנוי דימיני ליכין |
| 128 | | Nu26:13 | לזרח | זרעייתה | דבנוי דזרחי לשאול |
| 129 | | Nu26:13 | דבנוי דזרחי לשאול | זרעייתה | דבנוי דשאולי: |
| 130 | | Nu26:15 | זרעיתה דחגי לשוני | זרעייתה | דבנוי דשוני: |
| 131 | | Nu26:16 | לאזני | זרעייתה | דבנוי דאזני לערי |
| 132 | | Nu26:16 | דבנוי דאזני לערי | זרעייתה | דבנוי דערי: |

|  |  |  |  |
|---|---|---|---|
| 133 | Nu26:17 | | לארוד זרעייתה דבנוי דארודי לאראלי |
| 134 | Nu26:17 | | דבנוי דארודי לאראלי זרעייתה דבנוי דאראלי: |
| 135 | Nu26:18 | | אלין זרעייתה דבנוי דגד |
| 136 | Nu26:20 | | דבנוי דפרצי לזרח זרעייתה דבנוי דזרחי: |
| 137 | Nu26:20 | | לזרעייתהון לשלה זרעייתה דבנוי דשלני לפרץ |
| 138 | Nu26:20 | | דבנוי דשלני לפרץ זרעייתה דבנוי דפרצי לזרח |
| 139 | Nu26:21 | | בנוי דפרץ לחצרון זרעייתה דבנוי דחצרוני לחמול |
| 140 | Nu26:21 | | דבנוי דחצרוני לחמול זרעייתה דבנוי דחמולי: |
| 141 | Nu26:22 | | אלין זרעייתה דבנוי דיהודה לסכומיכון |
| 142 | Nu26:23 | | לזרעייתהון תולע זרעייתה דבנוי דתולעי לפוה |
| 143 | Nu26:23 | | דבנוי דתולעי לפוה זרעייתה דבנוי דפוני: |
| 144 | Nu26:24 | | דבנוי דישובי לשמרון זרעייתה דבנוי דשמרוני: |
| 145 | Nu26:26 | | דיחלאלי <ל>איחלאל זרעייתה דבנוי דיחלאלי: |
| 146 | Nu26:26 | | דס{ד}ר<ד>י לאלון זרעייתה דבנוי דיחלאלי |
| 147 | Nu26:27 | | אלין זרעייתה דבנוי דזבולנ{ן}<י> |
| 148 | Nu26:29 | | אולד ית גלעד לגלעד זרעייתה דבנוי דגלעדי: |
| 149 | Nu26:29 | | בנוי דמנשה למכיר זרעייתה דבנוי דמכיר' ומכיר |
| 150 | Nu26:31 | | דבנוי דאשריאלי ושכם זרעייתה דבנוי דשכמי: |
| 151 | Nu26:35M | | דבנוי דבכרי לתחן זרעייתה דבנוי דתחני: |
| 152 | Nu26:35M | | דבנוי לשותלחי לבכר זרעייתה דבנוי דבכרי לתחן |
| 153 | Nu26:36 | | בנוי דשותלח לערן זרעייתה דבנוי דערני: |
| 154 | Nu26:37 | | אלין זרעייתה דבנוי דאפרים לסכומיהון |
| 155 | Nu26:38 | | דבנוי דאשבלי לאחירם זרעייתה דבנוי דאחירמי: |
| 156 | Nu26:38 | | לזרעייתהון לבלע זרעייתה דבנוי דבלעי לאשבל |
| 157 | Nu26:38 | | דבנוי דבלעי לאשבל זרעייתה דבנוי דאשבלי לאחירם |
| 158 | Nu26:39 | | לשפופם זרעייתה דבנוי דשפופמי לחופם |
| 159 | Nu26:39 | | דבנוי דשפופמי לחופם זרעייתה דבנוי דחופמי: |
| 160 | Nu26:40 | | בני בלע ארד ונעמן זרעייתה דבנוי דארדי לנעמן |
| 161 | Nu26:40 | | דבנוי דארדי לנעמן זרעייתה דבנוי דנעמי: |
| 162 | Nu26:42M | | לזרעייתהון לשוחם זרעייתה דבנוי דשוחמי אלין |
| 163 | Nu26:42M | | דבנוי דשוחמי אלין זרעייתה דבנוי דדן לזרעייתהון: |
| 164 | Nu26:43 | | כל זרעייתה דבנוי דשוחמי לסכומיהון |
| 165 | Nu26:44 | | דבנוי דישוי לבריעה זרעייתה דבנוי דבר«י»עיה: |
| 166 | Nu26:44 | | לזרעייתהון לימנה זרעייתה דבנוי דימנה לישוי |
| 167 | Nu26:44 | | דבנוי דימנה לישוי זרעייתה דבנוי דישוי לבריעה |
| 168 | Nu26:45 | | לבנוי דבריעה לחבר זרעייתה דבנוי דחבר למלכיאל |
| 169 | Nu26:45 | | דבנוי דחבר למלכיאל זרעייתה דבנוי דמלכיאלי: |
| 170 | Nu26:47 | | אלין זרעייתה דבנוי דאשר לסכומיהון |
| 171 | Nu26:48 | | לזרעייתהון ליחצאל זרעייתה דבנוי דיחצאלי לגוני |
| 172 | Nu26:48 | | דבנוי דיחצאלי לגוני זרעייתה דבנוי דגוני: |
| 173 | Nu26:49 | | ליצר זרעייתה דבנוי דיצרי לשלם |
| 174 | Nu26:49 | | דבנוי דיצרי לשלם זרעייתה דבנוי דשלמי: |
| 175 | Nu26:50 | | אילין זרעייתה דבנוי דנפתלי לזרעייתהון |
| 176 | Nu26:57 | | דבנוי דקהתי למררי זרעייתה דבנוי דמררי: |
| 177 | Nu26:57 | | לזרעייתהון לגרשון זרעייתה דבנוי דגרשוני לקהת{י} |
| 178 | Nu26:57 | | דגרשוני לקהת{י} זרעייתה דבנוי דקהתי למררי |
| 179 | Nu26:58 | | אלין זרעייתה דבנוי דלויי זרעייתה |
| 180 | Nu26:58 | | דבנוי דחברוני זרעייתה דבנוי דמחלי זרעייתה |
| 181 | Nu26:58 | | זרעייתה דבנוי דמחלי זרעייתה דבנוי דמושי זרעייתה |
| 182 | Nu26:58 | | זרעייתה דבנוי דמושי זרעייתה דבנוי דקרחי וקהת אולד |
| 183 | Nu26:58 | | זרעייתה דבנוי דלויי זרעייתה דבנוי דלבני זרעייתה |
| 184 | Nu26:58 | | זרעייתה דבנוי דלבני זרעייתה דבנוי דחברוני זרעייתה |
| 185 | Nu36:01M | | \מ«ן» זרעיית בנוי /זרעייתה דבנוי#2#/ דיוסף ומללו |
| 186 | Nu26:06 | | {לחצרון} לחצרון זרעייתה דבני דחצרוני לכרמי |
| 187 | Nu36:06M | | /לחודר#2#/ לזרעיית/<זרעיי>תה#2#/ שבט אבהתהון |
| 188 | Nu36:08M | | ייהוויין /לחד מן זרעייתה שבט אביה תיהווי#2#/ |
| 189 | Nu 3:20 | זרעייתהון | ומושי אלין אינון זרעייתהון דלוי לבית אבהתהון: |
| 190 | Nu26:43M | | "... דשוחמי": זרעייתהון דשוחם |
| 191 | Nu26:18M | | /אליין#2#/ זרעייתה/זרעייתהון#2#/ דבנוי דגד |
| 192 | Nu26:22M | | /אליין#2#/ זרעייתה/זרעייתהון#2#/ דבנוי דיהודה |
| 193 | Nu26:34M | | אלין/אליין#2#/ זרעיתה/זרעייתהון#2#/ דבנוי דמנשה |
| 194 | Nu26:43M | | כל זרעייתה/זרעייתהון#2#/ דבנוי דשוחמי |
| 195 | Nu26:47M | | /אליין#2#/ זרעייתה/זרעייתהון#2#/ דבנוי דאשר |
| 196 | Lv25:45 | | מנהון תקנון ומן זרעייתהון די עמכון די אולידו |
| 197 | Nu 1:18 | | תנינא ואתייחסו על זרעייתהון לבית אבהתהון במניין |
| 198 | Gn24:38 | זרעייתי | דאבא תיזל ולוות זרעייתי ותיסב איתה לבר«י» |
| 199 | Nu 3:33M | זרעייתיה | דמררי /אליין הינון זרעייתיה דמ#2#/: |
| 200 | Nu 3:30M | | דבנוי /ורבה דבית מן זרעייתיה דבנוי#2#/ דקהתי אליצפן |
| 201 | Nu26:14 | זרעיתה | אלין זרעיתה דשמעוני עשרין ותרין |
| 202 | Nu 3:29 | | זרעיתה דבנוי דקהת ישרון על |
| 203 | Nu 4:33 | | דן פלחנ{ה} זרעיתה דבנוי דמררי לכל פלחנהון |
| 204 | Nu 4:37 | | אלין סכומי זרעיתה דבנוי דקהתי כל די פלח |
| 205 | Nu26:15 | | דגד לזרעייתהון לצפון זרעיתה דבנוי דצפוני לחגי |
| 206 | Nu26:24 | | לישוב זרעיתה דבנוי דישובי לשמרון |
| 207 | Nu26:25 | | אלין זרעיתה דבנוי דישכר לסכומיהון |
| 208 | Nu26:26 | | לזרעייתהון לסדר זרעיתה דבנוי דס{ד}ר<ד>י לאלון |
| 209 | Nu26:30M | | בנוי דגלעד איעזר זרעיתה דבנוי דאיעזרי לחלק |
| 210 | Nu26:30M | | דבנוי דאיעזרי לחלק זרעיתה דבנוי דחלקי: |
| 211 | Nu26:34 | | אלין זרעיתה דבנוי דמנשה סכומיהון |
| 212 | Nu26:35M | | לזרעייתהון לשותלח זרעיתה דבנוי לשותלחי לבכר |
| 213 | Ex 6:24M | זרעיתיה | זרעיותיהון/^זרעיתיה#2#^/זרעיוותהון#2#/ דבנו' |
| 214 | Nu 4:42 | | וסכומי זרעיתיה דבנוי דמררי לזרעייתהון |
| 215 | Ex 6:14 | זרעתהון | חצרון וכרמי אליין זרעתהון דבנוי דראובן: |
| 216 | Nu26:05 | דזרעייתה | בנוי דראובן חנוך דזרעיית{י}ה דבנוי דחנכי לפלוא |
| 217 | Nu 3:21 | וזרעייתה | זרעייתה דבנוי דלבני וזרעייתה דבנוי דשמעי אלין אינון |
| 218 | Nu 3:27 | | דבנוי ד«ח»ברני וזרעייתה דבנוי דעזיאלי אלין |
| 219 | Nu 3:27 | | דבנוי דיצהרי וזרעייתה דבנוי ד«ח»ברני |
| 220 | Nu 3:33 | | זרעייתה דבנוי דמחלי וזרעייתה דבנוי דמושי אלין אינון |
| 221 | Lv20:05 | ובזרעייתיה | רגזי בגברה ההוא ובזרעייתיה ואישיצי} יתיה וית כל |
| 222 | Gn10:20M | לזרעיאתהון | דחם לזרע{וי}«יי»תהון/לזרעיאתהון#2#/ ללשניהון |
| 223 | Nu 1:30M | לזרעיוותהון | /תולדוותהון לזרעיוותהון#2#/ לבית אבהתהון במניין |
| 224 | Nu 1:32M | | /תולדוותהון לזרעיוותהון#2#/ לבית אבהתהון |
| 225 | Gn 8:19M | | על ארעא לזרעייתהון/לזרעיוותהון#2#/ נפקו מן תבותא: |
| 226 | Ex 6:25 | לזרעיותיהון | אבהת לוויה לזרעיותיהון: |
| 227 | Ex 6:17M | לזרעייוותהון | ושמעי לזרעייתהון/לזרעייוותהון#2#/: |
| 228 | Nu 1:02M | | ישראל לזרעייתהון/לזרעייוותהון#2#/ לבית אבהתהון |
| 229 | Nu 1:18M | | \על זרעייתהון/לזרעייוותהון#2#/ לבית אבהתהון |
| 230 | Nu 1:22M | | לזרעייתהון/<לזרע>ייוותהון#2#/ לבית אבהתהון |
| 231 | Nu 1:26M | | /תולדוותהון לזרעייוותהון#2#/ לבית אבהתהון במניין |
| 232 | Nu 1:28M | | /תולדוותהון לזרעייוותהון#2#/ לבית אבהתהון במניין |
| 233 | Nu 3:18M | | בני לוי לזרעייתהון/לזרעייוותהון#2#/ לבני ושמעי: |
| 234 | Nu 3:20M | לזרעייוותהון | דמררי לזרעייתהון/לזרעייוותהון#2#/ מחלי ומושי |
| 235 | Nu 1:32M | | תולדוותהון לזרעייוותהון |
| 236 | Nu 4:22M | | לזרעייתהון/לזרעייוותהון#2#/: |
| 237 | Nu11:10M | | דעמה בכיין לזרעייהון/לזרעייוותהון#2#/ גבר בתרע |
| 238 | Nu 3:15M | | לזרעייתהון/לזרעייוותהון#2#/ כל דכורה מן בר |
| 239 | Nu 3:39M | | ממריה דייי לזרעייתהון/לזרעייוותהון#2#/ כל דכורה מן בר |
| 240 | Nu 1:34M | | /תולדוותהון לזרעייוותהון#2#/ לבית אבהתהון במניין |

|  |  |  |  |
|---|---|---|---|
| 241 | | Nu 1:36M | תולדוותהון/ לזרעייתהון לזרעייוותהון#2/ לבית אבהתהון במניין |
| 242 | | Nu 1:38M | תולדוותהון/ לזרעייתהון לזרעייוותהון#2/ לבית אבהתהון במניין |
| 243 | | Nu 1:40M | תולדוותהון/ לזרעייתהון לזרעייוותהון#2/ לבית אבהתהון במניין |
| 244 | | Nu 4:02M | דלוי לזרעייתהון/לזרעייותהון#2/ לבית אבהתהון: |
| 245 | | Nu 4:29M | דמררי לזרעייתהון/<לזרע>ייותהון#2/ לבית אבהתהון |
| 246 | | Nu 4:34M | בנוי דקהתי לזרעייתהון/לזרעייותהון#2/ לבית אבהתהון: |
| 247 | | Nu 4:38M | דגרשון לזרעייתהון/<לזרע>ייותהון#2/ לבית אבהתהון: |
| 248 | | Nu 4:40M | סכומיהון לזרעייתהון/<לזרע>ייותהון#2/ לבית אבהתהון |
| 249 | | Nu 4:46M | ליואי/ לזרעייותהון#2/ לבית אבהתהון: |
| 250 | | Nu 3:20M | אליין הנון לזרעייתהון ליואי |
| 251 | | Gn10:31M | בנוהי דשם לזרעיתהון/לזרעייותהון#2/ ללשניהון |
| 252 | | Nu 4:36M | סכומיהון לזרעייתהון/לזרעייותהון#2/ תרין אלפין |
| 253 | לזרעייתה | Nu36:01M | לזרעיית בנוי/אבהתה לזרעייתה דבנוי#2/ דגלעד בר |
| 254 | לזרעייתהון | Nu 3:20 | ובנוי דמררי לזרעייתהון מחלי ומושי אלין אינון |
| 255 | | Nu26:28 | בנוי דיוסף לזרעייתהון מנשה ואפרים: |
| 256 | | Nu26:23 | בנוי דישכר לזרעייתהון תולע זרעייתה דבנוי |
| 257 | | Ex 6:17 | לבני ושמעי לזרעייתהון: |
| 258 | | Nu 4:22 | אינון לבית אבהתהון לזרעייתהון: |
| 259 | | Nu26:37 | אלין בנוי דיוסף לזרעייתהון: |
| 260 | | Nu26:42M | דבנוי דדן לזרעייתהון: |
| 261 | | Gn10:05M | גבר ללשניה לזרעיתהון/לזרעייתהון#2/ באומיהון: |
| 262 | | Nu26:50 | דבנוי דנפתלי לזרעייתהון וסכומיהון ארבעין וחמשה |
| 263 | | Nu 3:15 | דלוי לבית אבהתהון לזרעייתהון כל דכורה מן בר ירח |
| 264 | | Nu 3:39 | גזירת ממריה דייי לזרעייתהון כל דכורה מן בר ירח(ה) |
| 265 | | Nu26:38 | בנוי דבנימן לזרעייתהון לבלע זרעייתה דבנוי |
| 266 | | Nu26:57 | ואלין סכומוי לויי לזרעייתהון לגרשון זרעייתה דבנוי |
| 267 | | Nu26:48 | בנוי דנפתלי לזרעייתהון ליחצאל זרעייתה דבנוי |
| 268 | | Nu26:44 | בנוי דאשר לזרעייתהון לימנה זרעייתה דבנוי |
| 269 | | Nu26:12 | בנוי דשמעון לזרעייתהון לנמואל זרעיתה |
| 270 | | Nu26:15 | בנו דגד לזרעייתהון לצפון זרעיתה דבנוי |
| 271 | | Nu26:42M | אליין#2/בנוי דדן/ לזרעייתהון לשוחם זרעיתה דבנוי |
| 272 | | Nu26:35M | בנוי דאפרים/ לזרעייתהון לשותלח זרעיתה דבנוי |
| 273 | | Nu26:20 | והוון בנוי דיהודה לזרעייתהון לשלה זרעייתה דבנוי |
| 274 | | Nu 1:02 | כנשתא דבני ישראל לזרעייתהון לבית אבהתהון במניין |
| 275 | | Nu 1:20 | דישראל יחוסיהון לזרעייתהון לבית אבהתהון במניין |
| 276 | | Nu 1:22 | דשמעון יחוסיהון לזרעייתהון לבית אבהתהון סכומי |
| 277 | | Nu 1:24 | דגד יחוס«יי»הון לזרעייתהון לבית אבהתהון במניין |
| 278 | | Nu 1:26 | דיהודה יחוסיהון לזרעייתהון לבית אבהתהון במניין |
| 279 | | Nu 1:30 | דזבולן יחוסיהון לזרעייתהון לבית אבהתהון במניין |
| 280 | | Nu 1:32 | אפרים יחוסיהון לזרעייתהון לבית אבהתהון «במניין |
| 281 | | Nu 1:34 | דמנשה יחוסיהון לזרעייתהון לבית אבהתהון במניין |
| 282 | | Nu 1:36 | דבנימן יחוסיהון לזרעייתהון לבית אבהתהון במניין |
| 283 | | Nu 1:38 | לבנוי דדן יחוסיהון לזרעייתהון לבית אבהתהון במניין |
| 284 | | Nu 1:40 | לבנוי דאשר יחוסיהון לזרעייתהון לבית אבהתהון במניין |
| 285 | | Nu 1:42 | דנפתלי יחוסיהון לזרעייתהון לבית אבהתהון במניין |
| 286 | | Nu 1:42M | תולדוותהון/ לזרעייתהון#2/ לבית אבהתהון במניין |
| 287 | | Nu 4:02 | מן גו דבנוי דלוי לזרעייתהון לבית אבהתהון: |
| 288 | | Nu 4:29 | בנוי דמררי לזרעייתהון לבית אבהתהון תסכום |
| 289 | | Nu 4:34 | כנשתה ית בנוי דקהתי לזרעייתהון לבית אבהתהון: |
| 290 | | Nu 4:38 | וסכומי בנוי דגרשון לזרעייתהון לבית אבהתהון: |
| 291 | | Nu 4:40 | והוון סכומיהון לזרעייתהון לבית אבהתהון תרין אלפין |
| 292 | | Nu 4:42 | דבנוי דמררי לזרעייתהון לבית אבהתהון: |
| 293 | | Nu 4:46 | ישראל ית ליויי לזרעייתהון לבית אבהתהון: |
| 294 | | Nu 3:18 | ואלין שמהת בני לוי לזרעייתהון לבני ושמעי: |
| 295 | | Gn10:20 | אילין בנוי דחם לזרע{וי}«יי»תהון ללשניהון בארעהון |
| 296 | | Nu26:26 | בנוי דזבולון לזרעייתהון לסדר זרעיתה דבנוי |
| 297 | | Nu26:41M | בנוי דבנימן/ לזרעייתהון לסכומיהון ארבעין וחמשה |
| 298 | | Nu33:54M | לזרעייתכון/<לזרעיית>הון#2/ לשבטה דעמיה |
| 299 | | Nu 4:44 | והוון סכומיהון לזרעייתהון תלתה אלפין וחמש מאוון: |
| 300 | | Nu 4:36 | והוון סכומיהון לזרעייתהון תרין אלפין ושבע מאוון |
| 301 | לזרעייתי | Gn24:41 | ארום תיתי לוות לזרעייתי ואן לא יתנון לך ותהוי |
| 302 | לזרעייתכון | Ex12:21 | אתמנון וסבו לכון ען לזרעייתכון ונכסו: |
| 303 | | Nu33:54 | ית ארעא בעדיון לזרעייתכון לשבטה דעמיה סגין תסגון |
| 304 | לזרעיתהון | Gn10:05 | גבר ללשניה לזרעיתהון באומיהון: |
| 305 | | Gn36:40 | שמהת רברבנוי דעשו לזרעיתהון לאתריהון בשמהתיהון רבה |
| 306 | | Gn10:31 | אלין בנוהי דשם לזרעיתהון ללשניהון בארעהון |
| 307 | | Gn 8:19 | וכל דרחש על ארעא לזרעיתהון נפקו מן תבותא: |

## זרק vb. to throw

[182]

|  |  | |  |  |
|---|---|---|---|---|
| 001 | זרוק | peal | Nu17:02M | וית אשתה \יזרי להל /זרוק ל{ק}הל#2/ ארום אתקדשו: |
| 002 | זרק | | Ex24:06M | בספלייא ופלגא אדמה זרק |
| 003 | | | Ex24:06 | בספלא ופלגא דדמ«א» זרק על גבי מדבחא: |
| 004 | | | Nu19:13M | אדיא/הדייה#2/ לא אזרק/זרק#2/ עלוי מסאב הוא |
| 005 | | | Nu19:20M | סאב מי אדיה לא אזרק/זרק#2/ עלוי מסאב הוא: |
| 006 | יזרוק | | Lv 7:02 | ית אשמה וית אדמיה יזרוק על גבי מדבחה |
| 007 | תזרוק | | Nu18:17 | קדש אינון ית אדמהון תזרוק על גבי מדבחה וית תרביהון |
| 008 | דזרק | | Lv 7:14 | אפרשו לשמה דייי לכהנא דזרק ית אדם נכסת קדשיה דידיה |
| 009 | וזרק | | Lv 8:19 | ונכס וזרק משה ית אדמה על גבי מדבח' |
| 010 | | | Lv 8:24 | אליון רגליהו' דימינה וזרק משה ית אדמה על גבי מדבחא |
| 011 | | | Ex 9:10 | אתונא וקמו קדם פרעה וזרק יתיה משה לשמיא והוה שיחנא |
| 012 | | | Lv 9:12 | דאהרן לוותיה ית אדמה וזרק יתיה על גבי מדבחה |
| 013 | | | Lv 9:18 | דאהרן ית אדמה לוותה וזרק יתיה על גבי מדב«חה» |
| 014 | | | Ex24:08 | ונסב משה ית אדמה וזרק על עמא ואמר הא אדם קיימא |
| 015 | ויזרוק | | Ex 9:08 | מלא כפיכון קטם דאתון ויזרוק יתיה משה לשמיא קדם פרעה: |
| 016 | ויזרק | | Lv17:06 | ויזרק כהנא ית אדמה על מדבחה |
| 017 | ויזרקון | | Lv 3:02 | יתיה בתרע משכן זמנא ויזרקון בנוהי דאהרן כהניא ית |
| 018 | | | Lv 1:11 | מן צפונה קדם ייי ויזרקון בנוי דאהרן כהנא ית אדמה |
| 019 | | | Lv 3:08 | יתיה קדם משכן זימנ' ויזרקון בנוי דאהרן ית דמיה |
| 020 | | | Lv 3:13 | יתיה קדם משכן זימנא ויזרקון בנוי דאהרן ית דמיה |
| 021 | ותזרק | | Ex29:20 | אליון רגליהון דימינא ותזרק ית אדמה על גבי מדבחה |
| 022 | | | Ex29:16 | דיכרא ותסב ית אדמיה ותזרק יתיה על גבי מדבחא |
| 023 | אזרק | afel | Nu19:13 | מישראל ארום מי אדיא לא אזרק עלוי מסאב הוא עד כען |
| 024 | | | Nu19:20 | דייי סאב מי אדיה לא אזרק עלוי מסאב הוא: |
| 025 | מזרקן | | Gn49:22 | עליך מן חרכייא והוון מזרקן קדמיך שירין עזקין קטלין |
| 026 | דמזרק | | Lv 7:14M | לשמה דייי לכהנא דזרק/דמזרק#2/ ית אדם/דם#2/ נכסת |
| 027 | יזדרקון | etpeel | Ex19:13 | או גירין דאשה יגרו יזדרקון ביה אן בעיר אין גבר לא |

## זרת n. span

[183]

|  |  | |  |  |
|---|---|---|---|---|
| 001 | זרת | s ab/cn | Ex39:09 | הווה כפול עבדו ית חושנא זרת ארכה וזרת פתיה כפול: |
| 002 | | | Ex39:08 | וצבע דזיהורי טבא {ובוץ} זרת ובוץ שזיר: |
| 003 | וזרת | | Ex39:09 | עבדו ית חושנא זרת ארכה וזרת פתיה כפול: |

# ח

### to love *vb.* חבב

[184]

|  |  |  |  |  |  |  |
|---|---|---|---|---|---|---|
| 001 | למחבבה | pael | Dt33:03 | אוריתה אלא כל כדן | למחבבה | עמא בני ישראל נחית |

### injury *n.* חבול

[184]

|  |  |  |  |  |  |  |
|---|---|---|---|---|---|---|
| 001 | חבוליהון | p em/sf | Lv22:25 | מן כל אלין ארום | חבוליהון | בהון לא יתקבלון ברעווה |
| 002 | | | Lv22:25M | /אליין ארום | חבוליהון#2#/ | בהון /מום בהון#1# |

### party, group *n.* חבורה

[184]

|  |  |  |  |  |  |  |
|---|---|---|---|---|---|---|
| 001 | חבורה | s ab/cn | Ex12:46 | מן בית לחברה ואף לא מן | חבורה | לחברתה מן בשרה לברה וגרמא |
| 002 | חבורן | p abs | Dt14:01 | אלהכון לא תעבדון חבורן | חבורן | בפולחנה נכרייה ולא תשוון |
| 003 | | | Ex12:46 | | חבורן | חבורן{חבורן} יתאכיל לא |
| 004 | | | Ex12:46 | חבורן | חבורן | {חבורן} יתאכיל לא תפקון |
| 005 | | | Dt14:01M | חבורן חבורן/תתגייסון | חבורן | חבורן לאבאשא#2#/ בפולחנה |
| 006 | | | Dt14:01 | ייי אלהכון לא תעבדון | חבורן | חבורן בפולחנה נכרייה ולא |
| 007 | | | Ex12:46 | חבורן חבורן | {חבורן} | יתאכיל לא תפקון מן בית |
| 008 | | | Dt14:01M | חבורן /תתגייסון חבורן | חבורן | לאבאשא#2#/ בפולחנה |

See also: *n.* 3#חבר

### חבוש *n.* ⇐ חביש

### dear *adj.* חביב

[184]

|  |  |  |  |  |  |  |
|---|---|---|---|---|---|---|
| 001 | חביב | s ab/cn | Ex 4:26 | שבחת צפרה ואמרת מה | חביב | דם ^גזירתא#2#^ הדא דשיזב |
| 002 | דחביב | | Dt13:07 | חובך או חברך רחמך | דחביב | עליך כנפשך בטומרה למימר |
| 003 | חביבא | s em/sf | Gn44:19 | והוה כד חמא יוסף | חביבא | ויקירא דסלקות גבורתיה |
| 004 | חביבה | | Gn44:30 | לית הוא עמן ונפשיה | חביבה | עלוי כנפשיה: |
| 005 | חביבין | p abs | Dt14:01 | | חביבין | אתון קדם ייי אלהכון לא |
| 006 | | | Ex19:05 | קיימי ותהוון לשמי לעם | חביבין | היך סגלה מן כל אמיה ארום |
| 007 | | | Dt 4:20M | אחסנה /למהוון ליה לעם | חביבין | היך סגולה#2#/ כיומא |
| 008 | | | Dt 7:06 | אלהכון למהוי לשמיה לעם | חביבין | היך סגולה מן כל אומיה די |
| 009 | | | Dt14:02 | ייי למהוי לשמיה לעם | חביבין | היך סגולה מן כל אומייה די |
| 010 | | | Dt26:18 | הדין למהווי לשמא לעם | חביבין | היך סגולה היך מה די מלל |
| 011 | | | Dt28:09M | /ליה#2#/ לעם | קדישין/חביבין | היך סגולה#2#/ היך מה |
| 012 | | | Dt32:19 | עמה בני ישראל דהוון | חביבין | עלוי היך בנין והיך בנן: |
| 013 | חביביה | p em/sf | Dt32:05 | חבלו קודמוי ב{{י}}ניה | חביביה | לא קדמוי חבלו אלה להון |

### uncle *n.* חביב

[184 2#חביב]

|  |  |  |  |  |  |  |
|---|---|---|---|---|---|---|
| 001 | חביבה | s em/sf | Lv25:49M | "אחוי דאבוי ... בשריה": | חביבה | או בריה דחביבה יפרוק |
| 002 | | | Lv10:04 | בנויה דעזיאל | חביבה | דאהרן ואמר להון קרבו סבו |
| 003 | דחביבה | | Lv25:49M | חביבה או בריה | דחביבה | יפרוק יתיה או מן |
| 004 | חביבהן | p em/sf | Nu36:11M | דאחוי דאבוהון /לבני | חביבהן#2#/ | לנשין: |

### aunt *n.* חביבה

[184]

|  |  |  |  |  |  |  |
|---|---|---|---|---|---|---|
| 001 | חביבתא | s em/sf | Ex 6:20M | \ברת אחוי דאבוי לה | /חביבתא | להי#2#/ לאתה דילדת לה |
| 002 | | | Ex 2:01M | ברתא דלוי/ית יוכבד | חביבתא | ליה לאיתו#2#/: |
| 003 | חביבתה | | Dt27:23M | \חתנתיה ויאמרון כל | /חביבתה | ויענון כל#2#/ עמא אמן: |
| 004 | | | Lv20:20 | וגבר די ישמש עם | חביבתה | עריתה דחביבתה בזי |
| 005 | חביבתך | | Lv18:14 | לא תבזי ולאתתה לא תקרב | חביבתך | היא: |
| 006 | דחביבתה | | Lv20:20 | עם חביבתה עריתה | דחביבתה | בזי חוביהון יקבלון דלא |

### prisoner *n.* חביש

[185]

|  |  |  |  |  |  |  |
|---|---|---|---|---|---|---|
| 001 | חביש | s ab/cn | Gn40:03 | אתרא די יוסף | חביש | תמן: |
| 002 | חבושיה | s em/sf | Gn39:22 | רשותא דיוסף ית כל | חבושיה | די בבית חבושיה וית כל מה |
| 003 | חבישא | | Gn39:22M | די בבית חבושיה | /חבישא | דאית בבית חבושא#2#/ וית |
| 004 | חבושין | p abs | Gn40:05 | די למלכא דמצרים דהוון | חבושין | בבית חבושין בבית חבושיה: |
| 005 | | | Gn39:20 | באתרא דחבישוי דמלכא | חבושין | והוה תמן בבית חבושא: |
| 006 | חבישים | | Gn39:20M | דחבישוי דמלכא | חבושין/חבישים#2#/ | והוה תמן |
| 007 | חבישין | | Gn40:05M | דמצרים דהוון | חבושין/חבישין#2#/ | בבית חבושין |
| 008 | דחבישוי | p em/sf | Gn39:20 | בבית חבושי' באתרא | דחבישוי | דמלכא חבושין והוה תמן |

### to injure *vb.* חבל

[185]

|  |  |  |  |  |  |  |
|---|---|---|---|---|---|---|
| 001 | ויחבול | peal | Ex21:26 | או ית עיניה דאמה{ה}תה | ויחבול | יתיה לחירותא ישלח יתה |
| 002 | חביל | pael | Dt24:06 | כדן בחובי נפשן הוא | חביל: | |
| 003 | חבילו | | Ex32:07M | "חבלו": | חבילו | עבדיהון טבייה |
| 004 | | | Dt 9:12 | חות בופריע מן הכה ארום | חבילו | עמך ית עובדהון די אפקת |
| 005 | | | Dt32:05M | | חבל/חבילו#2#/ | קודמוי ב{{י}}ניה |
| 006 | חבלו | | Dt32:05 | חביביה לא קדמוי | חבלו | אלה להון מומה דאשתכח בהון |
| 007 | | | Gn 6:12 | ארע' והא איתחבלת ארום | חבלו | כל בישרא ית אורחתי' על |
| 008 | | | Ex32:07 | עם משה אזל חות ארום | חבלו | עמך די אפיקת פריקין מן |
| 009 | | | Dt32:05 | | חבלו | קודמוי ב{{י}}ניה חביביה לא |
| 010 | חבלת | | Gn 4:23 | מן בגללה ולא עולם | חבלת | דיתחבלון זרעיתי מן בתרי: |
| 011 | יחבל | | Gn13:10M | בית משקי קדם עד לא | יחבל | ממריה דייי ית |
| 012 | תח' | | Dt 9:26M | ייי אלהים לא | תתחבל/תח'#2#/ | עמך ואחסנותך די פרקת |
| 013 | תתחבלון | | Dt31:29 | בתר מיתותי ארום מחבלה | תתחבלון | ותסטון מן ארחה די פקדת |
| 014 | | | Dt20:20 | עבד פירין הוא יתיה | תתחבלון | ותקצון ותבנון כרכומין על |
| 015 | | | Lv19:27 | דראשיכון ולא | תתחבלון | ית שומת דקניכון: |
| 016 | | | Dt20:19 | קרבה למכבוש יתה לא | תתחבלון | ית אילנה למעברה עלוי כל |
| 017 | | | Dt 4:16 | דלא | תתחבלון | עובדיכון ותעבדון לכון |
| 018 | מחבל | | Gn18:32M | "לא ... עשרה": לית אנה | מחבל | אין אישתכח תמן עשרה |
| 019 | | | Gn18:28M | /אשתצי#2#/ לית אנה | מחבל#2#/ | \אם אשכח/אין אשתכח#2#/ |
| 020 | | | Gn18:28M | הא\משיצא את/את | מחבל#2#/ | בגלל חמשה ית כל קרתא |
| 021 | | | Ex30:12 | דלא יהווי בהון מותן | מחבל | בזמן דתהוי מני יתהון: |
| 022 | | | Nu17:11 | ייי ^והא#2#^ שרי חבלה | מחבל | בעמא: |
| 023 | | | Nu17:12 | לגו קהלא והא שרי מחבלה | מחבל | בעמא ויהב ית קטרתה וכפר על |
| 024 | | | Ex12:13 | ולא יהווי בכון מותא | מחבל | בקטלותי כל בכוריא בארעא |
| 025 | | | Nu 8:19M | דבני ישראל/ מות | מחבל | בקרבותהון בני יש'#2#/ |
| 026 | | | Gn19:14 | מן א{רת}<תר>א הדין ארום | מחבל | ייי ית קרתא והוה כמגחך |
| 027 | | | Ex 7:27M | למשלחה הא אנה | משיצא/מחבל#2#/ | ית כל תחומך |
| 028 | | | Gn 6:13 | מן קדימיהון והא אנ' | מחבל | יתהון וית ארעא: |
| 029 | | | Dt 4:31 | לא מרפי יתכון ולא | מחבל | יתכון ולא מנשי ית קיים |
| 030 | | | Nu17:11M | ייי ^והא#2#^ שרי | חבלה/מחבל#2#/ | מחבל בעמא: |
| 031 | | | Gn18:31M | אשיצא בגלל/לית אנה | מחבל | מן בגלל#2#/ עשרין |
| 032 | | | Gn38:09 | לוות אתתא דאחוי הוה | מחבל | עובדוי על ארעא דלא מקמא |
| 033 | מחבלה | | Dt31:29 | אנה בתר מיתותי ארום | מחבלה | תתחבלון ותסטון מן ארחה די |
| 034 | מחבלין | | Gn19:13 | ארום | מחבלין | אנן ית א{רת}<תר>א הדין |
| 035 | בחבלותא | | Ex12:27M | \בקטלותה ית מצרים | /בחבלותא | ית מצרא#2#/ וית בתינן |
| 036 | דחבל | | Gn19:29M | \כד שיציא ייי /בזמן | דחבל | מימריה דייי#2#/ ית קרוי |
| 037 | וחבל | | Ex32:35M | \ונגף ייי | /וחבל | מימריה דייי#2#/ ית עמא |
| 038 | וחבלו | | Gn 6:11 | | וחבלו | דיירי ארעא עובדיהון קדם |
| 039 | ותחבל | | Ex15:07M | רוגזך \תתכל יתהון | /ותחבל | בהון#2#/ היך מה דנורא |
| 040 | ותחבלון | | Nu32:15 | למטלטלה יתכון במדברה | ותחבלון | לכל עמא האליין: |
| 041 | | | Dt 4:25 | בנין ותתעתקון בארעא | ותחבלון | עובדיכון ותעבדון לכון |
| 042 | ודמחבל | | Dt23:02M | יהדה <דפסיק> גידה | ודמחבל | בהתייה |
| 043 | לחבלא | | Gn 9:15 | יהוי תוב מיא למבולא | לחבלא | כל בשרא: |

044 לחבלה Ex12:23M שכינתיה דייי למשיציא/לחבלה#2#/ ית מצריי/מצראי#2#/
045 למחבלא Gn 9:11 ולא יהבי תוב מבול למחבלא ארעא:
046 Gn 6:17 מבולא דמייא על ארעא למחבלא כל בשרא דאית ביה נשומא
047 למחבלה Ex12:23 למיעול לגו בתיכון למחבלה:
048 Dt10:10 הווה רעווה מן קדם ייי למחבלה יתכון:
049 Gn 9:15M /עוד מים למבול למחבלה#2#/ כל בשרא/ארעא#2#/:
050 Gn19:13M יתן \ממריה דייי למחבלה#2#/ למשיציא/^<למשי>צא#2#^/
051 איתחבלת etpaal Gn 6:12 קדם ייי ית ארע' והא איתחבלת ארום חבלו כל בישרא ית
052 אתחבלת Ex 8:20 ובכל ארעא דמצרים אתחבלת ארע«א» מן קדם ערברובא:
053 תתחבל Gn25:23M יעקב מלכותיה דלא תתחבל ולא תפסוק מיניה לעלמי
054 Dt 9:26 מן קדמייך ייי אלהים לא תתחבל עמך ואחסנותך די פרקת
055 דיתחבלון Gn 4:23 ולא עולם חבלת דיתחבלון זרעיתי מן בתרי:
056 דנתחבלה Gn 4:23M \דיתחבלון זרעיתי /דנתחבלה תחותוי ויבדן זרעית#2#/
057 ואתחבלת Gn 6:11M ארעא עובדיהון קדם /ואתחבלת ארעא קדם#2#/ ייי

## חבל *n.* destroyer [185]

001 חבלה s em/sf Nu17:11 מן קדם ייי ^והא#2#^ שרי חבלה מחבל בעמא:

## חבל #3 *n.* destruction [185]

001 דחבלא s em/sf Gn22:10 קרבנך מנך ונדחי לגובה דחבלא בעלמא דאתי עיינוי דאברהם

## חבק *vb.* to embrace [185]

001 וחבק pael Gn29:13M ורהט לקדמותיה וגפף/וחבק#2#/ יתה ונשק יתה ואעיל
002 Gn48:10M יתהון לוותיה וגפף/וחבק#2#/ יתהון ונשק יתהון:
003 Gn33:04M ורהט עשו לקדמותה וגפף/וחבק#2#/ יתיה ואתרכן על

## חבר *vb.* to gather together [186]

001 אתחברו etpaal Gn14:03 כל אלין מלכייא אתחברו במישר פרדיסיא היא ימה
002 Gn14:03M אתחברו /אליין את<חברו>#2#/ במישר פרדיסיא היא ימה
003 יתחבר Dt 5:20 שותפין לשהדי שקרא ולא יתחבר עם משהדי שקר דלא יקומון
004 דאתחברן Nu25:05 גבר אנשי עמיה דאתחברן לפלחי טעוותה דפעור:
005 ואתחברו Nu25:03 ואתחברו ישראל לטעוותה דפעור
006 וית' Nu25:03M ואתחברו/וית'#2#/ ישראל לטעוותה

## חבר #2 *vb.* ⇐ חוור

## חבר *n.* companion [185]

001 חבר s ab/cn Lv26:36 וירדוף קל עליה דשף עם חבר ונתר ויערקון כמקדם שלפי
002 חב' s em/sf Gn15:10M גבר פסגייה לקדמות חב'#2#/ וית עופה לא פסג:
003 Lv25:17M תונון גבר לחבריה/ית חב'#2#/ ותדחלון מן/קדם#2#/
004 חברא Lv 5:23 או ית עיציה די עצה ית חברא או ית פקדוניה די אתפקד
005 חברה Lv 5:21 או בגזל או די עצה ית חברה:
006 חבריה Gn43:33 ותמהו גברייא גבר לקבל חבריה:
007 Lv25:14M גבר \ית אחוי /על חבריה#2#/:
008 Nu31:53M דחיל קרבה בזזו גבר חבריה#2#/:
009 Ex21:18 גברין וימחי גבר ית חבריה באבן או במרתוק ולא ימות
010 Dt19:04 תמן ויחי די יקטול ית חבריה בלא ידע והוא לא הוה סני
011 Dt19:05 ודי ייעול עם חבריה ב{ק}<ח>ורשא למקטב קיסין
012 Dt 4:42 קטולה די יקטול ית חברי{ח}<ה> בתקוף בדלא ידע והוא לא
013 Ex18:16 ואדון בין גבר ובין חבריה ואודע יתהון ית קיימוי
014 Ex11:02 דעמא וישאלון גבר מן חבריה ואתתא מן לוות {מנין}
015 Ex32:27 גבר ית אחוי וגבר ית חבריה וגבר ית קריביה:
016 Ex33:11 היך מה דממלל גבר עם חבריה וחזר למשריתה ושמשיה
017 Dt22:26 היך מה די קיים גבר על חבריה ויקטול יתיה ומ«ת»חייב
018 Dt19:05 פרזלא מן קיסה ויארע ית חבריה ויקטל יתיה הוא יעריק לחדה
019 Gn15:10 ושוי כל חד פסגה לקבל חבריה וית עופה לא פסג:
020 Dt15:02 בחבריה לא ידחק ית חבריה וית אחוי ארום איתקרית
021 Ex22:13 וארום ישאל גבר מלות חבריה ויתבר או ימות מרה לית
022 Dt27:24M דישתעי על חבריה לישן תליתאי
023 Ex21:14 <וארום יתחשב> גבר על חבריה למקטל יתיה בכמנא אפילו
024 חברך Ex23:02 מן למימר מה דבלבך על חברך בדינא דלא תהווי טעי ואמר
025 Lv25:15 בתר יובלה תזבון מן לוות חברך במניין שנין דעל{ת}<ל>תה
026 Dt13:07M דדמכה חובך או {עובך} <חברך> דר'#2#/ או חברך רחמך
027 Lv19:13 לא תעצה ית חברך ולא תגזול לא יבית אגרה
028 Lv19:17 אחוך בלבך מוכחה תוכח ית חברך ולא תקבל עלוי חובין:
029 Lv19:18 תרין חורפוי למעקה בה ית חברך ולא תמנע זכותה דחבר' כד
030 Ex23:05 תשבק כל מה דבלבך על חברך ומפרק תפרק עמה ומטען תטען
031 Dt13:07 או את{ה}<ת> חובך או חברך רחמך דחביב עליך כנפשך
032 חו' Lv 5:23M פקד<'> [...] די ט ית חו'
033 חוברכון Lv19:18 ולא נוטרנין ית חוב{כ}<ר>כון ותרחמון לחברכון
034 בחברה Lv19:11 תכפרון ולא תשקרון גבר בחברה:
035 Lv 5:21 בשמה דייי וי{ח}<כ>פר בחברה בפקדון או באושטות יד או
036 Lv 5:21M בשם ממריה דייי וישקר בחברה בפקדונה או באושטות ידה
037 בחבריה Lv24:19 וגבר ארום יתן מום בחבריה היך מה דעבד כדן יתעבד
038 Dt15:02 חוב ית ידיה דיוזיף בחבריה לא ידחק ית חבריה וית אחוי
039 Lv24:20M /דיהב#2#/ מום בבר נשא/בחבריה#2#/ כדן/כן#2#/ יתייהב
040 דחב' Dt 5:21M תחמד חד מנכון אתתא דחב'
041 דחבר' Lv19:18 חברך ולא תמנע זכותה דחבר' כד תדע בה דאית לה זכו
042 דחברה Dt22:24 על עסק די צער ית אתתה דחברה ותבערון עבדי בישתה
043 דחבריה Gn11:07 דלא ישמעון גבר לשנה דחבריה:
044 Ex22:07 לא שלח ידי' במקמתא דחבריה:
045 Lv20:10 יגיי«ר» עם אתתיה דחבריה אתקטלה יתקטל גיורה
046 Ex21:35 יגש תורא דגבר ית תורא דחבריה וימות ויזבנון ית תורא
047 Ex22:10 לא פשט ידיה במקמתא דחבריה ויקבל מריה ולא ישלם:
048 Ex20:17 יתחמד גבר מנכון ביתא דחבריה ולא אתתיה דחבריה ולא
049 Ex20:17 ביתא דחבריה ולא אתתיה דחבריה ולא עבדיה ולא אמהתי ולא
050 Dt 5:21 אנש מנכון ית אתתה דחבריה ולא יתחמד בייתיה דחבריה
051 Dt 5:21 ולא יתחמד בייתיה דחבריה לא חקלה ולא עבדה ולא
052 דחברך Dt23:26 לא תעבר על קיימתה דחברך:
053 Lv19:16M ולא תשתוק אדמה דחברך בזמן דאת ידע בה קשיט
054 Lv19:16 תיקום על אדם קטולוי דחברך בזמנה דאת ידע ליה זכו
055 Lv19:18 ולא תתחשד בחובת אדמה דחברך ולא תהוון נוקמנין ולא
056 Dt23:25M "בכרמיה ... לתתן": בכרמה דחברך ותאכול ענבין מה דנפשך
057 Dt23:25 כאריס בכרמי«י»ה דחברך ותאכל ענבים דצורכה ותשבע
058 Dt23:26 {ב}<כ>אריס בקיימתיה דחברך ותקטוף פירוכין בידיך ומגל
059 Lv18:20 ולוות אתתה דחברך לא תתן שמושך לזרע למסתאבה
060 Dt19:14 לא תארע תחומא דחברך מה דאתקינו קדמייה
061 Ex22:25 אין ממשכנה תמשכן לבושא דחברך עד מטמעא שמשא תחזר יתי'
062 לחברה Ex23:01M למלפה {זמן} <זכו> לחברה בדינ' ולא תימרון
063 Ex12:46 לא תפקון מן בית לחברה ואף לא מן חבורה לחברתה מן
064 Gn26:31M בשבוע'#2#/ גבר לאחוי/לחברה#2#/ ושלח יתהון יצחק
065 לחברי' Nu14:04 ואמרין גבר לחברי' נשוי עלינן מלך
066 לחבריה Ex22:08 דייניא ישלם בכפלא לחבריה:
067 Gn11:03 ואמרו גבר לחבריה אתון ונלבן לבנין ונזי
068 Ex23:02 מנכון למלפה ז{מ}<כו>ן לחבריה בדינא «לא» {ו}תימרון

|  |  |  |  |  |  |  |
|---|---|---|---|---|---|---|
| 069 | | | Dt27:24 | יהווי גברא די יקטל | לחבריה | בטומרה ויאמרון כל עמה |
| 070 | | | Gn13:13 | ועמה דסדם בישין גבר | לחבריה | וחייבין בגילוי עריתה |
| 071 | | | Dt19:11 | וארום יהווי גבר סני | לחבריה | ויכמן לה ויקום עלוי |
| 072 | | | Lv25:17 | ולא תונון גבר | לחבריה | ותדחלון מן אלהכון ארום |
| 073 | | | Ex22:09 | וארום יתן גבר | לחבריה | חמר או תור או אימר וכל |
| 074 | | | Ex22:06 | ארום יתן גבר | לחבריה | כסף או מנין למנטרה יתהון |
| 075 | | | Dt15:02M | ית ידיה דיוזיף | בחבריה/לחבריה#2#/ | לא ידחק ית חבריה |
| 076 | | | Ex18:07 | ונשק יתיה ושאלו גבר | לחבריה | מלין דשלם ועלו למשכנה: |
| 077 | לחברך | | Ex 2:13 | לחיבה למה כען את מחי | לחברך: | |
| 078 | | | Ex20:17 | חמריה ולא כל מה די | לחברך | ארום בחובי חמודייה מלכותא |
| 079 | | | Dt 5:21 | חמריה ולא כל מה די | לחברך | ארום בחובי חמודייה ענגין |
| 080 | | | Dt24:10 | ארום תוזף | לחברך | זפו כל מה דעם לא תיעול |
| 081 | לחברכון | | Lv19:18 | חוב{כ}<ר>כון ותרחמון | לחברכון | כוותכון כדן אמר ייי: |
| 082 | מחבריה | | Gn31:49 | ובינך ארום נסמר גבר | מחבריה: | |
| 083 | חברין | p abs | Ex20:13 | לא תהוון קטולין לא | חברין | ולא שותפין עם קטוליא ולא |
| 084 | | | Ex20:14 | לא תהוון גיורין לא | חברין | ולא שותפין עם גיורין ולא |
| 085 | | | Ex20:15 | לא תהוון גנבין לא | חברין | ולא שותפין עם גנבין ולא |
| 086 | | | Ex20:16 | תהוון סהדי{ן} שקר לא | חברין | ולא שותפין עם סהדי שקרא |
| 087 | | | Ex20:17 | לא תהוון חמודין לא | חברין | ולא שותפין עם חמודין ולא |
| 088 | | | Dt 5:17 | לא תהוון קטולין ולא | חברין | ולא שותפין עם קטולין ולא |
| 089 | | | Dt 5:18 | לא תהוון גיורין ולא | חברין | ולא שותפין עם גיורין |
| 090 | | | Dt 5:19 | לא תהוון גנבין ולא | חברין | ולא שותפין עם גנבין ולא |
| 091 | | | Dt 5:20 | משהדין שהדי דשקר לא | חברין | ולא שותפין לשהדי שקרא ולא |
| 092 | | | Dt 5:21 | לא תהוון חמודין ולא | חברין | ולא שותפין לחמודיה דלא |
| 093 | חברוי | p em/sf | Gn26:26M | גרר וסיעא מן | רחמוי/חברוי#2#/ | ופיכל רב חיילותיה: |
| 094 | חבריהון | | Lv19:15 | תהוו«ן» דיינין ית | חבריהון: | |
| 095 | חבריכון | | Lv25:15M | דעל{ת}<ל>תה יזבן | חבריכון/ | במניין שני עללין יז#2#/ |
| 096 | | | Lv19:13M | תעצון ית | חבריכון | ולא תגזלון יתהון ולא |
| 097 | | | Lv19:16M | עלה | חבריכון | ולא תשתוק אדמה דחברך |
| 098 | | | Lv25:14 | או תזבנון מן | חבריכון | לא {תיכון}<תונון> גבר |
| 099 | לחביריכון | | Lv25:14 | וארום תזבנון זבן | לחביריכון | או תזבנון מן חבריכון לא |
| 100 | לחבריכון | | Dt 5:21M | ולא לכל מה דאית | לחבריכון | ארום בחובי חמודייה |
| 101 | | | Lv19:34M | \יתיה כוותכון | /לחבריכון | כור#2#/ ארום גיורין |
| 102 | | | Dt24:10M | "תוזף ... דעם": תזופון | לחבריכון | מוזפו כל מ<נ>ד{נ}עם |

## charmer *n.* 2# חבר [186]

|  |  |  |  |  |  |  |
|---|---|---|---|---|---|---|
| 001 | וחברי | p const | Dt18:11 | | וחברי | חבורן בישן ושאלי אובה |

## charm *n.* 3# חבר [186]

|  |  |  |  |  |  |  |
|---|---|---|---|---|---|---|
| 001 | חבורן | p abs | Dt18:11 | וחברי | חבורן | בישן ושאלי אובה ומסקי |

## (female) companion *n.* חברה [186]

|  |  |  |  |  |  |  |
|---|---|---|---|---|---|---|
| 001 | חברתה | s em/sf | Ex11:02 | ואתתא מן לוות {מנין} | חברתה | מנין דכסף ומנין דדהב: |
| 002 | לחברתה | | Ex12:46 | לחברה ואף לא מן חבורה | לחברתה | מן בשרה לברה וגרמא לא |

## to imprison *vb.* חבש [186]

|  |  |  |  |  |  |  |
|---|---|---|---|---|---|---|
| 001 | וחבש | peal | Gn42:17 | | וחבש | יתהון במטרא תלתא יומין: |
| 002 | | | Gn42:24 | מן לוותהון ית שמעון | וחבש | יתיה קדמיהון: |
| 003 | אתחבשו | etpeel | Gn42:16 | וייתי ית אחוכון ואתון | אתחבשו | ויבדקון מליכון הא קושטנין |
| 004 | יתחבש | | Gn42:19 | חד מנכון אחוכון חרנא | יתחבש | בבית חבושיכון ואתון אזלו |

See also: *n.* חביש

## festival *n.* חג [186]

|  |  |  |  |  |  |  |
|---|---|---|---|---|---|---|
| 001 | חגא | s em/sf | Lv23:06 | ובחמשת עשר יומין לירחה | חגא | דפטיריה קדם ייי שבעה יומין |
| 002 | | | Ex23:15 | ית | חגא | דפטירייה תטרון שבעה יומין |
| 003 | | | Ex34:25 | ולא יבית בצפרא נכסת | חגא | דפסחא: |
| 004 | | | Ex10:09 | ובתורינן ניזל ארו«ם» | חגא | קדם ייי לן: |
| 005 | | | Ex12:14 | לדוכרן סב ותחגון יתיה | חגא | קדם ייי לדריכון קיים עלם |
| 006 | | | Ex13:06 | פטירין וביומא שביעיה | חגא | קדם ייי: |
| 007 | | | Ex32:05 | קדמוי ואכרז אהרן ואמר | חגא | קדם ייי למח«ר»: |
| 008 | חגה | | Lv23:34 | יומין לירחא שביעיה הדין | חגה | דמטליה שבעה יומין קדם ייי: |
| 009 | | | Dt16:13 | | חגה | דמטליה תעבדון לכון שבעה |
| 010 | | | Ex34:18 | ית | חגה | דפטירייה תטרון שבעה יומין |
| 011 | | | Dt16:10 | ותעבדון | חגה | דשבועיה היא עצרתה קדם ייי |
| 012 | | | Lv23:39 | עללתה דארעא תחגון יתה | חגה | קדם ייי שבעה יומין ביומא |
| 013 | | | Lv23:41 | ותחגון יתיה | חגה | קדם ייי שבעה יומין בכל שנה |
| 014 | | | Nu29:12 | לא תעבדון ותחגון יתה | חגה | קדם ייי שבעה יומין: |
| 015 | | | Nu28:17 | יומין לירחא הדין | חגה | שבעה יומין פטירין תאכלון: |
| 016 | | | Ex23:18 | קדשי ולא יבית מן חלבי | חגי | עד צפרא: |
| 017 | בחגא | | Ex34:21 | וביומא שביעיה תתנחון | בחגא | דאכנשותא ובחגא דחצדא |
| 018 | בחגה | | Dt31:10 | באשון שתה דשמי«ט»תה | בחגה | דמטליה: |
| 019 | | | Dt16:16 | אלהכון באתרא די יתרעי | בחגה | דפטירייה <....> |
| 020 | דחגא | | Nu29:17 | וביומא תנינא | דחגא | דמטליא תקרבון תורין אמרין |
| 021 | דחגה | | Nu29:20 | וביומא תליתיה | דחגה | דמטלייה תקרבון תורין |
| 022 | | | Nu29:23 | וביומא רביעייה | דחגה | דמטלייה תקרבון תורין עשרה |
| 023 | | | Nu29:26 | וביומא חמישייה | דחגה | דמטלייה תקרבון תורין תשעה |
| 024 | | | Nu29:29 | וביומא שתיתיה | דחגה | דמטלייה תקרבון תורין תמניה |
| 025 | | | Nu29:32 | וביומא שביעיה | דחגה | דמטלייה תקרבון תורין שבעה |
| 026 | וחגא | | Ex23:16 | מפקין וזרעין באפי ברא | וחגא | דאכנשותא במיפקה דשתא |
| 027 | | | Ex34:22 | לכון בכרת חצדה דחטיא | וחגא | דאכנשותא במפקא דשתא: |
| 028 | | | Ex23:16 | | וחגא | דחצדא בכרת עבד ידיכון מה |
| 029 | | | Ex34:22 | | וחגא | דשבועיא היא עצרתא תעבדון |
| 030 | ובחגא | | Ex34:21 | תתנחון בחגא דאכנשותא | ובחגא | דחצדא תתנחון: |
| 031 | ובחגה | | Dt16:16 | <....> | ובחגה | דמטלייה עמי בני ישראל |
| 032 | כחגה | | Ex32:05M | יהא רעוה דיהי נכסא בי | כחגה | מן רשיעיה קדם ייי מחר |
| 033 | חגי | p const | Nu29:39M | תקרבון קדם ייי בזמן | חגי | מועדי" |
| 034 | | | Dt16:14M | מועדיכון/אתון בזמן | חגי | מועדיכון#2#/ אתון ובניכון |
| 035 | דחגי | | Nu28:26 | חדתה קדם ייי בזמן | {ב}<ד>חגי | שבועיכון יום טב וארוע |

## to celebrate *vb.* חגג [186]

|  |  |  |  |  |  |  |
|---|---|---|---|---|---|---|
| 001 | תחגון | peal | Lv23:39 | ית עללתה דארעא | תחגון | יתה חגה קדם ייי שבעה |
| 002 | | | Ex12:14 | ייי לדריכון קיים עלם | תחגון | יתיה: |
| 003 | | | Lv23:41 | לדריכון בירחא שביעיה | תחגון | יתיה: |
| 004 | | | Dt16:15 | שובעת יומין | תחגון | קדם ייי אלהכון באתרה די |
| 005 | | | Ex23:14M | \תחוגון קדמיי בשתא | /תחגון | קדמי בכל שנה#2#/: |
| 006 | תחוגון | | Ex23:14 | תלתא זמנין | תחוגון | קדמיי בשתא: |
| 007 | ויחגון | | Ex 5:01 | דישראל שלח ית עמה | ויחגון | קדמא<י> במדברא: |
| 008 | ותחגון | | Nu29:12 | עבידה דפלחן לא תעבדון | ותחגון | יתה חגה קדם ייי שבעה |
| 009 | | | Ex12:14 | הדין לכון לדוכרן טב | ותחגון | יתיה חגא קדם ייי לדריכון |
| 010 | | | Lv23:41 | | ותחגון | יתיה חגה קדם ייי שבעה |

## lame *adj.* חגיר [187]

|  |  |  |  |  |  |  |
|---|---|---|---|---|---|---|
| 001 | חגיר | s ab/cn | Lv21:18 | יקרב למקרבה גבר סימי או | חגיר | או פחוש או פסיע: |
| 002 | | | Dt15:21 | וארום יהווי ביה מום | חגיר | או סמי כל מום ביש לא |
| 003 | חגר | | Ex 4:10 | עבדך ארום חגר פ{ס}<ם> | חגר | ממלל אנה: |

|  |  |  |  |  |
|---|---|---|---|---|
| 004 | Ex 6:12 | ישמע מני פרעה ואנה | חגר | ממלל: |
| 005 | Ex 6:30 | קדם ייי ^הא#2#^ אנה | חגר | ממלל והכדין יקבל מני פרעה: |
| 006 | Ex 4:10 | די {מ}מללת עם עבדך ארום | חגר | פ{ס}<ם> חגר ממלל אנה: |
| 007 | Lv21:18M | או פסיע /דסמי או | דחגיר | או דפסיק או דמסר#2#/: |

007 דחגיר

## חד *num.* one

001 אחת
002 ח' s ab/cn
003 חד

[187]

|  |  |  |  |  |
|---|---|---|---|---|
| 001 | Nu22:30 | את יכיל למלוט יתי על | אחת | כמה וכמה בנוי דאברהם דיצחק |
| 002 | Nu15:15M | \דאור«י»תיא /אחוייה | ח'#2# | לכון ולגיוריה דמתגיירין |
| 003 | Gn 2:24 | ויהוון תריהו' לבשר | חד: | |
| 004 | Gn19:04 | סביהון כל עמא מן סטר | חד: | |
| 005 | Gn27:45 | כען אתכל ית תריכון יום | חד: | |
| 006 | Ex 8:27 | ומעממא לא אשתייר אף לא | חד: | |
| 007 | Ex 9:06 | ישראל לא מית אף לא | חד: | |
| 008 | Ex14:28 | לא אשתייר בהון אף לא | חד: | |
| 009 | Ex26:06 | בפרפיה ויהוי משכני כלה | חד: | |
| 010 | Ex26:11 | ית משכניה ויהוי כלה | חד: | |
| 011 | Ex29:40M | /תק'#2#/ עם אמרא | חדתה/חד#2#/: | |
| 012 | Ex36:13 | בפורפיה והוי משכנה כלה | חד: | |
| 013 | Ex36:18M | משכנא למהוי \כלה | חד/חד#2#/: | |
| 014 | Ex36:18 | ית משכנא למהוי כלה | חד: | |
| 015 | Nu 9:08M | מן קדם ייי מעבד לכון דן | חד | |
| 016 | Nu17:21M | חוטר לרב שבט | חד | |
| 017 | Dt17:06 | לא יתקטל על פם סהד | חד: | |
| 018 | Ex21:21 | לחוד אן יום | חד | או תרין יומין יקום לא יתפרע |
| 019 | Ex11:01 | ואמר ייי למשה עוד מכתש | חד | אייתי על פרעה ועל מצריי |
| 020 | Nu 7:69M | "תלת ... לעלה": דכר | חד | אימר <חד> בר שתה לעלה |
| 021 | Nu 7:75M | "תלת ... לעלה": דכר | חד | אימר <חד> בר שתה לעלה |
| 022 | Nu 7:81M | "תלת ... לעלה": דכר | חד | אימר <חד> בר שתה לעלה |
| 023 | Nu 7:21M | "בר תלת ... לעלה": דכר | חד | אמר חד בר שתה לעלה |
| 024 | Nu 7:27M | תלתיהון קרב לעלה /דכר | חד | אמר חד בר שתה לעלה#2#/: |
| 025 | Nu 7:33M | "בר תלת ... לעלה": דכר | חד | אמר חד בר שתה לעלתה |
| 026 | Nu 7:39M | "בר תלת ... לעלה": דכר | חד | אמר חד בר שתה לעלתה |
| 027 | Nu 7:45M | תלתיהון קרב לעלה /דכר | חד | אמר חד בר שתה לעלה#2#/: |
| 028 | Nu 7:51M | "בר תלת ... לעלה": דכר | חד | אמר חד בר שתה <לעלה> |
| 029 | Nu 7:57M | "תלת ... לעלה": דכר | חד | אמר חד בר שתה לעלה |
| 030 | Nu28:11 | <בני תורין> תרין ודכר | חד | אמרין בני שתהון <שבעה> |
| 031 | Nu29:02 | ייי תור בר תורין חד דכר | חד | אמרין בני שתהון שבעה שלמין |
| 032 | Nu29:08 | תור בר תורין חד דכר | חד | אמרין בני שתהון שבעה שלמין |
| 033 | Nu29:36 | דרעוה קדם ייי תור חד דכר | חד | אמרין בני שתהון שבעה שלמין |
| 034 | Gn41:11 | וחלמנן חלם בלילי | חד | אנה והוא גבר כפתרון חלמא |
| 035 | Gn42:11 | כלנן בנוי דגבר | חד | אנן היימינן אנן לא הוון |
| 036 | Gn22:13 | ית עינוי וחמה והא דכר | חד | באילנא בקרנוי ואזל אברהם |
| 037 | Gn42:13 | עבדך אחין אנן בנוי דגבר | חד | בארעא דכנען והא זעירא עם |
| 038 | Ex10:19 | ימא דסוף לא אשתייר גוב | חד | בכל תחומיהון דמצריי: |
| 039 | Nu 7:11 | רב שבט חד בכל יום רב שבט | חד | בכל יום יקרבון ית קרבנהון |
| 040 | Nu 7:11 | ואמר ייי למשה רב שבט | חד | בכל יום רב שבט חד בכל יום |
| 041 | Nu14:34 | יומין יום חד בכל שנה יום | חד | בכל שנה תקבלון ית חוביכון |
| 042 | Nu14:34 | יללתון ארבעין יומין יום | חד | בכל שנה יום חד בכל שנה |
| 043 | Ex29:01 | בכהונתא רבתה סב תור | חד | בר תורין ודכרין תרין שלמין |
| 044 | Nu 7:15 | תור | חד | בר תורין ב{ת}<ר> תלת שנין |
| 045 | Nu 7:15 | דכר חד בר תרתין ואמר | חד | בר שתה תלתיהון קרב לעלה: |
| 046 | Nu 7:15 | ב{ת}<ר> תלת שנין דכר | חד | בר תרתין ואמר חד בר שתה |
| 047 | Nu 7:21 | תור | חד | בר תורין בר תלת שנין דכר חד |
| 048 | Nu 7:21 | דכר חד בר תרתין ואמר | חד | בר שתה תלתיהון קרב לעלה: |
| 049 | Nu 7:21M | דכר חד אמר | חד | בר שתה לעלה |
| 050 | Nu 7:21 | בר תורין בר תלת שנין דכר | חד | בר תרתין ואמר חד בר שתה |
| 051 | Nu 7:27 | חד בר תרתין {ואמר} ואמר | חד | בר שתה תלתיהון קרב לעלה: |
| 052 | Nu 7:27M | קרב לעלה /דכר חד אמר | חד | בר שתה לעלה#2#/: |
| 053 | Nu 7:27 | בר תורין בר תלת שנין דכר | חד | בר תרתין {ואמר} ואמר חד בר |
| 054 | Nu 7:33 | תור | חד | בר תורין בר תלת שנין דכר חד |
| 055 | Nu 7:33 | דכר חד בר תרתין ואמר | חד | בר שתה תלתיהון קרב ^יתה#2#^ |
| 056 | Nu 7:33M | דכר חד אמר | חד | בר שתה לעלתה |
| 057 | Nu 7:33 | בר תורין בר תלת שנין דכר | חד | בר תרתין ואמר חד בר שתה |
| 058 | Nu 7:39 | תור | חד | בר תורין בר תלת שנין דכר חד |
| 059 | Nu 7:39 | דכר חד בר תרתין ואמר | חד | בר שתה תלתיהון קרב לעלה: |
| 060 | Nu 7:39M | דכר חד אמר | חד | בר שתה לעלתה |
| 061 | Nu 7:39 | בר תורין בר תלת שנין דכר | חד | בר תרתין ואמר חד בר שתה |
| 062 | Nu 7:45 | תור | חד | בר תורין בר תלת שנין דכר חד |
| 063 | Nu 7:45 | דכר חד בר תרתין ואמר | חד | בר שתה תלתיהון קרב לעלה: |
| 064 | Nu 7:45M | קרב לעלה /דכר חד אמר | חד | בר שתה לעלה#2#/: |
| 065 | Nu 7:45 | בר תורין בר תלת שנין דכר | חד | בר תרתין ואמר חד בר שתה |
| 066 | Nu 7:51 | תור | חד | בר תוריה«ן» בר תלת שנין |
| 067 | Nu 7:51 | דכר חד בר תרתין ואמר | חד | בר שתה תלתיהון קרב לעלה: |
| 068 | Nu 7:51M | דכר חד אמר | חד | בר שתה <לעלה> |
| 069 | Nu 7:51 | בר תלת שנין דכר | חד | בר תרתין ואמר חד בר שתה |
| 070 | Nu 7:57 | תור | חד | בר תורין בר תלת שנין דכר חד |
| 071 | Nu 7:57 | שנין דכר חד תרתין ואמר | חד | בר שתה תלתיהון קרב לעלה: |
| 072 | Nu 7:57M | "תלת ... לעלה": דכר חד אמר | חד | בר שתה לעלה |
| 073 | Nu 7:63 | תור | חד | בר תורין בר תלת שנין דכר חד |
| 074 | Nu 7:63 | דכר חד בר תרתין ואמר | חד | בר שתה תלתיהון קרב לעלה: |
| 075 | Nu 7:63 | בר תורין בר תלת שנין דכר | חד | בר תרתין ואמר חד בר שתה |
| 076 | Nu 7:69 | תור | חד | בר תורין בר תלת שנין דכר חד |
| 077 | Nu 7:69 | דכר חד בר תרתין ואמ' | חד | בר שתה תלתיהון קרב לעלה: |
| 078 | Nu 7:69 | בר תורין בר תלת שנין דכר | חד | בר תרתין ואמ' חד בר שתה |
| 079 | Nu 7:75 | תור | חד | בר תורין בר תלת שנין דכר חד |
| 080 | Nu 7:75 | דכר חד בר תרתין ואמר | חד | בר שתה תלתיהון קרב לעלה: |
| 081 | Nu 7:75 | בר תורין בר תלת שנין דכר | חד | בר תרתין ואמר חד בר שתה |
| 082 | Nu 7:81 | תור | חד | בר תורין בר תלת שנין דכר חד |
| 083 | Nu 7:81 | דכר חד בר תרתין ואמר | חד | בר שתה תלתיהון קרב לעלה: |
| 084 | Nu 7:81 | בר תורין בר תלת שנין דכר | חד | בר תרתין ואמר חד בר שתה |
| 085 | Nu29:28 | וצפיר בר עזין לחטאתה | חד | בר מעלת תמידה ומנחת ונסוכה: |
| 086 | Nu29:31 | וצפיר לחטאת | חד | בר מעלת תמידה וצלוחית מיא |
| 087 | Nu29:34 | וצפיר לחטאתה | חד | בר מעלת תמידה מנחתה ונסכה: |
| 088 | Nu29:38 | וצפיר לחטאתה | חד | בר מעלת תמידה ומנחתה |
| 089 | Gn41:05 | והא שבע שבלין סלקן בקנה | חד | בריין וטבן: |
| 090 | Lv14:10M | /ואמר{י}ת<ה>#2#/ | חדה/חד#2#/ | ברת שת' שלמה מן מום |
| 091 | Gn40:05 | תריהון גבר חלמא בלילי | חד | גבר כפתרון חלמה רב |
| 092 | Nu 7:13 | בית קודשא הוה מתקלה מזרק | חד | דכסף תקל שובעין סלעין בסלעי |
| 093 | Nu 7:19 | בית קודשא הות מתקלה מזרק | חד | דכסף תקל שבעין סלעין בסלעי |
| 094 | Nu 7:25 | הוות מתקלה מזרק | חד | דכסף תקל שבעין סלעין בסלעי |
| 095 | Nu 7:31 | הוות מתקלה מזרק | חד | דכסף תקל שובעין סלעין בסלעי |
| 096 | Nu 7:37 | הוות מתקליה מזרק | חד | דכסף תקל שובעין סלעין בסלעי |
| 097 | Nu 7:43 | הוות מתקליה מזרק | חד | דכסף תקל שובעין בסלעי |
| 098 | Nu 7:49 | הוות מתקליה מזרק | חד | דכסף תקל שובעין ^סלעין#2#^ |
| 099 | Nu 7:55 | הוות מתקליה מזרק | חד | דכסף תקל שובעין סלעין בסלעי |
| 100 | Nu 7:61 | הוות מתקליה מזרק | חד | דכסף תקל שובעין סלעין בסלעי |
| 101 | Nu 7:67 | הוות מתקליה מזרק | חד | דכסף תקל שובעין סלעין בסלעי |
| 102 | Nu 7:73 | הוות מתקליה מזרק | חד | דכסף תקל שובעין בסלעי |

|  |  |  |  |  |
|---|---|---|---|---|
| 103 | Nu 7:79 | הוות מתקליה מזרק | חד | דכסף תקל שובעין בסלעי |
| 104 | Nu29:02 | קדם ייי תור בר תורין | חד | דכר חד אמרין בני שתהון שבעה |
| 105 | Nu29:08 | לריח דרעוה תור בר תורין | חד | דכר חד אמרין בני שתהון שבעה |
| 106 | Nu29:36 | לריח דרעוה קדם ייי תור | חד | דכר חד אמרין בני שתהון שבעה |
| 107 | Lv14:10 | סלת מנחה פילה במשח ולג | חד | דמשח: |
| 108 | Gn41:25 | לפרעה חלמא דפרע«ה» | חד | הוא ית מה דייי עבד אתני |
| 109 | Gn41:26 | טבתא שבע שנין אינון חלמא | חד | הוא: |
| 110 | Dt 6:04 | אבונן ייי אלהן ייי | חד | הוא יהא שמיה מברך לעלמי |
| 111 | Nu14:15 | ית עמא האליין כגבר | חד | ו{א}ימרון אומייה די ישמעון |
| 112 | Ex24:03 | דינא וענון כל עמא קל | חד | ואמרין כל פתגמיא די מליל |
| 113 | Nu 7:03 | תרין רברבנין ותור מן דכל | חד | ואקרבו יתהון קדם {ייי} |
| 114 | Ex 9:07 | בעיריהון דישראל עד לא | חד | ואתוקף ליבא דפרעה ולא שלח |
| 115 | Gn11:01 | דיירי דארעא לשן חד וממלל | חד | ובלשן בית קדשה הוון משתעין |
| 116 | Lv23:18 | מן מום ותור בר תורין | חד | ודכרין תרין יהוון עלה לשמה |
| 117 | Ex29:23 | וככר דלחם | חד | וחלה דלחם פילה במשח חדה |
| 118 | Lv 8:26 | מן קדם ייי נסב חלה דפטיר | חד | וחלה לחם דפילה במשח חדה |
| 119 | Nu13:23 | תמן עוברה וסגולה דענבין | חד | וטענו יתיה בקופה בתרין וכן |
| 120 | Lv26:26 | נשין לחמיכון במתק׳ בתנור | חד | ויהוויין מחזרן לכון לחמכון |
| 121 | Gn42:16 | שלחו מנכון | חד | וייתי ית אחוכון ואתון |
| 122 | Nu 6:19 | חד מן סלה ועריך דפטיר | חד | ויתן על כפי ידוי דנזירה |
| 123 | Gn50:21 | כוכבין בעון למעקר כוכב | חד | ולא יכילין למעקר יתיה ואי׳ |
| 124 | Gn20:16M | מן עיינוי דצדיקא ליליא | חד | ולכל מאן דהוה עמיך |
| 125 | Gn11:01 | והוון כל דיירי דארעא לשן | חד | וממלל חד ובלשן בית קדשה |
| 126 | Gn20:16M | אברהם צדיקא לילי | חד | ועל כל מה דאית עמי ועל כלה |
| 127 | Ex12:18 | תאכלון פטירין עד יום | חד | ועשרין יום לירחא ברמשא: |
| 128 | Nu28:19 | בני תורין <....> ודכר | חד | ושבעה אמרין בני שתהון שלמים |
| 129 | Lv 8:26 | לחם דפילה במשח חדה ועריך | חד | ושוי על תרביה ועל שקה |
| 130 | Gn28:11M | ארבע משיריין ויהון לעם | חד | ושכיב באתרא ההוא |
| 131 | Ex29:03 | ותתן יתהון ˆˆלגו סל | חד | ותקרב יתהוןˆˆ בסלא וית תורא |
| 132 | Ex37:03 | ותרתין עזקין על סטריה | חד | ותרין עזקן על סטרא תניינא: |
| 133 | Nu28:12 | סולת מנחה פילה במשח לתור | חד | ותרין עשרונין סלת מנחה פילה |
| 134 | Gn 1:09 | מיא מן תחות שמיא לאתר | חד | ותתחמי יבשתא והוה כן |
| 135 | Lv16:34M | חוביהון \חדא זמן בשתה | /חד | זמן בכל שתה#2#/ ועבד |
| 136 | Nu20:29M | דהוית מכפר עליהון | חד | זמן בכל שנה בהיא שעתה |
| 137 | Ex37:19 | תלתה כלידין משקעין בקנה | חד | חזור ושושן כדן לשתי קניה |
| 138 | Ex25:33 | תלתא כלידין משקעין בקנה | חד | חזר ושושן כן לשתי קנין |
| 139 | Lv15:30 | ויקרב כהנא ית | חד | חטאת׳ וית חד עלתה ויכפר |
| 140 | Nu17:21 | ליה כל רברבניהון חטר לרב | חד | חטר לרב חד לבית אבהתהון |
| 141 | Nu17:21M | לרב חד /חוטר לרב שבט | חד#2#/ | חטר לרב חד לבית אבהתהון |
| 142 | Gn22:02 | וקרב יתה תמן לעלה על | חד | טוריה דאמר לך: |
| 143 | Lv24:22 | סדר דין | חד | יהווי לכון כגיורה כיציבה |
| 144 | Nu15:16 | חדה לכון וסדר דין | חד | יהוי לכון ולגיוריה |
| 145 | Gn50:21 | יתיה ואי׳ איפשר כוכב | חד | יכיל למעקר עשרה כוכבין ונחם |
| 146 | Gn48:22 | ואנא יהבית לך חולק | חד | יתיר על אחך לבושיה דאדם |
| 147 | Gn48:22M | "לך חולק חד ...": לכון חולק | חד | יתיר על אחיך דנסבית |
| 148 | Gn48:22 | קשתי ועוד יהבית לך חולק | חד | יתיר על אחיך שכם דנסבית |
| 149 | Dt30:13 | אוריתה למימר לווי הוה לן | חד | כיונה נביא די יחות לעמקוי |
| 150 | Dt30:12 | אוריתה למימר לווי הוה לן | חד | כמשה נבייא די יסוק לשמיא |
| 151 | Gn44:18M | ואחסנ׳ בפילוג ארעא ע׳ | חד | כמ׳ וכמ׳ |
| 152 | Gn44:18 | ולא מקבלה עמן אחסנייה על | חד | כמה וכמה על אחונן דהוא |
| 153 | Gn44:18 | עמן בפלוג ארעא ועל | חד | כמה וכמה דאנה קשה מינהון |
| 154 | Gn44:18 | וכמה דאנה קשה מינהון ועד | חד | כמה דחילי קשי מן דידהון |
| 155 | Nu15:12 | כהדין סדרא תקרבון עם כל | חד | כמניינהון: |
| 156 | Ex36:22M | דן כדין עבד /חד לוקבל | חד | כן ע׳#2#/ לכל לווחי דמשכנה |
| 157 | Lv16:08 | חד לשם ממרי׳ דייי ועדיו | חד | לעזאזל: |
| 158 | Nu35:30 | סהדין יתקטל קטולה וסהד | חד | לא יענה על נפש למתקטלה: |
| 159 | Lv14:21 | ולא ארע׳ ידה ויסב אמר | חד | לאשמה לאנפו למכפרה עלוי |
| 160 | Nu 1:44M | תרי עשר גברין גבר | ראש/חד#2#/ | לבית אבהתהון הוו |
| 161 | Nu17:21 | חטר לרב חד חטר לרב | חד | לבית אבהתהון תרין עשר חטרין |
| 162 | Ex36:22M | \דן לקבל דן כדין עבד | /חד | לוקבל חד כן ע׳#2#/ לכל |
| 163 | Ex37:09M | דן לקבל כפורתה /אפיכון | חד | לוקבל חד על כפר׳#2#/ הוון |
| 164 | Lv 5:07 | גוזלין בני יון לשמה דייי | חד | לחטאת׳ וחד לעלתה: |
| 165 | Lv14:22 | מן מה די תרע ידה ויהוי | חד | לחטאת׳ וחד לעלתה: |
| 166 | Lv12:08 | או תרין גוזלין בר יון | חד | לחטאתה וחד לעלתה ויכפר עלה |
| 167 | Lv14:31 | ית מה די תארע ידה ית | חד | לחטאתה וית חד לעלתה על |
| 168 | Lv15:15 | לעלתה {ויכפר עלוי} כהנא | חד | לחטאתה וחד לעלתה ויכפר עלוי |
| 169 | Lv15:15 | ויקרב יתהון כהנא | חד | לחטאתה וחד לעלתה {ויכפר |
| 170 | Lv23:19 | ותקרבון צפיר בר עזין | חד | לחטאתה ותרין אמרין בני |
| 171 | Nu 6:11 | ויקרב כהנה | חד | לחטאתה וחד לעלתה ויכפר עלוי |
| 172 | Nu 8:12 | על ראשי תורייה וקרב ית | חד | לחט«א»תה וית חד לעלתה קדם |
| 173 | Nu15:24 | כסדר דינה וצפיר בר עזין | חד | לחטאתה: |
| 174 | Nu29:34M | <וצפיר> בר עיזין | חד | לחטאתה בר מן לעלת תמידה |
| 175 | Gn11:06 | ייי הא אומה חדה ולשון | חד | לכולהון והא כדון שרון למעבד |
| 176 | Nu28:22 | וצפיר לחטאתה | חד | למכפרה עליכון: |
| 177 | Nu28:30 | צפיר בר עזין | חד | למכפרה עליכון: |
| 178 | Lv16:08M | דייי לכפרה על עמא ועדב | חד | למפטור למדבר צוק לעזזל |
| 179 | Nu 6:14 | אמר בר שתה שלם מן מום | חד | לעלה ואימרה חדה ברת שתה שלם |
| 180 | Nu15:24 | עם כנישתה תור בר תורין | חד | לעלה לריח {ניחו} דרעוה לשמה |
| 181 | Lv14:31 | ידה ית חד לחטאתה וית | חד | לעלתה על מנחתה ויכפר כהנא |
| 182 | Lv16:03M | בר תורין לחטאתה ודכר | \חד#2#/ | לעלתה: |
| 183 | Lv16:05 | דעיזין לחטאתה ודכר | חד | לעלתה: |
| 184 | Nu 8:12 | ית חד לחט«א»תה וית | חד | לעלתה קדם ייי למכפרה על |
| 185 | Ex25:20M | \דן לקבל דן לקבל כפרתא | /חד | לקבל חד על כפרתא#2#/ |
| 186 | Nu13:02 | אנה יהב לבני ישראל גבר | חד | לשבט אבהתהון תשלחון כל |
| 187 | Lv26:18M | על דחטיתון /לממחי יתכון | חד | לשבעה על דחטיתון קדמי#2#/: |
| 188 | Lv16:08 | תרין צפיריה עדוין עדיו | חד | לשם ממרי׳ דייי ועדיו חד |
| 189 | Lv16:08M | "עדיו ...": עדב | חד | לשמה דייי לכפרה על עמא |
| 190 | Ex10:28 | לא תוסיף לממללה קדמ׳ תוב | חד | מאילן מלייה קשייתא ברם צבי |
| 191 | Gn33:13 | אן דחקין עליהון יום | חד | מייתן כל ענא: |
| 192 | Gn42:27 | ופתח | חד | מינהון ית שקיה למיתן כסה |
| 193 | Gn41:22 | והא שבע שבלין סלקן בקנה | חד | מלין וטבן: |
| 194 | Gn14:20 | בעלי דבבך קדמך ויהב לה | חד | מן עשרה מן כלה: |
| 195 | Gn21:15 | זיקא וטלקת ית טליא תחות | חד | מן אילניא: |
| 196 | Gn26:10 | הא בקליל זעיר אילו שמש | חד | מן טליא עם אתתך והוות מייתי |
| 197 | Gn28:22 | לשמה דייי וכל מה דתתן לי | חד | מן עשרה אפרש יתהון |
| 198 | Gn41:34 | דמצרים ויהוון מפקין | חד | מן חמשה דעללתה דארעא |
| 199 | Gn47:24 | ויהווי באשון עללתא ותתנון | חד | {מן חמ} מן חמשה לפרעה |
| 200 | Ex16:36 | ועמרה | חד | מן עשרה דתלת סאין הוא: |
| 201 | Ex17:12 | וחור הוון אחידין בידוי | חד | מן דא סטרא וחד מן דא סט׳ |
| 202 | Ex25:19 | סטריה {חד} מן הכא וכרוב | חד | מן דן סטרה מן הכה כפורתה |
| 203 | Ex25:19 | ותעבד כרוב | חד | מן דין סטריה {חד} מן הכא |
| 204 | Ex25:19 | כרוב חד מן דין סטריה | {חד} | מן הכא וכרוב חד מן דן סטרה |
| 205 | Ex29:23 | דלחם פילה במשח חדה ועריך | חד | מן סלא די פטירי {{מן}} |
| 206 | Ex29:39 | ית | חד | מן אמריה תקרבון בצפרא וית |
| 207 | Ex37:08 | כרוב | חד | מן דאן סטר{י}ה מן הכה וכרוב |
| 208 | Ex37:08 | דאן סטר{י}ה מן הכה וכרוב | חד | מן דן סטרי מן הכה מן כפרתה |
| 209 | Lv 7:14 | ויקרב מנה | חד | מן כל קרבן אפרשו לשמה דייי |
| 210 | Lv13:02 | אהרן כהנא {ו}או לוות | חד | מן בנוי כהניא: |

211 Lv14:30 ויקרב ית חד מן שפניניה או מן גוזלייה
212 Lv22:27 דגברא יחידה דאתעקד על חד מן טוריא היך אמר לעלה
213 Lv24:12 דן חד מן ארבעה דינין דקמו קדם
214 Lv25:48 די יזדבן פרקון תיהוי ליה חד מן אחוי יפרוק יתיה:
215 Nu 6:19 מן דיכרא וחלה דפטיר חד מן סלה ועריך דפטיר חד ויתן
216 Nu 9:08 ואמר להון דן חד מן ארבעה דינין דקמו קדם
217 Nu11:31M מן הכה חזור חזור /יום חד מן דן סטרה וכאורח יום חד
218 Nu11:31M מן דן סטרה וכאורח יום חד מן דן סטרה חד#2/ למשריתה
219 Nu15:34 דן חד מן ארבעה דינין דקמו קדם
220 Nu18:26 מיניה אפרשותה דייי חד מן עשרה ממעשרה:
221 Nu27:05 דן חד מן ארבעה דינין דקמו קדם
222 Nu28:04 ית חד מן אמריה תקרבון בצפרא וית
223 Nu29:22 וצפיר בר עזין לחטאתה חד {מן} בר< מן> עלת תמידה
224 Nu31:47 דבני ישראל ית תליש חד מן חמשין מן בני אנשא ומן
225 Nu34:18 ורב חד רב חד מן כל שבט תסבון לאחסנה ית
226 Dt 1:23 מנכון תרין עשר גברין גבר חד מן כל שבט:
227 Dt15:07 ארום יהוי ביניכון מסכינין חד מן אחיכון בחדה מן קורייכון
228 Gn44:28 ונפק חד ^מנהון#2^ מן לוותי ואמרת
229 Nu16:15M \אבאשת לחד /אבעשי׳ ית חד#2/ מנהון:
230 Dt25:05 ישרון אחין כחדא וימות חד מנהון ובר לית ליה לא תתנסיב
231 Dt32:30 ונטרין פיקודיה הוה חד מנהון רדף אלף ותרין מנהון
232 Nu31:50M ולא אתייחד חד מנן עם חד מנהין דלא נהווי שותף
233 Gn18:02M קיימין קודמוי חד מניהון הוה אזל למבשרא ית
234 Gn42:19 אם היימנין אתון חד מנכון אחוכון חרנא יתחבש
235 Gn42:33 אדע ארום היימנין אתון חד מנכון אצנעון לוותי וית
236 Ex20:07M "יסב ... דינא": ישתבע חד מנכון בשם ממריה דייי
237 Ex23:01M אלאהן למייטבה ולא יתמנע חד מנכון למלפה {זמן} <זכו>
238 Ex23:01M עמי בני ישרא׳ לא ישתב׳ חד מנכון בשי׳ ממרי׳ דייי
239 Ex23:02 אלאהן למייטבה ולא יתמנע חד מנכון למלפה ז(מ)<כו>ן
240 Dt 5:11 בני ישראל לא יסב אנש ^חד#2^ מנכון שמה דייי אלהכון
241 Dt 5:21M "תהוון ... דחבריה": תחמד חד מנכון אתתא דחב׳
242 Gn42:32 אנן אחין בנוי דאבונן חד מנן מן דנפק מלוותן לית אנן
243 Nu31:50M חס לן משה רבן לא אסתכל חד מנן בחדה מנהין ולא אתייחד
244 Nu31:50 כל כדן לא אתאחד חד מנן עם חדה מנהון בעלמא הדין
245 Nu31:50M בחדה מנהין ולא אתייחד חד מנן עם חד מנהין דלא נהווי
246 Gn22:10M צדיקין לעלמא חד נכיס וחד מתנכיס דנכיס לא
247 Gn22:10 תרתין יחידיין דבעלמי חד נכס וחד מתנכס דנכס לא מעכב
248 Ex25:20M דן לקבל כפרתא /חד לקבל חד על כפרתא#2/ יהוון אפי
249 Ex37:09M כפורתה /אפיכון חד לוקבל חד על כפר׳#2/ הוון אפי
250 Lv15:30 כהנא ית חד חטאת׳ וית חד עלתה ויכפר עליה כהנא קדם
251 Gn49:02 אבונן ייי אלהן ייי חד ענה יעקב ואמר ברוך שמיה
252 Nu 7:72M "ביום ... דחנוכת": ביומא חד עשרה דח׳
253 Lv14:21 עלוי ועשרון מכלתה סלת חד פיל במשח למנחה ולג דמשח:
254 Gn15:10 יתהון במציעה ושוי כל חד פסגה לקבל חבריה וית עופה לא
255 Nu 7:16 צפיר בר עזין חד קרב יתה לחטאתה לשבקות חובין
256 Nu 7:22 צפיר בר עזין חד קרב יתיה לחטאתה לשבקות
257 Nu 7:28 צפיר בר עזין חד קרב לחטאתה לשבקות חובין
258 Nu 7:34 צפיר בר עזין חד קרב לחטאתה לשבקות חובין
259 Nu 7:40 צפיר בר עזין חד קרב יתיה לחטאתה לשבקות
260 Nu 7:46 צפיר עזין בר חד קרב יתה לחטאתה לשבקות חובין
261 Nu 7:52 צפיר בר עזין חד קרב יתה לחטאתה לשבקות חובין
262 Nu 7:58 צפיר בר עזין חד קרב יתיה לחטאתה לשבקות
263 Nu 7:64 צפיר בר עזין חד קרב יתיה לחטאתה לשבקות
264 Nu 7:70 צפיר בר עזין חד קרב יתיה לחטאתה לשבקות

265 Nu 7:76 צפיר בר עזין חד קרב יתיה לחטאתה לשבקות
266 Nu 7:82 צפיר בר עזין חד קרב יתיה לחט«א»תה לשבקות
267 Nu29:05 וצפיר בר עיזין חד קרב יתיה לחטאת למכפרה
268 Nu29:11 וצפיר בר עזין חד קרב יתיה לחטאתה בר מן חטאתה
269 Nu29:16 וצפיר בר עזין חד קרב יתיה לחטאתה בר מן עלתה
270 Nu29:19 וצפיר בר עזין חד קרב יתיה לחטאתה בר מן עלת
271 Nu29:25 וצפיר בר עזין חד קרב יתיה לחטאתה בר מעלת
272 Nu34:18 ורב חד רב חד מן כל שבט תסבון
273 Nu34:18M חד מן כל שבט /<ורב> שבט חד רב שבט חד#2/ תסבון לאחסנה
274 Lv26:24M ואמחי יתכון אוף אנה \חד#2/ \שבעה על דחטיתון /על חד
275 Lv26:24M \שבעה על דחטיתון /על חד שבעה מה דחטיתון קדמי#2/:
276 Nu28:27 בני תורין תרין ודכר חד שבעה אמרין בני שתהון:
277 Lv26:28M ואוסף לממחי יתכון מחה חד שובעה על דחטיתון קדמי
278 Nu 6:14 שלם מן מום לחטאתה ודכר חד שלם מן מום לנכסת קודשיא:
279 Nu11:19 לא יומא חד תאכלון ולא תרין יומין ולא
280 Nu31:30 פלגותהון דבני ישראל תסב חד תליש מן חמשין מן אנשא ומן
281 Ex29:15M וית דיכרא חד{ת}ה^חד#2^/חתה#2/ תסב ויסמכון
282 Nu34:18M /<ורב> שבט חד רב שבט חד#2/ תסבון לאחסנה/למח#2/ ית
283 Nu28:15M וצפיר \בר עזין /עזין חד#2/ תקרבון יתה לחטאתה
284 Nu29:04 ועשרון מכלתה חד תקרבון עם אמרא חדתה כהדין
285 Nu 7:57 בר תורין בר תלת שנין דכר חד תרתין ואמר חד בר שתה
286 Nu15:27 ואן נפש חד תתחייב ותקרב עז בר שתה

חדא

287 Ex26:03 יהויין מדבק חדא לקבל חדא:
288 Ex36:10 וחמש יריען דבק חדא לקבל חדא:
289 Ex36:12 הוון ענבי חדא לקבל חדא:
290 Nu15:11M תקרבון עם תורה חדתה/חדא#2/ או עם דכרה חדתה או עם
291 Gn27:38 ואמר עשו לאבוהי הא ברכה חדא אית לך אבא ברך יתי אף אנה
292 Gn28:11M איסדוהי ואתעבדן לאבנ׳ חדא ביהוא זמנא ידע דהוא עתיד
293 Gn34:22 למשרי עמן למהוי לאומא חדא במגזר לנא כל דכורא היך
294 Nu28:07M עם אמרא חדתה^חדא#2^/חתה#2/ במני בית קודשה
295 Ex36:13 ודבק ית יריעתה חדא לקבל חדא בפורפיה והוי משכנה כלה חד:
296 Ex26:06 ית יריעתה חדה לקבל חדא בפרפיה ויהוי משכני כלה חד:
297 Gn27:36 ואמר הא לא שבקת לי חדא ברכה:
298 Ex37:22 מנה הוון כלה נגידה חדא דהבי דכי:
299 Gn 3:22 מנה ומנה תקום אומ׳ חדא דידעה למפרשה בין טב לביש
300 Ex23:29 יתהון מן קדמיכון בשתא חדא דלא תהוי ארעא צדי דלא תסגי
301 Ex12:33 אנון ישראל הכה אוף שעה חדא הא כל מצריי מייתין:
302 Ex14:13 קיימין על ימא דסוף חדא הוות אמרה נפל לימא וחדא
303 Gn28:10 בצפרא ואשכח כולהון לאבן חדא היא אבנא דאקים קיימא ואריק
304 Ex16:33 משה לאהרן סב צלוחי חדא והב בגווה מלא עמרא מנה
305 Ex36:10 ית חמש יריען חדא לקבל חדא וחמש יריען דבק חדא לקבל
306 Ex36:12 חמשין ענבין עבד ביריעתה חדא וחמשין ענבין עבד בסיטרה
307 Dt24:05 מזמן יהווי לבייתיה שתה חדא ויחדי ית אתתיה די נסב:
308 Gn32:09M משריתא /למשריתא חדא#2/ ויקטו«ל» יתיה ותהוי
309 Ex30:10 מן אדם חטאתה דכיפוריה חדא זמן בשתא יכפר עלוי על
310 Ex30:10 אהרן עלוי על קרנתה חדא זמן בשתא מן אדם חטאתה
311 Lv16:34 ישראל מן כל חוביהון חדא זמן בשתה ועבד היך מה די
312 Ex12:49 גזירת אוריתא חדא יהוי ליציביא ולגיורייה
313 Ex36:29 על ראשה לגו עזקתה חדא כדון עבד לתריהון לתרין
314 Ex26:17M משלבשן חדא לוקבל חדא#2/ כדין תעבד לכל לווחי
315 Ex26:24 על רישא לגו עזקתא חדא כדן יהוי לתריהון לתרין
316 Nu28:21M עם אמרא חדתה^חדא#2^/חתה#2/ כהדין סדרא
317 Nu29:14M עם דכרא חדתא^חדא#2^/חתה#2/ כהדין סידרא
318 Nu29:14M עם תורה חדתה^חדא#2^/חתה#2/ כהדין סידרא

319 Nu29:15M עם אמרא חדתא/^חדא#2#/^חתה#2#/ כהדין סידרא
320 Nu28:29M /אמרייה#2#/ חדתה/^חדא#2#/^חתה#2#/ כהדין סדרא
321 Nu29:10M עם אמרה חדתה/^חדא#2#/^חתה#2#/ כהדין סידרא
322 Lv14:05M ית צפירה/צפרה#2#/ חדתה/חדא#2#/ {לבר}<לגו> מן דחסף על
323 Lv14:50M ית צפירה חדתה/^חדא#2#/^חתא#2#/ לגו מן דחסף על
324 Lv 7:07M חדה /חוויי{ת}<ה> חדא#2#/ להון כהנא די יכפר דידיה
325 Ex26:17M דא לקבל דא /חתה משלבשן חדא לוקבל חדא#2#/ כדין תעבד
326 Ex26:08 אמין באמתא משח«א» חדא לחדא עשרתי יריעתא:
327 Ex26:02 דיריעתה חדתה משחא חדא לכל יריעתה:
328 Ex36:09 אמין יריעתה חדא משחת חדא לכל יריעתה:
329 Ex26:03 חמש יריען יהוויין מדבק חדא לקבל חדא:
330 Ex26:05 מכוונן יהוון ענביה חדא לקבל חדה:
331 Ex36:10 לקבל חדא וחמש יריען דבק חדא לקבל חדא:
332 Ex36:10 ודבק ית חמש יריען חדא לקבל חדא וחמש יריען דבק
333 Ex36:12 תניינה מכוונן הוון ענבי חדא לקבל חדא:
334 Ex36:13 דדהב ודבק ית יריעתה חדא לקבל חדא בפורפיה והוי
335 Nu 7:13 די קרב פיילי דכסף חדא מאה ותלתין סלעין בסלעי
336 Lv 4:13 מן עייני קהלא ויעבדון חדא מן כל מצוותה די לא כשרין
337 Lv 4:22 כהנא דמתרבי יחטא ויעבד חדא מן כל מצוותה דייי אלהה דלא
338 Lv 5:13 על חובתיה די אתחייב מן חדא מן אלין וישתרי וישתביק ליה
339 Lv 5:22 בה וישתבע על שקר על חדא מן כל מה די עבד ברנשא
340 Lv 5:26 קדם ייי וישתבק ליה על חדא מן כל מה די יעבד למתחייבה
341 Dt18:06 וארום ייתון ליוויי מן חדא מן קורייכון מן כל ישראל
342 Gn31:39 קטילא לא אייתית לוותך כל חדא מנהון דהוות ערקה מן מניינה
343 Lv 4:02 לא כשרין מתעבדה ותעבד חדא מנהון:
344 Ex36:09 ופתיא ארבע אמין יריעתה חדא משחת חדא לכל יריעתה:
345 Nu31:28 קרבה דנפקין לחיל קרבה חדא נפש מן חמש מאוון מן
346 Gn 2:21 על אדם ודמך לה ונסב חדא {עלא} אלעא מן אלעוי ושוי
347 Nu28:13M עם אמרא חתתה/^חדא#2#/^חתה#2#/ עלה ריח דרעוה
348 Ex36:09 ארכה דיריעתה חדא עשרין ותמני אמין באמתה
349 Gn11:01M שרויה /ממללין בעיצתא חדא קמו למירדי#2#/:
350 Ex36:15 ארכה די יריעתה חדא תלתין אמין באמתא וארבע
351 Dt28:25 קדם בעלי דבביכון באורח חדא תפקון קדמיהון לסדרי קרבה
352 Nu28:12M במשח עם דכרה חדתה/^חדא#2#/^חתה#2#/ תקרבון
353 Nu28:28M עם דכרא חדתה/^חדא#2#/^חתה#2#/ תקרבון:
354 Nu29:09M עם דכרה חדתה/^חדא#2#/^חתה#2#/ תקרבון:
355 Nu28:28M עם תורה חדתה/^חדא#2#/^חתה#2#/ תרין עשרונין עם
356 Nu15:27M ואן נפש חד/חדא#2#/ תתחייב ותקרב עז בר

## חדה

357 Gn34:16 {כולה} כולן לאומה חדה:
358 Ex26:05 יהוון ענביה חדא לקבל חדה:
359 Lv24:05M בכל חלה חדתה /חלתה חדה#2#/:
360 Nu15:05M לאמרה חדתה/^חדה#2#/^חתתה#2#/:
361 Dt 5:25 ^חדה#2#/^:
362 Nu12:16M למשה על נהרה שעה חדה אמתינת לה שכינתה דמרי
363 Ex36:11 דתכלה על סטרא דיריעתה חדה בריתה בבית דבוקה כן עבד
364 Lv14:10 שלמין מן מום ואמרה חדה ברת שת' שלמה מן מום ותלתה
365 Nu 6:14 מן מום חד לעלה ואימרה חדה ברת שתה שלם מן מום לחטאתה
366 Ex25:36 מנה יהוון כלה נגידא חדה דהב דכי:
367 Gn11:01M חד וממלל חד /\ועיצה חדה#2#/ ובלשן בית קדשה/קדשן#2#/
368 Lv14:12M כהנא ית אמרה חדתה/^חדה#2#/^חתתה#2#/ ויקרב יתיה לאשמה
369 Ex28:10M שמ<ה>תהון על אבנא חדתה/חדה#2#/ {{וית שמהת בני ישראל
370 Ex28:17M וברקתה טורא חדתה/חדה#2#/ וכתיב ומפרש עליהון שם
371 Ex39:10 סמקתה ירקתה וברקתה סדרה חדה וכתיב ומפרש עלייהון שם
372 Gn11:06 ואמר ייי הא אומה חדה ולשון חד לכולהון והא כדון
373 Ex29:23 חד וחלה דלחם פילה במשח חדה ועריך חד מן סלא די פטירי
374 Lv 8:26 חד וחלה לחם דפילה במשח חדה ועריך חד ושוי על תרביה ועל
375 Lv 1:01 דהוה קדושי' קדוש שעה חדה ורבויה רבוי שעה חדה לא
376 Nu29:03M תקרבון עם תורה תרין/חדה ות'#2#/ עשרונין עם דכרא
377 Ex25:32M מן סטרא חדתא/חתה#2#/^חדה#2#/ ותלתא קני מנרתא
378 Ex37:18M מן סיטרא חדתה/^חדה#2#/^חתה/ ותלתא קני מנרתה
379 Ex36:26 תרין חומרין תחות לוחה חדה ותרין חומרין תחות לוחה
380 Nu15:29M אוריתה חדה /אחווייה חדה#2#/ יהווי לכו{ל}«ן» מן
381 Nu15:29 ביניכון גזרת אוריתה חדה יהווי לכו{ל}«ן» מן דעבד
382 Dt32:14 ונטרין פקודייה מן ענבה חדה יהוון שתיין כור דחמר:
383 Nu 9:14 כדן יעבד גזירת אורייתה חדה יהווי לכון ולגיורה
384 Dt28:07 קדל קדמיכון באורחה חדה יפקון לקובליכון לסדרי קרבה
385 Nu 7:85 דכסף ושבעין דמזרקה חדה כל כסף מניא תרתין אלפין
386 Ex36:29M "לגו ... עבד": לעזקתה חדה כן ע'
387 Lv 1:01 שעה חדה ורבויה רבוי שעה חדה לא סלקית ליה עד זמן די
388 Lv 7:07 כאשמא גזירת אורייתה חדה להון כהנא די יכפר דידיה
389 Ex36:10M חמשתי יריעתה חדה לוקבל חתה וחמישתי יריעתה
390 Ex36:15 פותיה דיריעתה חדה משחה חדה לחדה עש{ת}<ר>תי יריעתה:
391 Nu15:16 גזרת אוריתה אורייתה חדה לכון וסדר דין חד יהוי לכון
392 Nu32:22 ומן ישראל ותיהווי ארעא חדה לכון אחסנה קדם ייי:
393 Dt 1:01 איסטרטין אסרט ^חדה#2#/^ לכל שבט ארגיזתון קודמוי
394 Ex26:06 ותדב«ק» ית יריעתה חדה לקבל חדא בפרפיה ויהוי
395 Ex36:24 תרתין חומרין תחות לוחה חדה לתרין סטרוי ותרין חומרין
396 Ex36:24 ותרין חומרין תחות לוחה חדה לתרין סטרוי:
397 Nu 7:19 קרב ית קרבניה פיילי דכסף חדה מאה ותלתין סלעין בסלעי
398 Nu 7:25 קרבניה די קרב פיילי דכסף חדה מאה ותלתין סלעין בסלעי
399 Nu 7:31 קרבניה די קרב פיילי דכסף חדה מאה ותלתין סלעין בסלעי
400 Nu 7:37 קרבניה די קרב פיילי דכסף חדה מאה ותלתין סלעין בסלעי
401 Nu 7:43 קרבניה די קרב פיילי דכסף חדה מאה ותלתין סלעין בסלעי
402 Nu 7:49 קרבניה דיקרב פיילי דכסף חדה מאה ותלתין סלעין בסלעי
403 Nu 7:55 קרבניה די קרב פיילי דכסף חדה מאה ותלתין סלעין בסלעי
404 Nu 7:61 די קרב פיילי דכסף חדה מאה ותלתין סלעין בסלעי
405 Nu 7:67 קרבניה די קרב פיילי דכסף חדה מאה ותלתין סלעין בסלעי
406 Nu 7:73 קרבניה די קרב פיילי דכסף חדה מאה ותלתין סלעין בסלעי
407 Nu 7:79 קרבניה די קרב פיילי דכסף חדה מאה ותלתין סלעין בסלעי
408 Gn18:01 די ישתלח בידה יתיר מן חדה מילה מלאכא קדמאה ישתלח
409 Gn18:01M מן \חדה מילה/מלא חדה#2#/ מלאכא קדמאה ישתלח
410 Lv 4:27 בשלו מעמא דארעא במעבדה חדה מן מצוותיה דייי דלא כשרין
411 Lv 5:17 ואין נפש ארום תחטא ותעבד חדה מן כל מצוותה דייי די לא
412 Nu23:10 דארעא או מן יכיל מסכום חדה מן ארבעתי טכסי משריתה דבני
413 Dt26:13M "מן מצותך": חדה מן פיקודיך
414 Nu31:50 כדן לא אתאחד חד מנן עם חדה מנהון בעלמא הדין דלא מהוי
415 Dt26:13 מן מצותך ולא אנשינן חדה מנהון:
416 Ex36:15 אמין פותיה דיריעתה חדה משחה חדה לחדה עש{ת}<ר>תי
417 Ex36:22 תרין צירין ללוחה «חדה» משלוושן דן לקבל דן כדין
418 Nu 7:14 בזך חדה מתקליה עשר סלעין דכסף הוות
419 Nu 7:20 בזך חדה מתקליה עשר סלעין דכסף הוות
420 Nu 7:26 בזך חדה מתקליה עשר סלעין דכסף הוות
421 Nu 7:32 בזך חדה מתקליה עשר סלעין דכסף הוות
422 Nu 7:38 בזך חדה מתקליה עשר סלעין דכסף הוות
423 Nu 7:44 בזך חדה מתקליה עשר סלעין דכסף הוות
424 Nu 7:50 בזך חדה מתקל«י»ה עשר סלעין דכסף
425 Nu 7:56 בזך חדה מתקליה עשר סלעין דכסף הוות
426 Nu 7:62 בזך חדה מתקליה עשר סלעין דכסף הוות

|  |  |  |  |
|---|---|---|---|
| 427 | | Nu 7:68 | בזך חדה מתקליה עשר סלעין דכסף הוות |
| 428 | | Nu 7:74 | בזך חדה מתקליה עשר סלעין דכסף הוות |
| 429 | | Nu 7:80 | בזך חדה מתקליה עשר סלעין דכסף הוות |
| 430 | | Nu21:17M | הדה /שבח שירתה חדה#2/# סוקי \בירא/באירה סוקי |
| 431 | | Gn21:06M | "חדו רבה ... יחדי עמי": חדה רבה עבד לי ממריה דייי כל |
| 432 | | Dt21:15 | לגבר תרתין נשין חדה רחימא וחדא סנייא וילדן לה |
| 433 | | Lv 4:27 | ואין נפש חדה תחטא בשלו מעמא דארעא |
| 434 | | Ex29:39M | תקרבון /וית אמרה חדה תקרב#2/# בצפרא וית אמרא |
| 435 | | Nu29:03M | עשרונין עם דכרא \חדה#2/# תקרבון: |
| 436 | חתה | Ex36:10M | חמשתי יריעתה חדה לוקבל חתה וחמישתי יריעתה |
| 437 | | Nu28:12M | ותרין /תקרבון עם תורה חתה ותרין#2/# עשרונין סלת |
| 438 | | Ex26:17M | משלוושין דא לקבל דא /חתה משלבשן חדא לוקבל חדא#2/# |
| 439 | אחד | Gn50:21M | עשרה כוכבין והיך כוכב אחד יכול למעקר |
| 440 | בח' | Dt 6:04M | דיעקב כחדה /כולהון בח'#2/# בלבה שלמה ואמרין שמע |
| 441 | בחד | Gn 8:05M | אתגלון רישי טוריא /בחד יום לירחא אתחמין ראשי |
| 442 | | Gn 8:13M | בחד יום לירחא יבשו מיא |
| 443 | | Ex40:02M | ביום/בחד יום#2/# ירחא קדמיה בחד |
| 444 | | Ex40:17M | תניינתה בחד יום ליר' |
| 445 | | Nu 1:18 | וית כל עם כנשתא כנשו בחד ^יום#2^ לירחא תנינא |
| 446 | | Dt 1:03 | שנין בחד עשר ירחין בחד יום לירחא מלל משה עם בני |
| 447 | | Lv23:24 | <...> בירחא שביעייה בחד יומא לירחא יהווי לכון שבת |
| 448 | | Gn 8:05 | עד ירחא עשיריא בעשיריא בחד לירחא אתגלון רישי טוריא: |
| 449 | | Gn 8:13 | וחדה שנין בירחא קדמיא בחד לירחא נגבו מיא מעלוי ארעא |
| 450 | | Ex40:02 | ביום ירחא קדמיה בחד לירחא תקים ית משכנה משכן |
| 451 | | Ex40:17 | קדמיא בשתא תנייתא בחד לירחא אקים משה ית משכנה: |
| 452 | | Nu 1:01 | דסיני במשכן זמנא בחד לירחא תנינא בשתא תנינא |
| 453 | | Nu29:01 | ובירחה שביעיה בחד לירחא יום טב וארוע קדיש |
| 454 | | Nu33:38 | דמצרים בירחא חמישיה בחד לירחא: |
| 455 | | Gn37:20 | ונקטול יתיה ונטלק יתיה בחד מן גוביא וניֵמר חיוותא בשתא |
| 456 | בחד' | Gn49:22 | תליית עיינך ואסתכלת בחד' מנהון והוון בנתהון דמלכייא |
| 457 | | Gn49:22M | דלמ' תתלי אפך ותסתכל בחד' מנהון |
| 458 | בחדא | Gn28:10 | יעק«ב» ארים יתה בחדא ידא ואשקי ית ענא דלבן |
| 459 | | Gn49:22 | תליית עיינך ומסתכלין בחדא מנהון חס לך יוסף ברי ולא |
| 460 | בחדה | Nu10:04 | ואין בחדה יתקעון ויזדמנון לוותך |
| 461 | | Dt13:13 | ארום תשמעון בחדה מן קורייכון דייי אלהכון |
| 462 | | Dt15:07 | מסכינין חד מן אחיכון בחדה מן קורייכון בארעכון דייי |
| 463 | | Dt16:05 | למיכס ית נכסת פסחא בחדה מן קורייכון דייי אלהכון |
| 464 | | Dt17:02 | ארום ישתכח ביניכון בחדה מן קורייכון דייי אלהכון |
| 465 | | Dt23:17 | ביניכון באתרא די יתרעי בחדה מן קורייכון לאן דשפר לה לא |
| 466 | | Nu31:50M | רבן לא אסתכל חד מנן בחדה מנהון ולא אתייחד חד מנן |
| 467 | דחד | Nu11:26 | תרין גברין במשריתה שמה דחד אלדד ושמה דתניינה מידד |
| 468 | | Gn 2:11 | שמה דחד מינהון פישון הוא דחזר |
| 469 | | Gn10:25 | אתילד תרין בנין שמה דחד מנהון פלג ארום ביומוי |
| 470 | | Ex18:03 | וית תרין בנוי די שמיה דחד מנהון גרשם ארום אמר גיור |
| 471 | | Nu16:15 | ית קרבנהון לא חמרא דחד מנהון אטענת ולא אבאשת לחד |
| 472 | | Dt25:11 | גבר ואחוי ותקרוב אתתה דחד מנהון למשיזבה ית בעלה מן |
| 473 | דחדא | Ex 1:15 | לחייתא עבריית א די שמה דחדא מנהון שפרה ושמה דתנייתא |
| 474 | דחדה | Gn 4:19 | למך תרתין נשין שמה דחדה מינהון עדה ושמה דתינייתא |
| 475 | | Ex18:03M | \די שמיה/דשום#2/# דחד/דחדה#2/# מנהון גרשם ארום אמר |
| 476 | האחד | Gn19:09 | ואמרין קרב להל ואמרין האחד אתא למתותבא בינינן והא הוא |
| 477 | וחד | Nu31:39M | ואפרשותה דייי אשתין וחד |
| 478 | | Nu 1:41 | דבנוי דאשר ארבעין וחד אלפין וחמש מאוון: |
| 479 | | Nu 2:16M | אלף וארבע /מאה וחמשין וחד אלפין וארב'#2/# מאוון |
| 480 | | Nu 2:28 | וסכומהון ארבעין וחד אלפין חמש מאוון: |
| 481 | | Nu31:34 | וחמרין אשתין וחד אלפין: |
| 482 | | Nu31:39 | לשמה דייי אשתין וחד חמרין: |
| 483 | | Ex12:18M | \חד ועשרין יום/עשרי' וחד יומין#2/# לירחא ברמשא: |
| 484 | | Lv 5:07 | לשמה דייי חד לחטאת' וחד לעלתה: |
| 485 | | Lv12:08 | בר יון חד לחטאתה וחד לעלתה ויכפר עלה כהנא |
| 486 | | Lv14:22 | ידה ויהוי חד לחטאת' וחד לעלתה: |
| 487 | | Lv15:15 | עלוי} כהנא חד לחטאתה וחד לעלתה ויכפר עלוי כ{ק}הנה |
| 488 | | Lv15:15 | יתהון כהנא חד לחטאתה וחד לעלתה {ויכפר עלוי} כהנא חד |
| 489 | | Nu 6:11 | ויקרב כהנה חד לחטאתה וחד לעלתה ויכפר עלוי על מה די |
| 490 | | Ex17:12 | בידוי חד מן דא סטרא וחד מן דא סט' והויין ידוי |
| 491 | | Gn18:02M | ית שרה דילדה בר דכר וחד מניהון הוה אזל למהפך ית |
| 492 | | Gn18:02M | אזל למהפך ית סדום וחד מניהון הוה אזל למישזבא ית |
| 493 | | Gn42:13 | עם אבונן יומא הדין וחד מנן מן דנפק מן לוותן לית |
| 494 | | Gn22:10M | צדיקין לעלמא חד נכיס וחד מתנכיס דנכיס לא חאיס די |
| 495 | | Gn22:10 | יחידיין דבעלמי חד נכס וחד מתנכס דנכס לא מעכב ודמתנכס |
| 496 | וחדא | Ex14:13M | נסדר לקבליהון /בימא וחדא אמר נסדר לקוב'#2/# סדרי |
| 497 | | Ex14:13 | חדא הוות אמרה נפל לימא וחדא הוות אמרה נחזור למצרים |
| 498 | | Ex14:13 | לקבליהון סדרי קרבה וחדא הוות אמרה נלולי לקבליהון |
| 499 | | Dt21:15 | תרתין נשין חדה רחימא וחדא סנייא וילדן לה בנין רחימתה |
| 500 | וחדה | Ex14:13 | אמרה נחזור למצרים וחדה הוות אמרה נסדר לקבליהון |
| 501 | | Dt32:03 | דהוה מחנך פמיה בעשרין וחדה מילין דאנון תמניין וחמשה |
| 502 | | Gn 8:13 | והוה לסוף שית מאה וחדה שנין בירחא קדמיא בחד לירחא |
| 503 | לחד | Gn 6:05 | וכל יצר מחשבת לבהון לח{ד}<ד> הגיין ביש כל יומא: |
| 504 | | Lv25:48M | דזבן פרוק יהווי לה לחד מ'#2/# אחוי יפרוק יתיה: |
| 505 | | Nu36:03 | ויהוון לחד מבני שבטיה דבני ישראל |
| 506 | | Gn18:01 | מילין ארום לית אפשר לחד ממלאכי מרומא די ישתלח בידה |
| 507 | | Dt32:03 | בגידופין ברם לית איפשר לחד ממלאכי שירותה למדכרה ית |
| 508 | | Gn47:26 | על ארעהון דמצראי לפרעה לחד מן חמשה להוד ארעהון |
| 509 | | Ex21:06M | לתרע בית דינ' או/ לחד מן מזוזיתא#2/# וירצע |
| 510 | | Nu36:08M | שבט אבהתה ייהוויין /לחד/ מן זרעייתה שבט אביה |
| 511 | | Nu16:15 | מנהון אטענת ולא אבאשת לחד מנהון: |
| 512 | | Dt28:55 | מן למתן לחד מנהון מן בשר בנוי די יאכל |
| 513 | | Ex26:08M | משח«א» חדא לחדא/לחד#2/# עשרתי יריעתא: |
| 514 | לחדא | Lv 5:04 | והוא «ידע» ויתחייב לחדא מן אילין: |
| 515 | | Lv 5:05 | ויהוי ארום יתחייב לחדא מן אלין ויתוודי על מה |
| 516 | | Gn32:09 | ואמר אן ייתי עשו לחדא משריתא ויקטו«ל» יתיה |
| 517 | לחדה | Dt19:05 | ויקטל יתיה הוא יעריק לחדה מיקרייתה האליין ויחי: |
| 518 | | Dt 4:42 | ולא מן דקדמוי ויערק לחדה מן קרייתה האליין ויחי: |
| 519 | | Dt19:11 | בנפשיה ויערוק {מן} לחדה מן קריתה האיליין: |
| 520 | חדא s em/sf | Ex27:09 | אמין באמתא ארך לסיטרא חדא: |
| 521 | | Nu15:11M | לתורא חדא או לדיכרא חדא או לאימר |
| 522 | | Nu15:11M | לתורא חדא או לדיכרא חדא או לאימר באימריה או לגדי |
| 523 | | Nu29:04M | תקרבון עם \אמרא חדתה/חדא#2/# \אמרייה חתה#2/# כהדין |
| 524 | | Ex26:25 | תרתין חומרין תחות לוחה חדא ותרתין חומרין תחות לוחה |
| 525 | חדה | Ex26:25 | ותרתין חומרין תחות לוחה חדה: |
| 526 | | Ex36:21 | ופלגת אמה פתייה דלוחה חדה: |
| 527 | | Ex36:26 | ותרין חומרין תחות לוחה חדה: |
| 528 | | Ex36:30M | תחות לוחה חדתה/^חדה#2/^חתה#2/: |
| 529 | | Ex36:31 | ללוחי סטרה {ה}<ד>משכנה חדה: |
| 530 | | Ex29:15 | וית דיכרא חד{ת}ה תסב ויסמכון אהרן ובנוי |
| 531 | חדת' | Ex26:25M | חומרין תחות \לוחה חדא/חדת'#2/# \לוו' חתה#2/ ותרתין |
| 532 | חדתא | Ex26:16 | ואמה ופלגא פתיא דלוחא חדתא: |
| 533 | | Ex27:09M | ארך לסיטרא חדא/חדתא#2/: |
| 534 | | Ex26:05 | חמשין עונבין תעבד בירעה חדתא וחמשין עונבין תעביד בסיטרא |

|  |  |  |  |  |  |
|---|---|---|---|---|---|
| 535 | | Ex26:02 | ותמנין אמין די יריעתה | חדתא | ופתיא ארבע אמין באמתא |
| 536 | | Ex25:32 | קני{ם} מנרתה מן סטרא | חדתא | ותלתא קני מנרתא מן סטרא |
| 537 | | Ex25:32 | קני מנרתא מן סטרא | {חדתא | ותלתא קני מנרתא מן סטרא} |
| 538 | | Ex25:12 | ותרתין עזקין על סטריה | חדתא | ותרתין עזקין על סטריה |
| 539 | | Nu29:14 | עשרונין תקרבון עם דכרא | חדתא | כהדין סידרא תקרבון עם תרין |
| 540 | | Nu29:15 | מכלתה תקרבון עם אמרא | חדתא | כהדין סידרא תקרבון עם |
| 541 | | Ex26:17 | תרין צירין ללוחא | חדתא | משלושין דא לקבל דא כדין |
| 542 | חדתה | Ex26:21 | חמרין תחות לוחה | חדת«ה»: | |
| 543 | | Ex26:26 | ללוחיה סיטריה דמשכניה | חדתה: | |
| 544 | | Ex29:40 | סדרא תקרבון עם אמרא | חדתה: | |
| 545 | | Ex36:21M | דלוחה | חדה/^<ח>דתה#2#^/חתה#2#/: | |
| 546 | | Ex36:30 | תרתין חומרין תחות לוחה | חדתה: | |
| 547 | | Ex36:31M | | חדה/^<ח>דתה#2#^/חתה#2#/: | |
| 548 | | Lv24:05 | עשרנין יהוי בכל חלה | חדתה: | |
| 549 | | Nu15:05 | לנכסת קודש«י»ה לאמרה | חדתה: | |
| 550 | | Nu15:11 | סידרה תקרבון עם תורה | חדתה | או עם דכרה חדתה או עם אמרה |
| 551 | | Nu15:11 | עם תורה חדתה או עם דכרה | חדתה | או עם אמרה באמריה או בגדיה |
| 552 | | Dt32:01 | שמיא{חת}<חד>תין וארעא | חדתה | ארום תריין נביין קמו |
| 553 | | Nu28:07 | הינה תקרבון עם אמרא | חדתה | במני בית קודשה יתנסך ניסוך |
| 554 | | Ex26:04 | דתכלה על סטרא דיריעתה | חדתה | בריתה בבית דבוקה וכן תעבד |
| 555 | | Ex26:10 | ענבין על סיטרא דיריעתה | חדתה | בריתה בבית דבוק«ה» |
| 556 | | Nu 7:85M | מתקלה פיילתה/פיילתה | חדתה | דכסף#2#/ חד«ת»ה דכסף |
| 557 | | Nu 7:85 | סלעין מתקלה פיילתה | חד«ת»ה | דכסף ושבעין דמזרקה חדה |
| 558 | | Lv14:12 | ויסב כהנא ית אמרה | חדתה | ויקרב יתיה לאשמה וית לוגה |
| 559 | | Ex28:10 | מן שמהתהון על אבנא | חדתה} | {וית שמהת שתתה דאשתיירין על |
| 560 | | Ex28:10 | מן שמ<ה>תהון על אבנא | חדתה | {וית שמהת בני ישראל ששה |
| 561 | | Ex28:17 | וירקתה וברקתה טורא | חדתה | וכתיב ומפרש עליהון שם תלתא |
| 562 | | Ex37:18 | תלתא קני מנרתה מן סיטרא | חדתה | ותלתא קני מנרתה מן סטרה |
| 563 | | Ex26:21 | תרתין חמרין תחות לוחה | חדתה | ותרתין חמרין תחות לוחה |
| 564 | | Ex36:29M | לגו עזקתה | חדא/^<ח>דתה#2#^/חתה#2#/ | כדון עבד |
| 565 | | Ex26:24M | עזקתא/עזקא#2#/ | חדא/חדתה#2#/ | כדן יהוי לתריהון |
| 566 | | Nu28:21 | מכלתה תקרבון עם אמרא | חדתה | כהדין סדרא תקרבון עם |
| 567 | | Nu29:04 | מכלתה חד תקרבון עם אמרא | חדתה | כהדין סדרא תקרבון עם |
| 568 | | Nu29:14 | עשרונין תקרבון עם תורה | חדתה | כהדין סידרא תקרבון עם |
| 569 | | Nu28:29 | מכלתה תקרבון עם אמרא | חדתה | כהדן סדרא תקרבון ית שבעתי |
| 570 | | Nu29:10 | מכלתה תקרבון עם אמרה | חדתה | כהדן סידרא תקרבון עם שבעתי |
| 571 | | Lv14:05 | כהנא ויכוס ית צפירה | חדתה | {לבד}<לגו> מן דחסף על מיין |
| 572 | | Lv14:50 | ויכוס ית צפירה | חדתה | לגו מן דחסף על מיין מבוע: |
| 573 | | Ex26:19 | תרין חומרין תחות לוחה | חדתה | לתרין צירוי ותרין חומרין |
| 574 | | Ex26:19 | ותרין חומרין תחות לוחה | חדתה | לתרין צירוי: |
| 575 | | Ex36:24M | תחות לוחה | חדה/^חדתה#2#^/חתה#2#/ | לתרין סטרוי |
| 576 | | Ex26:02 | ארבע אמין באמתא דיריעתה | חדתה | משחא חדא לכל יריעתה: |
| 577 | | Ex36:15M | דיריעתה | חדה/^<ח>דתה#2#^/חתה#2#/ | משחה חדה |
| 578 | | Ex36:22M | ללוחה | «חדה»/^<ח>דתה#2#^/חתה#2#/ | משלוושן דן |
| 579 | | Ex26:02 | ארכה דיריעתה | חדתה | עשרין ותמנין אמין די |
| 580 | | Ex36:09M | ארכה דיריעתה | חדא/^חדתה#2#^/חתה#2#/ | עשרין ותמני |
| 581 | | Ex26:08 | ארכה דיריעתא | חדתה | תלתין אמין באמתא ופתיא |
| 582 | | Nu28:12 | מנחה פילה במשח עם דכרה | חדתה | תקרבון: |
| 583 | | Nu28:28 | תרין עשרונין עם דכרא | חדתה | תקרבון: |
| 584 | | Nu29:09 | תרין עשרונין עם דכרה | חדתה | תקרבון: |
| 585 | | Nu28:28 | עשרונין עם תורה | חדתה | תרין עשרונין עם דכרא חדתה |
| 586 | | Ex36:26M | תחות לוחה | חדה/^<ח>דתה#2#^/חתה#2#/ | ותרין/ותרתין#2# |
| 587 | חתא | Lv14:50M | ית צפירה | חדתה/^חדא#2#^/חתא#2#/ | לגו מן דחסף על |
| 588 | חתה | Ex26:16M | \דלוחא חדתא /דלוחה | חתה#2#/: | |
| 589 | | Ex26:21M | | חדת«ה» /לווחה | חתה#2#/: |
| 590 | | Ex36:21M | דלוחה | חדה/^<ח>דתה#2#^/חתה#2#/: | |
| 591 | | Ex36:26M | תחות לוחה | חדה/^חתה#2#^/חתתה#2#/: | |
| 592 | | Ex36:30M | תחות לוחה | חדתה/^חדה#2#^/חתה#2#/: | |
| 593 | | Ex36:31M | | חדה/^<ח>דתה#2#^/חתה#2#/: | |
| 594 | | Lv14:05M | "צפירה חדתה": צפרתה | חתה | |
| 595 | | Nu28:07M | עם אמרא | חדתה/^חדא#2#^/חתה#2#/ | במני בית קודשה |
| 596 | | Ex36:11M | על סטרא דיריעתה | חדה/חתה#2#/ | בריתה בבית דבוקה כן |
| 597 | | Ex36:12M | עבד ביריעתה | חדא/^חתתה#2#^/חתה#2#/ | וחמשין ענבין |
| 598 | | Lv14:12M | כהנא ית אמרה | חדתה/^חדה#2#^/חתה#2#/ | ויקרב יתיה לאשמה |
| 599 | | Ex25:32M | מן סטרא | חדתא/חתה#2#/^חדה#2#/^ | ותלתא קני מנרתא |
| 600 | | Ex37:18M | מן סיטרא | חדתה/^חדה#2#^/חתה#2#/ | ותלתא קני מנרתה |
| 601 | | Ex26:21M | \לוחה חדתה /לווחה | חתה#2#/ | ותרתין חמרין תחות לוחה |
| 602 | | Ex26:25M | חדא/חדת"#2#/ /לור' | חתה#2#/ | ותרתין חומרין תחות לוחה |
| 603 | | Ex26:13M | שפיעה על סטרה /יריעתה | חתה | יהווי משפע על סטר"#2#/ |
| 604 | | Ex36:29M | לגו עזקתה | חדא/^<ח>דתה#2#^/חתה#2#/ | כדון עבד |
| 605 | | Nu28:21M | עם אמרא | חדתה/^חדא#2#^/חתה#2#/ | כהדין סדרא |
| 606 | | Nu29:04M | חדתה/חדא#2#/ /אמרייה | חתה#2#/ | כהדין סדרא תקרבון עם |
| 607 | | Nu29:14M | עם דכרא | חדתא/^חדא#2#^/חתה#2#/ | כהדין סידרא |
| 608 | | Nu29:14M | עם תורה | חדתה/^חדא#2#^/חתה#2#/ | כהדין סידרא |
| 609 | | Nu29:15M | עם אמרא | חדתא/^חדא#2#^/חתה#2#/ | כהדין סידרא |
| 610 | | Nu28:29M | /אמרייה#2#/ | חדתה/^חדא#2#^/חתה#2#/ | כהדן סדרא |
| 611 | | Nu29:10M | עם אמרה | חדתה/^חדא#2#^/חתה#2#/ | כהדן סידרא |
| 612 | | Ex36:09M | חדא/חתה#2#/ משחת | חדא/חתה#2#/ | לכל יריעתה: |
| 613 | | Ex36:24M | תחות לוחה | חדה/^חדתה#2#^/חתה#2#/ | לתרין סטרוי |
| 614 | | Ex36:15M | דיריעתה | חדה/^<ח>דתה#2#^/חתה#2#/ | משחה חדה |
| 615 | | Ex36:09M | באומתה דיריע"#2#/ | חדא/חתה#2#/ | משחת חדא/חתה#2#/ לכל |
| 616 | | Ex36:22M | ללוחה | «חדה»/^<ח>דתה#2#^/חתה#2#/ | משלוושן דן |
| 617 | | Nu28:13M | עם אמרא | חתתה/^חדא#2#^/חתה#2#/ | עלה ריח דרעוה |
| 618 | | Ex36:09M | ארכה דיריעתה | חדא/^חדתה#2#^/חתה#2#/ | עשרין ותמני |
| 619 | | Ex36:15M | ארכה די יריעתה | חדא/חתה#2#/ | תלתין אמין באמתא |
| 620 | | Ex29:15M | וית דיכרא | חד{ת}ה/^חד#2#^/חתה#2#/ | תסב ויסמכון |
| 621 | | Nu28:12M | במשח עם דכרה | חדתה/^חדא#2#^/חתה#2#/ | תקרבון: |
| 622 | | Nu28:28M | עם דכרא | חדתה/^חדא#2#^/חתה#2#/ | תקרבון: |
| 623 | | Nu29:09M | עם דכרה | חדתה/^חדא#2#^/חתה#2#/ | תקרבון: |
| 624 | | Nu28:28M | עם תורה | חדתה/^חדא#2#^/חתה#2#/ | תרין עשרונין עם |
| 625 | | Ex36:26M | תחות לוחה | חדה/^<ח>דתה#2#^/חתה#2#/ | ותרין/ותרתין#2# |
| 626 | חתתה | Ex36:26M | תחות לוחה | חדה/^חתה#2#^/חתתה#2#/: | |
| 627 | | Nu15:05M | לאמרה | חדתה/^חדה#2#^/חתתה#2#/: | |
| 628 | | Ex36:12M | עבד ביריעתה | חדא/^חתתה#2#^/חתה#2#/ | וחמשין ענבין |
| 629 | | Ex37:03M | סטריה \חד ותרין עזקן | /חתתה | ותרתין <עז>קן#2#/ על |
| 630 | | Nu28:13 | במשח תקרבון עם אמרא | חתתה | עלה ריח דרעוה קרבן קדם ייי |
| 631 | דחתה | Nu11:26M | גברין במשריתה שמה | דחד/דחתה#2#/ | אלדד ושמה דתניינה |
| 632 | | Gn 4:19M | תרתין נשין שמה | דחדה/דחתה#2#/ | מינהון עדה ושמה |
| 633 | לחדתא | Lv27:34M | ולית אפשר לנבייא | לחדתא | בהון מדעם ופקדינון מטול |

## חד עשׂר *num.* eleven [188]

|  |  |  |  |  |  |
|---|---|---|---|---|---|
| 001 | חד עשר ab/cn | Nu29:20 | דמטלייה תקרבון תורין | חד עשר | דכרין תרין אמרין בני |
| 002 | | Nu 7:72 | ביום | חד עשר | יומין דחנוכת רבותה דמדבחה |
| 003 | | Dt 1:02 | ארח מהלך | חד עשר | יומין הוה לכון מהלכה מן |
| 004 | חדא עשרה | Ex26:07 | דמעזן לפרס על משכנא | חדא עשרה | יריען תעבד יתהון: |
| 005 | חדא עשרין | Ex36:14 | חפיי למיפרס על משכנא | חדא עשרין | יריע{ת}<ן> עבד יתהון: |
| 006 | חדי סרי | Ex36:14M | על משכנא | חדא עשרין/חדי סרי#2#/ | יריע{ת}<ן> עבד |
| 007 | חדישרי | Ex26:07M | לפרס על משכנא | חדא עשרה/חדישרי#2#/ | יריען תעבד יתהון: |

|  |  |  |  |  |
|---|---|---|---|---|
| 008 | בחד עשר | | Dt 1:03 | והוה בסוף ארבעין שנין בחד עשר ירחין בחד יום לירחא מלל |
| 009 | וחד עשר | | Gn37:09 | תוב והא שמשא וזהרא וחד עשר כוכבין שאלין בשלמי: |
| 010 | לחדישרי | | Ex36:15M | לחדה עש{ת}<ר>תי^לחדישרי#2#^/לחד עשרתי#2#/ |
| 011 | חד עשרתי | em | Gn32:23 | וית תרתין לחינתיה וית חד עשרתי בנוי ועבר ית מעבר יבקה: |
| 012 | לחד עשרתי | | Ex36:15M | לחדה עש{ת}<ר>תי^לחדישרי#2#^/לחד עשרתי#2#/ |
| 013 | לחדה עשרתי | | Ex36:15 | חדה משחה חדה לחדה עש{ת}<ר>תי יריעתה: |

## joy *n.* חדו

[188]

|  |  |  |  |  |
|---|---|---|---|---|
| 001 | חדו | s ab/cn | Gn21:06 | ואמרת שרה חדו רבה אתעבד לי מן קדם ייי כל |
| 002 | בחדו | | Dt28:47 | פלחתון קדם ייי אלהכון בחדו ובלב טב מן סוגי כולה: |
| 003 | בחדון | p abs | Gn31:27 | אילו תנית לי שלחת יתך בחדון בשירין בתופין ובכינרין: |

See also: *n.* חדווה

## a type of magician *n.* חדוד

[188]

|  |  |  |  |  |
|---|---|---|---|---|
| 001 | חדודי | p const | Lv19:26 | נטורי נחשין ולא ח{ר}<ד>ודי עיינין: |
| 002 | | | Dt18:10 | לא קסמי קסמין ולא חדודי עינין ולא נטורי נחשין ולא |
| 003 | לחדודי | | Dt18:14 | די אתון משצי יתהון לחדודי עיינין ולקסמי קסמין |

## joy *n.* חדווה

[188]

|  |  |  |  |  |
|---|---|---|---|---|
| 001 | חדוה | s ab/cn | Nu29:35M | לגו בתיכון כנישת חדוה יהו' |
| 002 | | | Gn21:06M | לי מן קדם ייי/סגי לי חדוה עבד לי ייי#2#/ כל דשמע |
| 003 | | | Dt16:08 | וביומא שביעיה כנישת חדוה קדם ייי אלהכון לא תעבדון |
| 004 | חדווה | | Nu29:35M | כניש{ו}<י>ן תהוון ח{וד}<דוו>ה במטליכון לגו |
| 005 | | | Lv23:36 | קרבנין קדם ייי כניסת חדווה היא כל עבידה דפלחן לא |
| 006 | בחדוה | | Lv23:32 | ועבדין זמני מועדיכון בחדוה: |
| 007 | | | Gn22:14 | ואקדמית ועבדית מימריך בחדוה וקיימית ית גזרתך וכדון כד |
| 008 | | | Nu29:35 | מן מטליכון לגו בתיכון בחדוה כנישין דמצוון תיהווי לכון |
| 009 | חדוותכון | s em/sf | Nu10:10 | וביום חדוותכון ובזמני מעדיכון ובר ישי |

## to rejoice *vb.* חדי

[188]

|  |  |  |  |  |
|---|---|---|---|---|
| 001 | חדה | peal | Dt30:09 | עליכון לטב היך מה די חדה על אבהתכון: |
| 002 | חדון | | Dt33:18 | משה נביא דייי ואמר חדון דבית זבולון במיפקכון |
| 003 | חדיין | | Dt16:15 | ותהוון לחוד {ח} עמי חדיין: |
| 004 | | | Ex24:11 | איקר שכינתה דייי והוון חדיין על קרבניהון דאתקבלון היך |
| 005 | יחדי | | Dt28:63 | ולמסגייה יתכון כדן יחדי ייי עליכון למובדה יתכון |
| 006 | | | Gn21:06M | דייי כל דשמע בקלי {ו}<י>חדי לי{יתי} ויחדי עמי |
| 007 | | | Gn21:06 | לי מן קדם ייי כל דשמע יחדי עמי: |
| 008 | דחדה | | Dt28:63M | דהווה רעווה מן קדם/דחדה#2#/ ייי עליכון למייטבה\ |
| 009 | וחדה | | Ex18:09 | וחדה יתרו על כל טבתא די עבד |
| 010 | וחדון | | Dt33:18 | במיפקכון לפרגמטיכון וחדון דבית ישסכר במייתבכון |
| 011 | | | Lv 9:24 | תרביה וחמון כל עמא וחדון ואשתטחו על אפיהון: |
| 012 | ויחדי | | Ex 4:14 | אתא לקדמותך ויחמי יתך ויחדי בלביה: |
| 013 | | | Gn21:06M | {ו}<י>חדי לי{יתי} ויחדי עמי |
| 014 | ותחדון | | Dt12:07 | תמן קדם ייי אלהכון ותחדון בכל אושטות ידיכון אתון |
| 015 | | | Dt26:11 | ותחדון בכל טובה די יהב לכון ייי |
| 016 | | | Dt14:26 | תמן קדם ייי אלהכון ותחדון עמי אתון ואנשי בתיכון: |
| 017 | | | Lv23:40 | והדס וערבה דנחלה ותחדון קדם ייי אלהכון שבעה |
| 018 | | | Dt12:12 | ותחדון קדם ייי אלהכון אתון |
| 019 | | | Dt12:18 | וליווי די בקורייכון ותחדון קדם ייי אלהכון בכל אושטות |
| 020 | | | Dt16:11 | ותחדון קדם ייי אלהכון אתון |
| 021 | | | Dt27:07 | קודשין ותיכלון תמן ותחדון קדם ייי אלהכון: |
| 022 | ותיחדון | | Dt16:14 | ותיחדון עמי בזמני מועדיכון אתון |
| 023 | למחדי | | Dt30:09 | סגין ארום יחזור ייי למחדי עליכון לטב היך מה די חדה |
| 024 | ויחדי | pael | Dt24:05 | יהווי לבייתיה שתה חדא ויחדי ית אתתיה די נסב: |

## new *adj.* חדת

[188]

|  |  |  |  |  |
|---|---|---|---|---|
| 001 | חדת | s ab/cn | Dt14:26 | בתורין ובען ובחמר חדת ובעתיק ובכל מה די תשאל |
| 002 | | | Nu 6:03 | ועתיק לא ישתי חלד חמר חדת וחלד חמר עתיק לא ישתי וכל |
| 003 | | | Lv10:09 | חמר חדת וחמר עתיק לא תשתון את |
| 004 | | | Dt20:05 | מן הוא דן גברא דבנה בית חדת ולא שכליל יתיה {ו}<י>יזיל |
| 005 | | | Nu 6:03 | מן חמר ח{{ת}}«ד»ת ועתיק לא ישתי חלד חמר |
| 006 | | | Dt29:05 | לחם לא אכלתון וחמר חדת ועתיק לא שתיתון מן בגלל |
| 007 | | | Lv23:14 | ולחם חדת וקמח קלי ופירוכיין לא |
| 008 | | | Dt22:08 | ארום תבנה בית חדת ותעבד סייג לאגרך ולא תשווי |
| 009 | | | Ex 1:08 | וקם מלך חדת על מצרים די לא ^הוה#2#^ |
| 010 | חדתה | | Nu16:30 | ואן ברייה חדתה יברא ייי ותפתח ארעא ית פמה |
| 011 | | | Lv23:16 | יומין ותקרבון מנחה מן חדתה קדם ייי: |
| 012 | | | Nu28:26 | בקרבותכון מנחה מן חדתה קדם ייי בזמן {ב}<ד>חגי |
| 013 | חתתה | s em/sf | Lv26:10 | דעתיק ועתיקה מן קדם חתתה תפנון: |
| 014 | חדתין | p abs | Dt32:01 | הוא ייי למברה שמיא {חת}<חד>תין וארעא חדתה ארום תריין |
| 015 | | | Dt32:17M | לא חכמו יתהון חדתן/<חד>תין#2#/ אינון/<אי>נין#2#/ |
| 016 | חדתן | | Dt32:17 | טעוון די לא חכמו יתהון חדתן אינון דמן כדון אתבריין דלא |

## newness *n.* חדתו

[189]

|  |  |  |  |  |
|---|---|---|---|---|
| 001 | חתתותיה | s em/sf | Nu28:14M | בזמניה#2#/ /לבית חתתותיה בזמנא וכהד#2#/ סדרא |
| 002 | בחדתותא | | Lv13:55M | \בכליותה או בחדתותיה/<בחדתו>תא#2#/ /בקורחתה או |
| 003 | בחדתותי' | | Lv13:42M | בשחיקותיה או בחדתותי' |
| 004 | | | Lv13:43M | בשחיקותיה או בחדתותי' |
| 005 | בחדתותיה | | Lv13:55 | היא בכליותה או בחדתותיה: |

## to sin *vb.* חוב

[189]

|  |  |  |  |  |
|---|---|---|---|---|
| 001 | חבית | peal | Ex 9:27M | להון \חטית הדא זמנא /חבית דסרבית על מימריה דייי |
| 002 | יחוב | | Lv 4:22M | יחטא /בזמן דרבה יחוב#2#/ ויעבד חדא מן כל מצוותה |
| 003 | דח' | | Nu17:03M | /יקידת אשתה בנפשו#2#/ </דח'> בנפשו#2#/ ויעבדון יתהון |
| 004 | דחב | | Nu 6:11M | "על ... נפשה": ממה דחב על בר נשא דמית די קבר |
| 005 | דחבו | | Nu17:03 | דחייביה האליין דחבו בנפשתהון ויעבדון יתהון |
| 006 | דחביתון | | Lv26:28 | יתכון אף אנה שבעה על דחביתון: |
| 007 | יחייב | pael | Nu35:33 | שרין בה ארום דמא הוא יחייב ית ארעא ולארעא לא יכפר |
| 008 | יחייבון | | Ex22:08 | מלי תריהון ית מן די יחייבון דייניא ישלם בכפלא |
| 009 | | | Ex23:33 | ולא ישרון בארעכון דלא יחייבון יתכון קדמיי ארום תפלחון |
| 010 | תחייבון | | Nu35:33 | ולא תחייבון ית ארעא די אתון שרין בה |
| 011 | | | Nu35:34M | ולא תסאבון/תחייבון#2#/ ית ארעא די אתון |
| 012 | | | Dt24:04 | מרחקה הוא קדם ייי ולא תחייבון ית ארעא דייי אלהכון יהב |
| 013 | דמחייב | | Nu35:33M | אדמא#2#/ הוא יחייב/דמחייב#2#/ ית ארעא ולארעא לא |
| 014 | ויחייבון | | Dt25:01 | ויזכון ית זכייה ויחייבון ית מן דחמי ליה למחייבה: |
| 015 | למחייבה | | Dt25:01 | ית מן דחמי ליה למחייבה: |
| 016 | איתחייבינן | etpaal | Nu12:11M | אשתלינן ודי חטינן/איתחייבינן#2#/: |
| 017 | אתחיי' | | Lv19:22 | ליה מן חובתיה די אתחיי': |
| 018 | אתחייב | | Lv 4:28 | שלמה על חובתיה די אתחייב: |
| 019 | | | Lv 5:24 | יתן יתיה ביומא די אתחייב: |
| 020 | | | Lv 5:19 | אשמה הוא על חובתיה די אתחייב אשמה ייתי קדם ייי: |
| 021 | | | Ex23:03 | בני ישראל ומסכינא די אתחייב בדינא לא תסב ליה |
| 022 | | | Lv 4:28 | אתודע ליה חובתיה די אתחייב וייתי ית קרבניה צפירת בר |
| 023 | | | Lv 4:35 | עלוי כהנא על חובתיה די אתחייב וישתביק ליה: |

|  |  |  |  |
|---|---|---|---|
| 024 | | Lv 5:10 | עלוי כהנא מן חובתיה די אתחייב וישתרי וישתבק ליה: |
| 025 | | Lv19:22 | קדם ייי על חובתיה די אתחייב וישתרי וישתבק ליה מן |
| 026 | | Dt25:02 | ויהווי אין מרדו אתחייב למלקה חייבה וירבע יתיה |
| 027 | | Lv 5:13 | עלוי כהנא על חובתיה די אתחייב מן חדא מן אלין וישתרי |
| 028 | | Lv 5:16 | וית מה די אתחייב מן קדשיה ישלם וית חומשי׳ |
| 029 | | Lv 5:06 | קדם ייי על חובתיה די אתחייב נקבה מן ענה אמרה או צפירה |
| 030 | | Lv 5:11 | יון וייתי ית קרבניה די אתחייב עשרין מכלתה סלת לחטאת לא |
| 031 | | Lv 4:03 | ויקרב על חובתיה די אתחייב תור בר תורין שלם מן מום |
| 032 | אתחייבו | Lv 4:14 | ותתודע חובתה די אתחייבו עלה ויקרבון קהלא תור בר |
| 033 | | Ex32:31M | /ברחמין מן קודמיך ייי אתחייבו עמא הליין#2# חובין |
| 034 | אתחייבתון | Nu32:23 | לא תעבדון כדין הא אתחייבתון קדם ייי די יארעון |
| 035 | | Dt 9:16 | וחמית והא אתחייבתון קדם ייי אלהכון עבדתון |
| 036 | ית׳ | Nu32:23M | הא/הוא#2# אתחייבתון/ית#2# קדם ייי /ותידעון |
| 037 | | Dt 9:16M | וחמית והא אתחייבתון/ית#2# קדם ייי אלהכון |
| 038 | יתחייב | Lv 4:22M | "אין ... ויעבד": דירבה יתחייב ויע׳ |
| 039 | | Lv 5:05 | ויהוי ארום יתחייב לחדא מן אלין ויתוודי על |
| 040 | | Lv 4:03M | דמתרבה {ו}<י>תחייב לחובתהון דע׳ |
| 041 | | Lv 4:03 | אין כהנא דמתרבה יתחייב לחובתון דעמא ויקרב על |
| 042 | | Dt19:15 | סרחון בכל סרחון די יתחייב על פם תרין סהדין או על פם |
| 043 | תתחייב | Lv 4:27M | ואין נפש חדה תחטא/תתחייב#2# בשלו מעמא דארעא |
| 044 | | Lv 4:02M | למימר נפש ארום תחטא/תתחייב#2# בשלוה מן כל מצותה |
| 045 | | Lv 5:17M | ואין נפש ארום תחטא/תתחייב#2# ותעבד חדה מן כל |
| 046 | | Nu15:27 | ואן נפש חד תתחייב ותקרב עז בר שתה לחטאתה: |
| 047 | | Lv 5:01M | ונפש ארום תחטא/תתחייב#2# ותשמע/ותשמוע#2# קל |
| 048 | | Lv 5:21M | אנש/נפש#2# ארום תחטא/תתחייב#2# ותשקר/וישקר#2# שקר |
| 049 | תתחייבו׳ | Ex20:20M | בפמ׳ מן בגלל דל׳ תתחייבו׳#2#:/ |
| 050 | תתחייבון | Dt20:18 | די פלחו לטעוותהון דלא תתחייבון קדם ייי «א»להכון: |
| 051 | מתחייב | Lv27:29M | ייי מטול דדין קטול מתחייב איתקטלא איתקטיל |
| 052 | דאית׳ | Lv19:22M | על חובתיה די אתחייב/דאית#2# וישתרי וישתבק ליה |
| 053 | דאיתחייב | Dt19:15M | סרחון חובה דאיתחייב על מימר תריין |
| 054 | דאתחיי׳ | Lv 4:23 | אין אתודע ליה חובתיה דאתחיי׳ עלה וייתי ית קרבניה צפיר |
| 055 | דאתחייב | Nu 5:07 | יוסף עלוי ויתן למן דאתחייב ליה: |
| 056 | | Nu 6:11M | מה די חטא /מן מה דאתחייב#2# על נפשה ויקדש ית ראשה |
| 057 | | Lv 5:05 | אלין ויתוודי על מה דאתחייב עלוי: |
| 058 | | Lv 5:07 | אמר וייתי ית אשמיה דאתחייב תרין שפנינין או תרין |
| 059 | דאתחייבת | Nu12:16 | אוף על גב דאתחייבת מרים נביייתה למצטרעה אית |
| 060 | דית׳ | Lv 5:07M | וייתי ית אשמיה דאתחייב/דית#2# תרין/תריין#2#/ |
| 061 | דיתח׳ | Lv 5:19M | על חובתיה \די אתחייב/דיתח#2# אשמה ייתי קדם ייי |
| 062 | דתחייבון | Lv 4:14M | חובתה \די אתחייבו/דתחייבון#2# עלה ויקרבון קהלא |
| 063 | דמתחייב | Dt17:06 | תלתה סהדין יתקטל מן דמתחייב להתקטלה לא יתקטל על פם |
| 064 | | Nu24:19 | דבית יעקב וישיצי מן דמתחייב מן כרכה חייבא היא <.... >: |
| 065 | | Nu25:04 | ויהון דיינין כל מן דמתחייב קטלה יצלבון יתיה על |
| 066 | ואת׳ | Lv 5:02M | מנה והוא מסא׳ ויתחייב/ואת#2#:/ |
| 067 | | Lv 5:03M | מנה והו׳ ידע ויתחייב/ואת#2#:/ |
| 068 | | Lv 5:04M | מניה והוא <ידע> ויתחייב/ואת#2# לחדא מן אילין |
| 069 | ואתחייב | Lv 5:17 | למתעבדה ולא ידע ואתחייב ויקבל חובוי: |
| 070 | וית׳ | Lv 5:17M | ולא ידע ואתחייב/וית#2# ויקבל חובוי: |
| 071 | ויתחייב | Lv 4:22 | כשרין למתעבדה בשלו ויתחייב: |
| 072 | | Lv 4:27 | דלא כשרין למתעבדה ויתחייב: |
| 073 | | Lv 5:02 | ויתכסי מנה והוא מסא׳ ויתחייב: |
| 074 | | Lv 5:03 | ויתכסי מנה והו׳ ידע ויתחייב: |
| 075 | | Dt19:06 | אורחא ויקטול יתיה ויתחייב בנפשה ולה לית סדר דין |
| 076 | | Dt19:11 | עלוי ויקטול יתיה ויתחייב בנפשיה ויערוק {מן} לחדה |
| 077 | | Lv 5:23 | ויהוי יחטא ויתחייב ויחזור ית גזלה דגזל או ית |
| 078 | | Lv 5:04 | מניה והוא <ידע> ויתחייב לחדא מן אילין: |
| 079 | ויתחייבון | Lv 4:13 | די לא כשרין למתעבדה ויתחייבון: |
| 080 | ונתחייב | Gn37:21 | ואמר לא נקטול יתיה ונתחייב בנפשיה: |
| 081 | ותתחוב | Nu 5:06 | למשקרי שקר בשמה דייי ותתחוב נפשה ההוא: |
| 082 | ותתחייב | Lv 5:15M | ארום תשקר שקר ותחטא/ותתחייב#2# בשלו מן קדשוי |
| 083 | ותתחייבון | Dt20:18M | \דלא תתחייבון/ותתחייבון#2# קדם ייי |
| 084 | ומחייב | Dt22:26 | חבריה ויקטול יתיה ומ«ת»חייב בנפשיה כדן הוא פתגמא |
| 085 | למח׳ | Dt25:01M | ית מן דחמי ליה למחייבה/למח#2#:/ |
| 086 | למתחייבה | Lv 5:26 | חדא מן כל מה די יעבד למתחייבה בה: |
| 087 | | Lv 5:22M | ברנשא \למיחטי בהון /למתחייבה בהון#2#:/ |

## [189] debt, sin *n.* חוב

|  |  |  |  |
|---|---|---|---|
| 001 | חוב s ab/cn | Ex22:24M | לא תהוון לכון מן{י}רי חוב דחיק ולא תשוון עליהון ולא |
| 002 | | Ex22:24 | עמך לא תהווי ליה כמרי חוב דחק ולא תשוון עלוי שערין |
| 003 | | Dt15:02 | ושמטתה ישמט כל גבר מרי חוב ית ידיה דיוזיף בחבריה לא |
| 004 | דחוב | Ex22:08M | כל \פתגם דחטיא /מלא דחוב#2# על תור על חמרא על אמר |
| 005 | חובא s em/sf | Nu15:31 | משתיציא תישתצי נפשה חובא תקבל: |
| 006 | חובה | Nu 5:31 | ואתתה ההיא תקבל ית חובה: |
| 007 | | Nu30:16 | די ישמע ויקבל ית חובה: |
| 008 | | Dt20:08M | דדחלה ותביר ליבה מן חובה די בידיה יהך ויחזור |
| 009 | | Nu 5:31 | ויזדכי גברא מן חובה ואתתה ההיא תקבל ית חובה: |
| 010 | | Dt28:56 | תבאש עייניה בבעיל חובה ובברה ובברתה: |
| 011 | | Lv18:25 | ואסתאבת ארעא ודכרת חובה עליה ואתגליית ארעא ית |
| 012 | חובהון | Lv16:21 | ויתודי עלוי ית כל חובהון דבני ישראל וית כל |
| 013 | חוביה | Lv18:25M | עליה ואתגליית ארעא /חוביה/ עליה ופלטת אר׳#2#/ ית |
| 014 | לחוביה | Ex10:17M | כען לחוביי /ושבוק לחוביה#2#/ לחוד/להוד#2#/ בזמנא |
| 015 | חובין p abs | Lv19:17 | ית חברך ולא תקבל עלוי חובין: |
| 016 | | Nu 5:15 | היא מנחה דדכרה מדכרה חובין: |
| 017 | | Nu18:32 | ולא תקבלון עלוי ח«ו»בין באפרשותכון ית טובה מניה |
| 018 | | Ex28:43 | דלא יקבלון חובין דלא ימותון קיים עלם להון |
| 019 | | Nu18:22 | זמינה למקרבה למסבול חובין דלא ימותון: |
| 020 | | Nu 5:31M | ויזדכי גברא מן חובה/חובין#2#/ ואתתה ההיא/היא#2#/ |
| 021 | | Ex28:43M | בית קודשה ולא יסבלון חובין וימותון קיים דעלם לה |
| 022 | | Lv22:09 | ולא יקבלון עלוי חוב«י»ן וימותון ביה ארום אפיסו |
| 023 | | Nu 7:16 | קרב יתה לחטאתה לשבקות חובין ולשלוון למכפרה באדמה |
| 024 | | Nu 7:22 | קרב יתיה לחטאתה לשבקות חובין ולשלוון למכפרה באדמה |
| 025 | | Nu 7:28 | חד קרב לחטאתה לשבקות חובין ולשלוון למכפרה באדמה |
| 026 | | Nu 7:34 | חד קרב לחטאתה לשבקות חובין ולשלוון למכפרה באדמה |
| 027 | | Nu 7:40 | קרב יתיה לחטאתה לשבקות חובין ולשלוון למכפרה באדמה |
| 028 | | Nu 7:52 | קרב יתה לחטאתה לשבקות חובין ולשלוון למכפרה באדמה |
| 029 | | Nu 7:58 | קרב יתיה לחטאתה לשבקות חובין ולשלוון למכפרה באדמה |
| 030 | | Nu 7:70 | קרב יתיה לחטאתה לשבקות חובין ולשלוון למכפרה באדמה |
| 031 | | Nu 7:76 | קרב יתיה לחטאתה לשבקות חובין ולשלוון למכפרה באדמה |
| 032 | | Nu 7:82 | לחט«א»תה לשבקות {ב}<ח>ובין ולשלוון לכפרה באדמה |
| 033 | | Nu 7:64 | קרב יתיה לחטאתה לשבקות חובין ולשלוון למכפרה באדמה |
| 034 | | Nu 7:46 | קרב יתה לחטאתה לשבקות חובין לשלוון למכפרה באדמה |
| 035 | | Gn20:09 | אייתת עלי ועל מלכותי חובין רברבין עבדין דלא כשרין |
| 036 | | Gn26:10 | אתתך והוות מייתי עלינן חובין רברבין: |
| 037 | | Ex32:21 | ארום אייתית עליהון חובין רברבין: |
| 038 | | Ex32:30 | משה לעמא אתון חטיתון חובין רברבין וכדון אסוק אבעי |
| 039 | | Ex32:31 | בבעו חטון עמא האליין חובין רברבין ויעשו להם אלהי |
| 040 | ולח׳ | Ex34:07M | /לסרחונ{ו}<י>ן ולח#2#/ ומעבר על מרדין ומכפר על |
| 041 | לחובין | Gn18:24 | משיצא ולא את שרי ושבק לחובין דאתרא מן בגלל חמישיתי |
| 042 | | Ex34:07 | לאלפין דרין שרי ושביק לחובין ומעבר על מרדין ומכפר על |

|  |  |  |  |  |  |
|---|---|---|---|---|---|
| 043 | | Nu14:18 | למעבד חסד שרי ושביק | לחובין | ומעבר על מרודין ומכפר על |
| 044 | חובי p const | Nu18:01 | עמך תקבלון ית | חובי | <....> כהונתכון: |
| 045 | | Ex34:07 | ביום דינא רבה מדכר | חובי | אבהן רשיעין על בנין ועל |
| 046 | | Nu14:18 | מזכי ביום דינה רבה מדכר | חובי | אבהן רשיען על בנין מרודין |
| 047 | | Dt 5:09 | ופורען מתפרע בקנאה מדכר | חובי | אבהן רשיען על בנין מרודין |
| 048 | | Lv26:40 | ויתודון ית חוביהון וית | חובי | אבהתהון בשקריהון די שקרו |
| 049 | | Lv22:16 | ויקבלון יתהון | חובי | אשמה כד יהוון אכלין ית |
| 050 | | Dt29:18 | למוספה חובי שלותה על | חובי | זדנתה: |
| 051 | | Lv17:11 | ארום אדמה הוא על | חובי | נפשה יכפר: |
| 052 | | Lv10:17 | ויתה יהב לכון למטען ית | חובי | עם כנשתה למכפרה עליכון קדם |
| 053 | | Ex28:38 | דאהרן ויטען אהרן ית | חובי | קדישא די יקדישו בני ישראל |
| 054 | | Nu 7:16 | דצפירה על חובוי ועל | חובי | שלות שבטה: |
| 055 | | Nu 7:22 | דצפ«י»רה על חובוי ועל | חובי | שלות שבטה: |
| 056 | | Nu 7:28 | דצפירה על חובוי ועל | חובי | שלות שבטה: |
| 057 | | Nu 7:34 | דצפירה על חובוי ועל | חובי | שלות שבטה: |
| 058 | | Nu 7:40 | דצפירה על חובוי ועל | חובי | שלות שבטה: |
| 059 | | Nu 7:46 | דצפירה על חובוי ועל | חובי | שלות שבטה: |
| 060 | | Nu 7:52 | דצפירה על חובוי ועל | חובי | שלות שבטה: |
| 061 | | Nu 7:58 | דצפירה על חובוי ועל | חובי | שלות שבטה: |
| 062 | | Nu 7:64 | דצפירה על חובוי ועל | חובי | שלות שבטה: |
| 063 | | Nu 7:70 | דצפירה על חובוי ועל | חובי | שלות שבטה: |
| 064 | | Nu 7:76 | דצפירה על חובוי ועל | חובי | שלות שבטה: |
| 065 | | Nu 7:82 | דצפירה על חובוי ועל | חובי | שלות שבטה: |
| 066 | | Dt29:18 | איזיל מן בגלל למוספה | חובי | שלותה על חובי זדנתה: |
| 067 | בחובי | Dt24:16 | בנין ובנין לא ימותון | בחובי | אבהן גבר בחובי נפשיה |
| 068 | | Lv26:39 | בעלי דבביהון ולהוד | בחובי | אבהתהון עמהון ימסון: |
| 069 | | Lv26:37M | \גבר באחוי /אינש | בחובי | אחוי#2#/ כמן קדם שלפי |
| 070 | | Dt24:16 | לא ימותון אבהן {על} | בחובי | בנין ובנין לא ימותון |
| 071 | | Ex20:14 | למהוי עם גיורין ארום | בחובי | גיורא מותנא אתא על עלמא: |
| 072 | | Dt 5:18 | עם גייורין ארום | בחובי | גייוריה מותנה נפק ^על#2#^ |
| 073 | | Ex20:15 | למהוי עם גנבין ארום | בחובי | גנביא כפנא אתי לעלמא: |
| 074 | | Dt 5:19 | למהוי עם גנבין ארום | בחובי | גנבייה כפנה נפק על עלמא: |
| 075 | | Gn19:15 | דאשכחן דלא תשתיצא | בחובי | דקרתא: |
| 076 | | Dt 5:21 | כל מה די לחברך ארום | בחובי | חמודיה עננין סלקין ומטר |
| 077 | | Ex20:17 | כל מה די לחברך ארום | בחובי | חמודייה מלכותא מתגריין |
| 078 | | Dt 5:21M | דאית לחבריכון ארום | בחובי | חמודייה מלכוותה מתגבייה |
| 079 | | Lv17:11M | \על חובי נפשה יכפר | /בחובי | נפ{קי}<ש>ן הוא מכפר#2#/: |
| 080 | | Dt24:16 | ימותון בחובי אבהן גבר | בחובי | נפשיה ימות: |
| 081 | | Dt24:06 | ארום כל דעבד כדן | בחובי | נפשן הוא חביל: |
| 082 | | Ex20:16 | עם סהדי שקרא ארום | בחובי | סהדי שקרא חיות ברא מתכלה |
| 083 | | Dt 5:20 | {מ}<ס>הדי דשקר ארום | בחובי | סהדי שקרא חיות ברא |
| 084 | | Ex20:13 | למהוי עם קטולין ארום | בחובי | קטוליא חרבא נפיק על עלמא: |
| 085 | | Dt 5:17 | עם קטולין ארום | בחובי | קטוליה חרבה נפק על עלמא: |
| 086 | | Gn19:15M | דאשכחן דלא תסתפי | בחובי | קרתא#2#/: |
| 087 | | Dt 5:20M | הנון שהדין דשקר ארום | בחובי | שהדי שיקרא עננין מסתלקין |
| 088 | ובחובי | Dt 9:04M | ית ארעא הדה | ובחוביהון/ובחובי#2#/ | דאומייה האליין |
| 089 | | Dt32:43 | יחזר לבעלי דבביכון | ובחובי | עמא ארעא לקייא וברחמוי |
| 090 | לחובי | Gn50:17M | דעבדוי די אלהה | /לחובי | עבדי אלהא#2#/ דאבוך ובכה |
| 091 | חר' p em/sf | Lv17:16M | לחובוי /ישוג ויקבל | חר#2#/: | |
| 092 | חובוי | Lv 5:01 | ידע אין לא יתני יקבל | חובוי: | |
| 093 | | Lv 5:17 | ולא ידע ואתחייב ויקבל | חובוי: | |
| 094 | | Lv24:15 | שמה דאלה בגדפין יקבל | חובוי: | |
| 095 | | Nu30:16M | ויקבל ית | חובה/חובוי#2#/: | |
| 096 | | Nu 5:06 | אתה די יעבדון מן כל | חובוי | דבר נשא למשקרי שקר בשמה |

|  |  |  |  |  |  |
|---|---|---|---|---|---|
| 097 | | Ex 4:25 | כען אדם גזירתה הדא על | חובוי | דחתניה הדין: |
| 098 | | Dt20:08 | מן הוא גברא דדחל מן | חובוי | וליביה תביר על עבידתיה |
| 099 | | Nu 7:16 | למכפרה באדמה דצפירה על | חובוי | ועל חובי שלות שבטה: |
| 100 | | Nu 7:22 | באדמה דצפ«י»רה על | חובוי | ועל חובי שלות שבטה: |
| 101 | | Nu 7:28 | למכפרה באדמה דצפירה על | חובוי | ועל חובי שלות שבטה: |
| 102 | | Nu 7:34 | למכפרה באדמה דצפירה על | חובוי | ועל חובי שלות שבטה: |
| 103 | | Nu 7:40 | למכפרה באדמה דצפירה על | חובוי | ועל חובי שלות שבטה: |
| 104 | | Nu 7:46 | למכפרה באדמה דצפירה על | חובוי | ועל חובי שלות שבטה: |
| 105 | | Nu 7:52 | למכפרה באדמה דצפירה על | חובוי | ועל חובי שלות שבטה: |
| 106 | | Nu 7:58 | למכפרה באדמה דצפירה על | חובוי | ועל חובי שלות שבטה: |
| 107 | | Nu 7:64 | למכפרה באדמה דצפירה על | חובוי | ועל חובי שלות שבטה: |
| 108 | | Nu 7:70 | למכפרה באדמה דצפירה על | חובוי | ועל חובי שלות שבטה: |
| 109 | | Nu 7:76 | למכפרה באדמה דצפירה על | חובוי | ועל חובי שלות שבטה: |
| 110 | | Nu 7:82 | לכפרה באדמה דצפירה על | חובוי | ועל חובי שלות שבטה: |
| 111 | | Lv19:08 | ומה דיאכל יתה | חובוי | יקבל ארום ית קרבנוי דייי |
| 112 | | Lv20:09M | יתקטל אבוי ואמי' בזי | חובוי | יקבל |
| 113 | | Lv20:17 | עמהון עריתה דאחתה בזי | חובוי | יקבל: |
| 114 | | Lv20:19M | בזי \חוביהון יקבלון | /חובוי | יקבל#2#/: |
| 115 | | Nu 9:13 | דייי לא קרב בזמניה | חובוי | יקבל גברא ההוא: |
| 116 | | Lv 7:18 | ונפשה די {י} תאכל מנה | חובוי | תקבל: |
| 117 | חובי' | Nu32:23M | חוביכון /ותידע | חובי'#2#/ | די יארעון/תארע#2#/ |
| 118 | חוביהון | Ex32:34 | יתהון אדכר עליהון | חוביהון: | |
| 119 | | Lv26:41 | זידנה ובכדן ירעון ית | חוביהון: | |
| 120 | | Nu16:26 | דלא תשיצון בכל | חוביהון: | |
| 121 | | Gn15:16 | להכ' ארום לא שלימו | חוביהון | דאמוראי עד כען: |
| 122 | | Lv26:40 | ויתודון ית | חוביהון | וית חובי אבהתהון |
| 123 | | Lv16:21 | וית כל סרחניהון לכל | חוביהון | ויתן יתהון על רישיה |
| 124 | | Lv16:16 | ומן סרחניהון לכל | חוביהון | וכן יעביד למשכן זמנא די |
| 125 | | Lv16:34 | על בני ישראל מן כל | חוביהון | חדא זמן בשתה ועבד היך מה |
| 126 | | Lv20:19 | ית קריבת בשריה בזי | חוביהון | יקבלון: |
| 127 | | Lv20:20 | ערייתה דחביבתה בזי | חוביהון | יקבלון דלא בנין ימותון: |
| 128 | | Lv16:22 | ויקבל צפירה עלוי ית כל | חוביהון | לארע מפסקה וישלח ית |
| 129 | | Nu18:23 | ואינון יקבלון ית | חוביהון | קיים עלם לדריהון ובגו |
| 130 | חוביי | Gn 4:13 | קדם ייי סגין אינון | חוביי | למסבול ברם אית יכלה קדמך |
| 131 | חובייה | Lv22:27M | חובינן כדן די גרמו | חובייה | ולית לן מה נקרבה מן עדרי |
| 132 | | Lv26:29M | בישין הנון | חובייה | ומה מרידין אינון חטייה |
| 133 | | Lv26:29 | אי מה קשיין אינון | חובייה | ותקיפין חטאיה דגרמו |
| 134 | חוביכון | Ex32:30M | /דלמה די יכפר על | חוביכון#2#/: | |
| 135 | | Dt 1:01 | אמר במימריה וכפר על | חוביכון: | |
| 136 | | Nu14:34 | חד בכל שנה תקבלון ית | חוביכון | ארבעין שנין ותדעון ית |
| 137 | | Dt 9:18 | מיין לא שתית על כל | חוביכון | די חטיתון למעבד מה דסני |
| 138 | | Dt 9:21 | וית | חוביכון | די עבדתון ית טעוון נסבת |
| 139 | | Nu32:23M | ייי /ותידעון ית#2#/ | חוביכון | /ותידע חובי'#2#/ די |
| 140 | | Ex20:07M | ארום לא מזכי ייי ית | חוביכון | חייבי ביום דינא |
| 141 | | Lv16:30 | למדכיי' יתכון מן כל | חוביכון | קדם ייי תדכון: |
| 142 | חובינן | Lv22:27 | מקריבין ומתכפר על | חובינן | וכדון דלית לן למקרב{י}ה |
| 143 | | Dt 3:29 | ושרינן בחלתה בכיין על | חובינן | ומתוודין על חטאינן על די |
| 144 | | Lv22:27M | קורבנינן מכפרין לן על | חובינן | כדן די גרמו חובייה |
| 145 | בח' | Dt 9:27M | ולא | לחוביהון/^בח'#2#^/לרישעתיהון#2#/ | ולא |
| 146 | בחובוי | Dt24:16M | בחובוי \נפשיה ימות | /בחובוי | יתקטיל#2#/: |
| 147 | | Nu27:03 | ייי בעצתה דקרח ארום | בחובוי | מית ובנין דכרין לא הוון |
| 148 | בחוביהון | Lv26:39 | דמשתייר בכון יתמסון | בחוביהון | בארע בעלי דבביהון ולהוד |
| 149 | | Dt 9:05 | למירת ית ארעהון ארום | בחוביהון | דאומייה האליין ייי |
| 150 | בחוויהון | Ex12:36M | ית מצריי מן | נכסיהון/בחוויהון#2#/: | |

|  |  |  |  |  |  |  |
|---|---|---|---|---|---|---|
| 151 | וחוביהון | | Gn18:20M | ארום סגת | וחובתהון/וחוביהון#2/ | ארום תקפת |
| 152 | ובחוביהון | | Dt 9:04 | למירת ית ארעא הדה | ובחוביהון | דאומייה האליין מימרה |
| 153 | ולחוביהון | | Gn50:17 | לסרחניהון דאחך | ולחוביהון | ארום בישן גמלו יתך |
| 154 | לחור' | | Nu14:19M | לחוביהון /ושבוק כען | לחור#2/ | {ו}<ד>עמא האליין כתקוף |
| 155 | לחובוי | | Lv17:16 | לא יסחי במיא ויקבל | לחובוי: | |
| 156 | לחוביה | | Gn50:17M | דאחך /ושבוק | לחוביה | עבדי#2/ ולחוביהון ארום |
| 157 | לחוביהון | | Dt 9:27M | ולא | לסורחניהון/לחוביהון#2/: | |
| 158 | | | Ex32:32 | וכדון אין תשרי ותשבוק | לחוביהון | ואם לא מחק יתי מן ספר |
| 159 | | | Nu14:19 | שרי כען ושבוק | לחוביהון | {ו}<ד>עמא האליין כתקוף |
| 160 | | | Dt 9:27 | דעמא האליין ולא | לחוביהון | ולא לסורחניהון: |
| 161 | | | Ex34:09M | ותשרי ותשבוק | לחובינן/לחוביהון#2/ | ולחטאינן ותאחסן |
| 162 | | | Gn22:14M | אבוהון ושרי ושבק | לחוביהון | ומשזיב יתהון מן כל עקא |
| 163 | לחוביי | | Ex10:17 | וכדון שרי כען | לחוביי | לחוד בזמנא הדין וצלון קדם |
| 164 | לחוביכון | | Ex23:21 | ארום לא שרי ושבק | לחוביכון | ארום שמי קדישא אתקרי |
| 165 | לחובינן | | Ex34:09 | אינון ותשרי ותשבוק | לחובינן | ולחטאינן ותאחסן יתן: |

## חוב 2# *n.* bosom [189]

|  |  |  |  |  |  |  |
|---|---|---|---|---|---|---|
| 001 | חובה | s em/sf | Dt28:54 | תבאש עייניה באחוי ובאתת | חובה | טליותיה ובשיור בנוי די |
| 002 | חוביה | | Ex 4:07 | בחוביה ואפיק יתה מן | חוביה | והא חזרת למיהוי כבשרה: |
| 003 | חובך | | Dt13:07 | ברך או ברתך או את{ה}<ת> | חובך | או חברך רחמך דחביב עליך |
| 004 | | | Dt13:07M | חובך /אתתה דדמכה | חובך | או {עובך} <חברך> דר"#2/ |
| 005 | בחובי | | Ex 4:06 | ידך בחובך ואעל ידיה | בחובי | ואפיק יתה והא ידיה מצרעה |
| 006 | בחוביה | | Ex 4:07 | ידך בחובך·וחזר ידיה | בחוביה | ואפיק יתה מן חוביה והא |
| 007 | בחובך | | Ex 4:06 | ליה תוב אעל כען ידך | בחובך | ואעל ידיה בחובי ואפיק יתה |
| 008 | | | Ex 4:07 | ואמר חזור כען ידך | בחובך | וחזר ידיה בחוביה ואפיק |

## חובה *n.* sin, debt [189]

|  |  |  |  |  |  |  |
|---|---|---|---|---|---|---|
| 001 | חר' | s ab/cn | Dt15:09M | חובה /ויהווי עליכון | חר#2/: | |
| 002 | חובא | | Gn26:10M | עלינן \חובין רברבין | /חובא | רבא#2/: |
| 003 | חובה | | Dt15:09 | קדם ייי דלא יהווי בך | חובה: | |
| 004 | | | Dt23:22 | דלא יהווי בכון | חובה: | |
| 005 | | | Dt23:23 | מן למדר לא יהווי בכון | חובה: | |
| 006 | | | Dt24:15M | אזדהרו דלא יהווי בכון | חובה | |
| 007 | | | Dt24:15 | קדם ייי דלא יהווי בתרך | חובה: | |
| 008 | | | Nu18:32M | עלוי | ח«ו»בין/חובה#2/ | באפרשותכון ית טובה |
| 009 | | | Dt19:15M | תרין" ..." סרחון | חובה | דאיתחייב על מימר תריין |
| 010 | | | Nu12:11 | לא כען תשווי עלינן | חובה | די אשתלינן ודי חטינן: |
| 011 | | | Dt22:26M | פתגם ביש לית לטליתה | חובה | דקטולה |
| 012 | | | Lv22:09M | עלוי | חוב«י»ן/חובה#2/ | וימותון ביה ארום |
| 013 | | | Dt19:15 | לא יקום סהד בגבר לכל | חובה | ולכל סרחון בכל סרחון די |
| 014 | | | Dt21:22M | סדר חובת דין /בגבר | חובה | סדר דין#2/ דקטולין |
| 015 | | | Nu18:23M | ית חוביהון /יסבלון | חובה#2/ | קיים עלם/דע"#2/ |
| 016 | | | Gn20:09M | מלכותי \חובין רברבין | /חובה | רבה#2/ עבדין |
| 017 | | | Ex32:21M | עליהון \חובין רברבין | /חובה | רבה#2/: |
| 018 | | | Ex32:31M | \חובין רברבין | /חובה | רבה#2/ ויעשו להם אלהי |
| 019 | | | Lv 7:18M | די {י}תאכל מנה | חובוי/חובה#2/ | תקבל: |
| 020 | חובת | | Lv20:11 | מתקטלה יתקטל תריהון | חובת | אדמהון בהון: |
| 021 | | | Lv20:12 | יתקטלון מרחקה עבדו | חובת | אדמהון בהון: |
| 022 | | | Lv20:13 | מתקט«לה» יתקטלון | חובת | אדמהון בהון: |
| 023 | | | Lv20:16 | בעירה מתקטלה יתקטלו' | חובת | אדמהון בהון: |
| 024 | | | Lv20:27 | באבניה ירגמון יתהון | חובת | אדמיהון בהון: |
| 025 | | | Dt21:22 | וארום יהוי בגברא סדר | חובת | דין דקטולין ויתקטל ותצלבון |
| 026 | | | Ex22:02 | עלוי שמש{ו}א אית ליה | חובת | שפיכות אדם זכיי שלמא ישלם |
| 027 | | | Nu35:27 | ית קטולה לית לי{ת}<ה> | חובת | שפיכות אדם זכיי: |
| 028 | | | Dt19:10 | לאחסנה דלא יהווי עליכון | חובת | שפיכות אדם זכיי: |
| 029 | | | Dt19:13M | אדמה זכייה /ותשיצון | חובת | שפיכות אדמה זכייה#2/ מן |
| 030 | | | Dt21:08 | די פרקת ייי ולא תשוי | חובת | שפיכות אדם זכיי בגו עמך |
| 031 | | | Dt22:08 | סייג לאגרך ולא תשווי | חובת | שפיכות אדם זכיי לגו בייתך |
| 032 | | | Ex22:01 | וילקי וימות לית ליה | חובת | שפיכת אדם זכיי: |
| 033 | בחובת | | Lv19:18 | זכו בדינה ולא תתחשד | בחובת | אדמה דחברך ולא תהוון |
| 034 | חובת' | s em/sf | Lv 4:23M | חובתיה /יתודע עלוי | חובת#2/ | דאתחיי' עלה/ביה#2/ |
| 035 | חובתה | | Lv 4:14 | ותתודע | חובתה | די אתחייבו עלה ויקרבון |
| 036 | | | Ex21:13 | ליה ומן קדם ייי ארעת | חובתה | מיתי על ידוי ואשווי לכון |
| 037 | חובתהון | | Gn 6:05M | ייי ארום סגת | בישתהון/חובתהון#2/ | דבני אנשא בארעא |
| 038 | | | Nu 5:07 | ויתו«ו»דון ית | חובתהון | דעבדו ויחזרו ית אשמה |
| 039 | | | Gn44:16 | נזדכי מן קדם ייי ארעת | חובתהון | דעבדך הא אנן עבדין |
| 040 | חובתי | | Gn31:36 | יעקב ואמר ללבן מה | חובתי | ומה סרחני ארום רדפת |
| 041 | חובתיה | | Lv 5:06 | ויכפר עלוי כהנא מן | חובתיה: | |
| 042 | | | Dt25:02 | וימחי יתיה קדמוי כמסת | חובתיה | במניין: |
| 043 | | | Lv 4:23 | או אין אתודע ליה | חובתיה | דאתחיי' עלה וייתי ית |
| 044 | | | Lv 4:03 | לחובתון דעמא ויקרב על | חובתיה | די אתחייב תור בר תורין |
| 045 | | | Lv 4:28 | צפירת בר עזין שלמה על | חובתיה | די אתחייב: |
| 046 | | | Lv 4:28 | או אין אתודע ליה | חובתיה | די אתחייב וייתי ית קרבניה |
| 047 | | | Lv 4:35 | ויכפר עלוי כהנא על | חובתיה | די אתחייב וישתביק ליה: |
| 048 | | | Lv 5:06 | ית אשמיה קדם ייי על | חובתיה | די אתחייב נקבה מן ענה |
| 049 | | | Lv 5:10 | ויכפר עלוי כהנא מן | חובתיה | די אתחייב וישתרי וישתבק |
| 050 | | | Lv 5:13 | ויכפר עלוי כהנא על | חובתיה | די אתחייב מן חדא מן אלין |
| 051 | | | Lv 5:19 | אשמה הוא על | חובתיה | די אתחייב אשמה ייתי קדם |
| 052 | | | Lv19:22 | וישתרי וישתבק ליה מן | חובתיה | די אתחיי': |
| 053 | | | Lv19:22 | בדכרה דאשמא קדם ייי על | חובתיה | די אתחייב וישתרי וישתבק |
| 054 | | | Lv 4:26 | ויכפר עלוי כהנא מן | חובתיה | ויש<ת>ביק ליה: |
| 055 | בחובתה | | Nu15:28 | כהנא על נפשה דאשתלת | בחובתה | בשלותה קדם ייי למכפרה |
| 056 | וחובתהון | | Gn18:20 | ועמרה ארום סגת | וחובתהון | ארום תקפת לחדה: |
| 057 | | | Nu15:25 | ית קרבניהון קדם ייי | וחובתהון | קדם ייי על שלותהון: |
| 058 | לחובתהון | | Lv 4:03M | דמתרבה {ו}<י>תחייב | לחובתהון | דע' |
| 059 | | | Lv 4:03M | יתחייב | לחובתון/<לחו>בתהון#2/ | דעמא ויקרב על |
| 060 | לחובתון | | Lv 4:03 | כהנא דמתרבה יתחייב | לחובתון | דעמא ויקרב על חובתיה די |

## חוד *adv.* alone [??] [!!]

|  |  |  |  |  |  |  |
|---|---|---|---|---|---|---|
| 001 | חוד | | Ex 9:26M | | לחוד/^להוד#2^/חוד#2/ | בארעא דגשן די |

## חויה *n.* ⇐ אחווייה

## חוור *vb.* to launder [190]

|  |  |  |  |  |  |  |
|---|---|---|---|---|---|---|
| 001 | חוור | pael | Lv13:56M | מכתשה מן בתר דחוור/די | חוור#2/ | יתיה ויבזע/ובזע#2/ |
| 002 | חוורו | | Lv13:55M | דאתחוור /בתר די | חוורו#2/ | ית מכתשא והא לא הפך |
| 003 | יחוור | | Lv11:40M | ודאכל מנבלתהון | יחוור | |
| 004 | | | Lv14:47 | ומן די יאכול בביתה | יחוור | ית לבושוי: |
| 005 | | | Lv14:47 | ומן די ידמוך בביתה | יחוור | ית לבושוי ומן די יאכול |
| 006 | | | Lv11:28 | ומן די יטעון ית נבלתהון | יחוור | לבושוי ויהווי מסאב עד רמש' |
| 007 | | | Lv11:40 | ומן די ייכול מן נבלתה | יחוור | לבושוי ויהווי מסאב עד |
| 008 | | | Lv15:05 | וגבר די יקרב במדמכיה | יחוור | לבושוי ויסחי במיא ויהוי |
| 009 | | | Lv15:06 | מנא די יתיב עלוי דיבה | יחוור | לבושוי ויסחי במיא ויהוי |
| 010 | | | Lv15:07 | ומן די יקרב בבשרה דדיבה | יחוור | לבושוי ויסחי במיא ויהווי |
| 011 | | | Lv15:08 | דיבה {בדיביה} <בדכיה> | יחוור | לבושוי ויסחי במיא ויסתאב |
| 012 | | | Lv15:10 | רמשא ויטעון «יתהון» | יחוור | לבושוי ויסחי במיא ויסתאב |

| | | | | | | |
|---|---|---|---|---|---|---|
| 013 | | | Lv15:11 | וידוי לא שזיג במיא | יחוור | לבושוי ויסחי במיא ויסתאב |
| 014 | | | Lv15:21 | וכל די יקרוב במדמוכה | {ו}<י>חוור | לבושוי ויסחי במיא |
| 015 | | | Lv15:22 | בכל מן די תתב עלוי | יחוור | לבושוי ויסחי במיא ויסתאב |
| 016 | | | Lv16:26 | דמשלח ית צפירה לעזאזל | יחוור | לבושוי ויסחי ית בשריה |
| 017 | | | Lv16:28 | ומן דמוקד יתהון | יחוור | לבושוי ויסחי ית בשריה |
| 018 | | | Lv17:16 | ואן לא | יחוור | לבושוי ובשרה לא יסחי במיא |
| 019 | | | Nu19:08 | ומן דמוקד יתה | יחוור | לבושוי במיא ויסחי בשרה |
| 020 | | | Nu19:21 | עלם ומן דמדי מי אדיה | יחוור | לבושוי ומן די יקרוב במי |
| 021 | | | Lv11:25 | וכל די יסיט מן נבלתיהון | יחוור | לבושי ויהוי מסאב עד רמש׳: |
| 022 | תחוור | | Lv 6:20 | <....> וית די ידי עלוי | תחוור | באת׳ קדיש: |
| 023 | | | Lv13:58 | ערבה או כל מן דמשך די | תחוור | ויתעבר מנהון מכתשה |
| 024 | דחור | | Lv13:56 | והא כהה מכתשה מן בתר | דחור | יתיה ויבזע יתיה מן לבושיה |
| 025 | וחר׳ | | Lv16:26M | ית צפירה לעזאזל | יחוור/וחר׳#2#/ | לבושוי ויסחי ית |
| 026 | וחוור | | Gn41:14 | מן בית חבושיא וספר | וחוור | לבושוי ועל לוות פרעה: |
| 027 | וחוורו | | Ex19:14 | לוות עמא וקדש ית עמא | וחוורו | לבושיהון: |
| 028 | | | Nu 8:21 | ואדכון ליוויי | וחוורו | לבושיהון וכפר#1# למדכייה |
| 029 | | | Gn35:02 | נכריה מביניכון ואדכון | וחוורו | לבושיכון: |
| 030 | ויחבר | | Nu19:07M | | ויחוור/ויחבר#2#/ | לבושוי כהנא ויסחי |
| 031 | ויחוור | | Lv15:17 | יהוו עלוי תשמיש דזרע | ויחוור | במיא ויסתאב עד רמשא: |
| 032 | | | Lv14:08M | \ויתחוור מן | /ויחוור | דן#2#/ דמדכי ית |
| 033 | | | Lv13:58M | מנהון מכתשה | ויתחוור/ויחוור#2#/ | זמן תנינות וידכי: |
| 034 | | | Lv14:09 | וית כל שערה יספר | ויחוור | ^ית#2#^ לבושוי ויסחי ית |
| 035 | | | Lv13:06 | יתיה כהנא קלפה היא | ויחוור | לבושוי וידכי: |
| 036 | | | Lv13:34 | וידכי יתיה כהנא | ויחוור | לבושוי וידכי: |
| 037 | | | Lv15:13 | שבעה יומין לדכאותיה | ויחוור | לבושוי ויסחי בשרה במייא |
| 038 | | | Lv17:15 | ביציבייא ובגיורא | ויחוור | לבושוי ויסחי במיא ויהווי |
| 039 | | | Nu19:07 | | ויחוור | לבושוי כהנא ויסחי בשרה |
| 040 | | | Nu19:19 | ויתדכי ביומא שביעיה | ויחוור | לבושוי ויסחי במיא וידכי |
| 041 | | | Nu19:10 | | ויחוור | מן דמכנש ית קטמא דתורתה |
| 042 | ויחוורון | | Lv13:54 | ויפקד כהנא | «ויחוורון | ית מנה דביה מכתש׳» |
| 043 | | | Ex19:10 | יומא הדין ולמחר | ויחוורון | לבושיהון: |
| 044 | | | Nu 8:07 | גלב על כל בשרהון | ויחוורון | לבושיהון וידכון: |
| 045 | ויחור | | Lv15:27 | כל די יקרוב בהון יסתאב | ויחור | לבושוי ויסחי במיא ויהוי |
| 046 | ותחוורון | | Gn35:02M | בינ׳ ות{ה}<ד>כון | ותחוורון | לבושיכון |
| 047 | | | Nu31:24 | | ותחוורון | לבושיכון ביומא שבעייה |
| 048 | ומחוור | | Gn49:11 | טורייא מדם קטיליהון | ומחוור | גלמתא מתרבי גובריהון |
| 049 | דאתחוור | etpaal | Lv13:55 | ויחמי כהנא מן בתר | דאתחוור | ית מכתשא והא לא הפך |
| 050 | ויתחוור | | Lv13:58 | ויתעבר מנהון מכתשה | ויתחוור | זמן תנינות וידכי: |
| 051 | | | Lv14:08 | | ויתחוור | מן דמדכי ית לבו«שוי» |
| 052 | ויתחוורון | | Gn49:12 | ומעצרתא מן חמרא | ויתחוורון | גלמתא מן סגי עבור |

## white adj. חוור [189]

| | | | | | | |
|---|---|---|---|---|---|---|
| 001 | חוור | s ab/cn | Lv13:25 | יתיה כהנא והא אתהפך שער | חוור | בבה{י}ק<י>תה וחזוה מכיך מן |
| 002 | | | Nu11:07M | כזרע כסבר/בכסב׳ | חוור#2#/ | הוא ועינה כחזיו |
| 003 | | | Lv13:21 | יתה כהנא והא לית בה שער | חוור | ומכיכה לית היא מן משכה |
| 004 | | | Lv13:26 | והא לית בבהקיתה שער | חוור | ומכיכה לית היא מן משכה |
| 005 | | | Lv13:10 | במשכה והיא אתהפכת לשער | חוור | ורושם דבשרא חי בשומתה: |
| 006 | | | Lv13:42 | בקרחתה או בגלושנתה מכתש | חוור | סמוק צרעה מהלכה היא בקרחתה |
| 007 | חוור׳ | | Lv13:10 | ויחמי כהנא והא שומה | חוור׳ | במשכה והיא אתהפכת לשער |
| 008 | חוורה | | Lv13:24 | בהקי חוורה וסמוקה או | חוורה: | |
| 009 | | | Lv13:19 | ויהוי בתר שיחנא שומא | חוורה | או בהקי חוורה וסמוקה |
| 010 | | | Lv13:04 | ואין בהקי | חוורה | היא במשך בשרה ומכיך לית |
| 011 | | | Lv13:19 | שומא חוורה או בהקי | חוורה | וסמוקה ויתחווי לכהנא: |
| 012 | | | Lv13:24 | מחת דיכויתה בהקי | חוורה | וסמוקה או חוורה: |
| 013 | | | Lv13:43 | כהנא והא שומת מכתשה | חוורה | וסמוקה בקרחו«תיה» או |
| 014 | חי׳ | | Lv13:26M | לית בבהקיתה שער | חוור/חי׳#2#/ | ומכיכה לית היא מן |
| 015 | חיר׳ | | Lv13:25M | /יתהפך#2#/ שער | חוור/חיר׳#2#/ | בבה{י}ק<י>תה וחזוה |
| 016 | | | Lv13:42M | חוור /בגלשלשתה מכתש | חיר׳#2#/ | סמוק צרעה מהלכה היא |
| 017 | חיוור | | Lv13:10M | לשער/שער#2#/ | חוור/חיוור#2#/ | ורושם דבשרא חי |
| 018 | חיור | | Nu11:07M | כבר זרע כוסבר | חיור | |
| 019 | | | Ex16:14M | מפספס \דקיק כגלידא | /חיור | דקיק ככיפורא#2#/ על |
| 020 | | | Ex16:31 | מנה והוא כזרע דכסבר | חיור | וטעמיה כשישין בדבש: |
| 021 | | | Lv13:21M | והא לית בה שער | חוור/חיור#2#/ | ומכיכה לית היא מן |
| 022 | חיורא | | Gn30:35 | כל דאית ביה שומה | חיורא | וכל לחוש באמריא ושוי ביד |
| 023 | חיורה | | Lv13:19M | שיחנא שומא | חוורה/חיורה#2#/ | או בהקי חוורה |
| 024 | | | Lv13:19M | או בהקי | חוורה/חיורה#2#/ | וסמוקה/סמקה#2#/ |
| 025 | לחוור | | Lv13:13 | ית מכתשא כלה איתהפיך | לחוור | דכי הוא: |
| 026 | | | Lv13:03 | ושער במכתשה אתהפי׳ | לחוור | וחזווי דמכתשא מכיך מן משך |
| 027 | | | Lv13:20 | מן משכה וסערה אתהפך | לחוור | וי׳ ית׳ כהנא מכתש צרעה |
| 028 | | | Lv13:17 | כהנא והא אתהפך מכתשה | לחוור | וידכי כהנא ית מכתשה דכי |
| 029 | | | Lv13:04 | משכה ושעורה לא אתהפך | לחוור | ויטרוד כהנא ית מכתשה שבעה |
| 030 | | | Lv13:16 | בשרה חיה ויתהפך | לחוור | ויתחזי לוות כהנא: |
| 031 | לחיור | | Lv13:13M | כלה איתהפיך | לחוור/לחיור#2#/ | דכי הוא: |
| 032 | | | Lv13:17M | אתהפך מכתשה | לחוור/<ל>חיור#2#/ | וידכי כהנא ית |
| 033 | | | Lv13:16M | בשרה חיה ויתהפך | לחוור/לחיור#2#/ | ויתחזי/ויתועל#2#/ |
| 034 | חוור׳ | s em/sf | Lv11:19M | חוורתה /דייתה | חוור׳#2#/ | ואכומתה/ואוכ׳#2#/ |
| 035 | חוורה | | Nu12:10M | ^^כתלגה /לקת בצורעתה | חוורה | הי כת{ג}ל<ג>ה#2#/ ואסתכל |
| 036 | חוורתא | | Gn30:37 | חוורין מן קלופיתא | חוורתא | די על חוטרתא: |
| 037 | חוורתה | | Lv11:19 | וית דיי{ר}<ת>ה | חוורתה | ואכומתה למינה וית נגר |
| 038 | | | Dt14:18 | ודייתה | חוורתה | ואכומתה למינה ונגר טורא: |
| 039 | חוורין | p abs | Gn30:37 | ודלוב וקלף בהון קלפין | חוורין | מן קלופיתא חוורתא די על |
| 040 | חוורן | | Lv13:38 | בשרהון בהקיין {בהקיין} | חוורן: | |
| 041 | | | Lv13:39 | בשרהון בהקיין כהיין | חוורן | בהקי הוא הלך במשכא דכי |
| 042 | חיר׳ | | Lv13:38M | בהקיין {בהקיין} | חוורן/חיר׳#2#/: | |
| 043 | | | Lv13:39M | בהקיין כהיין | חוורן/חיר׳#2#/ | בהקי הוא הלך/פרח#2#/ |

## Horite adj. חוריי [190]

| | | | | | | |
|---|---|---|---|---|---|---|
| 001 | חורייא | p em/sf | Gn14:06 | וית | חורייא | דהוון שריין בטורא דגבלא |

## Horonite adj. חורניי [190]

| | | | | | | |
|---|---|---|---|---|---|---|
| 001 | חורנאה | p em/sf | Dt 2:12M | /ובטורא דגבלא שרון | חורנאה#2#/ | מן לקדמין ובנוי דעשו |
| 002 | חורנאי | | Gn36:21M | אלין רברבניה | חורני׳/<חור>נאי#2#/ | «בנוי דגבלה |
| 003 | | | Dt 2:22M | די שיצון ית | חורנייה/חורנאי#2#/ | מן קדמיהון |
| 004 | חורני׳ | | Gn36:21 | ודישן אלין רברבניה | חורני׳ | «בנוי דגבלה בארעהון |
| 005 | חורניה | | Gn36:20 | אלין בנוי דשעיר | חורניה | דיירי דארעא לוטן |
| 006 | חורנייה | | Dt 2:12 | ובגבלה שרון | חורנייה | מן לקדמין ובנוי דעשו |
| 007 | | | Dt 2:22 | בגבלה די שיצון ית | חורנייה | מן קדמיהון וי{ה}<י>תון |
| 008 | חורנאי | | Gn14:06M | \חורייא דהוון שריין | /חורנאי | אלין שריין#2#/ בטורא |

## to sew vb. חוט [190]

| | | | | | | |
|---|---|---|---|---|---|---|
| 001 | וחייטו | pael | Gn 3:07 | ארום ערטליין אינון | וחייטו | להון עלין דתינה ועבדו |

## thread n. חוט [190]

| | | | | | | |
|---|---|---|---|---|---|---|
| 001 | חוט | s ab/cn | Gn14:23 | אם מן | חוט | רצועה דמסן א«י»ן אסב מן |
| 002 | חוטין | p abs | Lv10:02M | ייי ואתפליגת לתרין | חוטין | ומתרין לארבעה ועלת |

**חוטר** ⇐ *n.* **חטר**

## חוי *vb.* to show [190]

|  |  |  |  |  |  |  |
|---|---|---|---|---|---|---|
| 001 | חווי | pael | Ex33:18 | ואמר | חווי | כען לי ית איקרך: |
| 002 | | | Gn29:15M | תנה לי /תפלוח גבי מגן | חווי | לי#2#/ כען מה הוא אגרך: |
| 003 | | | Ex15:25M | מיא תמן \שוי ליה | /חווי | לי מימרי׳ דייי#2#/ |
| 004 | | | Ex33:18M | ית איקרך /משה קדם ייי | חווי | לי כען ית זיו איקרך#2#/: |
| 005 | | | Nu 8:04M | היא כחזוה די \חזה ייי | /חווי | מימריה דייי#2#/ ית משה |
| 006 | חוון | | Gn40:08M | ייי פתרוניא | תנון/חוון#2#/ | כען לי: |
| 007 | | | Gn24:49M | תנון לי ואן לא | תנון/חוון#2#/ | לי ואסטי לימינא או |
| 008 | חוי | | Dt 4:36 | למרדי יתכון ועל ארעא | חוי | יתכון ית אשתיה רבתה וקל |
| 009 | | | Dt 5:24M | ואמרתון {ה}אחזי/חוי#2#/ | | יתן מימרה דייי אלהן |
| 010 | חויין | | Gn24:23M | ואמר ברת מן את | תניין/חויין#2#/ | כען לי האית/הא#2#/ |
| 011 | חוית | | Gn21:26M | "ואף את": ואוף את לא | חוית | לי ואוף אנ{ת}<א> לא ידעת |
| 012 | חיווית | | Gn12:18M | לי למה כען לא | תנית/חיווית#2#/ | לי ארום אתתך היא: |
| 013 | אחוי | | Gn12:01 | בייתי דאבוך לארעא די | אחוי | יתך: |
| 014 | יחווי | | Nu23:03 | דייי לקדמותי ופתגמא די | יחווי | ייי אתני לך ואזל בלעם |
| 015 | יחוון | | Dt24:08M | ככל מה די | ילפון/י{ה}<ח>וון#2#/ | יתכון כהנייא |
| 016 | מחווינ׳ | | Nu10:31M | במדברה ותיהווי לן | מחווינ׳ | דעיינין |
| 017 | וחווי | | Ex 4:28 | | וחווי | משה לאהרן ית כל פתגמיא |
| 018 | | | Dt34:01 | דאית לוקבל יריחו | וחווי | ליה מימריה דייי ית כל |
| 019 | | | Gn49:01 | ואמר להון אתכנשו | וחווי | לכון רזייא סתימייא קיצייה |
| 020 | וחוי | | Gn20:14 | ואמהן ויהב לאברהם | וחוי | לה ית שרה אתתיה: |
| 021 | | | Ex15:25 | וצלי <משה> קדם ייי | וחוי | ליה ייי אילן ונסב מיניה |
| 022 | ואחווי | | Ex 4:12M | עם ממלל פמך | ואלף/ואחווי#2#/ | יתך ית ^מה#2#/ די |
| 023 | למחור׳ | | Ex24:12M | /ופיקודא די כתבית | למחור׳ | יתהון#2#/: |
| 024 | למחווי | | Ex13:21M | יתהון באורחא | /למחווי | להון אורחא#2#/ ולליליא |
| 025 | למחווייה | | Dt 3:24 | מן קדמיך ייי את שרית | למחווייה | ית עבדך ית תקפך וית |
| 026 | | | Dt 3:02M | שנין סגיאין מן בגלל | למחווייה | יתיה לדרייה דהוא מסר |
| 027 | | | Ex 9:16M | מן בגלל | למחווייה | יתך מן תקוף חייליה |
| 028 | | | Nu10:33M | תלתה יומין | למתקנה/למחווייה#2#/ | להון אתר |
| 029 | | | Dt 1:33M | בארחא | למתקנה/^לת#2#^/למחווייה#2#/ | לכון אתר |
| 030 | למחויה | | Ex 9:16 | יתך עד כדון מן בגלל | למחויה | יתך ית תקף חיילי ומן בגלל |
| 031 | | | Dt 1:33 | בעמודה דאשתה בלילה | למחויה | יתכון בארחא די תהלכון בה |
| 032 | למחוייה | | Gn32:06M | ואמהן ושלחת | למתנייה/למחוייה#2#/ | לריבוני למשכחה חן |
| 033 | לאחוואותהון | afel | Lv27:34M | ופקדינון מטול | לאחוואותהון | לוות בני ישראל |
| 034 | איתחויתון | etpaal | Dt 4:35 | אתון | איתחויתון | למידע ארום ייי הוא אלה |
| 035 | אתחוי | | Gn15:17 | עקתא אשתיזבון כל כדין | אתחוי | לאברם כד הוה עבר ביני |
| 036 | | | Lv14:35M | כמכתש | אתחזי/^<את>חוי#2#^/אתחמי#2#/ | לי בביתה: |
| 037 | תתחווי | | Lv13:57M | ואין | תתחזי/תתחווי#2#/ | תוב בלבושה או בשתיא |
| 038 | דאיחוי | | Lv13:07M | במשכה מן בתר | דאתחזי/דאיחוי#2#/ | לוות כהנא |
| 039 | דאתחוי | | Lv13:07 | קלפתה במשכה מן בתר | דאתחוי | לוות כהנא לדכותה ויתחמי |
| 040 | ויתחווי | | Lv13:19 | או בהקי חוורה וסמוקה | ויתחווי | לכהנא: |

**חוכמה** ⇐ *n.* **חכמה**

## חול *vb.* to dance [191]

|  |  |  |  |  |  |  |
|---|---|---|---|---|---|---|
| 001 | חיילן | peal | Ex15:20 | נשיא בתרה בתופיא הוון | חיילן: | |

## חול *n.* profane matters [190]

|  |  |  |  |  |  |  |
|---|---|---|---|---|---|---|
| 001 | חול | s ab/cn | Gn28:17M | לית דין אתר | חול | אילהן אתר בית מקדשא דייי |
| 002 | חולא | s em/sf | Lv10:10M | בין קדשיה ובין | חוליה/חולא#2#/ | ובין מסאבה/מסבה#2#/ |
| 003 | חוליה | p em/sf | Lv10:10 | ולמפרשה בין קדשיה ובין | חוליה | ובין מסאבה ובין דכיה: |

## חול #2 *vb.* to place (?) [191]

|  |  |  |  |  |  |  |
|---|---|---|---|---|---|---|
| 001 | ואחל | afel | Lv20:06M | {{למטעי}} בתריהון | ואחל | רוגזי בבר נשא ההוא |

## חולד *n.* mole [חלד 201]

|  |  |  |  |  |  |  |
|---|---|---|---|---|---|---|
| 001 | חולדה | s em/sf | Lv11:29M | ארעא \כבושתה ועכברה | /חולדה | ועוכברה#2#/ וחר{ו}<ד>ונה |
| 002 | וחולדה | | Lv11:30 | וכחה וסממתה וקציצה | וחולדה: | |

## חולף *prep.* in place of [191]

|  |  |  |  |  |  |
|---|---|---|---|---|---|
| 001 | חולף | Gn 4:25M | ממריה דייי זרע אוחרן | חולף | הבל די קטל יתה קין אחוי |
| 002 | | Gn29:22M | לה#2#/ ללאה | חלף/חולף#2#/ | רחל: |
| 003 | | Nu32:14M | והא קמת{ת}<ון> | חלף/חולף#2#/ | אבהתכון תרבו דגברין |
| 004 | | Lv16:32M | רבתה בתר אבוי | /חולף | אבוי#2#/ וילבוש |
| 005 | | Lv24:18M | \נפש תשלומי נפש /בעירה | חולף | בעירה#2#/: |
| 006 | | Nu 3:45M | /דליוואי#2#/ | חלף/חולף#2#/ | בעיריהון ויהוון לשמי |
| 007 | | Nu 5:29M | אתה#2#/ | בר מן/חולף#2#/ | בעלה ותסתאב: |
| 008 | | Gn27:12M | לווטן/לבט׳#2#/ | ולא/חולף#2#/ | ברכן: |
| 009 | | Gn44:04M | כען שלמתון בישן | חלף/חולף#2#/ | טבן: |
| 010 | | Gn44:33M | יתיב כען עבדך | תחות/חולף#2#/ | טליא עבד לריבוני |
| 011 | | Gn30:15M | יזדמן לותיך ליליא הדין | חולף | יבר׳#2#/ דבריך: |
| 012 | | Gn11:03M | להון לבניה | לאבנין/חולף | כיפין#2#/ וחמרא הווה |
| 013 | | Nu 3:12M | מן גו בני ישראל | חלף/חולף#2#/ | כל בוכריה פתחי שירוי |
| 014 | | Nu 3:45M | חלף /סב ית ליוואי | חולף#2#/ | כל בכוריה/בוכרא#2#/ |
| 015 | | Nu 8:18M | \ליווי חלף /ליוואי | חולף#2#/ | כל בכוריה/<בכו>רה#2#/ |
| 016 | | Nu18:31M | ארום אגר הוא לכון | חלף/חולף#2#/ | פולחנכון במשכן זימנה: |
| 017 | | Nu18:21M | דישראל לאחסנה | חלף/חולף#2#/ | פלחניהון די אנון |
| 018 | | Ex21:27M | לחירות ישלח יתיה | חלף/חולף#2#/ | שניה: |
| 019 | חלף | Gn 4:25 | שוי לי «ייי» בר חורן | חלף | הבל ארו׳ קטל יתיה קין: |
| 020 | | Gn29:22 | דרמיו למסבה יתה ללאה | חלף | רחל: |
| 021 | | Nu32:14 | והא קמת{ת}<ון> | חלף | אבהתכון תרבו דגברין חייבין |
| 022 | | Nu 3:45 | וית בעיר«י»הון דליויי | חלף | בעיריהון ויהוון לשמי ליווי |
| 023 | | Gn22:13M | וקרב יתה לעלה | תחות/חלף#2#/ | בריה: |
| 024 | | Gn44:04 | למה כען שלמתון בישן | חלף | טבן: |
| 025 | | Nu 3:12 | לויי מן גו בני ישראל | חלף | כל בוכריה פתחי שירוי וולדה |
| 026 | | Nu 3:41 | ית ליוויי לשמי אמר ייי | חלף | כל בוכרה דבני ישראל וית |
| 027 | | Nu 3:41 | וית בעיר«י»הון דליויי | חלף | כל בוכרה דבעירהון דבני |
| 028 | | Nu 3:45 | תפרש ית ליויי | חלף | כל בכוריה דבני ישראל וית |
| 029 | | Nu 8:18 | ונסבת ית ליווי | חלף | כל בכוריה דבני ישראל: |
| 030 | | Dt15:04 | תטרון מצוותה דאורייתי | חלף | כן ^ארום לא יהווי בכון |
| 031 | | Ex21:26M | ישלח יתה \תחות עיניה | /חלף | עייניה#2#/: |
| 032 | | Nu18:31 | ארום אגר הוא לכון | חלף | פולחנכון במשכן זימנה: |
| 033 | | Nu18:21 | כל מעשר דישראל לאחסנה | חלף | פלחניהון די אנון פלחין ית |
| 034 | | Nu 8:16 | לי מן גו בני ישראל | חלף | פתחי כל וולדה בכרי כל מן |
| 035 | | Ex21:27 | יתר לחירות ישלח יתיה | חלף | שניה: |

## חולף *conj.* in place of [191]

|  |  |  |  |  |  |
|---|---|---|---|---|---|
| 001 | חולף | Dt 4:37M | | וחלף/חולף#2#/ | ארום רחם ית אבהתכון |
| 002 | | Nu14:24M | "חלף ... ואשלם": | חולף | דהוות רוח דחכמה שרייה |
| 003 | | Dt 7:12M | ויהוי | חלף/חולף#2#/ | די תשמעון ית סדרי |
| 004 | | Dt 8:20M | "כדן ... בקל": כן תישתצון | חולף | די לא שמעתון בקל |
| 005 | | Gn22:18M | כל אומה דא׳#2#/ | חלף/חולף#2#/ | די שמעת בקל ממריה: |
| 006 | | Gn26:05M | | חלף/חולף#2#/ | די שמע אברהם בקל |
| 007 | | Nu11:20M | "חלף ... ביניכון": | חולף | די מאסתון יקר שכינתה דייי |
| 008 | | Nu20:12M | ייי למשה ולאהרן | חלף/חולף#2#/ | די לא היימנתון לי בשם |

|  |  |  |  |  |  |  |
|---|---|---|---|---|---|---|
| 009 | | | Dt22:29M | וליה תהוי לאתה | חלף/חולף#2#/ | די צער יתה ולית הוא |
| 010 | | | Dt28:47M | | חלף/חולף#2#/ | די לא פלחתון קדם ײי |
| 011 | חלף | | Dt 8:20 | מן קדמיכון כדן תסופון | חלף | אין לא תשמעון בקל ממרה |
| 012 | | | Gn22:18 | כל אומיא ד{ערא}<אר>עא | חלף | די שמעת בקל ממריה: |
| 013 | | | Gn26:05 | | חלף | די שמע אברהם בקל |
| 014 | | | Ex21:08 | יהווי רשיי למזבנה ית׳ | חלף | די יהב רשותא עליה: |
| 015 | | | Nu11:20 | ויהוי לכון לריחוק | חלף | די סרבתון על פם גזרת ממרה |
| 016 | | | Nu14:24 | ועבדי כלב | חלף | די הוות רוח דקדש עמה ואשלם |
| 017 | | | Nu20:12 | ואמר ײי למשה ולאהרן | חלף | די לא היימנתון לי בשם |
| 018 | | | Dt 1:36 | ארעא די דרס בה ולבנוי | חלף | די אשלם למימר טב בתר מימרה |
| 019 | | | Dt 7:12 | ויהוי | חלף | די תשמעון ית סדרי דינייה |
| 020 | | | Dt21:14 | יתה בכסף לא תתגר עלה | חלף | די יהבת רשותך עלה: |
| 021 | | | Dt22:29 | דכסף וליה תהוי לאתה | חלף | די צער יתה ולית הוא רשיי |
| 022 | | | Dt28:47 | | חלף | די לא פלחתון קדם ײי |
| 023 | | | Dt28:62 | ותשתיירון עם במניין | חלף | די הויתון ככוכבי שמייא |
| 024 | | | Gn22:16 | קיימת אמר ײי ארום | חלף | דעבדת ית פתגמא הדין ולא |
| 025 | | | Nu25:13 | מן בתריה קים כהנא לעלם | חלף | דקני לשמה דאלה«י»ה וכפר |
| 026 | וחלף | | Dt 4:37 | | וחלף | ארום רחם ית אבהתכון ויתרעי |

## חולק *n.* portion

[191]

|  |  |  |  |  |  |  |
|---|---|---|---|---|---|---|
| 001 | חול׳ | s ab/cn | Dt14:29M | ארום חולקהון | חלק/חול׳#2#/ | ואחסנה עמכון בפלוג |
| 002 | | | Gn15:01 | בעלמא הדין ולית לי | חול׳ | לעלמא דאתי או דילמא דיזלון |
| 003 | חולק | | Lv18:29M | עלמא דאתי ולא יחי להון | חולק | בגו עמהון |
| 004 | | | Lv20:06M | עלמא דאתי ולא יהיא ליה | חולק | ביני עמיה |
| 005 | | | Dt21:17 | יקרב למיתן ^לה#2#^ | חולק | בכופלה בכל מה די ישתכח ליה |
| 006 | | | Gn44:18M | עמנן לא בפלגא עמן | חולק | ואחסנ׳ בפילוג ארעא ע׳ חד |
| 007 | | | Gn31:14M | עד כדון אית לנא | חלק/חולק#2#/ | ואחסנא בביתא דאבונן: |
| 008 | | | Gn44:18 | ממניין שבטייא ואית ליה | חולק | ואחסנא בפילוג ארעא ואנא |
| 009 | | | Gn44:18 | עמין מן שבטיא ומקבל | חולק | ואחסנא עמן בפלוג ארעא ועל |
| 010 | | | Gn44:18M | ממנין שבטייא ולית לה | חולק | ואחסנא בפילוג ארעא כל דכן |
| 011 | | | Gn44:18M | ממנין שבטיי׳ ואית ליה | חולק | ואחסנא בפילוג ואנה חילי |
| 012 | | | Dt12:12M | ארום לית להון | חלק/חולק#2#/ | ואחסנה עמכון בפלוג |
| 013 | | | Dt14:27M | ארום#2#/ לית להון | חלק/חולק#2#/ | ואחסנה עמכון בפלוג |
| 014 | | | Dt18:01 | כל בני שבטה דלוי | חולק | ואחסנה עם ישראל קורבנוי |
| 015 | | | Gn49:22 | ואפרים ויקבלון | חולק | ואחסנון עם אחיהון בפלג |
| 016 | | | Gn48:22 | ואנא יהבית לך | חולק | חד יתיר על אחך לבושיה דאדם |
| 017 | | | Gn48:22M | "לך חולק חד ...": לכון | חולק | חד יתיר על אחיך |
| 018 | | | Gn48:22 | ומן קשתי ועוד יהבית לך | חולק | חד יתיר על אחיך שכם |
| 019 | | | Gn47:22 | דכומריא לא זבן ארום | חולק | לכומריא מן לוות פרעה |
| 020 | | | Nu23:10 | מבשר הוא בלעם דלית ליה | חולק | לעלמא דאתי ברם אן מיית |
| 021 | חלק | | Ex22:04M | /ילפי#2#/ גבר | חקל/חלק#2#/ | או כרם וישלח יקידתא |
| 022 | | | Gn31:14 | לה הא עד כדון אית לנא | חלק | ואחסנא בביתא דאבונן: |
| 023 | | | Dt10:09 | לא הווה לשבטה דלוי | חלק | ואחסנה עם אחוי קרבנוי דײי |
| 024 | | | Dt12:12 | בקורייכון ארום לית להון | חלק | ואחסנה עמכון בפלוג ארעא: |
| 025 | | | Dt14:27 | יתהון ארום לית להון | חלק | ואחסנה עמכון בפלוג ארעא: |
| 026 | | | Dt14:29 | לוויי ארום חולקהון | חלק | ואחסנה עמכון בפלוג ארעא |
| 027 | | | Dt18:01M | כל בני שבטה דלוי | חולק/חלק#2#/ | ואחסנה עם ישראל |
| 028 | | | Dt18:08 | | חלק | כחלק ויכלון בר מן מותרי |
| 029 | חלקת | | Nu31:36M | והוה פלגותה | חלקהון/<חל>קת#2#/ | דעמא דנפקין לחיל |
| 030 | וחולק | | Lv10:13M | \וחולקהון דבניך | /וחולק | בניך#2#/ היא מן קרבנוי |
| 031 | | | Lv10:14M | \וחולקהון דבניך | /וחולק | בניך#2#/ אתייהבון מן |
| 032 | | | Nu18:20M | לא תתאחסן | וחלק/וחולק#2#/ | לא יהווי לך ביניהון |
| 033 | וחלק | | Nu18:20 | בארעהון לא תתאחסן | וחלק | לא יהווי לך ביניהון |
| 034 | כחלק | | Dt18:08 | חלק | כחלק | ויכלון בר מן מותרי קורבנוי |

|  |  |  |  |  |  |  |
|---|---|---|---|---|---|---|
| 035 | לחולק | | Ex29:26 | אנפו קדם ײי ויהוי לך | לחולק: | |
| 036 | | | Lv 7:33 | תיהווי שוקה דימינה | לחולק: | |
| 037 | | | Lv 8:29 | למשה הוה | לחולק | היך מה די פקד ײי ית |
| 038 | חולקא | s em/sf | Gn43:34 | ופלג להון ורבי | חולקא | דבנימן מן חולקיהון דכולן |
| 039 | | | Gn44:18 | שבטיא ולית ל{ך}<ה> | חולקא | ואחסנא בפילוג ארעא כל דכן |
| 040 | חולקהון | | Gn47:22 | פרעה וייכלון ית | חולקהון | די יהב להון פרעה {בדין} |
| 041 | | | Dt14:29 | וייתון לוויי ארום | חולקהון | חלק ואחסנה עמכון בפלוג |
| 042 | חולקיה | | Gn49:07 | דתיקום לקבליהון אפלג | חולקיה | דשמעון בגו דבית יעקב |
| 043 | | | Gn33:14M | יקדם כען רבוני ויקבל | חולקיה | ואגר בירכתא רברבתא |
| 044 | חולקך | | Lv10:13 | יתה באתר קדיש ארום | חולקך | וחולקהון דבניך היא מן |
| 045 | | | Lv10:14 | ובניך ובנתך עמך ארום | חולקך | וחולקהון דבניך אתייהבון |
| 046 | חלקה | | Dt32:09 | ארום | חלקה | דײי אנון עמה בני ישראל |
| 047 | חלקהו׳ | | Lv 6:10 | לא תתאפי חמיע | חלקהו׳ | יהבית יתה מן קרבנוי קדיש |
| 048 | חלקהון | | Nu31:36M | "פלגותה ... לחיל": | חלקהון | אליין דנפקו לחיל |
| 049 | | | Nu31:36 | והוה פלגותה | חלקהון | דעמא דנפקין לחיל קרבה |
| 050 | | | Nu34:15M | דתרין /הדין {חלה} | חלקהון | דתרין#2#/ שבטיה ופלגות |
| 051 | חלקך | | Nu18:20 | לך ביניהון מ«י»מרי | חלקך | ואחסנותך בגו בני ישראל: |
| 052 | בחולקך | | Dt18:14M | אלהכון /לא כן יהב | בחולקך | ײי אלהך#2#/: |
| 053 | וחולקהון | | Lv10:13 | באתר קדיש ארום חולקך | וחולקהון | דבניך היא מן קרבנוי דײי |
| 054 | | | Lv10:14 | ובנתך עמך ארום חולקך | וחולקהון | דבניך אתייהבון מן נכסת |
| 055 | חול׳ | p abs | Gn47:24M | לפרעה וארבעה | חלקין/חול׳#2#/ | יהווי לכון למזרע |
| 056 | חולקין | | Dt21:17M | \חולק בכופלה /תריין | חולקין#2#/ | בכל מה די ישתכח ליה |
| 057 | | | Gn43:34 | מן חולקיהון דכולן חמשה | חולקין | ושתון ורוון עמיה: |
| 058 | | | Gn49:03 | חמי הויית מסב תלתא | חולקין | יתיר על אחך בכורותא דידך |
| 059 | | | Gn43:34 | ונסב | חולקין | מן קדמוי ופלג להון ורבי |
| 060 | חלקין | | Gn47:24 | מן חמשה לפרעה וארבעה | חלקין | יהווי לכון למזרע תחומכון |
| 061 | | | Dt32:04 | יומא ועבד יתה לארבע | חלקין | תלת שעין לעי באוריתה ותלת |
| 062 | חולקוי | p em/sf | Gn43:34M | \ורבי חולקא /ואסגי | חולקוי#2#/ | דבנימן מן חולקיהון |
| 063 | חולקיהון | | Gn43:34 | ורבי חולקא דבנימן מן | חולקיהון | דכולן חמשה חולקין ושתון |
| 064 | | | Gn47:22M | ארום \חולק לכומריא | /חולקיהון | דכומריא#2#/ מן לוות |
| 065 | חלקיהון | | Gn14:24 | וממרא אנון יסבון | חלקי«הון»: | |
| 066 | וחלקיהון | | Gn14:24 | לחוד מה דאכלו טליא | וחלקיהון | דגובריא די אזלו עמי ענר |

## חומר *n.* socket

[191]

|  |  |  |  |  |  |  |
|---|---|---|---|---|---|---|
| 001 | חומר | s ab/cn | Ex38:27 | למאה ככרין ככר לכל | חומר: | |
| 002 | | | Ex38:27M | \ככר לכל חומר /ככרא | חומר#2#/: | |
| 003 | חמרה | s em/sf | Ex39:40 | דרתה ית עמודה וית | חמרה | וית פרסה לתרע דרתה וית |
| 004 | חומרין | p abs | Ex26:19 | וארבעין | חומרין | דכסף תעבד תחות עשרין |
| 005 | | | Ex36:24 | וארבעין | חומרין | דכסף עבד תחות עשרין |
| 006 | | | Ex36:36 | דהב ואתך להון ארבעה | חומרין | דכסף: |
| 007 | | | Ex38:27 | וית חומרי פרוכתה מאה | חומרין | למאה ככרין ככר לכל חומר: |
| 008 | | | Ex26:19 | תחות עשרין לוחה תרין | חומרין | תחות לוחה חדתה לתרין |
| 009 | | | Ex26:19 | חדתה לתרין צירוי ותרין | חומרין | תחות לוחה חדתה לתרין |
| 010 | | | Ex26:19 | תחות עשרין לוחיא תרין | חומרין | תחות עשרין לוחה תרין |
| 011 | | | Ex26:25 | תחות לוחה חדא ותרתין | חומרין | תחות לוחה חדה: |
| 012 | | | Ex26:25 | שת עשרה חומרין תרתין | חומרין | תחות לוחה חדא ותרתין |
| 013 | | | Ex36:24 | חדה לתרין סטרוי ותרין | חומרין | תחות לוחה חדה לתרין |
| 014 | | | Ex36:24 | עשרין לוחייא תרתין | חומרין | תחות לוחה חדה לתרין סטרוי |
| 015 | | | Ex36:26 | חומריהון דכסף תרין | חומרין | תחות לוחה חדה ותרין |
| 016 | | | Ex36:26 | תחות לוחה חדה ותרין | חומרין | תחות לוחה חדה: |
| 017 | | | Ex36:30 | שית עשר חומרין תרתין | חומרין | תחות לוחה חדתה: |
| 018 | | | Ex26:25 | וחמריהון כסף שת עשרה | חומרין | תרתין חומרין תחות לוחה |
| 019 | | | Ex36:30 | וחומריהון כסף שית עשר | חומרין | תרתין חומרין תחות לוחה |
| 020 | חמרין | | Ex26:32 | וקלוותהון דהב על ארבעה | חמרין | דכסף: |

| | | | | | | |
|---|---|---|---|---|---|---|
| 021 | | | Ex26:37 | דהב ותתיך להון חמשה | חמרין | דנחש: |
| 022 | | | Ex26:21 | תחות לוחה חדתה ותרתין | חמרין | תחות לוחה חדת«ה»: |
| 023 | | | Ex26:21 | חמריהון דכסף תרתין | חמרין | תחות לוחה חדתה ותרתין |
| 024 | וחומרוון | | Ex38:17M | עמודיה וכבושיהון | /וחומרוון | לעמודיה נחש ואנקלוות |
| 025 | וחומרין | | Ex38:17 | | וחומרין | לעמודי דנחש ונקלוות |
| 026 | וחמרין | | Ex27:11 | אמין ארך ועמוד' עשרין | וחמרין | עשרין נחש וקלוות עמודיה |
| 027 | חומרי | p const | Ex38:27 | דכ{ת}<ס>פה למתכה ית | חומרי | בית קודשא וית חומרי |
| 028 | | | Ex38:31 | וית | חומרי | דרתא מן חזור חזור וית |
| 029 | | | Ex38:27 | ית חומרי בית קודשא וית | חומרי | פרוכתה מאה חומרין למאה |
| 030 | | | Ex38:30 | <ועבד בה> ית | חומרי | תרע משכן זימנה וית מדבחה |
| 031 | | | Ex38:31 | דרתא מן חזור חזור וית | חומרי | תרע דרתה ̈וית כל סכוי |
| 032 | חומרוי | p em/sf | Ex35:17 | דרתה ית עמודוי וית | חומרוי | וית פרש תרע דרתה: |
| 033 | | | Ex40:18 | משה ית משכנה ויהיב ית | חומרוי | ושוי ית לוחוי ויהב ית |
| 034 | חומריהון | | Ex36:26 | וארבעין | חומריהון | דכסף תרין חומרין תחות |
| 035 | חמרוי | | Ex35:11 | וית עמ«ו»דוי וית | חמרוי: | |
| 036 | חמריהון | | Ex26:21 | וארבעין | חמריהון | דכסף תרתין חמרין תחות |
| 037 | וחומרוי | | Nu 4:31 | ונגרוי ועמודוי | וחומרוי: | |
| 038 | | | Nu 3:36 | ונגרוי ועמודוי | וחומרוי | וכל מנוי וכל פלחניה: |
| 039 | וחומריהון | | Ex38:19 | ועמודיהון ארבע | וחומריהון | ארבע דנחש ונקלוותהון |
| 040 | | | Ex27:16 | צייר עמודיהון ארבעה | וחומריהון | ארבעה: |
| 041 | | | Ex38:12 | עשר' וקלוות עמודיה | {וחומריהון} | <וכבושיהון> כסף: |
| 042 | | | Nu 4:32 | דדרתה מן חזור חזור | וחומריהון | וסכיהון ומתחיהון לכל |
| 043 | | | Ex36:38 | וכבושיהון דהב | וחומריהון | חמש' דנחש: |
| 044 | | | Ex36:30 | והוון תמנייא לוחין | וחומריהון | כסף שית עשר חומרין |
| 045 | | | Ex27:17 | כסף וקלוותהון כסף | וחומריהון | נחש: |
| 046 | | | Ex27:18 | חמש אמין בוץ שזיר | וחומריהון | נחש: |
| 047 | | | Ex38:12 | באמתה עמודיהון עשרה | וחומריהון | עשר' וקלוות עמודיה |
| 048 | | | Ex27:12 | אמין עמודיהון עשרה | וחומריהון | עשרה: |
| 049 | | | Ex38:10 | עמודיהון עשרין | וחומריהון | עשרין נחש וקלוות עמודיה |
| 050 | | | Ex38:11 | עמודיהון עשרין | וחומריהון | עשרין נחש וקלוות עמודיה |
| 051 | | | Ex27:14 | עמודיהון תלתא | וחומריהון | תלתא: |
| 052 | | | Ex38:14 | עמודיהון תלתא | וחומריהון | תלת«א»: |
| 053 | | | Ex27:15 | עמודיהון תלתא | וחומריהון | תלתה: |
| 054 | | | Ex38:15 | אמין עמודיהון תלתה | וחומריהון | תלתה: |
| 055 | וחמרוי | | Ex39:33 | לוחוי נגרוי ועמודוי | וחמרוי: | |
| 056 | וחמריהון | | Nu 3:37 | דדרתה מן חזור חזור | וחמריהון | וסיכיהון ומתחיהון: |
| 057 | | | Ex26:25 | ויהוון תמניא לוחין | וחמריהון | כסף שת עשרה חומרין תרתין |
| 058 | | | Ex27:10 | ועמדוי עשרין | וחמריהון | עשרין נחש וקלוות עמודיה |

## חומש *num.* one fifth [191]

| | | | | | | |
|---|---|---|---|---|---|---|
| 001 | חומש | s ab/cn | Lv27:15 | יפרוק ית בייתיה ויוסף | חומש | כסף ויהוי דידה: |
| 002 | חומשה | s em/sf | Lv27:31 | יפרוק גבר מן מעשרה | חומשה | יוסף עלוי: |
| 003 | | | Lv22:14 | יאכל קדש בשלו וי״ר״סף | חומשה | עלוי ויתן לכהנה ית קדשיה: |
| 004 | וחומשה | | Nu 5:07 | וחזרו ית אשמה בקרנה | וח«ו»משה | יוסף עלוי ויתן למן |
| 005 | חומשי' | p abs | Lv 5:16 | מן קדשיה ישלם וית | חומשי' | יוסף עלוי ויתן יתה לכהנא |
| 006 | חומשין | s ab/cn | Lv22:14M | וי״ר״סף \חומשה עלוי | /חומשין | דמוי עלוי#2#/ ויתן |
| 007 | חמשין | | Lv27:13M | יתה ויסף | חמשה/חמשין | דמוי#2#/ על עלויה: |
| 008 | | | Lv27:31M | גבר מן מעשרה | חומשה/חמשין | דמוי#2#/ יוסף עלוי: |
| 009 | | | Lv 5:16M | ישלם וית \חומשי' יוסף | /חמשין | דמ{יו}<וי> יוסף#2#/ עלוי |
| 010 | וחמשין | | Lv 5:24M | בקרנא \וחומשוי יוסף | /וחמשין | דמ{יו}<וי> יוסף#2#/ |
| 011 | וחומשוי | p em/sf | Lv 5:24 | לשק' וישלם יתה בקרנא | וחומשוי | יוסף עלוי למן הוא דידיה |

## חוס *vb.* to spare [191]

| | | | | | | |
|---|---|---|---|---|---|---|
| 001 | חאיס | peal | Gn22:10M | וחד מתנכים דנכיס לא | חאיס | די מתנכס |
| 002 | חייסה | | Dt28:50 | אפין לסב ועל עולם לא | חייסה: | |
| 003 | חס | | Gn33:05M | ואמר טליא די \חן ייי | /חס | ואגון מימריה דייי#2#/ ית |
| 004 | | | Ex12:27M | ייי די \פסח ויגן על | /חס | ואגן ממריה דייי על#2#/ |
| 005 | | | Gn33:11M | /איתיית#2#/ לך ארום | חן/חס#2#/ | יתי ייי וארום אית לי |
| 006 | חסו | | Gn49:06 | דשכם למחרבה יתה לא | חסו | על איקרי ארום ברוגזהון |
| 007 | יחוס | | Gn43:29M | מחוס עלך /מימרי' דייי | יחוס | עלך#2#/ ברי: |
| 008 | יחוסון | | Dt 7:16 | אלהכון יהב לכון לא | יחוסון | עייניכון עליהון ולא |
| 009 | | | Dt13:09 | ולא תשמעון למילוי ולא | יחוסון | עייניכון עלוי ולא תחוסון |
| 010 | | | Dt25:12M | כף י{ת}<ד>ה לא | יחוסון/<יחו>סון#2#/ | עייניכון \ |
| 011 | | | Gn45:20 | ועיינכון לא | יחוסון | על מאני זייניכון |
| 012 | יחוסן | | Dt19:13 | ולא | יחוסן | עייניכון עלוי ותבערון |
| 013 | | | Dt25:12 | ית כף י{ת}<ד>ה לא | יחוסן | עייניכון: |
| 014 | ייחוסן | | Dt19:21 | ולא | ייחוסן | עייניכון נפש תשלומי נפש |
| 015 | תחו' | | Dt 7:16M | יהב לכון לא | יחוסון/תחו'#2#/ | עייניכון עליהון ולא |
| 016 | תחוסון | | Dt13:09 | עייניכון עלוי ולא | תחוסון | ולא תכסון עלוי: |
| 017 | | | Dt13:09M | /לה#2#/ ולא | יחוסון/תחוסון#2#/ | עייניכון עלוי ולא |
| 018 | | | Dt19:13M | ולא | יחוסן/תחוסון#2#/ | עייניכון עלוי |
| 019 | | | Dt19:21M | ולא | ייחוסן/תחוסון#2#/ | עייניכון נפש |
| 020 | | | Dt 7:02 | תקיימון עמהון קיים ולא | תחוסון | עליהון: |
| 021 | תחוסן | | Gn45:20M | ועיינכון לא | יחוסון/תחוסן#2#/ | על מאני זייניכון |
| 022 | דחס | | Nu24:07 | יתקף מן שאול {רחם} | <דחס> | על אגג מלכיהון דעמלקי |
| 023 | וחס | | Gn 7:16M | /די פקדת ממריה דייי | וחס | ואגן ממריה דייי עלוי#2#/: |
| 024 | וחסת | | Ex 2:06 | ית טליא והא טליא בכי | וחסת | עלוי ואמרת מן בניהון |
| 025 | ואחוס | | Ex33:19 | ית כל מכלת טובי קדמיך | ואחוס | על מן דחמי למחוס וארחם על |
| 026 | ויחוס | | Ex12:13M | ואחמי ית אדמיה | ואפסח/ויחוס#2#/ | \ואגן במימרי /ויגן |
| 027 | | | Ex12:23M | תרתין מזוזיתא | ויפסח/ויחוס#2#/ | ויגן מימריה דייי על |
| 028 | למחוס | | Ex33:19 | ואחוס על מן דחמי | למחוס | וארחם על מן דחמי למרחמה: |

## חוסרן *n.* deficit [192]

| | | | | | | |
|---|---|---|---|---|---|---|
| 001 | חוסרנה | s em/sf | Nu11:23M | {קדם} דקדם ייי אית | חוסרנה | |
| 002 | בחוסרנה | | Dt 8:09M | ארע די לא | במסכנות/בחוסרנה#2#/ | תאכלון/תיכול#2#/ |

## חוף *n.* coast [192]

| | | | | | | |
|---|---|---|---|---|---|---|
| 001 | ובחוף | s ab/cn | Dt 1:07 | בטורה בשפלתה ובדרומה | ובחוף | ימא ארעהון דכנעניי וטור |

## חופן *n.* handful [212 חפן]

| | | | | | | |
|---|---|---|---|---|---|---|
| 001 | חופנוי | p em/sf | Lv16:12 | מדבחה מן קדם ייי ומלו | חופנוי | קטרת בסמנין דקיקה ויעל |
| 002 | חופנויי | | Lv16:12M | /ומלוי#2#/ | חופנוי/<חופ>נויי#2#/ | קטרת בסמנין דקיקה |
| 003 | חופניכון | | Ex 9:08M | סבו לכון מלא | כפיכון/חופניכון#2#/ | קטם דאתון ויזרוק |

## חוצף *n.* insolence [192]

| | | | | | | |
|---|---|---|---|---|---|---|
| 001 | בחוצפא | s em/sf | Nu16:02M | \וקמו קדם /וקמו | בחוצפא | דאפי#2#/ משה וגבריה |

חורי *pron.* ⇐ אוחרי

חורן *pron.* ⇐ אוחרן

## חוררה *n.* type of cake [193]

|  |  |  |  |  |  |  |
|---|---|---|---|---|---|---|
| 001 | חורין | p abs | Ex12:39 | דדהון דאפיקו מן מצרים | חורין | דפטירין קדם עד לא חמע |
| 002 | | | Nu11:08 | ^ברחיה#2# ועבדין יתיה | חורין | והוה טעמיה כטעם ששי«י»ן |

## חורש *n.* forest [193]

|  |  |  |  |  |  |  |
|---|---|---|---|---|---|---|
| 001 | בחורשא | s em/sf | Dt19:05 | ודי ייעול עם חבריה | ב{ק}<ח>ורשא | למקטב קיסין |

## חושבן *n.* calculation [193]

|  |  |  |  |  |  |  |
|---|---|---|---|---|---|---|
| 001 | וחושבן | s ab/cn | Gn 3:19 | חזר וקאם ויהב דין | וחושבן | על כל מה דעבדת: |
| 002 | חשבונוי | p em/sf | Gn39:11 | על לגו ביתא למחשבה | חשבונוי | ולא הוה גבר מן עמיה |

## חושן *n.* breastplate [193]

|  |  |  |  |  |  |  |
|---|---|---|---|---|---|---|
| 001 | חוש' | s em/sf | Ex28:30M | ותתן לחושנא/לגו | חוש'#2#/ | דדינה ית אוריה וית |
| 002 | חושנא | | Ex28:15 | ותעבד | חושנא | דדינא עובד אומן כעבדה |
| 003 | | | Ex28:04 | לבושייא די יעבדון | חושנא | ואפודה ומעילה וכיתנה |
| 004 | | | Ex29:05 | דאפודא וית אפודה וית | חושנא | ותטכס ליה בהמיינה דאפודה: |
| 005 | | | Ex39:09 | מרבע הוה כפול עבדו ית | חושנא | זרת ארכה וזרת פתיה כפול: |
| 006 | | | Ex28:28 | וירדדון ית | חושנא | מן עזקוי לגו עיזקא דאפודה |
| 007 | | | Ex28:28 | המיינה דאפודה ולא יזוע | חושנא | מעילוי אפודה: |
| 008 | | | Ex28:22 | ותעבד על | חושנא | שישלא מתחמן עובד קליעה |
| 009 | חושנה | | Ex28:30M | "לחושנא דדינה": על | חושנה | דסדר דינה |
| 010 | | | Lv 8:08 | ושוי עלוי ית | חושנה | ויהב לגו חושנה ית אוריה |
| 011 | | | Lv 8:08 | עלוי ית חושנה ויהב לגו | חושנה | ית אוריה וית תמיה: |
| 012 | | | Ex39:21 | ועבדו ית | חושנה | מן עזקא לגו עזקיה דאפודה |
| 013 | | | Ex39:21 | דאפודה <....> ולא יזוע | חושנה | מעלוי אפודה היך מה דפקד |
| 014 | | | Ex39:08 | ועבד ית | חושנה | עובד אומן כעבדה דאפדה דהב |
| 015 | | | Ex39:15 | ועבדו על | חושנה | שלשלת מתאמין עובד קליעה |
| 016 | | | Ex28:23 | ותעבד על | חושנה | תרתין עזקין דדהב ותתן ית |
| 017 | חשנה | | Ex39:17M | עזקיה על סיטרוי | דחשנה/חשנה#2#/: | |
| 018 | בחושנה | | Ex28:29 | ית שמה{ה}ת בני ישראל | בחושנה | דדינה על ליביה במיעליה לגו |
| 019 | דחושנא | | Ex28:23 | עזקיא על תרין סיטרוי | דחושנא: | |
| 020 | | | Ex28:24 | עזקיא לגו סיטרוי | דחושנא: | |
| 021 | | | Ex28:26 | יתהון על תרין סיטרוי | דחושנא | על סי{מפ}<פמ>ה די מן |
| 022 | דחושנה | | Ex39:19 | ושוון על תרין סטרוי | דחושנה | על סיפוותה די מן סיטרה |
| 023 | דחשנה | | Ex39:16 | עזקין על תרין סטרוי | דחשנה: | |
| 024 | | | Ex39:17 | תרתין עזקיה על סיטרוי | דחשנה: | |
| 025 | וחושנא | | Ex25:07M | /למשקעה בהין אפדא | וחושנא#2#/: | |
| 026 | וחשנה | | Ex35:09M | /למשקעה בהון אפודה | וחשנה#2#/: | |
| 027 | | | Ex35:27M | למשקעה בהון ואפדה | וחשנה#2#/: | |
| 028 | ובחשנא | | Ex25:07 | דאשלמן למקבעא באפודא | ובחשנא: | |
| 029 | ובחשנה | | Ex35:09 | למקבעה יתהון באפדא | ובחשנה: | |
| 030 | ולחשנה | | Ex35:27 | אבניה דאשלמותא לאפדה | ולחשנה: | |
| 031 | לחושנא | | Ex28:30 | ותתן | לחושנא | דדינה ית אוריה וית תומי' |

## חזו *n.* ⇐ חזיו

## חזור *adv.* around [193]

|  |  |  |  |  |  |  |
|---|---|---|---|---|---|---|
| 001 | | | Ex38:20M | סכייה דמשכנה ודרתה | חז'#2#/ | דנחש: |
| 002 | | | Nu11:31M | יום חד מן דן סטרה | חז'#2#/ | למשריתה וכתרין |
| 003 | | | Lv25:31M | מן חזור חזור /לה שור | חז'#2#/ | על תחומיה דארעא/ מן\ |
| 004 | חזור | | Ex28:33M | ביניהון מן חזור חזור | חזור/ | ומקף וזגונין דדהב בניהון |
| 005 | | | Ex30:03 | ותעבד ליה כליל דדהב | חזור | ומקף: |

## See also: מן חזור *prep.*
## See also: מן חזור *adv.*

## חזור *n.* apple, bell [193]

|  |  |  |  |  |  |  |
|---|---|---|---|---|---|---|
| 001 | חזור | s ab/cn | Ex37:19 | כלידין משקעין בקנה חד | חזור | ושושן כדן לשתי קניה דנפקין |
| 002 | חזר | | Ex25:33 | כלידין משקעין בקנה חד | חזר | ושושן כן לשתי קנין דנפקין |
| 003 | וחזור | | Ex25:35 | | וחזור | תחות תרין קנין מנה וחזור |
| 004 | | | Ex25:35 | תחות תרין קנין מנה | וחזור | תחות תרין קנין דמנה לשתי |
| 005 | | | Ex37:21 | | וחזור | תחות תרין קנין מנה וחזור |
| 006 | | | Ex37:21 | תחות תרין קנין מנה | וחזור | תחות תרין קנין מנה לשתי |
| 007 | חזורא | s em/sf | Ex25:34M | חזוריה ושושניה\ | חזורא/ | ושושנ'#2#/: |
| 008 | חזורה | | Ex37:17M | מנה{י}הוון /כלידה | חזורה | ושושנה מנה ובה יהוון#2# |
| 009 | | | Ex37:20M | חזוריה ושושניה\ | חזורה/ | ושושנה#2#/: |
| 010 | חזוריה | p em/sf | Ex25:31 | דידה וקניה כלידיא | חזוריה | ושושניה מנה יהוון: |
| 011 | | | Ex25:34 | ארבעה כלידין משקעין | חזוריה | ושושניה: |
| 012 | | | Ex37:17 | בסיס דידה וקניה כלידיה | חזוריה | ושושניה מנה{י}הוון: |
| 013 | | | Ex37:20 | ארבעה כלידין משקעין | חזוריה | ושושניה: |
| 014 | חזוריהון | | Ex37:22 | | חזוריהון | וקניהון מנה הוון כלה |
| 015 | חזוריהם | | Ex25:36 | | חזוריהם | וקניהון מנה יהוון כלה |

## חזור חזור *adv.* all around [193]

|  |  |  |  |  |  |  |
|---|---|---|---|---|---|---|
| 001 | חזור חזור | | Nu32:38M | קרתה דמקפן מגדליהא | חזור חזור | דילה ושמהת רברבנהא |
| 002 | | | Nu22:04 | הדין ית כל קירויא די | חזור חזור | היך מה דלחך תורא בלשניה |
| 003 | | | Gn35:05 | דייי על קרייתא די | חזור חזור | יתהון ולא רדפו בתר בנוי |
| 004 | | | Nu35:02 | ופרוירין לקרוין די | חזור חזור | יתהון תתנון לליוויי: |
| 005 | | | Gn23:20M | דאית בכל תחומא | חזור חזור | לאחסנת קבר |
| 006 | | | Dt32:10 | מן ימה אשרי יתהון | חזור חזור | לאיקר שכינתיה אלף יתהון |
| 007 | | | Dt 6:04 | שבטייה ואקים יתהון | חזור חזור | לדרגשיה דדהבה עני אבונן |
| 008 | | | Nu24:05 | יעקב ומשכניהון די | חזור חזור | לה די דבית ישראל: |
| 009 | | | Lv25:44 | אומי«י»ה די | חזור חזור | להוד מנהון תזבנון עבדין |
| 010 | | | Nu16:34 | וכל ישראל די | חזור חזור | להון ערקו לקלהון ארום |
| 011 | | | Dt 6:14 | די {{דאומייה}} | חזור חזור | לכון: |
| 012 | | | Dt13:08 | טעוותהון דאומייה די | חזור חזור | לכון דקריבין לכון או |
| 013 | | | Ex19:12 | ותתחם ית עמא | חזור חזור | למימר אזדהרו לכון דלא |
| 014 | | | Nu 2:02 | בני ישראל מן כל קבל | חזור חזור | למשכן זימנא ישרון: |
| 015 | | | Nu 1:50M | יתיה וחזור חזור/חזור< חזור#2#/ | | למשכנה ישרון: |
| 016 | | | Nu 1:53 | ולווי ישרון | חזור חזור | למשכנה דסהדותה ולא |
| 017 | | | Nu11:24 | עמא ואקים יתהון | חזור חזור | למשכנה: |
| 018 | | | Ex16:13 | הוות ענית טלא | חזור חזור | למשריתא: |
| 019 | | | Nu11:31 | מהלך יום מן הכה | חזור חזור | למשריתה וכתרין |
| 020 | | | Nu11:32 | ושטחו להון שטחין | חזור חזור | למשריתה: |
| 021 | | | Dt17:14 | מלך ככל אומייא די | חזור חזור | לן: |
| 022 | | | Ex 7:24 | וחפרו כל מצריי | חזור חזור | לנהרא <....> למשתי מן |
| 023 | | | Lv13:33 | ויספר | חזור חזור | לני{ק}ת<ק>א וית ניתקא |
| 024 | | | Dt21:02 | לקרייתה די מן | חזור חזור | לקטילה: |
| 025 | | | Ex27:17 | כל עמודי דרדתה | חזור חזור | מכובשין כסף וקלוותהון |
| 026 | חזר חזר | | Ex39:25M | דמעילה מן חזור חזור/חזר חזר#2#/ | | בגו רמניה: |
| 027 | | | Gn41:48 | מזון תחומה דקרתא די | חזר חזר | לה יהב בגוה: |
| 028 | | | Ex40:33 | ואקים ית דרתה | חזר חזר | למשכנה ולמדבחה ושווי ית |
| 029 | דח' | | Nu35:02M | /ופרוילי לקורייתה | דח'#2#/ | יתהון/להון#2#/ תתנון |
| 030 | וחזור חזור | | Nu 1:50 | ואינון ישמשון יתיה | וחזור חזור | למשכנה ישרון: |

## See also: מן חזור חזור *adv.*

## חזזי *n.* scab, lichen [193]

|  |  |  |  |  |  |  |
|---|---|---|---|---|---|---|
| 001 | חזזיין | p abs | Lv21:20 | דחלזונה בעינוי או דמלי | חזזיין | או דחזווי חשיך או דמרחש |
| 002 | | | Lv22:22M | גרב{ר} או דמילי | חזזיין#2#/ | לא תקרבון אליין קדם |
| 003 | | | Lv22:22 | דגבייה או נסיס או דמלי | חזזיין | לא תקרבון אליין קדם ייי |
| 004 | חזזין | | Lv21:20M | או דמלי גרב או דמלי | חזזין | או דחסיר כולייה |

## חזי *vb.* [to see], to see a vision [194 חזי and 2# חזי]

|  |  |  |  |  |  |  |
|---|---|---|---|---|---|---|
| 001 | חז׳ | peal | Nu24:04 | חז{{ר}}«י»ו שדי הוה | חז׳ | וכד הוה חזי הוה משתטח על |
| 002 | חזא | | Gn15:17M | אילין חזויא רברביא | חזא | אברם בזמן דעבר בן פסגייא |
| 003 | חזה | | Nu 8:04 | נגידה היא כחזוה די | חזה | ייי ית משה כדן עבד בצלאל |
| 004 | חזי | | Gn15:12 | נפלת על אברם והא אברם | חזי | ארבעה מלכוון קיימא עלוהי |
| 005 | | | Nu24:04 | שדי הוה חז׳ וכד הוה | חזי | הוה משתטח על אפוי ורזי |
| 006 | | | Nu24:16 | עליה וחזיו שדי הוה | חזי | וכד הווה בעי הווה משתטח על |
| 007 | | | Gn48:11 | לא סכיית למיחמי והא | חזי | יתי ייי אף ית בניך: |
| 008 | | | Gn15:17M | הוה כל כדן הווה אברם | חזי | כד הוה אברם עבר ביני |
| 009 | | | Gn15:17 | וחומטה הווה והא אברם | חזי | עד די סאבסלין אסתדרו |
| 010 | | | Gn15:17M | הוות והא אברם | חז{ו}<י> | על די ספסלין אתעתדו |
| 011 | חזיין | | Dt 1:30M | חמיין": לעיניכון | חזיין | |
| 012 | | | Dt 4:34M | ועייניכון | חמיין/חזיין#2#/: | |
| 013 | | | Dt 4:28 | דקיס טעוון דאבן די לא | חזיין | ולא שמעין ולא אכלין ולא |
| 014 | | | Ex20:02M | צווח ואמר וכל ישרא׳ | חזיין | יתיה |
| 015 | | | Ex20:02 | לוחי קיימא וכל ישראל | חזיין | יתיה בכן הוה צווח ואמר |
| 016 | | | Ex20:03 | לוחי קיימא וכל ישראל | חזיין | יתיה וכן הוון צווח ואמר |
| 017 | חזין | | Ex20:02M | צווח ואמר וכל ישראל | חזין | יתיה כד הוה צווח ואמר עמי |
| 018 | דחזינן | | Nu10:31 | דעבד ייי עמן בכל אתר | {דחזינן} | <דהוינן> שרין ונטלין |
| 019 | וחזא | | Ex32:05M | ית חור נביא קדמוי | /וחזא | אהרן ית חור נכיס |
| 020 | | | Gn26:08 | מלכא דפלישתאי על חרכא | וחזא | והא יצחק מגהך עם רבקה |
| 021 | | | Gn13:10 | ונטל לוט ית עיינוי | וחזא | ית כל מישר ירדנא ארום כלה |
| 022 | | | Gn13:10M | "וחזא ית ... באילנא": | וחזא | ית כל משריה דיורדנה והא |
| 023 | וחזה | | Nu24:21M | | וחמה/וחזה#2#/ | ית שלמייה ונטל במתל |
| 024 | וחזון | | Nu13:26 | ולכל עם כנ«י»שתה | וחזון | ליה ית פירי דארעא: |
| 025 | למחזי | | Ex11:06 | לא הוות וכוותה לא תוסף | למחזי: | |
| 026 | למיחזי | | Gn44:23 | זעירא עמכון לא תסגון | למיחזי | סבר אפוי: |
| 027 | אחזי | afel | Dt 5:24 | ואמרתון | {ה}אחזי | יתן מימרה דייי אלהן די |
| 028 | מחזי | | Ex25:09 | כל מה די אנא | מחזי | יתך ית דמותא דמשכנא וית |
| 029 | אחזיו | etpeel | Lv13:03M | במכתשה | אתהפי/^ית#2#^/אחזיו#2#/ | לחוור וחזווי |
| 030 | אתחזי | | Lv14:35 | לכהנא למימר כמכתש | אתחזי | לי בביתה: |
| 031 | יתחזי | | Lv13:14 | וביומא די | יתחזי | בה בשר חי יסתאב: |
| 032 | תתחזי | | Lv13:57 | ואין | תתחזי | תוב בלבושה או בשתיא או |
| 033 | דמתחזי | | Nu24:06 | אורייה כשום<יי>ה | {דמתחזי} | <דמתח ייי> לבית שכינה לה |
| 034 | ויתחזי | | Lv13:16 | בשרה חיה ויתהפך לחוור | ויתחזי | לוות כהנא: |
| 035 | | | Lv13:49M | מכתש צרעה הוא | ויתחמי/<ויתח>זי#2#/ | לכהנא/לוות |

## חזי *n.* sight [!!]

|  |  |  |  |  |  |  |
|---|---|---|---|---|---|---|
| 001 | חזאה | s em/sf | Ex 3:03M | כען ואחמי ית | חזיא/חזאה#2#/ | רבא הדין מן בגלל לא |
| 002 | חזיא | | Ex 3:03 | משה אסטי כען ואחמי ית | חזיא | רבא הדין מן בגלל לא יקד |

## חזיו #2 *n.* appearance, vision [194 חזיו]

|  |  |  |  |  |  |  |
|---|---|---|---|---|---|---|
| 001 | חזי׳ | s ab/cn | Gn12:11 | ידע אנא ארום את שפירת | חזי׳ | את: |
| 002 | חזיו | | Nu24:04 | מן קדם ייי עליה די | חז{{ר}}«י»ו | שדי הוה חז׳ וכד הוה |
| 003 | | | Nu14:14 | בגו עמא האליין ארום | חזיו | בחזיו אתגלית את במימרך ייי |
| 004 | | | Gn 6:02M | אנון ונסבו /שפירות | חזיו | הנין ונ׳#2#/ להון {א}נשי׳ |
| 005 | | | Dt28:34 | ותהוון משגעין מן | חזיו | עייניכון די תחמון: |
| 006 | | | Dt28:67M | תתברון#2#/ ומן | חזווי/חזיו#2#/ | עייניכון די תחמון: |
| 007 | | | Nu15:39 | בתר הרהורי לבכון ובתר | חזיו | עיניכון די אתון טעיין |
| 008 | | | Lv13:12 | מן ראשה ועד רגלוי לכל | חזיו | עיני כהנא: |
| 009 | חזיוו | | Dt21:11M | /אתה#2#/ שפירת | חזוון/חזיוו#2#/ | ותתרעי בה ותיסב יתה |
| 010 | | | Gn24:16M | שפירת | חיזו/^חיזיו#2#^/חזיוו#2#/ | לחדא בתולה |
| 011 | | | Nu15:39M | לבכון ובתר | חזוי/חזיוו#2#/ | עיניכון די אתון |
| 012 | חיזו | | Gn 6:02 | דבני אנשא ארום שפורין | חיזו | אנון ונסבו להון {א}נשי׳ מן |
| 013 | | | Gn26:07M | /^שפירה#2#^/<ש>פירא | חיזו#2#/ | היא לחדה: |
| 014 | | | Gn24:16 | ורביתה שפירת | חיזו | לחדא בתולה וגבר לא חכים |
| 015 | | | Gn49:22M | לא#2#/ אזל בתר | חיזוי/חיזו#2#/ | עייניה ולא בתר |
| 016 | | | Nu24:04M | /עילאה#2#/ די | חז{{ר}}«י»ו/חיזו#2#/ | שדי הוה חז׳ וכד |
| 017 | חיזוו | | Nu14:14M | אתגלית/ית׳#2#/ /די | חיזוו | איתגלי׳#2#/ את במימרך |
| 018 | חיזיו | | Gn24:16M | שפירת | חיזו/^חיזיו#2#^/חזיוו#2#/ | לחדא בתולה |
| 019 | בחזיו | | Gn39:06 | יוסף יאי ברווה ושפיר | בחזיו: | |
| 020 | | | Nu14:14 | עמא האליין ארום חזיו | בחזיו | אתגלית את במימרך ייי וענן |
| 021 | בחיזוו | | Nu12:08M | ולא בדמויין | /בחיזוו | ולא בטומרא#2#/ ודמו |
| 022 | וחזיו | | Nu 9:16 | בתדירה ענגה יכסי יתיה | וחזיו | אשא אכלה אשא בליליה: |
| 023 | | | Nu24:16 | וידע דיעה מן קדם עליה | וחזיו | שדי הוה חזי וכד הווה בעי |
| 024 | וחיזו | | Ex24:17 | | וחיזו | איקר שכינתיה דייי כאשתא |
| 025 | | | Nu24:16M | \עליה וחזיו /עילאה | וחיזו#2#/ | שדי הוה חזי וכד הווה |
| 026 | וכחיזו | | Nu 9:16M | וחזיו אשא \אכלה אשא | /וכחיזו | אשתה בל׳#2#/ בליליה: |
| 027 | כחזיו | | Nu 9:15 | וברמשא יהווי על משכנ׳ | כחזיו | אשתה עד צפרה: |
| 028 | | | Nu11:07 | כזרע כסבר הוא ועינה | כחזיו | בדולחה: |
| 029 | | | Lv13:43 | או בגלשנותיה | כחזיו | צרעת משך בשרה: |
| 030 | כחזוו | | Nu11:07M | /וחזויה | כחזוו#2#/ | בדולחה: |
| 031 | כחיזו | | Nu 9:15M | יהווי על משכנ׳ | כחזיו/כחיזו#2#/ | אשתה עד צפרה: |
| 032 | חזוה | s em/sf | Gn14:13 | עברייא והוא שרי במשרי | חזוה | דממר׳ אמורי«ה» אחוי |
| 033 | | | Ex10:05 | ויכסו ית | חזוה | דארעא ולא תיכול למיחמי{ה} |
| 034 | | | Gn13:18 | ואתא ושרא במישריה | חזוה | די בחברו׳ ובנה תמן מדבח |
| 035 | | | Ex10:15 | וכסי ית כל | חזוה | דכל ארעא וחשכת ארעא ואכל |
| 036 | | | Gn18:01 | דייי על אברהם במשרי | חזוה | והוא הווה יתיב בתרע משכניה |
| 037 | | | Lv13:55 | והא לא הפך מכתשה ית | חזוה | ומכתש׳ לא הלך מסאב הוא |
| 038 | | | Lv13:20 | ויחמי כהנא והא | חזוה | מכיך מן משכה וסערה אתהפך |
| 039 | | | Lv13:30 | ויחמי כהנא ית מכתש׳ והא | חזוה | מכיך מן משכה ובה שער מצלהב |
| 040 | | | Lv13:31 | דנ{ק}ת<ק>ה והא לית | חזוה | מכיך מן משכה ושער |
| 041 | | | Lv13:04 | היא במשך בשרה ומכיך לית | חזוה | מן משכה ושעורה לא אתהפך |
| 042 | חזווה | | Nu22:05 | מן מצרים והא כסון ית | חזווה | דארעא והא אינון שרין מן |
| 043 | | | Nu22:11 | מן מצרים וכסון ית | חזווה | דארעא וכדון אתה כען לוט |
| 044 | | | Gn12:06 | עד אתרה שכם ועד משריה | חזווה | וכנעניא עד כען הוון שריין |
| 045 | | | Gn35:09M | מימריה דייי במשרי | חזווה | ועוד אלפת יתן למיברכה ית |
| 046 | | | Gn35:09 | כד אתגליתא עלוי במשרה | חזווה | ועד כען הווה צער מן גזרתא |
| 047 | בחזוה | | Gn29:17 | ושפיר«א» | בחזוה: | |
| 048 | | | Gn46:02 | ואמר ייי לישראל | בחזוה | די ליליא ואמר יעקב יעקב |
| 049 | | | Lv13:37 | ואן | בחזוה | קם נתקא ושער אוכם צמח בה |
| 050 | בחזווה | | Nu12:06M | אתגלי /נביאכון ייי | בחזווה | עלוי אתודע בחלם א׳#2#/ |
| 051 | בחזוי | | Gn31:10M | והא גדיא דסלקין | /בחזוי | והא תישיא דסל׳#2#/ על |
| 052 | בחזויה | | Lv13:05 | שביעיה והא מכתשה קאים | בחזויה | לא הלך מכתשה במשכה ויטרוד |
| 053 | בחיזוה | | Nu12:01 | יאיה בריוה ושפירה | בחיזוה | ושנייה בעובדי׳ טבי«י»ה |
| 054 | דחזוה | | Gn14:17M | \פרדסיא היא /למשרה | דחזוה | הוא#2#/ משרה דמלכא: |
| 055 | וחזוה | | Lv13:32 | ולא הוה בה שער מצלהב | וחזוה | דניתקא לית הוא מכיך מן |
| 056 | | | Lv13:34 | הלך ניתקא במשכה | וחזוה | לית הוא מכיך מן {מ}משכא |
| 057 | | | Lv13:25 | שער חוור בבה{י}ק<י>תה | וחזוה | מכיך מן משכה צרעה היא |
| 058 | וחזויה | | Nu11:07M | כחזיו/^כחזוי׳#2#^/ | /וחזויה | כחזוו#2#/ בדולחה: |
| 059 | כחזוה | | Nu 8:04 | ועד שושניה נגידה היא | כחזוה | די חזה ייי ית משה כדן |

| | | | | | | |
|---|---|---|---|---|---|---|
| 060 | כחזוי' | | Nu11:07M | הוא \ועינה | כחזיו/^כחזוי'#2#^/ | /וחזויה כחזוור#2#/ |
| 061 | חזוון | p abs | Dt21:11 | ותחמי בשביתה איתה שפירת | חזוון | ותתרעי בה ותיסב יתה לך |
| 062 | בחזוין | | Nu12:08 | ממלל <מללית> עמיה | בחזוין | ולא בדמויין ודמו מן קדם |
| 063 | בחזיון | | Nu12:06 | ביניכון נבייה ייי | בחזיון | אתגלי עלוי ובחלמין אמלל |
| 064 | | | Ex38:08M | דהוון מצליין בתרע | /בחזיון | <ד>נשייה צניעתה דהוויין |
| 065 | ובחזוון | | Dt 4:34 | תקיפה ובאדרע מנטלה | ובחזו{ז}<ו>ן | רברבין ככל מה די עבד |
| 066 | ובחזויין | | Dt 4:34M | רברבין | /ובח{ו}<ז>ויין | רברבין#2#/ ככל מה די |
| 067 | ובחזוין | | Dt26:08 | תקיפה ובאדרע מנטלה | ובחזוין | רברבן ובאתין ובפרישן: |
| 068 | חזווי | p const | Dt28:67 | די תתפחדון ומן | חזווי | עייניכון די תחמון: |
| 069 | חיזוות | | Ex27:08M | תעבד יתיה היך | <אחמית>/חיזוות#2#/ | יתך בטורא כדן |
| 070 | חיזוי | | Gn49:22 | גברא חסידא דלא אזל בתר | חיזוי | עייניה ולא בתר הרהורי |
| 071 | | | Lv13:12M | ועד רגלוי לכל | חזי/חיזוי#2#/ | עיני כהנא: |
| 072 | בחזוי | | Nu22:20M | דייי על בלעם | בליליה/בחזוי | ליליה#2#/ ואמר לה |
| 073 | דחזווי | | Lv21:20 | או דמלי חזזיין או | דחזווי | חשיך או דמרחש אשכתיה: |
| 074 | וחזווי | | Lv13:03 | במכתשה אתהפי' לחוור | וחזווי | דמכתשא מכיך מן משך בשרה |
| 075 | וכחזוי | | Ex24:10 | כעובד לבן דסנפרינון | וכחזוי | שמיא כד אינון נקיין מן |
| 076 | חזויא | p em/sf | Gn15:17M | ותצרי כל מלכותא אילין | חזויא | רברביא חזא אברם בזמן |
| 077 | חזווייה | | Dt34:12 | ולכל ידה תקיפתה ולכל | חזווייה | רברבייה די עבד משה |
| 078 | וחזוויהן | | Gn41:21 | ארום עלו לגו מעיהן | וחזוויהן | חשיך היך מה דהוון |
| 079 | וחיזוויהון | | Lv14:37 | שקען ירקן או סמקן | וחיזוויהון | מכיך מן כתלה: |

### [חזיז] *n.* (unclear) [194]

| | | | | | | |
|---|---|---|---|---|---|---|
| 001 | חזיזה | s em/sf | Gn13:18M | ושרא במישריה | חזוה/חזיזה#2#/ | די בחברו' ובנה תמן |

### חזיר *n.* pig [194]

| | | | | | | |
|---|---|---|---|---|---|---|
| 001 | חזירה | s em/sf | Lv11:07 | וית | חזירה | ארו' מטלף טלפין הוא |
| 002 | | | Dt14:08 | וית | חזירה | ארום מטלפין טלפין הוא ולא |

### חזק *vb.* to hold [194]

| | | | | | | |
|---|---|---|---|---|---|---|
| 001 | ומחזקא | pael | Gn50:01 | מרגליין מליא | ומחזקא | באבנא בועה בוצה וארגוונא |
| 002 | ומחזקין | | Gn50:01M | באבנין טבין ומרגלין | ומחזקין | באבנ' דבר' וארגוונה תמן |

### חזר *vb.* to return [195]

| | | | | | | |
|---|---|---|---|---|---|---|
| 001 | חזור | peal | Gn20:07 | וכדון | חזור | אתתיה דגברא ארום נביא הוא |
| 002 | | | Ex 4:07 | ואמר | חזור | כען ידך בחובך וחזר ידיה |
| 003 | | | Ex32:12 | מעיל«וי» אפי דארעא | חזור | כען מן תקף רוגזך ויהוי תהו |
| 004 | | | Nu10:36 | שרי הוה משה מצלי ואמר | חזור | כען ייי מן תקוף רוג{ד}<ז>ך |
| 005 | | | Ex 4:19 | ייי למשה במדין אזל | חזור | למצרים ארום מיתו כל |
| 006 | | | Gn31:03 | ואמר ייי ליעקב | חזור | לארע אבהתך לתלדוותך ואהוי |
| 007 | | | Gn32:10 | דיצחק אבה ייי דאמר לי | חזור | לארעך ולתולדותך ואוטב לך: |
| 008 | | | Nu23:05 | פתגם בפומיה דבלעם ואמר | חזור | לוות בלק וכדן תמלל: |
| 009 | חזורו | | Gn43:02 | ואמר להון אבוהון | חזורו | זבונן לן זעיר מזון: |
| 010 | | | Dt 5:30 | משה מן שמי ואמור להון | חזורו | לכון בשלם למשכניכון: |
| 011 | חזר | | Gn20:07M | \וכדון חזור /וכדו | חזר#2#/ | אתתיה דגברא ארום נביא |
| 012 | | | Gn14:16 | ית לוט בר אחוי וממונה | חזר | ואף ית נשי' וית עמה: |
| 013 | | | Dt33:02 | גנבין לא קבילו יתה | חזר | ואתגלי על טורה דסיני |
| 014 | | | Gn49:01M | לה{ו} רזא אתגנז מיניה | חזר | וברך יתה<ו>ן גבר כמפתר |
| 015 | | | Gn14:16M | לוט בריה דאחוי וסגולה | חזר | ולחוד ית נשייה |
| 016 | | | Gn 3:19 | עפר את ולעפרא את עתיד | חזר | ומן עפרא את עתיד חזר וקאם |
| 017 | | | Ex25:11 | ותעבד ליה כליל דדהב | חזר | ומקף: |
| 018 | | | Ex25:24 | ותעביד ליה כליל דדהב | חזר | ומק«ף»: |
| 019 | | | Ex25:25 | כליל דדהב לג{ו}פ<ו>פיה | חזר | ומקף: |
| 020 | | | Ex25:25 | ותעבד ליה גיפוף פשך | חזר | ומקף ותעבד כליל דדהב |
| 021 | | | Ex28:33M | וזגונין דדהב בניהון | חזר | ומקף#2#/: |
| 022 | | | Ex37:02 | ועבד לה כליל דדהב | חזר | ומקף: |
| 023 | | | Ex37:11 | ועבד ליה כליל דדהב | חזר | ומקף: |
| 024 | | | Ex37:12 | ועבד כליל דדהבא לגפופא | חזר | ומקף: |
| 025 | | | Ex37:26 | ועבד ליה כליל דדהב | חזר | ומקף: |
| 026 | | | Ex20:02 | חמיין יתיה ודחלין והוה | חזר | ומתחקק על תרין לוחי קיימא |
| 027 | | | Ex20:02M | יתיה ודחלן והוה | חזר | ומתחקק על תרין לוחי קיימ' |
| 028 | | | Ex20:03 | חמיין יתיה ודחלין והוה | חזר | ומתחקק על תרין לוחי קיימא |
| 029 | | | Gn 3:19 | חזר ומן עפרא את עתיד | חזר | וקאם ויהב דין וחושבן על כל |
| 030 | | | Gn38:29 | והוה כדי | חזר | ידיה והא נפק אחוי ואמרת מה |
| 031 | | | Nu17:25 | ואמר ייי למשה | חזר | ית חוטרה דאהרן קדם סהדותא |
| 032 | | | Nu25:11 | ברה דאהרן כהנה רבה | חזר | ית חמתיה מעילווי בני |
| 033 | | | Gn18:33 | עם אברהם ואברהם | חזר | לאתריה: |
| 034 | | | Nu24:25 | וחזר לאתרה ואף בלק | חזר | לאתריה ואקים בנתיה על |
| 035 | | | Nu23:16 | ושוי פתגם בפמיה ואמר | ח{ו}<ז>ר | לוות בלק וכדן תמלל: |
| 036 | | | Gn41:13 | דפתר לן כדין הוות יתי | חזר | לשמושי ויתיה צלב על צליבא: |
| 037 | | | Gn14:17 | לקדמותיה מן בתר די | חזר | מן דקטל ית כדר לעמ' וית |
| 038 | | | Ex37:12 | ועבד ליה גפוף פשך | חזר | מקף ועבד כליל דדהבא לגפופא |
| 039 | חזרו | | Gn44:18 | ייי אנה דחיל וכדון | חזרו | דינך למהווי מדמיין לדינוי |
| 040 | | | Gn44:25 | ואמר אבה | חזרו | זבנ{ן}<ו> לן קליל מזון: |
| 041 | | | Gn43:13 | וית אחוכון סבו ואזלו | חזרו | לוות גברא: |
| 042 | | | Ex14:25 | נגדין בגלג«לי» וקיסי | חזרו | למהוי נגדין כמולותיה ורמין |
| 043 | חזרי | | Gn16:09 | ואמר לה מלאכה דייי | חזרי | לוות רבונתיך ואצטערי תחות |
| 044 | חזרן | | Ex14:25M | <ל>מהון נגדן לגלגלי | חזרן | גלגלי לרידוותא למיהון |
| 045 | חזרנון | | Gn43:10 | דאשתהינון ארום כדון | חזרנון | ואתינן דנה תרין זמנין: |
| 046 | חזרנן | | Gn44:08 | דאשכחנן בפום טעונינן | חזרנן | יתיה {יתיה} לוותך בקדמיתא |
| 047 | | | Nu14:03 | יהוון לבזה הלא טב לן | חזרנן | למצרים: |
| 048 | חזרת | | Nu21:19 | דהוות לנחלין מתגברין | חזרת | למהווי סלקה עמהון לריש |
| 049 | | | Nu21:19 | דאתיהיבת להון בירא מתנה | חזרת | למהווי להון לנחלין מתגברין |
| 050 | | | Gn 4:16 | ומן דחטא וקטל להבל | חזרת | למהוי מרביה קדמו |
| 051 | | | Nu21:19M | נחלין שטפין | חזרת | למהוי נחתה עמהון |
| 052 | | | Ex 4:07 | ואפיק יתה מן חוביה והא | חזרת | למיהוי כבשרה: |
| 053 | חזרתון | | Nu14:43 | בחרבה ארום בגין כדן די | חזרתון | בתר מימרה דייי ולא יהוי |
| 054 | | | Nu14:43M | חזרתון בתר /מן בגן כן | חזרתון | מן בת'#2#/ מימרה דייי |
| 055 | אחזור | | Gn30:31 | אן תעבד לי פתגמא הדן | אחזור | ארעי ענך אנטר יתיה: |
| 056 | | | Nu22:34M | כדו אין בעש קודמיך | אחזור | לא' |
| 057 | | | Nu22:34 | וכדון אין ביש באפך | אחזור | לאתריה: |
| 058 | | | Gn18:10M | הדא והא בר /מחזור | א<ח>זור | לוותך בעידנא הדין והא |
| 059 | | | Gn18:14 | מן קדם ייי פתגם לעידנא | אחזור | לוותך בשעתא הדא ולשרה בר |
| 060 | אחזר | | Gn18:10 | ואמר מחזר | אחזר | לוותך בשעתא הדא והא בר דכר |
| 061 | יח' | | Lv27:24M | בשתה דיובילה | תחזור/יח'#2#/ | חקלה למן/דדן#2#/ |
| 062 | יחזור | | Lv25:41 | ולאחסנות אבהתה | יחזור: | |
| 063 | | | Nu 2:02M | ישרון /למשכנה דזמנה | יחזור#2#/: | |
| 064 | | | Lv13:16 | או ארום | ^יחזור#2#^ | בשרה חיה ויתהפך לחוור |
| 065 | | | Dt17:16 | ל{א}<ה> סוסוון ולא | יחזור | ית עמא למצריסה מן בגלל |
| 066 | | | Lv14:43 | ואם | יחזור | מכתשה ויהלך בביתה מן בתר |
| 067 | | | Nu 8:25 | ומן בר חמשין שנין | יחזור | מן חיל קרבה לא יפלח עוד: |
| 068 | | | Lv25:51 | סגי בשניה לפום שנייה | יחזור | פרקוניה מן זבונה: |
| 069 | | | Nu35:28 | ובתר די ימות כהנא רבה | יחזור | קטולה לארע אחסנתיה: |
| 070 | | | Nu25:04 | עם מטמעי שמשא בכדן | יחזור | תקוף רוגזה דייי מן |
| 071 | יחזר | | Dt23:15 | בכון ערייה דמילה ולא | יחזר | איקר שכינתיה מן בתריכון: |
| 072 | | | Dt30:09 | ארעכון לטבן סגין ארום | יחזר | ייי למחדי עליכון לטב |
| 073 | | | Dt32:43 | צדיקייה הוא תבע ונקמתה | יחזר | לבעלי דבביכון ובחובי עמא |

|  |  |  |  |  |  |
|---|---|---|---|---|---|
| 074 | יחזרון | Gn49:19M | דכנען ומן בתר כן | יחזרון | בשלם למשכניהון |
| 075 | | Gn49:19 | ית ארעא ובתר כדן | יחזרון | לאתרהון בנכסין סגיין: |
| 076 | | Gn15:16 | ודר רביעי | יחזרון | להכ׳ ארום לא שלימו |
| 077 | | Dt28:31 | גזילין מן קדמיכון ולא | יחזרון | לכון עניכון מסירן |
| 078 | | Nu18:09 | ולכל אשמיהון די | יחזרון | לשם ממרי קדש קדשין הוא לך |
| 079 | נחזור | Ex14:13 | לימא וחדא הוות אמרה | נחזור | למצרים וחדה הוות אמרה |
| 080 | | Ex14:13 | הדין וכיתא דהוות אמרה | נחזור | למצרים אמר להון משה לא |
| 081 | | Ex24:14 | לי הכא עד זמן די | נחזור | לוותכון והא אהרן וחור |
| 082 | תחזור | Lv27:24 | בשתה דיובילה | תחזור | חקלה למן דזבן יתיה |
| 083 | | Gn27:45M | רוגזיה דאחוך /זמן די | תחזור | כוליתיה דאח#2#/ מנך |
| 084 | | Gn27:44M | קלילן עד זמן די | תשתדך/תחזור#2#/ | כליתיה דאחוך: |
| 085 | | Gn 3:19M | תאכל מזון עד זמן די | תחזור | לארעא |
| 086 | | Dt24:19M | באפי ברה לא | תחזרון/תחזור#2#/ | למיסב יתה ולגיוריה |
| 087 | | Gn24:08 | הדה לחוד ית ברי לא | תחזור | לתמן: |
| 088 | תחזרון | Lv25:10 | וגבר לזרעיתיה | תחזרון: | |
| 089 | | Lv25:13 | בשתה דיובלה הדה | תחזרון | גבר לא<ח>סנתיה: |
| 090 | | Nu32:22 | קדם ייי ומן בתר כדן | תחזרון | ותהוון זכיין מן קדם ייי |
| 091 | | Dt30:08 | ואתון | תחזרון | ותשמעון בקל מימריה דייי |
| 092 | | Dt24:19 | ותנשון עמר באפי ברה לא | תחזרון | למיסב יתה ולגיוריה |
| 093 | | Nu32:15 | ארום | תחזרון | מן בתר ממרה ויוסף תוב |
| 094 | | Dt30:10 | בספר אורייתה הדה ארום | תחזרון | קדם ייי אלהכון בכל |
| 095 | מחזור | Gn18:10M | בשעתא הדא והא בר | /מחזור | א<ח>זור לוותך בעידנא |
| 096 | | Nu14:03M | לבזה הלא טב לן | חזרנן/מחזור#2#/ | למצרים: |
| 097 | מחזר | Gn18:10 | ואמר | מחזר | אחזר לוותך בשעתא הדא והא |
| 098 | מחזרך | Gn 3:19 | אפיך תאכל לחם עד | מחזרך | לארעא ארום מנה אתברית |
| 099 | דחזר | Gn 2:11 | דחד מינהון פישון הוא | דחזר | ומקף ית כל ארעא דהנדקי |
| 100 | | Gn 2:13 | תיניינא גיחון הוא | דחזר | ומקף ית כל ארעא דכוש: |
| 101 | | Gn 2:14 | דנהרא תליתיא דקלת הוא | דחזר | ומקף מן מדנח אתוריה ונהרא |
| 102 | | Gn32:03 | דלבן אחוי דאמה אינון | דחזר | למרדף בתרי {או משרין דעשו |
| 103 | דחזרת | Nu21:20M | בתר | דחזרת | למהוי סלקה עמהון לראשי |
| 104 | דיחזור | Dt13:18 | מן חרמה מן בגלל | דיחזור | ממרה דייי מן תקוף רוגזיה |
| 105 | | Gn27:45 | עד | דיחזור | תקוף רוגזיה דאחוך מנך |
| 106 | וחזו׳ | Ex32:27M | על ירכיה עברו | וחזרו/וחזו׳#2#/ | מן תרע לתרע במשריתא |
| 107 | וחזור | Gn31:13 | קום פוק מן ארעא הדא | וחזור | לארעא תלדוותך: |
| 108 | וחזר | Gn22:19M | | ותב/וחזר#2#/ | אברהם לוות עולימוי |
| 109 | | Nu17:15 | | וחזר | אהרן לוות משה לתרע משכן |
| 110 | | Gn50:14 | | וחזר | יוסף מצרימה הוא ואחוי |
| 111 | | Gn26:18 | | וחזר | יצחק וחפר ית בארייתא דמיא |
| 112 | | Gn32:01 | וברך יתהון ואזל | וחזר | לבן לאתריה: |
| 113 | | Ex 5:22 | | וחזר | משה קדם ייי ואמר בבעו |
| 114 | | Ex19:08 | כל מה דמלל ייי נעבד | וחזר | משה ית מליהון דעמא בצלו |
| 115 | | Ex32:31M | | /וחזר | משה קדם ייי#2#/ ואמר |
| 116 | | Gn37:29 | | וחזר | ראובן לגובא והא לית יוסף |
| 117 | | Gn33:16 | | וחזר | ביומא ההוא עשו לארחה |
| 118 | | Gn27:41 | קטל להבל בחיובי דאבוי | וחזר | ואוליד ית שת וקרא ית שמיה |
| 119 | | Gn 2:10 | גנתא ומן תמן הוה מתפרש | וחזר | והוה לארבעה ראשי נהרין |
| 120 | | Ex20:02 | פרח וטייס באויר שמייא | וחזר | וכל ישראל חמיין יתיה |
| 121 | | Ex20:03 | פרח וטייס באויר שמיא | וחזר | וכל ישראל חמיין יתיה |
| 122 | | Dt 5:06 | על משיריתהון דישראל | וחזר | ומ{חת}<תח>קק על לוחי קיימה |
| 123 | | Ex20:02 | ואמר עמא בני <ישראל> | וחזר | ומקף על משרייותיהון |
| 124 | | Ex20:03 | ואמר עמי בני <ישראל> | וחזר | ומקף על משרייתיהון דישראל |
| 125 | | Dt 5:06 | פרח וטייס באויר שמיא | וחזר | ומקף על משיריתהון דישראל |
| 126 | | Dt 5:07 | פרח וטייס באויר שמייא | וחזר | ומקף על משירייתהון דבני |
| 127 | | Ex20:02 | על משרייותיהון דישראל | וחזר | ומתחקק על לוחי קיימא וכל |
| 128 | | Ex20:03 | על משרייתיהון דישראל | וחזר | ומתחקק על לוחי קיימא וכל |
| 129 | | Dt 5:07 | משירייתהון דבני ישראל | וחזר | ומתחקק על לווחי קיימה וכן |
| 130 | | Ex 4:07 | ואמר חזור כען ידך בחובך | וחזר | ידיה בחוביה ואפיק יתה מן |
| 131 | | Ex15:19 | הליכו ביבשתא בגו ימא: | }וחזר | ייי עליהון ית מוי דימא |
| 132 | | Ex15:19 | בארתכוי ובפרשוי בימא | וחזר | ייי עליהון מוי דימא ובני |
| 133 | | Gn14:16 | | וחזר | ית כל ממונה ואף ית לוט בר |
| 134 | | Gn40:21 | | וחזר | ית רב מזוגיה לשמושה ושוי |
| 135 | | Ex10:08 | | וחזר | ית משה וית אהרן לוות |
| 136 | | Ex 4:18M | ואזל משה | ותב/וחזר#2#/ | ליתרו/לוות יתרו#2#/ |
| 137 | | Ex 4:20 | וארכב יתהון על חמרא | וחזר | לארעא דמצרים ונסב משה ית |
| 138 | | Nu24:25 | וקם בלעם ואזל | וחזר | לאתרה ואף בלק חזר לאתריה |
| 139 | | Gn37:30 | | וחזר | לוות אחוי ואמר טליא לית |
| 140 | | Gn38:22 | | וחזר | לוות יהודה ואמר לא אשכחית |
| 141 | | Gn42:24 | וסטה מלוותיהון ובכה | וחזר | לוותהון ומלל עמהון ונסב |
| 142 | | Nu23:06 | | וחזר | לוותיה והא אתעתד על עלתה |
| 143 | | Gn20:14M | לאברהם \וחוי לה | /וחזר | ליה#2#/ ית שרה אתתיה: |
| 144 | | Ex33:11 | דממלל גבר עם חבריה | וחזר | למשריתה ושמשיה יהושע בן |
| 145 | | Gn 8:07 | ושלח ית עורבא והוה נפק | וחזר | נפק וחזר עד די יבשו מיא |
| 146 | | Gn 8:07 | והוה נפק וחזר נפק | וחזר | עד די יבשו מיא מעלוי ארעא: |
| 147 | | Gn 8:07M | נפק וחזר עד די /אזל | וחזר | עד זמן די#2#/ יבשו מיא |
| 148 | | Gn15:01 | מניהון ארבעה מלכין | וחזר | תשע משריין חשב אברם בלבה |
| 149 | וחזרו | Nu11:04 | איתחמדו תוחמודה | וחזרו | ובכון לחוד בני ישראל |
| 150 | | Gn14:07 | | וחזרו | ועלו לעין דינא היא רקם |
| 151 | | Nu14:36 | ית ארעא | וחזרו | ורעמו עלוי כל כנשתה למפקה |
| 152 | | Nu 5:07 | ית חובתהון דעבדו | וחזרו | ית אשמה בקרנה וח«ו»משה |
| 153 | | Gn21:32 | ופיכל רב חילוותה | וחזרו | לארעהון |
| 154 | | Ex34:31 | וקרא להון משה | וחזרו | לוותיה אהרן וכל רברבני |
| 155 | | Nu33:07M | מאתם \ושרון בפונדקי | /וחזרו | לפונ׳#2#/ חירתה דסמיך |
| 156 | | Gn44:13 | ושוון גבר על חמריה | וחזרו | לקרתא: |
| 157 | | Gn 8:03 | | וחזרו | מי׳ מעילוי ארעא אזלין |
| 158 | | Ex14:28 | | וחזרו | מיין וכסן ית אר<ת>כי וית |
| 159 | | Gn32:07 | | וחזרו | מלל{{ה}}יה לוות יעקב |
| 160 | | Nu13:25 | | וחזרו | מן דיללו ית ארעא לסוף |
| 161 | | Nu21:06 | להון סלווי מן ימא | וחזרו | עמי למתרעמא קדמיי על עסק |
| 162 | וחזרין | Nu23:19 | גזרין ולא מקיימין | וחזרין | וכפרין במיליהון ברם אלהה |
| 163 | | Nu12:12 | משתעבדין במצרים | וחזרין | ומטרפין במדבר׳ הוות אחתן |
| 164 | וחזרנן | Gn43:21 | טעונה כספינן במתקליה | וחזרנן | יתיה בידנא: |
| 165 | וחזרת | Gn 8:09 | יוונה נייח לכף רגלה | וחזרת | לוותה לתיבותה ארום מיא |
| 166 | וחזרתון | Dt 1:45 | | וחזרתון | ובכיתון קדם ייי ולא שמע |
| 167 | ואחזור | Gn50:05 | כען ואקבור ית אבא | ואחזור: | |
| 168 | | Ex 4:18 | ואמר ליה איזל כען | ואחזור | לוות אחי די במצרים ואחמי |
| 169 | ואחזרו | Dt 1:25M | /ואותיתו לוותן | ואחזרו#2#/ | יתן פתגם ואמרין טבא |
| 170 | ויחזור | Dt30:03 | תותבתכון וירחם יתכון | ויחזור | ויכנש יתכון מן כל אומיה |
| 171 | | Dt28:68M | | ויחזר/ויחזור#2#/ | ייי יתכון למצרים |
| 172 | | Gn40:13 | פרעה ית ראשך {ראשך} | ויחזור | יתך לשימושך ותשוי כסא בכף |
| 173 | | Gn48:21 | מיית ויהווי ייי עמכון | ויחזור | יתכון לארעא אבהתכון: |
| 174 | | Lv14:39 | | ויחזור | כהנא ביומא שביעיה ויחמי |
| 175 | | Lv25:27 | לגברה דיזבן ליה | ויחזור | לאחסנתיה: |
| 176 | | Lv25:28 | דיובלה ויפוק ביובילה | ויחזור | לאחסנתיה: |
| 177 | | Dt20:05 | שכליל יתיה {ו}<י>יזיל | ויחזור | לבייתיה דלא ימות בסדרי |
| 178 | | Dt20:06 | ולא אפריק פירוי יזיל | ויחזור | לבייתיה דלא ימות בסדרי |
| 179 | | Dt20:07 | אתה ולא נסב יתה יזיל | ויחזור | לבייתיה דלא ימות בסדרי |
| 180 | | Dt20:08M | מן חובה די בידיה יהך | ויחזור | לבייתיה ולא יגרום לאחוי |
| 181 | | Dt20:08 | תביר על עבידתיה יזיל | ויחזור | לבייתיה ולא יימסי ויתבר |

|  |  | |  |  |
|---|---|---|---|---|
| 182 | | | Lv25:41 | הוא ובנוי עמה ויחזור לזרעית«י»ה ולאחסנות |
| 183 | ויחזרו | | Nu 5:07M | חובתהון דעבדו וחזרו/ויחזרו#2/ ית אשמה בקרנה |
| 184 | | | Ex13:17M | \קרבא ויחזרון /קרב ויחזרו#2/ למצרים: |
| 185 | ויחזרון | | Ex14:02 | מליל עם בני ישראל ויחזרון וישרון קדם פונדקי חירתה |
| 186 | | | Ex13:17 | כד יחמון סדרי קרבא ויחזרון למצרים: |
| 187 | | | Ex14:26 | ארכין ית ידך על ימא ויחזרון מיא על מצרים על |
| 188 | ונחזור | | Gn22:05 | נמטי עד הכא ונצלי ונחזור לוותכון: |
| 189 | ונחזורו | | Nu14:04 | נשוי עלינן מלך ונחז«ו»רו למצרים: |
| 190 | ותחזור | | Dt23:14 | לבר ותחפור ביה ותחזור ותכסי ית מפקניך: |
| 191 | | | Lv22:13 | ומשבקה ובנין לית לה ותחזור לביתה דאבוה כרביותה מן |
| 192 | ותחזרון | | Dt 4:30M | בסוף עקב יומיא ותתובון/ותחזרון בת{ו}ת<ו>בכון#2/ |
| 193 | | | Lv25:10 | היא תיהווי לכון ותחזרון גבר לאחסנתיה וגבר |
| 194 | | | Dt 3:20 | יהב לכון בעבר ירדנה ותחזרון גבר לירותתיה די יהבית |
| 195 | | | Dt30:02 | ותחזרון <ל>אולפן אורייתה דייי |
| 196 | למחזור | | Dt17:16 | אמר לכון לא תוספון למחזור באורחא הדין תוב עד לעלם: |
| 197 | | | Ex 4:21 | ואמר ייי למשה במיזלך למחזור למצרים חמי כל נסי די |
| 198 | | | Gn 8:12M | \למחזר לוותה תוב /למחזור לוותה עוד#2/: |
| 199 | | | Nu35:32 | למערקה לקורי שיזבותה למחזור למשרי בארעא עד זמן די |
| 200 | למחזר | | Dt17:16M | \תוסיפון#2/ למחזור/<למח>זר#2/ באורחא הדין תוב |
| 201 | | | Gn 8:12 | ית יוונה ולא אוספת למחזר לוותה תוב: |
| 202 | | | Gn18:12 | בתר דסאבית אפשר לי למחזר ליומי טליותי ולמהווי לי |
| 203 | למיחזור | | Dt24:04 | קדמייה די שבוק יתה למיחזור למיסב יתה לה לאתה מן בתר |
| 204 | וחזרו | pael | Ex32:27 | חרביה על ירכיה עברו וחזרו מן תרע לתרע במשריתא וקטלו |
| 205 | אחזור | afel | Gn24:05 | לארעא הדא הא מחזרה אחזור ית ברך לארעא דנפקת מן |
| 206 | אחזר | | Nu17:25M | ואמר ייי למשה חזר/אחזר#2/ ית חוטרה דאהרן |
| 207 | | | Gn42:37 | מסר יתיה על ידיי ואנה אחזר יתיה לוותך: |
| 208 | | | Gn42:28 | ואמר לאחוי אחזר כספי והא הוא בפום טעוני |
| 209 | | | Dt32:41 | {ב}<ד>קושטה יד ימיני אחזר נקמתה לשנאוי |
| 210 | יחזר | | Lv25:52 | ויחשב לה כפם שנוי יחזר ית פרקונה: |
| 211 | | | Ex21:34 | מרא דגובא ישלם כסף יחזר למרוי והדא דמיתה תהוי |
| 212 | | | Gn50:15 | דיסטם יוסף יתן ומחזרא יחזר לן ית כל בישתא די גמלנן |
| 213 | תחזר | | Gn24:06 | <אברהם> אזדהר לך דלא תחזר ית ברי תמן: |
| 214 | | | Dt22:01 | ותכסי עיינך מנהון מחזרה תחזר יתהון לאחוך: |
| 215 | | | Ex22:25 | דחברך עד מטמעא שמשא תחזר יתי' ליה: |
| 216 | | | Ex23:04 | או חמריה טעון מחזרא תחזר יתיה לה: |
| 217 | | | Dt24:13 | מחזרה תחזר לה ית משכוניה עם מטמעי |
| 218 | תחזרון | | Gn43:12 | דאתחזר בפום טעוניכון תחזרון בידכון דילמא שלו הות: |
| 219 | מח' | | Gn50:15M | לן יוסף סנה והוא מח'#2/ יחזר לן ית כל בישתא די |
| 220 | מחזיר | | Gn20:07 | ותחי ואית לית את מחזי«ר» יתה דע ארום ממת תמות |
| 221 | מחזר | | Ex34:35 | דמשה {{והוה משה מחזר}} ארום נהר זיו איקרהון |
| 222 | | | Ex34:35 | דאפוי דמשה והוה משה מחזר ית סודרה על אפוי עד מעלה |
| 223 | | | Gn44:18 | מן גווה תיקא לית אנה מחזר יתה לתיקה עד זמן די ימלי |
| 224 | | | Gn44:18 | דמצרים קטילין לית אנה מחזר יתה לתיקה עד זמן דנעבד כל |
| 225 | מחזרא | | Ex23:04 | דשנאך או חמריה טעון מחזרא תחזר יתיה לה: |
| 226 | מחזרה | | Gn24:05 | בתרי לארעא הדא הא מחזרה אחזור ית ברך לארעא דנפקת |
| 227 | | | Dt22:01 | ותכסי עיינך מנהון מחזרה תחזר יתהון לאחוך: |
| 228 | | | Dt24:13 | מחזרה תחזר לה ית משכוניה עם |
| 229 | מחזרן | | Lv26:26 | בתנור חד ויהווין מחזרן לכון לחמכון במתקל |
| 230 | ואחזור | | Ex14:27 | משה ית ידיה על ימא ואחזור ימא לעדוני צפרא לתקפה |
| 231 | | | Gn28:15 | יתך בכל {דתלך} דתזל ואחזור יתך {לתך} לארעא הדא ארום |
| 232 | | | Nu22:08M | ואתיב /לייליא הדין ואחזור#2/ יתכון פתגם היך מה די |
| 233 | ואחזר | | Ex34:35M | \והוה משה מחזר /ואחזר משה#2/ ית סודרה על |
| 234 | | | Gn28:21 | ואחזר בשלם לביתיה דאבה ויהווה |
| 235 | | | Ex14:27M | ית ידיה על ימא ואחזור/ואחזר#2/ ימא לעדוני צפרא |
| 236 | ואחזרו | | Nu13:26M | <לרקם> דגיעה ואחזרו יתהון וית כל עמה דכנשתה |
| 237 | ויחזר | | Dt28:68 | ויחזר ייי יתכון למצרים |
| 238 | | | Lv 5:23 | ויהוי יחטא ויתחייב ויחזר ית גזלה דגזל או ית עיציה |
| 239 | | | Lv25:27 | ויחשב ית שנין זבוניה ויחזר ית מה דמשתייר לגברה דיזבן |
| 240 | | | Gn28:21M | ואחזר/ויחזר יתי#2/ בשלם לביתיה |
| 241 | | | Dt28:60 | ויחזר עליכון ית כל מכתישיהון |
| 242 | ויחזרון | | Gn29:03M | ית ענא ומחזירין/ויחזרון#2/ ית אבנא על פמה |
| 243 | | | Nu35:25 | מן ידוי דתבע אדמא ויחזרון יתה עם כנישתה לקורי |
| 244 | | | Dt 1:22M | ית ארעא ויתיבון/ויחזרון#2/ יתן פתגמא/פתגם#2/ |
| 245 | ומחזירין | | Gn29:03 | דבארה ומשקין ית ענא ומחזירין ית אבנא על פמה בבארה |
| 246 | ומחזרא | | Gn50:15 | דלמה דיסטם יוסף יתן ומחזרא יחזר לן ית כל בישתא די |
| 247 | ותחזר | | Dt22:02 | די יתבע יתיה אחוך ותחזר יתיה לה: |
| 248 | ולמחזרה | | Gn42:25 | ומלון ית מניהון עבור ולמחזרה כספהון גבר לשקיה ולמיתן |
| 249 | למחזרה | | Nu 5:08 | ואין לית לגברה פרוק למחזרה אשמה לה אשמה דמתחזר לייי |
| 250 | | | Gn48:17 | ואתוקף בידה דאבוי למחזרה יתה מעילוי רישה דאפרים |
| 251 | | | Gn37:22 | יתיה מן ידיהון למחזרה יתיה לוות אבוי: |
| 252 | | | Lv25:28 | ואין לא ארעת ידיה כמסת למחזרה לה ויהווי זבונה ביד מן |
| 253 | דאתחזר | etpaal | Gn43:18 | ואמרין על עיסק כספא דאתחזר בטעונינון בקדמיתא אנן |
| 254 | | | Gn43:12 | סבו בידכון וית כספא דאתחזר בפום טעוניכון תחזרון |
| 255 | | | Nu 5:08M | אשמה \דמתחזר לייי /דאתחזר לשמה דייי#2/ לכהנה |
| 256 | דמתחזר | | Nu 5:08 | למחזרה אשמה לה אשמה דמתחזר לייי לכהנה בר מן דיכרה |
| 257 | ותתחזרון | | Dt30:01 | די סדרת קדמיכון ותתחזרון עם לבביכון בכל אומייה די |

[195]

## sin *n.* חטא

|  |  | |  |  |
|---|---|---|---|---|
| 001 | בחטא | s ab/cn | Dt 5:09 | דר רביעיי כד משלמין בחטא קדמיי לשנאיי: |
| 002 | דחטה | | Dt29:17 | קביע בארעא ארום ראשיא דחטה חלי כדבשה ברם סופיה מריר |
| 003 | דחטי | | Dt15:09 | לכון דלא יהוי פתגם דחטי בתר לבבכון זידנה למימר קרבת |
| 004 | חטאך | s em/sf | Gn 4:07 | הדין ליום דינא רבה חטאך נטיר ועל תרע לבה חטאך רביע |
| 005 | | | Gn 4:07 | חטאך נטיר ועל תרע לבה חטאך רביע ובידך מסרת |
| 006 | חטייה | | Lv26:29M | ומה מרדין אינון חטייה לאב' |
| 007 | בחטא' | | Dt29:17 | בכון גבר דלביה מהרהר בחטא' דהוא מדמי לשריש קביע |
| 008 | בחטאה | | Ex20:05 | ב{מ}<נ>ייא משלמין בחטאה בתר אבהתהון להון אנה קרא |
| 009 | | | Gn10:08M | הוא שרי למהוי גיבר באר'/בחטאה ולמרדה קדם ייי בא'#2/ |
| 010 | | | Gn10:09M | עלמא לא הוה גיבר בחטאה <כ>נמרוד ומרודה דייי |
| 011 | | | Gn10:09 | יתאמר כנמרוד גיבר בחטאה קדם ייי: |
| 012 | | | Gn10:09 | הוא הוה גיבר בחטאה קדם ייי בגין כדין יתאמר |
| 013 | דחטאה | | Dt29:17M | בארעא ארום ראשיא דחטה/דחטאה#2/ חלי כדבשה ברם סופיה |
| 014 | דחטיא | | Ex22:08 | על כל פתגם דחטיא על תור על חמרא על אמר ועל |
| 015 | חטאין | p abs | Ex34:07 | על מרדין ומכפר על חטאין ומזכיה לא מזכי{ה} ביום |
| 016 | | | Nu14:18 | על מרודין ומכפר על חטאין ומזכייה לא מזכי ביום דינה |
| 017 | חטאיה | p em/sf | Lv26:29 | אינון חובייה ותקיפין חטאיה דגרמו לאבהתן בירושלם |
| 018 | חטאינן | | Dt 3:29 | על חובינן ומתוודין על חטאינן על די אדבקנן לפלחי טעוותה |
| 019 | | | Lv22:27 | מן עדרי ענינן יתכפר על חטאינן תורה אתבחר קדמי בגין |
| 020 | ולחטאינן | | Ex34:09 | ותשרי ותשבוק לחובינן ולחטאינן ותאחסן יתן: |

[196]

## sin offering *n.* חטאת

|  |  | |  |  |
|---|---|---|---|---|
| 001 | חטאת | s ab/cn | Ex29:14 | בנורא לבר מן משריתה חטאת הוא: |
| 002 | | | Lv 4:24M | ית עלתה קדם ייי חטאתה/חטאת#2/ היא: |
| 003 | | | Nu19:09 | ישראל למטרה למי אדיא חטאת היא: |
| 004 | | | Ex30:10M | יזדמן בכל שנה מן אדם חטאת כיפורייה יזדמן בכל שנה |
| 005 | | | Nu29:11M | דכפורייה ועלתה דתמידה /חטאת כפוריה ועולת תמ'#2/ |
| 006 | | | Lv 4:21M | קדמיה \חטאתה דקהלה /חטאת קהלה#2/ הוא: |
| 007 | דחטא' | | Lv10:16M | "צפירה ... תבע": שעירה דחטא' מתבוע תב' |

|  |  |  |  |  |  |
|---|---|---|---|---|---|
| 008 | לחטאת | Lv 4:03 | שלם מן מום לשמה דייי | לחטאת: | |
| 009 | | Nu29:19M | חד \קרב יתיה | לחטאתה/לחטאת#2#/ | בר מן עלת תמידה |
| 010 | | Nu 8:12M | ית חד | לחט«א»תה/לחטאת#2#/ | וית חד לעלתה קדם |
| 011 | | Nu29:31 | וצפיר | לחטאת | חד בר מעלת תמידה וצלוחית |
| 012 | | Lv 5:11 | עשרין מכלתה סלת | לחטאת | לא ישווי עליה מש' ולא יתן |
| 013 | | Nu29:05 | בר עיזין חד קרב יתיה | לחטאת | למכפרה עליכון: |
| 014 | | Lv12:06M | /שופנין#2#/ | לחטאתה/<לחט>את#2#/ | לתרע משכן זימנה |
| 015 | | Nu28:15M | תקרבון \יתה | לחטאתה/לחטאת#2#/ | קדם ייי סמיך לעלת |
| 016 | | Lv 5:08M | ויקרב ית די | לחטאתה/<לחט>את#2#/ | קודמוי ויעזום ית ראשה מן |
| 017 | | Ex29:36 | ותור | לחטאת | תקרבון בכל יום על כפורא |
| 018 | לחטת | Nu15:27M | בר/ברת#2#/ שתה | לחטאתה/לחטת#2#/: | |
| 019 | | Nu29:16M | חד קרב יתיה | לחטאתה/<לח>טת#2#/ | בר מן עלתה דתמידה |
| 020 | | Nu29:31M | וצפיר | לחטאת/לחטת#2#/ | חד בר מעלת תמידה |
| 021 | חט' s em/sf | Lv 6:18M | דחטאתה /אחווית | חט'#2#/ | באתרה די תת{כ}נ<כ>ס |
| 022 | | Lv 9:22M | \דקרב חטאתה /למקרבה | חט'#2#/ | ועלתה ונכסת/ונכי'#2#/ |
| 023 | חטאת' | Lv15:30 | ויקרב כהנא ית חד | חטאת' | וית חד עלתה ויכפר עליה |
| 024 | חטאתא | Lv 4:29 | ראשה דחטאתא ויכוס ית | חטאתא | באתרה דעלתה: |
| 025 | | Lv 5:11 | יתן עליה לבונה ארום | חטאתא | היא: |
| 026 | חטאתה | Lv10:17 | מן בגלל הא לא אכלתון ית | חטאתה | באתר קדיש ארום קודש קדשין |
| 027 | | Lv 6:23 | וכל | חטאתה | די יתעל מן אדמה למשכן |
| 028 | | Ex30:10 | חדא זמן בשתא מן אדם | חטאתה | דכיפוריה חדא זמן בשתא |
| 029 | | Nu29:11 | קרב יתיה לחטאתה בר מן | חטאתה | דכפוריה ועלתה דתמידה |
| 030 | | Lv 4:21 | דאוקד ית תורה קדמיה | חטאתה | דקהלה הוא: |
| 031 | | Ex29:14M | לבר מן משריתה | חטאת/<חטא>תה#2#/ | הוא: |
| 032 | | Lv 5:09 | ימצה על יסודוי דמדבחא | חטאתה | הוא: |
| 033 | | Lv 4:24 | יכוס ית עלתה קדם ייי | חטאתה | היא: |
| 034 | | Lv 5:12 | מדבחא על קרבנוי דייי | חטאתה | היא: |
| 035 | | Lv14:19 | ויעבד כהנא ית | חטאתה | ויכפר על מן דמדכי מן |
| 036 | | Nu 8:07 | יתהון אדי עליהון מי | חטאתה | ויעברון גלב על כל בשרהון |
| 037 | | Lv14:13 | אמרה באתר די יכוס ית | חטאתה | וית עלתה באתר קדיש ארום |
| 038 | | Nu 6:16 | כהנא קדם ייי ויקרב ית | חטאתה | וית עלתה: |
| 039 | | Lv 9:22 | יתהון ונחת מן דקרב | חטאתה | ועלתה ונכסת קודשיה: |
| 040 | | Lv10:19 | הא אילו אכלית מן | חטאתה | יומא הדין הא שפר {קדם} |
| 041 | | Lv 4:33M | דחטאת' ויכוס יתה/ית | חטאתה#2#/ | לחטאתה/לקרבן דחטאתה#2# |
| 042 | | Lv 9:10 | מן חצר כבדה מן | חטא«תה» | סדר על גבי מדבחה היך מה |
| 043 | | Lv 6:18 | עלתא תת{כ}נ<כ>ס | חטאתה | קדם ייי קדש קדשין הוא: |
| 044 | חטאתהון | Lv10:19 | הא יומא הדין קרבו ית | חטאתהון | וית עלתהון קדם ייי ואת |
| 045 | | Nu18:09 | לכל מנחתהון ולכל | חטאתהון | ולכל אשמיהון די יחזרון |
| 046 | חטאתך | Lv 9:07 | קרב על גבי מדבחה וקרב | חטאתך | וית עלתך וכפר על ידך |
| 047 | דחטא' | Lv10:16 | וית צפירה | דחטא' | מתבע תבע משה והא אתוקד |
| 048 | דחטאת' | Lv 4:33 | ^ית#2#^ ידיה על ראשה | דחטאת' | ויכוס יתה לחטאתה באתרה די |
| 049 | | Lv 5:09 | וידי מן אדמה | דחטאת' | על כתלא דמדבחא ומה |
| 050 | דחטאתא | Lv 4:29 | ויסמוך ית ידיה על ראשה | דחטאתא | ויכוס ית חטאתא באתרה |
| 051 | דחטאתה | Lv 4:29M | ית חטאתא באתרה | דעלתה/דחטאתה#2#/: | |
| 052 | | Lv 8:14 | ידיהון על ראש תורה | דחטאתה: | |
| 053 | | Lv 4:25 | ויסב כהנא מן אדמה | דחטאתה | באצבעיה ויתן על קרנתיה |
| 054 | | Lv 4:34 | ויסב כהנא מן אדמה | דחטאתה | באצבעיה ויתן על קרנתיה |
| 055 | | Lv 4:33M | לחטאתה/לקרבן | דחטאתה#2#/ | באתרה די יכוס ית עלתה: |
| 056 | | Lv 6:18 | למימר דא גזירת אוריתה | דחטאתה | באתרה די תת{כ}נ<כ>ס עלתא |
| 057 | | Lv16:27 | תורה דחטאתה וית צפירה | דחטאתה | די אתועל אדמהון למכפרה |
| 058 | | Lv 9:08 | ו{כ}נ<כ>ס ית עגלה | דחטאתה | דמן דידיה: |
| 059 | | Lv 9:15 | דעמה ונסב ית צפירה | דחטאתה | דמן עמה ונכס יתה ודכי יתה |
| 060 | | Lv16:06 | ויקרב אהרן ית תורא | דחטאתה | דמן דידיה ויכפר על ידוי |
| 061 | | Lv16:11 | ויכוס ית תורה | דחטאתה | דמן דידיה: |
| 062 | | Lv16:11 | ויקרב אהרן ית תורה | דחטאתה | דמן דידיה ויכפר על ידוי |
| 063 | | Lv16:15 | ויכוס ית צפירה | דחטאתה | דמן עמא וייתי ית אדמה |
| 064 | | Lv 8:02 | משחה דרבותה וית תור' | דחטאתה | וית תרין דכריה וית סלה |
| 065 | | Lv16:27 | וית תורה | דחטאתה | וית צפירה דחטאתה די אתועל |
| 066 | | Lv 8:14 | ואקרב ית תורה | דחטאתה | וסמך אהרן ובנוי ית |
| 067 | | Lv10:19 | קדם ייי ואת מלף יתן | דחטאתה | חמ<י>רא מן מעשרה תנינה |
| 068 | | Lv16:25 | וית תרבה | דחטאתה | יסדר על גבי מדבחה: |
| 069 | | Lv 4:08 | וית כל תרבה דתורה | דחטאתה | ירים מניה ית תרבה דחפי על |
| 070 | | Lv 4:20 | היך מה דעבד לתורה | דחטאתה | כן יתעבד ליה ויכפר עליהון |
| 071 | | Lv10:16M | וית צפירה | דחטא'/דחטאתה#2#/ | מתבע תבע משה והא |
| 072 | | Lv 5:08M | קודמוי ויעזום /דן | ד«ח»טאתה | קדמייה ויע'#2#/ ית |
| 073 | ולחטאתה | Lv 7:37 | אורייתא לעלתה למנחתה | ולחטאתה | ולאש«מה» ולאשלמותה |
| 074 | כחטאת' | Lv 6:10 | קרבנוי קדיש קדישין הוא | כחטאת' | כאשמה: |
| 075 | כחטאתה | Lv14:13 | עלתה באתר קדיש ארום | כחטאתה | אשמה הוא לכהנא קדש קדשין |
| 076 | | Lv 7:07 | | כחטא«תה» | כאשמא גזירת אורייתה חדה |
| 077 | לח' | Lv15:30M | ויקרב כהנא ית חד | חטאת'/לח'#2#/ | וית חד עלתה/לעלתה#2# |
| 078 | לחטאת' | Lv 5:07 | בני יון לשמה דייי חד | לחטאת' | וחד לעלתה: |
| 079 | | Lv14:22 | די תרע ידה ויהוי חד | לחטאת' | וחד לעלתה: |
| 080 | לחטאתה | Lv 4:03M | לחטאת /קדם ייי | לחטאתה#2#/: | |
| 081 | | Nu 7:34M | קרב רב שבטה | לחטאתה | |
| 082 | | Nu 7:39M | לעלה /רב שבטה | לחטאתה#2#/: | |
| 083 | | Nu 7:87 | דעזין תרין עשר | לחטאתה: | |
| 084 | | Nu 8:08 | תניין בר תורין תסב | לחטאתה: | |
| 085 | | Nu15:24 | וצפיר בר עזין חד | לחטאתה: | |
| 086 | | Nu15:27 | ותקרב עז בר שתה | לחטאתה: | |
| 087 | | Lv 4:33 | ראשה דחטאת' ויכוס יתה | לחטאתה | באתרה די יכוס ית עלתה: |
| 088 | | Nu29:11 | בר עזין חד קרב יתיה | לחטאתה | בר מן חטאתה דכפוריה ועלתה |
| 089 | | Nu29:16 | בר עזין חד קרב יתיה | לחטאתה | בר מן עלתה דתמידה מנחתה |
| 090 | | Nu29:19 | בר עזין חד קרב יתיה | לחטאתה | בר מן עלת תמידה ומנחתה |
| 091 | | Nu29:34M | <וצפיר> בר עיזין חד | לחטאתה | בר מן לעלת תמידה ומנחתה |
| 092 | | Nu29:25 | בר עזין חד קרב יתיה | לחטאתה | בר מעלת תמידה ומנחתה |
| 093 | | Lv16:03 | בתור בר תורין | לחטאתה | ודכר לעלתה: |
| 094 | | Lv16:05 | תרין צפירין דעיזין | לחטאתה | ודכר חד לעלתה: |
| 095 | | Nu 6:14 | ברת שתה שלם מן מום | לחטאתה | ודכר חד שלם מן מום לנכסת |
| 096 | | Lv12:08 | תרין גוזלין בר יון חד | לחטאתה | וחד לעלתה ויכפר עלה כהנא |
| 097 | | Lv15:15 | {ויכפר עלוי} כהנא חד | לחטאתה | וחד לעלתה ויכפר עלוי |
| 098 | | Lv15:15 | ויקרב יתהון כהנא חד | לחטאתה | וחד לעלתה {ויכפר עלוי} |
| 099 | | Nu 6:11 | ויקרב כהנה חד | לחטאתה | וחד לעלתה ויכפר עלוי על |
| 100 | | Lv 4:14 | קהלא תור בר תורין | לחטאתה | וייתון יתה לתרע משכן |
| 101 | | Lv 5:06 | או צפירה ברת עיזין | לחטאתה | ויכפר עלוי כהנא מן |
| 102 | | Lv14:31 | מה די תארע ידה ית חד | לחטאתה | וית חד לעלתה על מנחתה |
| 103 | | Nu 8:12 | תורייה וקרב ית חד | לחט«א»תה | וית חד לעלתה קדם ייי |
| 104 | | Lv 9:03 | סבו צפיר בר עיזין | לחטאתה | ועגל ואמר בני שת{י}הון |
| 105 | | Lv23:19 | צפיר בר עזין חד | לחטאתה | ותרין אמרין בני שתיהון |
| 106 | | Nu28:22 | וצפיר | לחטאתה | חד למכפרה עליכון: |
| 107 | | Nu29:22 | וצפיר בר עזין | לחטאתה | חד {מן} בר< מן> עלת תמידה |
| 108 | | Nu29:28 | וצפיר בר עזין | לחטאתה | חד בר מעלת תמידה ומנחת |
| 109 | | Nu29:34 | וצפיר | לחטאתה | חד בר מעלת תמידה מנחתה |
| 110 | | Nu29:38 | וצפיר | לחטאתה | חד בר מעלת תמידה ומנחתה |
| 111 | | Lv 5:11M | סלת \לחטאת לא ישווי | /לחטאתה | לא יתן#2#/ עליה מש' ולא |
| 112 | | Nu 7:16 | בר עזין חד קרב יתה | לחטאתה | לשבקות חובין ולשלוון |
| 113 | | Nu 7:16M | יתה לחטאתה/רב שבטה | לחטאתה#2#/ | לשבקות חובין ולשלוון |
| 114 | | Nu 7:22 | בר עזין חד קרב יתיה | לחטאתה | לשבקות חובין ולשלוון |
| 115 | | Nu 7:22M | לחטאתה /רב שבטה | לחטאתה#2#/ | לשבקות חובין ולשלוון |

|  |  |  |  |  |
|---|---|---|---|---|
| 116 | | | Nu 7:28 | צפיר בר עזין חד קרב לחטאתה לשבקות חובין ולשלוון |
| 117 | | | Nu 7:34 | צפיר בר עזין חד קרב לחטאתה לשבקות חובין ולשלוון |
| 118 | | | Nu 7:40 | בר עזין חד קרב יתיה לחטאתה לשבקות חובין ולשלוון |
| 119 | | | Nu 7:40M | לחטאתה /רב שבטה לחטאתה#2/# לשבקות חובין ולשלוון |
| 120 | | | Nu 7:46 | עזין בר חד קרב יתה לחטאתה לשבקות חובין לשלוון |
| 121 | | | Nu 7:52 | בר עזין חד קרב יתה לחטאתה לשבקות חובין ולשלוון |
| 122 | | | Nu 7:58 | בר עזין חד קרב יתיה לחטאתה לשבקות חובין ולשלוון |
| 123 | | | Nu 7:64 | בר עזין חד קרב יתיה לחטאתה לשבקות חובין ולשלון |
| 124 | | | Nu 7:70 | בר עזין חד קרב יתיה לחטאתה לשבקות חובין ולשלוון |
| 125 | | | Nu 7:76 | בר עזין חד קרב יתיה לחטאתה לשבקות חובין ולשלוון |
| 126 | | | Nu 7:82 | בר עזין חד קרב יתיה לחט«א»תה לשבקות {ב}<ח>ובין |
| 127 | | | Lv12:06 | וגוזל בר יון או שפנין לחטאתה לתרע משכן זימנה לוות |
| 128 | | | Lv 4:32 | ואין אימר ייתי קרבניה לחטאתה נקבה שלמה מן מום ייתי |
| 129 | | | Nu28:15 | בר עזין תקרבון יתה לחטאתה קדם ייי סמיך לעלת תמידה |
| 130 | | | Lv 5:08 | לות כהנא ויקרב ית די לחטאתה קודמוי ויעזום ית ראשה מן |
| 131 | | | Ex29:36M | ותור לחטאת/<לחטא>תה#2/# תקרבון בכל/לכל#2/ |
| 132 | לחטתה | | Lv 9:02 | סב לך עגל בר תורין לחטתה ודכר לעלתה שלמים מן מום |
| 133 | לתטאתה | | Lv16:09 | ממריה דייי ויקרב יתה לתטאתה: |

## חיבא *n.* ⇐ חיוה

## חטה 2# *n.* wheat [197 חיטה]

|  |  |  |  |  |
|---|---|---|---|---|
| 001 | דחטה | s ab/cn | Nu18:12M | "דמשח ... לשמה": דחטה וכל טוב חמר ומשח |
| 002 | חיטין | p abs | Dt 8:08M | \דחיטין ושערין /דעבדה חיטין ושערין#2/# וגופנין |
| 003 | דחטין | | Ex29:02 | משיחין במשח סלת דחטין תעבד יתהון: |
| 004 | דחיטין | | Dt 8:08 | ארע דחיטין ושערין וגופנין ותאנין |
| 005 | דחטיא | p em/sf | Gn30:14 | ואזל ראובן ביומי חצדא דחטיא ואשכח יברוחין באפי ברא |
| 006 | | | Ex34:22 | תעבדון לכון בכרת חצדה דחטיא וחגא דאכנשותא במפקא דשתא: |
| 007 | דחטייא | | Dt32:14 | עם טוב שומניהון דחטייא אמר משה נביה אין יהוון |
| 008 | וחטיה | | Ex 9:32 | וחטיה וכונתיה לא לקיין ארום |

## חטוי *n.* tenderness [196 חטיו]

|  |  |  |  |  |
|---|---|---|---|---|
| 001 | חטוייה | s em/sf | Dt28:56 | למקבע יתה על ארעא מן חטוייה ומן פרנוקה תבאש עיניה |

## חטי *vb.* to sin [196]

|  |  |  |  |  |
|---|---|---|---|---|
| 001 | חטא | peal | Nu 6:11 | ויכפר עלוי על מה די חטא על נפשה ויקדש ית ראשה |
| 002 | חטאנא | | Gn20:09 | ליה מה עבדת לנא ומה חטאנא לך ארום אייתת עלי ועל |
| 003 | חטאת | | Nu22:34 | ואמר בלעם למלאכה דייי חטאת ארום לא ידעת ארום את קיים |
| 004 | חטון | | Ex32:31 | ואמר בבעו עמא האליין חטון חובין רברבין |
| 005 | חטי | | Nu16:22M | בשרא#2/ הא גבר יחטא/חטי#2/# ועל כנישתה/עמא |
| 006 | חטיין | | Ex 5:16 | עבדיך לקו ופרעה ועמא חטיין: |
| 007 | חטינן | | Nu12:11 | חובה די אשתלינן ודי חטינן: |
| 008 | | | Nu14:40 | לאתרא די אמר ייי ארום חטינן: |
| 009 | | | Nu21:07 | ואתון עמא למשה ואמרין חטינן ארום מללנן בתר ממרה דייי |
| 010 | | | Gn20:09M | דא דעבדת לנו ומה חטינן#2/ לך ארום אייתת עלי ועל |
| 011 | | | Dt 1:41M | ואמרתון לי סרחנן/חטינן#2/ קדם ייי אנן נסוק |
| 012 | חטית | | Ex 9:27 | למשה ולאהרן ואמר להון חטית הדא זמנא ייי הוא צדיקיא |
| 013 | | | Ex10:16 | למשה ולאהרן ואמר חטית קדם ייי אלהיכון ולכון: |
| 014 | חטיתון | | Ex32:30 | ואמר משה לעמא אתון חטיתון חובין רברבין וכדון אסוק |
| 015 | | | Dt 9:18 | שתית על כל חוביכון די חטיתון למעבד מה דסני ומרחק קדם |
| 016 | יחטא | | Lv 4:22 | א{ו}<י>ן כהנא דמתרבי יחטא ויעבד חדא מן כל מצוותה |
| 017 | | | Lv 5:23 | ויהוי יחטא ויתחייב ויחזר ית גזלה דגזל |
| 018 | | | Nu16:22 | בנשמת כל בשרה הא גבר יחטא ועל כנישתה יהוי רגוז: |
| 019 | תחטא | | Lv 4:27 | ואין נפש חדה תחטא בשלו מעמא דארעא במעבדה חדה |
| 020 | | | Lv 4:02 | ישראל למימר נפש ארום תחטא בשלוה מן כל מצותה דייי די |
| 021 | | | Lv 5:17 | ואין נפש ארום תחטא ותעבד חדה מן כל מצוותה |
| 022 | | | Lv 5:01 | ונפש ארום תחטא ותשמע קל שבועה דחרוף והוא |
| 023 | | | Lv 5:21 | אנש ארום תחטא ותשקר שקר בשמה דייי |
| 024 | תחטון | | Gn42:22 | הלא אמרית לכון לא תחטון בטלייא ולא שמעתון ולחוד |
| 025 | | | Gn42:22 | ראובן יתהון למימר לא תחטון הלא אמרית לכון לא תחטון |
| 026 | תיחטון | | Ex20:20 | על בית אפיכון ולא תיחטון: |
| 027 | דחטא | | Gn 4:16 | פירי גנתא דעדן ומן דחטא וקטל להבל חזרת למהוי |
| 028 | | | Ex32:33 | ואמר ייי למשה מן דחטא קדמוי אמחק יתיה מן ספר |
| 029 | דחטון | | Dt32:30 | רבבה רבותה מערקין על דחטון וארגיזו קדמוי תקיפה שבק |
| 030 | דחטינן | | Dt32:31 | רוחצניהון דאומייה על דחטינן וארגזן קדמוי אתעבדון |
| 031 | דחטית | | Gn49:03 | לך הוויין חמיין על דחטית ראובן ברי אתיהיבת בכורתא |
| 032 | | | Gn49:04 | ומן עבדיך סבי" {ס}<ד>חטית ולא תוסיף למחטי תוב ברי |
| 033 | | | Gn49:04 | למחטי תוב ברי ועל ד{ס}חטית תשתרי וישתבק לך: כי |
| 034 | דחטיתון | | Lv26:18 | למרדי יתכון שבעה על דחטיתון: |
| 035 | | | Lv26:21 | מחוון שבעה כמה דחטיתון: |
| 036 | | | Lv26:24 | אוף אנה שבעה על דחטיתון: |
| 037 | | | Dt 1:02 | רקם דגיעה על דחטיתון וארגזתון קדמוי אתעכבתון |
| 038 | | | Lv26:18M | יתכון חד לשבעה על דחטיתון קדמי#2/: |
| 039 | | | Lv26:24M | /על חד שבעה מה דחטיתון קדמי#2/: |
| 040 | | | Lv26:28M | מחה חד שובעה על דחטיתון קדמי |
| 041 | דחטת | | Nu15:28M | דאשתליית דחטת בשלו קדם ייי ויכפר עלוי |
| 042 | ואחטי | | Gn39:09 | אעבד בישתא רבתא הדא ואחטי קדם אלהי: |
| 043 | ותחטא | | Lv 5:15 | נפש ארום תשקר שקר ותחטא בשלו מן קדשוי דייי וייתי |
| 044 | למחטא | | Gn 3:16 | עליך בין למזכה ובין למחטא: |
| 045 | למחטי | | Gn 4:07 | בה בין לימזכי ובין למחטי: |
| 046 | | | Ex 9:34 | ומטרא וברדא ואוס«ף» למחטי ואתוקף לביה הוא |
| 047 | | | Gn49:04 | {ס}<ד>חטית ולא תוסיף למחטי תוב ברי ועל ד{ס}חטית |
| 048 | למיחטי | | Lv 5:22 | מן כל מה די עבד ברנשא למיחטי בהון: |
| 049 | | | Gn20:06M | "מלמחטי ... למקרב": מן למיחטי קודמי מן בגין כן לא |
| 050 | מלמחטי | | Gn20:06 | אף אנא יתך מלמחטי קדמי בגין כדון לא יהבית |
| 051 | אחטי | afel | Nu24:14 | עמי אתא אעוץ יתך עצה אחטי יתהון ^דתעבד לעמא |

## חטי 2# *vb.* to be delicate [196]

|  |  |  |  |  |
|---|---|---|---|---|
| 001 | חטיין | peal | Gn33:13M | ארום טלייא מחטין/חטיין#2/# וענא ותורייא |
| 002 | מחטין | pael | Gn33:13 | רבוני ידע ארום טלייא מחטין וענא ותורייא מיינקין |
| 003 | מחטיתה | | Dt28:56 | מחטיתה בכון ומפרנקתה די לא אנסת |
| 004 | | | Nu31:50 | בנתהון יאתה ושפירתה מחטיתה ומפרנקתה והווינן שרין |
| 005 | דמחטי | | Dt28:54 | גברא דמחטי בכון ודמפרנק לחדה תבאש |
| 006 | דמחטייה | | Dt28:56M | מחטיתה/דמחטייה#2/# בכון ומפרנקתה |

## חטף *vb.* to seize [196]

|  |  |  |  |  |
|---|---|---|---|---|
| 001 | חטיף | peal | Gn49:27M | בתחומיה /מדמי לדיב חטיף#2/# יתבניה בית מקדשה |

## חטפי *n.* an unclean bird [196]

|  |  |  |  |  |
|---|---|---|---|---|
| 001 | חטפיתה | s em/sf | Lv11:16 | וית ברת נעמיתה וית חטפיתה וית צפר שחפה וית בר נצצא |
| 002 | | | Dt14:15 | וית ברת נעמיתה וית חספיתה וית צפר שחפה וית בר נצצה |

## חטר *n.* rod [197]

|  |  |  |  |  |  |  |
|---|---|---|---|---|---|---|
| 001 | חוטר | s ab/cn | Ex 4:02M | בידך ואמר | חטר | חטר/חוטר#2#:/ |
| 002 | | | Nu17:17M | חטר /וסב מן לוותהון | חוטר | חוטר#2#/ לבית אבה/אבא#2#/ |
| 003 | | | Nu17:21M | רברבניהון \חטר לרב חד | /חוטר | לרב שבט חד#2#/ חטר לרב |
| 004 | | | Nu17:21M | "חטר לרב חד": | חוטר | לרב שבט חד |
| 005 | | | Nu17:17M | /וסב מן לוותהון חוטר | חוטר#2#/ | לבית אבה/אבא#2#/ מן לוות |
| 006 | חטר | | Ex 4:02 | הוא ^דאן#2#^ בידך ואמר | חטר: | |
| 007 | | | Nu17:17 | ישראל וקבל מלוותהון | חטר | חטר לבית אבה מן לוות כל |
| 008 | | | Nu17:17 | וקבל מלוותהון חטר | חטר | לבית אבה מן לוות כל |
| 009 | | | Nu17:21 | כל רברבניהון חטר לרב חד | חטר | לרב חד לבית אבהתהון |
| 010 | | | Nu17:21 | ויהבו ליה כל רברבניהון | חטר | לרב חד חטר לרב חד |
| 011 | | | Nu17:18 | חוטרה דלוי ארום | חטר | לריש בית אבהתהון: |
| 012 | לחוטר | | Ex 4:04M | והוה \לחטר בכף ידה | /לחוטר | בכף ידוי#2#:/ |
| 013 | לחטר | | Ex 4:04 | ידיה ואתוקף ביה והוה | לחטר | בכף ידה: |
| 014 | חוטרא | s em/sf | Ex 4:20 | למצרים ונסב משה ית | חוטרא | די אתעבד ביה ניסין מן קדם |
| 015 | | | Ex 4:17 | וית | חוטרא | הדין תיסב בידך די תעבד בה |
| 016 | | | Nu20:09 | ונסב משה ית | חוטרא | מן קדם ייי היך מה די פקד |
| 017 | חוטרה | | Nu17:17 | גבר ית שמה תכתוב על | חוטרה: | |
| 018 | | | Nu17:24 | וחמון ונסבון גבר | חוטרה: | |
| 019 | | | Nu17:23 | דסהדותא והא אפרח | חוטרה | דאהרן לביתה דלוי ואפק |
| 020 | | | Nu17:25 | ואמר ייי למשה חזר ית | חוטרה | דאהרן קדם סהדותא למטרה |
| 021 | | | Nu17:18 | דאהרן תכתב {ר}<ע>ל | חוטרה | דלוי ארום חטר לריש |
| 022 | | | Nu20:08 | סב ית | חוטרה | וכנש ית עם כנישתה את |
| 023 | | | Nu20:11 | וארים משה ית | חוטרה | ומחה ית כיפה בחטריה |
| 024 | חוטריה | | Ex 7:12 | והוון לחיוון ובלע | חוטריה | דאהרן ית חטריהון: |
| 025 | | | Ex 7:12 | וטלקו גבר | חוטריה | והוון לחיוון ובלע חוטריה |
| 026 | | | Ex 7:20 | היך מה דפקיד ייי וארים | חוטריה | ומחה ית מיא די בנהרא קדם |
| 027 | | | Nu17:20 | ויהוי גברא די אתרעי ביה | חוטריה | ירטב ואבטל מעילווי ית |
| 028 | | | Ex 9:23 | וארכן משה ית | חוטריה | לשמיא וייי יהב קלין וברד |
| 029 | | | Ex10:13 | וארכן משה ית | חוטריה | על ארעא דמצרים וייי דבר |
| 030 | | | Ex 7:10 | דפקד ייי וטלק אהרן ית | חוטריה | קדם פרעה וקדם עבדוי והווה |
| 031 | | | Nu17:22 | ואצנע משה ית | חוטריה | קדם ייי במשכנה דסהדותה: |
| 032 | חוטרך | | Ex 7:19 | למשה אמור לאהרן סב | חוטרך | וארכן ידיך על מימיהון |
| 033 | | | Ex14:16 | ואת ארעם ית | חוטרך | וארכן ית ידך על ימא ובזע |
| 034 | | | Ex 8:12 | אמר לאהרן <...> ית | חו«ט»רך | ומחי ית עפרא דארעא |
| 035 | חט' | | Nu17:18M | תכתב {ר}<ע>ל | חוטרה/חט'#2#/ | דלוי ארום חטר לריש |
| 036 | חטרא | | Gn30:37 | ונסב לי' יעקב | חטרא | דלבן רטיב ודלוז ודלוב וקלף |
| 037 | חטרך | | Ex 7:09 | סימן ותימר לאהרן סב ית | חטרך | וטלק יתיה קדם פרעה ויהווי |
| 038 | בחוטר' | | Ex 7:20M | /מימריה דייי ואטען | בחוטר#2#/ | ומחה/<ומ>חת#2#/ ית מיא |
| 039 | בחוטרא | | Ex 7:17 | אנה ייי הא אנה מחי | בחוטרא | די בידי על מיא די בנהרא |
| 040 | | | Ex 8:13 | כן וארכן אהרן ית ידא | בחוטרא | ומחה ית עפרא דארעא והוון |
| 041 | בחוטרה | | Nu22:27 | בלעם ומחת ית אתנתה | בחוטרה: | |
| 042 | | | Ex 8:13M | אהרן ית ידא | בחוטרא/בחוטרה#2#/ | ומחה/ומחי#2#/ ית |
| 043 | בחוטרי | | Gn32:11 | די עבדת עם עבדך ארום | בחוטרי | עברת ית ירדנא הדין וכדון |
| 044 | בחוטרך | | Ex 8:01 | לאהרן ארכן ית ידך | בחוטרך | על נהריא ועל שקיא ועל |
| 045 | וחוטרא | | Ex 7:15 | לקדמותיה על גיף נהרא | וחוטרא | די אתהפך לחיוי תסב בידך: |
| 046 | | | Ex17:09 | קיים מעתד על ריש רמתא | וחוטרא | די אתעבד ביה נסין קדם ייי |
| 047 | | | Gn38:25 | עזקתה ושו{ת}<ש>פא | וחוטרא | האילין מיניה אנה מעברה |
| 048 | וחוטרך | | Gn38:18 | עזקתך ושו{ת}<ש>פך | וחוטרך | די בידך ויהב לוותה ועל |
| 049 | וחטרא | | Ex17:05 | חכימייא דישרא«ל» | וחטרא | די מחית בה ית נהרא תיסב |
| 050 | וחטרה | | Nu17:21 | תרין עשר חטרין | וחטרה | דאהרן בגו חוטריהון: |
| 051 | חוטרין | p abs | Nu17:17 | לבית אבהתהון תרין עשר | חוטרין | גבר ית שמה תכתוב על |
| 052 | חט' | | Nu17:17M | /תרי' ע'>#2#/ | חוטרין/חט'#2#/ | גבר ית שמה תכתוב על |
| 053 | חטרין | | Nu17:21 | לבית אבהתהון תרין עשר | חטרין | וחטרה דאהרן בגו |
| 054 | חוטריא | p em/sf | Gn30:38 | ואקם ית | חוטריא | די פצל במו{ד}<ר>כוותא |
| 055 | | | Gn30:41 | בכירתה ושוי יעקב ית | חוטריא | קדם ענה במו{ד}<ר>כותא |
| 056 | חוטריה | | Nu17:24 | ואפק משה ית כל | חוטריה | מן קדם ייי לוות כל בני |
| 057 | חוטריהון | | Nu17:21 | וחטרה דאהרן בגו | חוטריהון: | |
| 058 | חוטרתא | | Gn30:37 | קלופיתא חוורתא די על | חוטרתא: | |
| 059 | חטריא | | Gn30:39 | ואתיחמו ענה על | חטריא | וילדת ענה קרוחין נמורין |
| 060 | חטריהון | | Ex 7:12 | ובלע חוטריה דאהרן ית | חטריהון: | |
| 061 | בחוט' | | Gn30:41M | למהווין מתחמן | בחוט'#2#/: | |
| 062 | בחוטריא | | Gn30:41 | למחמא יתהון | בחוטריא: | |
| 063 | בחוטריהון | | Nu21:18 | דמפרשין משחו יתה | בחוטריהון | ספריהון דישראל משה |
| 064 | בחטריה | | Nu20:11 | ית חוטרה ומחה ית כיפה | בחטריה | {תנין} תרין זמנין ונפקו |
| 065 | וחוטריכון | | Ex12:11 | מסניכון ברגליכון | וחוטריכון | בידיכון ותיכלון יתיה |

## חיה *n.* ⇐ חייה #2

## חיוב *n.* obligation, sin [197]

|  |  |  |  |  |  |  |
|---|---|---|---|---|---|---|
| 001 | בחיובי | p const | Gn27:41 | קין די קטל להבל | בחיובי | דאבוי וחזר ואוליד ית שת |

## חיוה *n.* animal, animals (coll.) [197 חיוה]

|  |  |  |  |  |  |  |
|---|---|---|---|---|---|---|
| 001 | חווה | s ab/cn | Ex22:30 | תהוון לשמי ובשר תליש מן | חווה | קטילא באפי ברא לא תיכלון |
| 002 | חיוה | | Gn37:33 | ואמר הדא פרגודא דברי | חיוה | בישא אכלת יתה קטולין אתקטל |
| 003 | חיות | | Ex20:16 | ארום בחובי סהדי שקרא | חיות | ברא מתכלה בבני אינשא: |
| 004 | | | Ex22:30M | "חווה ...": | חיות | ברא מטלק באפה ברה לא |
| 005 | | | Ex23:29 | צדי דלא תסגי עליכון | חיות | ברא: |
| 006 | | | Dt 5:20 | ארום בחובי סהדי שקרא | חיות | ברא מיתגריה בבני אנשא: |
| 007 | | | Dt 7:22 | בפריע דלא תסגון עליכון | חיות | ברה: |
| 008 | בחי' | | Dt32:24M | \דמתילין | כחיוותה/^בחי'#2#^/ | ברה אגרה בהון עם |
| 009 | בחיוות | | Lv26:06 | דמלכוותה דמתילין | בחיוות | ברא מן ארעא וחרב דשני לא |
| 010 | | | Dt32:24M | /^בחי'#2#^/ \דמתילין | בחיוות#2#/ | ברה אגרה בהון עם |
| 011 | דחוה | | Lv 5:02 | מילה מסאבה או בנבלה | דחוה | מסאבה או בנבלה דבעיר מסאב |
| 012 | וחיות | | Gn31:39 | גנביא גנבין באימממא | וחיות | ברא מתכלא בליליא אנה |
| 013 | חיבא | s em/sf | Ex22:12M | ישלם/ימטינ' עד גושמת | חיבא | דתבירא ולא ישלם#2#:/ |
| 014 | חיוותא | | Gn37:20 | בחד מן גוביא ונימר | חיוותא | בשתא אכלת יתיה ונחמי מה |
| 015 | חיוותה | | Lv26:22 | ואיגרי בכון ית | חיוותה | דאפי ברה ותתכל יתכון |
| 016 | | | Dt 1:01M | "ובחצרות": וגרי בכון | חיוותה | ובחצרות די נפלו מן |
| 017 | חיותא | | Gn 3:14 | מן כל בעירא ומן כל | חיותא | דעל אפי ברה על מעך תהוי |
| 018 | ולחיותה | | Lv25:07 | ולבעיריכון | ולחיותה | די בארעכון תיהוי כל עללת |
| 019 | כחיוותה | | Dt32:24 | מלכוותה דמתילין | כחיוותה | ברה אגרה בהון עם |
| 020 | לחיותא | | Ex23:11M | תיכול \חיית ברא | לחיותא/ | דבאפי' ברא#2#/ כדין |
| 021 | חיותה | p em/sf | Lv26:06M | "רשותהון ... מן": רשות | חיותה | בישתה מן |

## חיוי *n.* snake [197]

|  |  |  |  |  |  |  |
|---|---|---|---|---|---|---|
| 001 | חווי | s ab/cn | Nu21:09M | "חוי ... חיי": | חווי | דנחש ושווי יתיה והווה כל |
| 002 | חוי | | Nu21:09M | \ועבד משה | חוי | דנחש ויהב יתה על אתר |
| 003 | חיוי | | Nu21:08 | ואמר ייי למשה עבד לך | חיוי | דנחש ושוי יתי' אל אתר תלי: |
| 004 | לחוי | | Ex 4:03 | וטלק יתיה לארעא והוי | לחוי | וערק משה ומן קדמוי: |
| 005 | לחיוי | | Ex 7:15 | נהרא וחוטרא די אתהפך | לחיוי | תסב בידך: |
| 006 | חוויה | s em/sf | Nu21:08M | \והוי כל דמתנוכת מן | חוויה | ויחמי יתיה ויחי#2#:/ |
| 007 | חויה | | Gn 3:13 | דאדי עבדית ואמרת אתתא | חויה | אשלי יתיה ואכלת: |
| 008 | | | Nu21:06 | מנה דמיכלי קליל ייתי | חויה | דלא אתרעם על מזונה וישלט |
| 009 | | | Gn 3:15M | דאיתתה יהוי אסו ולך | חויה | לא יהווי אסו ברם עתידין |
| 010 | | | Gn 3:15 | ברם לבריה יהוי אסו ולך | חויה | לא יהוי אסו דעתידין אינון |
| 011 | | | Gn 3:04 | ואמר | חויה | לאיתתא לא ממית תמתון: |

|  |  |  |  |  |  |
|---|---|---|---|---|---|
| 012 | | Gn 3:15M | בין | חויה | לבין איתתה בין זרעית בנוי |
| 013 | | Gn 3:14 | ארום עבדית דא ליט תהוה | חויה | מן כל בעירא ומן כל חיותא |
| 014 | | Nu21:06 | אציתו כל בני בשרא לטית | חויה | מן שרויה ואמרית ליה עפרא |
| 015 | חיויא | Nu21:07 | ייי ויעבר מעילוון ית | חיויא | וצלי משה על ידיהון דעמא: |
| 016 | חיויה | Nu21:09 | לגבר הוה מסתכל על | חיויה | דנחש והווה חיי: |
| 017 | | Nu21:09 | והוה אין נכ«י»ת | ח«י»ויה | לגבר הוה מסתכל על חיויה |
| 018 | וחויא | Gn 3:01 | | וחויא | הוה חכים מן כל חייתא דאפי |
| 019 | בחווייה | Nu21:09M | כל מן דהווה מנכית | בחווייה | הוה מסתכל לחוויה דנחשה |
| 020 | לחוויה | Nu21:09M | בחווייה הוה מסתכל | לחוויה | דנחשה וחי |
| 021 | לחויה | Gn 3:14 | ואמר ייי אלהים | לחויה | ארום עבדית דא ליט תהוה |
| 022 | | Gn 3:02 | ואמרת איתתא | לחויה | מן פירי אילני גנת נאכל: |
| 023 | לחוויה | Nu21:08M | בחווייה יהוי מסתכל | לחוויה | דנחשה וחאי |
| 024 | לחיוא | Ex 7:10 | פרעה וקדם עבדוי והווה | לחיוא: | |
| 025 | לחיוויא | Gn49:17 | כל אמיה יהווי מדמי | לחיוויא | דרבוע בארעא ולעורמנא |
| 026 | לחיויא | Ex 7:09 | יתיה קדם פרעה ויהווי | לחיויא: | |
| 027 | לחיויה | Ex 7:09M | פרעה ויהווי | לחיויא/לחיויה#2#/: | |
| 028 | חוון p abs | Dt18:11M | "וחברי ...": ואסרי | חוון | ועקרבין וכל מיני רחשין |
| 029 | | Dt 8:15M | חיוון/ארע דאית בה | חוון#2#/ | שרפין ועקרבין וצהו די |
| 030 | חיוון | Dt 8:15 | רבה ודחילה ארע בית | חיוון | שרפין ועקרבין וצהו די לית |
| 031 | לחוון | Ex 7:12M | חוטריה והוון | לחיון/לחוון#2#/ | ובלע חוטריה דאהרן |
| 032 | לחיון | Ex 7:12 | וטלקו גבר חוטריה והוון | לחיון | ובלע חוטריה דאהרן ית |
| 033 | חווייה p em/sf | Dt32:33 | ורוגזיהון מדמי לראשי | חווייה | פתמנייה כזוראי: |
| 034 | חויה | Nu21:06 | {ב}<ג>רי ייי בעמא ית | חויה | שרפיתה ונכתו ית עמא ומיתו |
| 035 | חיוותא | Nu21:07M | ית | חיויא/חיוותא#2# | וצלי משה על ידיהון |
| 036 | בחווייה | Nu21:09M | כל מן דהווה מנכית | בחווייה | הוה מסתכל לחוויה דנחשה |
| 037 | לחווייה | Gn49:17M | דן מדמי | לחווייה | חרמני' דכמן בפרשת ארחת' |

[197]

## Hivvite *adj.* חיוויי

|  |  |  |  |  |  |
|---|---|---|---|---|---|
| 001 | חיוויה s em/sf | Gn34:02 | וחמא יתה שכם בר חמור | חיוויה | רבה דארעא ונסב יתה ושמש |
| 002 | חיוייה | Gn36:02 | ברת ענה ברת צבעון | חיוייה: | |
| 003 | וחיוויה | Dt20:17 | כנענייי ופריזיה | וחיוויה | ויבוסייה היך מה די פקד |
| 004 | חוויא p em/sf | Gn10:17 | וית | חוויא | וית ערקיא וית ארתוסיא: |
| 005 | חיוואי | Ex23:28M | וית כנעניי וית חתיי | /חיוואי | וית כנענ{ע}אי ית |
| 006 | חיויי | Ex33:02 | אמריי חתיי פריזיי | חיויי | ויבוסיי: |
| 007 | | Ex23:28 | קודמיכון ותטרד ית | חיויי | וית כנעניי וית חתיי |
| 008 | וחויי | Ex 3:08 | וחתיי ואמריי ופריזי | וחויי | {ואמריי} ויבוסי: |
| 009 | | Ex13:05 | דכנענאיי וחתיי ואמריי | וחויי | ויבוסיי די קיים ייי |
| 010 | וחיואי | Ex23:23M | וכנ{נ}ענ{ע}אי | וחיואי | ויבוסאי ואשיצי#2#/ |
| 011 | | Ex13:05M | וחויי /ואמראי | וחיואי#2#/ | ויבוסיי די קיים ייי |
| 012 | וחיוואי | Dt20:17M | וכנעני ופריזאי | וחיוואי | ואיבוסאי |
| 013 | | Ex33:02M | וחיתאי ופריזאי | וחיוואי | ויבוסאי#2#/: |
| 014 | וחיויי | Ex 3:17 | וחתיי ואמריי ופריזיי | וחיויי | ויבוסיי לארעא דעבדא פירין |
| 015 | | Ex23:23 | דחתיי ופרזיי וכנעניי | וחיויי | ויבוסיי ושיצא יתהון: |
| 016 | | Dt 7:01 | וכנעניי ופריזייה | וחיויי | ויבוסייה שבעה אומין רברבן |

**חיוי ⇐ *n.* חיווי**

**חיוז ⇐ *n.* חיזו**

[198]

## to live *vb.* חיי

|  |  |  |  |  |  |
|---|---|---|---|---|---|
| 001 | חיה peal | Dt 5:24 | עם בר נשא והו{י}<ו>א | חיה: | |
| 002 | | Gn11:12 | וארפכשד | חיה | תלתין וחמש שנין ואוליד ית |
| 003 | | Gn11:14 | ושלח | חיה | תלתין שנין ואוליד ית עבר: |
| 004 | חיוו | Nu14:38 | נון וכלב בר יפונה | «חיוו» | מן גוברייה האליין דאזלו |
| 005 | חיי | Dt 8:03 | «לא על לחמא לבלחודוי | חיי | בר נשה ארום» כל מה דנפק |
| 006 | חייה | Gn25:07 | שני חייא אברהם די | חייה | מאה ושבעין וחמש שנין: |
| 007 | חיין | Ex 1:19 | מצרייתה עברייתא ארום | חיין | אינין עד לא תיתי חייתא |
| 008 | יחי | Dt33:06 | | יחי | ראובן בעלמא הדין ולא ימות |
| 009 | | Gn41:43 | והוון מקלסין קדמוי | יחי | אבוי דמלכא דרב בחכמתא |
| 010 | | Gn49:22 | והוון מקלסין קדמיך | יחי | אבוי דמלכא דרב בחכמתא |
| 011 | | Ex19:13 | ביה אן בעיר אין גבר לא | יחי | במתקע שופרא משה ואהרן |
| 012 | | Lv18:29M | מן חיי עלמא דאתי ולא | יחי | להון חולק בגו עמהון |
| 013 | | Gn17:18 | ייי אלווי ישמע«אל» | יחי | קד{מן}^מיך#2#^: |
| 014 | ייחי | Nu24:23 | נבותה ואמר אלוויי מן | ייחי | ביומיא האינון כד ישווי ייי |
| 015 | | Dt 8:03 | מן פם גזירת ממריה דייי | ייחי | בר נשא: |
| 016 | תחי | Gn27:40 | ועל חרבך | תחי | וקדם אחוך תהוי פלח ומשועבד |
| 017 | תחיה | Gn25:27M | אבוי ואמר ליה ועל חרבך | תחיה | ויעקב גבר שלם בעובדא טבא |
| 018 | דייחון | Gn19:26 | עמוד דמלח עד זמן | דייחון | מיתייא: |
| 019 | דתיחון | Dt30:19 | באורחה דחיי מן בגלל | דתיחון | אתון וזרעיית בניכון: |
| 020 | | Dt 5:33 | יתכון תהלכון מן בגלל | דתיחון | וייטיב לכון ותסגון |
| 021 | | Dt 4:01 | יתכון למעבד מן בגלל | דתיחון | ותיעלון ותירתון ית ארעא |
| 022 | | Dt16:20 | תהוון רדפין מן בגלל | דתיחון | ותירתון ית ארעא דייי |
| 023 | | Dt 8:01 | תטרון למעבד מן בגלל | דתיחון | ותסגון ותיעלון ותרתון ית |
| 024 | וחאי | Ex33:20M | לא חמי יתי בר נש | וחאי | |
| 025 | | Nu21:08M | מסתכל לחוויה דנחשה | וחאי | |
| 026 | וחי | Nu21:09M | מסתכל לחוויה דנחשה | וחי | |
| 027 | וחי' | Gn11:21 | | וחי' | רעו מן בתר דאולד ית שרוג |
| 028 | וחיה | Gn 5:10 | | וחיה | אנו' מן בתר דאולד ית |
| 029 | | Gn 5:09 | | וחיה | אנוש תשעי' שנין ואולד ית |
| 030 | | Gn11:13 | | וחיה | ארפכשד מן בתר דאולד ית |
| 031 | | Gn 5:21 | | וחיה | חנוך שתין וחמש שנין |
| 032 | | Gn50:22 | ואנשי בייתיה דאבוי | וחי«ה» | יוסף מאה ועשר שנין: |
| 033 | | Gn47:28 | | וחיה | יעקב בארעא דמצרים |
| 034 | | Gn 5:18 | | וחיה | ירד מאה ושתין ותרתין שנין |
| 035 | | Gn 5:19 | | וחיה | ירד מן בתר דאולד ית חנוך |
| 036 | | Gn 5:28 | | וחיה | למך מאה ותמנין ותרתין |
| 037 | | Gn 5:30 | | וחיה | למך מן בתר דאול' ית נח |
| 038 | | Gn 5:15 | | וחיה | מהללאל שתין וחמ' שנין |
| 039 | | Gn 5:16 | | וחיה | מהללאל מן בתר דאולד ית |
| 040 | | Gn 5:25 | | וחיה | מתושלח מא' ותמנין שנין |
| 041 | | Gn 5:26 | | וחיה | מתושלח מן בתר דאולד ית |
| 042 | | Gn 9:28 | | וחיה | נח בתר מבולא תלת מאה |
| 043 | | Gn11:25 | | וחיה | נחור מן בתר דאולד ית תרח |
| 044 | | Gn11:16 | | וחיה | עבר תלתין וארבע שנין |
| 045 | | Gn11:17 | | וחיה | עבר מן בתר דאולד ית פלג |
| 046 | | Gn11:18 | | וחיה | פלג תלתין שנין ואולד ית |
| 047 | | Gn11:19 | | וחיה | פלג מן בתר דאולד רעו |
| 048 | | Gn 5:12 | | וחיה | קינן שבעין שנין ואולד ית |
| 049 | | Gn 5:13 | | וחיה | קינן מן בתר דאולד ית |
| 050 | | Gn11:20 | | וחיה | רעו תלתין ותרתין שנין |
| 051 | | Gn11:15 | | וחיה | שלח מן בתר דאולד ית עבר |
| 052 | | Gn11:11 | | וחיה | שם מן בתר דאולד ית |
| 053 | | Gn11:22 | | וחיה | שרוג תלתין שנין ואולד ית |
| 054 | | Gn11:23 | | וחיה | שרוג מן בתר דאולד ית |
| 055 | | Gn 5:06 | | וחיה | שת מאה וחמש שנין ואוליד |
| 056 | | Gn 5:07 | | וחיה | שת מן בתר דאולד ית אנוש |
| 057 | | Gn11:26 | | וחיה | תרח שבעין שנין ואולד ית |

|  |  |  |  |  |  |  |
|---|---|---|---|---|---|---|
| 058 | | | Gn 5:03 | | וחיה | אדם מאה ותלתי׳ שנין ואולד |
| 059 | | | Gn11:24 | | וחיה | עשרין ותשע שנין ואול׳ ית |
| 060 | וחיון | | Gn42:18 | ביומא תליתא דא עבדו | וחיון | מן קדם ייי אנה דחיל: |
| 061 | וחייה | | Dt 5:26 | מן גו להבי אשתה כוותן | וחייה: | |
| 062 | וחייתון | | Dt 4:33 | די שמעתון אתון | וחייתון: | |
| 063 | ויחי | | Nu21:08M | חוויה ויחמי יתיה | ויחי#2#/: | |
| 064 | | | Dt 5:24M | ייי לממללא עם בר נשא | ויחי | |
| 065 | | | Dt 5:26M | כוותן/דכותן#2#/ | וחייה/ויחי#2#/: | |
| 066 | | | Lv25:36 | ותדחלון מן אלהכון | ויחי | אחוך עמך: |
| 067 | | | Lv18:05 | די יעבד יתהון בר נשא | ויחי | בהון כדן אמר ייי: |
| 068 | | | Dt19:04 | עסיק קטולא די יערק תמן | ויחי | די יקטול ית חבריה בלא ידע |
| 069 | | | Nu12:12 | צלי על בשרה מיתה דבה | ויחי | למה עבד ית זכותה: |
| 070 | | | Gn 3:22 | מן פירי אילן חייא ויכל | ויחי | לעלם: |
| 071 | וייחון | | Nu 4:19 | ודא עבדו להון | וייחון | ולא ימותון |
| 072 | וייחי | | Ex33:20 | אפשר דחמי יתי בר נש | וייחי: | |
| 073 | | | Dt 4:42 | לחדה מן קרייתה האליין | וייחי: | |
| 074 | | | Dt19:05 | לחדה מיקרייתה האליין | וייחי: | |
| 075 | | | Nu12:12M | "מיתה ... זכותה": הדין | וייחי | דלא נובד זכותה |
| 076 | | | Lv25:35 | ותתוקף בה גיור ותותב | וייחי | עמך: |
| 077 | ונחי | | Gn42:02 | לתמן וזבונן לן מתמן | ונחי | ולא נמות: |
| 078 | | | Gn47:19 | עבדין לפרעה והב לן זרע | ונחי | ולא נמות וארעא לא תבור: |
| 079 | ונחיה | | Gn43:08 | טליא עמי ונקום ונזל | ונחיה | ולא נמות לחוד אנן ולחוד |
| 080 | ותחי | | Gn20:07 | נביא הוא ויצלי עליך | ותחי | ואית לית את מחזי«ר» יתה |
| 081 | ותיחון | | Dt30:16 | וקיימוי וסדרי דינוי | ותיחון | ותסגון ויברך יתכון ייי |
| 082 | ותיחי | | Ex 1:16 | יתיה ואן ברא נקבה היא | ותיחי: | |
| 083 | ומחיי | afel | Dt32:39 | דממית חיין בעלמא הדין | ומחיי | מיתי בעלמא דאתי אנה הוא |

## alive *adj.* חיי

[197]

|  |  |  |  |  |  |  |
|---|---|---|---|---|---|---|
| 001 | חי | s ab/cn | Lv13:10 | לשער חוור ורושם דבשרא | חי | בשומתה: |
| 002 | | | Gn 3:22 | וקיים פקודה אית הוה | חי | וקיים כאלן חייא עד לעלמין |
| 003 | | | Gn 3:24M | יתה בעלמא הדין הוי | חי | וקיים מאילן חייא לפלחייא |
| 004 | | | Gn 3:24 | דלעי בה ונטר פקודיה הוי | חי | וקיים כאילן חייא לעלמא דאתי |
| 005 | | | Gn27:27 | הוא טורא ברך יתיה | חי | וקיים כל עלמי«א»: |
| 006 | | | Nu14:21 | וברם | חי | וקיים אנה במימרי לעלם |
| 007 | | | Nu14:28 | אמר | חי | וקיים אנה במימרי אמר ייי |
| 008 | | | Dt32:40 | ידיי בשבועה לשמיא ואמרית | חי | וקיים אנה בממרי לעולם: |
| 009 | | | Lv13:14 | וביומא די יתחזי בה בשר | חי | יסתאב: |
| 010 | חיה | | Gn 9:15 | וביניכון ובין כל נפש | חיה | בכל בשרא ולא יהוי תוב מיא |
| 011 | חיי | | Nu21:09 | על חיויה דנחש והווה | חיי: | |
| 012 | | | Gn30:22 | ואמר פתח ידך ומשביע לכל | חיי | דאית בהון רעוא מפתחא |
| 013 | דחיא | | Gn 1:21 | רברביא וית כל נפש | דחיא | דרחשא די שרצו מיי׳ למינהון |
| 014 | | | Gn 1:20 | ישרצון מיא שרץ נפש | דחיא | ועופא דפרח על ארעא על אפי |
| 015 | | | Gn 1:30 | על ארעא דאית ביה נפש | דחיא | ית כל עשבא למזון והוה כן |
| 016 | | | Gn 1:24 | דייי תפק ארעא נפ׳ | דחיא | למינה בעיר ורחש וחייתא |
| 017 | דחיה | | Lv17:13 | ביניהון די יצוד ציד | דחיה | או עוף די יתאכל וישפוך ית |
| 018 | | | Gn 9:16M | דייי ובין כל נפש | חיתה/דחיה#2#/ | בכל בשרא די/דאית#2#/ |
| 019 | דחייה | | Lv11:10M | "חיתה די ... לכון": | דחייה | דאית במיא שקץ הנון לכון |
| 020 | | | Lv11:46M | דרחשא במיא /נפשן | דחייה | דרמסה במ׳#2#/ ולכל |
| 021 | | | Gn 2:07 | דחיין והוה אדם לנפש | דחייה | ממללא: |
| 022 | חיא | s em/sf | Gn 9:05 | נפשתכון אתבע מלות כל | חיא | אתבע יתיה ומלות בר נשא |
| 023 | חיה | | Lv13:16 | או ארום ^יחזור#2#^ בשרה | חיה | ויתהפך לחוור ויתחזי לוות |
| 024 | | | Lv13:15 | חייה ויסאב יתה בשרה | חיה | מסאב הוא צרעת הוא: |
| 025 | חייא | | Gn 8:21 | אוסף תוב למשיצא ית כל | חייא | היך מה די עבדת: |
| 026 | | | Gn 6:19 | מן כל | חייא | מן כל בשרא תרין מן |
| 027 | חייה | | Lv13:10M | ואחיות בשרה | חייה | בשומ׳ |
| 028 | | | Lv13:15 | ויחמי כהנא ית בשרה | חייה | ויסאב יתה בשרה חיה מסאב |
| 029 | | | Ex21:35 | וימות ויזבנון ית תורא | חייה | ויפלגון ית כספיה ואף ית |
| 030 | | | Dt 5:26M | ומלכו די שמע קלא לאלהה | חייה | ממ׳ |
| 031 | | | Dt 4:33 | די שמעו בקל מימריה דאלה | חייה | ממלל מן גו להבי אשתה |
| 032 | | | Dt 5:26 | די שמע ית קל מימרה דאלה | חייה | ממלל מן גו להבי אשתה כוותן |
| 033 | חייתא | | Gn 9:10 | וית כל נפש | חייתא | די עמכון {ב}בעופא ובבעירה |
| 034 | חייתה | | Lv14:06 | ויצבע יתהון וית צפרה | חייתה | באדמה דצפרה דנכיסתה על |
| 035 | | | Lv11:10M | ומן כל נפש | חייתה | די במיא מר<חקה> |
| 036 | | | Lv14:52 | ובמיא דמבועא ובצפרה | חייתה | ובקיסה דארזא ובאזובא |
| 037 | | | Lv14:06 | ית צפרה | חייתה | יסב יתה וית קיסה דארזא |
| 038 | | | Lv14:07 | יתיה וישלח ית צפרה | חייתה | לאפי ברא: |
| 039 | | | Lv14:53 | וישלח ית צפרה | חייתה | לבר מן קרתה לאפי ברה |
| 040 | חיתא | | Gn 9:12 | וביניכון ובין כל נפש | חיתא | די עמכון לדרי ארעא: |
| 041 | חיתה | | Gn 9:16 | מימרא דייי ובין כל נפש | חיתה | בכל בשרא די על ארעא: |
| 042 | | | Lv11:10 | כל שרצא דמיא ומן כל נפש | חיתה | די במי׳ מרחקה אנון לכון: |
| 043 | | | Lv11:46 | דבעירה ועופה וכל נפש | חיתה | דרחשא במיא ולכל שרצה דשרץ |
| 044 | דחייתה | | Lv14:51 | צבע זהוריתה וית צפרה | דחייתה | ויצבע יתהון באדמה דצפרה |
| 045 | החיה | | Gn 2:19 | ליה בלשן בית קדשה נפש | החיה | הוא שמיה: |
| 046 | חי׳ | p abs | Dt 4:10M | חיין /יומין דהנון | חי׳#2#/ | וקיימין על ארעא וית |
| 047 | חיין | | Dt32:39 | בר מיני אנה הוא דממית | חיין | בעלמא הדין ומחיי מיתי |
| 048 | | | Lv14:04 | למן דמדכה תרתין צפירין | חיין | דכיין וקייס דארז וצבע |
| 049 | | | Lv23:21 | ותארעון | חיין | וקיימין הכזמן יומא הדין |
| 050 | | | Nu24:06 | לה כדן יהוון ישראל | חיין | וקיימין לעולם יאין ומשבחין |
| 051 | | | Dt 4:04 | דייי אלהכון הא אתון | חיין | וקיימין כולכון יומא הדין: |
| 052 | | | Dt 4:10 | כל יומיא דאינון | חיין | וקיימין על ארעא וית בניהון |
| 053 | | | Dt 5:03 | אנן כולן הכה יומה הדין | חיין | וקיימין: |
| 054 | | | Dt12:01 | יתה כל יומיא די אתון | חיין | וקיימין על ארעא: |
| 055 | | | Dt31:13 | אלהכון כל יומיה די אתון | חיין | וקיימין על ארעא די אתון |
| 056 | | | Dt31:13 | על ארעא די אתון | {חיין | וקיימין על ארעא די אתון} |
| 057 | | | Nu16:30 | וית כל מה דלהון ויחתון | חיין | לשאול ותדעון ארום ארגיזו |
| 058 | | | Nu16:33 | אינון וכל מה דהוה להון | חיין | שאול וכסיית עליהון ארעא |
| 059 | חייא | p em/sf | Nu17:13 | ביני מיתיה בעי רחמין על | חייא | ואתכליית מגפתה: |

## guilty *adj.* חייב

[198]

|  |  |  |  |  |  |  |
|---|---|---|---|---|---|---|
| 001 | חייב | s ab/cn | Nu35:31 | ממון על נפש דקטול דהוא | חייב | למתקטלה ארום מתקטלה יתקטל: |
| 002 | | | Gn22:10M | קרבנן פסיל ונהוי | חייב | מות בידי שמייא |
| 003 | חי׳ | s em/sf | Ex23:01M | ולא תשוון ידיכו׳ עם | חי׳ | עמי בני ישרא׳ לא תהוון |
| 004 | חייבא | | Gn18:23 | את משיצייא זכייא עם | חייבא: | |
| 005 | | | Ex23:07 | ארום לא יזכון קדמיי | חייבא: | |
| 006 | | | Ex23:07M | חייבא /מזכי ייי ית | חייבא | בשע׳ דינא#2#/: |
| 007 | | | Nu24:19 | מן דמתחייב מן כרכה | חייבא | היא <....>: |
| 008 | | | Gn18:25 | הדין לממתה זכייה עם | חייבא | ויהוי דינא דזכייא כדינא |
| 009 | חייבה | | Ex34:07M | מזכי{ה} ביום/ייי ית | חייבה | ביו׳#2#/ דינא רבה מדכר |
| 010 | | | Nu14:18M | ביום /<מזכי> ייי ית | חייבה | <ביום>#2#/ דינה רבה מדכר |
| 011 | | | Dt25:02 | אין מרדו אתחייב למלקה | חייבה | וירבע יתיה דיינה וימחי |
| 012 | | | Ex23:01 | שקרא לא תשותף ידך עם | חייבה | למהווי ליה סהד שקר: |
| 013 | | | Dt25:02M | <אין> צורך | חייבה | למלקי וירב׳ |
| 014 | דחייבא | | Gn18:25 | דינא דזכייא כדינא | דחייבא | מחוס מן קדמיך מן למעבד |
| 015 | כחייבה | | Gn18:25M | /כסדר דנה דזכייה | כחייבה | הא מחוס#2#/ מן קדמיך מן |
| 016 | לחיבה | | Ex 2:13 | עבריין מתנצין ואמר | לחיבה | למה כען את מחי לחברך: |
| 017 | חייבים | p abs | Ex 5:16M | ופרעה ועמא | חטיין/חייבים#2#/: | |
| 018 | חייבין | | Gn42:21 | ואמרין גבר לאחוי ברם | חייבין | אנן באדמה דאחונה די חמינן |
| 019 | | | Gn18:21 | כלייה עבדו גמירא אינון | חייבין | ואין בעון מעבד תתובה |

| | | | | | | |
|---|---|---|---|---|---|---|
| 020 | | | Lv19:20 | לא יתיהבת לה מרדו אנון | חייבין | לא ימותון ארום לא נפקת |
| 021 | | | Nu32:14 | אבהתכון תרבו דגברין | חייבין | למוספה תוב על תקוף רוגזה |
| 022 | | | Dt13:14M | בישן /יפקון גוברין | חייבין#2#/ | מן ביניכון ואטעון ית |
| 023 | | | Ex16:20M | ואבירם גברייא | חייבין#2#/ | עד צפרא ועבד תולעין |
| 024 | וחייבין | | Gn13:13 | בישין גבר לחבריה | וחייבין | בגילוי עריתה ובשפיכות |
| 025 | חייבי | p const | Ex20:07M | מזכי ייי ית חוביכון | חייבי | ביום דינא |
| 026 | חייבוי | p em/sf | Gn18:26 | קרתא ואשרי ואשבוק לכל | חייבוי | דאתרה בגללהון: |
| 027 | חייביא | | Ex 9:27 | צדיקיא ופרעה ועמא | חייב«י»א: | |
| 028 | חייבייה | | Nu16:26 | כען מעלוי משכן גברייה | חייבייה | האליין ולא תקרבון בכל |
| 029 | דחייביה | | Nu17:03 | ית מחתיתהון | דחייביה | האליין דחבו בנפשתהון |

## חייה *n.* midwife [198]

| | | | | | | |
|---|---|---|---|---|---|---|
| 001 | חייתא | s em/sf | Gn38:28 | וולדה ית ידה ונסבת | חייתא | וקטרת על ידיה זיהוריה |
| 002 | | | Gn35:17 | במילדה ואמרת לה | חייתא | לא תדחלין ארום לחוד דין |
| 003 | | | Ex 1:19 | חיין אינין עד לא תיתי | חייתא | לוותהון אינון מצליין קדם |
| 004 | | | Ex 1:17 | ודחלו | חייתא | מן קדם ייי ולא עבדון |
| 005 | | | Ex 1:21 | והוה ארום דחילין | חייתא | מן קדם ייי וקנון להון שם |
| 006 | חייתה | p em/sf | Ex 1:19 | ואמרין | חייתה | לפרעה ארום לא כנשיה |
| 007 | לחייתא | | Ex 1:18 | וקרא מלכא דמצרים | לחייתא | ואמר להון מן בגלל מה |
| 008 | | | Ex 1:15 | ואמר מלכא דמצרים | לחייתא | עברייתא די שמה דחדא מנהון |
| 009 | לחייתה | | Ex 1:20 | ואייטב ייי | לחייתה | וסגון עמא ואתוקפו לחדא: |

## חייה #2 *n.* animal [198]

| | | | | | | |
|---|---|---|---|---|---|---|
| 001 | חיה | s ab/cn | Lv 5:02M | \בנבלה דחוה /בנבלת | חיה#2#/ | מסאבה/מסבה#2#/ או |
| 002 | חיה | | Lv17:13M | יצוד ציד \דחיה או עוף | /חייה | או עופה#2#/ די יתאכל |
| 003 | חיית | | Ex23:11 | עמך ומה דמשתייר תיכול | חיית | ברא כדין תעבדון לכרמיכון |
| 004 | חייתא | s em/sf | Gn 9:05M | אתבוע מן לוות | חייתא | אתב{י}<ו>ע יתיה מן לוות |
| 005 | | | Gn 3:01 | וחויא הוה חכים מן כל | חייתא | דאפי ברה די ברא ייי אלהים |
| 006 | | | Gn 1:25 | וברא ממרה דייי ית | חייתא | דארעא למינה וית בעירה |
| 007 | | | Gn 9:02 | ואימתכון תהווא על כל | חייתא | דארעא ועל כל עופא דשמיא |
| 008 | | | Gn 1:28 | דימא ובעופא דשמיא ובכל | חייתא | דרחשא על ארעא: |
| 009 | חייתה | | Lv11:02 | עם בני ישראל למימר דא | חייתה | די תכלון מן כל בעירה די |
| 010 | | | Lv11:47 | חייתה דמתאכלה ובין | חייתה | דלא מתאכלה: |
| 011 | | | Lv11:27 | דמהלך על כפי ידוי בכל | חייתה | דמהלכה על ארבע מסאבין |
| 012 | | | Lv11:47 | מסאבה ובין דכיא ובין | חייתה | דמתאכלה ובין חייתה דלא |
| 013 | | | Gn 8:01 | נח וית בנוהי וית כל | חייתה | וית כל בעירה די עמה |
| 014 | | | Gn 8:19 | כל | חייתה | כל רחשא וכל עופה וכל דרחש |
| 015 | | | Lv14:53M | ויפטור ית ציפורא | חייתה | למברא לקרתה לאפי ברא |
| 016 | חיתא | | Gn 2:19 | ייי אלהים מן אדמתא כל | חיתא | דאפי ברא וית כל עופה דשמיא |
| 017 | | | Gn 2:20 | בעירא ולעופא דשמיא ולכל | חיתא | דאפי ברא ולאדם לא אשכח ליה |
| 018 | | | Gn 1:30 | ולכל | חיתא | דארעא ולכל עופא דשמיא ולכל |
| 019 | | | Gn 9:10 | מכל נפקי תבותא לכל | חיתא | דארעא: |
| 020 | | | Gn 9:10 | {ב}בעופא ובבעירה ובכל | חיתא | דארעא עמכון מכל נפקי תבותא |
| 021 | | | Gn 7:21 | ארעא בעופא ובבעירה ובכל | חיתא | ובכל רחשא דרחש על ארעא וכל |
| 022 | חיתה | | Gn 8:17 | כל | חיתה | דעמך מן כל בשרא בעופא |
| 023 | | | Gn 7:14 | אינון וכל | חיתה | למינה וכל בעירה למינה וכל |
| 024 | וחייתא | | Gn 1:24 | דחיא למינה בעיר ורחש | וחייתא | דארעא למינה והוה כן |
| 025 | ובחיתה | | Gn 7:21M | ובבעירה \ובכל | חיתא/ובחיתה#2#/ | ובכל רחשא דרחש על |
| 026 | ולחייתה | | Lv25:07M | \ולחיותה די בארעכון | /ולחייתה | דאית בא'#2#/ תיהוי כל |
| 027 | | | Dt28:26 | לכל עופה דשמייא | ולחייתה | דארעא ולית דמניט: |

## חייל *vb.* to strengthen [198]

| | | | | | | |
|---|---|---|---|---|---|---|
| 001 | וחייל | pael | Dt 3:28M | /ותקף#2#/ יתיה | וזריז/וחייל#2#/ | יתיה ארום הוא יעבר |
| 002 | דאתחילו | etpaal | Nu31:42 | פלג משה מן גברייה | דאתחילו: | |
| 003 | ואתחיילו | | Nu31:07M | די פקד ייי | /ואת{יי}ח<יי>לו | על מדינגאי היך מה |
| 004 | ואתחילו | | Nu31:05 | | ואתחילו | מן אלפיה דישראל אלף מן |

## חיין *n.* life [199]

| | | | | | | |
|---|---|---|---|---|---|---|
| 001 | חיי׳ | p abs | Gn25:34M | בחיוי דעלמא /ואפי׳ על | חיי׳ | דעלמ׳#2#/ דאתי: |
| 002 | חיין | | Gn27:46 | דעמא דארעא למה כען לי | חיין: | |
| 003 | | | Gn 7:22 | כל די נשמה דרוח | חיין | בנחירוי מן כל מה די ביבשתא |
| 004 | | | Gn25:22M | אית לי | חיין | למהוי לי בנין ואזלת |
| 005 | בחיין | | Gn43:27 | הא עד כען הוא | בחיין: | |
| 006 | | | Gn46:30 | סבר אפיך ארום כען את | בחיין: | |
| 007 | | | Ex 4:18M | הא עד כדון הנון | בחיין | |
| 008 | | | Gn45:28 | סכיית דעד כדון יוסף | בחיין | איזי«ל» כען ואיחמי יתיה |
| 009 | | | Ex22:03 | חמר«א» עד א«י»מר | בחיין | בכפלא ישלם: |
| 010 | | | Ex 4:18 | ואחמי העד כען אינון | בחיין | ואמר יתרו למשה אזל |
| 011 | | | Gn45:26 | למימר עד כדון יוסף | בחיין | וארום הוא שליט בכל ארעא |
| 012 | | | Gn49:21 | שירויה דעד כדון יוסף | בחיין | והוא אזדרז ונחת למצרים |
| 013 | | | Gn45:03 | אנה יוסף העד כען אבה | בחיין | ולא יכלו אחוי למעני יתיה |
| 014 | | | Gn43:28 | לעבדך אבונן הא הוא | בחיין | ועקדו ואודו ושבחו: |
| 015 | | | Nu16:33M | דאית להון | בחיין | לשאולה |
| 016 | | | Nu16:30M | ויחתון \חיין לשאול | /בחיין | לשי{לו}<ול>#2#/ ותדעון |
| 017 | | | Dt31:27 | קשייא הא עד דאנה | בחיין | עמכון יומא הדין מסרבין |
| 018 | | | Lv16:10M | יקים יתה | לחיים/בחיין#2#/ | קדם ייי למכפרה |
| 019 | | | Gn25:06 | יצחק בריה עד הווה | בחיין | קדמיין לארעא מדינחא: |
| 020 | דחיי | | Dt30:19 | שמיא וית ארעא ית אורחה | דחיי | וית אורחה דמתותה יהבית |
| 021 | | | Dt30:19 | לווטייה ותבחרון באורחה | דחיי | מן בגלל דתיחון אתון |
| 022 | דחיין | | Gn 7:15 | כל בשרא דאית בה נשמה | דחיין: | |
| 023 | | | Gn 7:22M | מן /דאית ביה נפש | דחיין | באפוי#2#/ כל מה די |
| 024 | | | Gn 3:24 | בעלמא הדין ארום אילן | דחיין | היא אורייתא לכל מן דלעי |
| 025 | | | Gn 2:07 | ונפח בנחירוי נשמ׳ | דחיין | והוה אדם לנפש דחייה |
| 026 | | | Gn 9:03 | כל רחש דאית ביה נשמה | דחיין | לכון יהווי למיכל כירק |
| 027 | | | Gn 6:17 | בשרא דאית ביה נשומא | דחיין | מן תחות שמיא כל מה די |
| 028 | דבחיין | | Lv16:20 | מדבחה ויקרב ית צפירה | דבחיין: | |
| 029 | | | Lv14:06M | צפרתה | דבחיין | באדמה צפרתה דנכיסה על |
| 030 | | | Lv14:52M | ובקיסה /ובצפרתה | דבחיין | וב׳#2#/ דארזא ובאזובא |
| 031 | | | Lv14:51M | צפרה \דחייתה ויצבע | /דבחיין | ויצבוע#2#/ יתהון באדמה |
| 032 | | | Lv16:21 | ידוי על ראשה דצפירה | דבחיין | ויתודי עלוי ית כל חובהון |
| 033 | | | Lv14:06M | ית צפרה | חייתה/דבחיין#2#/ | יסב יתה וית קיסה |
| 034 | | | Lv14:53M | חייתה /צפורתה | דבחיין#2#/ | לבר מן קרתה לאפי ברה |
| 035 | | | Gn 9:03M | דחיין לכון /כל רמס | דבחיין | לכון#2#/ יהווי למיכל |
| 036 | | | Lv14:07M | ית צפרה \חייתה לאפי | /דבחיין | על אפי׳#2#/ ברא: |
| 037 | החיים | | Gn 2:07M | דחיין /באפוי נשמת | החיים#2#/ | והוה אדם לנפש/נפש#2#/ |
| 038 | לחיים | | Lv16:10 | עדוה לעזאזל יקים יתה | לחיים | קדם ייי למכפרה עלוי |
| 039 | חיי | p const | Gn47:09 | ולא ארעו ית יומי שני | חיי | אבהתי ביומי תותבותיהון: |
| 040 | | | Lv18:29M | {ב}<כ>יאורייא מן | חיי | עלמא דאתי ולא יחי להון |
| 041 | | | Lv20:06M | {{ואישיצי}} יתיה מן | חיי | עלמא דאתי ולא יהיא ליה |
| 042 | | | Dt30:15M | "חייה ... חילופיהן": | חיי | עלמא דאתי וית טובה |
| 043 | | | Gn42:15 | בדא תבדקון | חיי | רישיה דפרעה אן תפקון מן |
| 044 | | | Gn42:16 | הא קושטנין אתון אן לא | חיי | רישיה דפרעה ארום ילילין |
| 045 | בחיי | | Gn44:18 | בה את משתבע אנה לך | בחיי | רישיה דאבא היך מה דאת |
| 046 | | | Gn44:18 | דאבא היך מה דאת משתבע | בחיי | רישיה דפרעה רבך דאן שלף |
| 047 | חוי | p em/sf | Gn11:32 | והוון יומי | חוי | דתרח מאוון וחמש שנין ומית |

048 חיוי Dt22:19 למשבקה יתה כל יומי חיוי:
049 Dt22:29 למשבקה יתה כל יומי חיוי:
050 Gn 5:04 והוון כל יומוי חיוי אדם מן בתר דאולד ^ית#2#^
051 Gn 5:11 והוון כל יומי חיוי דאנוש תשע מאה וחמש שנין
052 Gn 5:23 והוון כל יומי חיוי דחנוך תלת מאה ושתין וחמש
053 Gn47:28 שנין והוון יומין חיוי דיעקב שני חיוי מאה
054 Gn35:28M והוון ימוי/יומי חיוי#2#/ דיצחק מאה ותמנין שנין:
055 Gn 5:20 והוון כל יומי חיוי דירד תשע מאה ושתין ותרתין
056 Gn25:17 ואלין שני חיוי דישמעאל מאה ותלתין ושבע
057 Ex 6:16 וקהת ומררי ושנוי חיוי דלוי מאה ותלתין ושבע
058 Gn 5:17 והוון כל יומי חיוי דמהללאל תמני מאה ותשעין
059 Gn 5:27 והוון כל יומי חיוי דמתושלח תשע מאה ושתין
060 Gn 9:29 והוון כל יומי חיוי דנח תשע מא' וחמשין שנין
061 Ex 6:21 ית אהרן וית משה ושני חיוי דעמרם מאה ותלתין ושבע
062 Ex 6:18 וחברון ועזיאל ושני חיוי דקהת מאה ותלתין ותלת
063 Gn 5:14 והוה כל יומי חיוי דקינן תשע מאה ועשר שנין
064 Gn 5:08 והוון כל יומוי חיוי דשת תשע מאה ותרתין עשרה
065 Gn 5:05 והוון כל יומי חיוי דאדם תשע מאה ותלתין שנין
066 Gn36:39 לעי במטרדה כל יומי חיוי ועתר וקנה נכסין וידע מה
067 Gn47:28 יומין חיוי דיעקב שני חיוי מאה וארבעין ושבע שנין:
068 חיויי Dt17:19M קרי ביה כל יומוי חיויי מן בגלל דיליף למדחול
069 חיי Gn47:09 ובישין הוון יומי שני חיי ולא ארעו ית יומי שני חיי
070 חייא Gn25:07 ואלין יומי> שני < חייא אברהם די חייה מאה ושבעין
071 Gn 3:20 היא הוות אמהון דכל חייא:
072 Gn 3:24 הדין היך פירי אילן חייא:
073 Gn 2:09 למחמי וטב למיכל ואילן חייא בגו מציעות גנתה ואילן דעתה
074 Gn 3:24M ברם פירי אילן חייא היא אוריית' כל מן
075 Gn 3:22 ידיה ויסב מן פירי אילן חייא ויכל ויחי לעלם:
076 Gn 3:24 הוי חי וקיים כאילן חייא לעלמא דאתי טבא היא אוריתא
077 Gn 3:24M הוי חי וקיים מאילן חייא לפלחייא ולנטרי פקודיה
078 Gn 3:22 אית הוה חי וקיים כאלן חייא עד לעלמין וכדון עד די לא
079 חייה Gn23:01 והוון חייה דשרה מאה ועשרין ושבע שנין
080 Gn23:01 ועשרין ושבע שנין שני חייה דשרה:
081 Dt30:15 יומא הדין ית סדר חייה וית טבתה וית סדר מותנה וית
082 חייהון Ex 1:14 ומררו ית חייהון בפלחן קשי בטינא ובלבני
083 Gn26:35M ולא ... רבקה": ומררן חייהון דיצח' ודרבקה
084 חייך Gn 3:14 יהוי מזונך כל יומי חייך:
085 Gn 3:17 פירי עלליתיה כל יומי חייך:
086 Gn47:08 כמה אינון יומי שני חייך:
087 Dt31:14 למימר ה«א» קרבו יומי חייך למתכנשה בשלם מן גו עלמא
088 חייכון Dt16:03 ארעא דמצרים כל יומי חייכון:
089 Dt30:20 ולמדבקה ביה ארום היא חייכון ואריכות יומיכון על ארעא
090 Dt32:47 הוא מנכון ארום הוא חייכון ובפתגמא הדין תסגון יומין
091 Dt 6:02 ובני בניכון כל יומי חייכון ומן בגלל די יסגון
092 Dt 4:09 מן לבביכון כל יומי חייכון ותלפון יתהון לבניכון
093 Dt23:07 ולא לטבותהון כל יומי חייכון עד לעלם:
094 Dt28:66 וי«י»הוון חייכון תלאין לכון מן כל קבל
095 בחי Gn27:46 רבקה ליצחק אתעיקת בחי מן קדם בנתהון דחיתאי אן
096 בחיוי Nu 3:04 רבתה אלעזר ואיתמר בחיוי דאהרן אבוהון:
097 Gn11:28 ומית הרן בחיוי דתרח אבוהי בארע תלדוותיה
098 Gn25:34 ועל תחיית מיתייה וכפר בחיוי דעלמא דאתי:
099 בחיוייה Dt24:06M כל דעביד אלין כפר בחי{ו}וייה דעלמא דאתי
100 בחייה Lv18:18 עריתה עליה בחייה:
101 בחייהון Gn15:17M אתמריין על די מרדו בחייהון באולפן אורייתא בעלמא
102 Gn15:17 רשיעיא על אורייתא בחייהון בעלמ' הדין וצדיקיא על
103 Gn15:17M אישתיזבו על די פלחו בחייהון בעלמא הדין וקיימו
104 Nu22:03M ואיתיעקו מואבאי בחייהון מן קדם עמא בני
105 בחייכון Dt28:66 ובאימּמה ולא תהיימנון בחייכון:
106 דחיא Gn 9:12M די עמכון לדרי ארעא /דחיא דאית עמכון לדורת עולם#2#
107 דחייא Gn 2:09M בגו מציעות גנתה /דחייא בגו גנתא#2#/ ואילן דעתה
108 להוי Gn 7:11M /לסוף שת מאוון דשנין להוי#2#/ דנח ביר{ת}<ח>ה תניינא
109 לחיוהי Gn 7:11 בסוף שית מאה שנין לחיוהי דנח ביר{ת}<ח>ה תניינא

## חיכוך *n.* rubbing [199]

001 s ab/cn ובחיכוך Dt28:27M \ובחרבנה /ובחרבה ובחיכו{ר}<ך> חספה#2#/ די לא תיכלון

## חיכור *n.* ⇐ חיכוך

## חיל *n.* army [199]

001 s ab/cn חייל Dt 3:18M כל \בני חילה /גיברי חייל#2#/:
002 חיל Nu 1:20M ולעיל כל נפקי קרבה/חיל#2#/:
003 Nu 1:22M ולעיל כל נפקי קרבה/חיל#2#/:
004 Nu 1:24M ולעיל כל נפקי קרבא/חיל#2#/:
005 Nu 1:26M ולעיל כל נפקי קרבא/חיל#2#/:
006 Nu 1:28M ולעיל כל נפקי קרבה/חיל#2#/:
007 Nu 1:30M ולעיל כל נפקי קרבה/חיל#2#/:
008 Nu 1:32M ולעיל כל נפקי קרבה/חיל#2#/:
009 Nu 1:34M ולעיל כל נפקי קרבה/חיל#2#/:
010 Nu 1:36M ולעיל כל נפקי קרבה/חיל#2#/:
011 Nu 1:38M ולעיל כל נפקי קרבה/חיל#2#/:
012 Nu 1:40M ולעיל כל נפקי קרבה/חיל#2#/:
013 Nu 1:42M ולעיל כל נפקי קרבה/חיל#2#/:
014 Nu 1:45M ולעיל כל נפקי קרבה/חיל#2#/:
015 Dt 8:18M למקני נכסין מן בגלל /חיל בג#2#/ למקיימה/לק#2#/
016 Ex18:21 תחמי מכל עמא גברין גברי חיל דחלין מן קדם ייי גברין
017 Gn31:29 אית עמי חיל ואוכלסין סגין למבאשא לכון
018 Gn47:06 ואית בהון גברין גברי חיל ותשוי יתהון רברבני קניינן
019 Ex18:25 ובחר משה גברין גברי חיל מן כל ישראל ושוי יתהון
020 Nu 1:03 עשרין שנין ולעל כל נפקי חיל קרבא בישראל תיסכמון יתהון
021 Nu31:14 ורברבני מאוותה דעלו מן חיל קרבא:
022 Nu31:21 לעמא עבדי קרבא דעלו מן חיל קרבא דא גזירת אוריתה די
023 Nu 8:25 בר חמשין שנין יחזור מן חיל קרבה לא יפלח עוד:
024 Nu31:05M תרין עשר אלפין מזיינ/חיל#2#/ קרבה:
025 דחיל Nu31:32M עמא עבד/דחיל#2#/ קרבא ענא/ען#2#/
026 Nu31:42M משה מן גברייה דאתחילו/דחיל קרבה#2#/:
027 Nu31:48M /דאית [ל]אלפייה דחיל קרבה#2#/ רברבני אלפי
028 Nu31:49M יתה ראש סכומיהון עמה דחיל קרבה דאית בידינן לא אתפקד
029 Nu31:53M בזוז גבר לנפשיה /עמה דחיל קרבה בזוז גבר חבריה#2#/:
030 לחיל Nu31:36M חלקהון אליין דנפקו לחיל
031 Nu31:27 תפשי קרבה דנפקין לחיל קרבא ובין כל עם כנישתה:
032 Nu 4:03 בר חמשין שנין כל דיעול לחיל קרבה למעבד עב{ו}<י>דה
033 Nu 4:23 תסכום יתהון כל די יעול לחיל קרבה למפלח פולחן במשכן
034 Nu 4:30 תסכום יתהון כל דייעול לחיל קרבה למפלח ית פלחן משכן
035 Nu 4:35 חמשין <שנין> כל דייעול לחיל קרבה למפלח במשכן זמנה:
036 Nu 4:39 חמשין שנין כל די יעול לחיל קרבה למפלח משכן זימנה:
037 Nu 4:43 שנין כל די«י»עול לחיל קרבה למפלח במשכון זימנה:
038 Nu 8:24 עשרין שנין ולעיל ייעול לחיל קרבה למפלח במשכן זימנא:

|  |  |  |  |  |
|---|---|---|---|---|
| 039 | | | Nu31:03 | מן לוותכון גברין לחיל קרבה ויהוון על מדין |
| 040 | | | Nu31:04 | שבטיהון דישראל תשלחון לחיל קרבה: |
| 041 | | | Nu31:28M | קרבה אליין דנפקו לחיל#2#/ קרבה דנפקין לחיל קרבה |
| 042 | | | Nu32:20 | אן תזיינון קדם ייי לחיל קרבה: |
| 043 | | | Dt24:05 | גבר אתה כשירוי לא יפוק לחיל קרבה ולא יעבר עלוי כל |
| 044 | | | Nu31:06M | קרבה /<כהנא> רבה לחיל קרבה#2#/ ומני/ומאני#2#/ |
| 045 | | | Nu31:06 | משה אלף מן כל שבט לחיל קרבה יתהון וית «פנחס |
| 046 | | | Nu31:28 | עמא עבדי קרבה דנפקין לחיל קרבה חדא נפש מן חמש מאוון |
| 047 | | | Nu31:36 | חלקהון דעמא דנפקין לחיל קרבה מנין ען תלתין ותלת |
| 048 | | | Nu32:27 | ועבדך יעברו כל דמזיין לחיל קרבה קדם ייי לסדרי קרבה |
| 049 | | | Nu32:29 | ית ירדנה כל דמזיין לחיל קרבה קדם ייי ותתכ{נ}<ב>ש |
| 050 | חיילא | s em/sf | Gn44:19 | מן דבית אבה היא ודן חיילא רבא על דהוא מן עילעא דאבה |
| 051 | חיילה | | Dt 8:18 | ארום הוא די יהב לכון חיילה למקני נכסין מן בגלל |
| 052 | חיילי | | Ex 9:16 | למחויה יתך ית תקף חיילי ומן בגלל דתתניה ית שמי |
| 053 | | | Gn49:03 | ראובן בוכרי את חיילי ושרוי צערי חמי הויית מסב |
| 054 | | | Gn31:06 | ידעתן ארום בכל חיילי פלחית קדם אבוכון: |
| 055 | חייליה | | Gn44:19M | יהודה בליביה ואמר דן חייליה |
| 056 | | | Ex 9:16M | למחווייה יתך מן תקוף חייליה ומן בגלל למתנייה |
| 057 | | | Gn 4:12M | למתן \פירי עללתא לך /חייליה לך#2#/ גלי ומטלטל תיהוי |
| 058 | חיילך | | Nu10:35M | קום כען מימריה בתקוף חיילך וית' |
| 059 | חיילכון | | Lv26:19 | בית מקדשי דהיא תקוף חיילכון ואשוי ית שמייה די |
| 060 | חיילן | | Dt 8:17 | ותאמרון בלבביכון חיילן ותקוף ידינן קנון לן ית |
| 061 | חילה | | Dt 3:18 | בני ישראל כל בני חילה: |
| 062 | חילהון | | Gn44:18 | ארעא ואנא חילי תקיף מן חילהון דשמעון ולוי בשבועתא אם |
| 063 | חילי | | Gn44:18 | ואחסנא בפילוג ארעא ואנא חילי תקיף מן חילהון דשמעון |
| 064 | | | Gn44:18M | ואחסנא בפילוג ואנה חילי תקיף מן חיליהון דשמעון |
| 065 | חילך | | Nu14:17 | וכדון יתקוף כען חילך ייי היך מה דמלילתא |
| 066 | בחיילא | | Ex15:06M | משבחא היא בחיילא ימינך ייי דרצצת ומרצצת |
| 067 | בחיילה | | Dt 4:37 | יתכון פריקין בתוקפיה בחיילה רבה מן מצרים: |
| 068 | בחיילך | | Ex32:11M | /מן מצרים בחיילך#2#/ רבה ובאדרעך מנטלתה |
| 069 | בחילא | | Ex15:06 | ימנך ייי מה הדירא היא בחילא ימינך ייי תברת פרעה שנאה |
| 070 | בחילך | | Nu14:13 | מצריי ארום אסקית בחילך ית עמה {הדין} האליין |
| 071 | | | Ex32:11 | מן ארעא דמצרים בחיל«ך» רבה ובאדרעך מנטלתה: |
| 072 | | | Dt 9:29 | די אפקת פריקין בחילך רבה ובאדרעך מנטלתה: |
| 073 | דחילי | | Gn44:18 | קשה מינהון ועד חד כמה דחילי קשי מן דידהון וערבת ית |
| 074 | חיילון | p abs | Dt20:09 | עם עמא וימנון רברבניה חיילון ברישי עמא: |
| 075 | חיילות | p const | Nu10:20M | ורבה דהווה ממני על חיילות |
| 076 | | | Nu10:26M | ורבה דהווה ממני על חיילות |
| 077 | | | Nu 2:29M | דהוה ממני על משרית/חיילוות#2#/ דשבטה דבנוי |
| 078 | | | Nu 2:07M | ממני על משרית/חיילוות#2#/ שבטה דזבולן^^ |
| 079 | | | Nu 2:10M | ורבה דהוה ממני על שבטה/חיילות שבטה#2#/ דבנוי |
| 080 | | | Nu 2:12M | דהוה ממני על משרית/חיילוות#2#/ שבטה דבנוי דשמעון |
| 081 | | | Nu 2:22M | דהוה ממני על משרית/חיילוות#2#/ שבטה \דבנוי#2#/ |
| 082 | | | Nu 2:25M | דהוה ממני על משרית/חיילוות#2#/ שבטה דבנוי דדן |
| 083 | | | Nu 2:27M | דהוה ממני על משרית/חיילוות#2#/ שבטה דבנוי דאשר |
| 084 | | | Nu10:14 | ורבה דהווה ממני על חיילות שבטה דבנוי דיהודה |
| 085 | | | Nu10:15 | ועל חיילות שבטה דבנוי דיששכר |
| 086 | | | Nu10:16 | ועל חיילות שבטה דבנוי דזבולן |
| 087 | | | Nu10:19 | ועל חיילוות שבטה דבנוי דשמעון |
| 088 | | | Nu10:20 | ועל חיילות שבטה דבנוי דג{ת}<ד> |
| 089 | | | Nu10:23M | /ורבה דהווה ממני על חיילוות#2#/ שבטה דבנוי דמנשה |
| 090 | | | Nu10:25M | ממני על חילוותיה^חל'#2#^/חיילוות שבטה דבנוי |
| 091 | | | Dt33:11 | «ברך ייי חיילוות שבטה דבנוי דלוי וקרבן |
| 092 | חילות | | Nu 2:03M | ורבה <ד>הוה ממני על חיילות שבטה דב' |
| 093 | | | Dt 4:19 | וית סידור כוכביה כל חילות שמיא {{ותטעון}} ותסגדון |
| 094 | חילר | | Nu10:19M | ורבה דהווה ממני על חילר' |
| 095 | חילות | | Nu 2:14M | /דמ#2#/ על משריית/חילוות#2#/ שבטה דבנוי דגד |
| 096 | | | Nu10:22 | ורבה דהווה ממני על חילוות שבטה דבנוי דאפרים |
| 097 | | | Nu10:23 | ועל חילוות שבטה דבנוי דמנשה גמליאל |
| 098 | | | Nu10:27 | ועל חילוות שבטה דבנוי דנפתלי אחירע |
| 099 | | | Gn 2:01M | ואשלמו ברית/חילוות#2#/ שמ«י»א וארעא וכל |
| 100 | | | Dt17:03 | ולשמשא או לסהרא או לכל חילוות שמייא די לא פקדית: |
| 101 | חל' | | Nu10:16M | ממני על#2#/ חיילוות/חל'#2#/ שבטה דבנוי דזבולן |
| 102 | | | Nu10:19M | ועל חיילוות/חל'#2#/ שבטה דבנוי דשמעון |
| 103 | | | Nu10:20M | ועל חיילוות/חל'#2#/ שבטה דבנוי |
| 104 | חלוות | | Nu10:18M | על \חיילוותיה שבטה /חלוות ש'#2#/ דבנוי דראובן |
| 105 | חיילוותיה | p em/sf | Ex14:17 | ואתיקר בפרעה ובכל חיילוותיה בארתכוי ובפרשוי: |
| 106 | | | Ex14:04 | ואתיקר <ב>פרעה ובכל חיילוותיה וידעון מצריי ארום אנה |
| 107 | | | Nu10:18 | ורבה דהווה ממני על חיילוותיה שבטה דבנוי דראובן |
| 108 | חיילוותיהון | | Ex12:51 | מן ארעא דמצרים על חיילוותיהון: |
| 109 | חילוותי | | Ex 7:04 | במצרים ואפיק ית חילוותי ית עמי בני ישראל מארעא |
| 110 | חילוותיה | | Ex14:28 | אר<ת>כי וית פרשיה לכל חילוותיה דפרעה דעלו בתריהון בימא |
| 111 | חייליכון | | Dt 6:05M | ובכל ממוניכון/חייליכון#2#/: |
| 112 | | | Lv26:19M | ואיתבר ית תקוף חייליכון דן הוא בית מוקדשה ואשוי |
| 113 | | | Lv26:20 | ויסוף לריקנו חייליכון ולא תתן ארעכון פירי |
| 114 | | | Dt33:29 | מגין סעדיכון ותריס חייליכון וסדיד זייניכון ותקיף |
| 115 | חיילתכון | | Ex12:17 | יומא הדין אפקית ית חיילתכון פרוקין מן ארעא דמצרים |
| 116 | חילוותה | | Dt20:09M | /רימנון רברבני חילוותה#2#/ ברישי עמא: |
| 117 | | | Ex12:41 | יומא הדין נפקו כל חילוותה דייי פריקין מן ארעא |
| 118 | | | Nu31:14 | ורגז משה על סכומי חילוותה רברבני אלפיה ורברבני |
| 119 | | | Nu31:48 | דהוון ממנין על סכומי חילוותה רברבני אלפי ורברבני |
| 120 | חילוותי | | Nu10:26 | ועל חילוותי שבטה דבנוי דאשר פגעיאל |
| 121 | חילוותיה | | Nu10:25 | ורבה דהווה ממני על חילוותיה אחיעזר בר עמי נדב: |
| 122 | חילוותיהון | | Ex 6:26 | מן ארעא דמצרים על חילוותיהון: |
| 123 | חיליהון | | Gn44:18M | ואנה חילי תקיף מן חיליהון דשמעון ולוי בשבועתא |
| 124 | חל' | | Nu10:25M | ממני על חילוותיה^חל'#2#^/חיילוות שבטה דבנוי |
| 125 | | | Nu10:26M | ועל חילוות/חל'#2#/ שבטה דבנוי דאשר |
| 126 | חלוותהון | | Gn 2:01 | שמ«י»א וארעא וכל חלוותהון: |
| 127 | וחיילוותה | | Nu 2:26M | וסכומיהון /וחיילוותה וסכומוי#2#/ אשתין |
| 128 | | | Nu 2:04 | וחיילוותה וסכומיהון שבעין וארבעה |
| 129 | וחיילוותהון | | Nu 2:19 | וחיילוותהון וסכום«י»הון ארבעין |
| 130 | | | Nu 2:26 | וחיילוותהון וסכומיהון אשתין ותרין |
| 131 | וחיילוותיה | | Nu 2:06 | וחיילוותיה וסכומו{י} חמשין וארבעת |
| 132 | | | Nu 2:08 | וחיילוותיה וסכומוי חמשין ושבעה |
| 133 | | | Nu 2:11 | וחיילוותיה וסכומוי ארבעין ואשתה |
| 134 | | | Nu 2:19M | וסכום«י»הון /וחיילוותיה וסכומוי#2#/ ארבעין |
| 135 | | | Nu 2:28M | וסכומהון /וחיילוותיה וסכומוי#2#/ ארבעין |
| 136 | | | Nu 2:23 | וחיילוותיה וסכומיה תלתין וחמשה |
| 137 | | | Nu 2:13 | וחיילוותיה וסכומיהון חמשין ותשעה |
| 138 | | | Nu 2:15 | וחיילוותיה וסכומיהון ארבעין וחמשה |
| 139 | | | Nu 2:21 | וחיילוותיה וסכומיהון תלתין וחמשה |
| 140 | | | Nu 2:30M | וחיילוותיהון/וחיילוותיה#2#/ וסכומיהון |
| 141 | | | Ex14:09 | ארתכוי דפרעה ופרשוי וחיילוותיה סמיך לפונדקי חירתה קדם |
| 142 | | | Ex15:04 | ארתכוי דפרעה וחיילוותיה קשת עליהון גירין דאשא |
| 143 | וחיילוותיהון | | Nu 2:28 | וחיילוותיה«ו»ן וסכומהון ארבעין וחד |
| 144 | | | Nu 2:30 | וחיילוותיהון וסכומיהון חמשין ותלתה |
| 145 | וחיילוותיה | | Gn40:18 | לנהרא ברם פרעה יאבד וחיילוותיה ישתצון ובני ישראל |
| 146 | וחיילוותיהון | | Nu 2:32 | סכומי משריתה וחיילוותיה«ו»ן אשתין רבוון ותלתה |

|  |  |  |  |  |  |  |
|---|---|---|---|---|---|---|
| 147 | לחיילוותה | | Nu10:14M | מן שירוייה/ | לחיילוותה#2#/ | ורבה דהוה ממני על |
| 148 | לחיילוותהון | | Nu 1:52 | וגבר על טקסיה | לחיילוותהון: | |
| 149 | | | Dt11:04 | ומה די עבד | לחיילוותהון | דמצריי לסוסוותהון |
| 150 | | | Nu10:28M | סידרא הוו נטלין | לחיילוותהון/ | ונטלו#2#/: |
| 151 | | | Nu 2:03 | שבטה דבנוי דיהודה | לחיילוותהון | ורב שבטה דבנוי דיהודה |
| 152 | | | Nu 2:10 | דראובן דרומה | לחיילוותהון | ורבה דהוה ממני על שבטה |
| 153 | | | Nu 2:25 | דדן מן צפונה | לחיילוותהון | ורבה דהוה ממני על |
| 154 | | | Nu10:14 | דיהודה בקדמיתה | לחיילוותהון | ורבה דהוה ממני על |
| 155 | | | Nu 2:24 | תמנייה אלפין ומאה | לחיילוותהון | ותלתין הוו נטלין: |
| 156 | | | Nu 2:18 | שבטה דבנוי דאפרים | לחיילוותהון | מן מערבה ורבה דהוה |
| 157 | | | Nu 2:09 | אלפין וארבע מאוון | לחיילוותהון | קדמיין הוון נטלין: |
| 158 | | | Nu 2:16 | וארבע מאוון וחמשין | לחיילוותהון | תניינן «הוון» נטלין: |
| 159 | | | Nu 2:32M | דבני ישראל | לחיילוותהון#2#/ | אשתין/שיתין#2#/ |
| 160 | לחילוותהון | | Nu 1:03 | תיסכמון יתהון | לחילוותהון | אתה ואהרן: |
| 161 | | | Nu10:18 | שבטה דבנוי דראובן | לחילוותהון | ורבה דהוה ממני על |
| 162 | | | Nu10:22 | ד<ב>נוי דאפרים | לחילוותהון | ורבה דהוה ממני על |
| 163 | | | Nu10:25 | מכנש לכל משריתה | לחילוותהון | ורבה דהוה ממני על |
| 164 | | | Nu10:28 | מטלני בני ישראל | לחילוותהון | כהדן סידרא הוו נטלין: |
| 165 | | | Nu33:01 | מן ארעא דמצרים | לחילוותהון | על ידוי דמשה ואהרן: |

See also: רב חיל *n.*

## חילה *n.* valley [199]

|  |  |  |  |  |  |  |
|---|---|---|---|---|---|---|
| 001 | בחלתה | s em/sf | Dt 3:29 | ושרינן | בחלתה | בכיין על חובינן ומתוודין |
| 002 | בחילת' | | Dt34:06 | וקברו יתיה | בחילת' | בארעהון דמואביי כל וקבל |
| 003 | בחלתה | | Nu21:20 | עמיקתה יתגנזת מנהון | בחלתה | דבתחומיהון דמואביי ריש |
| 004 | | | Dt 4:46 | בעבר ירדנה | בחלתה | דסמיך לטעוותה דפעור בארע |
| 005 | ולחלתה | p em/sf | Dt 2:06 | עמכון לראשי טוריה | ולחל{ת}תה | עמיקתה: |
| 006 | לחיילתא | | Nu21:19M | ונחתה עמהון | לחלתה/לחיילתא#2#/ | עמיקתה: |
| 007 | לחלתה | | Nu21:19 | סוריה ונחתה עמהון | לחלתה | עמיקתה: |
| 008 | | | Nu21:20 | רמתה ונחת עמהון | לחלתה | עמיקתה יתגנזת מנהון בחלתה |

## חילוניי *adj.* non-priest [199]

|  |  |  |  |  |  |  |
|---|---|---|---|---|---|---|
| 001 | חילוני | s ab/cn | Lv22:12 | דכהן ארום תתנסב לגבר | חילוני | היא באפרשות קדשייה לא |
| 002 | | | Lv22:10 | וכל | חילוני | לא יא־כ־ל קדש תותב |
| 003 | חילוניי | | Nu17:05 | די לא יקרב גבר | חילוניי | די לא מן בנוי דאהרן הוא |
| 004 | חלוני | | Dt25:05 | אתתה דמיתה לברה לגבר | חלוני | יבמה יזדמן לוותה ויסב |
| 005 | | | Lv22:13 | מן לחמה דאבוה תאכל וכל | חלוני | לא יאכל מיניה: |
| 006 | חלוניי | | Ex30:33 | כוותיה ודי יתן מנה על | חלוניי | וישתצי מן גו עמיה: |
| 007 | וחי' | | Nu18:04M | פולחן משכנה/ | וחי"#2#/ | לא יקרב לוותכון: |
| 008 | וחילוניי | | Nu 3:10 | ויטרון ית כהונתהון | וחילוניי | די יקרוב למשמשה יתקטל: |
| 009 | | | Nu18:07 | מתנה אתן כהנתכון | וחילוניי | די יקרב למשמשה |
| 010 | | | Ex29:33 | ידיהון למקדשא יתהון | וחילוניי | לא יאכל ארי קדש אינון: |
| 011 | | | Nu18:04 | זמנה לכל מטרת פלחנה | וחילוניי | לא יקרב לוותכון: |
| 012 | וחלוניי | | Nu 3:38 | למטרת בני ישראל | וחלוניי | די יקרוב למשמשה יתקטל: |
| 013 | | | Nu 1:51 | יקימון יתה לויי | וחלוניי | דקרב למשמשה יתקטל: |

## חילוף *n.* opposite, reverse [199]

|  |  |  |  |  |  |  |
|---|---|---|---|---|---|---|
| 001 | חילופיהון | p em/sf | Dt27:13M | יקומון על | לווטייה/חילופיהון#2#/ | בטורא דעיבל |
| 002 | | | Dt11:29M | דגריזים וית | לווטייה/חילופיהון#2#/ | על טורא דעיבל: |
| 003 | חילופיהן | | Dt30:15 | וית סדר מותנה וית | חילופיהן: | |
| 004 | וחילופיהון | | Dt11:26M | ולווטייה/ברכתה | וחילופיהון#2#/: | |
| 005 | | | Dt11:28M | | ולווטיה/וחילופיהון#2#/ | אין לא תשמעון |
| 006 | | | Dt30:01 | האיליין סדר ברכתה | וחילופיהון | די סדרת קדמיכון |

## חירו *n.* freedom [200]

|  |  |  |  |  |  |  |
|---|---|---|---|---|---|---|
| 001 | חירו | s ab/cn | Lv25:10M | חירו לארעא/ותקרון | חיר{ן}<ו> | באר#2#/ לכל דיירה |
| 002 | | | Lv25:10 | חמישתי שנייה ותכרזון | חירו | לארעא לכל דיירה יובלה היא |
| 003 | לחירות | | Ex21:27 | או שן אמהתיה יתר | לחירות | ישלח יתיה חלף שניה: |
| 004 | | | Dt15:13M | תשלח יתיה | לחירותה/<לחי>רות#2#/ | מן לוותך |
| 005 | חירותא | s em/sf | Ex14:02M | וישרון פנדיקי/ | חירותא#2#/ | בין מגדול ובין ימא |
| 006 | חרותה | | Lv19:20 | ומפרק לא אתפרקת או כתב | חרותה | לא יתיהבת לה מרדו אנון |
| 007 | לחירות' | | Lv19:20 | ימותון ארום לא נפקת | לחירות': | |
| 008 | לחירותא | | Ex21:26 | ויחבול יתיה | לחירותא | ישלח יתה תחות עיניה: |
| 009 | | | Ex21:11 | לא יעבד לה ויפק יתה | לחירותא | מגן דלא בכסף: |
| 010 | לחירותה | | Ex21:05 | וית בני לית אנה נפק | לחירותה: | |
| 011 | | | Ex21:02 | שבעייתא תשלח יתיה | לחירותה | מגן: |
| 012 | | | Dt15:12 | שביעיתה <תשלח> יתיה | לחירותה | מן לוותך: |
| 013 | | | Dt15:13 | וארום תשלח יתיה | לחירותה | מן לוותך לא תשלח יתיה |
| 014 | | | Dt15:16 | יאמר לך לית אנה נפק | לחירותה | מן לוותך ארום ירחם יתך |
| 015 | | | Dt15:18 | בזמנה די תשלח יתיה | לחירותה | מן לוותך ארום בכפלה |

## חיתיי *adj.* Hittite [200]

|  |  |  |  |  |  |  |
|---|---|---|---|---|---|---|
| 001 | חיתאה | s em/sf | Gn36:02M | ברת צבעון | חיוייה/חיתאה#2#/: | |
| 002 | | | Ex23:28M | וית כנענ{ע}אי ית | חיתאה#2#/ | מקדמיכון: |
| 003 | חיתייא | | Gn36:02 | ית עדה ברת אלון | חיתייא | וית אהליבמה ברת ענה ברת |
| 004 | חיתייה | | Gn26:34 | ית יהודית ברת בארה | חיתייה | <....>: |
| 005 | חתי' | | Gn49:29 | דבחקלא דעפרון | חתי'<'>: | |
| 006 | חתיה | | Gn25:09 | בחקלא דעפרו' בן צחר | חתיה | די כל קובל מימרא: |
| 007 | חתיי' | | Gn25:09M | צחר \חתיה די כל קובל | /חתיי' | דאית כלוקבל#2#/ מימרא: |
| 008 | חתייה | | Gn49:30 | ית חקלה מן לוות עפרון | חתייה | לאחסנו דקבורה: |
| 009 | | | Gn23:10 | בנוי דחת וענה עפרון | חתייה | עם אברהם במשמעיהון דבנוי |
| 010 | | | Gn23:11 | דחת וענה עפרון | חתייה | עם אברהם במשמעהון דבנוי |
| 011 | | | Gn50:13 | דקבורה מן לוות עפרון | חתייה | קדם ממרא: |
| 012 | דחתאה | | Gn23:05 | ועניין בנו«י» | דחתאה | ית אברה' למימר ליה: |
| 013 | חיתאי | p em/sf | Gn27:46M | דחיתאי/בנת | חיתאי#2#/^דחת#2#/^ | אן נסב \הוא#2#/ |
| 014 | חתאי | | Dt20:17M | ואימוריי כנעניי/יתהון | חתאי | ואמוראי וכנעני#2#/ |
| 015 | חתיי | | Dt20:17 | ארום משיצייה תשיצון | חתיי | ואימוריי כנעניי ופריזיה |
| 016 | | | Dt 7:01 | אומין סגין מן קדמיכון | חתיי | וגרגשיי ואמוריי וכנעניי |
| 017 | | | Gn15:20 | וית | חתיי | וית פריזיי וית גיברייא: |
| 018 | | | Ex23:28 | ית חיויי וית כנעניי וית | חתיי | מקדמיכון: |
| 019 | | | Ex33:02 | ואטרוד ית כנעניי אמריי | חתיי | פריזיי חיויי ויבוסיי: |
| 020 | דחיתאי | | Gn27:46 | בחי מן קדם בנתהון | דחיתאי | אן נסב יעקב את' מן |
| 021 | דחיתיי | | Gn27:46 | יעקב את' מן בנתהון | דחיתיי | כאלין מן בנתהון דעמא |
| 022 | דחתיי | | Ex23:23 | יתכון לארעהון דאמוריי | דחתיי | ופרזיי וכנעניי וחויי |
| 023 | וחיתאי | | Ex33:02M | כנענאי ואימוראי/ | וחיתאי | ופריזאי וחיוואי |
| 024 | | | Ex34:11M | ית אימוראי וכנענאי | וחיתאי | ופריזאי ויבוסאי |
| 025 | וחתאי | | Nu13:29 | שריין בארעא דרומה | וחתאי | ויבוסאי ואמוריי שריין |
| 026 | | | Ex23:23M | וחיויי ויבוסיי ושיצא | /וחתאי | ופריזאי וכנ{נ}ענ{ע}אי |
| 027 | וחתיי | | Ex 3:08 | לארעהון דכנענאי | וחתיי | ואמריי ופריזי וחויי |
| 028 | | | Ex 3:17 | לארעהון דכנענאיי | וחתיי | ואמריי ופריזיי וחיויי |
| 029 | | | Ex13:05 | ייי לארעהון דכנענאיי | וחתיי | ואמריי וחויי ויבוסיי די |
| 030 | | | Ex34:11 | ית אמריי <ו>כנעניי | וחתיי | ופרזיי ויבוסיי: |

## wise *adj.* חכים

[200]

|  |  |  |  |  |  |  |
|---|---|---|---|---|---|---|
| 001 | חכים | s ab/cn | Ex36:02 | ולאהליאב ולכל די | חכים | לבה דשוי ייי חכמה בלבה כל |
| 002 | | | Ex35:10 | וכל | חכים | ליבא דבכון ייתון ויעבדון |
| 003 | | | Gn31:32M | אחינן חכם /קדם אחיך | חכים#2#/ | לך מה עמי/דאית גבי מן |
| 004 | | | Gn 3:01 | וחויא הוה | חכים | מן כל חייתא דאפי ברה די |
| 005 | חכם | | Ex36:01M | ואהליאב וכל גבר | דחכים/חכם#2#/ | בלביה די שוי ייי |
| 006 | דחכים | | Ex36:01 | ואהליאב וכל גבר | דחכים | בלביה די שוי ייי חכמה |
| 007 | דחכימת | | Ex35:25 | וכל אתה | דחכימת | לבה בידה הוות עזלה ית |
| 008 | וחכים | | Gn41:33 | ימנה פרעה גבר סכלתן | וחכים | וישוי יתיה על ארעא |
| 009 | | | Gn41:39 | יתך כל דא לית סכלתן | וחכים | כוותך: |
| 010 | חכימין | p abs | Gn49:23M | וחכימיהון/וכל | חכימין#2#/ | אמרו בישתא קדם רבונהון |
| 011 | | | Gn29:05 | לבן בר נחור ואמרין | חכימין | אנן#2#»: |
| 012 | | | Nu24:06 | יהוון קורייהון מפקן | חכימין | ובני אורייה כשום<יי>ה |
| 013 | | | Nu24:06M | דישראל מפיקין | חכימין | ומלפי אורייתה היך שמיי |
| 014 | | | Dt 4:06 | האליין ויימרון לחוד עם | חכימין | וסוכלתנין אומתה רבתה |
| 015 | | | Dt 1:13 | הבו לכון גוברין | חכימין | וסכלתנין וחכמין לשבטכון |
| 016 | | | Dt 1:15 | ית ראשי שבטיכון גברין | חכימין | וסכלתנין ומניית יתהון |
| 017 | | | Gn29:05M | אתון ית /הא אתון | חכימין | ית#2#/ לבן בר נחור |
| 018 | | | Lv19:32 | מן קדם | חכימין | רברבין מנכון באורייתה |
| 019 | | | Dt11:02M | ית בניכון די לא | חכימו/חכימין#2#/ | ודלא/ולא#2#/ודי |
| 020 | חכמין | | Gn48:19M | בסנהדרין רבתא שבעין | חכמין | כמיניין עלמייא |
| 021 | לחכימן | | Ex 7:11M | /להוד#2#/ פרעה | לחכימיא/לחכימן#2#/ | ולחרשיא ועבדו אף |
| 022 | חכימא | p const | Ex28:03 | ואת תמלל עם כל | חכימא | ליבא די אשלמית עמהון רוח |
| 023 | חכימי | | Ex24:09 | ואביהוא ושבעין מן | חכימי | ישראל: |
| 024 | | | Nu11:16 | כנש לי שובעין גברין מן | חכימי | ישראל די את ידע דאינון |
| 025 | | | Nu16:25M | \מן#2#/ בתריה | חכימוי/חכימי#2#/ | דישראל: |
| 026 | | | Ex36:02M | ולוות כל גבר | חכימי | לבה די שווי מימרי' דייי |
| 027 | | | Ex36:08 | ועבדו כל | חכימי | לבה בעבדי עבידתה ית משכנה |
| 028 | | | Ex31:06 | דן ובלבי דכל | חכימי | לבי שוית חכמה ויעבדון ית |
| 029 | | | Ex35:10M | וכל \חכים ליבא | /חכימי | ליבה#2#/ דבכון ייתון |
| 030 | | | Ex36:01M | "דחכים ... חכמה": | חכימי | ליבה דיהב מימריה דייי |
| 031 | | | Nu22:07M | ורברבני מדייניי | /חכימי | מואבאי וחכימית |
| 032 | | | Lv 4:15 | ויסמכון | חכימי | עם כנשתא ית ידיהון על |
| 033 | | | Nu11:16 | די את ידע דאינון | חכימי | עמא וסרכי הון ותדבר יתהון |
| 034 | | | Nu11:24 | שובעין גברין מן גברי | חכימי | עמא ואקים יתהון חזור חזור |
| 035 | | | Dt19:12 | וישלחון | חכימי | קרייתה ויסבון ית«י»ה מן |
| 036 | | | Dt21:03 | לק«ט»ילה ויסבון | חכימי | קרתה ההיא עגלת ברת תורין |
| 037 | | | Dt21:04 | ויחותון | חכימי | קרתה ההיא ית עגלתה לנחיל |
| 038 | | | Dt21:06 | וכל | חכימי | קרתה ההיא דקריבין לקטילה |
| 039 | | | Dt21:19 | ויפקון יתיה לוות | חכימי | קרתה ולתרע בית דינה: |
| 040 | | | Dt22:15 | ית סהדוותה דרביתה לוות | חכימי | קרתה לתרע בית דינה: |
| 041 | | | Dt22:17 | ויפרשון שושיפה קדם | חכימי | קרתה: |
| 042 | | | Dt22:18 | ויסבון | חכימי | קרתה ההוא ית גברא וירדון |
| 043 | | | Dt25:08 | ויקראון ליה | חכימי | קרתיה ו«י»מללון עמיה |
| 044 | | | Dt31:28 | כנשו לוותי ית כל | חכימי | שבטיכון דייניכון וסרכיכון |
| 045 | ולחכימי | | Lv 9:01 | משה לאהרן ולבנוי | ולחכימי | ישראל: |
| 046 | לחכימי | | Nu22:04M | ואמרו מואבאי | לחכימי | מדיינאי כדן ילחכון קהלא |
| 047 | | | Nu22:04 | ואמרין מואביי | לחכימי | מדייניי כדון ישצון קהלא |
| 048 | | | Ex19:07 | ואתא משה וקרא | לחכימי | עמא וסדר קדמיהון ית כל |
| 049 | | | Dt21:19M | יתיה \לוות | חכימי/לחכימי#2#/ | קרתה ולתרע |
| 050 | | | Dt21:20 | ויימרון | לחכימי | קרתה בנן דין סורוון |
| 051 | חכי' | p em/sf | Dt31:09M | \וית חכימייה/ולכל | חכי'#2#/ | דישראל: |
| 052 | חכימוי | | Nu16:25 | ואבירם ואזלו בתריה | חכימוי | דישראל: |
| 053 | | | Gn50:07M | וסלקו עמיה כל | שליטוי/חכימוי#2#/ | דפרעה אפיטרופוי |
| 054 | חכימי | | Nu33:09 | דתמרין כל קבל שבעתי | חכימי | דבני ישראל ושרון תמן: |
| 055 | | | Nu21:18 | סכלתניהון דעמא שובעיתי | חכימי | דמפרשין משחו יתה |
| 056 | חכימיא | | Ex 3:16 | אזל ותכנש ית | חכימיא | דישראל ותימר להון ייי |
| 057 | | | Ex17:06 | ועבד כדין משה לעיני | חכימיא | דישראל: |
| 058 | | | Ex18:12 | דייי ואתא אהרן וכל | חכימיא | דישראל למיכל לחמא עם |
| 059 | | | Ex24:01 | נדב ואביהוא ושבעין | חכימיא | דישראל ותצלון מן רחיק: |
| 060 | | | Ex 4:29 | ואהרן וכנשו ית כל | חכימיא | דבני ישראל: |
| 061 | | | Ex36:04 | ואתון כל | חכימיא | דעבדין ית כל עבידת |
| 062 | חכימיה | | Ex12:21M | וקרא משה לכל | חכמיה/חכימיה#2#/ | דישראל ואמר להון |
| 063 | | | Nu11:26 | ואינון הוון מן שבעתי | חכימיה | דמתפרשין ולא נפקו שבעתי |
| 064 | | | Nu11:25 | ויהב על שבעתי גובריה | חכימיה | והוה כד שרת עליהון רוח |
| 065 | | | Nu11:16M | "חכימי": | חכימיה | ויחכימו |
| 066 | | | Dt25:09 | יבומתיה לוותיה לעיני | חכימיה | ותשלף סנדלה מעילווי רגלה |
| 067 | | | Nu11:26 | ולא נפקו שבעתי | חכימיה | מן משריתה עד אלדד ומדד |
| 068 | חכימיהון | | Gn41:08 | דמיצראי וית כל | חכימיהון | ותני פרעה להון ית חלמוי |
| 069 | | | Gn49:22 | חרשיהון דמצראי וית כל | חכימיהון | כד ארכבו יתך בארתכא |
| 070 | חכימייא | | Ex23:08M | \מלי דינא זכיי בדינא | /חכימייא | בדיני' ומערבב ומקלקל |
| 071 | | | Ex17:05 | "לפני" עמא וסב עמך מן | חכימייא | דישרא«ל» וחטרא די |
| 072 | חכימייה | | Nu11:16M | גברין מן | חכימי/חכימייה#2#/ | ישראל די את ידע |
| 073 | | | Dt31:09 | דקיימייה דייי וית | חכימייה | דישראל: |
| 074 | | | Nu11:24M | מן גברי \חכימי עמא | /חכימייה | דישר'#2#/ ואקים יתהון |
| 075 | | | Dt32:06 | דא אומה טפשה ולא | חכימייה | הלא הוא אבוך די קנה |
| 076 | | | Dt16:19M | "נסבוי ... בדינה": | חכימייה | ומערבב ומקלקל מליהון |
| 077 | | | Dt25:09M | יבמתה לוותיה קדם | חכימייה | ותשלוף#2#/ סנדלה |
| 078 | חכימיכון | | Dt21:02 | ויפקון | חכימיכון | ודייניכון וימשחון |
| 079 | | | Dt32:07 | באורית' ויתנון לכון | חכימיכון | ויימרון לכון: |
| 080 | | | Dt29:09 | רישיכון שבטיכון | חכימיכון | וסרכיכון כל עמא בני |
| 081 | חכמיה | | Ex12:21 | וקרא משה לכל | חכמיה | דישראל ואמר להון אתמנון |
| 082 | דחכימיאה | | Dt 8:09M | "דאבניה ... נחשה": | דחכימיאה | תקיפין הי כפרזלא |
| 083 | וחכימיה | | Ex 3:18 | וישמעון לקלך ותיתי את | וחכימיה | דישראל לוות מלכא |
| 084 | | | Nu11:30 | משה למשריתה הוא | וחכימיה | וישראל: |
| 085 | וחכימיהון | | Gn49:23 | כל חרשהון דמצראי | וחכימיהון | אמרו בישתא קדם רבונהון |
| 086 | וחכימייה | | Dt27:01 | ופקד משה | וחכימייה | דישראל ית עמא למימר |
| 087 | וחכימיכון | | Dt 5:23 | כל ראשי שבטיכון | וחכימיכון: | |
| 088 | ולחכימיא | | Ex24:14 | | ולחכימיא | אמר ת{ו}<י>בו אמתינו לי |
| 089 | ולחכימיה | | Lv 9:01M | \ולחכימי ישראל | /<ולחכי>מיה | דיש'#2#/: |
| 090 | לחיכימי | | Nu12:16 | אית אולפן סגי | לחיכימי | ולנטרי אוריתה דמצוה |
| 091 | לחכימיא | | Ex 7:11 | וקרא לחוד פרעה | לחכימיא | ולחרשיא ועבדו אף אינון |
| 092 | לחכימיה | | Dt25:07 | יבמתיה לתרע בית דינה | לחכימיה | ותימר סרב יבמי למקמה |
| 093 | לחכימייה | | Dt22:16 | ויימר אבוה דרביתה | לחכימייה | ית ברתי יהבית לגברא הדין |

*adj.* חסים **See also:**

## skill *n.* חכימו

[200]

|  |  |  |  |  |  |  |
|---|---|---|---|---|---|---|
| 001 | חכימות | s ab/cn | Ex35:25M | וכל אתה | דחכימת/חכימות#2#/ | לבה בידה הוות עזלה |
| 002 | | | Ex35:35M | עמהון \חכמה בלבהון | /חכימות | ליבה#2#/ למעבד כל |

## to know *vb.* חכם

[200]

|  |  |  |  |  |  |  |
|---|---|---|---|---|---|---|
| 001 | חכים | peal | Gn24:16 | חיזו לחדא בתולה וגבר לא | חכים | יתה ונחתת לעיינה ומלת |
| 002 | | | Dt22:02 | {ל}אחוך לוותך ולית את | חכים | יתיה ותעיל יתיה לגו בייתך |
| 003 | חכימו | | Dt 8:16M | מנה במדברה די לא | חכמו/חכימו#2#/ | אבהתכון מן בגלל |
| 004 | | | Dt11:02 | לא ית בניכון די לא | חכימו | ודלא חמון ית אולפן |
| 005 | חכימין | | Gn29:05 | «ואמר להון | חכימין | אתון ית לבן בר נחור |
| 006 | | | Dt33:20 | דתקום לקובליה קטילוי | חכימין | בני קטילין פרק ראשא עם |
| 007 | חכימן | | Dt 8:03 | מנה די לא חכמתון ולא | חכימן | אבהתכון מן בגלל למודעה |

|  |  |  |  |  |  |  |
|---|---|---|---|---|---|---|
| 008 | | | Gn19:08M | גב«ר» /אית די לא | חכימן | תשמיש דגבר#2#/ אפיק כען |
| 009 | חכם | | Gn33:13M | ואמר ליה רבוני | ידע/חכם#2#/ | ארום טלייא מחטין |
| 010 | | | Nu11:16M | די את \ידע דאינון | /חכם | ארום הנון#2#/ חכימי עמא |
| 011 | | | Dt33:09 | אפין בדינה וית אחוי לא | חכם | בעובדה דעגלה ועל בנוי לא |
| 012 | | | Dt34:06 | כל וקבל טעותה פעור ולא | חכם | גבר ית קבורתיה עד זמן יומא |
| 013 | | | Gn 4:01 | והאדם | חכם | ית חוה אתתה ועברת וילידת |
| 014 | | | Gn30:29M | את \ידע ית מה די פלחת | /חכם | ית פלחני דפל'#2#/ |
| 015 | | | Ex 1:08 | מצרים די לא ^הוה#2#^ | חכם | ית יוסף ולא הלך בנימוסוי: |
| 016 | | | Ex32:22 | רוגזא דריבו{ת}<נ>י את | חכם | ית עמא ארום בישין אינון: |
| 017 | | | Gn38:15 | דיהודה ולא הוה יהודה | חכם | יתה: |
| 018 | | | Gn27:23 | ולא | חכם | ית«י»ה ארום הוון ידוי |
| 019 | | | Dt34:10 | עוד בישראל כמשה די | חכם | יתיה מימריה דייי ממלל |
| 020 | | | Gn37:32 | אבוהון ואמרין דא אשכחנן | חכם | כען אן פרגודה דבריך היא אי |
| 021 | | | Gn31:32 | ימות}} קביל אחינן | חכם | לך מה עמי וסב לך ולא ידע |
| 022 | חכמו | | Dt32:29 | אילו | חכמו | ישראל וילפון אורית' |
| 023 | | | Dt 8:16 | יתכון מנה במדברה די לא | חכמו | אבהתכון מן בגלל למצערה |
| 024 | | | Dt31:13 | ובניהון די לא | חכמו | ישמעון וילפון למדחל מן קדם |
| 025 | | | Dt29:25 | להון טעוון די לא | חכמו | יתהון ולא אתבדרון להון: |
| 026 | | | Dt32:17 | בהון ממש טעוון די לא | חכמו | יתהון חדתן אינון דמן כדון |
| 027 | | | Gn42:08 | יוסף ית אחוי ואנון לא | חכמו | יתיה: |
| 028 | חכמון | | Dt 1:39 | יהוון ובניכון די לא | חכמון | יומא הדין למפרשה בין טב |
| 029 | חכמין | | Dt 1:39M | \די לא/דלא#2#/ | חכמון/חכמין#2#/ | יומא הדין למפרשה |
| 030 | | | Nu31:18 | וכל טפליה דנשייה דלא | חכמין | תשמיש דכורא קיימו לכון: |
| 031 | | | Dt33:20M | קטילוי | חכימין/חכמין#2#/ | בני/ביני#2#/ קטילין |
| 032 | חכמית | | Gn20:16M | צדיקה דלא | \חכמת/חכמית#2#/ | יתך /^קרבת ליך#2#^ |
| 033 | | | Ex33:12M | בממרך אמרתי | חכמית | יתך בשם טב ולהוד |
| 034 | | | Dt 9:24 | קדם ייי מן יומא די | חכמית | יתכון: |
| 035 | חכמן | | Gn19:08 | הא כען לי תרתין בנן דלא | חכמן | גב«ר» אפיק כען יתהון |
| 036 | | | Nu31:35 | דבר נש מן נשייה די לא | חכמן | תשמיש דכורא כל נפשתה תלתין |
| 037 | חכמת | | Dt22:02M | לוותך ולית \את | חכים/חכמת#2#/ | יתיה ותעיל/ותכנש#2#/ |
| 038 | | | Gn20:16 | דידע אברהם צדיקה דלא | חכמת | יתך: |
| 039 | חכמתון | | Dt11:28 | אחרניין די לא | חכמתון: | |
| 040 | | | Dt13:14 | טעוון אחרניין די לא | חכמתון: | |
| 041 | | | Gn31:06M | | ידעתן/חכמתון#2#/ | ארום בכל חיילי |
| 042 | | | Gn44:15M | די עבדתון הלא | ידעתון/חכמתון#2#/ | ארום מקסם יקסם רב |
| 043 | | | Gn44:27M | אבה לן אתון | ידעתון/חכמתון#2#/ | ארום תרין בנין |
| 044 | | | Dt13:07 | טעוון אחרניין די לא | חכמתון | אתון ואבהתכון: |
| 045 | | | Dt28:36 | עליכון לאומה די לא | חכמתון | אתון ואבהתכון ותפלחון תמן |
| 046 | | | Dt28:64 | תמן טעוון אחרניין דלא | חכמתון | אתון ואבהתכון טעון דקיס |
| 047 | | | Dt 9:02 | דענק גיבריה די אתון | חכמתון | ואתון שמעתון מן יכיל |
| 048 | | | Dt 8:03 | יתכון ית מנה די לא | חכמתון | ולא חכימן אבהתכון מן בגלל |
| 049 | | | Nu20:14M | ישראל אתון | ידעתון/חכמתון#2#/ | ית כל עקיה די |
| 050 | | | Dt29:15M | ארום | ידעתון/חכמתון#2#/ | ית מה די שרינן \ |
| 051 | | | Dt28:33 | יאכלון אומה די לא | חכמתון | יתה ותהוון לחוד עצן |
| 052 | | | Dt13:03 | טעוון אחרניין די לא | חכמתון | יתהון ונפלח קדמיהון: |
| 053 | | | Dt 7:15 | דמצריי בישייא די | חכמתון | לא ישוי יתהון בכון וישוי |
| 054 | | | Ex23:09M | "ידעתון ... דגיורא": | חכמתון | מרירות נפשא דגיורא |
| 055 | | | Ex23:09M | נפשא דגיורא /ואתון | חכמתון | נפשי דגיורא#2#/ ארום |
| 056 | דחכמת | | Dt 9:24M | ייי מן יומא \די | חכמית/דחכמת#2#/ | יתכון: |
| 057 | וחכימית | | Nu22:07M | /חכימי מואבאי | וחכימית | מדיינאי#2#/ וגרין |
| 058 | וחכם | | Gn38:26 | | וחכם | יהודה ואמר זכאה היא תמר |
| 059 | | | Gn42:08 | | וחכם | יוסף ית אחוי ואנון לא |
| 060 | | | Gn 4:17 | | וחכם | קין ית אתתיה ועברת וילדת |
| 061 | | | Gn 4:25 | | וחכם | אדם עוד ית אתתיה וילדת בר |
| 062 | | | Gn37:33 | | וחכם | יתה ואמר הדא פרגודא דברי |
| 063 | | | Gn42:07 | וחמא יוסף ית אחוי | וחכם | יתהון ואתדבב עליהון ומלל |
| 064 | וחכמין | | Dt 1:13 | חכימין וסכלתנין | וחכמין | לשבטכון ואמני יתהון |
| 065 | ויחכימו | | Nu11:16M | "חכימי": חכימיה | ויחכימו | |
| 066 | ויחכמון | | Nu14:31 | יהוון ואעיל יתהון | ויחכמון | ית ארעא די מאסתון בה: |
| 067 | ונחכם | | Gn19:05 | אפיק יתהון לוותן | ונחכם | יתהון: |
| 068 | למחכם | | Gn38:26 | ברי ולא אוסף תוב | למחכם | יתה: |
| 069 | אתחכם | etpaal | Gn45:01 | ולא קם גבר לוותיה כד | אתחכם | יוסף לאחוי: |

## חכם *n.* ⇐ חכים *adj.*

## חכמה *n.* wisdom [חוכמה 190]

|  |  |  |  |  |  |  |
|---|---|---|---|---|---|---|
| 001 | חכמ' | s ab/cn | Ex36:01M | ליבה דיהב מימריה דייי | חכמ' | |
| 002 | חכמה | | Ex36:02 | די חכים לבה דשוי ייי | חכמה | בלבה כל די נדב יתיה לבה |
| 003 | | | Ex36:02M | די שווי מימרי' דייי | חכמה | בלבה כל די רברב לביה |
| 004 | | | Ex35:35 | אשלם עמהון | חכמה | בלבהון למעבד כל עבידה דנגר |
| 005 | | | Ex28:03 | די אשלמית עמהון רוח | חכמה | ויעבדון ית לבושי דאהרן |
| 006 | | | Ex31:06 | דכל חכימי לבי שוית | חכמה | ויעבדון ית כל מה די פקדת |
| 007 | | | Ex36:01 | דחכים בלביה די שוי ייי | חכמה | וסכלתנו בהון למידע |
| 008 | בחכמה | | Ex31:03 | קרב דקדש מן קדם ייי | בחכמה | בסכלתנ{ן}<ו> ובדעה ובכל |
| 009 | | | Gn 1:01 | מלקדמין | בחכמה | ברא דייי שכלל ית שמיא וית |
| 010 | | | Ex35:26 | די נדב לבהון יתהון | בחכמה | הוון עזלן ית מעזי: |
| 011 | | | Ex35:31 | רוח דקדש מן קדם ייי | בחכמה | ובסכלתנו ובדעה ובכל |
| 012 | | | Ex35:31M | ואשלמ{ת} עמה רוח | דקדש/בחכמה#2#/ | מן קדם ייי בחכמה |
| 013 | דחכמ' | | Ex28:03M | אשלמית עמהון רוח | חכמה/דחכמ'#2#/ | ויעבדון ית לבושי |
| 014 | דחכמה | | Dt34:09 | בר נון מלא רוח | דחכמה | ארום סמך משה ית ידוי |
| 015 | | | Nu31:17 | דכורא בטפליה וכל אתה | דחכמה | לגבר בתשמיש דכורא קטלו: |
| 016 | | | Ex31:03M | דנב{י}<ו> קרב | דקדש/דחכמה#2#/ | מן קדם ייי בחכמה |
| 017 | | | Nu14:24M | חולף דהוות רוח | דחכמה | שרייה עלוי ואש' |
| 018 | חכמתא | s em/sf | Gn27:35 | ואמר אתא אחוך בסוגי | חכמתא | ונסב ברכתך: |
| 019 | חכמתהון | | Gn34:13 | וית חמור אבוי בסגי | חכמתהון | ומללו די סאב ית דינה |
| 020 | חכמתכון | | Dt 4:06 | ותעבדון ארום היא | חכמתכון | וסוכלתנותכון ובינתכון |
| 021 | בחוכמתא | | Gn 1:01M | \בחכמה ברא דייי | /בחוכמתא | ברא ייי#2#/ שכלל |
| 022 | בחכמתא | | Gn41:43 | יחי אבוי דמלכא דרב | בחכמתא | וזעיר בשפר ורכיך בשנייה |
| 023 | | | Gn49:22 | יחי אבוי דמלכא דרב | בחכמתא | וזעירא בשנייא והוון |
| 024 | בחכמתך | | Gn49:04 | כדן אתרעת ראובן ברי | בחכמתך | ומן עבדיך טביי' |
| 025 | | | Gn49:22 | כן כבשת יוסף ברי | בחכמתך | כל חרשיהון דמצראי וית כל |

## חל *n.* vinegar [201]

|  |  |  |  |  |  |  |
|---|---|---|---|---|---|---|
| 001 | חלד חמר | s ab/cn | Nu 6:03 | ועתיק לא ישתי | חלד חמר | חדת וחלד חמר עתיק לא |
| 002 | וחלד חמר | | Nu 6:03 | לא ישתי חלד חמר חדת | וחלד חמר | עתיק לא ישתי וכל עצורה |

## חל #2 *n.* sand [201]

|  |  |  |  |  |  |  |
|---|---|---|---|---|---|---|
| 001 | בחלא | s em/sf | Ex 2:12 | וקטל ית מצרייה וטמריה | בחלא: | |
| 002 | | | Ex 2:12M | ית מיצראה וטמע יתיה | בחלא | |
| 003 | | | Ex 2:12M | ית מצראה וטמע יתיה | בחלא | |
| 004 | וכחלא | | Gn22:17 | ית בנך ככוכבי שמיא | וכחלא | די על גף ימא וירתון בניך |
| 005 | כחלא | | Gn32:13 | אייטב לך ואשוי ית בניך | כחלא | דימא די לא יתמנון מן סגי: |
| 006 | | | Gn41:49 | וכנש יוסף עבור | כחלא | דימא סגין לחדא עד זמן |

## חלב *n.* milk [201]

|  |  |  |  |  |  |  |
|---|---|---|---|---|---|---|
| 001 | בחלב | s ab/cn | Ex23:19 | תבשלון ולא תיכלון בשר | בחלב | מערבין כחדא דלא יתקף רוגזי |
| 002 | | | Dt14:21M | לבשלה ולמיכול בשר | בחלב | מערבין כחדה |
| 003 | וחלב | | Gn18:08 | ונסב ליבא | וחלב | ובר תוריה די עבד ושוי |
| 004 | | | Ex13:05M | \כחלבא וחליין כדבשא | /וחלב | וטעימין כדב׳#2#/ ותפלחון |
| 005 | | | Ex34:26M | למבשלה ולא למיכל בשר | וחלב | מער׳ |
| 006 | | | Ex23:19M | למבשל׳ ולמיכל בשר׳ | וחלב | מערבין כחדא |
| 007 | | | Ex34:26 | תבשלון ולא תאכלון בשר | וחלב | מערבין כחדא דלא יתקו«ף» |
| 008 | | | Dt14:21 | תבשלון ולא תאכלון בשר | וחלב | מערבין כחדה דלא יתקף רוגזי |
| 009 | חלבא | s em/sf | Gn49:21 | פמיה בכנישתיהון דישראל | חלבא | ודיבשא נפק משפותיה: |
| 010 | כחלבא | | Ex 3:08 | עבדא פירין טבין נקין | כחלבא | וחליין כדובש«א» לארעהון |
| 011 | | | Ex 3:17 | דעבדא פירין נקיא | כחלבא | וחליין כדובשא: |
| 012 | | | Ex13:05 | פירין טבין נקיין | כחלבא | וחליין כדבשא ותפלחון ית |
| 013 | | | Ex33:03 | פירין טבין נקיין | כחלבא | וחליין כדובשא ארום לא |
| 014 | כחלבה | | Lv20:24 | פירין טבין נקיין | כחלבה | וחליין וטעמיין כדבשא אנה |
| 015 | | | Nu13:27 | עבדה פירין טבין נקין | כחלבה | וחליין כדבשה היא והא מן |
| 016 | | | Nu14:08 | עבדה פירין טבין נקיין | כחלבה | וחליין כדבשה: |
| 017 | | | Nu16:13 | עבדה פירין טבין נקיין | כחלבה | וחליין כדבשה למקטלה יתן |
| 018 | | | Dt 6:03 | פירין טב{י}ין נקיין | כחלבה | וחליין וטעימין כדבשה: |
| 019 | | | Dt11:09 | עבדה פירין טבין נקיין | כחלבה | וחליין וטעימין כדבשה: |
| 020 | | | Dt26:15 | עבדה פירין טבין נקיין | כחלבה | וחליין כדובשה: |
| 021 | | | Dt27:03 | ארע עבדין פירין נקיין | כחלבה | וחליין כדבשה היך מה די |
| 022 | | | Dt31:20 | דעבדה פרין טבין נקיין | כחלבה | וחליין וטעימין כדבשה |
| 023 | | | Nu16:14 | עבדה פירין טבין נקיין | כחלבה | וחלין כדבשה אעלת יתן |
| 024 | | | Dt26:09 | עבדה פירין טבין נקיין | כחלבה | וטעימין כדובשא: |
| 025 | מחלבא | | Gn49:12 | דם זכיי שנוי נקיין | מחל{{א}}בא | מלמיכל בהון חמיסיין |

## חלב #2 *n.* fat [201]

|  |  |  |  |  |  |  |
|---|---|---|---|---|---|---|
| 001 | חלבה | s em/sf | Lv 4:35M | וית כל | תרבה/חלבה#2#/ | יעבד היך מה די יעבד |
| 002 | חלבי | p const | Ex23:18 | נכסת קדשי ולא יבית מן | חלבי | חגי עד צפרא: |

## חלבנה *n.* galbanum [201]

|  |  |  |  |  |  |  |
|---|---|---|---|---|---|---|
| 001 | וחלבנה | s ab/cn | Ex30:34 | טבין קטף שבלה מרייא | וחלבנה | ולבונה ברירא מתקל במתקל |
| 002 | חלבנייה | p em/sf | Ex30:34M | קטף שבלה מרייא | וחלבנה/חלבנייה#2#/ | ולבונה ברירא |

## חלה *n.* loaf [201]

|  |  |  |  |  |  |  |
|---|---|---|---|---|---|---|
| 001 | חלה | s ab/cn | Lv 8:26 | {מן} מן קדם ייי נסב | חלה | דפטיר חד וחלה לחם דפילה |
| 002 | | | Lv24:05 | תרין עשרנין יהווי בכל | חלה | חדתה: |
| 003 | | | Nu15:20 | שרוי אצוותכון | חלה | תפרשון אפרשו כאפרשות עבורה |
| 004 | וחלה | | Ex29:23 | וככר דלחם חד | וחלה | דלחם פילה במשח חדה ועריך |
| 005 | | | Nu 6:19 | אדרעה בשילתה מן דיכרא | וחלה | דפטיר חד מן סלה ועריך |
| 006 | | | Lv 8:26 | ייי נסב חלה דפטיר חד | וחלה | לחם דפילה במשח חדה ועריך |
| 007 | וחלת | | Ex29:23M | דלחם חד | וחלה/<וח>לת#2#/ | דלחם פילה במשח חדה |
| 008 | חלתה | s em/sf | Lv24:05M | \יהווי בכל חלה חדתה | /חלתה | חדה#2#/: |
| 009 | חליין | p abs | Lv23:17M | לחם דאנפו תרתין | חלין/חליין#2#/ | מן תרין/תריין#2#/ |
| 010 | חלין | | Lv24:06 | תרין סדורין שתה סדורין | חלין | בכל סדור על פתורה דכייה |
| 011 | | | Lv 7:13 | על | חלין | לחם דחמיע יקרב קרבני׳ על |
| 012 | | | Lv23:17 | תייתון לחם דאנפו תרתין | חלין | מן תרין עשרונין סלת |
| 013 | | | Lv 2:04 | מנחה אפיה בתנורא סלת | חלין | פטירין פילן במשח ועריכין |
| 014 | | | Lv 7:12M | חלין /נכיסת אודייה | חלין#2#/ | פטירין פילין במשח |
| 015 | | | Lv 7:12 | ויקרב על נכסת קדשיה | חלין | פטירין פילין במשח ועריכין |
| 016 | | | Lv 7:12 | פילין במשח וסלת מרתחה | חלין | פילין במשח: |
| 017 | | | Nu 6:15 | וסל דפטירין סלת | חלין | פילן במשח ועריכין פטירין |
| 018 | | | Lv24:05 | ותיפי יתה תרתין עשרה | חלין | תרין עשרנין יהווי בכל חלה |
| 019 | וחלין | | Nu16:14 | טבין נקיין כחלבה | וחלין | כדבשה אעלת יתן ויהבת לן |
| 020 | | | Ex29:02 | ולחם דפטירין | וחלין | פטירין דפילין במשח |

## חלה#2 *n.* ⇐ חילה

## חלום *n.* dreamer [202]

|  |  |  |  |  |  |  |
|---|---|---|---|---|---|---|
| 001 | חלומי | p const | Dt13:06M | ההוא או \חלם חלמייה | /חלומ{ו}י | חל׳#2#/ ההוא יתקטל |
| 002 | לחלומי | | Dt13:04M | או \לחלם {ל}חלמייא | /לחלומי | חלמיה#2#/ ההוא ארום |

## חלזון *n.* an eye disease [202]

|  |  |  |  |  |  |  |
|---|---|---|---|---|---|---|
| 001 | דחליזון | s ab/cn | Lv21:20M | /^<בעי>ניה#2#^/ | /דחליזון | עייניה#2#/ או דמלי |
| 002 | חילנונה | s em/sf | Dt28:42M | חלזונה /וגמר יתיה | חילנונה#2#/: | |
| 003 | דחלזונה | | Lv21:20M | דגביח או דנסיס או | דחלזונה | בעייניה או דמלי גרב או |
| 004 | | | Lv21:20 | או גביע או ננס או | דחלזונה | בעינוי או דמלי חזזיין או |

## חלזון #2 *n.* (unclear) [202]

|  |  |  |  |  |  |  |
|---|---|---|---|---|---|---|
| 001 | חלזונה | s em/sf | Dt28:42 | מסיקייה ישיצי יתהון | חלזונה: | |

## חלט *vb.* to confirm [202]

|  |  |  |  |  |  |  |
|---|---|---|---|---|---|---|
| 001 | חליט | peal | Dt17:08M | בין מכתש סגיר למכתש | חליט | מלוי <ד>פלוגתא |
| 002 | מחלטא | afel | Lv13:51 | משכה לעבידה צרעה | מחלט«א» | מכתשה מסאב הוא: |
| 003 | מחלטה | | Lv13:52 | ביה מכתשה ארום צרעה | מחלטה | היא בנורא תתוקד: |
| 004 | | | Lv14:44 | הלך מכתשה בביתה צרעה | מחלטה | היא בביתה מסאב הוא: |

## חלי *vb.* to be sweet [202]

|  |  |  |  |  |  |  |
|---|---|---|---|---|---|---|
| 001 | ואת׳ | etpeel | Ex15:25M | וקלק בגו מייא | ואת׳#2#/ | מיא תמן \שוי ליה /חווי |
| 002 | ואתחלון | | Ex15:25 | דאוריתא וטלק לגו מיא | ואתחלון | מיא תמן שוי ליה קיימין |

## חלי *adj.* sweet [202]

|  |  |  |  |  |  |  |
|---|---|---|---|---|---|---|
| 001 | חלי | s ab/cn | Dt29:17 | בארעא ארום ראשיא דחטה | חלי | כדבשה ברם סופיה מריר |
| 002 | חלי׳ | | Gn49:21M | בכנישותא יעקב לישנ׳ | חלי׳ | כדבש׳ |
| 003 | דחלי | | Lv 2:11M | כל דמחמע וכל | דמדבש/דחלי#2#/ | לא תקרבון מניה קרבן |
| 004 | חליין | p abs | Dt 8:08 | עבדין משח ותומרייה | חליין | כדבשה: |
| 005 | וחו׳ | | Dt26:15M | נקיין כחלבה | וחליין/וחו׳#2#/ | \וטעימין#2#/ |
| 006 | וחול׳ | | Nu16:13M | נקיין כחלבה | וחליין/וחול׳#2#/ | \וטעימין#2#/ כדבשה |
| 007 | וחליין | | Dt 6:03 | טב{י}ין נקיין כחלבה | וחליין | וטעימין כדבשה: |
| 008 | | | Dt11:09 | טבין נקיין כחלבה | וחליין | וטעימין כדבשה: |
| 009 | | | Dt27:03M | כחלבה \וחליין כדבשה | /וחליין | וטעימין כדוב׳#2#/ |
| 010 | | | Dt31:20 | פרין טבין נקיין כחלבה | וחליין | וטעימין כדבשה וייאכלון |
| 011 | | | Lv20:24 | טבין נקיין כחלבה | וחליין | וטעמיין כדבשא אנה ייי |
| 012 | | | Ex13:05 | טבין נקיין כחלבא | וחליין | כדבשא ותפלחון ית פלחנא |
| 013 | | | Nu13:27 | פירין טבין נקין כחלבה | וחליין | כדבשה היא והא מן פירה: |
| 014 | | | Nu14:08 | טבין נקיין כחלבה | וחליין | כדבשה: |
| 015 | | | Nu16:13 | טבין נקיין כחלבה | וחליין | כדבשה למקטלה יתן במדברה |
| 016 | | | Dt27:03 | פירין נקיין כחלבה | וחליין | כדבשה היך מה די מלל ייי |
| 017 | | | Ex 3:08 | פירין טבין נקין כחלבא | וחליין | כדובש«א» לארעהון |
| 018 | | | Ex 3:17 | פירין נקיא כחלבא | וחליין | כדובשא: |
| 019 | | | Ex33:03 | טבין נקיין כחלבא | וחליין | כדובשא ארום לא אסלק איקר |
| 020 | | | Dt26:09M | נקיין כחלבה | וטעימין/וחליין#2#/ | כדובשא: |

|  |  |  |  |  |  |  |
|---|---|---|---|---|---|---|
| 021 | | | Dt26:15 | טבין נקיין כחלבה | וחליין | כדובשה: |

## חליל *adj.* hollow [203]

|  |  |  |  |  |  |  |
|---|---|---|---|---|---|---|
| 001 | s ab/cn | חלי' | Ex38:07M | חליל /למיסבול יתהון | חל'#2#/ | דלוחין עבד יתיה: |
| 002 | | חלול | Ex27:08 | | חלול | לוחין תעבד יתיה היך |
| 003 | | חליל | Ex38:07 | דמדבחה למטען יתיה בהון | חליל | דלוחין עבד יתיה: |
| 004 | | | Ex27:08M | | חלול/חליל'#2#/ | לוחין/דלוחי'#2#/ |

## חלל *vb.* to desecrate [203]

|  |  |  |  |  |  |  |
|---|---|---|---|---|---|---|
| 001 | pael | דחליל | Nu27:05 | דיני ממון במקושה | דחליל | שבתה בזדנו ובמחרף דפרש |
| 002 | | | Lv24:12M | בגדפין ובמקושה | דחליל | שובתה בזידנו הוה משה |
| 003 | | דחלל | Nu 9:08 | דיני ממון במקושה | דחלל | שבתה בזידנו ובמחרפה דפרש |
| 004 | | | Lv24:12 | דיני ממון במקושה | דחלל | שובתה בזידנו ובמחרפה דפרש |
| 005 | | | Nu 9:08M | קדישה בגדפין ובמקושה | דחלל | ש«ו»בתה בזידנו הווה |
| 006 | | | Nu15:34 | דיני ממון ובמקושה | דחלל | ש«ו»בתה בזידנו ובמחרפה |
| 007 | | | Nu15:34M | זריז במקושה | דחלל | שובתה בזידנו וב<מ>חרפה |
| 008 | etpaal | ויתחלל | Gn15:01M | לי זכו בזמנה תניינא | ויתחלל | בי בשם שמיא |
| 009 | | | Gn15:01 | מצוה בזמנא תניינא | ויתחלל | בי שמא דשמיי' מן בגין |

## חלם *vb.* to dream [203]

|  |  |  |  |  |  |  |
|---|---|---|---|---|---|---|
| 001 | peal | חלם | Gn41:01 | תרתין שנין דיומין ופרעה | חלם | והא הוא קיים על גוף נהרא: |
| 002 | | | Dt13:06 | ונביא שקרא ההוא או | חלם | חלמייה ההוא יתקטל ארום מלל |
| 003 | | | Dt13:02 | ביניהון נביא שקר או | חלם | חלמין ויתנון לכון את או |
| 004 | | | Gn42:09 | ואדכר יוסף ית חלמיא די | חלם | להון ואמר להון ילילין אתון |
| 005 | | חלמית | Gn37:06 | שמעו כען חלמא הדין די | חלמית: | |
| 006 | | | Gn41:15 | ואמר פרעה חלם | חלמית | ופתיר לית ליה ואנה שמעית |
| 007 | | חלמן | Gn40:08M | ליה חלם \חלמנן ופתר | /חלמן | ופתר#2#/ לית ליה ואמר |
| 008 | | חלמנן | Gn41:11 | והוא גבר כפתרון חלמא | חלמנן: | |
| 009 | | | Gn40:08 | ואמרין ליה חלם | חלמנן | ופתר לית ליה ואמר להון |
| 010 | | חלמת | Gn37:10 | ליה מה חלמא הדין די | חלמת | הא מייתי ניתי אנא ואמך |
| 011 | | | Gn37:09 | ותני יתיה לאחוי ואמר הא | חלמת | חלם תוב והא שמשא וזהרא |
| 012 | | דחלמת | Gn40:12M | /קבל אגר טב בחלמא | דחלמת#2#/ | ברם פתרוניה דחלמא לא |
| 013 | | | Gn40:12 | לא מובדין אגרין | דחלמת | חלמא טבא הדין ברם פתרוניה |
| 014 | | | Gn40:18 | נחתומי' תקבל אגר ביש | דחלמת | חלמא הדין ופתרוניה דחלמא |
| 015 | | וחלם | Gn37:05 | | וחלם | יוסף חלם ותני לאחוי |
| 016 | | | Gn28:12 | | וחלם | והא סלם קבע בארעא וראשה |
| 017 | | | Gn41:05 | ודמך ליה | וחלם | זמן תניינות והא שבע שבלין |
| 018 | | | Gn37:09 | | וחלם | תוב זמן תניינות ותני יתיה |
| 019 | | וחלמו | Gn40:05 | | וחלמו | חלם תריהון גבר חלמא בלילי |
| 020 | | וחלמנן | Gn41:11 | | וחלמנן | חלם בלילי חד אנה והוא גבר |
| 021 | | לחלם | Dt13:04 | דנבייא שקרא ההוא או | לחלם | {ל}חלמייא ההוא ארום מנסי |

## חלם *n.* dream [203]

|  |  |  |  |  |  |  |
|---|---|---|---|---|---|---|
| 001 | s ab/cn | חלם | Gn41:07 | ואיתעיר פרעה והא הוא | חלם: | |
| 002 | | | Gn41:11 | וחלמנן | חלם | בלילי חד אנה והוא גבר |
| 003 | | | Gn37:05 | וחלם יוסף | חלם | ותני לאחוי ואוסיפו תוב |
| 004 | | | Gn41:15 | ואמר פרעה | חלם | חלמית ופתיר לית ליה ואנה |
| 005 | | | Gn40:08 | ואמרין ליה | חלם | חלמנן ופתר לית ליה ואמר |
| 006 | | | Gn37:09 | יתיה לאחוי ואמר הא חלמת | חלם | תוב והא שמשא וזהרא וחד עשר |
| 007 | | | Gn40:05 | וחלמו | חלם | תריהון גבר חלמא בלילי חד |
| 008 | | בחלם | Nu12:06M | ייי בחזווה עלוי אתודע | בחלם | א'#2#/ עלוי ובחלמין אמלל |
| 009 | s em/sf | חלמא | Gn40:05 | וחלמו חלם תריהון גבר | חלמא | בלילי חד גבר כפתרון חלמה |
| 010 | | | Gn41:25 | ואמר יוסף לפרעה | חלמא | דפרע«ה» חד הוא ית מה |
| 011 | | | Gn37:06 | ואמר להון שמעו כען | חלמא | הדין די חלמית: |
| 012 | | | Gn37:10 | בה אבוי ואמר ליה מה | חלמא | הדין די חלמת הא מייתי ניתי |
| 013 | | | Gn40:18 | תקבל אגר ביש דחלמת | חלמא | הדין ופתרוניה דחלמא לא אמר |
| 014 | | | Gn41:26 | טבתא שבע שנין אינון | חלמא | חד הוא: |
| 015 | | | Gn41:11 | חד אנה והוא גבר כפתרון | חלמא | חלמנן: |
| 016 | | | Gn40:12 | לא מובדין אגרין דחלמת | חלמא | טבא הדין ברם פתרוניה דחלמא |
| 017 | | | Gn41:15 | שמעית עלך למימר תשמע | חלמא | למפתר יתיה: |
| 018 | | | Gn41:32 | ועל דאתני | חלמא | לפרעה תרתין זמנין ארום |
| 019 | | | Gn40:12M | פתרוניה/הוא פתרונ' | חלמא#2#/ | תלתי שרביטיה תלתי אבהת |
| 020 | | חלמה | Gn40:05 | בלילי חד גבר כפתרון | חלמה | רב מזוגיי«א» ורב נחתומיא |
| 021 | | בחלמא | Gn31:11 | ואמר לי מלאכא דייי | בחלמא | יעקב ואמר הא אנא: |
| 022 | | | Gn20:06 | ואמר לה ממריה דייי | בחלמא | אף אנא גלי קדמיי ארום |
| 023 | | | Gn20:03 | דייי על אבימלך | בחלמא | בליליא ואמר ליה הא את |
| 024 | | | Gn31:24 | ייי על לבן ארמאה | בחלמא | בלליא ואמר לה אזדהר לך לא |
| 025 | | | Gn40:12M | טבא הדין /קבל אגר טב | בחלמא | דחלמת#2#/ ברם פתרוניה |
| 026 | | | Gn31:10 | ונטל«ת» עייני וחמת | בחלמא | והא גדיא דסלקין על ענא |
| 027 | | בחלמי | Gn40:09 | חלמיה ליוסף ואמר ליה | בחלמי | והא גפן קדמוי: |
| 028 | | | Gn40:16 | ואמר ליוסף אף אנה | בחלמי | והא תלתא סלין דפיתא נקיתא |
| 029 | | | Gn41:17 | ומליל פרעה עם יוסף | בחלמי | והא אנא קיים על גיף |
| 030 | | | Gn41:22 | וחמת | בחלמי | והא שבע שבלין סלקן בקנה |
| 031 | | דחלמא | Gn40:12 | טבא הדין ברם פתרוניה | דחלמא | לא הוה יוסף אמר ופתר ליה |
| 032 | | | Gn40:18 | חלמא הדין ופתרוניה | דחלמא | לא אמר יוסף ופת{ח}<ר> |
| 033 | | | Gn40:18 | יוסף ואמר דן פתרונה | דחלמא | תלתי סליה תלתיה שעבודיא |
| 034 | p abs | חל' | Dt13:06M | חלמייה /חלום{ו}י | חל'#2#/ | ההוא יתקטל ארום מלל |
| 035 | | חלמין | Dt13:02 | נביא שקר או חלם | חלמין | ויתנון לכון את או סימן: |
| 036 | | ובחלמין | Nu12:06 | בחזיון אתגלי עלוי | ובחלמין | אמלל עימיה: |
| 037 | p em/sf | חלמוי | Gn41:08 | ותני פרעה להון ית | חלמוי | ולית דפשר יתהון לפרעה: |
| 038 | | | Gn37:08 | תוב משנא יתיה על | חלמוי | ועל מלוי: |
| 039 | | חלמיא | Gn42:09 | ואדכר יוסף ית | חלמיא | די חלם להון ואמר להון |
| 040 | | | Dt23:05 | ית בלעם בר בעור | חלמיא | דמן ארם נהרים למלוט |
| 041 | | | Gn37:19 | ואמרין גבר לאחוי הא מרי | חלמיא | האלין אתי: |
| 042 | | חלמיה | Dt23:05M | בר בעור חלמיא/פתור | חלמיה#2#/ | דמן ארם נהרים למלוט |
| 043 | | | Dt13:04M | {ל}חלמייא /לחלומי | חלמיה#2#/ | ההוא ארום מנסי/מבדק#2# |
| 044 | | | Gn40:09 | ותני רב מזוגיא {ל}ית | חלמיה | ליוסף ואמר ליה בחלמי והא |
| 045 | | חלמייא | Dt13:04 | שקרא ההוא או לחלם | {ל}חלמייא | ההוא ארום מנסי ייי |
| 046 | | חלמייה | Nu22:05 | בלעם בר בעור פתורה | חלמייה | די על גף נהרא ארע בני |
| 047 | | | Dt13:06 | ונביא שקרא ההוא או חלם | חלמייה | ההוא יתקטל ארום מלל מילין |
| 048 | | | Dt13:02M | לכון את או סימן | /חלמייה | נותן לכון אתין או |
| 049 | | חלמינן | Gn41:12 | ותנינן לה ופתר לן ית | חלמינן | גבר כחלמיה פתר: |
| 050 | | דחלמוי | Gn37:20 | מה יהווי בסופהון | דחלמוי: | |
| 051 | | כחלמיה | Gn41:12 | ופתר לן ית חלמינן גבר | כחלמיה | פתר: |

## חלף *vb.* to change [203]

|  |  |  |  |  |  |  |
|---|---|---|---|---|---|---|
| 001 | peal | יחלף | Lv27:10M | לא | ישל<ח>ף/יחלף#2#/ישלחיפיניה | ולא יפרג#2#/ |
| 002 | afel | מחלפה | Lv13:11 | ˆצרע{ת}<ה>#2#ˆ | מחלפה | היא במשך בשריה ויסאב יתה |

## חלף *prep.* ⇐ חולף

## חלץ *n.* loins (dual) [204]

|  |  |  |  |  |  |  |
|---|---|---|---|---|---|---|
| 001 | d em/sf | חלצוי | Gn46:26M | נפקי | חלציה/חלצוי#2#/ | בר מנשוי/מנשהון#2#/ |
| 002 | | חלציה | Gn46:26 | עם יעקב מצרימה נפקי | חלציה | בר מנשוי דבנוי דיעקב כל |
| 003 | | | Ex 1:05 | והוון כל נפשותא נפקי | חלציה | דיעקב שבעין נפשן ויוסף |

| | | | | |
|---|---|---|---|---|
| 004 | | | Gn17:16M | באומיא מנה/מן חלציה#2#/ יקומון: |
| 005 | חלציך | | Gn17:06 | מלכין דשלטין באמיא מן חלציך יפקון: |
| 006 | | | Gn35:11 | ומלכין דשלטין באמיא מן חלציך יפקון: |

## חלק ⇐ *n.* חולק

## חלש *vb.* to strip

[204]

| | | | | |
|---|---|---|---|---|
| 001 | ויחלוש | peal | Lv 6:04M | וישלח/ויחלוש#2#/ ית לבושוי וילבש |
| 002 | | | Lv16:23M | \וישלח ית לבושי /ויחלוש ית לבושוי#2#/ בוצא די |
| 003 | ואחלש | afel | Nu20:28M | ואשלח/ואחלש#2#/ <משה ית> אהרן ית |

## חלש *adj.* weak

[204]

| | | | | |
|---|---|---|---|---|
| 001 | חלשין | p abs | Ex32:18 | בקרבא אנה שמע ולא קל חלשין דמתנצחין בקרבא אנה שמע קל |
| 002 | | | Nu13:18 | הא תקיפין אינון או חלשין הא עם קלילין אינון או |

## חם *n.* father-in-law

[204]

| | | | | |
|---|---|---|---|---|
| 001 | חמוי | s em/sf | Ex18:01 | ושמע יתרו רבה דמדין חמוי דמשה ית כל מה דעבד ייי |
| 002 | | | Ex18:02 | ונסב יתרו חמוי דמשה ית צפורה אתתא דמשה |
| 003 | | | Ex18:05 | ואת«א» יתרו חמוי דמשה ובנוי ואתתיה לוות |
| 004 | | | Ex18:12 | ונסב יתרו חמוי דמשה עלוון ונכסת קודשין |
| 005 | | | Ex18:12 | דישראל למיכל לחמא עם חמוי דמשה קדם ייי: |
| 006 | | | Ex18:14 | וחמא חמוי דמשה ית כל מה דהוה עבד |
| 007 | | | Ex18:17 | ואמר חמוי דמשה ליה לא תקין פתגמא די |
| 008 | | | Nu10:29 | לחובב בר רעואל מדיניה חמוי דמשה נטלין אנן לאתרה די |
| 009 | | | Ex18:27 | ושלח משה ית חמוי ואזל ליה לארעיה: |
| 010 | | | Ex 4:18 | ואזל משה ותב ליתרו חמוי ואמר ליה איזל כען ואחזור |
| 011 | | | Ex18:07 | ונפק משה לקדמות חמוי ושאל בשלמיה ונשק יתיה |
| 012 | חמוך | | Ex18:06 | ואמר למשה אנה חמ«ו»ך יתרו אתי לוותך ואתתך |
| 013 | | | Gn38:13 | ואתניה לתמר למימר הא חמוך סלק לתמנתה למגז ענה: |
| 014 | דחמוי | | Ex18:24 | ושמע משה לקלה דחמוי ועבד כל מה דאמר: |
| 015 | וחמוי | | Ex 4:25 | ארום חתנא בעא למגזור וחמוי לא שבק יתיה וכפר כען אדם |
| 016 | לחמוי | | Ex18:15 | ואמר משה לחמוי ארום אתון לוותי עמא למתבע |
| 017 | | | Ex18:08 | ותני משה לחמוי ית כל מה דעבד ייי לפרעה |

## חמד *vb.* to desire

[204]

| | | | | |
|---|---|---|---|---|
| 001 | תח' | peal | Dt 7:25M | בנורא לא תתחמדון/^תח'#2#/^ כספא ודהבה דמחפי |
| 002 | תחמד | | Dt 5:21M | "תהוון ... דחבריה": תחמד חד מנכון אתתא דחב' |
| 003 | תחמדון | | Dt 7:25M | "תתחמדון ... עליהון": תחמדון כסף ודהב דאית עליהון |
| 004 | | | Dt13:09M | \לא תצבון /ולא תחמדון#2#/ לה ולא תשמעון למילוי |
| 005 | תחמיד | | Ex34:24M | גבר מלך ושליט ית /תחמיד גבר ית#2#/ ארעכון במיסק |
| 006 | וחמדין | | Dt 5:21 | מתגריין בבני אנשא וחמדין נכסיהון נס{כ}<ב>ין יתהון: |
| 007 | איתחמדו | etpeel | Nu11:04 | וערבובה די ביניהון איתחמדו תחמודה וחזרו ובכון לחוד |
| 008 | אתחמדון | | Gn49:26 | אברהם ויצחק דלהון אתחמדון רברבני עלמא מן שרויה |
| 009 | אתחמדת | | Gn31:30 | מיזל אזלת ארום מתחמדה אתחמדת לבייתיה דאבוך למה גנבת ית |
| 010 | | | Dt12:20M | בשרא ארום תתחמד/אתחמדת#2#/ נפשכון למיכל |
| 011 | אתחמדתון | | Dt 1:01 | ועל ידי בשרא די אתחמדתון ועל עסק עיגלה די עבדתון |
| 012 | יתחמד | | Dt 5:21 | למהוי עם חמודין ולא יתחמד אנש מנכון ית אתתה דחבריה |
| 013 | | | Dt 5:21 | ית אתתה דחבריה ולא יתחמד בייתיה דחבריה לא חקלה ולא |
| 014 | | | Ex20:17 | למהוי עם חמודין לא יתחמד גבר מנכון ביתא דחבריה ולא |
| 015 | | | Ex34:24 | ואפתי ית תחומכון ולא יתחמ«ד» גבר מלך ושליט ית ארעכון |
| 016 | | | Dt14:26M | /ית כל#2#/ מה די תתחמד/יתחמד#2#/ נפשיכון בתורין ובען |
| 017 | תתחמד | | Dt14:26 | ותזבנון בכספא ככל מה די תתחמד נפשיכון בתורין ובען ובחמר |
| 018 | | | Dt12:20 | ותימרון איכל בשרא ארום תתחמד נפשכון למיכל בשר בכל |
| 019 | תתחמדון | | Dt 7:25 | תוקדון בנורא לא תתחמדון כספא ודהבה דמחפי עליהון |
| 020 | מתחמד | | Gn28:10 | מן בגלל דהוה דבירא מתחמד לממלל{ליה} עמיה וניסא |
| 021 | מתחמדה | | Gn31:30 | וכדון מיזל אזלת ארום מתחמדה אתחמדת לבייתיה דאבוך למה |
| 022 | מתחמדין | | Nu11:34 | תמן קברו ית עמא דהוון מתחמדין: |
| 023 | | | Gn28:12 | איקרא דהוויתון מתחמדין למחמי יתה והא מלאכין |

## חמדן *n.* desired object

[204]

| | | | | |
|---|---|---|---|---|
| 001 | חמדנין | p abs | Gn50:01 | וארגוונא שפיכין תמן חמדנין וריחנין טבין מוקדן תמן |
| 002 | חמד נ' | p em/sf | Gn50:01M | וארגוונה תמן שפכן חמד נ' ריחנין תמן קיימין |

## חמה *n.* anger

[204]

| | | | | |
|---|---|---|---|---|
| 001 | בחמה | s ab/cn | Lv26:24M | /אוף#2#/אנה עמכון בקשיו/בחמה ובקשיו#2#/ ואמחי יתכון |
| 002 | | | Lv26:28M | ואדבר אף אנה בחמה ובקשיו ואוסף למחי יתכון |
| 003 | חמתהון | s em/sf | Dt32:24 | ברה אגרה בהון עם חמת{ה}הון דתניניא וזחלוי דעפרה: |
| 004 | | | Dt32:33 | ארום עמא האיליין חמתהון מדמייא לחמתהון דתניניה |
| 005 | חמתיה | | Nu25:11 | דאהרן כהנה רבה חזר ית חמתיה מעילווי בני ישראל על |
| 006 | וחמתיה | | Dt29:19M | רוגזיה דייי וקנאתיה/וחמתיה#2#/ בגברא ההוא וידבקון |
| 007 | לחמתהון | | Dt32:33 | חמתהון מדמייא לחמתהון דתניניה בזמנה דאנון |

## חמוד *n.* covetous one

[205]

| | | | | |
|---|---|---|---|---|
| 001 | חמודין | p abs | Ex20:17 | בכנישתהון דישרא' עם חמודין דלא יקומון בניכון |
| 002 | | | Ex20:17M | חמודין /דבני ישראל חמודין#2#/ דלא יקומון בניכון |
| 003 | | | Ex20:17 | לא חברין ולא שותפין עם חמודין ולא יתחמי בכנישתהון |
| 004 | | | Dt 5:21 | לחוד אנון למהוי עם חמודין ולא יתחמד אנש מנכון ית |
| 005 | | | Dt 5:21 | עמי בני ישראל לא תהוון חמודין ולא חברין ולא שותפין |
| 006 | | | Ex20:17 | לחוד אינון למהוי עם חמודין לא יתחמד גבר מנכון ביתא |
| 007 | | | Ex20:17 | עמי בני ישראל לא תהוון חמודין לא חברין ולא שותפין עם |
| 008 | לחמודי' | | Ex20:17M | ולא שותפין \עם חמודין/לחמודי'#2#/ ולא יתחמי |
| 009 | חמודיא | p em/sf | Dt 5:21M | לא תהוון חמודין/<חמוד>יא#2#/ ולא חברין ולא |
| 010 | חמודיה | | Dt 5:21 | מה די לחברך ארום בחובי חמודיה ענני סלקין ומטר לא נחת |
| 011 | חמודייה | | Dt 5:21M | לחבריכון ארום בחובי חמודייה מלכוותה מתגבייה |
| 012 | | | Ex20:17 | די לחברך ארום בחובי חמודייה מלכותא מתגריין |
| 013 | לחמודיה | | Dt 5:21 | ולא חברין ולא שותפין לחמודיה דלא יקומון בניכון |

## חמוט *n.* darkness

[205]

| | | | | |
|---|---|---|---|---|
| 001 | וחומטא | s em/sf | Gn15:17M | האליין שמשא טמעה וחומטא הוות הוה אברם והא גהינם |
| 002 | וחומטה | | Gn15:17 | והא שמשא טמע וחומטה הווה והא אברם חזי עד די |
| 003 | וחמטה | | Gn15:17M | שמשא אזלה למיסוק {וקמטתי}<וחמטה> הוות והא אברם |

## חמי *vb.* to see

[205]

| | | | | |
|---|---|---|---|---|
| 001 | חמא | peal | Gn44:19 | והוה כד חמא יוסף חביבא ויקירא דסלקות |
| 002 | | | Nu21:34 | והוה כד חמא משה לעוג מלכא דבותנין |
| 003 | | | Gn31:21M | "גלעדה": ארום חמא ברוח קודשא דתמן עתיד |
| 004 | | | Gn44:19 | דיהודה אחוי ועוד חמא דנפקין שערתיה מלביה ובזעו |
| 005 | | | Gn49:18M | "לא...": כד חמא ית גדעון בר יואש וית |
| 006 | | | Gn22:10 | מרומא אברהם לא הוה חמא יתהון בה בשעתא נפקת בת קול |
| 007 | | | Lv13:56 | אן חמא כהנא והא כהה מכתשא מן בתר |
| 008 | חמה | | Gn29:10 | והוה כד חמה יעקב ית רחל ברת לבן |
| 009 | | | Lv 5:01 | דחרוף והוא שהד או די חמה או די ידע אין לא יתני יקבל |
| 010 | | | Gn31:05 | ואמר להון חמה אנה ית סבר אפוי דאבוכון |

|  |  |  |  |  |  |
|---|---|---|---|---|---|
| 011 | | Gn24:30 | והוי כדי | חמה | ית קדשא וית שיריא על ידה |
| 012 | | Gn32:03 | ואמר יעקב כד | חמה | יתהון דלמא מלאכין מן דלבן |
| 013 | | Nu35:23 | בכל אבן די ימות בה דלא | חמה | יתיה ואפל עלוי ומית והוא |
| 014 | חמו | Ex35:30 | ואמר משה לבני ישראל | חמו | דמני ייי בשם דרבן בצלאל |
| 015 | חמון | Gn 9:23 | ועריתה דאבוהון לא | חמון: | |
| 016 | | Ex10:06 | ובתיהון דכל מצריי די לא | חמון | אבהתך ואבהת אבהתך מן יומא |
| 017 | | Ex10:10 | אשלח יתכון וית ספלכון | חמון | ארום בישתא כל קביל אפיכון: |
| 018 | | Ex16:29 | | חמון | ארום ייי יהב לכון שובתא |
| 019 | | Gn49:12M | בהון גלוי עריי' ודי לא | חמון | בהון למשפך אדם |
| 020 | | Ex15:18 | לך כליל מלכותא ייי כד | חמון | בניך ניסי פרישתך בימא |
| 021 | | Ex10:23 | לא | חמון | גבר ית אחוי ולא קמו גבר מן |
| 022 | | Gn39:14 | ואמרת להון למימר | חמון | דאייתי לי גבר עבריי למגחכה |
| 023 | | Dt 1:21 | | חמון | דהא מסר ייי אלהיכון |
| 024 | | Dt 2:24 | ועברו ית נחלה דארנונה | חמון | דהא מסרית בידיכון ית |
| 025 | | Dt 4:05 | | חמון | דהא אלפית יתכון קיימין |
| 026 | | Dt11:26 | | חמון | דהא אנה כען סדר קדמיכון |
| 027 | | Dt30:15 | | חמון | די סדרית קדמיכון יומא הדין |
| 028 | | Ex35:30M | משה לבני ישראל | חמו/<ח>מון#2# | דמני ייי בשם דרבן |
| 029 | | Dt 1:08 | | חמון | דמסרית קדמיכון ית דיירי |
| 030 | | Ex35:30M | "חמו ... בצלאל": | חמון | הא רבי מימריה ייי וקרא |
| 031 | | Gn45:12 | והא עייניכון | חמון | ועייני אחוי בנימן ארום |
| 032 | | Nu14:22M | כל גברייה דחמון/די | חמון#2# | ית איקרי וית ניסי |
| 033 | | Dt11:02 | בניכון די לא חכימו ודלא | חמון | ית אולפן אורייתה דייי |
| 034 | | Dt11:07M | ארום עיניכון | חמיין/חמון#2# | ית כל עבדוי דייי |
| 035 | | Dt21:07 | ית אדמא הדין ועיננן לא | חמון | יתה: |
| 036 | | Nu21:06 | ואישתמע קליה ברומה אתון | חמון | כל ברייתה ואתון אציתו כל |
| 037 | | Dt32:39 | | חמון | כען ארום אנה אנה בממרי הוא |
| 038 | | Gn28:12 | מרומא למימר אתון | חמון | לגברא חסידא דאיקונין דידיה |
| 039 | | Ex14:25 | ורמין יתהון לימא כד | חמון | מצריי תושבחתא הדין אמרין |
| 040 | | Dt 4:09 | לא תנשון ית דביריה די | חמון | עייניכון ודלא יסטון מן |
| 041 | | Dt10:21M | דחילתה האליין די | חמיין/חמון#2# | עייניכון: |
| 042 | | Dt29:02 | נסייה רברבייה די | חמון | עייניכון אתייה ופרישתה |
| 043 | | Gn27:27 | לבושוי וברך יתיה ואמר | חמון | ריחה דברי כריח קטרת בסמניה |
| 044 | | Gn22:10 | מן שמייא ואמרת אתון | חמון | תרתין יחידיין דבעלמי חד |
| 045 | חמי | Ex31:02 | | חמי | משה דמנית וקראת בשם טב |
| 046 | | Nu23:09 | ארום | חמי | אנה עמא האליין מדברין |
| 047 | | Nu24:17 | | חמי | אנה ליה ולית כדון מסתכל |
| 048 | | Ex25:40 | ועבד בדמותיהון די את | חמי | בטורא: |
| 049 | | Dt 2:31 | ואמר ייי לי אמר משה | חמי | דהא שריית לממסר קדמך ית |
| 050 | | Ex33:12 | ואמר משה קדם ייי | חמי | די את אמר לי אסק ית עמא |
| 051 | | Gn41:41 | ואמר פרעה ליוסף | חמי | דמניית יתך רב ושליט על כל |
| 052 | | Ex 7:01 | ואמר ייי למשה | חמי | דמניית יתך רב ושליט לפרעה |
| 053 | | Ex33:12 | מה דתשלח עמי ואת אמרת | חמי | דמניית יתך בשם דרבן ולחוד |
| 054 | | Gn49:03 | את חיילי ושרוי צערי | חמי | הויית מסב תלתא חולקין יתיר |
| 055 | | Gn31:50 | על בנתי לית גבר עמן | חמי | ייי הוא סהד ביני ובינך: |
| 056 | | Gn39:23 | לית רב בית חבושיא | חמי | ית כל מן דעם מן בתרה |
| 057 | | Dt 1:36M | בר יפונה הוא | יחמי/חמי#2# | יתה וליה אתן ית ארעא |
| 058 | | Dt34:04 | לזרעיית בניך אתן יתה | חמי | יתה ותמן לית את עבר: |
| 059 | | Gn22:10M | "מרומא": יצחק הו{ת}<ה> | חמי | יתהון |
| 060 | | Ex33:20M | "לית ... וייחי": לא | חמי | יתי בר נש וחאי |
| 061 | | Ex 4:21 | במיזלך למחזור למצרים | חמי | כל נסי די שווית בידך |
| 062 | | Lv19:14 | מה דלא שמע וקדם מן דלא | חמי | לא תתן תקלה ותדחלון מן |
| 063 | | Gn31:43 | וענה עניי וכל מה דאת | חמי | {לי הו} לי הוא ולבנתי מה |
| 064 | | Gn13:15 | ארום ית כל ארעא די את | חמי | לך אתן יתה ולבניך עד לעלם: |
| 065 | | Gn49:22 | דרבית ותקפית ותוב הוי | חמי | לך למתקף מדמי אנה לך יוסף |
| 066 | | Dt32:04M | אמר משה נבייא אנה | חמית/חמי#2# | לרבון כל עלמייה ייי |
| 067 | | Nu23:23 | ארום לית אנה | חמי | נטורי נחשין בדבית יעקב |
| 068 | | Gn33:10 | מן בגין כן ארע' היך | חמי | סבר אפי מלאכין מן קדם ייי |
| 069 | | Nu23:21 | לית אנה | חמי | עבדי שקר בדבית יעקב ולא |
| 070 | חמי' | Gn 7:01 | לתיבותא ארום יתך | חמי' | צדיק קדמי בדרה הדין: |
| 071 | חמייה | Nu12:12 | במדבר' הוות אחתן | חמייה | בשעבודן וכיון דמטה קצה |
| 072 | חמיין | Nu11:06M | מנתה הדה דעיינינן | חמיין#2#/: | |
| 073 | | Dt 1:30 | עמכון במצרים ועיניכון | חמיין: | |
| 074 | | Dt 4:34 | במצרים ועייניכון | חמיין: | |
| 075 | | Dt 6:22 | אנשי בייתיה ועיינינן | חמיין: | |
| 076 | | Lv26:45M | מן ארעא דמצרים לעיני/חמיין#2# | | אומייה למיהווי |
| 077 | | Dt 4:12 | שמעין ודמו לית אתון | חמיין | ארום אלהן קל ממריה: |
| 078 | | Ex24:17M | בריש די טורא לעיני/חמיין#2# | | בני ישראל: |
| 079 | | Nu31:50 | מלכיהון והוינן | חמ{ד}<י>ין | בנתהון יאתה ושפירתה |
| 080 | | Gn45:12M | והא עייניכון | חמון/חמיין#2# | ועייני אחוי בנימן |
| 081 | | Dt28:32 | לאמא אחרי ועייניכון | חמיין | ותהוון סייפין עליהון כל |
| 082 | | Ex20:18 | וכל עמא | חמיין | ית קלייה וית למפדיי' וית |
| 083 | | Dt 3:21 | בשעתה ההיא למימר עיינך | חמיין | ית כל מה די עבד ייי |
| 084 | | Dt 4:03 | הא עייניכון | חמיין | ית כל מה די עבד ממריה |
| 085 | | Dt11:07 | ארום עיניכון | חמיין | ית כל עבדוי דייי רבבריה |
| 086 | | Ex20:02 | שמייא וחזר וכל ישראל | חמיין | יתיה ודחלין והוה חזר |
| 087 | | Ex20:02M | וכל ישרא' | חמיין | יתיה ודחלן והוה חזר |
| 088 | | Ex20:03 | שמיא וחזר וכל ישראל | חמיין | יתיה ודחלין והוה חזר |
| 089 | | Ex19:11M | /אתגלי' מימרי' דייי | חמיין | כל#2#/ עמא על טורא |
| 090 | | Ex40:38M | עלוי כל ליליה | חמיין | כל בית#2#/ ישראל בכל |
| 091 | | Nu20:27M | /להור#2#/ טורה | לעיני/חמיין#2# | כל \עם כנישתה /עמא |
| 092 | | Dt34:12 | רברבייה די עבד משה | חמיין | כל ישראל: |
| 093 | | Dt10:21 | וית דחילתה האליין די | חמיין | עייניכון: |
| 094 | | Gn49:03 | וכהנתא רבתא לך הוויין | חמיין | על דחסית ראובן ברי |
| 095 | | Ex 1:16 | ית עברייתא תהוון | חמיין | על מתברייא אן בר דכר הוא |
| 096 | | Nu13:32M | מרי עיינן /דהווינן | חמיין | תמן מרי עי'#2#/ בישה |
| 097 | | Nu31:50M | מדמכיהון והוינן | חמיין | תמן בנתהון דמלכי<יה> |
| 098 | חמין | Dt 7:19 | נסייה רברבייה די | חמין | עייניכון ואתייה ופרישתה |
| 099 | חמינן | Dt 5:24 | להבי אשתה יומא הדין | חמינן: | |
| 100 | | Gn26:28 | ואמרו מחמא | חמינן | ארום הוה ייי עמך |
| 101 | | Nu13:32 | דיירייה היא וכל עמה די | חמינן | בגווה מרי עיינן בישה |
| 102 | | Gn42:21 | אנן באדמה דאחונה די | חמינן | בעקת נפשיה כד הוה מפרפר |
| 103 | | Nu13:33 | ותמן | חמינן | ית גיברי«י»ה בנוי דענק |
| 104 | | Nu13:28 | ואוף בנוי דענק גיברה | חמינן | תמן: |
| 105 | | Dt 1:28 | ולחוד בנוי דענק גוברא | חמינן | תמן: |
| 106 | חמית | Gn20:10 | ואמר אבימלך לאברהם מה | חמית | ארום עבדת ית פתגמא הדין: |
| 107 | | Ex26:30 | ית משכנה כסדר דינא די | חמית | בטורא: |
| 108 | | Gn16:05M | דלא הויינא ילדה /וכדו | חמית | דלית אנה ילדה#2#/ ונסיבת |
| 109 | | Ex 3:07 | ואמר ייי מחמי | חמית | ית צערהון דעמי דבמצרים |
| 110 | | Gn44:28 | לחוד קטולין אתקטל ולא | חמית | יתיה עד כדון: |
| 111 | | Dt32:04 | אמר משה נבייא אנה | חמית | לרבון כל עלמייה ייי מפלג |
| 112 | | Gn32:31 | ^ההוא#2#^ פניאל ארום | חמית | מלאכין מן קדם ייי אפין |
| 113 | חמיתון | Dt 1:19 | רבה ודחילה ההוא די | חמיתון | אורח טורהון דאמוריי |
| 114 | | Ex20:22 | תימר לבני ישראל אתון | חמיתון | ארום מן שמיא מללית עמכון: |
| 115 | | Dt 1:31 | ובמדברה די | חמיתון | די סבל יתכון ייי אלהכון |
| 116 | | Ex19:04 | אתון | חמיתון | ית קלא דעבדית למצריי |
| 117 | | Dt29:01 | ישראל ואמר להון אתון | חמיתון | ית כל מה די עבד ייי |
| 118 | | Dt 4:15 | לחדא לנפשתכון ארום לא | חמיתון | כל דמו ביומא די מלל ייי |

|  | |  | | | |
|---|---|---|---|---|---|
| 119 | | Dt 4:35M | אתון | איתחויתון/חמיתון#2/ | למידע ארום ייי |
| 120 | חמת | Gn38:14 | די על ארח תמנתה ארום | חמת | ארום רבה שלה והיא לא |
| 121 | | Gn41:19 | לחדא וחסיין בבשרהון ולא | חמת | כוותיהון בכל ארעא דמצרים |
| 122 | אחמי | Gn44:34 | וטליא לית הוא עמי דלא | אחמי | בבישתא די יארע ית אבה: |
| 123 | | Nu11:15 | חין וחסד באפ«י»ך ולא | אחמי | בבשתהון דעמך: |
| 124 | | Gn21:16 | בקשתא ארום אמרת לא | אחמי | במותא דטליא ויתבת לה מן |
| 125 | | Dt32:20 | אהפוך אפי רעותי מנהון | אחמי | מה יהווי בסוף אחריותיהון |
| 126 | | Gn32:21 | קדמיי ומן בתר כדון | אחמי | סבר אפוי מה דלמה דיסב לי |
| 127 | | Dt18:16 | וית אשתה רבתה הדה לא | אחמי | תוב ולא אמות: |
| 128 | יחמון | Nu32:11 | אם | יחמון | גבריה די סלקו מן מצרים |
| 129 | | Ex16:32 | לדריכון מן בגלל די | יחמון | ית לחמא די אכלת יתכון |
| 130 | | Nu14:23 | אן | יחמון | ית ארע' די קיימת לאבהתהון |
| 131 | | Nu14:23 | וכל דארגזו קדמי לא | יחמון | יתה: |
| 132 | | Gn12:12 | ויהוי ארו' | יחמון | יתיך מצריה וימרון אתתיה |
| 133 | | Ex13:17 | דלא יתבר לבהון דעמא כד | יחמון | סדרי קרבא ויחזרון |
| 134 | יחמי | Gn44:31 | ויהוי כד | יחמי | ארום ל{וו}<י>ת טליא עמן |
| 135 | | Dt23:15 | משירייתכון קדישין ולא | יחמי | בכון עריה דמילה ולא יחזר |
| 136 | | Dt 1:35 | אין | יחמי | גבר בעמא האלין דרה בישה |
| 137 | | Lv13:21 | ואין | יחמי | יתה כהנא והא לית בה שער |
| 138 | | Dt 1:36 | אלהן כלב בר יפונה הוא | יחמי | יתה וליה אתן ית ארעא די |
| 139 | | Ex33:20M | אפשר דחמ'/ד{ן}<י> | יחמי#2/ | יתי בר נש וייחי: |
| 140 | | Lv13:26 | ואם | יחמי | יתיה כהנא והא לית בהקיתה |
| 141 | | Lv13:31 | וארום | יחמי | כהנא ית מכתשה דנ{ק}ת<ק>ה |
| 142 | | Lv13:53 | ואין | יחמי | כהנא והא {לך} לא הלך מכתשה |
| 143 | תחמון | Dt12:13M | אתר די | תשכחון/תחמון#2/: | |
| 144 | | Dt28:34 | מן חזיו עייניכון די | תחמון: | |
| 145 | | Dt28:67 | ומן חזווי עייניכון די | תחמון: | |
| 146 | | Nu11:23 | אית קדם ייי מחסור כדון | תחמון | אן יארע יתך פתגמוי אן לא: |
| 147 | | Gn43:03 | אסהד בן גברא למימר לא | תחמון | סבר אפוי ארום אלהן אחוכון |
| 148 | | Gn43:05 | ארום גברא אמר לן לא | תחמון | סבר אפוי ארום אלהן אחוכון |
| 149 | תחמי | Ex33:22 | דיעברון כיתי מלאכיה די | תחמי: | |
| 150 | | Dt 3:28 | יחסן יתהון ית ארעא די | תחמי: | |
| 151 | | Nu23:13 | מן תמן להוד מן קצת עמה | תחמי | וכולהון לא תחמי ותלוט |
| 152 | | Nu23:13 | עמה תחמי וכולהון לא | תחמי | ותלוט יתהון לי מן תמן: |
| 153 | | Ex23:05 | ארום | תחמי | חמרא דשנאך רביע תחות |
| 154 | | Lv20:17 | ויחמי ית עריתה והיא | תחמי | ית ערייתיה חסד הוה דעבדת |
| 155 | | Dt22:01 | לא | תחמי | ית תורא דאחוך או ית אמריה |
| 156 | | Dt22:04 | לא | תחמי | ית חמריה או תורה «דאחוך» |
| 157 | | Dt32:52 | ארום מן כל קבלה | תחמי | ית ארעא ותמן לא תיעול |
| 158 | | Nu23:13 | כען עמי לאתר אוחרן די | תחמי | יתהון מן תמן להוד מן קצת |
| 159 | | Ex 6:01 | ואמר ייי למשה כדון | תחמי | מה די אעבד לפרעה ארום בידא |
| 160 | | Ex18:21 | ואת | תחמי | מכל עמא גברין גברי חיל |
| 161 | מחמא | Gn26:28 | ואמרו | מחמא | חמינן ארום הוה ייי עמך |
| 162 | מחמי | Ex 3:07 | ואמר ייי | מחמי | חמית ית צערהון דעמי |
| 163 | | Gn41:19 | סלקן בתרהון דלילן ובישן | מחמי | לחדא וחסיין בבשרהון ולא |
| 164 | דאחמי | Lv13:07M | "דאתחוי ... ויתחמי": | דאחמי | יתה לכהנה למדכייה יתיה |
| 165 | דחמא | Gn44:19M | "כד חמא ...": כיון | דחמא | יוסף דסלקית <...> רמז |
| 166 | | Nu21:34 | קיים ייי יתיה עד זמן | דחמא | בניהון ובני בניהון ואתא |
| 167 | | Gn32:03M | "כד חמה ...": כיון | דחמא | יתהון דלמא דמשירייתא |
| 168 | דחמה | Gn29:10M | והוה \כד חמה /כיון | דחמה#2/ | יעקב ית רחל ברת לבן |
| 169 | | Nu21:34M | ואמר /כ<י>וו{י}ן | דחמה | משה עוג ^רשיעה#2/^ זע |
| 170 | | Dt 3:02M | כיוון | דחמה | משה עוג רשיעא זע ואירתת |
| 171 | | Gn24:30M | כדי חמה /הוי כיון | דחמה#2/ | ית קדשא וית שיריא |
| 172 | דחמון | Nu14:22 | ארום כל גברייה | דחמון | ית איקרי וית ניסי |
| 173 | דחמי | Gn22:14M | "ברחמין ...": את הוא ייי | דחמי | ולא אתחמי |
| 174 | | Ex33:20 | אפי ארום לית אפשר | דחמי | יתי בר נש וייחי: |
| 175 | | Ex22:09 | או יתבר או ישתביי ולית | דחמי | יתיה: |
| 176 | דחמית | Gn46:30M | עליי דלא מיתת בתר | דחמית | |
| 177 | | Gn33:10 | ארום בגין כדין | דחמית | סבר אפיך מן ידוי ארום |
| 178 | דחמיתון | Dt28:34M | עייניכון \די | תחמון/ד{ת}חמיתון#2/: | |
| 179 | | Gn45:13 | במצרי' וית כל מה | דחמיתון | ותחוון ותחתון ית אבא |
| 180 | | Ex14:13 | תדחלון ארום היך מה | דחמיתון | ית מצריי יומא הדין לא |
| 181 | דחמת | Gn46:30 | זימנא לא מיתת מן בתר | דחמת | סבר אפיך ארום כען את |
| 182 | דתחמי | Ex33:23 | איקר שכינתי לית איפשר | דתחמי: | |
| 183 | וחמ' | Nu22:41M | /<ל>טעוותה פעור | וחמ'#2/ | מן תמן מן קצת/סייפי#2/ |
| 184 | וחמא | Ex32:05 | | וחמא | אהרן ית חור נביא קדמוי |
| 185 | | Ex34:30 | | וחמא | אהרן וכל בני ישראל ית |
| 186 | | Nu22:02 | | וחמא | בלק בר צפור ית כל מה די |
| 187 | | Gn 9:22 | | וחמא | חם אבוהו' דכנענאי ית |
| 188 | | Gn42:07 | | וחמא | יוסף ית אחוי וחכם יתהון |
| 189 | | Gn43:16 | | <וחמא> | יוסף עמהון ית בנימן |
| 190 | | Gn48:17 | | וחמא | יוסף ארום שוי אבוי ית |
| 191 | | Gn50:23 | | וחמא | יוס«ף» לאפרים בנין דר |
| 192 | | Gn31:02 | | וחמא | יעקב ית סבר אפוי דלבן |
| 193 | | Gn42:01 | | וחמא | יעקב ברוח קודשא ארום אית |
| 194 | | Ex12:42 | שמיא אתמככו ונחתו | וחמא | יצחק ית שכלוליהון וכהן |
| 195 | | Lv22:27M | שמך שמייא מכו ונחתו | וחמא | יצחק ית שכלוליהון וכהיין |
| 196 | | Gn48:08 | | וחמא | ישראל ית בנוי דיוסף ואמר |
| 197 | | Ex32:25 | | וחמא | משה ית עמא ארום פריעין |
| 198 | | Ex39:43 | | וחמא | משה ית כל עבידתיה והא |
| 199 | | Gn32:26 | | וחמא | ארום לא הוה יכיל ליה וקרב |
| 200 | | Ex 2:12 | ואסתכיל להכא ולהכא | וחמא | ארום לא הווה תמן גבר וקטל |
| 201 | | Ex 2:11 | משה ונפק לוות אחוי | וחמא | בפולחניהון וחמא גבר מצריי |
| 202 | | Ex 2:11 | אחוי וחמא בפולחניהון | וחמא | גבר מצריי מחי לגבר עברי מן |
| 203 | | Gn 8:13 | נח ית חפייה דתיבותא | וחמא | והא נגבו אפיה דארעא: |
| 204 | | Gn18:02 | ונטל עיינוהי | וחמא | והא תלתא מלאכין בדמות |
| 205 | | Gn26:08M | דפלישתאי על חרכא | וחזא/וחמא#2/ | והא יצחק מגהך עם |
| 206 | | Gn33:01 | «יעקב» ית עיינוי | וחמא | והא עשו את' ועמה ארבע מאה |
| 207 | | Ex 2:12M | קודשא בתרין עלמיא | וחמא | והא לית גיורא עתיד למקום |
| 208 | | Ex 2:12M | הדין ובעלמא דאתי | וחמא | והא לית גבר זכאי נפיק |
| 209 | | Ex 3:02 | בשלהובי אשא מן גו סניא | וחמא | והא סניא בער באשתא וסנייה |
| 210 | | Gn18:02 | גברין קיימין עלוי | וחמא | ורהט לקדמותהון מן תרע |
| 211 | | Ex18:14 | | וחמא | חמוי דמשה ית כל מה דהוה |
| 212 | | Gn42:27 | לחמריה בבית אבתותתה | וחמא | ית כספא והא הוא בפום |
| 213 | | Gn43:29 | ונטל עיינוי | וחמא | ית בנימן אחוי ברה דאמה |
| 214 | | Ex 2:05 | מהלכין על גוף נהרא | וחמא | ית תיבתה בגו אפרה ושלחת ית |
| 215 | | Nu22:31 | ייי ית עיינוי דבלעם | וחמא | ית מלאכה דייי קים מתעתד |
| 216 | | Nu24:20 | | וחמא | ית עמלקאה ונטל במתל נבותה |
| 217 | | Gn34:02 | | וחמא | יתה שכם בר חמור חיוויה |
| 218 | | Gn19:01 | יתיב בתרעא דסדם | ו{ת}<ח>מא | יתהון לוט ורהט |
| 219 | | Lv13:03 | | וחמא | כהנא ית מכתשא במשך בשריה |
| 220 | | Gn49:15 | | וחמא | מן שירויא ארום טב הוה וית |
| 221 | | Nu22:41 | ואסק יתיה לבמתה דבעלה | וחמא | מן תמן מן קצת עמא: |
| 222 | | Dt33:21 | | וחמא | מן שירויה ארום אתר מזומן |
| 223 | | Ex 8:11 | | וחמא | פרעה ארום הוות שעת דרוח |
| 224 | | Ex 9:34 | | וחמא | פרעה ארום אתמנעו קליה |
| 225 | | Gn40:16 | | וחמא | רב נחתומ<י>א ארום טבית פתר |
| 226 | | Gn39:03 | | וחמא | רבוניה ארום ייי הווה עמיה |

| | | | | | |
|---|---|---|---|---|---|
| 227 | וחמאן | Ex34:35 | | וחמאן | בני ישראל ית סבר אפוי |
| 228 | וחמה | Nu24:01 | | וחמה | בלעם ארום שפר הוה מן קדם |
| 229 | | Gn28:06 | | וחמ«ה» | עשו ארום ברך יצחק ית |
| 230 | | Gn28:08 | | וחמה | עשו ארום בישן אנון בנתהון |
| 231 | | Nu25:07 | | וחמה | פנחס בר אלעזר בר אהרן |
| 232 | | Gn19:28 | עמרה וכלפי ארעא משרה | וחמה | והא סליק קיטורא דארעא |
| 233 | | Gn22:13 | ונטל אברהם ית עינוי | וחמה | והא דכר חד באילנא בקרנוי |
| 234 | | Gn24:63 | רמשא ונטל עיינוי | וחמה | והא גמלין אתין: |
| 235 | | Gn29:02 | | וחמה | והא בארה באפיה ברה והא תמן |
| 236 | | Gn22:04 | ונטל אברהם ית עיינוי | וחמה | ית אתרה מן רחיק: |
| 237 | | Gn33:05 | ונטל ית עיינוי | וחמה | ית נשיא וית טפליא ואמר מה |
| 238 | | Gn45:27 | מלוי דיוסף דמלל עמהון | וחמה | ית עגלתא דשלח יוסף למטען |
| 239 | | Nu24:02 | ונטל בלעם ית עיינוי | וחמה | ית ישראל שר{ו}<י>ן |
| 240 | | Nu24:21 | | וחמה | ית שלמייה ונטל במתל נבותה |
| 241 | | Gn38:15 | | וחמה | יתה יהודה וחשב יתה יהודה |
| 242 | | Gn18:02M | מעתדין מעלווי | וחמה | יתהון |
| 243 | | Gn40:06 | לוותהון יוסף בצפרא | וחמה | יתהון והא אפיהון בישין: |
| 244 | | Gn46:29 | ישראל אבוי לגשנה | וחמה | יתיה ואתרכן על צואריה ובכה |
| 245 | | Gn38:02 | | וחמה | תמן יהודה ברתה דגבר |
| 246 | וחמון | Ex14:30 | מן ידיהון דמצריי | וחמון | ישראל ית מצריי מייתין |
| 247 | | Ex14:31 | | וחמון | ישראל ית ידא תקיפתא די |
| 248 | | Gn37:04 | | וחמון | אחוי ארום יתיה הוה רחים |
| 249 | | Gn50:15 | | וחמון | אחוי דיוסף ארום מית |
| 250 | | Gn 6:02 | | וחמון | בני דייניא ית בנתהון |
| 251 | | Ex16:15 | | וחמון | בני ישראל ואמרין |
| 252 | | Gn50:11 | | וחמון | דיירי ארעא דכנען ית אבלה |
| 253 | | Gn37:25 | ונטלו עייניה«ו»ן | וחמון | והא סיעא דסרקין |
| 254 | | Nu17:24 | לוות כל בני ישראל | וחמון | ונסבון גבר חוטרה: |
| 255 | | Gn42:35 | גבר צררא דכספא בסקיה | וחמון | ית צרריהון דכספיהון אינון |
| 256 | | Ex14:13 | לא תדחלון אתע<ת>דו | וחמון | ית פורקנוי דייי די יעבד |
| 257 | | Ex24:10 | | וחמון | ית איקר שכינתה דייי ותחות |
| 258 | | Ex24:11 | ישראל לא פשט ידיה | וחמון | ית איקר שכינתה דייי והוון |
| 259 | | Nu32:01 | ולבנוי דגד תקיף לחדה | וחמון | ית ארע מ<כ>ב{כ}ר וית ארע |
| 260 | | Nu32:09 | וסלקו עד נחל סגולה | וחמון | ית ארעא ותברו ית לבהון |
| 261 | | Gn12:15 | | וחמון | יתה רברבנוי דפרעה ושבחו |
| 262 | | Gn37:18 | | וחמון | יתיה מרחיק וקדם עד לא קרב |
| 263 | | Ex33:10 | | וחמון | כל עמא ית עמודא דעננא |
| 264 | | Lv 9:24 | ית עלתה וית תרביה | וחמון | כל עמא וחדון ואשתטחו על |
| 265 | | Nu20:29 | | וחמון | כל עם כנישתה ארום סאף |
| 266 | | Nu13:26M | וית כל עמה דכנשתה | וחמון | להון ית פירייה דא' |
| 267 | | Gn12:14 | כד על אברם מצרימה | וחמון | מצריה ית אתתיה ארום שפירת |
| 268 | | Ex 5:19 | | וחמון | סרכי בנוי דישראל יתהון |
| 269 | | Ex20:18 | דשיפור' וית טורא תנן | וחמון | עמא ואזדעזען וקמו להון |
| 270 | | Ex32:01 | | וחמון | עמא ארום אשתהי משה למיחת |
| 271 | וחמי | Ex33:13 | די אשכחת חן וחסד באפיך | וחמי | ארום עמך אומתא רבתה הדא: |
| 272 | | Ex33:13M | חן וחסד קודמיך | וחמי#2#/ | ארום עמך ^הנון#2#/ |
| 273 | | Dt 3:27 | ולדרומה ולמדנחה | וחמי | בעיינך ארום לא תעיבר ית |
| 274 | | Ex25:40 | | וחמי | ועבד בדמותיהון די את חמי |
| 275 | | Gn37:14 | ואמר לו אזל כען | וחמי | ית שלמיהון דאחיך וית שלמא |
| 276 | | Nu27:12M | לטור עבריה הדין | ותחמי/וחמי#2#/ | ית ארעא די יהבית |
| 277 | | Dt32:49 | דמאב די כל קבל יריחו | וחמי | ית ארעא דכנען דאנה יהב |
| 278 | | Gn31:12 | ואמר טל כען עיינך | וחמי | כל גדיא דסלקין על ענה |
| 279 | | Gn13:14 | מן לוותה טול כען עיניך | וחמי | מן אתרא דאת תמן לצפונה |
| 280 | וחמית | Gn16:05 | דלא יקטלון יתך | וחמית | דלא הויינה ילדה ונסיבת |
| 281 | | Dt 9:16 | | וחמית | והא אתחייבתון קדם ייי |
| 282 | וחמיתון | Dt29:16 | | וחמיתון | ית מרחקתהון וית טעוותהון |
| 283 | וחמת | Gn30:09 | | וחמת | לאה ארום קמת לה מן למילד |
| 284 | | Gn30:01 | | וחמת | רחל ארום לא הוות ילדה |
| 285 | | Gn21:09 | | וחמת | שרה ית ברה דהגר מצריתא |
| 286 | | Gn16:05 | דאתבני אף אנה על ידה | וחמת | ארום עברת ואזל איקרי באפה |
| 287 | | Nu22:23 | | וחמת | אתנתה ית מלאכה דייי מעתד |
| 288 | | Nu22:25 | | וחמת | אתנתה ית מלאכה דייי ואדחקת |
| 289 | | Nu22:27 | | וחמת | אתנתה ית מלאכה דייי ורבעת |
| 290 | | Gn 3:06 | | וחמת | אתתא ארום טב אילנא למיכל |
| 291 | | Gn21:19 | ופקח ייי ית עיינה | וחמת | באר דמיין ואזלת ומלת ית |
| 292 | | Gn31:10 | ענא ונטל«ת» עייני | וחמת | בחלמא והא גדיא דסלקין על |
| 293 | | Gn41:22 | | וחמת | בחלמי והא שבע שבלין סלקן |
| 294 | | Gn24:64 | ונטלת רבקה ית עיינה | וחמת | ית יצחק ואתרכנת מעלוי |
| 295 | | Ex 2:06 | ופתחת | וחמת | ית טליא והא טליא בכי וחסת |
| 296 | | Gn38:25 | שהדוי ואנהרון עיינה | וחמת | יתהון ויהבת יתהון בידוי |
| 297 | | Nu22:33 | | וחמת | יתי אתנתה וסטת קדמיי דנה |
| 298 | | Ex 2:02 | ועברת אתתא וילדת בר | וחמת | יתיה ארום טב הוא וטמרת יתה |
| 299 | | Gn16:04 | ועל לוות הגר ועברת | וחמת | {{ע}}ארום עברת וזל איקרה |
| 300 | ואחמי | Gn18:21 | אתגלי כען | ואחמי | הא כקבילתיה דסלקת קדמיי |
| 301 | | Ex 4:18 | לוות אחי די במצרים | ואחמי | העד כען אינון בחיין ואמר |
| 302 | | Ex 3:03 | ואמר משה אסטי כען | ואחמי | ית חזיא רבא הדין מן בגלל |
| 303 | | Ex12:13 | די אנון שריין תמן | ואחמי | ית אדמיה ואפסח ואגן |
| 304 | | Ex33:23M | \ותחמי ית דברא דיקר | /ואחמי | ית דבורה דאיקר#2#/ |
| 305 | | Dt 3:25 | אעבר כען בבעו | ואחמי | ית ארעא טבתה די בעבר |
| 306 | | Dt 3:25M | ואחמי /אעבור כען | ואחמי#2#/ | ית ארעא טבתה די |
| 307 | | Gn 9:16 | ותהוי קשתא בעננא | ואחמי | יתה למדכרה קיים עלם בין |
| 308 | ואיחמי | Gn45:28 | בחיין איזי«ל» כען | ואיחמי | יתיה קדם עד לא אימות: |
| 309 | ויחמון | Dt29:21 | דייתי מן ארע רחיקה | ויחמון | ית מחוותה דארעא ההיא וית |
| 310 | | Ex34:10M | ארעא ובכל אמיא | ויחמי/<ויח>מון#2#/ | כל עמא די את שרי |
| 311 | | Dt28:10 | | ויחמון | כל אומייה דארעא ארום שמיה |
| 312 | ויחמי | Lv14:39 | כהנא ביומא שביעיה | ויחמי | והא הלך מכתשה בכותלי |
| 313 | | Lv14:44 | וייתי ויעול כהנא | ויחמי | והא הלך מכתשה בביתה צרעה |
| 314 | | Lv14:48 | ואין מיעול יעו' כהנא | ויחמי | והא לא הלך מכתשה בביתה |
| 315 | | Ex12:23 | למשיציא ית מצריי | ויחמ{ו}<י> | ית אדמה על שקופא ועל |
| 316 | | Lv14:37 | | ויחמי | ית מכתשה והא מכתשה בכותלי |
| 317 | | Lv20:17 | ברת אבוי או ברתה דאמה | ויחמי | ית עריתה והיא תחמי ית |
| 318 | | Lv13:43 | | ויחמי | יתה כהנא והא שומת מכתשה |
| 319 | | Lv13:36 | | ויחמי | יתי' כהנא {ל} והא הלך |
| 320 | | Lv13:03 | מכת«ש» צרעה היא | ויחמי | יתיה כהנא ויסאב יתיה: |
| 321 | | Lv13:05 | | ויחמי | יתיה כהנא ביומא שביעיה |
| 322 | | Lv13:17 | | ויחמי | יתיה כהנא והא אתהפך מכתשה |
| 323 | | Lv13:25 | | ויחמי | יתיה כהנא והא אתהפך שער |
| 324 | | Lv13:27 | | ויחמי | יתיה כהנא ביומא שביעיה |
| 325 | | Nu21:08M | כל דמתנוכת מן חוויה | ויחמי | יתיה ויחי#2#/: |
| 326 | | Ex 4:14 | לחוד הוא אתא לקדמותך | ויחמי | יתך ויחדי בלביה: |
| 327 | | Lv13:03M | | וחמא/ויחמי#2#/ | כהנא ית מכתשא במשך |
| 328 | | Lv13:06 | | ויחמי | כהנא יתיה ביומא שביעיה |
| 329 | | Lv13:08 | | ויחמי | כהנא והא הלכת קלפתה במשכה |
| 330 | | Lv13:10 | | ויחמי | כהנא והא שומה חוור' במשכה |
| 331 | | Lv13:13 | | ויחמי | כהנא והא כסית צרעתה ית כל |
| 332 | | Lv13:15 | | ויחמי | כהנא ית בשרה חייה ויסאב |
| 333 | | Lv13:20 | | ויחמי | כהנא והא חזוה מכיך מן |
| 334 | | Lv13:30 | | ויחמי | כהנא ית מכתש' והא חזוה |

335 Lv13:32 ויחמי כהנא ית מכתשה ביומא
336 Lv13:34 ויחמי כהנא ית נתקה ביומא שביעיה
337 Lv13:39 ויחמי כהנא והא במשך בשרהון
338 Lv13:50 ויחמי כהנא ית מכתשה ויטרוד ית
339 Lv13:55 ויחמי כהנא מן בתר דאתחוור ית
340 Lv14:03 כהנא לבר מן משריתה ויחמי כהנא והא איתסי מכתש צרעתה
341 Ex34:10 בכל ארעא ובכל אמיא ויחמי כל עמא די את שרי ביניהון
342 Gn45:28M ונחמי כען ואיחמי /ניזל ונחמי#2#/ יתיה קדם עד לא אימות
343 Gn37:20 חיוותא בשתא אכלת יתיה ונחמי מה יהווי בסופהון דחלמוי:
344 Dt21:11M ותחמון ותחמי/ותחמון#2#/ בשביתה איתה/אתה#2#/
345 Nu13:18 ותחמון ית ארעא מה היא וית עמא
346 Nu15:39 ויהווין לכון למצנפן ותחמון יתיה ות{ת}<ד>כרון ית כל
347 Dt20:01 קרבה על בעלי דבביכון ותחמון סוסוון ורוכביהון עם סגין
348 Dt21:11 ותחמי ותחמי בשביתה איתה שפירת חזוון
349 Ex33:23 דקיימין ומשמשין קדמי ותחמי ית דברא דיקר שכינתי ואפי
350 Nu27:12 סוק לטור עבריה הדין ותחמי ית ארעא די יהבית לבני
351 Dt 4:19M לשמייא ותיחמון/ותחמי#2#/ ית שמשה וית זהרא
352 Nu27:13 ותחמי יתה ותתכנש לוות עמך אוף
353 Dt 4:19 ותיחמון עייניכון לשמייא ותיחמון ית שמשה וית זהרא וית
354 Gn30:41 למחמא קדם ענה במו{ד}<ר>כותא למחמא יתהון בחוטריא:
355 Ex33:20 למחמי ואמר לא תכל למחמי אפי ארום לית אפשר דחמי
356 Gn 8:08 ושלח ית יוונה מן לוותה למחמי הא א{וק}תקלי#2#^לו מיא
357 Dt29:03 לכון לב למידע ועיינין למחמי ואדנין למשמע עד יומא
358 Gn41:02 סלקין שבע תורין יאיין למחמי ובריין בבשריהון והוין
359 Gn41:04 ית שבעתי תורייא יאיין למחמי ובריתא ואתער פרעה:
360 Gn45:28M וסגי נחמתא אסתכיתי למחמי והדא ניחמותא לא סברית
361 Gn 2:09 מן אדמתא כל אילן דיאי למחמי וטב למיכל ואילן חייא בגו
362 Gn45:28M לא סברית{ס}<ת>וב למחמי ומן דעד כדון יוסף ברי
363 Gn27:01 וכהיין עיינוי«י» מן למחמי וקרא ית עשו בריה רבא
364 Ex 3:04 קדם ייי ארום סטה משה למחמי וקרא ליה ממריה דייי מן גו
365 Gn11:05 איקר שכינתיה דייי למחמי ית קרתא וית מגדלא דבנו
366 Lv14:36 קדם עד לא יעול כהנא למחמי ית מכתשה ולא יסתאב כל מה
367 Gn28:12 דהוויתון מתחמדין למחמי יתה והא מלאכין מן קדם ייי
368 Dt28:68 לכון לא תוספון תוב למחמי יתה ותזדבנון תמן
369 Gn 2:19 ואיתי יתהון לות אדם למחמי מה הוא קרא ליהון וכל מה
370 Gn19:26M דסדם אסתכלת מן בתרה למחמי מה יהוי בסוף בייתיה דא'
371 Gn19:26 אסתכלת לבתר«ה» למחמי מה יהווי בסופה דביתיה
372 Nu19:05M למחמייה ויוקד ית תורתה קדמוי/למחמייה דאלעזר#2#/ ית
373 Gn42:12 למיחמי מעללי דארעא אתיתון למיח«מי»:
374 Ex33:23M איפשר דתחמי/לך למיחמי#2#/:
375 Gn49:12 מן חמרא זכוכא דלא למיחמי בהון גילוי עריין מלמשפך
376 Nu12:12M וכד{י}<ו> מטת זימנא למיחמי בנחמותה לא כדון תתרחק דא
377 Gn48:10 משיבה ולא הוה יכיל למיחמי ואקריב יתהון לוותיה וגפף
378 Gn48:11 סבר אפיך לא סכיית למיחמי והא חזי יתי ייי אף ית
379 Gn41:03 בתריהון מנהרא בישן למיחמי וחסין בבשריהון וקמו להון
380 Gn41:04 ואכלין תורייא דבישין למיחמי וחסין בבשריהון ית שבעתי
381 Gn45:28 סגי טבין ונחמן סכיית למיחמי ולדא לא סכיית דעד כדון
382 Gn42:09 ואמר להון יללין אתון למיחמי ית מעלליא דארע«א»
383 Ex10:05 דארעא ולא תיכול למיחמי{ה} ית ארעא ויכול ית שייר
384 Lv14:36 כדין ייעול כהנא למיחמי ית ביתה:
385 Nu32:08 יתהון מן רקם דגיעה למיחמי ית ארעא:
386 Gn38:25 לביניה הוא יתן בליביה למיחמי יתהון בשעתא הדה ויפרוק
387 Nu 4:20 ולא ייעלון למיחמי כד משקע כהנה רבה ית כל
388 Gn44:23M עמכון לא תסגון למיחזי/למיחמי#2#/ סבר אפוי:
389 Gn44:26 ארום לית אנן יכלין למיחמי סבר אפוי דגברא ואחונן
390 Ex10:29 מללת לא אוסף תוב למיחמי סבר אפך:
391 Ex19:21 למיחמיה דלא ידחקון קדם ייי למיחמיה ויפל מנהון אוכלסין סגין:
392 Ex14:13 יומא הדין לא תוספון למיחמיה יתהון תוב בשעבוד ע{ל}<ד>
393 Ex27:08 אחמית afel לוחין תעבד יתיה היך <אחמית> יתך בטורא כדן יעבדון:
394 Dt34:04M אחמיתה בניך אתן יתה \חמי יתה/אחמיתה בעיינך#2#/ ותמן לית את
395 Ex30:13M איתחמי etpeel דין שיעורא דסילעה איתחמי למשה בטורא דסיני היך
396 Gn49:12M אתחמ' מן חמרא זכיכא דלא אתחמ' בהון גלוי עריי' ודי לא
397 Gn22:14M אתחמי את הוא ייי דחמי ולא אתחמי
398 Lv14:35M כמכתש אתחזי/^<את>חוי#2#^/אתחמי#2#/ לי בביתה:
399 Gn 8:05M אתחמין טוריא /בחד יום לירחא אתחמין ראשי טוריא#2#/:
400 Ex16:07 יתחמון ובצפרא יתחמון איקר שכינתה דייי ושמיע ית
401 Ex23:17 תלתא זמנין בכל שתא יתחמון כל דכוריכון תבעין אולפן
402 Ex13:07 יתחמי יתחמי לכון חמיע ולא יתחמי {ב} דמחמע בכל תחומיכון:
403 Ex34:03 יסק עמך ולהוד גבר לא יתחמי בכל טורא להוד ענה ותורא
404 Ex20:14 שותפין עם גיורין ולא יתחמי בכנישתהון דישראל עם
405 Ex20:15 שותפין עם גנבין ולא יתחמי בכנישתהון דישראל עם
406 Ex20:16 עם סהדי שקרא ולא יתחמי בכנישתהון דישראל עם סהדי
407 Ex20:17 שותפין עם חמודין ולא יתחמי בכנישתהון דישרא' עם
408 Dt 5:17 שותפין עם קטולין ולא יתחמי בכנישתהון דישראל עם
409 Dt 5:19 שותפין עם גנבין ולא יתחמי בכנישתהון דישראל עם
410 Dt 5:20M "ולא יתחבר... אנשא": ולא יתחמי בכנישתהון דישראל שהדין
411 Ex20:13 שותפין עם קטוליא ולא יתחמי בכנישתיהון דישראל עם
412 Ex23:17M זמנין בכל שתא יתחמון/יתחמי#2#/ כל דכוריכון תבעין
413 Ex34:23M תלתה זמנין בכל שתה יתחמי כל דכורכון תבעין אלפן
414 Dt16:16 תלתא זמנין בכל שתה יתחמי כל דכוריכון קדם רבון כל
415 Ex13:07 ית שבעתי יומיא ולא יתחמי לכון חמיע ולא יתחמי {ב}
416 Dt16:04 ולא יתחמי לכון חמיר בכל תחומיכון
417 Ex34:23 יתחמיר' תלתא זמנין בשתא יתחמיר' כל דוכריכון קדם רבון כל
418 Ex12:19M יתחמין יומין חמיר לא ישתכח/יתחמין#2#/ בגו בתיכון ארום כל
419 Ex34:20 יתחמן בניכון תפרקון ולא יתחמן קדמיי ריקנין מן כל מצוה:
420 Ex23:15 תתחמון פריקין ממצרים ולא תתחמון קדמיי ריקם:
421 Gn42:01 יעקב לבנוי למה כען תתחמון שביעין ביני כפנין:
422 Ex26:24M מתחמיי' מתכוונין/והוין מתחמ{מ}יי#2#/ מן מלרע וכחדא יהוון
423 Gn19:03M מתחמיין ועבד להון שירו והנון מתחמיין היך אכלין והיך שתיין
424 Ex24:11M דאתקבלון היך /מתחמיין היך#2#/ אכלון והיך
425 Ex36:12M \מכוונן הוון ענבי /מתחמיין עינבייה#2#/ חדא לקבל
426 Gn18:08 מתחמין תחות אילנא והוון מתחמין היך אכלין והיך שתין:
427 Ex36:29M והוון מתאמין/מתחמין#2#/ מן לרע וכחדה הוון
428 Ex39:15M /שיישל{י}<ו>ן מתחמין#2#/ עובד קליעה דהב דכי:
429 Ex36:29M וכחדה הוון מתאמין/מתחמין#2#/ \על ראשה/על
430 Gn30:41M מתחמן /במו<ר>כיותא למהוויין מתחמן בחוט#2#/:
431 Lv13:14M דאתחמי \די יתחזי^דיתחמי#2#^/דאתחמי#2#/ בה בשר
432 Lv13:14M דיתחמי \די יתחזי^דיתחמי#2#^/דאתחמי#2#/ בה בשר
433 Lv13:07M וית' לכהנה למדכייה יתיה וית'
434 Lv13:07 ויתחמי לוות כהנא לדכותה ויתחמי זמן תניינות לכהנא:
435 Lv13:19M /סמקה#2#/ ויתחזו/ויתחמי#2#/ לכהנא:
436 Lv13:49 מן דמשך מכתש צרעה הוא ויתחמי לכהנא:
437 Gn 1:09 ותתחמי מן תחות שמיא לאתר חד ותתחמי יבשתא והוה כן כמימריה:
438 Gn 9:14 ענניא פרסין על ארעא ותתחמי קשתא בעננא:
439 Dt31:11 למחמייה במעלהון דכל ישראל למחמייה קדם ייי אלהכון באתרה די
440 Ex34:24M למתחמי למתחמיה/<למתח>מי#2#/ קדם ייי אלהכון
441 Dt16:16 למתחמיא לית אתון רשיין למתחמיא קדם ייי אלהכון ריקנין מן
442 Ex23:15M למתחמיי' לית אתון רשיהין למתחמיי' קדם אלהיכון ריקונין מן

|  |  |  |  |  |
|---|---|---|---|---|
| 443 | למתחמיא | | Gn34:01 | לאה די ילדת ליעקב למתחמיא עם בנתהון דעמא דארע׳: |
| 444 | למתחמייה | | Ex34:24 | ית ארעכון במיסק לכון למתחמייה קדם ייי אלהכון תלתא |

## proper *adj.* חמי [205]

|  |  |  |  |  |
|---|---|---|---|---|
| 001 | דחמי | s ab/cn | Nu 9:08 | קטלין בפריע ית מן דחמי לה מתקטלה בדינה ולא יהוון |
| 002 | | | Dt22:08 | לגו בייתך דלא יפול מן דחמי לה למיפל מניה: |
| 003 | | | Ex 4:13 | ייי שלח כען ביד דן דחמי ליה למשתלחא: |
| 004 | | | Lv24:12 | קטילין בפריע ית מן דחמי ליה למתקטלה בדינה ^אר#2#^ |
| 005 | | | Nu15:34 | קטולין בפריע ית מן דחמי ליה למתקטלה בדינה דלא |
| 006 | | | Nu27:05 | קטלין בפריע ית מן דחמי ליה למתקטלה בדינה ולא |
| 007 | | | Dt25:01 | זכייה ויחייבון ית מן דחמי ליה למחייבה: |
| 008 | | | Ex33:19 | טובי קדמיך ואחוס על מן דחמי למחוס וארחם על מן דחמי |
| 009 | | | Ex33:19 | דחמי למחוס וארחם על מן דחמי למרחמה: |

## hot *adj.* חמים [206]

|  |  |  |  |  |
|---|---|---|---|---|
| 001 | וחמים | s ab/cn | Gn 8:22 | זרעין וחצדין וקריר וחמים וקיט ו{תס}<סת>ב ואיממא |

## theft *n.* חמיסי [206]

|  |  |  |  |  |
|---|---|---|---|---|
| 001 | חמיסיין | p abs | Gn49:12 | מלמיכל בהון חמיסיין וגזילין יסמקון טורייא מן |

## leaven *n.* חמיע [206]

|  |  |  |  |  |
|---|---|---|---|---|
| 001 | חמיע | s ab/cn | Ex13:03 | מן הכא ולא יתאכיל חמיע: |
| 002 | | | Ex23:18 | לא תכסון על חמיע אדם נכסת קדשי ולא יבית מן |
| 003 | | | Ex34:25 | לא תכסון על חמיע אדם נכסת קדשיי ולא יבית |
| 004 | | | Lv 2:11 | לשמה דייי לא תתקרב חמיע ארום כל דמחמע וכל דמדבש לא |
| 005 | | | Ex13:07 | יומיא ולא יתחמי לכון חמיע ולא יתחמי {ב} דמחמע בכל |
| 006 | | | Ex12:15 | בתיכון ארום כל דייכול חמ«י»ע ותשתיצי אנשא ההוא מן |
| 007 | | | Ex12:19 | בתיכון ארום כל די אכל חמיע ותשתיצי נפשא ההיא מן |
| 008 | | | Lv 6:10 | לא תתאפי חמיע חלקהו׳ יהבית יתה מן קרבנוי |
| 009 | | | Lv23:17 | עשרונין סלת יהוויין חמיע יתאפיין בכוריה לשמה דייי: |
| 010 | | | Dt16:03 | לא תיכלון עלוי חמיע שובעה יומין תיכלון עלוי |
| 011 | אחמע | | Ex12:20 | כל אחמע לא תאכלון בכל אתר |
| 012 | דחמיע | | Lv 7:13 | על חלין לחם דחמיע יקרב קרבנ׳ על נכסת |
| 013 | חמיעה | s em/sf | Ex12:39 | ואפון ית חמיעה דדהון דאפיקו מן מצרים |

## stringent *adj.* חמיר [206]

|  |  |  |  |  |
|---|---|---|---|---|
| 001 | חמירא | s ab/cn | Lv10:19 | ואת מלף יתן דחטאתה חמ<י>רא מן מעשרה תנינה ולית אפשר |
| 002 | | | Lv10:19M | יתן דחטאתה חמ<י>רא/חמירא תמי<מה>#2#/ מן מעשרה |

## leaven *n.* חמיר [206]

|  |  |  |  |  |
|---|---|---|---|---|
| 001 | חמיר | s ab/cn | Dt16:04 | ולא יתחמי לכון חמיר בכל תחומיכון שובעה יומין |
| 002 | | | Ex12:19 | שבעה יומין חמיר לא ישתכח בגו בתיכון ארום |
| 003 | חמירא | s em/sf | Ex12:15 | ביומא קדמאה תבטלון חמירא מן בתיכון ארום כל דייכול |

## fifth *num.* חמישי [206]

|  |  |  |  |  |
|---|---|---|---|---|
| 001 | חמישי | s ab/cn | Gn 1:23 | צפר סדר עבד בראשית יום חמישי: |
| 002 | חמישיי | | Gn30:17 | וילידת ליעקב בר חמישיי: |
| 003 | חמישאה | s em/sf | Gn28:10 | דלבן אחוי דאמה וניסא חמישאה כיון דארים אבונן יעקב ית |
| 004 | חמישיה | | Nu33:38 | מן ארעא דמצרים בירחא חמישיה בחד לירחא: |
| 005 | | | Nu 7:36 | ביומא חמישיה דחנוכת רבותה דמדבחה קרב |
| 006 | חמישייה | | Nu29:26 | וביומא חמישייה דחגה דמטלייה תקרבון |
| 007 | חמישייתה | | Lv19:25M | ובשתה חמישיתה/חמיש{ת}יי<ת>ה#2#/ תיכלון ית |
| 008 | חמישיתה | | Lv19:25 | ובשתה חמישיתה תיכלון ית פירוי למוספה |
| 009 | חמישתה | | Nu 7:36M | ביומא חמישיה/חמישתה#2#/ דחנוכת רבותה |

## to be hot *vb.* חמם [206]

|  |  |  |  |  |
|---|---|---|---|---|
| 001 | במיח׳ | peal | Gn18:01 | מתחמם מן אדם גזירתיה במיח׳ יומא: |
| 002 | כמחום | | Gn35:09M | ויתב ליה בתרע משכניה כמחום יומא דכ{ו}<ך> כתבא מפרש |
| 003 | מתחמם | etpaal | Gn18:01 | משכניה בתקפה דיומא מתחמם מן אדם גזירתיה במיח׳ |

## violence *n.* חמסין [206 חמס]

|  |  |  |  |  |
|---|---|---|---|---|
| 001 | חמסין | p abs | Gn 6:13 | ארר׳ אתמליאת ארעא חמסין וגזילין מן קדימהון והא |
| 002 | | | Gn 6:11 | קדם ייי ואתמליאת ארעא חמסין וגזלנין: |
| 003 | | | Gn49:12M | די לא אכל בהון לא חמסין ולא גזילין |

## to become leavened *vb.* חמע [206]

|  |  |  |  |  |
|---|---|---|---|---|
| 001 | חמיע | peal | Ex12:39M | קדם עד לא חמע/^חמיע#2#^/יחמע#2#/ ארום אטרדו מן |
| 002 | חמע | | Ex12:39 | חוררן דפטירין קדם עד לא חמע ארום אטרדו מן מצרים ולא |
| 003 | יחמע | | Ex12:39M | קדם עד לא חמע/^חמיע#2#^/יחמע#2#/ ארום אטרדו מן |
| 004 | מחמע | afel | Ex12:20M | כל אחמע/מחמע#2#/ לא תאכלון בכל אתר |
| 005 | דמחמע | | Ex13:07 | חמיע ולא יתחמי {ב} דמחמע בכל תחומיכון: |
| 006 | | | Lv 2:11 | לא תתקרב׳ חמיע ארום כל דמחמע וכל דמדבש לא תקרבון מניה |
| 007 | אתחמע | etpeel | Ex12:34 | עמא ית לישיהון עדלא אתחמע אצבתהון צרירן בשושפיהון |
| 008 | | | Ex12:34M | /לשהון קדם עד לא אתחמע#2#/ אצבתהון צרירן |

## vinegar *n.* חמע [206]

|  |  |  |  |  |
|---|---|---|---|---|
| 001 | וחמע | s ab/cn | Nu 6:03M | חמר דחמר#2#/ חדת וחלד חמר/וחמע דחמ׳#2#/ עתיק לא |

## Emesaean *adj.* חמציי [!!]

|  |  |  |  |  |
|---|---|---|---|---|
| 001 | חמצאי | p em/sf | Gn10:18M | \זימרייא וית אנטוכיא /חמצאי וית אנטיוכאי#2#/ ומן בתר |

## wine *n.* חמר [207]

|  |  |  |  |  |
|---|---|---|---|---|
| 001 | חמר | s ab/cn | Nu 6:20 | ומן בתר כדין ישתה נזירה חמר: |
| 002 | | | Ex22:09 | וארום יתן גבר לחבריה חמר או תור או אימר וכל בעיר |
| 003 | | | Gn19:34 | ברמשא עם אבא נשקי יתיה חמר אף ליליא הדין ועולי ושמש |
| 004 | | | Nu28:07 | בית קודשה יתנסך ניסוך חמר בחיר לשמה דייי: |
| 005 | | | Gn19:33 | ואשקיין ית אבוהון חמר בליליא הוא ועלת רבתא |
| 006 | | | Nu28:14 | הינא תקרבון עם אמרא חמר דא עלתה די תהווי מקרבה בכל |
| 007 | | | Nu 6:03M | ישתי חלד חמר/יתבזר חמר דחמר#2#/ חדת וחלד חמר |
| 008 | | | Gn27:28 | טובא דארעא וסגי עבור חמר ומשח: |
| 009 | | | Nu18:12M | דחטה וכל טוב חמר ומשח שורייהון די |
| 010 | | | Dt28:51 | לא ישיירון לכון עבור או חמר ומשח בקרת תוריכון ועדרי |
| 011 | | | Gn19:32 | אתוי ונשקי ית אבונן חמר ונשמש עמה ונקים מן אבונן |
| 012 | | | Gn19:35 | בליליא ההוא ית אבוהון חמר וקמת זעירתא ושמשת עמה ולא |
| 013 | | | Gn27:25 | ליה ואכל ואייתי ליה חמר ושתי: |
| 014 | | | Lv10:09 | חמר חדת וחמר עתיק לא תשתון את |
| 015 | | | Nu 6:03 | מן חמר ח{ת}«ד»ת ועתיק לא ישתי |
| 016 | | | Ex29:40 | הנא ונסוך רביעת הנה חמר כהדן סדרא תקרבון עם אמרא |
| 017 | | | Nu28:07 | ונסוכוי חמר רביעות הינה תקרבון עם אמרא |
| 018 | | | Lv23:13 | דרעוה לשמה דייי ונסוכוי חמר רבעות הינה: |

|  |  |  |  |  |
|---|---|---|---|---|
| 019 | בחמר | | Dt21:20 | בקלן אכל בבשרה ושתי בחמר: |
| 020 | דחמ' | | Nu 6:03M | חדת וחלד חמר/וחמע דחמ'#2#/ עתיק לא ישתי וכל עצורה |
| 021 | דחמר | | Dt21:20M | בחמר /דבשר ושתי דחמר#2#/: |
| 022 | | | Dt32:14 | חדה יהון שתיין כור דחמר: |
| 023 | | | Nu 6:03M | חלד חמר /יתבזר חמר דחמר#2#/ חדת וחלד חמר/וחמע |
| 024 | וחימר | | Nu29:30M | ומנחתהון ונסוכיהון/וחימר מה די תהוון |
| 025 | | | Nu29:27M | ^^ומנחתהון ונסוכיהון/וחימר ניס#2#/ מה די |
| 026 | וחמר | | Lv22:27M | לאבוי מן תבשילוי וחמר אשקי יתיה וזכה למקבלה סדר |
| 027 | | | Gn14:18 | הוא שם רובה אפק לחם וחמר והוא הוה כהן משמש בכהנת' |
| 028 | | | Dt29:05 | לחם לא אכלתון וחמר חדת ועתיק לא שתיתון |
| 029 | | | Dt28:39 | כרמין תצבון ותפלחון וחמר לא תשתון ולא תמגורון ארום |
| 030 | | | Dt33:28 | אבוהון לארע עבדה עיבור וחמר לחוד שמיא דעילויהון יהוון |
| 031 | | | Nu15:05 | וחמר לניסוך רביעות הינא משח |
| 032 | | | Nu15:07 | וחמר לניסוך תלתות הינה תקרבון |
| 033 | | | Nu15:05 | לניסוך רביעות הינא משח וחמר לנסוך רביעות הינא תקרבון |
| 034 | | | Nu29:33M | ומנחתהון ונסוכיהון/וחמר נ#2#/ מה די תהוון |
| 035 | | | Nu29:24M | ומנחתהון וניסוכיהון/וחמר ניסו#2#/ די תהוון |
| 036 | | | Nu29:21M | ומנחתהון וניסוכיהון/וחמר ניסוך#2#/ מה די |
| 037 | | | Nu29:18 | ומנחתהון וחמר ניסוכיהון מה דיתהוון |
| 038 | | | Nu29:37M | ומנחתיהון וניסוכיהון/וחמר ניסוכיהון#2#/ מה די |
| 039 | | | Dt32:38 | תרבי נכסי קורבניהון וחמר ניסוכיהון דהוון מנסכין |
| 040 | | | Gn27:37 | קדמוי לעבדין ועבור וחמר סמכ<'> יתיה ולך מן כדון מה |
| 041 | | | Lv10:09 | חמר חדת וחמר עתיק לא תשתון את ובניך עמך |
| 042 | | | Nu18:12 | טוב דמשח וכל טוב דעבור וחמר שרוי ברתהון די יפרשון לשמה |
| 043 | | | Nu15:10 | וחמר תקרב לניסוך פלגות הינה |
| 044 | ובחמר | | Dt14:26 | נפשיכון בתורין ובען ובחמר חדת ובעתיק ובכל מה די |
| 045 | חלד חמר | | Nu 6:03 | ועתיק לא ישתי חלד חמר חדת וחלד חמר עתיק לא |
| 046 | וחלד חמר | | Nu 6:03 | לא ישתי חלד חמר חדת וחלד חמר עתיק לא ישתי וכל עצורה |
| 047 | חמרא | s em/sf | Gn49:12 | מן גפנוי ומעצרתא מן חמרא ויתחוורון גלמתא מן סגי |
| 048 | | | Gn 9:21 | ושתה מן חמרא ורווה ואתגלי בגו משכנה: |
| 049 | | | Gn49:12 | עיינוי דמלכא משיחא מן חמרא זכוכא דלא למיחמי בהון |
| 050 | | | Gn49:12M | עיינו' ד{ק}<כ>יין מן חמרא זכיכא דלא אתחמ' בהון גלוי |
| 051 | חמריה | | Gn 9:24 | ואתעיר נח מן חמריה וידע ית מה דעבד ליה בריה |
| 052 | חמריכון | | Dt 7:13 | ארעכון עבידתיכון חמריכון ומשחכון בקרת תוריכון |
| 053 | חמרכון | | Dt12:17 | מעשר תיניין עיבוריכון חמרכון ומשחיכון ובכורי תוריכון |
| 054 | | | Dt18:04 | שרוי עבוריכון חמרכון ומשחיכון ושירוי גזזי |
| 055 | | | Dt14:23 | מעשר תניין עבוריכון חמרכון ומשחכון ובכורי«י» |
| 056 | דחמרא | | Nu 6:04 | מכל די יעבד מן גופנה דחמרא מן כמישן עד פגן לא יאכל: |
| 057 | וחמרא | | Dt16:13 | עבורה מן אדרא וחמרא מן מעצרתה: |
| 058 | וחמרה | | Nu15:20 | עבורה מן אדרה ו{ת}<ח>מרה מן מעצרתה כן תפרשון |
| 059 | | | Nu18:27 | עיבורא מן אדרה וחמרה מן מעצרתה: |
| 060 | | | Nu18:30 | עיבורא מן אדרה וחמרה מן מעצרתה: |
| 061 | לחמריה | | Gn42:27 | ית שקיה למיתן כסה לחמריה בבית אבתותתה וחמא ית כספא |
| 062 | חמרין | p abs | Gn50:01M | ... תמן הוו שפכן {ת}<ח>מרין רתחנין ותמן מוקדן ותמן |
| 063 | חמריכון | | Dt18:04M | שרוי עבוריכון חמרכון/<חמ>ריכון#2#/ ומשחיכון ושירוי |
| 064 | וחמריכון | | Dt11:14 | ותכנשון עבוריכון וחמריכון ומשחיכון: |
| 065 | | | Dt11:14M | /מן א{ו}<י>דריכון וחמריכון מן מעצ{יר}<רי>כון#2#/ |

See also: חל *n.*

## חמר #2 *n.* ass [207]

|  |  |  |  |  |
|---|---|---|---|---|
| 001 | חמור | s ab/cn | Ex21:33 | יתיה ויפל תמן תור או חמור: |
| 002 | ובחמר | | Dt22:10 | ישראל לא תרדון בתור ובחמר תריהון קטירין כחדה: |
| 003 | חמרא | s em/sf | Nu16:15 | ברעווה ית קרבנהון לא חמרא דחד מנהון אטענת ולא אבאשת |
| 004 | | | Ex23:05 | ארום תחמי חמרא דשנאך רביע תחות טעוניה |
| 005 | | | Gn22:05 | תבו לכון הכא גב חמרא ואנא ורביה נמטי עד הכא |
| 006 | | | Ex 4:20 | וית בנוי וארכב יתהון על חמרא וחזר לארעא דמצרים ונסב |
| 007 | | | Ex22:03 | גנבתה מן תורא עד חמר«א» עד א«י»מר בחיין בכפלא |
| 008 | | | Ex22:08 | כל פתגם דחסיא על תור על חמרא על אמר ועל לבוש ועל כל |
| 009 | חמרה | | Gn22:03 | אברהם בצפרא ושווי ית חמרה ודבר ית תרין עולימוהי עמיה |
| 010 | חמריה | | Dt22:04 | לא תחמי ית חמריה או תורה «דאחוך» מטלקין |
| 011 | | | Gn44:13 | לבושיהון ושוון גבר על חמריה וחזרו לקרתא: |
| 012 | | | Ex23:04 | ארום תערע תורא דשנאך או חמריה טעון מחזרא תחזר יתיה לה: |
| 013 | דחמרא | | Ex13:13 | וכל פתחי וולדא דחמרא תפרקון באמר אין לא תפרקון |
| 014 | | | Ex34:20 | ופתח{ן}<י> וולדה דחמרא תפרקון באמר ואין לא |
| 015 | וחמרך | | Ex23:12 | מן בגלל דתנח תורך וחמרך ויתנייח ברא דאמתך יהודייתה |
| 016 | ובחמרא | | Ex 9:03M | באפי ברא בסוסוותא ובחמרא ויפרש#2#/ בגמליא בתוריא |
| 017 | לחמרא | | Dt22:03 | וכדן תעבד לחמרא וכדן תעבד ללבושה וכדן |
| 018 | חמרין | p abs | Nu31:39 | לשמה דייי אשתין וחד חמרין: |
| 019 | | | Gn45:23 | שלח כדורון דא עשרה חמרין טעונין מן טובא דמצרים |
| 020 | וחמרים | | Nu31:39M | וחמרין/וחמרים#2#/ תלתין אלפין וחמש |
| 021 | וחמרין | | Gn24:35 | ועבדין ואמהן וגמלין וחמרין: |
| 022 | | | Gn30:43 | ואמהן ועבדין וגמלין וחמרין: |
| 023 | | | Nu31:34 | וחמרין אשתין וחד אלפין: |
| 024 | | | Gn12:16 | והוה ליה ען ותורין וחמרין ועבדין ואמהן ואתנין |
| 025 | | | Gn32:06 | והוה לי תורין וחמרין ועבדין ואמהן ושלחת |
| 026 | | | Nu31:39 | וחמרין תלתין אלפין וחמש מאוון |
| 027 | | | Nu31:45 | וחמרין תלתין אלפין וחמש מאוון: |
| 028 | חמריא | p em/sf | Nu31:30 | מן אנשא ומן תוריה ומן חמריא ומן ענה ומן כל בעירה ותתן |
| 029 | חמריה | | Ex20:17 | ולא אמהתי ולא תורי ולא חמריה ולא כל מה די לחברך ארום |
| 030 | | | Dt 5:21 | אמהתיה ולא תוריה ולא חמריה ולא כל מה די לחברך ארום |
| 031 | | | Nu31:28 | בני אנשא מן תוריה ומן חמריה ומן ענא: |
| 032 | חמריהון | | Gn42:26 | ונטלו ית עבריהון על חמריהון ואזלו מן תמן: |
| 033 | חמריכון | | Dt28:31 | רשיין למאכל מנהון חמריכון גזילין מן קדמיכון ולא |
| 034 | חמרינן | | Gn43:18 | ולמסב יתן לעבדין וית חמרינן: |
| 035 | וחמריהון | | Gn44:03 | וגבריא אשתלחו אינון וחמריהון: |
| 036 | וחמריכון | | Dt 5:14 | תוריכון וחמריכון וכל בעירכון וגיורכון די |
| 037 | ובחמיריא | | Ex 9:03 | די חקלא בסוסיא ובחמיריא בגמליא בתוריא ובענה מותא |
| 038 | ובחמריא | | Gn47:17 | ען ובקנין תורייה ובחמריא ודבר יתהון בלחמא בכל |
| 039 | לחמורי | | Ex20:17M | ולא תורי ולא חמריה/לחמורי#2#/ ולא כל מה די לחברך |
| 040 | לחמריהון | | Gn43:24 | רגליהון ויהב כסא לחמריהו«ן»: |

## חמר #6 *n.* asphalt [חימר 199]

|  |  |  |  |  |
|---|---|---|---|---|
| 001 | חמר | s ab/cn | Gn14:10 | בארין בארין מליין חמר וערקו מלכא דסדם ודעמרה |
| 002 | בחימרא | s em/sf | Ex 2:03 | תיבו דגמי ושעיית יתיה בחימרא ובזיפתא ושויית בה ית טליא |
| 003 | בחמרא | | Gn 6:14 | ית' מלגוא ומן לבר בחמרא: |
| 004 | וחמרא | | Gn11:03 | להון לבניה לאבנין וחמרא הווה להון לשיע: |

## חמש *num.* five [208]

|  |  |  |  |  |
|---|---|---|---|---|
| 001 | חמ | ab/cn | Gn47:24 | עללתא ותתנון חד {מן חמ} מן חמשה לפרעה וארבעה חלקין |
| 002 | חמ' | | Ex38:18M | ארך ומשחת רום בפתוי חמ'#2#/ \אמין לקבל וילון /אומין |
| 003 | חמש | | Ex27:01 | <דאעין> דשטי«ן» חמש אמין ארך וחמש אמין {ארך |
| 004 | | | Ex27:18 | על חמשין ומשחת רומה חמש אמין בוץ שזיר וחומריהון |
| 005 | | | Ex38:01 | מדבחה דעלתה אעין דשטין חמש אמין ארכה וחמש אמין פתיא |
| 006 | | | Ex38:18 | אמין ארך וקומה ופותיה חמש אמין לקבל וילון דרתה: |
| 007 | | | Ex26:03 | חמש יריען יהויין מדבק חדא לקבל |
| 008 | | | Ex26:09 | ותדבק ית חמש יריען לבלחודיהון וית שית |
| 009 | | | Ex36:10 | ודבק ית חמש יריען חדא לקבל חדא וחמש |

|  |  |  |  |  |  |
|---|---|---|---|---|---|
| 010 | | Ex36:16 | ודבק ית | חמש | יריען לבלחודיהון ^וית שית |
| 011 | | Lv27:19 | חקלה מן דמקדש יתה ויסף | חמש | כסף עלויה עלוי ותקום לה: |
| 012 | | Gn 5:30 | מן בתר דאול' ית נח | חמש | מאה ותשעין וחמש שנין ובהן |
| 013 | | Gn 5:32 | והוה נח בר | חמש | מאה שנין ואולד נח ית שם |
| 014 | | Gn11:11 | מן בתר דאולד ית ארפכשד | חמש | מאה שנין ובהן בשניה הוה |
| 015 | | Ex30:23 | טבין מר בחיר תקל | חמש | מאה סלעין וקנמון דבש«ם» |
| 016 | | Ex30:24 | וקציעה תקל | חמש | מאה סלעין בסלעי בית קודשא |
| 017 | | Nu 2:28 | ארבעין וחד אלפין | חמש | מאוון: |
| 018 | | Nu31:28 | לחיל קרבה חדא נפש מן | חמש | מאוון מן בני אנשא מן תוריה |
| 019 | | Lv27:06 | שנין ויהוי עלויה דדכרה | חמש | סלעין דכסף ולנקבתה עלויה |
| 020 | | Nu18:16 | בר ירח תפרוק בעלויה כסף | חמש | סלעין בסלעי בית קודשה |
| 021 | | Gn45:06 | כפנא בגו ארעא ועד כדון | חמש | שנין דלא זרעין ולא חצדין: |
| 022 | | Gn45:11 | יתך תמן ארום עד כדון | חמש | שנין דכפן ולא תשתיצא את |
| 023 | | Lv27:05 | ואן מן בר | חמש | שנין ועד בר עשרין |
| 024 | | Lv27:06 | ואן מן ירח ועד בר | חמש | שנין ויהוי עלויה דדכרה חמש |
| 025 | חמש' | Ex36:38 | וכבושיהון דהב וחומריהון | חמש' | דנחש: |
| 026 | חמשא | Ex26:37 | ותעבד לפרסה | חמשא | עמודין דשטין ותחפי יתהון |
| 027 | חמשה | Nu 7:17 | תרין דכרין חמשה גדיין | חמשה | אמרין בני שתהון חמשה דן |
| 028 | | Nu 7:23 | תרין דכרין חמשה גדיין | חמשה | אמרין בני שתהון חמשה דן |
| 029 | | Nu 7:29 | תרין דכרין חמשה גדיין | חמשה | אמרין בני שתהון חמשה דן |
| 030 | | Nu 7:35 | תרין דכרין חמשה גדיין | חמשה | אמרין בני שתהון חמשה דן |
| 031 | | Nu 7:41 | תרין דכרין חמשה גדיין | חמשה | אמרין בני שתהון חמשה דן |
| 032 | | Gn47:02 | ומן קצת <אחוי> נסב | חמשה | גברי«ן» ואקם יתהון קדם |
| 033 | | Nu 7:17 | קרב תורין תרין דכרין | חמשה | גדיין חמשה אמרין בני שתהון |
| 034 | | Nu 7:23 | קרב תורין תרין דכרין | חמשה | גדיין חמשה אמרין בני שתהון |
| 035 | | Nu 7:29 | קרב תורין תרין דכרין | חמשה | גדיין חמשה אמרין בני שתהון |
| 036 | | Nu 7:35 | קרב תורין תרין דכרין | חמשה | גדיין חמשה אמרין בני שתהון |
| 037 | | Nu 7:41 | קרב תורין תרין דכרין | חמשה | גדיין חמשה אמרין בני שתהון |
| 038 | | Nu 7:47 | קרב תורין תרין דכרין | חמשה | גדיין חמשה תורין בני שתהון |
| 039 | | Nu 7:53 | קרב תורין תרין דכרין | חמשה | גדיין חמשה תורין בני שתהון |
| 040 | | Nu 7:59 | קרב תורין תרין דכרין | חמשה | גדיין חמשה תורין בני שתהון |
| 041 | | Nu 7:71 | קרב תורין תרין דכרין | חמשה | גדיין חמשה תורין בני שתהון |
| 042 | | Nu 7:77 | קרב תורין תרין דכרין | חמשה | גדיין חמשה תורין בני שתהון |
| 043 | | Nu 7:83 | קרב תורין תרין דכרין | חמשה | גדיין חמשה תורין בני שתהון |
| 044 | | Nu 7:77 | חמשה תורין בני שתהון | חמשה | דין קרבנה די אתנדב וקרב מן |
| 045 | | Nu 7:17 | חמשה אמרין בני שתהון | חמשה | דן קרבנה די אתנדב וקרב |
| 046 | | Nu 7:23 | חמשה אמרין בני שתהון | חמשה | דן קרבנה דאיתנדב וקרב מן |
| 047 | | Nu 7:29 | חמשה אמרין בני שתהון | חמשה | דן קרבנה די אתנדב וקרב מן |
| 048 | | Nu 7:35 | חמשה אמרין בני שתהון | חמשה | דן קרבניה די אתנדב וקרב מן |
| 049 | | Nu 7:41 | חמשה אמרין בני שתהון | חמשה | דן קרבנה די אתנדב וקרב מן |
| 050 | | Nu 7:47 | חמשה תורין בני שתהון | חמשה | דן קרבנה די אתנדב וקרב מן |
| 051 | | Nu 7:53 | חמשה תורין בני שתהון | חמשה | דן קרבנה די אתנדב וקרב מן |
| 052 | | Nu 7:59 | חמשה תורין בני שתהון | חמשה | דן קרבנה די אתנדב וקרב מן |
| 053 | | Nu 7:65 | תורין <....> בני שתהון | חמשה | דן קרבנה די אתנדב וקרב מן |
| 054 | | Nu 7:71 | חמשה תורין בני שתהון | חמשה | דן קורבנה די אתנדב וקרב מן |
| 055 | | Nu 7:83 | חמשה תורין בני שתהון | חמשה | דן קרבנה די אתנדב וקרב מן |
| 056 | | Gn41:34 | ויהוון מפקין חד מן | חמשה | דעללתה דארעא דמצרים |
| 057 | | Gn18:28 | דילמא יחסרון חמשתי זכיי | חמשה | הא משיצא את בגלל חמשה ית |
| 058 | | Gn14:09 | מלכין סדרו קרבא לקבל | חמשה | ויכלו להון: |
| 059 | | Ex36:38 | וית עמודוי | חמשה | וית קליותהון וחפי ראשיהון |
| 060 | | Gn43:34 | מן חולקיהון דכולן | חמשה | חולקין ושתון ורוון עמיה: |
| 061 | | Ex26:37 | דהב ותתיך להון | חמשה | חמרין דנחש: |
| 062 | | Nu 3:47 | ותסב מן | חמשה | חמשה סלעין לכל גולגלתה |
| 063 | | Nu11:19 | ולא תרין יומין ולא | חמשה | יומין ולא עשרין יומין: |
| 064 | | Gn18:28 | חמשה הא משיצא את בגלל | חמשה | ית כל קרתא ואמר לא אשיצא |
| 065 | | Gn45:22M | "אסטלון": | חמשה | לבושין ואסטלוותהון |
| 066 | | Gn47:26 | דמצראי לפרעה לחד מן | חמשה | להוד ארעהון דכומריא |
| 067 | | Ex36:31 | ועבד נגרין אעין דשטין | חמשה | ללוחי סטרה {ה}<ד>משכנה |
| 068 | | Gn47:24 | ותתנון חד {מן חמ} מן | חמשה | לפרעה וארבעה חלקין יהווי |
| 069 | | Lv26:08 | וירדפון מנכון | חמשה | מאתה ומאתה מנכון |
| 070 | | Gn28:10 | | חמשה | נסין אתעבדו עם אבונן יעקב |
| 071 | | Nu 3:47 | ותסב מן חמשה | חמשה | סלעין לכל גולגלתה בסלעי |
| 072 | | Lv27:13 | מפרוק יפרוק יתה ויסף | חמשה | על עלויה: |
| 073 | | Lv27:06M | ירח ועד בר | חמש/<חמ>שה#2#/ | שנין ויהוי עלויה |
| 074 | | Ex21:37 | ויכס יתיה או יזבן יתיה | חמשה | תורין ישלם תחות תורא וארבע |
| 075 | | Nu 7:47 | תרין דכרין חמשה גדיין | חמשה | תורין בני שתהון חמשה דן |
| 076 | | Nu 7:53 | תרין דכרין חמשה גדיין | חמשה | תורין בני שתהון חמשה דן |
| 077 | | Nu 7:59 | תרין דכרין חמשה גדיין | חמשה | תורין בני שתהון חמשה דן |
| 078 | | Nu 7:71 | תרין דכרין חמשה גדיין | חמשה | תורין בני שתהון חמשה דן |
| 079 | | Nu 7:77 | תרין דכרין חמשה גדיין | חמשה | תורין בני שתהון חמשה דין |
| 080 | | Nu 7:83 | תרין דכרין חמשה גדיין | חמשה | תורין בני שתהון חמשה דן |
| 081 | וחמ' | Gn 5:15 | וחיה מהללאל שתין | וחמ' | שנין ואולד ית ירד: |
| 082 | וחמש | Nu31:37 | ענה שת מאוון ^^ושבעין | וחמש: | |
| 083 | | Ex27:01 | ארך וחמש אמין {ארך | וחמש | אמין} פתיא מרבע יהי מדבחא |
| 084 | | Ex27:01 | דשטי«ן» חמש אמין ארך | וחמש | אמין {ארך וחמש אמין} פתיא |
| 085 | | Ex38:01 | דשטין חמש אמין ארכה | וחמש | אמין פתיא מרבע ותלת אמין |
| 086 | | Gn45:22 | יהב תלת מאה סלעין דכסף | וחמש | אסטלון ולבושיהון: |
| 087 | | Ex36:10 | חמש יריען חדא לקבל חדא | וחמש | יריען דבק חדא לקבל חדא: |
| 088 | | Ex38:26 | מאה אלפין ותלתה אלפין | וחמש | מאה וחמשין: |
| 089 | | Nu 1:21 | ארבעין ושתה אלפין | וחמש | מאה: |
| 090 | | Nu 1:33 | דאפרים ארבעין אלפין | וחמש | מאה: |
| 091 | | Nu 2:32 | רבוון ותלתה אלפין | וחמש | מאה וחמשין: |
| 092 | | Nu 3:22 | סכומיהון שבעה אלפין | וחמש | מאה: |
| 093 | | Nu26:18 | ארבעין אלפין | וחמש | מאה: |
| 094 | | Nu31:43 | ותלת רבוון ושבעה אלפין | וחמש | מאה: |
| 095 | | Nu 1:41 | דאשר ארבעין וחד אלפין | וחמש | מאוון: |
| 096 | | Nu 1:46 | ריבוון ותלתה אלפין | וחמש | מאוון וחמשין: |
| 097 | | Nu 2:11 | ארבעין ואשתה אלפין | וחמש | מאוון: |
| 098 | | Nu 2:19 | ארבעין אלפין | וחמש | מאוון: |
| 099 | | Nu 4:44 | לזרעייתהון תלתה אלפין | וחמש | מאוון: |
| 100 | | Nu 4:48 | סכומיהון תמניה אלפין | וחמש | מאוון ותמנין: |
| 101 | | Nu26:22 | שבעין ושתה אלפין | וחמש | מאוון: |
| 102 | | Nu26:27 | לסכומיהון אשתין אלפין | וחמש | מאוון: |
| 103 | | Nu26:37 | תלתין ותרין אלפין | וחמש | מאוון אלין בנוי דיוסף |
| 104 | | Nu31:36 | ותלת רבוון ושבעת אלפין | וחמש | מאוון: |
| 105 | | Nu31:36M | אלפין ושובעין אלפין | וחמש | מאוון |
| 106 | | Nu31:39 | וחמרין תלתין אלפין | וחמש | מאוון ואפרשותהון לשמה דייי |
| 107 | | Nu31:45 | וחמרין תלתין אלפין | וחמש | מאוון: |
| 108 | | Ex38:25 | ואלף ושבע מאוון ושבעין | וחמש | סלעין בסלעי בית קודשה^^: |
| 109 | | Nu 3:50 | אלף ותלת מאוון ואשתין | וחמש | סלעין בסלעי בית ק«ו»דשה: |
| 110 | | Gn 5:06 | וחיה שת מאה | וחמש | שנין ואוליד ית אנוש: |
| 111 | | Gn 5:11 | חיוי דאנוש תשע מאה | וחמש | שנין ומית ואתכניש מן גוא |
| 112 | | Gn 5:17 | תמני מאה ותשעין | וחמש | שנין ומית ואתכנש מן גוא |
| 113 | | Gn 5:21 | וחיה חנוך שתין | וחמש | שנין ואוליד ית מתושלח: |
| 114 | | Gn 5:23 | דחנוך תלת מאה ושתין | וחמש | שנין: |
| 115 | | Gn 5:30 | ית נח חמש מאה ותשעין | וחמש | שנין ובהן בשניי' הוה מולד |
| 116 | | Gn11:12 | וארפכשד חיה תלתין | וחמש | שנין ואולד ית שלח: |
| 117 | | Gn11:32 | יומי חוי דתרח מאוון | וחמש | שנין ומית תרח בחרן: |

|  |  |  |  |  |  |  |
|---|---|---|---|---|---|---|
| 118 | | | Gn12:04 | לוט ואברם בר שבעין | וחמש | שנין הוה בזמנה די נפק |
| 119 | | | Gn25:07 | די חייה מאה ושבעין | וחמש | שנין: |
| 120 | וחמשה | | Gn18:28 | אשכח תמן ארבעי«ן» | וחמשה: | |
| 121 | | | Nu 1:29M | וארבעה /ארבעין | וחמשה#2#/ | אלפים וארבע מאה |
| 122 | | | Nu 1:25 | דבנוי דגד ארבעין | וחמשה | אלפין ושית מאה וחמשין: |
| 123 | | | Nu 1:25M | שש מאוון וארבעין | וחמשה | אלפין |
| 124 | | | Nu 1:37 | דבנוי דבנימן תלתין | וחמשה | אלפין וארבע מאוון: |
| 125 | | | Nu 2:15 | וסכומיהון ארבעין | וחמשה | אלפין ושת מאוון וחמשין: |
| 126 | | | Nu 2:21 | וסכומיהון תלתין | וחמשה | אלפין וארבע מאה: |
| 127 | | | Nu 2:23 | וסכומיה תלתין | וחמשה | אלפין וארבע מאוון: |
| 128 | | | Nu 2:31M | דדן מאה ושבעין | וחמשה | אלפין ושית#2#/ מאוון |
| 129 | | | Nu26:41M | לסכומיהון ארבעין | וחמשה | אלפין ושית מאוון: |
| 130 | | | Nu26:50 | וסכומיהון ארבעין | וחמשה | אלפין וארבע מאוון: |
| 131 | | | Nu31:32M | אשתין אלפין ושובעין | וחמשה | אלפין |
| 132 | | | Dt32:03 | מילין דאנון תמניין | וחמשה | אתין וכן הוא מפרש ואמר |
| 133 | | | Ex26:27 | | וחמשה | נגרין ללוחי סטרא דמשכנה |
| 134 | | | Ex26:27 | סטרא דמשכנה תניינא | וחמשה | נגרין ללוחי סטרין דמשכנה |
| 135 | | | Ex36:32 | | וחמשה | נגרין ללוחי סיטרה דמשכנה |
| 136 | | | Ex36:32 | סיטרה דמשכנה תניינה | וחמשה | נגרין ללוחי סטרה דמשכנה |
| 137 | | | Ex38:25M | ושבעין | וחמש/<וחמ>שה#2#/ | סלעין בסלעי |
| 138 | | | Nu 3:50M | /ושיתין#2#/ | וחמש/<וחמ>שה#2#/ | סלעין בסלעי |
| 139 | | | Ex38:28 | ושבעתי מאותה ושבעין | וחמשה | עבד אונקלוון לעמודי וחפי |
| 140 | חמישיתי | em/sf | Gn18:24 | לחובין דאתרא מן בגלל | חמישיתי | זכיי די בגווה: |
| 141 | | | Gn28:10 | דהוה שרי בחרן אלין | חמישיתי | נסיא אתעבדו עם אבונן |
| 142 | חמישתי | | Ex36:16M | ולפף ית | חמישתי | יריען לחוד קובל חמישתי |
| 143 | | | Ex36:16M | ודבק ית \חמש יריען | /חמישתי | יריעתה#2#/ לבלחודיהון |
| 144 | | | Nu31:08 | צור וית חור וית רבע | חמישתי | מלכיהון דמדיינאי וית |
| 145 | | | Ex36:16M | יריען לחוד קובל | חמישתי | סיפרי אורייתה וית שית |
| 146 | | | Lv25:10 | ותקדשון ית שנת | חמישתי | שנייה ותכרזון חירו לארעא |
| 147 | | | Lv25:11 | יובל היא שנת | חמישתי | שנייה תיהווי לכון לא |
| 148 | חמשיתי | | Lv25:11M | יובל היא שנת | חמישתי/חמשיתי#2#/ | שנייה תיהווי לכון |
| 149 | חמשתי | | Gn18:28 | מה דילמא יחסרון | חמשתי | זכיי חמשה הא משיצא את |
| 150 | | | Ex26:09M | ותדבק ית | חמש/חמשתי#2#/ | יריען לבלחודיהון וית |
| 151 | | | Ex36:10M | ודבק ית | חמש/חמשתי#2#/ | יריען חדא לקבל חדא |
| 152 | | | Ex36:10M | "חמש ... יריען": | חמשתי | יריעתה חדה לוקבל חתה |
| 153 | | | Lv25:10M | ותקדשון ית שנת | חמישתי/חמשתי#2#/ | שנייה ותכרזון חירו |
| 154 | וחמישיתי | | Nu26:10 | תכלת אשתה ית מאתיין | וחמישיתי | גברייה והוון לנסיון: |
| 155 | וחמישתי | | Ex36:10M | חדה לוקבל חתה | וחמישתי | יריעתה |

## חמשׂ עשׂר fifteen *num.* [208]

|  |  |  |  |  |  |  |
|---|---|---|---|---|---|---|
| 001 | חמש עשרה | ab/cn | Gn 7:20 | | חמש עשרה | אמין מלעיל איתגברו מיא |
| 002 | | | Ex38:14 | ווילון | חמש עשרה | אמין לסיטרה עמודיהון |
| 003 | | | Ex38:15 | הכא לתרע דרתה וולונין | חמש עשרה | אמין עמודיהון תלתה |
| 004 | | | Nu 2:16 | שבטה דבנוי דראובן | חמש עשרה | רבוון אלף וארבע מאוון |
| 005 | | | Nu 2:31 | שבטה דבנוי דדן | חמש עשרה | ריבוון ושבעת אלפין ושית |
| 006 | חמש עשרי | | Ex27:15 | ולסטרא תניינא | חמש עשרי | ווילון עמודיהון תלתא |
| 007 | חמשה עשר | | Lv27:07 | אין דכר ויהוי עלויה | חמשה עשר | סלעין דכסף ולנקבתה עשר |
| 008 | חמשת עשר | | Lv27:07M | ויהוי עלויה | חמשה עשר/חמשת עשר#2#/ | סלעין דכסף |
| 009 | בחמישת עשר | | Lv23:39 | להוד | בחמישת עשר | יומין לירחה שביעיה |
| 010 | בחמש עשר | | Nu33:03 | פילוסין בירחא קדמיה | בחמש עשר | יומין לירחא קדמיה מן בתר |
| 011 | בחמשת עשר | | Ex16:01 | אילם ובין סיני | בחמשת עשר | יומין לירחא תנינא |
| 012 | | | Lv23:34 | עם בני ישראל למימר | בחמשת עשר | יומין לירחא שביעיה הדין |
| 013 | וחמש עשר׳ | | Gn 5:10 | ית קינן תמני מאה | וחמש עשר׳ | שנין ובהן בשנייה הוה |
| 014 | וחמש עשרה | | Ex27:14 | | וחמש עשרה | אמין ווילון לסיטרא |
| 015 | ובחמשת עשר | | Lv23:06 | | ובחמשת עשר | יומין לירחה חגא דפטיריה |
| 016 | | | Nu28:17 | | ובחמשת עשר | יומין לירחא הדין חגה |
| 017 | | | Nu29:12 | | ובחמשת עשר | יומין לירחא שביעיה |

## חמשין fifty *num.* [208 s.v. חמש]

|  |  |  |  |  |  |  |
|---|---|---|---|---|---|---|
| 001 | חמישין | ab | Lv23:16 | קדמיה דפיסחא תמנון | חמישין | יומין ותקרבון מנחה מן |
| 002 | חמשין | | Gn 6:15 | מאה אמין אורכ׳ דתיבותא | חמשין | אמין פתיה ותלתין משחת |
| 003 | | | Ex27:12 | לסיטרה מערביה ווילון | חמשין | אמין עמודיהון עשרה |
| 004 | | | Ex27:13 | לסיטרא מדנחא מן מדנחא | חמשין | אמין: |
| 005 | | | Ex38:12 | ולסיטרה מערביה וילון | חמשין | אמין באמתה עמודיהון עשרה |
| 006 | | | Ex38:13 | מדינחה מן מדינחה | חמשין | אמין: |
| 007 | | | Nu 1:29 | לשבטה דבנוי דיששכר | חמשין | וארבעה אלפים וארבע מאה: |
| 008 | | | Nu 2:06 | וחיילוותיה וסכומו{י} | חמשין | וארבעת אלפין וארבע מאה: |
| 009 | | | Ex27:18 | באמתה ופתיה חמשין על | חמשין | ומשחת רומה חמש אמין בוץ |
| 010 | | | Dt 1:15 | רברבני מאוון ורברבני | חמשין | ורב{כ}<ר>בני עשרין וסרכין |
| 011 | | | Ex18:25 | ורברבן מאוון ורברבני | חמשין | ורברבני עשרה: |
| 012 | | | Nu 1:31 | לשבטה דבני זבולן | חמשין | ושבעה אלפין וארבע מאה: |
| 013 | | | Nu 2:08 | וחיילוותיה וסכומוי | חמשין | ושבעה אלפין וארבע מאוון: |
| 014 | | | Nu 1:43 | דשבטה דבנוי דנפתלי | חמשין | ותלתה אלפין וארבע מאוון: |
| 015 | | | Nu 2:30 | וחיילוותיהון וסכומיהון | חמשין | ותלתה אלפין וארבע מאוון: |
| 016 | | | Nu26:47 | דבנוי דאשר לסכומיהון | חמשין | ותלתה אלפין וארבע מאוון: |
| 017 | | | Ex26:11 | ותעבד פורפין דנחש | חמשין | ותעל ית פורפי בענביא |
| 018 | | | Nu26:34 | דבנוי דמנשה סכומיהון | חמשין | ותרין אלפין ושבע מאוון: |
| 019 | | | Nu 1:23 | לשבטה דבנוי דשמעון | חמשין | ותשעה אלפין ותלת מאה: |
| 020 | | | Nu 2:13 | וחיילוותיה וסכומיהון | חמשין | ותשעה אלפין ותלת מאוון: |
| 021 | | | Gn18:24M | מן בגלל | חמישיתי/חמשין#2#/ | זכיי די בגווה |
| 022 | | | Gn18:24 | מה דילמא דאי«ת» | חמשין | זכיין בגו קרתא הא ברגז את |
| 023 | | | Gn18:26 | אם אשכח הא אשכח בסדם | חמשין | זכיין בגו קרתא ואשרי |
| 024 | | | Lv27:15M | \חומש כסף ויהוי דידה | /חמשין | כסף עלויה עלוי ויהווי |
| 025 | | | Ex26:26 | ותעבד נגרין אעין דשתין | חמשין | ללוחיה סיטריה דמשכניה |
| 026 | | | Ex36:18 | ועבד פורפיה דנחש | חמשין | למדבק ית משכנא למהוי כלה |
| 027 | | | Nu31:30 | ישראל תסב חד תליש מן | חמשין | מן אנשא ומן תוריה ומן |
| 028 | | | Nu31:47 | ישראל ית תליש חד מן | חמשין | מן בני אנשא ומן בעירה |
| 029 | | | Lv27:03 | שתין שנין ויהווי עלויה | חמשין | סלעין דכסף בסלעי |
| 030 | | | Dt22:29 | דמשמש עמה לאבוה דרביתה | חמשין | סלעין דכסף וליה תהוי לאתה |
| 031 | | | Ex26:05 | | חמשין | עונבין תעבד ביריעה חדתא |
| 032 | | | Ex27:18 | מאה אמין באמתה ופתיה | חמשין | על חמשין ומשחת רומה חמש |
| 033 | | | Ex36:17 | ועבד ענבין | חמשין | על סטרין דיריעתה בריתה |
| 034 | | | Ex26:10 | ותעבד | חמשין | ענבין על סיטרא דיריעתה |
| 035 | | | Ex36:12 | | חמשין | ענבין עבד ביריעתה חדא |
| 036 | | | Ex26:06 | ותעבד | חמשין | פורפין דדהב ותדב«ק» ית |
| 037 | | | Ex36:13 | ועבד | חמשין | פורפין דדהב ודבק ית |
| 038 | | | Nu 4:03 | שנין ולעיל ועד בר | חמשין | שנין כל דיעול לחיל קרבה |
| 039 | | | Nu 4:23 | שנין ולעיל ועד בר | חמשין | שנין תסכום יתהון כל די |
| 040 | | | Nu 4:30 | שנין ולעיל ועד בר | חמשין | שנין תסכום יתהון כל |
| 041 | | | Nu 4:35 | שנין <ולעיל> ועד בר | חמשין | <שנין> כל דייעול לחיל |
| 042 | | | Nu 4:39 | שנין ולעיל ועד בר | חמשין | שנין כל די יעול לחיל קרבה |
| 043 | | | Nu 4:43 | שנין ולעיל ועד בר | חמשין | שנין כל די«י»עול לחיל |
| 044 | | | Nu 4:47 | שנין ולעיל ועד בר | חמשין | שנין כל די יעול למפלח |
| 045 | | | Nu 8:25 | ומן בר | חמשין | שנין יחזור מן חיל קרבה לא |
| 046 | חמשן | | Ex18:21 | ורברבני מאוון ורברבני | חמשן | ורברבני עשרה: |
| 047 | בחמ׳ | | Ex27:18M | ופתיה חמשין \על | חמשין/בחמ׳#2#/ | ומשחת רומה חמש אמין |
| 048 | בחמשין | | Lv27:16 | זרעה זרע כור דשערין | בחמשין | סלעין דכסף: |
| 049 | וחמשין | | Ex30:23 | דבשם תקל תרתי מאה | וחמשין: | |

|  |  |  |  |  |  |
|---|---|---|---|---|---|
| 050 | | Ex30:23M | "... וחמשין": מאתיין | וחמשין | |
| 051 | | Ex38:26 | ותלתה אלפין וחמש מאה | וחמשין: | |
| 052 | | Nu 1:25 | וחמשה אלפין ושית מאה | וחמשין: | |
| 053 | | Nu 1:46 | אלפין וחמש מאוון | וחמשין: | |
| 054 | | Nu 2:15 | אלפין ושית מאוון | וחמשין: | |
| 055 | | Nu 2:32 | ותלתה אלפין וחמש מאה | וחמשין: | |
| 056 | | Nu 4:36 | אלפין ושבע מאוון | וחמשין: | |
| 057 | | Nu31:32 | ענא שיתין ושבע רבבן | וחמשין | אלפין: |
| 058 | | Nu26:10M | /<מא>תן#2# | וחמישית/וחמשין#2#/ | גברייה והוון |
| 059 | | Nu16:35 | ואכלת ית מאת«י»ן | וחמשין | גברין מסדרי קטרתה: |
| 060 | | Nu 5:07M | יוסף /בראשה | וחמשין | דמוי יס#2#/ עלוי ויתן |
| 061 | | Nu 2:16M | רבוון אלף וארבע /מאה | וחמשין | וחד אלפין וארב#2#/ |
| 062 | | Ex30:23 | פלגותא מתקל תרתי מאה | וחמשין | וקנה דבשם תקל תרתי מאה |
| 063 | | Gn 7:24 | מיא על ארעא מאה | וחמשין | יומין: |
| 064 | | Gn 8:03 | וחסרו מיא לסוף מאה | וחמשין | יומין: |
| 065 | | Nu 2:16 | רבוון אלף וארבע מאוון | וחמשין | לחיילוותהון תניינן |
| 066 | | Nu16:17 | מחתיתיה תרתין מאוון | וחמשין | מחתיוון ואת ואהרן גבר |
| 067 | | Nu31:52 | שת עשר אלפין ושבע מאה | וחמשין | סלעין מן לוות רברבני אלפי |
| 068 | | Ex26:05 | תעבד ביריעה חדתא | וחמשין | ענבין תעביד בסיטרא |
| 069 | | Ex26:10 | בריתה בבית דבוק«ה» | וחמשין | ענבין תעבד על סטרא |
| 070 | | Ex36:12 | ענבין עבד ביריעתה חדא | וחמשין | ענבין עבד בסיטרה דיריעתה |
| 071 | | Ex36:17 | בריתה בבית דבוקה | וחמשין | ענבין עבד על סטרה דיריעתה |
| 072 | | Nu16:02 | מן בני ישראל מאתין | וחמש«י»ן | רברבני כנ«י»שתה מזמני |
| 073 | | Gn 9:28 | בתר מבולא תלת מאה | וחמ«שין» | שנין: |
| 074 | | Gn 9:29 | חיוי דנח תשע מא' | וחמשין | שנין ומית ואתכנש מן גוא |

## favor *n.* חן [208]

|  |  |  |  |  |  |
|---|---|---|---|---|---|
| 001 | חין s ab/cn | Nu11:15 | קטולין אין כען אשכחת | חין | וחסד באפ«י»ך ולא אחמי |
| 002 | חן | Gn 6:08 | בדרה צדיק ˆההוא#2#ˆ אשכח | חן | וחסד קדם ייי: |
| 003 | | Gn18:03 | מן קדמך ייי אן כען אשכחת | חן | וחסד באפיך לא תסלק איקר |
| 004 | | Gn19:19 | הא כען אשכח עבדך | חן | וחסד קדמך ותוקפת חסדך די |
| 005 | | Gn30:27 | ליה לבן אן כען אשכחית | חן | וחסד באנפיך נסיית וברך יתי |
| 006 | | Gn32:06 | למתנייה לריבוני למשכחה | חן | וחסד באפיך: |
| 007 | | Gn33:08 | הדא די ארעת ואמר למשכחא | חן | וחסד באפך: |
| 008 | | Gn33:10 | לא כען אן כען אשכחית | חן | וחסד באפך ותקבל דורון דידי |
| 009 | | Gn33:15 | די עמי ואמר למה כען אשכח | חן | וחסד באפוי דרבוני: |
| 010 | | Gn34:11 | שכם לאבוה ולאחיה אשכח | חן | וחסד באפיכון וית מה די |
| 011 | | Gn39:04 | ואשכח יוסף | חן | וחסד באפוי ושמש יתיה ומיני |
| 012 | | Gn39:21 | ייי עם יוסף ושוי עלוי | חן | וחסד ושוי חנו באפי רב |
| 013 | | Gn47:25 | ואמרין קיימת יתן נשכח | חן | וחסד באפוי דרבוני ונהוי |
| 014 | | Gn47:29 | ואמר ליה אן כען אשכחת | חן | וחסד באפיך שוי כען ידך תחות |
| 015 | | Gn50:04 | דפרעה למימר אן אשכחית | חן | וחסד באפיכון מלילו כען |
| 016 | | Ex33:12 | יתך בשם דרבן ולחוד אשכחת | חן | וחסד קדמיי: |
| 017 | | Ex33:13 | מן בגלל די אשכחת | חן | וחסד באפיך וחמי ארום עמך |
| 018 | | Ex33:13M | יתך מן בגלל למשכחה | חן | וחסד קודמיך וחמי#2#/ ארום |
| 019 | | Ex33:13 | וכען אין כען אשכחית | חן | וחסד קדמיך אודע יתי כען ית |
| 020 | | Ex33:16 | יתודע כדון ארום אשכחת | חן | וחסד קדמיך אנה ועמך הלא |
| 021 | | Ex33:17 | {מ}מלת אעבד ארום אשכחת | חן | וחסד באפי ומניית יתך בשם |
| 022 | | Ex34:09 | ואמר אין כען אשכחת | חן | וחסד קדמיך ייי ידבר איקרך |
| 023 | | Nu11:11M | כען לא אשכחת \חסד באפך | /חן | וחסד קודמיך#2#/ למשויה ית |
| 024 | | Nu32:05 | ואמרין אן אשכחנן | חן | וחסד באפך יתיהב ית ארעא הדה |
| 025 | | Dt24:01 | ויהווי אין לא אשכחת | חן | וחסד קדמוי ארום אשכח בה |
| 026 | חנו s em/sf | Gn39:21 | ושוי עלוי חן וחסד ושוי | חנו | באפי רב בית חבושיה: |
| 027 | חניהון | Ex 3:21 | ואתן ית | חניהון | דעמא האילין באפיהון |
| 028 | | Ex11:03 | ושווי ייי | חניהון | דעמא באפהון דמצריי לחוד |
| 029 | | Ex12:36 | וייי שוי ית | חניהון | דעמא באפיהון דמצריי |

## embalming *n.* חנוט [208]

|  |  |  |  |  |  |
|---|---|---|---|---|---|
| 001 | חנוטיה p em/sf | Gn50:03 | ארום כדן ישלמון יומוי | חנוטיה | ובכון יתיה מצראי שבעין |

## dedication ceremony *n.* חנוכה [208]

|  |  |  |  |  |  |
|---|---|---|---|---|---|
| 001 | חנוכת s ab/cn | Nu 7:84 | דא | חנוכת | רבותה דמדבחה ביומא דרבי |
| 002 | | Nu 7:88 | בני שתהון אשתין דא | חנוכת | רבותה דמדבחה מן בתר דרבי |
| 003 | חנכת | Nu 7:10 | וקרבו רברבני ית | חנכת | מדבחה ביומא דרבי יתיה |
| 004 | דח' | Nu 7:72M | ביומא חד עשרה | דח' | |
| 005 | דחנוכת | Nu 7:18 | ביומא תנינא | דחנוכת | רבותה דמדבחה קרב רב שבטה |
| 006 | | Nu 7:24 | ביומא תליתיא | דחנוכת | רבותה דמדבחה קרב שבטה |
| 007 | | Nu 7:30 | ביומא רביעיה | דחנוכת | רבותה דמדבחה קרב רב שבטה |
| 008 | | Nu 7:36 | ביומא חמישיה | דחנוכת | רבותה דמדבחה קרב רב שבטה |
| 009 | | Nu 7:42 | ביומא שתיתיה | דחנוכת | רבותה דמדבחה קרב רב שבטה |
| 010 | | Nu 7:48 | יומא שביעיה | דחנוכת | רבותה דמדבחה קרב רב שבטה |
| 011 | | Nu 7:54 | ביומא תמיניה | דחנוכת | רבותה דמדבחה קרב רב שבטה |
| 012 | | Nu 7:60 | ביומא תשיעיה | דחנוכת | רבותה דמדבחה קרב בר שבטה |
| 013 | | Nu 7:66 | ביומא עשיריה | דחנוכת | רבותה דמדבחה קרב רב שבטה |
| 014 | | Nu 7:72 | ביום חד עשר יומין | דחנוכת | רבותה דמדבחה קרב רב שבטה |
| 015 | דחנכת | Nu 7:78 | ביום תרין עשר יומין | דחנכת | מדבחה דרבותה קרב רב שבטה |
| 016 | לח' | Nu 7:78M | יומין | דחנוכת/לח'#2#/ | מדבחה דרבותה קרב רב |
| 017 | | Nu 7:72M | ביום חד עשר יומין | דחנוכת/לח'#2#/ | רבותה דמדבחה קרב רב |
| 018 | לחנוכת | Nu 7:11 | יום יקרבון ית קרבנהון | לחנוכת | רבותה דמדבחה: |

## to embalm *vb.* חנט [209]

|  |  |  |  |  |  |
|---|---|---|---|---|---|
| 001 | וחנטו peal | Gn50:02 | ית אסיא למחנט ית אבו' | וחנטו | אסיא את ישראל: |
| 002 | | Gn50:26 | בר מאה ועשר שנין | וחנטו | יתיה ושוון יתיה בארונא |
| 003 | למחנט | Gn50:02 | ית עבדוי ית אסיא | למחנט | ית אבו' וחנטו אסיא את |

## to train *vb.* חנך [209]

|  |  |  |  |  |  |
|---|---|---|---|---|---|
| 001 | מחנך pael | Dt 8:05M | בריה ייי אלהכון | רדי/מחנך#2#/ | יתכון: |
| 002 | | Dt32:03 | שמה קדיש' עד זמן דהוה | מחנך | פמיה בעשרין וחדה מילין |
| 003 | דמחנך | Dt 8:05M | ארום היך מה | דרדי/דמחנך#2#/ | גבר ית בריה ייי |

## to favor *vb.* חנן [209]

|  |  |  |  |  |  |
|---|---|---|---|---|---|
| 001 | חן peal | Gn33:05 | אילין לך ואמר טליא די | חן | ייי ית עבדך: |
| 002 | | Gn33:11 | ברכתי די אייתת לך ארום | חן | יתי ייי וארום אית לי כל |

## grantor of grace *n.* חנן [209]

|  |  |  |  |  |  |
|---|---|---|---|---|---|
| 001 | חנן s ab/cn | Ex22:22M | בקל צלותא ארום אלה | חנן | |
| 002 | | Ex22:26M | בקל צלותיה ארום אלה | חנן | |
| 003 | | Ex22:22 | ואשמע ית קל צלותה ארום | חנן | ורחמן אנה: |
| 004 | | Ex22:26 | ואשמע ית קל צלותיה ארום | חנן | ורחמן אנה: |
| 005 | | Dt 4:31 | ארום אלה | חנן | ורחמן ייי אלהכון לא מרפי |
| 006 | חננא s em/sf | Ex34:06 | משה ואמר ייי ייי אלהה | חננא | ורחמנא אריך רוח ורחיק רגז |
| 007 | חננה | Nu12:13 | מן קדמיך ייי אלהה | חננה | ורחמנה אסי יתה: |
| 008 | וחננה | Ex34:06M | ורחמנא /רחמנה | וחננה#2#/ | אריך רוח ורחיק רגז |

## חס ל־ *interj.* far be it from [209]

|  |  |  |  |  |  |  |
|---|---|---|---|---|---|---|
| 001 | חס ל־ | | Gn44:07M | רבוני פתגמיא האליין | \/חס | לעבד' מן#2#/הא מחוס מן |
| 002 | חס לה | | Gn38:25 | כלתי מיני היא מעברה | חס לה | תמר כלתי לית היא מעברא |
| 003 | חס לי | | Gn44:17 | ואמר | חס לי | מן למעבד דא גברא דאשתכח |
| 004 | חס לך | | Gn49:22 | ומסתכלין בחדא מנהון | חס לך | יוסף ברי ולא תליית עיינך |
| 005 | חס לן | | Nu31:50M | ומעוכייה מן בית תדיהן | חס לן | משה רבן לא אסתכל חד מנן |

## חסב *vb.* ⇐ חסך

## חסד *vb.* to revile [210]

|  |  |  |  |  |  |  |
|---|---|---|---|---|---|---|
| 001 | מחסד | pael | Nu21:34 | הלא דין הוא עוג דהוה | מחסד | לאברהם ושרה ואמר להון |
| 002 | מחסר | | Dt 3:02M | דן עוג רשיעא דהווה | מחסר | לאבהתן אברהם שרה ואמר |
| 003 | דחסד | | Nu21:34M | דהוה מחסד /דן עוג | דחסד#2#/ | לאברהם/לאבהתן |

## חסד *n.* grace [209]

|  |  |  |  |  |  |  |
|---|---|---|---|---|---|---|
| 001 | חסד | s ab/cn | Nu11:11 | לעבדך ולמה כען לא אשכחת | חסד | באפך למשויה ית מטולהון דכל |
| 002 | | | Lv20:17 | והיא תחמי ית עריתיה | חסד | הוה דעבדת עם קדמייא למבני |
| 003 | | | Gn24:49 | וכדון אן ברעתכון למעבד | חסד | וטבו עם רבוני תנון לי ואן |
| 004 | | | Gn47:29 | תחות קיימי ותעבד עמי | חסד | וטבו לא כען תקבר יתי |
| 005 | | | Dt 5:10 | ונטר | חסד | וטבו לאלפין ד{ר}<ד>רין |
| 006 | | | Gn40:14 | ייטב לך ותעבד כען עמי | חסד | וטיבו ותדכר יתי לוות פרעה |
| 007 | | | Ex20:06 | ברם נטר אנה | חסד | וטיבו לאלפין דדרין לרחמוי |
| 008 | | | Ex34:07 | נטר | חסד | וטיבו לאלפין דרין שרי |
| 009 | | | Gn24:12M | \ועבד חסד /ותעבד | חסד | וקשוט#2#/ עם רבוני |
| 010 | | | Gn24:49M | /וכדו אין אתון עבדין | חסד | וקשוט#2#/ עם רבוני תנון |
| 011 | | | Ex34:06 | וקריב רחמין ומסגי למעבד | חסד | וקשוט: |
| 012 | | | Gn39:21M | דיוסף והטה לוותה | חסד | ושווי חסדא באפיה דרבונא |
| 013 | | | Gn24:12 | קדמוי יומא הדין ועבד | חסד | עם רבוני אברה«ם»: |
| 014 | | | Gn24:14 | ובה אדע ארום עבדת | חסד | עם רבוני: |
| 015 | | | Nu14:18 | וקריב רחמין ומסגי למעבד | חסד | שרי ושביק לחובין ומעבר על |
| 016 | וחסד | | Gn30:27 | לבן אן כען אשכחית חן | וחסד | באנפיך נסיית וברך יתי ייי |
| 017 | | | Gn33:15 | ואמר למה כען אשכח חן | וחסד | באפוי דרבוני: |
| 018 | | | Gn39:04 | ואשכח יוסף חן | וחסד | באפוי ושמש יתיה ומיני יתיה |
| 019 | | | Gn47:25 | קיימת יתן נשכח חן | וחסד | באפוי דרבוני ונהוי עבדין |
| 020 | | | Ex33:17 | אעבד ארום אשכחת חן | וחסד | באפי ומניית יתן בשם דרבן: |
| 021 | | | Gn18:03 | ייי אן כען אשכחת חן | וחסד | באפיך לא תסלק איקר שכינתך |
| 022 | | | Gn32:06 | לריבוני למשכחה חן | וחסד | באפיך: |
| 023 | | | Gn47:29 | ליה אן כען אשכחת חן | וחסד | באפיך שוי כען ידך תחות |
| 024 | | | Ex33:13 | מן בגלל די אשכחת חן | וחסד | באפיך וחמי ארום עמך אומתא |
| 025 | | | Nu11:15 | אין כען אשכחת חין | וחסד | באפ«י»ך ולא אחמי בבשתהון |
| 026 | | | Gn34:11 | לאבוה ולאחיה אשכח חן | וחסד | באפיכון וית מה די תאמרון |
| 027 | | | Gn50:04 | למימר אן אשכחית חן | וחסד | באפיכון מלילו כען במשמעיה |
| 028 | | | Gn33:08 | די ארעת ואמר למשכחא חן | וחסד | באפך: |
| 029 | | | Gn33:10 | כען אן כען אשכחית חן | וחסד | באפך ותקבל דורון דידי |
| 030 | | | Nu32:05 | ואמרין אן אשכחנן חן | וחסד | באפך יתיהב ית ארעא הדה |
| 031 | | | Gn39:21 | עם יוסף ושוי עלוי חן | וחסד | ושוי חנו באפי רב |
| 032 | | | Dt 7:09M | קיים | וחסד | לרחמוי ולנטרי פיקודוי |
| 033 | | | Gn 6:08 | צדיק ^ההוא#2#^ אשכח חן | וחסד | קדם ייי: |
| 034 | | | Dt24:01 | ויהווי אין לא אשכחת חן | וחסד | קדמוי ארום אשכח בה עריה |
| 035 | | | Ex33:12 | דרבן ולחוד אשכחת חן | וחסד | קדמיי: |
| 036 | | | Ex33:13 | וכען אין כען אשכחית חן | וחסד | קדמיך אודע יתי כען ית |
| 037 | | | Ex33:16 | כדון ארום אשכחת חן | וחסד | קדמיך אנה ועמך הלא בדברות |
| 038 | | | Ex34:09 | ואמר אין כען אשכחת חן | וחסד | קדמיך ייי ידבר איקרך ייי |
| 039 | | | Gn19:19 | הא כען אשכח עבדך חן | וחסד | קדמך ותוקפת חסדך די עבדת |
| 040 | | | Ex33:13M | יתך מן בגלל למשכחה חן | וחסד | קודמיך וחמי#2#/ ארום עמך |
| 041 | | | Nu11:11M | אשכחת \חסד באפך /חן | וחסד | קודמיך#2#/ למשויה ית |
| 042 | חסדא | s em/sf | Gn39:21M | והטה לוותה חסד ושווי | חסדא | באפיה דרבונא בית חבישא |
| 043 | | | Gn40:23 | שבק יוסף | חסדא | דלעל וחסדא דלרע וחסדא דלוי |
| 044 | חסדה | | Dt 7:12M | ית קיימייה וית | חסדייה/חסדה#2#/ | די קיים לאבהתכון: |
| 045 | | | Gn24:27 | דריבוני אברהם דלא שבק | חסדה | וקושטה עם ריבוני אנא |
| 046 | חסדך | | Gn19:19 | חן וחסד קדמך ותוקפת | חסדך | די עבדת עמי למקימה ית נפשי |
| 047 | | | Nu14:19 | {ו}<ד>עמא האליין כתקוף | חסדך | והיך מה די סובלת לעמא |
| 048 | בחסדך | | Ex15:13 | דברת | בחסדך | עמא האליין די פרקת תדבר |
| 049 | וחסדא | | Gn40:23 | חסדא דלעל וחסדא דלרע | וחסדא | דלוי יתיה מן בייתה דאבוי |
| 050 | | | Gn40:23 | שבק יוסף חסדא דלעל | וחסדא | דלרע וחסדא דלוי יתיה מן |
| 051 | וחסדה | | Dt 7:09 | אלה היימנה נטר קיימה | וחסדה | לרחמוי צדיקייה ולנטרי |
| 052 | כחסדא | | Gn21:23 | בי ובברי ובבר ברי | כחסדא | די עבדת עמך תעבד עמי ועם |
| 053 | | | Gn21:23M | לי בברי ולא בבר ברי | כחסדא | דקושטא |
| 054 | חסדיא | p em/sf | Gn32:11 | ולית אנה כמסת מן כל | חסדיא | ומן כל קושטא די עבדת עם |
| 055 | חסדיי | | Gn30:23 | בר ואמרת כנש ייי ית | חסדיי: | |
| 056 | חסדייה | | Dt 7:12 | לכון ית קיימייה וית | חסדייה | די קיים לאבהתכון: |
| 057 | חסדיך | | Gn20:13 | ביתה דאבה ואמרית לה דן | חסדיך | די תעבדון עמי לכל אתר די |

## חסי *adj.* lean [210]

|  |  |  |  |  |  |  |
|---|---|---|---|---|---|---|
| 001 | וחסיין | p abs | Gn41:19 | דלילן ובישן מחמי לחדא | וחסיין | בבשרהון ולא חמת כוותיהון |
| 002 | וחסין | | Gn41:03 | מנהרא בישן למיחמי | וחסין | בבשריהון וקמו להון בסטר |
| 003 | | | Gn41:04 | תורייא דבישין למיחמי | וחסין | בבשריהון ית שבעתי תורייא |
| 004 | חסיתא | p em/sf | Gn41:20 | ואכלין תוריא | חסיתא | ובישתא ית שבעתי תוריא |
| 005 | חסיתה | | Gn41:27 | ושבעתי תורייה | חסיתה | ובאישתא דסלקן בתריהון שבע |

## חסיד *n.* pious person [210]

|  |  |  |  |  |  |  |
|---|---|---|---|---|---|---|
| 001 | חסידא | s em/sf | Gn28:12 | למימר אתון חמון לגברא | חסידא | דאיקונין דידיה קביעא |
| 002 | | | Gn31:22M | תליתאה ארום אזל יעקב | חסידא | דבזכו' הוון מיא טיפין |
| 003 | | | Gn49:22 | דין הוא יוסף גברא | חסידא | דלא אזל בתר חיזוי עייניה |
| 004 | | | Gn49:26 | יוסף ולגו קדקדא דגברא | חסידא | דרב ושליט על ארעא דמצרים |
| 005 | | | Gn29:22 | להון הא שבע שנין גברא | חסידא | הדין שרי בינינן |
| 006 | | | Gn24:60 | ומדבקה ל{ד}<ה> לגברא | חסידא | ומניך יקומון אלפין |
| 007 | חסידה | | Nu21:01 | ארום אסתלק אהרן גברא | חסידה | דבזכותיה הוון ענני איקרה |
| 008 | | | Dt33:08 | אלבישת לאהרן גברא | חסידה | די נפית יתיה וקם בנסיונה |

## חסים *adj.* strong [210]

|  |  |  |  |  |  |  |
|---|---|---|---|---|---|---|
| 001 | חסימה | s ab/cn | Lv26:19 | וית ארעא די תחתכון | חסימה | היך נחשה מלמרביה לכון |
| 002 | | | Lv26:19M | ארעא דאית ת<ח>ותיכון | חסימה | כנחשה דלא למסקה לכון |
| 003 | | | Dt28:23M | ארעא דאית תוחתיכון | חסימה | כנחשה {ו}<ד>לא למסקה |
| 004 | חסימין | p abs | Dt28:23 | ויהוון שמיא די עלוויכון | חסימין | היך נחשה מן מחתה לכון טלא |
| 005 | | | Dt 8:09M | כפורזלא וטורניה | ח{כ}<ס>ימין | כנחשה |
| 006 | וחסימין | | Dt33:25 | ברירין היך פרזלה | וחסימין | היך נחשה וכיומי |

## חסין *adj.* strong [210 s.v. חסים]

|  |  |  |  |  |  |  |
|---|---|---|---|---|---|---|
| 001 | חסינין | p abs | Dt 8:09M | הי כפרזלא ותלמידייהא | חסינין | הי כנחשה |

## חסיר adj. lacking, deficient [210]

|  |  |  |  |  |
|---|---|---|---|---|
| 001 | חסיר | s ab/cn | Nu22:30 | להן את אזל בלעם רשיעא חסיר דעתה מה אן אנה דאנה בעיר |
| 002 | דחסיר | | Lv22:23 | ותור או אמר דחסיר אבר או יתיר אבר נסיבה |
| 003 | | | Lv21:20M | גרב או דמלי חזזין או דחסיר כולייה |

## חסך vb. to save [210]

|  |  |  |  |  |
|---|---|---|---|---|
| 001 | חסך | peal | Gn39:09 | בביתה הדין מני ולא חסך מני כל מה דעם ארום אלהן |
| 002 | ואתחסכת | etpeel | Gn20:06 | לבך עבדת דא ואתחס{ב}<כ>ת אף אנא יתך מלמחטי קדמי |

## חסל vb. to be completed [210]

|  |  |  |  |  |
|---|---|---|---|---|
| 001 | חסל | peal | Gn21:08M | רבא ביומא דאתחסל/די חסל#2#/ ית יצחק ברה דהגר |
| 002 | | | Gn47:18M | ארום \אלהן שלם/אין חסל#2#/ כספא וענה ובעירא |
| 003 | חסלו | | Dt20:09M | ויהוון כד ישלמון/חסלו#2#/ סרכייה לממללה עם |
| 004 | חסלת | | Gn50:19M | דעבדתון /ארום מיני חסלת בישתא דעבד#2#/ לי הלא |
| 005 | וחסל | | Gn21:08M | ורבא טליא ואתחסל/וחסל#2#/ ועבד אברהם שרו רבא |
| 006 | | | Nu17:23M | פרחין ואנץ נצין וגמר/וחסל#2#/ ועבד לוזין בר ליליה: |
| 007 | | | Gn47:15M | כלקבלך ארום שלם \/וחסל#2#/ כספא: |
| 008 | | | Nu17:23M | ליבלובין ואניץ ניצין וחסל לוזין |
| 009 | וחסלו | | Gn21:15M | ושלימו/וחסלו#2#/ מיא מן זיקא |
| 010 | וחסלת | | Gn47:18M | ושלמת/וחסלת#2#/ שתא ההיא ואתן |
| 011 | ותחסול | | Nu17:25M | ויסופון /סהדותה ותחסול#2#/ תורעמנותהון מעילווי |
| 012 | מחסל | pael | Gn44:18 | רבך דאת ימי ביה אנה מחסל על מנת למעבד מעבד על {על} |
| 013 | דאתחסל | etpeel | Gn21:08 | אברהם שרו רבא ביומא דאתחסל ית יצחק ברה דהגר |
| 014 | ואתחסל | | Gn21:08 | ורבא טליא ואתחסל ועבד אברהם שרו רבא ביומא |

## חסן vb. ⇐ אחסן

## חסף n. clay [211]

|  |  |  |  |  |
|---|---|---|---|---|
| 001 | דחסף | s ab/cn | Nu19:17 | מין דמבוע דכין לגו מן דחסף: |
| 002 | | | Lv 6:21 | ומן דחסף די תתבשל בה יתבר ואין במן |
| 003 | | | Lv11:33 | וכל מן דחסף די יפול מנהון לגוויה כל מה |
| 004 | | | Lv15:12 | ומן דחסף די יקרב ביה דיבה יתבר וכל |
| 005 | | | Nu 5:17 | כהנא מיין דכין לגו מן דחסף ומן עפרה די יהוי בשיפולי |
| 006 | | | Lv14:05 | חדתה {לבד}<לגו> מן דחסף על מיין דמבוע: |
| 007 | | | Lv14:50 | ית צפירה חדתה לגו מן דחסף על מיין מבוע: |
| 008 | | | Nu19:15 | וכל מן דחסף פתיח די לית גופה דשיע מקפה |
| 009 | חספה | s em/sf | Dt28:27M | /ובחרבה ובחיכו{ר}<ך> חספה#2#/ די לא תיכלון למיתאסייה: |

## חסר vb. to be lacking [211]

|  |  |  |  |  |
|---|---|---|---|---|
| 001 | חסר | peal | Ex16:18 | מן דאסגי ומן דאזער לא חסר גבר לפם מיכליה לקטו: |
| 002 | | | Dt 2:07M | /מאנדעם#2#/ לא/ חסר יתכון פתגם#2#/: |
| 003 | חסרו | | Gn29:22 | בינינן באר«י»נן לא חסרו ובית שקוותן סגון וכדון מה |
| 004 | חסרין | | Dt 2:28 | לן ונשתי לחוד לית אנן חסרין מן כל מן דעם ברגלינן אנן |
| 005 | חסרתון | | Dt 2:07 | ייי אלהכון בסעדכון לא חסרתון כל מן דעם: |
| 006 | יחסרון | | Gn18:28 | מה דילמא יחסרון חמשתי זכיי חמשה הא משיצא |
| 007 | תחסר | | Dt 8:09M | "תחסרון ... נחשה": תחסר כל מנדעם בה ארע די אבניה |
| 008 | תחסרון | | Dt 8:09 | תאכלון בה לחם לא תחסרון כל מן דעם בה ארע דאבניה |
| 009 | וחסקין | | Gn 8:03 | מ' מעילוי ארעא אזלין וחסקין וחסרו מיא לסוף מאה וחמשין |
| 010 | וחסרו | | Gn 8:03 | ארעא אזלין וחסקין וחסרו מיא לסוף מאה וחמשין |
| 011 | וחסרין | | Gn 8:05 | ומיא הוון אזלין וחסרין עד ירחא עשיריא בעשיריא |
| 012 | יתחסר | etpeel | Dt15:08 | לה כמסת חסרוניה די יתחסר לה: |

## חסרון n. want, lack [211]

|  |  |  |  |  |
|---|---|---|---|---|
| 001 | בחסרון | s ab/cn | Dt28:57 | תוליד ארום תאכל יתהון בחסרון כל מדעם בטומרה בצער |
| 002 | ובחסרון | | Dt28:48 | בכפן ובצהו ובערטליין ובחסרון כל מדעם וישוי נירה |
| 003 | חסרוניה | s em/sf | Dt15:08 | ומזבדה תזבדון לה כמסת חסרוניה די יתחסר לה: |

## חפוי 2# n. overlay [199 חיפוי]

|  |  |  |  |  |
|---|---|---|---|---|
| 001 | חפוי | s ab/cn | Nu 4:25 | די עלוי מן לעיל וית חפוי˜ דתרע משכן זימנא: |
| 002 | | | Ex35:11M | /משכנה#2#/ וית חפיא/ח<פוי#2#/ וית פורפוי וית |
| 003 | | | Ex26:14 | ותעבד חפוי למשכנא משכין דדכרין מסמקין |
| 004 | | | Nu 4:06 | ויתנון עלוי חפוי משך דססגון ויפרשון לבוש |
| 005 | | | Nu 4:10 | יתיה וית כל מניה לגו חפוי משך דססגון ויתנון על קופה: |
| 006 | | | Nu 4:14 | מני מדבחה ויפרשון עלוי חפוי משך דססגון וישוון אריחוי: |
| 007 | | | Ex39:34M | וית חפי/ח<פוי#2#/ משכיה דדכרי מסמקיה |
| 008 | | | Nu 4:26 | וית אילוותה דרתה וית חפוי תרע דרתה די על משכנה ועל |
| 009 | בחפוי | | Nu 4:08 | זהורי סבה ויכסון יתיה בחפוי משך דססגון וישוון ית |
| 010 | | | Nu 4:11 | ויכסון יתיה בחפוי משך דססגון ויכסון ית |
| 011 | | | Nu 4:12 | בגו בית קודשה ויתנון בחפוי משך דססגון על קופה: |
| 012 | וחפוי | | Nu 4:25 | וית משכן זמנה חפויה וחפוי ˜דססגונה די עלוי מן לעיל |
| 013 | | | Ex26:14 | משכין דדכרין מסמקין וחפוי משכין דססגונין מן לעיל: |
| 014 | | | Ex38:19 | דנחש ונקלוותהון כסף וחפוי ראשיהון וכבושיהון כסף: |
| 015 | | | Ex38:17 | עמודיה וכבושיהון כסף וחפוי רישיהון כסף ואינון מכבשין |
| 016 | | | Ex38:18M | ופרס/וחפוי#2#/ תרע דרתה/דדר#2#/ |
| 017 | | | Nu 3:25 | משכנה ופרסה וחפויה וחפוי תרע משכן זימנה: |
| 018 | וחפויה | s em/sf | Nu 3:25 | זמנה משכנה ופרסה וחפויה וחפוי תרע משכן זימנה: |

## חפי vb. to cover [211]

|  |  |  |  |  |
|---|---|---|---|---|
| 001 | חפ' | peal | Nu 9:16M | יכסי /<ענן> יקרה חפ'#2#/ יתיה וחזיו אשא אכלה |
| 002 | חפיין | | Lv21:20 | או די גבנוי חפיין על עיינוי או דלית ליה שער |
| 003 | דחפי | | Ex29:13 | ותסב כל תרבה דחפי ית כרסה וית מה דמשתייר |
| 004 | | | Ex29:22 | תרבא ואליתה וית תרבה דחפי ית כרסה וית מה דמשתייר מן |
| 005 | | | Lv 3:03 | קרבן קדם ייי ית תרבא דחפי ית כרסה וית כל תרבה די על |
| 006 | | | Lv 3:09 | שזרתה ועבד יתה ית תרבה דחפי ית כרסה וית כל תרבה די על |
| 007 | | | Lv 3:14 | קדם ייי ית תרבה דח{כ}<פ>י ית כרסא וית כל תרבה די |
| 008 | | | Lv 7:03 | ית אליתה ˜וית תרבה דחפי ית כרסה: |
| 009 | | | Lv 4:08 | ירים מניה ית תרבה דחפי על כרסה וית כל תרבה די על |
| 010 | וחפון | | Ex 8:02 | דמצריי וסלקון ארדעניה וחפון ית ארעא דמצרים: |
| 011 | חפה | pael | Ex36:34 | וית לוחיה חפה דהב וית עזקיהון עבד דהב |
| 012 | חפי | | Ex36:34M | וית לוחיה חפה/חפי#2#/ דהב וית עזקיהון עבד |
| 013 | תחפי | | Ex26:29 | וית לוחי תחפי{ה} דהב וית עזקיהון תעבד דהב |
| 014 | | | Ex25:11 | דהב דכי מן גיו ומן בר תחפי יתיה ותעבד ליה כליל דדהב |
| 015 | מחפיא | | Gn50:01 | ית אבוי בערס דשנדפין מחפיא דהב מן בק}<קב>עא מרגליין |
| 016 | מחפיין | | Nu 7:03M | /טעינן צבי כד הנון מחפיין#2#/ ותרין עשר/תרי< עשר>#2# |
| 017 | מחפין | | Ex26:32 | על ארבעה עמודין דשטין מחפין דהב וקלוותהון דהב על |
| 018 | דחפי | | Dt 7:25M | כספא ודהבה דמחפי/דחפי#2#/ עליהון ותסבון לכון |
| 019 | דמחפי | | Dt 7:25 | לא תתחמדון כספא ודהבה דמחפי עליהון ותסבון לכון דלא |
| 020 | וחפא | | Ex37:04 | ועבד אריחין אעין דשטין וחפא יתהון דהב: |
| 021 | וחפה | | Ex36:36M | עמודין דשטין וחפי/וח<פה#2#/ יתהון דהב וקליוותהון |
| 022 | וחפי | | Ex38:02 | רומה <מניה> הוון קרנתה וחפי ית' נחש: |
| 023 | | | Ex36:34 | עבד דהב אתרין לאריחי' וחפי ית נגריה דהב: |
| 024 | | | Ex36:36 | לה ארבעה עמודין דשטין וחפי יתהון דהב וקליוותהון דהב |
| 025 | | | Ex37:15 | ית אריחיה אעין דשטין וחפי יתהון דהב למטען ית פתרה: |
| 026 | | | Ex37:28 | אריחי«ה» אעין דשטין וחפי יתהון דהב: |
| 027 | | | Ex38:06 | ית אריחיה אעין דשטין וחפי יתהון נחש: |

|  |  |  |  |  |
|---|---|---|---|---|
| 028 | | | Ex37:02 | וחפי יתיה דהב דכי מן לגו |
| 029 | | | Ex37:11 | וחפי יתיה דהב דכי {מן לגו |
| 030 | | | Ex37:26 | וחפי יתיה דהב דכי ית איגרוי וית |
| 031 | | | Ex36:38 | חמשה וית קליותהון וחפי ראשיהון וכבושיהון דהב |
| 032 | | | Ex38:28 | עבד אונקלוון לעמודי וחפי רישיהון וכבש יתהון: |
| 033 | | | Ex37:04M | /דאעי שטין#2/ וחפא/<וח>פי#2/ יתהון/<ית>היך#2/ |
| 034 | וחפי | | Ex38:28M | לעמודי וחפי/וחפיי#2/ רישיהון וכבש/ושקע#2 |
| 035 | וחפיתון | | Dt 1:01 | דייי די אלתון בגווה וחפיתון יתיה בדהבא סנינה אמר |
| 036 | ותחפי | | Ex26:29 | דהב אתרין לנגריה ותחפי{ה} ית נגריה דהב: |
| 037 | | | Ex27:02 | מנה יהוויין קרנתה ותחפי יתה נחשא: |
| 038 | | | Ex25:13 | אריחין אעין דשטין ותחפי יתהון דהב: |
| 039 | | | Ex25:28 | אעין דשטי«ן» <ותחפי> יתהון דהב למטען בהון ית |
| 040 | | | Ex26:37 | חמשא עמודין דשטין ותחפי יתהון דהב ואונקלוותהון |
| 041 | | | Ex27:06 | למדבחא אעין דשטין ותחפי{ה} יתהון נחש: |
| 042 | | | Ex30:05 | ית אריחיה אעין דשטין ותחפי יתהון דהב: |
| 043 | | | Ex25:11 | ותחפי יתיה דהב דכי מן גיו |
| 044 | | | Ex25:24 | ותחפי יתיה דהב דכי ותעביד ליה |
| 045 | | | Ex30:03 | ותחפי יתיה דהב דכי אגרוי וית |

## חפי *adj.* barefooted [211]

|  |  |  |  |  |
|---|---|---|---|---|
| 001 | חפיין | p abs | Dt 8:04 | ורגליכון לא הליכו חפיין דנה ארבעין שנין: |

## חפיי 2# *n.* covering [212 חפיי]

|  |  |  |  |  |
|---|---|---|---|---|
| 001 | ח' | s ab/cn | Nu17:03M | יתהון רד{ו}<י>די טסין ח'#2/ חפיי למדבחה ארום קרבו |
| 002 | חפי | | Ex36:19 | ועבד חפי למשכנא משכין דדכרין מסמקין |
| 003 | חפיי | | Nu17:03 | יתהון טסין מרדדין חפיי למדבחה ארום קרבו יתהון קדם |
| 004 | | | Nu17:04 | יקידיה ורדידו יתהון חפיי למדבחה: |
| 005 | | | Ex36:14 | ועבד יריען דמעזי חפיי למיפרס על משכנא חדא עשרין |
| 006 | | | Ex36:37M | ועבד פרס/חפיי#2/ לתרע משכנה תכלה |
| 007 | | | Nu 4:14M | ויפרשון עלוי חפוי/חפיי#2/ משך דססגון וישוון |
| 008 | | | Ex39:34 | משכיה דדכרי מסמקיה וית חפיי משכי דססגונה וית פרוכתה |
| 009 | | | Ex39:34 | וית חפיי משכיה דדכרי מסמקיה וית |
| 010 | | | Ex39:34M | דדכרין סמקין וית חפיי <מ>שכין דססגונין#2/ וית |
| 011 | | | Nu 4:06M | עלוי\חפוי משך דססגון /חפיי משכן דססגונין#2/ |
| 012 | בחפיי | | Nu 4:11M | ויכסון יתיה בחפוי/בחפיי#2/ משך דססגון ויכסון |
| 013 | | | Nu 4:12M | ויכסון יתהון בחפוי^/בחפיי#2^/ משך דססגון |
| 014 | | | Nu 4:08M | \בחפוי משך דססגון /בחפיי משכין דססגונין#2/ |
| 015 | וחפי | | Ex38:17M | כסף וחפוי/<וח>פי#2/ רישיהון כסף ואינון |
| 016 | וחפיי | | Nu 3:25M | /חפייה#2/ \וחפוי תרע /וחפיי בת#2/ משכן זימנה: |
| 017 | | | Lv 9:19M | \וחפיי כרסה וכלייתה וכולייתה#2/ ומה דמשתייר |
| 018 | | | Lv 9:19 | תורה ומן דכרה אלייתה וחפיי כרסה וכלייתה ומה דמשתייר |
| 019 | | | Ex36:19 | משכין דדכרין מסמקין וחפיי משך דססגונין מן לעל: |
| 020 | | | Nu 4:25M | \וחפוי ^^דססגונה /וחפיי ססג#2/ די עלוי מן לעיל |
| 021 | לחפיי | | Nu 4:10M | "מניה לגו חפוי": מנאה לחפיי |
| 022 | חפיא | s em/sf | Ex40:19 | פרסה על משכנה ושווי ית חפיא דמשכנא עלוי מן לעל היך מה |
| 023 | | | Ex35:11 | ית משכנא וית פרסה וית חפיא וית פורפוי וית לוחוי וית |
| 024 | חפיה | | Ex26:14M | ותעבד חפוי/חפיה#2/ למשכנא משכין דדכרין |
| 025 | חפייה | | Gn 8:13 | מעלוי ארעא ועבר נח ית חפייה דתיבותא וחמא והא נגבו |
| 026 | | | Nu 3:25M | משכנה ופרסה וחפוה/חפייה#2/ \וחפוי תרע /וחפיי |
| 027 | | | Nu 4:25 | דמשכנה וית משכן זמנה חפייה וחפוי ^^דססגונה די עלוי |

## חפר *vb.* to dig [212]

|  |  |  |  |  |
|---|---|---|---|---|
| 001 | חפירית | peal | Gn21:30 | דתהוון לי לסהדו ארום חפירית ית בארה הדא: |
| 002 | חפרו | | Gn26:18 | וחפר ית בארייתא דמיא די חפרו בימוי דאברהם אבוי וסתמו |
| 003 | | | Gn21:25M | דמיא \דגזלו עבדוי /די חפרו יתה ע'#2/ דאבימלך: |
| 004 | חפרת | | Gn50:05 | הא אנה מאית בקברי די חפרת לי בארעא דכנען תמן תקבר |
| 005 | יחפר | | Ex21:33 | יפתח גבר גוב או ארום יחפר גבר גוב ולא יכסה יתיה ויפל |
| 006 | דחפרו | | Gn26:32 | ליה על עסק דבאירה דחפרו ואמרן לה אשכחנן מיין: |
| 007 | | | Nu21:18 | בירא דחפרו ית<ה> רברבני עלמא מן |
| 008 | | | Gn26:15 | וכל באריא דחפרו עבדוי דאבוי סתמו יתהון |
| 009 | וחפר | | Gn26:22 | ואסתלק מן תמן וחפר באר חורי ולא אדינו עליה |
| 010 | | | Gn26:18 | וחזר יצחק וחפר ית בארייתא דמיא די חפרו |
| 011 | וחפרו | | Gn26:21 | וחפרו באר חורי ואדינו אף עלה |
| 012 | | | Ex 7:24 | וחפרו כל מצריי חזור חזור לנהרא |
| 013 | | | Gn26:19 | וחפרו עבדוי דיצחק בנחלה ואשכחו |
| 014 | | | Gn26:25 | דייי ופרס תמן משכניה וחפרו תמן עבדוי דיצחק באר: |
| 015 | ותחפור | | Dt23:14 | והווי במייתבכון לבר ותחפור ביה ותחזור ותכסי ית |

## חצב *vb.* to hew [212]

|  |  |  |  |  |
|---|---|---|---|---|
| 001 | חצב | peal | Ex34:01 | ואמר ייי למשה חצב לך תרין לוחין דאבנין |
| 002 | חצבין | | Dt 8:09 | היך פרזלה ומן טווריה חצבין נחשה: |
| 003 | חצבתון | | Dt 6:11 | וגובין חצובין די לא חצבתון כרמין וזייתין די לא |
| 004 | חצוב | | Ex34:01M | /מימריה דייי למשה חצוב#2/ לך תרין לוחין דאבנין |
| 005 | | | Dt10:01 | אמר ייי לי אמר משה חצוב לך תרין לווחין דאבנין |
| 006 | חצובין | | Dt 6:11 | די לא בניתון וגובין חצובין די לא חצבתון כרמין |
| 007 | חציב | | Ex20:25M | "חציבין ... יתהון": חציב ארום פרזלא חרבא מתעבד |
| 008 | חציבין | | Ex20:25 | לשמי לא תבנון יתהון חציבין ארום פרזלא {ארום פרזלא} |
| 009 | וחצב | | Ex34:04 | וחצב תרין לווחין דאבנין כקדמיי |
| 010 | וחצבית | | Dt10:03 | ארון אעין דשיטין וחצבית תרין לווחין דאבנין כקדמיה |

## חצד *vb.* to reap, to harvest [213]

|  |  |  |  |  |
|---|---|---|---|---|
| 001 | חצדין | peal | Gn45:06 | חמש שנין דלא זרעין ולא חצדין: |
| 002 | תחצדון | | Lv25:05 | ית כחות חצדיכון לא תחצדון וית ענבי שבקיכון לא |
| 003 | | | Lv25:05M | /כאבת חקליכון לא תחצדון#2/ וית ענבי שבקיכון |
| 004 | | | Dt24:19 | ארום תחצדון חצדיכון בחקליכון ותנשון |
| 005 | | | Lv25:11 | לכון לא תזרעון ולא תחצדון ית כהותיכון ולא תקטפון ית |
| 006 | ותחצדון | | Lv23:10 | די אנה יהב לכון ותחצדון ית חצדה ותייתון ית עומרה |
| 007 | ובמחצדיכון | | Lv23:22 | ובמחצדיכון ית ^חצדה#1^ דארעכון לא |
| 008 | למחצד | | Dt16:09 | די את משרי מגלה דחצדה למחצד בעומרא דאנפותה תשרון |
| 009 | | | Lv19:09M | /דאית בחקליכון למחצד ולקט חצדכון#2/ לא |
| 010 | | | Lv19:09 | אומנה אחריה דחקליכון למחצד ולקט«ה» דחצדיכון לא |
| 011 | למחצדה | | Lv23:22 | אחריה דאית בחקליכון למחצדה ולקטה דחצדכון לא תלקטון |
| 012 | למחצוד | | Lv23:22M | דאית בחקליכון למחצדה/למחצוד#2/ ולקטה דחצדכון |
| 013 | | | Dt16:09M | /תשרי מגלה לחצדה למחצוד#2/ בעומרא דאנפותה תשרון |

## חצד *(v.)n.* harvest [212 חצד and 213 חצד]

|  |  |  |  |  |
|---|---|---|---|---|
| 001 | חצד | s ab/cn | Lv19:09M | ית \חצדא דארעכון /חצד ארע#2/ לא תשיצון אומנה |
| 002 | | | Lv23:22M | ית \^חצדה#1^ דארעכון /חצד ארעא#2/ לא תשיצון אומנה |
| 003 | | | Lv23:22M | \ולקטה דחצדכון /לקט חצד#2/ לא תלקטון למסכיניה |
| 004 | דחצד | | Dt23:26 | פירוכין בידיך ומגל דחצד לא תעבר על קיימתה דחברך: |
| 005 | חצדא | s em/sf | Lv19:09 | ובחצדכון ית חצדא דארעכון לא תשיצון אומנה |
| 006 | | | Gn30:14 | ואזל ראובן ביומי חצדא דחטיא ואשכח יברוחין באפי |
| 007 | חצדה | | Lv23:22 | ובמחצדיכון ית^ חצדה#1^ דארעכון לא תשיצון אומנה |
| 008 | | | Ex34:22 | עצרתא תעבדון לכון בכרת חצדה דחטיא וחגא דאכנשותא במפקא |

|  |  |  |  |  |  |  |
|---|---|---|---|---|---|---|
| 009 | | | Lv23:10 | אנה יהב לכון ותחצדון ית | חצדה | ותייתון ית עומרה שרוי |
| 010 | חצדהון | | Gn30:14M | ראובן ביומי | חצדא/חצדהון#2#/ | דחטיא ואשכח יברוחין |
| 011 | חצדיהון | | Ex34:22M | לכון בכרת | חצדה/חצדיהון#2#/ | דחטיא וחגא דאכנשותא |
| 012 | חצדיכון | | Dt24:19 | ארום תחצדון | חצדיכון | בחקליכון ותנשון עמר באפי |
| 013 | | | Lv25:05 | ית כחות | חצדיכון | לא תחצדון וית ענבי |
| 014 | חצדכון | | Dt24:19M | ארום תחצדון | חצדיכון/חצדכון#2#/ | בחקליכון ותנשון |
| 015 | | | Lv19:09M | בחקליכון למחצד ולקט | חצדכון#2#/ | לא תלקטון: |
| 016 | | | Lv23:10 | ותייתון ית עומרה שרוי | חצדכון | לוות כהנא: |
| 017 | דחצדא | | Ex23:16 | וחגא | דחצדא | בכרת עבד ידיכון מה די |
| 018 | | | Ex34:21 | בחגא דאכנשותא ובחגא | דחצדא | תתנחון: |
| 019 | דחצדה | | Dt16:09 | מ' די את משרי מגלה | דחצדה | למחצד בעומרא דאנפותה |
| 020 | דחצדיכון | | Lv19:09 | למחצד ולקט«ה» | דחצדיכון | לא תלקטון: |
| 021 | דחצדכון | | Lv23:22 | למחצדה ולקטה | דחצדכון | לא תלקטון למסכיניה |
| 022 | ובחצדה | | Ex34:21M | "בחגא ... תתנחון": ברדיא | ובחצדה | תתניחון |
| 023 | ובחצדכון | | Lv19:09 | | ובחצדכון | ית חצדא דארעכון לא |
| 024 | לחצדה | | Dt16:09M | למחצד /תשרי מגלה | לחצדה | למחצוד#2#/ בעומרא |
| 025 | וחצדין | p abs | Gn 8:22 | כל יומי דארעא זרעין | וחצדין | וקריר וחמים וקיט |

There are two different noun shapes for this word in Aramaic: the more common *ḥaṣâd* and the rarer *ḥiṣd*. *DJPA* ascribes the first to the noun (i.e. not to the verbal noun), but this is surely incorrect inasmuch as the CaCâC noun pattern is infinitival in Aramaic and other northwest Semitic languages. Probably, then, only one noun, the common one, is used here, as both v.n. and n.

## חצוצרה *n.* trumpet [213]

|  |  |  |  |  |  |  |
|---|---|---|---|---|---|---|
| 001 | חצוצרון | p abs | Nu10:02M | עבד לך תרתין | חצוצרין/חצוצרון#2#/ | דכסף נגידן תעבד |
| 002 | חצוצרין | | Nu10:02 | עבד לך תרתין | חצוצרין | דכסף נגידן תעבד יתהון |
| 003 | וחצוצרות | p const | Nu31:06M | \וחצוצרתה דיבבותה | /וחצוצרות | יבב'#2#/ בידיה: |
| 004 | בחצוצרוותה | p em/sf | Nu10:08M | /<ויה>ון#2#/ | /בחצוצרוותה | ויהוון#2#/ לכון לקים |
| 005 | | | Nu10:09M | לכון ותתייבבון | בחצוצרוותה | ותדכרו' |
| 006 | | | Nu10:10M | ותתקעון | בחצוצרתה/בחצוצרוותה#2#/ | על עלוותיכון |
| 007 | בחצוצרת' | | Nu10:08 | כהנ{א}<י>א יתקעון | בחצוצרת' | ויהויין לכון לקים עלם |
| 008 | | | Nu10:09 | דמעיק לכון ותתקעון | בחצוצרת' | ותתדכרון קדם ייי אלהכון |
| 009 | בחצוצרתה | | Nu10:10 | ירחיכון ותתקעון | בחצוצרתה | על עלוותיכון ועל נכסי |
| 010 | בחצצרוותיהון | | Gn50:01 | נפקו מיניה כהנייא | בחצצרוותיהון | ולוייא בכינוריהון בכדן |
| 011 | וחצוצרתה | | Nu31:06 | קרבה ומני בית קודשא | וחצוצרתה | דיבבותה בידיה: |

## חציף *adj.* impudent [213]

|  |  |  |  |  |  |  |
|---|---|---|---|---|---|---|
| 001 | חציף | s ab/cn | Nu21:28M | מואביי": <ארום> מלך | חציף | הי' אשא נפק מן חשבון |
| 002 | חציפת | | Dt28:50 | אומה | חציפת | אפין די לא נסבת אפין לסב |
| 003 | חצף | | Dt28:50M | אומה | חציפת/חצף#2#/ | אפין די לא נסבת |
| 004 | חציפין | p abs | Nu13:28 | להוד ארום | חציפין | אינון עמה די שריין בארעא |

## חצר כבדה *n.* lobe of the liver [213 s.v. חצר]

|  |  |  |  |  |  |  |
|---|---|---|---|---|---|---|
| 001 | חצר כבדה | s em/sf | Lv 9:19 | ומה דמשתייר מן | חצר כבדה: | |
| 002 | | | Ex29:22 | וית מה דמשתייר מן | חצר כבדה | וית תרתין כליתה וית תרבא |
| 003 | | | Lv 8:16 | וית מה דמשתייר מן | חצר כבדה | וית תרתין כולייתה וית |
| 004 | | | Lv 8:25 | וית מה דמשתייר מן | חצר כבדה | וית תרתין כליתה וית |
| 005 | | | Lv 9:10 | וית מה דמשתייר מן | חצר כבדה | מן חטא«תה» סדר על גבי |
| 006 | | | Lv 3:04 | וית מה די משתייר מן | חצר כבדה | על כליתה יעבד יתה: |
| 007 | | | Lv 3:10 | וית מה דמשתייר על | חצר כבדה | על כליתה ועבד יתה: |
| 008 | | | Lv 3:15 | וית מה דמשתייר מן | חצר כבדה | על כליתה יעבד יתה: |
| 009 | | | Lv 4:09 | וית מה דמשתייר מן | חצר כבדה | על כוליתה יעבד יתה: |
| 010 | | | Lv 7:04 | וית מה דמשתייר על | חצר כבדה | על כליתה יעבד יתה: |
| 011 | מחצר כבדה | | Ex29:13 | כרסה וית מה דמשתייר | מחצר כבדה | וית תרתין כליתה וית |

## חקל *n.* field [214]

|  |  |  |  |  |  |  |
|---|---|---|---|---|---|---|
| 001 | חקל | s ab/cn | Ex22:04 | ארום ייקד גבר | חקל | או כרם וישלח יקידתא ויוקד |
| 002 | | | Lv27:22 | ית חקל זבונה די לא מן | חקל | אחסנתיה יקדש לשמה דייי: |
| 003 | | | Lv27:28 | מן בני אנשה ובעירה ומן | חקל | אחסנתיה לא יזדבן ולא יתפרק |
| 004 | | | Nu18:20M | {סנאח} <האנה> הוא | חקל | ואחסנתך ביני |
| 005 | | | Lv27:22 | ואן ית | חקל | זבונה די לא מן חקל אחסנתיה |
| 006 | | | Gn23:19 | ית שרה אתתיה במערתי | חקל | כפילא די כל קובל מימרא |
| 007 | | | Gn50:13 | דכנען וקברו יתיה במערת | חקל | כפילא די זבן אברהם ית |
| 008 | | | Gn49:21M | "דחקלא ...": | חקל | כפילתא כד הוא פתח פומי' |
| 009 | בחקל | | Ex22:04M | ויוקד \בחקלא דחורן | /בחקל | אוחרי מן שפר דחורן#2#/ |
| 010 | | | Gn25:09M | במערתא כפילא | בחקלא/בחקל#2#/ | דעפרו' בן צחר |
| 011 | | | Nu21:22M | \בחקלין ובכרמין /ולא | בחקל | ולא בכרם#2#/ ולא נשתי מי |
| 012 | | | Gn49:30 | במערתא די | בחקל | כפלא די כל קבל ממרא דכנען |
| 013 | וחקל | | Lv25:34 | | וחקל | פרוירי קרוי{כ}<ה>ון לא |
| 014 | כחקל | | Lv27:21 | דיובילה קדש לשמה דייי | כחקל | אפרשו לכהנה תיהוי אחסנתיה: |
| 015 | לחקל | | Nu23:14 | ודבר יתיה | לחקל | סכייה ריש רמתה ובנה שבעה |
| 016 | מחקל | | Lv27:16 | ואין | מחקל | אחסנתיה יקדש גבר לשמה דייי |
| 017 | חקלא | s em/sf | Ex 9:03 | פורענתי הוויא בבעירך די | חקלא | בסוסיא ובחמיריא בגמליא |
| 018 | | | Gn25:10 | | חקלא | די זכי אברהם מלוות בנוי |
| 019 | | | Gn37:07 | מכרכין כורכוון בגו | חקלא | והא קמת כורכותי ולחוד |
| 020 | | | Gn23:17 | די בכפילה די קדם מימרא | חקלא | ומערתא דביה וכל אילנא די |
| 021 | | | Gn23:20 | וקמת | חקלא | ומערתא דביה לאברהם |
| 022 | | | Gn49:32 | קניין | חקלא | ומערתא דביה מן בנוי דחת: |
| 023 | | | Gn23:11 | למימר: לא רבוני קבל מני | חקלא | יהבית לך ומערתא דביה לך |
| 024 | | | Gn23:11 | לא רבוני קבל מני | חקלא | יהבית לך ומערתא דביה לך |
| 025 | | | Gn50:13 | כפילא די זבן אברהם ית | חקלא | לאחסנא דקבורה מן לוות |
| 026 | | | Dt20:19M | "אילנה ... עקתיה": אילן | חקלא | לאיטמרה מן קדמך בכרכה |
| 027 | | | Ex22:05 | ותיכל גדישין או קמתא או | חקלא | משלמא ישלם מן דמוקד ית |
| 028 | חקלה | | Lv27:21 | ותיהוי | חקלה | במפקה דיובילה קדש לשמה |
| 029 | | | Lv27:17 | אן מן שתה דיובילה יקדש | חקלה | בעלויה יקום: |
| 030 | | | Lv25:31M | \על תחומיה דארעא /מן | חקלה | דארע'#2#/ יתחשב פרקון |
| 031 | | | Lv27:20 | ואין לא יפרוק ית | חקלה | ואן זבן ית חקלה לגבר חורן |
| 032 | | | Dt 5:21 | יתחמד בייתיה דחבריה לא | חקלה | ולא עבדה ולא אמהתיה ולא |
| 033 | | | Lv27:20 | ית חקלה ואן זבן ית | חקלה | לגבר חורן לא תתפרק עוד: |
| 034 | | | Lv27:24 | בשתה דיובילה תחזור | חקלה | למן דזבן יתיה מן לוותה למן |
| 035 | | | Lv27:19 | ואן מפרוק יפרוק ית | חקלה | מן דמקדש יתה ויסף חמש כסף |
| 036 | | | Gn49:30 | דכנען די זבן אברהם ית | חקלה | מן לוות עפרון חתייה |
| 037 | חקליה | | Ex 8:09 | מן ביתי ומן דרי ומן | חקליה: | |
| 038 | | | Gn47:20 | ארום זבנו מצראי גבר | חקליה | ארום תקף עליהון כפנא |
| 039 | | | Gn23:09 | מערת כפילה די בסייפיה | חקליה | בכסף שלים יזבן יתה לי |
| 040 | | | Gn23:11 | מערת כפילה די בסייפי' | חקליה | בכסף שלים יזבן יתה לי |
| 041 | | | Ex22:04 | בחקלא דחורן בית שפר | חקליה | ובית שפר כרמא ישלם: |
| 042 | | | Lv27:18 | ואן בתר יובילה יקדש | חקליה | ויחשב לה כהנה ית כספה |
| 043 | חקלך | | Lv25:03M | שית שנין תזרע | חקלי{ק}<כ>ון/חקלך#2#/ | ושית שנין תזברון |
| 044 | חקלכון | | Lv19:19 | בערכון לא תרבעון כלאים | חקלכון | לא תזרעון כלאים ולבוש |
| 045 | חקלת | | Gn23:17 | וקמת | חקלת | דעפרון די בכפילה די קדם |
| 046 | בחקלא | | Gn25:09 | בנוי במערתא כפילא | בחקלא | דעפרו' בן צחר חתיה די |
| 047 | | | Gn27:27M | דגינתא די נציבא | בחקלא | דעדן |
| 048 | | | Gn23:20M | "דביה ... דקבורה": דאית | בחקלא | דאית בכל תחומא חזור חזור |
| 049 | | | Ex22:04 | וישלח יקידתא ויוקד | בחקלא | דחורן בית שפר חקליה |
| 050 | | | Ex 9:19 | ובעיר«א» דאשתכח | בחקלא | ולא יתכנש לגו ביתא ויחות |

|  |  |  |  |  |
|---|---|---|---|---|
| 051 | | | Gn37:15 | בדמות גבר והא הוא טעי בחקלא ושאל יתיה גברא למימר מה |
| 052 | בחקלה | | Nu22:23M | ארחה והלכת \באפי ברא/בחקלה#2#/ ומחת בלעם ית |
| 053 | דחקלא | | Gn33:19 | וזבן ית תחומא דחקלא די פרס תמן משכניה מלוות |
| 054 | | | Gn49:21 | זעירת ואייתי אוניתא דחקלא מפלטורין דיוסף וכיון |
| 055 | | | Gn23:13 | מני הא יהבית כספא דחקלא קבל מני ונקבר ית מתי תמן: |
| 056 | דחקלכון | | Lv19:09 | תשיצון אומנה אחריה דחקלכון למחצד ולקט«ה» דחצדיכון |
| 057 | דבחקלא | | Gn49:29 | גב אבהתי במערת«א» דבחקלא דעפרון חתי<'>: |
| 058 | לחקלא | | Dt 5:21M | "חלקה ... יתהון": לחקלא לא לעבדיה ולא לאמתא ולא |
| 059 | חקלוון | p abs | Nu16:14 | יתן ויהבת לן אחסנת חקלוון וכרמין העיני גברייה |
| 060 | חקלין | | Gn25:27 | גבר ידע צידה גבר מרי חקלין ויעקב הוה גבר שלם בעבדא |
| 061 | | | Nu16:14M | חקלוון/אחסנות חקלין#2#/ וכרמין העיני גברייה |
| 062 | בחקלין | | Nu20:17 | נעבר כען בארעך לא נעבר בחקלין ובכרמין ולא נשתי מי גובין |
| 063 | | | Nu21:22 | אעבר כען בארעך לא נסטי בחקלין ובכרמין ולא נשתי מי גובין |
| 064 | חקליכון | p em/sf | Lv25:03M | <שנין> דיזמין תזרעון חקליכון |
| 065 | | | Lv25:03 | שית שנין תזרע חקלי{ך}<כ>ון ושית שנין תזברון |
| 066 | | | Lv25:04 | לארעא שמטתה קדם ייי חקליכון לא תזרעון וכרמיכון לא |
| 067 | | | Lv25:05M | לא תחצדון /כאבת חקליכון לא תחצדון#2#/ וית ענבי |
| 068 | בחקליכון | | Dt24:19 | ארום תחצדון חצדיכון בחקליכון ותנשון עמר באפי ברה לא |
| 069 | | | Lv19:09M | דחצדיכון /דאית בחקליכון למחצד ולקט חצדכון#2#/ |
| 070 | | | Lv23:22 | אומנה אחריה דאית בחקליכון למחצדה ולקטה דחצדכון לא |

All or most of the above p em/sf marked entries may be singular! (See Preface.)

## to engrave *vb.* חקק [214]

|  |  |  |  |  |
|---|---|---|---|---|
| 001 | חקוק | peal | Ex32:16 | כתב מפרש מן קדם ייי הוא חקוק על לוחיה: |
| 002 | חקיין | | Ex28:36M | עלוי גליף חקיק/<חק>יין#2#/ קדש \לשמה דייי /קדם |
| 003 | חקיק | | Ex39:14 | עשרה על שמהתהון גליף חקיק גבר על שמיה לתרין עשרתי |
| 004 | | | Dt27:08 | פתגמי אוריתה הדה כתיב חקיק ומפרש יאות ומתקרא |
| 005 | | | Lv19:28 | לא תתנון בבשרכון וכתב חקיק לא תשוון בכון אמר ייי: |
| 006 | | | Ex28:21 | על שמהתהון גליף חקיק על שמיה יהוויין לתרין |
| 007 | | | Ex32:16M | מן קדם ייי הוא חקוק/חקיק#2#/ על לוחיה: |
| 008 | | | Ex32:25 | ברישיהון דהוה שמה מפרשה חקיק עליהון על די לא שמעו |
| 009 | | | Ex33:06 | דהוה שמה מפרשה חקיק עליהון מן טורא דחורב: |
| 010 | | | Ex39:30 | דכי וכתבו עלוי כתב גליף חקיק קדיש לשמה דייי: |
| 011 | | | Ex28:36 | דכי ותגליף עלוי גליף חקיק קדש לשמה דייי: |
| 012 | | | Ex28:11 | תהוי אבניה גליף חקיק תגלף ית תרין אבניה על שמהת |
| 013 | חקיקן | | Nu32:38M | ושמהת רברבנהא וגיברהא חקיקן בהון |
| 014 | חקק | | Ex39:06 | מאחדן דהב מגלפן גלף חקק על שמהת בני ישרא': |
| 015 | ומתחקק | etpeel | Ex20:02M | ודחלין והוה חזר ומתחקק על תרין לוחי קיימ' ואמר |
| 016 | | | Ex20:02 | יתיה ודחלין והוה חזר ומתחקק על תרין לוחי קיימא ואמר |
| 017 | | | Ex20:02 | דישראל וחזר ומתחקק על לוחי קיימא וכל ישראל |
| 018 | | | Ex20:03 | יתיה ודחלין והוה חזר ומתחקק על תרין לוחי קיימא ואמר |
| 019 | | | Ex20:03 | דישראל וחזר ומתחקק על לוחי קיימא וכל ישראל |
| 020 | | | Dt 5:06 | דישראל וחזר ומ{תח}<תח>קק על לוחי קיימה וכן הוה |
| 021 | | | Dt 5:07 | דבני ישראל וחזר ומתחקק על לוחי קיימה וכן הוה |

## to investigate *vb.* חקר [214]

|  |  |  |  |  |
|---|---|---|---|---|
| 001 | ותחקרון | peal | Dt13:15 | ותתבעון ותחקרון ותשאלון יאות והא |

## to be destroyed *vb.* חרב [215]

|  |  |  |  |  |
|---|---|---|---|---|
| 001 | חרבה | peal | Lv26:31 | ית {פיגריכון} קורייכון חרבה ואצדי ית בית מקדשיכון ולא |
| 002 | חריבן | | Lv26:33 | צדי וקורייכון יהוון חריבן: |
| 003 | | | Lv26:31M | /קריי#2#/ חרבה/חריבן#2#/ ואצדי ית |
| 004 | ואחרב | afel | Lv26:19 | ואחרב ית בית מקדשי דהיא תקוף |
| 005 | למחרבה | | Gn49:06 | לכרכה דשכם למחרבה יתה לא חסו על איקרי ארום |
| 006 | | | Gn49:07 | לגוויה שמעון ולוי למחרבה יתה ברוגזיהון ארום תקיף |

## sword *n.* חרב [214]

|  |  |  |  |  |
|---|---|---|---|---|
| 001 | חרב | s ab/cn | Lv26:07 | ויפלון קדמיכון קטילי חרב: |
| 002 | | | Lv26:08 | קדמיכון קטילי חרב: |
| 003 | | | Nu22:29 | שקרת בי אילו הווה בידי חרב ארום כדון קטלת יתיך: |
| 004 | | | Lv26:33 | ואגרי בתרכון שלפי חרב ותיהוי ארעכון צדי |
| 005 | | | Lv26:06M | \וחרב דשני /ושלופי חרב#2#/ לא תעבר בארעכון: |
| 006 | | | Lv26:25 | ואגרי בתרכון שלפי חרב למתפרעה מנכון על די פרעתון |
| 007 | דחרב | | Ex17:13 | עמלק וית עמיה לפתגם דחרב: |
| 008 | | | Nu31:08M | קטלו בחרבה/לפתגם דחרב#2#/: |
| 009 | | | Dt13:16 | בה וית בעירה לפתגם דחרב: |
| 010 | | | Dt20:13 | ית כל דכורה לפתגם דחרב: |
| 011 | | | Nu19:16 | יקרוב באפי ברא דקטיל דחרב או במית או בגרם דבר נש או |
| 012 | | | Lv26:36M | אילנה ויערקון מערוקי דחרב ויפ' |
| 013 | | | Nu21:24 | ושיצי יתיה ישראל לפתגם דחרב וירתו ית ארעיה מן ארנונה |
| 014 | | | Gn34:26 | שכם בריה קטלו לפ<ת>גם דחרב ונסבו ית דינה מבייתיה |
| 015 | | | Gn44:18 | וקטלו כל דכורא לפתגם דחרב על די סאבו לדינה אחתן דלא |
| 016 | | | Dt13:16 | דיירי קרתה ההיא לפתגם דחרב תשיצון יתה וית כל מה דאית |
| 017 | וחרב | | Lv26:06 | בחיות ברא מן ארעא וחרב דשני לא תעבר בארעכון: |
| 018 | לחרב | | Gn 3:24 | לרשיעיא דהיא מדמיה לחרב שנונה אכלה מן תרין סיטריה |
| 019 | חרבא | s em/sf | Gn31:26M | דערקין מן קדם שלפי חרבא |
| 020 | | | Gn11:04 | לן בראשיה סגדה ונתן חרבא בידיה ותיהווי עבד' לקבליה |
| 021 | | | Ex 5:21 | פרעה ובאפוי שליטוי למתן חרבא בידיהון למקטליה יתן: |
| 022 | | | Ex20:25M | חציב ארום פרזלא חרבא מתעבד מיני' אין עברת |
| 023 | | | Ex20:13 | ארום בחובי קטוליא חרבא נפיק על עלמא: |
| 024 | חרבה | | Nu20:18M | עבר בתחומי דלא שלופי חרבה |
| 025 | | | Dt32:25 | מן לברה תתכל יתהון חרבה ובקיטוני מדמכיהון אימתיה |
| 026 | | | Lv26:36 | ונתר ויערקון כמקדם שלפי חרבה ויפלון ולית דר«ד»ף: |
| 027 | | | Lv26:37 | גבר באחוי כמן קדם שלפי חרבה ורדף דלית ולא תיהוי לכון |
| 028 | | | Lv26:33M | \שלפי חרב /שלופי חרבה#2#/ ותיהוי ארעכון צדי |
| 029 | | | Lv26:25M | חרב /עליכון שלופי חרבה#2#/ למתפרעה מנכון/יתכון#2#/ |
| 030 | | | Dt 5:17 | ארום בחובי קטוליה חרבה נפק על עלמא: |
| 031 | חרבי | | Gn48:22M | דהוויי' טבין לי מן חרבי ומן קשתי |
| 032 | | | Gn48:22 | טביא דאינון טבין לי מן חרבי ומן קשתי ועוד יהבית לך |
| 033 | | | Gn48:22 | דאמוראי דטבין לי מן חרבי וקשתי: |
| 034 | | | Ex15:09 | ומן בתר כדן אשלוף ית חרבי ותשיצי יתהו' יד ימיני: |
| 035 | | | Dt32:41 | אין אשננה כברקה חרבי ותתוקף בדינה {ב}<ד>קושטה |
| 036 | | | Gn44:18 | דפרעה רבך דאן שלף אנה חרבי מן גווה תיקא לית אנה מחזר |
| 037 | חרביה | | Gn34:25 | ולוי אחי דינה גבר חרביה ועלו לקרתא לרוחצן וקטלו |
| 038 | | | Ex32:27 | אלהה דישראל שוון גבר חרביה על ירכיה עברו וחזרו מן |
| 039 | חרבך | | Gn27:40 | ועל חרבך תחי וקדם אחוך תהוי פלח |
| 040 | | | Gn25:27M | אבוי ואמר ליה ועל חרבך תחיה ויעקב גבר שלם |
| 041 | בחרבא | | Ex 5:03 | יערע יתן במותנא או בחרבא: |
| 042 | | | Ex17:11 | עמלק מתגברין ונפלין בחרבא: |
| 043 | | | Ex22:23 | רוגזי ואקטל יתכון בחרבא דלא יהוויי נשיכון ארמלן |
| 044 | | | Nu24:04 | מתנבא על נפשיה דנפיל בחרבא וסוף נבואתיה למתקיימה: |
| 045 | בחרבה | | Nu31:08 | בלעם בר בעור קטלו בחרבה: |
| 046 | | | Nu20:18M | לא תעברו בתחומין דלא בחרבה אפוק לקדמותך#2#/: |
| 047 | | | Nu14:43 | תמן קדמיכון ותפלון בחרבה ארום בגין כדן די חזרתון |
| 048 | | | Nu24:16 | על נפשיה דהוה נפל בחרבה וסוף נבואתיה למתקיימה: |
| 049 | | | Nu23:10 | אן קטלין יתיה ישראל בחרבה מבשר הוא בלעם דלית ליה |

050 Nu14:03 יתן לארעא הדה למפל בחרבה נשינן וטפלינן יהוון לבזה
051 בחרבי Gn48:22 מן ידוי דעשו אחוי לא בחרבי ולא בקשתי ארום אלהן
052 דחרבא Ex20:25 פרזלא {ארום פרזלא} דחרבא מתעברא עברת עליהון ואפסת
053 וחרבה Nu22:23 מלאכה דייי מעתד באורחה וחרבה שליפה בי{ה}<ד>יה וסטת
054 וחרבי Dt32:42 ארווי גיריין מן אדמהון וחרבי תתכל בבשרהון מן אדם
055 וחרביה Nu22:31 דייי קים מתעתד באורחה וחרביה שליפה בידיה ועקד ואשתטח
056 ובחרבה Dt28:27M ובטחוריה\ובחרבנה /ובחרבה ובחיכו{ר}<ך> חספה/#2#
057 Dt28:22 וב<הר>הור לבה ובחרבה» ובשדפונה ובירקונה
058 כחרבא Lv19:18 תליתייה דהוא קש' כחרבא מחי מן תרין סטרוי דמן
059 מחרבא Ex18:04 דאבא בסעדי ושיזב יתי מחרבא דפרעה:
060 בחרבייא p em/sf Gn19:11M \בסידוריה מדקיקיהון /בחרבייא מן עולמיהון/#2# עד

## חרבן #2 n. dry eruption [214]

001 ובחרבנה s em/sf Dt28:27 דמצריי ובטחוריה ובחרבנה די לא תיכלון למיתאסייה:

## חרד vb. to tremble [214]

001 וחרדו peal Gn42:28 טעוני ואזדעזע לבהון וחרדו גבר לקבל אחוי למימר מה

## חרדון n. a type of lizard [214]

001 וחרדונה s em/sf Lv11:29 ארעא כבושתה ועכברה וחר{ו}<ד>ונה למינה:

## חרוון n. ⇐ חרדון

## חרוף n. blasphemy [200 חירוף]

001 דחרוף s ab/cn Lv 5:01 תחטא ותשמע קל שבועה דחרוף והוא שהד או די חמה או די
002 חרופין p abs Nu16:27M "קמו": נפקו במילי חרופין וקמו

## חריב adj. ⇐ חרב vb.

## חרך n. window [215]

001 חרכא s em/sf Gn 8:06M ופתח נח ית תרעא/חרכא#2#/ דתיבותא די עבד:
002 Gn26:08 מלכא דפלישתאי על חרכא וחזא והא יצחק מגחך עם
003 וחרכי p const Gn 7:11M תיהום#2# רבה וכווי/וחרכי#2#/ שמיא אתפתחו:
004 Gn 8:02M ואסתכרו עינוות תהומא וחרכי שמיא וכל אמטרא מן שמיא
005 חרכיי' p em/sf Gn49:22M מן חרכייה ...": ומן חרכיי' ומסתכל בך מן שירוויאה
006 חרכייא Gn49:22 כוותיה ומצוותך עליך מן חרכייא והוון מזרקן קדמיך שירין
See also: n. חתורה

## חרם vb. to excommunicate [215]

001 דמתחרם etpeel Lv27:29M כל חרמה דמתחרם מן בר נשא לא יתפרק בכספא

## חרם n. herem (ban) [215]

001 חרמה s em/sf Lv27:29M "כל אפרשו ... ימות": כל חרמה דמתחרם מן בר נשא לא יתפרק
002 Dt13:18 ולא ידבק בידיכון מן חרמה מן בגלל דיחזור ממרה דייי

## חרמן n. serpent [215]

001 חרמני' p em/sf Gn49:17M דן מדמי לחוויה חרמני' דכמן בפרשת ארחת' <...>

## חרספי n. scale (of fish) [215]

001 וחרספין p abs Dt14:09M וקשקשין/ציצין וחרספין#2#/ <....>

## חרף vb. to blaspheme [215]

001 מחרף pael Lv24:16M בזמן דהוא מחרף שמה בגדפין
002 דחרף Lv24:23 ואפיקו ית «מן» דחרף לבר מן משריתה ורגמו יתיה
003 Nu15:34M בזידנו וב<מ>חרפה דחרף שמא קדישא בגדפין הווה
004 Lv24:12M "מתין ...": זריז במחרפה דחרף שמה קדישה בגדפין ובמקושה
005 Nu 9:08M <ממון> ומחרפה דחרף שמה קדישה בגדפין ובמקושה
006 דמחרף Lv24:14 אסק ית מן דמחרף לבר מן משריתה ויסמכון ית
007 וחרף Lv24:11M ופרש/וחרף#2#/ ברה דאתתה ישראליתה
008 Lv24:11 ^ית שמה קדישה#2#^ וחרף ואייתון יתיה לוות משה

## חרף n. edge [215]

001 חורפוי p em/sf Lv19:18 מן תרין סטרוי דמן תרין חורפוי למעקה בה ית חברך ולא תמנע

## חרף #2 n. ⇐ מחרף

## חרפד n. bat [215]

001 חרפדה s em/sf Lv11:19M טורא וית ערפדא/חרפדה#2#/:
002 Dt14:18M וחרפדה/וית חרפדה#2#/וערפדא#2#/:
003 וחרפדתה Dt14:18M /וית נגור <טורא> וחרפדתה/וית חרפדה#2#/וערפדא#2#/:
See also: n. ערפד

## חרץ n. loin [215]

001 חרץ s ab/cn Dt33:11M תבר/תבור#2#/ חרצה/חרץ#2#/ דשנאוי ובעלי דבבוי
002 חרצה s em/sf Dt33:11 ידוי תקבל» ברעווה תבר חרצה דשנאוי ובעלי דבבוי
003 חרציה Gn49:11 מן מדבית יהודה אסר חרציה ונפק לקרבא על שנאוי ומקטל
004 חרצוי d em/sf Gn49:11M יהודה אסר חרציה/חרצוי#2#/ ונפק לקרבא על
005 חרציהון Ex28:42 בשר ערוותהון מן אסר חרציהון ועד ירכתהון יהוון:
006 חרציכון Ex12:11 סדרא תיכלון יתיה חרציכון אסירין מסניכון ברגליכון

## חרצן n. stone (of fruit) [215]

001 חרצניה s em/sf Nu 6:04M מן \כמישן עד פגן /חרצניה ועד זוגיה#2#/ לא יאכל

## חרר vb. to set free [216]

001 אתחוררת etpoel Lv19:20M ארום לא \נפקת לחירות/אתחוררת#2#/:

## חרש n. sorcerer [216]

001 חרש s ab/cn Ex22:17 עמי בני ישראל כל חרש וחרשה לא תקיימון:
002 חרשא s em/sf Ex 4:11M או חרשין/אלמ' או חרשא#2#/ או פתיחין או סמין
003 חרשין p abs Dt18:10 ולא נטורי נחשין ולא חרשין:
004 חרישיהון p em/sf Gn41:08 דפרעה ושלח וקרא ית כל חרישיהון דמיצראי וית כל חכימיהון
005 חרשהון Gn49:23 לקבליה ולא יכלו ליה כל חרשהון דמצראי וחכימיהון אמרו
006 Gn49:22M כל חכימיהון /וכל חרשהון#2#/ כד ארכבו יתך בארתכא
007 חרשיא Ex 9:11 ולא יכלו חרשיא למיקם קדם משה מן קדם
008 חרשיה Ex 8:03 ועבדו כדון חרשיה בחרשיהון ואסקון ית
009 חרשיהון Gn49:22 יוסף ברי בחכמתך כל חרשיהון דמצראי וית כל חכימיהון
010 Ex 7:22 ועבדו כדון חרשיהון דמצראי בחרשיהון ואתוקף
011 Ex 7:11 ועבדו אף אינון חרשיהון דמצריי בחרשיהון כדן:

|  |  |  |  |  |  |  |
|---|---|---|---|---|---|---|
| 012 | חרשייא | | Ex 8:14 | ועבדו כדן | חרשייא | בחרשיהון למפקא ית כלמייא |
| 013 | חרשייה | | Ex 8:15 | ואמרין | חרשייה | לפרעה אצבע דגבורה מן קדם |
| 014 | בחרשיא | | Ex 9:11 | שיחנא ארום הווה שחנא | בחרשיא | ובכל מצריי: |
| 015 | ולחרשיא | | Ex 7:11 | לחוד פרעה לחכימייא | ולחרשיא | ועבדו אף אינון חרשיהון |
| 016 | לחרשיא | | Gn41:24 | סביא ואמרית <....> | לחרש«י»א | ולי«ת» דפשר לי: |

### metal worker *n.* חרש 2#
[216]

|  |  |  |  |  |  |  |
|---|---|---|---|---|---|---|
| 001 | וחרש | s em/sf | Nu11:26 | ישראל מן מני זייניהון | וחרש | לא יפקון ואינון הוון מן |

### deaf person *n.* חרש 3#
[216]

|  |  |  |  |  |  |  |
|---|---|---|---|---|---|---|
| 001 | חרשה | s em/sf | Lv19:14M | ולא תלוטון | חרשה | בגין דלא שמע לקדם אכסנייה |
| 002 | חרשין | p abs | Ex 4:11 | או מן שוי אלמין או | חרשין | או פתיחין או סמין ארום |

### sorceress *n.* חרשה
[216]

|  |  |  |  |  |  |  |
|---|---|---|---|---|---|---|
| 001 | וחרשה | s ab/cn | Ex22:17 | עמי בני ישראל כל חרש | וחרשה | לא תקיימון: |

### sorcery *n.* חרשין
[216]

|  |  |  |  |  |  |  |
|---|---|---|---|---|---|---|
| 001 | בחרשון | p em/sf | Ex 8:14M | כדן חרשייא | בחרשיהון/בחרשון#2/# | למפקא ית כלמייא |
| 002 | בחרשיהון | | Ex 8:03 | ועבדו כדון חרשיה | בחרשיהון | ואסקון ית ארדעניא על |
| 003 | | | Ex 7:22 | כדן חרשיהון דמצראי | בחרשיהון | ואתוקף לבא דפרעה ולא שמע |
| 004 | | | Ex 7:11 | אינון חרשיהון דמצריי | בחרשיהון | כדן: |
| 005 | | | Ex 8:14 | ועבדו כדן חרשייא | בחרשיהון | למפקא ית כלמייא ולא יכלו |

### lean, emaciated *adj.* חשיך
[217]

|  |  |  |  |  |  |  |
|---|---|---|---|---|---|---|
| 001 | חשיך | s ab/cn | Lv21:20 | דמלי חזזיין או דחזווי | חשיך | או דמרחש אשכתיה: |
| 002 | | | Gn41:21 | עלו לגו מעיהן וחזוויהן | חשיך | היך מה דהוון בקדמיתא |

### to think *vb.* חשב
[216]

|  |  |  |  |  |  |  |
|---|---|---|---|---|---|---|
| 001 | חשב | peal | Gn15:01 | מלכין וחזר תשע משריין | חשב | אברם בלבה ואמר ווי כען |
| 002 | | | Gn44:19M | ענה יהודה ואמר:" | חשב | יהודה בליביה ואמר דן |
| 003 | | | Lv 1:01 | וית מדבחה וית כל מנוי | חשב | משה בליביה ואמר טורה |
| 004 | | | Dt32:01 | למתכנשה בשלם מן גו עלמא | חשב | משה בליביה ואמר ווי כען |
| 005 | | | Gn 3:09 | ונהורה גלי קדמוי ואת | חשב | דלא גלי קדמוי אתר דאת בגויה |
| 006 | | | Gn50:20M | לטבן /בושן ממריה דייי | חשב | יתיה לטב מק#2/# מן בגלל |
| 007 | חשבו | | Gn11:06 | לא יתמנע מנהון כל מה די | חשבו | למעבד: |
| 008 | חשבתון | | Gn50:20 | ואתון | חשבתון | עליי בישן מן קדם ייי |
| 009 | חשיבין | | Gn31:43M | ובניא {הין} בניי אינון | חשיבין | דמן בנתיי אתילידן וענה |
| 010 | | | Ex 4:19M | מיניכסהון והא אינון | חשיבין | כמיתיא#2/# כל גובריא |
| 011 | וחשב | | Gn38:15 | וחמה יתה יהודה | וחשב | יתה יהודה לנפקת בר ארום |
| 012 | דחשיבו | pael | Ex18:11 | ארום בפתגמא«א» | דחשיבו | מצריי על ישראל למרמא |
| 013 | ויחשב | | Lv25:27 | | ויחשב | ית שנין זבוניה ויחזר ית |
| 014 | | | Lv25:52 | בשנייה עד שתה דיובילה | ויחשב | לה כפם שנוי יחזר ית |
| 015 | | | Lv27:18 | בתר יובילה יקדש חקליה | ויחשב | לה כהנה ית כספה על פם |
| 016 | | | Lv27:23 | | ויחשב | ליה כהנה ית מיסת עלויה עד |
| 017 | | | Lv25:50 | | ויחשב | עם מן דזבן יתיה מן שתה |
| 018 | למחשבה | | Gn39:11 | יומא הדין על לגו ביתא | למחשבה | חשבונוי ולא הוה גבר מן |
| 019 | אתחשבנן | etpeel | Gn31:15 | הלא כאלו נכריין | אתחשבנן | ליה ארום זבן יתן ואכל |
| 020 | יתחשב | | Lv17:04 | ייי קדם משכנה דייי אדם | יתחשב | לגברה ההוא כילו אדם זכיי |
| 021 | | | Lv 7:18 | ברעוה מן דמקרב יתיה לא | יתחשב | לה פסיל יהווי ונפשה די |
| 022 | | | Dt23:03 | דייי לחוד דר עשיריי לא | יתחשב | להון בקהל כנישתה דייי: |
| 023 | | | Dt23:04 | דייי לחוד דר עשריי לא | יתחשב | להון בקהל כנשתה דייי עד |
| 024 | | | Dt23:09 | יתיילדו להון דר תליתי | יתחשב | להון בקהל כנישתה דייי: |
| 025 | | | Lv25:31 | על תחומיה דארעא | יתחשב | פרקון תיהוי ליה וביובילה |
| 026 | יתחשבון | | Dt 2:11 | גוברין | יתחשבון | אוף אנון כבנוי דענק |
| 027 | נתחשב | | Gn 3:18 | ברחמין מן קדמך ייי לא | נתחשב | כבעירא למיכ' עשבא דבאפי |
| 028 | תתחשב | | Dt 2:20 | ארע גיברין | תתחשב | לחוד היא גיברין שרון |
| 029 | מתחשב | | Dt24:06M | אדם זכיי הוא | מתחשב | ונפשתה הוא ממשכן |
| 030 | ואתחשבת | | Gn15:06 | אברם בשם ממרא דייי | ואתחשבת | ליה לזכו: |
| 031 | וית' | | Nu18:27M | | ותתחשב/וית'#2/# | לכון אפרשותכון |
| 032 | ויתחשב | | Nu18:30 | ית טובה מניה | ויתחשב | לליוויי כאפרשות עיבורא מן |
| 033 | ותתחשב | | Nu18:27 | | ותתחשב | לכון אפרשותכון כאפרשות |
| 034 | אתחשבן | etpaal | Gn50:20 | עליי בישן מן קדם ייי | אתחשבן | לטבן מן בגלל ביומא הדין |
| 035 | יתחשב | | Ex21:14 | <וארום | יתחשב> | גבר על חבריה למקטל יתיה |
| 036 | מתחשב | | Gn27:42 | ואמרת לה הא עשו אחוך | מתחשב | עלך למקטל יתך: |
| 037 | דאיתחשבית | | Nu33:56M | ויהוי היך מה | דאתחשבת/דאיתחשבית#2/# | למעבד להון אעבד |
| 038 | דאתחשב | | Dt19:19 | ותעבדון לה היך מה | דאתחשב | למעבד לאחוי ותבערון עבדי |
| 039 | דאתחשבת | | Nu33:56 | ויהוי היך מה | דאתחשבת | למעבד להון אעבד לכון: |
| 040 | ואתחשבו | | Gn37:18 | קרב לוותהון | ואתחשבו | עלוי למקטליה: |

### thought *n.* חשבה
[216]

|  |  |  |  |  |  |  |
|---|---|---|---|---|---|---|
| 001 | בחשבתא | p em/sf | Ex18:11M | "בפתגמא ... דסוף:" | בחשבתא | אתפרע פרעה מנהון וטמע |

### to suspect *vb.* חשד
[216]

|  |  |  |  |  |  |  |
|---|---|---|---|---|---|---|
| 001 | תתחשד | etpeel | Lv19:18 | דאית לה זכו בדינה ולא | תתחשד | בחובת אדמה דחברך ולא |
| 002 | מתחשד | | Gn27:42M | לה הא עשו אחוך | מתחשב/מתחשד#2/# | \עלך למקטל/עליך |
| 003 | דאיתחשד | | Dt19:19M | להיך מה | דאתחשב/דאיתחשד#2/# | למעבד לאחוי |

### darkness *n.* חשוך
[217]

|  |  |  |  |  |  |  |
|---|---|---|---|---|---|---|
| 001 | חשוך | s ab/cn | Ex10:22 | משה ית ידא לשמיא והוה | חשוך | דקבל בכל ארעא דמצרים תלתא |
| 002 | | | Ex14:20 | דישראל והוה עננא | חשוך | ופלגא נהורא חשוכא מחשך |
| 003 | | | Ex10:22M | לשמיא והוה \חשוך דקבל | /חשוך | קביל#2/# בכל ארעא |
| 004 | חושכא | s em/sf | Ex10:21M | שמיא#2/# ויהוי | חשוכא/חושכא#2/# | על ארעא דמצרים |
| 005 | חושכה | | Dt 4:11M | עד צית שמיא | חשוכה/חושכה#2/# | עננה וערפלה: |
| 006 | חשוכא | | Gn 1:04 | דייי בין נהורא לבין | חשוכא: | |
| 007 | | | Gn 1:18 | ולמפרש' בין נהורא ובין | חשוכא | וגלי קדם ייי ארום שפר |
| 008 | | | Ex14:20 | עננא חשוך ופלגא נהורא | חשוכא | מחשך למצרייה ונהורא |
| 009 | | | Ex10:21 | ארכן ידך לשמיא ויהוי | חשוכא | על ארעא דמצרים ויהוי |
| 010 | חשוכה | | Dt 5:23 | ית קל ממרה מן גו | חשוכה | וטורה בעיר באשתא וקרבתון |
| 011 | | | Gn 3:09 | כל עלמא דברית גלי קדמי | חשוכה | ונהורה גלי קדמי ואת חשב |
| 012 | | | Dt 4:11 | בעיר באשתה עד צית שמיא | חשוכה | עננה וערפלה: |
| 013 | בחשוכא | | Ex10:21 | דמצרים ויהוי ממשמש | בחשוכא: | |
| 014 | | | Ex10:21M | והוון כמשמ' | בחשוכא | |
| 015 | וחשוכ' | | Ex14:20M | נהורא מנהר על ישראל | וחשוכ' | מחשך על מצראי ולא |
| 016 | וחשוכא | | Gn 1:02 | פלחן צמחין ומן אילנין | וחשוכא | פריס על אפי תהומא ורוח |
| 017 | | | Ex12:42 | הוה עלמא תהו ובהו | וחשוכא | פריס על אפי תהומא וממריה |
| 018 | | | Ex12:42M | וחשוכא/תהי ובהו | וחשוכא#2/# | פריס על אפי תהומא |
| 019 | ולחשוכא | | Gn 1:05 | דייי לנהורא איממ' | ולחשוכא | קרא ליליא והוא רמש והוה |

### important *adj.* חשיב
[217]

|  |  |  |  |  |  |  |
|---|---|---|---|---|---|---|
| 001 | חשיב | s ab/cn | Nu16:11 | קדם ייי ואהרן מה הוא | חשיב | דארעמתון עלוי: |
| 002 | | | Gn23:15 | דכסף ביני ובינך מה היא | חשיב | וית מתך קבר: |
| 003 | חשיבא | s em/sf | Gn30:01M | אנה /מן מיתה אנא | חשיבא#2/: | |

| | | | | |
|---|---|---|---|---|
| 004 | p abs | חשיבין | Ex16:07 | קדם ייי ואנן מה אנן חשיבין ארום תתרעמתון עלינן: |
| 005 | | | Ex16:08 | עלוי ואנן מה אנן חשיבין לא עלינ«ן» תורעמתכון |

## חשך *vb.* to become dark [217]

| | | | | |
|---|---|---|---|---|
| 001 | peal | חשך | Ex14:20M | נהור ופלגא חשך נהורא מנהר על ישראל |
| 002 | | וחשכת | Ex10:15 | ית כל חזוה דכל ארעא וחשכת ארעא ואכל ית כל עשבא |
| 003 | afel | מחשך | Ex14:20 | חשוך ופלגא נהורא חשוכא מחשך למצרייה ונהורא לישראל כל |
| 004 | | | Ex14:20M | מנהר על ישראל וחשוכ׳ מחשך על מצראי ולא |

## חתה *n.* ⇐ אחה

## חתורה *n.* breach [218]

| | | | | |
|---|---|---|---|---|
| 001 | s em/sf | בחתרתא | Ex22:01 | אם בחת<ר>תא ישתכח גנבא וילקי וימות |

## חתיי *adj.* ⇐ חיתיי

## חתם *vb.* to seal [218]

| | | | | |
|---|---|---|---|---|
| 001 | peal | חתום | Dt32:34 | ומתקן ומעתד לרשיעיה חתום באוצרי ליום דינה רבה: |
| 002 | | חתימין | Nu22:07 | מדייניי וגרין דקסמין חתימין בידהון ואתון לוות בלעם |
| 003 | | חתימן | Nu22:07M | חתימין בידהון /ואגרן חתימן ביד'#2#/ ואתון לוות |
| 004 | | דחתום | Ex28:21M | \גליף חקיק על /גלף {ת}<ד>חתום על#2#/ שמיה יהוויין |
| 005 | | | Ex28:11M | חקיק תגלף /אבן גלף דחתום תג'#2#/ ית תרין אבניה על |
| 006 | | דחתים | Ex39:14M | על שמהתהון גליף חקיק/דחתים#2#/ גבר על שמיה |
| 007 | | | Ex39:06M | גלף \חקק על שמהת /דחתים על שמהתהון#2#/ בני |
| 008 | | | Ex39:30M | \חקיק קדיש לשמה דייי /דחתים קדש קדם ייי#2#:/ |
| 009 | pael | מחתם | Gn 6:03 | דינא דדריה דמבולא הלא מחתם הוא קדמוי סדר דינא דדר׳ |
| 010 | | מיחתם | Gn 6:03M | בתר דינה דדריה דמבולא מיחתם הוא דינה דדרה דמבולא |
| 011 | etpaal | אתחתם | Lv15:03M | דוביה או אתחת׳/אחתם#2#/ בשרה מן דובה סאובתיה |
| 012 | | אתחת׳ | Lv15:03 | מן ^ריר#2#^ דוביה או אתחת׳ בשרה מן דובה סאובתיה היא: |

## חתן *n.* bridegroom [218]

| | | | | |
|---|---|---|---|---|
| 001 | s em/sf | חתנא | Ex 4:25 | דמחבלה ואמרת ארום חתנא בעא למגזור וחמוי לא שבק |
| 002 | | חתנה | Ex 4:25M | \דחתניה הדין /דדין חתנה#2#:/ |
| 003 | | | Ex 4:26M | הדא דשיזב לחתניה/ית חתנה#2#/ הדין מידא/מן ידוי#2#/ |
| 004 | | חתנך | Gn19:12 | מן כדון מה אית לך הכה חתנך ובניך ובנותיך וכל מה דאית |
| 005 | | דחתניה | Ex 4:25 | גזירתה הדא על חובוי דחתניה הדין: |
| 006 | | לחתנה | Gn35:09 | עלמין אלפת יתן למברכה לחתנה ולכלתה מן אדם וזוגיה ועוד |
| 007 | | לחתניה | Ex 4:26 | ^גזירתא#2#^ הדא דשיזב לחתניה הדין מידא דמלאך מותא: |
| 008 | p abs | חתנין | Gn19:12M | /עוד מאן אית לך הכא חתנין#2#/ ובניך ובנותיך וכל מה |
| 009 | | | Dt24:06M | ממשכן ולא תהוון אסורי חתנין וכלין ארום כל דעביד אלין |
| 010 | | | Dt24:06 | ישראל לא תהוון אסורי חתנין וכלין ולא תמשכנון ריחייה |
| 011 | | | Dt24:06M | רשאין למיהווי אסרין חתנין וכלתין מלמקרב ארום |
| 012 | p em/sf | חתנוי | Gn19:14 | קרתא והוה כמגחך באפיה חתנוי: |
| 013 | | | Gn19:14 | ונפק לוט ומלל עם חתנוי נסבי בנתיה ואמר קומו פוקו |

## חתנה *n.* mother-in-law [218]

| | | | | |
|---|---|---|---|---|
| 001 | s em/sf | חתנתיה | Dt27:23 | יהווי גברה די ישמש עם חתנתיה ויאמרון כל עמא אמן: |

## חתת *adj.* ⇐ חדת

## חתתו *n.* ⇐ חדתו

# ט



טב s ab/cn

|  |  |  |  |  |  |
|---|---|---|---|---|---|
| 001 | טב | Gn24:50M | למללא עמך ביש או | טב#2#/: | |
| 002 | | Ex28:12 | אבנין דדוכרן} לדכרן | טב: | |
| 003 | | Ex33:17M | ואודעת יתך בשם | טב#2#/: | |
| 004 | | Ex35:30M | רבי מימריה ייי וקרא בשם | טב | בצ' |
| 005 | | Gn24:50 | פתגמא לא נכל לממללא עמך | טב | או ביש: |
| 006 | | Gn 3:06 | וחמת אתתא ארום | טב | אילנא למיכל וארום תחמדא הוא |
| 007 | | Lv27:10 | לא ישל<ח>ף יתיה | טב | בביש או ביש בטב ואן מפרגה |
| 008 | | Ex 1:21 | מן קדם ייי וקנון להון שם | טב | בגו בית ישראל ועבד להון |
| 009 | | Gn40:12M | חלמא טבא הדין /קבל אגר | טב | בחלמא דחלמת#2#/ ברם |
| 010 | | Ex17:14 | ייי למשה כתב דא דוכרן | טב | בספרא ושוי במשמעה ויהושע |
| 011 | | Dt 1:36 | ולבנוי חלף די אשלם למימר | טב | בתר מימרה דייי: |
| 012 | | Gn 3:22M | בין טב לביש /וכדו | טב | דניטרוד ית#2#/ אילו נטר |
| 013 | | Ex31:02 | חמי משה דמנית וקראת בשם | טב | דרבן בצלאל בר אורי בר |
| 014 | | Dt 3:25M | טור ציון | טב | הדין וית מקדשא |
| 015 | | Gn 1:04 | קדם ייי ית נהורא ארום | טב | הוא ואפ{שר}<רש> ממרא דייי |
| 016 | | Ex 2:02 | וילדת בר וחמת יתיה ארום | טב | הוא וטמרת יתה תלתא ירחין: |
| 017 | | Gn49:15 | וחמא מן שירויא ארום | טב | הוה וית ארעא דישראל ארום |
| 018 | | Ex14:12 | ונפלח קדם מצריי ארום | טב | הוה לן פלחין קדם מצריי מן |
| 019 | | Nu11:18 | מן יוכל יתן בשר ארום | טב | הוה לן במצרים ויתן ייי |
| 020 | | Nu16:30M | בעלמא לעלמא הדין הא | טב | ואין לא תתברי כדון ותפתח |
| 021 | | Ex26:31M | \זיהורי טבא /זהורי | טב#2#/ | ובוץ שזיר עובד אומן יעבד |
| 022 | | Lv27:12 | ויעלי כהנה יתיה בין | טב | ובין ביש כעלויה דכהנה כדין |
| 023 | | Lv27:14 | דייי ויעלי יתה כהנה בין | טב | ובין ביש היך מה די יעלי |
| 024 | | Ex33:12M | חכמית יתך בשם | טב | ולהוד |
| 025 | | Gn50:01M | "דהב ... ארייה": <דהב> | טב | ומקבעין באבנין טבין |
| 026 | | Gn31:29 | לך מן למללה עם יעקב מן | טב | ועד ביש: |
| 027 | | Gn26:29M | עמך \טבן ושלחנן /לחוד | טב | וש#2#/ יתך בשלם את הוא מן |
| 028 | | Ex12:14 | יומא הדין לכון לדוכרן | טב | ותחגון יתיה חגא קדם ייי |
| 029 | | Gn41:36 | ויהוי מזונא לדכרן | טב | לארעא לשבעתי שני כפנא די |
| 030 | | Gn 2:17 | אכל מינה ידע למפרשה בין | טב | לבי' לא ת«י»כל מינה ארום |
| 031 | | Gn 2:09 | אכל מנה ידע למפרשה בין | טב | לביש: |
| 032 | | Gn 3:05 | ייי ידעין למפרשה בין | טב | לביש: |
| 033 | | Gn 3:22 | חדא דידעה למפרשה בין | טב | לביש אילו נטר מצותה דאוריתא |
| 034 | | Lv27:33 | לא יפשפש בין | טב | לביש ולא יפרג יתיה ואין |
| 035 | | Dt 1:39 | יומא הדין למפרשה בין | טב | לביש אינון ייעלון לתמן |
| 036 | | Ex28:12 | דאפודה אבנין דדוכרן | טב | לבני ישראל ויקבל אהרן ית |
| 037 | | Ex39:07M | דדוכרין/<ד>דוכרן | טב{ן}#2#/ | לבני ישראל היך מה די |
| 038 | | Nu17:05 | דכרן | טב | לבני ישראל מן בגלל די לא |
| 039 | | Nu31:54 | יתיה למשכן זמנה דכרן | טב | לבני ישראל קדם ייי: |
| 040 | | Dt15:16 | יתך וית אנשי בייתך ארום | טב | לה פלח קדמך: |
| 041 | | Gn29:19M | ואמר לבן \תקן מסבה יתה | /טב | לי דנתן יתה#2#/ לך מן |
| 042 | | Gn38:25 | דבא קבילו מיני | טב | לי יקד בעלמא הדין באשא טפיא |
| 043 | | Gn38:25 | דאתי דהוא אשא אכל' אשא | טב | לי בהית בעלמא הדין דהוא עלם |
| 044 | | Nu14:03 | וטפלינן יהוון לבזה הלא | טב | לן חזרנן למצרים: |
| 045 | | Lv22:31 | אנה הוא ייי דיהב אגר | טב | לנטרי מצוותה דאורייתי: |
| 046 | | Gn 4:08 | עלם אוחרן ואית מתן אגר | טב | לצדיקיא ואית מתפרעה מן |
| 047 | | Gn 4:08 | עולם חורן לית מתן אגר | טב | לצדיקיא ולית מתפרעה מן |
| 048 | | Nu29:31 | שתיתיה על גבי מדבחה דכרן | טב | לרביעות מטרה וניסוכה וניסוך |
| 049 | | Dt 7:10 | לעלמא דאתי ולא משהי אגר | טב | לשנאוי עד אנון יהיבין בעלמא |
| 050 | | Gn 2:12 | ודהבא דארעא ההיא | טב | מן תמן בדלחא נפק ואבניא |
| 051 | | Ex31:02M | דדכרית וקריית בשום | טב | מן יומי עלמא |
| 052 | | Dt28:47 | קדם ייי אלהכון בחדו ובלב | טב | מן סוגי כולה: |
| 053 | | Nu23:23 | טוביכון צדיקיה מה אגר | טב | מתקן לכון קדם ייי לעלמא |
| 054 | | Gn31:24 | לך לא תמלל עם יעקב מן | טב | עד ביש: |
| 055 | | Ex13:09 | על אדרעיכון ולדוכרן | טב | על בית אפיכון מן בגלל |
| 056 | | Ex13:16 | על אדרעיכון ולדוכרן | טב | על בית אפיכון ארום ביד |
| 057 | | Lv10:03M | \עלוהי מכלת דינה /אגר | טב | על משתוקיה#2#/: |
| 058 | | Nu10:29M | לך ארום מימריה דייי מלל | טב | על ישראל |
| 059 | | Dt 1:14M | ואמרתון ^הא#2#^ | שפר/טב#2#/ | פתגמא די מללת למעבד: |
| 060 | | Ex28:29 | לגו בית קודשא לדוכרן | טב | קדם ייי בתדירא: |
| 061 | | Ex30:16 | ויהווי לבני ישראל לדכרן | טב | קדם ייי לכפרה על נפשתכון: |
| 062 | | Nu10:10 | ויהוין לכון לדוכרן | טב | קדם אלהכון אנה ייי אלהכון: |
| 063 | | Lv23:24 | יהווי לכון שבת שבתה דכרן | טב | תקיעה ויבבו יום טב וארוע |
| 064 | טבא | Gn15:15 | אבהתך בשלם תקבר בשיבו | טבא: | |
| 065 | | Gn17:01 | בקשטא והוה שלם בעבדא | טבא: | |
| 066 | | Lv14:52M | \זחוריתה טבתה /זחורי | טבא#2#/: | |
| 067 | | Gn38:25 | בה מיתכל ליה בין מכלותא | טבא | בין מכלותא בישא וטובוי כל |
| 068 | | Gn 6:09 | נח גבר צדיק שלם בעבדה | טבא | הוו בדרוי קדם ייי פלח נח |
| 069 | | Gn 3:24 | כאילן חייא לעלמא דאתי | טבא | היא אוריתא לפלחי בעלמא |
| 070 | | Dt 1:25 | ואגיבו יתן פתגם ואמרין | טבא | היא ארעא דייי אלהן |
| 071 | | Lv14:04 | וקייס דארז וצבע דזיהורי | טבא | ואזוב: |
| 072 | | Ex25:04 | וארגוון וצבע זהורי | טבא | ובוץ ומעזי: |
| 073 | | Ex26:31 | וארגונא וצבע זיהורי | טבא | ובוץ שזיר עובד אומן יעבד |
| 074 | | Ex26:36 | תכלה וארגון וצבע דזהורי | טבא | ובוץ שזיר עובד ציור: |
| 075 | | Ex27:16 | וארגוון וצבע דזהורי | טבא | ובוץ שזיר עובד צייר |
| 076 | | Ex28:06 | וארגון וצבע זהורי | טבא | ובוץ שזיר עובד אומן: |
| 077 | | Ex28:08 | תכלה וארגון וצבע זהורי | טבא | ובוץ שזיר: |
| 078 | | Ex28:15 | תכלה וארגון וצבע דזהורי | טבא | ובוץ שזיר תעבד יתיה: |
| 079 | | Ex35:06 | וארגוון וצבע זיהורי | טבא | ובוץ {ומעזי שעיר} <שזיר |
| 080 | | Ex35:23 | וארגוון וצבע די זיהורי | טבא | ובוץ שזיר ומעזי ומשכין |
| 081 | | Ex36:35 | וארגוון וצבע דזיהורי | טבא | ובוץ שזיר עובד אומן עבד |
| 082 | | Ex36:37 | וארגוון וצבע דזיהורי | טבא | ובוץ שזיר עבד צייר: |
| 083 | | Ex39:02 | וארגוון וצבע דזהורי | טבא | ובוץ שזיר: |
| 084 | | Ex39:05 | וארגוון וצבע דזהורי | טב{ת}א | ובוץ שזיר היך מה די פקד |
| 085 | | Ex39:08 | וארגוון וצבע דזהורי | טבא | {ובוץ} זרת ובוץ שזיר: |
| 086 | | Gn39:02 | והוה גבר מצלח בעבדא | טבא | והוה רב ושליט בביתיה |
| 087 | | Ex 3:08 | יתכון מן ארעא הדא לארעא | טבא | ופתיא לארעא עבדא פירין |
| 088 | | Gn25:27 | הוה גבר שלם בעבדא | טבא | יתיב בבתי מדרשא: |
| 089 | | Gn33:18 | ואתא יעקב שלם בעבדא | טבא | לכרכה דשכם די בארעא |
| 090 | | Gn25:08 | וסאף ומית אברהם בשיבו | {ס}<ט>בא | סב ושביעו ואתכנש לוות |
| 091 | | Ex28:17 | ארבעה סדרי«ן» דאבן | טבא | סדרא קדמיה סמקתה וירקתה |
| 092 | | Ex13:18 | דסוף ומזיינין בעבדא | טבא | סלקו בני ישראל פריקין מן |
| 093 | | Ex39:29 | וארגוון וצבע דזהורי | טבא | עובד צייר היך מה די פקד |
| 094 | | Ex28:33 | וארגוון וצבע דזהורי | טבא | על שפולוי מן חזור וזוגין |
| 095 | | Gn34:21 | האילין שלמין בעבדא | טבא | עמן וישרון בארעא ויתגרון |
| 096 | | Ex26:01 | ותכלה וארגון וצבע זהורי | טבא | ציורין עבד אומן תעבד |
| 097 | | Ex36:08 | וארגוון וצבע דזיהורי | טבא | ציירין עובד אומן עבד |
| 098 | טבה | Dt 8:07 | אלהכון מעל יתכון לארע | טבה | ארע בית נחלין דמיין מבועין |
| 099 | | Nu14:07 | עברנן בגווה למיללה יתה | טבה | ארעא לחדה לחדה: |
| 100 | | Ex39:24 | וארגוון וצבע דזיהורי | טבה | בוץ שזיר: |
| 101 | | Nu13:19 | ארעא דאינון שריין בה הא | טבה | היא או בישה ומה קרייתה די |
| 102 | | Lv14:49 | וקיס דארז וצבע דזהורי | טבה | ואזובה: |
| 103 | | Ex35:35 | ובארגוונא ובצבע זיהורי | טב{ת}ה | ובבוץ וגרדיי עבדי כל |
| 104 | | Ex38:23M | טבתה /זיהורי | טבה#2#/ | ובבוצה: |
| 105 | | Ex39:03M | טבתה /זיהורי | טבה#2#/ | ובגו בוצה עובד אומן: |

|  |  |  |  |  |  |
|---|---|---|---|---|---|
| 106 | | Ex38:18 | וארגוון וצבע דזיהורי | טבה | ובוץ שזיר ועשרין אמין ארך |
| 107 | | Ex39:05M | טב{ת}א /זיה' | <ט>בה#2#/ | ובוץ שזיר היך מה די |
| 108 | | Nu 4:08 | עליהון לבוש דצבע זהורי | טבה | ויכסון יתיה בחפוי משך |
| 109 | | Nu19:06 | דארז ואזוב וצבע זהורי | טבה | ויקלק ויטלק לגו יקידת |
| 110 | | Ex35:33M | ובאומנות אבנא | טבתה/טבה#2#/ | לאשלמותה ובנגרות קיסה |
| 111 | | Nu12:01M | /ומשנייה בעבדה | טבה#2#/ | מן כל נשייה דדרה ההוא |
| 112 | | Ex39:10 | בה ארבעה סדרין דאבן | טבה | סדרה קדמ<י>ה סמקתה ירקתה |
| 113 | | Ex39:01M | /זיהור#2#/ | טבתה/טבה#2#/ | עבדו ית לבושי שמוש |
| 114 | | Dt18:13 | שלמין תהוון בעבדה | טבה | עם ייי אלהכון: |
| 115 | טוב | Ex12:18M | פטירין עד יום | ∧טוב#2#/ | \חד ועשרין יום /עשרי' |
| 116 | בטב | Ex23:26M | בשלם /יומיכון אמל' | בטב#2#/: | |
| 117 | | Lv27:10 | יתיה טב בביש או ביש | בטב | ואן מפרגה יפרג בעיר בבעיר |
| 118 | וטב | Gn18:07 | ונסב בר תורין רכיך | וטב | ויהב לרביה ואוחי למעבד |
| 119 | | Lv22:27 | ואייתי בת תורין שמין | וטב | ויהב לרביה ואוחי למעבד |
| 120 | | Lv22:27M | ונסב בר תורין רכיך | וטב | ויהב יתה לרבייה ואוחי |
| 121 | | Dt 5:33M | דתיחון | וייטיב/^ויוטב#2#^/וטב#2#/ | לכון ותסגון |
| 122 | | Dt19:13 | אדמה זכייה מן ישראל | וטב | לכון: |
| 123 | | Gn 2:09 | כל אילן דיאי למחמי | וטב | למיכל ואילן חייא בגו |
| 124 | לטב | Dt28:11M | ייי אלהכון | לטבתה/לטב#2#/<לט>בה#2#/ | בפירי וולד |
| 125 | | Dt30:09 | יחזר ייי למחדי עליכון | לטב | היך מה די חדה על אבהתכון: |
| 126 | | Gn50:20M | ממריה דייי חשב יתיה | לטב | מק#2#/ מן בגלל ביומא |
| 127 | טבא s em/sf | Nu24:13 | גזרת מימרה דייי למעבד | טבא | או בישא מן דעתי ית מה די |
| 128 | | Gn30:11 | ואמרת לאה את{{ו}}א גדה | טבא | דעתיד למגדעא משתודהון |
| 129 | | Gn40:12 | מובדין אגרין דחלמת חלמא | טבא | הדין ברם פתרוניה דחלמא לא |
| 130 | | Ex28:05M | טבתא /זיהורתא | טבא#2#/ | וית בוצא: |
| 131 | | Gn25:27M | ויעקב גבר שלם בעובדא | טבא | יתיב ומשמש בבית מדרשא |
| 132 | | Gn30:22 | יפתח ייי לכון ית אוצרא | טבא | מן שמי«יא» מפתחא דפרנסתא |
| 133 | טבה | Dt 3:25 | טבתה די בעבר ירדנה טורא | טבה | הדין וטור בית קודשה: |
| 134 | | Dt 5:29M | "מי יתין" יהווי לבה | טבה | הדין להון |
| 135 | | Dt26:09M | ואעיל יתן לארעא | ∧טבה#2#/ | הדין ויהב לן ית ארעא |
| 136 | | Nu10:32 | ארום תיתי עמן ויהוי | טבה | הוא די ייטב ייי עמן ונוטב |
| 137 | | Dt28:12 | יפתח ייי לכון ית אוצריה | טבה | ית שמיא למיתן מטרה דארעכון |
| 138 | טבתא | Ex28:05 | ארגוונא וית צבע זהוריתא | טבתא | וית בוצא: |
| 139 | | Ex31:05 | ובאומנות אבנא | טבתא | לאשלמתא ובנגרות קיסא למעבד |
| 140 | טבתה | Lv14:52 | ובאזובא ובצבע זחוריתה | טבתה: | |
| 141 | | Dt 3:25 | כען בבעו ואחמי ית ארעא | טבתה | די בעבר ירדנה טורא טבה |
| 142 | | Dt 6:18 | ותיעלון ותירתון ית ארעא | טבתה | די קיים ייי לאבהתכון: |
| 143 | | Dt 8:10 | דייי אלהכון על ארעא | טבתה | די יהב לכון: |
| 144 | | Dt11:28 | ~ותסטון מן ארחה | טבתה~ | די אנה מפקד יתכון יומא |
| 145 | | Dt 4:21 | ודלא למיעול לארעא | «טבתה» | דייי אלהכון יהב לכון |
| 146 | | Dt11:17 | בופריע מן עלוי ארעא | טבתה | דממרא דייי יהב לכון: |
| 147 | | Dt 1:35 | דרה בישה הדין ית ארעא | טבתה | דקיימת למיתן לאבהתכון: |
| 148 | | Dt 4:22 | עברין ותירתון ית ארעא | טבתה | הדה: |
| 149 | | Dt 9:06 | אלהכון יהב לכון ית ארעא | טבתה | הדה למירת יתה ארום עם קשין |
| 150 | | Ex33:13M | חן וחסד באפיך וחמי | /ט{ו}בתה | ואודע יתך מן בגלל |
| 151 | | Ex38:23 | ובארגוון ובצבע זהוריתה | טבתה | ובבוצה: |
| 152 | | Ex39:03 | ובגו צבע זיהוריתה | טבתה | ובגו בוצה עובד אומן: |
| 153 | | Ex35:35M | טב{ת}ה ובבוץ /זיהוריתה | טבתה | ובוצה#2#/ וגרדיי עבדי כל |
| 154 | | Ex35:25 | ארגונא וית צבע זהוריתה | טבתה | וית בוצא: |
| 155 | | Lv14:06 | דארזא וית צבע זהוריתה | טבתה | וית אזובה ויצבע יתהון וית |
| 156 | | Dt30:15 | הדין ית סדר חייה וית | טבתה | וית סדר מותנה וית |
| 157 | | Ex35:33 | ובאומנות אבנא | טבתה | לאשלמותה ובנגרות קיסה |
| 158 | | Ex39:01 | וארגוונה וצבע דזהוריתה | טבתה | עבדו ית לבושי שמוש |
| 159 | טובה | Gn 8:21M | ואמר ייי במחשבת לבה | ∧טובה#2#/ | לא אוסף למלט תוב |
| 160 | לטבה | Dt28:11M | ייי אלהכון | לטבתה/לטב#2#/<לט>בה#2#/ | בפירי וולד |
| 161 | טבין p abs | Dt33:16 | עבדה פירין | טבין | בזכות ארעא ומלאיה ודעבד |
| 162 | | Dt33:15 | עבדה פירין | טבין | בזכותה דיאבהתן דמתילין |
| 163 | | Ex30:07 | עלוי אהרן קטרת בוסמנין | טבין | בכל צפר וצפר בסדרותה ית |
| 164 | | Dt28:32M | אלהה /ולית לכון עובדין | טבין | די יספק אלה#2#/ על ידיכון |
| 165 | | Gn30:20 | לאה זבד יתי ייי זבידין | טבין | הדה זמנא יזבוד יתי בעלי |
| 166 | | Gn 4:08 | עלמא ועל פירי עובדין | טבין | הו' מדבר ועל דהוו עובדיי |
| 167 | | Gn 4:08 | עלמא ולא על פירי עובדין | טבין | הוה מדבר ומיסב אפין אית |
| 168 | | Ex40:27 | וסדר עלוי קטרת בסמנין | טבין | היך מה די פקד ייי ית משה: |
| 169 | | Ex25:07 | אבנין | טבין | ואבנין דאשלמן למקבעא |
| 170 | | Ex35:09 | ואבנין | טבין | ואבנין דאשלמו{י} למקבעה |
| 171 | | Gn27:09 | מן תמן תרין גדיין דעזין | טבין | ואעביד יתהון תבשילין לאבוך |
| 172 | | Dt33:10 | משוין קטרת בוסמנין | טבין | וכליין רוגזך וקרבן גמיר |
| 173 | | Gn50:01M | טב ומקבעין באבנין | טבין | ומרגלין ומחזקין באבנ' |
| 174 | | Gn48:22M | ידיהן דאמורא' דהוויי' | טבין | לי מן חרבי ומן קשתי |
| 175 | | Gn48:22 | ובעובדיי טביא דאינון | טבין | לי מן חרבי ומן קשתי ועוד |
| 176 | | Gn50:01 | תמן חמדנין וריחנין | טבין | מוקדן תמן בוסמנין טבין |
| 177 | | Gn 4:08 | מדבר ועל דהוו עובדיי | טבין | מן דידך אתקביל קרבני מני |
| 178 | | Nu 7:86M | מליין קטורן בוסמנין | טבין | מן ע' |
| 179 | | Nu 7:20 | מלייה ראשי קטרת בוסמנין | טבין | מפטמין ודכיין לקטרתה: |
| 180 | | Nu 7:26 | יתה מלייה ראשי בוסמנין | טבין | מפטמין ודכיין לקטרתה: |
| 181 | | Nu 7:32 | מלייה ראשי קטרת בוסמנין | טבין | מפטמין ודכיין לקטרתה: |
| 182 | | Nu 7:38 | ראשי ^קטורת#2#^ בוסמנין | טבין | מפטמין ודכיין לקטרתה: |
| 183 | | Nu 7:44 | מלייה רישי קטרת בוסמנין | טבין | מפטמין ודכיין לקטרתה: |
| 184 | | Nu 7:50 | מלייה ראשי קטרת בוסמנין | טבין | מפטמין ודכיין לקטרתה: |
| 185 | | Nu 7:56 | מלייה ראשי קטרת בוסמנין | טבין | מפטמין ודכיין לקטרתה: |
| 186 | | Nu 7:62 | מלייה ראשי קטרת בוסמנין | טבין | מפטמין ודכיין לקטרתה: |
| 187 | | Nu 7:68 | מלייה ראשי קטרת בוסמנין | טבין | מפטמין ודכיין לקטרתה: |
| 188 | | Nu 7:74 | מלייה ראשי קטרת בוסמנין | טבין | מפטמין ודכיין לקטרתה: |
| 189 | | Nu 7:80 | מלייה ראשי קטרת בוסמנין | טבין | מפטמין ודכיין לקטרתה: |
| 190 | | Ex30:23 | סב לך ראשי קטרן בסימנין | טבין | מר בחיר תקל חמש מאה סלעין |
| 191 | | Ex13:05 | לכון ארעא דעבדא פירין | טבין | נקיין כחלבא וחליין כדבשא |
| 192 | | Ex33:03 | לארעא דעבדא פירין | טבין | נקיין כחלבא וחליין כדובשא |
| 193 | | Lv20:24 | {ארע} ארע דעבדה פירין | טבין | נקיין כחלבה וחליין וטעמיין |
| 194 | | Nu14:08 | לן ארע דהיא עבדה פירין | טבין | נקיין כחלבה וחליין כדבשה: |
| 195 | | Nu16:13 | יתן מן ארעא עבדה פירין | טבין | נקיין כחלבה וחליין כדבשה |
| 196 | | Nu16:14 | להוד לא לארע עבדה פירין | טבין | נקיין כחלבה וחלין כדבשה |
| 197 | | Dt 6:03 | לכון ארע עבדה פירין | טב{י}ין | נקיין כחלבה וחליין |
| 198 | | Dt11:09 | ולבניהון ארע עבדה פירין | טבין | נקיין כחלבה וחליין וטעימין |
| 199 | | Dt26:09 | ארעא הדא ארע עבדה פירין | טבין | נקיין כחלבה וטעימין |
| 200 | | Dt26:15 | לאבהתן ארע עבדה פירין | טבין | נקיין כחלבה וחליין כדובשה: |
| 201 | | Dt27:03M | /דעבדה#2#/ פירין | ∧טבין#2#/ | נקיין כחלבה וחליין |
| 202 | | Dt31:20 | לאבהתהון ארע דעבדה פרין | טבין | נקיין כחלבה וחליין וטעימין |
| 203 | | Ex 3:08 | ופתיא לארעא עבדא פירין | טבין | נקין כחלבא וחליין |
| 204 | | Nu13:27 | ולהוד ארע עבדה פירין | טבין | נקין כחלבה וחליין כדבשה |
| 205 | | Gn 6:03M | דיעבדון עובדין | טבין | עד דהנון בשר עובדין בישין |
| 206 | | Gn27:27M | "בסמניה ...": בסמנין | טבין | עתידין למתקרבה בטור |
| 207 | | Dt28:31 | ולית לכון עבדין | טבין | קדם ייי אלהכון די ישיזיב |
| 208 | | Ex30:34 | סב לך ראשי קטרן בסמנין | טבין | קטף שבלה מרייא וחלבנה |
| 209 | | Gn50:01 | טבין מוקדן תמן בוסמנין | טבין | קיימן תמן מלכוון ושולטנן |
| 210 | | Dt27:06 | אבנין | טבין | שלמן מן מום תבנון ית מדבחה |
| 211 | | Dt 8:12 | תיכלון ותשבעון ובתין | ט{ו}בין | תבנון ותשרון: |
| 212 | טבן | Gn49:21 | אזגד קליל מבשר בשורן | טבן | דהוא בשר לאבונן יעקב מן |
| 213 | | Nu24:05M | "מה ... דבית ישראל": מה | טבן | הנון בית מדרשייך |

|  |  | |  |  |
|---|---|---|---|---|
| 214 | | | Ex35:09M | ואבנין טבין/טבן#2#/ ואבנין דאשלמו{י} |
| 215 | | | Dt33:21 | ליה תמן מקב<ע>ן אבנין טבן ומרגליין ארום תמן משה |
| 216 | בטבין | | Nu 7:14 | ראשי קטרת בוסמנין בטבין מפטמין ודכיין לקטרתה: |
| 217 | דטבין | | Gn48:22 | מן ידיהון דאמוראי דטבין לי מן חרבי וקשתי: |
| 218 | וטבן | | Gn41:05 | סלקן בקנה חד בריין וטבן: |
| 219 | | | Gn41:22 | סלקן בקנה חד מלין וטבן: |
| 220 | | | Dt 6:10 | לכון קירוין רברבן וטבן די לא בניתון: |
| 221 | | | Dt27:06M | שלמן מן מום /שלמן וטבן#2#/ תבנון ית מדבחה דייי |
| 222 | טבי׳ | p em/sf | Ex 3:16M | /אתכרית יתכון ברחמוי טבי״#2#/ וית מה די עבדו לכון |
| 223 | טביא | | Gn35:09 | ו{אמך}<מספד> ואת ברחמך טביא אתגליתא עלוי וברכת יתה |
| 224 | | | Gn48:22 | אלהן בזכוותי ובעובדיי טביא דאינון טבין לי מן חרבי ומן |
| 225 | | | Gn41:24 | ובלען שבליא <....> טביא ואמרית לחרש«י»א ולי«ת» |
| 226 | | | Gn50:24 | מדכרה ידכר יתכון ברחמוי טביא ויסק יתכו«ן» מן ארעא הדא |
| 227 | | | Gn 8:01 | ואדכר ייי ברחמוי טביא ית נח וית בנוהי וית כל |
| 228 | | | Gn19:29 | משרה ואדכר ייי ברחמוי טביא ית אברהם ושלח ית לוט |
| 229 | | | Gn30:22 | ואמר ואדכר ייי ברחמוי טביא ית רחל ושמע ייי ית קל |
| 230 | | | Gn 4:08M | /בידי#2#/ עובדיי טבין/טביא#2#/ מן דידך אתקביל קרבני |
| 231 | | | Gn48:22M | בזכותי ובעבדיי{׳} טב<י>א מן ידיהן דאמורא׳ דהוויי׳ |
| 232 | | | Gn15:01 | בעלמא הדין אגר עובדיך טביא מתקנין לך קדמיי לעלמא |
| 233 | טביה | | Gn27:27 | דברי כריח קטרת בסמניה טביה דעתיד למתקרבא עלגבי מדבחא |
| 234 | | | Dt32:43 | עמא ארעא לקייא וברחמוי טביה הוא מכפר על ארעא ועל עמא: |
| 235 | | | Ex13:19 | ידכר ייי יתכון ברחמוי טביה ותסקון ית גרמיי מן הכה |
| 236 | | | Dt28:12M | לכון ית אוצריה טבה/<ט>ביה#2#/ ית שמיא למיתן מטרה |
| 237 | | | Ex32:13 | אדכר ברחמך טביה לאברהם ליצחק ולישראל |
| 238 | | | Dt26:15 | אדיק כען ברחמיך טביה מן מדור איקר שכינתך מן |
| 239 | טביי׳ | | Gn49:04 | ברי בחכמתך ומן עבדיך טביי׳ {ט}<ד>חטית ולא תוסיף |
| 240 | טבייא | | Gn49:01 | יתהון גבר לפם עבדוי טבייא ברך יתהון: |
| 241 | | | Gn50:25 | ידכר ייי יתכון ברחמוי טבייא ותסקון ית גרמוי מן הכה: |
| 242 | | | Ex 2:24 | ואדכר ייי ברחמוי טבייא ית קיימא די קיים עם |
| 243 | | | Gn48:22 | בזכוותי ובעובדיי טבייא מן ידיהון דאמוראי דטבין |
| 244 | טבייה | | Ex32:07M | "חבלו": חבילו עבדיהון טבייה |
| 245 | | | Gn35:09M | עלמא ייי במכלת רחמיך טבייה איתגליית עלוי ונחמת יתיה |
| 246 | | | Nu10:36 | ותוב עלינן ברחמיך טבייה ואשרי איקר שכינתך בגו |
| 247 | | | Lv22:27 | ופדה יתיה וברחמוי טבייה וזמן בנוי למהוי מצליין |
| 248 | | | Dt 3:24 | מן לרע די יעבד כעבדיך טבייה וכניסי גבורתך: |
| 249 | | | Ex 4:31 | ארום אדכר ייי ברחמוי טבייה ית בני ישראל וארום |
| 250 | | | Dt32:36 | הוא ייי ברחמ{יו}<וי> טבייה ית דיניהון דעמיה בני |
| 251 | | | Dt 9:27 | אדכר ברחמיך טבייה ˆלעבדיך#2#ˆ לאברהם |
| 252 | | | Nu12:01 | ושנייה בעובדי׳ טבי«י»ה מן כל נשייה דדרה ההוא: |
| 253 | | | Dt 7:10 | בעלמא הדין אגר עובדהון טבייה מן בגלל למתפרעה מנהון |
| 254 | | | Gn15:01M | יומיא ברם אגריך ועבדך טבייה מתקנין לך קודמוי לעלמא |
| 255 | | | Gn 7:16 | יתיה ואגן ייי ברחמוי טבייה עלוי: |
| 256 | טבתא | | Ex28:09 | ותסב ית תרין אבניה טבתא ותגלף עליהון שמהת בני |
| 257 | | | Gn41:35 | ית כל מזון שבעתי שניא טבתא עללתא האיליין ויכנשון |
| 258 | | | Gn41:26 | שנין אינון ושבעתי שבליא טבתא שבע שנין אינון חלמא חד |
| 259 | טבתה | | Ex31:05M | ובגלפות אבנייה טבתה דאשלמוותה ובנגרות קייסה |
| 260 | | | Ex35:33M | ובגלפות אבנייה טבתה דאשלמוותה |
| 261 | | | Ex35:27 | ורברבני אייתון ית אבני טבתה וית אבניה דאשלמותא לאפדה |
| 262 | | | Gn 2:12 | מן תמן בדלחא נפק ואבניא טבתה ומרגליתא: |
| 263 | | | Nu23:23 | הדין יתאמר לבית יעקב טבתה וניחמתה דעתיד מייתייה |
| 264 | | | Ex39:06 | ועבדו ית אבניה טבת{ן}<ה> מקפן מאחדן דהב מגלפן |
| 265 | | | Gn41:26 | שבעתי תורייה טבתה שבע שנין אינון ושבעתי |
| 266 | טיביא | | Gn21:01 | וייי אדכר ברחמוי טיביא ית שרה היך מה דאמ׳ ועבד |

See also: יום טב *n.*

## טב *n.* nature, character [219]

|  |  | |  |  |
|---|---|---|---|---|
| 001 | טבה | s em/sf | Nu14:36 | עלוי כל כנשתה למפקה טבה ביש על ארעא: |
| 002 | | | Nu14:37 | ומיתו גובריה מפקי טבה ביש על ארעא במגפתה קדם |
| 003 | | | Nu13:32 | {ואפיקו טבה דארעא די}: |
| 004 | | | Nu14:37M | /האליין דאפיקו ית טבה/דט׳#2#/ דארעא#2#/ במגפתה קדם |
| 005 | טבהון | | Gn37:02 | דאבוי ואייתי יוסף ית טבהון דאחוי ביש לוות אבוהון: |
| 006 | טבי | | Gn34:30M | לי למיסבא שמי/טבי#2#/ ביש קדם דיירי ארעא |
| 007 | טיבה | | Nu13:32 | ואפקו טיבה דארעא די ילילו יתה קדם בני |
| 008 | דט׳ | | Nu14:37M | /האליין דאפיקו ית טבה/דט׳#2#/ דארעא#2#/ במגפתה קדם |

## טבאות *adv.* well, properly [219]

|  |  |  |  |
|---|---|---|---|
| 001 | טאבות | Gn30:34 | ואמר לבן הא טאבות אלוי יהוי כמליך: |
| 002 | טבאות | Dt 9:21 | בנורא ואכתת יתיה זקיק טבאות עד די עבד עפרה וארמי ית |
| 003 | טבאת | Dt18:17M | \הא שפר ותקן כל מה /טבאת מלילו כל מה#2#/ די |

## טבאית *adv.* well, properly [219]

|  |  |  |  |
|---|---|---|---|
| 001 | טבאית | Dt13:15M | ותתחקרון ותשאלון יאות/טבאית#2#/ והא מן קושטא אתכוון |
| 002 | | Dt17:04M | ותשמעון ותתבעון יאות/טבאית#2#/ והא מן קושטא אתכוון |
| 003 | | Dt19:18M | דייניה יאות/הא טבאית#2#/ והא שהד דשקר הוא שהדה |
| 004 | | Dt27:08M | חקיק ומפרש יאות/טבאית#2#/ ומתקרא ו«מ»תרגם |
| 005 | | Dt 5:28M | שפר ותקן אייטיבו כל /טבאית מלילו כל#2#/ מה די |
| 006 | טבית | Gn40:16 | וחמא רב נחתומ<י>א ארום טבית פתר ואמר ליוסף אף אנה |

## טבה *n.* goodness [219]

|  |  | |  |  |
|---|---|---|---|---|
| 001 | טבה | s ab/cn | Nu10:29 | ייי במימריה אמר למיתיה טבה ונחמן על ישראל: |
| 002 | טבתא | s em/sf | Ex18:09 | וחדה יתרו על כל טבתא די עבד ייי לישראל די שיזב |
| 003 | טבתה | | Nu10:29M | מן יומי עלמה לאיתיא טבתה על ישראל |
| 004 | וטבתהון | | Dt23:07M | שלמיהון \ולא לטבותהון/וטבתהון#2#/ כל יומי חייכון |
| 005 | לטבתה | | Dt28:11 | יתכון ייי אלהכון לטבתה בפירי וולד מיעיכון ובפירי |
| 006 | טבין | p abs | Gn45:28 | ואמר ישראל סגי טבין ונחמן סכיית למיחמי ולדא לא |
| 007 | טבן | | Gn44:04 | למה כען שלמתון בישן חלף טבן: |
| 008 | | | Nu24:05 | בהון ישראל אבוכון כמה טבן ונחמן ממריה עתיד מייתייה |
| 009 | | | Gn26:29 | לך והיך מה דעבדנן עמך טבן ושלחנן יתך בשלם את הוא מן |
| 010 | לטבן | | Gn50:20 | בישן מן קדם ייי אתחשבן לטבן מן בגלל ביומא הדין לקיימא |
| 011 | | | Dt30:09 | בעירכון ובפרי ארעכון לטבן סגין ארום יחזר ייי למחדי |

See also: טובה *n.*

## טבו *n.* goodness [219]

|  |  | |  |  |
|---|---|---|---|---|
| 001 | טבותא | s em/sf | Gn45:28M | "טבין ...": טבותא וסגי נחמתא אסתכיתי למחמי |
| 002 | לטבותהון | | Dt23:07 | לא תתבעון שלמיהון ולא לטבותהון כל יומי חייכון עד לעלם: |

## טבז *n.* cony [220]

|  |  | |  |  |
|---|---|---|---|---|
| 001 | טבזא | s em/sf | Lv11:05 | וית טבזא ארום מסק גרה הוא ומטלפה |
| 002 | טבזה | | Dt14:07M | /ארנבתה#2#/ וית טפסה/טבזה#2#/ ארום מסקין גירה |
| 003 | טפזא | | Lv11:05M | וית טבזא/טפזא#1#/ ארום מסק גרה/גררה#2# |
| 004 | טפסה | | Dt14:07 | ית גמלה וית ארנבא וית טפסה ארום מסקין גירה אינון |

## טבי *n.* gazelle [220]

|  |  | |  |  |
|---|---|---|---|---|
| 001 | דטבייה | s em/sf | Dt12:22 | היך מה דמתאכל ית בשרה דטבייה ודאיילה כדן תיכלון יתיה |
| 002 | | | Dt15:22 | תאכלון יתיה כבשרה דטבייה ודאיילה: |
| 003 | | | Dt12:15 | יאכלון יתיה כבשרה דטבייה ודא«יי»ל{יי}ה: |

004 p abs וטביין Dt14:05 איילין וטביין ויחמורין ואלין ודייצין

## טבלה n. flat paved area [220]

001 s ab/cn טבלה Nu 5:17M ומן עפרה דתחות טבלה דבאיסודי משכנה

## טבע #2 vb. to drown [220]

001 pael וטבע Ex15:01 בתר עמא בני ישראל רמא וטבע יתהון בימא דסוף:

## טבע n. a weight [220]

001 s ab/cn טבע Ex38:26 ~טבע לכל גולגלה פלגות סלעה
002 Gn24:22 ונסב גברא קודש דדהב טבע מתקלה ותרין שרין על ידה מן
See also: vb. קבע

## טהר n. noon [221]

001 p em/sf בטהריה Dt28:29 ותיהוון מגששין בטהריה היך מה דממשש סמייה

## טוב vb. to do good [221]

001 afel תטיב Gn 4:07 הלא אן תטיב עובדך בעלמא הדין ישתרי
002 היטיב Gn12:16M "אייטב ... והוה": היטיב בזכוותה והוה

## טוב n. goodness, good things [221]

001 s ab/cn טוב Dt33:13 ייי ארעא דיוסף מן טוב אוצרי שמיא מן לעיל דמחתין
002 Gn24:10M ואזיל וכל שפר טוב אפותיקי דריב'
003 Gn47:06M \בבית שפר ארעא /בשפר טוב ארעא#2#/ אשרי ית אבוך וית
004 Dt 6:11 ובתין מליין כל טוב די לא בניתון וגובין חצובין
005 Nu18:12 כל טוב דמשח וכל טוב דעבור וחמר
006 Nu18:12 כל טוב דמשח וכל טוב דעבור וחמר שרוי ברתהון די
007 Dt32:14 שמיני תורין ודכיכי ען עם טוב דפטימין ודכרין בני בתניי
008 Nu18:12M "דמשח ... לשמה": דחטה וכל טוב חמר ומשח שורייהון
009 Gn27:39 דארעא תהוי משריך ומן טוב טלא דנחת מן שמיא מן לעיל:
010 Gn49:25 ואלה שמיא יברך יתך מן טוב טלה ומטרא דנחתין מן שמייא
011 Dt33:14 ע{ת}<ב>דה פרין מן טוב עללת שמשא ומבכ{כ}<ר>ה פירי
012 Gn23:06M קברינן קבר/בקבר טוב קב'#2#/ ית מתך:
013 Dt32:14 בני בתניי וגדיין עם טוב שומניהון דחטייא אמר משה
014 ובטוב Dt28:47M אלהכון בחדו \ובלבב טב /ובטוב לב#2#/ מן סוגי כולה:
015 מטוב Gn27:28 ויתן לך ייי מטוב טלא דנחת מן שמיא שפר ומן
016 s em/sf טוב' Lv 6:08 מן סלתה דמנחתה ומן טוב' וית כל לבונתה די
017 Ex23:02M בתר סוגיא דינא /\טוב' טוב'#2#/ לא תיזל /\ותפסר#2#/
018 טובא Gn30:34M לבן הא \טאבות אלוי /טובא אמרית לוויי#2#/ יהוי
019 Gn45:23 דא עשרה חמרין טעונין מן טובא דמצרים ועשר אתנין טעונין
020 Gn27:28 דנחת מן שמיא שפר ומן טובא דארעא וסגי עבור חמר ומשח:
021 Gn27:39 אבוי ואמר ליה הא מן טובא דארעא תהוי משריך ומן טוב
022 Gn43:11 גמרתון דא עבדו סבא מן טובא דארעא במניכון ואחתו דורון
023 Gn45:18 לוותי ואתן לכון ית טובא דארעא דמצרים ותיכלון ית
024 Gn45:18 דמצרים ותיכלון ית טובא דארעא:
025 Gn45:20 מאני זייניכון ארו{ב}<ם> טובא דכל ארעא דמצרים לכון הוא:
026 Gn 6:05M הגיין /מחשבות טובא הג'#2#/ ביש כל יומא
027 טובה Dt30:15M חיי עלמא דאתי וית טובה דגן עדן וית מותה דמייתין
028 Dt26:11 ותחדון בכל טובה די יהב לכון ייי אלהכון
029 Nu18:29 דייי מן כל תרבה ית טובה מנה:
030 Nu18:30 ותימר להון באפרשותכון ית טובה מניה ויתחשב ללוויי כאפרשות
031 Nu18:32 ח«ו»בין באפרשותכון ית טובה מניה וית קדשיהון בני
032 Lv 2:02 מלא קומציה מן סלתה ומן טובה על כל לבונתה ויסד' כהנא ית
033 Lv 2:16 ית אדכרתה מן גרשה ומן טובה על כל לבונתה קרבן קדם ייי:
034 טובי Ex33:19 הא אנה מעבר ית כל מכלת טובי קדמיך ואחוס על מן דחמי
035 טוביה Nu18:29M כל תרבה \ית טובה מנה /טוביה ית קודשה מנה#2#/:
036 p em/sf טובי Gn49:20M \טוביכון דבית/טובוי ד'#2#/ אשר מה /שמינין
037 טוביכון Dt33:29 טוביכון ישראל מן כוותכון עם
038 Gn49:20 טוביכון דבית אשר מה תפנוקי
039 Nu23:23 אמר בלעם במתל נבותה טוביכון צדיקיה מה אגר טב מתקן
040 וטובוי Gn38:25 טבא בין מכלותא בישא וטובוי כל אנש דמגלי עובדוי על
See also: adv. תוב

## טובה n. good thing [!! cf. טבה, טיבו]

001 s em/sf טובתה Dt26:11M \עמי#2#/ בכל טובה/<טוב>תה#2#/ די יהב לכון ייי

## טוטלי n. small grapes left on vine [221]

001 p em/sf טוטלוותה Lv19:10M לא תעבדון עוללתכון/טוטלוותה#2#/ ופרט כרמכון
002 טוטלוותהון Dt24:21M מן בתריכון לגיורה /טוטלוותהון מן בתריכון לג'#2#/

## טומרה n. ⇐ adv. בטומרה

## טוס vb. to fly [221]

001 peal יטוס Dt 4:17M שמייא /צפור דטאס די יטוס בש'#2#/:
002 דטאס Dt 4:17M באויר שמייא /צפור דטאס די יטוס בש'#2#/:
003 Dt28:49M ארעא היך מה דטייס/דטאס#2#/ נשרא אומה די לא
004 דטייס Gn 7:14 למינה וכל דפרח וכל דטייס:
005 Gn 7:14M וכל דטייס /צפר דטייס#2#/:
006 Dt 4:17 בארעא דמו כל עוף דפרח דטייס באויר שמיא:
007 Dt28:49 מסייפי ארעא היך מה דטייס נשרא אומה די לא תיכלון
008 וטייס Ex20:02 דאשא מן שמאליה פרח וטייס באויר שמייא וחזר וכל
009 Ex20:03 דאשא מן שמאלה פרח וטייס באויר שמיא וחזר וכל
010 Dt 5:06 דאשה מן שמאליה פרח וטייס באויר שמיא וחזר ומקף על
011 Dt 5:07 דאשה מן שמאליה פרח וטייס באויר שמייא וחזר ומקף על

## טוף vb. to overflow [221]

001 peal טייפה Gn31:22 יומין סברין דלמה דהיא טייפה ולא טפת בכדן אתני ללבן
002 Gn28:10 וסליקת באפוי והוות טייפה עשרין שנין כל יומין דהוה
003 טיפה Gn31:22M תלתא יומין דלמה יהא טיפה ולא טפת ובכן אתנו ביומא
004 טיפין Gn31:22M חסידא דבזכו' הוון מיא טיפין מ{יא}<ן> על בירא עשרין
005 טפת Gn28:10 אבנא מעלוי פומא דבארה טפת בארה וסליקת באפוי והוות
006 Gn31:22 דלמה דהיא טייפה ולא טפת בכדן אתני ללבן ביומא
007 Gn31:22M דלמה יהא טיפה ולא טפת ובכן אתנו ביומא תליתאה
008 afel דאטיף Dt11:04M די אציף/דאטיף#2#/ ית מוי דימה דסוף על
009 etpaal דמצטייפה Nu21:20M דמואבאי ריש רמתה דמצטייפה כל וקבל דבית ישימון
See also: vb. נזף

## טור n. mountain [222]

001 s ab/cn טור Dt 1:02 מן טורא דחורב אורח טור גבלה{מטי עד}<עד מטי>
002 Dt 3:12 נחל ארנונה ופלגות טור גלעדה וקרווייוי יהבית
003 Gn22:02 ית יצחק ואזל לך לארע טור מוריה וקרב יתה תמן לעלה

|  |  |  |  |  |  |
|---|---|---|---|---|---|
| 004 | | Dt 3:25M | "טורא ... קודשה": | טור | ציון טב הדין וית מקדשא |
| 005 | | Nu34:15M | ולחומתה דלבנן ומן | טור | תלגה ולחומתה דלבנן נפק |
| 006 | | Dt 3:08 | מן נחלה דארנונה עד | טור | תלגה: |
| 007 | | Dt 4:48 | ועד טורה דסיאון הוא | טור | תלגה: |
| 008 | בטור | Gn31:23 | שבעה יומין וארע יתיה | בטור | גלעדה: |
| 009 | | Ex15:17 | תעל יתהון ותאחסן יתהון | בטור | בית אחסנותך אתר מוזמן בית |
| 010 | | Ex 4:27 | למדברא ואזל וארע יתיה | בטור | בית מוקדשא דייי ונשק יתיה: |
| 011 | | Gn27:27 | למתקרבא עלגבי מדבחא | בטור | בית מקדשא הוא טורא ברך |
| 012 | | Gn27:27M | טבין עתידין למתקרבה | בטור | בית מקדשה די ברך יתיה |
| 013 | | Gn31:25M | פרס ית משכניה | בטורא/בטור#2/ | ולבן אשרי ית אחוי |
| 014 | | Gn22:14 | מבתרה למיהוי אמרין | בטור | מקדשא דייי דקרב אברהם ית |
| 015 | | Ex19:12M | לטורא יתקטל /דיקרב | בטור | מתקטל#2/ יתקט«י»ל: |
| 016 | | Gn25:21M | "קדם ... אתתיה": | בטור | פולחנא אתר דכפתיה תמן |
| 017 | | Nu34:04 | מסקייתה דעקרבין ויעבר | בטור | פרזלא ויהוון מפ<ק>נו{ק}י |
| 018 | וטור | Dt 1:07 | ימא ארעהון דכנעניי | וטור | בית מוקדשה עד נהרה רבה |
| 019 | | Dt11:24 | בה לכון יהוי מן מדברה | וטור | בית מקדשה מן נהרא רבה נהרא |
| 020 | | Dt 3:25 | ירדנה טורא טבה הדין | וטור | בית קודשה: |
| 021 | לטו׳ | Nu34:04M | דעקרבין ויעבר | בטור/לטו׳#2/ | פרזלא ויהוון |
| 022 | לטור | Dt32:49 | סוק | לטור | עברייה הדין הר נבו די |
| 023 | | Gn31:21 | ית נהרא ושוי ית אפוי | לטור | גלעדה: |
| 024 | | Dt33:19 | הא עמא דבית זבולן | לטור | בית מוקדשא יזדמנון ותמן |
| 025 | | Gn10:30M | /לספרוויי#2/ | טור/לטור#2/ | מדנחה: |
| 026 | | Nu27:12 | ואמר ייי למשה סוק | לטור | עבריה הדין ותחמי ית ארעא |
| 027 | | Nu34:15 | דדן נפק להון תחומה | לטור | תלגא לתחומה לבנון דמצפון |
| 028 | | Nu34:15M | נפק להון תחומה | לטור | תלגה ולחומתה דלבנן ומן |
| 029 | | Dt 3:09 | צידוניי הוון קריין | לטור | תלגה טורא דמסרי פירוי |
| 030 | מטור | Nu10:33 | ונטלו | מטור | בית מקדשה דייי אורח <....> |
| 031 | | Gn 8:11M | /דאייתייאת יתיה | מטור | משחא#2/ וידע נח ארום |
| 032 | s em/sf טר׳ | Ex31:18M | למללה עמיה בטור/מן | טר#2/ | דסיני תרין לווחין |
| 033 | | Dt 4:11M | \בשיפולי טורה /תחות | טר#2/ | וטורה הוה בעיר באשתה |
| 034 | טורא | Ex19:02 | ישראל כל קבל {תוס} | טורא: | |
| 035 | | Ex24:15 | לטורא וכסי ענגא ית | טור«א»: | |
| 036 | | Ex32:19M | דטורא /תחות | טורא#2/: | |
| 037 | | Ex34:02 | לוותי תמן על ראש | טורא: | |
| 038 | | Nu13:17 | לדרומה ותסקון ית | טורא: | |
| 039 | | Nu33:39 | הוה בזמנה דמית בהר | טורא: | |
| 040 | | Dt 9:21 | {נורא} <נחלה> דנחת מן | טורא: | |
| 041 | | Nu21:04 | ונטלו מן הר | טורא | ארח ימה דסוף למקפה ית |
| 042 | | Nu33:37 | ממדברה דרקם ושרון בהר | טורא | בסיפי ארעהון דאדומיי: |
| 043 | | Gn27:27 | בטור בית מקדשא הוא | טורא | ברך יתיה חי וקיים כל |
| 044 | | Nu24:18 | א{ר}<ד>ום ירתו ויהווי | טורא | דגבלה ירתו לבעלי דבבוי |
| 045 | | Dt 1:02M | {מטי עד} <עד מטי> | /טורא | דגבלה עד די#2/ רקם |
| 046 | | Dt 2:01 | עמי אמר משה ואקפנן ית | טורא | דגבלה יומין סגין: |
| 047 | | Dt 2:05 | ירתו לעשו יהבית ית | טורא | דגבלה: |
| 048 | | Dt11:29 | יתה ותתנון ית ברכתה על | טורא | דגריזים וית לווטיה על |
| 049 | | Ex33:06 | מפרשה חקיק עליהון מן | טורא | דחורב: |
| 050 | | Dt 1:02 | יומין הוה לכון מהלכה מן | טורא | דחורב אורח טור גבלה {מטי |
| 051 | | Ex19:11 | דייי לעיני כל עמא על | טורא | דסיני: |
| 052 | | Ex19:20 | איקר שכינתא דייי על | טורא | דסיני על ריש טורא וקרא |
| 053 | | Ex24:16 | אי{י}קר שכינתיה דייי על | טורא | דסיני וכסי יתיה ענגא שיתא |
| 054 | | Ex34:29 | והוה כד נחת משה מן | טורא | דסיני ותרין לוחי{ה} |
| 055 | | Nu28:06 | תדירה היך מה דאתקרבת על | טורא | דסיני לריח דרעווה קרבן |
| 056 | | Dt11:29 | דגריזים וית לווטיה על | טורא | דעיבל: |
| 057 | | Dt33:02 | ביקרה למתן אוריתה על | טורא | דפראן לבנוי דישמעאל |
| 058 | | Dt 3:09 | הוון קריין לטור תלגה | טורא | דמסרי פירוי ואמוריי הוון |
| 059 | | Ex 3:12 | תפלחון קדם ייי על | טורא | הדין: |
| 060 | | Dt 2:03 | סגין לכון למקפה ית | טורא | הדין כוונו לכון לצפונה: |
| 061 | | Ex34:03 | ירעון{ן}<ך> כל קביל {ת} | טורא | ההוא: |
| 062 | | Ex34:29 | בידוי דמשה במחתה מן | טורא | ומשה לא הוה ידע ארום נהר |
| 063 | | Ex32:01 | אשתהי משה למיחת מן | טורא | ואיתכנשו עמה על אהרן |
| 064 | | Nu14:44 | וכמנו למסוק לריש | טורא | וארון קיימא דייי ומשה לא |
| 065 | | Dt32:50 | בשלם אהרן אחוך בהור | טורא | ואתכנש בשלם לוות עמיה: |
| 066 | | Dt 9:15 | וכוונית ונחתת מן | טורא | וטורא בער באשתה ותרין לוחי |
| 067 | | Ex19:20 | מימריה דייי למשה מן | טורא | וסלק משה: |
| 068 | | Ex19:23 | אסהדת בן למימר תחם ית | טורא | וקדש יתיה: |
| 069 | | Ex19:20 | על טורא דסיני על ריש | טורא | וקרא מימריה דייי למשה מן |
| 070 | | Ex19:16 | קלין וברקן וענן תקיף על | טורא | ושופרא{ו} תקף לחדא |
| 071 | | Nu33:41 | ונטלו מהור | טורא | ושרון בצלמונה: |
| 072 | | Ex32:15 | וכוין ונחת משה מן | טורא | ותרין לוחי בידי לווחין |
| 073 | | Ex28:17 | סמקתה וירקתה וברקתה | טורא | חדתה וכתיב ומפרש עליהון שם |
| 074 | | Dt 3:25 | ארעא טבתה די בעבר ירדנה | טורא | טבה הדין וטור בית קודשה: |
| 075 | | Ex34:03 | ולהוד גבר לא יתחמי בכל | טורא | להוד ענה ותורא לא |
| 076 | | Ex19:14 | ונחת משה מן | טורא | לוות עמא וקדש ית עמא |
| 077 | | Ex19:25 | ונחת משה מן | טורא | לוות עמא ואמר להון קרובו |
| 078 | | Ex19:18 | כתננא דאתונא ואזדעזע כל | טורא | לחדא: |
| 079 | | Ex19:03 | וקרא ליה דבירה דייי מן | טורא | למימר כדין תימר לדבית |
| 080 | | Nu14:40 | בצפרה וסליקו לריש | טורא | למימר הא אנן וניסוק לאתרא |
| 081 | | Ex24:17 | אכלה אשא מתכלה בריש די | טורא | לעיני בני ישראל: |
| 082 | | Nu20:29M | משה נחת מן ראש | טורא | מאנוי בזיעין וקטמה בראשה |
| 083 | | Ex24:16M | ביומ׳ שבעייה על | טורא#2/ | מן גו עננא: |
| 084 | | Nu33:38 | וסלק אהרן כהנא להר | טורא | על פם גזירת ממרה דייי ומית |
| 085 | | Ex20:18 | וית קלא דשיפור׳ וית | טורא | תנן וחמון עמא ואזדעזען |
| 086 | טורה | Nu20:22 | ישראל כל כנישתה להר | טורה: | |
| 087 | | Nu20:25 | ברה ואסק יתהון להר | טורה: | |
| 088 | | Nu20:28 | ונחת משה ואלעזר מן | טורה: | |
| 089 | | Dt33:02 | {ו}<ד>נח ביקרי׳ על | טורה | דגבלה למתן אורית לבנוי |
| 090 | | Dt27:12 | יקומון למברכה ית עמא על | טורה | דגריזים במעברכון ית ירדנה |
| 091 | | Dt27:15 | הוון הפכין אפיהון כלפי | טורה | דגריזים ואמרין בריך יהווי |
| 092 | | Dt27:15M | /אשתה שבטין קמו על | טורה#2/ | דגריזים ושתה שבטין |
| 093 | | Dt 4:48 | על גיף נחיל ארנונה ועד | טורה | דסיאון הוא טור תלגה: |
| 094 | | Lv 1:01 | חשב משה בליביה ואמר | טורה | דסיני דהוה קודשי׳ קדוש |
| 095 | | Dt33:02 | קבילו יתה חזר ואתגלי על | טורה | דסיני ועימיה ר«י»בוון |
| 096 | | Dt27:15M | ואשתה שבטין קמו על | טורה | דעיבל וארונה וכהנייה |
| 097 | | Dt27:15 | הוון הפכין אפיהון כלפי | טורה | דעיבל ואמרין ליט יהווי |
| 098 | | Nu10:33M | בית מקדשה דייי /מן | טורה | דייי#2/ אורח <....> מהלך |
| 099 | | Dt 4:11 | וקרבתון וקמתון בשיפולי | טורה | וטורה הוה בעיר באשתה |
| 100 | | Dt 2:37 | דסמיך לנחל יבקא וקורי | טורה | וכל מה די פקד ייי אלהן: |
| 101 | | Nu20:28 | ומית אהרן תמן בריש | טורה | ונחת משה ואלעזר מן טורה: |
| 102 | | Dt10:05 | וכוונית ונחתית מן | טורה | ושווית ית לווחייה בארונה |
| 103 | | Nu20:27 | די פקד ייי וסלקו להר | טורה | לעיני כל עם כנישתה: |
| 104 | | Nu20:23 | ייי למשה ולאהרן בהר | טורה | סמיך לתחומיהון דאדומיי |
| 105 | טורהון | Dt 1:19 | ההוא די חמיתון אורח | טורהון | דאמוריי היך מה פקד ייי |
| 106 | | Dt 1:20 | ואמרית לכון מטיתון עד | טורהון | דאמוריי די ייי אלהן יהב |
| 107 | בטר׳ | Ex34:32M | מלל מימריה דייי עימיה | בטר׳ | |
| 108 | בטור׳ | Ex31:18 | כד אשלם למללה עמיה | בטור׳ | דסיני תרין לווחין סהדותא |
| 109 | בטורא | Gn31:54 | לחם ואכלו לחם ואביתו | בטורא: | |
| 110 | | Ex25:40 | בדמותיהון די את חמי | בטורא: | |
| 111 | | Ex26:30 | כסדר דינא די חמית | בטורא: | |

|  |  |  |  |  |  |
|---|---|---|---|---|---|
| 112 | | Gn31:25 | {ולבן אשרי ית אחוי | בטורא} | גלעדה: |
| 113 | | Ex24:18 | וסלק לטורא והוה משה | בטורא | ארבעין יומין וארבעין |
| 114 | | Gn14:06 | חורייא דהוון שריין | בטורא | דגבלא עד דגבולא דפארן |
| 115 | | Gn36:08 | ושרא עשו | בטורא | דגבלא עשו הוא אדום: |
| 116 | | Gn36:09 | דעשו אבוהון דאדומיי | בטורא | דגבלא: |
| 117 | | Dt 2:22M | "דשריין בגבלה": דשריין | בטורא | דגבלה |
| 118 | | Dt 4:10 | קמתון קדם ייי אלהכון | בטורא | דחורב בזמנה דאמר ייי לי |
| 119 | | Dt 4:15 | די מלל ייי עמכון | בטורא | דחורב מן גו להבי אשתה: |
| 120 | | Dt18:16 | מן קדם ייי אלהכון | בטורא | דחורב ביום התכנשות קהלה |
| 121 | | Ex34:32 | כל מה דפקד ייי עמהון | בטורא | דסיני: |
| 122 | | Lv 7:38 | די פקד ייי ית משה | בטורא | דסיני ביומא די פקד ית |
| 123 | | Lv25:01 | ומליל ייי עם משה | ^בטורא | דסיני#2^ למימר: |
| 124 | | Lv26:46 | ובין בני ישראל | בטורא | דסיני על ידוי דמשה: |
| 125 | | Lv27:34 | ית משה על בני ישראל | בטורא | דסיני: |
| 126 | | Nu 3:01 | מלל «ייי» עם משה | בטורא | דסיני: |
| 127 | | Dt27:04 | מפקד יתכון יומא הדין | בטורא | דעיבל ותשועון יתהון |
| 128 | | Dt27:13 | יקומון על לווטייה | בטורא | דעיבל ראובן גד ואשר |
| 129 | | Dt32:50 | ותתכנש בשלם | בטורא | דאת עליל לתמן ותתכנש בשלם |
| 130 | | Dt 1:06 | סגין לכון למישרי | בטורא | הדין: |
| 131 | | Dt 1:44 | ונפקו אמורייה דשריין | בטורא | ההוא לקדמותכון ורדפו |
| 132 | | Gn31:25 | ויעקב פרס ית משכניה | בטורא | ולבן אשרי ית אחוי בטורא |
| 133 | | Nu13:29 | ויבוסאי ואמוריי שריין | בטורא | וכנענאי שריין על ימא ועל |
| 134 | | Ex19:12M | למיסק \לטורא ודלא | /בטורא | ולא#2/ למקרב בשפולוי |
| 135 | | Gn31:25 | ולבן אשרי ית אחוי | בטורא | {ולבן אשרי ית אחוי בטורא} |
| 136 | | Gn31:54 | ונכס יעקב נכסין | בטורא | וקרא לאחוי למיכל לחם |
| 137 | | Ex27:08 | יתיה היך <אחמית> יתך | בטורא | כדן יעבדון: |
| 138 | | Dt 5:05 | להבי אשתה ולא סלקתון | בטורא | למימר: |
| 139 | | Dt 5:22 | מלל ייי עם כל קהלכון | בטורא | מן גו להבי <אשתה> עננה |
| 140 | | Nu33:47 | דבלתימה ושרון | בטורא | עברייה קדם נבו: |
| 141 | בטורה | Dt 9:09 | קיים ייי עמכון ושרית | בטורה | ארבעין יומין וארבעין |
| 142 | | Dt 1:07 | ית כל כופרנוי במשרה | בטורה | בשפלתה ובדרומה ובחוף ימא |
| 143 | | Dt 5:02 | ייי אלהן קיים עמן קיים | בטורה | דחורב: |
| 144 | | Dt28:69 | קיימה די קיים עמהון | בטורה | דחורב: |
| 145 | | Ex30:13M | דסילעה איתחמי למשה | בטורה | דסיני היך דינרא דאשה |
| 146 | | Nu14:45 | וכנעניי די שרין | בטורה | ההוא ומחון יתהון וכתתו |
| 147 | | Dt10:10 | ואנה קמית | בטורה | כי{ז}<ו>מייה קדמייה |
| 148 | | Dt 5:04 | ממלל מלל ייי עמכון | בטורה | מן גו להבי אשתה: |
| 149 | | Dt 9:10 | מלל ממרה דייי עמכון | בטורה | מן גו להבי אשתה ביום |
| 150 | | Dt10:04 | מלל ממריה דייי עמכון | בטורה | מן גו להבי אשתה ביום |
| 151 | דטורא | Ex19:17 | משריתא ואתעתדו בשפלוי | דטורא: | |
| 152 | | Ex32:19 | ותבר יתהון בשיפלוי | דטורא: | |
| 153 | | Ex24:04 | ובנה מדבח בשפולא | דטורא | ותרתי עשרי קיימין |
| 154 | וטורא | Dt 9:15 | וכוונית ונחתת מן טורא | וטורא | בער באשתה ותרין לוחי |
| 155 | | Ex19:18 | | וטורא | דסיני הו«ה» תנן כוליה |
| 156 | וטורה | Dt 5:23 | קל ממרה מן גו חשוכה | וטורה | בעיר באשתא וקרבתון לוותי |
| 157 | | Dt 4:11 | וקמתון בשיפולי טורה | וטורה | הוה בעיר באשתה עד צית |
| 158 | ובטורא | Dt 2:12M | שרון חוורנייה | /ובטורא | דגבלא שרון חוורנאה#2/ |
| 159 | | Dt 1:01 | ואמר להון הלא במדברה | ובטורא | דסיני איתיהיבת לכון |
| 160 | | Gn22:14 | אברהם ית יצחק ברה | ובטורא | הדין אתגלי«ית» עלוי |
| 161 | ובטורה | Dt 8:07 | ותהומין נפקין בבקעתה | ובטורה: | |
| 162 | לטורא | Ex19:13 | יהוון רשיין למיסק | לטורא: | |
| 163 | | Ex19:13M | הנון יסקו{ל}<ן> | לטורא | |
| 164 | | Ex34:02M | תמן גבי על ראש | לטורא#2/: | |
| 165 | | Dt 1:41 | ואחיתון למיסוק | לטורא: | |
| 166 | | Dt 1:43 | ואזידתון וסליקתון | לטורא: | |
| 167 | | Gn19:17 | ולא תקום בכל משרא | לטורא | אשתיזב דלא תסתפי: |
| 168 | | Ex19:23 | לא ייכלין עמא למיסק | לטורא | דסיני ארום את אסהדת בן |
| 169 | | Ex34:02 | מזמן לצפרא ותסק בצפרא | לטורא | דסיני ותתעתד לוותי תמן |
| 170 | | Ex34:04 | ואקדם משה בצפרא וסלק | לטורא | דסיני היך מה דפקד יתיה |
| 171 | | Ex 3:01 | בתר מדברא ואתא <....> | לטורא | דאיתגלית עלוי איקר שכינתה |
| 172 | | Ex24:13 | שמשוי וסלק משה | לטור«א» | דאתגליית עלוי איקר |
| 173 | | Gn19:19 | לית אוכל למשתיזבא | לטורא | דלא תארע יתי בישתא ואמות: |
| 174 | | Ex19:12 | אזדהרו לכון דלא למיסק | לטורא | ודלא למקרב בשפולוי כל |
| 175 | | Ex24:18 | משה בגו עננא וסלק | לטורא | והוה משה בטורא ארבעין |
| 176 | | Ex24:12 | ייי למשה סוק לוותי | לטורא | והוי תמן ואתן לך ית |
| 177 | | Ex24:15 | וסלק משה | לטורא | וכסי עננא ית טור«א»: |
| 178 | | Dt 1:24 | וכוונו | לטורא | ומטון עד נחל סגולה ואלילו |
| 179 | | Dt10:01 | כקדמייה וסק לוותי | לטורא | ותעביד לך ארון דקים: |
| 180 | | Dt10:03 | דאבנין כקדמיה וסליקית | לטורא | ותרין לווחי בידי: |
| 181 | | Ex19:12 | בשפולוי כל דיקרב | לטורא | יתקטל יתקט«י»ל: |
| 182 | | Gn12:08 | ואסתלק מן תמן | לטורא | מן מדנח לביתאל ופרס |
| 183 | | Gn14:10 | תמן ומה דאשתיי«רו» | לטורא | ערקו: |
| 184 | לטורה | Dt27:15 | שתה שבטין סליקו | לטורה | דגריזים ושתה שבטין סליקו |
| 185 | | Dt34:01 | משה מן משרה דמאב | לטורה | דנבו ראש רמתה דאית לוקבל |
| 186 | | Dt27:15 | ושתה שבטין סליקו | לטורה | דעיבל וכהנייה וארונה |
| 187 | | Dt33:02M | "למתן ... דפראן": | לטורה | דפארן למתן אורייתה |
| 188 | | Dt 9:09 | באסקותי | לטורה | למיסב לוחי אבנייה לווחי |
| 189 | לטורהון | Dt 1:07 | וטולו לכון ועולו | לטורהון | דאמוריי וכבישו ית כל |
| 190 | בטוורין p abs | Gn49:26M | דמתילין | בטוורין | ומן ברכת ארבעתי אמהתא |
| 191 | דטוורין | Dt11:11 | לתמן למירת יתה ארע | דטוורין | ודבקען מן מטרה דנחית מן |
| 192 | דטורין | Dt11:11M | ארע \דטוורין ודבקען | /דטורין | ובמשרין#2/ מן מטרה |
| 193 | טורי p const | Gn10:30 | מן מישא מעלך לספריא | טורי | מדנחה: |
| 194 | טורי | Gn 8:04M | טורי קרדון /בירחא על | טורי | קוורדוס#2/: |
| 195 | | Gn 8:04 | יומין לירחא על | טורי | קרדון: |
| 196 | | Nu34:08M | מן \טוורוס מ{(י)}נוס | /טורי | ימיינוס#2/ תכוונון |
| 197 | | Nu33:48 | ונטלו מן | טורי | עברייה ושרון במישריה |
| 198 | מטורי | Nu23:07 | בלק מלכיהון דמואביי | מטורי | מדינ{ת}<ח>ה אתא לוט לי |
| 199 | טוריה p em/sf | Dt 2:06 | דמיא סלקא עמכון לראשי | טוריה | ולחל{ת}תה עמיקתה: |
| 200 | | Dt 8:09 | וברירין היך פרזלה ומן | טוריה | חצבין נחשה: |
| 201 | טורייה | Dt32:22 | ועללתה ולהטה יסודי | טורייה: | |
| 202 | | Nu21:20M | סלקה עמהון לראשי | טורייה | ונחתה עמהון לנחלייה |
| 203 | טור' | Dt32:22M | ולהטה יסודי | טורייה/טור#2/: | |
| 204 | טוריא | Gn 7:20 | איתגברו מיא וכסון | טוריא: | |
| 205 | | Gn 8:05 | בחד לירחא אתגלון רישי | טוריא: | |
| 206 | | Gn 8:05M | לירחא אתחמין ראשי | טוריא#2/: | |
| 207 | | Lv22:27 | יחידה דאתעקד על חד מן | טוריא | היך אמר לעלה על גבי מדבחה |
| 208 | | Gn32:08 | דהוון עמה ית ענה וית | טוריא | וגמליא לתרתין משריין: |
| 209 | | Gn 7:19 | על ארעא ואתכסון כל | טוריא | רמיה די תחות כל שמיא: |
| 210 | טוריה | Gn22:02 | יתה תמן לעלה על חד | טוריה | דאמר לך: |
| 211 | | Nu21:19 | למהוי סלקה עמהון לריש | טוריה | ונחתה עמהון לחלתה עמיקתה: |
| 212 | | Dt12:02 | ית טעוותהון ^על#2^ | טוריה | רמייה ועל גלמתה ותחות כל |
| 213 | טורייא | Gn49:11 | מלכין עם שלטונין מסמק | טורייא | מדם קטיליהון ומחוור גלמתא |
| 214 | | Gn49:12 | חמיסיין וגזילין יסמקון | טורייא | מן גפנוי ומעצרתא מן חמרא |
| 215 | טורייה | Nu21:19M | עמהון {לא} לראשי | טורייה | ונחתה עמהון ל{ת}<נ>חלייה |
| 216 | | Nu21:15M | ישראל מהלכין על רישי | טורייה | מלעיל ולא ידעו נסיה |
| 217 | | Nu21:20 | דהוות סלקה עמהון לראשי | טורייה | רמתה ונחת עמהון לחלתה |
| 218 | בטווריה | Nu23:09 | אבהתה צדיקיה דמתילין | בטווריה | אברהם יצחק ויעק' |
| 219 | | Ex32:12 | {ו}<י>תהון לקטלותהון | בטווריה | ולמשיצא יתהון |

| | | | |
|---|---|---|---|
| 220 | בטורייא | *Dt33:15* | דיאבהתן דמתילין בטורייא אברהם יצחק ויעקב |
| 221 | בטורייה | *Ex32:12M* | יתהון למקטלה יתהון בטורייה ולמישיציה יתהון |
| 222 | וטורניה | *Dt 8:09M* | ברירין כפורזלא וטורניה ח{כ}<ס>ימין כנחשה |
| 223 | לטורייה | *Nu21:15M* | שעתה רמ{ה}<ז> ייי לטורייה ואקפו ראשי |
| 224 | לטוריה | *Nu21:15* | קדמוי מה בכוליתה רמז לטוריה ואקפו רישיהון אלין לאלין |

## טורחה *n.* trouble [222]

| | | | | |
|---|---|---|---|---|
| 001 | s em/sf | טורחתהון | *Nu11:14* | יכיל לבלחודוי למסובלה טורחתהון דכל עמא האלין ארום |
| 002 | | טרחתכון | *Dt 1:12* | אסבול לבלחודוי טרחתכון ומטולכון ודיניכון: |

## טורן *n.* ⇐ טור

## טוש *vb.* to plaster [222]

| | | | | |
|---|---|---|---|---|
| 001 | peal | תטושון | *Dt28:40* | בכל תחומיכון ומשח לא תטושון ארום ייתר נצייה |
| 002 | | ויטושון | *Lv14:42M* | ועפר אחרן יסב וישוע/ויטושון#2#/ ית ביתה: |
| 003 | etpeel | דאתטש | *Lv14:43* | ית ביתיה ומן באתר דאתטש: |
| 004 | | | *Lv14:48* | מכתשה בביתה מן בתר דאתטש ית ביתה וידכי כהנא ית |

## טחור *n.* hemorrhoid [222]

| | | | | |
|---|---|---|---|---|
| 001 | p em/sf | ובטחוריה | *Dt28:27* | ייי בשחנה דמצריי ובטחוריה ובחרבנה די לא תיכלון |

## טחן *vb.* to grind [222]

| | | | | |
|---|---|---|---|---|
| 001 | peal | טחנה | *Ex11:05* | עד בכורה דאמה{ה}ת<ה> די טחנה בתרא מן רחיא וכל בכורא |
| 002 | | וטחנין | *Nu11:08* | שרון עמה ולקטין וטחנין ^ברחיה#2#^ ועבדין יתיה |

## טיבו *n.* kindness [222]

| | | | | |
|---|---|---|---|---|
| 001 | s ab/cn | וטבו | *Gn47:29* | קיימי ותעבד עמי חסד וטבו לא כען תקבר יתי במצרים: |
| 002 | | | *Dt 5:10* | ונטר חסד וטבו לאלפין ד{ר}<ד>רין לרחמיי |
| 003 | | | *Gn24:49* | אן ברעתכון למעבד חסד וטבו עם רבוני תנון לי ואן לא |
| 004 | | וטיבו | *Gn40:14* | לך ותעבד כען עמי חסד וטיבו ותדכר יתי לוות פרעה |
| 005 | | | *Ex20:06* | ברם נטר אנה חסד וטיבו לאלפין דדרין לרחמוי |
| 006 | | | *Ex34:07* | נטר חסד וטיבו לאלפין דרין שרי ושביק |

## טייל *vb.* to walk about [223]

| | | | | |
|---|---|---|---|---|
| 001 | peal | טייל | *Gn13:17M* | קום הלך/טייל#2#/ בארעא לארכה ולפתייה |
| 002 | | מטייל | *Gn 3:08M* | בגו׳ גנתאה למשב יומא /מטייל/ בגוא גנתה לתוקפי׳ |
| 003 | | מטייל | *Gn 3:10M* | בגנתה /דברך שמעת מטייל בגו גנתה#2#/ ודחלית ארום |
| 004 | | דמטיילין | *Ex14:05M* | ותנון אקטרין דמטיילין עם משרייתיהון דישר׳ |

## טייס *n.* bird of prey [223]

| | | | | |
|---|---|---|---|---|
| 001 | s ab/cn | טייסא | *Gn15:11* | על פסגיי׳ היידין הוא טייסא דן הוא טייסא מסאבה {דיי} |
| 002 | | | *Gn15:11* | הוא טייסא דן הוא טייסא מסאבה {דיי} דין הוא עופא |
| 003 | | | *Gn15:11* | זכותה דאברם כד נחת טייסא הווה שכין על פסגיי׳ |

## טייר *vb.* to augur [223]

| | | | | |
|---|---|---|---|---|
| 001 | pael | יטייר | *Gn44:15M* | {די} דכוותי /מטיירא יטייר גבר דכוותי#2#/: |
| 002 | | מטייר | *Gn44:05M* | יקסם ביה /מטיירה הוה מטייר ביה#2#/ אבאשתון דעבדתון |
| 003 | | מטיירא | *Gn44:15M* | רב ושלט {די} דכוותי /מטיירא/ יטייר גבר דכוותי#2#/: |
| 004 | | מטיירה | *Gn44:05M* | \והוא מקסם יקסם ביה /מטיירה/ הוה מטייר ביה#2#/ |

| | | | | |
|---|---|---|---|---|
| 005 | etpaal | אטיירת | *Gn30:27M* | /קדמיך#2#/ נסיית/אטיירת#2#/ וברך יתי ייי |

## טימי *n.* price [223]

| | | | | |
|---|---|---|---|---|
| 001 | s ab/cn | טימי | *Gn21:33M* | הוו בעין למיתן לה טימי מה דאכלו ושתין עני אבונן |

## טין *n.* mud [223]

| | | | | |
|---|---|---|---|---|
| 001 | s em/sf | בטינא | *Ex 1:14* | ית חייהון בפלחן קשי בטינא ובלבני ובכל פולחן באפי |
| 002 | | | *Gn40:18* | בארעא דמצרים בטינא ובליבני ובכל פלחין באפי |

## טינר *n.* flint [224]

| | | | | |
|---|---|---|---|---|
| 001 | s ab/cn | טנר | *Ex 4:25M* | ונסבת צפרה טנרא/טנר#2#/ וגזרת ית ערלתא דברא |
| 002 | s em/sf | טינרא | *Ex17:06* | קיים מתע{דת}<תד> על טינרא בחרב ותמחי בטינרא ונפקון |
| 003 | | | *Ex15:02M* | ומשה יתן משה מן שמיר טינרא עניין בני ישרא׳ ואמרין |
| 004 | | טינרה | *Dt32:13* | <משח> מן כיף שמיר טינרה: |
| 005 | | טנרא | *Ex33:21* | מזמן לוותי ותתעתד על טנרא: |
| 006 | | | *Ex 4:25* | ונסבת צפרה טנרא וגזרת ית ערלתא דברא וקרבת |
| 007 | | טנרה | *Dt 8:15* | לכון מיין מן כיף שמיר טנרה: |
| 008 | | בטינרא | *Ex17:06* | על טינרא בחרב ותמחי בטינרא ונפקון מינה מייא וישתון |
| 009 | | דטינרא | *Ex33:22* | ואשוי יתך בנקרה דטינרא ואפרוש כפי עליך עד |

## טירה *n.* enclosure [224]

| | | | | |
|---|---|---|---|---|
| 001 | s ab/cn | טירת | *Nu34:04* | דרום לרקם דגיעה ויפוק טירת אדרייה ויעבר בתחום שוק |
| 002 | | | *Nu34:09* | ויהוון מפ<ק>נו{ק}י טירת ע<נ>בתה די יהוון לכון תחום |
| 003 | | | *Nu34:10* | לכון לתחום מדינחה מן טירת ענוותה לאפמיה: |
| 004 | p em/sf | ובטירתהון | *Gn25:16* | שמהתהון בכופרניהון ובטירתהון תרין עשר רבבנין |

## טכס *vb.* to fasten [224]

| | | | | |
|---|---|---|---|---|
| 001 | pael | יטכס | *Lv16:04* | דבוץ יאסר ובמצנפן דבוץ יטכס לבושי קדשא אינון ויסחי |
| 002 | | תטכס | *Nu 3:10* | וית אהרן וית בנוי תטכס ויטרון ית כהונתהון |
| 003 | | מטכסן | *Gn49:19* | דבית גד יפקון משיריין מטכסן ומזיינין אנון יעברון עם |
| 004 | | וטכ׳ | *Lv 8:13M* | ושוי להון /הימנין וטכ׳ לה#2#/ כובעין/קר#2#/ |
| 005 | | וטכיסו | *Ex28:28M* | וירדדון/וטכיסו#2#/ ית חושנא מן עזקוי |
| 006 | | | *Ex39:21M* | ועגבו/וטכיסו#2#/ ית חושנה מן עזקא |
| 007 | | וטכס | *Gn46:29* | וטכס יוסף ארתכוי ונפק לקדמות |
| 008 | | | *Ex14:06* | וטכס ית ארתכוי וית עמא עבדי |
| 009 | | | *Lv 8:07* | יתיה בהמיינה דאפודה וטכס יתיה ביה: |
| 010 | | ותטכס | *Ex29:09M* | אהרן ובנוי ותשוו/ות<ט>כס#2#/ להון <....> כהונתה |
| 011 | | | *Ex29:05* | וית אפודה וית חושנא ותטכס ליה בהמיינה דאפודה: |

## טכס *n.* military company, banner [224]

| | | | | |
|---|---|---|---|---|
| 001 | s ab/cn | טכס | *Nu10:14* | ונטל טכס מן משריה דבנוי דיהודה |
| 002 | | | *Nu10:18M* | טכס משרית שבטה/ויטלון טכס משרית דש#2#/ דבנוי |
| 003 | | | *Nu10:25* | ונטל טכס משרית דבנוי דדן מכנש לכל |
| 004 | | | *Nu 2:03* | ודשריין קדמיין מן מדנחה טכס משרית שבטה דבנוי דיהודה |
| 005 | | | *Nu 2:18* | טכס משרית שבטה דבנוי דאפרים |
| 006 | | | *Nu 2:25* | «טכס» משרית שבטה דבנוי דדן מן |
| 007 | | | *Nu10:18* | ונטל טכס משרית שבטה דבנוי דראובן |
| 008 | | | *Nu10:22* | ונטל טכס משרית שבטה ד<ב>נוי דאפרים |
| 009 | | | *Nu10:22M* | שבטה ד<ב>נוי /ויטלון טכס משריתה דבנוי#2#/ דאפרים |
| 010 | | | *Nu10:25M* | טכס משריית /ויטלון טכס משריתה#2#/ דבנוי דדן |

|  |  |  |  |  |  |  |
|---|---|---|---|---|---|---|
| 011 | טקס | | Nu 2:10 | | טקס | משרית שבטה דבנוי דראובן |
| 012 | טכ׳ | s em/sf | Nu 1:52M | וגבר על | טקסיה/טכ׳#2#/ | לחיילוותהון: |
| 013 | טכסיה | | Nu 2:02 | גבר על | טכסיה | באתיין לבית אבהתהון ישרון |
| 014 | טק׳ | | Nu 2:02M | גבר על | טכסיה/טק׳#2#/ | באתיין לבית אבהתהון |
| 015 | טקסיה | | Nu 1:52 | על משרי{י}תה וגבר על | טקסיה | לחיילוותהון: |
| 016 | לטכ׳ | | Nu 2:17M | גבר על תחומיה/ | לטכ׳#2#/: | |
| 017 | טכסי | p const | Nu23:10 | מסכום חדה מן ארבעתי | טכסי | משריתה דבני ישראל דאתאמר |
| 018 | טקסי | | Nu23:10M | חדה מן ארבעתי | טכסי/טקסי#2#/ | משריתה דבני ישראל |
| 019 | לטכ׳ | p em/sf | Nu 2:34M | כן הוון שריין/ | לטכ׳#2#/ | וכן נטלו/הוון נטלין#2#/ |
| 020 | לטכסיהון | | Nu 2:17 | נטלין גבר לאתריה | לטכסיהון: | |
| 021 | | | Nu 2:31 | אחריין הוון נטלין | לטכסיהון: | |
| 022 | | | Nu24:02 | ית ישראל שר{ו}<'י>ן | לטכסיהון | והוה עלוי רוח דקדש |
| 023 | | | Nu 2:34 | ייי ית משה כדן שרון | לטכסיהון | וכן נטלו גבר לזרעיתיה |
| 024 | לטקסיהון | | Nu24:02M | לטכסיהון/שרן | לטקסיהון#2#/ | והוה עלוי רוח דקדש |

## טל *n.* dew [224]

|  |  |  |  |  |  |  |
|---|---|---|---|---|---|---|
| 001 | טל | s ab/cn | Lv26:19M | דלא למחתה לכון לא | טל | ולא מטר וית ארעא דאית |
| 002 | | | Dt28:23M | דלא למחתה לכון לא | טל | ולא מטר וית ארעא דאית |
| 003 | טלא | s em/sf | Gn27:28 | ויתן לך ייי מטוב | טלא | דנחת מן שמיא שפר ומן טובא |
| 004 | | | Gn27:39 | תהוי משרויך ומן טוב | טלא | דנחת מן שמיא מן לעיל: |
| 005 | | | Ex16:14 | וסלקת ענגית | טלא | והא על אפי מדברא דקיק |
| 006 | | | Dt28:23 | היך נחשה מן מחתה לכון | טלא | ומטרה וארעא די תחותיכון |
| 007 | | | Ex16:13 | ובצפרא הוות ענגית | טלא | חזור חזור למשריתא: |
| 008 | | | Nu11:09 | וכד נחת | טלא | על משכנה בליליה הוה מנה |
| 009 | טלה | | Gn49:25 | שמיא יברך יתך מן טוב | טלה | ומטרא דנחתין מן שמייא |
| 010 | כטלא | | Dt32:02 | על בני ישראל ויתקבל | כטלא | עליהון ית מימר פומי |
| 011 | טלין | p abs | Lv26:19 | היך פרזלה מן למחתה לכון | טלין | ומטרין וית ארעא די תחתכון |
| 012 | | | Dt33:13 | שמיא מן לעיל דמחתין | טלין | ומטרין מן ברכת מבועי |
| 013 | | | Dt33:28 | יהוון מחתין עליהון | טלין | ומטרין: |

## טל#2 *n.* shadow [224]

|  |  |  |  |  |  |  |
|---|---|---|---|---|---|---|
| 001 | בטל | s ab/cn | Gn19:08 | ארום בגין אתון למיבתא | בטל | שריתי: |
| 002 | טליהון | s em/sf | Nu14:09 | למשיציא יתהון עבר | {ע}<ט>ליהון | מעילויהון ומימר דייי |

## טלום *n.* oppression [224]

|  |  |  |  |  |  |  |
|---|---|---|---|---|---|---|
| 001 | טלומא | s em/sf | Lv 5:23M | "עצה ...": | טלומא | או ית פקד<'> [...] די ט |
| 002 | וטלומא | | Lv14:40M | בנה ביתה באונס' | וטלומא | יתרמון לאתר מסאב |

## טלופח *n.* lentil [224]

|  |  |  |  |  |  |  |
|---|---|---|---|---|---|---|
| 001 | דטלופחין | p abs | Gn25:34 | יהב לעשו לחם ותבשיל | דטלופחין | ואכל ושתה וקם ואזל ליה |
| 002 | | | Gn25:29 | ובשל יעקב תבשיל | דטלופחין | {ואתא עשו מן} ואתא עשו |

## טלטל *vb.* to move from place to place [225]

|  |  |  |  |  |  |  |
|---|---|---|---|---|---|---|
| 001 | טלטילינון | quadr. | Gn47:21M | מן בגלל כן | טלטילינון | מן סוף תחום מצרים ועד |
| 002 | טלטל | | Gn47:21M | "וית עמא ...": | טלטל | יתהון מן קרי לקרי מן בגלל |
| 003 | וטלטל | | Gn47:21 | יוסף ואגלי יתהון | וטלטל | יתהון מן קרייה לקריה ומן |
| 004 | | | Nu32:13 | רוגזה דייי בישראל | וטלטל | יתהון במדברה ארבעין שנין |
| 005 | ויטלטל | | Ex23:08 | עיינ{ו}<'י> נסבוי | ויטלטל | מלי דינא זכיי בדינא: |
| 006 | ומטלטל | | Gn 4:14 | למסמרה ויהוי קין גלי | ומטלטל | בארעא ויהוי כל די יארע |
| 007 | | | Dt16:19 | מסמי עייני {נ}סבוי | ומטלטל | מלוי זכיה בדינה: |
| 008 | | | Gn 4:16 | ייי ושרא בארעא גלי | ומטלטל | מן מדנח לעדן והוה עד לא |
| 009 | למטלטלה | | Nu32:15 | ממרה ויוסף תוב | למטלטלה | יתכון במדברה ותחבלון לכל |

## טלי *n.* child, lamb (m.) [225]

|  |  |  |  |  |  |  |
|---|---|---|---|---|---|---|
| 001 | טלי | s ab/cn | Lv20:02M | גבר | טלי{או} | או גבר סיב דישמש עם |
| 002 | | | Ex33:11 | ושמשיה יהושע בן נון | טלי | לא יזייע מגו משריתא: |
| 003 | | | Gn37:02 | עם אחוי בענה והוא הוה | טלי | מתרבי עם בנוי דבלהה ועם |
| 004 | | | Gn41:12 | ותמן עמן | טלי | עברי עבד לרב אספקלטורייה |
| 005 | דטלא | | Gn21:17M | מימריה דייי בקלא/ | דטלא#2#/ | באתרא דהוא ביה/תמן#2#/: |
| 006 | | | Gn21:20M | ייי \עם טליא /בסעדא | דטלא#2#/ | ורבה ושרא במדברא והוי |
| 007 | וטלי | | Gn44:20 | אית לן אבונן סב | וטלי | בר סיבו זעיר ואחוי מית |
| 008 | ולטלי | | Dt28:50M | עולם לא /נסבה לסב | ולטלי | ל׳#2#/ חייסה: |
| 009 | טליא | s em/sf | Gn21:19 | ית זיקא מיא ואשקיית ית | טליא: | |
| 010 | | | Ex 2:07 | מן עברייתא ותניק לך ית | טליא: | |
| 011 | | | Ex 2:06 | ופתחת וחמת ית טליא והא | טליא | בכי וחסת עלוי ואמרת מן |
| 012 | | | Ex 2:09 | ברתה דפרעה אייבילי ית | טליא | הדין ואוניקי יתה לי ואנה |
| 013 | | | Ex 2:09 | ית אגריך ונסבת אתתא ית | טליא | ואונקת יתיה: |
| 014 | | | Ex 2:10 | ורבה | טליא | ואיתת יתיה לברתיה דפרעה |
| 015 | | | Gn21:08 | ורבא | טליא | ואתחסל ועבד אברהם שרו רבא |
| 016 | | | Ex 2:06 | ופתחת וחמת ית | טליא | והא טליא בכי וחסת עלוי |
| 017 | | | Gn21:20 | והוה ייי עם | טליא | ורבה ושרא במדברא והוי מן |
| 018 | | | Ex 2:03 | ובזיפתא ושויית בה ית | טליא | ושויית יתיה באפרה על גב |
| 019 | | | Gn21:14 | להגר שווי על כתפה וית | טליא | ושלח יתה ואזלת וטעת במדברא |
| 020 | | | Gn21:18 | קומי טולי ית | טליא | ותוקפו ית יד«י»ך ביה |
| 021 | | | Gn44:22 | ית אבוי אן שבק | טליא | ית אבוי מית הוא: |
| 022 | | | Gn37:30 | וחזר לוות אחוי ואמר | טליא | לית אנה ידע לאן אנה הכא |
| 023 | | | Gn34:19M | ולא אשתהי | רביא/טליא#2#/ | למעבד פתגמא ארום |
| 024 | | | Gn44:22 | ואמרנן לריבוני לא יכל | טליא | למשבק{ת}<ה> ית אבוי אן שבק |
| 025 | | | Gn44:18 | קשי מן דידהון וערבת ית | טליא | מן לוות אבה ואמרי ליה |
| 026 | | | Gn44:32 | ארום עבדך ערב ית | טליא | מן לוות אבה למימר אן לא |
| 027 | | | Gn44:33 | וכדון יתיב כען עבדך תחות | טליא | עבד לריבוני וטליא יסק עם |
| 028 | | | Gn43:08 | יהודה לישראל אבוי שלח | טליא | עמי ונקום ונזל ונחיה ולא |
| 029 | | | Gn44:31 | כד יחמי ארום ל{וו}<'י>ת | טליא | עמן מית הוא ויחתון עבדך ית |
| 030 | | | Gn21:15 | מיא מן זיקא וטלקת ית | טליא | תחות חד מן אילניא: |
| 031 | טליה | | Gn21:12 | לא יבאש באפיך על | טליה | ועל אמתך כל מה דתימר לך |
| 032 | | | Nu11:27 | וזריז | טל«י»ה | ותני למשה ואמר אלדד |
| 033 | טלייה | | Gn22:12M | תפשוט ידך ברביה/על | טלייה#2#/ | ולא תעבד ליה כל מן |
| 034 | בטלייא | | Gn42:22 | אמרית לכון לא תחטון | בטלייא | ולא שמעתון ולחוד דמיה הא |
| 035 | דטליא | | Ex 2:04M | ליה /הוה בסופיה | דטליא#2#/: | |
| 036 | | | Ex 2:08 | רביתיה וקראת ית אמיה | דטליא: | |
| 037 | | | Gn21:17 | שמע ייי בקל צלותיה | דטליא | באתרא דהוא ביה: |
| 038 | | | Gn21:16 | אמרת לא אחמי במותא | דטליא | ויתבת לה מן כל קבליה |
| 039 | | | Gn21:17 | ושמיע ייי ית קליה | דטליא | וקרא מלאכא דייי להגר מן |
| 040 | וטליא | | Gn44:33 | תחות טליא עבד לריבוני | וטליא | יסק עם אחוי: |
| 041 | | | Gn44:34 | היך כדין אסק לוות אבה | וטליא | לית הוא עמי דלא אחמי |
| 042 | וטליה | | Gn44:30 | כמעלי לוות עבדך אבה | וטליה | לית הוא עמן ונפשיה חביבה |
| 043 | וטלייה | | Gn22:05M | גב חמרא ואנא | ורביה/וטלייה#2#/ | נמטי עד הכא ונצלי |
| 044 | טליא | p em/sf | Ex 1:17 | דמצרים וקיימון ית | טליא: | |
| 045 | | | Ex 1:18 | פתגמא הדין וקיימתון | טליא: | |
| 046 | | | Gn33:05 | מה אינון אילין לך ואמר | טליא | די חן ייי ית עבדך: |
| 047 | | | Gn25:27 | ורבו | טליא | והוה עשו גבר ידע צידה גבר |
| 048 | | | Gn14:24 | בר מני לחוד מה דאכלו | טליא | וחלקיהון דגובריא די אזלו |
| 049 | | | Gn48:16 | יתי מן כל עקא יברך ית | טליא | ויתקרי בהון שמי ושם אבהתי |
| 050 | | | Gn33:01 | דגוברין רגלין ופלג ית | טליא | על לאה ועל רחל ועל תרתין |
| 051 | | | Gn26:10 | זעיר אילו שמש חד מן | טליא | עם אתתך והוות מייתי עלינן |

| | | | | |
|---|---|---|---|---|
| 052 | טליא | | Gn33:13 | ואמר ליה רבוני ידע ארום טליא מחסין וענא ותורייא |
| 053 | | | Gn33:14 | עבידתא די בידי ולרגל טליא עד זמן די אזל לוות רבוני |
| 054 | בטלינן | | Ex10:09M | ואמר משה בעולמינן/בטלינן#2/ ובסבינן ניזל |

## טליה *n.* young girl

[225 טליה]

| | | | | |
|---|---|---|---|---|
| 001 | טליה | s ab/cn | Dt22:28M | ארום ישכח גבר רבי/טליה#2/ בתולה די לא אתארסת |
| 002 | טליה | | Dt22:23M | ארום יהווי רבי/טליה#2/ בתולה מארסה לגבר |
| 003 | טליתא | s em/sf | Ex 2:08M | אזלי ואזלת רביתיה/טליתא#2/ וקראת ית אמיה |
| 004 | טליתא | | Gn34:04M | למימר אסב ית רביתה/טליתא#2/ הדא לאתה: |
| 005 | | | Gn34:03M | יעקב ורחם ית רביתא/טליתא#2/ ומליל עם לבה |
| 006 | | | Gn34:12M | לי ואסבו לי ית רביתה/טליתא#2/ לאתה: |
| 007 | טליתה | | Dt22:25M | ישכח גברה ית רביתה/טליתה#2/ דמארסה ויתקוף |
| 008 | | | Dt22:27M | אשכח יתה צוותח רביתה/טליתה#2/ דמארשא ולית מן |
| 009 | | | Dt22:21M | לתרע בייתה /ויפקון ית טליתה מן תרע ביתה#2/ דאבוה |
| 010 | דטליתא | | Gn34:03M | /מילין דשלם על לבה דטליתא#2/ מלל דשלם: |
| 011 | דטליתה | | Dt22:19M | ויתנון לאבוה דרביתה/דטליתה#2/ ארום אפיק שום ביש |
| 012 | | | Dt22:29M | עמה לאבוה דרביתה/דטליתה#2/ חמשין סלעין דכסף |
| 013 | | | Dt22:16M | ויימר אבוה דרביתה/דטליתה#2/ לחכימייה ית ברתי |
| 014 | | | Dt22:15M | \דרביתה לוות /דטליתה קדם#2/ חכימי קרתה לתרע |
| 015 | ולטליתה | | Dt22:26M | "ולרביתה ... דקטולון": ולטליתה לא תעבד פתגם ביש לית |
| 016 | לטליתה | | Dt22:20M | סהדוון לרביתה/לטליתה#2/: |
| 017 | | | Dt22:26M | לא תעבד פתגם ביש לית לטליתה חובה דקטולה |
| 018 | וטלייתא | p em/sf | Gn24:61M | \ורביתה ורכבין על /וטלייתא ורכבי על#2/ גמלי«א» |
| 019 | | | Ex 2:05M | /על גב נהרא וטלייתא#2/ מהלכין על גוף נהרא |

## טליו *n.* youth

[225]

| | | | | |
|---|---|---|---|---|
| 001 | טליותה | s em/sf | Nu30:17M | לברתה ברביותה/ביומי טליותה#2/ בביתה דאבוה: |
| 002 | | | Dt28:56M | \בבעיל חובה /בבעל טליותה#2/ ובברה ובברתה: |
| 003 | | | Dt28:54M | עיינוי באחוי ובבעלת טליותה#2/ ובשיור בנוי די ישייר |
| 004 | | | Lv22:13M | דאבוה כרביותה/כיומי טליותה#2/ מן לחמה דאבוה תאכל וכל |
| 005 | טליותי | | Gn18:12 | אפשר לי למחזר ליומי טליותי ולמהווי לי עדויין ורבוני |
| 006 | | | Gn48:15 | ויצחק ייי דבר יתי מן טליותי עד יומא הדין: |
| 007 | טליותיה | | Nu11:28M | דמשה מן רוביותיה/טליותיה#2/ ואמ׳ ריבוני משה |
| 008 | | | Dt28:54 | באחוי ובאתת חובה טליותיה ובשיור בנוי די ישייר: |
| 009 | טליותיהון | | Gn49:05 | שנינה עבדי קרב מן טליותיהון בארע בעלי דבביהון עבדו |
| 010 | | | Gn 8:21 | לה{ו}ון הגיין ביש מן טליותיהון ולא אוסף תוב למשיציא ית |
| 011 | טליותך | | Gn46:34M | עבדך מן טלייתהון/טליותך#2/ ועד כדון להוד אנן |
| 012 | | | Nu22:30 | אתנתך די רכבת עליי מן טליותך עד יומא הדין הא מתכוונה |
| 013 | טלייתהון | | Gn46:34 | מרי בעיר הוון עבדך מן טלייתהון ועד כדון להוד אנן להוד |

## טליש *adj.* ⇐ שליט

## טלית *n.* garment

[225]

| | | | | |
|---|---|---|---|---|
| 001 | טליתא | s em/sf | Dt22:12M | "בהון": ארבע גדפי טליתא ד{ס}תתעטף בה |

## טלל *vb.* to shade

[225]

| | | | | |
|---|---|---|---|---|
| 001 | מטלין | afel | Ex25:20 | פרסין בכנפיהון לעיל מטלין בכנפיהון על כפרתא ואפיהון |
| 002 | | | Ex37:09 | פרסין בכנפיהון מלעל מטלין בכנפיהון על כפרתא ואפיהון |
| 003 | ואטיל | | Ex40:21 | ית פרוכתה דפרסה ואו{ע}<ט>יל על ארונה דסהדותה היך מה |
| 004 | ותטל | | Ex40:03 | תמן ית ארונה דסהדותה ותטל על ארונה ית פרוכתה: |

## טלם *vb.* to oppress

[225]

| | | | | |
|---|---|---|---|---|
| 001 | טלמת | peal | Nu22:30 | את יכיל למילט יתהון ודי טלמת באפיהון דגבריה האליין לית |
| 002 | תטלום | | Dt24:14M | "תעצי אגריה": תטלום |

## טלע *vb.* to limp

[225]

| | | | | |
|---|---|---|---|---|
| 001 | מטלע | pael | Gn32:32 | עבר ית פניאל והוא הווה מטלע על ירכיה: |

## טלף *vb.* to have cloven hoofs

[226]

| | | | | |
|---|---|---|---|---|
| 001 | טלפי | peal | Dt14:07M | פרסתה דסדיקה ית גמלה /טלפי טלפה וסתיקה#2/ וית |
| 002 | מטלף | pael | Lv11:26 | פרסה וטלפין לית היא מטלף וגררה לית הוא מסק מסאב" |
| 003 | | | Lv11:07 | וית חזירה ארו' מטלף טלפין הוא וסתקתי סתיקה |
| 004 | | | Lv11:26M | די הוא מטלפ{ין} טלפין וסתקתה לית היא |
| 005 | | | Dt14:08M | וית חזירה ארום מטלפין/מטלף#2/ טלפין הוא ולא גרי |
| 006 | | | Lv11:04M | לית הוא מטלפ/מטלף#1/ מסאב הוא לכון: |
| 007 | | | Lv11:05 | גרה הוא ומטלפה לית הוא מטלף מסאב הוא לכון: |
| 008 | מטלפה | | Lv11:06 | גררה היא ומטלפה לא מטלפה מסאבה היא לכון: |
| 009 | מטלפי | | Lv11:04 | מן {מ}מסקי גררתא ומן מטלפי טלפין ית גמלתה ארום |
| 010 | | | Lv11:04 | הוא ומטלפה לית הוא מטלפי מסאב הוא לכון: |
| 011 | מטלפין | | Dt14:08 | וית חזירה ארום מטלפין טלפין הוא ולא גרי מסאב |
| 012 | דמטלף | | Lv11:03 | כל דמטלף טלפין וסיתקתי" סתיקה |
| 013 | | | Dt14:06M | פרסתה מסיק גררה /דמטלף טלפין ופרסתה סדיקה תרתין |
| 014 | ומטליף | | Dt14:06 | וכל בעירה דפרסתה סדיקה ומטליף טלפין בתרתין פרסתה מסיק |
| 015 | ומטלפה | | Lv11:06 | ארום מסקה גררה היא ומטלפה לא מטלפה מסאבה היא לכון: |
| 016 | | | Lv11:04 | גררה הוא ^מסק#2#^ ומטלפה לית הוא מטלפי מסאב הוא |
| 017 | | | Lv11:05 | טבזא ארום מסק גרה הוא ומטלפה לית הוא מטלף מסאב הוא |

## טלף *n.* cloven hoof

[226]

| | | | | |
|---|---|---|---|---|
| 001 | טלפה | s em/sf | Dt14:07M | דסדיקה ית גמלה/טלפי טלפה וסתיקה#2/ וית ארנבא |
| 002 | טלפין | p abs | Dt14:06 | דפרסתה סדיקה ומטליף טלפין בתרתין פרסתה מסיק גררה |
| 003 | | | Lv11:07 | וית חזירה ארו' מטלף טלפין הוא וסתקתי סתיקה והוא |
| 004 | | | Dt14:08 | וית חזירה ארום מטלפין טלפין הוא ולא גרי מסאב הוא לכון |
| 005 | | | Lv11:03 | כל דמטלף טלפין וסיתקתי" סתיקה תרתין |
| 006 | | | Lv11:26M | די הוא מטלפ{ין} טלפין וסתקתה לית היא סתיקה |
| 007 | | | Dt14:06M | מסיק גררה /דמטלף טלפין ופרסתה סדיקה תרתין פרסן |
| 008 | | | Lv11:04 | גררתא ומן מטלפי טלפין ית גמלתה ארום ^מסק#2#^ |
| 009 | וטלפין | | Lv11:26 | בעירא דהוא פריס פרסה וטלפין לית היא מטלף וגררה לית |

## טלק *vb.* to throw down

[226]

| | | | | |
|---|---|---|---|---|
| 001 | טליקו | pael | Gn16:05M | דעמא דיהבו/די טליקו#2/ יתך באתון נורא דכשדאי: |
| 002 | טלק | | Ex 4:03 | ואמר טלק ית{א}<ה> לארעא וטלק יתיה |
| 003 | | | Nu35:20 | ואן בשנא ידחוף יתיה או טלק עלוי בכמנה ומית: |
| 004 | | | Nu35:22 | בעיל דבבו דחף יתיה או טלק עלוי כל מן דהוא דלא בכמנה: |
| 005 | טלקו | | Gn37:22 | לא תשפכון אדם זכיי טלקו יתיה לגובא הדין די במדברא |
| 006 | תטלקון | | Ex22:30 | ברא לא תיכלון לכלבא תטלקון או לנכרייה בר עממיא |
| 007 | | | Ex 1:22 | דמתיילד ליהודייא בנהרא תטלקון יתיה וכל ברא נוקבא |
| 008 | | | Ex22:30 | או לנכרייה בר עממיא תטלקון יתיה דהוא מדמי לכלבא: |
| 009 | מטלק | | Ex22:30M | "חווה ...": חיות ברא מטלק באפה ברה לא תיכלון |
| 010 | מטלקין | | Dt22:04 | או תורה «דאחוך» מטלקין באורחא ותכסי עיינך מנהון |
| 011 | | | Dt29:16M | דקיסה ודאבנה הוון מטלקין יתהון בשוקייה וטעוותה |
| 012 | | | Gn49:22M | בך מן שירוויאה והוון מטלקין עלך שירין קטלין ומעוכין |
| 013 | וטלק | | Ex 7:10 | היך מה דפקד ייי וטלק אהרן ית חוטריה קדם פרעה |
| 014 | | | Ex15:25M | וכתב ביה שמא מפרשא וטלק במיא |

|  |  |  |  |  |
|---|---|---|---|---|
| 015 | | | Dt 9:17M | לווח{ו}<י>ה וטלקית/וטלק#2#/ יתהון מעילווי תרתין |
| 016 | | | Dt29:27 | רגוז ובכליתה ובכעס רב וטלק יתהון לארע אחרני כיומא |
| 017 | | | Ex 4:03 | ואמר טלק ית{א}<ה> לארעא וטלק יתיה לארעא והוי לחוי וערק |
| 018 | | | Ex 7:09 | לאהרן סב ית חטרך וטלק יתיה קדם פרעה ויהווי |
| 019 | | | Ex10:19M | גובא \ואקלע יתה ימא /וטלק יתיה לימא#2#/ דסוף לא |
| 020 | | | Ex15:25 | דייי מלה דאוריתא וטלק לגו מיא ואתחלון מיא תמן |
| 021 | | | Ex32:19 | ותקף רוגזה דמשה וטלק מן ידוי ית לוחיא ותבר |
| 022 | וטלקו | | Ex 7:12 | וטלקו גבר חוטריה והוון לחיון |
| 023 | | | Gn37:24 | ונסבו יתיה וטלקו לגובא וגובא הווה ריק«ן» |
| 024 | וטלקית | | Dt 9:17 | בתרין לווח{ו}<י>ה וטלקית יתהון מעילווי תרתין ידיי |
| 025 | וטלקת | | Gn21:15 | ושלימו מיא מן זיקא וטלקת ית טליא תחות חד מן |
| 026 | | | Ex 4:25M | \וקרבת לרגלוי /ו{ת}<ט>לקת תחות רגלוי#2#/ דמחבלה |
| 027 | וטלקתיה | | Ex32:24M | ואייתון לי ואת' וטלקתיה בנורא ועל סטנה בגווה |
| 028 | ויט' | | Lv 1:16M | ב{ג}<ו>ש{נ}<ט>יה ויט'#2#/ יתה סמיך למדבחה מן |
| 029 | ויטלק | | Lv 1:16 | ית זלפקקה בלקטה וי{ק}טל<ק> יתה סמיך למדבחה מן |
| 030 | | | Nu19:06 | וצבע זהורי טבה ויקלק ויטלק לגו יקידת תורתה: |
| 031 | ויטלקון | | Lv14:40M | "וישמטון ... מסאב": ויטלקון ית אבנייה דבהון מכתשה |
| 032 | | | Lv14:40 | אבניה די בהן מכתשה ויטלקון יתהון לבר מן קרתה לאתר |
| 033 | ונטלק | | Gn37:20 | וכדון אתו ונקטול יתיה ונטלק יתיה בחד מן גוביא ונימר |
| 034 | ותטלק | | Dt25:09M | "ותשלף ... רגלה"": ותטלק סנדליה רגליה ימינה |
| 035 | ומטלק | | Dt21:01 | לכון למירת יתה קטיל ומטלק באפי ברה לא אתודע מן קטיל |
| 036 | ויטלק | etpaal | Ex21:18 | או במרתוק ולא ימות ויטלק בערס מרעה: |

## טמא *adj.* unclean [226 n.m.]

|  |  |  |  |  |
|---|---|---|---|---|
| 001 | טמא | s ab/cn | Lv22:04 | ידכי ומן די יקרוב בכל טמא נפש בר נש או גבר די תפוק |
| 002 | | | Nu19:11 | כל די קרב במית כל טמא נפש דבר נש יהוי מסאב שבעה |
| 003 | בטמא | | Nu 5:02 | וכל דדייב וכל דמסאב בטמא נפש דבר נש: |
| 004 | | | Nu 9:06 | גברין דהוון מסאבין בטמא נפש דבר נש ולא יכלו למעבד |
| 005 | | | Nu 9:07 | האינון ליה אנן מסאבין בטמא נפש דבר נש למה נתמנע דלא |
| 006 | | | Nu19:13 | כל די יקרב במית בטמא נפש דבר נש די ימות ולא |
| 007 | בטמיה | | Nu 9:10 | ארום יה«ו»י מסאב בטמיה נפש דבר נש או בארח רחיקה |
| 008 | לט' | | Nu 5:02M | וכל דמסאב בטמא/לט'#2#/ נפש דבר נש: |
| 009 | | | Nu 9:06M | די הוון מסא'#2#/ בטמא/לט'#2#/ נפש דבר נש ולא יכלו |
| 010 | לטמ' | | Dt26:14M | ותכריכין\על נפש דמית /לטמ' נפ'#2#/ שמענן בקל מימריה |
| 011 | | | Nu 9:07M | אנן מסאבין בטמא/לטמ'#2#/ נפש דבר נש למה \ |
| 012 | | | Nu19:11M | במית \כל טמא/לטמ'#2#/ נפש דבר נש יהוי מסאב |
| 013 | לטמא | | Lv21:01M | כהנא רבה די בעמה /לטמא נפיש דמית לא יסתאב |
| 014 | | | Lv19:28M | ושרט' \על נפש דמית /לטמא נפש דמ'#2#/ לא תתנון |
| 015 | | | Nu 6:06M | דייי על נפש/קודם ייי לטמא נפש'#2#/ דמית לא יעול: |
| 016 | לטמא' | | Dt14:01M | רשום/קרחה#2#/ על/לטמא'#2#/ בית אפיכון על נפש |

## טמירה *n.* hidden thing [226]

|  |  |  |  |  |
|---|---|---|---|---|
| 001 | טמירת' | p em/sf | Gn49:01M | ניסייא גניזיי' רזיי' טמירת' |
| 002 | טמירתה | | Dt29:28 | טמירתה גליין אינון קדם ייי אלהן |
| 003 | דטמירתא | | Gn41:45 | פרעה שמ' דיוסף גברא דטמירתא גליו ליה ואסב ליה ית |

## טמע *vb.* to be swallowed up [226]

|  |  |  |  |  |
|---|---|---|---|---|
| 001 | טמע | peal | Gn15:17 | והא שמשא טמע וחומטה הווה והא אברם חזי |
| 002 | | | Gn28:11M | בית מקדש' ובת תמן ארום טמע שמשה ונסיב ארב' אבנין מן |
| 003 | טמעה | | Gn15:17M | בתרייא האליין שמשא טמעה וחומטא הוות הוה אברם והא |
| 004 | טמעו | | Nu26:11M | לקו ביקידתה ולא {ש}<ט>מע<ו> בבליעת ארעא |
| 005 | טמעת | | Gn28:11 | וצלי באתרא ובת תמן ארום טמעת ליה שמשא תמן ונסב מן אבנוי |
| 006 | יטמוע | | Dt24:15M | חובה "יטמע עלוי שמשא": יטמוע שמשא |
| 007 | יטמע | | Dt24:15 | ביומיה תתן אגריה ולא יטמע עלוי שמשא ארום מסכן הוא |
| 008 | תטמוע | | Dt24:15M | /לה#2#/ אגריה ולא יטמע/תטמוע#2#/ עלוי שמשא ארום מסכן |
| 009 | וטמעת | | Gn28:10 | שע{י}<ו>י דיומא ו{ש}<ט>מעת שמשא דלא באשונא מן בגלל |
| 010 | ויטמע | | Lv22:07 | ויטמע שמשה וידכי ומן בתר כדן |
| 011 | למטמוע | | Gn15:12M | "אישון למטמע": אזלה למטמוע |
| 012 | | | Gn15:12M | והוה שמשה קריב למטמוע ושנתא עמיקתא איתרמיית על |
| 013 | למטמע | | Gn15:12 | והוות שמשה אישון למטמע ושנה בסימה נפלת על אברם |
| 014 | טמע | pael | Ex15:04M | גברוי דפרעה \רמא וטמע/טמע#2#/ יתהון בימא דסוף: |
| 015 | וטמע | | Ex18:11 | מנהון ייי במימריה אמר וטמע ית ארתכיהון בימא דסוף: |
| 016 | | | Ex15:01M | בני ישראל רמא וטבע/וטמע#2#/ יתהון בימא דסוף: |
| 017 | | | Ex15:04 | עולימו גברוי דפרעה רמא וטמע יתהון בימא דסוף: |
| 018 | | | Ex15:21 | בתר עמא בני ישרא' רמא וטמע יתהון בימא דסוף: |
| 019 | | | Ex 2:12M | מיניה ומחא ית מיצראה וטמע יתיה בחלא |
| 020 | | | Ex 2:12M | מצראה ומחא ית מצראה וטמע יתיה בחלא |
| 021 | | | Ex18:11M | אתפרע פרעה מנהון וטמע ריתיכיהון בימ' דסוף |
| 022 | למטמע' | | Ex15:12M | [...] ימא לא הוי בעה למטמע' יתהון ובמימ' מן קודמך |

## טמר *vb.* to hide, to conceal [227]

|  |  |  |  |  |
|---|---|---|---|---|
| 001 | דטמירן | peal | Dt33:19 | ימייא ייכלון וסימן דטמירן יתגליין להון: |
| 002 | וטמר | | Ex 3:06M | ואלהה דיעקב ואטמר/וטמר#2#/ משה אפוי ארום דחל |
| 003 | | | Gn35:04 | וית קדשיא די באדנהון וטמר יתהון יעקב תחות בלוטה |
| 004 | וטמריה | | Ex 2:12 | גבר וקטל ית מצרייה וטמריה בחלא: |
| 005 | וטמרת | | Ex 2:02 | וחמת יתיה ארום טב הוא וטמרת יתה תלתא ירחין: |
| 006 | אטמר | afel | Dt31:18 | ואנה בממרי מטמרה אטמר אפי רעותי ביומ' ההוא על כל |
| 007 | מטמרה | | Dt31:18 | ואנה בממרי מטמרה אטמר אפי רעותי ביומ' ההוא |
| 008 | ואטמר | | Ex 3:06 | דיצחק ואלהה דיעקב ואטמר משה אפוי ארום דחל מן |
| 009 | למטמרה | | Ex 2:03 | ולא יכלת תוב למטמרה יתיה ונסבת ליה תיבו דגמי |
| 010 | | | Dt22:03M | עיינך מניה /לך רשו למטמרה יתיה#2#/: |
| 011 | אטמרו | etpaal | Nu21:15M | "אטמרו ... בני ישראל": אטמרו אמוראי במערייה אמרין |
| 012 | | | Nu21:15 | עברין בנחלי ארנונה אטמרו אמוריי בגו מעריה דנחלי |
| 013 | | | Dt 7:20 | מה די אשתיירו ומה די אטמרו מן קדמיכון: |
| 014 | נטמר | | Gn31:49 | וידון ביני ובינך ארום נטמר גבר מחבריה: |
| 015 | דאטמ' | | Dt 7:20M | אליין דאשתיירו דאטמ'#2#/ מן קדמיכון: |
| 016 | ואטמר | | Gn 3:08 | בגו' גנתאה למשב יומא ואטמר אדם ואתתה מן קדם ייי |
| 017 | ואטמרית | | Gn 3:10 | ארום ערטלאי אנא ואטמרית: |
| 018 | ותטמר | | Nu 5:13 | ויתכסי מן עינוי דבעלה ותטמר והיא דאסתאבת וסהד דלית בה |
| 019 | לאיטמרה | | Dt20:19M | אילן חקלא לאיטמרה מן קדמך בכרכה ציירה |
| 020 | למטמרה | | Gn 4:14 | ומן קדמוך לית אפשר לי למטמרה ויהוי קין גלי ומטלטל |

## טנף *vb.* to defile [227]

|  |  |  |  |  |
|---|---|---|---|---|
| 001 | טניפו | pael | Gn34:31M | {{צלמין}} לברתיה/טניפו ית ברתא#2#/ דיעקב |
| 002 | | | Gn34:31M | על די \סאבו לדינה /טניפו ית דינה#2#/ ברתיה |

## טס *n.* plate [227]

|  |  |  |  |  |
|---|---|---|---|---|
| 001 | טסין | p abs | Nu17:03M | /ועבדו יתהון רד{ו}<י>די טסין ח#2#/ חפיי למדבחה ארום |
| 002 | | | Nu17:03 | בנפשתהון ויעבדון יתהון טסין מרדדין חפיי למדבחה ארום |
| 003 | טסי | p em/sf | Ex39:03 | ורדידו ית טסי דדהבא וקטעו יתהון שיזרין |

## to go astray *vb.* טעו

[227]

|  |  |  |  |  |  |  |
|---|---|---|---|---|---|---|
| 001 | טעוה | peal | Lv21:09 | וברת גבר כהן ארום | טעוה | ומפסה ית אבוה היא מטער' |
| 002 | מטער' | afel | Lv21:09 | טעוה ומפסה ית אבוה היא | מטער' | בנורא תתוקד: |

## error, idol *n.* טעו

[227]

|  |  |  |  |  |  |  |
|---|---|---|---|---|---|---|
| 001 | טעות | s ab/cn | Gn11:04M | ונעבד לן בראשיה | סגדה/טע{י}<ו>ת | ונשוי תמן#2#/ ונתן |
| 002 | דטעו | | Lv26:01M | תקימון לכון ואבן | דמתכה/דטעו#2#/ | לא תתנון בארעכון |
| 003 | טעותא | s em/sf | Gn35:02M | דאית עמיה אעבירו | טעותא | דאית בינ' ות{ה}<ד>כון |
| 004 | | | Ex14:03M | באורחא טרד עליהון | טעותא | דצפון {נגהו} <נגדוי> |
| 005 | טעותה | | Ex14:02 | מגדול ובין ימא קדם | טעותה | צפון מכוונין תשרון על |
| 006 | | | Nu25:18 | די שקרו לכון על עסק | טעותה | דפעור ועל עסק כזבי ברת |
| 007 | | | Nu25:18 | ביום מגפתה על עסק | טעותה | פעור: |
| 008 | | | Dt34:06 | דמואביי כל וקבל | טעותה | פעור ולא חכם גבר ית |
| 009 | טעותהון | | Nu25:02 | וקרין לעמא לדבחי | טעותהון | ואכלו עמא וסגדו |
| 010 | טעותי | | Ex14:03 | טרד עליהון בעל צפון | טעותי | נגדוי דמדברא: |
| 011 | לטעותה | | Nu33:07 | בפונדקי חירתה דסמיך | לטעותה | צפון ושרון קדם מגדול: |
| 012 | טעוון | p abs | Dt29:17M | אלה למיזל ולמפלח ית | טעוון | |
| 013 | | | Dt28:36 | ואבהתכון ותפלחון תמן | טעוון | אוחרניין טעוון דקי{ם}<ס> |
| 014 | | | Gn49:02M | אחוי למיזל למפלח קדם | טעוון | אחרניין עניין תרין עשר |
| 015 | | | Ex22:19 | מאן דמדבח קדם | טעוון | אחרניין ישתיצא ארום אלהן |
| 016 | | | Dt 6:14 | לא תיזלון בתר | טעוון | אחרניין מן טעוותהון |
| 017 | | | Dt 7:04 | יפלחון קדם {טדם ט} | <טעוון> | אחרניין די יתקוף רוגזיה |
| 018 | | | Dt 8:19 | דייי אלהכון ותזלון בתר | טעוון | אחרניין ותפלחון קדמיהון |
| 019 | | | Dt11:16 | ותסטון ותפלחון קדם | טעוון | אחרני«י»ן ותסגדון להון: |
| 020 | | | Dt13:03 | לכון למימ' נזיל בתר | טעוון | אחרניין די לא חכמתון |
| 021 | | | Dt13:07 | למימר ניזיל ונפלח כען | טעוון | אחרניין די לא חכמתון אתון |
| 022 | | | Dt13:14 | למימר ניזיל ונפלח קדם | טעוון | אחרניין די לא חכמתון: |
| 023 | | | Dt17:03 | ואזל ופלח קדם | טעוון | אחרניין וסגד להון ולשמשא |
| 024 | | | Dt18:20 | לממללא ודי ימלל בשום | טעוון | אחרניין ויתקטל נבייא |
| 025 | | | Dt28:14 | ולא לשמאלה למיזל בתר | טעוון | אחרניין למפלח קדמיהון: |
| 026 | | | Dt28:64 | סייפי ארעא ותפלחון תמן | טעוון | אחרניין דלא חכמתון אתון |
| 027 | | | Dt29:25 | ואזלו קדם | טעוון | אחרניין ואשטתחו להון |
| 028 | | | Dt30:17 | ותתבדרון ותסגדון קדם | טעוון | אחרניין ותפלחון קדמיהון: |
| 029 | | | Dt31:18 | די עבדו די סטון בתר | טעוון | אחרניין: |
| 030 | | | Dt31:20 | ויתפרנקון ויסטון בתר | טעוון | אחרניין ויפלחון קדמיהון |
| 031 | | | Dt 4:28 | ידי בר נש טעוון דקיס | טעוון | דאבן די לא חזיין ולא |
| 032 | | | Dt29:16M | דאבן טעוון דכסף | טעוון | דדהב טעוותה דקיסה ודאבנה |
| 033 | | | Dt29:25 | אחרניין ואשטתחו להון | טעוון | די לא חכמו יתהון ולא |
| 034 | | | Dt32:17 | שדיה דלית בהון ממש | טעוון | די לא חכמו יתהון חדתן |
| 035 | | | Dt29:16M | דקיס וטעוון דאבן | טעוון | דכסף טעוון דדהב טעוותה |
| 036 | | | Ex34:17 | עמי בני ישראל דחלן | טעוון | דמתכה לא תעבד לכון: |
| 037 | | | Lv26:01M | {{וצלם}} וקיימה | /טעוון | דמתכה#2#/ לא תקימון לכון |
| 038 | | | Dt28:36 | תמן טעוון אוחרניין | טעוון | דקי{ם}<ס> וטעוון דאבן: |
| 039 | | | Dt 4:28 | טעוון עובד ידי בר נש | טעוון | דקיס טעוון דאבן די לא |
| 040 | | | Dt29:16M | משקציהון וית מרחקתהון | טעוון | דקיס וטעוון דאבן טעוון |
| 041 | | | Lv26:01 | לא תעבדון לכון | טעוון | {{וצלם}} וקיימה לא תקימון |
| 042 | | | Dt31:16 | עמה האיליין וטעיין בתר | טעוון | נכריין דאית בארעא די |
| 043 | | | Dt 9:21 | חוביכון די עבדתון ית | טעוון | נסבת ואוקדת יתיה בנורא |
| 044 | | | Dt 9:16M | עבדתון לכון עגל | מסכה/טעוון#2#/ | סטיתון בפריע |
| 045 | | | Dt 4:28 | ותפלחון תמן | טעוון | עובד ידי בר נש טעוון דקיס |
| 046 | טעון | | Ex23:13 | תהוון זהירין ושום | טע{י}<ו>ן | אחרניין לא תדכרון ולא |
| 047 | | | Ex20:23 | לא תעבדון קדמיי | טעון | דכסף וטעוון דדהב לא תעבדון |
| 048 | | | Dt28:64 | חכמתון אתון ואבהתכון | טעון | דקיס וטעוון דאבן: |
| 049 | | | Gn 4:26 | למהוי עבדין להון | טעון | ומכניין יתהון בש' ממרה |
| 050 | וטעוון | | Dt28:36 | טעוון דקי{ם}<ס> | וטעוון | דאבן: |
| 051 | | | Dt28:64 | ואבהתכון טעון דקיס | וטעוון | דאבן: |
| 052 | | | Dt29:16M | מרחקתהון טעוון דקיס | וטעוון | דאבן טעוון דכסף טעוון |
| 053 | | | Ex20:23 | קדמיי טעון דכסף | וטעוון | דדהב לא תעבדון לכון: |
| 054 | | | Lv19:04 | לא תסטון בתר {{...}} | וטעוון | דמתכה לא תעבדון לכון כדן |
| 055 | לטעוון | | Dt11:16M | ותפלחון \קדם | טעוון/לטעוון#2#/ | אחרני«י»ן ותסגדון |
| 056 | | | Dt28:36M | וטעוון דאבן | /לטעוון | אחרניין אעא ואבנה#2#/: |
| 057 | | | Dt 7:04M | אחרניין /ויפלחון | לטעוון#2#/ | די יתקוף רוגזיה |
| 058 | טעוות | p const | Dt32:17 | דבחו קדם | טעוות | שדיה דלית בהון ממש טעוון |
| 059 | לטעוות | | Dt 6:04 | אתון פלחין או דלמה | לטעוות | לבן ^דהור#2#^ דאמה פלח |
| 060 | | | Dt 6:04 | פסילה עשו אחי דלמה | לטעוות | דהוה אבוי דאברהם פלח |
| 061 | ט' | p em/sf | Dt 4:46M | לטעוותה /כלוקבל | ט'#2#/ | דפעור בארע ∧די#2#/ |
| 062 | טעווייה | | Dt31:16M | בתר \טעוון | נכריין/טעווייה | נוכרייה#2#/ דאית |
| 063 | טעוותא | | Gn31:19M | רחל ית צלמייה/צלמי | טעוותא#2#/ | די לאבוה: |
| 064 | טעוותה | | Nu21:29 | עמא דהוון מדבחין קדם | טעוותה | כמוש מסר בניהון שלילן |
| 065 | | | Ex14:09 | סמיך לפונדקי חירתה קדם | טעוותה | צפון: |
| 066 | | | Nu33:07M | צפון /דאית על אפי | טעוותה | צפון#2#/ ושרון קדם |
| 067 | | | Nu21:29M | ספתון יבדתון פלחי | טעוותה | |
| 068 | | | Nu21:28M | מדבחין קדם | במתה/טעוותה#2#/ | דארנונה: |
| 069 | | | Nu25:05 | עמיה דאתחברן לפלחי | טעוותה | דפעור: |
| 070 | | | Nu31:16 | שקר בשמה דייי על עסק | טעוותה | דפעור והוה מגפתה בעם |
| 071 | | | Dt29:16M | טעוון דכסף טעוון דדהב | טעוותה | דקיסה ודאבנה הוון מטלקין |
| 072 | | | Dt29:16 | וית טעוותהון וית | טעוותה | דקיסה ודאבנייה <....> |
| 073 | | | Nu23:28 | ודבר בלק ית בלעם ריש | טעוותה | פעור דמצפיה מן {על} |
| 074 | | | Dt 3:29 | על די אדבקנן לפלחי | טעוותה | פעור: |
| 075 | | | Dt 4:03 | עבד ממריה דייי בפלחי | טעוותה | פעור <...> שיצי יתיה ייי |
| 076 | טעוותהון | | Ex34:16 | ית בניכון בתר | טעוותהון: | |
| 077 | | | Dt 7:16 | עליהון ולא תפלחון קדם | טעוותהון | ארום תוקלה אינון לכון: |
| 078 | | | Dt 6:14 | בתר טעוון אחרניין מן | טעוותהון | {{דאומייה}} די חזור חזור |
| 079 | | | Dt13:08 | מן | טעוותהון | דאומייה די חזור חזור |
| 080 | | | Dt29:17 | למיזל למפלח קדם | טעוותהון | {{דאומייה}} האינון דלא |
| 081 | | | Ex 8:22 | הא אין מקרבן אנן ית | טעוותהון | דמצריי קדמיהון לית אפשר |
| 082 | | | Dt12:30 | אומייה האיליין ית | טעוותהון | ואעבד כדן לחוד אנה: |
| 083 | | | Ex34:15 | דיירי ארעא ויטעון בתר | טעוותהון | וידבחון לטעוותיהון |
| 084 | | | Ex34:16 | ויטעון בנתהון בתר | טעוותהון | ויטעיין ית בניכון בתר |
| 085 | | | Nu33:52 | ותסיפון ית כל | טעוותהון | וית כל {{צלמי}} מתכתהון |
| 086 | | | Dt29:16 | ית מרחקתהון וית | טעוותהון | וית טעוותה דקיסה |
| 087 | | | Gn20:13 | {{לאטעאה}} יתי בתר | טעוותהון | וממרה דייי דבר יתיה מן |
| 088 | | | Dt12:02 | משיציין יתהון ית | טעוותהון | ^על#2#^ טוריה רמייה ועל |
| 089 | | | Dt 7:05 | תקצצון {{וצלמי}} | טעוותהון | תוקדון בנורא: |
| 090 | | | Dt 7:25 | {{צילמי}} | טעוותהון | תוקדון בנורא לא תתחמדון |
| 091 | | | Dt12:03 | בנורא {{וצלמי}} | טעוותהון | תקצצון ותסיפון ית שמהן |
| 092 | | | Ex34:13M | וית \אשרתהון תקצצון | /טעוותהון | תשיצון#2#/: |
| 093 | טעוותי | | Gn31:30M | {{....}}/צלמי | טעוותי#2#/: | |
| 094 | | | Ex14:03M | על עסק בני ישרא' | טעוותי | פעור וג אחי{ר}<ד>ין הנון |
| 095 | טעוותי' | | Ex22:19M | ישתיצא ארום אלהן /כל | טעוותי' | ישתיצי בדא |
| 096 | טעוותיהון | | Ex12:12 | ועד בעירא ובכל | טעוותיהון | דמצריי אעבד דינין שנין |
| 097 | טעוותיהן | | Ex 8:22 | כדן ארום מרחקא אינון | טעוותיהן | דמצריי מנהון נסב |
| 098 | טעוותכון | | Lv26:30 | ית במסיכון ואשיצי ית | טעוותכון | ואשוי ית פגריכון על פגרי |
| 099 | | | Lv26:30M | על פגרי | מרחקתכון/טעוותכון#2#/ | ותרחק נפשי |
| 100 | טעותא | | Gn31:34 | ורחל נסבת ית | {{טעותא}} | ושוית יתהון בעביטא |
| 101 | טעותך | | Gn31:32 | גב מן די תשכח ית | {{טעותך | ימות}} קביל אחינן חכם לך |
| 102 | טעיותיהון | | Ex23:33 | ארום תפלחון קדם | טעיותיהון | ארום יהוון לכון לתקלה: |
| 103 | וטעוותה | | Dt29:16M | יתהון בשוקייה | וטעוותה | דכספה ודדהבה הוון |

|  |  |  |  |
|---|---|---|---|
| 104 | וטעוותהון | Dt12:03M | ית קיימתהון וטעוותהון/וטעוותתהון#2#/ תוקדון בנורא |
| 105 | וטעוותהון | Dt12:03 | ותתברון ית קיימתהון וטעוותהון תוקדון בנורא {{וצלמי}} |
| 106 | ובטעוותהון | Dt32:16 | אקנון יתה במרחקתהון ובטעוותהון אכע{ו}<י>סו יתיה: |
| 107 | | Nu33:04 | ייי בהון כל בכוריה ובטעוותהון עבד ייי דינין שנין: |
| 108 | ולטעוותהון | Ex23:32 | לא תקימון להון ולטעוותהון קיים: |
| 109 | לטעוותא | Dt 6:04M | עשו אחי דלמה לטעוות/לטעוותא#2#/ דהוה אבוי דאברהם |
| 110 | לטעוותה | Dt 6:04M | פלחין או דלמה לטעוות/לטעוותה#2#/ לבן ^דהר'#2#^ |
| 111 | | Nu25:03 | ואתחברו ישראל לטעוותה דפעור ותקף רוגזה דייי |
| 112 | | Dt 4:46 | ירדנה בחלתה דסמיך לטעוותה דפעור בארע סיחון מלכהון |
| 113 | | Nu22:41M | \לבמתה דבעלה וחמא /<ל>טעוותה פעור וחמ'#2#/ מן תמן |
| 114 | לטעוותהון | Nu25:02 | ואכלו עמא וסגדו לטעוותהון: |
| 115 | | Dt12:31 | בנתהון יוקדון בנורא לטעוותהון: |
| 116 | | Dt 5:09M | ולא תפלחון קדמיהון/לטעוותהון#2#/ ארום אנה הוא ייי |
| 117 | | Dt12:31 | די סני ורחיק עבדו לטעוותהון ארום לחוד ית בניהון וית |
| 118 | | Dt20:18 | מרחקתהון די פלחו לטעוותהון דלא תתחייבון קדם ייי |
| 119 | | Ex23:24 | לא תסגדון לטעוותהון ולא תפלחון קדמיהון ולא |
| 120 | | Dt12:30 | דלא תתבעון לטעוותהון למימר היך הוון פלחין |
| 121 | לטעוותיה | Lv17:07M | עוד ית דבחיהון לשדיה/לטעוותיה#2#/ די אנון/הנון#2#/ |
| 122 | לטעוותיהון | Ex34:15 | טעוותהון וידבחון לטעוותיהון ויקרון לכון ותאכלון מן |

## טעווה *n.* prostitute [227]

|  |  |  |  |
|---|---|---|---|
| 001 | טעוה s ab/cn | Lv21:07 | אתה טעוה ומפסה לא יסבון ואתה |
| 002 | טעיא | Gn34:31 | לדינא אחתן היך אתה טעיא נפקת ברא: |
| 003 | וטעווה | Lv21:14 | ארמלה ומשבקה וטעווה ומפסה ית אילין לא יסב |

## טעון *adj.* laden [!! cf. vb. טען]

|  |  |  |  |
|---|---|---|---|
| 001 | טעונין p abs | Gn45:23 | כדורון דא עשרה חמרין טעונין מן טובא דמצרים ועשר |
| 002 | | Gn45:23 | דמצרים ועשר אתנין טעונין עבור ולחם ומזון לאבוי |
| 003 | | Gn37:25 | אתיא מן גלעדה וגמלהון טעונין שעווה וקטף ולטום אזלין |
| 004 | טעונן | Gn45:23M | ועשר אתנין טעונין/טעונן#2#/ עבור ולחם ומזון |

## טעון *n.* load [227]

|  |  |  |  |
|---|---|---|---|
| 001 | טעונה s em/sf | Gn42:27 | ית כספא והא הוא בפום טעונה: |
| 002 | | Gn43:21 | והא כספא דגבר בפם טעונה כספינן במתקליה וחזרנן |
| 003 | טעוני | Gn42:28 | אחזר כספי והא הוא בפום טעוני ואזדעזע לבהון וחרדו גבר |
| 004 | טעוני' | Gn44:11M | גבר טעוניה/בפם טעוני'#2#/: |
| 005 | טעוניה | Gn44:01 | ושוי כספא דגבר בפום טעוניה: |
| 006 | | Gn44:11 | על ארעא ופתחו גבר טעוניה: |
| 007 | | Gn44:02 | כלידא דכספא תשוי בפום טעוניה דזעירא וית כסף זבנה ועבד |
| 008 | | Ex23:05 | חמרא דשנאך רביע תחות טעוניה ותתמנע מלמפרק עמיה משבק |
| 009 | | Gn44:11 | ואוחון ואחתו גבר ית טעוניה על ארעא ופתחו גבר טעוניה: |
| 010 | טעוניהון p em/sf | Gn44:01 | על בייתי למימר מלי ית טעוניהון דגובריא מזון היך מה |
| 011 | טעוניכון | Gn43:12 | וית כספא דאתחזר בפום טעוניכון תחזרון בידכון דילמא שלו |
| 012 | טעונינן | Gn43:21 | אב<ת>ותה ופתחנן ית טעונינן והא כספא דגבר בפם טעונה |
| 013 | | Gn44:08 | כספ«א» דאשכחנן בפום טעונינן חזרנן יתיה {יתיה} לוותך |
| 014 | בטעוני' | Gn44:12 | סייף ואשתכח כלידא בטעוני' דבנימן: |
| 015 | בטעוניכון | Gn43:23 | יהב לכון סימן בטעוניכון כספכון אתקבלת ואפק |
| 016 | בטעונינן | Gn43:18 | על עיסק כספא דאתחזר בטעונינן בקדמיתא אנן מתעליין |
| 017 | בטעוננא | Gn43:22 | ידעינן מן שוי כספא בטעוננא: |

## טעי *vb.* to wander [227]

|  |  |  |  |
|---|---|---|---|
| 001 | טעון peal | Ex23:04 | תורא דשנאך או חמריה טעון מחזרא תחזר יתיה לה: |
| 002 | טעי | Gn37:15 | מלאך בדמות גבר והא הוא טעי בחקלא ושאל יתיה גברא למימר |
| 003 | | Ex23:02 | על חברך בדינא דלא תהווי טעי ואמר מן בתר סגיא דינא שלם: |
| 004 | טעיה | Lv21:07M | אתה טעוה/^טעיה#2#^/זנו'#2#/ ומפסה/ומתפסה |
| 005 | טעיין | Ex14:03 | על עסק עמא דבני ישראל טעיין אינון באורחא טרד עליהון |
| 006 | | Nu14:33 | ובניכון יהוון טעיין במדברה ארבעין שנין |
| 007 | | Lv17:07 | דבחיהון לשדיה די אנון טעיין בתרהון קיים עלם תיהווי דא |
| 008 | | Nu15:39 | חזיו עיניכון די אתון טעיין בתריהון: |
| 009 | | Ex14:03M | הנון בארעא טעיין הינון באורחא טרד עליהון |
| 010 | | Dt22:01 | תורא דאחוך או ית אמריה טעיין ותכסי עיינך מנהון מחזרה |
| 011 | | Dt28:07M | \אורחין יערקון/אורחין טעיין יהוון ערקין#2#/ |
| 012 | | Dt28:25M | קרבה ובשבע אורחן תערקון/טעיין תהוון עריקין#2#/ |
| 013 | יטעי | Dt11:16 | אזדהרו לכון דלא יטעי לבביכון ותסטון ותפלחון קדם |
| 014 | דטעיין | Lv20:05M | בתר/אליין {{דטעיין}} מן בתריה למסטי בתר#2#/ |
| 015 | | Lv20:05 | יתיה וית כל {{דטעיין}} בתרי' {{למטעי}} בתר |
| 016 | דיטעון | Lv11:25M | וכל \די טיסיס/דיטעון#2#/ מן נבלתיהון יחוור |
| 017 | וטעיין | Dt31:16 | וקיימין עמה האיליין וטעיין בתר טעוון נכריין דאית |
| 018 | וטעת | Gn21:14 | טליא ושלח יתה ואזלת וטעת במדברא דבארה דשבע: |
| 019 | ויטעון | Ex34:16 | ותסבון מבנתהון לבניכון ויטעון בנתהון בתר טעוותהון |
| 020 | | Ex34:15 | קיים עם דיירי ארעא ויטעון בתר טעוותהון וידבחון |
| 021 | ותטעון | Dt 4:19 | כל חיילות שמיא {{ותטעון}} ותסגדון להון ותפלחון |
| 022 | למטעי | Lv20:05 | כל {{דטעיין}} בתרי' {{למטעי}} בתר פלחנה נכריה מן גו |
| 023 | | Lv20:06M | בידין וגרם ידוע {{למטעי}} בתריהון ואחל רוגזי |
| 024 | | Lv20:06 | אובה ומסקי זכורן {{למטעי}} בתריהון ואשוי תקוף רגזי |
| 025 | למיטעי | Dt13:06 | מן בית שעבוד עבדייה {{למיטעי}} יתכון מן אורחא די פקד |
| 026 | | Dt13:11 | וימות ארום בעא {{למיטעי}} יתכון מן בתר ממרה דייי |
| 027 | יטעון afel | Dt 7:04 | ארום יטעון ית בניכון מן בתר מימרי |
| 028 | יטעי | Dt13:07 | ארום יטעי יתך אחוך ברה דאמ{ן}<ך> או |
| 029 | | Dt27:18 | ליט יהווי גברה די יטעי סמייה באורחה ויאמרון כל |
| 030 | מטעיה | Lv21:09M | ית אבוה היא מטעי'/<מט>עיה#2#/ בנורא תתוקד: |
| 031 | | Gn34:31M | "דלית לה ...:" מטעיה נפקת ברא דלית ליה |
| 032 | דמטעה | Dt27:18M | "די יטעי ...:" דמטעה אכסנייה באורחה דהוא מדמי |
| 033 | דמטעי | Dt27:18M | /גבר'#2#/\די יטעי/דמט<ע>י'#2#/ סמייה באורחה |
| 034 | ואטעון | Dt13:14 | עיצן בישן מן ביניכון ואטעון ית דיירי קרת{י} הון למימר |
| 035 | ויטעון | Ex34:16M | ויטעיין/^ויטעון#2#^/ויסטיין#2#/ ית בניכון |
| 036 | ויטעיין | Ex34:16 | בנתהון בתר טעוותהון ויטעיין ית בניכון בתר טעוותהון: |
| 037 | לאטעאה | Gn20:13 | והוה כד בעין עממיא {{לאטעאה}} יתי בתר טעוותהון וממרה |

## טעים *adj.* tasty [228]

|  |  |  |  |
|---|---|---|---|
| 001 | טעים s ab/cn | Gn25:27M | הוה ומן צידיה הוה טעים ליה בפימיה ורבקה רחימת |
| 002 | דטעימין p abs | Ex33:03M | כחלבא וחליין \/דטעימין#2#/ כדובשא ארום לא אסלק |
| 003 | וטעיימין | Ex 3:08M | נקין כחלבא וחליין/וטעיימין#2#/ כדובש«א» |
| 004 | וטעימין | Ex13:05M | וחליין כדבשא /וחלב וטעימין כדב'#2#/ ותפלחון ית |
| 005 | | Nu14:08M | נקיין כחלבה וחליין/וטעימין#2#/ כדבשה: |
| 006 | | Nu16:13M | וחליין/וחול'#2#/ \/וטעימין#2#/ כדבשה למקטלה יתן |
| 007 | | Nu16:14M | כחלבה וחלין \/וטעימין#2#/ כדבשה אעלת יתן |
| 008 | | Dt 6:03 | נקיין כחלבה וחליין וטעימין כדבשה: |
| 009 | | Dt11:09 | נקיין כחלבה וחליין וטעימין כדבשה: |
| 010 | | Dt31:20 | נקיין כחלבה וחליין וטעימין כדבשה וייאכלון וישבעון |
| 011 | | Dt27:03M | כדבשה/וחליין וטעימין כדוב'#2#/ היך מה די מלל |
| 012 | | Ex 3:17M | נקיא כחלבא וחליין/וטעימין#2#/ כדובשא: |
| 013 | | Dt26:09 | טבין נקיין כחלבה וטעימין כדובשא: |
| 014 | | Dt26:15M | וחליין/וחו'#2#/ \/וטעימין#2#/ כדובשה: |

015 וטעמיין Lv20:24 נקיין כחלבה וחליין וטעמיין כדבשא אנה ייי אלהכון

[228]
## to taste vb. טעם

001 טעם peal Gn40:23M דטעים כסא /עבר ובשר טעם כסה#2#/ דמותא ולא אדכר
002 טעמין Dt32:01 דלא מייתין לעולם ולא טעמין כסא דמותה ברם סופיהון
003 דטעים Gn40:23 מזוגיה בבשר עביר בבשר דטעים כסא דמותא ולא אדכר כתבא
004 וטעמין Dt32:01 קדם בני נש דמייתין וטעמין כסא דמותה מייתין עמה

[228]
## taste n. טעם

001 טעם s ab/cn Gn 9:24M ואתעיר נח מן \טעם#2#/ חמריה וידע ית מה דעבד
002 Gn28:16M ואתער יעקב מן \טעם#2#/ שנתיה ואמר הא מן קושטא
003 כטעם Nu11:08 יתיה חורדן והוה טעמיה כטעם ששי«י»ן בדבש:
004 טעמיה s em/sf Nu11:08 ועבדין יתיה חורדן והוה טעמיה כטעם ששי«י»ן בדבש:
005 וטעמיה Ex16:31 והוא כזרע דכסבר חיור וטעמיה כשישין בדבש:

[228]
## to carry vb. טען

001 טעונו peal Lv10:04M \קרבו סבו /קרובו טעונו#2#/ ית אחיכון מן לוות אפי
002 טעינן Nu 7:03M קדם ייי שית עגלן מזווג/טעינן צבי כד הנון מחפיין#2#
003 טען Ex10:13 צפרא הוה ורוח קדומא טען ית גובא:
004 Nu11:12 יתהון ארום תאמר לי טען יתהון בעב{ר}<ך> היך דטען
005 טען' Ex12:34M צ{י}<ר>יר בכסותהון טען' על כיתפיהון
006 טענו Gn45:17 ליוסף אמר לאחך דא עבדו טענו ית בעירכון ואזלו עולו
007 טעני Dt31:25 ופקד משה ית ליוויי טעני ארון קיימה דייי למימר:
008 Nu10:21 ונטלין בנוי דקהתים טעני מקדשה ומקימין ית משכנה עד
009 Nu10:17 דגרשון ובנוי דמררי טעני משכנה:
010 טענין Nu 7:09 עליהון בכתפיהון הוון טענין ית ארונה:
011 יטעון Lv11:28 ומן די יטעון ית נבלתהון יחוור לבושוי
012 יטענון Nu 1:50 ועל כל מה דליה אינון יטענון ית משכנה וית כל מנוי
013 תטעון Nu11:17 עמך במטלהון דעמא ולא תטעון את לבלחודך:
014 Dt22:04 ומפרוק תפרוק ומטעון תטעון עמיה:
015 תטען Ex23:05 ומפרק תפרק עמה ומטען תטען עמיה:
016 Dt22:04M תטעון /<ומט>ען <תט>ען#2#/ עמיה:
017 תטענון Dt12:26 די יהוון לכון ונדריכון תטענון ותייתון לאתרה די יתרעי
018 דטעינו Nu 9:06M והוו גברייה דטעינו בארונה דיוסף ודטעינו
019 דטען Nu11:12 יתהון בעב{ר}<ך> היך דטען פידגוגה ית יונקא על ארעא
020 דטענין Dt31:09 לכהניה בני שבטה דלוי דטענין ית ארון דקיימיה דייי וית
021 ואטען Ex 7:20M חוטריה /מימריה דייי ואטען בחוטר#2#/ ומחה
022 וטען Gn31:17 וקם יעקב וטען ית בנוי וית נשוי על גמליה:
023 Ex10:19 ייי רוח בימא תקיף לחדא וטען ית גובא ואקלע יתה ימא
024 Dt32:11 פרס כנפוי וסבל יתהון וטען יתהון על תקוף אברוי:
025 וטענו Gn46:05 וקם יעקב מן באר שבע וטענו בני ישראל ית יעקב
026 Gn 7:17 על ארעא וסגון מיא וטענו ית תיבותא ורמת מעלוי
027 Lv10:05 {וקרבו} וקרבו וטענו יתהון בכתנותהון ואפיקו
028 Gn50:13M ואוביל/וטענו#2#/ יתיה בנוי לארעא
029 Nu13:23 וסגולה דענבין חד וטענו יתיה בקופה בתרין וכן מן
030 Ex12:34 וטענו עמא ית לישיהון עדלא אתחמע
031 וטענון Gn45:19 לטפליכון ולנשיכון וטענון ית אבוכון ותיתון:
032 וטענית Ex19:04 ית קלא דעבדית למצריי וטענית יתכון בענני איקר שכינתי
033 ויטעון Ex28:29 ויטעון אהרן ית שמה{ה}ת בני
034 Ex28:30 תומי' ויהוון על לביה ויטעון˜ אהרן ית סדר דיניהון
035 Lv15:10 תחתוי יסתאב עד רמשא ויטעון «יתהון» יחוור לבושוי
036 ויטען Ex28:38 על בית אפוי דאהרן ויטען אהרן ית חובי קדישא די
037 ויטענון Nu 4:25 ויטענון ית יריעתה דמשכנה וית
038 Ex18:22 אינון ויקל מעלווך ויטענון עמך:
039 Nu11:17 די עמך ואשוי עליהון ויטענון עמך במטלהון דעמא ולא
040 ומטעון Dt22:04 עלוי ומפרוק תפרוק ומטעון תטעון עמיה:
041 ומטען Ex23:05 חברך ומפרק תפרק עמה ומטען תטען עמיה:
042 Dt22:04M תפרוק \ומטעון תטעון /<ומט>ען <תט>ען#2#/ עמיה:
043 ודטעינו Nu 9:06M בארונה דיוסף ודטעינו בנדב ואביהוא בנוי
044 ודיטעון Lv11:28M \ומן די יטעון/ודיטעון#2#/ ית נבלתהון יחוור
045 ולמטעון Nu 4:24 דבנוי דגרשון למפלח ולמטעון:
046 ולמטען Nu 4:24M למפלח ולמטעון/<ולמט>ען#2#/:
047 למטעון Lv10:17 היא ויתה יהב לכון למטעון ית חובי עם כנשתה למכפרה
048 למטען Ex25:28 <ותחפי> יתהון דהב למטען בהון ית פתורה:
049 Nu 4:15 כדן ייעלון בנוי דקהת למטען במשכן ולא יקרבון
050 Gn44:01 מזון היך מה דייכלון למטען ושוי כספא דגבר בפום
051 Ex25:14 על סטרוי דארונא למטען ית ארונא בהון:
052 Ex25:27 עזקתיה לאתרין לאריחי למטען ית פתורא:
053 Ex37:05 על סטרוי דארונה למטען ית ארונה:
054 Ex37:14 עזקי אתרין לאריחיה למטען ית פתורה:
055 Ex37:15 דשטין וחפי יתהון דהב למטען ית פתרה:
056 Ex27:07 על תרין סטריה דמדבחא למטען יתה:
057 Gn45:27 ית עגלתא דשלח יוסף למטען יתיה ונחת רוחיה דיעקב
058 Gn46:05 בעגלתה די שלח פרעה למטען יתיה:
059 Ex30:04 ויהווי לאתרין לאריחיה למטען יתיה בהון:
060 Ex37:27 סטרוי לאתרין לאריחיה למטען יתיה בהון:
061 Ex38:07 על סטרוי דמדבחה למטען יתיה בהון חליל דלוחין עבד
062 אטעינו afel Gn45:17M לאחך דא עבדו טענו/אטעינו#2#/ ית בעירכון ואזלו
063 אטענת Nu16:15 לא חמרא דחד מנהון אטענת ולא אבאשת לחד מנהון:
064 ואטעינו Gn44:13M ובזעו לבושיהון ושוון/ואטעינו#2#/ גבר על חמריה וחזרו

See also: טעון adj.

[229]
## to strike vb. טפח

001 וטפח peal Gn44:19 ורמז יוסף למנשה ברה וטפח ברגליה על פלטין ואזדעזע כל
002 Nu24:10 רוגזה דבלק על בלעם וטפח בכף ידוי ואמר בלק לבלעם

[229]
## handbreadth n. טפח

001 טפח s ab/cn Ex25:25M ותעבד ליה גיפוף פשך/טפח#2#/ חזר ומקף ותעבד כליל

[229]
## to die out vb. טפי

001 טפיא peal Gn38:25 לי יקד בעלמא הדין באשא טפיא ולא ניקוד בעלמא דאתי דהוא
002 תטפי Lv 6:06 תיהווי יקד' עלוי לא תטפי:
003 Lv 6:05 תהווי יקדה עלוהי לא תטפי ויוקד עליה כהנא קיסין בכל
004 תתטפי etpeel Lv 6:05M עליה /תתוקד ביה לא תתטפי ויבער על#2#/ כהנא קיסין

[229]
## child n. טפל

001 טפלהון s em/sf Gn50:08 ובייתיה דאבוי לחוד טפלהון ועניהון ותוריהון שבקו
002 טפלכון Ex10:10 כד אשלח יתכון וית טפלכון חמון ארום בישתא כל קביל
003 Ex10:24M ייזיל /שבוקו לחוד טפלכון סיבו#2#/ עמכון:
004 Gn50:21 אכלכל יתכו«ן» וית טפלכון ענה יוסף ואמר להון עשרה
005 בטפלה Nu31:17M קטולו כל דכורא בטפליה/<בט>פלה#2#/ וכל אתה דחכמה
006 וטפלהון Nu16:27 ונשיהון ובניהון וטפלהון:
007 וטפלכון Nu14:31 וטפלכון די אמרתון לבזה יהוון
008 טפליין p abs Ex12:37M רגליין לבר מן טפליא/טפליין#2#/:

|  |  |  |  |  |  |  |
|---|---|---|---|---|---|---|
| 009 | טפליא | p em/sf | Gn47:12 | כל אנשי ביתה לחם לפם | טפליא: | |
| 010 | | | Ex12:37 | דגברין רגליין לבר מן | טפליא: | |
| 011 | | | Gn33:05 | וחמה ית נשיא וית | טפליא | ואמר מה אינון אילין לך |
| 012 | טפליה | | Nu31:18 | וכל | טפליה | דנשייה דלא חכמין תשמיש |
| 013 | טפליהון | | Gn34:29 | וית כל ממוניהון וית כל | טפליהון | וית נשיהון שבו ובזו וית |
| 014 | | | Gn46:05 | ית יעקב אבוהון וית | טפליהון | וית נשיהון בעגלתה די שלח |
| 015 | | | Nu31:09 | נשיהון דמדייניאי וית | טפליהון | וית בעיריהון וית כל |
| 016 | טפליכון | | Ex10:24 | ותוריכון יקום הכא אף | טפליכון | ייזיל עמכון: |
| 017 | | | Dt29:10 | | טפליכון | נשיכון וגיוריכון די ביני |
| 018 | טפלינן | | Gn43:08 | אנן ולחוד את ולחוד | טפלינן: | |
| 019 | | | Nu32:17 | יתהון לאתריהון וישרון | טפלינן | בקריין תלי{נ}<לי>ן מן קדם |
| 020 | | | Nu32:26 | | טפלינן | נשינן קנינן וכל בעירן |
| 021 | בטפליה | | Nu31:17 | וכדון קטולו כל דכורא | בטפליה | וכל אתה דחכמה לגבר בתשמיש |
| 022 | וטפלייה | | Dt 3:06 | תלי{ת}<ל>תה ונשיה | וטפלייה: | |
| 023 | | | Dt20:14 | לחוד נשייה | וטפלייה | ובעירה וכל מה די יהווי |
| 024 | | | Dt31:12 | ית עמה גבריה ונשייה | וטפלייה | וגיוריכון דאית בארעכון |
| 025 | | | Dt 2:34 | קורי תלילתה ונשייה | וטפלייה | לא שיירנן ל{א} שזבו: |
| 026 | וטפליכון | | Dt 1:39 | | וטפליכון | די אמרתון לבזה יהוון |
| 027 | | | Dt 3:19 | לחוד נשיכון | וטפליכון | ובעירכון ידע אנה ארום |
| 028 | וטפלינן | | Nu14:03 | הדה למפל בחרבה נשינן | וטפלינן | יהוון לבזה הלא טב לן |
| 029 | לטפליכון | | Gn47:24 | בתיכון ולמזון | לטפליכון: | |
| 030 | | | Nu32:24 | בנון לכון קריין | לטפליכון | ודרין לעניכון וית מה |
| 031 | | | Gn45:19 | מן ארעא דמצרים עגלן | לטפליכון | ולנשיכון וטענון ית |
| 032 | לטפלינן | | Nu32:16 | לבעירן הכה וקרוין | לטפלינן: | |

## טפס *n.* mold, form [230]

|  |  |  |  |  |  |  |
|---|---|---|---|---|---|---|
| 001 | בטופסא | s em/sf | Ex32:04 | מן ידיהון ודמה יתה | בטופסא | ויעשהו עגל מסכה ויאמרו |

## טפס #2 *n.* ⇐ טבז

## טפר *n.* fingernail [230]

|  |  |  |  |  |  |  |
|---|---|---|---|---|---|---|
| 001 | טופריה | p em/sf | Dt21:12M | ית | טופרייה/טופריה#2/^<טופרי>יהא#2^/: | |
| 002 | טופרייה | | Dt21:12 | ית ראשה ותצמי ית | טופרייה: | |
| 003 | טופרייהא | | Dt21:12M | ית | טופרייה/טופריה#2/^<טופרי>יהא#2^/: | |

## טפש *adj.* stupid, foolish [230]

|  |  |  |  |  |  |  |
|---|---|---|---|---|---|---|
| 001 | טפשה | s ab/cn | Dt32:06 | ייי אתון תבעון דא אומה | טפשה | ולא חכימייה הלא הוא אבוך |

## טפשו *n.* stupidity [230]

|  |  |  |  |  |  |  |
|---|---|---|---|---|---|---|
| 001 | טפשות | s ab/cn | Dt10:16 | ותגזרון ית ערלת | טפשות | לבביכון וקדליכון ק{י}שייא |
| 002 | בטפשותה | s em/sf | Dt28:28 | ימחי יתכון ייי | בטפשותה | ובס{יי}מ<יי>ותה |

## טקס *n.* ⇐ טכס

## טרב *vb.* to bring forth leaves [230]

|  |  |  |  |  |  |  |
|---|---|---|---|---|---|---|
| 001 | מטרב | afel | Ex 3:03M | \לא יקד סנייה/ מה סנה | מטרב | ולא יקד#2/: |
| 002 | מטריב | | Ex 3:02M | וסנייה\לית הוא יקד | /מטריב | ולא יקד#2/: |

## טרד *vb.* to drive out [230]

|  |  |  |  |  |  |  |
|---|---|---|---|---|---|---|
| 001 | טרד | peal | Gn19:06 | ונפק לוותהון לברא ותרעא | טרד | בתרה: |
| 002 | | | Gn20:18 | ארום מטרוד | טרד | ייי בעד כל פתחי ילדה לביתה |
| 003 | | | Dt 9:04 | האליין מימרה דייי | טרד | יתהון מן קדמיכון: |
| 004 | | | Dt 9:05 | האליין ייי אלהכון | טרד | יתהון מן קדמיכון ומן בגלל |
| 005 | | | Dt18:12 | האליין ייי אלהכון | טרד | יתהון מן קדמיכון: |
| 006 | | | Ex34:11 | יתך יומא הדין הא אנה | טרד | מן קדמיך ית אמריי |
| 007 | | | Lv18:24M | אומייה די אנה | מגלה/טרד#2/ | מן קדמיכון: |
| 008 | | | Ex14:03M | טעיין הינון באורחא | טרד | עליהון טעותא דצפון {נגהו} |
| 009 | | | Ex14:03 | טעיין אינון באורחא | טרד | עליהון בעל צפון טעותי |
| 010 | טרדו | | Gn19:10 | לוותהון לביתה וית תרעא | טרדו: | |
| 011 | | | Ex12:39M | ארום \אטרדו מן מצרים | טרדו/ | יתהון מצראי#2/ ולא יכלו |
| 012 | טרדת | | Gn 4:14 | הא | טרדת | יתי יומא דין מעילוי אפי |
| 013 | טרוד | | Gn21:10 | ואמרת לאברה«ם» | טרוד | ית אמתא הדה וית ברה ארום |
| 014 | אטרד | | Ex23:29 | לא | אטרד | יתהון מן קדמיכון בשתא חדא |
| 015 | אטרוד | | Ex34:24M | ארום \אשיצי אומיא | אטרוד/ | אומין#2/ מן קדמיכון |
| 016 | | | Ex23:30 | קליל קליל | אטרוד | יתהון מן קדמיכון עד זמן |
| 017 | יטרוד | | Dt33:27 | שבטיה דבני ישראל הוא | יטרוד | בעלי דבביכון מן קדמיכון |
| 018 | | | Ex 6:01 | ישלח יתהון ובידא תקיפא | יטרוד | יתהון מן ארעא: |
| 019 | | | Lv13:11 | ויסאב יתה כהנא לא | יטרוד | יתיה ארום מסאב הוא: |
| 020 | | | Lv14:46 | לגו ביתה כל יומין די | יטרוד | יתיה יהוי מסאב עד רמשא: |
| 021 | | | Ex11:01 | יתכון בפריעה מטרוד | יטרוד | יתכון מן הכה: |
| 022 | ניטרר' | | Gn 3:22 | ולא קיים פקודה הא | ניטרר' | יתיה מן גנתה דעדן |
| 023 | מטרוד | | Gn20:18 | ארום | מטרוד | טרד ייי בעד כל פתחי ילדה |
| 024 | | | Dt 9:04M | האליין מימרה דייי | \מטרוד#2/ | טרד יתהון מן קדמיכון: |
| 025 | | | Ex11:01 | כד ישלח יתכון בפריעה | מטרוד | יטרוד יתכון מן הכה: |
| 026 | דטרד | | Nu12:14M | שובעה יומין | דטרד | שובעה יומין |
| 027 | דניטרוד | | Gn 3:22M | טב לביש /וכדו טב | דניטרוד | יתי#2/ אילו נטר מצוותה |
| 028 | דתטריד | | Nu12:14M | דינה הוא | ד{ט}ת<ט>ריד | מן קדמייה שובעה |
| 029 | וטרד | | Gn 3:24 | | וטרד | ית אדם ואשרי יקר שכינתיה |
| 030 | | | Ex10:11 | ארום יתה אתון תבעון | וטרד | יתהון מן לוות אפוי דפרעה: |
| 031 | | | Gn 3:23 | | וטרד | יתיה ייי אלהים מן גנתה |
| 032 | וטרדו | | Ex 2:17 | ואתון רעייא | וטרדו | יתהון וקם משה ושזיב |
| 033 | ואטרוד | | Nu22:06M | נסדרה לקובליהון קרבה | ואטרוד | |
| 034 | | | Ex33:02 | ואשלח קדמך מלאך | ואטרוד | ית כנעניי אמריי חתיי |
| 035 | | | Ex23:31 | ית כל דיירי ארעא | ואטרוד | יתהון מן קדמיכון: |
| 036 | | | Nu22:06 | למשצ«י»א יתהון | ואטרוד | יתהון מן ארעא ארום ידע |
| 037 | | | Nu22:11 | למסדרה קרבה לקבליהון | ואטרוד | יתהון: |
| 038 | ויטרוד | | Dt 7:01 | עללין לתמן למירת יתה | ויטרוד | אומין סגין מן קדמיכון |
| 039 | | | Dt 7:22 | | ויטרוד | ייי אלהכון ית אומייה |
| 040 | | | Lv13:50 | ויחמי כהנא ית מכתשה | ויטרוד | ית מכתשה <....>: |
| 041 | | | Lv14:38 | מן בייתה לתרע בייתה | ויטרוד | ית בייתה שבעה יומין: |
| 042 | | | Lv13:54 | ית מנה דביה מכתש» | ויטרוד | יתה שבעה יומין זמן |
| 043 | | | Dt24:03 | דשיבוקין וישווי בידה | ויטרוד | יתה מן בייתיה ארום ימות |
| 044 | | | Lv13:05 | לא הלך מכתשה במשכה | ויטרוד | יתיה כהנא שבע' יומין זמן |
| 045 | | | Lv13:21 | היא מן משכה והיא כהיה | ויטרוד | יתיה כהנא שבעה יומין: |
| 046 | | | Lv13:26 | היא מן משכה והיא כהיה | ויטרוד | יתיה כהנה שבעה יומין: |
| 047 | | | Lv13:04 | ושעורה לא אתהפך לחוור | ויטרוד | כהנא ית מכתשה שבעה יומין: |
| 048 | | | Lv13:31 | ושער אוכ{ס}<ם> לית בה | ויטרוד | כהנא ית «מכתשה» |
| 049 | | | Lv13:33 | וית ניתקא לא יספר | ויטרוד | כהנא ית ניתקה שובעה יומין |
| 050 | | | Dt11:23 | | ויטרוד | ממרה דייי ית כל אומייא |
| 051 | ותטרד | | Ex23:28 | ית אורעיתא קודמיכון | ותטרד | ית חיויי וית כנעניי וית |
| 052 | למטרד | | Dt12:29 | די אתון עלין לתמן | למטרד | יתהון מן קדמיכון ותירתון |
| 053 | למטרוד | | Dt 4:38 | | למטרוד | אומין דרברבין ותקיפין |
| 054 | אטרד | etpeel | Gn49:01 | מנה ומן דאתפתח ליה תרעא | אטרד | מנה ענה אבונן יעקב וברך |

| | | | | | | |
|---|---|---|---|---|---|---|
| 055 | אטרדו | | Ex12:39 | קדם עד לא חמע ארום | אטרדו | מן מצרים ולא יכלו |
| 056 | תטרד | | Nu12:14 | מן קדמוי שבעה יומין | תטרד | שבעה יומין לבר מן משריתה |
| 057 | ואטרדת | | Nu12:15 | | ואטרדת | מרים לבר מן משריתה שבעה |

## טרחו *n.* burden

[231]

| | | | | | | |
|---|---|---|---|---|---|---|
| 001 | טרחותה | s em/sf | Dt14:24M | /<מע>שר#2#/ /למסבול | טרחותה | ומעשרה#2#/ תניינה ארום |

## טרף *vb.* to be torn apart

[232]

| | | | | | | |
|---|---|---|---|---|---|---|
| 001 | יטרף | etpaal | Ex22:12 | ואין מטרפה | {ו}יטרף | ייתון סהדין קטילא לא |
| 002 | מטרפה | | Ex22:12 | ואין | מטרפה | {ו}יטרף ייתון סהדין קטילא |

## טרף *n.* leaf

[231]

| | | | | | | |
|---|---|---|---|---|---|---|
| 001 | טרף | s ab/cn | Ex10:15 | שייר ברדא ולא אשתייר כל | טרף | באילן ובעשבא דאפי ברא בכל |
| 002 | | | Gn 8:11M | \עלה דזי' קטים בפומה | /טרף | דזית לקיט בפי'#2#/ |
| 003 | טרפה | s em/sf | Lv26:36M | "עליה ... ויפלון": | טרפה | דנתר מן אילנה ויערקון |
| 004 | טרפין | p abs | Gn 3:07M | ועבדו להון אזרין | /טרפין | דתאנה ועבדו להון |

## טרף #2 *vb.* to knock

[232]

| | | | | | | |
|---|---|---|---|---|---|---|
| 001 | מטרפה | etpeel | Nu12:12M | כן הוות מרים אחתן | מטרפה | עמן במדברה והווי עמן |
| 002 | ואטרפת | | Gn41:08 | והוה בצפרא | ואטרפת | רוחיה דפרעה ושלח וקרא ית |
| 003 | ומטרפין | | Nu12:12 | במצרים וחזרין | ומטרפין | במדבר' הוות אחתן חמייה |

## י

[233]

### well, proper *adv.* יאות

|  |  |  |  |  |  |  |
|---|---|---|---|---|---|---|
| 001 | יאות | | Gn22:10 | אבוהי אבא כפות יתי | יאות | דלא נבעוט יתך ויתפסיל |
| 002 | | | Dt13:15 | ותתבעון ותתחקרון ותשאלון | יאות | והא מן קושטא אתכוון פתגמא |
| 003 | | | Dt17:04 | לכון ותשמעון ותתבעון | יאות | והא מן קושטא אתכוון פתגמא |
| 004 | | | Dt19:18 | ויתבעון דייניה | יאות | והא שהד דשקר הוא שהדה שקר |
| 005 | | | Dt27:08 | הדה כתיב חקיק ומפרש | יאות | ומתקרא ו«מ»תרגם בשבעים |
| 006 | | | Ex10:29 | ואמר משה ליה | יאות | וקושטא מללת מבשר הווינא עד |
| 007 | | | Ex10:29 | ישרי: ואמר משה לפרעה | יאות | מן קוש«סא» מללת לא אוסף |
| 008 | | | Nu36:05 | גזירת ממרה דייי למימר | יאות | שבטה דבני יוסף תבעין: |

[233]

### beautiful *adj.* יאי

|  |  |  |  |  |  |  |
|---|---|---|---|---|---|---|
| 001 | יאה | s ab/cn | Gn34:31 | ואמרין ליעקב אבוהון לא | יאה | הוא דיהוון אמרין |
| 002 | | | Ex15:18 | אמרין בני ישראל מה | יאה | הוא לך כליל מלכותא ייי כד |
| 003 | יאי | | Gn39:06 | דהוה אכל והוה יוסף | יאי | ברווה ושפיר בחזיו: |
| 004 | | | Gn34:31 | לברתיה דיעקב ברם | יאי | הוא דיהוון אמרין |
| 005 | | | Gn49:11 | מה | יאי | הוא מלכא משיחא דעתיד למיקם |
| 006 | | | Gn49:12M | :"...ייאיין" | יאי | הוא מלכא משיח' דעתיד |
| 007 | | | Nu24:05 | בהון ישראל אבוכון מה | יאי | הוא משכן זימנא דשרי |
| 008 | | | Gn 2:23 | גרמי ובשר מן בשרי להדא | יאי | למתקריה «אתה» ארום מן |
| 009 | יאיה | | Gn29:17 | יעקב צדיקא ורחל הוות. | יאיה | בריבוו{ד}<ת>ה ושפיר«א» |
| 010 | | | Nu12:01 | הות ציפורה אתתה דמשה | יאיה | בריוה ושפירה בחיזווה ושנייה |
| 011 | דיאי | | Gn 2:09 | אלהים מן אדמתא כל אילן | דיאי | למחמי וטב למיכל ואילן חייא |
| 012 | ויאי | | Gn 3:06 | תחמדא הוא לעייניה | ויאי | אילנא למסתכלא ביה ונסבית |
| 013 | יאיין | p abs | Gn41:02 | נהרא סלקין שבע תורין | יאיין | למחמי ובריין בבשריהון |
| 014 | | | Gn41:04 | ית שבעתי תוריא | יאיין | למחמי ובירייתא ואתער פרעה: |
| 015 | | | Nu24:05 | מא | יאיין | משכניהון דבית יעקב בזכות |
| 016 | יאין | | Nu24:06M | ומנטלין על כל אומייא | יאין | ומשבחין כארזיה דמין |
| 017 | | | Nu24:06 | חיין וקיימין לעולם | יאין | ומשבחין כארזיה דמיין |
| 018 | | | Nu21:34 | ושרה מדמיין לאלנין | יאין | קיימין על מבועין דמיין ברם |
| 019 | ייאיין | | Gn49:12 | מה | ייאיין | עייני דמלכא משיחא מן |
| 020 | ויאיין | | Gn41:18 | תורין בריין בבשרהון | ויאיין | ברווהון והווין רעיין |
| 021 | יאתה | p em/sf | Nu31:50 | חמ{ד}<י>ין בנתהון | יאתה | ושפירתה מחסיתה ומפרנקתה |
| 022 | ייתה | | Nu31:50M | דמלכי<יה> מדיינאי | ייתה | ומפרנקתה והווינן מפרקין |

[233]

### to sound a trumpet *vb.* יבב

|  |  |  |  |  |  |  |
|---|---|---|---|---|---|---|
| 001 | תייבבה | pael | Lv14:53M | למלקי תוב בצרעתה | ת{ו}<י>יבבה | ציפורה לוותיה ויכפר |
| 002 | תתייבבון | etpaal | Nu10:07 | ית קהלא תתקעון ולא | תתייבבון: | |
| 003 | ותתייבבון | | Nu10:09M | דמ<ת>ע{ת}יק לכון | ותתייבבון | בחצוצרוותה ותדכרו' |

[233]

### sound of a trumpet *n.* יבבו

|  |  |  |  |  |  |  |
|---|---|---|---|---|---|---|
| 001 | יבבו | s ab/cn | Lv25:09 | ותעברון שיפור | יבבו | בירחה שביעיה בעשרה יומין |
| 002 | | | Nu10:05 | ותתקעון | יבבו | ויטלון משריתה דשרין מן |
| 003 | | | Nu10:06 | ותתקעון | יבבו | זמן תניינות ויטלון משריתה |
| 004 | יבבון | | Nu10:06 | משריתה דשרין מן דרומא | יבבון | יתקעון למטלניהון: |
| 005 | דיבבו | | Nu29:01M | ויבבו יהווי לכון | דיבבו/ | יהווי לכ'#2#/: |
| 006 | דייבבו | | Lv25:09M | \שיפור יבבו/שופר | דייבבו#2#/ | בירחה שביעיה בעשרה |
| 007 | | | Lv23:24M | דכרן\טב תקיעה | ויבבו/דייבבו#2#/ | יום טב וארוע קדיש: |
| 008 | ויבבו | | Nu29:01 | יום תקועה דשופר | ויבבו | יהווי לכון: |
| 009 | | | Lv23:24 | שבתה דכרן טב תקיעה | ויבבו | יום טב וארוע קדיש: |
| 010 | ויבבות | | Nu23:21 | מימר ייי אלההון עמהון | ויבבות | זיו איקר מלכיהון מגן |

|  |  |  |  |  |  |  |
|---|---|---|---|---|---|---|
| 011 | יבב' | s em/sf | Nu31:06M | דיבבותה/וחצוצרוות | יבב'#2#/ | בידיה: |
| 012 | דיבבותה | | Nu31:06 | בית קודשא וחצוצרתה | דיבבותה | בידיה: |

[233]

### to perish *vb.* יבד

|  |  |  |  |  |  |  |
|---|---|---|---|---|---|---|
| 001 | יבדנן | peal | Nu17:27M | "אשתיצינן ... אשתה": | יבדנן | כולן אישתצינן אית מנן |
| 002 | יבדתון | | Nu21:29M | "ספון ... טעוותה": ספתון | יבדתון | פלחי טעוותה |

See also: *vb.* אבד

[233 ייבום]

### levirate marriage *n.* יבום

|  |  |  |  |  |  |  |
|---|---|---|---|---|---|---|
| 001 | יבומה | s em/sf | Dt25:10 | סנדלה ומבטלה מצוות | יבומה: | |
| 002 | דיב' | | Dt25:10M | יבומה/מצוותה | דיב'#2#/: | |

[233]

### Jebusite *adj.* יבוסיי

|  |  |  |  |  |  |  |
|---|---|---|---|---|---|---|
| 001 | יבוסיא | s em/sf | Gn10:16 | וית | יבוסיא | וית אמוראי וית גרגשיא: |
| 002 | ויבוסייה | | Dt20:17 | ופריזיה וחיוויה | ויבוסייה | היך מה די פקד יתכון ייי |
| 003 | | | Dt 7:01 | ופריזייה וחיויי | ויבוסייה | שבעה אומין רברבן ותקיפן |
| 004 | יבוסיי | p em/sf | Gn15:21 | וית {ד}<ג>רגשיי וית | יבוסיי: | |
| 005 | ואבוסא' | | Nu13:29M | דרומה וחתאי | ויבוסאי/ואבוסא'#2#/ | ואמוריי שריין |
| 006 | ואיבוסאי | | Dt20:17M | ופריזאי וחיוואי | ואיבוסאי | |
| 007 | ויבוסאי | | Ex33:02M | ופריזאי וחיוואי | ויבוסא'#2#/: | |
| 008 | | | Ex34:11M | וחיתאי ופריזאי | ויבוסאי | |
| 009 | | | Nu13:29 | בארעא דרומה וחתאי | ויבוסאי | ואמוריי שריין בטורא |
| 010 | | | Ex23:23M | וחיואי | ויבוסאי | ואשיצי'#2#/ יתהון: |
| 011 | ויבוסי | | Ex 3:08 | וחויי {ואמריי} | ויבוסי: | |
| 012 | ויבוסיי | | Ex33:02 | חתיי פריזיי חיויי | ויבוסיי: | |
| 013 | | | Ex34:11 | וחתיי ופרזיי | ויבוסיי: | |
| 014 | | | Ex13:05 | וחתיי ואמריי וחויי | ויבוסיי | די קיים ייי לאבהתכון |
| 015 | | | Ex23:23 | וכנעניי וחיויי | ויבוסיי | ושיצא יתהון: |
| 016 | | | Ex 3:17 | ופריזיי וחיויי | ויבוסיי | לארעא דעבדא פירין נקיא |

[234]

### lost object *n.* יבידה

|  |  |  |  |  |  |  |
|---|---|---|---|---|---|---|
| 001 | יבידא | s ab/cn | Ex22:08 | אמר ועל לבוש ועל כל | {ל}<י>בידא | די יאמר ארום דן הוא |
| 002 | יבידה | | Lv 5:22M | בה וישתבע/די אשכח | יבידה | וישקר בה וישת'#2#/ על |
| 003 | ייבידת | | Dt22:03M | וכדן תעבד לכל | אבידתה/ייבידת | אחוך#2#/ די יאבד |

See also: *n.* אבידה

[234]

### dry *adj.* יביש

|  |  |  |  |  |  |  |
|---|---|---|---|---|---|---|
| 001 | יבישה | s ab/cn | Nu11:06M | /וכדו#2#/ נפשן | ריקנה/יבישה#2#/ | לית לן כל מן דעם |
| 002 | ויבישן | p abs | Nu 6:03M | ויבשין/רטיבן | ויבישן#2#/ | לא יאכל/ייכול#2#/: |
| 003 | ויבשין | | Nu 6:03 | לא ישתי וענבין רטיבין | ויבשין | לא יאכל: |

[234]

### to bring *vb.* יבל

|  |  |  |  |  |  |  |
|---|---|---|---|---|---|---|
| 001 | אובילו | afel | Gn42:19 | ואתון אזלו | אובילו{ן}<ו> | מזון עבור כפנים |
| 002 | איבילי | | Ex 2:09M | לה ברתה דפרעה | אייבילי/איבילי | "ש"וי"#2#/ ית טליא |
| 003 | אייבילי | | Ex 2:09 | ואמרת לה ברתה דפרעה | אייבילי | ית טליא הדין ואוניקי יתה |
| 004 | ואובילו | | Gn37:28 | בעשרין סלעין דכסף | ואובילו | ית יוסף מצרימה: |
| 005 | | | Gn50:13 | | ואובילו | יתיה בנוי לארעא דכנען |
| 006 | והובל | | Nu17:11 | מעלוי מדבחה ושוי קטרה | והובל | בפריע לגו עם כנישתה וכפר |

## יבלי *n.* warts [Heb.?]

[!!]

| | | | | | | |
|---|---|---|---|---|---|---|
| 001 | יבלי | s ab/cn | Lv22:22M | או \דמלי חזזיין /דמלי | יבלי | או דמילי גרב{ר} או דמילי |

## יבם *vb.* to marry a brother's widow

[234]

| | | | | | | |
|---|---|---|---|---|---|---|
| 001 | ויבם | pael | Gn38:08 | עול לוות אתתיה דאחוך | ויבם | יתה ואקים זרע דבנין לשמה |
| 002 | | | Dt25:05 | ויסב יתיה לה לאיתה | ויבם | יתה: |
| 003 | למייבמה | | Dt25:07 | שם בישראל לא צבא | למייבמה | יתי: |

## יבם *n.* brother-in-law

[234]

| | | | | | | |
|---|---|---|---|---|---|---|
| 001 | יבמה | s em/sf | Dt25:05 | דמיתה לברה לגבר חלוני | יבמה | יזדמן לוותה ויסב יתיה לה |
| 002 | יבמי | | Dt25:07 | לחכימיה ותימר סרב | יבמי | למקמה לאחוי שם בישראל לא |

## יבמה *n.* yevama

[234]

| | | | | | | |
|---|---|---|---|---|---|---|
| 001 | יבומתיה | s em/sf | Dt25:07 | יתרעי גברא למיסב ית | יבומתיה | ותסק יבמתיה לתרע |
| 002 | | | Dt25:09 | ותקרב | יבומתיה | לוותיה לעיני חכימיה |
| 003 | יבמ' | | Dt25:07M | גברא למיסב ית | יבומתיה/יבמ'#2# | ותסק/ויסוק#2#/ |
| 004 | יבמתה | | Dt25:09M | חכימיה ותשלף /ותקרוב | יבמתה | לוותיה קדם חכימייה |
| 005 | יבמתיה | | Dt25:07 | למיסב ית יבומתיה ותסק | יבמתיה | לתרע בית דינה לחכימיה |

## יבצו *n.* ⇐ בריו

## יברוח *n.* mandrake

[234]

| | | | | | | |
|---|---|---|---|---|---|---|
| 001 | יברוחין | p abs | Gn30:14 | חצדא דחטיא ואשכח | יברוחין | באפי ברא ואייתי יתהון |
| 002 | יבר' | p em/sf | Gn30:15M | ליליא הדין חולף | יבר'#2# | דבריך: |
| 003 | יברוחי | | Gn30:15 | בליליא הדין תחות {{ד}}«י» | ברוחי | דבריך: |
| 004 | יברוחי | | Gn30:15 | בעלי ואת בעיא למיסב ית | יברוחי | דברי ואמרת רחל בגין כדין |
| 005 | | | Gn30:14 | ללאה הבי כען לי מן | יברוחי | דבריך: |
| 006 | ביברוחי | | Gn30:16 | מגיר אגרית יתך | ב«י»ברוחי | דבר{ו}י ושמש עמה |

## יבש *vb.* to be dry

[234]

| | | | | | | |
|---|---|---|---|---|---|---|
| 001 | יבשה | peal | Gn 8:14M | /ושובעה יומין בירחא | יבשה | אר'#2#:/ |
| 002 | יבשו | | Gn 8:13M | דתיבותא וחמא והא | נגבו/יבשו#2# | אפיה דארעא: |
| 003 | | | Gn 8:07 | נפק וחזר נפק וחזר עד די | יבשו | מיא מעלוי ארעא: |
| 004 | | | Gn 8:13M | בחד יום לירחא | יבשו | מיא מן עלוי אר' |
| 005 | יבשת | | Gn 8:14 | בעשרין ושבעה לירחא | יבשת | ארעא: |

## יבשה *n.* dry land, earth

[234]

| | | | | | | |
|---|---|---|---|---|---|---|
| 001 | יבשתא | s em/sf | Gn 1:09 | שמיא לאתר חד ותתחמי | יבשתא | והוה כן כמימריה: |
| 002 | ביבשתא | | Ex 4:09 | מן נהרא ויהוון לאדם | ביבשתא: | |
| 003 | | | Ex14:16 | בני ישראל בגו ימא | ביבשתא: | |
| 004 | | | Ex14:29 | ובני ישראל הליכו | ביבשתא | בגו ימא ומיא הוון להון |
| 005 | | | Ex15:19 | ובני ישראל הליכו | ביבשתא | בגו ימא: {וחזר ייי עליהון |
| 006 | | | Ex15:19 | ובני ישראל הליכו | ביבשתא | בגו ימא:} |
| 007 | | | Ex 4:09 | מן מוי דנהרא ותשפוך | ביבשתא | ויהוון מיין די תסב מן |
| 008 | | | Ex14:22 | בני ישרא<ל> בגו ימא | ביבשתא | ומיא הוון להון שורין |
| 009 | | | Gn 7:22 | בנחירוי מן כל מה די | ביבשתא | מיתו: |
| 010 | ליבשת' | | Gn 1:10 | וקרא ממרא דייי | ליבשת' | ארעא ולבית כנישות מיא קרא |
| 011 | ליבשתא | | Ex 4:09M | ויהוון לאדם | ביבשתא/ליבשתא#2# | :/ |
| 012 | | | Ex14:21 | ליליא ושוי ית ימא | ליבש{ש}תא | ואתבזעו מיא: |
| 013 | | | Ex 4:09M | דנהרא ותשפוך | ביבשתא/ליבשתא#2# | ויהוון מיין די תסב |

## יגר *n.* ⇐ איגר #2

## יד *n.* hand

[234]

| | | | | | | |
|---|---|---|---|---|---|---|
| 001 | יד | s ab/cn | Lv 5:21 | בחברה בפקדון או באושטות | יד | או בגזל או די עצה ית חברה: |
| 002 | | | Nu10:09M | מן /ותשזבון מן | יד#2# | בעלי דבביכון: |
| 003 | | | Dt28:31 | די ישזיב יתכון מן | יד | בעלי דבביכון: |
| 004 | | | Lv22:25 | ומן{{ | יד | בר עממין}} לא תקרבון לחם |
| 005 | | | Lv25:47 | וארום תארע | יד | גיור ותותב עמך ויתמסכן אחוך |
| 006 | | | Ex15:09 | ית חרבי ותשיצי יתהו' | יד | ימיני: |
| 007 | | | Dt32:41 | ותתוקף בדינה{ב}ד<ד>קושטה | יד | ימיני אחוז נקמתה לשנאוי |
| 008 | | | Ex25:21 | ותיתן | יד | כפרתא על ארונא <....> תתן ית |
| 009 | | | Ex21:24 | שן תשלומי שן יד תשלומי | יד | רגל תשלומי רגל: |
| 010 | | | Dt19:21 | שן תשלומי שן <יד תשלומי | יד> | רגל תשלומי רגל: |
| 011 | | | Dt 3:08 | בשעתה ההיא ית ארעא מן | ^יד#2#^ | תרין מלכיהון דאמוריי די |
| 012 | | | Ex21:24 | תשלומ' עין שן תשלומי שן | יד | תשלומי יד רגל תשלומי רגל: |
| 013 | | | Dt19:21 | תשלומי עין שן תשלומי שן | <יד | תשלומי יד> רגל תשלומי רגל: |
| 014 | באיד | | Dt 7:08M | ביד תקיפה ופרק /ייי | באיד | תקיפ' ופרק#2#/ יתכון מן |
| 015 | ביד | | Gn27:17 | וית לחמה דעבדת | ביד | יעקב ברה: |
| 016 | | | Gn30:35 | וכל לחוש באמריא ושוי | ביד | בנוה«י»: |
| 017 | | | Dt32:30 | ומימרה דייי מסר יתהון | ביד | בעלי דבביהון: |
| 018 | | | Lv26:25 | מותנה בכון ותתמסרון | ביד | בעלי דבביכון: |
| 019 | | | Nu14:42M | קדם /תתמסרון | ביד#2# | בעלי דבביכון: |
| 020 | | | Lv16:21 | על רישיה דצפירה וישלח | ביד | גבר מזמן למדבר: |
| 021 | | | Lv25:28 | למחזרה לה ויהוי זבונה | ביד | מן דזבן יתיה עד שתה דיובלה |
| 022 | | | Gn32:17 | ושוי | ביד | עבדוי עדר עדר לבלחודוי |
| 023 | | | Gn30:22 | מפתחן דאינון מסירין | ביד | רבון כל עלמ«י»א ייי ולא |
| 024 | | | Gn38:20 | ית גדייה בר עזיא | ביד | רחמה עדולמייה למיסב ית |
| 025 | | | Nu15:30M | ובגיוריה קדם ייי | ביד/ | רמה מן יציבייה ומן |
| 026 | | | Ex 3:19M | תקיפא /ארום אלהא | ביד | תקיפא#2#/: |
| 027 | | | Ex 6:01M | אעבד לפרעה ארום | בידא/ביד#2# | תקיפא ישלח יתהון |
| 028 | | | Ex 6:06 | ואפרו«ק» יתכון | ביד | תקיפא ובסדרי דינין רברבין: |
| 029 | | | Ex13:09 | תדירא בפמיכון ארום | ביד | תקיפא אפיק יתכון ייי |
| 030 | | | Ex13:14 | מה הא דא ותימר ליה | ביד | תקיפא אפיק יתן ייי פריקין |
| 031 | | | Ex13:16 | טב על בית אפיכון ארום | ביד | תקיפא אפק יתן ייי פריקין |
| 032 | | | Dt 6:21 | יתן פריקין מן מצרים | ביד | תקיפה: |
| 033 | | | Dt 7:08 | אפק יתכון פריקין | ביד | תקיפה ופרק יתכון מן |
| 034 | | | Dt 9:26 | די אפקת מן מצרים | ביד | תקיפה: |
| 035 | | | Dt26:08M | פריקין מן מצרים | בידה/ביד#2# | תקיפה ובאדרע מנטלה |
| 036 | ובאד | | Dt 4:34M | ובסדרי קרבה | וביד/ובאד#2# | תקיפה ובאדרע מנטלה |
| 037 | וביד | | Gn19:16M | ובידיה דאיתתיה\ | /וביד | איתתיה#2#/ וביד תרתין |
| 038 | | | Ex 6:01M | תקיפא ישלח יתהון | ובידא/וביד#2# | תקיפא יטרוד יתהון מן |
| 039 | | | Nu20:20M | מנט לא /בעם תקיף | וביד | תקיפה#2#/: |
| 040 | | | Dt 4:34 | ובפרישן ובסדרי קרבה | וביד | תקיפה ובאדרע מנטלה |
| 041 | | | Gn19:16 | בידוהי ובידיה דאיתתיה | וביד | תרתין בנתיה במחוס מן קדם |
| 042 | ויד | | Dt17:07M | באחרייתה ותבערון | /וי{ת}<ד> | כל עמא בסופה |
| 043 | ידא | s em/sf | Ex 8:13 | ועבדו כן וארכן אהרן ית | ידא | בחוטרא ומחה ית עפרא דארעא |
| 044 | | | Ex19:13 | לא תקרב ביה | ידא | דאנש ארום מתרגמ' יתרגם או |
| 045 | | | Gn38:20 | למיסב ית ערבוניה מן | ידא | דאתתא ולא אשכח יתה: |
| 046 | | | Nu 5:25 | ויסב כהנה מן | ידא | דאתתה ית מנחתה דאקנתה |
| 047 | | | Ex 3:19 | דמצרים למיזל ולא מן | ידא | דהיא תקיפא: |
| 048 | | | Nu35:17 | ואן באבן מלא | ידא | די ימות בה מחת יתיה ומית |
| 049 | | | Lv14:26M | יסב כהנא רבה ויריק על | ידא | דידיה דשמאלה |
| 050 | | | Dt 6:21M | לפרעה /הווינה תחות | ידא | דפ'#2#/ במצרים ופרק ואפק |
| 051 | | | Gn40:21 | לשמושה ושוי כסא בכף | ידא | דפרעה: |

|  |  |  |  |  |  |
|---|---|---|---|---|---|
| 052 | | Gn28:10 | יעק«ב» ארים יתה בחדא | ידא | ואשקי ית ענא דלבן אחוי |
| 053 | | Ex10:22 | וארכן משה ית | ידא | לשמיא והוה חשוך דקבל בכל |
| 054 | | Ex14:31 | וחמון ישראל ית | ידא | תקיפתא די עבד ייי במצרים |
| 055 | ידה | Gn16:09 | רבונתיך ואצטערי תחות | ידה: | |
| 056 | | Ex 4:04 | ביה והוה לחטר בכף | ידה: | |
| 057 | | Lv14:30 | בני יוניה מן די תארע | ידה: | |
| 058 | | Lv 5:21M | בפקדונה או באושטות | ידה | או בגזלה או די |
| 059 | | Nu35:18 | או בקי{מ}<ס> מלא | ידה | די ימות בה מחה יתיה ומית |
| 060 | | Lv14:27 | דימינה מן משחה די על כף | ידה | דכהנא דשמאלה שבעה זימנין |
| 061 | | Lv14:22 | בני יון מן מה די תרע | ידה | ויהוי חד לחטאת' וחד לעלתה: |
| 062 | | Lv14:21 | ואם מסכן הוא ולא ארע' | ידה | ויסב אמר חד לאשמה לאנפו |
| 063 | | Gn 8:09 | על אפיה דכל ארע' ופשט | ידה | ונסב יתה ואעל יתה לוותה |
| 064 | | Gn38:28 | כמילדה ופשט וולדה ית | ידה | ונסבת חייתא וקטרת על ידיה |
| 065 | | Dt25:11 | דדין דמחי יתה ותפשוט | ידה | ותתוקף בבית בהתתיה: |
| 066 | | Lv14:31 | ית מה די תארע | ידה | ית חד לחטאתה וית חד לעלתה |
| 067 | | Nu 5:18 | רישה דאתתה ויתן על כף | ידה | ית מנחתה דדכרונה מנחת |
| 068 | | Lv12:08M | \תרע ידיה/תארע בן | ידה#2#/ | כמסת למייתיה אמר ותסב |
| 069 | | Nu 6:21 | בר מן מה די תרע | ידה | כפם נדרה כדן יעבד על גזרת |
| 070 | | Dt25:12 | ותקצון ית כף | י{ת}<ד>ה | לא יחוסן עייניכון: |
| 071 | | Lv14:32 | מכתש צרעה די לא ארעת | ידה | למייתיה קרבן ביום דכותיה: |
| 072 | | Lv25:35 | וארום יתמסכן אחוך ותמוט | ידה | עמך ותתוקף בה גיור ותותב |
| 073 | | Dt11:02M | וית תוקפה וית | ידה | תוק' |
| 074 | | Gn24:09 | ושוי עבדה ית | ידה | תחות קיימה {ו}<ד>אברה' |
| 075 | | Dt34:12 | ולכל | ידה | תקיפתה ולכל חזווייה |
| 076 | ידי | Gn14:22 | למלכא דסדם הא זקפי' | ידי | בשבועה קדם ייי אלהא עליא |
| 077 | | Gn14:22M | זקפי' ידי'/אתרעמת כף | ידי#2#/ | בשבועה קדם ייי אלהא |
| 078 | | Ex 6:08 | ואעל יתכון לארעא דזקפית | ידי | בשבועה למתן יתה לאברהם |
| 079 | | Ex 6:08M | ידי'/די ארעימית ית | ידי#2#/ | בשבועה למתן יתה לאברהם |
| 080 | | Nu14:30 | תיעלון לארעא די זקפית | ידי | בשבועה למשריה יתכון בה |
| 081 | | Gn31:42M | דידי גלי'/קשיטות כף | ידי | גלי#2#/ קדם ייי ואוכח |
| 082 | | Gn21:30 | ית שבעתי אמרתא תסב מן | יד{ו}<י> | מן בגלל דתהוון לי לסהדו |
| 083 | | Gn 3:18 | נקום כען ונלעי ומן לעות | ידי | נאכל מזון מן פירי דארעא |
| 084 | | Gn20:05 | לבי ובקשיטות כפי | ידי | עבדת דא: |
| 085 | | Ex33:22M | כפי '/ואטל ית כף | ידי#2#/ | עליך עד דיעברון כיתי |
| 086 | ידי' | Ex22:07 | לוות דייניא אין לא שלח | ידי' | במקמתא דחבריה: |
| 087 | ידיה | Ex 4:06 | אעל כען ידך בחובך ואעל | ידיה | בחובי ואפיק יתה והא ידיה |
| 088 | | Ex 4:07 | חזור כען ידך בחובך וחזר | ידיה | בחוביה ואפיק יתה מן חוביה |
| 089 | | Ex22:10 | בין תריהון אין לא פשט | ידיה | במקמתא דחבריה ויקבל מריה |
| 090 | | Dt19:05 | קיסין ו{יז}<ת>דחף | י{ת}דיה | בסיקורא למיקוץ קיסא |
| 091 | | Dt15:02 | ישמט כל גבר מרי חוב ית | ידיה | דיוזיף בחבריה לא ידחק ית |
| 092 | | Lv14:17 | דמדכי דימינה ועל אליון | ידיה | דימינ' ועל אליון רגליה |
| 093 | | Lv 8:23 | דאהרן דימינה ועל אליון | ידיה | דימינה ועל אליון רגלה |
| 094 | | Lv14:14 | דמדכי דימינה ועל אליון | ידיה | דימינה ועל אליון רגליה |
| 095 | | Lv14:25 | דמדכ' דימינה ועל אליון | ידיה | דימינה ועל אליון רגליה |
| 096 | | Lv14:28M | דימינה ועל אליון | ידוי'/ידיה#2#/ | דימינה ועל אליון |
| 097 | | Lv14:15 | דמשחא ו«י»ריק על כף | ידיה | דכהנ' דשמאלה: |
| 098 | | Lv14:18M | /דאית#2#/ על כף | ידוה'/ידיה#2#/ | דכהנא יתן על ראשיה |
| 099 | | Lv14:26 | ומן משחה יריק כהנא על כף | ידיה | דכהנה דשמאלה: |
| 100 | | Lv27:08 | יתיה על פם די תארע | ידיה | דמן דנדר יעלי יתי כהנה: |
| 101 | | Gn40:11 | דפרעה ושוית כסא בכף | ידיה | דפרעה: |
| 102 | | Gn40:13 | לשימושך ותשוי כסא בכף | ידיה | דפרעה כסדר דינא קדמיה די |
| 103 | | Lv14:16 | מן מש{כ}<ח>ה דעל כף | ידיה | דשמאלה ויידי מן משחה |
| 104 | | Ex 4:04 | ידך ואתיקף בקוטניה ופשט | ידיה | ואתוקף ביה והוה לחטר בכף |
| 105 | | Gn38:29 | והוה כדי חזר | ידיה | והא נפק אחוי ואמרת מה תקפת |
| 106 | | Ex24:11 | דבני ישראל לא פשט | ידיה | וחמון ית איקר שכינתה דייי |
| 107 | | Gn41:42 | פרעה ית עזקתא מעילוי | ידיה | ויהב יתיה על ידוי דיוסף |
| 108 | | Gn 3:22 | דעדן קדם עד לא יפשוט | ידיה | ויסב מן פירי אילן חייא |
| 109 | | Lv25:49 | יפרוק יתיה או תארע | ידיה | ויתפרק: |
| 110 | | Nu20:11M | משה ית | חוטרה/ידיה#2#/ | ומחה ית כיפה בחטריה |
| 111 | | Dt26:05 | שירויה ושיזבת יתיה מן | ידיה | ונחת למצרים ואתותב תמן |
| 112 | | Gn22:10 | ופשט אברהם ית | ידיה | ונסב ית סכינא למיכוס ית |
| 113 | | Lv25:26 | לא יהווי ליה פרוק ותארע | ידיה | ותשכח כמסת פרקונה: |
| 114 | | Gn38:28 | ונסבת חייתא וקטרת על | ידיה | זיהוריה למימר דין נפק |
| 115 | | Lv14:17 | מותריה דמשחה די על כף | ידיה | יתן כהנא «על רום אדנה» |
| 116 | | Dt16:17 | גבר כמסת אושטות | ידיה | כברכתה דייי אלהכון די יהב |
| 117 | | Lv 5:07 | ואין לא תארע | ידיה | כמסת למיתיה אמר וייתי ית |
| 118 | | Lv12:08 | ואין לא תרע | ידיה | כמסת למייתיה אמר ותסב |
| 119 | | Lv25:28 | ואין לא ארעת | ידיה | כמסת למחזרה לה ויהווי |
| 120 | | Gn41:44 | בר מינך לא יפשוט גבר ית | ידיה | למיסר זונה וית רגלה למרכב |
| 121 | | Lv 5:11 | ואין לא תרע | ידיה | לתרין שפנינין או לתרין |
| 122 | | Gn27:22 | הא קלה קלה דיעקב ומוש | ידיה | מוש ידוי דעשו: |
| 123 | | Gn27:22M | מוש ידוי /ברם ממוש | ידיה | ממוש ידוי#2#/ דעשו: |
| 124 | | Lv 9:17 | וקרב ית מנחתה ומלא כף | ידיה | מנה וסדר על גבי מדבחה |
| 125 | | Ex 4:06 | בחובי ואפיק יתה והא | ידיה | מצרעה כתלגא: |
| 126 | | Ex12:42 | מצריי בפלגות ליליא הוה | ידיה | מקטלה בכוריהון דמצריי |
| 127 | | Ex21:20 | בשרביטה ומית תחות | ידיה | מתפרע מיניה: |
| 128 | | Gn46:04 | לחוד מסוק ויוסף ישוי | ידי«ה» | על עיינך: |
| 129 | | Ex 8:02 | וארכן אהרן ית | ידיה | על מימיהון דמצריי וסלקון |
| 130 | | Ex14:21 | וארכן משה ית | ידיה | על ימא ודבר ייי ית ימא |
| 131 | | Ex14:27 | וארכן משה ית | ידיה | על ימא ואחזור ימא לעדוני |
| 132 | | Lv 3:02 | ויסמוך | ידיה | על ראש קרבניה ויכוס יתיה |
| 133 | | Lv 3:08 | ית | ידיה | על ריש קרבניה ויכוס יתיה |
| 134 | | Lv 3:13 | ויסמוך ית | ידיה | על רישיה ויכוס יתיה קדם |
| 135 | | Lv 4:04 | זימנ' קדם ייי ויסמוך ית | ידיה | על ראשה דתורא ויכוס ית |
| 136 | | Lv 4:24 | ויסמוך | ידיה | על ראשה דצפירה ויכוס |
| 137 | | Lv 4:29 | ויסמוך ית | ידיה | על ראשה דחטאתא ויכוס ית |
| 138 | | Lv 4:33 | ויסמוך ^ית#2# | ידיה | על ראשה דחטאת' ויכוס יתה |
| 139 | | Lv14:28 | כהנא מן משחה די על כף | ידיה | על רום אדנה דמן דמדכי |
| 140 | | Dt11:02 | אלהכון ית תוקפיה וית | ידיה | תקיפתה ואדרעיה מנטלתה: |
| 141 | ידך | Dt15:03 | לך גב אחוך עברייה תשמט | ידך: | |
| 142 | | Ex 4:06 | ואמר ליה תוב אעל כען | ידך | בחובך ואעל ידיה בחובי |
| 143 | | Ex 4:07 | ואמר חזור כען | ידך | בחובך וחזר ידיה בחוביה |
| 144 | | Ex 8:01 | אמר לאהרן ארכן ית | ידך | בחוטרך על נהריא ועל שקיא |
| 145 | | Gn21:18M | /ותוקיפי#2#/ ית | יד«י»ך/ידך#2#/ | ביה ארום לאומה רבה |
| 146 | | Gn22:12 | ואמר לא תפשוט | ידך | ברביה ולא תעבד ליה כל מן |
| 147 | | Ex15:12M | מן קודמך ארכנת ית | ידך | בשבועה ואשתבע לארעא דלית |
| 148 | | Ex 4:04 | ואמר ייי למשה פשט ית | ידך | ואתיקף בקוטניה ופשט ידיה |
| 149 | | Dt23:26M | על קיימתה/שובולין מלא | ידך | ומגל לא תשווי על קיימ#2# |
| 150 | | Gn30:22 | דכן כתבא מפרש ואמר פתח | ידך | ומשביע לכל חיי דאית בהון |
| 151 | | Ex 9:22 | ואמר ייי למשה ארכן ית | <ידך> | לשמיא ויהוי ברדא בכל ארעא |
| 152 | | Ex10:21 | ואמר ייי ארכן | ידך | לשמיא ויהוי חשוכא על ארעא |
| 153 | | Gn 4:07M | רביע ובידך מסרת/ובין | ידך | מסרת#2#/ רשות{ה}{«א» |
| 154 | | Ex 9:22M | "ארכן:" ארעם | ידך | על שמיא |
| 155 | | Ex10:12 | ואמר ייי למשה ארכן | ידך | על ארעא דמצרים בגובא ויסק |
| 156 | | Ex10:21M | /ואמ' מימרי' דייי ארעם | ידך | על שמיא#2#/ ויהוי חשוכא |
| 157 | | Ex14:16 | ארעם ית חוטרך וארכן ית | ידך | על ימא ובזע יתיה ויעלון |
| 158 | | Ex14:26 | ואמר ייי למשה ארכן ית | ידך | על ימא ויחזרון מיא על |
| 159 | | Nu27:18 | שריה עלוי ותסמוך ית | ידך | עלוי: |

| | | | | | | |
|---|---|---|---|---|---|---|
| 160 | | | Ex23:01 | שהדי שקרא לא תשותף | ידך | עם חייבה למהווי ליה סהד |
| 161 | | | Ex15:17 | בית מוקדשך ייי תרתין | ידך | שכללי יתיה: |
| 162 | | | Gn24:02 | בכל מה דליה שוי כען | ידך | תחות ירכי: |
| 163 | | | Gn47:29 | חן וחסד באפיך שוי כען | ידך | תחות קיימי ותעבד עמי חסד |
| 164 | | | Dt 3:24 | עבדך ית תקפך וית גבורת | ידך | תקיפתה די מן אלה כוותך |
| 165 | ידכון | | Dt12:17M | ואפרשות | ידיכון/ידכון#2#/: | |
| 166 | | | Ex12:21M | ונכסו /נגודו | ידכון | מן פולחנא נוכראה ומן בתר |
| 167 | באידה | | Dt 5:15M | פריקין מן תמן | בידה/באידה#2#/ | תקיפה ובאדרע מנטלה |
| 168 | בדיה | | Gn 4:22 | דתובל קין הות נעמה | בדיה | קיניין וזמרין: |
| 169 | ביד' | | Nu22:07M | בידהון /ואגרן חתימן | ביד'#2#/ | ואתון לוות בלעם |
| 170 | בידא | | Ex 6:01 | מה די אעבד לפרעה ארום | בידא | תקיפא ישלח יתהון ובידא |
| 171 | | | Ex13:03 | מן בית שעבודא ארום | בידא | תקיפא אפיק ייי יתכון |
| 172 | | | Dt 7:08M | "ביד תקיפה": | בידא | תקפתא |
| 173 | בידה | | Nu10:13 | על פם גזירת מימר' | בידה | דמשה: |
| 174 | | | Gn48:17 | לא שפר באפוי ואתוקף | בידה | דאבוי למחזרה יתה מעילוי |
| 175 | | | Ex35:25 | וכל אתה דחכימת לבה | בידה | הוות עזלה ית תכלתה וית |
| 176 | | | Dt24:03 | אגרא דשיבוקין וישווי | בידה | ויטרוד יתה מן בייתיה ארום |
| 177 | | | Dt24:01 | לה אגרת שיבוקין וישוי | בידה | וישלח יתה מן בייתה: |
| 178 | | | Ex15:20 | אחתה דאהרן ית תופי | בידה | ונפקו כל נשיא בתרה בתופיא |
| 179 | | | Gn39:16 | וצנעת לבושוי | בידה | עד זמן דאתא רבונה לביתיה: |
| 180 | | | Dt 5:15 | אלהכון פריקין מן תמן | בידה | תקיפה ובאדרע מנטלה בגין |
| 181 | | | Dt26:08 | ייי פריקין מן מצרים | בידה | תקיפה ובאדרע מנטלה ובחזוין |
| 182 | בידהון | | Nu22:07 | וגרין דקסמין חתימין | בידהון | ואתון לוות בלעם ומללו |
| 183 | | | Nu21:34 | ובני בניהון ואתא ונפל | בידהון | ומן בתר כדין אמר ייי |
| 184 | בידי | | Ex17:09 | ביה נסין קדם ייי | בידי: | |
| 185 | | | Dt10:03 | לטורא ותרין לווחי | בידי: | |
| 186 | | | Gn15:01 | דלמא מצוון קלילן דהוה | בידי | בזימנא קדמיה דנפלו קדמיי |
| 187 | | | Gn32:14 | ההוא ונסב מן מה דאיתי | בידי | דורון לעשו אחוי: |
| 188 | | | Gn33:14 | להוני לרגל עבידתא די | בידי | ולרגל טלייא עד זמן די אזל |
| 189 | | | Gn40:11 | וכסא דפרעה | בידי | ונסבת ית ענביא ועצר«ת» |
| 190 | | | Gn39:18 | קלי וצווחת ושבק לבושוי | בידי | וערק לשוק: |
| 191 | | | Nu22:29 | ארום שקרת בי אילו הווה | בידי | חרב ארום כדון קטלת יתיך: |
| 192 | | | Ex32:15 | מן טורא ותרין לוחי | בידי | לווחין כתיבין מן תרין |
| 193 | | | Gn15:01 | עלי או דלמא דלא אשתכח | בידי | מצוה בזמנא תניינא ויתחלל |
| 194 | | | Ex 7:17 | הא אנה מחי בחוטרא די | בידי | על מיא די בנהרא ויהפכון |
| 195 | בידי' | | Gn24:10M | דריבוניה | עמיה/בידי'#2#/ | וקם ואזל לארעא |
| 196 | בידיה | | Gn44:16 | לחוד מן דאשתכח כלידא | בידיה: | |
| 197 | | | Ex 4:20 | ניסין מן קדם ייי | בידי«ה»: | |
| 198 | | | Nu25:07 | כנישתה ונסב רמחא | בידיה: | |
| 199 | | | Nu31:06 | וחצוצרתה דיבבותה | בידיה: | |
| 200 | | | Dt 7:10M | מצוון קלילן דאיתי | בידיה | בעלמא הדין |
| 201 | | | Ex22:03 | {משכת} <משתכחא> תשתכח | בידיה | גנבתה מן תורא עד חמר«א» |
| 202 | | | Gn44:17 | דא גברא דאשתכח כלידא | בידיה | הו יהוי לי עבד ואתון סקון |
| 203 | | | Gn19:16M | /גובריא#2#/ | בידוה/<בי>דיה#2#/ | ובידיה דאיתתיה |
| 204 | | | Nu35:21 | אין בבעל דבבו מחה יתה | בידיה | ומית מתקטלה יתקטיל קטולה |
| 205 | | | Nu22:23 | בארחה וחרבה שליפה | בי{ה}<ד>יה | וסטת אתנתה מן ארחה |
| 206 | | | Nu22:31 | באורחה וחרביה שליפה | בידיה | ועקד ואשתטח על אפוי: |
| 207 | | | Gn11:04 | בראשיה סגדה ונתן חרבא | בידיה | ותיהווי עבד' לקבליה סדרי |
| 208 | | | Dt20:08M | ליבה מן חובה די | בידיה | יהך ויחזור לבייתיה ולא |
| 209 | | | Gn22:06 | על יצחק בריה ונסב | בידי«ה» | ית אשתא וית סכינא ואזלו |
| 210 | | | Ex21:16 | גבר ויזבן יתיה וישתכח | בידיה | מתקטלא יתקטיל: |
| 211 | | | Ex34:04 | היך מה דפקד יתיה ונסב | בידיה | תרין לווחין דאבנין: |
| 212 | בידך | | Ex 7:15 | די אתהפך לחיוי תסב | בידך: | |
| 213 | | | Ex 4:17 | וית חוטרא הדין תיסב | בידך | די תעבד בה ית נסי פרישתא: |
| 214 | | | Ex 4:02 | ייי מה הוא ^דאן#2#^ | בידך | ואמר חטר: |
| 215 | | | Gn38:18 | ושו{ת}<ש>פך וחוטרך די | בידך | ויהב לוותה ועל לוותה ועברת |
| 216 | | | Ex11:08M | וכל עמא דעמך/דאית | בידך#2#/ | ומ«ן» בתר כדון אפוק |
| 217 | | | Ex17:05 | מחית בה ית נהרא תיסב | בידך | ותיזל: |
| 218 | | | Ex 4:21 | חמי כל נסי די שווית | בידך | ותעבדינון קדם פרעה ואנה |
| 219 | | | Nu21:34 | לא תדחל מן קדמוי ארום | בידך | מסרית יתיה וית כל עמיה |
| 220 | | | Dt 3:02 | משה לא תדחל מנה ארום | בידך | מסרית יתיה וית כל עמיה וית |
| 221 | | | Gn16:06 | אברם לשרי הא אמתיך | בידך | עבדי לה מה דשפיר באפיך |
| 222 | | | Gn16:06M | בידך /אמהתיך מסירה | בידך#2#/ | עבדי לה מה דשפיר באפיך |
| 223 | | | Gn16:05 | מחוסי ושרוי צערי מסיר | בידך | שבקית ארעי ובית תלדוותי |
| 224 | בידכון | | Gn43:12 | בפום טעוניכון תחזרון | בידכון | דילמא שלו הות: |
| 225 | | | Gn43:12 | וכסף בכפלה סבו | בידכון | וית כספא דאתחזר בפום |
| 226 | | | Gn 9:02 | ובכל נונוי דימא רבה | בידכון | מסרת: |
| 227 | בידן | | Dt 3:03 | ומסר ייי אלהן | בידן | לחוד ית עוג מלכא דבותנין |
| 228 | | | Ex10:25 | ואמר משה לחוד את תתן | בידן | נכסין ועל{י}<ו>ן ונקרב קדם |
| 229 | דבידן | | Nu31:49 | עמא ע{מ}<ב>די קרבה | דבידן | ולא אסתכם מינהון בר נש: |
| 230 | ואידה | | Dt 7:19M | ואתייה ופרישתה | וידה/ואידה#2#/ | תקיפתה ואדרעה |
| 231 | וידא | | Gn37:22 | לגובא הדין די במדברא | וידא | דקטולין לא תפש<ט>ון ביה |
| 232 | וידה | | Dt 7:19 | ואתייה ופרישתה | וידה | תקיפתה ואדרעה מנטלתה די |
| 233 | ובידא | | Ex 6:01 | בידא תקיפא ישלח יתהון | ובידא | תקיפא יטרוד יתהון מן |
| 234 | ובידך | | Gn 4:07 | ועל תרע לבה חטאך רביע | ובידך | מסרת רשות{{ה}}«א» דיצרה |
| 235 | מידא | | Ex 4:26 | הדא דשיזב לחתניה הדין | מידא | דמלאך מותא: |
| 236 | מידיה | | Nu21:26M | ונסב ית כל ארעא | מניה/מידיה#2#/ | עד ארנונה: |
| 237 | ידי | d const | Dt27:15 | דסני ומרחק קדם ייי עבד | ידי | אומן ולא ישווי יתיה בטמרה |
| 238 | | | Dt27:15 | דסני ומרחק קדם ייי עובד | ידי | אומן וישוי יתיה בטמרה |
| 239 | | | Ex29:09M | וקרבן \ידיהון דבנוי | /ידי | בנוי#2#/: |
| 240 | | | Dt 4:28 | ותפלחון תמן טעוון עובד | ידי | בר נש טעוון דקיס טעוון |
| 241 | | | Gn32:03 | ייי אתין למשיזבא יתי מן | ידי | תריהון בגין כן קרא שמיה |
| 242 | בידי | | Gn30:35M | ושוי \ביד בנוה«י» | /בידי | בנוי#2#/: |
| 243 | | | Dt 3:02M | לדרייה דהוא מסר יתיה | בידי | בנוי |
| 244 | | | Gn22:10M | פסיל ונהוי חייב מות | בידי | שמייא |
| 245 | וידי | | Dt17:07 | בקדמיתה למיקטל יתיה | וידי | כל עמא באחרייתה ותבערון |
| 246 | | | Gn16:12 | ידוהי ישלטון בכלא | וידי | כלא ישלטון ביה וקדם כל |
| 247 | ידוהי | d em/sf | Lv 9:22 | וזקף אהרן ית | ידוהי | בצלו על עמה וברך יתהון |
| 248 | | | Lv14:18 | ומה דמשתייר די על כף | ידוהי | דכהנא יתן על ראשיה דמן |
| 249 | | | Gn16:12 | מדמי לערד בבני אנשא | ידוהי | ישלטון בכלא וידי כלא |
| 250 | ידוי | | Ex 4:04M | בכף ידה /לחוטר בכף | ידוי#2#/: | |
| 251 | | | Gn33:10 | כדין דחמית סבר אפיך מן | ידוי | ארום מן בגין כן ארע' היך |
| 252 | | | Gn48:14 | רישיה דמנשה שלחף ית | ידו«י» | ארום מנשה הוה בכורה: |
| 253 | | | Lv14:32M | ביום דכותיה /תארע בן | ידוי | ביומא דכוותה#2#/: |
| 254 | | | Lv11:27 | וכל דמהלך על כפי | ידוי | בכל חייתה דמהלכה על ארבע |
| 255 | | | Lv 8:27M | \כפי ידיהון דבנוי /כף | ידוי | בנוי#2#/ ואניף יתהון אנפו |
| 256 | | | Ex17:11 | והוה כד הוה משה זקף ית | ידוי | בצלו הוון דבית ישראל |
| 257 | | | Nu10:35M | נטל הוה משה קאים | ידוי | בצלו ואמר קום כען מימריה |
| 258 | | | Nu10:36M | שרי הוה משה זקיף | ידוי | בצלו ואמ[ר] תוו כען ממריה |
| 259 | | | Ex29:09 | לקיים עלם ותשלם קרבן | ידוי | דאהרן וקרבן ידיהון דבנוי: |
| 260 | | | Ex29:24M | על כפי/כף#2#/ | /\ידוי | דאהרן ועל כפי#2#/ |
| 261 | | | Lv 8:27 | ויהב ית כולה על כפי | ידוי | דאהרן ועל כפי ידיהון |
| 262 | | | Nu 4:33 | פלחנהון במשכן זמנה על | ידוי | דאיתמר ברה דאהרן כהנה |
| 263 | | | Ex17:12 | וחד מן דא סט' והויין | ידוי | דמשה זקיפן בצלו מדכרא |
| 264 | | | Gn48:22 | אברהם אבוי דאבה מן | ידוי | דנמרוד רשיעא ויהב יתיה |
| 265 | | | Gn27:22 | דיעקב ומוש ידיה מוש | ידוי | דעשו: |
| 266 | | | Gn27:22M | אוריתא שלטין ביה | ידוי | דעשו |
| 267 | | | Gn27:22M | /ברם ממוש ידיה ממוש | ידוי#2#/ | דעשו: |

|  |  |  |  |  |  |
|---|---|---|---|---|---|
| 268 | Gn32:12 | | יתי כען מן ידוי דאחי מן | ידוי | דעשו ארום דחל אנא מנה דלא |
| 269 | Gn48:22 | | אחוי ואנה נסבת יתיה מן | ידוי | דעשו אחוי לא בחרבי ולא |
| 270 | Gn32:12 | | שיזב יתי כען מן | ידוי | דאחי מן ידוי דעשו ארום |
| 271 | Nu 5:25M | | ויסב כהנה מן | ידא/ידוי#2/ | דאתתה ית מנחתה דאקנתה |
| 272 | Dt25:11 | | למשיזבה ית בעלה מן | ידוי | דדין דמחי יתה ותפשוט ידה |
| 273 | Lv14:28 | | דמדכי דימינה ועל אליון | ידוי | דימינה ועל אליון רגליה |
| 274 | Lv14:26M | | יריק כהנא על כף | ידיה/ידוי#2/ | דכהנה דשמאלה: |
| 275 | Ex 4:26M | | הדין מידא/מן | ידוי#2/ | דמלאך מותא/מחבלא#2/: |
| 276 | Nu 6:19 | | דפטיר חד ויתן על כפי | ידוי | דנזירה מן בתר די«י» ספר |
| 277 | Dt17:07 | | | ידוי | דסהדיא יפשטן ביה בקדמיתה |
| 278 | Ex18:10 | | מן ידיהון דמצריי ומן | ידוי | דפרעה דשיזב ית עמא מן תחות |
| 279 | Dt 7:08 | | מן בית שעבוד עבדיה ומן | ידוי | דפרעה מלכא דמצרים: |
| 280 | Nu35:25 | | עם כנישתה ית קטולא מן | ידוי | דתבע אדמא ויחזרון יתה עם |
| 281 | Gn49:24 | | ואשרי בתקיפה רוחצניה פשט | ידוי | ואדרעוי למבעיה רחמין מן |
| 282 | Nu24:10 | | דבלק על בלעם וספח בכף | ידוי | ואמר בלק לבלעם למלוט |
| 283 | Gn28:10M | | יתה בחדא ידא/מן | ידוי#2/ | ואשקי ית ענא דלבן אחוי |
| 284 | Lv14:22M | | ידה/יוון די יארע בן | ידוי | ויהווי#2/ ויהוי חד |
| 285 | Lv25:26M | | /ויש#2/ /יארע בין | ידוי | וישכ#2/ כמסת פרקונה: |
| 286 | Lv25:49M | | ידיה ויתפרק /דארע בן | ידוי | וית#2/: |
| 287 | Ex17:12M | | אחידין בידוי/בתרתי | ידוי#2/ | חד מן דא סטרא וחד מן דא |
| 288 | Gn16:12M | | \ידוהי ישלטון | /ידוי | ישלטן#2/ בכלא וידי כלא |
| 289 | Ex32:19 | | רוגזה דמשה וטלק מן | ידוי | ית לוחיא ותבר יתהון |
| 290 | Lv 7:30 | | | ידי{י}ו<י> | יתון ית קרבנוי ית תרבה |
| 291 | Dt33:07 | | יתיה מן סדרי קרבה בשלם | ידוי | יתפרען לה מן בעלי דבביהון |
| 292 | Gn27:23 | | חכם ית«י»ה ארום הוון | ידוי | כידוי דעשו אחוי שערניין |
| 293 | Lv 5:07M | | תארע \ידיה כמסת \בין | ידוי | כמ#2/ למיתיה אמר וייתי |
| 294 | Lv14:21M | | ידה ויסב /ב{ו}<ן> | ידוי | כמסת ויס#2/ אמר חד |
| 295 | Nu 6:21M | | \תרע ידה /יארע בין | ידוי#2/ | כפם נדרה כדן/כן#2/ |
| 296 | Lv21:10 | | וישל«ם» ית קרבן | ידוי | למלבש ית לבושיה ית ראשיה |
| 297 | Lv16:32 | | יתיה ודי ישלם ית קרבן | ידוי | למשמשה בכהונתה רבתה בתר |
| 298 | Lv 5:11M | | ידיה לתרין/תארע בין | ידוי | לתריין#2/ שפנינין או |
| 299 | Ex17:11 | | ומנצחין וכד הוה מנע | ידוי | מן למצלייה הוון דבית עמלק |
| 300 | Lv25:28M | | \ארעת ידיה/יארע בין | ידוי | משכ#2/ כמסת למחזרה לה |
| 301 | Lv22:27 | | דגברא תמימא דלבש בגו{י} | ידוי | משכין דגדיין בני עזין |
| 302 | Ex21:16M | | וישתכח בידיה/בין | ידוי#2/ | מתקטלא יתקטיל |
| 303 | Lv 1:04 | | ויסמוך | ידוי | על ראשה דעלתא ויתרעי ליה |
| 304 | Lv16:21 | | אהרן ית ^תרתין#2^ | ידוי | על ראשה דצפירה דבחיין |
| 305 | Nu27:23 | | וסמך ית | ידוי | עלוי ופקד עלוי ופקד יתיה |
| 306 | Dt34:09 | | דחכמה ארום סמך משה ית | ידוי | עלוי ושמעו ליה בני ישראל |
| 307 | Lv 9:22M | | אהרן על דוכנה וזקף | ידוי | קבל עמה ובריכינון ופסק |
| 308 | Ex 9:33 | | פרעה ית קרתא ופרס כף | ידוי | קדם ייי ואתמנעו קליא וברדא |
| 309 | Dt33:11 | | שבטה דבנוי דלוי וקרבן | ידוי | תקבל» ברעווה תבר חרצה |
| 310 | Ex 3:20 | ידי | ית מצראיי בכל {פרישות | ידי} | <פרישותי די> אעבד ביניהון |
| 311 | Ex 9:29 | | ית קרתא אפרש ית כפי | ידי | קדם ייי קלייא ותמנעון |
| 312 | Dt24:19M | ידי' | ידיכון/אושטות | ידי#2/: | |
| 313 | Ex 9:29M | ידיא | ית כפי/כף#2/ | ידי/ידיא#2/ | קדם ייי קלייא ותמנעון |
| 314 | Ex29:29 | ידיהון | ולמשלמה בהון ית קרבן | ידיהון: | |
| 315 | Ex29:35 | | יומין תשלמון ית קרבן | ידיהון: | |
| 316 | Gn48:22 | | ובעובדיי טבייא מן | ידיהון | דאמוראי דטבין לי מן חרבי |
| 317 | Ex29:09 | | קרבן ידוי דאהרן וקרבן | ידיהון | דבנוי: |
| 318 | Ex29:24 | | ותשוי כל{י}<א> על כפי | ידיהון | דבנוי ותניף יתהון אנפו |
| 319 | Lv 8:27 | | ידוי דאהרן ועל כפי | ידיהון | דבנוי ואניף יתהון אנפו |
| 320 | Ex29:20 | | דבנוי דימינא ועל אליון | ידיהון | דימינא ועל אליון רגליהון |
| 321 | Lv 8:24 | | דימינה ועל אליון | ידיהון | דימינה ועל אליון רגליהו' |
| 322 | Ex14:30 | | ההוא ית ישראל מן | ידיהון | דמצריי וחמון ישראל ית |
| 323 | Ex18:09 | | די שיזב יתהון מן | ידיהון | דמצריי: |
| 324 | Ex18:10 | | ייי די שיזב יתכון מן | ידיהון | דמצריי ומן ידוי דפרעה |
| 325 | Ex 3:08 | | בממרי למשיזבא יתהון מן | ידיהון | דמצרייה ולמסקא יתכון מן |
| 326 | Dt17:07M | | | ידוי/ידיהון#2/ | דסהדיא יפשטן ביה |
| 327 | Gn39:01 | | אספקלטריה גבר מצראי מן | ידיהון | דסרקיי די אוחתו יתיה |
| 328 | Nu21:07 | | ית חיויא וצלי משה על | ידיהון | דעמא: |
| 329 | Ex10:28M | | בך ואמסור יתך בין | ידיהון | דעמה אליין די תבעו יתך |
| 330 | Dt32:36 | | גלי קדמוי ארום מטת | ידיהון | דצדיקיה ואנון שביקין |
| 331 | Ex 2:19 | | גבר מצרייה שיזב יתן מן | ידיהון | דרעייא ואף מדלי דלה לן |
| 332 | Dt 3:08M | | ^יד#2^ תרין /<מן> | ידיהון | דת#2/ מלכיהון דאמוריי |
| 333 | Gn37:21 | | ראובן ושזיב יתיה מן | ידיהון | ואמר לא נקטול יתיה |
| 334 | Gn19:10 | | ופשטו גובריא ית | ידיהון | ואעילו ית לוט לוותהון |
| 335 | Ex30:19 | | אהרן ובנוי מנה ית | ידיהון | וית רגליהון: |
| 336 | Ex40:31 | | משה אהרן ובנוי ית | ידיהון | וית רגליהון: |
| 337 | Lv 8:28 | | משה יתהון מעילוי כפי | ידיהון | וסדר על גבי מדבחה על עלתה |
| 338 | Ex30:21 | | ויקדשון | ידיהון | ורגליהון ולא ימותון ותהוי |
| 339 | Ex32:04 | | וקבל מן | ידיהון | ורמה יתה בטופסא ויעשהו |
| 340 | Ex29:25 | | ותקבל יתהון מן | ידיהון | ותסדר על גבי מדבחה על |
| 341 | Ex28:41 | | יתהון ותשלם ית קרבן | ידיהון | ותקדש יתהון וישמשון קדמוי |
| 342 | Gn37:22 | | למשיזבא יתיה מן | ידיהון | למחזרה יתיה לוות אבוי: |
| 343 | Ex29:33 | | בהון למשלמה ית קרבן | ידיהון | למקדשא יתהון וחילוניי לא |
| 344 | Nu 3:03 | | די מרבין די אשלמו קרבן | ידיהון | למשמשה בכהונתה רבתה: |
| 345 | Nu31:50 | | מן אדרעיהון שירין מן | ידיהון | עזקין מן אצבעתהון |
| 346 | Ex29:10 | | ויסמך אהרן ובנוי ית | ידיהון | על ריש תורא: |
| 347 | Ex29:15 | | ויסמכון אהרן ובנוי ית | ידיהון | על ראשה דדיכרא: |
| 348 | Ex29:19 | | ויסמוך אהרן ובנוי ית | ידיהון | על ריש תורא: |
| 349 | Lv 4:15 | | חכימי עם כנשתא ית | ידיהון | על ראשה דתורא קדם ייי |
| 350 | Lv 8:14 | | וסמך אהרן ובנוי ית | ידיהון | על ראש תורה דחטאתה: |
| 351 | Lv 8:18 | | וסמכו אהרן ובנוי ית | ידיהון | על ראשה דדכרה: |
| 352 | Lv 8:22 | | וסמכו אהרן ובנוי ית | ידיהון | על ריש דדכרה: |
| 353 | Lv24:14 | | ית מן דשמעון י{ד}<ת> | ידיהון | על ראשה וירגמון יתיה כל |
| 354 | Nu 8:10 | | ויסמכון בני ישראל ית | ידיהון | על לוויי: |
| 355 | Nu 8:12 | | וליוויי יסמכון ית | ידיהון | על ראשי תורייה וקרב ית חד |
| 356 | Dt21:06 | | לקטילה יסחון ית | ידיהון | על עגלתה דקטילה בנחלה: |
| 357 | Gn48:22M | ידיהן | ובעבדיי{'} טב<י>א מן | ידיהן | דאמורא' דהוויי' טבין לי |
| 358 | Lv 8:22M | | אהרן ובנוי ית | ידיהון/ידיהן#2/ | על ריש דדכרה/דכ'#2 |
| 359 | Dt 9:15 | ידיי | קיימה יהיבין על תרתין | ידיי: | |
| 360 | Dt32:39 | | דמסי ולית דמישיזיב מן | ידיי: | |
| 361 | Nu14:30M | | ידי /ארעמית ית | ידיי#2/ | בשבועה למשריה יתכון בה |
| 362 | Dt32:40 | | ארום זקפת ית | ידיי | בשבועה לשמיא ואמרית חי |
| 363 | Gn 3:18M | | לעות ידי נאכל /מן לעות | ידיי | וניכל#2/ מזון מן פירי |
| 364 | Dt 9:17 | | יתהון מעילווי תרתין | ידיי | ותברית יתהון לעיינכון: |
| 365 | Gn 4:11 | ידיך | ית אדמה דאחוך מן | ידיך: | |
| 366 | Gn21:18 | | ית טליא ותוקפו ית | יד«י»ך | ביה ארום לאומה רבה אשוי |
| 367 | Gn49:08 | | ולשמך יתקרון כל יהודים | ידיך | יתפרעון לך מן בעלי דבביך |
| 368 | Ex 7:19 | | לאהרן סב חוטרך וארכן | ידיך | על מימהון דמצריי על נהרייא |
| 369 | Ex15:17M | | בית מקדשך ייי תרתין | ידיך | שכלליין יתיה |
| 370 | Ex23:01M | ידיכ' | אלהכון לשקר ולא תשוון | ידיכ' | עם חי' עמי' בני ישרא' לא |
| 371 | Ex39:43 | ידיכון | להון תשרי שכינתה בעבד | ידיכון: | |
| 372 | Lv 8:33 | | יומין ישלם ית קרבן | ידיכון: | |
| 373 | Dt12:17 | | ונדבתיכון ואפרשות | ידיכון: | |
| 374 | Dt12:18 | | ייי אלהכון בכל אושטות | ידיכון: | |
| 375 | Dt15:10 | | עובדיכון ובכל אושטות | ידיכון: | |

376 Dt24:19 ייי אלהכון בכל עובד ידיכון:
377 Dt31:29 ייי למכעסה יתיה בעבד ידיכון:
378 Dt12:07 ותחדון בכל אושטות ידיכון אתון ואינשי בתיכון די ברך
379 Dt30:09 ייי אלהכון בכל עבד ידיכון בפרי וולד מעיכון ובפרי
380 Dt14:29 ייי אלהכון בכל עובד ידיכון די תעבדון:
381 Dt16:10 ייי אלהכון כמסת אושטות ידיכון די תתנון היך מה די יברך
382 Dt28:20 וית מזופתה בכל אושטות ידיכון די תעבדון עד זמן די
383 Dt15:10M בכל עובדיכון/עובד ידיכון#2/ ובכל אושטות ידיכון:
384 Dt28:08 באוצריכון ובכל אושטות ידיכון ויברך יתכון בארעא דייי
385 Dt26:04 כהנא סלא דביכוריה מן ידיכון ויצנע יתיה קדם מדבחה דייי
386 Dt12:11 מעשרכון ואפרשות ידיכון וכל שפר נדריכון די תדרון
387 Ex39:43M לאשראה שכינתיה בעובדי ידיכון ולא ישלטון עממייה בעובדי
388 Dt12:06 וית מעשרכון וית אפרשות ידיכון ונדריכון ונדב{ד}‹ת›יכון
389 Dt16:15 בכל עללתכון ובכל עובד ידיכון ותהוון לחוד {ח} עמי
390 Dt28:12 ולמ«ב»רכה ית כל עבד ידיכון ותצרכון לאומין סגין ואתון
391 Ex32:29 משה אשלימו קרב{ו}‹נ› ידיכון יומא הדין קדם ייי ארום
392 Dt13:10 ארום מקטל תקטלון יתיה ידיכון ישלטון ביה בקדמיתה למקטלה
393 Dt15:11 למימר מפתח תפתחון ית ידיכון לאחיכון למסכינייה
394 Dt15:08 ארום מפתח תפתחון ית ידיכון לה ומזבדה תזבדון לה כמסת
395 Ex39:43M ישלטון עממייה בעובדי ידיכון לעלמי עלמין
396 Ex23:16 וחגא דחצדא בכרת עבד ידיכון מה די אתון מפקין וזרעין
397 Dt15:07 לבביכון ולא תקפצון ית ידיכון מן אחיכון מסכינייה:
398 Ex23:16 דשתא במכנשכון ית עבד ידיכון מן אפי ברא:
399 Dt23:21 ייי אלהכון בכל אושטות ידיכון על ארעא די אתון עלין לתמן
400 Dt 2:07M בכל עבדי/˄עובד#2/ ידיכון#2/ גל/ידע#2/ קדמוי
401 ידינן Dt32:27 שנאיהון בעלי דבביהון ידינן אתפרען לן מן בעלי דבבינן
402 Dt21:07 ויענון ויאמרון ידינן לא שפכן ית אדמא הדין
403 Gn 5:29 מן עבדינן ביש׳ ומן גזל ידינן מן ארעא די אתליטת במימר
404 Dt 8:17 בלבביכון חיילן ותקוף ידינן קנון לן ית נכסייה האליין:
405 בידוהי Gn19:16 ואשתהי ואתוקפו גבריא בידוהי ובידיה דאיתתיה וביד תרתין
406 בידוי Gn39:22M \תחות רשותא דיוסף בידוי/ דיוסף#2/ ית כל חבושיה
407 Ex34:29 ותרין לוחי{ה} סהדותא בידוי דמשה במחתה מן טורא ומשה
408 Gn38:25 יתהון ויהבת יתהון בידוי דדיינ«י»א ואמרת ליה
409 Gn40:12 דפרעה ושוי«ת» כסא בידוי דפרעה היא כסא דפורענתא
410 Dt19:12 מן תמן וימסרון יתיה בידוי דתבע אדמא ויקטל יתיה:
411 Ex17:12 וחור הוון אחידין בידוי חד מן דא סטרא וחד מן דא
412 Lv22:27M דלבש \בגו{י} ידוי/בידוי#2/ משכין דגדיין בני
413 בידי׳ Gn16:05M בידך שבקית/ מסירין בידי׳ שב#2/ ארעי ובית
414 בידיהון Dt 7:10 מצוון קליל{י}ן דהוי בידיהון:
415 Dt 7:10M דאתי׳ בידיהון בעלמ׳ הדין מן בגלל
416 Dt 1:27 דמצרים למסר יתן בידיהון דאמוריי למישיצי יתן:
417 Ex10:28 רוגזי בך ואמסר יתך בידיהון דעמא דהון תבעין נפשך
418 Gn35:04 ית כל פלחנא נכריה די בידיהון וית קדשיא די באדנהון
419 Gn43:15 הדא וכסף מכופלה נסבו בידיהון וית בנימן וקמו ונחתו
420 Nu21:03 צלותהון דישראל ומסר בידיהון ית כנעניי ושיצי יתהון
421 Ex 5:21 שליטוי למתן חרבא בידיהון למקטליה יתן:
422 Gn43:26 לה ית דורון די בידיהון לפלטורין ושאלון בשלמיה
423 Dt 1:25 ונסבו בידיהון מן פירי ארעא ו{נ}‹א›חיתו
424 בידייה Gn 4:22M קיניין/היא הות בידייה קינין#2/ וזמרין:
425 בידיך Dt23:26 דחברך ותקטוף פירוכין בידיך ומגל דחצד לא תעבר על
426 בידיכון Dt 2:30 מן בגלל למסור יתיה בידיכון ביומא הדין:
427 Dt 7:24 וימסור מלכיהון בידיכון ותו{ס}‹ו›פון ית שמהן
428 Dt14:25 בכסף ותצורון כספא בידיכון ותיזלון לאתרה די יתרעי
429 Ex12:11 ברגליכון וחוטריכון בידיכון ותיכלון יתיה בבהילו מאכס
430 Dt 7:02M ייי אלהכון קדמיכון/בידיכון#2/ ותקטלון
431 Dt20:13 וימסר יתה ייי אלהכון בידיכון ותקטלון ית כל דכורה
432 Dt21:10 יתהון ייי אלהכון בידיכון ותשבון מנהון שבייה:
433 Ex23:31 רבא ארום אמסר{א} בידיכון ית כל דיירי ארעא ואטרוד
434 Dt 2:24 חמון דהא מסרית בידיכון ית סיחון מלכא דחשבון
435 Dt13:18 ולא ידבק בידיכון מן חרמה מן בגלל דיחזור
436 בידינן Nu21:02 תמסור ית עמא האליין בידינן ואשיצי ית קריהון:
437 Nu31:49M עמה דחיל קרבה דאית בידינן לא אתפקד מינן גבר
438 Gn43:22 וכספא חורן אחתנן בידינן למזבן מזון לא ידעינן מן
439 Dt 3:03M ומסר ייי אלהן בידן/בידינן#2/ לחוד/להוד#2/ ית
440 Ex10:25M להוד#2/ את תתן בידן/בידינן#2/ נכסין/נכיסן#2/
441 בידנא Gn43:21 במתקליה וחזרנן יתיה בידנא:
442 דבידינן Nu31:49M ע{מ}‹ב›די קרבה דבידך/דבידינן#2/ ולא אסתכם מינהון
443 דידיהון Nu16:15M תסתכל לדורון דידיהון לא חמ‹רא› ‹...› נסיבית
444 ובידוי Nu 5:18 מנחת דקנאותה היא ובידוי דכהנא יהוון מיא מריריה
445 Nu11:26 ומגוג סלקין לירושלם ובידוי דמלכא משיחה אינון נפלין
446 ובידי Nu 5:18M {וית} מנחת קנתה היא ובי{ו}די דכהנה יהוון מיה בדוקיה
447 ובידיה Gn19:16 ואתוקפו גבריא בידוהי ובידיה דאיתתיה וביד תרתין בנתיה
448 וידוי Ex17:12 דמשה הויין זקיפן בצלו וידוי
449 Lv15:11 וכל די יקרוב ביה דיבה וידוי לא שזיג במיא יחוור לבושוי
450 וידיהון Dt13:10 בקדמיתה למקטלה יתיה וידיהון דכל עמא באחריתה:
451 וידינן Gn37:27 אתו ונזבן יתיה לסרקעין וידינן לא נפשט ביה ארום אחונן
452 כידוי Gn27:23 ארום הוון ידוי כידוי דעשו אחוי שערניין וברך
מן יד *adv.* **See also:**

## familiar spirit *n.* ידוע

[!!]

001 ידוע s ab/cn Lv20:06M יסתכל בתר בידין וגרם ידוע {{למסעי}} בתריהון ואחל

## to confess (itpa.) *vb.* ידי

[235]

001 יודוך afel Gn49:08 יהודה לך יודוך אחך ולשמך יתקרון כל
002 אודינן Dt26:03 האינון ותימרון לה אודינן ושבחינן יומא הדין ושבחין
003 נודה Ex15:21 וענת להון מרים נודה ונשבח קדם ייי גיותנה
004 Ex15:21M והוו מענ׳ לה׳ מרים נודה ונשבחה קדם ייי "כי"
005 נודי Gn29:35 בר ואמרת הדה זמנה נודי ונשבח קדם ייי בגין כדין
006 Ex15:01 קדם ייי ואמרין למימר נודי ונשבח קדם ייי דכל מן
007 ואודו Gn43:28 הא הוא בחיין ועקדו ואודו ושבחו:
008 Ex12:27 בתינן שזיב ועקדו עמא ואודו ושבחו:
009 Ex 4:31M ועקדו ואודן/ואודו#2/ ושבחן:
010 ואודי Gn47:31M וקיים ליה בשבועה ואודי ומן דאתגלי איקר שכינתי׳
011 Gn23:07M בנימוס ארעא דבני חת ואודי/ ושבח לעמיה דארעא#2/:
012 Gn24:26 ועקד גברא ואודי ושבח לשמא דייי:
013 Gn24:52M עבדא דאברהם מליהון/ ואודי ושבח לשמה/קוד׳#2/ ייי
014 Gn47:31 אשתבע לי ואשתבע ליה ואודי ושבח ישראל על ריש דרגשא:
015 Ex34:08 ואוחי משה ועקד לארעא ואודי ושבח:
016 Gn23:11M בנימוס ארעא דבני חת ואודי/ {לעמיה} לעמא דארעא קדם
017 ואודית Gn24:48M "ועקדת": ואקדת ואודית ושבחת קדם ייי וברכת ית
018 ואודן Ex 4:31 קדמוי ית צערון ועקדו ואודן ושבחן:
019 ואודת Gn24:48 ועקדת ואודת ושבחת לשמה דייי
020 ויתודון ettafal Lv26:40 ויתודון ית חוביהון וית חובי
021 ויתודי Lv16:21 על ראשה דצפירה דבחיין ויתודי עלוי ית כל חובהון דבני
022 ויתוודון Nu 5:07 ויתו«ו»דון ית חובתהון דעבדו וחזרו
023 ויתוודי Lv 5:05 יתחייב לחדא מן אלין ויתוודי על מה דאתחייב עלוי:
024 ומתוודין Dt 3:29 בכיין על חובינן ומתוודין על חטאינן על די אדבקנן

# ידע *vb.* to know

[235]

|  |  |  |  |  |  |
|---|---|---|---|---|---|
| 001 | יד' peal | Lv 5:18M | והוא לא \הוה | ידע/יד'#2#/ | וישת«רי» וישתביק |
| 002 | ידיע | Gn 5:24 | בקושטא קדם ייי ולית | ידיע | אן הוא <....> אתנגד במימר |
| 003 | ידע | Gn31:32 | לך מה עמי וסב לך ולא | ידע | יעק«ב» ארום רחל גנבת |
| 004 | | Gn28:16 | באתרה הדין ואנה לית אנה | ידע: | |
| 005 | | Lv 5:01 | שהד או די חמה או די | ידע | אין לא יתני יקבל חובוי: |
| 006 | | Gn12:11 | ואמר לשרי אתתה הא כען | ידע | אנא ארום את שפירת חזי' את: |
| 007 | | Gn48:19 | וסרב אבוי ואמר | ידע | אנא ברי ידע אנה אף הוא |
| 008 | | Gn18:19M | ארום \גלי הוא קדמיי | /ידע | אנה#2#/ מן בגלל די יפקד |
| 009 | | Gn48:19 | אבוי ואמר ידע אנא ברי | ידע | אנה אף הוא יהווי לאמה ואף |
| 010 | | Ex 4:14 | אהרן אחוך ליווי«ה» | ידע | אנה ארום ממללה ימלל הוא |
| 011 | | Ex 9:30 | ואת ושלטונך | ידע | אנה ארום על דקדם אתון |
| 012 | | Ex 9:30M | /ואת פרעה ועבדיך | ידע#2#/ | אנה ארום על דקדם אתון |
| 013 | | Nu22:06 | יתהון מן ארעא ארום | ידע | אנה ^ית מה#2#^ די את מברך |
| 014 | | Dt 3:19 | וטפליכון ובעירכון | ידע | אנה ארום בעיר סגין אית |
| 015 | | Dt31:29 | ארום | ידע | אנה בתר מיתותי ארום מחבלה |
| 016 | | Gn12:11M | \כען ידע אנא ארום /אנה | ידע | ארו'#2#/ את שפירת חזי' |
| 017 | | Gn33:13 | ואמר ליה רבוני | ידע | ארום טלייא מחטין ועגא |
| 018 | | Gn38:16 | אעול לוותיך ארי לא הוה | ידע | ארום כלתה היא {ארום תעול |
| 019 | | Ex 3:19M | ואנה | ידעת/ידע#2#/ | ארום לא ישבו«ק» |
| 020 | | Ex34:29 | מן טורא ומשה לא הוה | ידע | ארום נהר זיו איקרהון דאפוי |
| 021 | | Gn19:33 | רבתא ושמישת עם אבוה ולא | ידע | בדמכה ובמקמה: |
| 022 | | Lv19:16M | אדמה דחברך בזמן דאת | ידע | בה קשיט בדינה כדין אמר |
| 023 | | Gn19:35 | זעיראתא ושמשת עמה ולא | ידע | במדמכה ובמקמה: |
| 024 | | Nu11:16 | מן חכימי ישראל די את | ידע | דאינון חכימי עמא וסרכי הון |
| 025 | | Gn28:11M | לאבנ' חדא ביהוא זמנא | ידע | דהוא עתיד למיסב ארבע נשין |
| 026 | | Gn 4:09 | ואמר לית אנ{{א}}«ה» | ידע | הא נטורא דאחי אנה: |
| 027 | | Gn47:06 | בארעא דגשן ואן את | ידע | ואית בהון גברין גברי חיל |
| 028 | | Lv 5:17 | די לא כשרין למתעבדה ולא | ידע | ואתחייב ויקבל חובוי: |
| 029 | | Dt 4:42 | חברי{ח}<ה> בתקוף בדלא | ידע | והוא לא הוה סני יתיה לא מן |
| 030 | | Dt19:04 | די יקטול ית חבריה בלא | ידע | והוא לא הוה סני יתיה לא מן |
| 031 | | Nu 6:09 | דסמיך ליה בתכיף דלא | ידע | ויסאב ריש נזירותיה ויספר |
| 032 | | Lv 5:18 | די אשתלי והוא לא הוה | ידע | וישת«רי» וישתביק ליה: |
| 033 | | Lv 5:03 | בה ויתכסי מנה והו' | ידע | ויתחייב: |
| 034 | | Lv 5:04 | ויתכסי מניה והוא | <ידע> | ויתחייב לחדא מן אילין: |
| 035 | | Gn27:02M | יומי מיתתי /לית אנא | ידע | יום מי'#2#/: |
| 036 | | Gn30:29 | ואמר ליה את | ידע | ית מה די פלחת קדמ{ת}<ך> |
| 037 | | Nu10:31M | "כדן ... לסהדותה": כן | ידע | ית משריין במדברה ותיהווי |
| 038 | | Gn37:30 | אנה הכא ואנה לית אנה | ידע | לאן אנה אזל: |
| 039 | | Gn37:30 | אחוי ואמר טליא לית אנה | ידע | לאן אנה הכא ואנה לית אנה |
| 040 | | Lv19:16 | קטולוי דחברך בזמנה דאת | ידע | ליה זכו בדינא אמר ייי: |
| 041 | | Gn 2:09 | דכל מן דהוה אכל מנה | ידע | למפרשה בין טב לביש: |
| 042 | | Gn 2:17 | דכל מן דהוה אכל מינה | ידע | למפרשה בין טב לבי' לא |
| 043 | | Gn42:36 | לדותינא לית אנא | <ידע> | מה הוה בסופיה ואתון בעין |
| 044 | | Gn21:26M | \לא ידעית /לית אנא | ידע#2#/ | מן עבד ית פתגמא הדין |
| 045 | | Ex 5:02 | ית ישראל לית פרעה | ידע | מן הוא ייי וית ישראל לית |
| 046 | | Gn39:06 | דיוסף ולא הו«ה» | ידע | מן בתריה כל מאן דעם ארום |
| 047 | | Gn39:08 | דרבוניה הא רבוני לא | ידע | מן בתריה <....> מה דליה |
| 048 | | Nu10:31 | יתן ארום בגין כדן דאת | ידע | נסיא דעבד ייי עמן בכל אתר |
| 049 | | Gn25:27 | ורבו טליא והוה עשו גבר | ידע | צידה גבר מרי חקלין ויעקב |
| 050 | | Dt 2:07M | ידיכון#2#/ | גל'/ידע#2#/ | קדמוי הלכותכון |
| 051 | | Gn 2:09M | דהוה אכל מנה ידע/הוה | ידע#2#/ | למפרשה/מפ'#2#/ בין טב |
| 052 | ידעו | Nu21:15M | רישי טורייה מלעיל ולא | ידעו | נסיה בנחלי ארנון ולחיית |
| 053 | ידעון | Dt 8:03M | לא חכמתון ולא | חכימ/ידעון#2#/ | אבהתכון מן בגלל |
| 054 | | Lv23:43 | {מן} מן בגלל די | ידעון | דריכון ארום בענני איקר |
| 055 | ידעין | Ex16:15 | מנא הוא ארום לא הון | ידעין | משה ואמר משה להון הוא |
| 056 | | Gn42:23 | ואנון לא | ידעין | ארום <....> היך תרגומן הוה |
| 057 | | Gn43:07 | יהוד' הא מידע הוינן | ידעין | ארום יימר אחיתו ית |
| 058 | | Dt20:20 | לחוד אילנה דאתון | ידעין | די לא אילן עבד פירין הוא |
| 059 | | Ex10:26 | ייי אלהן ואנן לית אנן | ידעין | כמה נפלח קדם ייי עד זמן |
| 060 | | Gn 3:05 | כמלאכין מן קדם ייי | ידעין | למפרשה בין טב לביש: |
| 061 | | Gn 2:25 | ועד כדון לא הוון | ידעין | מה היא בהתתה: |
| 062 | | Gn42:13 | דנפק מן לוותן לית אנן | ידעין | מה הוה בסופיה: |
| 063 | | Gn42:32 | מן דנפק מלוותן לית אנן | ידעין | מה הוה בסופיה וזעירא יומא |
| 064 | | Ex32:01 | ארעא דמצרים לית אנן | ידעין | מה הווה בסופה: |
| 065 | | Ex32:23 | ארעא דמצרים לית אנן | ידעין | מה הוה בסיפי: |
| 066 | | Dt21:01M | לית אנן | ידעין | מן קטל |
| 067 | | Nu21:15 | מן אדמיהון ולא הוון | ידעין | נסיה וגבורתה דעבד ייי |
| 068 | ידעינן | Gn43:22 | בידינן למזבן מזון לא | ידעינן | מן שוי כספא בטעוננא: |
| 069 | ידעית | Gn28:16M | \לית אנה ידע /לא | ידעית#2#/: | |
| 070 | | Gn20:06M | אנא \גלי | קדמיי/ידעית#2#/ | ארום בתמימות לבך |
| 071 | | Ex18:11M | הא \כדון ידעת /כדו | ידעית#2#/ | וגלי הוא לי ארום תקוף |
| 072 | | Gn27:02 | ואמר הא כען סבית לא | ידעית | יומי מיתתי: |
| 073 | | Gn21:26 | ואמר אבימלך לא | ידעית | מן עבד ית פתגמא הדין ואף |
| 074 | ידעת | Gn18:21 | הא אינון קדמי כדלא | ידעת: | |
| 075 | | Gn22:12 | כל מן מדעם ארום כדון | ידעת | ארום דחל מן קדם ייי את ולא |
| 076 | | Ex 3:19 | ואנה | ידעת | ארום לא ישבו«ק» יתכון |
| 077 | | Nu22:34 | דייי חטאת ארום לא | ידעת | ארום את קיים מתעתד לקדמותי |
| 078 | | Ex18:11 | הא כדון | ידעת | וגלי הוא לי ארום תקוף הוא |
| 079 | | Dt31:27 | ארום הא אנה כען | ידעת | ית תורעמנותכון וית קדלכון |
| 080 | | Gn21:26M | לי ואוף אנ{ת}<א> לא | ידעת | עד זמן יומא הדין |
| 081 | | Gn30:26 | קדמיך בהן ואזיל ארום את | ידעת | פלחני די פלחית קדמך: |
| 082 | ידעתון | Gn44:15 | עבדא הדין די עבדתון הלא | ידעתון | ארום מקסם יקסם רב ושלט |
| 083 | | Gn44:27 | <ואמר> עבדך אבה לן אתון | ידעתון | ארום תרין בנין ילידת לי |
| 084 | | Nu20:14 | אחיכון ישראל אתון | ידעתון | ית כל עקיה די ארעון יתן: |
| 085 | | Dt29:15 | ארום | ידעתון | ית מה די שרינן בארעא |
| 086 | | Dt 7:15M | בישייא די | חכמתון/ידעתון#2#/ | לא ישוי יתהון בכון |
| 087 | | Ex23:09 | לא תדחקון ארום אתון | ידעתון | נפשא דגיורא ארום גיורין |
| 088 | ידעתן | Gn31:06 | | ידעתן | ארום בכל חיילי פלחית קדם |
| 089 | אדע | Gn15:08 | מן קדמיך במה כען | {אדן}<אדע#2#> | ארום אירת יתה: |
| 090 | | Gn24:14 | זמנת לעבדך ליצחק ובה | אדע | ארום עבדת חסד עם רבוני: |
| 091 | | Gn42:33 | גברא רבוניה דארעא בדא | אדע | ארום היימנין אתון חד מנכון |
| 092 | | Gn18:17M | יתה עד זמן דאודע/די | אדע#2#/ | יתיה: |
| 093 | נדע | Dt18:21 | במחשבת לבבכון אכדן | נדע | ^ית#2#^ פתגמא די לא מלל |
| 094 | תדע | Gn15:13 | ואמר לאברם מדע | תדע | ארו' גיורין ותותבין יהוון |
| 095 | | Ex 7:17 | כדן אמר ייי בדא | תדע | ארום אנה ייי הא אנה מחי |
| 096 | | Ex 7:17M | דייי בהדא זמנא | תדע#2#/ | ארום אנה \הוא#2#/ ייי |
| 097 | | Ex 9:14 | ובעמך מן בגלל די | תדע | ארום לית כוותי בכל ארעא: |
| 098 | | Ex10:07 | ייי אלההון קדם עד לא | תדע | ארום מישתייציא היא מצרים: |
| 099 | | Lv19:18 | ולא תמנע זכותה דחבר' כד | תדע | בה דאית לה זכו בדינה ולא |
| 100 | תדעון | Nu16:28 | ואמר משה בדא | תדעון | ארום מן קדם ייי אשתלחת |
| 101 | | Ex11:07 | ועד בעיר מן בגלל די | תדעון | די יפרש ייי בין מצריי |
| 102 | מדוע | Gn15:13M | ואמר לאברם | מדע/מדוע#2#/ | תדע ארו' גיורין |
| 103 | מדע | Gn15:13 | ואמר לאברם | מדע | תדע ארו' גיורין ותותבין |
| 104 | מידע | Gn43:07 | האליין ואמר יהוד' הא | מידע | הוינן ידעין ארום יימר |
| 105 | דידע | Gn20:16 | מה דילי לא הוינה כמסת | דידע | אברהם צדיקה דלא חכמת יתך: |
| 106 | | Nu21:15 | ורמז רבון כל עלמא ייי | דידע | מה בלבביה וגלי קדמוי מה |
| 107 | דידעה | Gn 3:22 | ומנה תקום אומ' חדא | דידעה | למפרשה בין טב לביש אילו |
| 108 | דע | Gn20:07 | לית את מחזי«ר» יתה | דע | ארום ממת תמות אבימלך וכל |

|  |  |  |  |  |  |
|---|---|---|---|---|---|
| 109 | דתדע | Ex 8:18 | ערב{ו}<ר>בא מן בגלל | דתדע | ארום אנה הוא ייי דממרי שרי |
| 110 | | Ex 9:29 | לא יהוי תוב מן בגלל | דתדע | ארום דייי ה{ו}<י>א ארעא: |
| 111 | דתדעון | Dt29:05 | לא שתיתון מן בגלל | דתדעון | ארום אנה ^הוא#2^ ייי |
| 112 | דתידע | Ex 8:06 | ואמר כמיליך מן בגלל | דתידע | ארום לית כייי אלהן: |
| 113 | וידוע | Dt33:03 | הלא גלי | וידוע | קדמוי דלא בנוי דעשו ולא |
| 114 | וידיע | Gn 3:05 | ארום גלי | וידיע | קד' ייי ארום ביומא די |
| 115 | | Nu12:02M | לחוד בן מלל וגלי | וידיע | קדם |
| 116 | | Dt33:03M | הלא גלי/גלוי#2/ | וידוע/וידיע#2/ | קדמוי דלא בנוי |
| 117 | | Gn22:14 | מן קדמיך ייי כולא גלי | וידיע | קדמיך דלא הווה בלבי פלגו |
| 118 | וידיעין | Dt 1:15M | יתהון רברב{נ}ין | /וידיעין | ושווית יתהון רברבין#2/ |
| 119 | וידע | Gn38:09 | | וידע | אונן ארום לא לשמיה יתקרון |
| 120 | | Gn 8:11 | עלה דזי' קטים בפומה | וידע | נח ארום קלו מיא מעלוי |
| 121 | | Nu24:16 | דשמע מימר מן קדם ייי | וידע | דיעה מן קדם עליה וחזיו שדי |
| 122 | | Gn 9:24 | ואתעיר נח מן חמריה | וידע | ית מה דעבד ליה בריה זעירא: |
| 123 | | Gn36:39 | חיוי ועתר וקנה נכסין | וידע | מה הוא כספא ומה הוא דהבא: |
| 124 | וידעו | Gn 3:07 | עייני תריהון | וידעו | ארום ערטלין אינון וחזיטו |
| 125 | | Ex14:18 | | וידעו | מצרי ארום אנה ייי |
| 126 | | Ex 7:05 | | וידעו | מצריי ארום אנה ^הוא#2^ |
| 127 | וידעון | Ex10:02M | ביניכון#2/ | ותדעון/וידעון#2/ | ארום אנה ^הוא#2^ |
| 128 | | Ex29:46 | | וידעון | ארום אנה הוא ייי אלההון |
| 129 | | Nu14:31M | <ואעל יתהון> | וידעון | ית אר#2/ די מאסתון בה: |
| 130 | | Ex14:04 | ובכל חיילוותיה | וידעון | מצריי ארום אנה הוא ייי |
| 131 | ואדוע | Ex33:05M | מעילוויכון | ואדוע#2/ | אעבד לכון: |
| 132 | ואדע | Gn42:34 | אחוכון ית זעירא לוותי | ואדע | ארום לא ללין אתון ארום לא |
| 133 | | Ex33:05 | גבר מני זיינן מעלוי | ואדע | מה אעבד לכון: |
| 134 | | Nu22:19 | אוף אתון בליליה הדין | ואדע | מה יוסיף מן קדם ייי |
| 135 | ותדעון | Ex 6:07 | מימרי לכון לאלה פרוק | ותדעון | ארום אנה הוא ייי אלהכון |
| 136 | | Ex10:02 | וית נסיי די שוית בהון | ותדעון | ארום אנה ^הוא#2^ ייי: |
| 137 | | Ex16:06 | לכל בני ישראל ברמשא | ותדעון | ארום ייי אפיק יתכון |
| 138 | | Nu16:30 | ויחתון חיין לשאול | ותדעון | ארום ארגיזו גברייה אליין |
| 139 | | Dt 7:09 | | ותדעון | ארום ייי אלהכון הוא אלה |
| 140 | | Dt 4:39 | | ותדעון | יומא הדין ותתובון על |
| 141 | | Nu14:34 | חוביכון ארבעין שנין | ותדעון | ית תורעמנותי: |
| 142 | ותידע | Nu32:23M | ית#2/ חוביכון | /ותידע | חובי#2/ די יארעון |
| 143 | ותידעון | Ex16:12 | ובצפרא תשבעון לחם | ותידעון | ארום אנה הוא ייי אלהכון: |
| 144 | | Dt 9:06 | | ותידעון | ארום לא בזכוותהון ייי |
| 145 | | Dt 9:03 | | ותידעון | יומא הדין ארום ייי |
| 146 | | Dt11:02 | | ותידעון | יומא הדין ארום לא ית |
| 147 | | Nu32:23M | /ית#2/ קדם ייי | /ותידעון | ית#2 חוביכון/ותידע |
| 148 | | Dt 8:05M | \ותתפיסון עם | /ותידעון | על#2/ לבביכון ארום |
| 149 | למדע | Ex31:13 | ביני וביניכון לדריכון | למדע | ארום אנה הוא ייי דקדשית |
| 150 | | Dt13:04 | מנסי ייי אלהכון יתכון | למדע | הא אית רחמין ית אולפן |
| 151 | למידע | Ex 2:04 | ואתעתדת אחתיה מרחוק | למידע | אחתיה מה אתעביד ליה: |
| 152 | | Ex10:07M | כדן לא אתבוננתא | למידע#2/ | ארום מישתייציא |
| 153 | | Dt 4:35 | אתון איתחמיתון | למידע | ארום ייי הוא אלה לית אחרן |
| 154 | | Gn24:21 | הוה שתי ומסתכל בה שתק | למידע | הא אן אצלח ייי אורחה או |
| 155 | | Ex36:01 | ייי חכמה וסכלתנו בהון | למידע | ולמעב«ד» ית כל עבידת |
| 156 | | Dt29:03 | ולא יהב ייי לכון לב | למידע | ועיינין למחמי ואדנין |
| 157 | | Dt 8:02 | יתכון <למנסייה יתכון> | למידע | ית מה דאית במחשבת לבבכון |
| 158 | | Nu12:16 | לה מרים על גיף נהרא | למידע | מה יהווי בסופ«י»ה דמשה |
| 159 | אודע afel | Ex33:13 | אשכחית חן וחסד קדמיך | אודע | יתי כען ית אורחתך ואדחל |
| 160 | אודעת | Ex33:12 | ית עמא האיליין ואת לא | אודעת | יתי ית מה דתשלח עמי ואת |
| 161 | | Ex 6:03 | ברם שמי תקיפא ייי לא | אודעת | להון: |
| 162 | יודע | Nu16:05M | למימר בצפרה | וידע/יודע#2/ | ייי \מן דמן דידה /כל |
| 163 | דאודע | Gn41:39 | ליוסף מן בתר {בתר} | דאודע | ייי יתך כל דא לית סכלתן |
| 164 | | Gn18:17 | דלא איפוך יתה עד זמן | דאודע | יתיה: |
| 165 | ואודע | Ex18:16 | בין גבר ובין חבריה | ואודע | יתהון ית קיימוי דייי וית |
| 166 | | Ex33:13M | באפיך וחמי /ס{ו}בתה | ואודע | יתך מן בגלל למשכחה חן |
| 167 | ואודעת | Ex33:17M | יתן בשם דרבן /קודמוי | ואודעת | יתך בשם טב#2/: |
| 168 | | Nu16:05 | כל כנשתה למימר בצפרה | וידע | ייי מן דמן דידה וית קדישוי |
| 169 | ותודע | Ex18:20 | וית גזירת אורייתא | ותודע | להו«ן» ית ארחא די |
| 170 | למודעה | Dt 8:03 | חכימן אבהתכון מן בגלל | למודעה | יתכון ארום «לא על לחמא |
| 171 | איתידע etpeel | Ex 2:14M | אתידע /מין קושטין | איתידע#2/ | פתגמא: |
| 172 | אתידע | Ex 2:14 | ודחל משה ואמר הא כען | אתידע | פתגמא: |
| 173 | יתיידע | Lv 4:23M | או \אין | אתודע/יתיידע#2/ | ליה חובתיה/יתודע |
| 174 | | Dt21:01M | באפי ברה לא | אתודע/יתיידע#2/ | מן קטיל/קטל#2/ |
| 175 | אתודע | Gn41:21 | ועללין לגו מעיהון ולא | אתודע | ארום עלו לגו מעיהן |
| 176 | | Ex21:36 | אין | אתודע | ארום תור נגשן הוא מן |
| 177 | | Nu12:06M | ייי בחזווה עלוי | אתודע | בחלם א'#2/ עלוי ובחלמין |
| 178 | | Lv 4:23 | או אין | אתודע | ליה חובתיה דאתחיי' עלה |
| 179 | | Lv 4:28 | או אין | אתודע | ליה חובתיה די אתחייב |
| 180 | | Dt21:01 | קטיל ומטלק באפי ברה לא | אתודע | מן קטיל יתיה: |
| 181 | אתוודע | Lv 4:28M | אתודע/יתודע#2/ ליה | /אתוודע | עלוי#2/ חובתיה די |
| 182 | יתודע | Ex21:36M | אין | אתודע/יתודע#2/ | ארום תור נגשן |
| 183 | | Ex33:16 | ובמה | יתודע | כדון ארום אשכחת חן וחסד |
| 184 | | Lv 4:28M | או \אין | אתודע/יתודע#2/ | ליה /אתוודע עלוי#2 |
| 185 | | Lv 4:23M | /יתיידע#2/ ליה חובתיה | /יתודע | עלוי חובת#2/ דאתחיי' |
| 186 | יתוודע | Gn41:31 | ולא | יתוודע | שבעה בארעא מן קדם כפנא |
| 187 | איתודע ettafal | Gn45:01M | /גבי'#2/ כד | אתחכם/איתוודע#2/ | יוסף לאחוי: |
| 188 | ויתודע | Lv 4:14M | | ותתודע/ויתודע#2/ | חובתה די אתחייבו |
| 189 | ותתודע | Lv 4:14 | | ותתודע | חובתה די אתחייבו עלה |

**See also:** *v.* אשתמודע

## יהב *vb.* to give [235]

|  |  |  |  |  |  |
|---|---|---|---|---|---|
| 001 | הב peal | Gn38:25 | צלותה ואמר למיכאל חות | הב | יתהון לה תלתא שהדוי ואנהרון |
| 002 | | Gn14:21 | ואמר מלכא דסד' לאברם | הב | לי נפשתא וממונה סב לך: |
| 003 | | Gn29:21 | ואמר יעקב ללבן | הב | לי ית אתתי «ארי אשלימני» |
| 004 | | Gn30:01 | באחת«ה» ואמרת ליעקב | הב | לי בנין ואין לא מיתה אנה: |
| 005 | | Gn30:26 | | הב | לי ית נשי וית בני די פלחית |
| 006 | | Ex 8:05 | ואמר משה לפרעה | הב | לי סימן ואתרחיץ עלי עד |
| 007 | | Gn47:15 | מצראי לוות יוסף למימר | הב | לן לחם ולמה נמות כלקבלך |
| 008 | | Gn47:17 | מצראי לוות יוסף למימר | הב | לן לחם ויהב להון יוסף מזון |
| 009 | | Ex17:02 | ואדינו עמא עם משה ואמרין | הב | לן מיין ונשתי ואמר להון |
| 010 | | Nu11:13 | ארום יבכון קודמוי למימר | הב | לן בשר ונאכל: |
| 011 | | Nu27:04 | ארום לית ליה בר דכר | הב | לן אחסנה בגו אחי אבונן: |
| 012 | הבו | Dt32:03 | ואתון עמי בני ישראל | הבו | איקר ותושבחה ורוממו |
| 013 | | Gn23:04 | אנה דייר ותותב אנה עמכון | הבו | לי אחסנו דקבורה עמכון |
| 014 | | Ex 7:09 | ימלל עמכון פרעה למימר | הבו | לכון סימן ותימר לאהרן סב |
| 015 | | Dt 1:13 | | הבו | לכון גוברין חכימין |
| 016 | | Gn34:09 | והתערבו לן בנתכון | הבו | לן וית בנתן תסבון לכון: |
| 017 | הבי | Gn30:14 | אמיה ואמרת רחל ללאה | הבי | כען לי מן יברוחי דבריך: |
| 018 | | Gn38:16 | וסטה לוותה לארחה ואמר | הבי | כען אעול לוותיך ארי לא הוה |
| 019 | היבו | Gn34:08M | \אסבו יתה כען לה לאתה | /היבו | כען יתה ליה לאתו#2/: |
| 020 | | Gn29:22M | ועדרי ענינן סגון וכדו | היבו | לי עצה מה נעבד בה וישרי |
| 021 | | Gn47:16M | יוסף \אייתון בעירכון | /היבו | נכסיהון#2/ ואתן לכון |
| 022 | יהב | Gn25:06 | ולבנוי לחינתי די לאברהם | יהב | אברהם דורון ושלח יתהון |
| 023 | | Gn46:18 | אלין בניה דזלפה די | יהב | לבן ללא«ה» ברתיה וילדת |
| 024 | | Gn46:25 | אלין בנוי דבלהה די | יהב | לבן לרחל ברתיה וילידת ית |

|  |  |  |  |  |  |
|---|---|---|---|---|---|
| 025 | | Nu 7:07 | עיגלן וית ארבעה תורין | יהב | משה לבני דגרשון כמסת |
| 026 | | Nu 7:08 | עגלין וית תמניה תוריה | יהב | משה לבני דמררי כמסת |
| 027 | | Nu 7:09 | ולבנוי דקהת לא | יהב | משה לא מן עגלתה ולא מן |
| 028 | | Gn41:48 | דקרתא די חזר חזר לה | יהב | בגווה: |
| 029 | | Dt25:13 | בה ומתקל זעיר למהווי | יהב | בה: |
| 030 | | Dt25:14 | בה ומכלה זעירה למיהווי | יהב | בה: |
| 031 | | Dt18:14M | לכון ייי אלהכון /לא כן | יהב | בחולקך ייי אלהך#2#/: |
| 032 | | Ex35:34 | ולמלפא | יהב | בלביה הוא ואהליאב בר |
| 033 | | Gn30:18 | ואמרת לאה | יהב | ייי אגרי די יהבת אמתי |
| 034 | | Gn31:07 | ית אגרי עשרה זמנין ולא | יהב | ייי רשו{י} למבאשא לי: |
| 035 | | Ex16:15 | משה להון הוא לחמא די | יהב | ייי לכון למיכל: |
| 036 | | Lv26:46M | אוריתה די | שווי/יהב#2#/ | ייי בין מימריה ובין |
| 037 | | Dt 1:21M | אלהיכון קדמ«י»כון | /יהב | ייי אלהן קדמ#2#/ ית ארעא |
| 038 | | Dt 2:12 | לארע תותבותהון די | יהב | ייי להון: |
| 039 | | Dt 9:11 | יומין וארבעין לילוון | יהב | ייי לי אמר משה ית תרין |
| 040 | | Dt12:01 | די תטרון למעבד בארעא די | יהב | ייי אלה אבהתכון לכון למירת |
| 041 | | Dt12:21 | תוריכון ומן עניכון די | יהב | ייי לכון היך מה די פקדית |
| 042 | | Dt28:52 | קורייכון בכל ארעכון די | יהב | ייי אלהכון לכון: |
| 043 | | Dt28:53 | בשר בניכון ובנתכון די | יהב | ייי אלהכון לכון בצער |
| 044 | | Dt29:03 | ולא | יהב | ייי לכון לב למידע ועיינין |
| 045 | | Dt33:04 | אורייתה פקד יתן משה | יהב | יתה ירתו ואחסנה לקהל |
| 046 | | Gn48:22 | אבה ויצח«ק» אבה | יהב | יתיה לעשו אחוי ואנה נסבת |
| 047 | | Gn30:08M | \דיהב לאחתי לחוד/די | יהב | ללאה אחתי ולחוד#2#/ |
| 048 | | Gn25:34 | ויעקב | יהב | לעשו לחם ותבשיל דטלופחין |
| 049 | | Gn24:53 | ויהב לרבקה ודורון | יהב | לאחיה ולאמה: |
| 050 | | Nu13:02 | ית ארעא דכנען די אנה | יהב | לבני ישראל גבר חד לשבט |
| 051 | | Dt32:49 | ית ארעא דכנען דאנה | יהב | לבני ישראל לאחסנה: |
| 052 | | Dt32:52 | לא תיעול לארעא די אנה | יהב | לבני ישראל: |
| 053 | | Nu25:12 | בשבועה אמר הא אנה | יהב | לה ית קיימי שלם: |
| 054 | | Gn47:22 | וייכלון ית חולקהון די | יהב | להון פרעה {בדין} בגין כדין |
| 055 | | Nu32:07 | ישראל מלמעבר לארעא די | יהב | להון ייי: |
| 056 | | Nu32:09 | דלא מיעול לארעא די | יהב | להון ייי: |
| 057 | | Gn38:16 | תעול לוותי} ואמרת מה את | יהב | ל<י> ארום תעול לוותי: |
| 058 | | Gn48:09 | יוסף לאבוי בני אנון די | יהב | לי ייי הכא ואמר דבר כען |
| 059 | | Gn43:23 | ואלהה דאבהתכון | יהב | לכון סימן בטעוניכון כספכון |
| 060 | | Ex 5:10 | כדין אמר פרעה לית אנה | יהב | לכון תבן: |
| 061 | | Ex16:29 | חמון ארום ייי | יהב | לכון שובתא בגין כדין הוא |
| 062 | | Ex16:29 | שובתא בגין כדין הוא | יהב | לכון ביומא שתיתיא לחם |
| 063 | | Ex20:12 | על ארעא דייי אלהכון | יהב | לכון: |
| 064 | | Lv10:17 | קודש קדשין היא ויתה | יהב | לכון למטעון ית חובי עם |
| 065 | | Lv14:34 | לארעא דכנען די אנה | יהב | לכון אחסנה ואשוי מכתש צרעה |
| 066 | | Lv23:10 | תיעלון לארעא די אנה | יהב | לכון ותחצדון ית חצדה |
| 067 | | Lv25:02 | תיעלון לארעא די אנה | יהב | לכון ותשמט ארעא שמטה לשמה |
| 068 | | Nu15:02 | בית מידוריכון ד«י» אנה | יהב | לכון: |
| 069 | | Dt 3:18 | ההיא למימר ייי אלהכון | יהב | לכון ית ארעה הדה למירת יתה |
| 070 | | Dt 3:20 | ית ארעא דייי אלהכון | יהב | לכון בעבר ירדנה ותחזרון |
| 071 | | Dt 4:01 | ארעא דייי אלה אבהתכון | יהב | לכון: |
| 072 | | Dt 4:21 | «טבתה» דייי אלהכון | יהב | לכון לאחסנה: |
| 073 | | Dt 4:40 | על ארעא די ייי אלהכון | יהב | לכון כל יומיא: |
| 074 | | Dt 5:16 | על ארעא דייי אלהכון | יהב | לכון: |
| 075 | | Dt 5:31 | ויעבדון בארעא די אנה | יהב | לכון למירת יתה: |
| 076 | | Dt 7:16 | נכסי אמייה דייי אלהכון | יהב | לכון לא יחוסון עייניכון |
| 077 | | Dt 8:10 | אלהכון על ארעא טבתה די | יהב | לכון: |
| 078 | | Dt 8:18 | דייי אלהכון ארום הוא די | יהב | לכון חיילה למקני נכסין |
| 079 | | Dt 9:06 | לא בזכוותהון דייי אלהכון | יהב | לכון ית ארעא טבתה הדה |
| 080 | | Dt11:17 | ארעא טבתה דממרא דייי | יהב | לכון: |
| 081 | | Dt11:31 | ית ארעא דייי אלהכון | יהב | לכון ותרתון יתה ותשרון |
| 082 | | Dt12:09 | ולאחסנותה דייי אלהכון | יהב | לכון: |
| 083 | | Dt12:15 | בשר כברכתיה דייי אלהכון | יהב | לכון בכל קורייכון דמרחק מן |
| 084 | | Dt12:15M | דייי אלהכון יהב/די | יהב#2#/ | לכון בכל קורייכון |
| 085 | | Dt13:13 | מן קורייכון דייי אלהכון | יהב | לכון למשרי תמן למימר: |
| 086 | | Dt15:04 | דייי בארעה דייי אלהכון | יהב | לכון אחסנה למירת יתה: |
| 087 | | Dt15:07 | בארעכון דייי אלהכון | יהב | לכון לא תתוקפון ית לבביכון |
| 088 | | Dt16:05 | מן קורייכון דייי אלהכון | יהב | לכון: |
| 089 | | Dt16:17 | כברכתה דייי אלהכון די | יהב | לכון: |
| 090 | | Dt16:18 | קורייכון דייי אלהכון | יהב | לכון לשבטיכון וידונון ית |
| 091 | | Dt16:20 | ית ארעא דייי אלהכון | יהב | לכון: |
| 092 | | Dt17:02 | מן קורייכון דייי אלהכון | יהב | לכון גבר או אתה די יעבד מה |
| 093 | | Dt17:14 | לארע' דייי אלהכון | יהב | לכון ותירתון יתה ותשרון |
| 094 | | Dt18:09 | עללין לארעא דייי אלהכון | יהב | לכון לא תלפון למעבד |
| 095 | | Dt18:14 | בני ישראל לא כוותהון | יהב | לכון ייי אלהכון: |
| 096 | | Dt19:02 | בגו ארעכון דייי אלהכון | יהב | לכון למרת יתה: |
| 097 | | Dt19:14 | בארעכון דייי אלהכון | יהב | לכון למירת יתה: |
| 098 | | Dt20:16 | האליין דייי אלהכון | יהב | לכון אחסנה לא תקיימון |
| 099 | | Dt21:01 | קטיל בארעא דייי אלהכון | יהב | לכון למירת יתה קטיל ומטלק |
| 100 | | Dt24:04 | ית ארעא דייי אלהכון | יהב | לכון אחסנה: |
| 101 | | Dt26:01 | לארעא דייי אלהכון | יהב | לכון אחסנה ותרתון יתה |
| 102 | | Dt26:02 | מן ארעכון דייי אלהכון | יהב | לכון ותשוון בסלה ותזלון |
| 103 | | Dt26:11 | ותחדון בכל טובה די | יהב | לכון ייי אלהכון |
| 104 | | Dt27:03 | תעלון לארעא דייי אלהכון | יהב | לכון ארע עבדין פירין נקיין |
| 105 | | Dt28:08 | יתכון בארעא דייי אלהכון | יהב | לכון: |
| 106 | | Gn45:22 | לכולהון | יהב | לכל גבר אסטולי ולבוש |
| 107 | | Lv20:03 | מגו עמה ארום מן בנוי | יהב | למעברה בנורא קדם פלחנה |
| 108 | | Dt 1:20 | דאמוריי די ייי אלהן | יהב | לן: |
| 109 | | Dt 1:25 | היא ארעא דייי אלהן | י{ת}<ה>ב | לן: |
| 110 | | Dt 2:29 | הדן לארעא דייי אלהן | יהב | לן: |
| 111 | | Dt33:04M | אורייתה\פקד יתן | /יהב | לן#2#/ משה יהב יתה ירתו |
| 112 | | Dt33:02 | מן גו להבי אשתה ואוריתה | יהב | לעמיה: |
| 113 | | Dt 4:08M | הדה די אנה | סדר/^מס#2#^/יהב#2#/ | קדמיכון יומא |
| 114 | | Dt11:26M | חמון דהא אנה \כען | סדר/יהב#2#/ | קדמיכון יומא הדין |
| 115 | | Dt11:32M | דינייה די אנה | סדר/יהב#2#/ | קדמיכון יומא הדין |
| 116 | | Ex 9:23 | ית חוטריה לשמיא וייי | יהב | קלין וברד והלכת אשתא בגו |
| 117 | | Ex21:08 | רשיי למזבנה ית' חלף די | יהב | רשותא עליה: |
| 118 | | Gn45:22 | אסטולי ולבוש ולבנימן | יהב | תלת מאה סלעין דכסף וחמש |
| 119 | יהב' | Gn15:02M | ממריה דייי סגין ברכן | יהב' | |
| 120 | יהבה | Gn18:17M | במתנתה \דיהבת /די | יהבה#2#/ | לה בדינה/בדנה#2#/ הוא |
| 121 | יהבו | Ex39:18 | סטרי{ה} תרתין קליעתה | יהבו | על תרתין מאחדתה ויהבו |
| 122 | יהבי' | Gn 6:03M | מחה גמירא הלא רוחי | יהבי' | בבני אנשא דיעבדון עובדין |
| 123 | יהבין | Nu 8:16 | ארום מתנה אינון | יהבין | לי מן גו בני ישראל חלף |
| 124 | | Gn29:22 | סגון וכדון מה אתון | יהבין | עצה ונישרי יתה בינינן הכה |
| 125 | יהבית | Gn20:16 | ולשרה אמר הא | יהבית | אלף דסלעין ועל כולא |
| 126 | | Gn 6:03 | מן גוא עלמא הא רוחי | יהבית | בבני אנשא מן בגלל דאינון |
| 127 | | Nu18:11 | אנפות בני ישראל לך | יהבית | ולבנך ולבנתך עמך לקיים |
| 128 | | Nu33:53 | ותשרון בגווה ארום לכון | יהבית | ית ארעא למירת יתה: |
| 129 | | Dt 2:05 | דרגלה ארום ירתו לעשו | יהבית | ית טורא דגבלה: |
| 130 | | Dt 2:09 | ירתו ארום לבנוי דלוט | יהבית | ית לחיית ירתו: |
| 131 | | Dt 3:15 | ולמכיר | יהבית | ית גלעדה: |
| 132 | | Gn27:37M | רב ושליט | שוית/^שוית#2#^/יהבית#2#/ | יתה לך וית כל |

|  |  |  |  |  |  |
|---|---|---|---|---|---|
| 133 | | Lv 6:10 | לא תתפאי חמיע חלקהו׳ | יהבית | יתה מן קרבנוי קדיש קדישין |
| 134 | | Lv20:24M | ית ארעהון ואנה | אתן/יהבית#2/ | יתה לכון למרת |
| 135 | | Dt 2:19 | ירתו ארום לבנוי דלוט | יהבית | יתה ירתו: |
| 136 | | Gn 1:29 | אילן דמזרעין זרע לכון | יהבית | יתהון למזון: |
| 137 | | Nu18:12 | די יפרשון לשמה דייי לך | יהבית | יתהון: |
| 138 | | Nu18:21 | ולבנוי דלוי הא | יהבית | כל מעשר דישראל לאחסנה |
| 139 | | Gn23:13 | אן לווי את מקבל מני הא | יהבית | כספא דחקלא קבל מני ונקבר |
| 140 | | Nu20:24 | ארום לא ייעול לארעא די | יהבית | לבני ישראל על די סרבתון |
| 141 | | Nu27:12 | הדין ותחמי ית ארעא די | יהבית | לבני ישראל: |
| 142 | | Dt22:16 | לחכימייה ית ברתי | יהבית | לגברא הדין לאתה וסני יתה: |
| 143 | | Nu20:12 | ית קהלה הדין לאתרא די | יהבית | להון: |
| 144 | | Gn20:06 | קדמי בגין כדון לא | יהבית | לך רשו למקרב לוותה: |
| 145 | | Gn23:11 | לא רבוני קבל מני חקלא | יהבית | לך ומערתא דביה לך אתן יתה |
| 146 | | Gn23:11 | אתן יתה לקבל בנוי דעמא | יהבית | לך קבר מתך: |
| 147 | | Gn23:11 | יתה לך קבר ביתך לקבל | יהבית | לך קבר מתך למיקבר ית מתי |
| 148 | | Gn23:11 | לא רבוני קבל מני חקלא | יהבית | לך ומערתא דביה לך אתן יתה |
| 149 | | Gn48:22 | ואנא | יהבית | לך חולק חד יתיר על אחך |
| 150 | | Gn48:22 | מן חרבי ומן קשתי ועוד | יהבית | לך חולק חד יתיר על אחיך |
| 151 | | Nu18:08 | עם אהרן ואמר ואנה הא | יהבית | לך ית מטרת אפרשותי לכל |
| 152 | | Nu18:19 | בני ישראל לשמה דייי | יהבית | לך ולבניך ולבנתך עמך |
| 153 | | Gn 1:29 | ואמר אקריה דייי הא | יהבית | לכון ית כל עשביא דמזרעין |
| 154 | | Gn 6:03 | בשר ועובדיהון בישין הא | יהבית | לכון ארכא מאה ועשרין שנין |
| 155 | | Gn 9:03 | יהווי למיכל כירק עשבי׳ | יהבית | לכון ית כלא: |
| 156 | | Lv17:11M | היא ואנה | יהבת/<יה>בית#2/ | לכון יתה על גבי |
| 157 | | Nu18:26 | בני ישראל ית מעשרה די | יהבית | לכון מן לוותהון |
| 158 | | Dt 3:19 | ישרון בקורייכון די | יהב«י»ת | לכון: |
| 159 | | Dt 3:20 | גבר לירותתיה די | יהבית | לכון: |
| 160 | | Dt 9:23 | עולו וירתו ית ארעא די | יהבית | לכון וסריבתון על פם גזירת |
| 161 | | Dt30:19 | דחיי וית אורחה דמתותה | יהבית | לכון ית ברכתה וית לווטייה |
| 162 | | Nu18:24 | יפרשון לשמה דייי אפרשו | יהבית | ללוויי אחסנה בגין כדן |
| 163 | | Dt 3:13 | בית מלכותה דעוג | יהבית | לפלגות שבטה דמנשה כל |
| 164 | | Nu18:08 | קדשיהון דבני ישראל לך | יהבית | לרבו ולבנך לקיים עלם: |
| 165 | | Dt 3:12 | טור גלעדה וקרוייוי | יהבית | לשבטה דבנוי דראובני |
| 166 | | Dt 3:16 | דראובני ודבנוי דגדי | יהבית | מן גלעדה ועד נחל ארנונה |
| 167 | | Gn27:37M | כל אחוי | שוית/^שוית#2/^/יהבית#2/ | קדמוי לעבדין |
| 168 | | Dt 1:08M | דמסרית/דהא מ׳#2/הא | יהבית#2/ | קדמיכון ית דיירי |
| 169 | יהבנן | Dt26:14 | מניה במסאבו ולא | יהבנן | מיניה ארון ותכריכין על |
| 170 | | Dt26:13 | קודשיה מן בתינן ולהוד | יהבנן | מעשרה קדמייה לליוויי |
| 171 | יהבת | Gn30:18 | לאה יהב ייי אגרי די | יהבת | אמתי לבעלי וקראת שמיה |
| 172 | | Gn15:03 | ואמר אברם הא לי לא | יהבת | בנין והא בר בתי ירית יתי: |
| 173 | | Gn20:16 | כולא אתווכחת ברם אילו | יהבת | כל מה דילי לא הוינה כמסת |
| 174 | | Gn35:12 | וית ארעא די | יהבת | לאברהם וליצחק לך אתננה |
| 175 | | Gn 3:12 | אתתה די שוית עמי היא | יהבת | לי מן א«י»לנא ואכלית: |
| 176 | | Gn15:02 | ברחמין מן קדמך ייי סגין | יהבת | לי וסגין קדמך למיתן לי |
| 177 | | Gn17:16 | וברכת יתה ולחוד | יהבת | לך מנה בר וברכת יתה ותהווי |
| 178 | | Gn 6:03M | בשר עובדין בישין הא | יהבת | לכון ארכא מא׳ ועשרין שנין |
| 179 | | Lv17:11 | נפש בשרה באדמה היא ואנה | יהבת | לכון יתה על גבי מדבחה |
| 180 | | Dt26:10 | כל פירי ארעא מן מה די | יהבת | לן ייי ותצנעון קדם ייי |
| 181 | | Dt26:15 | ית ישראל וית ארעא די | יהבת | לן היך מה דקיימת לאבהתן |
| 182 | | Dt21:14 | בכסף לא תתגר עלה חלף די | יהבת | רשותך עלה: |
| 183 | יהיב | Dt15:10 | ולא יבאש באפך כד תיהווי | יהיב | לה ארום מן בגלל פתגמא הדין |
| 184 | | Gn20:16M | לאחוך הא כספ«ה» ההוא | יהיב | ליך מתנה על די אתכסית ברם |
| 185 | | Dt19:01 | ית אומייא דייי אלהכון | יהיב | לכון ית ארעהון ותירתון |
| 186 | | Dt19:10 | בגו ארעכון דייי אלהכון | יהיב | לכון לאחסנה דלא יהווי |
| 187 | | Dt21:23 | ית ארעכון דייי אלהכון | יהיב | לכון אחסנה: |
| 188 | | Dt25:15 | על ארעא דייי אלהכון | יהיב | לכון: |
| 189 | | Dt25:19 | בארעא דייי אלהכון | יהיב | לכון אחסנה למירת יתה |
| 190 | | Dt27:02 | ירדנה לארעא דייי אלהכון | יהיב | לכון ותקימון לכון אבנין |
| 191 | יהיבין | Nu 8:19M | מתנה לאהרן /ליוואי | יהיבין | לאהרן#2/ ולבנוי מן גו |
| 192 | | Nu 3:09 | ולבנוי מתנה אינון | יהיבין | לה מן לוות בני ישראל: |
| 193 | | Nu18:06 | ישראל לכון מתנה אינון | יהיבין | לשמה דייי למפלח ית פלחן |
| 194 | דיהב | Lv22:31 | יתהון אנה הוא ייי | דיהב | אגר טב לנטרי מצוותה |
| 195 | | Gn28:04 | למירתך ית ארעא תותבותך | דיהב | ייי לאברהם: |
| 196 | | Gn30:08 | דיתן לי בנין היך מה | דיהב | לאחתי לחוד אשתמעת וקראת |
| 197 | | Dt20:14 | ית ביזת בעלי דבביכון | דיהב | <לכון> ייי אלהכון: |
| 198 | | Lv24:20M | שן היך מה | דיתיהב/דיהב#2/ | מום בבר נשא |
| 199 | | Ex36:01M | חכימי ליבה | דיהב | מימריה דייי חכמ׳ |
| 200 | דיהבו | Gn16:05 | דהיא מבני בניהון דעמא | דיהבו | יתך באתון נורא דכשדאי: |
| 201 | דיהבת | Gn18:17 | וכרכה דסדם במתנתה | דיהבת | לה בדינה הוא דלא איפוך |
| 202 | והב | Ex16:33 | לאהרן סב צלוחי חדא | והב | בגווה מלא עמרא מנה ואצנע |
| 203 | | Gn38:25 | לאנינקי ואנהר עייני | והב | לי תלתא סהד«י» ואנה |
| 204 | | Gn47:19 | אנן וארען עבדין לפרעה | והב | לן זרע ונחי ולא נמות וארעא |
| 205 | | Nu17:11 | לאהרן סב ית מחתיתה | והב | עלה אשא מעלוי מדבחה ושוי |
| 206 | והבו | Ex14:14 | לא תדחלון קומן שתוקו | {י}<ו>הבו | איקר ותושבחא ורוממו |
| 207 | | Nu16:07 | | והבו | בהון אשא ושוון עליהון קטרה |
| 208 | | Ex32:24 | <למן> דהבא פרקו יתיה | והבו | יתיה לי{ה} ואשלכהו באש |
| 209 | והיבו | Nu16:07M | | והבו/והיבו#2/ | בהון/בהן#2/ אשא |
| 210 | ויהב | Gn25:05 | | ויהב | אברהם ית כל מה דיליה |
| 211 | | Gn29:24 | | ויהב | לבן לה ית זלפה אמתיה |
| 212 | | Gn29:29 | | ויהב | לבן לרחל ברתה ית בלהה |
| 213 | | Nu 3:51 | | ויהב | משה ית כסף פרקוניה לאהרן |
| 214 | | Nu31:41 | | ויהב | משה ית תלש אפרשותה דייי |
| 215 | | Nu31:47M | | ונסב/ויהב#2/ | משה מן פלגותהון |
| 216 | | Nu32:40 | | ויהב | משה ית גלעד למכיר בר |
| 217 | | Dt33:02M | להבי אשתה \ואוריתה | יהב/ויהב | אורייתה#2/ לעמיה: |
| 218 | | Gn21:33 | פרדס בבאר שב«ע» | ויהב | בגויה מזון לעובריא והווה |
| 219 | | Nu 5:20 | דבעליך וארום אסתאבת | ויהב | גבר ביך ית תשמישה בר מן |
| 220 | | Gn 3:19 | עפרא את עתיד חזר וקאם | ויהב | דין וחושבן על כל מה דעבדת: |
| 221 | | Dt 9:10 | | ויהב | ייי לי אמר משה ית תרין |
| 222 | | Ex37:13 | ליה ארבעה עזקין דדהב | ויהב | ית עזקיה על ארבעתי זיוייתה |
| 223 | | Ex40:18 | חומרוי ושווי ית לוחוי | ויהב | ית נגרוי ואקים ית עמודוי: |
| 224 | | Ex40:18M | ויהיב ית חומרוי | ושווי/ויהב#2/ | ית לוחוי ויהב ית |
| 225 | | Ex40:20 | על ארונה דסהדותה | ויהב | ית כפורתה על ארונה מן לעל: |
| 226 | | Ex40:22 | | ויהב | ית פתורה במשכן זימנא על |
| 227 | | Lv 8:27 | | ויהב | ית כולה על כפי ידוי דאהרן |
| 228 | | Nu17:12 | שרי מחבלה מחבל בעמא | ויהב | ית קטרתה וכפר על עמא: |
| 229 | | Ex13:11 | די קיים לך ולאבהתכון | ויהב | יתה לכון: |
| 230 | | Lv22:27M | בר תורין רכיך וטב | ויהב | יתה לרבייה ואוחי רבייה |
| 231 | | Nu21:09M | \ועבד משה חוי דנחש\ | ויהב | יתה על אתר תלי#2/ והוה |
| 232 | | Dt31:09 | וכתב משה ית אוריתה הדה | ויהב | יתה לכהניה בני שבטה דלוי |
| 233 | | Nu 7:06 | ית עגלתה וית תוריה | ויהב | יתהון לילווא«י»י: |
| 234 | | Nu31:47 | מן בני אנשא ומן בעירה | ויהב | יתהון לילוויי דנטרין מטרת |
| 235 | | Dt 5:22 | על תרין לווחין דאבנין | ויהב | יתהון לי אמר משה: |
| 236 | | Dt10:04 | אשתה ביום כנשות קהלא | ויהב | יתהון לי אמר משה: |
| 237 | | Gn41:42 | ית עזקתא מעילוי ידיה | ויהב | יתיה על ידוי דיוסף ואלבש |
| 238 | | Gn48:22 | מן ידוי דנמרוד רשיעא | ויהב | יתיה ליצחק אבה ויצח«ק» |
| 239 | | Gn43:24 | מיא ואסחון רגליהון | ויהב | כסא לחמריהו«ן»: |
| 240 | | Gn21:27 | ונסב אברהם ען ותורין | ויהב | לאבימלך וקיימו תריהון |

|  |  |  |  |  |  |
|---|---|---|---|---|---|
| 241 | | Gn20:14 | ען ותורין ועבדין ואמהן | ויהב | לאברהם וחוי לה ית שרה |
| 242 | | Gn21:14M | על /מזון וקרבה דמים | ויהב | להגר שיוי על#2#/ כתפה |
| 243 | | Ex31:18 | | ויהב | למשה כד אשלם למללה עמיה |
| 244 | | Gn24:53 | ומנין דדהב ולבושין | ויהב | לרבקה ודורון יהב לאחיה |
| 245 | | Lv 8:08 | ושוי עלוי ית חושנה | ויהב | לגו חושנה ית אוריה וית |
| 246 | | Gn14:20 | די תבר בעלי דבבך קדמך | ויהב | לה חד מן עשרה מן כלה: |
| 247 | | Gn24:35 | ית ריבוני לחדא ותקף | ויהב | לה ען ותורין וכסף ודהב |
| 248 | | Gn24:36 | לריבוני מן בתר דיסאב | ויהב | לה ית כל מה דיליה: |
| 249 | | Gn43:24 | גבריא לפלטורין דיוסף | ויהב | להון מיא ואסחון רגליהון |
| 250 | | Gn45:21 | {על} גזרת פומיה דפרעה | ויהב | להון זוודין לאורחא: |
| 251 | | Gn45:21 | ועבדו כן בני ישראל | ויהב | להון יוסף עגלין על {על} |
| 252 | | Gn47:17 | יוסף למימר הב לן לחם | ויהב | להון יוסף מזון |
| 253 | | Nu32:33 | | ויהב | להון משה לבנוי דגד |
| 254 | | Gn38:18 | וחוטרך די בידך | ויהב | לוותה ועל לוותה ועברת |
| 255 | | Gn29:33 | קדם ייי ארום שניא אנא | ויהב | לי אף ית דין וקראת שמיה |
| 256 | | Gn29:33M | הוינא רחימא באפי בעלי | ויהב | לי לחוד אף דן#2#/ וקראת |
| 257 | | Gn30:06 | יתי ייי ואף שמע בקלי | ויהב | לי בר בגין כדן קראת{{י}} |
| 258 | | Gn31:09 | ייי ית נכסוי דאבוכון | ויה«ב» | לי: |
| 259 | | Ex 2:21M | לוות/גב#2#/ גברא | ואסב/ויהב#2#/ | ליה ית צפורה ברתיה |
| 260 | | Dt26:09 | ואעיל יתן לארעא הדין | ויהב | לן ית ארעא הדא ארע עבדה |
| 261 | | Gn18:07 | ונסב בר תורין רכיך וטב | ויהב | לרביה ואוחי למעבד יתיה: |
| 262 | | Lv22:27 | בת תורין שמין וטב | ויהב | לרביה ואוחי למעבד יתיה |
| 263 | | Ex34:33 | משה מן למללה עמהון | ויהב | על אפוי סודר: |
| 264 | | Lv 8:15 | ונכס ונסב משה ית אדמה | ויהב | על קרנתיה «ד»מדבחה |
| 265 | | Lv 8:23 | ונכס ונסיב משה מן אדמה | ויהב | על רום אדנה דאהרן דימינה |
| 266 | | Lv 9:09 | וצבע אצבעיה באדמה | ויהב | על קרנתה דמדבחה וית כל דמה |
| 267 | | Nu11:25 | מן רוח קודשה די עלוי | ויהב | על שבעתי גובריה חכימיה |
| 268 | | Lv 8:07 | | ויהב | עלוי ית כו<ת>נתה ואסר יתיה |
| 269 | | Lv 8:07 | ואלבש יתיה מעילה | ויהב | עלוי אפדה וזרז יתיה |
| 270 | | Gn24:32 | ושרא ^זממי#2#^ גמליא | ויהב | תבן וכסה לגמליא ומיין |
| 271 | | Ex40:30 | משכן זימנא ובין מדבחה | ויהב | תמן מיין לקידוש: |
| 272 | ויהבו | Lv10:01 | ואביהוא גבר מחתיתיה | ויהבו | בהון אשא ושוון עליהון |
| 273 | | Ex39:16 | ותרתין עזקין דדהב | ויהבו | ית תרין עזקין על תרין |
| 274 | | Ex39:18M | "וית ... מאחדתה": | ויהבו | ית תרתין משקעתה |
| 275 | | Ex39:25 | ועבדו זוגין דהב דכי | ויהבו | ית זוגיא בגו רמוני על |
| 276 | | Ex39:18 | יהבו על תרתין מאחדתה | ויהבו | יתהון על כתפתה דאפדה מן |
| 277 | | Gn35:04 | | ויהבו | ליעקב ית כל פלחנא נכריה |
| 278 | | Gn29:22 | הכה עוד שבע שנין | ויהבו | לה עצה דרמיו למסבה יתה |
| 279 | | Nu17:21 | משה עם בני ישראל | ויהבו | ליה כל רברבניהון חטר לרב |
| 280 | | Ex39:19M | ע<ז>קייה דדהבה | ויהבו | על |
| 281 | | Ex39:31 | | ויהבו | עלוי שזיר דתכלה למתן על |
| 282 | | Nu16:18 | ונסב גבר מחתיתיה | ויהבו | עליהון אשא ושוו עליהון |
| 283 | | Ex39:17 | | ויהבו | תרתין קליעתה דדהבא על |
| 284 | ויהבית | Nu 8:19 | | ויהבית | ית ליווי מתנה לאהרן |
| 285 | | Lv 7:34M | קודשיהון | ויהבת/ויהבית#2#/ | יתהון לאהרן כהנא |
| 286 | ויהבנן | Dt29:07 | ונסבינן ית ארעהון | ויהבנן | יתה לאחסנה לשבטה דבית |
| 287 | ויהבת | Gn27:17 | | ויהבת | ית תבשילייה וית לחמה |
| 288 | | Gn16:03 | אברם בארעא דכנען | ויהבת | יתה לאברם בעלה ליה |
| 289 | | Gn16:05 | להגר מצריתא אמתי | ויהבת | יתה לך לאתה ואמרית היא |
| 290 | | Gn30:09 | ונסבת ית זלפה אמהתה | ויהבת | יתה ליעקב לאתה: |
| 291 | | Gn38:25 | עיינה וחמת יתהון | ויהבת | יתהון בידוי דדיינ«י»א |
| 292 | | Lv 7:34 | מן נכסת קודשיהון | ויהבת | יתהון לאהרן כהנא ולבנוי |
| 293 | | Gn21:16M | ואזלת | ויתבת/ויהבת#2#/ | לה מן כל קובליה |
| 294 | | Gn21:16M | במותא דטליא | ויתבת/ויהבת#2#/ | לה מן כל קבליה |
| 295 | | Gn30:04M | \ואסבת | ליה/ויהבת | לה#2#/ ית בלהה אמהתה |
| 296 | | Gn 3:06 | מן פרוי ואכלת ונסב<ת> | ויהבת | לחוד לבעלה עמה ואכל: |
| 297 | | Nu16:14 | וחלין כדבשה אעלת יתן | ויחבת | לן אחסנת חקלוון וכרמין |
| 298 | ויהיב | Ex40:18 | ואקים משה ית משכנה | ויהיב | ית חומרוי ושווי ית לוחוי |
| 299 | | Gn21:14 | ונסב לחם וזיק דמיין | ויהיב | להגר שווי על כתפה וית |
| 300 | איתיהיבת etpeel | Dt 1:01 | במדברה ובטורא דסיני | איתיהיבת | לכון אוריתה בני ישראל |
| 301 | את' | Lv19:20M | לא יתיהבת /תרוכין לא | את'#2#/ | לה מרדו אנון/הנון#2#/ |
| 302 | אתיהב | Nu26:62 | בגו בני ישראל ארום לא | אתיהב | להון אחסנה בגו בני |
| 303 | | Ex 5:18 | אזלו פלחו ותבן לא | אתיה«ב» | <לכון> וסכום לבנייא |
| 304 | אתיהבו | Lv10:14M | מן נכסת קדשיהון דבני | /אתיהבו | מן נכיסת קודשי בני#2#/ |
| 305 | אתיהבת | Nu21:16 | ומן תמן | אתיהבת | להון בירה היא בירא די אמר |
| 306 | | Nu21:18 | משה ואהרן ומן מדברה | אתיהבת | להון מתנה: |
| 307 | אתיהיבת | Gn49:03 | על דחטית ראובן ברי | אתיהיבת | בכורתא ליוסף ברי |
| 308 | אתייהבון | Lv10:14 | חולקך וחולקהון דבניך | אתייהבון | מן נכסת קדשיהון דבני |
| 309 | אתייהבת | Ex24:05M | ועד כדון לא | אתייהבת | כהונתא לאהרון ואסיקו |
| 310 | ית' | Nu21:18M | ואהרן ומן מדברה | אתיהבת/ית'#2#/ | להון מתנה/<מת>נתה#2# |
| 311 | | Nu26:62M | ישראל ארום לא | אתיהב/ית'#2#/ | להון אחסנה בגו בני |
| 312 | | Dt 1:01M | ובטורא דסיני | איתיהיבת/ית'#2#/ | לכון אוריתה בני |
| 313 | יתיהב | Nu26:54 | גבר לפום סכומוי | יתיהב | אחסנתיה: |
| 314 | | Nu32:05 | אן אשכחנן חן וחסד באפך | יתיהב | ית ארעא הדה לעבדך ולאחסנה |
| 315 | | Gn 4:01 | ית קין ואמרת הא | יתיהב | לי בר מן קדם ייי: |
| 316 | | Lv11:38 | וארום | יתיהב | מיין על כל זרע ויפול |
| 317 | | Lv11:34 | מכל מיכל די יתאכל די | יתיהב | עלוי מיין יסתאב וכל משקין |
| 318 | יתיהבון | Lv23:20 | לשמה דייי מתנה לכהנא | יתיהבון: | |
| 319 | יתיהבת | Lv19:20 | אתפרקת או כתב חרותה לא | יתיהבת | לה מרדו אנון חייבין לא |
| 320 | יתייהב | Lv24:20 | דיתיהב מום בבר נשא כדן | יתייהב | ביה: |
| 321 | מיתיהב | Ex 5:18M | פלחו ותבן לא | אתיה«ב»/מיתיהב#2#/ | <לכון> וסכום |
| 322 | מתיהב | Ex 5:13 | יום ביומא היך מה דהוה | מתיהב | לכון תבן: |
| 323 | | Ex 5:16 | תבן לית | מתיהב | לעבדך ולבנין את אמר לן |
| 324 | מתייהבה | Nu16:22M | /אלהה {{אלהייה}} | מתייהבה | נשמתה לכל בשרא#2#/ הא |
| 325 | דאיתיהיבו | Ex40:20M | ית תרין לוחי אבניה | דאיתיהיבו | ליה בחורב והוון |
| 326 | דאתיהיבת | Nu21:19 | ומן | דאתיהיבת | להון בירא מתנה חזרת |
| 327 | דיתיהב | Lv24:20 | שן תשלומי שן היך מה | דיתיהב | מום בבר נשא כדן יתייהב |

יהיב *adj.* **See also:**
הוי *vb.* **See also:**

## יהודיי *adj.* Jew [236]

|  |  | |  |  |  |  |
|---|---|---|---|---|---|---|
| 001 | יהודייתה | s em/sf | Ex23:12 | ויתניח ברא דאמתך | יהודייתה | וגיוריה: |
| 002 | יהודים | p abs | Gn49:08 | אחך ולשמך יתקרון כל | יהודים | ידיך יתפרעון לך מן |
| 003 | יהודאי' | p em/sf | Ex 2:13M | /דתן ואביר' גברין | יהודאי' | נצין#2#/ ואמר לחיבה למה |
| 004 | יהודיי' | | Gn49:08M | יתקרון כל | יהודים/יהודיי'#2#/ | ידיך יתפרעון לך מן |
| 005 | יהודייא | | Gn27:40M | \תהוי פלח ומשועבד | /יהודייא | תהוי משעבד#2#/ ויהוי כד |
| 006 | דיהודיי | | Ex 9:01 | כדין אמר ייי אלההון | דיהו{י}דיי | שלח ית עמי ויפלחון |
| 007 | | | Ex 9:13 | כדין אמר ייי אלההון | דיהודיי | שלח ית עמא ויפלחון |
| 008 | ליהודייא | | Ex 1:22 | כל בר דכר דמתיילד | ליהודייא | בנהרא תטלקון יתיה וכל |

## יהיב *adj.* situated in [237]

|  |  | |  |  |  |  |
|---|---|---|---|---|---|---|
| 001 | יהיב | s ab/cn | Ex10:29M | זמנא קדמייה די הווינא | יהיב | במדין לא מן סוף דהוה לך |
| 002 | | | Gn 9:12M | משוי בין ממרי /דאנה | יהיב | בין בממרי#2#/ וביניכון |
| 003 | | | Nu19:14 | כל די על במשכנה וכל די | יהיב | במשכנה יהווי מסאב שבעה |
| 004 | | | Gn44:14M | ארעא /עד כדון הוה | יהיב | תמן ואשטטחו קדמוי על |
| 005 | יהיבא | | Dt 3:11 | ערס דפרזל הלא היא | יהיבא | ברבת דבני עמוניי תשע |
| 006 | יהיבה | | Gn20:11 | לחוד לית דחלתה דייי | יהיבה | באתרא הדין וקטלין יתי |

|  |  |  |  |  |  |  |
|---|---|---|---|---|---|---|
| 007 | יהיבין | p abs | Ex14:25 | נצחני קרביהון עד אינון | יהיבין | במצרים והוא עתיד למעבד |
| 008 | | | Ex14:25 | קרביהון {עד אינון | יהיבין | במצרים והו' עתיד למעבד |
| 009 | | | Gn47:01 | ארעא דכנען והא אינון | יהיבין | בארעא דגשן: |
| 010 | | | Dt27:15M | וכהנייה וליוואי | יהיבין | במצעה |
| 011 | | | Dt 1:01 | ואוכח יתהון עד אינון | יהיבין | בעבר ירדנה עני משה ואמר |
| 012 | | | Dt11:30 | הלא אינון | יהיבין | בעבר ירדנה מן בתר ארח |
| 013 | | | Dt 7:10 | אגר טב לשנאוי עד אנון | יהיבין | בעלמא הדין משלם להון אגר |
| 014 | | | Dt 5:03M | עמן הא אנן \כולן הכה | /יהיבין | הכא#2/ יומה הדין/הדא |
| 015 | | | Ex12:34 | צרירן בשושפיהון | ^יהיבין#2^ | על כתפיהון: |
| 016 | | | Dt 9:15 | באשתה ותרין לוחי קיימה | יהיבין | על תרתין ידיי: |
| 017 | | | Dt29:16M | דכספה ודדהבה הוון | יהיבין | עמהון לגו בייתיה |
| 018 | יהיבן | | Dt29:16 | דקיסה ודאבנייה <....> | יהיבן | גבהון בגו בתייה דחלין |

## jubilee year *n.* יובל

[237]

|  |  |  |  |  |  |  |
|---|---|---|---|---|---|---|
| 001 | יובל | s ab/cn | Lv25:11 | | יובל | היא שנת חמישתי שנייה |
| 002 | | | Lv25:12M | ארום | יובלה/יובל#2/ | היא קדש תיהווי לכון |
| 003 | יובילה | s em/sf | Lv27:18 | ואן בתר | יובילה | יקדש חקליה ויחשב לה כהנה |
| 004 | | | Nu36:04 | ואין יהווי | יוב«י»לה | לבני ישראל ותתוסף |
| 005 | יובלה | | Lv25:10 | חירו לארעא לכל דיירה | יובלה | היא תיהווי לכון ותחזרון |
| 006 | | | Lv25:12 | ארום | יובלה | היא קדש תיהווי לכון |
| 007 | | | Lv25:15 | במניין שנין בתר | יובלה | תזבון מן לוות חברך במניין |
| 008 | ביובילה | | Lv25:30 | יתיה לדרוי לא יפוק | ביובילה: | |
| 009 | | | Lv25:33 | דביתה וקרתה לאחסנתה | ביובילה | ארום בתי קרוי ליוויי היא |
| 010 | | | Lv25:28 | עד שתה דיובלה ויפוק | ביובילה | ויחזור לאחסנתיה: |
| 011 | דיובילה | | Lv25:54 | באלין ויפוק בשתה | דיובילה | הוא ובנוי עמיה: |
| 012 | | | Lv25:50 | שתה דאזדבן לה עד שתה | דיובילה | ויהווי כסף זבוניה במניין |
| 013 | | | Lv25:52 | אשתייר בשנייה עד שתה | דיובילה | ויחשב לה כפם שנוי יחזר |
| 014 | | | Lv27:18 | דאשת«יירן» עד שתה | דיובילה | ויתמנע מן עלויה: |
| 015 | | | Lv27:23 | ית מיסת עלויה עד שתה | דיובילה | ויתן ית עלויה ביומא ההוא |
| 016 | | | Lv25:40 | יהווי עמך עד שתה | דיובילה | יפלח עמך: |
| 017 | | | Lv27:17 | אן מן שתה | דיובילה | יקדש חקלה בעלויה יקום: |
| 018 | | | Lv27:21 | ותיהוי חקלה במפקה | דיובילה | קדש לשמה דייי כחקל אפרשו |
| 019 | | | Lv27:24 | בשתה | דיובילה | תחזור חקלה למן דזבן יתיה |
| 020 | דיובלי | | Ex21:06M | פלח עמא עד שתא | דיובלי | |
| 021 | דיובלה | | Lv25:13 | בשתה | דיובלה | הדה תחזרון גבר |
| 022 | | | Lv25:28 | מן דזבן יתיה עד שתה | דיובלה | ויפוק ביובילה ויחזור |
| 023 | וביובילה | | Lv25:31 | פרקון תיהוי ליה | וביובילה | יפוק: |

## dove *n.* יון

[237]

|  |  |  |  |  |  |  |
|---|---|---|---|---|---|---|
| 001 | יון | s ab/cn | Gn15:09M | ושפנין וגוזל בר | יון/יוון#2/: | |
| 002 | | | Lv14:22M | \יון מן מה די תרע ידה | /יוון | די יארע בן ידוי |
| 003 | | | Lv15:14 | או תרין גוזלין בני | יוון | וייתי קדם ייי לתרע משכן |
| 004 | | | Lv15:29 | או תרין גוזלין בני | יוון | ותתי יתהון לוות כהנא לתרע |
| 005 | יון | | Gn15:09 | שנין ושפנין וגוזל בר | יון: | |
| 006 | | | Lv12:06 | שתה לעל«ה» וגוזל בר | יון | או שפנין לחטאתה לתרע משכן |
| 007 | | | Lv 5:11 | או לתרין גוזלין בני | יון | וייתי ית קרבניה די אתחייב |
| 008 | | | Lv12:08 | או תרין גוזלין בר | יון | חד לחטאתה וחד לעלתה ויכפר |
| 009 | | | Nu 6:10 | או תרין גוזלין בני | יון | לוות כהנה בתרע משכן זימנא: |
| 010 | | | Lv 5:07 | או תרין גוזלין בני | יון | לשמה דייי חד לחטאת' וחד |
| 011 | | | Lv14:22 | או תרין גוזלין בני | יון | מן מה די תרע ידה ויהווי חד |
| 012 | יוונה | s em/sf | Gn 8:12 | יומין חרינין ושלח ית | יוונה | ולא אוספת למחזר לוותה |
| 013 | | | Gn 8:10 | ואוסף למשלחה ית | «י»וונה | מן ת«י»{ת}בותא: |
| 014 | | | Gn 8:08 | ושלח ית | יוונה | מן לוותה למחמי הא |
| 015 | | | Gn 8:09 | ולא אשכחת | יוונה | נייח לכף רגלה וחזרת לוותה |
| 016 | יונה | | Lv 1:14 | {או} או מן גוזליה בני | יונה | ית קרבניה: |
| 017 | | | Gn 8:11 | ותב לותה | יונה | לעדוני רמשא והא עלה דזי' |
| 018 | יונן | p abs | Lv 5:11M | גוזלין בני | יון/יונן#2/ | וייתי ית קרבניה די |
| 019 | | | Lv 5:07M | תרין גוזלין בני | יון/יונן#2/ | לשמה דייי חד לחטאת' |
| 020 | יווניה | p em/sf | Lv14:30 | או מן גוזלייה בני | יווניה | מן די תארע ידה: |

## ability *n.* יוכלה

[237]

|  |  |  |  |  |  |  |
|---|---|---|---|---|---|---|
| 001 | יוכלא | s ab/cn | Dt 9:28 | מן תמן על דלא הוות | יוכלא | מן קדם ייי למיעלה יתהון |
| 002 | יכלה | | Nu14:16 | על דלית | יכלה | קדם ייי למיעלה ית עמא |
| 003 | | | Ex32:10 | בהון ואשיצא יתהון ואית | יכלה | קדמיי לממנייה רבה ותקיפא |
| 004 | | | Nu14:12 | במותנא ואשצי יתהון ואית | יכלה | קדמיי לממנייה יתך לאומא רבה |
| 005 | | | Gn 4:13 | חוביי למסבול ברם אית | יכלה | קדמך למשרי ולמשבק: |
| 006 | ויוכלה | | Dt 9:14 | ית שמהן מן לרע שמייא | ויוכלה | היא קדמי לממנייה יתך |

## day *n.* יום

[237]

|  |  |  |  |  |  |  |
|---|---|---|---|---|---|---|
| 001 | יום | s ab/cn | Nu11:19M | יומין ולא עשרין | יומין/יום#2/: | |
| 002 | | | Ex21:21M | או תרין יומין /ברם בתר | יום | או בתר תרי' יומין#2/ |
| 003 | | | Ex 5:13 | אשלמו עבידתכון סכום | יום | ביומא היך מה דהוה מתיהב |
| 004 | | | Lv23:37 | דבחין ונסוכין סכום | יום | ביומא: |
| 005 | | | Ex 5:19 | תמנעון מן לבניכון סכום | יום | ביומיה: |
| 006 | | | Ex16:04 | ויפקון עמא וילקטו סכום | יום | ביומיה מן בגלל למנסיה |
| 007 | | | Ex16:05 | על מה די ילקטון סכום | יום | ביומיה: |
| 008 | | | Gn39:10 | והוה כד מללת עם יוסף | יום | בתר יום ולא שמע אליה |
| 009 | | | Nu30:15 | ואין משתק ישתוק לה בעלה | יום | בתר יום ויקיים ית כל נדרה |
| 010 | | | Gn40:20 | והוה ביומא תליתא | יום | גניסיא דפרעה ועבד שרוי לכל |
| 011 | | | Lv23:03 | וביומא שביעיה שבת שבתה | יום | וארוע קדיש כל עבידה לא |
| 012 | | | Nu30:15 | ישתוק לה בעלה יום בתר | יום | ויקיים ית כל נדרה או ית כל |
| 013 | | | Gn39:10 | מללת עם יוסף יום בתר | יום | ולא שמע אליה למשמשה עמה |
| 014 | | | Lv23:16M | תמנון חמישין | יומין/יום#2/ | ותקרבון מנחה מן חדתה |
| 015 | | | Gn27:45 | למה כען אתכל ית תריכון | יום | חד: |
| 016 | | | Gn33:13 | קדמיי אן דחקין עליהון | יום | חד מייתן כל ענא: |
| 017 | | | Ex12:18 | שמשתא תאכלון פטירין עד | יום | חד ועשרין יום לירחא ברמשא: |
| 018 | | | Ex21:21 | לחוד אן | יום | חד או תרין יומין יקום לא |
| 019 | | | Nu11:31M | יום מן הכה חזור חזור | /יום | חד מן דן סטרה וכאורח יום |
| 020 | | | Nu11:31M | חד מן דן סטרה וכאורח | יום | חד מן דן סטרה חד#2/ |
| 021 | | | Nu14:34 | יומין יום חד בכל שנה | יום | חד בכל שנה תקבלון ית |
| 022 | | | Nu14:34 | די ללתון ארבעין יומין | יום | חד בכל שנה יום חד בכל שנה |
| 023 | | | Gn 1:23 | והוה צפר סדר עבד בראשית | יום | חמישי: |
| 024 | | | Dt16:03M | יומא דנפקתון /דתתכרין | יום | יום מפקנותכון#2/ פריקין |
| 025 | | | Nu 7:11 | בכל יום רב שבט חד בכל | יום | יקרבון ית קרבנהון לחנוכת |
| 026 | | | Ex40:02M | ביום/בחד | יום#2/ | ירחא קדמיה בחד לירחא |
| 027 | | | Ex40:17M | תניינתה בחד | יום | ליר' |
| 028 | | | Gn 8:05M | אתגלון רישי טוריא /בחד | יום | לירחא אתחמין ראשי |
| 029 | | | Gn 8:13M | בחד | יום | לירחא יבשו מיא מן עלוי |
| 030 | | | Ex12:18 | פטירין עד יום חד ועשרין | יום | לירחא ברמשא: |
| 031 | | | Lv23:24M | בירחא שביעייה בחד | יומא/יום#2/ | לירחא יהווי לכון שבת |
| 032 | | | Nu 1:01M | במשכן זמנא בחד | \יום#2/ | לירחא תנינא |
| 033 | | | Nu 1:18 | כל עם כנשתא כנשו בחד | ^יום#2^ | לירחא תנינא ואתייחסו על |
| 034 | | | Nu29:01M | ובירחה שביעיה בחד | \יום#2/ | לירחא יום טב וארוע |
| 035 | | | Nu33:38M | בירחא חמישיה בחד | \יום#2/ | לירחא: |
| 036 | | | Dt 1:03 | שנין בחד עשר ירחין בחד | יום | לירחא מלל משה עם בני |
| 037 | | | Gn27:02M | מיתתי /לית אנא ידע | יום | מי'#2/: |

|  |  |  |  |  |  |
|---|---|---|---|---|---|
| 038 | | Nu11:31 | על משריתה כארח מהלך | יום | מן הכה^ וכאורח מהלך יום |
| 039 | | Nu11:31 | מן הכה^ וכאורח מהלך | יום | מן הכה חזור חזור למשריתה |
| 040 | | Dt16:03M | דנפקתון /דתתכרין יום | יום | מפקנותכון#2#/ פריקין מן |
| 041 | | Ex29:36 | ותור לחטאת תקרבון בכל | יום | על כפורא ותרבי ית מדבחה |
| 042 | | Nu28:03 | שלמין מן מום תרין בכל | יום | על{ם}<ה> תדירה: |
| 043 | | Lv23:27M | הדין \צומה דכיפוריה | /יום | צום דכפורייה#2#/ הוא |
| 044 | | Lv23:28 | הכזמן יומא הדין ארום | יום | צומה דכיפורייה הוא לכפרה |
| 045 | | Lv23:29 | ולא «ציימה» כזמן | יום | צומה דכיפורייה ותשתיצא |
| 046 | | Gn 1:05 | והוה צפר סדר עבד בראשית | יום | קדמאיי: |
| 047 | | Nu 7:11 | ייי למשה רב שבט חד בכל | יום | רב שבט חד בכל יום יקרבון |
| 048 | | Gn 1:19 | והוה צפר סדר עבד בראשית | יום | רביעאי: |
| 049 | | Nu28:24 | כהדן סדרא תקרבון בכל | יום | שבעתי יומיא לחם קרבן מתקבל |
| 050 | | Ex31:16 | ית יומא דשבתא למעבד ית | יום | שבתא לדריהון לקיים עלם: |
| 051 | | Ex31:14 | ותטרון ית | יום | שבתה ארום קדש הוא לכון מן |
| 052 | | Gn 1:31 | והוה צפר סדר עבד בראשית | יום | שתיתיי: |
| 053 | | Dt32:35 | דצדיקיה ארום קריב הוא | יום | תברהון דרשיעיה ואשת' |
| 054 | | Gn 1:13 | והוה צפר סדר עבד בראשית | יום | תליתאי: |
| 055 | | Gn 1:08 | והוה צפר סדר עבד בראשית | יום | תניין: |
| 056 | | Nu29:01 | עבידה דפולחן לא תעבדון | יום | תקועה דשופר ויבבו יהווי |
| 057 | ביו' | Ex34:07M | ביום/ייי ית חייבה | ביו'#2#/ | דינא רבה מדכר חובי אבהן |
| 058 | ביום | Lv 5:24M | \ביומא די אתחייב | /ביום | אשמה#2#/: |
| 059 | | Lv19:06M | יתאכל וביומ' תליתייה | /ביום | דבחיהון יתאכל ומן יומא |
| 060 | | Lv 7:15 | נכסת אודיית קודשוי | ^ביום#2#^ | <די> יקרב קרבניה יתאכל |
| 061 | | Ex20:07 | ארום לא מזכי ייי | ביום | דינא רבא ית מן די יסב שמה |
| 062 | | Ex20:07M | ייי ית חוביכון חייבי | ביום | דינא |
| 063 | | Ex34:07 | ומזכיה לא מזכי{ה} | ביום | דינא רבה מדכר חובי אבהן |
| 064 | | Nu14:18 | חטאין ומזכייה לא מזכי | ביום | דינה רבה מדכר חובי אבהן |
| 065 | | Nu14:18M | ייי ית חייבה | <ביום>#2#/ | דינה רבה מדכר/מסער#2#/ |
| 066 | | Nu31:50 | בעלמא דאתי דא תיקום לן | ביום | דינה רבה למכפרה על נפשתן |
| 067 | | Dt 5:11 | ארום לא יזכי ייי | ביום | דינה רבה ית מן די יסב ית |
| 068 | | Lv14:02M | וייתי /אחוויית מצרעה | ביום | דכותה ויתועל#2#/ לוות |
| 069 | | Lv14:32 | ארעת ידה למייתיה קרבן | ביום | דכותיה: |
| 070 | | Nu 6:09 | נזירותיה ויספר רישיה | ביום | דכיותיה ביומא שביעי«ה» |
| 071 | | Lv22:30M | ביומא/ | ביום#2#/ | ההוא יתאכל לא |
| 072 | | Dt18:16 | אלהכון בטורא דחורב | ביום | התכנשות קהלה למימר לא אוסף |
| 073 | | Nu 7:72 | | ביום | חד עשר יומין דחנוכת רבותה |
| 074 | | Ex40:02 | | ביום | ירחא קדמיה בחד לירחא תקים |
| 075 | | Dt 9:10 | בטורה מן גו להבי אשתה | ביום | כנשות קהלה: |
| 076 | | Dt10:04 | בטורה מן גו להבי אשתה | ביום | כנשות קהלא ויהב יתהון לי |
| 077 | | Nu25:18 | אחתהון מה די אתקטלת | ביום | מגפתה על עסק טעותה פעור: |
| 078 | | Lv23:29M | יום צומה דכיפורייה | /ביום | צום כפר'#2#/ ותשתיצא |
| 079 | | Lv23:30M | הדין ואישיצי ית נפשה | /ביום | צום כיפורייה ותישתיצי |
| 080 | | Lv25:09 | בעשרה יומין לירחה | ביום | צומא דכיפוריה תעברון |
| 081 | | Ex35:03 | בכל אתר בית מדוריכון | ביום | שבתא: |
| 082 | | Ex31:15 | נפשה ההיא מגו עמיה}} | ^^ביום | שבתה^ יתקטלה יתקטל: |
| 083 | | Nu28:10 | עלתה דשבתה | ביום | שבתה תקרבון יתיה סמיכה |
| 084 | | Nu15:32M | קיסין \ביומא דשבתה | /ביום | שוב'#2#/: |
| 085 | | Nu 7:78 | | ביום | תרין עשר יומין דחנכת מדבחה |
| 086 | | Ex12:16M | ביומא/ | ביום#2#/ | קדמייה/<קדמ>אה#2#/ |
| 087 | וביום | Ex32:34M | ילך ידבר קודמך | וביום | דוכרני ואדכר#2#/ יתהון |
| 088 | | Nu10:10 | | וביום | חדוותכון ובזמני מעדיכון |
| 089 | ליום | Gn 4:07 | תיטב עובדך בעלמא הדין | ליום | דינא רבה חטאך נטיר ועל תרע |
| 090 | | Dt32:34 | לרשיעיה חתום באוצרי | ליום | דינה רבה: |
| 091 | s em/sf יומ' | Gn17:23M | \בזמן יומא /היך זמן | יומ'#2#/ | הדין היך מה דימליל עמה |

|  |  |  |  |  |  |
|---|---|---|---|---|---|
| 092 | | Gn50:20M | למקיימ' היך זמן | יומ' | הדין קהל אוכלוסין סגין |
| 093 | | Ex22:29M | בתר אמה וביומא/ומן | יומ'#2#/ | תמינייא יפרשון יתיה |
| 094 | יומא | Gn 6:05 | לח{זי}<ד> הגיין ביש כל | יומא: | |
| 095 | | Gn18:01 | מן אדם גזירתיה במיח' | יומא: | |
| 096 | | Ex 5:19M | סכום יום | ביומיה/יומא#2#/: | |
| 097 | | Lv10:19M | "אונ' ...": אבילה רבה כדין | יומא | |
| 098 | | Ex29:38 | בני שתהון תרין בכל | יומא | בתדירא: |
| 099 | | Gn29:07M | "כדון ...": כדו | יומא | בתוקפא לית אשון למכנשה |
| 100 | | Ex 9:18 | הוי כוותה במצרים למן | יומא | דאזדמנת ועד כדון: |
| 101 | | Gn10:09M | "כנמרוד ... קדם ייי": מן | יומא | דאתברי עלמא לא הוה גיבר |
| 102 | | Gn19:34 | והווה מן | יומא | דבתר<'> ואמרת רבתא לזעירתא |
| 103 | | Ex 9:06 | ייי ית פתגמא הדין מן | יומא | דבתרא ומית כל בעיריהון |
| 104 | | Ex32:06 | ואקדמו מן | יומא | דבתרא וסדרון עליהן עלוון |
| 105 | | Ex18:13 | והוה מן | יומא | דבתר«ה» ויתב משה למדן |
| 106 | | Ex32:30 | והוה מן | יומא | דבתרה ואמר משה לעמא אתון |
| 107 | | Lv 7:16M | יתאכל וביומא/ומן | יומא#2#/ | דבתרה ומה דמשתייר מנה |
| 108 | | Lv19:06M | /ביום דבחיהון יתאכל ומן | יומא | דבתרה#2#/ ומה דמשתייר עד |
| 109 | | Nu17:23 | והוה מן | יומא | דבתרה ועל משה למשכנה |
| 110 | | Nu11:32 | יומא ההוא וכל ליליא וכל | יומא | דבתריה וכנשו ית סלווי מן |
| 111 | | Ex10:06 | אבהתך ואבהת אבהתך מן | יומא | די הוון על ארעא עד יומא |
| 112 | | Ex40:37 | יסתלק ענגה ולא יטלון עד | יומא | די יסתלק: |
| 113 | | Nu15:23 | עליכון על ידוי דמשה מן | יומא | די פקד ייי ולהל לדריכון: |
| 114 | | Dt 4:10 | | יומא | די קמתון קדם ייי אלהכון |
| 115 | | Dt 4:32 | די הוון קדמיכון למן | יומא | די ברא ייי אלהים אדם |
| 116 | | Dt 9:24 | מסרבין הויתון קדם ייי מן | יומא | די חכמית יתכון: |
| 117 | | Gn 4:14 | הא טרדת יתי | יומא | דין מעילוי אפי דארעא |
| 118 | | Gn17:26 | בזמן | יומא | דין גזר אברהם בשר ערלתה |
| 119 | | Gn24:42 | ואתית | יומא | דין לעינא ואמרית בבעו |
| 120 | | Ex16:25 | ואמר משה אכלו יתיה | יומא | דין ארום שבתא יומא הדין |
| 121 | | Dt29:14M | כולהון קיימין עמנא | יומא | דין |
| 122 | | Gn35:09M | ליה בתרע משכניה כמחום | יומא | דכ{ו}<ן> כתבא מפרש ואמר |
| 123 | | Lv12:04M | יומי דכיתה /אשלמות | יומא | דכי'#2#/: |
| 124 | | Lv 8:34M | למעבד שבעה יומין קומי | יומא | דכיפורי מטול לכפרה עליכון |
| 125 | | Nu17:06 | עם כנשתה דבני ישראל מן | יומא | דמן בתרה על משה ועל אהרן |
| 126 | | Gn31:43 | ולבנתי מה אעביד לאלין | יומא | דן או לבניהון די ילדן: |
| 127 | | Gn42:32 | מה הוה בסופיה וזעירא | יומא | דן עם אבונן בארעא דכנען: |
| 128 | | Dt 9:07 | דייי אלהכון במדברה למן | יומא | דנפקתון פריקין מן ארעא |
| 129 | | Dt16:03 | מן בגלל דתדכרון ית | יומא | דנפקתון פריקין מן ארעא |
| 130 | | Ex31:16M | שבתא /למהוון עבדין ית | יומא | דשב'#2#/ לדריהון לקיים |
| 131 | | Ex20:08 | הוון דכירי«ן» ית | יומא | דשבתא למקד<ש>א יתיה: |
| 132 | | Ex20:11 | בגין כדין ברך ייי ית | יומא | דשבתא וקדש יתיה: |
| 133 | | Ex31:16 | ויטרון בני ישראל ית | יומא | דשבתא למעבד ית יום שבתא |
| 134 | | Dt 5:12 | עמי בני ישראל טורו ית | יומא | דשבתה למקדשה יתיה היך מה |
| 135 | | Dt 5:15 | ייי אלהכון למעבד ית | יומא | דשבתה: |
| 136 | | Dt 5:12M | הוון זהירין ית | יומא | דשובתא |
| 137 | | Lv23:15 | קדמיה דפיסחא מן | יומא | דתייתון ית עומרה |
| 138 | | Gn 7:11 | יומין לירחא היך זמן | יומא | הדין אתבזעו כל מבועי תהומא |
| 139 | | Gn 7:13 | בזמן | יומא | הדין על נח ושם וח' |
| 140 | | Gn17:23 | ית בשר ערלתהון בזמן | יומא | הדין היך מה דימליל עמה |
| 141 | | Gn17:26M | \בזמן יומא דין /היך זמן | יומא | הדין#2#/ גזר/אתגזר#2#/ |
| 142 | | Gn19:37 | אבוהון דמואביה עד זמן | יומא | הדין: |
| 143 | | Gn19:38 | דבני עמוניי עד זמן | יומא | הדין: |
| 144 | | Gn21:26M | לא ידעת עד זמן | יומא | הדין |
| 145 | | Gn21:26 | לא שמעת ארום אלהי{ם}<ן> | יומא | הדין: |

| | | | | |
|---|---|---|---|---|
| 146 | Gn24:12 | יזדמן לי כען קדמוי | יומא | הדין ועבד חסד עם רבוני |
| 147 | Gn26:33 | לבארה באר שבע עד זמן | יומא | הדין: |
| 148 | Gn31:48 | הדן סהד ביני ובינך | יומא | הדין בגין כדין קרא שמה |
| 149 | Gn32:33 | די על כף ירכא עד זמן | יומא | הדין ארום קרב בכף ירכיה |
| 150 | Gn35:20 | קבורתא דרחל עד זמן | יומא | הדין: |
| 151 | Gn39:11 | והווה היך זמן | יומא | הדין על לגו ביתא למחשבה |
| 152 | Gn40:07 | מן בגלל מן אפיכון בישן | יומא | הדין: |
| 153 | Gn41:09 | ית סרחנוי אנה מדכר | יומא | הדין: |
| 154 | Gn42:13 | והא זעירא עם אבונן | יומא | הדין וחד מנן מן דנפק |
| 155 | Gn47:23 | לעמא הא זבנית יתכון | יומא | הדין וית ארעא לפרעה שיבו |
| 156 | Gn47:26 | ושוי יתה יוסף לסימן עד | יומא | הדין על ארעהון דמצראי |
| 157 | Gn48:15 | דדבר יתי מן טליותי עד | יומא | הדין: |
| 158 | Ex 2:18 | מה אוחיתון למיתי | יומא | הדין: |
| 159 | Ex 5:14 | דקדמוי לחוד אתמול ולחוד | יומא | הדין: |
| 160 | Ex10:06 | יומא די הוון על ארעא עד | יומא | הדין וזרז ונפק מן קדם |
| 161 | Ex12:14 | ויהוי | יומא | הדין לכון לדוכרן טב ותחגון |
| 162 | Ex12:17 | ארעא דמצרים ותטרון ית | יומא | הדין לדריכון לקיים עלם: |
| 163 | Ex12:41 | שנין והוה היך זמן | יומא | הדין נפקו כל חילוותה דייי |
| 164 | Ex12:51 | והוה היך זמן | יומא | הדין אפיק ייי ית בני |
| 165 | Ex13:03 | משה לעמא הוון דכירין | יומא | הדין דנפקתון פריקין |
| 166 | Ex13:04 | | יומא | הדין אתון נפקין פריקין |
| 167 | Ex14:13 | דייי די יעבד לכון | יומא | הדין וכיתא דהוות אמרה |
| 168 | Ex14:13 | היך מה דחמיתון ית מצריי | יומא | הדין לא תוספון למיחמיה |
| 169 | Ex16:25 | שבתא יומא הדין קדם ייי | יומא | הדין לא תשכחון יתיה באפי |
| 170 | Ex16:25 | יתיה יומא דין ארום שבתא | יומא | הדין קדם ייי יומא הדין לא |
| 171 | Ex19:01 | מן ארעא דמצרים היך זמן | יומא | הדין עלו למדברא דסיני: |
| 172 | Ex19:10 | לוות עמא ותקדש יתהון | יומא | הדין ולמחר ויחוורון |
| 173 | Ex32:29 | ובאחוי ולמשויה עליכון | יומא | הדין ברכן ^סגיא^#2#: |
| 174 | Ex32:29 | אשלימו קרב{ו}<ן> ידיכון | יומא | הדין קדם ייי ארום נגעתן |
| 175 | Ex34:11 | ית מה די אנה מפקד יתך | יומא | הדין הא אנה טרד מן קדמיך |
| 176 | Lv 9:04 | ומנחה פילה במשח ארום | יומא | הדין ממריה דייי מתגלי |
| 177 | Lv10:19 | דארע יתי א«ו»נסה רבה | יומא | הדין {ו}<ד>מיתו תרין נדב |
| 178 | Lv10:19 | הא אילו אכלית מן חטאתה | יומא | הדין הא שפר {קדם} הווה |
| 179 | Lv23:14M | \עד זמן דתייתון | /יומא | הדין עד עידן#2#/ ית |
| 180 | Lv23:21 | חיין וקיימין הכזמן | יומא | הדין יום טב וארוע קדיש |
| 181 | Lv23:28 | עבידה לא תעבדון הכזמן | יומא | הדין ארום יום צומה |
| 182 | Lv23:30 | די תעבד כל עבידה הכזמן | יומא | הדין ואישיצי ית נפשה ההיא |
| 183 | Nu22:08 | ואמר להון אביתו הכה | יומא | הדין ולילייא ואתיב יתכון |
| 184 | Nu22:30 | רכבת עליי מן טליותך עד | יומא | הדין הא מתכוונה מתכוונת |
| 185 | Dt 1:10 | והא אתון סגין וקיימין | יומא | הדין ככוכבי שמיא לסוגי: |
| 186 | Dt 1:39 | ובניכון די לא חכמון | יומא | הדין למפרשה בין טב לביש |
| 187 | Dt 2:18 | אתון עברין | יומא | הדין ית תחומיהון דמואביי |
| 188 | Dt 2:22 | ושרון באתריהון עד זמן | יומא | הדין: |
| 189 | Dt 2:25 | | יומא | הדין אשרי למיתן פחדכון |
| 190 | Dt 4:04 | חיין וקיימין כולכון | יומא | הדין: |
| 191 | Dt 4:08 | הדה די אנה סדר קדמיכון | יומא | הדין: |
| 192 | Dt 4:26 | הא אסהדית בכון | יומא | הדין קדם שמיא וקדם ארעא |
| 193 | Dt 4:39 | ותדעון | יומא | הדין ותתובון על לבבכון |
| 194 | Dt 4:40 | די אנה מפקד יתכון | יומא | הדין די ייטב לכון ולבניכון |
| 195 | Dt 5:01 | די אנה ממלל במשמעכון | יומא | הדין ותלפון יתהון ותטרון |
| 196 | Dt 5:24 | שמעינן מן גו להבי אשתה | יומא | הדין חמינן: |
| 197 | Dt 6:06 | די אנה מפקד יתכון | יומא | הדין תדירין על לבבכון: |
| 198 | Dt 6:24 | למקיימה יתן הכזמן | יומא | הדין: |
| 199 | Dt 7:11 | די אנה מפקד יתכון | יומא | הדין למעבד יתהון: |
| 200 | Dt 8:01 | די אנה מפקד יתכון | יומא | הדין תטרון למעבד מן בגלל |
| 201 | Dt 8:11 | די אנה מפקד יתכון | יומא | הדין: |
| 202 | Dt 8:19 | להון הא אסהידית בכון | יומא | הדין ארום מסתפה תספון: |
| 203 | Dt 9:01 | כען ישראל אתון עברין | «יומא | הדין» ית ירדנה למיעול |
| 204 | Dt 9:03 | ותידעון | יומא | הדין ארום ייי אלהכון דאיקר |
| 205 | Dt10:08 | בשם ממרה קדישה עד זמן | יומא | הדין: |
| 206 | Dt10:13 | די אנה מפקד יתכון | יומא | הדין למייטב לכון: |
| 207 | Dt11:02 | ותידעון | יומא | הדין ארום לא ית בניכון די |
| 208 | Dt11:04 | יתהון ממרה דייי עד זמן | יומא | הדין: |
| 209 | Dt11:08 | די אנה מפקד יתכון | יומא | הדין מן בגלל דתתקפון |
| 210 | Dt11:13 | די אנה מפקד יתכון | יומא | הדין למירחם ית אולפן |
| 211 | Dt11:26 | דהא אנה כען סדר קדמיכון | יומא | הדין סדר ברכתה ולווטייה: |
| 212 | Dt11:27 | די אנה מפקד יתכון | יומא | הדין: |
| 213 | Dt11:28 | די אנה מפקד יתכון | יומא | הדין <....> {ולווטייה} |
| 214 | Dt11:32 | די אנה סדר קדמיכון | יומא | הדין: |
| 215 | Dt12:08 | ככל מה דאנן עבדין הכה | יומא | הדין גבר כל דשפר ותקן |
| 216 | Dt13:01M | די אנה מפקד יתכון | /\יומא | הדין#2#/ יתיה תטרון |
| 217 | Dt13:19 | די אנה מפקד יתכון | יומא | הדין למיעבד מה דשפר ותקן |
| 218 | Dt15:05 | הדה די אנה מפקד יתכון | יומא | הדין: |
| 219 | Dt15:11 | כדין אנה מפקד יתכון | יומא | הדין למימר מפתח תפתחון ית |
| 220 | Dt15:15 | ^ית פתגמא הדין#2#^ | יומא | הדין: |
| 221 | Dt19:09 | יתה דאנה מפקד יתכון | יומא | הדין למרחם ית אולפן |
| 222 | Dt20:03 | כען ישראל אתון קריבין | יומא | הדין לסדרי קרבה על |
| 223 | Dt26:03 | לה אודינן ושבחינן | יומא | הדין ושבחין יומא הדין קדם |
| 224 | Dt26:03 | יומא הדין ושבחין | יומא | הדין קדם ייי אלהן ארום |
| 225 | Dt26:16 | | יומא | הדין ייי אלהכון מפקד יתכון |
| 226 | Dt26:17 | דייי אמלכתון עליכון | יומא | הדין למיהווי לכון לאלה |
| 227 | Dt26:18 | ומימרא דייי אמלך יתכון | יומא | הדין למהווי לשמא לעם |
| 228 | Dt27:01 | די אנה מפקד יתכון | יומא | הדין: |
| 229 | Dt27:04 | די אנא מפקד יתכון | יומא | הדין בטורא דעיבל ותשועון |
| 230 | Dt27:09 | אציתו ושמעו ישראל | יומא | הדין איתמניתון לאומה קדם |
| 231 | Dt27:10 | קיימוי דיאנה מפקד יתכון | יומא | הדין: |
| 232 | Dt28:01 | די אנה מפקד יתכון | יומא | הדין וישווי ייי אלהכון |
| 233 | Dt28:13 | די אנה מפקד יתכון | יומא | הדין למיטור ולמעבד: |
| 234 | Dt28:14 | די אנה מפקד יתכון | יומא | הדין לא לימינה ולא לשמאלה |
| 235 | Dt28:15 | די אנה מפקד יתכון | יומא | הדין וייתון עליכון כל |
| 236 | Dt29:03 | למחמי ואדנין למשמע עד | יומא | הדין: |
| 237 | Dt29:09 | קיימין מעתדין כולכון | יומא | הדין קדם ייי אלהכון |
| 238 | Dt29:11 | דייי אלהכון מקיים עמכון | יומא | הדין: |
| 239 | Dt29:12 | מן בגלל למקמה יתכון | יומא | הדין לשמה דייי לעם קדישין |
| 240 | Dt29:14 | עמן אנון קיימין הכה | יומא | הדין קדם ייי אלהן וית כל |
| 241 | Dt29:14 | מן בתרן עמן קיימין הכה | יומא | הדין: |
| 242 | Dt29:14M | הכא עמנא קיימין | יומא | הדין קדם ייי אלהנא וית כל |
| 243 | Dt29:17 | או שבט דליביה סטי עלוי | יומא | הדין מן בתר מימרה דייי |
| 244 | Dt30:08 | די אנה כען מפקד יתכון | יומא | הדין: |
| 245 | Dt30:11 | הדה די אנה מפקד יתכון | יומא | הדין לא כסייה היא מנכון |
| 246 | Dt30:15 | חמון די סדרית קדמיכון | יומא | הדין ית סדר חייה וית טבתה |
| 247 | Dt30:16 | די אנה כען מפקד יתכון | יומא | הדין למרחום ית אולפן |
| 248 | Dt30:18 | הא תניית לכון | יומא | הדין ארום מסף תסופון ולא |
| 249 | Dt30:19 | הא אסהדית בכון | יומא | הדין ית שמיא וית ארעא ית |
| 250 | Dt31:02 | מאה ועשרין שנין אנה כען | יומא | הדין לית אנה יכיל תוב |
| 251 | Dt31:21 | בישה דאינון עבדין | יומא | הדין קדם עד לא אעל יתהון |
| 252 | Dt31:27 | הא עד דאנה בחיין עמכון | יומא | הדין מסרבין הויתון בתר |
| 253 | Dt32:46 | פתגמיה די אנה משהד בכון | יומא | הדין די תפקדון ית בניכון |

|  |  |  |  |  |  |
|---|---|---|---|---|---|
| 254 | | Dt32:48 | ומלל ייי עם משה בזמן | יומא | הדין למימר: |
| 255 | | Dt34:06 | גבר ית קבורתיה עד זמן | יומא | הדין: |
| 256 | | Gn 2:19M | החיה הוא שמיה/ עד זמן | יומא | הדין#2/: |
| 257 | | Gn30:32 | אעבר בכל ענך | יומא | הדין אפרש מן תמן כל אמר קרח |
| 258 | | Ex12:17 | ית פטיראה ארום בזמן | יומא | הדין אפקית ית חיילתכון |
| 259 | | Lv10:19 | ומליל אהרן עם משה הא | יומא | הדין קרבו ית חטאתהון וית |
| 260 | | Dt 3:14 | כופרנוי דיאיר עד | יומא | הדין: |
| 261 | | Ex10:13 | דבר רוח דקדים בארעא כל | יומא | ההוא וכל ליליא צפרא הוה |
| 262 | | Nu11:32 | וקם עמא כל | יומא | ההוא וכל ליליא וכל יומא |
| 263 | | Gn 3:08 | מהלך בגו' גנתאה למשב | יומא | ואסמר אדם ואתתה מן קדם ייי |
| 264 | | Lv 8:35M | "תישרון ... שבעה": תתבון | יומא | ולליליה שוב' |
| 265 | | Dt32:04 | כל עלמייה ייי מפלג | יומא | ועבד יתה לארבע חלקין תלת |
| 266 | | Nu11:19 | לא | יומא | חד תאכלון ולא תרין יומין |
| 267 | | Lv23:24 | <...> בירחא שביעייה בחד | יומא | לירחא יהווי לכון שבת שבתה |
| 268 | | Nu 6:13M | יומי/ ביומא די שלם | יומא#2/ | נזירותיה ייתי יתיה לתרע |
| 269 | | Ex12:15 | אנשא ההוא מן ישראל מן | יומא | קדמייה עד יומא שביעיא: |
| 270 | | Ex15:12 | דחילא הוות ארעא מן דינא | יומא | רבה דלא יתבע יתהון מנה |
| 271 | | Gn 2:03 | וברך איקריה דייי ית | יומא | שביעיא וקד' יתיה ארום בה |
| 272 | | Ex12:15 | מן יומא קדמייה עד | יומא | שביעיא: |
| 273 | | Nu 7:48 | | יומא | שביעיה דחנוכת רבותה דמדבחה |
| 274 | | Gn29:07 | ואמר הא עד כדון | יומא | תלי לא אשון מכנש בעירא |
| 275 | | Lv19:06 | תליתייה ומה דמשתייר עד | יומא | תליתייה בנורא יתוקד: |
| 276 | | Lv22:27 | שבעה יומין בתר אמיה ומן | יומא | תמינייה ולהל«ן» יהוי כשר |
| 277 | יומה | Dt 5:03 | עמן הא אנן כולן הכה | יומה | הדין חיין וקיימין: |
| 278 | יומכון | Ex23:26 | ועקרה בארעך ית מניין | יומכון | תשלמון בשלם: |
| 279 | ביומ' | Dt31:18 | מסמרה אסמר אפי רעותי | ביומ' | ההוא על כל בישתה די עבדו |
| 280 | | Gn 2:02 | ואשלם ממריה דייי | ביומ' | שביעיא עיבידתיה די ברא |
| 281 | | Ex20:11M | ביומא/ ואתניח | ביומ#2/ | שביעיא בגין כדין ברך |
| 282 | | Ex24:16M | ביומא שביעיא/ למשה | ביומ' | שבעייה על טורא#2/ מן גו |
| 283 | | Lv 7:18 | מן בשרה דנכסת קדשיה | ביומ' | תליתיה לא יתקבל ברעוה מן |
| 284 | ביומא | Lv23:37 | ונסוכין סכום יום | ביומא: | |
| 285 | | Nu 7:01 | והוה | ביומא | דאשלם משה ל{א}«מ»קמה |
| 286 | | Gn21:08 | ועבד אברהם שרו רבא | ביומא | דאתחסל ית יצחק ברה דהגר |
| 287 | | Gn 2:04 | וארעא באיתברויתהון | ביומא | דברא ייי אלהים שמיא |
| 288 | | Gn 5:02 | וקרא ית שמון אדם | ביומא | דברא {ד} יתהון: |
| 289 | | Lv14:02 | גזירת אוריתה דמצרעה | ביומא | דדכותיה וייתי לוות כהנא: |
| 290 | | Gn 3:05 | וידיע קד' ייי ארום | ביומא | די תאכלון מינה ויתפתחן |
| 291 | | Gn 5:01 | ספר יחוס תלדוותה דאדם | ביומא | די ברא ייי ית אדם בדמו |
| 292 | | Ex 6:28 | והוה | ביומא | די מלל ייי עם משה בארעא |
| 293 | | Lv 5:24 | הוא דידיה יתן יתיה | ביומא | די אתחייב: |
| 294 | | Lv 7:16 | או נדבה נכסת קרבניה | ביומא | די יקרב ית קורבנה יתאכל |
| 295 | | Lv 7:35 | דבנוי מן קרבנוי דייי | ביומא | די אקריב יתהון למשמשה |
| 296 | | Lv 7:38 | ית משה בטורא דסיני | ביומא | די פקד ית בני ישראל |
| 297 | | Lv23:12 | ותעבדון ותקרבון | ביומא | די תניפ{י}<ו>ן ית עומרה |
| 298 | | Nu 3:01 | תלדוותה דאהרן ודמשה | ביומא | די מלל «ייי» עם משה |
| 299 | | Nu 3:13 | כל ב{ו}{ו}כ«ו»ריה | ביומא | די קטלת כל בוכריה בארעא |
| 300 | | Nu 6:13M | ישלמון#2/ ית יומי | ביומא/ | די שלם יומא#2/ נזירותיה |
| 301 | | Nu30:08 | וישמע בעלה | ביומא | די ישמע וישתוק לה ויקומון |
| 302 | | Nu30:09 | ואין^ | ביומא | די ישמע בעלה יבטל יתה |
| 303 | | Nu30:13 | מבטלה יבטל יתהון בעלה | ביומא | די ישמע כל פירוש ספוותה |
| 304 | | Nu30:15 | יתהון ארום שתק לה | ביומא | די שמע: |
| 305 | | Dt 4:15 | ארום לא חמיתון כל דמו | ביומא | די מלל ייי עמכון בטורא |
| 306 | | Dt21:16 | ויהוי | ביומא | די יחסין ית בנוי ית מה די |
| 307 | | Dt27:02 | ויהוי | ביומא | די תעברון ית ירדנה לארעא |
| 308 | | Lv 6:13 | די יקרבון קדם ייי | ביומא | דירבי יתהון עשרין מכלתה |
| 309 | | Lv14:32M | דכותיה/ תארע בן ידוי | ביומא | דכותה#2/: |
| 310 | | Lv16:03M | מצוותה יעול אהרן | ביומא | דכיפורי לקודש' |
| 311 | | Gn 3:15 | מעבד שפיותיה בעוקבה | ביומא | דמלכא משיחא: |
| 312 | | Nu 8:17 | בבני אנשא ובבעירה | ביומא | דקטלת כל בכוריה בארעא |
| 313 | | Lv 7:36 | די פקד ייי למיתן להון | ביומא | דרבי יתהון מן לוות בני |
| 314 | | Nu 7:10 | רברבני ית חנכת מדבחה | ביומא | דרבי יתיה וקריבו רברבני |
| 315 | | Nu 7:84 | דא חנוכת רבותה דמדבחה | ביומא | דרבי יתיה מלוות רברבני |
| 316 | | Nu15:32 | ואשכחו גבר מגבב קיסין | ביומא | דשבתה: |
| 317 | | Ex35:03M | ביום שבתא\ | ביומא/ | דשובתה#2/: |
| 318 | | Lv24:08 | | ביומא | דשובתה ביומא דשובתה יסדר |
| 319 | | Lv24:08 | ביומא דשובתה | ביומא | דשובתה יסדר יתה קדם ייי |
| 320 | | Nu 6:13 | דנז«י»רה | ביומא | דשלמון ית יומי נזירותיה |
| 321 | | Nu30:06 | ואין בטל אבוה יתה | ביומא | דשמע כל נדרה וקיימה די |
| 322 | | Lv19:06 | | ביומא | דתיכסון יתיה יתאכל וביומ' |
| 323 | | Gn50:20 | אתחשבן לטבן מן בגלל | ביומא | הדין לקיימא עם סגון: |
| 324 | | Ex 9:18M | "בשעתה למחר ברד": | בי<ו>מא | הדין ולמחר ברד |
| 325 | | Lv 8:34 | היך מה דעבד | ביומא | הדין פקד ייי למעבד למכפרה |
| 326 | | Lv16:30 | ארום | ביומא | הדין יכפר עליכון למדכיי' |
| 327 | | Dt 2:30 | למסור יתיה בידיכון | ביומא | הדין: |
| 328 | | Dt 4:38 | לכון ית ארעהון לאחסנה | ביומא | הדין: |
| 329 | | Gn30:33 | ויסהדן עלי זכוותי | ביומא | הדן ודמחר ארום תיעול |
| 330 | | Gn15:18 | | ^ביומא | ההוא#2^ קיים ייי עם |
| 331 | | Gn26:32 | והוה | ביומא | ההוא ואתון עבדוי דיצחק |
| 332 | | Gn30:35 | ואפרש | ביומא | ההוא ית תישיא קרוחי |
| 333 | | Gn33:16 | וחזר | ביומא | ההוא עשו לארחה לגבלה: |
| 334 | | Gn48:20 | וברך יתהון | ביומא | ההוא למימר בזכותך יתברכון |
| 335 | | Ex 5:06 | ופקד פרעה | ביומא | ההוא ית סרכיהון דעמא וית |
| 336 | | Ex 8:18 | ואעבד ניסין ופליין | ביומא | ההוא עם ארעא דגשן די עמי |
| 337 | | Ex13:08 | ותתנון לבניכון | ביומא | ההוא למימר מן בגלל מצוותה |
| 338 | | Ex14:30 | ופרק ושיז' ממריה דייי | ביומא | ההוא ית ישראל מן ידיהון |
| 339 | | Ex32:28 | דמשה ונפל מן עמא | ביומא | ההוא כתלתא אלפין דגברין: |
| 340 | | Lv22:30 | | ביומא | ההוא יתאכל לא תשיירון מנה |
| 341 | | Lv27:23 | דיובילה ויתן ית עלויה | ביומא | ההוא קדש לשמה דייי: |
| 342 | | Nu 6:11 | על נפשה ויקדש ית ראשה | ביומא | ההוא: |
| 343 | | Nu 9:06 | ולא יכלו למעבד פיסחה | ביומא | ההוא <....>: |
| 344 | | Nu32:10 | ותקיף רוג«ז»א דייי | ביומא | ההוא וקיים בשבועה למימר: |
| 345 | | Dt27:11 | ופקד משה ית עמא | ביומא | ההוא למימר: |
| 346 | | Dt31:17 | ויתקוף רוגזי בהון | ביומא | ההוא ואשבוק יתהון ואהפוך |
| 347 | | Dt31:22 | משה ית שבח שירתה הדה | ביומא | ההוא ואלף יתה ית בני |
| 348 | | Ex 5:13 | עבידתכון סכום יום | ביומא | היך מה דהוה מתיהב לכון |
| 349 | | Nu 7:72M | "ביום חד ... דחנוכת": | ביומא | חד עשרה דח' |
| 350 | | Nu 7:36 | | ביומא | חמישיה דחנוכת רבותה |
| 351 | | Ex 2:23M | והוה | ביומיא/ביומא#2/ | סגיאייה האינון ומית |
| 352 | | Nu 7:66 | | ביומא | עשיריה דחנוכת רבותה |
| 353 | | Ex12:15 | פטיר' תיכלון לחוד | ביומא | קדמאה תבטלון חמירא מן |
| 354 | | Lv23:08 | לשמה דייי שבעה יומין | ביומא | קדמיה ארוע קדיש כל עבידה |
| 355 | | Lv23:35 | | ביומא | קדמיה <....>: |
| 356 | | Nu 7:12 | והוה מן דמקרב | ביומא | קדמיה ית קרבניה נחשון בר |
| 357 | | Nu28:18 | | ביומא | קדמיה יום טב וארוע קדיש |
| 358 | | Ex12:16 | | ביומא | קדמיה יום טב וארוע קדיש |
| 359 | | Lv23:07 | | ביו«א» | קדמייה יומא טבא ואירוע |
| 360 | | Lv23:39 | קדם ייי שבעה יומין | ביומא | קדמיה יום טב וארוע קדיש |
| 361 | | Nu 7:30 | | ביומא | רביעיה דחנוכת רבותה |

|  |  |  |  |  |  |
|---|---|---|---|---|---|
| 362 | | Gn 2:02M | עבד ואיתניח | ביומא | שביעאה מכל עבדתיה די עבד |
| 363 | | Gn 2:02 | והוה שבא ונייח קדמוי | ביומא | שביעיא מן כל עבדתיה די |
| 364 | | Ex16:27 | והוה | ביומא | שביעיא נפקו מן עמא למלקטא |
| 365 | | Ex16:29 | לא יפוק גבר מן אתריה | ביומא | שביעיא: |
| 366 | | Ex20:11 | והוה שבא ונייח קדמוי | ביומא | שביעיא בגין כדין ברך ייי |
| 367 | | Ex24:16 | שיתא יומין וקרא למשה | ביומא | שביעיא מן גו עננא: |
| 368 | | Lv13:05 | ויחמי יתיה כהנא | ביומא | שביעיה והא מכתשה קאים |
| 369 | | Lv13:06 | ויחמי כהנא יתיה | ביומא | שביעיה זמן תנינות והא כהה |
| 370 | | Lv13:27 | ויחמי יתיה כהנא | ביומא | שביעיה אין מהלכה תהלך |
| 371 | | Lv13:32 | ויחמי כהנא ית מכתשה | ביומא | שביעיה והא לא הלך |
| 372 | | Lv13:34 | ויחמי כהנא ית נתקה | ביומא | שביעיה והא ל{ף}<א> הלך |
| 373 | | Lv13:51 | <....> | ביומא | שביעיה ארום הלך מכתשה |
| 374 | | Lv14:09 | ויהוי | ביומא | שביעיה יספר ית כל שעריה |
| 375 | | Lv14:39 | ויחזור כהנא | ביומא | שביעיה ויחמי והא הלך |
| 376 | | Nu 6:09 | רישיה ביום דכיותיה | ביומא | שביעי«ה» יספר יתיה: |
| 377 | | Nu19:19 | וביומא שביעיה ויתדכי | ביומא | שביעיה ויחוור לבושוי |
| 378 | | Ex16:30 | ואתנחו עמא | ביומא | שבעיה: |
| 379 | | Nu31:24 | ותחוורון לבושיכון | ביומא | שבעייה ותידכון ומן בתר |
| 380 | | Ex16:05 | ויהוי | ביומא | שתיתאי ויצנעון ית מה |
| 381 | | Ex16:29 | כדין הוא יהב לכון | ביומא | שתיתיא לחם בכפלא שרון גבר |
| 382 | | Ex16:22 | והוה | ביומא | שתיתיה לקטו לחם בכיפלא |
| 383 | | Nu 7:42 | | ביומא | שתיתיה דחנוכת רבותה |
| 384 | | Nu29:31 | מיא דהוות מתקרבה | ביומא | שתיתיה על גבי מדבחה דכרן |
| 385 | | Gn40:20 | והוה | ביומא | תליתא יום גניסיא דפרעה |
| 386 | | Gn42:18 | ואמר להון יוסף | ביומא | תליתא דא עבדו וחיון |
| 387 | | Gn31:22M | ולא ספת ובכן אתנו | ביומא | תליתאה ארום אזל יעקב |
| 388 | | Gn31:22M | ואתני ללבן | ביומא | תליתאה ארום ערק יעקב |
| 389 | | Gn34:25 | והוה | ביומא | תליתיא כד הוון צעורין מן |
| 390 | | Ex19:16 | והוה | ביומא | תליתיא לעדוני צפרא והווה |
| 391 | | Nu 7:24 | | ביומא | תליתיא דחנוכת רבותה |
| 392 | | Gn22:04 | | ביומא | תליתיה ונטל אברהם ית |
| 393 | | Lv 7:17 | בשרה דנכסת קדשי«ה» | ביומא | תליתיה בנורא יתוקד: |
| 394 | | Lv19:07 | ואם מתאכלה יתאכל | ביומא | תליתיה פסיל הוא לא יתקבל |
| 395 | | Nu19:12 | ואין לא יתדי עלוי | ביומא | תליתיה וביומא שביעיה לא |
| 396 | | Nu19:12 | הוא יתדי עלוי | ביומא | תליתיה וביומא שביעיה |
| 397 | | Nu19:19 | וידי דכיה על מסאבה | ביומא | תליתיה וביומא שביעיה |
| 398 | | Nu31:19 | דיקרוב בקטול תדכון | ביומא | תליתיה וביומא שביעיה אתון |
| 399 | | Gn31:22 | ספת בכדן אתני ללבן | ביומא | תליתייא ארום ערק יעקב: |
| 400 | | Ex19:11 | ליומא תליתייא ארום | ביומא | תליתייא תתגלי איקר שכינתא |
| 401 | | Lv14:23 | וייתי יתהון | ביומא | תמיניה לדכאותיה לוות כהנא |
| 402 | | Nu 7:54 | | ביומא | תמיניה דחנוכת רבותה |
| 403 | | Lv 9:01 | והוה | ביומא | תמיניה{ון} {לסוף} לסוף |
| 404 | | Ex 2:13 | ונפק | ביומא | תנינא והא תרין גברין |
| 405 | | Nu 7:18 | | ביומא | תנינא דחנוכת רבותה למדבחה |
| 406 | | Nu 7:78M | \ביום תרין עשר | ביומא/ | תרי< עשר>#2/# יומין |
| 407 | | Nu 7:60 | | ביומא | תשיעיה דחנוכת רבותה |
| 408 | ביומה | Dt27:04M | "במעברכון ...": | ביומה | די תעיברון |
| 409 | | Dt21:23 | ארום מקבר תקברון יתיה | ביומה | ההוא ארום ליט קדם ייי כל |
| 410 | | Dt31:17 | סגין ועקין וייאמרון | ביומה | ההוא הלא על די לית איקר |
| 411 | ביומיה | Ex 5:19 | מן לבניכון סכום יום | ביומיה: | |
| 412 | | Ex16:05 | די ילקטון סכום יום | ביומיה: | |
| 413 | | Ex16:04 | עמא וילקטו סכום יום | ביומיה | מן בגלל למנסיה יתהון |
| 414 | ביומך | Gn47:10M | דמצרים ויעדי כפנא | ביומך | ונפק יעקב מלוות |
| 415 | דיומ׳ | Nu11:20M | \ירח יומין/דירח | דיומ׳#2/#ירח | דיומין#2/# עד זמן |

|  |  |  |  |  |  |
|---|---|---|---|---|---|
| 416 | דיומא | Gn18:01M | /גזורתיה לתוקפה | דיומא#2/#: | |
| 417 | | Gn 3:08M | בגוא גנתה לתוקפי׳ | דיומא#2/# | ואטמר אדם ואתתה מן קדם |
| 418 | | Gn28:10 | אתקצרו שע{י}<ו>׳ | דיומא | ו{ש}<ס>מעת שמשא דלא |
| 419 | | Lv12:05M | יומין /תרין שבועין | דיומא#2/# | כרחוק נדתה ושתין ושתה |
| 420 | | Gn18:01 | בתרע משכניה בתקפה | דיומא | מתחמם מן אדם גזירתיה |
| 421 | וביומ׳ | Lv19:06 | דתיכסון יתיה יתאכל | וביומ׳ | תליתיה ומה דמשתייר עד |
| 422 | | Lv23:39M | /שבת שבתה | וביומ׳#2/# | תמנייה יום טב וארוע |
| 423 | וביומא | Ex32:34 | לך הא מלאכי ידבר קדמך | וביומא | דאדכר יתהון אדכר עליהון |
| 424 | | Nu 9:15 | | וביומא | דאקים משה ית משכנה כסי |
| 425 | | Nu28:26 | | וביומא | דביכורייא בקרבותכון מנחה |
| 426 | | Lv 7:16 | יקרב ית קורבנה יתאכל | וביומא | דבתרה ומה דמשתייר מנה |
| 427 | | Lv13:14 | | וביומא | די יתחזי בה בשר חי יסתאב: |
| 428 | | Nu29:26 | | וביומא | חמישייה דחגה דמטלייה |
| 429 | | Nu29:23 | | וביומא | רביעייה דחגה דמטלייה |
| 430 | | Ex23:12 | יומין תעבדון עבידתך | וביומא | שביעא תתנחון מן בגלל דתנח |
| 431 | | Ex16:26 | שיתא יומין תלקטון יתיה | וביומא | שביעיא שבתא לא יהוי ביה |
| 432 | | Ex35:02 | שיתא יומין תעבד עבידא | וביומא | שביעיא יהוי לכון קדש שבת |
| 433 | | Ex13:06 | יומין תיכלון פטירין | וביומא | שביעיה חגא קדם ייי: |
| 434 | | Ex31:17 | ייי ית שמיא וית ארעא | וביומא | שביעיה הוה שבה וניח קדם |
| 435 | | Ex34:21 | שתא יומין תפלחון | וביומא | שביעיה תתנוחון בחגא |
| 436 | | Nu19:12 | עלוי ביומא תליתיה | וביומא | שביעיה לא ידכי: |
| 437 | | Nu19:12 | עלוי ביומא תליתיה | וביומא | שביעיה ואדכי ואין לא יתדי |
| 438 | | Nu19:19 | על מסאבה ביומא תליתיה | וביומא | שביעיה ויתדכי ביומא |
| 439 | | Nu28:25 | | וביומא | שביעיה יום טב וארוע קדיש |
| 440 | | Nu29:32 | | וביומא | שביעיה דחגה דמטלייה |
| 441 | | Nu31:19 | תדכון ביומא תליתיה | וביומא | שביעיה אתון ושביתכון: |
| 442 | | Dt 5:14 | | וביומא | שביעיה שבה ונייח קדם ייי |
| 443 | | Dt16:08 | יומין תאכלון פטירין | וביומא | שביעיה כנישת חדוה קדם ייי |
| 444 | | Lv23:03 | שתא יומין תעבד עבידה | וביומא | שבעיה שבת שבתה יום וארוע |
| 445 | | Nu28:09 | | וביומא | שבתה תקרבון תרין אמרין |
| 446 | | Nu29:29 | | וביומא | שתיתיה דחגה דמטלייה |
| 447 | | Nu29:20 | | וביומא | תליתיה דחגה דמטלייה |
| 448 | | Lv12:03 | | וביומא | תמיניה תגזרון בש«ר» |
| 449 | | Lv15:14 | | וביומא | תמיניה יסב ליה תרין |
| 450 | | Lv15:29 | | וביומא | תמיניה תסב לה תרין |
| 451 | | Nu 6:10 | | וביומא | תמיניה ייתי תרין שופנינין |
| 452 | | Nu29:35 | | וביומא | תמיניה כנישין תהוון מן |
| 453 | | Ex22:29 | יהווה מתרבי בתר אמה | וביומא | תמינייא יפרשון יתיה לשמי: |
| 454 | | Lv14:10 | | וביומא | תמניא יסב תרין אמרין |
| 455 | | Lv23:39 | יום טב וארוע קדיש | ^וביומא#1#^ | תמנייה יום טב וארוע |
| 456 | | Nu29:17 | | וביומא | תנינא דחגא דמטליא תקרבון |
| 457 | וביומה | Ex12:16M | /<יום> טב וארוע | וביומה | שביעאה ׳ ט׳#2/# יהווי |
| 458 | | Ex31:15 | שתה יומין יתעבד עבידה | וביומה | שבעיה שבת שבית«ה» קדש |
| 459 | ויומא | Ex20:10 | | ויומא | שביעיא שבא וניח קדם ייי |
| 460 | כיומא | Gn 2:17 | לא ת«י»כל מינה ארום | כיומא | דתיכל מימת תמות: |
| 461 | | Gn25:33 | ואמר יעקב אשתבע לי | כיומא | הדין ואשתבע ל׳ וזבין ית |
| 462 | | Dt 4:20 | לשמה דייי לעם אחסנה | כיומא | הדין: |
| 463 | | Dt 8:18 | די קיים לאבהתכון | כיומא | הדין: |
| 464 | | Dt10:15 | בכון מן כל אומייה | כיומא | הדין: |
| 465 | | Dt29:27 | וטלק יתהון לארע אחרני | כיומא | הדין: |
| 466 | כיומה | Lv25:50M | \כיומי אגיר יהווי | /כיומה | דאגי׳ יה׳#2/# עימיה: |
| 467 | ליומא | Ex19:11 | ויהוון מזומנים | ליומא | תליתייא ארום ביומא |
| 468 | יומין p abs | Gn 7:24 | מיא על ארעא מאה וחמשין | יומין: | |
| 469 | | Gn 8:03 | מיא לסוף מאה וחמשין | יומין: | |

|  |  | | | |
|---|---|---|---|---|
| 470 | Gn42:17 | וחבש יתהון במטרא תלתא | יומין: | |
| 471 | Gn50:03 | ובכון יתיה מצראי שבעין | יומין: | |
| 472 | Gn50:10 | ונטר על אבוי אבל שבעה | יומין: | |
| 473 | Ex10:22 | בכל ארעא דמצרים תלתא | יומין: | |
| 474 | Ex13:10 | מן עדן יומין לעדן | יומין: | |
| 475 | Lv13:04 | כהנא ית מכתשה שבעה | יומין: | |
| 476 | Lv13:21 | ויסרוד יתיה כהנא שבעה | יומין: | |
| 477 | Lv13:26 | ויסרוד יתיה כהנה שבעה | יומין: | |
| 478 | Lv13:31 | דנ{ק}ת<ק>ה שבעה | יומין: | |
| 479 | Lv14:08 | לבר מן משרית' שבעה | יומין: | |
| 480 | Lv14:38 | ויסרוד ית בייתה שבעה | יומין: | |
| 481 | Lv23:40 | קדם ייי אלהכון שבעה | יומין: | |
| 482 | Nu11:19 | חמשה יומין ולא עשרין | יומין: | |
| 483 | Nu11:21 | אתן לכון וייכלון ירח | יומין: | |
| 484 | Nu12:14M | יומין דסרד שובעה | יומין | |
| 485 | Nu12:16M | וכל ישראל שבעה | יומין | |
| 486 | Nu13:25 | ית ארעא לסוף ארבעין | יומין: | |
| 487 | Nu19:11 | דבר נש יהוי מסאב שבעה | יומין: | |
| 488 | Nu19:14 | במשכנה יהווי מסאב שבעה | יומין: | |
| 489 | Nu19:16 | או בקברה יסתאב שבעה | יומין: | |
| 490 | Nu29:12 | יתה חגה קדם ייי שבעה | יומין: | |
| 491 | Gn24:55 | תשרי רביתי עמן תרין | יומין | או עשרה יומין ומן בתר כדן |
| 492 | Nu 9:22 | או תרין | יומין | או ירח או יומין סגין כד |
| 493 | Gn 8:10 | ושרי תוב לממני שבעה | יומין | אחרינין ואוסף למשלחה ית |
| 494 | Gn40:18 | פתרוניה תלתא סליא תלתה | יומין | אינון: |
| 495 | Gn40:12 | תלתא שרביטא תלתא | יומין | אנון: |
| 496 | Gn50:03 | ושלמו לה ארבעין | יומין | ארום כדן ישלמון יומי |
| 497 | Nu 9:22M | סגין כד שוהי /סגין | יומין | באריכות#2/ עננה על |
| 498 | Dt 5:33 | לכון ותסגון ותורכון | יומין | בארעא די תרתון: |
| 499 | Lv23:08 | קרבנה לשמה דייי שבעה | יומין | ביומא קדמיה ארוע קדיש כל |
| 500 | Lv23:39 | יתה חגה קדם ייי שבעה | יומין | ביומא קדמייה יום טב וארוע |
| 501 | Gn30:36 | ושוי ארח מהלך תלתא | יומין | בינה ובין יעקב ויעקב |
| 502 | Nu 9:11 | בירחה תנינה בארבעת עשר | יומין | ביני שמשתה יעבדון יתיה על |
| 503 | Gn 8:14M | יבשת ארעא /ושובעה | יומין | בירחא יבשה אר'#2/: |
| 504 | Nu10:11M | <בעשרין> | יומין | בירחה אי' |
| 505 | Lv23:41 | יתיה חגה קדם ייי שבעה | יומין | בכל שנה קיים דעלם לדריכון |
| 506 | Ex 3:18 | נזיל כען ארח מהלך תלתא | יומין | במדברא ונקרב קדם ייי |
| 507 | Ex 5:03 | כען אורח מהלך תלתא | יומין | במדברא ונקרב קדם ייי אלהן |
| 508 | Ex15:22 | והלכו ארח מהלך תלתא | יומין | במדברא ולא אשכחו מיין: |
| 509 | Nu33:08M | ואזלו אורח מהלך תלתה/ | יומין | במדברה#2/ דאיתם ושרון |
| 510 | Gn40:04 | עליהון ושמש יתהון והוו | יומין | במטרא: |
| 511 | Dt16:13 | תעבדון לכון שבעה | יומין | במכנשיכון עבורה מן אדרא |
| 512 | Lv25:29 | עד דתשלם שנת זבוניה | יומין | במניין תיהוי פרקוניה: |
| 513 | Ex20:11 | ארום לשתא | יומין | ברא ייי שמיא וית ארעא ית |
| 514 | Ex31:17 | היא שבתא לעלם ארום שתה | יומין | ברא ייי ית שמיא וית ארעא |
| 515 | Lv22:27 | יתילד יהוי מתרבי שבעה | יומין | בתר אמיה ומן יומא תמינייה |
| 516 | Gn28:10 | טייפה עשרין שנין כל | יומין | דהוה שרי בחרן אלין |
| 517 | Lv15:26M | דובה כמדמוך נדתה | /יומין | דהיא דייבה כמדמו' ריחוק |
| 518 | Lv26:34 | תרעה ארעא ית שמטה כל | יומין | דהיא צדי מנכון ואתון גלין |
| 519 | Lv26:35 | כל | יומין | דהיא צדי מנכון תשמט ית מה |
| 520 | Dt 4:10M | כל \יומיא דאינון חיין | /יומין | דהנון חי'#2/ וקיימין על |
| 521 | Nu 7:72 | ביום חד עשר | יומין | דחנוכת רבותה דמדבחה קרב |
| 522 | Nu 7:78 | ביום תרין עשר | יומין | דחנכת מדבחה דרבותה קרב רב |
| 523 | Nu12:14M | מן קדמייה שובעה | יומין | דסרד שובעה יומין |
| 524 | Lv14:46 | ומן דייעול לגו ביתה כל | יומין | די יסרוד יתיה יהוי מסאב |
| 525 | Nu 9:18 | דייי ישרון כל | יומין | די שרי עננה על משכנה |
| 526 | Nu14:34 | במניין | יומין | די יללתון ארבעין יומין |
| 527 | Gn31:22M | מיא ואמתינו תלתא | יומין | דלמה יהא טיפה ולא טפת |
| 528 | Lv13:46 | כל | יומין | דמכתשה ביה יסתאב מסאב הוא |
| 529 | Gn 7:04 | ארום בתר שבעה | יומין | הא אנה מחת מטר על ארעא |
| 530 | Dt 1:02 | ארח מהלך חד עשר | יומין | הוה לכון מהלכה מן טורא |
| 531 | Gn21:04 | ית יצחק בריה בר תמניה | יומין | היך מה דפקד יתיה ייי: |
| 532 | Gn 4:03 | והוה לסוף | יומין | ואייתי קין מן פירי ארעא |
| 533 | Gn 7:04M | \יממין וארבעין לילון | /יומין | וארבעין ליליין#2/ |
| 534 | Gn 7:12 | מטרא על ארעא ארבעין | יומין | וארבעין לילוון: |
| 535 | Ex24:18 | והוה משה בטורא ארבעין | יומין | וארבעין לילין: |
| 536 | Ex34:28 | מן קדם ייי ארבעין | יומין | וארבעין לילון לחמא ל«א» |
| 537 | Dt 9:09 | ושרית בטורה ארבעין | יומין | וארבעין לילוון מזון לא |
| 538 | Dt 9:11 | והוה לסוף ארבעין | יומין | וארבעין לילוון יהב ייי לי |
| 539 | Dt 9:18 | <ייי> כקדמיתה ארבעין | יומין | וארבעין לילוון מזון לא |
| 540 | Dt10:10 | קדמייה ארבעין | יומין | וארבעין לילוון ושמע קל |
| 541 | Gn31:23 | ארח מהלך שבעה | יומין | וארע יתיה בטור גלעדה: |
| 542 | Dt34:08 | במישרה דמואב תלתין | יומין | ואשלימו יומי בכיתה אבלה |
| 543 | Dt 9:25M | ייי ארבעין | יומייא/יומין#2/ | וית ארבעין לילוותה |
| 544 | Lv15:24 | עלוי יהוי מסאב שבעה | יומין | וכל מדמוך די ידמוך עלוהי |
| 545 | Lv15:24M | נדתה עלוי יסתאב שובעה | יומין | וכל בית מד{ב}<מ>וך |
| 546 | Nu11:19 | חד תאכלון ולא תרין | יומין | ולא חמשה יומין ולא עשרין |
| 547 | Nu11:19 | תרין יומין ולא חמשה | יומין | ולא עשרין יומין: |
| 548 | Dt16:04 | בכל תחומיכון שובעה | יומין | ולא יבית מן בשרא מה די |
| 549 | Ex10:23 | קמו גבר מן אתריה תלתא | יומין | ולכל בני ישראל הוה נהור |
| 550 | Gn24:55 | עמן תרין יומין או עשרה | יומין | ומן בתר כדן תיז«י»ל: |
| 551 | Gn24:55M | שלמא או עשר ירחי' | יומין#2/ | ומן בתר כדן תיז«י»ל: |
| 552 | Lv15:28 | מן דובה ותמני ליה שבעה | יומין | ומן בתר כדין תדכי: |
| 553 | Nu12:15 | לבר מן משריתה שבעה | יומין | ועמה לא נטלו עד זמן די |
| 554 | Gn 8:06 | והוה לסוף ארבעין | יומין | ופתח נח ית תרעא דתיבותא |
| 555 | Gn35:29 | לוות עמיה סאב ושבע | יומין | וקברו יתיה עשו ויעקב |
| 556 | Ex24:16 | וכסי יתיה עננא שיתא | יומין | וקרא למשה ביומא שביעיא |
| 557 | Lv 8:35 | באימם' ובלילה שבעה | יומין | ותטרון ית מטרתה דייי דלא |
| 558 | Lv23:16 | דפיסחא תמנון חמישין | יומין | ותקרבון מנחה מן חדתה קדם |
| 559 | Lv13:05 | ויסרוד יתיה כהנא שבע' | יומין | זמן תנינות: |
| 560 | Lv13:33 | כהנא ית ניתקה שובעה | יומין | זמן תנינות: |
| 561 | Lv13:54 | ויסרוד יתה שבעה | יומין | זמן תניינות: |
| 562 | Gn47:28 | שבע עשרה שנין והוון | יומין | חיוי דיעקב שני חיוי מאה |
| 563 | Ex12:19 | שבעה | יומין | חמיר לא ישתכח בגו בתיכון |
| 564 | Gn 8:12 | ושרי תוב לממני שבעה | יומין | חרינין ושלח ית יוונה ולא |
| 565 | Ex22:29 | לתוריכון לעניכון שבעה | יומין | יהווה מתרבי בתר אמה |
| 566 | Nu14:34 | יומין די יללתון ארבעין | יומין | יום חד בכל שנה יום חד בכל |
| 567 | Ex29:30 | שבעה | יומין | ילבש יתהון כהנא דקיים |
| 568 | Ex21:21M | בתר יום או בתר תרי' | יומין#2/ | יקום לא יתפרע מיניה |
| 569 | Ex21:21 | לחוד אן יום חד או תרין | יומין | יקום לא יתפרע מיניה ארום |
| 570 | Gn40:13 | לסוף תלתא | יומין | ירומם פרעה ית ראשך {ראשך} |
| 571 | Gn40:19 | לסוף תלתא | יומין | ירים פרעה ית ראשך מעילוך |
| 572 | Lv 8:33 | אשלמותכון ארום שבעה | יומין | ישלם ית קרבן ידיכון: |
| 573 | Gn17:12 | ובר תמניה | יומין | יתגזר לכון כל דכורא |
| 574 | Ex31:15 | שתה | יומין | יתעבד עבידה וביומה שביעיה |
| 575 | Lv12:02 | בר דכר ותסתאב שבעה | יומין | כיומי רחוק נדתה תסתאב: |
| 576 | Lv23:42 | במטלין תשרון שבעה | יומין | כל יציביה בישראל ישרון |
| 577 | Nu20:29 | ובכון ית אהרן תלתין | יומין | כל בית ישראל: |

|  |  | | | |
|---|---|---|---|---|
| 578 | Nu31:19 | לבר מן משריתה שבעה | יומין | כל דקטל נפש וכל דיקרוב |
| 579 | Lv12:05 | תלד ותסתאב ארבעה עש׳ | יומין | כרחוק נדתה ושתין ושתה |
| 580 | Ex19:15 | לעמ׳ הוון מזמנין לתלתא | יומין | לא יקרב מנכון גבר לתשמיש |
| 581 | Ex13:10M | עבדין יתיה מין אלין | יומין | לאלין ירחין |
| 582 | Nu12:14 | שבעה יומין תטרד שבעה | יומין | לבר מן משריתה ומן בתר |
| 583 | Lv15:13 | מן דובה וימני ליה שבעה | יומין | לדכאותיה ויחוור לבושוי |
| 584 | Nu28:24M | \שבעתי יומיא /שובעה | יומין#2#/ | לחם קרבן מתקבל ברעוה |
| 585 | Lv16:34M | זמנה בשתה בעשרתי | יומין | לירח תשרי |
| 586 | Gn 7:11 | תניינא בשבעה עשר | יומין | לירחא היך זמן יומא הדין |
| 587 | Gn 8:04 | בירחא שביעיא בשבעת עשר | יומין | לירחא על טורי קרדון: |
| 588 | Ex12:03 | דבני ישראל בעשרה | יומין | לירחא הדין ויסבון לכון |
| 589 | Ex12:06 | למטרה עד ארבעת עשר | יומין | לירחא הדין ויכסון יתיה כל |
| 590 | Ex12:18M | יום /עשרי׳ וחד | יומין#2#/ | לירחא ברמשא: |
| 591 | Ex12:18 | קדמייה בארבעת עשר | יומין | לירחא ברמשא ביני שמשתא |
| 592 | Ex16:01 | ובין סיני בחמשת עשר | יומין | לירחא תנינא לאפקותהון |
| 593 | Lv16:29M | "שביעיה ...": בעש<ר>תי | יומין | לירחא דתשרי תצומון |
| 594 | Lv23:05 | קדמייה בארבע«ת» עשר | יומין | לירחא ביני שמשתה נכיסת |
| 595 | Lv23:27 | לחוד בעשורה | יומין | לירחא שביעייה הדן צומה |
| 596 | Lv23:34 | ישראל למימר בחמשת עשר | יומין | לירחא שביעיה הדין חגה |
| 597 | Nu28:16 | ובירחא קדמיה בארבעת עשר | יומין | לירחא נכסת פסחא קדם ייי: |
| 598 | Nu28:17 | ובחמשת עשר | יומין | לירחא הדן חגה שבעה יומין |
| 599 | Nu29:07 | ובעשרה | יומין | לירחא שביעיה הדין יום טב |
| 600 | Nu29:12 | ובחמשת עשר | יומין | לירחא שביעיה יום טב וארוע |
| 601 | Nu33:03 | בירחא קדמיה בחמש עשר | יומין | לירחא קדמיה מן בתר |
| 602 | Lv16:29 | עלם בירחה שביעיה בעשרה | יומין | לירחה תצומון ית נפשתכון |
| 603 | Lv23:06 | ובחמשת עשר | יומין | לירחה חגא דפטיריה קדם ייי |
| 604 | Lv23:32 | בה ית נפשתכון בתשעה | יומין | לירחה מן רמשה ועד רמשה |
| 605 | Lv23:39 | להוד בחמישת עשר | יומין | לירחה שביעיה בכנשתכון ית |
| 606 | Lv25:09 | יבבו בירחה שביעיה בעשרה | יומין | לירחה ביום צומא דכיפוריה |
| 607 | Nu 9:03 | בארבעת עשר | יומין | לירחה הדין ביני שמשתה |
| 608 | Nu 9:05 | בירחה קדמיה בארבעת עשר | יומין | לירחה ביני שמשתה במדברה |
| 609 | Nu10:33 | אורח <....> מהלך תלתה | יומין | למתקנה להון אתר |
| 610 | Ex13:10 | הדה בזימנא מן עדן | יומין | לעדן יומין: |
| 611 | Dt22:07 | בע«ל»מא הדין ותארכון | יומין | לעלמא דאתי: |
| 612 | Dt22:07M | /למייטבה לכון ותסגון | יומין#2#/ | לעלמא דאתי: |
| 613 | Dt32:07 | אדכרו | יומין | מן יומת עלמא אתבוננו |
| 614 | Ex 7:25 | ושלמו שבעת | יומין | מן בתר דמחה ייי ית מיא |
| 615 | Nu 9:20 | זימנין די יהווי עננה | יומין | מניין על משכנה על פם |
| 616 | Nu 6:04M | כל | יומי/יומין#2#/ | נדר נזירותה מכל די |
| 617 | Nu 6:05M | כל | יומי/יומין#2#/ | נדר נזירותיה גלב לא |
| 618 | Ex 8:23 | ארח מהלך תלתא | יומין | נהלך במדברא ונקרב קדם ייי |
| 619 | Nu 6:06M | כל | יומי/יומין#2#/ | נזירותיה לשמה דייי |
| 620 | Gn31:22 | יכלו ואמתינו תרין תלתא | יומין | סברין דלמה דהיא טייפה ולא |
| 621 | Gn21:34 | אברהם בארעהון דפלשתאי | יומין | סגין: |
| 622 | Gn37:34 | תחתוי ואתאבל על בריה | יומין | סגין: |
| 623 | Lv15:25 | ידוב דוב ^אדמה#2#^ | יומין | סגין בלא אשון נדתה או |
| 624 | Nu 9:19 | ובשהיא עננה ^^על משכנה | יומין | סגין ויטרון בני ישראל ית |
| 625 | Nu 9:22 | או תרין יומין או ירח או | יומין | סגין כד שוהי עננה על |
| 626 | Nu20:15 | מצרימה ושרינן במצרים | יומין | סגין ואבאשו לן מצריי |
| 627 | Dt 1:46 | ושריתון ברקם | יומין | סגין כיומיא די שריתון: |
| 628 | Dt 2:01 | ואקפנן ית טורא דגבלה | יומין | סגין: |
| 629 | Dt20:19 | ארום תקפון על קריה | יומין | סגין למסדרה לקובלה סדרי |
| 630 | Lv 8:33 | זמנה לא תפקון שבעה | יומין | עד די תשלמון יומי |
| 631 | Nu11:20 | | יומין | עד ירח עד זמן דיפוק מנחיריכון |
| 632 | Gn 7:17 | והוה מבולא ארבעין | יומין | על ארעא וסגון מיא וטענו |
| 633 | Dt 4:40 | ומן בגלל די תארכון | יומין | על ארעא די ייי אלהכון יהב |
| 634 | Dt11:09 | ומן בגלל די תארכון | יומין | על ארעא די קיים ייי |
| 635 | Dt17:20 | מן בגלל די יאריך | יומין | על מלכותיה הוא ובנוי בגו |
| 636 | Dt30:18 | מסף תסופון ולא תסגון | יומין | על ארעא דאתון עברין ית |
| 637 | Dt32:47 | ובפתגמא הדין תסגון | יומין | על ארעא די אתון עברין ית |
| 638 | Dt 4:26 | למירת יתה לא תארכון | יומין | עלה ארום מישתיציה |
| 639 | Ex12:15 | שבעה | יומין | פטירי׳ תיכלון לחוד ביומא |
| 640 | Lv23:06 | דפטיריה קדם ייי שבעה | יומין | פטירין תיכלון: |
| 641 | Nu28:17 | לירחא הדן חגה שבעה | יומין | פטירין תאכלון: |
| 642 | Lv23:34 | הדין חגה דמטליה שבעה | יומין | קדם ייי: |
| 643 | Lv 8:34M | פקד ייי למעבד שבעה | יומין | קומי יומא דכיפורי מטול |
| 644 | Gn27:44 | ותשרי עמיה | יומין | קלילן עד זמן די תשתדך |
| 645 | Ex34:18 | חגה דפטיריה תטרון שבעה | יומין | תאכלון פטירין היך מה |
| 646 | Dt16:08 | שיתה | יומין | תאכלון פטירין וביומא |
| 647 | Dt16:15 | שובעת | יומין | תחגון קדם ייי אלהכון |
| 648 | Nu12:14 | תתכנע מן קדמוי שבעה | יומין | תטרד שבעה יומין לבר מן |
| 649 | Ex16:29M | בכפלא שרון /מזון תרין | יומין | תיבו גבר#2#/ גבר באתריה |
| 650 | Lv15:19 | תיהוי דובה בבשרה שבעה | יומין | תיהוי בריחוק נדתה וכל די |
| 651 | Ex13:06 | שבעה | יומין | תיכלון פטירין וביומא |
| 652 | Ex23:15 | דפטירייה תטרון שבעה | יומין | תיכלון פטירין היך מה |
| 653 | Dt16:03 | תיכלון עלוי חמיע שובעה | יומין | תיכלון עלוי פטירין לחם |
| 654 | Ex29:37 | שבעה | יומין | תכפר על גבי מדבחא ותקדש |
| 655 | Ex16:26 | שיתא | יומין | תלקטון יתיה וביומא שביעיא |
| 656 | Ex35:02 | שיתא | יומין | תעבד עבידא וביומא שביעיא |
| 657 | Lv23:03 | שתא | יומין | תעבד עבידה וביומא שבעיה |
| 658 | Ex23:12 | שיתא | יומין | תעבדון עבידתך וביומא |
| 659 | Ex20:09 | שיתא | יומין | תפלחון {י}<ו>תעבדון כל |
| 660 | Ex34:21 | שתא | יומין | תפלחון וביומא שביעיה |
| 661 | Dt 5:13 | שיתה | יומין | תפלחון ותעבדון כל |
| 662 | Ex29:35 | כל מה דפקדית יתך שבעה | יומין | תשלמון ית קרבן ידיהון: |
| 663 | Lv12:04 | ותלתין ותלתה | יומין | תתב תטר על אדם דדכי בכל |
| 664 | Lv12:05 | כרחוק נדתה ושתין ושתה | יומין | תתב תטר על אדם דכי: |

## דיומין

|  |  | | | |
|---|---|---|---|---|
| 665 | Gn29:14 | את ושרי עמיה ירח | דיומין: | |
| 666 | Lv25:21M | לתלת שנין | ^דיומין#2#/: | |
| 667 | Dt16:09 | לממני שובעה שבועין | דיומין: | |
| 668 | Gn29:18M | גבך#2#/ שבע שנין | ^דיומין#2#/ | ברחל ברתך זעירתא: |
| 669 | Dt31:10 | למימר לסוף שבע שנין | דיומין | באשון שתה דשמי«ט»תה |
| 670 | Gn16:03 | אמתה לסוף שנין עשר | דיומין | די שרא אברם בארעא דכנען |
| 671 | Dt15:12M | /גבך שת#2#/ שנין | ^דיומין#2#/ | ובשתה שביעיתה <תשלח> |
| 672 | Dt21:13 | ית אבוה וית אמה ירח | דיומין | ובתר כדן תיעול לוותה |
| 673 | Gn29:20M | ברחל שבע שנין | ^דיומין#2#/ | והוון באפוי כיומין |
| 674 | Dt15:18 | פלח קדמיך שית שנין | דיומין | ויברך יתכון ייי אלהכון |
| 675 | Gn41:01 | והווה לסוף תרתין שנין | דיומין | ופרעה חלם והא הוא קיים |
| 676 | Lv19:23M | לכון ריחוק לא יתאכל | /דיומין/ | יהוון לכון ערלין לא |
| 677 | Ex21:02M | שית שנין \יפלח קדמך | /דיומין | יפלח גבך#2#/ ובשתא |
| 678 | Gn29:22M | שרי בינינן שבע שנין | דיומין | מבועינן אתברכו ועדרי |
| 679 | Nu11:20M | /דירח דיומ׳#2#/ירח | דיומין#2#/ | עד זמן דיפוק מנחיריכון |
| 680 | Ex23:10M | ושית שנין | ^דיומין#2#/ | תזרעון ית ארע{א}כון |
| 681 | Lv25:03M | <שנין> | דיומין | תזרעון חקליכון |
| 682 | Dt16:09 | ישראל שובעה שבועין | דיומין | תמנון לכון מ׳ די את משרי |
| 683 | Dt14:28 | לסוף תלת שנין | דיומין | ת{נ}<פ>קון ית מעשר |
| 684 | Dt15:01 | ישראל לסוף שבע שנין | דיומין | תעבדון שמטה: |
| 685 | Lv25:03M | ושית שנין | תזברון/דיומין | תקטפון#2#/ כרמיכון |

|  |  |  |  |
|---|---|---|---|
| 686 | ויומין | Nu 6:12 | אמר בר שתה לאשמה ויומין קדמיין בטלון ארום יסתאב |
| 687 | כיומין | Gn29:20 | שבע שנין והוון באפוי כיומין קליל«י» מן רחמתא דהוה |
| 688 | ליומין | Gn 7:04M | הא אנה מחת מטר ליומין/ קלילין שבעה אנה מחת |
| 689 | יומי p const | Gn 5:04 | והוון כל יומי חיוי אדם מן בתר דאולד |
| 690 | יומי | Gn 7:10 | והוה לסוף שבעת יומי אבלא דמתושלח ומוי דמבולא |
| 691 | | Gn27:41M | אנא עד זמן די ימטון יומי אבלא דמיתת אבא ובכן אנא |
| 692 | | Gn27:41 | ממתין עד זמן דיקרבון יומי אבלא דאבא ואקטול ית יעקב |
| 693 | | Lv 9:01 | {לסוף} לסוף שבעתי יומי אשלמותה קרא משה לאהרן |
| 694 | | Lv 8:33 | שבעה יומין עד די תשלמון יומי אשלמותכון ארום שבעה יומין |
| 695 | | Nu13:20 | מן פירי דארעא ויומיא יומי בכורי ענביה: |
| 696 | | Dt34:08 | תלתין יומין ואשלימו יומי בכיתה אבלה דמש': |
| 697 | | Gn50:04 | ועברו יומי בכיתיה ומליל יוסף עם |
| 698 | | Nu13:20M | בכורי ענביה /הוון יומי בכרת ע<נביה>#2/: |
| 699 | | Gn 8:22 | מן כדון כל יומי דארעא זרעין וחצדין וקריר |
| 700 | | Lv15:25 | ת{ת}<ד>וב על נדתה כל יומי{ן} דוב סאבתה כיומי ריחוק |
| 701 | | Lv15:26 | מדמוך די תדמוך עלוי כל יומי דובה כמדמוך נדתה יהוי לה |
| 702 | | Lv12:06 | וכד ישלמון יומי דכותה לבר דכר או לברה נקבה |
| 703 | | Lv12:04 | תיעול עד זמן דישלימון יומי דכיתה: |
| 704 | | Gn11:32 | והוון יומי חוי דתרח מאוון וחמש שנין |
| 705 | | Gn 5:05 | והוון כל יומי חיוי דאדם תשע מאה ותלתין |
| 706 | | Gn 5:11 | והוון כל יומי חיוי דאנוש תשע מאה וחמש |
| 707 | | Gn 5:14 | והוה כל יומי חיוי דקינן תשע מאה ועשר |
| 708 | | Gn 5:17 | והוון כל יומי חיוי דמהללאל תמני מאה |
| 709 | | Gn 5:20 | והוון כל יומי חיוי דירד תשע מאה ושתין |
| 710 | | Gn 5:27 | והוון כל יומי חיוי דמתושלח תשע מאה |
| 711 | | Gn 9:29 | והוון כל יומי חיוי דנח תשע מא' וחמשין |
| 712 | | Gn35:28M | והוון יומי/יומי חיוי#2/ דיצחק מאה |
| 713 | | Dt22:29 | הוא רשיי למשבקה יתה כל יומי חיוי: |
| 714 | | Gn 3:14 | שחף ועפר יהוי מזונך כל יומי חייך: |
| 715 | | Gn 3:17 | תיכל פירי עלליתיה כל יומי חייך: |
| 716 | | Dt31:14 | למשה למימר ה«א» קרבו יומי חייך למתכנשה בשלם מן גו |
| 717 | | Dt 4:09 | יסטון מן לבביכון כל יומי חייכון ותלפון יתהון |
| 718 | | Dt 6:02 | ובניכון ובני בניכון כל יומי חייכון ומן בגלל די יסגון |
| 719 | | Dt16:03 | מן ארעא דמצרים כל יומי חייכון: |
| 720 | | Dt23:07 | שלמיהון ולא לטבותהון כל יומי חייכון עד לעלם: |
| 721 | | Gn27:02 | הא כען סבית לא ידעית יומי מיתתי: |
| 722 | | Gn29:27 | אשלם שבעתי יומי משתותא דא ואתן לך אף ית דא |
| 723 | | Gn29:27M | אשלם\שבעתי יומי/שבע יומי#2/ \משתותא דא/משתיא |
| 724 | | Gn29:28 | יעקב כן ואשלם שבעתי יומי משתותא דא ואסיב לה ית רחל |
| 725 | | Gn29:28M | שבעתי יומי ...": שבע יומי משתיא דדא |
| 726 | | Nu 6:04 | כל יומי נדר נזירותה מכל די יעבד מן |
| 727 | | Nu 6:05 | כל יומי נדר נזירותיה גלב לא יעלה |
| 728 | | Nu 6:06 | כל יומי נזירותיה לשמה דייי על נפש |
| 729 | | Nu 6:08 | כל יומי נזירותיה קדיש יהווי קדם |
| 730 | | Nu 6:12 | ויתנזר קדם ייי ית יומי נזירותיה וייתי אמר בר שתה |
| 731 | | Nu 6:13 | ביומא דשלמון ית יומי נזירותיה ייתי יתיה לתרע |
| 732 | | Dt33:25 | נחשה וכיומי עולימותיהון יומי סיבותיהון: |
| 733 | | Ex31:02M | וקריית בשום טב מן יומי עלמא |
| 734 | | Nu16:30M | "ואן ... ותפתח": אן מן <י>ומי עלמא איתבריאת מיתותה |
| 735 | | Dt29:14M | וית כל דריה דהוו מן יומי עלמא ודלא אתבריו עד כדון |
| 736 | | Nu10:29M | מן קדם ייי איתמר מן יומי עלמה לאיתיא טבתה על |
| 737 | | Gn29:21 | ית אתתי «ארי אשלימני» יומי פלחני ואיעול לוותה: |
| 738 | | Lv25:08 | שובעה שנין ויהווי לכון יומי <שבע> שמיטי שנייה ארבעין |
| 739 | | Lv25:08M | זבנין ויהוון לכון יומי שבעתי שובי שנייה ארב' |
| 740 | | Gn25:07 | <ואלין יומי> שני חייא אברהם די חייה |
| 741 | | Gn47:08 | פרעה ליעקב כמה אינון יומי שני חייך: |
| 742 | | Gn47:09 | שנין קלילין ובישין הוון יומי שני חיי ולא ארעו ית יומי |
| 743 | | Gn47:09 | שני חיי ולא ארעו ית יומי שני חיי אבהתי ביומי |
| 744 | | Gn47:09 | ואמר יעקב לפרעה יומי שני תותבותי מאה ותלתין |
| 745 | יומת | Gn 6:04M | ג{ו}<י>בריא דאית מן יומת עלמא |
| 746 | | Dt29:14M | הכה יומא הדין /דקמו מן יומת עלמא#2/ קדם ייי אלהן וית |
| 747 | | Dt32:07 | אדכרו יומין מן יומת עלמא אתבוננו בשנוי דכל דר |
| 748 | ימוי | Gn36:39 | דהווה לעי במטרדה כל ימוי חיוי ועתר וקנה נכסין וידע |
| 749 | ביומי | Gn14:01 | והווה ביומי אמרפל מלכה דשנער אריוך |
| 750 | | Gn31:21M | לישראל ביומי יפתח דמן גלעד |
| 751 | | Gn30:14 | ואזל ראובן ביומי חצדא דחטיא ואשכח יברוחין |
| 752 | | Nu30:17M | בין אב לברתה ברביותה/ביומי טליותה#2/ בביתה |
| 753 | | Gn47:09 | ית יומי שני חיי אבהתי ביומי תותבותיהון: |
| 754 | ויומי | Dt11:21 | מן בגלל דיסגון יומיכון ויומי בניכון על <ארעא> די קיים |
| 755 | וכיומי | Dt33:25 | וחסימין היך נחשה וכיומי עולימותיהון יומי |
| 756 | כיומי | Lv25:50 | זבוניה במניין שנין כיומי אגיר יהווי עימיה: |
| 757 | | Lv22:13M | לביתה דאבוה כרביותה/כיומי טליותה#2/ מן לחמה |
| 758 | | Lv12:02 | דכר ותסתאב שבעה יומין כיומי רחוק נדתה תסתאב: |
| 759 | | Lv15:25 | כל יומי{ן} דוב סאבתה כיומי ריחוק נדתה תהוי מסאבה |
| 760 | | Dt11:21 | לאבהתכון למיתן לכון כיומי שמייא על ארעא: |
| 761 | ליומי | Gn18:12 | דסאבית אפשר לי למחזר ליומי טליותי ולמהווי לי עדויין |
| 762 | יומההא p em/sf | Gn25:24 | ואשלימו יומההא למילד והא תאומין בגו |
| 763 | יומוי | Gn47:29 | וקרבו יומוי דישראל למימת וקרא לבנוי |
| 764 | | Gn 5:31 | והוון כל יומוי דלמך שבע מאה ושבעין ושבע |
| 765 | | Gn47:28M | \יומין חיוי דיעקב /יומוי/ די יעקוב#2/ שני חיוי |
| 766 | | Gn 5:08 | והוון כל יומוי חיוי דשת תשע מאה |
| 767 | | Dt22:19 | הוא רשיי למשבקה יתה כל יומוי חיוי: |
| 768 | | Dt17:19M | עמיה ויהוי קרי ביה כל יומוי חייוי מן בגלל דיליף |
| 769 | | Gn50:03 | יומין ארום כדין שלמון יומוי חנוטיה ובכון יתיה מצראי |
| 770 | | Nu 6:08M | כל יומי/יומוי#2/ נזירותיה קדיש יהווי |
| 771 | יומיא | Gn43:09 | מרחק מן שאלת בשלמך כל יומיא: |
| 772 | | Gn44:32 | מן שאלת שלמה דאבה כל יומיא: |
| 773 | | Nu24:14 | משלוט בעמך סוף עקב יומיא: |
| 774 | | Dt 4:40 | ייי אלהכון יהב לכון כל יומיא: |
| 775 | | Dt14:23 | מן קדם ייי אלהכון כל יומיא: |
| 776 | | Nu11:26 | כחדא ואמרין בסוף עקב יומיא גוג ומגוג סלקין |
| 777 | | Gn 6:05M | הג'#2/ ביש כל יומא/יומיא#2/: |
| 778 | | Gn15:01M | הדין ומגן עלך כל יומיא ברם אגריך ועבדך טבייה |
| 779 | | Gn15:17M | עתיד דאישתרי בסוף יומיא גומרא די נור מן כורסי |
| 780 | | Dt 4:10 | למדחול מן קדמוי כל יומיא דאינון חיין וקיימין על |
| 781 | | Nu 6:05 | על רישיה עד די שלמין יומיא די יתנזר קדם ייי קדיש |
| 782 | | Dt12:01 | לכון למירת יתה כל יומיא די אתון חיין וקיימין על |
| 783 | | Gn26:08 | והוה ארום סגו לי' תמן יומיא ואדיק אבימלך מלכא |
| 784 | | Dt33:12 | עלוי יהווי מגן עלוי כל יומיא ובתחומיה יתבני בית מוקדשה |
| 785 | | Ex13:07 | פטירין יתאכל ית שבעתי יומיא ולא יתחמי לכון חמיע ולא |
| 786 | | Dt19:09 | באורחן דתקנן קדמוי כל יומיא ותוספון לכון תוב תלת קורי |
| 787 | | Dt 4:30 | עקייה האליין בסוף עקב יומיא ותתובון קדם ייי אלהכון |
| 788 | | Nu28:24 | תקרבון בכל יום שבעתי יומיא לחם קרבן מתקבל ברעוה קדם |
| 789 | | Gn49:01M | דיערא להון בסוף יומ<י>א מן דאתגלי לה{ו} רזא |
| 790 | יומיה | Dt18:05 | קדישא הוא ובנוי כל יומיה: |
| 791 | | Dt31:13 | מן קדם ייי אלהכון כל יומיה די אתון חיין וקיימין על |
| 792 | יומייא | Dt11:01 | דינוי ומצוותה כל יומייא: |
| 793 | | Gn44:18 | מן שאלת שלמה דאבה כל יומייא או דלמא דלא אשתמע לך ולא |

|  |  |  |  |  |  |
|---|---|---|---|---|---|
| 794 | | Dt31:29 | יתכון בישתה בסוף עקב | יומייא | ארום תעבדון מה דלא שפר |
| 795 | | Gn 4:03M | \לסוף יומין /עקב | יומייא#2/ | ואייתי קין מן פירי |
| 796 | | Dt 9:25 | מן קדם ײ ארבעין | יומייא | וית ארבעין לילוותה די |
| 797 | | Dt28:32 | סייפין עליהון כל | יומייא | ולא אלהה על ידיכון למפרוק |
| 798 | | Gn 7:10M | דמתושלח ומוי /שבעתי | יומייא | ומוי#2/ דמבולא הוון על |
| 799 | | Gn38:12 | וסגין | יומייא | ומיתת ברת שוע אתתיה |
| 800 | | Dt 6:24 | ײ אלהן למייטבה לן כל | יומייא | למקיימה יתן הכזמן יומא |
| 801 | יומייה | Dt 8:16 | למייטבה לכון בסוף | יומייה: | |
| 802 | | Dt28:33 | לחוד עצין ורציצין כל | יומייה: | |
| 803 | | Dt28:29 | להוד עציין וגזילין כל | יומייה | ולית מן דמשיזיב: |
| 804 | | Dt 5:29 | כל מצוותה דאורייתי כל | יומייה | מן בגלל דייטיב להון |
| 805 | יומיכון | Dt 6:02 | ומן בגלל די יסגון | יומיכון: | |
| 806 | | Dt 8:16M | \בסוף יומייה /עקב | יומיכון#2/: | |
| 807 | | Ex23:26M | \יומכון תשלמון בשלם | /יומיכון | אמלי׳ בטב#2/: |
| 808 | | Dt11:21 | מן בגלל דיסגון | יומיכון | ויומי בניכון על <ארעא> |
| 809 | | Dt 5:16 | אלהכון מן בגלל דיסגון | יומיכון | ומן בגלל דייטיב לכון על |
| 810 | | Dt23:07M | כל \יומי | חייכון/יומיכון#2/ | עד לעלם: |
| 811 | | Ex20:12 | דאימיה מן בגלל דיסגון | יומיכון | על ארעא דײ אלהכון יהב |
| 812 | | Dt12:19 | תשבקון ית ליווי כל | יומיכון | על אר{א}{ע<כון: |
| 813 | | Dt25:15 | מן בגלל די יארכון | יומיכון | על ארעא דײ אלהכון יהיב |
| 814 | | Dt30:20 | היא חייכון ואריכות | יומיכון | על ארעא דקיים ײ |
| 815 | ימוי | Gn35:28 | והוון | ימוי | דיצחק מאה ותמנין שנין: |
| 816 | | Gn 5:23 | והוון כל | ימוי | חיוי דחנוך תלת מאה ושתין |
| 817 | ביומוי | Gn10:25 | דחד מנהון פלג ארום | ביומוי | אתפלגו דיירי ארעא ושמה |
| 818 | | Gn26:01 | כפנא קדמייה דיהוה | ביומוי | דאברהם ואזיל יצחק לוות |
| 819 | | Nu24:20 | ישראל עמלקיי ובעקבה | ביומוי | דגוג ומגוג אינון עתידין |
| 820 | | Gn 3:15M | שפיותיה בעוקבה | ביומא/ביומוי#2/ | דמלכא משיחא: |
| 821 | ביומי׳ | Gn 6:04M | הוון שריין בארעא | ביומי׳ | האינון ולחד מן בתר מן די |
| 822 | ביומיא | Gn18:11 | ושרה סאיבו ועלו | ביומיא | אתמנע מן למהווי לשרה |
| 823 | | Ex 2:11 | והוה | ביומ<י>א | האינון ורבה משה ונפק |
| 824 | | Nu24:23 | ואמר אלוויי מן ייחי | ביומיא | האינון כד ישווי ײ תקוף |
| 825 | | Dt17:09 | דייניה דייהווי ממני | ביומיא | האינון ותתבעון ויתנון |
| 826 | | Dt19:17 | די יהוון ממניין | ביומיא | האינון: |
| 827 | | Gn24:01 | ואברהם סאב ועל | ביומיא | וממריה דײ ברך ית אברהם |
| 828 | | Ex 2:23 | והוה | ביומיא | סגיאייה האינון ומית מלכא |
| 829 | ביומיה | Gn 6:04 | גיבריה הוון בארעא | ביומיה | האינון ולחוד מן בתר כדין |
| 830 | | Dt26:03 | די הווי ממני כהנא רבא | ביומיה | האינון ותימרון לה אודינן |
| 831 | | Dt24:15 | תתן אגריה ולא יטמע עלוי | ביומיה | |
| 832 | בימוי | Gn26:18 | באריתא דמיא די חפרו | בימוי | דאברהם אבוי וסתמו יתהון |
| 833 | ויומיא | Nu13:20 | ותסבון מן פירי דארעא | ויומיא | יומי בכורי ענביה: |
| 834 | | Nu 6:12M | \ויומין קדמיין | /ויומ<י>א | קדמאי#2/ בטלון ארום |
| 835 | כיומיא | Dt 1:46 | ברקם יומין סגין | כיומיא | די שריתון: |
| 836 | כיומייה | Dt10:10 | ואנה קמית בטורה | כי{ן}<ו>מייה | קדמייה ארבעין יומין |
| 837 | ליומיא | Dt 4:32 | ארום שאילו כען | ליומיא | קדמייה די הוון קדמיכון |

## יום טב *n.* holiday [238]

|  |  |  |  |  |  |
|---|---|---|---|---|---|
| 001 | י׳ ט׳ s ab/cn | Ex12:16M | וארוע וביומה שביעאה | י׳ ט׳#2/ | יהווי לכון כל עבידא לא |
| 002 | יום טב | Lv23:07M | קדמייה \יומא טבא | /יום טב#2/ | ואירוע קדיש יהווי |
| 003 | | Lv23:36 | <....> | יום טב | ואירוע קדיש יהווי לכון |
| 004 | | Ex12:16 | ביומא קדמייה | יום טב | וארוע קדיש <....> יהווי |
| 005 | | Ex12:16M | וארוע קדיש <....>/ | <יום טב | וארוע וביומה שביעאה |
| 006 | | Lv23:08M | \קדמיה ארוע/שביעייה | יום ט{ו}ב | וארוע#2/ קדיש כל |
| 007 | | Lv23:21 | הכזמן יומא הדין | יום טב | וארוע קדיש יהווי לכון כל |
| 008 | | Lv23:24 | דכרן טב תקיעה ויבבו | יום טב | וארוע קדיש: |
| 009 | | Lv23:27 | הדין צומה דכיפוריה הוא | יום טב | וארוע קדיש יהווי לכון |
| 010 | | Lv23:39 | יומין ביומא קדמייה | יום טב | וארוע קדיש ^וביומא#1^ |
| 011 | | Lv23:39 | ^וביומא#1^ תמנייה | יום טב | וארוע קדיש: |
| 012 | | Nu28:18 | ביומא קדמיה | יום טב | וארוע קדיש כל עבידה דפלחן |
| 013 | | Nu28:25 | וביומא שביעיה | יום טב | וארוע קדיש יהווי לכון כל |
| 014 | | Nu28:26 | {ב}<ד>חגי שבועיכון | יום טב | וארוע קדיש יהווי לכון כל |
| 015 | | Nu29:01 | ובירחה שביעיה בחד לירחא | יום טב | וארוע קדיש יהווי לכון כל |
| 016 | | Nu29:07 | לירחא שביעיה הדין | יום טב | וארוע קדיש יהווי לכון |
| 017 | | Nu29:12 | יומין לירחא שביעיה | יום טב | וארוע קדיש יהווי לכון כל |
| 018 | יומא טבא s em/sf | Ex34:25M | בשרא די תכסון בלילי | יומא טבא | דפסחה מן רמשה ועד צפרא |
| 019 | | Lv23:07 | ביומ«א» קדמייה | יומא טבא | ואירוע קדיש יהווי לכון |
| 020 | | Lv23:15 | ותמנון מן בתר | יומא טבא | קדמיה דפיסחא מן יומא |
| 021 | | Nu33:03 | לירחא קדמיה מן בתר | יומא טבא | קדמיה דפיסחא נפקו בני |
| 022 | יומא טבה | Lv23:16 | מן דתמנון להוד מן בתר | יומא טבה | קדמיה דפיסחא תמנון |
| 023 | | Lv23:11 | לרעוה עליכון מן בתר | יומא טבה | קדמייא דפיסחא יניף יתה |
| 024 | | Dt16:04 | מה די תכסון בלילי | יומא טבה | קדמיה דפסחה עד צפרה: |
| 025 | ימא טבא | Ex23:18M | בשרא די תכסון בלילי | ימא טבא | קדמיי׳ דפסחא מן רמשא |
| 026 | ביומא טבה | Lv23:40 | ותסבון לכון | ביומא טבה | קדמיה פירי אילן משבח |
| 027 | יומין טבין p abs | Lv23:04 | דײ {בזמניהון} | יומין טבין | ואירועין קדישין די |
| 028 | | Lv23:37 | דײ דיתארעון יתהון | יומין טבין | ואירועין קדישין למקרבה |
| 029 | | Lv23:02 | די תארעון יתהון | יומ«ין» טבין | {ואירעון} ואירעון |

## יורדן *n.* ⇐ ירדן *n.*

## יזף *vb.* to borrow [238]

|  |  |  |  |  |  |
|---|---|---|---|---|---|
| 001 | למיזף peal | Dt23:21 | לבר עממיה את רשי | למיזף | ולאחוך לית את רשי למיזף |
| 002 | | Dt15:06 | ואתון עמי לא תצרכון | למיזף | ותשלטון באומין סגין |
| 003 | | Dt28:12M | בני ישראל לא תצרכון | למיזף | ותשלטון באומין סגין |
| 004 | | Dt23:21 | ולאחוך לית את רשי | למיזף | מן בגלל די יברך יתכון ײ |
| 005 | יוזף afel | Dt23:20M | כל פתגם די | יוזף#2/: | |
| 006 | יוזפון | Dt28:44 | אינון | יוזפון | לכון ואתון לא תוזפון להון |
| 007 | תוזף | Ex22:24 | אין כסף | תוזף | ית עמי ית מסכינה די עמך לא |
| 008 | | Dt23:20 | לא | תוזף | לאחוך זפו דממון זפו דכסף |
| 009 | | Dt24:10 | ארום | תוזף | לחברך זפו כל מה דעם לא |
| 010 | תוזפון | Dt15:08M | תזבדון /מוזפה | תוזפון#2/ | לה כמסת חסרוניה די |
| 011 | | Dt28:44 | יוזפון לכון ואתון לא | תוזפון | להון אינון יהוון למלכין |
| 012 | תזופון | Dt24:10M | "תוזף ... דעם": | תזופון | לחבריכון מוזפו כל |
| 013 | | Dt23:21M | לאחוך עיברייה לא | תזופון | מן בגלל יבר׳ |
| 014 | תיזפון | Ex22:24M | "תוזף ... ורבין": | תיזפון | לעמ׳ ית מסכיני׳׳ |
| 015 | מוזף | Dt24:11 | לברה תקום וגברא די את | מוזף | לה יפיק לוותך ית משכונה |
| 016 | מוזפה | Dt15:08M | לה \ומזבדה תזבדון | /מוזפה | תוזפון#2/ לה כמסת |
| 017 | מוזפו | Dt24:10M | תזופון לחבריכון | מוזפו | כל מ<נ>ד{נ}עם |
| 018 | מוזפין | Dt23:21M | תהוון | מוזפין | לאחוך עיברייה לא תזופון |
| 019 | דיזיף | Dt15:02 | גבר מרי חוב ית ידיה | דיזיף | בחבריה לא ידחק ית חבריה |
| 020 | ותזופון | Dt15:06 | היך מה די מלל לכון | ותזופון | לאומין סגין ואתון עמי לא |
| 021 | ותזופון | Dt15:06M | די מלל לכון | ותזופון/ותזפון#2/ | לאומין סגין ואתון |
| 022 | | Dt28:12M | ידיכון | ותצרכון/ותזפון#2/ | לאומין סגין ואתון |
| 023 | למוזפה | Dt29:18M | איזיל מן בגלל | למוספה/למוזפה#2/ | חובי שלותה על חובי |
| 024 | יתוזף ettafal | Dt23:20 | דכסף זפו לכל מילה די | יתוזף: | |

## יחד *vb.* to designate [238]

|  |  |  |  |  |  |  |
|---|---|---|---|---|---|---|
| 001 | אתייחד | etpaal | Nu31:50M | חד מנן בחדה מנהין ולא | אתייחד | חד מנן עם חד מנהין דלא |

## יחוס *n.* genealogy [239 ייחוס]

|  |  |  |  |  |  |  |
|---|---|---|---|---|---|---|
| 001 | יחוס | s ab/cn | Gn25:19M | תולדותא דיצחק/ואיל׳ | יחוס | תולדוות׳ דיצחק#2#/ בריה |
| 002 | | | Gn36:01 | ואלי«ן» | יחוס | תולדוותיה{ון} דעשו הוא |
| 003 | | | Gn 2:04 | אילין | יחוס | תולדת שמיא וארעא |
| 004 | | | Gn36:09 | ואלין | יחוס | «תלדוותא» דעשו אבוהון |
| 005 | | | Gn 5:01 | דין ספר | יחוס | תלדוותה דאדם ביומא די ברא |
| 006 | | | Gn 6:09 | אילין | יחוס | תלדוותיה דנח נח גבר צדיק |
| 007 | | | Gn11:10 | אל«י»ן | יחוס | תלדו«תה» דשם שם בר מאה |
| 008 | | | Gn10:01M | ואלין | תולדות/יחוס | תלוודתיה#2#/ בנוי |
| 009 | ייחוס | | Gn37:02 | אלין | ייחוס | תולדותיה דיעקב יוסף בר |
| 010 | יחוסיהון | p em/sf | Nu 1:28 | לבנוי ישׂשכר | יחוסיהון | לבית אבהתהון במניין שמהן |
| 011 | | | Nu 1:20 | דראובן בכורא דישראל | יחוסיהון | לזרעייתהון לבית אבהתהון |
| 012 | | | Nu 1:22 | לבנוי דשמעון | יחוסיהון | לזרעייתהון לבית אבהתהון |
| 013 | | | Nu 1:24 | לבנוי דגד | יחוס«י»הון | לזרעייתהון |
| 014 | | | Nu 1:26 | לבנוי דיהודה | יחוסיהון | לזרעייתהון לבית אבהתהון |
| 015 | | | Nu 1:30 | לבנוי דזבולן | יחוסיהון | לזרעייתהון לבית אבהתהון |
| 016 | | | Nu 1:32 | הוא שבטה דבית אפרים | יחוסיהון | לזרעייתהון לבית אבהתהון |
| 017 | | | Nu 1:34 | לבנוי דמנשה | יחוסיהון | לזרעייתהון לבית אבהתהון |
| 018 | | | Nu 1:36 | לבנוי דבנימן | יחוסיהון | לזרעייתהון לבית אבהתהון |
| 019 | | | Nu 1:38 | לבנוי דדן. | יחוסיהון | לזרעייתהון לבית אבהתהון |
| 020 | | | Nu 1:40 | לבנוי דאשר | יחוסיהון | לזרעייתהון לבית אבהתהון |
| 021 | | | Nu 1:42 | לבנוי דנפתלי | יחוסיהון | לזרעייתהון לבית אבהתהון |
| 022 | כיחוסיהון | | Ex28:10 | אבנא תניינ{ו}תא | כיחוסיה«ו»ן: | |
| 023 | ליחוסיהון | | Ex 6:16 | שמהת בנוי דלוי | ליחוסיהון | גרשום וקהת ומררי |
| 024 | | | Ex 6:19 | דבנוי דלוי | ליחוסיהון: | |

## יחי *vb.* to hurry [238]

|  |  |  |  |  |  |  |
|---|---|---|---|---|---|---|
| 001 | אוחו | afel | Gn45:09 | | אוחו | ופקו לוות אבה ותימרון ליה |
| 002 | אוחי | | Gn19:22 | | אוחי | אשתיזב לתמן ארום לא אוכל |
| 003 | | | Gn18:06 | למשכנא לות שרה ואמר | אוחי | וסבי תלת סאין קמח דסלת |
| 004 | אוחיתון | | Ex 2:18 | מן} <מן בגלל> מה | אוחיתון | למיתי יומא הדין: |
| 005 | אוחת | | Gn27:20 | ואמר יצחק לברה מה כען | אוחת | למשכחי ברי ואמר ארום זמן |
| 006 | ואוחון | | Gn44:11 | | ואוחון | ואחתו גבר ית טעוניה על |
| 007 | ואוחי | | Gn18:06 | | ואוחי | אברהם ואזיל למשכנא לות |
| 008 | | | Gn43:30 | | ואוחי | יוסף ארום גלו מעוי על |
| 009 | | | Ex34:08 | | ואוחי | משה ועקד לארעא ואודי |
| 010 | | | Gn18:07 | רכיך וטב ויהב לרביה | ואוחי | למעבד יתיה: |
| 011 | | | Lv22:27 | שמין וטב ויהב לרביה | ואוחי | למעבד יתיה ופטירין אפה |
| 012 | | | Ex10:16 | | ואוחי | פרעה למקרי למשה ולאהרן |
| 013 | | | Lv22:27M | וטב ויהב יתה לרבייה | ואוחי | רבייה למעבד יתיה |
| 014 | ואוחיית | | Gn24:18 | ואמרת שתה רבוני | ואוחיית | ואחתת קולתה על ידה |
| 015 | | | Gn24:46 | | ואוחיית | ואחתת קולתה מעלוה ואמרת |
| 016 | | | Gn24:20 | | ואוחיית | ופנית קולתה לגו מורכיון |
| 017 | ואוחיתון | | Dt 1:41 | גבר ית מאני זייניה | ואוחיתון | למיסוק לטורא: |
| 018 | ותוחון | | Gn45:13 | וית כל מה דחמיתון | ותוחון | ותחתון ית אבא להכא: |
| 019 | ומוחי | | Gn41:32 | פתגמא מן קדם ייי | ומוחי | מן קדם ייי למעבד יתיה: |

## יחיד *n.* only [238]

|  |  |  |  |  |  |  |
|---|---|---|---|---|---|---|
| 001 | יחידה | s em/sf | Lv22:27 | למדכרא זכותא דגברא | יחידה | דאתעקד על חד מן טוריא היך |
| 002 | יחידך | | Gn22:16 | ולא מנעת ית ברך ית | יחידך: | |
| 003 | | | Gn22:02 | ואמר דבר כען ית ברך ית | יחידך | די רחמת ית יצחק ואזל לך |
| 004 | | | Gn22:12 | את ולא מנעת ית ברך ית | יחידך | מני: |

## יחידי *adj.* single [238]

|  |  |  |  |  |  |  |
|---|---|---|---|---|---|---|
| 001 | יחידי | s ab/cn | Nu23:03 | אתני לך ואזל בלעם בלב | יחידי | שפי למילוט ית ישראל: |
| 002 | יחידיי | | Gn 3:22 | אדם קדמיה דברית יתיה | יחידיי | בעלמא היך מה דאנא יחידיי |
| 003 | | | Gn 3:22 | בעלמא היך מה דאנא | יחידיי | בשמי מרומא עתידין אומין |
| 004 | יחידיין | p abs | Gn22:10 | ואמרת אתון חמון תרתין | יחידיין | דבעלמי חד נכס וחד מתנכס |

## יחם *vb.* to be in heat [239]

|  |  |  |  |  |  |  |
|---|---|---|---|---|---|---|
| 001 | דאתיחמת | etpaal | Gn31:10 | והוה בשעתא | דאת«י»חמת | ענא ונטל«ת» עייני |
| 002 | | | Gn30:41 | והוה בכל | דאתיחמת | ענה בכירתה ושוי יעקב ית |
| 003 | ואתיחמו | | Gn30:39 | | ואתיחמו | ענה על חטריא וילדת ענה |

## יחמו *n.* being in heat [239]

|  |  |  |  |  |  |  |
|---|---|---|---|---|---|---|
| 001 | יחמות | s ab/cn | Gn31:10M | דאת«י»חמת ענא /בשעת | יחמות | ענה#2#/ ונטל«ת» עייני |

## יחמור *n.* antelope [239]

|  |  |  |  |  |  |  |
|---|---|---|---|---|---|---|
| 001 | ויחמורין | p abs | Dt14:05 | איילין וטביין | ויחמורין | ואלין ודייצין ותורי בר |

## יחס *vb.* to trace one's genealogy [239]

|  |  |  |  |  |  |  |
|---|---|---|---|---|---|---|
| 001 | ואתייחסו | etpaal | Nu 1:18 | ^יום#2#^ לירחא תנינא | ואתייחסו | על זרעייתהון |

## יחף *vb.* to be footsore [239]

|  |  |  |  |  |  |  |
|---|---|---|---|---|---|---|
| 001 | אתייחיפו | etpaal | Dt 8:04M | לא \הליכו | חפיין/אתייחיפו#2#/ | דנה ארבעין שנין: |

## יטב *vb.* to be good [239]

|  |  |  |  |  |  |  |
|---|---|---|---|---|---|---|
| 001 | ייטב | peal | Gn40:14 | ארום אן אדכרת יתי עמך כד | ייטב | לך ותעבד כען עמי חסד וטיבו |
| 002 | | | Dt 4:40 | מפקד יתכון יומא הדין די | ייטב | לכון ולבניכון מן בתריכון |
| 003 | דיטבא | | Ex 9:16M | לא מן בגלל \דייטב לך | /דיטבא | לך#2#/ קיימת יתך עד כדון |
| 004 | דייטב | | Ex 9:16 | וברם לא מן בגלל | דייטב | לך קיימת יתך עד כדון אלא |
| 005 | | | Dt 6:03M | למעבד | דייטיב/^<דיי>טב#2#^/למייטבה#2#/ | לכון ודי |
| 006 | | | Dt 6:18 | ותקן קדם ייי מן בגלל | דייטב | לכון ותיעלון ותירתון ית |
| 007 | | | Dt12:25 | לא תיכלון יתיה מן בגלל | דייטב | לכון ולבניכון מן בתריכון |
| 008 | דייטיב | | Dt 5:29 | כל יומייה מן בגלל | דייטיב | להון וליבניהון לעלם: |
| 009 | | | Gn12:13 | א׳ מן^#2#^ בגלל | דייטיב | לי בגללך ותתקיים נפשי |
| 010 | | | Dt 5:16 | יומיכון ומן בגלל | דייטיב | לכון על ארעא דייי אלהכון |
| 011 | | | Dt 6:03 | ישראל ותיטרון למעבד | דייטיב | לכון ודי תסגון לחדה |
| 012 | | | Dt 6:18M | מן בגלל | דייטב/^דייטיב^#2#/למייטבה#2#/ | לכון ותיעלון |
| 013 | | | Dt12:28 | מפקד יתכון מן בגלל | דייטיב | לכון ולבניכון מן בתריכון |
| 014 | | | Dt22:07 | תסבון לכון מן בגלל | דייטיב | לכון בע«ל»מא הדין |
| 015 | וייטב | | Dt30:05 | אבהתכון ותירתון יתה | וייטב | לכון ויסגי יתכון מן |
| 016 | וייטבו | | Gn34:18M | | ושפרו/וייטבו#2#/ | מיליהון באפוי |
| 017 | ווייטיב | | Dt 5:33 | תהלכון מן בגלל דתיחון | ווייטיב | לכון ותסגון ותורכון יומין |
| 018 | למייטב | | Dt10:13 | מפקד יתכון יומא הדין | למייטב | לכון: |
| 019 | אוטב | afel | Gn12:16M | ולאברם | אייטב/אוטב#2#/ | מן בגללה והוה ליה ען |
| 020 | אייטב | | Gn32:13 | ואת אמרת מייטיבה | אייטב | לך ואשוי ית בניך כחלא |

| | | | |
|---|---|---|---|
| 021 | | Gn12:16 | ולאברם אייטב מן בגללה והוה ליה ען |
| 022 | אייטיבו | Dt 5:28 | מלילו עמך הא שפר ותקן אייטיבו כל מה די מלילו: |
| 023 | ייטב | Nu10:32 | עמן ויהוי טבה הוא די ייטב ייי עמן ונוטב לך: |
| 024 | תיטב | Gn 4:07 | לך בעלמ׳ דאתי ואין לא תיטב עובדך בעלמא הדין ליום דינא |
| 025 | מייטבה | Lv26:09 | ואפני מימרי מייטבה בכון ואתוקף יתכון ואסגי |
| 026 | מייטיבה | Gn32:13 | ואת אמרת מייטיבה אייטב לך ואשוי ית בניך |
| 027 | ואוטב | Gn32:10 | חזור לארעך ולתולדותך ואוטב לך: |
| 028 | ואייטב | Ex 1:20 | ואייטב ייי לחייתה וסגון עמא |
| 029 | ויוטב | Dt 5:33M | דתיחון וייטיב/^ויוטב#2#^/וטב#2#/ לכון ותסגון |
| 030 | ונוטב | Nu10:29 | יתה אתן לכון אזל עמן ונוטב לך ארום ייי במימריה אמר |
| 031 | | Nu10:32 | הוא די ייטב ייי עמן ונוטב לך: |
| 032 | וניטב | Nu10:29M | לכון אזל עמן ונוטב/וניטב#2#/ לך ארום ייי במימריה |
| 033 | | Nu10:32M | לך#2#/ ונוטב/^וניטב#2#^/ונייטבה#2#/ לך: |
| 034 | ונייטבה | Nu10:29M | אתן לכון אתה עימן ונייטבה לך ארום מימריה דייי מלל |
| 035 | | Gn32:10M | לארעך ולתולדותך ואוטב/ונייטבה עמך#2#/ לך: |
| 036 | למיטבה | Lv 5:04 | בסיפתן למבאשה או למיטבה לכל מה די יפרש ליה בר נשה |
| 037 | למייטבה | Ex23:01M | למבעשא ברם אלאהן למייטבה ולא יתמנע חד מנכון |
| 038 | | Ex23:02 | למבעשא ברם אלאהן למייטבה ולא יתמנע חד מנכון למלפה |
| 039 | | Dt28:63 | מן קדם ייי עליכון למייטבה יתכון ולמסגייה יתכון כדן |
| 040 | | Dt 5:29M | ...": וליבניהון למייטבה להון ולזרעיית בניה׳ |
| 041 | | Gn12:13M | נפשי בזכוותך /למייטבה לי בזכות׳ ותתקמה לי |
| 042 | | Dt 6:03M | למעבד דייטיב/^<דיי>טב#2#^/למייטבה#2#/ לכון ודי |
| 043 | | Dt 6:18M | מן בגלל דייטב/^דייטיב#2#^/למייטבה#2#/ לכון ותיעלון |
| 044 | | Dt 8:16 | למנסייה יתכון למייטבה לכון בסוף יומייה: |
| 045 | | Dt10:13M | יומא הדין למייטב/למייטבה#2#/ לכון: |
| 046 | | Dt12:25M | דייטב לכן ולבניכון/\למייטבה לכון ולזרעיית בניכון#2# |
| 047 | | Dt12:28M | יתכון מן בגלל דייטיב/למייטבה#2#/ לכון ולבניכון |
| 048 | | Dt22:07M | הדין ותארכון יומין/למייטבה לכון ותסגון יומיך#2#/ |
| 049 | | Dt 6:24 | מן קדם ייי אלהן למייטבה לן כל יומייא למקיימה יתן |

## יטימוס *adv.* ⇐ איטמוס

## יטיניוס *adv.* ⇐ איטמוס

[239]

## [יין] *n.* wine

| | | | |
|---|---|---|---|
| 001 | יינא s em/sf | Gn 9:21M | ושתה מן חמרא/יינא#2#/ ורווה/ורבה#2#/ |

[240]

## יכח *vb.* to admonish

| | | | |
|---|---|---|---|
| 001 | תוכח afel | Lv19:17 | תשנא ית אחוך בלבך מוכחה תוכח ית חברך ולא תקבל עלוי |
| 002 | מוכחה | Lv19:17 | לא תשנא ית אחוך בלבך מוכחה תוכח ית חברך ולא תקבל |
| 003 | ואוכח | Gn21:25 | ואוכח אברהם ית אבימלך על עיסק |
| 004 | | Gn31:42 | דידי גלי קדם ייי ואוכח ברמש«א»: |
| 005 | | Dt 1:01 | משה עם כל בני ישראל ואוכח יתהון עד אינון יהיבין |
| 006 | והוכח | Gn21:25M | ואוכח/והוכח#2#/ אברהם ית אבימלך |
| 007 | | Gn31:42M | ייי \ואוכח ברמש«א» והוכח/ יתה ברמ<ש>ה#2#/: |
| 008 | | Dt 1:01M | כל בני ישראל ואוכח/והוכח#2#/ יתהון עד אינון |
| 009 | ויוכ׳ | Gn31:37M | בין אחי ובין אחיך ויוכ׳#2#/ מן תרינן: |
| 010 | ויוכיחון | Gn31:37 | הכה לקבל אחי ואחיך ויוכיחון מן תרינן: |
| 011 | אתווכחת ettafal | Gn20:16 | אלף דסלעין ועל כולא אתווכחת ברם אילו יהבת כל מה דילי |
| 012 | אתוכחית | Gn20:16M | מה דאית עמי ועל כלה אתוכחית |

[240]

## יכל *vb.* to be able

| | | | |
|---|---|---|---|
| 001 | יוכל peal | Nu11:18 | דייי למימר אלווי מן יוכל יתן בשר ארום טב הוה לן |
| 002 | ייכלין | Ex19:23 | לא <....> ייכלין עמא למיסק לטורא דסיני |
| 003 | יכול | Gn50:21M | כוכבין והיך כוכב אחד יכול למעקר |
| 004 | | Ex10:05M | ית חזווה דארעא ולא תיכול/יכול פרעה#2#/ למיחמי{ה} ית |
| 005 | יכיל | Nu11:14M | לית \אנה יכיל /יכיל אנה#2#/ לבלחודוי/בל#2# |
| 006 | | Nu11:14 | לית אנה יכיל לבלחודוי למסובלה טורחתהון |
| 007 | | Dt 1:09 | ההיא למימר לית אנה יכיל לבלחודוי למסבול יתכון: |
| 008 | | Gn32:26 | וחמא ארום לא הוה יכיל ליה וקרב בכף ירכיה |
| 009 | | Nu22:37 | הא מן קושטה לית אנה יכיל למוקרה לך: |
| 010 | | Gn48:10 | כהון משיבה ולא הוה יכיל למיחמי ואקריב יתהון לוותיה |
| 011 | | Nu22:30 | הוא מדכר קדמיהון מה את יכיל למילט יתהון ודי טלמת |
| 012 | | Nu23:10 | מן יכיל למימני עולימיהון דבית |
| 013 | | Gn30:30M | מה אנה \יכל למעבד /יכיל למיעבד#2#/ ואנה זקיק |
| 014 | | Gn31:35M | \לא אכיל /לית אנה יכיל#2#/ למיקם מן קדמיך ארום ארח |
| 015 | | Dt 9:02 | חכמתון ואתון שמעתון מן יכיל למיקם קדם בנוי דענק |
| 016 | | Nu22:30 | אתייה לעלמא דאתי לית את יכיל למלוט יתי על אחת כמה וכמה |
| 017 | | Gn24:50M | /אזדמן פתגמ׳ לית אנה יכיל למללא עמך ביש או טב#2#/: |
| 018 | | Gn19:22M | ^/אכול#2#^/ לית אנא יכיל#2#/ למעבד פתגם עד זמן |
| 019 | | Ex18:18 | מנך פתגמא לית את יכיל למעבד יתיה בלחודך: |
| 020 | | Nu22:18 | כסף ודהב לית ^אנה#2#^ יכיל למעברה על פום גזירת מימריה |
| 021 | | Gn50:21 | יתיה ואי׳ איפשר כוכב חד יכיל למעקר עשרה כוכבין ונחם |
| 022 | | Gn15:05M | /אם#2#/ \תיכל לממני /את יכיל ממ<ני>#2#/ יתהון ואמר לה |
| 023 | | Nu23:10 | כעפרא דארעא או מן יכיל מסכום חדה מן ארבעתי טכסי |
| 024 | | Nu24:14 | ואין לא לי{א}<ת> את יכיל שליט בהון ברם עתידין אינון |
| 025 | | Dt31:02 | כען יומא הדין לית אנה יכיל תוב למיפוק ולמיעול וממרה |
| 026 | | Gn19:19M | \לית אוכל /לית אנא יכיל#2#/ למשתיזבא/למשיזבא#2# |
| 027 | יכילו | Ex 7:21 | מיתו ואסרח נהרא ולא יכילו מצריי למשתי מיא מן נהרא |
| 028 | יכילין | Gn50:21 | בעון למעקר כוכב חד ולא יכילין למעקר יתיה ואי׳ איפשר |
| 029 | יכל | Gn45:01 | ולא יכל יוסף למסוברא לכל מאן דהוה |
| 030 | | Ex40:35 | ולא יכל משה למיעל למשכני זימנא |
| 031 | | Gn44:22 | ואמרנן לריבוני לא יכל טליא למשבק{ת}<ה> ית אבוי |
| 032 | | Gn30:30 | יתך בזכותי וכען מה אנה יכל למעבד ואנה זקיק למפרנסה |
| 033 | יכלה | Gn36:07M | למישרי כחדא ולא יכלית/יכלה#2#/ ארעא/ארע#2#/ |
| 034 | יכלו | Gn45:03 | העד כען אבה בחיין ולא יכלו אחוי למעני יתיה ארום |
| 035 | | Gn31:22 | למשקיה ענה מן בארה ולא יכלו ואמתינו תרין תלתא יומין |
| 036 | | Ex 8:14 | למפקא ית כלמייא ולא יכלו והוון כלמיא באנשא ובבעירא: |
| 037 | | Ex 9:11 | ולא יכלו חרשיא למיקם קדם משה |
| 038 | | Gn49:23 | אמרו לקבליה ולא יכלו ליה כל חרשהון דמצראי |
| 039 | | Lv24:12M | נפשן ומסאבין די לא יכלו למ׳ |
| 040 | | Ex12:39 | אטרדו מן מצרים ולא יכלו למסוברא ואף זוודין לא עבדו |
| 041 | | Lv24:12 | לא שמעית במסאבין דלא יכלו למעבד פיסחה ובדין בנתה |
| 042 | | Nu 9:06 | בטמא נפש דבר נש ולא יכלו למעבד פיסחה ביומא ההוא |
| 043 | | Nu 9:08 | משה ממתין במסאבין דלא יכלו למעבד פסחה בזמנה ובדין |
| 044 | | Nu15:34M | נפשה ובמסאבין די לא יכלו למעבד פיסחא בזמנא |
| 045 | | Gn13:06M | יכלין למשרי׳ /סגיא ולא יכלו למש׳#2#/ כחדא: |
| 046 | | Ex15:23 | ואתו למרתא ולא יכלו למשתי מיא מן מרה ארום |
| 047 | | Nu15:34 | אמר לא שמעת במסאבין דלא יכלו מעבד פיסחא{פסחא} בזמנה |
| 048 | | Nu27:05 | לא שמעית במסאבין דלא יכלו מעבד פסחא בז<י>מניה ובתרין |
| 049 | יכלון | Gn11:07M | ישמעון גבר /די לא יכלון למשמוע בי#2#/ לשנה |
| 050 | יכלין | Gn28:10 | פומא דבארה ולא הוון יכלין כיון דאתא אבונן יעק«ב» |
| 051 | | Gn44:26 | ואמרינן לית אנן יכלין למיחות אן נחת אחונן זעירא |
| 052 | | Gn44:26 | ארום לית אנן יכלין <נחתין> למיחמי סבר אפוי דגברא |
| 053 | | Dt33:11 | מן קדמוי לא יכלין למיקום: |
| 054 | | Dt 7:22 | קליל לית אתון יכלין למישיציה יתהון בפריע דלא |

|  |  |  |  |  |  |
|---|---|---|---|---|---|
| 055 | | Gn37:04 | כל אחוי וסנין יתיה ולא | יכלין | לממללה עמיה מלין דשלם: |
| 056 | | Dt14:24 | אורחה ארום לית אתון | יכלין | למס«ו»ברה מעשרה תניינה |
| 057 | | Gn34:14 | ואמרן להון לית אנן | יכלין | למעבד פתגמא הדין למיסב ית |
| 058 | | Gn13:06 | ממוניהון סגין ולא הוון | יכלין | למשרי כחדא: |
| 059 | | Nu13:31 | עמיה אמרין לית אנן | יכלין | מסוק לוות עמא ארום תקיפין |
| 060 | | Nu13:31 | {אזלו עמה אמרי׳ לית אנן | יכלין | מסוק לוות עמא ארום תקיפין |
| 061 | | Gn43:32 | ארום לא הוון | יכלין | מצראי למיכל עם עבריי לחם |
| 062 | | Gn29:08 | ואמרו לא אנן | יכלין | עד זמן דיתכנשון כל עדריא |
| 063 | | Gn44:01M | דייכלון/דהינון | יכל{ו}<י>ן#2# | למטען/למסבול#2#/ |
| 064 | יכלית | Gn36:07 | מן למישרי כחדא ולא | יכלית | ארעא תותבותהון למסחנא |
| 065 | יכלת | Gn49:04 | נחלין דמיין שטפן ולא | יכלת | למסובריה יתהון ואתרעת |
| 066 | | Ex 2:03 | ולא | יכלת | תוב למטמרה יתיה ונסבת ליה |
| 067 | אוכל | Gn19:22 | אוחי אשתיזב לתמן ארום לא | אוכל | למעבד פתגם עד זמן דתיעול |
| 068 | | Gn19:19 | למקימה ית נפשי ואנא לית | אוכל | למשתיזבא לטורא דלא תארע |
| 069 | איכול | Dt 7:17M | היכדין | <אי>כול | לשיצי׳ |
| 070 | איכל | Dt 7:17 | האליין מנן איכדין | איכל | למישיצייה יתהון: |
| 071 | אכול | Gn19:22M | לתמן ארום \לא | אוכל/^אכול#2#^ | /לית אנא יכיל#2#/ |
| 072 | | Nu22:38 | אתית לוותך כדון הא מיכל | אכול | לממללה כל מן דעם פתגמה די |
| 073 | אכיל | Gn31:35 | באפוי דריבוני ארום לא | אכיל | למיקם מן קדמיך ארום ארח |
| 074 | אכל | Nu24:13 | מלא ביתיה כסף ודהב לא | אכל | למעברה על פם גזרת מימרה |
| 075 | ניכול | Dt 7:17M | היך כען | ניכול | {למורוד} <למירות> |
| 076 | | Nu22:38M | "מיכל ... פתגמה": מיכול | ניכול | לממללה כל מנדעם פת׳ |
| 077 | ניכל | Nu13:30 | ונירת יתה ארום מכל | ניכל | לה: |
| 078 | נכל | Gn24:50 | מן קדם ייי נפק פתגמא לא | נכל | לממללא עמך טב או ביש: |
| 079 | תאכל | Lv23:29 | ארום כל נפש די | תאכל | למצום ולא «ציימה» כזמן |
| 080 | תיכול | Ex33:20M | ואמר לא | תכל/תיכול#2#/ | למחמי אפי ארום לית |
| 081 | | Ex10:05 | ויכסו ית חזווה דארעא ולא | תיכול | למיחמי{ה} ית ארעא ויכול |
| 082 | תיכל | Gn15:05 | לשמיא ומנה ית כוכביא אן | תיכל | לממני יתהון ואמר לה כדין |
| 083 | תיכלון | Dt28:49 | דטייס נשרא אומה די לא | תיכלון | למישמע לשניה: |
| 084 | | Dt28:27 | ובטחוריה ובחרבנה די לא | תיכלון | למיתאסייה: |
| 085 | | Dt28:35 | ברכייה ועל שקייה די לא | תיכלון | למתאסייה מן כף רגליכון |
| 086 | תכל | Ex33:20 | ואמר לא | תכל | למחמי אפי ארום לית אפשר |
| 087 | מיכול | Nu22:38M | "מיכל ... פתגמה": | מיכול | ניכול לממללה כל מנדעם |
| 088 | מיכל | Nu13:30M | /ונירתונ#2# ארום | מכל/מיכל#2#/ | \ניכל לה/^ניכול#2#^ |
| 089 | מכל | Nu13:30 | ניסוק ונירת יתה ארום | מכל | ניכל לה: |
| 090 | דאיכול | Nu22:11 | יתהון מה ^דלמא#2#^ | {י}<ד>איכול | למסדרה קרבה לקבליהון |
| 091 | דאכול | Nu22:06 | אינון מנן מה דלמה | דאכול | למשצ«י»א יתהון ואטרוד |
| 092 | דייכול | Nu22:06M | מנן מה דלמה | דאכול/{ש}<ד>ייכול#2# | למשצ«י»א יתהון |
| 093 | דייכלון | Gn44:01 | דגובריא מזון היך מה | דייכלון | למטען ושוי כספא דגבר |
| 094 | דניכול | Nu22:11M | לקבליהון ואטרוד | /דניכול | למסדרה לקובליהון |
| 095 | דניכל | Nu22:06M | "דאכיל ... ואטרוד": | דניכל | נסדרה לקובליהון קרבה |
| 096 | דתיכ׳ | Lv23:29M | ארום כל נפש\די | תאכל/דתיכ׳#2# | למצום ולא «ציימה» |
| 097 | ויכלו | Gn14:09 | סדרו קרבא לקבל חמשה | ויכלו | להון: |
| 098 | ויכלת | Gn32:29 | מן קדם ייי ועם גוברין | ויכלת | להון: |
| 099 | ותיכול | Ex18:23M | /יתך מימרי׳ דייי | ותיכול | למיקם#2#/ ולחו«ד» כל |
| 100 | ותיכל | Ex18:23 | תעבד ויפקד יתך ייי | ותיכל | למיקם ולחו«ד» כל עמא |

[240]

## ילד *vb.* to give birth

peal

|  |  |  |  |  |  |
|---|---|---|---|---|---|
| 001 | יילדית | Nu11:12M | אנה אולדת/אין אנה | יילדית#2#/ | יתהון ארום תאמר לי |
| 002 | ילדה | Gn16:05 | יתך וחמית דלא הויינה | ילדה | ונסיבת להגר מצריתא אמתי |
| 003 | | Gn16:05M | /וכדו חמית דלית אנה | ילדה#2#/ | ונסיבת להגר מצריתא |
| 004 | | Gn31:08 | נמרין יהווי אגרך הוות | ילדה | כל ענה נמרין: |
| 005 | | Gn31:08 | קרחין יהוי אגריך הוות | ילדה | כל ענה <....> נמרין יהווי |
| 006 | | Gn30:01 | וחמת רחל ארום לא הוות | ילדה | ליעקב וקניית רחל |
| 007 | | Lv22:27 | לשרה דהא שרה | ילדה | ליצחק ומן בתר כדן אתבחר |
| 008 | | Gn16:01 | אתתה דאברם לא הוות | ילדה | לה ולה אמתה מצרייא ושמה |
| 009 | | Gn18:01 | אברהם די שרה | ילדה | לה ית יצחק ומלאכה תניינה |
| 010 | ילדו | Gn31:43M | די ילדן/די | ילידו#2#/^ילדו#2#^/: | |
| 011 | ילדית | Gn30:20 | יזבוד יתי בעלי ארום | ילדית | לי שתא בנין וקראת שמה |
| 012 | | Gn21:07M | בנין שרה ארום | ילדית | ליה ברא לסבותא |
| 013 | ילדן | Gn31:43 | יומא דן או לבניהון די | ילדן: | |
| 014 | | Ex 1:19 | והוא עני יתהון ואינון | ילדן: | |
| 015 | ילדת | Gn22:20 | ואתני לאברהם למימר הא | ילדת | מלכא אף היא בנין לנחור |
| 016 | | Gn22:23 | ית רבקה תמניא אלין | ילד«ת» | מלכה לנחור אחוי |
| 017 | | Gn30:25 | והוה כד | ילדת | רחל ית יוסף ואמר יעקב |
| 018 | | Gn30:21 | ומן בתר «כדין» | ילדת | ברתה נקבה וקרת ית שמה |
| 019 | | Gn 4:22 | וצלה אף היא | ילדת | ית תובל קין אומן בכל |
| 020 | | Gn36:04 | אליפז {אליפז} ובשמת | ילדת | ית רעואל: |
| 021 | | Gn36:05 | ואהליבמ׳ | ילדת | ית יעוש וית יעלם וית |
| 022 | | Nu26:59 | יוכבד ברת לוי די | ילדת | יתה ללוי במצרים וילדת |
| 023 | | Gn21:08 | ברה דהגר מצר«י»תא די | ילדת | לאברהם עבד עובדין די לא |
| 024 | | Gn21:09 | ית ברה דהגר מצריתא די | ילדת | לאברהם עבד עובדין די לא |
| 025 | | Gn34:01 | ונפקת דינה ברת לאה די | ילדת | ליעקב למתחמייא עם בנתהון |
| 026 | | Gn46:15 | אלין בנוי דלאה די | ילדת | ליעקב בפדן ארם וית דינה |
| 027 | | Lv22:27M | לשרה דהא שרה | ילדה/<יל>דת#2#/ | ליצחק ומן בתר כדן |
| 028 | | Lv22:27M | וזכה למתבשרה דהא שרה | ילדת | ליצחק אמרה אתבחר תניין |
| 029 | | Gn24:24 | בתואל אנה בר מלכה די | ילדת | לנחור: |
| 030 | | Gn18:01M | אברהם די שרה | ילדה/ילדת#2# | לה ית יצחק ומלאכה |
| 031 | | Gn21:03 | שם בריה דאתיליד ליה די | ילדת | לה שרה יצחק: |
| 032 | | Gn24:47 | ברת בתואל בר נחור די | ילדת | לה מלכה ושוית קדשה על |
| 033 | | Gn41:50 | תיתי שתא דכפנא מה די | ילדת | לה אסנת ברת פוטיפרע רבה |
| 034 | | Gn21:07 | אייניקת בנין שרה ארום | ילדת | ליה בר לאשון סיבותיה: |
| 035 | | Gn29:34 | יזדמן לוותי בעלי ארום | ילדת | ליה תלתא בנין בגין כדן קרא |
| 036 | | Gn17:19 | ברם הא אתתך שרה | ילדת | לך בר ותקרי ית שמו יצחק |
| 037 | ילידו | Gn31:43M | די ילדן/די | ילידו#2#/^ילדו#2#^/: | |
| 038 | ילידת | Gn16:16 | ושת שנין הווה בזמנה די | ילידת | הגר ית ישמע^א#2#^ל |
| 039 | | Gn25:12 | דישמעל בר אברהם די | ילידת | הגר מצריתא אמתא דשרה |
| 040 | | Gn19:38 | וזעירתא אף היא | ילידת | בר וקראת ^ית#2#^ שמה בר |
| 041 | | Gn44:27 | ידעתון ארום תרין בנין | ילידת | לי רחל אתתי: |
| 042 | אלד | Gn18:13 | שרה למימר הא מן קושטא | אלד | ואנה סאבת: |
| 043 | תילד | Gn17:19M | ילדת לך /שרה אתתך | תילד | לך#2#/ בר ותקרי ית שמו |
| 044 | תלד | Ex12:42 | אתתיה ברת תשעין שנין | תלד | ויצחק הוה בר תלתין ושבע |
| 045 | | Gn16:02M | \דאתבני אף אנה | /תלד | ואנה ארבי אוף אנה#2#/ |
| 046 | | Gn16:05 | יתה לך לאתה ואמרית היא | תלד | ואנה ארבי דילמא דאתבני אף |
| 047 | | Gn17:20M | תרין עשר רברבין | יולד/תלד#2#/ | ואשוי יתה לאחסנה |
| 048 | | Lv12:05 | ואין ברה נקבה | תלד | ותסתאב ארבעה עש׳ יומין |
| 049 | | Dt25:06M | בכורה/בוכ#2#/ די | תולד/תלד#2#/ | <יקום> על שמה דאחוי |
| 050 | | Gn17:21 | קיימי אקים עם יצחק די | תלד | לך שרה לעדנה הדן בשתה |
| 051 | תלדין | Gn 3:16 | צעריך ועדוניך בצער | תלדין | בנין ולוות בעליך יהוי |
| 052 | תלידי | Gn 3:16M | /ועידו{ד}<נ>ייך בצער | תלידי#2#/ | בנין ולוות בעליך יהוי |
| 053 | במילדה | Gn35:16 | וילדת רחל ואתקשיית | במילדה: | |
| 054 | | Gn35:17 | והוה כדי אתקשיית | במילדה | ואמרת לה חייתא לא תדחלין |
| 055 | דיילדת | Lv18:09M | /דילידת מן אבוך או מה | דיילדת | מן גב#2#/ אוחרן לא תבזי |
| 056 | דילדה | Gn18:02M | אזל למבשרא ית שרה | דילדה | בר דכר וחד מניהון הוה |
| 057 | דילדת | Gn38:27 | והווה בשעתה | דילדת | והא תומיין בגו מעייה: |
| 058 | | Gn38:05 | שלה והוה דפסקת מן | דילדת | יתיה: |
| 059 | | Ex 6:20 | אחוי דאבוי לה לאתה | דילדת | לה: |
| 060 | דילדתן | Ex 1:19M | /קדם ייי ועני יתהון | דילדתן#2#/ | ואינון/והינין#2#/ |

|  |  |  |  |  |  |
|---|---|---|---|---|---|
| 061 | דילידת | Lv18:09 | מן אתה חורי או מה | דילידת | אמך מן גבר אוחרן לא תבזי |
| 062 | | Gn46:22 | אלין בנוי דרחל | דילידת | ליעקב כל נפשתא |
| 063 | | Gn16:15 | שמה דברה {{ישמעאל}} | דילי<ד>ת | ליה הגר ישמעאל: |
| 064 | | Gn46:20 | בארעא דמצרים מה | דילידת | ליה אסנת ברת פוטיפרע |
| 065 | | Lv18:09M | דילידת אמך מן גבר | /דילידת | מן אבוך או מה דיילדת מן |
| 066 | | Lv18:11M | אבו«ך» אחתך היא | /דילידת | מן אבוך חתך היא#2/# לא |
| 067 | דלד' | Gn34:01M | ברת לאה \די | ילדת/דלד'#2/# | ליעקב למתחמייא עם |
| 068 | וילדו | Gn20:17 | וית אתתי«ה» ואמהתא | וילדו | ^בנין#2:^ |
| 069 | וילדן | Dt21:15 | חדה רחימא וחדא סנייא | וילדן | לה בנין רחימתה ושניתה |
| 070 | וילדת | Gn30:07 | ועברת תוב | וילדת | בלהה אמה{ה}תה דרחל בר |
| 071 | | Gn35:16 | דארעא למתייה לאפרתה | וילדת | רחל ואתקשיית במילדה: |
| 072 | | Gn21:02 | ועברת | וילדת | שרה לאברהם בר לאשון |
| 073 | | Gn24:36 | | וילדת | שרה אתתיה דריבוני בר |
| 074 | | Gn16:11M | וילדת בר ותיקרי שמה\ | /וילדת | ביר ותקרא ית שמה#2/# |
| 075 | | Gn 4:25 | וחכם אדם עוד ית אתתיה | וילדת | בר וקרא' ית שמיה שת ארום |
| 076 | | Gn16:11 | דייי הא את מתעברה | וילדת | בר ותיקרי שמה ישמעאל ארום |
| 077 | | Gn29:32 | ועברת לאה | וילדת | בר וקראת שמיה ראובן ארום |
| 078 | | Gn29:34 | ועברת תוב | וילדת | בר ואמרת כדון בהדא זמנא |
| 079 | | Gn30:19 | ועברת תוב לאה | וילדת | בר שתיתייא ליעקב: |
| 080 | | Gn38:03 | ועברת | וילדת | בר וקרת ית שמיה ער: |
| 081 | | Gn38:04 | ועברת תוב | וילדת | בר וקרת ית שמיה אונן: |
| 082 | | Gn38:05 | ואוספת תוב | וילדת | בר וקרת ית שמה שלה והוה |
| 083 | | Ex 2:02 | ועברת אתתא | וילדת | בר וחמת יתיה ארום טב הוא |
| 084 | | Ex 2:22 | | וילדת | בר וקרת ית שמה גרשום |
| 085 | | Gn 4:17 | קין ית אתתיה ועברת | וילדת | ית חנוך והוה בני קריה |
| 086 | | Gn46:18 | לבן ללא«ה» ברתיה | וילדת | ית אלין ליעקב שת עשרה |
| 087 | | Nu26:59 | יתה ללוי במצרים | וילדת | לעמרם ית אהרן וית משה |
| 088 | | Gn36:14 | צבעון אתתיה דעשו | וילדת | לעשו ית יעוש וית יעלם |
| 089 | | Ex 6:23 | דנחשון ליה לאתה | וילדת | ליה ית נדב וית אביהוא |
| 090 | | Gn30:39 | ואתיחמו ענה על חטריא | וילדת | ענה קרוחין נמורין |
| 091 | וילידו | Gn 6:04 | לות בנתהון דבני אנשא | וילידו | להון אינון גיבריא די מן |
| 092 | וילידת | Gn16:15 | | וילידת | הגר לאברם בן וקרא אברם |
| 093 | | Gn30:10 | | וילידת | זלפה אמהתה דלאה ליעקב |
| 094 | | Gn30:12 | | וילידת | זלפה אמהתה דלאה בר |
| 095 | | Gn 4:20 | | וילידת | עדה ית יבל הוא אבוהון |
| 096 | | Gn36:04 | | וילידת | עדה לעשו ית אליפז |
| 097 | | Gn22:24 | ולחינתיה ושמה ראומה | וילידת | אף היא ית טבח וית גחם |
| 098 | | Gn29:33 | ועברת עוד תוב | וילידת | בר ואמרת ארום {...} שמיע |
| 099 | | Gn29:35 | ועברת תוב | וילידת | בר ואמרת הדה זמנה נודי |
| 100 | | Gn30:23 | ועברת | וילידת | בר ואמרת כנש ייי ית |
| 101 | | Gn 4:01 | ית חוה אתתה ועברת | וילידת | ית קין ואמרת הא יתיהב לי |
| 102 | | Gn46:25 | יהב לבן לרחל ברתיה | וילידת | ית אלין ליעקב כל נפשתא |
| 103 | | Gn36:12 | לאליפז ברה דעשו | וילידת | לאליפז ית עמלק אלין |
| 104 | | Gn30:05 | ועברת בלהה | וילידת | ליעקב בר ^דכר#2:^# |
| 105 | | Gn30:17 | דלאה ועב{רין}<יר>ת | וילידת | ליעקב בר חמשיי: |
| 106 | | Gn25:02 | | וילידת | ליה ית זמרן וית יקשן |
| 107 | | Ex 6:25 | דפוטיאל ליה לאתה | וילידת | ליה ית פינחס אלין |
| 108 | | Gn19:37 | | וילידת | רבתא בר וקרת שמה מואב |
| 109 | ותלד | Lv12:02 | למימר אתא ארום תעבר | ותלד | בר דכר ותסתאב שבעה יומין |
| 110 | | Nu 5:28 | אתתה ודכיה היא ותעבר | ותלד | בר דכר: |
| 111 | | Gn30:03 | בלהה על לוותה {לוותה} | ותלד | ואנה ארבי מה דלמה דאתבני |
| 112 | | Ex21:04 | אם רבוניה יסב יתיה אתה | ותלד | ליה בנין או בנן אתתא ובניה |
| 113 | ותליד | Lv12:02M | ארום תעבר \ותלד בר | /ותליד | ביר#2/# דכר ותסתאב שבעה |
| 114 | כמילדה | Gn38:28 | והוה | כמילדה | ופשט וולדה ית ידה ונסבת |
| 115 | למילד | Gn17:17 | תשעין שנין אפשר לה | למילד: | |
| 116 | | Gn29:35 | שמה יהודה וקמת מן | למילד: | |
| 117 | | Gn25:24 | ואשלימו יומהא | למילד | והא תאומין בגו מעיה: |
| 118 | | Gn30:09 | לאה ארום קמת לה מן | למילד | ונסבת ית זלפה אמהתה |
| 119 | | Nu12:12M | וכד מטה זימנא | למילד | מית וולדה במיעה הלא |
| 120 | למלד | Gn 4:02 | ואוספת | למלד | ית אחוי ית הבל והוה הבל |
| 121 | | Gn16:02 | כען מנע יתי ייי מן | למל{ל}<ד> | עול כען לות אמתי מה |
| 122 | מלמלד | Gn16:02M | ייי \מן למל{ל}<ד> | /מלמלד#2/# | עול כען לות אמתי מה |
| 123 | מיילדין pael | Ex 1:16 | ואמר כד תהוון | מיילדין | ית עברייתא תהוון חמיין |
| 124 | יולד afel | Gn17:20 | לחדא תרין עשר רברבין | יולד | ואשוי יתה לאחסנה רבה: |
| 125 | או' | Gn 5:13M | דאולד /בתר די | או'#2/# | ית מהללאל תמני מאה |
| 126 | אול' | Gn10:15 | וכנען | אול' | ית צידון בכורא וית חת: |
| 127 | אולד | Ex12:42 | הא אברם בר מאה שנין | אולד | ושרה אתתיה ברת תשעין שנין |
| 128 | | Gn 4:18 | ית מתושאל ומתושאל | אולד | ית למך: |
| 129 | | Gn 4:18 | ית מחויאל ומחויאל | אולד | ית מתושאל ומתושאל אולד |
| 130 | | Gn 5:10M | דאולד /בתר די | אולד#2/# | ית קינן תמני מאה |
| 131 | | Gn10:08 | וכוש | אולד | ית נמרוד הוא שרי למהוי |
| 132 | | Gn10:13 | ומצרים | אולד | ית לודיא וית ענמיה וית |
| 133 | | Gn10:24 | וארפכשד | אולד | ית שלח ושלח אולד ית |
| 134 | | Gn10:24 | אולד ית שלח ושלח | אולד | ית עבר: |
| 135 | | Gn10:26 | ויקטן | אולד | ית אלמודד וית שלף וית |
| 136 | | Gn11:27 | ית נחור וית הרן והרן | אולד | ית לוט: |
| 137 | | Gn11:27 | תל<ד>וותיה דתרח תרח | אולד | ית אברם ית נחור וית הרן |
| 138 | | Gn25:19 | בריה דאברהם אברהם | אולד | ית יצחק: |
| 139 | | Nu26:29 | דבנוי דמכיר' ומכיר | אולד | ית גלעד לגלעד זרעייתה |
| 140 | | Nu26:58 | דבנוי דקרחי וקהת | אולד | ית עמרם: |
| 141 | אולדת | Nu11:12 | ית כל עמא האלין או אנה | אולדת | יתהון ארום תאמר לי טען |
| 142 | אולי' | Gn25:03 | ויקשן | אולי' | ית שבא וית דדן ובנוי |
| 143 | אוליד | Gn 4:18 | לחנוך ית עירד ועירד | אוליד | ית מחויאל ומחויאל אולד |
| 144 | | Gn 5:07M | דאולד /בתר די | אוליד#2/# | ית אנוש תמני מאה |
| 145 | | Gn22:23 | ובתואל | אוליד | ית רבקה תמניא אלין |
| 146 | אולידו | Lv25:45 | זרעייתהון די עמכון די | אולידו | בארעכון ויהוון לכון |
| 147 | תולד | Gn17:17M | שנין \אפשר לה | למילד/תולד#2/#: | |
| 148 | | Lv12:05M | נקבה תלד /נקבה | תולד#2/# | ותסתאב ארבעה עש' יומין |
| 149 | | Dt25:06 | ויהוי בכורה די | תולד | <יקום> על שמה דאחוי מיתה |
| 150 | תולדון | Dt 4:25 | ארום | תולדון | בנין ובני בנין ותתעתקון |
| 151 | | Dt28:41 | בנין ובנן | תולדון | ולא יהוון לכון ארום |
| 152 | תוליד | Dt28:57 | מבין רגליה ובבניה די | תוליד | ארום תאכל יתהון בחסרון כל |
| 153 | מולד | Gn 5:04 | מאה שנין ובהן בשניה הוה | מולד | בנין ובנן: |
| 154 | | Gn 5:07 | שנין ובהן בשניה הוה | מולד | בנין ובנן: |
| 155 | | Gn 5:19 | מאה שנין ובהן בשני' הוה | מולד | בנין ובנן: |
| 156 | | Gn 5:22 | שנין ובהן בשנייה הוה | מולד | בנין ובנן: |
| 157 | | Gn 5:30 | שנין ובהן בשניי' הוה | מולד | בנין ובנן: |
| 158 | | Gn11:19 | שנין ובהן בשניה הוה | מולד | בנין ובנן: |
| 159 | | Gn11:21 | שנין ובהן בשניה הוה | מולד | בנין ובנן: |
| 160 | | Gn11:25 | שנין ובהין בשניה הוה | מולד | בנין ובנן: |
| 161 | | Gn17:17M | הא אברהם בר מאה שנה/ | מולד#2/# | בנין ואן שרה הא ברת |
| 162 | מוליד | Gn 5:10 | שנין ובהן בשנייה הוה | מוליד | בנין ובנן: |
| 163 | | Gn 5:13 | שנין ובה בשנייה הווה | מוליד | בנין ובנן: |
| 164 | | Gn 5:16 | שנין ובהן בשנייה הוה | מוליד | בנין ובנן: |
| 165 | | Gn11:11 | שנין ובהן בשניה הוה | מוליד | בנין ובנן: |
| 166 | | Gn11:13 | שני' ובהן בשניה הוה | מוליד | בנין ובנן: |
| 167 | | Gn11:15 | שנין ובהן בשניה הוה | מוליד | בנין ובנן: |
| 168 | | Gn11:17 | שנין ובהן בשניה הוה | מוליד | בנין ובנן: |

|  |  | |  |  |  |  |
|---|---|---|---|---|---|---|
| 169 | | | Gn11:23 | שנין ובהן בשניה הוה | מוליד | בנין ובנן: |
| 170 | מלד | | Gn 5:26 | שנין ובהן בשניה הוה | מלד | בנין ובנן: |
| 171 | דאול׳ | | Gn 5:30 | וחיה למך מן בתר | דאול׳ | ית נח חמש מאה ותשעין |
| 172 | דאולד | | Gn11:19 | וחיה פלג מן בתר | דאולד | רעו תרתין מאון ותשע שנין |
| 173 | | | Lv18:09 | או ברתה דאמ«ך» מה | דאולד | אבוך מן אתה חורי או מה |
| 174 | | | Lv18:11 | דברתה דאיתתה דאבוך מה | דאולד | אבו«ך» אחתך היא לא תבזי |
| 175 | | | Gn 5:04 | יומוי חיוי אדם מן בתר | דאולד | ^ית#2#^ שת תמני מאה שנין |
| 176 | | | Gn 5:07 | וחיה שת מן בתר | דאולד | ית אנוש תמני מאה ושבע |
| 177 | | | Gn 5:10 | וחיה אנו׳ מן בתר | דאולד | ית קינן תמני מאה |
| 178 | | | Gn 5:13 | וחיה קינן מן בתר | דאולד | ית מהללאל תמני מאה |
| 179 | | | Gn 5:16 | וחיה מהללאל מן בתר | דאולד | ית ירד תמני מאה ותלתין |
| 180 | | | Gn 5:19 | וחיה ירד מן בתר | דאולד | ית חנוך תמני מאה שנין |
| 181 | | | Gn 5:22 | מן קדם ייי מן בתר | דאולד | ית מתושל׳ תלת מאה שנין |
| 182 | | | Gn 5:26 | וחיה מתושלח מן בתר | דאולד | ית למך שבע מא׳ ותמנין |
| 183 | | | Gn11:11 | וחיה שם מן בתר | דאולד | ית ארפכשד חמש מאה שנין |
| 184 | | | Gn11:13 | וחיה אפרכשד מן בתר | דאולד | ית שלח ארבע מאה ותלתין |
| 185 | | | Gn11:15 | וחיה שלח מן בתר | דאולד | ית עבר ארבע מאה ותלת |
| 186 | | | Gn11:17 | וחיה עבר מן בתר | דאולד | ית פלג ארבע מאה ותלתין |
| 187 | | | Gn11:21 | וחי׳ רעו מן בתר | דאולד | ית שרוג תרתין מאוון ושבע |
| 188 | | | Gn11:23 | וחיה שרוג מן בתר | דאולד | ית נחור תרתין מאוון שנין |
| 189 | | | Gn11:25 | וחיה נחור מן בתר | דאולד | ית תרח מאה ותשע עשרה |
| 190 | דאוליד | | Gn25:26 | שתין שנין הווה בזמנא | דאוליד | יתהון: |
| 191 | דאולידת | | Gn48:06 | ותולדתך | דאולידת | בתריהון לשמך יהוון {על} |
| 192 | ואול׳ | | Gn11:24 | וחיה עשרין ותשע שנין | ואול׳ | ית תרח: |
| 193 | ואולד | | Gn 5:32 | נח בר חמש מאה שנין | ואולד | נח ית שם ית חם ית |
| 194 | | | Gn 6:10 | | ואולד | נח תלתא בנין ית שם ית |
| 195 | | | Gn 5:03 | אדם מאה ותלתי׳ שנין | ואולד | בדמותיה כד נפק בה וקרא ית |
| 196 | | | Gn 5:28 | ותמנין ותרתין שנין | ואולד | בר: |
| 197 | | | Gn 5:09 | וחיה אנוש תשעי׳ שנין | ואולד | ית קינן: |
| 198 | | | Gn 5:12 | וחיה קינן שבעין שנין | ואולד | ית מהללאל: |
| 199 | | | Gn 5:15 | שתין וחמ׳ שנין | ואולד | ית ירד: |
| 200 | | | Gn 5:25 | מא׳ ותמנין שנין | ואולד | ית למך: |
| 201 | | | Gn11:10 | שם בר מאה שנין הוה | ואולד | ית ארפכש׳ תרתין שנין בתר |
| 202 | | | Gn11:12 | חיה תלתין וחמש שנין | ואולד | ית שלח: |
| 203 | | | Gn11:14 | ושלח חיה תלתין שנין | ואולד | ית עבר: |
| 204 | | | Gn11:16 | עבר תלתין וארבע שנין | ואולד | ית פלג: |
| 205 | | | Gn11:18 | וחיה פלג תלתין שנין | ואולד | ית רעו: |
| 206 | | | Gn11:20 | תלתין ותרתין שנין | ואולד | ית שרוג: |
| 207 | | | Gn11:22 | וחיה שרוג תלתין שנין | ואולד | ית נחור: |
| 208 | | | Gn11:26 | וחיה תרח שבעין שנין | ואולד | ית אברהם ית נחו׳ וית |
| 209 | ואוליד | | Gn 5:06 | וחיה שת מאה וחמש שנין | ואוליד | ית אנוש: |
| 210 | | | Gn 5:18 | מאה ושתין ותרתין שנין | ואוליד | ית חנוך: |
| 211 | | | Gn 5:21 | חנוך שתין וחמש שנין | ואוליד | ית מתושלח: |
| 212 | | | Gn27:41 | בחיובי דאבוי וחזר | ואוליד | ית שת וקרא ית שמיה על |
| 213 | למולדה | | Gn17:17 | בר מאה שנין אפשר לי | למולדה | בנין ואן שרה הא ברת |
| 214 | יתיילדו | etpeel | Dt23:09 | בנין מה די | יתיילדו | להון דר תליתי יתחשב להון |
| 215 | יתילד | | Lv22:27 | תור אמר או גדי ארום | יתילד | יהוי מתרבי שבעה יומין בתר |
| 216 | יתילדון | | Dt15:19 | כל בכורייה די | יתילדון | בתוריכון ובעניכון |
| 217 | את׳ | | Gn21:05M | \בזמנה דאתילד /כד | את׳#2#/ | לה ית יצחק בריה: |
| 218 | אתיילדו | | Gn48:08M | אינון איליין /מנן | אתיילדו | אילן#2#/: |
| 219 | | | Gn46:27 | ובנוי דיוסף די | אתיילדו | לה במצרים תרתין נפשן כל |
| 220 | | | Gn50:23 | בנוי דמכיר בר מנשה | אתיילדו | על ברכוי דיוסף: |
| 221 | אתיילדת | | Gn24:15 | והא רבקה נפקת די | אתיילדת | לבתואל בת מלכה אתתא |
| 222 | אתילד | | Gn10:21 | ולשם | אתילד | אף הוא אבוהון דכל בני |
| 223 | | | Gn10:25 | ולעבר | אתילד | תרין בנין שמה דחד מנהון |
| 224 | אתילדו | | Gn36:05 | בנוי דעשו די | אתילדו | ליה בארעא דכנען: |
| 225 | אתיליד | | Gn 4:26 | ולשת אף הוא | אתיליד | בר וקרא ית שמיה אנוש |
| 226 | | | Gn41:50 | וליוסף | אתיליד | תרין בנין קדם עד לא תיתי |
| 227 | אתילידו | | Gn 6:01 | על אפי ארעא ובנן נקבן | אתילידו | להון: |
| 228 | אתילידן | | Gn31:43M | חשיבין דמן בנתיי | אתילידן | וענה מן ענה דידי היא |
| 229 | מת׳ | | Gn24:15M | די \היא#2#/ | אתיילדת/מת׳#2#/ | לבתואל בת מלכה |
| 230 | דאיתיליד | | Gn46:27M | דיוסף \די | אתיילדו/דאיתיליד#2#/ | לה במצרים תרתין |
| 231 | דאיתילידת | | Gn34:01M | ילדת": ברתא דלאה | דאיתילידת | |
| 232 | דאתילד | | Gn21:05 | בר מאה שנין הוה בזמנה | דאתילד | לה ית יצחק בריה: |
| 233 | דאתילדו | | Gn35:26 | אלין בנוי דיעקב | דאתילדו | לה בפדן דארם: |
| 234 | | | Gn48:05 | וכדון תרין בניך | דאתילדו | לך בארעא דמצרים עד |
| 235 | דאתיליד | | Gn21:03 | אברהם ית שם בריה | דאתיליד | ליה די ילדת לה שרה |
| 236 | דיתיילדון | | Dt23:09M | בנין מה \די | יתיילדו/דיתיילדון#2#/ | להון דר תליתי |
| 237 | דמתייליד | | Ex 1:22 | עמיה למימר כל בר דכר | דמתייליד | ליהודייא בנהרא תטלקון |
| 238 | ואתילד | | Nu26:60 | | ואתילד | לאהרן ית נדב וית |
| 239 | ואתילדו | | Ex 1:07 | ובנוי דישראל תקפו | ואתילדו | וסגון: |
| 240 | ואתילדון | | Gn 9:07 | ואתון תקופו וסגון | ואתילדון | בארעא וסגון בגווה: |
| 241 | ואתיליד | | Gn 4:18 | | ואתיליד | לחנוך ית עירד ועירד |
| 242 | | | Gn46:20 | | ואתיליד | ליוסף בארעא דמצרים מה |
| 243 | ואתילידו | | Gn10:01 | דנח שם וחם ויפת | ואתילידו | להון בנין בתר מבולא: |
| 244 | ויתלדון | | Gn 8:17 | דרחש על ארעא אפק עמך | ויתלדון | בארעא ויתקפון ויסגון על |

## ילד *n.* ⇐ וולד

## ילדה *n.* mother [241]

|  | |  |  |  |  |  |
|---|---|---|---|---|---|---|
| 001 | s em/sf | ילד׳ | Lv12:07M | דילדתה /אחווי{ה}<ת> | ילד׳#2#/ | לבר/לביר#2#/ דכר או |
| 002 | | דילדתה | Lv12:07 | אדמיה דא גזרת אורייתה | דילדתה | לבר דכר או לברה נקבה: |

## ילדה #2 *n.* midwife [241]

|  | |  |  |  |  |  |
|---|---|---|---|---|---|---|
| 001 | p em/sf | ילדתא | Ex 1:19M | אינון /לוותהון | ילדתא | היניך#2#/ מצליין קדם |
| 002 | | | Ex 1:19M | ואמרין | חייתה/ילדתא#2#/ | לפרעה ארום לא כנשיה |
| 003 | | | Ex 1:17M | מן קדם ייי /ודחילו | ילדתא | מן קדם ייי#2#/ ולא עבדון |
| 004 | | לילדתא | Ex 1:18M | מלכא דמצרים | לחייתא/לילדתא#2#/ | ואמר להון מן בגלל |
| 005 | | | Ex 1:15M | מלכא דמצרים | לחייתא/לילדתא#2#/ | עברייתא די שמה |

## ילדו *n.* birthplace [241]

|  | |  |  |  |  |  |
|---|---|---|---|---|---|---|
| 001 | s em/sf | בילדותכם | Ex 1:16M | חמיין על מתברייא | /בילדותכם | ותהווין מסתכלן על |
| 002 | | דילדותא | Gn25:22M | אכ הוא צערא | דילדותא | למה דין אנא מעדייא |
| 003 | | ולילדותי | Gn24:04 | ארום אלהן לארעי | ולילדותי | תזיל ותיסב אתה לברי |

## יליל *n.* spy [241]

|  | |  |  |  |  |  |
|---|---|---|---|---|---|---|
| 001 | p abs | ילילין | Gn42:11 | אנן לא הוון עבדיך | ילילין: | |
| 002 | | | Gn42:09 | די חלם להון ואמר להון | ילילין | אתון למיחמי ית מעלליא |
| 003 | | | Gn42:14 | די מלילת עמכון למימר | ילילין | אתון: |
| 004 | | | Gn42:16 | חיי רישיה דפרעה ארום | ילילין | אתון: |
| 005 | | יללין | Gn42:34 | לוותי ואדע ארום לא | יללין | אתון ארום לא היימנין אתון |
| 006 | p em/sf | ייללייה | Nu14:06 | וכלב בר יפונה מן | ייללייה | דארעא בזעו לבושיהון: |
| 007 | | ילליה | Dt 1:01 | על ימא דסוף ועל עסק | ילליה | די שלחתון מן מדברה דפראן |
| 008 | | ילליה | Nu21:01 | ארחה די סליקו בה | ילליה | וסדרו קרבה עם ישראל |

## ילל *vb.* to spy [241]

|  |  |  |  |  |  |  |
|---|---|---|---|---|---|---|
| 001 | ילילו | pael | Nu13:32 | ואפקו טיבה דארעא די | ילילו | יתה קדם בני ישראל למימר |
| 002 | יללתון | | Nu14:34 | במניין יומין די | יללתון | ארבעין יומין יום חד בכל |
| 003 | מייללה | | Nu13:25M | וחזרו מן | דייללו/מייללה#2#/ | ית ארעא לסוף |
| 004 | מיללין | | Gn42:31 | אנן לא הווינן | מיללין: | |
| 005 | דייללו | | Nu13:25 | וחזרו מן | דייללו | ית ארעא לסוף ארבעין |
| 006 | | | Nu14:06M | בר יפונה מן יילליה | \דייללו | ית#2#/ דארעא בזעו |
| 007 | ויללון | | Nu13:02 | שלח לך גברין | ויללון | ית ארעא דכנען די אנה |
| 008 | וילילו | | Nu13:21 | וסליקו | וילילו | ית ארעא מן מדברה דצין עד |
| 009 | | | Dt 1:22 | נשלח גברין קדמינן | וילילו | לנא ית ארעא ויתיבון יתן |
| 010 | ויללון | | Dt 1:22M | קדמינן \וילילו לנא | /ויללון | לן#2#/ ית ארעא ויתיבון |
| 011 | כמילילין | | Gn42:30 | מלין קשיין ושוי יתן | כמילילין | ית ארעא: |
| 012 | למייללה | | Nu13:16 | גבריה די שלח משה | למייללה | ית ארעא דכנען וקרא משה |
| 013 | | | Nu13:17 | ושלח יתהון משה | למייללה | ית ארעא דכנען ואמר להון |
| 014 | | | Nu14:36 | די שלח משה | למ{ר}«ייי»ללה | ית ארעא וחזרו ורעמו |
| 015 | | | Nu14:38 | גוברייה האליין דאזלו | למייללה | ית ארעא: |
| 016 | | | Nu21:32 | ושלח משה | למייללה | ית יעזר וכבשו כפרניה |
| 017 | | | Nu13:32 | ארעא די עברינן בה | למייללה | יתה ארע אכלה דיירייה היא |
| 018 | | | Nu14:07 | ארעא די עברנן בגווה | למייללה | יתה טבה ארעא לחדה לחדה: |
| 019 | למיללה | | Dt 1:01 | מן מדברה דפראן | למיללה | ית ארעא דכנען ועל עסק |

## ילל 2# *vb.* to lament [241]

|  |  |  |  |  |  |  |
|---|---|---|---|---|---|---|
| 001 | ומיילל | pael | Gn35:09M | ליה אבונן יעקב צווח | ומיילל | ומספד ובכי ואת רבון כל |
| 002 | ומילל | | Gn35:09 | ויתב ליה צווח ובכה | ומ<י>לל | ו{אמך}<מספד> ואת ברחמך |

## ילף *vb.* to learn [241]

|  |  |  |  |  |  |  |
|---|---|---|---|---|---|---|
| 001 | ילף | peal | Dt32:03 | קקק תלתה זימנין מנהון | ילף | משה דלא למדכרה ית שמה |
| 002 | | | Gn21:20M | והוי מן \מתילף מרמי | /ילף | רמי#2#/ בקשתא/נגיד |
| 003 | ילפון | | Dt 4:10 | ואשמע יתהון ית דברי די | ילפון | למדחול מן קדמוי כל יומיא |
| 004 | תיל' | | Dt 4:10M | יילפון /בניכון | תיל'#2#/ | יתהון: |
| 005 | תלפון | | Dt18:09 | אלהכון יהב לכון לא | תלפון | למעבד כמרחקתהון דאתרא |
| 006 | דיליף | | Dt17:19M | יומוי חיויי מן בגלל | דיליף | למדחול מן <קדם#2#/ ייי |
| 007 | דילפון | | Dt31:12 | די ישמעון ומן בגלל | דילפון | וידחלון מן קדם ייי אלהכון |
| 008 | דתלפון | | Dt14:23 | ודעניכון מן בגלל | דתלפון | למדחל מן קדם ייי אלהכון |
| 009 | וילפון | | Dt 5:20M | בניהון מן בתריהון | וילפון | אוף הנון שהדין דשקר ארום |
| 010 | | | Dt32:29 | אילו חכמו ישראל | וילפון | אורית' אתבוננו מה הווי |
| 011 | | | Ex20:13 | בניכון מן בתריכון | וילפון | לחוד אינון למהוי עם |
| 012 | | | Ex20:14 | בניכון מן בתריכון | וילפון | לחוד אינון למהוי עם |
| 013 | | | Ex20:15 | בניכון מן בתריכון | וילפון | לחוד אינון למהוי עם גנבין |
| 014 | | | Ex20:16 | בניכון מן בתריכון | וילפון | לחוד אינון למהוי עם סהדי |
| 015 | | | Ex20:17 | בניכון מן בתריכון | וילפון | לחוד אינון למהוי עם |
| 016 | | | Dt 5:17 | בניכון מן בתריכון | וילפון | לחוד אינון למיהווי עם |
| 017 | | | Dt 5:18 | בניכון מן בתריכון | וילפון | לחוד אינון למיהווי עם |
| 018 | | | Dt 5:19 | בניכון מן בתריכון | וילפון | לחוד אינון למהוי עם גנבין |
| 019 | | | Dt 5:20 | בניכון מן בתריכון | «וילפון | לחוד אינון» למהוי |
| 020 | | | Dt 5:21 | בניכון מן בתריכון | וילפון | לחוד אנון למהוי עם חמודין |
| 021 | | | Dt31:13 | די לא חכמו ישמעון | וילפון | למדחל מן קדם ייי אלהכון |
| 022 | למילף | | Nu20:10 | מלפניהון די צרכו | למילף | הא מן כיפה הדין נפק לכון |
| 023 | מתילף | etpeel | Gn21:20 | ושרא במדברא והוי מן | מתילף | מרמי בקשתא: |

## ים *n.* sea [242]

|  |  |  |  |  |  |  |
|---|---|---|---|---|---|---|
| 001 | ים | s ab/cn | Ex15:22M | ישראל \מימא סוף /מן | ים | סוף#2#/ ונפקו למדברא |
| 002 | | | Nu33:10M | ושרון על \ימא דסוף | /ים | סוף#2#/: |
| 003 | | | Dt 1:01M | /וסבתון#2#/ על | ימא/ים#2#/ | דסוף ועל עסק ילליה |
| 004 | ימא | s em/sf | Ex15:12M | דן לוקבל דן דייני' | ימא | [...] קבל קטילך [...] ימא |
| 005 | | | Ex14:02 | צפון מכוונין תשרון על | ימא: | |
| 006 | | | Ex14:05M | דישר' ועבדו על | ימא | |
| 007 | | | Ex14:23 | פרעה ארתכוי ופרשוי לגו | ימא: | |
| 008 | | | Ex14:27M | דייי ית מצריי' בגו | ימא | |
| 009 | | | Ex14:27 | ושבק ייי ית מצריי בגו | ימא: | |
| 010 | | | Ex14:30M | על ג{ו}<י>ף/כי{ן}<ף> | ימא: | |
| 011 | | | Ex15:19 | הליכו ביבשתא בגו | ימא:} | |
| 012 | | | Ex26:12 | שיפולוי {ימא} דמשכנא | <ימא>: | |
| 013 | | | Nu34:06 | דין יהווי לכון תחום | ימא: | |
| 014 | | | Nu21:06M | להון סל{ד}<ו>ויין מן | ימא | אסקית להון באירא מן תהומא |
| 015 | | | Dt 1:07 | בשפלתה ובדרומה ובחוף | ימא | ארעהון דכנעניי וטור |
| 016 | | | Ex15:09 | וארע יתהון שריין על גוף | ימא | אשבי מנהון שבי<ה> רבה |
| 017 | | | Ex14:16 | ויעלון בני ישראל בגו | ימא | ביבשתא: |
| 018 | | | Ex14:22 | ועלו בני ישרא<'> בגו | ימא | ביבשתא ומיא הוון להון |
| 019 | | | Nu33:08 | פונדקי חירתא ועברו בגו | ימא | במדברה דאיתם ושרון במרה: |
| 020 | | | Ex14:21 | ידיה על ימא ודבר ייי ית | ימא | ברוח קדום תקיף כל ליליא |
| 021 | | | Dt 3:17 | וירדנה ותחומה מן | ימא | דגניסר ועד ימא דמישרה ימא |
| 022 | | | Dt 3:17 | דגניסר ועד ימא דמישרה | ימא | דמ«י»לחה שפוע בית רמתה |
| 023 | | | Nu34:15 | מדנח לבית ירח וממדנח | ימא | דבית ירח נפק להון תחומא |
| 024 | | | Dt33:23M | ייי מערב | {ו}<ד>ימא/ימא#2#/ | דגיניסר ודרומא |
| 025 | | | Ex10:19 | וטען ית גובא ואקלע יתה | ימא | דסוף לא אשתייר גוב חד בכל |
| 026 | | | Ex13:18 | ייי ית עמא ארח מדברא | ימא | דסוף ומזיינין בעבדא טבא |
| 027 | | | Ex14:13 | בזמנא דהוון קיימין על | ימא | דסוף חדא הוות אמרה נפל |
| 028 | | | Ex14:25 | נצחני קרביהון} אוף על | ימא | דסוף: |
| 029 | | | Ex23:31 | ואשוי ית תחומיכון מן | ימא | דסוף עד ימ{א}הון דפלישתאי |
| 030 | | | Nu21:14 | כד הוון קיימין על | ימא | דסוף וגבורתה דעבד עמהון |
| 031 | | | Nu33:10 | ונטלו מאילם ושרון על | ימא | דסוף: |
| 032 | | | Dt 1:01 | כד הוויתון קיימין על | ימא | דסוף אתבזע קדמיכון ימא |
| 033 | | | Dt 1:01 | על ימא וסרבתון על | ימא | דסוף ועל עסק ילליה די |
| 034 | | | Nu34:15 | עין גדי עד מטי ספר | ימא | דמ«י»לחא דין הוא תחומא |
| 035 | | | Dt 3:17 | מן ימא דגניסר ועד | ימא | דמישרה ימא דמ«י»לחה |
| 036 | | | Nu34:12 | לירדנה ויהוון מפקנוי | ימא | דמלחה דא תיהווי לכון ארעא |
| 037 | | | Dt 4:49 | עבר ירדנה מן מדנחה ועד | ימא | דמלחה תחות ריש רמתה: |
| 038 | | | Ex26:12 | תשפ«ע» על שיפולוי | {ימא} | דמשכנא <ימא>: |
| 039 | | | Ex23:31M | מן ימא דסוף עד | ימ{א}הון/ימא#2#/ | דפלישתאי ומן מדברא |
| 040 | | | Ex15:12 | לימא קבלי קטולי«ך» לא | ימא | הוה בעה לקבלא יתהון ולא |
| 041 | | | Ex15:12 | תריהון כחדא ואמרין | ימא | הוה אמר לארעא קבלי בניך |
| 042 | | | Ex14:27 | וארכן משה ית ידיה על | ימא | ואחזור ימא לעדוני צפרא |
| 043 | | | Ex15:12 | | ימא | וארעא הוון מדיינין תריהון |
| 044 | | | Dt 1:01 | ימא דסוף אתבזע קדמיכון | ימא | ואתעבד תרתין עשרי איסטרטין |
| 045 | | | Ex14:16 | חוטרך וארכן ית ידך על | ימא | ובזע יתיה ויעלון בני |
| 046 | | | Ex14:21 | וארכן משה ית ידיה על | ימא | ודבר ייי ית ימא ברוח קדום |
| 047 | | | Ex15:19 | ישראל הליכו ביבשתא בגו | ימא: | {וחזר ייי עליהון ית מוי |
| 048 | | | Nu21:06 | ואגיזת להון סלווי מן | ימא | וחזרו עמי למתרעמא קדמיי |
| 049 | | | Nu11:26 | ואמר הא סלוי סלק מן | ימא | ויהוי לישראל לתקלה ומידד |
| 050 | | | Ex14:26 | למשה ארכן ית ידך על | ימא | ויחזרון מיא על מצרים על |
| 051 | | | Gn22:17 | שמיא וכחלא די על גף | ימא | וירתון בניך ית קירי |
| 052 | | | Ex14:29 | ישראל הליכו ביבשתא בגו | ימא | ומיא הוון להון שורין דמין |
| 053 | | | Dt 1:01 | שבט ארגיזתון קודמוי על | ימא | וסרבתון על ימא דסוף |
| 054 | | | Nu13:29 | בטורא וכנענאי שריין על | ימא | ועל מגיזתה דירדנה: |

|  |  | |  |  |  |  |
|---|---|---|---|---|---|---|
| 055 | | | Nu11:31 | ייי ואגיז סלויין מן | ימא | ~ורפש על משריתה כארח מהלך |
| 056 | | | Ex14:09 | וארעו יתהון שריין על | ימא | כל סוסוותה ארתכוי דפרעה |
| 057 | | | Ex15:12M | קבל קטילך [...] | ימא | לא הוי בעה למסמע' יתהון [...] |
| 058 | | | Ex14:21 | תקיף כל ליליא ושוי ית | ימא | ליבש{בש}תא ואתבזעו מיא: |
| 059 | | | Ex14:27 | ית ידיה על ימא ואחזור | ימא | לעדוני צפרא לתקפה ומצריי |
| 060 | | | Nu33:09M | ישראל ושרון תמן ^על | {ימא} | <מיא>#2#/: |
| 061 | | | Ex14:25M | למולוותא' ורמין על | ימא | עניין מצראי ואמרי' אלין |
| 062 | | | Ex14:02 | חירתה בין מגדול ובין | ימא | קדם טעותה צפון מכוונין |
| 063 | | | Gn49:13M | סייפי דימא /לסייפי | ימא#2#/ | רבה ישרי והוא יהווי |
| 064 | | | Ex15:10M | איברא במיא תקיפ«י»א | /ימא | רבה ושקעו כאיברא במיא |
| 065 | ימה | | Dt34:02 | וית כל ארעא דיהודה ועד | ימה | אחרייה: |
| 066 | | | Dt11:24 | נהרא רבה נהרא דפרת ועד | ימה | אחרנייה יהווי תחומכון: |
| 067 | | | Dt32:10 | ואגיז להון סלוי מן | ימה | אשרי יתהון חזור חזור לאיקר |
| 068 | | | Nu34:11 | תחומה ומקף על סיפוי | ימה | דגניסר מן מד«י»נחה: |
| 069 | | | Nu14:25 | ונטולו לכון למדברה ארח | ימה | דסוף: |
| 070 | | | Nu21:04 | ונטלו מן הר סורא ארח | ימה | דסוף למקפה ית ארעהון |
| 071 | | | Dt 1:40 | לכון וטולו למדברה אורח | ימה | דסוף: |
| 072 | | | Dt 2:01 | ונטלינן במדברה ארח | ימה | דסוף היך מה די מלל ממריה |
| 073 | | | Nu34:15M | מן מדנחה מן מישר | ימה | דמלחא נפק להון תחומה |
| 074 | | | Gn14:03 | במישר פרדיסיא היא | ימה | דמלחה: |
| 075 | | | Nu34:03 | תחום דרומה מן סייפי | ימה | דמלחה מן מדנחה: |
| 076 | | | Ex28:20 | וסדרה רביעיה כרום | {ו}<י>מה | רבה ובדלחא ומרגליתה |
| 077 | | | Ex39:13 | וסדרה רביעיה כרום | ימה | רבה ובדלחה ומרגליתה וכתיב |
| 078 | | | Nu34:06 | ותחום | ימה | רבה אוקיינוס אינון מי |
| 079 | | | Nu34:07 | לכון תחום צפונה מן | ימה | רבה תכוונון לכון |
| 080 | ימהון | | Ex23:31 | מן ימא דסוף עד | ימ{א}הון | דפלישתאי ומן מדברא עד |
| 081 | בימ' | | Ex18:11M | מנהון וטמע ריתיכיהון | בימ' | דסוף |
| 082 | בימא | | Gn48:16M | במיא /דנוניי' סגן | בימא#2#/: | |
| 083 | | | Ex15:01 | ישראל רמא וטבע יתהון | בימא | דסוף: |
| 084 | | | Ex15:04 | דפרעה רמא וטמע יתהון | בימא | דסוף: |
| 085 | | | Ex15:21 | ישרא' רמא וטמע יתהון | בימא | דסוף: |
| 086 | | | Ex18:11 | אמר וטמע ית ארתכיהון | בימא | דסוף: |
| 087 | | | Ex15:18 | חמון בניך ניסי פרישתך | בימא | וגבורתא ביני גלליא בההיא |
| 088 | | | Ex14:13M | אמרה נסדר לקבליהון | /בימא | וחדא אמר נסדר לקוב'#2#/ |
| 089 | | | Ex15:19 | פרעה בארתכוי ובפרשוי | בימא | וחזר ייי עליהון מוי דימא |
| 090 | | | Ex15:04 | קשת עליהון גירין דאשא | בימא | ושפר עולימו גברוי דפרעה |
| 091 | | | Ex14:28 | דפרעה דעלו בתריהון | בימא | לא אשתייר בהון אף לא חד: |
| 092 | | | Ex10:19 | והפך ייי רוח | בימא | תקיף לחדא וטען ית גובא |
| 093 | דימא | | Nu11:22 | ספק להון אן ית כל נוני | דימא | אן מתכנש להון «ה»א ספק |
| 094 | | | Dt33:23 | מן קדם ייי מערב | {ו}<ד>ימא | דגיניסר ודרומא ירת: |
| 095 | | | Gn32:13 | לך ואשוי ית בניך כחלא | דימא | די לא יתמנון מן סגי: |
| 096 | | | Ex15:19 | וחזר ייי עליהון מוי | דימא | ובני ישראל הליכו ביבשתא |
| 097 | | | Ex15:19 | ייי עליהון ית מוי | דימא | ובני ישראל הליכו ביבשתא |
| 098 | | | Gn 1:26 | וישלטון בנוניא | דימא | ובעופ' דשמיא ובבעירא ובכל |
| 099 | | | Gn 1:28 | יתה ושלוטו בנוני | דימא | ובעופא דשמיא ובכל חייתא |
| 100 | | | Ex15:10 | ייי כסון עליהון מוי | דימא | נחיתו ושקעו היך איברא במיא |
| 101 | | | Gn41:49 | וכנש יוסף עבור כחלא | דימא | סגין לחדא עד זמן דאתמנע מן |
| 102 | | | Ex15:08 | קפון תהומיא בפלגות | דימא | רבא: |
| 103 | | | Gn 9:02 | על ארעא ובכל נוני | דימא | רבה בידכון מסרת: |
| 104 | | | Gn49:13 | זבולן על סייפי | דימא | רבה ישרי והוא יהווי שליט |
| 105 | דימה | | Dt11:04 | די אציף ית מוי | דימה | דסוף על אפיהון בזמנה די |
| 106 | | | Nu11:22M | אין ענה ותורייה <...> | דימה | רבה אין מתכנשין להון הא |
| 107 | | | Dt30:13 | נביא די יחות לעמקי | דימה | רבה ויסק יתה לן וישמע לן |
| 108 | לימא | | Ex14:13 | כיתא דהות אמרה נפול | לימא | אמר להון משה לא תדחלון |
| 109 | | | Ex10:19M | יתה ימא /וסלק יתיה | לימא#2#/ | דסוף לא/ולא#2#/ אשתייר |
| 110 | | | Ex14:13 | חדא הוות אמרה נפל | לימא | וחדא הוות אמרה נחזור |
| 111 | | | Nu34:15M | דמן מדנח | לבית ירח/לימא#2#/ | וממדנח ימא |
| 112 | | | Ex14:25 | כמולותיה ורמין יתהון | לימא | כד חמון מצריי תושבחתא הדין |
| 113 | | | Ex15:12 | בניך וארעא הוות אמרה | לימא | קבלי קטולי«ך» לא ימא הוה |
| 114 | לימה | | Nu34:11M | ויחת תחומה וימטי סמיך | לימה | דגי<נ>סר מן מערבה |
| 115 | | | Dt30:13M | /מן ייעיבר לנא מעיבר | לימה | רבה היך יונא נבייא#2#/ |
| 116 | | | Dt30:13 | ולא מן עבר | לימה | רבה היא אוריתה למימר לווי |
| 117 | מימא | | Ex15:22 | ואטל משה ית ישראל | מימא | סוף ונפקו למדברא דחלוצה |
| 118 | | | Nu33:11 | ונטלו | מימא | דסוף ושרון במדברה דסין: |
| 119 | ימיה | p em/sf | Ex20:11 | ייי שמיא וית ארעא ית | ימיה | וית כל מה דבהון והוה שבא |
| 120 | ימייא | | Gn 1:10M | כנישות מיא קרא | יממא/ימייא#2#/ | וגלי קדם ייי ארום |
| 121 | | | Dt33:19 | דקשוט ארום תוגרת | ימייא | ייכלון וסימן דטמירן |
| 122 | יממא | | Gn 1:10 | ולבית כנישות מיא קרא | יממא | וגלי קדם ייי ארום שפ{ו}<ר> |
| 123 | בימיא | | Lv11:09 | סנפירין וקסקסין במיא | בימיא | ובנחליא יתהון תיכלון: |
| 124 | | | Lv11:10 | ליה סנפירין וקסקסין | בימיא | ובנחליא מן כל שרצא דמיא |
| 125 | בימיי' | | Gn 1:22 | וסגון ומלון ית מיא | בימיי' | ועופא יסגא על ארעא: |
| 126 | וימיא | | Dt 2:14 | | וימיא | די הלכנן מן רקם דגיעה |

## ימי *vb.* to swear [242]

|  |  | |  |  |  |  |
|---|---|---|---|---|---|---|
| 001 | ימה | peal | Gn44:18 | כוות פרעה רבך ארום דאת | ימה | מה משתבע {ימ} בה את משתבע |
| 002 | ימי | | Gn44:18 | משרי ומן פרעה רבך דאת | ימי | ביה אנה מחסל על מנת למעבד |
| 003 | תימון | | Dt10:20M | ובמימרה תדבקון ובשמיה | תימון | בקושט' |
| 004 | תומון | afel | Lv19:12M | עמי בני ישראל לא | תומון | שמי על מגן |

## ימין *n.* right [242]

|  |  | |  |  |  |  |
|---|---|---|---|---|---|---|
| 001 | לימין | s ab/cn | Nu20:17M | ולא לשמאלה/לא | לימין | ולא ליסמיל#2#/ עד זמן |
| 002 | | | Nu22:26M | לא \לימינה ולא | לשמאלה/לימין | ולא לשמאל#2#/: |
| 003 | | | Dt 2:27M | אורחא נזל לא נסטי לא | לימין | ולא לישמיל |
| 004 | | | Dt 5:32M | \לימינה ולא לשמאלה | /לימין | ולא ליסמאל#2#/: |
| 005 | | | Dt17:11M | \לימינה ולא לשמאלה | /לימין | ולא שמיל#2#/: |
| 006 | | | Dt17:20M | לשמאלה/פיקודייה לא | לימין | ולא לשמיל#2#/ מן בגלל די |
| 007 | | | Dt28:14M | \לימינה ולא לשמאלה | /לימין | ולא ליסמיל#2#/ למיזל בתר |
| 008 | ימ' | s em/sf | Lv 8:24M | אליון רגליהו' | דימינה/ימ'#2#/ | וזרק משה ית אדמה |
| 009 | | | Ex29:20M | אודניהון דבנוי | דימינא/ימ'#2#/ | ועל אליון ידיהון |
| 010 | | | Ex29:20M | ידיהון | דימינא/ימ'#2#/דימינ'#2#/ | ועל אליון |
| 011 | | | Lv 8:23M | רום אדנה דאהרן | דימינה/ימ'#2#/ | ועל אליון ידיה |
| 012 | | | Lv 8:24M | על רום אדניהון | דימינה/ימ'#2#/ | ועל אליון ידיהון |
| 013 | | | Lv 8:24M | ועל אליון ידיהון | דימינה/ימ'#2#/ | ועל אליון רגליהו' |
| 014 | | | Lv 8:23M | ועל אליון ידיה | דימינה/ימ'#2#/ | על אליון רגלה |
| 015 | ימינ' | | Ex21:06M | רבוני' ית אונ<יה> | ימינ' | בא{ר}<ב>רזי' ויהוי פלח |
| 016 | ימינה | | Lv14:14 | דימינה ועל אליון רגליה | ימינה: | |
| 017 | | | Dt25:09M | ותתלק סנדליה רגליה | ימינה | |
| 018 | | | Ex20:03 | דנור למפד דנורא מן | ימינה | ולמפד דאשא מן שמאלה פרח |
| 019 | | | Gn48:14 | ופשט ישראל ית | ימינה | ופשט ושוי על ראשה |
| 020 | ימינהון | | Ex14:22 | להון שורין דמיין מן | ימינהון | ומן שמאלהון: |
| 021 | | | Ex14:29 | להון שורין דמין מן | ימינהון | ומן שמלהון: |
| 022 | ימיניה | | Gn48:13 | וית מנשה בשמאליה מן | ימיניה | דישראל וקרב לוותיה: |
| 023 | | | Ex20:02 | דנ{ז}<ו>ר למפד דנור מן | ימיניה | ולמפד דאשא מן שמאליה פרח |
| 024 | | | Dt 5:06 | דנור <למפד דנור> מן | ימיניה | ולמפד דאשה מן שמאליה פרח |
| 025 | | | Dt 5:07 | דנור <למפד דנור> מן | ימיניה | {ומל ול} ולמפד דאשה מן |
| 026 | | | Dt33:02 | דייי נעבד ונשמע ופשט | ימיניה | מן גו להבי אשתה ואוריתה |
| 027 | | | Ex12:42M | דליליא#2#/ הוה | ידיה/ימיניה#2#/ | מקטלה בכוריהון |

## ימם ⇐ n. אימם

## יני vb. to vex [242]

|  |  |  |  |  |  |  |
|---|---|---|---|---|---|---|
| 001 | מוניין | afel | Gn47:21 | סייפיה דלא יהוון מצראי | מוניין | לאחוי דיוסף ואמרין להון |
| 002 | | | Gn47:21M | אעבר במדינתא דלא יהוו | מוניין | לבנוי דיעקוב ואמרין להון |
| 003 | תונון | | Lv25:14 | מן חבריכון לא {תיכון}<תונון> | | גבר ית אחוי: |
| 004 | | | Lv25:17 | ולא | תונון | גבר לחבריה ותדחלון מן |
| 005 | | | Ex22:20 | וגיורא לא | תונון | ולא תדחקון יתהון ארום |
| 006 | | | Lv19:33 | ג{ו}<י>ור בארעכון לא | תונון | יתיה: |
| 007 | | | Dt23:17 | קרייכון לאן דשפר לה לא | תונון | יתיה: |

## יניק n. suckling, child [242]

|  |  |  |  |  |  |  |
|---|---|---|---|---|---|---|
| 001 | יונקא | s em/sf | Nu11:12 | היך דטען פידגוגה ית | יונקא | על ארעא {די} קיימת |
| 002 | ינקין | p abs | Dt32:25 | להוד עלמין לחוד בתולין | ינקין | ומתרכין עם גברין סבין: |
| 003 | ינקיא | p em/sf | Ex15:02M | ת{ר}<ד>י אמהתא הוון | ינקיא | באצבעתהון לאבתהון |

## ינק vb. to suck [242]

|  |  |  |  |  |  |  |
|---|---|---|---|---|---|---|
| 001 | דינקת | peal | Gn49:25 | מן לרע בריכין דדיא | דינקת | מנהון ומעיה דרבעת |
| 002 | אייניקת | afel | Gn21:07 | דנחור אחוי דאברהם | אייניקת | בנין שרה ארום ילדת ליה |
| 003 | מיינקין | | Gn32:16 | גמלים | מיינקין | ובניהון תלתין תורין נקבן |
| 004 | | | Gn33:13 | מחסין וענא ותוריא | מיינקין | קדמי אן דחקין עליהון |
| 005 | מינק | | Ex15:02M | דין הוא אבונן דהווה | מינק | יתן דבש מן כיפ' ומשח יתן |
| 006 | ואוניקי | | Ex 2:09 | אייבילי ית טליא הדין | ואוניקי | יתה לי ואנה אתן ית אגריך |
| 007 | ואונקת | | Ex 2:09 | ונסבת אתתא ית טליא | ואונקת | יתיה: |
| 008 | ואיינק | | Ex 2:09M | ית טליא הדין | ואוניק/ואיינק#2#/ | יתה לי ואנה אתן ית |
| 009 | | | Dt32:13 | עללת תפנוקי מלכין | ואיינק | יתהון דבשה מן כיפה ומשח |
| 010 | ותינק | | Ex 2:07M | מן עברייתא | ותניק/ותינק#2#/ | לך ית טליא: |
| 011 | ותניק | | Ex 2:07 | אתה מיינקא מן עברייתא | ותניק | לך ית טליא: |
| 012 | למיינקה | | Gn21:07M | ואמ' עתידה היא | למיינקה | בנין שרה ארום ילדית |

## יסודין n. foundation [242]

|  |  |  |  |  |  |  |
|---|---|---|---|---|---|---|
| 001 | יסודי | p const | Lv 4:30 | וית כל אדמה ישפוך על | יסודי | דמדבחא: |
| 002 | | | Lv 4:07 | כל דמה דתורא ישפוך על | יסודי | דמדבחה דעלתא די בתרע משכן |
| 003 | | | Lv 4:18 | וית כל אדמה ישפוך על | יסודי | דמדבחה דעלתה די בתרע משכן |
| 004 | | | Lv 4:34 | וית כל אדמיה ישפוך על | יסודי | דמדבחה: |
| 005 | | | Dt32:22 | ארעא ועללתה ולהטה | יסודי | טווריה: |
| 006 | | | Lv 4:25 | וית כל אדמה ישפוך על | יסודי | מדבחה דעלתה: |
| 007 | | | Gn28:11M | דאתרא ושוי תחות | אסדי/יסודי#2#/ | ראשה ודמך לה באתרא |
| 008 | | | Gn28:18M | די שוי אסדי/תחות | יסודי#2#/ | ראשה ושוי/ואקיים#2#/ |
| 009 | | | Gn28:10M | ושוי יתהון תחות | אסדי/יסודי#2#/ | רישיה כיון דקדם |
| 010 | דבאיסודי | | Nu 5:17M | ומן עפרה דתחות טבלה | דבאיסודי | משכנה |
| 011 | ליסו' | | Lv 4:25M | ישפוך \על | יסודי/ליסו'#2#/ | מדבחה דעלתה: |
| 012 | יסודוי | p em/sf | Ex29:12 | וית כל אדמה תשפך על | יסודוי | דמדבחא: |
| 013 | | | Lv 5:09 | דמשתייר באדמה ימצה על | יסודוי | דמדבחא חטאתה הוא: |
| 014 | | | Lv 8:15 | מדבחה וית אדמה אריק על | יסודוי | דמדבחה וקדש יתיה למכפרה |
| 015 | | | Lv 9:09 | וית כל דמה אריק על | יסודוי | דמדבחה: |
| 016 | ליסודוי | | Ex29:12M | תשפך \על | יסודוי/ליסודוי#2#/ | דמדבחא: |

## יסורין n. suffering [239 ייסורין]

|  |  |  |  |  |  |  |
|---|---|---|---|---|---|---|
| 001 | יסורין | p abs | Dt33:03 | דהוא מייתי עליהון | יסורין | סגין לא נייחין ולא שדכין |

|  |  |  |  |  |  |  |
|---|---|---|---|---|---|---|
| 028 | | | Gn48:17 | יוסף ארום שוי אבוי ית | ימיניה | על רישה דאפרים והוא לא |
| 029 | ימינך | | Ex15:06M | משבחא היא בחילא | ימינך | ייי דרצצת ומרצצת שור |
| 030 | | | Ex15:06 | ייי מה הדירא היא בחילא | ימינך | ייי תברת פרעה שנאה |
| 031 | | | Ex15:12 | לעלמא דאתי מן יד ארכנת | ימינך | ייי על ארעא בשבועה דלית |
| 032 | | | Gn48:18 | אבא ארום דין בכורה שוי | ימינך | על רישיה: |
| 033 | ימנך | | Ex15:06 | ייי מה הדירא היא בחילא | ימנך | |
| 034 | בימיניה | | Gn48:13 | ית תריהון ית אפרים | בימיניה | מן שמאלה דישראל וית |
| 035 | דימי' | | Lv14:14M | ועל אליון רגליה | ימינה/דימי'#2#/ | |
| 036 | דימינ' | | Lv14:17 | דימינה ועל אליון ידיה | דימינ' | ועל אליון רגליה דימינה על |
| 037 | דימינא | | Ex29:22 | די עליהון וית שקה | דימינא | ארום דכרא דאשלמותא היא: |
| 038 | | | Ex29:20 | רום אודניהון דבנוי | דימינא | ועל אליון ידיהון דימינא |
| 039 | | | Ex29:20 | ועל אליון ידיהון | דימינא | ועל אליון רגליהון דימינא |
| 040 | | | Ex29:20 | ועל אליון רגליהון | דימינא | ותזרק ית אדמה על גבי |
| 041 | דימינה | | Lv 8:23 | ועל אליון רגלה | דימינה: | |
| 042 | | | Lv 8:25 | וית תרביהון וית שקה | דימינה: | |
| 043 | | | Lv 8:26 | על תרביה ועל שקה | דימינה: | |
| 044 | | | Lv14:25 | ועל אליון רגליה | דימינה: | |
| 045 | | | Lv 9:21 | וית ניעיה וית שקה | דימינה | אניף אהרן אנפו קדם ייי |
| 046 | | | Nu18:18 | כניעה דאנפותה וכשקה | דימינה | דידך יהוון: |
| 047 | | | Lv 8:24 | ועל אליון רגליהו' | דימינה | וזרק משה ית אדמה על גבי |
| 048 | | | Lv 8:23 | על רום אדנה דאהרן | דימינה | ועל אליון ידיה דימינה על |
| 049 | | | Lv 8:24 | אדמה על רום אדניהון | דימינה | ועל אליון ידיהון דימינה |
| 050 | | | Lv 8:24 | ועל אליון ידיהון | דימינה | ועל אליון רגליהו' דימינה |
| 051 | | | Lv14:14 | על רום אדנה דמן דמדכי | דימינה | ועל אליון ידיה דימינה ועל |
| 052 | | | Lv14:14 | דימינה ועל אליון ידיה | דימינה | ועל אליון רגליה ימינה: |
| 053 | | | Lv14:17 | רום אדנה» דמן דמדכי | דימינה | ועל אליון ידיה דימינ' ועל |
| 054 | | | Lv14:25 | רום אדניה דמן דמדכ' | דימינה | ועל אליון ידיה דימינה ועל |
| 055 | | | Lv14:25 | דימינה ועל אליון ידיה | דימינה | ועל אליון רגליה דימינה: |
| 056 | | | Lv14:28 | על רום אדנה דמן דמדכי | דימינה | ועל אליון ידוי דימינה ועל |
| 057 | | | Lv14:28 | דימינה ועל אליון ידוי | דימינה | ועל אליון רגליה דימינה על |
| 058 | | | Lv 7:33 | דידיה תיהווי שוקה | דימינה | לחולק: |
| 059 | | | Lv14:16 | ויצבע כהנא ית אצבעיה | דימינה | מן מש{כ}<ח>ה דעל כף ידיה |
| 060 | | | Lv14:27 | וידי כהנא באצבעיה | דימינה | מן משחה די על כף ידה |
| 061 | | | Lv 8:23 | דימינה ועל אליון ידיה | דימינה | על אליון רגלה דימינה: |
| 062 | | | Lv14:17 | ועל אליון רגליה | דימינה | על אדמה דאשמה: |
| 063 | | | Lv14:28 | ועל אליון רגליה | דימינה | על אתר אדמה דאשמה: |
| 064 | | | Lv 7:32 | וית שקה | דימינה | תתנון אפרשו לכהנא מן נכסת |
| 065 | דימיניה | | Ex29:22M | עליהון וית שקה | דימינא/דימיניה#2#/ | ארום דכרא דאשלמותא |
| 066 | | | Ex29:20M | אליון רגליהון | דימינא/דימיניה#2#/ | ותזרק ית אדמה |
| 067 | | | Lv 7:32M | וית שקה | דימינה/<דימי>ניה#2#/ | תתנון אפרשו לכהנא |
| 068 | ומיניה | | Ex12:42 | בכוריהון דמצריי | ומיניה | הוות מגנא על בכוריהון |
| 069 | לימינא | | Gn24:49 | ואן לא תנון לי ואסטי | לימינא | או לשמאלה: |
| 070 | לימינה | | Nu20:17 | מלכא נהלך לא נסטי לא | לימינה | ולא לשמאלה עד זמן די |
| 071 | | | Nu22:26 | תמן אורח למסטי לא | לימינה | ולא לשמאלה: |
| 072 | | | Dt 2:27 | בארחה אהלך לא אסטי לא | לימינה | ולא לשמאלה: |
| 073 | | | Dt 5:32 | יתכון לא תסטון לא | לימינה | ולא לשמאלה: |
| 074 | | | Dt17:11 | די יתנון לכון לא | לימינה | ולא לשמאלה: |
| 075 | | | Dt17:20 | מן מצוותה דאוריתה לא | לימינה | ולא לשמאלה מן בגלל די |
| 076 | | | Dt28:14 | יתכון יומא הדין לא | לימינה | ולא לשמאלה למיזל בתר |

## ימיני adj. pertaining to the right [!!]

|  |  |  |  |  |  |  |
|---|---|---|---|---|---|---|
| 001 | ימיני | s ab/cn | Ex15:09 | חרבי ותשיצי יתהו' יד | ימיני: | |
| 002 | | | Dt32:41 | בדינה {ב}<ד>קושטה יד | ימיני | אחזר נקמתה לשנאוי |
| 003 | דימיני | | Ex29:20M | ידיהון | דימינא/^ימ"#2#/דימיני#2#/ | ועל אליון |

יסמיל ⇐ n. שמאל

## to add vb. יסף

[243]

|  |  | |  |  |  |  |
|---|---|---|---|---|---|---|
| 001 | יוסיף | afel | Nu22:19 | בליליה הדין ואדע מה | יוסיף | מן קדם ייי למתן{ל}«מ»ללה |
| 002 | יוסיפון | | Dt13:12 | ישמעון וידחלון ולא | יוסיפון | למעבד כפיתגמא בישה הדין |
| 003 | יוסף | | Dt25:03 | ארבעין ימחי יתיה לא | יוסף | דלא יוסף לממחי יתיה על |
| 004 | | | Ex10:14M | לא יהוי כדן /ובתריה לא | יוסף | למהווי כן#2/: |
| 005 | | | Dt25:03 | ימחי יתיה לא יוסף דלא | יוסף | לממחי יתיה על אלין מחה רבה |
| 006 | | | Lv 5:16M | /חמשין דמ{יו}<וי> | יוסף#2/ | עלוי ויתן יתה לכהנא |
| 007 | | | Lv 5:16 | קדשיה ישלם וית חומשי' | יוסף | עלוי ויתן יתה לכהנא וכהנא |
| 008 | | | Lv 5:24 | וישלם יתה בקרנא וחומשוי | יוסף | עלוי למן הוא דידיה יתן |
| 009 | | | Lv 5:24M | /וחמשין דמ{יו}<וי> | יוסף#2/ | עלוי למן הוא/דהוא#2/ |
| 010 | | | Lv27:31 | גבר מן מעשרה חומשה | יוסף | עלוי: |
| 011 | | | Nu 5:07 | אשמה בקרנה וח«ו»משה | יוסף | עלוי ויתן למן דאתחייב ליה: |
| 012 | | | Dt 1:11 | ייי אלהי אבהתכון | יוסף | עליכון כוותכון אלף דזמנין |
| 013 | יוספון | | Dt19:20 | ישמעון וידחלון ולא | יוספון | למעבד תוב כפתגמא בישה |
| 014 | יס' | | Nu 5:07M | /בראשה וחמשין דמוי | יס'#2/ | עלוי ויתן למן דאתחייב |
| 015 | יסף | | Gn30:24 | ית שמ«ה» יוסף למימר | יסף | ייי לי בר חורן: |
| 016 | | | Ex 8:25 | ומן עמא למחר לחוד לא | יסף | פרעה למשקרה דלא למשלחא ית |
| 017 | אוסף | | Gn 8:21 | ואמר ייי במחשבת לבה לא | אוסף | למלט תוב ית ארעא בגלל |
| 018 | | | Dt18:16 | התכנשות קהלה למימר לא | אוסף | למשמע ית קל ממרה דייי אלהן |
| 019 | | | Gn43:14 | תכלת על יוסף ברי לא | אוסף | למתכלה על בנימן: |
| 020 | | | Gn 8:21 | ביש מן טליותיהון ולא | אוסף | תוב למשיציא ית כל חייא |
| 021 | | | Gn38:26 | אסבת יתה לשלה ברי ולא | אוסף | תוב למחכם יתה: |
| 022 | | | Ex10:29 | מן קוש«טא» מללת לא | אוסף | תוב למיחמי סבר אפך: |
| 023 | אוספת | | Gn 8:12 | ושלח ית יוונה ולא | אוספת | למחזר לוותה תוב: |
| 024 | מוספין | | Dt 5:25 | יתן אשתה רבתה הדה אין | מוספין | אנן למשמע ית קל מימרה |
| 025 | תוסיף | | Gn49:04 | טבי' {ט}<ד>חסית ולא | תוסיף | למחוי תוב ברי ועל |
| 026 | | | Ex10:28 | ליה פרעה אזיל מעלוי לא | תוסיף | לממללה קדמ' תוב חד מאילן |
| 027 | תוסיפון | | Dt 4:02 | לא | תוסיפון | על פתגמא די אנה כען מפקד |
| 028 | | | Dt17:16M | אמר לכון לא | תוספון/תוסיפון#2/ | למחזור/<למח>זר#2/ |
| 029 | תוסף | | Dt 3:26 | לי אמר משה סגין לך לא | תוסף | לממללה קדמי תוב בפתגמא |
| 030 | | | Gn 4:12 | תהוי {ו}פלח ית ארעא לא | תוסף | למתן פירי עללתא לך גלי |
| 031 | תוספון | | Nu35:06 | תמן קטולייה ועליהון | תוספון | ארבעין ותרתין קוריאן: |
| 032 | | | Dt17:16 | במימריה אמר לכון לא | תוספון | למחזור באורחא הדין תוב עד |
| 033 | | | Ex14:13 | ית מצריי יומא הדין לא | תוספון | למיחמיה יתהון תוב בשעבוד |
| 034 | | | Ex 9:28 | וברד ואשלח יתכון ולא | תוספון | למיקם: |
| 035 | | | Ex 5:07 | לא | תוספון | למיתן תבן לעמא למלבן |
| 036 | | | Dt28:68 | באורחה די אמרת לכון לא | תוספון | תוב למחמי יתה ותזדבנון |
| 037 | תופסון | | Dt13:01 | יתיה תטרון למעבד לא | תופסון | עלוי ולא תמנעון מניה: |
| 038 | תסף | | Ex11:06 | כוותה לא הוות וכוותה לא | תסף | למחזי: |
| 039 | ואוסיף | | Nu22:15 | | ואוסיף | עוד בלק ושלח שליחין סגין |
| 040 | ואוסיפו | | Gn37:05 | יוסף חלם ותני לאחוי | ואוסיפו | תוב למ«י»סני: |
| 041 | ואוסף | | Gn25:01 | | ואוסף | אברהם ונסב אתה ושמה |
| 042 | | | Ex 9:34 | קליה ומטרא וברדא | ואוס«ף» | למחטי ואתוקף לביה הוא |
| 043 | | | Lv26:28M | אף אנה בחמה ובקשיו | ואוסף | לממחי יתכון מחה חד שובעה |
| 044 | | | Nu22:25 | ית רגלה דבלעם לכותלה | ואוסף | לממחי יתה: |
| 045 | | | Lv26:18 | לאולפן אוריית«י»ה | ואוסף | למרדי יתכון שבעה על |
| 046 | | | Gn 8:10 | שבעה יומין אחרינין | ואוסף | למשלחה ית «י»וונה מן |
| 047 | | | Nu22:26 | | ואוסף | מלאכה דייי למעבר וקם ליה |
| 048 | | | Lv26:21 | למשמע לאולפן אורייתי' | ואוסף | עליכון מחוון שבעה כמה |
| 049 | | | Gn18:29 | | ואוסף | תוב למתמללה עימיה ואמר מה |
| 050 | ואוספו | | Gn37:08 | עלנא אן משלט תשלט בן | ואוספו | תוב משנא יתיה על חלמוי |
| 051 | ואוספת | | Gn 4:02 | | ואוספת | למלד ית אחוי ית הבל והוה |
| 052 | | | Gn38:05 | | ואוספת | תוב וילדת בר וקרת ית שמה |
| 053 | ויוסף | | Lv27:15 | דמקדש יפרוק ית בייתיה | ויוסף | חומש כסף ויהוי דידה: |
| 054 | | | Lv22:14 | ארום יאכל קדש בשלו | וי־־סף | חומשה עלוי ויתן לכהנה ית |
| 055 | | | Nu32:15 | תחזרון מן בתר ממרה | ויוסף | תוב למטלטלה יתכון במדברה |
| 056 | ויוספון | | Dt20:08 | | ויוספון | סרכייה לממללה עם עמא |
| 057 | ויסופון | | Dt13:12M | וידחלון ולא | יוסיפון/ויסופון#2/ | למעבד כפיתגמא |
| 058 | ויסף | | Lv27:19 | ית חקלה מן דמקדש יתה | ויסף | חמש כסף עלויה עלוי ותקום |
| 059 | | | Lv27:13 | ואין מפרוק יפרוק יתה | ויסף | חמשה על עלויה: |
| 060 | ותוספון | | Dt19:09 | קדמויי כל יומיא | ותוספון | לכון תוב תלת קורי שיזבו |
| 061 | למוספה | | Dt29:18 | ליבי איזיל מן בגלל | למוספה | חובי שלותה על חובי זדנתה: |
| 062 | | | Lv19:25 | תיכלון ית פירוי | למוספה | לכון פירי עללתה אמר ייי |
| 063 | | | Nu32:14 | תרבו דגברין חייבין | למוספה | תוב על תקוף רוגזה דייי על |
| 064 | יתוספון | ettafal | Gn49:26 | ברכתא דאבוך | יתוספון | לך על ברכתא די ברכו יתי |
| 065 | ויתוספון | | Ex 1:10 | ארום יערע סדרי קרבא | ויתוספון | אינון אף על שונאינון |
| 066 | ותתוסף | | Nu36:04 | לבני ישראל | ותתוסף | אחסנתהון על אחסנות שבטה |
| 067 | | | Nu36:03 | מן אחסנות אבהתן | ותתוסף | על אחסנות שבטה די יהוון |

## to chastise vb. יסר

[243]

|  |  | |  |  |  |  |
|---|---|---|---|---|---|---|
| 001 | למייסרה | pael | Dt 4:36M | למרדי יתכון /קלא | למייסרה | יתכון#2/ ועל ארעא חוי |

## to advise vb. יעץ

[243]

|  |  | |  |  |  |  |
|---|---|---|---|---|---|---|
| 001 | איעץ | pael | Ex18:19 | כדון שמע בקלי | איעץ | יתך עצה ויהווי ייי עמך הוי |

## to appear vb. יפע

[243]

|  |  | |  |  |  |  |
|---|---|---|---|---|---|---|
| 001 | והופיע | afel | Dt33:02 | קטולין לא קבילו יתה | והופיע | ביקרה למתן אוריתה על טורא |

## citizen n. יציב

[243]

|  |  | |  |  |  |  |
|---|---|---|---|---|---|---|
| 001 | וביציבא | s em/sf | Ex12:19 | דישראל בגיורא | וביציבא | דארעא: |
| 002 | וליציבה | | Nu 9:14 | יהווי לכון ולגיורה | וליציבה | דארעא: |
| 003 | כיצי' | | Lv24:22M | כיציבה/כגיורייה | כיצי'#2/ | יהווי ארום אנה הוא ייי |
| 004 | כיציבה | | Lv19:34 | | כיציבה | די בכון יהווי בכון |
| 005 | | | Lv24:22 | חד יהווי לכון כגיורה | כיציבה | יהווי ארום אנה הוא ייי |
| 006 | יציביה | p em/sf | Lv23:42 | תשרון שבעה יומין כל | יציביה | בישראל ישרון במטלין: |
| 007 | | | Lv16:29 | וכל עבידה לא תעבדון | יציביה | וגיוריה דמתגיירין |
| 008 | יציבייה | | Nu15:29 | | יציבייה | בבני ישראל וגיוריה |
| 009 | | | Lv18:26 | מכל מרחקתא האליין | יציבייה | וג<י>ורייה דמתגיירין |
| 010 | | | Nu15:30M | קדם ייי /ביד רמה מן | יציבייה | ומן גיורייה ית מימריה |
| 011 | | | Nu15:13 | כל | יציבייה | יעבד כדן ית אלין למקרבה |
| 012 | | | Nu15:13M | יעבד כדן /וכל | יציבייה | יעבדון כהדן סידרא#2/ |
| 013 | ביציבייא | | Ex12:19M | | וביציבא/{כ}ביציבייא#2/ | דארעא: |
| 014 | | | Lv17:15 | די תאכל נבילה וקטילה | ביציבייא | ובגיורא ויחוור לבושוי |
| 015 | ביציבייה | | Nu15:30 | ונפש די תעבד בריש גלי | ביציבייה | ובגיוריה קדם ייי הוא |
| 016 | וליציביה | | Nu 9:14M | /ולגיורייה | וליציביה#2/ | דארעא: |
| 017 | כיציביא | | Ex12:48 | כשר למעבד יתיה ויהוי | כיציביא | דארעא וכל בר עממין לא |
| 018 | כיציבייה | | Lv24:16 | כל עם כנשתה כגיורייה | כיציבייה | בפרשותיה שמה דאלהה |
| 019 | | | Lv19:34M | | כיציבה/כיציבייה#2/ | די בכון יהווי |
| 020 | ליציביא | | Ex12:49 | גזירת אוריתא חדא יהוי | ליציביא | ולגיורייה דמתגיירין |

## inclination *n.* יצר

|  |  |  |  |  |  |  |
|---|---|---|---|---|---|---|
| 001 | יצר | s ab/cn | Gn 8:21 | ארעא בגלל בר נשא ארום | יצר | לבהון דבני אנשא לה{ו}ון |
| 002 | | | Gn 6:05 | דבני אנשא בארעא וכל | יצר | מחשבת לבהון לח{זי}<ד> |
| 003 | יצרה | s em/sf | Lv 9:06M | ייי תעבדון אע{ר}<ד>ו | יצרה | בישא מן ליבכון ומן יד |
| 004 | יצרהון | | Dt31:21 | בניהון ארום גלי קדמי | יצרהון | בישה דאינון עבדין יומא |
| 005 | דיצרה | | Gn 4:07 | מסרת רשות{{ה}}«א» | דיצרה | בישא ואת תהוי שלט בה בין |

[243]

## to burn *vb.* יקד

|  |  |  |  |  |  |  |
|---|---|---|---|---|---|---|
| 001 | יקד | peal | Ex 3:02 | באשתא וסנייה לית הוא | יקד: | |
| 002 | | | Ex 3:02M | הוא יקד /מטריב ולא | יקד#2/: | |
| 003 | | | Ex 3:03M | /מה סנה מטרב ולא | יקד#2/: | |
| 004 | | | Gn38:25 | דאבא קבילו מיני טב לי | יקד | בעלמא הדין באשא ספיא ולא |
| 005 | | | Ex 3:03 | רבא הדין מן בגלל לא | יקד | סנייה: |
| 006 | יקד' | | Lv 6:06 | אשה בתדירה תיהווי | יקד' | עלוי לא תטפי: |
| 007 | יקדה | | Gn38:25 | ואנה אף על גב דאנה | יקדה | לא מפרסייה ברם שהדי דביני |
| 008 | | | Lv 6:05 | ואשתה על גבי מדבחא תהווי | יקדה | עלוהי לא תטפי ויוקד עליה |
| 009 | | | Lv 6:02 | ואשתה על גבי מדבחה תהוי | יקדה | עלוי: |
| 010 | יקדון | | Lv20:14M | יתיה וית תריהון ולא | /יקדון | יתה ויתהון ול#2/ תהוי |
| 011 | ניקוד | | Gn38:25 | הדין באשא ספיא ולא | ניקוד | בעלמא דאתי דהוא אשא אכלי' |
| 012 | תיקדון | | Ex12:10M | עד צפרא בנורא | תוקדון/תיקדון#2/: | |
| 013 | דיקדה | | Lv 6:02 | אוריתה דעלתה היא עלתה | דיקדה | על גבי מדבח' כל ליליה עד |
| 014 | ותיקד | | Ex29:34 | ומן לחמה עד צפרא | ותיקד | מה דאשתייר בנורא לא יתאכל |
| 015 | יוקד | afel | Nu19:05 | וי{א}<ת> אדמה עם רעייה | יוקד | יתה: |
| 016 | יוקדון | | Dt12:31 | ית בניהון וית בנתהון | יוקדון | בנורא לטעוותהון: |
| 017 | יוקדן | | Dt12:31M | וית בנתהון | יוקדון/יוקדן#2/ | בנורא לטעוותהון: |
| 018 | ייקד | | Ex22:04 | ארום | ייקד | גבר חקל או כרם וישלח |
| 019 | אוקד | | Lv 9:11 | וית בשרה וית משכה | אוקד | בנורא לבר מן משריתה: |
| 020 | | | Lv10:06 | יבכון ית כל יקידתה די | אוקד | ייי: |
| 021 | אוקדו | | Nu31:10 | וית כל אפרכיוותהון | אוקדו | בנורא: |
| 022 | אוקיד | | Lv 8:17 | משכה וית בשר' וית רעיה | אוקיד | בנורא לבר מן משריתה |
| 023 | מוקדן | | Gn50:01M | רתחנין ותמן | מוקדן | ותמן הוון קיימין בוסמנין |
| 024 | | | Gn50:01 | חמדנין וריחנין טבין | מוקדן | תמן בוסמנין טבין קיימין |
| 025 | תוקד | | Ex29:14 | דתורא וית משכא וית רעיה | תוקד | בנורא לבר מן משריתה חטאת |
| 026 | תוקדון | | Ex12:10 | מיניה עד צפרא בנורא | תוקדון: | |
| 027 | | | Dt 7:05 | {{וצלמי}} טעוותהון | תוקדון | בנורא: |
| 028 | | | Dt 7:25 | {{צילמי}} טעוותהון | תוקדון | בנורא לא תתחמדון כספא |
| 029 | | | Dt12:03 | ית קיימתהון וטעוותהון | תוקדון | בנורא {{וצלמי}} טעוותהון |
| 030 | | | Lv 8:32 | בבשרא ובלחמה בנורה | תוקדון | יתיה: |
| 031 | | | Lv13:55 | לא הלך מסאב הוא בנורא | תוקדון | יתיה פחיתה היא בכליותה או |
| 032 | | | Lv13:57 | דמשך מהלכה היא בנורא | תוקדון | יתיה ית מנה דבי מכתשה: |
| 033 | | | Lv20:14 | אמה מרחקה היא בנורא | תוקדון | יתיה וית תריהון ולא תהוי |
| 034 | דאוקד | | Lv 4:21 | ויוקד יתה היך מה | דאוקד | ית תורה קדמיה חטאתה דקהלה |
| 035 | | | Nu19:08M | ומן | דמוקד/דאוקד#2/ | יתה יחוור לבושי |
| 036 | דמוקד | | Ex22:05 | או חקלא משלמא ישלם מן | דמוקד | ית יקדתיה: |
| 037 | | | Nu19:08 | ומן | דמוקד | יתה יחוור לבושי במיא |
| 038 | | | Lv16:28 | ומן | דמוקד | יתהון יחוור לבושוי ויסחי |
| 039 | ואוקדת | | Dt 9:21 | עבדתון ית טעוון נסבת | ואוקדת | יתיה בנורא ואכתת יתיה |
| 040 | | | Dt32:22 | ארום אשא נפקת מן קדמיי | ואוקדת | עד שאול ארעייתא ותכלת |
| 041 | ויוקד | | Ex22:04 | או כרם וישלח יקידתא | ויוקד | בחקלא דחורן בית שפר חקליה |
| 042 | | | Lv13:52 | | ויוקד | ית לבושה או ית שתיה או ית |
| 043 | | | Nu19:05 | | ויוקד | ית תורתה קדמוי ית משכ{נ}ה |
| 044 | | | Lv 4:21 | ית תורה לבר מן משריתה | ויוקד | יתה היך מה דאוקד ית תורה |
| 045 | | | Lv 4:12 | לאתר בית שפיכות קיטמא | ויוקד | יתיה על קיסי' באשתא בתר |
| 046 | | | Lv 6:05 | יקדה עלוהי לא תטפי | ויוקד | עליה כהנא קיסין בכל צפר |
| 047 | ויקדון | | Lv16:27 | יפק לבר מן משריתה | ויקדון | בנורא ית משכיהון וית |
| 048 | ותיקדון | | Dt13:17 | יתה לגו מצע פלטיה | ותיקדון | בנורא ית קרתא וית על |
| 049 | יתו' | ettafal | Lv 6:23M | /יתאכ'#2/ בנורא | תתוקד/יתו'#2/: | |
| 050 | | | Lv13:52M | היא בנורא | תתוקד/יתו'#2/: | |
| 051 | | | Lv10:16M | תבע משה והא | אתוקד/יתו'#2/ | ורגז/והוה רגז#2/ על |
| 052 | יתוקד | | Lv 4:12 | בתר בית שפיכות קטמא | יתוקד: | |
| 053 | | | Lv 7:17 | ביומא תליתיה בנורא | יתוקד: | |
| 054 | | | Lv19:06 | עד יומא תליתייה בנורא | יתוקד: | |
| 055 | | | Lv 7:19 | {לא} לא יתאכל בנורא | יתוקד | ובשרה כל דדכי יכול בשרה: |
| 056 | יתוקיד | | Gn15:17M | די נור מן כורסי יקרא | יתוקיד | ותצרי כל מלכותא אילין |
| 057 | אתוקד | | Lv10:16 | מתבע תבע משה והא | אתוקד | ורגז על אלעזר ועל איתמר |
| 058 | אתוקדת | | Lv 6:02M | עלתה דיקדה /על די | אתוקדת#2/ | על גבי מדבח' כל ליליה |
| 059 | תיתוקד | | Lv 6:02M | \תהוי יקדה עלוי | /תיתוקד | ביה#2/: |
| 060 | תתו' | | Lv19:06M | תליתייה בנורא | יתוקד/תתו'#2/: | |
| 061 | תתוקד | | Lv 6:23 | לא תתאכל בנורא | תתוקד: | |
| 062 | | | Lv13:52 | צרעה מחלטה היא בנורא | תתוקד: | |
| 063 | | | Lv21:09 | אבוה היא מטער' בנורא | תתוקד: | |
| 064 | | | Lv 6:05M | לא תטפי ויוקד עליה | /תתוקד | ביה לא תתטפי ויבער |
| 065 | | | Lv 6:06M | \תיהווי יקד' עלוי | /{ד}<ת>תוקד{ה} | על גבי מדבחה#2/ לא |
| 066 | ותתוקד | | Gn38:24 | יהודה אפיקו יתה | ותתוקד: | |
| 067 | למתוקדה | | Gn38:25 | תמר נפקת | למתוקדה | בנורא ובעת תלתא סהדי ולא |

[244]

## burnt person *n.* יקיד

|  |  |  |  |  |  |  |
|---|---|---|---|---|---|---|
| 001 | יקידיה | p em/sf | Nu17:02 | ית מחתיתה מן ביני | יקידיה | וית אשתה ידרי להל ארום |
| 002 | | | Nu17:04 | מחתיתה דנחשה די קריבו | יקידיה | ורדידו יתהון חפיי למדבחה: |

[244]

## conflagration *n.* יקידה

|  |  |  |  |  |  |  |
|---|---|---|---|---|---|---|
| 001 | יק' | s ab/cn | Nu19:17M | /למזכיה מסאבה מן עפר | יק'#2/ | תורתה ויתן עלוי מין |
| 002 | יקדת | | Nu19:17 | ויסבון למסאבה מן קטמה די | יקדת | תורתה ויתן עלוי מין דמבוע |
| 003 | יקידה | | Dt29:22 | גפרי ומלח | יקידה | כל ארעא לא תזדרע ולא תצמח |
| 004 | | | Nu19:06M | ויטלק לגו יקידת/קטם | יקידה#2/ | תורתה: |
| 005 | יקידת | | Nu17:03M | \האליין דחבו בנפשתהון | /יקידת | אשתה בנפש#2/ /<דח'> |
| 006 | | | Nu19:09M | ית \קטמה דתורתה/קטם | יקידת | תור#2/ ויצנע יתה לבר מן |
| 007 | | | Nu19:06 | טבה ויקלק ויטלק לגו | יקידת | תורתה: |
| 008 | יקד' | s em/sf | Lv10:06M | \ית כל יקידתה/ית | יקד'#2/ | די אוקד ייי: |
| 009 | יקדתיה | | Ex22:05 | ישלם מן דמוקד ית | יקדתיה: | |
| 010 | יקידתא | | Ex22:04 | גבר חקל או כרם וישלח | יקידתא | ויוקד בחקלא דחורן בית שפר |
| 011 | | | Gn38:25 | ועזריה כד נחתין בנורא | יקידתא | ומקדשין שמך קדישא ומיד |
| 012 | יקידתה | | Lv10:06 | בית ישראל יבכון ית כל | יקידתה | די אוקד ייי: |
| 013 | ביקידתה | | Nu26:11M | מיתו במותנה ולא לקו | ביקידתה | ולא {ש}<ט>מע<ו> בבליעת |

[244]

## important *adj.* יקיר

|  |  |  |  |  |  |  |
|---|---|---|---|---|---|---|
| 001 | יקיר | s ab/cn | Gn44:18 | רבך אנה מסיים ארום | יקיר | אנה כוותך וא{נ}<ב>ה כוות |
| 002 | דיקיר | | Nu24:03 | בנוי דפעור אמר גברא | דיקיר | מן אבוי מה דאכסי מן כל |
| 003 | | | Nu24:15 | ברה בעור אמר גברה | דיקיר | מן אבוי מה דאתכסי מן כל |
| 004 | יקירה | s em/sf | Dt28:58 | הדין למדחל מן קדם שמיה | יקירה | ודחילה הדין מן קדם ייי |
| 005 | ויקירא | | Gn44:19 | כד חמא יוסף חביבא | ויקירא | דסלקות גבורתיה דיהודה |

[244]

## to honor (pa.) *vb.* יקר

|  |  |  |  |  |  |  |
|---|---|---|---|---|---|---|
| 001 | אייקר | pael | Nu22:17 | ארום מיקרה | אייקר | יתך לחדא וכל מה די תאמר |
| 002 | מייקרא | | Nu20:13M | שמה בהון /ויתקדש שמי | מייקרא | ביי#2/: |
| 003 | מייקרה | | Lv22:32 | שמי קדישה ויתקדש שמי | מייקר«ה» | בגו עמי ישראל אנה הוא |

|  | |  |  |  |
|---|---|---|---|---|
| 004 | | מייקרון | Nu20:12M | "שמי לעיני": <שמי> מייקרון בגו עמי |
| 005 | | מיק' | Nu24:11M | לך לאתרך אמרת מוקרא/מיק'#2#/ איקר והא מנע ייי יתן |
| 006 | | מיקרה | Nu22:17 | ארום מיקרה אייקר יתך לחדא וכל מה די |
| 007 | | ביקרותי | Ex14:18M | ארום אנה ייי באתיקרות/ביקרות#2#/ בפרעה בארתכוי |
| 008 | | ואייקר | Ex14:04M | וירדוף מן <בתריהון> ואייקר מימרי' בפ'#2#/ ובכל |
| 009 | | ומיקרין | Nu22:15 | ושלח שליחין סגין ומ«י»קרין מן אלין: |
| 010 | | ותייקרון | Lv19:32 | תהוון קיימין ותייקרון אפוי דרבה ותדחלון מן קדם |
| 011 | | למייקרה | Nu22:37M | לית איפשר לי למייקרה לך#2#/: |
| 012 | afel | יוקר | Dt 5:16 | עמי בני ישראל יוקר כל אנש מנכון ית אבוי וית |
| 013 | | ייקר | Dt 5:16M | עמי בני ישראל יוקר/ייקר#2#/ כל אנש מנכון ית אבוי |
| 014 | | איקר | Nu24:11 | אזל לך לאתרך אמרת מוקרא איקר והא מנע ייי יתן מנך ית |
| 015 | | מוקרא | Nu24:11 | וכדון אזל לך לאתרך אמרת מוקרא איקר והא מנע ייי יתן מנך |
| 016 | | תוקרון | Lv19:15 | תיסב אפין למסכנה ולא תוקרון אפוי דרבה בקושטא |
| 017 | | למוקרה | Nu22:37 | מן קושטה לית אנה יכיל למוקרה לך: |
| 018 | etpaal | איתיקר | Lv10:03 | אתקדש ובאפי כל עמא איתיקר ושתק אהרן וקבל עלוהי |
| 019 | | ואתיקר | Ex14:04 | דפרעה וירדוף בתריהון ואתיקר <ב>פרעה ובכל חיילוותיה |
| 020 | | ואתיקר | Ex14:17 | דמצריי ויעלון בתריהון ואתיקר בפרעה ובכל חיילוותיה |

## יקר *n.* ⇐ איקר

## ירדן *n.* Jordan River []

|  | |  |  |  |
|---|---|---|---|---|
| 001 | s em/sf | יור' | Gn32:11M | בחוטרי עברת ית ירדנא/יור'#2#/ הדין וכדון הא אנה |
| 002 | | | Nu32:21M | כל דמזיין ית ירדנה/יור'#2#/ קדם ייי עד זמן די |
| 003 | | יורד' | Gn50:11M | מצרים די בעבר ירדנה/יורד'#2#/: |
| 004 | | | Nu32:32M | מן עבר לירדנה/יורד'#2#/: |
| 005 | | | Nu22:01M | /מן מעבר יורד'#2#/ ליריחו: |
| 006 | | יורדנא | Gn49:19M | "ירדנא": יורדנא {יחסנון} <והנון> יחסנון |
| 007 | | | Dt 4:26M | אתון עברין ית ירדנה/יורדנא#2#/ תמן/לתמן#2#/ למירת |
| 008 | | יורדנה | Dt 4:46M | בעבר ירדנה/יורדנה#2#/ בחלתה דסמיך |
| 009 | | | Dt11:30M | הנון מן מעבר יורדנה בתר אורח מיעלי שמשה |
| 010 | | | Nu34:15M | מעבר יורדנה דיריחו קדמאין מן מדנחה |
| 011 | | | Dt 4:22M | לית אנה עבר ית ירדנה/יורדנה#2#/ ואתון עברין ותירתון |
| 012 | | | Nu35:14M | תתנון בארעא מעבר יורדנה#2#/ וית תלת קוריאן/קר'#2#/ |
| 013 | | | Dt 4:21M | ירדנה ודלא/למעברה ית יורדנה ולא#2#/ למיעול |
| 014 | | | Nu32:19M | עבר לירדנה/מעבר יורדנה#2#/ ולהל ארום קבלנן |
| 015 | | | Dt 3:20M | יהב לכון בעבר ירדנה/יורדנה#2#/ ותחזרון גבר |
| 016 | | | Dt27:04M | /בזמן די תעברון ית יורדנה#2#/ ותקימון ית אבנייה |
| 017 | | | Nu32:29M | עמכון ית ירדנה/יורדנה#2#/ כל דמזיין לחיל קרבה |
| 018 | | | Nu35:10M | אתון עברין ית ירדנה/יורדנה#2#/ לארעא דכנען: |
| 019 | | | Dt 2:29M | ירדנה הדן /עברינן יורדנה#2#/ לארעא דייי אלהן יהב |
| 020 | | | Dt11:31M | \ירדנה למיעל למירת /יורדנה למיעול למירות#2#/ ית |
| 021 | | | Dt31:13M | אתון עברין ית ירדנה/יורדנה#2#/ לתמן למירת |
| 022 | | | Nu33:49M | ושרון על ירדנה/יורדנה#2#/ מיבת ישימות עד |
| 023 | | | Nu32:19M | \מן עבר ירדנה /מעבר יורדנה#2#/ מן מדנחה: |
| 024 | | | Dt 4:49M | \עבר ירדנה /במעבר יורדנה#2#/ מן מדנחה ועד ימא דמלחה |
| 025 | | | Dt27:03M | /בזמן די תעברון ית יורדנה#2#/ מן בגלל די תעלון לארעא |
| 026 | | | Dt 1:01M | יהיבין בעבר ירדנה/יורדנה#2#/ עני משה ואמר להון |
| 027 | | | Dt32:47M | אתון עברין ית ירדנה/יורדנה#2#/ תמן למירת יתה: |
| 028 | | | Dt 9:01M | /דין#2#/ ית ירדנה/יורדנה#2#/ למיעול/<למי>על#2#/ |
| 029 | | ירד' | Nu13:29M | דירדנה/עד תחום ירד'#2#/: |
| 030 | | ירדנ' | Gn13:11 | ליה לוט ית כל מישר ירדנ' ונטל לוט מן לקדמין |
| 031 | | ירדנא | Gn13:10 | עיינוי וחזא ית כל מישר ירדנא ארום כלה בית שקה |
| 032 | | | Gn32:11 | ארום בחוטרי עברת ית ירדנא הדין וכדון הא אנה לתרתין |
| 033 | | | Gn49:19 | יעברון עם ישראל ית ירדנא ואנון יכבשון קדמיהון ית |
| 034 | | | Gn50:10 | עד אדר אטדה די בעבר ירדנא ואספדו תמן הספד רב ותקיף |
| 035 | | ירדנה | Dt27:12 | דגריזים במעברכון ית ירדנה שמעון ולוי ויהודה |
| 036 | | | Gn50:11 | שמה אבל מצרים די בעבר ירדנה: |
| 037 | | | Nu32:05 | ולאחסנה לא תעבר יתן ית ירדנה: |
| 038 | | | Dt 4:46 | בעבר ירדנה בחלתה דסמיך לטעוותה דפעור |
| 039 | | | Dt 3:27 | ארום לא תעיבר ית ירדנה הדין: |
| 040 | | | Dt31:02 | דייי אמר לי לא תעבר ית ירדנה הדין: |
| 041 | | | Dt 2:29 | עד זמן די נעבר ית ירדנה הדן לארעא דייי אלהן יהב |
| 042 | | | Dt 4:22 | הדה לית אנה עבר ית ירדנה ואתון עברין ותירתון ית |
| 043 | | | Dt 4:21 | דלא למעבר יתי ית ירדנה ודלא למיעול לארעא |
| 044 | | | Dt 3:20 | אלהכון יהב לכון בעבר ירדנה ותחזרון גבר לירותתיה די |
| 045 | | | Dt27:04 | ויהווי במעברכון ית ירדנה ותקימון ית אבנייה האליין |
| 046 | | | Dt12:10 | ותעברון ית ירדנה ותשרון בארעא דייי אלהכון |
| 047 | | | Dt 3:25 | ית ארעא טבתה די בעבר ירדנה טורא טבה הדין וטור |
| 048 | | | Nu32:29 | ובנוי דראובן עמכון ית ירדנה כל דמזיין לחיל קרבה קדם |
| 049 | | | Nu33:51 | ארום אתון עברין ית ירדנה לארעא דכנען: |
| 050 | | | Nu35:10 | ארום אתון עברין ית ירדנה לארעא דכנען: |
| 051 | | | Dt27:02 | ביומא די תעברון ית ירדנה לארעא דייי אלהכון יהיב |
| 052 | | | Dt 9:01 | עברין «יומא הדין» ית ירדנה למיעול למירת אומין רברבין |
| 053 | | | Dt30:18 | על ארעא דאתון עברין ית ירדנה למיעול לתמן למירת יתה: |
| 054 | | | Dt11:31 | ארום אתון עברין ית ירדנה למיעל למירת ית ארעא דייי |
| 055 | | | Dt31:13 | ארעא די אתון} עברין ית ירדנה לתמן למירת יתה: |
| 056 | | | Nu33:49 | ושרון על ירדנה מיבת ישימות עד |
| 057 | | | Nu32:19 | אחסנתן לוותן מן עבר ירדנה מן מדנחה: |
| 058 | | | Dt 3:08 | דאמוריי די בעבר ירדנה מן נחלה דארנונה עד טור |
| 059 | | | Dt 4:41 | <תלת> קרי שזבו בעבר ירדנה מן מדנח שמשה: |
| 060 | | | Dt 4:47 | דאמוריי די בעבר ירדנה מן מדנח שמשה: |
| 061 | | | Dt 4:49 | וכל משרה עבר ירדנה מן מדנחה ועד ימא דמלחה |
| 062 | | | Dt11:30 | הלא אינון יהיבין בעבר ירדנה מן בתר ארח מטמעי שמשה |
| 063 | | | Dt 1:01 | עד אינון יהיבין בעבר ירדנה עני משה ואמר להון הלא |
| 064 | | | Nu32:21 | ויעבר לכון כל דמזיין ית ירדנה קדם ייי עד זמן די ישיצי |
| 065 | | | Dt 4:26 | ארעא די אתון עברין ית ירדנה תמן למירת יתה לא תארכון |
| 066 | | | Dt32:47 | ארעא די אתון עברין ית ירדנה תמן למירת יתה: |
| 067 | | יר' | Dt27:12M | במעברכון ית ירדנה/יר'#2#/ שמעון ולוי ויהודה |
| 068 | | יור' | Dt27:02M | די תעברון ית ירדנה/יור'#2#/ לארעא דייי אלהכון |
| 069 | | דיורדנה | Gn13:10M | וחזא ית כל משריה דיורדנה והא כלה אתר בית משקי |
| 070 | | | Gn13:11M | מישר ירדן'/משריה דיורדנה#2#/ ונטל לוט מן לקדמין |
| 071 | | | Ex15:16M | דיר<ד>נה/מגיזתה דיורדנה עד זמן דיעברון עמה |
| 072 | | | Ex15:16M | "מגזתה דירנה": מגיזתה דיורדנה עד זמן דיעברון עמה |
| 073 | | דירדנה | Ex15:16 | די פרקת ית מגזתה דיר<ד>נה: |
| 074 | | | Nu13:29 | על ימא ועל מגיזתה דירדנה: |
| 075 | | | Dt 1:05 | בעברה דירדנה בארעהון דמואביי שרי משה |
| 076 | | ויורדנה | Dt 3:17M | ומ«י»שרה וירדנה/ויורדנה#2#/ ותחומה מן ימא |
| 077 | | וירדנה | Dt 3:17 | ומ«י»שרה וירדנה ותחומה מן ימא דגניסר ועד |
| 078 | | ליר' | Nu35:01M | דמואב סמיך לירדנה/ליר'#2#/ דיריחו למימר: |
| 079 | | ליורדנה | Nu31:12M | דמואב סמיך לירדנא/ליורדנה#2#/ דיריחו: |
| 080 | | | Nu33:48M | דמואב סמיך לירדנא/ליורדנה#2#/ דיריחו: |
| 081 | | | Nu33:50M | דמואב סמיך לירדנה/<ל>יו<רדנה>#2#/ דיריחו |
| 082 | | | Nu36:13M | דמואב סמיך לירדנה/ליורדנה#2#/ דיריחו: |
| 083 | | | Nu34:12M | {תתות} <תחומה> לירדנה/ליורדנה#2#/ ויהוון מפקנוי ימא |
| 084 | | לירדנא | Nu26:03 | במשריה דמואב סמיך לירדנא דיריחו למימר: |
| 085 | | | Nu26:63M | במישריה דמואב דסמיך לירדנא דיריחו: |
| 086 | | | Nu31:12 | במשריה דמואב סמיך לירדנא דיריחו: |
| 087 | | | Nu33:48 | במישרייה דמואב סמיך לירדנא דיריחו: |

|  |  |  |  |  |  |
|---|---|---|---|---|---|
| 088 | | Nu22:01 | דמואב במעבר | ליר{ח}<דנ>א | ליריחו: |
| 089 | לירדנה | Nu32:32 | ירתות אחסנותן מן עבר | לירדנה: | |
| 090 | | Nu33:50 | במישריה דמואב סמיך | לירדנה | דיריחו למ«י»מ{{י}}ר: |
| 091 | | Nu34:15 | קבלו אחסנתהון מן עבר | לירדנה | דיריחו קדמין מן מדנחה |
| 092 | | Nu35:01 | במישריה דמואב סמיך | לירדנה | דיריחו למימר: |
| 093 | | Nu36:13 | במישריה דמואב סמיך | לירדנה | דיריחו: |
| 094 | | Nu34:12 | ונחת תחומה | לירדנה | ויהוון מפקנוי ימא דמלחה |
| 095 | | Nu35:14 | קוריין תתנון מן עבר | לירדנה | וית תלת קוריאן תתנון |
| 096 | | Nu32:19 | נתאחסן עמהון מן עבר | לירדנה | ולהל ארום קבלנן אחסנתן |

## ירוק *n.* greenery, vegetable [244]

|  |  |  |  |  |  |
|---|---|---|---|---|---|
| 001 | s ab/cn ירוק | Lv13:49M | ויהוי מכתשה | ירק/ירוק#2#/ | או סמוק בלבוש או |
| 002 | | Ex10:15M | כל \טרף באילן ובעשבא | /ירוק | באלנא ובעשבא#2#/ דאפי |
| 003 | | Gn 3:18M | תרבי לך ותיכל ית | עשבא/ירוק | עש#2#/ דבאפי ברא עני |
| 004 | | Gn 1:30M | ביה נפש דחיא ית כל | \ירוק#2#/ | עשבא למזון והוה כן |
| 005 | כירוק | Gn 9:03M | יהווי למיכל | כירק/כירוק#2#/ | עשבי׳ יהבית לכון ית |

*n.* ירק See also:

## ירות *n.* heir [245]

|  |  |  |  |  |  |
|---|---|---|---|---|---|
| 001 | s ab/cn וירות | Gn27:41 | ואנא מתקרי קטול | וירות: | |

## ירותה *n.* inheritance [245]

|  |  |  |  |  |  |
|---|---|---|---|---|---|
| 001 | s em/sf לירותתיה | Dt 3:20 | ירדנה ותחזרון גבר | לירותתיה | די יהבית לכון: |

## ירח *n.* month [245]

|  |  |  |  |  |  |
|---|---|---|---|---|---|
| 001 | s ab/cn ירח | Nu 9:22 | או תרין יומין או | ירח | או יומין סגין כד שוהי עננה |
| 002 | | Gn29:14 | קריב בשרי את ושרי עמיה | ירח | דיומין: |
| 003 | | Nu11:20M | \ירח יומין /דירח | דיומ׳#2#/ירח | דיומין#2#/ עד זמן |
| 004 | | Dt21:13 | ותבכי ית אבוה וית אמה | ירח | דיומין ובתר כדן תיעול |
| 005 | | Nu28:14 | די תהווי מקרבה בכל ריש | ירח | וירח בהתחדתותיה כהדין סדרא |
| 006 | | Dt33:14 | פירי מגדנין בכל | ירח | וירח: |
| 007 | | Nu 3:15 | כל דכורה מן בר | ירח | ולעיל תסכם יתהון: |
| 008 | | Nu 3:28 | במניין כל דכורה מן בר | ירח | ולע«י»ל תמניה אלפין ושית |
| 009 | | Nu 3:34 | במניין כל דכורא מן <בר> | ירח | ולעיל שתה אלפין ותרתין |
| 010 | | Nu 3:39 | כל דכורה מן בר | ירח{ה} | ולעיל עשרין ותרין אלפין: |
| 011 | | Nu 3:40 | דכריה דבני ישראל מן בר | ירח | ולעיל וקבל ית מניין |
| 012 | | Nu 3:43 | דכרי במניין שמהתהון מבר | ירח | ולעיל לסכומיהון עשרין |
| 013 | | Nu26:62 | אלפין כל דכורה מן בר | ירח | ולעיל ארום לא אסתכמו בגו |
| 014 | | Nu 3:22 | במניין כל דכורא מן בר | ירח | ולעל סכומיהון שבעה אלפין |
| 015 | | Lv27:06 | ואן מן | ירח | ועד בר חמש שנין ויהוי |
| 016 | | Nu11:20 | עד | ירח | יומין עד זמן דיפוק |
| 017 | | Nu11:21 | בשר אתן לכון וייכלון | ירח | יומין: |
| 018 | | Nu18:16 | ופ«ו»רקניהון מן בר | ירח | תפרוק בעלויה כסף חמש סלעין |
| 019 | דירח | Nu11:20M | עד \ירח יומין | /דירח | דיומ׳#2#/ירח דיומין#2#/ |
| 020 | וירח | Dt33:14 | פירי מגדנין בכל ירח | וירח: | |
| 021 | | Nu28:14 | מקרבה בכל ריש ירח | וירח | בהתחדתותיה כהדין סדרא |
| 022 | לירח | Lv16:34M | בשתה בעשרתי יומין | לירח | תשרי |
| 023 | s em/sf ירחא | Ex13:04 | אתון נפקין פריקין בזמן | ירחא | דאביבא: |
| 024 | | Ex23:15 | היך מה דפקדת יתכון בזמן | ירחא | דאביבא ארום בה נפקתון |
| 025 | | Dt16:01 | טורו ית | ירחא | דאביבה ותעבדון פסחא קדם |
| 026 | | Ex34:18 | היך מה דפקדת יתכון בזמן | ירחא | {דאברכה} <דאביבה> ארום |
| 027 | | Ex12:02 | | ירחא | הדין ניסן לכון ריש ירחין |
| 028 | | Gn 8:05 | הוון אזלין וחסרין עד | ירחא | עשיריא בעשיריא בחד לירחא |
| 029 | | Ex40:02 | ביום | ירחא | קדמיה בחד לירחא תקים ית |
| 030 | ירחה | Dt16:01 | ייי אלהכון ארום בזמן | ירחה | דאביבא אפיק יתכון ייי |
| 031 | ביירחא | Ex12:18 | | ביירחא | קדמייה בארבעת עשר יומין |
| 032 | ביר׳ | Lv23:05M | יומין | לירחא/ביר׳#2#/ | ביני שמשתה |
| 033 | | Nu10:11M | תניינתה בעשרין | לירחה/ביר׳#2#/ | איסתלק/יסת׳#2#/ \ |
| 034 | בירחא | Ex34:18 | <דאביבה> <ארום | בירחא | דאביבה> נפקתון פריקין מן |
| 035 | | Ex13:05 | ותפלחון ית פלחנא הדין | בירחא | הדין: |
| 036 | | Nu33:38 | מן ארעא דמצרים | בירחא | חמישיה בחד לירחא: |
| 037 | | Gn 8:14M | ארעא /ושובעה יומין | בירחא | יבשה אר׳#2#/: |
| 038 | | Gn 8:04M | על טורי קרדון | /בירחא | על טורי קוורדוס#2#/: |
| 039 | | Gn 8:13 | שית מאה וחדה שנין | בירחא | קדמיא בחד לירחא נגבו מיא |
| 040 | | Ex40:17 | והוה | בירחא | קדמיא בשתא תנייתא בחד |
| 041 | | Nu 9:01 | מן ארעא דמצ«ר»ים | בירחא | קדמיא למימר: |
| 042 | | Nu33:03 | ונטלו מן פילוסין | בירחא | קדמיה בחמש עשר יומין |
| 043 | | Gn 8:04 | ושתדכת תיבותה | בירחא | שביעיא בשבעת עשר יומין |
| 044 | | Lv23:41 | שנה קיים דעלם לדריכון | בירחא | שביעיה תחגון יתיה: |
| 045 | | Lv23:24 | <...> | בירחא | שביעייה בחד יומא לירחא |
| 046 | | Ex19:01 | | בירחא | תליתיא בזמן אפיקתהון דבני |
| 047 | | Gn 8:14 | | בירחא | תניינא בעשרין ושבעה לירחא |
| 048 | בירחה | Nu10:11M | <בעשרין> יומין | בירחה | אי׳ |
| 049 | | Ex34:18M | יתכון \בזמן | ירחא/בירחה#2#/ | {דאברכה} <דאביבה> |
| 050 | | Dt32:02 | ומרווין צמחה דארעא | בירחה | דניסן: |
| 051 | | Nu 9:03M | הדין ביני/בין#2#/ | /בירחה | ניסן ביני#2#/ שמשתה |
| 052 | | Nu20:01 | עם כנישתה מדברה דצין | בירחה | קדמאה ושרון עמה ברקם |
| 053 | | Nu 9:05 | ועבדו ית פיסחא | בירחה | קדמיה בארבעת עשר יומין |
| 054 | | Lv23:05 | | בירחה | קדמייה בארבע«ת» עשר |
| 055 | | Lv16:29 | ותהי לכון לקיים עלם | בירחה | שביעיה בעשרה יומין לירחה |
| 056 | | Lv25:09 | ותעברון שיפור יבבו | בירחה | שבעיה בעשרה יומין לירחה |
| 057 | | Gn 7:11 | שנין לחיוהי דנח | ביר{ת}<ח>ה | תניינא בשבעה עשר יומין |
| 058 | | Nu 9:11 | | בירחה | תנינה בארבעת עשר יומין |
| 059 | דירחא | Nu29:06 | {מן }בר< מן> עלתה | דירחא | ומנחתה ועלתה דתמידה |
| 060 | ובירחא | Nu28:16 | | ובירחא | קדמיה בארבעת עשר יומין |
| 061 | ובירחה | Nu29:01 | | ובירחה | שביעיה בחד לירחא יום טב |
| 062 | ליר׳ | Ex40:17M | תנייניתה בחד יום | ליר׳ | |
| 063 | לירחא | Nu33:38 | בירחא חמישיה בחד | לירחא: | |
| 064 | | Ex40:17 | קדמיא בשתא תנייתא בחד | לירחא | אקים משה ית משכנה: |
| 065 | | Gn 8:05 | עשיריא בעשיריא בחד | לירחא | אתגלון רישי טוריא: |
| 066 | | Gn 8:05M | רישי טוריא /בחד יום | לירחא | אתחמין ראשי טוריא#2#/: |
| 067 | | Lv23:05 | בארבע«ת» עשר יומין | לירחא | ביני שמשתה נכיסת פסחה קדם |
| 068 | | Ex12:18 | עד יום חד ועשרין יום | לירחא | ברמשא: |
| 069 | | Ex12:18 | בארבעת עשר יומין | לירחא | ברמשא ביני שמשתא תאכלון |
| 070 | | Lv16:29M | בעש<ר>תי יומין | לירחא | דתשרי תצומון ותענון ית |
| 071 | | Ex12:03 | ישראל בעשרה יומין | לירחא | הדין ויסבון לכון גבר אימר |
| 072 | | Ex12:06 | עד ארבעת עשר יומין | לירחא | הדין ויכסון יתיה כל קהל |
| 073 | | Nu28:17 | ובחמשת עשר יומין | לירחא | הדן חגה שבעה יומין פטירין |
| 074 | | Gn 7:11 | בשבעה עשר יומין | לירחא | היך זמן יומא הדין אתבזעו |
| 075 | | Gn 8:13M | בחד יום | לירחא | יבשו מיא מן עלוי אר׳ |
| 076 | | Gn 8:14 | תניינא בעשרין ושבעה | לירחא | יבשת ארעא: |
| 077 | | Lv23:24 | שביעייה בחד יומא | לירחא | יהווי לכון שבת שבתה דכרן |
| 078 | | Nu29:01 | ובירחה שביעיה בחד | לירחא | יום טב וארוע קדיש יהווי |
| 079 | | Dt 1:03 | בחד עשר ירחין בחד יום | לירחא | מלל משה עם בני ישראל כל |
| 080 | | Gn 8:13 | שנין בירחא קדמיא בחד | לירחא | נגבו מיא מעלוי ארעא ועבר |
| 081 | | Nu28:16 | בארבעת עשר יומין | לירחא | נכסת פסחא קדם ייי: |

|  |  |  |  |  |  |  |
|---|---|---|---|---|---|---|
| 082 | | | Gn 8:04 | בשבעת עשר יומין | לירחא | על טורי קרדון: |
| 083 | | | Nu33:03 | קדמיה בחמש עשר יומין | לירחא | קדמיה מן בתר יומא פסחא |
| 084 | | | Lv23:34 | למימר בחמשת עשר יומין | לירחא | שביעיה הדין חגה דמטליה |
| 085 | | | Nu29:07 | ובעשרה יומין | לירחא | שביעיה הדין יום טב וארוע |
| 086 | | | Nu29:12 | ובחמשת עשר יומין | לירחא | שביעיה יום טב וארוע קדיש |
| 087 | | | Lv23:27 | לחוד בעשורה יומין | לירחא | שביעייה הדין צומה דכיפוריה |
| 088 | | | Ex16:01 | סיני בחמשת עשר יומין | לירחא | תנינא לאפקותהון מארעא |
| 089 | | | Nu 1:01 | דסיני במשכן זמנא בחד | לירחא | תנינא בשתא תניינא בזמן |
| 090 | | | Nu 1:18 | כנשו בחד ^יום#2# | לירחא | תנינא ואתייחסו על |
| 091 | | | Ex40:02 | ביום ירחא קדמיה בחד | לירחא | תקים ית משכנה משכן זימנא: |
| 092 | לירחה | | Nu10:11 | בשתה תניינתה בעשרין | לירחה | איסתלק מעילוי משכנה |
| 093 | | | Lv25:09 | שבעיה בעשרה יומין | לירחה | ביום צומא דכיפוריה תעברון |
| 094 | | | Nu 9:05 | בארבעת עשר יומין | לירחה | ביני שמשתה במדברה דסיני |
| 095 | | | Nu 9:03 | בארבעת עשר יומין | לירחה | הדין ביני שמשתה תעבדון |
| 096 | | | Lv23:06 | ובחמשת עשר יומין | לירחה | חגא דפטיריה קדם ייי שבעה |
| 097 | | | Lv23:32 | נפשתכון בתשעה יומין | לירחה | מן רמשה ועד רמשה תהון |
| 098 | | | Lv23:39 | להוד בחמישת עשר יומין | לירחה | שביעיה בכנשתכון ית עללתה |
| 099 | | | Lv16:29 | שביעיה בעשרה יומין | לירחה | תצומון ית נפשתכון וכל |
| 100 | ירחי' | p abs | Gn24:55M | דשתא שלמא או עשר/ | ירחי' | יומין#2#/ ומן בתר כדן |
| 101 | ירחין | | Gn 1:14 | בהון עבור שהרין | ירחין: | |
| 102 | | | Ex 2:02 | טב הוא וטמרת יתה תלתא | ירחין: | |
| 103 | | | Ex13:10M | מין אלין יומין לאלין | ירחין | |
| 104 | | | Dt 1:03 | ארבעין שנין בחד עשר | ירחין | בחד יום לירחא מלל משה עם |
| 105 | | | Nu12:12 | דעבד במעיה דאמיה תשעה | ירחין | במיא ובאשתא ולא מתנזק |
| 106 | | | Gn38:24 | והוה היך בתר תלתא | ירחין | ואתני ליהודה למימר זניית |
| 107 | | | Gn 1:14M | \שהרין ירחין/רישי | ירחין | ושנין#2#/: |
| 108 | | | Ex12:02 | ירחא הדין ניסן לכון ריש | ירחין | קדמוי הוא לכון {הוא לכון} |
| 109 | ירחי | p const | Ex12:02 | {הוא לכון} ולכל ראשי | ירחי | שתא: |
| 110 | | | Nu28:14 | מקרבין עמי בכל ראשי | ירחי | שתא: |
| 111 | ירחיכון | p em/sf | Nu10:10 | ובזמני מעדיכון וברישי | ירחיכון | ותתקעון בחצוצרתה על |
| 112 | | | Nu28:11 | ובראשי | ירח«י»כון | תקרבון עלה קדם ייי |

[245]

## to teach *vb.* ירי

|  |  |  |  |  |  |  |
|---|---|---|---|---|---|---|
| 001 | ואורי | afel | Ex 4:15M | פמך ועם מלל פומיה | ואורי | יתכון#2#/ ית מה די |

**See also:** *vb.* אלף

[245]

## curtain *n.* יריעה

|  |  |  |  |  |  |  |
|---|---|---|---|---|---|---|
| 001 | ביריעה | s ab/cn | Ex26:05 | חמשין עונבין תעבד | ביריעה | חדתא וחמשין עונבין תעביד |
| 002 | דיריעא | | Ex26:02M | אמין באמתא | דיריעתה/דיריעא#2#/ | חדתה משחא חדא לכל |
| 003 | יר' | s em/sf | Ex26:12M | \פלגא דריעתא/פלגות | יר'#2#/ | דאשתיירת תשפ«ע» על |
| 004 | יריעתא | | Ex26:09 | לבלחודיהון ותכפל ית | יריעתא | שתיתיאתה לקבל אפי{ה} |
| 005 | יריעתה | | Ex36:11 | כן עבד בסיטרה די | יריעתה | בריתה בבית דבוקה תניינא: |
| 006 | | | Ex36:09 | באמתה ופתיא ארבע אמין | יריעתה | חדא משחת חדא לכל יריעתה: |
| 007 | | | Ex36:15 | ארכה די | יריעתה | חדא תלתין אמין באמתא |
| 008 | | | Ex26:02 | עשרין ותמנין אמין די | יריעתה | חדתא ופתיא ארבע אמין |
| 009 | | | Ex26:13M | \יהווי שפיעה על סטרה | /יריעתה | חתה יהווי משפע על |
| 010 | ביריעתה | | Ex36:12 | חמשין ענבין עבד | ביריעתה | חדא וחמשין ענבין עבד |
| 011 | דיריע' | | Ex36:09M | \אומין באומתה/ | דיריע'#2#/ | חדא/חתה#2#/ משחת חדא |
| 012 | דיריעתא | | Ex26:10 | ענבין תעבד על סטרא | דיריעתא | בבית דבוקה תניינא: |
| 013 | | | Ex26:05 | עונבין תעביד בסיטרא | דיריעתא | דבבית דבוקה תניינא |
| 014 | | | Ex26:13 | במותריי«א» בארכה | דיריעתא | דמשכנא יהוי שפיעה על |
| 015 | | | Ex26:08 | ארכה | דיריעתא | חדתה תלתין אמין באמתא |
| 016 | דיריעתה | | Ex36:17 | ענבין עבד על סטרה | דיריעתה | בבית דבוקה תניינא: |
| 017 | | | Ex26:04 | וכן תעבד בסטרא | דיריעתה | בריתה בבית דבוקה תניינא: |
| 018 | | | Ex36:17 | ענבין חמשין על סטרין | דיריעתה | בריתה בבית דבוקה וחמשין |
| 019 | | | Ex36:12 | ענבין עבד בסיטרה | דיריעתה | די בבית דיבוקה תניינה |
| 020 | | | Ex36:09 | ארכה | דיריעתה | חדא עשרין ותמני אמין |
| 021 | | | Ex36:11 | ענבין דתכלה על סטרא | דיריעתה | חדה בריתה בבית דבוקה כן |
| 022 | | | Ex36:15 | וארבע אמין פותיה | דיריעתה | חדה משחה חדה |
| 023 | | | Ex26:02 | ארכה | דיריעתה | חדתה עשרין ותמנין אמין |
| 024 | | | Ex26:02 | ארבע אמין באמתא | דיריעתה | חדתה משחא חדא לכל |
| 025 | | | Ex26:04 | עונבין דתכלה על סטרא | דיריעתה | חדתה בריתה בבית דבוקה |
| 026 | | | Ex26:10 | חמשין ענבין על סיטרא | דיריעתה | חדתה בריתה |
| 027 | דריעתא | | Ex26:12 | דמשכנא פלגא | דריעתא | דאשתיירת תשפ«ע» על |
| 028 | יריען | p abs | Ex26:01 | וית משכנא תעבד עשר | יריען | בוץ שזיר ותכלה וארגון |
| 029 | | | Ex36:08 | עבידתה ית משכנה עשר | יריען | בוץ שזיר תכלה וארגון |
| 030 | | | Ex36:10 | חדא לקבל חדא וחמש | יריען | דבק חדא לקבל חדא: |
| 031 | | | Ex36:14 | ועבד | יריען | דמעזי חפיי למיפרס על |
| 032 | | | Ex26:07 | ות«ע»בד | יריען | דמעזן לפרס על משכנא |
| 033 | | | Ex36:10 | ודבק ית חמש | יריען | חדא לקבל חדא וחמש יריען |
| 034 | | | Ex26:03 | חמש | יריען | יהויין מדבק חדא לקבל חדא: |
| 035 | | | Ex26:09 | ותדבק ית חמש | יריען | לבלחודיהון וית שית יריען |
| 036 | | | Ex26:09 | לבלחודיהון וית שית | יריען | לבלחודיהון ותכפל ית |
| 037 | | | Ex36:16 | ודבק ית חמש | יריען | לבלחודיהון ^וית שית יריען |
| 038 | | | Ex36:16 | לבלחודיהון ^וית שית | יריען | לבלחודיהון#2#^: |
| 039 | | | Ex36:16M | סיפרי אורייתה וית שית | יריען | לחוד קובל שיתה סידורי |
| 040 | | | Ex36:16M | ולפף ית חמישתי | יריען | לחוד קובל חמישתי סיפרי |
| 041 | | | Ex36:14 | על משכנא חדא עשרין | יריע{ת}<ן> | עבד יתהון: |
| 042 | | | Ex26:07 | לפרס על משכנא חדא עשרה | יריען | תעבד יתהון: |
| 043 | יריע' | p em/sf | Ex26:02M | משחא חדא לכל | יריעתה/יריע'#2#/: | |
| 044 | יריעתא | | Ex26:08 | חדא לחדא עשרתי | יריעתא: | |
| 045 | יריעתה | | Ex26:02 | חדתה משחא חדא לכל | יריעתה: | |
| 046 | | | Ex36:09 | חדא משחת חדא לכל | יריעתה: | |
| 047 | | | Ex36:10M | חדה לוקבל חתה וחמישתי | יריעתה | |
| 048 | | | Ex36:15 | חדה לחדה עש{ת}<ר>תי | יריעתה: | |
| 049 | | | Nu 4:25 | ויטענון ית | יריעתה | דמשכנה וית משכן זמנה |
| 050 | | | Ex36:13 | פורפין דדהב ודבק ית | יריעתה | חדא לקבל חדא בפורפיה והוי |
| 051 | | | Ex26:06 | דדהב ותדב«ק» ית | יריעתה | חדא לקבל חדא בפרפיה ויהוי |
| 052 | | | Ex36:10M | "חמש ... יריען": חמשתי | יריעתה | חדה לוקבל חתה וחמישתי |
| 053 | | | Ex36:16M | \חמש יריען/חמישתי | יריעתה#2#/ | לבלחודיהון ^וית שית |
| 054 | | | Ex36:16M | \שית יריען/אישתתי | יריעתה#2#/ | לבלחודיהון#2#^: |
| 055 | ביריעתא | | Ex26:12 | ושפיע מותריא | בירית«א» | דמשכנא פלגא דריעתא |

[245]

## thigh *n.* ירך

|  |  |  |  |  |  |  |
|---|---|---|---|---|---|---|
| 001 | ירכא | s em/sf | Gn32:33 | דנשיא די על כף | ירכא | עד זמן יומא הדין ארום קרב |
| 002 | ירכה | | Nu 5:27 | ותת«נ»פח כרסה ותתמסי | ירכה | ותיהוי אתתה לל{י}<ו>ט בגו |
| 003 | ירכי | | Gn24:02 | דליה שוי כען ידך תחות | ירכי: | |
| 004 | ירכיה | | Gn32:32 | והוא הווה מטלע על | ירכיה: | |
| 005 | | | Gn32:26 | בכף ירכיה {י}<ו>קהת כף | ירכיה | דיעקב באתפגשותא עמה: |
| 006 | | | Gn32:33 | יומא הדין ארום קרב בכף | ירכיה | דיעקב בגידא דנשיא: |
| 007 | | | Gn32:26 | הוה יכיל ליה וקרב בכף | ירכיה | {י}<ו>קהת כף ירכיה דיעקב |
| 008 | | | Ex32:27 | שוון גבר חרביה על | ירכיה | עברו וחזרו מן תרע לתרע |
| 009 | ירכיך | | Nu 5:22 | למנפחה מעיך ולמסמיה | ירכיך | ותימר אתתה אמן אמן |
| 010 | | | Nu 5:21 | עמך כד ישוי ייי ית | ירכ«י»ך | מסיא וית מעיך מנפחין: |
| 011 | | | Nu 5:21M | כד יתן מימריה דייי | ירכיך | מסיין וית כרסיך נפיחה |
| 012 | בירכא | | Gn25:27M | נחי<ש> ירכן דהוה נחשא | בירכא | שמאלא בדמות סייפא והוה |
| 013 | ירכיהון | p em/sf | Ex28:42M | חרציהון ועד | ירכתהון/ירכיהון#2#/ | יהוון: |

014 ירכתהון Ex28:42 מן אסר חרציהון ועד ירכתהון יהוון:
See also: נחשירכן *n.*

## ירק *n.* vegetables [245]

001 ירק s ab/cn Lv13:49 ויהוי מכתשה ירק או סמוק בלבוש או במשך או
002 כירק Gn 9:03 דחיין לכון יהוי למיכל כירק עשב׳ יהבית לכון ית כלא:
003 דירקא s em/sf Dt11:10 ברגליכון כגנתה דירקא:
See also: ירוק *n.*

## ירקה *n.* a type of jewel [246]

001 ירקתה s em/sf Ex39:10 טבה סדרה קדמ<י>ה סמקתה ירקתה וברקתה סדרה חדה וכתיב
002 וירקתה Ex28:17 טבא סדרא קדמיה סמקתה וירקתה וברקתה טורא חדתה וכתיב

## ירקן *n.* a blight affecting grain [246]

001 ירקן s ab/cn Lv14:37 בכותלי דבייתה שקען ירקן או סמקן וחיזויהון מכיך מן
002 ובירקונה s em/sf Dt28:22 ובחרבה» ובשדפונה ובירקונה וירדפון יתכון עד זמן די

## ירת *vb.* to inherit [246]

001 ירית peal Gn21:10 הדה וית ברה ארום לא ירית ית ברה דאמתה הדה עם ברי עם
002 יירתון Dt 1:39 אתן יתה ואינון יירתון יתה:
003 יר׳ Gn15:02M "ירית": סבר בגרמי יר׳
004 ירות Gn15:04M מעיך/מעך#2#/ הוא ירת/ירות#2#/ יתך:
005 ירותו Dt 1:08M א׳#2#/ עולו וירתו/{ו}<י>רותו#2#/ ית ארעא דקיים ייי
006 Dt 9:23M וירתו/סוקו {ו}<י>רותו#2#/ ית ארעא די יהבית
007 ירית Gn15:02 איתעבד לי נסין בדרמשק ירית יתי:
008 Gn15:03 לא יהבת בנין והא בר בתי ירית יתי:
009 ירת Dt33:23 דגינ׳סר ודרומא ירת:
010 Gn15:04 מן דיפוק מן מעיך הוא ירת יתך:
011 Gn15:04 ייי על אברם למימר לא ירת יתך דן ארום אלהן מן דיפוק
012 ירתו Dt30:05 ייי אלהכון לארעא די ירתו אבהתכון ותירתון יתה וייטב
013 Dt 2:12 מן לקדמין ובנוי דעשו ירתו יתהון ושיצון יתהון
014 ירתון Dt30:05M אלהכון לארעא די ירתו/<יר>תון#2#/ אבהתכון ותירתון יתה
015 Nu14:24 לארעא די על לתמן ובנוי ירתון יתה:
016 Dt28:42M \ישיצון יתהון מסיקייה /ירתון יתהון מסיקיה#2#/ ישיצי
017 ירתין Dt18:14M האיליין די אתון משצי/ירתין#2#/ יתהון לחדודי עיינין
018 ירתינן Dt 3:12 וית ארעא הדא ירתינן בשעתה ההיא מן לחיית די
019 אירת Gn15:08 כען {אדן}<#2#אדע> ארום אירת יתה:
020 תירתון Lv20:24 ואמרית לכון אתון תירתון ית ארעהון ואנה אתן יתה
021 תרתון Dt 5:33 ותורכון יומין בארעא די תרתון:
022 דירתה Nu36:08 וכל ברתה דירתה אחסנה מן שיבטהון דבני
023 דירתון Nu36:08 ייהוויין לאתה מן בגלל דירתון בני ישראל גבר אחסנות
024 ויירתון Dt10:11 {ייי} <עמא> וייעלון ויירתון ית ארעא די קיימת
025 וירית Gn27:41M אחי ואנא משתכח קטול וירית
026 ויריתו Dt 9:23 דגיעה למימר עולו ויריתו ית ארעא די יהבית לכון
027 וירת Dt 1:21M ארעא סוקו/סק#2#/ וירתו/וירת#2#/ היך מה די מלל ייי
028 Nu27:11 לוותיה מן זרעיתיה וירת יתה ותיהווי לבני ישראל
029 וירתו Dt 1:21 ית ארעא סוקו וירתו היך מה די מלל ייי אלה
030 Nu21:24 ישראל לפתגם דחרב וירתו ית ארעיה מן ארנונה עד
031 Nu21:35 די לא שיירו לה שזבא וירתו ית ארעיא:
032 Dt 1:08 ית דיירי דארעא עולו וירתו ית ארעא דקיים ייי
033 Dt 4:47 וירתו ית ארעיה וית ארע עוג
034 Dt 2:21 יתהון ייי מן קדמיהון וירתו יתהון ושרון באתריהון:

035 וירתון Gn22:17 וכחלא די על גיף ימא וירתון בניך ית קירי
036 Gn24:60 יקומון אלפין וריבוון וירתון בניך ית קרי בעלי דבביהון:
037 Gn24:60M דמלאכ<י>ן צדיקין וירתון זרעיית בניך ית קורוי
038 Dt 2:21M ייי מן קדמיהון וירתו/<ויר>תון#2#/ יתהון ושרון
039 Dt 3:20 ייי לאחיכון כוותכון וירתון לחוד אינון ית ארעא דייי
040 וירתן Gn22:17M ימא \וירתון בניך /וירתן/ זרעיית בנך#2#/ ית קירי
041 ונירת Nu13:30 משה ואמר מסוק ניסוק ונירת יתה ארום מכל ניכל לה:
042 ונירתון Nu13:30M ניסוק \ונירת יתה/ונירתון#2#/ ארום מכל/מיכל#2#/
043 ותירתון Dt11:23 האליין מן קדמיכון ותירתון אומין רברבין ותקיפן
044 Dt 4:01 דתיחון ותיעלון ותירתון ית ארעא דייי אלה אבהתכון
045 Dt 4:22 ית ירדנה ואתון עברין ותירתון ית ארעא טבתה הדה:
046 Dt 6:18 דייטב לכון ותיעלון ותירתון ית ארעא טבתה די קיים ייי
047 Dt11:08 דתתקפון ותיעלון ותירתון ית ארעא די אתון עברין
048 Dt16:20 רדפין מן בגלל דתיחון ותירתון ית ארעא דייי אלהכון יהב
049 Dt17:14 דייי אלהכון יהב לכון ותירתון יתה ותשרון בגווה ותימרון
050 Dt30:05 די ירתו אבהתכון ותירתון יתה וייטב לכון ויסגי
051 Dt 9:03 יכנע יתהון קדמיהון ותירתון יתהון ותסופון יתהון
052 Dt12:29 יתהון מן קדמיכון ותירתון יתהון מן קדמיכון
053 Dt19:01 יהיב לכון ית ארעהון ותירתון יתהון ותשרון בארעהון
054 ותרתון Dt 8:01 דתיחון ותסגון ותיעלון ותרתון ית ארעא די קיים ייי
055 Dt11:31 דייי אלהכון יהב לכון ותרתון יתה ותשרון בגווה:
056 Dt26:01 אלהכון יהב לכון אחסנה ותרתון יתה ותשרון בגווה:
057 Dt31:03 האליין מן קדמיכון ותרת{י}<ו>ן יתהון יהושע הוא דעבר
058 למירות Dt 7:17M כען ניכול {למוריד} <למירות>
059 Dt 9:04M אעיל יתן ממרה למירת/למירות#2#/ ית ארעא הדה
060 Dt 9:05M \עללין למירת /עלין למירות#2#/ ית ארעהון ארום
061 Dt11:31M /יורדנה למיעול למירות#2#/ ית ארעא דייי אלהכון
062 Gn15:07M לך ית ארעא הדא למירת/למירות#2#/ יתה:
063 Lv20:24M יתה לכון למרת/למירות#2#/ יתה {ארע} ארע דעבדה
064 Nu33:53M יהבית ית ארעא למירת/למירות#2#/ יתה:
065 Dt 3:18M ית ארעה הדה למירת/למירות#2#/ יתה מזיינין תעברון
066 Dt 4:05 די אתון עללין לתמן למירות יתה:
067 Dt 4:14M אתון עברין לתמן למירת/למירות#2#/ יתה:
068 Dt 4:26M תמן/לתמן#2#/ למירת/למירות#2#/ יתה לא תארכון
069 Dt 6:01M אתון עברין לתמן למירת/למירות#2#/ יתה:
070 Dt 7:01M /עלין#2#/ לתמן למירת/למירות#2#/ יתה ויטרוד אומין
071 Dt 9:06M ארעא טבתה הדה למירת/למירות#2#/ יתה ארום עם קשין
072 Dt11:08M אתון עברין לתמן למרת/למירות#2#/ יתה:
073 Dt11:10M /עללין#2#/ לתמן למירת/למירות#2#/ יתה לא כארעא
074 Dt11:11M לתמן/תמ#2#/ למירת/למירות#2#/ יתה ארע דטוורין
075 Dt11:29M יתה ותתנון ית ברכתה /למירות יתה אשווי ית בר#2#/ על
076 Dt12:01M אבהתכון לכון למירת/למירות#2#/ יתה כל יומיא די
077 Dt15:04M יהב לכון אחסנה למירת/למירות#2#/ יתה:
078 Dt19:14M אלהכון יהב לכון למירת/למירות#2#/ יתה:
079 Dt21:01M אלהכון יהב לכון למירת/למירות#2#/ יתה קטיל ומטלק באפי
080 Dt23:21M אתון עלין לתמן למירת/<למי>רות#2#/ יתה:
081 Dt25:19M לכון אחסנה למירת/<למי>רות#2#/ יתה תשיצון ית
082 Dt28:21M דאתון עלין לתמן למירת/למירות#2#/ יתה:
083 Dt28:63M אתון עלין לתמן למירת/למירות#2#/ יתה:
084 Dt31:13M לתמן למירת/<למי>רות#2#/ יתה:
085 Dt12:29M /עללין#2#/ לתמן למטרד/למירות#2#/ יתהון מן קדמיכון
086 Lv20:22M לתמן \למשרי בגווה /למירות יתיה#2#/:
087 Gn28:04M בניך מן בתרך למירות יתך ית ארע בית תותבך׳
088 Dt 2:31M וית ארעיה שרון למירת/למירות#2#/ למחסנה ית ארעיה:

|  |  |  |  |  |  |
|---|---|---|---|---|---|
| 089 | למירת | Dt 9:01 | ית ירדנא למיעול | למירת | אומין רברבין ותקיפין |
| 090 | | Dt 2:24 | וית ארעיה שרון | למירת | ותתגרון לקבלהון סדרי קרב: |
| 091 | | Dt 9:04 | בזכוותן אעיל יתן ממרה | למירת | ית ארעא הדה ובחוביהון |
| 092 | | Dt 9:05 | לבביכון אתון עללין | למירת | ית ארעהון ארום בחוביהון |
| 093 | | Dt11:31 | עברין ית ירדנה למיעל | למירת | ית ארעא דייי אלהכון יהב |
| 094 | | Gn15:07 | למיתן לך ית ארעא הדא | למירת | יתה: |
| 095 | | Nu33:53 | לכון יהבית ית ארעא | למירת | יתה: |
| 096 | | Dt 3:18 | יהב לכון ית ארעא הדה | למירת | יתה מזיינין תעברון קדם |
| 097 | | Dt 4:05M | /עלין#2#/ לתמן | למירות/<למי>רת#2#/ | יתה: |
| 098 | | Dt 4:14 | די אתון עברין לתמן | למירת | יתה: |
| 099 | | Dt 4:26 | עברין ית ירדנה תמן | למירת | יתה לא תארכון יומין עלה |
| 100 | | Dt 5:31 | בארעא די אנה יהב לכון | למירת | יתה: |
| 101 | | Dt 6:01 | די אתון עברין לתמן | למירת | יתה: |
| 102 | | Dt 7:01 | די אתון עללין לתמן | למירת | יתה ויטרוד אומין סגין |
| 103 | | Dt 9:06 | לכון ית ארעא טבתה הדה | למירת | יתה ארום עם קשין קדל |
| 104 | | Dt11:10 | אתון עלי{ך}<ן> לתמן | למירת | יתה לא כארעא דמצרים היא |
| 105 | | Dt11:11 | די אתון עברין לתמן | למירת | יתה ארע דטוורין ודבקען מן |
| 106 | | Dt11:29 | די אתון עלין לתמן | למירת | יתה ותתנון ית ברכתה על |
| 107 | | Dt12:01 | ייי אלה אבהתכון לכון | למירת | יתה כל יומיא די אתון חיין |
| 108 | | Dt15:04 | אלהכון יהב לכון אחסנה | למירת | יתה: |
| 109 | | Dt19:14 | דייי אלהכון יהב לכון | למירת | יתה: |
| 110 | | Dt21:01 | דייי אלהכון יהב לכון | למירת | יתה קטיל ומטלק באפי ברה |
| 111 | | Dt23:21 | די אתון עלין לתמן | למירת | יתה: |
| 112 | | Dt25:19 | יהיב לכון אחסנה | למירת | יתה תשיצון ית דוכרנייה |
| 113 | | Dt28:21 | ארעא דאתון עלין לתמן | למירת | יתה: |
| 114 | | Dt28:63 | די אתון עלין לתמן | למירת | יתה: |
| 115 | | Dt30:16 | די אתון עללין לתמן | למירת | יתה: |
| 116 | | Dt30:18 | ית ירדנה למיעול לתמן | למירת | יתה: |
| 117 | | Dt31:13 | עברין ית ירדנה לתמן | למירת | יתה: |
| 118 | | Dt32:47 | עברין ית ירדנה תמן | למירת | יתה: |
| 119 | | Dt 2:31 | סיחון וית ארעיה שרון | למירת | למחסנה ית ארעיה: |
| 120 | למירתך | Gn28:04 | דאברהם לך ולבנך עמך | למירתך | ית ארעא תותבותך דיהב ייי |
| 121 | למרות | Dt 9:01M | /<למי>על#2#/ | למירת/למרות#2#/ | אומין רברבין |
| 122 | | Dt 5:31M | די אנה יהב לכון | למירת/למרות#2#/ | יתה: |
| 123 | למרת | Lv20:24 | ואנה אתן יתה לכון | למרת | יתה {ארע} ארע דעבדה פירין |
| 124 | | Dt11:08 | די אתון עברין לתמן | למרת | יתה: |
| 125 | | Dt19:02 | דייי אלהכון יהב לכון | למרת | יתה: |

## ירתו *n.* inheritance [246]

|  |  |  |  |  |  |
|---|---|---|---|---|---|
| 001 | ירתו s ab/cn | Dt 2:09 | דלוט יהבית ית לחיית | ירתו: | |
| 002 | | Dt 2:19 | לבנוי דלוט יהבית יתה | ירתו: | |
| 003 | | Dt 2:09 | לא אתן לכון מן ארעהון | ירתו | ארום לבנוי דלוט יהבית ית |
| 004 | | Dt 2:19 | ארעהון דבני עמוניי לכון | ירתו | ארום לבנוי דלוט יהבית יתה |
| 005 | | Lv25:46M | ואחסנה/ מן בתריכון | ירתו | ואח#2#/ לעלם בהון תפלחון |
| 006 | | Ex 6:08 | ואתן יתיה לכון {ולתן} | <ירתו> | ואחסנה אנה ייי: |
| 007 | | Nu27:07 | מלילו מתן תתן להון | ירתו | ואחסנה בגו אחי אבוהון |
| 008 | | Nu32:32M | ועמן \ירתות אחסנותן | ירתו/ | ואחסנה#2#/ מן עבר לירדנה |
| 009 | | Dt33:04 | פקד יתן משה יהב יתה | ירתו | ואחסנה לקהל שבטייה דבית |
| 010 | | Nu24:18 | ות«י»הוי א{ר}<ד>ום | ירתו | ויהווי טורא דגבלה ירתו |
| 011 | | Dt 2:05 | עד מדרס כפה דרגלה ארום | ירתו | לעשו יהבית ית טורא |
| 012 | | Nu24:18 | ירתו ויהווי טורא דגבלה | ירתו | לבעלי דבבוי וישראל יצלחון |
| 013 | ירתות | Nu32:32 | ייי בארעא דכנען ועמן | ירתות | אחסנותן מן עבר לירדנה: |
| 014 | | Nu35:02 | ויתנון לליוויי מן | ירתות | אחסנתהון קוריין למישרי |
| 015 | לירתו | Lv25:46 | יתהון לבניכון בתריכון | לירתו | ואחסנה לעלם בהון תפלחון |
| 016 | ירתותהון s em/sf | Dt 2:12M | ישראל לארע | תותבותהון/ירתותהון#2#/ | די יהב ייי להון: |

## ישמיל *n.* ⇐ שמאל

## ישראליי *adj.* Israelite [246]

|  |  |  |  |  |  |
|---|---|---|---|---|---|
| 001 | ישראלייה s em/sf | Lv24:10 | דאתתה ישראליתה וגברה | ישראלייה: | |
| 002 | ישראלייתה | Lv24:10M | ברה דאתתה | ישראליתה/<ישרא>לייתה#2#/ | וגברה ישראלייה |
| 003 | ישראליתה | Lv24:11 | ופרש ברה דאתתה | ישראליתה | בגדפין ^ית שמה קדישה#2#^ |
| 004 | | Lv24:10 | במשריתה ברה דאתתה | ישראליתה | וגברה ישראלייה: |
| 005 | | Lv24:10 | ונפק ברה דאתתה | ישראליתה | והוא ברה דגבר מצריי בגו |

## ישט *vb.* to extend [246]

|  |  |  |  |  |  |
|---|---|---|---|---|---|
| 001 | תושיט afel | Ex22:07M | שלח ידי' במקמתא /דלא | תושיט | בעבידת#2#/ דחבריה: |

## ישירו *n.* uprightness [246]

|  |  |  |  |  |  |
|---|---|---|---|---|---|
| 001 | ובישירות s ab/cn | Dt 9:05M | לא בזכוותכון | ובקשיטות/ובישירות#2#/ | לבביכון |

## ישרו *n.* right conduct [246]

|  |  |  |  |  |  |
|---|---|---|---|---|---|
| 001 | וישרותך s em/sf | Gn35:09 | עלמין ענוותונתיך | וישרותך | וצדיקותך ותוקפך והדרך |

## ית *prep.* accusative particle [246]

|  |  |  |  |  |  |
|---|---|---|---|---|---|
| 001 | ית | Gn20:17 | אברהם קדם ייי ואסי ייי | ית | אבימלך וית אתתי«ה» |
| 002 | | Gn21:25 | ואוכח אברהם | ית | אבימלך על עיסק בירא דמיא |
| 003 | | Gn23:05 | ועניין בנו«י» דחתאה | ית | אברה' למימר ליה: |
| 004 | | Gn11:26 | תרח שבעין שנין ואולד | ית | אברהם ית נחור' וית הרן: |
| 005 | | Gn19:29 | ואדכר ייי ברחמוי טביא | ית | אברהם ושלח ית לוט מן גוא |
| 006 | | Gn22:01 | פתגמיא האלין וייי נסי | ית | אברהם בנסיונה עשיריה ואמר |
| 007 | | Gn23:14 | וענה עפרון | ית | אברהם למימר ליה: |
| 008 | | Gn24:01 | ביומיא וממריה דייי ברך | ית | אברהם בכל«א»: |
| 009 | | Gn49:31 | תמן קברו | ית | אברהם וית שרה אתתיה תמן |
| 010 | | Gn11:27 | דתרח תרח אולד | ית | אברם ית נחור וית הרן |
| 011 | | Gn11:31 | ונסב תרח | ית | אברם בריה וית לוט בר ברה |
| 012 | | Gn14:23 | ותימר אנא עתרית | ית | אברם: |
| 013 | | Ex31:06 | ואנה הא שויית עמיה | ית | אהליאב ברה דאחיסמך מן |
| 014 | | Ex 6:21 | | ית | אהרן וית משה ושני חייי |
| 015 | | Ex28:01 | ואת הקרב לוותך | ית | אהרן אחוך וית בנוי עמיה |
| 016 | | Ex28:41 | ותלבש יתהון | ית | אהרן אחוך וית בנוי עמיה |
| 017 | | Ex29:05 | ותיסב ית לבושיא ותלבש | ית | אהרן ית כתנתה וית מעילה |
| 018 | | Ex40:12 | ותקרב | ית | אהרן וית בנוי לתרע משכן |
| 019 | | Lv 6:02 | פקד | ית | אהרן וית בנוי למימר דא |
| 020 | | Lv 8:02 | סב | ית | אהרן וית בנוי עמה וית |
| 021 | | Lv 8:06 | ואקרב משה | ית | אהרן וית בנוי וקדש יתהון |
| 022 | | Lv 8:30 | ועל לבושי בנוי עמה וקדש | ית | אהרן וית לבושוי וית בנוי |
| 023 | | Nu20:25 | סב | ית | אהרן וית אלעזר ברה ואסק |
| 024 | | Nu20:28 | ואשלח <משה | ית> | אהרן ית לבושוי ואלבש |
| 025 | | Nu20:29 | ארום סאף אהרן ובכון | ית | אהרן תלתין יומין כל בית |
| 026 | | Nu26:59 | במצרים וילדת לעמרם | ית | אהרן וית משה וית מרים |
| 027 | | Nu31:08 | דמדייניי קטלו על קטליהון | ית | אוי וית רקם וית צור וית |
| 028 | | Gn36:04 | וילידת עדה לעשו | ית | אליפז {אליפז} ובשמת ילדת |
| 029 | | Ex 6:23 | ונסב אהרן | ית | אלישבע בת עמינדב אחתיה |
| 030 | | Gn10:26 | ויקטן אולד | ית | אלמודד וית שלף וית |

|  |  | | | |
|---|---|---|---|---|
| 031 | Nu20:26M | לבושוי ותלבש יתהון | ∧ית#2#/ | אלעזר ברה/בנוי#2#/ |
| 032 | Nu20:28 | ית לבושוי ואלבש יתהון | ית | אלעזר בריה ומית אהרן תמן |
| 033 | Nu26:60 | ית נדב וית אביהוא | ית | אלעזר וית איתמר: |
| 034 | Nu32:28 | ופקד יתהון «משה» | ית | אלעזר וית יהושע בר נון |
| 035 | Gn 5:06 | שת מאה וחמש שנין ואוליד | ית | אנוש: |
| 036 | Gn 5:07 | וחיה שת מן בתר דאולד | ית | אנוש תמני מאה ושבע שנין |
| 037 | Gn41:45 | גליו ליה ואסב ליה | ית | אסנת ברת פוטיפרע רבה |
| 038 | Gn48:13 | ודבר יוסף ית תריהון | ית | אפרים בימיניה מן שמאלה |
| 039 | Gn11:10 | בר מאה שנין הוה ואולד | ית | ארפכש' תרתין שנין בתר |
| 040 | Gn11:11 | וחיה שם מן בתר דאולד | ית | ארפכשד חמש מאה שנין ובהן |
| 041 | Gn29:29 | ויהב לבן לרחל ברתה | ית | בלהה אמהתא לה לאמהה: |
| 042 | Gn30:04 | ואסבת ליה | ית | בלהה אמהתה לאתה ועל לוותיה |
| 043 | Gn35:22 | ההיא ואזל ראובן וישכב | ית | בלהה ושמע ישראל והוון |
| 044 | Gn50:16 | ופקידו שבטי' | ית | בלהה למרביתה דיוסף למימר |
| 045 | Nu22:41 | והוה בצפרא ודבר בלק | ית | בלעם ואסק יתיה לבמתה |
| 046 | Nu23:28 | ודבר בלק | ית | בלעם ריש טעוותה פעור |
| 047 | Dt23:05 | מצרים ודי אגרו עליכון | ית | בלעם בר בעור חלמיא דמן |
| 048 | Gn42:36 | בסופיה ואתון בעין למיסב | ית | בנימין ואנון סכימין עלוי |
| 049 | Gn43:16 | <וחמא> יוסף עמהון | ית | בנימן ואמר למן דהוה ממני |
| 050 | Gn43:29 | ונטל עיינוי וחמא | ית | בנימן אחוי ברה דאמה ואמר |
| 051 | Gn49:18M | "לא ...": כד חמא | ית | גדעון בר יואש וית שמשון |
| 052 | Nu26:29 | דמכיר' ומכיר אולד | ית | גלעד לגלעד זרעייתה דבנוי |
| 053 | Gn34:27M | קרתא די סאבו/סאיבו | ית | דינא#2#/ אחתהון: |
| 054 | Gn34:05 | ויעקב שמע ארום סאב | ית | דינה ברתה ובנוי הוון עם |
| 055 | Gn34:13 | חכמתהון ומללו די סאב | ית | דינה אחתהון: |
| 056 | Gn34:26 | קטלו לפ<ת>גם דחרב ונסבו | ית | דינה מבייתה דשכם {דשכם} |
| 057 | Gn34:31M | די \סאבו לדינה /טניפו | ית | דינה#2#/ ברתיה דיעקב כלא |
| 058 | Gn44:18 | מן בגלל דסאיבו בגווה | ית | דינה אחתן דלית היא ממנין |
| 059 | Gn 4:02 | ואוספת למלד ית אחוי | ית | הבל והוה הבל רעי ען וקין |
| 060 | Gn 4:04 | וקבל ייי ברעווא | ית | הבל וית קרבניה: |
| 061 | Gn16:03 | ונסבת שרי אתת' דאברם | ית | הגר מצריתה אמתה לסוף שנין |
| 062 | Gn29:24 | ויהב לבן לה | ית | זלפה אמתיה ללאה ברתיה |
| 063 | Gn30:09 | קמת לה מן למילד ונסבת | ית | זלפה אמהתה ויהבת יתה |
| 064 | Gn25:02 | וילידת ליה | ית | זמרן וית יקשן וית מדן |
| 065 | Gn 4:01 | והאדם חכם | ית | חוה אתתה ועברת וילידת ית |
| 066 | Ex32:05 | וחמא אהרן | ית | חור נביא קדמוי ודחל ובנה |
| 067 | Ex32:05M | נביא קדמוי /וחזא אהרן | ית | חור נכיס קדמוי#2#/ ודחל |
| 068 | Gn 5:32 | שנין ואולד נח ית שם | ית | חם ית יפת: |
| 069 | Gn 6:10 | נח תלתא בנין ית שם | ית | חם וית יפת: |
| 070 | Gn 4:17 | ית אתתיה ועברת וילדת | ית | חנוך והוה בני קריה וקרא |
| 071 | Gn 5:18 | ושתין ותרתין שנין ואוליד | ית | חנוך: |
| 072 | Gn 5:19 | וחיה ירד מן בתר דאולד | ית | חנוך תמני מאה שנין ובהן |
| 073 | Gn22:24 | ראומה וילידת אף היא | ית | טבח וית גחם וית {גחם} |
| 074 | Gn 4:20 | וילידת עדה | ית | יבל הוא אבוהון דדרי משכנא |
| 075 | Gn26:34 | בר ארבעין שנין ונסב אתה | ית | יהודית ברת בארה חיתייה |
| 076 | Nu27:18 | ואמר ייי למשה סב לך | ית | יהושע בר נון גבר דרוח קדש |
| 077 | Nu27:22 | די פקד ייי יתיה ודבר | ית | יהושע ואקים יתיה קדם |
| 078 | Dt 3:28 | ופקד | ית | יהושע ותוקף יתיה וזריז |
| 079 | Dt31:14 | בשלם מן גו עלמא קרא | ית | יהושע ואתעתדו במשכן זמנא |
| 080 | Dt31:23 | ופקד | ית | יהושע בר נון ואמר אתוקף |
| 081 | Ex 2:01M | ונסב \ית ברתא דלוי | /ית | יוכבד חביבתא ליה |
| 082 | Ex 6:20 | ונסב עמרם | ית | יוכבד ברת אחוי דאבוי לה |
| 083 | Gn30:25 | והוה כד ילדת רחל | ית | יוסף ואמר יעקב ללבן שלח |
| 084 | Gn37:03 | וישראל הוה רחים | ית | יוסף מן כל בנוי ארום בר |
| 085 | Gn37:28 | ית יוסף מן גובא וזבנא | ית | יוסף לסרקעין בעשרין סלעין |
| 086 | Gn37:28 | סלעין דכסף ואובילו | ית | יוסף מצרימה: |
| 087 | Gn37:28 | תגרין ודלון ואפקון | ית | יוסף מן גובא וזבנא ית |
| 088 | Gn39:02 | והוה ייי | ית | יוסף והוה גבר מצלח בעבדא |
| 089 | Gn40:04 | ומני רב אספקלטוריה | ית | יוסף עליהון ושמש יתהון |
| 090 | Gn40:23 | לא אדכר {רב} רב מזוגיה | ית | יוסף ואנשי יתיה עד זמן |
| 091 | Gn41:14 | ושלח פרעה וקרא | ית | יוסף וארהטו יתיה מן |
| 092 | Gn48:15 | וברך | ית | יוסף ואמר ייי די הלכו |
| 093 | Ex 1:08 | די לא ^הוה#2#^ חכם | ית | יוסף ולא הלך בנימוסוי: |
| 094 | Gn27:15M | בגו בייתה ואלבשת | ליעקב/ית | יע#2#/ ברה זעירא: |
| 095 | Gn36:05 | ואהליבמ' ילדת | ית | יעוש וית יעלם וית קרח |
| 096 | Gn36:14 | אתתיה דעשו וילדת לעשו | ית | יעוש וית יעלם וית קרח: |
| 097 | Gn25:27M | ליה בפימיה ורבקה רחימת | ית | יעקב מן בגלל |
| 098 | Gn25:28 | הוה אכיל ורבקה רחמת | ית | יעקב: |
| 099 | Gn27:41M | דמיתת אבא ובכן אנא קטל | ית | יעקב אחי ואנא משתכח קטול |
| 100 | Gn27:41 | ושטם {ית} עשו | ית | יעקב על ברכתא די ברך יתה |
| 101 | Gn27:41 | יומי אבלא דאבא ואקטול | ית | יעקב אח{ו}י ואנא מתקרי |
| 102 | Gn28:05 | ושלח יצחק | ית | יעקב ואזל לפדן ארם לוות |
| 103 | Gn28:06 | עשו ארום ברך יצחק | ית | יעקב ושלח יתיה פדן ארם |
| 104 | Gn31:25 | וערע לבן | ית | יעקב ויעקב פרס ית משכניה |
| 105 | Gn46:05 | וטענו בני ישראל | ית | יעקב אבוהון וית טפליהון |
| 106 | Gn47:07 | ואייתי יוסף | ית | יעקב אבוי ואקים יתיה קדם |
| 107 | Gn 5:32 | ואולד נח ית שם ית חם | ית | יפת: |
| 108 | Gn18:01 | אברהם די שרה ילדה לה | ית | יצחק ומלאכה תניינה אשתלח |
| 109 | Gn21:04 | וגזר אברהם | ית | יצחק בריה בר תמניה יומין |
| 110 | Gn21:05 | שנין הוה בזמנה דאתילד לה | ית | יצחק בריה: |
| 111 | Gn21:08 | שרו רבא ביומא דאתחסל | ית | יצחק ברה דהגר מצר«י»תא |
| 112 | Gn22:02 | ית ברך ית יחידך די רחמת | ית | יצחק ואזל לך לארע טור |
| 113 | Gn22:09 | וסדר ית קיסייא ועקד | ית | יצחק ברה ושוי יתיה |
| 114 | Gn22:10 | ונסב ית סכינא למיכוס | ית | יצחק בריה ענה יצחק ואמר |
| 115 | Gn22:14 | קדמיא דאמרת לי למקרבא | ית | יצחק ברי למעבד יתה עפר |
| 116 | Gn22:14 | מקדשא דייי דקרב אברהם | ית | יצחק ברה ובטורא הדין |
| 117 | Gn24:64 | ונטלת רבקה ית עיינה וחמת | ית | יצחק ואתרכנת מעלוי גמלא: |
| 118 | Gn25:11 | דמית אברהם וברך ייי | ית | יצחק ברה ויתב יצחק בבארה |
| 119 | Gn25:19 | בריה דאברהם אברהם אולד | ית | יצחק: |
| 120 | Gn49:31 | וית שרה אתתיה תמן קברו | ית | יצחק וית רבקה אתתי«ה» |
| 121 | Gn 5:15 | שתין וחמ' שנין ואולד | ית | ירד: |
| 122 | Gn 5:16 | וחיה מהללאל מן בתר דאולד | ית | ירד תמני מאה ותלתין שנין |
| 123 | Gn16:16 | הווה בזמנה די ילידת הגר | ית | ישמע^א#2#^ל לאברם: |
| 124 | Gn17:23 | ונסב אברהם | ית | ישמעאל ברה וית כל תרבבת |
| 125 | Ex 5:02 | די אשמע בקליה למשלחיה | ית | ישראל לית פרעה ידע מן הוא |
| 126 | Ex14:05 | היא דא דעבדנן ארום שלחנן | ית | ישראל מן למפלח קדמנן: |
| 127 | Ex14:30 | ממריה דייי ביומא ההוא | ית | ישראל מן ידיהון דמצריי |
| 128 | Ex15:22 | ואטל משה | ית | ישראל מימא סוף ונפקו |
| 129 | Ex18:01 | עמיה ארום אפק ייי | ית | ישראל פריקין מן מצרים: |
| 130 | Nu20:21 | וסרבו אדומיי מן למשבק | ית | ישראל עברין בתחומה וסטון |
| 131 | Nu21:01 | הוון ענני איקרה מפקין | ית | ישראל וארום אסתלקת מרים |
| 132 | Nu21:23 | ולא שבק סיחן | ית | ישראל עברין בתחומה וכנש |
| 133 | Nu23:03 | בלב יחידי שפי למילוט | ית | ישראל: |
| 134 | Nu23:20 | למברכה אדברית מברך אנה | ית | ישראל וברכה לית אנה מנע |
| 135 | Nu24:01 | הוה מן קדם ייי למברכה | ית | ישראל ולא אזל היך מה דהוה |
| 136 | Nu24:02 | ונטל בלעם ית עיינוי וחמה | ית | ישראל שר{ו}<י>ן לטכסיהון |
| 137 | Dt 1:38 | אתוקף ארום הוא יחסן יתה | ית | ישראל: |
| 138 | Dt26:15 | מן שמיא וברך ית עמך | ית | ישראל וית ארעא די יהבת לן |

| | | | | |
|---|---|---|---|---|
| 139 | Gn14:17 | מן בתר די חזר מן דקטל | ית | כדר לעמ׳ וית מלכייא דהון |
| 140 | Gn14:09 | | ית | כדר לעמר מלכ׳ דעילם |
| 141 | Gn29:23 | והוה ברמשא ונסב | ית | לאה ברתה ואייתי יתה לוותה |
| 142 | Gn49:31 | אתתי«ה» ותמן קברית | ית | לאה: |
| 143 | Gn29:05 | «ואמר להון חכימין אתון | ית | לבן בר נחור ואמרין חכימין |
| 144 | Gn29:05M | ית /הא אתון חכימין | ית#2/ | לבן בר נחור ואמרין |
| 145 | Gn11:27 | וית הרן והרן אולד | ית | לוט: |
| 146 | Gn14:12 | ונסבו | ית | לוט וית ממונה בר אחוי |
| 147 | Gn14:16 | וחזר ית כל ממונה ואף | ית | לוט בר אחוי וממונה חזר ואף |
| 148 | Gn14:16M | סגולה ולחוד | ית | לוט בריה דאחוי וסגולה חזר |
| 149 | Gn18:02M | מניהון הוה אזל למישובא | ית | לוט מן גוא הפוכתא |
| 150 | Gn19:10 | גובריא ית ידיהון ואעילו | ית | לוט לוותהון לביתה וית תרעא |
| 151 | Gn19:29 | טביא ית אברהם ושלח | ית | לוט מן גוא הפכתא כדי הפך |
| 152 | Gn 4:18 | ית מתושאל ומתושאל אולד | ית | למך: |
| 153 | Gn 5:25 | מא׳ ותמנין שנין ואולד | ית | למך: |
| 154 | Gn 5:26 | וחיה מתושלח מן בתר דאולד | ית | למך שבע מא׳ ותמנין ותרתין |
| 155 | Gn 5:12 | קינן שבעין שנין ואולד | ית | מהללאל: |
| 156 | Gn 5:13 | וחיה קינן מן בתר דאולד | ית | מהללאל תמני מאה וארבעין |
| 157 | Gn 4:18 | ית עירד ועירד אוליד | ית | מחויאל ומחויאל אולד ית |
| 158 | Gn28:09 | עשו לוות ישמעל ונסב | ית | מחל«ת» ברת ישמעאל בריה |
| 159 | Gn46:20 | ברת פוטיפרע רבה דאון | ית | מנשה וית אפרים: |
| 160 | Gn48:01 | ודבר ית תרין בנוהי עמיה | ית | מנשה וית אפרים: |
| 161 | Ex 2:15 | ית פתגמא הדין ובעה למקטל | ית | משה וערק משה מן קדם פרעה |
| 162 | Ex 5:20 | וארעו | ית | משה וית אהרן קיימין |
| 163 | Ex10:08 | וחזר | ית | משה וית אהרן לוות פרעה |
| 164 | Ex12:28 | ישראל היך מה דפקד ייי | ית | משה ואהרן כן עבדו: |
| 165 | Ex12:50 | ישראל היך מה דפקד ייי | ית | משה וית אהרן כן עבדו: |
| 166 | Ex16:34 | היך מה דפקד ייי | ית | משה ואצנע יתיה אהרן קדם |
| 167 | Ex34:30 | וחמא אהרן וכל בני ישראל | ית | משה והא נהר זיו איקרהון |
| 168 | Ex38:22 | עבד ית כל די פקד ייי | ית | משה: |
| 169 | Ex39:01 | לאהרן היך מה דפקד ייי | ית | משה: |
| 170 | Ex39:05 | שזיר היך מה די פקד ייי | ית | משה: |
| 171 | Ex39:07 | ישראל היך מה די פקד ייי | ית | משה: |
| 172 | Ex39:21 | אפודה היך מה דפקד ייי | ית | משה: |
| 173 | Ex39:26 | למשמשה היך מה דפקד ייי | ית | משה: |
| 174 | Ex39:29 | צייר היך מה די פקד ייי | ית | משה: |
| 175 | Ex39:31 | היך מה די פקד ייי | ית | משה: |
| 176 | Ex39:32 | ישראל כל מה די פקד ייי | ית | משה כדין עבדו: |
| 177 | Ex39:42 | ככל מה די פקד ייי | ית | משה כן עבדו בני ישראל ית |
| 178 | Ex39:43 | יתה היך מה די פקד ייי | ית | משה כדן עבדו וברך יתהון |
| 179 | Ex40:19 | מן לעל היך מה די פקד ייי | ית | משה: |
| 180 | Ex40:21 | דסהדותה היך מה דפקיד ייי | ית | משה: |
| 181 | Ex40:23 | ייי היך מה די פקד ייי | ית | משה: |
| 182 | Ex40:25 | קדם ייי היך מה דפקד ייי | ית | משה: |
| 183 | Ex40:27 | טבין היך מה די פקד ייי | ית | משה: |
| 184 | Ex40:29 | עלתה היך מה די פקד ייי | ית | משה: |
| 185 | Ex40:32 | היך מה די פקד ייי | ית | משה: |
| 186 | Lv 7:38 | די פקד ייי | ית | משה בטורא דסיני ביומא די |
| 187 | Lv 8:09 | היך מה די פקד ייי | ית | משה: |
| 188 | Lv 8:13 | כובעין היך מה דפקד ייי | ית | משה: |
| 189 | Lv 8:17 | משריתה היך מה דפקד ייי | ית | משה: |
| 190 | Lv 8:21 | קרבן הוא היך מה פקד ייי | ית | משה: |
| 191 | Lv 8:29 | לחולק היך מה די פקד ייי | ית | משה: |
| 192 | Lv 9:10 | מדבחה היך מה דפקד ייי | ית | משה: |
| 193 | Lv 9:21 | ייי היך מה דפקד ^ייי | ית#2^ | משה: |
| 194 | Lv16:34 | ועבד היך מה די פקד ייי | ית | משה: |
| 195 | Lv24:23 | עבדו היך מה די פקד ייי | ית | משה: |
| 196 | Lv27:34 | אלין פקודיה די פקד ייי | ית | משה על בני ישראל בטורא |
| 197 | Nu 1:19 | היך מה דיפקד ייי | ית | משה וסכם יתהון במדברא |
| 198 | Nu 1:54 | ישראל ככל מה די פקד ייי | ית | משה כדן עבדו: |
| 199 | Nu 2:33 | ישראל היך מה די פקד ייי | ית | משה: |
| 200 | Nu 2:34 | ישראל כל מה די פקד ייי | ית | משה כדן שרון לטכסיהון וכן |
| 201 | Nu 3:51 | דייי היך מה די פקד ייי | ית | משה: |
| 202 | Nu 8:04 | היא כחזוה די חזה ייי | ית | משה כדן עבד בצלאל ית |
| 203 | Nu 8:20 | ללווי כל מה די פקד ייי | ית | משה על ליווי כדן עבדו להון |
| 204 | Nu 8:22 | בנוי היך מה די פקד ייי | ית | משה על ליוויי כדן עבדו |
| 205 | Nu 9:05 | דסיני כל מה די פקד ייי | ית | משה כדן עבדו בני ישראל: |
| 206 | Nu15:36 | ומית היך מה די פקד ייי | ית | משה: |
| 207 | Nu26:04 | ולעיל היך מה די פקד ייי | ית | משה ובני ישראל דנפקו |
| 208 | Nu27:11 | דדין היך מה די פקד ייי | ית | משה: |
| 209 | Nu30:01 | ישראל כל מה די פקד ייי | ית | משה: |
| 210 | Nu30:17 | אלין קיימיה די פקד ייי | ית | משה בין גבר לאתתיה בין אב |
| 211 | Nu31:07 | מדיין היך מה די פקד ייי | ית | משה וקטלו כל דכורא: |
| 212 | Nu31:21 | גזירת אוריתה די פקד ייי | ית | משה: |
| 213 | Nu31:31 | כהנא היך מה די פקד ייי | ית | משה: |
| 214 | Nu31:41 | כהנא היך מה די פקד ייי | ית | משה: |
| 215 | Nu31:47 | דייי היך מה די פקיד ייי | ית | משה: |
| 216 | Nu34:29 | אלין די פקד ייי | ית | משה למאחסנה ית בני ישראל |
| 217 | Nu36:10 | היך מה דפקיד ייי | ית | משה כדן עבדו בנתה דצלפחד: |
| 218 | Dt28:69 | מילין דקיימה די פקד ייי | ית | משה למקיימה עם בני ישראל |
| 219 | Dt34:08 | ובכון בני ישראל | ית | משה במישרה דמואב תלתין |
| 220 | Dt34:09 | די פקד מימריה דייי | ית | משה: |
| 221 | Gn 4:18 | ית מחויאל ומחויאל אולד | ית | מתושאל ומתושאל אולד ית |
| 222 | Gn 5:22 | מן קדם ייי מן בתר דאולד | ית | מתושל׳ תלת מאה שנין ובהן |
| 223 | Gn 5:21 | שתין וחמש שנין ואוליד | ית | מתושלח: |
| 224 | Ex 6:23 | ליה לאתה וילדת ליה | ית | נדב וית אביהוא וית אלעזר |
| 225 | Nu26:60 | ואתיליד לאהרן | ית | נדב וית אביהוא ית אלעזר |
| 226 | Gn 5:30 | וחיה למך מן בתר דאול׳ | ית | נח חמש מאה ותשעין וחמש |
| 227 | Gn 7:09 | וזוגה היך מה די פקד ייי | ית | נח: |
| 228 | Gn 8:01 | ואדכר ייי ברחמוי טביא | ית | נח וית בנוהי וית כל חייתה |
| 229 | Gn 9:01 | וברך ייי | ית | נח וית בנוי ואמר להון |
| 230 | Gn11:26 | שנין ואולד ית אברהם | ית | נחו׳ וית הרן: |
| 231 | Gn11:22 | שרוג תלתין שנין ואולד | ית | נחור: |
| 232 | Gn11:23 | וחיה שרוג מן בתר דאולד | ית | נחור תרתין מאוון שנין ובהן |
| 233 | Gn11:27 | דתרח תרח אולד ית אברם | ית | נחור וית הרן והרן אולד |
| 234 | Gn10:08 | וכוש אולד | ית | נמרוד הוא שרי למהוי גיבר |
| 235 | Dt 2:24 | חמון דהא מסרית בידיכון | ית | סיחון מלכא דחשבון אמורייה |
| 236 | Dt 2:31 | חמי דהא שריית לממסר קדמך | ית | סיחון וית ארעיה שרון למירת |
| 237 | Gn10:24 | אולד ית שלח ושלח אולד | ית | עבר: |
| 238 | Gn11:14 | חיה תלתין שנין ואולד | ית | עבר: |
| 239 | Gn11:15 | וחיה שלח מן בתר דאולד | ית | עבר ארבע מאה ותלת שנין |
| 240 | Gn36:02 | נשוי מן בנתהון דכנענאי | ית | עדה ברת אלון חיתייא וית |
| 241 | Dt 1:04 | בתר די קטל | ית | עוג מלכיהון דאמוריי דהווה |
| 242 | Dt 3:03 | ומסר ייי אלהן בידן לחוד | ית | עוג מלכא דבותנין וית כל |
| 243 | Gn22:21 | | ית | עוץ בוכרה וית בוז אחוי |
| 244 | Gn 4:18 | ואתיליד לחנוך | ית | עירד ועירד אוליד ית |
| 245 | Gn36:12 | ברה דעשו וילידת לאליפז | ית | עמלק אלין בנוי דעדה אתתיה |
| 246 | Ex17:13 | ושיציא יהושע | ית | עמלק וית עמיה לפתגם דחרב: |

247 Nu26:58 דבנוי דקרחי וקהת אולד ית עמרם:
248 Gn25:28 ורחם יצחק ית עשו ארום מן צידיה הוה אכיל
249 Gn27:01 עיינו«י» מן למחמי וקרא ית עשו בריה רבא ואמר ליה ברי
250 Gn27:41 ושטם {ית} עשו ית יעקב על ברכתא די
251 Ex 6:25 ליה לאתה וילידת ליה ית פינחס אליין רישי{ה} אבהת
252 Gn11:16 תלתין וארבע שנין ואולד ית פלג:
253 Gn11:17 וחיה עבר מן בתר דאולד ית פלג ארבע מאה ותלתין שנין
254 Gn10:15 וכנען אול' ית צידון בכורא וית חת:
255 Ex 2:21 למשרי לוות גברא ואסב ליה ית צפורה ברתיה למשה:
256 Ex18:02 ונסב יתרו חמוי דמשה ית צפורה אתתא דמשה מן בתר
257 Gn 4:01 חוה אתתה ועברת וילידת ית קין ואמרת הא יתיהב לי בר
258 Gn 5:09 אנוש תשעי' שנין ואולד ית קינן:
259 Gn 5:10 וחיה אנו' מן בתר דאולד ית קינן תמני מאה וחמש עשר'
260 Gn22:23 ובתואל אוליד ית רבקה תמניא אלין ילד«ת»
261 Gn24:59 ושלחו ית רבקה אחתהון וית מיינקתה
262 Gn24:60 ובריכו ית רבקה ואמרין לה ברם עד כדון
263 Gn24:61 בתר גברא ונסב עבדא ית רבקה ואזל:
264 Gn24:67 למשכנה דשרה אמה ונסב ית רבקה והות לה לאתה ורחם יתה
265 Gn25:20 שנין כד {נסבת} נסב ית רבקה ברת בתואל ארמאה מן
266 Gn29:10 והוה כד חמה יעקב ית רחל ברת לבן אחוי דאמה וית
267 Gn29:18 ורחם יעקב ית רחל ואמר אפלח קדמך שבע
268 Gn29:28 יומי משתותא דא ואסיב לה ית רחל ברתה לה לאתה:
269 Gn29:30 ועל אף לוות רחל ורחם אף ית רחל מלאה ופלח עמיה עוד
270 Gn29:30M לוות רחל /ואזדמן לחוד ית רחל#2#/ ורחם אף/לחוד#2#/
271 Gn30:22 ואדכר ייי ברחמוי טביא ית רחל ושמע ייי ית קל צלותה
272 Gn11:18 פלג תלתין שנין ואולד ית רעו:
273 Gn36:04 {אליפז} ובשמת ילדת ית רעואל:
274 Gn25:03 ויקשן אול' ית שבא וית דדן ובנוי דדן
275 Gn34:13 ועינון בנוי דיעקב ית שכם וית חמור אבוי בסגי
276 Gn10:24 וארפכשד אולד ית שלח ושלח אולד ית עבר:
277 Gn11:12 תלתין וחמש שנין ואולד ית שלח:
278 Gn11:13 וחיה אפרכשד מן בתר דאולד ית שלח ארבע מאה ותלתין שני'
279 Gn 5:32 חמש מאה שנין ואולד נח ית שם ית חם ית יפת:
280 Gn 6:10 ואולד נח תלתא בנין ית שם ית חם וית יפת:
281 Gn42:24 עמהון ונסב מן לוותהון ית שמעון וחבש יתיה קדמיהון:
282 Gn43:23 אתקבלת ואפק לוותהון ית שמעון:
283 Gn18:02M מניהון הוה אזל למבשרא ית שרה דילדה בר דכר וחד
284 Gn20:02 אבימלך מלכא דגרר ודבר ית שרה:
285 Gn20:02M ודבר ית /דערר ונסב ית#2#/ שרה:
286 Gn20:14 ויהב לאברהם וחזי לה ית שרה אתתיה:
287 Gn21:01 וייי אדכר ברחמוי טיביא ית שרה היך מה דאמ' ועבד ייי
288 Gn23:19 קבר אברהם ית שרה אתתיה במערתי חקל כפילא
289 Gn11:20 תלתין ותרתין שנין ואולד ית שרוג:
290 Gn11:21 וחי' רעו מן בתר דאולד ית שרוג תרתין מאוון ושבע שנין
291 Gn12:05 ונסב אברם ית שרי אתתיה וית לוט בר אחוי
292 Gn 5:04 חיוי אדם מן בתר דאולד ^ית#2# שת תמני מאה שנין ובהן
293 Gn27:41 בחיובי דאבוי וחזר ואוליד ית שת וקרא ית שמיה על שמיה הא
294 Gn 4:22 וצלה אף היא ילדת ית תובל קין אומן בכל אומנות
295 Gn11:24 עשרין ותשע שנין ואול' ית תרח:
296 Gn11:25 וחיה נחור מן בתר דאולד ית תרח מאה ותשע עשרה שנין
297 Gn13:10M יחבל ממריה דייי ית
298 Dt 3:14 וקרא יתהון על שמה ית בותנ«י»ין כופרנוי דיאיר
299 Dt 4:43 ית בצר במדברה בארע מישרה
300 Nu32:40 ויהב משה ית גלעד למכיר בר מנשה ושרה
301 Dt 3:15 ולמכיר יהבית ית גלעדה:
302 Nu32:34 ובנון בנוי דגד ית דיבון וית עטרות וית
303 Nu32:37 ובנוי דראובן בנון ית חשבון וית אלעלה וית
304 Ex 1:11 ובנון קרין תלילן לפרעה ית טנס וית פילוסין:
305 Nu21:32 ושלח משה למיללה ית יעזר וכבשו כפרניה ושיצון
306 Dt 2:09 ארום לבנוי דלוט יהבית ית לחיית ירתו:
307 Dt 2:18 הדין ית תחומיהון דמואביי ית לחיית:
308 Ex12:27 ישראל במצרים בקטלותה ית מצרים וית בתינן שזיב ועקדו
309 Gn10:11 ההיא נפק אתוריא ובנה ית נינוה וית פלטיותא דקרתא
310 Gn13:10 קדם עד לא שיציא ייי ית סדום וית עמרה כגינת' דייי
311 Gn18:02M מניהון הוה אזל למהפך ית סדום וחד מניהון הוה אזל
312 Gn32:32 ודנחת ליה שמשא כד עבר ית פניאל והוא הווה מטלע על
313 Nu32:42 ונבח אזל וכבש ית קנת וית כופרניה וקרא לה
314 Lv17:10M רוגזי בנפש' די תאוכל ית א'
315 Lv26:14M ואן לא תשמעון לאולפן/ית א'#2#/ אורייתי ולא
316 Nu32:07M לארעא /מן למעברה ית א'#2#/ די יהב להון ייי:
317 Gn45:13 מה דחמיתון ותחוון ותחתון ית אבא להכא:
318 Gn50:05 וכדון אסוק כען ואקבור ית אבא ואחזור:
319 Lv 5:23 די אתפקד לוותי' או ית אבדתה די אשכח:
320 Gn44:34 דלא אחמי בבישתא די יארע ית אבה:
321 Dt 4:37 וחלף ארום רחם ית אבהתכון ויתרעי בבניהון
322 Gn50:02 ית עבדוי ית אסיא למחנט ית אבו' וחנטו אסיא את ישראל:
323 Lv21:09 גבר כהן ארום טעוה ומפסה ית אבוה היא מטער' בנורא תתוקד:
324 Dt21:13 ותיתב בגו בייתיך ותבכי ית אבוה וית אמה ירח דיומין
325 Gn19:33 ואשקיין ית אבוהון חמר בליליא הוא ועלת
326 Gn19:35 ואשקיין אף בליליא ההוא ית אבוהון חמר וקמת זעיראתא
327 Ex40:15 ותרבי יתהון היך מה דרביתה ית אבוהון וישמשון קדמיי
328 Gn44:22 ית אבוי אן שבק טליא ית אבוי מית הוא:
329 Gn44:22 לא יכל טליא למשבק{ת}<ה> ית אבוי אן שבק טליא ית אבוי
330 Gn47:11 ואשרי יוסף ית אבוי וית אחוי <....>:
331 Gn50:01 ונשק ליה וארבע יוסף ית אבוי בערס דשנדפין מחפיא דהב
332 Gn50:07 וסליק יוסף למקבר ית אבוי וסלקו עמיה כל שליטוי
333 Gn50:14 וכל מן דסלק עמיה למקבר ית אבוי בתר דקבר ית אבוי:
334 Gn50:14 למקבר ית אבוי בתר דקבר ית אבוי:
335 Lv20:09M "יזלזל ... ביה": יבזי ית אבוי וית אימה מתקטלה יתקטל
336 Dt 5:16 ישראל יוקר כל אנש מנכון ית אבוי וית אמיה היך מה דפקד
337 Gn47:06 היא בבית שפר ארעא אשרי ית אבוך וית אחך ישרון בארעא
338 Gn50:06 ואמר פרעה סק וקבור ית אבוך היך מה דאשבע יתך:
339 Gn45:18 ותסבון ית אבוכון וית אנשי בתיכון
340 Gn45:19 לטפליכון ולנשיכון וטענון ית אבוכון ותיתון:
341 Gn19:32 אתוי ונשקי ית אבונן חמר ונשמש עמה ונקים
342 Gn50:11 וחמון דיירי ארעא דכנען ית אבלה באדר אטדה ואמרין אבל
343 Gn35:09M ועוד אלפת יתן למיברכה ית אבליה מן אבונן יעקב צדיקא
344 Gn35:09 ועוד אלפתא יתן למנחמה ית אבליה מן אבונן יעקב צדיקא
345 Gn28:10 כיון דארים אבונן יעקב ית אבנא מעלוי פומא דבארה ספת
346 Gn28:18 ואקדם יעקב בצפרא ונסב ית אבנא די שוי אסדי ראשה ושוי
347 Gn29:03 ומשקין ית ענא ומחזירין ית אבנא על פמה בבארה לאתרה:
348 Gn29:03 תמן כל עדריא ומגלין ית אבנא מעלוי פמא דבארה
349 Gn29:08 דיתכנשון כל עדריא ויגלון ית אבנא מעלוי פמה דבארה ונשקי
350 Gn29:10 דאמה וקרב יעקב וגלי ית אבנא מעלוי פימא דבארה ואשקי
351 Lv14:45 ויפגר ית ביתה ית אבנא וית קיסוי וית כל עפרא
352 Ex35:27 ורברבני אייתון ית אבני טבתה וית אבניה
353 Ex39:06 ועבדו ית אבניה טבת{ן}<ה> מקפן מאחדן
354 Lv14:40 ויפקד כהנא וישמטון ית אבניה די בהן מכתשה ויטלקון

|  |  |  |  |  |
|---|---|---|---|---|
| 355 | Lv14:43 | בביתה מן בתר די שמט | ית | אבניה ובתר דקליף ית ביתיה |
| 356 | Lv14:40M | "וישמטון ... מסאב": ויטלקון | ית | אבנייה דבהון מכתשה למברה |
| 357 | Dt27:04 | ית ירדנה ותקימון | ית | אבנייה האליין די אנא מפקד |
| 358 | Gn31:07M | שקר בי ופרג אבוכון | ית | אגרי דנה עשרה#2#/ זמנין |
| 359 | Gn31:07 | ואבוכון שקר בי ושלחף | ית | אגרי עשרה זמנין ולא יהב ייי |
| 360 | Gn31:41 | ושית שנין בענך ושלחפת | ית | אגרי עשרה זמנין: |
| 361 | Ex 2:09 | ואוניקי יתה לי ואנה אתן | ית | אגריך ונסבת אתתא ית טליא |
| 362 | Lv 2:02 | על כל לבונתה ויסד׳ כהנא | ית | אדכרתה על גבי מדבחה קרבן |
| 363 | Lv 2:09 | וירים כהנא ית מנחתה | ית | אדכרתה ויסדר על גבי מדבחה |
| 364 | Lv 2:16 | ויסדר כהנא | ית | אדכרתה מן גרשה ומן טובה על |
| 365 | Lv 5:12 | כהנא מניה מלא קומציה | ית | אדכרתה ויסדר על גבי מדבחא |
| 366 | Nu 5:26 | ויקמוץ כהנה מן מנחתה | ית | אדכרתה ויסדר על גבי מדבחה |
| 367 | Gn 2:07 | וברא ייי אלהים | ית | אדם עפר מן אדמתא ונפח |
| 368 | Gn 2:08 | בעדן מן לקדמין ושוי תמן | ית | אדם קדמיא די ברא: |
| 369 | Gn 2:15M | דעדן למהוי /ממריה דייי | ית | אדם ואצנע יתיה בגינתה |
| 370 | Gn 2:15 | ונסיב ייי אלהים | ית | אדם ואשרי יתיה בגנתא דעדן |
| 371 | Gn 3:24 | וטרד | ית | אדם ואשרי יקר שכינתיה {מן} |
| 372 | Gn 5:01 | דאדם ביומא די ברא ייי | ית | אדם בדמו מן קדם ייי ברא |
| 373 | Gn 6:06 | תהו מן קדם ייי ארום ברא | ית | אדם בארעא {ואריק}<ואדיין> |
| 374 | Gn 6:07 | ואמר ייי אשיצה | ית | אדם די ברית מעלוי אפי דארעא |
| 375 | Gn 9:05 | ולחוד | ית | אדם נפשתכון אתבע מלות כל |
| 376 | Gn 9:06 | ארום בדמו מן קדם ייי ברא | ית | אדם: |
| 377 | Lv 7:14 | לשמה דייי לכהנא דזרק | ית | אדם נכסת קדשיה דידיה יהווי: |
| 378 | Lv10:18 | הא לא אתעל | ית | אדמ׳ לבית קדשה מלגו |
| 379 | Lv17:10M | אפי רוגזי בנפשה דאכלה | ית | אדמ׳ |
| 380 | Dt15:23 | לחוד | ית | אדמא לא תיכלון על ארעא |
| 381 | Dt21:07 | ויאמרון ידינן לא שפכן | ית | אדמא הדין ועינינן לא חמון |
| 382 | Gn 4:11 | ית פומי־ה#2#^ למקבלה | ית | אדמה דאחוך מן ידיך: |
| 383 | Ex12:23 | ית מצריי ויחמ{ו}<י> | ית | אדמה על שקופא ועל תרתין |
| 384 | Ex24:08 | ונסב משה | ית | אדמה וזרק על עמא ואמר הא |
| 385 | Ex29:20 | רגליהון דימינא ותזרק | ית | אדמה על גבי מדבחה |
| 386 | Lv 1:11 | ויזרקון בנוי דאהרן כהנא | ית | אדמה על גבי מדבחה |
| 387 | Lv 8:15 | ונכס ונסב משה | ית | אדמה ויהב על קרנתיה |
| 388 | Lv 8:19 | ונכס וזרק משה | ית | אדמה על גבי מדבח׳ |
| 389 | Lv 8:24 | רגליהו׳ דימינה וזרק משה | ית | אדמה על גבי מדבחא |
| 390 | Lv 9:09 | וקרבו בנוי דאהרן | ית | אדמה לוותה וצבע אצבעיה |
| 391 | Lv 9:12 | בנוי דאהרן לוותיה | ית | אדמה וזרק יתיה על גבי מדבחה |
| 392 | Lv 9:18 | עמה וזמינו בנוי דאהרן | ית | אדמה לוותה וזרק יתיה על גבי |
| 393 | Lv16:15M | ויעבד לאדמה/ית | דמא#2#/ית | אדמה#2#/ היך מה |
| 394 | Lv16:15 | דחטאתה דמן עמא וייתי | ית | אדמה לגו מן פרכתה ויעבד |
| 395 | Lv17:06 | ויזרק כהנא | ית | אדמה על מדבחה דייי בתרע |
| 396 | Lv17:10 | ביניהון די יאכל <....> | ית | אדמה ואישיצא יתה מן גו עמה: |
| 397 | Nu18:17 | לא תפרקון קדש אינון | ית | אדמהון תזרוק על גבי מדבחה |
| 398 | Gn37:26 | נקטול ית אחונן ונכסי | ית | אדמיה: |
| 399 | Ex12:13 | די אנון שריין תמן ואחמי | ית | אדמיה ואפסח ואגן במימרי |
| 400 | Ex29:16 | ותכוס ית דיכרא ותסב | ית | אדמיה ותזרק יתיה על גבי |
| 401 | Lv 3:02 | בנוהי דאהרן כהניא | ית | אדמיה על גבי מדבחה |
| 402 | Lv17:13 | או עוף די יתאכל וישפוך | ית | אדמיה ויכסי יתיה בעפרא: |
| 403 | Ex21:06 | למזוזיית׳ וירצע רבוניה | ית | אדניה במרצעא ויהוי ליה עבד |
| 404 | Nu 6:19 | ויסב כהנא | ית | אדרעה בשילתה מן דיכרא וחלה |
| 405 | Ex21:06M | ויברז רבוני׳ | ית | אוזנ<יה> ימינ׳ |
| 406 | Dt 6:05 | ותרחמ{י}<ו>ן | ית | אולפן אורייתה דייי בכל |
| 407 | Dt 6:12 | אזדהרו לכון די לא תנשון | ית | אולפן אורייתה דייי דאפיק |
| 408 | Dt 8:11 | אזדהרו לכון די לא תנשון | ית | אולפן אורייתה דייי דלא |
| 409 | Dt 8:14 | ויתקוף לבביכון ותנשון | ית | אולפן אורייתה דייי אלהכון |
| 410 | Dt 8:19 | ויהוי אין מנשיה תנשון | ית | אולפן אורייתה דייי אלהכון |
| 411 | Dt10:12 | ארחן דתקנן קדמוי ולמרחום | ית | אולפן אורייתא ולמפלח קדם |
| 412 | Dt11:01 | ותרחמון | ית | אולפן אורייתה דייי אלהכון |
| 413 | Dt11:02 | די לא חכימו ודלא חמון | ית | אולפן אורייתה דייי אלהכון |
| 414 | Dt11:13 | יתכון יומא הדין למירחם | ית | אולפן אוריתה דייי אלהכון |
| 415 | Dt11:22 | יתכון למעבד יתה למרחם | ית | אולפן אורייתה דייי אלהכון |
| 416 | Dt13:04 | יתכון למדע הא אית רחמין | ית | אולפן אורייתה דייי אלהכון |
| 417 | Dt19:09 | יתכון יומא הדין למרחם | ית | אולפן אורייתה דייי אלהכון |
| 418 | Dt30:06 | וית לבבי זרעיכון למירחם | ית | אולפן אוריתה דייי אלהכון |
| 419 | Dt30:16 | יתכון יומא הדין למרחום | ית | אולפן אורייתה דייי אלהכון |
| 420 | Dt30:20 | למרחום | ית | אולפן אוריתה דייי אלהכון |
| 421 | Dt31:03 | מדברה קדמיכון הוא ישיצי | ית | אומיה האיליין מן קדמיכון |
| 422 | Dt19:01 | ארום ישיצי ייי אלהכון | ית | אומייא דייי אלהכון יהיב |
| 423 | Lv18:28 | יתה היך מה די פלטת | ית | אומייה די מן קדמיכון: |
| 424 | Dt 7:22 | ויטרוד ייי אלהכון | ית | אומייה האיליין מן קדמיכון |
| 425 | Dt12:29 | ארום ישיצי ייי אלהכון | ית | אומייה די אתון עלין לתמן |
| 426 | Gn30:22 | ואמר יפתח ייי לכון | ית | אוצרא טבא מן שמי«יא» |
| 427 | Dt28:12 | יפתח ייי לכון | ית | אוצריה טבה ית שמיא למיתן |
| 428 | Dt30:19 | הדין ית שמיא וית ארעא | ית | אורחה דחיי וית אורחה דמתותה |
| 429 | Gn 6:12 | ארום חבלו כל בישרא | ית | אורחתי׳ על ארעא: |
| 430 | Ex33:13 | וחסד קדמיך אודע יתי כען | ית | אורחתך ואדחל מן קדמ{ו}<י>ך |
| 431 | Dt28:29M | ולא יצלחן/תצליחון | ית#2#/ | אורחתכון ותהוון להוד |
| 432 | Ex28:30 | ותתן לחושנא דדינה | ית | אוריה וית תומי׳ ויהוון על |
| 433 | Lv 8:08 | ית חושנה ויהב לגו חושנה | ית | אוריה וית תמיה: |
| 434 | Dt31:11 | באתרה די יתרעי תקרא | ית | אורייתה הדה לקבל כל ישראל |
| 435 | Dt31:09 | וכתב משה | ית | אורייתה הדה ויהב יתה לכהניה |
| 436 | Ex23:28 | ואשלח | ית | אורעיתא קודמיכון ותטרד ית |
| 437 | Gn 4:02 | ואוספת למלד | ית | אחוי ית הבל והוה הבל רעי |
| 438 | Gn31:25 | משכניה בטורא ולבן אשרי | ית | אחוי בטורא {ולבן אשרי ית |
| 439 | Gn31:25 | ית אחוי בטורא {ולבן אשרי | ית | אחוי בטורא} גלעדה: |
| 440 | Gn42:07 | וחמא יוסף | ית | אחוי וחכם יתהון ואתדבב |
| 441 | Gn42:08 | וחכם יוסף | ית | אחוי ואנון לא חכמו יתיה: |
| 442 | Gn45:24 | ושלח | ית | אחו«י» ואזלו ואמר להון לא |
| 443 | Ex10:23 | לא חמון גבר | ית | אחוי ולא קמו גבר מן אתריה |
| 444 | Ex32:27 | לתרע במשריתא וקטלו גבר | ית | אחוי וגבר ית חבריה וגבר ית |
| 445 | Lv25:14 | לא {תיכון}<תונון> גבר | ית | אחוי: |
| 446 | Nu 8:26 | וישמש | ית | אחוי במשכן זימנה למיטר מטרה |
| 447 | Lv19:17 | לא תשנא | ית | אחוך בלבך מוכחה תוכח ית |
| 448 | Gn42:16 | שלחו מנכון חד וייתי | ית | אחוכון ואתון אתחבשו ויבדקון |
| 449 | Gn42:34 | ואייתון | ית | אחוכון ית זעירא לוותי ואדע |
| 450 | Gn42:34 | ארום לא היימנין אתון | ית | אחוכון אתן לכון וית ארעא |
| 451 | Gn43:07 | ידעין ארום יימר אחיתו | ית | אחוכון: |
| 452 | Gn43:14 | קדם שליטיא וישלח לכון | ית | אחוכון חרנא וית בנימן ואנה |
| 453 | Gn37:26 | אנן מתהניין ארום נקטול | ית | אחונן ונכסי ית אדמיה: |
| 454 | Gn43:04 | אן ברעותך משלחה | ית | אחונן עמן נחות ונזבון לך |
| 455 | Gn37:16 | ואמר | ית | אחי אנא בעי תני לי כען אן |
| 456 | Lv10:04 | ואמר להון קרבו סבו | ית | אחיכון מן לוות אפי קודשה |
| 457 | Nu18:06 | ואנה הא אנה אפרשית | ית | אחיכון לוויי מן גו בני |
| 458 | Nu18:02 | ואוף | ית | אחך שבטה דלוי שבטה דאבוך |
| 459 | Nu27:07 | בגו אחי אבוהון ותעברון | ית | אחסנות אבוהון להון: |
| 460 | Nu36:02 | אתפקד מן קדם ייי למיתן | ית | אחסנת צלפחד אחונן לבנתיה: |
| 461 | Nu27:08 | ובר דכר לית ליה ותעברון | ית | אחסנתיה לברתה: |
| 462 | Nu27:09 | ואין לית ליה ברת ותתנון | ית | אחסנתיה לאחוי: |

463 Nu27:10 ואין לית ליה אחין ותתנון ית אחסנתיה לאחוי דאבוי:
464 Nu27:11 לית אחין לאבוי ותתנון ית אחסנתיה לקריבות בשריה דקריב
465 Gn34:31M זני ונפקת ברא <מחשב> ית אחת'
466 Lv20:17 וגבר די יסב ית אחתה ברת אבוי או ברתה דאמה
467 Gn34:14 למעבד פתגמא הדין למיסב ית אחתן לגבר די ליה <עורלה>
468 Gn31:52 לא אעבור ואייתי לוותך ית איגרא הדין <....> וית
469 Ex37:26 וחפי יתיה דהב דכי ית איגרוי וית כותלוי
470 Ex35:17 ית איליות דרתה ית עמודוי וית
471 Lv21:14 ארמלה ומשבקה וטעווה ומפסה ית אילין לא יסב ארו' אלהן
472 Nu28:23 די לעלתה דתמידה תקרבון ית אילין:
473 Dt14:07 לחוד ית אילין לא תאכלון מן מסקי
474 Dt14:09 ית אילין תאכלון מן כל מה די
475 Dt20:19 למכבוש יתה לא תחבלון ית אילנה למעברה עלוי כל מין
476 Ex34:11M "קדמיך ...": קודמיכון ית אימוראי וכנענאי וחיתאי
477 Nu32:39 וכבשו יתה וישיצון ית אימוריי דהוון שריין בגווה:
478 Ex23:27 ית אימתי אשלח קדמיכון ואערבב
479 Ex24:10 וחמון ית איקר שכינתה דייי ותחות
480 Ex24:11 ישראל לא פשט ידיה וחמון ית איקר שכינתה דייי והוון
481 Dt 6:13 ית איקר שכינתה דייי אלהכון
482 Dt 6:16 לא תנסון ית איקר שכינתה דייי אלהכון
483 Dt12:05 מן כל שבטיכון למישרייה ית איקר שכינתיה תמן
484 Nu24:11 איקר והא מנע ייי יתך מנך ית איקרא:
485 Nu14:22 ארום כל גברייה דחמון ית איקרי וית ניסי פר«י»שתי
486 Ex33:18 ואמר חוי כען לי ית איקרך:
487 Gn46:18 ללא«ה» ברתיה וילדת ית אלין ליעקב שת עשרה נפשן:
488 Gn46:25 לבן לרחל ברתיה וילידת ית אלין ליעקב כל נפשתא שבע
489 Lv11:22 ית אלין מנהון תאכלון ית גובא
490 Nu15:13 כל יציבייה יעבד כדן ית אלין למקרבה קרבן מתקבל לריח
491 Lv 7:03 וית כל תרבה יקרב מנה ית אליתה ^^וית תרבה דחפי ית
492 Gn 2:22 ושכלל ייי אלהים ית אלעא די נסב מן אדם לאתה
493 Ex 2:05 ית תיבתה בגו אפרה ושלחת ית אמהתה ונסבת יתה:
494 Dt22:07 משלחה תשלחון ית אמהתה וית בניה תסבון לכון
495 Ex21:20 ימחי גבר ית עבדיה או ית אמהתיה בשרביטה ומית תחות
496 Gn14:07M דהוון שריין /ולחוד ית אמוראי אלין דשרן#2/#
497 Gn14:07 כל תחומהון דעמלקיא ואף ית אמורי' דהוון שריין
498 Nu21:32 וכבשו כפרניה ושיצון ית אמוריי דהוון שרין תמן:
499 Ex 2:08 אזלי ואזלת רביתיה וקראת ית אמיה דטליא:
500 Lv14:12 ויסב כהנא ית אמרה חדתה ויקרב יתיה לאשמה
501 Lv14:13 ויכוס ית אמרה באתר די יכוס ית חטאתה
502 Lv14:24 ויסב כהנא ית אמרה דאשמה וית לוגה דמשחה
503 Lv14:25 ויכוס ית אמרה ^^דאשמה ויסב כהנא מן
504 Dt22:01 לא תחמי ית תורא דאחוך או ית אמריה סעיין ותכסי עיינך
505 Ex34:11 הדין הא אנה טרד מן קדמיך ית אמריי <ו>כנעניי וחתיי
506 Gn15:14 ולחוד ית אמתא די ישעבדון יתהון
507 Gn21:10 ואמרת לאברה«ם» טרוד ית אמתא הדה וית ברה ארום לא
508 Gn 9:23 ונסב שם ויפת ית אסטליתה ושוון על כתף תריהון
509 Gn50:02 ופקד יוסף ית עבדוי ית אסיא למחנט ית אבו' וחנטו
510 Ex39:02 ועבד ית אפדה דהב תכלה וארגוון וצבע
511 Lv 8:07M מעילה ויהב עלוי /\ית#2/# אפדה וזרז/ומסר#2/# יתיה
512 Ex28:06 ויעבדון ית אפודה דהב תכל«א» וארגון
513 Gn31:21 לה וקם ועבר ית נהרא ושוי ית אפוי לטור גלעדה:
514 Lv 4:06 {מ}דמא שבע זמנין קדם ייי ית אפי פרוכתה דבית קודשה:
515 Lv 4:17 שבעה [זמנין] קדם ייי ית אפי פרוכתה:
516 Lv26:17 ואשוי ית אפי תקוף רוגזי בכון

517 Ex35:05 כל די ידוב יתה לבה ייתי ית אפרשותא דייי דהב וכסף ונחש:
518 Ex35:21 די נדבת רוחה יתיה אייתון ית אפרשותא דייי לעבידת משכן
519 Ex35:24 אפרשו דכסף ודנחש אייתון ית אפרשותה דייי וכל מן די
520 Nu18:28 בני ישראל ותתנון מניה ית אפרשותה דייי לאהרן כהנה:
521 Ex25:02 די ידוב יתיה לביה תקבלון ית אפרשותיה:
522 Ex30:15 יזער מפלגות סלעא למיתן ית אפרשתה דייי לכפרא על
523 Lv 4:06 ויצבע כהנא ית אצבעיה באדמה וידי מן {מ}דמא
524 Lv 4:17 ויצבע כהנא ית אצבעיה מן אדמ' וידי שבעה
525 Lv14:16 ויצבע כהנא ית אצבעיה דימינה מן מש{כ}<ח>ה
526 Nu14:31M <ואעל יתהון> וידעון ית אר'#2/# די מאסתון בה:
527 Ex 8:01 ועל שקיא ועל ביציה ואסק ית ארדעניא על ארעא דמצרים:
528 Ex 8:03 חרשיה בחרשיהון ואסקון ית ארדעניא על ארעא דמצרים:
529 Dt10:08 בנוי שבטה דלוי למסבול ית ארון קיימה דייי למקום קדם
530 Dt31:09 בני שבטה דלוי דסענין ית ארון דקיימייה דייי וית
531 Ex25:14 על סטרוי דארונא למטען ית ארונא בהון:
532 Ex26:33 ותעל תמן לגו מן פרכתא ית ארונה דשהדותא ותפרש פרכתא
533 Ex37:01 ועבד בצלאל ית ארונה אעין דשטין תרתין אמין
534 Ex37:05 על סטרוי דארונה למטען ית ארונה:
535 Ex39:35 ית ארונה דסהדותה וית אריחוי
536 Ex40:03 ותשווי תמן ית ארונה דסהדותה ותטל על ארונה
537 Ex40:21 ואעל ית ארונ«ה» לגו משכנה ושווי
538 Nu 4:05 ית פרכתה דפרסה ויכסון בה ית ארונה דסהדותא:
539 Nu 7:09 בכתפיהון הוון טענין ית ארונה:
540 Ex18:20 אורייתא ותודע להו«ן» ית ארחא די יהלכון בה וית פתגמא
541 Dt 1:22 ארעא ויתיבון יתן פתגמא ית ארחא די נסוק בה וית
542 Nu 4:08 בחפוי משך דססגון וישוון ית אריחוי:
543 Ex25:28 ותעבד ית אריח{ו}<י>ה אעין דשטי«ן»
544 Ex25:14 ותעיל ית אריחי בעזקיא על סטרוי
545 Ex27:07 ותעל ית אריחיה בעזקיא ויהוון אריחיא
546 Ex30:05 ותעבד ית אריחיה אעין דשטין ותחפי
547 Ex37:05 ואעל ית אריחיה בעזקיה על סטרוי
548 Ex37:15 ועבד ית אריחיה אעין דשטין וחפי
549 Ex37:28 ועבד ית אריחי«ה» אעין דשטין וחפי
550 Ex38:06 ועבד ית אריחיה אעין דשטין וחפי
551 Ex38:07 ואעל ית אריחיה בעזקיה על סטרוי
552 Ex40:20 סהדותה לגו ארונה ושווי ית אריחיה על ארונה דסהדותה
553 Ex35:12 ית ארנה וית אריחוי ית כפרתה
554 Gn 6:12 וגלי קדם ייי ית ארע' והא איתחבלת ארום חבלו
555 Nu14:23 אן יחמון ית ארע' די קיימת לאבהתהון וכל
556 Gn28:04M בניך מן בתרך למירות יתך ית ארע בית תותבר'
557 Nu32:01 דגד תקיף לחדה וחמון ית ארע מ<כ>ב{כ}ר וית ארע
558 Gn 1:28 דייי תקופו וסגון ומלון ית ארעא וכבישו יתה ושלוטו
559 Gn 3:23 מן גנתה דעדן למפלח ית ארעא די אתברי מן תמן:
560 Gn 4:12 ארום תהוי {ו}פלח ית ארעא לא תוסף למתן פירי
561 Gn 8:21 לבה לא אוסף למלט תוב ית ארעא בגלל בר נשא ארום יצר
562 Gn 9:01 להון תקופו וסגון ומלון ית ארעא:
563 Gn12:07 אברם ואמר ליה לבניך אתן ית ארעא הדה ובנה תמן מדבח לשם
564 Gn13:15M בניך מן בתרך אתן ית ארעא#2/# עד לעלם:
565 Gn15:07 נורהון דכשדאי למיתן לך ית ארעא הדא למירת יתה:
566 Gn15:18 קיים למימ' לבניך אתן ית ארעא הדא מנילוס דמצרים עד
567 Gn17:08 ואתן לך ולבניך מן בתרך ית ארעא תותבותך ית כל ארעא
568 Gn24:07 קיים עמי למימר לבניך אתן ית ארעא הדא הוא ישלח מלאכא
569 Gn28:04 לך ולבנך עמך למירתך ית ארעא תותבותך דיהב ייי
570 Gn35:09M דייי תקופו וסגון ומלון ית ארעא וכבשו יתה

|  |  |  | |  |
|---|---|---|---|---|
| 571 | Gn35:12 | אתננה ולבניך מן בתרך אתן | ית | ארעא: |
| 572 | Gn41:30 | דמצרים וישיצא כפנא | ית | ארעא: |
| 573 | Gn42:30 | קשיין ושוי יתן כמיללין | ית | ארעא: |
| 574 | Gn47:23 | שיבו לכון זרע ותזרעון | ית | ארעא^^: |
| 575 | Gn48:04 | כנישת אומין צדיקין ואתן | ית | ארעא הדא לבניך מן בתרך |
| 576 | Gn49:19 | ואנון יכבשון קדמיהון | ית | ארעא ובתר כדן יחזרון |
| 577 | Gn49:19M | <והנון> יחסנון יתהון | ית | ארעא דכנען ומן בתר כן |
| 578 | Ex 6:04 | למתן להון ית ארעא דכנען | ית | ארעא תותבותיהון די אתותבו |
| 579 | Ex 6:04 | קימי עמי עמהון למתן להון | ית | ארעא דכנען ית ארעא |
| 580 | Ex 8:02 | וסלקון ארדעניה וחפון | ית | ארעא דמצרים: |
| 581 | Ex10:05 | ולא תיכול למיחמי{ה} | ית | ארעא ויכול ית שייר פליטתה |
| 582 | Ex23:30 | עד זמן די תסגון ותאחסנון | ית | ארעא: |
| 583 | Lv25:38 | ארעא דמצרים למיתן לכון | ית | ארעא דמצרים למיהוי ממרי |
| 584 | Lv26:32 | ואצדי אוף אנה | ית | ארעא ויצדון עליה |
| 585 | Nu12:12 | וכיון דמטה קצה למחסנה | ית | ארעא למה היא מתמנעה מנן צלי |
| 586 | Nu13:02 | שלח לך גברין ויללון | ית | ארעא דכנען די אנה יהב לבני |
| 587 | Nu13:16 | די שלח משה למיללה | ית | ארעא דכנען וקרא משה |
| 588 | Nu13:17 | ושלח יתהון משה למיללה | ית | ארעא דכנען ואמר להון משה |
| 589 | Nu13:18 | ותחמון | ית | ארעא מה היא וית עמא דישריין |
| 590 | Nu13:21 | וסליקו וילילו | ית | ארעא מן מדברה דצין עד |
| 591 | Nu13:25 | וחזרו מן דיללו | ית | ארעא לסוף ארבעין יומין: |
| 592 | Nu14:31 | ואעיל יתהון ויחכמון | ית | ארעא די מאסתון בה: |
| 593 | Nu14:36 | שלח משה למ{ר}«יי»ללה | ית | ארעא וחזרו ורעמו עלוי כל |
| 594 | Nu14:38 | האליין דאזלו למיללה | ית | ארעא: |
| 595 | Nu26:55M | בעד{י}<ו>ין תתפלג ∧ית#2/ | | ארעא בשמ{ת}<ה>ת שבטי |
| 596 | Nu27:12 | לטור עבריה הדין ותחמי | ית | ארעא די יהבית לבני ישראל: |
| 597 | Nu32:05 | חן וחסד באפך יתיהב | ית | ארעא הדה לעבדך ולאחסנה לא |
| 598 | Nu32:08 | מן רקם דגיעה למיחמי | ית | ארעא: |
| 599 | Nu32:09 | וסלקו עד נחל סגולה וחמון | ית | ארעא ותברו ית לבהון דבני |
| 600 | Nu32:11 | מן בר עשרין שנין ולעיל | ית | ארעא די קיימת לאברהם |
| 601 | Nu32:29 | ארעא קדמיכון ותתנון להון | ית | ארעא גלעדה לאחסנה: |
| 602 | Nu33:53 | בגווה ארום לכון יהבית | ית | ארעא למירת יתה: |
| 603 | Nu33:54 | ותאחסנון | ית | ארעא בעדיון לזרעייתכון |
| 604 | Nu34:17 | גברייה די יאחסנון לכון | ית | ארעא אלעזר כהנא ויהושע בר |
| 605 | Nu34:18 | מן כל שבט תסבון לאחסנה | ית | ארעא: |
| 606 | Nu34:29M | די פקד ייי למאחס' | ית | ארעא#2/ דכנען: |
| 607 | Nu35:33 | בה ארום דמא הוא יחייב | ית | ארעא ולארעא לא יכפר באדמה |
| 608 | Nu35:33 | ולא תחייבון | ית | ארעא די אתון שרין בה ארום |
| 609 | Nu35:34 | ולא תסאבון | ית | ארעא די אתון שרין בה דאיקר |
| 610 | Nu36:02 | ית רבוני פקד ייי למיתן | ית | ארעא באחסנה בעדיון לבני |
| 611 | Dt 1:01 | מן מדברה דפראן למיללה | ית | ארעא דכנען ועל עסק מנה די |
| 612 | Dt 1:08 | דיירי דארעא עולו וירתו | ית | ארעא דקיים ייי לאבהתכון |
| 613 | Dt 1:21 | ייי אלהיכון קדמ«י»כון | ית | ארעא סוקו וירתו היך מה די |
| 614 | Dt 1:22 | גברין קדמינן וילילו לנא | ית | ארעא ויתיבון יתן פתגמא ית |
| 615 | Dt 1:35 | בעמא האלין דרה בישה הדין | ית | ארעא טבתה דקיימת למיתן |
| 616 | Dt 1:36 | הוא יחמי יתה וליה אתן | ית | ארעא די דרס בה ולבנוי חלף |
| 617 | Dt 3:08 | ונסבנן בשעתה ההיא | ית | ארעא מן ^יד#2^ תרין |
| 618 | Dt 3:20 | וירתון לחוד אינון | ית | ארעא דייי אלהכון יהב לכון |
| 619 | Dt 3:25 | אעבר כען בבעו ואחמי | ית | ארעא טבתה די בעבר ירדנה |
| 620 | Dt 3:28 | האלין והוא יחסן יתהון | ית | ארעא די תחמי: |
| 621 | Dt 4:01 | דתיחון ותיעלון ותירתון | ית | ארעא דייי אלה אבהתכון יהב |
| 622 | Dt 4:22 | ואתון עברין ותירתון | ית | ארעא טבתה הדה: |
| 623 | Dt 4:26M | הדין קדם שמיא וקדם/ית#2/ | | ארעא ארום מיסתיפא |
| 624 | Dt 6:18 | לכון ותיעלון ותירתון | ית | ארעא טבתה די קיים ייי |
| 625 | Dt 6:23 | למעלה יתן למתן לן | ית | ארעא די קיים לאבהתן: |
| 626 | Dt 8:01 | ותסגון ותיעלון ותרתון | ית | ארעא די קיים ייי לאבהתכון: |
| 627 | Dt 9:04 | אעיל יתן ממרה למירת | ית | ארעא הדה ובחוביהון דאומייה |
| 628 | Dt 9:06 | ייי אלהכון יהב לכון | ית | ארעא טבתה הדה למירת יתה |
| 629 | Dt 9:23 | דגיעה למימר עולו וירתו | ית | ארעא די יהבית לכון וסריבתון |
| 630 | Dt10:11 | <עמא> וייעלון ויירתון | ית | ארעא די קיימת לאבהתהון למתן |
| 631 | Dt11:08 | דתתקפון ותיעלון ותירתון | ית | ארעא די אתון עברין לתמן |
| 632 | Dt11:31 | ית ירדנה למיעל למירת | ית | ארעא דייי אלהכון יהב לכון |
| 633 | Dt16:20 | מן בגלל דתיחון ותירתון | ית | ארעא דייי אלהכון יהב לכון: |
| 634 | Dt24:04 | הוא קדם ייי ולא תחייבון | ית | ארעא דייי אלהכון יהב לכון |
| 635 | Dt26:09 | יתן לארעא הדין ויהב לן | ית | ארעא הדא ארע עבדה פירין |
| 636 | Dt32:49 | די כל קבל יריחו וחמי | ית | ארעא דכנען דאנה יהב לבני |
| 637 | Dt32:52 | ארום מן כל קבלה תחמי | ית | ארעא ותמן לא תיעול לארעא די |
| 638 | Ex23:10 | ושית שנין תזרעון | ית | ארע{א}כון ותכנשון ית עללתה: |
| 639 | Dt 3:18 | ייי אלהכון יהב לכון | ית | ארעה הדה למירת יתה מזיינין |
| 640 | Gn47:22 | {בדין} בגין כדין לא זבנו | ית | ארעהון: |
| 641 | Lv20:24 | ואמרית לכון אתון תירתון | ית | ארעהון ואנה אתן יתה לכון |
| 642 | Nu21:04 | טורא ארח ימה דסוף למקפה | ית | ארעהון דאדומיי ואתעקת |
| 643 | Dt 4:38 | למעלה יתכון למתן לכון | ית | ארעהון לאחסנה ביומא הדין: |
| 644 | Dt 9:05 | לבביכון אתון עללין למירת | ית | ארעהון ארום בחוביהון |
| 645 | Dt19:01 | דייי אלהכון יהיב לכון | ית | ארעהון ותירתון יתהון ותשרון |
| 646 | Dt29:07 | ונסבינן | ית | ארעהון ויהבנן יתה לאחסנה |
| 647 | Nu21:35 | לא שיירו לה שזבא וירתו | ית | ארעיא: |
| 648 | Nu21:24 | ישראל לפתגם דחרב וירתו | ית | ארעיה מן ארנונה עד יבקה |
| 649 | Dt 2:31 | ארעיה שרון למירת למחסנה | ית | ארעיה: |
| 650 | Dt 4:47 | וירתו | ית | ארעיה וית ארע עוג מלכא |
| 651 | Ex34:24 | יתחמ«ד» גבר מלך ושליט | ית | ארעכון במיסק לכון למתחמייה |
| 652 | Ex34:24M | ושליט ית /תחמיד גבר ית#2/ | | ארעכון במיסק לכון |
| 653 | Dt21:23 | ייי כל דצליב ולא תסאבון | ית | ארעכון דייי אלהכון יהיב |
| 654 | Ex14:06 | וטכס | ית | ארתכוי וית עמא עבדי קרבא |
| 655 | Ex14:28 | וחזרו מיין וכסן | ית | אר<ת>כי וית פרשיה לכל |
| 656 | Ex18:11 | ייי במימריה אמר וטמע | ית | ארתכיהון בימא דסוף: |
| 657 | Gn19:13 | ארום מחבלין אנן | ית | א{רת}<תר>א הדין ארום סגת |
| 658 | Lv 7:02 | דתכסון ית עלתא תכסון | ית | אשמה וית אדמיה יזרוק על גבי |
| 659 | Lv19:21 | וייתי | ית | אשמה לשמה דייי לתרע משכן |
| 660 | Nu 5:07 | ית חובתהון דעבדו וחזרו | ית | אשמה בקרנה וח«ו»משה יוסף |
| 661 | Lv 5:06 | וייתי | ית | אשמיה קדם ייי על חובתיה די |
| 662 | Lv 5:07 | כמסת למיתיה אמר וייתי | ית | אשמיה דאתחייב תרין שפנינין |
| 663 | Lv 5:15 | בשלו מן קדשוי דייי וייתי | ית | אשמיה קדם ייי דכר שלם מן |
| 664 | Gn22:06 | בריה ונסב בידי«ה» | ית | אשתא וית סכינא ואזלו תריהון |
| 665 | Dt 4:36 | יתכון ועל ארעא חוי יתכון | ית | אשתיה רבתה וקל דבירוי |
| 666 | Ex21:28 | וארום יגש תורא ית גבר או | ית | אתה וימות מתרגמא יתרגם תורא |
| 667 | Lv20:14 | וגבר די יסב | ית | אתה וית אמה מרחקה היא בנורא |
| 668 | Nu22:21 | וקם בלעם בצפרא ושוי | ית | אתנתה ואזל עם רברבני |
| 669 | Nu22:23 | באפי ברא ומחת בלעם | ית | אתנתה למכוונה יתה באורחא: |
| 670 | Nu22:27 | ורבעת לה תחות בלעם ומחת | ית | אתנתה בחוטרה: |
| 671 | Nu22:32 | מלאכה דייי על מה מחית | ית | אתנתך דנה תלתא זמנין הא אנה |
| 672 | Gn22:04 | אברהם ית עיינוי וחמה | ית | אתרה מן רחיק: |
| 673 | Nu 5:30 | ויקנא ית אתתיה ויקים | ית | אתתא קדם ייי ויעבד לה כהנה |
| 674 | Lv20:16 | בעיר למשמשה עמה ותקטלון | ית | אתתה וית בעירה מתקטלה |
| 675 | Lv20:21 | די יסב | ית | אתתה דאחוי מרחקה היא עריתה |
| 676 | Nu 5:18 | ויקים כהנה | ית | אתתה קדם ייי ויפרע ית רישא |
| 677 | Nu 5:21 | וישבע כהנה | ית | אתתה בשבועתה דלווטה ויאמר |
| 678 | Nu 5:24 | וישקי | ית | אתתה ית מיא מרירה מלווטיה |

|  |  | | | |
|---|---|---|---|---|
| 679 | Nu 5:26 | מדבחה ומן בתר כדן ישקי | ית | אתתה ית מיא: |
| 680 | Dt 5:21 | ולא יתחמד אנש מנכון | ית | אתתה דחבריה ולא יתחמד |
| 681 | Dt17:05 | לגו קורייכון ית גוברא או | ית | אתתה ותרגמון יתהון באבנייא |
| 682 | Dt17:05 | ותפקון ית גוברא ההוא או | ית | אתתה ההיא די עבדו ית פתגמא |
| 683 | Dt22:14 | ויפק עלה שם בישן ויימר | ית | אתתה הדה נסבית וקרבית לוותה |
| 684 | Dt22:24 | וית גברא על עסק די צער | ית | אתתה דחברה ותבערון עבדי |
| 685 | Dt23:01 | לא יסב גבר | ית | אתתה דאבוי ולא יבזי כנף |
| 686 | Gn29:21 | ואמר יעקב ללבן הב לי | ית | אתתי «ארי אשלימו» יומי |
| 687 | Ex21:05 | ימר עבדא רחמית ית רבוני | ית | אתתי וית בני לית אנה נפק |
| 688 | Gn 4:17 | וחכם קין | ית | אתתיה ועברת וילדת ית חנוך |
| 689 | Gn 4:25 | וחכם אדם עוד | ית | אתתיה וילדת בר וקרא' ית |
| 690 | Gn12:14 | מצרימה וחמון מצריה | ית | אתתיה ארום שפירת היא לחדא: |
| 691 | Ex 4:20 | ונסב משה | ית | אתתיה וית בנוי וארכב יתהון |
| 692 | Nu 5:14 | עלוי רוח קנאה ויקנא | ית | אתתיה והיא לא איסתאבת: |
| 693 | Nu 5:14 | רוח דק{ב}<נ>אה ויקנא | ית | אתתיה והיא אסתאבת או יעבור |
| 694 | Nu 5:15 | וי«י»תי גברא | ית | אתתיה לוות כהנה וייתי ית |
| 695 | Nu 5:30 | תעבר עלוי רוח דקנא ויקנא | ית | אתתיה ויקים ית אתתא קדם ייי |
| 696 | Dt24:05 | לבייתיה שתה חדא ויחדי | ית | אתתיה די נסב: |
| 697 | Gn19:15 | בלוס למימר קום דבר | ית | אתתך וית תרתין בנתך דאשכחן |
| 698 | Gn21:30 | לי לסהדו ארום חפירית | ית | בארה הדא: |
| 699 | Gn26:18 | וחזר יצחק וחפר | ית | בארייתא דמיא די חפרו בימוי |
| 700 | Ex24:05M | "ושלח ... וסדרו": ושדר | ית | בוכרי' בני ישראל ארום עד |
| 701 | Ex37:23 | ועבד | ית | בוצינא שבעה ומלקטה ומחתיתה |
| 702 | Ex25:37 | ותעבד | ית | בוציניה שבעה ותסדר ית |
| 703 | Ex25:37 | ית בוציניה שבעה ותסדר | ית | בוציניה למנהרא מן כל קבל |
| 704 | Ex40:04 | ותעל ית מנרתה ותסדר | ית | בוציניה: |
| 705 | Ex30:08 | ובסדרות אהרן | ית | בוציני«ה» ביני שמשתה |
| 706 | Lv24:04 | על מנרתה דכיתה יסדר | ית | בוציניה ^קדם ייי^#2# |
| 707 | Nu 8:02 | אהרן ותימר ליה בסדרותך | ית | בוצינייה לקבל אפ«י»ה |
| 708 | Ex30:07 | בכל צפר וצפר בסדרותה | ית | בוצינייתה יסדר יתיה אהרן: |
| 709 | Dt20:14 | תבזון לכון ותיכלון | ית | ביזת בעלי דבביכון דיהב |
| 710 | Lv14:38 | בייתה לתרע בייתה ויסרוד | ית | בייתה שבעה יומין: |
| 711 | Lv14:48 | דאתטש ית ביתה וידכי כהנא | ית | בייתה ארום איתאסי מכתשה: |
| 712 | Dt25:09 | לגברא די לא צבה למיבני | ית | בייתה דאחוי: |
| 713 | Lv27:15 | ואן מן דמקדש יפרוק | ית | בייתיה ויוסף חומש כסף ויהוי |
| 714 | Gn35:09 | ועוד אלפת יתן למבקרא | ית | בישיא מן אבונן אברהם צדיקא |
| 715 | Ex29:31 | דאשלמותא תסב ות{ת}בשל | ית | בישרא באתר קדיש: |
| 716 | Ex 4:19 | כל גובריא דהוון תבעין | ית | בישתא דנפשך: |
| 717 | Nu19:20 | ההיא מן גו קהלה ארום | ית | בית מקדשא דייי סאב מי אדיה |
| 718 | Lv21:12 | לא יפוק ולא יפס | ית | בית מקדשה דאלהה ארום כליל |
| 719 | Lv15:31 | בסאבתהון דלא יסאבון | ית | בית מקדשי דאיקר שכינתיה |
| 720 | Lv20:03 | נכריה מן בגלל למסאבה | ית | בית מקדשי ולמפס' ית שמי |
| 721 | Lv21:23 | ארום מומא בה ולא יפס | ית | בית מקדשי ארום אנה ייי |
| 722 | Lv26:19 | ואחרב | ית | בית מקדשי דהיא תקוף חיילכון |
| 723 | Lv26:31 | קורייכון חרבה ואצדי | ית | בית מקדשיכון ולא אקבל |
| 724 | Lv16:33 | ויכפר | ית | בית קדש קדשיה וית משכן |
| 725 | Lv14:36 | כדין ייעול כהנא למיחמי | ית | ביתה: |
| 726 | Lv14:42 | ועפר אחרן יסב וישוע | ית | ביתה: |
| 727 | Lv14:45 | ויפגר | ית | ביתה ית אבנא וית קיסוי וית |
| 728 | Lv14:48 | בביתה מן בתר דאתטש | ית | ביתה וידכי כהנא ית בייתה |
| 729 | Lv14:49 | ויסב למדכי<ה> | ית | ביתה תרתין צפרין וקיס דארז |
| 730 | Lv14:52 | וידכי | ית | ביתה באדמה דצפרה ובמיא |
| 731 | Lv27:14 | וגבר ארום יקדש | ית | ביתה קדש לשמה דייי ויעלי |
| 732 | Gn39:05 | כל מה דהוה ליה וברך ייי | ית | ביתיה דמצרי«ה» בזכותיה |
| 733 | Lv14:36 | ויפקד כהנא ויפנון | ית | ביתיה קדם עד לא יעול כהנא |
| 734 | Lv14:43 | שמט ית אבניה ובתר דקליף | ית | ביתיה ומן באתר דאתטש: |
| 735 | Dt21:17 | ארום | ית | בכורא ברה דסניתה יקרב למיתן |
| 736 | Gn25:34 | וקם ואזל ליה ובזי עשו | ית | בכורותיה ועל תחיית מיתייה |
| 737 | Gn25:31 | ואמר יעקב זבן כען | ית | בכורותך לי: |
| 738 | Nu18:15 | יהווי להוד מפרקה תפרק | ית | בכורי בני אנשא וית בכוריה |
| 739 | Gn27:36 | עקב יתי דנה תרין זמנין | ית | בכורת{ו}<י> נסב והא כדון |
| 740 | Gn25:33 | הדין ואשתבע לי' וזבין | ית | בכורתיה ליעקב: |
| 741 | Lv26:30 | ואצדי | ית | במסיכון ואשיצי ית טעוותכון |
| 742 | Gn15:12M | מלכוון קיימן למשעבדא | ית | בנוי אימתא דא היא בבל |
| 743 | Gn18:19 | קדמיי מן בגלל די יפקד | ית | בנוי וית אנשי בייתיה בתרה |
| 744 | Gn31:17 | וקם יעקב וטען | ית | בנוי וית נשוי על גמליה: |
| 745 | Gn48:08 | וחמא ישראל | ית | בנוי דיוסף ואמר מאן אינון |
| 746 | Gn49:33 | ואשלם יעקב למפקדא | ית | בנוי וכנש רגלוי לגו דרגשה |
| 747 | Ex 6:26 | די <אמר> ייי להון אפקו | ית | בנוי דישראל מן ארעא |
| 748 | Lv 8:13 | ואקרב משה | ית | בנוי דאהרן ואלבש יתהון |
| 749 | Lv 8:24 | וקרב | ית | בנוי דאהרן ונסב משה מן |
| 750 | Nu 3:15 | סכום | ית | בנוי דלוי לבית אבהתהון |
| 751 | Nu 4:34 | ואהרן ורברבני עם כנשתה | ית | בנוי דקהתי לזרעייתהון |
| 752 | Dt10:08 | בשעתה ההיא אפריש ייי | ית | בנוי שבטה דלוי למסבול ית |
| 753 | Dt21:16 | ויהווי ביומא די יחסין | ית | בנוי ית מה די יהווי לה לית |
| 754 | Gn33:14M | קדמיי ולסוברה בזכותיה | ית | בני גלותא עד זמן דיסופון |
| 755 | Gn50:25 | ואשבע יוסף | ית | בני ישראל למימר מדכרה ידכר |
| 756 | Ex 1:13 | ושעבידו מצרייא' | ית | בני ישראל בקשיו: |
| 757 | Ex 3:11 | אזל לוות פרעה וארום אסק | ית | בני ישראל פרוקין מן |
| 758 | Ex 4:31 | אדכר ייי ברחמוי טבייה | ית | בני ישראל וארום {ושמעו |
| 759 | Ex 6:11 | פרעה מלכא דמצרים וישלח | ית | בני ישראל מן ארעיה: |
| 760 | Ex 6:13 | פרעה מלכא דמצרים למפקא | ית | בני {ית בני} ישראל מן |
| 761 | Ex 6:13 | דמצרים למפקא ית בני | {ית | בני} ישראל מן ארעא: |
| 762 | Ex 6:27 | פרעה מלכא דמצרים למפקה | ית | בני ישראל מן מצרים הוא |
| 763 | Ex 7:02 | אחוך ימלל עם פרעה וישלח | ית | בני ישראל מארעיה: |
| 764 | Ex 7:05 | פורענתי על מצרים ואפקת | ית | בני ישראל פריקין מביניהון: |
| 765 | Ex 9:35 | ואתוקף לבא דפרעה ולא שלח | ית | בני ישראל היך מה {דמליל} |
| 766 | Ex10:20 | ית לביה דפרעה ולא שלח | ית | בני ישראל: |
| 767 | Ex11:10 | ית לביה דפרעה ולא שלח | ית | בני ישראל מן ארע{א}יה: |
| 768 | Ex12:51 | יומא הדין אפיק ייי | ית | בני ישראל פריקין מן ארעא |
| 769 | Ex13:19 | ארום משתבע«א» אשתבע | ית | בני ישראל למימר מדכרא ידכר |
| 770 | Ex27:20 | ואת תפקד | ית | בני ישראל וייסבון וייתון |
| 771 | Lv 7:38 | דסיני ביומא די פקד | ית | בני ישראל למקרבה ית |
| 772 | Lv15:31 | ותזהרון | ית | בני ישראל מן סאבותהון דלא |
| 773 | Lv23:43M | היך מטילין אשריית | ית | בני#2#/ ישראל בזמן |
| 774 | Lv24:02 | פקד | ית | בני ישראל וייסבון וייתון |
| 775 | Lv24:02M | \פקד ית/פקדית | ית#2#/ | בני ישראל וייסבון |
| 776 | Nu 5:02 | פקד | ית | בני ישראל וישלחון מן |
| 777 | Nu 6:23 | בנויי למימר כדן תברכון | ית | בני ישראל אזל משה מן שמי |
| 778 | Nu25:11 | קנאתי ביניהון ולא שיציתי | ית | בני ישראל בקנאתי: |
| 779 | Nu26:63M | ואלעזר כהנה די סכמו | ית | בני ישראל במישריה דמואב |
| 780 | Nu26:64 | ואהרן כהנה די סכמו | ית | בני ישראל במדברה דסיני: |
| 781 | Nu28:02 | פקד | ית | בני ישראל ותימר להון ית |
| 782 | Nu34:02 | פקד | ית | בני ישראל ותימר להון ארום |
| 783 | Nu34:13 | ופקד משה | ית | בני ישראל למימר דא ארעא די |
| 784 | Nu34:29 | פקד ייי ית משה למאחסנה | ית | בני ישראל בארעא דכנען: |
| 785 | Nu35:02 | פקד | ית | בני ישראל ויתנון לליוויי |
| 786 | Nu36:05 | ופקד משה | ית | בני ישראל על פם גזירת ממרה |

|  |  |  |  |  |
|---|---|---|---|---|
| 787 | Dt28:69M | ית משה למקיימה | עם/ית#2#/ | בני ישראל בארעה |
| 788 | Dt31:19 | שבח שירתה הדה ואלף יתה | ית | בני ישראל ושוי יתה בפמהון |
| 789 | Dt31:22 | הדה ביומא ההוא ואלף יתה | ית | בני ישראל: |
| 790 | Dt31:23 | וא«ז»דרז ארום את תעיל | ית | בני ישראל לארעא די קיימת |
| 791 | Dt33:01 | די ברך משה נביא דייי | ית | בני ישראל קדם עד לא ימות: |
| 792 | Lv 9:14 | ושזג | ית | בני גווה וית רגליה וסדר על |
| 793 | Dt12:31 | עבדו לטעוותהון ארום לחוד | ית | בניהון וית בנתהון יוקדון |
| 794 | Gn13:16 | ואשוי | ית | בניך כעפרא דארעא ארום |
| 795 | Gn16:10 | מלאכה דייי מסגיא אסגיא | ית | בניך ולא יתמנון מן סוגי: |
| 796 | Gn32:13 | מייטיבה אייטב לך ואשוי | ית | בניך כחלא דימא די לא יתמנון |
| 797 | Gn48:11 | והא חזי יתי ייי אף | ית | בניך: |
| 798 | Ex32:13 | מימרך ומללת עמהון אסגי | ית | בניכון ככוכבי שמיא וכל ארעא |
| 799 | Ex34:16 | בתר טעוותהון ויטעיין | ית | בניכון בתר טעוותהון: |
| 800 | Dt 7:04 | ארום יטעון | ית | בניכון מן בתר מימרי דלא |
| 801 | Dt11:02 | ותידעון יומא הדין ארום לא | ית | בניכון די לא חכימו ודלא |
| 802 | Dt32:46 | בכון יומא הדין די תפקדון | ית | בניכון למסור ולמעבד ית כל |
| 803 | Gn22:17 | אברך יתך ומסגיא אסגי | ית | בנך ככוכבי שמיא וכחלא די |
| 804 | Gn26:24 | עמך אנה וברכית יתך וסגית | ית | בנך בזכוותא דאברהם עבדי: |
| 805 | Gn 6:02 | וחמון בני דייניא | ית | בנתהון דבני אנשא ארום |
| 806 | Gn34:21 | פתיא היא בתחומה קדמיהון | ית | בנתהון נסב לן לנשין וית |
| 807 | Gn31:26M | וגנבת ית דעתי ודברת | ית | בנתי היך שביין דערקין |
| 808 | Gn31:50 | אין תצער | ית | בנתי ואין תסב נשין על בנתי |
| 809 | Gn31:31 | דחלת ארום אמרת לא תגזול | ית | בנתך מן לוותי: |
| 810 | Lv19:29 | לא תשהר' | ית | בנתכון מן למסבה יתהון דלא |
| 811 | Gn34:16 | ונתן | ית | בנתן לכון וית בנתכון נסב |
| 812 | Lv27:11 | מנה קדם ייי קרבן ויקים | ית | בעירה קדם כהנה: |
| 813 | Ex 9:19 | וכדון שלח כנש | ית | בעירך וית כל מה דאית לך |
| 814 | Gn45:17 | אמר לאחך דא עבדו טענו | ית | בעירכון ואזלו עולו לארעא |
| 815 | Lv26:22 | ברה ותתכל יתכון ותשיצי | ית | בעירכון ותזער יתכון ויצדון |
| 816 | Dt25:11 | אתתה דחד מנהון למשיזבה | ית | בעלה מן ידוי דדין דמחי יתה |
| 817 | Gn30:15 | הא זעירא היא דא די נסבת | ית | בעלי ואת בעיא למיסב ית |
| 818 | Nu32:21 | קדם ייי עד זמן די ישיצי | ית | בעלי דבבוי מן קדמוי: |
| 819 | Lv26:07 | ותרדפון | ית | בעלי דבביכון ויפלון קדמיכון |
| 820 | Dt28:07 | ימסור ייי | ית | בעלי דבביכון דקיימין |
| 821 | Dt11:29M | ברכתה /למירות יתה אשווי | ית | בר#2#/ על טורא דגריזים |
| 822 | Lv 1:05 | ויכוס | {ו}<'ית | בר תורייה קדם ייי |
| 823 | Gn 1:27 | וברא ממרה דייי | ית | בר נשא בדמותיה בדמו מן קדם |
| 824 | Gn 6:07M | ברית /ממריה דיי' אמחה | ית | בר נשא די ברי#2#/ מעלוי |
| 825 | Gn49:22M | מן עלמא /הנון מובדין | ית | בר נשא מן גו עלמ#2#/ בגין |
| 826 | Dt15:03 | | ית | בר עממיא את רשיי למדחק יתיה |
| 827 | Dt21:16 | לה לית הוא רשיי למקדמה | ית | ברא דרחימתה קדם ברה דסניתה |
| 828 | Gn21:09 | וחמת שרה | ית | ברה דהגר מצריתא די ילדת |
| 829 | Gn21:10 | הדה וית ברה ארום לא יירת | ית | ברה דאמתה הדה עם ברי עם |
| 830 | Gn21:13 | ואף | ית | ברה דאמתה לאומה רבה אשוויניה |
| 831 | Dt 1:31 | אלהכון היך מה דסביל גבר | ית | ברה בכל ארחה די הלכתון עד |
| 832 | Gn24:06 | אזדהר לך דלא תחזור | ית | ברי תמן: |
| 833 | Gn24:08 | מן שבועתי הדה לחוד | ית | ברי לא תחזור לתמן: |
| 834 | Ex 4:23 | ואמרית לך שלח | ית | ברי ויפלח קדמיי וסרבת |
| 835 | Dt 8:05M | היך כמה דמפרגל אבה | ית | בריה ייי אלהך מפרגל לך |
| 836 | Dt 8:05 | ארום היך מה דרדי גבר | ית | בריה ייי אלהכון רדי יתכון: |
| 837 | Gn22:02 | ואמר דבר כען | ית | ברך ית יחידך די רחמת ית |
| 838 | Gn22:12 | מן קדם ייי את ולא מנעת | ית | ברך ית יחידך מני: |
| 839 | Gn22:16 | ית פתגמא הדין ולא מנעת | ית | ברך ית יחידך: |
| 840 | Gn24:05 | לארעא הדא הא מחזרה אחזור | ית | ברך לארעא דנפקת מן תמן: |
| 841 | Ex 4:23 | למשלחא יתיה הא אנה קטל | ית | ברך בוכרך: |
| 842 | Gn28:04 | ויתן לך | ית | ברכתה דאברהם לך ולבנך עמך |
| 843 | Dt11:27 | | ית | ברכתה די תשמעון למצוותה |
| 844 | Dt11:29 | לתמן למירת יתה ותתנון | ית | ברכתה על טורא דגריזים וית |
| 845 | Dt28:08M | /מימריה דייי יתכון | ית | ברכתה במכנש<יכ>ון#2#/ ובכל |
| 846 | Dt30:19 | אורחה דמתותה יהבית לכון | ית | ברכתה וית לווטייה ותבחרון |
| 847 | Gn33:11 | קבל כען | ית | ברכתי די אייתת לך ארום חן |
| 848 | Lv25:21 | ואפקד | ית | ברכתי לכון בשתה שתיתיה |
| 849 | Gn48:20 | ייי כאפרים וכמנשה ושוי | ית | ברכתיה דמנשה: |
| 850 | Gn24:48 | יתי באורחא דקושטא למסבה | ית | ברת אחוי דריבוני לברה: |
| 851 | Lv18:17 | ערותה דאתתה וברתה לא תבזי | ית | ברת ברה וית ברת ברתה לא תסב |
| 852 | Gn34:31M | {{צלמין}} לברתיה/סניפו | ית | ברתא#2#/ דיעקב ברם יאי |
| 853 | Ex 2:01 | גברא מביתה דלוי ונסב | ית | ברתא דלוי: |
| 854 | Gn24:48M | ית ברת אחוי /למיסב | ית | ברתי דאחוי#2#/ דריבוני |
| 855 | Dt22:16 | אבוה דרביתה לחכימייה | ית | ברתי יהבית לגברא הדין לאתה |
| 856 | Ex21:07 | וארום יזבן גבר | ית | ברתיה לאמהתה לא תפוק |
| 857 | Gn34:17 | לא תשמעון לן למגזור ונסב | ית | ברתן וניזיל: |
| 858 | Gn17:11 | ותגזרון | ית | בשר ערלתכו' ויהווי לסימן |
| 859 | Gn17:23 | באנשי ביתיה דאברהם וגזר | ית | בשר ערלתהון בזמן יומא הדין |
| 860 | Gn17:25M | ליה ית/בזמן די גזר | ית#2#/ | בשר ערלתה: |
| 861 | Gn17:25 | תלת עשרה שנין במגזר ליה | ית | בשר ערלתה: |
| 862 | Gn18:01 | אברהם בזימנא די גזר | ית | בשר ערלתה ותלתיהו' אשתלחו |
| 863 | Dt28:55M | מן למתן לחד מנהון | מן/ית#2#/ | בשר בנוי די יאכל |
| 864 | Gn17:14 | וערל דכר די לא יגזר | ית | בשרא דערלתיה ישתצי נפשא |
| 865 | Ex12:08 | ויכלון | ית | בשרא בליליה פסחא צלי בנורא |
| 866 | Ex29:32 | ויאכלון אהרן ובנוי | ית | בשרא דדכרא וית לחמה די בסלא |
| 867 | Lv 8:31 | משה לאהרן ולבנוי בשלו | ית | בשרה בתרע משכן זימנה ותמן |
| 868 | Lv13:15 | ויחמי כהנא | ית | בשרה חייה ויסאב יתה בשרה |
| 869 | Lv16:24 | ויסחי | ית | בשרה במיא באתר קדיש וילבש |
| 870 | Dt12:22 | לחוד היך מה דמתאכל | ית | בשרה דטבייה ודאיילה כדן |
| 871 | Ex21:28 | יתרגם תורא ולא יתאכיל | ית | בשריה ומריה דתורא יהוי |
| 872 | Lv14:09 | ^ית#2# לבושוי ויסחי | ית | בשריה במיא וידכי: |
| 873 | Lv16:04 | קדשא אינון ויסחי במיא | ית | בשריה וילבש יתהון: |
| 874 | Lv16:26 | יחוור לבושוי ויסחי | ית | בשריה במיא ובתר כדין ייעול |
| 875 | Lv16:28 | יתהון יחוור לבושוי ויסחי | ית | בשריה במיא ומן בתר כדן |
| 876 | Gn40:19 | יתך על צליבה ויאכל עופא | ית | בשרך מעלווי ראשך: |
| 877 | Ex21:28 | וארום יגש תורא | ית | גבר או ית אתתה וימות מתרגמא |
| 878 | Ex 2:20 | ואן הוא למה כען שבקתון | ית | גברא קרין ליה וייכל מזון: |
| 879 | Lv14:11 | ויקים כהנא דמדכי | ית | גברא דמדכי ויתהון קדם ייי |
| 880 | Nu25:08 | לגו קהלא ודקר ית תריהון | ית | גברא בר ישראל וית אתתה לגו |
| 881 | Dt22:18 | ויסבון חכימי קרתה ההוא | ית | גברא וירדון יתיה: |
| 882 | Dt22:25 | גברא וישמש עמא^ותקטלון | ית | גברא דשמש עמה^^ לבלחודוי: |
| 883 | Gn43:16 | על בייתיה אעיל | ית | גבריא לפלטורין ונכוס נכסון |
| 884 | Gn43:17 | דאמר יוסף ואעל גברא | ית | גבריא לפלטורין דיוסף: |
| 885 | Gn43:24 | ואעיל גברא | ית | גבריא לפלטורין דיוסף ויהב |
| 886 | Nu 1:17 | ונסב משה ואהרן | ית | גבריא האילן די אתפרשו |
| 887 | Gn32:33 | כך לא אכלין בני ישראל | ית | ג{די}<יד>א דנשיא די על כף |
| 888 | Gn38:20 | ושלח יהודה | ית | גדייה בר עזייא ביד רחמה |
| 889 | Ex10:13 | צפרא הוה ורוח קדומא טען | ית | גובא: |
| 890 | Ex10:19 | רוח בימא תקיף לחדא וטען | ית | גובא ואקלע יתה ימא דסוף לא |
| 891 | Lv11:22 | ית אלין מנהון תאכלון | ית | גובא למינה וית רשונה למינהו |
| 892 | Dt17:05 | ותפקון | ית | גוברא ההוא או ית אתתה ההיא |
| 893 | Dt17:05 | בישה הדין לגו קורייכון | ית | גוברא או ית אתתה ותרגמון |
| 894 | Nu14:41M | כען אתון מעברין | על פם/ית#2#/ | גזירת מימרה דייי והיא |

| | | | | |
|---|---|---|---|---|
| 895 | Lv 5:23 | ויהוי יחטא ויתחייב ויחזר | ית | גזלה דגזל או ית עיציה די |
| 896 | Gn22:14 | מימריך בחדוה וקיימית | ית | גזרתך וכדון כד יהוון בנוי |
| 897 | Gn22:14M | ... גזרתך": פיקודך ונטרית | ית | גזרתך |
| 898 | Gn14:05 | ומלכיא דהוו עמה וקטילו | ית | גיברייה בעשתרתא דקרנים |
| 899 | Nu13:33 | ותמן חמינן | ית | גיברי«י»ה בנוי דענק מן |
| 900 | Dt10:19 | ותרחמון | ית | גיורה ארום גיורין הויתון |
| 901 | Ex14:25 | ופרק | ית | גלגלי רידוותיה והוו מדברין |
| 902 | Lv11:04M | ית גמלתה /סתקי סתקתה | ית | גמלה#2#/ ארום ^מסק#2#^ |
| 903 | Dt14:07 | ומן סדיקי פרסתה דסדיקה | ית | גמלה וית ארנבא וית טפסה |
| 904 | Lv11:04 | גררתא ומן מטלפי טלפין | ית | גמלתה ארום ^מסק#2#^ גררה |
| 905 | Gn 2:10 | הוה נפק מן עדן למשקייה | ית | גנתא ומן תמן הוה מתפרש וחזר |
| 906 | Gn50:25 | ברחמוי טבייא ותסקון | ית | גרמוי מן הכה: |
| 907 | Ex13:19 | ונסב משה | ית | גרמוי דיוסף עמיה ארום |
| 908 | Ex13:19 | יתכון ברחמוי טביה ותסקון | ית | גרמיי מן הכה עמכון: |
| 909 | Gn29:27 | משתותא דא ואתן לך אף | ית | דא בפולחנא די תפלח עד תוב |
| 910 | Nu14:06M | מן ייללייה /\דייללו | ית#2#/ | דארעא בזעו לבושיהון: |
| 911 | Ex33:23M | ית דברא דיקר /ואחמי | ית | דבורה דאיקר#2#/ שכינתי |
| 912 | Lv17:05 | די ייתון בני ישראל | ית | דבחהון די אנון דבחין באפי |
| 913 | Lv17:07 | ולא ידבחון עוד | ית | דבחיהון לשדיה די אנון טעיין |
| 914 | Dt 5:05 | בשעתה ההיא למתנייה לכון | ית | דבירוי דייי ארום דחלתון |
| 915 | Dt 4:09 | נפשיכון לחדה די לא תנשון | ית | דביריה די חמון עייניכון |
| 916 | Dt 5:22 | | ית | דביריה האליין מלל ייי עם כל |
| 917 | Dt10:02 | ואכתב על לווחייה | ית | דביריה די הוון על לווחייה |
| 918 | Dt31:01 | ואזל משה ומלל | ית | דבירייה האליין לכל ישראל: |
| 919 | Ex33:23 | ומשמשין קדמיי ותחמי | ית | דברא דיקר שכינתי ואפי איקר |
| 920 | Dt 4:10 | לי ית עמא ואשמע יתהון | ית | דברי די ילפון למדחול |
| 921 | Ex34:01 | כקדמיי ואכתוב על לוחיא | ית | דבריא דהוון על לוחיא קדמיי |
| 922 | Ex28:05 | ואינון יקבלון | ית | דהבא וית תכלתה וית ארגוונא |
| 923 | Nu31:22 | להוד | ית | דהבא וית כספה וית נחשה וית |
| 924 | Nu31:51 | ונסב משה ואלעזר כהנא | ית | דהבה מן לוותהון כל מן |
| 925 | Nu31:54 | ונסב משה ואלעזר כהנא | ית | דהבה מן לוות רברבני אלפיה |
| 926 | Lv15:33 | ודיבתה | ית | דובה ודדייב ית דובה לדכר או |
| 927 | Lv15:33 | ודיבתה ית דובה ודדייב | ית | דובה לדכר או לנקבה ולגבר די |
| 928 | Ex38:03 | ועבד ית כל מני{ה} מדבחה | ית | דודוותה וית מגרופתיה וית |
| 929 | Ex 3:09 | סלקת לוותי ואף גלי קדמיי | ית | דוחקיה דמצרים דחקין יתהון: |
| 930 | Ex17:16 | וייי אמר במימריה למשיציא | ית | דוכרנא דעמלק לדרי דרין: |
| 931 | Ex17:14M | ית דכרניה /תשיצון | ית | דוכרניה#2#/ דעמלק מן תחות |
| 932 | Dt25:19 | אחסנה למירת יתה תשיצון | ית | דוכרנייה דעמלק מן תחות |
| 933 | Gn33:10M | דורון /קדמיך ותקבל | ית | דורון#2#/ דידי מנ{ו}<י> |
| 934 | Gn43:15 | ונסבו גבריא | ית | דורון הדא וכסף מכופלה נסבו |
| 935 | Gn43:25 | ואתקנו | ית | דורון עד זמן דאתא יוסף |
| 936 | Gn43:26 | לגו בייתה ואייתון לה | ית | דורון די בידיהון לפלטורין |
| 937 | Gn31:30 | לבייתיה דאבוך למה גנבת | ית | דחלתי: |
| 938 | Ex 4:12 | עם ממלל פמך ואלף יתך | ית | די תמלל: |
| 939 | Lv 5:08 | יתהון לות כהנא ויקרב | ית | די לחטאתה קודמוי ויעזום ית |
| 940 | Dt 1:16 | ופקדית | ית | דייניכון בשעתה ההיא למימר |
| 941 | Nu33:53 | ותישיצון | ית | דיירי ארעא ותשרון בגווה |
| 942 | Nu33:55 | ואין לא תשיצון | ית | דיירי «ד»ארעא מן קדמיכון |
| 943 | Dt 1:08 | חמון דמסרית קדמיכון | ית | דיירי דארעא עולו וירתו ית |
| 944 | Dt13:14 | בישן מן ביניכון ואטעון | ית | דיירי קרת{י}הון למימר ניזיל |
| 945 | Dt13:16 | מקטל תקטלון | ית | דיירי קרתה ההיא לפתגם דחרב |
| 946 | Lv18:25 | חובה עליה ואתגליית ארעא | ית | דיירה: |
| 947 | Ex29:16 | ותכוס | ית | דיכרא ותסב ית אדמיה ותזרק |
| 948 | Ex29:20 | ותכוס | ית | דיכרא ותסב מן אדמיה ותתן על |
| 949 | Gn29:33 | ארום שניא אנא ויהב לי אף | ית | דין וקראת שמיה שמעון: |
| 950 | Gn44:29 | ותסבון אף | ית | דין מן לוותי וארע יתיה סקול |
| 951 | Lv11:04 | לחוד | ית | דין לא תיכלון מן {מ}מסקי |
| 952 | Lv11:09 | | ית | דין תאכלון מן כל מה די |
| 953 | Lv11:21 | להוד | ית | דין תאכלון מכל שרצא דעופה |
| 954 | Gn44:18M | מן בגלל דסאיבו בגווה | ית | דינה אחתן דלית היא ממנין |
| 955 | Dt32:36 | ייי ברחמ{יו}<וי> טבייה | ית | דיניהון דעמיה בני ישראל |
| 956 | Gn22:13 | בקרנוי ואזל אברהם ונסב | ית | דכרא וקרב יתה לעלה תחות |
| 957 | Ex29:19 | ותיסב | ית | דכרא תניינא ויסמוך אהרן |
| 958 | Lv 8:18 | וקרב | ית | דכרה דעלתה וסמכו אהרן |
| 959 | Lv 8:22 | וקרב | ית | דכרה תנינא דכרה דאשלמותה |
| 960 | Ex17:14 | ארום משיציא אשיציא | ית | דכרניה דעמלק מן תחות שמיא: |
| 961 | Lv 1:05 | בנוי דאהרן כהניא | ית | דמא <...> על גבי מדבחא |
| 962 | Lv16:15M | לגו מן פרכתה ויעבד | לאדמה/ית | דמא#2#/ית אדמה#2#/ |
| 963 | Gn32:20 | ית תנינא אף ית תליתיא אף | ית | דמהלך בתר עדריא למימר |
| 964 | Ex25:09 | כל מה די אנא מחזי יתך | ית | דמותא דמשכנא וית דמות כל |
| 965 | Lv 3:08 | ויזרקון בנוי דאהרן | ית | דמיה על גבי מדבחה |
| 966 | Lv 3:13 | ויזרקון בנוי דאהרן | ית | דמיה על גבי מדבחה |
| 967 | Gn28:15 | ישבוק מימרי עמך עד דאעבד | ית | דמלילית לך: |
| 968 | Gn44:01M | ופקיד \למן דהוה | /ית | דן דה#2#/ ממנא אפיטרופוס |
| 969 | Gn31:20 | וגנב יעקב | ית | דעתא דלבן ארמאה על דלא תני |
| 970 | Gn31:26 | ליעקב מה עבדת וגנבת | ית | דעתי: |
| 971 | Gn31:26M | וגנבת | ית | דעתי ודברת ית בנתי היך |
| 972 | Ex27:09 | ותעבד | ית | דרת משכנא לסטרא דדרומיא |
| 973 | Ex38:09 | ועבד | ית | דרתה לסיטרה דרומיה מן דרומה |
| 974 | Ex40:08 | ותשווי | ית | דרתה מן חזור חזור ותתן ית |
| 975 | Ex40:33 | ואקים | ית | דרתה חזור חזור למשכנה ולמדבחה |
| 976 | Lv 4:04M | ית תורא לתרע /ויעל | ית | דתורה ויכוס ית תורה |
| 977 | Ex21:35 | ויפלגון ית כספיה ואף | ית | הנייתה דמיתא יפלגון: |
| 978 | Ex39:40 | | ית | ווילות דרתה ית עמודה וית |
| 979 | Ex39:25 | ועבדו זוגין דהב דכי ויהבו | ית | זוגיא בגו רמוני על שפולוי |
| 980 | Ex33:18M | קדם ייי חווי לי כען | ית | זיו איקרך#2#/: |
| 981 | Gn21:19 | באר דמיין ואזלת ומלת | ית | זיקא מיא ואשקיית ית טליא: |
| 982 | Nu12:12 | מיתה דבה ויחי למה עבד | ית | זכותה: |
| 983 | Dt25:01 | ו«י»דונון יתהון ויזכון | ית | זכייה ויחייבון ית מן דחמי |
| 984 | Lv 1:16 | ויעב{ד}<ר> | ית | זלפקקה בלקטה וי{ק}טל<ק> יתה |
| 985 | Gn42:34 | ואייתון ית אחוכון | ית | זעירא לוותי ואדע ארום לא |
| 986 | Lv26:05 | דרכה ית קטפה וקטפה יארע | ית | זרעה ותאכלון לחמכון ותשבעון |
| 987 | Ex32:13M | מסגייה אסגי | ית | זרעיית בניכון |
| 988 | Dt11:10 | נפקתון מן תמן די תזרעון | ית | זרעיכון ותשקון ^יתה#2#^ |
| 989 | Gn26:24M | ממרי ואברך יתך ואסגי | ית | זרעית בניך |
| 990 | Lv25:17M | ולא תונון גבר | לחבריה/ית | חב׳#2#/ ותדחלון מן |
| 991 | Lv 5:23 | דגזל או ית עיציה די עצה | ית | חברא או ית פקדוניה די אתפקד |
| 992 | Lv 5:21 | יד או בגזל או די עצה | ית | חברה: |
| 993 | Ex21:18 | ידיינון גברין וימחי גבר | ית | חבריה באבן או במרתוק ולא |
| 994 | Ex32:27 | וקטלו גבר ית אחוי וגבר | ית | חבריה וגבר ית קריביה: |
| 995 | Dt15:02 | דיוזיף בחבריה לא ידחק | ית | חבריה וית אחוי ארום איתקרית |
| 996 | Dt19:04 | יערק תמן ויחי די יקטול | ית | חבריה בלא ידע והוא לא הוה |
| 997 | Dt19:05 | פרזלא מן קיסה ויארע | ית | חבריה ויקטל יתיה הוא יעריק |
| 998 | Lv19:15 | בקושטא תהוו«ן» דיינין | ית | חבריהון: |
| 999 | Dt 4:42 | למערק לתמן קטולה די יקטול | ית | חברי{ח}<ה> בתקוף בדלא ידע |
| 1000 | Lv19:13M | "תעצה ... יבית": תעצון | ית | חבריכון ולא תגזלון יתהון |
| 1001 | Lv19:13 | לא תעצה | ית | חברך ולא תגזול לא יבית אגרה |
| 1002 | Lv19:17 | ית אחוך בלבך מוכחה תוכח | ית | חברך ולא תקבל עלוי חובין: |

|  |  |  |  |  |
|---|---|---|---|---|
| 1003 | Lv19:18 | דמן תרין חורפוי למעקה בה | ית | חברך ולא תמנע זכותה דחבר׳ |
| 1004 | Ex23:15 | | ית | חגא דפטירייה תטרון שבעה |
| 1005 | Ex34:18 | | ית | חגה דפטיריה תטרון שבעה |
| 1006 | Ex29:39 | | ית | חד מן אמריה תקרבון בצפרא |
| 1007 | Lv14:30 | ויקרב | ית | חד מן שפנינייה או מן |
| 1008 | Lv14:31 | ית מה די תארע ידה | ית | חד לחטאתה וית חד לעלתה על |
| 1009 | Lv15:30 | ויקרב כהנא | ית | חד חטאת׳ וית חד עלתה ויכפר |
| 1010 | Nu 8:12 | על ראשי תורייה וקרב | ית | חד לחט«א»תה וית חד לעלתה |
| 1011 | Nu16:15M | ולא \אבאשת לחד /אבעשי׳ | ית | חד#2#/ מנהון: |
| 1012 | Nu28:04 | | ית | חד מן אמריה תקרבון בצפרא |
| 1013 | Lv 5:23M | ית פקד<׳> [...] די לה̇ | ית | חר׳ |
| 1014 | Nu 5:31 | מן חובה ואתתה ההיא תקבל | ית | חובה: |
| 1015 | Nu30:16 | מן בתר די ישמע ויקבל | ית | חובה: |
| 1016 | Ex28:38 | דאהרן ויטען אהרן | ית | חובי קדישא די יקדישו בני |
| 1017 | Lv10:17 | היא ויתה יהב לכון למטעון | ית | חובי עם כנשתה למכפרה עליכון |
| 1018 | Nu18:01M | דאבוך עמך תסבלון | ית#2#/ | חובי <....> כהונתכון |
| 1019 | Nu18:01 | ואנשי ביתך עמך תקבלון | ית | חובי <....> כהונתכון: |
| 1020 | Lv26:40 | ויתודון | ית | חוביהון וית חובי אבהתהון |
| 1021 | Lv26:41 | לבהון זידנה ובכדן ירעון | ית | חוביהון: |
| 1022 | Lv26:41M | /דזידנה ובכן ימרקון | ית#2#/ | חוביהון: |
| 1023 | Nu18:23 | משכן זימנה ואינון יקבלון | ית | חוביהון קיים עלם לדריהון |
| 1024 | Ex20:07M | לשקר ארום לא מזכי ייי | ית | חוביכון חייבי ביום דינא |
| 1025 | Nu14:34 | יום חד בכל שנה תקבלון | ית | חוביכון ארבעין שנין ותדעון |
| 1026 | Nu32:23M | קדם ייי /ותידעון | ית#2# | חוביכון /ותידע חובי׳#2#/ |
| 1027 | Lv19:18 | נוקמנין ולא נוטרנין | ית | חוב{כ}<ר>כון ותרחמון |
| 1028 | Nu 5:07 | ויתו«ו»דון | ית | חובתהון דעבדו וחזרו ית אשמה |
| 1029 | Dt 2:22 | דשריין בגבלה די שיצון | ית | חוורנייה מן קדמיהון |
| 1030 | Ex 4:20 | לארעא דמצרים ונסב משה | ית | חוטרא די אתעבד ביה ניסין |
| 1031 | Nu20:09 | ונסב משה | ית | חוטרא מן קדם ייי היך מה די |
| 1032 | Nu17:25 | ואמר ייי למשה חזר | ית | חוטרה דאהרן קדם סהדותא |
| 1033 | Nu20:08 | סב | ית | חוטרה וכנש ית עם כנישתה את |
| 1034 | Nu20:11 | וארים משה | ית | חוטרה ומחה ית כיפה בחטריה |
| 1035 | Gn30:38 | ואקם | ית | חוטריא די פצל |
| 1036 | Gn30:41 | ענה בכירתה ושוי יעקב | ית | חוטריא קדם ענה |
| 1037 | Ex 7:10 | דפקד ייי וטלק אהרן | ית | חוטריה קדם פרעה וקדם עבדוי |
| 1038 | Ex 9:23 | וארכן משה | ית | חוטריה לשמיא וייי יהב קלין |
| 1039 | Ex10:13 | וארכן משה | ית | חוטריה על ארעא דמצרים וייי |
| 1040 | Nu17:22 | ואצנע משה | ית | חוטריה קדם ייי במשכנה |
| 1041 | Ex 8:12 | למשה אמר לאהרן <...> | ית | חו«ט»רך ומחי ית עפרא |
| 1042 | Ex14:16 | ואת ארעם | ית | חוטרך וארכן ית ידך על ימא |
| 1043 | Nu21:06 | כדן {ב}<ג>רי ייי בעמא | ית | חויה שרפיתה ונכתו ית עמא |
| 1044 | Gn47:22 | מן לוות פרעה וייכלון | ית | חולקהון די יהב להון פרעה |
| 1045 | Gn47:22M | ית /דאוף אכלין | ית#2#/ | חולקהון די יהב להון פרעה |
| 1046 | Ex40:18 | ואקים משה ית משכנה ויהיב | ית | חומרוי ושווי ית לוחוי ויהב |
| 1047 | Ex38:27 | דככריה דכ{ת}<ס>פה למתכה | ית | חומרי בית קודשא וית חומרי |
| 1048 | Ex38:30 | <ועבד בה> | ית | חומרי תרע משכן זימנה וית |
| 1049 | Ex28:28 | וירדדון | ית | חושנא מן עזקוי לגו עיזקא |
| 1050 | Ex39:09 | מרבע הווה כפול עבדו | ית | חושנא זרת ארכה וזרת פתיה |
| 1051 | Ex39:08 | ועבד | ית | חושנה עובד אומן כעבדה דאפדה |
| 1052 | Ex39:21 | וענבו | ית | חושנה מן עזקא לגו עזקיה |
| 1053 | Lv 8:08 | ושוי עלוי | ית | חושנה ויהב לגו חושנה ית |
| 1054 | Ex10:05 | ויכסו | ית | חזוה דארעא ולא תיכול |
| 1055 | Lv13:55 | מכתשא והא לא הפך מכתשה | ית | חזוה ומכתש׳ לא הלך מסאב הוא |
| 1056 | Nu22:05 | נפקו מן מצרים והא כסון | ית | חזווה דארעא והא אינון שרין |
| 1057 | Nu22:11 | נפקו מן מצרים וכסון | ית | חזווה דארעא וכדון אתה כען |
| 1058 | Ex 3:03 | ואמר משה אסטי כען ואחמי | ית | חזיא רבא הדין מן בגלל לא |
| 1059 | Lv 4:29 | על ראשה דחטאתא ויכוס | ית | חטאתא באתרה דעלתה: |
| 1060 | Lv 4:33M | /ראש#2#/ דחטאת׳ ויכוס | יתה/ית | חטאתה#2#/ לחטאתה/לקרבן |
| 1061 | Lv10:17 | מן בגלל הא לא אכלתון | ית | חטאתה באתר קדיש ארום קודש |
| 1062 | Lv14:13 | ית אמרה באתר די יכוס | ית | חטאתה וית עלתה באתר קדיש |
| 1063 | Lv14:19 | ויעבד כהנא | ית | חטאתה ויכפר על מן דמדכי מן |
| 1064 | Nu 6:16 | ויקרב כהנא קדם ייי ויקרב | ית | חטאתה וית עלתה: |
| 1065 | Lv10:19 | עם משה הא יומא הדן קרבו | ית | חטאתהון וית עלתהון קדם ייי |
| 1066 | Ex 7:12 | לחיון ובלע חוטריה דאהרן | ית | חטריהון: |
| 1067 | Ex 7:09 | סימן ותימר לאהרן סב | ית | חטרך וטלק יתיה קדם פרעה |
| 1068 | Lv26:22 | ואיגרי בכון | ית | חיוותה דאפי ברה ותתכל יתכון |
| 1069 | Nu21:07 | קדם ייי ויעבר מעילוון | ית | חיויא וצלי משה על ידיהון |
| 1070 | Ex23:28 | אורעיתא קודמיכון ותטרד | ית | חיויי וית כנעניי וית חתיי |
| 1071 | Ex23:07M | קדמיי חייבא /מזכי ייי | ית | חייבא בשע׳ דינא#2#/: |
| 1072 | Ex34:07M | לא מזכי{ה} ביום/ייי | ית | חייבה ביו׳#2#/ דינא רבה |
| 1073 | Nu14:18M | \מזכי ביום /<מזכי> ייי | ית | חייבה <ביום>#2#/ דינה רבה |
| 1074 | Ex 1:14 | ומררו | ית | חייהון בפלחן קשי בטינא |
| 1075 | Ex 7:04 | פורענתי במצרים ואפק | ית | חיילותי ית עמי בני ישראל |
| 1076 | Ex12:17 | ארום בזמן יומא הדן אפקית | ית | חיילתכון פרוקין מן ארעא |
| 1077 | Gn 1:25 | וברא ממרה דייי | ית | חייתא דארעא למינה וית בעירה |
| 1078 | Ex23:28M | /חיוואי וית כנענ{ע}אי | ית | חיתאה#2#/ מקדמיכון: |
| 1079 | Ex 3:16 | אזל ותכנש | ית | חכימיא דישראל ותימר להון |
| 1080 | Gn41:08 | חכימיהון ותני פרעה להון | ית | חלמוי ולית דפשר יתהון |
| 1081 | Gn42:09 | ואדכר יוסף | ית | חלמיא די חלם להון ואמר להון |
| 1082 | Gn40:09 | ותני רב מזוגיא | {ל}ית | חלמיה ליוסף ואמר ליה |
| 1083 | Gn41:12 | ותנינן לה ופתר לן | ית | חלמינן גבר כחלמיה פתר: |
| 1084 | Ex18:27 | ושלח משה | ית | חמוי ואזל ליה לארעיה: |
| 1085 | Ex12:39 | ואפון | ית | חמיעה דדהון דאפיקו מן |
| 1086 | Ex36:16M | ולפף | ית | חמישתי יריען לחוד קובל |
| 1087 | Gn22:03 | ואקדם אברהם בצפרא ושווי | ית | חמרה ודבר ית תרין עולימוהי |
| 1088 | Dt22:04 | לא תחמי | ית | חמריה או תורה «דאחוך» |
| 1089 | Ex26:09 | ותדבק | ית | חמש יריען לבלחודיהון וית |
| 1090 | Ex36:10 | ודבק | ית | חמש יריען חדא לקבל חדא וחמש |
| 1091 | Ex36:16 | ודבק | ית | חמש יריען לבלחודיהון ^וית |
| 1092 | Nu25:11 | ברה דאהרן כהנה רבה חזר | ית | חמתיה מעילווי בני ישראל על |
| 1093 | Ex 3:21 | ואתן | ית | חניהון דעמא האילין באפיהון |
| 1094 | Ex12:36 | וייי שוי | ית | חניהון דעמא באפיהון דמצריי |
| 1095 | Nu 7:10 | וקרבו רברבני | ית | חנכת מדבחה ביומא דרבי יתיה |
| 1096 | Gn30:23 | וילידת בר ואמרת כנש ייי | ית | חסדיי: |
| 1097 | Ex40:19 | ית פרסה על משכנה ושווי | ית | חפיא דמשכנא עלוי מן לעל |
| 1098 | Gn 8:13 | מיא מעלוי ארעא ועבר נח | ית | חפייה דתיבותא וחמא והא נגבו |
| 1099 | Lv19:09 | ובחצדכון | ית | חצדא דארעכון לא תשיצון |
| 1100 | Lv23:10 | די אנה יהב לכון ותחצדון | ית | חצדה ותייתון ית עומרה שרוי |
| 1101 | Lv23:22 | ובמחצדיכון | ^ית | חצדה#1#^ דארעכון לא תשיצון |
| 1102 | Lv27:22 | ואן | ית | חקל זבונה די לא מן חקל |
| 1103 | Gn50:13 | חקל כפילא די זבן אברהם | ית | חקלא לאחסנא דקבורה מן לוות |
| 1104 | Gn49:30 | דכנען די זבן אברהם | ית | חקלה מן לוות עפרון חתייה |
| 1105 | Lv27:19 | ואן מפרוק יפרוק | ית | חקלה מן דמקדש יתה ויסף חמש |
| 1106 | Lv27:20 | ואין לא יפרוק | ית | חקלה ואן זבן ית חקלה לגבר |
| 1107 | Lv27:20 | לא יפרוק ית חקלה ואן זבן | ית | חקלה לגבר חורן לא תתפרק |
| 1108 | Ex15:09 | נפשי ומן בתר כדן אשלוף | ית | חרבי ותשיצי יתהו׳ יד ימיני: |
| 1109 | Ex 4:26M | הדא דשיזב לחתניה/ית | | חתנה#2#/ הדין מידא/מן |
| 1110 | Nu14:37M | על ארעא /האליין דאפיקו | ית | טבה/דט׳#2#/ דארעא#2#/ |

1111 Gn37:02 נשוי דאבוי ואייתי יוסף ית טבהון דאחוי ביש לוות
1112 Gn45:18 דארעא דמצרים ותיכלון ית טובא דארעא:
1113 Gn45:18 ותיתון לוותי ואתן לכון ית טובא דארעא דמצרים ותיכלון
1114 Nu18:29 אפרשותה דייי מן כל תרבה ית טובה מנה:
1115 Nu18:30 ותימר להון באפרשותכון ית טובה מניה ויתחשב ללוויי
1116 Nu18:32 ח«ו»בין באפרשותכון ית טובה מניה וית קדשיהון בני
1117 Dt21:12 ביתך ותספר ית ראשה ותצמי ית טופרייה:
1118 Ex19:23 את אסהדת בן למימר תחם ית טורא וקדש יתיה:
1119 Ex24:15 וסלק משה לטורא וכסי עננא ית טור«א»:
1120 Nu13:17 ב{ר}<ד>א לדרומה ותסקון ית טורא:
1121 Dt 2:01 דייי עמי אמר משה ואקפנן ית טורא דגבלה יומין סגין:
1122 Dt 2:03 סגין לכון למקפה ית טורא הדין כווינו לכון
1123 Dt 2:05 ארום ירתו לעשו יהבית ית טורא דגבלה:
1124 Gn21:15 ושלימו מיא מן זיקא וטלקת ית טליא תחות חד מן אילניא:
1125 Gn21:18 קומי טולי ית טליא ותוקפו ית יד«י»ך ביה
1126 Gn21:19 ומלת ית זיקא מיא ואשקיית ית טליא:
1127 Gn33:01 מאה דגוברין רגלין ופלג ית טליא על לאה ועל רחל ועל
1128 Gn44:18 קשי מן דידהון וערבת ית טליא מן לוות אבה ואמרי ליה
1129 Gn44:32 ארום עבדך ערב ית טליא מן לוות אבה למימר אן
1130 Gn48:16 פרק יתי מן כל עקא יברך ית טליא ויתקרי בהון שמי ושם
1131 Ex 1:17 מלכא דמצרים וקיימון ית טליא:
1132 Ex 2:03 בחימרא ובזיפתא ושויית בה ית טליא ושויית יתיה באפרה
1133 Ex 2:06 ופתחת וחמת ית טליא והא טליא בכי וחסת עלוי
1134 Ex 2:07 מן עברייתא ותניק לך ית טליא:
1135 Ex 2:09 אתן ית אגריך ונסבת אתתא ית טליא ואונקת יתיה:
1136 Ex 2:09 לה ברתה דפרעה אייבילי ית טליא הדין ואוניקי יתה לי
1137 Dt22:21M לתרע בייתה /ויפקון ית טליתה מן תרע בית#2#/ דאבוה
1138 Ex39:03 ורדידו ית טסי דדהבא וקטעו יתהון
1139 Dt 9:21 וית חוביכון די עבדתון ית טעוון נסבת ואוקדת יתיה
1140 Dt29:17M ייי אלה למיזל ולמפלח ית טעוון
1141 Ex 8:22 אלהן הא אין מקרבן אנן ית טעוותהון דמצריי קדמיהון לית
1142 Dt 7:16M עליהון ולא תפלחון קדם/ית#2#/ טעוותהון ארום תוקלה
1143 Dt12:02 די אתון משיצין יתהון ית טעוותהון ^על#2#^ טוריה
1144 Dt12:30 פלחין אומייה האיליין ית טעוותהון ואעבד כדן לחוד
1145 Lv26:30 ואצדי ית במסיכון ואשיצי ית טעוותכון ואשוי ית פגריכון
1146 Gn44:11 ואוחון ואחתו גבר ית טעוניה על ארעא ופתחו גבר
1147 Gn44:01 על בייתי למימר מלי ית טעוניהון דגובריייא מזון
1148 Gn43:21 לבית אב<ת>ותה ופתחנן ית טעונינן והא כספא דגבר בפם
1149 Gn31:34 ורחל נסבת ית {{טעותא}} ושוית יתהון
1150 Gn31:32 גב מן די תשכח ית {{טעותך ימות}} קביל אחינן
1151 Ex23:33M קדמיי ארום תפלחון קדם/ית#2#/ טעיותיהון ארום יהוון
1152 Dt25:07 ואין לא יתרעי גברא למיסב ית יבומתיה ותסק יבמתיה לתרע
1153 Gn30:15 ית בעלי ואת בעיא למיסב ית יברוחי דברי ואמרת רחל בגין
1154 Ex 8:13 ועבדו כן וארכן אהרן ית ידא בחוטרא ומחה ית עפרא
1155 Ex10:22 וארכן משה ית ידא לשמיא והוה חשוך דקבל
1156 Ex14:31 וחמון ישראל ית ידא תקיפתא די עבד ייי
1157 Gn24:09 ושוי עבדה ית ידה תחות קיימה {ו}<ד>אברה'
1158 Gn38:28 והוה כמילדה ופשט וולדה ית ידה ונסבת חייתא וקטרת על
1159 Lv 9:22 וזקף אהרן ית ידוהי בצלו על עמה וברך
1160 Gn48:14 על רישיה דמנשה שלחף ית ידו«י» ארום מנשה הוה
1161 Ex17:11 והוה כד הוה משה זקף ית ידוי בצלו הוון דבית ישראל
1162 Nu27:23 וסמך ית ידוי עלוי ופקד עלוי ופקד
1163 Dt34:09 רוח דחכמה ארום סמך משה ית ידוי עלוי ושמעו ליה בני
1164 Ex 6:08M \דזקפית ידי /די ארעימית ית ידי#2#/ בשבועה למתן יתה

1165 Gn22:10 ופשט אברהם ית ידיה ונסב ית סכינא למיכוס
1166 Gn41:44 בר מינך לא יפשוט גבר ית ידיה למיסר זונה וית רגלה
1167 Ex 8:02 וארכן אהרן ית ידיה על מימיהון דמצריי
1168 Ex14:21 וארכן משה ית ידיה על ימא ודבר ייי ית ימא
1169 Ex14:27 וארכן משה ית ידיה על ימא ואחזור ימא
1170 Lv 3:08 ית ידיה על ריש קרבניה ויכוס
1171 Lv 3:13 ויסמוך ית ידיה על רישיה ויכוס יתיה
1172 Lv 4:04 זימנ' קדם ייי ויסמוך ית ידיה על ראשה דתורא ויכוס ית
1173 Lv 4:29 ויסמוך ית ידיה על ראשה דחטאתא ויכוס
1174 Lv 4:33 ויסמוך ^ית#2#^ ידיה על ראשה דחטאת'
1175 Dt15:02 ישמט כל גבר מרי חוב ית ידיה דיוזיף בחבריה לא ידחק
1176 Gn19:10 ופשטו גובריא ית ידיהון ואעילו ית לוט
1177 Ex29:10 זימנא ויסמך אהרן ובנוי ית ידיהון על ריש תורא:
1178 Ex29:15 תסב ויסמכון אהרן ובנוי ית ידיהון על ראשה דדיכרא:
1179 Ex29:19 ויסמוך אהרן ובנוי ית ידיהון על ריש תורא:
1180 Ex30:19 ויקדשון אהרן ובנוי מנה ית ידיהון וית רגליהון:
1181 Ex40:31 מנה משה אהרן ובנוי ית ידיהון וית רגליהון:
1182 Lv 4:15 ויסמכון חכימי עם כנשתא ית ידיהון על ראשה דתורא קדם
1183 Lv 8:14 דחטאתה וסמך אהרן ובנוי ית ידיהון על ראש תורה דחטאתה:
1184 Lv 8:18 דעלתה וסמכו אהרן ובנוי ית ידיהון על ראשה דדכרה:
1185 Lv 8:22 וסמכו אהרן ובנוי ית ידיהון על ריש דדכרה:
1186 Lv24:14 ויסמכון ית מן דשמעון י{ד}<ת> ידיהון על ראשה וירגמון
1187 Lv24:14M /כל אליין דשמעו ית#2#/ ידיהון על ראשה וירגמון
1188 Nu 8:10 ייי ויסמכון בני ישראל ית ידיהון על לוויי:
1189 Nu 8:12 וליוויי יסמכון ית ידיהון על ראשי תורייה וקרב
1190 Dt21:06 דקריבין לקטילה יסחון ית ידיהון על עגלתה דקטילה
1191 Nu14:30M די \זקפית ידי /ארעמית ית ידיי#2#/ בשבועה למשריה
1192 Dt32:40 ארום זקפת ית ידיי בשבועה לשמיא ואמרית חי
1193 Gn21:18 קומי טולי ית טליא ותוקפו ית יד«י»ך ביה ארום לאומה רבה
1194 Dt15:07 ית לבביכון ולא תקפצון ית ידיכון מן אחיכון מסכינייה:
1195 Dt15:08 ארום מפתח תפתחון ית ידיכון לה ומזבדה תזבדון לה
1196 Dt15:11 הדין למימר מפתח תפתחון ית ידיכון לאחיכון למסכינייה
1197 Ex 4:04 ואמר ייי למשה פשט ית ידך ואתיקף בקוטניה ופשט
1198 Ex 8:01 למשה אמר לאהרן ארכן ית ידך בחוטרך על נהריא ועל
1199 Ex 9:22 ואמר ייי למשה ארכן ית <ידך> לשמיא ויהוי ברדא בכל
1200 Ex14:16 ואת ארעם ית חוטרך וארכן ית ידך על ימא ובזע יתיה ויעלון
1201 Ex14:26 ואמר ייי למשה ארכן ית ידך על ימא ויחזרון מיא על
1202 Ex15:12M ובמימ' מן קודמך ארכנת ית ידך בשבועה ואשתבע לארעא
1203 Nu27:18 ייי שרייה עלוי ותסמוך ית ידך עלוי:
1204 Gn 8:08 ושלח ית יוונה מן לוותה למחמי הא
1205 Gn 8:10 אחרינין ואוסף למשלחה ית «י»וונה מן ת«י»{ת}בותא:
1206 Gn 8:12 שבעה יומין חרינין ושלח ית יוונה ולא אוספת למחזר לוותה
1207 Ex31:14 ותטרון ית יום שבתה ארום קדש הוא לכון
1208 Ex31:16 ית יומא דשבתא למעבד ית יום שבתא לדריהון לקיים עלם:
1209 Gn 2:03 וברך איקריה דייי ית יומא שביעיא וקד' יתיה ארום
1210 Ex12:17 מן ארעא דמצרים ותטרון ית יומא הדין לדריכון לקיים
1211 Ex20:08 ישראל הוון דכירי«ן» ית יומא דשבתא למקד<ש>א יתיה:
1212 Ex20:11 שביעיא בגין כדין ברך ייי ית יומא דשבתא וקדש יתיה:
1213 Ex31:16M יום שבתא /למהוון עבדין ית יומא דשב#2#/ לדריהון
1214 Ex31:16 ויטרון בני ישראל ית יומא דשבתא למעבד ית יום
1215 Dt 5:12 עמי בני ישראל טורו ית יומא דשבתה למקדשה יתיה
1216 Dt 5:12M הוון זהירין ית יומא דשובתא
1217 Dt 5:15 יתכון ייי אלהכון למעבד ית יומא דשבתה:
1218 Dt16:03 דמצרים מן בגלל דתדכרון ית יומא דנפקתון פריקין מן ארעא

|  |  | | | |
|---|---|---|---|---|
| 1219 | Gn47:09 | יומי שני חיי ולא ארעו | ית | יומי שני חיי אבהתי ביומי |
| 1220 | Nu 6:12 | ויתנזר קדם ייי | ית | יומי נזירותיה וייתי אמר בר |
| 1221 | Nu 6:13 | דנז«י»רה ביומא דשלמון | ית | יומי נזירותיה ייתי יתיה |
| 1222 | Nu11:12 | היך דטען פידגוגה | ית | יונקא על ארעא {די} קיימת |
| 1223 | Dt 4:21M | ית ירדנה ודלא /למעברה | ית | יורדנה ולא#2/ למיעול |
| 1224 | Dt27:03M | במעברכון/בזמן די תעברון | ית | יורדנה#2/ מן בגלל די |
| 1225 | Dt27:04M | ירדנה /בזמן די תעברון | ית | יורדנה#2/ ותקימון ית |
| 1226 | Gn22:02 | ואמר דבר כען ית ברך | ית | יחידך די רחמת ית יצחק ואזל |
| 1227 | Gn22:12 | ייי את ולא מנעת ית ברך | ית | יחידך מני: |
| 1228 | Gn22:16 | הדין ולא מנעת ית ברך | ית | יחידך: |
| 1229 | Gn24:48M | ושבחת קדם ייי וברכת | ית | ייי אלה' |
| 1230 | Dt 4:25M | /מאן#2/ דסני ומרחק | קדם/ית#2/ | ייי אלהכון למכעס |
| 1231 | Dt 6:13M | אלהכון תהוון <....> | /ית | ייי א' תדחלון#2/ |
| 1232 | Ex14:21 | קדום תקיף כל ליליא ושוי | ית | ימא ליבש{בש}תא ואתבזעו מיא: |
| 1233 | Ex14:21 | ית ידיה על ימא ודבר ייי | ית | ימא ברוח קדום תקיף כל ליליא |
| 1234 | Ex20:11 | ברא ייי שמיא וית ארעא | ית | ימיה וית כל מה דבהון והוה |
| 1235 | Gn48:14 | ופשט ישראל | ית | ימינה ופשט ושווי על ראשה |
| 1236 | Gn48:17 | וחמא יוסף ארום שוי אבוי | ית | ימיניה על רישה דאפרים והוא |
| 1237 | Ex30:08 | בוציני«ה» ביני שמשתה | {ית} | יסדר יתיה קטרת בתדירא קדם |
| 1238 | Lv10:06M | יבכון \ית כל יקידתה | /ית | יקד'#2/ די אוקד ייי: |
| 1239 | Ex22:05 | חקלא משלמא ישלם מן דמוקד | ית | יקדתיה: |
| 1240 | Gn32:11 | עם עבדך ארום בחוטרי עברת | ית | ירדנא הדין וכדון הא אנה |
| 1241 | Gn49:19 | אנון יעברון עם ישראל | ית | ירדנא ואנון יכבשון קדמיהון |
| 1242 | Nu32:05 | ולאחסנה לא תעבר יתן | ית | ירדנה: |
| 1243 | Nu32:21 | ויעבר לכון כל דמזיין | ית | ירדנה קדם ייי עד זמן די |
| 1244 | Nu32:29 | דגד ובנוי דראובן עמכון | ית | ירדנה כל דמזיין לחיל קרבה |
| 1245 | Nu33:51 | להון ארום אתון עברין | ית | ירדנה לארעא דכנען: |
| 1246 | Nu35:10 | להון ארום אתון עברין | ית | ירדנה לארעא דכנען: |
| 1247 | Dt 2:29 | בלחיית עד זמן די נעבר | ית | ירדנה הדן לארעא דייי אלהן |
| 1248 | Dt 3:27 | בעייניך ארום לא תעיבר | ית | ירדנה הדין: |
| 1249 | Dt 4:21 | בשבועה דלא למעבר יתי | ית | ירדנה ודלא למיעול לארעא |
| 1250 | Dt 4:22 | בארעא הדה לית אנה עבר | ית | ירדנה ואתון עברין ותירתון |
| 1251 | Dt 4:26 | ארעא די אתון עברין | ית | ירדנה תמן למירת יתה לא |
| 1252 | Dt 9:01 | אתון עברין «יומא הדין» | ית | ירדנה למיעול למירת אומין |
| 1253 | Dt11:31 | ארום אתון עברין | ית | ירדנה למיעל למירת ית ארעא |
| 1254 | Dt12:10 | ותעברון | ית | ירדנה ותשרון בארעא דייי |
| 1255 | Dt27:02 | ויהווי ביומא די תעברון | ית | ירדנה לארעא דייי אלהכון |
| 1256 | Dt27:04 | ויהווי במעברכון | ית | ירדנה ותקימון ית אבנייה |
| 1257 | Dt27:12 | טורה דגריזים במעברכון | ית | ירדנה שמעון ולוי ויהודה |
| 1258 | Dt30:18 | על ארעא דאתון עברין | ית | ירדנה למיעול לתמן למירת |
| 1259 | Dt31:02 | דייי אמר לי לא תעבר | ית | ירדנה הדין: |
| 1260 | Dt31:13 | על ארעא די אתון} עברין | ית | ירדנה לתמן למירת יתה: |
| 1261 | Dt32:47 | על ארעא די אתון עברין | ית | ירדנה תמן למירת יתה: |
| 1262 | Dt16:01 | טורו | ית | ירחא דאביבה ותעבדון פסחא |
| 1263 | Ex26:09 | יריען לבלחודיהון ותכפל | ית | יריעתא שתיתיאתה לקבל אפי{ה} |
| 1264 | Ex26:06 | פורפין דדהב ותדב«ק» | ית | יריעתה חדה לקבל חדא בפרפיה |
| 1265 | Ex36:13 | חמשין פורפין דדהב ודבק | ית | יריעתה חדא לקבל חדא בפורפיה |
| 1266 | Nu 4:25 | ויטענון | ית | יריעתה דמשכנה וית משכן זמנה |
| 1267 | Nu 5:21 | בגו עמך כד ישוי ייי | ית | ירכ«י»ך מסיא וית מעיך |
| 1268 | Lv18:21M | נכריין ולא תיפסון | ית#2/ | ית שמה דאלהכון \כדן#2/ |
| 1269 | Dt12:02M | /משיצייה תשיצון | ית#2/ | ית כל אתרייה/את<רה#2/ |
| 1270 | Dt13:14M | דיירי קרת{י}הון /דיסטון | ית | יתבי קורייכון#2/ למימר |
| 1271 | Nu 3:10 | וית בנוי תמני ויטרון | ית | כהונתהון וחילוניי די יקרוב |
| 1272 | Lv25:11 | לא תזרעון ולא תחצדון | ית | כהותיכון ולא תקטפון ית |

|  |  | | | |
|---|---|---|---|---|
| 1273 | Lv21:04 | יסתאב רבה דבעמה דלא יפס | ית | כהנתא: |
| 1274 | Nu18:07 | ואת ובנך עמך תטרון | ית | כהנתכון לכל עסק מדבחה |
| 1275 | Gn15:05 | אסתכל כען לשמיא ומנה | ית | כוכביא אן תיכל לממני יתהון |
| 1276 | Lv 8:27 | ויהב | ית | כולה על כפי ידוי דאהרן ועל |
| 1277 | Lv 8:07 | ויהב עלוי | ית | כו<ת>נתה ואסר יתיה בהמיינה |
| 1278 | Lv25:05 | | ית | כחות חצדיכון לא תחצדון וית |
| 1279 | Ex38:08 | ועבד | ית | כיורה דנחש וית בסיס |
| 1280 | Ex40:07 | ותתן | ית | כיורה בין משכן זימנא ובין |
| 1281 | Ex40:11 | ותרבי^ | ית | כיורה וית בסיסיה ותקדש |
| 1282 | Ex40:30 | ושווי | ית | כיורה בין משכן זימנא ובין |
| 1283 | Nu20:11 | וארים משה ית חוטרה ומחה | ית | כיפה בחטריה {תנין} תרין |
| 1284 | Ex33:23 | ואעבר | ית | כיתי מלאכיה דקיימין ומשמשין |
| 1285 | Gn 1:29 | אקריה דייי הא יהבית לכון | ית | כל עשביא דמזרעין זרע די |
| 1286 | Gn 1:30 | ארעא דאית ביה נפש דחיא | ית | כל עשבא למזון והוה כן |
| 1287 | Gn 1:31 | וגלי קדם ייי | ית | כל מה דעבד והא שפר ותקן |
| 1288 | Gn 2:06 | הוה סלק מן ארעא ומשקי | ית | כל אפי ארעא: |
| 1289 | Gn 2:11 | פישון הוא חזור ומקף | ית | כל ארעא דהנדקי דמן תמן |
| 1290 | Gn 2:13 | גיחון הוא חזור ומקף | ית | כל ארעא דכוש: |
| 1291 | Gn 7:04 | וארבעין לילון ואישצי | ית | כל ברייתיה די ברית מעלווי |
| 1292 | Gn 7:23 | ושיצי | ית | כל ברייתא די על אפי דארעא |
| 1293 | Gn 8:21 | ולא אוסף תוב למשיציא | ית | כל חייא היך מה די עבדת: |
| 1294 | Gn13:10 | ונטל לוט ית עיינוי וחזא | ית | כל מישר ירדנא ארום כלה |
| 1295 | Gn13:10M | "וחזא ית ... באילנא" | ית | כל משריה דיורדנה והא כלה |
| 1296 | Gn13:11 | ובחר ליה לוט | ית | כל מישר ירדנ' ונטל לוט |
| 1297 | Gn13:15 | ארום | ית | כל ארעא די את חמי לך אתן |
| 1298 | Gn14:07 | לעין דינא היא רקם וקטלו | ית | כל תחומהון דעמלקיא ואף ית |
| 1299 | Gn14:11 | ונסבו | ית | כל ממונהון דסדם ודעמרה |
| 1300 | Gn14:16 | וחזר | ית | כל ממונה ואף ית לוט בר |
| 1301 | Gn15:10 | וקרב קדמוי | ית | כל אלין ופסג יתהון במציעה |
| 1302 | Gn15:10M | קדמוי ית /וקריב ליה | ית#2/ | כל אלין/אליין#2/ ופסג |
| 1303 | Gn17:08 | מן בתרך ית ארעא תותבותך | ית | כל ארעא דכנען לאחסנת עילם |
| 1304 | Gn18:28 | הא משיצא את בגלל חמשה | ית | כל קרתא ואמר לא אשיצא אם |
| 1305 | Gn20:08 | וקרא לכל שלטוי ומלל | ית | «כל» פתגמי«א» האלין |
| 1306 | Gn24:28 | דאחוי דרבוני דאמה ותניית | ית | כל פתגמיא האלין: |
| 1307 | Gn24:36 | מן בתר דיסאב ויהב לה | ית | כל מה דיליה: |
| 1308 | Gn24:66 | ותני עבדא ליצחק | ית | כל פתגמא {ל}<ד>עבד: |
| 1309 | Gn25:05 | ויהב אברהם | ית | כל מה דיליה ליצחק: |
| 1310 | Gn26:03 | יתך ארום לך ולבנך אתן | ית | כל ארעתא האלין ואקים ית |
| 1311 | Gn26:04 | ככוכבי שמיא ואתן לבניך | ית | כל ארעתא האלין ויתברכון |
| 1312 | Gn26:11 | ופקד אבימלך | ית | כל עמא למימר מן דיקרב בגברא |
| 1313 | Gn29:13 | לגו בייתיה ותני ללבן | ית | כל פתגמ<י>א האילין: |
| 1314 | Gn29:22 | וכנש לבן | ית | כל עמה דאתרא ועבד שירו ענה |
| 1315 | Gn31:01 | מה דאבונן ומן דאבונן קנה | ית | כל נכסיא האלין: |
| 1316 | Gn31:01M | <מה> דאית לאבונן תקף | ית#2/ | \כל נכסיא האלין/איקרא |
| 1317 | Gn31:01 | דלבן למימר נסב יעקב | ית | כל מה דאבונן ומן דאבונן קנה |
| 1318 | Gn31:12 | ומקדקדין ארום גלי קדמיי | ית | כל מה דלבן עבד לך: |
| 1319 | Gn31:18 | {את' כל בעירא} <....> | ית | כל בעירא וית כל ממוניה די |
| 1320 | Gn31:34 | ויתבת עליהון ופשפש לבן | ית | כל משכנה ולא אשכח: |
| 1321 | Gn31:35 | {ב}<כ>נשיא לי ופשפש לבן | ית | כל משכנא ולא אשכח ית צלמיה: |
| 1322 | Gn31:37 | ארום פשפשת | ית | כל מניי מה אשכחת מן כל מני |
| 1323 | Gn32:20M | "אף ית דמהלך בתר": לחוד | ית | כל אילין דמהלכין בתר |
| 1324 | Gn32:24 | נחל} ועבר ית נחלה ועבר | ית | כל «מה» דיליה: |
| 1325 | Gn35:04 | ויהבו ליעקב | ית | כל פלחנא נכריה די בידיהון |
| 1326 | Gn39:22 | תחות רשותא דיוסף | ית | כל חבושיה די בבית חבושיה |

| | | | | |
|---|---|---|---|---|
| 1327 | Gn39:23 | לית רב בית חבושיא חמי | ית | כל מן דעם מן בתרה מן בגלל |
| 1328 | Gn41:08 | רוחיה דפרעה ושלח וקרא | ית | כל חרישיהון דמיצראי וית כל |
| 1329 | Gn41:35 | ויכנשון | ית | כל מזון שבעתי שניא טבתא |
| 1330 | Gn41:48 | וכנש | ית | כל מזון שבעתי שנייה דיהוון |
| 1331 | Gn41:51 | מנשה ארום נשי יתיה ייי | ית | כל עמלי וית כל אנשי ביתיה |
| 1332 | Gn42:29 | לארעא דכנען ותנון לה | ית | כל מה די יערע יתהון למימר: |
| 1333 | Gn45:13 | ותתנון לאבא | ית | כל אקרי במצרי׳ וית כל מה |
| 1334 | Gn45:27 | ומלילו עמיה | ית | כל מלוי דיוסף דמלל עמהון |
| 1335 | Gn47:10M | מיא דנילוס וישקון | ית | כל ארעא דמצרים ויעדי כפנא |
| 1336 | Gn47:14 | וכנש יוסף | ית | כל כספא דאשתכח בארעא |
| 1337 | Gn47:20 | וזבן יוסף | ית | כל ארעהון דמצראי לפרעה ארום |
| 1338 | Gn50:15 | יוסף יתן ומחזרא יחזר לן | ית | כל בישתא די גמלנן יתיה: |
| 1339 | Ex 1:14 | ובכל פולחן באפי ברא | ית | כל פולחן די פלחו בהון |
| 1340 | Ex 4:28 | וחווי משה לאהרן | ית | כל פתגמיא דייי דשלח יתיה |
| 1341 | Ex 4:29 | ואזל משה ואהרן וכנשו | ית | כל חכימיא דבני ישראל: |
| 1342 | Ex 4:30 | ומליל אהרן | ית | כל פתגמיא די מלל ייי עם |
| 1343 | Ex 6:29 | מלל עם פרעה מלכא דמצרים | ית | כל מה די אנה ממל{ך}<ל> עמך: |
| 1344 | Ex 7:02 | את תמלל | ית | כל מה די פקדת יתך ואהרן |
| 1345 | Ex 7:27 | למשלחה הא אנה משיצא | ית | כל תחומך בארדעניא: |
| 1346 | Ex 9:14 | בזמנא הדא הא אנה משלח | ית | כל מחוותיי על לבך ובשלטונך |
| 1347 | Ex 9:25 | ברדא בכל ארעא דמצרים | ית | כל מה דהוה באפי ברא מן |
| 1348 | Ex10:05 | לכון מן ברדא ויכול | ית | כל אילנייא דצמחין לכון |
| 1349 | Ex10:12 | על ארעא דמצרים ויכול | ית | כל עשבא וארעא ית כל מה די |
| 1350 | Ex10:12 | ויכול ית כל עשבא וארעא | ית | כל מה די שייר ברדה: |
| 1351 | Ex10:15 | וכסי | ית | כל חזוה דכל ארעא וחשכת ארעא |
| 1352 | Ex10:15 | דכל ארעא וחשכת ארעא ואכל | ית | כל עשבא דארעא וית כל פרי |
| 1353 | Ex11:10 | ומשה ואהרן עבדו | ית | כל נסייה האלין קודם פרעה |
| 1354 | Ex12:29 | דליליי«א» וייי קטל | ית | כל בכוריא בארעא דמצרים מן |
| 1355 | Ex16:03 | יתן למדברא הדין למקטלא | ית | כל קהלא הדין בכפנא: |
| 1356 | Ex18:01 | רבה דמדין חמוי דמשה | ית | כל מה דעבד ייי למשה |
| 1357 | Ex18:08 | ולמצריי על עסק ישראל | ית | כל עקיא די ארען יתהון |
| 1358 | Ex18:08 | ותני משה לחמוי | ית | כל מה דעבד ייי לפרעה |
| 1359 | Ex18:14 | וחמא חמוי דמשה | ית | כל מה דהוה עבד לעמ«א» |
| 1360 | Ex19:07 | לחכימי עמא וסדר קדמיהון | ית | כל פתגמיא האיליין די פקד |
| 1361 | Ex20:01 | ומלל ייי | ית | כל שבח דיבירייא האליין |
| 1362 | Ex23:27 | די תיעלון ביניהון ואשוי | ית | כל בעלי דבביכון קדמיכון |
| 1363 | Ex23:27M | ״ואערבב ... ואשוי״: ואשיצי | ית | כל עמא דתעלון לוותהון |
| 1364 | Ex23:27 | אשלח קדמיכון ואערבב | ית | כל עמיא די תיעלון ביניהון |
| 1365 | Ex23:31 | רבא ארום אמסר{א} בידיכון | ית | כל דיירי ארעא ואטרוד יתהון |
| 1366 | Ex24:03 | ואתא משה ותני לעמא | ית | כל פתגמיא דייי וית כל סדרי |
| 1367 | Ex24:04 | וכתב משה | ית | כל פתגמיי דייי ואקדם בצפרא |
| 1368 | Ex24:08 | קיימא דקיים ייי עמכון | ית | כל פתגמיי׳ האליין: |
| 1369 | Ex25:22 | מן ביני תרין כרובייא | ית | כל מה דאפקד יתך על בני |
| 1370 | Ex25:39 | קנטר דהב דכי יעבד יתה | ית | כל מניה האיליין: |
| 1371 | Ex29:18 | ותסדר | ית | כל דיכרא על גבי מדבחא עלה |
| 1372 | Ex31:06 | לבי שוית חכמה ויעבדון | ית | כל מה די פקדת יתך: |
| 1373 | Ex33:19 | ואמר הא אנה מעבר | ית | כל מכלת טובי קדמיך ואחוס על |
| 1374 | Ex34:32 | כל בני ישראל ופקד יתהון | ית | כל מה דפקד ייי עמהון בטורא |
| 1375 | Ex35:01 | וכנש משה | ית | כל כנישתה דבני ישראל ואמר |
| 1376 | Ex35:10 | ליבא דבכון ייתון ויעבדון | ית | כל מה די פקד ייי: |
| 1377 | Ex36:01 | בהון למידע ולמעב«ד» | ית | כל עבידת פלחן בית קודשא לכל |
| 1378 | Ex36:03 | ונסבו מן קדם משה | ית | כל אפרשותה די אפרשו בני |
| 1379 | Ex36:04 | ואתון כל חכימיא דעבדין | ית | כל עבידת בית קודשא גבר מן |
| 1380 | Ex38:03 | ועבד | ית | כל מני{ה} מדבחה ית דוודותה |
| 1381 | Ex38:22 | לשבטא דבנוי דיהודה עבד | ית | כל די פקד ייי ית משה: |
| 1382 | Ex39:42 | משה כן עבדו בני ישראל | ית | כל פלחנא: |
| 1383 | Ex39:43 | וחמא משה | ית | כל עבידתיה והא עבדו יתה |
| 1384 | Lv 4:12 | ויפק | ית | כל תורא לבר מן משריתה לאתר |
| 1385 | Lv 8:16 | ונסב | ית | כל תרבא די על בני גווה וית |
| 1386 | Lv 8:21 | רגלה שזג במיא וסדר משה | ית | כל דכרה על גבי מדבחה עלה |
| 1387 | Lv 8:36 | ועבד אהרן ובנוי | ית | כל פתגמיה די פקד ייי |
| 1388 | Lv10:06 | כל בית ישראל יבכון | ית | כל יקידתה די אוקד ייי: |
| 1389 | Lv10:11 | ולמלפא | ית | כל בני ישראל ית כל קיימיה |
| 1390 | Lv10:11 | ולמלפא ית כל בני ישראל | ית | כל קיימיה די מלל ייי עמהון |
| 1391 | Lv13:12 | צרעתה במשכה ותכסי צרעתה | ית | כל משכא דמכתשה מן ראשה ועד |
| 1392 | Lv13:13 | ויחמי כהנא והא כסית צרעתה | ית | כל בשרה וידכי ית מכתשא כלה |
| 1393 | Lv13:52 | ית ערבה בעמר או בכיתן או | ית | כל מן דמשך די יהווי ביה |
| 1394 | Lv13:52M | כל /דעמרה או דכ{נ}ת<נ>ה | ית | כל#2#/ מן דמשך די יהווי |
| 1395 | Lv14:08 | ית לבו«שוי» ויספר | ית | כל שעריה ויסחי במיא וידכי |
| 1396 | Lv14:09 | ויהוי ביומא שביעיה יספר | ית | כל שעריה ית ראשיה וית דקנה |
| 1397 | Lv15:16 | תשמיש דזרע ויסחי במיא | ית | כל בשריה ויסתאב עד רמשא: |
| 1398 | Lv16:21 | דבחיין ויתודי עלוי | ית | כל חובהון דבני ישראל וית |
| 1399 | Lv16:22 | ויקבל צפירה עלוי | ית | כל חוביהון לארע מפסקה וישלח |
| 1400 | Lv18:27 | ארום | ית | כל מרחקתה האליין עבדו עמה |
| 1401 | Lv19:37 | ותטרון | ית | כל קיימי וית כל סדרי דיניי |
| 1402 | Lv20:22 | ותטרון | ית | כל קיימי וית כל סדרי דיניי |
| 1403 | Lv20:23 | אנה משלח מן קדמיכון ארו׳ | ית | כל אליין מרחקתה עבדו ואעיק |
| 1404 | Lv26:14 | אורייתי ולא תעבדון | ית | כל פיקודיה האליין: |
| 1405 | Lv26:15 | תרחק נפשכון דלא למעבד | ית | כל פיקודי במפסכון ית |
| 1406 | Nu 3:08 | ויטרון | ית | כל מני משכנה וית ^כל#2^ |
| 1407 | Nu 3:42 | היך מה די פקד ייי יתה | ית | כל בכור«י»ה דבני ישראל: |
| 1408 | Nu 4:12 | ויסבון | ית | כל מני שמושה די ישמשון בהון |
| 1409 | Nu 4:14 | ויתנון עלוי | ית | כל מנוי די ישמשו עלוי בהון |
| 1410 | Nu 4:20 | למיחמי כד משקע כהנה רבה | ית | כל מני בית קודשה דלא |
| 1411 | Nu 4:27 | ותסכמון עליהון במטרה | ית | כל מטליהון: |
| 1412 | Nu 5:30 | קדם ייי ויעבד לה כהנה | ית | כל קיימיה דאוריתה האלין: |
| 1413 | Nu 8:09 | קדם משכן זימנא ותכנש | ית | כל כנשתה דבני ישראל: |
| 1414 | Nu11:12 | האנא עברת | ית | כל עמא האלין או אנה אולדת |
| 1415 | Nu11:22 | להון הא ספק להון אן | ית | כל נוני דימא אן מתכנש להון |
| 1416 | Nu11:24 | ונפק משה ומלל עם עמא | ית | כל פתגמוי דייי וכנש שובעין |
| 1417 | Nu14:21 | ותתמלא איקר שכינתה דייי | ית | כל ארעא: |
| 1418 | Nu15:22 | וארום תשאלון ולא תעבדון | ית | כל מצוותה האליין די מלל |
| 1419 | Nu15:39 | ותחמון יתיה ות{ת}<ד>כרון | ית | כל מצוותה דייי ותעבדון |
| 1420 | Nu15:40 | מן בגלל דתידכרון | ית | כל פיקודיי ותהוון קדישין |
| 1421 | Nu16:19 | וכנש עליהון קרח | ית | כל עם כנישתה לתרע משכן זמנא |
| 1422 | Nu16:28 | מן קדם ייי אשתלחת למעבד | ית | כל עיבידה האליין ארום לא מן |
| 1423 | Nu16:31 | והווה כד אשלם למללא | ית | כל פיתגמיה האיליין ואתפתחת |
| 1424 | Nu17:24 | ואפק משה | ית | כל חוטריה מן קדם ייי לוות |
| 1425 | Nu18:29 | מן כל מתנתכון תפרשון | ית | כל אפרשותה דייי מן כל תרבה |
| 1426 | Nu20:14 | ישראל אתון ידעתון | ית | כל עקיה די ארעון יתן: |
| 1427 | Nu21:23 | עברין בתחומה וכנש סיחון | ית | כל עמיה ונפק לקדמות ישראל |
| 1428 | Nu21:25 | ונסבו ישראל | ית | כל קורייתה האליין ושרון |
| 1429 | Nu21:26 | דמואביי קדמייה ונסב | ית | כל ארעא מניה עד ארנונה: |
| 1430 | Nu22:02 | וחמא בלק בר צפור | ית | כל מה די עבדו ישראל |
| 1431 | Nu22:04 | כדון ישצון קהלא הדין | ית | כל קירויא די חזור חזור |
| 1432 | Nu25:04 | ואמר ייי למשה דבר | ית | כל ראשי עמא ואקים יתהון |
| 1433 | Nu30:15 | יום ויקיים ית כל נדרה או | ית | כל קיומא די עלה קיים יתהון |
| 1434 | Nu30:15 | בעלה יום בתר יום ויקיים | ית | כל נדרה או ית כל קיומא די |

|  |  | | | |
|---|---|---|---|---|
| 1435 | Nu31:11 | ונסבו | ית | כל בזתא וית כל עדיתה: |
| 1436 | Nu33:52 | ותשיצון | ית | כל דיירי ארעא מן קדמיכון |
| 1437 | Nu33:52 | ארעא מן קדמיכון ותסיפון | ית | כל טעוותהון וית כל {{צלמי}} |
| 1438 | Nu33:54M | זעירין תזער אחסנתיה | לכל/ית | כל#2#/ מן די יפוק לה תמן |
| 1439 | Nu33:55 | מן קדמיכון ויהווי | ית | כל מה די תשיירון מנהון |
| 1440 | Dt 1:07 | לטורהון דאמוריי וכבישו | ית | כל כופרנוי במשרה בטורה |
| 1441 | Dt 1:18 | ופקדית יתכון בשעתה ההיא | ית | כל פתגמיה די תעבדון: |
| 1442 | Dt 1:19 | ונטלן מן חורב והלכנן | ית | כל מדברה רבה ודחילה ההוא די |
| 1443 | Dt 2:34 | וכבשינן | ית | כל קורייוי בשעתה ההיא |
| 1444 | Dt 2:34 | בשעתה ההיא ושיצינן | ית | כל קורי תלילתה ונשייה |
| 1445 | Dt 3:04 | וכבשנן | ית | כל קורייוי בשעתה ההיא לא |
| 1446 | Dt 3:14 | יאיר בר מנשה נסב | ית | כל תחום תרכונה עד תחום |
| 1447 | Dt 3:21 | ההיא למימר עיינך חמיין | ית | כל מה די עבד ייי אלהכון |
| 1448 | Dt 4:03 | הא עייניכון חמיין | ית | כל מה די עבד ממריה דייי |
| 1449 | Dt 4:06 | לעייני אומייה די ישמעון | ית | כל קיימיה האליין ויימרון |
| 1450 | Dt 5:27 | ייי אלהן ואת תמלל עמן | ית | כל מה די ימלל ייי אלהך עמך |
| 1451 | Dt 5:27 | קרב את ושמע | ית | כל מה די יאמר ייי אלהן ואת |
| 1452 | Dt 5:29 | למדחול מן קדמי ולמטור | ית | כל מצוותה דאורייתי כל |
| 1453 | Dt 5:31 | אתעתד קדמיי ואמלל עמך | ית | כל מצוותה וקיימיה וסדרי |
| 1454 | Dt 6:02 | דייי אלהכון ולמיטור | ית | כל קיימוי ומצותה דאוריתה די |
| 1455 | Dt 6:19 | למידחוף | ית | כל בעלי דבביכון מן קדמיכון |
| 1456 | Dt 6:24 | ופקד יתן ייי למעבד | ית | כל קיימיה האיליין למדחול |
| 1457 | Dt 6:25 | תיהוי לן ארום נטור למעבד | ית | כל מצוותה הדה קדם ייי אלהן |
| 1458 | Dt 6:25M | אין נטרין אנן למעבד | ית | כל קיימיה האילין |
| 1459 | Dt 7:16 | ותיכלון | ית | כל נכסי אמייה דייי אלהכון |
| 1460 | Dt 8:02 | ות«י»דכרון | ית | כל אורחה די דבר יתכון ייי |
| 1461 | Dt11:07 | ארום עיניכון חמיין | ית | כל עבדוי דייי רברביה די |
| 1462 | Dt11:08 | ותטרון | ית | כל מצוותה די אנה מפקד יתכון |
| 1463 | Dt11:22 | ארום אן מטור תטרון | ית | כל מצוותה הדה די אנה מפקד |
| 1464 | Dt11:23 | ויטרוד ממרה דייי | ית | כל אומייא האליין מן קדמיכון |
| 1465 | Dt11:32 | ותטרון למיעבד | ית | כל קיימיה וית סדרי דיניה |
| 1466 | Dt12:02 | מיספה תסייפון | ית | כל אתרייה די פלחו תמן |
| 1467 | Dt12:11 | שכינתיה תמן תמן תיתון | ית | כל מה די אנה מפקד יתכון |
| 1468 | Dt12:14 | עלוותכון ותמן תעבדון | ית | כל מה די אנה מפקד יתכון: |
| 1469 | Dt12:28 | טורו ושמעו | ית | כל פתגמייה האיליין די אנה |
| 1470 | Dt13:01 | | ית | כל פתגמא די אנה מפקד יתכון |
| 1471 | Dt13:19 | ממרה דייי אלהכון למיטר | ית | כל מצוותה די אנה מפקד יתכון |
| 1472 | Dt14:22 | בני ישראל מעשרה תעשרון | ית | כל עללת זרעיכון מה דאתון |
| 1473 | Dt14:26M | ותזבנון בכספא | ככל/ית | כל#2#/ מה די תתחמד |
| 1474 | Dt15:05 | דייי אלהכון למטור למעבד | ית | כל מצוותה הדה די אנה מפקד |
| 1475 | Dt15:05M | הדה די אנה /ולמעבד | ית | כל פיקודייה האליין די |
| 1476 | Dt17:19 | ייי אלהיה למטור | ית | כל פתגמיה האיליין וית |
| 1477 | Dt18:18 | דבירוי בפומיה וימלל להון | ית | כל מה די אפקד יתיה: |
| 1478 | Dt19:08 | קיים לאבהתכון ויתן לכון | ית | כל ארעא די מלל למיתן |
| 1479 | Dt19:09 | ארום תטרון | ית | כל מצוותה הדה למעבד יתה |
| 1480 | Dt20:13 | אלהכון בידיכון ותקטלון | ית | כל דכורה לפתגם דחרב: |
| 1481 | Dt26:12 | ארום תשלמון למעשרה | ית | כל מעשר עללת<כ>ון בשתה |
| 1482 | Dt27:01 | ית עמא למימר טורו | ית | כל מצוותה די אנה מפקד יתכון |
| 1483 | Dt27:03 | ותכתבון עליהון | ית | כל פתגמי אוריתה הדה |
| 1484 | Dt27:08 | ותכתבון על אבנייה | ית | כל פתגמי אוריתה הדה כתיב |
| 1485 | Dt28:01 | דייי אלהכון למיטר למעבד | ית | כל מצוותה די אנה מפקד יתכון |
| 1486 | Dt28:12 | בזמנה ולמ«ב»רכה | ית | כל עבד ידיכון ותצרכון |
| 1487 | Dt28:15 | אלהכון למיטור למיעבד | ית | כל מצוותה וקיימוי די אנה |
| 1488 | Dt28:58 | אין לא תטרון למעבד | ית | כל פתגמי אוריתה הדה דכתבין |

|  |  | | | |
|---|---|---|---|---|
| 1489 | Dt28:60 | ויחזר עליכון | ית | כל מכתישיהון דמצריי די |
| 1490 | Dt28:60M | מכתישיהון דמצריי /בכון | ית | כל מכתשייה דמצראי#2#/ די |
| 1491 | Dt29:01 | ואמר להון אתון חמיתון | ית | כל מה די עבד ייי לעייניכון |
| 1492 | Dt29:08 | יתהון מן בגלל דתצלחון | ית | כל מה די תעבדון: |
| 1493 | Dt29:26 | בארעא ההיא למייתיה עלה | ית | כל לווטיה דכתיבין בספר |
| 1494 | Dt29:28 | לן ולבנינן עד עלמא למעבד | ית | כל פתגמי אורייתה הדה: |
| 1495 | Dt30:07 | וישווי ייי אלהכון | ית | כל לווטייה האליין על |
| 1496 | Dt30:08 | דייי אלהכון ותעבדון | ית | כל מצוותה די אנה כען מפקד |
| 1497 | Dt31:12 | ייי אלהכון ויטרון למעבד | ית | כל מילי אוריתה הדה: |
| 1498 | Dt31:24 | והוה כד אשלם משה למכתב | ית | ^כל#2#^ מילי אורייתה הדה |
| 1499 | Dt31:28 | כנשו לוותי | ית | כל חכימי שבטיכון דייניכון |
| 1500 | Dt32:44 | ואתה משה ומלל | ית | ^כל#2#^ שבח שירתה הדה |
| 1501 | Dt32:45 | ואשלם משה למללה | ית | כל פתגמייא האיליין עם כל |
| 1502 | Dt32:46 | ית בניכון למטור ולמעבד | ית | כל מילי שבח אוריתה: |
| 1503 | Dt33:02 | קדישין אמרין בני ישראל | ית | כל מה «די» מלל מימרה דייי |
| 1504 | Dt34:01 | וחווי ליה מימריה דייי | ית | כל ארעא וית גלעד עד דן |
| 1505 | Gn 9:03 | כירק עשבי' יהבית לכון | ית | כלא: |
| 1506 | Dt 2:36 | קרייה די אשתזבת מינן | ית | כלא מסר ייי אלהן קדמינן: |
| 1507 | Lv 1:09 | ישיג במיא ויסדר כהנא | ית | כלה על גבי מדבחא עלה קרבן |
| 1508 | Lv 1:13 | ישיג במיא ויקרב כהנא | ית | כלה ויסדר על גבי מדבחא עלה |
| 1509 | Ex29:06 | ית מצנפתה על ראשה ותתן | ית | כליל בית קודשא על מצנפתה: |
| 1510 | Lv21:09M | תשרי למזנייה | ית | כליל כהונתה דאבוה היא מפסה |
| 1511 | Nu 6:19 | דנזירה מן בתר די«י»ספר | ית | כליל נזירותיה: |
| 1512 | Ex 8:14 | חרשייא בחרשיהון למפקא | ית | כלמייא ולא יכלו והוון כלמיא |
| 1513 | Ex33:02 | ואשלח קדמך מלאך ואטרוד | ית | כנעניי אמריי חתיי פריזיי |
| 1514 | Nu21:03 | דישראל ומסר בידיהון | ית | כנעניי ושיצי יתהון וית |
| 1515 | Gn40:11M | \ושוית כסא בכף /ושווית | ית | כסא על כף#2#/ ידיה דפרעה: |
| 1516 | Gn31:15 | זבן יתן ואכל לחוד מיכל | ית | כסף זבנן: |
| 1517 | Ex30:16 | ותקבל | ית | כסף פורקניה מן לוות בני |
| 1518 | Nu 3:49 | ונסב משה | ית | כסף פרקוניה מן מה דאישתייר |
| 1519 | Nu 3:51 | ויהב משה | ית | כסף פרקוניה לאהרן ולבנוי |
| 1520 | Gn23:16 | ותקל אברם ^לעפרון#2#^ | ית | כספא דמלל במשמעהון דבנוי |
| 1521 | Gn42:27 | לחמריה בבית אבתותתה וחמא | ית | כספא והא הוא בפום טעונה: |
| 1522 | Gn47:14 | אנון <....> ואעל יוסף | ית | כספא לפלטורין דפרעה: |
| 1523 | Lv27:18 | יקדש חקליה ויחשב לה כהנה | ית | כספה על פם שנייה |
| 1524 | Nu 3:48 | ותתן | ית | כספה לאהרן ולבנוי פרקונייה |
| 1525 | Nu 3:50 | בכוריה דבני ישראל קבל | ית | כספה אלף ותלת מאוון ואשתין |
| 1526 | Ex21:35 | ית תורא חייה ויפלגון | ית | כספיה ואף ית הנייתה דמיתא |
| 1527 | Lv25:37 | | ית | כספך לא תתן ליה בשערין |
| 1528 | Ex33:22M | \ואפרוש כפי /ואטל | ית | כף ידי#2#/ עליך עד דיעברון |
| 1529 | Dt25:12 | ותקצון | ית | כף י{ת}<ד>ה לא יחוסן |
| 1530 | Ex40:20 | על ארונה דסהדותה ויהב | ית | כפורתה על ארונה מן לעל: |
| 1531 | Ex 9:29 | משה במפקי ית קרתא אפרש | ית | כפי ידי קדם ייי קלייא |
| 1532 | Nu32:41 | ויאיר בר מנשה אזל וכבש | ית | כפרניהון וקרא יתהון כופרני |
| 1533 | Ex35:12 | ית ארנה וית אריחוי | ית | כפרתה וית פרכתה דפרסה: |
| 1534 | Lv16:13 | ייי ויכסי תננה דקטרתה | ית | כפרתה די על סהדותה ולא |
| 1535 | Ex34:13 | ארום | ית | {כ}<ק>סמהון תפגרון וית |
| 1536 | Ex37:08 | סטרי מן הכה מן כפרתה עבד | ית | כרוביה מן תרין סטרוי: |
| 1537 | Ex25:19 | מן הכה כפורתה תעבדון | ית | כרובייא על סטרוי תרין |
| 1538 | Lv 3:14 | ייי ית תרבה דח{כ}<פ>י | ית | כרסא וית כל תרבה די על |
| 1539 | Ex29:13 | ותסב כל תרבה דחפי | ית | כרסה וית מה דמשתייר |
| 1540 | Ex29:22 | ואליתה וית תרבה דחפי | ית | כרסה וית מה דמשתייר מן |
| 1541 | Lv 3:03 | קדם ייי ית תרבא דחפי | ית | כרסה וית כל תרבה די על |
| 1542 | Lv 3:09 | ועבד יתה ית תרבה דחפי | ית | כרסה וית כל תרבה די על |

|  |  | | | |
|---|---|---|---|---|
| 1543 | Lv 7:03 | ית אליתה ~וית תרבה דחפי | ית | כרסה: |
| 1544 | Nu24:23M | ישווי ייי /די יקבע ייי | ית | כרסיה למ' וישווי#2#/ תקוף |
| 1545 | Ex39:27 | ועבדו | ית | כתונה דבוץ עובד גרדיי |
| 1546 | Ex29:05 | ית לבושיא ותלבש ית אהרן | ית | כתנתה וית מעילה דאפודא וית |
| 1547 | Ex 7:03 | ואנה אתוקף | ית | לבא דפרעה ואסגי ית נסיי וית |
| 1548 | Dt 2:30 | ייי אלהכון ית רוחיה ותקף | ית | לבביה מן בגלל למסור יתיה |
| 1549 | Dt15:07 | יהב לכון לא תתוקפון | ית | לבביכון ולא תקפצון ית |
| 1550 | Dt30:06 | ויגזר ייי אלהכון | ית | לבביכון וית לבבי זרעיכון |
| 1551 | Dt 1:28 | לאן אנן סלקין אחינן אמסון | ית | לבבינן למימר עם רברבין |
| 1552 | Ex 8:28 | ותקף פרעה | ית | לבה לחוד בזמנא הדא ולא שלח |
| 1553 | Ex14:04 | ואתוקף | ית | לבה דפרעה וירדוף בתריהון |
| 1554 | Ex14:08 | ותוקף ייי | ית | לבה דפרעה מלכא דמצרים ורדף |
| 1555 | Ex14:17 | ואנה הא מתוקף | ית | לבהון דמצריי ויעלון בתריהון |
| 1556 | Nu32:07 | ולמה כען תתברון | ית | לבהון דבני ישראל מלמעבר |
| 1557 | Nu32:09 | וחמון ית ארעא ותברו | ית | לבהון דבני ישראל דלא מיעול |
| 1558 | Dt20:08 | לבייתיה ולא יימסי ויתבר | ית | לבהון דאחוי כלבביה: |
| 1559 | Lv13:52 | ויוקד | ית | לבושה או ית שתיה או ית ערבה |
| 1560 | Gn27:15 | ונסבת רבקה | ית | לבושי דעשו ברה רבה |
| 1561 | Gn37:29 | לית יוסף בגו גובא ובזע | ית | לבושי: |
| 1562 | Ex28:03 | עמהון רוח חכמה ויעבדון | ית | לבושי דאהרן למקדשא יתיה |
| 1563 | Ex40:13 | ותלבש אהרן | ית | לבושי בית קודשה~ ותרבי |
| 1564 | Lv 6:04 | וישלח | ית | לבושי וילבש לבושין אוחרנין |
| 1565 | Lv14:08 | ויתחוור מן דמדכי | ית | לבו«שי» ויספר ית כל |
| 1566 | Lv14:09 | כל שערה יספר ויחוור | ~ית#2# | לבושי ויסחי ית בשריה |
| 1567 | Lv14:47 | ומן די יאכול בביתה יחוור | ית | לבושי: |
| 1568 | Lv14:47 | ומן די ידמוך בביתה יחוור | ית | לבושי ומן די יאכול בביתה |
| 1569 | Lv16:23M | \וישלח ית לבושי /ויחלוש | ית | לבושי#2#/ בוצא די לבש |
| 1570 | Lv16:24 | במיא באתר קדיש וילבש | ית | לבושי ויפוק ויקרב ית עלתה |
| 1571 | Nu19:10 | מן דמכנש ית קטמא דתורתה | ית | לבושי ויהווי מסאב עד רמשה |
| 1572 | Nu20:26 | ואשלח אהרן | ית | לבושי ותלבש יתהון אלעזר |
| 1573 | Nu20:28 | ואשלח <משה ית> אהרן | ית | לבושי ואלבש יתהון ית |
| 1574 | Ex35:19 | | ית | לבושי שמושי למשמשה ית לבושי |
| 1575 | Ex35:19 | ית לבושי שמושי למשמשה | ית | לבושי קודשא לאהרן כהנא וית |
| 1576 | Ex39:01 | ~למשמשה בית קודשה ועבדו | ית | לבושי קדש{י}<ה>~ די לאהרן |
| 1577 | Ex39:01 | וצבע דזהוריתה טבתה עבדו | ית | לבושי שמוש ~למשמשה |
| 1578 | Ex39:41 | | ית | לבושי שמושה למשמשה בגו |
| 1579 | Lv16:23 | אהרן למשכן זימנה וישלח | ית | לבושי בוצא די לבש במעלה לגו |
| 1580 | Lv16:32 | רבתה בתר אבוי וילבוש | ית | לבושי בוצה לבושי בית קדשא: |
| 1581 | Ex29:05 | ותיסב | ית | לבושיא ותלבש ית אהרן ית |
| 1582 | Lv21:10 | ית קרבן ידוי למלבש | ית | לבושיה ית ראשיה לא יכסה |
| 1583 | Dt21:13 | ותעבר | ית | לבושיה שביתה מן עלווה ותיתב |
| 1584 | Ex 4:21 | קדם פרעה ואנה אתוקף | ית | לביה ולא ישלח ית עמא: |
| 1585 | Ex 8:11 | ארום הוות שעת דרוח ותקף | ית | לביה ולא שמע להון היך מה |
| 1586 | Ex10:01 | פרעה ארום אנה תקפ«י»ת | ית | לביה וית לביהון דשליטוי |
| 1587 | Ex10:20 | ותוקף ייי | ית | לביה דפרעה ולא שלח ית בני |
| 1588 | Ex10:27 | ותקף ייי | ית | לביה ולא צבא למשלחה יתהון: |
| 1589 | Ex11:10 | קודם פרעה ותוקף ייי | ית | לביה דפרעה ולא שלח ית בני |
| 1590 | Gn10:13 | ומצרים אולד | ית | לודיא וית ענמיה וית להבייא |
| 1591 | Nu 1:50M | ואת \מני ית לוויי /מאני | ית | לוואי#2#/ על משכנה דסהדותה |
| 1592 | Ex24:12 | לטורא והוי תמן ואתן לך | ית | לוחי אבניא ואורייתא |
| 1593 | Ex26:18 | ותעבד | ית | לוחי למשכניה עשרין לוחין |
| 1594 | Ex26:15 | ותעבד | ית | לוחיה למשכנא אעין דשטין |
| 1595 | Ex36:20 | ועבד | ית | לוחיה למשכניה אעין דשטין |
| 1596 | Ex36:23 | ועבד | ית | לוחיה למשכנה עשרין לוחין |
| 1597 | Dt10:05 | ונחתית מן טורה ושווית | ית | לווחיה בארונה די עבדית |
| 1598 | Nu 5:23 | ויכתוב | ית | לווטיה האלין כהנא בספרא |
| 1599 | Nu 5:23M | ית לווטייה האלין /וכתיב | ית | לווטייה האליין#2#/ כהנא |
| 1600 | Nu 1:50 | ואת מני | ית | לוויי על משכנה דסהדותה ועל |
| 1601 | Nu 8:11 | ויניף אהרן | ית | לוויי ויהוון למפלח ית |
| 1602 | Ex40:18 | ויהיב ית חומרוי ושווי | ית | לוחוי ויהב ית נגרוי ואקים |
| 1603 | Ex32:19 | רוגזה דמשה וטלק מן ידוי | ית | לוחיא ותבר יתהון בשיפלוי |
| 1604 | Nu 3:12 | ואנא הא א{ת}פרשת | ית | לויי מן גו בני ישראל חלף |
| 1605 | Gn33:02 | ושוי | ית | לחינתה וית בניהון קדמיין |
| 1606 | Lv21:08 | ותקדשון יתיה ארום | ית | לחם אלהכון אנון מקרבין |
| 1607 | Lv21:21 | למקרבה לחם אלהיה מום בה | ית | לחם אלהיה לא יקרב למקרבה: |
| 1608 | Lv22:25M | בר עממין} לא תקרבון | \ית#2# | לחם אלהכון מן כל אלין |
| 1609 | Ex16:32 | לדריכון מן בגלל די יחמון | ית | לחמא די אכלת יתכון במדברא |
| 1610 | Ex23:25 | קדם ייי אלהכון ויברך | ית | לחמכון וית מייכון ויעבר |
| 1611 | Dt 2:30M | \ותקף ית לבביה /ותקוף | ית | ליביה#2#/ מן בגלל למסור |
| 1612 | Nu 3:45M | \תפרש ית ליויי חלף /סב | ית | ליוואי חולף#2#/ כל בכוריה |
| 1613 | Nu 8:14 | ותפרש | ית | ליווי מן גו בני ישראל |
| 1614 | Nu 8:18 | ונסבת | ית | ליווי חלף כל בכוריה דבני |
| 1615 | Nu 8:19 | ויהבית | ית | ליווי מתנה לאהרן ולבנוי |
| 1616 | Dt12:19 | אזדהרו לכון דלא תשבקון | ית | ליוויי כל יומיכון על |
| 1617 | Nu 3:41 | ותפרש | ית | ליוויי לשמי אמר ייי חלף כל |
| 1618 | Dt31:25 | ופקד משה | ית | ליוויי טעני ארון קיימה דייי |
| 1619 | Nu 3:09 | ותתן | ית | ליוויי לאהרן ולבנוי מתנה |
| 1620 | Nu 3:45 | תפר'ש | ית | ליוויי חלף כל בכוריה דבני |
| 1621 | Nu 4:46 | ואהרן ורברבני ישראל | ית | ליוויי לזרעייתהון |
| 1622 | Nu 8:06 | אפרש | ית | ליוויי מן גו בני ישראל |
| 1623 | Nu 8:09 | ותקרב | ית | ליוויי קדם משכן זימנא ותכנש |
| 1624 | Nu 8:10 | ותקרב | ית | ליוויי קדם ייי ויסמכון בני |
| 1625 | Nu 8:13 | ו«ת»קים | ית | ליוויי קדם אהרן וקדם בנוי |
| 1626 | Nu 8:13 | {למכפרה על ליויי% ותקים | ית | ליויי}: |
| 1627 | Ex12:34 | וטענו עמא | ית | לישיהון עדלא אתחמע אצבתהון |
| 1628 | Ex33:06M | בני ישראל | מנ/ית | מאיינ#2#/ זייניהון |
| 1629 | Dt28:20 | יגרי ייי בכון | ית | מאירתה וית שעמומא וית |
| 1630 | Nu 4:20M | /ליוואי כד מכסן כהנייא | ית | מאני קדשא#2#/ דלא ימותון: |
| 1631 | Dt 1:41 | ייי אלהן ואיזדיינתון גבר | ית | מאני זייניה ואוחיתון למיסוק |
| 1632 | Nu26:10 | עם כנישתה כד תכלת אשתה | ית | מאתיין וחמישיתי גברייה |
| 1633 | Nu16:35 | נפקת מן קדם ייי ואכלת | ית | מאת«י»ן וחמשין גברין |
| 1634 | Gn 6:17 | ואנא הא אנה מייתי | ית | מבולא דמייא על ארעא למחבלא |
| 1635 | Lv20:18 | מבוע אדמה אפס והיא בזיית | ית | מבוע אדמה וישתיצון תריהון |
| 1636 | Ex15:16 | עמא האליין די פרקת | ית | מגזתה דיר<ד>נה: |
| 1637 | Gn22:09 | ליה ייי ובנה תמן אברהם | ית | מדבחא וסדר ית קיסייא ועקד |
| 1638 | Ex27:01 | ותעבד | ית | מדבחא {דעאין}<דאעין> |
| 1639 | Ex40:05 | ותתן | ית | מדבחא דדהבא לקטרה קדם ארונה |
| 1640 | Ex40:06 | ותתן | ית | מדבחא דעלתה קדם תרע משכנה |
| 1641 | Ex29:36 | בכל יום על כפורא ותרבי | ית | מדבחה בכפרותך עלוי ותרבי |
| 1642 | Ex37:25 | ועבד | ית | מדבחה דקטרתה אעין דשטין אמה |
| 1643 | Ex38:01 | ועבד | ית | מדבחה דעלתה אעין דשטין חמש |
| 1644 | Ex39:39 | | ית | מדבחה דנחשה וית קנקלה דנחשה |
| 1645 | Ex40:10 | ותרבי | ית | מדבחה דעלתה וית כל מנוי |
| 1646 | Ex40:10 | דעלתה וית כל מנוי ותקדש | ית | מדבחה ויהוי מדבחה קדש |
| 1647 | Ex40:26 | ושווי | ית | מדבחה דדהבה במשכן זימנא קדם |
| 1648 | Lv 8:11 | מדבחה שבעה זימנין ורבי | ית | מדבחה וית כל מנוי וית כיורה |
| 1649 | Lv 8:15 | מן חזור חזור באצבעה ורבי | ית | מדבחה וית אדמה אריק על |
| 1650 | Nu 4:13 | וישבעון | ית | מדבחה ויפרשון עלוי לבוש |

|  |  | | | |
|---|---|---|---|---|
| 1651 | Dt27:06 | טבין שלמן מן מום תבנון | ית | מדבחה דייי אלהכון ותסדרון |
| 1652 | Dt12:03 | ות{סי}<ס>תרון | ית | מדבחיהון ותתברון ית |
| 1653 | Dt 2:07 | גלי קדמוי הלכותכון | ית | מדברה רבה דנה ארבעין שנין |
| 1654 | Nu24:21 | ושוית בניקרא דכיפה | ית | מדורך: |
| 1655 | Gn36:35 | בתרה הדד בן בדד די קטל | ית | מדייני בתחומיהון דמואבאי |
| 1656 | Nu25:17 | אקף | ית | מדייני ותקטלון יתהון: |
| 1657 | Nu25:06 | אתי ואקרב לוות אחוי | ית | מדיניתה לעיני משה לעיני כל |
| 1658 | Gn 8:21M | חייא \היך מה די עבדת | /ית | מה די ברית#2#/: |
| 1659 | Gn 9:24 | ואתעיר נח מן חמריה וידע | ית | מה דעבד ליה בריה זעירא: |
| 1660 | Gn18:17 | אנה מאברהם רחמי | ית | מה די עבד אנה הואיל וכרכה |
| 1661 | Gn18:19 | ממריה דייי על אברהם | ית | מה דימלל עמה: |
| 1662 | Gn27:45 | רוגזיה דאחוך מנך וינשי | ית | מה דעבדת ואשלח ואדב«ו»ר |
| 1663 | Gn30:29 | ואמר ליה את ידע | ית | מה די פלחת קדמ{ת}<ך> וית מה |
| 1664 | Gn31:28 | לבני ולבנתי כדון אסכלת | ית | מה דעבדת: |
| 1665 | Gn41:25 | חלמא דפרע«ה» חד הוא | ית | מה דייי עבד אתני לפרעה: |
| 1666 | Gn41:28 | פתגמא די מלילית עם פרעה | ית | מה דייי עבד אתני לפרעה: |
| 1667 | Ex 4:15 | ועם ממלל פמה ואלף יתכון | ית | מה די תעבדון: |
| 1668 | Ex16:05 | ויהוי ביומא שתיתא ויצנעון | ית | מה דייתון ויהוי בכפולה על |
| 1669 | Ex16:23 | שבתא קדש קדם ייי למחר | ית | מה די תאפון תאפון וית מה די |
| 1670 | Ex33:12 | האיליין ואת לא אודעת יתי | ית | מה דתשלח עמי ואת אמרת חמי |
| 1671 | Ex34:11 | אזדהר לך | ית | מה די אנה מפקד יתך יומא |
| 1672 | Ex34:34 | נפק וממלל עם בני ישראל | ית | מה דאתפקד: |
| 1673 | Lv 9:05 | ונסבו | ית | מה דפקד משה לתרע משכן |
| 1674 | Lv14:31 | | ית | מה די תארע ידה ית חד לחטאתה |
| 1675 | Lv19:14 | לא תלו׳ | ית | מה דלא שמע וקדם מן דלא חמי |
| 1676 | Lv22:15 | ית קדשיהון דבני ישראל | ית | מה די יפרשון לשמה דייי: |
| 1677 | Lv25:25 | דקריב לוותה ויפרוק | ית | מה דזבן אחוי: |
| 1678 | Lv25:27 | ית שנין זבוניה ויחזר | ית | מה דמשתייר לגברה דיזבן ליה |
| 1679 | Lv26:35 | דהיא צדי מנכון תשמט | ית | מה דלא אשמטת בשמיט<י>כון כד |
| 1680 | Nu22:06 | מן ארעא ארום ידע אנה | ^ית | מה#2#^ די את מברך יהוי |
| 1681 | Nu24:13 | טבא או בישא מן דעתי | ית | מה די ימליל ייי יתיה אמלל: |
| 1682 | Nu32:31 | דגד ובנוי דראובן למימ׳ | ית | מה די מלל ייי עם עבדך כדן |
| 1683 | Nu33:04 | ומצריי הוון קברין | ית | מה די קטל ייי בהון כל |
| 1684 | Dt 7:18 | מנהון מדכרה תדכרון | ית | מה די פרע ייי אלהכון מן |
| 1685 | Dt 8:02 | <למנסייה יתכון> למידע | ית | מה דאית במחשבת לבבכון הא |
| 1686 | Dt 9:07 | אדכרו לא תנשון | ית | מה דארגזתון ית מימרה דייי |
| 1687 | Dt18:20 | לממללא פתגם בשם ממרי | ית | מה די לא פקדית יתיה לממללא |
| 1688 | Dt21:16 | ביומא די יחסין ית בנוי | ית | מה די יהווי לה לית הוא רשיי |
| 1689 | Dt22:04M | /תש<בק#2#/\מה דבלבך | /ית | מה דאית בלבך#2#/ עלוי |
| 1690 | Dt24:09 | בני ישראל הוון דכירין | ית | מה די עבד ייי אלהכון למרים |
| 1691 | Dt25:17 | בני ישראל הוון דכירין | ית | מה די עבדו לכון דבית עמלק |
| 1692 | Dt29:15 | ארום ידעתון | ית | מה די שרינן בארעא דמצרים |
| 1693 | Dt 2:09 | לי אמר משה לא תעיקון | ית | מואביי ולא תסדרון לקבליהון |
| 1694 | Ex15:19 | ימא: {וחזר ייי עליהון | ית | מוי דימא ובני ישראל הליכו |
| 1695 | Dt11:04 | ולארתכיהון די אציף | ית | מוי דימה דסוף על אפיהון |
| 1696 | Ex 2:16 | בנן ואתין ודלין ומליין | ית | מור{נ}<כ>תה למשקייה ית ענה |
| 1697 | Ex10:17 | אלהכון ויעבר מעלוי לחוד | ית | מותנא הדין: |
| 1698 | Dt28:21 | «יגרי ייי» בכון | ית | מותנה עד זמן די ישצי יתכון |
| 1699 | Ex10:05M | "ויכול ויאכל | ית | מותר פליטתא די אישתייר |
| 1700 | Dt29:21 | מן ארע רחיקה ויחמון | ית | מחוותה דארעא ההיא וית בישיה |
| 1701 | Dt28:59 | ויפריש ייי | ית | מחוותכון וית מחוות בניכון |
| 1702 | Ex 9:15 | ארום כדון שלחת | ית | מחות פורענתי ושיצית יתך וית |
| 1703 | Dt 7:20 | ולחות | ית | מחות אורעיתה יגרי ייי |
| 1704 | Ex 7:04 | יקבל מנכון פרעה ואשווי | ית | מחית פורענתי במצרים ואפק |

|  |  | | | |
|---|---|---|---|---|
| 1705 | Ex 3:20 | ואשלח | ית | מחת פורענתי ואקטול ית |
| 1706 | Ex 7:05 | ^הוא#2#^ ייי כד אשווי | ית | מחת פורענתי על מצרים ואפקת |
| 1707 | Dt 7:20M | ית מחות /ואוף | ית | מחת#2#/ אורעיתה יגרי ייי |
| 1708 | Dt28:59M | ויכסי מימריה דייי | ית | מחתה וית מחת זרעיית <...> |
| 1709 | Nu 4:14 | מנוי די ישמשו עלוי בהון | ית | מחתיתה וית משליתה וית |
| 1710 | Nu17:02 | בר אהרן כהנה רבה וירים | ית | מחתיתה מן ביני יקידיה וית |
| 1711 | Nu17:04 | ונסב אלעזר כהנא | ית | מחתיתה דנחשה די קריבו |
| 1712 | Nu17:11 | ואמר לאהרן סב | ית | מחתיתה והב עלה אשא מעלוי |
| 1713 | Nu17:03 | | ית | מחתיתהון דחייביה האליין |
| 1714 | Nu11:11 | לא אשכחת חסד באפך למשויה | ית | מטולהון דכל עמה האלין עלי: |
| 1715 | Lv18:30 | ותיטרון | ית | מט{מ}רתי דלא למעבד מנימוסי |
| 1716 | Dt28:24 | ^ישווי ^ייי#2# | ית | מטרה דארעכון אבק ועפר מן |
| 1717 | Nu 1:53M | ית מטרתה דסהדותה/ליואי | ית | מטרת משכן סה#2#/: |
| 1718 | Nu18:04 | ויזדמנון לוותך ויטרון | ית | מטרת משכן זמנה לכל מטרת |
| 1719 | Nu18:05 | ותטרון | ית | מטרת בית קודשה וית מטרת |
| 1720 | Nu18:08 | ואמר ואנה הא יהבית לך | ית | מטרת אפרשותי לכל קדשיהון |
| 1721 | Lv 8:35 | ובלילה שבעה יומין ותטרון | ית | מטרתה דייי דלא תמותון ארום |
| 1722 | Nu 1:53 | דבני ישראל ויטרון ליווי | ית | מטרתה דסהדותה: |
| 1723 | Nu 9:19 | סגין ויטרון בני ישראל | ית | מטרתה דייי ולא~ יטלון: |
| 1724 | Nu 9:23 | גזירת מימרה דייי יטלון | ית | מטרתה דייי נטרו על פם גזירת |
| 1725 | Lv22:09 | ויטרון | ית | מטרתי ולא יקבלון עלוי |
| 1726 | Nu 3:07 | ויטרון | ית | מטרתיה וית מטרת כל עם |
| 1727 | Nu18:03 | ויטרון | ית | מטרתך ומטרת כל משכנה לחוד |
| 1728 | Gn 1:22 | למימר תקיפו וסגון ומלון | ית | מיא בימיי׳ ועופא יסגא על |
| 1729 | Ex 7:20 | ייי וארים חוטריה ומחה | ית | מיא די בנהרא קדם פרעה וקדם |
| 1730 | Ex 7:25 | יומין מן בתר דמחה ייי | ית | מיא דנהרא ואסי יתיה: |
| 1731 | Nu 5:24 | וישקי ית אתתה | ית | מיא מרירה מלוטיה וייעלו |
| 1732 | Nu 5:26 | ומן בתר כדן ישקי ית אתתה | ית | מיא: |
| 1733 | Nu 5:27 | וישקי יתה | ית | מיא ותיהוי אין איסתאבת |
| 1734 | Nu11:12M | היך מה דסבל בידגוגה | ית | מיינ{י}<ו>קה#2#/ על ארעא |
| 1735 | Lv10:20 | ושמע משה | ית | מילי דאהרן ושפר באפוי |
| 1736 | Gn24:30 | אחת{ת}<ה> וכדי שמע | ית | מילי דרבקה אחתה למימר כדין |
| 1737 | Ex34:28 | לא שתה וכתב על לווחי | ית | מילי קיימא עשירתי דביריה: |
| 1738 | Dt27:26M | פתגמי אוריתה הדה /מקים | ית | מילי שבח אורייתה הדה#2#/: |
| 1739 | Dt29:08 | ותיטרון | ית | מילי קיימה הדה ותעבדון |
| 1740 | Dt29:18 | ויהווי כדי שמע | ית | מילי לווטיה הדין ויתפייס |
| 1741 | Nu20:24M | על עסק מייא דייניה | /ית | מימ׳ פימיה במי מצותה#2#/: |
| 1742 | Dt32:02 | ויתקבל כטלא עליהון | ית | מימר פומי כרוחייה דמנשבין |
| 1743 | Dt32:15 | להון נכסין סגין ואנשון | ית | מימר אלהה די ברה יתהון |
| 1744 | Dt 6:02 | מן בגלל דתי{ת}<ד>חלון | ית | מימרה דייי אלהכון ולמיטור |
| 1745 | Dt 8:18 | ותידכרון | ית | מימרה דייי אלהכון ארום הוא |
| 1746 | Dt 9:07 | לא תנשון ית מה דארגזתון | ית | מימרה דייי אלהכון במדברה |
| 1747 | Dt26:17 | | ית | מימרה דייי אמלכתון עליכון |
| 1748 | Nu15:30M | מן יציבייה ומן גיוריה | ית | מימריה דייי#2#/ הוא מחרף |
| 1749 | Lv27:23 | ויחשב ליה כהנה | ית | מיסת עלויה עד שתה דיובילה |
| 1750 | Ex 2:12M | זכאי נפיק מיניה ומחא | ית | מיצראה וטמע יתיה בחלא |
| 1751 | Lv13:30 | ויחמי כהנא | ית | מכתש׳ והא חווה מכיך מן משכה |
| 1752 | Lv13:03 | וחמא כהנא | ית | מכתשא במשך בשריה ושער |
| 1753 | Lv13:13 | צרעתה ית כל בשרה וידכי | ית | מכתשא כלה איתהפיך לחוור דכי |
| 1754 | Lv13:55 | ויחמי כהנא מן בתר דאתחוור | ית | מכתשא והא לא הפך מכתשה ית |
| 1755 | Lv13:04 | אתהפך לחוור ויטרוד כהנא | ית | מכתשה שבעה יומין: |
| 1756 | Lv13:17 | מכתשה לחוור וידכי כהנא | ית | מכתשה דכי הוא: |
| 1757 | Lv13:31 | לית בה ויטרוד כהנא | ית | «מכתשה» דנ{ק}ת<ק>ה שבעה |
| 1758 | Lv13:31 | וארום יחמי כהנא | ית | מכתשה דנ{ק}ת<ק>ה והא לית |

|  |  | | | |
|---|---|---|---|---|
| 1759 | Lv13:32 | ויחמי כהנא | ית | מכתשה ביומא שביעיה והא לא |
| 1760 | Lv13:50 | ויחמי כהנא | ית | מכתשה ויסרוד ית מכתשה |
| 1761 | Lv13:50 | כהנא ית מכתשה ויסרוד | ית | מכתשה <....>: |
| 1762 | Lv14:36 | יעול כהנא למחמי | ית | מכתשה ולא יסתאב כל מה די |
| 1763 | Lv14:37 | ויחמי | ית | מכתשה והא מכתשה בכותלי |
| 1764 | Nu22:23 | וחמת אתנתה | ית | מלאכה דייי מעתד בארחה וחרבה |
| 1765 | Nu22:25 | וחמת אתנתה | ית | מלאכה דייי ואדחקת לכותלה |
| 1766 | Nu22:27 | וחמת אתנתה | ית | מלאכה דייי ורבעת לה תחות |
| 1767 | Nu22:31 | ית עייני דבלעם וחמא | ית | מלאכה דייי קים מתעתד באורחה |
| 1768 | Gn27:34 | כד שמע עשו | ית | מלוי דאבוי וצוח צווחה רבה |
| 1769 | Gn27:42 | ואתני לרבקה | ית | מלוי דעשו ברה רבה ושלחת |
| 1770 | Gn31:01 | ושמע | ית | מלוי דבנוי דלבן למימר נסב |
| 1771 | Gn44:24 | לוות עבדך אבא ותנינן ליה | ית | מלוי דריבוני: |
| 1772 | Dt31:30 | דכל קהלה דישראל | ית | מלי שירתה הדה עד זמן דאשלם |
| 1773 | Gn39:19 | והוה כד שמע רבוניה | ית | מליא דאתתיה דמללת עמיה |
| 1774 | Ex19:08 | דמלל ייי נעבד וחזר משה | ית | מליהון דעמא בצלו קדם ייי: |
| 1775 | Ex19:09 | יהמנון לעלם ותני משה | ית | מליהו«ן» דעמא קדם ייי: |
| 1776 | Nu32:33 | שבטה דמנשה בר יוסף | ית | מלכותא דסיחון מלכיהון |
| 1777 | Dt32:18 | ברה יתכון שבקתון ואשיתון | ית | ממר אלהה די שכלל יתכון ועבד |
| 1778 | Dt 8:10 | ותאכלון ותשבעון ותברכון | ית | ממרה דייי אלהכון על ארעא |
| 1779 | Nu 6:27 | וישון ית שמי | ית | ממרי על בני ישראל ואנה |
| 1780 | Gn12:03 | ואברך | ית | מן דמברכך יתך ומן דלאיט יתך |
| 1781 | Gn44:09 | | ית | מן די ישתכח לוותיה מן עבדך |
| 1782 | Gn44:10 | לחוד כדון כמליכון כן הוא | ית | מן די ישתכח לוותה יהוי לי |
| 1783 | Ex20:07 | מזכי ייי ביום דינא רבא | ית | מן די יסב שמה דייי אלהיה |
| 1784 | Ex22:08 | דייניא יעלא מלי תריהון | ית | מן די יחייבון דייניא ישלם |
| 1785 | Ex29:26 | ותסב ית נעה | {ית} | <מן> דכרא דאשלמותא די |
| 1786 | Lv24:12 | דלא יהוון קטלין בפריע | ית | מן דחמי ליה למתקטלה בדינה |
| 1787 | Lv24:14 | אסק | ית | מן דמחרף לבר מן משריתה |
| 1788 | Lv24:14 | לבר מן משריתה ויסמכון | ית | מן דשמעון י{ד}<ת> ידיהון על |
| 1789 | Lv24:23 | עם בני ישראל ואפיקו | ית | «מן» דחרף לבר מן משריתה |
| 1790 | Nu 9:08 | דלא יהוון קטלין בפריע | ית | מן דחמי לה מתקטלה בדינה ולא |
| 1791 | Nu15:34 | דלא יהיוון קטולין בפריע | ית | מן דחמי ליה למתקטלה בדינה |
| 1792 | Nu27:05 | דלא יהוון קטלין בפריע | ית | מן דחמי ליה למתקטלה בדינה |
| 1793 | Nu27:20 | ותתן | ית | מן רבותך עלוי מן בגלל די |
| 1794 | Dt 5:11 | יזכי ייי ביום דינה רבה | ית | מן די יסב ית שמה דייי קדישה |
| 1795 | Dt25:01 | ויזכון ית זכייה ויחייבון | ית | מן דחמי ליה למחייבה: |
| 1796 | Lv 2:14M | דפירוכיין תקרבון | ית | מנ' |
| 1797 | Ex16:35 | לארעא תותבותיהון | ית | מנא אכלו עד מיעליהון לסייפי |
| 1798 | Ex16:35 | ובני ישראל אכלו | ית | מנה ארבעין שנין עד מיעליהון |
| 1799 | Lv13:54 | ויפקד כהנא «ויחוורון | ית | מנה דביה מכתש» ויסרוד יתה |
| 1800 | Lv13:57 | היא בנורא תוקדון יתיה | ית | מנה דבי מכתשה: |
| 1801 | Dt 8:03 | ואכפן יתכון ואייכל יתכון | ית | מנה די לא חכמתון ולא חכימן |
| 1802 | Lv 2:14 | בנורא גרש פריחין תקרב | ית | מנחת בכוריכון: |
| 1803 | Lv 2:08 | ותיתי | ית | מנחתא די יתקרב מן אלין לשמה |
| 1804 | Lv 2:09 | וירים כהנא | ית | מנחתה ית אדכרתה ויסדר |
| 1805 | Lv 9:17 | וקרב | ית | מנחתה ומלא כף ידיה מנה וסדר |
| 1806 | Lv10:12 | איתמר בנוי דאשתיירו סבו | ית | מנחתה די אשתיירת מן קרבנוי |
| 1807 | Nu 5:18 | דאתתה ויתן על כף ידה | ית | מנחתה דדכרונה מנחת דקנאותה |
| 1808 | Nu 5:25 | ויסב כהנה מן ידא דאתתה | ית | מנחתה דאקנתה ויניף ית מנחתה |
| 1809 | Nu 5:25 | ית מנחתה דאקנתה ויניף | ית | מנחתה קדם ייי ויקרב יתה |
| 1810 | Nu 5:26M | ויקמוץ כהנה | מן/ית#2#/ | מנחתה ית אדכרתה ויסדר |
| 1811 | Nu 6:17 | סלה דפטיריה ויקרב כהנא | ית | מנחתיה וית נסכיה: |
| 1812 | Nu 4:32 | פלחנהון ובשמהן תסכמון | ית | מני מטרת מטולהון: |
| 1813 | Ex37:16 | ועבד | ית | מניה די על פתרה ית פילוותא |
| 1814 | Gn42:25 | ופקיד יוסף ומלון | ית | מניהון עבור ולמחזרה כספהון |
| 1815 | Ex23:26 | לא תהוי מתכלה ועקרה בארעך | ית | מניין יומכון תשלמון בשלם: |
| 1816 | Nu 3:40 | מן בר ירח ולעיל וקבל | ית | מניין שמהתהון: |
| 1817 | Ex37:17 | ועבד | ית | מנרתה דהב דכי נגידא עבד |
| 1818 | Ex39:37 | | ית | מנרתה דכיתה וית בוציניה |
| 1819 | Ex40:04 | ותסדר ית סידרה ותעל | ית | מנרתה ותסדר ית בוציניה: |
| 1820 | Ex40:24 | ושוי | ית | מנרתה במשכן זימנא לקבל |
| 1821 | Nu 4:09 | ויסבון לבוש תכלה ויכסון | ית | מנרתה דאנהרותה וית בוצינה |
| 1822 | Nu 8:04 | ית משה כדין עבד בצלאל | ית | מנרתה: |
| 1823 | Ex22:24 | אין כסף תוזף ית עמי | ית | מסכינה די עמך לא תהווי ליה |
| 1824 | Ex22:24M | תיזפון לעמי' | ית | מסכיני' דבעמכון לא תהוון |
| 1825 | Gn32:23 | וית חד עשרתי בנוי ועבר | ית | מעבר יבקה: |
| 1826 | Ex35:26 | יתהון בחכמה הוון עזלן | ית | מעזי: |
| 1827 | Ex28:31 | ותעבד | ית | מעילה דאפודה גמיר דתכלה: |
| 1828 | Ex39:22 | ועבדו | ית | מעילה דאפודה עובד גרדי{ו} י |
| 1829 | Lv 8:07M | ואלבש יתיה | /ית#2#/ | מעילה ויהב עלוי /ית#2# |
| 1830 | Gn42:09 | להון ילילין אתון למיחמי | ית | מעלליא דארע«א» |
| 1831 | Gn23:09 | ויזבן לי | ית | מערת כפילה די בסייפיה חקליה |
| 1832 | Gn23:11 | בר צוחר: ויזבן לי | ית | מערת כפילה די בסייפי' חקליה |
| 1833 | Dt14:28 | שנין דיומין ת{נ}<פ>קון | ית | מעשר עללתכון בשתה תליתיתה |
| 1834 | Nu18:26 | מן לו«ו»ת בני ישראל | ית | מעשרה די יהבית לכון |
| 1835 | Nu18:24 | ארום | ית | מעשרין דבני ישראל די |
| 1836 | Nu33:02 | וכתב משה | ית | מפקניהון למטלניהון על פם |
| 1837 | Dt23:14 | ותחפור ביה ותחזור ותכסי | ית | מפקניך: |
| 1838 | Dt 4:02 | ולא תמנעון מניה למיטר | ית | מצוותה דייי אלהכון די אנה |
| 1839 | Dt 6:17 | מטור תטרון | ית | מצוותה דאורייתה דייי אלהכון |
| 1840 | Dt 8:06 | ותיטרון | ית | מצוותה דאורייתה דייי אלהכון |
| 1841 | Dt10:13 | למטור | ית | מצוותה דייי וית קיימוי די |
| 1842 | Dt27:10 | דייי אלהכון ותעבדון | ית | מצוותה וית קיימוי דיאנה |
| 1843 | Dt28:09 | די קיים לכון ארום תטרון | ית | מצוותיה דייי אלהכון ותהלכון |
| 1844 | Ex29:06 | ותשווי | ית | מצנפתה על ראשה ותתן ית כליל |
| 1845 | Lv 8:09 | ושוי | ית | מצנפתה על ראשה ושוי על |
| 1846 | Ex 2:12M | מן ההוא מצראה ומחא | ית | מצראה וטמע יתיה בחלא |
| 1847 | Ex12:27M | ית מצרים/בחבלותא | ית | מצרא«#2#/ וית בתינן שזיב |
| 1848 | Ex 3:20 | ית מחת פורענתי ואקטול | ית | מצראיי בכל {פרישות ידי} |
| 1849 | Ex 2:14 | יתי את אמר היך מה דקטלת | ית | מצריה ודחל משה ואמר הא כען |
| 1850 | Ex14:27M | ושנק מימרי' דייי | ית | מצריי' בגו ימא |
| 1851 | Ex 3:22 | ועל בנתכון ותרוקנון | ית | מצריי: |
| 1852 | Ex12:23 | שכינתיה דייי למשיציא | ית | מצריי ויחמ{ו}<י> ית אדמה על |
| 1853 | Ex12:36 | להון ורוקנן בני ישראל | ית | מצריי מן נכסיהון: |
| 1854 | Ex14:13 | ארום היך מה דחמיתון | ית | מצריי יומא הדין לא תוספון |
| 1855 | Ex14:27 | ערקון לקדמותיה ושבק ייי | ית | מצריי בגו ימא: |
| 1856 | Ex14:30 | דמצריי וחמון ישראל | ית | מצריי מייתין רמיין |
| 1857 | Ex 2:12 | לא הווה תמן גבר וקטל | ית | מצרייה וטמריה בחלא: |
| 1858 | Dt29:16 | וחמיתון | ית | מרחקתהון וית סעוותהון וית |
| 1859 | Nu14:33 | ארבעין שנין ויקבלון | ית | מרחקתכון עד די: |
| 1860 | Dt15:17 | ותסב | ית | מרצעה ותתן באדניה ובתרע |
| 1861 | Ex29:07 | ותיסב | ית | משחא דרבותה ותריק על ראשיה |
| 1862 | Ex37:29 | ועבד | ית | משחה דרבותה קדש וית קטרת |
| 1863 | Ex40:09 | ותסב | ית | משחה דרבותה ותרבי ית משכנה |
| 1864 | Lv 8:10 | ונסב משה | ית | משחה דרבותה ורבי ית משכנה |
| 1865 | Ex14:24 | ואבני בר{ר}דא וערבב | ית | משיריתיהון דמצריי: |
| 1866 | Nu 5:03 | תשלחון יתהון ולא יסאבון | ית | משיריתהון די אנה שרי |

|  |  |  |  |  |
|---|---|---|---|---|
| 1867 | Nu 5:03M | יסאבו | ית | משיריתכון די יקר שכינתי |
| 1868 | Dt24:11 | די את מוזף לה יפיק לוותך | ית | משכונה לברה: |
| 1869 | Dt24:13 | מחזרה תחזר לה | ית | משכוניה עם מטמעי שמשה |
| 1870 | Lv16:27 | משריתה ויקדון בנורא | ית | משכיהון וית בשריהון וית |
| 1871 | Ex29:44 | ואקדש | ית | משכן זימנא וית מדבחא וית |
| 1872 | Ex30:26 | ותרבי ביה | ית | משכן זימנא וית ארונא |
| 1873 | Ex31:07 | | ית | משכן זמנא וית ארונה לשהדותה |
| 1874 | Ex40:34 | וכסי עננא | ית | משכן זימנא ואיקר שכינתה |
| 1875 | Ex33:07 | ומשה נסב | ית | משכנא ופרס יתיה לבר מן |
| 1876 | Ex35:11 | | ית | משכנא וית פרסה וית חפיא וית |
| 1877 | Ex36:18 | פורפיה דנחש חמשין למדבק | ית | משכנא למהוי כלה חד: |
| 1878 | Nu 9:15 | משה ית משכנה כסי ענגה | ית | משכנא משכנה דסהדותה וברמשא |
| 1879 | Ex26:30 | ותקים | ית | משכנה כסדר דינא די חמית |
| 1880 | Ex36:08 | חכימי לבה בעבדי עבידתה | ית | משכנה עשר יריען בוץ שזיר |
| 1881 | Ex39:33 | ואייתון | ^ית | משכנה לוות משה#2#^ ית |
| 1882 | Ex39:33 | ^ית משכנה לוות משה#2#^ | ית | משכנה וית כל מנוי פורפוי |
| 1883 | Ex40:02 | קדמיה בחד לירחא תקים | ית | משכנה משכן זימנא: |
| 1884 | Ex40:09 | ותסב ית משחה דרבותה ותרבי | ית | משכנה וית כל מה דביה ותקדש |
| 1885 | Ex40:17 | בחד לירחא אקים משה | ית | משכנה: |
| 1886 | Ex40:18 | ואקים משה | ית | משכנה ויהיב ית חומרוי ושווי |
| 1887 | Ex40:34 | ואיקר שכינתה דייי מלת | ית | משכנה: |
| 1888 | Lv 1:01 | והוה כד אשלם משה למקמה | ית | משכנה ורבי יתיה וקדש יתיה |
| 1889 | Lv 8:10 | משה ית משחה דרבותה ורבי | ית | משכנה וית כל מנוי וית כל מה |
| 1890 | Nu 1:50 | כל מה דליה אינון יטענון | ית | משכנה וית כל מנוי ואינון |
| 1891 | Nu 7:01 | דאשלם משה ל{א}«מ»קמה | ית | משכנה ורבי יתיה וקדיש יתיה |
| 1892 | Nu 9:15 | וביומא דאקים משה | ית | משכנה כסי עננה ית משכנא |
| 1893 | Nu10:21 | טעני מקדשה ומקימין | ית | משכנה עד מעליהון: |
| 1894 | Nu19:05 | ויוקד ית תורתה קדמוי | ית | משכ{נ}ה וית בשרה וי{א}<ת> |
| 1895 | Nu19:13 | די ימות ולא יתדי עלוי | ית | משכנה דייי סאב ותשתיצא נפשה |
| 1896 | Gn31:25 | לבן ית יעקב ויעקב פרס | ית | משכניה בטורא ולבן אשרי ית |
| 1897 | Ex26:11 | ית פורפי בענביא ותדבק | ית | משכניה ויהוי כלה חד: |
| 1898 | Ex16:13 | ברמשא וסלקת סלוי וכסית | ית | משריותא ובצפרא הוות ענגית |
| 1899 | Nu10:31M | כן ידע | ית | משריין במדברה ותיהווי לן |
| 1900 | Nu10:02 | עם כנ«י»שתה ולמטלה | ית | משריתה: |
| 1901 | Gn23:08 | אם ברעות נפשכון למקבר | ית | מתי מן קדמי קבילו מני ובעון |
| 1902 | Gn23:11 | יהבית לך קבר מתך למיקבר | ית | מתי קדמ«י» קבילו מני |
| 1903 | Gn23:13 | כספא דחקלא קבל מני ונקבר | ית | מתי תמן: |
| 1904 | Gn23:06 | בבית שפר קברינן קבר | ית | מתך: |
| 1905 | Lv11:28 | ומן די יטעון | ית | נבלתהון יחוור לבושוי ויהוי |
| 1906 | Nu25:04 | יתיה על צליבה וקברין | ית | נבלתהון עם מטמעי שמשא בכדן |
| 1907 | Ex40:18 | ושווי ית לוחוי ויהב | ית | נגרוי ואקים ית עמודוי: |
| 1908 | Ex26:29 | אתרין לנגריה ותחפי{ה} | ית | נגריה דהב: |
| 1909 | Ex36:33 | ועבד | ית | נגר{י}<ה> מציעי<ה> {משמש} |
| 1910 | Ex36:34 | דהב אתרין לאריחי' וחפי | ית | נגריה דהב: |
| 1911 | Nu30:05 | וישמע אבוה | ית | נדרה וקיימה די קיימ' על |
| 1912 | Nu30:09 | ישמע בעלה יבטל יתה ויבטל | ית | נדרה דעלה וית פירוש שפוותה |
| 1913 | Gn 1:04 | וגלי קדם ייי | ית | נהורא ארום טב הוא |
| 1914 | Gn 1:16 | ית תרין נהוריא רברביא | ית | נהורא רבה למהוי שליט באיממא |
| 1915 | Gn31:21 | וכל מה די לה וקם ועבר | ית | נהרא ושוי ית אפוי לטור |
| 1916 | Ex17:05 | וחטרא די מחית בה | ית | נהרא תיסב בידך ותיזל: |
| 1917 | Dt15:03M | "ית בר... גב אחוך": | ית | נוכרייה בר עממיה תהון |
| 1918 | Nu11:05 | מדכרין אנן | ית | נוניה דהוינן אכלין במצרים |
| 1919 | Gn32:24 | ונסב יתהון | {ית | נחל} ועבר ית נחלה ועבר ית |
| 1920 | Gn32:24 | ונסב יתהון {ית נחל} ועבר | ית | נחלה ועבר ית כל |

|  |  |  |  |  |
|---|---|---|---|---|
| 1921 | Dt 2:13 | כדון קומו ועברו | ית | נחלה דזרד ועברנן על נחלה |
| 1922 | Dt 2:13M | דזרד ועברנן | על/ית#2#/ | נחלה דזרד: |
| 1923 | Dt 2:14 | דגיעה עד זמן די עברנן | ית | נחלה דזרד תלתין ותמניא |
| 1924 | Dt 2:24 | קומו טלו ועברו | ית | נחלה דארנונה חמון דהא |
| 1925 | Ex15:16 | עד זמן דיעברון עמך ייי | ית | נחלי ארנונא עד דיעברון עמא |
| 1926 | Lv 7:30M | למנפה /ניאה יעל יתה | ית/וית#2#/ | ניאה למ'#2#/ יתיה |
| 1927 | Lv 7:30 | תרבה על ניעה ייתי יתיה | ית | ניעה למנפה ניאה יתיה |
| 1928 | Lv 8:29 | ונסב משה | ית | ניעה ואניף יתה אנפו קדם ייי |
| 1929 | Lv 7:34 | ארום | ית | ני{ש}<ע>ה דאנפותה וית שקה |
| 1930 | Lv13:33 | לא יספר ויטרוד כהנא | ית | ניתקה שובעה יומין זמן |
| 1931 | Dt16:05M | \למיכס ית נכסת /למיכוס | ית | נכיסת#2#/ פסחא בחדה מן |
| 1932 | Gn31:09 | ורוקן ייי | ית | נכסוי דאבוכון ויה«ב» לי: |
| 1933 | Dt 8:17 | ותקוף ידינן קנון לן | ית | נכסייה האליין: |
| 1934 | Lv 7:29 | ישראל למימר מן דמקרב | ית | נכסת קודשוי לשמה דייי ייתי |
| 1935 | Lv 7:33 | מן דמקרב | ית | נכסת קודשוהי וית תרבה מן |
| 1936 | Dt16:05 | לית אתון רשיין למיכס | ית | נכסת פסחא בחדה מן קורייכון |
| 1937 | Ex 7:03 | אתוקף ית לבא דפרעה ואסגי | ית | נסוי וית פרישתי בארעא |
| 1938 | Ex 4:17 | תיסב בידך די תעבד בה | ית | נסי פרישתא: |
| 1939 | Ex29:26 | ותסב | ית | נעה {ית} <מן> דכרא דאשלמותא |
| 1940 | Ex29:27 | ותקדש | ית | נעה דאנפותה וית שקה |
| 1941 | Dt24:15M | אגריה הוא סבל לך | ית | נפ' דלא יצווח עליכון קדם |
| 1942 | Gn 9:05 | ומלוות אחוי דבר נשא אתבע | ית | נפשה דבר נשה: |
| 1943 | Lv23:30 | הכזמן יומא הדין ואישיצי | ית | נפשה ההיא מן גו עמא: |
| 1944 | Gn19:19 | חסדך די עבדת עמי למקימה | ית | נפשי ואנא לית אוכל למשתיזבא |
| 1945 | Dt24:15 | ולאגר פעליה הוא מסר קדמך | ית | נפשיה אזדהר לך דלא יצוח עלך |
| 1946 | Ex 4:19M | ית בישתא דנפשך /די תבעו | ית | נפשך למקטל יתך#2#/: |
| 1947 | Ex10:29 | כל גברייא דהוון תבעין | ית | נפשך ולא מן סוף דהוינא תבע |
| 1948 | Lv11:44 | קדיש אנה ולא תסתאבון | ית | נפשתיכון בכל שרצה דרחש על |
| 1949 | Lv11:43 | לא תשקצון | ית | נפשתכון בכל שרצא דשרץ על |
| 1950 | Lv16:29 | בעשרה יומין לירחה תצומון | ית | נפשתכון וכל עבידה לא תעבדון |
| 1951 | Lv16:29M | דתשרי תצומון ותענון | ית | נפשתכון ממיכל ומשתיה |
| 1952 | Lv16:31 | היא לכון ותצומון ביה | ית | נפשתכון קיים עלם: |
| 1953 | Lv20:25 | מסאבה לדכיי' ולא תשקצון | ית | נפשתכון בבעירה ובעופה ובכל |
| 1954 | Lv23:27 | יהווי לכון ותצומון בה | ית | נפשתכון ותקרבון קרבנין קדם |
| 1955 | Lv23:32 | שבתה היא לכון ותצימון בה | ית | נפשתכון בתשעה יומין לירחה |
| 1956 | Nu29:07 | לכון ותצ«ו»מון ביה | ית | נפשתכון כל עבידה לא תעבדון: |
| 1957 | Gn36:02 | עשו נסב | ית | נשוי מן בנתהון דכנענאי ית |
| 1958 | Gn36:06 | ונסב עשו | ית | נשוי וית בנוי וית בנתיה וית |
| 1959 | Gn14:16 | בר אחוי וממונה חזר ואף | ית | נשי' וית עמה: |
| 1960 | Gn30:26 | הב לי | ית | נשי וית בני די פלחית קדמיך |
| 1961 | Gn33:05 | ונטל ית עיינוי וחמה | ית | נשיא וית טפליא ואמר מה |
| 1962 | Nu31:09 | ושבון בני ישראל | ית | נשיהון דמדיינאי וית טפליהון |
| 1963 | Gn14:16M | דאחוי וסגולה חזר ולחוד | ית | נשייה |
| 1964 | Lv11:13 | יתאכלון ארום שקץ אינו' | ית | נשרא וית ברגזה וית עזה: |
| 1965 | Lv13:34 | ויחמי כהנא | ית | נתקה ביומא שביעיה והא |
| 1966 | Gn31:02 | וחמא יעקב | ית | סבר אפוי דלבן והא לית |
| 1967 | Gn31:05 | ואמר להון חמה אנה | ית | סבר אפוי דאבוכון והא לית |
| 1968 | Gn32:21M | \דיסב לי אפין /די קבל | ית | סבר אפוי#2#/: |
| 1969 | Ex34:35 | וחמאן בני ישראל | ית | סבר אפוי דמשה {{והוה משה |
| 1970 | Ex28:30 | על לביה ^^ויטעון אהרן | ית | סדר דיניהון דבני ישראל על |
| 1971 | Lv22:27 | לאבוי ו<ז>כה למקבלה | ית | סדר ברכתה אלין תלתי קרבני |
| 1972 | Nu27:05 | אמר לא שמעית וקרב משה | ית | סדר דיניהון קדם ייי: |
| 1973 | Dt28:08 | יפקד ייי עמכון | ית | סדר ברכתה וייתון עליכון |
| 1974 | Dt30:15 | סדרית קדמיכון יומא הדין | ית | סדר חייה וית טבתה וית סדר |

|  |  | | | |
|---|---|---|---|---|
| 1975 | Lv18:04 | | ית | סדרי דיניי תעבדון וית קיימי |
| 1976 | Lv23:44 | ומליל משה | ית | סדרי מועדוי דייי ואלף יתהון |
| 1977 | Dt 7:12 | ויהוי חלף די תשמעון | ית | סדרי דינייה האליין ותטרון |
| 1978 | Dt22:15 | אבוה דרביתה ואמה ויפקון | ית | סהדוותה דרביתה לוות חכימי |
| 1979 | Ex40:20 | ונסב | ית | סהדותה לגו ארונה ושווי ית |
| 1980 | Ex34:35 | דמשה והוה משה מחזר | ית | סודרה על אפוי עד מעלה |
| 1981 | Ex34:34 | ייי למללה עמה הוה מעבר | ית | סודר{ר}יה <עד׳>{ד}מפקה והוה |
| 1982 | Nu35:05 | ותמשחון לבר מן קרתה | ית | סטרא מדנחייה תרין אלפין |
| 1983 | Gn44:29 | וארע יתיה סקול ותחתון | ית | סיבתי בביש לשאול: |
| 1984 | Ex40:04 | ותעל ית פתורה ותסדר | ית | סידרה ותעל ית מנרתה ותסדר |
| 1985 | Ex35:18 | | ית | סכוי דמשכנא וית סכוי דדרתה |
| 1986 | Nu31:49 | ואמרין למש׳ עבדך קבילו | ית | סכום עמא ע{מ}<ב>די קרבה |
| 1987 | Nu 4:02 | קבל | ית | סכומיהון דבנוי דקהת מן גו |
| 1988 | Gn22:10 | ופשט אברהם ית ידיה ונסב | ית | סכינא למיכוס ית יצחק בריה |
| 1989 | Nu11:32 | וכל יומא דבתריה וכנשו | ית | סלווי מן דזער אסף עשרה |
| 1990 | Dt 1:05 | דמואביי שרי משה למפרשה | ית | ספר אורייתה הדה למימר: |
| 1991 | Dt31:26 | סבו | ית | ספר אוריתה הדין ותשוון יתה |
| 1992 | Gn41:09 | רב מזוגיא עם פרעה למימר | ית | סרחנוי אנה מדכר יומא הדין: |
| 1993 | Ex 5:06 | ופקד פרעה ביומא ההוא | ית | סרכיהון דעמא וית דחקיהון |
| 1994 | Gn18:05M | כן עברתון למזכיי׳ | ית | עבד׳ |
| 1995 | Ex23:16 | במיפקה דשתא במכנשכון | ית | עבד ידיכון מן אפי ברא: |
| 1996 | Gn44:19 | מילין מכיכן רבוני שאל | ית | עבדוי למימר הא אית לכון אב |
| 1997 | Gn50:02 | ופקד יוסף | ית | עבדוי ית אסיא למחנט ית אבו׳ |
| 1998 | Ex 9:20 | ייי מן שליטוי דפרעה ערק | ית | עבדוי וית בעירי«ה» לגו |
| 1999 | Ex 9:21 | לבא לפתגמוי דייי ושבק | ית | עבדוי וית בעיריה באפי ברא: |
| 2000 | Ex21:20 | וארום ימחי גבר | ית | עבדיה או ית אמהתיה בשרביטה |
| 2001 | Gn33:05 | לך ואמר טליא די חן ייי | ית | עבדך: |
| 2002 | Dt 3:24 | ייי את שרית למחוויה | ית | עבדך ית תקפך וית גבורת ידך |
| 2003 | Ex40:33 | פרס תרע דרתה ואשלם משה | ית | עבדתה: |
| 2004 | Gn42:26 | ונטלו | ית | עבוריהון על חמריהון ואזלו מן |
| 2005 | Ex 1:16 | ואמר כד תהוון מיילדין | ית | עברייתא תהוון חמיין על |
| 2006 | Lv 9:08 | על גבי מדבחה ו{כ}נ<כ>ס | ית | עגלה דחטאתה דמן דידיה: |
| 2007 | Gn45:27 | דיוסף דמלל עמהון וחמה | ית | עגלתא דשלח יוסף למטען יתיה |
| 2008 | Nu 7:06 | ונסב משה | ית | עגלתה וית תוריה ויהב יתהון |
| 2009 | Dt21:04 | ביה ולא יזדרע ויקטלו תמן | ית | עגלתה בנחלה: |
| 2010 | Dt21:04 | ויחותון חכימי קרתה ההיא | ית | עגלתה לנחיל דבייר די לא |
| 2011 | Nu31:26 | קבל | ית | עדיתה דשביתה בבני אנשא |
| 2012 | Nu31:27 | ופלג | ית | עדיתה {מ}<בי>ן תפשי קרבה |
| 2013 | Dt 9:12 | מן הכה ארום חבילו עמך | ית | עובדהון די אפקת פריקין מן |
| 2014 | Ex34:10 | כל עמא די את שרי ביניהון | ית | עובדוי דייי דחילין אינון די |
| 2015 | Ex24:05 | ושלח | ית | עולמיהון דבני ישראל וסדרו |
| 2016 | Lv23:11 | ויניף | ית | עומרא קדם ייי לרעוה עליכון |
| 2017 | Lv23:10 | ותחצדון ית חצדה ותייתון | ית | עומרה שרוי חצדכון לוות |
| 2018 | Lv23:12 | ביומא די תניפ{י}<ו>ן | ית | עומרה אמר בר שתיה שלם מן |
| 2019 | Lv23:15 | דפיסחא מן יומא דתייתון | ית | עומרה דאנפות«ה» שבע שבין |
| 2020 | Gn 8:07 | ושלח | ית | עורבא והוה נפק וחזר נפק |
| 2021 | Ex37:13 | ארבעה עזקין דדהב ויהב | ית | עזקיה על ארבעתי זווייתה די |
| 2022 | Ex25:26 | ליה ארבע עזקין דדהב ותתן | ית | עזקייא על ארבעתי זוויתא די |
| 2023 | Gn41:42 | ועבר פרעה | ית | עזקתא מעילוי ידיה ויהב יתיה |
| 2024 | Gn43:02 | והוי כדי אשלמו למיכל | ית | עיבורא די אייתון ממצרי׳ |
| 2025 | Gn21:19 | ופקח ייי | ית | עיינה וחמת באר דמיין ואזלת |
| 2026 | Gn24:64 | ונטלת רבקה | ית | עיינה וחמת ית יצחק ואתרכנת |
| 2027 | Gn39:07 | האלין ונטלת אתתיה דרבוני | ית | עיינה לוות יוסף ואמרת לה |
| 2028 | Gn13:10 | ונטל לוט | ית | עיינוי וחזא ית כל מישר |
| 2029 | Gn22:04 | ביומא תליתיה ונטל אברהם | ית | עיינוי וחמה ית אתרה |
| 2030 | Gn33:01 | ונטל «יעקב» | ית | עיינוי וחמא והא עשו את׳ |
| 2031 | Gn33:05 | ונטל | ית | עיינוי וחמה ית נשיא וית |
| 2032 | Nu22:31 | וגלי ייי | ית | עיינוי דבלעם וחמא ית מלאכה |
| 2033 | Nu24:02 | ונטל בלעם | ית | עיינוי וחמה ית ישראל |
| 2034 | Nu22:31M | ופתח מימריה דייי/ | ית | עיניה#2#/ דבלעם וחמא ית |
| 2035 | Ex14:10 | קרב ונטלו בני ישראל | ית | עייניהון והא מצריי נטלין |
| 2036 | Lv20:04 | ואן מכסיה יכסון עמא דארעא | ית | עייניהון מן גברא ההו׳ כד |
| 2037 | Gn22:13 | ונטל אברהם | ית | עינוי וחמה והא דכר חד |
| 2038 | Ex21:26 | וארום ימחי גבר | ית | עיניה דעבדיה או ית עיניה |
| 2039 | Ex21:26 | גבר ית עיניה דעבדיה או | ית | עיניה דאמה{ה}תה ויחבול יתיה |
| 2040 | Lv 5:23 | ויחזר ית גזלה דגזל או | ית | עיציה די עצה ית חברא או ית |
| 2041 | Ex20:24 | תבנון לשמי ותקרבון עלוי | ית | עלוותכון וית נכסת קודשכון |
| 2042 | Dt12:06 | ותיתון לתמן | ית | עלוותכון ונכסת קודשיכון וית |
| 2043 | Lv27:23 | עד שתה דיובילה ויתן | ית | עלויה ביומא ההוא קדש לשמה |
| 2044 | Ex23:10 | ית ארע{א}כון ותכנשון | ית | עללתה: |
| 2045 | Lv23:39 | לירחה שביעיה בכנשתכון | ית | עללתה דארעא תחגון יתה חגה |
| 2046 | Lv25:03 | תזברון כרמיכון ותכנשון | ית | עללתה: |
| 2047 | Lv25:20 | לית אנן זרעין ולא כנישין | ית | עללתה: |
| 2048 | Dt11:17M | /יתן#2#/ פירי עללתה | /ית | עללתה#2#/ ותסופון |
| 2049 | Ex34:22M | במפקא דשתא /במכנשכון | ית | עללתכון מן ארעא#2#/: |
| 2050 | Ex12:42M | ייי על עלמא למבריה | יתיה/ית | עלמ#2#/ הוה עלמא תהו |
| 2051 | Gn14:14 | אשתבי לוט בר אחוי וזיין | ית | עלמוי תורבוות ביתיה תלת מאה |
| 2052 | Lv 7:02 | באתרא דתכסון | ית | עלתא תכסון ית אשמה וית |
| 2053 | Ex40:29 | משכן זימנא וסדר עלוי | ית | עלתה היך מה די פקד ייי ית |
| 2054 | Lv 1:06 | וישלח | ית | עלתה ויפסג יתיה לפיסגה: |
| 2055 | Lv 4:24 | י{ד}<ת>יה באתרה די יכוס | ית | עלתה קדם ייי חטאתה היא: |
| 2056 | Lv 4:33 | יתה לחטאתה באתרה די יכוס | ית | עלתה: |
| 2057 | Lv 6:03 | ית קטמא די {י}תאכל אשתה | ית | עלתה על גבי מדבחה וישווי |
| 2058 | Lv 7:08 | וכהנא דיתקר׳ | ית | עלתה דגבר משכה דעלתה די |
| 2059 | Lv 9:12 | ונכס | ית | עלתה ומינו בנוי דאהרן |
| 2060 | Lv 9:16 | וקרב | ית | עלתה וקרב יתיה כסדר דינה: |
| 2061 | Lv 9:24 | ייי ואכלת על גבי מדבחה | ית | עלתה וית תרביה וחמון כל עמא |
| 2062 | Lv14:19 | מן סאבתה ומן בתר כן יכוס | ית | עלתה: |
| 2063 | Lv14:20 | ויסדר כהנא | ית | עלתה וית מנחתה על גבי מדבחה |
| 2064 | Lv16:24 | ית לבושוי ויפוק ויקרב | ית | עלתה וית עלתהון דעמא ויכפר |
| 2065 | Nu17:06 | אהרן למימר אתון קטלתון | ית | עם כנישתה דייי: |
| 2066 | Nu20:08 | להון מיין מן כיפה ותשקי | ית | עם כנישתה וית בעירהון: |
| 2067 | Nu20:08 | סב ית חוטרה וכנש | ית | עם כנישתה את ואהרן אחוך |
| 2068 | Gn32:08 | יעקב לחדא ועקת ליה ופלג | ית | עמא דהוון עמה ית ענה וית |
| 2069 | Gn38:21 | ושאל | ית | עמא דאתרא למימר אן היא |
| 2070 | Ex 3:12 | ממרי שלח יתך באפקותך | ית | עמא ממצרים תפלחון קדם ייי |
| 2071 | Ex 3:12M | /אנא שלחית יתך כד תפוק | #2#ית/ | עמא ממצרים תפלחון קדם |
| 2072 | Ex 4:21 | אתוקף ית לביה ולא ישלח | ית | עמא: |
| 2073 | Ex 5:01 | אמר ייי אלהה דישראל שלח | ית | עמא ויחגון קדמא<י> במדברא: |
| 2074 | Ex 5:04 | כען משה ואהרן תבטלון | ית | עמא מעבידתהון איזי«לו» |
| 2075 | Ex 7:14 | לבא דפרעה סרב מן למשלחיה | ית | עמא: |
| 2076 | Ex 7:26 | ליה כדון אמר ייי שלח | ית | עמא ויפלחון קדמיי: |
| 2077 | Ex 8:04 | מני ומן עמי ואשלח | ית | עמא ויקרבון קדם ייי: |
| 2078 | Ex 8:25 | פרעה למשקרה דלא למשלחא | ית | עמא די יקרבון קדם ייי: |
| 2079 | Ex 8:28 | לחוד בזמנא הדא ולא שלח | ית | עמא: |
| 2080 | Ex 9:07 | ליבא דפרעה ולא שלח | ית | עמא: |
| 2081 | Ex 9:13 | ייי אלההון דיהודיי שלח | ית | עמא ויפלחון קדמיי: |
| 2082 | Ex10:07 | יהווי דין לן לתקלה שלח | ית | עמא ויפלחון קדם ייי אלההון |

|  |  |  |  |  |
|---|---|---|---|---|
| 2083 | Ex13:17 | והוה כד שלח פרעה | ית | עמא ולא דבר יתהון ייי ארח |
| 2084 | Ex13:18 | ואקף ייי | ית | עמא ארח מדברא ימא דסוף |
| 2085 | Ex18:10 | ומן ידוי דפרעה דשיזב | ית | עמא מן תחות ניר שעבודהון |
| 2086 | Ex18:13 | דבתר«ה» ויתב משה למדן | ית | עמא וקמו עמא קדם משה מן |
| 2087 | Ex18:22 | וידינון | ית | עמא בכל שעה ויהוי כל פתגם |
| 2088 | Ex18:26 | והוו דיינ{ו}<י>ן | ית | עמא בכל שעה ית פתגמא קשיא |
| 2089 | Ex19:12 | ותתחם | ית | עמא חזור חזור למימר אזדהרו |
| 2090 | Ex19:14 | מן טורא לוות עמא וקדש | ית | עמא וחוורו לבושיהון: |
| 2091 | Ex19:17 | ואפיק משה | ית | עמא לקדמות איקר שכינתא דייי |
| 2092 | Ex32:09 | ואמר ייי למשה גלי קדמיי | ית | עמא האליין והא עם קשיין |
| 2093 | Ex32:22 | דריבו{ת}<נ>י את חכם | ית | עמא ארום בישין אינון: |
| 2094 | Ex32:25 | וחמא משה | ית | עמא ארום פריעין אינון ארום |
| 2095 | Ex32:34 | וכדון {וכדון} אזל דבר | ית | עמא לאתרא די מללת לך הא |
| 2096 | Ex32:35 | ונגף ייי | ית | עמא על אשר עשו את העגל אשר |
| 2097 | Ex33:12 | ייי חמי די את אמר לי אסק | ית | עמא האליין ואת לא אודעת |
| 2098 | Nu11:34 | קברי שאלתה ארום תמן קברו | ית | עמא דהוון מתחמדין: |
| 2099 | Nu14:15 | ו«ת»קטל | ית | עמא האליין כגבר חד |
| 2100 | Nu14:16 | דלית יכלה קדם ייי למיעלה | ית | עמא האליין לארעא דקיים להון |
| 2101 | Nu21:02 | ואמרין אן ממסור תמסור | ית | עמא האליין בידינן ואשיצי ית |
| 2102 | Nu21:06 | ית חויה שרפיתה ונכתו | ית | עמא ומיתו עם סגין מן |
| 2103 | Nu21:06M | עם סגין /ונכת{ן}<ו> | ית | עמא ומיתו אוכלוסין סגי#2#/ |
| 2104 | Nu21:16 | ייי לאהרן ולמשה כנש | ית | עמא ואתן להון מיין: |
| 2105 | Nu22:06 | וכדון אתה כען לווט לי | ית | עמא האליין ארום תקיפין |
| 2106 | Nu22:17 | לי אעבד ואתה כען לווט לי | ית | עמא האליין: |
| 2107 | Dt 4:10 | ייי לי אמר משה כנש לי | ית | עמא ואשמע יתהון ית דברי די |
| 2108 | Dt16:18 | לכון לשבטיכון וידונון | ית | עמא דינין דקשט: |
| 2109 | Dt17:16 | ל{א}<ה> סוסוון ולא יחזור | ית | עמא למצריסה מן בגלל |
| 2110 | Dt27:01 | משה וחכימייה דישראל | ית | עמא למימר טורו ית כל מצוותה |
| 2111 | Dt27:11 | ופקד משה | ית | עמא ביומא ההוא למימר: |
| 2112 | Dt27:12 | אילין יקומון למברכה | ית | עמא על טורה דגריזים |
| 2113 | Lv 9:23 | למשכן זימנא ונפקו ובריכו | ית | עמה ואתגלית איקר שכינתה |
| 2114 | Nu13:30 | ושתק כלב | ית | עמה קדם משה ואמר מסוק |
| 2115 | Nu14:13 | מצריי ארום אסקית בחילך | ית | עמה {הדין} האליין |
| 2116 | Nu22:12 | לא תזיל עמהון ולא תלוט | ית | עמה ארום בריכין אינון: |
| 2117 | Dt31:07 | ואזדרז ארום את תיעל | ית | עמה האליין לארעא די קיים |
| 2118 | Dt31:12 | כנש | ית | עמה גבריה ונשייה וטפלייה |
| 2119 | Ex33:10 | וחמון כל עמא | ית | עמודא דעננא דקיים בתרע |
| 2120 | Ex39:40 | ית ווילות דרתה | ית | עמודה וית חמרה וית פרסה |
| 2121 | Ex35:17 | ית איליות דרתה | ית | עמודוי וית חומרוי וית פרש |
| 2122 | Ex40:18 | ויהב ית נגרוי ואקים | ית | עמודוי: |
| 2123 | Ex 3:10 | אתא ואשלח יתך לפרעה ותפק | ית | עמי בני ישראל לפרוקין מן |
| 2124 | Ex 7:04 | במצרים ואפק ית חיילותי | ית | עמי בני ישראל מארעא |
| 2125 | Ex 7:16 | שלח יתי לוותך למימר שלח | ית | עמי ויפלחון קדמיי במדברא |
| 2126 | Ex 8:17 | ארום אן ליתך משלח | ית | עמי הא אנא מגרי בך ובשלטונך |
| 2127 | Ex 9:01 | אלההון דיהו{י}דיי שלח | ית | עמי ויפלחון קדמיי: |
| 2128 | Ex10:03 | מסרב למתכנעה קדם ייי שלח | ית | עמי ויפלחו קדמיי: |
| 2129 | Ex10:04 | ארום אין מסרב את למשלחה | ית | עמי הא אנא מייתי למחר גובא |
| 2130 | Ex22:24 | אין כסף תוזף | ית | עמי ית מסכינה די עמך לא |
| 2131 | Ex 5:23 | האלין ומפרק לא{ו} פרקית | ית | עמך: |
| 2132 | Dt26:15 | איקר שכינתך מן שמיא וברך | ית | עמך ית ישראל וית ארעא די |
| 2133 | Nu24:20 | וחמא | ית | עמלקאה ונטל במתל נבותה ואמר |
| 2134 | Gn28:10 | ארים יתה בחדא ידא ואשקי | ית | ענא דלבן אחוי דאמה וניסא |
| 2135 | Gn29:03 | מעילוי פמא דבארה ומשקין | ית | ענא ומחזירין ית אבנא על פמה |
| 2136 | Gn29:08 | מעלוי פמה דבארה ונשקי | ית | ענא: |
| 2137 | Gn30:36 | ובין יעקב ויעקב רעי | ית | ענא דלבן דאשתיירת: |
| 2138 | Gn37:12 | ואזלון אחוי למרע | ית | ענא דאבוהון בשכם: |
| 2139 | Gn40:11 | וכסא דפרעה בידי ונסבת | ית | ענביא ועצר«ת» יתהון בכסה |
| 2140 | Gn29:10 | מעלוי פימא דבארה ואשקי | ית | ענה דלבן אחוי דאמה: |
| 2141 | Gn31:19 | ולבן אזל למגזז | ית | ענה וגנבת רחל ית צלמייה די |
| 2142 | Gn32:08 | ופלג ית עמא דהוון עמה | ית | ענה וית תוריא וגמליא לתרתין |
| 2143 | Ex 2:16 | ית מור{נ}<כ>תה למשקייה | ית | ענה דאבוהון: |
| 2144 | Ex 3:01 | ומש«ה» הווה רעי | ית | ענה <....> בתר מדברא ואתא |
| 2145 | Ex 2:17 | משה ושזיב יתהון ואשקי | ית | ענהון: |
| 2146 | Ex20:24 | וית נכסת קודשכון | ית | עניכון וית תוריכון בכל אתרא |
| 2147 | Ex 2:19 | ואף מדלי דלה לן ואשקי | ית | ענן: |
| 2148 | Dt17:09 | ותתבעון ויתנון לכון | ית | עסק דינה: |
| 2149 | Gn13:16 | אפשר די כל גבר למימני | ית | עפרא דארעא אף בניך לית אפשר |
| 2150 | Ex 8:12 | <...> ית חו«ס»רך ומחי | ית | עפרא דארעא ויהוי לכלמין |
| 2151 | Ex 8:13 | אהרן ית ידא בחוטרא ומחה | ית | עפרא דארעא והוון כלמיא |
| 2152 | Lv14:41 | מן חזור חזור וישפכון | ית | עפרא די יקלפון לבר מן קרתה |
| 2153 | Dt 9:21 | עד די עבד עפרה וארמי | ית | עפרה לוות {נורא}<נחלה> |
| 2154 | Lv13:52 | ית לבושה או ית שתיה או | ית | ערבה בעמר או בכיתן או ית כל |
| 2155 | Gn38:20 | ביד רחמה עדולמייה למיסב | ית | ערבוניה מן ידא דאתתא ולא |
| 2156 | Ex 8:17 | ובעמך ובאנשי ביתך | ית | ערבובא ויתמלון בתיהון |
| 2157 | Ex 8:25 | ונצליה קדם ייי ויעבר | ית | ערבובא מן פרעה ומן שליטוי |
| 2158 | Lv20:17 | ויחמי ית עריתה והיא תחמי | ית | ערייתיה חסד הוה דעבדת עם |
| 2159 | Gn 9:22 | וחמא חם אבוהו' דכנענאי | ית | עריתה דאבוי ותני לתרין אחוי |
| 2160 | Gn 9:23 | מהלכין לבתרהון וכסון | ית | עריתה דאבוהון ואפיהון הפיכו |
| 2161 | Lv20:17 | אבוי או ברתה דאמה ויחמי | ית | עריתה והיא תחמי ית ערייתיה |
| 2162 | Lv20:18 | די ישמש עם אתה דוה ויבזי | ית | עריתה וית מבוע אדמה אפס |
| 2163 | Dt10:16 | ותגזרון | ית | ערלת טפשות לבביכון וקדליכון |
| 2164 | Ex 4:25 | ונסבת צפרה טנרא וגזרת | ית | ערלתא דברא וקרבת לרגלוי |
| 2165 | Gn 3:18 | ודרדרין תרבי לך ותיכל | ית | עשבא דבאפי ברא עני אדם ואמר |
| 2166 | Nu22:04 | היך מה דלחך תורא בלשניה | ית | עשבה דאפי ברא ובלק בר |
| 2167 | Dt10:04 | על לווחייה ככתבה קדמייה | ית | עשרתי דביריה די מלל ממריה |
| 2168 | Lv26:30 | ואשיצי ית טעוותכון ואשוי | ית | פגריכון על פגרי מרחקתכון |
| 2169 | Lv26:30M | \ואצדי ית במסיכון /ואפקר | ית | פגריכון קיימתכון#2#/ |
| 2170 | Ex12:25 | דמלל {דמלל} ותיטרון | ית | פולחנא הדין: |
| 2171 | Nu 8:11 | ית לוויי ויהוון למפלח | ית | פ{ו}לחנה דייי: |
| 2172 | Ex15:12 | לעלמא דאתי ופתחת ארעא | ית | פומא ובלעה יתהון: |
| 2173 | Nu17:27M | ואית מנן די פתחת ארעא | ית | פומה ובלעת יתהון |
| 2174 | Gn 4:11 | קין מן ארעא די פתחת | ית | פומי־ה#2#^ למקבלה ית אדמה |
| 2175 | Ex26:11 | פורפין דנחש חמשין ותעל | ית | פורפי בענביא ותדבק ית |
| 2176 | Ex14:13 | לא תדחלון אתע<ת>דו וחמון | ית | פורקנוי דייי די יעבד לכון |
| 2177 | Ex12:17 | ותטרון | ית | פטיראה ארום בזמן יומא הדן |
| 2178 | Nu 4:07 | דתכלה ויתנון עלוי | ית | פיאלוותה וית בזכיה וית |
| 2179 | Lv26:31 | ואשוי | ית | {פיגריכון} קורייכון חרבה |
| 2180 | Ex37:16 | ועבד ית מניה די על פתרה | ית | פילוותא וית בזיקי וית |
| 2181 | Ex12:07 | שקופא על בתי די יאכלון | ית | פיסחא בהון: |
| 2182 | Nu 9:05 | ועבדו | ית | פיסחא בירחה קדמיה |
| 2183 | Nu 9:02 | ויעבדון בני ישראל | ית | פ«י»סחה בזמניה: |
| 2184 | Lv19:25 | ובשתה חמישיתה תיכלון | ית | פירוי למוספה לכון פירוי |
| 2185 | Nu13:26 | עם כנ«י»שתה וחזון ליה | ית | פירי דארעא: |
| 2186 | Nu13:26M | עמה דכנשתה וחמון להון | ית | פירייה דא' |
| 2187 | Nu 3:07 | קדם משכן זימנא למיפלח | ית | פלחן משכנה: |
| 2188 | Nu 3:08 | מטרת בני ישראל למפלח | ית | פלחן משכנה: |
| 2189 | Nu 4:30 | דייעול לחיל קרבה למפלח | ית | פלחן משכן זמנה: |
| 2190 | Nu 7:05 | קבל מלוותהון ויהוון למפלח | ית | פלחן משכן זימנה ותתן יתהון |

|  |  | | | |
|---|---|---|---|---|
| 2191 | Nu 8:19 | מן גו בני ישראל למפלח | ית | פלחן דבני ישראל במשכן זמנה |
| 2192 | Nu16:09 | יתכון לוותיה למפלח | ית | פלחן משכן זימנא דייי ולמיקם |
| 2193 | Nu18:06 | יהיבין לשמה דייי למפלח | ית | פלחן משכן זימנה: |
| 2194 | Nu18:21 | פלחניהון די אנון פלחין | ית | פלחן משכן זימנה: |
| 2195 | Nu18:23 | ויפלחון לוויי אנון | ית | פלחן משכן זימנה ואינון |
| 2196 | Gn35:02 | ולכל מן דהווה עמיה עברו | ית | פלחנא נכריה מביניכון ואדכון |
| 2197 | Ex13:05 | וחליין כדבשא ותפלחון | ית | פלחנא הדין בירחא הדין: |
| 2198 | Gn30:29M | \ידע ית מה די פלחת /חכם | ית | פלחני דפלי#2#/ קדמ{ת}<ך> |
| 2199 | Nu 8:22 | כדין עלו ליווי למפלח | ית | פלחניהון במשכן זימנא קדם |
| 2200 | Gn24:57 | ואמרו נקרי לרביתה ונשאל | ית | פמה: |
| 2201 | Nu16:30 | חדתה יברא ייי ותפתח ארעא | ית | פמה ותבלע יתהון וית כל |
| 2202 | Nu16:32 | ופתחת ארעא | ית | פמה ובלעת יתהון וית בתיהון |
| 2203 | Nu26:10 | ותפתח ארעא | ית | פמה ובלעת יתהון וית קרח |
| 2204 | Dt11:06 | בר ראובן די פתחת ארעא | ית | פמה ובלעת יתהון וית |
| 2205 | Lv 1:08 | ויסדרון בנוי דאהרן כהניא | ית | פסגי' ית ראשה וית גופה על |
| 2206 | Lv 5:23M | "עצה ...": טלומא או | ית | פקד<'> [...] די לס ית חו' |
| 2207 | Lv 5:23 | עיציה די עצה ית חברא או | ית | פקדוניה די אתפקד לוותי' או |
| 2208 | Gn37:23 | יוסף לוות אחוי ואשלחו | ית | פרגודא מציירה די עלוי: |
| 2209 | Gn37:31 | ונסב«ו» | ית | פרגודא דיוסף ונכסו צפיר בר |
| 2210 | Gn37:31 | ונכסו צפיר בר עזין וצבעו | ית | פרגודה באדמה: |
| 2211 | Gn37:32 | ושלחו | ית | פרגודה מציירה דיוסף |
| 2212 | Ex36:35 | ועבד | ית | פרוכתה תכלה וארגוון וצבע |
| 2213 | Ex40:03 | דסהדותה ותטל על ארונה | ית | פרוכתה: |
| 2214 | Ex40:21 | לגו משכנה ושוי | ית | פרוכתה דפרסה וא{ע}<ט>יל על |
| 2215 | Lv19:23 | דמיכל ותפרקון ערלתיה | ית | פריו תלת שנין יהוי לכון |
| 2216 | Ex26:33 | ותתן | ית | פרכתא תחות פורפיא ותעל תמן |
| 2217 | Ex26:34 | ותתן | ית | {{פרכתה}} «כפורתה» על |
| 2218 | Nu 4:05 | במטלת משריתיה ויפרקו | ית | פרכתה דפרסה ויכסון בה ית |
| 2219 | Ex40:08 | דרתה מן חזור ותתן | ית | פרס תרע דרתה: |
| 2220 | Ex40:33 | למשכנה ולמדבחה ושווי | ית | פרס תרע דרתה ואשלם משה ית |
| 2221 | Ex40:05 | קדם ארונה דסהדותה ותשווי | ית | פרסה דתרעה למשכנה: |
| 2222 | Ex40:19 | ופרס | ית | פרסה על משכנה ושווי ית חפיא |
| 2223 | Ex40:28 | ושווי | ית | פרסה דתרעא למשכנא: |
| 2224 | Gn41:16 | וענה יוסף | ית | פרעה למימר בר מני מן קדם |
| 2225 | Gn47:07 | יתיה קדם פרעה וברך יעקב | ית | פרעה: |
| 2226 | Gn47:10 | וברך יעקב | ית | פרעה ונפק מן קדם פרעה: |
| 2227 | Lv25:52 | ויחשב לה כפם שנוי יחזר | ית | פרקונה: |
| 2228 | Dt 9:05 | ומן בגלל למקיימה | ית | פתגם די קיים ייי לאבהתכון |
| 2229 | Gn20:10 | מה חמית ארום עבדת | ית | פתגמא הדין: |
| 2230 | Gn21:26 | אבימלך לא ידעית מן עבד | ית | פתגמא הדין ואף את לא תנית |
| 2231 | Gn22:16 | אמר ייי ארום חלף דעבדת | ית | פתגמא הדין ולא מנעת ית ברך |
| 2232 | Gn37:11 | ביה אחוי ואבוי הוי מנטר | ית | פתגמא: |
| 2233 | Ex 2:15 | ושמע פרעה | ית | פתגמא הדין ובעה למקטל ית |
| 2234 | Ex 9:06 | ועבד ייי | ית | פתגמא הדין מן יומא דבתרא |
| 2235 | Ex12:24 | ותיטרון | ית | פתגמא הדין לקיים לכון |
| 2236 | Ex18:23 | אן | ית | פתגמא הדין תעבד ויפקד יתך |
| 2237 | Ex18:26 | ית עמא בכל שעה | ית | פתגמא קשיא ייתון לוות משה |
| 2238 | Ex33:04 | ושמע{ן}<ו> עמא | ית | פתגמא בישא הדין ואתאבלון |
| 2239 | Ex33:17 | ואמר ייי למשה להוד | ית | פתגמא הדין די {מ}מללת אעבד |
| 2240 | Nu22:20 | קום אזל עמהון ולחוד | ית | פתגמא דאמלל עמך יתיה תעבד: |
| 2241 | Nu22:35 | אזל עם גברייה ולהוד | ית | פתגמא די אמלל עמך יתה תמלל |
| 2242 | Dt15:15 | כדן אנה מפקד יתכון | ^ית | פתגמא הדין#2#^ יומא הדין: |
| 2243 | Dt17:05 | או ית אתתה ההיא די עבדו | ית | פתגמא בישה הדין לגו |
| 2244 | Dt18:21 | לבבכון אכדן נדע | ^ית#2#^ | פתגמא די לא מלל יתיה |
| 2245 | Dt24:18 | מפקד יתכון#2#^ למעבד | ית | פתגמא הדין: |
| 2246 | Dt24:22 | אנה מפקד יתכון למעבד | ית | פתגמא הדין: |
| 2247 | Nu32:20 | ואמר להון משה אם תעבדון | ית | פתגמה הדין אן תזיינון קדם |
| 2248 | Dt27:26 | ליט יהווי גברה די לא יקים | ית | פתגמי אוריתה הדה למעבד |
| 2249 | Gn44:06 | ומלל עמהון ^למימר#2#^ | ית | פתגמיא האליין: |
| 2250 | Ex 4:15 | ותמלל עמיה ותשוי | ית | פתגמיא בפומיה ואנה במימרי |
| 2251 | Ex34:27 | ואמר ייי למשה כתב לך | ית | פתגמיא האליין ארום על מימר |
| 2252 | Dt31:28 | וסרכיכון ואמלל במשמעהון | ית | פתגמיא האליין ואסהד בהון ית |
| 2253 | Nu14:39 | ומליל משה | ית | פתגמיה האלין עם כל בני |
| 2254 | Dt11:18 | ותשוון | ית | פתגמייה האליין תדירין על |
| 2255 | Ex25:27 | לאתרין לאריחי למטען | ית | פתורא: |
| 2256 | Ex26:35 | ותשוי | ית | פתורא לבר מן פרכתא וית |
| 2257 | Ex25:28 | יתהון דהב למטען בהון | ית | פתורה: |
| 2258 | Ex30:27 | | ית | פתורה וית כל מנוי וית |
| 2259 | Ex35:13 | | ית | פתורה וית אריחוי וית כל |
| 2260 | Ex37:10 | ועבד | ית | פתורה אעין דשטין תרתין אמין |
| 2261 | Ex37:14 | עזקי' אתרין לאריחיה למטען | ית | פתורה: |
| 2262 | Ex39:36 | | ית | פתורה וית כל מנוי וית סדור |
| 2263 | Ex40:04 | ותעל | ית | פתורה ותסדר ית סידרה ותעל |
| 2264 | Ex40:22 | ויהב | ית | פתורה במשכן זימנא על שפולוי |
| 2265 | Ex37:15 | וחפי יתהון דהב למטען | ית | פתרה: |
| 2266 | Lv14:53M | "וישלח ...": ויפטור | ית | ציפורא חייתה למברא לקרתה |
| 2267 | Ex39:30 | ועבדו | ית | ציצה כליל בית קודשה דהב דכי |
| 2268 | Lv 8:09 | מצנפתה מן כל קבל אפוהי | ית | ציצה דדהבה כליל בית קדשה |
| 2269 | Gn31:35 | ית כל משכנא ולא אשכח | ית | צלמיה: |
| 2270 | Gn31:19 | למגזז ית ענה וגנבת רחל | ית | צלמייה די לאבוה: |
| 2271 | Ex 3:07 | ואמר ייי מחמי חמית | ית | צערהון דעמי דבמצרים וית |
| 2272 | Ex 3:07M | /מימריה דייי גלי קדמי | ית#2#/ | צערהון דעמי דבמצרים |
| 2273 | Ex 4:31 | ארום אדכר} גלי קדמוי | ית | צערון ועקדו ואודן ושבחן: |
| 2274 | Gn29:32 | אמרת ארום גלי קדם ייי | ית | צערי ארום כדון ירחם יתי |
| 2275 | Gn31:42 | ארום כדון ריקן שלחת יתי | ית | צערי וית לוותי דידי גלי קדם |
| 2276 | Gn16:11 | ישמעל ארום שמיע קדם ייי | ית | צעריך: |
| 2277 | Dt26:07 | ייי קל צלותן וגלי קדמוי | ית | צערן וית שעבודין וית דוחקן: |
| 2278 | Lv 9:15 | ית קרבניהון דעמה ונסב | ית | צפירה דחטאתה דמן עמה ונכס |
| 2279 | Lv14:05 | ויפקד כהנא ויכוס | ית | צפירה חדתה {לבד}<לגו> מן |
| 2280 | Lv14:50 | ויכוס | ית | צפירה חדתה לגו מן דחסף על |
| 2281 | Lv16:09 | ויקרב אהרן | ית | צפירה די סלק עלוהי עדוה לשם |
| 2282 | Lv16:15 | ויכוס | ית | צפירה דחטאתה דמן עמא וייתי |
| 2283 | Lv16:20 | זימנא וית מדבחה ויקרב | ית | צפירה דבחיין: |
| 2284 | Lv16:22 | חוביהון לארע מפסקה וישלח | ית | צפירה במדברה: |
| 2285 | Lv16:26 | ומן דמשלח | ית | צפירה לעזאזל יחוור לבושוי |
| 2286 | Lv14:06 | | ית | צפרה חייתה יסב יתה וית קיסה |
| 2287 | Lv14:07 | זמנין וידכי יתיה וישלח | ית | צפרה חייתה לאפי ברא: |
| 2288 | Lv14:53 | וישלח | ית | צפרה חייתה לבר מן קרתה לאפי |
| 2289 | Gn42:35 | צררא דכספא בסקיה וחמון | ית | צרריהון דכספיהון אינון |
| 2290 | Dt34:06 | טעותה פעור ולא חכם גבר | ית | קבורתיה עד זמן יומא הדין: |
| 2291 | Ex 2:24 | ושמיע קדם ייי | ית | קבלתהון ואדכר ייי ברחמוי |
| 2292 | Ex 6:05 | ולחוד אנא שמעת | ית | קבלתהון דבני ישראל דמצרייה |
| 2293 | Ex 6:05M | שמעת ית /גלי קדמי | ית#2#/ | קבלתהון דבני ישראל |
| 2294 | Gn23:11M | קבר מתך#1#/: גבר מנן | ית | קבריה לא יכלה ממך מל<מ>קבר |
| 2295 | Gn30:22 | ומפרש ואמר הא אנא פתח | ית | קבריכון ואסיק יתי' |
| 2296 | Gn32:18 | ופקיד | ית | קדמיה למימר ארום יערע יתך |
| 2297 | Gn24:30 | והוי כדי חמה | ית | קדשא וית שיריא על ידה |
| 2298 | Lv16:20 | וישלם מן למכפרה | ית | קדשה וית משכן זימנא וית |

|  |  | | | |
|---|---|---|---|---|
| 2299 | Nu 5:10 | וגבר | ית | קדשוי דידיה יהוון גבר די |
| 2300 | Ex32:03 | ופרקו כל עמא | ית | קדשיא דדהבא «די» באדניהון |
| 2301 | Lv22:14 | חומשה עלוי ויתן לכהנה | ית | קדשיה: |
| 2302 | Nu 4:15 | וישלם אהרן ובנוי למכסיה | ית | קדשיה וית כל מני קדשיה |
| 2303 | Lv22:15 | ולא יפסון | ית | קדשיהון דבני ישראל ית מה |
| 2304 | Lv22:16M | בזמן די יאכולון | ית | קדשיהון ארום אנה הוא ייי |
| 2305 | Lv22:16 | חובי אשמה כד יהוון אכלין | ית | קדשיהון ארום אנה ייי דקדשית |
| 2306 | Nu20:04 | ולמה <כ>ען אייתית{י}<ו>ן | ית | קהל ^עם#2#^ כנישתה דייי |
| 2307 | Nu10:07 | ובאתכנשון | ית | קהלא תתקעון ולא תתייבבון: |
| 2308 | Nu20:04M | ית קהל /אעלתון | ית | קהלה#2#/ ^עם#2#^ כנישתה |
| 2309 | Nu20:10 | וכנשו משה ואהרן | ית | קהלה קדם כיפה ואמר להון |
| 2310 | Nu20:12 | בגין כדן לא תיעלון | ית | קהלה הדין לאתרא די יהבית |
| 2311 | Nu18:29M | \ית טובה מנה/טוביה | ית | קודשה מנה#2#/: |
| 2312 | Dt26:13 | קדם ייי אלהכון אפרישינן | ית | קודשיה מן בתינן ולהוד יהבנן |
| 2313 | Nu 7:37M | \קרבניה די קרב/קרב | ית | קורבנה#2#/ פיילי דכסף חדה |
| 2314 | Lv 7:16 | קרבניה ביומא די יקרב | ית | קורבנה יתאכל וביומא דבתרה |
| 2315 | Lv23:14 | לא תיכלון עד זמן דתייתון | ית | קורבנה דאלהכון קיים עלם |
| 2316 | Nu 7:25M | \קרבניה די קרב /קרב | ית | קורבני#2#/ פיילי דכסף חדה |
| 2317 | Nu 7:31M | \קרבניה די קרב /קרב | ית | קורבני#2#/ פיילי |
| 2318 | Nu 6:14 | ויקרב | ית | קורבניה קדם ייי אמר בר שתה |
| 2319 | Gn24:60M | וירתון זרעיית בניך | ית | קורוי |
| 2320 | Nu35:25 | וישזבון עם כנישתה | ית | קטולא מן ידוי דתבע אדמא |
| 2321 | Nu35:19 | תבוע אדמא הוא יקטול | ית | קטולה בזמנה די יארע יתיה |
| 2322 | Nu35:21 | הוא תבוע אדמה יקטול | ית | קטולה בזמנה די יארע יתיה: |
| 2323 | Nu35:27 | שיזבותה ויקטול תבוע אדמא | ית | קטולה לית לי{ת}<ה> חובת |
| 2324 | Nu22:33M | \כדון יתך /כדו לחוד | ית#2#/ | קטלת ויתה קיימת: |
| 2325 | Ex 9:10 | ונסבו | ית | קסם אתונא וקמו קדם פרעה |
| 2326 | Lv 6:03 | דבוץ ילבש על בשריה וירים | ית | קטמא די{י}תאכל אשתה ית |
| 2327 | Nu19:10 | ויחוור מן דמכנש | ית | קטמא דתורתה ית לבושוי |
| 2328 | Lv 6:04 | לבושין אוחרנין ויפק | ית | קטמה לבר מן משריתה לאתר |
| 2329 | Nu19:09 | ויכנש גבר דכי | ית | קטמה דתורתה ויצנע יתה |
| 2330 | Lv26:05 | ויארע לכון דרכה | ית | קטפה וקטפה יארע ית זרעה |
| 2331 | Lv16:13 | ויתן | ית | קטרתה על אשתה קדם ייי ויכסי |
| 2332 | Nu17:12 | שרי מחבלה מחבל בעמא ויהב | ית | קטרתה וכפר על עמא: |
| 2333 | Dt 4:23 | אזדהרו לכון דלא תנשון | ית | קיים מימרה דייי אלהכון די |
| 2334 | Dt 4:31 | ולא מחבל יתכון ולא מנשי | ית | קיים אבהתכון די קיים להון: |
| 2335 | Ex 2:24 | ואדכר ייי ברחמוי טבייא | ית | קיימא די קיים עם אברה«ם» |
| 2336 | Ex18:20 | ותזהר יתהון | ית | קיימא וית גזירת אוריתא |
| 2337 | Dt 4:13 | ותני לכון | ית | קיימה די פקד יתכון למעבד |
| 2338 | Dt 5:03 | לא עם אבהתן קיים ייי | ית | קיימה הדין ארום אלהן עמן הא |
| 2339 | Dt29:13 | לבלחודיכון אנה כען מקיים | ית | קיימה הדין וית שבועתה הדה: |
| 2340 | Dt29:24 | ו־יאמרון על די שבקו | ית | קיימה דייי אלה אבהת{כ}הון |
| 2341 | Ex18:16 | ובין חבריה ואודע יתהון | ית | קיימוי דייי וית גזרת |
| 2342 | Dt 4:40 | ותטרון | ית | קיימוי וית מצוותה דאורייתה |
| 2343 | Gn 6:18 | ואקיים | ית | קיימי עמך ותיעול לתיבותה את |
| 2344 | Gn 9:09 | ואנ' הא אנא מקיים | ית | קיימי עמכון ועם בניכון |
| 2345 | Gn 9:11 | ואקים | ית | קיימי עמכון ולא ישתצי כל |
| 2346 | Gn 9:15 | ואדכר | ית | קיימי בין ממרי וביניכון |
| 2347 | Gn17:07 | ואקיים | ית | קיימי ביני ובינך ובין בניך |
| 2348 | Gn17:09 | ואמר ייי לאברהם ואת | ית | קיימי תטר את ובניך |
| 2349 | Gn17:14 | נפשא ההיא מן גו עמה | ית | קיימי אפס: |
| 2350 | Gn17:19 | ותקרי ית שמו יצחק ואקיים | ית | קיימי עמה לקיים עלם ולבנוהי |
| 2351 | Ex 6:05 | בהון ואדכרית ברחמין | ית | קיימי: |
| 2352 | Ex19:05 | תשמעון בקל ממרי ותטרון | ית | קיימי ותהוון לשמי לעם |

|  |  | | | |
|---|---|---|---|---|
| 2353 | Lv18:05 | ותטרון | ית | קיימי וית סדרי די{י}ני די |
| 2354 | Lv18:26 | ותטרון אתון | ית | קיימי וית סדרי דיניי ולא |
| 2355 | Lv25:18 | ותעבדון | ית | קיימי וית סדרי דיניי תטרון |
| 2356 | Lv26:09 | יתכון ואסגי יתכון ואקים | ית | קיימי עמכון: |
| 2357 | Nu25:12 | בשבועה אמר הא אנה יהב לה | ית | קיימי שלם: |
| 2358 | Dt31:16 | ושבקין יתיה ומפסין | ית | קיימי דקיימת עמהון: |
| 2359 | Dt31:20 | קדמי וישבקו יתי ויפסון | ית | קיימי: |
| 2360 | Ex13:10 | ותטרון | ית | קיימיה דאורייתא הדה בזימנא |
| 2361 | Dt 5:01 | ואמר להון שמעו ישראל | ית | קיימיה וית סדרי דינייה די |
| 2362 | Dt 8:18 | נכסין מן בגלל למקיימה | ית | קיימיה די קיים לאבהתכון |
| 2363 | Dt16:12 | דמצרים ותטרון ותעבדון | ית | קיימיה האילין: |
| 2364 | Dt26:16 | אלהכון מפקד יתכון למעבד | ית | קיימיה האילין וית סדרי |
| 2365 | Lv26:15 | ית כל פיקודי במפסכון | ית | קיימיי: |
| 2366 | Lv26:25 | מנכון על די פרעתון | ית | קיימיי ותתכ«נ»שון |
| 2367 | Dt 7:12 | ויטר ייי אלהכון לכון | ית | קיימייה וית חסדייה די קיים |
| 2368 | Ex23:24 | יתהון ומתברא תתברון | ית | קיימתהון: |
| 2369 | Dt12:03 | ית מדבחיהון ותתברון | ית | קיימתהון וטעותהון תוקדון |
| 2370 | Lv19:19 | | ית | קימה <ד>א{ד}ורייתי תטרון |
| 2371 | Ex 6:04 | ולחוד קיימת | ית | קימי עמי עמהון למתן להון ית |
| 2372 | Lv20:08 | ותטרון | ית | קימי ותעבדון יתהון אנה ייי |
| 2373 | Lv14:51 | ויסב | ית | קיסה דארזה וית אזוב וית צבע |
| 2374 | Gn22:06 | ונסב אברהם | ית | קיסיא דעלתא ושוי על יצחק |
| 2375 | Gn22:09 | תמן אברהם ית מדבחא וסדר | ית | קיסייא ועקד ית יצחק ברה |
| 2376 | Gn22:17 | די על גף ימא וירתון בניך | ית | קירי בעלי דבביהון: |
| 2377 | Nu11:05 | דהוינן אכלין במצרים מגן | ית | קישואיה וית בטיחיה וית |
| 2378 | Gn 3:08 | ושמעו | ית | קל ממרה דייי אלהים מהלך |
| 2379 | Gn 3:10 | ואמר | ית | קל ממרך שמעת בגנתה ודחלית |
| 2380 | Gn30:22 | טביא ית רחל ושמע ייי | ית | קל צלותה דרחל ואמר במימריה |
| 2381 | Ex22:22 | יצווח עליך קדמי ואשמע | ית | קל צלותה ארום חנן ורחמן |
| 2382 | Ex22:26 | יצווח עלך קדמי ואשמע | ית | קל צלותיה ארום חנן ורחמן |
| 2383 | Nu 7:89 | לממללה עמיה הוא שמע | ית | קל דבירה ממלל עמיה מעלוי |
| 2384 | Dt 1:34 | ושמע ייי | ית | קל מליכון ותקף רוגזיה ואמר |
| 2385 | Dt 4:36 | מן שמיא אשמע יתכון | ית | קל מימריה למרדי יתכון ועל |
| 2386 | Dt 5:23 | והווה כד שמעתון | ית | קל ממרה מן גו חשוכה וטורה |
| 2387 | Dt 5:25 | הדה אין מוספין אנן למשמע | ית | קל מימרה דייי אלהן תוב |
| 2388 | Dt 5:26 | היידין כל בשרא די שמע | ית | קל מימרה דאלה חייה ממלל |
| 2389 | Dt 5:28 | דייי לי אמר משה שמעית | ית | קל מליהון דעמא האליין די |
| 2390 | Dt 5:28 | ושמע מימרה דייי | ית | קל מליכון בזמנה דמללתון עמי |
| 2391 | Dt18:16 | קהלה למימר לא אוסף למשמע | ית | קל ממרה דייי אלהן וית אשתה |
| 2392 | Gn21:16 | לה מן כל קבליה ונטלת | ית | קלא ובכת: |
| 2393 | Gn27:06 | ברה למימר הא שמעית | ית | קלא דאבוך ממלל עם עשו אחוך |
| 2394 | Ex19:04 | אתון חמיתון | ית | קלא דעבדית למצריי וטענית |
| 2395 | Ex32:17 | ושמע יהושע | ית | קלהון דעמא בייכין ואמר |
| 2396 | Nu11:10 | ושמע משה | ית | קלהון דעמה בכיין לזרעייהון |
| 2397 | Nu14:01 | ונטלו עם כנישתה ושוון | ית | קלהון ובכון עמא בלליה הוא: |
| 2398 | Gn21:17 | ושמיע ייי | ית | קליה דטליא וקרא מלאכא דייי |
| 2399 | Gn29:11 | ונשק יעקב לרחל ונטל | ית | קליה ובכה: |
| 2400 | Gn45:02 | ושוי | ית | קליה בבכיה ושמעו מצראי |
| 2401 | Ex20:18 | וכל עמא חמיין | ית | קללייה וית למפדיי׳ וית קלא |
| 2402 | Dt23:06 | והפך ייי אלהכון לכון | ית | קללה לברכה ארום רחמכון ייי |
| 2403 | Nu25:11 | בני ישראל על דקני | ית | קנאתי ביניהון ולא שיציתי ית |
| 2404 | Gn46:06 | ונסבו | ית | קניניהון וית ממוניהון די |
| 2405 | Ex28:41 | ותרבי{ה} יתהון ותשלם | ית | קרבן ידיהון ותקדש יתהון |
| 2406 | Ex29:29 | למתרבי בהון ולמשלמה בהון | ית | קרבן ידיהון: |

|  |  | | | |
|---|---|---|---|---|
| 2407 | Ex29:33 | די יכפר בהון למשלמה | ית | קרבן ידיהון למקדשא יתהון |
| 2408 | Ex29:35 | יתך שבעה יומין תשלמון | ית | קרבן ידיהון: |
| 2409 | Lv 8:33 | ארום שבעה יומין ישלם | ית | קרבן ידיכון: |
| 2410 | Lv16:32 | ˆרבי#2#ˆ יתיה ודי ישלם | ית | קרבן ידוי למשמשה בכהונתה |
| 2411 | Lv21:10 | מן משחה דרבותה וישל«ם» | ית | קרבן ידוי למלבש ית לבושיה |
| 2412 | Lv21:21M | "יקרב .. בה": יקרוב למקרבה | ית | קרבנה דייי מום ביה |
| 2413 | Nu 5:15 | ית אתתיה לוות כהנה וייתי | ית | קרבנה עלה עשרון מכלתה קמח |
| 2414 | Nu 9:07 | למה נתמנע דלא למקרבה | ית | קרבנה דייי בזימניה בגו בני |
| 2415 | Nu31:50 | וקרבנן | ית | קרבנה דייי גבר מידהווינן |
| 2416 | Nu 7:11 | רב שבט חד בכל יום יקרבון | ית | קרבנהון לחנוכת רבותה |
| 2417 | Nu16:15 | קדם ייי לא תקבל ברעווה | ית | קרבנהון לא חמרא דחד מנהון |
| 2418 | Lv 7:30 | ידך{י}ו<י> יתון | ית | קרבנוי ית תרבה על ניעה ייתי |
| 2419 | Lv19:08 | יתה חובוי יקבל ארום | ית | קרבנוי דייי אפס ותשתיצי |
| 2420 | Lv21:06 | יפסון שמה דאלההון ארום | ית | קרבנוי דייי לחם אלההון |
| 2421 | Nu28:02 | ית בני ישראל ותימר להון | ית | קרבני לחמי לחם סדור פתורי |
| 2422 | Gn 8:21 | וקבל ייי ברעווה | ית | קרבניה דנח ואמר ייי במחשבת |
| 2423 | Lv 1:14 | או מן גוזליה בני יונה | ית | קרבניה: |
| 2424 | Lv 3:07 | אין אמ׳ הוא מקרב | ית | קרבניה ויקרב יתיה קדם ייי: |
| 2425 | Lv 4:23 | חובתיה דאתחיי׳ עלה וייתי | ית | קרבניה צפיר בר עזין דכר שלם |
| 2426 | Lv 4:28 | חובתיה די אתחייב וייתי | ית | קרבניה צפירת בר עזין שלמה |
| 2427 | Lv 5:11 | גוזלין בני יון וייתי | ית | קרבניה די אתחייב עשרין |
| 2428 | Lv 7:29 | קודשוי לשמה דייי ייתי | ית | קרבניה לייי מן נכסת קודשוי: |
| 2429 | Nu 7:12 | והוה מן דמקרב ביומא קדמיה | ית | קרבניה נחשון בר עמינדב מן |
| 2430 | Nu 7:19 | קרב | ית | קרבניה פיילי דכסף חדה מאה |
| 2431 | Nu 7:43M | די קרב פיילי /קרב | ית | קרבניה פיילה#2#/ דכסף חדה |
| 2432 | Nu 7:49M | \קרבניה דיקרב /קרב | ית | קרבניה#2#/ פיילי דכסף חדה |
| 2433 | Nu 7:61M | די קרב פיילי /קרב | ית | קרבניה פיילה#2#/ דכסף חדה |
| 2434 | Nu 7:67M | \קרבני<ה> די קרב /קרב | ית | קרבניה#2#/ פיילי דכסף חדה |
| 2435 | Nu 7:79M | "קרבניה ... פיילי": קרב | ית | קרבניה פיילה |
| 2436 | Lv 7:38 | פקד ית בני ישראל למקרבה | ית | קרבניהון קדם ייי במדברא |
| 2437 | Lv 9:07 | ועל ידיהון דעמא וקרב | ית | קרבניהון דעמא וכפר |
| 2438 | Lv 9:15 | וקרב | ית | קרבניהון דעמה ונסב ית צפירה |
| 2439 | Nu 7:03 | ואייתון | ית | קרבניהון קדם ייי שית עגלן |
| 2440 | Nu 7:10 | דרבי יתיה וקריבו רברבני | ית | קרבניהון קדם מדבחה: |
| 2441 | Nu15:25 | שלו הווה ואינון אייתון | ית | קרבניהון קדם ייי וחובתהון |
| 2442 | Lv 1:02 | מן תורייה ומן ענה תקרבון | ית | קרבניכון: |
| 2443 | Gn19:29 | והווה כד שיציא ייי | ית | קרוי משרה ואדכר ייי ברחמוי |
| 2444 | Gn24:60 | וריבוון וירתון בניך | ית | קרי בעלי דבביהון: |
| 2445 | Ex32:27 | אחוי וגבר ית חבריה וגבר | ית | קריביה: |
| 2446 | Lv20:19 | ואחתה דאבוך לא תבזי ארום | ית | קריבת בשריה בזי חוביהון |
| 2447 | Nu21:02 | עמא האליין בידינן ואשיצי | ית | קריהון: |
| 2448 | Gn19:25 | והפך | ית | קרייתא האילין וית כל משרה |
| 2449 | Gn19:29 | מן גוא הפכתא כדי הפך | ית | קרייתא די שרא בהון לוט: |
| 2450 | Dt21:02M | וימשחון \לקרייתה די מן | /ית | קרייתא דאית#2#/ חזור חזור |
| 2451 | Gn11:05 | איקר שכינתיה דייי למחמי | ית | קרתא וית מגדלא דבנו |
| 2452 | Gn19:14 | הדין ארום מחבל ייי | ית | קרתא והוה כמגחך באפיה |
| 2453 | Gn19:21 | אף לפתגמא הדין דלא מיפך | ית | קרתא די מללתא: |
| 2454 | Gn44:04 | אנון נפקו | ית | קרתא לא ארחקו ויוסף אמר |
| 2455 | Ex 9:29 | ואמר ליה משה במפקי | ית | קרתא אפרש ית כפי ידי קדם |
| 2456 | Ex 9:33 | ונפק משה מן לוות פרעה | ית | קרתא ופרס כף ידוי קדם ייי |
| 2457 | Dt13:17 | מצע פלטיה ותיקדון בנורא | ית | קרתא וית על עדיתה גמיר קדם |
| 2458 | Dt 9:13 | אמר משה למימר גלי קדמי | ית | קשיותהון דעמא האליין והא עם |
| 2459 | Gn 9:13 | | ית | קשתי ˆא#2#ˆשוי בעננא ותהי |
| 2460 | Ex30:12 | ארום תקבל | ית | ראש ס{מ}«כ»ו{כ}«מ»יהון |
| 2461 | Nu26:02 | קבילו | ית | ראש סכומיהון דכל כנשתה מן |
| 2462 | Gn40:20 | לכל שלטנוי ו{ח}<רו>מם | ית | ראשה דרב מזוגיה וארים ית |
| 2463 | Gn40:20 | ית ראשה דרב מזוגיה וארים | ית | ראש«ה» דרב נחתומיא בגו |
| 2464 | Lv 1:08 | דאהרן כהניא ית פסגי׳ | ית | ראשה וית גופה על קיסיה די |
| 2465 | Lv 1:15 | כהנא על גבי מדבחה ויעזם | ית | ראשה ויסדר על גבי מדבחה |
| 2466 | Lv 5:08 | די לחטאתה קודמוי ויעזום | ית | ראשה מן כל קבל קדליה ולא |
| 2467 | Lv 8:20 | פסג לפסגוי וסדר משה | ית | ראשה וית פסגיה וית גופה: |
| 2468 | Nu 6:11 | מה די חטא על נפשה ויקדש | ית | ראשה ביומא ההוא: |
| 2469 | Dt21:12 | ותעל יתה לגו ביתך ותספר | ית | ראשה ותצמי ית טופרייה: |
| 2470 | Dt 1:15 | ונסבת | ית | ראשי שבטיכון גברין חכימין |
| 2471 | Dt33:05 | מלך מן דבית יעקב ככנש | ית | ראשי עמא כחדא ישתמעון לה כל |
| 2472 | Lv14:09 | שביעיה יספר ית כל שעריה | ית | ראשיה וית דקנה וית גביני |
| 2473 | Lv21:10 | ידוי למלבש ית לבושיה | ית | ראשיה לא יכסה ולבושו לא |
| 2474 | Gn40:13 | תלתא יומין ירומם פרעה | ית | ראשך {ראשך} ויחזור יתך |
| 2475 | Gn40:19 | לסוף תלתא יומין ירים פרעה | ית | ראשך מעילוך ויצלב יתך על |
| 2476 | Gn40:21 | וחזר | ית | רב מזוגיה לשמושה ושוי כסא |
| 2477 | Nu36:02 | ואמרין | ית | רבוני פקד ייי למיתן ית ארעא |
| 2478 | Gn34:03 | בדינה ברת יעקב ורחם | ית | רביתא ומליל עם לבה |
| 2479 | Gn34:04 | לחמור אבוי למימר אסב | ית | רביתה הדא לאתה: |
| 2480 | Gn34:12 | די תאמרון לי ואסבו לי | ית | רביתה לאתה: |
| 2481 | Dt22:21 | ויפקון | ית | רביתה לתרע בייתה דאבוה |
| 2482 | Dt22:24 | יתהון באבנייה וימותון | ית | רביתה על עסק די לא צווחת |
| 2483 | Dt22:25 | ואין באפי ברה ישכח גברה | ית | רביתה דמארסה ויתקוף בה גברא |
| 2484 | Ex21:05 | ואם מימר ימר עבדא רחמית | ית | רבני ית אתתי׳ וית בני לית |
| 2485 | Dt10:21 | והוא אלהכון די עבד עמכון | ית | רברבתה וית דחילתה האליין די |
| 2486 | Nu22:25 | דייי ואדחקת לכותלה ודחקת | ית | רגלה דבלעם לכותלה ואוסף |
| 2487 | Nu11:29 | נביין ארום ישור׳ ייי | ית | רוח קודשה עליהון: |
| 2488 | Dt 2:30 | ארום אקשי ייי אלהכון | ית | רוחיה ותקף ית לבביה מן בגלל |
| 2489 | Ex 5:21M | למתן /יתכון די אסרי׳ | ית | רחן קדם פרעה וקדם עבדוי |
| 2490 | Gn24:35 | וייי ברך | ית | ריבוני לחדא ותקף ויהב לה ען |
| 2491 | Gn24:37 | ואשבע | ית | ריבוני למימר לא תסב אתה |
| 2492 | Gn27:27 | לוותיה ונשק יתה ואריח | ית | ריח לבושוי וברך יתיה ואמר |
| 2493 | Nu 1:02 | קבילו | ית | ריש סכומיהון דכל כנשתא דבני |
| 2494 | Nu 1:02M | דכל כנשתא דבני /טולו | ית | ריש כל עם כנישתה דב׳#2#/ |
| 2495 | Nu 4:22 | קבל | ית | ריש סכומיה דבנוי דגרשון |
| 2496 | Nu 6:18 | נזירה בתרע משכן זימנא | ית | ריש נזירותיה ויתן על אשתא |
| 2497 | Nu 5:18 | ית אתתה קדם ייי ויפרע | ית | רישא דאתתה ויתן על כף ידה |
| 2498 | Lv 1:12 | ופיסג יתה לפיסגוי | ית | רישיה וית גופיה ויסדר כהנא |
| 2499 | Gn 1:07 | וברא ייי | ית | רקיעא ואפרש בין מיא די |
| 2500 | Gn26:03 | ית כל ארעתא האלין ואקים | ית | שבועתה דיקיימית לאברהם |
| 2501 | Dt 7:08 | רחם ייי יתכון ומן די נטר | ית | שבועתה די קיים לאבהתכון אפק |
| 2502 | Dt31:19 | וכדון כתבו לכון | ית | שבח שירתה הדה ואלף יתה ית |
| 2503 | Dt31:22 | וכתב משה | ית | שבח שירתה הדה ביומא ההוא |
| 2504 | Nu 4:18 | לא תשיצון | ית | שבט זרעייתה דבנוי דקהתי |
| 2505 | Nu 1:49 | לחוד | ית | שבטה דלוי לא תסכום וית ריש |
| 2506 | Nu 3:06 | אקרב | ית | שבטה דלוי ותקם יתיה קדם |
| 2507 | Nu31:12 | ולוות כנישתה דבני ישראל | ית | שביתה˜ וית בזתא למשריתא |
| 2508 | Gn21:28 | ואקים אברהם | ית | שבעתי אמריא דענא בלחודיהון: |
| 2509 | Gn21:30 | ואמר ארום | ית | שבעתי אמרתא תסב מן יד{ו}<י> |
| 2510 | Gn41:04 | למיחמי וחסין בבשריהון | ית | שבעתי תורייא יאיין למחמי |
| 2511 | Gn41:07 | ובלעון שובליא דקיקתה | ית | שבעתי שבליא ברייתא ומלייתא |
| 2512 | Gn41:20 | ואכלין תוריא חסיתא ובישתא | ית | שבעתי תוריא קדמייתא בריאתה: |
| 2513 | Ex13:07 | פטירין יתאכל | ית | שבעתי יומיא ולא יתחמי לכון |
| 2514 | Nu23:04 | דייי על בלעם ואמר ליה | ית | שבעתי מדבחיה סדרת וקרבת תור |

2515 Nu28:29 חדתה כהדן סדרא תקרבנון ית שבעתי אמריה:
2516 Lv25:11 ית כהותיכון ולא תקטפון ית שבקיכון:
2517 Ex25:16 ותתן לגו ארונא ית שהדותא די אתן לך:
2518 Ex25:21 כפרתא על ארונא <....> תתן ית שהדותא די אתן לך:
2519 Ex31:13 עם בני ישראל למימר לחוד ית שובי קדשי תטרון ארום סימן
2520 Lv19:30 ית שובי קדשיי תטרון
2521 Lv26:02 ית שובי קודשוי תטרון
2522 Lv19:27 דראשיכון ולא תחבלון ית שומת דקניכון:
2523 Lv26:16 ואדכר עליכון בביהילו ית שחפיתה וית קדחיתה מסיפה
2524 Gn44:31 עמן מית הוא ויחתון עבדך ית שיביתיה דעבדך אבונן בדווי
2525 Gn42:38 באורחא תהלכון בה ותחתון ית שיבתי בדוי לשאול:
2526 Ex10:05 למיחמי{ה} ית ארעא ויכול ית שייר פליטתה דאשת{ריי}<ייר>ת
2527 Ex15:01 שבח משה ובני ישרא<'> ית שירת תושבחתה הדה קדם ייי
2528 Nu21:17 בכן שבחו ישראל ית שירת תושבחתה הדה סוקי בירא
2529 Ex28:14 יתהון עובד קליעה ותתן ית שישלתה דקליעתה על מאחדתה:
2530 Ex12:42 אתמככו ונחתו וחמא יצחק ית שכלוליהון וכהן עיינוי על
2531 Lv22:27M מכו ונחתו וחמא יצחק ית שכלוליהון וכהיין עיינוי מן
2532 Gn40:07 ושאל ית שליטוי דפרעה דעמיה במטרא
2533 Gn41:16 בר מני מן קדם ייי יתענה ית שלמא דפרעה:
2534 Gn37:14 ואמר לו איזל כען וחמי ית שלמיהון דאחיך וית שלמא דענא
2535 Nu24:21 וחמה ית שלמייה ונטל במתל נבותה ואמר
2536 Gn21:03 וקרא אברהם ית שם בריה דאתיליד ליה די ילדת
2537 Lv19:12M כדן אמר ייי/יתפסון ית שם אלהכון כדין אמר ייי
2538 Lv19:12 בשמי לשקר ולא תפסון ית שמא דאלהכון כדן אמר ייי:
2539 Gn 5:03 בדמותיה כד נפק בה וקרא ית שמה שת:
2540 Gn16:11M שמה /וילדת ביר ותקרא ית שמה/#2# ישמעאל
2541 Gn17:15 שרי אתתך לא תקרי ית שמה שרי ארום שרה שמה:
2542 Gn19:38 אף היא ילידת בר וקראת ^ית#2#^ שמה בר עמי הוא אבוהון
2543 Gn28:19 וקרא ית שמה דאתרא ההוא ביתאל וברם
2544 Gn30:08M אשתמעת וקראת \/ית#2#/ שמה נפתלי:
2545 Gn30:13 בבתי כנישותא וקראת ית שמה אשר:
2546 Gn30:21 ילדת ברתה נקבה וקרת ית שמה דינה:
2547 Gn30:24 וקרת ית שמ«ה» יוסף למימר יסף ייי
2548 Gn35:15 וקרא יעקב ית שמה דאתרא די מלל עמיה תמן
2549 Gn38:05 ואוספת תוב וילדת בר וקרת ית שמה שלה והוה דפסקת מן
2550 Gn41:51 וקרא יוסף ית שמה דבכורה מנשה ארום נשי
2551 Ex 2:22 וילדת בר וקרת ית שמה גרשום ארום אמר דייר
2552 Ex20:07 ישראל לא יסב גבר מנכון ית שמה דייי אלהיה על מגן ארום
2553 Lv18:21 פלחנה נכרייה ולא תפסו ית שמה דאלהכון אמר ייי:
2554 Lv24:11 דאתתה ישראליתה בגדפין ^ית שמה קדישה#2#^ וחרף ואייתון
2555 Nu17:17 תרין עשר חוטרין גבר ית שמה תכתוב על חוטרה:
2556 Dt 5:11 דינה רבה ית מן די יסב ית שמה דייי קדישה על מגן:
2557 Dt28:58M מן קדם ייי /הדה למידחול ית שמה קדישה ודחילה הדין
2558 Dt32:03 לחד ממלאכי שירותה למדכרה ית שמה קדישה עד זמן דאינון
2559 Dt32:03 ילף משה דלא למדכרה ית שמה קדיש' עד זמן דהוה מחנך
2560 Ex28:29 ויטעון אהרן ית שמה{ה}ת בני ישראל בחושנה
2561 Dt 7:24 בידיכון ות{ו}ס<ו>פון ית שמהן מן תחות שמיא לא יקום
2562 Dt 9:14 ואישיצי יתהון ואמחוק ית שמהן מן לרע שמייא ויוכלה
2563 Dt12:03 טעוותהון תקצצון ותסיפון ית שמהן מן אתרה ההוא:
2564 Nu32:38 וית שבמה וקרון בשמהן ית שמהת דקוריין דבנו:
2565 Ex28:12 לבני ישראל ויקבל אהרן ית שמהתהון קדם ייי על תרתין
2566 Gn17:19 שרה ילדת לך בר ותקרי ית שמו יצחק ואקים ית קיימי
2567 Gn 5:02 יתהון וברך יתהון וקרה ית שמון אדם ביומא דברא {ד}
2568 Lv26:34 בכדן תרעה ארעא ית שמטה כל יומין דהיא צדי
2569 Lv26:34 בכדן תשמט ארעא ותרעי ית שמטיה:
2570 Ex 9:16M ומן בגלל למתנייה {א}<י>ת שמי
2571 Ex 9:16 חיילי ומן בגלל דתתניה ית שמי קדישא בכל ארעא:
2572 Ex20:24 בכל אתרא די תדכרון ית שמי בצלו אתגלי בממריה
2573 Lv20:03 ית בית מקדשי ולמפס' ית שמי קדשא:
2574 Lv22:02 דבני ישראל ולא יפסון ית שמי קדישא די אנון מקדשין
2575 Lv22:32 ולא תפסון ית שמי קדישה ויתקדש שמי
2576 Nu 6:27 וישון ית שמי ית ממרי על בני ישראל
2577 Gn 1:01 בחכמה ברא דייי שכלל ית שמיא וית ארעא:
2578 Ex31:17 ארום שתה יומין ברא ייי ית שמיא וית ארעא וביומא שביעיה
2579 Dt28:12 ייי לכון ית אוצריה טבה ית שמיא למיתן מטרה דארעכון
2580 Dt30:19 הא אסהדית בכון יומא הדין ית שמיא וית ארעא ית אורחה דחיי
2581 Dt31:28 פתגמיא האליין ואסהד בהון ית שמיא וית ארעא:
2582 Gn 4:25 ית אתתיה וילדת בר וקרא' ית שמיה שת ארום שוי לי
2583 Gn 4:26 אף הוא אתיליד בר וקרא ית שמיה אנוש בכדין שרו
2584 Gn 5:29 וקר' ית שמיה נח למימר דן ינחם יתן
2585 Gn27:41 וחזר ואוליד ית שת וקרא ית שמיה על שמיה הא אנה ממתין
2586 Gn30:11 משתודהון לאומה וקראת ית שמיה גד:
2587 Gn35:10 ישראל יהוי שמך וקרא ית שמיה ישראל:»
2588 Gn38:03 ועברת וילדת בר וקרת ית שמיה ער:
2589 Gn38:04 ועברת תוב וילדת בר וקרת ית שמיה אונן:
2590 Ex16:31 וקרון בני ישראל ית שמיה מנה והוא כזרע דכסבר
2591 Dt29:19 אורייתה הדין וימחוק ייי ית שמיה «מן תחות שמיא»:
2592 Lv26:19M דן הוא בית מוקדשה ואשוי ית שמייא דאית מעילוויכון
2593 Dt11:17 רוגזה דייי בכון ויעצור ית שמייא ולא יהוי מטר וארעא לא
2594 Lv26:19 דהיא תקוף חיילכון ואשוי ית שמייה די עלויכון ברירין היך
2595 Gn12:02 רבה ואבר' יתך ואתוקף ית שמך ותהוי לברכן:
2596 Gn17:05 ולא יתקרי תוב ית שמך אבר' ויהוי שמך אברהם
2597 Ex 5:21 עליכון וידון די אסבתון ית שמן ביש באפי פרעה ובאפוי
2598 Gn29:13 והוי כדי שמע לבן ית שמעה דייעקב בר אחתה ורהט
2599 Nu14:15 אומייה די ישמעון ית שמעך למימר:
2600 Dt 4:19 עייניכון לשמיא ותיחמון ית שמשה וית זהרא וית סידור
2601 Ex21:27M \שן עבדיה /שניי' דעבד#2#/ית שנה <ע'>#2#/ או שן
2602 Lv25:27 ויחשב ית שנין זבוניה ויחזר ית מה
2603 Lv25:10 ותקדשון ית שנת חמישתי שנייה ותכרזון
2604 Ex 2:25 וגלי קדם ייי ית שעבודהון דבני ישראל ואמר
2605 Ex 3:07 מן דחקהון ארום גלי קדמיי ית שעבודהון:
2606 Nu 6:18M ית ריש נזירותיה \/ויסב ית שער ראש נזירותיה#2#/ ויתן
2607 Gn42:27 ופתח חד מינהון ית שקיה למיתן כסה לחמריה בבית
2608 Dt26:10 וכדון הא אייתינן ית שרוי בוכרת כל פירי ארעא מן
2609 Nu35:06 {ד«י»} תתנון לליוויי ית שת קרין דשיזבות דתתנון די
2610 Lv25:22 ותיזרעון ית שתה תמיניתה ותאכלון מן
2611 Lv13:52 ויוקד ית לבושה או ית שתיה או ית ערבה בעמר או
2612 Gn 6:14 כמדורונין תעבד ית תבותה ותשוע ית' מלגוא
2613 Gn27:17 ויהבת ית תבשילייה וית לחמה דעבדת ביד
2614 Ex15:20 מרים נביאתה אחתה דאהרן ית תופי בידה ונפקו כל נשיא
2615 Dt11:02 אורייתה דייי אלהכון ית תוקפיה וית ידיה תקיפתה
2616 Ex21:35 וארום יגש תורא דגבר ית תורא דחבריה וימות ויזבנון
2617 Ex21:35 דחבריה וימות ויזבנון ית תורא חייה ויפלגון ית כספיה
2618 Ex29:10 ותקרב ית תורא קדם משכן זימנא ויסמך
2619 Ex29:11 ותיכוס ית תורא קדם ייי בתרע משכן
2620 Lv 4:04 וייתי ית תורא לתרע משכן זימנ' קדם
2621 Lv 4:04 ידיה על ראשה דתורא ויכוס ית תורא קדם ייי:
2622 Lv 4:15 ראשה דתורא קדם ייי ויכוס ית תורא קדם ייי:

| | | | | |
|---|---|---|---|---|
| 2623 | Lv16:06 | ויקרב אהרן | ית | תורא דחטאתה דמן דידיה ויכפר |
| 2624 | Dt22:01 | לא תחמי | ית | תורא דאחוך או ית אמריה |
| 2625 | Lv 4:04M | ויעל ית דתורה ויכוס/ | ית | תורה לתר#2/# משכן זימנ' |
| 2626 | Lv 4:15M | קדם ייי /קדם ייי ויכוס | ית | תורה קדם ייי לתרע מש#2/#: |
| 2627 | Lv 4:21 | ויפק | ית | תורה לבר מן משריתה ויוקד |
| 2628 | Lv 4:21 | ויוקד יתה היך מה דאוקד | ית | תורה קדמיה חטאתה דקהלה הוא: |
| 2629 | Lv 8:14 | ואקרב | ית | תורה דחטאתה וסמך אהרן |
| 2630 | Lv 9:18 | ונכס | ית | תורה וית דכרה נכסת קדשיה |
| 2631 | Lv16:11 | ועל ידי אנשי ביתיה ויכוס | ית | תורה דחטאתה דמן דידיה: |
| 2632 | Lv16:11 | ויקרב אהרן | ית | תורה דחטאתה דמן דידיה ויכפר |
| 2633 | Dt22:04M | לא תחמי ית חמריה או | ∧ית#2/# | תורה «דאחוך» מטלקין |
| 2634 | Nu17:20 | ירטב ואבטל מעילווי | ית | תורע«ו»מהון דבני ישראל |
| 2635 | Nu14:27 | קדמיי עלויי שמיע קדמי | ^~ית | תורעמות בני ישראל די אנון |
| 2636 | Ex16:12M | תורעמתהון /גלי קודמוי | ית | תורעמכון#2/# דבני ישראל |
| 2637 | Nu14:34 | ארבעין שנין ותדעון | ית | תורעמנותי: |
| 2638 | Ex16:07M | קדם ייי /כד שמיע | ית | תורעמנותיכון#2/# ואנן מה |
| 2639 | Dt31:27 | ארום הא אנה כען ידעת | ית | תורעמנותכון וית קדלכון |
| 2640 | Ex16:12 | שמיע קדמיי | ית | תורעמתהון דבני ישראל |
| 2641 | Ex16:07 | איקר שכינתה דייי ושמיע | ית | תורעמתכון קדם ייי ואנן מה |
| 2642 | Ex16:08 | למשבע כד שמיע קדם ייי | ית | תורעמתכון דאתון מתרעמין |
| 2643 | Ex16:09 | ייי ארום שמיע קדם ייי | ית | תורעמתכון: |
| 2644 | Nu19:05 | ויוקד | ית | תורתה קדמוי ית משכ{נ}ה וית |
| 2645 | Dt30:03 | ויקבל מימרה דייי אלהכון | ית | תותבתכון וירחם יתכון ויחזור |
| 2646 | Nu35:26 | ואן מפק יפוק קטולא | ית | תחום קרי שזבותה די יערוק |
| 2647 | Dt19:03 | לכון אורחא ותתלתון | ית | תחום ארעכון די יאחסן יתכון |
| 2648 | Gn 9:27M | יפת ייי | ∧ית#2/# | תחומא דיפת וישרי יקר |
| 2649 | Gn33:19 | וזבן | ית | תחומא דחקלא די פרס תמן |
| 2650 | Dt 2:18 | אתון עברין יומא הדין | ית | תחומיהון דמואביי ית לחיית: |
| 2651 | Ex23:31 | ואשוי | ית | תחומיכון מן ימא דסוף עד |
| 2652 | Dt12:20 | ארום יפתה ייי אלהכון | ית | תחומיכון היך מה די מלל |
| 2653 | Dt19:08 | ואין יפתי ייי אלהכון | ית | תחומיכון היך מה די קיים |
| 2654 | Ex34:24 | אומיא מן קדמיכון ואפתי | ית | תחומכון ולא יתחמ«ד» גבר |
| 2655 | Gn 7:17 | על ארעא וסגון מיא וטענו | ית | תיבותא ורמת מעלוי ארעא: |
| 2656 | Ex 2:05 | מהלכין על גוף נהרא וחמא | ית | תיבתה בגו אפרה ושלחת ית |
| 2657 | Gn30:35 | ואפרש ביומא ההוא | ית | תישיא קרוחי ונמוריה וית כל |
| 2658 | Ex35:25 | לבה בידה הוות עזלה | ית | תכלתה וית ארגונא וית צבע |
| 2659 | Nu31:47 | מן פלגותהון דבני ישראל | ית | תליש חד מן חמשין מן |
| 2660 | Gn32:20 | ופקד אף ית תנינא אף | ית | תליתיא אף ית דמהלך בתר |
| 2661 | Nu31:41 | ויהב משה | ית | תלש אפרשותה דייי לאלעזר |
| 2662 | Nu35:14 | | ית | תלת קוריין תתנון מן עבר |
| 2663 | Dt17:18 | כורסי מלכותיה ויכתוב לה | ית | תניי אוריתה הדה בגו ספר |
| 2664 | Gn32:20 | ופקד אף | ית | תנינא אף ית תליתיא אף ית |
| 2665 | Lv20:05 | ואשוי אנה | ית | תקוף רגזי בגברה ההוא |
| 2666 | Lv26:19M | "ואחרב ... צמחין": ואיתבר | ית | תקוף חייליכון דן הוא |
| 2667 | Lv20:03 | ואנה אשוי | ית | תקיף רוגזי בגברה ההוא ואשצא |
| 2668 | Ex 9:16 | כדון מן בגלל למחויה יתך | ית | תקף חיילי ומן בגלל דתתניה |
| 2669 | Dt 3:24 | את שרית למחווייה ית עבדך | ית | תקפך וית גבורת ידך תקיפתה |
| 2670 | Lv 3:03 | נכסת קדשיה קרבן קדם ייי | ית | תרבא דחפי ית כרסה וית כל |
| 2671 | Lv 3:09 | לקבל שזרתה ועבד יתה | ית | תרבה דחפי ית כרסה וית כל |
| 2672 | Lv 3:14 | מניה קרבניה קרבן קדם ייי | ית | תרבה דח{כ}<פ>י ית כרסא וית |
| 2673 | Lv 4:08 | דתורה דחטאתה ירים מניה | ית | תרבה דחפי על כרסה וית כל |
| 2674 | Lv 7:30 | ידו{י}ו<י> יתון ית קרבנוי | ית | תרבה על ניעה ייתי יתיה ית |
| 2675 | Lv 7:31 | ויסדר כהנא | ית | תרבה קדם ייי ויהוי ניעה |
| 2676 | Lv 8:25 | ונסב | ית | תרבה וית אליתה וית כל תרבה |
| 2677 | Lv 9:20 | ושוון | ית | תרב' על ניעיה וסדר תרביה |
| 2678 | Dt22:24 | ותפקון | ית | תרויהון לתרע קרתה ההיא |
| 2679 | Gn48:13 | ודבר יוסף | ית | תריהון ית אפרים בימיניה מן |
| 2680 | Nu25:08 | בר ישראל לגו קהלא ודקר | ית | תריהון ית גברא בר ישראל |
| 2681 | Gn27:45 | יתך מן תמן למה כען אתכל | ית | תריכון יום חד: |
| 2682 | Gn 1:16 | וברא ממרא דייי | ית | תרין נהוריא רברביא ית נהורא |
| 2683 | Gn 1:21 | וברא ייי | ית | תרין תניניא רברביא וית כל |
| 2684 | Gn22:03 | בצפרא ושווי ית חמרה ודבר | ית | תרין עולימוהי עמיה וית |
| 2685 | Gn42:37 | ואמר ראובן לאבוי למימר | ית | תרין בניי תקטול אין לא |
| 2686 | Gn48:01 | ליוסף הא אבוך ביש ודבר | ית | תרין בנוהי עמיה ית מנשה |
| 2687 | Ex28:09 | ותסב | ית | תרין אבניה טבתא ותגלף |
| 2688 | Ex28:11 | אבניה גליף חקיק תגלף | ית | תרין אבניה על שמהת בני |
| 2689 | Ex39:16 | ותרתין עזקין דדהב ויהבו | ית | תרין עזקין על תרין סטרוי |
| 2690 | Ex40:20M | ונסב משה | ית | תרין לוחי אבניה דאיתיהיבו |
| 2691 | Lv16:07 | ויסב | ית | תרין צפיריה ויקים יתהון קדם |
| 2692 | Dt 9:10 | ויהב ייי לי אמר משה | ית | תרין לוחי אבנייה כתיבין |
| 2693 | Dt 9:11 | יהב ייי לי אמר משה | ית | תרין לוחי אבנייה לוחי |
| 2694 | Gn 8:06 | ארבעין יומין ופתח נח | ית | תרעא דתיבותא די עבד: |
| 2695 | Gn32:23 | וקם בלילה ההוא ודבר | ית | תרתין נשוי וית תרתין |
| 2696 | Ex28:12 | ותשוי | ית | תרתין אבניה על כתפתה דאפודה |
| 2697 | Ex28:23 | תרתין עזקין דדהב ותתן | ית | תרתין עזקיא על תרין סיטרוי |
| 2698 | Ex28:24 | ותתן | ית | תרתין קליעתה דדהבא על תרתין |
| 2699 | Ex39:18M | "וית ... מאחדתה": ויהבו | ית | תרתין משקעתה |
| 2700 | Lv16:21 | ויסמך אהרן | ^ית | ^תרתין#2/# ידוי על ראשה |
| 2701 | Nu 7:07 | | ית | תרתין עיגלן וית ארבעה תורין |
| 2702 | Nu 5:20 | אסתאבת ויהב גבר ביך | ית | תשמישה בר מן בעליך: |
| 2703 | Nu22:34M | ארום את/כדו לחוד\ | ית#2/# | קיים/קאם#2/# מתעתד |

## וית

| | | | | |
|---|---|---|---|---|
| 2704 | Ex 6:23 | לאתה וילדת ליה ית נדב | וית | אביהוא וית אלעזר וית |
| 2705 | Nu26:60 | ואתילד לאהרן ית נדב | וית | אביהוא ית אלעזר וית |
| 2706 | Gn10:28 | וית עובל | וית | אבימאל וית שבא: |
| 2707 | Gn36:02 | עדה ברת אלון חיתייא | וית | אהליבמה ברת ענה ברת |
| 2708 | Ex 5:20 | וארעו ית משה | וית | אהרן קיימין לקדמותיהון |
| 2709 | Ex10:08 | וחזר ית משה | וית | אהרן לוות פרעה ואמרו להון |
| 2710 | Ex12:50 | דפקד ייי ית משה | וית | אהרן כן עבדו: |
| 2711 | Ex29:04 | | וית | אהרן וית בנוי תקרב לתרע |
| 2712 | Ex29:44 | משכן זימנא וית מדבחא | וית | אהרן וית בנוי אקדש למשמשא |
| 2713 | Ex30:30 | | וית | אהרן וית בנוי תרבי ותקדש |
| 2714 | Nu 3:10 | | וית | אהרן וית בנוי תטכס ויטרון |
| 2715 | Gn10:27 | וית הדורם | וית | אוזל וית דקלה: |
| 2716 | Gn10:29 | | וית | אופיר וית חוילה וית |
| 2717 | Ex 6:23 | וית אביהוא וית אלעזר | וית | א«י»תמר: |
| 2718 | Nu26:60 | וית אביהוא ית אלעזר | וית | איתמר: |
| 2719 | Gn24:59M | וית רבית' פדגוגתא/ | וית | אליעזר עבדא#2/# דאברהם |
| 2720 | Ex 6:23 | ית נדב וית אביהוא | וית | אלעזר וית א«י»תמר: |
| 2721 | Nu20:25 | סב ית אהרן | וית | אלעזר ברה ואסק יתהון להר |
| 2722 | Gn46:20 | רבה דאון ית מנשה | וית | אפרים: |
| 2723 | Gn48:01 | בנוהי עמיה ית מנשה | וית | אפרים: |
| 2724 | Gn22:21 | ית עוץ בוכרה | וית | בוז אחוי וית קמואל אבוי |
| 2725 | Nu31:08 | מלכיהון דמדיינאי | וית | בלעם בר בעור קטלו בחרבה: |
| 2726 | Gn42:04 | | וית | בנימין אחוי דיוסף לא שלח |
| 2727 | Gn43:14 | לכון ית אחוכון חרנא | וית | בנימן ואנה היך מה דלא |
| 2728 | Gn43:15 | מכופלה נסבו בידיהון | וית | בנימן וקמו ונחתו למצרים |
| 2729 | Gn22:22 | וית פלדש וית ידלף | וית | בתואל: |
| 2730 | Gn22:24 | היא ית טבח וית גחם | וית | {גחם} <תחש> וית מעכה: |

|  |  | | | |
|---|---|---|---|---|
| 2731 | Gn22:24 | וילידת אף היא ית טבח | וית | גחם וית {גחם} <תחש> וית |
| 2732 | Gn25:03 | ויקשן אוליד ית שבא | וית | דדן ובנוי דדן הוון תגרן |
| 2733 | Gn46:15 | ילדת ליעקב בפדן ארם | וית | דינה ברתיה כל נפשתה בנוי |
| 2734 | Gn10:27 | וית הדורם וית אוזל | וית | דקלה: |
| 2735 | Gn10:27 | | וית | הדורם וית אוזל וית |
| 2736 | Gn11:26 | ית אברהם ית נחור׳ | וית | הרן: |
| 2737 | Gn11:27 | אוליד ית אברם ית נחור | וית | הרן והרן אוליד ית לוט: |
| 2738 | Gn10:29 | וית אופיר | וית | חוילה וית {יקטן} <יובב> |
| 2739 | Nu31:08 | אוי וית רקם וית צור | וית | חור וית רבע חמישתי |
| 2740 | Gn22:22 | וית כשד | וית | חזו וית פלדש וית ידלף |
| 2741 | Gn34:13 | בנוי דיעקב ית שכם | וית | חמור אבוי בסגי חכמתהון |
| 2742 | Gn34:26 | | וית | חמור וית שכם בריה קטלו |
| 2743 | Gn10:15 | אולי׳ ית צידון בכורא | וית | חת: |
| 2744 | Gn22:22 | וית חזו וית פלדש | וית | ידלף וית בתואל: |
| 2745 | Gn46:28 | | וית | יהודה שלח קדמוי לוות |
| 2746 | Nu32:28 | «משה» ית אלעזר | וית | יהושע בר נון וית ראשיה |
| 2747 | Dt 3:21 | | וית | יהושע פקדית בשעתה ההיא |
| 2748 | Nu32:35 | וית עטרות שופן | וית | יעזר ויגבהה: |
| 2749 | Gn36:05 | ואהליבמ׳ ילדת ית יעוש | וית | יעלם וית קרח אלין |
| 2750 | Gn36:14 | וילדת לעשו ית יעוש | וית | יעלם וית קרח: |
| 2751 | Gn 6:10 | בנין ית שם ית חם | וית | יפת: |
| 2752 | Gn22:03 | ית תרין עולימוהי עמיה | וית | יצחק בריה ופצע קיסין לעלה |
| 2753 | Gn10:29 | וית אופיר וית חוילה | וית | {יקטן} <יובב> כל אלין |
| 2754 | Gn25:02 | וילידת ליה ית זמרן | וית | יקשן וית מדן וית מדין |
| 2755 | Gn25:02 | וית מדן וית מדין | וית | ישבק וית שוח: |
| 2756 | Ex 5:02 | פרעה ידע מן הוא ייי | וית | ישראל לית אנה משלח: |
| 2757 | Gn22:22 | | וית | כשד וית חזו וית פלדש |
| 2758 | Gn33:02 | וית בניהון קדמיין | וית | לאה ובניה אחריין <....>: |
| 2759 | Gn11:31 | ונסב תרח ית אברם בריה | וית | לוט בר ברה וית שרי כלתה |
| 2760 | Gn12:05 | אברם ית שרי אתתיה | וית | לוט בר אחוי וית כל |
| 2761 | Gn25:02 | וית יקשן וית מדן | וית | מדין וית ישבק וית שוח: |
| 2762 | Gn25:02 | ליה ית זמרן וית יקשן | וית | מדן וית מדין וית ישבק |
| 2763 | Gn48:13 | מן שמאלה דישראל | וית | מנשה בשמאליה מן ימיניה |
| 2764 | Gn22:24 | גחם וית {גחם} <תחש> | וית | מעכה: |
| 2765 | Nu26:59 | ית אהרן וית משה | וית | מרים אחתהון: |
| 2766 | Ex 6:21 | ית אהרן | וית | משה ושני חיוי דעמרם מאה |
| 2767 | Nu26:59 | וילדת לעמרם ית אהרן | וית | משה וית מרים אחתהון: |
| 2768 | Gn10:28 | | וית | עובל וית אבימאל וית |
| 2769 | Dt 1:04 | דהווה שרי בחשבון | וית | עוג מלכא דבותנין דהווה |
| 2770 | Gn22:22 | וית כשד וית חזו | וית | פלדש וית ידלף וית |
| 2771 | Nu31:06 | כל שבט לחיל קרבה יתהון | וית | «פנחס בר» אלעזר כהנא |
| 2772 | Nu31:08 | ית אוי וית רקם | וית | צור וית חור וית רבע |
| 2773 | Gn22:21 | בוכרה וית בוז אחוי | וית | קמואל אבוי דארם: |
| 2774 | Gn36:05 | ית יעוש וית יעלם | וית | קרח אלין ^אינון#2^ בנוי |
| 2775 | Gn36:14 | ית יעוש וית יעלם | וית | קרח: |
| 2776 | Nu26:10 | ית פמה ובלעת יתהון | וית | קרח בזמנה דמיתו עם כנישתה |
| 2777 | Nu31:08 | רקם וית צור וית חור | וית | רבע חמישתי מלכיהון |
| 2778 | Gn49:31 | תמן קברו ית יצחק | וית | רבקה אתתי«ה» ותמן קברית |
| 2779 | Gn10:28 | וית עובל וית אבימאל | וית | שבא: |
| 2780 | Gn25:02 | וית מדין וית ישבק | וית | שוח: |
| 2781 | Gn34:26 | וית חמור | וית | שכם בריה קטלו לפ<ת>גם |
| 2782 | Gn10:26 | ויקטן אוליד ית אלמודד | וית | שלף וית חצר מות וית |
| 2783 | Gn49:18M | ית גדעון בר יואש | וית | שמשון בר מנוח לא אנה |
| 2784 | Gn49:31 | תמן קברו ית אברהם | וית | שרה אתתיה תמן קברו ית |
| 2785 | Gn11:31 | בריה וית לוט בר ברה | וית | שרי כלתה אתתיה דאברם |
| 2786 | Nu18:17M | לא תפרוק קדש הנון | וית | |
| 2787 | Nu32:37 | דראובן בנון ית חשבון | וית | אלעלה וית קריתים: |
| 2788 | Nu32:36 | | וית | בית נמרה וית בית רמתה |
| 2789 | Nu32:36 | וית בית נמרה | וית | בית רמתה קרי תלילן ודירין |
| 2790 | Nu32:38 | וית נבו | וית | בעל מעון מקפן שורין רמין |
| 2791 | Dt 4:43M | מן שבטה דבנוי דגדי | וית | גוולן במותניין מן שבטא |
| 2792 | Dt34:01 | מימריה דייי ית כל ארעא | וית | גלעד עד דן דקיסריון: |
| 2793 | Dt 4:43 | לשבטה דבית ראובני | וית | גרם בגלעדה לשבטה דבית |
| 2794 | Gn10:11 | וית פלטיותא דקרתא | וית | הדיף: |
| 2795 | Gn10:26 | ית אלמודד וית שלף | וית | חצר מות וית ירח: |
| 2796 | Gn10:26 | וית שלף וית חצר מות | וית | ירח: |
| 2797 | Nu32:34M | /דבשתה וית מכללתה | וית | לח#2#/: |
| 2798 | Nu32:34 | ית דיבון וית עטרות | וית | לחיית: |
| 2799 | Nu32:35M | /מכללתה דשופן | וית | מכוור ויג#2#/: |
| 2800 | Nu32:38 | | וית | נבו וית בעל מעון מקפן |
| 2801 | Nu32:34 | בנוי דגד ית דיבון | וית | עטרות וית לחיית: |
| 2802 | Nu32:35 | | וית | עטרות שופן וית יעזר |
| 2803 | Gn13:10 | שיציא ייי ית סדום | וית | עמרה כגינת׳ דייי באילנא |
| 2804 | Ex 1:11 | תלילן לפרעה ית טנס | וית | פילוסין: |
| 2805 | Nu32:37 | ית חשבון וית אלעלה | וית | קריתים: |
| 2806 | Nu31:08 | על קטליהון ית אוי | וית | רקם וית צור וית חור וית |
| 2807 | Nu32:38 | מקפן שורין רמין | וית | שבמה וקרון בשמהן ית שמהת |
| 2808 | Gn10:12 | | וית | תלאסר בין נינוה ובין |
| 2809 | Lv11:14 | וית דיתה | וית | אבו למינה: |
| 2810 | Ex35:27 | אייתון ית אבני טבתה | וית | אבניה דאשלמותא לאפדה |
| 2811 | Ex39:28M | תושבחה עבד קובעיה בוץ | וית | אברקסין דבוץ בוץ#2#/ |
| 2812 | Lv 8:15 | באצבעה ורבי ית מדבחה | וית | אדמה אריק על יסודוי דמדבחה |
| 2813 | Nu19:05 | ית משכ{נ}ה וית בשרה | וי{א}<ת> | אדמה עם רעייה יוקד יתה: |
| 2814 | Lv 7:02 | ית עלתא תכסון ית אשמה | וית | אדמיה יזרוק על גבי מדבחה |
| 2815 | Dt30:19 | וית ארעא ית אורחה דחיי | וית | אורחה דמתותה יהבית לכון ית |
| 2816 | Lv14:51 | ויסב ית קיסה דארזה | וית | אזוב וית צבע זהוריתה וית |
| 2817 | Lv14:06 | וית צבע זהוריתה טבתה | וית | אזובה ויצבע יתהון וית צפרה |
| 2818 | Gn47:11 | ואשרי יוסף ית אבוי | וית | אחוי <....>: |
| 2819 | Dt15:02 | לא ידחק ית חבריה | וית | אחוי ארום איתקרית שמטה קדם |
| 2820 | Dt33:09 | לא נסב אפין בדינה | וית | אחוי לא חכם בעובדה דעגלה |
| 2821 | Gn43:13 | | וית | אחוכון סבו ואזלו חזרו לוות |
| 2822 | Gn47:06 | ארעא אשרי ית אבוך | וית | אחך ישרון בארעא דגשן ואן |
| 2823 | Nu31:22 | וית בעצה וית כסיטרא | וית | איברה: |
| 2824 | Dt14:13 | ובת ביתה | וית | אייבו ודייתה למינה: |
| 2825 | Nu 4:26 | | וית | אילוותה דרתה וית חפוי תרע |
| 2826 | Lv20:09M | יבזי ית אבוי | וית | אימה מתקטלה יתקטל אבוי |
| 2827 | Lv11:18 | | וית | איתיה וית קקה וית שרקרית׳: |
| 2828 | Lv11:13 | | וית | אליין תשקצון מן עופא לא |
| 2829 | Lv 8:25 | ונסב ית תרבה | וית | אליתה וית כל תרבה די על |
| 2830 | Ex38:28 | | וית | אלפא ושבעתי מאוותה ושבעין |
| 2831 | Lv20:14 | וגבר די יסב ית אתה | וית | אמה מרחקה היא בנורא תוקדון |
| 2832 | Dt21:13 | בייתיך ותבכי ית אבוה | וית | אמה ירח דיומין ובתר כדן |
| 2833 | Gn10:16 | וית יבוסיא | וית | אמוראי וית גרגשיא: |
| 2834 | Gn15:21 | | וית | אמוראי וית כנענאי וית |
| 2835 | Dt 5:16 | כל אנש מנכון ית אבוי | וית | אמיה היך מה דפקד ייי |
| 2836 | Ex29:39 | מן אמריה תקרבון בצפרא | וית | אמרא תנינא תקרבון יתיה |
| 2837 | Ex29:41 | | וית | אמרא תניינא תקרבון יתה |
| 2838 | Nu28:04 | מן אמריה תקרבון בצפרא | וית | אמרא תנינא תקרבון יתיה |

| | | | | |
|---|---|---|---|---|
| 2839 | Nu28:08 | | וית | אמרא תנינא תקרבון יתיה |
| 2840 | Ex29:39M | אמריה/אמרא#2#/ תקרבון | /וית | אמרה חדה תקרב#2#/ בצפרא |
| 2841 | Gn14:05 | וית זיותניה דבהון | וית | אמתניה דהוון שריין בגווה |
| 2842 | Gn10:18 | ארוודייא וית זימרייא | וית | אנטוכיא ומן בתר כדין |
| 2843 | Gn10:18M | וית אנטוכיא /חמצאי | וית | אנטיוכאי#2#/ ומן בתר כדין |
| 2844 | Gn24:59 | וית עבדא דאברהם | וית | אנשוי: |
| 2845 | Gn18:19 | די יפקד ית בנוי | וית | אנשי בייתיה בתרה ויטרון |
| 2846 | Dt15:16 | מן לוותך ארום ירחם יתך | וית | אנשי בייתך ארום טב לה פלח |
| 2847 | Dt11:06 | ית פמה ובלעת יתהון | וית | אנשי בתיהון וית משכניהון |
| 2848 | Gn45:18 | ותסבון ית אבוכון | וית | אנשי בתיכון ותיתון לוותי |
| 2849 | Ex29:05 | כתנתה וית מעילה דאפודא | וית | אפודה וית חושנא ותתכס ליה |
| 2850 | Dt12:06 | קודשיכון וית מעשרכון | וית | אפרשות ידיכון ונדריכון |
| 2851 | Nu 7:08 | | וית | ארבע עגלין וית תמניה תוריה |
| 2852 | Nu 7:07 | ית תרתין עיגלן | וית | ארבעה תורין יהב משה לבנוי |
| 2853 | Dt 9:25 | ייי ארבעין יומייא | וית | ארבעין לילוותה די צליית |
| 2854 | Ex28:05 | ית דהבא וית תכלתה | וית | ארגוונא וית צבע זהוריתא |
| 2855 | Ex35:25 | הוות עזלה ית תכלתה | וית | ארגונא וית צבע זהוריתה |
| 2856 | Gn10:18 | | וית | ארוודייא וית זימרייא וית |
| 2857 | Ex30:26 | ותרבי ביה ית משכן זימנא | וית | ארונא דשהדותא: |
| 2858 | Ex31:07 | ית משכן זמנא | וית | ארונה לשהדותא וית כפורתה |
| 2859 | Ex35:12 | ית ארנה | וית | אריחוי ית כפרתה וית פרכתה |
| 2860 | Ex35:13 | ית פתורה | וית | אריחוי וית כל מנוי וית |
| 2861 | Ex35:15 | וית מדבחה דקטרתה^ | וית | אריחוי וית משחה דרבותה וית |
| 2862 | Ex35:16 | וית קנקלא דנחשא דידה | וית | אריחוי וית כל מנוי וית |
| 2863 | Ex39:35 | ית ארונה דסהדותה | וית | אריחוי וית כפורתה: |
| 2864 | Ex39:39 | וית קנקלה דנחשה דידיה | וית | אריחוי וית כל מנוי וית |
| 2865 | Dt14:07 | פרסתה דסדיקה ית גמלה | וית | ארנבא וית ספסה ארום מסקין |
| 2866 | Lv11:06 | | וית | ארנבנתה ארום מסקה גררה היא |
| 2867 | Nu32:01 | ית ארע מ<כ>ב{כ}ר | וית | ארע גלעד והא אתרה שפר |
| 2868 | Dt 4:47 | וירתו ית ארעיה | וית | ארע עוג מלכא דבותניין |
| 2869 | Gn 1:01 | ברא דייי שכלל ית שמיא | וית | ארעא: |
| 2870 | Gn 6:13 | והא אנ' מחבל יתהון | וית | ארעא: |
| 2871 | Gn35:12 | | וית | ארעא די יהבת לאברהם |
| 2872 | Gn42:34 | ית אחוכון אתן לכון | וית | ארעא תחסנון: |
| 2873 | Gn47:23 | זבנית יתכון יומא הדין | וית | ארעא לפרעה שיבו לכון זרע |
| 2874 | Gn49:15 | מן שירויא ארום טב הוה | וית | ארעא דישראל ארום שמינין |
| 2875 | Ex 8:17 | דמצרא' מן ערבובא | וית | ארעא די אנון שריין בה: |
| 2876 | Ex20:11 | יומין ברא ייי שמיא | וית | ארעא ית ימיה וית כל מה |
| 2877 | Ex31:17 | יומין ברא ייי ית שמיא | וית | ארעא וביומא שביעיה הוה שבה |
| 2878 | Lv26:19 | למחתה לכון טלין ומטרין | וית | ארעא די תחתכון חסימה היך |
| 2879 | Lv26:19M | לכון לא טל ולא מטר | וית | ארעא דאית ת<ח>ותיכון |
| 2880 | Nu32:01M | ארעא דמכיר/ | וית | ארעא דגלעדה וה{ו}א אתרא |
| 2881 | Dt 3:12 | | וית | ארעא הדא ירתינן בשעתה ההיא |
| 2882 | Dt26:15 | וברך ית עמך ית ישראל | וית | ארעא די יהבת לן היך מה |
| 2883 | Dt28:23M | לכון לא טל ולא מטר | וית | ארעא דאית תוחתיכון חסימה |
| 2884 | Dt30:19 | בכון יומא הדין ית שמיא | וית | ארעא ית אורחה דחיי וית |
| 2885 | Dt31:28 | ואסהד בהון ית שמיא | וית | ארעא: |
| 2886 | Dt34:02 | וית כל ארעא דנפתלי | וית | ארעא דאפרים ומנשה וית כל |
| 2887 | Gn47:19 | אנן לחוד ארען קנה יתן | וית | ארען בלחמא ונהווי אנן |
| 2888 | Nu21:34 | מסרית יתיה וית כל עמיה | ^וית | ארעיה#2#^ ותעבד ליה היך מה |
| 2889 | Dt 2:24 | מלכא דחשבון אמורייה | וית | ארעיה שרון למירת ותתגרון |
| 2890 | Dt 2:31 | לממסר קדמך ית סיחון | וית | ארעיה שרון למירת למחסנה ית |
| 2891 | Dt 3:02 | מסרית יתיה וית כל עמיה | וית | ארעיה ותעבד ליה היך מה די |
| 2892 | Gn10:17 | וית חוויא וית ערקיא | וית | ארתוסיא: |
| 2893 | Lv 5:25 | | וית | אשמה ייתי לשמה דייי דכר |
| 2894 | Ex34:13 | תתברון | וית | אשרתהון תקצצון: |
| 2895 | Nu17:02 | מחתיתה מן ביני יקידיה | וית | אשתה ידרי להל ארום אתקדשו: |
| 2896 | Dt18:16 | ית קל ממרה דייי אלהן | וית | אשתה רבתה הדה לא אחמי תוב |
| 2897 | Nu25:08 | ית גברא בר ישראל | וית | אתתה לגו מעיה ואתכלת מגפתה |
| 2898 | Gn12:20M | רברבין ושלחו יתיה | וית | אתתיה וית כל מה דאית לה: |
| 2899 | Gn20:17 | ואסי ייי ית אבימלך | וית | אתתי«ה» ואמהתא וילדו |
| 2900 | Ex35:28 | | וית | בוסמניה וית משחה לאנהרותא |
| 2901 | Ex28:05 | וית צבע זהוריתא טבתא | וית | בוצא: |
| 2902 | Ex35:25 | וית צבע זהוריתה טבתה | וית | בוצא: |
| 2903 | Nu 4:09 | ית מנרתה דאנהרותה | וית | בוציניה וית מלקט{ט}ה וית |
| 2904 | Ex39:37 | ית מנרתה דכיתה | וית | בוציניה בוציניה דאנהורתא |
| 2905 | Ex35:14 | דאנהרתה^וית מנייה | וית | בוציניה וית משחה |
| 2906 | Nu 4:07M | וית בזכיה/פיילוותה | וית | בזיכוי#2#/ וית מנקיתה וית |
| 2907 | Ex37:16 | די על פתרה ית פילוותא | וית | בזיקי וית מנקיתא וית |
| 2908 | Nu 4:07 | עלוי ית פיאלוותה | וית | בזכיה וית מנקיתה וית קשוות |
| 2909 | Nu31:12 | דבני ישראל ית שביתה^ | וית | בזתא למשריתא במישריה |
| 2910 | Nu11:05 | במצרים מגן ית קישואיה | וית | בטיחיה וית כרתיה וית בצליה |
| 2911 | Dt30:15M | דמייתין בה רשיעיה | וית | בישותה דגיהינם |
| 2912 | Dt29:21 | ית מחוותה דארעא ההיא | וית | בישיה די יגרי ייי בה: |
| 2913 | Lv14:41 | | וית | ביתה יקלף מן לגו |
| 2914 | Nu18:15 | תפרק ית בכורי בני אנשא | וית | בכוריה דבעירה מסאבה תפרוק: |
| 2915 | Gn 8:01 | ייי ברחמוי טביא ית נח | וית | בנוהי וית כל חייתה וית כל |
| 2916 | Gn 9:01 | וברך ייי ית נח | וית | בנוי ואמר להון תקופו וסגון |
| 2917 | Gn36:06 | ונסב עשו ית נשוי | וית | בנוי וית בנתיה וית כל |
| 2918 | Ex 4:20 | ונסב משה ית אתתיה | וית | בנוי וארכב יתהון על חמרא |
| 2919 | Ex28:01 | לוותך ית אהרן אחוך | וית | בנוי עמיה מן לוות בני |
| 2920 | Ex28:41 | יתהון ית אהרן אחוך | וית | בנוי עמיה ותרבי{ה} יתהון |
| 2921 | Ex29:04 | וית אהרן | וית | בנוי תקרב לתרע משכן זימנא |
| 2922 | Ex29:08 | | וית | בנוי תקרב ותלבש יתהון |
| 2923 | Ex29:44 | וית מדבחא וית אהרן | וית | בנוי אקדש למשמשא קדמיי |
| 2924 | Ex30:30 | וית אהרן | וית | בנוי תרבי ותקדש יתהון |
| 2925 | Ex40:12 | ותקרב ית אהרן | וית | בנוי לתרע משכן זימנה ותקדש |
| 2926 | Ex40:14 | | וית | בנוי תקרב ותלבש יתהון |
| 2927 | Lv 6:02 | פקד ית אהרן | וית | בנוי למימר דא גזירת אוריתה |
| 2928 | Lv 8:02 | סב ית אהרן | וית | בנוי עמה וית לבושיה וית |
| 2929 | Lv 8:06 | ואקרב משה ית אהרן | וית | בנוי וקדש יתהון במיא: |
| 2930 | Lv 8:30 | ית אהרן וית לבושי | וית | בנוי וית לבושי בנוי עמה: |
| 2931 | Nu 3:10 | וית אהרן | וית | בנוי תטכס ויטרון ית |
| 2932 | Nu21:35 | ושצון יתיה | וית | בנוי וית כל עמיה עד די לא |
| 2933 | Dt 2:33 | וקטל{(י)}נן יתיה | וית | <בנוי> וית כל עמיה: |
| 2934 | Gn30:26 | הב לי ית נשי | וית | בני די פלחית קדמיך בהן |
| 2935 | Ex21:05 | רחמית ית רבוני ית אתתי | וית | בני לית אנה נפק לחירותה: |
| 2936 | Lv 8:21 | | וית | בני גווה וית רגלה שזג במיא |
| 2937 | Dt22:07 | משלחה תשלחון ית אמהתה | וית | בניה תסבון לכון מן בגלל |
| 2938 | Gn33:02 | ושוי ית לחינתה | וית | בניהון קדמיין וית לאה |
| 2939 | Dt 4:10 | חיין וקיימין על ארעא | וית | בניהון יילפון יתהון: |
| 2940 | Ex17:03 | יתן ממצרים למקטלה יתן | וית | בנינן וית בעירן בצהותא: |
| 2941 | Dt12:31 | ארום לחוד ית בניהון | וית | בנתהון יוקדון בנורא |
| 2942 | Gn36:06 | עשו ית נשוי וית בנוי | וית | בנתיה וית כל נפשתא דביתי' |
| 2943 | Gn34:16 | ונתן ית בנתן לכון | וית | בנתכון נסב לון ונשרי עמכון |
| 2944 | Gn34:09 | לן בנתכון הבו לן | וית | בנתן תסבון לכון: |
| 2945 | Gn34:21 | ית בנתהון נסב לן לנשין | וית | בנתן נתן להון: |
| 2946 | Ex30:27M | מאנייה וית כיורייה | וית | בסיס דידה |

|  |  |  |  |  |
|---|---|---|---|---|
| 2947 | Ex30:28 | וית כל מנוי וית כיורא | וית | בסיס דידה: |
| 2948 | Ex31:09 | וית כל מנוי וית כיורה | וית | בסיס דידיה: |
| 2949 | Ex35:16 | וית כל מנוי וית כיורה | וית | בסיס דידה: |
| 2950 | Ex38:08 | ועבד ית כיורה דנחש | וית | בסיס דיד«ה» דנחש במחזיין |
| 2951 | Ex39:39 | וית כל מנוי וית כיורה | וית | בסיס כיורה: |
| 2952 | Lv 8:11 | וית כל מנוי וית כיורה | וית | בסיס דידיה למקדשה יתיה: |
| 2953 | Ex40:11 | ^^ותרבי ית כיורה | וית | בסיסיה ותקדש יתיה: |
| 2954 | Gn 1:25 | ית חייתא דארעא למינה | וית | בעירה למינה וית כל ריחשא |
| 2955 | Lv20:15 | בבעיר מתקטלה יתקטל | וית | בעירה תקטלון: |
| 2956 | Lv20:16 | עמה ותקטלון ית אתתה | וית | בעירה מתקטלה יתקטלו׳ חובת |
| 2957 | Dt13:16 | יתה וית כל מה דאית בה | וית | בעירה לפתגם דחרב: |
| 2958 | Nu20:08 | ותשקי ית עם כנישתה | וית | בעירהון: |
| 2959 | Nu31:09 | דמדיינאי וית טפליהון | וית | בעירהון וית כל קניינהון |
| 2960 | Ex 9:20 | דפרעה ערק ית עבדוי | וית | בעירי«ה» לגו ביתא: |
| 2961 | Ex 9:21 | דייי ושבק ית עבדוי | וית | בעיריה באפי ברא: |
| 2962 | Nu 3:41 | כל בוכרה דבני ישראל | וית | בעיר«י»הון דליויי חלף כל |
| 2963 | Nu 3:45 | כל בכוריה דבני ישראל | וית | בעיר«י»הון דליויי חלף |
| 2964 | Ex17:03 | למקטלה יתן וית בנינן | וית | בעירן בצהותא: |
| 2965 | Lv19:16 | לישנה תליתיה למרעיה | וית | בעלי דינה לא תשתוק לא |
| 2966 | Nu31:22 | וית נחשה וית פרזלה | וית | בעצה וית כסיטרא וית איברה: |
| 2967 | Nu11:05 | וית בטיחיה וית כרתיה | וית | בצליה וית תומיה: |
| 2968 | Lv11:16 | חטפיתה וית צפר שחפה | וית | בר נצצא למינה: |
| 2969 | Dt14:15 | חטפיתה וית צפר שחפה | וית | בר נצצה למינה: |
| 2970 | Lv11:18M | /קקא וית שרקריתה | וית | בר דירייה#2#/: |
| 2971 | Lv11:13 | ארום שקץ אינו׳ ית נשרא | וית | ברגזה וית עזה: |
| 2972 | Lv11:13M | \ברגזה וית עזה /עזה | וית | ברגזה#2#/: |
| 2973 | Gn21:10 | טרוד ית אמתא הדה | וית | ברה ארום לא יירת ית ברה |
| 2974 | Lv22:28M | או עיזה#2#/ ^יתה | וית | ברה#1#/ לא תכסון <....> |
| 2975 | Lv11:16 | | וית | ברת נעמיתה וית חטפיתה וית |
| 2976 | Lv18:17 | לא תבזי ית ברת ברה | וית | ברת ברתה לא תסב למגליה |
| 2977 | Dt14:15 | | וית | ברת נעמיתה וית חטפיתה וית |
| 2978 | Lv 8:17 | וית תורה וית משכה | וית | בשר׳ וית רעיה אוקיד בנורא |
| 2979 | Ex29:14 | | וית | בשרה דתורא וית משכא וית |
| 2980 | Lv 9:11 | | וית | בשרה וית משכה אוקד בנורא |
| 2981 | Nu19:05 | תורתה קדמוי ית משכ{נ}ה | וית | בשרה וי{א}<ת> אדמה עם |
| 2982 | Lv16:27 | בנורא ית משכיהון | וית | בשריהון וית רעיהון: |
| 2983 | Nu16:32 | ית פמה ובלעת יתהון | וית | בתיהון וית כל ^^ברייתה |
| 2984 | Ex12:27 | בקטלותה ית מצרים | וית | בתינן שזיב ועקדו עמא ואודו |
| 2985 | Dt 3:24 | ית עבדך ית תקפך | וית | גבורת ידך תקיפתה די מן אלה |
| 2986 | Lv14:09 | ית ראשיה וית דקנה | וית | גביני עייני וית כל שערה |
| 2987 | Dt22:24 | די לא צווחת בקרתה | וית | גברא על עסק די צער ית אתתה |
| 2988 | Gn19:11 | | וית | גובריא די בתרע ביתה מחון |
| 2989 | Lv 1:08 | כהניא ית פסגי׳ ית ראשה | וית | גופה על קיסיה די על אשתה |
| 2990 | Lv 8:20 | משה ית ראשה וית פסגיה | וית | גופה: |
| 2991 | Lv 1:12 | יתה לפיסגוי ית רישיה | וית | גופיה ויסדר כהנא יתהון על |
| 2992 | Ex18:20 | ותזהר יתהון ית קיימא | וית | גזירת אורייתא ותודע |
| 2993 | Ex18:16 | יתהון ית קיימוי דייי | וית | גזרת אורייתא: |
| 2994 | Gn15:20 | וית חתיי וית פריזיי | וית | גיברייא: |
| 2995 | Gn10:16 | וית יבוסיא וית אמוראי | וית | גרגשיא: |
| 2996 | Dt 4:43 | לשבטה דבית גדי | וית | דברה בבותנין לשבטה דבנוי |
| 2997 | Gn15:21 | וית אמוראי וית כנענאי | וית | {ד}<ג>רגשיי וית יבוסיי: |
| 2998 | Dt26:07 | ית צערן וית שעבודן | וית | דוחקן: |
| 2999 | Gn 4:04M | ית הבל \וית קרבניה | /וית | דורון דידיה#2#/: |
| 3000 | Dt10:21 | די עבד עמכון ית רברבתה | וית | דחילתה האליין די חמיין |
| 3001 | Dt26:07M | וית דוחקן /עמלן | וית | דחקוון#2#/: |
| 3002 | Ex 5:06 | ההוא ית סרכיהון דעמא | וית | דחקיהון למימר: |
| 3003 | Lv 6:20 | יהווי קדיש <....> | וית | די ידי עלוי תחוור באת׳ |
| 3004 | Lv11:19 | | וית | דיי{ר}<ת>ה חוורתה ואכומתה |
| 3005 | Ex29:15 | | וית | דיכרא חד{ת}ה תסב ויסמכון |
| 3006 | Ex29:17 | | וית | דיכרא תפסג לפסג<ו>י ותשזג |
| 3007 | Nu 6:17 | | וית | דיכרה יקרב לניכסת קדשיה |
| 3008 | Lv11:14 | | וית | דיתה וית אבו למינה: |
| 3009 | Ex29:31 | | וית | דכרא דאשלמותא תסב ות{ת}בשל |
| 3010 | Lv 8:20 | | וית | דכרה פסג לפסגוי וסדר משה |
| 3011 | Lv 9:18 | ונכס ית תורה | וית | דכרה נכסת קדשיה דמן עמה |
| 3012 | Ex25:09 | יתך ית דמותא דמשכנא | וית | דמות כל מנוי וכדן תעבדון: |
| 3013 | Lv14:09 | ית כל שעריה ית ראשיה | וית | דקנה וית גביני עייני וית |
| 3014 | Dt34:03 | | וית | דרומה וית מישרה בבקעתיה |
| 3015 | Ex39:29 | | וית | המיינה בוץ שזיר תכלה |
| 3016 | Dt 4:19 | לשמייא ותיחמון ית שמשה | וית | זהרא וית סידור כוכביה כל |
| 3017 | Gn14:05 | בעשתרתא דקרנים | וית | זיותניה דבהון וית אמתניה |
| 3018 | Gn10:18 | וית ארוודייא | וית | זימרייא וית אנטוכיא |
| 3019 | Gn 9:09M | \ועם בניכון בתריכון | /וית | זרעיית בניכון מן בת#2#/: |
| 3020 | Lv14:31 | תארע ידה ית חד לחטאתה | וית | חד לעלתה על מנחתה ויכפר |
| 3021 | Lv15:30 | ויקרב כהנא ית חד חטאת׳ | וית | חד עלתה ויכפר עליה כהנא |
| 3022 | Nu 8:12 | וקרב ית חד לחט«א»תה | וית | חד לעלתה קדם ייי למכפרה על |
| 3023 | Gn32:23 | נשוי וית תרתין לחינתיה | וית | חד עשרתי בנוי ועבר ית מעבר |
| 3024 | Gn10:11M | הדיף /פלטייוות קרתא | וית | חדיי{ת}<ב>#2#/: |
| 3025 | Lv26:40 | ויתודון ית חוביהון | וית | חובי אבהתהון בשקריהון די |
| 3026 | Dt 9:21 | | וית | חוביכון די עבדתון ית טעוון |
| 3027 | Gn10:17 | | וית | חוויא וית ערקיא וית |
| 3028 | Gn14:06 | | וית | חוורייא דהוון שריין בטורא |
| 3029 | Ex 4:17 | | וית | חוטרא הדין תיסב בידך די |
| 3030 | Ex35:17 | איליות דרתה ית עמודוי | וית | חומרוי וית פרש תרע דרתה: |
| 3031 | Ex38:27 | ית חומרי בית קודשא | וית | חומרי פרוכתה מאה חומרין |
| 3032 | Ex38:31 | | וית | חומרי דרתא מן חזור חזור |
| 3033 | Ex38:31 | דרתא מן חזור חזור | וית | חומרי תרע דרתה ^^וית כל |
| 3034 | Lv 5:16 | אתחייב מן קדשיה ישלם | וית | חומשי׳ יוסף עלוי ויתן יתה |
| 3035 | Ex29:05 | מעילה דאפודא וית אפודה | וית | חושנא ותטכס ליה בהמיינה |
| 3036 | Lv11:07 | | וית | חזירה ארו׳ מטלף טלפין הוא |
| 3037 | Dt14:08 | | וית | חזירה ארום מטלפין טלפין |
| 3038 | Lv11:16 | וית ברת נעמיתה | וית | חטפיתה וית צפר שחפה וית בר |
| 3039 | Dt14:15 | וית ברת נעמיתה | וית | חטפיתה וית צפר שחפה וית בר |
| 3040 | Dt30:15 | וית טבתה וית סדר מותנה | וית | חילופיהן: |
| 3041 | Dt31:09 | ית ארון דקיימייה דייי | וית | חכימייה דישראל: |
| 3042 | Ex39:40 | ית ווילות דרתה ית עמודה | וית | חמרה וית פרסה לתרע דרתה |
| 3043 | Ex35:11 | נגרוי וית עמ«ו»דוי | וית | חמרוי: |
| 3044 | Gn43:18 | עלינן ולמסב יתן לעבדין | וית | חמרינן: |
| 3045 | Dt 7:12 | אלהכון לכון ית קיימייה | וית | חסדייה די קיים לאבהתכון: |
| 3046 | Nu 4:25 | די עלוי מן לעיל | וית | חפוי^^ דתרע משכן זימנא: |
| 3047 | Nu 4:26 | וית אילוותה דרתה | וית | חפוי תרע דרתה די על משכנה |
| 3048 | Ex35:11 | ית משכנא וית פרסה | וית | חפיא וית פורפוי וית לוחוי |
| 3049 | Ex39:34 | | וית | חפיי משכיה דדכרי מסמקיה |
| 3050 | Ex39:34M | /<מ>שכין דדכרין סמקין | וית | חפיי <מ>שכין דססגונין#2#/ |
| 3051 | Ex39:34 | משכיה דדכרי מסמקיה | וית | חפיי משכי דססגונה וית |
| 3052 | Dt14:18M | /וית נגור <טורא> | וחרפתה/וית | חרפדה#2#/וערפדא#2#/: |
| 3053 | Gn15:20 | | וית | חתיי וית פריזיי וית |
| 3054 | Ex23:28 | ית חיויי וית כנעניי | וית | חתיי מקדמיכון: |

|  |  | | | |
|---|---|---|---|---|
| 3055 | Lv11:05 | | וית | טבזא ארום מסק גרה הוא |
| 3056 | Dt30:15 | יומא הדין ית סדר חייה | וית | טבתה וית סדר מותנה וית |
| 3057 | Dt30:15M | חיי עלמא דאתי | וית | טובה דגן עדן וית מותה |
| 3058 | Ex20:18 | וית קלא דשיפור' | וית | טורא תנן וחמון עמא |
| 3059 | Gn32:08 | עמא דהוון עמה ית ענה | וית | טוריא וגמליא לתרתין |
| 3060 | Gn21:14 | להגר שווי על כתפה | וית | טליא ושלח יתה ואזלת וטעת |
| 3061 | Dt29:16 | מרחקתהון וית טעוותהון | וית | טעוותה דקיסה ודאבנייה |
| 3062 | Dt29:16 | וחמיתון ית מרחקתהון | וית | טעוותהון וית טעוותה דקיסה |
| 3063 | Gn33:05 | ית עיינוי וחמה ית נשיא | וית | טפליא ואמר מה אינון אילין |
| 3064 | Gn46:05 | ישראל ית יעקב אבוהון | וית | טפליהון וית נשיהון בעגלתה |
| 3065 | Nu31:09 | ית נשיהון דמדיינאי | וית | טפליהון וית בעיריהון וית כל |
| 3066 | Gn50:21 | אנה אכלכל יתכו«ן» | וית | טפלכון ענה יוסף ואמר להון |
| 3067 | Ex10:10 | עמכון כד אשלח יתכון | וית | טפלכון חמון ארום בישתא |
| 3068 | Dt14:07 | ית גמלה וית ארנבא | וית | טפסה ארום מסקין גירה אינון |
| 3069 | Gn10:16 | | וית | יבוסיא וית אמוראי וית |
| 3070 | Gn15:21 | כנענאי וית {ד}<ג>רגשיי | וית | יבוסיי: |
| 3071 | Dt11:02M | וית תוקפה | וית | ידה תוק' |
| 3072 | Dt11:02 | דייי אלהכון ית תוקפיה | וית | ידיה תקיפתה ואדרעיה |
| 3073 | Nu32:42 | ונבח אזל וכבש ית קנת | וית | כופרניה וקרא לה נבח בשמה: |
| 3074 | Ex37:26 | יתיה דהב דכי ית איגרוי | וית | כותלוי מן חזור חזור ועבד |
| 3075 | Ex30:28 | דעלתה וית כל מנוי | וית | כיורא וית בסיס דידה: |
| 3076 | Ex31:09 | דעלתה וית כל מנוי | וית | כיורה וית בסיס דידיה: |
| 3077 | Ex35:16 | וית אריחוי וית כל מנוי | וית | כיורה וית בסיס דידה: |
| 3078 | Ex39:39 | וית אריחוי וית כל מנוי | וית | כיורה וית בסיס כיורה: |
| 3079 | Lv 8:11 | ית מדבחה וית כל מנוי | וית | כיורה וית בסיס דידיה |
| 3080 | Ex30:27M | "וית": מאנייה | וית | כיורייה וית בסיס דידה |
| 3081 | Gn 1:21 | די שרצו מיי' למינהון | וית | כל עופא דפרח למיניה וגלי |
| 3082 | Gn 1:21 | ית תרין תניניא רברביא | וית | כל נפש דחיא דרחשא די שרצו |
| 3083 | Gn 1:25 | למינה וית בעירה למינה | וית | כל ריחשא דארעא למינהון |
| 3084 | Gn 1:29 | זרע די על אפי כל ארעא | וית | כל אילניא דאית ביה פירי |
| 3085 | Gn 2:19 | אדמתא כל חיתא דאפי ברא | וית | כל עופה דשמיא ואיתי יתהון |
| 3086 | Gn 8:01 | וית בנוהי וית כל חייתה | וית | כל בעירה די עמה בתיבותא |
| 3087 | Gn 8:01 | טביא ית נח וית בנוהי | וית | כל חייתה וית כל בעירה די |
| 3088 | Gn 9:10 | | וית | כל נפש חייתא די עמכון |
| 3089 | Gn12:05 | אתתיה וית לוט בר אחוי | וית | כל ממונהון דיקנין וית |
| 3090 | Gn12:20M | ושלחו יתיה וית אתתיה | וית | כל מה דאית לה: |
| 3091 | Gn14:11 | ממונהון דסדם ודעמרה | וית | כל מזוניהון ואזלו: |
| 3092 | Gn17:23 | אברהם ית ישמעאל ברה | וית | כל תרבבת ביתה וית כל זביני |
| 3093 | Gn17:23 | ברה וית כל תרבבת ביתה | וית | כל זביני כספא כל דכורה |
| 3094 | Gn19:25 | והפך ית קרייתא האילין | וית | כל משרה וית כל דיירה |
| 3095 | Gn19:25 | האילין וית כל משרה | וית | כל דייריה דקרתא וצמחוי |
| 3096 | Gn27:37 | רב ושליט שויתי יתה לך | וית | כל אחוי שויתי קדמוי לעבדין |
| 3097 | Gn30:35 | ית תישיא קרוחי ונמוריה | וית | כל עזיא קרוחתא ונמורתא כל |
| 3098 | Gn31:18 | כל בעירא} ית כל בעירא | וית | כל ממוניה די קנה נכסוי |
| 3099 | Gn34:29 | | וית | כל ממוניהון וית כל טפליהון |
| 3100 | Gn34:29 | וית נשיהון שבו ובזו | וית | כל מה דהווה בגו בייתה: |
| 3101 | Gn34:29 | וית כל ממוניהון | וית | כל טפליהון וית נשיהון שבו |
| 3102 | Gn36:06 | נפשתא דביתי' וית ממונה | וית | כל בעיריה וית כל קניינוי |
| 3103 | Gn36:06 | ממונה וית כל בעיריה | וית | כל קניינוי די קנה בארעא |
| 3104 | Gn36:06 | וית בנוי וית בנתיה | וית | כל נפשתא דביתי' וית ממונה |
| 3105 | Gn39:22 | חבושיה די בבית חבושיה | וית | כל מה דהוון עבדין תמן הוא |
| 3106 | Gn41:08 | ית כל חרשיהון דמיצראי | וית | כל חכימיהון ותני פרעה להון |
| 3107 | Gn41:51 | יתיה ייי ית כל עמלי | וית | כל אנשי ביתיה דאב«א»: |
| 3108 | Gn45:13 | ית כל אקרי במצרי' | וית | כל מה דחמיתון ותוחון |
| 3109 | Gn47:12 | | וית | כל אנשי ביתה לחם לפם |
| 3110 | Gn49:22 | כל חרשיהון דמצראי | וית | כל חכימיהון כד ארכבו יתך |
| 3111 | Ex 9:19 | וכדון שלח כנש ית בעירך | וית | כל מה דאית לך באפי ברא כל |
| 3112 | Ex 9:25M | ברא מן בני אינשא | ועד/וית | כל#2/ בעיר' וית כל |
| 3113 | Ex 9:25 | מן בני אינשא ועד בעיר' | וית | כל עשבא דבאפי בר{ד}א שיצי |
| 3114 | Ex 9:25 | דבאפי בר{ד}א שיצי ברדא | וית | כל {עשבא} אילנייא דבאפי |
| 3115 | Ex10:15 | ואכל ית כל עשבא דארעא | וית | כל פרי אילנא די שייר ברדא |
| 3116 | Ex16:23 | וית מה די תבשלון בשלו | וית | כל מה דמשתייר אצניעון לכון |
| 3117 | Ex20:11 | שמיא וית ארעא ית ימיה | וית | כל מה דבהון והוה שבא וניח |
| 3118 | Ex24:03 | לעמא ית כל פתגמיא דייי | וית | כל סדרי דינא וענון כל עמא |
| 3119 | Ex29:12 | על קרנתה דמדבחא באצבעך | וית | כל אדמה תשפך על יסודוי |
| 3120 | Ex30:27 | ית פתורה | וית | כל מנוי וית מנורתא וית |
| 3121 | Ex30:28 | וית מדבחה דעלתה | וית | כל מנוי וית כיורא וית בסיס |
| 3122 | Ex31:07 | וית כפורתה די עלי | וית | כל מני משכניה: |
| 3123 | Ex31:08 | מנוי וית מנרתה דכיתה | וית | כל מניה וית מדבחיה דקטרת: |
| 3124 | Ex31:09 | וית מדבחה דעלתה | וית | כל מנוי וית כיורה וית בסיס |
| 3125 | Ex35:13 | ית פתורה וית אריחוי | וית | כל מנוי וית סידור לחם אפי: |
| 3126 | Ex35:16 | דנחשא דידה וית אריחוי | וית | כל מנוי וית כיורה וית בסיס |
| 3127 | Ex37:24 | קנטר דהב דכי עבד יתה | וית | כל מניה: |
| 3128 | Ex38:03M | משלייתה וית מחתייתה | וית | כל מאנוי#2/ עבד נחש: |
| 3129 | Ex38:30 | וית קנקילה דנחשה דידיה | וית | כל מני מדבחה: |
| 3130 | Ex38:31 | סכוי {{דרתה}} דמשכנה | וית | כל סכוי דרתה~~ |
| 3131 | Ex38:31 | וית חומרי תרע דרתה | ~~וית | כל סכוי {{דרתה}} דמשכנה |
| 3132 | Ex39:33 | לוות משה#2#~ ית משכנה | וית | כל מנוי פורפוי לוחוי נגרוי |
| 3133 | Ex39:36 | ית פתורה | וית | כל מנוי וית סדור לחם אפיה: |
| 3134 | Ex39:37 | בוציניה דאנהורתא | וית | כל מניה וית משחה דאנהרותה: |
| 3135 | Ex39:39 | דנחשה דידיה וית אריחוי | וית | כל מנוי וית כיורה וית בסיס |
| 3136 | Ex39:40 | וית מתחיהון וית סכיהון | וית | כל מני פלחן משכנה למשכן |
| 3137 | Ex39:40M | כל מני /נגרוי וסוכוי | וית | כל מאני#2/ פלחן משכנה |
| 3138 | Ex40:09 | דרבותה ותרבי ית משכנה | וית | כל מה דביה ותקדש יתי' וכל |
| 3139 | Ex40:10 | ותרבי ית מדבחה דעלתה | וית | כל מנוי ותקדש ית מדבחה |
| 3140 | Lv 1:01 | ורבי יתיה וקדש יתיה | וית | כל מנוי וית מדבחה וית כל |
| 3141 | Lv 1:01 | וית כל מנוי וית מדבחה | וית | כל מנוי חשב משה בליביה |
| 3142 | Lv 3:03 | ית תרבא דחפי ית כרסה | וית | כל תרבה די על בני גווה: |
| 3143 | Lv 3:09 | ית תרבה דחפי ית כרסה | וית | כל תרבה די על בני גווה: |
| 3144 | Lv 3:14 | תרבה דח{כ}<פ>י ית כרסא | וית | כל תרבה די על בני גוה: |
| 3145 | Lv 4:07 | קדם ייי די במשכן זימנא | וית | כל דמה דתורא ישפוך על |
| 3146 | Lv 4:08 | | וית | כל תרבה דתורה דחטאתה ירים |
| 3147 | Lv 4:08 | ית תרבה דחפי על כרסה | וית | כל תרבה די על בני גווה: |
| 3148 | Lv 4:11 | וית משכא דתורא | וית | כל בשרה על רישיה ועל רגלוי |
| 3149 | Lv 4:18 | קדם ייי די במשכ' זימנא | וית | כל אדמה ישפוך על יסודי |
| 3150 | Lv 4:19 | | וית | כל תרבה ירים מנה ויסדר |
| 3151 | Lv 4:25 | על קרנתיה דמדבחה דעלתה | וית | כל אדמה ישפוך על יסודי |
| 3152 | Lv 4:26 | | וית | כל תרביה יסדר על גבי מדבחה |
| 3153 | Lv 4:30 | על קרנתיה דמדבחא דעלתה | וית | כל אדמה ישפוך על יסודי |
| 3154 | Lv 4:31 | | וית | כל תרבה יעבד היך מה דעבד |
| 3155 | Lv 4:34 | על קרנתיה דמדבחה דעלתה | וית | כל אדמיה ישפוך על יסודי |
| 3156 | Lv 4:35 | | וית | כל תרבה יעבד היך מה די |
| 3157 | Lv 6:08 | סלתה דמנחתה ומן טוב' | וית | כל לבונתה די על «גבי» |
| 3158 | Lv 7:03 | | וית | כל תרבה יקרב מנה ית אליתה |
| 3159 | Lv 8:03 | | וית | כל עם כנישתה כנש לתרע משכן |
| 3160 | Lv 8:10 | ית משכנה וית כל מנוי | וית | כל מה דביה וקדש יתהון: |
| 3161 | Lv 8:10 | דרבותה ורבי ית משכנה | וית | כל מנוי וית כל מה דביה |
| 3162 | Lv 8:11 | זימנין ורבי ית מדבחה | וית | כל מנוי וית כיורה וית בסיס |

|  |  | | | |
|---|---|---|---|---|
| 3163 | Lv 8:25 | ונסב ית תרבה וית אליתה | וית | כל תרבה די על בני גוה וית |
| 3164 | Lv 9:09 | ויהב על קרנתה דמדבחה | וית | כל דמה אריק על יסודוי |
| 3165 | Lv14:09 | דקנה וית גביני עייני | וית | כל שערה יספר ויחוור |
| 3166 | Lv14:45 | ביתה ית אבנא וית קיסוי | וית | כל עפרא דבייתיה ויפק לבר מן |
| 3167 | Lv16:21 | כל חובהון דבני ישראל | וית | כל סרחניהון לכל חוביהון |
| 3168 | Lv19:37 | ותטרון ית כל קיימיי | וית | כל סדרי דינייי ותעבדון |
| 3169 | Lv20:05 | ואישיצי}} יתיה | וית | כל {{דטעין}} בתרי׳ |
| 3170 | Lv20:22 | ותטרון ית כל קיימי | וית | כל סדרי דיניי ותעבדון |
| 3171 | Nu 1:18 | | וית | כל עם כנשתא כנשו בחד |
| 3172 | Nu 1:50 | אינון יטענון ית משכנה | וית | כל מנוי ואינון ישמשון יתיה |
| 3173 | Nu 3:08 | ויטרון ית כל מני משכנה | וית | ^כל#2#^ מטרת בני ישראל |
| 3174 | Nu 4:09 | מלקט{ס}ה וית מחתת«ה» | וית | כל מני שמושה די ישמשון |
| 3175 | Nu 4:09M | "מחתתה .. מני": מחתיתיה | וית | כל מני |
| 3176 | Nu 4:10 | ויתנון יתיה | וית | כל מניה לגו חפוי משך |
| 3177 | Nu 4:15 | ובנוי למכסיה ית קדשיה | וית׳ | כל מני קדשיה במטלית |
| 3178 | Nu 4:26 | וית מתחיהון | וית | כל מני פולחניהון וית כל מה |
| 3179 | Nu 4:26 | וית כל מני פולחניהון | וית | כל מה די יתעבד להון |
| 3180 | Nu 4:27M | ית כל מטליהון /במטרן | וית | כל מטלניהון#2#/: |
| 3181 | Nu 7:01 | ורבי יתיה וקדיש יתיה | וית | כל מנוי <....> ורבי יתהון |
| 3182 | Nu13:26M | דגיעה ואחזרו יתהון | וית | כל עמה דכנשתה וחמון להון |
| 3183 | Nu16:10 | ואקרב יתך | וית | כל אחיכון בנוי דלוי עימך |
| 3184 | Nu16:30 | ית פמה ותבלע יתהון | וית | כל מה דלהון ויחתון חיין |
| 3185 | Nu16:32 | ^^ברייתה דהון עם קרח | וית | כל#2#^^ מה דלהון: |
| 3186 | Nu16:32 | ובלעת יתהון וית בתיהון | וית | כל ^^ברייתה דהון עם קרח |
| 3187 | Nu21:34 | ארום בידך מסרית יתיה | וית | כל עמיה ^וית ארעיה#2#^ |
| 3188 | Nu21:35 | ושצון יתיה וית בנוי | וית | כל עמיה עד די לא שיירו לה |
| 3189 | Nu31:09 | טפליהון וית בעיריהון | וית | כל קניינהון וית כל ממונהון |
| 3190 | Nu31:09 | וית כל קניינהון | וית | כל ממונהון בזזו: |
| 3191 | Nu31:10 | | וית | כל קורייהון במדוריהון וית |
| 3192 | Nu31:10 | כל קורייהון במדוריהון | וית | כל אפרכיוותהון אוקדו |
| 3193 | Nu31:11 | ונסבו ית כל בזתא | וית | כל עדיתה: |
| 3194 | Nu33:52 | ותסיפון ית כל טעוותהון | וית | כל {{צלמי}} מתכתהון תסיפון |
| 3195 | Nu33:52 | מתכתהון תסיפון | וית | כל בימסיהון תשיצון: |
| 3196 | Dt 2:33 | יתיה וית <בנוי> | וית | כל עמיה: |
| 3197 | Dt 3:02 | ארום בידך מסרית יתיה | וית | כל עמיה וית ארעיה ותעבד |
| 3198 | Dt 3:03 | ית עוג מלכא דבותנין | וית | כל עמיה וקטלנן יתיה עד די |
| 3199 | Dt11:06 | וית משכניהון | וית | כל קאמיה דהווה ברגליהון |
| 3200 | Dt13:16 | לפתגם דחרב תשיצון יתה | וית | כל מה דאית בה וית בעירה |
| 3201 | Dt13:17 | | וית | כל ע{ה}<ד>יתה תכנשון יתה |
| 3202 | Dt14:14 | | וית | כל מ«י»ן עורבא למינו: |
| 3203 | Dt29:14M | הדין קדם ייי אלהנא | וית | כל דריה דהוו מן יומי עלמא |
| 3204 | Dt29:14 | יומא הדין קדם ייי אלהן | וית | כל דרייה דעתידין למקום |
| 3205 | Dt34:02 | | וית | כל ארעא דנפתלי וית ארעא |
| 3206 | Dt34:02 | ארעא דאפרים ומנשה | וית | כל ארעא דיהודה ועד ימה |
| 3207 | Gn44:02 | | וית | כלידי כלידא דכספא תשוי |
| 3208 | Lv 9:10 | וית תרבה | וית | כלייתה וית מה דמשתייר מן |
| 3209 | Ex39:28 | וית מצנפתה דבוץ | וית | כליליה קובעיה דבוץ וית |
| 3210 | Gn15:21 | וית אמוראי | וית | כנענאי וית {ד}<ג>רגשיי וית |
| 3211 | Ex23:28 | ותטרד ית חוויי | וית | כנענייי וית חתיי מקדמיכון: |
| 3212 | Ex23:28M | וית חתיי /חיוואי | וית | כנענ{ע}אי ית חיתאה#2#/ |
| 3213 | Nu31:22 | וית פרזלה וית בעצה | וית | כסיטרא וית איברה: |
| 3214 | Gn10:14 | וית פתרוסיא | וית | כסלוחיא די נפקו מן תמן |
| 3215 | Gn44:02 | בפום טעוניה דזעירא | וית | כסף זבנה ועבד כמלתיה |
| 3216 | Gn43:12 | וכסף בכפלה סבו בידכון | וית | כספא דאתחזר בפום טעוניכון |
| 3217 | Nu31:22 | להוד ית דהבא | וית | כספה וית נחשה וית פרזלה |
| 3218 | Ex31:07 | זמנא וית ארונה לשהדותה | וית | כפורתה די עלי וית כל מני |
| 3219 | Ex39:35 | דסהדותה וית אריחוי | וית | כפורתה: |
| 3220 | Gn42:33 | חד מנכון אצנעון לוותי | וית | כפנים בתיכון סבו ואזילו: |
| 3221 | Lv11:22 | למינהו וית נעלה למינהו | וית | כרזבה למינה: |
| 3222 | Nu 5:21M | דייי ירכיך מסיין | וית | כרסיך נפיחה |
| 3223 | Nu11:05M | /קטייה מלפפוניה | וית | כרת#2#/ וית כרתיה וית |
| 3224 | Nu11:05 | ית קישואיה וית בטיחיה | וית | כרתיה וית בצליה וית תומיה: |
| 3225 | Ex30:03 | יתיה דהב דכי אגרוי | וית | כתלוי מן חזור חזור וית |
| 3226 | Dt30:06 | ייי אלהכון ית לבביכון | וית | לבבי זרעיכון למירחם ית |
| 3227 | Lv 8:30 | בנוי עמה וקדש ית אהרן | וית | לבושוי וית בנוי וית לבושי |
| 3228 | Ex31:10 | | וית | לבושי שמשה וית לבושי |
| 3229 | Ex31:10 | וית לבושי שמשה | וית | לבושי ^בית#2#^ קודשא |
| 3230 | Ex31:10 | קודשא לאהרן כהנא | וית | לבושי בנוי למשמשה: |
| 3231 | Ex35:19 | קודשא לאהרן כהנא | וית | לבושי בנוי למשמשה: |
| 3232 | Ex39:41 | למשמשה בגו בית קדשה | וית | לבושי בית קודשא לאהרן |
| 3233 | Lv 8:30 | וית לבושוי וית בנוי | וית | לבושי בנוי עמה: |
| 3234 | Ex39:41 | בית קודשא לאהרן כהנא | וית | לבושי{ה} בנוי למשמשה: |
| 3235 | Lv 8:02 | ית אהרן וית בנוי עמה | וית | לבושיה וית משחה דרבותה וית |
| 3236 | Ex10:01 | אנה תקפ«י»ת ית לביה | וית | לביהון דשליטוי מן בגלל |
| 3237 | Gn10:13 | ית לודיא וית ענמיה | וית | להביא וית נפתוחייא: |
| 3238 | Lv14:12 | חדתה ויקרב יתיה לאשמה | וית | לוגה דמשחה ויניף יתהון |
| 3239 | Lv14:24 | ויסב כהנא ית אמרה דאשמה | וית | לוגה דמשחה ויניף יתהון |
| 3240 | Dt11:29 | ברכתה על טורא דגריזים | וית | לווטייה על טורא דעיבל: |
| 3241 | Dt30:19 | יהבית לכון ית ברכתה | וית | לווטייה ותבחרון באורחה |
| 3242 | Gn31:42 | ריקן שלחת יתי ית צערי | וית | לוותי דידי גלי קדם ייי |
| 3243 | Ex35:11 | וית חפיא וית פורפוי | וית | לוחוי וית נגרוי וית |
| 3244 | Ex26:29 | | וית | לוחי תחפי{ה} דהב וית |
| 3245 | Ex36:34 | | וית | לוחיה חפה דהב וית עזקיהון |
| 3246 | Gn27:17 | ויהבת ית תבשילייה | וית | לחמה דעבדת ביד יעקב ברה: |
| 3247 | Ex29:32 | ובנוי ית בשרא דדכרא | וית | לחמה די בסלא בתרע משכן |
| 3248 | Lv 8:31 | זימנה ותמן תאכלון יתיה | וית | לחמה די בסלה דאשלמותה |
| 3249 | Ex20:18 | וכל עמא חמיין ית קלייה | וית | למפדיי׳ וית קלא דשיפור׳ |
| 3250 | Lv20:18 | אתה דוה ויבזי ית עריתה | וית | מבוע אדמה אפס והיא בזיית |
| 3251 | Gn11:05 | דייי למחמי ית קרתא | וית | מגדלא דבנו בני אנשה: |
| 3252 | Ex38:03M | וית מגרופתיה/בזיכוי | וית | מגרופוי#2#/ וית מזרקיה |
| 3253 | Ex38:03 | מדבחה ית דודוותה | וית | מגרופתיה וית מזרקיה וית |
| 3254 | Nu 4:14 | ית מחתיתה וית משליתה | וית | מגרפיתה וית מזרקיה כל מני |
| 3255 | Ex29:44 | ואקדש ית משכן זימנא | וית | מדבחא וית אהרן וית בנוי |
| 3256 | Ex30:27 | וית מנורתא וית מניה | וית | מדבחא דקטר{ט}«ת»א: |
| 3257 | Ex40:29 | | וית | מדבחא דעלתה שווי תרע משכנא |
| 3258 | Ex30:27M | וית מדבחה דקטרתה | וית | מדבחה דעלתה הוות כל מנוי |
| 3259 | Ex30:27M | | וית | מדבחה דקטרתה וית מדבחה |
| 3260 | Ex30:28 | | וית | מדבחה דעלתה וית כל מנוי |
| 3261 | Ex31:09 | | וית | מדבחה דעלתה וית כל מנוי |
| 3262 | Ex35:15 | | ^^וית | מדבחה דקטרתה וית אריחוי |
| 3263 | Ex35:16 | | וית | מדבחה דעלתה וית קנקלא |
| 3264 | Ex38:30 | חומרי תרע משכן זימנה | וית | מדבחה דנחשה וית קנקילה |
| 3265 | Ex39:38 | | וית | מדבחה דדהבא וית משחה |
| 3266 | Lv 1:01 | וקדש יתיה וית כל מנוי | וית | מדבחה וית כל מנוי חשב משה |
| 3267 | Lv16:20 | ית קדשה וית משכן זימנא | וית | מדבחה ויקרב ית צפירה |
| 3268 | Lv16:33 | קדשיה וית משכן זימנה | וית | מדבחה יכפר ועל כהנייה ועל |
| 3269 | Ex31:08 | דכיתה וית כל מניה | וית | מדבחיה דקטרת: |
| 3270 | Gn15:19 | וית שלמאי וית קניזאי | וית | מדינחאי: |

|  |  | | | |
|---|---|---|---|---|
| 3271 | Gn30:29 | מה די פלחת קדמ{ת}<ך> | וית | מה דהוה בעירך קדמיי |
| 3272 | Gn34:11 | אשכח חן וחסד באפיכון | וית | מה די תאמרון לי אתן: |
| 3273 | Gn34:28 | וית תוריהון <....> | וית | מה די בקרתא וית מה די באפי |
| 3274 | Gn34:28 | <....> וית מה די בקרתא | וית | מה די באפי ברא נסבו: |
| 3275 | Ex 3:16 | מדכרה ידכר ייי יתכון | וית | מה די עבדו לכון מצריי: |
| 3276 | Ex16:23 | ית מה די תאפון תאפון | וית | מה די תבשלון בשלו וית כל |
| 3277 | Ex29:13 | כל תרבה דחפי ית כרסה | וית | מה דמשתייר מחצר כבדה וית |
| 3278 | Ex29:22 | וית תרבה דחפי ית כרסה | וית | מה דמשתייר מן חצר כבדה וית |
| 3279 | Lv 3:04 | די עליהון די על כסליה | וית | מה די משתייר מן חצר כבדה |
| 3280 | Lv 3:10 | די עליהן די על כסליה | וית | מה דמשתייר על חצר כבדה על |
| 3281 | Lv 3:15 | די עליהן דעל כסליה | וית | מה דמשתייר מן חצר כבדה על |
| 3282 | Lv 4:09 | די עליהן די על כסליה | וית | מה דמשתייר מן חצר כבדה על |
| 3283 | Lv 5:16 | | וית | מה די אתחייב מן קדשיה ישלם |
| 3284 | Lv 7:04 | די עליהון די על כסליה | וית | מה דמשתייר על חצר כבדה על |
| 3285 | Lv 8:16 | כל תרבא די על בני גווה | וית | מה דמשתייר מן חצר כבדה וית |
| 3286 | Lv 8:25 | כל תרבה די על בני גוה | וית | מה דמשתייר מן חצר כבדה וית |
| 3287 | Lv 9:10 | וית תרבה וית כלייתה | וית | מה דמשתייר מן חצר כבדה מן |
| 3288 | Lv15:32 | דא גיזירת אוריתה דדיבה | וית | מה די תפוק מיניה תשמיש |
| 3289 | Lv25:33 | | וית | מה די יפרוק מן ליוויה |
| 3290 | Nu22:06 | די את מברך יהווי מברך | וית | מה די את לייט הווי ליט: |
| 3291 | Nu32:24 | לטפליכון ודרין לעניכון | וית | מה דיפוק מפומיכון תעבדון: |
| 3292 | Dt29:15 | די שרינן בארעא דמצרים | וית | מה די עברנן ביני אומייה די |
| 3293 | Dt30:15M | וית טובה דגן עדן | וית | מותה דמייתין בה רשיעיה |
| 3294 | Ex29:32M | די בסלא /דאשלמוותה | וית | מזונה דאית בס׳#2/# בתרע |
| 3295 | Dt28:20 | ית מאירתה וית שעמומא | וית | מזופתה בכל אושטות ידיכון |
| 3296 | Ex38:03 | דודוותה וית מגרופתיה | וית | מזרקיה וית משליתה וית |
| 3297 | Nu 4:14 | וית משליתה וית מגרפיתה | וית | מזרקיה כל מני מדבחה |
| 3298 | Dt28:59 | ויפריש ייי ית מחוותכון | וית | מחוות בניכון מחוון בישן |
| 3299 | Dt28:59M | מימריה דייי ית מחתה | וית | מחת זרעיית <...> מחן רברבן |
| 3300 | Ex38:03M | מזרקוי וית משליתה/ | וית | מחתייתה וית כל מאנו׳#2/#: |
| 3301 | Ex38:03 | וית מזרקיה וית משליתה | וית | מחתיתה כל מני עבד נחש: |
| 3302 | Nu 4:09 | בוצינה וית מלקט{ס}ה | וית | מחתת«ה» וית כל מני שמושה |
| 3303 | Nu18:03M | ויטרון ית מטרתך | ומטרת/וית | מט׳#2/# כל משכנה לחוד |
| 3304 | Nu 3:07 | ויטרון ית מטרתיה | וית | מטרת כל עם כנ«י» שתה קדם |
| 3305 | Nu18:05 | ית מטרת בית קודשה | וית | מטרת מדבחה ולא יהווי רגוז |
| 3306 | Ex23:25 | אלהכון ויברך ית לחמכון | וית | מייכון ויעבר מכתושיה |
| 3307 | Gn24:59 | ושלחו ית רבקה אחתהון | וית | מיינקתה וית עבדא דאברהם |
| 3308 | Dt34:03 | וית דרומה | וית | מישרה בבקעתיה דיריחו קרתה |
| 3309 | Nu32:34M | וית לחיית /דבשתה | וית | מכללתה וית לח׳#2/#: |
| 3310 | Ex39:28 | וית כליליה קובעיה דבוץ | וית | מכנסי בוצה בוץ שזיר: |
| 3311 | Nu32:33 | דאמוריי <דאמו>ראה#2# | וית | מלכותא דעוג מלכא דמותנין |
| 3312 | Nu31:08 | | וית | מלכיהון דמדייניי קטלו על |
| 3313 | Gn14:17 | מן דקטל ית כדר לעמ׳ | וית | מלכייא דהון עמיה במישר |
| 3314 | Dt28:36 | יגלי ייי יתכון | וית | מלכיכון די תקימון עליכון |
| 3315 | Nu 4:09 | דאנהרותה וית בוצינה | וית | מלקט{ס}ה וית מחתת«ה» וית |
| 3316 | Gn14:12 | ונסבו ית לוט | וית | ממונה בר אחוי דאברם ואזלו |
| 3317 | Gn36:06 | וית כל נפשתא דביתי׳ | וית | ממונה וית כל בעיריה וית כל |
| 3318 | Gn46:06 | ונסבו ית קניניהון | וית | ממוניהון די קנון בארעא |
| 3319 | Nu16:05 | קדישוי ויקרב לוותיה | וית | מן די«י» תרעי ליה וקרב |
| 3320 | Ex31:08 | וית פתורה | וית | מנוי וית מנרתה דכיתה וית |
| 3321 | Ex30:27 | ית פתורה וית כל מנוי | וית | מנורתא וית מניה וית מדבחא |
| 3322 | Nu 5:18M | מנחתה דוכרנה | {וית} | מנחת קנתה היא ובי{ו}ן די |
| 3323 | Ex40:29M | וסדר עלוי ית עלתה | /\וית | מנחתה#2/# היך מה די פקד |
| 3324 | Lv14:20 | ויסדר כהנא ית עלתה | וית | מנחתה על גבי מדבחה ויכפר |
| 3325 | Ex30:27 | וית כל מנוי וית מנורתא | וית | מניה וית מדבחא |
| 3326 | Ex35:14 | וית מנרתה דאנהרתה | ^^וית | מנייה וית בוציניה וית |
| 3327 | Ex37:16 | ית פילוותא וית בזיקי | וית | מנקיתא וית קשוותא די ישתמש |
| 3328 | Nu 4:07 | ית פיאלוותה וית בזכיה | וית | מנקיתה וית קשוות נסוכה |
| 3329 | Ex26:35 | ית פתורא לבר מן פרכתא | וית | מנרתא לקבל פתורה על סטר׳ |
| 3330 | Ex31:08 | וית פתורה וית מנוי | וית | מנרתה דכיתה וית כל מניה |
| 3331 | Ex35:14 | | וית | מנרתה דאנהרתה^^וית מנייה |
| 3332 | Nu 5:21 | ייי ית ירכ«י»ך מסיא | וית | מעיך מנפחין: |
| 3333 | Ex29:05 | ית אהרן ית כתנתה | וית | מעילה דאפודא וית אפודה וית |
| 3334 | Dt12:06 | ונכסת קודשיכון | וית | מעשרכון וית אפרשות ידיכון |
| 3335 | Nu15:31 | ארום פתגמא דייי בזי | וית | מצוותה אפס משתיציא תישתצי |
| 3336 | Dt 4:40 | ותטרון ית קיימוי | וית | מצוותה דאורייתה די אנה |
| 3337 | Dt13:05 | ומן קדמוי תהוון דחלין | וית | מצוותיה תטרון ובקל ממריה |
| 3338 | Ex39:28 | | וית | מצנפתה דבוץ וית כליליה |
| 3339 | Dt 3:25M | טור ציון טב הדין | וית | מקדשא |
| 3340 | Dt29:16M | משקציהון | וית | מרחקתהון טעוון דקיס |
| 3341 | Gn10:13M | וית נפתוחייא /לוויקאי | וית | מרטיונאי וית פניפוליטאי |
| 3342 | Ex31:11 | | וית | משחא דרבותא וית קטרת |
| 3343 | Ex35:14 | מנייה וית בוציניה | וית | משחה דאנהרותה^^: |
| 3344 | Ex35:15 | דקטרתה וית אריחוי | וית | משחה דרבותה וית קטורת |
| 3345 | Ex35:28 | וית בוסמניה | וית | משחה לאנהרותא ולמשחה |
| 3346 | Ex39:37 | דאנהורתא וית כל מניה | וית | משחה דאנהרותה: |
| 3347 | Ex39:38 | וית מדבחה דדהבא | וית | משחה דרב{י}<ו>תה וית קטרת |
| 3348 | Lv 8:02 | בנוי עמה וית לבושיה | וית | משחה דרבותה וית תור׳ |
| 3349 | Gn27:16 | | וית | משכא דגדייא בני עיזייא |
| 3350 | Ex29:14 | וית בשרה דתורא | וית | משכא וית רעיה תוקד בנורא |
| 3351 | Lv 4:11 | | וית | משכא דתורא וית כל בשרה על |
| 3352 | Lv 8:17 | וית תורה | וית | משכה וית בשר׳ וית רעיה |
| 3353 | Lv 9:11 | וית בשרה | וית | משכה אוקד בנורא לבר מן |
| 3354 | Lv16:20 | וישלם מן למכפרה ית קדשה | וית | משכן זימנא וית מדבחה ויקרב |
| 3355 | Lv16:33 | ויכפר ית בית קדש קדשיה | וית | משכן זימנה וית מדבחה יכפר |
| 3356 | Lv16:33M | וית /מקדש בית קודשא | וית#2/# | משכן זימנה וית מדבחה |
| 3357 | Nu 4:25 | ית יריעתה דמשכנה | וית | משכן זמנה חפייה וחפוי |
| 3358 | Ex26:01 | | וית | משכנא תעבד עשר יריען בוץ |
| 3359 | Dt11:06 | יתהון וית אנשי בתיהון | וית | משכניהון וית כל קאמיה |
| 3360 | Ex38:03M | כל מנוי /מזרקוי | וית | משלייתה וית מחתייתה וית |
| 3361 | Ex38:03 | מגרופתיה וית מזרקיה | וית | משליתה וית מחתיתה כל מנוי |
| 3362 | Nu 4:14 | עלוי בהון ית מחתיתה | וית | משליתה וית מגרפיתה וית |
| 3363 | Ex35:18 | דמשכנא וית סכוי דדרתה | וית | מתחיהון: |
| 3364 | Ex39:40 | וית פרסה לתרע דרתה | וית | מתחיהון וית סכיהון וית כל |
| 3365 | Nu 3:26 | מדבחה מן חזור חזור | וית | מתחיהון לכל פלחניה: |
| 3366 | Nu 4:26 | ועל מדבחה מן חזור חזור | וית | מתחיהון וית כל מני |
| 3367 | Gn23:15 | ביני ובינך מה היא חשיב | וית | מתך קבר: |
| 3368 | Lv11:11 | מן בשרהון לא תיכלון | וית | נבלתהון תשקצון: |
| 3369 | Dt14:18M | ואכומתה למינה | ונגר טורא/וית | נגור <טורא> וחרפתה |
| 3370 | Lv11:19 | חוורתה ואכומתה למינה | וית | נגר טורא וית ערפדא: |
| 3371 | Ex35:11 | וית פורפוי וית לוחוי | וית | נגרוי וית עמ«ו»דוי וית |
| 3372 | Gn 1:16 | רבה למהוי שליט באיממא | וית | נהורא זעירא למהוי שליט |
| 3373 | Nu31:22 | להוד ית דהבא וית כספה | וית | נחשה וית פרזלה וית בעצה |
| 3374 | Lv 7:30M | /ניאה יעל יתה | ית/וית#2/# | ניאה למ׳#2/# יתיה |
| 3375 | Ex10:02M | בהון /אפרעית מן מצראי | וית | ניסי פרישתי דשוויית |
| 3376 | Nu14:22 | גברייה דחמון ית איקרי | וית | ניסי פר«י»שתי די עבדית |
| 3377 | Dt11:03 | | וית | ניסי פרישתה וית עבדוי |
| 3378 | Lv10:14 | | וית | ניעה דאנפותה וית שקה |

|  |  | | | |
|---|---|---|---|---|
| 3379 | Lv 9:21 | | וית | ניעיה וית שקה דימינה אניף |
| 3380 | Lv13:33 | חזור חזור לני{ק}ת<ק>א | וית | ניתקא לא יספר ויטרוד כהנא |
| 3381 | Ex20:24 | עלוי ית עלוותכון | וית | נכסת קודשכון ית עניכון וית |
| 3382 | Ex 7:03M | וית פרישתי/אתיי | וית | נסוי#2#/^תימה דייי#2#^/ |
| 3383 | Ex10:02 | מה די שנקת במצריי | וית | נסיי די שוית בהון ותדעון |
| 3384 | Nu 6:17 | ויקרב כהנא ית מנחתיה | וית | נסכיה: |
| 3385 | Lv11:22 | למינה וית רשונה למינהו | וית | נעלה למינהו וית כרזבה |
| 3386 | Lv11:22M | למינה וית רשונה למינה | וית | נפילה למינה |
| 3387 | Gn12:05 | וית כל ממונהון דיקנין | וית | נפשתה די גיירו ונפק למזל |
| 3388 | Gn10:13 | וית ענמיה וית להבייא | וית | נפתוחייא: |
| 3389 | Gn31:17 | וקם יעקב וטען ית בנוי | וית | נשוי על גמליה: |
| 3390 | Gn34:29 | וית כל ספליהון | וית | נשיהון שבו ובזו וית כל מה |
| 3391 | Gn46:05 | אבוהון וית ספליהון | וית | נשיהון בעגלתה די שלח פרעה |
| 3392 | Gn 1:16 | למהוי שליט בליליא | וית | סדור כוכביא: |
| 3393 | Ex39:36 | ית פתורה וית כל מנוי | וית | סדור לחם אפיה: |
| 3394 | Dt30:15 | ית סדר חייה וית טבתה | וית | סדר מותנה וית חילופיהן: |
| 3395 | Lv18:05 | ותטרון ית קיימי | וית | סדרי די{י}ני די יעבד יתהון |
| 3396 | Lv18:26 | ותטרון אתון ית קיימי | וית | סדרי דיניי ולא תעבדון מכל |
| 3397 | Lv25:18 | ותעבדון ית קיימי | וית | סדרי דיניי תטרון |
| 3398 | Dt 5:01 | שמעו ישראל ית קיימיה | וית | סדרי דינייה די אנה ממלל |
| 3399 | Dt 7:11 | מצוותה וית קיימייה | וית | סדרי דינייה די אנה מפקד |
| 3400 | Dt11:32 | למיעבד ית כל קיימיה | וית | סדרי דינייה די אנה סדר |
| 3401 | Dt26:16 | ית קיימיה האיליין | וית | סדרי דיניה ותטרון ותעבדון |
| 3402 | Ex35:13 | וית אריחוי וית כל מנוי | וית | סידור לחם אפי: |
| 3403 | Dt 4:19 | ית שמשה וית זהרא | וית | סידור כוכביה כל חיילות |
| 3404 | Nu35:05 | אלפין ^אמין#2#^ באומתה | וית | סיטרה מערבייה תרין אלפין |
| 3405 | Nu35:05 | תרין אלפין באומתה | וית | סיטרה צפונה תרין אלפין |
| 3406 | Nu35:05 | צפונה תרין אלפין באמתה | וית | סיטרה דרומה תרין אלפין |
| 3407 | Ex35:18 | ית סכוי דמשכנא | וית | סכוי דדרתה וית מתחיהון: |
| 3408 | Ex 5:08 | | וית | סכום ליבנא דאינון עבדין |
| 3409 | Ex39:40 | לתרע דרתה וית מתחיהון | וית | סכיהון וית כל מני פלחן |
| 3410 | Gn22:06 | ונסב בידי«ה» ית אשתא | וית | סכינא ואזלו תריהון כחדא |
| 3411 | Gn10:13M | וית פניפוליטאי | וית | סכינאי#2#:/ |
| 3412 | Lv 8:02 | דחטאתה וית תרין דכריה | וית | סלה דפטיריה: |
| 3413 | Gn24:59 | אחתהון וית מיינקתה | וית | עבדא דאברהם וית אנשוי: |
| 3414 | Dt11:03 | וית ניסי פרישתה | וית | עבדוי משבחתה די עבד בגו |
| 3415 | Dt11:03M | עבדוי משבחתה די/אתוי | וית | עובדוי די#2#/ עבד בגו |
| 3416 | Gn15:10 | כל חד פסגה לקבל חבריה | וית | עופה לא פסג: |
| 3417 | Lv11:13 | ית נשרא וית ברגזה | וית | עזה: |
| 3418 | Ex26:29 | וית לוחי תחפי{ה} דהב | וית | עזקיהון תעבד דהב אתרין |
| 3419 | Ex36:34 | וית לוחיה חפה דהב | וית | עזקיהון עבד דהב אתרין |
| 3420 | Dt13:17 | ותיקדון בנורא ית קרתא | וית | על עדיתה גמיר קדם ייי |
| 3421 | Lv 9:13 | | וית | עלתה זמינו לוותה לפיסגה |
| 3422 | Lv14:13 | באתר די יכוס ית חטאתה | וית | עלתה באתר קדיש ארום כחטאתה |
| 3423 | Nu 6:16 | קדם ייי ויקרב ית חטאתה | וית | עלתה: |
| 3424 | Lv10:19 | הדן קרבו ית חטאתהון | וית | עלתהון קדם ייי ואת מלף יתן |
| 3425 | Lv16:24 | ויפוק ויקרב ית עלתה | וית | עלתהון דעמא ויכפר על ידוי |
| 3426 | Lv 9:07 | מדבחה וקרב חטאתך | וית | עלתך וכפר על ידך |
| 3427 | Gn47:21 | | וית | עמא מלשנה לשנה בישא עבר |
| 3428 | Gn47:21M | :"וית עמא ..." | וית | עמא טלטל יתהון מן קרי |
| 3429 | Gn47:21M | תחום מצרים ועד סופיה | וית | עמא דהוון שרין במדינתא |
| 3430 | Gn47:21M | במדינתא אעבר בקורייתא | וית | עמא דהוון שריין בקורייתא |
| 3431 | Ex14:06 | וטכס ית ארתכוי | וית | עמא עבדי קרבא דבר עמה: |
| 3432 | Nu13:18 | ותחמון ית ארעא מה היא | וית | עמא דישריין בגווה הא |
| 3433 | Gn14:16 | וממונה חזר ואף ית נשי' | וית | עמה: |
| 3434 | Dt 2:04 | | וית | עמה פקד למימר אתון עברין |
| 3435 | Ex35:11 | וית לוחוי וית נגרוי | וית | עמ«ו»דוי וית חמרוי: |
| 3436 | Ex36:38 | | וית | עמודוי חמשה וית קליותהון |
| 3437 | Ex17:13 | ושיציא יהושע ית עמלק | וית | עמיה לפתגם דחרב: |
| 3438 | Ex 9:15 | פורענתי ושיצית יתך | וית | עמך במותאנא ותשתיצי פרעה |
| 3439 | Lv25:05 | כחות חצדיכון לא תחצדון | וית | ענבי שבקיכון לא תקטפון שבת |
| 3440 | Gn29:10 | ברת לבן אחוי דאמה | וית | ענה דלבן אחוי דאמה וקרב |
| 3441 | Gn34:28 | | וית | עניהון וית תוריהון <....> |
| 3442 | Gn10:13 | ומצרים אולד ית לודיא | וית | ענמיה וית להבייא וית |
| 3443 | Lv11:19 | למינה וית נגר טורא | וית | ערפדא: |
| 3444 | Gn10:17 | וית חוויא | וית | ערקיא וית ארתוסיא: |
| 3445 | Ex35:11 | וית פרסה וית חפיא | וית | פורפוי וית לוחוי וית נגרוי |
| 3446 | Dt13:05M | וקודמוי תפלחון | וית | פיקודוי תט'#2#/ ובקל |
| 3447 | Lv26:03 | אן בקימה דאוריתי תהלכון | וית | פיקודיי תטרון ותעבדון |
| 3448 | Nu30:09 | יתה ויבטל ית נדרה דעלה | וית | פירוש שפוותה די קיימת על |
| 3449 | Gn10:11 | אתוריא ובנה ית נינוה | וית | פלטיותא דקרתא וית הדיף: |
| 3450 | Gn10:14M | וית כסלוחיא/פילוסאי | וית | פנטסכינאי#2#/ די נפקו מן |
| 3451 | Gn10:13M | /לוויקאי וית מרטיונאי | וית | פניפוליטאי וית סכינאי#2# |
| 3452 | Lv 8:20 | וסדר משה ית ראשה | וית | פסגיה וית גופה: |
| 3453 | Nu35:07 | ותמני קריאן יתהון | וית | פרוידיהון: |
| 3454 | Ex39:34 | וית חפיי משכי דססגונה | וית | פרוכתה דפרסה: |
| 3455 | Nu31:22 | דהבא וית כספה וית נחשה | וית | פרזלה וית בעצה וית כסיטרא |
| 3456 | Gn15:20 | וית חתיי | וית | פריזיי וית גיברייא: |
| 3457 | Ex 7:03 | דפרעה ואסגי ית נסוי | וית | פרישתי בארעא דמצרי: |
| 3458 | Ex35:12 | וית אריחוי ית כפרתה | וית | פרכתה דפרסה: |
| 3459 | Ex39:38 | וית קטרת בסמניה | וית | פרס תרע משכנה: |
| 3460 | Nu 3:26 | ואילוות דרתה | וית | פרס תרע דרתה די על משכנה |
| 3461 | Ex35:11 | ית משכנא | וית | פרסה וית חפיא וית פורפוי |
| 3462 | Ex35:15 | וית קטורת בוסמנייה | וית | פרסה דתרעא לתרע משכנה^^: |
| 3463 | Ex39:40 | דרתה ית עמודה וית חמרה | וית | פרסה לתרע דרתה וית מתחיהון |
| 3464 | Nu 3:46 | | וית | פרקוניה דתרתין מאוון |
| 3465 | Ex35:17 | ית עמודוי וית חומרוי | וית | פרש תרע דרתה: |
| 3466 | Ex14:28 | מיין וכסן ית אר<ת>כי | וית | פרשיה לכל חיילותיה דפרעה |
| 3467 | Ex18:26 | קשיא ייתון לוות משה | וית | פתגמ' זעירא ידונון אינון: |
| 3468 | Ex18:20 | ית ארחא די יהלכון בה | וית | פתגמא די יעבדון: |
| 3469 | Ex31:08 | | וית | פתורה וית מנוי וית מנרתה |
| 3470 | Gn10:14 | | וית | פתרוסיא וית כסלוחיא די |
| 3471 | Ex28:05 | וית תכלתה וית ארגוונא | וית | צבע זהוריתא טבתא וית בוצא: |
| 3472 | Ex35:25 | ית תכלתה וית ארגונא | וית | צבע זהוריתה טבתה וית בוצא: |
| 3473 | Lv14:06 | יסב יתה וית קיסה דארזא | וית | צבע זהוריתה טבתה וית אזובה |
| 3474 | Lv14:51 | ית קיסה דארזה וית אזוב | וית | צבע זהוריתה וית צפרה |
| 3475 | Lv11:17 | | וית | צדיה וית שלוי נוניה וית |
| 3476 | Dt14:16 | | וית | צידה וית קפופה ואותייה: |
| 3477 | Lv10:16 | | וית | צפירה דחטא' מתבע תבע משה |
| 3478 | Lv16:27 | וית תורה דחטאתה | וית | צפירה דחטאתה די אתועל |
| 3479 | Lv11:16 | ברת נעמיתה וית חטפיתה | וית | צפר שחפה וית בר נצצא |
| 3480 | Dt14:15 | ברת נעמיתה וית חספיתה | וית | צפר שחפה וית בר נצצה |
| 3481 | Lv14:06 | וית אזובה ויצבע יתהון | וית | צפרה חייתה באדמה דצפרה |
| 3482 | Lv14:51 | אזוב וית צבע זהוריתה | וית | צפרה דחייתה ויצבע יתהון |
| 3483 | Ex 3:07 | צערהון דעמי דבמצרים | וית | קבלתהון שמעית מן דחקהון |
| 3484 | Lv26:16 | בביהילו ית שחפיתה | וית | קדחיתה מסיפה עיינין ומדיבה |
| 3485 | Nu16:05 | וידע ייי מן דמן דידה | וית | קדישוי ויקרב לוותיה וית מן |
| 3486 | Dt31:27 | ידעת ית תורעמנותכון | וית | קדלכון קשייא הא עד דאנה |

|  |  | | | |
|---|---|---|---|---|
| 3487 | Gn35:04 | פלחנא נכריה די בידיהון | וית | קדשיא די באדנהון וטמר |
| 3488 | Nu18:32 | ית טובה מניה | וית | קדשיהון בני ישראל לא |
| 3489 | Dt 1:22 | ית ארחא די נסוק בה | וית | קו{ח}<ר>יתה די נעול |
| 3490 | Nu21:02M | ואישיצ<ינ>ון יתהון/ | וית | קורייהון#2#/: |
| 3491 | Ex35:15 | אריחוי וית משחה דרבותה | וית | קטורת בוסמנייה וית פרסה |
| 3492 | Ex31:11 | וית משחא דרבותא | וית | קטרת בסמניה לקידוש כל מה |
| 3493 | Ex37:29 | ועבד ית משחה דרבותה קדש | וית | קטורת בוסמניה דכי עבד בסם: |
| 3494 | Ex39:38 | וית משחה דרב{י}<ו>תה | וית | קטרת בסמניה וית פרס תרע |
| 3495 | Dt17:19M | /פתגמי שבח אורייתה הדה | וית | קיים#2#/ האיליין למעבד |
| 3496 | Dt10:13 | למטור ית מצוותה דייי | וית | קיימוי די אנה מפקד יתכון |
| 3497 | Dt27:10 | ותעבדון ית מצוותה | וית | קיימוי דיאנה מפקד יתכון |
| 3498 | Gn17:21 | | וית | קיימי אקים עם יצחק די תלד |
| 3499 | Lv18:04 | ית סדרי דיניי תעבדון | וית | קיימי דאורייתי תטרון |
| 3500 | Dt17:19 | ית כל פתגמיה האיליין | וית | קיימיה האיליין למעבד |
| 3501 | Dt 7:11 | ותיטרון מצוותה | וית | קיימייה וית סדרי דינייה די |
| 3502 | Gn31:52 | ית איגרא הדין <....> | וית | קיימתא הדא למבאשא: |
| 3503 | Ex34:13 | ית {כ} <ק>סמהון תפגרון | וית | קיימ{ת}<י>הו«ן» תתברון |
| 3504 | Lv14:06 | ית צפרה חייתה יסב יתה | וית | קיסה דארזא וית צבע זהוריתה |
| 3505 | Lv14:45 | ויפגר ית ביתה ית אבנא | וית | קיסוי וית כל עפרא דבייתה |
| 3506 | Lv11:17 | וית צדיה וית שלוי נוניה | וית | קיפופה: |
| 3507 | Dt 5:24 | די יקריה וית תוקפיה | וית | קל מימרה שמעינן מן גו להבי |
| 3508 | Ex20:18 | ית קלייה וית למפדיי' | וית | קלא דשיפור' וית טורא תנן |
| 3509 | Ex36:38 | וית עמודוי חמשה | וית | קליותהון וחפי ראשיהון |
| 3510 | Gn15:19 | וית שלמאי | וית | קניזאי וית מדינחאי: |
| 3511 | Ex38:30 | זימנה וית מדבחה דנחשה | וית | קנקילה דנחשה דידיה וית כל |
| 3512 | Ex35:16 | וית מדבחה דעלתה | וית | קנקלא דנחשא דידה וית |
| 3513 | Ex39:39 | ית מדבחה דנחשה | וית | קנקלה דנחשה דידיה וית |
| 3514 | Gn10:14 | נפקו מן תמן פלישתייא | וית | קפודקיא: |
| 3515 | Dt14:16 | וית צידה | וית | קפופה ואותייה: |
| 3516 | Lv11:18 | וית איתיה | וית | קקה וית שרקרית': |
| 3517 | Gn 4:04 | ייי ברעווא ית הבל | וית | קרבניה: |
| 3518 | Nu21:03 | ית כנעניי ושיצי יתהון | וית | קריהון וקרון שמה דאתרה |
| 3519 | Nu35:06 | | וית | קרייתה די {ד«י»} תתנון |
| 3520 | Ex30:03 | וית כתלוי מן חזור חזור | וית | קרנתיה ותעבד ליה כליל דדהב |
| 3521 | Nu 4:07 | וית בזכיה וית מנקיתה | וית | קשוות נסוכה ולחם בתדירה |
| 3522 | Ex37:16 | וית בזיקי וית מנקיתא | וית | קשוותא די ישתמש בהון דהב |
| 3523 | Nu32:28 | וית יהושע בר נון | וית | ראשיה אבהת שבטיה דבני |
| 3524 | Gn40:22 | | וית | רב נחתומיה צלב היך מה דפתר |
| 3525 | Gn41:10 | דרב אספקלטוריא יתי | וית | רב נחתומיה: |
| 3526 | Gn24:59M | וית \מיינקתה וית עבדא | /וית | רבית' פדגוגתא וית אליעזר |
| 3527 | Gn41:44 | גבר ית ידיה למיסר זונה | וית | רגלה למרכב סוסא בכל ארעא |
| 3528 | Lv 8:21 | וית בני גווה | וית | רגלה שזג במיא וסדר משה ית |
| 3529 | Lv 9:14 | ושזג ית בני גווה | וית | רגליה וסדר על עלתה על גבי |
| 3530 | Ex30:19 | ובנוי מנה ית ידיהון | וית | רגליהון: |
| 3531 | Ex40:31 | אהרן ובנוי ית ידיהון | וית | רגליהון: |
| 3532 | Nu 1:49 | ית שבטה דלוי לא תסכום | וית | ריש סכומיהון לא תקבל בגו |
| 3533 | Lv 9:13 | זמינו לוותה לפיסגה | וית | רישיה וסדר על גבי מדבח': |
| 3534 | Ex29:14 | וית בשרה דתורא וית משכא | וית | רעיה תוקד בנורא לבר מן |
| 3535 | Lv 8:17 | תורה וית משכה וית בשר' | וית | רעיה אוקיד בנורא לבר מן |
| 3536 | Lv16:27 | ית משכיהון וית בשריהון | וית | רעיהון: |
| 3537 | Lv11:22 | תאכלון ית גובא למינה | וית | רשונה למינהו וית נעלה |
| 3538 | Lv11:22M | כרזבה למינה | וית | רשונה למינה וית נפילה |
| 3539 | Dt29:13 | מקיים ית קיימה הדין | וית | שבועתה הדה: |
| 3540 | Lv19:03 | ודאימיה תהוון זהירין | וית | שבת קדשיי <תטרון> כדן אמר |
| 3541 | Gn24:30 | והוי כדי חמה ית קדשא | וית | שיריא על ידה אחת{ת}<ה> |
| 3542 | Ex26:09 | חמש יריען לבלחודיהון | וית | שית יריען לבלחודיהון ותכפל |
| 3543 | Ex36:16 | חמש יריען לבלחודיהון | ^וית | שית יריען לבלחודיהון#2#^: |
| 3544 | Ex36:16M | חמישתי סיפרי אורייתה | וית | שית יריען לחוד קובל שיתה |
| 3545 | Lv11:17 | וית צדיה | וית | שלוי נוניה וית קיפופה: |
| 3546 | Dt14:17 | וקקה וית שרקרקה | וית | שלינוניה: |
| 3547 | Gn37:14 | וחמי ית שלמיהון דאחיך | וית | שלמא דענא ואתיב יתי פתגם |
| 3548 | Gn15:19 | | וית | שלמאי וית קניזאי וית |
| 3549 | Nu17:18 | | וית | שמא דאהרן תכתב {ר}<ע>ל |
| 3550 | Gn48:14 | דאפרים והוא זעירא | וית | שמאליה על רישיה דמנשה |
| 3551 | Gn41:52 | | וית | שמה דתניינא קרא אפרים |
| 3552 | Ex28:10 | שמהתהון על אבנא חדתה}} | וית | שמהת שתתה דאשתיירן על אבנא |
| 3553 | Ex28:10 | על אבנא חדתה | {{וית | שמהת בני ישראל ששה אשתה |
| 3554 | Dt26:07 | וגלי קדמוי ית צערן | וית | שעבודן וית דוחקן: |
| 3555 | Dt28:20 | יגרי ייי בכון ית מאירתה | וית | שעמומא וית מזופתה בכל |
| 3556 | Ex29:22 | וית תרבא די עליהון | וית | שקא דימינא ארום דכרא |
| 3557 | Ex29:27 | ותקדש ית נעה דאנפותה | וית | שקה דאפרשותא די אתנף ודי |
| 3558 | Lv 7:32 | | וית | שקה דימינה תתנון אפרשו |
| 3559 | Lv 7:34 | ית ני{ש}<ע>ה דאנפותה | וית | שקה דאפרשו«תה» קבלת |
| 3560 | Lv 8:25 | כליתה וית תרביהון | וית | שקה דימינה: |
| 3561 | Lv 9:21 | וית ניעיה | וית | שקה דימינה אניף אהרן אנפו |
| 3562 | Lv10:14 | וית ניעה דאנפותה | וית | שקה דאפרשות' תאכלון באתר |
| 3563 | Lv11:18 | וית איתיה וית קקה | וית | שרקרית': |
| 3564 | Lv11:18M | קקה וית שרקרית' /קקא | וית | שרקריתה וית בר דירייה#2# |
| 3565 | Dt14:17 | וקקה | וית | שרקרקה וית שלינוניה: |
| 3566 | Ex28:30 | לחושנא דדינה ית אוריה | וית | תומי' ויהוון על לביה |
| 3567 | Nu11:05 | וית כרתיה וית בצליה | וית | תומיה: |
| 3568 | Dt11:02M | "ית ... תקיפתה": | וית | תוקפה וית ידה תוק' |
| 3569 | Dt 5:24 | דייי אלהן די יקריה | וית | תוקפיה וית קל מימרה שמעינן |
| 3570 | Lv 8:02 | לבושיה וית משחה דרבותה | וית | תור' דחטאתה וית תרין דכריה |
| 3571 | Ex29:03 | חד ותקרב יתהון^ בסלא | וית | תורא וית תרין דכריהו: |
| 3572 | Lv 8:17 | | וית | תורה וית משכה וית בשר' וית |
| 3573 | Lv16:27 | | וית | תורה דחטאתה וית צפירה |
| 3574 | Nu 7:06 | ונסב משה ית עגלתה | וית | תוריה ויהב יתהון |
| 3575 | Gn34:28 | וית עניהון | וית | תוריהון <....> וית מה די |
| 3576 | Ex20:24 | נכסת קודשכון ית עניכון | וית | תוריכון בכל אתרא די תדכרון |
| 3577 | Ex39:28M | מכנסי בוצה בוץ /דבוצה | וית | תושבחה עבד קובעיה בוץ וית |
| 3578 | Nu 7:08M | תוריה/ארבעתיה עגלה | וית | תימנתה תור#2#/ יהב משה |
| 3579 | Ex28:05 | ואינון יקבלון ית דהבא | וית | תכלתה וית ארגוונא וית צבע |
| 3580 | Nu35:14 | תתנון מן עבר לירדנה | וית | תלת קוריאן תתנון בארעא |
| 3581 | Lv 8:08 | לגו חושנה ית אוריה | וית | תמיה: |
| 3582 | Nu 7:08 | וית ארבע עגלין | וית | תמניה תוריה יהב משה לבנוי |
| 3583 | Lv 5:10 | | וית | תנינא יקרב ^יתיה#2#^ עליה |
| 3584 | Ex29:13 | וית תרתין כליתה | וית | תרבא די עליהון ותסדר |
| 3585 | Ex29:22 | וית תרתין כליתה | וית | תרבא די עליהון וית שקה |
| 3586 | Ex29:22 | מן דכרא תרבא ואליתה | וית | תרבה דחפי ית כרסה וית מה |
| 3587 | Lv 3:04 | וית תרתין כולייתיה | וית | תרבה די עליהון די על כסליה |
| 3588 | Lv 3:10 | וית תרתין כליתה | וית | תרבה די עליהן די על כסליה |
| 3589 | Lv 3:15 | וית תרתין כליתה | וית | תרבה די עליהן דעל כסליה |
| 3590 | Lv 4:09 | וית תרתין כלייתה | וית | תרבה די עליהן די על כסליה |
| 3591 | Lv 7:03 | יקרב מנה ית אליתה | ^^וית | תרבה דחפי ית כרסה: |
| 3592 | Lv 7:04 | וית תרתין כלייתה^^ | וית | תרבה די עליהון די על כסליה |
| 3593 | Lv 7:33 | דמקרב ית נכסת קודשוהי | וית | תרבה מן בנוי דאהרן דידיה |
| 3594 | Lv 9:10 | | וית | תרבה וית כלייתה וית מה |

|  |  |  |  |  |  |
|---|---|---|---|---|---|
| 3595 | | Lv16:25 | | וית | תרבה דחטאתה יסדר על גבי |
| 3596 | | Lv 9:19 | | וית | תרביה מן תורה ומן דכרה |
| 3597 | | Lv 9:24 | על גבי מדבחה ית עלתה | וית | תרביה וחמון כל עמא וחדון |
| 3598 | | Lv 8:16 | וית תרתין כולייתה | וית | תרביהון וסדר משה על גבי |
| 3599 | | Lv 8:25 | וית תרתין כליתה | וית | תרביהון וית שקה דימינה: |
| 3600 | | Nu18:17 | תזרוק על גבי מדבחה | וית | תרביהון תסדר קרבן מתקבל |
| 3601 | | Lv20:14 | היא בנורא תוקדון יתיה | וית | תריהון ולא תהוי זנו |
| 3602 | | Ex18:03 | | וית | תרין בנוי די שמיה דחד |
| 3603 | | Ex28:25 | | וית | תרין סטרי תרתין קליעתה תתן |
| 3604 | | Ex29:03 | יתהון˜ בסלא וית תורא | וית | תרין דכריהו: |
| 3605 | | Lv 8:02 | דרבותה וית תור' דחטאתה | וית | תרין דכריה וית סלה |
| 3606 | | Gn19:10 | ית לוט לוותהון לביתה | וית | תרעא טרדו: |
| 3607 | | Gn19:15 | למימר קום דבר ית אתתך | וית | תרתין בנתך דאשכחן דלא |
| 3608 | | Gn32:23 | ודבר ית תרתין נשוי | וית | תרתין לחינתיה וית חד עשרתי |
| 3609 | | Ex29:13 | מה דמשתייר מחצר כבדה | וית | תרתין כליתה וית תרבא די |
| 3610 | | Ex29:22 | מה דמשתייר מן חצר כבדה | וית | תרתין כליתה וית תרבא די |
| 3611 | | Ex39:18 | | וית | תר{ת}ין סטרי{ה} תרתין |
| 3612 | | Lv 3:04 | | וית | תרתין כולייתיה וית תרבה די |
| 3613 | | Lv 3:10 | | וית | תרתין כליתה וית תרבה די |
| 3614 | | Lv 3:15 | | וית | תרתין כליתה וית תרבה די |
| 3615 | | Lv 4:09 | | וית | תרתין כלייתה וית תרבה די |
| 3616 | | Lv 7:04 | | וית | תרתין כלייתה˜ וית תרבה די |
| 3617 | | Lv 8:16 | מה דמשתייר מן חצר כבדה | וית | תרתין כולייתה וית תרביהון |
| 3618 | | Lv 8:25 | מה דמשתייר מן חצר כבדה | וית | תרתין כליתה וית תרביהון |
| 3619 | יותך | Ex 2:14M | <ואמר> מן שוי | יתך/יותך#2#/ | לגבר רב ושליט עלינן |
| 3620 | ייתה | Lv 7:06 | כל דכורה בכהניא ייכול | ייתה | באתר קדיש יתאכל קודש קדשין |
| 3621 | ית' | Ex31:13M | יתכון /דממרי מקדש | ית'#2#/: | |
| 3622 | | Ex40:13M | יתיה ותקדש יתי וישמש | ית'#2#/: | |
| 3623 | | Lv 6:07M | אחווית מנחתה אקריבו | ית' | |
| 3624 | | Lv20:08M | /הוא ייי דבממרי מקדש | ית'#2#/: | |
| 3625 | | Nu35:20M | ידחוף יתיה /בסנה הדף | ית'#2#/ | או טלק עלוי בכמנה ומית |
| 3626 | | Gn 3:22M | /וכדו טב דניטרוד | ית'#2#/ | אילו נטר מצותה דאוריתא |
| 3627 | | Nu11:18M | /הוה לן מן דמייכל | ית'#2#/ | בשר ארום טב הוה לן |
| 3628 | | Ex21:08 | לא יהווי רשיי למזבנה | ית' | חלף די יהב רשותא עליה: |
| 3629 | | Lv 3:09M | עצייה{ו}<'י>עבד | ית'#2#/ | ית תרבה דחפי ית/על#2#/ |
| 3630 | | Lv13:20 | וסערה אתהפך לחוור וי' | ית' | כהנא מכתש צרעה היא בשחנה |
| 3631 | | Gn24:45 | ואמרת לה אשקיין | ית' | כען: |
| 3632 | | Nu19:03 | ותתנון | ית' | לאלעזר כהנא ויפק יתה |
| 3633 | | Gn48:13M | \וקרב לוותיה /ואקרב | ית' | לר'#2#/: |
| 3634 | | Gn24:31M | ואנה פניית ביי' פניית | ית' | {לפל} מן תלת אתקנית עבידן |
| 3635 | | Gn 6:14 | תעבד ית תבותה ותשוע | ית' | מלגוא ומן לבר בחמרא: |
| 3636 | | Lv19:36M | פריקין /פרקי' ואפקית | ית'#2#/ | מן ארעא דמצרים: |
| 3637 | | Ex38:02 | <מניה> הוון קרנתה וחפי | ית' | נחש: |
| 3638 | יתה | Gn38:15 | וחמה | יתה | יהודה וחשב יתה יהודה |
| 3639 | | Gn38:15 | וחמה יתה יהודה וחשב | יתה | יהודה לנפקת בר ארום כסיית |
| 3640 | | Gn47:26 | ושוי | יתה | יוסף לסימן עד יומא הדין |
| 3641 | | Gn24:67 | <ואעל | יתה> | יצחק למשכנה דשרה אמה |
| 3642 | | Nu21:24M | ושיצ'/וקטלו#2#/ | יתיה/יתה#2#/ | ישראל לפתגם דחרב |
| 3643 | | Gn 4:25M | אוחרן חולף הבל די קטל | יתה | קין אחוי |
| 3644 | | Gn34:02 | וחמא | יתה | שכם בר חמור חיוויה רבה |
| 3645 | | Gn16:06 | דשפיר באפיך וצ{רע}<ער>ת | יתה | שר{ה}«י» וערקת מן קדמה: |
| 3646 | | Gn 6:16 | תנינין ותליתאין תעבד | יתה: | |
| 3647 | | Gn13:17 | ולפתייה ארום לך אתן | יתה: | |
| 3648 | | Gn15:07 | לך ית ארעא הדא למירת | יתה: | |
| 3649 | | Gn15:08 | {אדן}<אדע#2#> ארום אירת | יתה: | |
| 3650 | | Gn19:13 | ייי ושלח יתן למשיציא | יתה: | |
| 3651 | | Gn24:18 | קולתה על ידה ואשקיית | יתה: | |
| 3652 | | Gn29:20 | מן רחמתא דהוה רחם | יתה: | |
| 3653 | | Gn32:20 | עשו בזמניה די תארעון | יתה: | |
| 3654 | | Gn34:02 | יתה ושמש עמה וצער | ית«ה»: | |
| 3655 | | Gn34:10 | שרון ואתגרו בה ואחסנו | יתה: | |
| 3656 | | Gn35:09M | ומלון ית ארעא וכבשו | יתה | |
| 3657 | | Gn38:15 | ולא הוה יהודה חכם | יתה: | |
| 3658 | | Gn38:20 | מן ידא דאתתא ולא אשכח | יתה: | |
| 3659 | | Gn38:23 | הדין והא כדון לא אשכחית | יתה: | |
| 3660 | | Gn38:26 | ברי ולא אוסף תוב למחכם | יתה: | |
| 3661 | | Ex 2:05 | ושלחת ית אמהתה ונסבת | יתה: | |
| 3662 | | Ex18:02 | אתתא דמשה מן בתר דשבק | יתה: | |
| 3663 | | Ex26:13 | מן הכה ומן הכא למכסייה | יתה: | |
| 3664 | | Ex27:07 | תרין סטריה דמדבחא למטען | יתה: | |
| 3665 | | Ex33:01 | וליעקב למימר לברך אתן | יתה: | |
| 3666 | | Ex36:02M | לעבידתה ולמעבד | יתה | |
| 3667 | | Ex36:02 | למקרבה לעבידתה למיעבד | יתה: | |
| 3668 | | Ex36:05 | די פקד ייי למעבד | יתה: | |
| 3669 | | Lv 3:04 | חצר כבדה על כליתה יעבד | יתה: | |
| 3670 | | Lv 3:10 | חצר כבדה על כליתה ועבד | יתה: | |
| 3671 | | Lv 3:15 | חצר כבדה על כליתה יעבד | יתה: | |
| 3672 | | Lv 4:09 | חצר כבדה על כוליתה יעבד | יתה: | |
| 3673 | | Lv 4:32 | נקבה שלמה מן מום ייתי | יתה: | |
| 3674 | | Lv 6:09 | משכן ז«י»מנא יאכלון | יתה: | |
| 3675 | | Lv 7:04 | חצר כבדה על כליתה יעבד | יתה: | |
| 3676 | | Lv 7:24 | עבידה ומיכול לא תאכלון | יתה: | |
| 3677 | | Nu12:13 | אלהה חננה ורחמנה אסי | יתה: | |
| 3678 | | Nu12:13M | דמסי כל ביש<ר>ה אס{ר}י | יתה | |
| 3679 | | Nu14:23 | דארגזו קדמי לא יחמון | יתה: | |
| 3680 | | Nu14:24 | די על לתמן ובנוי ירתון | יתה: | |
| 3681 | | Nu15:20 | מן מעצרתה כן תפרשון | יתה: | |
| 3682 | | Nu18:11 | דדכי באינשי ביתך יאכל | יתה: | |
| 3683 | | Nu19:05 | אדמה עם רעייה יוקד | יתה: | |
| 3684 | | Nu22:25 | לכותלה ואוסף לממחי | יתה: | |
| 3685 | | Nu30:06 | ישתבק לה ארום בטל אבוה | יתה: | |
| 3686 | | Nu33:53 | יהבית ית ארעא למירת | יתה: | |
| 3687 | | Dt 1:24 | עד נחל סגולה ואלילו | יתה: | |
| 3688 | | Dt 1:39 | אתן יתה ואינון יירתון | יתה: | |
| 3689 | | Dt 4:05 | אתון עללין לתמן למירות | יתה: | |
| 3690 | | Dt 4:14 | אתון עברין לתמן למירת | יתה: | |
| 3691 | | Dt 5:31 | די אנה יהב לכון למירת | יתה: | |
| 3692 | | Dt 6:01 | אתון עברין לתמן למירת | יתה: | |
| 3693 | | Dt 9:18M | קדם ייי למכעסה | קדמוי/יתה#2#/: | |
| 3694 | | Dt11:08 | די אתון עברין לתמן למרת | יתה: | |
| 3695 | | Dt15:04 | יהב לכון אחסנה למירת | יתה: | |
| 3696 | | Dt19:02 | אלהכון יהב לכון למרת | יתה: | |
| 3697 | | Dt19:14 | אלהכון יהב לכון למירת | יתה: | |
| 3698 | | Dt20:07 | קרבה וגבר אחרן יסב | יתה: | |
| 3699 | | Dt21:07 | הדין ועינינן לא חמון | יתה: | |
| 3700 | | Dt22:13 | אתה ויזדמן לוותה ויסני | יתה: | |
| 3701 | | Dt22:16 | לגברא הדין לאתה וסני | יתה: | |
| 3702 | | Dt23:21 | די אתון עלין לתמן למירת | יתה: | |

|  |  | | | |
|---|---|---|---|---|
| 3703 | Dt25:05 | ויסב יתיה לה לאיתה ויבם | יתה: | |
| 3704 | Dt25:08 | ויימר לא אתרעיית למיסב | יתה: | |
| 3705 | Dt28:21 | דאתון עלין לתמן למירת | יתה: | |
| 3706 | Dt28:63 | די אתון עלין לתמן למירת | יתה: | |
| 3707 | Dt30:16 | אתון עללין לתמן למירת | יתה: | |
| 3708 | Dt30:18 | ירדנה למיעול לתמן למירת | יתה: | |
| 3709 | Dt31:13 | ית ירדנה לתמן למירת | יתה: | |
| 3710 | Dt32:47 | ית ירדנה תמן למירת | יתה: | |
| 3711 | Gn27:41 | יעקב על ברכתא די ברך | יתה | אבוי ואמר עשו בלבא לית |
| 3712 | Dt14:21 | תתנון יתה ויכלון | יתה | או מזבנה תזבנון יתיה |
| 3713 | Gn43:09 | יתיה מנ{ו}<י> את תבע | יתה | אם לא אייתי יתיה לוותך |
| 3714 | Nu22:38 | פתגמה די ישוי ייי בפמי | יתה | אמלל: |
| 3715 | Lv 8:29 | ונסב משה ית ניעה ואניף | יתה | אנפו קדם ייי מן דיכרה |
| 3716 | Nu23:26 | למימר כל מה די ימלל ייי | יתה | אעבד: |
| 3717 | Gn21:13M | רבה אשוויניה/אשוי | יתה#2#/ | ארום ברך/זרעיית בניך#2# |
| 3718 | Nu13:30 | ואמר מסוק ניסוק ונירת | יתה | ארום מכל ניכל לה: |
| 3719 | Dt 9:06 | ית ארעא טבתה הדה למירת | יתה | ארום עם קשין קדל למקבלה |
| 3720 | Dt22:21 | דקרתה באבנייה ויקטלון | יתה | ארום עבדת מרחקתה הדה |
| 3721 | Dt24:04M | "בתר ... מרחקה": בתר דסאב | יתה | ארום מר' |
| 3722 | Lv20:24 | ואנה אתן יתה לכון למרת | יתה | {ארע} ארע דעבדה פירין טבין |
| 3723 | Nu13:32 | די עברינן בה למיללה | יתה | ארע אכלה דיירייה היא וכל |
| 3724 | Dt11:11 | אתון עברין לתמן למירת | יתה | ארע דטוורין ודבקען מן מטרה |
| 3725 | Dt11:29M | ית ברכתה /למירות | יתה | אשווי ית בר"#2#/ על טורא |
| 3726 | Ex10:11 | ופלחו קדם ייי ארום | יתה | אתון תבעון וטרד יתהון |
| 3727 | Nu10:29 | אנן לאתרה די אמר ייי | יתה | אתן לכון אזל עמן ונוטב לך |
| 3728 | Lv20:02 | יתקטל עמה דארעא ירגמון | יתה | באבניה: |
| 3729 | Nu15:35 | מימות ימות גברא ירגמון | יתה | באבניה כל עם כנישתה לבר מן |
| 3730 | Nu22:23 | בלעם ית אתנתה למכוונה | יתה | באורחא: |
| 3731 | Dt 4:14M | תעבדון יתהון /למעבד | יתה#2# | בארעא די אתון עברין |
| 3732 | Lv10:13 | ותיכלון | יתה | באתר קדיש ארום חולקך |
| 3733 | Lv24:09 | לאהרן ולבנוי ויאכלון | יתה | באתר קדיש ארום קדש קדשין |
| 3734 | Gn28:10 | אבונן יעק«ב» ארים | יתה | בחדא ידא ואשקי ית ענא |
| 3735 | Nu21:18 | חכימי דמפרשין משחו | יתה | בחוטריהון ספריהון דישראל |
| 3736 | Ex32:04 | וקבל מן ידיהון ורמה | יתה | בטופסא ויעשהו עגל מסכה |
| 3737 | Nu35:21 | אין בבעל דבבו מחה | יתה | בידיה ומית מתקטלה יתקטיל |
| 3738 | Nu30:06 | ואין בטל אבוה | יתה | ביומא דשמע כל נדרה וקיימה |
| 3739 | Ex29:41 | וית אמרא תניינא תקרבון | יתה | ביני שמשתה כמנחתה דאמר |
| 3740 | Gn29:22 | אתון יהבין עצה ונישרי | יתה | ביניגן הכה עוד שבע שנין |
| 3741 | Dt21:14 | נפשה ומזבנה לא תזבן | יתה | בכסף לא תתגר עלה חלף די |
| 3742 | Gn39:12 | ותפשת | יתה | בלבושי למימר שמש עמי ושבק |
| 3743 | Nu19:03M | קודמוי /וכהן אחרן יכוס | יתה | במחמייה דאלעזר#2#/: |
| 3744 | Nu15:34 | רבן ואמ' לא שמעת ואצנעו | יתה | במטרה עד זמן דיתפרש להון |
| 3745 | Lv24:12 | אמר לא שמעית ואצנעו | יתה | במטרתה עד זמן דיתפרש להון |
| 3746 | Dt32:16 | אקנון | יתה | במרחקתהון ובטעוותהון |
| 3747 | Lv 6:07 | אוריתא דמנחתה יקרבו | יתה | בנוי דאהרן קדם ייי על גבי |
| 3748 | Nu34:13 | דא ארעא די תתאחסנון | יתה | בעדיין די פקד ייי למיתן |
| 3749 | Gn 3:24M | כל מן {ה}<ד>נטר | יתה | בעלמא הדין הוי חי וקיים |
| 3750 | Dt31:19 | יתה ית בני ישראל ושוי | יתה | בפמהון מן בגלל דתהווי לי |
| 3751 | Lv10:18 | מלגו מ«י»כל תאכלון | יתה | בקודשא היך מה דפקדת: |
| 3752 | Dt14:28M | ותצנעון | יתיה/יתה#2#/ | בקורייכון: |
| 3753 | Lv 5:24 | עלוהי לשק' וישלם | יתה | בקרנא וחומשוי יוסף עלוי |
| 3754 | Dt11:10 | ית זרעיכון ותשקון | ^יתה#2# | ברגליכון כגנתה דירקא: |
| 3755 | Gn49:07 | שמעון ולוי למחרבה | יתה | ברוגזיהון ארום תקיף |
| 3756 | Gn35:09 | טביא אתגליתא עלוי וברכת | יתה | ברכת דאבילה ברכת יתיה |
| 3757 | Gn31:42M | ברמש«א» /והוכח | יתה | ברמ<ש>ה#2#/: |
| 3758 | Dt21:14 | אין לא תתרעי בה ותשלח | יתה | ברשות נפשה ומזבנה לא תזבן |
| 3759 | Nu15:29M | לכו{ל}«ן» מן דעבד | ^יתה#2#/ | בשלו: |
| 3760 | Lv13:15 | כהנא ית בשרה חייה ויסאב | יתה | בשרה חיה מסאב הוא צרעת |
| 3761 | Dt11:12 | ארעא דייי אלהכון תבע | יתה | בתדירה עייני דייי אלהכון |
| 3762 | Dt28:30 | אתה תארש וגבר אחרן יסב | יתה | בתין תבנון ולא תשרון |
| 3763 | Lv 6:19 | כהנא דמרבי יתה ייכול | יתה | בתר קדיש תתאכל בדרת משכן |
| 3764 | Dt22:23 | בתולה מארסה לגבר וישכח | יתה | גבר בקרתה וישמש עמה: |
| 3765 | Dt24:03 | וישני | יתה | גברא אחרייה ויכתוב לה אגרא |
| 3766 | Dt19:09 | ית כל מצוותה הדה למעבד | יתה | דאנה מפקד יתכון יומא הדין |
| 3767 | Nu14:22 | במצרים ובמדברה ונסון | יתה | דנה עשרה זמנין ולא שמעו |
| 3768 | Lv 2:06M | "מקצי' תקצי ...": ותרסק | יתה | {דסל}<רסו>קין ותר' |
| 3769 | Gn20:07 | ואית לית את מחזי«ר» | יתה | דע ארום ממת תמות אבימלך |
| 3770 | Ex39:43 | ית כל עבידתיה והא עבדו | יתה | היך מה די פקד ייי ית משה |
| 3771 | Lv 4:21 | לבר מן משריתה ויוקד | יתה | היך מה דאוקד ית תורה קדמיה |
| 3772 | Lv18:28 | ארעא יתכון בסאבותכון | יתה | היך מה די פלטת ית אומייה |
| 3773 | Gn21:14 | על כתפה וית טליא ושלח | יתה | ואזלת וטעת במדברא |
| 3774 | Dt 1:39 | לתמן ולהו{ד}<ן> אתן | יתה | ואינון יירתון יתה: |
| 3775 | Gn27:22 | לוות יצחק אבוי וממש | יתה | ואמר הא קלה קלה דיעקב |
| 3776 | Gn37:33 | וחכם | יתה | ואמר הדא פרגודא דברי חיוה |
| 3777 | Gn24:19 | ואשלמ' למשקייה | יתה | ואמרת אף לגמלך אמלא עד זמן |
| 3778 | Gn24:47 | ושאלית | יתה | ואמרת לה ברת מן את ואמרת |
| 3779 | Ex36:03 | פלחן בית קודשא למעבד | יתה | ואנון אייתון לוותה תוב |
| 3780 | Gn24:67 | רבקה והות לה לאתה ורחם | יתה | ואנחם יצחק מן בתר דמיתת |
| 3781 | Gn29:13 | לקדמותיה וגפף יתה ונשק | יתה | ואעיל יתה לגו בייתיה ותני |
| 3782 | Gn 8:09 | דכל ארע' ופשט ידה ונסב | יתה | ואעל יתה לוותה לתיבותה: |
| 3783 | Gn19:16 | מן קדם ייי עלוי ואפקו | יתה | ואצנעו יתיה לבר מן קרתא: |
| 3784 | Gn38:08 | לוות אתתיה דאחוך ויבם | יתה | ואקים זרע דבנין לשמה |
| 3785 | Gn27:27 | וקרב לוותיה ונשק | יתה | ואריח ית ריח לבושוי וברך |
| 3786 | Gn33:04 | ואתרכן על צווריה ונשק | יתה | ובכו: |
| 3787 | Gn27:33 | קדם עד לא תייתי' וברכת | יתה | וברת קול נפקת מן שמיא |
| 3788 | Lv 9:15 | דחטאתה דמן עמה ונכס | יתה | ודכי יתה כקדמיה: |
| 3789 | Gn28:12 | דהוויתון מתחמדין למחמי | יתה | והא מלאכין מן קדם ייי |
| 3790 | Ex 4:06 | ואעל ידיה בחובי ואפיק | יתה | והא ידיה מצרעה כתלגא: |
| 3791 | Dt33:02 | תהוון קטולין לא קבילו | יתה | והופיע ביקרה למתן אוריתה |
| 3792 | Nu30:09 | ביומא די ישמע בעלה יבטל | יתה | ויבטל ית נדרה דעלה וית |
| 3793 | Dt 7:01 | אתון עללין לתמן למירת | יתה | ויטרוד אומין סגין |
| 3794 | Dt30:05 | די ירתו אבהתכון ותירתון | יתה | וייטב לכון ויסגי יתכון מן |
| 3795 | Ex23:11 | תשמטון יתה ותבקרון | יתה | וייכלון מסכינייה די עמך |
| 3796 | Dt14:21 | די בקורייכון תתנון | יתה | ויכלון יתה או מזבנה תזבנון |
| 3797 | Lv27:13 | ואין מפרוק יפרוק | יתה | ויסף חמשה על עלויה: |
| 3798 | Lv27:19 | יפרוק ית חקלה מן דמקדש | יתה | ויסף חמש כסף עלויה עלוי |
| 3799 | Nu30:12 | בעלה וישתוק לה לא בטל | יתה | ויקומון כל נדרה וכל קיימה |
| 3800 | Nu32:39 | בר מנשה לגלעדה וכבשו | יתה | וישיצון ית אימוריי דהוון |
| 3801 | Dt22:28 | די לא אתארסת ויתפוש | יתה | וישמש עמה וישתכחון תריהון: |
| 3802 | Ex37:24 | קנטר דהב דכי עבד | יתה | וית כל מניה: |
| 3803 | Lv14:06 | ית צפרה חייתה יסב | יתה | וית קיסה דארזא וית צבע |
| 3804 | Lv22:28M | או רחלה או עיזה#2#/ | ^יתה | וית ברה#1#/ לא תכסון |
| 3805 | Dt13:16 | ההיא לפתגם דחרב תשיצון | יתה | וית כל מה דאית בה וית |
| 3806 | Lv20:14M | וית תריהון ולא /יקדון | יתה | ויתהון ול"#2#/ תהוי זנו |
| 3807 | Lv 8:04 | משה היך מה דפקיד ייי | יתה | ויתכנשו עם כנשתה לתרע משכן |
| 3808 | Ex34:20 | לא תפרקון יתה תקטלון | יתה | וכל בכורי בניכון תפרקון |
| 3809 | Gn13:15 | ארעא די את חמי לך אתן | יתה | ולבניך עד לעלם: |
| 3810 | Gn28:13 | את דמך עלה לך אתן | יתה | ולבניך: |

|  |  | | | |
|---|---|---|---|---|
| 3811 | Gn35:12M | וליצחק לך אתננה/אתן | יתה#2#/ | ולבניך מן בתרך |
| 3812 | Dt24:19 | ברה לא תחזרון למיסב | יתה | ולגיוריה לייתמייה ולארמלתה |
| 3813 | Gn17:16 | וברכת | יתה | ולחוד יהבת לך מנה בר וברכת |
| 3814 | Gn38:22 | יהודה ואמר לא אשכחית | יתה | ולחוד עמה דאתרא אמרו לית |
| 3815 | Dt 1:36 | כלב בר יפונה הוא יחמי | יתה | וליה אתן ית ארעא די דרס בה |
| 3816 | Dt22:29 | תהוי לאתה חלף די צער | יתה | ולית הוא רשיי למשבקה יתה |
| 3817 | Dt10:08M | קדם ייי למשמשה | קדמוי/יתה#2#/ | ולמברכה בשם ממרה |
| 3818 | Lv24:21 | ומן די קטול בעיר ישלם | יתה | ומה דיקטול בר נש יתקטל: |
| 3819 | Nu35:16 | ואן במן די פרזל מחה | יתה | ומית קטיל מתקטלה יתקטל |
| 3820 | Dt25:18M | עמלק קטלין/מקבלין | ומקטלין#2#/ יתיה | ואתון |
| 3821 | Gn24:16 | לחדא בתולה וגבר לא חכים | יתה | ונחתת לעיינה ומלת קולתה |
| 3822 | Gn29:13 | אחתה ורהט לקדמותיה וגפף | יתה | ונשק יתה ואעיל יתה לגו |
| 3823 | Ex36:07 | כמסת לכל עבידת למעבד | יתה | ועבדו ושיירו: |
| 3824 | Gn38:02 | ושמיה שוע ונסב | יתה | ועל לוות«ה:» |
| 3825 | Gn28:01 | וקרא יצחק ליעקב וברך | יתה | ופקד יתיה ואמר ליה לא תסב |
| 3826 | Gn28:06 | ליה מן תמן אתה כד ברך | יתה | ופקד עלוי למימר לא תסב אתה |
| 3827 | Ex21:08M | יתה /דלא יזמן ופריק | יתה#2#/ | ופרק יתה לגבר בר עממין |
| 3828 | Ex21:08 | באפוי דריבוניה דלא זמן | יתה | ופרק יתה לגבר בר עממין לא |
| 3829 | Gn 1:28 | ומלון ית ארעא וכבישו | יתה | ושלוטו בנוני דימא ובעופא |
| 3830 | Gn34:02 | חיוויה רבה דארעא ונסב | יתה | ושמש עמה וצער ית«ה»: |
| 3831 | Ex23:11 | ובשתא שביעיתא תשמטון | יתה | ותבקרון יתה וייכלון |
| 3832 | Gn17:16 | יהבת לך מנה בר וברכת | יתה | ותהווי לאומין ומלכין |
| 3833 | Dt28:33 | אומה די לא חכמתון | יתה | ותהוון לחוד עצן ורציצין כל |
| 3834 | Gn17:20 | שמעית לקל צלותך הא ברכת | יתה | ותוקפת יתיה וסגית יתיה |
| 3835 | Dt28:68 | לא תוספון תוב למחמי | יתה | ותזדבנון תמן לבעלי דבביכון |
| 3836 | Nu27:11 | לוותיה מן זרעיתיה וירת | יתה | ותיהווי לבני ישראל לקיים |
| 3837 | Dt34:04 | בניך אתן יתה חמי | יתה | ותמן לית את עבר: |
| 3838 | Dt25:11 | בעלה מן ידוי דדין דמחי | יתה | ותפשוט ידה ותתוקף |
| 3839 | Dt21:14M | תתרעי/איתרעית#2#/ | בה/יתה#2#/ | ותשלח יתה ברשות נפשה |
| 3840 | Dt11:31 | אלהכון יהב לכון ותרתון | יתה | ותשרון בגווה: |
| 3841 | Dt17:14 | אלהכון יהב לכון ותירתון | יתה | ותשרון בגווה ותימרון אמני |
| 3842 | Dt26:01 | יהב לכון אחסנה ותרתון | יתה | ותשרון בגווה: |
| 3843 | Gn38:24 | דזנו ואמר יהודה אפיקו | יתה | ותתוקד: |
| 3844 | Nu27:13 | ותחמי | יתה | ותתכנש לוות עמך אוף את |
| 3845 | Dt11:29 | די אתון עלין לתמן למירת | יתה | ותתנון ית ברכתה על טורא |
| 3846 | Gn15:11 | עופה על פסגייה ואשבת | יתה | זכותה דאברם כד נחת טייסא |
| 3847 | Gn24:14 | שתי ואף לגמליך אשקי | יתה | זמנת לעבדך ליצחק ובה אדע |
| 3848 | Lv23:39 | ית עללתה דארעא תחגון | יתה | חגה קדם ייי שבעה יומין |
| 3849 | Nu29:12 | דפלחן לא תעבדון ותחגון | יתה | חגה קדם ייי שבעה יומין: |
| 3850 | Lv19:08 | ומה דיאכל | יתה | חובוי יקבל ארום ית קרבנוי |
| 3851 | Dt33:02 | לא תהוון גנבין לא קבילו | יתה | חזר ואתגלי על טורה דסיני |
| 3852 | Dt34:04 | למימר לזרעיית בניך אתן | יתה | חמי יתה ותמן לית את עבר: |
| 3853 | Nu14:07 | די עברנן בגווה למיללה | יתה | טבה ארעא לחדה לחדה: |
| 3854 | Dt20:07 | די אריש אתה ולא נסב | יתה | יזיל ויחזור לבייתיה דלא |
| 3855 | Nu19:08 | ומן דמוקד | יתה | יחוור לבושוי במיא ויסחי |
| 3856 | Gn21:02 | סיבותה לעדנא דמליל | יתה | ייי: |
| 3857 | Dt20:13 | וימסר | יתה | ייי אלהכון בידיכון ותקטלון |
| 3858 | Lv 6:19 | כהנא דמרבי | יתה | ייכול יתה בתר קדיש תתאכל |
| 3859 | Ex10:19 | לחדא וטען ית גובא ואקלע | יתה | ימא דסוף לא אשתייר גוב חד |
| 3860 | Gn 4:14 | בארעא ויהוי כל די יארע | יתה | יקטיל יתיה: |
| 3861 | Dt 2:19 | ארום לבנוי דלוט יהבית | יתה | ירתו: |
| 3862 | Dt33:04 | פקד יתן משה יהב | יתה | ירתו ואחסנה לקהל שבטייה |
| 3863 | Ex25:39 | קנטר דהב דכי יעבד | יתה | ית כל מניה האיליין: |
| 3864 | Lv 3:09 | שלמתה לקבל שזרתה ועבד | יתה | ית תרבה דחפי ית כרסה וית |
| 3865 | Nu 3:42 | משה היך מה די פקד ייי | יתה | ית כל בכור«י»ה דבני |
| 3866 | Nu 5:27 | וישקי | יתה | ית מיא ותיהוי אין איסתאבת |
| 3867 | Dt 1:38 | אתוקף ארום הוא יחסן | יתה | ית ישראל: |
| 3868 | Dt31:19 | ית שבח שירתה הדה ואלף | יתה | ית בני ישראל ושוי יתה |
| 3869 | Dt31:22 | הדה ביומא ההוא ואלף | יתה | ית בני ישראל: |
| 3870 | Lv 7:30M | ניעה למנפה/ניאה יעל | יתה | ית/וית#2#/ ניאה למ'#2#/ |
| 3871 | Lv13:11 | היא במשך בשריה ויסאב | יתה | כהנא לא יסרוד יתיה ארום |
| 3872 | Lv13:21 | ואין יחמי | יתה | כהנא והא לית בה שער חוור |
| 3873 | Lv13:43 | ויחמי | יתה | כהנא והא שומת מכתשה חוורה |
| 3874 | Lv23:11 | קדמייא דפיסחא יניף | יתה | כהנא: |
| 3875 | Lv27:14 | קדש לשמה דייי ויעלי | יתה | כהנה בין טב ובין ביש |
| 3876 | Nu 5:16 | ויקרב | יתה | כהנה ויקים יתה קדם ייי: |
| 3877 | Nu 5:19 | וישבע | יתה | כהנה ויימר לאתתה אן לא שמש |
| 3878 | Nu15:36 | ואפיקו | יתה | כל עם כנשתה לבר מן משריתה |
| 3879 | Dt12:01 | אלה אבהתכון לכון למירת | יתה | כל יומיא די אתון חיין |
| 3880 | Dt22:19 | לית הוא רשיי למשבקה | יתה | כל יומי חיוי: |
| 3881 | Dt22:29 | ולית הוא רשיי למשבקה | יתה | כל יומי חיוי: |
| 3882 | Ex21:09 | ואם לבריה יזמן | יתה | כסדר דנהון דבנתה יעבד לה: |
| 3883 | Gn34:08 | נפשה בברתכון אסבו | יתה | כען לה לאתה: |
| 3884 | Lv 9:15 | דמן עמה ונכס יתה ודכי | יתה | כקדמיה: |
| 3885 | Ex 6:08 | דזקפית ידי בשבועה למתן | יתה | לאברהם ליצחק וליעקב |
| 3886 | Gn16:03 | בארעא דכנען ויהבת | יתה | לאברם בעלה ליה לאנתו: |
| 3887 | Gn30:09 | ית זלפה אמהתה ויהבת | יתה | ליעקב לאתה: |
| 3888 | Gn29:22 | לה עצה דרמיו למסבה | יתה | ללאה חלף רחל: |
| 3889 | Nu26:59 | יוכבד ברת לוי די ילדת | יתה | ללוי במצרים וילדת לעמרם |
| 3890 | Gn38:26 | כלתי בגין כך לא אסבת | יתה | לשלה ברי ולא אוסף תוב |
| 3891 | Gn49:06 | לכרכה דשכם למחרבה | יתה | לא חסו על איקרי ארום |
| 3892 | Dt 4:26 | ית ירדנה תמן למירת | יתה | לא תארכון יומין עלה ארום |
| 3893 | Dt11:10 | עלין{ך}<ן> לתמן למירת | יתה | לא כארעא דמצרים היא די |
| 3894 | Dt20:19 | לקובלה סדרי קרבה למכבוש | יתה | לא תחבלון ית אילנה למעברה |
| 3895 | Dt22:01M | תחזר \יתהון לאחוך | /יתה | לאחוך#2#/: |
| 3896 | Gn17:20 | רברבין יולד ואשוי | יתה | לאחסנה רבה: |
| 3897 | Dt29:07 | ונסבינן ית ארעהון ויהבנן | יתה | לאחסנה לשבטה דבית ראובן |
| 3898 | Dt32:04 | ייי מפלג יומא ועבד | יתה | לארבע חלקין תלת שעין לעי |
| 3899 | Ex 4:03 | ואמר טלק | ית{א}<ה> | לארעא וטלק יתיה לארעא |
| 3900 | Nu14:24 | עמה ואשלם בתר ממרי ואעל | יתה | לארעא די על לתמן ובנוי |
| 3901 | Ex35:05 | לשמה דייי כל די ידוב | יתה | לבה ייתי ית אפרשותא דייי |
| 3902 | Nu19:03 | ית' לאלעזר כהנא ויפק | יתה | לבר מן משריתה ויכוס יתה |
| 3903 | Nu19:09 | ית קטמה דתורתה ויצנע | יתה | לבר מן משריתה באתר דכי |
| 3904 | Dt14:21M | לבני עממיא/תזבנון | יתה | לבר <עממיא>#2#/ ארום עם |
| 3905 | Gn29:19 | מסבה יתה לך מן למסבה | יתה | לגבר חורן שרי עמי: |
| 3906 | Ex21:08 | דלא זמן יתה ופרק | יתה | לגבר בר עממין לא יהווי |
| 3907 | Gn29:13 | וגפף יתה ונשק יתה ואעיל | יתה | לגו בייתיה ותני ללבן ית |
| 3908 | Dt13:17 | וית כל ע{ה}<ד>יתה תכנשון | יתה | לגו מצע פלטיה ותיקדון |
| 3909 | Dt21:12 | ותעל | יתה | לגו ביתך ותספר ית ראשה |
| 3910 | Lv 7:09 | ועל מסרייתה לכהנה דמקרב | יתה | לה יהווי: |
| 3911 | Dt24:04 | שבוק יתה למיחזור למיסב | יתה | לה לאתה מן בתר דאסתאבת |
| 3912 | Dt 3:28M | יחסן יתהון \ית ארעא | /יתה | להון לארעא#2#/ די תחמי: |
| 3913 | Dt31:07 | «למיתן להון» ואת תחסן | יתה | להון: |
| 3914 | Gn 8:09 | ופשט ידה ונסב יתה ואעל | יתה | לוותה לתיבותה: |
| 3915 | Gn29:23 | ית לאה ברתה ואייתי | יתה | לוותה ועל לוותה: |
| 3916 | Gn44:32 | אבא למימר אן לא אייתת | יתה | לוותך ניהווי מרחק מן שאלת |
| 3917 | Ex18:22 | ויהוי כל פתגם רב ייתון | יתה | לוותך וכל פתגם זער ידונון |
| 3918 | Nu 1:51 | וכד שרי משכנה יקימון | יתה | לויי וחלוניי דקרב למשמשה |

|  |  |  |  |  |
|---|---|---|---|---|
| 3919 | Gn 2:22 | נסב מן אדם לאתה ואייתי | יתה | לות אדם: |
| 3920 | Lv 2:02 | וייתי | יתה | לות בנוי דאהרן כהניא |
| 3921 | Lv 2:08 | מן אלין לשמה דייי ויקרב | יתה | לות כהנא ויסדר יתה על גבי |
| 3922 | Ex21:19 | ויזדכי{ה} מן דמחה | יתה | לחוד אגר בטלוניה יתן ואגר |
| 3923 | Lv 4:33 | על ראשה דחטאת' ויכוס | יתה | לחטאתה באתרה די יכוס ית |
| 3924 | Nu 7:16 | צפיר בר עזין חד קרב | יתה | לחטאתה לשבקות חובין |
| 3925 | Nu 7:28M | צפיר בר עזין חד קרב \/יתה#2/ | | לחטאתה לשבקות חובין |
| 3926 | Nu 7:46 | צפיר עזין בר חד קרב | יתה | לחטאתה לשבקות חובין לשלוון |
| 3927 | Nu 7:52 | צפיר בר עזין חד קרב | יתה | לחטאתה לשבקות חובין |
| 3928 | Nu28:15 | וצפיר בר עזין תקרבון | יתה | לחטאתה קדם ייי סמיך לעלת |
| 3929 | Lv16:10 | עלוי עדוה לעזאזל יקים | יתה | לחיים קדם ייי למכפרה עלוי |
| 3930 | Ex21:11 | האילין לא יעבד לה ויפק | יתה | לחירותא מגן דלא בכסף: |
| 3931 | Gn12:19 | למה אמרת אחתי היא ונסב' | יתה | לי לאתה וכדין הא אתתך דבר |
| 3932 | Gn23:09 | חקליה בכסף שלים יזבן | יתה | לי ביניכון לאחסנו |
| 3933 | Gn23:11 | חקליה בכסף שלים יזבן | יתה | לי ביניכון לאחסנו דקבורה |
| 3934 | Ex 2:09 | ית טליא הדין ואוניקי | יתה | לי ואנה אתן ית אגריך ונסבת |
| 3935 | Gn34:08M | כען לה לאתה/היבו כען | יתה | ליה לאתה#2/: |
| 3936 | Ex22:15 | עמה מפר{ז}<נ>ה יפרן | יתה | ליה לאיתו: |
| 3937 | Ex22:16 | מסרבה יסרב אבוה למסבה | יתה | ליה כסף יתקל כנימוס פרני |
| 3938 | Dt24:03 | ימות גברא אחרייה די נסב | יתה | ליה לאתה: |
| 3939 | Ex12:42 | והוה נהורא ונהר וקרא | יתה | לילי קדמיא לילי תנינא כד |
| 3940 | Dt22:03M | מנה#2/ ותשכח | יתיה/יתה#2/ | לית רשיי למכסייה |
| 3941 | Gn16:05 | להגר מצריתא אמתי ויהבת | יתה | לך לאתה ואמרית היא תלד |
| 3942 | Gn23:10M | קדם בני עמא אתן | יתה | לך אזל קבר |
| 3943 | Gn23:11 | לך ומערתא דביה לך אתן | יתה | לך קבר ביתך לקבל יהבית לך |
| 3944 | Gn23:11M | מתך/קדם בני עמא אתן | יתה | לך אזל קבר מתך#1/: גבר |
| 3945 | Gn27:37 | לעשו הא רב ושליט שויתי | יתה | לך וית כל אחוי שויתי קדמוי |
| 3946 | Gn29:19 | ואמר לבן תקן מסבה | יתה | לך מן למסבה יתה לגבר חורן |
| 3947 | Gn29:19M | מסבה יתה/טב לי דנתן | יתה#2/ | לך מן למסבה יתה לגבר |
| 3948 | Dt21:11 | חזוון ותתרעי בה ותיסב | יתה | לך לאיתה: |
| 3949 | Dt21:13 | ותזדמן לוותה ותיסב | יתה | לך לאתה: |
| 3950 | Lv 5:16 | חומשי' יוסף עלוי ויתן | יתה | לכהנא וכהנא יכפר עלוהי |
| 3951 | Lv13:07M | דאחמי | יתה | לכהנה למדכייה יתיה וית' |
| 3952 | Dt31:09 | משה ית אוריתה הדה ויהב | יתה | לכהניה בני שבטה דלוי |
| 3953 | Ex13:11 | קיים לך ולאבהתכון ויהב | יתה | לכון: |
| 3954 | Lv20:24 | ית ארעהון ואנה אתן | יתה | לכון למרת יתה {ארע} ארע |
| 3955 | Gn 9:16 | ותהוי קשתא בעננא ואחמי | יתה | למדכרה קיים עלם בין מימרא |
| 3956 | Dt24:04 | בעלה קדמייה די שבוק | יתה | למיחזור למיסב יתה לה לאתה |
| 3957 | Dt11:22 | די אנה מפקד יתכון למעבד | יתה | למרחם ית אולפן אוריתיה |
| 3958 | Nu14:08 | יתן לארעא הדה ויתן | יתה | לן ארע דהיא עבדה פירין |
| 3959 | Dt30:12 | די יסוק לשמיא ויסב | יתה | לן וישמע יתן פקודייה ונעבד |
| 3960 | Dt30:13 | לעמקי דימה רבה ויסק | יתה | לן וישמע לן פיקודייה ונעבד |
| 3961 | Gn22:13 | ונסב ית דכרא וקרב | יתה | לעלה תחות בריה: |
| 3962 | Nu 7:33 | חד בר שתה תלתיהון קרב | ^יתה#2/^ | לעלה: |
| 3963 | Lv 1:12 | ופיסג | יתה | לפיסגוי ית רישיה וית גופיה |
| 3964 | Ex30:16 | מן לוות בני ישראל ותתן | יתה | לפלחן משכן זימנא ויהוי |
| 3965 | Gn23:11 | לך ומערתא דביה לך אתן | יתה | לקבל בנוי דעמא יהבית לך |
| 3966 | Gn18:07M | תורין רכיך וטב ויהב | \/יתה#2/ | לרביה ואוחי/וזרז#2/ |
| 3967 | Lv22:27M | בר תורין רכיך וטב ויהב | יתה | לרבייה ואוחי רבייה למעבד |
| 3968 | Gn28:22M | חד מן עשרה אפרש | יתהון/יתה#2/ | לשמ«ך»: |
| 3969 | Lv16:09 | לשם ממריה דייי ויקרב | יתה | לתטאתה: |
| 3970 | Gn44:18 | תיקא לית אנה מחזר | יתה | לתיקה עד זמן די ימלי כל |
| 3971 | Gn44:18 | קטילין לית אנה מחזר | יתה | לתיקה עד זמן דנעבד כל ארעא |
| 3972 | Lv 4:14 | בר תורין לחטאתה וייתון | יתה | לתרע משכן זימנא: |
| 3973 | Gn31:39 | משלם יתה מני את תבע | יתה | מה דהוון גנביא גנבין |
| 3974 | Dt 3:18 | לכון ית ארעה הדה למירת | יתה | מזיינין תעברון קדם אחיכון |
| 3975 | Gn16:07 | וארע | יתה | מלאכה דייי על עיינה דמיא |
| 3976 | Nu 7:14 | והיא הוות דדהב קרב | יתה | מלייה ראשי קטרת בוסמנין |
| 3977 | Nu 7:20 | והיא הוות דדהב קרב | יתה | מלייה ראשי קטרת בוסמנין |
| 3978 | Nu 7:26 | והיא הוות דדהב קרב | יתה | מלייה ראשי בוסמנין טבין |
| 3979 | Nu 7:32 | והיא הוות דדהב קרב | יתה | מלייה ראשי קטרת בוסמנין |
| 3980 | Nu 7:38 | והיא הוות דדהב קרב | יתה | מלייה ראשי ^קטורת#2/^ |
| 3981 | Nu 7:44 | והיא הוות דדהב קרב | יתה | מלייה רישי קטרת בוסמנין |
| 3982 | Nu 7:50 | והיא הוות דדהב קרב | יתה | מלייה ראשי קטרת בוסמנין |
| 3983 | Nu 7:56 | והיא הוות דדהב קרב | יתה | מלייה ראשי קטרת בוסמנין |
| 3984 | Nu 7:62 | והיא הוות דדהב קרב | יתה | מלייה ראשי קטרת בוסמנין |
| 3985 | Nu 7:68 | והיא הוות דדהב קרב | יתה | מלייה ראשי קטרת בוסמנין |
| 3986 | Nu 7:74 | עבידה והיא הות דדהב קרב | יתה | מלייה ראשי קטרת בוסמנין |
| 3987 | Nu 7:80 | והיא הוות דדהב קרב | יתה | מלייה ראשי קטרת בוסמנין |
| 3988 | Gn15:17 | הדין וצדיקיא על דנטרו | יתה | מן עקתא אשתיזבון כל כדין |
| 3989 | Ex 4:07 | וחזר ידיה בחוביה ואפיק | יתה | מן חוביה והא חזרת למיהוי |
| 3990 | Lv 6:10 | תתאפי חמיע חלקהו' יהבית | יתה | מן קרבנוי קדיש קדישין הוא |
| 3991 | Dt24:01 | וישוי בידה וישלח | יתה | מן בייתה: |
| 3992 | Dt24:03 | וישוי בידה ויטרוד | יתה | מן בייתיה ארום ימות גברא |
| 3993 | Dt31:26 | ספר אוריתה הדין ותשוון | יתה | מן סטר ארון קיימה דייי |
| 3994 | Lv17:10 | ית אדמה ואישיצא | יתה | מן גו עמה: |
| 3995 | Gn 6:16 | ובמשח' אמה תשכלל | יתה | מן לעיל ותרעא דתיבותא |
| 3996 | Gn31:39 | מניינה אנה הוינא משלם | יתה | מני את תבע יתה מה דהוון |
| 3997 | Gn48:17 | בידה דאבוי למחזרה | יתה | מעילוי רישה דאפרים על |
| 3998 | Gn28:10 | מתכנשין למג{ז}«ו»ללה | יתה | מעלוי פומא דבארה ולא הוון |
| 3999 | Ex21:36 | ומן דקדמוי ולא ינטר | יתה | מריה משלמא ישלם תור תחות |
| 4000 | Lv 6:14M | "ייתי' ...": תעיל | יתה | מרסקה מנחת רסוקין תקרבון |
| 4001 | Ex30:25 | ותעבד | יתה | משח דרבו דקדש פטום מפטם |
| 4002 | Ex27:02 | מנה יהוויין קרנתה ותחפי | יתה | נחשא: |
| 4003 | Lv24:18 | די קטל נפש דבעיר ישלם | יתה | נפש תשלומי נפש: |
| 4004 | Nu21:18 | יצחק ויעקב שכלילו | יתה | סכלתניהון דעמא שובעיתי |
| 4005 | Lv 1:16 | זלפקקה בלקטה וי{ק}טל<ק> | יתה | סמיך למדבחה מן מדנחה באתר |
| 4006 | Gn21:25M | \דגזלו עבדוי/די חפרו | יתה | ע'#2/ דאבימלך: |
| 4007 | Ex32:13 | אתן לבניכון ויחסנון | יתה | עד לעלם: |
| 4008 | Gn18:17 | לה בדינה הוא דלא איפוך | יתה | עד זמן דאודע יתיה: |
| 4009 | Ex36:03M | נדבה בכל/והנון אייתון | יתה | עוד נסיבה בכל#2/ צפר |
| 4010 | Gn 9:23M | ית אסטליתה ושוון \/יתה#2/ | | על כתף תריהון והוון |
| 4011 | Ex26:32 | ותתן | יתה | על ארבעה עמודין דשטין |
| 4012 | Ex32:12M | די אמרת למית/למייתי יתה#2/ | | על עמך: |
| 4013 | Nu21:09M | משה חוי דנחש ויהב | יתה | על אתר תלי#2/ והוה אין |
| 4014 | Dt28:56 | לא אנסת כפה דרגלה למקבע | יתה | על ארעא מן חטוייה ומן |
| 4015 | Lv 2:08 | יתה לות כהנא ויסדר | יתה | על גבי מדבחה: |
| 4016 | Lv17:11 | היא ואנה יהבת לכון | יתה | על גבי מדבחה למכפרה על |
| 4017 | Nu 5:25 | ית מנחתה קדם ייי ויקרב | יתה | על גבי מדבחה: |
| 4018 | Nu35:25 | ידוי דתבע אדמא ויחזרון | יתה | עם כנישתה לקורי שזבותה די |
| 4019 | Dt22:21 | בייתה דאבוה וירגמון | יתה | עמא דקרתה באבנייה ויקטלון |
| 4020 | Nu17:07M | \כסי יתיה עננה/כסי< | >יתה | ענ'#2/ ואת{ל}«ג»<ל>יית |
| 4021 | Gn22:14 | ית יצחק ברי למעבד | יתה | עפר וקטם קדמיך אלא מן יד |
| 4022 | Lv10:12 | מן קרבנוי דייי ואכלו | יתה | פטירין סמיך למדבחה ארום |
| 4023 | Dt22:27 | ארום באפי ברא אשכח | יתה | צווחת רביתה דמארשא ולית מן |
| 4024 | Ex36:35 | ובוץ שזיר עובד אומן עבד | יתה | ציוורין: |
| 4025 | Ex26:31 | שזיר עובד אומן יעבד | יתה | ציורין: |
| 4026 | Gn12:15 | יתה רברבנוי דפרעה ושבחו | יתה | קדם פרעה ואד{כ}<ב>רת אתתה |

|  |  |  |  |
|---|---|---|---|
| 4027 | Ex16:33 | מלא עמרא מנה ואצנע יתה קדם ייי לשהדותא למטרה | |
| 4028 | Lv24:08 | ביומא דשובתה יסדר יתה קדם ייי בתדירה מן לוות בני | |
| 4029 | Nu 5:16 | ויקרב יתה כהנה ויקים יתה קדם ייי: | |
| 4030 | Nu13:32 | טיבה דארעא די ילילו יתה קדם בני ישראל למימר ארעא | |
| 4031 | Dt26:10M | ותצנעון/ואצנע{ן}<ו> יתה#2/# קדם ייי אלהכון <....>: | |
| 4032 | Lv 6:22 | וכל דכורה בכהניא ייכול יתה קדש קדשין הוא: | |
| 4033 | Nu19:03 | יתה לבר מן משריתה ויכוס יתה קודמוי: | |
| 4034 | Gn37:33 | דברי חיוה בישא אכלת יתה קטולין אתקטל יוסף: | |
| 4035 | Dt21:01 | אלהכון יהב לכון למירת יתה קטיל ומטלק באפי ברה לא | |
| 4036 | Ex30:35 | ותעבד יתה קטרת פט{י}<ו>ם עובד בסם | |
| 4037 | Lv 6:11 | בבנוי דאהרן ייכלון יתה קיים עלם לדריכון מן קרבנוי | |
| 4038 | Lv 6:15 | מן בתרה מן בנוי יקרב יתה קיים עלם קדם ייי גמירה | |
| 4039 | Gn28:18 | די שוי אסדי ראשה ושוי יתה קיימא ואריק משח על ראשה: | |
| 4040 | Gn31:45 | ונסב יעקב אבן ואקם יתה קיימא: | |
| 4041 | Lv 2:06 | מקצי' תקצי יתה קצוין ותריק עלה משח מנחתה | |
| 4042 | Nu31:49M | "קבילו ... בר נש": נטלו יתה ראש סכומיהון עמה דחיל | |
| 4043 | Gn41:43 | בשפר ורכיך בשנייה ומני יתה רב ושליט על כל ארעא | |
| 4044 | Gn12:15 | וחמון יתה רברבנוי דפרעה ושבחו יתה | |
| 4045 | Nu21:18 | בירא דחפרו ית<ה> רברבני עלמא מן שרויה | |
| 4046 | Lv13:54 | מנה דביה מכתש» ויטרוד יתה שבעה יומין זמן תניינות: | |
| 4047 | Dt14:06 | פרסתה מסיק גררה בבעירה יתה תאכלון: | |
| 4048 | Dt28:39 | ולא תמגורון ארום תאכל יתה תולעתה: | |
| 4049 | Lv 6:14 | במשח תתקרב מרתחה ייתי יתה תופיני מנחה דקצוין תקריב | |
| 4050 | Ex21:26 | יתיה לחירותא ישלח יתה תחות עיניה: | |
| 4051 | Ex27:05 | ותתן יתה תחות סובבה דמדבחא מן לרע | |
| 4052 | Lv11:03 | פרסתה מסק גררה בבעירה יתה תיכלון: | |
| 4053 | Ex 2:02 | יתיה ארום טב הוא וטמרת יתה תלתא ירחין: | |
| 4054 | Nu22:35 | ית פתגמא די אמלל עמך יתה תמלל ואזל בלעם עם רברבני | |
| 4055 | Gn22:02 | לך לארע טור מוריה וקרב יתה תמן לעלה על חד טוריה דאמר | |
| 4056 | Gn48:07 | למיתא לאפרתה וקברת יתה תמן באורחא דאפרת היא | |
| 4057 | Ex34:20 | באמר ואין לא תפרקון יתה תקטלון יתה וכל בכורי | |
| 4058 | Lv24:05 | ותיסב סלת ותיפי יתה תרתין עשרה חלין תרין | |
| 4059 | Dt25:19 | יהיב לכון אחסנה למירת יתה תשיצון ית דוכרנייה דעמלק | |
| 4060 | Gn24:14M | יתה /אנה משקייה יתה#2/# זמנת/־זמן#2/־#/דזמן#2/# | |
| 4061 | Ex15:09 | אשלוף ית חרבי ותשיצי יתהו' יד ימיני: | יתהו' |
| 4062 | Gn 1:27 | יתיה דכר וזוגיה ברא יתהון: | יתהון |
| 4063 | Gn 3:21 | למשך בשרהון ואלבש יתהון: | |
| 4064 | Gn 5:01M | מן קדם ייי ברא יתיה/יתהון#2/#: | |
| 4065 | Gn 5:02 | אדם ביומא דברא {ד} יתהון: | |
| 4066 | Gn 6:07 | הוה תהו קדמי ארום בראת יתהון: | |
| 4067 | Gn 6:07M | /תוהו ארום ברית יתהון#2/#: | |
| 4068 | Gn18:02M | מעתדין מעלווי וחמה יתהון | |
| 4069 | Gn18:16 | אזל עמהון למלוויה יתהון: | |
| 4070 | Gn19:05 | אפיק יתהון לוותן ונחכם יתהון: | |
| 4071 | Gn22:10M | יצחק הו{ת}<ה> חמי יתהון | |
| 4072 | Gn25:26 | שנין הווה בזמנא דאוליד יתהון: | |
| 4073 | Gn30:31M | \אנטר יתיה /אטור יתהון#2/#: | |
| 4074 | Gn31:32 | ארום רחל גנבת יתהון: | |
| 4075 | Gn31:39 | בליליא אנה הוינא משלם יתהון: | |
| 4076 | Gn48:09 | כען יתהון לוותי ואברך יתהון: | |
| 4077 | Gn48:10 | לוותיה וגפף יתהון ונשק יתהון: | |
| 4078 | Gn49:01M | דאיתכסי מיני' ברך יתהון | |
| 4079 | Gn49:01 | לפם עבדוי טבייא ברך יתהון: | |
| 4080 | Gn49:28 | גבר כמסת ברכתיה ברך יתהון: | |
| 4081 | Gn50:12 | בנוי ליה היך מה דפקד יתהון: | |
| 4082 | Ex 2:25 | ואמר בממריה למפרוק יתהון: | |
| 4083 | Ex 3:09 | דוחקיה דמצרים דחקין יתהון: | |
| 4084 | Ex 9:17 | מתרברב בעמי דלא למשלחא יתהון: | |
| 4085 | Ex10:27 | ית לביה ולא צבא למשלחה יתהון: | |
| 4086 | Ex15:12 | ארעא ית פומא ובלעה יתהון: | |
| 4087 | Ex20:25 | עברת עליהון ואפסת יתהון: | |
| 4088 | Ex23:23 | וחיויי ויבוסיי ושיצא יתהון: | |
| 4089 | Ex24:12 | וקיימא די כתבית למלפא יתהון: | |
| 4090 | Ex24:12M | די כתבית למחור' יתהון#2/#: | |
| 4091 | Ex25:29 | בהון דהב דכי תעבד יתהון: | |
| 4092 | Ex26:01 | ציורין עבד אומן תעבד יתהון: | |
| 4093 | Ex26:07 | חדא עשרה יריען תעבד יתהון: | |
| 4094 | Ex28:11 | מקפן מאחדן דהב תעבד יתהון: | |
| 4095 | Ex29:02 | במשח סלת דחטין תעבד יתהון: | |
| 4096 | Ex30:12 | מחבל בזמן דתהוי מני יתהון: | |
| 4097 | Ex32:12M | בטורייה ולמישיציה יתהון | |
| 4098 | Ex35:01 | די פקד ייי למעבד יתהון: | |
| 4099 | Ex36:08 | צייורין עובד אומן עבד יתהון: | |
| 4100 | Ex36:14 | ידיע{ת}<ן> עבד יתהון: | |
| 4101 | Ex38:28 | וחפי רישיהון וכבש יתהון: | |
| 4102 | Lv 8:10 | וית כל מה דביה וקדש יתהון: | |
| 4103 | Lv 8:11M | דידיה למקדשה יתיה/יתהון#2/#: | |
| 4104 | Lv10:01 | ייי אשא בריה דלא פקד יתהון: | |
| 4105 | Lv16:04 | במיא ית בשריה וילבש יתהון: | |
| 4106 | Lv17:05 | נכסת קדשין קדם ייי יתהון: | |
| 4107 | Lv21:15 | ארום אנה ייי דקדשת יתהון: | |
| 4108 | Lv21:23 | ארום אנה ייי דקדשת יתהון: | |
| 4109 | Lv22:09M | ייי דבמימריה מקדש יתהון#2/#: | |
| 4110 | Lv22:16 | ארום אנה ייי דקדשית יתהון: | |
| 4111 | Lv22:16M | הוא ייי ובממרי מקדש יתהון | |
| 4112 | Lv26:03 | פיקודיי תטרון ותעבדון יתהון: | |
| 4113 | Nu 3:15 | מן בר ירח ולעיל תסכם יתהון: | |
| 4114 | Nu 4:29 | לבית אבהתהון תסכום יתהון: | |
| 4115 | Nu 6:27 | ואנה במ«י»מרי אברך יתהון: | |
| 4116 | Nu 7:01 | יתהון במשח רבותה וקדש יתהון: | |
| 4117 | Nu 8:06 | מן גו בני ישראל ותדכי יתהון: | |
| 4118 | Nu 8:21 | וכפר#1/# למדכייה יתהון: | |
| 4119 | Nu14:24M | בנוי#2/# ירתון יתה/יתהון#2/#: | |
| 4120 | Nu16:09 | קדם כנישתה למשמשה יתהון: | |
| 4121 | Nu16:28M | לא מן דעת/לבי בדית יתהון#2/#: | |
| 4122 | Nu17:27M | ארעא ית פומה ובלעת יתהון | |
| 4123 | Nu18:12 | לשמה דייי לך יהבית יתהון: | |
| 4124 | Nu22:11 | קרבה לקבליהון ואטרוד יתהון: | |
| 4125 | Nu23:08 | יתהון וממריה דייי מסגי יתהון: | |
| 4126 | Nu23:11 | יתך והא מברכה ברכת יתהון: | |
| 4127 | Nu23:25 | ולהוד מברכה לא תברך יתהון: | |
| 4128 | Nu25:17 | אקף ית מדייניי ותקטלון יתהון: | |
| 4129 | Nu30:14 | יקיים יתהון ובעלה יבטל יתהון: | |
| 4130 | Dt 4:10 | ארעא וית בניהון יילפון יתהון: | |
| 4131 | Dt 5:01 | יתהון ותטרון למעבד יתהון: | |
| 4132 | Dt 5:21 | נכסיהון נס{כ}<ב>ין יתהון: | |
| 4133 | Dt 7:11 | יתכון יומא הדין למעבד יתהון: | |
| 4134 | Dt 7:17 | אייכדין איכל למישיצייה יתהון: | |

|  |  |  |  |  |
|---|---|---|---|---|
| 4135 | Dt 7:23 | ערבוב רב זמן די ישיצי | יתהון: | |
| 4136 | Dt 7:24 | עד זמן די ישיצי | יתהון: | |
| 4137 | Dt17:19 | קיימיה האיליין למעבד | יתהון: | |
| 4138 | Dt28:30M | ולא תפרקון | פיריהון/יתהון#2#/: | |
| 4139 | Dt29:06 | קרבה וקטל{נ}«ו»ן | יתהון: | |
| 4140 | Dt30:12 | יתן פקודייה ונעבד | יתהון: | |
| 4141 | Dt30:13 | לן פיקודייה ונעבד | יתהון: | |
| 4142 | Dt31:04 | ולארעהון די ישיצי | יתהון: | |
| 4143 | Dt31:24 | בגו ספר עד זמן די אשלם | יתהון: | |
| 4144 | Dt31:30 | שירתה הדה עד זמן דאשלם | יתהון: | |
| 4145 | Dt32:21 | אמה באמה מנבלה אכעס | יתהון: | |
| 4146 | Dt33:27 | ואמר במימריה למישציה | יתהון: | |
| 4147 | Nu20:26 | אהרן ית לבושוי ותלבש | יתהון | אלעזר ברה ואהרן יתכנש |
| 4148 | Nu24:20M | הוו דבית עמלק תבר | יתהון | יהושע בר נון מדבית |
| 4149 | Dt31:03 | מן קדמיכון ותרת{י}<ו>ן | יתהון | יהושע הוא דעבר קדמיכון |
| 4150 | Gn47:17M | בכל בעירהון /ופרנס | יתהון | יוסף בלח׳ ובכל |
| 4151 | Gn47:21 | מלשנה לשנה בישא עבר | יתהון | יוסף ואגלי יתהון וטלטל |
| 4152 | Gn32:05 | ופקד | יתהון | יעקב {יתהון} למימר כדן |
| 4153 | Gn35:04 | קדשיא די באדנהון וטמר | יתהון | יעקב תחות בלוטה דסמיך |
| 4154 | Dt33:28 | מעין ברכתה דברך | יתהון | יעקב אבוהון לארע עבדה |
| 4155 | Gn26:31 | ואשתבעו גבר לאחוי ושלח | יתהון | יצחק ואזלו מן לוותיה |
| 4156 | Gn19:01 | בתרעא דסדם ו{ת}<ח>מא | יתהון | לוט ורהט לקדמותהון ושאיל |
| 4157 | Ex17:16 | דמשתייר בהון ישיצון | יתהון | מרדכי ואסתר וייי אמר |
| 4158 | Ex39:43 | ית משה כדן עבדו וברך | יתהון | משה ואמר להון תשרי |
| 4159 | Nu 3:16 | וסכם | יתהון | משה על פם גזירת ממרה |
| 4160 | Nu13:17 | ושלח | יתהון | משה למיללה ית ארעא |
| 4161 | Nu31:06 | ושלח | יתהון | משה אלף מן כל שבט לחיל |
| 4162 | Nu32:28 | ופקד | יתהון | «משה» ית אלעזר וית |
| 4163 | Dt32:26 | אמרת בממרי אשיצי | יתהון | אבטל מן בני אנשא דכרנהון: |
| 4164 | Nu 8:07 | וכדן תעבד להון למדכיה | יתהון | אדי עליהון מי חטאתה |
| 4165 | Ex32:34 | ידבר קדמך וביומא דאדכר | יתהון | אדכר עליהון חוביהון: |
| 4166 | Ex16:04 | ביומיה מן בגלל למנסיה | יתהון | אינון אין נטרינון מצוותה |
| 4167 | Gn 1:17 | ושוי | יתהון | איקרי׳ דייי ברקיעא שמיא |
| 4168 | Gn 1:28 | וברך | יתהון | איקריה דייי ואמר ליהון |
| 4169 | Ex15:15M | מואב רתית אחזת | יתהון | אמסון בלבהון כל דיירי |
| 4170 | Ex14:14 | נלוולי לקבליהון ונערבב | יתהון | אמר להון משה לא תדחלון |
| 4171 | Lv19:37 | כל סדרי דיניי ותעבדון | יתהון | אמר ייי: |
| 4172 | Gn37:17 | נטלו מן הכא ארום שמעת | יתהון | אמרין ניזיל לדותינה ואזל |
| 4173 | Lv20:08 | ותטרון ית קימי ותעבדון | יתהון | אנה ייי דקדשת יתכון: |
| 4174 | Lv22:31 | דאורייתי ותעבדון | יתהון | אנה הוא ייי דיהב אגר טב |
| 4175 | Ex29:24 | כפי ידיהון דבנוי ותניף | יתהון | אנפו קדם ייי: |
| 4176 | Lv 8:27 | כפי ידיהון דבנוי ואניף | יתהון | אנפו קדם ייי: |
| 4177 | Lv14:12 | וית לוגה דמשחה ויניף | יתהון | אנפו קדם ייי: |
| 4178 | Nu 8:13 | אהרן וקדם בנוי ותניף | יתהון | אנפו קדם ייי: {למכפרה על |
| 4179 | Nu 8:15 | ותידכי יתהון ותניף | יתהון | אנפו: |
| 4180 | Nu 8:21M | /ואניף#1#/ויני׳#2#/ | ^יתהון | אנפו קדם ייי וכפר#1# |
| 4181 | Ex32:12M | למימר מן בגלל למבעשה | יתהון | אפיק יתהון למקטלה יתהון |
| 4182 | Dt 9:28 | מלל להון ועל דהווה סני | יתהון | <אפיק יתהון> למקטלה יתהון |
| 4183 | Gn15:13 | וישעבדון יתהון ויצערון | יתהון | ארבע מאה שנין: |
| 4184 | Dt32:10 | יליל ישימון דבר | יתהון | ארבעין שנין במדברה אחת |
| 4185 | Ex22:20M | יתהון ולא תצערון | יתהון#2#/ | ארום דייר{ו}<י׳>ן |
| 4186 | Ex22:20 | לא תונון ולא תדחקון | יתהון | ארום דייר{ו}<י׳>ן הוויתון |
| 4187 | Lv11:42 | דשרץ על ארעא לא תאכלון | יתהון | ארום שקץ אינון: |
| 4188 | Nu11:12 | עמא האלין או אנה אולדת | יתהון | ארום תאמר לי טען יתהון |

|  |  |  |  |  |
|---|---|---|---|---|
| 4189 | Nu30:15 | כל קיומא די עלה קיים | יתהון | ארום שתק לה ביומא די שמע: |
| 4190 | Dt 7:26 | יתהון ומרחקה תרחקון | יתהון | ארום מרחקין אינון: |
| 4191 | Dt14:27 | די בקורייכון לא תשבקון | יתהון | ארום לית להון חלק ואחסנה |
| 4192 | Dt28:45M | /די ישיצון | יתהון#2#/ | ארום לא שמעתון בקל |
| 4193 | Gn13:06 | ולא אסחנ׳ | יתהון | ארעא למשרי כחדה ארום הוה |
| 4194 | Nu16:34 | ארום אמרו דלא תבלע | יתהון | ארעא: |
| 4195 | Nu17:27M | ואית מנן די תכלת | יתהון | אשתה ואית מנן די פתחת |
| 4196 | Gn30:02M | ונבעי קדם /די נמניע | יתהון | אתיי אנה ואת ונזיל ונבעי |
| 4197 | Gn37:17 | יוסף בתר אחוי וארע | יתהון | בדתן: |
| 4198 | Nu14:10 | כל עם כנישתה מרגום | יתהון | באבניא ואיקר שכינתה דייי |
| 4199 | Lv20:02M | עמה דארעא ירגמון | יתה/יתהון#2#/ | באבניה: |
| 4200 | Dt17:05 | או ית אתתה ותרגמון | יתהון | באבנייא וימותון: |
| 4201 | Dt22:24 | לתרע קרתה ההיא ותרגמון | יתהון | באבנייה וימותון ית רביתה |
| 4202 | Lv14:51 | וית צפרה דחייתה ויצבע | יתהון | באדמה דצפרה נכיסתה ובמיא |
| 4203 | Ex13:21 | בעמודא דעננא למדברא | יתהון | באורחא ולליא בעמוד׳ |
| 4204 | Ex18:08 | ית כל עקיא די ארען | יתהון | באורחא ושזיב יתהון ייי: |
| 4205 | Dt32:21 | במרחקתהון ואנה אקני | יתהון | באמה דלא אמה באמה מנבלה |
| 4206 | Ex35:09 | דאשלמו{י} למקבעה | יתהון | באפדא ובחשנה: |
| 4207 | Dt10:02 | קדמייה די תברת ותשוי | יתהון | בארונה: |
| 4208 | Dt 4:14 | וסדרי דינין די תעבדון | יתהון | בארעא די אתון עברין לתמן |
| 4209 | Gn11:03 | אתון ונלבן לבנין ונזי | יתהון | באתונ׳ והוין להון לבניה |
| 4210 | Ex 5:19 | וחמון סרכי בנוי דישראל | יתהון | בביש למימר לא תמנעון מן |
| 4211 | Dt 6:09 | ותכתבון | יתהון | בגו מזוזיין ותקבעון יתהון |
| 4212 | Dt27:04 | בטורא דעיבל ותשועון | יתהון | בגירא: |
| 4213 | Dt27:02 | אבנין רברבן ותשועון | יתהון | בגירה: |
| 4214 | Gn22:10 | אברהם לא הוה חמא | יתהון | בה בשעתא נפקת בת קול מן |
| 4215 | Ex37:27M | יתיה /למיסבול | יתהון#2#/ | בהון: |
| 4216 | Lv23:04 | קדישין די תארעון | יתהון | בזמניהון: |
| 4217 | Gn30:41 | במו{ד}<ר>כותא למחמא | יתהון | בחוטריא: |
| 4218 | Ex35:26 | וכל נשיא די נדב לבהון | יתהון | בחכמה הוון עזלן ית מעזי: |
| 4219 | Dt28:57 | די תוליד ארום תאכל | יתהון | בחסרון כל מדעם בטומרה |
| 4220 | Nu 4:12M | /לגו לבוש תכלה ויכסון | יתהון | בחפוי/^בחפיי#2#^/ משך |
| 4221 | Ex15:17 | תעל יתהון ותאחסן | יתהון | בטור בית אחסנותך אתר |
| 4222 | Ex32:12M | אפיק יתהון למקטלה | יתהון | בטורייה ולמישיציה יתהון |
| 4223 | Dt32:30 | יתהון ומימרה דייי מסר | יתהון | ביד בעלי דבביהון: |
| 4224 | Gn38:25 | עיינה וחמת יתהון ויהבת | יתהון | בידוי דדיינ«י»א ואמרת |
| 4225 | Gn48:20 | וברך | יתהון | ביומא ההוא למימר בזכותך |
| 4226 | Lv14:23 | וייתי | יתהון | ביומא תמיניה לדכאותיה |
| 4227 | Ex15:01 | בני ישראל רמא וטבע | יתהון | בימא דסוף: |
| 4228 | Ex15:04 | גברוי דפרעה רמא וטמע | יתהון | בימא דסוף: |
| 4229 | Ex15:21 | בני ישרא׳ רמא וטמע | יתהון | בימא דסוף: |
| 4230 | Dt31:17 | ויהוויין למזון ויארעון | יתהון | בישן סגין ועקין וייאמרון |
| 4231 | Dt31:21 | ויהוי ארום יארען | יתהון | בישן סגין ועקין ותענה שבח |
| 4232 | Ex 1:12 | וכל דהוון מצערין | יתהון | בכדן הוון סגיין ובכדן |
| 4233 | Dt 7:15 | די חכמתון לא ישוי | יתהון | בכון וישוי יתהון בכל |
| 4234 | Dt 7:15 | ישוי יתהון בכון וישוי | יתהון | בכל שנאיכון: |
| 4235 | Dt26:16 | דיניה ותטרון ותעבדון | יתהון | בכל לבבכון ובכל נפשכון: |
| 4236 | Gn40:12 | אמרת נסבית ענביה ועצרת | יתהון | בכסא דפרעה ושוי«ת» כסא |
| 4237 | Gn40:11 | ית ענביא ועצר«ת» | יתהון | בכסה דפרעה ושוית כסא בכף |
| 4238 | Lv10:05 | {וקרבו} וקרבו וטענו | יתהון | בכתנותהון ואפיקו יתהון |
| 4239 | Gn47:17 | תורייה ובחמריא ודבר | יתהון | בלחמא בכל בעירהון בשתא |
| 4240 | Nu 1:19 | דיפקד ייי ית משה וסכם | יתהון | במדברא דסיני: |
| 4241 | Nu21:05M | למקטלה/לק׳#2#/ | יתן/יתהון#2#/ | במדברא ארום לית לן |
| 4242 | Nu14:16 | לארעא דקיים להון ונכס | יתהון | במדברה: |

|  |  | | | |
|---|---|---|---|---|
| 4243 | Nu32:13 | דייי בישראל וטלטל | יתהון | במדברה ארבעין שנין עד סף |
| 4244 | Dt 9:28 | <אפיק יתהון> למקטלה | יתהון | במדברה: |
| 4245 | Nu14:12 | אקטול | יתהון | במותנא ואשצי יתהון ואית |
| 4246 | Gn40:03 | ושווי | יתהון | במטרא בביתיה דרב |
| 4247 | Gn42:17 | וחבש | יתהון | במטרא תלתא יומין: |
| 4248 | Ex29:04 | לתרע משכן זימנא ותקדש | יתהון | במיא: |
| 4249 | Ex40:12 | לתרע משכן זימנה ותקדש | יתהון | במיא: |
| 4250 | Lv 8:06 | ית אהרן וית בנוי וקדש | יתהון | במיא: |
| 4251 | Gn15:10 | קדמוי ית כל אלין ופסג | יתהון | במציעה ושוי כל חד פסגה |
| 4252 | Nu 7:01 | וית כל מנוי <....> ורבי | יתהון | במשח רבותה וקדש יתהון: |
| 4253 | Nu17:19 | ואצנע | יתהון | במשכן זמנה קדם סהדותא די |
| 4254 | Nu26:03 | ומליל משה ואלעזר כהנא | יתהון | במשריה דמואב סמיך לירדנא |
| 4255 | Ex29:03 | ~לגו סל חד ותקרב | יתהון~ | בסלא וית תורא וית תרין |
| 4256 | Nu25:04 | ית כל ראשי עמא ואקים | יתהון | בסנהדרין קדם ייי ויהוון |
| 4257 | Gn31:34 | ית {{טעותא}} ושוית | יתהון | בעביטא דגמלא ויתבת עליהון |
| 4258 | Nu11:12 | יתהון ארום תאמר לי טען | יתהון | בעב{ר}<ך> היך דטען |
| 4259 | Nu11:12M | ית יונקא /סבול | יתהון | בעובך היך מה דסבל |
| 4260 | Nu30:13 | ואין מבטלה יבטל | יתהון | בעלה ביומא די ישמע כל |
| 4261 | Nu30:16 | ואין מבטלא יבטל | יתהון | בעלה מן בתר די ישמע ויקבל |
| 4262 | Lv26:16 | לריקנו זרעיכון וייכלון | יתהון | בעלי דבביכון: |
| 4263 | Gn 3:15M | תהוי מתכוין ונכית | יתהון | בעקבהו' וממר' יתהון ברם |
| 4264 | Ex 1:11 | מפלחנן מן בגלל למצערן | יתהון | בפולחניה«ון» ובנון קרין |
| 4265 | Dt 7:04M | /וישיצי#2#/ | יתכון/<ית>הון#2#/ | בפריע: |
| 4266 | Dt 7:22 | אתון יכלין למישיציה | יתהון | בפריע דלא תסגון עליכון |
| 4267 | Dt 9:03 | ותירתון יתהון ותסופון | יתהון | בפריע היך מה די מלל ייי |
| 4268 | Dt 1:16M | מן אחיכון ותדונון | יתהון | בקשוט |
| 4269 | Lv18:05 | סדרי די{י}ני די יעבד | יתהון | בר נשא ויחי בהון כדן אמר |
| 4270 | Gn 3:15M | יתהון בעקבהו' וממר' | יתהון | ברם לבנין דאיתתה יהוי |
| 4271 | Nu24:20M | שאול בר קיש וגמר | יתהון | ברם סופיהון לאובדן עלמיא |
| 4272 | Gn 4:26 | להון טעון ומכניין | יתהון | בש' ממרה דייי: |
| 4273 | Dt29:16M | ודאבנה הוון מטלקין | יתהון | בשוקייה וטעוותה דכספה |
| 4274 | Ex32:19 | מן ידוי ית לוחיא ותבר | יתהון | בשיפלוי דטורא: |
| 4275 | Gn21:33M | מן תמן דהווה מגייר | יתהון | בשם ממריה |
| 4276 | Dt32:15 | דתקיפה דהוה פרק | יתהון | בשעת עקתהון: |
| 4277 | Gn38:25 | הוא יתן בליביה למיחמי | יתהון | בשעתא הדה ויפרוק יתי מן |
| 4278 | Ex15:13 | האליין די פרקת תדבר | יתהון | בתקפך למדור בית שכינת |
| 4279 | Dt 6:09 | בגו מזוזיין ותקבעון | יתהון | בתרעי בתיכון ובסייפי |
| 4280 | Dt11:20 | מזוזיין ות{ט}<ק>בעון | יתהון | בתרעי בתיכון ובסיפי |
| 4281 | Gn49:01M | אתגנז מיניה חזר וברך | יתה<ו>ן | גבר כמפתר ברכתיה |
| 4282 | Gn49:01 | ענה אבונן יעקב וברך | יתהון | גבר לפם עבדוי טבייא ברך |
| 4283 | Gn49:28 | ודא ברכתא די ברך | יתהון | גבר כמסת ברכתיה ברך |
| 4284 | Nu 4:19 | ובנוי ייעלון וישרון | יתהון | גבר גבר על פולחניה ועל |
| 4285 | Ex14:25 | רידוותיה והוו מדברין | יתהון | גרירן לבתריהון ארחין |
| 4286 | Gn15:14M | אומייא די ישתעבדון | יתהון | דאין אנה ומן בתר כן |
| 4287 | Dt19:09M | מצוותה הדה למעבד | יתה/יתהון#2#/ | דאנה מפקד יתכון יומא |
| 4288 | Dt32:13 | תפנוקי מלכין ואיינק | יתהון | דבשה מן כיפה ומשח {משח} |
| 4289 | Ex25:13 | אעין דשטין ותחפי | יתהון | דהב: |
| 4290 | Ex25:28 | אעין דשטי«ן» <ותחפי> | יתהון | דהב למטען בהון ית פתורה: |
| 4291 | Ex26:37 | עמודין דשטין ותחפי | יתהון | דהב ואונקלוותהון דהב |
| 4292 | Ex30:05 | אעין דשטין ותחפי | יתהון | דהב: |
| 4293 | Ex36:36 | עמודין דשטין וחפי | יתהון | דהב וקליותהון דהב ואתך |
| 4294 | Ex37:04 | אריחין אעין דשטין וחפא | יתהון | דהב: |
| 4295 | Ex37:15 | אריחיה אעין דשטין וחפי | יתהון | דהב למטען ית פתרה: |
| 4296 | Ex37:28 | אעין דשטין וחפי | יתהון | דהב: |

|  |  | | | |
|---|---|---|---|---|
| 4297 | Ex15:12 | ארעא הוות בעה למבלע | יתהון | דחילא הוות ארעא מן דינא |
| 4298 | Ex29:33 | ויאכלון | יתהון | די יכפר בהון למשלמה ית |
| 4299 | Dt28:51M | די תשתיצון/ישיצון | יתהון#2#/ | די לא ישיירון |
| 4300 | Ex 1:19M | יתהון /קדם ייי ועני | יתהון | דילדתן#2#/ ואינון |
| 4301 | Dt 1:16 | בני אחיכון ודיינין | יתהון | דינין דקשט בין גבר ובין |
| 4302 | Ex30:12 | לשמה דייי כד תהוי מני | יתהון | דלא יהווי בהון מותן מחבל |
| 4303 | Lv19:29 | ית בנתכון מן למסבה | יתהון | דלא תזני ארעה ותתמלי ארעא |
| 4304 | Gn32:03 | ואמר יעקב כד חמה | יתהון | דלמא מלאכין מן דלבן אחוי |
| 4305 | Gn32:03M | "כד חמה ...": כיון דחמא | יתהון | דלמא דמשירייתא דעשו אחי |
| 4306 | Nu24:10 | יתך והא מברכה ברכת | יתהון | דנא תלתה זמנין: |
| 4307 | Nu24:14 | אתא אעוץ יתך עצה אחטי | יתהון | ^דתעבד לעמא האליין#2#^ |
| 4308 | Ex 4:23M | וסרבת דלא לאשתלחא | יתהון#2#/ | הא אנה קטל ית ברך |
| 4309 | Ex15:07 | בהון תקוף רוגזך תתכל | יתהון | היך מה דנורא בער בקשא: |
| 4310 | Ex40:15 | ותרבי | יתהון | היך מה דרביתה ית אבוהון |
| 4311 | Dt 3:06 | ושיצינן | יתהון | היך מה די עבדנן לסיחון |
| 4312 | Dt32:10 | עייני יתהון ונטר | יתהון | היך מה דנטר שיכנה בבה |
| 4313 | Lv 8:13 | ואלבש יתהון כתנן ואסר | יתהון | המיינ' ושוי להון כובעין |
| 4314 | Ex29:09 | ותיסר | יתהון | המיינין אהרן ובנוי |
| 4315 | Ex 6:05M | דמצרייה משעבדין | בהון/יתהון#2#/ | ואדכרית ברחמין ית |
| 4316 | Dt31:17 | בהון ביומא ההוא ואשבוק | יתהון | ואהפוך אפי רעותי מנהון |
| 4317 | Gn32:01 | לבנוי ולבנתיה וברך | יתהון | ואזל וחזר לבן לאתריה: |
| 4318 | Nu22:06 | דלמה דאכול למשצ«י»א | יתהון | ואטרוד יתהון מן ארעא ארום |
| 4319 | Ex 1:19 | בשמ«י»א והוא עני | יתהון | ואינון ילדן: |
| 4320 | Ex32:10 | רוגזי בהון ואשיצא | יתהון | ואית יכלה קדמיי לממנייה |
| 4321 | Nu14:12 | יתהון במותנא ואשצי | יתהון | ואית יכלה קדמיי לממניה |
| 4322 | Dt 9:14 | עליהון רחמין ואישיצי | יתהון | ואמחוק ית שמהן מן לרע |
| 4323 | Gn15:05 | כוכביא אן תיכל לממני | יתהון | ואמר לה כדין יהוון זרעיית |
| 4324 | Gn49:29 | ופקד | יתהון | ואמר להון הא אנא מתכנש |
| 4325 | Gn48:12 | יוסף יתהון מן דברך | יתהון | {ואר} ואשתטחו קדמוי על |
| 4326 | Ex 2:17 | יתהון וקם משה ושזיב | יתהון | ואשקי ית ענהון: |
| 4327 | Gn42:07 | וחמא יוסף ית אחוי וחכם | יתהון | ואתדבב עליהון ומלל עמהון |
| 4328 | Gn49:04 | שטפן ולא יכלת למסובריה | יתהון | ואתרעת מן קדמיהון כדן |
| 4329 | Dt10:15 | ממרה דייי למרחמ«ו»ה | יתהון | ובחר בבניהון מן בתרהון |
| 4330 | Ex 6:01 | ארום בידא תקיפא ישלח | יתהון | ובידא תקיפא יטרוד יתהון |
| 4331 | Ex15:12M | ימא לא הוי בעה למטמע' | יתהון | ובמימ' מן קודמך ארכנת ית |
| 4332 | Nu30:14 | דצער נפש בעלה יקיים | יתהון | ובעלה יבטל יתהון: |
| 4333 | Gn 5:02 | דכר ונוקב' ברה | יתהון | וברך יתהון וקרה ית שמון |
| 4334 | Nu22:30 | מה את יכיל למילט | יתהון | ודי טלמת באפיהון דגבריה |
| 4335 | Gn40:06 | יוסף בצפרא וחמה | יתהון | והא אפיהון בישין: |
| 4336 | Dt 9:03 | אכלה מתאכלה הוא ישיצי | יתהון | והוא יכנע יתהון קדמיהון |
| 4337 | Gn40:04 | ית יוסף עליהון ושמש | יתהון | והוה יומין במטרא: |
| 4338 | Ex29:33 | ית קרבן ידיהון למקדשא | יתהון | וחילוניי לא יאכל ארי קדש |
| 4339 | Gn47:21 | עבר יתהון יוסף ואגלי | יתהון | וטלטל יתהון מן קרייה |
| 4340 | Dt32:11 | מרחף פרס כנפוי וסבל | יתהון | וטען יתהון על תקוף אברוי: |
| 4341 | Dt27:26 | פתגמי אוריתה הדה למעבד | יתהון | ויאמרון כל עמה אמן: |
| 4342 | Ex22:06 | כסף או מנין למנטרה | יתהון | ויגנבון מן ביתא דגברא אין |
| 4343 | Nu14:31M | {ולאעליתהון} <ואעל | יתהון> | וידעון ית אר'#2#/ די |
| 4344 | Gn38:25 | ואנהרון עיינה וחמת | יתהון | ויהבת יתהון בידוי |
| 4345 | Ex22:22 | אין מצערה תצערין | יתהון | ויהווי ארום מצווח יצווח |
| 4346 | Dt32:38 | קדמוי יקום כען ויפרוק | יתהון | ויהווי עליהון כמגלה: |
| 4347 | Nu10:02 | דכסף נגידן תעבד | יתהון | ויהווין לכון למזמנה עם |
| 4348 | Ex30:29 | ותקדש | יתהון | ויהון קדש קדשין כל דקרב |
| 4349 | Dt25:01 | קדם דייניה ו«י»דונון | יתהון | ויזכון ית זכייה ויחייבון |
| 4350 | Nu14:31 | לבזה יהוון ואעיל | יתהון | ויחכמון ית ארעא די מאסתון |

|  |  | | | |
|---|---|---|---|---|
| 4351 | Dt 7:12 | האליין ותטרון ותעבדון | יתהון | ויטר ייי אלהכון לכון ית |
| 4352 | Dt 5:31 | וסדרי דינייה די תליף | יתהון | ויעבדון בארעא די אנה יהב |
| 4353 | Gn15:13 | דלא דידהון וישעבדון | יתהון | ויצערון יתהון ארבע מאה |
| 4354 | Ex28:41 | ית קרבן ידיהון ותקדש | יתהון | וישמשון קדמוי בכהונתה |
| 4355 | Gn 6:13 | והא אנ' מחבל | יתהון | וית ארעא: |
| 4356 | Lv14:06 | טבתה וית אזובה ויצבע | יתהון | וית צפרה חייתה באדמה |
| 4357 | Nu13:26M | <לרקם> דגיעה ואחזרו | יתהון | וית כל עמה דכנשתה וחמון |
| 4358 | Nu16:30 | ארעא ית פמה ותבלע | יתהון | וית כל מה דלהון ויחתון |
| 4359 | Nu16:32 | ופתחת ארעא ית פמה ובלעת | יתהון | וית בתיהון וית כל |
| 4360 | Nu21:02M | קריהון /ואישיצ<ינ>ון | יתהון | וית קורייהון#2#/: |
| 4361 | Nu21:03 | ית כנעניי ושיצי | יתהון | וית קריהון וקרון שמה |
| 4362 | Nu26:10 | ותפתח ארעא ית פמה ובלעת | יתהון | וית קרח בזמנה דמיתו עם |
| 4363 | Nu31:06 | מן כל שבט לחיל קרבה | יתהון | וית «פנחס בר» אלעזר |
| 4364 | Nu35:07 | ארבעין ותמני קריאן | יתהון | וית פרווריהון: |
| 4365 | Dt11:06 | פתחת ארעא ית פמה ובלעת | יתהון | וית אנשי בתיהון וית |
| 4366 | Dt32:15 | ית מימר אלהה די ברה | יתהון | וכפרו בדחלתיה דתקיפה דהוה |
| 4367 | Nu14:45 | שרין בטורה ההוא ומחון | יתהון | וכתתו יתהון עד שציו: |
| 4368 | Gn35:05 | על קרייתא די חזור חזור | יתהון | ולא רדפו בתר בנוי דיעקב: |
| 4369 | Ex15:12 | לא ימא הוה בעה לקבלא | יתהון | ולא ארעא הוות בעה למבלע |
| 4370 | Ex22:20M | תדחקון יתהון /תדחקון | יתהון | ולא תצערון יתהון#2#/: |
| 4371 | Lv19:13M | ית חבריכון ולא תגזלון | יתהון | ולא יבית |
| 4372 | Lv20:22 | כל סדרי דיניי ותעבדון | יתהון | ולא תפלוט יתכון ארעא די |
| 4373 | Nu 5:03 | לבר מן משריתה תשלחון | יתהון | ולא יסאבון ית משיריתהון |
| 4374 | Nu15:39 | כל מצוותה דייי ותעבדון | יתהון | ולא ת{פ}<ס>טון בתר הרהורי |
| 4375 | Dt 2:19 | דבני עמונייה לא תעיקון | יתהון | ולא תתגרון לקבליהון סדרי |
| 4376 | Dt29:25 | להון טעוון די לא חכמו | יתהון | ולא אתבדרון להון: |
| 4377 | Nu18:11M | ישראל לך יהבית | \יתהון#2#/ | ולבנך ולבנתך עמך |
| 4378 | Nu23:25 | ל<ה>וד מלוט לא תילוט | יתהון | ולהוד מברכה לא תברך |
| 4379 | Gn21:33 | תמן עד זמן דהוה מגייר | יתהון | ומילף יתהון למיתן שבחא |
| 4380 | Dt32:30 | קדמוי תקיפה שבק | יתהון | ומימרה דייי מסר יתהון ביד |
| 4381 | Nu30:13M | ייי ישתבק/אפס | יתהון | ומימריה דייי ישתרי |
| 4382 | Lv10:02 | אשא מן קדם ייי ואכלת | יתהון | ומיתו קדם ייי: |
| 4383 | Gn50:21 | למעקר עשרה כוכבין ונחם | יתהון | ומליל על לבביהון מלין |
| 4384 | Gn44:06 | וארע | יתהון | ומלל עמהון ^למימר#2#^ ית |
| 4385 | Nu23:08 | מסגי יתהון מה אנה מזער | יתהון | וממריה דייי מסגי יתהון: |
| 4386 | Nu23:08 | מה אנה לייט | ^יתהון#2#^ | וממריה דייי מסגי יתהון |
| 4387 | Nu30:13 | לא יקום בעלה בסל{ת} | יתהון | ומן קדם ייי ישתבק לה: |
| 4388 | Nu21:15M | לקדמותהון ומשיציין | יתהון | ומקטלין מלכין עם שלטנין |
| 4389 | Dt 7:26 | כוותהון משקצה תשקצון | יתהון | ומרחקה תרחקון יתהון ארום |
| 4390 | Gn22:14 | ושמע בקל צלותהון ועני | יתהון | ומשיזב יתהון מן כל עקא |
| 4391 | Ex23:24 | ארום מפגרא תפגר{א}<ון> | יתהון | ומתברא תתברון ית |
| 4392 | Lv 9:22 | ידוהי בצלו על עמה וברך | יתהון | ונחת מן דקרב חטאתה ועלתה |
| 4393 | Dt32:10 | עשרתי דביריה עייני | יתהון | ונטר יתהון היך מה דנטר |
| 4394 | Dt13:03 | אחרניין די לא חכמתון | יתהון | ונפלח קדמיהון: |
| 4395 | Gn48:10 | יתהון לוותיה וגפף | יתהון | ונשק יתהון: |
| 4396 | Gn18:06M | לושי \ועבידי פטירין | /יתהון | ועבידי עוגין#2#/: |
| 4397 | Ex 2:17 | ואתון רעייא וטרדו | יתהון | וקם משה ושזיב יתהון |
| 4398 | Gn 5:02 | ונוקב' ברה יתהון וברך | יתהון | וקרה ית שמון אדם ביומא |
| 4399 | Gn14:15 | ליליא הוא ושלטנוי וקטל | יתהון | ורדף יתהון עד חובה די מן |
| 4400 | Nu21:15 | נפקין לקבליהון ומקטלין | יתהון | ורמז רבון כל עלמא ייי |
| 4401 | Dt 2:12 | ובנוי דעשו ירתו | יתהון | ושיצון יתהון מן קדמיהון |
| 4402 | Dt 2:21 | ייי מן קדמיהון וירתו | יתהון | ושרון באתריהון: |
| 4403 | Dt 2:22 | מן קדמיהון ור{ה}<י>תון | יתהון | ושרון באתריהון עד זמן |
| 4404 | Dt 2:23 | קפו{קד}<דק>ייא שיצון | יתהון | ושרון באתרהון: |
| 4405 | Ex15:17 | תעל | יתהון | ותאחסן יתהון בטור |
| 4406 | Dt 5:01 | יומא הדין ותלפון | יתהון | ותטרון למעבד יתהון: |
| 4407 | Gn44:04 | רדף בתר גבריא ותארע | יתהון | ותימר להון למה כען שלמתון |
| 4408 | Nu 8:15 | משכן זימנא ותידכי | יתהון | ותניף יתהון אנפו: |
| 4409 | Dt 9:03 | יתהון קדמיהון ותירתון | יתהון | ותסופון יתהון בפריע |
| 4410 | Ex28:41 | וית בנוי עמיה ותרבי{ה} | יתהון | ותשלם ית קרבן ידיהון |
| 4411 | Lv25:18 | תטרון ותעבד«ו»ן | יתהון | ותשרון על ארעא לרחצן: |
| 4412 | Dt19:01 | לכון ית ארעהון ותירתון | יתהון | ותשרון בארעהון ובבתיהון: |
| 4413 | Dt32:17 | ממש טעוון די לא חכמו | יתהון | חדתן אינון דמן כדון |
| 4414 | Lv22:16 | ויקבלון | יתהון | חובי אשמה כד יהוון אכלין |
| 4415 | Lv20:27 | יתקטלון באבניה ירגמון | יתהון | חובת אדמיהון בהון: |
| 4416 | Nu11:24 | גברי חכימי עמא ואקים | יתהון | חזור חזור למשכנה: |
| 4417 | Dt 6:04 | שבטייה ואקים | יתהון | חזור חזור לדרגשיה דדהבה |
| 4418 | Dt32:10 | להון סלוי מן ימה אשרי | יתהון | חזור חזור לאיקר שכינתיה |
| 4419 | Ex38:07M | בהון חליל /למיסבול | יתהון | חל#2#/ דלוחין עבד יתיה: |
| 4420 | Dt28:42 | יתהון מסיקייה ישיצי | יתהון | חלזונה: |
| 4421 | Nu17:04 | די קריבו יקידיה ורדידו | יתהון | חפיי למדבחה: |
| 4422 | Ex20:25 | תבנון לשמי לא תבנון | יתהון | חציבין ארום פרזלא {ארום |
| 4423 | Dt32:25 | מן לברה תתכל | יתהון | חרבה ובקיטוני מדמכיהון |
| 4424 | Dt20:17M | \חתיי ואימוריי כנעניי | יתהון/ | חתאי ואמוראי וכנענ#2#/ |
| 4425 | Nu17:03 | דחבו בנפשתהון ויעבדון | יתהון | טסין מרדדין חפיי למדבחה |
| 4426 | Nu24:09M | בר פעור ודמברך | יתהון | יהוי בריך <כ>משה נבייא |
| 4427 | Nu24:09 | דתקום לקב' מן דמברך | יתהון | יהוי מברך ומן דלייט |
| 4428 | Nu24:09 | יהוי מברך ומן דלייט | יתהון | יהוי לייט: |
| 4429 | Nu24:09M | לקבליהון מן דלייט | יתהון | יהוי לייט כבלעם בר |
| 4430 | Ex19:10 | איזל לוות עמא ותקדש | יתהון | יומא הדין ולמחר ויחוורון |
| 4431 | Lv23:02 | מועדוי דייי די תארעון | יתהון | יומ«ין» טבין {ואירעון} |
| 4432 | Lv23:37 | דייי דיתארעון | יתהון | יומין טבין ואירועין |
| 4433 | Lv15:10 | יסתאב עד רמשא ויטעון | «יתהון» | יחוור לבושוי ויסחי במיא |
| 4434 | Lv16:28 | ומן דמוקד | יתהון | יחוור לבושוי ויסחי ית |
| 4435 | Gn11:09 | דאירי ארעא ומן תמן דרי | יתהון | ייי על אפי כל ארעא: |
| 4436 | Ex13:17 | פרעה ית עמא ולא דבר | יתהון | ייי ארח ארעהון דפלישתיי |
| 4437 | Ex17:07M | בני ישראל ועל דנסי | יתהון | ייי |
| 4438 | Ex18:08 | יתהון באורחא ושזיב | יתהון | ייי: |
| 4439 | Dt 2:21 | דענק גיברייא ושיצי | יתהון | ייי מן קדמיהון וירתו |
| 4440 | Dt 2:33M | ומסר | יתיה/יתהון#2#/ | ייי אלהן קדמינן |
| 4441 | Dt 7:02 | וימסור | יתהון | ייי אלהכון קדמיכון |
| 4442 | Dt 7:23 | וימסור | יתהון | ייי אלהכון קדמיכון |
| 4443 | Dt21:10 | על בעלי דבביכון וימסר | יתהון | ייי אלהכון בידיכון ותשבון |
| 4444 | Dt29:27 | ותלש | יתהון | ייי מעלוי ארעהון בתקוף |
| 4445 | Dt31:05 | וימסור | יתהון | ייי קדמיכון ותעבדון להון |
| 4446 | Gn32:24 | ונסב | יתהון | {ית נחל} ועבר ית נחלה |
| 4447 | Gn49:19M | <והנון> יחסנון | יתהון | ית ארעא דכנען ומן בתר |
| 4448 | Ex18:16 | גבר ובין חבריה ואודע | יתהון | ית קיימוי דייי וית גזרת |
| 4449 | Ex18:20 | ותזהר | יתהון | ית קיימא וית גזירת |
| 4450 | Ex28:41 | ותלבש | יתהון | ית אהרן אחוך וית בנוי |
| 4451 | Ex34:32 | כל בני ישראל ופקד | יתהון | ית כל מה דפקד ייי עמהון |
| 4452 | Nu20:28 | אהרן ית לבושוי ואלבש | יתהון | ית אלעזר בריה ומית אהרן |
| 4453 | Dt 3:28 | עמא האלין והוא יחסן | יתהון | ית ארעא די תחמי: |
| 4454 | Dt 4:10 | כנש לי ית עמא ואשמע | יתהון | ית דברי די ילפון למדחול |
| 4455 | Dt12:02 | אומייה די אתון משיציין | יתהון | ית טעוותהון ^על#2#^ טוריה |
| 4456 | Dt22:24M | וימותון/דיתקטלון | יתהון#2#/ | ית רביתה על עסק די לא |
| 4457 | Ex 7:06 | ואהרן היך מה דפקד ייי | יתהון | כדן עבדו: |
| 4458 | Lv19:10 | ולגיוריה תשבקון | יתהון | כדן אמר ייי אלהכון: |

|  |  | | | |
|---|---|---|---|---|
| 4459 | Lv23:22 | ולגיוריה תשבקון | יתהון | כדן אמר ייי אלהיכון: |
| 4460 | Ex29:30 | שבעה יומין ילבש | יתהון | כהנא דקיים מן בתר{א}<ה> |
| 4461 | Lv 3:16 | ויסדר | יתהון | כהנא על גבי מדבחה לחם |
| 4462 | Lv 4:10 | דנכסת קודשיה ויסדר | יתהון | כהנא על מדבחה דעלתה: |
| 4463 | Lv 7:05 | ויסדר | יתהון | כהנא על גבי מדבחה קרבן |
| 4464 | Lv14:24 | וית לוגה דמשחה ויניף | יתהון | כהנא אנפו קדם ייי: |
| 4465 | Lv15:15 | ויקרב | יתהון | כהנא חד לחטאתה וחד לעלתה |
| 4466 | Nu 6:20 | וירים | יתהון | כהנא אנפו קדם ייי קדש |
| 4467 | Nu32:41 | וכבש ית כפרניהון וקרא | יתהון | כופרני דיאיר: |
| 4468 | Ex14:13 | נלולי לקבליהון ונערבב | יתהון | כיתא דהות אמרה נפול לימא |
| 4469 | Nu 4:23 | בר חמשין שנין תסכום | יתהון | כל די יעול לחיל קרבה |
| 4470 | Nu 4:30 | בר חמשין שנין תסכום | יתהון | כל דייעול לחיל קרבה למפלח |
| 4471 | Nu16:21 | עם כנשתה הדה ואישצי | יתהון | כקליל זעיר: |
| 4472 | Nu17:10 | עם כנישתה הדה ואשיצי | יתהון | כקליל זעיר ואש{סת}<תס>חו |
| 4473 | Ex 8:10 | וכנשו | יתהון | כרוון כרוון ואסרחת ארעא: |
| 4474 | Ex40:14 | וית בנוי תקרב ותלבש | יתהון | כתנוון: |
| 4475 | Ex29:08 | וית בנוי תקרב ותלבש | יתהון | כתנן: |
| 4476 | Lv 8:13 | ית בנוי דאהרן ואלבש | יתהון | כתנן ואסר יתהון המיני" |
| 4477 | Lv 7:34 | מן נכסת קודשיהון ויהבת | יתהון | לאהרן כהנא ולבנוי קיים |
| 4478 | Dt 7:02 | יתהון משיציה ותישיצון | יתהון | לא תקיימון עמהון קיים ולא |
| 4479 | Dt22:01 | עיינך מנהון מחזרה תחזר | יתהון | לאחוך: |
| 4480 | Lv26:41 | אהלך עמהון בקשיו ואעל | יתהון | לארע בעלי דבביהון או דלמה |
| 4481 | Dt29:27 | ובכליתה ובכעס רב וטלק | יתהון | לארע אחרני כיומא הדין: |
| 4482 | Dt 9:28 | מן קדם ייי למיעלה | יתהון | לארעא די מלל להון ועל |
| 4483 | Dt31:20 | ארום אעיל | יתהון | לארעא די קיימת לאבהתהון |
| 4484 | Dt31:21 | הדין קדם עד לא אעל | יתהון | לארעא די קיימת: |
| 4485 | Nu32:17 | ישראל עד זמן די נעל | יתהון | לאתריהון וישרון טפלינן |
| 4486 | Lv23:44 | סדרי מועדוי דייי ואלף | יתהון | לבני ישראל: |
| 4487 | Lv25:46 | ותאחסנון | יתהון | לבניכון בתריכון לירתו |
| 4488 | Dt 4:09 | כל יומי חייכון ותלפון | יתהון | לבניכון ולבני בניכון: |
| 4489 | Dt 6:07 | ותתנון | יתהון | לבניכון ותהוון הגיין בכון |
| 4490 | Dt11:19 | ותלפון | יתהון | לבניכון ותהוון הגיין |
| 4491 | Lv10:04 | אפי קודשה ואפקו | יתהון | לבר מן משריתה: |
| 4492 | Lv10:05 | יתהון בכתנותהון ואפיקו | יתהון | לבר מן משריתה היך מה דמלל |
| 4493 | Lv14:40 | די בהן מכתשה ויטלקון | יתהון | לבר מן קרתה לאתר מסאב: |
| 4494 | Nu 5:04 | כדן בני ישראל ושלחו | יתהון | לבר מן משריתה היך מה די |
| 4495 | Gn19:17 | והוה כד אפקו | יתהון | לברא ואמר אשתיזב על נפשך |
| 4496 | Ex29:03 | ותתן | יתהון | ~לגו סל חד ותקרב יתהון~ |
| 4497 | Nu31:54M | יתיה למשכן /ואעילו | יתהון | לגו למ'#2# זמנה דכרן טב |
| 4498 | Gn38:25 | ואמר למיכאל חות הב | יתהון | לה תלתא שהדוי ואנהרון |
| 4499 | Gn33:14 | קדם עבדה ואנא אדבר | יתהון | להוני לרגל עבידתא די בידי |
| 4500 | Nu20:25 | וית אלעזר ברה ואסק | יתהון | להר טורה: |
| 4501 | Gn30:14 | באפי ברא ואייתי | יתהון | לוות לאה אמיה ואמרת רחל |
| 4502 | Ex32:03M | /דאית במשמעהון ואייתון | יתהון | לוות אהרן#2#/: |
| 4503 | Lv15:14 | לתרע משכן זימנא ויתן | יתהון | לוות כהנא: |
| 4504 | Lv15:29 | גוזלין בני יוון ותתי | יתהון | לוות כהנא לתרע משכן |
| 4505 | Gn48:09 | ייי הכא ואמר דבר כען | יתהון | לוותי ואברך יתהון: |
| 4506 | Ex32:02M | ובנתכון ואייתון | \יתהון#2#/ | לוותי: |
| 4507 | Gn48:10 | הוה יכיל למיחמי ואקריב | יתהון | לוותיה וגפף יתהון ונשק |
| 4508 | Gn19:08 | חכמן גב«ר» אפיק כען | יתהון | לוותכון ועבדו להון מה |
| 4509 | Gn19:05 | אתון לוותך בליליא אפיק | יתהון | לוותן ונחכם יתהון: |
| 4510 | Gn 2:19 | כל עופה דשמיא ואיתי | יתהון | לות אדם למחמי מה הוא קרא |
| 4511 | Lv 5:08 | וייתי | יתהון | לות כהנא ויקרב ית די |
| 4512 | Dt18:14 | האיליין די אתון משצי | יתהון | לחדודי עיינין ולקסמי |
| 4513 | Nu 1:03 | קרבא בישראל תיסכמון | יתהון | לחילוותהון אתה ואהרן: |
| 4514 | Nu23:13 | וכולהון לא תחמי ותלוט | יתהון | לי מן תמן: |
| 4515 | Nu23:27 | רעווה מן קדם ייי ותלוט | יתהון | לי מן תמן: |
| 4516 | Dt 5:22 | לווחין דאבנין ויהב | יתהון | לי אמר משה: |
| 4517 | Dt10:04 | ביום כנשות קהלא ויהב | יתהון | לי אמר משה: |
| 4518 | Nu 7:05 | פלחן משכן זימנה ותתן | יתהון | לילווא«י»י גבר כמיסת |
| 4519 | Nu 7:06 | עגלתה וית תוריה ויהב | יתהון | לילווא«י»י: |
| 4520 | Nu31:47 | ומן בעירה ויהב | יתהון | לילוויי דנטרין מטרת משכנא |
| 4521 | Ex14:25 | נגדין כמולותיה ורמין | יתהון | לימא כד חמון מצריי |
| 4522 | Dt 4:19 | די פליג ייי אלהכון | יתהון | לכול אומייה די תחות כל |
| 4523 | Nu31:30 | ענה ומן כל בעירה ותתן | יתהון | לליווי נטרי מטרת משכנה |
| 4524 | Gn 1:29 | דמזרעין זרע לכון יהבית | יתהון | למזון: |
| 4525 | Ex35:29 | כל גבר ואתה דנדב לבהון | יתהון | למייתייה לכל עבידתה די |
| 4526 | Gn32:05 | ופקד יתהון יעקב | {יתהון} | למימר כדן תאמרון לרבוני |
| 4527 | Gn42:22 | וענה ראובן | יתהון | למימר לא תחטון הלא אמרית |
| 4528 | Gn42:29 | לה ית כל מה די יערע | יתהון | למימר: |
| 4529 | Dt31:10 | ופקד משה | יתהון | למימר לסוף שבע שנין |
| 4530 | Gn21:33 | דהוה מגייר יתהון ומילף | יתהון | למיתן שבחא למרי עלמא ופלח |
| 4531 | Ex32:12M | למבעשה יתהון אפיק | יתהון | למקטלה יתהון בטורייה |
| 4532 | Dt 9:28 | דהווה סני יתהון <אפיק | יתהון> | למקטלה יתהון במדברה: |
| 4533 | Nu11:16 | עמא וסרכי הון ותדבר | יתהון | למשכן זימנא ויתעתדון תמן |
| 4534 | Ex29:01 | ד<י>תעבד להון למקדשה | יתהון | למשמשה קדמוי בכהונתא רבתה |
| 4535 | Ex30:30 | וית בנוי תרבי ותקדש | יתהון | למשמשה קדמוי בכהונתה |
| 4536 | Lv 7:35 | דייי ביומא די אקריב | יתהון | למשמשה בכהונתה רבתה קדם |
| 4537 | Nu27:17 | יעול קדמיהון ודי יפק | יתהון | לסדרי קרבא ודי יעל יתהון |
| 4538 | Dt 6:08 | ותקטרון | יתהון | לסימן על אדרעיכון ויהוון |
| 4539 | Dt11:18 | ועל נפשתכון ותקטרון | יתהון | לסימן על אדרעיכון ויהוון |
| 4540 | Dt 9:17 | תרתין ידיי ותברית | יתהון | לעיינכון: |
| 4541 | Dt 7:10M | הדין מן בגלל למישיציה | יתהון | לעלמא דאתי ולא משהי |
| 4542 | Gn41:08 | ית חלמוי ולית דפשר | יתהון | לפרעה: |
| 4543 | Ex32:12 | למימר לבשתהון אפק | {ו}<י>תהון | לקטלותהון בטוורייה |
| 4544 | Nu 8:16 | ולדה בני ישראל אפרשת | יתהון | לשמי: |
| 4545 | Nu 8:17 | דמצרים «אקדשית» | יתהון | לשמי: |
| 4546 | Gn28:22 | לי חד מן עשרה אפרש | יתהון | לשמ«ך»: |
| 4547 | Ex29:46 | הוא ייי אלההון די אפקת | יתהון | מארעא דמצרים למשריה איקר |
| 4548 | Nu22:11 | וכדון אתה כען לוט לי | יתהון | מה ^דלמא#2# {י}<ד>איכול |
| 4549 | Nu23:08 | וממריה דייי מסגי | יתהון | מה אנה מזער יתהון וממריה |
| 4550 | Dt 3:04 | הות קריה די לא נסבנן | יתהון | מלוות{כ}<ה>ון שיתין קריין |
| 4551 | Nu 7:13 | מ{{י}}ניה האלין קרב | יתהון | מליין פייליתא ומזרקה סולת |
| 4552 | Nu 7:19 | תרין מנייה האלין קרב | יתהון | מליין פייליתה ומזרקתה |
| 4553 | Nu 7:31 | תרין מנייא האלין קרב | יתהון | מליין פייליתה ומזרקתה סלת |
| 4554 | Nu 7:37 | תרין מנייה האלין קרב | יתהון | מליין פייליתה ומזרקתה סלת |
| 4555 | Nu 7:43 | תרין מנייה האלין קרב | יתהון | מליין פייליתה ומזרקתה סלת |
| 4556 | Nu 7:49 | תרין מנייה האלין קרב | יתהון | מליין פייליתה ומזרקתה סלת |
| 4557 | Nu 7:55 | תרין מנייה האלין קרב | יתהון | מליין פייליתה ומזרקתה סלת |
| 4558 | Nu 7:61 | תרין מנייה האלין קרב | יתהון | מליין פייליתה ומזרקתה סלת |
| 4559 | Nu 7:67 | תרין מנייה האלין קרב | יתהון | מליין פלייתה ומזרקתה סלת |
| 4560 | Nu 7:73 | תרין מנייה האלין קרב | יתהון | מליין פלייתה ומזרקת«ה» |
| 4561 | Nu 7:79 | תרין מנייה האלין קרב | יתהון | מליין פייליתה ומזרקתה סלת |
| 4562 | Gn 1:22 | וברך | יתהון | ממרא דייי למימר תקיפו |
| 4563 | Dt11:04 | די רדפו בתריכון ושיצי | יתהון | ממרה דייי עד זמן יומא |
| 4564 | Gn35:09M | דכן כתבה מפרש ובריך | יתהון | ממריה דייי ואמ' להון |
| 4565 | Gn11:08 | ודרי ייי | יתהון | מן תמן על אפי כל ארעא |
| 4566 | Gn22:14M | ושבק לחוביהון ומשזיב | יתהון | מן כל עקא ברם עתידין |

|  |  | | | |
|---|---|---|---|---|
| 4567 | Gn22:14 | ועני יתהון ומשיזב | יתהון | מן כל עקא דעתידין דריא |
| 4568 | Gn40:17 | עבד נחתום ועופא אכל | יתהון | מן סלה מעלוי ראשי: |
| 4569 | Gn47:21 | ואגלי יתהון וטלטל | יתהון | מן קרייה לקריה ומן סיפא |
| 4570 | Gn47:21M | ית ...": וית עמא טלטל | יתהון | מן קרי לקרי מן בגלל דלא |
| 4571 | Gn48:12 | ואפק יוסף | יתהון | מן דברך יתהון {ואר} |
| 4572 | Ex 3:08 | ואתגלית במימרי למשיזבא | יתהון | מן ידיהון דמצרייה ולמסקא |
| 4573 | Ex 3:08M | דמצרייה ולמסקא | יתכון/יתהון#2/ | מן ארעא הדא לארעא |
| 4574 | Ex 5:05 | עמה «דארעא» ותבטלון | יתהון | מן פולחניהון: |
| 4575 | Ex 6:01 | ובידא תקיפא יטרוד | יתהון | מן ארעא: |
| 4576 | Ex12:33 | על עמא למזורזא למשלחה | יתהון | מן ארעא ארום אמרו אן שהין |
| 4577 | Ex14:11M | לנא למפקה | יתן/יתהון#2/ | מן מצרים: |
| 4578 | Ex18:09 | ייי לישראל די שיזב | יתהון | מן ידיהון דמצריי: |
| 4579 | Ex25:18 | דדהב נגידין תעביד | יתהון | מן תרין סטריה דכפרתה: |
| 4580 | Ex29:25 | ותקבל | יתהון | מן ידיהון ותסדר על גבי |
| 4581 | Ex37:07 | כרובין דדהב נגידין עבד | יתהון | מן תרין סטריה דכפרתה: |
| 4582 | Nu13:03 | ושלח | יתהון | מן מדברה על פם גזרת ממרה |
| 4583 | Nu22:06 | יתהון ואטרוד | יתהון | מן ארעא ארום ידע אנה ־ית |
| 4584 | Nu23:13 | עמי לאתר אוחרן די תחמי | יתהון | מן תמן להוד מן קצת עמה |
| 4585 | Nu23:22 | אלהא דאפיק | יתהון | מן ארעא דמצרים די תוקפא |
| 4586 | Nu27:17 | לסדרי קרבא ודי יעל | יתהון | מן סדרי קרבא בשלם דלא |
| 4587 | Nu32:08 | עבדו אבהתכון כד שלחת | יתהון | מן רקם דגיעה למיחמי ית |
| 4588 | Dt28:31M | יתכון /דמשיזיב | יתהון#2/ | מן יד בעלי דבביכון: |
| 4589 | Dt29:08 | מילי קיימה הדה ותעבדון | יתהון | מן בגלל דתצלחון ית כל מה |
| 4590 | Dt24:20M | לגיוריה /תוקרון | יתהון | מן בתריכון לג#2/ |
| 4591 | Dt 2:15 | אתרגזית בהון למשיציה | יתהון | מן גו משריתה עד זמן די |
| 4592 | Ex10:11 | יתה אתון תבעון וטרד | יתהון | מן לוות אפוי דפרעה: |
| 4593 | Lv 7:36 | למיתן להון ביומא דרבי | יתהון | מן לוות בני ישראל קיים |
| 4594 | Gn36:07 | ארעא תותבותהון למסחנא | יתהון | מן קדם בעיריהון: |
| 4595 | Dt 2:12 | ירתו יתהון ושיצון | יתהון | מן קדמיהון ושרון באתריהון |
| 4596 | Ex23:29 | לא אטרד | יתהון | מן קדמיכון בשתא חדא דלא |
| 4597 | Ex23:30 | קליל קליל אטרוד | יתהון | מן קדמיכון עד זמן די |
| 4598 | Ex23:31 | כל דיירי ארעא ואטרוד | יתהון | מן קדמיכון: |
| 4599 | Dt 9:04 | האליין מימרה דייי טרד | יתהון | מן קדמיכון: |
| 4600 | Dt 9:04 | מימרה דייי אלהכון | יתהון | מן קדמיכון למימר בזכותן |
| 4601 | Dt 9:05 | האליין ייי אלהכון טרד | יתהון | מן קדמיכון ומן בגלל |
| 4602 | Dt12:29 | אתון עלין לתמן למטרד | יתהון | מן קדמיכון ותירתון יתהון |
| 4603 | Dt12:29 | מן קדמיכון ותירתון | יתהון | מן קדמיכון בארעהון: |
| 4604 | Dt12:30M | בתר דישתיצון/דישיצי | יתהון#2/ | מן קדמיכון דלא תתבעון |
| 4605 | Dt18:12 | האליין ייי אלהכון טרד | יתהון | מן קדמיכון: |
| 4606 | Ex15:12 | דינא יומא רבה דלא יתבע | יתהון | מנה לעלמא דאתי מן יד |
| 4607 | Ex15:12 | בשבועה דלית את תבע | יתהון | מנה לעלמא דאתי ופתחת ארעא |
| 4608 | Dt28:42M | יתהון מסיקייה /ירתון | יתהון | מסיקיה#2/ ישיצי יתהון |
| 4609 | Dt28:42 | ופרי ארעכון ישיצון | יתהון | מסיקייה ישיצי יתהון |
| 4610 | Dt 9:17 | לווח{ו}<י>ה וטלקית | יתהון | מעילווי תרתין ידיי ותברית |
| 4611 | Ex32:12 | בטווריה ולמשיצא | יתהון | מעיל«וי» אפי דארעא |
| 4612 | Lv 8:28 | וקבל משה | יתהון | מעילוי כפי ידיהון וסדר |
| 4613 | Gn25:06 | יהב אברהם דורון ושלח | יתהון | מעלוי יצחק בריה עד הווה |
| 4614 | Ex12:39M | מן מצרים /טרדו | יתהון | מצראי#2/ ולא יכלו |
| 4615 | Dt32:13 | מן כיפה ומשח{משח} | יתהון | <משח> מן כיף שמיר טינרה: |
| 4616 | Dt 7:02 | אלהכון קדמיכון ותקטלון | יתהון | משיציה ותישיצון יתהון לא |
| 4617 | Gn15:14 | ית אמתא די ישעבדון | יתהון | מתפרעה אנה מנה מן בתר כדן |
| 4618 | Ex27:06 | אעין דשטין ותחפי{ה} | יתהון | נחש: |
| 4619 | Ex38:06 | אריחיה אעין דשטין וחפי | יתהון | נחש: |
| 4620 | Dt 9:12 | בפריע מן ארחה דפקדית | יתהון | עבדו להון מסכה: |
| 4621 | Nu14:09 | קלילין באפינן למשיציא | יתהון | עבר {ע}<ט>ליהון מעילויהון |
| 4622 | Gn14:15 | וקטל יתהון ורדף | יתהון | עד חובה די מן צפון |
| 4623 | Nu14:45 | ההוא ומחון יתהון וכתתו | יתהון | עד שציו: |
| 4624 | Dt 1:01 | עם כל בני ישראל ואוכח | יתהון | עד אינון יהיבין בעבר |
| 4625 | Ex28:14 | דדהב דכי מתחמן תעבד | יתהון | עובד קליעה ותתן ית שישלתה |
| 4626 | Ex 4:20 | אתתיה וית בנוי וארכב | יתהון | על חמרא וחזר לארעא |
| 4627 | Ex 6:13 | עם משה ועם אהרן ופקד | יתהון | על בני ישראל ועל פרעה |
| 4628 | Ex28:26 | תרתין עזקין דדהב ותשוי | יתהון | על תרין סיטרוי דחושנא על |
| 4629 | Ex28:27 | תרתין עזקין דדהב ותתן | יתהון | על תרתין כתפתה דאפודא |
| 4630 | Ex39:07 | ושווי | יתהון | על כתפתה דאפודה אבנין |
| 4631 | Ex39:18 | על תרתין מאחדתה ויהבו | יתהון | על כתפתה דאפדה מן כל קבל |
| 4632 | Ex39:20 | תרתין עזקין דדהב ושוון | יתהון | על תרתין כתפת«ה» דאפדה |
| 4633 | Lv 1:12 | וית גופיה ויסדר כהנא | יתהון | על קיסיה די על אשתה די |
| 4634 | Lv16:21 | לכל חוביהון ויתן | יתהון | על רישיה דצפירה וישלח ביד |
| 4635 | Lv23:20 | ויניף כהנא | יתהון | על לחמה דבכוריה אנפ{ן}<י> |
| 4636 | Dt 3:14 | {{ואפיקירוס}} וקרא | יתהון | על שמה ית בותנ«י»ין |
| 4637 | Dt 4:13 | עשרתי דביריה וכתב | יתהון | על תרין לוחי אבנייה: |
| 4638 | Dt 5:22 | קל רב ולא פסיק וכתב | יתהון | על תרין לווחין דאבנין |
| 4639 | Dt 6:09M | ותתנון | יתהון | על תרע בתיכון וקורייכ׳ |
| 4640 | Dt11:20 | ותכתבון | יתהון | על מזוזיין ות{ט}<ק>בעון |
| 4641 | Dt32:11 | כנפוי וסבל יתהון וטען | יתהון | על תקוף אברוי: |
| 4642 | Dt32:13 | ארכב | יתהון | על במסיה דארעא ואייכל |
| 4643 | Lv 4:35 | נכסת קדשיה ויסדר כהנא | יתהון | על גבי מדבחה על קרבנוי |
| 4644 | Nu 4:49 | גזירת ממרה דייי סכם | יתהון | על ידוי דמשה גבר גבר על |
| 4645 | Ex15:26 | דאייתת למצרייה לא אשוי | יתהון | עליכון ארום אנה הוא ייי |
| 4646 | Dt32:13 | על במסיה דארעא ואייכל | יתהון | עללת תפנוקי מלכין ואיינק |
| 4647 | Gn26:15 | יתהון פלשתאי ומלון | יתהון | עפרא: |
| 4648 | Dt 7:23 | קדמיכון ויערב{ו}ב | יתהון | ערבוב רב זמן די ישיצי |
| 4649 | Ex32:08 | בפריע מן ארחא די פקדת | יתהון | עשו להם עגל מסכה וישתחוו |
| 4650 | Lv 6:13 | קדם ייי ביומא דירבי | יתהון | עשרין מכלתה סלת מנחה |
| 4651 | Dt32:10 | לאיקר שכינתיה אלף | יתהון | עשרתי דביריה עייני יתהון |
| 4652 | Nu 7:25 | תרין מנייה האלין קרב | יתהון | פיילתה מליין ומזרקתה |
| 4653 | Gn26:18 | דאברהם אבוי וסתמו | יתהון | פלישתאי מן בתר דמית |
| 4654 | Gn26:15 | דחפרו עבדוי דאבוי סתמו | יתהון | פלשתאי ומלון יתהון עפרא: |
| 4655 | Lv23:43M | פריקין/באפקותי | יתהון | פריק#2/ מן ארעא |
| 4656 | Ex29:46M | מארעא /פרקת ואפקת | יתהון | פריקין מן#2/ דמצרים |
| 4657 | Lv25:42 | אינון די אפקית | ית{כ}<ה>ון | פריקין מן ארעא דמצרי׳ |
| 4658 | Lv25:55 | עבדיי אינון די אפקת | יתהון | פריקין מן ארעא דמיצרים |
| 4659 | Lv26:45 | קיימת עם קדמי ודי אפקת | יתהון | פריקין מן ארעא דמצרים |
| 4660 | Nu24:08 | אלה די אפק | יתהון | פריקין מן מצרים תקפה |
| 4661 | Dt29:24 | די קיים עמהון באפקותיה | יתהון | פריקין מן ארעא דמצרים: |
| 4662 | Nu13:26 | דפארן לרקם ואיתיבו | יתהון | פתגם ולכל עם כנ«י»שתה |
| 4663 | Ex36:35M | עובד אומן עבד | יתה/יתהון#2/ | ציוורין |
| 4664 | Lv11:44M | אלהכון ותתקדשון | ותהון/יתהון#2/ | קדישין ארום קדיש |
| 4665 | Gn47:02 | חמשה גברי«ן» ואקם | יתהון | קדם פרעה: |
| 4666 | Ex 4:21M | קדם /קדמיך ותעבד | יתהון | קדם#2/ פרעה ואנה אתוקף |
| 4667 | Lv 2:12 | קרבן שירויכון תקרבון | יתהון | קדם ייי ועל גבי מדבחה לא |
| 4668 | Lv 9:02M | שלמים מן מום וקרב | /\יתהון#2/ | קדם ייי: |
| 4669 | Lv16:07 | ית תרין צפיריה ויקים | יתהון | קדם ייי לתרע משכן זימנא: |
| 4670 | Lv17:05 | דבחין באפי ברא וייתון | יתהון | קדם ייי לתרע משכן זמנה |
| 4671 | Nu 7:03 | ותור מן דכל חד ואקרבו | יתהון | קדם {ייי} <מ>שכנה: |
| 4672 | Nu17:03 | חפיי למדבחה ארום קרבו | יתהון | קדם ייי אתקדשו ויהויין |
| 4673 | Ex 1:10 | בישן ידון דינין נזער | יתהון | קדם עד לא יסגון ויהווי |
| 4674 | Gn43:33 | וארבע | יתהון | קדמוי רבה כרבויתה וזעירא |

|  |  | |  |  |  |
|---|---|---|---|---|---|
| 4675 | Dt 9:03 | | ישיצי יתהון והוא יכנע | יתהון | קדמיהון ותירתון יתהון |
| 4676 | Ex18:25 | | חיל מן כל ישראל ושוי | יתהון | ראשין על עמא רבבני אלפין |
| 4677 | Dt 1:15M | | וידיעין ושוית/ | יתהון | רברבין#2/# עליכון רברבני |
| 4678 | Gn47:06 | | גברין גברי חיל ותשוי | יתהון | רברבני קניינן על כל |
| 4679 | Dt 1:13 | | וחכמין לשבטכון ואמני | יתהון | רברבנין עליכון: |
| 4680 | Dt 1:15 | | חכימין וסכלתנין ומניית | יתהון | רברב{נ}ין עליכון רברבני |
| 4681 | Nu17:03M | | טסין מרדדין /ועבדו | יתהון | רד{ו}<י>די טסין ח#2/# |
| 4682 | Lv13:45M | | קריין לה ולא עני | יתהון | רחוק מן מסאבה דלא |
| 4683 | Ex15:15 | | תקיפי מואביי אחדת | יתהון | רתיתא אתמסי לבהון בגויהון |
| 4684 | Ex39:03 | | ית טסי דדהבא וקטעו | יתהון | שיזרין למעבד בגו תכלתא |
| 4685 | Ex14:09 | | מצריי בתריהון וארעו | יתהון | שריין על ימא כל סוסוותה |
| 4686 | Ex15:09 | | עמא בני ישראל וארע | יתהון | שריין על גוף ימא אשבי |
| 4687 | Dt32:10 | | ארע | יתהון | שרין בארע דמדברה ובצללתה |
| 4688 | Gn27:09 | | דעזין טבין ואעביד | יתהון | תבשילין לאבוך היך מה דהוא |
| 4689 | Ex14:13 | | הדין לא תוספון למיחמיה | יתהון | תוב בשעבוד ע{ל}<ד> לעלם: |
| 4690 | Gn28:10 | | דנסב אבונן יעקב ושוי | יתהון | תחות אסדי רישיה כיון דקדם |
| 4691 | Lv14:42 | | אבנין אחרניין ויעלון | יתהון | תחות אבניה ועפר אחרן יסב |
| 4692 | Lv11:09 | | במיא בימיא ובנחליא | יתהון | תיכלון: |
| 4693 | Gn38:25 | | תלתא סהדי ולא אשכחת | יתהון | תלת עייני במרומיא ואמרת |
| 4694 | Lv16:23 | | לגו בית קדשה ויצנע | יתהון | תמן: |
| 4695 | Lv24:06 | | ותשוי | יתהון | תרין סדורין שתה סדורין |
| 4696 | Nu35:02 | | לקרוין די חזור חזור | יתהון | תתנון לליוויי: |
| 4697 | Ex37:04M | יתהין | <וח>פי#2/#/ | יתהון/<ית>הין#2/# | דהב: |
| 4698 | Gn15:02 | יתי | לי נסין בדרמשק ירית | יתי: | |
| 4699 | Gn15:03 | | בנין והא בר בתי ירית | יתי: | |
| 4700 | Gn27:31 | | דברה מן בגלל תברך נפשך | יתי: | |
| 4701 | Gn32:03M | | דייי אתיין לשיזב' | יתי | |
| 4702 | Gn32:27 | | {ארום} אלה{ו}<י>ן ברכת | יתי: | |
| 4703 | Gn48:03 | | בלוז בארעא דכנען וברך | יתי: | |
| 4704 | Ex 5:22 | | האליין ולמה כען שלחת | יתי: | |
| 4705 | Ex17:04 | | הדין עוד קליל ורגמ<י>ן | יתי: | |
| 4706 | Nu16:29M | | לא מימריה דייי שלח/ | יתי#2/#: | |
| 4707 | Dt25:07 | | בישראל לא צבא למייבמה | יתי: | |
| 4708 | Nu23:07 | | במתל נבותה מן ארם דבר | יתי | בלק מלכיהון דמואביי מטורי |
| 4709 | Gn45:04 | | יוסף אחוכון די זבנתון | יתי | מצרימה: |
| 4710 | Gn27:12 | | מה {ל} דלמה דימוש | יתי | אבא ונהוי באפוי כמגחך בה |
| 4711 | Gn49:26 | | לך על ברכתא די ברכו | יתי | אבהתי אברהם ויצחק דלהון |
| 4712 | Gn15:01 | | וייתון עליי ויקטלון | יתי | או דלמא מצוון קלילן דהוה |
| 4713 | Gn32:03M | | אתיין לקדמותי למיקטול | יתי | או דלמה דמשריתיה דלבן |
| 4714 | Lv10:19 | | מיכל מיניה ואנא דארע | יתי | א«ו» נסה רבה יומא הדין |
| 4715 | Nu21:08 | | עבד לך חיוי דנחש ושוי | יתי | אל אתר תלי: |
| 4716 | Gn27:34 | | עד לחדא ואמר לאבוי ברך | יתי | אף אנא אבא: |
| 4717 | Gn27:38 | | ברכה חדא אית לך אבא ברך | יתי | אף אנה אבא ונטל עשו קליה |
| 4718 | Gn32:27 | | ואמר שלח | יתי | ארום מטא סלק עמודא דשחרא |
| 4719 | Nu 4:11 | | בחפוי משך דססגון ויכסון | יתי | אריחוי: |
| 4720 | Ex 2:14 | | רב ושליט עלינן הא מקטל | יתי | את אמר היך מה דקטלת ית |
| 4721 | Nu22:13 | | רעוה מן קדם ייי משבק | יתי | אתי עמכון: |
| 4722 | Nu22:33 | | וחמת | יתי | אתנתנה וסטת קדמיי דנה תלתה |
| 4723 | Gn47:29 | | חסד וטבו לא כען תקבר | יתי | במצרים: |
| 4724 | Gn24:48 | | דריבוני אברהם דדבר | יתי | באורחא דקושטא למסבה ית ברת |
| 4725 | Gn28:20 | | יהווי ייי בסעדי וינטר | יתי | באורחא די אנה מהלך בה ויתן |
| 4726 | Dt32:21 | | אינון אקנון | יתי | באלה דלא אלה ואכעסו יתי |
| 4727 | Gn40:15 | | כל מאן דעם ארום שוון | יתי | בבית חבושא: |
| 4728 | Dt32:51 | | דציין על די לא קדשתון | יתי | בגו בני ישראל: |
| 4729 | Gn19:19 | | למשתיזבא לטורא דלא תארע | יתי | בישתא ואמות: |
| 4730 | Gn41:10 | | רגז על {פ}<ש>ליטוי ושוי | יתי | במטרא בבייתה דרב |
| 4731 | Dt32:21 | | יתי באלה דלא אלה ואכעסו | יתי | במרחקתהון ואנה אקני יתהון |
| 4732 | Ex15:25M | | ניסין | יתי | בנסיונ' עשריה |
| 4733 | Gn30:13 | | לאה תשבחה רבה ישבחון | יתי | בנת ישראל בבתי כנישותא |
| 4734 | Gn30:13M | | וקראת /שבוחה די שבחו | יתי | בנתהון דישראל |
| 4735 | Gn29:32 | | ית צערי ארום כדון ירחם | יתי | בעלי: |
| 4736 | Gn30:20 | | טבין הדה זמנא יזבוד | יתי | בעלי ארום ילדית לי שתא |
| 4737 | Gn47:30 | | יתי מן מצריים ותקבר | יתי | בקבורותיהון ואמר הא אנא |
| 4738 | Ex33:20 | | אפי ארום לית אפשר דחמי | יתי | בר נש וייחי: |
| 4739 | Ex33:20M | | "לית ... וייחי": לא חמי | יתי | בר נש וחאי |
| 4740 | Gn27:26 | | יצחק אבוי קרב כען ושק | יתי | ברי: |
| 4741 | Gn28:21M | | ואחזור/ויחזר | יתי#2/# | בשלם לביתיה דאבה ויהווה |
| 4742 | Gn35:03M | | מדבחא לאלהא די ענה/ | יתי | בשע#2/# עקתי והווה בסעדי |
| 4743 | Gn35:03 | | תמן מדבח לשמה דייי דענה | יתי | בשעת עקתי והווה בסעדי |
| 4744 | Gn38:25 | | לעיקי בשעת עקתהון עני | יתי | בשעתא הדה דהיא שעת אנקי |
| 4745 | Gn20:13 | | בעין עממיא {{לאטעאה}} | יתי | בתר טעוותהון וממרה דייי |
| 4746 | Gn49:29 | | הא אנא מתכנש לעמי קברו | יתי | גב אבהתי במערת«א» דבחקלא |
| 4747 | Gn27:36 | | שמה יעקב והא עקב | יתי | דנה תרין זמנין ית |
| 4748 | Nu22:28 | | מה עבדת לך ארום מחית | יתי | דנה תלתה זמנין: |
| 4749 | Dt18:22 | | ולא יהווי פתגמא ולא | יתי | הוא פתגמא די לא מלל יתיה |
| 4750 | Gn45:05 | | באפיכון ארום זבנתון | יתי | הכא ארום לשיזבא שלח יתי |
| 4751 | Gn24:56 | | הצל«ח» באורחי שלחו | יתי | ואיזיל לוות ריבוני: |
| 4752 | Dt 1:14 | | ועניתון | יתי | ואמרתון ^הא#2#^ שפר פתגמא |
| 4753 | Gn24:56 | | ואמר להון לא תשהון | יתי | וייי הצל«ח» באורחי שלחו |
| 4754 | Dt31:20 | | וירגיזו קדמי וישבקו | יתי | ויפסון ית קיימי: |
| 4755 | Gn32:12 | | אנא מנה דלא ייתי ויקטול | יתי | וישיצי אמה עם בניא: |
| 4756 | Ex40:13M | | רבתה /ותרבי יתיה ותקדש | יתי | וישמש ית#2/#: |
| 4757 | Gn41:10 | | בבייתה דרב אספקלטוריא | יתי | וית רב נחתומיה: |
| 4758 | Gn12:12 | | אתתיה היא דא ויקט' | יתי | ויתך יקיימון: |
| 4759 | Gn50:05 | | בארעא דכנען תמן תקבר | יתי | וכדון אסוק כען ואקבור ית |
| 4760 | Gn34:30 | | ויתכנשו לוותי וישיצון | יתי | ולאינשי בייתי: |
| 4761 | Gn26:27 | | לור' ואתון שנאתון | יתי | ושלחתון יתי מן לוותכון: |
| 4762 | Gn41:13 | | דפתר לן כדין הוות | יתי | חזר לשמושי ויתיה צלב על |
| 4763 | Gn22:10 | | לאברהם אבוהי אבא כפות | יתי | יאות דלא נבעוט יתך ויתפסיל |
| 4764 | Gn 4:14 | | הא טרדת | יתי | יומא דין מעילוי אפי דארעא |
| 4765 | Gn16:02 | | שרי לאברהם הא כען מנע | יתי | ייי מן למל{ל}<ד> עול כען |
| 4766 | Gn24:27 | | ריבוני אנא באורחא דבר | יתי | ייי בבייתיה דאחוי דרבוני: |
| 4767 | Gn30:06 | | ואמרת רחל דן | יתי | ייי ואף שמע בקלי ויהב לי |
| 4768 | Gn30:20 | | ואמרת לאה זבד | יתי | ייי זבידין טבין הדה זמנא |
| 4769 | Gn30:27 | | וחסד באנפיך נסיית וברך | יתי | ייי בזכותך: |
| 4770 | Gn33:11 | | די אייתת לך ארום חן | יתי | ייי וארום אית לי כל מן דעם |
| 4771 | Gn41:52 | | קרא אפרים ארום תקף | יתי | ייי בארעא צערי: |
| 4772 | Gn45:05 | | יתי הכא ארום לשיזבא שלח | יתי | ייי קדמיכון: |
| 4773 | Gn45:09 | | כדן אמר ברך יוסף שוי | יתי | ייי לריבון לכל מצראי חות |
| 4774 | Gn48:11 | | לא סכיית למיחמי והא חזי | יתי | ייי אף ית בניך: |
| 4775 | Dt 4:05M | | דינין היך מה די פקד ^/ | יתי#2/# | ייי אלהי למעבד כדן |
| 4776 | Gn31:42 | | לי ארום כדון ריקן שלחת | יתי | ית צערי וית לוותי דידי גלי |
| 4777 | Ex33:12 | | האליין ואת לא אודעת | יתי | ית מה דתשלח עמי ואת אמרת |
| 4778 | Dt 4:21 | | וקיים בשבועה דלא למעבר | יתי | ית ירדנה ודלא למיעול לארעא |
| 4779 | Lv27:08 | | תארע ידיה דמן דנדר יעלי | יתי | כהנה: |
| 4780 | Gn24:17 | | לקדמותה ואמר אשקיין | יתי | כען מן קלתיך: |
| 4781 | Gn25:30 | | ואמר עשו ליעקב איכל | יתי | כען מן תבשילא סמוקא הדין |
| 4782 | Gn30:25 | | ואמר יעקב ללבן שלח | יתי | כען ואזיל לאתרי{{ה}} |

| | | | |
|---|---|---|---|
| 4783 | | Gn32:12 | שיזב יתי כען מן ידוי דאחי מן ידוי |
| 4784 | | Ex33:13 | חן וחסד קדמיך אודע יתי כען ית אורחתך ואדחל |
| 4785 | | Nu11:15 | ואין כדין את עבד לי קטול יתי כען קטולין אין כען אשכחת |
| 4786 | | Gn45:08 | וכען לא אתון שלחתון יתי להכא ארום אלהן ייי ושוי |
| 4787 | | Gn24:54 | וקמו בצפרא ואמרו שלחו יתי לוות רבוני: |
| 4788 | | Gn40:14 | כען עמי חסד וטיבו ותדכר יתי לוות פרעה ותיפוק יתי מן |
| 4789 | | Dt 1:17 | די יקשי מינכון תקרבון יתי לוותי ואשמע יתיה: |
| 4790 | | Gn44:18 | ליה למימר אין לא אייתת יתי לוותיך ואקמית יתיה קדמך |
| 4791 | | Ex 7:16 | ייי אלההון דעבריין שלח יתי לוותך למימר שלח ית עמי |
| 4792 | | Ex 3:13 | להון אלה אבהתכון שלח יתי לוותכון ויאמרו ל{ו}<י> מה |
| 4793 | | Ex 3:14 | ליה הווי ויהווי הוא שלח יתי לוותכון: |
| 4794 | | Ex 3:15M | דיעקב שלחני/שלח יתי#2/# לוותכון דן שמי לעלם ודן |
| 4795 | | Gn23:11M | קבר /קדם בני עמי אתן יתי לך אזל קבר#1/# מתך: |
| 4796 | | Gn50:05 | אבא אשבע יתי למימר הא אנה מאית בקברי די |
| 4797 | | Nu22:13M | מימריה דייי דלא למשבוק יתי למיתי ע#2/#: |
| 4798 | | Gn31:28 | ולא שבקתי יתי למנשקיה לבני ולבנתי כדון |
| 4799 | | Nu16:28M | /מימריה דייי שלח יתי#2/# למעבד ית כל עיבידה |
| 4800 | | Ex18:04 | אלהה דאבא בסעדי ושיזב יתי מחרבא דפרעה: |
| 4801 | | Gn45:05M | אוכלוסין סגי שלח יתי ממריה דייי#2/# קדמכון: |
| 4802 | | Gn24:07 | ייי אלהא דשמיא די דבר יתי מן בייתא דאבא ומן ארעא |
| 4803 | | Gn32:03 | מן קדם ייי אתין למשיזבא יתי מן ידי תריהון בגין כן קרא |
| 4804 | | Gn38:25 | יתהון בשעתא הדה ויפרוק יתי מן דינא רבא הדין מיד קם |
| 4805 | | Gn40:14 | יתי לוות פרעה ותיפוק יתי מן בית חבושא הדין: |
| 4806 | | Gn47:30 | ואתכנש לוות אבהתי ותסב יתי מן מצריים ותקבר יתי |
| 4807 | | Gn48:15 | אברהם ויצחק ייי דדבר יתי מן טליותי עד יומא הדין: |
| 4808 | | Gn48:16 | מלאכא די פרק יתי מן כל עקא יברך ית טליא |
| 4809 | | Ex32:32 | לחוביהון ואם לא מחק יתי מן ספר אוריתך די כתבת: |
| 4810 | | Gn26:27 | שנאתון יתי ושלחתון יתי מן לוותכון: |
| 4811 | | Gn27:19 | מן ציידי מן בגלל תברך יתי נפשך: |
| 4812 | | Nu22:30 | דאתי לית את יכיל למלוט יתי על אחת כמה וכמה בנוי |
| 4813 | | Gn20:11 | יהיבה באתרא הדין וקטלין יתי על עסק שרה אתתי: |
| 4814 | | Gn40:14 | ארום אן אדכרת יתי עמך כד ייטב לך ותעבד כען |
| 4815 | | Gn37:14 | וית שלמא דענא ואתיב יתי פתגם ושלח יתיה מן מישרא |
| 4816 | | Gn24:43 | לממלי ואמרת לה אשקיין יתי קליל מיין מן קולתיך: |
| 4817 | | Gn31:40 | הוינא באיממא אכל יתי שרבא וקלשא בליליי«א» |
| 4818 | | Gn42:36 | ואמר להון יעקב אבוהון יתי תכלתון יוסף מן דשלחת יתיה |
| 4819 | | Gn32:30 | כען את שאיל לשמי וברך יתי תמן: |
| 4820 | יתי' | Gn40:13M | \מזיג ליה /משקה יתי'#2/#: |
| 4821 | | Ex40:09 | וית כל מה דביה ותקדש יתי' וכל מנוי ויהוי קדש: |
| 4822 | | Gn49:17M | ארחת' <...> בעקבא וממרע יתי' ומן אמתי' מתהפך רכבי' |
| 4823 | | Lv 3:11 | ויסדר יתי' כהנא על גבי מדבחה לחם קרבן |
| 4824 | | Lv13:36 | ויחמי יתי' כהנא {ל} והא הלך נתקה |
| 4825 | | Lv10:20M | מיני ואהרן אחי אלף יתי' לי ועל דאשפל קבל עלה אגר |
| 4826 | | Ex22:25 | עד מטמע שמשא תחזר יתי' ליה: |
| 4827 | | Ex23:11M | ותיכלון יתי' מסכנייה דבעמ' ומ' |
| 4828 | | Gn30:22 | פתח ית קבריכון ואסיק יתי' מקבריכ«ון» עמי מפתח |
| 4829 | יתיה | Gn 4:08 | קין אל הבל אחוי וקטל יתיה: |
| 4830 | | Gn 4:08M | קין על הבל אחוי וקטל יתיה |
| 4831 | | Gn 4:14 | כל די יארע יתה יקטיל יתיה: |
| 4832 | | Gn 4:15 | יתיה כל מן די יארע יתיה: |
| 4833 | | Gn 5:01 | בדמו מן קדם ייי ברא יתיה: |
| 4834 | | Gn 9:05M | מן לוות גבר ואחוי אתבע יתיה |
| 4835 | | Gn18:07 | ויהב לרביה ואוחי למעבד יתיה: |
| 4836 | | Gn18:17 | איפוך יתה עד זמן דאודע יתיה: |
| 4837 | | Gn21:18 | ארום לאומה רבה אשוי יתיה: |
| 4838 | | Gn23:02M | עלה /ולמבכייה יתיה#2/#: |
| 4839 | | Gn24:18M | על ידה ואשקיית יתה/יתיה#2/#: |
| 4840 | | Gn27:23 | אחוי שערניין וברך יתיה: |
| 4841 | | Gn30:31 | אחזור ארעי ענך אנטר יתיה: |
| 4842 | | Gn35:09 | מן פדן ארם וברך יתיה: |
| 4843 | | Gn38:05 | והוה דפסקת מן דילדת יתיה: |
| 4844 | | Gn41:15 | למימר תשמע חלמא למפתר יתיה: |
| 4845 | | Gn41:32 | ומוחי מן קדם ייי למעבד יתיה: |
| 4846 | | Gn42:08 | ית אחוי ואנון לא חכמו יתיה: |
| 4847 | | Gn44:19M | "ואזדעזע": וזעזע יתיה |
| 4848 | | Gn44:20 | לאמיה ואבוי רחים יתיה: |
| 4849 | | Gn46:05 | די שלח פרעה למטען יתיה: |
| 4850 | | Gn50:01 | ובכא עלוי יוסף ונשק יתיה: |
| 4851 | | Gn50:15 | ית כל בישתא די גמלנן יתיה: |
| 4852 | | Ex 1:16M | היא ותיחי/ותקיימון יתיה#2/#: |
| 4853 | | Ex 1:22M | /נקבה תקימון יתיה#2/#: |
| 4854 | | Ex 2:09 | אתתא ית טליא ואונקת יתיה: |
| 4855 | | Ex 2:10 | ואמרת ארום מן מיא שזבת יתיה: |
| 4856 | | Ex 4:24 | מן קדם ייי ובעה למקטל יתיה: |
| 4857 | | Ex 4:27 | בית מוקדשא דייי ונשק יתיה: |
| 4858 | | Ex 7:25 | ייי ית מיא דנהרא ואסי יתיה: |
| 4859 | | Ex12:08 | עם מרורין ייכלון יתיה: |
| 4860 | | Ex12:14 | לדריכון קיים עלם תחגון יתיה: |
| 4861 | | Ex13:13M | תתפרקון יתיה תתקטלון יתיה |
| 4862 | | Ex15:02M | אב{ו}<ה>תהון ונרוממה יתיה |
| 4863 | | Ex15:17M | ייי תרתין ידיך שכלליין יתיה |
| 4864 | | Ex15:17 | ייי תרתין ידך שכללי יתיה: |
| 4865 | | Ex15:25 | וסדרי דינין ותמן נסי יתי«ה»: |
| 4866 | | Ex17:04M | צעיר והינון רגמין יתיה#2/#: |
| 4867 | | Ex19:23 | למימר תחם ית טורא וקדש יתיה: |
| 4868 | | Ex20:02M | ואמר וכל ישרא' חזיין יתיה |
| 4869 | | Ex20:08 | ית יומא דשבתא למקד<ש>א יתיה: |
| 4870 | | Ex20:11 | ייי ית יומא דשבתא וקדש יתיה: |
| 4871 | | Ex20:25M | עברת פרזלא עלוי אפיסת יתיה |
| 4872 | | Ex20:25M | סייפך עלי ולא תפיס יתיה |
| 4873 | | Ex21:14 | תמן תסבון יתיה ותקטלון יתיה: |
| 4874 | | Ex21:19 | יתן ואגר אסיא דמאסי יתיה: |
| 4875 | | Ex22:09 | או ישתביי ולית דחמי יתיה: |
| 4876 | | Ex22:30M | תיכלון לבר עממיה תתנון יתיה |
| 4877 | | Ex25:38 | ומחתיתה דהב דכי יעבד יתיה: |
| 4878 | | Ex27:07M | \למטען יתה /למסבל יתיה#2/#: |
| 4879 | | Ex28:15 | טבא ובוץ שזיר תעבד יתיה: |
| 4880 | | Ex29:07 | ותריק על ראשיה ותרבי יתיה: |
| 4881 | | Ex29:36 | עלוי ותרבי יתיה למקדשא יתיה: |
| 4882 | | Ex30:01 | קטרתה אעין שטין תעבד יתיה: |
| 4883 | | Ex38:07 | בהון חליל דלוחין עבד יתיה: |
| 4884 | | Ex40:11 | כיורה וית בסיסיה ותקדש יתיה: |
| 4885 | | Lv 1:10 | דכר שלם מן מום יקרב יתיה: |
| 4886 | | Lv 3:06 | נקבה שלם מן מום יקרב יתיה: |
| 4887 | | Lv 8:11 | וית בסיס דידיה למקדשה יתיה: |
| 4888 | | Lv 8:12 | ורבי יתיה למקדשה יתיה: |
| 4889 | | Lv 8:31 | אהרן ובנוי יאכלון יתיה: |
| 4890 | | Lv 8:32 | ובלחמה בנורה תוקדון יתיה: |

|  |  |  |  |  |
|---|---|---|---|---|
| 4891 | Lv13:03 | ויחמי יתיה כהנא ויסאב | יתיה: | |
| 4892 | Lv13:35M | דאדכי /בתר די דכי | יתיה#2/: | |
| 4893 | Lv13:59M | למדכייה יתיה או למסאבה | יתיה | |
| 4894 | Lv14:43M | דאתטש/ישי{ב}<ע> | יתיה#2/: | |
| 4895 | Lv19:05 | לרעוה עליכון תיכסון | יתיה: | |
| 4896 | Lv19:33 | בארעכון לא תונון | יתיה: | |
| 4897 | Lv20:04 | פלחנה נכריה דלא למקטול | יתיה: | |
| 4898 | Lv20:22M | בגווה /למירות | יתיה#2/: | |
| 4899 | Lv21:15M | /הוא ייי דבממרי מקדש | יתיה#2/: | |
| 4900 | Lv21:23M | /הוא ייי דבממרי מקדש | יתיה#2/: | |
| 4901 | Lv22:27M | ואוחי רבייה למעבד | יתיה | |
| 4902 | Lv22:29 | לרעוה עליכון תכסון | יתיה: | |
| 4903 | Lv23:41 | בירחא שביעיה תחגון | יתיה: | |
| 4904 | Lv24:12 | ייי בהידין דינא מקטלין | יתיה: | |
| 4905 | Lv25:48 | ליה חד מן אחוי יפרוק | יתיה: | |
| 4906 | Nu 3:06 | אהרן כהנה ויש<מ>שון | יתיה: | |
| 4907 | Nu 6:09 | ביומא שביעי«ה» יספר | יתיה: | |
| 4908 | Nu 7:88 | דמדבחה מן בתר דרבי | יתיה: | |
| 4909 | Nu 9:03 | סידרי דינוי תעבדון | יתיה: | |
| 4910 | Nu 9:11 | ועם מרורין יאכלון | יתיה: | |
| 4911 | Nu18:13 | דידכי באנשי ביתך יאכל | יתיה: | |
| 4912 | Nu20:09 | ייי היך מה די פקד | יתיה: | |
| 4913 | Nu35:19 | די יארע יתיה הוא יקטול | יתיה: | |
| 4914 | Nu35:20M | בכמנה ומית/וקטל | יתיה#2/: | |
| 4915 | Nu35:21 | ית קטולה בזמנה די יארע | יתיה: | |
| 4916 | Nu35:33 | אלהין באדמה דמן דשפך | יתיה: | |
| 4917 | Dt 1:17 | תקרבון יתי לוותי ואשמע | יתיה: | |
| 4918 | Dt12:22 | מן קודשייה כחדה ייכלון | יתיה: | |
| 4919 | Dt18:18 | להון ית כל מה די אפקד | יתיה: | |
| 4920 | Dt19:12 | בידוי דתבע אדמא ויקטל | יתיה: | |
| 4921 | Dt20:05 | קרבה וגבר אחרן ישכליל | יתיה: | |
| 4922 | Dt20:06 | וגבר אחרן יפ«ר»ק | יתיה: | |
| 4923 | Dt20:20 | עד זמן דתכ{נ}<ב>שון | יתיה: | |
| 4924 | Dt21:01 | ברה לא אתודע מן קטיל | יתיה: | |
| 4925 | Dt21:07M | "חמון יתיה": דידן דשפך | יתיה | |
| 4926 | Dt22:03M | מניה /לך רשו למטמרה | יתיה#2/: | |
| 4927 | Dt22:18 | ההוא ית גברא וירדון | יתיה: | |
| 4928 | Dt22:27 | דמארשא ולית מן דמשיזיב | יתיה: | |
| 4929 | Dt23:17 | לאן דשפר לה לא תונון | יתיה: | |
| 4930 | Dt28:20M | אולפן אורייתי /שבקת | יתיה#2/: | |
| 4931 | Dt30:14 | פמיכון ובלבביכון למעבד | יתיה: | |
| 4932 | Dt32:16 | ובטעוותהון אכע{ו}<י>סו | יתיה: | |
| 4933 | Gn48:22 | לבושיה דאדם קדמיי נסב | יתיה | אברהם אבוי דאבה מן ידוי |
| 4934 | Ex16:34 | דפקד ייי ית משה ואצנע | יתיה | אהרן קדם שהדותא למטרה: |
| 4935 | Ex27:21 | פרכתה דעל שהדותא יסדר | יתיה | אהרן ובנוי מן רמשא עד |
| 4936 | Ex30:07 | ית בוציניתה יסדר | יתיה | אהרן: |
| 4937 | Lv24:03 | דסהדותה במשכן זמנה יסדר | יתיה | אהרן מן רמשה ועד צפרא קדם |
| 4938 | Gn25:09 | וקברו | יתיה | יצחק ו{ו}<י>שמעל בנוי |
| 4939 | Nu21:24 | ושיצי | יתיה | ישראל לפתגם דחרב וירתו ית |
| 4940 | Nu23:10 | במתל נבותה אן קטלין | יתיה | ישראל בחרבה מבשר הוא |
| 4941 | Ex 9:08 | כפיכון קטם דאתון ויזרוק | יתיה | משה לשמיא קדם פרעה: |
| 4942 | Ex 9:10 | וקמו קדם פרעה וזרק | יתיה | משה לשמיא והוה שיחנא עבד |
| 4943 | Gn35:29 | סאב ושבע יומין וקברו | יתיה | עשו ויעקב בנוי: |
| 4944 | Gn39:01 | הונחת למצרים וזבין | יתיה | פוטיפר שליטא דפרעה רב |
| 4945 | Gn 4:25 | חורן חלף הבל ארו' קטל | יתיה | קין: |
| 4946 | Dt 3:09 | ואמוריי הוון קריין | יתיה | שניר: |
| 4947 | Gn28:06 | ברך יצחק ית יעקב ושלח | יתיה | פדן ארם למסבה ליה מן תמן |
| 4948 | Gn37:35 | אחות על ברי לשאולה ובכה | יתיה | אבוי: |
| 4949 | Ex21:37 | יגנב תור או אימר ויכס | יתיה | או יזבן יתיה חמשה תורין |
| 4950 | Lv13:59 | או בכל מן משך לדכיה | יתיה | או לסאבותיה: |
| 4951 | Lv13:59M | למדכייה | יתיה | או למסאבה יתיה |
| 4952 | Lv25:49 | בשריה מן זרעיתה יפרוק | יתיה | או תארע ידיה ויתפרק: |
| 4953 | Lv25:49 | או בר אחוי דאבוי יפרוק | יתיה | או מן קריב בשריה מן זרעיתה |
| 4954 | Lv25:49M | או בריה דחביבה יפרוק | יתיה | או מן קריב{ה}<ת> בש' |
| 4955 | Nu35:20 | ואן בשנא ידחוך | יתיה | או טלק עלוי בכמנה ומית: |
| 4956 | Nu35:22 | בתכוף דלא בעיל דבבו דחף | יתיה | או טלק עלוי כל מן דהוא דלא |
| 4957 | Nu35:22M | דחף יתיה /בסנה דחף | יתיה#2/: | או טלק עלוי כל מן דהוא |
| 4958 | Dt22:02 | עמך עד זמן די יתבע | יתיה | אחוך ותחזר יתיה לה: |
| 4959 | Nu23:12 | מה די ישווי מימריה בפמי | יתיה | אטר למללה: |
| 4960 | Ex35:21 | לביה וכל די נדבת רוחה | יתיה | אייתון ית אפרשותא דייי |
| 4961 | Lv27:26 | דייי בבעירה לא יקדש גבר | יתיה | אין תור אין אימר לשמה דייי |
| 4962 | Ex15:02M | דן הוא אלהן ונשבחה | יתיה | אלה אבותהון ונרוממה |
| 4963 | Nu24:13 | דעתי ית מה די ימליל ייי | יתיה | אמלל: |
| 4964 | Lv22:09 | וימותון ביה ארום אפיסו | יתיה | אנה ייי דקדשית יתכון: |
| 4965 | Lv 7:30 | יתיה ית ניעה למנפה ניאה | יתיה | אנפ{ג}<ו> קדם ייי: |
| 4966 | Ex29:26 | די לאהרן ותניף | ית{הון}<יה> | אנפו קדם ייי ויהוי לך |
| 4967 | Gn39:04 | באפוי ושמש יתיה ומיני | יתיה | אפיטרופוס על ביתיה ועל |
| 4968 | Gn39:05 | והוה מן זמנא דמנא | יתיה | אפיטרופוס על ביתיה ועל כל |
| 4969 | Gn 2:03 | ית יומא שביעיא וקד' | יתיה | ארום בה הוא שבה שבה וניח |
| 4970 | Gn27:23 | ולא חכם | ית«י»ה | ארום הוון ידוי כידוי |
| 4971 | Gn45:03 | ולא יכלו אחוי למעני | יתיה | ארום אתבהלו מן קדמוי: |
| 4972 | Ex 2:02 | ועברת אתתא וילדת בר וחמת | יתיה | ארום טב הוא וטמרת יתה תלתא |
| 4973 | Lv13:11 | ויסאב יתה כהנא לא יטרוד | יתיה | ארום מסאב הוא: |
| 4974 | Lv21:08 | ותקדשון | יתיה | ארום ית לחם אלהכון אנון |
| 4975 | Dt 3:28 | יהושע ותוקף יתיה וזריז | יתיה | ארום הוא יעבר קדם עמא |
| 4976 | Dt 4:29M | ותשכחון/ותארעון | יתיה#2/ | ארום תתבעון יתיה בכל |
| 4977 | Dt19:06 | ארום יזדעזע לבביה ויארע | יתיה | ארום תסגי ל{א}<ה> אורחא |
| 4978 | Dt23:22 | אלהכון לא תשהון למשלמא | יתיה | ארום מתבע יתבע יתיה ייי |
| 4979 | Ex21:04 | אם רבוניה יסב | יתיה | אתה ותלד ליה בנין או בנן |
| 4980 | Dt 1:38 | קדמך הוא ייעול לתמן | יתיה | אתוקף ארום הוא יחסן יתה ית |
| 4981 | Nu10:29M | "ייי ...": מימריה דייי | יתיה | אתן לכון אתה עימן ונייטבה |
| 4982 | Nu15:36 | לבר מן משריתה ורגמו | יתיה | באבניה ומית היך מה די פקד |
| 4983 | Dt13:11 | ותירגמון | יתיה | באבניה וימות ארום בעא |
| 4984 | Lv24:23 | לבר מן משריתה ורגמו | יתיה | באבנייה ובני ישראל עבדו |
| 4985 | Dt15:17M | באדניה ובתרע /ותרצע | יתיה | באדנה#2/ בית דינה ויהווי |
| 4986 | Ex16:25 | ייי יומא הדין לא תשכחון | יתיה | באפי ברא: |
| 4987 | Ex 2:03 | בה ית טליא ושויית | יתיה | באפרה על גב נהרא: |
| 4988 | Gn50:26 | שנין וחנטו יתיה ושוון | יתיה | בארונא במצרים: |
| 4989 | Gn41:43 | וארכב | יתיה | בארתכא תניינתא דידיה והוון |
| 4990 | Lv 4:24 | על ראשה דצפירה ויכוס | י{ד}<ת>יה | באתרה די יכוס ית עלתה |
| 4991 | Dt12:18 | קדם ייי אלהכון תיכלון | יתיה | באתרה די יתרעי ייי אלהכון |
| 4992 | Ex12:11 | בידיכון ותיכלון | יתיה | בבהילו מאכס פסחא הוא קדם |
| 4993 | Gn39:20 | אדוניה דיוסף יתיה ושוי | יתיה | בבית חבושי' באתרא דחבישוי |
| 4994 | Gn 2:15M | דייי ית אדם ואצנע | יתיה | בגינתה למהווי#2/ פלח |
| 4995 | Gn 2:15 | ייי אלהים ית אדם ואשרי | יתיה | בגנתא דעדן למהוי פלח |
| 4996 | Dt 1:01 | די אעלתון בגווה וחפיתון | יתיה | בדהבא סנינה אמר במימריה |
| 4997 | Gn38:25 | דיוסף אחי ואצבעת | יתיה | בדמא דצפירא ואמרית ליעקב |
| 4998 | Ex12:07M | ית פיסחא בהון /אכלין | יתיה | בהון#2/: |

| | | | | |
|---|---|---|---|---|
| 4999 | Ex30:04 | לאתרין לאריחיה למטען | יתיה | בהון: |
| 5000 | Ex37:27 | לאתרין לאריחיה למטען | יתיה | בהון: |
| 5001 | Ex38:07 | על סטרוי דמדבחה למטען | יתיה | בהון חליל דלוחין עבד יתיה: |
| 5002 | Nu 4:09 | כל מני שמושה די ישמשון | יתיה | בהון: |
| 5003 | Ex29:05M | וית חושנא ותטכס | ליה/יתיה#2/ | בהמיינה דאפודה: |
| 5004 | Lv 8:07 | ויהב עלוי אפדה וזרז | יתיה | בהמיינה דאפודה וטכס יתיה |
| 5005 | Lv 8:07 | עלוי ית כו<ת>נתה ואסר | יתיה | בהמיינה ואלבש יתיה מעילה |
| 5006 | Dt18:22 | יתי הוא פתגמא די לא מלל | יתיה | בזידינו מליל יתיה נבייא לא |
| 5007 | Nu 9:03 | הדין ביני שמשתה תעבדון | יתיה | בזמניה ככל קיימוי וככל |
| 5008 | Nu28:02 | הוון זהירין למקרבה | יתיה | בזמניה: |
| 5009 | Gn37:20 | אתו ונקטול יתיה ונטלק | יתיה | בחד מן גוביא ונימר חיוותא |
| 5010 | Dt34:06 | וקברו | יתיה | בחילת' בארעהון דמואביי |
| 5011 | Ex 2:03 | ליה תיבו דגמי ושעיית | יתיה | בחימרא ובזיפתא ושויית בה |
| 5012 | Ex 2:12M | ומחא ית מיצראה וטמע | יתיה | בחלא |
| 5013 | Ex 2:12M | ומחא ית מצראה וטמע | יתיה | בחלא |
| 5014 | Nu 4:08 | דצבע זהורי טבה ויכסון | יתיה | בחפוי משך דססגון וישוון ית |
| 5015 | Nu 4:11 | לבוש {ח}<ד>תכלה ויכסון | יתיה | בחפוי משך דססגון ויכסון |
| 5016 | Gn31:23 | מהלך שבעה יומין וארע | יתיה | בטור גלעדה: |
| 5017 | Ex 4:27 | משה למדברא ואזל וארע | יתיה | בטור בית מוקדשא דייי ונשק |
| 5018 | Dt27:15 | עבד ידי אומן ולא ישוי | יתיה | בטמרה ומלווטייה הוון הפכין |
| 5019 | Dt27:15 | ייי עובד ידי אומן וישוי | יתיה | בטמרה ועניין כל עמא כחדה |
| 5020 | Dt19:12 | ית«י»ה מן תמן וימסרון | יתיה | בידוי דתבע אדמא ויקטל |
| 5021 | Dt 3:02M | יתיה לדרייה דהוא מסר | יתיה | בידי בנוי |
| 5022 | Dt 2:30 | ית לבביה מן בגלל למסור | יתיה | בידיכון ביומא הדין: |
| 5023 | Gn43:21 | כספינן במתקליה וחזרנן | יתיה | בידנא: |
| 5024 | Lv 8:07 | בהמיינה דאפודה וטכס | יתיה | ביה: |
| 5025 | Lv 5:24 | עלוי למן הוא דידיה יתן | יתיה | ביומא די אתחייב: |
| 5026 | Lv13:06 | ויחמי כהנא | יתיה | ביומא שביעיה זמן תנינות |
| 5027 | Dt21:23 | קיסה ארום מקבר תקברון | יתיה | ביומה ההוא ארום ליט קדם |
| 5028 | Ex30:18 | דידה דנחש לקדוש ותשוי | יתיה | בין משכן זמנא ובין מדבחא |
| 5029 | Lv27:12 | ויעלי כהנה | יתיה | בין טב ובין ביש כעלויה |
| 5030 | Ex29:39 | וית אמרא תנינא תקרבון | יתיה | ביני שמשתא: |
| 5031 | Nu28:04 | וית אמרא תנינא תקרבון | יתיה | ביני שמשתה: |
| 5032 | Nu28:08 | וית אמרא תנינא תקרבון | יתיה | <ביני> שמשתה כמנחתה דאמר |
| 5033 | Ex12:44 | דגבר זבין כספא ותגזרון | יתיה | בכדין יהווי כשר למיכל מנה: |
| 5034 | Ex16:21 | ולקטו | יתיה | בכל צפר וצפר גבר כפם |
| 5035 | Nu18:31 | ותיכלון | יתיה | בכל אתר אתון ואינשי בתיכון |
| 5036 | Dt 4:29 | ותשכחון ארום תתבעון | יתיה | בכל לבביכון ובכל נפשיכון: |
| 5037 | Ex21:14 | גבר על חבריה למקטל | יתיה | בכמנא אפילו אין הוא כהנא |
| 5038 | Ex20:02 | קיימא וכל ישראל חזיין | יתיה | בכן הוה צווח ואמר עמי בני |
| 5039 | Lv 1:17 | ויתלע | יתיה | בכנפוי לא יפרש ויסדר כהנא |
| 5040 | Ex18:18 | פתגמא לית את יכיל למעבד | יתיה | בלחודך: |
| 5041 | Dt 6:16M | קדמוי בניסיונה\ | /יתיה | במי מצותה#2/: |
| 5042 | Dt33:08 | יתיה וקם בנסיונה ובדקת | יתיה | במי דיינייה ואשתכח מהימן: |
| 5043 | Gn50:13 | בנוי לארעא דכנען וקברו | יתיה | במערת חקל כפילא די זבן |
| 5044 | Nu35:25 | די ימות כהנה רבא <ד>רבי | יתיה | במשחה דבית קודשה: |
| 5045 | Gn50:13 | ואובילו | יתיה | בנוי לארעא דכנען וקברו |
| 5046 | Lv 3:05 | ויסדרון | יתיה | בנוי דאהרן על גבי מדבחא |
| 5047 | Dt 9:21 | ית טעוון נסבת ואוקדת | יתיה | בנורא ואכתת יתיה זקיק |
| 5048 | Dt31:29 | שפר ותקן קדם ייי למכעסה | יתיה | בעבד ידיכון: |
| 5049 | Lv17:13 | וישפוך ית אדמיה ויכסי | יתיה | בעפרא: |
| 5050 | Gn 3:15 | תהוי מתכוין ונכת | יתיה | בעקבה וממרע יתיה ברם לבריה |
| 5051 | Nu13:23 | וסגולה דענבין חד וטענו | יתיה | בקופה בתרין וכן מן רמונייה |
| 5052 | Dt14:28 | מעשר מסכינייה ותצנעון | יתיה | בקורייכון: |
| 5053 | Gn 3:15 | ונכת יתיה בעקבה וממרע | יתיה | ברם לבריה יהוי אסו ולך |
| 5054 | Gn 4:26M | בפולחנא נוכראה ולמכניה | יתיה | בשם ממ<רה דייי> |
| 5055 | Lv 3:02 | על ראש קרבניה ויכוס | יתיה | בתרע משכן זמנא ויזרקון |
| 5056 | Gn37:15 | והא הוא טעי בחקלא ושאל | יתיה | גברא למימר מה את בעי: |
| 5057 | Dt28:38 | וקליל תכנשון ארום יקרסם | יתיה | גובה: |
| 5058 | Ex25:11 | ותחפי | יתיה | דהב דכי מן גיו ומן בר תחפי |
| 5059 | Ex25:24 | ותחפי | יתיה | דהב דכי ותעביד ליה כליל |
| 5060 | Ex28:15 | אומן כעבדה דאפדה תעבד | יתיה | דהב תכלה וארגון וצבע |
| 5061 | Ex30:03 | ותחפי | יתיה | דהב דכי אגרוי וית כתלוי |
| 5062 | Ex37:02 | וחפי | יתיה | דהב דכי מן לגו ומן לבר |
| 5063 | Ex37:11 | וחפי | יתיה | דהב דכי {מן לגו ומן לבר} |
| 5064 | Ex37:26 | וחפי | יתיה | דהב דכי ית איגרוי וית |
| 5065 | Ex22:30 | לנכרייה בר עממיא תטלקון | יתיה | דהוא מדמי לכלבא: |
| 5066 | Dt15:03 | בר עממיא את רשיי למדחק | יתיה | דיהווי לך גב אחוך עברייה |
| 5067 | Dt25:02 | למלקה חייבה וירבע | יתיה | דיינה וימחי יתיה קדמוי |
| 5068 | Gn35:09 | דאבילה ברכת יתיה ונחמת | יתיה | דכן כתב{ת}<ה> מפרש ואמר |
| 5069 | Gn 1:27 | בדמו מן קדם ייי ברה | יתיה | דכר וזוגיה ברא יתהון: |
| 5070 | Dt12:22 | ודאיילה כדן תיכלון | יתיה | דמרחק מן קודשייה ודדכי מן |
| 5071 | Dt15:22 | בקורייכון תיכלון | יתיה | דמרחק מן קדשיה ודדכי כחדה |
| 5072 | Ex 4:23 | קדמיי וסרבת למשלחא | יתיה | הא אנה קטל ית ברך בוכרך: |
| 5073 | Nu35:19 | ית קטולה בזמנה די יארע | יתיה | הוא יקטול יתיה: |
| 5074 | Dt19:05 | ויארע ית חבריה ויקטל | יתיה | הוא יעריק לחדה מיקרייתה |
| 5075 | Gn37:04 | וחמון אחוי ארום | יתיה | הוה רחים אבוהון מן כל אחוי |
| 5076 | Ex12:42 | ייי על עלמא למבריה | יתיה | הוה עלמא תהו ובהו וחשוכא |
| 5077 | Ex27:08 | חלול לוחין תעבד | יתיה | היך <אחמית> יתך בטורא כדן |
| 5078 | Dt 3:06M | ושיצינן | יתהון/יתיה#2/ | היך מה די עבדנן |
| 5079 | Dt 5:12 | ית יומא דשבתה למקדשה | יתיה | היך מה די פקד יתכון ייי |
| 5080 | Gn 7:16 | עלו היך מה דפקד ייי | יתיה | ואגן ייי ברחמוי טבייה |
| 5081 | Dt31:14 | ואתעתדו במשכן זמנא ופקד | יתיה | ואזל משה ויהושע ואתעתדו |
| 5082 | Gn50:21 | חד ולא יכילין למעקר | יתיה | ואי' איפשר כוכב חד יכיל |
| 5083 | Lv27:33 | בין טב לביש ולא יפרג | יתיה | ואין מפרגה יפרג יתיה ויהוי |
| 5084 | Gn 3:13 | ואמרת אתתא חויה אשלי | יתיה | ואכלת: |
| 5085 | Gn14:19 | ובריך | יתיה | ואמר בריך הוא אברם קדם |
| 5086 | Gn27:27 | ית ריח לבושוי וברך | יתיה | ואמר חמון ריחה דברי כריח |
| 5087 | Gn28:01 | ליעקב וברך יתה ופקד | יתיה | ואמר ליה לא תסב אתה מן |
| 5088 | Ex 1:16 | אן בר דכר הוא תקטלון | יתיה | ואן ברא נקבה היא ותיחי: |
| 5089 | Nu35:23 | אבן די ימות בה דלא חמה | יתיה | ואפל עלוי ומית והוא לא הוה |
| 5090 | Dt25:18 | ודבית עמלק קטלין | יתיה | ואתון עמי בני ישראל |
| 5091 | Gn33:04 | ורהט עשו לקדמותה וגפף | יתיה | ואתרכן על צווריה ונשק יתה |
| 5092 | Gn46:29 | ישראל אבוי לגשנה וחמה | יתיה | ואתרכן על צואריה ובכה על |
| 5093 | Ex16:26 | שיתא יומין תלקטון | יתיה | וביומא שביעיא שבתא לא יהוי |
| 5094 | Lv22:27 | לעלה על גבי מדבחה ופדה | יתיה | וברחמוי טבייה וזמן בנוי |
| 5095 | Gn35:09M | איתגליית עלוי ונחמת | יתיה | וברכתה דאבלייה ברכת יתיה |
| 5096 | Dt25:18 | ה{ה}<וו>ה עננא פלט | ית«י»ה | ודבית עמלק קטלין יתיה |
| 5097 | Nu27:22 | משה היך מה די פקד ייי | יתיה | ודבר ית יהושע ואקים יתיה |
| 5098 | Ex20:02 | וחזר וכל ישראל חמיין | יתיה | ודחלין והוה חזר ומתחקק על |
| 5099 | Ex20:03 | וחזר וכל ישראל חמיין | יתיה | ודחלין והוה חזר ומתחקק על |
| 5100 | Ex20:02M | וכל ישרא' חמיין | יתיה | ודחלן והוה חזר |
| 5101 | Lv16:32 | כהנא די {דכי} ^רבי#2^ | יתיה | ודי ישלם ית קרבן ידוי |
| 5102 | Ex32:24 | לכון} <למן> דהבא פרקו | יתיה | והבו יתיה לי{ה} ואשלכהו |
| 5103 | Nu35:23M | ואפל עלוי ומית/וקטל | יתיה#2/ | והוא לא הוה שני ליה ולא |
| 5104 | Nu21:09M | חווי דנחש ושווי | יתיה | והווה כל מן דהווה מנכית |
| 5105 | Nu28:02 | הלא אשתא היא דאכלה | יתיה | והיא מתקבל מנכון קדמי לריח |
| 5106 | Lv22:27M | מן תבשילוי וחמר אשקי | יתיה | וזכה למקבלה סדר ברכתה מן |

|  |  | | | |
|---|---|---|---|---|
| 5107 | Dt 3:28 | ופקד ית יהושע ותוקף | יתיה | וזריז יתיה ארום הוא יעבר |
| 5108 | Nu 1:50 | כל מנוי ואינון ישמשון | יתיה | וחזור חזור למשכנה ישרון: |
| 5109 | Nu 9:16 | יהוי בתדירה עננה יכסי | יתיה | וחזיו אשא אכלה אשא בליליה: |
| 5110 | Gn37:24 | ונסבו | יתיה | וטלקו לגובא וגובא הווה |
| 5111 | Lv13:56 | כהה מכתשה מן בתר דחור | יתיה | ויבזע יתיה מן לבושיה או מן |
| 5112 | Dt17:07 | ביה בקדמיתה למיקטל | יתיה | וידי כל עמא באחרייתה |
| 5113 | Dt13:10 | ביה בקדמיתה למקטלה | יתיה | וידיהון דכל עמא באחריתה: |
| 5114 | Ex12:48 | בכדן יהוי כשר למעבד | יתיה | ויהוי כיציביא דארעא וכל |
| 5115 | Ex29:37 | תכפר על גבי מדבחא ותקדש | יתיה | ויהוי מדבחא קדש קדשין כל |
| 5116 | Lv27:33 | יתיה ואין מפרגה יפרג | יתיה | ויהוי הוא ופירוגיה יהווי |
| 5117 | Lv15:13M | לדכאותיה/למדכייה | יתיה#2/ | ויחוור לבושוי ויסחי |
| 5118 | Nu21:08M | דמתנוכת מן חוויה ויחמי | יתיה | ויחי#2/: |
| 5119 | Dt20:05 | דבנה בית חדת ולא שכליל | יתיה | {ו}<י>יזיל ויחזור לבייתיה |
| 5120 | Dt14:21M | בקורייכון תתנון | יתה/יתיה#2/ | ויכלון יתה או מזבנה |
| 5121 | Ex22:09 | או אימר וכל בעיר למנטרה | יתיה | וימות או יתבר או ישתביי |
| 5122 | Ex14:16 | ית ידך על ימא ובזע | יתיה | ויעלון בני ישראל בגו ימא |
| 5123 | Ex21:33 | יחפר גבר גוב ולא יכסה | יתיה | ויפל תמן תור או חמור: |
| 5124 | Lv16:19 | באצבעה שבעה זמנין וידכי | יתיה | ויקדש יתיה מן סאובתהון |
| 5125 | Lv 7:12 | אן על אודיה יקרב | יתיה | ויקרב על נכסת קדשיה חלין |
| 5126 | Lv14:07 | שובעה זימנין וידכי | יתיה | וישלח ית צפרה חייתה לאפי |
| 5127 | Ex40:13 | ותרבי יתיה ותקדש | יתיה | וישמש קדמיי בכהונתה רבתה: |
| 5128 | Ex21:16 | ומן די יגנב גבר ויזבן | יתיה | וישתכח בידיה מתקטלא |
| 5129 | Lv13:07M | יתה לכהנה למדכייה | יתיה | וית' |
| 5130 | Gn12:20M | \ועל/ רברבין ושלחו | יתיה | וית אתתיה וית כל מה דאית |
| 5131 | Lv 1:01 | ית משכנה ורבי יתיה וקדש | יתיה | וית כל מנוי וית מדבחה וית |
| 5132 | Lv 8:31 | משכן זימנה ותמן תאכלון | יתיה | וית לחמה די בסלה דאשלמותה |
| 5133 | Lv20:05 | {ובזרעייתיה ואישיצי} | יתיה | וית כל {{דטעין}} בתרי' |
| 5134 | Lv20:14 | מרחקה היא בנורא תוקדון | יתיה | וית תריהון ולא תהוי זנו |
| 5135 | Nu 4:10 | ויתנון | יתיה | וית כל מניה לגו חפוי משך |
| 5136 | Nu 7:01 | משכנה ורבי יתיה וקדיש | יתיה | וית כל מנוי <....> ורבי |
| 5137 | Nu21:34 | ארום בידך מסרית | יתיה | וית כל עמיה ^וית ארעיה#2^ |
| 5138 | Nu21:35 | ושצון | יתיה | וית בנוי וית כל עמיה עד די |
| 5139 | Dt 2:33 | אלהן קדמינן וקטל{י}}נן | יתיה | וית <בנוי> וית כל עמיה: |
| 5140 | Dt 3:02 | מנה ארום בידך מסרית | יתיה | וית כל עמיה וית ארעיה |
| 5141 | Dt19:06 | ל{א}<ה> אורחא ויקטל | יתיה | ויתחייב בנפשה ולה לית סדר |
| 5142 | Dt19:11 | לה ויקום עלוי ויקטול | יתיה | ויתחייב בנפשיה ויערוק {מן} |
| 5143 | Ex21:29 | במרוי ולא ינטרון | יתיה | ויתקטל גבר או אתה תורא |
| 5144 | Dt24:07 | ויתג{ב}ר בה ויזבן | יתיה | ויתקטל גנבה ההוא ותבערון |
| 5145 | Ex 1:22 | ליהודייא בנהרא תטלקון | יתיה | וכל ברא נוקבא תקיימון: |
| 5146 | Ex13:13 | לא תפרקון יתיה תקטלון | יתיה | וכל בכורי בני אנש«א» |
| 5147 | Gn35:09M | דאבילא ברכת יתיה ונחמת | יתיה | וכן כתבא מפר' ואמ' |
| 5148 | Ex20:03 | קיימא וכל ישראל חזיין | יתיה | וכן הוון צווח ואמר עמי בני |
| 5149 | Ex 4:25 | בעא למגזור וחמוי לא שבק | יתיה | וכפר כען אדם גזירתה הדא על |
| 5150 | Gn37:04 | אבוהון מן כל אחוי וסנין | יתיה | ולא יכלין לממללה עמיה מלין |
| 5151 | Dt21:18 | ובקלה דאימיה וירדון | יתיה | ולא ישמע להון: |
| 5152 | Gn27:37 | ועבור וחמר סמכ<'> | יתיה | ולך מן כדון מה אעבד ברי: |
| 5153 | Dt21:05M | למשמשה/לשמ'#2/ | קדמוי/יתיה#2/ | ולמברכה בשם ממריה |
| 5154 | Lv22:23 | יתיר אבר נסיבה תפרשון | יתיה | ולנדר לא יתקבל ברעווה: |
| 5155 | Ex27:03 | {דידי}<דודו>תא למדשנא | יתיה | ומגרופיתא ומזריקוי ומשליתא |
| 5156 | Gn39:04 | חן וחסד באפוי ושמש | יתיה | ומיני יתיה אפיטרופוס על |
| 5157 | Nu35:17 | מלא ידא די ימות בה מחת | יתיה | ומית קטול הוא מתקטלה יתקטל |
| 5158 | Nu35:18 | מלא ידה די ימות בה מחה | יתיה | ומית קטול הוא מתקטלה יתקטל |
| 5159 | Gn 9:05 | אתבע מלות כל חיא אתבע | יתיה | ומלות בר נשא ומלוות אחוי |
| 5160 | Ex21:13M | /כוי{ו}<ן> למ<מ>חי' | יתיה#2/ | ומן קדם ייי ארעת חובתה |

|  |  | | | |
|---|---|---|---|---|
| 5161 | Dt31:16 | לתמן ביניהון ושבקין | יתיה | ומפסין ית קיימי דקיימת |
| 5162 | Dt22:26 | גבר על חבריה ויקטול | יתיה | ומ«ת»חייב בנפשיה כדן הוא |
| 5163 | Gn37:20 | ונימר חיוותא בשתא אכלת | יתיה | ונחמי מה יהווי בסופהון |
| 5164 | Gn35:09M | וברכת' דאבילא ברכת | יתיה | ונחמת יתיה וכן כתבא מפר' |
| 5165 | Gn35:09 | יתה ברכת דאבילה ברכת | יתיה | ונחמת יתיה דכן כתב{ת}<ה> |
| 5166 | Gn45:27 | עגלתא דשלח יוסף למטען | יתיה | ונחת רוחיה דיעקב אבוהון: |
| 5167 | Gn37:20 | וכדון אתו ונקטול | יתיה | ונטלק יתיה בחד מן גוביא |
| 5168 | Ex34:04 | דסיני היך מה דפקד | יתיה | ונסב בידיה תרין לווחין |
| 5169 | Ex 2:03 | ולא יכלת תוב למטמרה | יתיה | ונסבת ליה תיבו דגמי ושעיית |
| 5170 | Gn37:21 | מן ידיהון ואמר לא נקטול | יתיה | ונתחייב בנפשיה: |
| 5171 | Gn17:20 | הא ברכת יתה ותוקפת | יתיה | וסגית יתיה לחדא לחדא |
| 5172 | Gn37:35 | בנוי וכל בנתיה למנחמה | יתיה | וסרב למתנחמה ואמר ארום |
| 5173 | Dt26:05M | לבן ארמייה למקטול | יתיה | וערק ונחת למצריימה |
| 5174 | Lv22:27 | ויהב לרביה ואוחי למעבד | יתיה | ופטירין אפה ואייכל למלאכין |
| 5175 | Dt 9:20 | דייי עליכון למישציה | יתיה | וצליית ובעית רחמין לחוד |
| 5176 | Nu 7:01 | ית משכנה ורבי | יתיה | וקדיש יתיה וית כל מנוי |
| 5177 | Lv 1:01 | למקמה ית משכנה ורבי | יתיה | וקדש יתיה וית כל מנוי וית |
| 5178 | Dt33:08 | גברא חסידה די נפית | יתיה | וקם בנסיונה ובדקת יתיה במי |
| 5179 | Nu 7:10 | חנכת מדבחה ביומא דרבי | יתיה | וקריבו רברבני ית קרבניהון |
| 5180 | Ex18:07 | חמוי ושאל בשלמיה ונשק | יתיה | ושאלו גבר לחבריה מלין דשלם |
| 5181 | Gn50:26 | בר מאה ועשר שנין וחנטו | יתיה | ושוון יתיה בארונא במצרים: |
| 5182 | Gn39:20 | ונסב אדוניה דיוסף | יתיה | ושוי יתיה בבית חבושי' |
| 5183 | Gn32:09 | לחדא משריתא ויקטו«ל» | יתיה | ותהוי משריתה דמשת{ר}יי<ר>ה |
| 5184 | Ex25:11 | דכי מן גיו ומן בר תחפי | יתיה | ותעבד ליה כליל דדהב חזר |
| 5185 | Dt22:02 | לוותך ולית את חכים | יתיה | ותעיל יתיה לגו בייתך |
| 5186 | Ex40:13M | בכהונתה רבתה /ותרבי | יתיה | ותקדש יתי וישמש ית'#2/: |
| 5187 | Ex40:13 | בית קודשה^ ותרבי | יתיה | ותקדש יתיה וישמש קדמיי |
| 5188 | Ex21:14 | מדבחי מן תמן תסבון | יתיה | ותקטלון יתיה: |
| 5189 | Dt21:21M | ותבערון עבדי /ויקטלון | יתיה | ותשצון עב'#2/ בישתה |
| 5190 | Nu15:39 | לכון למצנפן ותחמון | יתיה | ות{ת}<ד>כרון ית כל מצוותה |
| 5191 | Dt 9:21 | ואוקדת יתיה בנורא ואכתת | יתיה | זקיק טבאות עד די עבד עפרה |
| 5192 | Ex12:14 | לכון לדוכרן טב ותחגון | יתיה | חגא קדם ייי לדריכון קיים |
| 5193 | Lv23:41 | ותחגון | יתיה | חגה קדם ייי שבעה יומין בכל |
| 5194 | Nu11:08 | ^ברחיה#2^ ועבדין | יתיה | חורדן והוה טעמיה כטעם |
| 5195 | Gn27:27 | הוֹא טורא ברך | יתיה | חי וקיים כל עלמי«א»: |
| 5196 | Dt28:42M | יתהון חלזונה /וגמר | יתיה | חילנונה#2/: |
| 5197 | Ex21:27 | אמהתיה יתר לחירות ישלח | יתיה | חלף שניה: |
| 5198 | Gn19:34 | שמשת ברמשא עם אבא נשקי | יתיה | חמר אף ליליא הדין ועולי |
| 5199 | Ex21:37 | אימר ויכס יתיה או יזבן | יתיה | חמשה תורין ישלם תחות תורא |
| 5200 | Ex12:11 | וכהדין סדרא תיכלון | יתיה | חרציכון אסירין מסניכון |
| 5201 | Lv27:10 | לא ישל<ח>ף | יתיה | טב בביש או ביש בטב ואן |
| 5202 | Dt13:10 | ארום מקטל תקטלון | יתיה | ידיכון ישלטון ביה בקדמיתה |
| 5203 | Lv14:46 | ביתה כל יומין די יטרוד | יתיה | יהוי מסאב עד רמשא: |
| 5204 | Ex16:25 | ואמר משה אכלו | יתיה | יומא דין ארום שבתא יומא |
| 5205 | Dt20:06M | \אפריק פירוי יזיל /פרק | יתיה | יזל#2/ ויחזור לבייתיה |
| 5206 | Gn 3:22 | הא אדם קדמיה דברית | יתיה | יחידיי בעלמא היך מה דאנא |
| 5207 | Gn 3:23 | וטרד | יתיה | ייי אלהים מן גנתה דעדן |
| 5208 | Gn 6:22 | ועבד נח כל מה דפקי' | יתיה | ייי כדין עבד: |
| 5209 | Gn 7:05 | נח כל מ{ן}<ה> די פקד | יתיה | ייי: |
| 5210 | Gn21:04 | תמניה יומין היך מה דפקד | יתיה | ייי: |
| 5211 | Gn25:21 | ארום עקרה הוות וענה | יתיה | ייי ועברת רבקה אתתיה: |
| 5212 | Gn26:12 | מאה שערין דגנין וברך | יתיה | ייי: |
| 5213 | Gn41:51 | דבכורה מנשה ארום נשי | יתיה | ייי ית כל עמלי וית כל |
| 5214 | Ex 4:28 | ית כל פתגמיא דייי דשלח | יתיה | ייי <....>: |

| | | | | |
|---|---|---|---|---|
| 5215 | Ex19:07 | פתגמיא האיליין די פקד | יתיה | ייי: |
| 5216 | Dt 2:33 | ומסר | יתיה | ייי אלהן קדמינן |
| 5217 | Dt 4:03 | טעוותה פעור <...> שיצי | יתיה | ייי אלהכון מביניכון: |
| 5218 | Dt23:22 | יתיה ארום מתבע יתבע | יתיה | ייי אלהכון מן לוותכון דלא |
| 5219 | Dt29:20 | ויפרש | יתיה | ייי לבישתה מן כל שבטיה |
| 5220 | Ex 3:02M | "מלאכא ... אשא": | יתיה | יקר שכינתיה דייי עלוי |
| 5221 | Lv17:14 | <בשר> אדמה הוא כל דיאכל | יתיה | ישתיצא: |
| 5222 | Lv 7:30 | ית תרבה על ניעה ייתי | יתיה | ית ניעה למנפה ניאה יתיה |
| 5223 | Lv13:31M | וארום יחמי כהנא | \יתיה#2#/ | ית מכתשה דנ{ק}ת<ק>ה |
| 5224 | Lv13:57 | מהלכה היא בנורא תוקדון | יתיה | ית מנה דבי מכתשה: |
| 5225 | Lv19:06 | ביומא דתיכסון | יתיה | יתאכל וביום' תליתייה ומה |
| 5226 | Gn44:08 | בפום טעונינן חזרנן | יתיה | {יתיה} לוותך בקדמיתא מן |
| 5227 | Dt12:15 | מן קודשיה כחדה יאכלון | יתיה | כבשרה דטביה |
| 5228 | Dt15:22 | קדשיה ודדכי כחדה תאכלון | יתיה | כבשרה דטביה ודאיילה: |
| 5229 | Ex20:02M | ואמר וכל ישראל חזין | יתיה | כד הוה צווח ואמר עמי בני |
| 5230 | Ex40:16 | ועבד משה כל מה דפקד ייי | יתיה | כדין עבד: |
| 5231 | Nu17:26 | משה היך מה די פקד ייי | יתיה | כדן עבד: |
| 5232 | Lv 1:15 | ויקרב | יתיה | כהנא על גבי מדבחה ויעזם ית |
| 5233 | Lv 1:17M | יפרש ויסדר \כהנא יתיה | /יתיה | כהנא#2#/ על גבי מדבחה על |
| 5234 | Lv13:03 | מכת«ש» צרעה היא ויחמי | יתיה | כהנא ויסאב יתיה: |
| 5235 | Lv13:05 | ויחמי | יתיה | כהנא ביומא שביעיה והא |
| 5236 | Lv13:05 | הלך מכתשה במשכה ויסרוד | יתיה | כהנא שבע' יומין זמן |
| 5237 | Lv13:06 | הלך מכתשה במשכא וידכי | יתיה | כהנא קלפה היא ויחוור |
| 5238 | Lv13:17 | ויחמי | יתיה | כהנא והא אתהפך מכתשה לחוור |
| 5239 | Lv13:21 | משכה והיא כהיה ויסרוד | יתיה | כהנא שבעה יומין: |
| 5240 | Lv13:22M | \כהנא יתיה מכתשא | /יתיה | כהנא מכתש#2# הוא: |
| 5241 | Lv13:23 | שומה שחנה היא וידכי | יתיה | כהנא: |
| 5242 | Lv13:25 | ויחמי | יתיה | כהנא והא אתהפך שער חוור |
| 5243 | Lv13:25 | היא בכוותיה הלכת ויסאב | יתיה | כהנא צרעה היא: |
| 5244 | Lv13:26 | ואם יחמי | יתיה | כהנא והא לית בבהקיתה שער |
| 5245 | Lv13:27 | ויחמי | יתיה | כהנא ביומא שביעיה אין |
| 5246 | Lv13:28 | שומת כוותיה היא וידכי | יתיה | כהנא ארום שומת כוותיה היא: |
| 5247 | Lv13:30 | שער מצלהב דקיק ויסאב | יתיה | כהנא נתקה הוא צרעתה ראשה |
| 5248 | Lv13:34 | מכיך מן {מ}משכא וידכי | יתיה | כהנא ויחוור לבושוי וידכי: |
| 5249 | Lv13:37 | נתקא דכי הוא וידכי | יתיה | כהנא: |
| 5250 | Lv13:44 | מסאב הוא מסאבה יסא«ב» | יתיה | כהנא בראשה מכתשה: |
| 5251 | Lv13:08 | הלכת קלפתה במשכה ויסאב | יתיה | כהנה: |
| 5252 | Lv13:26 | משכה והיא כהיה ויסרוד | יתיה | כהנה שבעה יומין: |
| 5253 | Lv27:14 | ובין ביש היך מה די יעלי | יתיה | כהנה כדן יקום: |
| 5254 | Lv19:34 | דמתגייר ביניכון ותרחמון | יתיה | כוותכון ארום גיורין |
| 5255 | Gn 4:15 | לקין סימן דלא יקטול | יתיה | כל מן די יארע יתיה: |
| 5256 | Ex12:06 | יומין לירחא הדין ויכסון | יתיה | כל קהל כנישתא דבני ישראל |
| 5257 | Lv24:14 | ידיהון על ראשה וירגמון | יתיה | כל עמה דכנשתה: |
| 5258 | Lv24:16 | יתקטל מרגם ירגמון | יתיה | כל עם כנשתה כגיורייה |
| 5259 | Nu18:10 | בבית קדש קדשיה תאכל | יתיה | כל דכורה יאכל יתיה קדש |
| 5260 | Nu18:10M | /בקדש קדשיה תיכל | יתיה#2#\ | כל דכורה יאכל יתיה קדש |
| 5261 | Dt21:21 | וירגמון | יתיה | כל עמא דקרתה באבנייה וימות |
| 5262 | Dt12:16M | על ארעא תשפכון | \יתיה#2#/ | כמיא: |
| 5263 | Dt12:24 | יתיה על ארעא תשפכון | יתיה | כמיא: |
| 5264 | Dt15:23 | תיכלון על ארעא תשפכון | יתיה | כמיא: |
| 5265 | Lv 9:16 | וקרב ית עלתה וקרב | יתיה | כסדר דינה: |
| 5266 | Gn48:22 | ידוי דנמרוד רשיעא ויהב | יתיה | ליצחק אבה ויצח«ק» אבה |
| 5267 | Lv16:10 | ייי למכפרה עלוי למשלחה | יתיה | לעזאזל למדברה: |
| 5268 | Gn48:22 | אבה ויצח«ק» אבה יהב | יתיה | לעשו אחוי ואנה נסבת יתיה |
| 5269 | Dt 1:02M | מהלכין ארבעין /והלכתון | יתיה | לא#2#\ שנין: |
| 5270 | Lv 7:18 | לא יתקבל ברעוה מן דמקרב | יתיה | לא יתחשב לה פסיל יהווי |
| 5271 | Dt 4:42 | ידע והוא לא הוה סני | יתיה | לא מן דאתמל ולא מן דקדמוי |
| 5272 | Dt19:04 | בלא ידע והוא לא הוה סני | יתיה | לא מן דאתמול ולא מן |
| 5273 | Dt19:06 | ארום ל{ה}<א> הוה סני | יתיה | לא מן דאתמל ולא מן דקדמוי: |
| 5274 | Dt25:03 | ארבעין ימחי | יתיה | לא יוסף דלא יוסף לממחי |
| 5275 | Gn45:08 | להכא ארום אלהן ייי ושוי | יתיה | לאבא {לא} לפרעה ולרבון לכל |
| 5276 | Gn37:09 | תוב זמן תניינות ותני | יתיה | לאחוי ואמר הא חלמת חלם תוב |
| 5277 | Ex 4:03 | טלק ית{א}<ה> לארעא וטלק | יתיה | לארעא והוי לחוי וערק משה |
| 5278 | Lv14:12 | כהנא ית אמרה חדתה ויקרב | יתיה | לאשמה וית לוגה דמשחה ויניף |
| 5279 | Ex36:02 | ייי חכמה בלבה כל די נדב | יתיה | לבה למקרבה לעבידתה למיעבד |
| 5280 | Ex25:02 | מן לוות כל גבר די ידוב | יתיה | לביה תקבלון ית אפרשותיה: |
| 5281 | Ex35:21 | ואתון כל גבר די נדב | יתיה | לביה וכל די נדבת רוחה יתיה |
| 5282 | Ex35:22 | סמיך לנשיא כל די נדב | יתיה | לביה אייתי{ן}<ו> קטלין |
| 5283 | Nu22:41 | ודבר בלק ית בלעם ואסק | יתיה | לבמתה דבעלה וחמא מן תמן |
| 5284 | Dt14:21 | יתה או מזבנה תזבנון | יתיה | לבני עממיא ארום עם קדישין |
| 5285 | Gn19:16 | עלוי ואפקו יתה ואצנעו | יתיה | לבר מן קרתא: |
| 5286 | Ex33:07 | ומשה נסב ית משכנא ופרס | יתיה | לבר מן משרית' רחיק מן |
| 5287 | Gn15:05 | ואפק | יתיה | לברה ואמר אסתכל כען לשמיא |
| 5288 | Ex 2:10 | ורבה טליא ואיתת | יתיה | לברתיה דפרעה והוה לה לבר |
| 5289 | Dt22:02 | ולית את חכים יתיה ותעיל | יתיה | לגו בייתך ויהווי עמך |
| 5290 | Gn37:22 | לא תשפכון אדם זכיי טלקו | יתיה | לגובא הדין די במדברא וידא |
| 5291 | Lv25:30 | דלה שור לחלטו למן דזבן | יתיה | לדרוי לא יפוק ביובילה: |
| 5292 | Dt 3:02M | מן בגלל למחווייה | יתיה | לדרייה דהוא מסר יתיה בידי |
| 5293 | Ex23:04 | חמריה טעון מחזרא תחזר | יתיה | לה: |
| 5294 | Dt22:02 | די יתבע יתיה אחוך ותחזר | יתיה | לה: |
| 5295 | Dt25:05 | יבמה יזדמן לוותה ויסב | יתיה | לה לאיתה ויבם יתה: |
| 5296 | Gn37:22 | יתיה מן ידיהון למחזרה | יתיה | לוות אבוי: |
| 5297 | Lv14:23M | ^/לדכותיה#2#^/למדכייה | יתיה#2# | לוות כהנא לתרע משכן |
| 5298 | Lv24:11 | קדישה#2#^ וחרף ואייתון | יתיה | לוות משה ושמה דאתתה |
| 5299 | Dt21:19 | ביה אבוי ואימיה ויפקון | יתיה | לוות חכימי קרתה ולתרע |
| 5300 | Gn44:21 | ואמרית לעבדך אחותן | יתיה | לוותי ואשוי עיני עלוי: |
| 5301 | Gn42:37 | תקטול אין לא אייתית | יתיה | לוותך מסר יתיה על ידי |
| 5302 | Gn42:37 | יתיה על ידיי ואנה אחזר | יתיה | לוותך: |
| 5303 | Gn43:09 | את תבע יתה אם לא אייתי | יתיה | לוותך ואקמית יתיה ניהוי |
| 5304 | Gn44:08 | טעונינן חזרנן יתיה | {יתיה} | לוותך בקדמיתא מן ארעא |
| 5305 | Gn42:36 | תכלתון יוסף מן דשלחת | יתיה | לוותכון לדותינא לית אנא |
| 5306 | Lv 5:12 | וייתי | יתיה | לות כהנא ויקמוץ כהנא מניה |
| 5307 | Gn17:20 | יתה ותוקפת יתיה וסגית | יתיה | לחדא לחדא תרין עשר רברבין |
| 5308 | Nu29:05 | וצפיר בר עיזין חד קרב | יתיה | לחטאת למכפרה עליכון: |
| 5309 | Nu 7:22 | צפיר בר עזין חד קרב | יתיה | לחטאתה לשבקות חובין |
| 5310 | Nu 7:34M | צפיר בר עזין חד קרב | \יתיה#2#/ | לחטאתה לשבקות חובין |
| 5311 | Nu 7:40 | צפיר בר עזין חד קרב | יתיה | לחטאתה לשבקות חובין |
| 5312 | Nu 7:58 | צפיר בר עזין חד קרב | יתיה | לחטאתה לשבקות חובין |
| 5313 | Nu 7:64 | צפיר בר עזין חד קרב | יתיה | לחטאתה לשבקות חובין ולשלון |
| 5314 | Nu 7:70 | צפיר בר עזין חד קרב | יתיה | לחטאתה לשבקות חובין |
| 5315 | Nu 7:76 | צפיר בר עזין חד קרב | יתיה | לחטאתה לשבקות חובין |
| 5316 | Nu 7:82 | צפיר בר עזין חד קרב | יתיה | לחט«א»תה לשבקות |
| 5317 | Nu29:11 | וצפיר בר עזין חד קרב | יתיה | לחטאתה בר מן חטאתה דכפוריה |
| 5318 | Nu29:16 | וצפיר בר עזין חד קרב | יתיה | לחטאתה בר מן עלתה דתמידה |
| 5319 | Nu29:19 | וצפיר בר עזין חד קרב | יתיה | לחטאתה בר מן עלת תמידה |
| 5320 | Nu29:25 | וצפיר בר עזין חד קרב | יתיה | לחטאתה בר מעלת תמידה |
| 5321 | Ex21:26 | עיניה דאמה{ה}תה ויחבול | יתיה | לחירותא ישלח יתה תחות |
| 5322 | Ex21:02 | קדמך ובשתא שבעייתא תשלח | יתיה | לחירותה מגן: |

|  |  |  |  |  |
|---|---|---|---|---|
| 5323 | Dt15:12 | ובשתה שביעיתה <תשלח> | יתיה | לחירותה מן לוותך: |
| 5324 | Dt15:13 | וארום תשלח | יתיה | לחירותה מן לוותך לא תשלח |
| 5325 | Dt15:18 | יבאש באפך בזמנה די תשלח | יתיה | לחירותה מן לוותך ארום |
| 5326 | Nu23:14 | ודבר | יתיה | לחקל סכייה ריש רמתה ובנה |
| 5327 | Gn50:20M | /בושן ממריה דייי חשב | יתיה | לטב מק#2#/ מן בגלל ביומא |
| 5328 | Ex22:12M | סהדין /מתקטלה יתקטל | יתיה | ליה מן אברוי שהד#2#/ |
| 5329 | Ex32:24 | דהבא פרקו יתיה והבו | יתיה | לי{ה} ואשלכהו באש ויצא |
| 5330 | Nu 1:51 | וכד נטל משכנה יפרקון | יתיה | ליוויי וכד שרי משכנה |
| 5331 | Ex12:42 | על שכלוליהון וקרא | יתיה | ליל תנינא ליליא תליתיא כד |
| 5332 | Ex12:42 | בוכרי אינון ישראל וקרא | יתיה | לילי תליתיא לילי רביעיא כד |
| 5333 | Ex12:42M | בוכרה הנון ישראל וקרא | יתיה | לילין תנין ליליא תלת |
| 5334 | Ex10:19M | \ואקלע יתה ימא /וטלק | יתיה | לימא#2#/ דסוף לא/ולא#2# |
| 5335 | Dt22:03 | די יאבד מניה ותשכח | יתיה | לית רשיי למכסייה עיינך |
| 5336 | Ex 6:08 | ליצחק וליעקב ואתן | יתיה | לכון {ולתן} <ירתו> ואחסנה |
| 5337 | Gn41:42 | על ידוי דיוסף ואלבש | יתיה | {{ל}}לבושין דבוץ ושוי |
| 5338 | Gn35:09M | "ועד כען הווה ...": ופקדת | יתיה | למגזור עורלתיה ויתב ליה |
| 5339 | Dt 1:03 | ישראל כל מה די פקד ייי | יתיה | למימר להון: |
| 5340 | Lv 8:15 | על יסודוי דמדבחה וקדש | יתיה | למכפרה עלוי: |
| 5341 | Dt18:20 | ממרי ית מה די לא פקדית | יתיה | לממללא ודי ימלל בשום טעוון |
| 5342 | Gn37:36 | ומדייניי זבינו | יתיה | למצראי לפוטיפר שליטא |
| 5343 | Ex29:36 | בכפרותך עלוי ותרבי | יתיה | למקדשא יתיה: |
| 5344 | Lv 8:12 | על ריש דאהרן ורבי | יתיה | למקדשה יתיה: |
| 5345 | Lv17:04 | ולתרע משכן זמנה לא אייתי | יתיה | למקרבה יתיה קרבן קדם ייי |
| 5346 | Lv 4:05 | ^מדמה#2#^ דתורא ויעל | {ל}יתיה | למשכן זימנא: |
| 5347 | Nu31:54 | אלפיה ומאוותה ואייתון | יתיה | למשכן זמנה דכרן טב לבני |
| 5348 | Ex28:03 | ית לבושוי דאהרן למקדשא | יתיה | למשמשה קדמוי בכהונתה רבתא: |
| 5349 | Gn37:27 | אתו ונזבן | יתיה | לסרקעין וידינן לא נפשט ביה |
| 5350 | Lv 1:06 | וישלח ית עלתה ויפסג | יתיה | לפיסגה: |
| 5351 | Lv17:09 | תרע משכן זימנה לא ייתי | יתיה | לקרבה יתיה קדם ייי וישתיצי |
| 5352 | Ex29:41 | דצפרא וכנסכה תקרבון | יתיה | לריח דרעוה קרבן קדם ייי |
| 5353 | Lv 1:03 | דכר שלם מן מום יקרב | יתיה | לרעוה עלוי קדם ייי: |
| 5354 | Ex22:29 | וביומא תמינייא יפרשון | יתיה | לשמי: |
| 5355 | Gn39:01 | ידיהון דסרקיי די אוחתו | יתיה | לתמן: |
| 5356 | Nu 6:13 | ית יומי נזירותיה ייתי | יתיה | לתרע משכן זימנה: |
| 5357 | Ex21:06 | רבוני לוות דייניה ויקרב | יתיה | לתרעא או למזוזית' וירצע |
| 5358 | Dt22:19 | ויקנסון | יתיה | מאה סלעין דכסף ויתנון |
| 5359 | Nu15:33 | ואקרבו יתיה מן דאשכחו | יתיה | מגבב קיסין לוות משה ולוות |
| 5360 | Lv20:03 | רוגזי בגברה ההוא ואשצא | יתיה | מגו עמה ארום מן בנוי יהב |
| 5361 | Nu27:23 | עלוי ופקד עלוי ופקד | יתיה | מה די מלל ייי על ידוי |
| 5362 | Gn 8:11M | בפי#2#/ /דאיתייאת | יתיה | מטור משחא#2#/ וידע נח |
| 5363 | Gn31:07M | רשו{י} למבאשא לי /שבק | יתיה | מימריה דייי למבאשה לי#2# |
| 5364 | Dt34:10 | בישראל כמשה די חכם | יתיה | מימריה דייי ממלל כל וקבל |
| 5365 | Dt34:11 | וניסי פרישתה די שלח | יתיה | מימריה דייי למיעבד בארעא |
| 5366 | Ex13:10M | בזימנא למיהון עבדין | יתיה | מין אלין יומין לאלין |
| 5367 | Lv13:27 | תהלך במשכה ויסאב כהנא | יתיה | מכתש צרעה הוא: |
| 5368 | Lv13:22 | תהלך במשכה ויסאב כהנא | יתיה | מכתשא הוא: |
| 5369 | Gn37:15 | וארע | יתיה | מלאך בדמות גבר והא הוא טעי |
| 5370 | Ex 4:24 | באורחא בבית אבתותה וארע | יתיה | מלא«כא» מן קדם ייי ובעה |
| 5371 | Nu 7:84 | רבותה דמדבחה ביומא דרבי | יתיה | מלוות רברבני דבני ישראל |
| 5372 | Dt18:21 | ^יתי#2#^ פתגמא די לא מלל | יתיה | ממרא דייי: |
| 5373 | Dt10:05 | והוון תמן היך מה די פקד | יתיה | ממרה דייי: |
| 5374 | Gn27:27M | בטור בית מקדשה די ברך | יתיה | ממריה דייי |
| 5375 | Gn 3:22 | קיים פקודה הא ניטרו' | יתיה | מן גנתה דעדן קדם עד לא |
| 5376 | Gn20:13 | טעוותהון וממרה דייי דבר | יתיה | מן ביתה דאבא ואמרית לה דן |
| 5377 | Gn28:12 | שמיא והא מלאכיה דילוון | יתיה | מן בייתי דאבוי סלקון |
| 5378 | Gn37:14 | ואתיב יתי פתגם ושלח | יתיה | מן מישרא דחברון ואתא |
| 5379 | Gn37:21 | ושמע ראובן ושזיב | יתיה | מן ידיהון ואמר לא נקטול |
| 5380 | Gn37:22 | ביה מן בגלל למשיזבא | יתיה | מן ידיהון למחזרה יתיה לוות |
| 5381 | Gn40:23 | וחסדא דלרע וחסדא דלוי | יתיה | מן בייתה דאבוי ואתרחיץ ברב |
| 5382 | Gn41:14 | וקרא ית יוסף וארהטו | יתיה | מן בית חבושיא וספר וחוור |
| 5383 | Gn48:22 | לעשו אחוי ואנה נסבת | יתיה | מן ידוי דעשו אחוי לא |
| 5384 | Gn49:23 | למחתי מן רבותא ולמעבריה | יתיה | מן כורסיה מלכותא אמרו עלוי |
| 5385 | Ex32:33 | מן דחטא קדמיי אמחק | יתיה | מן ספר ארייתי: |
| 5386 | Lv13:56 | מן בתר דחור יתיה ויבזע | יתיה | מן לבושיה או מן משך או מן |
| 5387 | Lv16:19 | זמנין וידכי יתיה ויקדש | יתיה | מן סאובתהון דבני ישראל: |
| 5388 | Lv20:06M | ההוא {{ואישיצי}} | יתיה | מן חיי עלמא דאתי ולא יהיא |
| 5389 | Lv25:50 | ויחשב עם מן דזבן | יתיה | מן שתה דאזדבן לה עד שתה |
| 5390 | Nu15:33 | ואקרבו | יתיה | מן דאשכחו יתיה מגבב קיסין |
| 5391 | Dt19:12 | חכימי קרייתה ויסבון | ית«י»ה | מן תמן וימסרון יתיה |
| 5392 | Dt26:05 | יעקב מן שירויה ושיזבת | יתיה | מן ידיה ונחת למצרים |
| 5393 | Dt33:07 | דיהודה ולוות עמיה תשלם | יתיה | מן סדרי קרבה בשלם ידוי |
| 5394 | Dt12:25 | לא תיכלון | יתיה | מן בגלל דייטב לכון ולבניכון |
| 5395 | Lv20:06 | ההוא וא{ציש}<שיצ>י | יתיה | מן גו עמיה: |
| 5396 | Gn 9:05M | חייתא אתב{י}<ו>ע | יתיה | מן לוות בני אנשא מן לוות |
| 5397 | Nu 7:84M | "דרבי יתיה ...": די רבי | יתיה | מן לוות |
| 5398 | Lv27:24 | תחזור חקלה למן דזבן | יתיה | מן לוותה למן דהווה דידיה |
| 5399 | Gn43:09 | אנה ערב | יתיה | מנ{ו}<י> את תבע יתה אם לא |
| 5400 | Lv 8:07 | ואסר יתיה בהמיינה ואלבש | יתיה | מעילה ויהב עלוי אפדה וזרז |
| 5401 | Gn50:03 | יומוי חנוטיה ובכון | יתיה | מצראי שבעין יומין: |
| 5402 | Gn37:18 | וחמון | יתיה | מרחיק וקדם עד לא קרב |
| 5403 | Ex31:14 | הוא לכון מן דמפ{ם}<ס> | יתיה | מתקטלה יתקטל ארום כל מה די |
| 5404 | Nu35:21M | יתה בידיה ומית/וקטל | יתיה#2#/ | מתקטלה יתקטיל קטולה הוא |
| 5405 | Dt18:22 | מלל יתיה בזידנו מליל | יתיה | נבייא לא תדחלון מיניה: |
| 5406 | Gn43:09 | אייתי יתיה לוותך ואקמית | יתיה | ניהוי מרחק מן שאלת בשלמך |
| 5407 | Dt19:06M | ויתחייב בנפשה /ויקטול | יתיה | נפש#2#/ ולה לית סדר דין |
| 5408 | Lv 6:03 | על גבי מדבחה וישוי | י{ד}<ת>יה | סמיך למדבחה: |
| 5409 | Nu28:10 | דשבתה ביום שבתה תקרבון | יתיה | סמיכה לעולת תמידה תתקרב |
| 5410 | Gn42:38 | בלחודוי אשתייר ויארע | יתיה | סקול בעורחא דתהלכון בה |
| 5411 | Gn44:29 | אף ית דין מן לוותי וארע | יתיה | סקול ותחתון ית סיבתי בביש |
| 5412 | Gn42:04 | אחוי ארום אמר דלא יערע | יתיה | סקל: |
| 5413 | Gn44:28 | קטולין אתקטל ולא חמית | יתיה | עד כדון: |
| 5414 | Ex16:24 | ואצנעון | יתיה | עד צפרא היך מה דפקד משה |
| 5415 | Lv25:28 | זבונה ביד מן דזבן | יתיה | עד שתה דיובלה ויפוק |
| 5416 | Dt 3:03 | וית כל עמיה וקטלנן | יתיה | עד די לא אישתייר ליה |
| 5417 | Gn40:23 | מזוגיה ית יוסף ואנשי | יתיה | עד זמן דמטא קיצא למתפרקא: |
| 5418 | Nu21:34 | עבדין בגין כדן קיים ייי | יתיה | עד זמן דחמא בניהון ובני |
| 5419 | Gn35:09M | וברכתה דאבלייה ברכת | יתיה | על אימיה |
| 5420 | Gn37:08 | תשלט בן ואוספו תוב משנא | יתיה | על חלמוי ועל מלוי: |
| 5421 | Gn41:33 | גבר סכלתן וחכים וישוי | יתיה | על ארעא דמצרים: |
| 5422 | Ex28:37 | ותשווי | יתיה | על שזר תכלה ויהווי על |
| 5423 | Lv 1:11 | ויכוס | יתיה | על שפולי דמדבחה מן צפונה |
| 5424 | Lv 4:12 | בית שפיכות קיטמא ויוקד | יתיה | על קיסי' באשתא בתר |
| 5425 | Lv16:15 | דעבד לאדמה דתורה וידי | יתיה | על כפרתה ולקבל כפרתה: |
| 5426 | Nu 9:11 | יומין ביני שמשתה יעבדון | יתיה | על פטירין ועם מרורין |
| 5427 | Nu25:04 | מן דמתחייב קטלה יצלבון | יתיה | על צליבה וקברין ית נבלתהון |
| 5428 | Dt12:24 | לא תאכלון | יתיה | על ארעא תשפכון יתיה כמיא: |
| 5429 | Dt21:22 | דקטולין ויתקטל ותצלבון | יתיה | על קיסה: |
| 5430 | Dt25:03 | לא יוסף דלא יוסף לממחי | יתיה | על אלין מחה רבה ויתבזי |

|  |  | | | |
|---|---|---|---|---|
| 5431 | Gn22:09 | ועקד ית יצחק ברה ושוי | יתיה | על ^גבי#1#^ מדבחא לעיל מן |
| 5432 | Ex29:16 | ותסב ית אדמיה ותזרק | יתיה | על גבי מדבחא מן חזור חזור: |
| 5433 | Lv 1:17 | לא יפרש ויסדר כהנא | יתיה | על גבי מדבחה על קיסיה די |
| 5434 | Lv 9:12 | לוותיה ית אדמה וזרק | יתיה | על גבי מדבחה מן חזור חזור: |
| 5435 | Lv 9:18 | ית אדמה לוותה וזרק | יתיה | על גבי מדב«חה» |
| 5436 | Gn41:42 | עזקתא מעילוי ידיה ויהב | יתיה | על ידוי דיוסף ואלבש יתיה |
| 5437 | Gn42:37 | אייתית יתיה לוותך מסר | יתיה | על ידיי ואנה אחזר יתיה |
| 5438 | Lv27:08 | יתיה קדם כהנה ויעלי | יתיה | על פם די תארע ידיה דמן |
| 5439 | Lv 5:10 | וית תנינא יקרב | ^יתיה#2#^ | עליה כסדר דינא ויכפר |
| 5440 | Dt 1:03M | למימר להון /ממריה דייי | יתיה | עליהון#2#/: |
| 5441 | Gn26:07 | אתתיה היא דלא יקטלון | יתיה | עמא דארעא על רבקה ארום |
| 5442 | Gn50:17 | דאבוך ובכה יוסף במלל | יתיה | עמה: |
| 5443 | Dt32:19 | רגוז מן כעסה די אכעסו | יתיה | עמה בני ישראל דהוון |
| 5444 | Dt32:43 | קלסו קדמוי אומייה שבחו | יתיה | עמיה בית ישראל ארום עולבן |
| 5445 | Gn16:05 | ובייתי' דאבה ואתית | יתיה | עמך בהימנו עלית עמך קדם |
| 5446 | Ex24:16 | על טורא דסיני וכסי | יתיה | עננא שיתא יומין וקרא למשה |
| 5447 | Nu17:07 | למשכן זימנה והא כסי | יתיה | עננה ואת{ל}«ג»<ל>יית |
| 5448 | Lv13:55 | מסאב הוא בנורא תוקדון | יתיה | פחיתה היא בכליותה או |
| 5449 | Gn47:07 | ית יעקב אבוי ואקים | יתיה | קדם פרעה וברך יעקב ית |
| 5450 | Ex 7:09 | לאהרן סב ית חטרך וטלק | יתיה | קדם פרעה ויהווי לחיויא: |
| 5451 | Ex30:06 | ותתן | יתיה | קדם פרכתא די על ארונא |
| 5452 | Lv 3:01 | נוקבה שלם מן מר' יקרב | יתיה | קדם ייי: |
| 5453 | Lv 3:07 | מקרב ית קרבניה ויקרב | יתיה | קדם ייי: |
| 5454 | Lv 3:08 | על ריש קרבניה ויכוס | יתיה | קדם משכן זימנ' ויזרקון |
| 5455 | Lv 3:12 | בר עיזין קרבניה ויקרב | יתיה | קדם ייי: |
| 5456 | Lv 3:13 | ית ידיה על רישיה ויכוס | יתיה | קדם משכן זימנא ויזורקון |
| 5457 | Lv12:07 | ויקרב | יתיה | קדם ייי ויכפר עלה ותדכי מן |
| 5458 | Lv17:09 | לא ייתי יתיה לקרבה | יתיה | קדם ייי וישתיצי גברא ההוא |
| 5459 | Lv20:17M | דאחתה בזי /כן ואשיצי | יתיה | קדם עמהון עריתיה דחתה |
| 5460 | Lv22:27 | יהוי כשר למקרבה | יתיה | קדם ייי: |
| 5461 | Lv27:08 | מסכן הוא מן עלויה ויקים | יתיה | קדם כהנה ויעלי יתיה על פם |
| 5462 | Nu 3:06 | אקרב ית שבטה דלוי ותקם | יתיה | קדם אהרן כהנה ויש<מ>שון |
| 5463 | Nu27:19 | ותקים | י{ד}<ת>יה | קדם אלעזר כהנא וקדם |
| 5464 | Nu27:22 | ודבר ית יהושע ואקים | יתיה | קדם אלעזר כהנא וקדם כל עם |
| 5465 | Dt15:21 | כל מום ביש לא תקרבון | יתיה | קדם ייי אלהכון: |
| 5466 | Dt26:04 | מן ידיכון ויצנע | יתיה | קדם מדבחה דייי אלהכון: |
| 5467 | Gn45:28 | איזי«ל» כען ואיחמי | יתיה | קדם עד לא אימות: |
| 5468 | Dt19:14M | באחסנתכון /די תחם | יתיה | קדמאי באחסנותכון#2#/ די |
| 5469 | Dt25:02 | וירבע יתיה דיינה וימחי | יתיה | קדמוי כמסת חובתיה במניין: |
| 5470 | Gn42:24 | ית שמעון וחבש | יתיה | קדמיהון: |
| 5471 | Nu27:19 | וקדם כל עם כנישתה ותפקד | יתיה | קדמיהון: |
| 5472 | Gn44:18 | אייתת יתי לוותיך ואקמית | יתיה | קדמך נהוי מרחק מן שאלת |
| 5473 | Nu18:10 | תאכל יתיה כל דכורה יאכל | יתיה | קדש יהוי להון: |
| 5474 | Nu35:17M | מחת יתיה ומית/וקטל | יתיה#2# | קטול הוא מתקטלה יתקטל |
| 5475 | Nu35:18M | מחה יתיה ומית/וקטל | יתיה#2# | קטול הוא מתקטלה יתקטל |
| 5476 | Nu35:16M | מחה יתה ומית/וקטל | יתיה#2# | קטיל מתקטלה יתקטל |
| 5477 | Ex30:08 | ביני שמשתה {ית} יסדר | יתיה | קטרת בתדירא קדם ייי |
| 5478 | Lv17:04 | לא אייתי יתיה למקרבה | יתיה | קרבן קדם ייי קדם משכנה |
| 5479 | Nu28:08 | וכנסוכוי כדן תקרבון | יתיה | קרבן מתקבל לריח דרעוה קדם |
| 5480 | Gn35:09M | מיתיא מרבנא משה דקבר | יתיה | רבון עלמיא ייי והיא שמיה |
| 5481 | Ex21:06 | ונקרב | יתיה | רבוני לוות דייניה ויקרב |
| 5482 | Dt15:13 | מן לוותך לא תשלח | יתיה | ריקן: |
| 5483 | Gn26:33 | וקרא | יתיה | שבעה בגין כדן שמה דקרא |
| 5484 | Dt15:20 | קדם ייי אלהכון תיכלון | יתיה | שתה בשתה באתרה די יתרעי |
| 5485 | Nu35:27 | ויערע | יתיה | תבוע אדמה לבר מן תחום קורי |
| 5486 | Dt20:20 | לא אילן עבד פירין הוא | יתיה | תחבלון ותקצון ותבנון |
| 5487 | Dt13:01 | פתגמא די אנה מפקד יתכון | יתיה | תטרון למעבד לא תופסון עלוי |
| 5488 | Gn 6:15 | וכהדן סדרא תעבד | יתיה | תלת מאה אמין אורכ' דתיבותא |
| 5489 | Nu22:20 | ית פתגמא דאמלל עמך | יתיה | תעבד: |
| 5490 | Ex13:13M | בבניכון | /יתיה#2#/ | תפרקון: |
| 5491 | Ex13:13 | באמר אין לא תפרקון | יתיה | תקטלון יתיה וכל בכורי |
| 5492 | Ex13:13M | "תפ' ... יתיה": תתפרקון | יתיה | תתקטלון יתיה |
| 5493 | Gn23:13M | מני /בבעותי קבל מני | יתיה#2#/ | ונקבר/ואקבור#2#/ ית מתי |

## יתיך

|  |  | | | |
|---|---|---|---|---|
| 5494 | Nu22:29 | חרב ארום כדון קטלת | יתיך: | |
| 5495 | Gn39:09 | מני כל מה דעם ארום אלהן | יתיך | בגלל דאת א«י»תתיה |
| 5496 | Nu 5:21 | כהנה לאתתה ישווי ייי | יתיך | ללוט ולשבועה בגו עמך כד |
| 5497 | Gn12:12 | ויהוי ארו' יחמון | יתיך | מצריה וימרון אתתיה היא דא |

## יתך

|  |  | | | |
|---|---|---|---|---|
| 5498 | Gn 3:09 | אן היא מצותה דפקדת | יתך: | |
| 5499 | Gn12:01 | דאבוך לארעא די אחוי | יתך: | |
| 5500 | Gn15:04 | דיפוק מן מעיך הוא ירת | יתך: | |
| 5501 | Gn17:05 | כנשת אומין צדיקין שוית | יתך: | |
| 5502 | Gn20:16 | אברהם צדיקה דלא חכמת | יתך: | |
| 5503 | Gn27:08 | ואזל לאן דאנה מפקדה | יתך: | |
| 5504 | Gn27:42 | אחוך מתחשב עלך למקטל | יתך: | |
| 5505 | Gn50:06 | ית אבוך היך מה דאשבע | יתך: | |
| 5506 | Ex 4:19M | תבעו ית נפשך למקטל | יתך#2#/: | |
| 5507 | Ex10:28M | תבעו יתך נפשך למקטול | יתך | |
| 5508 | Ex10:28 | דהון תבעין נפשך ויקטלון | יתך: | |
| 5509 | Ex31:06 | ית כל מה די פקדת | יתך: | |
| 5510 | Ex33:14M | ידבר יתך ואניי{ך}<ח> | יתך#2#/: | |
| 5511 | Nu24:22 | עד כען אשוריי משבי | יתך: | |
| 5512 | Ex32:10M | /יתך לאומה#2#/ /ואימני/ | יתך | משה לאומייה#2#/ רבה |
| 5513 | Nu14:12M | יתך לאומא /ואימני | יתך | משה לאומ'#2#/ רבה ותקיפה |
| 5514 | Gn32:18 | קדמיה למימר ארום יערע | יתך | עשו אחוי וישאלונך למימר |
| 5515 | Dt13:07 | ארום יטעי | יתך | אחוך ברה דאמ{ך}<ך> או ברך |
| 5516 | Gn26:03 | ואהווה במימרה עמך ואברך | יתך | ארום לך ולבנך אתן ית כל |
| 5517 | Gn32:27 | למשבחיא ואמר לא אשלח | יתך | ארום {ארום} אלה{ו}<י>ך |
| 5518 | Ex 3:12 | לך סימן ארום ממרי שלח | יתך | באפקותך ית עמא ממצרים |
| 5519 | Gn49:22 | כל חכימיהון כד ארכבו | יתך | בארתכא תיניינתא דפרעה |
| 5520 | Gn16:05 | מבני בניהון דעמא דיהבו | יתך | באתון נורא דכשדאי: |
| 5521 | Gn30:30 | ותקף וסגה וברך ייי | יתך | בזכוותי וכען מה אנה יכל |
| 5522 | Gn31:27 | לי אילו תנית לי שלחת | יתך | בחדון בשירין בתופין |
| 5523 | Ex27:08 | תעבד יתיה היך <אחמית> | יתך | בטורא כדן יעבדון: |
| 5524 | Gn30:16 | תיעול ארום מגיר אגרית | יתך | ב«י»ברוחוי דבר{ו}י ושמש |
| 5525 | Ex10:28 | דלא יתקף רוגזי בך ואמסר | יתך | בידיהון דעמא דהון תבעין |
| 5526 | Ex10:28M | יתקוף רוגזי בך ואמסור | יתך | בין ידיהון דעמה אליין די |
| 5527 | Gn28:15 | במימרי עמך ואנטר {יתך} | יתך | בכל {דתלך} דתזל ואחזור יתך |
| 5528 | Ex33:22 | איקר שכינתי ואשוי | יתך | בנקרה דטינרא ואפרוש כפי |
| 5529 | Gn27:21 | ליעקב קרב כען ואמשש | יתך | ברי הא את הוא דין ברי עשו |
| 5530 | Gn26:29 | דעבדנן עמך טבן ושלחנן | יתך | בשלם את הוא מן כדון בריכה |
| 5531 | Gn24:03 | ואשבע | יתך | בשם ממריה דייי אלהא דשמיא |
| 5532 | Ex33:12 | עמי ואת אמרת חמי דמניית | יתך | בשם דרבן ולחוד אשכחת חן |
| 5533 | Ex33:12M | בממרך אמרתי חכמית | יתך | בשם טב ולהוד |
| 5534 | Ex33:17M | דרבן /קודמוי ואודעת | יתך | בשם טב#2#/: |
| 5535 | Gn 3:11 | את הא מן אלנא די פקדת | יתך | דלא תאכל מנה אכלת: |
| 5536 | Gn15:04 | על אברם למימר לא ירת | יתך | דן ארום אלהן מן דיפוק מן |
| 5537 | Ex 7:02 | את תמלל ית כל מה די פקדת | יתך | ואהרן אחוך ימלל עם פרעה |
| 5538 | Ex33:14M | /אפי רעותי' ידבר | יתך | ואניי{ך}<ח> יתך#2#/: |

|  |  | | | |
|---|---|---|---|---|
| 5539 | Gn26:24M | ארום בסעדך ממרי ואברך | יתך | ואסגי ית זרעית בניך |
| 5540 | Nu18:02 | ויזדמנון לוותך וישמשון | יתך | ואת ובניך עמך קדם משכנה |
| 5541 | Gn12:02 | ואמנא יתך לאמא רבה ואבר' | יתך | ואתוקף ית שמך ותהוי לברכן: |
| 5542 | Nu23:11 | לי למלוט בעלי דבבי דברת | יתך | והא מברכה ברכת יתהון: |
| 5543 | Nu24:10 | למלוט בעלי דבביי דברת | יתך | והא מברכה ברכת יתהון דנא |
| 5544 | Gn16:05 | הוא מן בגלל דלא יקטלון | יתך | וחמית דלא הויינה ילדה |
| 5545 | Ex 4:14 | הוא אתא לקדמותך ויחמי | יתך | ויחדי בלביה: |
| 5546 | Gn28:03 | שמייא יברך יתך ויתקף | יתך | ויסגי יתך ותהוי לקהל |
| 5547 | Ex 9:15 | ית מחות פורענתי ושיצית | יתך | וית עמך במותאנא ותשתיצי |
| 5548 | Nu16:10 | ואקרב | יתך | וית כל אחיכון בנוי דלוי |
| 5549 | Dt15:16 | מן לוותך ארום ירחם | יתך | וית אנשי בייתך ארום טב לה |
| 5550 | Gn22:10 | כפות יתי יאות דלא נבעוט | יתך | ויתפסיל קרבנך מנך ונדחי |
| 5551 | Gn28:03 | ואלה שמייא יברך | יתך | ויתקף יתך ויסגי יתך ותהוי |
| 5552 | Gn 3:15 | ומחיי' יתך לראשך וקטלין | יתך | וכד יהוון שבקין פקודי |
| 5553 | Gn50:17 | ארום בישן גמלו | יתך | וכדון שרי כען ושבוק |
| 5554 | Dt31:08 | הוא יהוי בסעדך לא מרפה | יתך | ולא שבק יתך לא תדחל ולא |
| 5555 | Dt24:13M | וידמוך באיסטליתא ויברך | יתך | ולך תיהווי |
| 5556 | Gn12:03 | ואברך ית מן דמברכך | יתך | ומן דלאיט יתך יהוי ליט |
| 5557 | Gn48:04 | ואמר לי הא אנה מתוקף | יתך | ומסגי יתך ותהווי לקהל |
| 5558 | Gn22:17 | ארי מברכה אברך | יתך | ומסגיא אסגי ית בנך ככוכבי |
| 5559 | Gn26:24 | תדחל ארום עמך אנה וברכת | יתך | וסגית ית בנך בזכוותא |
| 5560 | Gn48:04 | הא אנה מתוקף יתך ומסגי | יתך | ותהווי לקהל כנישת אומין |
| 5561 | Gn17:16M | אתן מנה לך ביר ואברך | יתך | ותהוי לאומין סגין ומלכין |
| 5562 | Gn28:03 | יתך ויתקף יתך ויסגי | יתך | ותהוי לקהל כנישתא אומין |
| 5563 | Gn 7:01 | אנשי ביתך לתיבותא ארום | יתך | חמי' צדיק קדמי בדרה הדין: |
| 5564 | Gn12:03 | מן דמברכך יתך ומן דלאיט | יתך | יהוי ליט ויתברכון בזכותך |
| 5565 | Gn27:29 | אחוי דאמך מ{ה}<ן> דלייט | יתך | יהוי לייט כבלעם בר בעור |
| 5566 | Gn27:29 | בר בעור ומן דמברך | יתך | יהוי מברך כמשה נביא ספרון |
| 5567 | Ex34:11 | לך ית מה די אנה מפקד | יתך | יומא הדין הא אנה טרד |
| 5568 | Gn48:20 | ישראל למימר ישוי' | יתך | ייי כאפרים וכמנשה ושוי |
| 5569 | Ex18:23 | פתגמא הדין תעבד ויפקד | יתך | ייי ותיכל למיקם ולחו«ד» |
| 5570 | Dt15:14 | ומן מעצרתך מן מה די ברך | יתך | ייי אלהך תתן לה: |
| 5571 | Gn28:04M | בניך מן בתרך למירות | יתך | ית ארע בית תותבר' |
| 5572 | Ex 4:12 | אהיה עם ממלל פמך ואלף | יתך | ית די תמלל: |
| 5573 | Ex 9:16 | עד כדון מן בגלל למחויה | יתך | ית תקף חיילי ומן בגלל |
| 5574 | Ex25:09 | כל מה די אנא מחזי | יתך | ית דמותא דמשכנא וית דמות |
| 5575 | Gn28:15 | אנה במימרי עמך ואנטר | {יתך} | יתך בכל {דתלך} דתזל |
| 5576 | Ex 3:12M | באפקותך ית /אנא שלחית | יתך | כד תפוק יתו#2#/ עמא |
| 5577 | Gn26:04 | ואסגי | יתך | ככוכבי שמיא ואתן לבניך ית |
| 5578 | Gn41:39 | מן בתר {בתר} דאודע ייי | יתך | כל דא לית סכלתן וחכים |
| 5579 | Dt 1:21M | אבהתכון/אבהתך#2#/ | לכון/יתך#2#/ | לא תדחלון ולא תבהלון: |
| 5580 | Dt31:08 | לא מרפה יתך ולא שבק | יתך | לא תדחל ולא תתרע: |
| 5581 | Dt 9:14M | יתך לאומה /ואמני | יתך | לאומ#2#/ רבה ותקיפה |
| 5582 | Nu14:12 | ואית יכלה קדמיי לממניה | יתך | לאומא רבה ותקיפה מנהון: |
| 5583 | Ex32:10M | יכלה קדמיי לממנייה | /\יתך | לאומה#2#/ /ואימני יתך |
| 5584 | Dt 9:14 | ויוכלה היא קדמי לממנייה | יתך | לאומה רבה ותקיפה ומסגייה |
| 5585 | Gn17:06 | יתך לחד' לחדה ואשוי | יתך | לאומין מלכין דשלטין באמיא |
| 5586 | Gn12:02 | ואמנא | יתך | לאמא רבה ואבר' יתך ואתוקף |
| 5587 | Nu23:27 | לבלעם אתה כען אדבר | יתך | לאתר אחרן מה דילמה דיהווי |
| 5588 | Ex 2:14 | <ואמר> מן שוי | יתך | לגבר רב ושליט עלינן הא |
| 5589 | Gn37:13 | רעין בשכם אתא ואשלח | יתך | לוותהון ואמר ליה הא אנא: |
| 5590 | Gn17:06 | ואתוקף | יתך | לחד' לחדה ואשוי יתך לאומין |
| 5591 | Nu22:17 | ארום מיקרה אייקר | יתך | לחדא וכל מה די תאמר לי |
| 5592 | Gn17:02 | ביני ובינך ואתוקף | ית{ן}<ך> | לחדה לחדה: |
| 5593 | Gn46:04 | מצרימה ואנה בממרי אסיק | יתך | לחוד מסוק ויוסף ישוי |
| 5594 | Gn20:06M | מן בגין כן לא שבקית | יתך | למזדמנא |
| 5595 | Gn 3:17 | ואכלת מן אילנ' די פקדת | יתך | למימר לא תיכול מינה ליטא |
| 5596 | Ex 3:10 | וכדון אתא ואשלח | יתך | לפרעה ותפק ית עמי בני |
| 5597 | Gn 3:15 | מתכוונין לך ומחיי' | יתך | לראשך וקטלין יתך וכד יהוון |
| 5598 | Ex 7:01M | ושליט לפרעה /הא שווית | יתך | לרבון לפרעה#2#/ ואהרן |
| 5599 | Gn40:13 | ית ראשך {ראשך} ויחזור | יתך | לשימושך ותשוי כסא בכף ידיה |
| 5600 | Gn28:15 | בכל {דתלך} דתזל ואחזור | יתך | {לתר} לארעא הדא ארום לא |
| 5601 | Gn27:45M | מנך וינשי\ית מה דעבדת | /יתך | מה די עבדית#2#/ ואשלח |
| 5602 | Ex18:23M | \יתך ייי ותיכל למיקם | /יתך | מימר' דייי ותיכול |
| 5603 | Gn20:06 | דא ואתחס{ב}<כ>ת אף אנא | יתך | מלמחטי קדמי בגין כדון לא |
| 5604 | Gn15:07 | ואמר ליה אנה ייי דאפקת | יתך | מן אתון נורהון דכשדאי |
| 5605 | Gn27:45 | דעבדת ואשלח ואדב«ו»ר | יתך | מן תמן למה כען אתכל ית |
| 5606 | Gn49:25 | בסעדך ואלה שמיא יברך | יתך | מן טוב טלה ומטרא דנחתין מן |
| 5607 | Ex 9:16M | מן בגלל למחוויה | יתך | מן תקוף חייליה ומן בגלל |
| 5608 | Ex33:13M | וחמי /ס{ו}בתה ואורע | יתך | מן בגלל למשכחה חן וחסד |
| 5609 | Nu22:37M | אנה יכיל למוקרה | לך/יתך#2#/ | /<מן> קושטין לית איפשר |
| 5610 | Gn27:04 | ואכול מן בגלל די תברך | יתך | נפשי קדם עד לא אמות: |
| 5611 | Gn27:25 | דברי מן בגלל די תברך | יתך | נפשי וקרב ליה ואכל ואייתי |
| 5612 | Ex10:28M | דעמה אליין די תבעו | יתך | נפשך למקטול יתך |
| 5613 | Ex 9:16 | אלא מן בגלל דא קיימת | יתך | עד כדון מן בגלל למחויה יתך |
| 5614 | Ex 9:16 | מן בגלל דייטב לך קיימת | יתך | עד כדון אלא מן בגלל דא |
| 5615 | Gn40:19 | ית ראשך מעילוך ויצלב | יתך | על צליבה ויאכל עופא ית |
| 5616 | Ex25:22 | כרובייא ית כל מה דאפקד | יתך | על בני ישראל: |
| 5617 | Ex18:19 | כדון שמע בקלי איעץ | יתך | עצה ויהווי ייי עמך הוי את |
| 5618 | Nu24:14 | אזל לוות עמי אתא אעוץ | יתך | עצה אחטי יתהון ^דתעבד לעמא |
| 5619 | Gn 3:09M | אינון פיקודייה די פקדת | יתך | פיקודיה די פקדיתך |
| 5620 | Nu11:23 | כדון תחמון אן יארע | יתך | פתגמוי אן לא: |
| 5621 | Gn27:07 | לי תבשילין ואיכול ואברך | יתך | קדם ייי עד לא אמות: |
| 5622 | Gn27:10 | וייכול מן בגלל די יברך | יתך | קדם ייי עד לא ימות: |
| 5623 | Nu22:33 | סטת מן קדמיי ארום כדון | יתך | קטלת ויתה קיימת: |
| 5624 | Gn41:41 | פרעה ליוסף חמי דמניית | יתך | רב ושליט על כל ארעא |
| 5625 | Ex 7:01 | ייי למשה חמי דמניית | יתך | רב ושליט לפרעה ואהרן אחוך |
| 5626 | Ex29:35 | ולבנוי כדן כל מה דפקדית | יתך | שבעה יומין תשלמון ית קרבן |
| 5627 | Gn45:11 | ואכלכל | יתך | תמן ארום עד כדון חמש שנין |
| 5628 | Gn46:03 | ארום לאומה רבה אישוי | יתך | תמן: |
| 5629 | Ex31:11 | לקידוש כל מה די פקדית | יתך | תעבדון: |
| 5630 יתכו' | Lv20:22 | יתכון ארעא די אנה מעל | יתכו' | לתמן למשרי בגווה: |
| 5631 יתכון | Ex 3:20 | ומן בתר כדון ישלח | יתכון: | |
| 5632 | Ex12:23M | לגו בתיכון למחבלה | /\יתכון#2#/: | |
| 5633 | Ex15:26 | ארום אנה הוא ייי דמסי | יתכון: | |
| 5634 | Ex20:24M | אתגלי עליכו' ומברך | יתכון | |
| 5635 | Ex20:24 | בממריה עליכון ואברך | יתכון: | |
| 5636 | Ex23:22 | יתכון ואעיק למן דעיק | יתכון: | |
| 5637 | Ex23:22M | ומעיק למאן דעיק | יתכון#2#/: | |
| 5638 | Ex31:13 | אנה הוא ייי דקדשית | יתכון: | |
| 5639 | Lv20:08 | יתהון אנה ייי דקדשת | יתכון: | |
| 5640 | Lv21:08 | קדיש אנה ייי דקדשת | יתכון: | |
| 5641 | Lv21:08M | אנה ייי דבממרי מקד' | יתכון#2#/: | |
| 5642 | Lv22:09 | יתיה אנה ייי דקדשית | יתכון: | |
| 5643 | Lv22:32 | אנה הוא ייי דקדשית | יתכון: | |
| 5644 | Lv22:33 | לאבהתכון ועתיד למפרק | יתכון: | |
| 5645 | Lv26:11 | ביניכון ולא תרחק נפשי | יתכון: | |
| 5646 | Lv26:17 | ותערקון ולית דרדף | יתכון: | |

| | | | | |
|---|---|---|---|---|
| 5647 | Lv26:30 | מרחקתכון ותרחק נפשי | יתכון: | |
| 5648 | Nu32:23 | קדם ייי די יארעון | יתכון: | |
| 5649 | Dt 1:09 | יכיל לבלחודוי למסבול | יתכון: | |
| 5650 | Dt 1:17M | יתי לוותי ואשמע | יתיה/יתכון#2/: | |
| 5651 | Dt 4:02 | אלהכון די אנה מפקד | יתכון: | |
| 5652 | Dt 4:23M | מימרה דייי אלהכון | ^יתכון#2/: | |
| 5653 | Dt 6:17 | וקיימוי די פקד | יתכון: | |
| 5654 | Dt 6:20 | דינייה די פקד ייי אלהן | יתכון: | |
| 5655 | Dt 8:05 | ית בריה ייי אלהכון רדי | יתכון: | |
| 5656 | Dt 9:08 | דייי בכון למשיציה | יתכון: | |
| 5657 | Dt 9:16 | אורחא דפקיד מימרה דייי | יתכון: | |
| 5658 | Dt 9:24 | ייי מן יומא די חכמית | יתכון: | |
| 5659 | Dt 9:25 | ארום אמר ייי למשיציה | יתכון: | |
| 5660 | Dt10:10 | מן קדם ייי למחבלה | יתכון: | |
| 5661 | Dt12:14 | ית כל מה די אנה מפקד | יתכון: | |
| 5662 | Dt17:10 | למעבד כל מה די ילפון | יתכון: | |
| 5663 | Dt20:04 | בעלי דבביכון למשיזבה | יתכון: | |
| 5664 | Dt23:05 | דמן ארם נהרים למלוט | יתכון: | |
| 5665 | Dt28:15 | האיליין ויארעון | יתכון: | |
| 5666 | Dt28:22 | יתכון עד זמן די יסופון | יתכון: | |
| 5667 | Dt28:24 | עליכון עד זמן די ישיצי | יתכון: | |
| 5668 | Dt28:26M | ולית דמניט/דמנט | יתכון#2/: | |
| 5669 | Dt28:29M | ולית מן דמשיזיב | ^יתכון#2/: | |
| 5670 | Dt28:32 | אלהה על ידיכון למפרוק | יתכון: | |
| 5671 | Dt28:45 | וקיימוי די פקד | יתכון: | |
| 5672 | Dt28:48 | עד זמן די ישיצון | יתכון: | |
| 5673 | Dt28:51 | עד זמן די יסופון | יתכון: | |
| 5674 | Dt28:61 | עד זמן די ישיצון | יתכון: | |
| 5675 | Dt28:68 | ולאמהן ולית דזבין | יתכון: | |
| 5676 | Dt30:04 | ייי אלהכון ומן תמן יסב | יתכון: | |
| 5677 | Dt30:06 | נפשתכון בגלל למקיימה | יתכון: | |
| 5678 | Dt30:07 | ועל שנאיכון די רדפו | יתכון: | |
| 5679 | Dt31:06 | לא מרפה יתכון ולא שבק | יתכון: | |
| 5680 | Dt32:06 | ודי ברה יתכון ושכלל | יתכון: | |
| 5681 | Lv26:24 | אנה עמכון בקשיו ואמחי | יתכון | אוף אנה שבעה על דחסיתון: |
| 5682 | Dt 1:01 | אמר ייי במימרה למישיצי | יתכון | אלולי דאדכר לכון קיימה די |
| 5683 | Lv26:28 | ברגזן בקשיו ואמחי | יתכון | אף אנה שבעה על דחביתון: |
| 5684 | Dt29:04 | ודברית | יתכון | ארבעין שנין במדברה לא |
| 5685 | Dt 8:03 | אבהתכון מן בגלל למודעה | יתכון | ארום «לא על לחמא |
| 5686 | Dt28:02 | ברכתה האליין ויארעון | יתכון | ארום תשמעון בקל מימריה |
| 5687 | Lv26:38 | ותיבדון באומיה ותאכל | יתכון | ארע בעלי דבביכון: |
| 5688 | Lv20:22 | יתהון ולא תפלוט | יתכון | ארעא די אנה מעל יתכו' |
| 5689 | Ex20:20 | ארום מן בגלל למנסיית | יתכון | אתגליית עליכון איקר |
| 5690 | Dt30:02 | ככל מה די אנה כען מפקד | יתכון | אתון ובניכון בכל לבביכון |
| 5691 | Dt 1:33M | בעמודה דאשתה /למשרייה | יתכון | ב'#2/ בלילה למחויה |
| 5692 | Dt 1:44 | דדברייתה וכתיתו | יתכון | בגבלה עד שיציו: |
| 5693 | Dt 4:27 | ויבדר ייי | יתכון | באומייה ותשתיירון עם |
| 5694 | Ex33:03 | אולפן אינון דלא אשיצא | יתכון | באורחא: |
| 5695 | Dt25:18 | די ארעו | יתכון | באורחא והוון מקטלין בכון |
| 5696 | Dt 1:33 | דאשתה בלילה למחויה | יתכון | בארחא די תהלכון בה |
| 5697 | Ex23:20 | דרחמן קדמיכון למנטרא | יתכון | בארעא לאעלא יתכו«ן» |
| 5698 | Dt28:08 | אושטות ידיכון ויברך | יתכון | בארעא דייי אלהכון יהב |
| 5699 | Ex23:20 | יתכון בארעא לאעלא | יתכו«ן» | באתרא די אתקנת: |
| 5700 | Lv24:12 | דקמו קדם משה וסכם | יתכון | בדעתיה דלעיל בתרין מנהון |
| 5701 | Nu14:30 | ידי בשבועה למשריה | יתכון | בה אלהן כלב בר יפונה |
| 5702 | Ex23:15 | פסירין היך מה דפקדת | יתכון | בזמן ירחא דאביבא ארום בה |
| 5703 | Ex34:18 | פסירין היך מה דפקדת | יתכון | בזמן ירחא {דאברכה} |
| 5704 | Ex22:23 | דלא יתקף רוגזי ואקטל | יתכון | בחרבא דלא יהוויי נשיכון |
| 5705 | Ex 6:06 | פולחניהון ואפרו«ק» | יתכון | ביד תקיפא ובסדרי דינין |
| 5706 | Dt31:29 | די פקדת יתכון ותארע | יתכון | בישתה בסוף עקב יומייא |
| 5707 | Dt 2:07M | ארום ייי אלהכון ^בריך | יתכון | בכל עבדי/^עובד#2/ |
| 5708 | Dt23:05 | על עסיק די לא אקדימו | יתכון | בלחמא ובמיא באורחא בזמן |
| 5709 | Ex16:32 | יחמון ית לחמא די אכלת | יתכון | במדברא באפקותי יתכון |
| 5710 | Nu32:15 | ממרה ויוסף תוב למטלטלה | יתכון | במדברה ותחבלון לכל עמא |
| 5711 | Dt 8:15 | די דבר | יתכון | במדברה רבה ודחילה ארע בית |
| 5712 | Ex13:14M | ויהוי ארום ישאלון | ^יתכון#2/ | בניכון למחר למימר מה |
| 5713 | Dt 6:20 | ארום ישאלון | יתכון | בניכון למחר למימר מה |
| 5714 | Lv18:28 | ולא תפלוט ארעא | יתכון | בסאבותכון יתה היך מה די |
| 5715 | Dt28:55 | בצער ובצוקה די יעיקון | יתכון | בעלי דבביכון בכל |
| 5716 | Ex19:04 | דעבדית למצריי וטענית | יתכון | בענני איקר שכינתי על כנפי |
| 5717 | Dt 7:04 | דייי בכון דלא ישיצי | יתכון | בפריע: |
| 5718 | Dt28:20M | \תסתופון בופריע/יסוף | יתכון | בפריע#2/ מן קדם |
| 5719 | Ex11:01 | יתכון מן הכא כד ישלח | יתכון | בפריעה מטרוד יטרוד יתכון |
| 5720 | Lv26:13 | היך ניר פרזלה ודברית | יתכון | <בקומה> זקיפה: |
| 5721 | Lv26:13M | פרזלה ודברית | יתכון | בקומה זקיפה ובראש גלי |
| 5722 | Gn50:24 | מית וייי מדכרה ידכר | יתכון | ברחמוי טביא ויסק |
| 5723 | Gn50:25 | למימר מדכרה ידכר ייי | יתכון | ברחמוי טבייא ותסקון ית |
| 5724 | Ex 3:16M | ייי יתכון/אתכרית | יתכון | ברחמוי טבי'#2/ וית מה |
| 5725 | Ex13:19 | למימר מדכרא ידכר ייי | יתכון | ברחמוי טביה ותסקון ית |
| 5726 | Dt28:22 | ימחי ייי | יתכון | בשחפיתה «ובקדחיתה |
| 5727 | Dt 1:18 | ופקדית | יתכון | בשעתה ההיא ית כל פתגמיה |
| 5728 | Dt 3:18 | ופקדת | יתכון | בשעתה ההיא למימר ייי |
| 5729 | Ex 5:21M | ובאפוי שליטוי למתן | /יתכון | די אסרי' ית רחן קדם |
| 5730 | Ex16:04M | \יתהון אינון אין | /יתכון | הא אין אתון#2/ נטרינון |
| 5731 | Dt 1:11 | אלף דזמנין ויברך | יתכון | היך מה דמלל לכון: |
| 5732 | Dt 1:44 | ההוא לקדמותכון ורדפו | יתכון | היך מה דרדפן |
| 5733 | Dt13:18 | וירחם עליכון ויסגי | יתכון | היך מה דקיים לאבהתכון: |
| 5734 | Dt15:06 | ארום ייי אלהכון ברך | יתכון | היך מה די מלל לכון |
| 5735 | Lv26:06 | ולית דמניט | יתכון | ואבטל רשותהון דמלכוותה |
| 5736 | Dt 8:03 | וצער יתכון ואכפן | יתכון | ואייכל יתכון ית מנה די לא |
| 5737 | Dt 8:03 | וצער | יתכון | ואכפן יתכון ואייכל יתכון |
| 5738 | Lv26:09 | מייטבה בכון ואתוקף | יתכון | ואסגי יתכון ואקים ית |
| 5739 | Ex23:22 | די ימלל ואסני למן דסני | יתכון | ואעיק למן דעיק יתכון: |
| 5740 | Lv26:09 | ואתוקף יתכון ואסגי | יתכון | ואקים ית קיימי עמכון: |
| 5741 | Dt 6:02 | דאוריתה די אנה מפקד | יתכון | ובניכון ובני בניכון כל |
| 5742 | Dt32:06 | הלא הוא אבוך די קנה | יתכון | ודי ברה יתכון ושכלל |
| 5743 | Dt 1:10 | ייי אלהכון אסגי | יתכון | והא אתון סגין וקיימין |
| 5744 | Dt 4:30M | /בזמנא דיעיקון | יתכון | ויארעו#2/ יתכון כל |
| 5745 | Dt28:45 | לווטיה האליין וירדפון | יתכון | ויארעון יתכון עד זמן |
| 5746 | Dt 7:13 | וירחום | יתכון | ויברך יתכון ויסגי יתכון |
| 5747 | Dt 7:13 | ויברך יתכון ויסגי | יתכון | ויברך פירי ולד מעיכון |
| 5748 | Dt30:03 | ית תותבתכון וירחם | יתכון | ויחזור ויכנש יתכון מן כל |
| 5749 | Dt12:10 | בארעא דייי אלהכון מחסן | יתכון | ויניח לכון מכל |
| 5750 | Dt 7:13 | וירחום יתכון ויברך | יתכון | ויסגי יתכון ויברך פירי |
| 5751 | Dt13:18M | רחמין וירחם | עליכון/יתכון#2/ | ויסגי יתכון היך מה |
| 5752 | Lv26:22 | ית בעירכון ותזער | יתכון | ויצדון ארחתכון: |
| 5753 | Gn50:21 | לא תדחלון אנה אכלכל | יתכו«ן» | וית טפלכון ענה יוסף |
| 5754 | Ex 3:16 | למימר מדכרה ידכר ייי | יתכון | וית מה די עבדו לכון |

|  |  | | | |
|---|---|---|---|---|
| 5755 | Ex10:10 | דייי עמכון כד אשלח | יתכון | וית טפלכון חמון ארום |
| 5756 | Dt28:36 | יגלי ייי | יתכון | וית מלכיכון די תקימון |
| 5757 | Ex33:05 | שכינתי מן בניכון אשיצא | יתכון | וכדון אחתו גבר מני זיינן |
| 5758 | Ex 9:28 | מן קדם ייי וברד ואשלח | יתכון | ולא תוספון למיקם: |
| 5759 | Dt 1:43 | ומללית | יתכון | ולא שמעתון וסרבתון על פם |
| 5760 | Dt 4:02 | פתגמא די אנה כען מפקד | יתכון | ולא תמנעון מניה למיטר ית |
| 5761 | Dt 4:31 | לא מרפי יתכון ולא מחבל | יתכון | ולא מנשי ית קיים אבהתכון |
| 5762 | Dt 4:31 | ייי אלהכון לא מרפי | יתכון | ולא מחבל יתכון ולא מנשי |
| 5763 | Dt31:06 | מדברה קדמיכון לא מרפה | יתכון | ולא שבק יתכון: |
| 5764 | Dt28:63 | ייי עליכון למייטבה | יתכון | ולמסגייה יתכון כדן יחדי |
| 5765 | Dt23:15 | בגו משירייתכון למשזבה | יתכון | ולמסור בעלי דבביכון |
| 5766 | Dt28:63 | יחדי ייי עליכון למובדה | יתכון | ול«מ»סייפה יתכון |
| 5767 | Dt28:63M | יתכון /למסייפה | יתכון | ולמשיצייה יתכון#2#/ |
| 5768 | Dt 7:08 | מן רחמתה די רחם ייי | יתכון | ומן די נטר ית שבועתה די |
| 5769 | Dt 8:16 | אבהתכון מן בגלל למצערה | יתכון | ומן בגלל למנסייה יתכון |
| 5770 | Ex23:22M | /ימלל ואסני למאן דסני | יתכון | ומעיק למאן דעיק יתכון#2# |
| 5771 | Dt32:18 | ית ממר אלהה די שכלל | יתכון | ועבד יתכון מחילין מחילין: |
| 5772 | Dt28:20M | די תשתצון/ישיצי | יתכון#2#/ | ועד זמן די תסתופון |
| 5773 | Dt 4:36M | יתכון /קלא למייסרה | יתכון#2#/ | ועל ארעא חוי יתכון ית |
| 5774 | Dt 4:36 | ית קל מימריה למרדי | יתכון | ועל ארעא חוי יתכון ית |
| 5775 | Dt17:11 | גזירת אוריתה די ילפון | יתכון | ועל סדר דינה די יימרון |
| 5776 | Dt32:06 | די קנה יתכון ודי ברה | יתכון | ושכלל יתכון: |
| 5777 | Dt 9:19 | דייי עליכון לשיצי | יתכון | ושמע ייי בקל צלותי אמר |
| 5778 | Dt12:21 | לכון היך מה די פקדית | יתכון | ותאכלון בקורייכון בכל |
| 5779 | Dt31:29 | ותסטון מן ארחה די פקדת | יתכון | ותארע יתכון בישתה בסוף |
| 5780 | Dt20:11 | ויהווי אין שלם תענה | יתכון | ותפתח לכון ויהווי כל עמא |
| 5781 | Ex 8:24 | ואמר <פרעה> הא אנא משלח | יתכון | ותקרבון קדם ייי אלהכון |
| 5782 | Lv26:22 | חיוותה דאפי ברה ותתכל | יתכון | ותשיצי ית בעירכון ותזער |
| 5783 | Dt28:63 | יתכון ול«מ»סייפה | יתכון | ותתעקרון מן עילוי ארעא די |
| 5784 | Dt28:63M | יתכון ולמשיצייה | יתכון#2#/ | ותתעקרון מן עילוי ארעא |
| 5785 | Nu10:09M | /די עיק#2#/ | לכון/יתכון#2#/ | ותתקעון בחצוצרת' |
| 5786 | Lv26:18M | על דחטיתון /לממחי | יתכון | חד לשבעה על דחטיתון |
| 5787 | Gn47:23 | יוסף לעמא הא זבנית | יתכון | יומא הדין וית ארעא לפרעה |
| 5788 | Ex34:11M | מה די אנה מפקד | יתך/יתכון#2#/ | יומא הדין/דין#2#/ הא |
| 5789 | Dt 4:40 | דאורייתה די אנה מפקד | יתכון | יומא הדין די ייטב לכון |
| 5790 | Dt 6:06 | האליין די אנה מפקד | יתכון | יומא הדין תדירין על |
| 5791 | Dt 7:11 | דינייה די אנה מפקד | יתכון | יומא הדין למעבד יתהון: |
| 5792 | Dt 8:01 | כל מצוותה די אנה מפקד | יתכון | יומא הדין תטרון למעבד |
| 5793 | Dt 8:11 | וקיימוי די אנה מפקד | יתכון | יומא הדין: |
| 5794 | Dt10:13 | וית קיימוי די אנה מפקד | יתכון | יומא הדין למייטב לכון: |
| 5795 | Dt11:08 | כל מצוותה די אנה מפקד | יתכון | יומא הדין מן בגלל דתתקפון |
| 5796 | Dt11:13 | דאוריתא די אנה מפקד | יתכון | יומא הדין למירחם ית אולפן |
| 5797 | Dt11:27 | אלהכון די אנה מפקד | יתכון | יומא הדין: |
| 5798 | Dt11:28 | טבתה^^ די אנה מפקד | יתכון | יומא הדין <....> |
| 5799 | Dt13:19 | כל מצוותה די אנה מפקד | יתכון | יומא הדין למיעבד מה דשפר |
| 5800 | Dt15:05 | מצוותה הדה די אנה מפקד | יתכון | יומא הדין: |
| 5801 | Dt15:11 | בגין כדין אנה מפקד | יתכון | יומא הדין למימר מפתח |
| 5802 | Dt19:09 | למעבד יתה דאנה מפקד | יתכון | יומא הדין למרחם ית אולפן |
| 5803 | Dt26:18 | ומימרא דייי אמלך | יתכון | יומא הדין למהווי לשמא לעם |
| 5804 | Dt27:01 | כל מצוותה די אנה מפקד | יתכון | יומא הדין: |
| 5805 | Dt27:04 | האליין די אנא מפקד | יתכון | יומא הדין בטורא דעיבל |
| 5806 | Dt27:10 | וית קיימוי דיאנה מפקד | יתכון | יומא הדין: |
| 5807 | Dt28:01 | כל מצוותה די אנה מפקד | יתכון | יומא הדין וישווי ייי |
| 5808 | Dt28:13 | אלהכון די אנה מפקד | יתכון | יומא הדין למיטור ולמעבד: |
| 5809 | Dt28:14 | כל פתגמייא די אנה מפקד | יתכון | יומא הדין לא לימינה ולא |
| 5810 | Dt28:15 | וקיימוי די אנה מפקד | יתכון | יומא הדין וייתון עליכון |
| 5811 | Dt29:12 | מן בגלל למקמה | יתכון | יומא הדין לשמה דייי לעם |
| 5812 | Dt30:08 | מצוותה די אנה כען מפקד | יתכון | יומא הדין: |
| 5813 | Dt30:11 | מצוותה הדה די אנה מפקד | יתכון | יומא הדין לא כסייה היא |
| 5814 | Dt30:16 | די אנה כען מפקד | יתכון | יומא הדין למרחום ית אולפן |
| 5815 | Ex13:05 | ויהווי ארום יעל | יתכון | ייי לארעהון דכנענאיי |
| 5816 | Ex13:09 | ארום ביד תקיפא אפיק | יתכון | ייי פריקין מן מצרים: |
| 5817 | Ex13:11 | ויהווי ארום יעל | יתכון | ייי לארעהון דכנעניי |
| 5818 | Dt 1:31 | די חמיתון די סבל | יתכון | ייי אלהכון היך מה דסביל |
| 5819 | Dt 5:12 | יתיה היך מה די פקד | יתכון | ייי אלהכון: |
| 5820 | Dt 5:15 | מנטלה בגין כדן פקד | יתכון | ייי אלהכון למעבד ית יומא |
| 5821 | Dt 5:15 | דמצרים ופרק ואפק | יתכון | ייי אלהכון פריקין מן תמן |
| 5822 | Dt 5:16M | היך מי די פקד | יתכון | ייי |
| 5823 | Dt 6:10 | ויהוי ארום ייעל {א} | יתכון | ייי אלהכון לארעא די קיים |
| 5824 | Dt 7:01 | ארום יעל | יתכון | ייי אלהכון לארעא די אתון |
| 5825 | Dt 8:02 | ית כל אורחה די דבר | יתכון | ייי אלהכון דנה ארבעין |
| 5826 | Dt10:22 | במצרים וכדון שווי | יתכון | ייי אלהכון ככוכבי שמיא |
| 5827 | Dt11:29 | ויהווי ארום יעיל | יתכון | ייי אלהכון לארעא די אתון |
| 5828 | Dt12:07 | ואינשי בתיכון די ברך | יתכון | ייי אלהכון: |
| 5829 | Dt13:06 | יתכון מן אורחא די פקד | יתכון | ייי אל«ה»כון למהלכה בה |
| 5830 | Dt14:24 | שכינתיה תמן ארום יברך | יתכון | ייי אלהכון: |
| 5831 | Dt14:29 | מן בגלל די יברך | יתכון | ייי אלהכון בכל עובד |
| 5832 | Dt15:10 | פתגמא הדין יברך | יתכון | ייי אל«ה»כון בכל |
| 5833 | Dt15:14M | \יתך ייי אלהך תתן לה | /יתכון | ייי אלהכון תתנון לה#2#/: |
| 5834 | Dt15:15 | בארעא דמצרים ופרק | יתכון | ייי אלהכון ובגין כדן אנה |
| 5835 | Dt15:18 | שית שנין דיומין ויברך | יתכון | ייי אלהכון בכל מה די |
| 5836 | Dt16:01 | בזמן ירחה דאביבא אפיק | יתכון | ייי אלהכון פריקין מן ארעא |
| 5837 | Dt16:10 | תתנון היך מה די יברך | יתכון | ייי אלהכון: |
| 5838 | Dt16:15 | די יתרעי ייי ארום יברך | יתכון | ייי אלהכון בכל עללתכון |
| 5839 | Dt19:03 | תחום ארעכון די יאחסן | יתכון | ייי אלהכון ויהוויין לכון |
| 5840 | Dt20:17 | ויבוסייה היך מה די פקד | יתכון | ייי אל<ה>כון: |
| 5841 | Dt23:06M | ארום רחמכון/רחם | יתכון#2#/ | ייי אל«ה»כון: |
| 5842 | Dt23:21 | למיזף מן בגלל די יברך | יתכון | ייי אלהכון בכל אושטות |
| 5843 | Dt24:18 | הוויתון במצרים ופרק | יתכון | ^^ייי אלהכון מן תמן בגין |
| 5844 | Dt24:19 | יהווי מן בגלל די יברך | יתכון | ייי אלהכון בכל עובד |
| 5845 | Dt28:09 | יקים | יתכון | ייי לשמיה לעם קדישין |
| 5846 | Dt28:11 | וישייר | יתכון | ייי אלהכון לטבתה בפירי |
| 5847 | Dt28:13 | וישווי | יתכון | ייי למלכין ולא להדיוטין |
| 5848 | Dt28:25 | ימסור | יתכון | ייי מתנגפין קדם |
| 5849 | Dt28:27 | ימחי | יתכון | ייי בשחנה דמצריי ובטחוריה |
| 5850 | Dt28:28 | ימחי | יתכון | ייי בטפשותה |
| 5851 | Dt28:35 | ימחי | יתכון | ^ייי#2#^ בשחנה בישה על |
| 5852 | Dt28:37 | בכל אומייה די יגלי | יתכון | ייי לתמן: |
| 5853 | Dt28:64 | ויבדר | יתכון | ייי בכל אומיה מן סייפי |
| 5854 | Dt30:01 | בכל אומייה די סדר | יתכון | ייי אלהכון לתמן: |
| 5855 | Dt30:03 | מן כל אומיה די בדר | יתכון | ייי אלהכון לתמן: |
| 5856 | Dt30:04 | סייפי שמיא מן תמן יכנש | יתכון | ייי אלהכון ומן תמן יסב |
| 5857 | Dt30:05 | ויעל | יתכון | ייי אלהכון לארעא די ירתו |
| 5858 | Dt30:09 | וישייר | יתכון | ייי אלהכון בכל עבד ידיכון |
| 5859 | Dt30:16 | ותיחון ותסגון ויברך | יתכון | ייי אלהכון בארעא די אתון |
| 5860 | Ex 4:15 | ועם ממלל פמה ואלף | יתכון | ית מה די תעבדון: |
| 5861 | Ex 4:15M | ועם מלל פומיה ואורי | יתכון#2#/ | ית מה די תעבדון: |
| 5862 | Dt 4:36 | יתכון ועל ארעא חוי | יתכון | ית אשתיה רבתה וקל דבירוי |

|  |  |  |  |  |
|---|---|---|---|---|
| 5863 | Dt 4:36 | מן שמיא אשמע | יתכון | ית קל מימריה למרדי יתכון |
| 5864 | Dt 8:03 | ואכפן יתכון ואייכל | יתכון | ית מנה די לא חכמתון ולא |
| 5865 | Dt15:15 | ובגין כדן אנה מפקד | יתכון | ^ית פתגמא הדין#2#^ יומא |
| 5866 | Dt28:08M | /מימריה דייי | יתכון | ית ברכתה במכנש<יכ>ון#2#/ |
| 5867 | Dt13:01 | ית כל פתגמא די אנה מפקד | יתכון | יתיה תטרון למעבד לא |
| 5868 | Dt28:63 | למייטבה יתכון ולמסגייה | יתכון | כדן יחדי ייי עליכון |
| 5869 | Dt24:08 | ולמעבד ככל מה די ילפון | יתכון | כהנייא וליוויא היך דפקד |
| 5870 | Dt 4:30 | בזמנה דאעיק לכון וארעא | יתכון | כל עקייה האליין בסוף עקב |
| 5871 | Dt28:68 | ויחזר ייי | יתכון | למצרים בלברנייה ובאלפייה |
| 5872 | Dt 5:32 | די פקד ייי אלהכון | יתכון | לא תסטון לא לימינה ולא |
| 5873 | Ex19:04 | נשירין קלילין וקרבית | יתכון | לאולפן אורייתי: |
| 5874 | Dt 8:07 | ארום ייי אלהכון מעל | יתכון | לארע טבה ארע בית נחלין |
| 5875 | Gn48:21 | ייי עמכון ויחזור | יתכון | לארעא אבהתכון: |
| 5876 | Ex 6:08 | ואעל | יתכון | לארעא דזקפית ידי בשבועה |
| 5877 | Ex23:23 | מלאכי קדמיכון ויעל | יתכון | לארעהון דאמוריי דחתיי |
| 5878 | Nu16:09 | כנשתה דישראל למקרבה | יתכון | לוותיה למפלח ית פלחן משכן |
| 5879 | Dt13:04 | ארום מנסי ייי אלהכון | יתכון | למדע הא אית רחמין ית |
| 5880 | Dt 8:02 | למצערה יתכון <למנסייה | יתכון> | למידע ית מה דאית במחשבת |
| 5881 | Dt 8:16 | יתכון ומן בגלל למנסייה | יתכון | למייטבה לכון בסוף יומייה: |
| 5882 | Dt19:07 | בגין כדן אנה מפקד | יתכון | למימר תלת קורי שיזבו |
| 5883 | Dt 8:02 | במדברה מן בגלל למצערה | יתכון | <למנסייה יתכון> למידע ית |
| 5884 | Dt 4:01 | דינ{נ}<י>יה די אנה מלף | יתכון | למעבד מן בגלל דתיחון |
| 5885 | Dt 4:13 | לכון ית קיימה די פקד | יתכון | למעבד עשרתי דביריה וכתב |
| 5886 | Dt 6:01 | פקד ייי אלהכון למלפה | יתכון | למעבד בארעא די אתון עברין |
| 5887 | Dt11:22 | מצוותה הדה די אנה מפקד | יתכון | למעבד יתה למרחם ית אולפן |
| 5888 | Dt20:18 | מן בגלל די לא יילפון | יתכון | למעבד ככל מרחקתהון די |
| 5889 | Dt24:18 | בגין כדין אנה מפקד | יתכון#2#~ | למעבד ית פתגמא הדין: |
| 5890 | Dt24:22 | בגין כדין אנה מפקד | יתכון | למעבד ית פתגמא הדין: |
| 5891 | Dt26:16 | הדין ייי אלהכון מפקד | יתכון | למעבד ית קיימיה האיליין |
| 5892 | Dt 4:38 | מנכון קדמיכון למעלה | יתכון | למתן לכון ית ארעהון |
| 5893 | Gn45:07M | לכון /ולמקיימ' | יתכון#2#/ | לפילטן רברבן: |
| 5894 | Ex 6:07 | ואפרש | יתכון | לשמי לעם קדישין ויהווי |
| 5895 | Lv18:03 | ארעא דכנען די אנה מעל | יתכון | לתמן לא תעבדון |
| 5896 | Nu15:18 | לארעא די אנה מעל | יתכון | לתמן: |
| 5897 | Dt 4:27 | באומייה די יגלי ייי | יתכון | לתמן: |
| 5898 | Nu 9:08M | משה קומו כען ואשמע | יתכון | מה דתקן מן קדם ייי מעבד |
| 5899 | Nu 9:08 | משה קומו כען ואשמע | יתכון | מה דתקן מן קדם ייי מעבד |
| 5900 | Lv26:28M | ובקשיו ואוסף לממחי | יתכון | מחה חד שובעה על דחטיתון |
| 5901 | Dt32:18 | די שכלל יתכון ועבד | יתכון | מחילין מחילין: |
| 5902 | Dt28:25M | מתנגפין קדם /ישווי | יתכון | מימריה דייי תיבירי |
| 5903 | Dt 6:15 | דייי אלהך בך וישיצי | יתכון | מיעילוי אפי ארעא: |
| 5904 | Ex 3:19 | ידעת ארום לא ישבו«ק» | יתכון | מלכא דמצרים למיזל ולא מן |
| 5905 | Dt15:04 | ארום מברכה יברך | יתכון | ממרה דייי בארעה דייי |
| 5906 | Gn50:24 | ברחמוי טביא ויסק | יתכו«ן» | מן ארעא הדא לארעא די |
| 5907 | Ex 3:08 | ידיהון דמצרייה ולמסקא | יתכון | מן ארעא הדא לארעא טבא |
| 5908 | Ex 3:17 | ואמרת בממריה לאסקא | יתכון | מן שעבודהון דמצריי |
| 5909 | Ex 6:06 | שעבודהון דמצריי ואשיזב | יתכון | מן פולחניהון ואפרו«ק» |
| 5910 | Ex11:01 | ומן בתר כדון ישלח | יתכון | מן הכא כד ישלח יתכון |
| 5911 | Ex11:01 | בפריעה מטרוד יטרוד | יתכון | מן הכה: |
| 5912 | Ex18:10 | יתרו בריך ייי די שיזב | יתכון | מן ידיהון דמצריי ומן ידוי |
| 5913 | Lv16:30 | יכפר עליכון למדכיי | יתכון | מן כל חוביכון קדם ייי |
| 5914 | Lv20:24 | אנה ייי אלהכון דאפרשית | יתכון | מן אומייה: |
| 5915 | Lv20:26 | קדיש אנה ייי ואפרשית | יתכון | מן אומייה למהווי לשמי: |
| 5916 | Nu15:41 | די פרקת ואפקת | יתכון | מן ארעא דמצרים למיהוי |
| 5917 | Nu16:09 | ארום אפרש אלה דישראל | יתכון | מן כנשתה דישראל למקרבה |
| 5918 | Dt 4:20 | אפרש מימריה דייי ואפק | יתכון | מן כורה דפרזלה מן מצרים |
| 5919 | Dt 7:07 | לא מן סוגי | יתכון | מן כל אומייה אתרעי ייי |
| 5920 | Dt 7:08 | פריקין ביד תקיפה ופרק | יתכון | מן בית שעבוד עבדיה ומן |
| 5921 | Dt 8:14 | דייי אלהכון דאפיק | יתכון | מן ארעא דמצרים מן |
| 5922 | Dt 9:23 | וכד שלח מימרה דייי | יתכון | מן רקם דגיעה למימר עולו |
| 5923 | Dt13:06 | דמצרים ודי פ«ר»ק | יתכון | מן בית שעבוד עבדייה |
| 5924 | Dt13:06 | עבדייה {{למיטעי}} | יתכון | מן אורחא די פקד יתכון ייי |
| 5925 | Dt13:06M | /שעיבודה למיסטי | יתכון#2#/ | מן אורחא די פקד יתכון |
| 5926 | Dt25:19 | די יניח ייי אלהכון | יתכון | מן כל בעלי דבביכון |
| 5927 | Dt28:31 | ייי אלהכון די ישיזיב | יתכון | מן יד בעלי דבביכון: |
| 5928 | Dt30:03 | יתכון ויחזור ויכנש | יתכון | מן כל אומיה די בדר יתכון |
| 5929 | Dt30:05 | יתה וייטב לכון ויסגי | יתכון | מן אבהתכון: |
| 5930 | Dt12:28 | האיליין די אנה מפקד | יתכון | מן בגלל דייטיב לכון |
| 5931 | Dt13:11 | ארום בעא {{למיטעי}} | יתכון | מן בתר ממרה דייי אלהכון |
| 5932 | Ex 6:07 | אלהכון די פרקית ואפקית | יתכון | מן תחות ניר שעבודהון |
| 5933 | Dt 8:16 | די אייכל | יתכון | מנה במדברה די לא חכמו |
| 5934 | Dt13:11M | דייי /תבע למסטייה | יתכון | מעילווי ייי#2#/ אלהכון |
| 5935 | Dt28:21 | מותנה עד זמן די ישצי | יתכון | מעילווי ארעא דאתון עלין |
| 5936 | Dt14:26 | ובעתיק ובכל מה די תשאל | יתכון | נפשיכון ותאכלון תמן קדם |
| 5937 | Dt28:22 | ובירקונה וירדפון | יתכון | עד זמן די יסופון יתכון: |
| 5938 | Dt28:45 | וירדפון יתכון ויארעון | יתכון | עד זמן דתש«ת»יצון ארום |
| 5939 | Ex19:04M | מן מצראי וסבלית | יתכון | על ענני׳ן קלילין היך על |
| 5940 | Lv26:25M | למתפרעה | מנכון/יתכון#2#/ | על די פרעתון ית |
| 5941 | Dt12:11 | ית כל מה די אנה מפקד | יתכון | עלוותכון ונכסת קודשיכון |
| 5942 | Ex 6:06 | אנה ^הוא#2#^ ייי ואפיק | יתכון | פריקין מן תחות ניר |
| 5943 | Ex 6:07M | יתכון מן תחות /אפקית | יתכון | פריקין מן#2#/ ניר |
| 5944 | Ex13:03 | בידא תקיפא אפיק ייי | יתכון | פריקין מן הכא ולא יתאכיל |
| 5945 | Ex16:06 | ותדעון ארום ייי אפיק | יתכון | פריקין מארעא דמצרים: |
| 5946 | Ex16:32 | יתכון במדברא באפקותי | יתכון | פריקין מן ארעא דמצרים: |
| 5947 | Ex20:02 | אלהכון די פרקת ואפקת | יתכון | פריקין מן ארעא דמצרים מן |
| 5948 | Lv11:45 | ארום אנה הוא ה' די אפקת | יתכון | פריקין מן ארעא דמצרים |
| 5949 | Lv19:36 | אמר ייי אלהכון די אפק | יתכון | פריקין מן ארעא דמצרים: |
| 5950 | Lv22:33 | דפרקת ואפקת | יתכון | פריקין מן ארעא דמצרים |
| 5951 | Lv25:38 | אלהכון {די} די אפקת | יתכון | פריקין מן ארעא דמצרים |
| 5952 | Lv26:13 | אנה ייי אלהכון די פרקית | יתכון | פריקין מן ארעא דמצרים מן |
| 5953 | Dt 4:37 | מן בתריהון ופרק ואפק | יתכון | פריקין בתוקפיה בחיילה רבה |
| 5954 | Dt 5:06 | אלהכון די פרקית ואפקית | יתכון | פריקין מן ארעה דמצרים מן |
| 5955 | Dt 6:12 | אורייתה דייי דאפיק | יתכון | פריקין מן ארעא דמצרים מן |
| 5956 | Dt 7:08 | די קיים לאבהתכון אפק | יתכון | פריקין ביד תקיפה ופרק |
| 5957 | Dt 7:19 | ואדרעה מנטלתה די אפיק | יתכון | פריקין ייי אלהכון כדן |
| 5958 | Dt 8:14M | דפרק ואפיק | יתכון | פריקין מן |
| 5959 | Dt13:06 | קדם ייי אלהכון דאפק | יתכון | פריקין מן ארעא דמצרים |
| 5960 | Dt13:11 | ממרה דייי אלהכון דאפק | יתכון | פריקין מן ארעא דמצרים מן |
| 5961 | Dt20:01 | ייי אלהכון עמכון דאפיק | יתכון | פריקין מן ארעא דמצרים: |
| 5962 | Nu22:08 | יומא הדין ולליא ואתיב | יתכון | פתגם היך מה די אתמלל |
| 5963 | Dt 2:07M | /^מאנדעם#2#^/ /לא חסר | יתכון | פתגם#2#/: |
| 5964 | Ex23:33 | בארעכון דלא יחייבון | יתכון | קדמיי ארום תפלחון קדם |
| 5965 | Dt 4:05 | חמון דהא אלפית | יתכון | קיימין וסדרי דינין היך מה |
| 5966 | Dt 4:14 | דייי בשעתה ההיא למלפה | יתכון | קיימין וסדרי דינין די |
| 5967 | Dt 1:13M | עליכון /ואש{ר}<ו>י | יתכון | ראשין ע<ליכון>#2#/: |
| 5968 | Dt26:19 | ולמשויה | יתכון | רמין ומנטלין על כל אומייה |
| 5969 | Lv26:18 | ואוסף למרדי | יתכון | שבעה על דחטיתון: |
| 5970 | Dt32:18 | תקיפה די ברה | יתכון | שבקתון ואשיתון ית ממר |

|  |  |  |  |  |  |
|---|---|---|---|---|---|
| 5971 | | Dt 5:33 | די פקד ייי אלהכון | יתכון | תהלכון מן בגלל דתיחון |
| 5972 | | Dt24:08 | וליוויא היך דפקד | יתכון | תטרון למעבד: |
| 5973 | יתן | Ex 5:21 | חרבא בידיהון למקטליה | יתן: | |
| 5974 | | Ex 8:22 | לית אפשר דלא ירגמון | יתן: | |
| 5975 | | Ex34:09 | לחובינן ולחטאינן ותאחסן | יתן: | |
| 5976 | | Nu20:14 | ית כל עקיה די ארעון | יתן: | |
| 5977 | | Dt 1:27 | בידיהון דאמוריי למישיצי | יתן: | |
| 5978 | | Dt 4:07 | מצליין קדמוי הוא עני | יתן: | |
| 5979 | | Dt 6:25 | ייי אלהן היך מה די פקד | יתן: | |
| 5980 | | Dt26:14 | עבדנן {כ} בכל מה די פקדת | יתן: | |
| 5981 | | Dt33:04 | בני ישראל אורייתה פקד | יתן | משה יהב יתה ירתו ואחסנה |
| 5982 | | Dt 1:27 | מה דהוה ממרה דייי סני | יתן | אפק יתן מארעא דמצרים |
| 5983 | | Nu10:31 | ואמר ליה לא כען תשבק | יתן | ארום בגין כדן דאת ידע נסיא |
| 5984 | | Dt 5:25 | וכדון למה נמות ארום תאכל | יתן | אשתה רבתה הדה אין מוספין |
| 5985 | | Lv22:27 | בשעת אננקי דדהון עני | יתן | בהדה שעתה ושמע בקל צלותן |
| 5986 | | Dt 1:27 | יתן מארעא דמצרים לממסר | יתן | בידיהון דאמוריי למישיצי |
| 5987 | | Dt31:17 | דייי שרייה בינינן ארען | יתן | בישתה האליין: |
| 5988 | | Ex14:11 | במצרים דברת יתן למקטלה | יתן | במדברא מה היא דא דעבדת לנא |
| 5989 | | Ex14:12 | קדם מצריי מן למקטליה | יתן | במדברא: |
| 5990 | | Nu21:05 | יתן מן מצרים למקטלה | יתן | במדברא ארום לית לן לחם |
| 5991 | | Nu16:13 | וחליין כדבשה למקטלה | יתן | במדברה ארום אתרברבת |
| 5992 | | Ex 5:03 | קדם ייי אלהן דלא יערע | יתן | במותנא או בחרבא: |
| 5993 | | Ex33:17 | חן וחסד באפי ומניית | יתן | בשם דרבן: |
| 5994 | | Nu11:04 | ואמרין אלווי מן ייכל | יתן | בשר: |
| 5995 | | Nu11:18 | למימר אלווי מן יוכל | יתן | בשר ארום טב הוה לן במצרים |
| 5996 | | Dt 2:30 | מלכא דחשבון דלא למעברה | יתן | בתחומיה ארום אקשי ייי |
| 5997 | | Ex15:02M | הוא אבונן דהווה מינק | יתן | דבש מן כיפ׳ ומשח יתן משח |
| 5998 | | Lv10:19 | עלתהון קדם ייי ואת מלף | יתן | דחטאתה חמ<י>רא מן מעשרה |
| 5999 | | Dt 6:24 | לן כל יומייא למקיימה | יתן | הכזמן יומא הדין: |
| 6000 | | Gn31:15 | אתחשבנן ליה ארום זבן | יתן | ואכל לחוד מיכל ית כסף |
| 6001 | | Nu16:14 | כחלבה וחלין כדבשה אעלת | יתן | ויהבת לן אחסנת חקלוון |
| 6002 | | Gn47:19 | לחוד אנן לחוד ארען קנה | יתן | וית ארעאן בלחמא ונהווי אנן |
| 6003 | | Ex17:03 | אסקת יתן ממצרים למקטלה | יתן | וית בנינן וית בעירן |
| 6004 | | Nu13:27 | עלינן לארעא די שלחת | יתן | ולהוד ארע עבדה פירין טבין |
| 6005 | | Gn50:15 | מה דלמה דיסטם יוסף | יתן | ומחזרא יחזר לן ית כל בישתא |
| 6006 | | Dt 1:19 | היך מה פקד ייי אלהן | יתן | ומטינן עד רקם דגיעה: |
| 6007 | | Ex 1:10M | /לקובלן סדרי קרב ויתרך | יתן | וניסוק מן ארעה#2#/: |
| 6008 | | Ex13:15 | ארום אקשי פרעה למשלחה | יתן | וקטל ייי כל בכוריה בארעא |
| 6009 | | Dt26:06 | ואבאישו לן מצריי וצערו | יתן | ושוון עלינן פלחן קשי: |
| 6010 | | Ex13:14 | ליה ביד תקיפא אפיק | יתן | ייי פריקין מן בית שעבודא: |
| 6011 | | Ex13:16 | ארום ביד תקיפא אפק | יתן | ייי פריקין מן מצרים: |
| 6012 | | Dt 1:41 | קרבה ככל מה די פקד | יתן | ייי אלהן ואיזדיינתון גבר |
| 6013 | | Dt 6:24 | ופקד | יתן | ייי למעבד ית כל קיימיה |
| 6014 | | Dt26:08 | ופרק ואפק | יתן | ייי פריקין מן מצרים בידה |
| 6015 | | Nu32:05 | לעבדך ולאחסנה לא תעבר | יתן | ית ירדנה: |
| 6016 | | Nu14:08M | בן מימריה דייי ויעל | יתן#2#/ | יתה לן ארע דהיא עבדה |
| 6017 | | Gn42:30 | עמין מלין קשיין ושוי | יתן | כמילילין ית ארעא: |
| 6018 | | Dt26:13 | ככל פיקודייך די פקדת | יתן | לא עברנן מן מצותך ולא |
| 6019 | | Nu14:03 | ולמה כען ייי מעל | יתן | לארעא הדה למפל בחרבה נשינן |
| 6020 | | Nu14:08 | אם רעי הוא בן ייי וייתי | יתן | לארעא הדה ויתן יתה לן ארע |
| 6021 | | Dt26:09 | ואעיל | יתן | לארעא הדין ויהב לן ית ארעא |
| 6022 | | Nu20:05 | יתן מן מצרים למיעל | יתן | לאתרה בישה הדין לא אתר שפר |
| 6023 | | Gn35:09 | מן אדם וזוגיה ועוד אלפת | יתן | למבקרא ית בישיא מן אבונן |
| 6024 | | Gn35:09 | פסקין לעלמי עלמין אלפת | יתן | למברכה לחתנה ולכלתה מן אדם |
| 6025 | | Ex16:03 | לחם ושבעין ארום אפקתון | יתן | למדברא הדין למקטלא ית כל |
| 6026 | | Gn35:09M | במשרי חזווה ועוד אלפת | יתן | למיברכה ית אבליה מן אבונן |
| 6027 | | Gn35:09M | דאיתגלי ועוד אלפתא | יתן | למיקבר מיתיא מרבנא משה |
| 6028 | | Gn35:09 | צער מן גזרתא ועוד אלפתא | יתן | למנחמה ית אבליה מן אבונן |
| 6029 | | Ex14:11 | דלית קברין במצרים דברת | יתן | למקטלה יתן במדברא מה היא |
| 6030 | | Gn19:13 | קבלתהון קדם ייי ושלח | יתן | למשיציא יתה: |
| 6031 | | Dt 6:23 | מן תמן מן בגלל למעלה | יתן | למתן לן ית ארעא די קיים |
| 6032 | | Gn43:18 | ולמתעקפא עלינן ולמסב | יתן | לעבדין וית חמרינן: |
| 6033 | | Ex17:03 | ואמרין ליה למה כען אסקת | יתן | ממצרים למקטלה יתן וית |
| 6034 | | Dt 1:27 | ממרה דייי סני יתן אפק | יתן | מארעא דמצרים לממסר יתן |
| 6035 | | Dt 5:24 | ואמרתון {ה}אחזי | יתן | מימרה דייי אלהן די יקריה |
| 6036 | | Nu11:29M | נביין ארום \ישור׳ ייי | /יתן | מימריה דייי#2#/ ית רוח |
| 6037 | | Dt 9:04 | למימר בזכוותן אעיל | יתן | ממרה למירת ית ארעא הדה |
| 6038 | | Gn 5:29 | שמיה נח למימר דן ינחם | יתן | מן עבדינן ביש׳ ומן גזל |
| 6039 | | Ex 2:19 | ואמרין גבר מצרייה שיזב | יתן | מן ידיהון דרעייא ואף מדלי |
| 6040 | | Ex13:16M | פריקין מן /פרק ואפק | יתן | מן#2#/ מצרים: |
| 6041 | | Ex14:11 | היא דא דעבדת לנא למפקה | יתן | מן מצרים: |
| 6042 | | Ex32:01 | דן משה גברא די אסק | יתן | מן ארעא דמצרים לית אנן |
| 6043 | | Ex32:23 | ארום דין משה די אפק | יתן | מן ארעא דמצרים לית אנן |
| 6044 | | Ex33:15 | שכינתך בינינן לא תסק | יתן | מן הכה: |
| 6045 | | Lv20:02 | בישר«אל» די | יתן | מן בנוי למעברה קדם פלחנה |
| 6046 | | Lv20:04 | מן גברא ההו׳ כד | יתן | מן זרעית בנוי למעברה בנורא |
| 6047 | | Nu11:20M | /{אתפקית} <את אפקת> | יתן | מן מצרים#2#/: |
| 6048 | | Nu16:13 | הא זעירא היא ארום אסקת | יתן | מן ארעא עבדה פירין טבין |
| 6049 | | Nu20:05 | ולמה כען אסקתון | יתן | מן מצרים למיעל יתן לאתרה |
| 6050 | | Nu20:16 | דרחמין וש«י»ז{{ו}}ב | יתן | מן מצרים והא אנן ברקם |
| 6051 | | Nu21:05 | אתרעמו למה כען אסקתון | יתן | מן מצרים למקטלה יתן |
| 6052 | | Nu24:11 | מוקרא איקר והא מנע ייי | יתן | מנך ית איקרא: |
| 6053 | | Ex15:02M | יתן דבש מן כיפ׳ ומשח | יתן | משח מן שמיר טינרא עניין |
| 6054 | | Gn47:25 | ואמרין קיימת | יתן | נשכח חן וחסד באפוי דרבוני |
| 6055 | | Ex 1:10M | איתון ונסב/כען ונערץ | יתן | סתרי קרב׳#2#/ עליהון עצן |
| 6056 | | Dt30:12 | לשמיא ויסב יתה לן וישמע | יתן | פקודייה ונעבד יתהון: |
| 6057 | | Dt 6:21 | לפרעה במצרים ופרק ואפק | יתן | פריקין מן מצרים ביד |
| 6058 | | Dt 9:28 | דיירי דארעא די אפקת | יתן | פריקין מן תמן על דלא הוות |
| 6059 | | Dt 1:25 | לוותן ואגיבו | יתן | פתגם ואמרין טבא היא ארעא |
| 6060 | | Dt 1:22 | לנא ית ארעא ויתיבון | יתן | פתגמא ית ארחא די נסוק בה |
| 6061 | | Nu11:04M | הווה לן דמייכל | יתן#2#/ | בשר/<בשר>ה#2#/: |
| 6062 | אותי | Gn34:30M | /עלי ויקטלון ויקטלון | אותי | וישיצי אמהתא עם בנייה#2# |
| 6063 | ויתה | Dt 1:38M | הוא ייעול לתמן | יתיה/ויתה#2#/ | אתוקף ארום הוא יחסן |
| 6064 | | Lv10:17 | ארום קודש קדשין היא | ויתה | יהב לכון למטעון ית חובי עם |
| 6065 | | Nu22:33 | ארום כדון יתך קטלת | ויתה | קיימת: |
| 6066 | ויתהון | Lv20:14M | ולא /יקדון יתה | ויתהון | ול#2#/ תהוי זנו בניכון: |
| 6067 | | Lv14:11 | דמדכי ית גברא דמדכי | ויתהון | קדם ייי בתרע משכן זמנא: |
| 6068 | ויתי | Dt 4:14 | | ויתי | פקד ממריה דייי בשעתה ההיא |
| 6069 | ויתיה | Dt20:19 | ארום מניה תאכלון | ויתיה | לא תקצון ארום לא היך |
| 6070 | | Gn41:13 | הוות יתי חזר לשמושי | ויתיה | צלב על צליבא: |
| 6071 | | Dt10:20M | קדם ייי אלהכון תצלון | ויתיה | תפלחון בקרבנה ובמימרה |
| 6072 | | Lv11:33 | כל מה דביה יסתאב | ויתיה | תתברון: |
| 6073 | ויתך | Gn12:12 | אתתיה היא דא ויקט׳ יתי | ויתך | יקיימון: |
| 6074 | ויתכון | Lv26:33 | | ויתכון | אדרי באומיה ואגרי בתרכון |
| 6075 | | Dt 4:20 | | ויתכון | אפרש מימריה דייי ואפק |
| 6076 | ויתן | Dt 6:23 | | ויתן | אפק פריקין מן תמן מן בגלל |
| 6077 | | Dt14:27M | לא תשבקון יתהון | ארום/ויתן | ליואי ארום#2#/ לית |

See also: את *prep.*

## יתב *vb.* to sit

[247]

|  |  |  |  |
|---|---|---|---|
| 001 | תב peal | Gn27:19 | היך מה דמללת עמי קום כען תב ואכל מן צידי מן בגלל תברך |
| 002 | תבו | Nu22:19 | וכעין סקון תבו כען הכה אוף אתון בליליה |
| 003 | | Nu22:19M | \סקון תבו /וכדון תבו#2/ כען הכה אוף/לחוד#2/ |
| 004 | | Gn22:05 | <ואמר> אברהם לעולימוי תבו לכון הכא גב חמרא ואנא |
| 005 | תבי | Gn38:11 | ואמר יהודה לתמר כלתיה תבי ארמלה בבייתיה דאבוך עד זמן |
| 006 | תיבו | Ex24:14 | ולחכימיא אמר ת{ו}<י>בו אמתינו לי הכא עד זמן די |
| 007 | | Gn34:10M | וארעא תהוי קדמיכון שרון/תיבו בה#2/ ואתגרו בה |
| 008 | | Ex16:29M | שרון /מזון תרין יומין תיבו גבר#2/ גבר באתריה לא |
| 009 | יתב | Dt32:04 | לעי באוריתה ותלת שעין יתב בדינה ותלת שעין מזווג |
| 010 | | Ex18:14 | עבד לעמא מן בגלל מה את יתב לבלחודך וכל עמא קיימין |
| 011 | יתבא | Lv15:23M | /מן די היא#2/ יתבה/יתבא#2/ עלוי כד יקרוב |
| 012 | יתבה | Lv15:23 | הוא או על מנה דהיא יתבה עלוי כד יקרוב בה יהוי מסאב |
| 013 | יתבון | Gn48:19M | "באמיא": ומן בנוהי יתבון בסנהדרין רבתא שבעין |
| 014 | יתבי | Dt13:14M | קרת{י}הון /דיסטון ית יתבי קורייכון#2/ למימר ניזיל |
| 015 | | Dt13:16M | תקטלון ית דייר/יתבי#2/ קרתה ההיא לפתגם דחרב |
| 016 | יתבין | Ex 8:17M | "די ...בה": די אינון יתבין |
| 017 | | Ex 8:17M | אנון/הינון#2/ שריין/יתבין#2/ בה: |
| 018 | יתיב | Gn28:10M | כל יומין דהוה שרי/יתיב#2/ בחרן אלין/אליין#2/ |
| 019 | | Gn28:10 | קפצת ארעא קדמוי ואשתכח יתיב בחרן וניסא רביעאה אבנא |
| 020 | | Ex10:29 | מבשר הווינא עד דאנא יתיב במדין למימר ארום מיתו כל |
| 021 | | Gn25:27 | הוה גבר שלם בעבדא טבא יתיב בבתי מדרשא: |
| 022 | | Gn18:01 | במשרי חזוה והוא הווה יתיב בתרע משכניה בתקפה דיומא |
| 023 | | Gn19:01 | לסדם ברמשא ולוט הוה יתיב בתרע דסדם ו{ת}<ח>מא |
| 024 | | Gn25:27M | גבר שלם בעובדא טבא יתיב ומשמש בבית מדרשא דשם |
| 025 | | Gn44:33 | וכדון יתיב כען עבדך תחות טליא עבד |
| 026 | | Dt17:18 | ויהווי כד די יתיב על כורסי מלכותיה ויכתוב לה |
| 027 | | Lv15:04 | דיבה יסתאב וכל מן די יתיב עלוי יסתאב: |
| 028 | | Lv15:06 | ודיתיב על מנא די יתיב עלוי דיבה יחוור לבושי |
| 029 | יתיבין | Ex16:03 | דמצרים כד הווינן יתיבין על דודבת בישרא אכלין לחם |
| 030 | תתב | Lv15:20 | נדתה יסתאב וכל מן די תתב עלוי יסתאב: |
| 031 | | Lv15:22 | מן די יקרוב בכל מן די תתב עלוי יחוור לבושוי ויסחי |
| 032 | | Lv15:26 | נדתה יהוי לה וכל מן די תתב עלוי מסאב יהוי כסואבת |
| 033 | | Lv12:04 | ותלתין ותלתה יומין תתב תסר על אדם דדכי בכל קדשין |
| 034 | | Lv12:05 | נדתה ושתין ושתה יומין תתב תסר על אדם דכי: |
| 035 | תתבון | Nu32:06M | קרבא ואתון תשרון/תתבון#2/ הכה: |
| 036 | | Lv 8:35M | "תישרון ... שבעה": תתבון יומא ולילה שוב' |
| 037 | במתבכון | Dt 6:07M | בגו בתיכון /במתבכון בבתיכ#2/ ובהלכותכון |
| 038 | דיתבה | Gn38:21 | למימר אן היא נפקת ברה דיתבה בפרשות ארחתה על ארחה |
| 039 | דיתבין | Dt11:30M | שמשה בארעהון דכנענאי דיתבין במשרא כל וקבל גלג<לה> |
| 040 | דיתיב | Nu24:05 | יעקב בזכות משכניה דיתיב בהון ישראל אבוכון כמה |
| 041 | ודיתיב | Lv15:06 | ודיתיב על מנא די יתיב עלוי דיבה |
| 042 | ויתב | Gn25:11 | וברך ייי ית יצחק ברה ויתב יצחק בבארה דאתגלי עלה |
| 043 | | Ex18:13 | והוה מן יומא דבתר«ה» ויתב משה למדן ית עמא וקמו עמא |
| 044 | | Ex 2:15 | פרעה ושרה בארעא דמדין ויתב לה על בארה: |
| 045 | | Gn35:09M | יתיה למגזור עורלתיה ויתב ליה בתרע משכניה כמחום |
| 046 | | Gn35:09M | עלוי רחל באורחא ויתב ליה אבונן יעקב צווח |
| 047 | | Gn35:09 | רחל עלוי באורחיה ויתב ליה צווח ובכה ומ<י>לל |
| 048 | | Gn48:02 | לוותך ואזדרז ישראל ויתב ליה על ריש דרגשה: |
| 049 | | Ex17:12 | ונסבו אבן ושוון תחותוי ויתב עליה ואהרן וחור הוון |
| 050 | | Gn26:17 | יצחק ושרה בנחלה דגרר ויתב תמן: |
| 051 | ויתבו | Gn37:25 | ויתבו למיכל לחם ונטלו |
| 052 | | Ex32:06 | וקרבו נכסת קודשין ויתבו עמ«א» למיכל ולמישתי |
| 053 | | Gn43:33M | \וארבע יתהון קדמוי /ויתבו קדמוי#2/ רבה כרביותה |
| 054 | | Nu22:08M | מלל ממריה דייי לוותי ויתבו רברבני דמואב עם |
| 055 | ויתבין | Gn25:03M | וראשי אומין /משיריין ויתבין בשכונ' ובנ'#2/: |
| 056 | ויתבית | Dt 9:09M | קיים ייי עמכון ושרית/ויתבית#2/ בטורה ארבעין יומין |
| 057 | ויתבת | Gn21:16 | ואזלת ויתבת לה מן כל קובליה רחיק |
| 058 | | Gn21:16 | לא אחמי במותא דטליא ויתבת לה מן כל קבליה ונטלת ית |
| 059 | | Gn38:11 | הוא כאחוי ואזלת תמר ויתבת לה בבייתה דאבוה: |
| 060 | | Gn38:14 | ברדידה ואתעטפת בה ויתבת לה בפרשות אורחתה די על |
| 061 | | Gn31:34 | יתהון בעביטא דגמלא ויתבת עליהון ופשפש לבן ית כל |
| 062 | ויתיב | Gn26:17M | ושרה בנחלה דגרר ויתב/ויתיב#2/ תמן: |
| 063 | ותיתב | Dt21:13 | לבושיה שביתה מן עלווה ותיתב בגו בייתיך ותבכי ית אבוה |
| 064 | ותתב | Gn27:44M | \ותשרי עמיה /ותתב גבה#2/ יומין קלילן |
| 065 | ליתבי | Nu24:24M | לאתוראה ויסופון ליתבי עיבר פרת ברם סופיהון |
| 066 | למיתב | Ex11:05 | בכורא דפרעה דהוה עתיד למיתב על כורסי מלכותיה עד בכורה |
| 067 | | Ex12:29 | בכורא דפרעה דהוי עתיד למיתב על כורסי מלכוותא עד בכורא |
| 068 | | Ex17:16M | "למיקם ... הוא": למיתב על כורסי מלכותיהון דבני |
| 069 | למתעב | Ex11:05M | עתיד \למיתב על כורסי /למתעב {כ}<ע>ל כורסייה#2/ |
| 070 | יתותב ettafal | Ex12:48 | וארום יתותב עמכון דייר ויעבד פיסחא |
| 071 | | Lv19:33 | וארום יתותב עמכון ג{ו}<י>ור בארעכון |
| 072 | | Nu 9:14 | וארום יתותב עמכון גי{זל}<ור> ויעבד |
| 073 | | Nu15:14 | וארום יתותב עמכון גיור או מן מה די |
| 074 | אי' | Nu15:14M | וארום יתותב/יתגייר#2/ ^אי'#2/ עמכון גיור או |
| 075 | איתותב | Dt18:06 | כל ישראל מן אתרא די איתותב לתמן וייתי בכל תוחמדת |
| 076 | אתותב | Gn26:03 | אתותב בארעא הדא ואהווה במימרה |
| 077 | אתותבו | Ex 6:04 | ית ארעא תותבותיהון די אתותבו בה: |
| 078 | אתותבת | Gn21:23 | תעבד עמי ועם ארעא די אתותבת בה: |
| 079 | | Gn32:05 | אמר עבדך יעקב עם לבן אתותבת ואשתהיית כדון: |
| 080 | דאתותב | Gn35:27 | דגיבריא היא חברון דאתותב תמן אברהם ויצחק: |
| 081 | ואיתותב | Gn21:34 | ואיתותב אברהם בארעהון דפלשתאי |
| 082 | ואתותב | Gn20:01 | בין רקם ובין חלוצה ואתותב בגרר: |
| 083 | | Dt26:05 | מן ידיה ונחת למצרים ואתותב תמן בעם זעיר ואיתברך והוה |
| 084 | למתותבא | Gn19:09 | להל ואמרין האחד אתא למתותבא בינינן והא הוא בעי למהוי |
| 085 | למתותבה | Gn47:04 | ואמרין {אל} לפרעה למתותבה בארעא עלנן ארום לית מרעה |
| 086 | | Gn19:09M | והא הוא בעי למהוי /למתותב{ב}ה בינינן ולמהווי#2/ |
| 087 | | Gn12:10 | ונחת אברם למצרים למתותבה תמן ארום תקף כפנא בארעא: |

## יתיר *adj./adv.* excessive, more

[248 adj., 248 adv.]

|  |  |  |  |
|---|---|---|---|
| 001 | יתיר s ab/cn | Lv22:23 | ותור או אמר דחסיר אבר או יתיר אבר נסיבה תפרשון יתיה |
| 002 | | Lv16:01 | כהנא רבה בקרבותהון קרבן יתיר דלא בזמנה קדם ייי די לא |
| 003 | | Gn18:01 | מרומא די ישתלח בידה יתיר מן חדה מילה מלאכא קדמאה |
| 004 | | Gn19:09 | דין דינינן כדון נבאש לך יתיר מנהון ודחקו בגובריא בלוט |
| 005 | | Gn48:22 | ואנא יהבית לך חולק חד יתיר על אחך לבושיה דאדם קדמיי |
| 006 | | Gn48:22 | ועוד יהבית לך חולק חד יתיר על אחיך שכם דנסבית |
| 007 | | Gn48:22M | לכון חולק חד יתיר על אחיך דנסבית |
| 008 | | Gn49:03 | הויית מסב תלתא חולקין יתיר על אחך בכורותא דידך היא |
| 009 | יתירה | Dt25:03M | \מחה רבה /מלקות יתירה#2/ ויתבזי אחוך קדמיך: |

## יתם *n.* orphan

[248]

|  |  |  |  |
|---|---|---|---|
| 001 | דיתמה s em/sf | Dt27:19 | די יסטי דינה דגיורה דיתמה וארמלתה ויאמרון כל עמא |
| 002 | ודיתמה | Dt27:19M | סדר דיניה דגיורא ודיתמה ודארמלתה ויענון כל#2/ |
| 003 | ליתמה | Dt26:13M | /<לגיו>רה#2/ ליתמייה/<לית>מה#2/ ולארמלתה ככל |
| 004 | יתמין p abs | Ex22:23 | נשיכון ארמלן ובניכון יתמין: |
| 005 | ויתמין | Ex22:21 | בני ישראל כל ארמלה ויתמין לא תצערון: |
| 006 | דיתמיה p em/sf | Dt10:18 | עבד דיניהון דיתמיה ודארמלתה ורחם גיורה למתן |
| 007 | ואיתמיה | Dt14:29 | בפלוג ארעא וגיוריה ואיתמיה וארמלתה דבקורייכון |

| | | | | | |
|---|---|---|---|---|---|
| 008 | וית' | Dt14:29M | ארעא וגיוריה | ואיתמיה/וית'#2#/ | וארמלתה דבקורייכון |
| 009 | ויתמייה | Dt16:11 | וגייורייה | ויתמייה | וארמלתה די ביניכון באתרא |
| 010 | | Dt24:17 | תסטי דיניה דגיורייה | ויתמייה | ולא תמשכון לבושה |
| 011 | וליתמי | Dt24:20 | מן בתריכון לגיוריה | וליתמי | «ולארמלתה» יהווי: |
| 012 | וליתמיה | Dt24:21 | מן בתריכון לגיוריה | וליתמיה | ולארמלתה יהווי: |
| 013 | לייתמייה | Dt24:19 | למיסב יתה ולגיוריה | לייתמייה | ולארמלתה יהווי מן בגלל |
| 014 | ליתמיא | Dt26:12 | מסכינייה לגייורייה | <ליתמיא> | ולארמלתה וייכלון |
| 015 | ליתמייה | Dt26:13 | מסכינייה לגיורייה | ליתמייה | ולארמלתה ככל פיקודייך די |

## יתר *vb.* to leave extra (af.) [248]

| | | | | | |
|---|---|---|---|---|---|
| 001 | afel יותר | Dt28:54M | /במותרי בנוי די | יותר#2#/: | |

|  |  |  |  |  |  |
|---|---|---|---|---|---|
| 001 | כאהרן | Gn12:03M | מברכך | כאהרן | כהנא ומל{ל}<ט>טך אלוט |
| 002 | | Gn27:29M | ומברכיך יהון בריכין | כאהרן | כהנא |
| 003 | כאפרים | Gn48:20 | למימר ישוי יתך ייי | כאפרים | וכמנשה ושוי ית ברכתיה |
| 004 | כבל' | Gn27:29M | /ליטך יהון ליטין | כבל'#2#/ | בר בעור ומן דמברך יתך |
| 005 | כבלעם | Gn27:29 | דלייט יתך יהוי לייט | כבלעם | בר בעור ומן דמברך יתך |
| 006 | | Nu24:09M | יתהון יהווי לייט | כבלעם | בר פעור ודמברך יתהון |
| 007 | | Gn12:03M | ומל{ל}<ט>טך אלוט | כבלעם | רשיע{י}א |
| 008 | כיונה | Dt30:13 | למימר לווי הוה לן חד | כיונה | נביא די יחות לעמקוי דימה |
| 009 | כמשה | Dt34:10 | קם נבייא עוד בישראל | כמשה | די חכם יתיה מימריה דייי |
| 010 | | Gn27:29 | דמברך יתך יהוי מברך | כמשה | נביא ספרון דישראל: |
| 011 | | Dt30:12 | למימר לווי הוה לן חד | כמשה | נבייא די יסוק לשמיא ויסב |
| 012 | כנמרוד | Gn10:09 | ייי בגין כדין יתאמר | כנמרוד | גיבר בחטאה קדם ייי: |
| 013 | כקרח | Nu17:05 | קטרה קדם ייי ולא יהווי | כקרח | וככנישתיה היך מה די מלל |
| 014 | כראובן | Gn48:05 | אינון אפרים ומנשה | כראובן | ושמעון יהוון לשמי: |
| 015 | כאבנייא | Ex15:16 | יהוון קיימין דמימין | כאבנייא | עד זמן דיעברון עמך ייי |
| 016 | כאגיר | Lv25:40 | | כאגיר | כתותב יהווי עמך עד שתה |
| 017 | | Lv25:53 | | כאגיר | שנה בשנה יהוי עמה לא |
| 018 | כאומייה | Dt 8:20 | | כאומייה | דמימרה דייי מסיף |
| 019 | כאורח | Gn19:31 | לית בארעא למיעול לוותן | כאורח | כל ארעא: |
| 020 | כאחוי | Lv 7:10 | בנוי דאהרן תהוי גבר | כאחוי: | |
| 021 | | Gn38:11 | אמר דלא ימות לחוד הוא | כאחוי | ואזלת תמר ויתבת לה |
| 022 | כאיברא | Ex15:10M | /ימא רבה ושקעו | כאיברא | במיא משבחין{ן}<א>#2#/: |
| 023 | כאילן | Gn 3:24 | פקודיה הוי חי וקיים | כאילן | חייא לעלמא דאתי טבא היא |
| 024 | כאישתין | Ex12:37M | כשתין /לסוכותה | כאישתין#2#/ | רבבון דגברין רגליין |
| 025 | כאיתתה | Nu12:12M | תיהווי מרים אחתן | כאיתתה | מעברה דמצטרעה בעיבורה |
| 026 | כאלהא | Dt33:26 | לית | כאלהא | דישראל דאשרי איקר |
| 027 | כאליין | Gn27:46M | דחיתיי כאלין /דחת\ | כאליין#2#/ | מן בנתהון דעמא דארעא |
| 028 | כאלין | Gn27:46 | את' מן בנתהון דחיתיי | כאלין | מן בנתהון דעמא דארעא למה |
| 029 | כאלן | Gn 3:22 | פקודה אית הוה חי וקיים | כאלן | חייא עד לעלמין וכדון עד די |
| 030 | כאפרשות | Nu15:20 | חלה תפרשון אפרשו | כאפרשות | עבורה מן אדרה ו{ת}<ח>מרה |
| 031 | | Nu18:27 | ותתחשב לכון אפרשותכון | כאפרשות | עיבורא מן אדרה וחמרה מן |
| 032 | | Nu18:30 | מניה ויתחשב לליוויי | כאפרשות | עיבורא מן אדרה וחמרה מן |
| 033 | כארזייה | Nu24:06 | לעולם יאין ומשבחין | כארזייה | דמיין ומשבחין ומנטלין |
| 034 | | Nu24:06M | אומייא יאין ומשבחין | כארזייה | רמין ומנטלין |
| 035 | כארח | Nu11:31 | מן ימא ^ורפש על משריתה | כארח | מהלך יום מן הכה^ וכאורח |
| 036 | כאריה | Gn44:18 | ומדכדך בלישנא נהם | כאריה | ואמר בבעו מינך רבוני ימלל |
| 037 | | Nu24:09 | ניחין ושרין | כאריה | וכאריוותה ולית אומה ומלכו |
| 038 | כארייה | Nu23:24 | הא עמא | כארייה | שריין וכאריוותה מתנטלין |
| 039 | כאריס | Dt23:25 | ארום תיעול | כאריס | בכרמי«י»ה דחברך ותאכל |
| 040 | | Dt23:26 | ארום תיעול | {ב}<כ>אריס | בקיימתיה דחברך ותקטוף |
| 041 | כארעא | Gn13:10 | כגינת' דייי באילנא | כארעא | דמצרים בפיריה מעלך |
| 042 | | Dt11:10 | לתמן למירת יתה לא | כארעא | דמצרים היא די נפקתון מן |
| 043 | כאש | Nu21:28M | גיברין בערין \היך | אשתא/כאש#2#/ | נפקו מן חשבון עבדי |
| 044 | כאשא | Ex24:17M | שכינתיה דייי | כאשתא/<כא>שא#2#/ | אכלה אשא מתכלה בריש |
| 045 | כאשדיות | Dt24:06M | מלמקרב ארום | כאשדיות | אדם זכיי הוא מתחשב |
| 046 | כאשמא | Lv 7:07 | כחטא«תה» | כאשמא | גזירת אורייתה חדה להון |
| 047 | כאשמה | Lv 6:10 | קדיש קדישין הוא כחטאת' | כאשמה: | |
| 048 | כאשתא | Ex24:17 | וחיזו איקר שכינתיה דייי | כאשתא | אכלה אשא מתכלה בריש די |
| 049 | כאשתין | Nu11:21M | "אשתין ... עמא": | כאשתין | רבוון דרגלין עמה |
| 050 | כאתה | Gn34:31M | אתה /ברתיה דיעקב | כאתה#2#/ | טעיא נפקת ברא: |
| 051 | כאתונה | Gn15:17M | אברם והא גהינם דבערה | כאתונה | בשביבין דינור וגומרין |
| 052 | כאתין | Dt28:46M | ובבניכון /בבון | כאתין | וכפרישן ובזרעיית בני"#2# |
| 053 | כביתיה | Gn16:08 | אזלה ואן בית את אשכחה | כביתיה | דאברם ריבונך ואמרת |
| 054 | כבנוי | Dt 2:10 | רברבין וסגין ותקיפין | כבנוי | דענק גובריה: |
| 055 | | Dt 2:11 | גוברין יתחשבון אוף אנון | כבנוי | דענק גובריה ומואביי |
| 056 | | Dt 2:21 | עם רברבין וסגין ותקיפין | כבנוי | דענק גיבריא ושיצי יתהון |
| 057 | כבעירא | Gn 3:18 | מן קדמך ייי לא נתחשב | כבעירא | למיכ' עשבא דבאפי ברא נקום |
| 058 | כבר זרע | Nu11:07M | "כזרע כסבר הוא": | כבר זרע | כוסבר חיור |
| 059 | כברכתה | Dt12:15M | ותיכלון בשר | כברכתיה/כברכתה#2#/ | דייי אלהכון יהב/די |
| 060 | | Dt16:17 | גבר כמסת אושטות ידיה | כברכתה | דייי אלהכון די יהב לכון: |
| 061 | כברכתיה | Dt12:15 | תכסון ותיכלון בשר | כברכתיה | דייי אלהכון יהב לכון בכל |
| 062 | כברקה | Dt32:41 | אין אשננה | כברקה | חרבי ותתוקף בדינה |
| 063 | כבשרה | Ex 4:07 | חוביה והא חזרת למיהוי | כבשרה: | |
| 064 | | Dt12:15 | כחדה יאכלון יתיה | כבשרה | דטבייה ודא«יי»ל{יי}ה: |
| 065 | | Dt15:22 | ודדכי כחדה תאכלון יתיה | כבשרה | דטבייה ודאיילה: |
| 066 | כגבר | Nu14:15 | ו«ת»קטל ית עמא האליין | כגבר | חד ו{א}ימרון אומייה די |
| 067 | כגזירת | Gn 1:24M | למינה והוה כן | \כמימריה/כגזירת | ממרי"#2#/: |
| 068 | | Gn 1:03 | יהוי נהור והות נהור | כגזירת | ממריה: |
| 069 | כגיורה | Lv24:22 | סדר דין חד יהווי לכון | כגיורה | כיציבה יהווי ארום אנה הוא |
| 070 | כגיורייה | Lv24:16 | יתיה כל עם כנשתה | כגיורייה | כיציבייה בפרשותיה שמה |
| 071 | כגייורייה | Lv24:22M | לכון \כגיורה כיציבה | /כגייורייה | כיצי"#2#/ יהווי ארום |
| 072 | כגינין | Nu24:06 | על בעלי דבביכון | כגינין | שתילין על מבועין דמיין |
| 073 | כגינת' | Gn13:10 | ייי ית סדום וית עמרה | כגינת' | דייי באילנא כארעא דמצרים |
| 074 | כגלידא | Ex16:14 | מדברא דקיק מפספס דקיק | כגלידא | על ארעא: |
| 075 | כגנתה | Dt11:10 | ^יתה#2#^ ברגליכון | כגנתה | דירקא: |
| 076 | כדב' | Ex13:05M | כדבשא /וחלב וטעימין | כדב'#2#/ | ותפלחון ית פלחנא הדין |
| 077 | כדבש' | Gn49:21M | יעקב לישנ' חלי' | כדבש' | |
| 078 | כדבשא | Lv20:24 | כחלבה וחליין וטעמיין | כדבשא | אנה ייי אלהכון דאפרשית |
| 079 | | Ex13:05 | נקיין כחלבא וחליין | כדבשא | ותפלחון ית פלחנא הדין |
| 080 | כדבשה | Nu14:08 | נקיין כחלבה וחליין | כדבשה: | |
| 081 | | Dt 6:03 | כחלבה וחליין וטעימין | כדבשה: | |
| 082 | | Dt 8:08 | משח ותומרייה חליין | כדבשה: | |
| 083 | | Dt11:09 | כחלבה וחליין וטעימין | כדבשה: | |
| 084 | | Nu16:14 | טבין נקיין כחלבה וחליין | כדבשה | אעלת יתן ויהבת לן אחסנת |
| 085 | | Dt29:17 | ארום ראשיא דחטה חלי' | כדבשה | ברם סופיה מריר כלעניתה |
| 086 | | Nu13:27 | טבין נקין כחלבה וחליין | כדבשה | היא והא מן פירה: |
| 087 | | Dt27:03 | נקיין כחלבה וחליין | כדבשה | היך מה די מלל ייי אלהכון |
| 088 | | Dt31:20 | כחלבה וחליין וטעימין | כדבשה | וייכלון ויסבעון |
| 089 | | Nu16:13 | נקיין כחלבה וחליין | כדבשה | למקטלה יתן במדברה ארום |
| 090 | כדוב' | Dt27:03M | /וחליין וטעימין | כדוב'#2#/ | היך מה די מלל ייי |
| 091 | כדובשא | Ex 3:17 | נקיא כחלבא וחליין | כדובשא: | |
| 092 | | Dt26:09 | נקיין כחלבה וטעימין | כדובשא: | |
| 093 | | Ex33:03 | נקיין כחלבא וחליין | כדובשא | ארום לא אסלק איקר שכינתי |
| 094 | | Ex 3:08 | נקין כחלבא וחליין | כדובש«א» | לארעהון דכנענאי וחתיי |
| 095 | כדובשה | Dt26:15 | נקיין כחלבה וחליין | כדובשה: | |
| 096 | כדורון | Gn45:23 | ולאבוי שלח | כדורון | דא עשרה חמרין טעונין מן |
| 097 | כדינא | Dt 1:17M | כדינה דרבא | כדינא | דזעירא תה' |
| 098 | | Gn18:25 | ויהוי דינא דזכייא | כדינא | דחייבא מחוס מן קדמיך מן |
| 099 | כדינה | Dt 1:17M | "כמלוי ... תהוון": | כדינה | דרבא כדינא דזעירא תה' |
| 100 | כדלא | Gn18:21 | קדמי הא אינון קדמי | כדלא | ידעת: |
| 101 | כהד' | Nu 8:26M | ולמפלוח לא יפלוח | כהד'#2#/ | סידרא תעבד לליוויי |
| 102 | כהדין | Nu15:12 | כמניינה די תעבדון | כהדין | סדרא תקרבון עם כל חד |
| 103 | | Nu28:14 | ירח וירח בהתחדתותיה | כהדין | סדרא תהוון מקרבין עמי בכל |
| 104 | | Nu28:21 | תקרבון עם אמרא חדתה | כהדין | סדרא תקרבון עם שבעתיה |
| 105 | | Nu29:04 | חד תקרבון עם אמרא חדתה | כהדין | סדרא תקרבון עם שבעתי{ה} |

|  |  |  |  |
|---|---|---|---|
| 106 | | Nu29:14 | תקרבון עם תורה חדתה כהדין סידרא תקרבון עם תלת עשרתי |
| 107 | | Nu29:14 | תקרבון עם דכרא חדתא כהדין סידרא תקרבון עם תרין |
| 108 | | Nu29:15 | תקרבון עם אמרא חדתא כהדין סידרא תקרבון עם |
| 109 | כהדן | Ex29:38 | כהדן סדר' תהוון מקרבין על גבי |
| 110 | | Ex29:40 | הנא ונסוך רביעת הנה חמר כהדן סדרא תקרבון עם אמרא חדתה: |
| 111 | | Ex30:13 | כהדן סדרא יתנון כל דעבר על |
| 112 | | Nu28:24 | כהדן סדרא תקרבון בכל יום שבעתי |
| 113 | | Nu28:29 | תקרבון עם אמרא חדתה כהדן סדרא תקרבון ית שבעתי |
| 114 | | Nu 8:26 | מטרה ופלחן לא יפלח כהדן סידרא תעבד לליוויי |
| 115 | | Nu10:28 | בני ישראל לחילוותהון כהדן סידרא הוו נטלין: |
| 116 | | Nu15:13M | /וכל יציביה יעבדון כהדן סידרא#2/ ית אלין למקרבה |
| 117 | | Nu29:10 | תקרבון עם אמרה חדתה כהדן סידרא תקרבון עם שבעתי |
| 118 | | Nu29:39 | «אלין» כהדן סידרא תהוון מקרבין קדם ייי |
| 119 | | Dt25:09 | קדמוי ותיעני ותימר כהדן סידרא י{ד}<ת>עבד לגברא די |
| 120 | | Nu15:11 | כהדן סידרה תקרבון עם תורה חדתה |
| 121 | | Dt 7:05 | ארום אלהן כהדן סידרה תעבדון להון מדבחיהון |
| 122 | כזמן | Lv23:29 | למצום ולא «ציימה» כזמן יום צומה דכיפורייה ותשתיצא |
| 123 | כזמנה | Dt 9:18M | וצליית קודם ייי כזמנה קדמייה |
| 124 | כזעירה | Nu23:10 | אלווי תיהוי אחריתה כזעירה דבהון: |
| 125 | כזעירותה | Gn43:33 | רבה כרביותה וזעירא כזעירותה ותמהו גברייא גבר לקבל |
| 126 | כזקיי' | Ex15:08M | /וקמו להו' צרירין כזקיי'#2/ דמיא נזליא קפון תהומיא |
| 127 | כזרע | Ex16:31 | ישראל ית שמיה מנה והוא כזרע דכסבר חיור וטעמיה כשישין |
| 128 | | Nu11:07 | «ומנה» כזרע כסבר הוא ועינה כחזיו |
| 129 | כחגה | Ex32:05M | יהא רעוה דיהי נכסא בי כחגה מן רשיעיה קדם ייי מחר |
| 130 | כחזוה | Nu 8:04 | ועד שושניה נגידה היא כחזוה די חזה ייי ית משה כדן |
| 131 | כחזוו | Nu11:07M | /וחזויה כחזווה#2/ בדולחה: |
| 132 | כחזוי' | Nu11:07M | הוא \ועינה כחזוי'/כחזוי'#2/^ \וחזויה כחזוו#2/ |
| 133 | כחזיו | Nu 9:15 | וברמשא יהווי על משכנ' כחזיו אשתה עד צפרה: |
| 134 | | Nu11:07 | כזרע כסבר הוא ועינה כחזיו בדולחה: |
| 135 | | Lv13:43 | או בגלשנותיה כחזיו צרעת משך בשרה: |
| 136 | כחיוותה | Dt32:24 | ארבעתי מלכוותה דמתילן כחיוותה ברה אגרה בהון עם |
| 137 | כחיזו | Nu 9:15M | יהווי על משכנ' כחזיו/כחיזו#2/ אשתה עד צפרה: |
| 138 | כחייבה | Gn18:25M | מחוס /כסדר דנה דזכייה כחייבה הא מחוס#2/ מן קדמיך מן |
| 139 | כחלא | Gn32:13 | אייטב לך ואשוי ית בניך כחלא דימא די לא יתמנון מן סגי: |
| 140 | | Gn41:49 | וכנש יוסף עבור כחלא דימא סגין לחדא עד זמן |
| 141 | כחלבא | Ex 3:08 | עבדא פירין טבין נקין כחלבא וחליין כדובש«א» לארעהון |
| 142 | | Ex 3:17 | לארעא דעבדא פירין נקיא כחלבא וחליין כדובשא: |
| 143 | | Ex13:05 | דעבדא פירין טבין נקיין כחלבא וחליין כדובשא ותפלחון ית |
| 144 | | Ex33:03 | דעבדא פירין טבין נקיין כחלבא וחליין כדובשא ארום לא |
| 145 | כחלבה | Lv20:24 | דעבדה פירין טבין נקיין כחלבה וחליין וטעמיין כדבשא אנה |
| 146 | | Nu13:27 | עבדה פירין טבין נקין כחלבה וחליין כדבשה היא והא מן |
| 147 | | Nu14:08 | עבדה פירין טבין נקיין כחלבה וחליין כדבשה: |
| 148 | | Nu16:13 | עבדה פירין טבין נקיין כחלבה וחליין כדבשה למקטלה יתן |
| 149 | | Dt 6:03 | פירין טב{י}ין נקיין כחלבה וחליין וטעימין כדבשה: |
| 150 | | Dt11:09 | עבדה פירין טבין נקיין כחלבה וחליין וטעימין כדבשה: |
| 151 | | Dt26:15 | עבדה פירין טבין נקיין כחלבה וחליין כדובשה: |
| 152 | | Dt27:03 | ארע עבדין פירין נקיין כחלבה וחליין כדבשה היך מה די |
| 153 | | Dt31:20 | דעבדה פרין טבין נקיין כחלבה וחליין וטעימין כדבשה |
| 154 | | Nu16:14 | עבדה פירין טבין נקיין כחלבה וחלין כדבשה אעלת יתן |
| 155 | | Dt26:09 | עבדה פירין טבין נקיין כחלבה וטעימין כדובשא: |
| 156 | כחלמיה | Gn41:12 | ופתר לן ית חלמינן גבר כחלמיה פתר: |
| 157 | כחלק | Dt18:08 | חלק כחלק ויכלון בר מן מותרי קורבנוי |
| 158 | כחסדא | Gn21:23 | תשקר בי ובברי ובבר ברי כחסדא די עבדת עמך תעבד עמי ועם |
| 159 | | Gn21:23M | לי בברי ולא בבר ברי כחסדא דקושטא |
| 160 | כחקל | Lv27:21 | דיובילה קדש לשמה דייי כחקל אפרשו לכהנה תיהוי אחסנתיה: |
| 161 | כחרבא | Lv19:18 | לישנא תליתייה דהוא קש' כחרבא מחי מן תרין סטרוי דמן |
| 162 | כטלא | Dt32:02 | על בני ישראל ויתקבל כטלא עליהון ית מימר פומי |
| 163 | כטעם | Nu11:08 | יתיה חורדן והוה טעמיה כטעם ששי«י»ן בדבש: |
| 164 | כידוי | Gn27:23 | ארום הוון ידוי כידוי דעשו אחוי שערניין וברך |
| 165 | כיומא | Gn 2:17 | לא ת«י»כל מינה ארום כיומא דתיכל מימת תמות: |
| 166 | | Gn25:33 | ואמר יעקב אשתבע לי כיומא הדין ואשתבע לי' וזבין ית |
| 167 | | Dt 4:20 | לשמה דייי לעם אחסנה כיומא הדין: |
| 168 | | Dt 8:18 | די קיים לאבהתכון כיומא הדין: |
| 169 | | Dt10:15 | בכון מן כל אומייה כיומא הדין: |
| 170 | | Dt29:27 | וטלק יתהון לארע אחרני כיומא הדין: |
| 171 | כיומה | Lv25:50M | \כיומי אגיר יהווי/ כיומה דאגי' יה#2/ עימיה: |
| 172 | כיומי | Lv25:50 | כסף זבוניה במניין שנין כיומי אגיר יהווי עימיה: |
| 173 | | Lv22:13M | לביתה דאבוה כרביותה/כיומי טליותה#2/ מן לחמה |
| 174 | | Lv15:25 | כל יומי{ן} דוב סאבתה כיומי ריחוק נדתה תהוי מסאבה |
| 175 | | Dt11:21 | לאבהתכון למיתן לכון כיומי שמייא על ארעא: |
| 176 | כיומיא | Dt 1:46 | ברקם יומין סגין כיומיא די שריתון: |
| 177 | כיומייה | Dt10:10 | ואנה קמית בטורה כי{ז}<ו>מייה קדמייה ארבעין יומין |
| 178 | כיומין | Gn29:20 | שבע שנין והוון באפוי כיומין קליל«י»ן מן רחמתא דהוה |
| 179 | כיחוסיהון | Ex28:10 | על אבנא תניינ{ו}תא כיחוסיה«ו»ן: |
| 180 | כייי | Ex 8:06 | מן בגלל דתידע ארום לית כייי אלהן: |
| 181 | כיצי' | Lv24:22M | כיציבה /כגיורייה כיצי'#2/ יהווי ארום אנה הוא ייי |
| 182 | כיציבה | Lv19:34 | כיציבה די בכון יהווי בכון |
| 183 | | Lv24:22 | חד יהווי לכון כגיורה כיציבה יהווי ארום אנה הוא ייי |
| 184 | כיציביא | Ex12:48 | כשר למעבד יתיה ויהוי כיציביא דארעא וכל בר עממין לא |
| 185 | כיציבייה | Lv24:16 | כל עם כנשתה כגיורייה כיציבייה בפרשותיה שמה דאלהה |
| 186 | | Lv19:34M | כיציבה/כיציבייה#2/ די בכון יהווי |
| 187 | כירוק | Gn 9:03M | יהווי למיכל כירק/כירוק#2/ עשבי' יהבית לכון ית |
| 188 | כירק | Gn 9:03 | דחיין לכון יהווי למיכל כירק עשבי' יהבית לכון ית כלא: |
| 189 | ככוכבי | Gn22:17 | יתך ומסגיא אסגי ית בנך ככוכבי שמיא וכחלא די על גף ימא |
| 190 | | Gn26:04 | ואסגי יתך ככוכבי שמיא ואתן לבניך ית כל |
| 191 | | Ex32:13 | עמהון אסגי ית בניכון ככוכבי שמיא וכל ארעא הדא דאמרת |
| 192 | | Nu23:10 | עליהון יהוון מסגין ככוכבי שמיא אמר בלעם במתל נבותה |
| 193 | | Dt 1:10 | סגין וקיימין יומא הדין ככוכבי שמיא לסוגי: |
| 194 | | Dt10:22 | שווי יתכון ייי אלהכון ככוכבי שמיא לסוגי: |
| 195 | | Dt28:62 | במניין חלף די הוויתון ככוכבי שמייא לסוגי ארום לא |
| 196 | ככוותהון | Dt 7:26M | תהוון מרחקין כוותהון/ככוותהון#2/ משקצה תשקצון |
| 197 | ככיפורא | Ex16:14M | כגלידא /חיור דקיק ככיפורא#2/ על ארעא: |
| 198 | ככל | Dt17:14 | ותימרון אמני עלינן מלך ככל אומייא די חזור חזור לן: |
| 199 | | Dt18:07 | בשם מימרה דייי אלהיה ככל אחוי ליוויי דקיימין |
| 200 | | Dt 4:08 | וסדרי דינין זכיין ככל גזירת אוריתה הדה די אנה |
| 201 | | Ex31:11M | בסמניה לקידוש \כל מה/ככל#2/ די פקדית יתך תעבדון: |
| 202 | | Nu 9:05M | במדברה דסיני \כל מה/ככל#2/ די פקד ייי ית משה כדן |
| 203 | | Dt29:20 | מן כל שבטיה דישראל ככל לווטיה קיימה דכתיבין בספר |
| 204 | | Ex25:09M | כל/ככל#2/ מה די אנא מחזי יתך ית |
| 205 | | Ex29:35M | \כדן כל מה /כדן סדרא ככל מה#2/ דפקדית יתך שבעה |
| 206 | | Ex39:42 | ככל מה די פקד ייי ית משה כן |
| 207 | | Ex40:16M | ועבד משה כל/ככל#2/ מה דפקד ייי יתיה כדין |
| 208 | | Nu 1:54 | ועבדו בני ישראל ככל מה די פקד ייי ית משה כדן |
| 209 | | Nu 8:20M | ללווי/לליוואי#2/ כל/ככל#2/ מה די פקד ייי ית משה |
| 210 | | Nu30:01M | משה לבני ישראל כל/ככל#2/ מה די פקד ייי ית משה: |
| 211 | | Dt 1:03M | משה עם בני ישראל כל/ככל#2/ מה די פקד ייי יתיה |
| 212 | | Dt 1:30 | יעבד לכון נצחני קרביכון ככל מה די עבד ייי עמכון |
| 213 | | Dt 1:41 | ייי אנן נסוק ונסדר קרבה ככל מה די פקד יתן ייי אלהן |

|  |  |  |  |
|---|---|---|---|
| 214 | | Dt 4:34 | ובחזו{ז}<ו>ן רברבין ככל מה די עבד לכון ייי אלהכון |
| 215 | | Dt12:08 | לא תעבדון ככל מה דאנן עבדין הכה יומא |
| 216 | | Dt14:26 | ותזבנון בכספא ככל מה די תתחמד נפשיכון בתורין |
| 217 | | Dt17:10M | דייי ותתטרון למעבד כל/ככל#2#/ מה די ילפון יתכון: |
| 218 | | Dt18:16 | ככל מה די שאלתון מן קדם ייי |
| 219 | | Dt24:08 | למיטור לחדה ולמעבד ככל מה די ילפון יתכון כהנייא |
| 220 | | Dt30:02 | ותשמעון בקל מימריה ככל מה די אנה כען מפקד יתכון |
| 221 | | Dt31:05 | קדמיכון ותעבדון להון ככל מצוותה די פקדת לכון: |
| 222 | | Dt20:18 | לא יילפון יתכון למעבד ככל מרחקתהון די פלחו לטעוותהון |
| 223 | | Dt26:13 | ליתמייה ולארמלתה ככל פיקודייך די פקדת יתן לא |
| 224 | | Nu 9:03 | תעבדון יתיה בזמניה ככל קיימוי וככל סידרי דינוי |
| 225 | | Nu 9:12 | צפרה וגרם לא יתברון ביה ככל קיימוי דפסחה {יעבד«ו»ן}: |
| 226 | | Nu 9:12M | /ומצוותה לא יבטלון מניה ככל קיימי דפס'#2#/ יעבדון |
| 227 | | Nu12:07M | לא \כוות כל/ככל#2#/ נביאה/נביא#2#/ הוא |
| 228 | ככנש | Dt33:05 | ויקום מלך מן דבית יעקב ככנש ית ראשי עמא כחדא ישתמעון |
| 229 | ככתבה | Dt10:04 | וכתב על לווחייה ככתבה קדמייה ית עשרתי דביריה די |
| 230 | כלבביה | Dt20:08 | ויתבר ית לבהון דאחוי כלבביה: |
| 231 | כלבוש' | Dt32:01 | כתננה ימסון וארעא כלבוש' תתכלי ברם עתיד הוא ייי |
| 232 | כליביה | Dt20:08M | דאחוי כלבביה/כליביה#2#/: |
| 233 | כלעניתה | Dt29:17 | כדבשה ברם סופיה מריר כלעניתה דמותה: |
| 234 | כמגחך | Gn19:14 | מחבל ייי ית קרתא והוה כמגחך באפיה חתנוי: |
| 235 | | Gn27:12 | יתי אבא ונהוי באפוי כמגחך בה ואייתי עלי לווטן ולא |
| 236 | כמגלה | Dt32:38 | יתהון ויהווי עליהון כמגלה: |
| 237 | כמדורונין | Gn 6:14 | אעין דקדרינ«י»ן כמדורונין תעבד ית תבותה ותשוע ית' |
| 238 | כמדמר' | Lv15:26M | /יומין דהיא דייבה כמדמר' ריחוק נד'#2#/ יהוי לה |
| 239 | כמדמוך | Lv15:26 | עלוי כל יומי דובה כמדמוך נדתה יהוי לה וכל מן די |
| 240 | כמולותיה | Ex14:25 | חזרו למהוי נגדין כמולותיה ורמין יתהון לימא כד חמון |
| 241 | כמחום | Gn35:09M | ויתב ליה בתרע משכניה כמחום יומא דכ{ו}<ן> כתבא מפרש |
| 242 | כמטרה | Dt32:02 | יבשם כמטרה אולפני על בני ישראל |
| 243 | כמיא | Dt12:16 | תאכלון על ארעא תשפכון כמיא: |
| 244 | | Dt12:24 | על ארעא תשפכון יתיה כמיא: |
| 245 | | Dt15:23 | על ארעא תשפכון יתיה כמיא: |
| 246 | כמייא | Nu23:24 | וישפכון אדם קטוליהון כמייא: |
| 247 | כמילדה | Gn38:28 | והוה כמילדה ופשט וולדה ית ידה ונסבת |
| 248 | כמילוי | Ex 8:09 | ועבד ייי כמילוי דמשה ומיתו ערדענייא מן |
| 249 | | Ex 8:27 | ועבד ייי כמילוי דמשה ועבר ערברובא מפרעה |
| 250 | כמיליך | Ex 8:06 | ואמר למחר ואמר כמיליך מן בגלל דתידע ארום לית |
| 251 | כמילילין | Gn42:30 | מלין קשיין ושוי יתן כמילילין ית ארעא: |
| 252 | כמימר | Nu23:19 | לא כמימר בני אנשא מימריה דייי ולא |
| 253 | כמימריה | Gn 1:07 | מלעיל לרקיעא והוה כן כמימריה: |
| 254 | | Gn 1:09 | ותתחמי יבשתא והוה כן כמימריה: |
| 255 | | Gn 1:24 | דארעא למינה והוה כן כמימריה: |
| 256 | כמיניין | Gn48:19M | רבתא שבעין חכמין כמיניין עלמייא |
| 257 | כמיעליה | Ex33:09M | משכנה נחת /ויהווי כמיעליה דמשה למשכנה הוון |
| 258 | כמיתה | Nu12:12M | מצרעה באהילה כמיתה ארום מה דהדין וולד דהוי |
| 259 | כמיתותא | Nu16:29 | אן כמיתותא דמיתן כל בני אנשא ימותן |
| 260 | כמיתיא | Ex 4:19M | והא אינון חשיבין כמיתיא#2#/ כל גובריא דהוון |
| 261 | כמיתייה | Nu12:12 | מרים מסאבה באהילה כמיתייה והא מ{ת}<ד>מיא לוולדה |
| 262 | כמכתש | Lv14:35 | ויתני לכהנא למימר כמכתש אתחזי לי בביתה: |
| 263 | כמלאכין | Gn 3:05 | ויתפתחן עיינכון ותהון כמלאכין מן קדם ייי ידעין למפרשה |
| 264 | כמלוי | Ex12:35 | ובני ישראל עבדו כמלוי דמשה ושאילו מן מצריי |
| 265 | | Ex32:28 | ועבדו בנוי דלוי כמלוי דמשה ונפל מן עמא ביומא |
| 266 | | Lv10:07 | דייי עליכון ועבדו כמלוי דמשה: |
| 267 | | Dt 1:17 | לא תסבון אפין בדינה כמלוי דזעירה וכמילוי דרבה תהוון |
| 268 | כמליך | Gn30:34 | הא טאבות אלוי יהוי כמליך: |
| 269 | | Gn47:30 | ואמר הא אנא עבד כמליך: |
| 270 | כמליכון | Gn44:10 | ואמר לחוד כדון כמליכון כן הוא ית מן די ישתכח |
| 271 | כמלתיה | Gn44:02 | וית כסף זבנה ועבד כמלתיה דיוסף די מליל: |
| 272 | כממרה | Gn 1:11 | ובה על ארעא והוה כן כממרה: |
| 273 | | Gn 1:30 | כל עשבא למזון והוה כן כממרה: |
| 274 | כממריה | Gn 1:15 | על ארעא והו' כן כממריה: |
| 275 | כמן קדם | Lv26:37 | ויתקלון גבר באחוי כמן קדם שלפי חרבה ורדף דלית ולא |
| 276 | כמנחת | Ex29:41M | שמשתה \כמנחתה דאמר /<כמנ>חת אמר#2#/ דצפרא וכנסכה |
| 277 | כמנחתה | Lv 5:13 | ליה ותיהוי לכהנא כמנחתה: |
| 278 | | Ex29:41 | תקרבון יתה ביני שמשתה כמנחתה דאמר דצפרא וכנסכה תקרבון |
| 279 | | Nu28:08 | יתיה <ביני> שמשתה כמנחתה דאמר דצפרא וכנסוכוי כדן |
| 280 | כמניינה | Nu15:12 | כמניינה די תעבדון כהדין סדרא |
| 281 | כמניינהון | Nu15:12 | סדרא תקרבון עם כל חד כמניינהון: |
| 282 | כמנין | Ex12:04 | דקריב לוותיה כמנין נפשין גבר לפם מיכל«ה» |
| 283 | כמעיבר | Ex33:22 | ויהוי כמעיבר איקר שכינתי ואשוי יתך |
| 284 | כמעלי | Gn44:30 | וכדון כמעלי לוות עבדך אבה וטליה לית |
| 285 | כמפתר | Gn49:01M | חזר וברך יתה<ו>ן גבר כמפתר ברכתיה |
| 286 | כמקדם | Lv26:36 | עם חבר ונתר ויערקון כמקדם שלפי חרבה ויפלון ולית |
| 287 | כמרחקתהון | Dt18:09 | לכון לא תלפון למעבד כמרחקתהון דאתרא «ה»אינון: |
| 288 | כמרי | Ex22:24 | די עמך לא תהווי ליה כמרי חוב דחק ולא תשוון עלוי |
| 289 | כמרמי | Gn21:16 | לה מן כל קובליה רחיק כמרמי בקשתא ארום אמרת לא אחמי |
| 290 | כמשש' | Ex10:21M | והוון כמשש' בחשוכא |
| 291 | כמתרעמין | Nu11:01 | והוה עמה כמתרעמין הגין ביש במשמעה דייי |
| 292 | כנחלין | Nu24:06 | כנחלין מתגברין כדן יהוון ישראל |
| 293 | כנחשה | Dt28:23M | דאית תוחתיכון חסימה כנחשה {ו}<ד>לא למסקה לכון דתין |
| 294 | כניאה | Nu18:18M | יהווי לך כניעה/כניאה#2#/ דאנפותה וכשקה |
| 295 | כנימוס | Gn18:02 | תרע משכנה ושאל בשלמהון כנימוס ארעא: |
| 296 | | Gn24:52 | והוה כד שמע לשמה ייי כנימוס ארעא: |
| 297 | | Gn42:06 | דיוסף ושאלו בשלמיה כנימוס ארעא: |
| 298 | | Gn44:14 | הווה תמן ושאלו בשלמיה כנימוס ארעא: |
| 299 | | Gn48:12M | ברכוי ושאלו בשלמה כנימוס ארעא#2#/: |
| 300 | | Gn19:31M | ... כל": למיזדמנה לוותן כנימוס כל |
| 301 | | Ex22:16 | למסבה יתה ליה כסף יתקל כנימוס פרני בתולתא: |
| 302 | כנימוסי | Lv25:42 | דמצרי' לא יזדבנון כנימוסי עבדיה: |
| 303 | | Lv25:39 | לך לא תשתעבד בה כנימוסי עבדייה: |
| 304 | כניעה | Nu18:18 | ובשרהון יהווי לך כניעה דאנפותה וכשקה דימינה דידך |
| 305 | כנפשיה | Gn44:30 | עמן ונפשיה חביבה עלוי כנפשיה: |
| 306 | כנפשך | Dt13:07 | חברך רחמך דחביב עליך כנפשך בטומרה למימר ניזיל ונפלח |
| 307 | כנשיא | Gn18:11 | לשרה אורח {כנס} כנשיא: |
| 308 | | Gn31:35 | מן קדמיך ארום ארח {ב}<כ>נשיא לי ופשפש לבן ית כל |
| 309 | כנשיה | Ex 1:19 | חייתה לפרעה ארום לא כנשיה מצרייתה עברייתא ארום חיין |
| 310 | כנשרה | Dt32:11 | כנשרה דמעורר קנה על גוזלוי מרחף |
| 311 | כסדר | Gn 6:03 | כל דריה דעתידין למקום כסדר דינא דדריה דמבולא הלא מחתם |
| 312 | | Gn40:13 | כסא בכף ידיה דפרעה כסדר דינא קדמיה די הוות מזיג |
| 313 | | Ex21:31 | ברה נקבה מן בני ישראל כסדר דינא הדין יתעבד ליה: |
| 314 | | Ex26:30 | ותקים ית משכנה כסדר דינא די חמית בטורא: |
| 315 | | Lv 5:10 | יקרב ^יתיה#2#^ עליה כסדר דינא ויכפר עלוי כהנא מן |
| 316 | | Lv 9:16 | וקרב ית עלתה וקרב יתיה כסדר דינה: |
| 317 | | Nu15:24 | ומנחתיה ונס«ו»כוי כסדר דינה וצפיר בר עזין חד |
| 318 | | Nu29:18 | עם אמרייא במיניינהון כסדר דינה: |
| 319 | | Nu29:21 | עם אמרייה במניינהון כסדר דינה: |
| 320 | | Nu29:24 | ועם דכרייה במניינהון כסדר דינה: |
| 321 | | Nu29:30M | ועם אמרייה במניינהון כסדר דינה: |

|  |  |  |  |
|---|---|---|---|
| 322 | | Nu29:37 | ועם אמריה במניינהון כסדר דינה: |
| 323 | | Nu29:33 | עם אמרייה במניינהון כסדר דינהון: |
| 324 | | Nu29:06 | דתמידה ומנחתה ונסוכיהון כסדר דיניהון לריח דרעוה קדם ייי |
| 325 | | Gn18:25M | כדינא דחייבא מחוס /כסדר דנה דזוכייה כחייבה הא |
| 326 | | Ex21:09 | ואם לבריה יזמן יתה כסדר דנהון דבנתה יעבד לה: |
| 327 | כסואבת | Lv15:26 | די תתב עלוי מסאב יהווי כסואבת ריחוק נדתה: |
| 328 | כסכום | Ex12:04M | לוותיה \כמנין נפשין /כסכום נפ#2#/ גבר לפם |
| 329 | כעב' | Nu23:19M | דייי ולא כעובדהון/כעב'#2#/ דבני אנשא |
| 330 | כעבדא | Ex39:05 | דאפדה די עלוי מנה הוא כעבדא דהב תכלה וארגוון וצבע |
| 331 | | Ex28:08 | והמינה דאפדא די עילוי כעבדא מנה יהווי דהב תכלה וארגון |
| 332 | כעבדה | Ex28:15 | חושנא דדינא עובד אומן כעבדה דאפדה תעבד יתיה דהב תכלה |
| 333 | | Ex39:08 | ועבד ית חושנה עובד אומן כעבדה דאפדה דהב תכלה וארגוון |
| 334 | | Ex39:05M | מנה הוא \כעבדא דהב /כעבד{י}ה דהב#2#/ תכלה וארגוון |
| 335 | כעבדיה | Ex28:15M | דדינא עובד אומן כעבדה/כעבדיה#2#/ דאפדה תעבד יתיה דהב |
| 336 | כעבדיך | Dt 3:24M | טבייה וכניסי גבורתך /כעבדיך וכניסי פרישתך#2#/: |
| 337 | | Dt 3:24 | על ארעא מן לרע די יעבד כעבדיך טבייה וכניסי גבורתך: |
| 338 | כעובד | Ex24:10 | ותחות אפיפודן דרגלוי כעובד לבן דספרינון וכחזוי שמיא |
| 339 | כעובדהון | Nu23:19 | מימריה דייי ולא כעובדהון דבני אנשא עובדוי דייי |
| 340 | כעובדי | Lv18:03 | כעובדי דיירי דארעא דמצרים די |
| 341 | כעובדיהון | Ex23:24 | קדמיהון ולא תעבדון כעובדיהון ארום מפגרא תפגר{א}<ון> |
| 342 | כעין | Nu27:17 | דלא תיהווי כנשתה דייי כעין די לית ליה רעי: |
| 343 | כעפר | Nu23:10M | \כעפרא דארעא /<כ>עפר א#2#/ או מן יכיל מסכום |
| 344 | כעפרא | Gn13:16 | ואשווי ית בניך כעפרא דארעא ארום היך מה{מה} |
| 345 | | Gn28:14 | ויהוון בניך כעפרא דארעא ותתקף מערבא וצפונא |
| 346 | | Nu23:10 | עליהון די הוון מברכין כעפרא דארעא או מן יכיל מסכום |
| 347 | כפורזלה | Dt28:23M | מעילוויכון ברירין כפורזלה דלא למחתה לכון לא טל |
| 348 | כפיתגמא | Dt13:12 | ולא יוסיפון למעבד כפיתגמא בישה הדין ביניכון: |
| 349 | כפיתגמי' | Ex 8:27M | /מימרי' דייי כפיתגמי'#2#/ דמשה ועבר ערבובא |
| 350 | כפר' | Dt 8:09M | וברירן \היך פרזלה/כפר'#2#/ ומן טוורייה חצבין |
| 351 | כפרזלא | Lv26:19M | מעילוויכון ברירין כפרזלא דלא למחתה לכון לא טל ולא |
| 352 | כפרי | Gn 4:08M | די ברחמ' אתברי עלמא כפרי עובדין ומסב אפין לית |
| 353 | כפתגמא | Gn47:30M | \עבד כמליך /אעבד כפתגמא#2#/: |
| 354 | | Dt19:20 | ולא יוסיפון למעבד תוב כפתגמא בישה הדין ביניכון: |
| 355 | | Gn44:02M | /זבונא#2#/ ועבד כמלתיה/כפתגמא#2#/ דיוסף די מליל: |
| 356 | | Ex12:35M | ובני ישראל עבדו כמלוי/כפתגמא#2#/ דמשה ושאילו מן |
| 357 | | Gn32:20 | דמהלך בתר עדריא למימר כפתגמא הדין תמללון עם עשו |
| 358 | | Dt 4:32 | שמיא הא אן הוה כפתגמא רבה הדן או אין אשתמע |
| 359 | כפתגמה | Lv10:07M | עליכון ועבדו כמלוי/כפתגמה#2#/ דמשה: |
| 360 | כפתגמיא | Gn39:19 | דמללת עמיה למימר כפתגמיא האילין עבד לי עבדך ותקף |
| 361 | | Gn39:17 | ומלילת עמיה כפתגמיא האילן למימר על לוותי |
| 362 | כפתגמייא | Gn44:06M | \ית פתגמיא/כפתגמייא#2#/ האיליין: |
| 363 | כפתגמיך | Ex 8:06M | ואמר למחר ואמר כמליך/כפתגמיך#2#/ מן בגלל דתידע ארום |
| 364 | כפתגמך | Gn30:34M | לווי#2#/ יהוי כמליך/כפתגמך#2#/: |
| 365 | | Nu14:20M | ושבקת \כמה דמללת/כפתגמך#2#/: |
| 366 | כפתרון | Gn41:11 | בלילי חד אנה והוא גבר כפתרון חלמא חלמנן: |
| 367 | | Gn40:05 | גבר חלמא בלילי חד גבר כפתרון חלמה רב מזוגיי«א» ורב |
| 368 | כקבילתיה | Gn18:21 | אתגלי כען ואחמי הא כקבילתיה דסלקת קדמיי כלייה עבדו |
| 369 | כקדמאין | Ex34:04M | לווחין דאבנין כקדמיי/כקדמאין#2#/ ואקדם משה בצפרא |
| 370 | | Ex34:01M | \כקדמיי ואכתוב /כקדמאין ותכתוב#2#/ על לוחיא ית |
| 371 | כקדמיה | Lv 9:15 | עמה ונכס יתה ודכי יתה כקדמיה: |
| 372 | | Dt10:03 | תרין לווחין דאבנין כקדמיה וסליקית לטורא ותרין לווחי |
| 373 | כקדמיי | Ex34:01 | לך תרין לווחין דאבנין כקדמיי ואכתוב על לוחיא ית דבריא |
| 374 | | Ex34:04 | וחצב תרין לווחין דאבנין כקדמיי ואקדם משה בצפרא וסלק |
| 375 | כקדמייה | Dt10:01 | לך תרין לווחין דאבנין כקדמייה וסק לוותי לטורא ותעביד |
| 376 | כקדמיין | Dt10:01M | דאבנין \כקדמייה וסק /כקדמיין וסוק#2#/ לוותי לטורא |
| 377 | | Dt10:03M | לווחין דאבנין כקדמיה/כקדמיין#2#/ וסליקית לטורא |
| 378 | כקדמיתה | Dt 9:18 | רחמין מן קדם <ייי> כקדמיתה ארבעין יומין וארבעין |
| 379 | כקטור | Ex19:18M | דאנשא וסלק תננא כקטו{ן}<ר> תנן אתונה וזעו כל עמא |
| 380 | כקיטור | Gn19:28 | והא סליק קיטורא דארעא כקיטור תננא דאתונא: |
| 381 | כקיימה | Nu 9:14M | פסחה קדם ייי כקיימוי/כקיימה#2#/ דפסח וכסדרי דינוי |
| 382 | כקיימוי | Nu 9:14 | ויעבד פסחה קדם ייי כקיימוי דפסח וכסדרי דינוי כדן |
| 383 | כקליל | Ex33:05 | עם קשין למקבלה אולפן כקליל זעיר אין אסלק איקר שכינתי |
| 384 | | Nu16:21 | כנשתה הדה ואשיצי יתהון כקליל זעיר: |
| 385 | | Nu17:10 | הדה ואשיצי יתהון כקליל זעיר ואש{טת}<תס>חו על |
| 386 | כקמציה | Nu13:33 | גיברייה והוונן באפנה כקמציה וכך הוינן באפיהון: |
| 387 | כרבותי' | Gn43:33M | קדמוי#2#/ רבה כרביותה/כרבותי'#2#/ וזעירא כזעירותה |
| 388 | כרביותה | Gn43:33 | וארבע יתהון קדמוי רבה כרביותה וזעירא כזעירותה ותמהו |
| 389 | | Lv22:13 | לה ותחזור לביתה דאבוה כרביותה מן לחמה דאבוה תאכל וכל |
| 390 | כרוחייה | Dt32:02 | עליהון ית מימר פומי כרוחייה דמנשבין על דתי עשביה |
| 391 | כרוחצינן | Dt32:31 | ארום לא כרוחצינן רוחצניהון דאומייה על |
| 392 | כרוחצנן | Dt32:31M | ארום לא כרוחצינן/<כרוח>צנן#2#/ רוחצניהון |
| 393 | כרחוק | Lv12:05 | ותסתאב ארבעה עש' יומין כרחוק נדתה ושתין ושתה יומין תתב |
| 394 | כריח | Gn27:27 | ואמר חמון ריחה דברי כריח קטרת בסמניה סביה דעתיד |
| 395 | כריחה | Gn27:27M | "כריח קטורת ...": כריחה דגינתא די נציבא בחקלא |
| 396 | כשומייה | Nu24:06 | חכימין ובני אורייה כשום<יי>ה {דמתחזי}<דמתח ייי> |
| 397 | כשירוי | Dt24:05 | ארום יסב גבר אתה כשירוי לא יפוק לחיל קרבה ולא |
| 398 | כשירוי | Lv 2:12M | קרבן שירויכון/כשירוי#2#/ תקרבון יתהון קדם |
| 399 | כשישיין | Nu11:08M | \כטעם ששי«י»ן בדבש /כשישיין רוטבה דשומנה#2#/: |
| 400 | כשישין | Ex16:31 | כזרע דכסבר חיור וטעמיה כשישין בדבש: |
| 401 | כשלהבייתה | Nu21:28M | כשלהביתה/^כשל>הו<ביתה>#2#^/{ב}<כ>שלהבייתה#2#/ |
| 402 | כשלהביתה | Nu21:28 | מן חשבון עבדי קרב כשלהביתה נפקו מן קרתא דסיחון |
| 403 | כשלהובית | Nu21:28M | וליגיונין עבדי קרבא כשלהובית גהינם נפקו מן קרתה דס' |
| 404 | כשלהוביתה | Nu21:28M | כשלהביתה/^כשל>הו<ביתה>#2#^/{ב}<כ>שלהבייתה#2#/ |
| 405 | כשמיה | Gn 4:17 | קריה וקרא שמה דקרתה כשמיה דבריה חנוך: |
| 406 | | Ex15:03 | עבד קרביא ייי שמיה כשמיה כן גבורתיה יהא שמיה מבורך |
| 407 | כשמעון | Ex24:07 | ונסב ספר קיימא וקרא כשמעון דעמא ואמרין כל מה די מלל |
| 408 | כשתין | Ex12:37 | מן פילוסין סכותה כשתין רבבוון דגברין רגליין |
| 409 | כתבע | Ex18:19 | ייי עמך הוי את לעמא כ{מ}תבע אולפן מן קדם ייי ותיתי |
| 410 | | Ex18:19M | עמך הוי את לעמא כ{מ}תבע/כתבע#2#/ אולפן מן קדם ייי |
| 411 | כתותב | Lv25:40 | כאגיר כתותב יהווי עמך עד שתה דיובילה |
| 412 | כתלגא | Ex 4:06 | יתה והא ידיה מצרעה כתלגא: |
| 413 | כתלגה | Nu12:10M | בצורעתה חוורה הי כת{ג}ל<ג>ה#2#/ ואסתכל אהרן במריים |
| 414 | | Nu12:10 | והא מרים מצרעתה ~כתלגה ואסתכל אהרן במריים והא |
| 415 | כתלדוותהון | Ex28:10M | כיחוסיה«ו»ן/כתלדוותהון#2#/: |
| 416 | כתלתא | Ex32:28 | ונפל מן עמא ביומא ההוא כתלתא אלפין דגברין: |
| 417 | כתננא | Ex19:18 | באשתא וסלק{ת} תננא כתננא דאתונא ואזדעזע כל טורא |
| 418 | כתננה | Dt32:01 | בארעא מלרע ארום שמייא כתננה ימסון וארעא כלבוש' תתכלי |
| 419 | כתקוף | Nu14:19 | {ו}<ד>עמא האליין כתקוף חסדך והיך מה די סובלת |
| 420 | כתרב | Lv 4:26M | מדבחה \כתרבה דנכיסת /כתרב נכי#2#/ קדשיא ויכפר |
| 421 | כתרבה | Lv 4:26 | יסדר על גבי מדבחה כתרבה דנכיסת קדשיא ויכפר עלוי |
| 422 | וכמנשה | Gn48:20 | ישוי יתך ייי כאפרים וכמנשה ושוי ית ברכתיה דמנשה: |
| 423 | וכאורח | Nu11:31M | /יום חד מן דן סטרה וכאורח יום חד מן דן סטרה חז#2#/ |
| 424 | | Nu11:31 | מהלך יום מן הכה~ וכאורח מהלך יום מן הכה חזור חזור |
| 425 | וכאריוותה | Nu24:09 | ניחין ושרין כאריה וכאריוותה ולית אומה ומלכו דתקום |
| 426 | | Nu23:24 | הא עמא כארייה שריין וכאריוותה מתנטלין ארום היך מה |
| 427 | וכאריותא | Gn49:09 | בגו קרבא היך אריה וכאריות«א» ולית אומה ומלכו דתיקום |
| 428 | וכהדין | Ex12:11 | וכהדין סדרא תיכלון יתיה חרציכון |
| 429 | | Ex29:38M | תהוון מקרבין על גבי /וכהדין סידרא די תקרבון על#2#/ |

| | | | |
|---|---|---|---|
| 430 | וכהדן | Gn 6:15 | וכהדן סדרא תעבד יתיה תלת מאה |
| 431 | | Nu23:05M | לוות בלק \וכדן תמלל/וכהדן סדרא תמלל#2#/: |
| 432 | | Nu 8:07M | וכדן/וכהדן סידרה#2#/ תעבד להון |
| 433 | וכחזוי | Ex24:10 | כעובד לבן דספרינון וכחזוי שמיא כד אינון נקיין מן |
| 434 | וכחיזו | Nu 9:16M | וחזיו אשא \אכלה אשא /וכחיזו אשתה בל#2#/ בליליה: |
| 435 | וכי | Gn43:33M | וזעירא כזעירותה/וכי זעיר#2#/ ותמהו |
| 436 | וככל | Nu 9:03 | יתיה בזמניה ככל קיימוי וככל סידרי דינוי תעבדון יתיה: |
| 437 | וכמטמעי | Dt23:12 | רמשה יסחי במיה וכמטמעי שמשה ייעול לגו |
| 438 | וכמילוי | Dt 1:17 | בדינה כמלוי דזעירה וכמילוי דרבה תהוון שמעין ולא |
| 439 | וכניסי | Dt 3:24 | די יעבד כעבדיך טבייה וכניסי גבורתך: |
| 440 | | Dt 3:24M | גבורתך/כעבדיך וכניסי פרישתך#2#/: |
| 441 | וכנסוכוי | Nu28:08 | כמנחתה דאמר דצפרא וכנסוכוי כדן תקרבון יתיה קרבן |
| 442 | | Ex29:41M | \וכנסכה תקרבון /וכנסוכוי כן תק#2#/ יתיה לריח |
| 443 | וכנסכה | Ex29:41 | כמנחתה דאמר דצפרא וכנסכה תקרבון יתיה לריח דרעוה |
| 444 | וכסדרי | Nu 9:14 | קדם ייי כקיימוי דפסח וכסדרי דינוי כדן יעבד גזירת |
| 445 | וכעובדהון | Dt32:32 | עבדיהון עבדין בישין וכעובדהון בישיה מתפרע מינהון: |
| 446 | וכעובדי | Lv18:03 | בגווה לא תעבדון וכעובדי דיירי ארעא דכנען די אנה |
| 447 | וכעובדיהון | Lv18:03M | דיירי ארעא דכנען /וכעובדיהון דעמ#2#/ די אנה מעל |
| 448 | וכעם | Nu17:05M | ולא יהווי כקרח וככנישתיה/וכעם כניש#2#/ היך מה די |
| 449 | וכפרישן | Dt28:46M | /בכון כאתין וכפרישן ובזרעיית בני#2#/ עד |
| 450 | וכרום | Nu11:31M | אומ{ו}<י>ן רום /וכרום תרתין הווה {סל}<על>#2#/ |
| 451 | וכשקה | Nu18:18 | לך כניעה דאנפותה וכשקה דימינה דידך יהוון: |

## כאבה ⇐ *n.* כחון

## כאילו *conj.* as if

[249]

| | | | |
|---|---|---|---|
| 001 | כאלו | Gn31:15 | הלא כאלו נכריין אתחשבנן ליה ארום |
| 002 | כילו | Lv17:04 | אדם יתחשב לגברה ההוא כילו אדם זכיי שפך וישתצי גברא |
| 003 | | Gn46:30M | הוינא מאית בהדא זמנא כילו עליי דלא מיתת בתר דחמית |

## [כבוד] *n.* honor

[249]

| | | | |
|---|---|---|---|
| 001 | כבודיה s em/sf | Gn49:02 | יעקב ואמר ברוך שמיה כבודיה דמלכותיה לעלמי עלמין: |

## כבד ⇐ *n.* חצר כבדה

## כבוש *n.* fastening

[249]

| | | | |
|---|---|---|---|
| 001 | וכבושיהון p em/sf | Ex36:38 | וחפי ראשיהון וכבושיהון דהב וחומריהון חמש׳ |
| 002 | | Ex27:10 | נחש וקלוות עמודיה וכבושיהון כסף: |
| 003 | | Ex27:11 | נחש וקלוות עמודיה וכבושיהון כסף: |
| 004 | | Ex38:10 | נחש וקלוות עמודיה וכבושיהון כסף: |
| 005 | | Ex38:11 | נחש וקלוות עמודיה וכבושיהון כסף: |
| 006 | | Ex38:12 | עמודיה {וחומריהון}<וכבושיהון> כסף: |
| 007 | | Ex38:17 | דנחש ונקלוות עמודיה וכבושיהון כסף וחפוי רישיהון כסף |
| 008 | | Ex38:19 | כסף וחפוי ראשיהון וכבושיהון כסף: |

## כבושה *n.* mole

| | | | |
|---|---|---|---|
| 001 | כבושתה s em/sf | Lv11:29 | בשרצא דשרץ על ארעא כבושתה ועכברה וחר{ו}<ד>ונה |

[!! cf. 257 s.v. ככושה]

## כברה *n.* stretch (of land)

[249]

| | | | |
|---|---|---|---|
| 001 | כברת s ab/cn | Gn35:16M | עללתה דארעא למתייה /כברת אר׳ למיעול#2#/ לאפרתה |

## כבש *vb.* to overcome

[249]

| | | | |
|---|---|---|---|
| 001 | כבש peal | Dt 2:35M | /דקירויתה#2#/ די כבשינן/כבש#2#/: |
| 002 | כבשינן | Dt 2:35 | דקורייתה די כבשינן: |
| 003 | כבשת | Gn49:22 | וכבשת כל אילנייא כן כבשת יוסף ברי בחכמתך כל |
| 004 | יכבשון | Gn49:19 | ישראל ית ירדנא ואנון יכבשון קדמיהון ית ארעא ובתר כדן |
| 005 | דיכבשון | Dt28:52 | בכל קורייכון עד זמן דיכבשון שורייה רמייה |
| 006 | דכבש | Nu32:04 | ארעא דכבש ייי קדם כנישתה דישראל ארע |
| 007 | דתכבשון | Dt20:20 | סדרי קרבה עד זמן דתכ{נ}<ב>שון יתיה: |
| 008 | וכבושו | Nu21:32M | /מכוור#2#/ וכבשו/וכבושו#2#/ כפרניה/<כפר>ניא#2#/ |
| 009 | וכבש | Nu32:41 | ויאיר בר מנשה אזל וכבש ית כפרניהון וקרא יתהון |
| 010 | | Nu32:42 | ונבח אזל וכבש ית קנת וית כופרניה וקרא |
| 011 | | Dt 2:34M | וכבשינן/וכבש#2#/ ית כל קורייוי |
| 012 | | Ex38:28 | לעמודי וחפי רישיהון וכבש יתהון: |
| 013 | וכבשו | Gn35:09M | וסגון ומלון ית ארעא וכבשו יתה |
| 014 | | Nu32:39 | בר מנשה לגלעדה וכבשו יתה וישיצון ית אימוריי |
| 015 | | Nu21:32 | משה למיללה ית יעזר וכבשו כפרניה ושיצון ית אמוריי |
| 016 | וכבשינן | Dt 2:34 | וכבשינן ית כל קורייוי בשעתה ההיא |
| 017 | וכבשנן | Dt 3:04 | וכבשנן ית כל קורייוי בשעתה ההיא |
| 018 | וכבשת | Gn49:22 | ועוברתא שלחת לרומה וכבשת כל אילנייא כן כבשת יוסף |
| 019 | ותכבשון | Nu32:22M | ותתכבש/ותכבשון#2#/ ארעא קדם ייי |
| 020 | למכבוש | Dt20:19 | לקובלה סדרי קרבה למכבוש יתה לא תחבלון ית אילנה |
| 021 | מכבש׳ pael | Ex27:17M | חזור חזור מכובשין/מכבש׳#2#/ כסף וקלוותהון |
| 022 | מכבשין | Ex38:17 | רישיהון כסף ואינון מכבשין כסף כל עמודי דרת«ה»: |
| 023 | מכובשין | Ex27:17 | דדרתה חזור חזור מכובשין כסף וקלוותהון כסף |
| 024 | וכבישו | Dt 1:07 | ועולו לטורהון דאמוריי וכבישו ית כל כופרנוי במשרה בטורה |
| 025 | | Gn 1:28 | וסגון ומלון ית ארעא וכבישו יתה ושלוטו בנוני דימא |
| 026 | ותתכבש etpaal | Nu32:22 | ותתכבש ארעא קדם ייי ומן בתר כדן |
| 027 | | Nu32:29 | לחיל קרבה קדם ייי ותתכ{נ}<ב>ש ארעא קדמיכון ותתנון |

## כבש *n.* ramp

[249]

| | | | |
|---|---|---|---|
| 001 | כיבשא s em/sf | Ex20:26M | עבידו כיבשא למדבחא ולא תסקון במסקא |

## כד *conj.* when

[250]

| | | | |
|---|---|---|---|
| 001 | כד | Ex24:10 | דספרינון וכחזוי שמיא כד אינון נקיין מן עננא: |
| 002 | | Gn35:09M | מן אבונן יעקב צדיקא כד איתגליון עלוי במתייה מן |
| 003 | | Gn21:33 | בגויה מזון לעובריא והווה כד אכילין ושתין הוון בעין |
| 004 | | Gn11:02 | והווה כד אסעו לבבהון ואשכחו בקעה |
| 005 | | Gn19:17 | והווה כד אפקו יתהון לברא ואמר אשתיזב |
| 006 | | Gn39:18 | והווה כד ארימת קלי וצווחת ושבק |
| 007 | | Gn49:22 | דמצראי וית כל חכימיהון כד ארכבו יתך בארתכא תיניינתא |
| 008 | | Gn35:09M | פדן ארם אורחיה דעלמא כד ארעת לדבורה מרבית׳ דרבק׳ |
| 009 | | Ex 7:05 | ארום אנה ˆהוא#2#ˆ ייי כד אשווי ית מחת פורענתי על |
| 010 | | Ex10:10 | כען מימריה דייי עמכון כד אשלח יתכון וית טפלכון חמון |
| 011 | | Gn24:22 | והוה כד אשלימו גמליא למשתי ונסב |
| 012 | | Gn18:33 | איקר שכינ«תיה» דייי כד אשלם לממללא עם אברהם |
| 013 | | Gn27:30 | והוי כד אשלם יצחק למברכה ליעקב |
| 014 | | Ex31:18 | ויהב למשה כד אשלם למללה עמיה בטור׳ |
| 015 | | Lv 1:01 | והוה כד אשלם משה למקמה ית משכנה |
| 016 | | Nu16:31 | והווה כד אשלם למללא ית כל פיתגמיה |
| 017 | | Dt31:24 | והוה כד אשלם משה למכתב ית ˆכלˆ#2# |

|  |  |  |  |  |
|---|---|---|---|---|
| 018 | Gn21:05M | שנין הוה \בזמנה דאתיליד | /כד | את#2#/ לה ית יצחק בריה: |
| 019 | Gn37:23 | והוה | כד | אתא יוסף לוות אחוי ואשלחו |
| 020 | Lv26:26 | | כד | אתבר לכון שא מזונה וייפון |
| 021 | Ex12:42 | ליל תנינא ליליא תליתיא | כד | אתגלי ייי על מצריי בפלגות |
| 022 | Ex12:42 | בספר דוכרניא ליליא קדמיא | כד | אתגלי ייי על עלמא למבריה |
| 023 | Ex12:42 | לילי קדמיא לילי תנינא | כד | אתגלי ייי על אברם בר מאה |
| 024 | Gn35:09 | מן אבונן אברהם צדיקא | כד | אתגליתא עלוי במשרה חזווה |
| 025 | Gn45:01 | מעלווי ולא קם גבר לוותיה | כד | אתחכם יוסף לאחוי: |
| 026 | Ex12:42 | הוה בר תלתין ושבע שנין | כד | אתקרב על גבי מדבחא שמיא |
| 027 | Gn20:13 | והוה | כד | בעין עממיא {{לאטעאה}} יתי |
| 028 | Gn28:06 | למסבה ליה מן תמן אתה | כד | ברך יתה ופקד עלוי למימר לא |
| 029 | Dt 2:16 | והוה | כד | די ספו עמא עבדי קרבה לממות |
| 030 | Dt17:18 | ויהווי | כד | די יתיב על כורסי מלכותיה |
| 031 | Dt29:18M | ויהווי | כדי/כד | די#2#/ שמע ית מילי |
| 032 | Gn49:21M | "דחקלא ...": חקל כפילתא | כד | הוא פתח פומי' בכנישותא |
| 033 | Ex12:45M | תותב דגבר אגירא | כד | הוא בר עממין לא יאכל מיניה |
| 034 | Lv22:10M | /תותבה דכהנה ואגירא | כד | הוא בר עממין לא יאכ#2#/ |
| 035 | Dt 5:07 | דבירה תנינה | כד | הוא נפק מן פם קדשה יהי{ה} |
| 036 | Gn15:17M | כל כדן הווה אברם חזי | כד | הוה אברם עבר ביני בתרייא |
| 037 | Gn15:17 | כל כדין אתחוי לאברם | כד | הוה עבר ביני גזרייא האילין: |
| 038 | Gn19:16M | וביד תרתין בנתיה | במחוס/כד | הוה מחוס#2#/ מן קדם ייי |
| 039 | Gn38:09 | לשמיה יתקרון בניה והוה | כד | הוה עליל לוות אתתא דאחוי |
| 040 | Gn42:21 | די חמינן בעקת נפשיה | כד | הוה מפרפר קדמינן ולא שמעינן |
| 041 | Ex17:11 | והוה | כד | הוה משה זקף ית ידוי בצלו |
| 042 | Ex20:02M | דבורייא קדמיא | דהוה/כד | הוה#2#/ נפיק מן פום |
| 043 | Ex20:02M | וכל ישראל חזין יתיה | כד | הוה צווח ואמר עמי בני |
| 044 | Ex20:03 | דבירא תנינא | כד | הוה נפק מן פום קודשא יהא |
| 045 | Ex33:08 | והוה | כד | הוה משה נפק למשכנה קיימין |
| 046 | Ex33:09 | והוה | כד | הוה עליל משה לתרע משכנה |
| 047 | Dt 5:06 | דב«י»רה קדמיה | כד | הוה נפק מן פם קודשא יהא |
| 048 | Nu10:35M | "כד נטל ... ויתבדרון": | כד | הווה ארונה נטל הוה משה |
| 049 | Dt 1:01M | עבד לכון ממריה דייי | כד | הווי' |
| 050 | Ex16:03 | קדם ייי בארעא דמצרים | כד | הוינן יתיבין על דודבת |
| 051 | Nu31:50M | "גבר ... ביום": | כד | הוינן עלינן בבתיהון |
| 052 | Lv26:35 | דלא אשמטת בשמיט<י>כון | כד | הויתון שריין עלה: |
| 053 | Dt 1:01 | עבד ייי עמכון בני ישראל | כד | הויתון קיימין על ימא דסוף |
| 054 | Gn34:25 | והוה ביומא תליתיא | כד | הוון צעורין מן גזרתהון |
| 055 | Nu21:14 | דעבד ייי עם ישראל | כד | הוון קיימין על ימא דסוף |
| 056 | Nu21:14 | דסוף וגבורתה דעבד עמהון | כד | הוון עברין בנחלי ארנונה: |
| 057 | Nu21:15 | | כד | הוון ישראל עברין בנחלי |
| 058 | Nu12:12 | אתאכל פלגות בשריה כדין | כד | הוינא משתעבדין במצרים |
| 059 | Nu 7:03M | עגלן מזווגן/טעינן צבי | כד | הנון מחפיין#2#/ ותרין עשר |
| 060 | Nu21:14M | יעבד להון <מימריה> דייי | כד | הנון עבר' בנ{ה}<ח>לי |
| 061 | Gn19:29M | מן גוא הפכתא | כדי/^כד#2#^/בזמן#2#/ | הפך ית קרייתא די |
| 062 | Gn44:19 | והוה | כד | חמא יוסף חביבא ויקירא |
| 063 | Gn49:18M | "לא ...": | כד | חמא ית גדעון בר יואש וית |
| 064 | Nu21:34 | והוה | כד | חמא משה לעוג מלכא |
| 065 | Gn29:10 | והוה | כד | חמה יעקב ית רחל ברת לבן |
| 066 | Gn32:03 | ואמר יעקב | כד | חמה יתהון דלמא מלאכין מן |
| 067 | Ex14:25 | ורמין יתהון לימא | כד | חמון מצריי תושבחתא הדין |
| 068 | Ex15:18 | הוא לך כליל מלכותא ייי | כד | חמון בניך ניסי פרישתך בימא |
| 069 | Gn34:22M | לאומא חדא \במגזר | /כד | יגזור#2#/ לנא כל דכורא |
| 070 | Gn 3:15 | ובין בניך ובין בנה ויהוי | כד | יהוון בניה נטרין אורייתא |
| 071 | Gn 9:14 | ויהי | כד | יהוון ענניא פרסין על ארעא |
| 072 | Gn15:11 | אינון מלכוותא דארעא | כד | יהוון עייצין עצן בישן על |
| 073 | Gn22:14M | מן קדמיך ייי אלקים | כד | יהוון בנוי דיצחק עלין |
| 074 | Gn22:14 | וקיימית ית גזרתך וכדון | כד | יהוון בנוי קיימין בשעת עקתא |
| 075 | Gn27:40 | תהוי פלח ומשועבד ויהוי | כד | יהוון בנוי דיעקב לעיין |
| 076 | Ex20:05 | ועל דר רביעיי לשנאי | כד | יהוון ב{מ}<נ>ייא משלמין |
| 077 | Lv22:16 | ויקבלון יתהון חובי אשמה | כד | יהוון אכלין ית קדשיהון ארום |
| 078 | Nu21:15 | דנחלי ארנונה אמרין | כד | יהוון בני ישראל עברין אנן |
| 079 | Nu21:15M | אמרין אלין לאלין | כד | יהוון ישראל |
| 080 | Dt32:30 | | כד | יהוון ישראל לעיין באוריתה |
| 081 | Ex13:17 | ייי דלא יתבר לבהון דעמא | כד | יחמון סדרי קרבא ויחזרון |
| 082 | Gn44:31 | ויהוי | כד | יחמי ארום ל{ו}<י>ת טליא |
| 083 | Gn40:14 | ארום אן אדכרת יתי עמך | כד | ייטב לך ותעבד כען עמי חסד |
| 084 | Gn30:25 | והוה | כד | ילדת רחל ית יוסף ואמר |
| 085 | Ex33:08M | "והוה ... ומתעתדין": ויהוי | כד | יפוק משה למשכנה הוון |
| 086 | Lv15:23 | או על מנה דהיא יתבה עלוי | כד | יקרוב בה יהוי מסאב עד רמשא: |
| 087 | Gn27:40 | מטולהון על צוארך ויהווי | כד | ישבקון בנוי <ד>יעקב פקודיא |
| 088 | Nu24:23 | מן ייחי ביומיא האינון | כד | ישווי ייי תקוף רוגזיה |
| 089 | Nu 5:21 | ללוט ולשבועה בגו עמך | כד | ישוי ייי ית ירכ«י»ך מסיא |
| 090 | Ex11:01 | כדון ישלח יתכון מן הכא | כד | ישלח יתכון בפריעה מטרוד |
| 091 | Ex12:42 | לילי תליתיא לילי רביעיא | כד | ישלם עלמא קיצה למתפרקא נירי |
| 092 | Dt20:09 | ויהוון | כד | ישלמון סרכייה לממללה עם עמא |
| 093 | Dt17:18M | ויהוי \כד | די/כד#2#/ | יתיב על כורסי מלכותיה |
| 094 | Ex16:08 | ואמר משה | כד | יתן ייי לכון ברמשא בשר |
| 095 | Lv20:04 | ' ית עייניהון מן גברא ההו' | כד | יתן מן זרעית בנוי למעברה |
| 096 | Nu 5:21M | "עמך ... מנפחין": עמיך | כד | יתן מימריה דייי ירכיך |
| 097 | Nu 4:20M | מני בית קודשה /ליואי' | כד | מכסן כהנייא ית מאני |
| 098 | Gn27:05 | ורבקה שומעת | כד | מלל יצחק עם עשו בריה ואזל |
| 099 | Ex16:10 | והוא | כד | מלל אהרן עם כל כנישתא דבני |
| 100 | Gn39:10 | והוה | כד | מללת עם יוסף יום בתר יום |
| 101 | Dt 5:09 | דר תליתיי ועל דר רביעיי | כד | משלמין בחטא קדמיי לשנאיי: |
| 102 | Nu 4:20 | ולא ייעלון למיחמי | כד | משקע כהנה רבה ית כל מני |
| 103 | Gn27:22M | "הא קלה ... דעשר": | כד | משתמע קלא דיעקב בצלותא |
| 104 | Gn15:11 | ואשבת יתה זכותה דאברם | כד | נחת טייסא הווה שכין על |
| 105 | Ex34:29 | והוה | כד | נחת משה מן טורא דסיני |
| 106 | Gn38:25 | חנניה מישאל ועזריה | כד | נחתין בנורא יקידתא ומקדשין |
| 107 | Nu10:35 | והוה | כד | נטל ארונה ואמר והוה משה |
| 108 | Gn25:20 | והוה יצחק בר ארבעין שנין | כד | {נסבת} נסב ית רבקה ברת |
| 109 | Gn 4:08M | ברא והוה \כיון דנפקו | /כד | נפ#2#/ תריהון באפי ברא |
| 110 | Gn32:32 | ודנחת ליה שמשא | כד | עבר ית פניאל והוא הווה |
| 111 | Gn12:14 | והוה | כד | על אברם מצרימה וחמון |
| 112 | Gn49:07 | ליט הוה כרכה דשכם | כד | עלו לגוויה שמעון ולוי |
| 113 | Gn41:46 | ויוסף בר תלתין שנין הווה | כד | קם קדם פרעה מלכא דמצרים |
| 114 | Nu 9:22 | או ירח או יומין סגין | כד | שוהי ענגה על משכנה למשרי |
| 115 | Gn19:29 | והווה | כד | שיציא ייי ית קרוי משרה |
| 116 | Ex13:17 | והוה | כד | שלח פרעה ית עמא ולא דבר |
| 117 | Nu32:08 | כדן עבדו אבהתכון | כד | שלחת יתהון מן רקם דגיעה |
| 118 | Ex16:07M | ית תורעמתכון קדם ייי | /כד | שמיע ית תורעמנותיכון#2#/ |
| 119 | Ex16:08 | למיכל ולחם בצפרא למשבע | כד | שמיע קדם ייי ית תורעמתכון |
| 120 | Gn24:52 | והוה | כד | שמע לשמה ייי כנימוס ארעא: |
| 121 | Gn27:34 | | כד | שמע עשו ית מלוי דאבוי וצוח |
| 122 | Gn39:19 | והווה | כד | שמע רבוניה ית מליא דאתתיה |
| 123 | Dt 5:23 | והווה | כד | שמעתון ית קל ממרה מן גו |
| 124 | Gn16:03M | שנין עשר דיומין | די/כד#2#/ | שרא אברם בארעא דכנען |
| 125 | Gn35:22M | והוי \כדי שרו«ן» | /כד | שרא#2א#/ ישראל בארעא ההיא |

|  |  |  |  |
|---|---|---|---|
| 126 | | Nu11:25 | שבעתי גובריה חכימיה והוה כד שרת עליהון רוח קודשה והוון |
| 127 | | Ex12:44M | כספא ותגזרון/זבינות כד תגזרון#/2# יתיה בכדין |
| 128 | | Lv19:18 | ולא תמנע זכותה דחבר׳ כד תדע בה דאית לה זכו בדינה |
| 129 | | Ex 1:16 | ואמר כד תהוון מיילדין ית עברייתא |
| 130 | | Dt33:29 | ואתון עמי בני ישראל כד תהוון לעיין באורייתה ועבדין |
| 131 | | Ex30:12 | נפשה לשמה דייי כד תהוי מני יתהון דלא יהווי |
| 132 | | Dt15:10 | מתן תתן לה ולא יבאש באפך כד תיהוי יהיב לה ארום מן בגלל |
| 133 | | Ex 4:21M | מימריה דייי למשה/ כד תיזל למיזל#/2# למצרים חמי |
| 134 | | Nu15:19 | ויהוי כד תיכלון מן לחמה דארעא תפרשון |
| 135 | | Nu26:10 | בזמנה דמיתו עם כנישתה כד תכלת אשתה ית מאתיין |
| 136 | | Ex 3:12M | ית/אנא שלחית יתך כד תפוק ית#/2# עמא ממצרים |
| 137 | | Dt20:02 | ויהוי כד תקרבון לסדרי קרבא ויקרב |
| 138 | כדי | Gn43:02 | והוי כדי אשלמו למיכל ית עיבורא די |
| 139 | | Gn35:17 | והוה כדי אתקשיית במילדה ואמרת לה |
| 140 | | Gn19:29 | ית לוט מן גוא הפכתא כדי הפך ית קרייתא די שרא בהון |
| 141 | | Gn38:29 | והוה כדי חזר ידיה והא נפק אחוי |
| 142 | | Gn24:30 | והוי כדי חמה ית קדשא וית שיריא |
| 143 | | Gn12:11 | והוה כדי קרב למיער׳ למצרים ואמר |
| 144 | | Ex32:19 | והוה כדי קריב למשריתה וירא את העגל |
| 145 | | Gn29:13 | והוי כדי שמע לבן ית שמעה דיעקב בר |
| 146 | | Gn39:15 | והוי כדי שמע ארום ארימת קלי וצווחת |
| 147 | | Dt29:18 | ויהווי כדי שמע ית מילי לווטיה הדין |
| 148 | | Gn34:07 | דיעקב עלו מן אפי ברה כדי שמעו ואתרגזו גבריא ובאש |
| 149 | | Gn35:22 | והוי כדי שרו«ן» ישראל בארעא ההיא |
| 150 | וכד | Ex16:21 | וצפר גבר כפם מיכליה וכד הוה שמשא קיים עלוי הוה |
| 151 | | Ex17:11 | ישראל מתגברין ומנצחין וכד הוה מנע ידוי מן למצלייה |
| 152 | | Ex34:34 | וכד הוה משה עליל קדם ייי |
| 153 | | Nu 7:89 | וכד הוה משה עלל למשכן זימנא |
| 154 | | Nu10:36 | וכד הוה שרי הוה משה מצלי ואמר |
| 155 | | Nu24:04 | שדי הוה חז׳ וכד הוה חזי הוה משתטח על אפוי |
| 156 | | Nu10:36M | "וכד ... ישראל": וכד הווה ארונה שרי הוה משה |
| 157 | | Nu24:16 | עליה וחזיו שדי הוה חזי וכד הווה בעי הווה משתטח על |
| 158 | | Gn 3:15 | יתך לראשך וקטלין יתך וכד יהוון שבקין פקודי דאוריתא |
| 159 | | Gn27:40M | שעבדה על צואריה וכד ימנעון גרמיהון בנוי |
| 160 | | Lv12:06 | וכד ישלמון יומי דכותה לבר דכר |
| 161 | | Nu12:12M | מעברה דמצטרעה בעיבורה וכד מטה זימנא למילד מית וולדה |
| 162 | | Gn 9:27M | וכד מתגיירין בנוי ישרון |
| 163 | | Gn27:22M | לית רשו לעשו למנזקיה וכד מתרשל בפתגמי אוריתא שלטין |
| 164 | | Nu10:17M | \ומתפרק משכנה ונטלין וכד/ נחת משכנה ויטלון#/2# בנוי |
| 165 | | Nu11:09 | וכד נחת טלא על משכנה בליליה |
| 166 | | Nu 1:51 | וכד נטל משכנה יפרקון יתיה |
| 167 | | Dt 9:23 | וכד שלח מימרה דייי יתכון מן |
| 168 | | Nu 1:51 | יפרקון יתיה ליוויי וכד שרי משכנה יקימון יתה לויי |
| 169 | | Ex15:09 | שביתה לעמי עבדי קרבא וכד תתמלי מנהון נפשי ומן בתר |
| 170 | וכדי | Gn12:19M | יתה לי לאתה וכדין/וכדי#/2# הא אתתך דבר/דבור#/2# |
| 171 | | Gn24:30 | שיריא על ידה אחת{ת}<ה> וכדי שמע ית מילי דרבקה אחתה |

See also: כד נפק ב־ *prep.*

## כד נפק ב־ *prep.* similar to [250]

|  |  |  |  |
|---|---|---|---|
| 001 | כד נפק בה | Gn 5:03 | ואולד בדמותיה כד נפק בה וקרא ית שמה שת: |
| 002 | כד נפק ביה | Gn 2:18 | אעבד ליה זוג כד נפק ביה: |
| 003 | | Gn 2:20 | לא אשכח ליה זוג כד נפק ביה: |
| 004 | כד נפק בן | Gn 1:26 | נברא בר נש בדמותן כד נפק {כ}<ב>ן וישלטון בנוניא דימא |

## כדב *vb.* to deny [250]

|  |  |  |  |
|---|---|---|---|
| 001 | כדבת pael | Gn18:13M | ייי לאברהם כען גחכת/כדבת#/2# שרה למימר הא מן |
| 002 | תכדבון | Lv19:11M | תהוון גנבין לא תכפרון/תכדבון#/2# ולא תשקרון גבר |
| 003 | וכדבת | Gn18:15 | וכדבת שרה למימר לא גח<כ>ת ארום |
| 004 | וכדוות | Gn18:15M | וכדבת/וכדוות#/2# שרה למימר לא |

## כדו *adv.* now [251 s.v. כדון]

|  |  |  |  |
|---|---|---|---|
| 001 | כדו | Gn45:26M | למימר\עד כדון/העד כדו#/2# יוסף בחיין וארום הוא |
| 002 | | Gn32:05M | כדון/ושהית למיתי עד כדו#/2#: |
| 003 | | Nu22:34M | "וכדון ... לאתרי": כדו אין בעש קודמיך אחזור לא׳ |
| 004 | | Gn31:28M | לבני ולבנתי כדון/כדו#/2# אסכלת\ית מה/במה#/2# |
| 005 | | Ex33:16M | ובמה יתודע כדון/כדו#/2# ארום אשכחת חן וחסד |
| 006 | | Gn29:34M | בר/ביר#/2# ואמרת כדון/כדו#/2# בהדא זמנא יזדמן לוותי |
| 007 | | Gn29:35M | תוב וילידת בר ואמרת הדה/כדו בהדא#/2# זמנה נודי |
| 008 | | Gn30:20M | יזבוד יתי בעלי ארום כדו/ בהדא זמנא יזדמן בעלי |
| 009 | | Ex18:11M | הא \כדון ידעת כדו/ ידעית#/2# וגלי הוא לי |
| 010 | | Gn29:07M | "כדון ...": כדו יומא בתוקפא לית אשון |
| 011 | | Nu22:33M | ארום \כדון יתך כדו/ לחוד ית#/2# קטלת ויתה |
| 012 | | Nu22:34M | ארום לא ידעת \ארום את/כדו לחוד ית#/2# קיים/קאם#/2# |
| 013 | | Gn27:37M | יתיה ולך מן כדון/כדו#/2# מה אעבד ברי: |
| 014 | | Gn31:13M | פירו׳ דנדר#/2#/ כדון/כדו#/2# קום פוק מן ארעא הדא |
| 015 | | Dt 2:13M | כדון/כדו#/2# קומו ועברו \לכון#/2# |
| 016 | | Gn31:42M | לי/בסעדי#/2# ארום כדון/כדו#/2# ריקן שלחת יתי ית צערי |
| 017 | וכדו | Dt10:12M | וכדון/וכדו#/2# ישראל מה ייי אלהכון |
| 018 | | Gn24:49M | למעבד חסד וטבו וכדו/ אין אתון עבדין חסד |
| 019 | | Ex33:13M | "וכען ... אשכחית": וכדו אין בבעו אש׳ |
| 020 | | Ex32:10M | "וכען ... רוגזי": וכדו ארפה מנך ואתקוף רוג׳ |
| 021 | | Gn44:18M | מן קדם ייי אנא דחיל וכדו את אמרת מן קדם פרעה אנה |
| 022 | | Gn44:18 | לן מן קדם ייי דחיל וכדו את אמרת מן פרעה אנה דחיל |
| 023 | | Gn16:05M | ובזיית איקרי באפה וכדו אתגלי |
| 024 | | Nu22:06M | וכדון/וכדו#/2# אתה כען לווט לי ית |
| 025 | | Gn27:08M | וכדון/וכדו#/2# ברי שמע בקלי ואזל |
| 026 | | Gn27:43M | וכדון/וכדו#/2# ברי שמע בקלי וקום |
| 027 | | Gn29:22M | ועדרי ענינן סגון וכדו היבו לי עצה מה נעבד בה |
| 028 | | Dt 5:31M | "ואת ... ואמלל": וכדו הכא קו׳ עמ׳ ואמ׳ |
| 029 | | Gn20:07M | \וכדון חזור וכדו/ חזר#/2# אתתיה דגברא ארום |
| 030 | | Gn16:05M | דלא הויינה ילדה וכדו/ חמית דלית אנה ילדה#/2# |
| 031 | | Gn 3:22M | למפרשה בין טב לביש וכדו/ טב דניטרוד ית#/2# אילו |
| 032 | | Gn27:03M | סב כען מני זינך וכדו/ טול כען מאני זינך#/2# |
| 033 | | Gn47:04M | בארעא דכנען וכדון/וכדו#/2# ישרון כען עבדך בארעא |
| 034 | | Gn44:30M | וכדון/וכדו#/2# כמעלי לוות עבדך אבה |
| 035 | | Gn11:06M | שרון למעבד וכדון/וכדו#/2# לא יתמנע מנהון כל מה |
| 036 | | Gn45:05M | וכדון/וכדו#/2# לא תרגזון ולא יבאש |
| 037 | | Dt 5:25M | וכדון/וכדו#/2# למה \כען#/2# נמות |
| 038 | | Gn30:30M | ייי יתך בזכוותי וכען/וכדו#/2# מה אנה יכל למעבד |
| 039 | | Gn31:16M | הוא וליבנינן#/2#/ וכדון/וכדו#/2# מה די אמר ייי לך |
| 040 | | Nu12:12M | איצט ערת עימנה וכד{י}<ו> מטת זימנא למיחמי |
| 041 | | Gn31:30M | וכדון/וכדו#/2# מיזל אזלת ארום |
| 042 | | Ex 3:18 | דעברייה אתגלי עלינן וכדו נזיל כען ארח מהלך תלתא |
| 043 | | Nu11:06M | וכדון/וכדו#/2# נפשן ריקנה/יבישה#/2# |
| 044 | | Gn21:23M | "וכדון ... דעבדת": וכדו קיים לי בשבועה בשם ממריה |
| 045 | | Dt10:22M | במצרים/למ׳#/2# וכדון/וכדו#/2# שווי יתכון ייי |
| 046 | | Gn48:05M | וכדון/וכדו#/2# תרין בניך דאתילדו לך |

## כדון *adv.* now

[251]

|  |  |  |  |  |  |
|---|---|---|---|---|---|
| 001 | כדון | Gn45:26 | ותנון ליה למימר עד | כדון | יוסף בחיין וארום הוא שליט |
| 002 | | Gn45:28 | ולדא לא סכיית דעד | כדון | יוסף בחיין איזי«ל» כען |
| 003 | | Gn45:28M | {ס}<ת>וב למחמי ומן דעד | כדון | יוסף ברי קיים איזיל |
| 004 | | Gn49:21 | יעקב מן שירויה דעד | כדון | יוסף בחיין והוא אזדרז |
| 005 | | Gn15:16M | דאמוראי עד | כען/כדון#2/: | |
| 006 | | Gn32:05 | לבן אתותבת ואשתהיית | כדון: | |
| 007 | | Gn42:25 | זבדין לארחא ועבד להון | כדון: | |
| 008 | | Gn44:28 | אתקטל ולא חמית יתיה עד | כדון: | |
| 009 | | Ex 7:16 | במדברא והא לא שמעת עד | כדון: | |
| 010 | | Ex 9:18 | למן יומא דאזדמנת ועד | כדון: | |
| 011 | | Nu14:19 | האליין מן מצרים ועד | כדון: | |
| 012 | | Gn32:21 | דמהלכה קדמיי ומן בתר | כדון | אחמי סבר אפוי מה דלמה דיסב |
| 013 | | Gn24:60 | רבקה ואמרין לה ברם עד | כדון | אחתן הויית ברם מן הכא |
| 014 | | Gn31:14 | ולאה ואמרין לה הא עד | כדון | אית לנא חלק ואחסנא בביתא |
| 015 | | Ex 9:16 | דייסב לך קיימת יתך עד | כדון | אלא מן בגלל דא קיימת יתך |
| 016 | | Gn31:28 | יתי למנשקיה לבני ולבנתי | כדון | אסכלת ית מה דעבדת: |
| 017 | | Gn26:22M | רחובות ואמר ארום | כען/כדון#2/ | אפתי ייי לן ותקפינן |
| 018 | | Ex33:16 | ובמה יתודע | כדון | ארום אשכחת חן וחסד קדמיך |
| 019 | | Gn24:60M | לה עד כדון הויית אחת' | כדון | את אזלה מזדווגה בההי |
| 020 | | Gn46:30M | סבר אפיך ארום כען/עד | כדון#2/ | את בחיין: |
| 021 | | Ex 9:02 | ארי מסרב את למשלחא ועד | כדון | את מתוקף בהון: |
| 022 | | Ex 9:17 | הא עד | כדון | את מתרברב בעמי דלא למשלחא |
| 023 | | Dt32:17 | יתהון חדתן אינון דמן | כדון | אתבריין דלא אתעסקו בהון |
| 024 | | Gn34:31 | דלית לה בר נש תבע עלבנה | כדון | אתעבד לדינא אחתן היך אתה |
| 025 | | Gn29:34 | ועברת תוב וילדת בר ואמרת | כדון | בהדא זמנא יזדמן לוותי בעלי |
| 026 | | Gn26:29 | יתך בשלם את הוא מן | כדון | בריכה דייי: |
| 027 | | Nu22:38 | לבלק הא אתית לוותך | כדון | הא מיכל אכול למללה כל |
| 028 | | Gn27:33 | זעזע רב לחדה ואמר מן | כדון | הוא דצד ציד ואייתי לי |
| 029 | | Gn43:27M | דאמריתון הא עד | כען/כדון#2/ | הוא בחיין: |
| 030 | | Gn43:28M | לעבדך אבונן הא/הא עד | כדון#2/ | הוא בחיין ועקדו ואודו |
| 031 | | Gn44:14M | בשלמיה כנימוס ארעא/עד | כדון | הוה יהיב תמן ואשטטחו |
| 032 | | Gn29:09M | \האא#2/ עד | כען/כדון#2/ | הווה ממלל עמהון ורחל |
| 033 | | Gn24:60M | ואמרו לה עד | כדון | הויית אחת' כדון את אזלה |
| 034 | | Ex 4:18M | "העד כען ... בחיין": הא עד | כדון | הנון בחיין |
| 035 | | Nu16:30M | הא טב ואין לא תתברי | כדון | ותפתח |
| 036 | | Gn43:10 | אלולי דאשתהינון ארום | כדון | חזרנון ואתינן דנה תרין |
| 037 | | Gn45:06 | שנין כפנא בגו ארעא ועד | כדון | חמש שנין דלא זרעין ולא |
| 038 | | Gn45:11 | ואכלכל יתך תמן ארום עד | כדון | חמש שנין דכפן ולא תשתיצא |
| 039 | | Gn22:12 | ליה כל מן מדעם ארום | כדון | ידעת ארום דחל מן קדם ייי |
| 040 | | Ex18:11 | הא | כדון | ידעת וגלי הוא לי ארום תקוף |
| 041 | | Gn29:07 | ואמר הא עד | כדון | יומא תלי לא אשון מכנש |
| 042 | | Gn29:32 | קדם ייי ית צערי ארום | כדון | ירחם יתי בעלי: |
| 043 | | Nu22:04 | מואביי לחכימי מדייניי | כדון | ישצון קהלא הדין ית כל |
| 044 | | Gn16:13 | עלמייא ארום אמרת הא אף | כדון | יתגלי עלי מן בתר דאתגלי על |
| 045 | | Nu22:33 | לא סטת מן קדמיי ארום | כדון | יתך קטלת ויתה קיימת: |
| 046 | | Dt29:14M | עלמא ודלא אתבריו עד | כדון | כולהון קיימין עמנא יומא |
| 047 | | Gn 8:22 | מן | כדון | כל יומי דארעא זרעין וחצדין |
| 048 | | Lv20:17 | קדמייי למבני עלמא ברם מן | כדון | כל די עבד כדן וישתצון |
| 049 | | Gn44:10 | ואמר לחוד | כדון | כמליכון כן הוא ית מן די |
| 050 | | Gn 2:05 | מטר על ארעא ואדם עד | כדון | לא את«ברי» למהוי פלח |
| 051 | | Gn 2:25 | ערטלין אדם ואתתיה ועד | כדון | לא הוון ידעין מה היא |
| 052 | | Gn38:23 | הא שלחית גדייה הדין והא | כדון | לא אשכחית יתה: |
| 053 | | Ex24:05M | פולחנא בבוכרייא דעד | כדון | לא אתעבד משכן זמנ{ן}<א> |
| 054 | | Ex24:05M | משכן זמנ{ן}<א> ועד | כדון | לא אתייהבת כהונתא לאהרון |
| 055 | | Gn46:34 | עבדך מן טלייתהון ועד | כדון | להוד אנן להוד מן בגלל |
| 056 | | Dt12:09 | ארום לא אתיתון עד | כדון | לנווחתה ולאחסנותה דייי |
| 057 | | Gn19:12 | ואמרין גבריא ללוט מן | כדון | מה אית לך הכה חתנך ובניך |
| 058 | | Gn27:37 | וחמר סמכ<'> יתיה ולך מן | כדון | מה אעבד ברי: |
| 059 | | Ex 9:16 | מן בגלל דא קיימת יתך עד | כדון | מן בגלל למחויה יתך ית תקף |
| 060 | | Nu24:17 | חמי אנה ליה ולית | כדון | מסתכל אנה ביה ולית היא |
| 061 | | Gn19:09 | בעי למהוי דין דינינן | כדון | נבאש לך יתיר מנהון ודחקו |
| 062 | | Gn19:09M | דאין דינינן | כדון | נבעש לך מנהון לך מנהון |
| 063 | | Gn27:36 | ית בכורת{ו}<י> נסב והא | כדון | נסב ברכתי ואמר הא לא שבקת |
| 064 | | Lv25:51 | אן עד | כדון | סגי בשניה לפום שנייה יחזור |
| 065 | | Ex 5:05M | \אינון כדון /הנון | כדון#2/ | עמה «דארעא» ותבטלון |
| 066 | | Dt29:14 | דקמו קדמינן מן עלמא ועד | כדון | עמן אנון קיימין הכה יומא |
| 067 | | Gn31:13 | די נדרת לי תמן נדר | כדון | קום פוק מן ארעא הדא וחזור |
| 068 | | Dt 2:13 | | כדון | קומו ועברו ית נחלה דזרד |
| 069 | | Nu22:29 | אילו הווה בידי חרב ארום | כדון | קטלת יתיך: |
| 070 | | Gn31:42 | דיצחק הו{ת}<ה> לי ארום | כדון | ריקן שלחת יתי ית צערי וית |
| 071 | | Ex 9:15 | ארום | כדון | שלחת ית מחות פורענתי |
| 072 | | Ex18:19 | | כדון | שמע בקלי איעץ יתך עצה |
| 073 | | Gn11:06 | ולשון חד לכולהון והא | כדון | שרון למעבד וכדון לא יתמנע |
| 074 | | Nu11:23 | הא אית קדם ייי מחסור | כדון | תחמון אן יארע יתך פתגמוי |
| 075 | | Ex 6:01 | ואמר ייי למשה | כדון | תחמי מה די אעבד לפרעה ארום |
| 076 | | Nu12:12M | "לא כען ... מנך": לא | כדון | תיהווי מרים אחתן כאיתתה |
| 077 | | Nu12:12M | למיחמי בנחמותה לא | כדון | תתרחק דא |
| 078 | כדן | Lv22:27M | מכפרין לן על חובינן | כדן | די גרמו חובייה ולית לן |
| 079 | וכדון | Dt 4:01 | | וכדון | ישראל שמעו לקיימיה ולסדר |
| 080 | | Dt10:12 | | וכדון | ישראל מה ייי אלהכון שאל |
| 081 | | Ex 4:12 | | וכדון | אזל ואנה עם ממרי אהיה עם |
| 082 | | Ex32:34 | וכדון | {וכדון} | אזל דבר ית עמא לאתרא די |
| 083 | | Nu24:11 | | וכדון | אזל לך לאתרך אמרת מוקרא |
| 084 | | Ex 5:18 | | וכדון | אזלו פלחו ותבן לא |
| 085 | | Ex33:05 | מן בניכון אשיצא יתכון | וכדון | אחתו גבר מני זיינן מעלוי |
| 086 | | Ex32:32 | | וכדון | אין תשרי ותשבוק לחוביהון |
| 087 | | Nu22:34 | מתעתד לקדמותי באורחא | וכדון | אין ביש באפך אחזור |
| 088 | | Ex19:05 | | וכדון | {אם} אין משמע תשמעון בקל |
| 089 | | Gn24:49 | | וכדון | אן ברעתכון למעבד חסד וטבו |
| 090 | | Gn50:05 | דכנען תמן תקבר יתי | וכדון | אסוק כען ואקבור ית אבא |
| 091 | | Ex32:30 | חטיתון חובין רברבין | וכדון | אסוק אבעי רחמין מן קדם |
| 092 | | Gn21:23 | | וכדון | אשתבע לי בשמה דייי הכה אם |
| 093 | | Gn31:44 | | וכדון | אתא ונקיים קיים אנא ואת |
| 094 | | Ex 3:10 | | וכדון | אתא ואשלח יתך לפרעה ותפק |
| 095 | | Nu22:06 | | וכדון | אתה כען לווט לי ית עמא |
| 096 | | Nu22:11 | וכסון ית חזווה דארעא | וכדון | אתה כען לוט לי יתהון מה |
| 097 | | Gn37:20 | | וכדון | אתו ונקטול יתיה ונטלק |
| 098 | | Gn27:08 | | וכדון | ברי שמע בקלי ואזל לאן |
| 099 | | Gn27:43 | | וכדון | ברי שמע בקלי וקום |
| 100 | | Lv22:27 | ומתכפר על חובינן | וכדון | דלית לן למקרב{י}ה מן עדרי |
| 101 | | Gn32:11 | עברת ית ירדנא הדין | וכדון | הא אנה לתרתין משיריין: |
| 102 | | Ex 3:09 | | וכדון | הא קבלתהון דבני ישראל |
| 103 | | Nu24:14 | | וכדון | הא אנה אזל לוות עמי אתא |
| 104 | | Dt26:10 | | וכדון | הא אייתינן ית שרוי בוכרת |
| 105 | | Ex 1:12M | \וכל דהוון | /וכדון | הוון#2/ מצערין יתהון |
| 106 | | Ex32:34 | | וכדון | {וכדון} אזל דבר ית עמא |
| 107 | | Gn20:07 | | וכדון | חזור אתתיה דגברא ארום |
| 108 | | Gn44:18 | מן קדם ייי אנה דחיל | וכדון | חזרו דינך למהווי מדמיין |

|  |  |  |  |  |  |
|---|---|---|---|---|---|
| 109 | | Gn41:33 | | וכדון | ימנה פרעה גבר סכלתן וחכים |
| 110 | | Gn47:04 | בארעא דכנען | וכדון | ישרון כען עבדך בארעא |
| 111 | | Gn16:05 | עברת ואזל איקרי באפה | וכדון | יתגלי ייי וידון ביני |
| 112 | | Gn44:33 | | וכדון | יתיב כען עבדך תחות טליא |
| 113 | | Nu14:17 | | וכדון | יתקוף כען חילך ייי היך מה |
| 114 | | Gn22:14 | וקיימית ית גזרתך | וכדון | כד יהוון בנוי קיימין בשעת |
| 115 | | Gn44:30 | | וכדון | כמעלי לוות עבדך אבה וטליה |
| 116 | | Dt31:19 | | וכדון | כתבו לכון ית שבח שירתה |
| 117 | | Gn11:06 | והא כדון שרון למעבד | וכדון | לא יתמנע מנהון כל מה די |
| 118 | | Gn45:05 | | וכדון | לא תרגזון ולא יבאש |
| 119 | | Gn50:21 | | וכדון | לא תדחלון אנה אכלכל |
| 120 | | Gn 4:11 | | וכדון | ליט תהווי קין מן ארעא די |
| 121 | | Dt 5:25 | | וכדון | למה נמות ארום תאכל יתן |
| 122 | | Gn29:22 | חסרו ובית שקוותן סגון | וכדון | מה אתון יהבין עצה ונישרי |
| 123 | | Gn31:16 | דידן אינון ודבנן | וכדון | מה די אמר ייי לך עבד: |
| 124 | | Gn31:30 | | וכדון | מיזל אזלת ארום מתחמדה |
| 125 | | Ex 3:18M | אתגלי עלינן | וכדו/וכדון#2/ | נזיל כען ארח מהלך |
| 126 | | Nu11:06 | | וכדון | נפשן ריקנה לית לן כל |
| 127 | | Gn27:03 | | וכדון | סב כען מני זינך |
| 128 | | Gn 3:22 | כאלן חייא עד לעלמין | וכדון | עד די לא נטר מצותיה |
| 129 | | Nu31:17 | | וכדון | קטולו כל דכורא בטפליה וכל |
| 130 | | Dt10:22 | נחתון אבהתכון במצרים | וכדון | שווי יתכון ייי אלהכון |
| 131 | | Ex 9:19 | | וכדון | שלח כנש ית בעירך וית כל |
| 132 | | Gn50:17 | ארום בישן גמלו יתך | וכדון | שרי כען ושבוק למרדיהון |
| 133 | | Ex10:17 | | וכדון | שרי כען לחוביי לחוד בזמנא |
| 134 | | Nu22:19M | וכעין \סקון תבו | /וכדון | תבו#2/ כען הכה אוף |
| 135 | | Gn48:05 | | וכדון | תרין בניך דאתילדו לך |

**See also:** *adv.* כדן

## כדכדין *n.* chalcedony

[251]

|  |  |  |  |  |  |
|---|---|---|---|---|---|
| 001 | כדכדינה s em/sf | Ex28:18 | וסדרה תניינה | כדכדינה | וספרינה ועין עגלה וכתיב |
| 002 | | Ex39:11 | וסדרה תניינא | כדכדינה | וספרינה ועין עגלה וכתיב |

## כדי *conj.* ⇐ כד

## כדן *adv.* so

[251]

|  |  |  |  |  |  |
|---|---|---|---|---|---|
| 001 | כדון | Ex 7:26 | עול לוות פרעה ותימר ליה | כדון | אמר ייי שלח ית עמא ויפלחון |
| 002 | | Ex10:03 | לוות פרעה ואמרין ליה | כדון | אמר ייי אלהון דעבריי עד |
| 003 | | Ex13:15 | ועד בכורי בעירא בגין | כדון | אנן מקרבין קדם ייי כל פתחי |
| 004 | | Ex11:08 | עמא דעמך ומ«ן» בתר | כדון | אפוק ונפק מן קדם פרעה בתקף |
| 005 | | Ex 5:17 | בטילין אתון בטילין בגין | כדון | אתון אמרין ניזיל ונקריב |
| 006 | | Ex 8:03 | ועבדו | כדון | חרשיה בחרשיהון ואסקון ית |
| 007 | | Ex 3:20 | אעבד ביניהון ומן בתר | כדון | ישלח יתכון: |
| 008 | | Ex11:01 | פרעה ועל מצריי ומן בתר | כדון | ישלח יתכון מן הכא כד ישלח |
| 009 | | Gn20:06 | יתך מלמחטי קדמי בגין | כדון | לא יהבית לך רשו למקרב |
| 010 | | Ex36:29 | על ראשה לגו עזקתה חדא | כדון | עבד לתריהון לתרין סטרוי: |
| 011 | | Ex22:29 | | כדון | תעבדון לתוריכון לעניכון |
| 012 | כדין | Gn42:20 | ולא תמותון ועבדו | כדין: | |
| 013 | | Dt15:17 | לאמהתך עבדיתה תעבד | כדין: | |
| 014 | | Ex17:06 | מייא וישתון עמא ועבד | כדין | משה לעיני חכימיא דישראל: |
| 015 | | Ex 9:01M | אמר ייי /ותמלל עמיה | כדין | אמ' מימרי' דיי#2/ |
| 016 | | Lv21:12M | אמר /רבות אלהיה עלוי | כדין | אמ'#2/ ייי: |
| 017 | | Lv22:02M | /הנון מן קדשין לשמי | כדין | אמ' ייי#2/: |
| 018 | | Nu 3:41M | לשמי אמר /ליואי לשמי | כדין | אמ'#2/ ייי חלף כל בוכרה |
| 019 | | Ex 5:10 | ואמרין לעמא למימר | כדין | אמר פרעה לית אנה יהב לכון |
| 020 | | Ex 9:01 | על לוות פרעה ותימר ליה | כדין | אמר ייי אלההון דיהו{י}דיי |
| 021 | | Ex 9:13 | קדם פרעה ותימר ליה | כדין | אמר ייי אלההון דיהודיי שלח |
| 022 | | Ex13:02M | לשמי אינון/הנון | כדין | אמר ייי#2/: |
| 023 | | Ex32:27 | ואמר להון | כדין | אמר ייי אלהה דישראל שוון |
| 024 | | Lv11:44M | ארום אנה \במימרי | כדין | אמר ייי#2/ הוא ייי |
| 025 | | Lv19:12M | /יתפסון ית שם אלהכון | כדין | אמר ייי אלהכון#2/: |
| 026 | | Lv19:16M | דאת ידע בה קשיט בדינה | כדין | אמר ייי |
| 027 | | Lv19:18M | לרחמכון דכוותכון | כדין | אמר ייי |
| 028 | | Lv19:18M | אדמה/דמה#2/ דחברך | \כדין | אמר ייי#2/ ולא תהוון |
| 029 | | Lv19:25M | לכון פירי עללתה | \כדין#2/ | אמר ייי אלהכון: |
| 030 | | Lv19:31M | תצבון למסתאבה בהון | \כדין#2/ | אמר ייי אלהכון: |
| 031 | | Lv19:34M | בארעא דמצרים | \כדין#2/ | אמר ייי אלהכון: |
| 032 | | Lv20:07M | אלהכון /קדיש אנה במימרי | כדין | אמר ייי#2/: |
| 033 | | Lv22:03M | נפשה ההיא מן קדמוי | \כדין#2/ | אמר ייי: |
| 034 | | Lv22:08M | /יאכ'#2/ למסתאבה בה | \כדין#2/ | אמר ייי: |
| 035 | | Nu21:34 | ונפל בידהון ומן בתר | כדין | אמר ייי למשה לא תדחל |
| 036 | | Nu22:16 | לוות בלעם ואמרין ליה | כדין | אמר בלק בר צפור לא כען |
| 037 | | Dt15:11 | מסכינייה בגו ארעא בגין | כדין | אנה מפקד יתכון יומא הדין |
| 038 | | Dt24:18 | אלהכון מן תמן בגין | כדין | אנה מפקד יתכון#2#~ למעבד |
| 039 | | Dt24:22 | בארעא דמצרים בגין | כדין | אנה מפקד יתכון למעבד ית |
| 040 | | Nu14:28 | היך מה דמללתון במשמעי | כדין | אעבד לכון: |
| 041 | | Nu11:15 | ואין | כדין | את עבד לי קטול יתי כען |
| 042 | | Lv22:27 | דיצחק אבונן ומן בתר | כדין | אתבחר גדייה בר עזייה בגין |
| 043 | | Gn15:17 | יתה מן עקתא אשתיזבון כל | כדין | אתחוי לאברם כד הוה עבר |
| 044 | | Gn10:18 | וית אנטוכיא ומן בתר | כדין | אתפרשו זרעיהון דכנע<נ>יא: |
| 045 | | Gn18:05 | בתר כן תעברון ארום בגין | כדין | באיש{ת}ון שורותא עברתון על |
| 046 | | Nu27:07 | | כדין | בנתיה דצלפחד מלילו מתן |
| 047 | | Ex20:11 | קדמוי ביומא שביעיא בגין | כדין | ברך ייי ית יומא דשבתא וקדש |
| 048 | | Gn33:10 | דידי מנ{ו}<י> ארום בגין | כדין | דחמית סבר אפיך מן ידוי |
| 049 | | Gn 6:04 | האינון ולחוד מן בתר | כדין | די עלו בני דיניא לות |
| 050 | | Gn34:31 | ברתיה דיעקב כלא מן כל | כדין | דלא יהוו{ן}<י> שכם בר |
| 051 | | Gn22:16M | אמר ייי ארום | חלף/כדין#2/ | דעבדת ית פתגמא הדין |
| 052 | | Nu32:23 | ואין לא תעבדון | כדין | הא אתחייבתון קדם ייי די |
| 053 | | Ex16:29 | ייי יהב לכון שובתא בגין | כדין | הוא יהב לכון ביומא שתיתיא |
| 054 | | Gn15:01 | בי שמא דשמיי' מן בגין | כדין | הוה פתגם דנבו מן קדם ייי |
| 055 | | Gn31:08 | אן | כדין | הוה אמר קרחין יהוי אגריך |
| 056 | | Gn41:13 | והוה היך מה דפתר לן | כדין | הוות יתי חזר לשמושי ויתיה |
| 057 | | Nu12:01 | שני בגופה מן כל ברייתה | כדין | הות ציפורה אתתה דמשה |
| 058 | | Gn25:22 | בניא במעהא ואמרת אן | כדין | היא צערהון דבניא למה כען |
| 059 | | Nu22:30 | מתכוונת למעבד לך | כדין | ואמר לא: |
| 060 | | Nu21:27 | בגין | כדין | יאמרון מתולי מתלייה עלו |
| 061 | | Lv27:12 | ובין ביש כעלויה דכהנה | כדין | יהווי: |
| 062 | | Dt33:21 | בראשי עמא בעלמא הדין | כדין | יהווי עליל ונפק בראשי עמא |
| 063 | | Gn15:05 | לממני יתהון ואמר לה | כדין | יהוון זרעיית בנך: |
| 064 | | Nu 9:16 | | כדין | יהוי בתדירה ענגה יכסי יתיה |
| 065 | | Lv10:19M | "אונ' ...": אבילה רבה | כדין | יומא |
| 066 | | Lv14:36 | כל מה די בבית' ומן בתר | כדין | ייעול כהנא למיחמי ית ביתה: |
| 067 | | Lv16:26 | ית בשריה במיא ובתר | כדין | ייעול לגו משריתה: |
| 068 | | Nu19:07 | בשרה במיא ומן בתר | כד«י»ן | ייעול לגו משריתה ויהוי |
| 069 | | Gn30:21 | ומן בתר | «כדין» | ילדת ברתה נקבה וקרת ית |
| 070 | | Gn49:22 | לבר נשא מן עלמא בגין | כדין | יקום מנך תרין שבטין |
| 071 | | Gn30:15 | דברי ואמרת רחל בגין | כדין | ישמש עמ«י»ך בליליא הדין |

|  |  | | | |
|---|---|---|---|---|
| 072 | Nu 6:20 | שקא דאפרשותה ומן בתר | כדין | ישתה נזירה חמר: |
| 073 | Gn10:09 | גיבר בחטאה קדם ייי בגין | כדין | יתאמר כנמרוד גיבר בחטאה |
| 074 | Ex30:13M | דאשה והיכדין אמר ליה | כדין | יתנון כל דעבר |
| 075 | Nu12:12 | עלמ' אתאכל פלגות בשריה | כדין | כד הוינא משתעבדין במצרים |
| 076 | Gn32:33M | בגין כך/על | כדין/#2# | לא אכלין/ייכלון/#2# בני |
| 077 | Gn47:22 | להון פרעה {בדין} בגין | כדין | לא זבנו ית ארעהון: |
| 078 | Dt10:09 | בגין | כדין | לא הווה לשבטה דלוי חלק |
| 079 | Dt33:17 | למשתעבדה בקרני רימנה | כדין | לית אפשר לבנוי דיוסף |
| 080 | Gn24:30 | מילי דרבקה אחתה למימר | כדין | מלל עמי גברא ואתא לוות |
| 081 | Gn45:15 | ובכה לקבלהון ומן בתר | כדין | מללו אחוי עמיה: |
| 082 | Gn44:19 | אין לא הווה כשר למעבד | כדין | מן בגין כדן שרי יהודה |
| 083 | Gn 6:22 | כל מה דפקי' יתיה ייי | כדין | עבד: |
| 084 | Ex36:22 | משלוושן דן לקבל דן | כדין | עבד לכל לווחי דמשכנה: |
| 085 | Ex40:16 | כל מה דפקד ייי יתיה | כדין | עבד: |
| 086 | Ex39:32 | מה די פקד ייי ית משה | כדין | עבדו: |
| 087 | Nu 8:22 | ומן בתר | כדין | עלו ליווי למפלח ית |
| 088 | Ex 6:09 | ומלל משה | כדין | עם בני ישראל ולא שמעו |
| 089 | Ex 6:10 | {ומלל משה | כדין | עם בני ישראל} ומלל ייי עם |
| 090 | Dt32:01 | קמו למסהדה בישראל בגין | כדין | קם ליה משה נבייא דייי |
| 091 | Gn11:09M | /מן בגין#2# | כדן/כדין#2# | קרא שמה ב{כ}<ב>ל |
| 092 | Gn19:22 | עד זמן דתיעול לתמן בגין | כדין | קרא שמה דקרתא זער: |
| 093 | Gn25:30 | ארום משלהי אנה בגין | כדין | קרא שמה אדום: |
| 094 | Gn31:48 | ובינך יומא הדין בגין | כדין | קרא שמה גלעד: |
| 095 | Gn33:17 | ולבעירה עבד מטלין בגין | כדין | קרא שמה דאתרא סכות: |
| 096 | Gn29:35 | נודי ונשבח קדם ייי בגין | כדין | קראת שמה יהודה וקמת מן |
| 097 | Ex34:32 | ומן בתר | כדין | קרבו כל בני ישראל ופקד |
| 098 | Ex 3:14 | אהיה אשר אהיה ואמר | כדין | תאמר לבני ישראל מן דאמר |
| 099 | Ex 3:15 | ואמר תוב ייי למשה | כדין | תאמר לבני ישראל ייי אלהה |
| 100 | Ex 3:15M | דייי למשה תניינות | כדין/#2# | תאמר לבני ישראל ייי |
| 101 | Lv15:28 | ליה שבעה יומין ומן בתר | כדין | תדכי: |
| 102 | Gn15:12M | דא היא <....> ומן בתר | כדין | תהדר מלכוותא לעמא בית |
| 103 | Ex19:03 | דייי מן טורא למימר | כדין | תימר לדבית יעקב ותתני |
| 104 | Nu31:24 | שבעייה ותידכון ומן בתר | כדין | תיעלון לגו משריתה: |
| 105 | Ex26:17 | משלוושין דא לקבל דא | כדין | תעבד לכל לווחי דמשכנא: |
| 106 | Ex23:11 | דמשתייר תיכול חיית ברא | כדין | תעבדון לכרמיכון לזיתיכון: |
| 107 | Nu12:14 | לבר מן משריתה ומן בתר | כדין | תתאסי: |
| 108 כדן | Gn15:17M | מן עקתא אשתיזבו כל | כדן | |
| 109 | Ex 7:11 | חרשיהון למצריי בחרשיהון | כדן: | |
| 110 | Ex10:14 | כוותיה ובתריה לא יהוי | כדן: | |
| 111 | Ex14:04 | ארום אנה הוא ייי ועבדו | כדן: | |
| 112 | Nu 8:03 | ועבד | כדן | אהרן לקבל אפיה מנרתה סדר |
| 113 | Ex 7:20 | ועבדו | כדן | משה ואהרן היך מה דפקיד |
| 114 | Gn48:18 | ואמר יוסף לאבוי לא | כדן | אבה ארום דין בכורה שוי |
| 115 | Ex10:11 | לא | כדן | אזלו כען גברייא ופלחו קדם |
| 116 | Ex 5:08 | ארום בטילין אינון בגין | כדן | אינון צווחין למימר ניזיל |
| 117 | Nu14:09 | דלחמא קליל לן למיכל | כדן | אינון קלילין באפינן |
| 118 | Lv22:31M | הוא ייי /ארום אנה ייי#2# | /כדן | אמ' ייי#2# דיהב אגר |
| 119 | Lv25:55M | ארעא דמיצרים\אנה ייי | /כדן | אמ' ייי#2# אלהכון: |
| 120 | Lv26:02M | \אנ{י}<ה> ייי | /כדן | אמ' ייי#2#/: |
| 121 | Nu33:04M | עבד ייי דינין שנין | \כדן | אמ' ייי#2#/: |
| 122 | Gn32:05 | כדן תאמרון לרבוני לעשו | כדן | אמר עבדך יעקב עם לבן |
| 123 | Gn45:09 | לוות אבא ותימרון ליה | כדן | אמר ברך יוסף שוי יתי ייי |
| 124 | Ex 4:22 | ותימר לפרעה | כדן | אמר ייי ברי בוכרי ישראל: |
| 125 | Ex 5:01 | ואהרן ואמרין לפרעה | כדן | אמר ייי אלהה דישראל שלח |
| 126 | Ex 7:17 | | כדן | אמר ייי בדא תדע ארום אנה |
| 127 | Ex 8:16 | על נהרא ותימר ליה | כדן | אמר ייי שלח עמי ויפלחון |
| 128 | Ex11:04 | ואמר משה | כדן | אמר ייי בפלגא דליליא |
| 129 | Lv18:04M | תטרון למהלכה בהון | \כדן | אמר ייי#2#/ אנה ייי |
| 130 | Lv18:05 | יתהון בר נשא ויחי בהון | כדן | אמר ייי: |
| 131 | Lv18:06 | לא תקרבון למגלייה עריה | כדן | אמר ייי: |
| 132 | Lv18:21M | ית שמה דאלהכון | \כדן#2#/ | אמר ייי: |
| 133 | Lv18:30 | ולא תסתאבון בהון | כדן | אמר ייי אלהכון: |
| 134 | Lv19:02 | ארום קדיש אנה בממרי | כדן | אמר ייי אלהכון: |
| 135 | Lv19:03 | וית שבת קדשיי <תטרון> | כדן | אמר ייי אלהכון: |
| 136 | Lv19:04 | דמתכה לא תעבדון לכון | כדן | אמר ייי אלהכון: |
| 137 | Lv19:10 | ולגיוריה תשבקון יתהון | כדן | אמר ייי אלהכון: |
| 138 | Lv19:12 | תפסון ית שמא דאלהכון | כדן | אמר ייי: |
| 139 | Lv19:14 | תקלה ותדחלון מן אלהכון | כדן | אמר ייי: |
| 140 | Lv19:18 | ותרחמון לחברכון כוותכון | כדן | אמר ייי: |
| 141 | Lv19:28M | חקיק לא תשוון בכון | \כדן#2#/ | אמר ייי: |
| 142 | Lv19:30M | /עלין בדחלה | כדן#2#/ | אמר ייי: |
| 143 | Lv19:37M | דיניי ותעבדון יתהון | \כדן#2#/ | אמר ייי: |
| 144 | Lv20:26M | קדישין ארום קדיש אנה | \כדן | אמר ייי#2#/ ייי ואפרשית |
| 145 | Lv22:30 | לא תשיירון מנה עד צפרא | כדן | אמר ייי: |
| 146 | Lv23:22 | ולגיוריה תשבקון יתהון | כדן | אמר ייי אלהיכון: |
| 147 | Nu 3:13M | לשמי יהוון/הנון | כדן#2#/ | אמר ייי: |
| 148 | Nu 3:45M | ליוור/ליוואי#2#/ | אנה/כדן | אמר#2#/ ייי: |
| 149 | Nu10:10M | טב קדם אלהכון \אנה ייי | /כדן | אמר ייי#2#/ אלהכון: |
| 150 | Nu14:21M | לעלם ותתמלא איקר | /כדן | אמר ייי ואתמליית יק'#2#/ |
| 151 | Nu15:41M | פרוק \אנה ^הוא#2#^ ייי | /כדן | אמר ייי#2#/ אלהכון: |
| 152 | Nu21:34M | \ומן בתר כדין /בגין | כדן#2#/ | אמר ייי למשה לא תדחל |
| 153 | Nu20:14 | לוות מלכיהון {{דאדמיי}} | כדן | אמרין אחיכון ישראל אתון |
| 154 | Lv17:12 | בגין | כדן | אמרית לבני ישר«אל» כל |
| 155 | Nu18:24 | יהבית לליוויי אחסנה בגין | כדן | אמרית להון בגו בני ישראל |
| 156 | Dt15:15 | יתכון ייי אלהכון ובגין | כדן | אנה מפקד יתכון ^ית פתגמא |
| 157 | Dt19:07 | בגין | כדן | אנה מפקד יתכון למימר תלת |
| 158 | Gn41:31 | מן קדם כפנא ההוא בתר | כדן | ארום תקיף הוא לחדא: |
| 159 | Ex 8:22 | ואמר משה לא תקן למעבד | כדן | ארום מרחקא אינון טעוותיהן |
| 160 | Ex15:09 | מנהון נפשי ומן בתר | כדן | אשלוף ית חרבי ותשיצי יתהו' |
| 161 | Lv22:27 | ילדה ליצחק ומן בתר | כדן | אתבחר אימרא בגין למדכרא |
| 162 | Gn19:08M | ביש ארום מן בגין | כדן#2#/ | אתון למיבתא בטל שריתי: |
| 163 | Lv10:13 | היא מן קרבנוי דייי ארום | כדן | אתפקדית: |
| 164 | Nu21:15 | בנחלי <....> ומן בתר | כדן | אתפרשו ואזלו להון לאתריהון |
| 165 | Gn49:04 | יתהון ואתרעת מן קדמיהון | כדן | אתרעת ראובן ברי בחכמתך |
| 166 | Gn29:26 | ואמר לבן לא כשר למעבד | כדן | בארענא למיתן זעירתא קדמיי |
| 167 | Dt 4:05 | די פקד ייי אלהי למעבד | כדן | בגו ארעא די אתון עללין |
| 168 | Nu21:06 | על מזוניהון בגין | כדן | {ב}<ג>רי ייי בעמא ית חויה |
| 169 | Dt24:06 | ריחייה ארום כל דעבד | כדן | בחובי נפשן הוא חביל: |
| 170 | Ex16:17 | ועבדו | כדן | בני ישראל ולקטו מן דאסגו |
| 171 | Nu 5:04 | ועבדו | כדן | בני ישראל ושלחו יתהון |
| 172 | Ex10:14 | תקיף לחדא קודמוי לא הוה | כדן | גוב כוותיה ובתריה לא יהוי |
| 173 | Gn43:11 | להון ישראל אבוהון אן | כדן | גמרתון דא עבדו סבא מן טובא |
| 174 | Nu10:31 | כען תשבק יתן ארום בגין | כדן | דאת ידע נסיא דעבד ייי עמן |
| 175 | Nu14:43 | ותפלון בחרבה ארום בגין | כדן | די חזרתון בתר מימרה דייי |
| 176 | Dt22:26 | יתיה ומ«ת»חייב בנפשיה | כדן | הוא פתגמא הדין: |
| 177 | Gn15:17M | נטרו פקודייא הוה כל | כדן | הווה אברם חזי כד הוה |
| 178 | Nu 2:17 | היך מה דהוון שריין | כדן | הוון נטלין גבר לאתריה |
| 179 | Nu13:33M | כקמציה | וכך/כדן#2#/ | הוינן באפיהון: |

|  |  |  |  |  |  |
|---|---|---|---|---|---|
| 180 | | Ex 7:10 | לוות פרעה ועבדו | כד«ן» | היך מה דפקד ייי וטלק |
| 181 | | Ex 8:20 | ועבד ייי | כדן | ואתא ערברוב תקף בפלטורין |
| 182 | | Lv20:17 | ברם מן כדון כל די עבד | כדן | וישתצון לעיני בני עמהון |
| 183 | | Ex 7:22 | ועבדו | כדן | חרשיהון דמצראי בחרשיהון |
| 184 | | Ex 8:14 | ועבדו | כדן | חרשייא בחרשיהון למפקא ית |
| 185 | | Lv22:07 | ויטמע שמשה וידכי ומן בתר | כדן | יאכל מן קדשיה ארום לחמיה |
| 186 | | Nu24:06 | שתילין על מבועין דמיין | כדן | יהוון קורייהון מפקן חכימין |
| 187 | | Nu24:06 | כנחלין מתגברין | כדן | יהוון ישראל מתגברין על |
| 188 | | Nu24:06 | ייי> לבית שכינה לה | כדן | יהוון ישראל חיין וקיימין |
| 189 | | Ex26:24 | על רישא לגו עזקתא חדא | כדן | יהוי לתריהון לתרין סטרין |
| 190 | | Dt28:63 | יתכון ולמסגייה יתכון | כדן | יחדי ייי עליכון למובדה |
| 191 | | Gn49:19 | קדמיהון ית ארעא ובתר | כדן | יחזרון לאתרהון בנכסין |
| 192 | | Nu 9:17 | מעילוי משכנה ומן בתר | כדן | יטלון בני ישראל ובאתרה די |
| 193 | | Lv16:28 | ית בשריה במיא ומן בתר | כדן | ייעול למשריתה: |
| 194 | | Nu 4:15 | במטלית דמשריתה ומן בתר | כדן | ייעלון בנוי דקהת למטען |
| 195 | | Nu 8:15 | ובתר | כדן | ייעלון ליווי ל«מ»פלח |
| 196 | | Lv14:19M | ומן בתר | כן/כדן#2#/ | יכוס ית עלתה: |
| 197 | | Nu22:04M | מואבאי לחכימי מדיינאי | כדן | ילחכון קהלא |
| 198 | | Nu 6:21 | מה די תרע ידה כפם נדרה | כדן | יעבד על גזרת נזירותיה: |
| 199 | | Nu 9:14 | דפסח וכסדרי דינוי | כדן | יעבד גזירת אורייתה חדה |
| 200 | | Nu15:14 | ייי היך מה די תעבדון | כדן | יעבד: |
| 201 | | Dt 3:21 | לתרין מלכייה האליין | כדן | יעבד מימרה דייי לכל |
| 202 | | Dt 7:19 | יתכון פריקין ייי אלהכון | כדן | יעבד ייי אלהכון לכל אומייה |
| 203 | | Ex27:08 | היך <אחמית> יתך בטורא | כדן | יעבדון: |
| 204 | | Gn15:14 | מתפרעה אנה מנה מן בתר | כדן | יפקון בנכסין רברבין: |
| 205 | | Lv27:14 | די יעלי יתיה כהנה | כדן | יקום: |
| 206 | | Gn50:03 | לה ארבעין יומין ארום | כדן | ישלמון יומוי חנוטיה ובכון |
| 207 | | Nu 5:26 | על גבי מדבחה ומן בתר | כדן | ישקי ית אתתה ית מיא: |
| 208 | | Nu15:13 | כל יציבייה יעבד | כדן | ית אלין למקרבה קרבן מתקבל |
| 209 | | Lv24:20 | דיתיהב מום בבר נשא | כדן | יתייהב ביה: |
| 210 | | Lv24:19 | מום בחבריה היך מה דעבד | כדן | יתעבד ליה: |
| 211 | | Ex29:35 | ותעבד לאהרן ולבנוי | כדן | כל מה דפקדית יתך שבעה |
| 212 | | Lv22:27 | יצחק ויעקב בגין | כדן | כתיב ומפרש בספר אוריית׳ |
| 213 | | Nu21:14 | בגין | כדן | כתיב ומפרש בספר אורייתה |
| 214 | | Ex10:07M | \קדם עד לא תדע /העד | כדן | לא אתבוננתא למידע#2#/ |
| 215 | | Nu20:12 | בני ישראל בשבועה בגין | כדן | לא תיעלון ית קהלה הדין |
| 216 | | Nu31:50 | ב<ת> ת{ר}<ד>יהון כל | כדן | לא אתאחד חד מנן עם חדה |
| 217 | | Dt29:23M | כדן עבד /עבד ייי | כדן#2#/ | לארעה הדה מה תקיף הוא |
| 218 | | Dt12:30 | ית טעוותהון ואעבד | כדן | לחוד אנה: |
| 219 | | Dt33:03 | מקבלין אוריתה אלא כל | כדן | למחבבה עמא בני ישראל נחית |
| 220 | | Ex 5:15 | פרעה למימר למה כען תעבד | כדן | לעבדך: |
| 221 | | Ex37:19 | בקנה חד חזור ושושן | כדן | לשתי קניה דנפקין מן מנרתה: |
| 222 | | Nu32:31 | מה די מלל ייי עם עבדך | כדן | נעבד: |
| 223 | | Ex29:35M | ולבנוי \כדן כל מה | /כדן | סדרא ככל מה#2#/ דפקדית |
| 224 | | Nu 8:04 | די חזה ייי ית משה | כדן | עבד בצלאל ית מנרתה: |
| 225 | | Nu17:26 | היך מה די פקד ייי יתיה | כדן | עבד: |
| 226 | | Dt29:23 | כל אומייה למה ממרה דייי | כדן | עבד לארעה הדה מה תקיף הוא |
| 227 | | Ex 7:06 | היך מה דפקד ייי יתהון | כדן | עבדו: |
| 228 | | Ex39:43 | די פקד ייי ית משה | כדן | עבדו וברך יתהון משה ואמר |
| 229 | | Nu 1:54 | מה די פקד ייי ית משה | כדן | עבדו: |
| 230 | | Nu 5:04 | די מלל ייי עם משה | כדן | עבדו בני ישראל: |
| 231 | | Nu 8:20 | ייי ית משה על ליוויי | כדן | עבדו להון בני ישראל: |
| 232 | | Nu 8:22 | ייי ית משה על ליוויי | כדן | עבדו להון: |
| 233 | | Nu 9:05 | מה די פקד ייי ית משה | כדן | עבדו בני ישראל: |
| 234 | | Nu32:08 | | כדן | עבדו אבהתכון כד שלחת יתהון |
| 235 | | Nu36:10 | היך מה דפקיד ייי ית משה | כדן | עבדו בנתה דצלפחד: |
| 236 | | Ex 5:01 | ומן בתר | כדן | עלו משה ואהרן ואמרין |
| 237 | | Nu23:24 | פשוט ושתי {ארום} <אדם> | כדן | עמא האליין לא נייחין ולא |
| 238 | | Ex 5:05 | ואמר פרעה הא סגין אינון | כדן | עמה «דארעא» ותבטלון |
| 239 | | Gn11:09 | קרא שמה ב{כ}<ב>ל ארו׳ | כדן | ערבב ייי לשני כל דאירי |
| 240 | | Dt 5:15 | תקיפה ובאדרע מנטלה בגין | כדן | פקד יתכון ייי אלהכון למעבד |
| 241 | | Lv 8:35 | דייי דלא תמותון ארום | כדן | פקדית: |
| 242 | | Dt12:04 | לא תעבדון | כדן | קדם ייי אלהכון: |
| 243 | | Dt12:31 | לא תעבד | כדן | קדם ייי אלהכון ארום כל |
| 244 | | Nu22:29M | בידי חרב ארום | כדון/<כ>דן#2#/ | קטלת יתיך: |
| 245 | | Nu21:34 | ברם פירין לא עבדין בגין | כדן | קיים ייי יתיה עד זמן דחמא |
| 246 | | Gn11:09 | בגין | כדן | קרא שמה ב{כ}<ב>ל ארו׳ כדן |
| 247 | | Gn16:14 | בגין | כדן | קרא לבארה באר׳ דאתגלי עלה |
| 248 | | Gn29:34 | ילדת ליה תלתא בנין בגין | כדן | קרא שמיה ול{ו}<י>: |
| 249 | | Ex15:23 | ארום מרירין אינון בגין | כדן | קרא שמה מרה: |
| 250 | | Gn30:06 | בקלי ויהב לי בר בגין | כדן | קראת{{י}} שמ«ה» דן: |
| 251 | | Gn26:33 | וקרא יתיה שבעה בגין | כדן | שמה דקרא לבארה באר שבע |
| 252 | | Nu 2:34 | מה די פקד ייי ית משה | כדן | שרון לטכסיהון וכן נטלו גבר |
| 253 | | Gn44:19 | כשר למעבד כדין מן בגין | כדן | שרי יהודה ממכמך במילוי |
| 254 | | Gn32:05 | יעקב {יתהון} למימר | כדן | תאמרון לרבוני לעשו כדן |
| 255 | | Nu 6:23 | אהרן ועם בנויי למימר | כדן | תברכון ית בני ישראל אזל |
| 256 | | Nu32:22 | ארעא קדם ייי ומן בתר | כדן | תחזרון ותהוון זכיין מן קדם |
| 257 | | Gn24:55 | או עשרה יומין ומן בתר | כדן | תיז«י»ל: |
| 258 | | Dt12:22 | ית בשרה דטבייה ודאיילה | כדן | תיכלון יתיה דמרחק מן |
| 259 | | Ex 3:14M | ליה הוי והווי ואמ׳ | כדן | תימ׳ לבני ישראל אהיה |
| 260 | | Ex20:22 | ואמר ייי למשה | כדן | תימר לבני ישראל אתון |
| 261 | | Gn50:17 | | כדן | תימרון ליוסף בבעו שרי כען |
| 262 | | Dt21:13 | וית אמה ירח דיומין ובתר | כדן | תיעול לוותה ותזדמן לוותה |
| 263 | | Dt 8:20 | דייי מסיף מן קדמיכון | כדן | תסופון חלף אין לא תשמעון |
| 264 | | Dt20:15 | | כדן | תעבד לכל קרייתה דרחיקן |
| 265 | | Nu18:28 | | כדן | תפרשון אוף אתון אפרשותה |
| 266 | | Nu28:08 | דאמר דצפרא וכנסוכוי | כדן | תקרבון יתיה קרבן מתקבל |
| 267 | | Nu31:02 | מן לוות מדייניי ובתר | כדן | תתכנש לוות עמך: |
| 268 | וכדין | Gn12:19 | היא ונסב׳ יתה לי לאתה | וכדין | הא אתתך דבר ואזל: |
| 269 | וכדן | Gn34:07 | למשמשה עם ברתה דיעקב | וכדן | לא הוה כשר למתעבדא: |
| 270 | | Ex27:11 | | וכדן | לסיטרה צפוניה באורך ווילון |
| 271 | | Nu23:05 | ואמר חזור לוות בלק | וכדן | תמלל: |
| 272 | | Nu23:16 | ח{ו}<ז>ר לוות בלק | וכדן | תמלל: |
| 273 | | Nu 8:07 | | וכדן | תעבד להון למדכיה יתהון אדי |
| 274 | | Dt22:03 | | וכדן | תעבד לחמרא וכדן תעבד |
| 275 | | Dt22:03 | וכדן תעבד לחמרא | וכדן | תעבד ללבושה וכדן תעבד לכל |
| 276 | | Dt22:03 | לחמרא וכדן תעבד ללבושה | וכדן | תעבד לכל אבידתה די יאבד |
| 277 | | Ex25:09 | וית דמות כל מנוי | וכדן | תעבדון: |

[251]

## כה *adv.* here

|  |  |  |  |  |  |
|---|---|---|---|---|---|
| 001 | כה | Dt27:15M | וכל ישראל מן | הכה/כה#2#/ | ומן \הכה מברכין /כה |
| 002 | | Dt27:15M | /כה#2#/ ומן \הכה מברכין | /כה | מברכייה#2#/ הוון הפכין |

**כהוה** *n.* ⇐ **כחוון**

## priesthood *n.* כהונה [252]

|  |  |  |  |  |  |
|---|---|---|---|---|---|
| 001 | כהונתא s em/sf | Ex24:05M | ועד כדון לא איתיהבת | כהונתא | לאהרון ואסיקו |
| 002 | | Ex 1:21M | "בייתה": בתי | כהונתא | רב«ת»א בתי נביאת' |
| 003 | כהונתה | Lv21:09M | תשרי למונייה ית כליל | כהונתה | דאבוה היא מפסה |
| 004 | | Ex29:09 | ותשווי להון <....> | כהונתה | לקיים עלם ותשלם קרבן ידוי |
| 005 | | Lv21:04M | ואפילו בעמיה לאפסה | כהונתה | רבה אמטול ליה |
| 006 | | Ex 1:21 | ויוכבד נסבת כליל | כהונת«ה» | רבתה: |
| 007 | כהונתהון | Nu 3:10 | בנוי תסכס ויטרון ית | כהונתהון | וחילוניי די יקרוב למשמשה |
| 008 | כהונתכון | Nu18:01 | תקבלון ית חובי <....> | כהונתכון: | |
| 009 | כהנתא | Lv21:04 | רבה דבעמה דלא יפס ית | כהנתא: | |
| 010 | כהנתה | Ex31:10M | בנוי למשמשה /\קודמוי | כהנתה | רבתה#2#:/ |
| 011 | | Nu16:10 | ואתון בעיין למיסב אוף | כהנתה | רבתה: |
| 012 | כהנתכון | Nu18:07 | ותפלחון פלחן מתנה אתן | כהנתכון | וחילוניי די יקרב למשמשה |
| 013 | | Nu18:07 | ואת ובנך עמך תטרון ית | כהנתכון | לכל עסק מדבחה ולגו מן |
| 014 | בכהונתא | Ex28:01 | ישראל למשמשא קדמוי | בכהונתא | רבתא אהרן נדב ואביהו |
| 015 | | Ex29:01 | יתהון למשמשה קדמוי | בכהונתא | רבתה סב תור חד בר תורין |
| 016 | בכהונתה | Ex28:03 | יתיה למשמשה קדמוי | בכהונתה | רבתא: |
| 017 | | Ex29:44 | אקדש למשמשא קדמוי | בכהונתה | רבתא: |
| 018 | | Ex28:41 | יתהון וישמשון קדמוי | בכהונתה | רבתה: |
| 019 | | Ex30:30 | יתהון למשמשה קדמיי | בכהונתה | רבתה: |
| 020 | | Ex35:19M | למשמשה /\קודמוי | בכהונתה | רבתה#2#:/ |
| 021 | | Ex40:13 | יתיה וישמש קדמיי | בכהונתה | רבתה: |
| 022 | | Ex40:15 | אבוהון וישמשון קדמיי | בכהונתה | רבתה ותהוי למהווי להון |
| 023 | | Lv 7:35 | אקריב יתהון למשמשה | בכהונתה | רבתה קדם ייי: |
| 024 | | Lv16:32 | ית קרבן ידוי למשמשה | בכהונתה | רבתה בתר אבוי וילבוש ית |
| 025 | | Nu 3:04 | לא הווה להון ושמש | בכהונתה | רבתה אלעזר ואיתמר |
| 026 | | Dt10:06 | תמן ושמש אלעזר בריה | בכהונתה | רבתה מן בתריה: |
| 027 | בכהנת' | Gn14:18 | והוא הוה כהן משמש | בכהנת' | רבתה קדם אלהא עלאה: |
| 028 | בכהנתה | Ex28:04 | ולבנוי למשמשא קדמוי | בכהנתה | רבתה: |
| 029 | | Nu 3:03 | קרבן ידיהון למשמשה | בכהנתה | רבתה: |
| 030 | דכהונתה | Ex 1:21 | בייתה דמלכותא וביתא | דכהונתה | רבתה מרים נסבת כליל |
| 031 | וכהונתא | Gn49:03 | ברי ומלכותא ליהודה | וכהונתא | רבתא לשבטוי דלוי: |
| 032 | וכהנתא | Gn49:03 | דידך היא ומלכותא | וכהנתא | רבתא לך הוויין חמיין על |

## to grow faint *vb.* כהי [252]

|  |  |  |  |  |  |
|---|---|---|---|---|---|
| 001 | כהה peal | Lv13:06 | שביעיה זמן תנינות והא | כהה | מכתשא ולא הלך מכתשה במשכא |
| 002 | | Lv13:56 | אן חמא כהנא והא | כהה | מכתשה מן בתר דחור יתיה |
| 003 | כהון | Gn48:10 | ועיינוי דישראל | כהון | משיבה ולא הוה יכיל למיחמי |
| 004 | כהיה | Lv13:21 | לית היא מן משכה והיא | כהיה | ויטרוד יתיה כהנא שבעה |
| 005 | | Lv13:26 | לית היא מן משכה והיא | כהיה | ויטרוד יתיה כהנה שבעה |
| 006 | | Lv13:28 | לא הלכת במשכה והיא | כהיה | שומת כוותיה היא וידכי יתיה |
| 007 | כהיין | Lv13:39 | והא במשך בשרהון בהקיין | כהיין | חוורן בהקי הוא הלך במשכא |
| 008 | | Dt34:07 | שנין בזמנה דאתכנש לא | כהיין | עיינוי ולא אשתנייו |
| 009 | וכהיין | Gn27:01 | סאב {יצקח} יצחק | וכהיין | עיינו«י» מן למחמי וקרא |
| 010 | | Lv22:27M | יצחק ית שכלוליהון | וכהיין | עיינוי מן מרומיה |
| 011 | וכהן | Ex12:42 | יצחק ית שכלוליהון | וכהן | עייני על שכלוליהון וקרא |
| 012 | דמכהייה pael | Lv26:16M | וית קדחיתה | מסיפה/דמכהייה#2# | עיינין ומדיבה נפש |

## priest *n.* כהן [252]

|  |  |  |  |  |  |
|---|---|---|---|---|---|
| 001 | כהן s ab/cn | Lv21:09 | וברת גבר | כהן | ארום טעוה ומפסה ית אבוה |
| 002 | | Lv22:12M | ארום תתנסב לגבר /דגבר | כהן | ארום תיהוי לגב'#2#/ |
| 003 | | Lv22:13M | וברתה דכהן/דגבר | כהן#2#/ | ארום תיהווי ארמלתה |
| 004 | | Gn14:18 | אפק לחם וחמר והוא הוה | כהן | משמש בכהנת' רבתה קדם אלהא |
| 005 | | Dt26:03M | די הווי ממני \כהנא רבא | /כהן | רב#2#/ ביומיה האינון |
| 006 | דכהן | Lv22:12 | וברתה | דכהן | ארום תתנסב לגבר חילוני היא |
| 007 | | Lv22:13 | וברתה | דכהן | ארום תיהווי ארמלתה ומשבקה |
| 008 | וכהן | Nu19:03M | \ויכוס יתה קודמוי | /וכהן | אחרן יכוס יתה במחמייה |
| 009 | | Lv22:11 | | וכהן | ארום יקנה נפש קניין כספיה |
| 010 | כהנא s em/sf | Gn27:29M | יהון בריכין כאהרן | כהנא | |
| 011 | | Lv 5:25 | ענה בעלויה לאשמה לוות | כהנא: | |
| 012 | | Lv12:06 | לתרע משכן זימנה לוות | כהנא: | |
| 013 | | Lv13:09 | בבר נשא וייתי לות | כהנא: | |
| 014 | | Lv13:12 | רגלוי לכל חזיו עיני | כהנא: | |
| 015 | | Lv13:16 | לחוור ויתחזי לוות | כהנא: | |
| 016 | | Lv13:23 | שחנה היא וידכי יתיה | כהנא: | |
| 017 | | Lv13:37 | דכי הוא וידכי יתיה | כהנא: | |
| 018 | | Lv13:49M | לכהנא/לוות | כהנא#2#:/ | |
| 019 | | Lv14:02 | דדכותיה וייתי לוות | כהנא: | |
| 020 | | Lv15:14 | זימנא ויתן יתהון לוות | כהנא: | |
| 021 | | Lv23:10 | עומרה שרוי חצדכון לוות | כהנא: | |
| 022 | | Lv23:11 | קדמייא דפיסחא יניף יתה | כהנא: | |
| 023 | | Lv14:24 | לוגה דמשחה ויניף יתהון | כהנא | אנפו קדם ייי: |
| 024 | | Nu 6:20 | וירים יתהון | כהנא | אנפו קדם ייי קדש אינון |
| 025 | | Nu31:29 | תסבון ותתן לאלעזר | כהנא | אפרשותה דייי: |
| 026 | | Lv 4:17M | כהנא ית אצבעיה /ויצבוע | כהנא | אצבעה#2#/ מן אדמ' |
| 027 | | Lv13:28 | כוותיה היא וידכי יתיה | כהנא | ארום שומת כוותיה היא: |
| 028 | | Lv14:27 | וידי | כהנא | באצבעיה דימינה מן משחה די |
| 029 | | Lv13:05 | ויחמי יתיה | כהנא | ביומא שביעיה והא מכתשה |
| 030 | | Lv13:27 | ויחמי יתיה | כהנא | ביומא שביעיה אין מהלכה |
| 031 | | Lv14:39 | ויחזור | כהנא | ביומא שביעיה ויחמי והא הלך |
| 032 | | Nu 5:23 | ויכתוב ית לווטייה האלין | כהנא | בספרא וימחוק לגו מיא |
| 033 | | Lv13:44 | הוא מסאבה יסא«ב» יתיה | כהנא | בראשה מכתשה: |
| 034 | | Lv 7:07 | גזירת אורייתה חדה להון | כהנא | די יכפר דידיה ליה יהווין: |
| 035 | | Lv16:32 | ויכפר | כהנא | די {דכי} ^רבי#2#^ יתיה ודי |
| 036 | | Dt26:03 | ותיתון לוות | כהנא | די הווי ממני כהנא רבא |
| 037 | | Lv14:11 | ויקים | כהנא | דמדכי ית גברא דמדכי ויתהון |
| 038 | | Lv 6:19 | | כהנא | דמרבי יתה ייכול יתה בתר |
| 039 | | Lv 4:03 | אין | כהנא | דמתרבה יתחייב לחובתון דעמא |
| 040 | | Lv 4:05 | ויסב | כהנא | דמתרבי מן ^מדמה#2#^ דתורא |
| 041 | | Lv 4:16 | וייתי | כהנא | דמתרבי מן אדמה דתורא למשכן |
| 042 | | Lv 4:22 | א{ו}<י>ן | כהנא | דמתרבי יחטא ויעבד חדא מן |
| 043 | | Ex29:30 | שבעה יומין ילבש יתהון | כהנא | דקיים מן בתר{א}<ה> די יעול |
| 044 | | Nu31:31 | ועבד משה ואלעזר | כהנא | היך מה די פקד ייי ית משה: |
| 045 | | Nu31:41 | אפרשותה דייי לאלעזר | כהנא | היך מה די פקד ייי ית משה: |
| 046 | | Nu34:17 | לכון ית ארעא אלעזר | כהנא | ויהושע בר נון: |
| 047 | | Lv13:02 | צרעה וייתי לוות אהרן | כהנא | {ו}או לוות חד מן בנוי |
| 048 | | Lv13:08 | ויחמי | כהנא | והא הלכת קלפתה במשכה ויסאב |
| 049 | | Lv13:10 | ויחמי | כהנא | והא שומה חוור' במשכה והיא |
| 050 | | Lv13:13 | ויחמי | כהנא | והא כסית צרעתה ית כל בשרה |
| 051 | | Lv13:17 | ויחמי יתיה | כהנא | והא אתהפך מכתשה לחוור |
| 052 | | Lv13:20 | ויחמי | כהנא | והא חזוה מכיך מן משכה |
| 053 | | Lv13:21 | ואין יחמי יתה | כהנא | והא לית בה שער חוור ומכיכה |
| 054 | | Lv13:25 | ויחמי יתיה | כהנא | והא אתהפך שער חוור |
| 055 | | Lv13:26 | ואם יחמי יתיה | כהנא | והא לית בבהקיתה שער חוור |
| 056 | | Lv13:39 | ויחמי | כהנא | והא במשך בשרהון בהקיין |
| 057 | | Lv13:43 | ויחמי יתה | כהנא | והא שומת מכתשה חוורה |
| 058 | | Lv13:53 | ואין יחמי | כהנא | והא {לך} לא הלך מכתשה |

|  |  | | | |
|---|---|---|---|---|
| 059 | Lv13:56 | אן חמא | כהנא | והא כהה מכתשה מן בתר דחור |
| 060 | Lv14:03 | לבר מן משריתה ויחמי | כהנא | והא איתסי מכתש צרעתה מן |
| 061 | Lv14:20 | על גבי מדבחה ויכפר עלוי | כהנא | וידכי: |
| 062 | Lv13:34 | מן {מ}משכא וידכי יתיה | כהנא | ויחוור לבושוי וידכי: |
| 063 | Lv13:54 | ויפקד | כהנא | «ויחוורון ית מנה דביה |
| 064 | Lv14:44 | וייתי ויעול | כהנא | ויחמי והא הלך מכתשה בביתה |
| 065 | Lv14:48 | ואין מיעול יעו׳ | כהנא | ויחמי והא לא הלך מכתשה |
| 066 | Lv14:05 | ויפקד | כהנא | ויכוס ית צפירה חדתה |
| 067 | Lv 5:18 | ענה בעלויה לאשמה לוות | כהנא | ויכפר עלוי כהנא על שלותיה |
| 068 | Lv13:03 | צרעה היא ויחמי יתיה | כהנא | ויסאב יתיה: |
| 069 | Lv14:04 | ויפקד | כהנא | ויסב למן דמדכה תרתין |
| 070 | Lv 2:08 | לשמה דייי ויקרב יתה לות | כהנא | ויסדר יתה על גבי מדבחה: |
| 071 | Nu19:07 | ויחוור לבושוי | כהנא | ויסחי בשרה במיא ומן בתר |
| 072 | Lv14:36 | ויפקד | כהנא | ויפנון ית ביתיה קדם עד לא |
| 073 | Nu19:03 | ותתנון ית׳ לאלעזר | כהנא | ויפק יתה לבר מן משריתה |
| 074 | Lv 5:12 | וייתי יתיה לות | כהנא | ויקמוץ כהנא מניה מלא |
| 075 | Lv 5:08 | וייתי יתהון לות | כהנא | ויקרב ית די לחטאתה קודמוי |
| 076 | Lv14:40 | ויפקד | כהנא | וישמטון ית אבניה די בהן |
| 077 | Lv 4:20 | יתעבד ליה ויכפר עליהון | כהנא | וישתרי וישתבק להון: |
| 078 | Lv 4:31 | לשמ׳ דייי ויכפר עלוי | כהנא | וישתרי וישתבק ליה: |
| 079 | Ex31:10 | ^בית#2^ קודשא לאהרן | כהנא | וית לבושי בנוי למשמשה: |
| 080 | Ex35:19 | ית לבושי קודשא לאהרן | כהנא | וית לבושי בנוי למשמשה: |
| 081 | Ex39:41 | לבושי בית קודשא לאהרן | כהנא | וית לבושי{ה} בנוי למשמשה: |
| 082 | Nu 5:17 | בשיפולי דמשכנה יסב | כהנא | ויתן לגו מיא: |
| 083 | Nu31:13 | ונפקו משה ואלעזר | כהנא | וכל רברבני כנישתה |
| 084 | Lv 7:34 | ויהבת יתהון לאהרן | כהנא | ולבנוי קיים עלם מן לוות |
| 085 | Gn12:03M | מברכך כאהרן | כהנא | ומל{ל}<ס>טך אלוט כבלעם |
| 086 | Nu27:19 | י{ד}<ת>יה קדם אלעזר | כהנא | וקדם רברבניה וקדם כל עם |
| 087 | Nu27:22 | ואקים יתיה קדם אלעזר | כהנא | וקדם כל עם כנשתה: |
| 088 | Lv12:08 | וחד לעלתה ויכפר עלה | כהנא | ותדכי: |
| 089 | Lv15:15 | ויקרב יתהון | כהנא | חד לחטאתה וחד לעלתה {ויכפר |
| 090 | Lv15:15 | וחד לעלתה {ויכפר עלוי} | כהנא | חד לחטאתה וחד לעלתה ויכפר |
| 091 | Nu27:21 | וקדם אלעזר | כהנא | יקום וישאול לה בסדר דינהון |
| 092 | Lv 1:09 | ורגלוי ישיג במיא ויסדר | כהנא | ית כלה על גבי מדבחא עלה |
| 093 | Lv 1:11 | ייי ויזרקון בנוי דאהרן | כהנא | ית אדמה על גבי מדבחה |
| 094 | Lv 1:13 | ורגלוי ישיג במיא ויקרב | כהנא | ית כלה ויסדר על גבי מדבחא |
| 095 | Lv 2:02 | טובה על כל לבונתה ויסד׳ | כהנא | ית אדכרתה על גבי מדבחה |
| 096 | Lv 2:09 | וירים | כהנא | ית מנחתה ית אדכרתה ויסדר |
| 097 | Lv 2:16 | ויסדר | כהנא | ית אדכרתה מן גרשה ומן טובה |
| 098 | Lv 4:06 | ויצבע | כהנא | ית אצבעיה באדמה וידי מן |
| 099 | Lv 4:17 | ויצבע | כהנא | ית אצבעיה מן אדמ׳ וידי |
| 100 | Lv 7:31 | ויסדר | כהנא | ית תרבה קדם ייי ויהוי ניעה |
| 101 | Lv13:03 | וחמא | כהנא | ית מכתשא במשך בשריה ושער |
| 102 | Lv13:04 | לא אתהפך לחוור ויטרוד | כהנא | ית מכתשה שבעה יומין: |
| 103 | Lv13:15 | ויחמי | כהנא | ית בשרה חייה ויסאב יתה |
| 104 | Lv13:17 | אתהפך מכתשה לחוור וידכי | כהנא | ית מכתשה דכי הוא: |
| 105 | Lv13:30 | ויחמי | כהנא | ית מכתש׳ והא חזוה מכיך מן |
| 106 | Lv13:31 | וארום יחמי | כהנא | ית מכתשה דנ{ק}ת<ק>ה והא |
| 107 | Lv13:31 | אוכ{ס}<ם> לית בה ויטרוד | כהנא | ית «מכתשה» דנ{ק}ת<ק>ה |
| 108 | Lv13:32 | ויחמי | כהנא | ית מכתשה ביומא שביעיה והא |
| 109 | Lv13:33 | ניתקא לא יספר ויטרוד | כהנא | ית ניתקה שובעה יומין זמן |
| 110 | Lv13:34 | ויחמי | כהנא | ית נתקה ביומא שביעיה והא |
| 111 | Lv13:50 | ויחמי | כהנא | ית מכתשה ויטרוד ית מכתשה |
| 112 | Lv14:12 | ויסב | כהנא | ית אמרה חדתה ויקרב יתיה |
| 113 | Lv14:16 | ויצבע | כהנא | ית אצבעיה דימינה מן |
| 114 | Lv14:19 | ויעבד | כהנא | ית חטאתה ויכפר על מן דמדכי |
| 115 | Lv14:20 | ויסדר | כהנא | ית עלתה וית מנחתה על גבי |
| 116 | Lv14:24 | ויסב | כהנא | ית אמרה דאשמה וית לוגה |
| 117 | Lv14:48 | דאתטש ית ביתה וידכי | כהנא | ית ביתה ארום איתאסי |
| 118 | Lv15:30 | ויקרב | כהנא | ית חד חטאת׳ וית חד עלתה |
| 119 | Lv17:06 | ויזרק | כהנא | ית אדמה על מדבחה דייי בתרע |
| 120 | Nu 6:17 | על סלה דפטיריה ויקרב | כהנא | ית מנחתיה וית נסכיה: |
| 121 | Nu 6:19 | ויסב | כהנא | ית אדרעה בשילתה מן דיכרא |
| 122 | Nu17:04 | ונסב אלעזר | כהנא | ית מחתיתה דנחשה די קריבו |
| 123 | Nu31:51 | ונסב משה ואלעזר | כהנא | ית דהבה מן לוותהון כל מן |
| 124 | Nu31:54 | ונסב משה ואלעזר | כהנא | ית דהבה מן לוות רברבני |
| 125 | Lv 1:12 | רישיה וית גופיה ויסדר | כהנא | יתהון על קיסיה די על אשתה |
| 126 | Lv 4:35 | מעילוי נכסת קדשיה ויסדר | כהנא | יתהון על גבי מדבחה על |
| 127 | Lv23:20 | ויניף | כהנא | יתהון על לחמה דבכוריה |
| 128 | Nu26:03 | ומליל משה ואלעזר | כהנא | יתהון במשריה דמואב סמיך |
| 129 | Lv 1:17 | בכנפוי לא יפרש ויסדר | כהנא | יתיה על גבי מדבחה על קיסיה |
| 130 | Lv13:06 | ויחמי | כהנא | יתיה ביומא שביעיה זמן |
| 131 | Lv13:22 | מהלך תהלך במשכה ויסאב | כהנא | יתיה מכתשא הוא: |
| 132 | Lv13:27 | מהלכה תהלך במשכה ויסאב | כהנא | יתיה מכתש צרעה הוא: |
| 133 | Lv13:36 | ויחמי יתי׳ | כהנא | {ל} והא הלך נתקה במשכא לא |
| 134 | Lv13:11 | במשך בשריה ויסאב יתה | כהנא | לא יטרוד יתיה ארום מסאב |
| 135 | Lv21:21 | ביה מום מן בנוי דאהרן | כהנא | לא יקרב למקרבה לחם אלהיה |
| 136 | Lv 6:03 | וילבש | כהנא | לבושין דבוץ ומכניסין דבוץ |
| 137 | Lv14:03 | ויפוק | כהנא | לבר מן משריתה ויחמי כהנא |
| 138 | Lv13:07 | מן בתר דאתחוי לוות | כהנא | לדכותה ויתחמי זמן תניינות |
| 139 | Nu33:38 | וסלק אהרן | כהנא | להר טורא על פם גזירת ממרה |
| 140 | Lv14:36 | ית ביתיה קדם עד לא יעול | כהנא | למחמי ית מכתשה ולא יסתאב |
| 141 | Lv14:36 | ומן בתר כדין ייעול | כהנא | למיחמי ית ביתה: |
| 142 | Nu31:06 | וית «פנחס בר» אלעזר | כהנא | לסדרי קרבה ומני בית קודשא |
| 143 | Nu25:13 | ולזרעית מן בתריה קים | כהנא | לעלם חלף דקני לשמה |
| 144 | Nu31:21 | ואמר אלעזר | כהנא | לעמא עבדי קרבא דעלו מן חיל |
| 145 | Lv13:36 | הלך נתקה במשכא לא יפשפש | כהנא | לשערה מצלהבה מסאב הוא: |
| 146 | Lv14:23 | תמיניה לדכאותיה לוות | כהנא | לתרע משכן זימנא קדם ייי: |
| 147 | Lv15:29 | יוון ותתי יתהון לוות | כהנא | לתרע משכן זימנא: |
| 148 | Nu 5:17 | ויסב | כהנא | מיין דכין לגו מן דחסף ומן |
| 149 | Lv13:20 | אתהפך לחוור וי׳ ית׳ | כהנא | מכתש צרעה היא בשחנה הלכת: |
| 150 | Lv13:22M | \כהנא יתיה מכתשא /יתיה | כהנא | מכתש#2#/ הוא: |
| 151 | Lv 4:07 | ויתן | כהנא | מן אדמה על קרנתיה דמדבחה |
| 152 | Lv 4:25 | ויסב | כהנא | מן אדמה דחטאתה באצבעיה |
| 153 | Lv 4:26 | דנכיסת קדשיא ויכפר עלוי | כהנא | מן חובתיה ויש<ת>ביק ליה: |
| 154 | Lv 4:30 | ויסב | כהנא | מן אדמה באצבעיה ויתן על |
| 155 | Lv 4:34 | ויסב | כהנא | מן אדמה דחטאתה באצבעיה |
| 156 | Lv 5:06 | עיזין לחטאתה ויכפר עלוי | כהנא | מן חובתיה: |
| 157 | Lv 5:10 | כסדר דינא ויכפר עלוי | כהנא | מן חובתיה די אתחייב וישתרי |
| 158 | Lv14:14 | ויסב | כהנא | מן אדמה דאשמה ויתן כהנא על |
| 159 | Lv14:15 | ויסב | כהנא | מן לוגה דמשחא ו«י»ריק על |
| 160 | Lv14:25 | ית אמרה ^^דאשמה ויסב | כהנא | מן אדמה^^ דאשמה ויתן על |
| 161 | Lv14:28 | ויתן | כהנא | מן משחה די על כף ידיה על |
| 162 | Lv14:38 | ויפוק | כהנא | מן בייתה לתרע בייתה ויטרוד |
| 163 | Nu19:04 | ויסב אלעזר | כהנא | מן אדמה באיצבעי׳ ויידי |
| 164 | Lv13:55 | ויחמי | כהנא | מן בתר דאתחוור ית מכתשא |
| 165 | Lv 5:12 | יתיה לות כהנא ויקמוץ | כהנא | מניה מלא קומציה ית אדכרתה |
| 166 | Nu19:07 | ייעול לגו משריתה ויהוי | כהנא | מסאב ומרחק מן קדשיה עד |

|  |  |  |  |  |  |
|---|---|---|---|---|---|
| 167 | | Lv13:30 | מצלהב דקיק ויסאב יתיה | כהנא | נתקה הוא צרעתה ראשה או |
| 168 | | Dt26:04 | ויקבל | כהנא | סלא דביכוריה מן ידיכון |
| 169 | | Lv 4:10 | קודשיה ויסדר יתהון | כהנא | על מדבחה דעלתה: |
| 170 | | Lv 4:35 | קרבנוי דייי ויכפר עלוי | כהנא | על חובתיה די אתחייב |
| 171 | | Lv 5:13 | ויכפר עלוי | כהנא | על חובתיה די אתחייב מן חדא |
| 172 | | Lv 5:18 | לוות כהנא ויכפר עלוי | כהנא | על שלותיה די אשתלי והוא לא |
| 173 | | Lv14:14 | כהנא מן אדמה דאשמה ויתן | כהנא | על רום אדנה דמן דמדכי |
| 174 | | Lv14:17 | דמשחה די על כף ידיה יתן | כהנא | «על רום אדנה» דמן דמדכי |
| 175 | | Lv14:26 | ומן משחה יריק | כהנא | על כף ידיה דכהנה דשמאלה: |
| 176 | | Lv14:31 | חד לעלתה על מנחתה ויכפר | כהנא | על מן דמדכי קדם ייי: |
| 177 | | Lv14:53M | ציפורה לוותיה ויכפר | כהנא | על בייתה וידכי |
| 178 | | Nu15:28 | ויכפר | כהנא | על נפשה דאשתלת בחובתה |
| 179 | | Lv 1:15 | ויקרב יתיה | כהנא | על גבי מדבחה ויעזם ית ראשה |
| 180 | | Lv 1:17M | \כהנא יתיה /יתיה | כהנא#2/ | על גבי מדבחה על קיסיה |
| 181 | | Lv 3:11 | ויסדר יתי' | כהנא | על גבי מדבחה לחם קרבן לשמה |
| 182 | | Lv 3:16 | ויסדר יתהון | כהנא | על גבי מדבחה לחם קרבן לריח |
| 183 | | Lv 4:19 | כל תרבה ירים מנה ויסדר | כהנא | על גבי מדבחה: |
| 184 | | Lv 4:31 | מעלוי נכיסת קדשי' ויסדר | כהנא | על גבי מדבחה לריח דרעוה |
| 185 | | Lv 7:05 | ויסדר יתהון | כהנא | על גבי מדבחה קרבן קדם ייי |
| 186 | | Lv13:25 | בכוותיה הלכת ויסאב יתיה | כהנא | צרעה היא: |
| 187 | | Lv 5:26 | ויכפר עלוי | כהנא | קדם ייי וישתבק ליה על חדא |
| 188 | | Lv14:18 | דמן דמדכי ויכפר עלוהי | כהנא | קדם ייי: |
| 189 | | Lv15:30 | וית חד עלתה ויכפר עליה | כהנא | קדם ייי מן דוב סא«ב»תה: |
| 190 | | Nu 6:16 | ויקרב | כהנא | קדם ייי ויקרב ית חטאתה וית |
| 191 | | Nu19:06 | ויסב | כהנא | קיס דארז ואזוב וצבע זהורי |
| 192 | | Lv 6:05 | לא תטפי ויוקד עליה | כהנא | קיסין בכל צפר צפר ויסדר |
| 193 | | Lv13:06 | מכתשה במשכא וידכי יתיה | כהנא | קלפה היא ויחוור לבושוי |
| 194 | | Dt26:03 | לוות כהנא די הווי ממני | כהנא | רבא ביומיה האינון ותימרון |
| 195 | | Ex21:14 | בכמנא אפילו אין הוא | כהנא | רבה דקאים ומשמש {על גב} |
| 196 | | Ex38:21 | על ידוי דאתמר בר אהרן | כהנא | ^רבה#2/^ |
| 197 | | Lv14:26M | משח רבותה יסב | כהנא | רבה ויריק על ידא דידיה |
| 198 | | Lv16:01 | דמיתו תרין בנוי דאהרן | כהנא | רבה בקרבותהון קרבן יתיר |
| 199 | | Lv21:01 | על נפש דמית לא יסתאב | כהנא | רבה די בעמה: |
| 200 | | Nu26:01 | ברה דאהרן | כהנא | רבה למימר: |
| 201 | | Nu31:06M | \כהנא לסדרי קרבה | /<כהנא> | רבה לחיל קרבה#2/ ומני |
| 202 | | Nu35:28 | כהנה רבה ובתר די ימות | כהנא | רבה יחזור קטולה לארע |
| 203 | | Nu35:32 | בארעא עד זמן די ימות | כהנא | רבה: |
| 204 | | Lv13:05 | מכתשה במשכה ויטרוד יתיה | כהנא | שבע' יומין זמן תנינות: |
| 205 | | Lv13:21 | והיא כהיה ויטרוד יתיה | כהנא | שבעה יומין: |
| 206 | כהנה | Lv13:08 | קלפתה במשכה ויסאב יתיה | כהנה: | |
| 207 | | Lv27:08 | ידיה דמן דנדר יעלי יתי' | כהנה: | |
| 208 | | Lv27:11 | ויקים ית בעירה קדם | כהנה: | |
| 209 | | Nu 7:08 | דאיתמר ברה דאהרן | כהנה: | |
| 210 | | Nu18:28 | ית אפרשותה דייי לאהרן | כהנה: | |
| 211 | | Dt20:06M | "אפריק פירוי": פרקיה מן | כהנה | |
| 212 | | Lv27:14 | קדש לשמה דייי ויעלי יתה | כהנה | בין טב ובין ביש היך מה די |
| 213 | | Nu 6:10 | גוזלין בני יון לוות | כהנה | בתרע משכן זימנא: |
| 214 | | Nu26:63M | /סכומוי דמשה ואלעזר | כהנה | די סכמו ית בני ישראל |
| 215 | | Nu26:64 | מן סכומוי דמשה ואהרן | כהנה | די סכמו ית בני ישראל |
| 216 | | Nu 5:19 | וישבע יתה | כהנה | ויימר לאתתה אן לא שמש גבר |
| 217 | | Nu 5:15 | גברא ית אתתיה לוות | כהנה | וייתי ית קרבנה עלה עשרון |
| 218 | | Dt20:02 | תקרבון לסדרי קרבא ויקרב | כהנה | וימלל לעמא: |
| 219 | | Lv27:08 | מן עלויה ויקים יתיה קדם | כהנה | ויעלי יתיה על פם די תארע |
| 220 | | Nu 5:16 | ויקרב יתה | כהנה | ויקים יתה קדם ייי: |

|  |  |  |  |  |  |
|---|---|---|---|---|---|
| 221 | | Nu 3:06 | ותקם יתיה קדם אהרן | כהנה | ויש<מ>שון יתיה: |
| 222 | | Nu31:12 | לוות משה ולוות אלעזר | כהנה | ולוות כנישתה דבני ישראל |
| 223 | | Nu32:02 | ואמרין למשה ולאלעזר | כהנה | ולרברבני עם כנישתה למימר: |
| 224 | | Nu27:02 | קדם משה וקדם אלעזר | כהנה | וקדם רברבניה וקדם כל עם |
| 225 | | Nu25:07 | בר אלעזר בר אהרן | כהנה | וקם מן גו כנישתה ונסב רמחא |
| 226 | | Nu31:26 | ובבעירה אתה ואלעזר | כהנה | וראשי אבהת כנישתה: |
| 227 | | Nu 6:11 | ויקרב | כהנה | חד לחטאתה וחד לעלתה ויכפר |
| 228 | | Lv27:18 | יקדש חקליה ויחשב לה | כהנה | ית כספה על פם שנייה |
| 229 | | Lv27:23 | ויחשב ליה | כהנה | ית מיסת עלויה עד שתה |
| 230 | | Nu 5:18 | ויקים | כהנה | ית אתתה קדם ייי ויפרע ית |
| 231 | | Nu 5:21 | וישבע | כהנה | ית אתתה בשבועתה דלווטה |
| 232 | | Nu 5:30 | אתתא קדם ייי ויעבד לה | כהנה | ית כל קיימיה דאוריתה |
| 233 | | Lv27:12 | ויעלי | כהנה | יתיה בין טב ובין ביש |
| 234 | | Lv27:14 | ביש היך מה די יעלי יתיה | כהנה | כדן יקום: |
| 235 | | Nu 5:21 | בשבועתה דלווטה ויאמר | כהנה | לאתתה ישווי ייי יתיך ללוט |
| 236 | | Lv15:15 | חד לעלתה ויכפר עלוי | כ(ק)הנה | מן דוביה: |
| 237 | | Nu 5:25 | ויסב | כהנה | מן ידא דאתתה ית מנחתה |
| 238 | | Nu 5:26 | ויקמוץ | כהנה | מן מנחתה ית אדכרתה ויסדר |
| 239 | | Nu 3:32 | ליוויי אלעזר בר אהרן | כהנה | סכום נטורי מטרת בית קודשא: |
| 240 | | Nu15:25 | ויכפר | כהנה | על כל כנישתה דבני ישראל |
| 241 | | Lv17:05 | ייי לתרע משכן זמנה לוות | כהנה | קדם ייי ויכסון נכסת קדשין |
| 242 | | Nu35:25 | וישרי בגווה עד די ימות | כהנה | רבא <ד>רבי יתיה במשחה |
| 243 | | Lv21:04M | <לא> יסתאב | כהנה | רבה ואפילו בעמיה לאפסה |
| 244 | | Nu 4:16 | אלעזר ברה דאהרן | כהנה | רבה משחה דאנהרותה וקטרת |
| 245 | | Nu 4:20 | ייעלון למיחמי כד משקע | כהנה | רבה ית כל מני בית קודשה |
| 246 | | Nu 4:28 | על דאיתמ' ברה דאהרן | כהנה | רבה: |
| 247 | | Nu 4:33 | ידוי דאיתמר ברה דאהרן | כהנה | רבה: |
| 248 | | Nu17:02 | אמר לאלעזר בר אהרן | כהנה | רבה וירים ית מחתיתה |
| 249 | | Nu25:11 | בר אלעזר ברה דאהרן | כהנה | רבה חזר ית חמתיה מעילווי |
| 250 | | Nu35:28 | ישרי עד זמן די ימות | כהנה | רבה ובתר די ימות כהנא רבה |
| 251 | | Lv13:26 | והיא כהיה ויטרוד יתיה | כהנה | שבעה יומין: |
| 252 | דכהנ' | Lv14:15 | ו«י»ריק על כף ידיה | דכהנ' | דשמאלה: |
| 253 | דכהנא | Lv 6:16 | וכל מנחתה | דכהנא | גמירא תהוי לא תתאכל: |
| 254 | | Dt17:12 | דלא למשמע למלוי | דכהנא | דקיים מעתד למשמשא תמן קדם |
| 255 | | Lv14:27 | מן משחה די על כף ידה | דכהנא | דשמאלה שבעה זימנין קדם |
| 256 | | Lv 6:22M | דכורה \בכהניא ייכול | /דכהנא | יאכל#2/ יתה קדש קדשין |
| 257 | | Nu 5:18 | דקנאותה היא ובידוי | דכהנא | יהוון מיא מרירים מלווטיה: |
| 258 | | Lv14:18 | די על כף ידוהי | דכהנא | יתן על ראשיה דמן דמדכי |
| 259 | | Lv14:29 | מן משחא די על ידוי | דכהנא | יתן על ראשה דמן דמדכי |
| 260 | דכהנה | Lv14:26 | יריק כהנא על כף ידיה | דכהנה | דשמאלה: |
| 261 | | Lv22:10M | לא יאכל /תותבה | דכהנה | ואגירא כד הוא בר עממין |
| 262 | | Nu 5:18M | קנתה היא ובי(ו)די | דכהנה | יהוון מיה בדוקיה לבדק |
| 263 | | Lv27:12 | טב ובין ביש כעלויה | דכהנה | כדין יהווי: |
| 264 | הכהן | Nu31:31M | ועבד משה ואלעזר | כהנא/הכהן#2/ | היך מה די פקד ייי ית |
| 265 | וכהנא | Lv 7:08 | | וכהנא | דיתקרב' ית עלתה דגבר משכה |
| 266 | | Lv 6:15 | | וכהנא | דמתרבי מן בתרה מן בנוי |
| 267 | | Lv21:10 | | וכהנא | דמתרבי מן אחוי די יתארק |
| 268 | | Lv 5:16 | עלוי ויתן יתה לכהנא | וכהנא | יכפר עלוהי בדיכרה דאשמה |
| 269 | | Lv21:13M | "והר'... יסב": | וכהנא | רבה אתה בתולה יסב |
| 270 | לכ' | Lv15:29M | ותתי יתהון \לוות | כהנא/לכ'#2/ | לתרע משכן זימנא |
| 271 | | Nu 6:10M | בני יון \לוות | כהנה/לכ'#2/ | בתרע/לת'#2/ משכן |
| 272 | לכה' | Lv 5:25M | /דא'#2/ \לוות | כהנא/לכה'#2/: | |
| 273 | לכהנא | Lv13:07 | ויתחמי זמן תניינות | לכהנא: | |
| 274 | | Lv13:19 | חוורה וסמוקה ויתחווי | לכהנא: | |

275 Lv13:49 מכתש צרעה הוא ויתחמי לכהנא:
276 Lv15:14M יתהון \לוות כהנא/לכהנא#2#/:
277 Lv 7:14 קרבן אפרשו לשמה דייי לכהנא דזרק ית אדם נכסת קדשיה
278 Lv 7:08 משכה דעלתה די יקרב לכהנא דידיה יהוי:
279 Lv 5:18M לאשמה \לוות כהנא/לכהנא#2#/ ויכפר עלוי כהנא על
280 Lv 5:16 יוסף עלוי ויתן יתה לכהנא וכהנא יכפר עלוהי בדיכרה
281 Lv23:20 יהוון לשמה דייי מתנה לכהנא יתיהבון:
282 Lv 5:13 וישתביק ליה ותיהוי לכהנא כמנחתה:
283 Lv14:35 מריה דבייתה ויתני לכהנא למימר כמכתש אתחזי לי
284 Ex40:15 למהווי להון רבותהון לכהנא לעלם לדריהון:
285 Lv 7:32 דימינה תתנון אפרשו לכהנא מן נכסת קדשיכון:
286 Nu 6:20 קדם ייי קדש אינון לכהנא על {מעא}<ניעא>
287 Lv14:13 ארום כחטאתה אשמה הוא לכהנא קדש קדשין הוא:
288 לכהנה Dt18:03 אין תור אין אימר ויתן לכהנה אדרעא ולחייה ארעייה
289 Nu 5:08 לה אשמה דמתחזר לייי לכהנה בר מן דיכרה דכיפורייה די
290 Nu 5:09 דבני ישראל די יקרבון לכהנה דידיה יהוי:
291 Nu 5:10 יהוון גבר די יתן לכהנה דידיה יהוי:
292 Lv 7:09 במרתחה ועל מסרייתה לכהנה דמקרב יתה לה יהוי:
293 Lv22:14 חומשה עלוי ויתן לכהנה ית קדשיה:
294 Lv13:07M /דאיחזוי#2#\ לוות כהנא/לכהנה#2#/ לדכותה ויתחמי זמן
295 Lv13:07M דאחמי יתה לכהנה למדכיה יתיה ויתי'
296 Lv27:21 לשמה דייי כחקל אפרשו לכהנה תיהוי אחסנתיה:
297 וכהנין p abs Ex19:06 ואתון תהוון לשמי מלכין וכהנין ואמה קדישא אליין פתגמיא
298 כהניא p em/sf Lv13:02 {ו}או לוות חד מן בנוי כהניא:
299 Lv 1:07 ויתנון בנוהי דאהרן כהניא אשא על גבי מדבחא ויסדרון
300 Lv16:01M דאהרן \כהנא רבה/כהניא#2#/ בקרבותהון קרבן יתיר
301 Ex19:22 ולחוד כהניא דקיימין ומשמשין קדם ייי
302 Lv 2:02 יתה לות בנוי דאהרן כהניא ויקמץ מתמן מלא קומציה מן
303 Dt17:09 ותתון לוות כהניא וליוויי ולוות דיינייה
304 Lv 1:05 ויקרבון בנוי דאהרן כהניא ית דמא <...> על גבי מדבחא
305 Lv 1:08 ויסדרון בנוי דאהרן כהניא ית פסגי' ית ראשה וית גופה
306 Lv 1:11M בנוי דאהרן כהנא/<כה>ניא#2#/ ית אדמה/דמיה#2#/
307 Lv 3:02 ויזרקון בנוהי דאהרן כהניא ית אדמיה על גבי מדבחה
308 Nu10:08 ובנוי דאהרן כהנ{א}<י>א יתקעון בחצוצרת' ויהויין
309 כהניה Nu 3:03 ואלין שמהת בנוי דאהרן כהניה די מרבין די אשלמו קרבן
310 כהנייא Gn50:01 ישראל די נפקו מיניה כהנייא בחצצרוותיהון ולוייא
311 Ex20:26 ואתון בנוי דאהרן כהנייא דקיימין
312 Dt24:08 ככל מה די ילפון יתכון כהנייא וליוויא היך דפקד יתכון
313 Dt21:08 כהנייא ימרון כפר לעמך ישראל די
314 Nu 4:20M /ליוואי כד מכסן כהנייא ית מאני קדשא#2#/ דלא
315 Gn49:27 דייי בצפרא יהוון כהנייא מקרבין אימר תמידא ובמנחתא
316 Nu 4:20M יהוון <כד> כהנייא משקעין מאני בית קודשא
317 כהנייה Dt21:05 ויקרבון כהנייה בנוי דלוי ארום בהון
318 Dt19:17 להון דינה קדם ייי לקדם כהנייה ודייניה די יהוון ממניין
319 Dt17:18 הדה בגו ספר מן קדם כהנייה^ וליוואי#2#^:
320 Lv16:33 וית מדבחה יכפר ועל כהנייה ועל כל עם קהלא יכפר:
321 בכהניא Lv 6:22 וכל דכורה בכהניא ייכול יתה קדש קדשין הוא:
322 Lv 7:06 כל דכורה בכהניא ייכול ייתה באתר קדיש
323 דכהנייא Dt18:03 יהווי סדר דיניהון דכהנייא מן לוות ^עמה מן לוות#2#^
324 וכהניא Ex19:24 ותיסק את ואהרן עמך וכהניא ועמא לא ידחקון למיסק קדם
325 וכהנייה Dt27:15 סליקו לטורה דעיבל וכהנייה וארונה במצעה וכל ישראל
326 Dt27:15M טורה דעיבל וארונה וכהנייה וליוואי יהיבין במצעה
327 Dt27:09 ומליל משה וכהנייה ליוויי עם כל ישראל
328 לכהניה Dt31:09 אוריתה הדה ויהב יתה לכהניה בני שבטה דלוי דטעינין ית
329 לכהנייא Lv21:01 ואמר ייי למשה אמר לכהנייא בנוי דאהרן ותמר להון על
330 Dt18:01 לא יהווי לכהנייא לליוויי כל בני שבטה

## כוב *n.* thorn [252]

001 כובין p abs Gn 4:16 למהוי מרביה קדמו כו{כ}<ב>ין ודרדרין:
002 Ex22:05 ארום תפק אשא ותשכח כובין ותיכל גדישין או קמתא או
003 וכובין Gn 3:18 וכו{כ}<ב>ין ודרדרין תרבי לך ותיכל

## כובע#2 *n.* headcovering, skullcap [478 s.v. קובע]

001 וכובעין p abs Ex28:40 ותעבד להון חמיינין וכובעין תעבד להון לאיקר
See also: קובע *n.*

## כווה *n.* window [252]

001 וכווי p const Gn 7:11 כל מבועי תהומא רבה וכווי שמיא אתפתחו:
002 Gn 8:02 ואסתתמו מבועי תהומא וכווי שמיא ואיתמנע מטרא דמבולא

## כווייה *(v.)n.* burn [252]

001 כוויה s ab/cn Lv13:24 בשר' ארום יהווי במשכה כוויה דאשה ותיהוי מחת דיכויתה
002 כויה Ex21:25 כויה תשלומי כויה פדעא תשלומי פדעה רושם
003 Ex21:25 כויה תשלומי כויה פדעא תשלומי
004 בכווייה Lv13:25M משכה צרעה היא בכוותיה/בכווייה#2#/ הלכת/פרחת#2#/
005 כהיתה s em/sf Lv13:28M שומת/<שו>מא#2#/ כוותיה/כהיתה#2#/ היא וידכי יתיה כהנא
006 כוותה Lv13:24M \מחת דיכויתה /מ<ח>ת כוותיה#2#/ בהקי חוורה וסמוקה
007 כוותיה Lv13:28 במשכה והיא כהיה שומת כוותיה היא וידכי יתיה כהנא ארום
008 Lv13:28 יתיה כהנא ארום שומת כוותיה היא:
009 בכוותיה Lv13:25 מן משכה צרעה היא בכוותיה הלכת ויסאב יתיה כהנא
010 דיכויתה Lv13:24 דאשה ותיהוי מחת דיכויתה בהקי חוורה וסמוקה או

## כוון *vb.* to direct (pa.) [252]

001 כווינו pael Dt 1:07 כווינו וטולו לכון ועולו לטורהון
002 Dt 2:03 למקפה ית טורא הדין כווינו לכון לצפונה:
003 כוונו Dt 1:40 ואתון כוונו לכון וטולו למדברה אורח
004 כוין Ex21:13M ודי לא \אתכוון ליה /כוי{ו}<י>ן למ<מ>חי' יתיה#2#/
005 כוינו Nu14:25 שריין במשרה למחר כוינו ונטולו לכון למדברה ארח
006 תכוונון Nu34:07 תחום צפונה מן ימה רבה תכוונון לכון להומינס טוורוס
007 Dt19:03 תכוונון לכון אורחא ותתלתון ית
008 Nu34:08 מן טוורוס מ{{י}} נוס תכוונון למעלני אנטוכייה ויהוון
009 מכוון Gn28:17M דייי ודין היכלא מכוון תרע בית מקדשא די בשמייא
010 מכוונין Ex26:24 מן מלרע וכחדא יהוון מכוונין על רישא לגו עזקתא חדא
011 Ex14:02 ימא קדם טעותה צפון מכוונין תשרון על ימא:
012 מכוונן Ex36:12 די בבית דיבוקה תניינה מכוונן הוון ענבי חדא לקבל חדא:
013 Ex26:05 דבבית דבוקה תניינא מכוונן יהוון ענביה חדא לקבל חדה:
014 דמכוון Gn28:17M הוא והדן תרעא דמכוון עד <צית>
015 וכווינו Dt 1:24 וכווינו לטורא ומטון עד נחל סגולה
016 Ex16:10 כנישתא דבני ישראל וכווינ{ן}<ו> למדברא והא איקר שכינתה
017 וכווינן Dt 2:01 וכווינן ונטלינן במדברה ארח ימה
018 Dt 3:01 וכווינן וסלקנן לאורח
019 Dt 2:08 ומן כרך תרנגולה וכווינן ועברינן ארח מדברה
020 וכוון Ex10:06M עד יומא הדין וזרו/וכוון#2#/ ונפק מן קדם פרעה:
021 Dt 2:08M \וכווינן ועברינן /וכוון עברן#2#/ ארח מדברה
022 וכוונו Nu17:07 על משה ועל אהרן וכוונו למשכן זימנה והא כסי יתיה

|  |  |  |  |  |  |  |
|---|---|---|---|---|---|---|
| 023 | | | Gn18:22M | | וכיוונא/וכוונא#2/ | \מן תמן/ /מתמן#2# |
| 024 | | | Ex19:02 | דסיני ושרון במדברא | וכוונו | תמן ישראל כל קבל {תוט} |
| 025 | וכוונית | | Dt10:05 | | וכונית | ונחתית מן טורה ושווית ית |
| 026 | | | Dt 9:15 | | וכונית | ונחתת מן טורא וטורא בער |
| 027 | וכוין | | Ex32:15 | | וכוין | ונחת משה מן טורא ותרין |
| 028 | | | Ex 7:23 | | וכוין | פרעה ועל לגו בייתו ולא |
| 029 | וכוינו | | Nu21:33 | | וכוינו | וסליקו ארח בתנין ונפק |
| 030 | וכיוונו | | Gn18:22 | | וכיוונו | מן גבריא ואזלו לסדם |
| 031 | ותכוונון | | Nu34:10 | | ותכוונון | לכון לתחום מדינחה מן |
| 032 | למכוונה | | Nu22:23 | ומחת בלעם ית אתנתה | למכוונה | יתה באורחא: |
| 033 | אתכוון | etpaal | Ex21:13 | ודי לא | אתכוון | ליה ומן קדם ייי ארעת |
| 034 | | | Dt13:15 | יאות והא מן קושטא | אתכוון | פתגמא אתעבדת מרחקתה הדא |
| 035 | | | Dt17:04 | יאות והא מן קושטא | אתכוון | פתגמא אתעבדת מרחקתה הדה |
| 036 | אתכוונית | | Nu22:30M | /המ׳#2#/ | מתכוונת/אתכוונית#2#/ | למעבד לך כדין |
| 037 | מתכוונה | | Nu22:30 | עד יומא הדין הא | מתכוונה | מתכוונת למעבד לך כדין |
| 038 | מתכוונין | | Gn 3:15 | ועבדין פקודייה יהוון | מתכוונין | לך ומחיי׳ יתך לראשך |
| 039 | | | Ex26:24 | ויהון | מתכוונין | מן מלרע וכחדא יהוון |
| 040 | מתכוונת | | Nu22:30 | יומא הדין הא מתכוונה | מתכוונת | למעבד לך כדין ואמר לא: |
| 041 | מתכוין | | Gn 3:15M | למיטר פיקודיה תהוי | מתכוין | ונכית יתהון בעקבהו׳ |
| 042 | | | Gn 3:15 | פקודי דאוריתא תהוי | מתכוין | ונכת יתיה בעקבה וממרע |
| 043 | המ׳ | | Nu22:30M | יומא הדין \הא | מתכוונה/המ׳#2#/ | מתכוונת/אתכוונית#2# |

[253]

## כוות *prep.* like

|  |  |  |  |  |  |  |
|---|---|---|---|---|---|---|
| 001 | כוות | | Gn41:38 | לשלטנו׳ אן אנן משכחין | כוות | דין גבר די רוח דקדש מן קדם |
| 002 | | | Nu12:07 | לא | כוות | כל נביאה הוא עבדי מש׳ בכל |
| 003 | | | Dt 4:07 | ליה אלה קריב לוותיה | כוות | ממרה דייי אלהן בכל זמן |
| 004 | | | Ex 9:14M | די תדע ארום לית | כוות׳/כוות | ממריה דייי#2#/ בכל |
| 005 | | | Gn44:18 | אנה כוותך וא{נ}<ב>ה | כוות | פרעה רבך ארום דאת ימה מה |
| 006 | | | Dt33:03M | /בנוי דיש׳#2#/ | נחית/כוות#2#/ | ריבוון דמלאכין |
| 007 | כור׳ | | Lv19:34M | כוותכון /לחבריכון | כור׳#2#/ | ארום גיורין הוויתון |
| 008 | כוותה | | Ex 9:18 | תקיף לחדא די לא הוי | כוותה | במצרים למן יומא דאזדמנת |
| 009 | | | Ex11:06 | בכל ארעא דמצרים די | כוותה | לא הוות וכוותה לא תוסף |
| 010 | כוותהון | | Lv11:43 | בהון ולא תהוון מסאבין | כוותהון: | |
| 011 | | | Dt18:14 | עמי בני ישראל לא | כוותהון | יהב לכון ייי אלהכון: |
| 012 | | | Dt 7:26 | ולא תהוון מרחקין | כוותהון | משקצה תשקצון יתהון |
| 013 | כוותי | | Ex 9:14 | די תדע ארום לית | כוותי | בכל ארעא: |
| 014 | | | Dt18:15 | מן ביניכון מן אחיכון | כוותי | יקים לכון ייי אלהכון |
| 015 | כוותיה | | Dt 4:32 | רבה הדן או אין אשתמע | כוותיה: | |
| 016 | | | Ex 9:24 | תקיף לחדא די לא הוות | כוותיה | בכל ארעא דמצרי«ם» מן |
| 017 | | | Ex10:14 | קודמוי לא הוה כדן גוב | כוותיה | ובתריה לא יהוי כדן: |
| 018 | | | Ex30:33 | גבר דיפטם | כוותיה | ודי יתן מנה על חלוניי |
| 019 | | | Gn49:22 | מדיקין עליך על | כוותיה | ומצוותך עליך מן חרכייא |
| 020 | | | Ex30:32 | ובדמותה לא תעבדון | כוותיה | לכון קדש הוא קדש יהוי |
| 021 | | | Ex30:38 | גבר די יעבד | כוותיה | למתהנייה ביה וישתצי מגו |
| 022 | כוותיהון | | Gn41:19 | בבשרהון ולא חמת | כוותיהון | בכל ארעא דמצרים בישן: |
| 023 | כוותך | | Gn41:39 | כל דא לית סכלתן וחכים | כוותך: | |
| 024 | | | Ex15:11 | מן | כוותך | באילי מרומא ייי מן כוותך |
| 025 | | | Gn44:18 | מלכין ושליטין אנן | כוותך | בארעא דכנען היך מה דאת |
| 026 | | | Dt 3:24 | ידך תקיפתה די מן אלה | כוותך | דאיקר שכינתך שרייא בשמייא |
| 027 | | | Ex15:11 | באילי מרומא ייי מן | כוותך | הדור בקדושה דחיל תושבחן |
| 028 | | | Dt18:18 | אקים להון מן גו אחיהון | כוותך | ואישווי דבירוי בפומיה |
| 029 | | | Gn44:18 | מסיים ארום יקיר אנה | כוותך | וא{נ}<ב>ה כוות פרעה רבך |
| 030 | כוותכון | | Dt 5:14 | די תניחון עבדך ואמהתך | כוותכון: | |
| 031 | | | Dt 1:11 | אבהתכון יוסף עליכון | כוותכון | אלף דזמנין ויברך יתכון |
| 032 | | | Lv19:34 | ביניכון ותרחמון יתיה | כוותכון | ארום גיורין הוויתון |
| 033 | | | Nu15:15 | קיים עלם לדריכון | כוותכון | גיורה יהוי קדם ייי: |
| 034 | | | Dt 3:20 | די יניח ייי לאחיכון | כוותכון | וירתון לחוד אינון ית |
| 035 | | | Lv19:18 | ותרחמון לחברכון | כוותכון | כדן אמר ייי: |
| 036 | | | Dt33:29 | טוביכון ישראל מן | כוותכון | עם דפרקניהו׳ קריב מן קדם |
| 037 | כוותן | | Dt 5:26 | ממלל מן גו להבי אשתה | כוותן | וחייה: |
| 038 | | | Gn34:15 | נתערב לכון אן תהוון | כוותן | למגזר לכון כל דכורא: |
| 039 | בכוותכון | | Dt10:15M | מן בתרהון | בכון/בכוותכון#2#/ | מן כל אומייה כיומא |
| 040 | וכוותה | | Ex11:06 | די כוותה לא הוות | וכוותה | לא תסף למחזי: |
| 041 | ככוותהון | | Dt 7:26M | תהוון מרחקין | כוותהון/ככוותהון#2#/ | משקצה תשקצון |

## כוטון *n.* ⇐ כותנה

## כוך *n.* ⇐ כוב

[253]

## כוכב *n.* star

|  |  |  |  |  |  |  |
|---|---|---|---|---|---|---|
| 001 | כוכב | s ab/cn | Gn50:21M | יוסף עשרה כוכבין והיך | כוכב | אחד יכול למעקר |
| 002 | | | Gn50:21 | עשרה כוכבין בעון למעקר | כוכב | חד ולא יכילין למעקר יתיה |
| 003 | | | Gn50:21 | למעקר יתיה ואי׳ איפשר | כוכב | חד יכיל למעקר עשרה כוכבין |
| 004 | | | Dt 4:19M | וית \סידור | כוכביה/כוכבא#2#/ | כל חיילות שמיא |
| 005 | כוכבין | p abs | Gn50:21 | יוסף ואמר להון עשרה | כוכבין | בעון למעקר כוכב חד ולא |
| 006 | | | Gn50:21M | אמ׳ להון יוסף עשרה | כוכבין | והיך כוכב אחד יכול |
| 007 | | | Gn50:21 | חד יכיל למעקר עשרה | כוכבין | ונחם יתהון ומליל על |
| 008 | | | Gn37:09 | והא שמשא וזהרא וחד עשר | כוכבין | שאלין בשלמיי: |
| 009 | כוכבי | p const | Gn22:17 | ומסגיא אסגי ית בנך | כוכבי | שמיא וכחלא די על גף ימא |
| 010 | | | Gn26:04 | ואסגי יתך | כוכבי | שמיא ואתן לבניך ית כל |
| 011 | | | Ex32:13 | עמהון אסגי ית בניכון | כוכבי | שמיא וכל ארעא הדא דאמרת |
| 012 | | | Nu23:10 | עליהון יהוון מסגין | כוכבי | שמיא אמר בלעם במתל נבותה |
| 013 | | | Dt 1:10 | וקיימין יומא הדין | כוכבי | שמיא לסוגי: |
| 014 | | | Dt10:22 | שווי יתכון ייי אלהכון | כוכבי | שמיא לסוגי: |
| 015 | | | Dt28:62 | במניין חלף די הוויתון | כוכבי | שמייא לסוגי ארום לא |
| 016 | כוכביא | p em/sf | Gn 1:16 | שליט בליליא וית סדור | כוכביא: | |
| 017 | | | Gn15:05 | כען לשמיא ומנה ית | כוכביא | אן תיכל לממני יתהון ואמר |
| 018 | כוכביה | | Dt 4:19 | וית זהרא וית סידור | כוכביה | כל חיילות שמיא {{ותטעון}} |

[253]

## כול *vb.* to measure

|  |  |  |  |  |  |  |
|---|---|---|---|---|---|---|
| 001 | מיכל | afel | Gn38:25 | ובית אבא במכלותא דאינש | מיכל | בה מיתכל ליה בין מכלותא |
| 002 | ואכילו | | Ex16:18 | | ואכילו | בעמרא ולא שייר מן דאסגי |
| 003 | מיתכל | etpeel | Gn38:25 | במכלותא דאינש מיכל בה | מיתכל | ליה בין מכלותא טבא בין |

See also: כלכל *vb.*

[253]

## כולי *n.* anger [join with כולייה?]

|  |  |  |  |  |  |  |
|---|---|---|---|---|---|---|
| 001 | כוליתיה | s em/sf | Gn27:45M | דאחוך /זמן די תחזור | כוליתיה | דאח׳#2#/ מנך וינשי ית |
| 002 | כליתיה | | Gn27:44 | קלילן עד זמן די תשתדך | כליתיה | דאחוך: |
| 003 | וכליתה | | Dt 9:19 | דחלית מן קדם רוגזה | וכליתה | די רגז מימרה דייי עליכון |
| 004 | ובכליתה | | Dt29:22 | ממרה דייי ברוגזיה | ובכליתה: | |
| 005 | | | Dt29:27 | ארעהון בתקוף רגוז | ובכליתה | ובכעס רב וטלק יתהון לארע |

[254]

## כולייה *n.* kidney

|  |  |  |  |  |  |  |
|---|---|---|---|---|---|---|
| 001 | כולייה | s ab/cn | Lv21:20M | דמלי חזזין או דחסיר | כולייה | |
| 002 | כולייתה | p em/sf | Ex29:22M | וית תרתין | כליתה/כולייתה#2#/ | וית תרבא די |

| | | | | | | |
|---|---|---|---|---|---|---|
| 003 | | | Lv 8:16 | מן חצר כבדה וית תרתין | כולייתה | וית תרביהון וסדר משה |
| 004 | כולייתיה | | Lv 3:04 | וית תרתין | כולייתיה | וית תרבה די עליהון די על |
| 005 | כוליתה | | Lv 4:09 | דמשתייר מן חצר כבדה על | כוליתה | יעבד יתה: |
| 006 | כלייתה | | Lv 4:09 | וית תרתין | כלייתה | וית תרבה די עליהן די על |
| 007 | | | Lv 7:04 | וית תרתין | כלייתה˜ | וית תרבה די עליהון די על |
| 008 | | | Lv 9:10 | וית תרבה וית | כלייתה | וית מה דמשתייר מן |
| 009 | כליתה | | Ex29:13 | מחצר כבדה וית תרתין | כליתה | וית תרבא די עליהון ותסדר |
| 010 | | | Ex29:22 | מן חצר כבדה וית תרתין | כליתה | וית תרבא די עליהון וית |
| 011 | | | Lv 3:10 | וית תרתין | כליתה | וית תרבה די עליהן די על |
| 012 | | | Lv 3:15 | וית תרתין | כליתה | וית תרבה די עליהן דעל |
| 013 | | | Lv 8:25 | מן חצר כבדה וית תרתין | כליתה | וית תרביהון וית שקה |
| 014 | | | Lv 3:10 | דמשתייר על חצר כבדה על | כליתה | ועבד יתה: |
| 015 | | | Lv 3:04 | משתייר מן חצר כבדה על | כליתה | יעבד יתה: |
| 016 | | | Lv 3:15 | דמשתייר מן חצר כבדה על | כליתה | יעבד יתה: |
| 017 | | | Lv 7:04 | דמשתייר על חצר כבדה על | כליתה | יעבד יתה: |
| 018 | בכוליתה | | Nu21:15 | בלבביה וגלי קדמוי מה | בכוליתה | רמז לטוריה ואקפו רישיהון |
| 019 | וכולייתה | | Lv 9:19M | וכלייתה /וחפיי | וכולייתה#2#/ | ומה דמשתייר מן |
| 020 | וכלייתה | | Lv 9:19 | אלייתה וחפיי כרסה | וכלייתה | ומה דמשתייר מן חצר כבדה: |

## כומר *n.* pagan priest [254]

| | | | | | | |
|---|---|---|---|---|---|---|
| 001 | כומריה | p em/sf | Nu21:28 | לחוות מואביי {{קטילו | כומריה}} | דהו{ן}<ו>ן מדבחין קדם |
| 002 | דכומריא | | Gn47:26 | מן חמשה להוד ארעהון | דכומריא | בלחודיהון לא הוות לפרעה: |
| 003 | | | Gn47:22 | להון ארעהון | דכומריא | לא זבן ארום חולק לכומריא |
| 004 | | | Gn47:22M | לכומריא /חולקיהון | דכומריא#2#/ | מן לוות פרעה וייכלון |
| 005 | לכומריא | | Gn47:22 | לא זבן ארום חולק | לכומריא | מן לוות פרעה וייכלון ית |

## כונת *n.* spelt [254]

| | | | | | | |
|---|---|---|---|---|---|---|
| 001 | וכונתיה | p em/sf | Ex 9:32 | וחטיה | וכונתיה | לא לקיין ארום לקישין |

## כוסבר *n.* coriander [254]

| | | | | | | |
|---|---|---|---|---|---|---|
| 001 | כוסבר | s ab/cn | Nu11:07M | כבר זרע | כוסבר | חיור |
| 002 | כסבר | | Nu11:07 | «ומנה» כזרע | כסבר | הוא ועינה כחזיו בדולחה: |
| 003 | בכסב' | | Nu11:07M | «ומנה» כזרע | כסבר/בכסב' | חוור#2#/ הוא ועינה |
| 004 | דכסבר | | Ex16:31 | ית שמיה מנה והוא כזרע | דכסבר | חיור וטעמיה כשישין בדבש: |

## כור *n.* kor: a dry measure [254]

| | | | | | | |
|---|---|---|---|---|---|---|
| 001 | כור | s ab/cn | Dt32:14 | מן ענבה חדה יהוון שתיין | כור | דחמר: |
| 002 | | | Lv27:16 | עלויה לפם זרעה זרע | כור | דשערין בחמשין סלעין דכסף: |

## כור 2# *n.* furnace [254]

| | | | | | | |
|---|---|---|---|---|---|---|
| 001 | כורה | s em/sf | Dt 4:20 | דייי ואפק יתכון מן | כורה | דפרזלה מן מצרים למהווי |

## כורכה *n.* sheaf of grain [254]

| | | | | | | |
|---|---|---|---|---|---|---|
| 001 | כורכותי | s em/sf | Gn37:07 | בגו חקלא והא קמת | כורכותי | ולחוד אזדקפת והא מתכנשין |
| 002 | כורכוון | p abs | Gn37:07 | והא אנחנא מכרכין | כורכוון | בגו חקלא והא קמת כורכותי |
| 003 | כורכותכון | p em/sf | Gn37:07 | אזדקפת והא מתכנשין | כורכותכון | ושאלו בשלמה דכורכוותי: |
| 004 | דכורכוותי | | Gn37:07 | ושאלו בשלמה | דכורכוותי: | |

## כורסי *n.* chair [254]

| | | | | | | |
|---|---|---|---|---|---|---|
| 001 | כורסי | s ab/cn | Ex17:16 | ואמר שבועה נפקת מן תחות | כורסי | איקרי דרבון כל עלמא קדמיה |
| 002 | | | Gn15:17M | יומיא גומרא די נור מן | כורסי | יקרא יתוקיד ותצרי כל |
| 003 | | | Ex12:29 | דהוי עתיד למיתב על | כורסי | מלכוותא עד בכורא דשביתא |
| 004 | | | Ex11:05 | דהוה עתיד למיתב על | כורסי | מלכותיה עד בכורה |
| 005 | | | Dt17:18 | ויהווי כד די יתיב על | כורסי | מלכותיה ויכתוב לה ית תניי |
| 006 | | | Ex17:16M | למיתב על | כורסי | מלכותיהון דבני ישרא' |
| 007 | כרסי | | Gn41:40 | פומך יתזנון כל עמי לחוד | כרסי | מלכותי אנה רב מנך: |
| 008 | בכורסיה | | Gn28:12 | דאיקונין דידיה קביעא | בכורסיה | איקרא דהוויתון מתחמדין |
| 009 | כורסיה | s em/sf | Gn49:23 | רבותא ולמעבריה יתיה מן | כורסיה | מלכותא אמרו עלוי לשן |
| 010 | כורסייה | | Ex12:29M | עתיד למיתב על | כורסי/כורסייה#2#/ | מלכוותא עד בכורא |
| 011 | | | Ex11:05M | /למתעב כל | כורסייה#2#/ | מלכותיה עד בכורה |
| 012 | כרסייה | | Nu24:23M | ייי /די יקבע ייי ית | כרסייה | למ' וישווי#2#/ תקוף |
| 013 | וכורסוון | p abs | Gn15:17 | עד די סאבסלין אסתדרו | וכורסוון | רמיו והא גהינם דמתילה |
| 014 | וכרסוון | | Gn15:17M | על די ספסלין אתעתדו | וכרסוון | רמיו וגהינם דמתילה |

## כושי *adj.* Ethiopian [254]

| | | | | | | |
|---|---|---|---|---|---|---|
| 001 | כושיה | s ab/cn | Nu12:01 | כושיתה די נסב והלו אתה | כושיה | הות ציפורה אתתה דמשה |
| 002 | כושיתה | s em/sf | Nu12:01 | במשה על עסק אתתה | כושיתה | די נסב והלו אתה כושיה הות |
| 003 | כושייה | | Nu12:01M | שני בגופה /דהדין | כושייה | משני בשרה#2#/ מן כל |
| 004 | דכושיה | | Nu12:01 | אתתה דמשה אלא היך מה | דכושיה | שני בגופה מן כל ברייתה |

## כותל *n.* wall [255]

| | | | | | | |
|---|---|---|---|---|---|---|
| 001 | כותלה | s em/sf | Lv 1:15 | מדבחה וימציא אדמה על | כותלה | דמדבח': |
| 002 | כתלא | | Lv 5:09 | וידי מן אדמה דחטאת' על | כתלא | דמדבחא ומה דמשתייר באדמה |
| 003 | כתלה | | Lv14:37 | סמקן וחיזויהון מכיך מן | כתלה: | |
| 004 | לכותלה | | Nu22:25 | ודחקת ית רגלה דבלעם | לכותלה | ואוסף לממחי יתה: |
| 005 | | | Nu22:25 | ית מלאכה דייי ואדחקת | לכותלה | ודחקת ית רגלה דבלעם |
| 006 | מכותלה | | Nu35:04 | די תתנון לליוויי | מכותלה | דקרתה לברה אלף אמין |
| 007 | בכותלי | p const | Lv14:37 | ית מכתשה והא מכתשה | בכותלי | דבייתה שקען ירקן או סמקן |
| 008 | | | Lv14:39 | ויחמי והא הלך מכתשה | בכותלי | דבייתה: |
| 009 | כותלוי | p em/sf | Ex37:26 | דהב דכי ית איגרוי וית | כותלוי | מן חזור חזור ועבד ליה |
| 010 | כתלוי | | Ex30:03 | יתיה דהב דכי אגרוי וית | כתלוי | מן חזור חזור וית קרנתיה |

## כותנה *n.* linen garment [255]

| | | | | | | |
|---|---|---|---|---|---|---|
| 001 | כוטון | s ab/cn | Lv16:04M | | כתנן/כוטון#2#/ | דבוץ דקדש {ו}<י>לבש |
| 002 | כתנתה | s em/sf | Ex29:05 | ותלבש ית אהרן ית | כתנתה | וית מעילה דאפודא וית |
| 003 | כותנוון | p abs | Ex29:08M | ותלבש יתהון | כתנן/כותנוון#2#/: | |
| 004 | | | Ex28:39M | כתנא דבוץ /ותשקע | כותנוון | דבוץ#2#/ ותעבד מצנפן |
| 005 | | | Lv 8:13M | ואלבש יתהון | כתנן/כותנוון#2#/ | ואסר יתהון המייני' |
| 006 | כתנוון | | Ex40:14 | בנוי תקרב ותלבש יתהון | כתנוון: | |
| 007 | כתנון | | Ex28:40M | דאהרן תעבד | כתונין/כתנון#2#/ | ותעבד להון חמיינין |
| 008 | כתנן | | Ex29:08 | בנוי תקרב ותלבש יתהון | כתנן: | |
| 009 | | | Lv16:04 | | כתנן | דבוץ דקדש {ו}<י>לבש |
| 010 | | | Lv 8:13 | בנוי דאהרן ואלבש יתהון | כתנן | ואסר יתהון המייני' ושוי |
| 011 | כותנותה | p em/sf | Ex39:27M | \כתונה דבוץ עובד | /כותנו{נ}תה | דבוצה עבד#2#/ גרדיי |
| 012 | בכתנותהון | | Lv10:05 | וקרבו וטענו יתהון | בכתנותהון | ואפיקו יתהון לבר מן |

כתונה *n.* See also:

## כזוריי *adj.* cruel [!! cf. אכזוריי]

|  |  |  |  |
|---|---|---|---|
| 001 | כזוראי p em/sf | Dt32:33 | לראשי חורייה פתמנייה כזוראי: |

## כח *n.* a kind of lizard [255]

|  |  |  |  |
|---|---|---|---|
| 001 | וכחה s em/sf | Lv11:30 | ופיילת חוויה וכחה וסממתה וקציצה וחולדה: |

## כחדה *adv.* together [255]

|  |  |  |  |
|---|---|---|---|
| 001 | כחדא | Gn13:06 | ולא הוון יכלין למשרי כחדא: |
| 002 | | Ex23:19M | בשר' וחלב מערבין כחדא |
| 003 | | Ex23:19 | דגנה וקשה מערבין כחדא: |
| 004 | | Ex34:26 | דגנא וקשה מערבין כחדא: |
| 005 | | Ex19:08 | וענון כל עמא כחדא בלבא שלמא ואמרי' כל מה |
| 006 | | Ex24:03M | כל עמא \קל חד ואמרין /כחדא בלבא שלמא ואמ'#2#/ כל |
| 007 | | Gn22:06 | וית סכינא ואזלו תריהון כחדא בלבה שלמה: |
| 008 | | Gn22:08 | אמרא דעלתא ואזלו תריהון כחדא בלבה שלמה: |
| 009 | | Ex23:19 | תיכלון בשר בחלב מערבין כחדא דלא יתקף רוגזי עליכון |
| 010 | | Ex34:26 | תאכלון בשר וחלב מערבין כחדא דלא יתקו«ף» רוגזי ונבשל |
| 011 | | Ex12:42 | ואנה ואינון מדברי' כחדא הוא לילי פסחא לשמה דייי |
| 012 | | Gn49:02 | {ואפיקו} שבטוי דיעקב כחדא ואמרין שמע מנן ישראל |
| 013 | | Ex15:12 | הוון מדיינין תריהון כחדא ואמרין ימא הוה אמר לארעא |
| 014 | | Ex15:18 | בההיא שעתא פתחו פומיהון כחדא ואמרין דייי הוא מלכותא |
| 015 | | Nu11:26 | בתריה ותרויהון מתנביין כחדא ואמרין בסוף עקב יומיא גוג |
| 016 | | Dt25:05 | ארום ישרון אחין כחדא וימות חד מנהון ובר לית ליה |
| 017 | | Gn36:07 | ממוניהון סגיא מן למישרי כחדא ולא יכלית ארעא תותבותהון |
| 018 | | Gn49:16 | דן יקום פורקן ודיין כחדא ישתמעון לה כל שבטי דבני |
| 019 | | Dt33:05 | יעקב בכנש ית ראשי עמא כחדא ישתמעון לה כל שבטייה דבני |
| 020 | | Gn22:19 | עולימוי וקמ{ן}<ו> ואזלו כחדא לבאר שבע ושרא אברהם |
| 021 | | Gn22:19M | כחדא לבאר שבע /והלכו כחדא לבארה דשבע#2#/ ושרא |
| 022 | | Gn49:07 | אן שריין שמעון ולוי כחדא לית אומה ומלכה דתיקום |
| 023 | | Gn49:01 | ושלוותה דעדן מה היא כחדא מתכנשין תרי עשר שבטייא |
| 024 | כחדה | Dt14:21M | בשר בחלב מערבין כחדה |
| 025 | | Dt14:21 | דגנה וקשה מערבין כחדה: |
| 026 | | Dt22:10M | קטירין כחדה /מערבין כחדה#2#/: |
| 027 | | Dt22:10 | ובחמר תריהון קטירין כחדה: |
| 028 | | Dt22:11 | עמר וכ{ד}<ת>ן מערבין כחדה: |
| 029 | | Gn13:06 | אסחנ' יתהון ארעא למשרי כחדה ארום הוה ממוניהון סגין ולא |
| 030 | | Dt 6:04 | תרין עשרתי שבטוי דיעקב כחדה בלבה שלמה ואמרין שמע מנן |
| 031 | | Dt25:11 | ארום יתנצון גבריה כחדה גבר ואחוי ותקרוב אתתה דחד |
| 032 | | Dt14:21 | תאכלון בשר וחלב מערבין כחדה דלא יתקף רוגזי ונבשל |
| 033 | | Dt27:15 | בטמרה ועניין כל עמא כחדה ואמרין אמן: |
| 034 | | Dt12:15 | קודשייה ודדכי מן קודשיה כחדה יאכלון יתיה כבשרה דטבייה |
| 035 | | Dt12:22 | ודדכי מן קודשייה כחדה ייכלון יתיה: |
| 036 | | Dt15:22 | דמרחק מן קדשיה ודדכי כחדה תאכלון יתיה כבשרה דטבייה |
| 037 | וכחדא | Ex26:24 | ויהון מתכוונין מן מלרע וכחדא יהוון מכוונין על רישא לגו |
| 038 | וכחדה | Ex36:29 | והוון מתאמין מן לרע וכחדה הוון מתאמין על ראשה לגו |

## כחוון *n.* second crop [255 כחי]

|  |  |  |  |
|---|---|---|---|
| 001 | כאבת p const | Lv25:05M | חצדיכון לא תחצדון /כאבת חקליכון לא תחצדון#2#/ |
| 002 | כחות | Lv25:05 | חצדיכון לא תחצדון ית כחות חצדיכון לא תחצדון וית ענבי |
| 003 | כאבה p em/sf | Lv25:11M | תחצדון ית כהותיכון/^כחר'#2#/^כאבה#2#/ ולא תקטפון ית |
| 004 | כהותיכון | Lv25:11 | תזרעון ולא תחצדון ית כהותיכון ולא תקטפון ית שבקיכון: |
| 005 | כחר' | Lv25:11M | תחצדון ית כהותיכון/^כחר'#2#/^כאבה#2#/ ולא תקטפון ית |

## כחי *n.* ⇐ כחוון

## כי *prep.* ⇐ כ־

## כיאור *n.* abomination [!!]

|  |  |  |  |
|---|---|---|---|
| 001 | כיאורייא p em/sf | Lv18:29M | יעבדן הי כאליין {ב}<כ>יאורייא מן חיי עלמא דאתי ולא |

## כיוון *conj.* since [256]

|  |  |  |  |
|---|---|---|---|
| 001 | כוון | Gn12:14M | \כד על אברם מצרימה /כוון דעל אברם למצרים#2#/ |
| 002 | כיוון | Ex31:18M | ויהב למשה \כד אשלם /כיוון דאש'#2#/ למללה עמיה |
| 003 | | Nu16:31M | והוה \כד אשלם /כיוון דאשלימ'#2#/ למללא ית כל |
| 004 | | Nu21:34M | מן קדמוי ואמר /כ<י>ו{י}ן דחמה משה עוג |
| 005 | | Dt 3:02M | כיוון דחמה משה עוג רשיעא זע |
| 006 | | Dt 2:16M | והוה כד/כיוון#2#/ די ספו עמא עבדי |
| 007 | | Dt32:01 | כיוון דמטה קצה דמשה נבייא |
| 008 | | Gn12:11M | והוה כדי קרב/כיוון דקר'#2#/ למיעו' |
| 009 | | Ex32:19M | והוה \כדי קריב /כיוון דקרב#2#/ למשריתה וירא את |
| 010 | | Dt 5:23M | והווה \כד שמעתון /כיוון דשמעתון#2#/ ית קל ממרה |
| 011 | כיון | Gn24:22M | והוה \כד אשלימו /כיון דא'#2#/ גמליא למשתי ונסב |
| 012 | | Gn31:22 | והוה כיון דאזלו רעוי דלבן למשקיה |
| 013 | | Gn19:17M | והוה \כד אפקו /כיון דאפ'#2#/ יתהון לברא ואמר |
| 014 | | Gn28:10 | אחוי דאמה וניסא חמישאה כיון דארים אבונן יעקב ית אבנא |
| 015 | | Gn18:33M | דייי \כד אשלם/כיון דאש'#2#/ לממללא |
| 016 | | Gn27:30M | והוי \כד אשלם /כיון דאש'#2#/ יצחק למברכה \ |
| 017 | | Lv 1:01M | והוה \כד אשלם /כיון דאש'#2#/ משה למקמה ית |
| 018 | | Gn28:10 | דבארה ולא הוון יכלין כיון דאתא אבונן יעק«ב» ארים |
| 019 | | Gn20:13M | "כד ... <לאטעאה>": כיון דבעון אומיא דארעא |
| 020 | | Gn32:03M | "כד חמה ...": כיון דחמא יתהון דלמא דמשירייתא |
| 021 | | Gn44:19M | "כד חמא ...": כיון דחמא יוסף דסלקית <...> |
| 022 | | Gn24:30M | ו\הוי כדי חמה /הוי כיון דחמה#2#/ ית קדשא וית |
| 023 | | Gn29:10M | והוה \כד חמה /כיון דחמה#2#/ יעקב ית רחל |
| 024 | | Gn32:32M | ודנחת ליה שמשא כד/כיון די#2#/ עבר ית פניאל |
| 025 | | Dt 6:04 | כיון דמטה קצה דאבונן יעקב |
| 026 | | Gn28:10 | על ראשה וניסא תליתאה כיון דנטל אבונן יעקב רגלוי |
| 027 | | Gn 4:08 | תרינן לאפי ברא והוה כיון דנפקו תריהון באפי ברא ענה |
| 028 | | Gn28:10 | יתהון תחות אסדי רישיה כיון דקדם בצפרא ואשכח כולהון |
| 029 | | Gn27:34M | \כד שמע /כיון דשמ'#2#/ עשו ית מלוי |
| 030 | | Gn24:52M | והוה \כד שמע/כיון דשמע#2#/ /עבדא דאברהם |
| 031 | | Gn29:13M | והוי \כדי שמע /כיון דשמע#2#/ לבן ית שמעה |
| 032 | | Gn39:15M | והוי \כדי שמע /כיון דשמע#2#/ ארום ארימת |
| 033 | | Gn39:19M | והוה \כד שמע /כיון דשמע#2#/ רבוניה ית מליא |
| 034 | וכיוון | Dt33:02 | דפראן לבנוי דישמעאל וכיוון דאשכחו בנוי דישמעאל |
| 035 | | Dt33:02 | אורית לבנוי דעשו וכיוון די אשכחו כתיב בגווה לא |
| 036 | וכיון | Nu12:12M | והוי עמן בעקב' וכיון |
| 037 | | Gn49:01M | וניחמתא ואתכסי מיניה וכיון דאיתכסי מינ' ברך יתהון |
| 038 | | Gn49:21 | דחקלא מפלטורין דיוסף וכיון דהוא מבשר פמיה בכנישתיהון |
| 039 | | Nu12:12 | אחתן חמייה בשעבודן וכיון דמטה קצה למחסנה ית ארעא |
| 040 | | Gn24:30M | שמע /על >ידי אחתי וכיון דש'#2#/ ית מילי דרבקה |
| 041 | | Nu12:12 | במיא ובאשתא ולא מתנזק וכיון {מ} דמטא קצה למפ{י}<ו>ק |

## basin *n.* כיור [256]

001 כיור s ab/cn Ex30:18 ותעבד כיור דנחש ובסיס דידה דנחש לקדוש
002 כיורא s em/sf Ex30:28 דעלתה וית כל מנוי וית כיורא וית בסיס דידה:
003 כיורה Ex39:39 וית כיורה וית בסיס כיורה:
004 Ex40:07 ותתן ית כיורה בין משכן זימנא ובין מדבחא
005 Ex40:30 ושוי ית כיורה בין משכן זימנא ובין מדבחה
006 Ex38:08 ועבד ית כיורה דנחש וית בסיס דיד«ה»
007 Ex31:09 דעלתה וית כל מנוי וית כיורה וית בסיס דידיה:
008 Ex35:16 אריחוי וית כל מנוי וית כיורה וית בסיס דידה:
009 Ex39:39 אריחוי וית כל מנוי וית כיורה וית בסיס כיורה:
010 Ex40:11 ˜ותרבי ית כיורה וית בסיסיה ותקדש יתיה:
011 Lv 8:11 מדבחה וית כל מנוי וית כיורה וית בסיס דידיה למקדשה
012 כיורייה p em/sf Ex30:27M "וית": מאנייה וית כיורייה וית בסיס דידה
013 כייוריה Ex39:39M מאנוי/#2# וית כיורה/כייוריה#2#/ וית בסיס כיורה:

## כילו *conj.* ⇐ כאילו

## a stringed instument *n.* כינר [256]

001 כינרא s em/sf Gn 4:21M כנורא ואבובא /כל תפשי כינרא ועוגבא#2#/:
002 כנורא Gn 4:21 הוה אבוהון דכל תפשי כנורא ואבובא:
003 ובכינרין p abs Gn31:27 בחדון בשירין בתופין ובכינרין:
004 בכינוריהון p em/sf Gn50:01 בחצצרותיהון ולוייא בכינוריהון בכדן אתרכן יוסף

## money bag *n.* כיס [256]

001 בכיסיכון p em/sf Dt25:13 לא יהווי לכון בכיסיכון מתקל רב ומתקל זעיר מתקל

## rock *n.* כיף [256]

001 כיף s ab/cn Dt 8:15 די אפיק לכון מיין מן כיף שמיר טנרה:
002 Dt32:13 {משח} יתהון <משח> מן כיף שמיר טינרה:
003 כיפ' s em/sf Ex15:02M דהווה מינק יתן דבש מן כיפ' ומשח יתן משח מן שמיר
004 כיפה Nu20:11 משה ית חוטרה ומחה ית כיפה בחטריה {תנין} תרין זמנין
005 Nu20:10 די צרכו למילף הא מן כיפה הדין נפק לכון מיא:
006 Nu20:10 משה ואהרן ית קהלה קדם כיפה ואמר להון שמעו כען עמה
007 Dt32:13 ואיינק יתהון דבשה מן כיפה ומשח {משח} יתהון <משח> מן
008 Nu20:08 מוי ותפק להון מיין מן כיפה ותשקי ית עם כנישתה וית
009 Nu20:08 ואהרן אחוך ותמללון עם כיפה קדמיהון לעייניהון ויתן מוי
010 דכיפה Nu24:21 משרויך ושוית בניקרא דכיפה ית מדורך:
011 כיפין p abs Gn11:03M לבניה לאבנין/חולף כיפין#2#/ וחמרא הווה להון לשיע:
012 כיפי p em/sf Gn49:22 לארעא ופגרת שיני כל {ס}<כ>יפי ועוברתא שלחת לרומה
See also: על גיף *prep.*

## hoarfrost *n.* כיפור [256]

001 כיפורא s em/sf Ex16:14M כגלידא /חיור דקיק כיפורא#2#/ על ארעא:

## atonement *n.* כיפורין [256]

001 כיפור s ab/cn Lv25:09M \צומא דכיפוריה/צום כיפור#2#/ תעברון שיפורה בכל
002 כיפורייה p em/sf Lv23:30M ית נפשה /ביום צום כיפורייה ותישתיצי נפש#2#/ ההיא
003 Ex30:10M בכל שנה מן אדם חטאת כיפורייה יזדמן בכל שנה יכ'
004 כפו' Lv23:29M דכיפורייה /ביום צום כפו'#2#/ ותשתיצא מן גו עמא:
005 כפוריה Nu29:11M ועלתה דתמידה /חטאת כפוריה ועולת תמ'#2#/ ומנחתה
006 דכיפורי Lv16:03M יעול אהרן ביומא דכיפורי לקודש'
007 Lv 8:34M יומין קומי יומא דכיפורי מטול לכפרה עליכון
008 דכיפוריה Lv23:27 שביעייה הדין צומה דכיפוריה הוא יום טב וארוע קדיש
009 Ex30:10 בשתא מן אדם חטאתה דכיפוריה חדא זמן בשתא יכפר עלוי
010 Lv25:09 לירחה ביום צומא דכיפוריה תעברון שיפורה בכל
011 דכיפורייה Nu 5:08 לכהנה בר מן דיכרה דכיפורייה די יכפר ליה עלוי:
012 Lv23:28 הדין ארום יום צומה דכיפורייה הוא לכפרה עליכון קדם
013 Lv23:29 כזמן יום צומה דכיפורייה ותשתיצא מן גו עמא:
014 דכפוריה Nu29:11 לחטאתה בר מן חטאתה דכפוריה ועלתה דתמידה ומנחתה
015 דכפורייה Lv23:27M דכיפוריה/יום צום דכפורייה#2#/ הוא יום טב וארוע קדיש

## group of people *n.* כיתה [257]

001 כיתא s ab/cn Ex14:13 לקבליהון ונערבב יתהון כיתא דהות אמרה נפול לימא אמר
002 וכיתא Ex14:13 יעבד לכון יומא הדין וכיתא דהוות אמרה נחזור למצרים
003 Ex14:14 וכיתא דהוות אמרה נסדר לקבליהון
004 Ex14:14 לכון נצחני קרביכון וכיתא דהוות אמרה נלוולי
005 כתין p abs Ex14:13 ארבע כתין אתעבידו בני ישראל בזמנא
006 כיתי p const Ex33:19M קדמיך/אנה אעבד כל כיתי מלאכיה דמשמשין קדמי על
007 Ex33:22 כפי עליך עד דיעברון כיתי מלאכיה די תחמי:
008 Ex33:23 ואעבר ית כיתי מלאכיה דקיימין ומשמשין

## linen *n.* כיתן [257]

001 כיתן s ab/cn Lv13:47M דעמר או בלבוש דכתן/כיתן#2#/:
002 בכיתן Lv13:52 או ית ערבה בעמר או בכיתן או ית כל מן דמשך די יהווי
003 בכתן Lv13:59 צרעתה בלבוש דעמר או בכתן או בשתיא או בערבא או בכל
004 דכתן Lv13:47 בלבוש דעמר או בלבוש דכתן:
005 וכתן Dt22:11 לא תלבשון שעטנז עמר וכ{ד}ת<ן מערבין כחדה:
006 Lv19:19 דכל<א>ים {עלאר}<עמר> וכתן שעטנז לא יסוק עליכון:
007 דכתנה s em/sf Lv13:48M בערבה לכתנא/^ל<כית<נא>#2#/^דכתנה#2#/ או לעמרא
008 Lv13:59M או בשתיא או בערבא /דכ{נ}ת<נ>ה או דשתייה או דערבה#2#
009 Lv13:52M או ית כל /דעמרה או דכ{נ}ת<נ>ה ית כל#2#/ מן דמשך די
010 וכתנה Ex 9:31 ארום שערייה הון בכירן וכתנה הוות גבעולין ואתרת נצה:
011 Ex 9:31 ו{פ}<כ>תנה ושערייה לקיין ארום
012 לכיתנא Lv13:48M בערבה לכתנא/^ל<כית<נא>#2#/^דכתנה#2#/ או לעמרא
013 לכתנא Lv13:48 או בשתיה או בערבה לכתנא או לעמרא או במשך או בכל

## so *adv.* כך [257]

001 כך Gn42:21 קדמינן ולא שמעינן בגין כך אתת עלינן עקתה רבתה הדה:
002 Gn32:33 בגין כך לא אכלין בני ישראל ית
003 Gn38:26 זכאה היא תמר כלתי בגין כך לא אסבת יתה לשלה ברי ולא
004 וכך Nu13:33 והוונן באפנה כקמציה וכך הוינן באפיהון:

## hairy coat *n.* ככלן [257]

001 ככלן s ab/cn Gn25:25 סמק{מין}<ריי> כו<ליה כ<כלן דשער וקרון שמה <...>:

## talent, loaf *n.* ככר [257]

001 ככר s ab/cn Ex38:27 מאה חומרין למאה ככרין ככר לכל חומר:
002 וככר Ex29:23 וככר דלחם חד וחלה דלחם פילה
003 ככרא s em/sf Ex38:27M \ככר לכל חומר /ככרא חומר#2#/:
004 כיכרין p abs Ex38:25 סכומי עם כנישתה מאה כיכרין ואלף ושבע מאוון ושבעין
005 ככרין Ex38:24 דאנפותא עשרין ותשעה ככרין ושבע מאוון ותלתין סלעין
006 Ex38:29 ונחשה דאנפותה שבעין ככרין ותרין אלפין וארבע מאוון

| | | | | |
|---|---|---|---|---|
| 007 | Ex38:27 | פרוכתה מאה חומרין למאה | ככרין | ככר לכל חומר: |
| 008 דככריה p em/sf | Ex38:27 | והוות מאתה | דככריה | דכ{ת}<ס>פה למתכה ית חומרי |

[257]

## כל *pron.* all

כל

| | | | | |
|---|---|---|---|---|
| 001 | Gn40:18M | יפקון פריקין /ויפקון | כל | ישראל פריקין#2#/ בריש גלי |
| 002 | Ex18:25 | משה גברין גברי חיל מן | כל | ישראל ושוי יתהון ראשין על |
| 003 | Dt18:06 | מן חדא מן קורייכון מן | כל | ישראל מן אתרא די איתותב |
| 004 | Dt27:09 | משה וכהנייה ליוויי עם | כל | ישראל למימר אציתו ושמעו |
| 005 | Dt31:07 | ליהושע ואמר ליה קדם | כל | ישראל אתוקף ואזדרז ארום את |
| 006 | Dt31:11 | תקרא ית אורייתה הדה לקבל | כל | ישראל «ב»משמעהון: |
| 007 | Dt32:45 | ית כל פתגמייא האליין עם | כל | ישראל: |
| 008 | Dt34:12 | די עבד משה חמיין | כל | ישראל: |
| 009 | Lv 7:27 | כל נפש די תאכל | כל | אדם ותשתיצא נפשה ההיא מן גו |
| 010 | Lv17:10M | "יאכל ...": | כל | אדם ואשווי תקוף רוגזי |
| 011 | Lv17:10M | "יאכל ... אדמה": יכול | כל | אדם ואשו' אפי רוגזי בנפשה |
| 012 | Ex29:12 | קרנתה דמדבחא באצבעך וית | כל | אדמה תשפך על יסודוי דמדבחא: |
| 013 | Lv 4:18 | ייי די במשכ' זימנא וית | כל | אדמה ישפוך על יסודי דמדבחה |
| 014 | Lv 4:25 | קרנתיה דמדבחה דעלתה וית | כל | אדמה ישפוך על יסודי מדבחה |
| 015 | Lv 4:30 | קרנתיה דמדבחא דעלתה וית | כל | אדמה ישפוך על יסודי דמדבחא: |
| 016 | Lv 4:34 | קרנתיה דמדבחה דעלתה וית | כל | אדמיה ישפוך על יסודי |
| 017 | Gn18:18M | אומיא /ויתברכון בזכוותה | כל | אומה#2#/ דארעא: |
| 018 | Gn22:18M | /בזרעית בניך | כל | אומה דא'#2#/ חלף/חולף#2#/ |
| 019 | Gn26:04M | כל אומיא /בזרעת בניך | כל | אומה#2#/ {{דע}} דארעא: |
| 020 | Gn16:12 | וידי כלא ישלטון ביה וקדם | כל | אומי ישרי: |
| 021 | Dt28:01 | אלהכון רמין ומנטלין על | כל | אומי ארעא: |
| 022 | Gn18:18 | ותקיפה ויתברכון בזכוותא | כל | אומיא דארעא: |
| 023 | Gn22:18 | והתברכון בזרעיתיך | כל | אומיא ד{ערא}<אר>עא חלף די |
| 024 | Gn26:04 | האלין ויתברכון בזכותך | כל | אומיא {{דע}} דארעא: |
| 025 | Dt 7:06 | לעם חביבין היך סגולה מן | כל | אומיה די על אפי ארעא: |
| 026 | Dt30:03 | ויחזור ויכנש יתכון מן | כל | אומיה די בדר יתכון ייי |
| 027 | Nu24:06M | רמין ומנטלין על | כל | אומייא יאין ומשבחין |
| 028 | Dt11:23 | ויטרוד ממרה דייי ית | כל | אומייא האליין מן קדמיכון |
| 029 | Dt 7:07 | ארום אתון עם קלילין מן | כל | אומייה: |
| 030 | Dt 7:07 | לא מן סוגי יתכון מן | כל | אומייה אתרעי ייי בכון ארום |
| 031 | Dt 7:14 | בריכין תהוון מן | כל | אומייה ולא יהוי בכון לא עקר |
| 032 | Dt10:15 | מן בתרהון בכון מן | כל | אומייה כיומא הדין: |
| 033 | Dt14:02 | לעם חביבין היך סגולה מן | כל | אומייה די על אפי ארעא: |
| 034 | Dt26:19 | יתכון רמין ומנטלין על | כל | אומייה די ברא ליקרה |
| 035 | Dt28:10 | ויחמון | כל | אומייה דארעא ארום שמיה דייי |
| 036 | Dt29:23 | וייאמרון | כל | אומייה למה ממרה דייי כדן |
| 037 | Dt33:17 | רמין ומנטלין ועליין על | כל | אומייה דארעא נפקין לקרבה |
| 038 | Gn41:56 | כל אפי ארעא ופתח יוסף | כל | אוצריה דבהון וזבן למצרים |
| 039 | Dt 8:02 | ות«י»דכרון ית | כל | אורחה די דבר יתכון ייי |
| 040 | Gn25:18 | מצרים מעלך לאתור וקדם | כל | אחוי שרה: |
| 041 | Gn27:37 | ושליט שויתי יתה לך וית | כל | אחוי שויתי קדמוי לעבדין |
| 042 | Gn37:04 | יתיה הוה רחים אבוהון מן | כל | אחוי וסנין יתיה ולא יכלין |
| 043 | Gn49:15 | לאולפן אורייתא והוון לה | כל | אחוי למסקי מסים: |
| 044 | Nu16:10 | ואקרב יתך וית | כל | אחיכון בנוי דלוי עימך |
| 045 | Ex12:20 | | כל | אחמע לא תאכלון בכל אתר |
| 046 | Gn 3:02M | לחויה מן \פירי אילני | /כל | אי'#2#/ גנת נאכל: |
| 047 | Gn32:20M | ית דמהלך בתר": לחוד ית | כל | אילין דמהלכין בתר |
| 048 | Gn 2:09 | ורבי ייי אלהים מן אדמתא | כל | אילן דיאי למחמי וטב למיכל |
| 049 | Lv19:23 | וארום תעלון לארע' ותנצבון | כל | אילן דמיכל ותפרקון ערלתיה |
| 050 | Dt12:02 | רמייה ועל גלמתה ותחות | כל | אילן משבח: |
| 051 | Dt16:21 | לא תצבון לכון אשרה | כל | אילן סמיך למדבחה דייי |
| 052 | Dt16:22M | תקים לך קיימה | כל | אילן סמיך למדבחה דייי |
| 053 | Gn 2:16 | אלהים על האדם למימר מן | כל | אילני גנתה מיכל תיכול: |
| 054 | Gn 1:29 | די על אפי כל ארעא וית | כל | אילניא דאית ביה פירי אילן |
| 055 | Gn49:22 | שלחת לרומה וכבשת | כל | אילנייא כן כבשת יוסף ברי |
| 056 | Ex10:05 | לכון מן ברדא ויכול ית | כל | אילנייא דצמחין לכון מן אפי |
| 057 | Dt28:42 | | כל | אילנכון ופרי ארעכון ישיצון |
| 058 | Ex 9:19 | כל מה דאית לך באפי ברא | כל | אינשא ובעיר«א» דאשתכח |
| 059 | Dt10:17 | אלהכון הוא <אלהא> «על | כל | אלה ורבון על כל ריבונייה |
| 060 | Lv20:23 | משלח מן קדמיכון ארו' ית | כל | אליין מרחקתה עבדו ואעיק |
| 061 | Lv24:14M | V^<דש>מוע#2#^/ י{ד}<ת> | /כל | אליין דשמעו ית#2#/ ידיהון |
| 062 | Dt33:16 | שכינתיה בסנייה ייתין | כל | אליין ברכייתה ויתעבדן כליל |
| 063 | Gn10:29 | וית {יקטן} <יובב> | כל | אלין בנוי דיקטן: |
| 064 | Gn14:03 | | כל | אלין מלכייא אתחברו במישר |
| 065 | Gn15:10 | וקרב קדמוי ית | כל | אלין ופסג יתהון במציעה ושוי |
| 066 | Gn25:04 | וחנוך ואבידע ואלדעה | כל | אלין בנוי קטורה: |
| 067 | Gn49:28 | | כל | אלין שבטיא דישראל תרין עשר |
| 068 | Lv22:25 | לא תקרבון לחם אלהכון מן | כל | אלין ארום חבוליהון בהון לא |
| 069 | Dt 3:05 | | כל | אלין קריין תלילן מקיפן |
| 070 | Gn49:17 | דבית דן יתקף יתגאה על | כל | אמיה יהווי מדמי לחיוויא |
| 071 | Ex19:05 | לעם חביבין היך סגלה מן | כל | אמיה ארום דידי היא כל ארעא: |
| 072 | Gn30:32 | ענך יומא הדן אפרש מן תמן | כל | אמר קרח ונמר וכל אמר לחוש |
| 073 | Gn38:25 | בין מכלותא בישא וטובוי | כל | אנש דמגלי עובדוי על |
| 074 | Dt 5:16 | עמי בני ישראל יוקר | כל | אנש מנכון ית אבוי וית אמיה |
| 075 | Ex15:20M | כל נשיא בתרה /ונפקו | כל | אנשא מן בתרה#2#/ בתופיא |
| 076 | Gn47:12 | וית | כל | אנשי ביתה לחם לפם טפליא: |
| 077 | Gn34:19 | דיעקב והוא הוה יקר מן | כל | אנשי ביתיה דאבוי: |
| 078 | Gn41:51 | יתיה ייי ית כל עמלי וית | כל | אנשי ביתיה דאב«א»: |
| 079 | Gn 2:06 | הוה סלק מן ארעא ומשקי ית | כל | אפי ארעא: |
| 080 | Gn41:56 | וכפנא הוה על | כל | אפי ארעא ופתח יוסף כל |
| 081 | Nu31:10 | קורייהון במדוריהון וית | כל | אפרכיוותהון אוקדו בנורא: |
| 082 | Lv27:28 | להוד | כל | אפרשו די יפרש גבר לשמה דייי |
| 083 | Lv27:28 | לא יזדבן ולא יתפרק | כל | אפרשו קדש קדשין ^הוא#2#^ |
| 084 | Lv27:29 | | כל | אפרשו די יתאפרש מן בר נשה |
| 085 | Nu18:14 | | כל | אפרשו דבישראל דידך יהווי: |
| 086 | Nu18:19 | | כל | אפרשות קדשיה די יפרשון בני |
| 087 | Ex36:03 | ונסבו מן קדם משה ית | כל | אפרשותה די אפרשו בני ישראל |
| 088 | Nu18:29 | מן כל מתנתכון תפרשון ית | כל | אפרשותה דייי מן כל תרבה ית |
| 089 | Gn45:13 | ותתנון לאבא ית | כל | אקרי במצרי' וית כל מה |
| 090 | Dt32:04 | דלית קדמוי שקר ארום | כל | ארחתיה דינין וקשוט אלהה |
| 091 | Ex22:21 | עמי בני ישראל | כל | ארמלה ויתמין לא תצערון: |
| 092 | Gn 1:29 | דמזרעין זרע די על אפי | כל | ארעא וית כל אילניא דאית ביה |
| 093 | Gn 2:11 | פישון הוא דחזר ומקף ית | כל | ארעא דהנדקי דמן תמן דהבא |
| 094 | Gn 2:13 | גיחון הוא דחזר ומקף ית | כל | ארעא דכוש: |
| 095 | Gn 7:03M | למקיימא בנין על אפי | ^כל#2#/ | ארעא: |
| 096 | Gn 9:19 | בנוי דנח ומאלין איתמלית | כל | ארעא: |
| 097 | Gn11:01M | כל דיירי דארעא /והוות | כל | ארעא#2#/ לשן חד וממלל חד \ |
| 098 | Gn11:04 | קדם עד לא נדרי על אפי | כל | ארעא: |
| 099 | Gn11:08 | ייי יתהון מן תמן על אפי | כל | ארעא ואתמנעו מן למבני קרתא: |
| 100 | Gn11:09 | תמן דרי יתהון ייי על אפי | כל | ארעא: |
| 101 | Gn13:09 | הלא | כל | ארעא קדמך אתפר' כען מעלוי |
| 102 | Gn13:15 | ארום ית | כל | ארעא די את חמי לך אתן יתה |
| 103 | Gn17:08 | ית ארעא תותבותך ית | כל | ארעא דכנען לאחסנת עילם |
| 104 | Gn19:31 | בארעא למיעול לוותן כאורח | כל | ארעא: |

| | | | | |
|---|---|---|---|---|
| 105 | Gn19:31M | למיזדמנה לוותן כנימוס | כל | <ארעא> |
| 106 | Gn41:41 | דמניית יתך רב ושליט על | כל | ארעא דמצרים: |
| 107 | Gn41:43 | ומני יתה רב ושליט על | כל | ארעא דמצרים: |
| 108 | Gn41:55 | וכפנת | כל | ארעא דמצרים וצווחו עמא קדם |
| 109 | Gn44:18M | עד זמן דימלו | כל | ארעא דמצרים קטילין |
| 110 | Gn44:18 | יתה לתיקה עד זמן די ימלי | כל | ארעא דמצרים קטילין לית אנה |
| 111 | Gn44:18 | יתה לתיקה עד זמן דנעבד | כל | ארעא דמצרים צדי מן דיור |
| 112 | Gn47:10M | מיא דנילוס וישקון ית | כל | ארעא דמצרים ויעדי כפנא |
| 113 | Ex 9:09 | ויהוי לאבק על | כל | ארע«א» דמצרים ויהווי על |
| 114 | Ex10:14 | וסלק גובא על | כל | ארעא דמצרים ושרא בכל |
| 115 | Ex19:05 | מן כל אמיה ארום דידי היא | כל | ארעא: |
| 116 | Ex19:05M | היא כל /לשמה דייי היא | כל#2/ | ארעא: |
| 117 | Lv25:23M | ארום לשמה דייי היא | כל | ארעא ארום גיורין ותותבין |
| 118 | Nu14:21 | איקר שכינתה דייי ית | כל | ארעא: |
| 119 | Nu21:26 | דמואביי קדמייה ונסב ית | כל | ארעא מניה עד ארנונה: |
| 120 | Dt11:25 | ישווי ייי אלהכון על אפי | כל | ארעא די תדרכון בגווה היך מה |
| 121 | Dt19:08 | לאבהתכון ויתן לכון ית | כל | ארעא די מלל למיתן לאבהתכון: |
| 122 | Dt29:22 | גפרי ומלח יקידה | כל | ארעא לא תזדרע ולא תצמח ולא |
| 123 | Dt34:01 | וחווי ליה מימריה דייי ית | כל | ארעא וית גלעד עד דן |
| 124 | Dt34:02 | וית | כל | ארעא דנפתלי וית ארעא |
| 125 | Dt34:02 | ארעא דאפרים ומנשה וית | כל | ארעא דיהודה ועד ימה |
| 126 | Gn47:20 | וזבן יוסף ית | כל | ארעהון דמצראי לפרעה ארום |
| 127 | Gn44:18M | מצראי": עד זמן די נעבד | כל | ארעיה דמצר' צדי |
| 128 | Gn26:03 | יתך ארום לך ולבנך אתן ית | כל | ארעתא האלין ואקים ית שבועתה |
| 129 | Gn26:04 | שמיא ואתן לבניך ית | כל | ארעתא האלין ויתברכון בזכותך |
| 130 | Dt11:24 | | כל | אתר דתדרס כף רגליכון בה |
| 131 | Dt12:02 | מיספה תסייפון ית | כל | אתרייה די פלחו תמן אומייה |
| 132 | Nu 3:13 | בארעא דמצרים אקדשת לשמי | כל | ב{ו}כ«ו»ריה בישראל מן |
| 133 | Nu 3:13 | ארום לשמי אנון | כל | ב{ו}כ«ו»ריה ביומא די |
| 134 | Nu 3:41 | ליוויי לשמי אמר ייי חלף | כל | בוכרה דבני ישראל וית |
| 135 | Nu 3:41 | בעיר«י»הון דליוויי חלף | כל | בוכרה דבעירהון דבני ישראל: |
| 136 | Nu 3:12 | מן גו בני ישראל חלף | כל | בוכריה פתחי שירוי וולדה |
| 137 | Nu 3:13 | ביומא די קטלת | כל | בוכריה בארעא דמצרים אקדשת |
| 138 | Nu 3:40 | ואמר ייי למשה סכום | כל | בוכרייה דכריה דבני ישראל |
| 139 | Dt28:61 | לחוד | כל | בושין וכל מכתשין די לא |
| 140 | Nu31:11 | ונסבו ית | כל | בזתא וית כל עדיתה: |
| 141 | Nu33:52 | מתכתהון תסיפון וית | כל | בימסיהון תשיצון: |
| 142 | Dt 7:15 | ויעבר ייי מנכון | כל | בישין וכל מכתשיהון דמצריי |
| 143 | Gn 6:12 | והא איתחבלת ארום חבלו | כל | בישרא ית אורחתי' על ארעא: |
| 144 | Nu12:13M | "ואמ' ...": למימר אלה דמסי | כל | ביש<ר>ה אס{ר}י יתה |
| 145 | Gn50:15 | יתן ומחזרא יחזר לן ית | כל | בישתא די גמלנן יתיה: |
| 146 | Dt31:18 | אפי רעותי ביומ' ההוא על | כל | בישתה די עבדו די סטון בתר |
| 147 | Ex 7:19 | מבועיהון ועל ביציהון ועל | כל | בית כנישת{א} מימיהון ויהון |
| 148 | Ex40:38 | תיהוי בליליא ביה לעיני | כל | בית ישראל בכל מטלניהון: |
| 149 | Ex40:38M | עלוי כל ליליה חמיין | כל | בית#2/ ישראל בכל |
| 150 | Lv10:06 | כנשתא יהוי ריגז ואחיכון | כל | בית ישראל יבכון ית כל |
| 151 | Nu20:29 | ית אהרן תלתין יומין | כל | בית ישראל: |
| 152 | Ex12:13 | בכון מותא מחבל בקטלותי | כל | בכוריא בארעא דמצרים: |
| 153 | Ex12:29 | דלילי«א» וייי קטל ית | כל | בכוריא בארעא דמצרים מן |
| 154 | Ex11:05 | ואתקטל | כל | בכוריה בארעא דמצרים מן |
| 155 | Ex12:12 | בלילי פסחא הדין ואקטל | כל | בכוריה בארעא דמצרים מן |
| 156 | Ex13:15 | פרעה למשלחה יתן וקטל ייי | כל | בכוריה בארעא דמצרים מן |
| 157 | Nu 3:42 | היך מה די פקד ייי יתה ית | כל | בכור«י»ה דבני ישראל: |
| 158 | Nu 3:43 | והוון | כל | בכוריה דכרי במניין שמהתהון |
| 159 | Nu 3:45 | תפרש ית ליויי חלף | כל | בכוריה דבני ישראל וית |
| 160 | Nu 8:17 | ובבעירה ביומא דקטלת | כל | בכוריה בארעא דמצרים |
| 161 | Nu 8:17 | ארום לשמי | כל | בכוריה דבני ישראל |
| 162 | Nu 8:18 | ונסבת ית ליווי חלף | כל | בכוריה דבני ישראל: |
| 163 | Nu33:04 | ית מה די קטל ייי בהון | כל | בכוריה ובטעוותהון עבד ייי |
| 164 | Ex13:02 | אקדש לשמי | כל | בכורייא פתחי כל וולד מעייה |
| 165 | Ex13:02M | כל וולד מעייה בבני | /כל | בכורייא קדמוי פתיחי וולד' |
| 166 | Dt15:19 | | כל | בכורייה די יתילדון בתוריכון |
| 167 | Gn27:29 | מקדמין ושאלין בשלמך | כל | בנוי דלבן דהוא אחוי דאמך |
| 168 | Gn27:29 | יפלחון קדמך אומיא | כל | בנוי דעשו ישתעבדון לך |
| 169 | Gn27:29 | ישתעבדון לך מלכוותא | כל | בנוי דישמעל הווי רב ושליט |
| 170 | Gn37:03 | הוה רחים ית יוסף מן | כל | בנוי ארום בר סיבו הוה ליה |
| 171 | Gn37:35 | <וקמו> | כל | בנוי וכל בנתיה למנחמה יתיה |
| 172 | Gn49:08 | מקדמין ושאלין בשלמך | כל | בנוי דאבוך: |
| 173 | Nu24:17 | תקיפי מואביי וישיצי | כל | בנוי דשת וירוקן מרי |
| 174 | Ex12:50 | <ועבדו> | כל | בני ישראל היך מה דפקד ייי |
| 175 | Ex34:32 | ומן בתר כדין קרבו | כל | בני ישראל ופקד יתהון ית כל |
| 176 | Lv10:11 | ולמלפא ית | כל | בני ישראל ית כל קיימיה די |
| 177 | Lv17:02 | עם אהרן ועם בנוי ועם | כל | בני ישראל ותימר להון דן |
| 178 | Lv21:24 | עם אהרן ועם בנוי ועם | כל | בני ישראל: |
| 179 | Lv22:18 | עם אהרן ועם בנוי ועם | כל | בני ישראל ותאמר להון גבר |
| 180 | Nu14:02 | ואתרעמו על משה ועל אהרן | כל | בני ישראל ואמרין להון כל |
| 181 | Nu14:10 | אתגליית במשכן זימנא על | כל | בני ישראל: |
| 182 | Nu14:39 | משה ית פתגמיה האלין עם | כל | בני ישראל ואתאבלו עמא |
| 183 | Nu17:24 | חוטריה מן קדם ייי לוות | כל | בני ישראל וחמון ונסבון גבר |
| 184 | Nu21:06 | כל ברייתה ואתון אציתו | כל | בני בשרא לטית חויה מן שרויה |
| 185 | Nu21:06M | ואציתו ושמועו | כל#2/ | בני בשרא לטית חויה מן |
| 186 | Dt 1:01 | פתגמייה די מלל משה עם | כל | בני ישראל ואוכח יתהון עד |
| 187 | Dt 3:18 | קדם אחיכון בני ישראל | כל | בני חילה: |
| 188 | Dt18:01 | לא יהווי לכהנייא לליוויי | כל | בני שבטה דלוי חולק ואחסנה |
| 189 | Nu12:03 | וגברא משה ענוון לחדה מן | כל | בני אנשא די על אפיה דארעא: |
| 190 | Nu16:29M | יתגזר על אילין /וסכמות | כל | בני אנשא יס{ט}<ת>כם |
| 191 | Nu16:29 | אן כמיתותא דמיתן | כל | בני אנשא ימותון אילין ואין |
| 192 | Nu16:29M | דמייתין בה | כל#2/ | בני אנשא ימותן איליין |
| 193 | Gn27:29 | הווי רב ושליט על אחך | כל | בניה דקטור' ויהוון מקדמין |
| 194 | Lv22:03 | כל גבר די יקרוב מן | כל | בניכון לקדשיה די יקדישון |
| 195 | Ex 9:25M | מן בני אינשא ועד/וית | כל#2/ | בעיר' וית כל עשבא דבאפי |
| 196 | Lv20:16 | ואתה די תקרב לוות | כל | בעיר למשמשה עמה ותקטלון ית |
| 197 | Lv27:11 | ואן | כל | בעיר מסאב די לא יקרב מנה |
| 198 | Dt 4:17 | דמו | כל | בעיר דאית בארעא דמו כל עוף |
| 199 | Dt27:21 | ליט יהווי גברה די ישמש עם | כל | בעיר ויאמרון כל עמא אמן: |
| 200 | Gn 3:14 | דא ליט תהווה חויה מן | כל | בעירא ומן כל חיותא דעל אפי |
| 201 | Gn 7:02 | מן | כל | בעירא דכיא תסב לך שבעה שבעה |
| 202 | Gn31:18 | <....> {את' | כל | בעירא} ית כל בעירא וית כל |
| 203 | Gn31:18 | <....> {את' כל בעירא} ית | כל | בעירא וית כל ממוניה די קנה |
| 204 | Gn 8:01 | בנוהי וית כל חייתה וית | כל | בעירה די עמה בתיבותא ועבר |
| 205 | Gn 8:20 | לשם ממרה דייי ונסב מן | כל | בעירה דוכי' ומן כל עופא |
| 206 | Lv11:02 | דא חייתה די תכלון מן | כל | בעירה די על ארעא: |
| 207 | Nu31:30 | ומן חמריא ומן ענה ומן | כל | בעירה ותתן יתהון לליוויי |
| 208 | Nu31:09M | וית טפליהון וית | כל#2/\ | בעירהון וית כל קנייניהון |
| 209 | Gn36:06 | דביתי' וית מנונה וית | כל | בעיריה וית כל קניינוי די |
| 210 | Ex 9:06 | הדין מן יומא דבתרא ומית | כל | בעיריהון דמצריי ומבעיריהון |
| 211 | Ex23:27 | תיעלון ביניהון ואשוי ית | כל | בעלי דבביכון קדמיכון תבירי |
| 212 | Dt 6:19 | למידחוף ית | כל | בעלי דבביכון מן קדמיכון |

|  |  | | | |
|---|---|---|---|---|
| 213 | Dt25:19 | יניח ייי אלהכון יתכון מן | כל | בעלי דבביכון מן חזור חזור |
| 214 | Ex 1:22 | ופקד פרעה לכל עמיה למימר | כל | בר דכר דמתיילד ליהודייא |
| 215 | Gn17:12 | בתיכון וזביני כספכון מן | כל | בר עממין די לא מן בניכון |
| 216 | Ex12:43 | דא גזירת אורייתא דפסחא | כל | בר עממ{נ}ין לא יאכל מיניה: |
| 217 | Gn 7:23 | ושיצי ית | כל | ברייתא די על אפי דארעא די |
| 218 | Nu12:01 | דכושיה שני בגופה מן | כל | ברייתה כדין הות ציפורה |
| 219 | Nu16:29 | ואין גזרתה דמתגזר על | כל | ברייתה יתגזר על אילין לא |
| 220 | Nu16:32 | יתהון וית בתיהון וית | כל | ~ברייתה דהון עם קרח וית |
| 221 | Nu21:06 | קליה ברומה אתון חמון | כל | ברייתה ואתון אציתו כל בני |
| 222 | Gn 7:04 | וארבעין לילון ואישצי ית | כל | ברייתיה די ברייית מעלווי אפי |
| 223 | Gn49:26 | שרויה עשו וישמעל יתין | כל | ברכתא האליין יתעבדון כליל |
| 224 | Dt28:02 | וייתון עליכון | כל | ברכתה האליין ויארעון יתכון |
| 225 | Lv17:14 | לא תיכלון ארום נפש | כל | <בשר> אדמה הוא כל דיאכל |
| 226 | Gn 6:13 | ואמר ייי לנח קבילת | כל | בשרא סלקת קדמוי ארו׳ |
| 227 | Gn 6:17 | דמייא על ארעא למחבלא | כל | בשרא דאית ביה נשומא דחיין |
| 228 | Gn 6:19 | מן כל חייא מן | כל | בשרא תרין מן כול«א» תעיל |
| 229 | Gn 7:15 | נח לתיבותא תרין תרין מן | כל | בשרא דאית בה נשמה דחיין: |
| 230 | Gn 7:16 | ועלליה דכר ונקבה מן | כל | בשרא עלו היך מה דפקד ייי |
| 231 | Gn 7:21 | וסאף | כל | בשרא דרחש על ארעא בעופא |
| 232 | Gn 8:17 | כל חיתה דעמך מן | כל | בשרא בעופא ובבעירא ובכל |
| 233 | Gn 9:11 | ית קיימי עמכון ולא ישתצי | כל | בשרא תוב מן מוי דמבולא ולא |
| 234 | Gn 9:15 | תוב מיא למבולא לחבלא | כל | בשרא: |
| 235 | Gn 9:17 | די קיימית בין ממרי ובין | כל | בשרא די על ארעא: |
| 236 | Lv17:14 | ארום נפש | כל | בשרא אדמה בנפשה הוא ואמרת |
| 237 | Nu27:16 | ימני ייי אלה דשליט בנשמת | כל | בשרא גבר מהימן על עם כנשתה: |
| 238 | Dt 5:26 | ארום היידין | כל | בשרא די שמע ית קל מימרה |
| 239 | Lv 4:11 | וית משכא דתורא וית | כל | בשרה על רישיה ועל רגלוי |
| 240 | Lv13:13 | כהנא והא כסית צרעתה ית | כל | בשרה וידכי ית מכתשא כלה |
| 241 | Nu16:22 | ואמרין אלהה דשליט בנשמת | כל | בשרה הא גבר יחטא ועל כנישתה |
| 242 | Nu 8:07 | מי חטאתה ויעברון גלב על | כל | בשרהון ויחוורון לבושיהון |
| 243 | Lv17:14 | לבני ישראל ^אדם#2#^ | כל | בשר{י} לא תיכלון ארום נפש |
| 244 | Lv15:16 | תשמיש דזרע ויסחי במיא ית | כל | בשריה ויסתאב עד רמשא: |
| 245 | Gn13:16 | היך מה{מה} דלית אפשר די | כל | גבר למימני ית עפרא דארעא אף |
| 246 | Gn45:01 | עלוי ואכרז ואמר אפקו | כל | גבר מעלווי ולא קם גבר |
| 247 | Ex25:02 | לשמי אפרשן מן לוות | כל | גבר די ידוב יתיה לביה |
| 248 | Ex35:21 | ואתון | כל | גבר די נדב יתיה לביה וכל די |
| 249 | Ex35:29 | | כל | גבר ואתה דנדב לבהון יתהון |
| 250 | Ex36:02M | "ולכל ...:" ולוות | כל | גבר חכימי לבה די שווי |
| 251 | Lv21:18 | ארום | כל | גבר דאית ביה מום לא יקרב |
| 252 | Lv21:21 | | כל | גבר דאית ביה מום מן בנוי |
| 253 | Lv22:03 | אמור להון לדריכון | כל | גבר די יקרוב מן כל בניכון |
| 254 | Dt15:02 | סדר דינה ושמטתה ישמט | כל | גבר מרי חוב ית ידיה דיוזיף |
| 255 | Ex10:29 | במדין למימר ארום מיתו | כל | גברייא דהוון תבעין ית נפשך |
| 256 | Nu14:22 | ארום | כל | גברייה דחמון ית איקרי וית |
| 257 | Gn31:12 | ואמר טל כען עיינך וחמי | כל | גדיא דסלקין על ענה קרוחין |
| 258 | Ex 4:19 | חזור למצרים ארום מיתו | כל | גובריא דהוון תבעין ית |
| 259 | Gn41:39 | {בתר} דאודע ייי יתך | כל | דא לית סכלתן וחכים כוותך: |
| 260 | Gn11:09 | ארו׳ כדן ערבב ייי לשני | כל | דאירי ארעא ומן תמן דרי |
| 261 | Gn30:35 | כל עזיא קרוחתא ונמורתא | כל | דאית ביה שומה חיורא וכל |
| 262 | Lv11:09 | מן כל מה די {מב}<במ>יא | כל | דאית לה סנפירין וקסקסין |
| 263 | Lv11:21 | דעופה דמהלך על ארבע | כל | דאית ליה קרסולין לעיל מן |
| 264 | Nu16:05M | ייי \מן דמן דידה | /כל | דאית ליה#2#/ וית קדישוי |
| 265 | Dt14:09 | תאכלון מן כל מה די במיא | כל | דאית ליה סנפרין וקשקשין |
| 266 | Ex35:24 | | כל | דאפרש אפרשו דכסף ודנחש |
| 267 | Dt 9:10 | ייי ועליהון הוה כתיב | כל | דבירייה די מלל ממרה דייי |
| 268 | Ex33:07M | לה משכנה זמנה ויהווי | כל | דבקר׳ אולפן |
| 269 | Lv 7:19 | יתאכל בנורא יתוקד ובשרה | כל | דדכי יכול בשרה: |
| 270 | Nu18:11 | ולבנתך עמך לקיים עלם | כל | דדכי באינשי ביתך יאכל יתה: |
| 271 | Ex38:24 | {{ובארגוון}} | כל | דהבא דאתעבד לעבידתה בכל |
| 272 | Nu 7:86 | בזיכה בסלעי בית קודשה | כל | דהבין דבזיכיה מאה ועשרין: |
| 273 | Dt25:18 | באורחא והוון מקטלין בכון | כל | דהוה לביה מהרהר מן בתר ממרי |
| 274 | Nu 1:02 | לבית אבהתהון במניין שמהן | כל | דוכרא לגולגלתהון: |
| 275 | Ex34:23 | תלתא זמנין בשתא יתחמיר׳ | כל | דוכריכון קדם רבון כל עלמיא |
| 276 | Lv20:05 | ואישיצי}} יתיה וית | כל | {{דטעין}} בתרי׳ {{למטעי}} |
| 277 | Gn 4:14 | גלי ומטלטל בארעא ויהוי | כל | די יארע יתה יקטיל יתיה: |
| 278 | Gn 7:22 | | כל | די נשמה דרוח חיין בנחירוי |
| 279 | Gn30:33 | תיעול למקבלה אגרי קדמיך | כל | די לית הוא קרח ונמר בעיזייא |
| 280 | Gn34:12M | פרן וכתובה ואתן היך מה/כל#2#/ | | די תאמרון לי ואסבו |
| 281 | Ex12:19 | לא ישתכח בגו בתיכון ארום | כל | די אכל חמיע ותשתיצי נפשא |
| 282 | Ex29:37 | ויהוי מדבחא קדש קדשין | כל | די יקרב במדבחא יהווי |
| 283 | Ex31:15 | שבית«ה» קדש קדם ייי | כל | די יעבד עבידה {{ותשתיצי |
| 284 | Ex35:02 | קדש שבת שבתה קדם ייי | כל | די יעבד בה עבידה יתקטל: |
| 285 | Ex35:05 | אפרשו לשמה דייי | כל | די ידוב יתה לבה ייתי ית |
| 286 | Ex35:22 | ואתון גובריא סמיך לנשיא | כל | די נדב יתיה לביה |
| 287 | Ex36:02 | לבה דשוי ייי חכמה בלבה | כל | די נדב יתיה לבה למקרבה |
| 288 | Ex36:02M | מימרי׳ דייי חכמה בלבה | כל | די רברב לביה למק{ור}<רו>ב |
| 289 | Ex38:22 | דבנוי דיהודה עבד ית | כל | די פקד ייי ית משה: |
| 290 | Lv 6:20 | | כל | די יקרוב בבשרה יהווי קדיש |
| 291 | Lv 7:25 | ארום | כל | די ייכול תרב מן בעירה די |
| 292 | Lv11:24 | ולאלין תסתאבון | כל | די יקרב בנבלתהו׳ יהוי מסאב |
| 293 | Lv11:26 | מסק מסאבי׳ אינון לכון | כל | די יקרב בהון יסתאב: |
| 294 | Lv11:27 | מסאבין אינון לכון כ{י}<ל> | | די יקרב בנבלתהון יהוי |
| 295 | Lv11:31 | דמסאבין לכון בכל שרצה | כל | די יקרב בהון במיתתהון יהוי |
| 296 | Lv15:27 | | כל | די יקרוב בהון יסתאב ויחור |
| 297 | Lv20:17 | למבני עלמא ברם מן כדון | כל | די עבד כדן וישתצון לעיני |
| 298 | Nu 4:23 | חמשין שנין תסכום יתהון | כל | די יעול לחיל קרבה למפלח |
| 299 | Nu 4:37 | סכומי זרעיתה דבנוי דקהתי | כל | די פלח במשכן זמנה די סכם |
| 300 | Nu 4:39 | ולעיל ועד בר חמשין שנין | כל | די יעול לחיל קרבה למפלח |
| 301 | Nu 4:41 | זרעיית דבנוי דגרשון | כל | די פלח במשכן זימנה די סכם |
| 302 | Nu 4:47 | ולעיל ועד בר חמשין שנין | כל | די יעול למפלח פלחן עבידה |
| 303 | Nu17:28 | | כל | די יקרב למקרבה למשכנה דייי |
| 304 | Nu19:11 | | כל | די קרב במית כל טמא נפש |
| 305 | Nu19:13 | | כל | די יקרב במית בטמא נפש |
| 306 | Nu19:14 | בר נש ארום ימות במשכנה | כל | די על במשכנה וכל די יהיב |
| 307 | Nu30:03 | לשמא דייי לא יבטל פתגמיה | כל | די יפוק מן פמה יעבד: |
| 308 | Nu35:11 | לכון די יעירוק תמן קטולה | כל | די יקטול נפש בשלו: |
| 309 | Nu35:15 | האלין לשיזבה דיערוק תמן | כל | די קטל נפש בשלו: |
| 310 | Nu35:30 | | כל | די יקטול נפש לפם סהדין |
| 311 | Lv17:14 | נפש כל <בשר> אדמה הוא | כל | דיאכל יתיה ישתיצא: |
| 312 | Nu18:13 | לשמה דייי דידך יהווי | כל | דידכי באנשי ביתך יאכל יתיה: |
| 313 | Ex12:15 | חמירא מן בתיכון ארום | כל | דייכול חמ«י»ע ותשתיצי |
| 314 | Nu 4:30 | חמשין שנין תסכום יתהון | כל | דייעול לחיל קרבה למפלח ית |
| 315 | Nu 4:35 | ועד בר חמשין <שנין> | כל | דייעול לחיל קרבה למפלח |
| 316 | Nu 4:43 | ולעיל ועד בר חמשין שנין | כל | די«י»עול לחיל קרבה למפלח |
| 317 | Gn11:01 | והוון | כל | דיירי דארעא לשן חד וממלל חד |
| 318 | Gn18:25 | פתגמא הדין דיינא דדיינן | כל | דיירי ארעא לא יעבד דינא: |
| 319 | Gn18:25M | דדיינן כל /דיינה דדאן כל#2#/ | | דיירי ארעא לא יעבד דינא |
| 320 | Gn50:01M | ענפוי מטיין על | כל | דיירי ארעא ושרשוי מטיין עד |

|  |  | | | |
|---|---|---|---|---|
| 321 | Ex15:15 | אתמסי לבהון בגויהון | כל | דיירי דארעא דכנען: |
| 322 | Ex15:15M | אחזת יתהון אמסון בלבהון | כל | דיירי ארעא |
| 323 | Ex23:31 | ארום אמסר{א} בידיכון ית | כל | דיירי ארעא ואטרוד יתהון |
| 324 | Nu33:52 | ותשיצון ית | כל | דיירי ארעא מן קדמיכון |
| 325 | Nu33:55M | ואין לא תשיצון ית | \כל#2#/ | דיירי «ד»ארעא/אר#2#/ |
| 326 | Gn19:25 | האילין וית כל משרה וית | כל | דיירי קרתא וצמחי דארעא: |
| 327 | Ex29:18 | ותסדר ית | כל | דיכרא על גבי מדבחא עלה הוא |
| 328 | Dt21:05 | ועל מימר פומהון יהווי | כל | דין וכל מכתש: |
| 329 | Nu 4:03 | ולעיל ועד בר חמשין שנין | כל | דיעול לחיל קרבה למעבד |
| 330 | Gn 4:15 | ואמר ליה ייי בשבועה | כל | דיקטול קין עד שובעה דרין |
| 331 | Gn26:11M | כל עמא למימר \מן דיקרב | /כל | דיקרב#2#/ בגברא הדין |
| 332 | Ex19:12 | לטורא ודלא למקרב בשפולוי | כל | דיקרב לטורא יתקטל |
| 333 | Nu19:18M | כל דיקרוב /דיהוון תמן | כל | דיקרב#2#/ בגרם או בקטיל או |
| 334 | Lv 6:11 | עלם לדריכון מן קרבנוי | כל | דיקרו' בהון יהוי קדיש: |
| 335 | Nu19:18 | ועל נפשתה דהוון תמן ועל | כל | דיקרוב בגרם או בקטיל או |
| 336 | Nu19:21M | במי אדיה יהווי מסאב | /כל | דיקרוב במי הדיה יסתאב#2#/ |
| 337 | Gn44:18M | דעלו בגווה וקטלה בה | כל | דכור' מן בגלל דסאיבו בגווה |
| 338 | Gn17:10 | בתריכון במגזר לכון | כל | דכורא: |
| 339 | Gn17:12 | תמניה יומין יתגזר לכון | כל | דכורא לדריכון תורבבת בתיכון |
| 340 | Gn34:15 | תהוון כוותן למגזר לכון | כל | דכורא: |
| 341 | Gn34:22 | לאומא חדא במגזר לנא | כל | דכורא היך דאינון גזרין: |
| 342 | Gn34:24 | כל נפקי תרע קרתיה וגזרו | כל | דכורא כל נפקי תרע קרתיה: |
| 343 | Gn44:18 | בשלווה ועלו בגווה וקטלו | כל | דכורא לפתגם דחרב על די סאבו |
| 344 | Gn44:18 | דעלו בגווה וקטלו בה | כל | דכורא מן בגלל דסאיבו בגווה |
| 345 | Ex12:48 | פיסחא קדם ייי במגזר ליה | כל | דכורא בכדן יהוי כשר למעבד |
| 346 | Lv 6:11 | | כל | דכורא בבנוי דאהרן ייכלון |
| 347 | Nu 1:20 | במניין שמהן לגולגלתהון | כל | דכורא מן בר עשרין שנין |
| 348 | Nu 1:22 | במניין שמהן לגולגלתהון | כל | דכורא מן בר עשרין שנין |
| 349 | Nu 3:22 | סכומיהון במניין | כל | דכורא מן בר ירח ולעל |
| 350 | Nu 3:34 | וסכומיהון במניין | כל | דכורא מן <בר> ירח ולעיל שתה |
| 351 | Nu31:07 | די פקד ייי ית משה וקטלו | כל | דכורא: |
| 352 | Nu31:17 | וכדון קטולו | כל | דכורא בטפליה וכל אתה דחכמה |
| 353 | Gn17:23 | ביתה וית כל זביני כספא | כל | דכורה באנשי ביתיה דאברהם |
| 354 | Lv 7:06 | | כל | דכורה בכהניא ייכול ייתה |
| 355 | Nu 3:15 | לבית אבהתהון לזרעייתהון | כל | דכורה מן בר ירח ולעיל תסכם |
| 356 | Nu 3:28 | במניין | כל | דכורה מן בר ירח ולע«י»ל |
| 357 | Nu 3:39 | ממריה דייי לזרעייתהון | כל | דכורה מן בר ירח{ה} ולעיל |
| 358 | Nu18:10 | בבית קדש קדשיה תאכל יתיה | כל | דכורה יאכל יתיה קדש יהוי |
| 359 | Nu26:62 | עשרין ותלתה אלפין | כל | דכורה מן בר ירח ולעיל ארום |
| 360 | Dt20:13 | בידיכון ותקטלון ית | כל | דכורה לפתגם דחרב: |
| 361 | Gn34:25 | ועלו לקרתא לרוחצן וקטלו | כל | דכוריא: |
| 362 | Ex23:17 | תלתא זמנין בכל שתא יתחמון | כל | דכוריכון תבעין אולפן קדם |
| 363 | Dt16:16 | תלתא זמנין בכל שתה יתחמי | כל | דכוריכון קדם רבון כל עלמיא |
| 364 | Ex34:23M | זמנין בכל שתה יתחמי | כל | דכורכון תבעין אלפן קודם |
| 365 | Gn44:18 | חולקא ואחסנא בפילוג ארעא | כל | דכן בגלל בנימן אחונן דהוא |
| 366 | Gn44:18M | חולק ואחסנא בפילוג ארעא | כל | דכן בגלל בנימן אחונ' דהא |
| 367 | Lv 8:21 | שזג במיא וסדר משה ית | כל | דכרה על גבי מדבחה עלה הוא |
| 368 | Lv11:12 | | כל | דלית ליה סנפירין וקשקשין |
| 369 | Lv 4:07 | ייי די במשכן זימנא וית | כל | דמה דתורא ישפוך על יסודי |
| 370 | Lv 9:09 | ויהב על קרנתה דמדבחה וית | כל | דמה אריק על יסודוי דמדבחה: |
| 371 | Lv11:42 | | כל | דמהלך על מעוי וכל דמהלך על |
| 372 | Dt 4:15 | לנפשתכון ארום לא חמיתון | כל | דמו ביומא די מלל ייי עמכון |
| 373 | Nu32:21 | ויעבר לכון | כל | דמזיין ית ירדנה קדם ייי |
| 374 | Nu32:27 | ועבדך יעברו | כל | דמזיין לחיל קרבה קדם ייי |
| 375 | Nu32:29 | דראובן עמכון ית ירדנה | כל | דמזיין לחיל קרבה קדם ייי |
| 376 | Lv 2:11 | דייי לא תתקרב חמיע ארום | כל | דמחמע וכל דמדבש לא תקרבון |
| 377 | Lv11:03 | | כל | דמסלף טלפין וסיתקתי' סתיקה |
| 378 | Nu21:08M | "אל אתר": על רום ויהווי | כל | דמנכית בחוויה יהוי מסתכל |
| 379 | Lv11:42 | וכל דמהלך על ארבע עד | כל | דמסגי ברגלוי כל {ד}שרצה |
| 380 | Nu 5:02 | ישראל וישלחון מן משריתה | כל | דמצרע וכל דדיב וכל דמסאב |
| 381 | Dt12:31 | כדן קדם ייי אלהכון ארום | כל | דמרחק קדם ייי די סני ורחיק |
| 382 | Ex22:18 | | כל | דמשמש עם בעיר מתקטלה |
| 383 | Nu21:08M | /על תר#2#/ תלי \והוי | כל | דמתנוכת מן חוויה ויחמי |
| 384 | Nu30:03M | /על נפשה ולא יפס פתגמוי | כל | דנפק מפ#2#/ יעבד: |
| 385 | Dt 2:37 | דבני עמונייה לא קרבנן | כל | דסמיך לנחל יבקא וקורי טורה |
| 386 | Dt18:12 | ארום סני ומרחק קדם ייי | כל | דעבד אלין ובגלל מרחקתה |
| 387 | Dt24:06 | ולא תמשכנון ריחייה ארום | כל | דעבד כדן בחובי נפשן הוא |
| 388 | Dt25:16 | סני ומרחק קדם ייי אלהכון | כל | דעבד אלין כל דעביד שקר: |
| 389 | Dt22:05 | סני ומרחק קדם ייי אלהכון | כל | דעביד אלין: |
| 390 | Dt24:06M | אסורי חתנין וכלין ארום | כל | דעביד אלין כפר בחי{ו}וייה |
| 391 | Dt25:16 | ייי אלהכון כל דעבד אלין | כל | דעביד שקר: |
| 392 | Ex30:13M | אמר ליה כדין יתנון | כל | דעבר |
| 393 | Ex30:13 | כהדן סדרא יתנון | כל | דעבר על סכומה מן פלגות סלעא |
| 394 | Ex30:14 | | כל | דעבר על מנייניה מ«ן» בר |
| 395 | Ex38:26 | פלגות סלעה בית קודשה^ | כל | דעבר על מנייניה מבר עשרין |
| 396 | Dt23:02M | לא ייעול \דפסיק ודמסרס | /כל | דפסיק וכל דמסרס#2#/ בקהל |
| 397 | Dt21:23 | ההוא ארום ליט קדם ייי | כל | דצליב ולא תסאבון ית ארעכון |
| 398 | Dt19:03 | ויהוויין לכון למערק לתמן | כל | דקטיל בשלו: |
| 399 | Nu31:19 | לבר מן משריתה שבעה יומין | כל | דקטל נפש וכל דיקרוב בקטול |
| 400 | Dt19:03M | /ויהוי למיערוק תמן | כל | דקטל#2#/ בשלו: |
| 401 | Ex30:29 | יתהון ויהון קדש קדשין | כל | דקרב בהון יהוי קדיש: |
| 402 | Dt 2:14 | תלתין ותמניא שנין עד דסף | כל | דרא עמא עבדי קרבה מן משריתה |
| 403 | Nu32:13 | במדברה ארבעין שנין עד סף | כל | דרה די עבד מה דשני ומרחק |
| 404 | Dt 4:18 | דמו | כל | דרחש בארעא דמו כל נונייא די |
| 405 | Gn 6:03 | ואמר ייי לא יתדנון | כל | דריה דעתידין למקום כסדר |
| 406 | Dt29:14M | הדין קדם ייי אלהנא וית | כל | דריה דהוו מן יומי עלמא |
| 407 | Dt29:14 | ארום | כל | דרייה דקמו קדמינן מן עלמא |
| 408 | Dt29:14 | הדין קדם ייי אלהן וית | כל | דרייה דעתידין למקום מן בתרן |
| 409 | Gn46:34 | ^היא#2#^ למצרא«י» | כל | דרעי ען: |
| 410 | Gn21:06M | רבה עבד לי ממריה דייי | כל | דשמע בקלי {ו}<י>חדי |
| 411 | Gn21:06 | רבה אתעבד לי מן קדם ייי | כל | דשמע יחדי עמי: |
| 412 | Dt12:08 | עבדין הכה יומא הדין גבר | כל | דשפר ותקן באפוי: |
| 413 | Gn 4:20M | וקניין בעיר/אביהון | כל | דשריין במשכנין ומרי |
| 414 | Lv11:42 | ארבע עד כל דמסגי ברגלוי | כל | {ד}שרצה דשרץ על ארעא לא |
| 415 | Ex38:16 | | כל | ווילות דרתה מן חזור חזור |
| 416 | Ex13:02 | אקדש לשמי כל בכורייא פתחי | כל | וולד מעייה בבני ישראל |
| 417 | Nu 8:16 | בני ישראל חלף פתחי | כל | וולדה בכרי כל מן ולדה בני |
| 418 | Gn17:23 | וית כל תרבבת ביתה וית | כל | זביני כספא כל דכורה |
| 419 | Gn12:03 | יהוי ליט ויתברכון בזכותך | כל | {זעזר} זרעיותא דארעא: |
| 420 | Lv11:37 | וארום יפל מנבלתהון על | כל | זרע זריע זרעונין די |
| 421 | Lv11:38 | וארום יתיהב מיין על | כל | זרע ויפול מנבלתהון עלוי |
| 422 | Gn28:14 | ומדנחא ויתברכון בזכותך | כל | זרעייתא דארעא ובזרעיית |
| 423 | Nu26:43 | | כל | זרעייתה דבנוי דשוחמי |
| 424 | Gn39:22 | תחות רשותא דיוסף ית | כל | חבושיה די בבית חבושיה וית |
| 425 | Gn15:10 | ופסג יתהון במציעה ושוי | כל | חד פסגה לקבל חבריה וית עופה |
| 426 | Nu 7:03M | רברבנין ותור מן | דכל/כל#2#/ | חד ואקרבו/וקריבו#2#/ |
| 427 | Nu15:12 | כהדין סדרא תקרבון עם | כל | חד כמניינהון: |
| 428 | Gn31:39 | קטילא לא אייתית לוותך | כל | חדא מנהון דהוות ערקה מן |

|  |  | | | |
|---|---|---|---|---|
| 429 | Lv16:21 | דבחיין ויתודי עלוי ית | כל | חובהון דבני ישראל וית כל |
| 430 | Nu 5:06 | ^או#2#^ אתה די יעבדון מן | כל | חובוי דבר נשא למשקרי שקר |
| 431 | Lv16:22 | ויקבל צפירה עלוי ית | כל | חוביהון לארע מפסקה וישלח ית |
| 432 | Lv16:34 | למכפר׳ על בני ישראל מן | כל | חוביהון חדא זמן בשתה ועבד |
| 433 | Lv16:30 | עליכון למדכיי׳ יתכון מן | כל | חוביכון קדם ייי תדכון: |
| 434 | Dt 9:18 | ואוף מיין לא שתית על | כל | חוביכון די חטיתון למעבד מה |
| 435 | Nu17:24 | ואפק משה ית | כל | חוטריה מן קדם ייי לוות כל |
| 436 | Ex10:15 | וכסי ית | כל | חזוה דכל ארעא וחשכת ארעא |
| 437 | Gn 9:05 | ית אדם נפשתכון אתבע מלות | כל | חיא אתבע יתיה ומלות בר נשא |
| 438 | Gn 3:14 | חויה מן כל בעירא ומן | כל | חיותא דעל אפי ברה על מעך |
| 439 | Gn 6:19 | מן | כל | חייא מן כל בשרא תרין מן |
| 440 | Gn 8:21 | ולא אוסף תוב למשיציא ית | כל | חייא היך מה די עבדת: |
| 441 | Dt 4:19 | זהרא וית סידור כוכביה | כל | חיילות שמיא {{ותטעון}} |
| 442 | Gn 3:01 | וחויא הוה חכים מן | כל | חייתא דאפי ברה די ברא ייי |
| 443 | Gn 9:02 | ואימתכון תהווא על | כל | חייתא דארעא ועל כל עופא |
| 444 | Gn 8:01 | ית נח וית בנוהי וית | כל | חייתה וית כל בעירה די עמה |
| 445 | Gn 8:19 | | כל | חייתה כל רחשא וכל עופה וכל |
| 446 | Ex12:41 | היך זמן יומא הדין נפקו | כל | חילוותה דייי פריקין מן ארעא |
| 447 | Gn 2:19 | וברא ייי אלהים מן אדמתא | כל | חיתא דאפי ברא וית כל עופה |
| 448 | Gn 8:17 | | כל | חיתה דעמך מן כל בשרא בעופא |
| 449 | Ex28:03 | ואת תמלל עם | כל | חכימא ליבא די אשלמית עמהון |
| 450 | Ex31:06M | דן \ובלבי דכל /ובלב | כל#2#/ | חכימי לבי שוית חכמה |
| 451 | Ex36:08 | ועבדו | כל | חכימי לבה בעבדי עבידתה ית |
| 452 | Dt31:28 | כנשו לוותי ית | כל | חכימי שבטיכון דייניכון |
| 453 | Ex 4:29 | ואזל משה ואהרן וכנשו ית | כל | חכימיא דבני ישראל: |
| 454 | Ex36:04 | ואתון | כל | חכימיא דעבדין ית כל עבידת |
| 455 | Gn41:08 | כל חרישיהון דמיצראי וית | כל | חכימיהון ותני פרעה להון ית |
| 456 | Gn49:22 | כל חרשיהון דמצראי וית | כל | חכימיהון כד ארכבו יתך |
| 457 | Gn32:11 | אנה ולית אנה כמסת מן | כל | חסדיא ומן כל קושטא די עבדת |
| 458 | Gn41:08 | רוחיה דפרעה ושלח וקרא ית | כל | חרישיהון דמיצראי וית כל |
| 459 | Lv27:29M | "כל אפרשו ... ימות": | כל | חרמה דמתחרם מן בר נשא לא |
| 460 | Ex22:17 | עמי בני ישראל | כל | חרש וחרשה לא תקיימון: |
| 461 | Gn49:23 | אמרו לקבליה ולא יכלו ליה | כל | חרשהון דמצראי וחכימיהון |
| 462 | Gn49:22 | כן כבשת יוסף ברי בחכמתך | כל | חרשיהון דמצראי וית כל |
| 463 | Ex18:09 | וחדה יתרו על | כל | טבתא די עבד ייי לישראל די |
| 464 | Nu18:12 | | כל | טוב דמשח וכל טוב דעבור וחמר |
| 465 | Dt 6:11 | ובתין מליין | כל | טוב די לא בניתון וגובין |
| 466 | Ex19:18 | כתננא דאתונא ואזדעזע | כל | טורא לחדא: |
| 467 | Gn 7:19 | לחדה על ארעא ואתכסון | כל | טוריא רמיה די תחות כל שמיא: |
| 468 | Nu19:11 | כל די קרב במית | כל | טמא נפש דבר נש יהוי מסאב |
| 469 | Nu33:52 | מן קדמיכון ותסיפון ית | כל | טעוותהון וית כל {{צלמי}} |
| 470 | Ex22:19M | ישתיצא ארום אלהן | /כל | טעוותי׳ ישתיצי בדא |
| 471 | Gn34:29 | וית כל ממוניהון וית | כל | טפליהון וית נשיהון שבו ובזו |
| 472 | Ex10:15 | די שייר ברדא ולא אשתייר | כל | טרף באילן ובעשבא דאפי ברא |
| 473 | Gn49:08 | יודוך אחך ולשמך יתקרון | כל | יהודים ידיך יתפרעון לך מן |
| 474 | Gn 6:05 | לח{זי}<ד> הגיין ביש | כל | יומא: |
| 475 | Ex10:13 | וייי דבר רוח דקדים בארעא | כל | יומא ההוא וכל ליליא צפרא |
| 476 | Nu11:32 | וקם עמא | כל | יומא ההוא וכל ליליא וכל |
| 477 | Gn 5:04 | והוון | כל | יומוי חיוי אדם מן בתר דאולד |
| 478 | Gn 5:08 | והוון | כל | יומוי חיוי דשת תשע מאה |
| 479 | Gn 5:31 | והוון | כל | יומוי דלמך שבע מאה ושבעין |
| 480 | Dt17:19M | עמיה ויהוי קרי ביה | כל | יומוי חיויי מן בגלל דיליף |
| 481 | Dt22:19 | לית הוא רשיי למשבקה יתה | כל | יומוי חיוי: |
| 482 | Gn 3:14 | תהוי שחף ועפר יהוי מזונך | כל | יומי חייך: |
| 483 | Gn 3:17 | בצער תיכל פירי עלליתיה | כל | יומי חייך: |
| 484 | Gn 3:17M | כל /תוכל מן פירה | כל#2#/ | יומי חייך: |
| 485 | Gn 5:05 | והוון | כל | יומי חיוי דאדם תשע מאה |
| 486 | Gn 5:11 | והוון | כל | יומי חיוי דאנוש תשע מאה |
| 487 | Gn 5:14 | והוה | כל | יומי חיוי דקינן תשע מאה |
| 488 | Gn 5:17 | והוון | כל | יומי חיוי דמהללאל תמני מאה |
| 489 | Gn 5:20 | והוון | כל | יומי חיוי דירד תשע מאה |
| 490 | Gn 5:27 | והוון | כל | יומי חיוי דמתושלח תשע מאה |
| 491 | Gn 8:22 | מן כדון | כל | יומי דארעא זרעין וחצדין |
| 492 | Gn 9:29 | והוון | כל | יומי חיוי דנח תשע מא׳ |
| 493 | Lv15:26 | כל מדמוך די תדמוך עלוי | כל | יומי דובה כמדמוך נדתה יהוי |
| 494 | Nu 6:04 | | כל | יומי נדר נזירותה מכל די |
| 495 | Nu 6:05 | | כל | יומי נדר נזירותיה גלב לא |
| 496 | Nu 6:06 | | כל | יומי נזירותיה לשמה דייי על |
| 497 | Nu 6:08 | | כל | יומי נזירותיה קדיש יהווי |
| 498 | Dt 4:09 | ודלא יסטון מן לבביכון | כל | יומי חייכון ותלפון יתהון |
| 499 | Dt 6:02 | ובניכון ובני בניכון | כל | יומי חייכון ומן בגלל די |
| 500 | Dt16:03 | פריקין מן ארעא דמצרים | כל | יומי חייכון: |
| 501 | Dt22:29 | ולית הוא רשיי למשבקה יתה | כל | יומי חיוי: |
| 502 | Dt23:07 | שלמיהון ולא לטבותהון | כל | יומי חייכון עד לעלם: |
| 503 | Gn15:01M | לך בעלמא הדין ומגן עלך | כל | יומיא ברם אגריך ועבדך |
| 504 | Gn43:09 | ניהוי מרחק מן שאלת בשלמך | כל | יומיא: |
| 505 | Gn44:32 | מרחק מן שאלת שלמה דאבה | כל | יומיא: |
| 506 | Dt 4:10 | די ילפון למדחול מן קדמוי | כל | יומיא דאינון חיין וקיימין |
| 507 | Dt 4:40 | די ייי אלהכון יהב לכון | כל | יומיא: |
| 508 | Dt12:01 | אבהתכון לכון למירת יתה | כל | יומיא די אתון חיין וקיימין |
| 509 | Dt14:23 | למדחל מן קדם ייי אלהכון | כל | יומיא: |
| 510 | Dt19:09 | באורחן דתקנן קדמויי | כל | יומיא ותוספון לכון תוב תלת |
| 511 | Dt33:12 | עלוי יהווי מגן עלוי | כל | יומיא ובתחומיה יתבני |
| 512 | Dt18:05 | דייי קדישא הוא ובנוי | כל | יומיה: |
| 513 | Dt31:13 | למדחל מן קדם ייי אלהכון | כל | יומיה די אתון חיין וקיימין |
| 514 | Gn44:18 | מרחק מן שאלת שלמה דאבה | כל | יומייא או דלמא דלא אשתמע לך |
| 515 | Dt 6:24 | ייי אלהן למייטבה לן | כל | יומייא למקיימה יתן הכזמן |
| 516 | Dt11:01 | וסדרי דינוי ומצוותה | כל | יומייא: |
| 517 | Dt28:32 | ותהוון סייפין עליהון | כל | יומייא ולא אלהה על ידיכון |
| 518 | Dt 5:29 | ית כל מצוותה דאורייתי | כל | יומייה מן בגלל דייטיב להון |
| 519 | Dt28:29 | להוד עציין וגזילין | כל | יומייה ולית מן דמשיזיב: |
| 520 | Dt28:33 | ותהוון לחוד עצן ורציצין | כל | יומייה: |
| 521 | Dt12:19 | לכון דלא תשבקון ית ליווי | כל | יומיכון על אר{א}<ע>כון: |
| 522 | Gn28:10 | והוות טייפה עשרין שנין | כל | יומין דהוה שרי בחרן אלין |
| 523 | Lv13:46 | | כל | יומין דמכתשה ביה יסתאב מסאב |
| 524 | Lv14:46 | ומן דייעול לגו ביתה | כל | יומין די יטרוד יתיה יהוי |
| 525 | Lv15:25 | ארום ת{ת}<ד>וב על נדתה | כל | יומי{ן} דוב סאבתה כיומי |
| 526 | Lv26:34 | בכדן תרעה ארעא ית שמטה | כל | יומין דהיא צדי מנכון ואתון |
| 527 | Lv26:35 | | כל | יומין דהיא צדי מנכון תשמט |
| 528 | Nu 9:18 | מ«י»מרה דייי ישרון | כל | יומין די שרי עננה על משכנה |
| 529 | Gn 5:23 | והוון | כל | ימוי חיוי דחנוך תלת מאה |
| 530 | Gn36:39 | דהווה לעי במטרדה | כל | ימוי חיוי ועתר וקנה נכסין |
| 531 | Lv23:42 | במטלין תשרון שבעה יומין | כל | יציביה בישראל ישרון |
| 532 | Nu15:13 | | כל | יציבייה יעבד כדן ית אלין |
| 533 | Lv10:06 | כל בית ישראל יבכון ית | כל | יקידתה די אוקד ייי: |
| 534 | Gn15:17 | יתה מן עקתא אשתיזבון | כל | כדין אתחוי לאברם כד הוה |
| 535 | Gn34:31 | ברתיה דיעקב כלא מן | כל | כדין דלא יהוו{ן}<י> שכם בר |
| 536 | Gn15:17M | אורייתא מן עקתא אשתיזבו | כל | כדן |

|  |  | | | |
|---|---|---|---|---|
| 537 | Gn15:17M | ולא נטרו פקודייא הוה | כל | כדן הווה אברם חזי כד הוה |
| 538 | Nu31:50 | מ«ן» בי<ת> תו{ר}<ד>יהון | כל | כדן לא אתאחד חד מנן עם חדה |
| 539 | Dt33:03 | מקבלין אוריתה אלא | כל | כדן למחבבה עמא בני ישראל |
| 540 | Dt 1:07 | דאמוריי וכבישו ית | כל | כופרנוי במשרה בטורה בשפלתה |
| 541 | Ex11:05M | על כורסי/למתעב | כל | כורסיה#2/ מלכותיה עד |
| 542 | Ex33:19M | טובי קדמיך/אנה אעבד | כל | כיתי מלאכיה דמשמשין קדמי |
| 543 | Ex12:03 | מללו {א} עם | כל | כנישתא דבני ישראל בעשרה |
| 544 | Ex12:47 | | כל | כנישתא דישראל יעבדון |
| 545 | Ex16:01 | ונטלו מן אלים ואתון | כל | כנישתא דבני ישראל למדברא |
| 546 | Ex16:10 | והוא כד מלל אהרן עם | כל | כנישתא דבני ישראל |
| 547 | Ex17:01 | ונטלו | כל | כנישתא דבני ישר«אל» |
| 548 | Ex35:01 | וכנש משה ית | כל | כנישתה דבני ישראל ואמר |
| 549 | Ex35:20 | ונפקו | כל | כנישתה דבני ישראל מן קדם |
| 550 | Nu15:25 | ויכפר כהנה על | כל | כנישתה דבני ישראל וישתבק |
| 551 | Nu16:03 | להון סגין עליכון ארום | כל | כנישתה כולהון קדישין |
| 552 | Nu20:22 | מן רקם ועלו בני ישראל | כל | כנישתה להר טורה: |
| 553 | Nu27:20 | עלוי מן בגלל די ישמעון | כל | כנישתה ^דבני ישראל#2^: |
| 554 | Lv 4:13 | ואין | כל | כנשת׳ דישראל ישתאלון |
| 555 | Lv 9:05 | משכן זימנה וקריבו עם | כל | כנשתה וקמו קדם ייי: |
| 556 | Lv19:02 | מליל עם | כל | כנשתה דבני ישראל ותימר |
| 557 | Nu 8:09 | קדם משכן זימנא ותכנש ית | כל | כנשתה דבני ישראל: |
| 558 | Nu14:36 | ית ארעא וחזרו ורעמו עלוי | כל | כנשתה למפקה טבה ביש על |
| 559 | Nu15:33 | משה ולוות אהרן ולוות | כל | כנשתה דבני ישראל: |
| 560 | Nu16:05 | ומליל עם קרח ועם | כל | כנשתה למימר בצפרה וידע ייי |
| 561 | Nu16:24 | מליל עם | כל | כנשתה למימר אסתלקו |
| 562 | Nu25:06 | מדיניתה לעיני משה לעיני | כל | כנשתה דבני ישראל ואינון |
| 563 | Nu 7:85 | דכסף ושבעין דמזרקה חדה | כל | כסף מניא תרתין אלפין וארבע |
| 564 | Gn47:14 | וכנש יוסף ית | כל | כספא דאשתכח בארעא דמצרים |
| 565 | Lv 2:02 | מן סלתה ומן טובה על | כל | לבונתה ויסד׳ כהנא ית אדכרתה |
| 566 | Lv 2:16 | מן גרשה ומן טובה על | כל | לבונתה קרבן קדם ייי: |
| 567 | Lv 6:08 | סלתה דמנחתה ומן טוב׳ וית | כל | לבונתה די על «גבי» מנחתה |
| 568 | Dt29:19 | בגברא ההוא וידבקון בה | כל | לווטיה דכתיבין בספר אורייתה |
| 569 | Dt29:26 | ההיא למייתיה עלה ית | כל | לווטיה דכתיבין בספר אורייתה |
| 570 | Dt28:15 | יומא הדין וייתון עליכון | כל | לווטייה האליין ויארעון |
| 571 | Dt28:45 | וייתון עליכון | כל | לווטייה האליין וירדפון |
| 572 | Dt30:07 | וישווי ייי אלהכון ית | כל | לווטייה האליין על |
| 573 | Ex22:08 | חמרא על אמר ועל לבוש ועל | כל | {ל}<י>בידא די יאמר ארום דן |
| 574 | Ex14:20 | אליין לאליין לסדר קרבא | כל | ליליא: |
| 575 | Ex14:20M | שירותא לא אמרו שירתא | כל | ליליא |
| 576 | Ex14:21 | ית ימא ברוח קדום תקיף | כל | ליליא ושוי ית ימא |
| 577 | Ex40:38M | /הוות מנ{ח}<ה>רה עלוי | כל | ליליה חמיין כל בית#2/ |
| 578 | Lv 6:02 | עלתה דיקדה על גבי מדבח׳ | כל | ליליה עד צפרא ואשתה על גבי |
| 579 | Ex14:20 | למצרייה ונהורא לישראל | כל | ליליא ולא קרבו אליין |
| 580 | Gn30:31M | "לי כלום מדעם": תתן לי | כל | מאן דעאן |
| 581 | Gn39:06 | ולא הו«ה» ידע מן בתריה | כל | מאן דעם ארום אלהן לחמא דהוה |
| 582 | Gn40:15 | דעבריי ואף הכה לא עבדת | כל | מאן דעם ארום שוון יתי |
| 583 | Ex31:08M | וית פתורה וית | מנוי/כל | מאנה#2/ וית מנרתה |
| 584 | Ex38:03M | משליתיה וית מחתייתה וית | כל | מאנוי#2/ עבד נחש: |
| 585 | Ex39:40M | מני /נגרוי וסוכוי וית | כל | מאני#2/ פלחן משכנה למשכן |
| 586 | Gn 7:11 | היך זמן יומא הדין אתבזעו | כל | מבועי תהומא רבה וכווי שמיא |
| 587 | Nu23:02 | בלק ובלעם תור ודכר על | כל | מדבח: |
| 588 | Nu23:04 | סדרית וקרבת תור ודכר על | כל | מדבח: |
| 589 | Nu23:14 | מדבחין וקרב תור ודכר על | כל | מדבח: |
| 590 | Nu23:30 | בלעם וקרב תור ודבר על | כל | מדבח: |
| 591 | Dt 1:19 | ונטלן מן חורב והלכנן ית | כל | מדברה רבה ודחילה ההוא די |
| 592 | Lv15:26 | | כל | מדמוך די תדמוך עלוי כל יומי |
| 593 | Lv15:04 | | כל | מדמך די ידמך עלוי דיבה |
| 594 | Dt28:55 | מן בלי דלא ישתייר לה | כל | מדעים בצער ובצוקה די יעיקון |
| 595 | Nu31:23 | | כל | מדעם די יעול לנורא תעברון |
| 596 | Dt28:48 | ובצהו ובערטליין ובחסרון | כל | מדעם וישוי נירה דפרזלה על |
| 597 | Dt28:57 | ארום תאכל יתהון בחסרון | כל | מדעם בטומרה בצער ובצוקה די |
| 598 | Gn 1:31 | וגלי קדם ייי ית | כל | מה דעבד והא שפר ותקן לחדא |
| 599 | Gn 3:19 | וקאם ויהב דין וחושבן על | כל | מה דעבדת: |
| 600 | Gn 6:02 | ונסבו להון {א}נשי׳ מן | כל | מה די בחרו: |
| 601 | Gn 6:17 | נשומא דחיין מן תחות שמיא | כל | מה די בארע׳ ישתיצי: |
| 602 | Gn 6:22 | ועבד נח | כל | מה דפקי׳ יתיה ייי כדין עבד: |
| 603 | Gn 7:22 | דרוח חיין בנחירוי מן | כל | מה די ביבשתא מיתו: |
| 604 | Gn11:06 | וכדון לא יתמנע מנהון | כל | מה די חשבו למעבד: |
| 605 | Gn12:20M | יתיה וית אתתיה וית | כל | מה דאית לה: |
| 606 | Gn20:16M | צדיקא לילי חד ועל | כל | מה דאית עמי ועל כלה |
| 607 | Gn21:12 | באפיך על טליה ועל אמתך | כל | מה דתימר לך שרה שמע בקלה |
| 608 | Gn21:12M | מה דתימר /ולא על אמהתך | כל | מה די אֿתמ#2/ לך שרה |
| 609 | Gn31:01 | דלבן למימר נסב יעקב ית | כל | מה דאבונן ומן דאבונן קנה ית |
| 610 | Gn31:12 | ארום גלי קדמיי ית | כל | מה דלבן עבד לך: |
| 611 | Gn34:29 | וית נשיהון שבו ובזו וית | כל | מה דהווה בגו ביתה: |
| 612 | Gn39:05 | אפיטרופוס על ביתיה ועל | כל | מה דהוה ליה וברך ייי ית |
| 613 | Gn39:22 | די בבית חבושיה וית | כל | מה דהוון עבדין תמן הוא הוה |
| 614 | Gn42:29 | לארעא דכנען ותנון לה ית | כל | מה די יערע יתהון למימר: |
| 615 | Gn45:13 | ית כל אקרי במצרי׳ וית | כל | מה דחמיתון ותוחון ותחתון ית |
| 616 | Gn49:01M | ס{י}ברון דהוי מתני להון | כל | מה דאתערע דיערא להון בסוף |
| 617 | Ex 6:29 | עם פרעה מלכא דמצרים ית | כל | מה די אנה ממל{ך}<ל> עמך: |
| 618 | Ex 7:02 | את תמלל ית | כל | מה די פקדת יתך ואהרן אחוך |
| 619 | Ex 9:19 | שלח כנש ית בעירך וית | כל | מה דאית לך באפי ברא כל |
| 620 | Ex 9:25 | ברדא בכל ארעא דמצרים ית | כל | מה דהוה באפי ברא מן |
| 621 | Ex10:12 | ית כל עשבא וארעא ית | כל | מה די שייר ברדה: |
| 622 | Ex16:23 | מה די תבשלון בשלו וית | כל | מה דמשתייר אצניעון לכון |
| 623 | Ex18:01 | רבה דמדין חמוי דמשה ית | כל | מה דעבד ייי למשה ולישראל |
| 624 | Ex18:08 | ותני משה לחמוי ית | כל | מה דעבד ייי לפרעה ולמצריי |
| 625 | Ex18:14 | וחמא חמוי דמשה ית | כל | מה דהווה עבד לעמ«א» ואמר |
| 626 | Ex18:24 | ושמע משה לקלה דחמוי ועבד | כל | מה דאמר: |
| 627 | Ex19:08 | כחדא בלבא שלמא ואמרי׳ | כל | מה דמלל ייי נעבד וחזר משה |
| 628 | Ex20:11 | וית ארעא ית ימיה וית | כל | מה דבהון והוה שבא ונייח |
| 629 | Ex20:17 | ולא תורי ולא חמריה ולא | כל | מה די לחברך ארום בחובי |
| 630 | Ex23:05 | מלמפרק עמיה משבק תשבק | כל | מה דבלבך על חברך ומפרק תפרק |
| 631 | Ex23:22 | תשמעון בקל ממרי ותעבד | כל | מה די ימלל ואסני למן דסני |
| 632 | Ex24:07 | וקרא כשמעון דעמא ואמרין | כל | מה די מלל ייי נעבד ונשמע: |
| 633 | Ex25:09 | | כל | מה די אנא מחזי יתך ית דמותא |
| 634 | Ex25:22 | מן ביני תרין כרובייא ית | כל | מה דאפקד יתך על בני ישראל: |
| 635 | Ex29:35 | ותעבד לאהרן ולבנוי כדן | כל | מה דפקדית יתך שבעה יומין |
| 636 | Ex31:06 | לבי שוית חכמה ויעבדון ית | כל | מה די פקדת יתך: |
| 637 | Ex31:11 | וית קטרת בסמניה לקידוש | כל | מה די פקדית יתך תעבדון: |
| 638 | Ex31:14 | יתיה מתקטלה יתקטל ארום | כל | מה די יעבד בה עבידה ותשתיצי |
| 639 | Ex34:32 | בני ישראל ופקד יתהון ית | כל | מה דפקד ייי עמהון בטורא |
| 640 | Ex35:10 | דבכון ייתון ויעבדון ית | כל | מה די פקד ייי: |
| 641 | Ex39:32 | זימנא ועבדו בני ישראל | כל | מה די פקד ייי ית משה כדין |
| 642 | Ex39:42M | | ככל/כל#2/ | מה די פקד ייי ית משה |
| 643 | Ex40:09 | ותרבי ית משכנה וית | כל | מה דביה ותקדש יתי׳ וכל מנוי |
| 644 | Ex40:16 | ועבד משה | כל | מה דפקד ייי יתיה כדין עבד: |

|  |  |  |  |  |
|---|---|---|---|---|
| 645 | Lv 5:22 | וישתבע על שקר על חדא מן | כל | מה די עבד ברנשא למיחטי |
| 646 | Lv 5:26 | ייי וישתבק ליה על חדא מן | כל | מה די יעבד למתחייבה בה: |
| 647 | Lv 8:10 | ית משכנה וית כל מנוי וית | כל | מה דביה וקדש יתהון: |
| 648 | Lv11:09 | ית דין תאכלון מן | כל | מה די {מב}<במ>יא כל דאית לה |
| 649 | Lv11:32 | מנהון במיתתהון יסתאב מן | כל | {מה} <מן> דקייס או לבוש או |
| 650 | Lv11:33 | די יפול מנהון לגוויה | כל | מה דביה יסתאב ויתיה תתברון: |
| 651 | Lv14:36 | למחמי ית מכתשה ולא יסתאב | כל | מה די בבית' ומן בתר כדין |
| 652 | Lv14:36M | די בבית' /מכתש ולא יסב | כל | מה דאית בבית#2#/ ומן בתר |
| 653 | Lv22:20 | | כל | מה דאית ביה מום לא לרעוה |
| 654 | Lv27:09 | יקרבון מנה קרבן קדם ייי | כל | מה די יפרש מינה לשמה דייי |
| 655 | Lv27:32 | וכל מעשרה תורין ועאן | כל | מה די יעבר שרביטה עשיריה |
| 656 | Nu 1:54M | ועבדו בני ישראל | ככל/כל#2#/ | מה די פקד ייי ית משה |
| 657 | Nu 2:34 | ועבדו בני ישראל | כל | מה די פקד ייי ית משה כדן |
| 658 | Nu 4:26 | וית כל מני פולחניהון וית | כל | מה די יתעבד להון ויפלחון: |
| 659 | Nu 8:20 | כנשתה דבני ישראל ללווי | כל | מה די פקד ייי ית משה על |
| 660 | Nu 9:05 | ביני שמשתה במדברה דסיני | כל | מה די פקד ייי ית משה כדן |
| 661 | Nu15:23 | | כל | מה די פקד ייי עליכון |
| 662 | Nu18:13 | בכרת | כל | מה די בארעהון די ייתון לשמה |
| 663 | Nu22:02 | וחמא בלק בר צפור ית | כל | מה די עבדו ישראל לאמריי: |
| 664 | Nu23:26 | הלא מלילית עמך למימר | כל | מה די ימלל ייי יתה אעבד: |
| 665 | Nu30:01 | ואמר משה לבני ישראל | כל | מה די פקד ייי ית משה: |
| 666 | Nu30:10 | ונדר ארמלא ומשבקה | כל | מה דקיימה על נפשה יקום עלה: |
| 667 | Nu32:31M | דראובן למימ' ית | ^כל#2#/ | מה די מלל ייי עם עבדך |
| 668 | Nu33:55 | מן קדמיכון ויהווי ית | כל | מה די תשיירון מנהון לסיכין |
| 669 | Dt 1:03 | מלל משה עם בני ישראל | כל | מה די פקד ייי יתיה למימר |
| 670 | Dt 3:21 | למימר עיינך חמיין ית | כל | מה די עבד ייי אלהכון לתרין |
| 671 | Dt 4:03 | הא עייניכון חמיין ית | כל | מה די עבד ממריה דייי בפלחי |
| 672 | Dt 5:21 | ולא תוריה ולא חמריה ולא | כל | מה די לחברך ארום בחובי |
| 673 | Dt 5:27 | ייי אלהן ואת תמלל עמן ית | כל | מה די ימלל ייי אלהך עמך |
| 674 | Dt 5:27 | קרב את ושמע ית | כל | מה די יאמר ייי אלהן ואת |
| 675 | Dt 5:28 | עמך הא שפר ותקן אייטיבו | כל | מה די מלילו: |
| 676 | Dt 5:28M | כל /טבאית מלילו | כל#2#/ | מה די מלילו: |
| 677 | Dt 8:03 | חיי בר נשה ארום» | כל | מה דנפק מן פם גזירת ממריה |
| 678 | Dt12:11 | שכינתיה תמן תמן תיתון ית | כל | מה די אנה מפקד יתכון |
| 679 | Dt12:14 | עלוותכון ותמן תעבדון ית | כל | מה די אנה מפקד יתכון: |
| 680 | Dt13:16 | דחרב תשיצון יתה וית | כל | מה דאית בה וית בעירה לפתגם |
| 681 | Dt14:09 | ית אילין תאכלון מן | כל | מה די במיא כל דאית ליה |
| 682 | Dt14:26M | ותזבנון בכספא ככל/ית | כל#2#/ | מה די תתחמד/יתחמד#2#/ |
| 683 | Dt17:10 | ממריה דייי ותתטרון למעבד | כל | מה די ילפון יתכון: |
| 684 | Dt18:17M | ותקן כל מה /טבאת מלילו | כל | מה#2#/ די מלילו: |
| 685 | Dt18:17 | ייי לי משה הא שפר ותקן | כל | מה די מלילו: |
| 686 | Dt18:18 | בפומיה וימלל להון ית | כל | מה די אפקד יתיה: |
| 687 | Dt29:01 | ואמר להון אתון חמיתון ית | כל | מה די עבד ייי לעייניכון |
| 688 | Dt29:08 | יתהון מן בגלל דתצלחון ית | כל | מה די תעבדון: |
| 689 | Dt33:02 | אמרין בני ישראל ית | כל | מה «די» מלל מימרה דייי |
| 690 | Gn14:23 | דמסן א«י»ן אסב מן | כל | מה די לך דלא תיהווי |
| 691 | Gn20:16 | אתווכחת ברם אילו יהבת | כל | מה דילי לא הוינה כמסת דידע |
| 692 | Gn24:36 | מן בתר דיסאב ויהב לה ית | כל | מה דיליה: |
| 693 | Gn25:05 | ויהב אברהם ית | כל | מה דיליה ליצחק: |
| 694 | Gn32:24 | ועבר ית נחלה ועבר ית | כל | «מה» דיליה: |
| 695 | Gn39:06 | ושבק | כל | מה דיליה תחות רשותא דיוסף |
| 696 | Gn33:09 | לי סגין אחי יתקיים לך | כל | מה דילך: |
| 697 | Lv27:28 | די יפרש גבר לשמה דייי מן | כל | מה דלה מן בני אנשה ובעירה |
| 698 | Nu16:30 | ית פמה ותבלע יתהון וית | כל | מה דלהון ויחתון חיין לשאול |
| 699 | Nu16:32 | דהון עם קרח וית | כל#2#~ | מה דלהון: |
| 700 | Gn47:06 | יתהון רברבני קניינן על | כל | מה דלי: |
| 701 | Nu 1:50 | דסהדותה ועל כל מנוי ועל | כל | מה דליה אינון יטענון ית |
| 702 | Gn39:09 | הדין מני ולא חסך מני | כל | מה דעם ארום אלהן יתיך בגלל |
| 703 | Dt24:10 | ארום תוזף לחברך זפו | כל | מה דעם לא תיעול לגו בייתיה |
| 704 | Dt15:21 | ביה מום חגיר או סמי | כל | מום ביש לא תקרבון יתיה קדם |
| 705 | Lv22:21 | או בען שלם יהי ברעווה | כל | <מומה> לא יהווי ביה: |
| 706 | Gn41:35 | ויכנשון ית | כל | מזון שבעתי שניא טבתא עללתא |
| 707 | Gn41:48 | וכנש ית | כל | מזון שבעתי שנייה דיהוון |
| 708 | Lv11:34M | עלוי מיין יסתאב /מן | כל | מזונה די יתאכל די יתועל |
| 709 | Gn40:17M | דפרעה /ובסלתא עליי' מן | כל | מזוני' דפרעה#2#/ עבד |
| 710 | Gn14:11 | דסדם ודעמרה וית | כל | מזוניהון ואזלו: |
| 711 | Ex 9:14 | בזמנא הדא הא אנה משלח ית | כל | מחוותיי על לבך ובשלטונך |
| 712 | Nu 4:27 | ותסכמון עליהון במטרה ית | כל | מטליהון: |
| 713 | Nu 4:27M | כל מטליהון /במטרן וית | כל | מטלניהון#2#/: |
| 714 | Nu 3:08 | ית כל מני משכנה וית | ^כל#2#~ | מטרת בני ישראל למפלח ית |
| 715 | Ex 7:20 | פרעה וקדם שליטוי ואתהפכו | כל | מיא נהרא לדמא: |
| 716 | Gn 6:21 | ואת סב לך מן | כל | מיכל די יתאכל ותכנש לוותך |
| 717 | Dt17:01 | ואמר די יהווי ביה מום | כל | מילה דפסילה ארום מה דסני |
| 718 | Dt31:12 | אלהכון ויטרון למעבד ית | כל | מילי אוריתה הדה: |
| 719 | Dt31:24 | כד אשלם משה למכתב ית | ^כל#2#~ | מילי אורייתה הדה בגו ספר |
| 720 | Dt32:46 | בניכון למטור ולמעבד ית | כל | מילי שבח אוריתה: |
| 721 | Lv11:15 | ואת | כל | מין עורב' למינה: |
| 722 | Dt14:14 | וית | כל | מ«י»ן עורבא למינו: |
| 723 | Dt20:19 | ית אילנה למעברה עלוי | כל | מין דפרזל ארום מניה תאכלון |
| 724 | Gn13:10 | לוט ית עיינוי וחזא ית | כל | מישר ירדנא ארום כלה בית שקה |
| 725 | Gn13:11 | ובחר ליה לוט ית | כל | מישר ירדנ' ונטל לוט |
| 726 | Ex33:19 | ואמר הא אנה מעבר ית | כל | מכלת טובי קדמיך ואחוס על מן |
| 727 | Dt28:60 | ויחזר עליכון ית | כל | מכתישיהון דמצריי די דחלתון |
| 728 | Ex15:26 | למצוות ותטרון כל קיימוי | כל | מכתשיה בישיה דאייתת למצרייה |
| 729 | Dt28:60M | דמצריי /בכון ית | כל | מכתשייה דמצראי#2#/ די |
| 730 | Gn45:27 | ומלילו עמיה ית | כל | מלוי דיוסף דמלל עמהון וחמה |
| 731 | Gn49:10 | היא מלכותא וליה ישתעבדון | כל | מלכוותא: |
| 732 | Gn15:01 | פתגמיא האילין מן דאתכנשו | כל | מלכוותה דארעא וסדרו קרבא |
| 733 | Gn15:17M | כורסי יקרא יתוקיד ותצרי | כל | מלכותא אילין חזויא רברביא |
| 734 | Gn14:16 | וחזר ית | כל | ממונה ואף ית לוט בר אחוי |
| 735 | Gn12:05 | וית לוט בר אחוי וית | כל | ממונהון דיקנין וית נפשתה די |
| 736 | Gn14:11 | ונסבו ית | כל | ממונהון דסדם ודעמרה וית |
| 737 | Nu31:09 | וית כל קניינהון וית | כל | ממונהון בזזו: |
| 738 | Gn31:18 | בעירא} ית כל בעירא וית | כל | ממוניה די קנה נכסוי |
| 739 | Gn34:29 | וית | כל | ממוניהון וית כל טפליהון וית |
| 740 | Gn 2:17M | ומן אילן דעתה | דכל/כל#2#/ | מן דהוה אכל מינה ידע |
| 741 | Gn 3:24M | אילן חייא היא אוריית' | כל | מן {ה}<ד>נטר יתה בעלמא |
| 742 | Gn 4:15 | סימן דלא יקטול יתיה | כל | מן די יארע יתיה: |
| 743 | Gn22:12 | ידך ברביה ולא תעבד ליה | כל | מן מדעם ארום כדון ידעת ארום |
| 744 | Gn31:32M | \גב מן /עם | כל | מן#2#/ די תשכח ית {{טעותך |
| 745 | Ex33:07 | קרי ליה משכן זימנא והוה | כל | מן דתבע אולפן מן קדם ייי |
| 746 | Lv11:32 | או לבוש או משך או סק | כל | מן די יתעבד עבידה בהון במיא |
| 747 | Lv13:52 | ערבה בעמר או בכיתן או ית | כל | מן דמשך די יהווי ביה מכתשה |
| 748 | Lv13:52M | או דכ{נ}ת<נ>ה ית | כל#2#/ | מן דמשך די יהווי ביה |
| 749 | Lv13:58 | ולבושא או שתיה או ערבה או | כל | מן דמשך די תחוור ויתעבר |
| 750 | Lv18:29 | ארום | כל | מן דיעבד מן כל מרחקתה |
| 751 | Nu 8:16 | חלף פתחי כל וולדה בכרי | כל | מן ולדה בני ישראל אפרשת |
| 752 | Nu21:09M | דנחש ושווי יתיה והווה | כל | מן דהווה מנכית בחווייה הוה |

| | | | | |
|---|---|---|---|---|
| 753 | Nu25:04 | קדם ייי ויהוון דיינין | כל | מן דמתחייב קטלה יצלבון יתיה |
| 754 | Nu31:51 | כהנא ית דהבה מן לוותהון | כל | מן דעבידה: |
| 755 | Nu33:54M | תזער אחסנתיה לכל/ית | כל#2#/ | מן די יפוק לה תמן עדווה |
| 756 | Nu35:22 | דחף יתיה או טלק עלוי | כל | מן דהוא דלא בכמנה: |
| 757 | Dt29:22 | ולא תצמח ולא יסק בה | כל | מן דעשב היך מה דאתהפכת סדם |
| 758 | Dt13:18M | ולא ידבק בידיכון | ∧כל | מן דעם#2#/מדעם#2# |
| 759 | Gn19:08M | תעבדון \פתגם ארום בגין | /כל | מן דעם ביש ארום מן בגין |
| 760 | Gn33:11 | חן יתי ייי וארום אית לי | כל | מן דעם ודחק עלוי ונסב: |
| 761 | Gn39:23 | לית רב בית חבושיא חמי ית | כל | מן דעם מן בתרה מן בגלל דהוה |
| 762 | Nu11:06 | וכדון נפשן ריקנה לית לן | כל | מן דעם ארום אלהין <...> |
| 763 | Nu22:38 | כדון הא מיכל אכול למללה | כל | מן דעם פתגמה די ישוי ייי |
| 764 | Dt 2:07 | אלהכון בסעדכון לא חסרתון | כל | מן דעם: |
| 765 | Dt 2:28 | לחוד לית אנן חסרין מן | כל | מן דעם ברגלינן אנן עברין: |
| 766 | Dt 4:16M | "צורא ... נקבה": דמ{ן}<ו> | כל | מן דעם דמ{ן}<ו> דדכר או |
| 767 | Dt 4:25M | וכל דמו /{{צלם}} דמו | כל | מן דעם#2#/ ותעבדון מה |
| 768 | Dt 8:09 | תאכלון בה לחם לא תחסרון | כל | מן דעם בה ארע דאבניה שריין |
| 769 | Dt22:26 | ולרביתה לא תעבדון | כל | מן דעם ביש לית לרביתה סדר |
| 770 | Dt24:05 | לחיל קרבה ולא יעבר עלוי | כל | מן דעם ביש זכיי מזמן יהווי |
| 771 | Gn 7:05 | ועבד נח | כל | מ{ן}<ה> די פקד יתיה ייי: |
| 772 | Dt24:10M | תזופון לחבריכון מוזפו | כל | מ<נ>ד{נ}עם |
| 773 | Nu22:38M | מיכול ניכול לממללה | כל | מנדעם פת' |
| 774 | Dt 8:09M | "תחסרון ... נחשה": תחסר | כל | מנדעם בה ארע די אבניה |
| 775 | Dt28:55M | דלא ישייר לה | כל | מנדעם בעקין ובצוקין |
| 776 | Ex25:09 | ית דמותא דמשכנא וית דמות | כל | מנוי וכדן תעבדון: |
| 777 | Ex27:03 | ומזריקוי ומשליתא ומחתיתא | כל | מנוי תעבד דנחש: |
| 778 | Ex30:27M | וית מדבחה דעלתה הוות | כל | מנוי |
| 779 | Ex30:27 | ית פתורה וית | כל | מנוי וית מנורתא וית מניה |
| 780 | Ex30:28 | וית מדבחה דעלתה וית | כל | מנוי וית כיורא וית בסיס |
| 781 | Ex31:09 | וית מדבחה דעלתה וית | כל | מנוי וית כיורה וית בסיס |
| 782 | Ex35:13 | ית פתורה וית אריחוי וית | כל | מנוי וית סידור לחם אפי: |
| 783 | Ex35:16 | דידה וית אריחוי וית | כל | מנוי וית כיורה וית בסיס |
| 784 | Ex38:03 | וית משליתה וית מחתיתה | כל | מנוי עבד נחש: |
| 785 | Ex39:33 | משה#2#^ ית משכנה וית | כל | מנוי פורפוי לוחוי נגרוי |
| 786 | Ex39:36 | ית פתורה וית | כל | מנוי וית סדור לחם אפיה: |
| 787 | Ex39:39 | דידיה וית אריחוי וית | כל | מנוי וית כיורה וית בסיס |
| 788 | Ex40:10 | ותרבי ית מדבחה דעלתה וית | כל | מנוי ותקדש ית מדבחה ויהוי |
| 789 | Lv 1:01 | ורבי יתיה וקדש יתיה וית | כל | מנוי וית מדבחה וית כל מנוי |
| 790 | Lv 1:01 | כל מנוי וית מדבחה וית | כל | מנוי חשב משה בליביה ואמר |
| 791 | Lv 8:10 | דרבותה ורבי ית משכנה וית | כל | מנוי וית כל מה דביה וקדש |
| 792 | Lv 8:11 | זימנין ורבי ית מדבחה וית | כל | מנוי וית כיורה וית בסיס |
| 793 | Nu 1:50 | על משכנה דסהדותה ועל | כל | מנוי ועל כל מה דליה אינון |
| 794 | Nu 1:50 | יטענון ית משכנה וית | כל | מנוי ואינון ישמשון יתיה |
| 795 | Nu 4:14 | ויתנון עלוי ית | כל | מנוי די ישמשו עלוי בהון ית |
| 796 | Nu 7:01 | ורבי יתיה וקדיש יתיה וית | כל | מנוי <....> ורבי יתהון במשח |
| 797 | Lv 2:11 | | כל | מנחתה דיקרבון לשמה דייי לא |
| 798 | Gn31:37 | ית כל מניי מה אשכחת מן | כל | מני ביתך שוי הכה לקבל אחי |
| 799 | Ex31:07 | וית כפורתה די עלי וית | כל | מני משכניה: |
| 800 | Ex38:30 | קנקילה דנחשה דידיה וית | כל | מני מדבחה: |
| 801 | Ex39:40 | מתחיהון וית סכיהון וית | כל | מני פלחן משכנה למשכן זימנא: |
| 802 | Nu 3:08 | ויטרון ית | כל | מני משכנה וית ^כל#2#^ מטרת |
| 803 | Nu 4:09 | וית מחתת«ה» וית | כל | מני שמושה די ישמשון יתיה |
| 804 | Nu 4:09M | מחתיתיה וית | כל | מני |
| 805 | Nu 4:12 | ויסבון ית | כל | מני שמושה די ישמשון בהון |
| 806 | Nu 4:14 | וית מגרפיתה וית מזרקיה | כל | מני מדבחה ויפרשון עלוי חפוי |
| 807 | Nu 4:15 | למכסיה ית קדשיה וית | כל | מני קדשיה במטלית דמשריתה |
| 808 | Nu 4:20 | כד משקע כהנה רבה ית | כל | מני בית קודשה דלא ימותון: |
| 809 | Nu 4:26 | וית מתחיהון וית | כל | מני פולחניהון וית כל מה די |
| 810 | Ex25:39 | קנטר דהב דכי יעבד יתה ית | כל | מניה האיליין: |
| 811 | Ex31:08 | מנוי וית מנרתה דכיתה וית | כל | מניה וית מדבחיה דקטרת: |
| 812 | Ex37:24 | קנטר דהב דכי עבד יתה וית | כל | מניה: |
| 813 | Ex38:03 | ועבד ית | כל | מני{ה} מדבחה ית דודוותה וית |
| 814 | Ex39:37 | בוציניה דאנהורתא וית | כל | מניה וית משחה דאנהרותה: |
| 815 | Nu 4:10 | ויתנון יתיה וית | כל | מניה לגו חפוי משך דססגון |
| 816 | Gn31:37 | ארום פשפשת ית | כל | מניי מה אשכחת מן כל מני |
| 817 | Nu19:18 | דכי וידי על משכנה ועל | כל | מנייה ועל נפשתה דהוון תמן |
| 818 | Nu18:21 | ולבנוי דלוי הא יהבית | כל | מעשר דישראל לאחסנה חלף |
| 819 | Dt26:12 | ארום תשלמון למעשרה ית | כל | מעשר עללת<כ>ון בשתה תליתייה |
| 820 | Ex23:15M | קדם אלהיכון ריקונין מן | כל | מצוה |
| 821 | Ex34:20 | יתחמן קדמיי ריקנין מן | כל | מצוה: |
| 822 | Dt16:16 | קדם ייי אלהכון ריקנין מן | כל | מצוה: |
| 823 | Dt15:13M | לא תשלח יתיה ריקן ∧מן | כל | מצווה#2#/: |
| 824 | Lv 4:13 | קהלא ויעבדון חדא מן | כל | מצוותה די לא כשרין למתעבדה |
| 825 | Lv 4:22 | דמתרבי יחטא ויעבד חדא מן | כל | מצוותה דייי אלהה דלא כשרין |
| 826 | Lv 5:17 | ארום תחטא ותעבד חדה מן | כל | מצוותה דייי די לא כשרין |
| 827 | Nu15:22 | תשאלון ולא תעבדון ית | כל | מצוותה האליין די מלל <ייי> |
| 828 | Nu15:39 | יתיה ות{ת}<ד>כרון ית | כל | מצוותה דייי ותעבדון יתהון |
| 829 | Dt 5:29 | למדחול מן קדמי ולמטור ית | כל | מצוותה דאורייתי כל יומייה |
| 830 | Dt 5:31 | אתעתד קדמיי ואמלל עמך ית | כל | מצוותה וקיימיה וסדרי דינייה |
| 831 | Dt 6:25 | לן ארום נטור למעבד ית | כל | מצוותה הדה קדם ייי אלהן |
| 832 | Dt 8:01 | | כל | מצוותה די אנה מפקד יתכון |
| 833 | Dt11:08 | ותטרון ית | כל | מצוותה די אנה מפקד יתכון |
| 834 | Dt11:22 | ארום אן מטור תטרון ית | כל | מצוותה הדה די אנה מפקד |
| 835 | Dt13:19 | דייי אלהכון למיטר ית | כל | מצוותה די אנה מפקד יתכון |
| 836 | Dt15:05 | אלהכון למטור למעבד ית | כל | מצוותה הדה די אנה מפקד |
| 837 | Dt19:09 | ארום תטרון ית | כל | מצוותה הדה למעבד יתה דאנה |
| 838 | Dt27:01 | ית עמא למימר טורו ית | כל | מצוותה די אנה מפקד יתכון |
| 839 | Dt28:01 | אלהכון למיטר למעבד ית | כל | מצוותה די אנה מפקד יתכון |
| 840 | Dt28:15 | אלהכון למיטור למיעבד ית | כל | מצוותה וקיימוי די אנה מפקד |
| 841 | Dt30:08 | דייי אלהכון ותעבדון ית | כל | מצוותה די אנה כען מפקד |
| 842 | Dt26:18 | די מלל לכון ולמיטר | כל | מצוותיה: |
| 843 | Lv 4:02 | נפש ארום תחטא בשלוה מן | כל | מצותה דייי די לא כשרין |
| 844 | Gn44:18 | לגווה עד זמן דקטיל אנה | כל | מצראי מינך אנה משרי ובפרעה |
| 845 | Gn44:18M | לגוה עד זמן דקטל אנה | כל | מצראי מנך אנה משרי |
| 846 | Gn47:15 | ומן ארעא דכנען ואתון | כל | מצראי לוות יוסף למימר הב |
| 847 | Gn47:17 | ואייתון | כל | מצראי לוות יוסף למימר הב |
| 848 | Ex10:06M | דכל מצריי /עבדיך ובני | כל | מצראי#2#/ די לא חמון אבהתך |
| 849 | Ex 7:24 | וחפרו | כל | מצריי חזור חזור לנהרא <....> |
| 850 | Ex12:33 | הכה אוף שעה חדא הא | כל | מצריי מייתין: |
| 851 | Nu33:03 | פריקין בראש גלי לעיני | כל | מצריי: |
| 852 | Dt14:03 | עמי בני ישראל לא תאכלון | כל | מרחקה: |
| 853 | Lv18:27 | ארום ית | כל | מרחקתה האליין עבדו עמה |
| 854 | Lv18:29 | ארום כל מן דיעבד מן | כל | מרחקתה האליין וישתי«צון» |
| 855 | Lv13:12 | במשכה ותכסי צרעתה ית | כל | משכא דמכתשה מן ראשה ועד |
| 856 | Gn31:35 | לי ופשפש לבן ית | כל | משכנא ולא אשכח ית צלמיה: |
| 857 | Gn31:34 | עליהון ופשפש לבן ית | כל | משכנה ולא אשכח: |
| 858 | Nu 4:16 | תדירה ומשחה דרבותה סכום | כל | משכנה וכל מה דביה |
| 859 | Nu18:03 | ויטרון ית מטרתך ומטרת | כל | משכנה לחוד למני בית קודש' |
| 860 | Gn19:25 | והפך ית קרייתא האילין וית | כל | משרה וית כל דייריה דקרתא |

|  |  |  | כל |  |
|---|---|---|---|---|
| 861 | Gn13:10M | וחזא ית | כל | משריה דיורדנה והא כלה אתר |
| 862 | Gn33:08 | ואמר מן לך | כל | משריתא הדא די ארעת ואמר |
| 863 | Nu18:29 | מן | כל | מתנתכון תפרשון ית כל |
| 864 | Nu24:03 | מן אבוי מה דאכסי מן | כל | נבואה אתגלי עלוי: |
| 865 | Nu12:07 | לא כוות | כל | נביאה הוא עבדי מש׳ בכל |
| 866 | Nu24:15 | מן אבוי מה דאתכסי מן | כל | נביאיה יתגלי עלוי: |
| 867 | Dt14:21 | לא תאכלון | כל | נבלה לתותבייה מן בני עממיא |
| 868 | Nu30:14 | | כל | נדר וכל שבועה לקיום דצער |
| 869 | Nu30:05 | וישתוק לה אבוה ויקומון | כל | נדרה וכל קיים די קיימת על |
| 870 | Nu30:06 | בטל אבוה יתה ביומא דשמע | כל | נדרה וקיימה די קיימת על |
| 871 | Nu30:12 | לה לא בטל יתה ויקומון | כל | נדרה וכל קיימה די קיימת על |
| 872 | Nu30:15 | יום בתר יום ויקיים ית | כל | נדרה או ית כל קיומא די עלה |
| 873 | Lv23:38 | בר מן מתנוותכון בר מן | כל | נדריכון בר מן כל נסיבתכון |
| 874 | Nu11:22 | להון הא ספק להון אן ית | כל | נוני דימא אן מתכנש להון |
| 875 | Dt 4:18 | דמו כל דרחש בארעא דמו | כל | נונייא די במייא מן לרע |
| 876 | Dt20:16 | אחסנה לא תקיימון מנהון | כל | נישמה: |
| 877 | Ex15:09M | מנהון בזה רבא אפלג שביתה/ | כל | נכסי#2#/ לעמי עבדי קרבא |
| 878 | Dt 7:16 | ותיכלון ית | כל | נכסי אמייה דייי אלהכון יהב |
| 879 | Gn31:01 | דאבונן ומן דאבונן קנה ית | כל | נכסיא האלין: |
| 880 | Gn31:16 | ארום | כל | נכסיא די אפיק ייי מאבונן |
| 881 | Ex 4:21 | למחזור למצרים חמי | כל | נסי די שווית בידך ותעבדינון |
| 882 | Lv23:38 | בר מן כל נדריכון בר מן | כל | נסיבתכון די תפרשון לשמה |
| 883 | Ex11:10 | ומשה ואהרן עבדו ית | כל | נסייה האלין קודם פרעה ותוקף |
| 884 | Gn 9:10M | /דאית#2#/ עמכון מכל/מן | כל#2#/ | נפקי תבותא לכל חיתא |
| 885 | Gn34:24 | תרע קרתיה וגזרו כל דכורא | כל | נפקי תרע קרתיה: |
| 886 | Gn34:24 | ושמעו לחמור ולשכם בריה | כל | נפקי תרע קרתיה וגזרו כל |
| 887 | Nu 1:03 | מן בר עשרין שנין ולעל | כל | נפקי חיל קרבא בישראל |
| 888 | Nu 1:20 | מן בר עשרין שנין ולעיל | כל | נפקי קרבה: |
| 889 | Nu 1:22 | מן בר עשרין שנין ולעיל | כל | נפקי קרבה: |
| 890 | Nu 1:24 | מן בר עשרין שנין ולעיל | כל | נפקי קרבא: |
| 891 | Nu 1:26 | מן בר עשרין שנין ולעיל | כל | נפקי קרבא: |
| 892 | Nu 1:28 | מן בר עשרין שנין ולעיל | כל | נפקי קרבה: |
| 893 | Nu 1:30 | מן בר עשרין שנין ולעיל | כל | נפקי קרבה: |
| 894 | Nu 1:32 | מן בר עשרין שנין ולעיל | כל | נפקי קרבה: |
| 895 | Nu 1:34 | מן בר עשרין שנין ולעיל | כל | נפקי קרבה: |
| 896 | Nu 1:36 | מן בר עשרין שנין ולעיל | כל | נפקי קרבה: |
| 897 | Nu 1:38 | מן בר עשרין שנין ולעיל | כל | נפקי קרבה: |
| 898 | Nu 1:40 | מן בר עשרין שנין ולעיל | כל | נפקי קרבה: |
| 899 | Nu 1:42 | מן בר עשרין שנין ולעיל | כל | נפקי קרבה: |
| 900 | Nu 1:45 | מן בר עשרין <שנין> ולעיל | כל | נפקי קרבה: |
| 901 | Nu26:02 | שנין ולעיל לבית אבהתהון | כל | נפקי קרבה בישראל: |
| 902 | Gn 1:21 | תרין תניניא רברביא וית | כל | נפש דחיא דרחשא די שרצו מיי׳ |
| 903 | Gn 9:10 | וית | כל | נפש חייתא די עמכון {ב}בעופא |
| 904 | Gn 9:12 | בין ממרי וביניכון ובין | כל | נפש חיתא די עמכון לדרי |
| 905 | Gn 9:15 | בין ממרי וביניכון ובין | כל | נפש חיה בכל בשרא ולא יהוי |
| 906 | Gn 9:16 | עלם בין מימרא דייי ובין | כל | נפש חיתה בכל בשרא די על |
| 907 | Lv 7:27 | | כל | נפש די תאכל כל אדם ותשתיצא |
| 908 | Lv11:10 | מן כל שרצא דמיא ומן | כל | נפש חיתה די במי׳ מרחקה אנון |
| 909 | Lv11:10M | "ומן כל ... מרחקה": ומן | כל | נפש חייתה די במיא מר<חקה> |
| 910 | Lv17:12 | אמרית לבני ישר«אל» | כל | נפש מנכון לא תאכל אדם |
| 911 | Lv21:11 | ועל | כל | נפש דמית לא ייעול לאבוי |
| 912 | Lv23:29 | ארום | כל | נפש די תאכל למצום ולא |
| 913 | Lv24:17 | וגבר ארום יקטול | כל | נפש דגבר מתקטלה יתקטל: |
| 914 | Ex 1:05 | והוון | כל | נפשותא נפקי חלציה דיעקב |
| 915 | Gn36:06 | וית בנוי וית בנתיה וית | כל | נפשתא דביתי׳ וית ממונה וית |
| 916 | Gn46:22 | בנוי דרחל דילידת ליעקב | כל | נפשתא ארבעה עשרה: |
| 917 | Gn46:25 | וילידת ית אלין ליעקב | כל | נפשתא שבע נפשין: |
| 918 | Gn46:26 | | כל | נפשתא די עלו עם יעקב |
| 919 | Gn46:26 | בר מנשוי דבנוי דיעקב | כל | נפשתא שתין ושית: |
| 920 | Gn46:27 | לה במצרים תרתין נפשן | כל | נפשתא דאנשי בייתיה |
| 921 | Gn46:15 | וית דינה ברתיה | כל | נפשתה בנוי ובנתיה תלתין |
| 922 | Nu31:35 | די לא חכמן תשמיש דכורא | כל | נפשתה תלתין ותרין אלפין: |
| 923 | Nu31:15 | ואמר להון משה הא קיימתון | כל | נקבה: |
| 924 | Ex15:20 | ית תופי בידה ונפקו | כל | נשיא בתרה בתופיא הוון |
| 925 | Nu12:01 | בעובדי׳ טבי«י»ה מן | כל | נשייה דדרה ההוא: |
| 926 | Ex24:03 | ית כל פתגמיא דייי וית | כל | סדרי דינא ועגון כל עמא קל |
| 927 | Lv19:37 | ותטרון ית כל קיימיי וית | כל | סדרי דיניי ותעבדון יתהון |
| 928 | Lv20:22 | ותטרון ית כל קיימי וית | כל | סדרי דיניי ותעבדון יתהון |
| 929 | Ex14:23 | ורדפו מצרים ועלו בתריהון | כל | סוסוות פרעה ארתכוי ופרשוי |
| 930 | Ex14:09 | וארעו יתהון שריין על ימא | כל | סוסוותה ארתכוי דפרעה ופרשוי |
| 931 | Ex38:31 | סכוי {דרתה} דמשכנה וית | כל | סכוי דרתה־ מן חזור חזור: |
| 932 | Ex38:31 | וית חומרי תרע דרתה־וית | כל | סכוי {דרתה} דמשכנה וית כל |
| 933 | Nu 3:39 | | כל | סכומי ליויי די סכם משה |
| 934 | Nu 1:45 | והוון | כל | סכומיה דבני ישראל |
| 935 | Nu 1:46 | והוון | כל | סכומיה שתין ריבוון ותלתה |
| 936 | Nu 2:09 | | כל | סכומיה דמשרית שבטה דבנוי |
| 937 | Nu 4:46 | | כל | סכומיה די סכם משה ואהרן |
| 938 | Nu 2:16 | | כל | סכומייה דמשרית שבטה דבנוי |
| 939 | Nu 2:24 | | כל | סכומי«י»ה דמשרית שבטה |
| 940 | Nu 2:31 | | כל | סכומייה דמשרית שבטה דבנוי |
| 941 | Gn49:22 | שרשי׳ לארעא ופגרת שיני | כל | {ס}<כ>יפי ועוברתא שלחת |
| 942 | Gn49:22M | שיני כל /ופכרת שני | כל#2#/ | {ס}<כ>יפי ועוברתא שלחת |
| 943 | Lv16:21 | חובהון דבני ישראל וית | כל | סרחניהון לכל חוביהון ויתן |
| 944 | Dt28:12 | בזמנה ולמ«ב»רכה ית | כל | עבד ידיכון ותצרכון לאומין |
| 945 | Dt11:07 | ארום עיניכון חמיין ית | כל | עבדוי דייי רברביה די עבד: |
| 946 | Ex11:08 | ויחתון | כל | עבדיך אלין לוותי וישאלון |
| 947 | Ex39:32 | ושלמת | כל | עבדת משכנה משכן זימנא ועבדו |
| 948 | Gn 2:02 | קדמוי ביומא שביעיא מן | כל | עבדתיה די ברא: |
| 949 | Ex20:09 | תפלחון {י}<ו>תעבדון | כל | עבדתכון: |
| 950 | Ex12:16 | קדיש <....> יהווי לכון | כל | עבידא לא יתעבד בהון לחוד מה |
| 951 | Ex31:05M | ובנגרות קייסה למיעבד | כל | עבידה |
| 952 | Ex35:35 | טב{ת}ה ובבוץ וגרדיי עבדי | כל | עבידה ומלפי אומנוון: |
| 953 | Ex35:35 | עמהון חכמה בלבהון למעבד | כל | עבידה דנגר ואומן וצייר |
| 954 | Lv23:03 | שבת שבתה יום וארוע קדיש | כל | עבידה לא תעבדון שבי ונייח |
| 955 | Lv23:07 | ואירוע קדיש יהווי לכון | כל | עבידה דפלחן לא תעבדון: |
| 956 | Lv23:08 | ביומא קדמיה ארוע קדיש | כל | עבידה דפלחן לא תעבדון: |
| 957 | Lv23:21 | וארוע קדיש יהווי לכון | כל | עבידה דפלחן לא תעבדון קים |
| 958 | Lv23:25 | | כל | עבידה דפלחן לא תעבדון |
| 959 | Lv23:30 | וכל נפש די תעבד | כל | עבידה הכזמן יומא הדין |
| 960 | Lv23:31 | | כל | עבידה לא תעבדון קיים דעלם |
| 961 | Lv23:36 | קדם ייי כניסת חדווה היא | כל | עבידה דפלחן לא תעבדון: |
| 962 | Nu28:18 | קדמיה יום טב וארוע קדיש | כל | עבידה דפלחן לא תעבדון: |
| 963 | Nu28:25 | וארוע קדיש יהווי לכון | כל | עבידה דפלחן לא תעבדון: |
| 964 | Nu28:26 | וארוע קדיש יהווי לכון | כל | עבידה דפלחן לא תעבדון: |
| 965 | Nu29:01 | וארוע קדיש יהווי לכון | כל | עבידה דפולחן לא תעבדון יום |
| 966 | Nu29:07 | ביה ית נפשתכון | כל | עבידה לא תעבדון: |
| 967 | Nu29:12 | וארוע קדיש יהווי לכון | כל | עבידה דפלחן לא תעבדון: |
| 968 | Nu29:35 | דמצוון תיהווי לכון | כל | עבידה דפולחן לא תעבדון: |

|  |  | | | |
|---|---|---|---|---|
| 969 | Ex36:01 | בהון למידע ולמעב«ד» ית | כל | עבידת פלחן בית קודשא לכל מה |
| 970 | Ex36:04 | ואתון כל חכימיא דעבדין ית | כל | עבידת בית קודשא גבר מן |
| 971 | Ex39:43 | וחמא משה ית | כל | עבידתיה והא עבדו יתה היך מה |
| 972 | Dt 5:13 | שיתה יומין תפלחון ותעבדון | כל | עבידתכון: |
| 973 | Nu31:11 | ונסבו ית כל בזתא וית | כל | עדיתה: |
| 974 | Gn29:03 | ומתכנשין תמן | כל | עדריא ומגלין ית אבנא מעילוי |
| 975 | Gn29:08 | יכלין עד זמן דיתכנשון | כל | עדריא ויגלון ית אבנא מעלוי |
| 976 | Ex16:02 | ואתרעמו | כל | עדת כנישתא דבני ישראל על |
| 977 | Dt13:17 | וית | כל | ע{ה}<ד>יתה תכנשון יתה לגו |
| 978 | Ex20:10 | קדם ייי אלהכון לא תעבדון | כל | עובדה אתון ובניכון ובנתכון |
| 979 | Dt 4:17 | כל בעיר דאית בארעא דמו | כל | עוף דפרח דטייס באויר שמייא: |
| 980 | Dt14:20 | עמי בני ישראל | כל | עוף דדכי תאכלון: |
| 981 | Gn 1:21 | די שרצו מיי׳ למינהון וית | כל | עופא דפרח למיניה וגלי קדם |
| 982 | Gn 8:20 | מן כל בעירה דוכי׳ ומן | כל | עופא דיכיה וסדר עלון על גבי |
| 983 | Gn 9:02 | על כל חייתא דארעא ועל | כל | עופא דשמיא בכל מה די תרחש |
| 984 | Gn 2:19 | כל חיתא דאפי ברא וית | כל | עופה דשמיא ואיתי יתהון לות |
| 985 | Gn30:35 | תישיא קרוחי ונמוריה וית | כל | עזיא קרוחתא ונמורתא כל דאית |
| 986 | Nu16:28 | ייי אשתלחת למעבד ית | כל | עיבידה האליין ארום לא מן |
| 987 | Gn 2:03 | שבה שבה וניח קדמוהי מן | כל | עיבידתיה די ברה איקרה דייי |
| 988 | Lv25:07 | ולחיותה די בארעכון תיהוי | כל | עללת למיכל: |
| 989 | Dt14:22 | ישראל מעשרה תעשרון ית | כל | עללת זרעיכון מה דאתון מפקין |
| 990 | Gn 3:09 | אלהים לאדם ואמר ליה הא | כל | עלמא דברית גלי קדמי חשוכה |
| 991 | Gn24:62 | לבארה דאתגלי עלי קיים | כל | עלמא והוא הוה שרי בארעא |
| 992 | Gn35:09M | ומספד ובכי ואת רבון | כל | עלמא ייי במכלת רחמיך טבייה |
| 993 | Ex17:16 | כורסי איקרי דרבון | כל | עלמא קדמיה {מאה} <מלכה> |
| 994 | Nu21:15 | ומקטלין יתהון ורמז רבון | כל | עלמא ייי דידע מה בלבביה |
| 995 | Dt32:04 | וממך ותלת שעין מפרנס | כל | עלמא צדיקה דלית קדמוי שקר |
| 996 | Gn25:11 | בבארה דאתגלי עלה קיים | כל | עלמיא: |
| 997 | Gn27:27 | טורא ברך יתיה חי וקיים | כל | עלמי«א»: |
| 998 | Gn30:22 | דאינון מסירין ביד רבון | כל | עלמ«י»א ייי ולא מסרן לא |
| 999 | Gn49:18M | סכיית ואודיקת רבון | כל | עלמיא דפורקנך פורקן עלמא |
| 1000 | Ex15:02 | תוקפן ורוב תושבחתן דחיל | כל | עלמיא ייי אמר בממרי והוה לן |
| 1001 | Ex15:11 | הדור בקדושה דחיל תושבחן | כל | עלמיא עבד נסין ופלאין לעמך |
| 1002 | Ex23:17 | תבעין אולפן קדם רבון | כל | עלמיא ייי: |
| 1003 | Ex34:23 | כל דוכריכון קדם רבון | כל | עלמיא ייי אלהה דישראל: |
| 1004 | Dt16:16 | כל דכוריכון קדם רבון | כל | עלמיא ייי אלהכון באתרא די |
| 1005 | Gn16:13 | עליה את הוא אלהא קיים | כל | עלמייא ארום אמרת הא אף כדון |
| 1006 | Gn16:14 | באר׳ דאתגלי עלה קיים | כל | עלמייא הא היא בין רקם ובין |
| 1007 | Dt32:04 | נבייא אנה חמית לרבון | כל | עלמייה ייי מפלג יומא ועבד |
| 1008 | Lv 8:03 | וית | כל | עם כנישתה כנש לתרע משכן |
| 1009 | Lv10:06 | לא תבזעון דלא תמותון ועל | כל | עם כנשתא יהוי ריגז ואחיכון |
| 1010 | Lv16:33 | יכפר ועל כהנייה ועל | כל | עם קהלא יכפר: |
| 1011 | Lv24:16 | יתקטל מרגם ירגמון יתיה | כל | עם כנשתה כגיורייה כיציבייה |
| 1012 | Nu 1:02M | כנשתא דבני /טולו ית ריש | כל | עם כנישתה דב׳#2#/ ישראל |
| 1013 | Nu 1:18 | וית | כל | עם כנשתא כנשו בחד ^יום#2#^ |
| 1014 | Nu 3:07 | ויטרון ית מטרתיה וית מטרת | כל | עם כנ«י»שתה קדם משכן |
| 1015 | Nu10:03 | בהון ויזדמנון לוותך | כל | עם כנישתה לתרע משכן זימנא: |
| 1016 | Nu11:29 | מקנא את לי אלווי מן יתן | כל | עם דייי נביין ארום ישוי׳ |
| 1017 | Nu14:02 | בני ישראל ואמרין להון | כל | עם כנישתה אלווי בארעא |
| 1018 | Nu14:10 | ואמרין | כל | עם כנישתה מרגום יתהון |
| 1019 | Nu15:24 | אתעבדת לשלו ויקרבון | כל | עם כנישתה תור בר תורין חד |
| 1020 | Nu15:35 | גברא ירגמון יתה באבניה | כל | עם כנישתה לבר מן משריתה: |
| 1021 | Nu15:36 | ואפיקו יתה | כל | עם כנשתה לבר מן משריתה |
| 1022 | Nu16:19 | איקר שכינתה דייי על | כל | עם כנישתה: |
| 1023 | Nu16:19 | וכנש עליהון קרח ית | כל | עם כנישתה לתרע משכן זמנא |
| 1024 | Nu17:06 | ואתרעמו | כל | עם כנשתה דבני ישראל מן |
| 1025 | Nu20:01 | ועלו בני ישראל | כל | עם כנישתה מדברה דצין בירחה |
| 1026 | Nu20:27 | ייי וסלקו להר טורה לעיני | כל | עם כנישתה: |
| 1027 | Nu20:29 | וחמון | כל | עם כנישתה ארום סאף אהרן |
| 1028 | Nu27:02 | כהנה וקדם רברבניה וקדם | כל | עם כנשתה בתרע משכן זמנא |
| 1029 | Nu27:19 | כהנא וקדם רברבניה וקדם | כל | עם כנישתה ותפקד יתיה |
| 1030 | Nu27:22 | קדם אלעזר כהנא וקדם | כל | עם כנשתה: |
| 1031 | Nu31:27 | דנפקין לחיל קרבא ובין | כל | עם כנישתה: |
| 1032 | Gn19:04 | מן עולימיהון ועד סביהון | כל | עמא מן סטר חד: |
| 1033 | Gn26:11 | ופקד אבימלך ית | כל | עמא למימר מן דיקרב בגברא |
| 1034 | Ex18:23 | ותיכל למיקם ולחו«ד» | כל | עמא האלין לאתריהון יעלון |
| 1035 | Ex19:08 | וענון | כל | עמא כחדא בלבא שלמא ואמרי׳ |
| 1036 | Ex19:11 | איקר שכינתא דייי לעיני | כל | עמא על טורא דסיני: |
| 1037 | Ex19:11M | מימרי׳ דייי חמיין | כל#2#/ | עמא על טורא דסיני: |
| 1038 | Ex19:16 | {ו}תקף לחדא ואזדעזעו | כל | עמא די במשריתא: |
| 1039 | Ex19:18M | תנן אתונה וזעו | כל | עמא דאית במשרית׳ |
| 1040 | Ex23:27M | ואשיצי ית | כל | עמא דתעלון לוותהון |
| 1041 | Ex24:03 | וית כל סדרי דינא וענון | כל | עמא קל חד ואמרין כל פתגמיא |
| 1042 | Ex32:03 | ופרקו | כל | עמא ית קדשיא דדהבא «די» |
| 1043 | Ex33:08M | משה למשכנה הוון קיימין | כל | עמא ומעתדין |
| 1044 | Ex33:08 | משה נפק למשכנה קיימין | כל | עמא ומתעתדין גבר בתרע |
| 1045 | Ex33:10 | וחמון | כל | עמא ית עמודא דעננא דקיים |
| 1046 | Ex33:10 | דקיים בתרע משכנה וקיימין | כל | עמא ומצליין גבר בתרע |
| 1047 | Ex34:10 | בכל ארעא ובכל אמיא ויחמי | כל | עמא די את שרי ביניהון ית |
| 1048 | Lv 9:23 | איקר שכינתה דייי על | כל | עמא: |
| 1049 | Lv 9:24 | ית עלתה וית תרביה וחמון | כל | עמא וחדון ואשתטחו על |
| 1050 | Lv10:03 | דמקרב לוותי אתקדש ובאפי | כל | עמא איתיקר ושתק אהרן וקבל |
| 1051 | Nu11:11M | \דכל עמה האלין עלי | /כל | עמא האליין עלי#2#/: |
| 1052 | Nu11:12 | האנא עברת ית | כל | עמא האלין או אנה אולדת |
| 1053 | Nu16:05M | קרח ועם \כל כנשתה | /{ע}<כ>ל | עמא דכ׳#2#/ למימר בצפרה |
| 1054 | Dt17:07M | ותבערון /וי{ת}<ד> | כל | עמא בסופא ותשיצון#2#/ עבדי |
| 1055 | Dt17:07 | בקדמיתה למיקטל יתיה וידי | כל | עמא באחרייתה ותבערון עבדי |
| 1056 | Dt20:11 | יתכון ותפתח לכון ויהווי | כל | עמא די ישתכחון בגווה יהווי |
| 1057 | Dt21:21 | וירגמון יתיה | כל | עמא דקרתה באבנייה וימות |
| 1058 | Dt27:15M | ישווי בטומרה הוון עניין | כל | עמא אלין לאלין |
| 1059 | Dt27:15 | וישוי יתיה בטמרה ועניין | כל | עמא כחדה ואמרין אמן: |
| 1060 | Dt27:16M | /דמבזי אבוי ואמה ויענון | כל | עמא אמן#2#/: |
| 1061 | Dt27:16 | דאבוי ודאמה ויאמרון | כל | עמא אמן: |
| 1062 | Dt27:17 | יארע תחומה דגברא ויאמרון | כל | עמא אמן: |
| 1063 | Dt27:18 | סמייה באורחה ויאמרון | כל | עמא אמן: |
| 1064 | Dt27:19 | דיתמה וארמלתה ויאמרון | כל | עמא אמן: |
| 1065 | Dt27:19M | ודארמלתה ויענון | כל#2#/ | עמא אמן: |
| 1066 | Dt27:21 | ישמש עם כל בעיר ויאמרון | כל | עמא אמן: |
| 1067 | Dt27:23M | כל /חביבתה ויענון | כל#2#/ | עמא אמן: |
| 1068 | Dt27:23 | ישמש עם חתנתיה ויאמרון | כל | עמא אמן: |
| 1069 | Dt27:25 | נפיש אדם זכיי ויאמרון | כל | עמא אמן: |
| 1070 | Dt29:09 | חכימיכון וסרכיכון | כל | עמא בני ישראל: |
| 1071 | Gn29:22 | וכנש לבן ית | כל | עמה דאתרא ועבד שירו ענה |
| 1072 | Ex33:16M | /ונתכסי אנה ועמך מן | כל | עמה דאית על#2#/ ארעא: |
| 1073 | Lv24:14 | על ראשה וירגמון יתיה | כל | עמה דכנשתה: |
| 1074 | Nu13:26M | דגיעה ואחזרו יתהון וית | כל | עמה דכנשתה וחמון להון ית |
| 1075 | Nu14:01M | \ונטלו עם כנישתה /וארעמן | כל | עמה דכנשתה#2#/ ושוון ית |
| 1076 | Nu15:24M | \ויקרבון כל עם כנישתה | /כל | עמה דכנשתה#2#/ תור בר |

|  |  | | | |
|---|---|---|---|---|
| 1077 | Dt27:20 | בזי עריתה דאבוי ויאמרון | כל | עמה אמן: |
| 1078 | Dt27:22 | אבוי או ברת אמיה ויאמרון | כל | עמה אמן: |
| 1079 | Dt27:22M | או ברתה דאמיה ויענון | כל#2/ | עמה אמן: |
| 1080 | Dt27:24 | לחבריה בטומרה ויאמרון | כל | עמה אמן^: |
| 1081 | Dt27:26 | הדה למעבד יתהון ויאמרון | כל | עמה אמן: |
| 1082 | Ex38:17M | /והנון משקעי{י}ן כסף | כל | עמודה דדר#2/: |
| 1083 | Ex27:17 | | כל | עמודי דדרתה חזור חזור |
| 1084 | Ex38:17 | כסף ואינון מכבשין כסף | כל | עמודי דרת«ה»: |
| 1085 | Gn41:40 | ועל גזירת פומך יתזנון | כל | עמי לחוד כרסי מלכותי אנה רב |
| 1086 | Ex23:27 | אשלח קדמיכון ואערבב ית | כל | עמיא די תיעלון ביניהון |
| 1087 | Nu21:23 | בתחומה וכנש סיחון ית | כל | עמיה ונפק לקדמות ישראל |
| 1088 | Nu21:34 | ארום בידך מסרית יתיה וית | כל | עמיה ^וית ארעיה#2^/ ותעבד |
| 1089 | Nu21:35 | ושצון יתיה וית בנוי וית | כל | עמיה עד די לא שיירו לה שזבא |
| 1090 | Dt 2:33 | יתיה וית <בנוי> וית | כל | עמיה: |
| 1091 | Dt 3:02 | ארום בידך מסרית יתיה וית | כל | עמיה וית ארעיה ותעבד ליה |
| 1092 | Dt 3:03 | עוג מלכא דבותנין וית | כל | עמיה וקטלנן יתיה עד די לא |
| 1093 | Ex34:10 | הא אנה מקיים קיים לקבל | כל | עמך אעבד נסין ופלאין די לא |
| 1094 | Gn41:51 | ארום נשי יתיה ייי ית | כל | עמלי וית כל אנשי ביתיה |
| 1095 | Gn33:13 | עליהון יום חד מייתן | כל | ענא: |
| 1096 | Gn31:08 | יהווי אגרך הוות ילדה | כל | ענה נמרין: |
| 1097 | Gn31:08 | יהוי אגריך הוות ילדה | כל | ענה <....> נמרין יהווי אגרך |
| 1098 | Gn31:12M | /דכרייא#2/ דסלקין על | \כל#2/ | ענה קרוחין נמורין |
| 1099 | Gn33:13M | חד \מייתן כל ענא /הא | כל | ענה מייתין#2/: |
| 1100 | Ex 8:13 | כלמיא בבני אנשא ובבעירא | כל | עפרא דארעא הוון כלמין בכל |
| 1101 | Lv14:45 | ית אבנא וית קיסוי וית | כל | עפרא דבייתיה ויפק לבר מן |
| 1102 | Gn22:14M | ומשזיב יתהון מן | כל | עקא ברם עתידין הינון דריא |
| 1103 | Gn22:14 | יתהון ומשיזב יתהון מן | כל | עקא דעתידין דריא |
| 1104 | Gn48:16 | מלאכא די פרק יתי מן | כל | עקא יברך ית טליא ויתקרי |
| 1105 | Ex18:08 | ולמצריי על עסק ישראל ית | כל | עקיא די ארען יתהון באורחא |
| 1106 | Nu20:14 | ישראל אתון ידעתון ית | כל | עקיה די ארעון יתן: |
| 1107 | Dt 4:30 | דאעיק לכון וארעא יתכון | כל | עקייה האליין בסוף עקב יומיא |
| 1108 | Gn 1:30 | דאית ביה נפש דחיא ית | כל | עשבא למזון והוה כן כממרה: |
| 1109 | Ex 9:22 | בני אנשא ועל בעירה ועל | כל | עשבא באפי ברא בארעא |
| 1110 | Ex 9:25 | בני אינשא ועד בעיר' וית | כל | עשבא דבאפי בר{ד}א שיצי ברדא |
| 1111 | Ex 9:25 | בר{ד}א שיצי ברדא וית | כל | {עשבא} אילנייא דבאפי ברא |
| 1112 | Ex10:12 | על ארעא דמצרים ויכול ית | כל | עשבא וארעא ית כל מה די שייר |
| 1113 | Ex10:15 | ארעא וחשכת ארעא ואכל ית | כל | עשבא דארעא וית כל פרי אילנא |
| 1114 | Gn 1:29 | דייי הא יהבית לכון ית | כל | עשביא דמזרעין זרע די על אפי |
| 1115 | Ex 1:14 | ובכל פולחן באפי ברא ית | כל | פולחן די פלחו בהון בקשיו: |
| 1116 | Dt27:10M | אלהכון ותעבדון ית | מצוותה/כל | פיקודוי#2/ וית קיימוי |
| 1117 | Lv26:15 | תרחק נפשכון דלא למעבד ית | כל | פיקודי במפסכון ית קיימי: |
| 1118 | Lv26:14 | אורייתי ולא תעבדון ית | כל | פיקודיה האליין: |
| 1119 | Nu15:40 | מן בגלל דתידכרון ית | כל | פיקודיי ותהוון קדישין קדם |
| 1120 | Dt15:05M | הדה די אנה /ולמעבד ית | כל | פיקודייה האליין די אנה#2/ |
| 1121 | Nu30:13 | יתהון בעלה ביומא די ישמע | כל | פירוש ספוותה לנדרא ולקיום |
| 1122 | Dt26:02 | ותיסבון מן שירוי בוכרת | כל | פירי ארעא די תייתון מן |
| 1123 | Dt26:10 | הא אייתינן ית שרוי בוכרת | כל | פירי ארעא מן מה די יהבת לן |
| 1124 | Nu16:31 | והוה כד אשלם למללא ית | כל | פיתגמיה האליין ואתפתחת |
| 1125 | Gn 1:02 | בר נש ומן בעיר וריקנא מן | כל | פלחן צמחין ומן אילנין |
| 1126 | Gn35:04 | ויהבו ליעקב ית | כל | פלחנא נכריה די בידיהון וית |
| 1127 | Ex39:42 | כן עבדו בני ישראל ית | כל | פלחנא: |
| 1128 | Nu 4:27 | דאהרן ודיבנוי ת«י»הוי | כל | פלחנה דבנוי דגרשוני לכל |
| 1129 | Gn44:19 | ברגליה על פלטין ואזדעזע | כל | פלטין ענה יהודה ואמר דלמה |
| 1130 | Ex22:14M | "אתקבל באגרא": אעל | כל | פסיד' אגריה |
| 1131 | Ex10:15 | ית כל עשבא דארעא וית | כל | פרי אילנא די שייר ברדא ולא |
| 1132 | Lv19:24 | ובשתה רביעתה יהוון | כל | פרי{ן} קדש פרקן לשמה דייי: |
| 1133 | Ex18:22 | ית עמא בכל שעה ויהוי | כל | פתגם רב ייתון יתה לוותך וכל |
| 1134 | Ex22:08 | על | כל | פתגם דחטיא על תור על חמרא |
| 1135 | Dt23:20M | וזפו דדהב {י}<ו>זפו | כל | פתגם די יוזף#2/: |
| 1136 | Gn24:66 | ותני עבדא ליצחק ית | כל | פתגמא {ל}<ד>עבד: |
| 1137 | Dt13:01 | ית | כל | פתגמא די אנה מפקד יתכון |
| 1138 | Nu11:24 | ונפק משה ומלל עם עמא ית | כל | פתגמוי דייי וכנש שובעין |
| 1139 | Dt27:03 | ותכתבון עליהון ית | כל | פתגמי אוריתה הדה במעברכון |
| 1140 | Dt27:08 | ותכתבון על אבנייה ית | כל | פתגמי אוריתה הדה כתיב חקיק |
| 1141 | Dt28:58 | אין לא תטרון למעבד ית | כל | פתגמי אוריתה הדה דכתבין |
| 1142 | Dt29:28 | ולבנינן עד עלמא למעבד ית | כל | פתגמי אורייתה הדה: |
| 1143 | Gn20:08 | וקרא לכל שלטוי ומלל ית | «כל» | פתגמי«א» האלין במשמעהון |
| 1144 | Gn24:28 | דרבוני דאמה ותניית ית | כל | פתגמיא האלין: |
| 1145 | Gn29:13 | לגו בייתיה ותני ללבן ית | כל | פתגמ<י>א האילין: |
| 1146 | Ex 4:28 | וחווי משה לאהרן ית | כל | פתגמיא דייי דשלח יתיה ייי |
| 1147 | Ex 4:30 | ומליל אהרן ית | כל | פתגמיא די מלל ייי עם משה |
| 1148 | Ex19:07 | עמא וסדר קדמיהון ית | כל | פתגמיא האיליין די פקד יתיה |
| 1149 | Ex24:03 | כל עמא קל חד ואמרין | כל | פתגמיא די מליל ייי נעבד: |
| 1150 | Ex24:03 | ואתא משה ותני לעמא ית | כל | פתגמיא דייי וית כל סדרי |
| 1151 | Dt30:01 | ויהווי ארום ייתון עליכון | כל | פתגמיא האיליין סדר ברכתה |
| 1152 | Lv 8:36 | ועבד אהרן ובנוי ית | כל | פתגמיה די פקד ייי על ידוי |
| 1153 | Dt 1:18 | יתכון בשעתה ההיא ית | כל | פתגמיה די תעבדון: |
| 1154 | Dt17:19 | ייי אלהיה למטור ית | כל | פתגמיה האיליין וית קיימיה |
| 1155 | Ex24:08 | קיימא דקיים ייי עמכון ית | כל | פתגמיי' האליין: |
| 1156 | Ex24:04 | וכתב משה ית | כל | פתגמיי דייי ואקדם בצפרא |
| 1157 | Dt28:14 | <ולא> תסטון מן | כל | פתגמייא די אנה מפקד יתכון |
| 1158 | Dt32:45 | ואשלם משה למללה ית | כל | פתגמייא האליין עם כל |
| 1159 | Dt12:28 | טורו ושמעו ית | כל | פתגמייה האיליין די אנה מפקד |
| 1160 | Gn20:18 | ארום מטרוד טרד ייי בעד | כל | פתחי ילדה לביתה דאבימלך |
| 1161 | Ex13:15 | כדון אנן מקרבין קדם ייי | כל | פתחי וולדא דכרייא וכל |
| 1162 | Ex34:19 | | כל | פתחי שרוי וולדא לשמי אינון |
| 1163 | Nu18:15 | | כל | פתחי שרוי וולדה לכל בשרה די |
| 1164 | Nu33:52 | ית כל סעוותהון וית | כל | {צלמי} מתכתהון תסיפון וית |
| 1165 | Dt14:11 | עמי בני ישראל | כל | צפר דדכיה תאכלון: |
| 1166 | Dt11:06 | וית משכניהון וית | כל | קאמיה דהווה ברגליהון בגו |
| 1167 | Ex13:15M | פתחי וולדא /לשמה דייי | כל | קדמי פתח וול#2/ דכרייא |
| 1168 | Ex12:06 | לירחא הדין ויכסון יתיה | כל | קהל כנישתא דבני ישראל ביני |
| 1169 | Lv16:17 | אנשי ביתיה ועל ידי | כל | קהל כנישתה דבני ישראל: |
| 1170 | Ex16:03 | למדברא הדין למקטלא ית | כל | קהלא הדין בכפנא: |
| 1171 | Dt 5:22 | דביריה האליין מלל ייי עם | כל | קהלכון בטורא מן גו להבי |
| 1172 | Dt 2:34 | בשעתה ההיא ושיצינן ית | כל | קורי תלילתה ונשיה וטפלייה |
| 1173 | Dt 3:06 | מלכא דחשבון שיצינן | כל | קורי תלי{ת}<ל>תה ונשיה |
| 1174 | Dt 3:10 | | כל | ק«ו»רי מישרה וכל גלעדה |
| 1175 | Nu31:10 | וית | כל | קורייהון במדוריהון וית כל |
| 1176 | Dt 2:34 | וכבשינן ית | כל | קורייוי בשעתה ההיא ושיצינן |
| 1177 | Dt 3:04 | וכבשנן ית | כל | קורייוי בשעתה ההיא לא הות |
| 1178 | Nu35:07 | | כל | קוריין די תתנון לליוויי |
| 1179 | Nu21:25 | ונסבו ישראל ית | כל | קורייתה האליין ושרון ישראל |
| 1180 | Gn32:11 | אנה כמסת מן כל חסדיא ומן | כל | קושטא די עבדת עם עבדך ארום |
| 1181 | Nu30:15 | ויקיים ית כל נדרה או ית | כל | קיומא די עלה קיים יתהון |
| 1182 | Ex15:26 | ותציתון למצוות ותטרון | כל | קיימוי כל מכתשיה בישיה |
| 1183 | Dt 6:02 | דייי אלהכון ולמיטור ית | כל | קיימוי ומצוותה דאוריתה די |
| 1184 | Lv20:22 | ותטרון ית | כל | קיימי וית כל סדרי דיניי |

|  |  | | | |
|---|---|---|---|---|
| 1185 | Lv10:11 | ית כל בני ישראל ית | כל | קיימיה די מלל ייי עמהון |
| 1186 | Nu 5:30 | קדם ייי ויעבד לה כהנה ית | כל | קיימיה דאוריתה האלין: |
| 1187 | Dt 4:06 | אומייה די ישמעון ית | כל | קיימיה האלין ויימרון לחוד |
| 1188 | Dt 6:24 | ופקד יתן ייי למעבד ית | כל | קיימיה האיליין למדחול |
| 1189 | Dt 6:25M | אין נטרין אנן למעבד ית | כל | קיימיה האילין |
| 1190 | Dt11:32 | ותטרון למיעבד ית | כל | קיימיה וית סדרי דינייה די |
| 1191 | Lv19:37 | ותטרון ית | כל | קיימיי וית כל סדרי דיניי |
| 1192 | Nu22:04 | כדון ישצון קהלא הדין ית | כל | קירויא די חזור חזור היך מה |
| 1193 | Nu31:09 | טפליהון וית בעיריהון וית | כל | קניינהון וית כל ממונהון |
| 1194 | Gn36:06 | ממונה וית כל בעיריה וית | כל | קניינוי די קנה בארעא דכנען |
| 1195 | Lv 7:14 | ויקרב מנה חד מן | כל | קרבן אפרשו לשמה דייי לכהנא |
| 1196 | Nu18:09 | מן בית קדש קדשיה מן אשתא | כל | קרבנהון לכל מנחתהון ולכל |
| 1197 | Lv 2:13 | אלהכון מעילוי מנחתכון על | כל | קרבניכון תהוון מקרבין מלח: |
| 1198 | Lv18:06 | גבר גבר לוות | כל | קריב בשריה לא תקרבון |
| 1199 | Gn18:28 | הא משיצא את בגלל חמשה ית | כל | קרתא ואמר לא אשיצא אם אשכח |
| 1200 | Nu25:04 | ואמר ייי למשה דבר ית | כל | ראשי עמא ואקים יתהון |
| 1201 | Dt 5:23 | בעיר באשתא וקרבתון לוותי | כל | ראשי שבטיכון וחכימיכון: |
| 1202 | Ex18:11 | ייי מן אלהייא ורבון על | כל | רבוניא ארום בפתגמ«א» |
| 1203 | Nu13:02 | חד לשבט אבהתהון תשלחון | כל | רברביה דבהון: |
| 1204 | Ex16:22 | עמרין לכל גולגלא ואתון | כל | רברבני כנישתא ותנון למשה: |
| 1205 | Nu10:04 | יתקעון ויזדמנון לוותך | ^כל#2^ | רברבני ראשי אלפייה |
| 1206 | Nu17:17 | חטר חטר לבית אבא מן לוות | כל | רברבניהון לבית אבהתהון |
| 1207 | Nu17:21 | עם בני ישראל ויהבו ליה | כל | רברבניהון חטר לרב חד חטר |
| 1208 | Gn 9:03 | | כל | רחש דאית ביה נשמה דחיין |
| 1209 | Gn 6:20 | ומן בעירא למינה ומן | כל | רחשא דארעא למינה תרין מן |
| 1210 | Gn 8:19 | כל חייתה | כל | רחשא וכל עופה וכל דרחש על |
| 1211 | Dt10:17 | «על כל אלה ורבון על | כל | ריבונייה אלה» רבה גיברה |
| 1212 | Gn 1:25 | וית בעירה למינה וית | כל | ריחשא דארעא למינהון וגלי |
| 1213 | Gn 9:03M | ביה נשמה דחיין לכון | /כל | רמס דבחיין לכון#2/ יהווי |
| 1214 | Gn28:10 | וניסא רביעאה אבנא דהוון | כל | רעיא מתכנשין למג{ז}«ו»ללה |
| 1215 | Ex20:01 | ומלל ייי ית | כל | שבח דיבירייא האליין למימר: |
| 1216 | Dt32:44 | ואתה משה ומלל ית | ^כל#2^ | שבח שירתה הדה במשמעהון |
| 1217 | Nu31:04 | אלף מן | כל | שבט אלף מן כל שבטיהון |
| 1218 | Nu31:05 | מן אלפיה דישראל אלף מן | כל | שבט תרין עשר אלפין מזייני |
| 1219 | Nu31:06 | ושלח יתהון משה אלף מן | כל | שבט לחיל קרבה יתהון וית |
| 1220 | Nu34:18 | ורב חד רב חד מן | כל | שבט תסבון לאחסנה ית ארעא: |
| 1221 | Dt 1:23 | תרין עשר גברין גבר חד מן | כל | שבט: |
| 1222 | Gn49:16 | ודיין כחדא ישתמעון לה | כל | שבטי דבני ישראל: |
| 1223 | Ex32:26 | לוותי ואתכנשו לוותיה | כל | שבטי דלוי: |
| 1224 | Gn49:24 | אדרע גבורתיה מתפרנסין | כל | שבטיא דישראל: |
| 1225 | Dt29:20 | ויפרש יתיה ייי לבישתה מן | כל | שבטיה דישראל ככל לווטיה |
| 1226 | Nu31:04 | אלף מן כל שבט אלף מן | כל | שבטיהון דישראל תשלחון לחיל |
| 1227 | Dt33:05 | ראשי עמא כחדא ישתמעון לה | כל | שבטייה דבני ישראל: |
| 1228 | Dt12:05 | די יתרעי ייי אלהכון מן | כל | שבטיכון למישרייה ית איקר |
| 1229 | Dt18:05 | בהון אתרעי ייי אלהכון מן | כל | שבטיכון למקום למשמשה בשם |
| 1230 | Gn41:30 | שנין כפנא בתריהון ותתנשי | כל | שבעה בארעא דמצרים וישיצא |
| 1231 | Gn45:16M | \ובאפוי עבדוי /ובאפי | כל | שולטנוי#2/: |
| 1232 | Ex10:06 | ויתמלון בתיך ובתי | כל | שלטונך ובתיהון דכל מצריי די |
| 1233 | Gn41:37 | פתגמא באפוי דפרעה ובאפוי | כל | שלטנוי: |
| 1234 | Gn50:07 | למקבר ית אבוי וסלקו עמיה | כל | שליטוי דפרעה אפיטרופוי ארעא |
| 1235 | Gn 7:19 | כל טוריא רמיה די תחות | כל | שמיא: |
| 1236 | Dt 2:25 | על אפי אומייא די תחות | כל | שמיא די ישמעון שמעיכון |
| 1237 | Dt 4:19 | לכול אומייה די תחות | כל | שמיא: |
| 1238 | Lv22:27M | דהבינן מקרבי{נ}ן קדמך | כל | שנה ושנה והוו{ינ}ן |
| 1239 | Dt 4:07M | "בכל ... עני": | כל | שעה דאנן קריין לה הוא ענין |
| 1240 | Lv14:09 | דקנה וית גביני עייני וית | כל | שערה יספר ויחוור ^ית#2^ |
| 1241 | Lv14:08 | ית לבו«שוי» ויספר ית | כל | שעריה ויסחי במיא וידכי ובתר |
| 1242 | Lv14:09 | ביומא שביעיה יספר ית | כל | שעריה ית ראשיה וית דקנה וית |
| 1243 | Ex13:12 | ותפרשון | כל | שרוי פתחי וולדה לשמה דייי |
| 1244 | Lv11:10 | וקסקסין בימיא ובנחליא מן | כל | שרצא דמיא ומן כל נפש חיתה |
| 1245 | Dt18:06M | /די הנון תמן וייתה | כל | תוח#2/ נפשיה לאתרא די |
| 1246 | Lv 4:12 | ויפק ית | כל | תורא לבר מן משריתה לאתר דכי |
| 1247 | Nu 7:87 | | כל | תורי לעלתה תרין עשר תורין |
| 1248 | Dt 3:04 | שיתין קריין | כל | תחום טרכונה בית מלכותה |
| 1249 | Dt 3:13 | יהבית לפלגות שבטה דמנשה | כל | תחום תרכונה לכל בותנין |
| 1250 | Dt 3:14 | יאיר בר מנשה נסב ית | כל | תחום תרכונה עד תחום |
| 1251 | Gn14:07 | דינא היא רקם וקטלו ית | כל | תחומהון דעמלקיא ואף ית |
| 1252 | Ex 7:27 | למשלחה הא אנה משיצא ית | כל | תחומך בארדעניא: |
| 1253 | Gn 4:21M | \דכל תפשי כנורא ואבובא | /כל | תפשי כינרא ועוגבא#2/: |
| 1254 | Lv 7:23 | מליל עם בני ישראל למימר | כל | תרב תור ואמר וגדי בר עזין |
| 1255 | Lv 8:16 | ונסב ית | כל | תרבא די על בני גווה וית מה |
| 1256 | Gn17:23 | ית ישמעאל ברה וית | כל | תרבבת ביתה וית כל זביני |
| 1257 | Ex29:13 | ותסב | כל | תרבה דחפי ית כרסה וית מה |
| 1258 | Lv 3:03 | ית תרבא דחפי ית כרסה וית | כל | תרבה די על בני גווה: |
| 1259 | Lv 3:09 | ית תרבה דחפי ית כרסה וית | כל | תרבה די על בני גווה: |
| 1260 | Lv 3:14 | דח{כ}<פ› ית כרסא וית | כל | תרבה די על בני גוה: |
| 1261 | Lv 3:16 | לחם קרבן לריח דרעוה | כל | תרבה לשמה דייי: |
| 1262 | Lv 3:17 | בכל אתר בית מדוריכון | כל | תרבה וכל אדם לא תיכלון: |
| 1263 | Lv 4:08 | וית | כל | תרבה דתורה דחטאתה ירים מניה |
| 1264 | Lv 4:08 | ית תרבה דחפי על כרסה וית | כל | תרבה די על בני גווה: |
| 1265 | Lv 4:19 | וית | כל | תרבה ירים מנה ויסדר כהנא |
| 1266 | Lv 4:31 | וית | כל | תרבה יעבד היך מה דעבד תרבה |
| 1267 | Lv 4:35 | וית | כל | תרבה יעבד היך מה די יעבד |
| 1268 | Lv 7:03 | וית | כל | תרבה יקרב מנה ית אליתה |
| 1269 | Lv 8:25 | ית תרבה וית אליתה וית | כל | תרבה די על בני גוה וית מה |
| 1270 | Nu18:29 | ית כל אפרשותה דייי מן | כל | תרבה ית טובה מנה: |
| 1271 | Lv 4:26 | וית | כל | תרביה יסדר על גבי מדבחה |

## בכל

|  |  | | | |
|---|---|---|---|---|
| 1272 | Nu35:23 | או | בכל | אבן די ימות בה דלא חמה |
| 1273 | Dt28:64 | ויבדר יתכון ייי | בכל | אומיה מן סייפי ארעה ועד |
| 1274 | Dt28:37 | לצדו למתלין ולתנויין | בכל | אומייה די יגלי יתכון ייי |
| 1275 | Dt30:01 | ותתחזרון עם לבביכון | בכל | אומייה די סדר יתכון ייי |
| 1276 | Gn 4:22 | ית תובל קין אומן | בכל | אומנות נחשא ופרזלא ואחתה |
| 1277 | Dt 5:33 | | בכל | אורחה די פקד ייי אלהכון |
| 1278 | Dt11:22 | דייי אלהכון למהלכה | בכל | אורחן דתקנן קדמוי |
| 1279 | Dt12:07 | קדם ייי אלהכון ותחדון | בכל | אושטות ידיכון אתון |
| 1280 | Dt12:18 | ותחדון קדם ייי אלהכון | בכל | אושטות ידיכון: |
| 1281 | Dt23:21 | יברך יתכון ייי אלהכון | בכל | אושטות ידיכון על ארעא די |
| 1282 | Dt28:20 | וית שעמומא וית מזופתה | בכל | אושטות ידיכון די תעבדון |
| 1283 | Dt22:06 | דצפרין קדמיכון בארחה | בכל | אילן או על ארעא גוזלין או |
| 1284 | Lv18:24 | לא תסתאבון | בכל | אליין ארום בכל אליין |
| 1285 | Lv18:24 | תסתאבון בכל אליין ארום | בכל | אליין אסתאבון אומייה די |
| 1286 | Dt 1:31 | דסביל גבר ית ברה | בכל | ארחה די הלכתון עד מיעלכון |
| 1287 | Dt10:12 | ייי אלהכון ולמהלכה | בכל | ארחן דתקנן קדמוי ולמרחום |
| 1288 | Gn41:19 | ולא חמת כוותיהון | בכל | ארעא דמצרים בישן: |
| 1289 | Gn41:29 | שבע שנין אתיין שבע תקף | בכל | ארעא דמצרים: |
| 1290 | Gn41:34 | גבר וימנה אפיטרופין | בכל | ארעא דמצרים ויהוון מפקין |
| 1291 | Gn41:44 | וית רגלה למרכב סוסא | בכל | ארעא דמצרים: |
| 1292 | Gn41:45 | ליה לאתתה ונפק יוסף | בכל | ארעא דמצרים: |

|  |  | | | |
|---|---|---|---|---|
| 1293 | Gn41:46 | יוסף מן קדם פרעה ועבר | בכל | ארעא דמצרי׳: |
| 1294 | Gn41:57 | מן יוסף ארום תקף כפנא | בכל | ארעא: |
| 1295 | Gn45:08 | לכל אנשי בייתי׳ ושליט | בכל | ארעא דמצרים: |
| 1296 | Gn45:26 | בחיין וארום הוא שליט | בכל | ארעא דמצרים ואתפלג לביה |
| 1297 | Gn47:13 | ולחם דלית | בכל | ארעא ארום תקף כפנא לחדא |
| 1298 | Ex 5:12 | ואבדרון עמא | בכל | ארעא דמצרים למגבא קש |
| 1299 | Ex 7:19 | ויהון לאדם ויהוי אדמה | בכל | ארעא דמצרים בקיסיא |
| 1300 | Ex 7:21 | מיא מן נהרא והות אדמה | בכל | ארעא דמצרים: |
| 1301 | Ex 8:12 | דארעא ויהווי לכלמין | בכל | ארעא דמצרים: |
| 1302 | Ex 8:13 | עפרא דארעא הוון כלמין | בכל | ארעא דמצרים: |
| 1303 | Ex 9:09 | לשחין פרח עבד שלפוקין | בכל | ארעא דמצרים: |
| 1304 | Ex 9:14 | די תדע ארום לית כוותי | בכל | ארעא: |
| 1305 | Ex 9:16 | דתתניה ית שמי קדישא | בכל | ארעא: |
| 1306 | Ex 9:22 | <ידך> לשמיא ויהוי ברדא | בכל | ארעא דמצרים על בני אנשא |
| 1307 | Ex 9:24 | לחדא די לא הוות כוותיה | בכל | ארעא דמצרי«ם» מן זמנא |
| 1308 | Ex 9:25 | ושיציא ברדא | בכל | ארעא דמצרים ית כל מה דהוה |
| 1309 | Ex10:15 | באילן ובעשבא דאפי ברא | בכל | ארעא דמצריי: |
| 1310 | Ex10:22 | לשמיא והוה חשוך דקבל | בכל | ארעא דמצרים תלתא יומין: |
| 1311 | Ex11:06 | והווה צווחתה רבה | בכל | ארעא דמצרים די כוותה לא |
| 1312 | Ex34:10 | ופלאין די לא אתברון | בכל | ארעא ובכל אמיא ויחמי כל |
| 1313 | Lv25:09 | דכיפוריה תעברון שיפורה | בכל | ארעכון: |
| 1314 | Dt28:52 | דאתון רחיצין בהון | בכל | ארעכון ויעיקון לכון בכל |
| 1315 | Dt28:52 | לכון בכל קורייכון | בכל | ארעכון די יהב ייי אלהכון |
| 1316 | Gn41:54 | דאמר יוסף והוה כפנא | בכל | ארעתא ובכל ארעא דמצרים |
| 1317 | Gn23:16 | מאה סלעין דכסף עברין | בכל | אתר מתקבלין בכל פרקמטיא: |
| 1318 | Ex12:20 | כל אחמע לא תאכלון | בכל | אתר בית מדוריכון תיכלון |
| 1319 | Ex35:03 | לא תבערון אשא | בכל | אתר בית מדוריכון ביום |
| 1320 | Lv 3:17 | קיים עלם לדריכון | בכל | אתר בית מדוריכון כל תרבה |
| 1321 | Lv 7:26 | וכל דם לא תאכלון | בכל | אתר בית מדוריכון בעופא |
| 1322 | Lv23:03 | שבי וניח הוא קדם ייי | בכל | אתר מד«ו»ריכון: |
| 1323 | Lv23:14 | קיים עלם לדריכון | בכל | אתר בית מדוריכון: |
| 1324 | Lv23:21 | לא תעבדון קים דלעלם | בכל | אתר בית מדוריכון לדריכון: |
| 1325 | Lv23:31 | קיים דעלם לדריכון | בכל | אתר בית מדוריכון: |
| 1326 | Nu10:31 | ידע נסיא דעבד ייי עמן | בכל | אתר {דחזינן} <דהוינן> שרין |
| 1327 | Nu18:31 | ותיכלון יתיה | בכל | אתר אתון ואינשי בתיכון |
| 1328 | Nu35:29 | לקיים דרין לדריכון | בכל | אתר בית מדוריכון: |
| 1329 | Ex20:24 | ית עניכון וית תוריכון | בכל | אתרא די תדכרון ית שמי בצלו |
| 1330 | Gn47:17 | ודבר יתהון בלחמא | בכל | בעירהון בשתא הה«י»א: |
| 1331 | Gn 9:15 | ובין כל נפש חיה | בכל | בשרא ולא יהוי תוב מיא |
| 1332 | Gn 9:16 | דייי ובין כל נפש חיתה | בכל | בשרא די על ארעא: |
| 1333 | Gn30:41 | והוה | בכל | דאתיחמת ענה בכירתה ושוי |
| 1334 | Gn24:02 | סבא דביתיה דתפיס | בכל | מה דליה שוי כען ידך |
| 1335 | Gn28:15 | עמך ואנטר {יתך} יתך | בכל | {דתלך} דתזל ואחזור יתך |
| 1336 | Dt12:13 | דלא תקרבון עלוותכון | בכל | היידין אתר די תשכחון: |
| 1337 | Lv16:02 | אחוך דלא יהווי <עליל> | בכל | זמן לבית מקדשה לגו מן {מן} |
| 1338 | Nu24:01 | אזל היך מה דהוה אזל | בכל | זמן למשאליה בדכריה לקדמות |
| 1339 | Dt 4:07 | כוות ממרה דייי אלהן | בכל | זמן דאנן מצליין קדמוי הוא |
| 1340 | Nu16:26 | מה דלהון דלא תשיצון | בכל | חוביהון: |
| 1341 | Gn31:06 | ידעתן ארום | בכל | חיילי פלחית קדם אבוכון: |
| 1342 | Lv11:27 | וכל דמהלך על כפי ידוי | בכל | חייתה דמהלכה על ארבע |
| 1343 | Lv24:05 | חלין תרין עשרנין יהווי | בכל | חלה חדתה: |
| 1344 | Dt26:11 | ותחדון | בכל | טובה די יהב לכון ייי |
| 1345 | Ex34:03 | עמך ולהוד גבר לא יתחמי | בכל | טורא להוד ענה ותורא לא |
| 1346 | Lv22:04 | די ידכי ומן די יקרוב | בכל | טמא נפש בר נש או גבר די |
| 1347 | Ex29:36 | ותור לחטאת תקרבון | בכל | יום על כפורא ותרבי ית |
| 1348 | Nu 7:11 | חד בכל יום רב שבט חד | בכל | יום יקרבון ית קרבנהון |
| 1349 | Nu 7:11 | ייי למשה רב שבט חד | בכל | יום רב שבט חד בכל יום |
| 1350 | Nu28:03 | שלמין מן מום תרין | בכל | יום על{ם}<ה> תדירה: |
| 1351 | Nu28:24 | כהדן סדרא תקרבון | בכל | יום שבעתי יומיא לחם קרבן |
| 1352 | Ex29:38 | אמרין בני שתהון תרין | בכל | יומא בתדירא: |
| 1353 | Dt33:14 | פירי מגדנין | בכל | ירח וירח: |
| 1354 | Dt 4:29 | ארום תתבעון יתיה | בכל | לבביכון ובכל נפשיכון: |
| 1355 | Dt10:12 | ולמפלח קדם ייי אלהכון | בכל | לבביכון ובכל נפשתכון: |
| 1356 | Dt11:13 | אלהכון ולמפלח קדמוי | בכל | לבביכון ובכל נפשתכון: |
| 1357 | Dt30:02 | יתכון אתון ובניכון | בכל | לבביכון ובכל נפשתכון: |
| 1358 | Dt30:06 | אוריתה דייי אלהכון | בכל | לבביכון ובכל נפשתכון בגלל |
| 1359 | Dt30:10 | תחזרון קדם ייי אלהכון | בכל | לבביכון ובכל נפשתכון: |
| 1360 | Dt 6:05 | ית אולפן אורייתה דייי | בכל | לבבכון ובכל נפש{ו}<י>כון |
| 1361 | Dt13:04 | אורייתה דייי אלהכון | בכל | לבבכון ובכל נפשתכון: |
| 1362 | Dt26:16 | ותטרון ותעבדון יתהון | בכל | לבבכון ובכל נפשכון: |
| 1363 | Gn 9:02 | ועל כל עופא דשמיא | בכל | מה די תרחש על ארעא ובכל |
| 1364 | Gn21:22 | לאברהם לממר ייי עמך | בכל | מה דאת עבד: |
| 1365 | Gn24:02M | דהוה שליט | בכל | מה דאית ליה |
| 1366 | Gn39:05 | והוה ברכתיה דייי | בכל | מה דהווה ליה בבייתיה |
| 1367 | Ex21:30 | עליי ויתן פרקון נפשיה | בכל | מה די ישתוי עלוי: |
| 1368 | Dt15:18 | ויברך יתכון ייי אלהכון | בכל | מה די תעבדון: |
| 1369 | Dt21:17 | ^לה#2#^ חולק בכופלה | בכל | מה די ישתכח ליה ארום הוא |
| 1370 | Dt26:14 | אלה{כון}<נן> עבדנן | {כ}בכל | מה די פקדת יתן: |
| 1371 | Dt29:08M | /דתתבוננון#2#/ \ית | כל/בכל#2#/ | מה די תעבדון: |
| 1372 | Nu16:26 | האליין ולא תקרבון | בכל | מה דלהון דלא תשיצון בכל |
| 1373 | Ex40:36 | בני ישראל | בכל | מטל{ין}<ני>הון: |
| 1374 | Ex40:38 | לעיני כל בית ישראל | בכל | מטלניהון: |
| 1375 | Lv 5:02 | או נפש די תקרב | בכל | מילה מסאבה או בנבלה דחוה |
| 1376 | Lv11:34 | וכל משקין די ישתתון | בכל | מן יסתאב: |
| 1377 | Lv13:49 | בשתיה או בעור«בא» או | בכל | מן דמשך מכתש צרעה הוא |
| 1378 | Lv13:53 | או בשתיה או בערבה או | בכל | מן דמשך: |
| 1379 | Lv13:57 | או בשתיא או בערבה או | בכל | מן דמשך מהלכה היא בנורא |
| 1380 | Lv13:59 | או בשתיא או בערבא או | בכל | מן משך לדכיה יתיה או |
| 1381 | Lv15:10 | וכל דיקרב | בכל | מן די יהווי תחתוי יסתאב עד |
| 1382 | Lv15:22 | וכל מן די יקרוב | בכל | מן די תתב עלוי יחוור |
| 1383 | Gn 7:05M | ועבד נח | כל/בכל#2#/ | מ{ן}<ה> די פקד יתיה |
| 1384 | Lv 7:21M | /ונפש ארום תקרוב | בכל | מסאב בסאביתה דבר נש#2#/ |
| 1385 | Gn19:17 | תסתכל לבתרך ולא תקום | בכל | משרא לטורא אשתיזב דלא |
| 1386 | Ex 3:20M | ידי} <פרישותי | די>/בכל | ניסי פרישתי#2#/ אעבד |
| 1387 | Nu14:11 | יה«יי»מנון בשם ממרי | בכל | ניסי פרישתי די עבדית |
| 1388 | Lv22:05 | או בר נש די יסתאב ליה | בכל | ס{ב}אובתיה: |
| 1389 | Lv24:06 | סדורין שתה סדורין חלין | בכל | סדור על פתורה דכייה קדם |
| 1390 | Lv 7:19 | ובשרא די יקרב | בכל | סואבה {לא} לא יתאכל בנורא |
| 1391 | Lv 7:21 | ונפשא די תקרב | בכל | סואבה בסאבותא דברנש או |
| 1392 | Dt19:15 | לכל חובה ולכל סרחון | בכל | סרחון די יתחייב על פם תרין |
| 1393 | Dt30:09 | וישייר יתכון ייי אלהכון | בכל | עבד ידיכון בפרי וולד |
| 1394 | Dt 2:07M | אלהכון \^בריך יתכון | בכל | עבדי^עובד#2#/ ידיכון#2# |
| 1395 | Ex31:05 | ובנגרות קיסא למעבד | בכל | עבידא: |
| 1396 | Lv13:48 | או לעמרא או במשך או | בכל | עב<י>ד{י}ה דמשך: |
| 1397 | Ex35:33 | ובנגרות קיסה למעבד | בכל | עבידת באומנות: |
| 1398 | Ex36:01M | ולמעב«ד» \ית | כל/בכל#2#/ | עבידת פלחן בית קודשא |
| 1399 | Ex38:24 | כל דהבא דאתעבד לעבידתה | בכל | עבידת בית קודשא והווה דהבא |
| 1400 | Dt14:29 | יברך יתכון ייי אלהכון | בכל | עובד ידיכון די תעבדון: |

|  |  | | | |
|---|---|---|---|---|
| 1401 | Dt24:19 | יברך יתכון ייי אלהכון | בכל | עובד ידיכון: |
| 1402 | Dt15:10 | יתכון ייי אל«ה»כון | בכל | עובדיכון ובכל אושטות |
| 1403 | Nu12:07 | כל נביאה הוא עבדי מש' | בכל | עולמי דברית מהימן הוא: |
| 1404 | Dt16:15 | יברך יתכון ייי אלהכון | בכל | עללתכון ובכל עובד ידיכון |
| 1405 | Gn30:32 | אעבר | בכל | ענך יומא הדן אפרש מן תמן |
| 1406 | Ex 3:20 | ואקטול ית מצראיי | בכל | {פרישות ידי} <פרישותי די> |
| 1407 | Gn23:16 | עברין בכל אתר מתקבלין | בכל | פרקמטיא: |
| 1408 | Dt 9:10M | \הוה כתיב כל דביריה | /בכל | פתגמא#2/ די מלל ממרה |
| 1409 | Ex16:21 | ולקטו יתיה | בכל | צפר וצפר גבר כפם מיכליה |
| 1410 | Ex30:07 | קטרת בוסמנין טבין | בכל | צפר וצפר בסדרותה ית |
| 1411 | Ex36:03 | אייתון לוותה תוב נדבה | בכל | צפר וצפר: |
| 1412 | Ex36:03M | יתה עוד נסיבה | בכל#2/ | צפר וצפר: |
| 1413 | Lv 6:05 | ויוקד עליה כהנא קיסין | בכל | צפר צפר ויסדר עליה עלתה |
| 1414 | Lv12:04M | לא תקרב /אדם דכי | בכל | קדש לא תקרב#2/ |
| 1415 | Lv12:04 | תתב תטר על אדם דכי | בכל | קדשין לא תקרב ולבי' מקדש' |
| 1416 | Nu12:07M | מהימן הוא /עבדי משה | בכל | קומיטסטון דידי היימן |
| 1417 | Dt12:15 | דייי אלהכון יהב לכון | בכל | קורייכון דמרחק מן קודשייה |
| 1418 | Dt16:18 | וסרכין תמנון לכון | בכל | קורייכון דייי אלהכון יהב |
| 1419 | Dt28:52 | ארעכון ויעיקון לכון | בכל | קורייכון בכל ארעכון די יהב |
| 1420 | Dt28:52 | ויעיקון לכון | בכל | קורייכון עד זמן דיכבשון |
| 1421 | Dt28:55 | יתכון בעלי דבביכון | בכל | קורייכון: |
| 1422 | Nu21:25 | האליין ושרון ישראל | בכל | קרווי אמוריי בחשבון ובכל |
| 1423 | Nu28:14 | סדרא תהוון מקרבין עמי | בכל | ראשי ירחי שתא: |
| 1424 | Nu28:14 | דא עלתה די תהווי מקרבה | בכל | ריש ירח וירח בהתחדתותיה |
| 1425 | Dt 7:15 | יתהון בכון וישוי יתהון | בכל | שנאיכון: |
| 1426 | Ex23:14M | בשתא /תחגון קדמי | בכל | שנה#2/: |
| 1427 | Ex30:10M | חטאת כיפורייה יזדמן | בכל | שנה יכ' |
| 1428 | Ex30:10M | "חדא ... יכפר": יזדמן | בכל | שנה מן אדם חטאת כיפורייה |
| 1429 | Ex34:24M | אלהכון תלתא זמנין | בשתא/בכל | שנה#2/: |
| 1430 | Lv23:41 | חגה קדם ייי שבעה יומין | בכל | שנה קיים דעלם לדריכון |
| 1431 | Nu14:34 | יום חד בכל שנה יום חד | בכל | שנה תקבלון ית חוביכון |
| 1432 | Nu14:34 | ארבעין יומין יום חד | בכל | שנה יום חד בכל שנה תקבלון |
| 1433 | Nu20:29M | מכפר עליהון חד זמן | בכל | שנה בהיא שעתה היימינו בני |
| 1434 | Dt15:20M | תיכלון יתיה \שתה בשתה | /בכל | שנה ושנה#2/ באתרה די |
| 1435 | Ex18:22 | וידינון ית עמא | בכל | שעה ויהוי כל פתגם רב ייתון |
| 1436 | Ex18:26 | והוו דיינ{ו}<י>ן ית עמא | בכל | שעה ית פתגמא קשיא ייתון |
| 1437 | Lv 7:21 | דברנש או בבעיר מסאב או | בכל | שרץ מסאב ויאכל מן בשרה |
| 1438 | Lv22:05 | או גבר די יקרוב | בכל | שרץ די יסתאב ליה או בר נש |
| 1439 | Lv11:43 | לא תשקצון ית נפשתכון | בכל | שרצא דשרץ על ארעא ולא |
| 1440 | Lv11:31 | אליין דמסאבין לכון | בכל | שרצה כל די יקרב בהון |
| 1441 | Lv11:44 | תסתאבון ית נפשתיכון | בכל | שרצה דרחש על ארעא: |
| 1442 | Ex23:17 | תלתא זמנין | בכל | שתא יתחמון כל דכוריכון |
| 1443 | Ex34:23M | בני ישראל תלתה זמנין | בכל | שתה יתחמי כל דכורכון |
| 1444 | Lv16:34M | \חדא זמן בשתה /חד זמן | בכל | שתה#2/ ועבד היך מה די |
| 1445 | Dt14:22M | דכל /וכנשין עללן | בכל#2/ | שתה ושתה: |
| 1446 | Dt16:16 | תלתא זמנין | בכל | שתה יתחמי כל דכוריכון קדם |
| 1447 | Dt12:15 | לחוד | בכל | תוחמדת נפשתכון תכסון |
| 1448 | Dt12:20 | תתחמד נפשכון למיכל בשר | בכל | תוחמדת נפשיכון תיכלון בשר: |
| 1449 | Dt12:21 | ותאכלון בקורייכון | בכל | תוחמדת נפשיכון: |
| 1450 | Dt18:06 | די איתותב לתמן וייתי | בכל | תוחמדת נפשיה לאתרא די |
| 1451 | Gn23:17 | אילנא די באפיה ברא די | בכל | תחומא {מן} מן חזר חזור: |
| 1452 | Gn23:20M | דאית בחקלא דאית | בכל | תחומא חזור חזור לאחסנת |
| 1453 | Ex10:14 | כל ארעא דמצרים ושרא | בכל | תחומיהון דמצרים תקיף לחדא |
| 1454 | Ex10:19 | דסוף לא אשתייר גוב חד | בכל | תחומיהון דמצריי: |
| 1455 | Ex13:07 | ולא יתחמי {ב} דמחמע | בכל | תחומיכון: |
| 1456 | Dt16:04 | ולא יתחמי לכון חמיר | בכל | תחומיכון שובעה יומין ולא |
| 1457 | Dt28:40 | זייתין יהוון לכון | בכל | תחומיכון ומשח לא תטושון |
| 1458 | Ex35:35M | ליבהו#2/ למעבד | כל/בכל#2/ | עבידה/<עבי>דת#2/ דנגר |
| 1459 | Dt31:11 | במעלהון | דכל | ישראל למחמייה קדם ייי (דכל) |
| 1460 | Gn 8:09 | ארום מיא הוון על אפיה | דכל | ארע' ופשט ידה ונסב יתה |
| 1461 | Gn45:20 | ארו{ב}<ם> טובא | דכל | ארעא דמצרים לכון הוא: |
| 1462 | Ex10:15 | וכסי ית כל חווה | דכל | ארעא וחשכת ארעא ואכל ית כל |
| 1463 | Gn10:21 | אתילד אף הוא אבוהון | דכל | בני עבריא אחוי דיפת רבה: |
| 1464 | Dt32:07 | עלמא אתבוננו בשנוי | דכל | דר ודר שאלו לאבהתכון |
| 1465 | Nu 7:03 | תרין רברבנין ותור מן | דכל | חד ואקרבו יתהון קדם {ייי} |
| 1466 | Gn 3:20 | ארום היא הוות אמהון | דכל | חייא: |
| 1467 | Ex31:06 | ד{ב}ג<ב>רי דן ובלבי | דכל | חכימי לבי שוית חכמה |
| 1468 | Nu 1:02 | קבילו ית ריש סכומיהון | דכל | כנשתא דבני ישראל |
| 1469 | Nu26:02 | קבילו ית ראש סכומיהון | דכל | כנשתה מן בר עשרין שנין |
| 1470 | Gn 2:09 | מציעות גנתה ואילן דעתה | דכל | מן דהוה אכל מנה ידע למפרשה |
| 1471 | Gn 2:17 | ומן אילן דעתה | דכל | מן דהוה אכל מינה ידע |
| 1472 | Ex15:01 | נודי ונשבח קדם ייי | דכל | מן דמתגאי קדמוי הוא במימרי |
| 1473 | Ex10:06 | ובתי כל שלטונך ובתיהון | דכל | מצריי די לא חמון אבהתך |
| 1474 | Nu11:14 | למסובלה טורחתהון | דכל | עמא האלין ארום תקיפין |
| 1475 | Dt13:10 | למקטלה יתיה וידיהון | דכל | עמא באחריתה: |
| 1476 | Nu11:11 | באפך למשויה ית מטולהון | דכל | עמה האלין עלי: |
| 1477 | Dt31:30 | ומלל משה במשמעהון | דכל | קהלה דישראל ית מלי שירתה |
| 1478 | Gn24:10M | \מלוויתיה#2/ | וכל/דכל#2/ | שפר דייתיקא |
| 1479 | Dt14:22 | באפי ברה ומכנשין עללתה | דכל | שתה ושתה: |
| 1480 | Gn 4:21 | יובל הוא הוה אבוהון | דכל | תפשי כנורא ואבובא: |
| 1481 | Lv11:46M | דרמסה במ'#2/ | ולכל/וכ'#2/ | שרצה דשרץ על ארעה (וכ') |
| 1482 | Ex20:02M | "וחזור וכל ישראל": | וכל | ישרא' חמיין יתיה (וכל) |
| 1483 | Ex20:02M | וכן הוה צווח ואמר | וכל | ישרא' חזיין יתיה |
| 1484 | Ex20:02M | וכן הוי' צווח ואמר | וכל | ישראל חזין יתיה כד הוה |
| 1485 | Ex20:02 | וטייס באויר שמייא וחזר | וכל | ישראל חמיין יתיה ודחלין |
| 1486 | Ex20:02 | ומתחקק על לוחי קיימא | וכל | ישראל חזיין יתיה בכן הוה |
| 1487 | Ex20:03 | וטייס באויר שמיא וחזר | וכל | ישראל חמיין יתיה ודחלין |
| 1488 | Ex20:03 | ומתחקק על לוחי קיימא | וכל | ישראל חזיין יתיה וכן הוון |
| 1489 | Nu12:16M | דמרי עלמא ומשכנה | וכל | ישראל שבעה יומין |
| 1490 | Nu16:34 | | וכל | ישראל די חזור חזור להון |
| 1491 | Dt13:12 | | וכל | ישראל ישמעון וידחלון ולא |
| 1492 | Dt21:21 | עבדי בישתה מן ביניכון | וכל | ישראל ישמעון וידחלון: |
| 1493 | Dt27:15 | וכהנייה וארונה במצעה | וכל | ישראל מן הכה ומן הכה |
| 1494 | Dt 3:10 | מישרה וכל גלעדה | וכל | בותנין עד |
| 1495 | Dt 3:13 | ושאר גלעדה | וכל | בותנין בית מלכותה דעוג |
| 1496 | Dt 3:10 | כל ק«ו»רי מישרה | וכל | גלעדה וכל בותנין עד |
| 1497 | Nu34:15 | תחומא לקרן זווי דברתיה | וכל | טרכון בית זימרא |
| 1498 | Lv 3:17 | בית מדוריכון כל תרבה | וכל | אדם לא תיכלון: |
| 1499 | Ex 1:06 | ומית יוסף | וכל | אחוי וכל דרא ההוא: |
| 1500 | Gn23:17 | חקלא ומערתא דביה | וכל | אילנא די באפיה ברא די בכל |
| 1501 | Gn 2:05 | | וכל | אילניא דבאפי ברא קדם עד לא |
| 1502 | Gn50:14M | ואחוי \וכל מן דסלק | /וכל | אלן דסלקו#2/ עמיה למקבר |
| 1503 | Gn 8:02M | תהומא וחרכי שמיא | וכל | אמטרא מן שמיא |
| 1504 | Gn30:32 | מן תמן כל אמר קרח ונמר | וכל | אמר לחוש באמרייא ונמר וקרח |
| 1505 | Gn50:08 | | וכל | אנשי בייתיה דיוסף ואחוי |
| 1506 | Gn 7:01 | ואמר ייי לנח עול את | וכל | אנשי ביתך לתיבותא ארום יתך |
| 1507 | Nu 5:09 | | וכל | אפרשו לכל קדש«י»הון דבני |
| 1508 | Ex32:13 | ית בניכון ככוכבי שמיא | וכל | ארעא הדא דאמרת אתן לבניכון |

|  |  |  |  |  |
|---|---|---|---|---|
| 1509 | Ex14:07 | ונסיב שית מאה ארתכין | וכל | ארתיכוהון דמצריי ורברבנין |
| 1510 | Ex35:25 | | וכל | אתה דחכימת לבה בידה הוות |
| 1511 | Nu31:17 | קטולו כל דכורא בטפליה | וכל | אתה דחכמה לגבר בתשמיש |
| 1512 | Gn26:15 | | וכל | באריא דחפרו עבדוי דאבוי |
| 1513 | Lv15:24M | יסתאב שובעה יומין | וכל | בית מד{ב}<מ>יך |
| 1514 | Ex11:05 | די טחנה בתרא מן רחיא | וכל | בכורא «ד»בעירא: |
| 1515 | Ex12:29 | די בבית חבוש«ה» | וכל | בכורא דבעירא: |
| 1516 | Ex13:13 | יתיה תקטלון יתיה | וכל | בכורי בני אנש«א» בבניכון |
| 1517 | Ex34:20 | תפרקון יתה תקטלון יתה | וכל | בכורי בניכון תפרקון ולא |
| 1518 | Ex13:15 | כל פתחי וולדא דכרייא | וכל | בכור«י»ה בנן אנן מפרקין |
| 1519 | Gn46:06 | ואתון מצרימה יעקב | וכל | בנוי עמיה: |
| 1520 | Gn46:07 | בנוי | וכל | בנוי עמיה בנתיה ובנת בנתיה |
| 1521 | Gn49:02M | קם מניה פסול ישמעל | וכל | בנוי דקטורה ויצחק אבה |
| 1522 | Ex34:30 | וחמא אהרן | וכל | בני ישראל ית משה והא נהר |
| 1523 | Nu27:21 | גזירת פמה ייעלון הוא | ^וכל#2^ | בני ישראל עמה וכל עם |
| 1524 | Gn 7:21 | ובכל רחשא דרחש על ארעא | וכל | בני אנשא: |
| 1525 | Dt 6:04 | קם מיניה פסילה ישמעאל | וכל | בני{כ}<ה> דקטורה ויצחק |
| 1526 | Gn37:35 | <וקמו> כל בנוי | וכל | בנתיה למנחמה יתיה וסרב |
| 1527 | Ex22:09 | חמר או תור או אימר | וכל | בעיר למנטרה יתיה וימות או |
| 1528 | Gn 7:14 | אינון וכל חיתה למינה | וכל | בעירה למינה וכל רחשא דרחש |
| 1529 | Dt 3:07 | | וכל | בעירה |
| 1530 | Dt14:06 | | וכל | בעירה דפרסתה סדיקה ומטליף |
| 1531 | Gn34:23 | קנינהון וממוניהון | וכל | בעיריהון הלא דידן אינון |
| 1532 | Ex34:19 | שרוי וולדא לשמי אינון | וכל | בעיריכון דיכרייה פתחיי |
| 1533 | Dt 5:14 | תוריכון וחמריכון | וכל | בעיריכון וגיוריכון די |
| 1534 | Nu32:26 | טפלינן נשינן קנינן | וכל | בעירן יהויין תמן בקריי |
| 1535 | Lv16:17 | | וכל | בר נש לא יהווי במשכן זימנה |
| 1536 | Gn17:14M | וערל/וכל | | בר עממין#2#/ דכר די לא |
| 1537 | Ex12:48 | ויהוי כיציביא דארעא | וכל | בר עממין לא יאכל מניה: |
| 1538 | Ex 1:22 | בנהרא תטלקון יתיה | וכל | ברא נוקבא תקיימון: |
| 1539 | Nu36:08 | | וכל | ברתה דירתה אחסנה מן |
| 1540 | Ex35:22 | וזמרגדין וכל מני דהב | וכל | גבר די אניף אנפו{י} דדהב |
| 1541 | Ex35:23 | | וכל | גבר די אשתכח לוותיה תכלה |
| 1542 | Ex36:01 | ועבד בצלאל ואהליאב | וכל | גבר דחכים בלביה די שוי ייי |
| 1543 | Nu14:23 | ארע' די קיימת לאבהתהון | וכל | דארגזו קדמי לא יחמון יתה: |
| 1544 | Nu 5:02 | מן משריתה כל דמצרע | וכל | דדיב וכל דמסאב בטמא נפש |
| 1545 | Ex 1:12 | | וכל | דהוון מצערין יתהון בכדן |
| 1546 | Gn 7:14 | עופה למינה וכל דפרח | וכל | דטייס: |
| 1547 | Ex35:21 | גבר די נדב יתיה לביה | וכל | די נדבת רוחה יתיה אייתון |
| 1548 | Lv11:10 | | וכל | די לית ליה סנפירין וקסקסין |
| 1549 | Lv11:25 | | וכל | די יסיט מן נבלתיהון יחוור |
| 1550 | Lv11:32 | | וכל | די יפול עלוי מנהון |
| 1551 | Lv11:35 | | וכל | די יפל מנבלתהון עלוי יסתאב |
| 1552 | Lv15:11 | | וכל | די יקרוב ביה דיבה וידוי לא |
| 1553 | Lv15:19 | תיהוי בריחוק נדתה | וכל | די יקרוב בה יסתא' עד רמשא: |
| 1554 | Lv15:20 | | וכל | די תדמוך עלוי ברחוק נדתה |
| 1555 | Lv15:21 | | וכל | די יקרוב במדמוכה |
| 1556 | Nu19:14 | במשכנה כל די על במשכנה | וכל | די יהיב במשכנה יהווי מסאב |
| 1557 | Nu19:16 | | וכל | די יקרוב באפי ברא דקטיל |
| 1558 | Nu19:22 | | וכל | די יקרוב ביה מסאבה יסתאב |
| 1559 | Gn41:57 | | וכל | דיירי ארעא עלו למצרים |
| 1560 | Gn45:10 | ובני בניך וענך ותוריך | וכל | דילך: |
| 1561 | Lv15:10 | | וכל | דיקרב בכל מן די יהווי |
| 1562 | Nu31:19 | שבעה יומין כל דקטל נפש | וכל | דיקרוב בקטול תדכון ביומא |
| 1563 | Lv 6:22 | | וכל | דכורה בכהניא ייכול יתה קדש |
| 1564 | Lv 7:26 | | וכל | דם לא תאכלון בכל אתר |
| 1565 | Lv 2:11 | חמיע ארום כל דמחמע | וכל | דמבש לא תקרבון מניה קרבן |
| 1566 | Lv11:27 | | וכל | דמהלך על כפי ידוי בכל |
| 1567 | Lv11:42 | כל דמהלך על מעוי | וכל | דמהלך על ארבע עד כל דמסגי |
| 1568 | Dt 4:16 | לכון {{צלם וצורא}} | וכל | דמו דכר או נקבה: |
| 1569 | Dt 4:23 | לכון {{צלם וצורא}} | וכל | דמו די פקד מימרה דייי |
| 1570 | Dt 4:25 | לכון {{צלם וצורא}} | וכל | דמו ותעבדון מה דסני ומרחק |
| 1571 | Dt 5:08 | לכון {{צלם וצורה}} | וכל | דמו די בשמייא מן לעיל ודי |
| 1572 | Dt27:15 | דלא יעבד {{צלם וצורה}} | וכל | דמו מה דסני ומרחק קדם ייי |
| 1573 | Dt27:15 | די יעבד {{צלם וצורה}} | וכל | דמו מה דסני ומרחק קדם ייי |
| 1574 | Ex20:04 | לכון {{צלם וצורה}} | וכל | דמות די בשמייא מלעיל ודי |
| 1575 | Nu 5:02 | כל דמצרע וכל דדיב | וכל | דמסאב בטמא נפש דבר נש: |
| 1576 | Dt23:02M | ודמסרס/כל דפסיק | וכל | דמסרס#2#/ בקהל כנשתה |
| 1577 | Gn 7:14 | למינהו וכל עופה למינה | וכל | דפרח וכל דטייס: |
| 1578 | Ex 1:06 | ומית יוסף וכל אחוי | וכל | דרא ההוא: |
| 1579 | Gn 7:08 | דלית היא דכיה ומן עופא | וכל | דרחיש על ארעא: |
| 1580 | Gn 8:19 | חייתה כל רחשא וכל עופה | וכל | דרחש על ארעא לזרעיתהון |
| 1581 | Gn 8:19M | וכל עופה וכל | דרחש/וכל | דרמס#2#/ על ארעא |
| 1582 | Gn46:07 | עמיה בנתיה ובנת בנתיה | וכל | זרעיה אחתו עמיה מצרימה: |
| 1583 | Lv 6:23 | | וכל | חטאתה די יתעל מן אדמה |
| 1584 | Lv22:10 | | וכל | חילוני לא יא־כ־ל קדש תותב |
| 1585 | Gn 7:14 | אינון | וכל | חיתה למינה וכל בעירה למינה |
| 1586 | Ex35:10 | | וכל | חכים ליבא דבכון ייתון |
| 1587 | Dt21:06 | | וכל | חכימי קרתה ההיא דקריבין |
| 1588 | Ex18:12 | לשמיה דייי ואתא אהרן | וכל | חכימיא דישראל למיכל לחמא |
| 1589 | Gn49:23M | כל חרשהון דמצראי | וחכימיהון/וכל | חכימין#2#/ אמרו |
| 1590 | Gn 2:01 | ברית שמ«י»א וארעא | וכל | חלוותהון: |
| 1591 | Lv22:13 | מן לחמה דאבוה תאכל | וכל | חלוני לא יאכל מיניה: |
| 1592 | Gn49:22M | \וית כל חכימיהון | /וכל | חרשהון#2#/ כד ארכבו יתך |
| 1593 | Nu18:12 | כל טוב דמשח | וכל | טוב דעבור וחמר שרוי ברתהון |
| 1594 | Nu18:12M | "דמשח ... לשמה": דחטה | וכל | טוב חמר ומשח |
| 1595 | Ex12:12M | ועד בעירא | ובכל/וכל#2#/ | טעוותיהון דמצריי |
| 1596 | Nu31:18 | | וכל | טפליה דנשייה דלא חכמין |
| 1597 | Nu11:32 | כל יומא ההוא וכל ליליא | וכל | יומא דבתריה וכנשו ית סלווי |
| 1598 | Nu15:13M | \כל יציבייה יעבד כדן | /וכל | יציבייה יעבדון כהדן |
| 1599 | Gn 6:05 | דבני אנשא בארעא | וכל | יצר מחשבת לבהון לח{זי}<ד> |
| 1600 | Nu 8:20 | ועבד משה ואהרון | וכל | כנשתה דבני ישראל ללווי |
| 1601 | Lv15:17 | | וכל | לבוש וכל מן דמשך די יהוו |
| 1602 | Nu31:20 | | וכל | לבוש וכל מן דמשך וכל עבד |
| 1603 | Gn30:35 | כל דאית ביה שומה חיורא | וכל | לחוש באמריא ושוי ביד |
| 1604 | Gn30:40 | אפי ענה לקבל קרוחיא | וכל | לחוש בעניה דלבן <....>: |
| 1605 | Ex10:13 | בארעא כל יומא ההוא | וכל | ליליא צפרא הוה ורוח קדומא |
| 1606 | Nu11:32 | וקם עמא כל יומא ההוא | וכל | ליליא וכל יומא דבתריה |
| 1607 | Dt28:33 | פרי ארעכון | וכל | לעותכון יאכלון אומה די לא |
| 1608 | Lv15:24 | יהוי מסאב שבעה יומין | וכל | מדמוך די ידמוך עלוהי |
| 1609 | Gn 2:19 | למחמי מה הוא קרא ליהון | וכל | מה דהוה אדם קרי ליה בלשן |
| 1610 | Gn13:01 | ממצרים הוא ואתתיה | וכל | מה דהוה ליה ולוט עמה |
| 1611 | Gn19:12 | הכה חתנך ובניך ובנותיך | וכל | מה דאית לך בקרתא אפק מן |
| 1612 | Gn28:22 | בית מקדשיא לשמה דייי | וכל | מה דתתן לי חד מן עשרה אפרש |
| 1613 | Gn31:21 | וערק הוא | וכל | מה די לה וקם ועבר ית נהרא |
| 1614 | Gn31:43 | ובניא בניי וענה עניי | וכל | מה דאת חמי {לי הו} לי הוא |
| 1615 | Gn39:03 | ארום ייי הווה עמיה | וכל | מה דהוה עבד הוה ייי מצלח |
| 1616 | Gn45:10M | וענך ותוריך \וכל דילך | /וכל | מה דאית לך#2#/: |

|  |  | | | |
|---|---|---|---|---|
| 1617 | Ex15:01M | ומתגאה על גוותניה | וכל | מה דמתגאה#2/ קדמוי הוא |
| 1618 | Nu 4:16 | דרבותה סכום כל משכנה | וכל | מה דביה בבית קודשה ובמנוי: |
| 1619 | Nu16:33 | ונחתו אינון | וכל | מה דהוה להון חיין שאול |
| 1620 | Nu22:17 | מיקרה אייקר יתך לחדא | וכל | מה די תאמר לי אעבד ואתה |
| 1621 | Nu31:23 | להוד במי אדיה ידכא | וכל | מה די לא ייעול בנורא |
| 1622 | Dt 2:37 | לנחל יבקא וקורי טורה | וכל | מה די פקד ייי אלהן: |
| 1623 | Dt 8:13 | וכסף ודהב יסגי לכון | וכל | מה דאית לכון יסגי: |
| 1624 | Dt10:14 | שמייא ושמי שמייא ארעא | וכל | מה דאית בה: |
| 1625 | Dt14:26M | \ובעתיק ובכל /ועתיק | וכל#2/ | מה די תשאל/תשאול#2/ |
| 1626 | Dt20:14 | נשייה וטפלייה ובעירה | וכל | מה די יהווי בקרתה וכל |
| 1627 | Gn20:07 | ארום ממת תמות אבימלך | וכל | מה דיליה: |
| 1628 | Gn46:01 | ונטל ישראל | וכל | מה דיליה ואתא לבאירה דשבע |
| 1629 | Gn46:32 | ועניהון ותוריהון | וכל | מה דלהון אייתון: |
| 1630 | Gn47:01 | ואחיי ועניהון ותוריהון | וכל | מה דלהו«ן» אתון מן ארעא |
| 1631 | Gn49:22 | עזקין קטלין מעוכין | וכל | מיני דהב סברין דאת תליית |
| 1632 | Dt18:11M | ואסרי חוון ועקרבין | וכל | מיני רחשין |
| 1633 | Dt21:05 | פומהון יהוי כל דין | וכל | מכתש: |
| 1634 | Dt 7:15 | ייי מנכון כל בישין | וכל | מכתשיהון דמצריי בישייא די |
| 1635 | Dt28:61 | לחוד כל בושין | וכל | מכתשין די לא כתיבין בספר |
| 1636 | Gn50:14 | מצרימה הוא ואחוי | וכל | מן דסלק עמיה למקבר ית אבוי |
| 1637 | Ex23:07 | דשקרין תהוון רחקין | וכל | מן דמזכי בדינא לא תקטלון |
| 1638 | Ex35:24 | אייתון ית אפרשותה דייי | וכל | מן די אשתכח לוותיה אעי |
| 1639 | Lv11:33 | | וכל | מן דחסף די יפול מנהון |
| 1640 | Lv15:04 | ידמך עלוי דיבה יסתאב | וכל | מן די יתיב עלוי יסתאב: |
| 1641 | Lv15:12M | | ומן/וכל | מן#2/ דחסף די יקרב ביה |
| 1642 | Lv15:12 | די יקרב ביה דיבה יתבר | וכל | מן דקיס יתמרק וישתטף במיא: |
| 1643 | Lv15:17 | וכל לבוש | וכל | מן דמשך די יהוו עלוי תשמיש |
| 1644 | Lv15:20 | עלוי ברחוק נדתה יסתאב | וכל | מן די תתב עלוי יסתאב: |
| 1645 | Lv15:22 | | וכל | מן די יקרוב בכל מן די תתב |
| 1646 | Lv15:26 | כמדמוך נדתה יהוי לה | וכל | מן די תתב עלוי מסאב יהווי |
| 1647 | Nu19:15 | | וכל | מן דחסף פתיח די לית גופה |
| 1648 | Nu31:20 | וכל לבוש | וכל | מן דמשך וכל עבד דמעזי וכל |
| 1649 | Nu31:20 | מן דמשך וכל עבד דמעזי | וכל | מן דקיס תדכון: |
| 1650 | Ex40:09 | כל מה דביה ותקדש יתי׳ | וכל | מנוי ויהוי קדש: |
| 1651 | Nu 3:36 | ונגרוי ועמודוי וחומרוי | וכל | מנוי וכל פלחניה: |
| 1652 | Lv 6:16 | | וכל | מנחתה דכהנא גמירא תהוי לא |
| 1653 | Lv 7:09 | | וכל | מנחתה דמתאפית בתנורא וכל |
| 1654 | Lv 7:10 | | וכל | מנחתה פילה במשח ונגיבה לכל |
| 1655 | Ex35:22 | וקדשין ועזקין וזמרגדין | וכל | מני דהב וכל גבר די אניף |
| 1656 | Nu14:29 | פגריכון וכל סכומיכון | וכל | מנייניכון מן בר עשרין שנין |
| 1657 | Lv27:30 | | וכל | מעשרה דארעא מן זרעא דארעא |
| 1658 | Lv27:32 | | וכל | מעשרה תורין ועז כל מה די |
| 1659 | Ex12:30 | בליליה הוא וכל שלטונוי | וכל | מצריי והות צוו{ת}חת רבה |
| 1660 | Lv15:09 | | וכל | מרכוב די ירכב׳ עלוי דיבה |
| 1661 | Lv11:34 | יתיהב עלוי מיין יסתאב | וכל | משקין די ישתתון בכל מן |
| 1662 | Dt 4:49 | | וכל | משרה עבר ירדנה מן מדנחה |
| 1663 | Dt12:17 | ובכורי תוריכון ועניכון | וכל | נדריכון ^די תדרון#2/^ |
| 1664 | Lv 7:09 | מנחתה דמתאפית בתנורא | וכל | נעבד במרתחה ועל מסרייתה |
| 1665 | Lv11:46 | אוריתה דבעירה ועופה | וכל | נפש חיתה דרחשא במיא ולכל |
| 1666 | Lv17:15 | | וכל | נפש די תאכל נבילה וקטילה |
| 1667 | Lv23:30 | | וכל | נפש די תעבד כל עבידה הכזמן |
| 1668 | Ex35:26 | | וכל | נשיא די נדב לבהון יתהון |
| 1669 | Ex27:19 | לכל מנה משכנה לכל פלחנא | וכל | סכוי וכל סכי דדרתה נחש: |
| 1670 | Nu14:29 | הדין יפלון פגריכון | וכל | סכומיכון וכל מנייניכון מן |
| 1671 | Ex27:19 | לכל פלחנא וכל סכוי | וכל | סכי דדרתה נחש: |
| 1672 | Ex38:20 | | וכל | סכייה למשכנה ולדרתה |
| 1673 | Ex12:44 | | וכל | עבד דגבר זבין כספא ותגזרון |
| 1674 | Nu31:20 | וכל לבוש וכל מן דמשך | וכל | עבד דמעזי וכל מן דקיס |
| 1675 | Lv16:29 | תצומון ית נפשתכון | וכל | עבידה לא תעבדון יציביה |
| 1676 | Lv23:28 | | וכל | עבידה לא תעבדון הכזמן יומא |
| 1677 | Lv23:31M | | כל/וכל#2/ | עבידה לא תעבדון קיים |
| 1678 | Gn 7:14 | דרחש על ארעא למינהו | וכל | עופה למינה וכל דפרח וכל |
| 1679 | Gn 8:19 | כל חייתה כל רחשא | וכל | עופה וכל דרחש על ארעא |
| 1680 | Lv27:25 | | וכל | עלווייה יהוי בסלעי |
| 1681 | Nu16:06 | סבו לכון מחתיין קרח | וכל | ^עם#2^ כנישתיה: |
| 1682 | Nu16:11 | בשבועה את | וכל | עם כנישתך דאזדמנתון קדם |
| 1683 | Nu16:16 | ואמר משה לקרח את | וכל | עם כנישתך הוון קדם ייי את |
| 1684 | Nu27:21 | בני ישראל עמה | וכל | עם כנישתה: |
| 1685 | Gn35:06 | דכנען הי ביתאל הוא | וכל | עמא די עמיה: |
| 1686 | Ex11:08 | בשלמי למימר פוק את | וכל | עמא דעמך ומ«ן» בתר כדון |
| 1687 | Ex18:14 | מה את יתב לבלחודך | וכל | עמא קיימין עלויך מן צפרא |
| 1688 | Ex20:18 | | וכל | עמא חמיין ית קלייה וית |
| 1689 | Nu16:11M | לכן בשבועה את קרח | וכל | עמא דכנישתך אליין דאתרעמו |
| 1690 | Dt17:13 | | וכל | עמא ישמעון וידחלון ולא |
| 1691 | Nu13:32 | ארע אכלה דיירייה היא | וכל | עמה די חמינן בגווה מרי |
| 1692 | Nu21:33 | דבותנין לקדמותהון הוא | וכל | עמיה לסדרי קרבה לאדרעי: |
| 1693 | Dt 2:32 | ונפק סיחון לקדמותן הוא | וכל | עמיה לסדרי קרבה ליהצה: |
| 1694 | Dt 3:01 | דבותניין לקדמותן הוא | וכל | עמיה לסדרי קרבה לאדרעי: |
| 1695 | Nu 6:03 | וחלד חמר עתיק לא ישתי | וכל | עצורה דע{ג}<נ>בין לא ישתי |
| 1696 | Gn 2:05 | קדם עד לא יהוי בארעא | וכל | עשביא דבאפי ברא עד לא יצמח |
| 1697 | Dt20:14 | וכל מה די יהווי בקרתה | וכל | {עתידה}<עדיתה> תבזון לכון |
| 1698 | Nu 3:31 | די ישמשון בהון ופרסה | וכל | פולחנה: |
| 1699 | Nu 3:36 | וחומרוי וכל מנוי | וכל | פלחניה: |
| 1700 | Ex18:22 | רב ייתון יתה לוותך | וכל | פתגם זער ידונון אינון ויקל |
| 1701 | Ex13:12 | פתחי וולדה לשמה דייי | וכל | פתחי וולדה דבעירא די יהוון |
| 1702 | Ex13:13 | | וכל | פתחי וולדא דחמרא תפרקון |
| 1703 | Ex34:20M | \ופתח{ן}<י> וולדה | /וכל | קדמי פתחי ו#2/ דחמרא |
| 1704 | Nu30:05 | אבוה ויקומון כל נדרה | וכל | קיים די קיימת על נפשה |
| 1705 | Nu30:12 | יתה ויקומון כל נדרה | וכל | קיימה די קיימת על נפשה |
| 1706 | Lv 2:13 | | וכל | קרבן מנחתיכון במלח תמלחון |
| 1707 | Ex34:31 | וחזרו לוותיה אהרן | וכל | רברבני בכנישתה ומלל משה |
| 1708 | Nu23:06 | והא אתעתד על עלתה הוא | וכל | רברבני מואביי: |
| 1709 | Nu31:13 | ונפקו משה ואלעזר כהנא | וכל | רברבני כנישתה לקדמותהון |
| 1710 | Gn 7:14 | למינה וכל בעירה למינה | וכל | רחשא דרחש על ארעא למינהו |
| 1711 | Gn 8:19M | כל חייתה כל | רחשא/וכל | רמסא#2/ וכל עופה וכל |
| 1712 | Nu30:14 | כל נדר | וכל | שבועה לקיום דצער נפש בעלה |
| 1713 | Ex12:30 | וקם פרעה בליליה הוא | וכל | שלטונוי וכל מצריי והות |
| 1714 | Gn15:01M | "דארעא": | וכל | שלטוני מדינתה |
| 1715 | Gn24:10M | ... דריבוניה": ואזיל | וכל | שפר טוב אפותיקי דריב׳ |
| 1716 | Gn24:10 | גמלין מן גמלוי דרבוניה | וכל | שפר דייתיקא דריבוניה עמיה |
| 1717 | Dt12:11 | מעשרכון ואפרשות ידיכון | וכל | שפר נדריכון די תדרון לשמה |
| 1718 | Dt14:19 | | וכל | שרץ עופא מסאב הוא לכון לא |
| 1719 | Lv11:20 | | וכל | שרצא דעופה דמהלך על ארבע |
| 1720 | Lv11:41 | | וכל | שרצא דשרץ על ארעה שקץ הוא |
| 1721 | Lv11:23 | | וכל | שרצה דעופה דאית ליה ארבע |
| 1722 | Dt12:20M | /למיכול#2/ בשר | בכל/וכל#2/ | תוחמדת נפשיכון תיכלון |
| 1723 | Nu 7:88 | | וכל | תורייה דנכסת קודשייה עשרין |

וכלמה

|  |  | | | |
|---|---|---|---|---|
| 1724 | Gn39:23 | מן בגלל דהוה ייי עמיה | וכלמה | דהוה עבד הוה ייי מצלח |

|  | |  |  |  |  |
|---|---|---|---|---|---|
| 1725 | ובכל | Gn 7:21M | שרצה דשרץ על ארעא | ובכל | |
| 1726 | | Dt15:10 | בכל עובדיכון | ובכל | אושטות ידיכון: |
| 1727 | | Dt28:08 | עליכון באוצריכון | ובכל | אושטות ידיכון ויברך יתכון |
| 1728 | | Ex34:10 | די לא אתברון בכל ארעא | ובכל | אמיא ויחמי כל עמא די את |
| 1729 | | Dt 6:22 | ובישין במצרים בפרעה | ובכל | אנשי בייתיה ועיינינן |
| 1730 | | Lv25:24 | | ובכל | ארע אחסנתכון פרקן תתנון |
| 1731 | | Gn 1:26 | ובעופ׳ דשמיא ובבעירא | ובכל | ארעא ובכל רחשא דרחש על |
| 1732 | | Gn41:54 | והוה כפנא בכל ארעתא | ובכל | ארעא דמצרים הוה לחמא: |
| 1733 | | Ex 8:20 | דפרעה ובבתי שליטוי | ובכל | ארעא דמצרים אתחבלת |
| 1734 | | Lv18:23 | | ובכל | בעיר לא תתן תשמישך למסתאב׳ |
| 1735 | | Ex14:04 | בתריהון ואתיקר <ב>פרעה | ובכל | חיילוותיה וידעון מצריי |
| 1736 | | Ex14:17 | בתריהון ואתיקר בפרעה | ובכל | חיילוותיה בארתכוי ובפרשוי: |
| 1737 | | Gn 1:28 | דימא ובעופא דשמיא | ובכל | חייתא דרחשא על ארעא: |
| 1738 | | Gn 7:21 | על ארעא בעופא ובבעירה | ובכל | חיתא ובכל רחשא דרחש על |
| 1739 | | Gn 9:10 | עמכון {ב}בעופא ובבעירה | ובכל | חיתא דארעא עמכון מכל נפקי |
| 1740 | | Ex12:12 | מן בני אנשא ועד בעירא | ובכל | טעוותיהון דמצריי אעבד |
| 1741 | | Nu21:25 | קרווי אמוריי בחשבון | ובכל | כופרנייה: |
| 1742 | | Ex23:13 | | ובכל | מה די אמרת לכון תהוון |
| 1743 | | Lv20:25 | נפשתכון בבעירה ובעופה | ובכל | מה די תרחש ארעא די אפרשית |
| 1744 | | Dt14:26 | ובען ובחמר חדת ובעתיק | ובכל | מה די תשאל יתכון נפשיכון |
| 1745 | | Dt 6:05 | ובכל נפש{ו}<י>כון | ובכל | ממוניכון: |
| 1746 | | Ex 9:11 | ארום הווה שחנא בחרשיא | ובכל | מצריי: |
| 1747 | | Gn 9:02 | בכל מה די תרחש על ארעא | ובכל | נוני דימא רבה בידכון |
| 1748 | | Gn47:17M | יתהון יוסף בלח׳ | ובכל | נכסיהון#2#/ בשתא |
| 1749 | | Dt 6:05 | דייי בכל לבבכון | ובכל | נפש{ו}<י>כון ובכל |
| 1750 | | Dt 4:29 | יתיה בכל לבביכון | ובכל | נפשיכון: |
| 1751 | | Dt26:16 | יתהון בכל לבבכון | ובכל | נפשכון: |
| 1752 | | Dt10:12 | ייי אלהכון בכל לבביכון | ובכל | נפשתכון: |
| 1753 | | Dt11:13 | קדמוי בכל לבביכון | ובכל | נפשתכון: |
| 1754 | | Dt13:04 | דייי אלהכון בכל לבבכון | ובכל | נפשתכון: |
| 1755 | | Dt26:16M | ובכל נפשכון /לבביכון | ובכל | נפשתכון#2#/: |
| 1756 | | Dt30:02 | ובניכון בכל לבביכון | ובכל | נפשתכון: |
| 1757 | | Dt30:06 | אלהכון בכל לבביכון | ובכל | נפשתכון בגלל למקיימה |
| 1758 | | Dt30:10 | ייי אלהכון בכל לבביכון | ובכל | נפשתכון: |
| 1759 | | Ex35:31 | בחכמה ובסכלתנו ובדעה | ובכל | עבידא: |
| 1760 | | Ex31:03 | בסכלתנ{ן}<ו> ובדעה | ובכל | עבידה: |
| 1761 | | Dt16:15 | ייי אלהכון בכל עללתכון | ובכל | עובד ידיכון ותהוון לחוד |
| 1762 | | Ex 1:14 | בפלחן קשי בטינא ובלבני | ובכל | פולחן באפי ברא ית כל פולחן |
| 1763 | | Gn40:18 | דמצרים בטינא ובליבני | ובכל | פלחין באפי ברא ועתיד פרעה |
| 1764 | | Gn 1:26 | דשמיא ובבעירא ובכל ארעא | ובכל | רחשא דרחש על ארעא: |
| 1765 | | Gn 7:21 | בעופא ובבעירה ובכל חיתא | ובכל | רחשא דרחש על ארעא וכל |
| 1766 | | Gn 8:17 | כל בשרא בעופא ובבעירא | ובכל | רחשא דרחש על ארעא אפק עמך |
| 1767 | | Ex 7:28 | ובבתי שלטנך ובעמך | ובכל | שולטנך ובתנורך ובאצותך: |
| 1768 | | Ex 7:29 | ובך ובעמך | ובכל | שלטנך יסקון ארדעניא: |
| 1769 | | Dt32:15M | יתהון בשעת עקתהון | \וובכל | שעה#2#/: |
| 1770 | | Gn 7:21M | "ובכל רחשא ...": | ובכל | שרצה דשרץ על ארעא ובכל |
| 1771 | וככל | Nu 9:03 | יתיה בזמניה ככל קיימוי | וככל | סידרי דינוי תעבדון יתיה: |
| 1772 | ולכל | Dt11:03 | לפרעה מלכא דמצרים | ולכל | ארעי{א}<ה>: |
| 1773 | | Dt29:01 | לפרעה ולכל שולטנוי | ולכל | ארעיה: |
| 1774 | | Dt34:11 | לפרעה ולכל עבדוי | ולכל | ארעיה: |
| 1775 | | Nu18:09 | מנחתהון ולכל חטאתהון | ולכל | אשמיהון די יחזרון לשם ממרי |
| 1776 | | Ex10:23 | מן אתריה תלתא יומין | ולכל | בני ישראל הוה נהור |
| 1777 | | Ex11:07 | | ולכל | בני ישראל לא ינבח כלב |
| 1778 | | Ex36:02 | משה לבצלאל ולאהליאב | ולכל | די חכים לבה דשוי ייי חכמה |
| 1779 | | Gn 1:30 | דארעא ולכל עופא דשמיא | ולכל | דרחש על ארעא דאית ביה נפש |
| 1780 | | Dt34:12 | ולכל ידה תקיפתה | ולכל | חזווייה רברבייה די עבד |
| 1781 | | Nu18:09 | כל קרבנהון לכל מנחתהון | ולכל | חטאתהון ולכל אשמיהון די |
| 1782 | | Gn 1:30 | | ולכל | חיתא דארעא ולכל עופא דשמיא |
| 1783 | | Gn 2:20 | לכל בעירא ולעופא דשמיא | ולכל | חיתא דאפי ברא ולאדם לא |
| 1784 | | Dt31:09M | דייי \וית | חכימייה/ולכל | חכי׳#2#/ דישראל: |
| 1785 | | Dt34:12 | | ולכל | ידה תקיפתה ולכל חזווייה |
| 1786 | | Dt 1:07M | כל כופרנוי /דאימוראי | ולכל | כופרניה«ו»ן#2#/ במשרה |
| 1787 | | Gn20:16M | דצדיקא ליליא חד | ולכל | מאן \דהוה עמיך/דעמיך#2#/ |
| 1788 | | Nu35:03M | קניינהון /ולניכסיהון | ולכל | ממוניהון#2#/: |
| 1789 | | Gn35:02 | ואמר יעקב לאנשי ביתיה | ולכל | מן דהווה עמיה עברו ית |
| 1790 | | Dt 7:18M | מצריי/^מצרים#2#^/ | /ולכל | מצ׳#2#/: |
| 1791 | | Lv22:18 | קרבניה לכל נדריהון | ולכל | נסיבתהון די יקרבון לשמה |
| 1792 | | Nu14:29M | יפלון פגריכון | וכל/ולכל#2#/ | סכומיכון וכל |
| 1793 | | Dt19:15 | יקום סהד בגבר לכל חובה | ולכל | סרחון בכל סרחון די יתחייב |
| 1794 | | Dt34:11 | בארעא דמצרים לפרעה | ולכל | עבדוי ולכל ארעיה: |
| 1795 | | Gn 1:30 | ולכל חיתא דארעא | ולכל | עופא דשמיא ולכל דרחש על |
| 1796 | | Nu13:26 | ואיתיבו יתהון פתגם | ולכל | עם כנ«י»שתה וחזון ליה ית |
| 1797 | | Ex35:21 | דייי לעבידת משכן זימנא | ולכל | פולחנא וללבושי קודשא: |
| 1798 | | Nu 4:27 | דגרשוני לכל מטוליהון | ולכל | פלחנהון ותסכמון עליהון |
| 1799 | | Nu 4:32 | ומתחיהון לכל מניהון | ולכל | פלחנהון ובשמהן תסכמון ית |
| 1800 | | Nu35:03 | לבעיריהון ולממונהון | ולכל | קניינהון: |
| 1801 | | Ex12:02 | הוא לכון {הוא לכון} | ולכל | ראשי ירחי שתא: |
| 1802 | | Dt29:01 | בארעא דמצרים לפרעה | ולכל | שולטנוי ולכל ארעיה: |
| 1803 | | Lv11:46 | נפש חיתה דרחשא במיא | ולכל | שרצה דשרץ על ארעה: |
| 1804 | ככל | Dt17:14 | ותימרון אמני עלינן מלך | ככל | אומייא די חזור חזור לן: |
| 1805 | | Dt18:07 | בשם מימרה דייי אלהיה | ככל | אחוי ליוויי דקיימין |
| 1806 | | Dt 4:08 | וסדרי דינין זכיין | ככל | גזירת אוריתה הדה די אנה |
| 1807 | | Ex31:11M | בסמניה לקידוש \כל | מה/ככל#2#/ | די פקדית יתך תעבדון: |
| 1808 | | Nu 9:05M | במדברה דסיני \כל | מה/ככל#2#/ | די פקד ייי ית משה כדן |
| 1809 | | Dt29:20 | מן כל שבטיה דישראל | ככל | לווטיה קיימה דכתיבין בספר |
| 1810 | | Ex25:09M | | כל/ככל#2#/ | מה די אנא מחזי יתך ית |
| 1811 | | Ex29:35M | \כדן כל מה /כדן סדרא | ככל | מה#2#/ דפקדית יתך שבעה |
| 1812 | | Ex39:42 | | ככל | מה די פקד ייי ית משה כן |
| 1813 | | Ex40:16M | ועבד משה | כל/ככל#2#/ | מה דפקד ייי יתיה כדין |
| 1814 | | Nu 1:54 | ועבדו בני ישראל | ככל | מה די פקד ייי ית משה כדן |
| 1815 | | Nu 8:20M | ללווי/לליוואי#2#/ | כל/ככל#2#/ | מה די פקד ייי ית משה |
| 1816 | | Nu30:01M | משה לבני ישראל | כל/ככל#2#/ | מה די פקד ייי ית משה: |
| 1817 | | Dt 1:03M | משה עם בני ישראל | כל/ככל#2#/ | מה די פקד ייי יתיה |
| 1818 | | Dt 1:30 | לכון נצחני קרביכון | ככל | מה די עבד ייי עמכון |
| 1819 | | Dt 1:41 | אנן נסוק ונסדר קרבה | ככל | מה די פקד יתן ייי אלהן |
| 1820 | | Dt 4:34 | ובחזו{ז}<ו>ן רברבין | ככל | מה די עבד לכון ייי אלהכון |
| 1821 | | Dt12:08 | לא תעבדון | ככל | מה דאנן עבדין הכה יומא |
| 1822 | | Dt14:26 | ותזבנון בכספא | ככל | מה די תתחמד נפשיכון בתורין |
| 1823 | | Dt17:10M | דייי ותתטרון למעבד | כל/ככל#2#/ | מה די ילפון יתכון: |
| 1824 | | Dt18:16 | | ככל | מה די שאלתון מן קדם ייי |
| 1825 | | Dt24:08 | למיטור לחדה ולמעבד | ככל | מה די ילפון יתכון כהנייא |
| 1826 | | Dt30:02 | ותשמעון בקל מימריה | ככל | מה די אנה כען מפקד יתכון |
| 1827 | | Dt31:05 | קדמיכון ותעבדון להון | ככל | מצוותה די פקדת לכון: |
| 1828 | | Dt20:18 | לא יילפון יתכון למעבד | ככל | מרחקתהון די פלחו לטעוותהון |
| 1829 | | Dt26:13 | ליתמייה ולארמלתה | ככל | פיקודייך די פקדת יתן לא |
| 1830 | | Nu 9:03 | תעבדון יתיה בזמניה | ככל | קיימוי וככל סידרי דינוי |
| 1831 | | Nu 9:12 | וגרם לא יתברון ביה | ככל | קיימוי דפסחה {יעבד«ו»ן}: |
| 1832 | | Nu 9:12M | לא יבטלון מניה | ככל | קיימי דפס׳#2#/ יעבדון |

לכול
לכל

1833 Nu12:07M לא \כוות כל/ככל#2/ נביאה/נביא#2/ הוא
1834 Dt 4:19 פליג ייי אלהכון יתהון לכול אומייה די תחות כל שמיא:
1835 Ex12:42 נטיר ומזומן הוא לפורקן לכל ישראל לדריהון:
1836 Ex12:42M לכל \נטור ומזמין לכל#2/ ישראל לדריהון:
1837 Dt 5:01 וקרא משה לכל ישראל ואמר להון שמעו
1838 Dt29:01 וקרא משה לכל ישראל ואמר להון אתון
1839 Dt31:01 ומלל ית דביריה האליין לכל ישראל:
1840 Dt 3:13 דמנשה כל תחום תרכונה לכל בותנין לאתרה ההוא יתקרי
1841 Dt22:03 תעבד ללבושה וכדן תעבד לכל אבידתה די יאבד מניה ותשכח
1842 Dt 7:19 כדן יעבד ייי אלהכון לכל אומייה די אתון דחלין
1843 Gn45:15 ונשק לכל אחוי ובכה לקבלהון ומן בתר
1844 Nu18:11 לכון אפרשות מתנתכון לכל אנפות בני ישראל לך יהבית
1845 Gn45:08 לאבא {לא} לפרעה ולרבון לכל אנשי בייתי' ושליט בכל ארעא
1846 Nu18:11M לך אפרשות מתנוותהון/ לכל אפרשו דבני#2/ ישראל לך/
1847 Dt34:11 לכל אתייה וניסי פרישתה די שלח
1848 Gn20:13 דן חסדיך די תעבדון עמי לכל אתר די נעול לתמן אמרי כען
1849 Ex12:03 אימר לבית אבה{ה} תם אמר לכל בייתה:
1850 Lv 7:10 מנחתה פילה במשח ונגיבה לכל בנוי דאהרן תהוי גבר
1851 Ex16:06 ואמר משה ואהרן לכל בני ישראל ברמשא ותדעון
1852 Gn 2:20 וקרא אדם שמהן לכל בעירא ולעופא דשמיא ולכל
1853 Lv11:26 לכל בעירא דהוא פריס פרסה
1854 Nu16:22M מתייהבה נשמתה לכל בשרא#2/ הא גבר יחטא
1855 Nu18:15 כל פתחי שרוי וולדה לכל בשרה די יקרבון לשמה דייי
1856 Gn45:22 לכולהון יהב לכל גבר אסטולי ולבוש ולבנימן
1857 Ex16:22 לחם בכיפלא תרין עמרין לכל גולגלא ואתון כל רברבני
1858 Ex38:26 טבע^^ לכל גולגלה פלגות סלעה
1859 Nu 3:47 ותסב מן חמשה חמשה סלעין לכל גולגלתה בסלעי בית קדשה
1860 Ex16:16 מנה גבר לפם מיכליה עמר לכל גלגלה מניין נפשכון גבר לפם
1861 Gn24:20 תוב לבאירה למימלי ומלת לכל גמלוי:
1862 Lv25:10 ותכרזון חירו לארעא לכל דיירה יובלה היא תיהווי
1863 Ex38:26M בית קודשה^^ כל/לכל#2/ דעבר על מנייניה מבר
1864 Nu15:12M סדרא תקרבון \עם כל/לכל#2/ חד כמניינהון/במ#2/:
1865 Dt19:15 לא יקום סהד בגבר לכל חובה ולכל סרחון בכל סרחון
1866 Lv16:16 ישראל ומן סרחניהון לכל חוביהון וכן יעביד למשכן
1867 Lv16:21 ישראל וית כל סרחניהון לכל חוביהון ויתן יתהון על
1868 Ex38:27 חומרין למאה ככרין ככר לכל חומר:
1869 Lv13:12 מן ראשה ועד רגלוי לכל חזיו עיני כהנא:
1870 Gn30:22 ואמר פתח ידך ומשביע לכל חיי דאית בהון רעוא מפתחא
1871 Gn18:26 בגו קרתא ואשרי ואשבוק לכל חייבוי דאתרה בגללהון:
1872 Ex14:28 ית אר<ת>כי וית פרשיה לכל חיילותיה דפרעה דעלו
1873 Dt17:03 ולשמשא או לסהרא או לכל חילוות שמייא די לא פקדית:
1874 Gn 9:10 עמכון מכל נפקי תבותא לכל חיתא דארעא:
1875 Ex12:21 וקרא משה לכל חכמיה דישראל ואמר להון
1876 Ex29:36M תקרבון בכל/לכל#2/ יום על כפורא ותרבי ית
1877 Ex26:02 דיריעתה חדתה משחא חדא לכל יריעתה:
1878 Ex36:09 יריעתה חדא משחת חדא לכל יריעתה:
1879 Ex16:09 ואמר משה לאהרן אמר לכל כנישתא דבני ישראל קרבו
1880 Ex35:04 ואמר משה לכל כנישתא דבני ישראל למימר
1881 Nu14:07 ואמר«י»ן לכל כנישתה דבני ישראל למימר
1882 Nu15:26 וישתבק לכל כנישתה דבני ישראל
1883 Nu14:35 מללת אין לא דא אעבד לכל כנשתה בישתה הדה די אתרעמו
1884 Ex26:17 דא לקבל דא כדין תעבד לכל לווחי דמשכנא:
1885 Ex36:22 דן לקבל דן כדין עבד לכל לווחי דמשכנה:
1886 Gn45:01 ולא יכל יוסף למסוברא לכל מאן דהוה קיים עלוי ואכרז

1887 Ex36:01 עבידת פלחן בית קודשא לכל מה די פקד ייי:
1888 Lv 5:04 למבאשה או למיטבה לכל מה די יפרש ליה בר נשה
1889 Lv13:51 בשתיה או בערבה או במשך לכל מה די יתעבד משכה לעבידה
1890 Dt 5:21M לתוריה ולא לביערה ולא לכל מה דאית לחבריכון ארום
1891 Nu 4:27 פלחנה דבנוי דגרשוני לכל מטוליהון ולכל פלחנהון
1892 Ex40:36M בני ישראל בכל/לכל#2/ מטל{ינ}<ני>הון
1893 Nu18:04 ית מטרת משכן זמנה לכל מטרת פלחנה וחילוניי לא
1894 Dt23:20 זפו דממון זפו דכסף זפו לכל מילה די יתזיף:
1895 Lv14:54 דא ^גזירת#2^ אורייתא לכל מכתש צרעתה ולנתקה:
1896 Dt 3:21 כדן יעבד מימרה דייי לכל מלכוותה די אתון עברין תמן:
1897 Dt 3:21M מלכוותה /כן יתפרע ייי לכל מלכוותה האליין#2/ די
1898 Dt28:25 ותהוון לריחוק לכל מלכוותה דארעא:
1899 Gn 3:24 אילן דחיין היא אורייתא לכל מן דלעי בה ונטר פקודיה הוי
1900 Nu33:54 זעירין תזער אחסנתיה לכל מן די יפוק לה תמן עדווה
1901 Ex27:19 לכל מנה משכנה לכל פלחנא וכל
1902 Nu18:09 מן אשתא כל קרבנהון לכל מנחתהון ולכל חטאתהון ולכל
1903 Nu 4:32 וסכיהון ומתחיהון לכל מניהון ולכל פלחנהון ובשמהן
1904 Gn41:55 על עיסק לחמא ואמר פרעה לכל מצראי אזלו לוות יוסף מה
1905 Gn45:09 שוי יתי ייי לריבון לכל מצראי חות לוותי ולא תשתהי:
1906 Nu10:25 משריית דבנוי דדן מכנש לכל משריתה לחילוותהון ורבה
1907 Ex28:38 די יקדישו בני ישראל לכל מתנת קדשהון ויהווי על
1908 Dt23:19 דייי אלהכון ^^לכל נדר ארום מרחקה קדם ייי
1909 Lv22:18 בישראל די יקרב קרבניה לכל נדריהון ולכל נסיביתהון די
1910 Lv 5:03 ארום יקרב בסאבה דבר נש לכל סאבתיה די יסתאב בה ויתכסי
1911 Lv22:05M די יסתאב ליה בכל/לכל#2/ ס{ב}אובתיה:
1912 Ex38:20M ולדרתה מן חזור חזור /לכל סכייה דמשכנה ודרתה חז#2/
1913 Lv 7:24 ותרב דקטילה יתעבד לכל עבידה ומיכול לא תאכלון
1914 Ex35:24 אשתכח לוותיה אעי שטין לכל עבידת פולחנא אייתון:
1915 Ex36:07 ועבידתה הו{ה}<ת> כמסת לכל עבידתה למעבד יתה ועבדו
1916 Ex35:29 לבהון יתהון למייתייה לכל עבידתה די פקד ייי למעבד
1917 Dt28:26 ותהווי נבילתכון למזון לכל עופה דשמייא ולחייתה דארעא
1918 Gn23:10 במשמעהון דבנוי דחת לכל עללי תרע קרתיה למימר:
1919 Gn23:11 במשמעהון דבנוי דחת לכל עללי תרע קרתיה למימר: לא
1920 Gn23:18 לקנין לקבל בנוי דחת לכל עללי תרע קרתיה:
1921 Ex16:10M אהרן \עם כל כנישתא /לכל עם כנישתא#2/ דבני ישראל
1922 Gn42:06 על ארעא והוא הוה מזבן לכל עמא דארעא ואתון אחוי
1923 Nu11:13 מן הן אית לי בשר למתין לכל עמא האלין ארום יבכון
1924 Nu15:26 דמתגיירין ביניהון ארום לכל עמא דאשתלון:
1925 Nu32:15 יתכון במדברה ותחבלון לכל עמא האליין:
1926 Dt27:14 ויענון ליוויא ויאמרון לכל עמה בני ישראל קל תלי:
1927 Ex 1:22 ופקד פרעה לכל עמיה למימר כל בר דכר
1928 Nu18:07 עמך תטרון ית כהנתכון לכל עסק מדבחה ולגו מן פרוכתה
1929 Nu 3:31M ישמשון בהון ופרסה וכל/לכל#2/ פולחנה:
1930 Nu 4:31 ודא מטרת מטולהון לכל פולחנהון במשכן זימנה
1931 Ex27:19 לכל מנה משכנה לכל פלחנא וכל סכוי וכל סכי
1932 Nu 4:33 זרעיתה דבנוי דמררי לכל פלחנהון במשכן זמנה על ידוי
1933 Nu 3:26 וית מתחיהון לכל פלחניה:
1934 Gn23:16M /לכל פתר ומתקבלין לכל#2/ פרקמטיא:
1935 Dt32:46 {א}להון שוון לבביכון לכל פתגמיה די אנה משהד בכון
1936 Gn23:16M \בכל אתר מתקבלין בכל /לכל פתר ומתקבלין לכל#2/
1937 Ex12:16 בהון לחוד מה די יתעביד לכל צורכיה דנפשה הוא לבלחודוי
1938 Nu 5:09 וכל אפרשו לכל קדש«י»הון דבני ישראל די
1939 Nu18:08 לך ית מטרת אפרשותי לכל קדשיהון דבני ישראל לך
1940 Lv18:06M \לוות כל קריב בשריה /לכל קריבת בש#2/ לא תקרבון

|  |  |  |  |  |  |
|---|---|---|---|---|---|
| 1941 | | Dt20:15 | כדן תעבד | לכל | קרייתה דרחיקן מנכון לחדה |
| 1942 | | Ex12:02M | ירחא הדין ניסן | לכון/לכל#2#/ | ריש ירחין קדמיי הוא |
| 1943 | | Nu31:05M | דישראל אלף \מן | כל/לכל#2#/ | שבט תרין עשר אלפין |
| 1944 | | Nu31:06M | יתהון משה אלף \מן | כל/לכל#2#/ | שבט לחיל קרבה יתהון |
| 1945 | | Dt 1:01 | איסטרטין אסרט ^חדה#2#^ | לכל | שבט ארגיזתון קודמוי על ימא |
| 1946 | | Gn20:08 | אבימלך בצפרא וקרא | לכל | שלטוי ומלל ית «כל» |
| 1947 | | Gn40:20 | גניסיא דפרעה ועבד שרוי | לכל | שלטנוי ו{ח}<רו>מם ית ראשה |
| 1948 | | Nu14:34M | שנה יום \חד | בכל/לכל#2#/ | שנה תקבלון/תסבלון#2#/ |
| 1949 | | Nu14:34M | יומין יום \חד | בכל/לכל#2#/ | שנה יום חד בכל |
| 1950 | | Lv11:42M | ריגלין#2#/ \כל {ד} שרצה | /לכל | שרצה#2#/ דשרץ על ארעא לא |
| 1951 | מכל | Gn 3:01 | ארום אמר ייי לא תאכלון | מכל | אילני גנתא: |
| 1952 | | Dt12:10 | מחסן יתכון ויניח לכון | מכל | בעלי דבביכון מן חזור חזור |
| 1953 | | Nu 6:04 | כל יומי נדר נזירותה | מכל | די יעבד מן גופנה דחמרא מן |
| 1954 | | Ex 9:04 | דישראל ולא ימות | מכל | לבני ישראל מדעם: |
| 1955 | | Lv 5:24 | או | מכל | מה דיש{בת}<תב>ע עלוהי לשק׳ |
| 1956 | | Lv11:34 | | מכל | מיכל די יתאכל די יתיהב |
| 1957 | | Gn40:17 | ובסל עילאה | מכל | מיכלא דפרעה עבד נחתום |
| 1958 | | Dt23:10 | בעלי דבביכון ותזדהרון | מכל | מילה בישה: |
| 1959 | | Nu18:28 | אוף אתון אפרשותה דייי | מכל | מעשריכון די תקבלון מן לוות |
| 1960 | | Lv18:26 | סדרי דיניי ולא תעבדון | מכל | מרחקתא האליין יציבייה |
| 1961 | | Gn 9:10 | ובכל חיתא דארעא עמכון | מכל | נפקי תבותא לכל חיתא דארעא: |
| 1962 | | Gn 2:02M | ואיתניח ביומא שביעאה | מכל | עבדתיה די עבד |
| 1963 | | Ex18:21 | ואת תחמי | מכל | עמא גברין גברי חיל דחלין |
| 1964 | | Ex33:16 | אנה ועמך «אמיה» | מכל | עמיה דעל אפי ארעא: |
| 1965 | | Nu 1:04 | ועמהון יהוון גבר גבר | מכל | שבט גבר ראש לבית אבהתה |
| 1966 | | Lv11:21 | להוד ית דין תאכלון | מכל | שרצא דעופה דמהלך על ארבע |
| 1967 | כולי | Gn 6:20 | דארעא למינה תרין מן | כולי | יעלון לוותך למקיימה: |
| 1968 | כולא | Gn20:16 | הא יהבית אלף דסלעין ועל | כולא | אתווכחת ברם אילו יהבת כל |
| 1969 | | Gn22:14 | ברחמין מן קדמיך ייי | כולא | גלי וידיע קדמיך דלא הווה |
| 1970 | | Nu11:22M | אין מתכנשין להון הא | כולא | יספק להון |
| 1971 | | Gn 6:19 | מן כל בשרא תרין מן | כול«א» | תעיל לתיבותה למקיימה עמך |
| 1972 | כולה | Dt28:47 | בחדו ובלב טב מן סוגי | כולה: | |
| 1973 | | Gn34:16 | ונשרי עמכון וניהווי | {כולה} | כולן לאומה חדה: |
| 1974 | | Nu 8:16M | \בכרי כל /בכורי | כולה#2#/ | מן ולדה בני ישראל |
| 1975 | | Lv 8:27 | ויהב ית | כולה | על כפי ידוי דאהרן ועל כפי |
| 1976 | | Gn27:33 | ציד ואייתי לי ואכלת מן | כולה | קדם עד לא תייתי וברכת יתה |
| 1977 | כולהון | Ex14:07 | הוון ממנין על | כולהון: | |
| 1978 | | Dt 6:04M | שבטוי דיעקב כחדה | /כולהון | בח#2#/ בלבה שלמה |
| 1979 | | Nu13:03 | על פם גזרת ממרה דייי | כולהון | גברין ראשיהון דבני ישראל |
| 1980 | | Gn28:10 | כיון דקדם בצפרא ואשכח | כולהון | לאבן חדא היא אבנא דאקים |
| 1981 | | Nu16:03 | עליכון ארום כל כנישתה | כולהון | קדישין וביניכון שריא |
| 1982 | | Dt29:14M | ודלא אתבריו עד כדון | כולהון | קיימין עמנא יומא דין |
| 1983 | כוליה | Gn25:25 | ונפק קדמה סמק{מין}<ריי> | כו<ליה | כ>כלן דשער וקרון שמה |
| 1984 | | Ex19:18 | דסיני הו«ה» תנן | כוליה | מן בגלל דאתגליית עלוי |
| 1985 | כולכון | Dt 4:04 | הא אתון חיין וקיימין | כולכון | יומא הדין: |
| 1986 | | Dt29:09 | אתון קיימין מעתדין | כולכון | יומא הדין קדם ייי אלהכון |
| 1987 | כולן | Nu17:27M | "... אשתה": יבדנן | כולן | אישתצינן אית מנן דמיתו |
| 1988 | | Dt29:15M | ית מה די שרינן | \כולן#2#/ | בארעא דמצרים וית מה |
| 1989 | | Dt 5:03 | ארום אלהן עמן הא אנן | כולן | הכה יומה הדין חיין |
| 1990 | | Gn34:22M | עמן/גבן#2#/ למהוי | \כולן#2#/ | לאומא חדא \במגזר /כד |
| 1991 | | Gn34:16 | עמכון וניהווי {כולה} | כולן | לאומה חדה: |
| 1992 | כולנן | Dt 5:03M | יומה הדין/הדא | כולנן#2#/ | חיין וקיימין: |
| 1993 | כלא | Gn 9:03 | עשבי׳ יהבית לכון ית | כלא: | |
| 1994 | | Gn16:12 | ידוהי ישלטון בכלא וידי | כלא | ישלטון ביה וקדם כל אומי |
| 1995 | | Gn34:31 | לדינה ברתיה דיעקב | כלא | מן כל כדין דלא יהוו{ן}<י׳> |
| 1996 | | Dt 2:36 | קרייה די אשתזבת מינן ית | כלא | מסר ייי אלהן קדמינן: |
| 1997 | | Ex29:24 | ותשוי | כל{י}<א> | על כפי ידיהון דבנוי |
| 1998 | כלה | Gn14:20 | ויהב לה חד מן עשרה מן | כלה: | |
| 1999 | | Lv13:13 | כל בשרה וידכי ית מכתשא | כלה | איתהפיך לחוור דכי הוא: |
| 2000 | | Gn20:16M | ועל כל מה דאית עמי ועל | כלה | אתוכחית |
| 2001 | | Gn13:10M | כל משריה דיורדנה והא | כלה | אתר בית משקוי קדם עד לא |
| 2002 | | Gn13:10 | ית כל מישר ירדנא ארום | כלה | בית שקה קדם עד לא שיציא |
| 2003 | | Lv 1:13 | ישיג במיא ויקרב כהנא ית | כלה | ויסדר על גבי מדבחא עלה הוא |
| 2004 | | Ex26:06 | חדא בפרפיה ויהוי משכני | כלה | חד: |
| 2005 | | Ex26:11 | ותדבק ית משכניה ויהוי | כלה | חד: |
| 2006 | | Ex36:13 | חדא בפורפיה והוי משכנה | כלה | חד: |
| 2007 | | Ex36:18 | למדבק ית משכנא למהוי | כלה | חד: |
| 2008 | | Ex25:36 | וקניהון מנה יהוון | כלה | נגידא חדה דהב דכי: |
| 2009 | | Ex37:22 | וקניהון מנה הוון | כלה | נגידה חדא דהב דכי: |
| 2010 | | Lv 1:09 | ישיג במיא ויסדר כהנא ית | כלה | על גבי מדבחא עלה קרבן |
| 2011 | כלכון | Dt 1:22 | וקרבתון ל{ת}<וו>תי | כלכון | ואמרתון נשלח גברין קדמינן |
| 2012 | כלן | Nu17:27 | למימר הא ספינן אשתיצינן | כלן | אבדנן מינן מיתו במגפתה |
| 2013 | כלנן | Gn42:11 | | כלנן | בנוי דגבר חד אנן היימינן |
| 2014 | בכולה | Lv22:27 | דבסיבותיה אתברך | בכולה | ורהט לבקרותיה ואייתי בת |
| 2015 | בכלא | Gn24:01 | דייי ברך ית אברהם | בכל«א»: | |
| 2016 | | Gn16:12 | בבני אנשא ידוהי ישלטון | בכלא | וידי כלא ישלטון ביה וקדם |
| 2017 | דכולהון | Gn43:34M | מן חולקיהון | דכולן/דכולהון#2#/ | חמשה חולקין ושתון |
| 2018 | דכולן | Gn43:34 | דבנימן מן חולקיהון | דכולן | חמשה חולקין ושתון ורוון |
| 2019 | וכולהון | Nu23:13 | להוד מן קצת עמה תחמי | וכולהון | לא תחמי ותלוט יתהון לי |
| 2020 | לכולא | Ex20:25M | את<ע>בדו קרב׳ מותא | לכולא | אסטמר דלא תריק סייפך עלי |
| 2021 | לכולהון | Gn11:06 | הא אומה חדה ולשון חד | לכולהון | והא כדון שרון למעבד |
| 2022 | | Gn45:22 | | לכולהון | יהב לכל גבר אסטולי ולבוש |
| 2023 | | Ex 9:14M | על לבך /מגרי | לכולהון | מחתי וימטון עד לבבך#2#/ |

כלום *pron.* See also:
כלוקבל *prep.* See also:

## כל מה *pron.* ⇐ כל

## כל מן *pron.* ⇐ כל

## כלאים *n.* kilayim: forbidden mixture [258]

|  |  |  |  |  |  |
|---|---|---|---|---|---|
| 001 | כלאים p abs | Dt22:09 | לא תזרעון כרמיכון | כלאים | דלא תאבדון מליתה דזרעא די |
| 002 | | Lv19:19 | כלאים חקלכון לא תזרעון | כלאים | ולבוש דכל<א>ים |
| 003 | | Lv19:19 | תטרון בערכון לא תרבעון | כלאים | חקלכון לא תזרעון כלאים |
| 004 | דכלאים | Lv19:19 | תזרעון כלאים ולבוש | דכל<א>ים | {עלאר}<עמר> וכתן שעטנז |

## כלב *n.* dog [258]

|  |  |  |  |  |  |
|---|---|---|---|---|---|
| 001 | כלב s ab/cn | Ex11:07 | ולכל בני ישראל לא ינבח | כלב | בלשניה למן גבר ועד בעיר |
| 002 | | Dt23:19 | לא תיעלון אגר דזנו ופרוק | כלב | לבית מוקדשה דייי אלהכון |
| 003 | דך<לב> | Dt23:19M | ופרוק": דזני ופירוג | {ס}<ד>ך<לב> | |
| 004 | לכלבא s em/sf | Ex22:30 | תטלקון יתיה דהוא מדמי | לכלבא: | |
| 005 | | Ex22:30 | באפי ברא לא תיכלון | לכלבא | תטלקון או לנכרייה |

## bride *n.* כלה

[259]

|  |  |  |  |
|---|---|---|---|
| 001 | כלתה s em/sf | Gn11:31 | לוט בר ברה וית שרי כלתה אתתיה דאברם בריה ונפקו |
| 002 | | Gn38:16 | ארי לא הוה ידע ארום כלתה היא {ארום תעול לוותי} |
| 003 | כלתי | Gn38:26 | ואמר זכאה היא תמר כלתי בגין כך לא אסבת יתה לשלה |
| 004 | | Gn38:25 | היא מעברה חס לה תמר כלתי לית היא מעברא בנין דזנו |
| 005 | | Gn38:25 | מעברה וזכאה היא תמר כלתי מיני היא מעברה חס לה תמר |
| 006 | כלתיה | Gn38:11 | ואמר יהודה לתמר כלתיה תבי ארמלה בבייתיה דאבוך |
| 007 | כלתך | Gn38:24 | למימר זניית תמר כלתך ולחוד הא היא מעברה בגין |
| 008 | דכלתך | Lv18:15 | עריתה דכלתך לא תבזי אתתה דברך היא לא |
| 009 | ולכלתה | Gn35:09 | אלפת יתן למברכה לחתנה ולכלתה מן אדם וזוגיה ועוד אלפת |
| 010 | וכלין p abs | Dt24:06M | תהוון אסורי חתנין וכלין ארום כל דעביד אלין כפר |
| 011 | | Dt24:06 | לא תהוון אסורי חתנין וכלין ולא תמשכנון ריחיה ארום |
| 012 | וכלתין | Dt24:06M | למיהווי אסרין חתנין וכלתין מלמקרב ארום כאשדיות |

## something *pron.* כלום

[259]

|  |  |  |  |
|---|---|---|---|
| 001 | כלום | Gn30:31 | ואמר יעקב לא תעבד לי כלום מדעם אן תעבד לי פתגמא הדן |

## towards *prep.* כלוקבל

[259]

|  |  |  |  |
|---|---|---|---|
| 001 | כל וקביל | Nu22:36M | לקרתא דמואב דאית כל וקביל ארנונא דאית בס' |
| 002 | כל וקבל | Dt11:30M | דכנענאי דיתבין במשרא כל וקבל גלג<לה> |
| 003 | | Nu33:07M | צפון#2#/ ושרון קדם/כל וקבל#2#/ מגדול: |
| 004 | | Ex39:19M | /סיפו{י}<ו>ה דאית כל וקבל אפודה מן לגר#2#/: |
| 005 | | Ex39:18M | כתפתה דאפדה מן כל קבל/כל וקבל#2#/ אפוי: |
| 006 | | Ex39:20M | מן לרע מן כל קבל/כל וקבל#2#/ אפוי לקבל |
| 007 | | Nu 8:02M | ית בוציניה לקבל/כל וקבל#2#/ אפ«י»ה מנרתה |
| 008 | | Nu 8:03M | ועבד כדן אהרן לקבל/כל וקבל#2#/ אפיה מנרתה סדר |
| 009 | | Dt 2:19M | דבני עמונייה /כל וקבל בני עמונאי#2#/ לא |
| 010 | | Nu21:20M | ריש רמתה דמצטייפה כל וקבל דבית ישימון |
| 011 | | Ex28:27M | בית דבוקה מלעיל/ כל וקבל דבוקה מלעיל#2#/ להמיינה |
| 012 | | Ex39:20M | לעיל מן המיינה/אפוי כל וקבל דבוקה מן לעיל |
| 013 | | Ex39:20M | "אפוי ... המיינה": אפוי כל וקבל דבוקה מן לעיל |
| 014 | | Nu21:01M | ונסדרא סדרי קרבה כל וקבל דבית ישראל ונשב{ן}<י> |
| 015 | | Nu 2:02M | בני ישראל מן כל קבל/<כל >וקבל#2#/ חזור חזור למשכן |
| 016 | | Dt27:15M | /מהפ'#2#/ אפיהון כלפי/כל וקבל#2#/ סורה דגריזים |
| 017 | | Dt27:15M | אפיהון כלפי/כל וקבל#2#/ סורה דעיבל ואמרין |
| 018 | | Dt34:06 | בארעהון דמואביי כל וקבל סעותה פעור ולא חכם גבר |
| 019 | | Ex33:11M | עם משה ממלל לקבל/כל וקבל#2#/ ממלל היך מה דממלל |
| 020 | | Nu12:08M | ממלל לקבל/כל וקבל#2#/ ממלל <מללית> עמיה |
| 021 | | Dt 5:04M | ממלל לקבל/כל וקבל#2#/ ממלל מלל ייי עמכון |
| 022 | | Dt34:10 | יתיה מימריה דייי ממלל כל וקבל ממלל: |
| 023 | | Nu21:01M | נסדרה סדרי קרבה כל וקבל {ר}<ד>בית ישראל ארום |
| 024 | | Ex34:03M | לא ירעו{ן}<ך> כל קביל/כל וקבל#2#/ {ת} סורא ההוא: |
| 025 | | Nu33:09M | עיינוון דמיין כל וקבל#2#/ תרי עשרתי |
| 026 | | Nu33:09M | תריסר מבועין דמיין כל וקבל תריסר שבטין |
| 027 | כל קבול | Ex14:02M | טעותה צפון מכוונין/כל קבול#2#/ תשרון על ימא: |
| 028 | כל קביל | Ex10:10 | חמון ארום בישתא כל קביל אפיכון: |
| 029 | | Gn32:31 | מן קדם ייי אפין כל קביל אפין ואשתיזבת נפשי: |
| 030 | | Ex34:03 | ותורא לא ירעו{ן}<ך> כל קביל {ת} סורא ההוא: |
| 031 | כל קבל | Nu23:28 | פעור דמצפיה מן {על}<כל> קבל בית הישימון: |
| 032 | | Nu21:20 | והא היא מצטפייה מן כל קבל בית ישימון: |
| 033 | | Dt11:30 | דכנעניי דשריין במשרה כל קבל גלגלה סמיך למישרי |
| 034 | | Dt32:49 | נבו די בארע' דמאב די כל קבל יריחו וחמי ית ארעא |
| 035 | | Gn25:18 | מן הנדין עד הלוצה די כל קבל מצרים מעלך לאתור וקדם |
| 036 | | Gn18:16M | כלפי סדום /ואדיקו כל קבל סד"#2#/ ואברהם אזל |
| 037 | | Lv 8:09 | ראשה ושוי על מצנפתה מן כל קבל אפוהי ית ציצה דדהבה כליל |
| 038 | | Ex28:25 | על כתפתה דאפודא מן כל קבל אפוי: |
| 039 | | Ex39:18 | על כתפתה דאפדה מן כל קבל אפוי: |
| 040 | | Ex39:20 | דאפדה מן לרע מן כל קבל אפוי לקבל בית דבוקה |
| 041 | | Lv13:41 | ואן מן כל קבל אפוי יתמרט שער ראשה |
| 042 | | Nu19:04 | מן אדמה באיצבעי ויידי כל קבל אפי משכן זימנה מן אדמה |
| 043 | | Dt28:66 | חייכון תלאין לכון מן כל קבל ותתפחדון בליליה ובאימאמה |
| 044 | | Nu 2:02 | ישרון בני ישראל מן כל קבל חזור חזור למשכן זימנא |
| 045 | | Gn49:30 | במערתא די בחקל כפלא די כל קבל ממרא דכנען די זבן אברהם |
| 046 | | Lv 5:08 | ויעזום ית ראשה מן כל קבל קדליה ולא יפרש: |
| 047 | | Ex15:27 | ושובעין דקלין דתמרין כל קבל שבעין <סביא> סנהדרין |
| 048 | | Nu33:09 | ושבעין דקלין דתמרין כל קבל שבעתי חכימי דבני ישראל |
| 049 | | Ex19:02 | וכוונו תמן ישראל כל קבל {תוס} טורא: |
| 050 | | Nu33:09 | פיגיין דמיין כל קבל תרי עשרתי שבטיה דישראל |
| 051 | | Ex15:27 | פיגין דמיין כל קבל תרין עשר שבטי ישראל |
| 052 | כלוקביל | Gn50:13M | \קדם ממרא/דאית כלוקביל ממריה#2#/: |
| 053 | | Gn49:11M | ונפק לקרבא על/כלוקביל#2#/ שנאוי ומקטל מלכין עם |
| 054 | כלוקבל | Ex17:08M | וסדרו סדרי קרבא עם/כלוקבל#2#/ ישראל ברפידים: |
| 055 | | Gn23:19M | \די כל קובל/דאית כלוקבל#2#/ מימרא היא חברון |
| 056 | | Gn25:09M | כל קובל/חתיי' דאית כלוקבל#2#/ מימרא: |
| 057 | | Gn19:28M | וכלפי עמרה וכלפי /כלוקבל סדום ועמורה כלוקבל#2# |
| 058 | | Gn35:04M | \דסמיך לשכם/דאית כלוקבל שכם#2#/: |
| 059 | | Lv 8:09M | /מצנפה#2#/ מן כל קבל/כלוקבל#2#/ אפוהי ית ציצה |
| 060 | | Ex28:25M | דאפודא מן כל קבל/כלוקבל#2#/ אפוי: |
| 061 | | Lv13:41M | ואן מן כל קבל/כלוקבל#2#/ אפוי יתמרט שער |
| 062 | | Nu19:04M | באיצבעי ויידי כל קבל/<כל>וקבל#2#/ אפי משכן זימנה מן |
| 063 | | Ex25:37M | וייהוון מנהרין כלוקבל#2#/ אפיה: |
| 064 | | Gn19:28M | סדום ועמורה כלוקבל#2#/ ארעא משרה וחמה והא |
| 065 | | Ex25:27M | לקבל/כלוקבל#2#/ גיפופיה יהוון |
| 066 | | Ex17:09M | סדרי קרבא עם/כלוקבל#2#/ דבית עמלק למחר הא |
| 067 | | Ex17:10M | למסדרא סדרי קרבא עם/כלוקבל#2#/ דבית עמלק ומשה |
| 068 | | Ex38:18M | לקבל וילון/אומין כלוקבל ווילוות#2#/ דרתה: |
| 069 | | Gn14:09M | מלכין סדרו קרבא לקבל/כלוקבל#2#/ חמשה ויכלו להון: |
| 070 | | Dt 4:46M | בחלתה \דסמיך לטעוותה /כלוקבל ט'#2#/ דפעור בארע \ |
| 071 | | Lv16:02M | {מן} פרכתה לקבל/כלוקבל#2#/ כפרת ד'/דאי'#2#/ על |
| 072 | | Gn23:17M | \די קדם מימרא/דאית כלוקבל ממ'#2#/ חקלא ומערתא דביה |
| 073 | | Lv 5:08M | ית ראשה מן כל קבל/כלוקבל#2#/ קדליה ולא יפרש: |
| 074 | | Ex15:27M | דתמרין \כל קבל שבעין /כלוקבל שובעיתי סביא#2#/ <סביא> |
| 075 | | Ex19:02M | תמן ישראל כל קבל/כלוקבל#2#/ {תוס} טורא: |
| 076 | | Ex15:27M | \כל קבל תרין עשר /כלוקבל תרי עשרתי#2#/ שבטי |
| 077 | כלקביל | Gn33:18M | מפדן ארם ושרא קדם/כלקביל#2#/ קרתא: |
| 078 | כלקבל | Ex37:14M | לקבל/כלקבל#2#/ גפופא הוויין עזקי |
| 079 | קלוקביל | Gn30:41M | יעקב ית חוטריא קדם/קלוקביל#2#/ ענה במו{ד}<ר>כותא |
| 080 | | Gn30:40M | ושוי אפי ענה לקבל/קלוקביל#2#/ קרוחיא/קרוחייא#2#/ |
| 081 | כל וקבל' | Nu22:32M | סטת ארחה מן כל קבל'/כל וקבל'#2#/: |
| 082 | כל קבלה | Dt32:52 | ארום מן כל קבלה תחמי ית ארעא ותמן לא |
| 083 | כל קבלי | Nu22:05 | והא אינון שרין מן כל קבלי: |
| 084 | | Nu22:32 | לך ארום סטת ארחה מן כל קבלי: |
| 085 | כל קבליה | Gn21:16 | דטליא ויתבת לה מן כל קבליה ונטלת ית קלא ובכת: |
| 086 | כל קובל | Gn23:19 | במערתי חקל כפילא די כל קובל מימרא היא חברון בארעא |
| 087 | | Gn25:09 | בן צחר חתיה די כל קובל מימרא: |
| 088 | כל קובלך | Gn33:12 | כען ונהלך וניזיל מן כל קובלך: |
| 089 | כלוקבלי | Nu22:05M | אינון שרין מן כל קבלי/כלוקבלי#2#/: |

|  |  |  |  |  |  |  |
|---|---|---|---|---|---|---|
| 090 | כלוקובלך | | Gn33:12M | וניזיל מן | כל קובלך/כלו{כ}קובלך#2#/: | |
| 091 | כלקבלך | | Gn47:15 | הב לן לחם ולמה נמות | כלקבלך | ארום שלם כספא: |

See also: *prep.* מן כל קבל

## כלי *vb.* **to hold back** [259]

|  |  |  |  |  |  |  |
|---|---|---|---|---|---|---|
| 001 | יכלה | peal | Gn23:11M | /% גבר מנן ית קבריה לא | יכלה | ממך מל<מ>קבר מתך: וקם |
| 002 | וכליין | | Dt33:10 | קטרת בוסמנין טבין | וכליין | רוגזך וקרבן גמיר «ברעווה |
| 003 | אתכליית | etpeel | Nu17:15 | משכן זימנה ומגפתה | אתכליית: | |
| 004 | מתכליה | | Ex10:29 | הווינא מצלי עלך ומחתא | מתכליה | מנך ומחתה הדא עשירייה הי |
| 005 | ואתכלון | | Ex36:06 | לאפרשות בית קודשא | ואתכלון | עמא מן למיתה: |
| 006 | ואתכליית | | Nu17:15M | \ומגפתה אתכליית | /ואתכליית | במגפתה#2#/: |
| 007 | | | Nu17:13 | בעי רחמין על חייא | ואתכליית | מגפתה: |
| 008 | ואתכלת | | Nu25:08 | וית אתתה לגו מעיה | ואתכלת | מגפתה מעילוי בני ישראל: |
| 009 | וית' | | Nu25:08M | /בבית תורפה#2#/ | ואתכלת/וית'#2#/ | מגפתה מעילוי בני |

## כלי#3 *vb.* **to cease** [259 together with כלי]

|  |  |  |  |  |  |  |
|---|---|---|---|---|---|---|
| 001 | תתכלי | etpeel | Dt32:01 | ימסון וארעא כלבוש' | תתכלי | ברם עתיד הוא ייי למברה |

## כליד *n.* **cup** [260]

|  |  |  |  |  |  |  |
|---|---|---|---|---|---|---|
| 001 | כלידא | s em/sf | Gn44:12 | ובזעירא סייף ואשתכח | כלידא | בטעוני' דבנימן: |
| 002 | | | Gn44:16 | אנן לחוד מן דאשתכח | כלידא | בידיה: |
| 003 | | | Gn44:17 | למעבד דא גברא דאשתכח | כלידא | בידיה הו יהוי לי עבד |
| 004 | | | Gn44:02 | וית כלידי | כלידא | דכספא תשוי בפום טעוניה |
| 005 | כלידה | | Ex37:17M | ושושניה מנה {י}הוון | /כלידה | חזוריה ושושנה מנה ובה |
| 006 | כלידי | | Gn44:02 | וית | כלידי | כלידא דכספא תשוי בפום |
| 007 | כלידין | p abs | Ex25:33 | תלתא | כלידין | משקעין בקנה חד חזור ושושן |
| 008 | | | Ex25:34 | ובמנרתא ארבעה | כלידין | משקעין חזוריה ושושניה: |
| 009 | | | Ex37:19 | תלתה | כלידין | משקעין בקנה חד חזור ושושן |
| 010 | | | Ex37:20 | ובמנרתה ארבעה | כלידין | משקעין חזוריה ושושניה: |
| 011 | כלידיא | p em/sf | Ex25:31 | בסי{ס}<ס> דידה וקניה | כלידיא | חזוריה ושושניה מנה יהוון: |
| 012 | כלידיה | | Ex37:17 | מנרתה בסיס דידה וקניה | כלידיה | חזוריה ושושניה מנה |

## כליו *n.* **worn out state (??)** [260]

|  |  |  |  |  |  |  |
|---|---|---|---|---|---|---|
| 001 | בכליותה | s em/sf | Lv13:55 | יתיה פחיתה היא | בכליותה | או בחדתותיה: |

## כלייה *n.* **destruction** [260]

|  |  |  |  |  |  |  |
|---|---|---|---|---|---|---|
| 001 | כלייה | s ab/cn | Gn18:21 | כקבילתיה דסלקת קדמיי | כלייה | עבדו גמירא אינון חייבין |

## כליל *n.* **crown** [260]

|  |  |  |  |  |  |  |
|---|---|---|---|---|---|---|
| 001 | כליל | s ab/cn | Lv21:12 | ית בית מקדשה דאלהה ארום | כליל | משה רבותה דאלהה עלוי אמר |
| 002 | | | Nu 6:07 | להון במיתתהון ארום | כליל | אלהיה על רישיה: |
| 003 | | | Lv21:04M | כהנתא /דבעמכון למפסה | כליל | בה#2#/: |
| 004 | | | Lv 8:09 | אפוהי ית ציצה דדהבה | כליל | בית קדשה היך מה די פקד ייי |
| 005 | | | Ex29:06 | מצנפתה על ראשה ותתן ית | כליל | בית קודשא על מצנפתה: |
| 006 | | | Ex39:30 | ועבדו ית ציצה | כליל | בית קודשה דהב דכי וכתבו |
| 007 | | | Ex25:11 | תחפי יתיה ותעבד ליה | כליל | דדהב חזור ומקף: |
| 008 | | | Ex25:24 | יתיה דהב דכי ותעביד ליה | כליל | דדהב חזור ומק«ף»: |
| 009 | | | Ex25:25 | פשך חזור ומקף ותעבד | כליל | דדהב לג{ו}פ<ו>פיה חזור |
| 010 | | | Ex30:03 | וית קרנתיה ותעבד ליה | כליל | דדהב חזור ומקף: |
| 011 | | | Ex37:02 | מן לגו ומן לבר ועבד לה | כליל | דדהב חזר ומקף: |
| 012 | | | Ex37:11 | ומן לבר} ועבד ליה | כליל | דדהב חזר ומקף: |
| 013 | | | Ex37:26 | מן חזור חזור ועבד ליה | כליל | דדהב חזר ומקף: |
| 014 | | | Ex37:12 | גפוף פשך חזר מקף ועבד | כליל | דדהבא לגפופא חזר ומקף: |
| 015 | | | Gn49:26 | כל ברכתא האליין יתעבדון | כליל | דרבו על ריש יוסף ולגו |
| 016 | | | Dt33:16 | אליין ברכייתה ויתעבדן | כליל | דרבו על רישא דיוסף ולגו |
| 017 | | | Ex 1:21 | מלכותא ויוכבד נסבת | כליל | כהונת«ה» רבתה: |
| 018 | | | Lv21:09M | תשרי למנייה ית | כליל | כהונתה דאבוה היא מפסה |
| 019 | | | Ex 1:21 | דכהונתה רבתה מרים נסבת | כליל | מלכותא ויוכבד נסבת כליל |
| 020 | | | Ex15:18 | ישראל מה יאה הוא לך | כליל | מלכותא ייי כד חמון בניך |
| 021 | | | Nu 6:12 | קדמיין בטלון ארום יסתאב | כליל | נזירותיה: |
| 022 | | | Nu 6:19 | מן בתר די«י»ספר ית | כליל | נזירותיה: |
| 023 | | | Gn49:26M | דאחוי /ולא שני | {ע}<כלי>ל | רבותהון דאחוי#2#/: |
| 024 | כלילא | s em/sf | Ex32:25 | פריעין אינון ארום פרעו | כלילא | דדהבא דהוה ברישיהון דהוה |
| 025 | כלילה | | Ex32:25M | פרעו/פריעו#2#/ | כלילא/כלילה#2#/ | דדהבא דהוה ברישיהון |
| 026 | לכלילה | | Ex30:04 | דדהב תעבד ליה מן תחות | לכלילה | על תרתין זויתא תעבד על |
| 027 | | | Ex37:27 | דדהב עבד ליה מן תחות | לכלילה | על תרתין זויתה על תרין |
| 028 | כליליה | p em/sf | Ex39:28 | וית מצנפתה דבוץ וית | כליליה | קובעיה דבוץ וית מכנסי |
| 029 | כלילייה | | Nu31:50 | והווינן שרין קריה | כלילייה | דדהבה מן ראשיהון קדישין |

## כלכל *vb.* **to sustain** [260]

|  |  |  |  |  |  |  |
|---|---|---|---|---|---|---|
| 001 | אכלכל | quadr. | Gn50:21 | וכדון לא תדחלון אנה | אכלכל | יתכו«ן» וית טפלכון ענה |
| 002 | ואכלכל | | Gn45:11 | | ואכלכל | יתך תמן ארום עד כדון חמש |

## כלמה *n.* **vermin** [261]

|  |  |  |  |  |  |  |
|---|---|---|---|---|---|---|
| 001 | כלמין | p abs | Ex 8:13 | כל עפרא דארעא הוון | כלמין | בכל ארעא דמצרים: |
| 002 | לכלמין | | Ex 8:12 | ית עפרא דארעא ויהווי | לכלמין | בכל ארעא דמצרים: |
| 003 | כלמיא | p em/sf | Ex 8:14 | כלמייא ולא יכלו והוון | כלמיא | באנשא ובבעירא: |
| 004 | | | Ex 8:13 | ית עפרא דארעא והוון | כלמיא | בבני אנשא ובבעירא כל עפרא |
| 005 | כלמייא | | Ex 8:14 | בחרשיהון למפקא ית | כלמייא | ולא יכלו והוון כלמיא |

## כלמה *pron.* ⇐ כל

## כלפי *prep.* **towards** [261]

|  |  |  |  |  |  |  |
|---|---|---|---|---|---|---|
| 001 | כלפי | | Gn18:16 | מתמן מתמן גובריה ודיקו | כלפי | סדום ואברהם אזל עמהון |
| 002 | | | Gn19:28 | ואדיק | כלפי | סדם וכלפי עמרה וכלפי |
| 003 | | | Ex23:16M | /עללתכון די תזרעון | {י'}<כ>לפי#2#/ | ברא וחגא דאכנשותא |
| 004 | | | Dt27:15 | הוון הפכין אפיהון | כלפי | טורה דגריזים ואמרין בריך |
| 005 | | | Dt27:15 | הוון הפכין אפיהון | כלפי | טורה דעיבל ואמרין ליט |
| 006 | | | Ex 9:08M | ויזרוק יתיה משה | לשמיא/כלפי | שמיא#2#/ קדם פרעה: |
| 007 | וכלפי | | Gn19:28 | ואדיק כלפי סדם | וכלפי | עמרה וכלפי ארעא משרה |
| 008 | | | Gn19:28 | כלפי סדם וכלפי עמרה | וכלפי | ארעא משרה וחמה והא סליק |

## כמה *adv.* **how much** [261]

|  |  |  |  |  |  |  |
|---|---|---|---|---|---|---|
| 001 | כמ' | | Gn44:18M | בפילוג ארעא ע' חד | כמ' | וכמ' |
| 002 | כמה | | Gn47:08 | ואמר פרעה ליעקב | כמה | אינון יומי שני חייך: |
| 003 | | | Gn44:18 | דאנה קשה מינהון ועד חד | כמה | דחילי קשי מן דידהון וערבת |
| 004 | | | Gn44:18 | מקבלה עמן אחסנייה על חד | כמה | וכמה על אחונן דהוא מתמני |
| 005 | | | Gn44:18 | עמן בפלוג ארעא ועל חד | כמה | וכמה דאנה קשה מינהון ועד |
| 006 | | | Nu22:30 | יכיל למלוט יתי על אחת | כמה | וכמה בנוי דאברהם דיצחק |
| 007 | | | Nu24:05 | בהון ישראל אבוכון | כמה | טבן ונחמן ממריה עתיד |
| 008 | | | Dt 1:01 | דמואב אתפרשת לכון | כמה | ניסין עבד ייי עמכון בני |
| 009 | | | Ex10:26 | אלהן ואנן לית אנן ידעין | כמה | נפלח קדם ייי עד זמן דניעול |

| | | | |
|---|---|---|---|
| 010 | כמן | Dt 1:01M | אתפרשת לכון כמה/כמן#2#/ ניסין עבד ייי עמכון |
| 011 | וכמ' | Gn44:18M | בפלוג ארעא ע' חד כמ' וכמ' |
| 012 | וכמה | Nu22:30 | למלוט יתי על אחת כמה וכמה בנוי דאברהם דיצחק |
| 013 | | Gn44:18 | בפלוג ארעא ועל חד כמה וכמה דאנה קשה מינהון ועד חד כמה |
| 014 | | Gn44:18 | עמן אחסנייה על חד כמה וכמה על אחונן דהוא מתמני עמין |

## כמה *conj.* just as [261]

| | | | |
|---|---|---|---|
| 001 | כמא | Lv16:15M | /ית אדמה#2#/ היך מה/כמא#2#/ דעבד לאדמה/לדמא#2#/ |
| 002 | כמה | Gn41:54 | שבע שני כפנא למיתי כמה דאמר יוסף והוה כפנא בכל |
| 003 | | Lv26:21 | ואוסף עליכון מחוון שבעה כמה דחטיתון: |
| 004 | | Ex39:32M | בני ישראל\כל מה/כמה#2#/ די פקד ייי ית משה |
| 005 | | Dt31:03M | הוא דעבר קדמיכון היך מה/כמה#2#/ די מלל ייי: |
| 006 | | Nu 1:19M | היך מה/כמה#2#/ דיפקד ייי ית משה |
| 007 | | Dt33:17 | ויקרא והדרא ליה הוויין כמה דלית אפשר למפלח בבכורי |
| 008 | | Gn18:05 | ואמרין כ{ן}{ן} תעביד כמה דמלילתא: |
| 009 | | Ex12:25M | די יתן ייי לכון היך מה/כמה#2#/ דמלל {דמלל} ותיטרון |
| 010 | | Nu14:20 | ואמר ייי הא שרית ושבקת כמה דמללת: |
| 011 | | Dt31:04M | מימרה דייי להון היך מה/כמה#2#/ דעבד לסיחון ולעוג |

## כמות־ *prep.* as much as [!!]

| | | | |
|---|---|---|---|
| 001 | כמותה | Ex11:06M | ארעא דמצרים די כוותה/כמותה#2#/ לא הוות וכוותה לא |
| 002 | כמתא | Ex10:14M | גוב כוותיה/כן גובא כמתא#2#/ ובתריה לא יהוי כדן |

## כמיסת ⇐ כמסת

## כמיש *adj.* withered [262]

| | | | |
|---|---|---|---|
| 001 | כמישן p abs | Nu 6:04 | יעבד מן גופנה דחמרא מן כמישן עד פגן לא יאכל: |

## כמן *vb.* to lie in ambush [262]

| | | | |
|---|---|---|---|
| 001 | דכמין peal | Gn49:17 | דרבוע בארעא ולעורמנא דכמין בפרשת ארחתה דנכת לסוסיא |
| 002 | דכמן | Gn49:17M | מדמי לחווייה חרמנ' דכמן בפרשת ארחת' <...> בעקבא |
| 003 | ויכמון | Dt19:11M | לחבריה \ויכמן לה ויכמון/ עלוי#2#/ ויקום עלוי |
| 004 | ויכמן | Dt19:11 | יהווי גבר סני לחבריה ויכמן לה ויקום עלוי ויקטול יתיה |
| 005 | וכמנו | Nu14:44 | וכמנו למסוק לריש טורא וארון |

## כמן ⇐ *adv.* כמה

## כמנה *n.* ambush [262]

| | | | |
|---|---|---|---|
| 001 | בכמנא s ab/cn | Ex21:14 | על חבריה למקטל יתיה בכמנא אפילו אין הוא כהנא רבה |
| 002 | בכמנה | Nu35:22 | עלוי כל מן דהוא דלא בכמנה: |
| 003 | | Nu35:20 | יתיה או טלק עלוי בכמנה ומית: |

## כמסת *adv.* worthy [262 כמיסת]

| | | | |
|---|---|---|---|
| 001 | כמ' | Lv 5:07M | \ידיה כמסת /בין ידוי כמ'#2#/ למיתיה אמר וייתי ית |
| 002 | כמסת | Nu35:18M | מלא ידה די \ימות בה כמסת/ בה לממות#2#/ מחה יתיה |
| 003 | | Gn20:16 | כל מה דילי לא הוינה כמסת דידע אברהם צדיקה דלא חכמת |
| 004 | | Lv14:21M | ידה ויסב \ב{ו}<ך> ידוי כמסת ויס'#2#/ אמר חד לאשמה |
| 005 | | Ex36:07 | ועבידתה הו{ה}<ת> כמסת לכל עבידת למעבד יתה ועבדו |
| 006 | כמסת | Lv23:29M | "די תאכל למצום": <די> כמסת למ' |
| 007 | | Lv25:28 | ואין לא ארעת ידיה כמסת למחזרה לה ויהווי זבונה ביד |
| 008 | | Lv12:08 | ואין לא תרע ידיה כמסת למייתייה אמר ותסב תרין |
| 009 | | Lv 5:07 | ואין לא תארע ידיה כמסת למיתיה אמר וייתי ית אשמיה |
| 010 | | Nu35:17M | מלא ידא די \ימות בה כמסת/ לממות בה#2#/ מחת יתיה |
| 011 | | Ex12:04 | זעירין אינון עמא דביתא כמסת למתמניא על אימר פסחא ויסב |
| 012 | | Gn32:11 | הא זעיר אנה ולית אנה כמסת מן כל חסדיא ומן כל קושטא |

## כמסת *prep.* equivalent to [!! cf. כמיסת adv.]

| | | | |
|---|---|---|---|
| 001 | כומ' | Ex36:05M | עמא למיתה כמסת/כומ'#2#/ פלחנא לעבידתה די פקד |
| 002 | כמיסת | Nu 7:05 | יתהון לילווא«י»י גבר כמיסת פולחניה: |
| 003 | כמסת | Dt16:10 | צרתה קדם ייי אלהכון כמסת אושטות ידיכון די תתנון |
| 004 | | Dt16:17 | גבר כמסת אושטות ידיה כברכתה דייי |
| 005 | | Gn49:28 | ברכתא די ברך יתהון גבר כמסת ברכתיה ברך יתהון: |
| 006 | | Dt25:02 | דיינה וימחי יתיה קדמוי כמסת חובתיה במניין: |
| 007 | | Dt15:08 | לה ומזבדה תזבדון לה כמסת חסרוניה די יתחסר לה: |
| 008 | | Nu 7:08 | יהב משה לבנוי דמררי כמסת פולחנהון על ידוי דאיתמר |
| 009 | | Nu 7:07 | יהב משה לבנוי דגרשון כמסת פולחניהון: |
| 010 | | Ex36:05 | למימר מסגין עמא למייתה כמסת פלחנא לעבידתה די פקד ייי |
| 011 | | Lv25:26 | פרוק ותארע ידיה ותשכח כמסת פרקונה: |

## כן *adv.* thus, so [262]

| | | | |
|---|---|---|---|
| 001 | כן | Ex 7:11M | דמצריי בחרשיהון כדן/כן#2#/: |
| 002 | | Ex10:14M | לא יוסף למהווי כן#2#/: |
| 003 | | Ex14:04M | אנה הוא ייי ועבדו כדן/כן#2#/: |
| 004 | | Nu12:16M | מן מצרעתה מן בתר כן |
| 005 | | Dt15:17M | עבדיתה תעבד כדין/כן#2#/: |
| 006 | | Gn48:18M | ואמר יוסף לאבוי לא כדן/כן#2#/ אבה ארום דין בכורה שוי |
| 007 | | Dt12:30M | \כדן לחוד/להוד#2#/ אנה /כן אוף אנן#2#/: |
| 008 | | Ex 7:17M | כדן/כן#2#/ אמר ייי בדא תדע |
| 009 | | Ex 7:26M | פרעה ותימר ליה כדון/כן#2#/ אמר ייי שלח ית עמא |
| 010 | | Lv17:12M | בגין כדן/כן#2#/ אמרית לבני ישר«אל» |
| 011 | | Nu18:24M | לאח'#2#/ בגין כדן/כן#2#/ אמרית להון בגו בני |
| 012 | | Dt 3:02M | לית אינון עבדין בגין כן אמתין ליה קודשא בריך הוא |
| 013 | | Dt15:15M | \ובגין כדן אנה /מן בגין כן אנא כען#2#/ מפקד יתכון ^ית |
| 014 | | Gn44:18 | רבך שליטין בארעא דמצרים כן אנה ויעקב אבה שליטין בארעא |
| 015 | | Dt15:11M | בגו ארעא בגין כדין/כן#2#/ אנה מפקד יתכון יומא |
| 016 | | Dt24:18M | מן תמן בגין כדין^/כן#2#^/ אנה מפקד יתכון#2#^~ |
| 017 | | Dt24:22M | דמצרים בגין כדין/כן#2#/ אנה מפקד יתכון למעבד |
| 018 | | Nu14:28M | דמלל'#2#/ במשמעי כדין/כן#2#/ אעבד לכון: |
| 019 | | Dt15:04 | מצוותה דאורייתי חלף כן ^ארום לא יהווי בכון |
| 020 | | Gn33:10 | מן ידוי ארום מן בגין כן ארע' היך חמי סבר אפי מלאכין |
| 021 | | Ex 5:17M | כדון אתון /מן בגין כן את'#2#/ אמרין ניזיל ונקריב |
| 022 | | Lv 8:35M | תמותון ארום \כדן פקדית /כן אתפקדית#2#/: |
| 023 | | Lv10:13M | קרבנוי דייי ארום כדין/כן#2#/ אתפקדית: |
| 024 | | Gn10:18M | ומן בתר כדין/כן#2#/ אתפרשו זרעיהון |
| 025 | | Gn29:26M | כדן בארענא למיתן/ מתעבד כן באתרן למ'#2#/ זעירתא קדמי |
| 026 | | Dt 4:05M | ייי אלהי למעבד כדן/כן#2#/ בגו ארעא די אתון עללין |
| 027 | | Gn45:21 | ועבדו כן בני ישראל ויהב להון יוסף |
| 028 | | Nu 5:04M | ועבדו כדן/כן#2#/ בני ישראל ושלחו יתהון |
| 029 | | Ex20:11M | \כדין ברך ייי /מן בגין כן ברך מימרי' דייי#2#/ ית |
| 030 | | Ex15:03 | עבד קרביא ייי שמיה כשמיה כן גבורתיה יהא שמיה מבורך |
| 031 | | Ex10:14M | לא הוה \כדן גוב כוותיה /כן גובא כמתא#2#/ ובתריה לא |
| 032 | | Nu14:28M | אין לא \היך מה דמללתון /כן דמלל'#2#/ במשמעי כדין |
| 033 | | Gn44:10 | ואמר לחוד כדון כמליכון כן הוא ית מן די ישתכח לוותה |

|  |  |  |  |  |
|---|---|---|---|---|
| 034 | Gn15:01M | דשמיי׳ מן בגין | כדין/כן#2#/ | הוה פתגם דנבו מן קדם |
| 035 | Gn34:31M | תבוע אדם ולא תבוע עלבן | כן | הוה לדינה ברתיה דיעקב |
| 036 | Gn18:01M | מן בגין | כן | הווה פתגם דנבו מן קדם ייי |
| 037 | Nu 2:17M | היך מה דהוון שריין | כדן/כן#2#/ | הוון נטלין גבר לאתריה |
| 038 | Nu 2:34M | \כדן שרון לטכסיהון | /כן | הוון שריין לטכ׳#2#/ וכן |
| 039 | Nu12:12M | "כדין ... וכיון": | כן | הוות מרים אחתן מטרפה עמן |
| 040 | Gn50:12M | ועבדון בנוי ליה | \כן#2#/ | היך מה דפקד יתהון: |
| 041 | Ex 5:08M | הינון מן בגין | כן | הינון |
| 042 | Nu22:30M | למעבד לך | כדין/כן#2#/ | ואמר לא: |
| 043 | Ex 8:13 | ועבדו | כן | וארכן אהרן ית ידא בחוטרא |
| 044 | Lv20:17M | עמהון עריתה דאחתה בזי | /כן | ואשיצי יתיה קדם עמהון |
| 045 | Gn29:28 | ועבד יעקב | כן | ואשלם שבעתי יומי משתותא דא |
| 046 | Lv22:27M | מן מרומייה מן בגין | כן | זכה ואזדמן לה תמן אמר |
| 047 | Nu14:43M | די חזרתון בתר /מן בגן | כן | חזרתון מן בת׳#2#/ מימרה |
| 048 | Ex 8:03M | ועבדו | כדון/כן#2#/ | חרשיה בחרשיהון ואסקון |
| 049 | Ex 7:22M | ועבדו | כדן/כן#2#/ | חרשיהון דמצראי |
| 050 | Gn47:21M | וג{י}לוליא מן בגלל | כן | טלטילינון מן סוף תחום |
| 051 | Nu21:27M | בגין | כדין/כן#2#/ | יאמרון מתולי מתלייה |
| 052 | Nu10:31M | "כדן דאת ... לסהדותה": | כן | ידע ית משריין במדברה |
| 053 | Dt18:14M | יהב לכון ייי אלהכון /לא | כן | יהב בחולקך ייי אלהך#2#/: |
| 054 | Ex10:10M | ואמר להון \יהוי כען | /כן | יהווי#2#/ מימריה דייי |
| 055 | Nu24:06M | ושכלל לבית שכינה ליה | כן | יהוויין |
| 056 | Nu24:06M | "כדן ... כדן יהוון": | כן | יהוויין כנישתהון דישראל |
| 057 | Gn15:05M | יתהון ואמר לה | כדין/כן#2#/ | יהוון זרעיית בנך: |
| 058 | Nu24:06M | כנחלין מתגברין | כדן/כן#2#/ | יהוון ישראל מתגברין |
| 059 | Gn 3:18 | מזון מן פירי דארעא בגין | כן | יהוי מפרש בין בני אנשא לבין |
| 060 | Nu 9:16M | | כדין/כן#2#/ | יהוי בתדירה ענגה |
| 061 | Gn49:19M | ית ארעא דכנען ומן בתר | כן | יחזרון בשלם למשכניהון |
| 062 | Lv14:08 | ויסחי במיא וידכי ובתר | כן | ייעול לגו משריתה וישרי |
| 063 | Lv14:36M | בבית#2#/ ומן בתר | כדין/כן#2#/ | ייעול כהנא למיחמי ית |
| 064 | Lv16:28M | בשריה במיא ומן בתר | כדן/כן#2#/ | ייעול למשריתה: |
| 065 | Nu19:07M | במיא ומן בתר | כד«י»ן/כן#2#/ | ייעול לגו משריתה |
| 066 | Nu 4:15M | משירת׳#2#/ ומן בתר | כדן/כן#2#/ | ייעלון בנוי דקהת |
| 067 | Nu21:06M | דמכלי{י}ה קליל בגין | כן | ייתי#2#/ חויה דלא אתרעם |
| 068 | Lv14:19 | דמדכי מן סאבתה ומן בתר | כן | יכוס ית עלתה: |
| 069 | Gn30:21M | ומן בתר | «כדין»/כן#2#/ | ילדת ברתה/ברה#2#/ |
| 070 | Nu 6:21M | ידוי#2#/ כפם נדרה | כדן/כן#2#/ | יעבד על גזרת |
| 071 | Nu 9:14M | דפסח וכסדרי דינוי | כדן/כן#2#/ | יעבד גזירת אורייתה |
| 072 | Nu21:14M | "וגבורתה דעבד ... בנחלי": | כן | יעבד להון <מימריה> דייי כד |
| 073 | Gn15:14M | יתהון דאין אנה ומן בתר | כן | יפקון בסגול רב |
| 074 | Gn 2:24 | בגין | כן | יפרש גבר מדמכיה מן דאבוי |
| 075 | Lv27:14M | /סדר#2#/ יתיה כהנה | כדן/כן#2#/ | יקום: |
| 076 | Ex 3:20M | ביניהון ומן בתר | כדון/כן#2#/ | ישלח יתכון: |
| 077 | Ex11:01M | ומן בתר | כדון/כן#2#/ | ישלח יתכון מן הכא כד |
| 078 | Gn10:09M | קדם ייי בגין | כדין/כן#2#/ | יתאמר כנמרוד גיבר |
| 079 | Lv24:20M | בבר נשא/בחבריה#2#/ | כדן/כן#2#/ | יתייהב ביה: |
| 080 | Lv 4:20 | היך מה דעבד לתורה דחטאתה | כן | יתעבד ליה ויכפר עליהון כהנא |
| 081 | Lv24:19M | בחבריה היך מה דעבד | כדן/כן#2#/ | יתעבד ליה/ביה#2#/: |
| 082 | Nu15:14M | תעבדון#2#/ \כדן יעבד | /כן | יתעבד#2#/: |
| 083 | Dt 3:21M | מימרה דייי לכל מלכוותה | /כן | יתפרע ייי לכל מלכוותה |
| 084 | Dt 7:19M | ייי אלהכון \כדן יעבד | /כן | יתפרע#2#/ ייי אלהכון לכל |
| 085 | Gn49:22 | לרומה וכבשת כל אילנייא | כן | כבשת יוסף ברי בחכמתך כל |
| 086 | Gn 1:07 | מיא די מלעיל לרקיעא והוה | כן | כמימריה: |
| 087 | Gn 1:09 | חד ותתחמי יבשתא והוה | כן | כמימריה: |
| 088 | Gn 1:24 | וחייתא דארעא למינה והוה | כן | כמימריה: |
| 089 | Gn 1:11 | מינה ובה על ארעא והוה | כן | כממרה: |
| 090 | Gn 1:30 | ית כל עשבא למזון והוה | כן | כממרה: |
| 091 | Gn 1:15 | למנהרא על ארעא והו׳ | כן | כממריה: |
| 092 | Gn20:06M | מן למיחטי קודמי מן בגין | כן | לא שבקית יתך למזדמנא |
| 093 | Gn40:23 | די ישוי בשרא רוחצנא בגין | כן | לא אדכר {רב} רב מזוגיה ית |
| 094 | Gn47:22M | בגין \כדין לא זבנו | /כן | לא זבינו#2#/ ית ארעהון: |
| 095 | Ex 5:15M | כען \תעבד כדן /אתעבד | כן#2#/ | לעבדך: |
| 096 | Ex25:33 | משקעין בקנה חד חזר ושושן | כן | לשתי קנין דנפקין מן מנרתה: |
| 097 | Nu32:31M | די מלל ייי עם עבדך | כדן/כן#2#/ | נעבד: |
| 098 | Gn38:30 | ומן בתר | כן | נפק אחוי די על ידיה זהוריתא |
| 099 | Ex36:22M | כדין עבד /חד לוקבל חד | כן | ע׳#2#/ לכל לווחי דמשכנה |
| 100 | Ex36:29M | "לגו ... עבד": לעזקתה חדה | כן | ע׳ |
| 101 | Nu 8:20M | "ליווי כדן עבדו": ליוואי | כן | ע׳ |
| 102 | Gn 6:22M | מה דפקי׳ יתיה ייי | כדין/כן#2#/ | עבד: |
| 103 | Ex36:11 | חדה בריתה בבית דבוקה | כן | עבד בסיטרה די יריעתה בריתה |
| 104 | Nu17:26M | די פקד ייי יתיה | כדן/כן#2#/ | עבד: |
| 105 | Ex 7:06M | דפקד ייי יתהון | כדן/כן#2#/ | עבדו: |
| 106 | Ex12:28 | דפקד ייי ית משה ואהרן | כן | עבדו: |
| 107 | Ex12:50 | ייי ית משה וית אהרן | כן | עבדו: |
| 108 | Ex39:42 | ככל מה די פקד ייי ית משה | כן | עבדו בני ישראל ית כל |
| 109 | Nu 8:20M | ית משה על ליווי | כדן/כן#2#/ | עבדו להון בני ישראל: |
| 110 | Nu 8:22M | ליוויי כדן /לליוואי | כן#2#/ | עבדו להון: |
| 111 | Nu36:10M | דפקיד ייי ית משה | כדן/כן#2#/ | עבדו בנתה/בנת#2#/ |
| 112 | Gn34:31M | בדינה אחתי בגין | כן | עבדינן פתגמ׳ הדין |
| 113 | Gn18:05M | "כדין ... עבדכון": | כן | עברתון למזכיי׳ ית עבד׳ |
| 114 | Ex 5:01M | ומן בתר | כדן/כן#2#/ | עלו משה ואהרן ואמרין |
| 115 | Nu 8:22M | \כדין עלו ליווי למפלח | /כן | עלו ליוואי למיפלוח#2#/ ית |
| 116 | Ex 6:09M | ומלל משה | כדין/כן#2#/ | עם בני ישראל ולא |
| 117 | Dt 5:15M | ובאדרע מנטלה בגין | כדן/כן#2#/ | פקד יתכון ייי אלהכון |
| 118 | Dt22:26M | \בנפשיה כדן הוא /נפש | כן#2#/ | פתגמא הדין: |
| 119 | Dt12:04M | לא תעבדון | כדן/כן#2#/ | קדם ייי אלהכון: |
| 120 | Dt12:31M | לא \תעבד כדן /תעבדון | כן#2#/ | קדם ייי אלהכון ארום כל |
| 121 | Gn19:22M | דתיעול לתמן בגין | כדין/כן#2#/ | קרא שמה דקרתא זער |
| 122 | Gn21:31 | על | כן | קרא שמה דאתרה ההוא באר שבע |
| 123 | Gn29:34M | ליה תלתא בנין בגין | כדן/כן#2#/ | קרא שמיה ול{ו}<י>: |
| 124 | Gn31:48M | יומא הדין בגין | כדין/כן#2#/ | קרא שמה גלעד: |
| 125 | Gn32:03 | יתי מן ידי תריהון בגין | כן | קרא שמיה דאתרא ההוא מחנים: |
| 126 | Gn33:17M | עבד מטלין בגין | כדין/כן#2#/ | קרא שמה דאתרא סכות: |
| 127 | Gn50:11 | אבל תקיף הוא למצראי בגין | כן | קרא שמה אבל מצרים די בעבר |
| 128 | Ex15:23M | /ה{ו}<נ>ון מן בגין | כן#2#/ | קרא שמה מרה: |
| 129 | Gn29:35M | קדם ייי בגין | כדין/כן#2#/ | קראת שמה יהודה וקמת |
| 130 | Gn30:06M | כדן קראת{{י}} /ביר בגין | כן | קרת#2#/ שמ«ה» דן: |
| 131 | Gn11:06M | /להון#2#/ והא | כדון/כן#2#/ | שרון למעבד וכדון |
| 132 | Nu32:22M | קדם ייי ומן בתר | כדן/כן#2#/ | תחזרון ותהוון זכיין |
| 133 | Nu31:24M | ותידכון ומן בתר | כדין/כן#2#/ | תיעלון לגו משריתה |
| 134 | Dt 8:20M | "כדן ... בקל": | כן | תישתצון חולף די לא שמעתון |
| 135 | Ex12:21M | פולחנא נוכראה ומן בתר | כן | תכסון אימר#2#/% פסחא: |
| 136 | Dt 7:05M | כהדן סידרה תעבדון /אין | כן | תעבד#2#/ להון מדבחיהון |
| 137 | Dt20:15M | | כדן/כן#2#/ | תעבד לכל קרייתה |
| 138 | Dt22:03M | | וכדן/כן#2#/ | תעבד לחמרא וכדן |
| 139 | Gn18:05 | על עבדכון ואמרין | כ{{ד}}ן | תעביד כמה דמלילתא: |
| 140 | Gn18:05M | תעביד כמה דמלילתא | /כן | תעביד היך מה די מללת#2#/: |
| 141 | Gn18:05 | וסעדו לבביכון ומן בתר | כן | תעברון ארום בגין כדין |

|  |  |  |  |  |  |
|---|---|---|---|---|---|
| 142 | | Dt21:13M | לוותה ותזדמן לוותה | /כן | תעל עלה ותזדמן לוותה |
| 143 | | Nu15:20 | ו{ת}<ח>מרה מן מעצרתה | כן | תפרשון יתה: |
| 144 | | Nu18:28M | כדן/כן#2/ | | תפרשון אוף אתון |
| 145 | | Ex29:41M | תקרבון /וכנסוכוי | כן | תק#2/ יתיה לריח דרעוה |
| 146 | | Nu28:08M | דצפרא וכנסוכוי | כדן/כן#2/ | תקרבון יתיה קרבן |
| 147 | | Nu12:14M | ומן בתר \כדין תתאסי | /כן | תתכנש#2/: |
| 148 | | Nu27:07M | כדין/כן#2/ | | בנתיה/בנתה#2/ |
| 149 | | Ex37:19M | בקנה חד חזור ושושן | כדן/כן#2/ | לשתי/לשתתי#2/ קניה |
| 150 | | Nu23:24M | <אדם>/דמא#2/ | כדן/כן#2/ | עמא/עממיא#2/ האליין |
| 151 | | Dt12:22M | דטבייה ודאיילה | כדן/כן#2/ | תיכלון/ייכל#2/ יתיה |
| 152 | | Nu31:02M | מדייניי ובתר | כדן/כן#2/ | תתכנש/ית#2/ לוות |
| 153 | דכן | Gn44:18 | ואחסנא בפילוג ארעא כל | דכן | בגלל בנימן אחונן דהווא |
| 154 | | Gn44:18M | ואחסנא בפילוג ארעא כל | דכן | בגלל בנימן אחונ' דהא |
| 155 | | Gn30:22 | מפתחא דפרנסתא | דכן | כתבא מפרש ואמר פתח ידך |
| 156 | | Gn35:09M | משכניה כמחום יומא | דכ{ו}<ן> | כתבא מפרש ואמר ואיתגלי |
| 157 | | Gn30:22 | בהון רעוא מפתחא דקבריה | דכן | כתבה ומפרש ואמר הא אנא פתח |
| 158 | | Gn30:22 | עמי מפתח דעקרתא | דכן | כתבה ומפרש ואמר ואדכר ייי |
| 159 | | Gn35:09M | :"ועוד" | דכן | כתבה מפרש ובריך יתהון |
| 160 | | Gn35:09 | ברכת יתיה ונחמת יתיה | דכן | כתב{ת}<ה> מפרש ואמר ואתגלי |
| 161 | וכן | Dt32:01 | בליין לעלמא דאתי | וכן | ישעיה נבייא פירש ואמר |
| 162 | | Dt32:03 | תמניין וחמשה אתין | וכן | הוא מפרש ואמר האזינו השמים |
| 163 | | Ex20:02M | "בכן הוה צווח ...: | וכן | הוה צוח ואמר וכל ישרא' |
| 164 | | Dt 5:06 | על לוחי קיימה | וכן | הוה צוח ואמר עמי בני |
| 165 | | Dt 5:07 | ומתחקק על לוחי קיימה | וכן | הוה צווח ואמר עמי בני |
| 166 | | Ex20:03 | וכל ישראל חזיין יתיה | וכן | הוון צווח ואמר עמי בני |
| 167 | | Ex20:02M | "... בכן הוה צווח ...: | וכן | הוי' צווח ואמר וכל ישראל |
| 168 | | Lv16:16 | סרחניהון לכל חוביהון | וכן | יעביד למשכן זמנא די שרי |
| 169 | | Gn30:22 | ומפתחא דעקרתא <...> | וכן | כתבא ומפר«ש» ואמר יפתח |
| 170 | | Gn35:09M | ברכת יתיה ונחמת יתיה | וכן | כתבא מפר' ואמ' דאיתגלי |
| 171 | | Gn34:07M | עם ברתה דיעקב | וכדן/וכן#2/ | לא הוה כשר למתעבדא: |
| 172 | | Nu13:23 | וטענו יתיה בקופה בתרין | וכן | מן רמונייה וכן מן תאינייה: |
| 173 | | Nu13:23 | בתרין וכן מן רמונייה | וכן | מן תאינייה: |
| 174 | | Nu 2:34 | משה כדן שרון לטכסיהון | וכן | נטלו גבר לזרעיתיה |
| 175 | | Ex26:04 | חדתה בריתה בבית דבוקה | וכן | תעבד בסטרא דיריעתה בריתה |
| 176 | | Dt22:03M | /כן#2/ תעבד לחמרא | וכדן/וכן#2/ | תעבד ללבושה |
| 177 | | Ex25:09M | \מנוי וכדן /מאניי | וכן#2/ | תעבדון: |

## כנור ⇐ *n.* כינר

## כני *vb.* to name

[263]

|  |  |  |  |  |  |
|---|---|---|---|---|---|
| 001 | ולמכניה pael | Gn 4:26M | בפולחנא נוכראה | ולמכניה | יתיה בשם ממ<רה דייי> |
| 002 | ומכניין | Gn 4:26 | עבדין להון טעון | ומכניין | יתהון בש' ממרה דייי: |

## כניסה ⇐ *n.* כנישה

## כנישה *n.* gathering

[263]

|  |  |  |  |  |  |
|---|---|---|---|---|---|
| 001 | כניסת s ab/cn | Lv23:36 | ותקרבון קרבנין קדם ייי | כניסת | חדווה היא כל עבידה דפלחן |
| 002 | כנישות | Gn 1:10 | דייי ליבשת' ארעא ולבית | כנישות | מיא קרא יממא וגלי קדם ייי |
| 003 | כנישת | Gn35:11 | שמיא תקף וסגי אמה וקהל | כנישת | אומין צדיקין יקומון מינך |
| 004 | | Gn48:04 | ומסגי יתך ותהווי לקהל | כנישת | אומין צדיקין ואתן ית ארעא |
| 005 | | Nu29:35M | לגו בתיכון | כנישת | חדוה יהו' |
| 006 | | Dt16:08 | פטירין וביומא שביעיה | כנישת | חדוה קדם ייי אלהכון לא |
| 007 | | Ex 7:19 | ביציהון ועל כל בית | כנישת{א} | מימיהון ויהון לאדם ויהוי |
| 008 | כנשת | Gn17:04 | הא קיימי עמך ותהוי לקהל | כנשת | אומין צדי«קין»: |
| 009 | | Gn17:05 | שמך אברהם ארום לקהל | כנשת | אומין צדיקין שוית יתך: |
| 010 | | Lv11:36 | לחוד מבוע וגוב בית | כנשת | מיין יהווי דכי ומן די יקרב |
| 011 | לכנישת | Dt33:05M | יעקב \כנש | ית/לכניש{וי}<ת>#2/ | ראשי עמא כחדא |
| 012 | כני' s em/sf | Lv 4:15M | ויסמכון חכימי \עם | כנשתא/כנ'#2/ | ית ידיהון על ראשה |
| 013 | כני' | Nu19:09M | ותיהוי לכנישתה/לעם | כני'#2/ | דבני ישראל למטרה למי |
| 014 | | Ex34:31M | רברבני בכנישתה/בעם | כני'#2/ | ומלל משה עמהון: |
| 015 | | Lv25:39M | כנימוסי /תפלחון ביה | כני'#2/ | עבדייה: |
| 016 | כניש' | Lv16:05M | ומן לוות \עם | כנשתה/כניש'#2/ | דבני ישראל יסב |
| 017 | | Nu17:05M | וכנישתיה/וכעם | כניש'#2/ | היך מה די מלל ייי |
| 018 | | Nu16:21M | עם כנשתה \ביני קהל | כניש'#2/ | ואישצי יתהון כקליל |
| 019 | כנישתא | Gn28:03 | ויסגי יתך ותהוי לקהל | כנישתא | אומין צדיקין: |
| 020 | | Ex12:19 | ותשתיצי נפשא ההיא מן | כנישתא | דישראל בגיורא וביציבא |
| 021 | | Ex12:47 | כל | כנישתא | דישראל יעבדון פיסחא: |
| 022 | | Ex12:03 | מללו {א} עם כל | כנישתא | דבני ישראל בעשרה יומין |
| 023 | | Ex12:06 | ויכסון יתיה כל קהל | כנישתא | דבני ישראל ביני שמשותא: |
| 024 | | Ex16:01 | ונטלו מן אלים ואתון כל | כנישתא | דבני ישראל למדברא דסין |
| 025 | | Ex16:02 | ואתרעמו כל עדת | כנישתא | דבני ישראל על משה ועל |
| 026 | | Ex16:09 | משה לאהרן אמר לכל | כנישתא | דבני ישראל קרבו קדם ייי |
| 027 | | Ex16:10 | והוא כד מלל אהרן עם כל | כנישתא | דבני ישראל וכווינ{ן}<ו> |
| 028 | | Ex16:10M | כל כנישתא /לכל עם | כנישתא#2/ | דבני ישראל |
| 029 | | Ex17:01 | ונטלו כל | כנישתא | דבני ישר«אל» ממדברא |
| 030 | | Ex35:04 | ואמר משה לכל | כנישתא | דבני ישראל למימר דין |
| 031 | | Ex16:22 | גולגלא ואתון כל רברבני | כנישתא | ותנון למשה: |
| 032 | כנישתה | Nu16:19 | שכינתה דייי על כל עם | כנישתה: | |
| 033 | | Nu20:27 | להר טורה לעיני כל עם | כנישתה: | |
| 034 | | Nu27:21 | בני ישראל עמה וכל עם | כנישתה: | |
| 035 | | Nu31:26 | כהנה וראשי אבהת | כנישתה: | |
| 036 | | Nu31:27 | לחיל קרבא ובין כל עם | כנישתה: | |
| 037 | | Nu14:02 | ואמרין להון כל עם | כנישתה | אלווי בארעא מי{ן}<י>תינן |
| 038 | | Nu20:29 | וחמון כל עם | כנישתה | ארום סאף אהרן ובכון ית |
| 039 | | Nu20:08 | סב ית חוטרה וכנש ית עם | כנישתה | את ואהרן אחוך ותמללון עם |
| 040 | | Nu15:24 | ויהווי אם מעיני | כנישתה | אתעבדת לשלו ויקרבון כל עם |
| 041 | | Nu35:12 | עד זמן די יקום קדם עם | כנישתה | בדינה: |
| 042 | | Nu35:24 | וידונון עם | כנישתה | בין קטולא ובין תבוע אדמא |
| 043 | | Nu14:27M | עד אימת לכנישתה/עם | כנישתה#2/ | בישתה הדה די אינון |
| 044 | | Nu13:26M | דבני ישראל /קהל | כנישתה | דישראל#2/ למדברה |
| 045 | | Nu32:04 | ארעא דכבש ייי קדם | כנישתה | דישראל ארע בית מרעי היא |
| 046 | | Nu 1:02M | /סולו ית ריש כל עם | כנישתה | דב#2/ ישראל |
| 047 | | Ex35:01 | וכנש משה ית כל | כנישתה | דבני ישראל ואמר להון |
| 048 | | Ex35:20 | ונפקו כל | כנישתה | דבני ישראל מן קדם משה: |
| 049 | | Lv16:17 | ועל ידי כל קהל | כנישתה | דבני ישראל: |
| 050 | | Nu 1:53 | ולא יהווי רגוז על עם | כנישתה | דבני ישראל ויטרון ליווי |
| 051 | | Nu13:26 | לוות משה ואהרן ולוות | כנישתה | דבני ישראל למדברה דפארן |
| 052 | | Nu14:05 | ואהרן על אפיהון קדם | כנישתה | דבני ישראל: |
| 053 | | Nu14:07 | ואמר«י» לכל | כנישתה | דבני ישראל למימר ארעא די |
| 054 | | Nu15:25 | ויכפר כהנה על כל | כנישתה | דבני ישראל וישתבק להון |
| 055 | | Nu15:26 | וישתבק לכל | כנישתה | דבני ישראל ולגיוריה |
| 056 | | Nu27:20 | מן בגלל די ישמעון כל | כנישתה | ^דבני ישראל#2/^: |
| 057 | | Nu31:12 | אלעזר כהנה ולוות | כנישתה | דבני ישראל ית שביתה~ |
| 058 | | Nu11:29M | אלווי מן יתן כל | עם/כנישתה#2/ | דייי נביין ארום |
| 059 | | Nu16:03 | אתון מתרברבין על קהל | כנישתה | דייי: |
| 060 | | Nu17:06 | אתון קטלתון ית עם | כנישתה | דייי: |
| 061 | | Nu20:04 | ית קהל ^עם#2/^ | כנישתה | דייי למדברה הדין לממות |

|  |  |  |  |  |  |
|---|---|---|---|---|---|
| 062 | | Dt23:03 | לא יתחשב להון בקהל | כנישתה | דייי: |
| 063 | | Dt23:09 | תליתי יתחשב להון בקהל | כנישתה | דייי: |
| 064 | | Nu17:10 | אתפרשו מן גו עם | כנישתה | הדה ואשיצי יתהון כקליל |
| 065 | | Nu20:03 | ואדיינו עמה עם | כנ«י»שתה | ואמרין למימר אלווי |
| 066 | | Nu20:11 | מניה מיין סגין ושתו עם | כנישתה | ובעיריהון: |
| 067 | | Nu13:26 | יתהון פתגם ולכל עם | כנ«י»שתה | וחזון ליה ית פירי |
| 068 | | Nu20:08 | מן כיפה ותשקי ית עם | כנישתה | וית בעירהון: |
| 069 | | Nu20:02 | ולא הווה מיין לעם | כנישתה | וכנשו על משה ועל אהרן: |
| 070 | | Nu17:11 | והובל בפריע לגו עם | כנישתה | וכפר עליהון ארום נפק |
| 071 | | Nu10:02 | לכון למזמנה עם | כנ«י»שתה | ולמטלה ית משריתה: |
| 072 | | Nu25:07 | אהרן כהנה וקם מן גו | כנישתה | ונסב רמחא בידיה: |
| 073 | | Nu14:01 | ונטלו עם | כנישתה | ושוון ית קלהון ובכון עמא |
| 074 | | Nu27:19 | רברבניה וקדם כל עם | כנישתה | ותפקד יתיה קדמיהון: |
| 075 | | Nu16:22 | בשרה הא גבר יחטא ועל | כנישתה | יהוי רגוז: |
| 076 | | Nu35:25 | וישזבון עם | כנישתה | ית קטולא מן ידוי דתבע |
| 077 | | Nu26:10 | קרח בזמנה דמיתו עם | כנישתה | כד תכלת אשתה ית מאתיין |
| 078 | | Nu16:03 | סגין עליכון ארום כל | כנישתה | כולהון קדישין וביניכון |
| 079 | | Lv 8:03 | וית כל עם | כנישתה | כנש לתרע משכן זימנא: |
| 080 | | Nu15:35 | יתה באבניה כל עם | כנישתה | לבר מן משריתה: |
| 081 | | Nu20:22 | ועלו בני ישראל כל | כנישתה | להר טורה: |
| 082 | | Nu16:26 | ומליל לוות | כנישתה | למימר סטון כען מעלוי משכן |
| 083 | | Nu32:02 | כהנה ולרברבני עם | כנישתה | למימר: |
| 084 | | Nu27:14 | דצין במי דייני עם | כנישתה | למקדשה שמי קדמיהון על עסק |
| 085 | | Nu16:09 | זימנא דייי ולמיקם קדם | כנישתה | למשמשה יתהון: |
| 086 | | Nu31:13 | כהנא וכל רברבני | כנישתה | לקדמותהון לבר מן משריתה: |
| 087 | | Nu35:25 | אדמא ויחזרון יתה עם | כנישתה | לקורי שזבותה די ערק תמן |
| 088 | | Nu10:03 | ויזדמנון לוותך כל עם | כנישתה | לתרע משכן זימנא: |
| 089 | | Nu16:19 | עליהון קרח ית כל עם | כנישתה | לתרע משכן זמנא ואיתגלית |
| 090 | | Ex38:25 | ^^וכסף סכומי עם | כנישתה | מאה כיכרין ואלף ושבע |
| 091 | | Nu20:01 | ועלו בני ישראל כל עם | כנישתה | מדברה דצין בירחה קדמאה |
| 092 | | Nu16:02 | וחמש«י»ן רברבני | כנ«י»שתה | מזמני קהלה גברין מפרשין |
| 093 | | Nu14:10 | ואמרין כל עם | כנישתה | מרגום יתהון באבניא ואיקר |
| 094 | | Nu17:07 | והוה באתכנשות עם | כנישתה | על משה ועל אהרן וכוונו |
| 095 | | Nu 3:07 | וית מטרת כל עם | כנ«י»שתה | קדם משכן זימנא למיפלח |
| 096 | | Nu15:24 | לשלו ויקרבון כל עם | כנישתה | תור בר תורין חד לעלה לריח |
| 097 | כנישתהון | Nu24:06M | כן יהוויין | כנישתהון | דישראל מפיקין חכימין |
| 098 | כנישתיה | Nu16:06 | קרח וכל ^עם#2#^ | כנישתיה: | |
| 099 | כנישתך | Nu16:11 | בשבועה את וכל עם | כנישתך | דאזדמנתון קדם ייי ואהרן |
| 100 | | Nu16:16 | משה לקרח את וכל עם | כנישתך | הוון קדם ייי את |
| 101 | כנשת' | Lv 4:13 | ואין כל | כנשת' | דישראל ישתאלון ויתכסי |
| 102 | כנשתא | Nu 1:02 | ית ריש סכומיהון דכל | כנשתא | דבני ישראל לזרעייתהון |
| 103 | | Lv10:06 | דלא תמותון ועל כל עם | כנשתא | יהוי ריגז ואחיכון כל בית |
| 104 | | Lv 4:15 | ויסמכון חכימי עם | כנשתא | ית ידיהון על ראשה דתורא |
| 105 | | Nu 1:18 | וית כל עם | כנשתא | כנשו בחד ^יום#2#^ לירחא |
| 106 | | Nu 1:16 | אלין מזמני עם | כנשתא | רברבני שבטי אבהתהון רישי |
| 107 | כנשתה | Nu27:16 | בשרא גבר מהימן על עם | כנשתה: | |
| 108 | | Nu27:22 | אלעזר כהנא וקדם כל עם | כנשתה: | |
| 109 | | Nu14:35 | אין לא דא אעבד לכל | כנשתה | בישתה הדה די אתרעמו |
| 110 | | Nu27:02 | רברבניה וקדם כל עם | כנשתה | בתרע משכן זמנא למימר: |
| 111 | | Nu16:09 | אלה דישראל יתכון מן | כנשתה | דישראל למקרבה יתכון |
| 112 | | Nu27:03 | והוא לא הוה בגו עם | כנשתה | דאתרעמו קדם ייי בעצתה |
| 113 | | Lv16:05 | ומן לוות עם | כנשתה | דבני ישראל יסב תרין |
| 114 | | Lv19:02 | מליל עם כל | כנשתה | דבני ישראל ותימר ליהון |
| 115 | | Nu 8:09M | ית כל כנשתה/קהל עם | כנשתה#2#/ | דבני ישראל: |
| 116 | | Nu 8:09 | משכן זימנא ותכנש ית כל | כנשתה | דבני ישראל: |
| 117 | | Nu 8:20 | ועבד משה ואהרון וכל | כנשתה | דבני ישראל ללווי כל מה |
| 118 | | Nu15:33 | ולוות אהרן ולוות כל | כנשתה | דבני ישראל: |
| 119 | | Nu17:06 | ואתרעמו כל עם | כנשתה | דבני ישראל מן יומא |
| 120 | | Nu25:06 | לעיני משה לעיני כל | כנשתה | דבני ישראל ואינון בכיין |
| 121 | | Nu26:09 | הוא דתן ואבירם מזמני | כנשתה | די פלגו קדם ייי על משה |
| 122 | | Nu27:17 | קרבא בשלם דלא תיהווי | כנשתה | דייי כעין די לית ליה רעי: |
| 123 | | Nu31:16 | דפעור והוה מגפתה בעם | כנשתה | דייי: |
| 124 | | Dt23:02 | דפסיק ודמסרס בקהל | כנשתה | דייי: |
| 125 | | Dt23:03 | לא ייעול ממזר בקהל | כנשתה | דייי לחוד דר עשיריי לא |
| 126 | | Dt23:04 | לא יתחשב להון בקהל | כנשתה | דייי עד לעולם: |
| 127 | | Dt23:04 | עמוניי ומואביי בקהל | כנשתה | דייי לחוד דר עשריי לא |
| 128 | | Lv 8:05 | ואמר משה לעם | כנשתה | דן פתגמא די פקד ייי |
| 129 | | Nu16:21 | אתפרשו מן גו עם | כנשתה | הדה ואישצי יתהון כקליל |
| 130 | | Nu17:10M | כנישתה /עם ביני עם | כנשתה#2#/ | הדה ואשיצי יתהון כקליל |
| 131 | | Lv 9:05 | זימנה וקריבו עם כל | כנשתה | וקמו קדם ייי: |
| 132 | | Nu 4:34 | משה ואהרן ורברבני עם | כנשתה | ית בנוי דקהתי לזרעייתהון |
| 133 | | Lv24:16 | מרגם ירגמון יתיה כל עם | כנשתה | כגיורייה כיציבייה |
| 134 | | Nu15:36 | ואפיקו יתה כל עם | כנשתה | לבר מן משריתה ורגמו יתיה |
| 135 | | Nu16:05 | ומליל עם קרח ועם כל | כנשתה | למימר בצפרה וידע ייי מן |
| 136 | | Nu16:24 | מליל עם כל | כנשתה | למימר אסתלקו מן חזור חזור |
| 137 | | Lv10:17 | לכון למטעון ית חובי עם | כנשתה | למכפרה עליכון קדם ייי: |
| 138 | | Nu14:36 | וחזרו ורעמו עלוי כל | כנשתה | למפקה טבה ביש על ארעא: |
| 139 | | Lv 8:04 | ייי יתה ויתכנשו עם | כנשתה | לתרע משכן זימנא: |
| 140 | | Nu26:02 | ית ראש סכומיהון דכל | כנשתה | מן בר עשרין שנין ולעיל |
| 141 | | Nu31:43 | והוות פלגותה דעם | כנשתה | מן ע{מ}<נ>ה תלתין ותלת |
| 142 | בכנישתה | Ex34:31 | אהרן וכל רברבני | בכנישתה | ומלל משה עמהון: |
| 143 | | Nu 1:16M | /אליין מזמני עמה | בכנישתה#2#/ | רברבני שבטי/שבט#2#/ |
| 144 | בכנישתהון | Ex20:17 | עם חמודין ולא יתחמי | בכנישתהון | דישרא' עם חמודין דלא |
| 145 | | Ex20:14 | עם גיורין ולא יתחמי | בכנישתהון | דישראל עם גיורין דלא |
| 146 | | Ex20:15 | עם גנבין ולא יתחמי | בכנישתהון | דישראל עם גנבין דלא |
| 147 | | Ex20:16 | סהדי שקרא ולא יתחמי | בכנישתהון | דישראל עם סהדי שיקרא |
| 148 | | Dt 5:17 | עם קטולין ולא יתחמי | בכנישתהון | דישראל עם קטולין דלא |
| 149 | | Dt 5:19 | עם גנבין ולא יתחמי | בכנישתהון | דישראל עם גנבין דלא |
| 150 | | Dt 5:20M | ולא יתחמי | בכנישתהון | דישראל שהדין דשקר דלא |
| 151 | בכנישתיהון | Gn49:06 | | בכנישתיהון | בעצתיהון לא אתרעיית |
| 152 | | Gn34:31 | הוא דיהוון אמרין | בכנישתיהון | דישראל ובבית מדרשהון |
| 153 | | Gn49:21 | דהוא מבשר פמיה | בכנישתיהון | דישראל חלבא ודיבשא נפק |
| 154 | | Ex20:13 | עם קטוליא ולא יתחמי | בכנישתיהון | דישראל עם קטולין דלא |
| 155 | | Gn34:31 | הוא דיהוון אמרין | בכנישתיהון | ובמדרשיהון {{ערלין}} |
| 156 | | Gn49:06 | לא אתרעיית נפשי | בכנישתיהון | לכרכה דשכם למחרבה יתה |
| 157 | בכנשתכון | Lv23:39 | יומין לירחה שביעיה | בכנשתכון | ית עללתה דארעא תחגון יתה |
| 158 | דכ' | Nu31:26M | כנישתה/עמה | דכ'#2#/: | |
| 159 | | Nu31:27M | כל \עם כנישתה /עמא | דכ'#2#/: | |
| 160 | | Nu20:29M | כל \עם כנישתה /עמא | דכ'#2#/ | ארום סאף אהרן ובכון ית |
| 161 | | Nu35:12M | קדם \עם כנישתה /עמה | דכ'#2#/ | בדינה: |
| 162 | | Ex35:01M | ית כל כנישתה/עמה | דכ'#2#/ | דבני ישראל ואמר להון |
| 163 | | Nu20:11M | /מין סגי ושתין עמה | דכ'#2#/ | ובעיריהון: |
| 164 | | Nu16:03M | ארום כל כנישתה/עמא | דכ'#2#/ | כולהון קדישין/צדיקין#2# |
| 165 | | Nu15:36M | כל \עם כנשתה /עמה | דכ'#2#/ | לבר מן משריתה ורגמו |
| 166 | | Nu16:05M | כנשתה /{ע}<כ>ל עמא | דכ'#2#/ | למימר בצפרה וידע |
| 167 | | Nu35:25M | יתה \עם כנישתה /עמא | דכ'#2#/ | \לקורי שזבותה /לקרתה |
| 168 | | Ex38:25M | \עם כנישתה /עמא | דכ'#2#/ | מאה כיכרין ואלף ושבע |
| 169 | | Nu16:02M | כנ«י»שתה/עמא | דכ'#2#/ | מזמני קהלה/משכנה#2#/ |

|  |  |  |  |  |
|---|---|---|---|---|
| 170 | דכי' | | Nu16:16M | וכל \עם כנישתך /עמא דכי'#2# הוון/יהוון#2# קדם |
| 171 | דכינישתה | | Nu15:25M | על כל כנישתה/עמא דכינישתה#2# דבני ישראל וישתבק |
| 172 | דכינישתה | | Nu15:33M | כל כנשתה/עמה דכינישתה#2# דבני ישראל: |
| 173 | דכי' | | Nu20:27M | כל \עם כנישתה /עמא דכי'#2#: |
| 174 | | | Nu16:22M | ועל כנישתה/עמא דכי'#2# יהוי רגוז: |
| 175 | | | Nu35:25M | \עם כנישתה /עמא דכי'#2# ית קטולא מן ידוי דתבע |
| 176 | | | Lv24:16M | כל \עם כנשתה /עמה דכי'#2# כגיורייה כיציבייה |
| 177 | | | Nu20:22M | ישראל כל כנישתה/עמא דכי'#2# להר טורה: |
| 178 | | | Nu10:03M | כל \עם כנישתה /עמא דכי'#2# לתרע/בת'#2#/ משכן |
| 179 | דכניש' | | Ex34:22M | דחסיא וחגא דאכנשותא/דכניש'#2#/ במפקא דשתא \ |
| 180 | | | Nu20:08M | וית בעירהון /עמה דכניש' ובעי'#2#/: |
| 181 | | | Ex16:22M | רברבני כנישתא/עמא דכניש'#2#/ ותנון למשה: |
| 182 | | | Lv 8:04M | כנשתה \וכנשו עמה דכניש'#2#/ לתרע משכן זימנא: |
| 183 | דכנישתא | | Nu32:02M | \עם כנישתה /עמא דכנישתא#2#/ למימר: |
| 184 | דכנישתה | | Nu15:24M | /מן עיני עמא דכנישתה#2#/ אתעבדת לשלו/בשלו#2# |
| 185 | | | Nu14:35M | לכל כנשתה/עמה דכנישתה#2#/ בישתה הדה/אליין#2#/ |
| 186 | | | Lv10:06M | יהוי ריגז /עמה דכנישתה הוי רגוז#2#/ ואחיכון |
| 187 | | | Nu15:26M | \עמא דאשתלון /<עמא> דכנישתה הוות בשלו#2#/: |
| 188 | | | Nu17:11M | ואזל בפריע לוות עמא דכנישתה וכפ<ר> |
| 189 | | | Nu 4:34M | \עם כנשתה /עמא דכנישתה#2#/ ית בנוי דקהתי |
| 190 | | | Nu16:26M | כנישתה /עם עמא דכנישתה#2#/ למימר סטון כען מעלוי |
| 191 | דכנש' | | Lv10:17M | \עם כנשתה /עמיה דכנש'#2#/ למכפרה עליכון קדם ייי: |
| 192 | דכנשתא | | Nu20:01M | כנישתה מדברה /עמא דכנשתא במ'#2#/ דצין בירחה |
| 193 | | | Nu16:09M | ולמקום קודם עמא דכנשתא#2#/ למשמשה יתהון: |
| 194 | דכנשתה | | Lv24:14 | וירגמון יתיה כל עמה דכנשתה: |
| 195 | | | Nu35:24M | וידינון עמא דכנשתה#2#/ בין קטולא ובין תבוע |
| 196 | | | Nu13:26M | יתהון וית כל עמה דכנשתה וחמון להון ית פירייה דא' |
| 197 | | | Nu14:01M | וארעמן כל עמה דכנשתה#2#/ ושוון ית קלהון |
| 198 | | | Nu 1:18M | כל \עם כנשתא /עמא דכנשתה#2#/ כנשו בחד ^יום#2#^ |
| 199 | | | Nu16:24M | עם כל כנשתה/עמא דכנשתה#2#/ למימר אסתלקו/יס'#2#/ |
| 200 | | | Nu33:14M | הוה תמן מין לעמא \דכנשתה#2#/ למישתי: |
| 201 | | | Nu14:10M | כנישתה מרגום /עמא דכנשתה למרגם#2#/ יתהון באבניא |
| 202 | | | Nu31:43M | \דעם כנשתה /דעמה דכנשתה#2#/ מן ע{מ}<נ>ה תלתין ותלת |
| 203 | | | Nu 3:07M | כנ«י»שתה /עמא דכנשתה#2#/ קדם משכן זימנא למיפלח |
| 204 | | | Nu15:24M | עם כנישתה /כל עמה דכנשתה#2#/ תור בר תורין חד לעלה |
| 205 | דכנשתך | | Nu16:11M | את קרח וכל עמא דכנשתך אליין דאתרעמו על יקר |
| 206 | וככנישתיה | | Nu17:05 | ייי ולא יהווי כקרח וככנישתיה היך מה די מלל ייי |
| 207 | לכניש' | | Lv 8:05M | \לעם כנשתה /לעמא לכניש'#2#/ דן פתגמא די פקד ייי |
| 208 | לכנישתה | | Nu14:27 | עד אימת לכנישתה בישתה הדה די אינון |
| 209 | | | Nu19:09 | באתר דכי ותיהוי לכנישתה דבני ישראל למטרה למי |

## כנישו *n.* assembly [263]

|  |  |  |  |  |
|---|---|---|---|---|
| 001 | בכנישותא | s em/sf | Gn49:21M | כד הוא פתח פומי' בכנישותא יעקב לישני' חלי' |
| 002 | דכנישותא | | Ex23:16M | ברא וחגא דאכנשותא/דכנישותא#2#/ במיפקה דשתא |
| 003 | ובכנישותיהון | | Gn49:06M | בכנישתיהון/ובכנישותיהון#2#/ בעצתיהון לא |

## כנע *vb.* to bend down [263]

|  |  |  |  |  |
|---|---|---|---|---|
| 001 | יכנע | afel | Dt 9:03 | הוא ישיצי יתהון והוא יכנע יתהון קדמיהון ותירתון |
| 002 | מתכנעין | etpeel | Ex 9:30M | מחוותא לית אתון מתכנעין מן קדם |
| 003 | תתכנע | | Nu12:14 | נזפה נזף בה בדינה הוא תתכנע מן קדמוי שבעה יומין תסרד |
| 004 | למתכנעה | | Ex10:03 | עד אמת את מסרב למתכנעה קדם ייי שלח ית עמי |

## כנעניי *adj.* Canaanite [264]

|  |  |  |  |  |
|---|---|---|---|---|
| 001 | כנענאי | s ab/cn | Gn38:02 | תמן יהודה ברתה דגבר כנענ{ע}אי ושמיה שוע ונסב יתה ועל |
| 002 | כנענא' | s em/sf | Nu33:40 | ושמע כנענא' מלכא דערד ארום הוא הוה |
| 003 | כנענאה | | Nu21:01 | ושמע כנענאה מלכא דערד דהוה שרי |
| 004 | כנעניה | | Ex21:22M | "... ויפוק": כנעניה <מ>ע' ויפק{י'}<ו>ן |
| 005 | דכנעניא | | Gn10:18 | כדין אתפרשו זרעיהון דכנע<נ>יא: |
| 006 | דכנעניתה | | Gn46:10 | וצחר ושאול ברה דכנעניתה: |
| 007 | | | Ex 6:15 | וצחר ושאול ברה דכנעניתה אליין אנון זרעיותיהון |
| 008 | וכנעניא | | Gn12:06 | שכם ועד משריה חזווה וכנעניא עד כען הוון שריין בארעא: |
| 009 | לכנעניא | | Gn13:07 | למימר לא תנטון לכנעניא ופריזיא עד כען אנון |
| 010 | כנענאי | p em/sf | Ex15:15M | כל דיירי דארעא דכנען/כנענאי#2#/: |
| 011 | | | Ex33:02M | פריזיי חיויי ויבוסיי /כנענאי ואימוראי וחיתאי ופריזאי |
| 012 | | | Nu21:03M | ית \כנעניי ושיצי /כנענאי ואישצון#2#/ יתהון וית |
| 013 | | | Gn15:21 | וית אמוראי וית כנענאי וית {ד}<ג>רגשיי וית |
| 014 | | | Ex23:28M | חתיי /חיוואי וית כנענ{ע}אי ית חיתאה#2#/ מקדמיכון: |
| 015 | כנעניי | | Ex33:02 | קדמך מלאך ואטרוד ית כנעניי אמריי חתיי פריזיי חיויי |
| 016 | | | Ex23:28 | ותטרד ית חיויי וית כנעניי וית חתיי מקדמיכון: |
| 017 | | | Dt20:17 | תשיצון חתיי ואמוריי כנעניי ופריזיה וחיווייה ויבוסייה |
| 018 | | | Nu21:03 | ומסר בידיהון ית כנעניי ושיצי יתהון וית קריהון |
| 019 | בכנעניי | | Gn34:30 | ביש קדם דיירי ארעא בכנעניי ובפריזיי ואנה עם למניין |
| 020 | דכנעיא | | Gn10:19 | והוה תחומהון דכנעיא מן צידון מעלך לגררה עד |
| 021 | דכנענאי | | Gn 9:18 | וחם הוא אבוהון דכנענאי: |
| 022 | | | Gn24:37 | אתה לברי מן בנתהון דכנענאי די אנא שרי בארעהון: |
| 023 | | | Dt11:30M | מיעלי שמשה בארעהון דכנענאי דיתבין במשרא כל וקבל |
| 024 | | | Gn10:18M | זרעיהון/זרעוותהון דכנענאי#2#/ דכנע<נ>יא: |
| 025 | | | Ex13:11M | דכנעניי /לארעא דכנע<נ>אי#2#/ היך מה די קיים לך |
| 026 | | | Ex 3:08 | כדובש«א» לארעהון דכנענאי וחתיי ואמריי ופריזי |
| 027 | | | Dt 1:07M | ימא ארעהון דכנעניי/דכנענאי#2#/ וטור בית מוקדשה |
| 028 | | | Gn 9:22 | וחמא חם אבוהו' דכנענאי ית עריתה דאבוי ותני |
| 029 | | | Gn36:02 | ית נשוי מן בנתהון דכנענאי ית עדה ברת אלון חיתייא |
| 030 | | | Gn50:11M | דכנען /ארעהון דכנענאי#2#/ ית אבלה באדר אטדה |
| 031 | דכנענאיי | | Ex 3:17 | דמצריי לארעהון דכנענאיי וחתיי ואמריי ופריזיי |
| 032 | | | Ex13:05 | יתכון ייי לארעהון דכנענאיי וחתיי ואמריי וחויי |
| 033 | דכנעניי | | Dt11:30 | מטמעי שמשה בארעהון דכנעניי דשריין במשרה כל קבל |
| 034 | | | Ex13:11 | יתכון ייי לארעהון דכנעניי היך מה די קיים לך |
| 035 | | | Dt 1:07 | ובחוף ימא ארעהון דכנעניי וטור בית מוקדשה עד נהרה |
| 036 | דכנענעאי | | Gn28:01 | תסב אתה מן בנתהון דכנענעאי: |
| 037 | | | Gn28:06 | תסב אתה מן בנתהון דכנענעאי: |
| 038 | | | Gn28:08 | בישן אנון בנתהון דכנענעאי באפוי דיצחק אבוי: |
| 039 | | | Gn24:03 | אתא לברי מן בנתהון דכנענעאי די אנא שרא ביניהון: |
| 040 | וכנענאי | | Nu14:45M | דשרון#2#/ /עמלקאי/ וכנענאי אלין דשריין#2#/ בטורה |
| 041 | | | Ex23:23M | /וחתאי ופריזאי וכנ{נ}ענ{ע}אי וחיואי ויבוסאי |
| 042 | | | Ex34:11M | קודמיכון ית אימוראי וכנענאי וחיתאי ופריזאי ויבוסאי |
| 043 | | | Gn12:06M | משריה חזווה וכנעניא/וכנענאי#2#/ עד כען הוון שריין |
| 044 | | | Nu13:29 | ואמוריי שריין בטורא וכנענאי שריין על ימא ועל מגיזתה |
| 045 | | | Nu14:25M | וכנעניי /ועמלקאי וכנענאי#2#/ שריין במשרה למחר |
| 046 | | | Nu14:43M | וכנעניי /עמלקאי וכנענאי#2#/ תמן קדמיכון/דלא |
| 047 | וכנעני | | Dt20:17M | "כנעניי ...": וכנעני ופריזאי וחיואי ואיבוסאי |
| 048 | | | Dt20:17M | /יתהון חתאי ואמוראי וכנעני#2#/ ופריזיה וחיווייה |
| 049 | וכנעניי | | Nu14:45 | ונחתו עמלקיי וכנעניי די שרין בטורה ההוא ומחון |
| 050 | | | Ex23:23 | דאמוריי דחתיי ופרזיי וכנעניי וחייוי ויבוסיי ושיצא |
| 051 | | | Ex34:11 | מן קדמיך ית אמריי <ו>כנעניי וחתיי ופרזיי ויבוסיי: |
| 052 | | | Dt 7:01 | חתיי וגרגשיי ואמוריי וכנעניי ופריזייה וחיויי ויבוסייה |
| 053 | | | Nu14:25 | ועמלקיי וכנעניי שריין במשרה למחר כוונו |
| 054 | | | Nu14:43 | ארום עמלקיי וכנעניי תמן קדמיכון ותפלון בחרבה |

|  |  |  |  |  |
|---|---|---|---|---|
| 055 | לכנענאי | | Gn13:07M | \לכנעניא ופריזיא עד /לכנענאי ופריזאי דעד#2#/ כען |

[264]

## wing *n.* כנף

|  |  |  |  |  |
|---|---|---|---|---|
| 001 | כנף | s ab/cn | Dt23:01 | ית אתתה דאבוי ולא יבזי כנף עריתה דאבוי: |
| 002 | כנפה | s em/sf | Dt23:01M | ולא \יבזי כנף /יפרסם כנפה#2#/ עריתה דאבוי: |
| 003 | כנפי | p const | Ex19:04 | בענני איקר שכינתי על כנפי נשירין קלילין וקריבית יתכון |
| 004 | | | Ex19:04M | על ענניו קלילין היך על כנפי נשרין |
| 005 | כנפוי | p em/sf | Dt32:11 | קנה על גוזלוי מרחף פרס כנפוי וסבל יתהון וטען יתהון על |
| 006 | בכנפוי | | Lv 1:17 | ויתלע יתיה בכנפוי לא יפרש ויסדר כהנא יתיה |
| 007 | בכנפיהון | | Ex25:20 | ויהוון כרוביא פרסין בכנפיהון לעיל מטלין בכנפיהון על |
| 008 | | | Ex37:09 | והוון כרובי פרסין בכנפיהון מלעל מטלין בכנפיהון על |
| 009 | | | Ex25:20 | בכנפיהון לעיל מטלין בכנפיהון על כפרתא ואפיהון הפיכין |
| 010 | | | Ex37:09 | בכנפיהון מלעל מטלין בכנפיהון על כפרתה ואפיהון הפיכין |

[264]

## to gather *vb.* כנש

|  |  |  |  |  |
|---|---|---|---|---|
| 001 | כנישין | peal | Nu29:35 | לגו בתיכון בחדוה כנישין דמצוון תיהוי לכון כל |
| 002 | | | Lv25:20 | הא לית אנן זרעין ולא כנישין ית עללתה: |
| 003 | | | Nu29:35M | "תמיניה": תמיניה כניש{ו}<י>ן תהוון ח{ווד}<דוו>ה |
| 004 | | | Nu29:35 | וביומא תמיניה כנישין תהוון מן מטליכון לגו |
| 005 | כנש | | Gn30:23 | ועברת וילידת בר ואמרת כנש ייי ית חסדיי: |
| 006 | | | Ex 9:19 | וכדון שלח כנש ית בעירך וית כל מה דאית לך |
| 007 | | | Nu21:16 | אמר ייי לאהרן ולמשה כנש ית עמא ואתן להון מיין: |
| 008 | | | Dt31:12 | כנש ית עמה גבריה ונשייה |
| 009 | | | Nu11:16 | ואמר ייי למשה כנש לי שובעין גברין מן חכימי |
| 010 | | | Dt 4:10 | דאמר ייי לי אמר משה כנש לי ית עמא ואשמע יתהון ית |
| 011 | | | Lv 8:03 | וית כל עם כנישתה כנש לתרע משכן זימנא: |
| 012 | כנש' | | Lv25:20M | אנן זרעין ולא כנישין/כנש'#2#/ ית עללתה: |
| 013 | כנשו | | Gn31:46 | ואמר יעקב לאחוהי כנש{י}<ו> אבנין ונסבו אבנין ועבדו |
| 014 | | | Nu 1:18 | וית כל עם כנשתא כנשו בחד "יום#2#^ לירחא תנינא |
| 015 | | | Dt31:28 | כנשו לוותי ית כל חכימי שבטיכון |
| 016 | יכנש | | Dt30:04 | עד סייפי שמיא מן תמן יכנש יתכון ייי אלהכון ומן תמן |
| 017 | | | Nu24:07 | ופרוקהון מנהון יהווי יכנש להון גלותהון מן מדינת |
| 018 | תכנשון | | Dt28:38 | ותזרעון באפי ברה וקליל תכנשון ארום יקרסם יתיה גובה: |
| 019 | | | Dt28:39M | לא תשתון ולא תמגורון/תכנשון#2#/ ארום תאכל/תיכול#2 |
| 020 | | | Dt13:17 | וית כל ע{ה}<ד>יתה תכנשון יתה לגו מצע פלטיה ותיקדון |
| 021 | מכנש | | Gn29:07 | כדון יומא תלי לא אשון מכנש בעירא אשקו ענא ואזלו רעון: |
| 022 | במכניש' | | Lv23:39M | לירחה שביעיה בכנשתכון/במכניש'#2#/ ית עללתה דארעא |
| 023 | במכנשיכון | | Dt16:13 | לכון שבעה יומין במכנשיכון עבורה מן אדרא וחמרא מן |
| 024 | במכנשכון | | Ex23:16 | דאכנשותא במיפקה דשתא במכנשכון ית עבד ידיכון מן אפי |
| 025 | | | Ex34:22M | במפקא דשתא\ במכנשכון ית עללתכון מן ארעא#2# |
| 026 | ויכנש | | Nu19:09 | ויכנש גבר דכי ית קטמה דתורתה |
| 027 | | | Dt30:03 | וירחם יתכון ויחזור ויכנש יתכון מן כל אומיה די בדר |
| 028 | ויכנשון | | Gn41:35 | ויכנשון ית כל מזון שבעתי שניא |
| 029 | | | Gn41:35 | טבתא עללתא האיליין ויכנשון עיבור תחות רשותא דפרעה |
| 030 | וכנש | | Gn41:49 | וכנש יוסף עבור כחלא דימא סגין |
| 031 | | | Gn47:14 | וכנש יוסף ית כל כספא דאשתכח |
| 032 | | | Gn29:22 | וכנש לבן ית כל עמה דאתרא ועבד |
| 033 | | | Ex35:01 | וכנש משה ית כל כנישתה דבני |
| 034 | | | Nu21:23 | ית ישראל עברין בתחומה וכנש סיחון ית כל עמיה ונפק |
| 035 | | | Gn41:48 | וכנש ית כל מזון שבעתי שנייה |
| 036 | | | Nu20:08 | סב ית חוטרה וכנש ית עם כנישתה את ואהרן |
| 037 | | | Nu16:19 | וכנש עליהון קרח ית כל עם |
| 038 | | | Gn49:33 | יעקב למפקדא ית בנוי וכנש רגלוי לגו דרגשה וסאף ומית |
| 039 | | | Nu11:24 | עמא ית כל פתגמוי דייי וכנש שובעין גברין מן גברי חכימי |
| 040 | וכנשו | | Nu20:10 | וכנשו משה ואהרן ית קהלה קדם |
| 041 | | | Ex 4:29 | ואזל משה ואהרן וכנשו ית כל חכימיא דבני ישראל: |
| 042 | | | Nu11:32 | ליליא וכל יומא דבתריה וכנשו ית סלווי מן דזער אסף עשרה |
| 043 | | | Ex 8:10 | וכנשו יתהון כרוון כרוון ואסרחת |
| 044 | | | Nu20:02 | הווה מיין לעם כנישתה וכנשו על משה ועל אהרן: |
| 045 | | | Lv 8:04M | \ויתכנשו עם כנשתה /וכנשו עמה דכניש'#2#/ לתרע משכן |
| 046 | וכנשין | | Dt14:22M | \ומכנשין עללתה דכל /וכנשין עללן בכל#2#/ שתה ושתה: |
| 047 | ותכנש | | Ex 3:16 | אזל ותכנש ית חכימיא דישראל ותימר |
| 048 | | | Nu 8:09 | ליויי קדם משכן זימנא ותכנש ית כל כנשתה דבני ישראל: |
| 049 | | | Dt22:02M | /חכמת#2#/ יתיה ותעיל/ותכנש#2#/ יתיה לגו בייתך |
| 050 | | | Gn 6:21 | מן כל מיכל די יתאכל ותכנש לוותך ויהוי לך ולהון |
| 051 | ותכנשון | | Ex23:10 | תזרעון ית ארע{א}כון ותכנשון ית עללתה: |
| 052 | | | Lv25:03 | שנין תזברון כרמיכון ותכנשון ית עללתה: |
| 053 | | | Dt11:14 | בזמניה בכיר ולקיש ותכנשון עבוריכון וחמריכון |
| 054 | ככנש | | Dt33:05 | ויקום מלך מן דבית יעקב ככנש ית ראשי עמא כחדא ישתמעון |
| 055 | כניש | pael | Dt 6:04 | למתכנש בשלם מן גו עלמא כניש תרין עשרתי שבטייה ואקים |
| 056 | מכנש | | Nu10:25 | סכם משריית דבני דדן מכנש לכל משריתה לחילוותהון ורבה |
| 057 | דמכנש | | Nu19:10 | ויחוור מן דמכנש ית קטמא דתורתה ית לבושוי |
| 058 | וכנישו | | Nu16:03M | ואתכנשו/וכנישו#2#/ על משה ועל אהרן |
| 059 | ומכנשין | | Dt14:22 | וזרעין באפי ברה ומכנשין עללתה דכל שתה ושתה: |
| 060 | למכנשה | | Gn29:07M | יומא בתוקפא לית אשון למכנשה עדרייה אשקון ענא ואזלו |
| 061 | איתכנש | etpeel | Gn50:16M | פקיד קדם עד לא ימות/איתכנש#2#/ למימר: |
| 062 | אתכנש | | Dt10:06 | דיעקן למוסרה תמן אתכנש אהרן ואתקבר תמן ושמש |
| 063 | ית' | | Dt10:06M | למוסרה תמן אתכנש/ית'#2#/ אהרן ואתקבר תמן |
| 064 | | | Nu31:02M | ובתר כדן/כן#2#/ תתכנש/ית'#2#/ לוות עמך: |
| 065 | יתכנש | | Nu20:24 | יתכנש אהרן לעמיה ארום לא ייעול |
| 066 | | | Nu20:26 | אלעזר ברה ואהרן יתכנש וימות תמן: |
| 067 | מתכנש | | Dt 4:22 | ארום אנה מתכנש בארעא הדה לית אנה עבר ית |
| 068 | | | Dt31:16 | ואמר ייי למשה הא את מתכנש בשלם עם אבהתך וקיימין עמה |
| 069 | | | Gn50:24M | לאחוי הא אנא מית/מתכנש#2#/ וייי מדכרה ידכר |
| 070 | | | Gn49:29 | יתהון ואמר להון הא אנא מתכנש לעמי קברו יתי גב אבהתי |
| 071 | | | Dt32:01 | ואמר ווי כען עלי דאנה מתכנש מן גו עלמא ולא אסהדית |
| 072 | מתכנשה | | Nu11:26M | משה ספרהון דישראל מתכנשה מן גו עלמא ויהושע בין |
| 073 | תתכנש | | Nu31:02 | מדייניי ובתר כדן תתכנש לוות עמך: |
| 074 | | | Gn15:15 | ואת תתכנש לות אבהתך בשלם תקבר בשיבו |
| 075 | דאתכנש | | Nu27:13 | עמך אוף את היך מה דאתכנש אהרן אחוך: |
| 076 | | | Nu33:39M | שנין הווה בזמנה דמית/דאתכנש#2#/ בהר טורא: |
| 077 | | | Dt32:50 | בשלם לוות עמך היך מה דאתכנש בשלם אהרן אחוך בהור טורא |
| 078 | | | Dt34:07 | מאה ועשרין שנין בזמנה דאתכנש לא כהיין עיינוי ולא |
| 079 | ואיתכנש | | Gn 5:27 | ושתין ותשע שנין ומית ואיתכנש מן גוא עלמא: |
| 080 | ואכניש | | Gn 5:20 | ותרתין שנין ומית ואכניש מן גוא עלמא: |
| 081 | ואתכני' | | Gn 5:05 | מאה ותלתין שנין ומית ואתכני' מן גוא עלמא: |
| 082 | ואתכניש | | Gn 5:11 | מאה וחמש שנין ומית ואתכניש מן גוא עלמא: |
| 083 | | | Gn 5:14 | מאה ועשר שנין ומית ואתכניש מן גוא עלמא: |
| 084 | | | Gn 5:31 | ושבע שנין ומית ואתכניש מן גוא עלמא: |
| 085 | ואתכנש | | Dt32:50 | אהרן אחוך בהור טורא ואתכנש בשלם לוות עמיה: |
| 086 | | | Gn25:08 | {ס}<ט>בא סב ושביעו ואתכנש לוות עמיה: |
| 087 | | | Gn35:29 | וסאף יצחק ומית ואתכנש לוות עמיה סאב ושבע יומין |
| 088 | | | Gn47:30 | ואתכנש לוות אבהתי ותסב יתי מן |
| 089 | | | Gn25:17 | ושבע שנין וסף ומית ואתכנש לעמיה: |
| 090 | | | Gn49:33 | לגו דרגשה וסאף ומית ואתכנש לעמיה: |
| 091 | | | Gn 5:08 | ותרתין עשרה שנין ומית ואתכנש מן גוא עלמא: |
| 092 | | | Gn 5:17 | ותשעין וחמש שנין ומית ואתכנש מן גוא עלמ': |

| | | | | | |
|---|---|---|---|---|---|
| 093 | | Gn 5:23M | וחמש שנין /ומית | ואתכנש | מן גוא עלמא#2#/: |
| 094 | | Gn 9:29 | מא' וחמשין שנין ומית | ואתכנש | מן גוא עלמא: |
| 095 | ותתכנש | Dt32:50 | | ותתכנש | בשלם בטורא דאת עליל לתמן |
| 096 | | Dt32:50 | בטורא דאת עליל לתמן | ותתכנש | בשלם לוות עמך היך מה |
| 097 | | Nu27:13 | ותחמי יתה | ותתכנש | לוות עמך אוף את היך מה |
| 098 | למתכנש | Dt 6:04 | דמטה קצה דאבונן יעקב | למתכנש | בשלם מן גו עלמא כניש |
| 099 | למתכנשא | Dt 6:04M | למתכנש/^<למתכנ>שא#2#^/למסתלקא#2#/ | | בשלם מן גו |
| 100 | למתכנשה | Dt31:14 | קרבו יומי חייך | למתכנשה | בשלם מן גו עלמא קרא ית |
| 101 | | Dt32:01 | דמטה קצה דמשה נבייא | למתכנשה | בשלם מן גו עלמא חשב משה |
| 102 | אתכנשו etpaal | Gn49:01 | יעקב לבנוי ואמר להון | אתכנשו | וחווי לכון רזייא סתימייא |
| 103 | יתכנש | Ex 9:19 | דאשתכח בחקלא ולא | יתכנש | לגו ביתא ויחות עליהון |
| 104 | יתכנשון | Ex 9:19M | לגו ביתא ויחות | /יתכנשון | לגו בתייה ויחות#2#/ |
| 105 | | Gn 1:09 | ואמר ממרה דייי | יתכנשון | מיא מן תחות שמיא לאתר חד |
| 106 | מתכנש | Nu11:22 | אן ית כל נוני דימא אן | מתכנש | להון «ה»א ספק להון: |
| 107 | מתכנשין | Gn37:07 | ולחוד אזדקפת והא | מתכנשין | כורכותכון ושאלו בשלמה |
| 108 | | Nu11:22M | <...> דימה רבה אין | מתכנשין | להון הא כולא יספק להון |
| 109 | | Gn28:10 | אבנא דהוון כל רעיא | מתכנשין | למג{ז}«ו»ללה יתה מעלוי |
| 110 | | Gn49:01 | דעדן מה היא כחדא | מתכנשין | תרי עשר שבטייא ומקפן |
| 111 | תתכניש | Gn31:30M | לבייתיה /ומתכנשה | תתכניש | לב'#2#/ דאבוך למה \ |
| 112 | תתכנש | Nu12:14M | \כדין תתאסי /כן | תתכנש#2#/: | |
| 113 | דאתכנשו | Gn15:01 | בתר פתגמיא האילין מן | דאתכנשו | כל מלכוותה דארעא וסדרו |
| 114 | | Gn49:02 | מן | דאתכנשו | תרין עשר שבטוי דיעקב |
| 115 | דיתכנשון | Gn29:08 | לא אנן יכלין עד זמן | דיתכנשון | כל עדריא ויגלון ית אבנא |
| 116 | ואיתכנשו | Ex32:01 | משה למיחת מן טורא | ואיתכנשו | עמה על אהרן ויאמרו אליו |
| 117 | ואתכנש | Nu11:30 | | ואתכנש | משה למשריתה הוא וחכימיה |
| 118 | ואתכנשו | Ex32:26 | ייי ייתי לוותי | ואתכנשו | לוותיה כל שבטי דלוי: |
| 119 | | Nu16:03 | | ואתכנשו | על משה ועל אהרן ואמרין |
| 120 | | Nu20:02M | לעם כנישתה | וכנשו/ואתכנשו#2#/ | על משה ועל אהרן: |
| 121 | ובאתכנשון | Nu10:07 | | ובאתכנשון | ית קהלא תתקעון ולא |
| 122 | ויתכנשו | Gn34:30 | ואנה עם למניין | ויתכנשו | לוותי וישיצון יתי |
| 123 | | Lv 8:04 | היך מה דפקיד ייי יתה | ויתכנשו | עם כנשתה לתרע משכן |
| 124 | ויתכנשין | Gn29:03M | ומתכנשין/ויתכנשין#2#/ | | תמן כל עדריא |
| 125 | ומתכנשה | Gn31:30M | אתחמדת לבייתיה | /ומתכנשה | תתכניש לב'#2#/ דאבוך |
| 126 | ומתכנשין | Gn29:03 | | ומתכנשין | תמן כל עדריא ומגלין ית |
| 127 | ותתכנשון | Lv26:25 | פרעתון ית קיימיי | ותתכ«נ»שון | לקרויכון ואגרי מותנה |

Only the morphologically clear *pael* forms have been listed as such. The proper assignment of the other active forms is uncertain at this point.

## כנשו (v.)n. assembling

[264]

| | | | | | |
|---|---|---|---|---|---|
| 001 | כנשות s ab/cn | Lv11:36M | עיינוון וגובין בית | כנשות | דמיי יהוון דכיין ודיקרוב |
| 002 | | Lv11:36M | מבוע וגוב בית | כנשת/כנשות#2#/ | מיין יהווי דכי ומן |
| 003 | | Dt10:04 | מן גו להבי אשתה ביום | כנשות | קהלא ויהב יתהון לי אמר |
| 004 | | Dt 9:10 | מן גו להבי אשתה ביום | כנשות | קהלה: |
| 005 | | Dt18:16M | ביום | התכנשות/כנשות#2#/ | קהלה למימר לא אוסף |
| 006 | בכנשות | Nu10:07M | ובאתכנשון/בכנשות#2#/ | | ית קהלא תתקעון |
| 007 | | Nu17:07M | \באתכנשות עם כנישתה | /בכנשות | קהלה#2#/ על משה ועל |

## כס n. cup

[264]

| | | | | | |
|---|---|---|---|---|---|
| 001 | כסא s em/sf | Gn40:12 | בכסא דפרעה ושוי«ת» | כסא | בידוי דפרעה היא כסא |
| 002 | | Gn40:11 | יתהון בכסה דפרעה ושוית | כסא | בכף ידיה דפרעה: |
| 003 | | Gn40:13 | יתך לשימושך ותשוי | כסא | בכף ידיה דפרעה כסדר דינא |
| 004 | | Gn40:21 | רב מזוגיה לשמושה ושוי | כסא | בכף ידא דפרעה: |
| 005 | | Gn40:23 | בבשר עביר בבשר דטעים | כסא | דמותא ולא אדכר כתבא דכתיב |

| | | | | | |
|---|---|---|---|---|---|
| 006 | | Dt32:01 | בני נש דמייתין וטעמין | כסא | דמותה מייתין עמה וגזירתהון |
| 007 | | Dt32:01 | מייתין לעולם ולא טעמין | כסא | דמותה ברם סופיהון בליין |
| 008 | | Dt32:34 | הלא הוא דן | כסא | דפורענותה ממזג ומתקן ומעתד |
| 009 | | Gn40:12 | כסא בידוי דפרעה היא | כסא | דפורענתא דפרעה עתיד למשתי |
| 010 | | Gn40:11M | כסא בכף /ושווית ית | כסא | על כף#2#/ ידיה דפרעה: |
| 011 | כסה | Gn40:23M | כסא /עבר ובשר טעם | כסה#2#/ | דמותא ולא אדכר כתבא |
| 012 | בכסא | Gn40:12 | ענביה ועצרת יתהון | בכסא | דפרעה ושוי«ת» כסא בידוי |
| 013 | בכסה | Gn40:11 | ענביא ועצר«ת» יתהון | בכסה | דפרעה ושוית כסא בכף ידיה |
| 014 | וכסא | Gn40:11 | | וכסא | דפרעה בידי ונסבת ית ענביא |

## כסבר ⇐ n. כוסבר

## כסה n. fodder

[265]

| | | | | | |
|---|---|---|---|---|---|
| 001 | כסא s ab/cn | Gn43:24 | מיא ואסחון רגליהון ויהב | כסא | לחמריהו«ן»: |
| 002 | כסה | Gn42:27 | חד מינהון ית שקיה למיתן | כסה | לחמריה בבית אבתותתה וחמא |
| 003 | | Gn24:25 | ואמרת לה אף תבן אף | כסה | סגין עמן ואף אתר למבתה: |
| 004 | וכסה | Gn24:32 | גמליא ויהב תבן | וכסה | לגמליא ומיין למסחיה רגלוי |

## כסו n. garment

[265]

| | | | | | |
|---|---|---|---|---|---|
| 001 | בכסותהון s em/sf | Ex12:34M | ומרורי צ{י}<ר>יר | בכסותהון | טענ' על כיתפיהון |

## כסי vb. to conceal

[265]

| | | | | | |
|---|---|---|---|---|---|
| 001 | כסייה peal | Dt30:11 | יתכון יומא הדין לא | כסייה | היא מנכון ולא רחיקה היא: |
| 002 | כסון pael | Nu22:05 | סגין נפקו מן מצרים והא | כסון | ית חזווה דארעא והא אינון |
| 003 | | Ex15:05 | תהומ«י»א | כסון | עליהון נחתו ושקעו במצולתיה |
| 004 | | Ex15:10 | אשפת ברוח מן קדמיך ייי | כסון | עליהון מוי דימא נחיתו |
| 005 | כסי | Nu17:07M | והא \כסי יתיה ענגה | /כסי< | >יתה ענ'#2#/ |
| 006 | | Nu17:07 | וכוונו למשכן זימנה והא | כסי | יתיה ענגה |
| 007 | | Nu 9:15 | דאקים משה ית משכנא | כסי | ענגה ית משכנא משכנה |
| 008 | כסיית | Gn38:15 | יהודה לנפקת בר ארום | כסיית | אפין הוות בבייתיה דיהודה |
| 009 | כסית | Lv13:13 | ויחמי כהנא והא | כסית | צרעתה ית כל בשרה וידכי ית |
| 010 | יכסה | Lv21:10 | ית לבושיה ית ראשיה לא | יכסה | ולבושו לא יבזע: |
| 011 | | Ex21:33 | ארום יחפר גבר גוב ולא | יכסה | יתיה ויפל תמן תור או חמור: |
| 012 | יכסון | Lv20:04 | ואן מכסיה | יכסון | עמא דארעא ית עייניהון מן |
| 013 | יכסי | Nu 9:16 | כדין יהוי בתדירה ענגה | יכסי | יתיה וחזיו אשא אכלה אשא |
| 014 | מכסה | Gn18:17 | וייי אמר בממריה הא | מכס{ם}<ה> | אנה מאברהם רחמי ית מה |
| 015 | מכסי | Gn18:17M | מכס{ם}<ה>/המכסה | מכס{ו}<י>#2#/ | אנה מאברהם רחמי ית |
| 016 | | Lv13:45 | על אבילה וראשיה יהווי | מכסי | ועל שפמה יהווי עוטם והוא |
| 017 | מכסיה | Lv20:04 | ואן | מכסיה | יכסון עמא דארעא ית |
| 018 | מכסן | Nu 4:20M | בית קודשה /ליויאי כד | מכסן | כהנייא ית מאני קדשא#2#/ |
| 019 | תכסון | Lv10:06 | בנוי ראשיכון לא | תכסון | ולבושי{כ}«ה»ון לא |
| 020 | | Dt13:09 | עלוי ולא תחוסון ולא | תכסון | עלוי: |
| 021 | דאכסי | Nu24:03 | גברא דיקיר מן אבוי מה | דאכסי | מן כל נבואה אתגלי עלוי: |
| 022 | | Nu24:15M | מן אבוי מה | דאתכסי/דאכסי#2#/ | מן כל נביאיה |
| 023 | המכסה | Gn18:17M | אמר בממריה הא | מכס{ם}<ה>/המכסה | מכס{ו}<י>#2#/ אנה |
| 024 | ויכסו | Ex10:05 | | ויכסו | ית חזווה דארעא ולא תיכול |
| 025 | ויכסון | Nu 4:05 | ויפרקו ית פרכתה דפרסה | ויכסון | בה ית ארונה דסהדותא: |
| 026 | | Nu 4:09 | ויסבון לבוש תכלה | ויכסון | ית מנרתה דאנהרותה וית |
| 027 | | Nu 4:12M | \לגו לבוש תכלה | ויכסון | יתהון בחפוי^בחפיי#2#^/ |
| 028 | | Nu 4:11 | יתיה בחפוי משך דססגון | ויכסון | יתי אריחוי: |
| 029 | | Nu 4:08 | לבוש דצבע זהורי טבה | ויכסון | יתיה בחפוי משך דססגון |
| 030 | | Nu 4:11 | לבוש {ח}<ד>תכלה | ויכסון | יתיה בחפוי משך דססגון |

031 ויכסי Lv17:13 יתאכל וישפוך ית אדמיה ויכסי יתיה בעפרא:
032 Ex 9:04M "יפרש ...": ויכסי מימריה דייי בין נכסיהון
033 Dt28:59M "ויפריש ... והיימנן": ויכסי מימריה דייי ית מחתה וית
034 Lv16:13 קטרתה על אשתה קדם ייי ויכסי תננה דקטרתה ית כפרתה די
035 וכסון Gn 7:20 מלעיל איתגברו מיא וכסון טוריא:
036 Gn 9:23 והוון מהלכין לבתרהון וכסון ית עריתה דאבוהון ואפיהון
037 Ex 8:02M וחפון /אורדעניא וכסון#2/ ית ארעא דמצרים:
038 Nu22:11 סגין נפקו מן מצרים וכסון ית חזווה דארעא וכדון אתה
039 Gn 7:19M לחדה על ארעא ואתכסון/וכסון#2/ כל טוריא רמיה די
040 וכסי Ex10:15 וכסי ית כל חזוה דכל ארעא וחשכת
041 Ex24:16 דייי על טורא דסיני וכסי יתיה עננא שיתא יומין וקרא
042 Ex24:15 וסלק משה לטורא וכסי עננא ית טור«א»:
043 Ex40:34 וכסי עננא ית משכן זימנא ויקרא
044 וכסיית Gn38:14 לבושי ארמלותה מעילוהה וכסיית ברדידה ואתעטפת בה ויתבת
045 Nu16:33 דהוה להון חיין שאול וכסיית עליהון ארעא ואשתיצון
046 וכסית Ex16:13 והוה ברמשא וסלקת סלוי וכסית ית משריתא ובצפרא הוות
047 וכסן Ex14:28 וחזרו מיין וכסן ית אר<ת>כי וית פרשיה לכל
048 ונכסי Gn37:26 ארום נקטול ית אחונן ונכסי ית אדמיה:
049 ותכסי Dt23:14 לבר ותחפור ביה ותחזור ותכסי ית מפקניך:
050 Dt22:01 או ית אמריה טעיין ותכסי עיינך מנהון מחזרה תחזר
051 Dt22:04 מטלקין באורחא ותכסי עיינך מנהון משבוק תשבוק
052 Lv13:12 מפרח תפרח צרעתה במשכה ותכסי צרעתה ית כל משכא דמכתשה
053 למכסיה Ex28:42 ותעבד להון מכנסין דבוץ למכסיה בשר ערוותהון מן אסר
054 Nu 4:15 וישלם אהרן ובנוי למכסיה ית קדשיה וית כל מני קדשיה
055 למכסייה Ex26:13 מן הכה ומן הכא למכסייה יתה:
056 Dt22:03 ותשכח יתיה לית רשיי למכסייה עיינך מניה:
057 אתכסא etpaal Gn49:01 מן דאתגלי ליה קיצא רזא אתכסא מינה סברין דהוא מתני להון
058 אתכסי Gn49:01 מן דאתגלי ליה רזא אתכסי מנה ומן דאתפתח ליה תרעא
059 אתכסית Gn20:16M יהיב ליך מתנה על די אתכסית ברם מן עיינוי דצדיקא
060 יתכסי Dt17:08 ארום יתכסי מנכון פתגם בדינה בין אדם
061 דאיתכסי Gn49:01M ואתכסי מיניה וכיון דאיתכסי מיני' ברך יתהון
062 דאתכסי Nu24:15 גברה דיקיר מן אבוי מה דאתכסי מן כל נביאיה יתגלי עלוי:
063 דיתכסא Gn18:14 הא אית אפשר דיתכסא מן קדם ייי פתגם לעידנא
064 ואתכסון Gn 7:19 לחדה על ארעא ואתכסון כל טוריא רמיה די תחות כל
065 ואתכסי Gn49:01M קץ ברכתא וניחמתא ואתכסי מיניה וכיון דאיתכסי
066 Gn49:02M גלי להון סדר ברכתא ואתכסי מניה עני אבונן יעקב
067 ואתכסיית Gn24:65 ריבוניה ונסיבת רדידה ואתכסיית ביה:
068 ויתכסי Nu 5:13 גבר עמה תשמיש דורע ויתכסי מן עינוי דבעלה ותטמר והיא
069 Lv 5:02 או בנבלה דשרץ מסאב ויתכסי מנה והוא מסא' ויתחייב:
070 Lv 5:03 סאבתיה די יסתאב בה ויתכסי מנה והו' ידע ויתחייב:
071 Lv 5:04 ליה בר נשה בשבועה ויתכסי מניה והוא <ידע> ויתחייב
072 Lv 4:13 כנשת' דישראל ישתאלון ויתכסי פתגם מן עייני קהלא
073 ונתכסי Ex33:16M מכל עמיה דעל אפי /ונתכסי אנה ועמך מן כל עמה דאית

## כסיטר ⇐ *n.* קסיטר

## כסלוחיי *adj.* Casluhian [265]

001 כסלוחיא s em/sf Gn10:14 וית פתרוסיא וית כסלוחיא די נפקו מן תמן פלישתייא

## כסלין *n.* loins [265]

001 כסליה p em/sf Lv 3:04 תרבה די עליהון די על כסליה וית מה די משתייר מן
002 Lv 3:10 תרבה די עליהון די על כסליה וית מה דמשתייר על
003 Lv 3:15 וית תרבה די עליהון דעל כסליה וית מה דמשתייר מן
004 Lv 4:09 תרבה די עליהון די על כסליה וית מה דמשתייר מן
005 Lv 7:04 תרבה די עליהון די על כסליה וית מה דמשתייר על

## כסם ⇐ *vb.* כסי

## כסם ⇐ *n.* קסם

## כסף *n.* silver [265]

001 כס' s ab/cn Ex36:26M וארבעין חומריהון דכסף/כס'#2/ תרין חומרין תחות לוחה
002 כסף Ex27:10 וקלוות עמודיה וכבושיהון כסף:
003 Ex27:11 וקלוות עמודיה וכבושיהון כסף:
004 Ex38:10 וקלוות עמודיה וכבושיהון כסף:
005 Ex38:11 וקלוות עמודיה וכבושיהון כסף:
006 Ex38:12 {וחומריהון} <וכבושיהון> כסף:
007 Ex38:19 וחפוי ראשיהון וכבושיהון כסף:
008 Gn44:08 נגנב מן ביתה דרבונך כסף או דהב:
009 Ex22:06 ארום יתן גבר לחבריה כסף או מנין למנטרה יתהון
010 Nu20:19M /זבינ'#2/ /ונתן כסף דמי{ל}<הו>ן לך#2/ לחוד
011 Ex38:17 כסף וחפוי רישיהון כסף ואינון מכבשין כסף כל עמודי
012 Nu22:18 יתן לי בלק מלא ביתיה כסף ודהב לית ^אנה#2^ יכיל
013 Nu24:13 אן יתן לי בלק מלא ביתיה כסף ודהב לא אכל למעברה על פם
014 Dt 7:25M תחמדון כסף ודהב דאית עליהון
015 Ex27:17 מכובשין כסף וקלוותהון כסף וחומריהון נחש:
016 Ex38:17 עמודיה וכבושיהון כסף וחפוי רישיהון כסף ואינון
017 Ex38:19 ארבע דנחש ונקלוותהון כסף וחפוי ראשיהון וכבושיהון
018 Lv27:15 ית בייתיה ויוסף חומש כסף ויהוי דידה:
019 Ex12:35M /ושאלו מן מצראי מאני כסף ומאני דהב ולבושין#2/:
020 Ex27:17 דדרתה חזור חזור מכובשין כסף וקלוותהון כסף וחומריהון
021 Lv25:16 ולפם זעיר שנייה תזער כסף זבונה ארום מניין עללתה הוא
022 Lv25:16 לפם סגי שנין תסגי כסף זבוניה ולפם זעיר שנייה
023 Lv25:50 עד שתה דיובילה ויהווי כסף זבוניה במניין שנין כיומי
024 Nu20:19 נשתה אנן ובעירנן נתן כסף זבוניהון לחוד לית מלא בישה
025 Gn44:02 בפום טעוניה דזעירא וית כסף זבנה ועבד כמלתיה דיוסף די
026 Gn31:15 יתן ואכל לחוד מיכל ית כסף זבנן:
027 Nu18:16 מן בר ירח תפרוק בעלויה כסף חמש סלעין בסלעי בית קודשה
028 Ex21:34 מרא דגובא ישלם כסף יחזר למרוי והדא דמיתה תהוי
029 Ex22:16 יסרב אבוה למסבה יתה ליה כסף יתקל כנימוס פרני בתולתא:
030 Ex38:17 כסף ואינון מכבשין כסף כל עמודי דרת«ה»:
031 Ex38:17M /והנון משקעי{י}ן כסף כל עמודה דדר'#2/:
032 Ex22:16M "כסף ... בתולתא": כסף מאתן יתקנס היך מוהר'
033 Nu 7:85 ושבעין דמזרקה חדה כל כסף מניא תרתין אלפין וארבע מאה
034 Lv 5:15 מום מן ענה ב«ע»לויה כסף סלעין בסלעי «בית» קדשה
035 Lv27:15M כסף ויהוי דידה /חמשין כסף עלויה עלוי ויהווי
036 Lv27:19 מן דמקדש יתה ויסף חמש כסף עלויה עלוי ותקום לה:
037 Ex30:16 ותקבל ית כסף פורקניה מן לוות בני ישראל
038 Nu 3:49 ונסב משה ית כסף פרקוניה מן מה דאישתייר על
039 Nu 3:51 ויהב משה ית כסף פרקוניה לאהרן ולבנוי
040 Ex36:30 תמנייא לוחין וחומריהון כסף שית עשר חומרין תרתין
041 Ex26:25 תמניא לוחין וחמריהון כסף שת עשרה חומרין תרתין
042 Ex22:24 אין כסף תוזף ית עמי ית מסכינה די
043 Ex21:32 עבד יגש תורא אין אמתא כסף תלתי«ן» סלעין יתן
044 בכסף Ex21:11 יתה לחירותא מגן דלא בכסף:
045 Dt 2:06 מזבון מן לוותהון בכסף דמנה נחית לכון מן שמיא

| | | | | |
|---|---|---|---|---|
| 046 | Gn13:02M | בכספא ובדהבא /בנכסין | בכסף | ובזהבא#2/: |
| 047 | Dt 2:06M | תזבנון מן לוותהון | בכסף | ותיכלון ואוף מיין תזבנון |
| 048 | Dt14:25 | מעשרה ת{מ}<ני>נה | בכסף | ותצורון כספא בידיכון |
| 049 | Dt 2:06M | תזבנון מן לוותהון | בכסף | ותשתון |
| 050 | Dt21:14 | ומזבנה לא תזבן יתה | בכסף | לא תתגר עלה חלף די יהבת |
| 051 | Gn23:09 | כפילה די בסייפיה חקליה | בכסף | שלים יזבן יתה לי ביניכון |
| 052 | Gn23:11 | כפילה די בסייפי' חקליה | בכסף | שלים יזבן יתה לי ביניכון |
| 053 | Dt 2:28 | מזון | בכסף | תזבנון לן ונאכל ומים בכסף |
| 054 | Dt 2:28 | תזבנון לן ונאכל ומים | בכסף | תתנון לן ונשתי לחוד לית |
| 055 | Ex26:32 | דהב על ארבעה חמרין | דכסף: | |
| 056 | Ex36:36 | להון ארבעה חומרין | דכסף: | |
| 057 | Lv27:06 | עלויה תלת סלעין | דכסף: | |
| 058 | Lv27:16 | דשערין בחמשין סלעין | דכסף: | |
| 059 | Gn23:15 | ארעא דארבע מאה סלעין | דכסף | ביני ובינך מה היא חשיב וית |
| 060 | Lv27:03 | עלויה חמשין סלעין | דכסף | בסלעי בית קודשה: |
| 061 | Nu 7:14 | חדה מתקליה עשר סלעין | דכסף | הוות עבידה והיא הוות דדהב |
| 062 | Nu 7:20 | חדה מתקליה עשר סלעין | דכסף | הוות עבידה והיא הוות דדהב |
| 063 | Nu 7:26 | חדה מתקליה עשר סלעין | דכסף | הוות עבידה והיא הוות דדהב |
| 064 | Nu 7:32 | חדה מתקליה עשר סלעין | דכסף | הוות עבידה והיא הוות דדהב |
| 065 | Nu 7:38 | חדה מתקליה עשר סלעין | דכסף | הוות עבידה והיא הוות דדהב |
| 066 | Nu 7:44 | חדה מתקליה עשר סלעין | דכסף | הוות עבידה והיא הוות דדהב |
| 067 | Nu 7:50 | מתקל«י»ה עשר סלעין | דכסף | הוות עבידה והיא הוות דדהב |
| 068 | Nu 7:56 | חדה מתקליה עשר סלעין | דכסף | הוות עבידה והיא הוות דדהב |
| 069 | Nu 7:62 | חדה מתקליה עשר סלעין | דכסף | הוות עבידה והיא הוות דדהב |
| 070 | Nu 7:68 | חדה מתקליה עשר סלעין | דכסף | הוות עבידה והיא הוות דדהב |
| 071 | Nu 7:74 | חדה מתקליה עשר סלעין | דכסף | הוות עבידה והיא הות דדהב |
| 072 | Nu 7:80 | חדה מתקליה עשר סלעין | דכסף | הוות עבידה והיא הוות דדהב |
| 073 | Gn37:28 | לסרקעין בעשרין סלעין | דכסף | ואובילו ית יוסף מצרימה: |
| 074 | Ex35:24 | כל דאפרש אפרשו | דכסף | ודנחש אייתון ית אפרשותה |
| 075 | Dt23:20M | די יתוזף /ורזפ{י}<ו> | דכסף | וזפו דדהב {י}<ו>זפו כל |
| 076 | Gn45:22 | יהב תלת מאה סלעין | דכסף | וחמש אסטלון ולבושיהון: |
| 077 | Ex20:23 | לא תעבדון קדמיי טעון | דכסף | וטעוון דדהב לא תעבדון |
| 078 | Dt22:19 | ויקנסון יתיה מאה סלעין | דכסף | ויתנון לאבוה דרביתה ארום |
| 079 | Dt22:29 | דרביתה חמשין סלעין | דכסף | וליה תהוי לאתה חלף די צער |
| 080 | Lv27:06 | עלויה דדכרה חמש סלעין | דכסף | ולנקבתה עלויה תלת סלעין |
| 081 | Lv27:07 | עלויה חמשה עשר סלעין | דכסף | ולנקבתה עשר סלעין: |
| 082 | Gn24:53 | ואפיק עבד' מנין | דכסף | ומנין דדהב ולבושין ויהב |
| 083 | Ex 3:22 | קריבת תותבת ביתה מנין | דכסף | ומנין דדהב ולבושין ותשוון |
| 084 | Ex11:02 | {מנין} חברתה מנין | דכסף | ומנין דדהב: |
| 085 | Ex12:35 | ושאילו מן מצריי מנין | דכסף | ומנין דדהב ולבושין: |
| 086 | Nu 7:85 | מתקלה פיילתה חד«ת»ה | דכסף | ושבעין דמזרקה חדה כל כסף |
| 087 | Dt23:20 | לאחוך זפו דממון זפו | דכסף | זפו לכל מילה די יתוזף: |
| 088 | Nu 7:13 | וקרבניה די קרב פיילי | דכסף | חדא מאה ותלתין סלעין בסלעי |
| 089 | Nu 7:19 | קרב ית קרבניה פיילי | דכסף | חדה מאה ותלתין סלעין בסלעי |
| 090 | Nu 7:25 | קרבניה די קרב פיילי | דכסף | חדה מאה ותלתין סלעין בסלעי |
| 091 | Nu 7:31 | קרבניה די קרב פיילי | דכסף | חדה מאה ותלתין סלעין בסלעי |
| 092 | Nu 7:37 | קרבניה די קרב פיילי | דכסף | חדה מאה ותלתין סלעין בסלעי |
| 093 | Nu 7:43 | קרבניה די קרב פיילי | דכסף | חדה מאה ותלתין סלעין בסלעי |
| 094 | Nu 7:49 | קרבניה דיקרב פיילי | דכסף | חדה מאה ותלתין סלעין בסלעי |
| 095 | Nu 7:55 | קרבניה די קרב פיילי | דכסף | חדה מאה ותלתין סלעין בסלעי |
| 096 | Nu 7:61 | קרבניה די קרב פיילי | דכסף | חדה מאה ותלתין סלעין בסלעי |
| 097 | Nu 7:67 | קרבני<ה> די קרב פיילי | דכסף | חדה מאה ותלתין סלעין בסלעי |
| 098 | Nu 7:73 | קרבניה די קרב פיילי | דכסף | חדה מאה ותלתין סלעין בסלעי |
| 099 | Nu 7:79 | קרבניה די קרב פיילי | דכסף | חדה מאה ותלתין סלעין בסלעי |
| 100 | Nu 7:85M | פיילתה/פיילתה חדתה | דכסף#2#/ | חד«ת»ה דכסף ושבעין |
| 101 | Dt29:16M | וטעוון דאבן טעוון | דכסף | טעוון דדהב טעוותה דקיסה |
| 102 | Gn20:16M | דסלעין/«סל׳»/ | דכסף | לאחוך הא כספ«ה» ההוא |
| 103 | Ex38:27M | /והוה מאה קינטרין | דכסף | למתכ'#2/ ית חומרי |
| 104 | Nu10:02 | עבד לך תרתין חצוצרין | דכסף | נגידן תעבד יתהון ויהוין |
| 105 | Ex36:24 | וארבעין חומרין | דכסף | עבד תחות עשרין לוחייא |
| 106 | Gn23:16 | דחת ארבעין מאה סלעין | דכסף | עברין בכל אתר מתקבלין בכל |
| 107 | Ex26:19 | וארבעין חומרין | דכסף | תעבד תחות עשרין לוחיא תרין |
| 108 | Nu 7:13 | הוה מתקלה מזרק חד | דכסף | תקל שובעין סלעין בסלעי |
| 109 | Nu 7:19 | הות מתקלה מזרק חד | דכסף | תקל שבעין סלעין בסלעי |
| 110 | Nu 7:25 | הוות מתקלה מזרק חד | דכסף | תקל שבעין סלעין בסלעי |
| 111 | Nu 7:31 | הוות מתקלה מזרק חד | דכסף | תקל שובעין סלעין בסלעי |
| 112 | Nu 7:37 | הוות מתקליה מזרק חד | דכסף | תקל שובעין סלעין בסלעי |
| 113 | Nu 7:43 | הוות מתקליה מזרק חד | דכסף | תקל שובעין בסלעי בית קודשה |
| 114 | Nu 7:49 | הוות מתקליה מזרק חד | דכסף | תקל שובעין ^סלעין^#2# |
| 115 | Nu 7:55 | הוות מתקליה מזרק חד | דכסף | תקל שובעין סלעין בסלעי |
| 116 | Nu 7:61 | הוות מתקליה מזרק חד | דכסף | תקל שובעין סלעין בסלעי |
| 117 | Nu 7:67 | הוות מתקליה מזרק חד | דכסף | תקל שובעין סלעין בסלעי |
| 118 | Nu 7:73 | הוות מתקליה מזרק חד | דכסף | תקל שובעין בסלעי בית קודשה |
| 119 | Nu 7:79 | הוות מתקליה מזרק חד | דכסף | תקל שובעין בסלעי בית קודשה |
| 120 | Ex36:26 | וארבעין חומריהון | דכסף | תרין חומרין תחות לוחה חדה |
| 121 | Nu 7:84 | דכסף תרתי עשרי מזרקין | דכסף | תרין עשר בזיכין דכסף |
| 122 | Nu 7:84 | דבני ישראל פילוון | דכסף | תרתי עשרי מזרקין דכסף |
| 123 | Nu 7:84 | דכסף תרין עשר בזיכין | דכסף | תרתי עשרי: |
| 124 | Ex26:21 | וארבעין חמריהון | דכסף | תרתין חמרין תחות לוחה חדתה |
| 125 וכסף | Gn43:12 | | וכסף | בכפלה סבו בידכון וית כספא |
| 126 | Gn24:35 | ותקף ויהב לה ען ותורין | וכסף | ודהב ועבדין ואמהן וגמלין |
| 127 | Dt 8:13 | ותוריכון ועניכון יסגון | וכסף | ודהב יסגי לכון וכל מה דאית |
| 128 | Dt17:17 | ליה נשים ולא יסטן לבבה | וכסף | ודהב לא יסגי לה לחדא: |
| 129 | Ex25:03 | תקבלון מן לוותהון דהב | וכסף | ונחש: |
| 130 | Ex35:05 | ית אפרשותא דייי דהב | וכסף | ונחש: |
| 131 | Gn43:15 | גבריא ית דורון הדא | וכסף | מכופלה נסבו בידיהון וית |
| 132 | Ex38:25 | | ^^וכסף | סכומי עם כנישתה מאה |
| 133 כספא s em/sf | Gn47:15 | נמות כלקבלך ארום שלם | כספא: | |
| 134 | Gn47:16 | לכון בבעירכון אן שלם | כספא: | |
| 135 | Gn43:22 | מזון לא ידעינן מן שוי | כספא | בטעוננא: |
| 136 | Dt14:25 | ת{מ}<ני>נה בכסף ותצורון | כספא | בידיכון ותיזלון לאתרה די |
| 137 | Gn44:08 | הא | כספ«א» | דאשכחנן בפום טעונינן |
| 138 | Gn47:14 | וכנש יוסף ית כל | כספא | דאשתכח בארעא דמצרים |
| 139 | Gn43:12 | בכפלה סבו בידכון וית | כספא | דאתחזר בפום טעוניכון |
| 140 | Gn43:18 | דיוסף ואמרין על עיסק | כספא | דאתחזר בטעונינון בקדמיתא |
| 141 | Gn43:21 | ופתחנן ית טעונינן והא | כספא | דגבר בפם טעונה כספינן |
| 142 | Gn44:01 | דייכלון למטען ושוי | כספא | דגבר בפום טעוניה: |
| 143 | Gn23:13 | את מקבל מני הא יהבית | כספא | דחקלא קבל מני ונקבר ית מתי |
| 144 | Gn23:16 | אברם ^לעפרון#2#^ ית | כספא | דמלל במשמעהון דבנוי דחת |
| 145 | Ex21:21 | יתפרע מיניה ארום זבינת | כספא | הוא: |
| 146 | Ex31:04 | באומנות דהבא ובאומנות | כספא | ובאומנות נחשא: |
| 147 | Ex35:32 | באומנות דהבא ובאומנות | כספא | ובאומנות נחשא: |
| 148 | Dt 7:25 | תוקדון בנורא לא תתחמדון | כספא | ודהבה דמחפי עליהון ותסבון |
| 149 | Gn42:27 | בבית אבתותתה וחמא ית | כספא | והא הוא בפום טעונה: |
| 150 | Gn36:39 | וקנה נכסין וידע מה הוא | כספא | ומה הוא דהבא: |
| 151 | Gn47:18 | מרבוני ארום אלהן שלם | כספא | וענה ובעירא לרבוני ולא |
| 152 | Ex12:44 | וכל עבד דגבר זבין | כספא | ותגזרון יתיה בכדין יהווי |
| 153 | Gn17:23 | תרבבת ביתה וית כל זביני | כספא | כל דכורה באנשי ביתיה |

|  |  |  |  |  |  |
|---|---|---|---|---|---|
| 154 | | Gn47:14 | ואעל יוסף ית <....> | כספא | לפלטורין דפרעה: |
| 155 | | Gn47:15 | ושלם | כספא | מן ארעא דמצרים ומן ארעא |
| 156 | | Gn17:27 | תרבבת בייתיה זבינת | כספא | מן לוות בר עממין אתגזרו |
| 157 | כספה | Nu 3:50 | דבני ישראל קבל ית | כספה | אלף ותלת מאוון ואשתין וחמש |
| 158 | | Dt14:25M | /ותצרפון#2#/ | כספא/כספה#2#/ | בידיכון ותיזלון |
| 159 | | Gn20:16M | דכסף לאחוך הא | כספ«ה» | ההוא יהיב ליך מתנה על |
| 160 | | Nu31:22 | להוד ית דהבא וית | כספה | וית נחשה וית פרזלה וית |
| 161 | | Nu 3:48 | ותתן ית | כספה | לאהרן ולבנוי פרקונייה |
| 162 | | Lv27:18 | חקליה ויחשב לה כהנה ית | כספה | על פם שנייה דאשת«יירן» |
| 163 | כספהון | Gn42:25 | ית מניהון עבור ולמחזרה | כספהון | גבר לשקיה ולמיתן להון |
| 164 | כספי | Gn42:28 | ואמר לאחוי אחזר | כספי | והא הוא בפום טעוני ואזדעזע |
| 165 | כספיה | Lv22:11M | "קניין ...": זבינות | כספיה | הא בכן יהווי ראשי |
| 166 | | Lv22:11 | ארום יקנה נפש קניין | כספיה | הוא יאכל מניה ותרבבת |
| 167 | | Ex21:35 | תורא חייה ויפלגון ית | כספיה | ואף ית הנייתה דמיתא |
| 168 | | Gn17:23M | זבינ/זבינות#2#/ | כספא/כספיה#2#/ | כל דכורה באנשי ביתיה |
| 169 | כספך | Lv25:37 | ית | כספך | לא תתן ליה בשערין וברביין |
| 170 | כספכון | Gn43:23 | לכון סימן בטעוניכון | כספכון | אתקבלת ואפק לוותהון ית |
| 171 | | Gn17:13 | בתיכון וזביני | כספכון | ויהוי קיימי בבשרכון לקיים |
| 172 | | Gn17:12 | תורבבת בתיכון וזביני | כספכון | מן כל בר עממין די לא מן |
| 173 | בכספא | Lv27:29M | מן בר נשא לא יתפרק | בכספא | אלהן בעלוון ונכסת קודשין |
| 174 | | Gn13:02 | תקף לחדא בבעירה | בכספא | ובדהבא: |
| 175 | | Dt14:26 | ותזבנון | בכספא | ככל מה די תתחמד נפשיכון |
| 176 | דכספא | Gn42:35 | שקיהון והא גבר צררא | דכספא | בסקיה וחמון ית צרריהון |
| 177 | | Gn44:02 | וית כלידי כלידא | דכספא | תשוי בפום טעוניה דזעירא |
| 178 | דכספה | Dt29:16M | בשוקייה וטעוותה | דכספה | ודדהבה הוון יהיבין עמהון |
| 179 | | Ex38:27 | והוות מאתה דככריה | דכ{ת}<ס>פה | למתכה ית חומרי |
| 180 | וכספא | Ex31:04M | כספא ובאומנות | /וכספא | ואומנ#2#/ נחשא: |
| 181 | | Gn43:22 | | וכספא | חורן אחתנן בידינן למזבן |
| 182 | וכספה | Ex35:32M | אומנו׳ דהבה | וכספה | אומנות נחשה |
| 183 | | Ex35:32M | כספא ובאומנות נחשא | /וכספה | ונחשה#2#/: |
| 184 | כספינן p em/sf | Gn43:21 | כספא דגבר בפם טעונה | כספינן | במתקליה וחזרנן יתיה |
| 185 | דכספיהון | Gn42:35 | וחמון ית צרריהון | דכספיהון | אינון ואבוהון ודחילו: |

[266 adj.!]

## כען *adv.* now

|  |  |  |  |  |  |
|---|---|---|---|---|---|
| 001 | כען | Gn15:16 | חוביהון דאמוראי עד | כען: | |
| 002 | | Gn24:45 | ואמרת לה אשקיין ית׳ | כען: | |
| 003 | כען | Dt 5:01M | ואמר להון שמעו/שמעו | כען#2#/ | ישראל ית קיימיה וית |
| 004 | | Dt 9:01 | שמעו | כען | ישראל אתון עברין «יומא |
| 005 | | Dt20:03 | ויאמר להון שמעון | כען | ישראל אתון קריבין יומא |
| 006 | | Ex 5:04 | להון מלכא דמצרים למה | כען | משה ואהרן תבטלון ית עמא |
| 007 | | Gn27:31M | ואמר לאבוי יקום | ∧כען#2#/ | אבא ויאכל מן צייריה |
| 008 | | Nu11:11 | ואמר משה קדם ייי למה | כען | אבאשת לעבדך ולמה כען לא |
| 009 | | Gn45:03 | לאחוי אנה יוסף העד | כען | אבה בחיין ולא יכלו אחוי |
| 010 | | Gn43:07 | לנא ולתלדותן למימר הא | כען | אבוכון קיים הא אית לכון |
| 011 | | Ex 5:22 | מן קדמי«ך» ייי למה | כען | אב{ש}א<ש>ת לעמא האליין |
| 012 | | Gn30:28 | ואמר קוץ | כען | אגרך קדמיי ואתן: |
| 013 | | Nu23:27 | ואמר בלק לבלעם אתה | כען | אדבר יתך לאתר אחרן מה |
| 014 | | Ex 4:25 | וחמוי לא שבק יתיה וכפר | כען | אדם גזירתה הדא על חובוי |
| 015 | | Gn15:08 | ברחמין מן קדמיך במה | כען | {אדן}<אדע#2#> ארום אירת |
| 016 | | Gn27:20 | ואמר יצחק לברה מה | כען | אוחת למשכחי ברי ואמר ארום |
| 017 | | Ex 5:03 | דעבריי אתגלי עלינן נזיל | כען | אורח מהלך תלתא יומין |
| 018 | | Gn19:07 | ואמר לא | כען | אחי תבאשון: |
| 019 | | Nu20:04 | ולמה | <כ>ען | אייתית{י}<ו>ן ית קהל |
| 020 | | Ex 4:18 | די במצרים ואחמי העד | כען | אינון בחיין ואמר יתרו |
| 021 | | Gn43:06 | לי למתנייא לגברא הא | כען | אית לכון אחוי: |
| 022 | | Gn18:32 | ואמר לא | כען | {א}<י>תקף רוגז׳ דייי ואמלל |
| 023 | | Gn12:19M | למה | ∧כען#2#/ | אמרת אחתי היא ונסב׳ |
| 024 | | Gn33:10 | ואמר יעקב לא | כען | אן כען אשכחית חן וחסד באפך |
| 025 | | Gn37:16 | ית אחי אנא בעי תני לי | כען | אן אנון רען: |
| 026 | | Gn37:32 | ואמרין דא אשכחנן חכם | כען | אן פרגודה דבריך היא אי לא: |
| 027 | | Gn13:07 | לכנעניא ופריזיא עד | כען | אנון שריין בארעא: |
| 028 | | Ex17:03 | עם משה ואמרין ליה למה | כען | אסקת יתן ממצרים למקטלה |
| 029 | | Nu20:05 | ולמה | כען | אסקתון יתן מן מצרים למיעל |
| 030 | | Nu21:05 | ועל משה אתרעמו למה | כען | אסקתון יתן מן מצרים |
| 031 | | Gn38:16 | לוותה לארחה ואמר הבי | כען | אעול לוותיך ארי לא הוה ידע |
| 032 | | Gn26:22 | שמה רחובות ואמר ארום | כען | אפתי ייי לן ותקפינן בארעא: |
| 033 | | Dt32:39 | חמון | כען | ארום אנה אנה בממרי הוא |
| 034 | | Ex 3:18 | אתגלי עלינן וכדו נזיל | כען | ארח מהלך תלתא יומין במדברא |
| 035 | | Nu24:22 | אן יהווי שלמיה לביזה עד | כען | אשוריי משבי יתך: |
| 036 | | Gn19:19 | הא | כען | אשכח עבדך חן וחסד קדמך |
| 037 | | Gn33:15 | מן עמא די עמי ואמר למה | כען | אשכח חן וחסד באפוי דרבוני: |
| 038 | | Gn30:27 | ואמר ליה לבן אן | כען | אשכחית חן וחסד באנפיך |
| 039 | | Gn33:10 | ואמר יעקב לא כען אן | כען | אשכחית חן וחסד באפך ותקבל |
| 040 | | Ex33:13 | וכען אין | כען | אשכחית חן וחסד קדמיך אודע |
| 041 | | Gn18:03 | ואמר בבעו מן קדמך ייי אן | כען | אשכחת חן וחסד באפיך לא |
| 042 | | Gn47:29 | ליוסף ואמר ליה אן | כען | אשכחת חן וחסד באפיך שוי |
| 043 | | Ex34:09 | ואמר אין | כען | אשכחת חן וחסד קדמיך ייי |
| 044 | | Nu11:15 | קטול יתי כען קטולין אין | כען | אשכחת חין וחסד באפ«י»ך |
| 045 | | Gn 4:06 | למה כען בעש לך ולמה | כען | אשתני זיוהן דאפיך: |
| 046 | | Gn24:31 | ואמר עול בריכה דייי למה | כען | את קיים לברא והא אנא פניית |
| 047 | | Gn32:30 | תני כען שמך ואמר למה | כען | את שאיל לשמי וברך יתי תמן: |
| 048 | | Gn46:30 | דחמית סבר אפיך ארום | כען | את בחיין: |
| 049 | | Ex 2:13 | מתנצין ואמר לחיבה למה | כען | את מחי לחברך: |
| 050 | | Nu14:41 | ואמר משה למה | כען | אתון מעברין על פם גזירת |
| 051 | | Ex 2:14 | מצריה ודחל משה ואמר הא | כען | אתידע פתגמא: |
| 052 | | Gn27:45 | יתך מן תמן למה | כען | אתכל ית תריכון יום חד: |
| 053 | | Nu20:17 | נעבר | כען | בארעך לא נעבר בחקלין |
| 054 | | Nu21:22 | אעבר | כען | בארעך לא נסטי בחקלין |
| 055 | | Dt 3:25 | אעבר | כען | בבעו ואחמי ית ארעא טבתה די |
| 056 | | Ex 4:13 | ברחמין מן קדמיך ייי שלח | כען | ביד דן דחמי ליה למשתלחא: |
| 057 | | Gn31:37M | /מאני זינך שווי | כען | בין אחי ובין אחיך |
| 058 | | Ex11:02 | מלל | כען | במשמעהון דעמא וישאלון גבר |
| 059 | | Gn50:04 | חן וחסד באפיכון מלילו | כען | במשמעיה דפרעה למימר: |
| 060 | | Nu16:08 | {לכון} <לקרח> שמעו | כען | בנוי דלוי: |
| 061 | | Dt 2:27 | אעיבר | כען | ב{ע}<א>רעך בארחה בארחה |
| 062 | | Gn 4:06 | ואמ׳ ייי לקין למה | כען | בעש לך ולמה כען אשתני |
| 063 | | Dt26:15 | אדיק | כען | ברחמיך טביה מן מדור איקר |
| 064 | | Gn24:31M | ואמר עול | ∧כען#2#/ | בריכה דייי למה כען את |
| 065 | | Ex10:11 | לא כדן אזלו | כען | גברייא ופלחו קדם ייי ארום |
| 066 | | Gn18:13 | ואמר ייי לאברהם | כען | גחכת שרה למימר הא מן |
| 067 | | Gn31:30M | לב#2#/ דאבוך למה | ∧כען#2#/ | גנבת ית דחלתי {{....}} |
| 068 | | Gn38:25 | או לא ואנה איתמר לי | כען | דמן אינון עזקתה |
| 069 | | Gn38:25 | ליעקב {אבר}<אבה> אכר | כען | הא היא פרגודא דברך או לא |
| 070 | | Gn43:27 | סבא דאמריתון הא עד | כען | הוא בחיין: |
| 071 | | Gn18:22 | ואזלו לסדם ואברהם עד | כען | הוה קאם בעי רחמין מן קדם |
| 072 | | Ex 1:05M | נפשן ויוסף דהוה/עד | כען | הוה#2#/ במצרים: |
| 073 | | Nu11:33 | בשרה עד | כען | הוה ביני שיניהון קדם עד לא |
| 074 | | Gn29:09 | עד | כען | הווה ממלל עמהון ורחל אתת |

075 Gn35:09 עלוי במשרה חזווה ועד כען הווה צער מן גזרתא ועוד
076 Gn44:14 לפלטורין דיוסף והוא כען הווה תמן ושאלו בשלמיה
077 Gn12:06 משריה חזווה וכנעניא עד כען הוון שריין בארעא:
078 Dt 5:05 אנה ^הוא#2#^ כען הוינה מעתד בין ממריה דייי
079 Nu22:19 וכעין סקון תבו כען הכה אוף אתון בליליה הדין
080 Gn30:25 יעקב ללבן שלח יתי כען ואזיל לאתרי{(ה)}
081 Ex 4:18 חמוי ואמר ליה איזל כען ואחזור לוות אחי די במצרים
082 Gn18:21 אתגלי כען ואחמי הא כקבילתיה דסלקת
083 Ex 3:03 ואמר משה אסטי כען ואחמי ית חזיא רבא הדין
084 Dt 3:25M כען בבעו ואחמי /אעבור כען ואחמי#2#/ ית ארעא טבתה די
085 Gn45:28 יוסף בחיין איזי«ל» כען ואיחמי יתיה קדם עד לא
086 Gn27:21 ואמר יצחק ליעקב קרב כען ואמשש יתך ברי הא את הוא
087 Gn50:05 תמן תקבר יתי וכדון אסוק כען ואקבור ית אבא ואחזור:
088 Nu 9:08M <ואמר> משה קומו כען ואשמע יתכון מה דתקן
089 Nu 9:08 ואמר להון משה קומו כען ואשמע יתכון מה דתקן מן קדם
090 Gn11:07 אתון כען ואתגלי תמן לשניהון דלא
091 Gn46:31 דאבוי אסוק כען ואתני לפרעה ואמר ליה אחוי
092 Gn37:14 ואמר לו אזל כען וחמי ית שלמיהון דאחיך וית
093 Nu21:07M \קדם ייי ויעבר מעילוון /כען ויעבר מן עילוינן#2#/ ית
094 Dt32:38 דהוון מנסכין קדמוי יקום כען ויפרוק יתהון ויהווי עליהון
095 Gn11:04M /ואמרו#2#/ אתון \כען#2#/ ונבנה לן קריה ומגדל
096 Gn33:12 ואמר נטול כען ונהלך וניזיל מן כל קובלך:
097 Gn 3:18 עשבא דבאפי ברא נקום כען ונלעי ומן לעות ידי נאכל
098 Ex 1:10M איתון ונסב/כען ונעוץ יתן סתרי קרב#2#/
099 Gn27:26M \קרב כען ושק /קרוב כען ונשוק#2#/ יתי ברי:
100 Gn50:17 בישן גמלו יתך וכדון שרי כען ושבוק למרדיהון דעבדוי די
101 Gn50:17 תימרון ליוסף בבעו שרי כען ושבוק לסרחניהון דאחך
102 Nu14:19 שרי כען ושבוק לחוביהון {ו}<ד>עמא
103 Gn27:26 ואמר ליה יצחק אבוי קרב כען ושק יתי ברי:
104 Nu14:17 וכדון יתקוף כען חילך ייי היך מה דמלילתא
105 Gn37:06 ואמר להון שמעו כען חלמא הדין די חלמית:
106 Dt13:07 למימר ניזיל ונפלח כען טעוון אחרניין די לא חכמתון
107 Gn24:02 בכל מה דליה שוי כען ידך תחות ירכי:
108 Gn47:29 אשכחת חן וחסד באפיך שוי כען ידך תחות קיימי ותעבד עמי
109 Ex 4:06 ואמר ליה תוב אעל כען ידך בחובך ואעל ידיה בחובי
110 Ex 4:07 ואמר חזור כען ידך בחובך וחזר ידיה לחוביה
111 Gn12:11 ואמר לשרי אתתה הא כען ידע אנא ארום את שפירת חזי'
112 Dt31:27 ארום הא אנה כען ידעת ית תורעמנותכון וית
113 Gn13:08 ואמר אבר' ללוט לא כען יהוון דיינין ביני ובינך
114 Dt31:02 בר מאה ועשרין שנין אנה כען יומא הדין לית אנה יכיל תוב
115 Nu10:36 הוה משה מצלי ואמר חזור כען ייי מן תקוף רוג{ד}<ז>ך
116 Nu14:03 ולמה כען ייי מעל יתן לארעא הדה למפל
117 Ex32:12 למה כען יימרון מצרים למימר
118 Gn48:18M ארום דין בכורה שוי \כען#2#/ ימינך על רישיה:
119 Gn44:07 ואמרין ליה למה כען ימליל רבוני פתגמיא האליין
120 Dt12:30M למימר היך \הוון פלחין /כען יפלחון#2#/ אומייה האיליין
121 Ex34:09M \ידבר איקרך ייי /יעבור כען יקר שכינתיה דייי#2#/
122 Gn22:02 ואמר דבר כען ית ברך ית יחידך די רחמת ית
123 Gn25:31 ואמר יעקב זבן כען ית בכורותך לי:
124 Gn33:11 קבל כען ית ברכתי די אייתת לך ארום
125 Ex33:13 חן וחסד קדמיך אודע יתי כען ית אורחתך ואדחל
126 Ex33:18M /משה קדם ייי חווי לי כען ית זיו איקרך#2#/:
127 Gn34:08M יתה כען לה לאתה/היבו כען יתה ליה לאתה#2#/:
128 Gn19:08 דלא חכמן גב«ר» אפיק כען יתהון לוותכון ועבדו להון

129 Gn48:09 יהב לי ייי הכא ואמר דבר כען יתהון לוותי ואברך יתהון:
130 Nu27:04 למה כען יתמנע שם אבונן מן גו
131 Gn18:30 ואמר לא כען יתקף רוגזא דייי ואמלל מה
132 Gn 2:05M על ארעא ואדם עד כדון/כען#2#/ לא את«ברי» למהוי
133 Gn12:18 מה הי' דא דעבדת לי למה כען לא תנית לי ארום אתתך היא:
134 Nu11:11 כען אבאשת לעבדך ולמה כען לא אשכחת חסד באפך למשויה
135 Nu22:37 לוותך למיקרי לך למה כען לא אתית לוותי הא מן קושטה
136 Gn19:02 בבעו מנכון רבוניי מטון כען לביתיה דעבדכון ואביתון
137 Gn34:08 נפשה בברתכון אסבו יתה כען לה לאתה:
138 Nu22:06 וכדון אתה כען לווט לי ית עמא האליין ארום
139 Nu22:17 מה די תאמר לי אעבד ואתה כען לווט לי ית עמא האליין:
140 Gn27:09 אזל כען לוות ענה ואייתי לי מן תמן
141 Gn45:04 ואמר יוסף לאחוי קרבו כען לוותי וקרבו ואמר אנה יוסף
142 Nu22:11 חזווה דארעא וכדון אתה כען לוט לי יתהון מה ^דלמא#2#^
143 Gn16:02 ייי מן למל{ל}<ד> עול כען לות אמתי מה דלמה דאתבני אף
144 Gn16:02M אמתי מה דלמה /אזדמן כען לות אמהתי#2#/ דאתבני אף
145 Nu14:19M ושבוק לחוביהון /ושבוק כען לחר#2#/ {ו}<ד>עמא האליין
146 Ex10:17 וכדון שרי כען לחוביי לחוד בזמנא הדין
147 Gn12:13 אמרי כען לי אח«תי» א'
148 Gn19:08 הא כען לי תרתין בנן דלא חכמן
149 Gn24:23 ואמר ברת מן את תניין כען לי האית בביתה ^דאבוך#2#^
150 Gn25:22 היא צערהון דבניא למה כען לי בנין ואזלת לבית מדרשא
151 Gn25:32 הא אנה אזל לממת ולמה כען לי בכורותא:
152 Gn27:46 בנתהון דעמא דארעא למה כען לי חיין:
153 Gn30:14 ואמרת רחל ללאה הבי כען לי מן יברוחי דבריך:
154 Gn40:08 מן קדם ייי פתרוניא תנון כען לי:
155 Ex33:18 ואמר חווי כען לי ית איקרך:
156 Dt 4:32 ארום שאילו כען ליומיא קדמייה די הוון
157 Nu23:18 ואמר קום בלק ושמע אצת כען למלי ברה צפור:
158 Gn15:05 יתיה לברה ואמר אסתכל כען לשמיא ומנה ית כוכביא אן
159 Gn19:20 לתמן והיא קריבה אשתיזב כען לתמן הלא זעירא היא ותתקיים
160 Gn27:03M כען מני זינך /וכדו טול כען מאני זינך#2#/
161 Gn29:15 למפלח קדמיי מגן תנה לי כען מה הוא אגרך:
162 Nu12:06 ואמר שמעו כען מיליי אין יהווי ביניכון
163 Ex10:10 ואמר להון יהוי כען מימריה דייי עמכון כד אשלח
164 Ex32:11M אלהיה ואמר למה ה'/כען מימריה דייי#2#/ יתקוף
165 Nu10:35M ידוי בצלו ואמר קום כען מימריה בתקוף חיילך וית'
166 Ex 6:29M ית כל מה די אנה \כען#2#/ ממל{ך}<ל> עמך:
167 Nu10:36M ידוי בצלו ואמ[ר] תוו כען ממריה דייי מן תקוף רוגזך
168 Gn24:17 לקדמותה ואמר אשקיין יתי כען מן קלתיך:
169 Gn25:30 עשו ליעקב איכל יתי כען מן תבשילא סמוקא הדין ארום
170 Gn32:12 שיזב יתי כען מן ידוי דאחי מן ידוי דעשו
171 Ex32:12 אפי דארעא חזור כען מן תקף רוגזך ויהוי תהו
172 Ex32:32M ואם לא מחק יתי \כען#2#/ מן ספר אוריתך
173 Gn27:03 וכדון סב כען מני זינך בית ג{ו}<י>ריך
174 Dt 6:04M שלמה ואמרין שמע/שמעו כען#2#/ מנן ישראל אבונן ייי
175 Gn16:02 ואמר שרי לאברהם הא כען מנע יתי ייי מן למל{ל}<ד>
176 Gn13:09 הלא כל ארעא קדמך אתפר' כען מעלוי אן את <לצפונה> אנא
177 Nu16:26 לוות כנישתה למימר סטון כען מעלוי משכן גברייה חייבייה
178 Dt 4:02 תוסיפון על פתגמא די אנה כען מפקד יתכון ולא תמנעון מניה
179 Dt15:15M אנה /מן בגין כן אנא כען#2#/ מפקד יתכון ^ית פתגמא
180 Dt27:01M /פיקודייה#2#/ די אנה \כען#2#/ מפקד יתכון יומא הדין:
181 Dt27:04M האליין די אנא \כען#2#/ מפקד יתכון יומא הדין
182 Dt27:10M וית קיימוי דיאנה \כען#2#/ מפקד יתכון יומא הדין

183 Dt28:01M /פקודיי#2#/ די אנה \כען#2#/ מפקד יתכון יומא הדין
184 Dt28:13M דייי אלהכון די אנה \כען#2#/ מפקד יתכון יומא הדין
185 Dt28:15M וקיימוי די אנה \כען#2#/ מפקד יתכון יומא הדין
186 Dt30:02 מימריה ככל מה די אנה כען מפקד יתכון אתון ובניכון
187 Dt30:08 ית כל מצוותה די אנה כען מפקד יתכון יומא הדין:
188 Dt30:16 די אנה כען מפקד יתכון יומא הדין
189 Dt29:13 ולא עמכון לבלחודיכון אנה כען מקיים ית קיימה הדין וית
190 Dt18:21M אכדן/איכדין#2#/היך כען#2#/ נדע ^ית#2#^ פתגמא די לא
191 Dt 7:17M היך כען ניכול {למורוד} <למירות
192 Gn11:03M אתון \ונלבן לבנין /כען נלבון לבנין#2#/ ונזי
193 Dt 5:25M וכדון/וכדו#2#/ למה \כען#2#/ נמות ארום תאכל
194 Nu11:20 קודמוי למימר למה כען נפקינן מן ארעא דמצרים:
195 Nu 9:07M נפש דבר נש למה \כען#2#/ נתמנע דלא למקרבה ית
196 Nu19:13 אזרק עלוי מסאב הוא עד כען סאובתיה ביה:
197 Gn27:02 ואמר הא כען סבית לא ידעית יומי מיתתי:
198 Dt11:26 חמון דהא אנה כען סדר קדמיכון יומא הדין סדר
199 Gn44:18 בבעו מינך רבוני ימלל כען עבדך פתגם ורבוני לא יתקוף
200 Gn44:33 וכדון יתיב כען עבדך תחות טליא עבד לריבוני
201 Gn47:04 דכנען וכדון ישרון כען עבדך בארעא דגשן:
202 Gn31:12 ואמר טל כען עיינך וחמי כל גדיא דסלקין
203 Gn13:14 לוט מן לוותה טול כען עיניך וחמי מן אתרא דאת תמן
204 Nu12:12M היא מתמנעה מנן צלי \כען#2#/ על בשרה מיתה דבה ויחי
205 Gn15:01 חשב אברם בלבה ואמר ווי כען עלי דלמא איתקבלת אגר
206 Gn20:13 אתר די נעול לתמן אמרי כען עלי אחי הוא:
207 Dt32:01 משה בליביה ואמר ווי כען עלי דאנה מתכנש מן גו עלמא
208 Nu20:10 קדם כיפה ואמר להון שמעו כען עמה דמלפין מלפניהון די
209 Gn40:14 עמך כד ייטב לך ותעבד כען עמי חסד וטיבו ותדכר יתי
210 Nu23:13 ואמר ליה בלק אתא כען עמי לאתר אוחרן די תחמי
211 Gn33:15 ואמר עשו אשבוק כען עמך מן עמא די עמי ואמר למה
212 Nu12:06M \שמעו כען מיליי /שמועו כען פתגמיי#2#/ אין יהווי
213 Ex 9:28M צלון \כען#2#/ קדם ייי וימנע מן למהוי
214 Gn24:12 דרבוני אברהם יזדמן לי כען קדמוי יומא הדין ועבד חסד
215 Gn24:14 די א«י»מר לה ארכיני כען קולתיך ואשתי ותימר שתי ואף
216 Nu11:15 כדין את עבד לי קטול יתי כען קטולין אין כען אשכחת חין
217 Gn18:04 אסב כען קליל מיא ואסחון רגלכון
218 Gn19:18 ואמר לוט להון אמתינו כען קליל זעיר עד זמן דנבעי
219 Gn19:20 הא כען קרתא הדה קריבה למערק לתמן
220 Gn33:14 יעבר כען רבוני קדם עבדה ואנא אדבר
221 Gn33:14M "יעבר ... לגבלה": יקדם כען רבוני ויקבל חולקיה ואגר
222 Gn44:18 דפרעה רבך: ואמר הא כען רבונן הא בזמנא קדמאה
223 Gn29:25 הלא ברחל פלחת עמך ולמה כען רמית בי:
224 Gn26:28 ייי עמך ואמרינן יהווי כען שבועה בינינן ובינך ונקיים
225 Ex 2:20 ואמר לבנתיה ואן הוא למה כען שבקתון ית גברא קרין ליה
226 Ex 5:22 לעמא האליין ולמה כען שלחת יתי:
227 Gn44:04 יתהון ותימר להון למה כען שלמתון בישן חלף טבן:
228 Gn32:30 ושאל יעקב ואמר תני כען שמך ואמר למה כען את שאיל
229 Gn18:27 וענה אברהם ואמר הא כען שריית למלל«א» קדם ייי
230 Gn18:31 ואמר הא כען שרית למללה קדם ייי מה
231 Gn27:19 היך מה דמללת עמי קום כען תב ואכל מן ציידי מן בגלל
232 Nu12:12 לא כען תיהוי מרים מסאבה באהילה
233 Ex 5:15 קדם פרעה למימר למה כען תעבד כדן לעבדך:
234 Gn47:29 ותעבד עמי חסד וטבו לא כען תקבר יתי במצרים:
235 Nu10:31 ואמר ליה לא כען תשבק יתן ארום בגין כדן דאת
236 Nu12:11 למשה בבעו מנך רבוני לא כען תשווי עלינן חובה די

237 Nu32:07 ולמה כען תתברון ית לבהון דבני
238 Gn42:01 ואמר יעקב לבנוי למה כען תתחמון שביעין ביני כפנין:
239 Nu22:16 אמר בלק בר צפור לא כען תתמנע מן מייתי לוותי:
240 וכעין Nu22:19 וכעין סקון תבו כען הכה אוף אתון
241 וכען Ex33:13 וכען אין כען אשכחית חן וחסד
242 Gn45:08 וכען לא אתון שלחתון יתי להכא
243 Gn30:30 וברך ייי יתך בזכוותי וכען מה אנה יכל למעבד ואנה זקיק
244 Ex32:10 וכען מנע גרמך מן למבעי רחמין

## כעס vb. to provoke to anger [266]

001 peal למכעס Dt 4:25 ומרחק קדם ייי אלהכון למכעס ק{{ו}}דמוי:
002 afel אכעיסו Dt32:16 ובטעוותהון אכע{ו}<י>סו יתיה:
003 אכעס Dt32:21 דלא אמה באמה מנבלה אכעס יתהון:
004 אכעסו Dt32:19 הוה רגוז מן כעסה די אכעסו יתיה עמה בני ישראל דהוון
005 ואכעסו Dt32:21 יתי באלה דלא אלה ואכעסו יתי במרחקתהון ואנה אקני
006 למכעסה Dt31:29 דלא שפר ותקן קדם ייי למכעסה יתיה בעבד ידיכון:
007 Dt 9:18 מה דסני ומרחק קדם ייי למכעסה קדמוי:

## כעס n. anger [266]

001 s ab/cn ובכעס Dt29:27 בתקוף רגוז ובכליתה ובכעס רב וטלק יתהון לארע אחרני
002 s em/sf כעסא Dt32:27M אילולי כעסן/<כע>סא#2#/ דשנאה די תקף
003 כעסה Dt32:19 ייי ארום הוה רגוז מן כעסה די אכעסו יתיה עמה בני
004 כעסן Dt32:27 אילולי כעסן דשנאה די תקף ואילולי דאדכר

## כף n. palm, hand [266]

001 s ab/cn כף Lv14:27 דימינה מן משחה די על כף ידה דכהנא דשמאלה שבעה
002 Nu 5:18 ית רישא דאתתה ויתן על כף ידה ית מנחתה דדכרונה מנחת
003 Lv14:18 ומה דמשתייר די על כף ידוהי דכהנא יתן על ראשיה
004 Ex 9:33 פרעה ית קרתא ופרס כף ידוי קדם ייי ואתמנעו קליא
005 Ex29:24M ותשוי כל{י}<א> על כפי/כף#2#/ \ידוי דאהרן ועל
006 Lv 8:27M ועל \כפי ידיהון דבנוי /כף ידוי בנוי#2#/ ואניף יתהון
007 Lv 8:27M ויהב ית כולה על כפי/כף#2#/ ידוי דאהרן ועל כפי
008 Nu 6:19M דפטיר חד ויתן על כפי/כף#2#/ ידוי דנזירה מן בתר
009 Gn14:22M \הא זקפי' ידי /אתרעמת כף ידי#2#/ בשבועה קדם ייי
010 Gn20:05M לבי ובקשיטות כפי/כף#2#/ ידי עבדת דא/הדה#2#/:
011 Gn31:42M \לוותי דידי גלי /קשיטות כף ידי גלי#2#/ קדם ייי ואוכח
012 Ex33:22M \ואפרוש כפי /ואטל ית כף ידי#2#/ עליך עד דיעברון
013 Gn40:11M בכף /ושווית ית כסא על כף#2#/ ידיה דפרעה:
014 Lv 9:17 וקרב ית מנחתה ומלא כף ידיה מנה וסדר על גבי מדבחה
015 Lv14:15 לוגה דמשחא ו«י»ריק על כף ידיה דכהנ' דשמאלה:
016 Lv14:16 דימינה מן מש{כ}<ח>ה דעל כף ידיה דשמאלה וידי מן משחה
017 Lv14:17 ומן מותריה דמשחה די על כף ידיה יתן כהנא «על רום
018 Lv14:26 ומן משחה יריק כהנא על כף ידיה דכהנה דשמאלה:
019 Lv14:28 ויתן כהנא מן משחה די על כף ידיה על רום אדנה דמן דמדכי
020 Lv 8:28M משה יתהון מעילוי כפי/כף#2#/ ידיהון וסדר על גבי
021 Gn32:33 ג{די}<יד>א דנשיא די על כף ירכא עד זמן יומא הדין ארום
022 Gn32:26 וקרב בכף ירכיה {י}<ו>קהת כף ירכיה דיעקב באתפגשותא עמה:
023 Dt25:12 ותקצון ית כף י{ת}<ד>ה לא יחוסן עייניכון:
024 Dt11:24 כל אתר דתדרס כף רגליכון בה לכון יהוי מן
025 Dt28:35 די לא תיכלון למתאסייה מן כף רגליכון ועד קדקדי ראשיכון:
026 Ex 9:29M קרתא אפרש ית כפי/כף#2#/ ידי/ידיא#2#/ קדם ייי
027 בכף Gn40:21 מזוגיה לשמושה ושוי כסא בכף ידא דפרעה:

|  |  |  |  |  |  |  |
|---|---|---|---|---|---|---|
| 028 | | | Ex 4:04 | ואתוקף ביה והוה לחטר | בכף | ידה: |
| 029 | | | Ex 4:04M | \לחטר בכף ידה /לחוטר | בכף | ידוי#2#/: |
| 030 | | | Nu24:10 | דבלק על בלעם וטפח | בכף | ידוי ואמר בלק לבלעם |
| 031 | | | Gn40:11 | בכסה דפרעה ושוית כסא | בכף | ידיה דפרעה: |
| 032 | | | Gn40:13 | יתך לשימושך ותשוי כסא | בכף | ידיה דפרעה כסדר דינא קדמיה |
| 033 | | | Gn32:26 | לא הוה יכיל ליה וקרב | בכף | ירכיה {י}<ו>קהת כף ירכיה |
| 034 | | | Gn32:33 | יומא הדין ארום קרב | בכף | ירכיה דיעקב בגידא דנשיא: |
| 035 | לכף | | Gn 8:09 | ולא אשכחת יוונה נייח | לכף | רגלה וחזרת לוותה לתיבותה |
| 036 | | | Dt28:65M | "לכפה דרגליכון": | לכף | רגליכון |
| 037 | כפה | s em/sf | Dt 2:05 | לכון מן ארעהון עד מדרס | כפה | דרגלה ארום ירתו לעשו |
| 038 | | | Dt28:56 | ומפרנקתה די לא אנסת | כפה | דרגלה למקבע יתה על ארעא מן |
| 039 | כפי | | Ex33:22 | יתך בנקרה דטינרא ואפרוש | כפי | עליך עד דיעברון כיתי |
| 040 | לכפה | | Dt28:65 | תתניחון ולא יהווי נייח | לכפה | דרגליכון ויתן ייי לכון תמן |
| 041 | כפי | p const | Lv 8:27 | ויהב ית כולה על | כפי | ידוי דאהרן ועל כפי ידיהון |
| 042 | | | Lv11:27 | וכל דמהלך על | כפי | ידוי בכל חייתה דמהלכה על |
| 043 | | | Nu 6:19 | ועריך דפטיר חד ויתן על | כפי | ידוי דנזירה מן בתר |
| 044 | | | Gn20:05 | בתמימות לבי ובקשיטות | כפי | ידי עבדת דא: |
| 045 | | | Ex 9:29 | במפקי ית קרתא אפרש ית | כפי | ידי קדם ייי קלייא ותמנעון |
| 046 | | | Ex29:24 | ותשוי כל{י}<א> על | כפי | ידיהון דבנוי ותניף יתהון |
| 047 | | | Ex29:24M | \ידוי דאהרן ועל | כפי#2#/ | ידיהון דבנוי ותניף |
| 048 | | | Lv 8:27 | על כפי ידוי דאהרן ועל | כפי | ידיהון דבנוי ואניף יתהון |
| 049 | | | Lv 8:28 | וקבל משה יתהון מעילוי | כפי | ידיהון וסדר על גבי מדבחה |
| 050 | לכפי | | Dt28:65M | ולא יהווי נייח | לכפה/<לכ>פי#2#/ | דרגליכון ויתן ייי |
| 051 | כפוי | p em/sf | Ex 9:33M | ופרס \כף | ידוי/כפוי#2#/ | קדם ייי ואתמנעו |
| 052 | כפיכון | | Ex 9:08 | ולאהרן סבו לכון מלא | כפיכון | קטם דאתון ויזרוק יתיה |

## כפול *adj.* ⇐ כפיל

## כפיל *adj.* double

[266]

|  |  |  |  |  |  |  |
|---|---|---|---|---|---|---|
| 001 | כפול | s ab/cn | Ex39:09 | זרת ארכה וזרת פתיה | כפול: | |
| 002 | | | Ex39:09 | מרבע הווה | כפול | עבדו ית חושנא זרת ארכה |
| 003 | כפיל | | Ex39:09M | כפול /ופשך ארכה | כפיל#2#/: | |
| 004 | | | Ex39:09M | מרבע הווה | כפול/כפיל#2#/ | עבדו ית חושנא זרת |
| 005 | כפילא | | Gn25:09 | בנוי במערתא | כפילא | בחקלא דעפרו' בן צחר |
| 006 | | | Gn23:19 | שרה אתתיה במערתי חקל | כפילא | די כל קובל מימרא היא |
| 007 | | | Gn50:13 | וקברו יתיה במערת חקל | כפילא | די זבן אברהם ית חקלא |
| 008 | כפילה | | Gn23:09 | ויזבן לי ית מערת | כפילה | די בסייפיה חקליה בכסף |
| 009 | | | Gn23:11 | ויזבן לי ית מערת | כפילה | די בסייפי' חקליה בכסף |
| 010 | כפל | | Ex28:16 | מרבע יהווי | כפל | פשך ארכה ופשך פתיא: |
| 011 | כפלא | | Gn49:30 | במערתא די בחקל | כפלא | די כל קבל ממרא דכנען די |
| 012 | בכפילה | | Gn23:17 | וקמת חקלת דעפרון די | בכפילה | די קדם מימרא חקלא ומערתא |
| 013 | כפילתא | s em/sf | Gn49:21M | "דחקלא ...": חקל | כפילתא | כד הוא פתח פומי' |

## כפיתו *n.* ⇐ קפדה

## כפל *vb.* to double

[266]

|  |  |  |  |  |  |  |
|---|---|---|---|---|---|---|
| 001 | ותכפל | peal | Ex26:09 | שית יריען לבלחודיהון | ותכפל | ית יריעתא שתיתיאתה לקבל |
| 002 | מכופלה | pael | Gn43:15 | ית דורון הדא וכסף | מכופלה | נסבו בידיהון וית בנימן |

## כפם *prep.* according to

[267]

|  |  |  |  |  |  |  |
|---|---|---|---|---|---|---|
| 001 | כפם | | Nu35:08 | דעמא זעירין תזערון גבר | כפם | אחסנ<ת>יה די יאחסנון יתן |
| 002 | | | Ex16:21 | יתיה בכל צפר וצפר גבר | כפם | מיכליה וכד הוה שמשא קיים |
| 003 | | | Nu 6:21 | בר מן מה די תרע ידה | כפם | נדרה כדן יעבד על גזרת |
| 004 | | | Ex28:32 | מן חזור חזור עבד גרדיי | כפם | סירה יהווי ליה <לא> יתבזע: |
| 005 | | | Ex39:23 | ופם מעילה במיצעה | כפם | סירה שפמה לפמה |
| 006 | | | Lv25:52 | עד שתה דיובילה ויחשב לה | כפם | שנוי יחזר ית פרקונה: |

## כפן *vb.* to be hungry

[267]

|  |  |  |  |  |  |  |
|---|---|---|---|---|---|---|
| 001 | כפנים | peal | Gn42:19 | אוביל{ן}<ו> מזון עבור | כפנים | בתיכון: |
| 002 | | | Gn42:33 | מנכון אצנעון לוותי וית | כפנים | בתיכון סבו ואזילו: |
| 003 | כפנין | | Gn42:01 | כען תתחמון שביעין ביני | כפנין: | |
| 004 | וכפנת | | Gn41:55 | | וכפנת | כל ארעא דמצרים וצווחו |
| 005 | ואכפן | afel | Dt 8:03 | וצער יתכון | ואכפן | יתכון ואייכל יתכון ית מנה |

## כפן *n.* hunger

[267]

|  |  |  |  |  |  |  |
|---|---|---|---|---|---|---|
| 001 | כפן | s ab/cn | Dt32:24 | מן פחי | כפן | ואכילי גוב ומרווחי רווחן |
| 002 | בכפן | | Dt28:48 | די יגרי ייי בכון | בכפן | ובצהו ובערטליין ובחסרון כל |
| 003 | דכפן | | Gn41:27 | קדום יהוין שבע שנין | דכפן: | |
| 004 | | | Gn45:06M | דנה תרתין שנין | כפנא/דכפן#2#/ | בגו ארעא ועד/ועוד#2# |
| 005 | | | Gn45:11 | ארום עד כדון חמש שנין | דכפן | ולא תשתיצא את ואנשי ביתך: |
| 006 | כופ' | s em/sf | Gn47:13M | ארעא ארום תקף | כפנא/כופ'#2#/ | לחדא ואשתלהון |
| 007 | כופנא | | Gn47:13M | דכנען מן קדם | כפנא/כופנא#2#/: | |
| 008 | | | Gn47:20M | ארום תקף עליהון | כפנא/כו<פנא>#2#/ | והוות ארעא לפרעה: |
| 009 | | | Gn47:04M | \תקף כפנא /דאית | כופנא#2#/ | לחדא ואישתלחון בארעא |
| 010 | כפנא | | Gn47:13 | וארעא דכנען מן קדם | כפנא: | |
| 011 | | | Ex20:15 | גנבין ארום בחובי גנביא | כפנא | אתי לעלמא: |
| 012 | | | Gn12:10 | והוה | כפנא | בארע' ונחת אברם למצרים |
| 013 | | | Gn12:10 | למתותבה תמן ארום תקף | כפנא | בארעא: |
| 014 | | | Gn26:01 | והוה | כפנא | בארעא בר מן כפנא קדמייה |
| 015 | | | Gn41:56 | דבהון וזבן למצרים ותקף | כפנא | בארעא דמצרים: |
| 016 | | | Gn42:05 | בגו ארום הוה עלליה | כפנא | בארעא דכנען: |
| 017 | | | Gn45:06 | ארום דנה תרתין שנין | כפנא | בגו ארעא ועד כדון חמש שנין |
| 018 | | | Gn47:10M | כל ארעא דמצרים ויעדי | כפנא | ביומך ונפק יעקב מלוות |
| 019 | | | Gn41:54 | כמה דאמר יוסף והוה | כפנא | בכל ארעתא ובכל ארעא |
| 020 | | | Gn41:57 | עיבור מן יוסף ארום תקף | כפנא | בכל ארעא: |
| 021 | | | Gn41:30 | ויקומון שבעתי שנין | כפנא | בתריהון ותתנשי כל שבעה |
| 022 | | | Gn41:36 | טב לארעא לשבעתי שני | כפנא | די יהוויין במצרים ולא |
| 023 | | | Gn41:31 | שבעה בארעא מן קדם | כפנא | ההוא בתר כדן ארום תקיף הוא |
| 024 | | | Gn47:20 | חקליה ארום תקף עליהון | כפנא | והוות ארעא לפרעה: |
| 025 | | | Gn41:30 | בארעא דמצרים וישיצא | כפנא | ית ארעא: |
| 026 | | | Gn47:04 | לענה דילעבדך ארום תקף | כפנא | לחדא ואישתלחון בארעא |
| 027 | | | Gn47:13 | דלית בכל ארעא ארום תקף | כפנא | לחדא ואשתלהון דיירי ארעא |
| 028 | | | Gn41:54 | ושריין שבע שני | כפנא | למיתי כמה דאמר יוסף והוה |
| 029 | | | Gn26:01 | והוה כפנא בארעא בר מן | כפנא | קדמייה דיהווה ביומוי |
| 030 | כפנה | | Dt 5:19 | גנבין ארום בחובי גנבייה | כפנה | נפק על עלמא: |
| 031 | בכופנא | | Ex16:03M | כל קהלא הדין | בכפנא/בכופנא#2#/: | |
| 032 | בכפנא | | Gn41:36 | ולא תשתיצי ארעא | בכפנא: | |
| 033 | | | Ex16:03 | ית כל קהלא הדין | בכפנא: | |
| 034 | דכפנא | | Gn41:50 | קדם עד לא תיתי שתא | דכפנא | מה די ילדת לה אסנת ברת |
| 035 | וכפנא | | Gn41:56 | | וכפנא | הוה על כל אפי ארעא ופתח |
| 036 | | | Gn43:01 | | וכפנא | תקיף בארעא: |

## כפר *vb.* to deny

[267]

|  |  |  |  |  |  |
|---|---|---|---|---|---|
| 001 | כפר peal | Dt24:06M | ארום כל דעביד אלין | כפר | בחי{ו}וייה דעלמא דאתי |
| 002 | כפרו | Gn15:17M | ובגי' רשעין די | כפרו | באוריתא |
| 003 | תכפרון | Lv19:11 | לא תהוון גנבין לא | תכפרון | ולא תשקרון גבר בחברה: |
| 004 | ויכפר | Lv 5:22 | או אשכח אביד' | ויכפר | בה וישתבע על שקר על חדא |
| 005 | | Lv 5:21 | ותשקר שקר בשמה דייי | וי{ח}<כ>פר | בחברה בפקדון או באוששות |
| 006 | וכפר | Gn25:34 | ועל תחיית מיתייה | וכפר | בחיוי דעלמא דאתי: |
| 007 | | Gn25:34M | \ועל תחיית מיתייה | /וכפר | בתחי' מיתיי"#2/ וכפר |
| 008 | וכפרו | Dt32:15 | אלהה די ברה יתהון | וכפרו | בדחלתיה דתקיפה דהוה פרק |
| 009 | וכפרין | Nu23:19 | ולא מקיימין וחזרין | וכפרין | במיליהון ברם אלהה אמר |
| 010 | כפר pael | Dt21:08 | כהנייא יימרון | כפר | לעמך ישראל די פרקת ייי |
| 011 | יכ' | Ex30:10M | כיפורייה יזדמן בכל שנה | יכ' | |
| 012 | יכפר | Lv16:33 | כהנייה ועל כל עם קהלא | יכפר: | |
| 013 | | Lv17:11 | אדמה הוא על חובי נפשה | יכפר: | |
| 014 | | Nu35:33 | יחייב ית ארעא ולארעא לא | יכפר | באדמה דיאשתפך בה ארום |
| 015 | | Ex29:33 | ויאכלון יתהון די | יכפר | בהון למשלמה ית קרבן ידיהון |
| 016 | | Lv 7:07 | חדה להון כהנא די | יכפר | דידיה ליה יהווין: |
| 017 | | Lv16:33 | משכן זימנה וית מדבחה | יכפר | ועל כהנייה ועל כל עם קהלא |
| 018 | | Nu 5:08 | דיכרה דכיפורייה די | יכפר | ליה עלוי: |
| 019 | | Ex32:30M | מן קדם ייי /דלמה די | יכפר | על חוביכון#2/: |
| 020 | | Lv 5:16 | ויתן יתה לכהנא וכהנא | יכפר | עלוהי בדיכרה דאשמה וישתרי |
| 021 | | Ex30:10 | דכיפוריה חדא זמן בשתא | יכפר | עלוי על קרנת«ה» לדריכון |
| 022 | | Lv16:30 | ארום ביומא הדין | יכפר | עליכון למדכיי' יתכון מן כל |
| 023 | מכפר | Lv17:11M | נפ{ק'}<ש>ן הוא | מכפר#2/: | |
| 024 | | Dt32:43 | לקייא וברחמוי טביה הוא | מכפר | על ארעא ועל עמא: |
| 025 | | Nu20:29M | דבני ישראל דהוית | מכפר | עליהון חד זמן בכל שנה |
| 026 | מכפרין | Lv22:27M | והו{ין}ן קורבנינן | מכפרין | לן על חובינן כדן די |
| 027 | תכפר | Ex29:37 | שבעה יומין | תכפר | על גבי מדבחא ותקדש יתיה |
| 028 | ויכ' | Nu 8:21M | אנפו קדם ייי | וכפר#1/ויכ'#2/ | \עליהון אהרן#1/# |
| 029 | ויכפ' | Nu17:12M | ית קטרתה | וכפר/ויכפ'#2/ | על עמא: |
| 030 | ויכפר | Ex30:10 | | <ויכפר> | אהרן עלוי על קרנתה חדא |
| 031 | | Lv16:33 | | ויכפר | ית בית קדש קדשיה וית משכן |
| 032 | | Lv14:31 | וית חד לעלתה על מנחתה | ויכפר | כהנא על מן דמדכי קדם ייי: |
| 033 | | Lv14:53M | ציפורה לוותיה | ויכפר | כהנא על בייתה וידכי |
| 034 | | Lv16:32 | | ויכפר | כהנא די {דכי} ^רבי"#2^ |
| 035 | | Nu15:28 | | ויכפר | כהנא על נפשה דאשתלת |
| 036 | | Nu15:25 | | ויכפר | כהנה על כל כנישתה דבני |
| 037 | | Lv14:19 | ויעבד כהנא ית חטאתה | ויכפר | על מן דמדכי מן סאבתה |
| 038 | | Lv14:53 | לבר מן קרתה לאפי ברה | ויכפר | על ביתיה וידכי: |
| 039 | | Lv16:16 | | ויכפר | על קודשיה מן סואבותהון |
| 040 | | Dt32:43M | טביה הוא מכפר | על/ויכפר | על#2/ ארעא ועל עמא: |
| 041 | | Lv16:06 | תורא דחטאתה דמן דידיה | ויכפר | על ידוי ועל ידי |
| 042 | | Lv16:11 | תורה דחטאתה דמן דידיה | ויכפר | על ידוי ועל ידי |
| 043 | | Lv16:17 | בגו בית קדשה עד מפקה | ויכפר | על ידוי ועל ידי |
| 044 | | Lv16:24 | עלתה וית עלתהון דעמא | ויכפר | על ידוי ועל ידי אנש עמה: |
| 045 | | Lv12:07 | ויקרב יתיה קדם ייי | ויכפר | עלה ותדכי מן מבוע אדמיה |
| 046 | | Lv12:08 | חד לחטאתה וחד לעלתה | ויכפר | עלה כהנא ותדכי: |
| 047 | | Lv14:18 | על ראשיה דמן דמדכי | ויכפר | עלוהי כהנא קדם ייי: |
| 048 | | Lv 4:26 | כתרבה דנכיסת קדשיא | ויכפר | עלוי כהנא מן חובתיה |
| 049 | | Lv 4:31 | לריח דרעוה לשמ' דייי | ויכפר | עלוי כהנא וישתרי וישתבק |
| 050 | | Lv 4:35 | מדבחה על קרבנוי דייי | ויכפר | עלוי כהנא על חובתיה די |
| 051 | | Lv 5:06 | ברת עיזין לחטאתה | ויכפר | עלוי כהנא מן חובתיה: |
| 052 | | Lv 5:10 | עליה כסדר דינא | ויכפר | עלוי כהנא מן חובתיה די |
| 053 | | Lv 5:13 | | ויכפר | עלוי כהנא על חובתיה די |
| 054 | | Lv 5:18 | לאשמה לוות כהנא | ויכפר | עלוי כהנא על שלותיה די |
| 055 | | Lv 5:26 | | ויכפר | עלוי כהנא קדם ייי וישתבק |
| 056 | | Lv14:20 | מנחתה על גבי מדבחה | ויכפר | עלוי כהנא וידכי: |
| 057 | | Lv15:15 | חד לחטאתה וחד לעלתה | ויכפר | עלוי כ{ק}הנה מן דוביה: |
| 058 | | Lv15:15 | חד לחטאתה וחד לעלתה | {ויכפר | עלוי} כהנא חד לחטאתה וחד |
| 059 | | Lv16:18 | ויפק למדבחה די קדם ייי | ויכפר | עלוי ויסב מן אדמה דתורא |
| 060 | | Lv19:22 | | ויכפר | עלוי בדכרה דאשמא קדם ייי |
| 061 | | Nu 6:11 | חד לחטאתה וחד לעלתה | ויכפר | עלוי על מה די חטא על נפשה |
| 062 | | Nu15:28M | דחטת בשלו קדם ייי | ויכפר | עלוי וישתרי וישתבק להון |
| 063 | | Lv15:30 | חד חטאת' וית חד עלתה | ויכפר | עליה כהנא קדם ייי מן דוב |
| 064 | | Lv 4:20 | דחטאתה כן יתעבד ליה | ויכפר | עליהון כהנא וישתרי וישתבק |
| 065 | וכפר | Nu17:11M | לוות עמא דכנישתה | וכפ<ר> | |
| 066 | | Ex 4:25 | וחמוי לא שבק יתיה | וכפר | כען אדם גזירתה הדא על |
| 067 | | Nu 8:21 | וחוורו לבושיהון | וכפר#1 | למדכייה יתהון: |
| 068 | | Nu17:12 | בעמא ויהב ית קטרתה | וכפר | על עמא: |
| 069 | | Nu25:13 | דקני לשמה דאלה«י»ה | וכפר | על בני ישראל: |
| 070 | | Dt 1:01 | סנינה אמר במימריה | וכפר | על חוביכון: |
| 071 | | Lv 9:07 | וקרב ית קרבניהון דעמא | וכפר | על ידיהון היך מה דפקד ייי: |
| 072 | | Lv 9:07 | וקרב חטאתך וית עלתך | וכפר | על ידך ועל ידיהון דעמא |
| 073 | | Nu17:11 | בפריע לגו עם כנישתה | וכפר | עליהון ארום נפק רוגזה |
| 074 | ולמכפירה | Nu 8:19 | ישראל במשכן זמנה | ולמכפירה | על בני ישראל ולא יהוי |
| 075 | ומכפר | Ex34:07 | לחובין ומעבר על מרדין | ומכפר | על חטאין ומזכיה לא |
| 076 | | Nu14:18 | ומעבר על מרודין | ומכפר | על חטאין ומזכייה לא מזכי |
| 077 | לכ' | Nu 8:12M | חד לעלתה קדם ייי | למכפרה/לכ'#2/ | על ליוויי/ליוואי#2 |
| 078 | | Lv16:10M | קדם ייי | למכפרה/לכ'#2/ | עלוי למשלחה יתיה |
| 079 | | Nu15:28M | בשלותה קדם ייי | למכפרה/לכ'#2/ | עלוי וישתבק לה: |
| 080 | לכפ' | Lv16:20M | וישלם מן | למכפרה/לכפ'#2/ | ית קדשה וית משכן |
| 081 | | Nu 8:19M | במשכן זמנה | ולמכפירה/לכפ'#2/ | על בני ישראל ולא |
| 082 | | Nu31:50M | ביום דינה רבה | למכפרה/לכפ'#2/ | על נפשתן קדם ייי: |
| 083 | | Nu28:22M | וצפיר לחטאתה חד | למכפרה/ל<כפ'#2/ | עליכון: |
| 084 | | Nu28:30M | בר עזין חד | למכפרה/לכפ'#2/ | עליכון: |
| 085 | לכפרא | Ex30:15 | למיתן ית אפרשתה דייי | לכפרא | על נפשתכון: |
| 086 | לכפרה | Nu 7:82 | {ב}<ח>ובין ולשלוון | לכפרה | באדמה דצפירה על חובוי ועל |
| 087 | | Lv16:17 | במשכן זימנה במעלה | לכפרה | בגו בית קדשה עד מפקה |
| 088 | | Ex30:16 | לדכרן טב קדם ייי | לכפרה | על נפשתכון: |
| 089 | | Lv16:08M | עדב חד לשמה דייי | לכפרה | על עמא ועדב חד למפטור |
| 090 | | Lv 8:34M | יומא דכיפורי מטול | לכפרה | עליכון |
| 091 | | Lv 8:34M | פקד ייי למעבד | למכפרה/לכפרה#2/ | עליכון: |
| 092 | | Lv23:28 | צומה דכיפורייה הוא | לכפרה | עליכון קדם ייי אלהכון: |
| 093 | למ' | Ex30:15M | ית אפרשתה דייי | לכפרא/למ'#2/ | על נפשתכון: |
| 094 | למכ' | Ex30:16M | לדכרן טב קדם ייי | לכפרה/למכ'#2/ | על נפשתכון: |
| 095 | | Lv23:28M | דכיפורייה הוא | לכפרה/למכ'#2/ | עליכון קדם ייי |
| 096 | למכפר' | Lv16:34 | דא לכון לקים עלם | למכפר' | על בני ישראל מן כל |
| 097 | | Lv14:29 | יתן על ראשה דמן דמדכי | למכפר' | עלוי קדם ייי: |
| 098 | למכפרה | Nu 7:16 | לשבקות חובין ולשלוון | למכפרה | באדמה דצפירה על חובוי ועל |
| 099 | | Nu 7:22 | לשבקות חובין ולשלוון | למכפרה | באדמה דצפ«י»רה על חובוי |
| 100 | | Nu 7:28 | לשבקות חובין ולשלוון | למכפרה | באדמה דצפירה על חובוי ועל |
| 101 | | Nu 7:34 | לשבקות חובין ולשלוון | למכפרה | באדמה דצפירה על חובוי ועל |
| 102 | | Nu 7:40 | לשבקות חובין ולשלוון | למכפרה | באדמה דצפירה על חובוי ועל |
| 103 | | Nu 7:46 | לשבקות חובין לשלוון | למכפרה | באדמה דצפירה על חובוי ועל |
| 104 | | Nu 7:52 | לשבקות חובין ולשלוון | למכפרה | באדמה דצפירה על חובוי ועל |
| 105 | | Nu 7:58 | לשבקות חובין ולשלוון | למכפרה | באדמה דצפירה על חובוי ועל |
| 106 | | Nu 7:64 | לשבקות חובין ולשלון | למכפרה | באדמה דצפירה על חובוי ועל |
| 107 | | Nu 7:70 | לשבקות חובין ולשלוון | למכפרה | באדמה דצפירה על חובוי ועל |
| 108 | | Nu 7:76 | לשבקות חובין ולשלוון | למכפרה | באדמה דצפירה על חובוי ועל |

| | | | | | | |
|---|---|---|---|---|---|---|
| 109 | | | Lv 6:23 | מן אדמה למשכן זימנה | למכפרה | בגו בית קדשא לא תתאכל |
| 110 | | | Lv16:20 | וישלם מן | למכפרה | ית קדשה וית משכן זימנא |
| 111 | | | Lv16:27 | די אתועל אדמהון | למכפרה | לגו בית מקדשה יפק לבר מן |
| 112 | | | Lv17:11 | לכון יתה על גבי מדבחה | למכפרה | על נפשתכון ארום אדמה הוא |
| 113 | | | Nu 8:12 | וית חד לעלתה קדם ייי | למכפרה | על ליוויי: |
| 114 | | | Nu 8:13 | יתהון אנפו קדם ייי% | {למכפרה | על ליוויי: ותקים ית |
| 115 | | | Nu31:50 | לן ביום דינה רבה | למכפרה | על נפשתן קדם ייי: |
| 116 | | | Lv 1:04 | ראשה דעלתא ויתרעי ליה | למכפרה | עלוי: |
| 117 | | | Lv 8:15 | דמדבחה וקדש יתיה | למכפרה | עלוי: |
| 118 | | | Lv14:21 | אמר חד לאשמה לאנפו | למכפרה | עלוי ועשרון מכלתה סלת חד |
| 119 | | | Lv16:10 | יתה לחיים קדם ייי | למכפרה | עלוי למשלחה יתיה לעזאזל |
| 120 | | | Nu15:28 | בחובתה בשלותה קדם ייי | למכפרה | עלוי וישתבק לה: |
| 121 | | | Lv 8:34 | הדין פקד ייי למעבד | למכפרה | עליכון: |
| 122 | | | Lv10:17 | ית חובי עם כנשתה | למכפרה | עליכון קדם ייי: |
| 123 | | | Nu28:22 | וצפיר לחטאתה חד | למכפרה | עליכון: |
| 124 | | | Nu28:30 | צפיר בר עזין חד | למכפרה | עליכון: |
| 125 | | | Nu29:05 | חד קרב יתיה לחטאת | למכפרה | עליכון: |
| 126 | אתכפר | etpaal | Ex29:33M | ויאכלון יתהון די | יכפר/אתכפר#2/ | בהון למשלמה ית קרבן |
| 127 | יתכפר | | Lv 5:19M | קדם ייי באשמה | יתכפר | לה#2/: |
| 128 | | | Lv22:27 | מן עדרי ענינן | יתכפר | על חטאינן תורה אתבחר קדמי |
| 129 | מתכפר | | Nu35:33M | לא יכפר /וארעה לא | מתכפר#2/ | באדמה/בדמה#2/ דיאשתפך |
| 130 | ויתכפר | | Dt21:08 | זכיי בגו עמך ישראל | ויתכפר | להון אדמה הדין: |
| 131 | ומכ' | | Lv22:27M | דהוויין מקריבין | ומתכפר/ומכ'#2/ | על חובינן וכדון |
| 132 | ומתכפר | | Lv22:27 | מה דהוויין מקריבין | ומתכפר | על חובינן וכדון דלית לן |
| 133 | ותתכפר | | Lv 9:07M | \וכפר על ידיהון | /ותתכפר | עליהון#2/ היך מה דפקד |

## כפר *n.* village [267]

| | | | | | | |
|---|---|---|---|---|---|---|
| 001 | כופרנין | p abs | Nu13:19M | או תלילן /בהון הא | כופרנין | הנון או כרכין#2/: |
| 002 | כפרנין | | Nu13:19 | שריין בגויהין הא קרי | כפרנין | אינון או תלילן: |
| 003 | כופרנוי | p em/sf | Dt 1:07 | דאמוריי וכבישו ית כל | כופרנוי | במשרה בטורה בשפלתה |
| 004 | | | Dt 3:14 | שמה ית בותנ«י»ין | כופרנוי | דיאיר עד יומא הדן: |
| 005 | כופרני | | Nu32:41 | ית כפרניהון וקרא יתהון | כופרני | דיאיר: |
| 006 | כופרניה | | Nu32:42 | אזל וכבש ית קנת וית | כופרניה | וקרא לה נבח בשמה: |
| 007 | כופרניהון | | Dt 1:07M | /דאימוראי ולכל | כופרניה«ו»ן#2/ | במשרה בטורה בשפלתה |
| 008 | | | Nu32:41M | וקרא יתהון | כופרנ'/<כופר>ניהון#2/ | דיאיר: |
| 009 | כופרנייה | | Nu21:25 | אמוריי בחשבון ובכל | כופרנייה: | |
| 010 | | | Lv25:31 | ובתי | כופרנייה | די לית להון שורין |
| 011 | כפרני | | Nu32:41M | אזל וכבש ית | כפרניהון/<כפר>ני#2/ | וקרא יתהון כופרני |
| 012 | כפרניא | | Nu21:32M | /וכבושו#2/ | כפרניה/<כפר>ניא#2/ | ושיצון ית אמוריי |
| 013 | כפרניה | | Nu21:32 | למיללה ית יעזר וכבשו | כפרניה | ושיצון ית אמוריי דהוון |
| 014 | כפרניהון | | Nu32:41 | בר מנשה אזל וכבש ית | כפרניהון | וקרא יתהון כופרני |
| 015 | בכופרניהון | | Gn25:16 | ואלין שמהתהון | בכופרניהון | ובטירתהון תרין עשר |
| 016 | בכופרנייה | | Dt 2:23 | ועווייא דשרון | בכופרנייה | עד עזה קפוטקייה די |

## כפרה *n.* cover of the ark [267]

| | | | | | | |
|---|---|---|---|---|---|---|
| 001 | כפורא | s ab/cn | Ex29:36 | תקרבון בכל יום על | כפורא | ותרבי ית מדבחה בכפרותך |
| 002 | כפורת | | Nu 7:89 | דבירה ממלל עמיה מעלוי | כפורת | די על ארונה דסהדותה |
| 003 | כפרת | | Lv16:02 | לגו מן {מן} פרכתה לקבל | כפרת | די על ארונה דסהדותה דלא |
| 004 | כפר' | s em/sf | Ex37:09M | חד לוקבל חד על | כפר'#2/ | הוון אפי כרובייה: |
| 005 | כפורתא | | Ex25:22 | תמן ואמלל עמך מעילוי | כפורתא | די על ארונא דסהדותא |
| 006 | כפורתה | | Ex39:35 | וית אריחוי וית | כפורתה: | |
| 007 | | | Ex37:06 | ועבד | כפורתה | דהב דכי תרתין אמין ופלג |
| 008 | | | Ex31:07 | וית ארונה לשהדותה וית | כפורתה | די עלי וית כל מני משכניה: |
| 009 | | | Ex37:09 | הפיכן דן לקבל דן לקבל | כפורתה | הוון אפי כרובייה: |
| 010 | | | Ex26:35M | ית פתורא לבר מן | פרכתא/כפורתה#2/ | וית מנרתא לקבל |
| 011 | | | Ex26:34 | ותתן ית {{פרכתה}} | «כפורתה» | על ארונה דסהדותה בגו |
| 012 | | | Ex40:20 | ארונה דסהדותה ויהב ית | כפורתה | על ארונה מן לעל: |
| 013 | | | Ex25:19 | חד מן דן סטרה מן הכה | כפורתה | תעבדון ית כרובייא על |
| 014 | כפרתא | | Ex25:20 | לעיל מטלין בכנפיהון על | כפרתא | ואפיהון הפיכין דן לקבל דן |
| 015 | | | Ex25:20 | הפיכין דן לקבל דן לקבל | כפרתא | יהוון אפי כרובייא: |
| 016 | | | Ex25:20M | /חד לקבל חד על | כפרתא#2/ | יהוון אפי כרובייא: |
| 017 | | | Ex25:21 | ותיתן יד | כפרתא | על ארונא <....> תתן ית |
| 018 | כפרתה | | Lv16:02 | שכינתי ממרי איתגלי על | כפרתה: | |
| 019 | | | Lv16:15 | יתיה על כפרתה ולקבל | כפרתה: | |
| 020 | | | Ex25:17 | ותעבד | כפרתה | דדהב דכי תרתין אמין ופלג |
| 021 | | | Lv16:13 | ויכסי תננה דקטרתה ית | כפרתה | די על סהדותה ולא ימות: |
| 022 | | | Ex30:06 | על ארונא דשהדותא וקדם | כפרתה | דעל שהדותא דאזמן לך ממרי |
| 023 | | | Ex37:09 | מלעל מטלין בכנפיהון על | כפרתה | ואפיהון הפיכן דן לקבל דן |
| 024 | | | Ex35:12 | ית ארנה וית אריחוי ית | כפרתה | וית פרכתה דפרסה: |
| 025 | | | Lv16:15 | דתורה וידי יתיה על | כפרתה | ולקבל כפרתה: |
| 026 | | | Lv16:14 | כפרתה מן מדנחה וקדם | כפרתה | ידי{ה} שבעה זמנין מן אדמה |
| 027 | | | Lv16:14 | וידי באצבעה על אפי | כפרתה | מן מדנחה וקדם כפרתה |
| 028 | | | Ex37:08 | מן דן סטרי מן הכה מן | כפרתה | עבד ית כרוביה מן תרין |
| 029 | דכפרתה | | Ex25:18 | יתהון מן תרין סטריה | דכפרתה: | |
| 030 | | | Ex37:07 | יתהון מן תרין סטריה | דכפרתה: | |

## כפרו *v.n.* atoning [268]

| | | | | | | |
|---|---|---|---|---|---|---|
| 001 | בכפרותך | s em/sf | Ex29:36 | כפורא ותרבי ית מדבחה | בכפרותך | עלוי ותרבי יתיה למקדשא |

## כפת *vb.* to tie [268]

| | | | | | | |
|---|---|---|---|---|---|---|
| 001 | כפות | peal | Gn22:10 | ואמר לאברהם אבוהי אבא | כפות | יתי יאות דלא נבעוט יתך |
| 002 | כפיתין | | Nu21:29M | /מסרתון ב{י}ניכון | כפיתין | בקולר#2/ שלילן בקולריא |
| 003 | דכפתיה | | Gn25:21M | בטור פולחנא אתר | דכפתיה | תמן אבוי על עסקי את' |
| 004 | ויכפתיניה | | Dt25:02M | דינה למלקי רשיעה | ויכפתיניה | |
| 005 | וכפתו | | Dt32:15M | די ברה יתהון | וכפרו/וכפתו#2/ | בדחלתיה/בדחלתה#2/ |

## כרוב *n.* cherub [268]

| | | | | | | |
|---|---|---|---|---|---|---|
| 001 | כרוב | s ab/cn | Ex25:19 | ותעבד | כרוב | חד מן דין סטריה {חד} מן |
| 002 | | | Ex37:08 | | כרוב | חד מן דאן סטר{י}ה מן הכה |
| 003 | וכרוב | | Ex25:19 | דין סטריה {חד} מן הכא | וכרוב | חד מן דן סטרה מן הכה |
| 004 | | | Ex37:08 | מן דאן סטר{י}ה מן הכה | וכרוב | חד מן דן סטרי מן הכה מן |
| 005 | כרובין | p abs | Ex25:18 | ותעבד תרין | כרובין | דדהב נגידין תעביד יתהון |
| 006 | | | Ex37:07 | ועבד תרתין | כרובין | דדהב נגידין עבד יתהון מן |
| 007 | כרובי | p em/sf | Ex37:09 | והוון | כרובי | פרסין בכנפיהון מלעל מטלין |
| 008 | כרוביה | | Ex37:08 | מן הכה מן כפרתה עבד ית | כרוביה | מן תרין סטרוי: |
| 009 | | | Nu 7:89 | דסהדותא מן ביני תרין | כרוביה | מן תמן הוה דבירה ממלל |
| 010 | | | Gn 3:24 | דעדן מן בני תרין | כרוביה | קדם על לא יברא עלמא תרין |
| 011 | כרובייא | | Ex25:20 | לקבל כפרתא יהוון אפי | כרובייא: | |
| 012 | | | Ex25:22M | כרובייא /מן ביני תרי | כרובייא | דאית על ארונ' |
| 013 | | | Ex25:22 | דסהדותא מן ביני תרין | כרובייא | ית כל מה דאפקד יתך על |
| 014 | | | Ex25:19 | הכה כפורתה תעבדון ית | כרובייא | על סטרוי תרין סטרוי: |
| 015 | | | Ex25:20 | ויהווי | כרובייא | פרסין בכנפיהון לעיל |
| 016 | כרובייה | | Ex37:09 | לקבל כפורתה הוון אפי | כרובייה: | |

## כרוז *n.* herald

[268]

|  |  |  |  |  |  |  |
|---|---|---|---|---|---|---|
| 001 | s ab/cn | כרוז | Ex36:06 | ופקד משה ועברן | כרוז | במשריתה למימר גבר ואתה לא |
| 002 | | | Lv10:20M | ואפק | כרוז | במשריתה ואמר הלכתה |

## כרום *n.* color

[268]

|  |  |  |  |  |  |  |
|---|---|---|---|---|---|---|
| 001 | s ab/cn | כרום | Ex28:20 | וסדרה רביעיה | כרום | {ו}<י>מה רבה ובדלחא |
| 002 | | | Ex39:13 | וסדרה רביעיה | כרום | ימה רבה ובדלחה ומרגליתה |

## כרז *vb.* to announce

[268]

|  |  |  |  |  |  |  |
|---|---|---|---|---|---|---|
| 001 | afel | ואכרז | Ex32:05 | ודחל ובנה מדבח קדמוי | ואכרז | אהרן ואמר חגא קדם ייי |
| 002 | | | Ex32:05M | "ואכרז ... למחר": | ואכרז | אהרן ואמר יהא רעוה דיהי |
| 003 | | | Gn45:01 | מאן דהוה קיים עלוי | ואכרז | ואמר אפקו כל גבר מעלווי |
| 004 | | ותכרזון | Lv25:10 | ית שנת חמישתי שנייה | ותכרזון | חירו לארעא לכל דיירה |
| 005 | | | Dt20:10 | לקובלה סדרי קרבה | ותכרזון | עלווה מילין דשלם: |

## כרזב *n.* a type of grasshopper

[269]

|  |  |  |  |  |  |  |
|---|---|---|---|---|---|---|
| 001 | s em/sf | כרזבה | Lv11:22 | וית נעלה למינהו וית | כרזבה | למינה: |
| 002 | | | Lv11:22M | "וית כרזבה למינה": | כרזבה | למינה וית רשונה למינה |

## כרח *n.* force

[269]

|  |  |  |  |  |  |  |
|---|---|---|---|---|---|---|
| 001 | s em/sf | כורחיה | Gn44:18 | למעבד מעבד על {על} | כורחיה | דאבא הא לא אשתמע לך ולא |

## כרי *n.* pile

[269]

|  |  |  |  |  |  |  |
|---|---|---|---|---|---|---|
| 001 | p abs | כורון | Nu11:32 | סלווי מן דזער אסף עשרה | כורון | ושטחו להון שטחין |
| 002 | | כרון | Ex 8:10 | וכנשו יתהון כרון | כרון | ואסרחת ארעא: |
| 003 | | | Ex 8:10 | וכנשו יתהון | כרון | כרון ואסרחת ארעא: |

## כרך *vb.* to wrap up

[269]

|  |  |  |  |  |  |  |
|---|---|---|---|---|---|---|
| 001 | pael | מכרכין | Gn37:07 | והא אנחנא | מכרכין | כורכוון בגו חקלא והא קמת |

## כרך *n.* fortified city

[269]

|  |  |  |  |  |  |  |
|---|---|---|---|---|---|---|
| 001 | s ab/cn | כרך | Nu34:15M | נפק להון תחומה לכנרת | כרך | דמלכותהון דאימוראי ומן |
| 002 | | | Nu34:15M | דאימוראי ומן כנרת | כרך | מלכותהון דאימוראי נפק |
| 003 | | | Nu34:15 | נפק להון תחומה לכנרת | כרך | מלכיהון דאמוריי נפק להון |
| 004 | | | Dt 2:08 | אורח משרה מן אילת ומן | כרך | תרנגולה וכווינן ועברינן |
| 005 | | בכרך | Nu33:35 | ונטלו מעברו׳ «ושרון» | בכרך | תרנגולה: |
| 006 | | מכרך | Nu33:36 | ונטלו | מכרך | תרנגולה ושרון במדברה דצין |
| 007 | s em/sf | כרכה | Gn49:07 | ליט הוה | כרכה | דשכם כד עלו לגווה שמעון |
| 008 | | | Nu21:30 | דיבון וצדיין ארחתיה עד | כרכה | דנפחיה דסמיך |
| 009 | | | Nu24:19 | וישיצי מן דמתחייב מן | כרכה | חייבא היא <....>.: |
| 010 | | בכרכא | Gn44:18 | אחיי שמעון ולוי | בכרכא | דשכם דהוו בשלווה ועלו |
| 011 | | בכרכה | Gn44:18M | ולוי תרין אחיי | בכרכה | דשכם דעלו בגוה וקטלה בה |
| 012 | | | Gn44:18 | ולוי תרין אחיי | בכרכה | דשכם דעלו בגווה וקטלו בה |
| 013 | | | Dt20:19M | חקלא לאיטמרה מן קדמך | בכרכה | ציירה |
| 014 | | דכרכה | Gn14:02M | צבווי׳ ומלכא | דקרתא/דכרכה#2#/ | דבלעת דיירי היא |
| 015 | | וכרכה | Gn18:17 | מה די עבד אנה הואיל | וכרכה | דסדם במתנתה דיהבת לה |
| 016 | | לכרכא | Nu34:15 | נפק להון תחומה | לכרכא | דעיון דמן מדנח לבית ירח |
| 017 | | לכרכה | Gn33:18 | יעקב שלם בעבדא טבא | לכרכה | דשכם די בארעא דכנען |
| 018 | | | Gn49:06 | נפשי בכנישתיהון | לכרכה | דשכם למחרבה יתה לא חסו |
| 019 | | | Nu22:39 | בלעם עם בלק ועלו | לכרכה | דמלכותה היא מרישה: |
| 020 | p abs | כרכין | Nu13:19M | הא כופרנין הנון או | כרכין#2#/: | |
| 021 | p em/sf | כרכיהון | Nu31:10M | וית כל | קרויותהון/כרכיהון#2#/ | אוקדו בנורא: |
| 022 | | בכרכיהון | Gn15:01 | די נפלו קדמיי ויהוון | בכרכיהון | ובמדינתהון ויצטרפון |
| 023 | | בכרכייה | Dt 2:23M | די נפקו מן | קפו{קד}<דק>ייא/בכרכייה | קפדוקייה#2#/ |

## כרכום *n.* siege works

[270]

|  |  |  |  |  |  |  |
|---|---|---|---|---|---|---|
| 001 | p abs | כרכומין | Dt20:20 | תחבלון ותקצון ותבנון | כרכומין | על קרתה דהיא עבדה עמכון |
| 002 | | קר׳ | Dt20:20M | ותבנון | כרכומין/קר׳#2#/שור | מקף#2#/ על קרתה |

## כרם *n.* vineyard

[270]

|  |  |  |  |  |  |  |
|---|---|---|---|---|---|---|
| 001 | s ab/cn | כרם | Gn 9:20 | צדיקא למפלח בארעא ונצב | כרם: | |
| 002 | | | Ex22:04 | ארום ייקד גבר חקל או | כרם | וישלח יקידתא ויוקד בחקלא |
| 003 | | | Dt20:06 | ומן הוא גברא די נצב | כרם | ולא אפריק פירוי יזיל |
| 004 | | בכרם | Nu21:22M | /ולא בחקל ולא | בכרם#2#/ | ולא נשתי מ׳/מן#2#/ |
| 005 | s em/sf | כרמא | Ex22:04 | בית שפר חקליה ובית שפר | כרמא | ישלם: |
| 006 | | כרמכון | Lv19:10 | תעבדון עוללתכון ופרט | כרמכון | לא תלקטון למסכיניה |
| 007 | | בכרמה | Dt23:25M | "בכרמיה ... לתתך": | בכרמה | דחברך ותאכול ענבין מה |
| 008 | | בכרמייה | Dt23:25 | ארום תיעול כאריס | בכרמי«י»ה | דחברך ותאכל ענבים |
| 009 | | דכרמא | Dt22:09 | די תזרעון ועללתה | דכרמא: | |
| 010 | | וכרמכון | Lv19:10 | | וכרמכון | לא תעבדון עוללתכון ופרט |
| 011 | p abs | כרמין | Dt 6:11 | חצובין די לא חצבתון | כרמין | וזייתין די לא נצבתון |
| 012 | | | Dt28:30 | ולא תשרון בגוויהון | כרמין | ת{ז}<צ>בון ולא תפרקון |
| 013 | | | Dt28:39 | | כרמין | תצבון ותפלחון וחמר לא |
| 014 | | ובכרמין | Nu20:17 | בארעך לא נעבר בחקלין | ובכרמין | ולא נשתי מי גובין ארח |
| 015 | | | Nu21:22 | בארעך לא נסטי בחקלין | ובכרמין | ולא נשתי מי גובין בארח |
| 016 | | וכרמין | Nu16:14 | ויהבת לן אחסנת חקלוון | וכרמין | העיני גברייה האליין תסמי |
| 017 | p em/sf | כרמי׳ | Lv19:10M | ופרט | כרמכון/כרמי׳#2#/ | לא תלקטון/תילק׳#2#/ |
| 018 | | כרמיה | Nu22:24 | מלאכה דייי ביני סייגי | כרמיה | סיג מן הכה וסיג מן הכה: |
| 019 | | כרמייה | Nu22:24M | "דייי ... מן הכה": באמצע | כרמייה | סגייה מן דן סטרה וסגייה |
| 020 | | כרמיכון | Lv25:03 | ושית שנין תזברון | כרמיכון | ותכנשון ית עללתה: |
| 021 | | | Dt22:09 | לא תזרעון | כרמיכון | כלאים דלא תאבדון מליתה |
| 022 | | | Dt24:21 | ארום תקטפון | כרמיכון | לא תבערון עוללה |
| 023 | | וכרמיכון | Lv25:04 | חקליכון לא תזרעון | וכרמיכון | לא תזברון: |
| 024 | | לכרמיכון | Ex23:11 | חיית ברא כדין תעבדון | לכרמיכון | לזיתיכון: |

## כרס *n.* stomach

[270]

|  |  |  |  |  |  |  |
|---|---|---|---|---|---|---|
| 001 | s em/sf | כרסא | Lv 3:14 | ית תרבה דח{כ}<פ>י ית | כרסא | וית כל תרבה די על בני גוה: |
| 002 | | כרסה | Lv 7:03 | ^^וית תרבה דחפי ית | כרסה: | |
| 003 | | | Ex29:13 | ותסב כל תרבה דחפי ית | כרסה | וית מה דמשתייר מחצר כבדה |
| 004 | | | Ex29:22 | ואליתה וית תרבה דחפי ית | כרסה | וית מה דמשתייר מן חצר כבדה |
| 005 | | | Lv 3:03 | קדם ייי ית תרבא דחפי ית | כרסה | וית כל תרבה די על |
| 006 | | | Lv 3:09 | יתה ית תרבה דחפי ית | כרסה | וית כל תרבה די על |
| 007 | | | Lv 4:08 | מניה ית תרבה דחפי על | כרסה | וית כל תרבה די על |
| 008 | | | Lv 9:19 | ומן דכרה אלייתה וחפיי | כרסה | וכלייתה ומה דמשתייר מן |
| 009 | | | Nu 5:27 | לממררה לה ותת«נ»פח | כרסה | ותתמסי ירכה ותיהוי אתתה |
| 010 | | כרסיך | Nu 5:22M | האליין#2#/ | במעיך/כרסיך#2#/ | למנפחה מעיך ולממסיה |
| 011 | | | Nu 5:21M | דייי ירכיך מסיין וית | כרסיך | נפיחה |

## כרסי *n.* ⇐ כורסי

## leg *n.* כרע

[270]

| | | | |
|---|---|---|---|
| 001 | כרעוי p em/sf | Lv 4:11M | על רישיה ועל רגלוי/כרעוי#2/ ובני גווה ורעייה: |
| 002 | | Ex12:09M | בנורא ראש עם רגלוי/כרעוי#2/ ועם בני גווה: |

## leek *n.* כרת

[270 כרתין]

| | | | |
|---|---|---|---|
| 001 | כרת' p em/sf | Nu11:05M | /קטייה מלפפונייה וית כרת'#2/ וית כרתיה וית בצליה וית |
| 002 | כרתיה | Nu11:05 | קישואיה וית בטיחיה וית כרתיה וית בצליה וית תומיה: |

## Chaldean *adj.* כשדיי

[271]

| | | | |
|---|---|---|---|
| 001 | דכשדאי s ab/cn | Gn11:28 | באתון נורהון דכשדאי: |
| 002 | | Gn16:05 | דיהבו יתך באתון נורא דכשדאי: |
| 003 | | Gn11:31 | עמהון מן אתון נורהון דכשדאי למיזל לארעא דכנען ומטון |
| 004 | | Gn15:07 | יתך מן אתון נורהון דכשדאי למיתן לך ית ארעא הדא |

## proper *adj.* כשר

[271]

| | | | |
|---|---|---|---|
| 001 | כשירה s ab/cn | Lv11:47M | ובין חייתה דלא מתאכלה/כשירה למ'#2/: |
| 002 | כשר | Ex12:44 | יתיה בכדין יהווי כשר למיכל מנה: |
| 003 | | Gn29:26 | ואמר לבן לא כשר למעבד כדן בארענא למיתן |
| 004 | | Gn44:19 | עילעא דאבה אין לא הווה כשר למעבד כדין מן בגין כדן שרי |
| 005 | | Ex12:48 | ליה כל דכורא בכדן יהוי כשר למעבד יתיה ויהוי כיציבא |
| 006 | | Lv22:27 | תמינייה ולהל«ן» יהוי כשר למקרבה יתיה קדם ייי: |
| 007 | | Gn34:07 | ברתה דיעקב וכדן לא הוה כשר למתעבדא: |
| 008 | כשרה | Lv 4:13M | /פקודיי דייי די לא כשרה#2/ למתעבדה ויתחייבון: |
| 009 | כשרין p abs | Gn21:09 | עבד עובדין די לא כשרין: |
| 010 | | Gn21:08 | עבד עובדין די לא כשרין היך מגהך בפולחנא נוכריה: |
| 011 | | Dt33:10 | כשרין למלפה סדרי דינין בגו דבית |
| 012 | | Gn20:09 | חובין רברבין עבדין דלא כשרין למתעבדא עבדת עמי: |
| 013 | | Lv 4:13 | חדא מן כל מצוותה די לא כשרין למתעבדה ויתחייבון: |
| 014 | | Lv 4:22 | מצוותה דייי אלהה דלא כשרין למתעבדה בשלו ויתחייב: |
| 015 | | Lv 4:27 | מן מצוותיה דייי דלא כשרין למתעבדה ויתחייב: |
| 016 | | Lv 5:17 | כל מצוותה דייי די לא כשרין למתעבדה ולא ידע ואתחייב |
| 017 | | Lv 4:02 | מן כל מצוותה דייי די לא כשרין מתעבדה ותעבד חדא מנהון: |

## כת *n.* ⇐ כיתה

## to write *vb.* כתב

[271]

| | | | |
|---|---|---|---|
| 001 | כתב peal | Ex17:14 | ואמר ייי למשה כתב דא דוכרן טב בספרא ושוי |
| 002 | | Dt27:08M | אוריתה#2/ הדה כתיב/כתב#2/ חקיק ומפרש יאות |
| 003 | | Ex34:27 | ואמר ייי למשה כתב לך ית פתגמיא האליין ארום |
| 004 | | Ex32:16 | מן קדם ייי אינון וכתבא כתב מפרש מן קדם ייי הוא חקוק |
| 005 | כתבו | Dt31:19 | וכדון כתבו לכון ית שבח שירתה הדה ואלף |
| 006 | כתבית | Ex24:12M | יתהון /ופיקודא די כתבית למחור' יתהון#2/: |
| 007 | | Ex24:12 | ואורייתא וקיימא די כתבית למלפא יתהון: |
| 008 | כתבת | Ex32:32 | יתי מן ספר אוריתך די כתבת: |
| 009 | כתיב | Dt33:02 | דעשו וכיוון די אשכחו כתיב בגווה לא תהוון קטולין לא |
| 010 | | Lv22:27 | יצחק ויעקב בגין כדן כתיב ומפרש בספר אוריית' דייי |
| 011 | | Nu21:14 | בגין כדן כתיב ומפרש בספר אורייתה דייי |
| 012 | | Dt27:08 | ית כל פתגמי אורייתה הדה כתיב חקיק ומפרש יאות ומתקרא |
| 013 | | Dt 9:10 | מן קדם ייי ועליהון הוה כתיב כל דביריה די מלל ממרה |
| 014 | כתיבין | Ex32:15 | ומן דן סטרה אינון כתיבין: |
| 015 | | Ex31:18 | סהדותא לוחין דאבן כתיבין באצבע דגבורה מן קדם ייי: |
| 016 | | Dt 9:10 | ית תרין לוחי אבנייה כתיבין באצבע דגבורה מן קדם ייי |
| 017 | | Ex12:42 | לילוון אינון די אינון כתיבין בספר דוכרניא ליליא קדמיא |
| 018 | | Dt28:61 | בושין וכל מכתשין די לא כתיבין בספר אורייתה הדה יגרי ייי |
| 019 | | Ex32:15 | ותרין לוחי בידי לווחין כתיבין מן תרין סטריהון מן דן |
| 020 | תכתב | Nu17:18 | וית שמא דאהרן תכתב {ר}<ע>ל חוטרה דלוי ארום |
| 021 | תכתוב | Nu17:17 | חוטרין גבר ית שמה תכתוב על חוטרה: |
| 022 | דכתבין | Dt28:58 | כל פתגמי אוריתה הדה דכתבין בספר אורייתה הדין למדחל |
| 023 | דכתיב | Dt33:02 | דאשכחו בנוי דישמעאל דכתיב בגווה לא תהוון גנבין לא |
| 024 | | Gn40:23 | דמותא ולא אדכר כתבא דכתיב בספר אוריתא דייי דמתילא |
| 025 | | Dt30:10 | למיטור מצוותה וקיימוי דכתיב בספר אורייתה הדה ארום |
| 026 | דכתיבין | Ex12:42M | ארבע לילוון הנון דכתיבין#2/ בספר דוכרניא ליליא |
| 027 | | Dt29:19 | וידבקון בה כל לווטיה דכתיבין בספר אורייתה הדין וימחוק |
| 028 | | Dt29:20 | ככל לווטיה קיימה דכתיבין בספר אורייתה הדין: |
| 029 | | Dt29:26 | עלה ית כל לווטיה דכתיבין בספר אורייתה הדה: |
| 030 | ואכתב | Dt10:02 | ואכתב על לווחיה ית דביריה די |
| 031 | ואכתוב | Ex34:01 | לוחין דאבנין כקדמייה ואכתוב על לוחיא ית דבריא דהוון |
| 032 | ויכתב | Dt24:01 | אשכח בה עריה דמלה ויכתב לה אגרת שיבוקין וישוי |
| 033 | | Dt24:03M | יתה גברא אחרייה ויכתוב/ויכתב#2/ לה אגרא דשיבוקין |
| 034 | ויכתוב | Nu 5:23 | ויכתוב ית לווטיה האלין כהנא |
| 035 | | Dt17:18 | יתיב על כורסי מלכותיה ויכתוב לה ית תניי אוריתה הדה בגו |
| 036 | | Dt24:01M | \דמלה ויכתב /דמלין ויכתוב#2/ לה אגרת שיבוקין וישוי |
| 037 | | Dt24:03 | וישני יתה גברא אחרייה ויכתוב לה אגרא דשיבוקין וישוי |
| 038 | וכתב | Ex24:04 | וכתב משה ית כל פתגמי דייי |
| 039 | | Nu33:02 | וכתב משה ית מפקניהון למטלניהון |
| 040 | | Dt31:09 | וכתב משה ית אוריתה הדה ויהב |
| 041 | | Dt31:22 | וכתב משה ית שבח שירתה הדה |
| 042 | | Ex15:25M | אילן דארדופני וכתב ביה שמא מפרשא וטלק במיא |
| 043 | | Ex39:12 | זוזין וירולין וזמרגדין וכתב ומפרש עליהון שם תלתה שבטין |
| 044 | | Dt 4:13 | למעבד עשרתי דביריה וכתב יתהון על תרין לוחי אבנייה: |
| 045 | | Dt 5:22 | וערפלה קל רב ולא פסיק וכתב יתהון על תרין לווחין |
| 046 | | Ex34:28 | אכל ומיין לא שתה וכתב על לווחי ית מילי קיימא |
| 047 | | Dt10:04 | וכתב על לווחייה ככתבה קדמייה ית |
| 048 | וכתבו | Ex39:30 | בית קודשה דהב דכי וכתבו עלוי כתב גליף חקיק קדיש |
| 049 | וכתבית | Dt10:04M | וכתב/וכתבית#2/ על לווחייה ככתבה |
| 050 | וכתיב | Ex28:17 | וברקתה טורא חדתה וכתיב ומפרש עליהון שם תלתא |
| 051 | | Ex28:18 | וספרינה ועין עגלה וכתיב ומפרש עליהון שם תלתא |
| 052 | | Ex28:19 | וברולין וזמרגדין וכתיב ומפרש עליהון שם תלתא |
| 053 | | Ex28:20 | רבה ובדלחא ומרגליתה וכתיב ומפרש עליהון שם תלתא |
| 054 | | Ex39:10 | ירקתה וברקתה סדרה חדה וכתיב ומפרש עלייהון שם תלתא |
| 055 | | Ex39:11 | וספרינה ועין עגלה וכתיב ומפרש עליהון שם תלתה |
| 056 | | Ex39:13 | רבה ובדלחה ומרגליתה וכתיב ומפרש עליהון שם תלתה |
| 057 | | Nu 5:23M | ית לווטייה האלין /וכתיב ית לווטייה האליין#2/. |
| 058 | ותכתבון | Dt 6:09 | ותכתבון יתהון בגו מזוזיין |
| 059 | | Dt11:20 | ותכתבון יתהון על מזוזיין |
| 060 | | Dt27:08 | ותכתבון על אבנייה ית כל פתגמי |
| 061 | | Dt27:03 | ותכתבון עליהון ית כל פתגמי |
| 062 | ותכתוב | Ex34:01M | ואכתוב /כקדמאין ותכתוב#2/ על לוחיא ית דבריא |
| 063 | | Dt10:02M | ואכתב/ותכתוב#2/ על לווחייה ית |
| 064 | | Dt27:03M | ותכתבון/<ותכ>תוב#2/ עליהון ית כל |
| 065 | למכתב | Dt31:24 | והוה כד אשלם משה למכתב ית ^כל^#2/ מילי אורייתה |

## writing *n.* כתב

[271]

| | | | |
|---|---|---|---|
| 001 | כתב s ab/cn | Ex39:30 | דהב דכי וכתבו עלוי כתב גליף חקיק קדיש לשמה דייי: |
| 002 | | Lv19:20 | לגבר ומפרק לא אתפרקת או כתב חרותה לא יתיהבת לה מרדו |
| 003 | וכתב | Lv19:28 | דמית לא תתנון בבשרכון וכתב חקיק לא תשוון בכון אמר |

|  |  |  |  |  |  |  |
|---|---|---|---|---|---|---|
| 004 | כתבא | s em/sf | Ex12:42 | דישראל למקיימא מה דאמר | כתבא | בני בוכרי אינון ישראל |
| 005 | | | Gn40:23 | כסא דמותא ולא אדכר | כתבא | דכתיב בספר אוריתא דייי |
| 006 | | | Ex12:42 | שנין למקימה מה דאמר | כתבא | הא אברם בר מאה שנין אולד |
| 007 | | | Gn30:22 | ומפתחא דעקרתא <...> וכן | כתבא | ומפר«ש» ואמר יפתח ייי |
| 008 | | | Gn35:09M | יתיה ונחמת יתיה וכן | כתבא | מפר' ואמ' דאיתגלי ועוד |
| 009 | | | Gn30:22 | מפתחא דפרנסתא דכן | כתבא | מפרש ואמר פתח ידך ומשביע |
| 010 | | | Gn35:09M | כמחום יומא דכ{ו}<ן> | כתבא | מפרש ואמר ואיתגלי עלוי |
| 011 | כתבה | | Gn30:22 | רעוא מפתחא דקבריה דכן | כתבה | ומפרש ואמר הא אנא פתח ית |
| 012 | | | Gn30:22 | עמי מפתח דעקרתא דכן | כתבה | ומפרש ואמר ואדכר ייי |
| 013 | | | Gn35:09M | "ועוד": דכן | כתבה | מפרש ובריך יתהון ממריה |
| 014 | | | Gn35:09 | יתיה ונחמת יתיה דכן | כתב{ת}<ה> | מפרש ואמר ואתגלי ייי על |
| 015 | וכתבא | | Ex32:16 | מן קדם ייי אינון | וכתבא | כתב מפרש מן קדם ייי הוא |
| 016 | ככתבה | | Dt10:04 | וכתב על לווחייה | ככתבה | קדמייה ית עשרתי דביריה די |

## כתובה *n.* marriage contract [272]

|  |  |  |  |  |  |  |
|---|---|---|---|---|---|---|
| 001 | וכתובה | s ab/cn | Gn34:12 | אסגון עלי לחדא פרן | וכתובה | ואתן היך מה די תאמרון לי |

## כתון *n.* undergarment [272]

|  |  |  |  |  |  |  |
|---|---|---|---|---|---|---|
| 001 | כתונה | s em/sf | Ex39:27 | ועבדו ית | כתונה | דבוץ עובד גרדיי לאהרן |
| 002 | כתנא | | Ex28:39 | ותאחד | כתנא | דבוץ ותעבד מצנפן דבוץ |
| 003 | וכיתנה | | Ex28:04 | חושנא ואפודה ומעילה | וכיתנה | מאחדה מצנפן והמיין |
| 004 | כתונין | p abs | Ex28:40 | ולבנוי דאהרן תעבד | כתונין | ותעבד להון חמיינין |

## כתונה *n.* undergarment [272]

|  |  |  |  |  |  |  |
|---|---|---|---|---|---|---|
| 001 | כותנתה | s em/sf | Lv 8:07 | ויהב עלוי ית | כו<ת>נתה | ואסר יתיה בהמיינה ואלבש |
| 002 | בכתנתהון | | Lv10:05M | יתהון | בכתונתהון/<ב>כתנת<הון>#2#/ | ואפיקו יתהון |
| 003 | וכיתנתה | | Ex28:04M | מאחדה מצנפן והמיין | /וכיתנתה | דבוצה מצנפת' והימנה#2#/ |
| 004 | כתונוותה | p em/sf | Ex39:27I | "כתונה": | כתונוותה | |

See also: כותנה *n.*

## כתות *adj.* pounded [272]

|  |  |  |  |  |  |  |
|---|---|---|---|---|---|---|
| 001 | ודכתות | s ab/cn | Lv22:24 | ודמעוך | ודכתות | ונתיק ודמר<י>ס לא תקרבון |

## כתיש *adj.* crushed [273 s.v. כתש vb.]

|  |  |  |  |  |  |  |
|---|---|---|---|---|---|---|
| 001 | כתיש | s ab/cn | Lv24:02 | לוותך משח דזית זכיך | כתיש | לאנהרותא למסדרה בוציניה |
| 002 | | | Ex27:20 | לוותך משח דזית זכיך | כתיש | לאנהרותה למסדרה בוצינין |
| 003 | | | Ex29:40 | מכלתה סלת פילה במשח | כתיש | רביעת הנא ונסוך רביעת הנה |
| 004 | כתש | | Nu15:04M | משח /עשרון פילה במשח | כתש | רבעית הינה#2#/: |

## כתף *n.* shoulder [272]

|  |  |  |  |  |  |  |
|---|---|---|---|---|---|---|
| 001 | כתף | s ab/cn | Gn 9:23 | ית אסטליתה ושוון על | כתף | תריהון והוון מהלכין |
| 002 | כתפה | s em/sf | Gn24:15 | אחוי דאברהם וקולתה על | כתפה: | |
| 003 | | | Gn21:14 | ויהיב להגר שוי על | כתפה | וית טליא ושלח יתה ואזלת |
| 004 | | | Gn24:45 | רבקה נפקת וקולתה על | כתפה | ונחתת לעיינה ומלא«ת» |
| 005 | | | Gn49:15 | שמינין פרי«ה» וארכן | כתפה | לאולפן אורייתא והוון לה כל |
| 006 | כתפן | p abs | Ex28:07 | תרתין | כתפן | מדבקן יהוין ליה מן תרין |
| 007 | | | Ex39:04 | | כתפן | עבדו ליה מדבקן מן תרין |
| 008 | כתפת | p const | Ex39:07M | על\כתפתה דאפודה | /<כת>פת | אפר#2#/ אבנין דדוכרין |
| 009 | כיתפיהון | p em/sf | Ex12:34M | בכסותהון טענ' על | כיתפיהון | |
| 010 | כתפיהון | | Ex12:34 | ^יהיבין#2#^ על | כתפיהון: | |
| 011 | כתפתה | | Ex39:18 | מאחדתה ויהבו יתהון על | כתפתה | דאפדה מן כל קבל אפוי: |
| 012 | | | Ex39:20 | ושוון יתהון על תרתין | כתפת«ה» | דאפדה מן לרע מן כל קבל |
| 013 | | | Ex28:25 | תרתין מאחדתה ותתן על | כתפתה | דאפודא מן כל קבל אפוי: |
| 014 | | | Ex28:27 | ותתן יתהון על תרתין | כתפתה | דאפודא מן לרע מן כל וקבל |
| 015 | | | Ex28:12 | קדם ייי על תרתין | כתפתה | {דאפודה אבנין דדוכרן} |
| 016 | | | Ex28:12 | ותשוי ית תרתין אבניה על | כתפתה | דאפודה אבנין דדוכרן טב |
| 017 | | | Ex39:07 | ושוי יתהון על | כתפתה | דאפודה אבנין דדוכרין לבני |
| 018 | בכתפיהון | | Nu 7:09 | בית קדשא הווה עליהון | בכתפיהון | הוון טענין ית ארונה: |
| 019 | בכתפתהון | | Nu 7:09M | עליהון | בכתפיהון/<בכתפ<ת>הון>#2#/ | הוון טענין |

## כתש *vb.* ⇐ כתיש *adj.*

## כתת *vb.* to pound, to crush [273]

|  |  |  |  |  |  |  |
|---|---|---|---|---|---|---|
| 001 | כתית | peal | Nu28:05 | סלת למנחתה פילת במשח | כתית | רבעית הינה: |
| 002 | ואכתת | pael | Dt 9:21 | ואוקדת יתיה בנורא | ואכתת | יתיה זקיק טבאות עד די עבד |
| 003 | וכתיתו | | Dt 1:44 | דדברייתה | וכתיתו | יתכון בגבלה עד שיציו: |
| 004 | וכתתו | | Nu14:45 | ההוא ומחון יתהון | וכתתו | יתהון עד שציו: |

ל

**ל-** to, for *prep.* [274]

לה

|  |  | | | |
|---|---|---|---|---|
| 001 | Gn12:20 | אתתיה וית כל מה דאית | לה: | |
| 002 | Ex 6:20 | דאבוי לה לאתה דילדת | לה: | |
| 003 | Ex21:09 | כסדר דנהון דבנתה יעבד | לה: | |
| 004 | Ex23:04 | טעון מחזרא תחזר יתיה | לה: | |
| 005 | Lv 5:19M | קדם ייי באשמה יתכפר | לה#2#/: | |
| 006 | Lv27:19 | כסף עלויה עלוי ותקום | לה: | |
| 007 | Nu 5:24 | בה מיא מלוטיה למררה | לה: | |
| 008 | Nu13:30 | ונירת יתה ארום מכל ניכל | לה: | |
| 009 | Nu15:28 | ייי למכפרה עלוי וישתבק | לה: | |
| 010 | Nu15:34 | להון קדם ייי מה יתעבד | לה: | |
| 011 | Nu30:09 | ומן קדם ייי ישתבק | לה: | |
| 012 | Nu30:13 | יתהון ומן קדם ייי ישתבק | לה: | |
| 013 | Dt15:08 | כמסת חסרוניה די יתחסר | לה: | |
| 014 | Dt15:14 | די ברך יתך ייי אלהך תתן | לה: | |
| 015 | Dt15:14M | ייי אלהכון תתנון | לה#2#/: | |
| 016 | Dt22:02 | יתיה אחוך ותחזר יתיה | לה: | |
| 017 | Gn41:50 | שתא דכפנא מה די ילדת | לה | אסנת ברת פוטיפרע רבה |
| 018 | Gn26:09 | והיך אמרת אחתי היא ואמר | לה | יצחק ארי אמרית דלא אמות |
| 019 | Gn27:32 | ואמר | לה | יצחק אבוי מן את ואמר אנה |
| 020 | Gn31:47 | וקרא | לה | לבן איגר שהדותא ויעקב קרא |
| 021 | Gn24:47 | בתואל בר נחור די ילדת | לה | מלכה ושוית קדשה על |
| 022 | Nu12:16 | עילוי אגר סגיא לפם דקמת | לה | מרים על גיף נהרא למידע מה |
| 023 | Dt 3:09M | ייי#2#/ קריין | יתיה/לה#2# | שניר: |
| 024 | Gn21:03 | בריה דאתיליד ליה די ילדת | לה | שרה יצחק: |
| 025 | Nu32:42 | ית קנת וית כופרניה וקרא | לה | נבח בשמה: |
| 026 | Nu30:05 | די קיים׳ על נפשה וישתוק | לה | אבוה ויקומון כל נדרה וכל |
| 027 | Gn50:16 | למרביתה דיוסף למימר | לה | אבוך פקיד קדם עד לא ימות |
| 028 | Dt24:03 | יתה גברא אחרייה ויכתוב | לה | אגרא דשיבוקין וישוי בידה |
| 029 | Dt24:15M | ביומיה תתן \ | לה#2#/ | אגריה ולא יטמע/תטמוע#2# |
| 030 | Dt24:01 | אשכח בה עריה דמלה ויכתב | לה | אגרת שיבוקין וישוי בידה |
| 031 | Dt26:03 | ביומיה האינון ותימרון | לה | אודינן ושבחינן יומא הדין |
| 032 | Dt19:06 | ויארע יתיה ארום תסגי | ל{א}<ה> | אורחא ויקטל יתיה ויתחייב |
| 033 | Gn31:24 | ארמאה בחלמא בליליא ואמר | לה | אזדהר לך לא תמלל עם יעקב |
| 034 | Gn22:08M | אמר /ממריה דייי יזדמן | לה | אימרא#2#/ לעלתה ואן לא את |
| 035 | Nu22:20 | על בלעם בליליה ואמר | לה | אין למקרא לך אתו גבריא קום |
| 036 | Gn22:08 | אברהם מן קדם ייי אזדמן | לה | אמר לעלתה ואן לא את הוא |
| 037 | Gn17:01 | ממריה דייי על אברם ואמר | לה | אנא אלהא שמיא פלח קדמי |
| 038 | Gn24:25 | ואמרת | לה | אף תבן אף כסה סגין עמן ואף |
| 039 | Ex37:03 | ואתך | לה | ארבע עזקין דדהב על ארבעתי |
| 040 | Ex36:36 | ועבד | לה | ארבעה עמודין דשטין וחפי |
| 041 | Gn50:03 | ושלמו | לה | ארבעין יומין ארום כדן |
| 042 | Gn31:20 | דלבן ארמאה על דלא תני | לה | ארום ערק הוא: |
| 043 | Nu30:06 | יקום ומן קדם ייי ישתבק | לה | ארום בטל אבוה יתה: |
| 044 | Dt15:10M | /באפיכון בזמן דתתנון | לה#2# | ארום מן בגלל פתגמא הדין |
| 045 | Dt15:10 | יבאש באפך כד תיהווי יהיב | לה | ארום מן בגלל פתגמא הדין |
| 046 | Dt29:19 | מן קדם ייי למישרי ולמשבק | לה | ארום בכדן יתקוף רוגזיה דייי |
| 047 | Gn24:14 | ותהוי רביתה די א«י»מר | לה | ארכיני כען קולתיך ואשתי |
| 048 | Gn26:32 | דבאירה דחפרו ואמ̇רן | לה | אשכחנן מיין: |
| 049 | Nu 5:08 | לגברה פרוק למחזרה אשמה | לה | אשמה דמתחזר לייי לכהנה |
| 050 | Gn24:43 | רביתא דנפקי למםלי ואמרת | לה | אשקיין יתי קליל מיין מן |
| 051 | Gn24:45 | לעיינה ומלא«ת» ואמרת | לה | אשקיין ית׳ כען: |
| 052 | Nu 5:13 | וסהד דלית בה והיא | לה | אתפשת: |
| 053 | Gn46:27 | ובנוי דיוסף די אתילדו | לה | במצרים תרתין נפשן כל נפשתא |
| 054 | Gn35:26 | אלין בנוי דיעקב דאתילדו | לה | בפדן דארם: |
| 055 | Gn28:11 | ושוי תחות אסדי ראשה ודמך | לה | באתרא ההוא: |
| 056 | Gn38:11 | כאחוי ואזלת תמר ויתבת | לה | בבייתה דאבוה: |
| 057 | Gn18:17 | וכרכה דסדם במתנתה דיהבת | לה | בדינה הוא דלא איפוך יתה |
| 058 | Nu30:15 | עלה קיים יתהון ארום שתק | לה | ביומא די שמע: |
| 059 | Gn11:30M | \לית לה בנין /לא הוות | לה | ביר#2#/: |
| 060 | Gn33:17 | נטל לסכת«ה» ובנה | לה | בית ולבעירה עבד מטלין בגין |
| 061 | Gn11:30 | והוות שרי עקרה לית | לה | בנין: |
| 062 | Gn30:22 | דרחל ואמר במימריה למיתן | לה | בנין: |
| 063 | Dt21:15 | רחימא וחדא סנייא וילדן | לה | בנין רחימתה ושניתה ויהווי |
| 064 | Nu27:21 | אלעזר כהנא יקום וישאול | לה | בסדר דינהון דאוריתה קדם ייי |
| 065 | Nu30:15 | ואין משתק ישתוק | לה | בעלה יום בתר יום ויקיים ית |
| 066 | Gn38:14 | ברדידה ואתעטפת בה ויתבת | לה | בפרשות אורחתה די על ארח |
| 067 | Gn34:31 | בלביה ויאמר באתה דלית | לה | בר נש תבע עלבנה כדון אתעבד |
| 068 | Gn24:60 | ובריכו ית רבקה ואמרין | לה | ברם עד כדון אחתן הויית ברם |
| 069 | Gn24:24 | ואמרת | לה | ברת בתואל אנה בר מלכה די |
| 070 | Gn24:47 | ושאלית יתה ואמרת | לה | ברת מן את ואמרת ברת בתואל |
| 071 | Ex 2:08 | ואמרת | לה | ברתה דפרע׳ אזלי ואזלת |
| 072 | Ex 2:09 | ואמרת | לה | ברתה דפרעה איבילי ית טליא |
| 073 | Nu12:05 | דייי בעמודה דענגה וקם | לה | בתרע משכנה וקרא אהרן |
| 074 | Nu24:05 | ומשכניהון די חזור חזור | לה | די דבית ישראל: |
| 075 | Gn38:23 | ואמר יהודה תסב | לה | דלא נהווי לביזיון הא שלחית |
| 076 | Gn20:13 | יתיה מן ביתה דאבה ואמרית | לה | דן חסדיך די תעבדון עמי לכל |
| 077 | Gn24:58 | וקראן לרבקה ואמרן | לה | הא תזלין עם גברא הדין |
| 078 | Gn27:42 | ליעקב ברה זעירא ואמרת | לה | הא עשו אחוך מתחשב עלך |
| 079 | Gn30:15 | ואמרת | לה | הא זעירא היא דא די נסבת ית |
| 080 | Gn31:14 | וענה רחל ולאה ואמרין | לה | הא עד כדון אית לנא חלק |
| 081 | Dt 4:07M | כל שעה דאנן קריין | לה | הוא ענין |
| 082 | Dt19:19 | ותעבדון | לה | היך מה דאתחשב למעבד לאחוי |
| 083 | Nu22:22 | מלאכה דייי בארחה למסטן | לה | והוא רכיב על אתנתיה ותרין |
| 084 | Nu24:04 | אפוי ורזי נבואת מתגלין | לה | והוה מתנבא על נפשיה דנפיל |
| 085 | Nu 5:13M | וסהד דלית/#2# | בה/לה#2#/ | והיא לה אתפשת: |
| 086 | Lv25:28 | לא ארעת ידיה כמסת למחזרה | לה | ויהווי זבונה ביד מן דזבן |
| 087 | Ex21:11 | מלייא האיליין לא יעבד | לה | ויפק יתה לחירותא מגן דלא |
| 088 | Dt15:09M | מס{ק}<כ>׳ דלא תתנון | לה | ויצבוח עליכון |
| 089 | Dt19:11 | גבר סני לחבריה ויכמן | לה | ויקום עלוי ויקטול יתיה |
| 090 | Nu30:08 | ביומא די ישמע וישתוק | לה | ויקומון נדריה וקיומא די |
| 091 | Lv15:26 | דובה כמדמוך נדתה יהוי | לה | וכל מן די תתב עלוי מסאב |
| 092 | Lv13:45M | מסאבה יהווין קריין | לה | ולא עני יתהון רחוק מן |
| 093 | Dt13:09 | לא תצבון | לה | ולא תשמעון למילוי ולא |
| 094 | Dt13:09M | לה ולא תשמעון למילו/לה#2#/ | | ולא יחוסון/תחוסון#2# |
| 095 | Dt15:09 | באחוך מסכינה ולא תתן | לה | ולא יצוח עלך קדם ייי דלא |
| 096 | Dt15:10 | מתן תתן | לה | ולא יבאש באפך כד תיהווי |
| 097 | Gn16:01 | אתתה דאברם לא הוות ילדה | לה | ולה אמתה מצרייא ושמה הגר: |
| 098 | Ex28:43M | חובין וימותון קיים דעלם | לה | ולזרעיית בנוי מן בתרה |
| 099 | Dt15:08 | מפתח תפתחון ית ידיכון | לה | ומזבדה תזבדון לה כמסת |
| 100 | Gn 2:21 | עמ«י»קה על אדם ודמך | לה | ונסב חדא {עלא} אלעא מן |
| 101 | Gn41:12 | לרב אספקלטורייה ותנינן | לה | ופתר לן ית חלמינן גבר |
| 102 | Gn31:21 | וערק הוא וכל מה די | לה | וקם ועבר ית נהרא ושוי ית |
| 103 | Lv22:13 | ארמלתה ומשבקה ובנין לית | לה | ותחזור לביתה דאבוה כרביותה |
| 104 | Nu 5:27 | בה מיא מלוטיה למררה | לה | ותת«נ»פח כרסה ותתמסי ירכה |
| 105 | Lv19:18 | דחבר׳ כד תדע בה דאית | לה | זכו בדינה ולא תתחשד בחובת |

|  |  |  |
|---|---|---|
| 106 | Lv24:12 | ^או#2#^ דילמה דישתכח לה זכו מן זוי ח«ו»רי בדינה |
| 107 | Gn14:20 | תבר בעלי דבבך קדמך ויהב לה חד מן עשרה מן כלה: |
| 108 | Gn44:18M | היא ממנין שבטייא ולית לה חולק ואחסנא בפילוג ארעא כל |
| 109 | Dt21:17 | ברה דסניתה יקרב למיתן ^לה#2#^ חולק בכופלה בכל מה די |
| 110 | Gn44:18 | היא ממנין שבטיא ולית ל{ך}<ה> חולקא ואחסנא בפילוג ארעא |
| 111 | Gn35:17 | כדי אתקשיית במילדה ואמרת לה חייתא לא תדחלין ארום לחוד |
| 112 | Gn21:33M | ושתיין הוו בעין למיתן לה טימי מה דאכלו ושתין עני |
| 113 | Gn41:48 | תחומה דקרתא די חזר חזר לה יהב בגוה: |
| 114 | Lv 7:09 | מסרייתה לכהנה דמקרב יתה לה יהווי: |
| 115 | Nu33:54M | יפוק לה תמן עדווה דידיה/לה#2#/ יהווי לשבטיה |
| 116 | Nu 5:09M | לכהנה \דידיה יהוי /לה יהוון#2#/: |
| 117 | Gn22:03 | וקם ואזל לאתרא די אמר לה ייי: |
| 118 | Lv21:03M | "לגבר ...": <לג>ברה לה יסב' |
| 119 | Dt24:11 | תקום וגברא די את מוזף לה יפיק לוותך ית משכונה לברה: |
| 120 | Gn18:01 | אברהם די שרה ילדה לה ית יצחק ומלאכה תניינה |
| 121 | Gn20:14 | ואמהן ויהב לאברהם וחוי לה ית שרה אתתיה: |
| 122 | Gn21:05 | שנין הוה בזמנה דאתילד לה ית יצחק בריה: |
| 123 | Gn24:36 | מן בתר דיסאב ויהב לה ית כל מה דיליה: |
| 124 | Gn29:24 | ויהב לבן לה ית זלפה אמתיה ללאה ברתיה |
| 125 | Gn29:28 | יומי משתותא דא ואסיב לה ית רחל ברתה לה לאתה: |
| 126 | Gn30:04M | \ואסבת ליה/ויהבת לה#2#/ ית בלהה אמהתה לאתה ועל |
| 127 | Gn42:29 | לארעא דכנען ותנון לה ית כל מה די יערע יתהון |
| 128 | Gn43:26 | יוסף לגו בייתה ואייתון לה ית דורון די בידיהון |
| 129 | Nu25:12 | בשבועה אמר הא אנה יהב לה ית קיימי שלם: |
| 130 | Dt17:18 | על כורסי מלכותיה ויכתוב לה ית תניי אוריתה הדה בגו ספר |
| 131 | Dt24:13 | מחזרה תחזר לה ית משכוניה עם מטמעי שמשה |
| 132 | Gn15:05 | אן תיכל לממני יתהון ואמר לה כדין יהוון זרעיית בנך: |
| 133 | Nu24:06 | <דמתח ייי> לבית שכינה לה כדן יהוון ישראל חיין |
| 134 | Lv27:18 | יובילה יקדש חקליה ויחשב לה כהנה ית כספה על פם שנייה |
| 135 | Nu 5:30 | ית אתתא קדם ייי ויעבד לה כהנה ית כל קיימיה דאוריתה |
| 136 | Gn49:15 | לאולפן אורייתא והוון לה כל אחוי למסקי מסים: |
| 137 | Gn49:16 | פורקן ודיין כחדא ישתמעון לה כל שבטי דבני ישראל: |
| 138 | Dt28:55 | יאכל מן בלי דלא ישתייר לה כל מדעים בצער ובצוקה די |
| 139 | Dt28:55M | "מן ... ובצוקה": דלא ישייר לה כל מנדעם בעקין ובצוקין |
| 140 | Dt33:05 | ית ראשי עמא כחדא ישתמעון לה כל שבטייה דבני ישראל: |
| 141 | Ex37:02 | דכי מן לגו ומן לבר ועבד לה כליל דדהב חזר ומקף: |
| 142 | Dt15:08 | ידיכון לה ומזבדה תזבדון לה כמסת חסרוניה די יתחסר לה: |
| 143 | Lv25:52 | עד שתה דיובילה ויחשב לה כפם שנוי יחזר ית פרקונה: |
| 144 | Gn 9:20M | פלח#2#/ בארעא ונצב \לה#2#/ כרם: |
| 145 | Gn29:22M | יתה /דרמיו ואסיבו לה#2#/ ללאה חלף/חולף#2#/ רחל: |
| 146 | Gn18:15 | ארום דחלא הוות ואמר לה לא ארום גחכת: |
| 147 | Nu30:12 | וישמע בעלה וישתוק לה לא בטל יתה ויקומון כל נדרה |
| 148 | Dt19:04M | והוא לא הוה סני יתיה/לה#2#/ לא מן דאתמול ולא מן |
| 149 | Dt23:17 | בחדה מן קרייכון לאן דשפר לה לא תונון יתיה: |
| 150 | Dt25:05 | יזדמן לוותה ויסב יתיה לה לאיתה ויבם יתה: |
| 151 | Gn29:29 | ברתה ית בלהה אמהתא לה לאמהה: |
| 152 | Gn24:67 | אמה ונסב ית רבקה והות לה לאתה ורחם יתה ואנחם יצחק |
| 153 | Gn28:09 | אחתה דנביות על נשוי לה לאתה: |
| 154 | Gn29:28 | דא ואסיב לה ית רחל ברתה לה לאתה: |
| 155 | Gn34:08 | בברתכון אסבו יתה כען לה לאתה: |
| 156 | Ex 6:20 | ית יוכבד ברת אחוי דאבוי לה לאתה דילדת לה: |
| 157 | Ex 6:20M | אחוי דאבוי לה /חביבתא לה#2#/ לאתה דילדת לה |
| 158 | Dt24:04 | יתה למיחזור למיסב יתה לה לאתה מן בתר דאסתאבת לגבר |
| 159 | Ex 2:10 | יתיה לברתיה דפרעה והוה לה לבר וקרת שמה משה ואמרת |
| 160 | Gn24:60 | ולהלא את אזלה ומדבקה ל{ד}<ה> לגברא חסידא ומניך יקומון |
| 161 | Gn30:16 | לאה לקדמותיה ואמרת לה לוותי תיעול ארום מגיר אגרית |
| 162 | Lv25:48M | מן /בתר דזבן פרוק יהווי לה לחד מ'#2#/ אחוי יפרוק |
| 163 | Dt17:17 | לבבה וכסף ודהב לא יסגי לה לחדא: |
| 164 | Dt21:16 | ית בנוי ית מה די יהווי לה לית הוא רשיי למקדמה ית ברא |
| 165 | Lv18:18 | על אחתה לא תסב למעקה ל{ך}<ה> למגליי«ה» עריתה עליה |
| 166 | Gn20:04M | אתקטל /קודמיך ייי הוא לה למיזכי בדינא {ה} מתקטיל#2# |
| 167 | Gn17:17 | הא ברת תשעין שנין אפשר לה למילד: |
| 168 | Dt22:08 | בייתך דלא יפול מן דחמי לה למיפל מניה: |
| 169 | Ex33:19M | על מן/מה#2#/ דחמי למרחמה/לה למתרחמה#2#/: |
| 170 | Gn16:06 | לשרי הא אמתיך בידך עבדי לה מה דשפיר באפיך וצ{רע}<ער>ת |
| 171 | Gn21:17 | דייי להגר מן שמיא ואמר לה מה ליך הגר לא תדחלין ארום |
| 172 | Nu22:09M | ואמר \מן אינון גברייה /לה מה הנון גובררייא#2#/ |
| 173 | Ex21:10 | אן חורי יסב לה מזונה ותכסיתה ומעלה ומפקה |
| 174 | Gn16:09 | ואמר לה מלאכה דייי חזרי לוות |
| 175 | Gn16:10 | ואמר לה מלאכה דייי מסגיא אסגיא ית |
| 176 | Gn16:11 | ואמר לה מלאכה דייי הא את מתעברה |
| 177 | Gn20:06 | ואמר לה ממריה דייי בחלמא אף אנא גלי |
| 178 | Gn21:16 | אחמי במותא דטליא ויתבת לה מן כל קבליה ונטלת ית קלא |
| 179 | Gn25:01M | היא הות הגר דהות אסירה לה מן שירויה |
| 180 | Gn30:09 | וחמת לאה ארום קמת לה מן למילד ונסבת ית זלפה |
| 181 | Ex 6:25 | ואלעזר בר אהרן נסב לה מן בנתיה דפוטיאל ליה לאתה |
| 182 | Lv24:09 | קדיש ארום קדש קדשין הוא לה מן קרבנוי דייי לקיים עלם: |
| 183 | Dt33:07 | קרבה בשלם ידוי יתפרען לה מן בעלי דבביהון וסעד וסמך |
| 184 | Gn21:16 | ואזלת ויתבת לה מן כל קובליה רחיק כמרמי |
| 185 | Nu 3:09 | ולבנוי מתנה אינון יהיבין לה מן לוות בני ישראל: |
| 186 | Lv19:20 | או כתב חרותה לא יתיהבת לה מרדו אנון חייבין לא ימותון |
| 187 | Ex33:07M | "רחיק ... אולפן": ויהווי לה משכנה זמנה ויהווי כל דבקר' |
| 188 | Nu 9:08 | קטלין בפריע ית מן דחמי לה מתקטלה בדינה ולא יהוון |
| 189 | Dt22:14 | וקרבית לוותה ולא אשכחית לה סהדוון: |
| 190 | Dt17:16 | לחוד לא יסגי ל{א}<ה> סוסוון ולא יחזור ית עמא |
| 191 | Lv11:09 | מה די {מב}<במ>יא כל דאית לה סנפירין וקסקסין במיא בימיא |
| 192 | Gn24:60M | ואמרו לה עד כדון הויית אחת' כדון את |
| 193 | Lv25:50 | דזבן יתיה מן שתה דאזדבן לה עד שתה דיובילה ויהווי כסף |
| 194 | Ex 2:15 | ושרה בארעא דמדין ויתב לה על בארה: |
| 195 | Dt18:08M | אבהתהון /זבונייה דזבינו לה על אבהתה#2#/: |
| 196 | Dt22:17 | והא הוא שווי לה עלילן דמילין למימר לא |
| 197 | Dt31:15 | במשכנה בעמודה דעננה וקם לה עמודה דעננה בתרע משכן זמנה: |
| 198 | Gn24:35 | ית ריבוני לחדא ותקף ויהב לה ען ותורין וכסף ודהב ועבדין |
| 199 | Nu21:06M | שרויה ואמרית \ליה עפרא /לה עפר#2#/ יהווי מזונך אסקת |
| 200 | Gn29:22 | הכה עוד שבע שנין ויהבו לה עצה דרמיו למסבה יתה ללאה |
| 201 | Dt15:16 | וית אנשי בייתך ארום טב לה פלח קדמך: |
| 202 | Lv 7:18 | מן דמקרב יתיה לא יתחשב לה פסיל יהווי ונפשה די {י}תאכל |
| 203 | Dt 4:08 | היידה אומה ומלכו דאית לה קיימין וסדרי דינין זכיין |
| 204 | Nu 2:27 | ודשריין סמיכין לה רבה דבנוי דאשר ורבה דהוה |
| 205 | Gn49:01M | יומ<י>א מן דאתגלי לה{ו} רזא אתגנז מיניה חזר וברך |
| 206 | Nu 2:05 | ודשריין סמיכין לה שבטה דבנוי דיששכר ורב שבטה |
| 207 | Lv25:31M | שורין מן חזור חזור /לה שור חז'#2#/ על תחומיה |
| 208 | Nu21:35 | כל עמיה עד די לא שיירו לה שזבא וירתו ית ארעיא: |
| 209 | Nu21:35M | לה/ביה#2#/ שזבא /אשתייר לה שזבו#2#/ וירתו ית ארעיא: |
| 210 | Nu12:16M | על נהרה שעה חדה אמתינת לה שכינתה דמרי עלמא ומשכנה |
| 211 | Gn39:07 | עיינה לוות יוסף ואמרת לה שמש עמי: |
| 212 | Lv25:30 | לא יתפרק עד זמן די תשלם לה שנה שלימה ויקום ביתה די |
| 213 | Nu22:27 | ית מלאכה דייי ורבעת לה תחות בלעם ומחת ית אתנתה |

214 Gn38:25 למיכאל חות הב יתהון לה תלתא שהדוי ואנהרון עיינה
215 Lv22:27M מן בגין כן זכה ואזדמן לה תמן אמר תחותוי לעלתה ותובן
216 Nu33:54 אחסנתיה לכל מן די יפוק לה תמן עדווה דידיה יהווי
217 Gn25:23 ואמר ייי לה תרין אומין במיעיך ותרי«ן»
218 Lv15:29 וביומא תמיניה תסב לה תרין שפנונין או תרין גוזלין
219 לה' Ex15:21M והוו מענ' לה' מרים נודה ונשבחה קדם ייי
220 Lv 8:13M להון /הימנין וטכ' לה#2/ כובעין/קר#2/ היך מה
221 להר' Dt32:17M /לשדי#2/ דלית בהון/להר#2/ ממש סעוון די לא חכמו
222 Dt32:01M אין מסהד אנה בהון/להר#2/ קדם בני נש דמייתין
223 להון Gn 6:01 ארעא ובנן נקבן אתילידו להון:
224 Gn 9:26 כנען עבד משתעבד להון:
225 Gn 9:27M דשם והי כנען מש' להון
226 Gn 9:27 כנען עבד משתעבד להון:
227 Gn14:09 קרבא לקבל חמשה ויכלו להון:
228 Gn15:11M דאברם צדיקה משיזבה להון
229 Gn15:11 דאברם אבוהון משיזבה להון:
230 Gn32:29 ייי ועם גוברין ויכלת להון:
231 Gn34:21 לן לנשין וית בנתן נתן להון:
232 Gn45:26 לביה ארום לא הימן להון:
233 Ex 3:13 מה שמיה מה אימר להון:
234 Ex 6:03 שמי תקיפא ייי לא אודעת להון:
235 Ex12:39 ואף זוודין לא עבדו להון:
236 Ex12:39M זווד' לאורחה לא יעבדו להון
237 Lv 4:20 כהנא וישתרי וישתבק להון:
238 Lv10:01M תפין מה דלא אתפקד להון#2/:
239 Lv11:01 משה ועם אהרן למימר להון:
240 Lv25:34 ארום אחסנת עלם היא להון:
241 Nu 6:23 אזל משה מן שמי ואמר להון:
242 Nu 8:22 על ליוויי כדן עבדו להון:
243 Nu11:22M להון הא כולא יספק להון
244 Nu11:22 מתכנש להון «ה»א ספק להון:
245 Nu15:28M עלוי וישתרי וישתבק להון
246 Nu18:10 יאכל יתיה קדש יהוי להון:
247 Nu20:12 הדין לאתרא די יהבית להון:
248 Nu27:07 ית אחסנות אבוהון להון:
249 Dt 1:03 די פקד ייי יתיה למימר להון:
250 Dt 2:12 תותבותהון די יהב ייי להון:
251 Dt 2:14 היך מן די קיים ייי להון:
252 Dt 4:31 קיים אבהתכון די קיים להון:
253 Dt 5:29M יהווי לבה טבה הדין להון
254 Dt 7:13 די קיים לאבהתכון למיתן להון:
255 Dt10:09M דמלל ייי אלהכון עמכון/להון#2/:
256 Dt10:11 די קיימת לאבהתהון למתן להון:
257 Dt11:16 אחרני«י»ן ותסגדון להון:
258 Dt13:03M יתהון ונפלח קדמיהון/להון#2/:
259 Dt18:02 אחסנותיה היך מה דמלל להון:
260 Dt18:04 גזזי עניכון תתנון להון:
261 Dt21:18 וירדון יתיה ולא ישמע להון:
262 Dt29:25 חכמו יתהון ולא אתבדרון להון:
263 Dt30:20 ליצחק וליעקב למיתן להון:
264 Dt31:07 להון» ואת תחסן יתה להון:
265 Dt33:19 וסימן דטמירן יתגליין להון:
266 Ex29:09 אהרן ובנוי ותשווי להון <....> כהונתה לקיים עלם
267 Gn49:02 עני אבונן יעקב ואמר להון אברהם אבוי דאבה קם מניה

268 Nu21:34 מחסד לאברהם ושרה ואמר להון אברהם ושרה מדמיין לאלנין
269 Dt 6:04 עני אבונן יעקב ואמר להון אברהם אבוי דאבה קם מיניה
270 Ex32:02 ואמר להון אהרן פכרו קדשייא דדהבא די
271 Gn40:08 חלמנן ופתר לית ליה ואמר להון יוסף הלא מן קדם ייי
272 Gn40:22 נחתומיה צלב היך מה דפתר להון יוסף:
273 Gn42:14 ואמר להון יוסף הא פתגמא די מלילת
274 Gn42:18 ואמר להון יוסף ביומא תליתא דא עבדו
275 Gn44:15 ואמר להון יוסף מה עבדא הדן די
276 Gn45:21 ועבדו כן בני ישראל ויהב להון יוסף עגלין על {על} גזרת
277 Gn47:17 למימר הב לן לחם ויהב להון יוסף מזון ב{ט}<ס>וסוותא
278 Gn50:19 ואמר להון יוסף לא תדחלון ארום מני
279 Gn50:21M "ענה ... למעקר": אמ' להון יוסף עשרה כוכבין והיך
280 Gn29:04 ואמר להון «יעקב» אחי מן אן אתון
281 Gn42:36 ואמר להון יעקב אבוהון יתי תכלתון
282 Gn26:27 ואמר {להם} להון יצחק מן בגלל מה אתיתון
283 Gn43:11 ואמר להון ישראל אבוהון אן כדן
284 Ex15:21 וענת להון מרים נודה ונשבח קדם ייי
285 Ex14:13 דהות אמרה נפול לימא אמר להון משה לא תדחלון אתע<ת>דו
286 Ex14:13 אמרה נחזור למצרים אמר להון משה לא תדחלון ארום היך מה
287 Ex14:14 ונערבב יתהון אמר להון משה לא תדחלון קומן שתוקו
288 Ex14:14 לקבליהון סדרי קרבא אמר להון משה לא תדחלון ייי הוא עבד
289 Ex17:02 הב לן מיין ונשתי ואמר להון משה מה אתון מדיינין עמי
290 Ex34:31 וקרא להון משה וחזרו לוותיה אהרן
291 Nu 9:08 רבן אמר לא שמעתה ואמר להון משה קומו כען ואשמע יתכון
292 Nu13:17 ית ארעא דכנען ואמר להון משה סוקו ב{ר}<ד>א לדרומה
293 Nu31:15 ואמר להון משה הא קיימתון כל נקבה:
294 Nu32:20 ואמר להון משה אם תעבדון ית פתגמה
295 Nu32:28M ופקד יתהון/להון#2/ «משה» ית אלעזר
296 Nu32:29 «ואמר להון משה» אן יעברון בנוי דגד
297 Nu32:33 ויהב להון משה לבנוי דגד ולבנוי
298 Gn37:22 ואמר להון ראובן לא תשפכון אדם זכיי
299 Dt18:08 מותרי קורבנוי די אחסינו להון אבהתהון:
300 Gn43:02 די אייתון ממצרי' ואמר להון אבוהון חזורו זבונן לן זעיר
301 Gn26:18 להן שמהן בשמהתא די קרא להון אבוי:
302 Nu22:08 ואמר להון אביתו הכה יומא הדין ולילא
303 Dt 7:10 יהיבין בעלמא הדין משלם להון אגר מצוון קליל{י}ן דהוי
304 Dt21:08 בגו עמך ישראל ויתכפר להון אדמה הדין:
305 Dt 2:11 ומואביי הוון קריין להון אומתנייה:
306 Ex13:21M יתהון באורחא /למחווי להון אורחא#2/ ולליא בעמוד'
307 Gn 3:07 להון עלין דתינה ועבדו להון אזרין:
308 Nu26:62 ישראל ארום לא אתיהב להון אחסנה בגו בני ישראל:
309 Ex10:08 אהרן לוות פרעה ואמרו להון איזילו פלחו קדם {ה}ייי
310 Gn46:32M וכל מה דלהון/דאית להון#2/ אייתון:
311 Gn 6:04 בנתהון דבני אנשא וילידו להון אינון גיבריא די מן שרוי
312 Dt28:44 לכון ואתון לא תוזפון להון אינון יהוון למלכין ואתון
313 Gn 3:07M /טרפין דתאנה ועבדו להון איסטלוון#2/:
314 Gn47:21M לבנוי דיעקוב ואמרין להון אכסנאי גלולאי
315 Gn47:21 לאחוי דיוסף ואמרין להון אכסניא גלוליא:
316 Gn47:21M דיוסף דלא קריין להון אכסניי גלוליי
317 Ex 3:13 לוות בני ישראל ואמר להון אלה אבהתכון שלח יתי
318 Ex32:31M להם אלהי זהב /ועבדו להון אלהי דהב#2/:
319 Ex35:01 כנישתה דבני ישראל ואמר להון אליין פתגמיא די פקד ייי
320 Gn19:18 ואמר לוט להון אמתינו כען קליל זעיר
321 Nu11:22 אין מתכנס להון הא ספק להון אן ית כל נוני דימא אן

|  |  |  |  |  |
|---|---|---|---|---|
| 322 | Ex20:05 | משלמין בחטאה בתר אבהתהן | להון | אנה קרא שנאיי: |
| 323 | Gn 6:02 | שפורין חיזו אנון ונסבו | להון | {א}נשי׳ מן כל מה די בחרו: |
| 324 | Nu33:56 | היך מה דאתחשבת למעבד | להון | אעבד לכון: |
| 325 | Ex 6:26 | ומשה די <אמר> ייי | להון | אפקו ית בנוי דישראל מן |
| 326 | Ex36:36 | דהב וקליותהון דהב ואתך | להון | ארבעה חומרין דכסף: |
| 327 | Gn42:12 | ואמר | להון | ארום מעללי דארעא אתיתון |
| 328 | Lv23:10 | מלל עם בני ישראל ותימר | להון | ארום תיעלון לארעא די אנה |
| 329 | Lv25:02 | מליל עם בני ישראל ותימ׳ | להון | ארום תיעלון לארעא די אנה |
| 330 | Nu15:02 | מליל עם בני ישראל ותימר | להון | ארום תיעלון בארעא |
| 331 | Nu15:18 | מליל עם בני ישראל ותימ׳ | להון | ארום במעלכון לארעא די אנה |
| 332 | Nu15:25 | דבני ישראל וישתבק | להון | ארום שלו הווה ואינון |
| 333 | Nu18:26 | ועם ליוויי תמלל ותימר | להון | ארום תקבלון מן לו«ו»ת |
| 334 | Nu21:01 | דבזכותה הוות בירה סלקה | להון | ארום מטון ישראל ארחה די |
| 335 | Nu33:51 | מליל עם בני ישראל ותימר | להון | ארום אתון עברין ית ירדנה |
| 336 | Nu34:02 | פקד ית בני ישראל ותימר | להון | ארום אתון על{{י}}ל«י»ן |
| 337 | Nu35:10 | מליל עם בני ישראל ותימר | להון | ארום אתון עברין ית ירדנה |
| 338 | Gn47:22 | | להון | ארעהון דכומריא לא זבן ארום |
| 339 | Gn47:01M | מה דלהו«ן»/דאית | להון#2#/ | אתון מן ארעא דכנען והא |
| 340 | Dt 3:02M | אברהם שרה ואמר | להון | אתון מדמין לאלנין שתילין |
| 341 | Dt29:01 | משה לכל ישראל ואמר | להון | אתון חמיתון ית כל מה די |
| 342 | Gn49:01 | וקרא יעקב לבנוי ואמר | להון | אתכנשו וחווי לכון רזייא |
| 343 | Ex12:21 | לכל חכמיה דישראל ואמר | להון | אתמנון וסבו לכון ען |
| 344 | Nu10:33 | מהלך תלתה יומין למתקנה | להון | אתר בית משרוי: |
| 345 | Nu21:06M | מן ימא אסקית | להון | באירא מן תהומא |
| 346 | Nu18:30 | ותימר | להון | באפרשותכון ית טובה מניה |
| 347 | Dt32:10 | להון מנה מן שמיא אסק | להון | באר׳ מן תהומה ואגיז להון |
| 348 | Nu18:24 | אחסנה בגין כדן אמרית | להון | בגו בני ישראל לא יחסנון |
| 349 | Nu16:33M | "דהוה ... שאול": דאית | להון | בחיין לשאולה |
| 350 | Ex34:32M | כל מה דפקד ייי | עמהון/להון#2#/ | בטורא דסיני: |
| 351 | Ex13:14M | ותימר/ותימרון#2#/ | ליה/להון#2#/ | ביד תקיפא אפיק יתן |
| 352 | Lv 7:36 | די פקד ייי למיתן | להון | ביומא דרבי יתהון מן לוות |
| 353 | Nu21:06 | להון מנא מן שמייא ואסקת | להון | בירא מן תהומא ואגיזת להון |
| 354 | Nu21:19 | ומן דאתיהיבת | להון | בירא מתנה חזרת למהווי להון |
| 355 | Nu21:16 | ומן תמן אתיהבת | להון | בירה היא בירא די אמר ייי |
| 356 | Gn31:46M | לבנוהי דהוה קרי | להון | בלשון בית קודשא אחוי |
| 357 | Nu 6:07 | לאחוי ולאחתיה לא יסתאב | להון | במיתתהון ארום כליל אלהיה |
| 358 | Ex16:03 | ואמרין | להון | בני ישרא<׳> אלוי "מי יתן" |
| 359 | Nu 8:20 | משה על ליווי כדן עבדו | להון | בני ישראל: |
| 360 | Gn10:01 | שם וחם ויפת ואתילידו | להון | בנין בתר מבולא: |
| 361 | Gn49:01M | כל מה דאתערע דיערא | להון | בסוף יומ<י>א מן דאתגלי |
| 362 | Gn41:03 | וחסין בבשריהון וקמו | להון | בסטר תורייא על כ״#2#״ף |
| 363 | Dt23:03 | לחוד דר עשיריי לא יתחשב | להון | בקהל כנישתה דייי: |
| 364 | Dt23:04 | לחוד דר עשריי לא יתחשב | להון | בקהל כנשתה דייי עד לעולם: |
| 365 | Dt23:09 | להון דר תליתי יתחשב | להון | בקהל כנישתה דייי: |
| 366 | Dt31:02 | ואמר | להון | בר מאה ועשרין שנין אנה כען |
| 367 | Gn43:27 | ושאל | להון | בשלם ואמר הא שלם הוא |
| 368 | Ex32:13 | ולישראל עבדיך די קיימת | להון | בשם מימרך ומללת עמהון אסגי |
| 369 | Ex 1:21 | טב בגו בית ישראל ועבד | להון | בתים בייתה דמלכותא וביתא |
| 370 | Ex 1:21M | להון בתים /דרי ועבדי | להון | בתין#2#/ בייתה דמלכותא |
| 371 | Ex12:03M | הדין ויסבון | לכון/להון#2#/ | גבר אימר |
| 372 | Ex16:19 | ואמר משה | להון | גבר לא ישייר מנה עד צפרא: |
| 373 | Lv15:02 | עם בני ישראל ותימרון | להון | גבר גבר ארום יהווי דייב מן |
| 374 | Lv22:18 | ועם כל בני ישראל ותאמר | להון | גבר גבר מן דב«י»ת ישראל |
| 375 | Lv27:02 | מליל עם בני ישראל ותימר | להון | גבר ארום יפרש נדר בעלויה |

|  |  |  |  |  |
|---|---|---|---|---|
| 376 | Nu 5:12 | מליל עם בני ישראל ותימר | להון | גבר גבר ארום ת{ו}<י>סטי |
| 377 | Nu 6:02 | מליל עם בני ישראל ותימר | להון | גבר או אתתה ארום יפרוש |
| 378 | Nu24:07 | מנהון יהווי יכנש | להון | גלותהון מן מדינת |
| 379 | Dt32:41 | דעמי אשלם | להון | גמלין בישין: |
| 380 | Nu 4:19M | להון /תקנתה עיבידו | להון | די יזוחון עיניהון מן |
| 381 | Dt 4:19M | להון ותפלחון | קדמיהון/להון#2#/ | די פליג/ברא#2#/ ייי |
| 382 | Ex15:02M | ו{מא}<אמ>רין | להון | דין הוא אבונן דהווה מינק |
| 383 | Dt19:17 | ויקומון תרין גברייה דאית | להון | דינה קדם ייי לקדם כהנייה |
| 384 | Lv17:02 | ועם כל בני ישראל ותימר | להון | דן פתגמא די פקד ייי למימר: |
| 385 | Nu 9:08 | ואמר | להון | דן חד מן ארבעה דינין דקמו |
| 386 | Nu28:03 | ותימר | להון | דן סדר קרבנה די תקרבון קדם |
| 387 | Dt32:36 | שביקין ורטישין ולית | להון | דסעד וסמך: |
| 388 | Dt23:09 | בנין מה די יתיילדו | להון | דר תליתי יתחשב להון בקהל |
| 389 | Gn29:06 | ואמר | להון | הא שלם ליה ואמרין שלם והא |
| 390 | Gn29:22 | ועבד שירו ענה לבן ואמר | להון | הא שבע שנין גברא חסידא |
| 391 | Gn49:29 | ופקד יתהון ואמר | להון | הא אנא מתכנש לעמי קברו יתי |
| 392 | Nu11:22M | דימה רבה אין מתכנשין | להון | הא כולא יספק להון |
| 393 | Nu11:22 | כל נוני דימא אן מתכנש | להון | «ה»א ספק להון: |
| 394 | Nu11:22 | ותורייה אין מתנכס | להון | הא ספק להון אן ית כל נוני |
| 395 | Dt 8:19 | ותפלחון קדמיהון ותסגדון | להון | הא אסהידית בכון יומא הדין |
| 396 | Gn 8:21 | יצר לבהון דבני אנשא | לה{ו}ון | הגיין ביש מן טליותיהון |
| 397 | Ex16:15 | ידעין משה ואמר משה | להון | הוא לחמא די יהב ייי לכון |
| 398 | Dt32:20 | תהפכנין אנון בנין דלית | להון | היימנו: |
| 399 | Ex 7:13 | ואתוקף לבא דפרעה ולא שמע | להון | היך מה דמלל ייי: |
| 400 | Ex 7:22 | לבא דפרעה ולא שמע | להון | היך מה דמלל ייי: |
| 401 | Ex 8:11 | ותקף ית לביה ולא שמע | להון | היך מה דמלל ייי: |
| 402 | Ex 8:15 | לבה דפרעה ולא שמע | להון | היך מה דמלל ייי: |
| 403 | Ex 9:12 | ייי לבא דפרעה ולא שמע | להון | היך מה די מלל ייי עם משה: |
| 404 | Dt31:04 | ויעבד מימרה דייי | להון | היך מה דעבד לסיחון ולעוג |
| 405 | Dt 1:01 | ירדנה עני משה ואמר | להון | הלא במדברה ובטורא דסיני |
| 406 | Gn42:09 | יוסף ית חלמיא די חלם | להון | ואמר להון ילילין אתון |
| 407 | Dt31:23 | ישראל לארעא די קיימת | להון | ואנה בממרי אהוי בסעדך: |
| 408 | Dt31:07 | ייי לאבהתהון «למיתן | להון» | ואת תחסן יתה להון: |
| 409 | Gn11:06M | חדה ולשון חד | לכולהון/להון#2#/ | והא כדון/כן#2#/ |
| 410 | Nu21:15M | אשתיזיבת/אישתזיבת | להון#2#/ | והא היא סמיכה לתחומיהון |
| 411 | Nu 4:19 | ודא עבדו | להון | וייחון ולא ימותון |
| 412 | Nu15:38 | מליל עם בני ישראל ותימר | להון | ״ויעבדון להון ציצין על |
| 413 | Nu 4:26 | וית כל מה די יתעבד | להון | ויפלחון: |
| 414 | Ex20:05 | לא תסגדון | להון | ולא תפלחון קדמיהון ארום |
| 415 | Ex23:24M | ולא תפלחון | קדמיהון/להון#2#/ | ולא תעבדון |
| 416 | Dt 5:09 | לא תסגדון | להון | ולא תפלחון קדמיהון ארום |
| 417 | Ex28:43 | דלא ימותון קיים עלם | להון | ולבניהון בתריהון: |
| 418 | Dt 1:08 | ליצחק וליעקב למתן | להון | ולבניהון מן בתריהון: |
| 419 | Dt11:09 | קיים ייי לאבהתכון למיתן | להון | ולבניהון ארע עבדה פירין |
| 420 | Ex30:21 | ותהוי להון לקיים עלם | להון | ולזרעיי«ת» בניהון |
| 421 | Dt 5:29M | למייטבה | להון | ולזרעיית בניה׳ |
| 422 | Ex23:32 | לא תקימון | להון | ולטעוותהון קיים: |
| 423 | Dt 5:29 | יומייה מן בגלל דייטיב | להון | וליבניהון לעלם: |
| 424 | Dt17:03 | קדם טעוון אחרניין וסגד | להון | ולשמשא או לסהרא או לכל |
| 425 | Dt32:35 | ואשת׳ דגהינם מעתדה | להון | ומזרז ומייתי פורענותה |
| 426 | Nu36:04 | אחסנות שבטה די יהוויין | להון | ומן אחסנות שבט אבהתן יתמנע |
| 427 | Nu36:03 | על אחסנות שבטה די יהוון | להון | ומעד<י>ו{י} אחסנתן יתמנע: |
| 428 | Gn34:23 | דידן אינון לחוד נתערב | להון | ו{{נ}}«י»שרון עמן: |
| 429 | Nu14:16 | עמא האליין לארעא דקיים | להון | ונכס יתהון במדברה: |

|  |  |  |  |  |
|---|---|---|---|---|
| 430 | Dt 9:28 | יתהון לארעא די מלל | להון | ועל דהווה סני יתהון <אפיק |
| 431 | Gn43:34 | חולקין מן קדמוי ופלג | להון | ורבי חולקא דבנימן מן |
| 432 | Ex12:36 | באפיהון דמצריי ואשאלו | להון | ורוקנן בני ישראל ית מצריי |
| 433 | Nu 3:04 | דסיני ובנין לא הווה | להון | ושמש בכהונתה רבתה אלעזר |
| 434 | Nu 3:04M | להון /דכרין לא הוון | להון#2/ | ושמש בכהונתה רבתה |
| 435 | Dt 8:19M | אחרניין ותפלחון | קדמיהון/להון#2/ | ותסגדון להון הא |
| 436 | Dt 4:19 | שמיא {{ותטעון}} ותסגדון | להון | ותפלחון קדמיהון די פליג |
| 437 | Gn42:25 | כספהון גבר לשקיה ולמיתן | להון | זבדין לארחא ועבד להון |
| 438 | Gn45:21 | גזרת פומיה דפרעה ויהב | להון | זוודין לאורחא: |
| 439 | Dt 2:20 | ועמוניי הוון קר{ו}<י>ן | להון | זמתנייה: |
| 440 | Lv18:29M | חיי עלמא דאתי ולא יחי | להון | חולק בגו עמהון |
| 441 | Dt 5:30 | אזל משה מן שמי ואמור | להון | חזורו לכון בשלם למשכניכון: |
| 442 | Ex 9:27 | וקרא למשה ולאהרן ואמר | להון | חסית הדא זמנא ייי הוא |
| 443 | Nu16:33 | ונחתו אינון וכל מה דהוה | להון | חיין שאול וכסיית עליהון |
| 444 | Gn29:05 | ואמר» | להון | חכימין אתון ית לבן בר |
| 445 | Dt12:12 | די בקורייכון ארום לית | להון | חלק ואחסנה עמכון בפלוג |
| 446 | Dt14:27 | תשבקון יתהון ארום לית | להון | חלק ואחסנה עמכון בפלוג |
| 447 | Gn31:05 | ואמר | להון | חמה אנה ית סבר אפוי |
| 448 | Ex28:40 | תעבד כתונין ותעבד | להון | חמיינין וכובעין תעבד להון |
| 449 | Ex26:37 | ואונקלוותהון דהב ותתיך | להון | חמשה חמרין דנחש: |
| 450 | Dt29:25 | טעוון אחרניין ואשתחו | להון | טעוון די לא חכמו יתהון ולא |
| 451 | Gn 4:26 | בני אנשא למהוי עבדין | להון | טעון ומכניין יתהון בש' |
| 452 | Ex10:10 | ואמר | להון | יהוי כען מימריה דייי עמכון |
| 453 | Ex 3:16 | ית חכימיא דישראל ותימר | להון | ייי אלהא אבהתכון אתגלי עלי |
| 454 | Nu32:07 | מלמעבר לארעא די יהב | להון | ייי: |
| 455 | Nu32:09 | דלא מיעול לארעא די יהב | להון | ייי: |
| 456 | Gn42:09 | חלמיא די חלם להון ואמר | להון | ילילין אתון למיחמי ית |
| 457 | Nu27:07 | דצלפחד מלילו מתן תתן | להון | ירתו ואחסנה בגו אחי אבוהון |
| 458 | Gn41:08 | כל חכימיהון ותני פרעה | להון | ית חלמוי ולית דפשר יתהון |
| 459 | Ex 6:04 | ית קימי עמי עמהון למתן | להון | ית ארעא דכנען ית ארעא |
| 460 | Ex18:20 | גזירת אורייתא ותודע | להו«ן» | ית ארחא די יהלכון בה וית |
| 461 | Nu13:26M | כל עמה דכנשתה וחמון | להון | ית פירייה דא' |
| 462 | Nu28:02 | פקד ית בני ישראל ותימר | להון | ית קרבני לחמי לחם סדור |
| 463 | Nu32:29 | ארעא קדמיכון ותתנון | להון | ית ארעא גלעדה לאחסנה: |
| 464 | Dt18:18 | דבירוי בפומיה וימלל | להון | ית כל מה די אפקד יתיה: |
| 465 | Ex 5:21 | ואמרו | להון | יתגלי ייי עליכון וידון די |
| 466 | Nu22:20M | לך אתו גבריא /אין קרין | להון | ית{ה}ון גוב#2/ קום אזל |
| 467 | Gn42:25 | להון זבדין לארחא ועבד | להון | כדון: |
| 468 | Ex32:27 | ואמר | להון | כדין אמר ייי אלהה דישראל |
| 469 | Lv 7:07 | כאשמא גזירת אורייתה חדה | להון | כהנא די יכפר דידיה ליה |
| 470 | Lv 8:13 | ואסר יתהון המייני' ושוי | להון | כובעין היך מה די פקד ייי |
| 471 | Dt31:05 | ייי קדמיכון ותעבדון | להון | ככל מצוותה די פקדת לכון: |
| 472 | Gn49:01M | ס{י}ברון דהוי מתני | להון | כל מה דאתערע דיערא להון |
| 473 | Nu14:02 | כל בני ישראל ואמרין | להון | כל עם כנישתה אלווי בארעא |
| 474 | Dt32:38M | יתהון ויהווי | עליהון/להון#2/ | כמגלה/למגן#2/: |
| 475 | Gn24:56 | ואמר | להון | לא תשהון יתי וייי הצל«ח» |
| 476 | Gn45:24 | ית אחו«י» ואזלו ואמר | להון | לא תתרגזון בארחא: |
| 477 | Dt 1:42 | ואמר ייי לי אמור | להון | לא תסקון ולא תסדרון קרבה |
| 478 | Ex28:40 | חמיינין וכובעין תעבד | להון | לאיקר ולתושבחא: |
| 479 | Gn17:08 | לאחסנת עילם ואהוי במימרי | להון | לאלה פריק: |
| 480 | Ex29:45 | בני ישראל ויהווי ממרי | להון | לאלה פריק: |
| 481 | Lv26:45 | אומייה למיהווי במימרי | להון | לאלה פרוק אנה ייי: |
| 482 | Ex32:24 | ואמר | להון | {לאן לכון} <למן> דהבא פרקו |
| 483 | Dt 3:28M | יתהון \ית ארעא /יתה | להון | לארעא#2/ די תחמי: |
| 484 | Nu21:15 | כדן אתפרשו ואזלו | להון | לאתריהון לחוות קרתה די לא |
| 485 | Gn11:03 | ונזי יתהון באתונ' והוין | להון | לבניה לאבנין וחמרא הווה |
| 486 | Lv17:07 | קיים עלם תיהוי דא | להון | לדריהון: |
| 487 | Lv22:03 | אמור | להון | לדריכון כל גבר די יקרוב מן |
| 488 | Gn34:07 | שמעו ואתרגזו גבריא ובאש | להון | לחדא ארום מרחקא עבד |
| 489 | Gn34:14 | ואמרן | להון | לית אנן יכלין למעבד פתגמא |
| 490 | Dt 5:29 | לבה שלמה ˆהדין#2ˆ | להון | למדחול מן קדמי ולמטור ית |
| 491 | Nu 8:07 | וכדן תעבד | להון | למדכיה יתהון אדי עליהון מי |
| 492 | Gn44:04 | גבריא ותארע יתהון ותימר | להון | למה כען שלמתון בישן חלף |
| 493 | Ex13:21 | דעננא דאישתא למנהרא | להון | למהוי מהלכין ביממא |
| 494 | Gn39:14 | וקרת> לאנשי בייתה ואמרת | להון | למימר חמון דאייתי לי גבר |
| 495 | Nu 9:06M | בנוי דאהרן ולית אפשר | להון | למעבד פסחא |
| 496 | Ex29:01 | ודן פתגמא ד<י>תעבד | להון | למקדשה יתהון למשמשה קדמוי |
| 497 | Nu35:03 | ויהוון קוריין | להון | למשריהון ופרויריהון |
| 498 | Gn13:16 | דארעא אף בניך לית אפשר | להון | למתמניה: |
| 499 | Nu21:19 | בירא מתנה חזרת למהווי | להון | לנחלין מתגברין ומן דהוות |
| 500 | Ex30:21 | ולא ימותון ותהוי | להון | לקיים עלם להון |
| 501 | Nu19:21 | ותיהוי | להון | לקיים עלם ומן דמדי מי אדיה |
| 502 | Dt32:03 | משה נבייה לרשיעיה וויי | להון | לר{{שיע'}} דמדכרין שמה |
| 503 | Gn11:03 | לבניה לאבנין וחמרא הווה | להון | לשיע: |
| 504 | Dt 7:05 | אלהן כהדן סידרה תעבדון | להון | מדבחיהון תסתרון וקיימתהון |
| 505 | Gn19:08 | כען יתהון לוותכון ועבדו | להון | מה דשפר באפיכון לחוד |
| 506 | Dt32:05 | לא קדמוי חבלו אלה | להון | מומה דאשתכח בהון דרא עקמנה |
| 507 | Lv23:02 | מלל עם בני ישראל ותימר | להון | מועדוי דייי די תארעון |
| 508 | Gn43:24 | לפלטורין דיוסף ויהב | להון | מיא ואסחון רגליהון ויהב |
| 509 | Ex17:01 | ושרון ברפידים ולא הוה | להון | מיא דשתון עמא: |
| 510 | Nu20:08 | לעייניהון ויתן מוי ותפק | להון | מיין מן כיפה ותשקי ית עם |
| 511 | Nu21:16 | ולמשה כנש ית עמא ואתן | להון | מיין: |
| 512 | Gn35:09M | יתהון ממריה דייי ואמ' | להון | מימריה דייי תקופו וסגון |
| 513 | Nu21:14M | כן יעבד | להון | <מימריה> דייי כד הנון |
| 514 | Ex28:42 | ותעבד | להון | מכנסין דבוץ למכסיה בשר |
| 515 | Ex 5:04 | ואמר | להון | מלכא דמצרים למה כען משה |
| 516 | Nu20:18M | ואמר/\ | להון | מלכיהון דאדומיי לא תעברו |
| 517 | Nu26:65 | ארום אמר ייי | להון | ממת ימותון במדברה ולא |
| 518 | Gn21:33 | די אכלו ושתו והוה אמר | להון | מן דאמר והוה עלמא אתון |
| 519 | Gn42:07 | עמהון מלין קשין ואמר | להון | מן אן אתי{ה}<ת>ון ואמרין |
| 520 | Ex 1:10 | עליהון מלך ויסקון | להון | מן ארעא: |
| 521 | Ex32:24M | ואמרית | להון | מן דאית ליה דהב פריקו |
| 522 | Dt17:10M | יתנון/יהוון#2/ | לכון/להון#2/ | מן אתרא ההוא די |
| 523 | Ex 1:18 | דמצרים לחייתא ואמר | להון | מן בגלל מה עבדתון פתגמא |
| 524 | Dt18:18 | נביא אקים | להון | מן גו אחיהון כוותך ואישווי |
| 525 | Lv24:12 | במטרתה עד זמן דיתפרש | להון | מן קדם ייי בהידין דינא |
| 526 | Ex20:18 | וחמון עמא ואזדעזעו וקמו | להון | מן רחיק: |
| 527 | Nu21:06 | עמי מארעא דמצרים ואחתת | להון | מנא מן שמייא ואסקת להון |
| 528 | Dt32:10 | ארבעין שנין במדברה אחת | להון | מנה מן שמיא אסק להון באר' |
| 529 | Dt 9:12 | ארחה דפקדית יתהון עבדו | להון | מסכה: |
| 530 | Nu16:27 | ו{ת}<ד>תן ואבירם קמו | להון | מעתדין בתרע משכניהון |
| 531 | Nu21:18 | ואהרן ומן מדברה אתיהבת | להון | מתנה: |
| 532 | Dt32:15 | ופחזו פגשו והצלחו וקנון | להון | נכסין סגין ואנשון ית מימר |
| 533 | Ex14:25 | דין הוא ייי דהווה עבד | להון | נצחני קרביהון עד אינון |
| 534 | Ex14:25 | במצרים והוא עתיד למעבד | להון | נצחני קרביהון {עד אינון |
| 535 | Ex14:25 | במצרים והו' עתיד למעבד | להון | נצחני קרביהון} אוף על ימא |
| 536 | Gn11:29 | ונסב אברם ונחור | להון | נשין שמה דאתתיה דנחור |
| 537 | Nu16:03 | משה ועל אהרן ואמרין | להון | סגין עליכון ארום כל כנישתה |

|  |  |  |  |  |
|---|---|---|---|---|
| 538 | Gn49:02 | בגוויה סברין דהווה גלי | להון | סדר ברכתא ואתכסי מניה עני |
| 539 | Nu20:21M | \דלא לסדרה | לקבליהון/להון#2#/ | סדרי /דלא יסדרון |
| 540 | Nu21:06M | "ואסקת להון...": אגיזית | להון | סל{ד}<ו>ויין מן ימא אסקית |
| 541 | Nu21:06 | בירא מן תהומא ואגיזת | להון | סלווי מן ימא וחזרו עמי |
| 542 | Dt32:10 | באר׳ מן תהומה ואגיז | להון | סלוי מן ימה אשרי יתהון |
| 543 | Nu24:01 | למדברה אפוי והוה מדכר | להון | עבדה דעגלה: |
| 544 | Lv26:13 | ארעא דמצרים מן למיהוי | להון | עבדין משעבדין ותברית ניר |
| 545 | Ex30:21M | ולדריהון /קיים דלעלם | להון | עד לעלם#2#/: |
| 546 | Lv21:01 | בנוי דאהרן ותמר | להון | על נפש דמית לא יסתאב כהנא |
| 547 | Gn 3:07 | ערטליין אינון וחייטו | להון | עלין דתינה ועבדו להון |
| 548 | Nu29:37M | די תהוון מקריבין | עמהון/להון#2#/ | עם תוריה ועם דכרייה |
| 549 | Ex18:16 | ארום יהוי | להון | עסק דין דמלין אתיין לוותי |
| 550 | Gn22:14M | בשעת אננקי תהווי מדכר | להון | עקידתא דיצחק אבוהן ושרי |
| 551 | Nu16:34 | וכל ישראל די חזור חזור | להון | ערקו לקלהון ארום אמרו דלא |
| 552 | Gn50:21 | טפלכון ענה יוסף ואמר | להון | עשרה כוכבין בעון למעקר |
| 553 | Gn47:22 | ית חולקהון די יהב | להון | פרעה {בדין} בגין כדין לא |
| 554 | Nu15:38 | ותימר להון ^ויעבדון | להון | ציצין על צנפת גיליהון |
| 555 | Gn21:33M | עני אבונן אברהם ואמ׳ | להון | צלון קדם אבוכון דבשמיא |
| 556 | Ex28:38M | /תד׳#2#/ לרעוא | עליהון/להון#2#/ | קדם ייי: |
| 557 | Lv 9:05M | עם כל כנשתה וקמו | ∧להון#2#/ | קדם ייי: |
| 558 | Nu15:34 | יתה במטרה עד זמן דיתפרש | להון | קדם ייי מה יתעבד לה: |
| 559 | Lv26:45 | ואדכר | להון | קיימה די קיימת עם קדמי ודי |
| 560 | Dt32:27 | די תקף ואילולי דאדכר | להון | קיימה דקיימת לאבהתהון |
| 561 | Gn49:01M | בעא לאיתנ׳ | להון | קץ ברכתא וניחמתא ואתכסי |
| 562 | Gn49:01 | לי קיצא ולא <א>יתני | להון | קץ ברכתא וניחמתא מן דאתגלי |
| 563 | Gn49:01 | מינה סברין דהוא מתני | להון | קץ פורקנא ונחמתא מן דאתגלי |
| 564 | Lv10:04 | חביבה דאהרן ואמר | להון | קרבו סבו ית אחיכון מן לוות |
| 565 | Ex19:25 | מן טורא לוות עמא ואמר | להון | קרובו קבילו עשירתא |
| 566 | Ex40:15 | רבתה ותהוי למהווי | להון | רבותהון לכהנא לעלם |
| 567 | Dt32:46 | ואמר | {א}להון | שוון לבביכון לכל פתגמיה |
| 568 | Ex14:22 | ימא ביבשתא ומיא הוון | להון | שורין דמיין מן ימינהון ומן |
| 569 | Ex14:29 | בגו ימא ומיא הוון | להון | שורין דמין מן ימינהון ומן |
| 570 | Lv25:31 | ובתי כופרנייה די לית | להון | שורין מן חזור חזור על |
| 571 | Nu11:32 | אסף עשרה כורוון ושטחו | להון | שטחין חזור חזור למשריתה: |
| 572 | Gn26:30 | ועבד | להון | שירא ואכלו ושתון: |
| 573 | Gn19:03M | ועבד | להון | שירו והנון מתחמיין היך |
| 574 | Ex 1:21 | חייתא מן קדם ייי וקנון | להון | שם טב בגו בית ישראל ועבד |
| 575 | Ex32:25 | שמעו למילוי דאהרן קנון | להון | שם ביש לדרי דרין: |
| 576 | Gn37:06 | ואמר | להון | שמעו כען חלמא הדין די |
| 577 | Nu20:10 | ית קהלה קדם כיפה ואמר | להון | שמעו כען עמה דמלפין |
| 578 | Dt 5:01 | משה לכל ישראל ואמר | להון | שמעו ישראל ית קיימיה וית |
| 579 | Dt20:03 | ויאמר | להון | שמעון כען ישראל אתון |
| 580 | Gn19:03 | ועלו לגו ביתה ועבד | להון | שרו ופטירין אפה ואכלו: |
| 581 | Ex 5:07 | אינון יזלון ויגבון | להון | תבן: |
| 582 | Nu34:15 | ימא דבית ירח נפק | להון | תחומא לידיוקיטא |
| 583 | Nu34:15 | עיינוותיה דדרמשק נפק | להון | תחומא לנהרא רובא נהרא פרת |
| 584 | Nu34:15 | רובא נהרא פרת נפק | להון | תחומא לקרן זווי דברתיה וכל |
| 585 | Nu34:15 | קדמין מן מדנחה נפק | להון | תחומה לכנרת כרך מלכיהון |
| 586 | Nu34:15M | מן מישר ימה דמלחא נפק | להון | תחומה לכנרת כרך |
| 587 | Nu34:15 | מלכיהון דאמוריי נפק | להון | תחומה לכרכא דעיון דמן |
| 588 | Nu34:15M | מלכותהון דאימוראי נפק | להון | תחומה לטור תלגה ולחומתה |
| 589 | Nu34:15M | ולחומתה דלבנן נפק | להון | תחומה לחובה די מן צפון |
| 590 | Nu34:15 | דממדנח מערבה דדן נפק | להון | תחומה לטור תלגא לתחומה |
| 591 | Nu34:15M | דדרמסק ומן צפון נפק | להון | תחומה לדיוקטס תורנגלה |

|  |  |  |  |  |  |
|---|---|---|---|---|---|
| | 592 | Nu34:15M | מדנח מער{ב}<ת> דן נפק | להון | תחומה לנהרה רבה דפרת |
| | 593 | Gn 9:01 | ית נח וית בנוי ואמר | להון | תקופו וסגון ומלון ית ארעא: |
| | 594 | Ex39:43 | וברך יתהון משה ואמר | להון | תשרי שכינתה בעבד ידיכון: |
| | 595 | Nu35:02M | לקורייתה דח׳#2#/ | יתהון/להון#2#/ | תתנון לליוויי: |
| להם | 596 | Gn26:27 | ואמר | {להם} | להון יצחק מן בגלל מה |
| להן | 597 | Gn26:18 | מן בתר דמית אברהם וקרא | להן | שמהן בשמהתא די קרא להון |
| לו | 598 | Gn37:14 | ואמר | לו | אזל כען וחמי ית שלמיהון |
| | 599 | Ex27:04 | ותעבד | לו | קנקל עובד מצדה דנחש ותעבד |
| לון | 600 | Gn34:16 | לכון וית בנתכון נסב | לון | ונשרי עמכון וניהווי {כולה} |
| לי | 601 | Gn 4:13M | למשרי ולמשבק/ולמשבוק | לי#2#/: | |
| | 602 | Gn19:20M | זעירא היא ותתקיים | נפשי/לי#2#/: | |
| | 603 | Gn25:31 | זבן כען ית בכורותך | לי: | |
| | 604 | Gn27:13 | שמע בקלי ואזל אייתי | לי: | |
| | 605 | Gn31:07 | יהב ייי רשו{י} למבאשא | לי: | |
| | 606 | Gn31:07M | מימריה דייי למבאשה | לי#2#/: | |
| | 607 | Gn31:09 | נכסוי דאבוכון ויה«ב» | לי: | |
| | 608 | Gn40:08 | ייי פתרוניא תנון כען | לי: | |
| | 609 | Gn41:24 | ולי«ת» דפשר | לי: | |
| | 610 | Nu22:18 | ואמר לעבדוי דבלק אם יתן | לי | בלק מלא ביתיה כסף ודהב לית |
| | 611 | Nu24:13 | אן יתן | לי | בלק מלא ביתיה כסף ודהב לא |
| | 612 | Gn24:40 | ואמר | לי | «ייי» די פלחת קדמוי |
| | 613 | Dt18:17 | ואמר ייי | לי | משה הא שפר ותקן כל מה די |
| | 614 | Gn44:27 | ארום תרין בנין ילידת | לי | רחל אתתי: |
| | 615 | Gn23:04 | דייר ותותב אנה עמכון הבו | לי | אחסנו דקבורה עמכון ואקבר |
| | 616 | Gn12:13 | אמרי כען | לי | אח«תי» א׳ ^מן#2#^ בגלל |
| | 617 | Gn20:05 | הלא הוא אמר | לי | אחתי היא והיא אמרת אחי הוא |
| | 618 | Gn31:27 | ולא תנית | לי | אילו תנית לי שלחת יתך בחדון |
| | 619 | Nu11:29 | ואמר ליה משה הא מקנא את | לי | אלווי מן יתן כל עם דייי |
| | 620 | Nu11:29M | \מקנא את לי /את מקנה | לי#2#/ | אלווי מן יתן כל עם |
| | 621 | Dt 1:42 | ואמר ייי | לי | אמור להון לא תסקון ולא |
| | 622 | Dt 2:02 | ואמר ייי | לי | אמר משה למימר: |
| | 623 | Dt 2:09 | ואמר ייי | לי | אמר משה לא תעיקון ית |
| | 624 | Dt 2:31 | ואמר ייי | לי | אמר משה חמי דהא שריית |
| | 625 | Dt 3:02 | ואמר ייי | לי | אמר משה לא תדחל מנה ארום |
| | 626 | Dt 3:26 | שמע בקל צלותי ואמר ייי | לי | אמר משה סגין לך לא תוסף |
| | 627 | Dt 4:10 | דחורב בזמנה דאמר ייי | לי | אמר משה כנש לי ית עמא |
| | 628 | Dt 5:22 | לווחין דאבנין ויהב יתהון | לי | אמר משה: |
| | 629 | Dt 5:28 | עמי ואמר מימרה דייי | לי | אמר משה שמעית ית קל מליהון |
| | 630 | Dt 9:10 | ויהב ייי | לי | אמר משה ית תרין לווחי |
| | 631 | Dt 9:11 | וארבעין לילוון יהב ייי | לי | אמר משה ית תרין לוחי |
| | 632 | Dt 9:12 | ואמר ייי | לי | אמר משה קום חות בופריע מן |
| | 633 | Dt 9:13 | ואמר ייי | לי | אמר משה למימר גלי קדמי ית |
| | 634 | Dt 9:19M | מנכון ושמע מימריה דייי | לי | אמר |
| | 635 | Dt10:01 | בשעתה ההיא אמר ייי | לי | אמר משה חצוב לך תרין |
| | 636 | Dt10:04 | כנשות קהלא ויהב יתהון | לי | אמר משה: |
| | 637 | Dt10:11 | ואמר ייי | לי | אמר משה קום אזיל למטלן קדם |
| | 638 | Dt34:04 | ואמר מימריה דייי | לי | אמר משה דא ארעא דקיימת |
| | 639 | Ex33:12 | קדם ייי חמי די את אמר | לי | אסק ית עמא האיליין ואת לא |
| | 640 | Nu22:17 | יתך לחדא וכל מה די תאמר | לי | אעבד ואתה כען לווט לי ית |
| | 641 | Gn24:44 | ותימר | לי | אף את שתי ואף לגמליך אמלא |
| | 642 | Gn29:33 | ייי ארום שניא אנא ויהב | לי | אף ית דין וקראת שמיה |
| | 643 | Gn32:21 | סבר אפוי מה דלמה דיסב | לי | אפין: |
| | 644 | Gn12:18 | דעבדת לי למה כען לא תנית | לי | ארום אתתך היא: |
| | 645 | Gn31:42 | ותקיפא דיצחק הו{ת}<ה> | לי | ארום כדון ריקן שלחת יתי ית |

| | | | | |
|---|---|---|---|---|
| 646 | Gn38:16 | לוותי} ואמרת מה את יהב | ל<י> | ארום תעול לוותי: |
| 647 | Ex18:11 | הא כדון ידעת וגלי הוא | לי | ארום תקוף הוא ייי מן אלהייא |
| 648 | Dt29:18 | ליביה למימר שלם יהווי | לי | ארום בקשיטות ליבי איזיל |
| 649 | Gn34:11 | באפיכון וית מה די תאמרון | לי | אתן: |
| 650 | Gn50:05 | אנה מאית בקברי די חפרת | לי | בארעא דכנען תמן תקבר יתי |
| 651 | Lv14:35 | לכהנא למימר כמכתש אתחזי | לי | בביתה: |
| 652 | Gn21:23M | דייי הכא דלית את משקר | לי | בברי ולא בבר ברי כחסדא |
| 653 | Gn12:13 | א' ^מן#2#^ בגלל דייטיב | לי | בגללך ותתקיים נפשי בזכוותך: |
| 654 | Gn38:25 | דהוא אשא אכל' אשא טב | לי | בהית בעלמא הדין דהוא עלם |
| 655 | Gn12:13M | נפשי בזכוותך /למייטבה | לי | בזכות' ותתקמה לי נפשי |
| 656 | Gn23:09 | חקליה בכסף שלים יזבן יתה | לי | ביניכון לאחסנו דקבור«ה»: |
| 657 | Gn23:11 | חקליה בכסף שלים יזבן יתה | לי | ביניכון לאחסנו דקבורה דחת |
| 658 | Gn25:32 | הא אנה אזל לממת ולמה כען | לי | בכורותא: |
| 659 | Ex13:08M | פיסחא דין עבד ייי ניסין | לי | במפק' ממצרים |
| 660 | Gn25:22 | היא צערהון דבניא למה כען | לי | בנין ואזלת לבית מדרשא דשם |
| 661 | Gn25:22M | אית לי חיין למהוי | לי | בנין ואזלת למתבוע רחמין |
| 662 | Gn29:31 | ואמר במימר«י»ה למיתן | לי | בנין ורחל הוות עקרה: |
| 663 | Gn30:01 | ואמרת ליעקב הב | לי | בנין ואין לא מיתה אנה: |
| 664 | Gn30:08 | די צלית קדם ייי דיתן | לי | בנין היך מה דיהב לאחתי לחוד |
| 665 | Gn 4:01 | ית קין ואמרת הא יתיהב | לי | בר מן קדם ייי: |
| 666 | Gn30:06 | ייי ואף שמע בקלי ויהב | לי | בר בגין כדן קראת{{י}} |
| 667 | Gn30:24 | יוסף למימר יסף ייי | לי | בר חורן: |
| 668 | Gn15:02M | וסגין קודמיך למ' | לי | ברם |
| 669 | Ex10:28M | קשייתא האלן דאת אמ' | לי | ברם בעי אנא למימות ולא |
| 670 | Gn25:33M | "אשתבע לי": קיים | לי | בשבועא |
| 671 | Gn21:23M | וכדו קיים | לי | בשבועה בשם ממריה דייי הכא |
| 672 | Gn47:31M | "אשתבע ...": קיים | לי | בשבועה וקיים ליה בשבועה |
| 673 | Nu20:12 | חלף די לא היימנתון | לי | בשם מימרי למקדשה שמי לעיני |
| 674 | Gn21:23 | וכדון אשתבע | לי | בשמה דייי הכה אם תשקר בי |
| 675 | Nu11:13 | מן הן אית | לי | בשר למתין לכל עמא האלין |
| 676 | Gn39:14 | להון למימר חמון דאייתי | לי | גבר עבריי למגחכה {למגחכה} |
| 677 | Nu23:07 | יעקב ואתא זעיר | לי | דבית ישראל: |
| 678 | Nu23:07 | מדינ{ת}<ח>ה אתא לוט | לי | ^דדבית#2#^ יעקב ואתא זעיר |
| 679 | Gn29:19M | לבן \תקן מסבה יתה /טב | לי | דנתן יתה#2#/ לך מן למסבה |
| 680 | Gn48:04 | ואמר | לי | הא אנה מתוקף יתך ומסגי יתך |
| 681 | Gn24:23 | ואמר ברת מן את תניין כען | לי | האית בביתה ^דאבוך#2#^ אתר |
| 682 | Gn31:43 | עניי וכל מה דאת חמי | {לי | הו} לי הוא ולבנתי מה אעביד |
| 683 | Gn31:43 | וכל מה דאת חמי {לי הו} | לי | הוא ולבנתי מה אעביד לאלין |
| 684 | Ex24:14 | אמר ת{ו}<י>בו אמתינו | לי | הכא עד זמן די נחזור לוותכון |
| 685 | Nu23:01 | שבעה תורין מדבחין ותקן | לי | הכה שבעה תורין ושבעה דכרין: |
| 686 | Nu23:01 | ואמר בלעם לבלק בנה | לי | הכה שבעה תורין מדבחין ותקן |
| 687 | Nu23:29 | ואמר בלעם לבלק בנה | לי | הכה שבעה מדבחין ואתקן לי |
| 688 | Nu23:29 | לי הכה שבעה מדבחין ואתקן | לי | הכה שבעה תורין ושבעה דכרין: |
| 689 | Gn29:25 | ואמר ללבן מה היא דעבדת | לי | הלא ברחל פלחת עמך ולמה כען |
| 690 | Gn50:19 | משלמה לכון בישתא דעבדתון | לי | הלא קדם ייי אינון גלייא |
| 691 | Gn 4:24 | להבל שבעה דרין איתלי | לי | ולמך בר ברה די לא קטל |
| 692 | Gn21:26M | "ואף את": ואוף את לא חוית | לי | ואוף אנ{ת}<א> לא ידעת |
| 693 | Gn27:04 | היך מה דרחמת ואייתי | לי | ואכול מן בגלל די תברך יתך |
| 694 | Gn27:25 | ואמר אקרב | לי | ואכל מן ציידה דברי מן בגלל |
| 695 | Gn27:33 | כדון הוא דצד ציד ואייתי | לי | ואכלת מן כולה קדם עד לא |
| 696 | Gn43:29 | הוא אחוכון זעירא דאמרתון | לי | ואמר מן קדם ייי יהוי מחוס |
| 697 | Gn24:49 | חסד וטבו עם רבוני תנון | לי | ואן לא תנון לי ואסטי לימינא |
| 698 | Gn15:02 | יהבת לי וסגין קדמך למיתן | לי | ואנה אזל מן עלמא בלא בנין |
| 699 | Ex 2:09 | ית טליא הדין ואוניקי יתה | לי | ואנה אתן ית אגריך ונסבת |
| 700 | Gn34:12 | ואתן היך מה די תאמרון | לי | ואסבו לי ית רביתה לאתה: |
| 701 | Gn24:49 | תנון לי ואן לא תנון | לי | ואסטי לימינא או לשמאלה: |
| 702 | Ex32:24 | פרקו יתיה והבו יתיה | לי{ה} | ואשלכהו באש ויצא העגל |
| 703 | Gn47:31 | ואמר אשתבע | לי | ואשתבע ליה ואודי ושבח |
| 704 | Ex32:24M | ליה דהב פריקו ואייתון | לי | ואת' וטלקתיה בנורא ועל |
| 705 | Gn21:06M | דשמע בקלי {ו}<י>חדי | לי{יתי} | ויחדי עמי |
| 706 | Ex 4:01 | ואמר ואין לא יהימנון | לי | ולא ישמעון בקלי ארום יאמרו |
| 707 | Gn21:26 | הדין ואף את לא תנית | לי | ולחוד אנא לא שמעת ארום |
| 708 | Gn15:02 | מן קדמך ייי סגין יהבת | לי | וסגין קדמך למיתן לי ואנה |
| 709 | Lv10:20M | ואהרן אחי אלף יתי' | לי | ועל דאשפל קבל עלה אגר סגי |
| 710 | Gn31:35 | ארום ארח {ב}<כ>נשיא | לי | ופשפש לבן ית כל משכנא ולא |
| 711 | Gn15:01M | או דלמא דאשכח | לי | זכו בזמנ' קדמיא די נפלו |
| 712 | Gn15:01M | או דלמא די לא ישתכח | לי | זכו בזמנה תניינא ויתחלל בי |
| 713 | Gn28:22 | לשמה דייי וכל מה דתתן | לי | חד מן עשרה אפרש יתהון |
| 714 | Gn27:36 | ברכתי ואמר הא לא שבקת | לי | חדא ברכה: |
| 715 | Gn21:06M | לי מן קדם ייי /סגי | לי | חדוה עבד לי ייי#2#/ כל |
| 716 | Gn15:01 | מצוותה בעלמא הדין ולית | לי | חול' לעלמא דאתי או דילמא |
| 717 | Gn32:10 | דיצחק אבה ייי דאמר | לי | חזור לארעך ולתולדותך ואוטב |
| 718 | Gn25:22M | אית | לי | חיין למהוי לי בנין ואזלת |
| 719 | Gn27:46 | דעמא דארעא למה כען | לי | חיין: |
| 720 | Gn31:29M | אית | עמ'/לי#2#/ | חיל ואוכלסין סגין |
| 721 | Nu11:12 | אולדת יתהון ארום תאמר | לי | טען יתהון בעב{ר}<ך> היך |
| 722 | Gn 4:25 | ית שמיה שת ארום שוי | לי | «ייי» בר חורן חלף הבל |
| 723 | Gn21:06M | ייי /סגי לי חדוה עבד | לי | ייי#2#/ כל דשמע יחדי עמי: |
| 724 | Gn48:09 | לאבוי בני אנון די יהב | לי | ייי הכא ואמר דבר כען יתהון |
| 725 | Gn38:25 | דאבא קבילו מיני טב | לי | יקד בעלמא הדין באשא טפיא |
| 726 | Gn23:09 | ויזבן | לי | ית מערת כפילה די בסייפיה |
| 727 | Gn23:11 | עפרון בר צוחר: ויזבן | לי | ית מערת כפילה די בסייפי' |
| 728 | Gn29:21 | ואמר יעקב ללבן הב | לי | ית אתתי «ארי אשלימני» |
| 729 | Gn30:26 | הב | לי | ית נשי וית בני די פלחית |
| 730 | Gn34:12 | די תאמרון לי ואסבו | לי | ית רביתה לאתה: |
| 731 | Ex33:18 | ואמר חווי כען | לי | ית איקרך: |
| 732 | Nu22:06 | וכדון אתה כען לווט | לי | ית עמא האליין ארום תקיפין |
| 733 | Nu22:17 | לי אעבד ואתה כען לווט | לי | ית עמא האליין: |
| 734 | Dt 4:10 | דאמר ייי לי אמר משה כנש | לי | ית עמא ואשמע יתהון ית דברי |
| 735 | Nu22:11 | דארעא וכדון אתה כען לוט | לי | יתהון מה ^דלמא#2#^ |
| 736 | Gn25:33 | ואמר יעקב אשתבע | לי | כיומא הדין ואשתבע לי' וזבין |
| 737 | Gn30:31M | "לי כלום מדעם": תתן | לי | כל מאן דעאן |
| 738 | Gn33:11 | חן יתי ייי וארום אית | לי | כל מן דעם ודחק עלוי ונסב: |
| 739 | Gn30:31 | לך ואמר יעקב לא תעבד | לי | כלום מדעם אן תעבד לי פתגמא |
| 740 | Gn24:12 | אלהה דרבוני אברהם יזדמן | לי | כען קדמוי יומא הדין ועבד |
| 741 | Gn29:15 | אפשר למפלח קדמיי מגן תנה | לי | כען מה הוא אגרך: |
| 742 | Gn29:15M | /תפלוח גבי מגן חווי | לי#2#/ | כען מה הוא אגרך: |
| 743 | Gn37:16 | ואמר ית אחי אנא בעי תני | לי | כען אן אנון רען: |
| 744 | Gn38:25 | דברך או לא ואנה איתמר | לי | כען דמן אינון עזקתה |
| 745 | Ex33:18M | /משה קדם ייי חווי | לי | כען ית זיו איקרך#2#/: |
| 746 | Gn15:03 | ואמר אברם הא | לי | לא יהבת בנין והא בר בתי |
| 747 | Gn20:16M | יהבת כל מה דילי/דאית | לי#2#/ | לא הוינה כמסת דידע |
| 748 | Dt31:02 | ולמיעול וממרה דייי אמר | לי | לא תעבר ית ירדנה הדין: |
| 749 | Gn20:12 | לחוד לא ברתה דאמה והוות | לי | לאיתה: |
| 750 | Gn28:21 | לביתיה דאבה ויהווה ייי | לי | לאלה פריק: |
| 751 | Gn12:19 | אמרת אחתי היא ונסב' יתה | לי | לאתה וכדין הא אתתך דבר |
| 752 | Ex30:31 | משח דרבו דקדש יהווי דין | לי | לדריכון: |
| 753 | Gn29:33M | רחימא באפי בעלי ויהב | לי | לחוד אף דן#2#/ וקראת שמיה |

|  |  |  |  |  |  |
|---|---|---|---|---|---|
| 754 | Gn28:20 | | די אנה מהלך בה ויתן | לי | לחם למיכל ולבוש למלבש: |
| 755 | Gn12:18 | | ואמר מה הי' דא דעבדת | לי | למה כען לא תנית לי ארום |
| 756 | Gn17:17 | | הא בר מאה שנין אפשר | לי | למולדה בנין ואן שרה הא ברת |
| 757 | Gn18:12 | | למימר בתר דסאבית אפשר | לי | למחזר ליומי טליותי ולמהווי |
| 758 | Gn 4:14 | | דארעא ומן קדמוך לית אפשר | לי | למטמרה ויהוי קין גלי |
| 759 | Nu22:37M | | /<מן> קושטין לית איפשר | לי | למייקרה לך#2#/: |
| 760 | Gn31:29 | | ואלה דאבוכון ברמשא אמר | לי | למימר אזדהר לך מן למללה עם |
| 761 | Gn34:30 | | לשמעון וללוי אבאשתון | לי | למיסבא שמי ביש קדם דיירי |
| 762 | Nu23:11 | | ואמר בלק לבלעם מה עבדת | לי | למלוט בעלי דבבי דברת יתך |
| 763 | Gn22:14 | | פלגו בזמנא קדמיא דאמרת | לי | למקרבא ית יצחק ברי למעבד |
| 764 | Gn43:06 | | ואמר ישראל למה אבישתון | לי | למתנייא לגברא הא כען אית |
| 765 | Gn21:30 | | יד{ו}<י> מן בגלל דתהוון | לי | לסהדו ארום חפירית ית בארה |
| 766 | Ex 3:13 | | יתי לוותכון ויאמרו | ל{ו}<י> | מה שמיה מה אימר להון: |
| 767 | Ex15:25M | | מיא תמן \שוי ליה /חווי | לי | מימרי' דייי#2#/ קיימין |
| 768 | Gn31:11 | | ואמר | לי | מלאכא דייי בחלמא יעקב ואמר |
| 769 | Gn 4:25M | | "...קין": אמרית ארום שוי | לי | ממריה דייי זרע אוחרן חולף |
| 770 | Gn21:06M | | חדה רבה עבד | לי | ממריה דייי כל דשמע בקלי |
| 771 | Gn 3:12 | | די שוית עמי היא יהבת | לי | מן א«י»לנא ואכלית: |
| 772 | Gn23:08 | | מן קדמי קבילו מני ובעון | לי | מן עפרון בר צוחר: |
| 773 | Gn23:11 | | קדמ«י» קבילו מני ובעון | לי | מן עפרון בר צוחר: ויזבן |
| 774 | Gn27:09 | | אזל כען לוות ענה ואייתי | לי | מן תמן תרין גדיין דעזין |
| 775 | Gn30:14 | | ואמרת רחל ללאה הבי כען | לי | מן יברוחי דבריך: |
| 776 | Gn48:22M | | דאמורא' דהוויי' טבין | לי | מן חרבי ומן קשתי |
| 777 | Gn48:22 | | טביא דאינון טבין | לי | מן חרבי ומן קשתי ועוד יהבית |
| 778 | Gn48:22 | | מן ידיהון דאמוראי דטבין | לי | מן חרבי וקשתי: |
| 779 | Nu23:13 | | לא תחמי ותלוט יתהון | לי | מן תמן: |
| 780 | Nu23:27 | | מן קדם ייי ותלוט יתהון | לי | מן תמן: |
| 781 | Nu 8:16 | | ארום מתנה אינון יהבין | לי | מן גו בני ישראל חלף פתחי |
| 782 | Gn21:06 | | ואמרת שרה חדו רבה אתעבד | לי | מן קדם ייי כל דשמע יחדי |
| 783 | Lv 1:01M | | די אתמלל/אתמר#2#/ | עמ/לי#2#/ | מן קדם ייי משכן זמנא |
| 784 | Lv 1:01M | | אתמלל/יתאמר#2#/ | עמיה/לי#2#/ | מן קדם ייי בכן קרא |
| 785 | Gn15:02 | | בר ביתי דעל ידוי איתעבד | לי | נסין בדרמשק ירית יתי: |
| 786 | Gn12:13M | | לי בזכות' ותתקמה | לי | נפשי מן בגללך#2#/: |
| 787 | Gn14:21 | | ואמר מלכא דסד' לאברם הב | לי | נפשתא וממונה סב לך: |
| 788 | Gn33:09 | | ואמר עשו אית | לי | סגין אחי יתקיים לך כל |
| 789 | Ex 8:05 | | ואמר משה לפרעה הב | לי | סימן ואתרחיץ עלי עד אימתי |
| 790 | Dt 1:41 | | ועניתון ואמרתון | לי | סרחנן קדם ייי אנן נסוק |
| 791 | Gn44:10 | | מן די ישתכח לוותה יהווי | לי | עבד ואתון תהוון זכיין: |
| 792 | Gn44:17 | | כלידא בידיה הו יהוי | לי | עבד ואתון סקון בשלם לוות |
| 793 | Gn39:19 | | למימר כפתגמיא האילין עבד | לי | עבדך ותקף רוגזיה: |
| 794 | Gn15:09M | | ליה \קרב קדמיי עגלה /סב | לי | עג'#2#/ ברת תלת שנין ועז |
| 795 | Gn18:12 | | ליומי טליותי ולמהווי | לי | עדויין ורבוני אברהם סאב: |
| 796 | Nu20:29M | | והווה בכי ואמ' ווי | לי | עליך אהרן אחי עמוד |
| 797 | Gn29:22M | | עינגן סגון וכדו היבו | לי | עצה מה נעבד בה וישרי גבן |
| 798 | Gn31:41 | | דנה | לי | עשרים שנין בגו בייתך פלחית |
| 799 | Gn37:03 | | בר סיבו הוה ליה ועביד | לי | פרגוד מצייר: |
| 800 | Gn30:31 | | לי כלום מדעם אן תעבד | לי | פתגמא הדן אחזור ארעי ענך |
| 801 | Gn27:03 | | ופק לאפיה ברא וצוד | לי | צ{ו}<י>ד: |
| 802 | Gn27:07 | | אייתי | לי | ציד ועבד לי תבשילין ואיכול |
| 803 | Nu11:15 | | ואין כדין את עבד | לי | קטול יתי כען קטולין אין כען |
| 804 | Gn49:01 | | רביע בגוויה מן דאתגלי | לי | קיצא ולא <א>יתני להון קץ |
| 805 | Dt31:19 | | בפמהון מן בגלל דתהווי | לי | שבח שירתה הדה לסהדו בבני |
| 806 | Nu11:16 | | ואמר ייי למשה כנש | לי | שובעין גברין מן חכימי |
| 807 | Gn31:27 | | ולא תנית לי אילו תנית | לי | שלחת יתך בחדון בשירין |
| 808 | Gn30:20 | | יתי בעלי ארום ילדית | לי | שתא בנין וקראת שמה זבולן: |
| 809 | Gn27:04 | | ועבד | לי | תבשילין היך מה דרחמת ואייתי |
| 810 | Gn27:07 | | אייתי לי ציד ועבד | לי | תבשילין ואיכול ואברך יתך |
| 811 | Gn32:06 | | והוה | לי | תורין וחמרין ועבדין ואמהן |
| 812 | Gn38:25 | | לאנינקי ואנהר עייני והב | לי | תלתא סהד«י» ואנה מקיימה |
| 813 | Gn31:13 | | רבית תמן קיימא די נדרת | לי | תמן נדר כדון קום פוק מן |
| 814 | Gn19:08 | | הא כען | לי | תרתין בנן דלא חכמן גב«ר» |
| 815 | Gn30:37 | לי' | ונסב | לי' | יעקב חטרא דלבן רטיב ודלוז |
| 816 | Gn25:33 | | לי כיומא הדין ואשתבע | לי' | וזבין ית בכורתיה ליעקב: |
| 817 | Gn26:08 | | והוה ארום סגו | לי' | תמן יומיא ואדיק אבימלך |
| 818 | Gn 4:24 | ליה | שבעין ושבעה דרין יתלי | ליה: | |
| 819 | Gn20:07M | | וכל מה דיליה/דאית | <ליה>#2#/: | |
| 820 | Gn23:05 | | דחתאה ית אברה' למימר | ליה: | |
| 821 | Gn23:14 | | עפרון ית אברהם למימר | ליה: | |
| 822 | Gn24:02M | | דהוה שליט בכל מה דאית | ליה | |
| 823 | Gn24:36M | | ית כל מה דיליה/דאית | ליה#2#/: | |
| 824 | Gn40:13 | | דינא קדמיה די הוות מזיג | ליה: | |
| 825 | Ex 2:04 | | למידע אחתיה מה אתעביד | ליה: | |
| 826 | Ex21:31 | | כסדר דינא הדין יתעבד | ליה: | |
| 827 | Ex22:25 | | עד מטמעא שמשא תחזר יתי' | ליה: | |
| 828 | Lv 4:26 | | מן חובתיה ויש<ת>ביק | ליה: | |
| 829 | Lv 4:31 | | עלוי כהנא וישתרי וישתבק | ליה: | |
| 830 | Lv 4:35 | | די אתחייב וישתביק | ליה: | |
| 831 | Lv 5:10 | | די אתחייב וישתרי וישתבק | ליה: | |
| 832 | Lv 5:16 | | דאשמה וישתרי וישתבק | ליה: | |
| 833 | Lv 5:18 | | ידע וישת«רי» וישתביק | ליה: | |
| 834 | Lv21:04M | | לאפסה כהונתה רבה אמטול | ליה | |
| 835 | Lv24:19 | | היך מה דעבד כדן יתעבד | ליה: | |
| 836 | Nu 5:07 | | עלוי ויתן למן דאתחייב | ליה: | |
| 837 | Nu17:05 | | מלל ייי על ידוי דמשה | ליה: | |
| 838 | Nu27:03 | | מית ובנין דכרין לא הוון | ליה: | |
| 839 | Dt33:07 | | וסמך מן שנאוי תיהוי | ליה: | |
| 840 | Gn22:01 | | בלשן בית קודשא ואמר | ליה | אברה' הנני: |
| 841 | Gn22:01 | | בנסיונה עשיריה ואמר | ליה | אברהם עני אברהם בלשן |
| 842 | Gn24:06 | | ואמר | ליה | <אברהם> אזדהר לך דלא תחזר |
| 843 | Gn46:20 | | בארעא דמצרים מה דילידת | ליה | אסנת ברת פוטיפרע רבה |
| 844 | Nu23:13 | | ואמר | ליה | בלק אתא כען עמי לאתר |
| 845 | Nu23:17 | | מואביי עימיה ואמר | ליה | בלק מן אתמלל מן קדם ייי: |
| 846 | Gn16:15 | | {{ישמעאל}} דילי<ד>ת | ליה | הגר ישמעאל: |
| 847 | Gn43:03 | | ואמר | ליה | יהודה למימר הא מסהד' אסהד |
| 848 | Gn40:12 | | ואמר | ליה | יוסף דין פתרוניה תלתי |
| 849 | Gn40:12 | | לא הוה יוסף אמר ופתר | ליה | יוסף היך מה דהוה שפר |
| 850 | Gn40:12 | | דהוה שפר באפוי ואמר | ליה | יוסף דין פתרוניה תלתא |
| 851 | Gn40:18 | | לא אמר יוסף ופת{ח}<ר> | ליה | יוסף היך מה דהוה אמר |
| 852 | Gn40:18 | | דהוה אמר באפוי ואמר | ליה | יוסף דין פתרוניה תלתא |
| 853 | Gn27:26 | | ואמר | ליה | יצחק אבוי קרב כען ושק יתי |
| 854 | Gn29:14 | | ואמר | ליה | לבן לחוד היך קריב בשרי את |
| 855 | Gn30:27 | | ואמר | ליה | לבן אן כען אשכחית חן וחסד |
| 856 | Gn13:11 | | ובחר | ליה | לוט ית כל מישר ירדנ' ונטל |
| 857 | Gn 4:19 | | ונסב | ליה | למך תרתין נשין שמה דחדה |
| 858 | Ex 3:04 | | דייי מן גו סניה ואמר | ליה | משה משה ענה משה בלשון |
| 859 | Ex 9:29 | | ואמר | ליה | משה במפקי ית קרתא אפרש ית |
| 860 | Ex17:10 | | ועבד יהושע היך מה דאמר | ליה | משה רביה למסדרא סדרי קרבא |
| 861 | Ex32:26 | | וקם | ליה | משה בתרע משריתה ואמר מן |

| | | | | |
|---|---|---|---|---|
| 862 | Nu11:29 | ואמר | ליה | משה הא מקנא את לי אלווי |
| 863 | Dt32:01 | בישראל בגין כדין קם | ליה | משה נבייא דייי ואזיז ואמר |
| 864 | Gn35:09M | עלוי רחל באורחא ויתב | ליה | אבונן יעקב צווח ומיילל |
| 865 | Gn21:33 | ושתין הוון בעין למיתן | ליה | אדמי מה די אכלו ושתו והוה |
| 866 | Lv22:05 | יקרוב בכל שרץ די יסתאב | ליה | או בר נש די יסתאב ליה בכל |
| 867 | Dt 4:34 | די עבד ייי למיעול למבחר | ליה | אומה מגו אומה בניסן באתין |
| 868 | Ex10:28M | מליא האלין לכן אמר | ליה | אזדהר למימ' דלא מלייא |
| 869 | Gn37:08 | ואמרין | ליה | אחוי הא ממלך תמלך עלנא אן |
| 870 | Gn37:27 | קרב בשרן הוא ושמען | ליה | אחוי: |
| 871 | Gn46:31 | כען ואתני לפרעה ואמר | ליה | אחוי ואנשי בייתיה דאבא די |
| 872 | Nu27:10 | ואין לית | ליה | אחין ותתנון ית אחסנתיה |
| 873 | Lv27:24M | דידיה /לדן דאית | ליה#2#/ | אחסנות ארעא: |
| 874 | Ex 2:04M | ואתעתדת/וקמת | ליה#2#/ | אחתיה מרחוק למידע אחתיה |
| 875 | Ex 4:18 | ותב ליתרו חמוי ואמר | ליה | איזל כען ואחזור לוות אחי |
| 876 | Gn21:21 | ושרא במדברא דפארן ונסבת | ליה | אימיה איתה מן ארעא |
| 877 | Ex33:15M | \קדמוי אין לית איקר | /ליה | אין לית יקר#2#/ שכינתך |
| 878 | Dt 4:07 | היידה אומה ומלכו דאית | ליה | אלה קריב לוותיה כוות ממרה |
| 879 | Gn27:13 | ואמרת | ליה | אמה עלי אינון לווטך ברי |
| 880 | Gn18:09 | ואמרין | ליה | אן היא שרה אתתך ואמר הא |
| 881 | Gn19:05 | וקרון ללוט ואמרין | ליה | אן אנון גובריא די אתון |
| 882 | Gn47:29 | וקרא לבנוי ליוסף ואמר | ליה | אן כען אשכחת חן וחסד באפיך |
| 883 | Ex 6:02 | ומליל ייי עם משה ואמר | ליה | אנא הוא ייי: |
| 884 | Gn15:07 | ואמר | ליה | אנא ייי דאפקת יתך מן אתון |
| 885 | Nu 9:07 | ואמרין גובריא האינון | ליה | אנן מסאבין בטמא נפש דבר נש |
| 886 | Ex23:03 | די אתחייב בדינא לא תסב | ליה | אפי{ו}<ן> ארום לית מיסב |
| 887 | Ex25:12 | ותתך | ליה | ארבע עזקין דדהב ותתן על |
| 888 | Ex25:26 | ותעבד | ליה | ארבע עזקין דדהב ותתן ית |
| 889 | Lv11:23 | וכל שרצה דעופה דאית | ליה | ארבע רגלין שקץ הוא לכון: |
| 890 | Ex37:13 | ואתך | ליה | ארבעה עזקין דדהב ויהב ית |
| 891 | Gn31:15 | הלא כאלו נכריין אתחשבנן | ליה | ארום זבן יתן ואכל לחוד |
| 892 | Dt21:17 | בכופלה בכל מה די ישתכח | ליה | ארום הוא שרוי צעריה דידיה |
| 893 | Gn30:29 | ואמר | ליה | את ידע ית מה די פלחת |
| 894 | Gn46:28 | קדמוי לוות יוסף למתקנה | ליה | אתר בית משרוי בגשנה ועלו |
| 895 | Gn39:05 | דייי בכל מה דהווה | ליה | בבייתיה ובאפיה ברא: |
| 896 | Ex40:20M | לוחי אבניה דאיתיהיבו | ליה | בחורב והוון קיימין על את |
| 897 | Gn36:05 | בנוי דעשו די אתילדו | ליה | בארעא דכנען: |
| 898 | Nu22:26 | מלאכה דייי למעבר וקם | ליה | באתר דחיק די לא הווה תמן |
| 899 | Gn15:08 | ואמר | {{ליה}} | בבעו ברחמין מן קדמיך במה |
| 900 | Ex29:05 | אפודה וית חושנא ותטכס | ליה | בהמיינה דאפודה: |
| 901 | Gn40:09 | {ל}ית חלמיה ליוסף ואמר | ליה | בחלמי והא גפן קדמוי: |
| 902 | Ex13:14 | למימר מה הא דא ותימר | ליה | ביד תקיפא אפיק יתן ייי |
| 903 | Gn38:25 | דאינש מיכל בה מיתכל | ליה | בין מכלותא טבא בין מכלותא |
| 904 | Nu17:13 | וקם | ליה | ביני מיתיה בעי רחמין על |
| 905 | Dt18:02 | ואחסנה לא יהווי | ליה | ביני אחוי קרבנוי דייי אנון |
| 906 | Lv22:05 | ליה או בר נש די יסתאב | ליה | בכל ס{ב}ורבתיה: |
| 907 | Gn31:47 | איגר שהדותא ויעקב קרא | ליה | בלשון בית קדשא גלעד: |
| 908 | Gn35:18 | צערי ואבוי ^הוה#2#^ קרי | ליה | בלשון בית קדשה בנימין: |
| 909 | Gn 2:19 | וכל מה דהווה אדם קרי | ליה | בלשן בית קדשה נפש החיה הוא |
| 910 | Nu20:19 | ואמרין | ליה | בני ישראל ארח מלכא נסוק |
| 911 | Dt34:09 | משה ית ידוי עלוי ושמעו | ליה | בני ישראל ועבדו היך מה די |
| 912 | Ex21:04 | יסב יתיה אתה ותלד | ליה | בנין או בנן אתתא ובניה |
| 913 | Nu26:33 | וצלפחד בר חפר לא הוו | ליה | בנין ארום אלהן בנן ושום |
| 914 | Nu 8:02 | מליל עם אהרן ותימר | ליה | בסדרותך ית בוציניה לקבל |
| 915 | Gn44:20M | בר סיבו זעיר /ואית | ליה | בסיבו זיעור#2#/ ואחוי מית |
| 916 | Gn25:27M | ומן ציידיה הוה טעים | ליה | בפימיה ורבקה רחימת ית |
| 917 | Ex19:19 | ומן קדם ייי הוה מתענה | ליה | בקל: |
| 918 | Gn21:07 | בנין שרה ארום ילדת | ליה | בר לאשון סיבותיה: |
| 919 | Nu27:04 | מן גו זרעיתיה ארום לית | ליה | בר דכר הב לן אחסנה בגו אחי |
| 920 | Lv 5:04 | למיטבה לכל מה די יפרש | ליה | בר נשה בשבועה ויתכסי מניה |
| 921 | Gn21:07M | בנין שרה ארום ילדית | ליה | ברא לסבותא |
| 922 | Gn27:01 | ית עשו בריה רבא ואמר | ליה | ברי ואמר ליה הא אנה: |
| 923 | Gn 9:24 | חמריה וידע ית מה דעבד | ליה | בריה זעירא: |
| 924 | Nu27:09 | ואין לית | ליה | ברת ותתנון ית אחסנתיה |
| 925 | Gn24:09M | "ואשבע ליה": וקיים | ליה | בשבועה |
| 926 | Gn47:31M | קיים לי בשבועה וקיים | ליה | בשבועה ואודי ומן דאתגלי |
| 927 | Lv25:37 | ית כספך לא תתן | ליה | בשערין וברביין לא תתן |
| 928 | Gn17:24 | תשעין ותשע שנין במגזור | ליה | בשר ערלתיה: |
| 929 | Nu 6:09 | וארום ימות מית דסמיך | ליה | בתכיף דלא ידע ויסאב ריש |
| 930 | Gn35:09M | למגזור עורלתיה ויתב | ליה | בתרע משכניה כמחום יומא |
| 931 | Gn38:25 | בידוי דדיינ«י»א ואמרת | ליה | גברא דאילין דיליה מיניה |
| 932 | Ex25:25 | ותעבד | ליה | גיפוף פשך חזר ומקף ותעבד |
| 933 | Ex37:12 | ועבד | ליה | גפוף פשך חזר מקף ועבד כליל |
| 934 | Gn23:11M | ית מערת כפילה ד/דאית | ליה | דאית#2#/ בסייפי' חקליה |
| 935 | Ex19:03 | אולפן מן קדם ייי וקרא | ליה | דבירה דייי מן טורא למימר |
| 936 | Ex32:24M | ואמרית להון מן דאית | ליה | דהב פריקו ואייתון לי ואת' |
| 937 | Gn21:03 | ית שם בריה דאתיליד | ליה | די ילדת לה שרה יצחק: |
| 938 | Gn 3:09 | וקרא ייי אלהים לאדם ואמר | ליה | הא כל עלמא דברית גלי קדמי |
| 939 | Gn19:21 | ואמ«ר» | ליה | הא נסבית לך אפין אף לפתגמא |
| 940 | Gn20:03 | בחלמא בליליא ואמר | ליה | הא את מאית על אתתה דנסבת |
| 941 | Gn27:01 | רבא ואמר ליה ברי ואמר | ליה | הא אנה: |
| 942 | Gn27:39 | וענה יצחק אבוי ואמר | ליה | הא מן טובא דארעא תהוי |
| 943 | Gn37:13 | ואשלח יתך לוותהון ואמר | ליה | הא אנא: |
| 944 | Ex 3:14 | מן שרויא ועתיד למימר | ליה | הווי ויהווי הוא שלח יתי |
| 945 | Dt33:17 | ומלכותא ויקרא והדרא | ליה | הוויין כמה דלית אפשר למפלח |
| 946 | Ex 3:14M | הווי והווה ועתיד למימ' | ליה | הווי והווי ואמ' כדן תימ' |
| 947 | Gn42:31 | ואמרנא | ליה | היימינין אנן לא הווינן |
| 948 | Gn50:12 | ועבדון בנוי | ליה | היך מה דפקד יתהון: |
| 949 | Nu21:34 | ^וית ארעיה#2#^ ותעבד | ליה | היך מה דעבדת לסיחון |
| 950 | Dt 3:02 | כל עמיה וית ארעיה ותעבד | ליה | היך מה די עבדת לסיחון |
| 951 | Nu 1:50M | אינון יסעינון/דאית | ליה | הנון יסבלון#2#/ ית משכנה |
| 952 | Gn13:01 | הוא ואתתיה וכל מה דהווה | ליה | ולוט עמה לדרומה: |
| 953 | Gn47:31 | ואמר אשתבע לי ואשתבע | ליה | ואודי ושבח ישראל על ריש |
| 954 | Gn27:25 | די תברך יתך נפשי וקרב | ליה | ואכל ואייתי ליה חמר ושתי: |
| 955 | Gn40:08 | ליה חלם חלמנן ופתר לית | ליה | ואמר להון יוסף הלא מן קדם |
| 956 | Gn29:06 | ואמר להון הא שלם | ליה | ואמרין שלם והא רחל ברתיה |
| 957 | Nu13:27 | ותנון | ליה | ואמרין עלינן לארעא די שלחת |
| 958 | Gn41:15 | חלם חלמית ופתיר לית | ליה | ואנה שמעית עלך למימר תשמע |
| 959 | Gn41:45 | גברא דטמירתא גליו | ליה | ואסב ליה ית אסנת ברת |
| 960 | Gn50:01 | ובכה עלוי ונשק | ליה | וארבע יוסף ית אבוי בערס |
| 961 | Gn46:01M | וכל מה דיליה/דהווה | ליה#2#/ | ואתא לבאירה דשבע ונכס |
| 962 | Gn25:34 | ואכל ושתה וקם ואזל | ליה | ובזי עשו ית בכורותיה ועל |
| 963 | Lv25:31 | דארעא יתחשב פרקון תיהוי | ליה | וביובילה יפוק: |
| 964 | Gn39:05 | על ביתיה ועל כל מה דהווה | ליה | וברך ייי ית ביתיה |
| 965 | Nu24:16 | ורזי נבואתיה מתגליין | ליה | {והוה} והוה מתנבא על נפשיה |
| 966 | Nu21:17 | סוקי בירא הוון מזמרין | ליה | והיא סלקא: |
| 967 | Gn41:05 | ודמך | ליה | וחלם זמן תניינות והא שבע |
| 968 | Ex22:02 | זכיי שלמא ישלם אן לית | ליה | ויזדבן בגנבתה: |
| 969 | Lv25:27 | מה דמשתייר לגברא דיזבן | ליה | ויחזור לאחסנתיה: |

|  |  | | | |
|---|---|---|---|---|
| 970 | Ex 2:20 | כען שבקתון ית גברא קרין | ליה | וייכל מזון: |
| 971 | Lv 4:20 | לתורה דחטאתה כן יתעבד | ליה | ויכפר עליהון כהנא וישתרי |
| 972 | Ex35:16M | דנחשא דידיה/דאית | ליה#2#/ | וית אריחוי וית כל מנוי |
| 973 | Ex38:30M | דנחשה דידיה/דאית | ליה#2#/ | וית כל מנ׳/מאנ׳#2#/ |
| 974 | Ex39:39M | דנחשה דידיה/דאית | ליה#2#/ | וית אריחוי וית כל מנוי |
| 975 | Nu16:05M | דמן דידה /כל דאית | ליה#2#/ | וית קדישוי ויקרב לוותיה |
| 976 | Nu35:23 | ומית והוא לא הוה שני | ליה | ולא תבע בשתה דנפשיה: |
| 977 | Ex21:21M | כספא הוא /דהוא משתעבד | ליה | ולברי׳ ולבר ברי׳#2#/: |
| 978 | Nu25:13 | ותיהווי | ליה | ולזרעית מן בתריה קים כהנא |
| 979 | Nu24:17 | חמי אנה | ליה | ולית כדון מסתכל אנה ביה |
| 980 | Ex21:13 | ודי לא אתכוון | ליה | ומן קדם ייי ארעת חובתה |
| 981 | Gn37:03 | בנוי ארום בר סיבו הוה | ליה | ועביד לי פרגוד מצייר: |
| 982 | Gn25:27M | הכנא ברכיה אבוי ואמר | ליה | ועל חרבך תחיה ויעקב גבר |
| 983 | Gn32:08 | ודחל יעקב לחדא ועקת | ליה | ופלג ית עמא דהוון עמה ית |
| 984 | Gn32:26 | וחמא ארום לא הוה יכיל | ליה | וקרב בכף ירכיה {י}<ו>קהת |
| 985 | Nu16:05 | וית מן די«י»תרעי | ליה | וקרב לוותיה: |
| 986 | Gn 4:15 | קין עד שובעה דרין יתלי | ליה | ושרי ייי לקין סימן דלא |
| 987 | Lv 5:13 | מן אלין וישתרי וישתביק | ליה | ותיהוי לכהנא כמנחתה: |
| 988 | Nu27:08 | ארום ימות וגבר דכר לית | ליה | ותעברון ית אחסנתיה לברתה: |
| 989 | Gn 2:18 | בר נשא לבלחודוי אעבד | ליה | זוג כד נפק ביה: |
| 990 | Gn 2:20 | דאפי ברא ולאדם לא אשכח | ליה | זוג כד נפק ביה: |
| 991 | Lv19:16 | דחברך בזמנה דאת ידע | ליה | זכו בדינא אמר ייי: |
| 992 | Lv25:48 | די יזדבן פרקון תיהוי | ליה | חד מן אחוי יפרוק יתיה: |
| 993 | Ex22:01 | גנבא וילקי וימות לית | ליה | חובת שפיכת אדם זכיי: |
| 994 | Ex22:02 | אן דנחת עלוי שמש{ו}א אית | ליה | חובת שפיכות אדם זכיי שלמא |
| 995 | Nu35:27 | אדמא ית קטולה לית | לי{ת}<ה> | חובת שפיכות אדם זכיי: |
| 996 | Lv 4:23 | או אין אתודע | ליה | חובתיה דאתחיי׳ עלה וייתי |
| 997 | Lv 4:28 | או אין אתודע | ליה | חובתיה די אתחייב וייתי ית |
| 998 | Gn44:18 | דהוא ממניין שבטייא ואית | ליה | חולק ואחסנא בפילוג ארעא |
| 999 | Gn44:18M | דהא ממנין שבטיי׳ ואית | ליה | חולק ואחסנא בפילוג ואנה |
| 1000 | Lv20:06M | חיי עלמא דאתי ולא יהיא | ליה | חולק ביני עמיה |
| 1001 | Nu23:10 | מבשר הוא בלעם דלית | ליה | חולק לעלמא דאתי ברם אן |
| 1002 | Dt25:08 | ויקראון | ליה | חכימי קרתיה ו«י»מללון |
| 1003 | Gn40:08 | ואמרין | ליה | חלם חלמנן ופתר לית ליה |
| 1004 | Gn27:25 | וקרב ליה ואכל ואייתי | ליה | חמר ושתי: |
| 1005 | Ex10:29 | ואמר משה | ליה | יאות וקושטא מללת מבשר |
| 1006 | Gn47:10M | "ונפק ... פרעה": ואמ׳ | ליה | יהא רעווא מן קדם ייי |
| 1007 | Nu 5:10M | קדשוי \דידיה יהוון גבר | /ליה | יהווה גב׳#2#/ די יתן |
| 1008 | Lv 7:14M | /נכיסת#2#/ קדשיה | דידיה/ליה#2#/ | יהווי: |
| 1009 | Lv 7:07 | להון כהנא די יכפר דידיה | ליה | יהוויין: |
| 1010 | Gn 4:15 | ואמר | ליה | ייי בשבועה כל דיקטול קין |
| 1011 | Gn22:09 | ואתון לאתרה די אמר | ליה | ייי ובנה תמן אברהם ית |
| 1012 | Gn35:10 | ואמר | ליה | ייי שמך יעקב ולא יתקרי |
| 1013 | Gn35:11 | ואמר | ליה | ייי אנה אלה שמיא תקף וסגי |
| 1014 | Ex 3:18 | דמצרים ותימרון ליה | {ליה} | ייי אלההון דעברייה אתגלי |
| 1015 | Ex 4:02 | ואמר | ליה | ייי מה הוא ^דאן#2#^ בידך |
| 1016 | Ex 7:16 | ותימר | ליה | ייי אלההון דעבריין שלח יתי |
| 1017 | Ex15:25 | וצלי <משה> קדם ייי וחוי | ליה | ייי אילן ונסב מיניה מימריה |
| 1018 | Ex19:24 | ואמר | ליה | ייי איזל חות ותיסק את |
| 1019 | Gn15:10M | \וקרב קדמוי ית /וקריב | ליה | ית#2#/ כל אלין/אליין#2#/ |
| 1020 | Gn17:25 | בר תלת עשרה שנין במגזור | ליה | ית בשר ערלתה: |
| 1021 | Gn20:14M | \וחזר לה /וחזר | ליה#2#/ | ית שרה אתתיה: |
| 1022 | Gn25:02 | וילידת | ליה | ית זמרן וית יקשן וית |
| 1023 | Gn30:04 | ואסבת | ליה | ית בלהה אמהתה לאתה ועל |
| 1024 | Gn41:45 | דסמירתא גליו ליה ואסב | ליה | ית אסנת ברת פוטיפרע רבה |
| 1025 | Gn44:24 | לוות עבדך אבה ותנינן | ליה | ית מלוי דריבוני: |
| 1026 | Ex 2:21 | למשרי לוות גברא ואסב | ליה | ית צפורה ברתיה למשה: |
| 1027 | Ex 6:23 | דנחשון ליה לאתה וילדת | ליה | ית נדב וית אביהוא וית |
| 1028 | Ex 6:25 | ליה לאתה וילידת | ליה | ית פינחס אליין רישי{ה} |
| 1029 | Nu13:26 | עם כנ«י»שתה וחזון | ליה | ית פירי דארעא: |
| 1030 | Nu23:04 | דייי על בלעם ואמר | ליה | ית שבעתי מדבחיה סדרת וקרבת |
| 1031 | Ex 7:26 | עול לוות פרעה ותימר | ליה | כדון אמר ייי שלח ית עמא |
| 1032 | Ex10:03 | ואהרן לוות פרעה ואמרין | ליה | כדין אמר ייי אלהון דעבריי |
| 1033 | Ex 9:01 | על לוות פרעה ותימר | ליה | כדין אמר ייי אלההון |
| 1034 | Ex 9:13 | ואתעתד קדם פרעה ותימר | ליה | כדין אמר ייי אלההון |
| 1035 | Ex30:13M | דינרא דאשה והיכדין אמר | ליה | כדין יתנון כל דעבר |
| 1036 | Nu22:16 | ואתון לוות בלעם ואמרין | ליה | כדין אמר בלק בר צפור לא |
| 1037 | Gn45:09 | ופקו לוות אבה ותימרון | ליה | כדן אמר ברך יוסף שוי יתי |
| 1038 | Ex 8:16 | למתקוררה על נהרא ותימר | ליה | כדן אמר ייי שלח עמי |
| 1039 | Lv27:23 | ויחשב | ליה | כהנה ית מיסת עלויה עד שתה |
| 1040 | Gn22:12 | ידך ברביה ולא תעבד | ליה | כל מן מדעם ארום כדון ידעת |
| 1041 | Gn49:23 | אמרו לקבליה ולא יכלו | ליה | כל חרשהון דמצראי וחכימיהון |
| 1042 | Ex12:48 | פיסחא קדם ייי במגזר | ליה | כל דכורא בכדן יהוי כשר |
| 1043 | Nu17:21 | עם בני ישראל ויהבו | ליה | כל רברבניהון חטר לרב חד |
| 1044 | Ex25:11 | ומן בר תחפי יתיה ותעבד | ליה | כליל דדהב חזר ומקף: |
| 1045 | Ex25:24 | יתיה דהב דכי ותעביד | ליה | כליל דדהב חזר ומק«ף»: |
| 1046 | Ex30:03 | וית קרנתיה ותעבד | ליה | כליל דדהב חזור ומקף: |
| 1047 | Ex37:11 | {מן לגו ומן לבר} ועבד | ליה | כליל דדהב חזר ומקף: |
| 1048 | Ex37:26 | מן חזור חזור ועבד | ליה | כליל דדהב חזר ומקף: |
| 1049 | Ex22:24 | מסכינה די עמך לא תהווי | ליה | כמרי חוב דחק ולא תשוון |
| 1050 | Nu24:06M | ייי ושכלל לבית שכינה | ליה | כן יהוויין |
| 1051 | Ex22:16 | יסרב אבוה למסבה יתה | ליה | כסף יתקל כנימוס פרני |
| 1052 | Gn19:02 | ותזלון לארחכון ואמרין | ליה | לא ארום ברחובא דקרתא נבית: |
| 1053 | Gn28:01 | וברך יתה ופקד יתיה ואמר | ליה | לא תסב אתה מן בנתהון |
| 1054 | Gn42:10 | ואמרין | ליה | <לא> רבוני ועבדיך אתון |
| 1055 | Gn47:18 | בשתה תיניינתה ואמרין | ליה | לא נשקר מרבוני ארום אלהן |
| 1056 | Ex18:17 | ואמר חמוי דמשה | ליה | לא תקין פתגמא די את עבד: |
| 1057 | Ex28:32 | גרדיי כפם סירה יהווי | ליה | <לא> יתבזע: |
| 1058 | Nu10:31 | ואמר | ליה | לא כען תשבק יתן ארום בגין |
| 1059 | Dt25:05 | וימות חד מנהון ובר לית | ליה | לא תתנסיב אתתה דמיתה לברה |
| 1060 | Ex22:15M | לאיתו /מפרינ׳ יפריננה | ליה | לאיתא#2#/: |
| 1061 | Gn25:20 | פדן אחתיה דלבן ארמאה | ליה | לאיתה: |
| 1062 | Ex 2:01M | /ית יוכבד חביבתא | ליה | לאיתו#2#/: |
| 1063 | Ex22:15 | עמה מפר{ז}<נ>ה יפרן יתה | ליה | לאיתו: |
| 1064 | Gn16:03 | ויהבת יתה לאברם בעלה | ליה | לאנתו: |
| 1065 | Ex18:27 | ושלח משה ית חמוי ואזל | ליה | לארעיה: |
| 1066 | Gn38:14 | והיא לא אתנס«י»בת | ליה | לאתה: |
| 1067 | Ex 6:23 | עמינדב אחתיה דנחשון | ליה | לאתה וילדת ליה ית נדב וית |
| 1068 | Ex 6:25 | לה מן בנתיה דפוטיאל | ליה | לאתה וילידת ליה ית פינחס |
| 1069 | Dt24:03 | גברא אחרייה די נסב יתה | ליה | לאתה: |
| 1070 | Gn34:08M | לה לאתה /היבו כען יתה | ליה | לאתו#2#/: |
| 1071 | Gn41:45 | ברת פוטיפרע רבה דטנס | ליה | לאתתה ונפק יוסף בכל ארעא |
| 1072 | Gn43:32 | ושוון | ליה | לבלחודוי ולהן לבלחודיהון |
| 1073 | Gn12:07 | ממרה דייי על אברם ואמר | ליה | לבניך אתן ית ארעא הדה ובנה |
| 1074 | Gn15:06 | בשם ממרא דייי ואתחשבת | ליה | לזכו: |
| 1075 | Ex 3:18 | מלכא דמצרים ותימרון | ליה | {ליה} ייי אלההון דעברייה |
| 1076 | Nu10:30 | ואמר | ליה | לית אנה <אזל> ארום אלהן |
| 1077 | Gn44:07 | ואמרין | ליה | למה כען ימליל רבוני פתגמיא |

|  |  | | | | |
|---|---|---|---|---|---|
| 1078 | Ex17:03 | עמא עם משה ואמרין | ליה | למה כען אסקת יתן ממצרים | |
| 1079 | Dt25:01 | ויחייבון ית מן דחמי | ליה | למחייבה: | |
| 1080 | Gn44:18 | טליא מן לוות אבה ואמרי | ליה | למימר אין לא אייתת יתי | |
| 1081 | Gn45:26 | ותנון | ליה | למימר עד כדון יוסף בחיין | |
| 1082 | Nu22:05 | ארע בני עמיה למיקרי | ליה | למימר הא עם סגין נפקו מן | |
| 1083 | Lv 1:04 | על ראשה דעלתא ויתרעי | ליה | למכפרה עלוי: | |
| 1084 | Ex32:22M | שלטה} ביה והוא גרם | ליה | למעבד | |
| 1085 | Ex 4:13 | ייי שלח כען ביד דן דחמי | ליה | למשתלחא: | |
| 1086 | Lv24:12 | קטילין בפריע ית מן דחמי | ליה | למתקטלה בדינה ^או#2^ | |
| 1087 | Nu15:34 | קטולין בפריע ית מן דחמי | ליה | למתקטלה בדינה דלא יהוון | |
| 1088 | Nu27:05 | קטלין בפריע ית מן דחמי | ליה | למתקטלה בדינה ולא יהוון | |
| 1089 | Gn25:27M | שמאלא בדמות סייפא והוה | ליה | לסימנא די גבר ליסטיס גבר | |
| 1090 | Dt 4:20M | דייי לעם אחסנה /למהוון | ליה | לעם חביבין היך סגולה#2/ | |
| 1091 | Dt14:02M | \למהוי לשמיה /למהוון | ליה#2/ | לעם חביבין היך סגולה מן | |
| 1092 | Dt28:09M | יקים יתכון ייי | לשמיה/ליה#2/ | לעם קדישין/חביבין | |
| 1093 | Gn49:18M | בית ישראל \לך לפורקנך | /ליה | לפרקנה#2/ סכיית ייי: | |
| 1094 | Ex 4:16 | לך לתורגמן ואת תהוי | ליה | לתבע אולפן מן קדם ייי: | |
| 1095 | Ex39:04 | כתפן עבדו | ליה | מדבקן מן תרין סטרוי אדבק: | |
| 1096 | Gn20:09 | אבימלך לאברהם ואמ' | ליה | מה עבדת לנא ומה חסאנא לך | |
| 1097 | Gn32:28 | ואמר | ליה | מה שמך ^הוא#2^ ואמר | |
| 1098 | Gn37:10 | ו{ט}<נז>ף בה אבוי ואמר | ליה | מה חלמא הדין די חלמת הא | |
| 1099 | Dt10:18 | ורחם גיורה למתן | ליה | מזון ואצטלי: | |
| 1100 | Dt34:01 | דאית לוקבל יריחו וחווי | ליה | מימריה דייי ית כל ארעא וית | |
| 1101 | Gn22:11 | וקרא | ליה | מלאכא דייי מן שמיא ואמר | |
| 1102 | Nu22:24 | וקם | ליה | מלאכה דייי ביני סייגי | |
| 1103 | Nu22:32 | ואמר | ליה | מלאכה דייי על מה מחית ית | |
| 1104 | Gn25:01M | היא הגר דהות קטירא | ליה | מלקדמין | |
| 1105 | Ex 3:04 | סטה משה למחמי וקרא | ליה | ממריה דייי מן גו סניה ואמר | |
| 1106 | Gn28:06 | יתיה פדן ארם למסבה | ליה | מן תמן אתה כד ברך יתה ופקד | |
| 1107 | Ex22:12M | /מתקטלה יתקטל יתיה/ | ליה | מן אברוי שהד#2/ קטילא | |
| 1108 | Ex28:07 | תרתין כתפן מדבקן יהויין | ליה | מן תרין סטרוי וידבק: | |
| 1109 | Lv19:22 | די אתחייב וישתרי וישתבק | ליה | מן חובתיה די אתחיי': | |
| 1110 | Lv21:03M | בתולתה דקריבה | לוותיה/ליה | מן אבוי#2/ די לא | |
| 1111 | Lv27:28M | מן כל מה דלה/דאית | ליה#2/ | מן בני אנשה ובעירה ומן | |
| 1112 | Dt15:14 | מזודא תזויד | ליה | מן ענ' מן אדרך ומן מעצרתך | |
| 1113 | Ex14:19 | דישראל מן קדמיהון וקם | ליה | מן בתריהון ונטל עמודא | |
| 1114 | Ex14:19 | דעננא מן קדמיהון וקם | ליה | מן בתריהון: | |
| 1115 | Ex30:04 | ותרתין עזקין דדהב תעבד | ליה | מן תחות לכלילה על תרתין | |
| 1116 | Ex37:27 | ותרתין עזקין דדהב עבד | ליה | מן תחות לכלילה על תרתין | |
| 1117 | Ex33:07 | רחיק מן משריתא והוי קרי | ליה | משכן זימנא והוה כל מן דתבע | |
| 1118 | Ex17:15 | תמן בשם מימרי דייי דעבד | ליה | ניסין: | |
| 1119 | Dt17:17 | ולא יסגי | ליה | נשים ולא יסטן לבבה וכסף | |
| 1120 | Dt21:17M | שרוי צעריה \דידיה | הוא/ליה#2/ | סדר דינה דבכורתה | |
| 1121 | Dt20:19M | סגין למסדרה | לקובלה/ליה#2/ | סדרי קרבה למכבוש יתה | |
| 1122 | Ex23:01 | ידך עם חייבה למהוי | ליה | סהד שקר: | |
| 1123 | Dt17:16 | מן בגלל למסגייה | ליה | סוסוון וייי במימריה אמר | |
| 1124 | Lv11:10 | וכל די לית | ליה | סנפירין וקסקסין בימיא | |
| 1125 | Lv11:12 | כל דלית | ליה | סנפירין וקשקסין במיא שקץ | |
| 1126 | Dt14:09 | כל מה די במיא כל דאית | ליה | סנפרין וקשקשין <....>: | |
| 1127 | Ex21:06 | ית אדניה במרצעא ויהוי | ליה | עבד משתעבד לעלם: | |
| 1128 | Gn24:05 | ואמר | ליה | עבדא מה דלמה לא תצבי אתתא | |
| 1129 | Gn 4:24 | לא קטל בדינא הוא דיתלי | ליה | עד שבעין ושבעה דרין יתלי | |
| 1130 | Ex10:07 | ואמרו עבדוי דפרעה | ליה | עד אימת יהווי דין לן לתקלה | |
| 1131 | Lv 1:01 | רבוי שעה חדה לא סלקית | ליה | עד זמן די אתמלל עמי מן קדם | |
| 1132 | Gn34:14 | למיסב ית אחתן לגבר די | ליה | <עורלה> ארום בזיון הוא לן: | |
| 1133 | Gn48:02 | ואזדרז ישראל ויתב | ליה | על ריש דרגשה: | |
| 1134 | Lv 5:26 | כהנא קדם ייי וישתבק | ליה | על חדא מן כל מה די יעבד | |
| 1135 | Gn24:09 | רבוניה ואשבע | ליה | על עסק פתגמא הדן: | |
| 1136 | Gn26:32 | עבדוי דיצחק ותניאו | ליה | על עסק דבאירה דחפרו ואמרן | |
| 1137 | Gn43:07 | הא אית לכון אחוי ותנינן | ליה | על פום פתגמיא האליין ואמר | |
| 1138 | Nu 5:08 | דיכרה דכיפורייה די יכפר | ליה | עלוי: | |
| 1139 | Gn28:10 | דבירא מתחמד לממלל' | {ליה} | עמיה וניסא תנינא אבניא | |
| 1140 | Gn12:16 | אייטב מן בגללה והוה | ליה | ען ותורין וחמרין ועבדין | |
| 1141 | Gn30:42 | ענה לא הוי משוי והווה | ליה | ען סגין לקישיא ללבן | |
| 1142 | Gn30:43 | ותקף גברא לחדא לחדא והוי | ליה | ען סגין ואמהן ועבדין | |
| 1143 | Nu21:06 | חויה מן שרויה ואמרית | ליה | עפרא יהווי מזונך אסקת עמי | |
| 1144 | Lv25:26 | וגבר ארום לא יהווי | ליה | פרוק ותארע ידיה ותשכח כמסת | |
| 1145 | Ex10:28 | ואמר | ליה | פרעה אזיל מעלוי לא תוסיף | |
| 1146 | Gn35:09 | רחל עלוי באורחיה ויתב | ליה | צווח ובכה ומ<י>לל | |
| 1147 | Dt31:07 | וקרא משה ליהושע ואמר | ליה | קדם כל ישראל אתוקף ואזדרז | |
| 1148 | Dt 3:02M | עבדין בגין כן אמתין | ליה | קודשא בריך הוא והוא שמיה | |
| 1149 | Ex15:25 | מיא ואתחלון מיא תמן שוי | ליה | קיימין וסדרי דינין ותמן | |
| 1150 | Gn49:01 | ברכתא וניחמתא מן דאתגלי | ליה | קיצא רזא אתכסא מינה סברין | |
| 1151 | Gn26:14 | והוה | ליה | קניין דען וקנין דתורין | |
| 1152 | Gn15:09 | ואמר | ליה | קרב קדמיי עגלה ברת תלת | |
| 1153 | Lv11:21 | דמהלך על ארבע כל דאית | ליה | קרסולין לעיל מן רגלוי | |
| 1154 | Gn33:13 | ואמר | ליה | רבוני ידע ארום טלייא מחטין | |
| 1155 | Gn49:01 | פורקנא ונחמתא מן דאתגלי | ליה | רזא אתכסי מנה ומן דאתפתח | |
| 1156 | Nu27:17 | כנשתה דייי כעין די לית | ליה | רעי: | |
| 1157 | Nu 2:12 | ודשריין סמיכין | ליה | שבטה דבנוי דשמעון ורבה | |
| 1158 | Lv15:13 | ידכי דיבה מן דובה וימני | ליה | שבעה יומין לדכאותיה ויחוור | |
| 1159 | Lv15:28 | ואן אדכיית מן דובה ותמני | ליה | שבעה יומין ומן בתר כדין | |
| 1160 | Dt 3:03 | יתיה עד די לא אישתייר | ליה | שיזבו: | |
| 1161 | Gn28:11 | באתרא ובת תמן ארום טמעת | ליה | שמשא תמן ונסב מן אבנוי | |
| 1162 | Gn32:32 | ודנחת | ליה | שמשא כד עבר ית פניאל והוא | |
| 1163 | Lv21:20 | חפיין על עיינוי או דלית | ליה | שער בגיבינוי או גביע או | |
| 1164 | Gn34:31M | מטעיה נפקת ברא דלית | ליה | תב{י}<ו>ע איתעביד בדינה | |
| 1165 | Ex 4:06 | ואמר | ליה | תוב אעל כען ידך בחובך ואעל | |
| 1166 | Ex 2:03 | תוב למטמרה יתיה ונסבת | ליה | תיבו דגמי ושעיית יתיה | |
| 1167 | Lv 7:33M | מן בנוי דאהרן | דידיה/ליה#2/ | תיהווי שוקה דימינה | |
| 1168 | Gn29:34 | לוותי בעלי ארום ילדת | ליה | תלתא בנין בגין כדן קרא | |
| 1169 | Dt33:21 | מזומן הוא לבית קבורה | ליה | תמן מקב<ע>ן אבנין טבן | |
| 1170 | Gn15:12 | דעתידא למיפל ולא תהוי | ליה | תקומה}): | |
| 1171 | Lv15:14 | וביומא תמיניה יסב | ליה | תרין שפנינין או תרין | |
| 1172 | Gn49:01 | אתכסי מנה ומן דאתפתח | ליה | תרעא אטרד מנה ענה אבונן | |
| 1173 | Lv18:02 | עם בני ישראל ותימר | ליהון | אנה ייי אלהכון: | ליהון |
| 1174 | Lv 1:02 | מלל עם בני ישראל ותימר | ליהון | בר נש ארום יקרב מנכון | |
| 1175 | Gn 2:19 | אדם למחמי מה הוא קרא | ליהון | וכל מה דהוה אדם קרי ליה | |
| 1176 | Gn 1:28 | יתהון איקריה דייי ואמר | ליהון | ממרה דייי תקופו וסגון | |
| 1177 | Lv19:02 | דבני ישראל ותימר | ליהון | קדישין תהוון ארום קדיש | |
| 1178 | Gn20:16M | יתך ^/קרבת | ליך#2/^: | | ליך |
| 1179 | Gn21:17 | מן שמיא ואמר לה מה | ליך | הגר לא תדחלין ארום שמע | |
| 1180 | Ex 2:07 | דפרעה ה{ו}א אזיל ואיקרי | ליך | אתה מיינקא מן עברייתא | |
| 1181 | Gn35:17 | לא תדחלין ארום לחוד דין | ליך | בר: | |
| 1182 | Gn38:18 | ואמר מה ערבונא די אתן | ליך | ואמרת עזקתך ושו{ת}<ש>פך | |
| 1183 | Gn20:16 | הא כספ«ה» ההוא יהיב | ליך | מתנה על די אתכסית ברם מן | |
| 1184 | Gn12:01M | לארעא די אחוי | יתך/לך#2/: | | לך |
| 1185 | Gn14:21 | הב לי נפשתא וממונה סב | לך: | | |

1186 Gn22:02 לעלה על חד טוריה דאמר לך:
1187 Gn26:02 שרי בארעא די אמר לך:
1188 Gn28:15 עמך עד דאעבד ית דמלילית לך:
1189 Gn31:12 ית כל מה דלבן עבד לך:
1190 Gn32:10 לארעך ולתולדותך ואוטב לך:
1191 Gn33:09M /יהוי לך מה דאית לך#2#:/
1192 Gn45:10M דילך /וכל מה דאית לך#2#:/
1193 Ex25:16 ארונא ית שהדותא די אתן לך:
1194 Ex25:21 תתן ית שהדותא די אתן לך:
1195 Lv25:15 שנין דעלל{ת}<ל>תה יזבן לך:
1196 Lv25:16 מניין עללתה הוא מזבן לך:
1197 Nu10:32 די ייטב ייי עמן ונוטב לך:
1198 Nu22:37 לית אנה יכיל למוקרה לך:
1199 Nu22:37M לית איפשר לי למייקרה לך#2#:/
1200 Dt 8:05M ית בריה ייי אלהך מפרגל לך
1201 Gn49:09 מדמה אנא לך יהודה לגור ברי לגור בר
1202 Gn49:22 חמי לך למתקף מדמי אנה לך יוסף ברי לגפן שתילה על
1203 Gn49:04 מדמי אנה לך ראובן ברי לגנה זעירא דעלו
1204 Gn17:21 אקים עם יצחק די תלד לך שרה לעדנה הדן בשתה
1205 Gn21:12 ועל אמתך כל מה דתימר לך שרה שמע בקלה ארום ביצחק
1206 Gn27:38 לאבוהי הא ברכה חדא אית לך אבא ברך יתי אף אנה אבא ונטל
1207 Gn44:18M אנה דחיל דילמא לא אתמר לך או דילמא לא אשתמע לך מה
1208 Gn44:18 אנה דחיל דילמא לא אתאמר לך או דילמא לא אשתמע לך מה
1209 Gn23:10M קדם בני עמא אתן יתה לך אזל קבר
1210 Gn23:11M /קדם בני עמי אתן יתי לך אזל קבר#1#/ מתך:
1211 Gn23:11M /קדם בני עמא אתן יתה לך אזל קבר מתך#1#:/ גבר מנן
1212 Dt15:12 ארום יזדבן לך אחוכון עבריה או אתתכון
1213 Ex20:03 עמי בני ישראל לא יהווי לך אלה אחרא בר מני:
1214 Gn29:27 יומי משתותא דא ואתן לך אף ית דא בפולחנא די תפלח עד
1215 Gn19:21 ואמ«ר» ליה הא נסבית לך אפין אף לפתגמא הדין דלא
1216 Nu18:11M מתנתכון לכל אנפות בני /לך/ אפרשות מתנוותהון לכל
1217 Gn 3:11 ואמר מאן תני לך ארום ערטילייי את הא מן אלנא
1218 Gn20:09 מה עבדת לנא ומה חטאנא לך ארום אייתת עלי ועל מלכותי
1219 Gn33:11 קבל כען ית ברכתי די אייתת לך ארום חן יתי ייי וארום אית
1220 Gn44:18 דלא אשתמע לך ולא אתני לך ארום ^אוף#2#^ מלכין ושליטין
1221 Nu10:29 אתן לכון אזל עמן ונוטב לך ארום ייי במימריה אמר למיתיה
1222 Nu10:29M לכון אתה עימן ונייטבה לך ארום מימריה דייי מלל טב על
1223 Nu22:28 ואמר לבלעם מה עבדת לך ארום מחית יתי דנה תלתה
1224 Nu22:32 זמנין הא אנה נפקת למסטן לך ארום סטת ארחה מן כל קבלי:
1225 Dt10:01 וסק לוותי לטורא ותעביד לך ארון דקים:
1226 Nu22:20 בליליה ואמר לה אין למקרא לך אתו גבריא קום אזל עמהון
1227 Gn13:15 ארום ית כל ארעא די את חמי לך אתן יתה ולבניך עד לעלם:
1228 Gn13:17 בארעא לארכה ולפתייה ארום לך אתן יתה:
1229 Gn23:11 יהבית לך ומערתא דביה לך אתן יתה לקבל בנוי דעמא
1230 Gn23:11 יהבית לך ומערתא דביה לך אתן יתה לך קבר ביתך לקבל
1231 Gn28:13 ארעא «די» את דמך עלה לך אתן יתה ולבניך:
1232 Gn35:12 די יהבת לאברהם וליצחק לך אתננה ולבניך מן בתרך אתן ית
1233 Ex15:17 אתר מוזמן בית שכינה לך אתקנת ייי בית מוקדשך ייי
1234 Ex 9:19 ית בעירך וית כל מה דאית לך באפי ברא כל אינשא
1235 Gn48:05 וכדון תרין בניך דאתילדו לך בארעא דמצרים עד מייתוי
1236 Dt19:02 קרוין דשיזבו תפרשון ל{גוו}ך בגו ארעכון דייי אלהכון
1237 Gn44:18 {ימ} בה את משתבע אנה לך בחיי רישיה דאבא היך מה דאת
1238 Nu18:20 לא תתאחסן וחלק לא יהווי לך ביניהון מ«י»מרי חלקך
1239 Gn17:16M "יהבת ... ומלכין": אתן מנה לך ביר ואברך יתך ותהוי לאומין
1240 Gn 4:07 בעלמא הדין ישתרי וישתבק לך בעלמ' דאתי ואין לא תיטב
1241 Gn15:01 תרום לך דהוה הוה מגן לך בעלמא הדין ואף על גב דמסרית
1242 Gn15:01M עלי' ממרי {פ}<ת>ריס לך בעלמא הדין ומגן עלך כל
1243 Gn19:12 ובנותיך וכל מה דאית לך בקרתא אפק מן א{רת}<תר>ה:
1244 Gn17:19M לך /שרה אתתך תילד לך#2#/ בר ותקרי ית שמו יצחק
1245 Gn17:19 ברם הא אתתך שרה ילדת לך בר ותקרי ית שמו יצחק ואקים
1246 Dt15:03 רשיי למדחק יתיה דיהווי לך גב אחוך עברייה תשמט ידך:
1247 Nu13:02 שלח לך גברין ויללון ית ארעא
1248 Gn 4:12 לא תוסף למתן פירי עללתא לך גלי ומטלטל תיהוי קין
1249 Gn 4:12M עללתא לך /חיליה לך#2#/ גלי ומטלטל תיהוי
1250 Gn15:01 עלך למקטל ממרי תרום לך דהוה הוה מגן לך בעלמא הדין
1251 Gn24:06 ואמר ליה <אברהם> אזדהר לך דלא תחזר ית ברי תמן:
1252 Ex10:28M שמע למיליך אזדהר לך דלא יתקוף רוגזי בך ואמסור
1253 Ex10:28 שמע {מי} מליך אזדהר לך דלא יתקף רוגזי בך ואמסר יתך
1254 Ex34:12 אזדהר לך דלא תקים קיים עם דיירי
1255 Dt24:15 מסר קדמך ית נפשיה אזדהר לך דלא יצוח עלך קדם ייי דלא
1256 Gn15:04M אברם למימר לא ירת יתך/לך#2#/ דן ארום אלהן מן דיפוק
1257 Ex32:34 דבר ית עמא לאתרא די מללת לך הא מלאכי ידבר קדמך וביומא
1258 Nu18:09M קדשין \הוא לך ולבנך /לך/ הוא ול#2#:/
1259 Gn49:03 היא ומלכותא וכהנתא רבתא לך הוויין חמיין על דחסית
1260 Gn19:12M הכה חתנך /עוד מאן אית לך הכא חתנין#2#/ ובניך
1261 Gn19:12 ללוט מן כדון מה אית לך הכה חתנך ובניך ובנותיך וכל
1262 Nu23:03 ופתגמא די יחווי ייי אתני לך ואזל בלעם בלב יחידי שפי
1263 Gn27:19M דמללת עמי קום כען תב \לך#2#/ ואכל/ואכול#2#/ מן צייד
1264 Gn30:31 ואמר מה אתן לך ואמר יעקב לא תעבד לי כלום
1265 Gn33:05 ואמר מה אינון אילין לך ואמר טליא די חן ייי ית
1266 Gn32:13 ואת אמרת מייטבה אייטב לך ואשוי ית בניך כחלא דימא די
1267 Gn26:29 בישא היך מה דלא קריבנן לך והיך מה דעבדנן עמך טבן
1268 Gn27:37 הא רב ושליט שויתיה לך וית כל אחוי שויתי קדמוי
1269 Gn14:23M ותימר אנא /דאית לך ולא תהווי מתרברב ואמר
1270 Gn31:32 אחינן חכם לך מה עמי וסב לך ולא ידע יעק«ב» ארום רחל
1271 Gn44:18 כורחיה דאבא הא לא אשתמע לך ולא אתני לך מה עבדו תרין
1272 Gn44:18 יומייא או דלמא דלא אשתמע לך ולא אתני לך ארום ^אוף#2#^
1273 Ex 4:08 ויהוי אין לא יהימנון לך ולא ישמעון לקל נסיה קדמיה
1274 Ex13:11 דכנעניי היך מה די קיים לך ולאבהתכון ויהב יתה לכון:
1275 Gn17:08 ואתן לך ולבניך מן בתרך ית ארעא
1276 Lv10:15 למנפה אנפו קדם ייי ויהוי לך ולבניך עמך לקיים עלם היך מה
1277 Nu18:19 ישראל לשמה דייי יהבית לך ולבניך ולבנתך עמך לקיים עלם
1278 Gn26:03 עמך ואברך יתך ארום לך ולבנך אתן ית כל ארעתא האלין
1279 Gn28:04 ויתן לך ית ברכתה דאברהם לך ולבנך עמך למירתך ית ארעא
1280 Nu18:09 לשם ממרי קדש קדשין הוא לך ולבנך:
1281 Nu18:19 מלח עלם הוא קדם <ייי> לך ולבנך בתרך:
1282 Gn 6:21 יתאכל ותכנש לוותך ויהוי לך ולהון למיכל:
1283 Gn 4:06 ייי לקין למה כען בעש לך ולמה כען אשתני זיוהן דאפיך:
1284 Lv25:06 שמיטתה דארעא לכון למיכל לך ולעבדך ולאמהתך ולאגירך
1285 Gn 3:15 פקודייה יהוון מתכוונין לך ומחיי' יתך לראשך וקטלין יתך
1286 Gn23:11 רבוני קבל מני חקלא יהבית לך ומערתא דביה לך אתן יתה לקבל
1287 Gn23:11 רבוני קבל מני חקלא יהבית לך ומערתא דביה לך אתן יתה לך
1288 Gn24:41 לזרעייתי ואן לא יתנון לך ותהוי זכיי מן שבועתי:
1289 Gn 3:18 וכו{כ}<ב>ין ודרדרין תרבי לך ותיכל ית עשבא דבאפי ברא עני
1290 Dt21:13M תעל עלה ותזדמן לוותה לך#2#/ ותיסב יתה לך לאתה
1291 Gn40:14 אן אדכרת יתי עמך כד ייטב לך ותעבד כען עמי חסד וטיבו
1292 Gn21:12 בקלה ארום ביצחק יתקרי לך זרע דבנין:
1293 Gn48:22 ואנא יהבית לך חולק חד יתיר על אחך לבושיה

1294 Gn48:22 חרבי ומן קשתי ועוד יהבית לך חולק חד יתיר על אחיך שכם
1295 Nu21:08 ואמר ייי למשה עבד לך חיוי דנחש ושוי יתי אל אתר
1296 Nu18:08 לכל קדשיהון דבני ישראל לך יהבית לרבו ולבנך לקיים עלם:
1297 Nu18:11 לכל אנפות בני ישראל לך יהבית ולבנך ולבנתך עמך
1298 Nu18:12 די יפרשון לשמה דייי לך יהבית יתהון:
1299 Nu18:13M ייתון לשמה דייי דידך/לך/#2# יהווי כל דידכי
1300 Nu18:14M יש'#2# דידך/לך/#2# יהווי:
1301 Nu18:18M דימינה\דידך יהוון /לך יהווי#2#:/
1302 Gn49:08 יהודה לך יודוך אחך ולשמך יתקרון כל
1303 Gn27:28 ויתן לך ייי מטוב טלא דנחת מן שמיא
1304 Ex15:17M קודשך ייי דזמנית לך ייי בית מקדשך ייי תרתין
1305 Gn15:07 אתון נורהון דכשדאי למיתן לך ית ארעא הדא למירת יתה:
1306 Gn28:04 ויתן לך ית ברכתה דאברהם לך ולבנך
1307 Ex 2:07 מיינקא מן עברייתא ותניק לך ית טליא:
1308 Ex24:12 לטורא והוי תמן ואתן לך ית לוחוי אבניא ואורייתא
1309 Ex34:11 אזדהר לך ית מה די אנה מפקד יתך יומא
1310 Ex34:27 ואמר ייי למשה כתב לך ית פתגמיא האליין ארום על
1311 Nu18:08 אהרן ואמר ואנה הא יהבית לך ית מטרת אפרשותי לכל קדשיהון
1312 Nu27:18 ואמר ייי למשה סב לך ית יהושע בר נון גבר דרוח
1313 Dt24:15M ומן בגין אגריה הוא סבל לך ית נפ' דלא יצווח עליכון
1314 Gn19:09 דין דינינן כדון נבאש לך יתיר מנהון ודחקו בגובריא
1315 Nu22:30 הא מתכוונה מתכוונת למעבד לך כדין ואמר לא:
1316 Gn49:04 ד{ט}חטית תשתרי וישתבק לך: כי משכבי אבוך אז חללת
1317 Gn33:08 ואמר מן לך כל משריתא הדא די ארעת ואמר
1318 Gn33:09 אית לי סגין אחי יתקיים לך כל מה דילך:
1319 Ex15:18 בני ישראל מה יאה הוא לך כליל מלכותא ייי כד חמון
1320 Nu18:18 ובשרהון יהווי לך כניעה דאנפותה וכשקה דימינה
1321 Gn31:24 בלליא ואמר לה אזדהר לך לא תמלל עם יעקב מן טב עד
1322 Ex10:28M אזיל מעלוי/ואזדהר לך/#2# לא תוסיף לממללה קדמ' תוב
1323 Lv25:39 וארום יתמסכן אחוך ויזדבן לך לא תשתעבד בה כנימוסי
1324 Dt 3:26 ייי לי אמר משה סגין לך לא תוסף למללה קדמי תוב
1325 Dt21:11 ותתרעי בה ותיסב יתה לך לאיתה:
1326 Gn17:07 לקיים עלם למהווי במימרי לך לאלה ולבניך מן בתרך:
1327 Gn22:02 די רחמת ית יצחק ואזל לך לארע טור מוריה וקרב יתה
1328 Gn16:05 מצריתא אמתי ויהבת יתה לך לאתה ואמרית היא תלד ואנה
1329 Dt21:13 ותזדמן לוותה ותיסב יתה לך לאתה:
1330 Ex13:09 ויהוי לך לאתין על אדרעיכון ולדוכרן
1331 Nu24:11 וכדון אזל לך לאתרך אמרת מוקרא איקר והא
1332 Gn27:43 שמע בקלי וקום אזל{{ך}} לך לוות לבן אחי חרנה:
1333 Nu18:15M מפרקה תפרק/יהווי לך לחוד מפרוק תפרוק#2#/ ית
1334 Nu20:19M /ונתן כסף דמי{ל}<הו>ן לך/#2# לחוד/להוד#2#/ לית מלא
1335 Ex29:26 אנפו קדם ייי ויהוי לך לחולק:
1336 Dt15:16 ויהווי ארום יאמר לך לית אנה נפק לחירותה
1337 Nu22:37 שלחת לוותך למיקרי לך למה כען לא אתית לוותי הא
1338 Ex33:23M שכינתי לית איפשר דתחמי/לך למיחמי#2#:/
1339 Dt23:25 ולגו מניך לית איפשר לך למתן:
1340 Gn49:22 ותקפית ותוב הוי חמי לך למתקף מדמי אנה לך יוסף ברי
1341 Gn50:18 ונפלו קדמוי ואמרו הא אנן לך לעבדין:
1342 Gn49:18 למיתייה לעמך בית ישראל לך לפורקנך סכיית ייי:
1343 Ex 4:16 עמא ויהווי הוא יהווי לך לתורגמן ואת תהוי ליה לתבע
1344 Gn31:32 ימות}} קביל אחינן חכם לך מה עמי וסב לך ולא ידע
1345 Gn33:09M לך כל מה דילך/יהוי לך מה דאית לך#2#:/
1346 Gn44:18 הא לא אשתמע לך ולא אתני לך מה עבדו תרין אחיי שמעון
1347 Gn44:18M לך או דילמא לא אשתמע לך מה דעבדו שמעון ולוי תרין
1348 Gn44:18 לך או דילמא לא אשתמע לך מה דעבדו שמעון ולוי תרין
1349 Gn43:04 ית אחונן עמן נחות ונזבון לך מזון:
1350 Gn27:29 כל בנוי דעשו ישתעבדון לך מלכוותא כל בנוי דישמעל
1351 Ex30:06 כפרתה דעל שהדותא דאזמן לך ממרי תמן:
1352 Gn 6:21 ואת סב לך מן כל מיכל די יתאכל ותכנש
1353 Gn12:01 ואמר ייי לאברם אזל לך מן ארעך ומן תל{{וד}}<דו>ותך
1354 Gn26:16M אבימלך ליצחק אזל\ומן /לך מן#2# לוותן ארו«ם»
1355 Gn28:02 דבתואל אבוי דאמך וסב לך מן תמן אתה מן בנתיה דלבן
1356 Gn29:19 ואמר לבן תקן מסבה יתה לך מן למסבה יתה לגבר חורן שרי
1357 Gn31:29 ברמשא אמר לי למימר אזדהר לך מן למללה עם יעקב מן טב ועד
1358 Gn49:08 כל יהודים ידיך יתפרעון לך מן בעלי דבביך יהוון מקדמין
1359 Nu18:09 דן יהווי לך מן בית קדש קדשיה מן אשתא כל
1360 Dt15:03M תהון דחקין ודי יהווי לך מן אחוך
1361 Lv25:44 ועבדיך ואמהתיך די יהווי לך מן לוות אומי«י»ה די
1362 Gn17:16 וברכת יתה ולחוד יהבת לך מנה בר וברכת יתה ותהווי
1363 Gn19:09M דאין דינינן כדון נבעש לך מנהון לך מנהון ודחפון
1364 Gn19:09M כדון נבעש לך מנהון לך מנהון ודחפון בגברא
1365 Ex 3:12M יהווי לך /בסעדך ודן לך#2#/ סימן ארום ממרי שלח יתך
1366 Ex 3:12 אהויי ממרי עמך ודן יהווי לך סימן ארום ממרי שלח יתך
1367 Gn31:16 וכדון מה די אמר ייי לך עבד:
1368 Dt15:17 ובתרע בית דינה ויהווי לך עבד משעבד ע{ו}ד לעולם ולחוד
1369 Lv 9:02 ואמר לאהרן סב לך עגל בר תורין לחטתה ודכר
1370 Gn49:26 ברכתא דאבוך יתוספון לך על ברכתא די ברכו יתי אבהתי
1371 Dt22:12M /צניפן וציצייתה תעבד לך#2#/ על ארבעתי זבית/צניפת#2#/
1372 Ex32:21 ואמר משה לאהרן מה עבד לך עמא האליין ארום אייתית
1373 Nu24:14M לוות עמי אתא אעיץ יתך/לך#2#/ עצה אחטי יתהון ^דתעבד
1374 Gn23:11 ומערתא דביה לך אתן יתה לך קבר ביתך לקבל יהבית לך קבר
1375 Gn23:11 יתה לקבל בנוי דעמא יהבית לך קבר מתך:
1376 Gn23:11 לך קבר ביתך לקבל יהבית לך קבר מתך למיקבר ית מתי
1377 Gn15:01 אגר עובדיך טביא מתקנין לך קדמיי לעלמא דאתי:
1378 Gn30:30 ארום קליל בעיר דהוה לך קדמיי ותקף וסגה וברך ייי
1379 Gn15:01M ועבדך טבייה מתקנין לך קודמוי לעלמא דאתי
1380 Dt16:22M "תקימון לכון קיימה": תקים לך קיימה כל אילן סמיך למדבחה
1381 Ex 9:16 וברם לא מן בגלל דייטב לך קיימת יתך עד כדון אלא
1382 Ex 9:16M \דייטב לך /דיטבא לך#2#/ קיימת יתך עד כדון אלא
1383 Ex30:23 ואת סב לך ראשי קטרן בסימנין טבין מר
1384 Ex30:34 ואמר ייי למשה סב לך ראשי קטרן בסמנין טבין קטף
1385 Ex10:29M במדין לא מן סוף דהוה לך רחמין הוינא מצלי עליך
1386 Gn20:06 קדמי בגין כדון לא יהבית לך רשו למקרב לוותה:
1387 Dt22:03M למכסייה עיינך מניה /לך רשו למטמרה יתיה#2#:/
1388 Gn 7:02 מן כל בעירא דכיא תסב לך שבעה שבעה דכר ונקב' ומן
1389 Ex 4:23 ואמרית לך שלח ית ברי ויפלח קדמיי
1390 Gn 6:14 עבד לך תבו אעין דקדרינ«י»ן
1391 Gn38:25 סהד«י» ואנה מקיימה לך תלתא צדיקין בבקעת דורא
1392 Ex25:22 ואזמן ממרי לך תמן ואמלל עמך מעילוי כפורתא
1393 Ex30:36 במשכן זמנא דאזמן ממרי לך תמן קדש קדשים תהוי לכון:
1394 Ex34:01 ואמר ייי למשה חצב לך תרין לוחין דאבנין כקדמייה
1395 Dt10:01 אמר ייי לי אמר משה חצוב לך תרין לווחין דאבנין כקדמייה
1396 Nu10:02 עבד לך תרתין חצוצרין דכסף נגידן

## לכ'

1397 Nu29:01M לכון /דיבבו יהווי לכ'#2#:/
1398 Dt28:07M למ{אב}באשה בכון/לכ'#2#/ תבירי קדל קדמיכון

## לכון

1399 Gn34:09 הבו לן וית בנתן תסבון לכון:
1400 Ex10:05M מותר פליטתא די אישתייר לכון
1401 Ex12:05 גדייא בני עזיא תסבון לכון:

1402 Ex12:16 הוא לבלחודוי יתעבד לכון:
1403 Ex13:11 לך ולאבהתכון ויהב יתה לכון:
1404 Ex20:12 ארעא דייי אלהכון יהב לכון:
1405 Ex20:23 וטעוון דדהב לא תעבדון לכון:
1406 Ex30:32 לכון קדש הוא קדש יהוי לכון:
1407 Ex30:36 לך תמן קדש קדשים תהוי לכון:
1408 Ex33:05 מעלוי ואדע מה אעבד לכון:
1409 Ex34:17 טעוון דמתכה לא תעבד לכון:
1410 Lv11:04 לית הוא מטלפי מסאב הוא לכון:
1411 Lv11:05 לית הוא מטלף מסאב הוא לכון:
1412 Lv11:06 לא מטלפה מסאבה היא לכון:
1413 Lv11:06M היא סתיקה מסאב הוא לכון#2#/:
1414 Lv11:07 לית הוא גרר מסאב הוא לכון:
1415 Lv11:08 לא תקרבון מסאבין אינון לכון:
1416 Lv11:10M דאית במיא שקץ הנון לכון
1417 Lv11:10 די במי' מרחקה אנון לכון:
1418 Lv11:12 וקשקסין במיא שקץ הוא לכון:
1419 Lv11:20 דמהלך על ארבע שקץ הוא לכון:
1420 Lv11:23 ליה ארבע רגלין שקץ הוא לכון:
1421 Lv11:28 עד רמש' מסאבין אינון לכון:
1422 Lv11:35 אנון ומסאבין יהוון לכון:
1423 Lv11:38 מנבלתהון עלוי מסאב הוא לכון:
1424 Lv22:20 ביה מום לא לרעוה יהווי לכון:
1425 Lv22:25 בהון לא יתקבלון ברעווה לכון:
1426 Nu 9:08 דתקן מן קדם ייי מעבד לכון:
1427 Nu14:28 במשמעי כדין אעבד לכון:
1428 Nu15:02 ד«י»אנה יהב לכון:
1429 Nu28:19 שלמים מן מום יהוון לכון:
1430 Nu29:01 דשופר ויבבו יהווי לכון:
1431 Nu29:08 שלמין מן מום יהווי לכון:
1432 Nu31:18 תשמיש דכורא קיימו לכון:
1433 Nu33:56 למעבד להון אעבד לכון:
1434 Nu35:13M דשיזבו יהווי לכון#2#/:
1435 Nu35:13 שיזבו{ן}{ו}<י>הוויין לכון:
1436 Nu35:14 דכנען קריוא יהווי לכון:
1437 Nu35:14M קוריין דשיזבו יהוון לכון
1438 Dt 1:11 יתכון היך מה דמלל לכון:
1439 Dt 3:19 בקורייכון די יהב«י»ת לכון:
1440 Dt 3:20 גבר לירותתיה די יהבית לכון:
1441 Dt 4:01 דייי אלה אבהתכון יהב לכון:
1442 Dt 5:16 ארעא דייי אלהכון יהב לכון:
1443 Dt 6:14 די חזור חזור לכון:
1444 Dt 7:16 ארום תוקלה אינון לכון:
1445 Dt 8:10 על ארעא טבתה די יהב לכון:
1446 Dt 9:03 היך מה די מלל ייי לכון:
1447 Dt10:13 יתכון יומא הדין למיטב לכון:
1448 Dt11:17 טבתה דממרא דייי יהב לכון:
1449 Dt11:25 בגווה היך מה דמלל לכון:
1450 Dt12:09 דייי אלהכון יהב לכון:
1451 Dt14:07 היא סדיקה מסאבין אינון לכון:
1452 Dt14:10 לא תאכלון מסאב הוא לכון:
1453 Dt16:05 דייי אלהכון יהב לכון:
1454 Dt16:17 דייי אלהכון די יהב לכון:
1455 Dt16:20 ארעא דייי אלהכון יהב לכון:
1456 Dt16:21 דייי אלהכון דתעבדון לכון:
1457 Dt16:22M דייי אלהכון די תעבדון לכון
1458 Dt19:07 תלת קורי שיזבו תפרשון לכון:
1459 Dt19:13 זכייה מן ישראל וטב לכון:
1460 Dt20:11M מסין ויפלחון קדמיכון/לכון#2#/:
1461 Dt25:15 ארעא דייי אלהכון יהיב לכון:
1462 Dt27:03 די מלל ייי אלהכון לכון:
1463 Dt28:08 בארעא דייי אלהכון יהב לכון:
1464 Dt28:11 ייי לאבהתכון למיתן לכון:
1465 Dt28:52 די יהב ייי אלהכון לכון:
1466 Dt31:05 ככל מצוותה די פקדת לכון:
1467 Dt32:07 לכון חכימיכון ויימרון לכון:
1468 Gn44:19 ית עבדוי למימר הא אית לכון אב או אח:
1469 Dt27:02 יהיב לכון ותקימון לכון אבנין רברבן ותשועון יתהון
1470 Nu 9:10 דבר נש או בארח רחיקה לכון או לדרכון ויעבד פיסחה קדם
1471 Dt13:08 חזור חזור לכון דקריבין לכון או דרחיקין {ל}<מנ>כון מן
1472 Dt19:03 תכוונון לכון אורחא ותתלתון ית תחום
1473 Dt 1:01 ובטורא דסיני איתיהיבת לכון אוריתה בני ישראל ובמישריה
1474 Ex23:21M אזדהרון/לכון אזדהרן#2#/ מן קדמוי
1475 Nu10:29 די אמר ייי יתה אתן לכון אזל עמן ונוטב לך ארום ייי
1476 Gn43:06 לגברא הא כען אית לכון אחוי:
1477 Gn43:07 כען אבוכון קיים הא אית לכון אחוי ותנינן ליה על פום
1478 Lv14:34 לארעא דכנען די אנה יהב לכון אחסנה ואשוי מכתש צרעה בבית
1479 Nu32:22 ישראל ותיהווי ארעא חדה לכון אחסנה קדם ייי:
1480 Dt15:04 בארעה דייי אלהכון יהב לכון אחסנה למירת יתה:
1481 Dt20:16 האליין דייי אלהכון יהב לכון אחסנה לא תקיימון מנהון כל
1482 Dt21:23 ארעכון דייי אלהכון יהיב לכון אחסנה:
1483 Dt24:04 ית ארעא דייי אלהכון יהב לכון אחסנה:
1484 Dt25:19 בארעא דייי אלהכון יהיב לכון אחסנה למירת יתה תשיצון ית
1485 Dt26:01 לארעא דייי אלהכון יהב לכון אחסנה ותרתון יתה ותשרון
1486 Lv 9:06M מן ליבכון ומן יד יתגלי לכון איקר שכינתה דייי
1487 Dt 5:07 עמי בני ישראל לא יהווי לכון אלה אחרן בר מני:
1488 Lv19:36 דקשט ומתקלין דקשט יהוי לכון אמר ייי אלהכון די אפק
1489 Gn34:15 לחוד בדה נתערב לכון אן תהוון כוותן למגזר לכון
1490 Nu18:11 ודן יהווי לכון אפרשות מתנתכון לכל אנפות
1491 Nu18:27 ותתחשב לכון אפרשותכון כאפרשות עיבורא
1492 Dt 2:03M \סגין לכון למקפה/סגי לכון אקפ#2#/ ית טורא הדין
1493 Lv21:08 מקרבין קדישין יהוון לכון ארום קדיש אנה ייי דקדשת
1494 Lv21:08M /הוא מקרב קדיש יהווי לכון#2#/ ארום קדיש אנה ייי
1495 Nu16:03M עליכון/אסגיתון לכון#2#/ ארום כל כנישתה/עמא
1496 Nu16:09M הא זעירא היא דא מנכון/לכון#2#/ ארום אפרש אלה
1497 Dt28:09 קדישין היך מה די קיים לכון ארום תטרון ית מצוותיה דייי
1498 Dt28:41 ובנן תולדון ולא יהוון לכון ארום ייזלון בשבייתה:
1499 Gn 6:03M עובדין בישין הא יהבת לכון ארכא מא' ועשרין שנין
1500 Gn 6:03 בישין הא יהבית לכון ארכא מאה ועשרין שנין דילמא
1501 Dt 6:03 די מלל ייי אלה אבהתכון לכון ארע עבדה פירין טב{י}ין
1502 Dt27:03 לארעא דייי אלהכון יהב לכון ארע עבדין פירין נקיין
1503 Ex13:05 קיים ייי לאבהתכון למתן לכון ארעא דעבדא פירין טבין
1504 Nu34:12 ימא דמלחה דא תיהווי לכון ארעא לתחומה מן חזור חזור:
1505 Dt16:21 לא תצבון לכון אשרה כל אילן סמיך למדבחה
1506 Dt13:02 שקר או חלם חלמין ויתנון לכון את או סימן:
1507 Nu10:29M מימריה דייי יתיה אתן לכון אתה עימן ונייטבה לך ארום
1508 Lv20:24 ואמרית לכון אתון תירתון ית ארעהון ואנה
1509 Dt13:02M או סימן/חלמייה נותן לכון אתין או סימנין#2#/:

|  |  |  |  |  |
|---|---|---|---|---|
| 1510 | Ex21:13 | מיתי על ידוי ואשווי | לכון | אתר קרי שיזבה די יערע |
| 1511 | Dt 1:33 | קדמיכון בארחא למתקנה | לכון | אתר לשרוייכון בעמודה דאשתה |
| 1512 | Ex 3:16M | מצריי /די עבדו מתעבד | לכון | במצרים#2#:/ |
| 1513 | Dt28:16 | וליטין תהוון במה דאית | לכון | באפי ברה: |
| 1514 | Dt 1:33M | למחויה יתכון /לאנהרה | לכון#2#/ | בארחא די תהלכון |
| 1515 | Gn47:16 | אייתון בעירכון ואתן | לכון | בבעירכון אן שלם כספא: |
| 1516 | Dt25:14 | לא יהווי | לכון | בבתיכון מכלה רבה ומכלה |
| 1517 | Ex16:29 | שובתא בגין כדין הוא יהב | לכון | ביומא שתיתיא לחם בכפלא |
| 1518 | Lv23:40 | ותסבון | לכון | ביומא טבה קדמיה פירי אילן |
| 1519 | Ex26:33 | דשהדותא ותפרש פרכתא | לכון | בין קדשא ובין קדש קדשים: |
| 1520 | Gn50:19 | ארום מני הוא משלמה | לכון | בישתא דעבדתון לי הלא קדם |
| 1521 | Ex33:14 | ביניכון ואתק{ו}<י>ן | לכון | בית משרוי: |
| 1522 | Dt25:13 | לא יהווי | לכון | בכיסיכון מתקל רב ומתקל |
| 1523 | Lv11:31 | אליין דמסאבין | לכון | בכל שרצה כל די יקרב בהון |
| 1524 | Dt12:15 | כברכתיה דייי אלהכון יהב | לכון | בכל קורייכון דמרחק מן |
| 1525 | Dt16:18 | דיינין וסרכין תמנון | לכון | בכל קורייכון דייי אלהכון |
| 1526 | Dt28:40 | זייתין יהוון | לכון | בכל תחומיכון ומשח לא |
| 1527 | Dt28:52 | ויעיקון | לכון | בכל קורייכון עד זמן |
| 1528 | Dt28:52 | בהון בכל ארעכון ויעיקון | לכון | בכל קורייכון בכל ארעכון די |
| 1529 | Ex34:22 | היא עצרתא תעבדון | לכון | בכרת חצדה דחטיא וחגא |
| 1530 | Dt11:05 | ומה די עבד | לכון | במדברה עד מעלכון עד אתרה |
| 1531 | Nu16:07 | ביה ייי קדישא אסגיתון | לכון | בנוי דלוי: |
| 1532 | Dt 8:16 | למנסייה יתכון למייטבה | לכון | בסוף יומייה: |
| 1533 | Dt 3:20 | ית ארעא דייי אלהכון יהב | לכון | בעבר ירדנה ותחזרון גבר |
| 1534 | Dt28:53 | בצער ובצוקה די יעיקון | לכון | בעלי דבביכון: |
| 1535 | Dt28:57 | בצער ובצוקה די יעיקון | לכון | בעלי דבביכון בקורייכון: |
| 1536 | Dt22:07 | לכון מן בגלל דייטיב | לכון | בע«ל»מא הדין ותארכון |
| 1537 | Dt28:53 | די יהב ייי אלהכון | לכון | בצער ובצוקה די יעיקון לכון |
| 1538 | Dt28:03 | עמי בני ישראל במה דאית | לכון | בקורייכון <....>: |
| 1539 | Dt28:16 | ליטין תהוון במה דאית | לכון | בקורייכון וליטין תהוון במה |
| 1540 | Ex16:08 | ואמר משה כד יתן ייי | לכון | ברמשא בשר למיכל ולחם בצפרא |
| 1541 | Dt 5:30 | מן שמי ואמור להון חזורו | לכון | בשלם למשכניכון: |
| 1542 | Dt 1:09 | ואמרת | לכון | בשעתה ההיא למימר לית אנה |
| 1543 | Nu25:18 | ארום מעיקין אינון | לכון | בשקריהון די שקרו לכון |
| 1544 | Nu11:18 | הוה לן במצרים ויתן ייי | לכון | בשר ותכלון: |
| 1545 | Lv25:21 | ואפקד ית ברכתי | לכון | בשתה שתיתיה ותעבד ארעא |
| 1546 | Ex12:03 | יומין לירחא הדין ויסבון | לכון | גבר אימר לבית אבה{ה}תם אמר |
| 1547 | Dt17:02 | דייי אלהכון יהב | לכון | גבר או אתה די יעבד מה דסני |
| 1548 | Dt 1:13 | הבו | לכון | גוברין חכימין וסכלתנין |
| 1549 | Lv19:34M | דמתגייר ביניכון | /לכון | גיורי{ו}<י>ה דמתגיירין |
| 1550 | Dt25:17 | דכירין ית מה די עבדו | לכון | דבית עמלק בארחא בזמן |
| 1551 | Nu35:11 | קירוי שיזבו יהוון | לכון | די יעירוק תמן קטולה כל די |
| 1552 | Dt 6:12 | אזדהרו | לכון | די לא תנשון ית אולפן |
| 1553 | Dt 8:11 | אזדהרו | לכון | די לא תנשון ית אולפן |
| 1554 | Lv22:19M | לרעווה | עליכון/לכון#2#/ | דכר שלם מן «מום» |
| 1555 | Ex13:12 | וולדה דבעירא די יהוון | לכון | דכרייא לשמה דייי: |
| 1556 | Ex19:12 | חזור חזור למימר אזדהרו | לכון | דלא למיסק לטורא ודלא למקרב |
| 1557 | Ex34:12M | תקיים קיים /איזדהרו | לכון | דלא תקיימון קי#2#/ עם |
| 1558 | Dt 4:23 | אזדהרו | לכון | דלא תנשון ית קיים מימרה |
| 1559 | Dt 7:25 | דמחפי עליהון ותסבון | לכון | דלא תתקלון בהון ארום סני |
| 1560 | Dt11:16 | אזדהרו | לכון | דלא יטעי לבביכון ותסטון |
| 1561 | Dt12:13 | אזדהרו | לכון | דלא תקרבון עלוותכון בכל |
| 1562 | Dt12:19 | אזדהרו | לכון | דלא תשבקון ית ליוויי כל |
| 1563 | Dt12:30 | אזדהרו | לכון | דלא תתקלון מן בתריהון בתר |
| 1564 | Dt15:09 | אזדהרו | לכון | דלא יהוי פתגם דחטי בתר |
| 1565 | Nu 9:08M | דתקן מן קדם ייי מעבד | לכון | דן חד |
| 1566 | Dt13:08 | דאומייה די חזור חזור | לכון | דקריבין לכון או דרחיקין |
| 1567 | Lv26:05 | ויארע | לכון | דרכה ית קטפה וקטפה יארע ית |
| 1568 | Lv26:19M | חסימה כנחשה דלא למסקה | לכון | דתין וצמחין |
| 1569 | Dt28:23 | היך פרזלה מן למרביה | לכון | דתין וצמחין: |
| 1570 | Dt28:23M | כנחשה {ו}<ד>לא למסקה | לכון | דתין וצמחין |
| 1571 | Gn45:20 | טובא דכל ארעא דמצרים | לכון | הוא: |
| 1572 | Ex12:02 | ריש ירחין קדמיי הוא | לכון | {הוא לכון} ולכל ראשי ירחי |
| 1573 | Ex12:25 | תיעלון לארעא די יתן ייי | לכון | היך מה דמלל {דמלל} ותיטרון |
| 1574 | Dt12:21 | ומן עניכון די יהב ייי | לכון | היך מה די פקדית יתכון |
| 1575 | Gn22:05 | אברהם לעולימוי תבו | לכון | הכא גב חמרא ואנא ורביה |
| 1576 | Ex24:14M | אמתינו \לי הכא | /לכון | הכה#2#/ עד זמן די נחזור |
| 1577 | Lv26:01 | וקיימה לא תקימון | לכון | ואבן דמתכה לא תתנון |
| 1578 | Lv26:16 | אנה אעבד דא | לכון | ואדכר עליכון בביהילו ית |
| 1579 | Gn31:29 | ואוכלסין סגין למבאשא | לכון | ואלה דאבוכון ברמשא אמר לי |
| 1580 | Dt 4:30 | בזמנה דאעיק | לכון | וארעא יתכון כל עקייה |
| 1581 | Dt28:44 | אינון יוזפון | לכון | ואתון לא תוזפון להון אינון |
| 1582 | Dt 6:03 | ותיטרון למעבד דייטיב | לכון | ודי תסגון לחדה היך מה די |
| 1583 | Dt29:12 | פרוק היך מה «ד״מלל | לכון | והיך מה» דקיים לאבהתכון |
| 1584 | Dt 1:40 | ואתון כוונו | לכון | וטולו למדברה אורח ימה |
| 1585 | Dt 4:09 | לחוד אזדהרו | לכון | וטורו נפשיכון לחדה די לא |
| 1586 | Dt20:11 | שלם תענה יתכון ותפתח | לכון | ויהווי כל עמא די ישתכחון |
| 1587 | Nu11:21 | ואת במימרך אמרת בשר אתן | לכון | וייכלון ירח יומין: |
| 1588 | Nu35:11M | קוריין דשיזבו יהוויין/ | לכון | וייערוק#2#/ תמן קטולה כל |
| 1589 | Dt30:05 | ותירתון יתה וייטב | לכון | ויסגי יתכון מן אבהתכון: |
| 1590 | Gn34:16 | ונתן ית בנתן | לכון | וית בנתכון נסב לון ונשרי |
| 1591 | Gn42:34 | אתון ית אחוכון אתן | לכון | וית ארעא תחסנון: |
| 1592 | Dt 8:13 | יסגון וכסף ודהב יסגי | לכון | וכל מה דאית לכון יסגי: |
| 1593 | Ex13:11M | היך מה די קיים | לך/לכון#2#/ | ולאבהתכון ויהב יתה |
| 1594 | Ex12:24 | ית פתגמא הדין לקיים | לכון | ולבניכון עד לעלם: |
| 1595 | Dt 4:40 | יתכון יומא הדין די ייטב | לכון | ולבניכון מן בתריכון |
| 1596 | Dt12:28 | יתכון מן בגלל דייטיב | לכון | ולבניכון מן בתריכון עד |
| 1597 | Nu 9:14 | אורייתה חדה יהווי | לכון | ולגיורה וליציבה דארעא: |
| 1598 | Nu15:15 | קהלא גזרת דאור«י»תיא | לכון | ולגיוריה דמתגיירין קיים |
| 1599 | Nu15:16 | לכון וסדר דין חד יהוי | לכון | ולגיוריה דמתגיירין |
| 1600 | Dt12:25M | לכן ולבניכון /למייטבה | לכון | ולזרעיית בניכון#2#/ |
| 1601 | Ex12:02 | קדמיי הוא לכון {הוא | לכון} | ולכל ראשי ירחי שתא: |
| 1602 | Dt26:18 | היך סגולה היך מה די מלל | לכון | ולמיטר כל מצוותיה: |
| 1603 | Ex 6:08 | וליעקב ואתן יתיה | לכון | {ולתן} <ירתו> ואחסנה אנה |
| 1604 | Dt12:26 | לחוד קודשיכון די יהוון | לכון | ונדריכון תטענון ותייתון |
| 1605 | Nu28:31 | שלמין מן מום יהוון | לכון | ונסוכיהון: |
| 1606 | Nu15:16 | גזרת אוריתה אורייתה חדה | לכון | וסדר דין חד יהוי לכון |
| 1607 | Ex 5:18 | פלחו ותבן לא אתיה«ב» | <לכון> | וסכום לבנייא תתנון: |
| 1608 | Dt 9:23 | וירתו ית ארעא די יהבית | לכון | וסריבתון על פם גזירת מימרה |
| 1609 | Dt 1:07 | כוונו וטולו | לכון | ועולו לטורהון דאמוריי |
| 1610 | Ex34:15 | לטעוותיהון ויקרון | לכון | ותאכלון מן דבחיהון: |
| 1611 | Dt15:06 | ברך יתכון היך מה די מלל | לכון | ותזופון לאומין סגין ואתון |
| 1612 | Lv25:10 | דיירה יובלה היא תיהווי | לכון | ותחזרון גבר לאחסנתיה וגבר |
| 1613 | Lv23:10 | תיעלון לארעא די אנה יהב | לכון | ותחצדון ית חצדה ותייתון ית |
| 1614 | Dt20:14 | {עתידה}<עדיתה> תבזון | לכון | ותיכלון ית ביזת |
| 1615 | Dt12:20 | היך מה די מלל | ^לכון#2#^ | ותימרון איכל בשרא ארום |
| 1616 | Dt 6:18 | קדם ייי מן בגלל דייטב | לכון | ותיעלון ותירתון ית ארעא |
| 1617 | Dt17:14 | לארע' דייי אלהכון יהב | לכון | ותירתון יתה ותשרון בגווה |

1618 Dt 5:33 מן בגלל דתיחון וייטיב לכון ותסגון ותורכון יומין בארעא
1619 Dt22:07M ותארכון יומין /למייטבה לכון ותסגון יומין#2#/ לעלמא
1620 Dt20:12 ואן לא תשלם לכון ותסדר לקבליכון סדרי קרבה
1621 Lv16:31 שבת שבתה היא לכון ותצומון ביה ית נפשתכון
1622 Lv23:27 יום טב וארוע קדיש יהווי לכון ותצומון בה ית נפשתכון
1623 Nu29:07 יום טב וארוע קדיש יהווי לכון ותצ«ו»מון ביה ית נפשתכון
1624 Lv23:32 שבת שבתה היא לכון ותצימון בה ית נפשתכון
1625 Dt27:02 לארעא דייי אלהכון יהיב לכון ותקימון לכון אבנין רברבן
1626 Lv23:36 ואירוע קדיש יהווי לכון ותקרבון קרבנין קדם ייי
1627 Dt11:31 ית ארעא דייי אלהכון יהב לכון ותרתון יתה ותשרון בגווה:
1628 Dt26:02 ארעכון דייי אלהכון יהב לכון ותשוון בסלה ותזלון לאתרא
1629 Lv25:02 תיעלון לארעא די אנה יהב לכון ותשמט ארעא שמטה לשמה דייי:
1630 Dt17:04 ויתני לכון ותשמעון ותתבעון יאות והא
1631 Nu10:09M <על> סנאה דמ<ת>ע{ת}יק לכון ותתייבבון בחצוצרוותה
1632 Nu10:09 על סנאה דמעיק לכון ותתקעון בחצוצרת' ותתדכרון
1633 Gn47:23 וית ארעא לפרעה שיבו לכון זרע ותזרעון ית ארעא˜:
1634 Gn48:22M "לך חולק חד ...": לכון חולק חד יתיר על אחיך
1635 Dt 8:18 אלהכון ארום הוא די יהב לכון חיילה למקני נכסין מן בגלל
1636 Dt32:07 מנכון באורית' ויתנון לכון חכימיכון ויימרון לכון:
1637 Nu18:31 ארום אגר הוא לכון חלף פולחנכון במשכן זימנה:
1638 Ex13:07 שבעתי יומיא ולא יתחמי לכון חמיע ולא יתחמי {ב} דמחמע
1639 Dt16:04 ולא יתחמי לכון חמיר בכל תחומיכון שובעה
1640 Dt28:23 חסימין היך נחשה מן מחתה לכון טלא ומטרה וארעא די
1641 Lv26:19 היך פרזלה מן למחתה לכון טלין ומטרין וית ארעא די
1642 Lv26:01 לא תעבדון לכון טעוון {{וצלם}} וקיימה לא
1643 Gn 1:29 פירי אילן דמזרעין זרע לכון יהבית יתהון למזון:
1644 Nu33:53 ארעא ותשרון בגווה ארום לכון יהבית ית ארעא למירת יתה:
1645 Gn 9:03M לכון /כל רמס דבחיין לכון#2#/ יהווי למיכל כירק
1646 Gn 9:03 רחש דאית ביה נשמה דחיין לכון יהווי למיכל כירק עשבי'
1647 Dt11:24 אתר דתדרס כף רגליכון בה לכון יהוי מן מדברה וטור
1648 Ex14:13 ית פורקנוי דייי די יעבד לכון יומא הדין וכיתא דהוות אמרה
1649 Dt30:18 הא תניית לכון יומא הדין ארום מסף תסופון
1650 Lv25:08 מן שובעה שנין ויהווי לכון יומי <שבע> שמיטי שנייה
1651 Lv25:08M {שנין} זבנין ויהוון לכון יומי שבעתי שובי שנייה
1652 Dt 4:34 רברבין ככל מה די עבד לכון ייי אלהכון במצרים
1653 Dt18:14 ישראל לא כוותהון יהב לכון ייי אלהכון:
1654 Dt18:15 מן אחיכון כוותי יקים לכון ייי אלהכון למלוי תהוון
1655 Dt20:14 ביזת בעלי דבביכון דיהב <לכון> ייי אלהכון:
1656 Dt26:11 ותחדון בכל טובה די יהב לכון ייי אלהכון ולאינשי בתיכון
1657 Dt 8:13 יסגי לכון וכל מה דאית לכון יסגי:
1658 Dt 2:19 מן ארעהון דבני עמוניי לכון ירתו ארום לבנוי דלוט
1659 Dt 3:19 אנה ארום בעיר סגין אית לכון ישרון בקורייכון די
1660 Gn 1:29 ואמר אקריה דייי הא יהבית לכון ית כל עשביא דמזרעין זרע די
1661 Gn 9:03 למיכל כירק עשבי' יהבית לכון ית כלא:
1662 Gn30:22 ומפר«ש» ואמר יפתח ייי לכון ית אוצרא טבא מן שמי«יא»
1663 Gn43:14 רחמין קדם שליטיא וישלח לכון ית אחוכון חרנא וית בנימן
1664 Gn45:18 ותיתון לוותי ואתן לכון ית טובא דארעא דמצרים
1665 Lv25:38 מן ארעא דמצרים למיתן לכון ית ארעא דמצרים למיהוי
1666 Nu34:17 שמהת גברייה די יאחסנון לכון ית ארעא אלעזר כהנא
1667 Dt 2:13M /כדו#2#/ קומו ועברו \לכון#2#/ ית נחלה/נחל#2#/ דזרד
1668 Dt 3:18 למימר ייי אלהכון יהב לכון ית ארעה הדה למירת יתה
1669 Dt 4:13 ותני לכון ית קיימה די פקד יתכון
1670 Dt 4:38 למעלה יתכון למתן לכון ית ארעהון לאחסנה ביומא
1671 Dt 5:05 בשעתה ההיא למתנייה לכון ית דבירוי דייי ארום דחלתון
1672 Dt 7:12 יתהון ויטר ייי אלהכון לכון ית קיימייה וית חסדייה די
1673 Dt 9:06 ייי אלהכון יהב לכון ית ארעא טבתה הדה למירת יתה
1674 Dt17:09 האינון ותתבעון ויתנון לכון ית עסק דינה:
1675 Dt19:01 אומייא דייי אלהכון יהיב לכון ית ארעהון ותירתון יתהון
1676 Dt19:08 די קיים לאבהתכון ויתן לכון ית כל ארעא די מלל למיתן
1677 Dt23:06 דבלעם והפך ייי אלהכון לכון ית קללה לברכה ארום רחמכון
1678 Dt28:12 יפתח ייי לכון ית אוצריה טבה ית שמיא
1679 Dt30:19 וית אורחה דמתותה יהבית לכון ית ברכתה וית לווטייה
1680 Dt31:19 וכדון כתבו לכון ית שבח שירתה הדה ואלף יתה
1681 Lv17:11 באדמה היא ואנה יהבת לכון יתה על גבי מדבחה למכפרה על
1682 Lv24:22 סדר דין חד יהווי לכון כגיורה כיציבה יהווי ארום
1683 Lv19:04 וטעוון דמתכה לא תעבדון לכון כדן אמר ייי אלהכון:
1684 Dt11:21 דייי לאבהתכון למיתן לכון כיומי שמייא על ארעא:
1685 Lv11:27 על ארבע מסאבין אינון לכון כ{י}<ל> די יקרב בנבלתהון
1686 Gn17:10 בניכון בתריכון במגזר לכון כל דכורא:
1687 Gn17:12 ובר תמניה יומין יתגזר לכון כל דכורא לדריכון תורבבת
1688 Gn34:15 אן תהוון כוותן למגזר לכון כל דכורא:
1689 Ex12:16 וארוע קדיש <....> יהווי לכון כל עבידא לא יתעבד בהון
1690 Lv11:26 הוא מסק מסאבי' אינון לכון כל די יקרב בהון יסתאב:
1691 Lv11:26M אינון לכון /מסאב הוא לכון#2#/ כל \די יקרב/דקרב#2#/
1692 Lv23:07 ואירוע קדיש יהווי לכון כל עבידה דפלחן לא תעבדון:
1693 Lv23:21 יום טב וארוע קדיש יהווי לכון כל עבידה דפלחן לא תעבדון
1694 Nu28:25 יום טב וארוע קדיש יהווי לכון כל עבידה דפלחן לא תעבדון:
1695 Nu28:26 יום טב וארוע קדיש יהווי לכון כל עבידה דפלחן לא תעבדון:
1696 Nu29:01 יום טב וארוע קדיש יהווי לכון כל עבידה דפולחן לא תעבדון
1697 Nu29:12 יום טב וארוע קדיש יהווי לכון כל עבידה דפלחן לא תעבדון
1698 Nu29:35 כנישין דמצוון תיהווי לכון כל עבידה דפולחן לא תעבדון:
1699 Nu32:21 ויעבר לכון כל דמזיין ית ירדנה קדם ייי
1700 Dt 4:40 ארעא די ייי אלהכון יהב לכון כל יומיא:
1701 Dt28:15M הדין וייתון עליכון/לכון#2#/ כל לווטייה האיליין
1702 Dt 1:01 ובמישריה דמואב אתפרשת לכון כמה ניסין עבד ייי עמכון
1703 Gn17:07M לקיים \עלם /דשלם לכון ל#2#/ למהווי במימרי לך
1704 Nu16:08 ואמר משה {לכון} <לקרח> שמעו כען בנוי
1705 Nu34:07 מן ימה רבה תכוונון לכון להומינס טוורוס מזרח:
1706 Gn42:22 לא תחטון הלא אמרית לכון לא תחטון בטלייא ולא שמעתון
1707 Gn43:23 ואמר שלם לכון לא תדחלון אלה{ת}כון ואלהה
1708 Lv25:11 שנת חמישתי שנייה תיהווי לכון לא תזרעון ולא תחצדון ית
1709 Lv26:19M כפרזלא דלא למחתה לכון לא טל ולא מטר וית ארעא
1710 Dt 1:21 די מלל ייי אלה אבהתכון לכון לא תדחלון ולא תבהלון:
1711 Dt 1:29 ואמרית לכון לא תבהלון ולא תדחלון
1712 Dt 7:16 אמייה דייי אלהכון יהב לכון לא יחוסון עייניכון עליהון
1713 Dt14:19 וכל שרץ עופא מסאב הוא לכון לא יתאכלון:
1714 Dt15:07 בארעכון דייי אלהכון יהב לכון לא תתוקפון ית לבביכון ולא
1715 Dt17:11 תסטון מן פתגמא די יתנון לכון לא לימינה ולא לשמאלה:
1716 Dt17:16 סוסוון וייי במימריה אמר לכון לא תוספון למחזור באורחא
1717 Dt18:09 לארעא דייי אלהכון יהב לכון לא תלפון למעבד כמרחקתהון
1718 Dt28:23M כפורזלה דלא למחתה לכון לא טל ולא מטר וית ארעא
1719 Dt28:68 ובאלפייה באורחה די אמרת לכון לא תוספון תוב למחמי יתה
1720 Dt 4:21 דייי אלהכון יהב לכון לאחסנה:
1721 Dt19:10 ארעכון דייי אלהכון יהיב לכון לאחסנה דלא יהווי עליכון
1722 Nu34:02 דכנען דא ארעא די תיפול לכון לאחסנו ארעא דכנען לתחומ':
1723 Lv25:45 אולידו בארעכון ויהוון לכון לאחסנתה:
1724 Ex 6:07 לעם קדישין ויהווי מימרי לכון לאלה פרוק ותדעון ארום אנה
1725 Lv11:45 דמצרים למהוי {למהווי} לכון לאלה פרוק ותהוון קדישין

|  |  |  |  |  |
|---|---|---|---|---|
| 1726 | Lv22:33 | דמצרים למיהוי במימרי | לכון | לאלה פרוק אנה הוא ייי |
| 1727 | Lv25:38 | דמצרים למיהוי ממרי | לכון | לאלה פרוק: |
| 1728 | Lv26:12 | ביניכון ויהוי מימרי | לכון | לאלה פרוק ואתון תהוון לשמי |
| 1729 | Nu15:41 | מן ארעא דמצרים למיהוי | לכון | לאלה פרוק אנה ^הוא#2^ ייי |
| 1730 | Dt26:17 | יומא הדין למיהוי | לכון | לאלה פרוק למהלכה באורחן |
| 1731 | Dt29:12 | לעם קדישין והוא יהווי | לכון | לאלה פרוק היך מה «ד״מלל |
| 1732 | Dt28:46 | ויהוון | לכון | לאתין ולסימנין ובבניכון עד |
| 1733 | Dt29:03 | ולא יהב ייי | לכון | לב למידע ועיינין למחמי |
| 1734 | Dt23:13 | ואתר מזמן יהווי | לכון | לבר מן משריתה ותפקון תמן |
| 1735 | Ex12:14 | ויהוי יומא הדין | לכון | לדוכרן טב ותחגון יתיה חגא |
| 1736 | Nu10:10 | ועל נכסי קדשיכון ויהוין | לכון | לדוכרן טב קדם אלהכון אנה |
| 1737 | Gn47:24M | \לכון למזרע תחומכון | /לכון | לזורעא באפי בירא#2/ |
| 1738 | Ex16:04 | ייי למשה הא אנה מחית | לכון | לחם מן שמיא ויפקון עמא |
| 1739 | Lv26:26 | בתנור חד ויהווין מחזרן | לכון | לחמכון במתקל ותיאכלון ולא |
| 1740 | Nu14:25 | במשרה למחר כוינו ונטולו | לכון | למדברה ארח ימה דסוף: |
| 1741 | Ex16:15M | למיכל /במימרי׳ דייי | לכון | למזון#2/: |
| 1742 | Nu10:02 | תעבד יתהון ויהווין | לכון | למזמנה עם כנ«י»שתה |
| 1743 | Gn47:24 | וארבעה חלקין יהווי | לכון | למזרע תחומכון ולמזוניכון |
| 1744 | Lv10:17 | קודש קדשין היא ויתה יהב | לכון | למטעון ית חובי עם כנשתה |
| 1745 | Ex12:06 | ויהוי | לכון | למטרה עד ארבעת עשר יומין |
| 1746 | Ex16:23 | כל מה דמשתייר אצניעון | לכון | למטרה עד צפרא: |
| 1747 | Ex16:15 | הוא לחמא די יהב ייי | לכון | למיכל: |
| 1748 | Lv11:39 | ימות מן בעירה די יהוי | לכון | למיכל מן די יקרב בנבלתה |
| 1749 | Lv25:06 | ותיהוי שמיטתה דארעא | לכון | למיכל לך ולעבדך ולאמהתך |
| 1750 | Dt13:03 | אתה או סימנה די מלל | לכון | למימ׳ נזיל בתר טעוון |
| 1751 | Dt 5:31 | בארעא די אנה יהב | לכון | למירת יתה: |
| 1752 | Dt12:01 | די יהב ייי אלה אבהתכון | לכון | למירת יתה כל יומיא די אתון |
| 1753 | Dt19:14 | בארעכון דייי אלהכון יהב | לכון | למירת יתה: |
| 1754 | Dt21:01 | בארעא דייי אלהכון יהב | לכון | למירת יתה קטיל ומסלק באפי |
| 1755 | Dt 1:06 | עמן בחורב למימר סגין | לכון | למישרי בטורא הדין: |
| 1756 | Ex32:24 | ואמר להון {לאן | לכון} | <למן> דהבא פרקו יתיה והבו |
| 1757 | Lv20:25 | די תרחש ארעא די אפרשית | לכון | למסאב׳: |
| 1758 | Dt20:11 | די ישתכחון בגווה יהוי | לכון | למסקי מסין ויפלחון |
| 1759 | Dt19:03 | ייי אלהכון ויהווין | לכון | למערק לתמן כל דקטיל בשלו: |
| 1760 | Nu15:39 | ויהוון | לכון | למצנפן ותחמון יתיה |
| 1761 | Dt 2:03 | סגין | לכון | למקפה ית טורא הדין כוונו |
| 1762 | Lv20:24 | ית ארעהון ואנה אתן יתה | לכון | למרת יתה {ארע} ארע דעבדה |
| 1763 | Dt19:02 | ארעכון דייי אלהכון יהב | לכון | למרת יתה: |
| 1764 | Dt13:13 | דייי אלהכון יהב | לכון | למשרי תמן למימר: |
| 1765 | Ex34:24 | ושליט ית ארעכון במיסק | לכון | למתחמייה קדם ייי אלהכון |
| 1766 | Dt31:26 | דייי אלהכון ויהוי תמן | לכון | לסהד: |
| 1767 | Ex12:13 | ויהוי אדמה | לכון | לסימן על בתייה די אנון |
| 1768 | Gn45:07 | שיזבא בארעא ולמתקימה | לכון | לפילטן רברבן: |
| 1769 | Nu15:39M | לכון למצנפן /והווי | לכון | לציציין#2/ ותחמון יתיה |
| 1770 | Dt 2:03 | ית טורא הדין כוונו | לכון | לצפונה: |
| 1771 | Lv16:29 | ותהי | לכון | לקיים עלם בירחה שביעיה |
| 1772 | Nu35:29 | ויהוון אילין | לכון | לקיים דרין לדריכון בכל אתר |
| 1773 | Lv16:34 | ותיהוי דא | לכון | לקים עלם למכפר׳ על בני |
| 1774 | Nu10:08 | יתקעון בחצוצרת׳ ויהוין | לכון | לקיים עלם לדריכון: |
| 1775 | Nu11:20 | דיפוק מנחיריכון ויהוי | לכון | לריחוק חלף די סרבתון על פם |
| 1776 | Dt16:18 | דייי אלהכון יהב | לכון | לשבטיכון וידונון ית עמא |
| 1777 | Ex30:37 | תעבדון לכון קדש תהווי | לכון | לשמה דייי: |
| 1778 | Nu34:10 | ותכוונון | לכון | לתחום מדינחה מן טירת |
| 1779 | Ex23:33 | טעיותיהון ארום יהוון | לכון | לתקלה: |
| 1780 | Dt16:09 | שבועין דיומין תמנון | לכון | מ׳ די את משרי מגלה דחצדה |
| 1781 | Dt 1:02 | מהלך חד עשר יומין הוה | לכון | מהלכה מן טורא דחורב אורח |
| 1782 | Nu21:29 | ווי | לכון | מואביי ספון אשתיצון עמא |
| 1783 | Nu16:06 | דא עבידו סבו | לכון | מחתיין קרח וכל ^עם#2^ |
| 1784 | Dt 1:20 | ואמרית | לכון | מטיתון עד טורהון דאמוריי |
| 1785 | Nu20:10 | הא מן כיפה הדין נפק | לכון | מיא: |
| 1786 | Dt 8:15 | די לית מיין די אפיק | לכון | מיין מן כיף שמיר טנרה: |
| 1787 | Ex22:24M | דבעמכון לא תהוון | לכון | מ{י}די חוב דחיק ולא תשוון |
| 1788 | Dt12:10 | אלהכון מחסן יתכון ויניח | לכון | מכל בעלי דבביכון |
| 1789 | Dt25:15 | שלמין וקשיטין יהווי | לכון | מכלן שלמן וקשיטן יהווי |
| 1790 | Ex 9:08 | ייי למשה ולאהרן סבו | לכון | מלא כפיכון קטם דאתון |
| 1791 | Dt 1:01M | וגבורן עבד | לכון | ממריה דייי כד הווי׳ |
| 1792 | Gn45:19 | ואת אתפקדת דא עבדו סיבו | לכון | מן ארעא דמצרים עגלן |
| 1793 | Ex10:05 | פליטתה דאשת{ריי}<ייר>ת | לכון | מן ברדא ויכול ית כל |
| 1794 | Ex12:05 | מן מום דכר בר שתא יהווי | לכון | מן אמריא ומן גדייא בני |
| 1795 | Ex31:14 | יום שבתה ארום קדש הוא | לכון | מן דמפ{ם}<ס> יתיה מתקטלה |
| 1796 | Lv11:11 | ושקצא יהוון | לכון | מן בשרהון לא תיכלון וית |
| 1797 | Nu15:29 | אוריתה חדה יהווי | לכון{ל}«ן» | מן דעבד בשלו: |
| 1798 | Dt 2:05 | סדרי קרבה ארום לא אתן | לכון | מן ארעהון עד מדרס כפה |
| 1799 | Dt 2:06 | בכסף דמנה נחית | לכון | מן שמיא ולהוד מיין לית |
| 1800 | Dt 2:09 | סדרי קרבה ארום לא אתן | לכון | מן ארעהון ירתו ארום לבנוי |
| 1801 | Dt14:08 | הוא ולא גרי מסאב הוא | לכון | מן בשרהון לא תיכלון |
| 1802 | Dt17:10 | על פם פתגמא די יתנון | לכון | מן אתרא ההוא די יתרעי |
| 1803 | Dt25:19M | ייי אלהכון | יתכון/לכון#2/ | מן כל בעלי דבביכון |
| 1804 | Dt28:66 | ו«י»הוון חייכון תלאין | לכון | מן כל קבל ותתפחדון בליליה |
| 1805 | Ex10:05 | ית כל אילנייא דצמחין | לכון | מן אפי ברא: |
| 1806 | Lv25:12 | יובלה היא קדש תיהווי | לכון | מן אפי ברה תיכלון עללתה: |
| 1807 | Dt22:07 | ית אמהתה וית בניה תסבון | לכון | מן בגלל דייטיב לכון |
| 1808 | Dt25:15 | מכלן שלמן וקשיטן יהווי | לכון | מן בגלל די יארכון יומיכון |
| 1809 | Lv25:44M | ואמהתכון דייהוון | לכון#2/ | מן לוות אומי«י»ה די |
| 1810 | Nu18:26 | ית מעשרה די יהבית | לכון | מן לוותהון באחסנותכון |
| 1811 | Lv11:29 | ודין יהווי | לכון | מסאב בשרצא דשרץ על ארעא |
| 1812 | Ex 3:16 | יתכון וית מה די עבדו | לכון | מצריי: |
| 1813 | Nu18:06 | לוויי מן גו בני ישראל | לכון | מתנה אינון יהיבין לשמה |
| 1814 | Gn49:01M | "וחווי ... מתן": ואתנו | לכון | ניסייא גניזיי׳ רזיי׳ |
| 1815 | Dt16:01M | לכון נסין /מצרים עבד | לכון | ניסין בליליה פיסחא#2/ |
| 1816 | Dt16:01 | ארעא דמצרים בלליא ועבד | לכון | נסין וגבורן באיממה: |
| 1817 | Ex14:14 | לא תדחלון ייי הוא עבד | לכון | נצחני קרביכון וכיתא דהוות |
| 1818 | Dt 1:30 | מדבר קדמיכון הוא יעבד | לכון | נצחני קרביכון ככל מה די |
| 1819 | Dt 3:22 | ייי אלהכון הוא דעבד | לכון | סדר נצחני קרביכון: |
| 1820 | Dt20:04 | מדברה ביניכון למסדרה | לכון | סדרי קרביכון עם |
| 1821 | Gn43:23 | ואלהה דאבהתכון יהב | לכון | סימן בטעוניכון כספכון |
| 1822 | Ex 7:09 | עמכון פרעה למימר הבו | לכון | סימן ותימר לאהרן סב ית |
| 1823 | Dt28:31 | לבעלי דבביכון ולית | לכון | עבדין טבין קדם ייי אלהכון |
| 1824 | Dt28:51 | תשתיצון די לא יש״רון | לכון | עבור או חמר ומשח בקרת |
| 1825 | Dt 9:16 | קדם ייי אלהכון עבדתון | לכון | עגל מסכה סטיתון בפריע מן |
| 1826 | Dt28:32M | יומייא \ולא אלהה/ולית | לכון | עובדין טבין די יספק |
| 1827 | Nu33:55 | בסטריכון ויעיקון | לכון | על ארעא די אתון שרין בה: |
| 1828 | Dt 5:16 | יומיכון ומן בגלל דייטיב | לכון | על ארעא דייי אלהכון יהב |
| 1829 | Dt22:12 | צניפן תעבדון | לכון | על ארבעתי זבית גוליכון די |
| 1830 | Nu25:18 | לכון בשקריהון די שקרו | לכון | על עסק טעותה דפעור ועל עסק |
| 1831 | Ex12:21 | ואמר להון אתמנון וסבו | לכון | ען לזרעייתכון ונכסו: |
| 1832 | Dt28:31 | מן קדמיכון ולא יחזרון | לכון | עניכון מסירן לבעלי דבביכון |
| 1833 | Lv19:23M | לא יתאכל /דיומין יהוון | לכון | ערלין לא יתאכלון#2/: |

|  |  |  |  |  |
|---|---|---|---|---|
| 1834 | Dt20:11M | \ותפתח לכון /ותפתוח | לכון | פילוותה#2#/ ויהווי כל עמא |
| 1835 | Lv19:25 | תיכלון ית פירוי למוספה | לכון | פירי עללתה אמר ייי אלהכון: |
| 1836 | Nu35:05M | פרווירי קריתה /דא יהווי | לכון | פרווילי קור"#2#/: |
| 1837 | Nu35:05 | וקרתה במצעה אלין יהוון | לכון | פרוירי קריתה: |
| 1838 | Gn46:33 | ויהוי ארום יקרא | לכון | פרעה ויאמר מה היא |
| 1839 | Ex20:04 | לא תעבדון | לכון | {{צלם וצורה}} וכל דמות די |
| 1840 | Dt 4:16 | תחבלון עובדיכון ותעבדון | לכון | {{צלם וצורא}} וכל דמו דכר |
| 1841 | Dt 4:23 | די קיים עמכון ותעבדון | לכון | {{צלם וצורא}} וכל דמו די |
| 1842 | Dt 4:25 | עובדיכון ותעבדון | לכון | {{צלם וצורא}} וכל דמו |
| 1843 | Dt 5:08 | לא תעבדון | לכון | {{צלם וצורה}} וכל דמו די |
| 1844 | Lv26:19 | חסימה היך נחשה מלמרביה | לכון | צמחין: |
| 1845 | Dt23:14M | /וסכינה תהווי קבעה | לכון#2#/ | קביען במא{ז}ני זייניכון |
| 1846 | Nu23:23 | צדיקיה מה אגר טב מתקן | לכון | קדם ייי לעלמא דאתי: |
| 1847 | Ex30:32 | לא תעבדון כוותיה | לכון | קדש הוא קדש יהוי לכון: |
| 1848 | Ex30:37 | דתעבד בדמותה לא תעבדון | לכון | קדש תהווי לכון לשמה דייי: |
| 1849 | Ex35:02 | וביומא שביעיא יהוי | לכון | קדש שבת שבתה קדם ייי כל די |
| 1850 | Nu35:12 | ויהוון | לכון | קוריאן לשיזבו מן תבוע אדמא |
| 1851 | Nu35:11 | ותזמנון | לכון | קוריין קירוי שיזבו יהוון |
| 1852 | Nu35:12M | לשיזבו /ויהווי | לכון | קורייתה לשיזבו#2#/ מן |
| 1853 | Dt 1:01 | יתכון אלולי דאדכר | לכון | קיימה די קיים עם אבהתכון |
| 1854 | Dt16:22 | ולא תקימון | לכון | קיימה די סני ורחיק קדם ייי |
| 1855 | Dt 6:10 | ליצחק וליעקב למיתן | לכון | קירוין רברבן וטבן די לא |
| 1856 | Nu32:24 | בנון | לכון | קריין לטפליכון ודרין |
| 1857 | Nu16:07M | "אסגיתון לכון": סגי | לכון | רבנותה |
| 1858 | Gn49:01 | ואמר להון אתכנשו וחווי | לכון | רזייא סתימייא קיצייה |
| 1859 | Gn43:14 | ואלה שמיא {ו}<י>שוי | לכון | רחמין קדם שליטיא וישלח |
| 1860 | Dt13:18 | מן תקוף רוגזיה ויתן | לכון | רחמין וירחם עליכון ויסגי |
| 1861 | Lv19:23 | ית פריו תלת שנין יהוי | לכון | ריחוק לא יתאכל: |
| 1862 | Ex12:02 | ירחא הדין ניסן | לכון | ריש ירחין קדמיי הוא לכון |
| 1863 | Lv26:26 | כד אתבר | לכון | שא מזונה וייפון עשר נשין |
| 1864 | Lv25:08 | ותמנון | לכון | שבע שמיטין שובעה זמנין מן |
| 1865 | Dt16:13 | חגה דמטליה תעבדון | לכון | שבעה יומין במכנשיכון עבורה |
| 1866 | Lv23:24 | בחד יומא לירחא יהווי | לכון | שבת שבתה דכרן טב תקיעה |
| 1867 | Ex16:29 | חמון ארום ייי יהב | לכון | שובתא בגין כדין הוא יהב |
| 1868 | Gn45:07 | ייי קדמיכון למשויא | לכון | שיזבא בארעא ולמתקימה לכון |
| 1869 | Lv26:26M | אתבר לכון ... עשר": אתבור | לכון | שע{ד}<ר>י מזוניכון |
| 1870 | Ex 5:10 | אמר פרעה לית אנה יהב | לכון | תבן: |
| 1871 | Ex 5:11 | אתון אזלו סבו | לכון | תבן מן אן די תשכחון ארום |
| 1872 | Ex 5:13 | ביומא היך מה דהוה מתיהב | לכון | תבן: |
| 1873 | Ex23:13 | ובכל מה די אמרת | לכון | תהוון זהירין ושום |
| 1874 | Dt19:09 | קדמויי כל יומיא ותוספון | לכון | תוב תלת קורי שיזבו על תלתי |
| 1875 | Nu34:03 | תחומיהון דאדומיי ויהווי | לכון | תחום דרומה מן סייפי ימה |
| 1876 | Nu34:06 | די בגווה דין יהווי | לכון | תחום ימא: |
| 1877 | Nu34:07 | ודן יהווי | לכון | תחום צפונה מן ימה רבה |
| 1878 | Nu34:09 | טירת ע<נ>בתה די יהוון | לכון | תחום צפונה: |
| 1879 | Nu34:03 | ויהווי | לכון | תחומא מן דרומה מן מדברה |
| 1880 | Nu34:04 | ומקף | לכון | תחומה מן דרומא מן מסקייתה |
| 1881 | Ex29:42 | זימנא קדם ייי דאזמן | לכון | תמן לממללה עמך תמן: |
| 1882 | Nu17:19 | סהדותא די אזדמן ממרי | לכון | תמן: |
| 1883 | Dt28:65 | לכפה דרגליכון ויתן ייי | לכון | תמן לב רוגזן וסייף דעיינין |
| 1884 | Gn41:55 | לוות יוסף מה דיימר | לכון | תעבדון: |
| 1885 | Dt17:11 | ועל סדר דינה די יימרון | לכון | תעבדון לא תסטון מן פתגמא |
| 1886 | Lv26:37 | ורדף דלית ולא תיהווי | לכון | תקומה קדם בעלי דבביכון: |
| 1887 | Dt12:25 | יתיה מן בגלל דייטב | לכן | ולבניכון מן בתריכון ארום |

לכן

לן

|  |  |  |  |  |
|---|---|---|---|---|
| 1888 | Gn34:14 | <עורלה> ארום בזיון הוא | לן: | |
| 1889 | Ex 8:23 | ייי אלה{ו}ן היך מה דאמר | לן: | |
| 1890 | Ex10:09 | ארו«ם» חגא קדם ייי | לן: | |
| 1891 | Nu31:50M | לעלמא דאתי היא תיקום | לן | |
| 1892 | Dt 1:20 | דאמוריי די ייי אלהן יהב | לן: | |
| 1893 | Dt 1:25 | ארעא דייי אלהן י{ת}<ה>ב | לן: | |
| 1894 | Dt 2:29 | הדן לארעא דייי אלהן יהב | לן: | |
| 1895 | Dt 3:07 | וקורייתה בזזן | לן: | |
| 1896 | Dt17:14 | ככל אומייא די חזור חזור | לן: | |
| 1897 | Dt26:03 | קיים ייי לאבהתן למיתן | לן: | |
| 1898 | Gn50:15M | יוסף יתן ומחזרא /דנטר | לן | יוסף סנה והוא מח"#2#/ |
| 1899 | Dt33:04M | אורייתה\פקד יתן /יהב | לן#2#/ | משה יהב יתה ירתו ואחסנה |
| 1900 | Gn44:20 | ואמרנן לריבוני אית | לן | אבונן סב וטלי בר סיבו זעיר |
| 1901 | Nu27:04 | ארום לית ליה בר דכר הב | לן | אחסנה בגו אחי אבונן: |
| 1902 | Nu16:14 | כדבשה אעלת יתן ויהבת | לן | אחסנת חקלוון וכרמין העיני |
| 1903 | Dt 6:25 | וזכו תיהוי | לן | ארום נטור למעבד ית כל |
| 1904 | Nu14:08 | יתן לארעא הדה ויתן יתה | לן | ארע דהיא עבדה פירין טבין |
| 1905 | Gn44:27 | <ואמר> עבדך אבה | לן | אתון ידעתון ארום תרין בנין |
| 1906 | Nu11:18 | יוכל יתן בשר ארום טב הוה | לן | במצרים ויתן ייי לכון בשר |
| 1907 | Nu31:50 | בעלמא דאתי דא תיקום | לן | ביום דינה רבה למכפרה על |
| 1908 | Dt 2:29 | היך מה די עבדו | לן | בנוי דעשו דשריין בגבלה |
| 1909 | Gn34:09 | והתערבו | לן | בנתכון הבו לן וית בנתן |
| 1910 | Gn11:04 | מטי עד צית שמיא ונעבד | לן | בראשיה סגדה ונתן חרבא בידיה |
| 1911 | Nu11:13 | יבכון קודמוי למימר הב | לן | בשר ונאכל: |
| 1912 | Gn42:33 | ואמר | לן | גברא רבוניה דארעא בדא אדע |
| 1913 | Ex17:09 | ואמר משה ליהושע בחר | לן | גברין גיברין ופוק וסדר סדרי |
| 1914 | Nu11:04M | ייכל יתן /ליוואי הווה | לן | דמייכל יתן#2#/ בשר |
| 1915 | Nu22:04M | קירויא די חזור חזור | \לן#2#/ | היך מה דלחך תורא בלשניה |
| 1916 | Dt26:15 | ישראל וית ארעא די יהבת | לן | היך מה דקיימת לאבהתן ארע |
| 1917 | Gn29:25M | ללבן מה היא דעבדת | ל'לן#2#/ | הלא ברחל פלחת עמך |
| 1918 | Ex 2:19 | דרעייא ואף מדלי דלה | לן | ואשקי ית ענן: |
| 1919 | Dt30:12 | די יסוק לשמיא ויסב יתה | לן | וישמע יתן פקודייה ונעבד |
| 1920 | Dt30:13 | לעמקוי דימה רבה ויסק יתה | לן | וישמע לן פיקודייה ונעבד |
| 1921 | Gn34:09 | והתערבו לן בנתכון הבו | לן | וית בנתן תסבון לכון: |
| 1922 | Dt29:28 | קדם ייי אלהן וגלייתה | לן | ולבנינן עד עלמא למעבד ית כל |
| 1923 | Gn24:25M | כסה סגין \עמן ואף | /לן | ולחודו#2#/ אתר למבתה: |
| 1924 | Dt 2:28 | מזון בכסף תזבנון | לן | ונאכל ומים בכסף תתנון לן |
| 1925 | Dt 2:28M | \תזבנון לן ונאכל /תזבון | לן | וניכול#2#/ ומים בכסף תתנון |
| 1926 | Dt 2:28 | לן ונאכל ומים בכסף תתנון | לן | ונשתי לחוד לית אנן חסרין מן |
| 1927 | Dt 2:35 | להוד בעירה בזזנן | לן | {ועתידיהון}<ועדיתיהון> |
| 1928 | Gn26:22 | ואמר ארום כען אפתי ייי | לן | ותקפינן בארעא: |
| 1929 | Gn43:02 | להון אבוהון חזורו זבונן | לן | זעיר מזון: |
| 1930 | Gn47:19 | וארען עבדין לפרעה והב | לן | זרע ונחי ולא נמות וארעא לא |
| 1931 | Dt30:12 | אוריתה למימר לווי הוה | לן | חד כמשה נבייא די יסוק |
| 1932 | Dt30:13 | אוריתה למימר לווי הוה | לן | חד כיונה נביא די יחות |
| 1933 | Nu14:03 | יהוון לבזה הלא טב | לן | חזרנן למצרים: |
| 1934 | Dt26:10 | פירי ארעא מן מה די יהבת | לן | ייי ותצנעון קדם ייי אלהכון |
| 1935 | Gn41:12 | ותנינן לה ופתר | לן | ית חלמינן גבר כחלמיה פתר: |
| 1936 | Gn50:15 | יוסף יתן ומחזרא יחזר | לן | ית כל בישתא די גמלנן יתיה: |
| 1937 | Dt 1:22M | \וילילו לנא /ויללון | לן#2#/ | ית ארעא ויתיבון |
| 1938 | Dt 6:23 | מן בגלל למעלה יתן למתן | לן | ית ארעא די קיים לאבהתן: |
| 1939 | Dt 8:17 | חיילן ותקוף ידינן קנון | לן | ית נכסייה האליין: |
| 1940 | Dt26:09 | ואעיל יתן לארעא הדין ויהב | לן | ית ארעא הדא ארע עבדה פירין |
| 1941 | Gn41:13 | והוה היך מה דפתר | לן | כדין הוות יתי חזר לשמושי |

|  |  |  |  |
|---|---|---|---|
| 1942 | | Nu11:06 | וכדון נפשן ריקנה לית לן כל מן דעם ארום אלהין <...> |
| 1943 | | Dt 6:24 | מן קדם ייי אלהן למייטבה לן כל יומיא למקיימה יתן הכזמן |
| 1944 | | Gn43:05 | לא נחות ארום גברא אמר לן לא תחמון סבר אפוי ארום אלהן |
| 1945 | | Gn47:15 | לוות יוסף למימר הב לן לחם ולמה נמות כלקבלך ארום |
| 1946 | | Gn47:17 | לוות יוסף למימר הב לן לחם ויהב להון יוסף מזון |
| 1947 | | Nu21:05 | יתן במדברא ארום לית לן לחם למיכל ולא מיין למישתי |
| 1948 | | Gn34:17 | ואן לא תשמעון לן למגזור ונסב ית ברתן וניזיל: |
| 1949 | | Gn39:17 | עבדא עברא די איית«י»ת לן למגחכה בי: |
| 1950 | | Nu14:09 | ארום היך מה דלחמא קליל לן למיכל כדן אינון קלילין |
| 1951 | | Lv22:27 | על חובינן וכדון דלית לן למקרב{י}ה מן עדרי ענינן |
| 1952 | | Nu20:05 | רימונין אוף לא מיין לית לן למשתי: |
| 1953 | | Gn34:21 | קדמיהון ית בנתהון נסב לן לנשין וית בנתן נתן להון: |
| 1954 | | Nu10:31 | ונסלין במדברה ותיהוי לן לסהדותה: |
| 1955 | | Ex15:02 | עלמיא ייי אמר בממרי והוה לן לפריק אמרין בני ישראל דן |
| 1956 | | Dt30:12M | "לווי ...": מן יסק לן לשמיא היך משה נבייא |
| 1957 | | Ex10:07 | ליה עד אימת יהווי דין לן לתקלה שלח ית עמא ויפלחון |
| 1958 | | Lv22:27M | די גרמו חובייה ולית לן מה נקרבה מן עדרי ענינן |
| 1959 | | Nu10:31M | משריין במדברה ותיהווי לן מחווינ' דעיינין |
| 1960 | | Ex17:02 | עמא עם משה ואמרין הב לן מיין ונשתי ואמר להון משה |
| 1961 | | Ex13:08M | נצחני קרבינן באפקותן /לן מימרי דייי ניסים |
| 1962 | | Nu11:18M | \מן יוכל יתן /הוה לן מן דמייכל ית#2#/. בשר ארום |
| 1963 | | Dt32:27 | ידינן אתפרען לן מן בעלי דבבינן ולא מן קדם |
| 1964 | | Gn44:18M | קדמא<ה> דאתינא אמרת לן מן קדם ייי אנא דחיל וכדו |
| 1965 | | Gn44:18 | דאתינן לוותך הויית אמר לן מן קדם ייי אנה דחיל וכדון |
| 1966 | | Gn44:18 | בזמנא קדמאה דאתינא אמרת לן מן קדם ייי דחיל וכדו את |
| 1967 | | Nu20:15 | יומין סגין ואבאשו לן מצריי ולאבהתן: |
| 1968 | | Dt26:06 | ואבאישו לן מצריי וצערו יתן ושוון עלינן |
| 1969 | | Gn42:02 | במצרים חותו לתמן וזבונן לן מתמן ונחי ולא נמות: |
| 1970 | | Ex13:08 | מצוותה דפטיריא עבד ייי לן נצחני קרבינן באפקותן פריקין |
| 1971 | | Ex 5:16M | אמר לן /הנון אמרי' לן#2#/ עבדך עבדו והא עבדיך לקו |
| 1972 | | Ex 5:16 | לעבדך ולבנין את אמר לן עבדך עבדו והא עבדיך לקו |
| 1973 | | Lv22:27M | קורבנינן מכפרין לן על חובינן כדן די גרמו |
| 1974 | | Lv22:27 | ושמע בקל צלותן ואדכר לן עקידתיה דיצחק אבונן |
| 1975 | | Dt30:13 | רבה ויסק יתה לן וישמע לן פיקודייה ונעבד יתהון: |
| 1976 | | Ex14:12 | קדם מצריי ארום טב הוה לן פלחין קדם מצריי מן למקטליה |
| 1977 | | Ex14:11M | "... קברין": לא הוי לן קב' |
| 1978 | | Gn44:25 | ואמר אבה חזרו זבנ{ן}<ו> לן קליל מזון: |
| 1979 | | Lv22:27 | עידן דתדכר לן קרב«נ»ינן מה דהוויין |
| 1980 | | Gn11:04 | ואמרון אתון ונבנה לן קריה ומגדל וראשה מטי עד צית |
| 1981 | | Nu10:32M | הוא די ייטב ייי עמן/לן#2#/ ונוטב/^וניטב#2#^ |
| 1982 | לנא | Gn42:28 | מה הוא דא דעבד ייי לנא: |
| 1983 | | Ex10:09M | חגא קדם ייי לן/לנא#2#/: |
| 1984 | | Dt 3:07M | וקורייתה בזזן לן/לנא#2#/: |
| 1985 | | Gn34:22 | לחוד בדה אתערבו לנא גברייא למשרי עמן למהוי |
| 1986 | | Gn26:10 | מה היא דא דעבדית לנא הא בקליל זעיר אילו שמש חד |
| 1987 | | Gn43:07 | ואמרן משאל שאל גברא לנא ולתלדותן למימר הא כען |
| 1988 | | Gn20:09 | ואמ' ליה מה עבדת לנא ומה חטאנא לך ארום אייתת |
| 1989 | | Gn31:14 | לה הא עד כדון אית לנא חלק ואחסנא בביתא דאבונן: |
| 1990 | | Dt 1:22 | גברין קדמינן וילילו לנא ית ארעא ויתיבון יתן פתגמא |
| 1991 | | Gn34:22 | למהוי לאומא חדא במגזר לנא כל דכורא היך דאינון גזרין: |
| 1992 | | Gn24:23 | בביתה ^דאבוך#2#^ אתר לנ{ון}<א> למבתה: |
| 1993 | | Ex14:11 | במדברא מה היא דא דעבדת לנא למפקה יתן מן מצרים: |
| 1994 | | Dt30:13M | דימה רבה /מן ייעיבר לנא מעיבר לימה רבה היך יונא |
| 1995 | לנו | Gn20:09M | חטאנא /היא דא דעבדת לנו ומה חטינן#2#/ לך ארום |
| 1996 | דלהון | Gn49:26 | אבהתי אברהם ויצחק דלהון אתחמדון רברבני עלמא מן |
| 1997 | ולה | Gn16:01 | דאברם לא הוות ילדה לה ולה אמתה מצרייא ושמה הגר: |
| 1998 | | Dt19:06 | יתיה ויתחייב בנפשה ולה לית סדר דין דקטולין ארום |
| 1999 | ולהון | Dt 1:39 | אינון ייעלון לתמן ולהו{ד}<ן> אתן יתה ואינון יירתון |
| 2000 | | Gn 6:21 | ותכנש לוותך ויהוי לך ולהון למיכל: |
| 2001 | | Lv17:08 | ולהון תימר גבר גבר מן דבית |
| 2002 | ולהן | Gn43:32 | ושוון ליה לבלחודוי ולהן לבלחודיהון ולמצראי דאכלין |
| 2003 | וליה | Dt 1:36 | בר יפונה הוא יחמי יתה וליה אתן ית ארעא די דרס בה |
| 2004 | | Gn49:10 | דדידיה היא מלכותא וליה ישתעבדון כל מלכוותא: |
| 2005 | | Dt22:29 | חמשין סלעין דכסף וליה תהוי לאתה חלף די צער יתה |
| 2006 | | Dt22:19 | על בתולתה ברת ישראל וליה תיהווי לאתה לית הוא רשיי |
| 2007 | ולך | Gn 3:15M | לבנין דאיתתה יהוי אסו ולך חויה לא יהווי אסו ברם |
| 2008 | | Gn 3:15 | ברם לבריה יהוי אסו ולך חויה לא יהוי אסו דעתידין |
| 2009 | | Gn27:37 | ועבור וחמר סמכ<'> יתיה ולך מן כדון מה אעבד ברי: |
| 2010 | | Dt24:13M | באיסטליתא ויברך יתך ולך תיהווי |
| 2011 | ולכון | Ex10:16 | חטית קדם ייי אלהיכון ולכון: |
| 2012 | | Dt24:13 | בלבושיה ויצלי עלך ולכון תיהווי זכו קדם ייי |
| 2013 | לאבאשא | Dt14:01M | חבורן חבורן לאבאשא#2#/ בפולחנה/^בפול>חן#2#^ |
| 2014 | לאגחא | Gn33:14M | ורבין אעול לות רבוני לאגחא קרבה בגבולא |
| 2015 | לאזדמנא | Gn20:06M | יהבית לך רשו למקרב/לאזדמנא#2#/ לוותה: |
| 2016 | לאחוואותהון | Lv27:34M | מדעם ופקדינון מטול לאחוואותהון לוות בני ישראל |
| 2017 | לאחסנה | Nu34:18 | רב חד מן כל שבט תסבון לאחסנה ית ארעא: |
| 2018 | לאטעאה | Gn20:13 | והוה כד בעין עממיא {{לאטעאה}} יתי בתר טעוותהון וממרה |
| 2019 | לאיטמרה | Dt20:19M | אילן חקלא לאיטמרה מן קדמך בכרכה ציירה |
| 2020 | לאית' | Dt17:06M | להתקטלה /קטולא לאית#2#/ לא יתקטל על פם סהד |
| 2021 | לאיתיא | Nu10:29M | איתמר מן יומי עלמה לאיתיא טבתה על ישראל |
| 2022 | לאיתנ' | Gn49:01M | "ולאיתני ... טבייא": בעא לאיתנ' להון קץ ברכתא וניחמתא |
| 2023 | לאנהרה | Dt 1:33M | \בלילה למחויה יתכון /לאנהרה לכון#2#/ בארחא די |
| 2024 | לאסקא | Ex 3:17 | ואמרת בממריה לאסקא יתכון מן שעבודהון דמצריי |
| 2025 | לאעלא | Ex23:20 | למנטרא יתכון בארעא לאעלא יתכו«ן» באתרא די אתקנת: |
| 2026 | לאשראה | Ex39:43M | יהא רעווה מן קדם ייי לאשראה שכינתיה בעובדי ידיכון |
| 2027 | לאשתלחא | Ex 4:13M | דן דחמי ליה למשתלחא/לאשתלחא#2#/ |
| 2028 | לאתעבדה | Lv 5:17M | די לא כשרין למתעבדה/<ל>א<תעבדה>#2#/ ולא ידע ואתחייב |
| 2029 | לאתרברבה | Nu16:13M | /ואוף אף בעי לאתרברבה#2#/: |
| 2030 | לבשלה | Dt14:21M | לית אתון רשיין לבשלה ולמיכול בשר בחלב מערבין |
| 2031 | לדכ' | Nu 8:21M | אהרן#1#/ למדכייה/לדכ#2#/ יתהון: |
| 2032 | לדכאותיה | Lv15:13 | וימני ליה שבעה יומין לדכאותיה ויחוור לבושוי ויסחי בשרה |
| 2033 | | Lv14:23 | יתהון ביומא תמיניה לדכאותיה לוות כהנא לתרע משכן |
| 2034 | לדכותיה | Lv14:23M | תמיניה לדכאותיה/^לדכותיה#2#^/למדכייה יתיה#2#/ |
| 2035 | לדכי | Lv13:59M | או בכל מן משך לדכיה/<לד>כי#2#/ יתיה או לסאבותיה |
| 2036 | לדכיה | Lv13:59 | או בערבא או בכל מן משך לדכיה יתיה או לסאבותיה: |
| 2037 | להווי | Ex 9:28M | ייי וימנע מן למהוי/להווי#2#/ קלי מן קדם ייי וברד |
| 2038 | להתקטלה | Dt17:06 | יתקטל מן דמתחייב להתקטלה לא יתקטל על פם סהד חד: |
| 2039 | לחבלא | Gn 9:15 | יהוי תוב מיא למבולא לחבלא כל בשרא: |
| 2040 | לחבלה | Ex12:23M | שכינתיה דייי למשיציא/לחבלה#2#/ ית מצריי/מצראי#2#/ |
| 2041 | לימזכי | Gn 4:07 | ואת תהוי שלט בה בין לימזכי ובין למחטי: |
| 2042 | לימר | Gn45:17M | ואמר/לימר#2#/ פרעה ליוסף אמר לאחך |
| 2043 | לכ' | Nu 8:12M | חד לעלתה קדם ייי למכפרה/לכ#2#/ על ליוויי/ליוואי#2#/ |
| 2044 | | Lv16:10M | קדם ייי למכפרה/לכ#2#/ עלוי למשלחה יתיה |
| 2045 | | Nu15:28M | בשלותה קדם ייי למכפרה/לכ#2#/ עלוי וישתבק לה: |
| 2046 | לכפ' | Lv16:20M | וישלם מן למכפרה/לכפ#2#/ ית קדשה וית משכן |
| 2047 | | Nu 8:19M | במשכן זמנה ולמכפירה/לכפ#2#/ על בני ישראל ולא |
| 2048 | | Nu31:50M | ביום דינה רבה למכפרה/לכפ#2#/ על נפשתן קדם ייי: |
| 2049 | | Nu28:30M | בר עזין חד למכפרה/לכפ#2#/ עליכון: |

|  |  |  |  |  |  |
|---|---|---|---|---|---|
| 2050 | לכפרא | Ex30:15 | למיתן ית אפרשתה דייי | לכפרא | על נפשתכון: |
| 2051 | לכפרה | Nu 7:82 | {ב}<ח>ובין ולשלוון | לכפרה | באדמה דצפירה על חובוי ועל |
| 2052 | | Lv16:17 | במשכן זימנה במעלה | לכפרה | בגו בית קדשה עד מפקה |
| 2053 | | Ex30:16 | לדכרן טב קדם ייי | לכפרה | על נפשתכון: |
| 2054 | | Lv16:08M | עדב חד לשמה דייי | לכפרה | על עמא ועדב חד למפטור |
| 2055 | | Lv 8:34M | יומא דכיפורי מטול | לכפרה | עליכון |
| 2056 | | Lv 8:34M | פקד ייי למעבד | למכפרה/לכפרה#2#/ | עליכון: |
| 2057 | | Lv23:28 | יום צומה דכיפורייה הוא | לכפרה | עליכון קדם ייי אלהכון: |
| 2058 | למ׳ | Lv11:47M | דלא מתאכלה/כשירה | למ׳#2#/: | |
| 2059 | | Lv23:29M | "די ... למצום": <די> כמסת | למ׳ | |
| 2060 | | Lv24:12M | ומסאבין די לא יכלו | למ׳ | |
| 2061 | | Gn29:26M | /מתעבד כן באתרן | למ׳#2#/ | זעירתא קדמיי/קדם#2#/ |
| 2062 | | Ex 7:14M | סרב \מן למשלחיה /דלא | למ׳#2#/ | \ית עמא/לעמיה#2#/: |
| 2063 | | Lv 7:30M | יתה ית/וית#2#/ ניאה | למ׳#2#/ | יתיה אנפ{ג}<ו> קדם ייי: |
| 2064 | | Gn15:02M | וסגין קודמיך | למ׳ | לי ברם |
| 2065 | | Nu24:20M | אינון עתידין | מסדרה/למ׳#2#/ | לקבליהון סדרי קרבה |
| 2066 | | Ex30:15M | ית אפרשתה דייי | לכפרא/למ׳#2#/ | על נפשתכון: |
| 2067 | | Nu 7:89M | למשכן#2#/ זימנא | לממללה/למ׳#2#/ | עמיה הוא שמע ית קל |
| 2068 | למעבד | Gn18:25M | מן למעבד /מן | למ<עבד>#2#/ | פתגמא הדין דיינא |
| 2069 | למאחס׳ | Nu34:29M | שבטייה די פקד ייי | למאחס׳ | ית ארעא#2#/ דכנען: |
| 2070 | למאחסנה | Nu34:29 | די פקד ייי ית משה | למאחסנה | ית בני ישראל בארעא |
| 2071 | למאכל | Dt28:31 | ולית אתון רשיין | למאכל | מנהון חמריכון גזילין |
| 2072 | למבאשא | Gn31:52 | <....> וית קיימתא הדא | למבאשא: | |
| 2073 | | Ex23:02 | דינא לא תיזל בתר סגיא | למבאשא | לא תמנע מן למימר מה דבלבך |
| 2074 | | Gn31:07 | ולא יהב ייי רשו{י} | למבאשא | לי: |
| 2075 | | Gn31:29 | עמי חיל ואוכלסין סגין | למבאשא | לכון ואלה דאבוכון ברמשא |
| 2076 | למבאשה | Lv 5:04 | תשבע למפרשה בסיפתן | למבאשה | או למיטבה לכל מה די יפרש |
| 2077 | | Dt28:07 | עילוו«י»כון | למ{אב}באשה | בכון תבירי קדל קדמיכון |
| 2078 | | Gn31:07M | /שבק יתיה מימריה דייי | למבאשה | לי#2#/: |
| 2079 | למבד | Gn 6:03M | הוא דינה דדרה דמבולא | למבד | ולמשתציה מחה גמירא הלא |
| 2080 | למבזי | Lv18:17M | /^<ערית>הן#2#^/ קריבת | /למבזי | ערייתה קרי׳#2#/ בשר |
| 2081 | למבזיה | Lv18:18M | ל{ך}<ה> | למגליי«ה»/למבזיה#2#/ | ערייתה עליה |
| 2082 | | Lv18:19M | בריחוק נדתה לא תקרוב | למבזיה | ערייתה |
| 2083 | למבזייה | Lv18:06M | לא תקרבון | למגלייה/למבזייה#2#/ | ערייה כדן אמר |
| 2084 | למבחר | Dt 4:34 | די עבד ייי למיעול | למבחר | ליה אומה מגו אומה בניסן |
| 2085 | למבכי | Gn43:30 | גלו מעוי על אחוי ובעא | למבכי | ועל לקיטונא ובכא תמן: |
| 2086 | למבלע | Ex15:12 | ולא ארעא הוות בעה | למבלע | יתהון דחילא הוות ארעא מן |
| 2087 | למבני | Lv20:17 | חסד הוה דעבדת עם קדמיי | למבני | עלמא ברם מן כדון כל די |
| 2088 | | Gn11:08 | כל ארעא ואתמנעו מן | למבני | קרתא: |
| 2089 | למבסמא | Gn50:02M | \אסיא למחנט /אסוותא | למבסמא#2#/ | ית אבו׳ וחנטו אסיא |
| 2090 | למבעי | Dt 9:14 | מנע גרמך מן קדמיי מן | למבעי | עליהון רחמין ואישיצי |
| 2091 | | Ex32:10 | וכען מנע גרמך מן | למבעי | רחמין עליהון קדמי ויתקוף |
| 2092 | למבעיה | Gn49:24 | פשט ידוי ואדרעוי | למבעיה | רחמין מן תקיפא דאבוי |
| 2093 | למבעשא | Ex23:01M | אזלין בתר סוגיי׳ | למבעשא | ברם אלאהן למייטבה ולא |
| 2094 | | Ex23:02 | תהוון אזלין בתר סוגיא | למבעשא | ברם אלאהן למייטבה ולא |
| 2095 | למבעשה | Lv 5:04M | /תשתבע בפירוש ספוון | למבעשה#2#/ | או למיטבה לכל מה די |
| 2096 | | Ex32:12M | מצראי למימר מן בגלל | למבעשה | יתהון אפיק יתהון למקטלה |
| 2097 | למבקרא | Gn35:09 | וזוגיה ועוד אלפת יתן | למבקרא | ית בישיא מן אבונן אברהם |
| 2098 | למברה | Dt32:01 | תתכלי ברם עתיד הוא ייי | למברה | שמיא {חת}<חד>תין וארעא |
| 2099 | למבריה | Ex12:42 | כד אתגלי ייי על עלמא | למבריה | יתיה הוה עלמא תהו ובהו |
| 2100 | למברכה | Nu23:20 | הא | למברכה | אדברית מברך אנה ית ישראל |
| 2101 | | Nu24:01 | שפר הוה מן קדם ייי | למברכה | ית ישראל ולא אזל היך מה |
| 2102 | | Dt27:12 | אילין יקומון | למברכה | ית עמא על טורה דגריזים |
| 2103 | | Gn27:30 | והוי כד אשלם יצחק | למברכה | ליעקב והוה לחוד מפוק |
| 2104 | | Gn35:09 | לעלמי עלמין אלפת יתן | למברכה | לחתנה ולכלתה מן אדם |
| 2105 | למבשלי | Ex23:19M | לית אתון רשאין | למבשלי | ולמיכל בשר׳ וחלב |
| 2106 | למבשלה | Ex34:26M | לית אתון רשיין לא | למבשלה | ולא למיכל בשר וחלב מער׳ |
| 2107 | למבשרא | Gn18:02M | חד מניהון הוה אזל | למבשרא | ית שרה דילדה בר דכר וחד |
| 2108 | | Gn18:01 | מלאכא קדמאה ישתלח | למבשרא | לאבו«נן» אברהם די שרה |
| 2109 | | Gn28:12 | בייתי דאבוי סלקון | למבשר{י}<א> | למלאכי{ה} מרומא למימר |
| 2110 | למבתה | Gn24:23M | לנ{ון}<א> | למבתה/למ{כונ}<בת>ה#2#/: | |
| 2111 | | Gn24:23 | אתר לנ{ון}<א> | למבתה: | |
| 2112 | | Gn24:25 | כסה סגין עמן ואף אתר | למבתה: | |
| 2113 | למגבא | Ex 5:12 | עמא בכל ארעא דמצרים | למגבא | קש לתבן: |
| 2114 | למגדעא | Gn30:11 | את{ו}א גדה טבא דעתיד | למגדעא | משתודהון לאומה וקראת ית |
| 2115 | למגוללה | Gn28:10 | כל רעיא מתכנשין | למג{ז}«ו»ללה | יתה מעלוי פומא דבארה |
| 2116 | למגז | Gn38:13 | הא חמוך סלק לתמנתה | למגז | ענה: |
| 2117 | למגזור | Ex 4:25 | ואמרת ארום חתנא בעא | למגזור | וחמוי לא שבק יתיה וכפר |
| 2118 | | Gn17:10M | בתריכון | במגזר/למגזור#2#/ | לכון כל דכורא: |
| 2119 | | Gn35:09M | ופקדת יתיה | למגזור | עורלתיה ויתב ליה בתרע |
| 2120 | למגזז | Gn31:19 | ולבן אזל | למגזז | ית ענה וגנבת רחל ית |
| 2121 | למגזר | Gn40:18 | באפי ברא ועתיד פרעה | למגזר | גזרן בישא על ישראל ורמי |
| 2122 | | Gn34:17 | ואן לא תשמעון לן | למגזר | ונסב ית ברתן וניזל: |
| 2123 | | Gn34:15 | לכון אן תהוון כוותן | למגזר | לכון כל דכורא: |
| 2124 | למגחכה | Gn39:17 | עברא די איית«י»ת לן | למגחכה | בי: |
| 2125 | | Gn39:14 | לי גבר עבריי למגחכה | {למגחכה} | בן על לוותי למשמשא עמי |
| 2126 | | Ex32:06 | למיכל ולמישתי וקמו | למגחכה | בפלחנא נכריה: |
| 2127 | | Gn39:14 | דאייתי לי גבר עבריי | למגחכה | {למגחכה} בן על לוותי |
| 2128 | למגליה | Lv18:17 | וית ברת ברתה לא תסב | למגליה | עריתהון קריבת בשר אינון |
| 2129 | למגלייה | Lv18:06 | קריב בשריה לא תקרבון | למגלייה | ערייה כדן אמר ייי: |
| 2130 | | Lv18:18 | תסב למעקה ל{ך}<ה> | למגליי«ה» | ערייתה עליה בחייה: |
| 2131 | | Lv18:19 | בנדת סאבתה לא תסב | למגלייה | ערייתה: |
| 2132 | למדבק | Ex36:18 | ועבד פורפיה דנחש חמשין | למדבק | ית משכנא למהוי כלה חד: |
| 2133 | למדחול | Dt 6:24 | ית כל קיימיה האיליין | למדחול | מן קדם ייי אלהן למייטבה |
| 2134 | | Dt10:12M | למידחל /אלה הן | למדחול#2#/ | מן קדם ייי אלהכון |
| 2135 | | Dt17:19M | חיויי מן בגלל דיליף | למדחול | מן <קדם>#2#/ ייי אלהיה |
| 2136 | | Dt 4:10 | יתהון ית דברי די ילפון | למדחול | מן קדמוי כל יומיא דאינון |
| 2137 | | Dt 5:29 | שלמה ^הדין#2#^ להון | למדחול | מן קדמי ולמטור ית כל |
| 2138 | למדחל | Dt 6:24M | קיימיה האיליין | למדחול/<למד>חל#2#/ | מן קדם ייי אלהן |
| 2139 | | Dt14:23 | מן בגלל דתלפון | למדחל | מן קדם ייי אלהכון כל |
| 2140 | | Dt28:58 | בספר אוריתה הדין | למדחל | מן קדם שמיה יקירה ודחילה |
| 2141 | | Dt31:13 | לא חכמו ישמעון וילפון | למדחל | מן קדם ייי אלהכון כל |
| 2142 | | Dt 4:10M | דברי די ילפון | למדחול/<למד>חל#2#/ | מן קדמוי כל יומיא |
| 2143 | | Dt 5:29M | ^הדין#2#^ להון | למדחול/<למד>חל#2#/ | מן קדמי ולמטור |
| 2144 | למדחק | Dt15:03 | ית בר עממיא את רשיי | למדחק | יתיה דיהווי לך גב אחוך |
| 2145 | למדכיה | Lv14:49 | ויסב | למדכי<ה> | ית ביתה תרתין צפרין וקיס |
| 2146 | | Nu 8:07 | וכדן תעבד להון | למדכיה | יתהון אדי עליהון מי חטאתה |
| 2147 | למדכיי׳ | Lv16:30 | הדין יכפר עליכון | למדכיי׳ | יתכון מן כל חוביכון קדם |
| 2148 | למדכייה | Nu 8:21 | לבושיהון וכפר#1# | למדכייה | יתהון: |
| 2149 | | Lv13:07M | דאחמי יתה לכהנה | למדכייה | יתיה וית׳ |
| 2150 | | Lv13:59M | "לדכיה ... לסאבותיה": | למדכייה | יתיה או למסאבה יתיה |
| 2151 | | Lv14:23M | תמיניה | לדכאותיה/^לדכותיה#2#^/למדכייה | יתיה#2#/ |
| 2152 | | Lv15:13M | ליה שבעה יומין | לדכאותיה/למדכייה | יתיה#2#/ ויחוור |
| 2153 | למדכרא | Lv22:27 | כדן אתבחר אימרא בגין | למדכרא | זכותא דגברא יחידה דאתעקד |
| 2154 | למדכרה | Lv22:27M | אמרה אתבחר תניין בגין | למדכרה | זכותה דישר׳ דעקד גרמי׳ |
| 2155 | | Lv22:27M | גדי בר עיזין בגין | למדכרה | זכותי׳ דתמימה דלבש משכין |
| 2156 | | Lv22:27 | גדייה בר עזייה בגין | למדכרה | זכותי׳ דגברא תמימא דלבש |
| 2157 | | Dt32:03 | לחד ממלאכי שירותה | למדכרה | ית שמה קדישה עד זמן |

|  |  |  |  |  |  |
|---|---|---|---|---|---|
| 2158 | | Dt32:03 | מנהון ילף משה דלא | למדכרה | ית שמה קדיש' עד זמן דהוה |
| 2159 | | Lv22:27M | תורה איתבחר קדמי בגין | למדכרה | סבייה דמדנחה |
| 2160 | | Lv22:27 | תורה אתבחר קדמי בגין | למדכרה | קדמיי זכותיה דגברה |
| 2161 | | Gn 9:16 | קשתא בעננא ואחמי יתה | למדכרה | קיים עלם בין מימרא דייי |
| 2162 | למדן | Ex18:13 | דבתר«ה» ויתב משה | למדן | ית עמא וקמו עמא קדם משה |
| 2163 | למדע | Ex31:13 | ביני וביניכון לדריכון | למדע | ארום אנה הוא ייי דקדשית |
| 2164 | | Dt13:04 | מנסי ייי אלהכון יתכון | למדע | הא אית רחמין ית אולפן |
| 2165 | למדר | Dt23:23 | וארום תתמנעו מן | למדר | לא יהווי בכון חובה: |
| 2166 | למדשנא | Ex27:03 | ותעבד {דידי}<דודו>תא | למדשנא | יתיה ומגרופיתא ומזריקוי |
| 2167 | למהווי | Ex11:06M | וכוותה לא תסף | למחז/למהווי#2#/: | |
| 2168 | | Gn 2:18M | /ממריה דייי לא שפר | למהווי | אדם לבלחודוי#2#/ אעבד |
| 2169 | | Gn17:07 | לדריהון לקיים עלם | למהווי | במימרי לך לאלה ולבניך |
| 2170 | | Dt25:13 | נסב בה ומתקל זעיר | למהווי | יהב בה: |
| 2171 | | Ex10:14M | כדן /ובתריה לא יוסף | למהווי | כן#2#/: |
| 2172 | | Gn18:11 | ועלו ביומיא אתמנע מן | למהווי | לשרה אורח {כנס} כנשיא: |
| 2173 | | Ex40:15 | בכהונתה רבתה ותהוי | למהווי | להון רבותהון לכהנא לעלם |
| 2174 | | Nu21:19 | להון בירא מתנה חזרת | למהווי | להון לנחלין מתגברין ומן |
| 2175 | | Ex23:01 | לא תשותף ידך עם חייבה | למהווי | ליה סהד שקר: |
| 2176 | | Lv11:45 | מן ארעא דמצרים למהוי | {למהווי} | לכון לאלה פרוק ותהוון |
| 2177 | | Dt26:18 | אמלך יתכון יומא הדין | למהווי | לשמא לעם חביבין היך סגולה |
| 2178 | | Dt 4:20 | כורה דפרזלה מן מצרים | למהווי | לשמה דייי לעם אחסנה כיומא |
| 2179 | | Lv20:26 | יתכון מן אומייה | למהווי | לשמי: |
| 2180 | | Gn44:18 | דחיל וכדון חזרו דינך | למהווי | מדמיין לדינוי דפרעה רבך: |
| 2181 | | Dt25:13 | רב ומתקל זעיר מתקל רב | למהווי | נסב בה ומתקל זעיר למהווי |
| 2182 | | Nu21:19 | לנחלין מתגברין חזרת | למהווי | סלקה עמהון לריש טוריה |
| 2183 | | Gn 2:15M | ואצנע יתיה בגינתה | למהווי#2#/ | פלח באורית' ולמטור |
| 2184 | | Ex 8:18 | די עמי שריין עלה די לא | למהווי | תמן ערב{ו}<ר>ובא מן בגלל |
| 2185 | למהוויין | Gn30:41M | בחוטריא /במו<ר>כיותא | למהוויין | מתחמן בחוט'#2#/: |
| 2186 | למהווין | Ex28:28M | בשזר דתכלה | למיהוה/למהווין#2#/ | על המיינה דאפודה |
| 2187 | למהוון | Gn22:14M | דריא ועתידין למקום | למהוון | אמרין |
| 2188 | | Nu 9:08M | דעתיד למקום בתר משה | למהוון | זריזין בדיני ממונה ומתי' |
| 2189 | | Dt14:02M | ייי \למהוי לשמיה | /למהוון | ליה#2#/ לעם חביבין היך |
| 2190 | | Dt26:18M | יומא הדין | למהווי/למהוון#2#/ | לשמא לעם חביבין |
| 2191 | | Lv20:26M | מן אומייה | למהווי/למהוון#2#/ | לשמי: |
| 2192 | | Dt 7:06M | ייי אלהכון | למהוי/למהוון#2#/ | לשמיה לעם חביבין |
| 2193 | | Lv24:12M | למקום בתר משה | למהוון | מתינין בדיני נפשתה |
| 2194 | | Nu15:34M | למקום בתר משה | למהוון | מתינין בדיני{ה} נפשתה |
| 2195 | | Lv26:01M | קדמה ארום אנה ייי | /למהוון | סגדין עליה אנה הוא |
| 2196 | | Ex31:16M | \למעבד ית יום שבתא | /למהוון | עבדין ית יומא דשב'#2#/ |
| 2197 | | Ex13:21M | למנהרא להון | למהוי/למהוון#2#/ | מהלכין/אזלין#2#/ |
| 2198 | למהוי | Gn40:18M | פרעה \למגזר גזרן | /למהוי | גזר גזרין#2#/ בישא על |
| 2199 | | Gn10:08 | אולד ית נמרוד הוא שרי | למהוי | גיבר באר': |
| 2200 | | Gn19:09 | בינינן והא הוא בעי | למהוי | דין דינינן כדון נבאש לך |
| 2201 | | Ex36:18 | חמשין למדבק ית משכנא | למהוי | כלה חד: |
| 2202 | | Gn34:22 | לנא גברייא למשרי עמן | למהוי | לאומא חדא במגזר לנא כל |
| 2203 | | Lv11:45 | פריקין מן ארעא דמצרים | למהוי | {למהווי} לכון לאלה פרוק |
| 2204 | | Dt 7:06 | בכון אתרעי ייי אלהכון | למהוי | לשמיה לעם חביבין היך |
| 2205 | | Dt14:02 | אלהכון ובכון אתרעי ייי | למהוי | לשמיה לעם חביבין היך |
| 2206 | | Ex13:21 | דאישתא למנהרא להון | למהוי | מהלכין בימּמא ובליליא: |
| 2207 | | Gn34:31M | יאה \הוא דיהוון אמרין | /למהוי | מית<אמר>#2#/ בכנישתיהון |
| 2208 | | Dt 5:20 | «וילפון לחוד אינון» | למהוי | מסהדין {מ}<ס>הדי דשקר |
| 2209 | | Lv22:27 | טבייה וזמן בנוי | למהוי | מצליין ואמרין דידהון בשעת |
| 2210 | | Gn 4:16 | דחטא וקטל להבל חזרת | למהוי | מרביה קדמו כו{כ}<ב>ין |
| 2211 | | Ex14:25 | ארחין דמולוותה | למהוי | נגדין בגלג«לי» וקיסי |
| 2212 | | Ex14:25 | בגלג«לי» וקיסי חזרו | למהוי | נגדין כמולותיה ורמין |
| 2213 | | Nu21:19M | נחלין שטפין חזרת | למהוי | נחתה עמהון {לא} |
| 2214 | | Nu21:20M | בתר דחזרת | למהוי | סלקה עמהון לראשי טוורייה |
| 2215 | | Gn 4:26 | בכדין שרו בני אנשא | למהוי | עבדין להון טעון ומכניין |
| 2216 | | Ex20:13 | וילפון לחוד אינון | למהוי | עם קטולין ארום בחובי |
| 2217 | | Ex20:14 | וילפון לחוד אינון | למהוי | עם גיורין ארום בחובי |
| 2218 | | Ex20:15 | וילפון לחוד אינון | למהוי | עם גנבין ארום בחובי גנביא |
| 2219 | | Ex20:16 | וילפון לחוד אינון | למהוי | עם סהדי שקרא ארום בחובי |
| 2220 | | Ex20:17 | וילפון לחוד אינון | למהוי | עם חמודין לא יתחמד גבר |
| 2221 | | Dt 5:19 | וילפון לחוד אינון | למהוי | עם גנבין ארום בחובי |
| 2222 | | Dt 5:20M | "למהוי ... דשקר": | למהוי | עם משהדי שקרא |
| 2223 | | Dt 5:21 | וילפון לחוד אנון | למהוי | עם חמודין ולא יתחמד אנש |
| 2224 | | Gn39:10 | עמה בעלמ' הדין דלהא | למהוי | עמה לעלמא דאתי: |
| 2225 | | Gn 2:05 | עד כדון לא את«ברי» | למהוי | פלח בארעא: |
| 2226 | | Gn 2:15 | ואשרי יתיה בגנתא דעדן | למהוי | פלח באורית' ולמטור |
| 2227 | | Gn 9:20M | /גברא#2#/ צדיקא | למפלח/למהוי | פלח#2#/ בארעא ונצב \ |
| 2228 | | Ex 9:28 | צלון קדם ייי וימנע מן | למהוי | קלי מן קדם ייי וברד ואשלח |
| 2229 | | Gn 1:16 | רברביא ית נהורא רבה | למהוי | שליט באימּמא וית נהורא |
| 2230 | | Gn 1:16 | באימּמא וית נהורא זעירא | למהוי | שליט בליליא וית סדור |
| 2231 | | Ex10:28 | ברם צבי אנה לממות ולא | למהוי | שמע {מי} מליך אזדהר לך |
| 2232 | למהון | Ex14:25M | דמול' "למהוי ... עמא": | <ל>מהון | נגדן לגלגלי חזרן גלגלי |
| 2233 | למהלך | Ex14:19 | מלאכא דייי דהוי עתיד | למהלך | קדם משריתיהון דישראל |
| 2234 | למהלכה | Dt10:12M | \ולמהלכה בכל ארחן | /למהלכה | באורחה#2#/ דתקנן קדמוי |
| 2235 | | Dt26:17 | למיהווי לכון לאלה פרוק | למהלכה | באורחן דתקנן קדמוי ולמטור |
| 2236 | | Dt 8:06 | דאורייתה דייי אלהכון | למהלכה | באורחתיה ולמדחול |
| 2237 | | Dt13:06 | יתכון ייי אל«ה»כון | למהלכה | בה ותעב{ד}<ר>ון עבדי |
| 2238 | | Lv18:04 | קיימי דאורייתי תטרון | למהלכה | בהון אנה ייי אלהכון: |
| 2239 | | Dt11:22 | אורייתה דייי אלהכון | למהלכה | בכל אורחן דתקנן קדמוי |
| 2240 | | Gn14:14M | בייתיה ולא צבו | למהלכה | עימיה ואיתבחר מניהון |
| 2241 | למהפוך | Gn18:01M | אשתלח | למיפך/למהפוך#2#/ | סדם ועמורה אדמה |
| 2242 | | Gn19:21M | לפתגמא הדין דלא | מיפך/למהפוך#2#/ | ית קרתא ד'/היך מה |
| 2243 | למהפך | Gn18:02M | וחד מניהון הוה אזל | למהפך | ית סדום וחד מניהון הוה |
| 2244 | למובדה | Gn 6:03 | סדר דינא דדר' דמבולא | למובדה | ולמישיציה מן גוא עלמא הא |
| 2245 | | Dt28:63 | כדן יחדי ייי עליכון | למובדה | יתכון ול«מ»סייפה יתכון |
| 2246 | | Dt26:05 | אלהכון לבן ארמייה סבר | למובדה | לאבונן יעקב מן שירויה |
| 2247 | למודעה | Dt 8:03 | חכימן אבהתכון מן בגלל | למודעה | יתכון ארום «לא על לחמא |
| 2248 | למוזפה | Dt29:18M | איזיל מן בגלל | למוספה/למוזפה#2#/ | חובי שלותה על חובי |
| 2249 | למולדה | Gn17:17 | הא בר מאה שנין אפשר לי | למולדה | בנין ואן שרה הא ברת |
| 2250 | למוספה | Dt29:18 | ליבי איזיל מן בגלל | למוספה | חובי שלותה על חובי זדנתה: |
| 2251 | | Lv19:25 | תיכלון ית פירוי | למוספה | לכון פירי עללתה אמר ייי |
| 2252 | | Nu32:14 | תרבו דגברין חייבין | למוספה | תוב על תקוף רוגזה דייי על |
| 2253 | למוק' | Nu 7:01M | דאשלם משה | ל{א}«מ»קמה/למוק'#2#/ | ית משכנה ורבי |
| 2254 | למוקרה | Nu22:37 | מן קושטה לית אנה יכיל | למוקרה | לך: |
| 2255 | למזבן | Gn42:05 | ועלו בני ישראל | למזבן | בגו עלליה ארום הוה כפנא |
| 2256 | | Gn42:07 | ואמרין מן ארעא דכנען | למזבן | מזון: |
| 2257 | | Gn42:10 | <לא> רבוני ועבדיך אתון | למזבן | מזון: |
| 2258 | | Gn43:20 | מחת נחתין בקדמיתא | למזבן | מזון: |
| 2259 | | Gn43:22 | וכספא חורן אחתנן בידינן | למזבן | מזון לא ידעינן מן שוי |
| 2260 | | Gn42:03 | אחו«י» יוסף עשרה | למז{ד}בן | עבור מן מצרים: |
| 2261 | | Gn41:57 | דיירי ארעא עלו למצרים | למזבן | עיבור מן יוסף ארום תקף |
| 2262 | למזבנה | Ex21:08 | בר עממין לא יהווי רשיי | למזבנה | ית' חלף די יהב רשותא |
| 2263 | למזדמנא | Gn20:06M | כן לא שבקית יתך | למזדמנא | |
| 2264 | למזדרעה | Nu20:05M | {ו}לא תינין /דשפר | למזדרעה | הוא לא למנצוב ביה לא |
| 2265 | למזורזא | Ex12:33 | ואתוקפו מצריי על עמא | למזורזא | למשלחה יתהון מן ארעא |

|  |  |  |  |  |  |
|---|---|---|---|---|---|
| 2266 | למזכה | Gn 3:16 | יהוי רשותה עליך בין | למזכה | ובין למחטא: |
| 2267 | למזכיה | Nu19:17M | מן קטמה די יקדת | /למזכיה | מסאבה מן עפר יק'#2#/ |
| 2268 | למזכיי' | Gn18:05M | כן עברתון | למזכיי' | ית עבד' |
| 2269 | למזל | Gn28:10 | דנטל אבונן יעקב רגלוי | למזל | לחרן קפצת ארעא קדמוי |
| 2270 | | Gn12:05 | וית נפשתה די גיירו ונפק | למזל | לארעא דכנען ואתון לארעא |
| 2271 | למזמנה | Nu10:02 | יתהון ויהווין לכון | למזמנה | עם כנ«י»שתה ולמטלה ית |
| 2272 | למזניה | Nu25:01 | ישראל בשטים ושרי עמא | למזניה | עם בנתהון דמואבי: |
| 2273 | למזנייה | Dt22:21 | מרחקתה הדה בישראל | למזנייה | בייתיה דאבוה ותבערון |
| 2274 | | Lv21:09M | "טעוה ...": תשרי | למזנייה | ית כליל כהונתה דאבוה |
| 2275 | | Lv20:06M | דכורון | למזנייה | מן בתר |
| 2276 | למזרע | Gn47:24 | חלקין יהווי לכון | למזרע | תחומכון ולמזוניכון |
| 2277 | למח' | Nu34:18M | חד#2#/ תסבון | לאחסנה/למח'#2#/ | ית ארעא: |
| 2278 | למחבבה | Dt33:03 | אוריתה אלא כל כדן | למחבבה | עמא בני ישראל נחית |
| 2279 | למחבלא | Gn 9:11 | ולא יהבי תוב מבול | למחבלא | ארעא: |
| 2280 | | Gn 6:17 | ית מבולא דמייא על ארעא | למחבלא | כל בשרא דאית ביה נשומא |
| 2281 | למחבלה | Ex12:23 | למיעול לגו בתיכון | למחבלה: | |
| 2282 | | Dt10:10 | הווה רעווה מן קדם ייי | למחבלה | יתכון: |
| 2283 | | Gn 9:15M | /עוד מים למבול | למחבלה#2#/ | כל בשרא/ארעא#2#/: |
| 2284 | | Gn19:13M | יתן /\ממריה דייי | למחבלה#2#/ | למשיציא/^<למשי>צא#2#^/ |
| 2285 | למחדי | Dt30:09 | סגין ארום יחזר ייי | למחדי | עליכון לטב היך מה די חדה |
| 2286 | למחור' | Ex24:12M | /ופיקודא די כתבית | למחור' | יתהון#2#/: |
| 2287 | למחווי | Ex13:21M | \למדברא יתהון באורחא | /למחווי | להון אורחא#2#/ ולליליא |
| 2288 | למחווייה | Dt 3:24 | מן קדמיך ייי את שרית | למחווייה | ית עבדך ית תקפך וית |
| 2289 | | Dt 3:02M | שנין סגיאין מן בגלל | למחווייה | יתיה לדרייה דהוא מסר |
| 2290 | | Ex 9:16M | מן בגלל | למחווייה | יתך מן תקוף חייליה |
| 2291 | | Nu10:33M | תלתה יומין | למתקנה/למחווייה#2#/ | להון אתר |
| 2292 | | Dt 1:33M | בארחא | למתקנה/^לת'#2#^/למחווייה#2#/ | לכון אתר |
| 2293 | למחויה | Ex 9:16 | יתך עד כדון מן בגלל | למחויה | יתך ית תקף חיילי ומן בגלל |
| 2294 | | Dt 1:33 | בעמודה דאשתה בלילה | למחויה | יתכון בארחא די תהלכון בה |
| 2295 | למחוייה | Gn32:06M | ואמהן ושלחת | למתנייה/למחוייה#2#/ | לריבוני למשכחה חן |
| 2296 | למחוס | Ex33:19 | קדמיך ואחוס על מן דחמי | למחוס | וארחם על מן דחמי למרחמה: |
| 2297 | למחזור | Dt17:16 | אמר לכון לא תוספון | למחזור | באורחא הדין תוב עד לעלם: |
| 2298 | | Ex 4:21 | ואמר ייי למשה במיזלך | למחזור | למצרים חמי כל נסי די |
| 2299 | | Gn 8:12M | \למחזר לוותה תוב | /למחזור | לוותה עוד#2#/: |
| 2300 | | Nu35:32 | למערקה לקורי שיזבותה | למחזור | למשרי בארעא עד זמן די |
| 2301 | למחזי | Ex11:06 | לא הוות וכוותה לא תסף | למחזי: | |
| 2302 | למחזר | Dt17:16M | /תוסיפון#2#/ | למחזור/<למח>זר#2#/ | באורחא הדין תוב |
| 2303 | | Gn 8:12 | ית יוונה ולא אוספת | למחזר | לוותה תוב: |
| 2304 | | Gn18:12 | בתר דסאבית אפשר לי | למחזר | ליומי טליותי ולמהווי לי |
| 2305 | למחזרה | Nu 5:08 | ואין לית לגברה פרוק | למחזרה | אשמה לה אשמה דמתחזר לייי |
| 2306 | | Gn48:17 | ואתוקף בידה דאבוי | למחזרה | יתה מעילוי רישה דאפרים |
| 2307 | | Gn37:22 | למשיזבא יתיה מן ידיהון | למחזרה | יתיה לוות אבוי: |
| 2308 | | Lv25:28 | ואין לא ארעת ידיה כמסת | למחזרה | לה ויהווי זבונה ביד מן |
| 2309 | למחטא | Gn 3:16 | עליך בין למזכה ובין | למחטא: | |
| 2310 | למחטי | Gn 4:07 | שלט בה בין לימזכי ובין | למחטי: | |
| 2311 | | Ex 9:34 | ומטרא וברדא ואוס«ף» | למחטי | ואתוקף לביה הוא |
| 2312 | | Gn49:04 | {ט}<ד>חטית ולא תוסיף | למחטי | תוב ברי ועל ד{ט}חטית |
| 2313 | למחייבה | Dt25:01 | ית מן דחמי ליה | למחייבה: | |
| 2314 | למחכם | Gn38:26 | לשלה ברי ולא אוסף תוב | למחכם | יתה: |
| 2315 | למחמא | Gn30:41 | קדם ענה במו{ד}<ר>כותא | למחמא | יתהון בחוטריא: |
| 2316 | למחמי | Ex33:20 | ואמר לא תכל | למחמי | אפי ארום לית אפשר דחמי |
| 2317 | | Gn 8:08 | ושלח ית יוונה מן לוותה | למחמי | הא א{וק}^תקלי#2#^לו מיא |
| 2318 | | Dt29:03 | לכון לב למידע ועיינין | למחמי | ואדנין למשמע עד יומא |
| 2319 | | Gn41:02 | סלקין שבע תורין יאיין | למחמי | ובריין בבשריהון והויו |
| 2320 | | Gn41:04 | ית שבעתי תורייא יאיין | למחמי | ובריתא ואתער פרעה: |
| 2321 | | Gn45:28M | וסגי נחמתא אסתכיתי | למחמי | והדא ניחמותא לא סברית |
| 2322 | | Gn 2:09 | מן אדמתא כל אילן דיאי | למחמי | וטב למיכל ואילן חייא בגו |
| 2323 | | Gn45:28M | לא סברית{ט}<ת>וב | למחמי | ומן דעד כדון יוסף ברי |
| 2324 | | Gn27:01 | וכהיין עיינו«י» מן | למחמי | וקרא ית עשו בריה רבא |
| 2325 | | Ex 3:04 | קדם ייי ארום סטה משה | למחמי | וקרא ליה ממריה דייי מן גו |
| 2326 | | Gn11:05 | איקר שכינתיה דייי | למחמי | ית קרתא וית מגדלא דבנו |
| 2327 | | Lv14:36 | קדם עד לא יעול כהנא | למחמי | ית מכתשה ולא יסתאב כל מה |
| 2328 | | Gn28:12 | איקרא דהוויתון מתחמדין | למחמי | יתה והא מלאכין מן קדם ייי |
| 2329 | | Dt28:68 | לכון לא תוספון תוב | למחמי | יתה ותזדבנון תמן |
| 2330 | | Gn 2:19 | ואיתי יתהון לות אדם | למחמי | מה הוא קרא ליהון וכל מה |
| 2331 | | Gn19:26M | דסדם אסתכלת מן בתרה | למחמי | מה יהוי בסוף בייתיה דא' |
| 2332 | | Gn19:26 | אסתכלת לבתר«ה» | למחמי | מה יהווי בסופה דבייתיה |
| 2333 | למחמייה | Nu19:05M | ויוקד ית תורתה | קדמוי/למחמייה | דאלעזר#2#/ ית |
| 2334 | | Dt31:11 | במעלהון דכל ישראל | למחמייה | קדם ייי אלהכון באתרה די |
| 2335 | למחנט | Gn50:02 | יוסף ית עבדוי ית אסיא | למחנט | ית אבו' וחנטו אסיא את |
| 2336 | למחסנה | Nu12:12 | בשעבודן וכיון דמטה קצה | למחסנה | ית ארעא למה היא מתמנעה |
| 2337 | | Dt 2:31 | וית ארעיה שרון למירת | למחסנה | ית ארעיה: |
| 2338 | למחצד | Dt16:09 | די את משרי מגלה דחצדה | למחצד | בעומרא דאנפותה תשרון |
| 2339 | | Lv19:09M | /דאית בחקליכון | למחצד | ולקט חצדכון#2#/ לא |
| 2340 | | Lv19:09 | אומנה אחריה דחקלכון | למחצד | ולקט«ה» דחצדיכון לא |
| 2341 | למחצדה | Lv23:22 | אחריה דאית בחקליכון | למחצדה | ולקטה דחצדכון לא תלקטון |
| 2342 | למחצוד | Dt16:09M | /תשרי מגלה לחצדה | למחצוד#2#/ | בעומרא דאנפותה תשרון |
| 2343 | | Lv23:22M | דאית בחקליכון | למחצדה/למחצוד#2#/ | ולקטה דחצדכון |
| 2344 | למחרבה | Gn49:06 | בכנישתיהון לכרכה דשכם | למחרבה | יתה לא חסו על איקרי ארום |
| 2345 | | Gn49:07 | לגוויה שמעון ולוי | למחרבה | יתה ברוגזיהון ארום תקיף |
| 2346 | למחשבה | Gn39:11 | יומא הדין על לגו ביתא | למחשבה | חשבונוי ולא הוה גבר מן |
| 2347 | למחתה | Lv26:19 | ברירין היך פרזלה מן | למחתה | לכון טלין ומטרין וית ארעא |
| 2348 | | Lv26:19M | ברירין כפרזלא דלא | למחתה | לכון לא טל ולא מטר וית |
| 2349 | | Dt28:23M | ברירין כפורזלה דלא | למחתה | לכון לא טל ולא מטר וית |
| 2350 | למחתי | Gn49:23 | מלכא דמצרים מן בגלל | למחתי | מן רבותא ולמעבריה יתיה מן |
| 2351 | למטור | Dt32:46 | די תפקדון ית בניכון | למטור | ולמעבד ית כל מילי שבח |
| 2352 | | Dt 6:02M | ייי#2#/ אלהכון | ולמיטור/למטור#2#/ | ית כל קיימוי |
| 2353 | | Dt10:13 | | למטור | ית מצוותה דייי וית קיימוי |
| 2354 | | Dt17:19 | ייי אלהיה | למטור | ית כל פתגמיה האיליין וית |
| 2355 | | Ex23:20M | דרחמן קדמיכון | למנטרא/למטור#2#/ | יתכון בארעא לאעלא |
| 2356 | | Dt15:05 | בקל ממרה דייי אלהכון | למטור | למעבד ית כל מצוותה הדה די |
| 2357 | | Dt 8:11 | אולפן אורייתה דייי דלא | למטור | מצוותה וסדרי דינוי |
| 2358 | | Gn27:40M | דלא למלעי באורית' ולא | למטור | פקודייה הא בכן תהוי פרק |
| 2359 | למטלטלה | Nu32:15 | מן בתר ממרה ויוסף תוב | למטלטלה | יתכון במדברה ותחבלון לכל |
| 2360 | למטמוע | Gn15:12M | "אישון למטמע": אזלה | למטמוע | |
| 2361 | | Gn15:12M | והוה שמשה קריב | למטמוע | ושנתא עמיקתא איתרמיית על |
| 2362 | למטמע | Gn15:12 | והוות שמשה אישון | למטמע | ושנה בסימה נפלת על אברם |
| 2363 | למטמע' | Ex15:12M | [...] ימא לא הוי בעה | למטמע' | יתהון ובמימ' מן קודמך |
| 2364 | למטמרה | Gn 4:14 | ומן קדמוך לית אפשר לי | למטמרה | ויהוי קין גלי ומטלטל |
| 2365 | | Ex 2:03 | ולא יכלת תוב | למטמרה | יתיה ונסבת ליה תיבו דגמי |
| 2366 | | Dt22:03M | עיינך מניה /לך רשו | למטמרה | יתיה#2#/: |
| 2367 | למטעון | Lv10:17 | היא ויתה יהב לכון | למטעון | ית חובי עם כנשתה למכפרה |
| 2368 | למטעי | Lv20:05 | כל {{דטעין}} בתרי' | {{למטעי}} | בתר פלחנה נכריה מן גו |
| 2369 | | Lv20:06M | בתר בידין וגרם ידוע | {{למטעי}} | בתריהון ואחל רוגזי |
| 2370 | | Lv20:06 | אובה ומסקי זכורן | {{למטעי}} | בתריהון ואשוי תקוף רגזי |
| 2371 | למטען | Ex25:28 | <ותחפי> יתהון דהב | למטען | בהון ית פתורה: |
| 2372 | | Nu 4:15 | כדן ייעלון בנוי דקהת | למטען | במשכן ולא יקרבון |
| 2373 | | Gn44:01 | מזון היך מה דייכלון | למטען | ושוי כספא דגבר בפום |

| | | | |
|---|---|---|---|
| 2374 | | Ex25:14 | בעזקיא על סטרוי דארונא למטען ית ארונא בהון: |
| 2375 | | Ex25:27 | עזקתיה לאתרין לאריחי למטען ית פתורא: |
| 2376 | | Ex37:05 | בעזקיה על סטרוי דארונה למטען ית ארונה: |
| 2377 | | Ex37:14 | עזקי אתרין לאריחיה למטען ית פתורה: |
| 2378 | | Ex37:15 | דשטין וחפי יתהון דהב למטען ית פתרה: |
| 2379 | | Ex27:07 | על תרין סטריה דמדבחא למטען יתה: |
| 2380 | | Gn45:27 | ית עגלתא דשלח יוסף למטען יתיה ונחת רוחיה דיעקב |
| 2381 | | Gn46:05 | בעגלתה די שלח פרעה למטען יתיה: |
| 2382 | | Ex30:04 | ויהווי לאתרין לאריחיה למטען יתיה בהון: |
| 2383 | | Ex37:27 | סטרוי לאתרין לאריחיה למטען יתיה בהון: |
| 2384 | | Ex38:07 | בעזקיה על סטרוי דמדבחה למטען יתיה בהון חליל דלוחין עבד |
| 2385 | למטר | Dt32:46M | ית בניכון למטור/<למ>טר#2# ולמעבד ית כל מילי |
| 2386 | | Ex16:28 | עד אימתיי אתון מסרבין למטר מצוותי וסדרי דיני: |
| 2387 | למטרד | Dt12:29 | די אתון עלין לתמן למטרד יתהון מן קדמיכון ותירתון |
| 2388 | למטרה | Nu19:09 | לכנישתה דבני ישראל למטרה למי אדיא חטאת היא: |
| 2389 | | Nu17:25 | דאהרן קדם סהדותא למטרה לסימן לבני«ה» סורבניה |
| 2390 | למטרוד | Dt 4:38 | למטרוד אומין רברבין ותקיפין |
| 2391 | למטרת | Nu 3:38 | נטרין מטרת בית קודשה למטרת בני ישראל וחלוניי די |
| 2392 | למיב' | Ex32:10M | וכען מנע גרמך מן למבעי/למיב#2# רחמין עליהון קדמי |
| 2393 | למיבז | Gn15:11M | דמתילין לעופא מסאבא למיבז נכסיהון דישראל והות |
| 2394 | למיבני | Dt25:09 | לגברא די לא צבה למיבני ית בייתה דאחוי: |
| 2395 | למיברכה | Gn35:09M | חזווה ועוד אלפת יתן למיברכה ית אבליה מן אבונן יעקב |
| 2396 | למיבתא | Gn19:08 | פתגם ארום בגין אתון למיבתא בטל שריתי: |
| 2397 | למיגבה | Ex 5:12M | \למגבא קש לתבן /למיגבה תבנא#2#:/ |
| 2398 | למיגז | Gn31:19M | ולבן אזל למגזז/למיגז#2# ית ענה וגנבת רחל |
| 2399 | למידחול | Dt28:58M | הדין מן קדם ייי /הדה למידחול ית שמה קדישה ודחילה |
| 2400 | למידחוף | Dt 6:19 | למידחוף ית כל בעלי דבביכון |
| 2401 | למידחל | Dt10:12 | מן לוותכון ארום אלהן למידחל מן קדם ייי אלהכון ולמהלכה |
| 2402 | למידחף | Dt 6:19M | למידחוף/למשיצייה#2#/<למיד>חף#2# ית כל |
| 2403 | למידע | Ex 2:04 | ואתעתדת אחתיה מרחוק למידע אחתיה מה אתעביד ליה: |
| 2404 | | Ex10:07M | /העד כדן לא אתבוננתא למידע#2# ארום מישתיציא |
| 2405 | | Dt 4:35 | אתון איתחיותון למידע ארום ייי הוא אלה לית אחרן |
| 2406 | | Gn24:21 | הוה שתי ומסתכל בה שתק למידע הא אן אצלח ייי אורחה או |
| 2407 | | Ex36:01 | ייי חכמה וסכלתנו בהון למידע ולמעב«ד» ית כל עבידת |
| 2408 | | Dt29:03 | ולא יהב ייי לכון לב למידע ועיינין למחמי ואדנין |
| 2409 | | Dt 8:02 | יתכון <למנסייה יתכון> למידע ית מה דאית במחשבת לבבכון |
| 2410 | | Nu12:16 | לה מרים על גיף נהרא למידע מה יהווי בסופ«י»ה דמשה |
| 2411 | למיהוה | Ex28:28 | דאפודה בשזר דתכלה למיהוה על המיינה דאפודה ולא יזוע |
| 2412 | למיהווי | Dt24:06M | לית אתון רשאין למיהווי אסרין חתנין וכלתין |
| 2413 | | Lv26:45 | דמצרים לעיני אומייה למיהווי במימרי להון לאלה פרוק |
| 2414 | | Dt25:13M | מתקלין רברבין למיהווי זבן בהון ומתקלין זעורין |
| 2415 | | Dt25:14M | מכלן ומכלן מכלה רבה למיהווי זבן בה ומכלה זעורה |
| 2416 | | Dt25:14 | נסב בה ומכלה זעירה למיהווי יהב בה: |
| 2417 | | Dt26:17 | עליכון יומא הדין למיהווי לכון לאלה פרוק למהלכה |
| 2418 | | Dt25:13M | בהון ומתקלין זעורין למיהווי מזבן בהון |
| 2419 | | Dt25:14M | זבן בה ומכלה זעורה למיהווי מזבן בה{ון} |
| 2420 | | Dt25:14 | זעי{ו}רה מכלה רבה למיהווי נסב בה ומכלה זעירה |
| 2421 | | Dt 5:17 | וילפון לחוד אינון למיהווי עם קטולין ארום בחובי |
| 2422 | | Dt 5:18 | וילפון לחוד אינון למיהווי עם גייורין ארום בחובי |
| 2423 | | Ex10:28M | בעי אנא למימות ולא למיהווי שמע למליך אזדהר לך דלא |
| 2424 | למיהוון | Dt11:18M | על אדרעיכון ויהוון/למיהוון#2# לתפילין על |
| 2425 | למיהוי | Gn22:14 | דריא דיקומ«ון» מבתרה למיהוי אמרין בטור מקדשא דייי |
| 2426 | | Lv22:33 | פריקין מן ארעא דמצרים למיהוי במימרי לכון לאלה פרוק אנה |
| 2427 | | Ex 4:07 | יתה מן חוביה והא חזרת למיהוי כבשרה: |
| 2428 | | Lv26:13 | מן ארעא דמצרים מן למיהוי להון עבדין משעבדין ותברית |
| 2429 | | Nu15:41 | יתכון מן ארעא דמצרים למיהוי לכון לאלה פרוק אנה |
| 2430 | | Lv25:38 | לכון ית ארעא דמצרים למיהוי ממרי לכון לאלה פרוק: |
| 2431 | | Gn31:21M | ברוח קודשא דתמן עתיד למיהוי ש{ה}<יז>ב{י}<ו>תא |
| 2432 | למיהון | Ex14:25M | חזרן גלגלי לרידוותא למיהון נגדן למולוותא' ורמין על |
| 2433 | | Ex13:10M | קיימה הדין בזימנא למיהון עבדין יתיה מין אלין |
| 2434 | למיזבן | Dt 2:06M | \מזבון מן לוותהון /למיזבן מנהון#2# דבירה דמיא |
| 2435 | למיזדמנה | Gn19:31M | "למיעול ... כל": למיזדמנה לוותן כנימוס כל |
| 2436 | | Gn34:07M | בישראל למשמשה/למיזדמנה#2#/ עם ברתה דיעקב |
| 2437 | למיזכי | Gn20:04M | /קודמיך ייי הוא לה למיזכי בדינא {ה} מתקטיל#2#:/ |
| 2438 | למיזל | Dt28:14 | לא לימינה ולא לשמאלה למיזל בתר טעוון אחרניין למפלח |
| 2439 | | Ex 3:19 | יתכון מלכא דמצרים למיזל ולא מן ידא דהיא תקיפא: |
| 2440 | | Dt29:17M | קדם ייי אלה למיזל ולמפלח ית טעוון |
| 2441 | | Gn28:10 | די נפק מן באר שבע למיזל לחרן: |
| 2442 | | Gn28:10 | בזמנא דנפק מבאר שבע למיזל לחרן נסא קדמיא אתקצרו |
| 2443 | | Ex 4:21M | דייי למשה כד תיזל למיזל#2#/ למצרים חמי כל נסי די |
| 2444 | | Gn11:31 | מן אתון נורהון דכשדאי למיזל לארעא דכנען ומטון עד |
| 2445 | | Gn31:18 | די קנה בפדן ארם למיזל לוות יצח«ק» אבוהי |
| 2446 | | Gn49:02 | דלביה פליג על אחוי למיזל למפלח קדם טעוון אחרניין |
| 2447 | | Dt29:17 | מימרה דייי אלהכון למיזל למפלח קדם טעוותהון |
| 2448 | | Ex 8:24 | לחוד רחקה לא תרחקון למיזל צלין אף עלי: |
| 2449 | למיזף | Dt23:21 | לבר עממיה את רשי למיזף ולאחוך לית את רשי למיזף |
| 2450 | | Dt15:06 | ואתון עמי לא תצרכון למיזף ותשלטון באומין סגין |
| 2451 | | Dt28:12M | בני ישראל לא תצרכון למיזף ותשלטון באומין סגין |
| 2452 | | Dt23:21 | ולאחוך לית את רשי למיזף מן בגלל די יברך יתכון ייי |
| 2453 | למיחות | Gn44:26 | ואמרינן לית אנן יכלין למיחות אן נחת אחונן זעירא עמן |
| 2454 | למיחזור | Dt24:04 | קדמייה די שבוק יתה למיחזור למיסב יתה לה לאתה מן בתר |
| 2455 | למיחזי | Gn44:23 | זעירא עמכון לא תסגון למיחזי סבר אפוי: |
| 2456 | למיחטי | Lv 5:22 | מן כל מה די עבד ברנשא למיחטי בהון: |
| 2457 | | Gn20:06M | "מלמחטי ... למקרב": מן למיחטי קודמי מן בגין כן לא |
| 2458 | למיחמי | Gn42:12 | מעללי דארעא אתיתון למיח«מי»: |
| 2459 | | Ex33:23M | לית איפשר דתחמי/לך למיחמי#2#:/ |
| 2460 | | Gn49:12 | מן חמרא זכוכא דלא למיחמי בהון גילוי עריין מלמשפך |
| 2461 | | Nu12:12M | וכד{י}<ו> מטת זימנא למיחמי בנחמותה לא כדון תתרחק דא |
| 2462 | | Gn48:10 | משיבה ולא הוה יכיל למיחמי ואקריב יתהון לוותיה וגפף |
| 2463 | | Gn48:11 | סבר אפיך לא סכיית למיחמי והא חזי יתי ייי אף ית |
| 2464 | | Gn41:03 | בתריהון מנהרא בישן למיחמי וחסין בבשריהון וקמו להון |
| 2465 | | Gn41:04 | ואכלין תורייא דבישין למיחמי וחסין בבשריהון ית שבעתי |
| 2466 | | Gn45:28 | סגי טבין ונחמן סכיית למיחמי ולדא לא סכיית דעד כדון |
| 2467 | | Gn42:09 | ואמר להון ילילין אתון למיחמי ית מעללייא דארע«א» |
| 2468 | | Ex10:05 | חזווה דארעא ולא תיכול למיחמי{ה} ית ארעא ויכול ית שייר |
| 2469 | | Lv14:36 | כדין ייעול כהנא למיחמי ית ביתה: |
| 2470 | | Nu32:08 | יתהון מן רקם דגיעה למיחמי ית ארעא: |
| 2471 | | Gn38:25 | לבינייה הוא יתן בליביה למיחמי יתהון בשעתא הדה ויפרוק |
| 2472 | | Nu 4:20 | ולא ייעלון למיחמי כד משקע כהנה רבה ית כל |
| 2473 | | Gn44:23M | עמכון לא תסגון למיחזי/למיחמי#2#/ סבר אפוי: |
| 2474 | | Gn44:26 | ארום לית אנן יכלין למיחמי סבר אפוי דגברא ואחונן |
| 2475 | | Ex10:29 | מללת לא אוסף תוב למיחמי סבר אפך: |
| 2476 | למיחמיה | Ex19:21 | דלא ידחקון קדם ייי למיחמיה ויפל מנהון אוכלסין סגין: |
| 2477 | | Ex14:13 | יומא הדין לא תוספון למיחמיה יתהון תוב בשעבוד ע{ל}<ד> |
| 2478 | למיחת | Gn46:03M | \מיחות מצרים /למיחת למצרים#2# ארום לאומה |
| 2479 | | Ex32:01 | עמא ארום אשתהי משה למיחת מן טורא ואיתכנשו עמה על |
| 2480 | למיטבה | Lv 5:04 | בסיפתן למבאשה או למיטבה לכל מה די יפרש ליה בר נשה |
| 2481 | למיטר' | Gn 3:15M | דלא למלעי באוריתה ולא למיטר' פיקודיה תהוי מתכוין |

|  |  |  |  |
|---|---|---|---|
| 2482 | למיטור | Dt28:13 | מפקד יתכון יומא הדין למיטור ולמעבד: |
| 2483 | | Dt 4:02M | ולא תמנעון מניה למיטר/למיטור#2/ ית מצוותה דייי |
| 2484 | | Dt13:19M | דייי אלהכון למיטר/למיטור#2/ ית כל מצוותה |
| 2485 | | Dt24:08 | אזדהרו במכתש צרעתה למיטור לחדה ולמעבד ככל מה די |
| 2486 | | Dt28:15 | בקל מימריה דייי אלהכון למיטור למיעבד ית כל מצוותה |
| 2487 | | Dt28:01M | דייי אלהכון למיטר/<למי>טור#2/ למעבד ית כל מצוותה |
| 2488 | | Nu 8:26M | ופלחן לא יפלח כהדן /למיטור מטרה ולמפלוח לא יפלוח |
| 2489 | | Dt28:45 | בקל מימרה דייי אלהכון למיטור מיצוותיה וקיימוי די פקד |
| 2490 | | Dt30:10 | בקל ממרה דייי אלהכון למיטור מצוותה וקיימוי דכתיב בספר |
| 2491 | למיטעי | Dt13:06 | מן בית שעבוד עבדייה {{למיטעי}} יתכון מן אורחא די פקד |
| 2492 | | Dt13:11 | וימות ארום בעא {{למיטעי}} יתכון מן בתר ממרה דייי |
| 2493 | למיטר | Dt28:13M | יומא הדין למיטור/<למי>טר#2/ ולמעבד: |
| 2494 | | Dt 4:02 | יתכון ולא תמנעון מניה למיטר ית מצוותה דייי אלהכון די |
| 2495 | | Dt13:19 | בקל ממרה דייי אלהכון למיטר ית כל מצוותה די אנה מפקד |
| 2496 | | Dt28:15M | דייי אלהכון למיטור/<למי>טר#2/ למיעבד ית כל |
| 2497 | | Dt28:01 | בקל מימרה דייי אלהכון למיטר למעבד ית כל מצוותה די אנה |
| 2498 | | Nu 8:26 | ית אחוי במשכן זימנה למיטר מטרה ופלחן לא יפלח כהדן |
| 2499 | | Dt30:10M | דייי אלהכון למיטור/<למי>טר#2/ מצוותה וקיימוי |
| 2500 | למייבמה | Dt25:07 | שם בישראל לא צבא למייבמה יתי: |
| 2501 | למייטב | Dt10:13 | מפקד יתכון יומא הדין למייטב לכון: |
| 2502 | למייטבה | Ex23:01M | למבעשא ברם אלאהן למייטבה ולא יתמנע חד מנכון |
| 2503 | | Ex23:02 | למבעשא ברם אלאהן למייטבה ולא יתמנע חד מנכון למלפה |
| 2504 | | Dt28:63 | מן קדם ייי עליכון למייטבה יתכון ולמסגייה יתכון כדן |
| 2505 | | Dt 5:29M | "... וליבניהון": למייטבה להון ולזרעיית בניה' |
| 2506 | | Gn12:13M | ותתקיים נפשי בזכותך /למייטבה לי בזכותי' ותתקמה לי |
| 2507 | | Dt 6:03M | למעבד דייטיב/^<דיי>טב#2/^למייטבה#2/ לכון ודי |
| 2508 | | Dt 6:18M | מן בגלל דייטב/^דייטיב#2/^למייטבה#2/ לכון ותיעלון |
| 2509 | | Dt 8:16 | למנסייה יתכון למייטבה לכון בסוף יומיה: |
| 2510 | | Dt10:13M | יומא הדין למייטב/למייטבה#2/ לכון: |
| 2511 | | Dt12:25M | \דייטב לכון ולבניכון /למייטבה לכון ולזרעיית בניכון#2/ |
| 2512 | | Dt12:28M | יתכון מן בגלל דייטיב/למייטבה#2/ לכון ולבניכון |
| 2513 | | Dt22:07M | הדין ותארכון יומין /למייטבה לכון ותסגון יומין#2/ |
| 2514 | | Dt 6:24 | מן קדם ייי אלהן למייטבה לן כל יומייא למקיימה יתן |
| 2515 | למיללה | Nu13:16 | גבריה די שלח משה למיללה ית ארעא דכנען וקרא משה |
| 2516 | | Nu13:17 | ושלח יתהון משה למיללה ית ארעא דכנען ואמר להון |
| 2517 | | Nu14:36 | די שלח משה למ{ר}«יי»ללה ית ארעא וחזרו ורעמו |
| 2518 | | Nu14:38 | גוברייה האליין דאזלו למיללה ית ארעא: |
| 2519 | | Nu21:32 | ושלח משה למיללה ית יעזר וכבשו כפרניה |
| 2520 | | Nu13:32 | ארעא די עברינן בה למיללה יתה ארע אכלה דיירייה היא |
| 2521 | | Nu14:07 | ארעא די עברנן בגווה למיללה יתה טבה ארעא לחדה לחדה: |
| 2522 | למיינקה | Gn21:07M | ואמ' עתידה היא למיינקה בנין שרה ארום ילדית |
| 2523 | למייסרה | Dt 4:36M | למרדי יתכון /קלא למייסרה יתכון#2/ ועל ארעא חוי |
| 2524 | למייקרה | Nu22:37M | לית איפשר לי למייקרה לך#2/: |
| 2525 | למייתה | Ex36:05 | למשה למימר מסגין עמא למייתה כמסת פלחנא לעבידתה די פקד |
| 2526 | למייתי | Ex32:12M | על בישתא די אמרת למית/למייתי יתה#2/ על עמך: |
| 2527 | למייתיה | Ex32:14 | ייי על בישתא די אמר למייתיה על עמא: |
| 2528 | | Dt29:26 | רוגזה דייי בארעא ההיא למייתיה עלה ית כל לווטיה דכתיבין |
| 2529 | | Lv14:32 | צרעה די לא ארעת ידה למייתיה קרבן ביום דכותיה: |
| 2530 | למייתייה | Gn27:05 | ארעא למצוד ציד למייתי«ה»: |
| 2531 | | Ex36:06M | עמא \מן למיתה^מלמית#2/^/למייתייה#2/: |
| 2532 | | Lv12:08 | ואין לא תרע ידיה כמסת למייתייה אמר ותסב תרין שפנינין או |
| 2533 | | Ex35:29 | ואתה דנדב לבהון יתהון למייתייה לכל עבידתה די פקד ייי |
| 2534 | | Gn18:19M | מן בגלל די ייתי/למייתייה#2/ ממריה דייי על |
| 2535 | | Dt32:23 | אמרת במימרי למייתייה עליהון בישן גירי מחוות |
| 2536 | למיכ' | Gn 3:18 | ייי לא נתחשב כבעירא למיכ' עשבא דבאפי ברא נקום כען |
| 2537 | למיכול | Dt12:20M | נפשכון למיכל/למיכול#2/ בשר בכל/וכל#2/ |
| 2538 | למיכוס | Gn22:10 | ית ידיה ונסב ית סכינא למיכוס ית יצחק בריה ענה יצחק |
| 2539 | | Dt16:05M | רשיין \למיכס ית נכסת /למיכוס ית נכיסת#2/ פסחא בחדה |
| 2540 | למיכל | Gn 6:21 | לוותך ויהוי לך ולהון למיכל: |
| 2541 | | Ex16:15 | לחמא די יהב ייי לכון למיכל: |
| 2542 | | Lv25:07 | בארעכון תיהוי כל עללת למיכל: |
| 2543 | | Dt12:23 | לחוד אתוקפו דלא למיכל אדמה ארום אדמה הוא נפשה |
| 2544 | | Dt12:17 | לית אתון רשיין למיכל בקורייכון מעשר תיניין |
| 2545 | | Ex34:26M | רשיין לא למבשלה ולא למיכל בשר וחלב מער' |
| 2546 | | Lv26:29 | דגרמו לאבהתן בירושלם למיכל בשר בניהון ובשר בנתהון |
| 2547 | | Dt12:20 | בשרא ארום תתחמד נפשכון למיכל בשר בכל תוחמדת נפשיכון |
| 2548 | | Dt20:20M | די לא \אילן עבד פירין/למיכל#2/ הוא יתיה תחבלון |
| 2549 | | Gn 2:09 | כל אילן דיאי למחמי וטב למיכל ואילן חייא בגו מציעות |
| 2550 | | Gn24:33 | ושוון קדמוי למיכל ואמר לית אנה אכל עד זמן |
| 2551 | | Gn 3:06 | וחמת אתתא ארום טב אילנא למיכל וארום תחמדא הוא לעייניה |
| 2552 | | Nu21:05 | במדברא ארום לית לן לחם למיכל ולא מיין למישתי ונפשן |
| 2553 | | Gn28:20 | מהלך בה ויתן לי לחם למיכל ולבוש למלבש: |
| 2554 | | Ex16:08 | יתן ייי לכון ברמשא בשר למיכל ולחם בצפרא למשבע כד שמיע |
| 2555 | | Ex32:06 | קודשין ויתבו עמ«א» למיכל ולמישתי וקמו למגחכה |
| 2556 | | Ex16:08M | "למיכל ...:" למיכל ומזון בצפר' למשב{עו}<וע> |
| 2557 | | Gn43:02 | והוי כדי אשלמו למיכל ית עיבורא די אייתון |
| 2558 | | Nu14:09 | היך מה דלחמא קליל לן למיכל כדן אינון קלילין באפינן |
| 2559 | | Gn 9:03 | נשמה דחיין לכון יהווי למיכל כירק עשבי' יהבית לכון ית |
| 2560 | | Gn31:54 | נכסין בטורא וקרא לאחוי למיכל לחם ואכלו לחם ואביתו |
| 2561 | | Gn37:25 | ויתבו למיכל לחם ונטלו עייניה«ו»ן |
| 2562 | | Ex18:12 | וכל חכימיא דישראל למיכל לחמא עם חמוי דמשה קדם |
| 2563 | | Lv25:06 | שמיטתה דארעא לכון למיכל לך ולעבדך ולאמהתך ולאגירך |
| 2564 | | Dt28:26M | ותהווי נבילתכון למזון/למיכל#2/ לכל עופה דשמייא |
| 2565 | | Ex18:12M | דישראל \למיכל לחמא /למיכל מזון#2/ עם חמוי דמשה |
| 2566 | | Lv22:11M | בכן יהווי ראשי למיכל מינה ומרבביני בייתי |
| 2567 | | Lv10:19M | /דלית#2/ אפשר מיכל/למיכל#2/ מיניה ואנא דארע יתי |
| 2568 | | Gn24:32M | דהוון זמימי באורח דלא למיכל מן גזילא |
| 2569 | | Lv11:39 | מן בעירה די יהוי לכון למיכל מן די יקרב בנבלתה יסתאב |
| 2570 | | Ex12:44 | יתיה בכדין יהווי כשר למיכל מנה: |
| 2571 | | Gn43:32 | לא הוון יכלין מצראי למיכל עם עבריי לחם ארום מרחקה |
| 2572 | למיכס | Dt16:05 | ישראל לית אתון רשיין למיכס ית נכסת פסחא בחדה מן |
| 2573 | למילד | Gn17:17 | ברת תשעין שנין אפשר לה למילד: |
| 2574 | | Gn29:35 | שמה יהודה וקמת מן למילד: |
| 2575 | | Gn25:24 | ואשלימו יומהא למילד והא תאומין בגו מעיה: |
| 2576 | | Gn30:09 | לאה ארום קמת לה מן למילד ונסבת ית זלפה אמהתה |
| 2577 | | Nu12:12M | בעיבורה וכד מטה זימנא למילד מית וולדה במיעה הלא |
| 2578 | למיללה | Dt 1:01 | שלחתון מן מדברה דפראן למיללה ית ארעא דכנען ועל עסק |
| 2579 | למילף | Nu20:10 | מלפניהון די צרכו למילף הא מן כיפה הדין נפק לכון |
| 2580 | למימ' | Lv 4:01 | ומליל ייי עם משה למימ': |
| 2581 | | Lv12:01 | ומליל ייי עם משה למימ': |
| 2582 | | Nu31:03 | ומליל משה עם עמא למימ' אזדיינו מן לוותכון גברין |
| 2583 | | Ex10:28M | לכן אמר ליה אזדהר למימ' דלא מלייא קשייתא האלן |
| 2584 | | Nu32:31 | דגד ובנוי דראובן למימ' ית מה די מלל ייי עם עבדך |
| 2585 | | Gn15:18 | קיים ייי עם אברם קיים למימ' לבניך אתן ית ארעא הדא |
| 2586 | | Nu36:06 | לבנתיה {דצפל} דצלפחד למימ' למן דשפר באפהון יהוויין |
| 2587 | | Dt13:03 | או סימנה די מלל לכון למימ' נזיל בתר טעוון אחרניין די |
| 2588 | למימות | Ex10:28M | אמ' לי ברם בעי אנא למימות ולא למיהווי שמע למיליך |
| 2589 | | Gn47:29M | /דיעקוב#2/ למימת/למימות#2/ וקרא לבנוי ליוסף |

|  |  |  |  |
|---|---|---|---|
| 2590 | למימלי | Gn24:20 | ורהטת תוב לבאירה למימלי ומלת לכל גמלוי: |
| 2591 | למימני | Gn13:16 | דלית אפשר די כל גבר למימני ית עפרא דארעא אף בניך לית |
| 2592 | | Nu23:10 | מן יכיל למימני עולימיהון דבית יעקב |
| 2593 | למימר | Gn 8:15 | ומליל ייי עם נח למימר: |
| 2594 | | Gn 9:08 | ייי לנח ולבנוהי עמה למימר: |
| 2595 | | Gn17:03 | עמה ממרה {למימר} דייי למימר: |
| 2596 | | Gn18:01M | לוות אברהם צדיק{י}א למימר |
| 2597 | | Gn23:03 | ומליל עם בנוי דחת למימר: |
| 2598 | | Gn23:10 | לכל עללי תרע קרתיה למימר: |
| 2599 | | Gn27:06 | ממלל עם עשו אחוך למימר: |
| 2600 | | Gn34:20 | ומלילו עם אנשי קרתיהון למימר: |
| 2601 | | Gn42:29 | ית כל מה די יערע יתהון למימר: |
| 2602 | | Gn50:04 | כען במשמעיה דפרעה למימר: |
| 2603 | | Gn50:16 | פקיד קדם עד לא ימות למימר: |
| 2604 | | Ex 5:06 | דעמא וית דחקיהון למימר: |
| 2605 | | Ex 6:10 | ומלל ייי עם משה למימר: |
| 2606 | | Ex 7:08 | ואמר ייי למשה ולאהרן למימר: |
| 2607 | | Ex12:01 | ולאהרן בארעא דמצרים למימר: |
| 2608 | | Ex13:01 | ומליל ייי עם משה למימר: |
| 2609 | | Ex14:01 | ומליל ייי עם משה למימר: |
| 2610 | | Ex16:11 | ומליל ייי עם משה למימר: |
| 2611 | | Ex20:01 | כל שבח דיביריא האליין למימר: |
| 2612 | | Ex25:01 | ומליל ייי עם משה למימר: |
| 2613 | | Ex30:11 | ומלל ייי עם משה למימר: |
| 2614 | | Ex30:17 | ומלל ייי עם משה למימר: |
| 2615 | | Ex30:22 | ומליל ייי עם משה למימר: |
| 2616 | | Ex31:01 | ומלל ייי עם משה למימר: |
| 2617 | | Ex31:12 | ואמר ייי למשה למימר: |
| 2618 | | Ex35:04 | דין פתגמא די פקד ייי למימר: |
| 2619 | | Ex40:01 | ומליל ייי עם משה למימר: |
| 2620 | | Lv 1:01 | ייי עמיה מן משכן זמנא למימר: |
| 2621 | | Lv 5:14 | ומליל ייי עם משה למימר: |
| 2622 | | Lv 5:20 | ומליל ייי עם משה למימר: |
| 2623 | | Lv 6:12 | ומליל ייי עם משה למימר: |
| 2624 | | Lv 6:17 | ומליל ייי עם משה למימר: |
| 2625 | | Lv 7:22 | ומליל ייי עם משה למימר: |
| 2626 | | Lv 7:28 | ומליל ייי עם משה למימר: |
| 2627 | | Lv 8:01 | ומליל ייי עם {ל}משה למימר: |
| 2628 | | Lv10:08 | ומליל ייי עם אהרן למימר: |
| 2629 | | Lv10:16 | ^מה#2^ דאשתיירו למימר: |
| 2630 | | Lv13:01 | ייי עם משה ועם אהרן למימר: |
| 2631 | | Lv14:01 | ומליל ייי עם משה למימר: |
| 2632 | | Lv14:33 | עם משה «ועם אהרן» למימר: |
| 2633 | | Lv15:01 | ייי עם משה ועם אהרן למימר: |
| 2634 | | Lv17:01 | ומליל ייי עם משה למימר: |
| 2635 | | Lv17:02 | דן פתגמא די פקד ייי למימר: |
| 2636 | | Lv18:01 | ומליל ייי עם משה למימר: |
| 2637 | | Lv19:01 | ומליל ייי עם משה למימר: |
| 2638 | | Lv20:01 | ומליל ייי עם משה למימר: |
| 2639 | | Lv21:16 | ומליל ייי עם משה למימר: |
| 2640 | | Lv22:01 | ומליל ייי עם משה למימר: |
| 2641 | | Lv22:17 | ומליל ייי עם משה למימר: |
| 2642 | | Lv22:26 | ומליל ייי עם משה למימר: |
| 2643 | | Lv23:01 | ומליל ייי עם משה למימר: |
| 2644 | | Lv23:09 | ומליל ייי עם משה למימר: |
| 2645 | | Lv23:23 | ומליל ייי עם משה למימר: |
| 2646 | | Lv23:26 | ומליל ייי עם משה למימר: |
| 2647 | | Lv23:33 | ומליל ייי עם משה למימר: |
| 2648 | | Lv24:01 | ומליל ייי עם משה למימר: |
| 2649 | | Lv24:13 | ומליל ייי עם משה למימר: |
| 2650 | | Lv25:01 | משה^בטורא דסיני#2^ למימר: |
| 2651 | | Lv27:01 | ומליל ייי עם משה למימר: |
| 2652 | | Nu 1:01 | פריקין מן ארעא דמצרים למימר: |
| 2653 | | Nu 1:48 | ומליל ייי עם משה למימר: |
| 2654 | | Nu 2:01 | ייי עם משה ועם אהרן למימר: |
| 2655 | | Nu 3:05 | ומליל ייי עם משה למימר: |
| 2656 | | Nu 3:11 | ומלל ייי עם משה למימר: |
| 2657 | | Nu 3:14 | עם משה במדברה דסיני למימר: |
| 2658 | | Nu 3:44 | ומליל ייי עם משה למימר: |
| 2659 | | Nu 4:01 | עם משה ועם אהרן למ«י»מר: |
| 2660 | | Nu 4:17 | ייי עם משה ועם אהרן למימר: |
| 2661 | | Nu 4:21 | ומליל ייי עם משה למימר: |
| 2662 | | Nu 5:01 | ומליל ייי עם משה למימר: |
| 2663 | | Nu 5:05 | ומליל ייי עם משה למימר: |
| 2664 | | Nu 5:11 | ומליל ייי עם משה למימר: |
| 2665 | | Nu 6:01 | ומליל ייי עם משה למימר: |
| 2666 | | Nu 6:22 | ומליל ייי עם משה למימר: |
| 2667 | | Nu 7:04 | ואמר ייי למשה למימר: |
| 2668 | | Nu 8:01 | ומליל ייי עם משה למימר: |
| 2669 | | Nu 8:23 | ומלל ייי עם משה למימר: |
| 2670 | | Nu 9:01 | בירחא קדמיא למימר: |
| 2671 | | Nu 9:09 | ומליל ייי עם משה למימר: |
| 2672 | | Nu10:01 | ומליל ייי עם משה למימר: |
| 2673 | | Nu13:01 | ומליל ייי עם משה למימר: |
| 2674 | | Nu14:15 | די ישמעון ית שמעך למימר: |
| 2675 | | Nu14:17 | ייי היך מה דמלילתא למ«י»מר: |
| 2676 | | Nu14:26 | ייי עם משה ועם אהרן למימר: |
| 2677 | | Nu15:01 | ומליל ייי עם משה למימר: |
| 2678 | | Nu15:17 | ומליל ייי עם משה למימר: |
| 2679 | | Nu15:37 | ואמר ייי למשה למימר: |
| 2680 | | Nu16:20 | ייי עם משה ועם אהרן למימר: |
| 2681 | | Nu16:23 | ומליל ייי עם משה למימר: |
| 2682 | | Nu17:01 | ומליל ייי עם משה למימר: |
| 2683 | | Nu17:09 | ומליל ייי עם משה למימר: |
| 2684 | | Nu17:16 | ומליל ייי עם משה למימר: |
| 2685 | | Nu18:25 | ומליל ייי עם משה למימר: |
| 2686 | | Nu19:01 | ייי עם משה ועם אהרן למימר: |
| 2687 | | Nu20:07 | ומליל ייי עם משה למימר: |
| 2688 | | Nu20:23 | סמיך לתחומיהון דאדומיי למימר: |
| 2689 | | Nu21:21 | סיחון מלכיהון דאמוריי למימר: |
| 2690 | | Nu24:12 | די שלחת לוותי מללת למימר: |
| 2691 | | Nu25:10 | ומליל ייי עם משה למימר: |
| 2692 | | Nu25:16 | ומליל ייי עם משה למימר: |
| 2693 | | Nu26:01 | ברה דאהרן כהנא רבה למימר: |
| 2694 | | Nu26:03 | סמיך לירדנא דיריחו למימר: |
| 2695 | | Nu26:52 | ומליל ייי עם משה למימר: |
| 2696 | | Nu27:02 | כנשתה בתרע משכן זמנא למימר: |
| 2697 | | Nu27:06 | ואמר ייי למשה למימר: |

| | | |
|---|---|---|
| 2698 | Nu27:15 | ומליל משה עם ייי למימר: |
| 2699 | Nu28:01 | ומליל ייי עם משה למימר: |
| 2700 | Nu31:01 | ומליל ייי עם משה למימר: |
| 2701 | Nu31:25 | ואמר ייי למשה למימר: |
| 2702 | Nu32:02 | ולרברבני עם כנישתה למימר: |
| 2703 | Nu32:10 | ההוא וקיים בשבועה למימר: |
| 2704 | Nu33:50 | לירדנה דיריחו למ«י»מ{(י)}ר: |
| 2705 | Nu34:01 | ומליל ייי עם משה למימר: |
| 2706 | Nu34:16 | ומליל ייי עם משה למימר: |
| 2707 | Nu35:01 | סמיך לירדנה דיריחו למימר: |
| 2708 | Nu35:09 | ומליל ייי עם משה למימר: |
| 2709 | Dt 1:05 | ית ספר אורייתה הדה למימר: |
| 2710 | Dt 1:34 | רוגזיה ואמר בשבועה למימר: |
| 2711 | Dt 2:02 | ואמר ייי לי אמר משה למימר: |
| 2712 | Dt 2:17 | ומליל ייי עמי אמר משה למימר: |
| 2713 | Dt 2:26 | מלכא דחשבון מלין דשלם למימר: |
| 2714 | Dt 3:23 | מן קדם ייי בשעתה ההיא למימר: |
| 2715 | Dt 5:05 | אשתה ולא סלקתון בטורא למימר: |
| 2716 | Dt13:13 | יהב לכון למשרי תמן למימר: |
| 2717 | Dt27:11 | משה ית עמא ביומא ההוא למימר: |
| 2718 | Dt31:25 | טעני ארון קיימה דייי למימר: |
| 2719 | Dt32:48 | עם משה בזמן יומא הדין למימר: |
| 2720 | Lv 8:31 | דאשלמותה היך מה דפקדית למימר אהרן ובנוי יאכלון יתיה: |
| 2721 | Gn34:08 | ומלל חמור עמהון למימר שכם ברי אתרעיית נפשה |
| 2722 | Ex 6:29 | ומלל <ייי> עם משה למימר "אני" ייי אנה ^הוא#2^ |
| 2723 | Gn47:05 | ואמר פרעה ליוסף למימר אבוך ואחך אתון לוותך: |
| 2724 | Gn31:29 | דאבוכון ברמשא אמר לי למימר אזדהר לך מן למללה עם |
| 2725 | Ex19:12 | ותתחם ית עמא חזור חזור למימר אזדהרו לכון דלא למיסק |
| 2726 | Gn44:18 | מן לוות אבה ואמרי ליה למימר אין לא אייתת יתי לוותיך |
| 2727 | Nu12:13M | :"ואמ' ..." למימר אלה דמסי כל ביש<ר>ה |
| 2728 | Nu11:18 | בכיתון במשמעה דייי למימר אלווי מן יוכל יתן בשר |
| 2729 | Nu20:03 | עם כנ«י»שתה ואמרין למימר אלווי מתינן היך מה דמיתו |
| 2730 | Gn23:08 | ומליל עמהון למימר אם ברעות נפשכון למקבר ית |
| 2731 | Gn23:11M | דחת#2/: ומליל עמהון למימר אם ברעות נפשכון למיקבר |
| 2732 | Gn28:20 | ונדר <יעקב> נדר למימר אן יהווי ייי בסעדי וינטר |
| 2733 | Gn38:21 | ושאל ית עמא דאתרא למימר אן היא נפקת ברה דיתבה |
| 2734 | Gn44:32 | ית טליא מן לוות אבה למימר אן לא אייתת יתה לוותך |
| 2735 | Gn50:04 | עם אנשי בייתיה דפרעה למימר אן אשכחית חן וחסד באפיכון |
| 2736 | Dt32:37 | ואמר עתידין אינון אומיה למימר אן אלהא דישראל תקיפה |
| 2737 | Gn34:04 | ואמר שכם לחמור אבוי למימר אסב ית רביתה הדא לאתה: |
| 2738 | Nu16:24 | מליל עם כל כנשתה למימר אסתלקו מן חזור חזור |
| 2739 | Dt27:09 | ליוויי עם כל ישראל למימר אציתו ושמעו ישראל יומא |
| 2740 | Gn32:18 | ופקיד ית קדמיה למימר ארום יערע יתך עשו אחוי |
| 2741 | Ex10:29 | עד דאנא יתיב במדין למימר ארום מיתו כל גברייא דהוון |
| 2742 | Nu13:32 | יתה קדם בני ישראל למימר ארעא די עברינן בה למיללה |
| 2743 | Nu14:07 | לכל כנישתה דבני ישראל למימר ארעא די עברנן בגווה |
| 2744 | Ex14:12 | דמללנן עמך במצרים למימר ארפי מינן ונפלח קדם מצריי |
| 2745 | Ex 5:13 | ודחקו דחקין למימר אשלמו עבידתכון סכום יום |
| 2746 | Lv12:02 | מליל עם בני ישראל למימר אתא ארום תעבר ותלד בר דכר |
| 2747 | Gn28:12 | למלאכי{ה} מרומא למימר אתון חמון לגברא חסידא |
| 2748 | Gn45:16 | אשתמע בפלטורין דפרעה למימר אתון אחוי דיוסף ושפר |
| 2749 | Nu17:06 | על משה ועל אהרן למימר אתון קטלתון ית עם כנישתה |
| 2750 | Dt 2:04 | וית עמה פקד למימר אתון עברין בתחום אחיכון |
| 2751 | Gn26:07 | אחתי היא ארום דחל למימר אתתיה היא דלא יקטלון יתיה |
| 2752 | Dt 9:04 | יתהון מן קדמיכון למימר בזכוותן אעיל יתן ממרה |
| 2753 | Gn48:20 | וברך יתהון ביומא ההוא למימר בזכותך יתברכון ישראל |
| 2754 | Lv23:34 | מליל עם בני ישראל למימר בחמשת עשר יומין לירחא |
| 2755 | Ex16:12 | ישראל מליל{י} עמהון למימר ביני שמשתה תיכלון בשר |
| 2756 | Lv10:03 | הוא פתגמא די מליל ייי למימר במן דמקרב לוותי אתקדש |
| 2757 | Nu16:05 | עם קרח ועם כל כנשתה למימר בצפרה וידע ייי מן דמן |
| 2758 | Gn41:16 | וענה יוסף ית פרעה למימר בר מני מן קדם ייי יתענה |
| 2759 | Gn18:12 | ותמהת שרה בלבה למימר בתר דסאבית אפשר לי למחזר |
| 2760 | Lv24:15 | ועם בני ישראל תמליל למימר {גבב} גבר ארום יפריש שמה |
| 2761 | Ex36:06 | ועברן כרוז במשריתה למימר גבר ואתה לא יעבדון תוב |
| 2762 | Lv21:17 | מליל עם אהרן למימר גבר גבר מן בניך לדריהון |
| 2763 | Nu 9:10 | מלל עם בני ישראל למימר גבר גבר ארום יה«ו»י |
| 2764 | Nu27:08 | ועם בני ישראל תמלל למימר גבר ארום ימות ובר דכר לית |
| 2765 | Dt 9:13 | ואמר ייי לי אמר משה למימר גלי קדמי ית קשיותהון דעמא |
| 2766 | Lv 6:02 | פקד ית אהרן וית בנוי למימר דא גזירת אוריתה דעלתה היא |
| 2767 | Lv 6:18 | מלל עם אהרן ועם בנוי למימר דא גזירת אוריתה דחטאתה |
| 2768 | Lv11:02 | מללו עם בני ישראל למימר דא חייתה די תכלון מן כל |
| 2769 | Nu34:13 | ופקד משה ית בני ישראל למימר דא ארעא די תתאחסנון יתה |
| 2770 | Gn38:28 | וקטרת על ידיה זיהוריה למימר דין נפק קדמיי: |
| 2771 | Ex35:04 | לכל כנישתא דבני ישראל למימר דין פתגמא די פקד ייי |
| 2772 | Nu30:02 | ראשי שבטיה דבני ישראל למימר דין פתגמא די פקד ייי: |
| 2773 | Gn26:20 | דגרר עם רעוי דיצחק למימר דינן אנן מיא וקרא שמה |
| 2774 | Gn 5:29 | וקר' ית שמיה נח למימר דן ינחם יתן מן עבדינן |
| 2775 | Gn18:13 | לאברהם כען גחכת שרה למימר הא מן קושטא אלד ואנה |
| 2776 | Gn18:27M | ואמר \הא כען שריית /למימר הא אנה שרי#2/ למלל«א» |
| 2777 | Gn22:20 | האלין ואתני לאברהם למימר הא ילדת מלכא אף היא בנין |
| 2778 | Gn27:06 | ורבקה אמרת ליעקב ברה למימר הא שמעית ית קלא דאבוך |
| 2779 | Gn38:13 | ואתניה לתמר למימר הא חמוך סלק לתמנתה למגז |
| 2780 | Gn43:03 | ואמר ליה יהודה למימר הא מסהד' אסהד בן גברא |
| 2781 | Gn43:07 | שאל גברא לנא ולתלדותן למימר הא כען אבוכון קיים הא אית |
| 2782 | Gn44:19 | רבוני שאל ית עבדוי למימר הא אית לכון אב או אח: |
| 2783 | Gn50:05 | אבא אשבע יתי למימר הא אנה מאית בקברי די חפרת |
| 2784 | Ex 6:12 | ומלל משה קדם ייי למימר הא בני ישראל לא שמעו |
| 2785 | Ex17:07 | ועל די נסון קדם ייי למימר הא מן קושטא איקר שכינתה |
| 2786 | Nu14:40 | בצפרה וסליקו לריש טורא למימר הא אנן וניסוק לאתרא די |
| 2787 | Nu17:27 | בני ישראל ^למשה#2^ למימר הא ספינן אשתיצינן כלן |
| 2788 | Nu22:05 | בני עמיה למיקרי ליה למימר הא עם סגין נפקו מן מצרים |
| 2789 | Dt31:14 | ואמר ייי למשה למימר ה«א» קרבו יומי חייך |
| 2790 | Gn47:15 | כל מצראי לוות יוסף למימר הב לן לחם ולמה נמות |
| 2791 | Gn47:17 | כל מצראי לוות יוסף למימר הב לן לחם ויהב להון יוסף |
| 2792 | Nu11:13 | ארום יבכון קודמוי למימר הב לן בשר ונאכל: |
| 2793 | Ex 7:09 | ארום ימלל עמכון פרעה למימר הבו לכון סימן ותימר |
| 2794 | Dt12:30 | דלא תתבעון לטעוותהון למימר היך הוון פלחין אומייה |
| 2795 | Gn38:24 | ירחין ואתני ליהודה למימר זניית תמר כלתך ולחוד הא |
| 2796 | Gn39:14 | לאנשי בייתה ואמרת להון למימר חמון דאייתי לי גבר עבריי |
| 2797 | Dt 1:36 | בה ולבנוי חלף די אשלם למימר טב בתר מימרה דייי: |
| 2798 | Dt27:01 | דישראל ית עמא למימר טורו ית כל מצוותה די אנה |
| 2799 | Nu36:05 | על פם גזירת ממרה דייי למימר יאות שבטה דבני יוסף |
| 2800 | Dt 3:18 | ופקדת יתכון בשעתה ההיא למימר ייי אלהכון יהב לכון ית |
| 2801 | Gn42:14 | פתגמא די מלילת עמכון למימר ילילין אתון: |
| 2802 | Gn30:24 | וקרת ית שמ«ה» יוסף למימר יוסף ייי לי בר חורן: |
| 2803 | Gn48:20 | בזכותך יתברכון ישראל למימר ישוי יתך ייי כאפרים |
| 2804 | Gn41:09 | ומלל רב מזוגיא עם פרעה למימר ית סרחנוי אנה מדכר יומא |
| 2805 | Gn42:37 | ואמר ראובן לאבוי למימר ית תרין בניי תקטול אין לא |

|  |  | | | | |
|---|---|---|---|---|---|
| 2806 | Gn44:06 | | וארע יתהון ומלל עמהון | ^למימר#2^ | ית פתגמיא האיליין: |
| 2807 | Gn24:30 | | ית מילי דרבקה אחתה | למימר | כדין מלל עמי גברא ואתא |
| 2808 | Ex 5:10 | | וסרכיהון ואמרין לעמא | למימר | כדין אמר פרעה לית אנה יהב |
| 2809 | Ex19:03 | | ליה דבירה דייי מן טורא | למימר | כדין תימר לדבית יעקב |
| 2810 | Gn32:05 | | יתהון יעקב {יתהון} | למימר | כדן תאמרון לרבוני לעשו |
| 2811 | Nu 6:23 | | מליל עם אהרן ועם בנויי | למימר | כדן תברכון ית בני ישראל |
| 2812 | Ex 1:22 | | ופקד פרעה לכל עמיה | למימר | כל בר דכר דמתיילד |
| 2813 | Lv 7:23 | | מליל עם בני ישראל | למימר | כל תרב תור ואמר וגדי בר |
| 2814 | Nu23:26 | | לבלק הלא מלילית עמך | למימר | כל מה די ימלל ייי יתה |
| 2815 | Lv14:35 | | דבייתה ויתני לכהנא | למימר | כמכתש אתחזי לי בביתה: |
| 2816 | Gn32:20 | | אף ית דמהלך בתר עדריא | למימר | כפתגמא הדין תמללון עם |
| 2817 | Gn39:19 | | מליא דאתתיה דמללת עמיה | למימר | כפתגמיא האילין עבד לי |
| 2818 | Gn 3:17 | | מן אילנ' די פקדת יתך | למימר | לא תיכול מינה ליטא תהוי |
| 2819 | Gn13:07 | | מן אברם רבוניהו' | למימר | לא תנסון לכנעניא ופריזיא |
| 2820 | Gn15:01 | | ייי על אבר' צדיקא | למימר | לא תדחל אברם ואף על גב |
| 2821 | Gn15:04 | | מן קדם ייי על אברם | למימר | לא ירת יתך דן ארום אלהן |
| 2822 | Gn18:15 | | וכדבת שרה | למימר | לא גח<כ>ת ארום דחלא הוות |
| 2823 | Gn23:11 | | לכל עללי תרע קרתיה | למימר: | לא רבוני קבל מני חקלא |
| 2824 | Gn24:37 | | ואשבע ית ריבוני | למימר | לא תסב אתה לברי מן בנתהון |
| 2825 | Gn28:06 | | כד ברך יתה ופקד עלוי | למימר | לא תסב אתה מן בנתהון |
| 2826 | Gn42:22 | | וענה ראובן יתהון | למימר | לא תחטון הלא אמרית לכון |
| 2827 | Gn43:03 | | הא מסהד' אסהד בן גברא | למימר | לא תחמון סבר אפוי ארום |
| 2828 | Ex 5:19 | | דישראל יתהון בביש | למימר | לא תמנעון מן לבניכון סכום |
| 2829 | Lv24:12M | | ממונה דלא יבהתון | למימר | לא שמעין ברם משה רבן |
| 2830 | Lv24:12 | | דלא יהוון בהתין | למ(מ)י<מ>ר | לא שמענן דמשה רבהון |
| 2831 | Nu 9:08M | | "בהתין ... אמר": יבהתון | למימר | לא שמעינן ברם משה רבן |
| 2832 | Nu 9:08 | | בדינה ולא יהוון בהתין | למימר | לא שמענן דמשה רבן אמר לא |
| 2833 | Nu15:34M | | ממונה דלא יבהתון | למימר | לא שמעינן ברם משה רבן |
| 2834 | Nu15:34 | | דלא יהיוון בה{ד}<ת>ין | למימר | לא שמענן דמשה רבן ואמ' |
| 2835 | Nu27:05 | | בדינה ולא יהוון בהתין | למימר | לא שמענן דמשה רבהון אמר |
| 2836 | Dt18:16 | | ביום התכנשות קהלה | למימר | לא אוסף למשמע ית קל ממרה |
| 2837 | Dt22:17 | | שווי לה עלילן דמילין | למימר | לא אשכחית לברתך סהדוותה |
| 2838 | Gn24:07 | | מלל עמי ודי קיים עמי | למימר | לבניך אתן ית ארעא הדא הוא |
| 2839 | Ex33:01 | | לאברהם ליצחק וליעקב | למימר | לברך אתן יתה: |
| 2840 | Ex32:12 | | למה כען יימרון מצרים | למימר | לבשתהון אפק {ו}<י>תהון |
| 2841 | Gn50:16 | | בלהה למרביתה דיוסף | למימר | לה אבוך פקיד קדם עד לא |
| 2842 | Dt 1:37 | | מן קדם ייי מן בגללכון | למימר | להוד את לא תיעול |
| 2843 | Lv11:01 | | ייי עם משה ועם אהרן | למימר | להון: |
| 2844 | Dt 1:03 | | כל מה די פקד ייי יתיה | למימר | להון: |
| 2845 | Dt30:12 | | לא בשמיא היא אוריתה | למימר | לווי הוה לן חד כמשה |
| 2846 | Dt30:13 | | לימה רבה היא אוריתה | למימר | לווי הוה לן חד כיונה |
| 2847 | Dt34:04 | | לאברהם ליצחק וליעקב | למימר | לזרעיית בניך אתן יתה חמי |
| 2848 | Gn23:13 | | במשמעהון דעמא דארעא | למימר | לחוד אן לווי את מקבל מני |
| 2849 | Ex31:13 | | ואת מלל עם בני ישראל | למימר | לחוד ית שובי קדשי תטרון |
| 2850 | Gn23:05 | | דחתאה ית אברה' | למימר | ליה: |
| 2851 | Gn23:14 | | וענה עפרון ית אברהם | למימר | ליה: |
| 2852 | Ex 3:14 | | עלמא מן שרויא ועתיד | למימר | ליה הווי ויהווי הוא שלח |
| 2853 | Dt 1:09 | | ואמרת לכון בשעתה ההיא | למימר | לית אנה יכיל לבלחודוי |
| 2854 | Ex 5:15 | | ישרא' וצווחו קדם פרעה | למימר | למה כען תעבד כדן לעבדך: |
| 2855 | Nu11:20 | | ביניכון ובכיתון קודמוי | למימר | למה כען נפקינן מן ארעא |
| 2856 | Dt31:10 | | ופקד משה יתהון | למימר | לסוף שבע שנין דיומין |
| 2857 | Ex13:19 | | אשתבע ית בני ישראל | למימר | מדכרא ידכר ייי יתכון |
| 2858 | Gn50:25 | | יוסף ית בני ישראל | למימר | מדכרה ידכר ייי יתכון |
| 2859 | Ex 3:16 | | דאברהם יצחק ויעקב | למימר | מדכרה ידכר ייי יתכון וית |
| 2860 | Gn37:15 | | בחקלא ושאל יתיה גברא | למימר | מה את בעי: |
| 2861 | Gn42:28 | | וחרדו גבר לקבל אחוי | למימר | מה הוא דא דעבד ייי לנא: |
| 2862 | Ex13:14 | | ישאלון בניכון למחר | למימר | מה הא דא ותימר ליה ביד |
| 2863 | Ex15:24 | | ואתרעמו עמא על משה | למימר | מה הן אנן שתיין: |
| 2864 | Ex17:04 | | וצלי משה קדם ייי | למימר | מה אעבד לעמא הדין עוד |
| 2865 | Ex23:02 | | סגיא למבאשא לא תמנע מן | למימר | מה דבלבך על חברך בדינא |
| 2866 | Dt 6:20 | | יתכון בניכון למחר | למימר | מה סהדוותה וקיימיה וסדרי |
| 2867 | Ex 9:05 | | ושוי ייי זמן | למימר | מחר יעבד ייי פתגמייא הדין |
| 2868 | Gn32:07 | | מלל{(ה)}יה לוות יעקב | למימר | מסינן לוות אחוך לוות עשו |
| 2869 | Gn44:01 | | אפיטרופוס על בייתי | למימר | מלי ית טעוניהון דגובריא |
| 2870 | Nu19:02 | | אוריתה די פקד ייי | למימר | מליל עם בני ישראל ויסבון |
| 2871 | Gn 2:16 | | ופקיד ייי אלהים על האדם | למימר | מן כל אילני גנתה מיכל |
| 2872 | Gn26:11 | | ופקד אבימלך ית כל עמא | למימר | מן דיקרב בגברא הדין |
| 2873 | Gn32:18 | | יתך עשו אחוי וישאלונך | למימר | מן את אתי ולאן את אזל |
| 2874 | Lv 7:29 | | מלל עם בני ישראל | למימר | מן דמקרב ית נכסת קודשוי |
| 2875 | Dt20:05 | | וימללו סרכיה עם עמא | למימר | מן הוא דן גברא דבנה בית |
| 2876 | Gn40:07 | | במטרא בבייתיה דרבונה | למימר | מן בגלל מן אפיכון בישן |
| 2877 | Ex 5:14 | | עליהון דחקוי דפרעה | למימר | מן בגלל מה לא אשלמתון |
| 2878 | Ex13:08 | | לבניכון ביומא ההוא | למימר | מן בגלל מצוותה דפטיריא |
| 2879 | Ex32:12M | | מצראי | למימר | מן בגלל למבעשה יתהון |
| 2880 | Ex36:05 | | ואמרין למשה | למימר | מסגין עמא למייתה כמסת |
| 2881 | Dt15:11 | | מפקד יתכון יומא הדין | למימר | מפתח תפתחון ית ידיכון |
| 2882 | Ex30:31 | | ועם בני ישראל תמלל | למימר | משח דרבו דקדש יהווי דין |
| 2883 | Ex15:01 | | הדה קדם ייי ואמרין | למימר | נודי ונשבח קדם ייי דכל מן |
| 2884 | Dt13:07 | | עליך כנפשך בטומרה | למימר | ניזיל ונפלח כען טעוון |
| 2885 | Dt13:14 | | ית דיירי קרת{י}הון | למימר | ניזיל ונפלח קדם טעוון |
| 2886 | Ex 5:08 | | בגין כדן אינון צווחין | למימר | ניזל ונקריב קדם אלהן: |
| 2887 | Gn31:01 | | ית מלוי דבנוי דלבן | למימר | נסב יעקב ית כל מה דאבונן |
| 2888 | Lv 4:02 | | מליל עם בני ישראל | למימר | נפש ארום תחטא בשלוה מן כל |
| 2889 | Nu21:06M | | מנה \דמיכלי קליל ייתי | /למימר | נפשן מעיקה בלחמה הדין |
| 2890 | Lv 9:03 | | ועם בני ישראל תמליל | למימר | סבו צפיר בר עיזין לחטאתה |
| 2891 | Dt 1:06 | | אלהן מליל עמן בחורב | למימר | סגין לכון למישרי בטורא |
| 2892 | Nu16:26 | | ומליל לוות כנישתה | למימר | סטון כען מעלוי משכן |
| 2893 | Nu32:25 | | ובנוי דראובן למשה | למימר | עבדך יעבדון היך מה דרבוני |
| 2894 | Gn45:26 | | ותנון ליה | למימר | עד כדון יוסף בחיין וארום |
| 2895 | Dt 9:23 | | יתכון מן רקם דגיעה | למימר | עולו ויריתו ית ארעא די |
| 2896 | Dt 3:21 | | פקדית בשעתה ההיא | למימר | עיינך חמיין ית כל מה די |
| 2897 | Gn39:17 | | עמיה כפתגמיא האילן | למימר | על לוותי עבדא עברא די |
| 2898 | Dt 1:28 | | אחינן אמסון ית לבבינן | למימר | עם רברבין וסגין מינן |
| 2899 | Ex11:08 | | לוותי וישאלון בשלמי | למימר | פוק את וכל עמא דעמך |
| 2900 | Gn19:15 | | ואתוקפו מלאכיא בלוט | למימר | קום דבר ית אתתך וית תרתין |
| 2901 | Dt15:09 | | דחטי בתר לבכון זידנה | למימר | קרבת שתה שביעייתה שנת |
| 2902 | Ex 7:16 | | דעבריין שלח יתי לוותך | למימר | שלח ית עמי ויפלחון קדמיי |
| 2903 | Dt29:18 | | ויתפייס במחשבת ליביה | למימר | שלם יהווי לי ארום בקשיטות |
| 2904 | Gn39:12 | | ותפשת יתה בלבושוי | למימר | שמש עמי ושבק לבושוי עמה |
| 2905 | Dt 1:16 | | ית דייניכון בשעתה ההיא | למימר | תהוון שמעין בני אחיכון |
| 2906 | Ex19:23 | | ארום את אסהדת בן | למימר | תחם ית טורא וקדש יתיה: |
| 2907 | Dt19:07 | | בגין כדן אנה מפקד יתכון | למימר | תלת קורי שיזבו תפרשון |
| 2908 | Gn 1:22 | | וברך יתהון ממרא דייי | למימר | תקיפו וסגון ומלון ית מיא |
| 2909 | Gn41:15 | | לית ליה ואנה שמעית עלך | למימר | תשמע חלמא למפתר יתיה: |
| 2910 | Gn47:29 | למימת | וקרבו יומוי דישראל | למימת | וקרא לבנוי ליוסף ואמר |
| 2911 | Nu16:10 | למיסב | דלוי עימך ואתון בעיין | למיסב | אוף כהנתה רבתה: |
| 2912 | Gn28:11M | | זמנא ידע דהוא עתיד | למיסב | ארבע נשין ומינהון עתידין |
| 2913 | Gn24:48M | | \למסבה ית ברת אחוי | /למיסב | ית ברתי דאחוי#2#/ |

|  |  |  |  |
|---|---|---|---|
| 2914 | | Gn30:15 | נסבת ית בעלי ואת בעיא למיסב ית יברוחי דברי ואמרת רחל |
| 2915 | | Gn34:14 | יכלין למעבד פתגמא הדין למיסב ית אחתן לגבר די ליה |
| 2916 | | Gn38:20 | ביד רחמה עדולמייה למיסב ית ערבוניה מן ידא דאתתא |
| 2917 | | Gn42:36 | הוה בסופיה ואתון בעין למיסב ית בנימין ואנון סכימין |
| 2918 | | Dt25:07 | ואין לא יתרעי גברא למיסב ית יבומתיה ותסק יבמתיה |
| 2919 | | Dt24:04 | די שבוק יתה למיחזור למיסב יתה לה לאתה מן בתר |
| 2920 | | Dt24:19 | עמר באפי ברה לא תחזרון למיסב יתה ולגיוריה לייתמייה |
| 2921 | | Dt25:08 | ויימר לא אתרעיית למיסב יתה: |
| 2922 | | Dt 9:09 | באסקותי לטורה למיסב לווחי אבנייה לווחי קיימה |
| 2923 | | Gn28:06M | /לפדנה#2#/ למסבה/למיסב#2#/ ליה מן תמן אתה כד |
| 2924 | | Dt24:06M | לית אתון רשיין למיסב משכונה ריחייה ורכבה |
| 2925 | | Ex29:01M | בכהונתא רבתה סב/למיסב#2#/למסב#2#/ תור חד בר תורין |
| 2926 | למיסבא | Gn29:17 | הוויין זקיפן בצלו בעיא למיסבא יעקב צדיקא ורחל הוות |
| 2927 | | Gn34:30 | וללוי אבאשתון לי למיסבא שמי ביש קדם דיירי ארעא |
| 2928 | למיסבול | Ex37:14M | אתרין לאריחיה למטען/למיסבול#2#/ ית פתורה: |
| 2929 | | Ex37:27M | לאריחיה \למטען יתיה /למיסבול יתהון#2#/ בהון: |
| 2930 | | Ex38:07M | יתיה בהון חליל /למיסבול יתהון חל"#2#/ דלוחין |
| 2931 | | Ex30:04M | לאתרין לאריחיה למטען/למיסבול#2#/ יתיה בהון: |
| 2932 | למיסוק | Dt 1:26M | למיסק /בעיתון למיסוק#2#/ וסרבתון על פם |
| 2933 | | Gn15:17M | והוות שמשא אזלה למיסוק {וקמטתי}<וחמטה> הוות והא |
| 2934 | | Dt 1:41 | מאני זייניה ואוחיתון למיסוק לטורא: |
| 2935 | למיסטי | Dt13:06M | יתכון /שעיבודה למיסטי יתכון#2#/ מן אורחא די |
| 2936 | למיסני | Gn37:05 | לאחוי ואוסיפו תוב למ«י»סני: |
| 2937 | למיסק | Dt 1:26 | ולא צביתון למיסק וסרבתון על פם גזירת ממרה |
| 2938 | | Ex19:12 | למימר אזדהרו לכון דלא למיסק לטורא ודלא למקרב בשפולוי |
| 2939 | | Ex19:13 | אינון יהוון רשיין למיסק לטורא: |
| 2940 | | Ex19:23 | <....> לא ייכלין עמא למיסק לטורא דסיני ארום את |
| 2941 | | Dt 1:41M | /וזר<ז>תון#2#/ למיסוק/<למי>סק#2#/ לטורא: |
| 2942 | | Dt30:12M | כמשה נבייא \די יסוק/למיסק#2#/ לשמיא ויסב יתה לן |
| 2943 | | Ex19:24 | וכהניא ועמא לא ידחקון למיסק קדם ייי דלא יהוי בהון |
| 2944 | למיסר | Gn41:44 | לא יפשוט גבר ית ידיה למיסר זונה וית רגלה למרכב סוסא |
| 2945 | למיעבד | Dt34:11 | שלח יתיה מימריה דייי למיעבד בארעא דמצרים לפרעה ולכל |
| 2946 | | Dt23:24M | דמפק מן פומכון תיטרון למיעבד היך מה דתנדרתון קדם ייי |
| 2947 | | Gn30:30M | \יכל למעבד /יכיל למיעבד#2#/ ואנה זקיק למפרנסה בניי |
| 2948 | | Dt11:32 | ותטרון למיעבד ית כל קיימיה וית סדרי |
| 2949 | | Dt28:15 | דייי אלהכון למיטור למיעבד ית כל מצוותה וקיימוי די |
| 2950 | | Ex36:02 | לבה למקרבה לעבידתה למיעבד יתה: |
| 2951 | | Ex31:05M | ובנגרות קייסה למיעבד כל עבידה |
| 2952 | | Dt13:19 | מפקד יתכון יומא הדין למיעבד מה דשפר ותקן קדם ייי |
| 2953 | למיעו' | Gn12:11 | והוה כדי קרב למיעו' למצרים ואמר לשרי אתתה |
| 2954 | למיעול | Gn48:07M | /בזמן אסון בכרת ארעא למיעול לאפר"#2#/ וקברת יתה תמן |
| 2955 | | Gn35:16M | למתייה /כברת אר' למיעול#2#/ לאפרתה וילדת רחל |
| 2956 | | Nu12:12M | "קצה ... למה": קצן למיעול לארעא דישראל |
| 2957 | | Dt 4:21 | יתי ית ירדנה ודלא למיעול לארעא «טבתה» דייי |
| 2958 | | Ex12:23 | ולא יתן רשו למחבלא למיעול לגו בתיכון למחבלה: |
| 2959 | | Gn31:18M | בפדן ארם למיזל/למיעול#2#/ לוות יצח«ק» |
| 2960 | | Gn19:31 | סב וגבר לית בארעא למיעול לוותן כאורח כל ארעא: |
| 2961 | | Dt 4:34 | או ניסייה די עבד ייי למיעול למבחר ליה אומה מגו אומה |
| 2962 | | Dt11:31M | למיעל למירת /יורדנה למיעול למירות#2#/ ית ארעא דייי |
| 2963 | | Dt 9:01 | «יומא הדין» ית ירדנה למיעול למירת אומין רברבין |
| 2964 | | Ex40:35M | ולא יכל משה למיעל/<למי>עול#2#/ למשכני זימנא ארום |
| 2965 | | Dt30:18 | דאתון עברין ית ירדנה למיעול לתמן למירת יתה: |
| 2966 | | Dt10:11M | משה קום אזיל למטלך/למיעול#2#/ קדם {ייי}<עמא> |
| 2967 | למיעירוק | Dt19:03M | /^דיק#2#^/ /ויהוי למיעירוק תמן כל דקטל#2#/ בשלו: |
| 2968 | למיעל | Nu20:05 | אסקתון יתן מן מצרים למיעל יתן לאתרה בישה הדין לא |
| 2969 | | Dt 4:21M | יורדנה ולא#2#/ למיעול/<למי>על#2#/ לארעא «טבתה» |
| 2970 | | Gn19:31M | וגבר לית בארעא למיעול/<למי>על#2#/ לוותן כאורח כל |
| 2971 | | Dt11:31 | אתון עברין ית ירדנה למיעל למירת ית ארעא דייי אלהכון |
| 2972 | | Ex40:35 | ולא יכל משה למיעל למשכני זימנא ארום אשרי |
| 2973 | | Dt 9:01M | /יורדנה#2#/ למיעול/<למי>על#2#/ למירת/למרות#2#/ |
| 2974 | למיעלה | Nu14:16 | על דלית יכלה קדם ייי למיעלה ית עמא האליין לארעא דקיים |
| 2975 | | Dt 9:28 | הוות יוכלא מן קדם ייי למיעלה יתהון לארעא די מלל להון |
| 2976 | למיפול | Dt22:08M | מן דחמי לה למיפל/<למי>פול#2#/ מניה: |
| 2977 | למיפוק | Dt31:02 | הדין לית אנה יכיל תוב למיפוק ולמיעול וממרה דייי אמר לי |
| 2978 | למיפך | Gn18:01 | ומלאכה תליתאה אשתלח למיפך סדם ועמורה אדמה |
| 2979 | למיפל | Gn15:12 | אדום רשיעא דעתידא למיפל ולא תהוי ליה תקומה}}: |
| 2980 | | Dt22:08 | דלא יפול מן דחמי לה למיפל מניה: |
| 2981 | למיפלוח | Nu 4:43M | קרבה למפלח/עבידתה למיפלוח#2#/ במשכון זימנה: |
| 2982 | | Nu 4:24M | דגרישוני למיפלוח ולמיטול |
| 2983 | | Nu 3:07M | קדם משכן זימנא למיפלח/למיפלוח#2#/ ית פלחן משכנה: |
| 2984 | | Nu 8:11M | /ויהון#2#/ למפלח/למיפלוח#2#/ ית פ{{ו}}לחנה |
| 2985 | | Nu 8:22M | /כן עלו ליוואי למיפלוח#2#/ ית פלחניהון במשכן |
| 2986 | | Nu 4:39M | משכן /עבידתה למיפל«ו»ח למ"#2#/ זימנה: |
| 2987 | למיפלח | Nu 3:07 | קדם משכן זימנא למיפלח ית פלחן משכנה: |
| 2988 | למיפק | Gn28:11M | נשין ומינהון עתידין למיפק ארבע משיריין ויהון לעם |
| 2989 | למיפקה | Ex22:28 | ודמעכון לא תשהון למיפקה בוכרי בניכון די דכריא |
| 2990 | למיפרס | Ex36:14 | ועבד יריען דמעזי חפיי למיפרס על משכנא חדא עשרין |
| 2991 | למיקבר | Gn23:11M | אם ברעות נפשכון למיקבר/למקבר#2#/ ית מתי קדמ«י» |
| 2992 | | Gn35:09M | ועוד אלפתא יתן למיקבר מיתיא מרבנא משה דקבר |
| 2993 | למיקו' | Gn49:09M | ומלכו \דתיקום לקובלך /למיקו' קדמך#2#/: |
| 2994 | למיקום | Dt33:11 | מן קדמוי לא יכלין למיקום: |
| 2995 | | Dt10:08M | ארון קיימה דייי למקום/למיקום למפלוח#2#/ קדם ייי |
| 2996 | | Gn 4:10 | צדיקין דהון עתידין למיקום מן הבל אחוך צווחין עלך |
| 2997 | למיקוץ | Dt19:05 | י{ת}דיה בסיקורא למיקוץ קיסא וישמט פרזלא מן קיסה |
| 2998 | למיקטול | Gn32:03M | דאמה אתיין מן בתרי למיקטול או דילמה דמשיריין דייי |
| 2999 | | Gn32:03M | אחי אתיין לקדמותי למיקטול יתי או דלמה דמשריתיה |
| 3000 | | Ex 5:21M | חרבא בידיהון למקטליה/למיקטול#2#/ יתן: |
| 3001 | למיקטוע | Dt19:05M | קיסא וישמט פרזלא /למיקטוע קיסין וישמוט בורזלה#2#/ |
| 3002 | למיקטל | Ex 2:14M | ושליט עלינן הא מקטל/למיקטל#2#/ יתי את אמר היך מה |
| 3003 | | Dt17:07 | יפשטן ביה בקדמיתה למיקטל יתיה וידי כל עמא באחרייתה |
| 3004 | למיקיימיה | Gn45:05M | יתי ייי /מן בגלל למיקיימיה אוכלוסין סגי שלח יתי |
| 3005 | למיקם | Ex 9:28 | ואשלח יתכון ולא תוספון למיקם: |
| 3006 | | Ex18:23M | מימרי' דייי ותיכול למיקם#2#/ ולחו«ד» כל עמא האלין |
| 3007 | | Ex18:23 | ויפקד יתך ייי ותיכל למיקם ולחו«ד» כל עמא האלין |
| 3008 | | Gn49:11 | הוא מלכא משיחא דעתיד למיקם מן מדבית יהודה אסר חרציה |
| 3009 | | Gn49:12M | הוא מלכא משיח' דעתיד למיקם מן דבית יהוד' עיינו' |
| 3010 | | Gn49:17 | יהווי דן פירוקא דעתיד למיקם מן דבית דן יתקף יתגאה על |
| 3011 | | Ex17:16 | {מאה} <מלכה> דעתיד למיקם מן שבטא דבנימין הוא יהוי |
| 3012 | | Gn31:35 | דריבוני ארום לא אכיל למיקם מן קדמיך ארום ארח |
| 3013 | | Ex 9:11 | ולא יכלו חרשיא למיקם קדם משה מן קדם שיחנא |
| 3014 | | Dt 9:02 | ואתון שמעתון מן יכיל למיקם קדם בנוי דענק גיבריה: |
| 3015 | למיקרי | Nu22:05 | נהרא ארע בני עמיה למיקרי ליה למימר הא עם סגין נפקו |
| 3016 | | Nu22:37 | משלח{ת}<ה> שלחת לוותך למיקרי לך למה כען לא אתית לוותי |
| 3017 | למירדי | Gn11:01M | בעיצתא חדא קמו למירדי#2#/: |
| 3018 | למירות | Dt 7:17M | כען ניכול {למורוד} <למירות> |
| 3019 | | Dt 9:04M | אעיל יתן ממרה למירת/למירות#2#/ ית ארעא הדה |
| 3020 | | Dt 9:05M | \עללין למירת /עלין למירות#2#/ ית ארעהון ארום |
| 3021 | | Dt11:31M | /יורדנה למיעול למירות#2#/ ית ארעא דייי אלהכון |

|  |  |  |  |
|---|---|---|---|
| 3022 | | Gn15:07M | לך ית ארעא הדא למירת/למירות#2#/ יתה: |
| 3023 | | Lv20:24M | יתה לכון למרת/למירות#2#/ יתה {ארע} ארע דעבדה |
| 3024 | | Nu33:53M | יהבית ית ארעא למירת/למירות#2#/ יתה: |
| 3025 | | Dt 3:18M | ית ארעה הדה למירת/למירות#2#/ יתה מזיינין תעברון |
| 3026 | | Dt 4:05 | די אתון עללין לתמן למירות יתה: |
| 3027 | | Dt 4:14M | אתון עברין לתמן למירת/למירות#2#/ יתה: |
| 3028 | | Dt 4:26M | תמן/לתמן#2#/ למירת/למירות#2#/ יתה לא תארכון |
| 3029 | | Dt 6:01M | אתון עברין לתמן למירת/למירות#2#/ יתה: |
| 3030 | | Dt 7:01M | /עלין#2#/ לתמן למירת/למירות#2#/ יתה ויטרוד אומין |
| 3031 | | Dt 9:06M | ארעא טבתה הדה למירת/למירות#2#/ יתה ארום עם קשין |
| 3032 | | Dt11:08M | אתון עברין לתמן למרת/למירות#2#/ יתה: |
| 3033 | | Dt11:10M | /עללין#2#/ לתמן למירת/למירות#2#/ יתה לא כארעא |
| 3034 | | Dt11:11M | לתמן/תמ#2#/ למירת/למירות#2#/ יתה ארע דטוורין |
| 3035 | | Dt11:29M | יתה ותתנון ית ברכתה /למירות יתה אשווי ית בר#2#/ על |
| 3036 | | Dt12:01M | אבהתכון לכון למירת/למירות#2#/ יתה כל יומיא די |
| 3037 | | Dt15:04M | יהב לכון אחסנה למירת/למירות#2#/ יתה: |
| 3038 | | Dt19:14M | אלהכון יהב לכון למירת/למירות#2#/ יתה: |
| 3039 | | Dt21:01M | אלהכון יהב לכון למירת/למירות#2#/ יתה קטיל ומטלק באפי |
| 3040 | | Dt23:21M | אתון עלין לתמן למירת/<למי>רות#2#/ יתה: |
| 3041 | | Dt25:19M | לכון אחסנה למירת/<למי>רות#2#/ יתה תשיצון ית |
| 3042 | | Dt28:21M | דאתון עלין לתמן למירת/למירות#2#/ יתה: |
| 3043 | | Dt28:63M | אתון עלין לתמן למירת/למירות#2#/ יתה: |
| 3044 | | Dt31:13M | לתמן למירת/<למי>רות#2#/ יתה: |
| 3045 | | Dt12:29M | ׳עללין#2#/ לתמן למטרד/למירות#2#/ יתהון מן קדמיכון |
| 3046 | | Gn28:04M | ולזרעיית בניך מן בתרך למירות יתך ית ארע בית תותבך |
| 3047 | | Dt 2:31M | וית ארעיה שרון למירת/למירות#2#/ למחסנה ית ארעיה: |
| 3048 | למירחום | Dt11:13M | יומא הדין למירחם/למירחום#2#/ ית אולפן אוריתה |
| 3049 | למירחם | Dt11:13 | מפקד יתכון יומא הדין למירחם ית אולפן אוריתה דייי |
| 3050 | | Dt30:06 | וית לבבי זרעיכון למירחם ית אולפן אוריתה דייי |
| 3051 | למירת | Dt 9:01 | הדין» ית ירדנה למיעול למירת אומין רברבין ותקיפין |
| 3052 | | Dt 2:24 | אמורייה וית ארעיה שרון למירת ותתגרון לקבלהון סדרי קרב: |
| 3053 | | Dt 9:04 | בזכוותן אעיל יתן ממרה למירת ית ארעא הדה ובחוביהון |
| 3054 | | Dt 9:05 | לבביכון אתון עללין למירת ית ארעהון ארום בחוביהון |
| 3055 | | Dt11:31 | עברין ית ירדנה למיעל למירת ית ארעא דייי אלהכון יהב |
| 3056 | | Gn15:07 | למיתן לך ית ארעא הדא למירת יתה: |
| 3057 | | Nu33:53 | לכון יהבית ית ארעא למירת יתה: |
| 3058 | | Dt 3:18 | יהב לכון ית ארעה הדה למירת יתה מזיינין תעברון קדם |
| 3059 | | Dt 4:05M | /עלין#2#/ לתמן למירות/<למי>רת#2#/ יתה: |
| 3060 | | Dt 4:14 | די אתון עברין לתמן למירת יתה: |
| 3061 | | Dt 4:26 | עברין ית ירדנה תמן למירת יתה לא תארכון יומין עלה |
| 3062 | | Dt 5:31 | בארעא די אנה יהב לכון למירת יתה: |
| 3063 | | Dt 6:01 | די אתון עברין לתמן למירת יתה: |
| 3064 | | Dt 7:01 | די אתון עללין לתמן למירת יתה ויטרוד אומין סגין |
| 3065 | | Dt 9:06 | לכון ית ארעא טבתה הדה למירת יתה ארום עם קשין קדל |
| 3066 | | Dt11:10 | די אתון עלי{ך}<ן> לתמן למירת יתה לא כארעא דמצרים היא |
| 3067 | | Dt11:11 | די אתון עברין לתמן למירת יתה ארע דטוורין ודבקען מן |
| 3068 | | Dt11:29 | די אתון עלין לתמן למירת יתה ותתנון ית ברכתה על |
| 3069 | | Dt12:01 | ייי אלה אבהתכון לכון למירת יתה כל יומיא די אתון חיין |
| 3070 | | Dt15:04 | אלהכון יהב לכון אחסנה למירת יתה: |
| 3071 | | Dt19:14 | דייי אלהכון יהב לכון למירת יתה: |
| 3072 | | Dt21:01 | דייי אלהכון יהב לכון למירת יתה קטיל ומטלק באפי ברה |
| 3073 | | Dt23:21 | ארעא די אתון עלין לתמן למירת יתה: |
| 3074 | | Dt25:19 | אלהכון יהיב לכון אחסנה למירת יתה תשיצון ית דוכרנייה |
| 3075 | | Dt28:21 | ארעא דאתון עלין לתמן למירת יתה: |
| 3076 | | Dt28:63 | ארעא די אתון עלין לתמן למירת יתה: |
| 3077 | | Dt30:16 | די אתון עללין לתמן למירת יתה: |
| 3078 | | Dt30:18 | ית ירדנה למיעול לתמן למירת יתה: |
| 3079 | | Dt31:13 | עברין ית ירדנה לתמן למירת יתה: |
| 3080 | | Dt32:47 | עברין ית ירדנה תמן למירת יתה: |
| 3081 | | Dt 2:31 | סיחון וית ארעיה שרון למירת למחסנה ית ארעיה: |
| 3082 | למירתך | Gn28:04 | דאברהם לך ולבנך עמך למירתך ית ארעא תותבותך דיהב ייי |
| 3083 | למישבע | Lv26:05M | ותשבעון/מזונכון למישבע#2#/ ותשרון לרוחצן בארעכון: |
| 3084 | למישזבא | Gn18:02M | וחד מניהון הוה אזל למישזבא ית לוט מן גוא הפוכתא |
| 3085 | למישיצי | Dt 1:01 | עבדתון אמר ייי במימרה למישיצי יתכון אלולי דאדכר לכון |
| 3086 | | Dt 9:19M | דייי עליכון לשיצי/למישיצי#2#/ יתכון ושמע ייי בקל |
| 3087 | | Dt 1:27 | יתן בידיהון דאמוריי למישיצי יתן: |
| 3088 | למישיציה | Dt 7:10M | בעלמ׳ הדין מן בגלל למישיציה יתהון לעלמא דאתי ולא |
| 3089 | | Dt 7:22 | קליל לית אתון יכלין למישיציה יתהון בפריע דלא תסגון |
| 3090 | | Dt 9:19M | "לשיצי ... אמר": למישיציה מנכון ושמע מימריה דייי |
| 3091 | למישיצייה | Dt 7:17 | מנן איכדין איכל למישיצייה יתהון: |
| 3092 | למישלחא | Gn32:27M | {ואנה} דיש למשבחא/למישלחא#2#/ ואמר לא אשלח/אנא |
| 3093 | | Gn32:27M | דמלאכי מרומא למשבחא/למישלחא#2#/ ואנ«א» {ואנה} |
| 3094 | למישמוע | Dt 5:25M | אין מוספין אנן למשמע/למישמוע#2#/ ית קל מימרה דייי |
| 3095 | למישמע | Dt28:49 | נשרא אומה די לא תיכלון למישמע לשניה: |
| 3096 | למישציה | Dt 2:15 | ייי אתרגזית בהון למישציה יתהון מן גו משריתה |
| 3097 | | Dt33:27 | ואמר במימריה למישציה יתהון: |
| 3098 | למישצייה | Dt 9:20 | רגז ממרה דייי עליכון למישצייה יתיה וצליית ובעית רחמין |
| 3099 | למישרי | Dt 1:06 | בחורב למימר סגין לכון למישרי בטורא הדין: |
| 3100 | | Dt29:19 | יהווי רעווה מן קדם ייי למישרי ולמשבק לה ארום בכדן יתקוף |
| 3101 | | Nu35:02 | ירתות אחסנתהון קוריין למישרי ופרוירין לקרוין די |
| 3102 | | Gn36:07 | הוה ממוניהון סגיא מן למישרי כחדא ולא יכלית ארעא |
| 3103 | למישריה | Dt16:02 | באתרה די יתרעי ייי למישריה איקר שכינתיה תמן: |
| 3104 | למישרייה | Dt12:05 | אלהכון מן כל שבטיכון למישרייה ית איקר שכינתיה תמן |
| 3105 | למישתי | Ex 7:24M | לנהרא /מיא למישתי#2#/ <....> למשתי מן מוי |
| 3106 | | Gn24:19 | אמלא עד זמן ישלמון למישתי: |
| 3107 | | Nu33:14 | ולא הוה תמן מין לעמא למישתי: |
| 3108 | | Nu21:05 | לן לחם למיכל ולא מיין למישתי ונפשן אתיעקת בלחמה הדין |
| 3109 | למיתאסייה | Dt28:27 | ובחרבנה די לא תיכלון למיתאסייה: |
| 3110 | למיתב | Ex11:05 | בכורא דפרעה דהוה עתיד למיתב על כורסי מלכותיה עד בכורה |
| 3111 | | Ex12:29 | בכורא דפרעה דהוי עתיד למיתב על כורסי מלכוותא עד בכורא |
| 3112 | | Ex17:16M | "למיקם ... הוא": למיתב על כורסי מלכותיהון דבני |
| 3113 | למיתה | Ex36:06 | ואתכלון עמא מן למיתה: |
| 3114 | למיתי | Gn24:05 | מה דלמה לא תצבי אתתא למיתי בתרי לארעא הדא הא מחזרה |
| 3115 | | Ex 2:18 | <מן בגלל> מה אוחיתון למיתי יומא הדין: |
| 3116 | | Gn41:54 | ושריין שבע שני כפנא למיתי כמה דאמר יוסף והוה כפנא |
| 3117 | | Nu22:13M | דייי דלא למשבוק יתי למיתי ע׳#2#/: |
| 3118 | | Gn32:05M | \ואשתהיית כדון /ושהית למיתי עד כדו#2#/: |
| 3119 | | Ex32:12 | קדמך על בישתא די אמרת למיתי על עמך: |
| 3120 | | Nu22:14M | סרב בלעם מיית/למיתי#2#/ עמן: |
| 3121 | למיתי׳ | Ex14:11M | קברין במצרים דברת/למיתי׳#2#/ יתן למקטלה יתן |
| 3122 | למיתיה | Lv 5:07 | ואין לא תארע ידיה כמסת למיתיה אמר וייתי ית אשמיה |
| 3123 | | Gn24:08 | ואין לא תצבי אתתא למיתיה בתרך ותזדכי מן שבועתי הדה |
| 3124 | | Nu10:29 | ארום ייי במימריה אמר למיתיה טבה ונחמן על ישראל: |
| 3125 | למיתייה | Gn49:18 | סכיינת נפשי דאמרת למיתייה לעמך בית ישראל לך |
| 3126 | למיתן | Nu24:23 | למתפרעה מן רשיעיה למיתן אגרהון דצדיקיה ובזמ{ז}נה |
| 3127 | | Gn29:26 | כשר למעבד כדן בארענא למיתן זעירתא קדמיי |
| 3128 | | Ex 5:21M | פרעה וקדם עבדוי למיתן#2#/ חרבא בידיהון למקטליה |
| 3129 | | Gn34:14M | פתגמא הדין למיסב/למיתן#2#/ ית אחתן לגבר די |

|  |  |  |  |  |  |
|---|---|---|---|---|---|
| 3130 | | Ex30:15 | לא יזער מפלגות סלעא | למיתן | ית אפרשותה דייי לכפרא על |
| 3131 | | Nu36:02 | אתפקד מן קדם ייי | למיתן | ית אחסנת צלפחד אחונן |
| 3132 | | Nu36:02 | ואמרין ית רבוני פקד ייי | למיתן | ית ארעא באחסנה בעדיון |
| 3133 | | Gn42:27 | ופתח חד מינהון ית שקיה | למיתן | כסה לחמריה בבית אבתותתה |
| 3134 | | Dt 1:35 | ית ארעא טבתה דקיימת | למיתן | לאבהתכון: |
| 3135 | | Dt19:08 | לכון ית כל ארעא די מלל | למיתן | לאבהתכון: |
| 3136 | | Gn21:33M | אכלין ושתיין הוו בעין | למיתן | לה טימי מה דאכלו ושתין |
| 3137 | | Gn30:22 | דרחל ואמר במימריה | למיתן | לה בנין: |
| 3138 | | Dt21:17 | בכורא ברה דסניתה יקרב | למיתן | ^לה#2#^ חולק בכופלה בכל |
| 3139 | | Lv 7:36 | די פקד ייי | למיתן | להון ביומא דרבי יתהון |
| 3140 | | Dt 7:13 | ארעא די קיים לאבהתכון | למיתן | להון: |
| 3141 | | Dt11:09 | די קיים ייי לאבהתכון | למיתן | להון ולבניהון ארע עבדה |
| 3142 | | Dt30:20 | לאברהם ליצחק וליעקב | למיתן | להון: |
| 3143 | | Dt31:07 | די קיים ייי לאבהתהון | «למיתן | להון» ואת תחסן יתה |
| 3144 | | Gn15:02 | יהבת לי וסגין קדמך | למיתן | לי ואנה אזל מן עלמא בלא |
| 3145 | | Gn29:31 | לאה ואמר במימר«י»ה | למיתן | לי בנין ורחל הוות עקרה: |
| 3146 | | Gn30:08M | קדם ייי | דיתן/למיתן#2#/ | לי בנין היך מה דיהב |
| 3147 | | Gn21:33 | אכילין ושתין הוון בעין | למיתן | ליה אדמי מה די אכלו ושתו |
| 3148 | | Gn15:07 | מן אתון נורהון דכשדאי | למיתן | לך ית ארעא הדא למירת יתה: |
| 3149 | | Lv25:38 | פריקין מן ארעא דמצרים | למיתן | לכון ית ארעא דמצרים |
| 3150 | | Dt 6:10 | לאברהם ליצחק וליעקב | למיתן | לכון קירוין רברבן וטבן די |
| 3151 | | Dt11:21 | ממרא דייי לאבהתכון | למיתן | לכון כיומי שמייא על ארעא: |
| 3152 | | Dt28:11 | די קיים ייי לאבהתכון | למיתן | לכון: |
| 3153 | | Dt26:03 | די קיים ייי לאבהתן | למיתן | לן: |
| 3154 | | Nu34:13 | יתה בעדיון די פקד ייי | למיתן | לתישעתי שבטייה ופלגו |
| 3155 | | Dt28:12 | ית אוצריה טבה ית שמיא | למיתן | מטרה דארעכון בזמנה |
| 3156 | | Nu31:03M | למשויא /מידיינאי | למיתן#2#/ | נקמתה דייי במדין: |
| 3157 | | Dt 2:25 | יומא הדין אשרי | למיתן | פחדכון ודחלתכון על אפי |
| 3158 | | Gn21:33 | יתהון ומילף יתהון | למיתן | שבחא למרי עלמא ופלח וצלי |
| 3159 | | Ex 5:07 | לא תוספון | למיתן | תבן לעמא למלבן לבנין לא |
| 3160 | למיתנייה | Ex10:02M | במשמעין דבניכון | /למיתנייה | במש׳ בניכון#2#/ ובני |
| 3161 | למכ׳ | Ex30:16M | לדכרן טב קדם ייי | לכפרה/למכ׳#2#/ | על נפשתכון: |
| 3162 | | Lv23:28M | דכיפורייה הוא | לכפרה/למכ׳#2#/ | עליכון קדם ייי |
| 3163 | למכבוש | Dt20:19 | לקובלה סדרי קרבה | למכבוש | יתה לא תחבלון ית אילנה |
| 3164 | למכוונה | Nu22:23 | ומחת בלעם ית אתנתה | למכוונה | יתה באורחא: |
| 3165 | למכנשה | Gn29:07M | יומא בתוקפא לית אשון | למכנשה | עדרייה אשקון ענא ואזלו |
| 3166 | למכסיה | Ex28:42 | ותעבד להון מכנסין דבוץ | למכסיה | בשר ערוותהון מן אסר |
| 3167 | | Nu 4:15 | וישלם אהרן ובנוי | למכסיה | ית קדשיה וית כל מני קדשיה |
| 3168 | למכסייה | Ex26:13 | דמשכנא מן הכה ומן הכא | למכסייה | יתה: |
| 3169 | | Dt22:03 | ותשכח יתיה לית רשיי | למכסייה | עיינך מניה: |
| 3170 | למכעס | Dt 4:25 | ומרחק קדם ייי אלהכון | למכעס | ק{{ו}} דמוי: |
| 3171 | למכעסה | Dt31:29 | דלא שפר ותקן קדם ייי | למכעסה | יתיה בעבד ידיכון: |
| 3172 | | Dt 9:18 | מה דסני ומרחק קדם ייי | למכעסה | קדמוי: |
| 3173 | למכפר׳ | Lv16:34 | ותיהוי דא לכון לקים עלם | למכפר׳ | על בני ישראל מן כל |
| 3174 | | Lv14:29 | יתן על ראשה דמן דמדכי | למכפר׳ | עלוי קדם ייי: |
| 3175 | למכפרה | Nu 7:16 | לשבקות חובין ולשלוון | למכפרה | באדמה דצפירה על חובוי ועל |
| 3176 | | Nu 7:22 | לשבקות חובין ולשלוון | למכפרה | באדמה דצפ«י»רה על חובוי |
| 3177 | | Nu 7:28 | לשבקות חובין ולשלוון | למכפרה | באדמה דצפירה על חובוי ועל |
| 3178 | | Nu 7:34 | לשבקות חובין ולשלוון | למכפרה | באדמה דצפירה על חובוי ועל |
| 3179 | | Nu 7:40 | לשבקות חובין ולשלוון | למכפרה | באדמה דצפירה על חובוי ועל |
| 3180 | | Nu 7:46 | לשבקות חובין לשלוון | למכפרה | באדמה דצפירה על חובוי ועל |
| 3181 | | Nu 7:52 | לשבקות חובין ולשלוון | למכפרה | באדמה דצפירה על חובוי ועל |
| 3182 | | Nu 7:58 | לשבקות חובין ולשלוון | למכפרה | באדמה דצפירה על חובוי ועל |
| 3183 | | Nu 7:64 | לשבקות חובין ולשלון | למכפרה | באדמה דצפירה על חובוי ועל |
| 3184 | | Nu 7:70 | לשבקות חובין ולשלוון | למכפרה | באדמה דצפירה על חובוי ועל |
| 3185 | | Nu 7:76 | לשבקות חובין ולשלוון | למכפרה | באדמה דצפירה על חובוי ועל |
| 3186 | | Lv 6:23 | מן אדמה למשכן זימנה | למכפרה | בגו בית קדשא לא תתאכל |
| 3187 | | Lv16:20 | וישלם מן | למכפרה | ית קדשה וית משכן זימנא |
| 3188 | | Lv16:27 | דחטאתה די אתועל אדמהון | למכפרה | לגו בית מקדשה יפק לבר מן |
| 3189 | | Lv17:11 | לכון יתה על גבי מדבחה | למכפרה | על נפשתכון ארום אדמה הוא |
| 3190 | | Nu 8:12 | וית חד לעלתה קדם ייי | למכפרה | על ליוויי: |
| 3191 | | Nu31:50 | תיקום לן ביום דינה רבה | למכפרה | על נפשתן קדם ייי: |
| 3192 | | Lv 1:04 | ראשה דעלתא ויתרעי ליה | למכפרה | עלוי: |
| 3193 | | Lv 8:15 | דמדבחה וקדש יתיה | למכפרה | עלוי: |
| 3194 | | Lv14:21 | אמר חד לאשמה לאנפו | למכפרה | עלוי ועשרון מכלתה סלת חד |
| 3195 | | Lv16:10 | יקים יתה לחיים קדם ייי | למכפרה | עלוי למשלחה יתיה לעזאזל |
| 3196 | | Nu15:28 | בחובתה בשלותה קדם ייי | למכפרה | עלוי וישתבק לה: |
| 3197 | | Lv 8:34 | הדין פקד ייי למעבד | למכפרה | עליכון: |
| 3198 | | Lv10:17 | ית חובי עם כנשתה | למכפרה | עליכון קדם ייי: |
| 3199 | | Nu28:22 | וצפיר לחטאתה חד | למכפרה | עליכון: |
| 3200 | | Nu28:30 | צפיר בר עזין חד | למכפרה | עליכון: |
| 3201 | | Nu29:05 | חד קרב יתיה לחטאת | למכפרה | עליכון: |
| 3202 | למכתב | Dt31:24 | והוה כד אשלם משה | למכתב | ית ^כל#2#^ מילי אורייתה |
| 3203 | למלד | Gn 4:02 | ואוספת | למלד | ית אחוי ית הבל והוה הבל |
| 3204 | | Gn16:02 | כען מנע יתי ייי מן | למל{ל}<ד> | עול כען לות אמתי מה |
| 3205 | למליל | Gn34:06M | לוות יעקב | לממללה/למליל#2#/ | עמה: |
| 3206 | למלל | Nu22:19M | מן קדם ייי | למת{ל}«מ»ללה/^למלל#2#^/ | עמי: |
| 3207 | למללא | Gn24:15M | קדם עד לא אשלם | לממללא/למללא#2#/ | והא רבקה נפקת די \ |
| 3208 | | Nu16:31 | והווה כד אשלם | למללא | ית כל פיתגמיה האיליין |
| 3209 | | Gn18:33M | /כיון דאש׳#2#/ | לממללא/למללא#2#/ | עם אברהם ואברהם |
| 3210 | | Gn18:27 | ואמר הא כען שריית | למלל«א» | קדם ייי ואנה עפר וקטם: |
| 3211 | למללה | Nu23:12 | מימריה בפמי יתיה אטר | למללה: | |
| 3212 | | Dt32:45 | ואשלם משה | למללה | ית כל פתגמייא האיליין עם |
| 3213 | | Nu22:38 | כדון הא מיכל אכול | למללה | כל מן דעם פתגמה די ישוי |
| 3214 | | Gn31:29 | לי למימר אזדהר לך מן | למללה | עם יעקב מן טב ועד ביש: |
| 3215 | | Gn17:22 | ואשלם מן | למללה | עמה ואסתלק׳ איקר שכינתיה |
| 3216 | | Ex34:34 | הוה משה עליל קדם ייי | למללה | עמה הוה מעבר ית סודר{ר}יה |
| 3217 | | Ex34:33 | ואשלם משה מן | למללה | עמהון ויהב על אפוי סודר: |
| 3218 | | Ex31:18 | ויהב למשה כד אשלם | למללה | עמיה בטור׳ דסיני תרין |
| 3219 | | Gn18:31 | ואמר הא כען שרית | למללה | קדם ייי מה דילמה דישתכחון |
| 3220 | | Dt 3:26 | משה סגין לך לא תוסף | למללה | קדמי תוב בפתגמא הדין: |
| 3221 | למלפא | Ex24:12 | וקיימא די כתבית | למלפא | יתהון: |
| 3222 | למלפה | Lv24:12M | ובאליין אמר לא שמעית | למלפה | דייניה דעתידין למקום בתר |
| 3223 | | Nu15:34M | ובאליין אמ׳ לא שמעית | למלפה | דייניה דעתידין למקום בתר |
| 3224 | | Nu 9:08M | ובאליין אמר לא שמעית | למלפה | דיינייה דעתיד למקום בתר |
| 3225 | | Ex23:02 | ולא יתמנע חד מנכון | למלפה | ז{מ}<כו>ן לחבריה בדינא |
| 3226 | | Ex23:01M | ולא יתמנע חד מנכון | למלפה | {זמן} <זכו> לחברה בדינ׳ |
| 3227 | | Dt 4:14 | ממריה דייי בשעתה ההיא | למלפה | יתכון קיימין וסדרי דינין |
| 3228 | | Dt 6:01 | די פקד ייי אלהכון | למלפה | יתכון למעבד בארעא די אתון |
| 3229 | | Lv24:12 | דיני נפשן ובגין | למלפה | לדייניה דקיימין בתר משה |
| 3230 | | Nu 9:08 | דיניהון דיני נפשין | למלפה | לדייניה דקי«י»מין בתר |
| 3231 | | Nu15:34 | דהוון דיני נפשן | למלפה | לדייניה דקיימין בתר משה |
| 3232 | | Nu27:05 | דהוון דיניהון דיני נפש | למלפה | לדייניה דקיימין בתריה די |
| 3233 | | Dt33:10 | כשרין | למלפה | סדרי דינין בגו דבית יעקב |
| 3234 | למלקי | Dt25:02M | <אין> צורך חייבה | למלקי | וירב׳ |
| 3235 | | Dt25:02M | אי{ת}<ן> מין דינה | למלקי | רשיעה ויכפתיניה |
| 3236 | לממ׳ | Lv 6:01 | ומליל ייי עם משה | לממ׳: | |
| 3237 | לממות | Nu35:17M | ידא די \ימות בה /כמסת | לממות | בה#2#/ מחת יתיה ומית |

|  |  |  | | | |
|---|---|---|---|---|---|
| 3238 | | Ex10:28 | קשייתא ברם צבי אנה | לממות | ולא למהוי שמע {מי} מליך |
| 3239 | | Nu35:18M | \ימות בה /כמסת בה | לממות#2#/ | מחה יתיה ומית/וקטל |
| 3240 | | Dt 2:16 | די ספו עמא עבדי קרבה | לממות | מן גו עמא: |
| 3241 | | Nu20:04 | דייי למדברה הדין | לממות | תמן אנן ובעירנן: |
| 3242 | לממחי | Nu22:25 | דבלעם לכותלה ואוסף | לממחי | יתה: |
| 3243 | | Dt25:03 | יתיה לא יוסף דלא יוסף | לממחי | יתיה על אלין מחה רבה |
| 3244 | | Lv26:18M | יתכון שבעה על דחטיתון | /לממחי | יתכון חד לשבעה על |
| 3245 | | Lv26:28M | אנה בחמה ובקשיו ואוסף | לממחי | יתכון מחה חד שובעה על |
| 3246 | לממחי׳ | Ex21:13M | ליה /כוי{ו}<ן> | למ<מ>חי׳ | יתיה#2#/ ומן קדם ייי |
| 3247 | לממלי | Gn24:43 | דמיא והא רביתא דנפקי | לממלי | ואמרת לה אשקיין יתי קליל |
| 3248 | | Gn24:13 | דעמא דארעא נפקין | לממלי | מיא: |
| 3249 | לממלל׳ | Gn28:10 | דהוה דבירא מתחמד | לממלל׳ | {ליה} עמיה וניסא תנינא |
| 3250 | לממללא | Dt18:20 | ית מה די לא פקדית יתיה | לממללא | ודי ימלל בשום טעוון |
| 3251 | | Gn24:15 | והוה הוא קדם עד לא אשלם | לממללא | והא רבקה נפקת די אתיילדת |
| 3252 | | Gn18:33 | דייי כד אשלם | לממללא | עם אברהם ואברהם חזר |
| 3253 | | Dt 5:24M | לית אפשר מן קדם ייי | לממללא | עם בר נשא ויחי |
| 3254 | | Gn24:50 | ייי נפק פתגמא לא נכל | לממללא | עמך טב או ביש: |
| 3255 | | Dt18:20 | לחוד נבייא די יזיד | לממללא | פתגם בשם ממרי ית מה די לא |
| 3256 | לממללה | Nu12:08 | ומן בגלל מה לא דחלתון | לממללה | בעבדי במשה: |
| 3257 | | Ex 5:23 | זמנא דאתית לוות פרעה | לממללה | בשם ממרך אבאש לעמא האלין |
| 3258 | | Nu22:38M | מיכול ניכול | לממללה | כל מנדעם פת׳ |
| 3259 | | Gn18:29M | \תוב למתמללה /עוד | לממללה#2#/ | עימיה ואמר מה/הא#2#/ |
| 3260 | | Gn24:45 | אנא קדם עד לא אשלמת | לממללה | עם לבי והא רבקה נפקת |
| 3261 | | Dt20:08 | ויוספון סרכייה | לממללה | עם עמא ויימרון מן הוא |
| 3262 | | Dt20:09 | ויהוון כד ישלמון סרכייה | לממללה | עם עמא וימנון רברבניה |
| 3263 | | Gn34:06 | אבוי דשכם לוות יעקב | לממללה | עמה: |
| 3264 | | Ex34:34M | קדם ייי | למללה/לממללה#2#/ | עמה הוה מעבר ית |
| 3265 | | Gn37:04 | וסנין יתיה ולא יכלין | לממללה | עמיה מלין דשלם: |
| 3266 | | Ex34:35M | אפוי עד מעלה | למתמללה/לממללה#2#/ | עמיה: |
| 3267 | | Nu 7:89 | משה עלל למשכן זימנא | לממללה | עמיה הוא שמע ית קל דבירה |
| 3268 | | Ex29:42 | קדם ייי דאזמן לכון תמן | לממללה | עמך תמן: |
| 3269 | | Ex10:28 | אזיל מעלוי לא תוסיף | לממללה | קדמ׳ תוב חד מאילן מלייה |
| 3270 | | Dt 3:26M | לך לא תוסף | למללה/<ל>ממל<לה>#2#/ | \קדמי תוב /עמי |
| 3271 | לממני | Gn41:49 | לחדא עד זמן דאתמנע מן | לממני | ארום לא הוי סכום למנינה: |
| 3272 | | Gn15:05 | ומנה ית כוכביא אן תיכל | לממני | יתהון ואמר לה כדין יהוון |
| 3273 | | Gn 8:10M | ושרי \תוב לממני שבעה | /לממני | עוד שב׳#2#/ יומין |
| 3274 | | Gn 8:12M | ושרי \תוב לממני שבעה | /לממני | עוד שב׳#2#/ יומין חרינין |
| 3275 | | Gn 8:10 | ושרי תוב | לממני | שבעה יומין אחרינין ואוסף |
| 3276 | | Gn 8:12 | ושרי תוב | לממני | שבעה יומין חרינין ושלח ית |
| 3277 | | Dt16:09 | בעומרא דאנפותה תשרון | לממני | שובעה שבועין דיומין: |
| 3278 | לממניה | Nu14:12 | יתהון ואית יכלה קדמיי | לממניה | יתך לאומא רבה ותקיפה |
| 3279 | לממנייה | Dt 9:14 | שמייא ויוכלה היא קדמי | לממנייה | יתך לאומה רבה ותקיפה |
| 3280 | | Ex32:10 | יתהון ואית יכלה קדמיי | לממנייה | רבה ותקיפא מנהון: |
| 3281 | לממסור | Dt 2:30M | מן בגלל | למסור/לממסור#2#/ | יתיה בידיכון ביומא |
| 3282 | | Dt 1:27M | מארעא דמצרים | לממסר/לממסור#2#/ | יתן בידיהון דאמוריי |
| 3283 | | Dt 2:31M | שריית \לממסר קדמך | /לממסור | קדמיכון#2#/ ית סיחון |
| 3284 | לממסר | Dt 1:27 | אפק יתן מארעא דמצרים | לממסר | יתן בידיהון דאמוריי |
| 3285 | | Dt 2:31 | אמר משה חמי דהא שריית | לממסר | קדמך ית סיחון וית ארעיה |
| 3286 | לממר | Nu 8:05 | ומלל ייי עם משה | לממר: | |
| 3287 | | Gn17:03 | על אפוי ומליל עמה ממרה | {לממר} | דייי למימר: |
| 3288 | | Gn21:22 | רב חילוותיה לאברהם | לממר | ייי עמך בכל מה דאת עבד: |
| 3289 | לממרה | Nu 5:24 | ויייעלו בה מיא מלוטיה | לממרה | לה: |
| 3290 | לממררה | Nu 5:27 | ויייעלון בה מיא מלווטיה | לממררה | לה ותת«נ»פח כרסה ותתמסי |
| 3291 | לממשכנה | Dt24:10 | לא תיעול לגו בייתיה | לממשכנה | משכונה: |
| 3292 | | Dt24:10M | /לבייתיה | לממשכנה | משכונה#2#/: |
| 3293 | לממת | Gn25:32 | ואמר עשו הא אנה אזל | לממת | ולמה כען לי בכורותא: |
| 3294 | לממתה | Gn18:25 | מן למעבד פתגמא הדין | לממתה | זכייה עם חייבא ויהוי דינא |
| 3295 | למנדור | Nu 6:02 | גבר או אתתה ארום יפרוש | למנדור | נדר ד{ג}<נ>זירו למתנזרה |
| 3296 | | Nu30:13M | ספוותה | לנדרא/למנדור#2#/ | ולקיום/ולקייום#2#/ |
| 3297 | למנהרא | Ex13:21 | בעמוד׳ דעננא דאישתא | למנהרא | להון למהוי מהלכין בימּמא |
| 3298 | | Ex25:37 | שבעה ותסדר ית בוציניה | למנהרא | מן כל קבל אפיה: |
| 3299 | | Gn 1:15 | מנהרין ברקיע שמייא | למנהרא | על ארעא והו׳ כן כממריה: |
| 3300 | | Gn 1:17 | דייי ברקיעא שמיא | למנהרא | על ארעא: |
| 3301 | למנזקיה | Gn27:22M | בצלותא לית רשו לעשו | למנזקיה | וכד מתרשל בפתגמי אוריתא |
| 3302 | למנחמה | Gn35:09 | גזרתא ועוד אלפתא יתן | למנחמה | ית אבליה מן אבונן יעקב |
| 3303 | | Gn37:35 | כל בנוי וכל בנתיה | למנחמה | יתיה וסרב למתנחמה ואמר |
| 3304 | למנטור | Ex22:06M | כסף או מנין | למנטרה/למנטור#2#/ | יתהון ויגנבון |
| 3305 | למנטר | Dt10:13M | | למטור/למנטר#2#/ | ית מצוותה |
| 3306 | למנטרא | Ex23:20 | מלאך דרחמן קדמיכון | למנטרא | יתכון בארעא לאעלא |
| 3307 | למנטרה | Ex22:06 | גבר לחבריה כסף או מנין | למנטרה | יתהון ויגנבון מן ביתא |
| 3308 | | Ex22:09 | תור או אימר וכל בעיר | למנטרה | יתיה וימות או יתבר או |
| 3309 | למנסיה | Ex16:04 | יום ביומיה מן בגלל | למנסיה | יתהון אינון אין נטרינון |
| 3310 | למנסייה | Dt 8:02 | מן בגלל למצערה יתכון | <למנסייה | יתכון> למידע ית מה דאית |
| 3311 | | Dt 8:16 | למצערה יתכון ומן בגלל | למנסייה | יתכון למייטבה לכון בסוף |
| 3312 | למנסיית | Ex20:20 | תדחלון ארום מן בגלל | למנסיית | יתכון אתגליית עליכון |
| 3313 | למנפה | Lv10:15 | על קרבני תרביה ייתון | למנפה | אנפו קדם ייי ויהוי לך |
| 3314 | | Lv 7:30 | ניעה ייתי יתיה ית ניעה | למנפה | ניאה יתיה אנפ{ג}<ו> קדם |
| 3315 | למנפחה | Nu 5:22 | מיא מלווטיא אלין במעיך | למנפחה | מעיך ולממסיה ירכיך ותימר |
| 3316 | למנצוב | Nu20:05M | /דשפר למזדרעה הוא לא | למנצוב | ב׳ה לא תאינין#2#/ ולא |
| 3317 | למנשקיה | Gn31:28 | ולא שבקתי יתי | למנשקיה | לבני ולבנתי כדון אסכלת |
| 3318 | למסאב׳ | Lv20:25 | ארעא די אפרשית לכון | למסאב׳: | |
| 3319 | למסאבה | Lv20:25 | ותפרשון בין בעירה דכייה | למסאבה | ובין עופא מסאבה לדכיי׳ |
| 3320 | | Lv20:03 | פלחנה נכריה מן בגלל | למסאבה | ית בית מקדשי ולמפס׳ ית |
| 3321 | | Lv13:59M | למדכייה יתיה או | למסאבה | יתיה |
| 3322 | | Nu19:17 | ויסבון | למסאבה | מן קטמה די יקדת תורתה |
| 3323 | למסבה | Gn24:48 | דדבר יתי באורחא דקושטא | למסבה | ית ברת אחוי דריבוני לברה: |
| 3324 | | Gn29:19 | תקן מסבה יתה לך מן | למסבה | יתה לגבר חורן שרי עמי: |
| 3325 | | Gn29:22 | ויהבו לה עצה דרמיו | למסבה | יתה ללאה חלף רחל: |
| 3326 | | Ex22:16 | אין מסרבה יסרב אבוה | למסבה | יתה ליה כסף יתקל כנימוס |
| 3327 | | Lv19:29 | לא תשהו׳ ית בנתכון מן | למסבה | יתהון דלא תזני ארעה |
| 3328 | | Gn28:06 | ושלח יתיה פדן ארם | למסבה | ליה מן תמן אתה כד ברך יתה |
| 3329 | למסבול | Ex25:28M | יתהון דהב | למטען/למסבול#2#/ | בהון ית פתורה: |
| 3330 | | Gn 4:13 | ייי סגין אינון חוביי | למסבול | ברם אית יכלה קדמך למשרי |
| 3331 | | Nu 4:15M | \למטען במשכן ולא | /למסבול | דלא#2#/ יקרבון |
| 3332 | | Gn44:01M | יכל{ו}<י>ן#2#/ | למטען/למסבול#2#/ | ושוי כספא דגבר בפום |
| 3333 | | Nu18:22 | למשכן זימנה למקרבה | למסבול | חובין דלא ימותון: |
| 3334 | | Dt14:24M | מעשרה/<מע>שר#2#/ | /למסבול | טרחותה ומעשרה#2#/ |
| 3335 | | Ex25:14M | /סטרה#2#/ דארונא | למטען/למסבול#2#/ | ית ארונא בהון: |
| 3336 | | Ex37:15M | וחפי יתהון דהב | למטען/למ<ס>בול#2#/ | ית פתרה: |
| 3337 | | Lv10:17M | ויתה יהב לכון | למטעון/למסבול#2#/ | ית חובי עם כנשתה |
| 3338 | | Dt10:08 | ייי ית בנוי שבטה דלוי | למסבול | ית ארון קיימה דייי למקום |
| 3339 | | Gn36:07M | תותבותהון | למסחנא/למסבול#2#/ | יתהון מן קדם |
| 3340 | | Gn45:27M | דשלח יוסף | למטען/למסבול#2#/ | יתיה ונחת |
| 3341 | | Gn46:05M | די שלח פרעה | למטען/למסבול#2#/ | יתיה: |
| 3342 | | Dt 1:09 | לית אנה יכיל לבלחודוי | למסבול | יתכון: |
| 3343 | למסבל | Ex27:07M | דמדבחא \למטען יתה | /למסבל | יתיה#2#/: |
| 3344 | | Dt 1:09M | יכיל לבלחודוי | למסבול/<למס>בל#2#/ | יתכון: |
| 3345 | למסברה | Gn45:01M | ולא יכל יוסף | למסוברא/למסברה#2#/ | לכל מאן דהוה קיים |

|  |  |  |  |  |  |
|---|---|---|---|---|---|
| 3346 | למסגד | Lv26:01 | דמתכה לא תתנון בארעכון | למסגד | קדמה ארום אנה ייי אלהכון: |
| 3347 | למסגי | Ex11:09 | מנכון פרעה מן בגלל | למסגי | נסי פרישתי באׂרע«א» |
| 3348 | | Gn 6:01 | והוה ארום שרון בני אנשא | למסגי | על אפי ארעא ובנן נקבן |
| 3349 | למסגייה | Dt17:16 | עמא למצריסה מן בגלל | למסגייה | ליה סוסוון וייי במימריה |
| 3350 | למסדרא | Dt 2:32M | הוא וכל עמיה \ | למסדרא#2#/ | לסדרי קרבה ליהצה |
| 3351 | | Ex17:10 | דאמר ליה משה רביה | למסדרא | סדרי קרבא עם דבית עמלק |
| 3352 | למסדרה | Lv24:02 | זכיך כתיש לאנהרותא | למסדרה | בוציניה בתדירה: |
| 3353 | | Ex27:20 | זכיך כתיש לאנהרותה | למסדרה | בוצינין בתדירה: |
| 3354 | | Dt20:04 | שכינתיה מדברה ביניכון | למסדרה | לכון סדרי קרביכון עם |
| 3355 | | Dt20:10 | ארום תקרבון לקריה | למסדרה | לקובלה סדרי קרבה ותכרזון |
| 3356 | | Dt20:19 | על קריה יומין סגין | למסדרה | לקובלה סדרי קרבה למכבוש |
| 3357 | | Nu22:11M | ואטרוד /דניכול | למסדרה | לקובליהון קרבה#2#/ |
| 3358 | | Ex14:20M | לאליין \לסדר קרבא | /למסדרה | סדרי קרבא#2#/ כל ליליא: |
| 3359 | | Nu21:33M | וכל עמיה \לסדרי קרבה | /למסדרה | סדרי קר#2#/ לאדרעי |
| 3360 | | Dt 3:01M | הוא וכל עמיה \לסדרי | /למסדרה | סדרי#2#/ קרבה לאדרעי |
| 3361 | | Nu17:05 | לא מן בנוי דאהרן הוא | למסדרה | קטרה קדם ייי ולא יהווי |
| 3362 | | Nu22:11 | ^דלמא#2#^ {י}<ד>איכול | למסדרה | קרבה לקבליהון ואטרוד |
| 3363 | | Ex30:20 | על גבי מדבחא למשמשא | למסדרה | קרבנין קדם ייי: |
| 3364 | למסהדה | Dt32:01 | מן לשמה קדישה קמו | למסהדה | בישראל בגין כדין קם ליה |
| 3365 | | Dt32:01 | ארום תריין נביין קמו | למסהדה | בישראל משה נבייה |
| 3366 | | Dt19:16 | יקום שהד דשקר בגבר | למסהדה | עלוי סהדי דשקר: |
| 3367 | למסובלה | Nu11:14 | לית אנה יכיל לבלחודוי | למסובלה | טורחתהון דכל עמא האלין |
| 3368 | למסוברא | Ex12:39 | מן מצרים ולא יכלו | למסוברא | ואף זוודין לא עבדו להון: |
| 3369 | | Gn45:01 | ולא יכל יוסף | למסוברא | לכל מאן דהוה קיים עלוי |
| 3370 | למסוברה | Dt14:24 | ארום לית אתון יכלין | למס«ו»ברה | מעשרה תניינה ארום ירחק |
| 3371 | למסובריה | Gn49:04 | דמיין שטפן ולא יכלת | למסובריה | יתהון ואתרעת מן קדמיהון |
| 3372 | למסוק | Ex19:23M | לא ייכלין עמא | למיסק/למסוק#2#/ | לטורא דסיני ארום |
| 3373 | | Nu14:44 | וכמנו | למסוק | לריש טורא וארון קיימא |
| 3374 | | Gn19:15M | וכאשון | מסק/למסוק#2#/ | עמוד שחרא ואתוקפו |
| 3375 | למסור | Dt 2:30 | ותקף ית לבביה מן בגלל | למסור | יתיה בידיכון ביומא הדין: |
| 3376 | | Dt 4:34M | עבד ייי למיעול | למבחר/למסור#2#/ | ליה אומה מגו אומה |
| 3377 | למסחיה | Gn24:32 | תבן וכסה לגמליא ומיין | למסחיה | רגלוי ורגלי גבריא דעמיה: |
| 3378 | למסחנא | Gn36:07 | יכלית ארעא תותבותהון | למסחנא | יתהון מן קדם בעיריהון: |
| 3379 | למסטי | Lv20:05M | {{דטעיין}} מן בתריה | למסטי | בתר#2#/ פלחנה נכריה |
| 3380 | | Nu22:23M | למכוונה /אתנה | למסטי#2#/ | יתה באורחא: |
| 3381 | | Nu22:26 | די לא הווה תמן אורח | למסטי | לא לימינה ולא לשמאלה: |
| 3382 | למסטייה | Dt13:11M | ממרה דייי /תבע | למסטייה | יתכון מעילווי ייי#2#/ |
| 3383 | למסטן | Nu22:22 | מלאכה דייי בארחה | למסטן | לה והוא רכיב על אתנתיה |
| 3384 | | Nu22:32 | תלתא זמנין הא אנה נפקת | למסטן | לך ארום סטת ארחה מן |
| 3385 | למסטנה | Nu22:22M | דייי בארחה | למסטן/למסטנה#2#/ | לה והוא רכיב על |
| 3386 | למסייפה | Dt28:63M | ול«מ»סייפה יתכון | /למסייפה | יתכון ולמשיצייה |
| 3387 | למסכום | Nu23:10M | או מן יכיל | מסכום/למסכום#2#/ | חדה מן ארבעתי טכסי |
| 3388 | למספדא | Gn23:02 | דכנען ואתה אברהם | למספדא | לשרה ולמבכי עלה: |
| 3389 | למסקה | Lv26:19M | חסימה כנחשה דלא | למסקה | לכון דתין וצמחין |
| 3390 | | Dt28:23M | חסימה כנחשה {ו}<ד>לא | למסקה | לכון דתין וצמחין |
| 3391 | למסקי | Gn49:15 | והוון לה כל אחוי | למסקי | מסים: |
| 3392 | | Dt20:11 | בגווה יהווי לכון | למסקי | מסין ויפלחון קדמיכון: |
| 3393 | למסתאב' | Lv18:23 | בעיר לא תתן תשמישך | למסתאב' | בה ואתה לא תקום קדם בעיר |
| 3394 | למסתאבה | Lv15:32 | תפוק מיניה תשמיש דזרע | למסתאבה | בה: |
| 3395 | | Lv18:20 | לא תתן שמושך לזרע | למסתאבה | בה: |
| 3396 | | Lv22:08 | נבילה וקטילה לא ייכול | למסתאבה | בה אמר ייי: |
| 3397 | | Lv19:31 | ומסקי דכורן לא תצבון | למסתאבה | בהון אמר ייי אלהכון: |
| 3398 | למסתכלא | Ex 3:06 | משה אפוי ארום דחל מן | למסתכלא | באיקר שכינתה דייי: |
| 3399 | | Gn 3:06 | לעייניה ויאי אילנא | למסתכלא | ביה ונסבית מן פרוי ואכלת |
| 3400 | למסתכלה | Gn28:12M | מתחמדין \למחמי יתה | /למסתכלה | בה#2#/ והא מלאכין |
| 3401 | למסתלקא | Dt 6:04M | למתכנש/^<למתכנ>שא#2#^/ | למסתלקא#2#/ | בשלם מן גו |
| 3402 | למעבד | Gn 2:03 | די ברה איקרה דייי | למעבד: | |
| 3403 | | Gn11:06 | מנהון כל מה די חשבו | למעבד: | |
| 3404 | | Ex32:22M | ביה והוא גרם ליה | למעבד | |
| 3405 | | Lv 8:05 | דן פתגמא די פקד ייי | למעבד: | |
| 3406 | | Dt 1:14 | שפר פתגמא די מללת | למעבד: | |
| 3407 | | Dt24:08 | היך דפקד יתכון תטרון | למעבד: | |
| 3408 | | Ex35:32 | ולמלפא אומנ{י}<ו>ן | למעבד | באומנות דהבא ובאומנות |
| 3409 | | Dt 6:01 | ייי אלהכון למלפה יתכון | למעבד | בארעא די אתון עברין לתמן |
| 3410 | | Dt12:01 | וסדרי דינייה די תטרון | למעבד | בארעא די יהב ייי אלה |
| 3411 | | Ex39:03 | וקטעו יתהון שיזרין | למעבד | בגו תכלתה ובגו ארגוונא |
| 3412 | | Ex31:05 | לאשלמתא ובנגרות קיסא | למעבד | בכל עבידא: |
| 3413 | | Ex35:33 | לאשלמותה ובנגרות קיסה | למעבד | בכל עבידת באומנות: |
| 3414 | | Gn44:17 | ואמר חס לי מן | למעבד | דא גברא דאשתכח כלידא |
| 3415 | | Dt 6:03 | ותשמעון ישראל ותיטרון | למעבד | דייטיב לכון ודי תסגון |
| 3416 | | Dt 5:32 | ותיטרון | למעבד | היך מה די פקד ייי אלהכון |
| 3417 | | Gn30:30 | וכען מה אנה יכל | למעבד | ואנה זקיק למפרנסה בניי |
| 3418 | | Gn11:06 | לכולהון והא כדון שרון | למעבד | וכדון לא יתמנע מנהון כל |
| 3419 | | Nu22:18 | גזירת מימריה דייי אלהי | למעבד | זעירה או רבתה: |
| 3420 | | Gn24:49 | וכדון אן ברעתכון | למעבד | חסד וטבו עם רבוני תנון לי |
| 3421 | | Ex34:06 | רגז וקריב רחמין ומסגי | למעבד | חסד וקשוט: |
| 3422 | | Nu14:18 | רגז וקריב רחמין ומסגי | למעבד | חסד שרי ושביק לחובין |
| 3423 | | Nu24:13 | על פם גזרת מימרה דייי | למעבד | טבא או בישא מן דעתי ית מה |
| 3424 | | Ex31:16 | ישראל ית יומא דשבתא | למעבד | ית יום שבתא לדריהון לקיים |
| 3425 | | Lv26:15 | דיניי תרחק נפשכון דלא | למעבד | ית כל פיקודי במפסכון ית |
| 3426 | | Nu16:28 | ארום מן קדם ייי אשתלחת | למעבד | ית כל עיבידה האליין ארום |
| 3427 | | Dt 5:15 | פקד יתכון ייי אלהכון | למעבד | ית יומא דשבתה: |
| 3428 | | Dt 6:24 | ופקד יתן ייי | למעבד | ית כל קיימיה האיליין |
| 3429 | | Dt 6:25 | וזכו תיהוי לן ארום נטור | למעבד | ית כל מצוותה הדה קדם ייי |
| 3430 | | Dt 6:25M | אין נטרין אנן | למעבד | ית כל קיימיה האילין |
| 3431 | | Dt15:05 | ממרה דייי אלהכון למטור | למעבד | ית כל מצוותה הדה די אנה |
| 3432 | | Dt24:18 | אנה מפקד יתכון#2#~ | למעבד | ית פתגמא הדין: |
| 3433 | | Dt24:22 | כדין אנה מפקד יתכון | למעבד | ית פתגמא הדין: |
| 3434 | | Dt26:16 | ייי אלהכון מפקד יתכון | למעבד | ית קיימיה האיליין וית |
| 3435 | | Dt28:01 | דייי אלהכון למיטר | למעבד | ית כל מצוותה די אנה מפקד |
| 3436 | | Dt28:58 | אין לא תטרון | למעבד | ית כל פתגמי אוריתה הדה |
| 3437 | | Dt29:28 | לן ולבנינן עד עלמא | למעבד | ית כל פתגמי אורייתה הדה: |
| 3438 | | Dt31:12 | ייי אלהכון ויטרון | למעבד | ית כל מילי אוריתה הדה: |
| 3439 | | Gn22:14 | לי למקרבא ית יצחק ברי | למעבד | יתה עפר וקטם קדמיך אלא |
| 3440 | | Ex36:03 | לעבידת פלחן בית קודשא | למעבד | יתה ואנון אייתון לוותה |
| 3441 | | Ex36:05 | לעבידתה די פקד ייי | למעבד | יתה: |
| 3442 | | Ex36:07 | כמסת לכל עבידת | למעבד | יתה ועבדו ושיירו: |
| 3443 | | Dt 4:14M | \די תעבדון יתהון | /למעבד | יתה#2#/ בארעא די אתון |
| 3444 | | Dt11:22 | הדה די אנה מפקד יתכון | למעבד | יתה למרחם ית אולפן |
| 3445 | | Dt19:09 | תטרון ית כל מצוותה הדה | למעבד | יתה דאנה מפקד יתכון יומא |
| 3446 | | Ex35:01 | פתגמיא די פקד ייי | למעבד | יתהון: |
| 3447 | | Dt 5:01 | ותלפון יתהון ותטרון | למעבד | יתהון: |
| 3448 | | Dt 7:11 | מפקד יתכון יומא הדין | למעבד | יתהון: |
| 3449 | | Dt17:19 | וית קיימיה האיליין | למעבד | יתהון: |
| 3450 | | Dt27:26 | ית פתגמי אוריתה הדה | למעבד | יתהון ויאמרון כל עמה אמן: |
| 3451 | | Gn18:07 | וטב ויהב לרביה ואוחי | למעבד | יתיה: |
| 3452 | | Gn41:32 | ייי ומוחי מן קדם ייי | למעבד | יתיה: |
| 3453 | | Ex12:48 | כל דכורא בכדן יהוי כשר | למעבד | יתיה ויהוי כיציביא דארעא |

|  |  |  |  |  |  |
|---|---|---|---|---|---|
| 3454 | | Ex18:18 | מנך פתגמא לית את יכיל | למעבד | יתיה בלחודך: |
| 3455 | | Lv22:27 | וטב ויהב לרביה ואוחי | למעבד | יתיה ופטירין אפה ואייכל |
| 3456 | | Lv22:27M | לרבייה ואוחי רבייה | למעבד | יתיה |
| 3457 | | Dt30:14 | במימר פמיכון ובלבביכון | למעבד | יתיה: |
| 3458 | | Gn44:19 | דאבה אין לא הווה כשר | למעבד | כדין מן בגין כדן שרי |
| 3459 | | Gn29:26 | ואמר לבן לא כשר | למעבד | כדן בארענא למיתן זעירתא |
| 3460 | | Ex 8:22 | ואמר משה לא תקן | למעבד | כדן ארום מרחקא אינון |
| 3461 | | Dt 4:05 | היך מה די פקד ייי אלהי | למעבד | כדן בגו ארעא די אתון |
| 3462 | | Dt20:18 | די לא יילפון יתכון | למעבד | ככל מרחקתהון די פלחו |
| 3463 | | Ex35:35 | אשלם עמהון חכמה בלבהון | למעבד | כל עבידה דנגר ואומן וצייר |
| 3464 | | Dt17:10 | ממריה דייי ותתטרון | למעבד | כל מה די ילפון יתכון: |
| 3465 | | Dt18:09 | יהב לכון לא תלפון | למעבד | כמרחקתהון דאתרא |
| 3466 | | Dt13:12 | וידחלון ולא יוסיפון | למעבד | כפיתגמא בישה הדין |
| 3467 | | Dt13:01 | מפקד יתכון יתיה תטרון | למעבד | לא תופסון עלוי ולא תמנעון |
| 3468 | | Dt19:19 | לה היך מה דאתחשב | למעבד | לאחוי ותבערון עבדי בישתה |
| 3469 | | Ex14:25 | במצרים והוא עתיד | למעבד | להון נצחני קרביהון {עד |
| 3470 | | Ex14:25 | במצרים והו׳ עתיד | למעבד | להון נצחני קרביהון} אוף |
| 3471 | | Nu33:56 | ויהוי היך מה דאתחשבת | למעבד | להון אעבד לכון: |
| 3472 | | Nu22:30 | הא מתכוונה מתכוונת | למעבד | לך כדין ואמר לא: |
| 3473 | | Lv 8:34 | ביומא הדין פקד ייי | למעבד | למכפרה עליכון: |
| 3474 | | Dt 9:18 | כל חוביכון די חטיתון | למעבד | מה דסני ומרחק קדם ייי |
| 3475 | | Dt 4:01 | די אנה מלף יתכון | למעבד | מן בגלל דתיחון ותיעלון |
| 3476 | | Dt 8:01 | יתכון יומא הדין תטרון | למעבד | מן בגלל דתיחון ותסגון |
| 3477 | | Lv18:30 | ותיטרון ית מט{מ}רתי דלא | למעבד | מנימוסי מרחקתה די אתעבדו |
| 3478 | | Gn44:18 | ביה אנה מחסל על מנת | למעבד | מעבד על {על} כורחיה דאבא |
| 3479 | | Nu 4:03 | כל דיעול לחיל קרבה | למעבד | עב{ו}<י>דה במשכן זימנא: |
| 3480 | | Ex35:29 | לכל עבידתה די פקד ייי | למעבד | על ידוי דמשה אייתון בני |
| 3481 | | Dt 4:13 | ית קיימה די פקד יתכון | למעבד | עשרתי דביריה וכתב יתהון |
| 3482 | | Nu15:34M | ובמסאבין די לא יכלו | למעבד | פיסחא בזמנא וב{ג}<ד>ין |
| 3483 | | Lv24:12 | שמעית במסאבין דלא יכלו | למעבד | פיסחה ובדין בנתה דצלפחד |
| 3484 | | Nu 9:04 | משה עם בני ישראל | למעבד | פיסחה: |
| 3485 | | Nu 9:06 | נפש דבר נש ולא יכלו | למעבד | פיסחה ביומא ההוא <....>: |
| 3486 | | Nu 9:06M | דאהרן ולית אפשר להון | למעבד | פסחא |
| 3487 | | Nu 9:08 | ממתין במסאבין דלא יכלו | למעבד | פסחה בזמנה ובדין בנתיה |
| 3488 | | Gn19:22 | לתמן ארום לא אוכל | למעבד | פתגם עד זמן דתיעול לתמן |
| 3489 | | Gn18:25 | מחוס מן קדמיך מן | למעבד | פתגמא הדין דיינא דדיינן |
| 3490 | | Gn18:25 | מחוס מן קדמיך מן | למעבד | פתגמא הדין לממתה זכייה עם |
| 3491 | | Gn18:25M | מן למעבד /מן | למ<עבד#2#/ | פתגמא הדין לממתה |
| 3492 | | Gn34:14 | להון לית אנן יכלין | למעבד | פתגמא הדין למיסב ית אחתן |
| 3493 | | Gn34:19 | ולא אשתהי רביא | למעבד | פתגמא ארום אתרעיית נפשיה |
| 3494 | | Gn18:19 | בתרה ויטרון אורחא דייי | למעבד | צדקתה ודינא מן בגלל די |
| 3495 | | Lv 8:34M | הדין הכדין פקד ייי | למעבד | שבעה יומין קומי יומא |
| 3496 | | Gn 3:15M | הנון אלין ואלין | למעבד | שפ׳ |
| 3497 | | Dt19:20 | וידחלון ולא יוספון | למעבד | תוב כפתגמא בישה הדין |
| 3498 | למעבר | Nu22:26 | ואוסף מלאכה דייי | למעבר | וקם ליה באתר דחיק די לא |
| 3499 | | Dt 4:21 | וקיים בשבועה דלא | למעבר | יתי ית ירדנה ודלא למיעול |
| 3500 | למעבר׳ | Gn48:17M | בידה דאבוי | למחזרה/למעבר#2#/ | יתה מעילוי רישה |
| 3501 | למעברה | Lv20:03 | עמה ארום מן בנוי יהב | למעברה | בנורא קדם פלחנה נכריה |
| 3502 | | Lv20:04 | כד יתן מן זרעית בנוי | למעברה | בנורא קדם פלחנה נכריה דלא |
| 3503 | | Dt17:02 | ומרחק קדם ייי אלהכון | למעברה | בקיימיה: |
| 3504 | | Nu22:26M | ואוסף מלאכה דייי | למעבר/למעברה#2#/ | וקם ליה באתר דחיק |
| 3505 | | Nu32:07M | \מלמעבר לארעא /מן | למעברה | ית א׳#2#/ די יהב להון |
| 3506 | | Gn28:10M | מתכנשין | למג{ז}«ו»ללה/למעברה#2#/ | יתה מעלוי פומא |
| 3507 | | Dt 2:30 | מלכא דחשבון דלא | למעברה | יתן בתחומיה ארום אקשי ייי |

|  |  |  |  |  |  |
|---|---|---|---|---|---|
| 3508 | | Nu22:18 | ודהב לית ^אנה#2#^ יכיל | למעברה | על פום גזירת מימריה דייי |
| 3509 | | Nu24:13 | ביתיה כסף ודהב לא אכל | למעברה | על פם גזרת מימרה דייי |
| 3510 | | Dt20:19 | יתה לא תחבלון ית אילנה | למעברה | עלוי כל מין דפרזל ארום |
| 3511 | | Lv20:02 | די יתן מן בנוי | למעברה | קדם פלחנה נכרייה מתקטל |
| 3512 | למעברכון | Dt29:11 | | למעברכון | בקיימה דייי אלהכון |
| 3513 | למעירק | Dt20:19 | אילנה דאפי{לו} ברא | למעירק | מן קדמיך בשעת עקתיה: |
| 3514 | למעלה | Nu34:08M | | למעלנ׳/<למע>לי#2#/^למעלה#2#^/^מעלך#2#^/ | |
| 3515 | | Dt 4:38 | ותקיפין מנכון קדמיכון | למעלה | יתכון למתן לכון ית ארעהון |
| 3516 | | Nu20:05M | יתן מן מצרים | למיעל/למעלה#2#/ | יתן לאתרה בישה הדין |
| 3517 | | Dt 6:23 | פריקין מן תמן מן בגלל | למעלה | יתן למתן לן ית ארעא די |
| 3518 | | Ex33:08M | \עד דהוה עליל למשכניה | /למעלה | למ״#2#/: |
| 3519 | למעליה | Nu13:21 | מדברה דצין עד רחוב | למעליה | אנטוכיה: |
| 3520 | למעני | Gn45:03 | בחיין ולא יכלו אחוי | למעני | יתיה ארום אתבהלו |
| 3521 | למעקה | Lv19:18 | סטרוי דמן תרין חורפוי | למעקה | בה ית חברך ולא תמנע זכותה |
| 3522 | | Lv18:18 | ואתה על אחתה לא תסב | למעקה | ל{ך}<ה> למגליי«ה» |
| 3523 | למעקר | Gn50:21M | והיך כוכב אחד יכול | למעקר | |
| 3524 | | Gn50:21 | כוכב חד ולא יכילין | למעקר | יתיה ואי׳ איפשר כוכב חד |
| 3525 | | Gn50:21 | להון עשרה כוכבין בעון | למעקר | כוכב חד ולא יכילין למעקר |
| 3526 | | Gn50:21 | איפשר כוכב חד יכיל | למעקר | עשרה כוכבין ונחם יתהון |
| 3527 | למערוק | Nu35:32M | ש{ה}<ח>וד דממון | למערוק | לקרתה דשזבה#2# |
| 3528 | | Gn19:20M | קרתא הדה קריבה | למערק/<למע>רוק#2#/ | לתמן והיא קריבה |
| 3529 | | Dt20:19M | דאפי{לו} ברא | למעירק/למערוק#2#/ | מן קדמיך |
| 3530 | למערק | Gn19:20 | הא כען קרתא הדה קריבה | למערק | לתמן והיא קריבה אשתיזב |
| 3531 | | Dt 4:42 | | למערק | לתמן קטולה די יקטול ית |
| 3532 | | Dt19:03 | אלהכון ויהוויין לכון | למערק | לתמן כל דקטיל בשלו: |
| 3533 | למערקה | Nu35:32 | ולא תקבלון ממון | למערקה | לקורי שיזבותה למחזור |
| 3534 | למעשרה | Dt26:12 | ארום תשלמון | למעשרה | ית כל מעשר עללת<כ>ון בשתה |
| 3535 | | Dt14:22M | ישראל לית אתון רשאין | למעשרה | מן פרי שנה עד פרי שנה |
| 3536 | למפוק | Nu12:12 | וכיון {מ} דמטא קצה | למפ{י}<ו>ק | לגו עלמ׳ אתאכל פלגות |
| 3537 | למפטור | Lv16:08M | לכפרה על עמא ועדב חד | למפטור | למדבר צוק לעזזל |
| 3538 | למפל | Nu14:03 | ייי מעל יתן לארעא הדה | למפל | בחרבה נשינן וטפלינן יהוון |
| 3539 | למפלוח | Nu 4:30M | לחיל קרבה | למפלח/<למפ>לוח#2#/ | ית פלחן משכן זמנה: |
| 3540 | | Nu 7:05M | ויהוון | למפלח/למפלוח#2#/ | ית פלחן משכן זימנה |
| 3541 | | Nu16:09M | יתכון לוותיה | למפלח/למפלוח#2#/ | ית פלחן משכן זימנא |
| 3542 | | Nu18:06M | לשמה דייי | למפלח/למפלוח#2#/ | ית פלחן משכן זימנה: |
| 3543 | | Nu 4:23M | יעול לחיל קרבה | למפלח/<למפ>לוח#2#/ | פולחן במשכן זימנא: |
| 3544 | | Nu 8:24M | למפלח במשכון /עבידתה | למפלוח | פלוח במ׳#2#/ זימנא: |
| 3545 | | Nu 4:47M | דעלל | למפלוח | פלחן עבידתה ופלחן עבידתה |
| 3546 | | Dt10:08M | דייי למקום/למיקום | למפלוח#2#/ | קדם ייי למשמשה קדמוי |
| 3547 | | Dt28:14M | טעוון אחרניין | למפלח/למפלוח#2#/ | קדמיהון: |
| 3548 | | Dt15:19M | /לית אתון רשאין | למפלוח#2#/ | תוריכון ולא תגזון |
| 3549 | למפלח | Gn 9:20 | ושרי נח גבר צדיקא | למפלח | בארעא ונצב כרם: |
| 3550 | | Dt33:17 | הוויין כמה דלית אפשר | למפלח | בבכורי תורייה ולא |
| 3551 | | Nu 4:43 | די«י»עול לחיל קרבה | למפלח | במשכון זימנה: |
| 3552 | | Nu 8:24 | ולעיל ייעול לחיל קרבה | למפלח | במשכון זימנא: |
| 3553 | | Nu 4:35 | כל דייעול לחיל קרבה | למפלח | במשכן זמנה: |
| 3554 | | Gn 4:26M | "בכדין": הא בכדין שרון | למפלח | בפולחנא נוכראה ולמכניה |
| 3555 | | Nu 4:24 | זרעייתה דבנוי דגרשון | למפלח | ולמטעון: |
| 3556 | | Gn 3:23 | אלהים מן גנתה דעדן | למפלח | ית ארעא די אתברי מן תמן: |
| 3557 | | Nu 3:08 | מטרת בני ישראל | למפלח | ית פלחן משכנה: |
| 3558 | | Nu 4:30 | כל דייעול לחיל קרבה | למפלח | ית פלחן משכן זמנה: |
| 3559 | | Nu 7:05 | קבל מלוותהון ויהוון | למפלח | ית פלחן משכן זימנה ותתן |
| 3560 | | Nu 8:11 | אהרן ית לוויי ויהוון | למפלח | ית פ{{ו}}לחנה דייי: |
| 3561 | | Nu 8:19 | מן גו בני ישראל | למפלח | ית פלחן דבני ישראל במשכן |

|  |  |  |  |  |  |
|---|---|---|---|---|---|
| 3562 | | Nu 8:22 | ומן בתר כדין עלו ליוויי | למפלח | ית פלחניהון במשכן זימנא |
| 3563 | | Nu16:09 | למקרבה יתכון לוותיה | למפלח | ית פלחן משכן זימנא דייי |
| 3564 | | Nu18:06 | אינון יהיבין לשמה דייי | למפלח | ית פלחן משכן זימנה: |
| 3565 | | Nu 4:39 | כל די יעול לחיל קרבה | למפלח | משכן זימנה: |
| 3566 | | Nu 8:15 | ובתר כדן ייעלון ליווי | ל«מ»פלח | משכן זימנא ותידכי יתהון |
| 3567 | | Nu 4:23 | כל די יעול לחיל קרבה | למפלח | פולחן במשכן זימנא: |
| 3568 | | Nu 4:47 | חמשין שנין כל די יעול | למפלח | פלחן עבידה ועבידת מטול |
| 3569 | | Gn49:02 | פליג על אחוי למיזל | למפלח | קדם טעוון אחרניין עניין |
| 3570 | | Dt29:17 | דייי אלהכון למיזל | למפלח | קדם טעוותהון {{דאומייה}} |
| 3571 | | Dt28:14 | בתר טעוון אחרניין | למפלח | קדמיהון: |
| 3572 | | Gn29:15 | הא אחי את לית אפשר | למפלח | קדמיי מגן תנה לי כען מה |
| 3573 | | Ex14:05 | שלחנן ית ישראל מן | למפלח | קדמנן: |
| 3574 | למפסה | Lv21:04M | יפס ית כהנתא /דבעמכון | למפסה | כליל בה#2#/: |
| 3575 | למפקא | Ex 6:13 | ועל פרעה מלכא דמצרים | למפקא | ית בני {ית בני} ישראל מן |
| 3576 | | Ex 8:14 | כדן חרשייא בחרשיהון | למפקא | ית כלמייא ולא יכלו והוון |
| 3577 | למפקדא | Gn49:33 | ואשלם יעקב | למפקדא | ית בנוי וכנש רגלוי לגו |
| 3578 | למפקה | Nu14:36 | ורעמו עלוי כל כנשתה | למפקה | טבה ביש על ארעא: |
| 3579 | | Ex 6:27 | עם פרעה מלכא דמצרים | למפקה | ית בני ישראל מן מצרים |
| 3580 | | Ex14:11 | מה היא דא דעבדת לנא | למפקה | יתן מן מצרים: |
| 3581 | למפרוק | Ex 2:25 | ישראל ואמר בממריה | למפרוק | יתהון: |
| 3582 | | Dt28:32 | ולא אלהה על ידיכון | למפרוק | יתכון: |
| 3583 | למפרנסה | Gn30:30 | יכל למעבד ואנה זקיק | למפרנסה | בניי ואנשי בייתי: |
| 3584 | למפרק | Lv22:33 | דפרקת לאבהתכון ועתיד | למפרק | יתכון: |
| 3585 | למפרשא | Gn 1:14 | נהורין ברקיעא דשמיא | למפרשא | בין אימּמא ובין ליליא |
| 3586 | למפרשה | Gn 2:09 | מן דהוה אכל מנה ידע | למפרשה | בין טב לביש: |
| 3587 | | Gn 2:17 | מן דהוה אכל מינה ידע | למפרשה | בין טב לבי' לא ת«י»כל |
| 3588 | | Gn 3:05 | מן קדם ייי ידעין | למפרשה | בין טב לביש: |
| 3589 | | Gn 3:22 | תקום אומ' חדא דידעה | למפרשה | בין טב לביש אילו נטר |
| 3590 | | Lv11:47 | | למפרשה | בין מסאבה ובין דכיא ובין |
| 3591 | | Dt 1:39 | די לא חכמון יומא הדין | למפרשה | בין טב לביש אינון ייעלון |
| 3592 | | Lv 5:04 | או נפש ארום תשבע | למפרשה | בסיפתן למבאשה או למיטבה |
| 3593 | | Dt 1:05 | דמואביי שרי משה | למפרשה | ית ספר אורייתה הדה למימר: |
| 3594 | למפתר | Gn41:15 | עלך למימר תשמע חלמא | למפתר | יתיה: |
| 3595 | למצוד | Gn27:05 | ואזל עשו לאפיה ארעא | למצוד | ציד למייתיי«ה»: |
| 3596 | למצום | Lv23:29 | ארום כל נפש די תאכל | למצום | ולא «ציימה» כזמן יום |
| 3597 | למצטרעה | Nu12:16 | דאתחייבת מרים נבייתה | למצטרעה | אית אולפן סגי לחיכימי |
| 3598 | למצלוייה | Gn24:63 | ונפק יצחק | למצלוייה | באפיה ברא |
| 3599 | למצלחה | Gn24:42 | אברהם אם ברעות קדמך | למצלחה | ארחי דאנא מהלך עלה: |
| 3600 | למצלייה | Ex17:11 | וכד הוה מנע ידוי מן | למצלייה | הוון דבית עמלק מתגברין |
| 3601 | למצערה | Dt 8:02 | שנין במדברה מן בגלל | למצערה | יתכון <למנסייה יתכון> |
| 3602 | | Dt 8:16 | חכמו אבהתכון מן בגלל | למצערה | יתכון ומן בגלל למנסייה |
| 3603 | למצערן | Ex 1:11 | רברבנין מפלחנן מן בגלל | למצערן | יתהון בפולחניה«ון» |
| 3604 | למק' | Ex33:03M | ארום עם קשי קדל | למק'#2#/ | אולפן אינון דלא אשיצא |
| 3605 | למקבור | Gn50:14M | דסלקו#2#/ עמיה | למקבר/למקבור#2#/ | ית אבוי בתר דקבר ית |
| 3606 | למקבלה | Gn30:33 | הדן ודמחר ארום תיעול | למקבלה | אגרי קדמיך כל די לית הוא |
| 3607 | | Ex32:09M | לקבלה /קשה קדל | למקבלה#2#/ | אולפן אינון/הנון#2#/: |
| 3608 | | Ex33:03 | מביניכון ארום עם קשין | למקבלה | אולפן אינון דלא אשיצא |
| 3609 | | Ex33:05 | ישרא' אתון עם קשין | למקבלה | אולפן כקליל זעיר אין אסלק |
| 3610 | | Ex34:09 | בינינן ארום עם קשין | למקבלה | אולפן אינון ותשרי ותשבוק |
| 3611 | | Dt 9:06 | יתה ארום עם קשין קדל | למקבלה | אולפן אתון: |
| 3612 | | Dt 9:13 | והא עם קשיין קדל מן | למקבלה | אולפן אינון: |
| 3613 | | Gn 4:11 | די פתחת ית פומי־ה#2#^ | למקבלה | ית אדמה דאחוך מן ידיך: |
| 3614 | | Lv22:27 | ואייכ{ו}ל לאבוי ו<ז>כה | למקבלה | ית סדר ברכתה אלין תלתי |
| 3615 | | Lv22:27M | וחמר אשקי יתיה וזכה | למקבלה | סדר ברכתה מן יצחק אבוי |
| 3616 | למקבע | Dt28:56 | די לא אנסת כפה דרגלה | למקבע | יתה על ארעא מן חטוייה ומן |
| 3617 | למקבעא | Ex25:07 | טבין ואבנין דאשלמן | למקבעא | באפודא ובחשנא: |
| 3618 | למקבעה | Ex35:09 | טבין ואבנין דאשלמו{י} | למקבעה | יתהון באפדא ובחשנה: |
| 3619 | למקבר | Gn23:08 | למימר אם ברעות נפשכון | למקבר | ית מתי מן קדמי קבילו מני |
| 3620 | | Gn23:11M | אם ברעות נפשכון | למיקבר/למקבר#2#/ | ית מתי קדמ«י» |
| 3621 | | Gn50:07 | וסליק יוסף | למקבר | ית אבוי וסלקו עמיה כל |
| 3622 | | Gn50:14 | ואחוי וכל מן דסלק עמיה | למקבר | ית אבוי בתר דקבר ית אבוי: |
| 3623 | למקדמה | Dt21:16 | יהווי לה לית הוא רשיי | למקדמה | ית ברא דרחימתה קדם ברה |
| 3624 | למקדשא | Ex29:33 | למשלמה ית קרבן ידיהון | למקדשא | יתהון וחילוניי לא יאכל |
| 3625 | | Ex20:08 | ית יומא דשבתא | למקד<ש>א | יתיה: |
| 3626 | | Ex28:03 | ית לבושי דאהרן | למקדשא | יתיה למשמשה קדמוי בכהונתה |
| 3627 | | Ex29:36 | עלוי ותרבי יתיה | למקדשא | יתיה: |
| 3628 | למקדשה | Ex29:01 | פתגמא ד<י>תעבד להון | למקדשה | יתהון למשמשה קדמוי |
| 3629 | | Lv 8:11 | כיורה וית בסיס דידיה | למקדשה | יתיה: |
| 3630 | | Lv 8:12 | ריש דאהרן ורבי יתיה | למקדשה | יתיה: |
| 3631 | | Dt 5:12 | טורו ית יומא דשבתה | למקדשה | יתיה היך מה די פקד יתכון |
| 3632 | | Nu20:12 | היימנתון לי בשם מימרי | למקדשה | שמי לעיני בני ישראל |
| 3633 | | Nu27:14 | במי דייני עם כנישתה | למקדשה | שמי קדמיהון על עסק מיא |
| 3634 | למקום | Lv24:12M | למלפה דייניה דעתידין | למקום | בתר משה למהוון מתינין |
| 3635 | | Nu 9:08M | למלפה דיינייה דעתיד | למקום | בתר משה למהוון זריזין |
| 3636 | | Nu15:34M | למלפה דייניה דעתידין | למקום | בתר משה למהוון מתינין |
| 3637 | | Gn15:12M | אימה": מלכוותה דעתידי' | למקום | ומשעבדה בבנוי אימה חשכה |
| 3638 | | Gn 6:03 | יתדנון כל דריה דעתידין | למקום | כסדר דינא דדריה דמבולא |
| 3639 | | Gn22:14M | הינון דריא ועתידין | למקום | למהוון אמרין |
| 3640 | | Dt18:05 | אלהכון מן כל שבטיכון | למקום | למשמשה בשם מימרה דייי |
| 3641 | | Gn49:11M | משיחא דעתיד | למיקם/למקום#2#/ | מן מדבית יהודה אסר |
| 3642 | | Ex 2:12M | והא לית גיורא עתיד | למקום | מן ההוא מצראה ומחא ית |
| 3643 | | Nu24:17 | היא קריבה עתיד מלך | למקום | מן דבית יעקב ופרוק ושליט |
| 3644 | | Nu24:19 | עתיד מלך | למקום | מן דבית יעקב וישיצי מן |
| 3645 | | Dt29:14 | וית כל דרייה דעתידין | למקום | מן בתרן עמן קיימין הכה |
| 3646 | | Gn 3:22 | עתידין אומין סגיאין | למקום | מנה ומנה תקום אומ' חדא |
| 3647 | | Dt 9:02M | שמעתון מן יכיל | למיקם/למקום#2#/ | קדם בנוי דענק |
| 3648 | | Dt10:08 | ית ארון קיימה דייי | למקום | קדם ייי למשמשה קדמוי |
| 3649 | למקטב | Dt19:05 | עם חבריה ב{ק}<ח>ורשא | למקטב | קיסין ו{יז}<ת>דחף {ת}דיה |
| 3650 | למקטול | Lv20:04 | קדם פלחנה נכריה דלא | למקטול | יתיה: |
| 3651 | | Dt26:05M | ובעה לבן ארמייה | למקטול | יתיה וערק ונחת למצריימה |
| 3652 | | Gn27:42M | \עלך למקטל /עליך | למקטול#2#/ | יתך: |
| 3653 | | Ex10:28M | די תבעו יתך נפשך | למקטול | יתך |
| 3654 | | Dt27:25 | גברה די נסיב שחוד | למקטול | נפיש אדם זכיי ויאמרון כל |
| 3655 | | Dt27:25M | /דמקבל שחוד דממון | למקטול | נפש#2#/ אדם/דם#2#/ זכיי |
| 3656 | למקטוע | Dt19:05M | ב{ק}<ח>ורשא | למקטב/למקטוע#2#/ | קיסין ו{יז}<ת>דחף |
| 3657 | למקטל | Ex12:13M | למזיק באיתגלאיותי | למקטל | בוכרייה |
| 3658 | | Ex 2:15 | ית פתגמא הדין ובעה | למקטל | ית משה וערק משה מן קדם |
| 3659 | | Ex 4:24 | מן קדם ייי ובעה | למקטל | יתיה: |
| 3660 | | Ex21:14 | יתחשב> גבר על חבריה | למקטל | יתיה בכמנא אפילו אין הוא |
| 3661 | | Gn27:42 | הא עשו אחוך מתחשב עלך | למקטל | יתך: |
| 3662 | | Ex 4:19M | /די תבעו ית נפשך | למקטל | יתך#2#/: |
| 3663 | | Gn15:01 | לגיונין סגין ואתין עלך | למקטל | ממרי תרום לך דהוה הוה מגן |
| 3664 | למקטלא | Ex16:03 | אפקתון יתן למדברא הדין | למקטלא | ית כל קהלא הדין בכפנא: |
| 3665 | למקטלה | Ex32:12M | יתהון אפיק יתהון | למקטלה | יתהון בטורייה ולמישיציה |
| 3666 | | Dt 9:28 | סני יתהון <אפיק יתהון> | למקטלה | יתהון במדברה: |
| 3667 | | Dt13:10 | ישלטון ביה בקדמיתה | למקטלה | יתיה וידיהון דכל עמא |
| 3668 | | Ex14:11 | קברין במצרים דברת יתן | למקטלה | יתן במדברא מה היא דא |
| 3669 | | Ex17:03 | כען אסקת יתן ממצרים | למקטלה | יתן וית בנינן וית בעירן |

|  |  |  |  |
|---|---|---|---|
| 3670 | | Nu16:13 | כחלבה וחליין כדבשה למקטלה יתן במדברה ארום אתרברבת |
| 3671 | | Nu21:05 | אסקתון יתן מן מצרים למקטלה יתן במדברא ארום לית לן |
| 3672 | למקטליה | Gn37:18 | לוותהון ואתחשבו עלוי למקטליה: |
| 3673 | | Ex 5:21 | למתן חרבא בידיהון למקטליה יתן: |
| 3674 | | Ex14:12 | לן פלחין קדם מצריי מן למקטליה יתן במדברא: |
| 3675 | למקיים׳ | Gn50:20M | "מן בגלל ... סגן": למקיים׳ היך זמן יומ׳ הדין קהל |
| 3676 | למקיימא | Gn 7:03 | שבעא שבעה דכר ונקבה למקיימא בנין על אפי ארעא: |
| 3677 | | Ex12:42 | על בכוריהון דישראל למקיימא מה דאמר כתבא בני בוכרי |
| 3678 | למקיימה | Gn 6:20 | מן כול׳ יעלון לוותך למקיימה: |
| 3679 | | Dt 8:18 | למקני נכסין מן בגלל למקיימה ית קיימיה די קיים |
| 3680 | | Dt 9:05 | מן קדמיכון ומן בגלל למקיימה ית פתגם די קיים ייי |
| 3681 | | Dt29:12M | מן בגלל למקמה/למקיימה#2#/ יתכון יומא הדין |
| 3682 | | Dt30:06 | ובכל נפשתכון בגלל למקיימה יתכון: |
| 3683 | | Dt 6:24 | למייטבה לן כל יומייא למקיימה יתן הכזמן יומא הדין: |
| 3684 | | Dt28:69 | די פקד ייי ית משה למקיימה עם בני ישראל בארעה |
| 3685 | | Gn 6:19 | כול«א» תעיל לתיבותה למקיימה עמך דכר ונקבה יהוון: |
| 3686 | | Nu30:03 | דייי או ישתבע שבועה למקיימה קיים לשמא דייי לא יבטל |
| 3687 | למקימה | Gn19:19 | חסדך די עבדת עמי למקימה ית נפשי ואנא לית אוכל |
| 3688 | | Ex12:42 | אתתיה ברת תשעין שנין למקימה מה דאמר כתבא הא אברם בר |
| 3689 | למקמה | Lv 1:01 | והוה כד אשלם משה למקמה ית משכנה ורבי יתיה וקדש |
| 3690 | | Nu 7:01 | ביומא דאשלם משה ל{א}«מ»קמה ית משכנה ורבי יתיה |
| 3691 | | Dt29:12 | מן בגלל למקמה יתכון יומא הדין לשמה דייי |
| 3692 | | Dt25:07 | לחכימיה ותימר סרב יבמי למקמה לאחוי שם בישראל לא צבא |
| 3693 | | Gn42:36 | ואנון סכימין עלוי למקמה תרין עשרתי שבטיא: |
| 3694 | למקני | Dt 8:18 | הוא די יהב לכון חיילה למקני נכסין מן בגלל למקיימה ית |
| 3695 | למקפה | Nu21:04 | הר טורא ארח ימה דסוף למקפה ית ארעהון דאדומיי ואתעקת |
| 3696 | | Dt 2:03 | סגין לכון למקפה ית טורא הדין כווינו לכון |
| 3697 | למקפצה | Lv11:21 | קרסולין לעיל מן רגלוי למקפצה בהון על ארע׳: |
| 3698 | למקרא | Nu22:20 | בליליה ואמר לה אין למקרא לך אתו גבריא קום אזל |
| 3699 | למקרב | Ex19:12M | \למקרב בשפולוי /<ל>מקרב בסייפי#2#/ כל דיקרב |
| 3700 | | Ex19:12 | דלא למיסק לטורא ודלא למקרב בשפולוי כל דיקרב לטורא |
| 3701 | | Gn20:06 | כדון לא יהבית לך רשו למקרב לוותה: |
| 3702 | למקרבא | Gn22:14 | בזמנא קדמיא דאמרת לי למקרבא ית יצחק ברי למעבד יתה |
| 3703 | | Ex 8:22 | דמצריי מנהון נסב למקרב«א» קדם ייי אלהן הא אין |
| 3704 | | Ex10:26 | רגל ארום מנהון נסב למקרבא קדם ייי אלהן ואנן לית אנן |
| 3705 | למקרבה | Lv21:21 | ית לחם אלהיה לא יקרב למקרבה: |
| 3706 | | Nu17:28M | למשכנה /דיקרוב למקרבה במש#2#/ דייי יתקטל |
| 3707 | | Lv21:18 | דאית ביה מום לא יקרב למקרבה גבר סימי או חגיר או פחוש |
| 3708 | | Lv 9:22M | ונחת מן \דקרב חטאתה /למקרבה חט#2#/ ועלתה ונכסת |
| 3709 | | Lv 7:38 | די פקד ית בני ישראל למקרבה ית קרבניהון קדם ייי |
| 3710 | | Lv21:21M | "יקרב .. בה": יקרוב למקרבה ית קרבנה דייי מום ביה |
| 3711 | | Nu 9:07 | דבר נש למה נתמנע דלא למקרבה ית קרבנה דייי בזימניה בגו |
| 3712 | | Lv17:04 | זמנה לא אייתי יתיה למקרבה יתיה קרבן קדם ייי קדם |
| 3713 | | Lv22:27 | ולהל«ן» יהוי כשר למקרבה יתיה קדם ייי: |
| 3714 | | Nu28:02 | בני ישראל הוון זהירין למקרבה יתיה בזמניה: |
| 3715 | | Nu16:09 | יתכון מן כנשתה דישראל למקרבה יתכון לוותיה למפלח ית |
| 3716 | | Lv21:17 | יהווי ביה מום לא יקרב למקרבה לחם אלהיה: |
| 3717 | | Lv21:21 | דאהרן כהנא לא יקרב למקרבה לחם אלהיה מום בה ית לחם |
| 3718 | | Nu18:22 | בני ישראל למשכן זימנה למקרבה למסבול חובין דלא ימותון: |
| 3719 | | Nu17:28 | כל די יקרב למקרבה למשכנה דייי יתקטל ה<ו>א |
| 3720 | | Ex36:02 | כל די נדב יתיה לבה למקרבה לעבידתה למיעבד יתה: |
| 3721 | | Nu15:03 | או בזמני מועדיכון למקרבה לריח דרעוה קדם ייי מן |
| 3722 | | Lv22:27 | חובינן וכדון דלית לן למקרב{י}ה מן עדרי ענינן יתכפר על |
| 3723 | | Lv 9:04 | ותור ודכר לנכסת קדשיה למקרבה קדם ייי ומנחה פילה במשח |
| 3724 | | Nu15:13 | יעבד כדן ית אלין למקרבה קרבן מתקבל לריח דרעוה קדם |
| 3725 | | Lv23:37 | ואירועין קדישין למקרבה קרבנין קדם ייי עלוון |
| 3726 | למקרוב | Ex36:02M | כל די רברב לביה למק{ור}<רו>ב לעבידתה ולמעבד יתה |
| 3727 | למקרי | Nu16:12 | ושלח משה למקרי לדתן ולאבירם בנוי |
| 3728 | | Ex10:16 | ואוחי פרעה למקרי למשה ולאהרן ואמר חטית |
| 3729 | למרביה | Ex29:29M | יהוון לבנוי מן בתרה למרביה בה |
| 3730 | | Dt28:23 | ברירה היך פרזלה מן למרביה לכון דתין וצמחין: |
| 3731 | למרגם | Nu14:10M | מרגום/עמא דכנשתה למרגם#2#/ יתהון באבניא ואיקר |
| 3732 | למרדי | Lv26:18 | אוריית«י»ה ואוסף למרדי יתכון שבעה על דחטיתון: |
| 3733 | | Dt 4:36 | יתכון ית קל מימריה למרדי יתכון ועל ארעא חוי יתכון |
| 3734 | למרדף | Gn32:03 | אחוי דאמה אינון דחזר למרדף בתרי {או משרין דעשו אחי |
| 3735 | למרחום | Dt11:22M | יתכון למעבד יתה למרחם/למרחום#2#/ ית אולפן אורייתה |
| 3736 | | Dt19:09M | הדין/דין#2#/ למרחם/למרחום#2#/ ית אולפן אורייתה |
| 3737 | | Dt30:16 | מפקד יתכון יומא הדין למרחום ית אולפן אורייתה דייי |
| 3738 | | Dt30:20 | למרחום ית אולפן אוריתה דייי |
| 3739 | | Dt10:15M | ממרה דייי למרחמ«ו»ה/למרחום#2#/ יתהון ובחר |
| 3740 | למרחם | Dt11:22 | מפקד יתכון למעבד יתה למרחם ית אולפן אורייתיה דייי |
| 3741 | | Dt19:09 | מפקד יתכון יומא הדין למרחם ית אולפן אורייתיה דייי |
| 3742 | | Dt30:16M | הדין/דין#2#/ למרחום/<למר>חם#2#/ ית אולפן אורייתה |
| 3743 | | Dt30:20M | למרחום/<למר>חם#2#/ ית אולפן אוריתה |
| 3744 | למרחמה | Ex33:19 | וארחם על מן דחמי למרחמה: |
| 3745 | למרחמוה | Dt10:15 | אתרעי ממרה דייי למרחמ«ו»ה יתהון ובחר בבניהון |
| 3746 | למרכב | Gn41:44 | למיסר זונה וית רגלה למרכב סוסא בכל ארעא דמצרים: |
| 3747 | למרמא | Ex18:11 | דחשיבו מצריי על ישרא׳ למרמא בניהון לנהר«א» בה |
| 3748 | למרע | Gn37:12 | ואזלון אחוי למרע ית ענא דאבוהון בשכם: |
| 3749 | למרעיה | Lv19:16 | בתר לישנה תליתיה למרעיה וית בעלי דינה לא תשתוק לא |
| 3750 | למרת | Lv20:24 | ואנה אתן יתה לכון למרת יתה {ארע} ארע דעבדה פירין |
| 3751 | | Dt11:08 | ארעא די אתון עברין לתמן למרת יתה: |
| 3752 | | Dt19:02 | דייי אלהכון יהב לכון למרת יתה: |
| 3753 | למש׳ | Lv16:03M | יהוי אהרן עלל לשמשה/למש#2#/ לגו בית משריתא בתור |
| 3754 | למשאול | Gn44:32M | מרחק מן \שאלת שלמה /למשאול בשלמ#2#/ דאבה כל |
| 3755 | למשאל | Gn44:18M | נהוי מרחק \מן שאלת /למשאל בשלמא#2#/ שלמה דאבה כל |
| 3756 | | Gn37:10 | ניתי אנא ואמך ואחך למשאל בשלמך בנימוס ארעא: |
| 3757 | למשאליה | Nu24:01 | דהוה אזל בכל זמן למשאליה בדכריה לקדמות קסמיה ואזל |
| 3758 | למשבוע | Ex16:08M | למיכל ומזון בצפר׳ למשב{ען}<וע> דגלי קדם ייי |
| 3759 | למשבוק | Nu20:21M | וסרב אדומאי דלא/ למשבוק#2#/ ית ישראל עברין בתחומה |
| 3760 | | Nu22:13M | /סרב מימריה דייי דלא למשבוק יתי למיתי ע#2#/: |
| 3761 | למשבחא | Gn32:27 | זמניהון דמלאכי מרומא למשבחא ואנ«א» {ואנה} ריש |
| 3762 | למשבחיא | Gn32:27 | ואנ«א» {ואנה} ריש למשבחיא ואמר לא אשלח יתך ארום |
| 3763 | למשבע | Ex16:08 | בשר למיכל ולחם בצפרא למשבע כד שמיע קדם ייי ית |
| 3764 | למשבק | Nu20:21 | וסרבו אדומיי מן למשבק ית ישראל עברין בתחומה |
| 3765 | למשבקה | Gn44:22 | לריבוני לא יכל טליא למשבק{ת}<ה> ית אבוי אן שבק טליא ית |
| 3766 | | Dt22:19 | לאתה לית הוא רשיי למשבקה יתה כל יומוי חיוי: |
| 3767 | | Dt22:29 | צער יתה ולית הוא רשיי למשבקה יתה כל יומוי חיוי: |
| 3768 | למשהייה | Ex12:39M | "למסוברא ... להון": למשהייה ולחוד זווד׳ לאורחה לא |
| 3769 | למשוויה | Ex10:01 | דשליטוי מן בגלל למשוויה ניסיא איליין ביניהון: |
| 3770 | למשווייה | Dt17:15 | <....> לית אתון רשיין למשווייה עליכון גבר בר עממין די |
| 3771 | למשויא | Gn45:07 | ושלחני ייי קדמיכון למשויא לכון שיזבא בארעא ולמתקימה |
| 3772 | | Nu31:03 | קרבה ויהוון על מדין למשויא נקמתה דייי במדין: |
| 3773 | למשויה | Nu11:11 | כען לא אשכחת חסד באפך למשויה ית מטולהון דכל עמה האלין |
| 3774 | למשזבה | Dt23:15 | מדברה בגו משירייתכון למשזבה יתכון ולמסור בעלי דבביכון |
| 3775 | למשיזבא | Ex 3:08 | ואתגלית בממרי למשיזבא יתהון מן ידיהון דמצרייה |
| 3776 | | Gn32:03 | מן קדם ייי אתין למשיזבא יתי מן ידי תריהון בגין |
| 3777 | | Gn37:22 | תפש<ט>ון ביה מן בגלל למשיזבא יתיה מן ידיהון למחזרה |

|  |  |  |  |  |  |
|---|---|---|---|---|---|
| 3778 | | Gn19:19M | אנא יכיל#2#/ | למשתיזבא/למשיזבא#2#/ | לטורא דלא תארע |
| 3779 | למשיזבה | Dt25:11 | ותקרוב אתתה דחד מנהון | למשיזבה | ית בעלה מן ידוי דדין |
| 3780 | | Dt20:04 | עם בעלי דבביכון | למשיזבה | יתכון: |
| 3781 | | Gn18:01 | ומלאכה תניינה אשתלח | למשיזבה | ללוט מגו הפכתא ומלאכה |
| 3782 | למשיל | Nu24:01M | בכל זמן \למשאליה | בדכריה/למשיל | ברכיה#2#/^ברכיא#2#^/ |
| 3783 | למשיציא | Ex 8:05 | עליך ולשלטוניך ולעמך | למשיציא | ארדעניא מנך ומן |
| 3784 | | Gn 8:21 | ולא אוסף תוב | למשיציא | ית כל חייא היך מה די |
| 3785 | | Ex12:23 | איקר שכינתיה דייי | למשיציא | ית מצריי ויחמ{ו}<י> ית |
| 3786 | | Ex17:16 | ויייי אמר במימריה | למשיציא | ית דוכרנא דעמלק לדרי |
| 3787 | | Gn19:13 | קדם ייי ושלח יתן | למשיציא | יתה: |
| 3788 | | Nu14:09 | אינון קלילין באפינן | למשיציא | יתהון עבר {ע}<ס>ליהון |
| 3789 | למשיציה | Dt 9:08 | ותקף רוגזיה דייי בכון | למשיציה | יתכון: |
| 3790 | | Dt 9:25 | די צליית ארום אמר ייי | למשיציה | יתכון: |
| 3791 | למשיצייה | Gn18:25M | פתגמא הדין | לממתה/למשיצייה#2#/ | זכייה עם חייבא |
| 3792 | | Dt 6:19M | למידחוף/למשיצייה#2#/<למיד>חף#2#/ | | ית כל |
| 3793 | למשכחא | Gn33:08 | הדא די ארעת ואמר | למשכחא | חן וחסד באפך: |
| 3794 | למשכחה | Gn32:06 | ושלחת למתנייה לריבוני | למשכחה | חן וחסד באפיך: |
| 3795 | | Ex33:13M | ואודע יתך מן בגלל | למשכחה | חן וחסד קודמיך וחמי#2#/ |
| 3796 | | Gn19:11M | לעין משכחא תרע /ולעין | למשכחה | תרעא#2#/ ביתה ולא משכחין |
| 3797 | למשכחי | Gn27:20 | יצחק לברה מה כען אוחת | למשכחי | ברי ואמר ארום זמן ייי |
| 3798 | למשלחא | Ex 9:02 | ארי מסרב את | למשלחא | ועד כדון את מתוקף בהון: |
| 3799 | | Ex 8:25 | לא יסף פרעה למשקרה דלא | למשלחא | ית עמא די יקרבון קדם ייי: |
| 3800 | | Ex 9:17 | את מתרברב בעמי דלא | למשלחא | יתהון: |
| 3801 | | Ex 4:23 | ברי ויפלח קדמיי וסרבת | למשלחא | יתיה הא אנה קטל ית ברך |
| 3802 | למשלחה | Ex 7:27 | ארום מסרב את ^דלא#2#^ | למשלחה | הא אנה משיצא ית כל תחומך |
| 3803 | | Gn 8:10 | יומין אחרינין ואוסף | למשלחה | ית «י»וונה מן |
| 3804 | | Ex10:04 | ארום אין מסרב את | למשלחה | ית עמי הא אנא מייתי למחר |
| 3805 | | Ex10:27 | ייי ית לביה ולא צבא | למשלחה | יתהון: |
| 3806 | | Ex12:33 | מצריי על עמא למזורזא | למשלחה | יתהון מן ארעא ארום אמרו |
| 3807 | | Lv16:10 | קדם ייי למכפרה עלוי | למשלחה | יתיה לעזאזל למדברה: |
| 3808 | | Ex13:15 | והוה ארום אקשי פרעה | למשלחה | יתן וקטל ייי כל בכוריה |
| 3809 | | Nu22:15M | ומ«י»קרין מן אלין | /למשלחה | שליחין רברבין ותקיפין |
| 3810 | למשלחיה | Ex 5:02 | ייי די אשמע בקליה | למשלחיה | ית ישראל לית פרעה ידע |
| 3811 | | Ex 7:14 | לבא דפרעה סרב מן | למשלחיה | ית עמא: |
| 3812 | למשלמא | Dt23:22 | ייי אלהכון לא תשהון | למשלמא | יתיה ארום מתבע יתבע יתיה |
| 3813 | למשלמה | Ex29:33 | יתהון די יכפר בהון | למשלמה | ית קרבן ידיהון למקדשא |
| 3814 | למשמוע | Gn11:07M | גבר /די לא יכלון | למשמוע | בי#2#/ לשנה דחבריה: |
| 3815 | | Dt18:16M | למימר לא אוסף | למשמע/למשמוע#2#/ | ית קל ממרה דייי |
| 3816 | | Lv26:27M | מרדוותה לא תצבון | למשמוע | לא#2#/ אורייתי ותהלכו |
| 3817 | | Lv26:23M | /אין לא תיצבון | למשמוע | לאולפן אורייתי ותהל#2#/ |
| 3818 | | Dt23:06M | צבא ייי אלהכון | למשמע/<למש>מוע#2#/ | ללווטוי דבלעם |
| 3819 | | Dt17:12M | יעבד בזידנו דלא | למשמע/למשמוע#2#/ | למלוי דכהנא דקיים |
| 3820 | | Dt29:03M | למחמי ואדנין | למשמע/למשמוע#2#/ | עד יומא הדין: |
| 3821 | למשמע | Dt 5:25 | הדה אין מוספין אנן | למשמע | ית קל מימרה דייי אלהן תוב |
| 3822 | | Dt18:16 | קהלה למימר לא אוסף | למשמע | ית קל ממרה דייי אלהן וית |
| 3823 | | Lv26:18M | לאולפן /תצבוני | למשמע | לאול#2#/ אוריית«י»ה |
| 3824 | | Lv26:21 | קדמי בקשיו ולא תצבון | למשמע | לאולפן אורייתי ואוסף |
| 3825 | | Dt23:06 | ולא צבא ייי אלהכון | למשמע | ללווטוי דבלעם והפך ייי |
| 3826 | | Dt17:12 | די יעבד בזידנו דלא | למשמע | למלוי דכהנא דקיים מעתד |
| 3827 | | Dt29:03 | ועיינין למחמי ואדנין | למשמע | עד יומא הדין: |
| 3828 | למשמשא | Ex28:43 | בקרבותהון על גב מדבחא | למשמשא | בגו בית ק<ו>ד{י}שא דלא |
| 3829 | | Ex30:20 | על גבי מדבחא | למשמשא | למסדרה קרבנין קדם ייי: |
| 3830 | | Gn39:14 | {למגחכה} בן על לוותי | למשמשא | עמי וצווחית בקל רם: |
| 3831 | | Ex28:01 | מן לוות בני ישראל | למשמשא | קדמוי בכהונתא רבתא אהרן |
| 3832 | | Ex28:04 | לאהרן אחוך ולבנוי | למשמשא | קדמוי בכהנתה רבתה: |
| 3833 | | Ex29:44 | אהרן וית בנוי אקדש | למשמשא | קדמיי בכהונתה רבתא: |
| 3834 | | Dt17:12 | למלוי דכהנא דקיים מעתד | למשמשא | תמן קדם ייי אלהכון או |
| 3835 | למשמשה | Ex31:10 | כהנא וית לבושי בנוי | למשמשה: | |
| 3836 | | Ex35:19 | כהנא וית לבושי בנוי | למשמשה: | |
| 3837 | | Ex39:41 | וית לבושי{ה} בנוי | למשמשה: | |
| 3838 | | Ex29:30 | די יעול למשכן זימנא | למשמשה | בגו בית קודשא: |
| 3839 | | Ex39:41 | ית לבושי שמושה | למשמשה | בגו בית קדשה וית לבושי |
| 3840 | | Ex39:01 | עבדו ית לבושי שמוש | ^^למשמשה | בית קודשה ועבדו ית לבושי |
| 3841 | | Lv 7:35 | ביומא די אקריב יתהון | למשמשה | בכהונתה רבתה קדם ייי: |
| 3842 | | Lv16:32 | ודי ישלם ית קרבן ידוי | למשמשה | בכהונתה רבתה בתר אבוי |
| 3843 | | Nu 3:03 | די אשלמו קרבן ידיהון | למשמשה | בכהנתה רבתה: |
| 3844 | | Dt18:05 | מן כל שבטיכון למקום | למשמשה | בשם מימרה דייי קדישא הוא |
| 3845 | | Ex39:26 | דמעילה מן חזור חזור | למשמשה | היך מה דפקד ייי ית משה: |
| 3846 | | Ex28:35 | ויהווי על אהרן | למשמשה | וישתמע קליה במיעליה |
| 3847 | | Ex35:19 | ית לבושי שמושי | למשמשה | ית לבושי קודשא לאהרן |
| 3848 | | Nu16:09 | דייי ולמיקם קדם כנישתה | למשמשה | יתהון: |
| 3849 | | Nu18:07 | וחילוניי די יקרב | למשמשה | יתקט«י»ל: |
| 3850 | | Nu 1:51 | יתה לויי וחלוניי דקרב | למשמשה | יתקטל: |
| 3851 | | Nu 3:10 | וחילוניי די יקרוב | למשמשה | יתקטל: |
| 3852 | | Nu 3:38 | וחלוניי די יקרוב | למשמשה | יתקטל: |
| 3853 | | Gn34:07 | ארום מרחקא עבד בישראל | למשמשה | עם ברתה דיעקב וכדן לא |
| 3854 | | Gn39:10 | בתר יום ולא שמע אליה | למשמשה | עמה בעלמ׳ הדין דלהא למהוי |
| 3855 | | Lv18:23 | ואתה לא תקום קדם בעיר | למשמשה | עמה מרחקה היא: |
| 3856 | | Lv20:16 | די תקרב לוות כל בעיר | למשמשה | עמה ותקטלון ית אתתה וית |
| 3857 | | Ex28:03 | דאהרן למקדשא יתיה | למשמשה | קדמוי בכהונתה רבתא: |
| 3858 | | Ex29:01 | להון למקדשה יתהון | למשמשה | קדמוי בכהונתא רבתה סב תור |
| 3859 | | Dt10:08 | דייי למקום קדם ייי | למשמשה | קדמוי ולמברכה בשם ממרה |
| 3860 | | Dt21:05 | בהון אתרעי ייי אלהכון | למשמשה | קדמוי ולמברכה בשם ממריה |
| 3861 | | Ex30:30 | בנוי תרבי ותקדש יתהון | למשמשה | קדמיי בכהונתה רבתה: |
| 3862 | | Dt17:12M | למשמשא /דקאים | למשמשה#2#/ | תמן קדם ייי אלהכון או |
| 3863 | למשעבדא | Gn15:12M | ארב׳ מלכוון קיימן | למשעבדא | ית בנוי אימתא דא היא |
| 3864 | למשפך | Gn49:12M | ודי לא חמון בהון | למשפך | אדם |
| 3865 | למשציא | Nu22:06 | מנן מה דלמה דאכול | למשצ«י»א | יתהון ואטרוד יתהון מן |
| 3866 | למשקי | Gn 2:10M | נפק מן עדן | למשקייה/למשקי#2#/ | ית גנתא ומן תמן |
| 3867 | למשקיה | Gn31:22 | כיון דאזלו רעוי דלבן | למשקיה | ענה מן בארה ולא יכלו |
| 3868 | למשקייה | Gn 2:10 | ונהר הוה נפק מן עדן | למשקייה | ית גנתא ומן תמן הוה |
| 3869 | | Gn24:19 | ואשלמ׳ | למשקייה | יתה ואמרת אף לגמלך אמלא |
| 3870 | למשקעה | Ex35:09M | יתהון באפדא ובחשנה | /למשקעה | בהון אפודה וחשנה#2#/: |
| 3871 | | Ex35:27M | ולחשנה /דאשלמ{י}ווּתה | למשקעה | בהון ואפדה וחשנה#2#/: |
| 3872 | | Ex25:07M | באפודא ובחשנא | /למשקעה | בהין אפדא וחושנא#2#/: |
| 3873 | למשקרה | Ex 8:25 | למחר לחוד לא יסף פרעה | למשקרה | דלא למשלחא ית עמא די |
| 3874 | | Nu31:16 | ישראל בעצתיה דבלעם | למשקרה | שקר בשמה דייי על עסק |
| 3875 | למשקרי | Nu 5:06 | מן כל חובוי דבר נשא | למשקרי | שקר בשמה דייי ותתחוב נפשה |
| 3876 | למשרי | Gn19:30 | בנתה עמיה ארום דחל | למשרי | בזער ושרה במערתא הוא |
| 3877 | | Nu35:32 | לקורי שיזבותה למחזור | למשרי | בארעא עד זמן די ימות כהנא |
| 3878 | | Lv20:22 | די אנה מעל יתכו׳ לתמן | למשרי | בגווה: |
| 3879 | | Gn 4:13 | ברם אית יכלה קדמך | למשרי | ולמשבק: |
| 3880 | | Nu35:03M | \להון | למשריהון/למשרי#2#/ | ופרוירידיהון |
| 3881 | | Dt14:23 | אלהכון באתרה די יתרעי | למשרי | יקר שכינתיה תמן מעשר |
| 3882 | | Gn13:06 | סגין ולא הוון יכלין | למשרי | כחדא: |
| 3883 | | Gn13:06 | ולא אסחנ׳ יתהון ארעא | למשרי | כחדה ארום הוה ממוניהון |
| 3884 | | Ex 2:21 | ושרי משה | למשרי | לוות גברא ואסב ליה ית |
| 3885 | | Nu 9:22 | כד שוהי ענגה על משכנה | למשרי | עלוי ישרון בני ישראל ולא |

|  |  |  |  |  |  |
|---|---|---|---|---|---|
| 3886 | | Gn34:22 | בדה אתערבו לנא גברייא | למשרי | עמן למהוי לאומא חדא במגזר |
| 3887 | | Dt13:13 | דייי אלהכון יהב לכון | למשרי | תמן למימר: |
| 3888 | למשריה | Ex29:46 | יתהון מארעא דמצרים | למשריה | איקר שכינתי ביניהון אנה |
| 3889 | | Nu14:30 | די זקפית ידי בשבועה | למשריה | יתכון בה אלהן כלב בר |
| 3890 | למשרייה | Dt12:11 | יתרעי ייי אלהכון ביה | למשרייה | איקר שכינתיה תמן תמן |
| 3891 | | Dt12:21 | די יתרעי ייי אלהכון | למשרייה | איקר שכינתיה תמן ותיכסון |
| 3892 | | Dt16:06 | די יתרעי ייי אלהכון | למשרייה | איקר שכינתיה תמן תיכסון |
| 3893 | | Dt16:11 | די יתרעי ייי אלהכון | למשרייה | איקר שכינתיה תמן: |
| 3894 | | Dt26:02 | די יתרעי ייי אלהכון | למשרייה | איקר שכינתיה תמן: |
| 3895 | | Dt14:24 | די יתרעי ייי אלהכון | למשרייה | ייקר שכינתיה תמן ארום |
| 3896 | | Dt13:13M | יהב לכון | למשרי/למשרייה#2#/ | תמן למימר: |
| 3897 | למשתי | Gn30:38 | בשקיא דמיא דתיעול ענה | למשתי | <....>: |
| 3898 | | Nu20:05 | אוף לא מיין לית לן | למשתי: | |
| 3899 | | Gn40:12 | דפורענתא דפרעה עתיד | למשתי | בסופא ואת רב מזוגיא לא |
| 3900 | | Gn40:12M | דרוגזי<ה> דפרעה עתיד | למשתי | בעקבה אף את רב מזוגי |
| 3901 | | Gn24:22 | והוה כד אשלימו גמליא | למשתי | ונסב גברא קודש דדהב טבע |
| 3902 | | Ex 7:18 | נהרא וישתלהון מצריי | למשתי | מיא מנהרא: |
| 3903 | | Ex 7:21 | נהרא ולא יכילו מצריי | למשתי | מיא מן נהרא והות אדמה בכל |
| 3904 | | Ex15:23 | ואתו למרתא ולא יכלו | למשתי | מיא מן מרה ארום מרירין |
| 3905 | | Ex 7:24 | חזור חזור לנהרא <....> | למשתי | מן מוי דנהרא: |
| 3906 | למשתי' | Ex17:01M | \מיא דשתון /מים | למשתי'#2#/ | עמא: |
| 3907 | למשתיזבא | Gn19:19 | ית נפשי ואנא לית אוכל | למשתיזבא | לטורא דלא תארע יתי בישתא |
| 3908 | למשתלחא | Ex 4:13 | כען ביד דן דחמי ליה | למשתלחא: | |
| 3909 | למשתלחה | Gn18:01M | מרומא די | ישתלח/למשתלחה#2#/ | בידה יתיר מן חדה |
| 3910 | למשתעבדא | Gn40:18 | תקיפיה דעתידין ישראל | למשתעבדא | בארעא דמצרים בטינא |
| 3911 | | Gn40:12 | דמן בני בניהון עתידין | למשתעבדא | בשעבודא דארעא דמצרים |
| 3912 | למשתעבדה | Dt33:17 | בבכורי תורייה ולא | למשתעבדה | בקרני רימנה כדין לית |
| 3913 | | Dt33:17 | לית אפשר לבנוי דיוסף | למשתעבדה | ויהוון רמין ומנטלין |
| 3914 | למת' | Dt25:01M | ית מן דחמי ליה | למחייבה/למת'#2#/: | |
| 3915 | למת' | Nu25:04M | כל מן דמתחייב | קטלה/למת'#2#/ | יצלבון/וצלבין#2#/ |
| 3916 | למתאסייה | Dt28:35 | שקייה די לא תיכלון | למתאסייה | מן כף רגליכון ועד קדקדי |
| 3917 | למתבוע | Ex19:03M | ומשה סלק | למתבע/למתבוע#2#/ | אולפן מן קדם ייי |
| 3918 | | Ex32:11M | קדם ייי /ושרי משה | למתבוע | רחמין מן קדם ייי#2#/ |
| 3919 | למתבור | Gn19:09M | לחדה וקרבו | למתבר/למתבור#2#/ | תרעא: |
| 3920 | למתבע | Ex18:15 | ארום אתון לוותי עמא | למתבע | אולפן מן קדם ייי: |
| 3921 | | Ex19:03 | ומשה סלק | למתבע | אולפן מן קדם ייי וקרא ליה |
| 3922 | | Gn25:22 | לבית מדרשא דשם רבה | למתבע | רחמין מן קדם ייי: |
| 3923 | למתבר | Gn19:09 | בלוט לחדה וקרבו | למתבר | תרעא: |
| 3924 | למתבשרה | Lv22:27M | <ואייכל> מלאכין וזכה | למתבשרה | דהא שרה ילדת ליצחק |
| 3925 | למתהניי' | Lv18:23M | בעירה | למ{נ}<ת>הניי' | מניה מר' |
| 3926 | למתהנייה | Ex30:38 | גבר די יעבד כוותיה | למתהנייה | ביה וישתצי מגו עמיה: |
| 3927 | למתוקדה | Gn38:25 | תמר נפקת | למתוקדה | בנורא ובעת תלתא סהדי ולא |
| 3928 | למתותבא | Gn19:09 | להל ואמרין האחד אתא | למתותבא | בינינן והא הוא בעי למהוי |
| 3929 | למתותבה | Gn47:04 | ואמרין {אל} לפרעה | למתותבה | בארעא עלנן ארום לית מרעה |
| 3930 | | Gn19:09M | והא הוא בעי למהוי | /למתותב{ב}ה | בינינן ולמהווי#2#/ |
| 3931 | | Gn12:10 | ונחת אברם למצרים | למתותבה | תמן ארום תקף כפנא בארעא: |
| 3932 | למתחייבה | Lv 5:26 | חדא מן כל מה די יעבד | למתחייבה | בה: |
| 3933 | | Lv 5:22M | ברנשא \למיחטי בהון | /למתחייבה | בהון#2#/: |
| 3934 | למתחמי | Ex34:24M | | למתחמייה/<למתח>מי#2#/ | קדם ייי אלהכון |
| 3935 | למתחמיא | Dt16:16 | ישראל לית אתון רשיין | למתחמיא | קדם ייי אלהכון ריקנין מן |
| 3936 | למתחמיי' | Ex23:15M | לית אתון רשיהין | למתחמיי' | קדם אלהיכון ריקונין מן |
| 3937 | למתחמייא | Gn34:01 | לאה די ילדת ליעקב | למתחמייא | עם בנתהון דעמא דארע': |
| 3938 | למתחמייה | Ex34:24 | ית ארעכון במיסק לכון | למתחמייה | קדם ייי אלהכון תלתא |
| 3939 | למתייה | Gn35:16 | אשון עללתה דארעא | למתייה | לאפרתה וילדת רחל |
| 3940 | למתין | Nu11:13 | מן הן אית לי בשר | למתין | לכל עמא האלין ארום יבכון |
| 3941 | למתכ' | Ex38:27M | מאה קינטרין דכסף | למתכ'#2#/ | ית חומרי בית קודשא וית |
| 3942 | למתכה | Ex38:27 | דככריה דכ{ת}<ס>פה | למתכה | ית חומרי בית קודשא וית |
| 3943 | למתכלה | Gn43:14 | על יוסף ברי לא אוסף | למתכלה | על בנימן: |
| 3944 | למתכנעה | Ex10:03 | דעבריי עד אמת את מסרב | למתכנעה | קדם ייי שלח ית עמי |
| 3945 | למתכנש | Dt 6:04 | דמטה קצה דאבונן יעקב | למתכנש | בשלם מן גו עלמא כניש |
| 3946 | למתכנשא | Dt 6:04M | | למתכנש/^<למתכנ>שא#2#^/למסתלקא#2#/ | בשלם מן גו |
| 3947 | למתכנשה | Dt31:14 | ה«א» קרבו יומי חייך | למתכנשה | בשלם מן גו עלמא קרא ית |
| 3948 | | Dt32:01 | דמטה קצה דמשה נבייא | למתכנשה | בשלם מן גו עלמא חשב משה |
| 3949 | למתמללה | Gn18:29 | ואוסף תוב | למתמללה | עימיה ואמר מה דילמא |
| 3950 | | Nu22:19 | יוסיף מן קדם ייי | למת{ל}«מ»לה | עמי: |
| 3951 | | Ex34:35 | סודרה על אפוי עד מעלה | למתמללה | עמיה: |
| 3952 | למתמניא | Ex12:04 | אינון עמא דביתא כמסת | למתמניא | על אימר פסחא ויסב הוא |
| 3953 | למתמניה | Gn13:16 | אף בניך לית אפשר להון | למתמניה: | |
| 3954 | למתן | Dt23:25 | ולגו מניך לית איפשר לך | למתן: | |
| 3955 | | Dt33:02M | "... דפראן": לטורה דפארן | למתן | אורייתה |
| 3956 | | Dt33:02 | ביקרי' על טורה דגבלה | למתן | אורית לבנוי דעשו וכיוון |
| 3957 | | Dt33:02 | קבילו יתה והופיע ביקרה | למתן | אוריתה על טורא דפראן |
| 3958 | | Dt33:02 | ואמר ייי מן סיני אתגלי | למתן | אוריתה לעמי' בני ישראל |
| 3959 | | Ex 5:21 | באפי פרעה ובאפוי שליטוי | למתן | חרבא בידיהון למקטליה יתן: |
| 3960 | | Ex 6:08 | לארעא דזקפית ידי בשבועה | למתן | יתה לאברהם ליצחק וליעקב |
| 3961 | | Ex22:16M | יסרב אבוה למסבה/דלא | למתן#2#/ | יתה ליה כסף יתקל כנימוס |
| 3962 | | Gn29:19M | לך מן \למסבה יתה לגבר | /למתן | לג'#2#/ חורן/אחרן#2#/ |
| 3963 | | Ex 6:04 | קיימת ית קימי עמי עמהון | למתן | להון ית ארעא דכנען ית |
| 3964 | | Dt 1:08 | לאברהם ליצחק וליעקב | למתן | להון ולבניהון מן בתריהון: |
| 3965 | | Dt10:11 | ארעא די קיימת לאבהתהון | למתן | להון: |
| 3966 | | Dt28:55 | מן | למתן | לחד מנהון מן בשר בנוי די |
| 3967 | | Dt10:18 | ודארמלתה ורחם גיורה | למתן | ליה מזון ואצטלי: |
| 3968 | | Ex13:05 | די קיים ייי לאבהתכון | למתן | לכון ארעא דעבדא פירין טבין |
| 3969 | | Dt 4:38 | קדמיכון למעלה יתכון | למתן | לכון ית ארעהון לאחסנה |
| 3970 | | Nu11:13M | מן הן אית לי בשר | למתין/למתן#2#/ | לכל עמא האלין |
| 3971 | | Dt 6:23 | תמן מן בגלל למעלה יתן | למתן | לן ית ארעא די קיים לאבהתן: |
| 3972 | | Ex39:31 | ויהבו עלוי שזיר דתכלה | למתן | על מצנפתה מן לעיל היך מה |
| 3973 | | Gn 4:12 | {ו}פלח ית ארעא לא תוסף | למתן | פירי עללתא לך גלי ומטלטל |
| 3974 | למתנזרה | Nu 6:02 | נדר ד{ג}<נ>זירו | למתנזרה | קדם ייי: |
| 3975 | למתנחמה | Gn37:35 | למנחמה יתיה וסרב | למתנחמה | ואמר ארום אחות על ברי |
| 3976 | למתנייא | Gn43:06 | ישראל למה אבישתון לי | למתנייא | לגברא הא כען אית לכון |
| 3977 | למתנייה | Ex 9:16M | חייליה ומן בגלל | למתנייה | {א}<י>ת שמי |
| 3978 | | Dt 5:05 | וביניכון בשעתה ההיא | למתנייה | לכון ית דבירוי דייי ארום |
| 3979 | | Gn32:06 | ועבדין ואמהן ושלחת | למתנייה | לריבוני למשכחה חן וחסד |
| 3980 | למתעב | Ex11:05M | עתיד \למיתב על כורסי | /למתעב | כל כורסייה#2#/ מלכותיה |
| 3981 | למתעבדא | Gn34:07 | וכדן לא הוה כשר | למתעבדא: | |
| 3982 | | Gn20:09 | עבדין דלא כשרין | למתעבדא | עבדת עמי: |
| 3983 | למתעבדה | Lv 4:22 | דייי אלהה דלא כשרין | למתעבדה | בשלו ויתחייב: |
| 3984 | | Lv 4:27 | דייי דלא כשרין | למתעבדה | ויתחייב: |
| 3985 | | Lv 4:13 | כל מצוותה די לא כשרין | למתעבדה | ויתחייבון: |
| 3986 | | Lv 5:17 | דייי די לא כשרין | למתעבדה | ולא ידע ואתחייב ויקבל |
| 3987 | למתעברה | Lv18:21 | ומבניך לא תתן | למתעברה | בנורא קדם פלחנה נכרייה |
| 3988 | למתפרעה | Nu24:23 | ישווי ייי תקוף רוגזיה | למתפרעה | מן רשיעיה למיתן אגרהון |
| 3989 | | Gn 3:24 | וגומרין מבערן לרשיעיא | למתפרעה | מנהון לעלמא דאתי על די |
| 3990 | | Dt 7:10 | עובדהון טבייה מן בגלל | למתפרעה | מנהון לעלמא דאתי ולא |
| 3991 | | Lv26:25 | ואגרי בתרכון שלפי חרב | למתפרעה | מנכון על די פרעתון ית |
| 3992 | למתפרקא | Gn40:23 | יתיה עד זמן דמטא קיצא | למתפרקא: | |
| 3993 | | Ex12:42 | כד ישלם עלמא קציה | למתפרקא | נירי פרזלא יתברון ודרי |

|  |  |  |  |
|---|---|---|---|
| 3994 | | Gn40:12 | דארעא למצרים ועתידין למתפרקא על ידי תלתא פרנסין |
| 3995 | למתקוררה | Ex 8:16 | קדם פרעה הא הוא נפק למתקוררה על נהרא ותימר ליה כדן |
| 3996 | למתקטלה | Nu35:30 | חד לא יענה על נפש למתקטלה: |
| 3997 | | Nu35:31 | נפש דקטול דהוא חייב למתקטלה ארום מתקטלה יתקטל: |
| 3998 | | Lv24:12 | בפריע ית מן דחמי ליה למתקטלה בדינה ^אר#2#^ דילמה |
| 3999 | | Nu15:34 | בפריע ית מן דחמי ליה למתקטלה בדינה דלא יהיוון |
| 4000 | | Nu27:05 | בפריע ית מן דחמי ליה למתקטלה בדינה ולא יהוון בהתין |
| 4001 | למתקיימה | Nu24:04 | בחרבא וסוף נבואתיה למתקיימה: |
| 4002 | | Nu24:16 | בחרבה וסוף נבואתיה למתקיימה: |
| 4003 | למתקנה | Nu10:33 | <....> מהלך תלתה יומין למתקנה להון אתר בית משרוי: |
| 4004 | | Gn46:28 | שלח קדמוי לוות יוסף למתקנה ליה אתר בית משרוי בגשנה |
| 4005 | | Dt 1:33 | דדבר קדמיכון בארחא למתקנה לכון אתר לשרוייכון בעמודה |
| 4006 | למתקף | Gn38:29 | ואמרת מה תקפת ועתיד למתקף ברי וקרא שמיה פרץ: |
| 4007 | | Gn49:22 | ותקפית ותוב הוי חמי לך למתקף מדמי אנה לך יוסף ברי |
| 4008 | למתקרבא | Gn27:27 | בסמניה סביה דעתיד למתקרבא עלגבי מדבחא בטור |
| 4009 | למתקרבה | Gn27:27M | בסמנין סבין עתידין למתקרבה בטור בית מקדשה די ברך |
| 4010 | למתקריה | Gn 2:23 | ובשר מן בשרי להדא יאי למתקריה «אתה» ארום מן גבר |
| 4011 | למתקררא | Ex 2:05 | ונחתת ברתה דפרעה למתקררא על נהרא ורביתה מהלכין |
| 4012 | למתרבא | Ex29:29M | לבנוי בתרוי למתרבי/<למתר>בא#2#/ בהון ולמשלמה בהון |
| 4013 | למתרבי | Ex29:29 | יהווי לבנוי בתרוי למתרבי בהון ולמשלמה בהון ית קרבן |
| 4014 | למתרברבא | Gn43:18 | בקדמיתא אנן מתעלין למתרברבא עלינא ולמתעקפא עלינן |
| 4015 | למתרחמה | Ex33:19M | דחמי למרחמה/לה למתרחמה#2#/: |
| 4016 | למתרעמא | Nu21:06 | מן ימא וחזרו עמי למתרעמא קדמיי על עסק מנה דמיכלי |
| 4017 | לנחמה | Gn35:09M | ועוד אלפתא יתן למנחמה/לנחמה#2#/ ית אבליה מן אבונן |
| 4018 | לנחתה | Gn37:25 | שעווה וקטף ולטום אזלין לנחתה למצרים: |
| 4019 | לנטור | Dt 8:11M | דייי דלא למטור/לנטור#2#/ מצוותה/פיקודוי#2#/ |
| 4020 | לסאבותיה | Lv13:59 | מן משך לדכיה יתיה או לסאבותיה: |
| 4021 | לסדרה | Nu20:21 | מן אבוהון דבשמיא דלא לסדרה לקבליהון סדרי קרבה: |
| 4022 | לסוב' | Ex12:39M | ולא יכלו למסוברא/לסוב'#2#/ ואף זוודין |
| 4023 | לפרש | Lv22:21 | נכסת קודשין לשמה דייי לפרש נדר או נסיבה בתורין או בען |
| 4024 | לצ' | Dt 8:16M | אבהתכון מן בגלל למצערה/לצ'#2#/ יתכון ומן בגלל |
| 4025 | לצערה | Dt 8:02M | במדברה מן בגלל למצערה/לצערה#2#/ יתכון <למנסייה |
| 4026 | לק' | Lv22:27M | לאבוי ו<ז>כה למקבלה/לק'#2#/ ית סדר ברכתה אלין |
| 4027 | | Dt 8:18M | /חיל בג'#2#/ למקיימה/לק'#2#/ ית קיימיה די קיים |
| 4028 | | Nu30:03M | איש'#2#/ שבועה למקיימה/לק'#2#/ קיים לשמא דייי לא |
| 4029 | | Nu21:05M | יתן מן מצרים למקטלה/לק'#2#/ יתן/יתהון#2#/ במדברא |
| 4030 | לקבלא | Ex15:12 | לא ימא הוה בעה לקבלא יתהון ולא ארעא הוות בעה |
| 4031 | לקבלה | Ex32:09 | האליין והא עם קשיין לקבלה אולפן אינון: |
| 4032 | לקיימא | Gn50:20 | מן בגלל ביומא הדין לקיימא עם סגון: |
| 4033 | לש' | Dt18:05M | כל שבטיכון למקום למשמשה/לש'#2#/ בשם מימרה דייי קדישא |
| 4034 | | Dt25:11M | אתתה דחד מנהון למשיזבה/לש'#2#/ ית בעלה מן ידוי |
| 4035 | לשיזב' | Gn32:03M | דמשריין דייי אתיין לשיזב' יתי |
| 4036 | לשיזבא | Gn45:05 | זבנתון יתי הכא ארום לשיזבא שלח יתי ייי קדמכון: |
| 4037 | לשיזבה | Gn32:09 | משריתה דמשת{ר}יי<ר>ה לשיזבה: |
| 4038 | | Nu35:15 | שת קרייתה האליין לשיזבה דיערוק תמן כל די קטל נפש |
| 4039 | לשיצי' | Dt 9:19 | רגז מימרה דייי עליכון לשיצי' יתכון ושמע ייי בקל צלותי |
| 4040 | | Dt 9:25M | ארום אמר ייי למשיציה/לשיצי#2#/ יתכון: |
| 4041 | לשיצי' | Dt 7:17M | היכדין <אי>כול לשיצי' |
| 4042 | לשמ' | Lv16:32M | ית קרבן ידוי למשמשה/לשמ'#2#/ בכהונתה רבתה בתר |
| 4043 | | Nu18:07M | /<י>קרוב#2#/ למשמשה/לשמ'#2#/ יתקט«י»ל ∧באשא |
| 4044 | | Lv18:23M | תקום קדם בעיר למשמשה/לשמ'#2#/ עמה מרחקה היא: |
| 4045 | | Dt21:05M | ייי אלהכון למשמשה/לשמ'#2#/ קדמוי/יתיה#2#/ |
| 4046 | לשמשה | Lv16:03 | סדרא יהוי אהרן עלל לשמשה לגו בית משריתא בתור בר |
| 4047 | לת' | Dt 1:33M | בארחא למתקנה/^לת'#2#^/למחווייה#2#/ לכון אתר |

|  |  |  |  |
|---|---|---|---|
| 4048 | לתברא | Dt20:08M | ולא יגרום לאחוי לתברא לבהון היך לביה |
| 4049 | ולמבכי | Gn23:02 | אברהם למספדא לשרה ולמבכי עלה: |
| 4050 | ולמבכייה | Gn23:02M | לשרה \ולמבכי עלה/ ולמבכייה יתיה#2#/: |
| 4051 | ולמברכה | Dt10:08 | קדם ייי למשמשה קדמוי ולמברכה בשם ממרה קדישה עד זמן |
| 4052 | | Dt21:05 | אלהכון למשמשה קדמוי ולמברכה בשם ממריה דייי קדישה ועל |
| 4053 | | Dt28:12 | מטרה דארעכון בזמנה ולמ«ב»רכה ית כל עבד ידיכון |
| 4054 | ולמדבקה | Dt11:22 | אורחן דתקנן קדמוי ולמד<ב>קה באולפן אורייתה: |
| 4055 | | Dt30:20 | ולמשמע בקל מימרה ולמדבקה ביה ארום היא חייכון |
| 4056 | ולמדחול | Dt 8:06 | למהלכה באורחתיה ולמדחול מן קדמוי: |
| 4057 | ולמדחל | Dt 8:06M | באורחתיה ולמדחול/<ולמד>חל#2#/ מן קדמוי: |
| 4058 | ולמהווי | Gn19:09M | /למתותב{ב}ה בינינן ולמהווי#2#/ דין דיינינן כדון נבאש |
| 4059 | | Gn18:12 | למחזר ליומי טליותי ולמהווי לי עדויין ורבוני אברהם |
| 4060 | | Dt26:19 | ולתושבחה ולרוממי ולמהווי ל{י}שמיה לעם קדישין קדם |
| 4061 | ולמהוון | Dt26:19M | ליקר ולשם ולתושבחתה ולמהוון עם |
| 4062 | ולמהוי | Gn 1:18 | ולמהוי שליט באיממא ובליליא |
| 4063 | ולמהלכה | Dt19:09 | אורייתה דייי אלהכון ולמהלכה באורחן דתקנן קדמויי כל |
| 4064 | | Dt30:16 | אורייתה דייי אלהכון ולמהלכה באורחן דתקנן קדמוי |
| 4065 | | Dt10:12 | מן קדם ייי אלהכון ולמהלכה בכל ארחן דתקנן קדמוי |
| 4066 | ולמחזרה | Gn42:25 | ומלון ית מניהון עבור ולמחזרה כספהון גבר לשקיה ולמיתן |
| 4067 | ולמטור | Dt 5:29 | להון למדחול מן קדמי ולמטור ית כל מצוותה דאורייתי כל |
| 4068 | | Dt30:16 | באורחן דתקנן קדמוי ולמטור מצוותה וקיימוי וסדרי |
| 4069 | | Gn 2:15 | למהוי פלח באוריית' ולמטור פקודיה: |
| 4070 | | Dt26:17 | באורחן דתקנן קדמוי ולמטור קיימוי ומצוותיה וסדרי |
| 4071 | ולמטלה | Nu10:02 | למזמנה עם כנ«י»שתה ולמטלה ית משרי'תה: |
| 4072 | ולמטעון | Nu 4:24 | דבנוי דגרשון למפלח ולמטעון: |
| 4073 | ולמטען | Nu 4:24M | למפלח ולמטעון/<ולמט>ען#2#/: |
| 4074 | ולמטר | Dt 5:29M | מן קדמי ולמטור/<ולמ>טר#2#/ ית כל מצוותה |
| 4075 | | Dt30:16M | דתקנן קדמוי ולמטור/<ולמ>טר#2#/ מצוותה וקיימוי |
| 4076 | | Dt26:17M | דתקנן קדמוי ולמטור/<ולמ>טר#2#/ קיימוי ומצוותיה |
| 4077 | ולמיטול | Nu 4:24M | למיפלוח ולמיטול |
| 4078 | ולמיטור | Dt 6:02 | ית מימרה דייי אלהכון ולמיטור ית כל קיימוי ומצוותה |
| 4079 | | Dt26:18M | די מלל לכון ולמיטר/<ולמי>טור#2#/ כל מצוותיה: |
| 4080 | ולמיטר | Dt26:18 | היך מה די מלל לכון ולמיטר כל מצוותיה: |
| 4081 | | Gn 2:16M | /ממריה דייי על אדם ולמיטר#2#/ מן כל אילני גנתה מיכל |
| 4082 | ולמיכול | Dt14:21M | אתון רשיין לבשלה ולמיכול בשר בחלב מערבין כחדה |
| 4083 | ולמיכל | Ex23:19M | אתון רשאין למבשל' ולמיכל בשר' וחלב מערבין כחדא |
| 4084 | ולמיעבד | Ex31:04M | \ולמעבד באומנות ולמיעבד/ אומנו#2#/ דהבא |
| 4085 | ולמיעול | Dt31:02 | אנה יכיל תוב למיפוק ולמיעול וממרה דייי אמר לי לא |
| 4086 | ולמיקם | Nu16:09 | פלחן משכן זימנא דייי ולמיקם קדם כנישתה למשמשה יתהון: |
| 4087 | ולמישיציה | Ex32:12M | יתהון בטורייה ולמישיציה יתהון |
| 4088 | | Gn 6:03 | דדר' דמבולא למובדה ולמישיציה מן גוא עלמא הא רוחי |
| 4089 | ולמישתי | Ex32:06 | ויתבו עמ«א» למיכל ולמישתי וקמו למגחכה בפלחנא |
| 4090 | ולמיתן | Gn42:25 | כספהון גבר לשקיה ולמיתן להון זבדין לארחא ועבד |
| 4091 | ולמכפירה | Nu 8:19 | ישראל במשכן זמנה ולמכפירה על בני ישראל ולא יהוי |
| 4092 | ולמלפא | Ex31:04 | ולמלפא אומנון ולמעבד באומנות |
| 4093 | | Ex35:32 | ולמלפא אומנ{י}<ו>ן למעבד באומנות |
| 4094 | | Ex35:34 | ולמלפא יהב בלביה הוא ואהליאב בר |
| 4095 | | Lv10:11 | ולמלפא ית כל בני ישראל ית כל |
| 4096 | ולמלפה | Lv14:57 | ולמלפה בין מסאבה ובין דכיה דא |
| 4097 | ולממסור | Dt23:15M | למשזבה יתכון ולמסור/ולממסור#2#/ בעלי דבביכון |
| 4098 | ולממסיא | Nu 5:22M | למנפחה מעיך ולממסיה/<ולממסי>א#2#/ ירכיך ותימר אתתה |
| 4099 | ולממסיה | Nu 5:22 | במעיך למנפחה מעיך ולממסיה ירכיך ותימר אתתה אמן אמן |
| 4100 | ולמסב | Gn43:18 | עלינא ולמתעקפא עלינן ולמסב יתן לעבדין וית חמרינן: |
| 4101 | ולמסגייה | Dt28:63 | עליכון למייטבה יתכון ולמסגייה יתכון כדן יחדי ייי |

|  |  |  |  |  |  |
|---|---|---|---|---|---|
| 4102 | ולמסור | Dt23:15 | למשזבה יתכון | ולמסור | בעלי דבביכון קדמיכון |
| 4103 | ולמסייפה | Dt28:63 | למובדה יתכון | ול«מ»סייפה | יתכון ותתעקרון |
| 4104 | ולמסקא | Ex 3:08 | מן ידיהון דמצרייה | ולמסקא | יתכון מן ארעא הדא לארעא |
| 4105 | ולמעבד | Dt28:13 | יומא הדין למיטור | ולמעבד: | |
| 4106 | | Ex31:04 | ולמלפא אומנון | ולמעבד | באומנות דהבא ובאומנות |
| 4107 | | Ex36:01 | וסכלתנו בהון למידע | ולמעב«ד» | ית כל עבידת פלחן |
| 4108 | | Dt15:05M | מצוותה הדה די אנה | /ולמעבד | ית כל פיקודייה האליין |
| 4109 | | Dt32:46 | ית בניכון למטור | ולמעבד | ית כל מילי שבח אוריתה: |
| 4110 | | Ex36:02M | למק{ור}<רו>ב לעבידתה | ולמעבד | יתה |
| 4111 | | Dt24:08 | צרעתה למיטור לחדה | ולמעבד | ככל מה די ילפון יתכון |
| 4112 | ולמעבריה | Gn49:23 | למחתי מן רבותא | ולמעבריה | יתיה מן כורסיה מלכותא |
| 4113 | ולמעלה | Ex23:20M | יתכון בארעא | לאעלא/ולמעלה#2#/ | יתכו«ן» באתרא די |
| 4114 | ולמפלוח | Nu 8:26M | כהדן /למיטור מטרה | ולמפלוח | לא יפלוח כהד'#2#/ סידרא |
| 4115 | | Dt10:12M | אולפן אורייתא | ולמפלח/ולמפלוח#2#/ | קדם ייי אלהכון בכל |
| 4116 | | Dt11:13M | דייי אלהכון | ולמפלח/ולמפלוח#2#/ | קדמוי בכל לבביכון |
| 4117 | ולמפלח | Dt29:17M | קדם ייי אלה למיזל | ולמפלח | ית טעוון |
| 4118 | | Dt10:12 | ית אולפן אורייתא | ולמפלח | קדם ייי אלהכון בכל |
| 4119 | | Dt11:13 | אוריתה דייי אלהכון | ולמפלח | קדמוי בכל לבביכון ובכל |
| 4120 | ולמפס' | Lv20:03 | למסאבה ית בית מקדשי | ולמפס' | ית שמי קדשא: |
| 4121 | ולמפרש' | Gn 1:18 | שליט באיממא ובליליא | ולמפרש' | בין נהורא ובין חשוכא |
| 4122 | ולמפרשה | Lv10:10 | | ולמפרשה | בין קדשיה ובין חוליה |
| 4123 | ולמקדש' | Gn 1:14 | ויהוון לאתין ולזמנין | ולמקדש' | בהון עבור שהרין ירחין: |
| 4124 | ולמקום | Nu16:09M | כנישתה /משכן זמנא | ולמקום | קודם עמא דכנשתא#2#/ |
| 4125 | ולמקמה | Lv22:27M | ברכתה מן יצחק אבוי | ולמקמה | תרי עשר שיבטין קדישין |
| 4126 | ולמרחום | Dt10:12 | בכל ארחן דתקנן קדמוי | ולמרחום | ית אולפן אורייתא ולמפלח |
| 4127 | ולמשבוק | Dt29:19M | ייי למישרי | ולמשבק/<ולמש>בוק#2#/ | לה ארום בכדן |
| 4128 | | Gn 4:13M | יכלה קדמך למשרי | ולמשבק/ולמשבוק | לי#2#/: |
| 4129 | ולמשבק | Gn 4:13 | אית יכלה קדמך למשרי | ולמשבק: | |
| 4130 | | Dt29:19 | מן קדם ייי למישרי | ולמשבק | לה ארום בכדן יתקוף רוגזיה |
| 4131 | ולמשויה | Dt26:19 | | ולמשויה | יתכון רמין ומנטלין על כל |
| 4132 | | Ex32:29 | גבר בברה ובאחוי | ולמשויה | עליכון יומא הדין ברכן |
| 4133 | ולמשיצא | Ex32:12 | לקטלותהון בטווריה | ולמשיצא | יתהון מעיל«וי» אפי |
| 4134 | ולמשיציה | Dt28:63M | /למסייפה יתכון | ולמשיצייה | יתכון#2#/ ותתעקרון |
| 4135 | ולמשלמה | Ex29:29 | בתרוי למתרבי בהון | ולמשלמה | בהון ית קרבן ידיהון: |
| 4136 | ולמשמוע | Dt26:17M | וסדרי דינוי | ול<מ>שמוע | בקל#2#/ מימריה: |
| 4137 | ולמשמע | Dt26:17 | וסדרי ד«י»נוי | ולמשמע | בקל מימריה: |
| 4138 | | Dt30:20 | אוריתה דייי אלהכון | ולמשמע | בקל מימרה ולמדבקה ביה |
| 4139 | ולמשתציה | Gn 6:03M | דדרה דמבולא למבד | ולמשתציה | מחה גמירא הלא רוחי |
| 4140 | ולמתעקפא | Gn43:18 | למתרברבא עלינא | ולמתעקפא | עלינן ולמסב יתן לעבדין |
| 4141 | ולמתפוס | Dt20:19M | עליה סודריה קרבא | ולמתפוס | |
| 4142 | ולמתקימה | Gn45:07 | לכון שיזבא בארעא | ולמתקימה | לכון לפילטן רברבן: |
| 4143 | ולסוברה | Gn33:14M | אוריתא די קדמיי | ולסוברה | בזכותיה ית בני גלותא |
| 4144 | מלאיתמנא' | Ex12:04M | דביתא כמסת | למתמניא/מלאיתמנא'#2#/ | על אימר פסחא |
| 4145 | מלמחטי | Gn20:06 | אף אנא יתך | מלמחטי | קדמי בגין כדון לא יהבית |
| 4146 | מלמיכל | Gn49:12 | שנוי נקיין מחל{{א}}בא | מלמיכל | בהון חמיסיין וגזילין |
| 4147 | מלמיתי | Ex36:06M | עמא \מן | למיתה/^מלמית'#2#^/למייתייה#2#/: | |
| 4148 | | Nu22:16M | תתמנע מן | מיית'/מלמית'#2#/ | לוותי: |
| 4149 | מלמלד | Gn16:02M | ייי \מן למל{ל}<ד> | /מלמלד#2#/ | עול כען לות אמתי מה |
| 4150 | מלמלעי | Gn27:40 | פקודיא ומנעין גרמיהון | מלמלעי | באורייתא תשלט ביה ותפרוק |
| 4151 | מלמנדור | Dt23:23M | מן למדר /תפסקון | מלמנדור#2#/ | לא יהווי בכון חובה: |
| 4152 | מלמקבר | Gn23:11M | קבריה לא יכלה ממך | מל<מ>קבר | מתך: וקם אברהם ושאל |
| 4153 | מלמקרב | Ex34:30 | דאפוי דמשה ודחלו | מלמקרב | לוותיה: |
| 4154 | מלמרביה | Lv26:19 | חסימה היך נחשה | מלמרביה | לכון צמחין: |
| 4155 | מלק' | Ex34:30M | ודחלו מלמקרב /ודחלו | מלק'#2#/ | לוותיה: |
| 4156 | לאבימלך | Gn21:27 | אברהם ען ותורין ויהב | לאבימלך | וקיימו תריהון קיים: |
| 4157 | לאברהם | Gn17:15 | ואמר ייי | לאברהם | שרי אתתך לא תקרי ית שמה |
| 4158 | | Gn25:12 | מצריתא אמתא דשרה | לאברהם: | |
| 4159 | | Gn28:04 | ארעא תותבותך דיהב ייי | לאברהם: | |
| 4160 | | Gn22:07 | ואמר יצחק | לאברהם | אבוהי ואמר אבא ואמר הנני |
| 4161 | | Gn22:10 | בריה ענה יצחק ואמר | לאברהם | אבוהי אבא כפות יתי יאות |
| 4162 | | Gn26:03 | ית שבועתה דיקיימית | לאברהם | אבוך: |
| 4163 | | Gn21:02 | ועברת וילדת שרה | לאברהם | בר לאשון סיבותה לעדנא |
| 4164 | | Gn17:19 | ואמר ייי | לאברהם | ברם הא אתתך שרה ילדת לך |
| 4165 | | Gn16:02 | ואמר שרי | לאברהם | הא כען מנע יתי ייי מן |
| 4166 | | Nu21:34 | הוא עוג דהוה מחסד | לאברהם | ושרה ואמר להון אברהם |
| 4167 | | Gn20:09 | וקרא אבימלך | לאברהם | ואמ' ליה מה עבדת לנא ומה |
| 4168 | | Gn17:09 | ואמר ייי | לאברהם | ואת ית קיימי תטר את |
| 4169 | | Gn20:14 | ועבדין ואמהן ויהב | לאברהם | וחוי לה ית שרה אתתיה: |
| 4170 | | Gn35:12 | וית ארעא די יהבת | לאברהם | וליצחק לך אתננה ולבניך |
| 4171 | | Gn22:15 | וקרא מלאכה דייי | לאברהם | זמן תניינות מן שמיא: |
| 4172 | | Gn21:10 | ואמרת | לאברה«ם» | טרוד ית אמתא הדה וית |
| 4173 | | Gn25:06 | ולבנוי לחינתי די | לאברהם | יהב אברהם דורון ושלח |
| 4174 | | Gn18:13 | ואמר ייי | לאברהם | כען גחכת שרה למימר הא |
| 4175 | | Gn50:24 | הדא לארעא די קיים | לאברהם | ליצחק וליעקב: |
| 4176 | | Ex 6:08 | ידי בשבועה למתן יתה | לאברהם | ליצחק וליעקב ואתן יתיה |
| 4177 | | Ex32:13 | אדכר ברחמך טביה | לאברהם | ליצחק ולישראל עבדיך די |
| 4178 | | Ex33:01 | לארעא די קיימת | לאברהם | ליצחק וליעקב למימר |
| 4179 | | Nu32:11 | ית ארעא די קיימת | לאברהם | ליצחק וליעקב ארום |
| 4180 | | Dt 1:08 | דקיים ייי לאבהתכון | לאברהם | ליצחק וליעקב למתן להון |
| 4181 | | Dt 6:10 | די קיים לאבהתכון | לאברהם | ליצחק וליעקב למיתן |
| 4182 | | Dt 9:05 | די קיים ייי לאבהתכון | לאברהם | ליצחק וליעקב: |
| 4183 | | Dt 9:27 | טבייה ^לעבדיך#2#^ | לאברהם | ליצחק וליעקב לא תסתכל |
| 4184 | | Dt29:12 | דקיים לאבהתכון | לאברהם | ליצחק וליעקב: |
| 4185 | | Dt30:20 | דקיים ייי לאבהתכון | לאברהם | ליצחק וליעקב למיתן |
| 4186 | | Dt34:04 | משה דא ארעא דקיימת | לאברהם | ליצחק וליעקב למימר |
| 4187 | | Gn21:12 | ואמ«ר» ייי | לאברהם | לא יבאש באפיך על טליה |
| 4188 | | Gn23:20 | וקמת חקלא ומערתא דביה | לאברהם | לאחסנות דקבורה מן לות |
| 4189 | | Gn22:20 | פתגמיא האלין ואתני | לאברהם | למימר הא ילדת מלכא אף |
| 4190 | | Gn21:22 | ופיכל רב חילוותיה | לאברהם | לממר ייי עמך בכל מה דאת |
| 4191 | | Gn23:18 | | לאברהם | לקנין לקבל בנוי דחת לכל |
| 4192 | | Gn20:10 | ואמר אבימלך | לאברהם | מה חמית ארום עבדת ית |
| 4193 | | Gn21:29 | ואמר אבימלך | לאברהם | מה אינון שבעתי אמרתא |
| 4194 | | Gn21:08 | מצר«י»תא די ילדת | לאברהם | עבד עובדין די לא כשרין |
| 4195 | | Gn21:09 | דהגר מצריתא די ילדת | לאברהם | עבד עובדין די לא כשרין: |
| 4196 | לאברם | Gn16:16 | הגר ית ישמע^א#2#^ל | לאברם: | |
| 4197 | | Gn12:01 | ואמר ייי | לאברם | אזל לך מן ארעך ומן |
| 4198 | | Gn16:15 | וילידת הגר | לאברם | בן וקרא אברם שמה דברה |
| 4199 | | Gn16:03 | בארעא דכנען ויהבת יתה | לאברם | בעלה ליה לאנתו: |
| 4200 | | Gn14:21 | ואמר מלכא דסד' | לאברם | הב לי נפשתא וממונה סב לך: |
| 4201 | | Gn12:18 | וקרא פרעה | לאברם | ואמר מה הי' דא דעבדת לי |
| 4202 | | Gn15:17 | אשתיזבון כל כדין אתחוי | לאברם | כד הוה עבר ביני גזרייא |
| 4203 | | Gn15:13 | ואמר | לאברם | מדע תדע ארו' גיורין |
| 4204 | | Gn13:14 | וממרה דייי אמר | לאברם | מן דאתפרש לוט מן לוותה |
| 4205 | | Gn14:13 | ואתא משיזבא ותני | לאברם | עברייא והוא שרי במשרי |
| 4206 | לאהרון | Ex24:05M | לא אתייהבת כהונתא | לאהרון | ואסיקו |
| 4207 | לאהרן | Ex 8:12 | ואמר ייי למשה אמר | לאהרן | <...> ית חו«ט»רך ומחי ית |
| 4208 | | Ex28:02 | ותעבד לבושי קדש | לאהרן | אחוך לאיקר ולתשבחא: |
| 4209 | | Ex28:04 | ויעבדון לבושי דקדש | לאהרן | אחוך ולבנוי למשמשא קדמוי |

|  |  |  |  |  |  |
|---|---|---|---|---|---|
| 4210 | | Ex 4:27 | ואמר ייי | לאהרן | איזל לקדמות משה למדברא |
| 4211 | | Ex16:09 | ואמר משה | לאהרן | אמר לכל כנישתא דבני |
| 4212 | | Ex 8:01 | ואמר ייי למשה אמר | לאהרן | ארכן ית ידך בחוטרך על |
| 4213 | | Nu18:01 | ואמר ייי | לאהרן | את ובנך ואנשי ביתך עמך |
| 4214 | | Nu18:20 | ואמר ייי | לאהרן | בארעהון לא תתאחסן וחלק לא |
| 4215 | | Dt33:08 | תומייא ואורייא אלבישת | לאהרן | גברא חסידה די נפית יתיה |
| 4216 | | Lv10:03 | ואמר משה | לאהרן | הוא פתגמא די מליל ייי |
| 4217 | | Ex39:01 | לבושי קדש{י}<ה>~ די | לאהרן | היך מה דפקד ייי ית משה: |
| 4218 | | Lv10:06 | ואמר משה | לאהרן | ולאלעזר ולאיתמר בנוי |
| 4219 | | Nu21:16 | היא בירא די אמר ייי | לאהרן | ולמשה כנש ית עמא ואתן |
| 4220 | | Lv 2:03 | ומה דמשתייר מן מנחתה | לאהרן | ולבנוהי קדש קדשים מן |
| 4221 | | Ex29:28 | ויהוי | לאהרן | ולבנוי לקיים עלם מן לוות |
| 4222 | | Ex29:35 | ותעבד | לאהרן | ולבנוי כדן כל מה דפקדית |
| 4223 | | Lv 2:10 | ומה דמשתייר מן מנחתה | לאהרן | ולבנוי קדש קדשים מן |
| 4224 | | Lv 7:31 | קדם ייי ויהוי ניעה | לאהרן | ולבנוי: |
| 4225 | | Lv 8:31 | ואמר משה | לאהרן | ולבנוי בשלו ית בשרה בתרע |
| 4226 | | Lv 9:01 | יומי אשלמותה קרא משה | לאהרן | ולבנוי ולחכימי ישראל: |
| 4227 | | Lv24:09 | ותיהוי | לאהרן | ולבנוי ויאכלון יתה באתר |
| 4228 | | Nu 3:09 | ותתן ית ליויי | לאהרן | ולבנוי מתנה אינון יהיבין |
| 4229 | | Nu 3:48 | ותתן ית כספה | לאהרן | ולבנוי פרקונייה דאשתיירו |
| 4230 | | Nu 3:51 | משה ית כסף פרקוניה | לאהרן | ולבנוי על פם גזירת ממרה |
| 4231 | | Nu 8:19 | ויהבית ית ליויי מתנה | לאהרן | ולבנוי מן גו בני ישראל |
| 4232 | | Nu 8:19M | /ליוואי יהיבין | לאהרן#2#/ | ולבנוי מן גו בני |
| 4233 | | Ex29:27M | /דאשלמותה מה מן דאית | לאהרן | ומן מה דאית לבנוי#2#/: |
| 4234 | | Ex29:26 | <מן> דכרא דאשלמותא די | לאהרן | ותניף ית{הון}<יה> אנפו |
| 4235 | | Ex29:29 | ולבושי קודשא די | לאהרן | יהווי לבנוי בתרוי למתרבי |
| 4236 | | Ex29:29M | "די ... בהון": דאית | לאהרן | יהוון לבנוי מן בתרה |
| 4237 | | Ex 4:28 | וחווי משה | לאהרן | ית כל פתגמיא דייי דשלח |
| 4238 | | Nu26:60 | ואתילד | לאהרן | ית נדב וית אביהוא ית |
| 4239 | | Ex31:10 | לבושי ^בית#2#^ קודשא | לאהרן | כהנא וית לבושי בנוי |
| 4240 | | Ex35:19 | למשמשה ית לבושי קודשא | לאהרן | כהנא וית לבושי בנוי |
| 4241 | | Ex39:41 | וית לבושי בית קודשא | לאהרן | כהנא וית לבושי{ה} בנוי |
| 4242 | | Lv 7:34 | קודשיהון ויהבת יתהון | לאהרן | כהנא ולבנוי קיים עלם |
| 4243 | | Nu18:28 | מניה ית אפרשותה דייי | לאהרן | כהנה: |
| 4244 | | Ex39:27 | כתונה דבוץ עובד גרדיי | לאהרן | לבנ{ו}<וי>: |
| 4245 | | Ex32:21 | ואמר משה | לאהרן | מה עבד לך עמא האילין |
| 4246 | | Ex 7:09 | הבו לכון סימן ותימר | לאהרן | סב ית חטרך וטלק יתיה קדם |
| 4247 | | Ex 7:19 | ואמר ייי למשה אמור | לאהרן | סב חוטרך וארכן ידיך על |
| 4248 | | Ex16:33 | ואמר משה | לאהרן | סב צלוחי חדא והב בגווה |
| 4249 | | Lv 9:02 | ואמר | לאהרן | סב לך עגל בר תורין לחטתה |
| 4250 | | Nu17:11 | ואמר | לאהרן | סב ית מחתיתה והב עלה אשא |
| 4251 | | Nu17:25M | ית חוטרה | דאהרן/לאהרן#2# | קדם סהדותא למטרה |
| 4252 | | Lv 9:07 | ואמר משה | לאהרן | קרב על גבי מדבחה וקרב |
| 4253 | לאונן | Gn38:08 | ואמר יהודה | לאונן | עול לוות אתתיה דאחוך ויבם |
| 4254 | לאזני | Nu26:16 | | לאזני | זרעייתה דבנוי דאזני |
| 4255 | לאחירם | Nu26:38 | זרעייתה דבנוי דאשבלי | לאחירם | זרעייתה דבנוי דאחירמי: |
| 4256 | לאלון | Nu26:26 | דבנוי דס{ד}ר<ד<י | לאלון | זרעייתה דבנוי דיחלאלי |
| 4257 | לאליפז | Gn36:12 | ותמנע הוות לחינתה | לאליפז | ברה דעשו וילידת לאליפז |
| 4258 | | Gn36:12 | ברה דעשו וילידת | לאליפז | ית עמלק אלין בנוי דעדה |
| 4259 | לאלעזר | Nu17:02 | אמר | לאלעזר | בר אהרן כהנה רבה וירים |
| 4260 | | Nu19:03 | ותתנון ית' | לאלעזר | כהנא ויפק יתה לבר מן |
| 4261 | | Nu31:29 | מן פלגותהון תסבון ותתן | לאלעזר | כהנא אפרשותה דייי: |
| 4262 | | Nu31:41 | ית תלש אפרשותה דייי | לאלעזר | כהנא היך מה די פקד ייי |
| 4263 | לאפמיה | Nu34:10 | מדינחה מן טירת ענוותה | לאפמיה: | |
| 4264 | לאפרים | Gn50:23 | וחמא יוס«ף» | לאפרים | בנין דר תליתאי אף בנוי |
| 4265 | לאראלי | Nu26:17 | זרעייתה דבנוי דארודי | לאראלי | זרעייתה דבנוי דאראלי: |
| 4266 | לארוד | Nu26:17 | | לארוד | זרעייתה דבנוי דארודי |
| 4267 | לאשבל | Nu26:38 | זרעייתה דבנוי דבלעי | לאשבל | זרעייתה דבנוי דאשבלי |
| 4268 | לאשר | Nu 1:13M | \מן שבטה דבנוי | דאשר/לאשר#2#/ | פגעיאל בר עכרן: |
| 4269 | לאתור | Gn25:18 | די כל קבל מצרים מעלך | לאתור | וקדם כל אחוי שרה: |
| 4270 | לב' | Nu22:05M | ושלח שליחין \לוות | בלעם/לב'#2#/ | בר בעור פתורה |
| 4271 | | Nu22:07M | ואתון \לוות | בלעם/לב'#2#/ | ומללו עימיה מלוי |
| 4272 | לבכר | Nu26:35M | זרעיתה דבנוי לשותלחי | לבכר | זרעייתה דבנוי דבכרי |
| 4273 | לבלע | Nu26:38 | בנוי דבנימן לזרעייתהון | לבלע | זרעייתה דבנוי דבלעי |
| 4274 | לבלעם | Nu22:35 | ואמר מלאכה דייי | לבלעם | אזל עם גברייה ולהוד ית |
| 4275 | | Nu23:27 | ואמר בלק | לבלעם | אתה כען אדבר יתך לאתר |
| 4276 | | Nu22:37 | ואמר בלק | לבלעם | הלא משלח{ת}<ה> שלחת לוותך |
| 4277 | | Nu22:40 | בלק תורין ועןן ושלח | לבלעם | ולרברבנוי דעמיה: |
| 4278 | | Nu22:12 | ואמר ממרה דייי | לבלעם | לא תזיל עמהון ולא תלוט ית |
| 4279 | | Nu23:25 | ואמר בלק | לבלעם | ל<ה>וד מלוט לא תילוט |
| 4280 | | Nu22:30 | ואמרת אתנתה | לבלעם | להן את אזל בלעם רשיעא |
| 4281 | | Nu24:10 | בכף ידוי ואמר בלק | לבלעם | למלוט בעלי דבביי דברת יתך |
| 4282 | | Nu22:28 | ייי פמה דאתנתה ואמר | לבלעם | מה עבדת לך ארום מחית יתי |
| 4283 | | Nu23:11 | ואמר בלק | לבלעם | מה עבדת לי למלוט |
| 4284 | לבלק | Nu23:03 | ואמר בלעם | לבלק | אתעתד על עלתך ואזל מה |
| 4285 | | Nu23:15 | ואמר | לבלק | אתעתד הכה על עלתך ואנה |
| 4286 | | Nu23:01 | ואמר בלעם | לבלק | בנה לי הכה שבעה תורין |
| 4287 | | Nu23:29 | ואמר בלעם | לבלק | בנה לי הכה שבעה מדבחין |
| 4288 | | Nu22:38 | ואמר בלעם | לבלק | הא אתית לוותך כדון הא |
| 4289 | | Nu23:26 | וענה בלעם ואמר | לבלק | הלא מלילית עמך למימר כל |
| 4290 | | Nu24:12 | ואמר בלעם | לבלק | הלא להוד לשליחך די שלחת |
| 4291 | לבניימין | Nu 1:11M | שבטה דבנוי | דבנימן/לבניימין#2#/ | אבידן בר |
| 4292 | לבצלאל | Ex36:02 | וקרא משה | לבצלאל | ולאהליאב ולכל די חכים |
| 4293 | לבריעה | Nu26:44 | זרעייתה דבנוי דישוי | לבריעה | זרעייתה דבנוי |
| 4294 | לבתואל | Gn24:15 | רבקה נפקת די אתיילדת | לבתואל | בת מלכה אתתא דנחור |
| 4295 | לגדגדה | Dt10:07 | מן תמן נטלו | לגדגדה | ומן גדגדה ליטבתה ארע |
| 4296 | לגוני | Nu26:48 | זרעייתה דבנוי דיחצאלי | לגוני | זרעייתה דבנוי דגוני: |
| 4297 | לגלעד | Nu26:29 | ומכיר אולד ית גלעד | לגלעד | זרעייתה דבנוי דגלעדי: |
| 4298 | לגרשון | Nu 3:21 | | לגרשון | זרעייתה דבנוי דלבני |
| 4299 | | Nu26:57 | לויי לזרעייתהון | לגרשון | זרעייתה דבנוי דגרשוני |
| 4300 | לדבורא | Gn35:09 | אורחיה דעלמא ארעת | לדבורא | מרב{ע}<ני>תא דרבק«ה» |
| 4301 | לדבורה | Gn35:09M | אורחיה דעלמא כד ארעת | לדבורה | מרבית' דרבק' אימיה |
| 4302 | לדינא | Gn34:31 | תבע עלבנה כדון אתעבד | לדינא | אחתן היך אתה טעיא |
| 4303 | לדינה | Gn44:18 | לפתגם דחרב על די סאבו | לדינה | אחתן דלא הור' מתמני' עמן |
| 4304 | | Gn34:31M | ולא תבוע עלבן כן הוה | לדינה | ברתיה דיעקב ואמר היך |
| 4305 | | Gn34:31 | צלמין} על די סאבו | לדינה | ברתיה דיעקב כלא מן כל |
| 4306 | לדפני | Nu34:11 | ונחת תחומה מן אפמיה | לדפני | מן מד«י»נחה לעיינה |
| 4307 | לדתן | Ex14:03M | עתיד דיימר פרעה | לדתן | ואבירם דמשתיירין |
| 4308 | | Nu16:12 | ושלח משה למקרי | לדתן | ולאבירם בנוי דאליאב |
| 4309 | | Dt11:06 | ודי עבד | לדתן | ולאבירם בנוי דאליאב בר |
| 4310 | להבל | Gn 4:24M | להבל עד/ על דקטל | להבל | |
| 4311 | | Gn 4:08 | ואמר קין | להבל | אחוי איתה ונפק תרינן לאפי |
| 4312 | | Gn27:41 | דעבד קין די קטל | להבל | בחיובי דאבוי וחזר ואוליד |
| 4313 | | Gn 4:16 | לעדן והוה עד לא קטל | להבל | הוות ארעא מרבייה קודמוי |
| 4314 | | Gn 4:16 | דעדן ומן דחטא וקטל | להבל | חזרת למהוי מרביה קדמו |
| 4315 | | Gn 4:08 | ברעוא ענה קין ואמר | להבל | לית דין ולית דיין ולית |
| 4316 | | Gn 4:08 | באפי ברא ענה קין ואמר | להבל | מסתכל אנה דלא ברחמי' |
| 4317 | | Gn 4:24 | ארום קין דקטל | להבל | שבעה דרין איתלי לי ולמך |

|  |  |  |  |  |  |
|---|---|---|---|---|---|
| 4318 | להגר | Gn21:17 | דטליא וקרא מלאכא דייי | להגר | מן שמיא ואמר לה מה ליך |
| 4319 | | Gn16:05 | דלא הויינה ילדה ונסיבת | להגר | מצריתא אמתי ויהבת יתה לך |
| 4320 | | Gn21:14 | לחם וזיק דמיין ויהיב | להגר | שווי על כתפה וית טליא |
| 4321 | | Gn21:14M | /מזון וקרבה דמים ויהב | להגר | שיוי על#2#/ כתפה וית |
| 4322 | להושע | Nu13:16 | ארעא דכנען וקרא משה | להושע | בר נון יהושע: |
| 4323 | לזבולון | Nu 1:09M | דבנוי | דזבולן/^זב^#2#/לזבולון#2#/ | אליאב בר |
| 4324 | לזרח | Nu26:13 | | לזרח | זרעייתה דבנוי דזרחי |
| 4325 | | Nu26:20 | זרעייתה דבנוי דפרצי | לזרח | זרעייתה דבנוי דזרחי: |
| 4326 | לחבר | Nu26:45 | לבנוי דבריעה | לחבר | זרעיתה דבנוי דחבר |
| 4327 | לחגי | Nu26:15 | זרעיתה דבנוי צפוני | לחגי | זרעיתה דחגי לשוני |
| 4328 | לחובב | Nu10:29 | ואמר משה | לחובב | בר רעואל מדיניה חמוי |
| 4329 | לחופם | Nu26:39 | זרעייתה דבנוי דשפופמי | לחופם | זרעייתה דבנוי דחופמי: |
| 4330 | לחלק | Nu26:30M | זרעיתה דבנוי דאיעזרי | לחלק | זרעיתה דבנוי דחלקי: |
| 4331 | לחמול | Nu26:21 | זרעייתה דבנוי דחצרוני | לחמול | זרעייתה דבנוי דחמולי: |
| 4332 | לחמור | Gn34:04 | ואמר שכם | לחמור | אבוי למימר אסב ית רביתה |
| 4333 | | Gn34:24 | ושמעו | לחמור | ולשכם בריה כל נפקי תרע |
| 4334 | לחנוך | Gn 4:18 | ואתיליד | לחנוך | ית עירד ועירד אוליד ית |
| 4335 | לחצרון | Nu26:06 | {לחצרון} | לחצרון | זרעייתה דבנוי דחצרוני |
| 4336 | | Nu26:21 | והוון בנוי דפרץ | לחצרון | זרעייתה דבנוי דחצרוני |
| 4337 | ליהודה | Nu 1:07M | דבנוי | דיהודה/^יה^#2#/ליהודה#2#/ | נחשון בר |
| 4338 | | Gn49:03 | ליוסף ברי ומלכותא | ליהודה | וכהונתא רבתא לשבטוי |
| 4339 | | Gn38:24 | בתר תלתא ירחין ואתני | ליהודה | למימר זניית תמר כלתך |
| 4340 | ליהושע | Ex17:09 | ואמר משה | ליהושע | בחר לן גברין גיברין ופוק |
| 4341 | | Dt31:07 | וקרא משה | ליהושע | ואמר ליה קדם כל ישראל |
| 4342 | ליוסף | Gn50:16M | /אמהתא דרחל למימ' | ליוסף | אבוך#2#/ פקיד קדם עד לא |
| 4343 | | Gn46:30 | ואמר ישראל | ליוסף | אולי אנה מית הדא זימנא לא |
| 4344 | | Gn48:03 | ואמר יעקב | ליוסף | אלה שמיא אתגלי עלי בלוז |
| 4345 | | Gn45:17 | ואמר פרעה | ליוסף | אמר לאחך דא עבדו טענו ית |
| 4346 | | Gn41:44 | ואמר פרעה | ליוסף | אנה פרעה בר מינך לא יפשוט |
| 4347 | | Gn40:16 | ארום טבית פתר ואמר | ליוסף | אף אנה בחלמי והא תלתא |
| 4348 | | Gn46:20 | ואתיליד | ליוסף | בארעא דמצרים מה דילידת |
| 4349 | | Gn50:17 | כדן תימרון | ליוסף | בבעו שרי כען ושבוק |
| 4350 | | Gn49:03 | ברי אתיהיבת בכורתא | ליוסף | ברי ומלכותא ליהודה |
| 4351 | | Gn48:01 | פתגמא האליין ואיתמר | ליוסף | הא אבוך ביש ודבר ית תרין |
| 4352 | | Gn48:21 | ואמר ישראל | ליוסף | הא אנה מיית ויהווי ייי |
| 4353 | | Gn37:13 | ואמר ישראל | ליוסף | הלא אחיך רעין בשכם אתא |
| 4354 | | Gn40:09 | רב מזוגיא {ל} ית חלמיה | ליוסף | ואמר ליה בחלמי והא גפן |
| 4355 | | Gn47:29 | למימת וקרא לבנוי | ליוסף | ואמר ליה אן כען אשכחית חן |
| 4356 | | Gn41:41 | ואמר פרעה | ליוסף | חמי דמניית יתך רב ושליט |
| 4357 | | Gn47:05 | ואמר פרעה | ליוסף | למימר אבוך ואחך אתון |
| 4358 | | Gn41:39 | ואמר פרעה | ליוסף | מן בתר {בתר} דאודע ייי |
| 4359 | | Gn48:11 | <ואמר> ישראל< | ליוסף | סבר אפיך לא סכיית למיחמי |
| 4360 | ליחצאל | Nu26:48 | דנפתלי לזרעייתהון | ליחצאל | זרעייתה דבנוי דיחצאלי |
| 4361 | ליכין | Nu26:12 | זרעייתה דבנוי דימיני | ליכין | זרעייתה דבנוי דיכיני: |
| 4362 | לימין | Nu26:12 | ^דבנוי#2#^ דנמואלי | לימין | זרעייתה דבנוי דימיני |
| 4363 | לימנה | Nu26:44 | בנוי דאשר לזרעייתהון | לימנה | זרעייתה דבנוי דימנה |
| 4364 | ליעקב | Gn25:33 | לי' וזבין ית בכורתיה | ליעקב: | |
| 4365 | | Gn30:07 | דרחל בר תניין | ליעקב: | |
| 4366 | | Gn30:12 | אמהתה דלאה בר תניין | ליעקב: | |
| 4367 | | Gn30:19 | לאה וילדת בר שתיתייא | ליעקב: | |
| 4368 | | Gn30:42 | לקישיא ללבן ובכיריה | ליעקב: | |
| 4369 | | Gn34:31 | שמעון ולוי ואמרין | ליעקב | אבוהון לא יאה הוא דיהוון |
| 4370 | | Gn38:25 | בדמא דצפירא ואמרית | ליעקב | {אבר} <אבה> אכר כען הא |
| 4371 | | Gn25:30 | ואמר עשו | ליעקב | איכל יתי כען מן תבשילא |
| 4372 | | Gn46:15 | אלין בנוי דלאה די ילדת | ליעקב | בפדן ארם וית דינה ברתיה |
| 4373 | | Gn31:43 | וענה לבן ואמר | ליעקב | בנתא בנתי ובניא בניי |
| 4374 | | Gn30:05 | ועברת בלהה וילידת | ליעקב | בר ^דכר#2#^: |
| 4375 | | Gn30:10 | זלפה אמהתה דלאה | ליעקב | בר: |
| 4376 | | Gn30:17 | ועב{רי}<יר>ת וילידת | ליעקב | בר חמשי: |
| 4377 | | Gn27:06 | ורבקה אמרת | ליעקב | ברה למימר הא שמעית ית קלא |
| 4378 | | Gn27:15 | דהווה בגו בייתה ואלבשת | ליעקב | ברה זעירא: |
| 4379 | | Gn27:42 | ברה רבה ושלחת וקרת | ליעקב | ברה זעירא ואמרת לה הא |
| 4380 | | Gn32:19 | ותאמר לעבדך | ליעקב | דורון היא ואשלחת לריבוני |
| 4381 | | Gn29:15 | ואמר לבן | ליעקב | הא אחי את לית אפשר למפלח |
| 4382 | | Gn31:51 | ואמר לבן | ליעקב | הא איגרא הדין והא קיימתא |
| 4383 | | Gn30:01 | רחל באחת«ה» ואמרת | ליעקב | הב לי בנין ואין לא מיתה |
| 4384 | | Gn48:02 | ואתני | ליעקב | ואמר הא ברך יוסף אתי |
| 4385 | | Gn28:01 | וקרא יצחק | ליעקב | וברך יתה ופקד יתיה ואמר |
| 4386 | | Gn27:30 | כד אשלם יצחק למברכה | ליעקב | והוה לחוד מפוק נפוק יעקב |
| 4387 | | Gn30:01 | רחל ארום לא הוות ילדה | ליעקב | וקניית רחל באחת«ה» |
| 4388 | | Gn31:03 | ואמר ייי | ליעקב | חזור לארע אבהתך לתלדוותך |
| 4389 | | Gn35:04 | ויהבו | ליעקב | ית כל פלחנא נכריה די |
| 4390 | | Gn46:22 | אלין בנוי דרחל דילידת | ליעקב | כל נפשתא ארבעה עשרה: |
| 4391 | | Gn46:25 | ברתיה וילידת ית אלין | ליעקב | כל נפשתא שבע נפשין: |
| 4392 | | Gn47:08 | ואמר פרעה | ליעקב | כמה אינון יומי שני חייך: |
| 4393 | | Gn30:09 | זלפה אמהתה ויהבת יתה | ליעקב | לאתה: |
| 4394 | | Gn34:01 | דינה ברת לאה די ילדת | ליעקב | למתחמייא עם בנתהון דעמא |
| 4395 | | Gn31:26 | ואמר לבן | ליעקב | מה עבדת וגנבת ית דעתי: |
| 4396 | | Gn35:01 | ואמר ייי | ליעקב | קום סוק לביתאל ושרי תמן |
| 4397 | | Gn27:21 | ואמר יצחק | ליעקב | קרב כען ואמשש יתך ברי הא |
| 4398 | | Gn46:18 | ברתיה וילדת ית אלין | ליעקב | שת עשרה נפשן: |
| 4399 | ליצחק | Gn24:04 | תזיל ותיסב אתה לברי | ליצחק: | |
| 4400 | | Gn24:38 | ותיסב איתה לבר«י» | ליצחק: | |
| 4401 | | Gn25:05 | אברהם ית כל מה דיליה | ליצחק: | |
| 4402 | | Gn48:22 | רשיעא ויהב יתיה | ליצחק | אבה ויצח«ק» אבה יהב |
| 4403 | | Gn26:16 | ואמר אבימלך | ליצחק | אזל מן לוותן ארו«ם» |
| 4404 | | Lv22:27M | למתבשרה דהא שרה ילדת | ליצחק | אמרה אתבחר תניין בגין |
| 4405 | | Gn27:46 | ואמרת רבקה | ליצחק | אתעיקת בחי מן קדם בנתהון |
| 4406 | | Gn26:09 | וקרא אבימלך | ליצחק | ואמר לחוד הא אתתך היא |
| 4407 | | Gn24:14 | אשקי יתה זמנת לעבדך | ליצחק | ובה אדע ארום עבדת חסד עם |
| 4408 | | Gn50:24 | לארעא די קיים לאברהם | ליצחק | וליעקב: |
| 4409 | | Ex 6:08 | למתן יתה לאברהם | ליצחק | וליעקב ואתן יתיה לכון |
| 4410 | | Ex33:01 | לארעא די קיימת לאברהם | ליצחק | וליעקב למימר לברך אתן |
| 4411 | | Nu32:11 | ארעא די קיימת לאברהם | ליצחק | וליעקב ארום <....>: |
| 4412 | | Dt 1:08 | ייי לאבהתכון לאברהם | ליצחק | וליעקב למתן להון |
| 4413 | | Dt 6:10 | קיים לאבהתכון לאברהם | ליצחק | וליעקב למיתן לכון קירוין |
| 4414 | | Dt 9:05 | ייי לאבהתכון לאברהם | ליצחק | וליעקב: |
| 4415 | | Dt 9:27 | ^לעבדיך#2#^ לאברהם | ליצחק | וליעקב לא תסתכל |
| 4416 | | Dt29:12 | דקיים לאבהתכון לאברהם | ליצחק | וליעקב: |
| 4417 | | Dt30:20 | ייי לאבהתכון לאברהם | ליצחק | וליעקב למיתן להון: |
| 4418 | | Dt34:04 | דא ארעא דקיימת לאברהם | ליצחק | וליעקב למימר לזרעיית |
| 4419 | | Ex32:13 | אדכר ברחמך טביה לאברהם | ליצחק | ולישראל עבדיך די קיימת |
| 4420 | | Lv22:27 | לשרה דהא שרה ילדה | ליצחק | ומן בתר כדן אתבחר אימרא |
| 4421 | | Gn24:66 | ותני עבדא | ליצחק | ית כל פתגמא {ל}<ד>עבד: |
| 4422 | ליצר | Nu26:49 | | ליצר | זרעייתה דבנוי דיצרי |
| 4423 | לישוב | Nu26:24 | | לישוב | זרעיתה דבנוי דישובי |
| 4424 | לישוי | Nu26:44 | זרעייתה דבנוי דימנה | לישוי | זרעיתה דבנוי דישוי |
| 4425 | לישראל | Gn43:08 | ואמר יהודה | לישראל | אבוי שלח טליא עמי ונקום |

|  |  |  |  |  |  |
|---|---|---|---|---|---|
| 4426 | | Gn46:02 | ואמר ייי | לישראל | בחזוה די ליליא ואמר |
| 4427 | | Gn31:21M | ש{ה}<יז>ב{י}<ו>תא | לישראל | ביומי יפתח דמן גלעד |
| 4428 | | Ex18:09 | על כל טבתא די עבד ייי | לישראל | די שיזב יתהון מן ידיהון |
| 4429 | | Ex14:20 | מחשך למצרייה ונהורא | לישראל | כל ליליא ולא קרבו אליין |
| 4430 | | Nu11:26 | סלוי סלק מן ימא ויהוי | לישראל | לתקלה ומידד הוה מתנבא |
| 4431 | לישכר | Nu 1:08M | שבטה דבנוי דישכר | /לישכר | מן שבטה דבנוי דיוסף |
| 4432 | ליתרו | Ex 4:18 | ואזל משה ותב | ליתרו | חמוי ואמר ליה איזל כען |
| 4433 | לכרמי | Nu26:06 | זרעייתה דבני דחצרוני | לכרמי | זרעייתה דבנוי ד{מ}<כ>רמי: |
| 4434 | ללאה | Gn30:08M | לאחתי לחוד/די יהב | ללאה | אחתי ולחוד#2/ אשתמעת |
| 4435 | | Gn29:24 | לבן לה ית זלפה אמתיה | ללאה | ברתיה לאמהה: |
| 4436 | | Gn46:18 | דזלפה די יהב לבן | ללא«ה» | ברתיה וילדת ית אלין |
| 4437 | | Gn30:14 | לאה אמיה ואמרת רחל | ללאה | הבי כען לי מן יברוחי |
| 4438 | | Gn29:22 | לה עצה דרמיו למסבה יתה | ללאה | חלף רחל: |
| 4439 | ללבן | Gn31:31 | וענה יעקב ואמר | ללבן | ארום דחלת ארום אמרת לא |
| 4440 | | Gn31:22 | ולא טפת בכדן אתני | ללבן | ביומא תליתייא ארום ערק |
| 4441 | | Gn31:22M | "והוה כיון ...": ואתני | ללבן | ביומא תליתאה ארום ערק |
| 4442 | | Gn29:21 | ואמר יעקב | ללבן | הב לי ית אתתי «ארי |
| 4443 | | Gn30:42 | ליה ען סגין לקישיא | ללבן | ובכיריה ליעקב: |
| 4444 | | Gn29:13 | יתה לגו בייתיה ותני | ללבן | ית כל פתגמ<י>א האילין: |
| 4445 | | Gn29:25 | והא ה«י»א לא' ואמר | ללבן | מה היא דעבדת לי הלא ברחל |
| 4446 | | Gn31:36 | בלבן וענה יעקב ואמר | ללבן | מה חובתי ומה סרחני ארום |
| 4447 | | Gn30:25 | ית יוסף ואמר יעקב | ללבן | שלח יתי כען ואזיל |
| 4448 | ללווי | Nu 8:20 | וכל כנשתה דבני ישראל | ללווי | כל מה די פקד ייי ית משה |
| 4449 | ללוט | Gn13:05 | ולחוד | ללוט | דהוה אזל עם אברם הוה ען |
| 4450 | | Gn19:05 | וקרון | ללוט | ואמרין ליה אן אנון גובריא |
| 4451 | | Gn13:08 | ואמר אבר' | ללוט | לא כען יהוון דיינין ביני |
| 4452 | | Gn18:01 | תניינה אשתלח למשיזבה | ללוט | מגו הפכתא ומלאכה תליתאה |
| 4453 | | Gn19:12 | ואמרין גבריא | ללוט | מן כדון מה אית לך הכה |
| 4454 | למושה | Ex 6:09M | \למילוי דמשה מקפדות | /למשה | מן כפיתות#2/ רוח |
| 4455 | למיכאל | Gn38:25 | שמע ייי קל צלותה ואמר | למיכאל | חות הב יתהון לה תלתא |
| 4456 | למישאל | Lv10:04 | וקרא משה | למישאל | ולאלצפן בנויהי דעזיאל |
| 4457 | למכיר | Nu32:40 | ויהב משה ית גלעד | למכיר | בר מנשה ושרה בגווה: |
| 4458 | | Nu26:29 | בנוי דמנשה | למכיר | זרעייתה דבנוי דמכיר' |
| 4459 | למלכיאל | Nu26:45 | זרעייתה דבנוי דחבר | למלכיאל | זרעייתה דבנוי דמלכיאל: |
| 4460 | למנשה | Nu 1:10M | דבנוי דמנשה גמליאל | /למנשה | גמ"#2/ בר פדה צור: |
| 4461 | | Gn44:19M | יוסף דסלקית <...> רמז | למנשה | |
| 4462 | | Gn44:19 | דיהודה ורמז יוסף | למנשה | ברה וטפח ברגליה על פלטין |
| 4463 | למרים | Dt24:09 | מה די עבד ייי אלהכון | למרים | באורחא בזמן אפקותכון |
| 4464 | למררי | Nu 3:33 | | למררי | זרעייתה דבנוי דמחלי |
| 4465 | | Nu26:57 | זרעייתה דבנוי דקהתי | למררי | זרעייתה דבנוי דמררי: |
| 4466 | למש' | Ex19:09 | ואמר ייי | למש' | הא ממרי מתגלי עלך בתקפא |
| 4467 | | Nu31:49 | ואמרין | למש' | עבדך קבילו ית סכום עמא |
| 4468 | למשה | Ex 2:21 | ליה ית צפורה ברתיה | למשה: | |
| 4469 | | Ex16:22 | כל רברבני כנישתא ותנון | למשה: | |
| 4470 | | Ex 3:14 | ואמר ייי | למשה | אהיה אשר אהיה ואמר כדין |
| 4471 | | Ex 4:18 | אינון בחיין ואמר יתרו | למשה | אזיל בשלם: |
| 4472 | | Ex19:10 | ואמר ייי | למשה | איזל לוות עמא ותקדש יתהון |
| 4473 | | Ex 7:19 | ואמר ייי | למשה | אמור לאהרן סב חוטרך |
| 4474 | | Ex33:05 | ואמר ייי | למשה | אמור לבני ישרא' אתון עם |
| 4475 | | Ex 8:01 | ואמר ייי | למשה | אמר לאהרן ארכן ית ידך |
| 4476 | | Ex 8:12 | ואמר ייי | למשה | אמר לאהרן <...> ית |
| 4477 | | Lv21:01 | ואמר ייי | למשה | אמר לכהנייא בנוי דאהרן |
| 4478 | | Ex18:06 | ואמר | למשה | אנה חמ«ו»ך יתרו אתי |
| 4479 | | Nu 9:07M | גבריא האינון | ליה/למשה#2/ | אנן מסאבין בטמא |

|  |  |  |  |  |
|---|---|---|---|---|
| 4480 | Ex 8:16 | ואמר ייי | למשה | אקדם לצפרא ואתעתד קדם |
| 4481 | Ex 9:13 | ואמר ייי | למשה | אקדם בצפרא ואתעתד קדם |
| 4482 | Ex 9:22 | ואמר ייי | למשה | ארכן ית <ידך> לשמיא ויהוי |
| 4483 | Ex10:12 | ואמר ייי | למשה | ארכן ידך על ארעא דמצרים |
| 4484 | Ex14:26 | ואמר ייי | למשה | ארכן ית ידך על ימא |
| 4485 | Ex 7:14 | ואמר ייי | למשה | אתוקף לבא דפרעה סרב מן |
| 4486 | Ex 4:19 | ואמר ייי | למשה | במדין איזל חזור למצרים |
| 4487 | Nu12:11 | ואמר אהרן | למשה | בבעו מנך רבוני לא כען |
| 4488 | Ex30:13M | שיעורא דסילעה איתחמי | למשה | בטורה דסיני היך דינרא |
| 4489 | Ex24:16M | \למשה ביומא שביעיא | /למשה | ביומ' שביעייה על טורא#2/ |
| 4490 | Ex24:16 | עננא שיתא יומין וקרא | למשה | ביומא שביעיא מן גו עננא: |
| 4491 | Ex 4:21 | ואמר ייי | למשה | במיזלך למחזור למצרים חמי |
| 4492 | Ex32:09 | ואמר ייי | למשה | גלי קדמיי ית עמא האליין |
| 4493 | Nu25:04 | ואמר ייי | למשה | דבר ית כל ראשי עמא ואקים |
| 4494 | Ex 3:14M | מימרה דייי | למשה | דן דאמ' לעלמ' הווי והווה |
| 4495 | Ex14:11 | ואמרין | למשה | הא מן בל{ו}<י> דלית קברין |
| 4496 | Ex16:04 | ואמר ייי | למשה | הא אנה מחית לכון לחם מן |
| 4497 | Nu11:23 | ואמר ייי | למשה | הא אית קדם ייי מחסור כדון |
| 4498 | Dt31:16 | ואמר ייי | למשה | הא את מתכנש בשלם עם אבהתך |
| 4499 | Lv 8:29 | מן דיכרה דא«ש»למותה | למשה | הוה לחולק היך מה די פקד |
| 4500 | Nu12:14 | ואמר ייי | למשה | ואבוה נזפה נזף בה בדינה |
| 4501 | Nu11:27 | וזריז טל«י»ה ותני | למשה | ואמר אלדד ומדד מתנבאין |
| 4502 | Nu21:07 | ואתון עמא | למשה | ואמרין חטינן ארום מללנן |
| 4503 | Ex 7:08 | ואמר ייי | למשה | ולאהרן למימר: |
| 4504 | Ex 8:04 | וקרא פרעה | למשה | ולאהרן ואמר צלון קדם ייי |
| 4505 | Ex 8:21 | וקרא פרע' | למשה | ולאהרן ואמר אזלו קרבו |
| 4506 | Ex 9:08 | ואמר ייי | למשה | ולאהרן סבו לכון מלא |
| 4507 | Ex 9:27 | ושלח פרעה וקרא | למשה | ולאהרן ואמר להון חסית |
| 4508 | Ex10:16 | ואוחי פרעה למקרי | למשה | ולאהרן ואמר חסית קדם ייי |
| 4509 | Ex10:24 | וקרא פרעה | למשה | ולאהרן ואמר אזילו פלחו |
| 4510 | Ex12:01 | ואמר ייי | למשה | ולאהרן בארעא דמצרים |
| 4511 | Ex12:31 | וקרא | למשה | ולאהרן בליליא ואמר קומו |
| 4512 | Ex12:43 | ואמר ייי | למשה | ולאהרן דא גזירת אורייתא |
| 4513 | Nu12:04 | ואמר ייי בתכ{«ק»}וף | למשה | ולאהרן <....> ונפקו |
| 4514 | Nu20:12 | ואמר ייי | למשה | ולאהרן חלף די לא |
| 4515 | Nu20:23 | ואמר ייי | למשה | ולאהרן בהר טורה סמיך |
| 4516 | Nu26:01 | ואמר ייי | למשה | ול«א»<ל>עזר ברה דאהרן |
| 4517 | Nu32:02 | ובנוי דראובן ואמרין | למשה | ולאלעזר כהנה ולרברבני עם |
| 4518 | Ex18:01 | ית כל מה דעבד ייי | למשה | ולישראל עמיה ארום אפק |
| 4519 | Lv 1:01 | ייי בכן קרא דבירה | למשה | ומליל ייי עמיה מן משכן |
| 4520 | Ex16:20 | ולא שמעו | למשה | ושיירו מניה גברין עד צפרא |
| 4521 | Ex19:21 | ואמר ייי | למשה | חות אסהיד בעמא דלא ידחקון |
| 4522 | Nu17:25 | ואמר ייי | למשה | חזר ית חוטרה דאהרן קדם |
| 4523 | Ex 7:01 | ואמר ייי | למשה | חמי דמניית יתך רב ושליט |
| 4524 | Ex34:01 | ואמר ייי | למשה | חצב לך תרין לוחין דאבנין |
| 4525 | Ex34:01M | חצב /מימריה דייי | למשה | חצוב#2/ לך תרין לוחין |
| 4526 | Ex 4:21M | למחזור /מימריה דייי | למשה | כד תיזל למיזל#2/ |
| 4527 | Ex31:18 | ויהב | למשה | כד אשלם למללה עמיה בטור' |
| 4528 | Ex 6:01 | ואמר ייי | למשה | כדון תחמי מה די אעבד |
| 4529 | Ex 3:15 | ואמר תוב ייי | למשה | כדין תאמר לבני ישראל ייי |
| 4530 | Ex20:22 | ואמר ייי | למשה | כדן תימר לבני ישראל אתון |
| 4531 | Nu11:16 | ואמר ייי | למשה | כנש לי שובעין גברין מן |
| 4532 | Ex17:14 | ואמר ייי | למשה | כתב דא דוכרן טב בספרא |
| 4533 | Ex34:27 | ואמר ייי | למשה | כתב לך ית פתגמיא האליין |

| | | | | | |
|---|---|---|---|---|---|
| 4534 | | Ex11:09 | ואמר ייי | למשה | לא יקבל מנכון פרעה |
| 4535 | | Ex32:22 | ואמר אהרן | למשה | לא יתקף רוגזא |
| 4536 | | Nu21:34 | ומן בתר כדין אמר ייי | למשה | לא תדחל מן קדמוי ארום |
| 4537 | | Ex33:17 | ואמר ייי | למשה | להוד ית פתגמא הדין די |
| 4538 | | Nu16:15 | ובאיש | למשה | לחדה ואמר קדם ייי לא תקבל |
| 4539 | | Ex31:12 | ואמר ייי | למשה | למימר: |
| 4540 | | Ex36:05 | ואמרין | למשה | למימר מסגין עמא למייתיה |
| 4541 | | Nu 7:04 | ואמר ייי | למשה | למימר: |
| 4542 | | Nu15:37 | ואמר ייי | למשה | למימר: |
| 4543 | | Nu17:27 | ואמרין בני ישראל ^למשה#2^ | | למימר הא ספינן אשתיצינן |
| 4544 | | Nu27:06 | ואמר ייי | למשה | למימר: |
| 4545 | | Nu31:25 | ואמר ייי | למשה | למימר: |
| 4546 | | Nu32:25 | דגד ובנוי דראובן | למשה | למימר עבדך יעבדון היך מה |
| 4547 | | Dt31:14 | ואמר ייי | למשה | למימר ה«א» קרבו יומי |
| 4548 | | Nu15:35 | ואמר ייי | למשה | מימות ימות גברא ירגמון |
| 4549 | | Lv16:02 | ואמר ייי | למשה | מליל עם אהר«ן» אחוך |
| 4550 | | Ex20:19 | ואמרין | למשה | מלל את עמן ונשמע ולא |
| 4551 | | Ex 4:11 | ואמר ייי | למשה | מן שוי <פם> לבר נשא או מן |
| 4552 | | Ex19:20 | טורא וקרא מימריה דייי | למשה | מן טורא וסלק משה: |
| 4553 | | Ex32:33 | ואמר ייי | למשה | מן דחטא קדמיי אמחק יתיה |
| 4554 | | Ex30:34 | ואמר ייי | למשה | סב לך ראשי קטרן בסמנין |
| 4555 | | Nu27:18 | ואמר ייי | למשה | סב לך ית יהושע בר נון |
| 4556 | | Ex24:12 | ואמר ייי | למשה | סוק לוותי לטורא והוי תמן |
| 4557 | | Nu27:12 | ואמר ייי | למשה | סוק לטור עבריה הדין ותחמי |
| 4558 | | Nu 3:40 | ואמר ייי | למשה | סכום כל בוכרייה דכריה |
| 4559 | | Nu21:08 | ואמר ייי | למשה | עבד לך חיוי דנחש ושוי יתי |
| 4560 | | Ex17:05 | ואמר ייי | למשה | עבר "לפני" עמא וסב עמך מן |
| 4561 | | Ex14:15 | ואמר ייי | למשה | עד אימת את קיים תהווי |
| 4562 | | Ex16:28 | ואמר ייי | למשה | עד אימתיי אתון מסרבין |
| 4563 | | Nu14:11 | ואמ' ייי | למשה | עד אמתי ירגזון קדמי עמא |
| 4564 | | Ex11:01 | ואמר ייי | למשה | עוד מכתש חד אייתי על פרעה |
| 4565 | | Ex 7:26 | ואמר ייי | למשה | עול לוות פרעה ותימר ליה |
| 4566 | | Ex10:01 | ואמר ייי | למשה | עול לוות פרעה ארום אנה |
| 4567 | | Ex 9:01 | ואמר ייי | למשה | על לוות פרעה ותימר ליה |
| 4568 | | Nu12:16M | דאימתינת מרים | למשה | על נהרה שעה חדה אמתינת |
| 4569 | | Ex 4:04 | ואמר ייי | למשה | פשט ית ידך ואתיקף בקוטניה |
| 4570 | | Ex32:17 | קלהון דעמא בייכין ואמר | למשה | קל סדרי קרבא במשריתא: |
| 4571 | | Nu 7:11 | ואמר ייי | למשה | רב שבט חד בכל יום רב שבט |
| 4572 | | Ex 3:15M | כדין /מימריה דייי | למשה | תניינות כדין#2/ תאמר |
| 4573 | לנח | Gn 9:17 | ואמר ייי | לנח | דן סימן קימא די קיימית בין |
| 4574 | | Gn 9:08 | ואמ' ייי | לנח | ולבנוהי עמה למימר: |
| 4575 | | Gn 7:01 | ואמר ייי | לנח | עול את וכל אנשי ביתך |
| 4576 | | Gn 6:13 | ואמר ייי | לנח | קבילת כל בשרא סלקת קדמוי |
| 4577 | לנחור | Gn24:24 | אנה בר מלכה די ילדת | לנחור: | |
| 4578 | | Gn22:23 | אלין ילד«ת» מלכה | לנחור | אחוי דאברהם: |
| 4579 | | Gn22:20 | ילדת מלכא אף היא בנין | לנחור | אחוך: |
| 4580 | לנמואל | Nu26:12 | דשמעון לזרעייתהון | לנמואל | זרעיתה ^דבנוי#2^ |
| 4581 | לנעמן | Nu26:40 | זרעייתה דבנוי דארדי | לנעמן | זרעייתה דבנוי דנעמי: |
| 4582 | לס' | Nu21:21M | שליחין \לוות | סיחון/לס'#2/ | מלכיהון דאמוריי |
| 4583 | לסיחון | Dt31:04 | דייי להון היך מה דעבד | לסיחון | ולעוג מלכיהון |
| 4584 | | Dt 3:06 | יתהון היך מה די עבדנן | לסיחון | מלכא דחשבון שיצינן כל |
| 4585 | | Dt 3:02 | ליה היך מה די עבדת | לסיחון | מלכהון דאמוריי דהווה שרי |
| 4586 | | Nu21:34 | ליה היך מה דעבדת | לסיחון | מלכיהון דאימוריי די הווה |
| 4587 | לע' | Gn23:08M | עפרון /ופייסו עליה | לע'#2/ | בר צוחר: |
| 4588 | לעוג | Nu21:34 | והוה כד חמא משה | לעוג | מלכא דבותנין דחל וארתת |
| 4589 | לעזאזל | Lv16:08 | ממרי' דייי ועדיו חד | לעזאזל: | |
| 4590 | | Lv16:26 | ומן דמשלח ית צפירה | לעזאזל | יחוור לבושוי ויסחי ית |
| 4591 | | Lv16:10 | די סלק עלוי עדוה | לעזאזל | יקים יתה לחיים קדם ייי |
| 4592 | | Lv16:10 | עלוי למשלחה יתיה | לעזאזל | למדברה: |
| 4593 | לעזזל | Lv16:08M | חד למפטור למדבר צוק | לעזזל | |
| 4594 | לעיינה | Nu34:11 | לדפני מן מד«י» נחה | לעיינה | ונחת תחומה ומקף על |
| 4595 | לעמרם | Nu26:59 | ללוי במצרים וילדת | לעמרם | ית אהרן וית משה וית |
| 4596 | לעפרון | Gn23:16 | ושמע אברהם | לעפרון | ותקל אברם ^לעפרון#2^ |
| 4597 | | Gn23:16 | ^לעפרון#2^ ותקל אברם | לעפרון | ית כספא דמלל במשמעהון |
| 4598 | לער | Gn38:06 | ונסב יהודה אתה | לער | בוכריה ושמה תמר: |
| 4599 | לערי | Nu26:16 | זרעייתה דבנוי דאזני | לערי | זרעייתה דבנוי דערי: |
| 4600 | לערן | Nu26:36 | ואלין בנוי דשותלח | לערן | זרעייתה דבנוי דערני: |
| 4601 | לעשו | Gn32:14 | מן מה דאיתי בידי דורון | לעשו | אחוי: |
| 4602 | | Gn48:22 | אבה יהב יתיה | לעשו | אחוי ואנה נסבת יתיה מן |
| 4603 | | Gn27:36M | לי חדא ברכה /אשתבק | לעשו | ברכה#2/: |
| 4604 | | Gn27:37 | ואתיב יצחק ואמר | לעשו | הא רב ושליט שויתי יתה לך |
| 4605 | | Gn32:19 | היא ואשלחת לריבוני | לעשו | והא אף מן בתרן: |
| 4606 | | Dt 2:05 | כפה דרגלה ארום ירתו | לעשו | יהבית ית טורא דגבלה: |
| 4607 | | Gn36:04 | וילידת עדה | לעשו | ית אליפז {אליפז} ובשמת |
| 4608 | | Gn36:14 | אתתיה דעשו וילדת | לעשו | ית יעוש וית יעלם וית |
| 4609 | | Gn32:05 | כדן תאמרון לרבוני | לעשו | כדן אמר עבדך יעקב עם |
| 4610 | | Gn25:34 | ויעקב יהב | לעשו | לחם ותבשיל דטלופחין ואכל |
| 4611 | | Gn27:22M | דיעקב בצלותא לית רשו | לעשו | למנזקיה וכד מתרשל בפתגמי |
| 4612 | לפוה | Nu26:23 | זרעייתה דבנוי דתולעי | לפוה | זרעייתה דבנוי דפוני: |
| 4613 | לפוטיפר | Gn37:36 | זבינו יתיה למצראי | לפוטיפר | שליטא דפרעה רב |
| 4614 | לפלוא | Nu26:05 | דבנוי דחנכי | לפלוא | זרעייתה דבנוי דפלואי: |
| 4615 | לפרץ | Nu26:20 | זרעייתה דבנוי דשלני | לפרץ | זרעייתה דבנוי דפרצי |
| 4616 | לצפון | Nu26:15 | בנו דגד לזרעייתהון | לצפון | זרעייתה דבנוי צפוני |
| 4617 | לקהת | Nu26:57 | דבנוי דגרשוני | לקהת{י} | זרעייתה דבנוי דקהתי |
| 4618 | לקין | Gn 4:08 | רשיעיא ענה הבל ואמר | לקין | אית דין ואית דיין ואית |
| 4619 | | Gn 4:09 | ואמר ייי | לקין | הן הוא הבל אחוך ואמר לית |
| 4620 | | Gn 4:05 | לא קבל ברעווא ובאש | לקין | לחדה ואישתני זיווהון |
| 4621 | | Gn 4:06 | ואמ' ייי | לקין | למה כען בעש לך ולמה כען |
| 4622 | | Gn 4:08 | ברעוא: ענה הבל ואמר | לקין | מסתכל אנא די ברחמין |
| 4623 | | Gn 4:15 | דרין יתלי ליה ושוי ייי | לקין | סימן דלא יקטול יתיה כל מן |
| 4624 | לקרח | Nu16:16 | ואמר משה | לקרח | את וכל עם כנישתך הוון קדם |
| 4625 | | Nu16:08 | ואמר משה {לכון} | <לקרח> | שמעו כען בנוי דלוי: |
| 4626 | לרבקה | Gn27:11 | ואמר יעקב | לרבקה | אמיה הא עשו אחי גבר |
| 4627 | | Gn24:58 | וקראן | לרבקה | ואמרן לה הא תזלין עם גברא |
| 4628 | | Gn24:53 | דדהב ולבושין ויהב | לרבקה | ודורון יהב לאחיה ולאמה: |
| 4629 | | Gn27:42 | ואתני | לרבקה | ית מלוי דעשו ברה רבה |
| 4630 | לרחל | Gn29:12 | ותני יעקב | לרחל | ארום אחוי דאביה הוא וארום |
| 4631 | | Gn29:29 | ויהב לבן | לרחל | ברתה ית בלהה אמהתא לה |
| 4632 | | Gn46:25 | דבלהה די יהב לבן | לרחל | ברתיה וילידת ית אלין |
| 4633 | | Gn31:04 | ושלח יעקב וקרא | לרחל | וללאה לאפי ברא לוות ענה: |
| 4634 | | Gn29:11 | ונשק יעקב | לרחל | ונטל ית קליה ובכה: |
| 4635 | לשאול | Nu26:13 | זרעייתה דבנוי דזרחי | לשאול | זרעייתה דבנוי דשאולי: |
| 4636 | לשוחם | Nu26:42M | /בנוי דדן לזרעייתהון | לשוחם | זרעייתה דבנוי דשוחמי |
| 4637 | לשוני | Nu26:15 | לחגי זרעיתה דחגי | לשוני | זרעייתה דבנוי דשוני: |
| 4638 | לשותלח | Nu26:35M | דאפרים לזרעייתהון | לשותלח | זרעיתה דבנוי לשותלחי |
| 4639 | לשותלחי | Nu26:35M | לשותלח זרעיתה דבנוי | לשותלחי | לבכר זרעייתה דבנוי |
| 4640 | לשלה | Gn38:26 | בגין כך לא אסבת יתה | לשלה | ברי ולא אוסף תוב למחכם |
| 4641 | | Nu26:20 | דיהודה לזרעייתהון | לשלה | זרעייתה דבנוי דשלני |

| | | | |
|---|---|---|---|
| 4642 | לשלם | Nu26:49 | זרעייתה דבנוי דיצרי לשלם זרעייתה דבנוי דשלמי: |
| 4643 | לשמע' | Nu 1:06M | מן שבטה דבנוי דשמעון/לשמע'#2#/ שלמיאל בר |
| 4644 | לשמעון | Gn34:30 | ואמר יעקב לשמעון וללוי אבאשתון לי למיסבא |
| 4645 | לשמרון | Nu26:24 | זרעיתה דבנוי דישובי לשמרון זרעייתה דבנוי דשמרוני: |
| 4646 | לשפופם | Nu26:39 | לשפופם זרעייתה דבנוי דשפופמי |
| 4647 | לשרה | Gn18:11 | ביומיא אתמנע מן למהווי לשרה אורח {כנס} כנשיא: |
| 4648 | | Gn18:10 | בשעתא הדא והא בר דכר לשרה אתתך ושר{ת}<ה> הוות שמעה |
| 4649 | | Lv22:27 | ומן יד אתבש«ר» לשרה דהא שרה ילדה ליצחק |
| 4650 | | Gn21:01 | דאמ' ועבד ייי ניסין לשרה היך מה דמלל: |
| 4651 | | Gn23:02 | ואתה אברהם למספדא לשרה ולמבכי עלה: |
| 4652 | לשרי | Gn12:11 | למיעו' למצרים ואמר לשרי אתתה הא כען ידע אנא ארום |
| 4653 | | Gn16:06 | ואמר אברם לשרי הא אמתיך בידך עבדי לה מה |
| 4654 | לתחן | Nu26:35M | זרעייתה דבנוי דבכרי לתחן זרעייתה דבנוי דתחני: |
| 4655 | לתמר | Gn38:11 | ואמר יהודה לתמר כלתיה תבי ארמלה בבייתיה |
| 4656 | | Gn38:13 | ואתניה לתמר למימר הא חמוך סלק לתמנתה |
| 4657 | לאדרעי | Nu21:33 | וכל עמיה לסדרי קרבה לאדרעי: |
| 4658 | | Dt 3:01 | וכל עמיה לסדרי קרבה לאדרעי: |
| 4659 | לאוולס | Nu34:08 | מפ<ק>נו{ק}י דתחומה לאוולס דקילקי: |
| 4660 | לאילם | Nu33:09 | ונטלו מן מרה ואתון לאילם ובאילם תרתין עשרי פיגיין |
| 4661 | לאלימה | Ex15:27 | ואתון לאלימה ותמן תרתין עשרין פיגין |
| 4662 | לאפמייס | Nu34:10M | דיירת עיינוותה לאפמייס#2#/: |
| 4663 | לאפר' | Gn48:07M | בכרת ארעא למיעול לאפר'#2#/ וקברת יתה תמן באורחא |
| 4664 | לאפרתה | Gn35:16 | עללתה דארעא למתייה לאפרתה וילדת רחל ואתקשיית |
| 4665 | | Gn48:07 | עללתא דארעא למיתא לאפרתה וקברת יתה תמן באורחא |
| 4666 | לבאירה דשבע | Gn46:01 | וכל מה דיליה ואתא לבאירה דשבע ונכס נכסין לאלה דאבוי |
| 4667 | לבאר שבע | Gn26:23 | ואסתלק מן תמן לבאר שבע: |
| 4668 | | Gn22:19 | וקמ{ן}<ו> ואזלו כחדא לבאר שבע ושרא אברהם בבאר שבע: |
| 4669 | לבארה דשבע | Gn22:19M | /והלכו כחדא לבארה דשבע#2#/ ושרא אברהם |
| 4670 | לבית אל | Gn35:03 | ונקום ונסק לבית אל ואבנה תמן מדבח לשמה דייי |
| 4671 | לבית ירח | Nu34:15 | דעיון דמן מדנח לבית ירח וממדנח ימא דבית ירח |
| 4672 | לביתאל | Gn35:08M | ואתקברת מן תחות \לביתאל#2#/ בלוטה וקרא שמיה |
| 4673 | | Gn12:08 | מן תמן לטורא מן מדנח לביתאל ופרש משכנה ביתאל מן |
| 4674 | | Gn35:01 | ייי ליעקב קום סוק לביתאל ושרי תמן ובני תמן מדבח |
| 4675 | | Gn13:03M | עד ביתאל /דרום עד לביתאל#2#/ עד אתרא די פרס תמן |
| 4676 | לגבלה | Gn33:14 | די אזל לוות רבוני לגבלה: |
| 4677 | | Gn33:16 | ביומא ההוא עשו לארחה לגבלה: |
| 4678 | לגלעד | Nu32:39M | בר מנשה לגלעדה/<לגל>עד#2#/ וכבשו יתה וישיצון |
| 4679 | לגלעדה | Nu32:39 | בנוי דמכיר בר מנשה לגלעדה וכבשו יתה וישיצון ית |
| 4680 | לגררה | Gn26:01 | מלכאהון דפלשתא«י» לגררה: |
| 4681 | | Gn10:19 | דכנעיא מן צידון מעלך לגררה עד עזה מעלך |
| 4682 | לגשנה | Gn46:29 | לקדמות ישראל אבוי לגשנה וחמה יתיה ואתרכן על |
| 4683 | לדותינא | Gn42:36 | מן דשלחת יתיה לוותכון לדותינא לית אנא <ידע> מה הוה |
| 4684 | לדותינה | Gn37:17 | יתהון אמרין ניזיל לדותינה ואזל יוסף בתר אחוי וארע |
| 4685 | לדיוקטס | Nu34:15M | צפון נפק להון תחומה לדיוקטס תורנגלה |
| 4686 | לדרמשק | Gn14:15 | עד חובה די מן צפון לדרמשק: |
| 4687 | להומינס טוורו' | Nu34:07 | רבה תכוונון לכון להומינס טוורוס מזרח: |
| 4688 | לזער | Gn13:10 | דמצרים בפיריה מעלך «לזער»: |
| 4689 | | Gn19:23 | נחת על ארעא ולוט על לזער: |
| 4690 | לזפירין | Nu34:09 | ונפק תחומה לזפירין ויהוון מפ<ק>נו{ק}י טירת |
| 4691 | לחובה | Nu34:15M | דלבנן נפק להון תחומה לחובה די מן צפון עיינוותה |
| 4692 | לחוות | Nu21:15 | ואזלו להון לאתריהון לחוות קרתה די לא הוות בעצתהון |
| 4693 | לחורבא | Ex 3:01M | שכינתה דייי חורב/לחורבא#2#/: |
| 4694 | לחרן | Gn28:10 | נפק מן באר שבע למיזל לחרן: |
| 4695 | | Gn28:10 | דנפק מבאר שבע למיזל לחרן נסא קדמיא אתקצרו |
| 4696 | | Gn28:10 | אבונן יעקב רגלוי למזל לחרן קפצת ארעא קדמוי ואשתכח |
| 4697 | לחשבון | Nu21:27 | מתולי מתלייה עלו לחשבון תתבני ותשתכלל קרתה |
| 4698 | לטוורוס | Nu34:07M | לכון \להומינס טוורוס/לטוורוס#2#/ מזרח: |
| 4699 | לידיוקיטא | Nu34:15 | נפק להון תחומא לידיוקיטא ומידיוקיטוס תרנגיל |
| 4700 | ליהצה | Dt 2:32 | וכל עמיה לסדרי קרבה ליהצה: |
| 4701 | | Nu21:23 | ישראל למדברה ואתה ליהצה וסדרו קרבה עם ישראל: |
| 4702 | ליטבתה | Dt10:07 | לגדגדה ומן גדגדה ליטבתה ארע בית נחלין דמייה: |
| 4703 | לירושלם | Nu11:26 | גוג ומגוג סלקין לירושלם ובידוי דמלכא משיחה אינון |
| 4704 | ליריחו | Nu22:01 | במעבר ליר{ח}<דנ>א ליריחו: |
| 4705 | לכנרת | Nu34:15 | מדנחה נפק להון תחומה לכנרת כרך מלכיהון דאמוריי נפק |
| 4706 | | Nu34:15M | דמלחא נפק להון תחומה לכנרת כרך דמלכותהון דאימוראי |
| 4707 | למ' | Dt10:22M | אבהתכון במצרים/למ'#2#/ וכדון/וכדו#2#/ שווי |
| 4708 | למוסרה | Dt10:06 | נטלו מן ברייה דיעקן למוסרה תמן אתכנש אהרן ואתקבר |
| 4709 | למידבא | Nu21:30 | כרכה דנפחיה דסמיך למי{ת}«ד»בא: |
| 4710 | למצריימה | Dt26:05M | יתיה וערק ונחת למצריימה |
| 4711 | למצרים | Gn37:25 | ולטום אזלין לנחתה למצרים: |
| 4712 | | Gn46:07M | /אעיל#2#/ עמיה מצרימה/למצרים#2#/: |
| 4713 | | Ex13:17 | סדרי קרבא ויחזרון למצרים: |
| 4714 | | Nu14:03 | לבזה הלא טב לן חזרנן למצרים: |
| 4715 | | Nu14:04 | עלינן מלך ונחז«ו»רו למצרים: |
| 4716 | | Gn46:06M | /ואתן#2#/ מצרימה/למצרים#2#/ יעקב וכל בנוי |
| 4717 | | Gn46:08 | בני ישראל די עלו למצרים יעקב ובנוי ב{ז}<ו>כריה |
| 4718 | | Ex14:13 | דהוות אמרה נחזור למצרים אמר להון משה לא תדחלון |
| 4719 | | Gn46:03M | מצרים /למיחת למצרים#2#/ ארום לאומה רבה אישוי |
| 4720 | | Ex 4:19 | למשה במדין אזל חזור למצרים ארום מיתו כל גובריא |
| 4721 | | Dt28:68 | ויחזר ייי יתכון למצרים בלברנייה ובאלפייה באורחה |
| 4722 | | Gn49:21 | בחיין והוא אזדרז ונחת למצרים בשעתא זעירת ואייתי |
| 4723 | | Gn50:14M | וחזר יוסף מצרימה/למצרים#2#/ הוא ואחוי וכל מן |
| 4724 | | Gn12:11 | והוה כדי קרב למיעו' למצרים ואמר לשרי אתתה הא כען |
| 4725 | | Dt26:05 | יתיה מן ידיה ונחת למצרים ואתותב תמן בעם זעיר |
| 4726 | | Gn39:01 | ויוסף הונחת למצרים וזבין יתיה פוטיפר שליטא |
| 4727 | | Ex14:13 | וחדא הוות אמרה נחזור למצרים וחדה הוות אמרה נסדר |
| 4728 | | Gn12:14M | /כוון דעל אברם למצרים#2#/ וחמון מצריה ית אתתיה |
| 4729 | | Gn43:15 | וית בנימן וקמו ונחתו למצרים וקמו קדם יוסף: |
| 4730 | | Gn41:56 | כל אוצריה דבהון וזבן למצרים ותקף כפנא בארעא דמצרים: |
| 4731 | | Ex 4:21 | למשה במיזלך למחזור למצרים חמי כל נסי די שווית בידך |
| 4732 | | Gn41:57 | וכל דיירי ארעא עלו למצרים למזבן עיבור מן יוסף |
| 4733 | | Gn12:10 | כפנא בארע' ונחת אברם למצרים למתותבה תמן ארום תקף |
| 4734 | | Gn46:26M | עלו עם יעקב מצרימה/למצרים#2#/ נפקי חלציה |
| 4735 | | Ex 1:01 | בני ישראל די עלו למצרים עם יעקב גבר |
| 4736 | | Gn46:27M | די עלו מצרימה/למצרים#2#/ שבעין: |
| 4737 | למצריסה | Dt17:16 | ולא יחזור ית עמא למצריסה מן בגלל למסגייה ליה |
| 4738 | למצרימה | Nu14:04M | ונחז«ו»רו למצרים/למצרימה#2#/: |
| 4739 | למרתא | Ex15:23 | ואתו למרתא ולא יכלו למשתי מיא מן |
| 4740 | לסדם | Gn19:01 | ועלו תרין מלאכיה לסדם ברמשא ולוט הוה יתיב |
| 4741 | | Gn18:22 | וכיוונו מן גבריא ואזלו לסדם ואברהם עד כען הוה קאם |
| 4742 | לסדמה | Gn18:22M | ואזלו לסדם/לסדמה#2#/ ואברהם עד כען הוה |
| 4743 | לסוכותה | Ex12:37M | \סכותה כשתין /לסוכותה כאישתין#2#/ רבבוון |
| 4744 | לסכתה | Gn33:17 | ויעקב נטל לסכת«ה» ובנה לה בית ולבעירה עבד |
| 4745 | לעדן | Gn 4:16 | גלי ומטלטל מן מדנח לעדן והוה עד לא קטל להבל הוות |
| 4746 | לפדן ארם | Gn28:07 | לאבוי ולאמה ואזל לפדן ארם: |
| 4747 | | Gn28:02 | קום אזל לפדן ארם לבייתיה דבתואל אבוי |
| 4748 | | Gn28:05 | יצחק ית יעקב ואזל לפדן ארם לוות לבן בר בתואל |
| 4749 | לפדנה | Gn28:07M | ולאמה ואזל לפדן ארם/לפדנה#2#/: |

|  |  |  |  |
|---|---|---|---|
| 4750 | | Gn28:05M | ית יעקב ואזל לפדן ארם/לפדנה#2/ לוות לבן בר |
| 4751 | | Gn28:06M | ושלח יתיה פדן ארם/לפדנה#2/ למסבה/למיסב#2/ |
| 4752 | לקסם | Nu34:05 | ומקף תחומה מן לקסם לנילוס דמצריי ויהוון |
| 4753 | לרפי' | Nu34:15M | נביא דייי נפק לרפיון/לרפי'#2/ ולשוק מזיי ולמערת |
| 4754 | לרפיון | Nu34:15 | משה נביא דייי נפק לרפיון ולשוק מזיי ולמערת |
| 4755 | לרפיח | Nu34:15M | דבותנן נפק לרפיח ולשוק מזיי עד מטי |
| 4756 | לרקם | Nu34:04 | מפ<ק>נו{ק}' מן דרום לרקם דגיעה ויפוק סירת אדרייה |
| 4757 | | Nu13:26 | ישראל למדברה דפארן לרקם ואיתיבו יתהון פתגם ולכל |
| 4758 | לשכם | Gn35:04 | יעקב תחות בלוטה דסמיך לשכם: |
| 4759 | | Gn37:14 | מן מישרא דחברון ואתא לשכם: |
| 4760 | לתמנתה | Gn38:12 | וחירה רחמיה עדולמיי לתמנתה: |
| 4761 | | Gn38:13 | למימר הא חמוך סלק לתמנתה למגז ענה: |
| 4762 | לא' | Nu22:34M | אין בעש קודמיך אחזור לא' |
| 4763 | | Lv26:27M | לא תצבון למשמוע לא'#2/ אורייתי ותהלכו עמי |
| 4764 | | Lv 1:16M | למדבחה מן מדנחה באתר/לא'#2/ בית שפיכות קטמא: |
| 4765 | | Dt 1:31M | עד מיעלכון \עד אתרה/לא'#2/ הדין: |
| 4766 | | Dt 1:02M | ארבעין /והלכתון יתיה לא'#2/ שנין: |
| 4767 | | Dt10:15M | לחוד/להוד#2/ באב<ה>תכון/לא'#2/ אתרע/ית'#2/ ממרה |
| 4768 | לאב' | Lv26:29M | ומה מרירין אינון חטייה לאב' |
| 4769 | לאבא | Gn45:13 | ותתנון לאבא ית כל אקרי במצרי' וית כל |
| 4770 | | Gn45:08 | ארום אלהן ייי ושוי יתיה לאבא {לא} לפרעה ולרבון לכל |
| 4771 | לאבדן | Nu24:20 | סדרי קרבה וסופיהון לאבדן יהווי וא«ב»דנהון עד |
| 4772 | | Nu24:24 | עבר נהרא וסופיהון לאבדן יהוון ואבדנהון עד לעולם: |
| 4773 | לאבהתה | Nu11:12M | {די} קיימת לאבהתהון/לאבהתה#2/: |
| 4774 | לאבהתהון | Nu11:12 | על ארעא {די} קיימת לאבהתהון: |
| 4775 | | Dt32:27 | להון קיימה דקיימת לאבהתהון אברהם יצחק ויעקב דלא |
| 4776 | | Dt31:20 | יתהון לארעא די קיימת לאבהתהון ארע דעבדה פרין טבין |
| 4777 | | Nu14:23 | ית ארע' די קיימת לאבהתהון וכל דארגזו קדמי לא יחמון |
| 4778 | | Dt 7:13M | די קיים לאבהתכו<לאבהת>הון#2/ למיתן להון: |
| 4779 | | Dt31:07 | לארעא די קיים ייי «למיתן להון» ואת תחסן |
| 4780 | | Dt10:11 | ית ארעא די קיימת לאבהתהון למתן להון: |
| 4781 | לאבהתכון | Dt 1:35 | טבתה דקיימת למיתן לאבהתכון: |
| 4782 | | Dt 6:18 | טבתה די קיים ייי לאבהתכון: |
| 4783 | | Dt 7:12 | וית חסדייה די קיים לאבהתכון: |
| 4784 | | Dt 8:01 | ית ארעא די קיים ייי לאבהתכון: |
| 4785 | | Dt13:18 | יתכון היך מה דקיים לאבהתכון: |
| 4786 | | Dt19:08 | כל ארעא די מלל למיתן לאבהתכון: |
| 4787 | | Dt 7:08 | נטר ית שבועתה די קיים לאבהתכון אפק יתכון פריקין ביד |
| 4788 | | Dt32:07 | בשנוי דכל דר ודר שאלו לאבהתכון דרברבין מנכון באורית' |
| 4789 | | Dt19:08 | היך מה די קיים לאבהתכון ויתן לכון ית כל ארעא די |
| 4790 | | Lv22:33 | אנה הוא ייי דפרקת לאבהתכון ועתיד למפרק יתכון: |
| 4791 | | Dt 8:18 | ית קיימיה די קיים לאבהתכון כיומא הדין: |
| 4792 | | Dt 1:08 | ית ארעא דקיים ייי לאבהתכון לאברהם ליצחק וליעקב |
| 4793 | | Dt 6:10 | אלהכון לארעא די קיים לאבהתכון לאברהם ליצחק וליעקב |
| 4794 | | Dt 9:05 | ית פתגם די קיים ייי לאבהתכון לאברהם ליצחק וליעקב: |
| 4795 | | Dt29:12 | לכון והיך מה» דקיים לאבהתכון לאברהם ליצחק וליעקב: |
| 4796 | | Dt30:20 | על ארעא דקיים ייי לאבהתכון לאברהם ליצחק וליעקב |
| 4797 | | Dt 7:13 | על ארעא די קיים לאבהתכון למיתן להון: |
| 4798 | | Dt11:09 | על ארעא די קיים ייי לאבהתכון למיתן להון ולבניהון ארע |
| 4799 | | Dt11:21 | די קיים ממרא דייי לאבהתכון למיתן לכון כיומי שמייא |
| 4800 | | Dt28:11 | על ארעא די קיים ייי לאבהתכון למיתן לכון: |
| 4801 | | Ex13:05 | ויבוסיי די קיים ייי לאבהתכון למתן לכון ארעא דעבדא |
| 4802 | לאבהתן | Nu21:34M | /דן עוג דחסד#2/ לאברהם/לאבהתן אברהם#2/ ושרה |
| 4803 | | Dt 3:02M | עוג רשיעא דהווה מחסר לאבהתן אברהם שרה ואמר להון |
| 4804 | | Dt 6:23 | לן ית ארעא די קיים לאבהתן: |
| 4805 | | Dt26:15 | יהבת לן היך מה דקיימת לאבהתן ארע עבדה פירין טבין נקיין |
| 4806 | | Lv26:29 | ותקיפין חטאיה דגרמו לאבהתן בירושלם למיכל בשר בניהון |
| 4807 | | Dt26:03 | לארעא די קיים ייי לאבהתן למיתן לן: |
| 4808 | לאבו' | Gn28:10M | נסין אתעבדו \עם אבונן/לאבו'#2/ יעקב בזמנא דנפק |
| 4809 | לאבוה | Gn29:12M | ורהטת ותניית לאבוהי/לאבוה#2/: |
| 4810 | | Gn31:19 | רחל ית צלמייה די לאבוה: |
| 4811 | | Dt22:19 | מאה סלעין דכסף ויתנון לאבוה דרביתה ארום אפיק שום ביש |
| 4812 | | Dt22:29 | ויתן גברא דמשמש עמה לאבוה דרביתה חמשין סלעין דכסף |
| 4813 | | Gn34:11 | ואמר שכם לאבוה ולאחיה אשכח חן וחסד |
| 4814 | | Gn31:35 | ואמרת לאבוה לא יבאש באפוי דריבוני |
| 4815 | לאבוהא | Gn29:09M | ענה די לאבוהי/דאית לאבוהא#2/ ארום {{רעיא}} רעייה \ |
| 4816 | לאבוהי | Gn29:12 | הוא ורהטת ותניית לאבוהי: |
| 4817 | | Gn29:09 | ורחל אתת עם ענה די לאבוהי ארום {{רעיא}} רעייה הוות: |
| 4818 | | Gn27:38 | ואמר עשו לאבוהי הא ברכה חדא אית לך אבא |
| 4819 | לאבוי | Gn50:10M | \ונסר על אבוי \ועבד לאבוי#2/ אבל שבעה יומין: |
| 4820 | | Gn48:09 | ואמר יוסף לאבוי בני אנון די יהב לי ייי |
| 4821 | | Gn27:34 | ומרירא עד לחדא ואמר לאבוי ברך יתי אף אנא אבא: |
| 4822 | | Gn27:38M | ואמר עשו לאבוה/לאבוי#2/ הא ברכה חדא אית לך |
| 4823 | | Lv22:27M | ועבד תבשילין ואייתי לאבוי ואייכל לאבוי מן תבשילוי |
| 4824 | | Ex21:15M | \לאבוי ולאמה /לאבוי ואמה#2/ מתקטלה יתקטיל: |
| 4825 | | Gn27:31 | אף הוא תבשילין ואייתי לאבוי ואמר לאבוי יקום אבא ויאכל |
| 4826 | | Lv22:27 | ותבשילין עבד ואייכ{ו}ל לאבוי ו<ז>כה למקבלה ית סדר |
| 4827 | | Gn37:10 | ותני לאבוי ולאחוי ו{ט}<נז>ף בה אבוי |
| 4828 | | Dt33:09 | דאמיר על שבטה דלוי לאבוי ולאימיה לא נסב אפין בדינה |
| 4829 | | Gn28:07 | ושמע יעקב לאבוי ולאמה ואזל לפדן ארם: |
| 4830 | | Ex21:15 | ומן דימחי לאבוי ולאמה מתקטלה יתקטיל: |
| 4831 | | Lv21:11 | כל נפש דמית לא ייעול לאבוי ולאמה לא יסתאב: |
| 4832 | | Nu 6:07 | לאבוי ולאמיה לאחוי ולאחתיה לא |
| 4833 | | Nu27:11 | ואין לית אחין לאבוי ותתנון ית אחסנתיה לקריבות |
| 4834 | | Gn27:31 | ואייתי לאבוי ואמר לאבוי יקום אבא ויאכל מן ציידיה |
| 4835 | | Gn48:18 | ואמר יוסף לאבוי לא כדן אבא ארום דין בכורה |
| 4836 | | Gn45:23 | טעונין עבור ולחם ומזון לאבוי לארחא: |
| 4837 | | Gn42:37 | ואמר ראובן לאבוי למימר ית תרין בניי תקטול |
| 4838 | | Lv22:27M | ואייתי לאבוי ואייכל לאבוי מן תבשילוי וחמר אשקי |
| 4839 | לאבוך | Gn27:09 | ואעביד יתהון תבשילין לאבוך היך מה דהוא רחים: |
| 4840 | | Gn27:10 | ותייתי לאבוך וייכול מן בגלל די יברך |
| 4841 | לאבונן | Gn18:01 | קדמאה ישתלח למבשרא לאבו«נן» אברהם די שרה ילדה לה |
| 4842 | | Gn28:10M | נסיא אתעבדו \עם אבונן/לאבונן#2/ יעקב בזמנא די נפק |
| 4843 | | Gn49:21 | בשורן טבן דהוא בשר לאבונן יעקב מן שירויה דעד כדון |
| 4844 | | Dt26:05 | לבן ארמייה סבר למובדה לאבונן יעקב מן שירויה ושיזבת |
| 4845 | | Gn50:01 | ואמר לאחוי איתון נבני לאבונן ארזא רמא לרישיה מטי |
| 4846 | | Gn31:01M | דאבונן קנה ית/דאית לאבונן ומן {מן} <מה> דאית |
| 4847 | | Gn31:01M | ומן {מן} <מה> דאית לאבונן תקף ית#2/ כל נכסיא |
| 4848 | לאביו | Gn27:19 | ואמר יעקב לאביו אנה עשו בכורך עבדת |
| 4849 | לאבן | Gn28:10 | דקדם בצפרא ואשכח כולהון לאבן חדא היא אבנא דאקים קיימא |
| 4850 | לאבנ' | Gn28:11M | איסדוהי ואתעבדן לאבנ' חדא ביהוא זמנא ידע דהוא |
| 4851 | לאבנא | Ex15:05 | במצולתיה דמיא אדמון לאבנא: |
| 4852 | לאבנין | Gn11:03 | והוין להון לבניה לאבנין וחמרא הווה להון לשיע: |
| 4853 | לאבק | Ex 9:09 | ויהוי לאבק על כל ארע«א» דמצרים |
| 4854 | לאבתהון | Ex15:02M | ינקיא באצבעתהון לאבתהון ו{מא}<אמ>רין להון דין |
| 4855 | לאגירא | Ex12:45 | ישראל תותב בר עממין לאגירא לא ייכול מנה: |
| 4856 | לאגרך | Dt22:08 | בית חדת ותעבד סייג לאגרך ולא תשווי חובת שפיכות אדם |
| 4857 | לאדכרה | Lv24:07 | לבונה ברירה ותהוי ללחם לאדכרה קדם ייי: |

|  |  |  |  |
|---|---|---|---|
| 4858 | | Lv24:07M | לאדכרה קדם ייי /מזונה לאדכרה קרבן מתקבל לשמה דייי#2# |
| 4859 | לאדם | Ex 7:17 | מיא די בנהרא ויהפכון לאדם: |
| 4860 | | Ex 7:20M | כל מיא נהרא לדמא/לאדם#2#/: |
| 4861 | | Ex 4:09 | די תסב מן נהרא ויהוון לאדם ביבשתא: |
| 4862 | | Dt17:08 | בין אדם דבתול{ו}<י>ן לאדם דקטולין בין דיני ממון |
| 4863 | | Gn 3:09 | וקרא ייי אלהים לאדם ואמר ליה הא כל עלמא דברית |
| 4864 | | Ex 7:19 | כנישת{א} מימיהון ויהון לאדם ויהוי אדמה בכל ארעא |
| 4865 | | Gn 3:21 | ועבד ייי אלהים לאדם ולאתתיה לבושין דאוקר למשך |
| 4866 | לאדמה | Lv16:15 | לאדמה היך מה דעבד לאדמה דתורה וידי יתיה על כפרתה |
| 4867 | | Lv16:15 | לגו מן פרכתה ויעבד לאדמה היך מה דעבד לאדמה דתורה |
| 4868 | לאובדן | Nu24:24M | דאיליין ודאיליין לאובדן עלמא ייבידון |
| 4869 | | Nu24:20M | יתהון ברם סופיהון לאובדן עלמיא |
| 4870 | לאול' | Lv26:18M | /תצבוני למשמע לאול'#2#/ אוריית«י»ה ואוסף |
| 4871 | לאולפן | Gn49:15 | פרי«ה» וארכן כתפה לאולפן אורייתא והוון לה כל אחוי |
| 4872 | | Dt30:02 | ותחזרון <ל>אולפן אורייתה דייי אלהכון |
| 4873 | | Ex19:04 | קלילין וקרבית יתכון לאולפן אורייתי: |
| 4874 | | Lv26:14 | ואן לא תשמעון לאולפן אורייתי ולא תעבדון ית כל |
| 4875 | | Lv26:21 | בקשיו ולא תצבון למשמע לאולפן אורייתי ואוסף עליכון |
| 4876 | | Lv26:23M | /אין לא תיצבון למשמוע לאולפן אורייתי ותהל'#2#/ קדמיי |
| 4877 | | Lv26:27 | ואן בדה לא תשמעון לאולפן אורייתי ותהלכו עמי בקשיו: |
| 4878 | | Lv26:18 | מרדוותה לא תשמעון לאולפן אוריית«י»ה ואוסף למרדי |
| 4879 | | Gn33:14M | ואנא אדבר לבלחודוי לאולפן אוריתא די קדמיי ולסוברה |
| 4880 | | Dt 4:29M | מן {קדם} תמן <קדם> ייי/לאולפן אוריתא דייי#2#/ אלהכון |
| 4881 | לאומ' | Nu14:12M | /ואימני יתך משה לאומ'#2#/ רבה ותקיפה מנהון: |
| 4882 | | Dt 9:14M | לאומה /ואמני יתך לאומ'#2#/ רבה ותקיפה ומסגייה |
| 4883 | לאומא | Gn34:22 | גברייא למשרי עמן למהוי לאומא חדא במגזר לנא כל דכורא |
| 4884 | | Dt28:32M | ובנתכון מסירין/מסירין לאומא חורי'#2#/ \לאמא אחרי /לעם |
| 4885 | | Nu14:12 | יכלה קדמיי לממניה יתך לאומא רבה ותקיפה מנהון: |
| 4886 | לאומה | Dt28:36 | די תקימון עליכון לאומה די לא חכמתון אתון |
| 4887 | | Ex32:10M | קדמיי לממנייה\יתך לאומה#2#/ /ואימני יתך משה |
| 4888 | | Gn30:11 | דעתיד למגדעא משתודהון לאומה וקראת ית שמיה גד: |
| 4889 | | Gn34:16 | וניהווי {כולה} כולן לאומה חדה: |
| 4890 | | Ex 6:07M | לשמי \לעם קדישין /לאומה קדישא#2#/ ויהווי מימרי |
| 4891 | | Dt27:09 | יומא הדין איתמניתון לאומה קדם ייי אלהכון: |
| 4892 | | Gn17:20M | ואשוי יתה לאחסנה/לאומה#2#/ רבה: |
| 4893 | | Gn21:13 | ואף ית ברה דאמתה לאומה רבה אשויניה ארום ברך הוא: |
| 4894 | | Gn21:18 | ית יד«י»ך ביה ארום לאומה רבה אשוי יתיה: |
| 4895 | | Gn46:03 | תדחל מיחות מצרים ארום לאומה רבה אישוי יתך תמן: |
| 4896 | | Dt 9:14 | היא קדמי לממנייה יתך לאומה רבה ותקיפה ומסגייה מנהון: |
| 4897 | | Dt26:05 | זעיר ואיתברך והוה תמן לאומה רבה ותקיפה ומסגייה: |
| 4898 | לאומיה | Dt32:08 | בני אנשא אקימת תחומין לאומיה למניין שבטייה דבני |
| 4899 | לאומיהון | Gn25:16 | תרין עשר רבבנין לאומיהון: |
| 4900 | לאומייה | Ex32:10M | /ואימני יתך משה לאומייה#2#/ רבה ותקיפא מנהון: |
| 4901 | לאומין | Gn17:16 | בר וברכת יתה ותהווי לאומין ומלכין דשלטין באומיא מנה |
| 4902 | | Gn17:06 | לחד' לחדה ואשוי יתך לאומין מלכין דשלטין באמיא מן |
| 4903 | | Gn17:16M | ביר ואברך יתך ותהוי לאומין סגין ומלכין |
| 4904 | | Dt15:06 | די מלל לכון ותזופון לאומין סגין ואתון עמי לא תצרכון |
| 4905 | | Dt28:12 | כל עבד ידיכון ותצרכון לאומין סגין ואתון עמי לא תצרכון: |
| 4906 | לאור' | Gn45:23M | לאבוי לארחא/זוודין לאור'#2#/: |
| 4907 | לאורח | Dt 3:01 | וכווינן וסלקנן לאורח {ר}<ד>בותניין ונפק עוג |
| 4908 | לאורחא | Gn45:21 | ויהב להון זוודין לאורחא: |
| 4909 | | Nu21:01M | ישראל ארום מטון לאורחא די עלו בה ולילייה ונסדרא |
| 4910 | לאורחה | Ex12:39M | ולחוד זווד' לאורחה לא יעבדו להון |
| 4911 | לאורחיה | Gn32:02 | ויעקב אזל לאורחיה וארעו בה מלאכין מן קדם |
| 4912 | לאח' | Nu18:24M | אחסנה /ללוואי לאח'#2#/ בגין כדן/כן#2#/ אמרית |
| 4913 | לאחוהי | Gn31:46 | ואמר יעקב לאחוהי כנש{י}<ו> אבנין ונסבו |
| 4914 | לאחוי | Gn 9:25 | כנען עבד משתעב' יהווי לאחוי: |
| 4915 | | Gn45:01 | לוותיה כד אתחכם יוסף לאחוי: |
| 4916 | | Nu27:09 | ברת ותתנון ית אחסנתיה לאחוי: |
| 4917 | | Gn42:28 | ואמר לאחוי אחזר כספי והא הוא בפום |
| 4918 | | Gn50:01 | דאחוי ענה יהודה ואמר לאחוי איתון נבני לאבונן ארזא |
| 4919 | | Gn45:03 | ואמר יוסף לאחוי אנה יוסף העד כען אבא |
| 4920 | | Gn42:21 | ואמרין גבר לאחוי ברם חייבין אנן באדמה |
| 4921 | | Gn47:21 | דלא יהוון מצראי מוניין לאחוי דיוסף ואמרין להון אכסניא |
| 4922 | | Nu27:10 | אחין ותתנון ית אחסנתיה לאחוי דאבוי: |
| 4923 | | Gn37:19 | ואמרין גבר לאחוי הא מרי חלמיא האלין אתי: |
| 4924 | | Gn50:24 | ואמר יוסף לאחוי הא אנא מית וייי מדכרה |
| 4925 | | Gn37:05 | וחלם יוסף חלם ותני לאחוי ואוסיפו תוב למ«י»סני: |
| 4926 | | Gn37:09 | זמן תניינות ותני יתיה לאחוי ואמר הא חלמת חלם תוב והא |
| 4927 | | Nu 6:07 | לאבוי ולאמיה לאחוי ולאחתיה לא יסתאב להון |
| 4928 | | Gn46:31 | ואמר יוסף לאחוי ולאנשי בייתיה דאבוי אסוק |
| 4929 | | Gn26:31 | בצפרא ואשתבעו גבר לאחוי ושלח יתהון יצחק ואזלו |
| 4930 | | Dt19:19 | לה היך מה דאתחשב למעבד לאחוי ותבערון עבדי בישתה |
| 4931 | | Gn31:54 | יעקב נכסין בטורא וקרא לאחוי למיכל לחם ואכלו לחם |
| 4932 | | Dt20:08M | לבייתיה ולא יגרום לאחוי לתברא לבהון היך לביה |
| 4933 | | Gn37:26 | ואמר יהודה לאחוי מה ממון אנן מתהניין ארום |
| 4934 | | Gn47:21M | דלא יהוון קריין לאחוי מטלטליא וג{י}לוליא |
| 4935 | | Gn47:03 | ואמר פרעה לאחוי מן עבידתכון ואמרין לפרעה |
| 4936 | | Ex16:15 | ואמרין {ואמרין} גבר לאחוי מנא הוא ארום לא הון ידעין |
| 4937 | | Nu14:04M | גבר לחברי' /ואמרינן לאחוי#2#/ נשוי עלינן מלך |
| 4938 | | Gn45:04 | ואמר יוסף לאחוי קרבו כען לוותי וקרבו ואמר |
| 4939 | | Dt25:07 | ותימר סרב יבמי למקמה לאחוי שם בישראל לא צבא למייבמה |
| 4940 | לאחוך | Dt22:01 | מנהון מחזרה תחזר יתהון לאחוך: |
| 4941 | | Dt22:01M | \יתהון לאחוך /יתה לאחוך#2#/: |
| 4942 | | Gn20:16 | דסלעין דכסף לאחוך הא כספ«ה» ההוא יהיב |
| 4943 | | Dt23:20 | לא תוזף לאחוך זפו דממון זפו דכסף זפו |
| 4944 | | Dt23:21M | תהוון מוזפין לאחוך עיברייה לא תזופון |
| 4945 | לאחיה | Gn24:53 | ויהב לרבקה ודורון יהב לאחיה ולאמה: |
| 4946 | לאחיכון | Dt 3:20 | עד זמן די יניח ייי לאחיכון כוותכון וירתון לחוד |
| 4947 | | Dt15:11 | מפתח תפתחון ית ידיכון לאחיכון למסכינייה ולצריכיכון |
| 4948 | לאחך | Gn45:17 | ואמר פרעה ליוסף אמר לאחך דא עבדו טענו ית בעירכון |
| 4949 | לאחסנא | Gn50:13 | די זבן אברהם ית חקלא לאחסנא דקבורה מן לוות עפרון |
| 4950 | לאחסנה | Lv25:45M | לכון לאחסנתה/<לאחס>נה#2#/: |
| 4951 | | Nu32:29 | להון ית ארעא גלעדה לאחסנה: |
| 4952 | | Dt 4:21 | דייי אלהכון יהב לכון לאחסנה: |
| 4953 | | Dt32:49 | דאנה יהב לבני ישראל לאחסנה: |
| 4954 | | Nu34:02M | תחסן#2#/ לכון לאחסנה/<לאחס>נה#2#/ ארעא דכנען |
| 4955 | | Dt 4:38 | למתן לכון ית ארעהון לאחסנה ביומא הדין: |
| 4956 | | Dt19:10 | דייי אלהכון יהיב לכון לאחסנה דלא יהווי עליכון חובת |
| 4957 | | Nu18:21 | יהבית כל מעשר דישראל לאחסנה חלף פלחניהון די אנון |
| 4958 | | Dt29:07 | ית ארעהון ויהבנן יתה לאחסנה לשבטה דבית ראובן ולשבטה |
| 4959 | | Gn17:20 | רברבין יולד ואשוי יתה לאחסנה רבה: |
| 4960 | לאחסנו | Nu34:02 | דא ארעא די תיפול לכון לאחסנו ארעא דכנען לתחומ': |
| 4961 | | Gn23:09 | יזבן יתה לי ביניכון לאחסנו דקבור«ה»: |
| 4962 | | Gn23:11 | יזבן יתה לי ביניכון לאחסנו דקבורה דחת וענה עפרון |
| 4963 | | Gn49:30 | מן לוות עפרון חתייה לאחסנו דקבורה: |
| 4964 | לאחסנו' | Gn50:13M | אברהם ית חקלא לאחסנא/לאחסנו'#2#/ דקבורה מן לוות |
| 4965 | לאחסנות | Gn23:20 | ומערתא דביה לאברהם לאחסנות דקבורה מן לות בנו«י» |

|  |  |  |  |
|---|---|---|---|
| 4966 | | Gn17:08M | כל ארעא דכנען לאחסנת/לאחסנות#2/# עילם ואהוי במֵמרי |
| 4967 | לאחסנת | Gn23:20M | דביה לאברהם לאחסנות/לאחסנת#2/# דקבורה מן לוות |
| 4968 | | Gn17:08 | ית כל ארעא דכנען לאחסנת עילם ואהוי במֵמרי להון |
| 4969 | | Gn23:11M | \לאחסנו דקבורה /לאחסנת קבר#2/#: ועפרון הוי |
| 4970 | | Gn23:20M | בכל תחומא חזור חזור לאחסנת קבר |
| 4971 | לאחסנתה | Lv25:45 | בארעכון ויהוון לכון לאחסנתה: |
| 4972 | | Lv25:33 | זבונה דביתה וקרתה לאחסנתה ביובילה ארום בתי קרוי |
| 4973 | לאחסנתיה | Lv25:13 | הדה תחזרון גבר לא<ח>סנתיה: |
| 4974 | | Lv25:27 | דיזבן ליה ויחזור לאחסנתיה: |
| 4975 | | Lv25:28 | ויפוק ביובילה ויחזור לאחסנתיה: |
| 4976 | | Lv25:10 | לכון ותחזרון גבר לאחסנתיה וגבר לזרעיתיה תחזרון: |
| 4977 | לאחתי | Gn30:08 | לי בנין היך מה דיהב לאחתי לחוד אשתמעת וקראת שמה |
| 4978 | לאימיה | Gn27:14 | ואזל ונסב ואייתי לאימיה ועבדת אמיה תבשילין היך מה |
| 4979 | לאימר | Nu15:11M | חדא או לדיכרא חדא או לאימר באימריה או לגדי עזייה |
| 4980 | לאינש' | Gn50:04M | יוסף \עם אנשי בייתיה/לאינש#2/# דפרעה למימר אן \ |
| 4981 | לאיקר | Ex28:40 | וכובעין תעבד להון לאיקר ולתושבחא: |
| 4982 | | Ex28:02 | לבושי קדש לאהרן אחוך לאיקר ולתשבחא: |
| 4983 | | Dt32:10 | אשרי יתהון חזור חזור לאיקר שכינתיה אלף יתהון עשרתי |
| 4984 | לאיתה | Gn20:12 | לא ברתה דאמה והוות לי לאיתה: |
| 4985 | | Gn25:20 | אחתיה דלבן ארמאה ליה לאיתה: |
| 4986 | | Dt21:11 | ותתרעי בה ותיסב יתה לך לאיתה: |
| 4987 | | Dt25:05 | לוותה ויסב יתיה לה לאיתה ויבם יתה: |
| 4988 | לאיתו | Ex 2:01M | יוכבד חביבתא ליה לאיתו#2/#: |
| 4989 | | Ex22:15 | יפרן יתה ליה לאיתו: |
| 4990 | לאיתתא | Gn 3:01 | די ברא ייי אלהים ואמר לאיתתא ארום אמר ייי לא תאכלון |
| 4991 | | Gn 3:04 | ואמר חויה לאיתתא לא ממית תמתון: |
| 4992 | לאל' | Nu15:40M | אלהכון /עם קדישין לאל'#2/#: |
| 4993 | לאלה | Gn46:01 | לבאירה דשבע ונכס נכסין לאלה דאבוי יצחק: |
| 4994 | | Gn17:07 | עלם למהווי במימרי לך לאלה ולבניך מן בתרך: |
| 4995 | | Ex34:14 | ארום לא תסגדון לאלה חורן ארום ייי קנא שמיה אלה |
| 4996 | | Ex 6:07 | ויהווי מימרי לכון לאלה ותדעון ארום אנה הוא |
| 4997 | | Lv11:45 | למהוי {למהווי} לכון לאלה פרוק ותהוון קדישין ארום |
| 4998 | | Lv22:33 | למיהוי במימרי לכון לאלה פרוק אנה הוא ייי דפרקת |
| 4999 | | Lv25:38 | למיהוי ממרי לכון לאלה פרוק: |
| 5000 | | Lv26:12 | ויהווי מימרי לכון לאלה פרוק ואתון תהוון לשמי לעם |
| 5001 | | Lv26:45 | למיהווי במימרי להון לאלה פרוק אנה ייי: |
| 5002 | | Nu15:41 | דמצרים למיהוי לכון לאלה פרוק אנה ^הוא#2^# ייי |
| 5003 | | Dt26:17 | יומא הדין למיהווי לכון לאלה פרוק למהלכה באורחן דתקנן |
| 5004 | | Dt29:12 | קדישין והוא יהווי לכון לאלה פרוק היך מה «ד־״מלל לכון |
| 5005 | | Gn17:08 | עילם ואהוי במֵמרי להון לאלה פריק: |
| 5006 | | Gn28:21 | דאבא ויהווה ייי לי לאלה פריק: |
| 5007 | | Ex29:45 | ישראל ויהווי ממרי להון לאלה פריק: |
| 5008 | לאלה' | Lv21:06M | יהוון \קדם אלההון/לאלה#2/# ולא יפסון שמה |
| 5009 | לאלהא | Ex 8:21M | אלהכון בארעא /פלחו לאלהא בארעא#2/# דמצרים: |
| 5010 | | Gn46:01M | נכסין/נכיסן#2/# לאלה/לאלהא#2/# דאבוי יצחק: |
| 5011 | | Gn35:03M | דענה יתי בשעת /מדבחא לאלהא די ענה יתי בשע#2/# עקתי |
| 5012 | | Gn14:18M | רבתה קדם אלהא עלאה /לאלהא עילייא#2/#: |
| 5013 | לאלהה | Dt 1:17M | "דינה ... תקרבון": לאלהה הוא ופתגמא די יקום |
| 5014 | | Dt 5:26M | אומה ומלכו די שמע קלא לאלהה חייה ממ' |
| 5015 | לאלהיה | Lv21:07M | קדם אלההון /הוא לאלהיה#2/#: |
| 5016 | | Dt 6:04 | דאמה פלח אתון פלחין או לאלהיה דיעקב אבוכון אתון פלחין |
| 5017 | לאלהכון | Dt32:03 | איקר ותושבחה ורוממו לאלהכון: |
| 5018 | לאלהן | Ex14:14 | איקר ותושבחא ורוממו לאלהן: |
| 5019 | לאליין | Ex14:20 | ליליא ולא קרבו אליין לאליין לסדר קרבא כל ליליא: |
| 5020 | לאלין | Nu24:23 | די יגרה מלכותה אלין לאלין: |
| 5021 | | Dt27:15M | עניין כל עמא אלין לאלין |
| 5022 | | Ex14:25M | מצראי ואמרי' אלין לאלין אלהון נערק מן קד{ו}ם עמ' |
| 5023 | | Gn49:22 | ושולטנייא אמרין אלין לאלין ארום דין הוא יוסף גברא |
| 5024 | | Ex15:02M | ישרא' ואמרין אלין לאלין דן הוא אלהן ונשבחה יתיה |
| 5025 | | Ex14:28M | וחזרו מיין /אלין לאלין#2/# וכסן ית אר<ת>כי וית |
| 5026 | | Nu21:15 | ואקפו רישיהון אלין לאלין ורציצו רישי גיבריהון |
| 5027 | | Gn31:43 | לי הוא ולבנתי מה אעביד לאלין יומא דן או לבניהון די |
| 5028 | | Ex13:10M | יתיה מין אלין יומין לאלין ירחין |
| 5029 | | Nu21:15M | במערייה אמרין אלין לאלין כד יהוון ישראל |
| 5030 | | Ex14:25 | הדין אמרין אלין לאלין נערק מן עמא בני ישראל |
| 5031 | | Nu26:53 | לאלין שבטיה תתפלג ארעא באחסנה |
| 5032 | לאלנין | Nu21:34 | אברהם ושרה מדמיין לאלנין יאין קיימין על מבועין |
| 5033 | | Dt 3:02M | ואמר להון אתון מדמיין לאלנין שתילין על מבועין דמיין |
| 5034 | לאלפייה | Nu31:48M | סכומי חילוותה/דאית [ל]אלפייה דחיל קרבה#2/# רברבני |
| 5035 | לאלפין | Ex20:06 | ברם נטר אנה חסד וטיבו לאלפין דדרין לרחמוי צדיקיא |
| 5036 | | Dt 5:10 | ונטר חסד וטבו לאלפין ד{ר}<ד>רין לרחמיי צדיקיה |
| 5037 | | Ex34:07 | נטר חסד וטיבו לאלפין דרין שרי ושביק לחובין |
| 5038 | | Dt 7:09 | ולנטרי מצוותה דאורייתה לאלפין ד{ר}רין: |
| 5039 | לאמא | Dt28:32 | בניכון ובנתכון מסירין לאמא אחרי ועייניכון חמיין |
| 5040 | | Gn12:02 | ואמנא יתך לאמא רבה ואבר' יתך ואתוקף ית |
| 5041 | | Gn18:18 | ואברהם מהוה יהוה לאמא רבה ותקיפה ויתברכון |
| 5042 | לאמה | Gn29:24M | ללאה ברתיה לאמהה/לאמה#2/#: |
| 5043 | | Gn48:19 | ידע אנה אף הוא יהווי לאמה ואף הוא יתקף וברם אחוי |
| 5044 | לאמהא | Ex21:07M | גבר ית ברתיה לאמהתה/לאמהא#2/# לא תפוק בנימוסי |
| 5045 | לאמהה | Gn29:24 | אמתיה ללאה ברתיה לאמהה: |
| 5046 | | Gn29:29 | ברתה ית בלהה אמהתא לה לאמהה: |
| 5047 | לאמהתה | Ex21:07 | וארום יזבן גבר ית ברתיה לאמהתה לא תפוק בנימוסי עבדייא: |
| 5048 | לאמהתי | Gn30:18M | אגרי די יהבת אמת/לאמהתי#2/# לבעלי וקראת שמיה |
| 5049 | לאמהתך | Dt15:17 | ע{ו}ד לעולם ולחוד לאמהתך עבדיתה תעבד כדין: |
| 5050 | לאמוראי | Nu22:02M | עבדו ישראל לאמריי/לאמוראי#2/#: |
| 5051 | לאמיה | Gn44:20 | ואשתייר הוא בלחודוי לאמיה ואבוי רחים יתיה: |
| 5052 | | Lv21:02 | בשרי' דקריב לוותיה לאמיה ולאבוי ולברי' ולברתיה |
| 5053 | לאמיהון | Gn10:31 | ללשניהון בארעהון לאמיהון: |
| 5054 | לאמרה | Nu15:05 | או לנכסת קודש«י״»ה לאמרה חדתה: |
| 5055 | לאמריי | Nu22:02 | כל מה די עבדו ישראל לאמריי: |
| 5056 | לאמתא | Dt 5:21M | לחקלא לא לעבדיה ולא לאמתא ולא לתוריה ולא לביערה |
| 5057 | לאנהרותא | Ex25:06 | משח לאנהרותא בסמנין למשחא דרבותא |
| 5058 | | Ex35:08 | ומשחא לאנהרותא ובשמנין למשחה דרבותא |
| 5059 | | Ex35:28 | וית בוסמניה וית משחה לאנהרותא ולמשחה דרבותה ולקטרת |
| 5060 | | Lv24:02 | משח דזית זכיך כתיש לאנהרותא למסדרה בוציניה בתדירה: |
| 5061 | לאנהרותה | Ex27:20 | משח דזית זכיך כתיש לאנהרותה למסדרה בוצינין בתדירה: |
| 5062 | לאנינקי | Gn38:25 | שעת אנינקי אלהא דעני לאנינקי ואנהר עייני והב לי תלתא |
| 5063 | לאנפו | Lv14:21 | ידה ויסב אמר חד לאשמה לאנפו למכפרה עלוי ועשרון מכלתה |
| 5064 | לאנשי בייתה | Gn39:14 | <וקרת> לאנשי בייתה ואמרת להון למימר חמון |
| 5065 | לאנשי בייתיה | Ex19:03M | תימר \לדבית יעקב /לאנשי בייתיה דיעקב#2/# ותתני |
| 5066 | לאנשי ביתיה | Gn35:02 | ואמר יעקב לאנשי ביתיה ולכל מן דהווה עמיה |
| 5067 | לאנתו | Gn16:03 | יתה לאברם בעלה ליה לאנתו: |
| 5068 | לאסטליתא' | Dt22:03M | /וכן#2/# תעבד ללבושה/לאסטליתא#2/# וכדן תעבד לכל |
| 5069 | לאפדה | Ex35:27 | וית אבניה דאשלמותא לאפדה ולחשנה: |
| 5070 | לאפסה | Lv21:04M | כהנה רבה ואפילו בעמיה לאפסה כהונתה רבה אמטול ליה |
| 5071 | לאפקותהון | Ex16:01 | יומין לירחא תנינא לאפקותהון מארעא דמצרים: |
| 5072 | לאפרשות | Ex36:06 | לא יעבדון תוב עבידה לאפרשות בית קודשא ואתכלון עמא מן |
| 5073 | לארבע | Dt32:04 | ייי מפלג יומא ועבד יתה לארבע חלקין תלת שעין לעי |

|  |  |  |  |
|---|---|---|---|
| 5074 | לארבעה | Lv10:02M | לתרין חוטין ומתרין לארבעה ועלת באפהון ומיתו בגירין |
| 5075 | | Gn 2:10 | הוה מתפרש וחזור והוה לארבעה ראשי נהרין רברבין: |
| 5076 | לארבעתי | Ex25:26 | על ארבעתי זוויתא די לארבעתי רגלוי: |
| 5077 | | Ex37:13 | על ארבעתי זווייתה די לארבעתי רגלוי: |
| 5078 | לארחא | Gn45:23 | עבור ולחם ומזון לאבוי לארחא: |
| 5079 | | Gn42:25 | ולמיתן להון זבדין לארחא ועבד להון כדון: |
| 5080 | לארחה | Gn38:16 | וסטה לוותה לארחה ואמר הבי כען אעול לוותיך |
| 5081 | | Gn33:16 | וחזר ביומא ההוא עשו לארחה לגבלה: |
| 5082 | לארחכון | Gn19:02 | ותקדמון ותזלון לארחכון ואמרין ליה לא ארום |
| 5083 | לאריחי | Ex25:27 | יהוון עזקתיה לאתרין לאריחי למטען ית פתורא: |
| 5084 | לאריחי' | Ex36:34 | עזקיהון עבד דהב אתרין לאריחי' וחפי ית נגריה דהב: |
| 5085 | לאריחיה | Ex38:05 | לקנקילה דנחשה אתרין לאריחיה: |
| 5086 | | Ex26:29M | /דדהב#2/ אתרין לנגריה/לאריחיה#2/ ותחפי{ה} ית נגריה |
| 5087 | | Ex30:04 | סטרוי ויהווי לאתרין לאריחיה למטען יתיה בהון: |
| 5088 | | Ex37:14 | הווין עזקי אתרין לאריחיה למטען ית פתורה: |
| 5089 | | Ex37:27 | על תרין סטרוי לאתרין לאריחיה למטען יתיה בהון: |
| 5090 | לארכה | Gn13:17 | קום הלך בארעא לארכה ולפתייה ארום לך אתן יתה: |
| 5091 | לארע | Gn32:04 | {לוות} לוות עשו אחוי לארע גבלא לתחומהון דאדומאי: |
| 5092 | | Gn31:03 | ואמר ייי ליעקב חזור לארע אבהתך לתלדוותך ואהוי במימרי |
| 5093 | | Gn48:21M | ויחזור יתכון לארע/לארעא#2/ אבהתכון: |
| 5094 | | Nu35:28 | כהנא רבה יחזור קטולה לארע אחסנתיה: |
| 5095 | | Dt29:27 | ובכעס רב וטלק יתהון לארע אחרני כיומא הדין: |
| 5096 | | Gn29:01M | יעקב רגלוי ואזל לארעא/לארע#2/ בני מדינחא: |
| 5097 | | Lv26:41 | עמהון בקשיו ואעל יתהון לארע בעלי דבביהון או דלמה יתבר |
| 5098 | | Gn31:18M | יצח«ק» אבוהי לארעא/לארע#2/ דכנען: |
| 5099 | | Ex33:03M | לארעא/<לא>רע#2/ דעבדא פירין טבין |
| 5100 | | Gn20:01M | מן תמן אברהם לארעא/לארע#2/ דרומא ושרא בין רקם |
| 5101 | | Ex 3:08M | מן ארעא הדא לארעא/לארע#2/ טבא ופתיא לארעא |
| 5102 | | Dt 8:07 | ייי אלהכון מעל יתכון לארע טבה ארע בית נחלין דמיין |
| 5103 | | Gn22:02 | רחמת ית יצחק ואזל לך לארע סור מוריה וקרב יתה תמן |
| 5104 | | Lv16:22 | עלוי ית כל חוביהון לארע מפסקה וישלח ית צפירה |
| 5105 | | Ex 3:08M | טבא ופתיא לארעא/לארע#2/ עבדא פירין טבין נקין |
| 5106 | | Nu16:14 | להוד לא לארע עבדה פירין טבין נקיין |
| 5107 | | Dt33:28 | דברך יתהון יעקב אבוהון לארע עבדה עיבור וחמר לחוד שמיא |
| 5108 | | Dt 2:12 | היך מה די עבדו ישראל לארע תותבותהון די יהב ייי להון: |
| 5109 | | Gn36:06M | דכנען ואזל לארעא/לארע#2/ חורי/אחורי#2/ |
| 5110 | לארע' | Nu15:02M | ארום תיעלון בארעא/לארע#2/ בית מידוריכון |
| 5111 | | Dt17:14 | ארום תיעלון לארע' דייי אלהכון יהב לכון |
| 5112 | | Lv19:23 | וארום תעלון לארע' ותנצבון כל אילן דמיכל |
| 5113 | לארעא | Gn 3:19M | מזון עד זמן די תחזור לארעא |
| 5114 | | Ex 9:33 | קליא וברדא ומטר לא נחת לארעא: |
| 5115 | | Lv25:05 | תקטפון שבת שבתה יהווי לארעא: |
| 5116 | | Lv25:24 | אחסנתכון פרקן תתנון לארעא: |
| 5117 | | Lv25:24M | /אחסנותכון תתנון לארעא#2/: |
| 5118 | | Dt 4:18 | נונייא די במייא מן לרע לארעא: |
| 5119 | | Dt 5:08 | ודי בארעא מן לרע לארעא: |
| 5120 | | Gn24:10 | דריבוניה עמיה וקם ואזל לארעא נהרים לקרתא דנחור: |
| 5121 | | Gn48:21 | ייי עמכון ויחזור יתכון לארעא אבהתכון: |
| 5122 | | Dt32:01 | ורחיק מן שמיא אמר לארעא אציתו ולשמייא שמעו |
| 5123 | | Gn 3:19 | אפיך תאכל לחם עד מחזרך לארעא ארום מנה אתברית ארום עפר |
| 5124 | | Gn29:01 | ונטל יעקב רגלוי ואזל לארעא בני מדינחא: |
| 5125 | | Nu12:12M | קצן למיעול לארעא דישראל |
| 5126 | | Dt 1:01M | גזר עליכון דלא תיעלון לארעא דישראל ובגין מנתה |
| 5127 | | Gn46:28 | בית משרוי בגשנה ועלו לארעא דגשן: |
| 5128 | | Ex15:22M | סוף#2/ ונפקו למדברא/לארעא#2/ דחלוצה והלכו ארח |
| 5129 | | Gn11:31 | נורהון דכשדאי למיזל לארעא דכנען ומטון עד חרן ושרן |
| 5130 | | Gn12:05 | די גיירו ונפק למזל לארעא דכנען ואתון לארעא |
| 5131 | | Gn12:05 | לארעא דכנען ואתון לארעא דכנען: |
| 5132 | | Gn31:18 | לוות יצח«ק» אבוהי לארעא דכנען: |
| 5133 | | Gn42:29 | ואתון לוות יעקב אבוהון לארעא דכנען ותנון לה ית כל מה |
| 5134 | | Gn45:17 | ית בעירכון ואזלו עולו לארעא דכנען: |
| 5135 | | Gn45:25 | וסלקו ממצרים ואתו לארעא דכנען לוות יעקב אבוהון: |
| 5136 | | Gn50:13 | ואובילו יתיה בנוי לארעא דכנען וקברו יתיה במערת |
| 5137 | | Lv14:34 | ארום תעלון לארעא דכנען די אנה יהב לכון |
| 5138 | | Nu33:51 | אתון עברין ית ירדנה לארעא דכנען: |
| 5139 | | Nu34:02 | אתון על{{י}}ל«י»ן לארעא דכנען דא ארעא די תיפול |
| 5140 | | Nu35:10 | אתון עברין ית ירדנה לארעא דכנען: |
| 5141 | | Ex 4:20 | יתהון על חמרא וחזר לארעא דמצרים ונסב משה ית |
| 5142 | | Ex 6:08 | ואעל יתכון לארעא דזקפית ידי בשבועה למתן |
| 5143 | | Gn12:01 | ומן בייתי דאבוך לארעא די אחוי יתך: |
| 5144 | | Gn50:24 | יתכו«ן» מן ארעא הדא לארעא די קיים לאברהם ליצחק |
| 5145 | | Ex12:25 | ויהוי ארום תיעלון לארעא די יתן ייי לכון היך מה |
| 5146 | | Ex33:01 | פריקין מן ארעא דמצרים לארעא די קיימת לאברהם ליצחק |
| 5147 | | Lv23:10 | ותימר להון ארום תיעלון לארעא די אנה יהב לכון ותחצדון |
| 5148 | | Lv25:02 | ותימ' להון ארום תיעלון לארעא די אנה יהב לכון ותשמט |
| 5149 | | Nu13:27 | ותנון ליה ואמרין עלינן לארעא די שלחת יתן ולהוד ארע |
| 5150 | | Nu14:24 | בתר ממרי ואעל יתה לארעא די על לתמן ובנוי ירתון |
| 5151 | | Nu14:30 | אין אתון תיעלון לארעא די זקפית ידי בשבועה |
| 5152 | | Nu15:18 | להון ארום במעלכון לארעא די אנה מעל יתכון לתמן: |
| 5153 | | Nu20:12M | ית קהלה הדין לאתרא/לארעא#2/ די יהבית להון: |
| 5154 | | Nu20:24 | לעמיה ארום לא ייעול לארעא די יהבית לבני ישראל על |
| 5155 | | Nu32:07 | דבני ישראל מלמעבר לארעא די יהב להון ייי: |
| 5156 | | Nu32:09 | דבני ישראל דלא מיעול לארעא די יהב להון ייי: |
| 5157 | | Dt 3:28M | \ית ארעא /יתה להון לארעא#2/ די תחמי: |
| 5158 | | Dt 6:10 | {א} יתכון ייי אלהכון לארעא די קיים לאבהתכון לאברהם |
| 5159 | | Dt 7:01 | יעל יתכון ייי אלהכון לארעא די אתון עללין לתמן למירת |
| 5160 | | Dt 9:28 | ייי למיעלה יתהון לארעא די מלל להון ועל דהווה סני |
| 5161 | | Dt11:29 | יעיל יתכון ייי אלהכון לארעא די אתון עלין לתמן למירת |
| 5162 | | Dt12:05 | ארום אלהן לארעא די יתרעי ייי אלהכון מן כל |
| 5163 | | Dt26:03 | ייי אלהן ארום עלינן לארעא די קיים ייי לאבהתן למיתן |
| 5164 | | Dt30:05 | ויעל יתכון ייי אלהכון לארעא די ירתו אבהתכון ותירתון |
| 5165 | | Dt31:07 | את תיעל ית עמה האליין לארעא די קיים ייי לאבהתהון |
| 5166 | | Dt31:20 | ארום אעיל יתהון לארעא די קיימת לאבהתהון ארע |
| 5167 | | Dt31:21 | קדם עד לא אעל יתהון לארעא די קיימת: |
| 5168 | | Dt31:23 | את תעיל ית בני ישראל לארעא די קיימת להון ואנה במימרי |
| 5169 | | Dt32:52 | ית ארעא ותמן לא תיעול לארעא די אנה יהב לבני ישראל: |
| 5170 | | Dt 2:29 | די נעבר ית ירדנה הדן לארעא דייי אלהן יהב לן: |
| 5171 | | Dt18:09 | ארום {א}אתון עללין לארעא דייי אלהכון יהב לכון לא |
| 5172 | | Dt26:01 | ויהווי ארום תיעלון לארעא דייי אלהכון יהב לכון |
| 5173 | | Dt27:02 | די תעברון ית ירדנה לארעא דייי אלהכון יהיב לכון |
| 5174 | | Dt27:03 | מן בגלל די תעלון לארעא דייי אלהכון יהב לכון ארע |
| 5175 | | Ex13:11M | ייי \לארעהון דכנעניי/ לארעא/ דכנע<נ>אי#2/ היך מה די |
| 5176 | | Ex15:12M | ית ידך בשבועה ואשתבע לארעא דלית |
| 5177 | | Gn24:05 | הא מחזרה אחזור ית ברך לארעא דנפקת מן תמן: |
| 5178 | | Ex 3:17 | ופריזיי וחיויי ויבוסיי לארעא דעבדא פירין נקיא כחלבא |
| 5179 | | Ex33:03 | לארעא דעבדא פירין טבין נקיין |
| 5180 | | Nu14:16 | למיעלה ית עמא האליין לארעא דקיים להון ונכס יתהון |
| 5181 | | Gn20:01 | ונטל מן תמן אברהם לארעא דרומא ושרא בין רקם ובין |

|  |  |  |  |  |  |
|---|---|---|---|---|---|
| 5182 | Gn24:05 | | תצבי אתתא למיתי בתרי | לארעא | הדא הא מחזרה אחזור ית ברך |
| 5183 | Gn28:15 | | דתזל ואחזור יתך {לתר} | לארעא | הדא ארום לא ישבוק מימרי |
| 5184 | Nu14:03 | | ולמה כען ייי מעל יתן | לארעא | הדה למפל בחרבה נשינן |
| 5185 | Nu14:08 | | הוא בן ייי וייתי יתן | לארעא | הדה ויתן יתה לן ארע דהיא |
| 5186 | Dt26:09 | | ואעיל יתן | לארעא | הדין ויהב לן ית ארעא הדא |
| 5187 | Ex34:08 | | ואוחי משה ועקד | לארעא | ואודי ושבח: |
| 5188 | Ex 4:03 | | לארעא וטלק יתיה | לארעא | והוי לחוי וערק משה |
| 5189 | Ex 4:03 | | ואמר טלק ית{א}<ה> | לארעא | וטלק יתיה לארעא והוי לחוי |
| 5190 | Gn49:22 | | דמיין ושלחת שרשי' | לארעא | ופגרת שיני כל {ס}<כ>יפי |
| 5191 | Dt32:01 | | מן בתרה בגין דהוה קרב | לארעא | ורחיק מן שמיא אמר לארעא |
| 5192 | Gn36:06 | | קנה בארעא דכנען ואזל | לארעא | חורי מן קדם יעקב אחוי: |
| 5193 | Ex 3:08 | | יתכון מן ארעא הדא | לארעא | טבא ופתיא לארעא עבדא |
| 5194 | Dt 4:21 | | ית ירדנה ודלא למיעול | לארעא | «טבתה» דייי אלהכון יהב |
| 5195 | Lv25:10 | | שנייה ותכרזון חירו | לארעא | לכל דיירה יובלה היא |
| 5196 | Gn41:36 | | ויהוי מזונא לדכרן טב | לארעא | לשבעתי שני כפנא די |
| 5197 | Gn25:06 | | עד הווה בחיין קדמיין | לארעא | מדינחא: |
| 5198 | Ex20:04 | | ודי במיא מן תחות | לארעא | מן תחות: |
| 5199 | Ex 3:08 | | הדא לארעא טבא ופתיא | לארעא | עבדא פירין טבין נקיין |
| 5200 | Ex15:12 | | ואמרין ימא הוה אמר | לארעא | קבלי בניך וארעא הוות אמרה |
| 5201 | Lv25:04 | | שביעיתה שבת שבתה יהוי | לארעא | שמטתה קדם ייי חקליכון לא |
| 5202 | Gn36:43 | | אדומיי למדוריהון | לארעא | תותבותיהון הוא עשו |
| 5203 | Ex16:35 | | שנין עד מיעליהון | לארעא | תותבותיהון ית מנא אכלו עד |
| 5204 | Gn31:13 | | פוק מן ארעא הדא וחזור | לארעא | תלדוותך: |
| 5205 | Dt29:23 | לארעה | למה ממרה דייי כדן עבד | לארעה | הדה מה תקיף הוא רוגזיה |
| 5206 | Ex23:23 | לארעהון | קדמיכון ויעל יתכון | לארעהון | דאמוריי דחתיי ופרזיי |
| 5207 | Dt 2:37 | | להוד | לארעהון | דבני עמונייה לא קרבנן כל |
| 5208 | Ex 3:08 | | וחליין כדובש«א» | לארעהון | דכנענאי וחתיי ואמריי |
| 5209 | Ex 3:17 | | מן שעבודהון דמצריי | לארעהון | דכנעניי וחתיי ואמריי |
| 5210 | Ex13:05 | | ארום יעל יתכון ייי | לארעהון | דכנענאיי וחתיי ואמריי |
| 5211 | Ex13:11 | | ארום יעל יתכון ייי | לארעהון | דכנעניי היך מה די קיים |
| 5212 | Nu22:36 | | בלעם ונפק לקדמותיה | לארעהון | דמואביי דסמיך לגבול |
| 5213 | Gn21:32 | | רב חילוותה וחזרו | לארעהון | {ל}<^ד#2#^>פלשתאי: |
| 5214 | Gn30:25 | לארעי | ואזיל לאתרי{{ה}} | לארעי{{ה}}: | |
| 5215 | Gn24:04 | | ארום אלהן | לארעי | ולילדותי תזיל ותיסב אתה |
| 5216 | Nu10:30 | | אנה <אזל> ארום אלהן | לארעי | ולתלדותי אזל: |
| 5217 | Ex18:27 | לארעיה | משה ית חמוי ואזל ליה | לארעיה: | |
| 5218 | Gn32:10 | לארעך | אבא ייי דאמר לי חזור | לארעך | ולתולדותך ואוטב לך: |
| 5219 | Nu22:13 | לארעכון | לרברבנוי דבלק איזילו | לארעכון | ארום לית רעוה מן קדם ייי |
| 5220 | Gn21:02 | לאשון | וילדת שרה לאברהם בר | לאשון | סיבותה לעדנא דמליל יתה |
| 5221 | Gn21:07 | | שרה ארום ילדת ליה בר | לאשון | סיבותיה: |
| 5222 | Ex35:33 | לאשלמותה | ובאומנות אבנא טבתה | לאשלמותה | ובנגרות קיסה למעבד בכל |
| 5223 | Ex31:05 | לאשלמתא | ובאומנות אבנא טבתא | לאשלמתא | ובנגרות קיסא למעבד בכל |
| 5224 | Lv 5:15 | לאשמה | בסלעי «בית» קדשה | לאשמה: | |
| 5225 | Lv19:21 | | לתרע משכן זימנא דכר | לאשמה: | |
| 5226 | Lv 5:26M | | כל מה די יעבד | למתחייבה/לאשמה#2#/ | בה: |
| 5227 | Nu 6:12 | | וייתי אמר בר שתה | לאשמה | ויומין קדמיין בטלון ארום |
| 5228 | Lv14:12 | | אמרה חדתה ויקרב יתיה | לאשמה | וית לוגה דמשחה ויניף |
| 5229 | Lv14:21 | | ארע' ידה ויסב אמר חד | לאשמה | לאנפו למכפרה עלוי ועשרון |
| 5230 | Lv 5:18 | | מן מום מן ענה בעלויה | לאשמה | לוות כהנא ויכפר עלוי כהנא |
| 5231 | Lv 5:25 | | מן מום מן ענה בעלויה | לאשמה | לוות כהנא: |
| 5232 | Ex38:26M | לאשתין | מאה אלפין ותלתה | /לאשתין | רבבן ותלת#2#/ אלפין |
| 5233 | Lv14:41 | לאת' | די יקלפון לבר מן קרתה | לאת' | מסאב: |
| 5234 | Dt 9:07M | | עד מיעלכון עד | אתרה/לאת#2#/ | מסרבין הוויתון קדם |
| 5235 | Gn16:03M | לאתה | לאברם בעלה ליה | לאנתו/לאתה#2#/: | |
| 5236 | Gn28:09 | | דנביות על נשוי לה | לאתה: | |
| 5237 | Gn29:28 | | לה ית רחל ברתה לה | לאתה: | |
| 5238 | Gn30:09 | | אמהתה ויהבת יתה ליעקב | לאתה: | |
| 5239 | Gn34:04 | | למימר אסב ית רביתה הדא | לאתה: | |
| 5240 | Gn34:08 | | אסבו יתה כען לה | לאתה: | |
| 5241 | Gn34:12 | | לי ואסבו לי ית רביתה | לאתה: | |
| 5242 | Gn38:14 | | לא אתנס«י»בת ליה | לאתה: | |
| 5243 | Dt21:13 | | לוותה ותיסב יתה לך | לאתה: | |
| 5244 | Dt24:03 | | אחרייה די נסב יתה ליה | לאתה: | |
| 5245 | Ex 6:20 | | ברת אחוי דאבוי לה | לאתה | דילדת לה: |
| 5246 | Gn 2:22 | | ית אלעא די נסב מן אדם | לאתה | ואייתי יתה לות אדם: |
| 5247 | Gn16:05 | | אמתי ויהבת יתה לך | לאתה | ואמרית היא תלד ואנה ארבי |
| 5248 | Ex 6:23 | | אחתיה דנחשון ליה | לאתה | וילדת ליה ית נדב וית |
| 5249 | Ex 6:25 | | מן בנתיה דפוטיאל ליה | לאתה | וילידת ליה ית פינחס אליין |
| 5250 | Gn12:19 | | אחתי היא ונסב' יתה לי | לאתה | וכדין הא אתתך דבר ואזל: |
| 5251 | Dt22:16 | | ברתי יהבית לגברא הדין | לאתה | וסני יתה: |
| 5252 | Gn30:04 | | ואסבת ליה ית בלהה אמהתה | לאתה | ועל לוותיה יעקב: |
| 5253 | Gn24:67 | | ונסב ית רבקה והות לה | לאתה | ורחם יתה ואנחם יצחק |
| 5254 | Dt22:29 | | סלעין דכסף וליה תהוי | לאתה | חלף די צער יתה ולית הוא |
| 5255 | Dt22:19 | | ברת ישראל וליה תיהווי | לאתה | לית הוא רשיי למשבקה יתה כל |
| 5256 | Nu36:08 | | שבט אבהתה ייהוויין | לאתה | מן בגלל דירתון בני ישראל |
| 5257 | Dt24:04 | | למיחזור למיסב יתה לה | לאתה | מן בתר דאסתאבת לגבר אחרן |
| 5258 | Gn34:08M | לאתו | /היבו כען יתה ליה | לאתו#2#/: | |
| 5259 | Dt21:13M | | ותיסב יתה לך | לאתה/<לא>תו#2#/: | |
| 5260 | Dt24:03M | | די נסב יתה ליה | לאתה/<לא>תו#2#/: | |
| 5261 | Ex 6:23M | | דנחשון ליה | לאתה/<לא>תו#2#/ | וילדת ליה ית נדב |
| 5262 | Ex 6:25M | | דפוטיאל ליה | לאתה/<לא>תו#2#/ | וילידת ליה ית |
| 5263 | Dt24:04M | | למיסב יתה לה | לאתה/<לא>תו#2#/ | מן בתר דאסתאבת |
| 5264 | Nu24:24M | לאתוראה | איטליה וישעבדון | לאתוראה | ויסופון ליתבי עיבר פרת |
| 5265 | Gn 1:14 | לאתין | ובין ליליא ויהוון | לאתין | ולזמנין ולמקדש' בהון עבור |
| 5266 | Dt28:46 | | ויהוון לכון | לאתין | ולסימנין ובבניכון עד |
| 5267 | Ex13:09 | | ויהוי לך | לאתין | על אדרעיכון ולדוכרן טב על |
| 5268 | Ex13:16M | | ויהווי | לסימ/לאתין#2#/תפלים#2#/ | על אדרעיכון |
| 5269 | Nu22:29 | לאתנתה | ואמר בלעם | לאתנתה | ארום שקרת בי אילו הווה |
| 5270 | Gn13:07M | לאתר | \מטין לבית/אתיין | לאתר#2#/ | |
| 5271 | Nu23:13 | | ליה בלק אתא כען עמי | לאתר | אוחרן די תחמי יתהון מן תמן |
| 5272 | Nu23:27 | | לבלעם אתה כען אדבר יתך | לאתר | אחרן מה דילמה דיהווי רעווה |
| 5273 | Lv 4:12 | | לבר מן משריתיה לאתר דכי | לאתר | בית שפיכות קיטמא ויוקד |
| 5274 | Lv 4:12 | | כל תורא לבר מן משריתה | לאתר | דכי לאתר בית שפיכות קיטמא |
| 5275 | Lv 6:04 | | ית קטמה לבר מן משריתה | לאתר | דכי: |
| 5276 | Gn 1:09 | | מיא מן תחות שמיא | לאתר | חד ותתחמי יבשתא והוה כן |
| 5277 | Gn13:04M | | אתר מדבחה די בנה תמן | לאתר/ | מדבחה די צלי תמן#2#/ |
| 5278 | Lv14:40 | | יתהון לבר מן קרתה | לאתר | מסאב: |
| 5279 | Lv14:40M | | באונס' וטלומא יתרמון | לאתר | מסאב |
| 5280 | Lv14:45 | | דבייתה ויפק לבר מן קרתה | לאתר | מסאב: |
| 5281 | Dt12:26M | לאתר' | /תיסבלון ותיעלון | לאתר#2#/ | די יתרעי/איתרעי#2#/ |
| 5282 | Gn35:07 | לאתרא | ובנה תמן מדבח וקרא | לאתרא | דאתגלי עלוי תמן {«ייי»} |
| 5283 | Gn22:03 | | קיסין לעלה וקם ואזל | לאתרא | די אמר לה ייי: |
| 5284 | Ex32:34 | | {וכדון} אזל דבר ית עמא | לאתרא | די מללת לך הא מלאכי ידבר |
| 5285 | Nu14:40 | | למימר הא אנן וניסוק | לאתרא | די אמר ייי ארום חטינן: |
| 5286 | Nu20:12 | | לא תיעלון ית קהלה הדין | לאתרא | די יהבית להון: |
| 5287 | Dt16:06 | | אלהן | לאתרא | די יתרעי ייי אלהכון |
| 5288 | Dt18:06 | | וייתי בכל תוחמדת נפשיה | לאתרא | די יתרעי ייי: |
| 5289 | Dt26:02 | | ותשוון בסלה ותזלון | לאתרא | די יתרעי ייי אלהכון |

|  |  |  |  |  |  |
|---|---|---|---|---|---|
| 5290 | | Gn19:27 | ואקדם אברהם בצפרא | לאתרא | דקם וצלי תמן קדם ייי: |
| 5291 | לאתרה | Gn29:03 | ית אבנא על פמה בבארה | לאתרה: | |
| 5292 | | Nu20:05 | מן מצרים למיעל יתן | לאתרה | בישה הדין לא אתר שפר |
| 5293 | | Gn22:09 | ואתון | לאתרה | די אמר ליה ייי ובנה תמן |
| 5294 | | Nu10:29 | חמוי דמשה נטלין אנן | לאתרה | די אמר ייי יתה אתן לכון |
| 5295 | | Dt12:26 | תטענון ותייתון | לאתרה | די יתרעי ייי: |
| 5296 | | Dt14:25 | כספא בידיכון ותיזלון | לאתרה | די יתרעי ייי אלהכון בה: |
| 5297 | | Dt17:08 | ותקומון ותסקון | לאתרה | די יתרעי ייי אלהכון ביה: |
| 5298 | | Dt29:06 | ואתיתון | לאתרה | הדין ונפק סיחון מלכא |
| 5299 | | Nu13:24 | | לאתרה | ההוא קרא נחל סגולה על עסק |
| 5300 | | Dt 3:13 | תרכונה לכל בותנין | לאתרה | ההוא יתקרי ארעהון |
| 5301 | | Nu24:25 | וקם בלעם ואזל וחזר | לאתרה | ואף בלק חזר לאתריה ואקים |
| 5302 | לאתרהון | Gn49:19 | ארעא ובתר כדן יחזרון | לאתרהון | בנכסין סגיין: |
| 5303 | לאתרוי | Ex14:27M | ימא לעדוני צפרא | לתקפה/לאתרוי#2#/ | ומצריי ערקון |
| 5304 | לאתרי | Gn30:25 | שלח יתי כען ואזיל | לאתרי{{ה}} | לארעי{{ה}}: |
| 5305 | לאתריה | Gn18:33 | עם אברהם ואברהם חזר | לאתריה: | |
| 5306 | | Gn32:01 | יתהון ואזל וחזר לבן | לאתריה: | |
| 5307 | | Nu22:34 | אין ביש באפך אחזור | לאתריה: | |
| 5308 | | Nu24:25 | לאתרה ואף בלק חזר | לאתריה | ואקים בנתיה על פרה רבה: |
| 5309 | | Gn40:21M | ית רב מזוגיה | לשמושה/לאתריה#2#/ | ושוי כסא בכף ידא |
| 5310 | | Nu 2:17 | כדן הוון נטלין גבר | לאתריה | לטכסיהון: |
| 5311 | לאתריהון | Gn36:40 | דעשו לזרעיתהון | לאתריהון | בשמתיהון רבה תמנע רבה |
| 5312 | | Nu32:17 | עד זמן די נעל יתהון | לאתריהון | וישרון טפלינן בקריין |
| 5313 | | Ex18:23 | כל עמא האלין | לאתריהון | יעלון בשלם: |
| 5314 | | Nu21:15 | כדן אתפרשו ואזלו להון | לאתריהון | לחוות קרתה די לא הוות |
| 5315 | לאתרין | Ex25:27 | גיפופיה יהוון עזקתיה | לאתרין | לאריחי למטען ית פתורא: |
| 5316 | | Ex30:04 | על תרין סטרוי ויהווי | לאתרין | לאריחיה למטען יתיה בהון: |
| 5317 | | Ex37:27 | זויתה על תרין סטרוי | לאתרין | לאריחיה למטען יתיה בהון: |
| 5318 | לאתרך | Nu24:11 | וכדון אזל לך | לאתרך | אמרת מוקרא איקר והא מנע |
| 5319 | לאתתא | Gn 3:13 | ואמר ייי אלהים | לאתתא | מה היא דא׳די עבדית ואמרת |
| 5320 | לאתתה | Nu 5:19 | וישבע יתה כהנה ויימר | לאתתה | אן לא שמש גבר עימך ואין |
| 5321 | | Dt32:04 | מזווג זוגין בין גבר | לאתתה | ומרים וממך ותלת שעין |
| 5322 | | Gn41:45 | פוטיפרע רבה דטנס ליה | לאתתה | ונפק יוסף בכל ארעא |
| 5323 | | Nu 5:21 | דלווטה ויאמר כהנה | לאתתה | ישווי ייי יתיך ללוט |
| 5324 | לאתתיה | Nu30:17 | ייי ית משה בין גבר | לאתתיה | בין אב לברתה ברביותה |
| 5325 | | Gn39:08 | וסרב ואמר | לאתתיה | דרבוניה הא רבוני לא ידע |
| 5326 | לב׳ | Nu25:14M | סלוא רב בית אבה | דבנוי/לב׳#2#/ | דשמעוני: |
| 5327 | | Gn31:30M | /ומתכנשה תתכניש | לב׳#2#/ | דאבוך למה \כען#2#/ |
| 5328 | | Dt 1:12M | /היך אנא סבל | לב׳#2#/ | טרחתכון ומטולכון |
| 5329 | לבאורה | Gn16:14M | בגין כדן קרא | לבארה/לבאורה#2#/ | באר׳ דאתגלי עלה |
| 5330 | לבאירה | Gn24:11M | קרת«א» \על | בארא/לבאירה#2#/ | דמיא לעדוני/לעדן#2# |
| 5331 | | Gn24:20 | לגו מורכיון ורהטת תוב | לבאירה | למימלי ומלת לכל גמלוי: |
| 5332 | לבארה | Gn26:33 | שבעה בגין כדן שמה דקרא | לבארה | באר שבע עד זמן יומא |
| 5333 | | Gn16:14 | בגין כדן קרא | לבארה | באר׳ דאתגלי עלה קיים כל |
| 5334 | | Gn24:62 | מן בית מקדשא דשם רבה | לבארה | דאתגלי עלי קיים כל עלמא |
| 5335 | לבארה דשבע | Gn26:23M | מן תמן | לבאר שבע/לבארה דשבע#2#/: | |
| 5336 | לבדק | Nu 5:18M | דכהנה יהוון מיה בדוקיה | לבדק | |
| 5337 | | Nu 5:19M | דזתכי מן מיה בדוקיה | לבדק | האליין |
| 5338 | | Nu 5:24M | מלוטיה לממרה /בדוקיה | לבדק | וייעלון ב{י}ה מיה בדוקיה |
| 5339 | | Nu 5:27M | לה ותת«נ»פח /בדוקיה | לבדק | ויתנפחה#2#/ כרסה ותתמסי |
| 5340 | | Nu 5:24M | ב{י}ה מיה בדוקיה | לבדק#2#/ | לה: |
| 5341 | לבזה | Nu14:03 | נשינן וטפלינן יהוון | לבזה | הלא טב לן חזרנן למצרים: |
| 5342 | | Nu14:31 | וטפלכון די אמרתון | לבזה | יהוון ואעיל יתהון ויחכמון |
| 5343 | | Dt 1:39 | וטפליכון די אמרתון | לבזה | יהוון ובניכון די לא חכמון |
| 5344 | לבי׳ | Gn 2:17 | מינה ידע למפרשה בין טב | לבי׳ | לא ת«י»כל מינה ארום |
| 5345 | לביזה | Nu24:22 | ארום אן יהווי שלמיה | לביזה | עד כען אשוריי משבי יתך: |
| 5346 | לביזיון | Gn38:23 | תסב לה דלא נהווי | לביזיון | הא שלחית גדייה הדין והא |
| 5347 | לביית׳ | Gn24:38 | ארום אלהין | לביית׳ | דאבא תיזל ולוות זרעייתי |
| 5348 | לבייתה | Lv14:46M | לגו ביתה /ודיעול | לבייתה#2#/ | כל יומין די יטרוד יתיה |
| 5349 | לבייתיה | Gn28:02 | קום אזל לפדן ארם | לבייתיה | דבתואל אבוי דאמך וסב לך |
| 5350 | | Gn31:30 | ארום מתחמדה אתחמדת | לבייתיה | דאבוך למה גנבת ית דחלתי: |
| 5351 | | Dt20:05 | {ו}<י>יזיל ויחזור | לבייתיה | דלא ימות בסדרי קרבה וגבר |
| 5352 | | Dt20:06 | פירוי יזיל ויחזור | לבייתיה | דלא ימות בסדרי קרבא וגבר |
| 5353 | | Dt20:07 | נסב יתה יזיל ויחזור | לבייתיה | דלא ימות בסדרי קרבה וגבר |
| 5354 | | Dt20:08M | די בידיה יהך ויחזור | לבייתיה | ולא יגרום לאחוי לתברא |
| 5355 | | Dt20:08 | עבידתיה יזיל ויחזור | לבייתיה | ולא יימסי ויתבר ית לבהון |
| 5356 | | Gn29:13M | לגו בייתיה /ועל | לבייתיה#2#/ | ותני ללבן ית כל |
| 5357 | | Dt24:10M | משכונה/<מש>כניה#2#/ | /לבייתיה | לממשכנה משכונה#2#/: |
| 5358 | | Dt24:05 | ביש זכיי מזמן יהווי | לבייתיה | שתה חדא ויחדי ית אתתיה |
| 5359 | לבין | Dt33:24 | <בשמיטה> בין אחוי | לבין | אבוהון דבשמייא וארעא |
| 5360 | | Dt17:08M | דדין בין אדם דקטולין | לבין | אדם דבתולין בין מכתש |
| 5361 | | Gn 3:15M | בין חויה | לבין | איתתה בין זרעית בנוי לבין |
| 5362 | | Gn 3:18 | יהוי מפרש בין בני אנשא | לבין | בעירא: |
| 5363 | | Dt 1:16M | דקשט/<דק>שוט#2#/ | בין/לבין#2#/ | גבר ובין/ולבן#2#/ |
| 5364 | | Lv11:47M | למפרשה בין מסאבה | ובין/לבין#2#/ | דכיא ובין חייתה |
| 5365 | | Gn 3:15M | איתתה בין זרעית בנוי | לבין | זרעית בנה לעיין באורייתא |
| 5366 | | Gn 1:04 | ממרא דייי בין נהורא | לבין | חשוכא: |
| 5367 | | Gn 1:06 | מפרש בין מיא ארע<י>א | לבין | מיא עיליא: |
| 5368 | לביניה | Gn38:25 | מפרסייה ברם שהדי דביני | לביניה | הוא יתן בליביה למיחמי |
| 5369 | לביערה | Dt 5:21M | לאמתא ולא לתוריה ולא | לביערה | ולא לכל מה דאית לחבריכון |
| 5370 | לביר | Lv12:07M | ילד׳#2#/ | לבר/לביר#2#/ | דכר או לברה/<לבר>ת#2# |
| 5371 | | Lv15:33M | דובה \לדכר או לנקבה | /לביר | {ו}<ד>כר או לברה נקבה#2# |
| 5372 | לביש | Gn 2:09 | מנה ידע למפרשה בין טב | לביש: | |
| 5373 | | Gn 3:05 | ידעין למפרשה בין טב | לביש: | |
| 5374 | | Gn31:52M | וית קיימתא הדא | למבאשא/לביש#2#/: | |
| 5375 | | Gn 3:22 | חדא דידעה למפרשה בין טב | לביש | אילו נטר מצותה דאוריתא |
| 5376 | | Dt 1:39 | יומא הדין למפרשה בין טב | לביש | אינון ייעלון לתמן |
| 5377 | | Lv27:33 | לא יפשפש בין טב | לביש | ולא יפרג יתיה ואין מפרגה |
| 5378 | לבישתה | Dt29:20 | ויפרש יתיה ייי | לבישתה | מן כל שבטיה דישראל ככל |
| 5379 | לבית | Gn13:07 | עד זמן דהוון מטין | לבית: | |
| 5380 | | Nu23:23 | בע{{י}}דנא הדין יתאמר | לבית | יעקב טבתה וניחמתה דעתיד |
| 5381 | | Gn43:21 | והוה ארום עלינן | לבית | אב<ת>ותה ופתחנן ית טעונינן |
| 5382 | | Nu28:14M | כהדין/בזמניה#2#/ | /לבית | חתתותיה בזמנא וכהד׳#2#/ |
| 5383 | | Ex28:29M | לביה במיעליה \לגו | בית/לבית#2#/ | קודשא לדוכרן טב קדם |
| 5384 | לבית אבה | Nu25:15 | ברת צור ריש אומין | לבית אבה | במדין הוא: |
| 5385 | לבית אבהתה | Nu 1:04 | גבר מכל שבט גבר ראש | לבית אבהתה | הוא: |
| 5386 | לבית אבהתהון | Nu 3:20 | זרעייתהון דלוי | לבית אבהתהון: | |
| 5387 | | Nu 4:02 | דלוי לזרעייתהון | לבית אבהתהון: | |
| 5388 | | Nu 4:34 | דקהתי לזרעייתהון | לבית אבהתהון: | |
| 5389 | | Nu 4:38 | דגרשון לזרעייתהון | לבית אבהתהון: | |
| 5390 | | Nu 4:42 | דמררי לזרעייתהון | לבית אבהתהון: | |
| 5391 | | Nu 4:46 | ליויי לזרעייתהון | לבית אבהתהון: | |
| 5392 | | Nu 1:02 | ישראל לזרעייתהון | לבית אבהתהון | במניין שמהן כל דוכרא |
| 5393 | | Nu 1:18 | על זרעייתהון | לבית אבהתהון | במניין שמהן מן בר |
| 5394 | | Nu 1:20 | יחוסיהון לזרעייתהון | לבית אבהתהון | במניין שמהן לגולגלתהון |
| 5395 | | Nu 1:24 | לזרעייתהון | לבית אבהתהון | במניין שמהן מן בר |
| 5396 | | Nu 1:26 | יחוסיהון לזרעייתהון | לבית אבהתהון | במניין שמהן מן בר |
| 5397 | | Nu 1:28 | יששכר יחוסיהון | לבית אבהתהון | במניין שמהן מן בר |

|  |  |  |  |
|---|---|---|---|
| 5398 | | Nu 1:30 | יחוסיהון לזרעייתהון לבית אבהתהון במניין שמהן מן בר |
| 5399 | | Nu 1:32 | יחוסיהון לזרעייתהון לבית אבהתהון «במניין שמהן» מן בר |
| 5400 | | Nu 1:34 | יחוסיהון לזרעייתהון לבית אבהתהון במניין שמהן מן בר |
| 5401 | | Nu 1:36 | יחוסיהון לזרעייתהון לבית אבהתהון במניין שמהן מן בר |
| 5402 | | Nu 1:38 | יחוסיהון לזרעייתהון לבית אבהתהון במניין שמהן מן בר |
| 5403 | | Nu 1:40 | יחוסיהון לזרעייתהון לבית אבהתהון במניין שמהן מן בר |
| 5404 | | Nu 1:42 | יחוסיהון לזרעייתהון לבית אבהתהון במניין שמהן מן בר |
| 5405 | | Nu 1:44 | גברין גבר ראש לבית אבהתהון הוו: |
| 5406 | | Nu34:14 | ושבטה דבנוי דגד לבית אבהתהון ופלגות שבטה דמנשה |
| 5407 | | Nu34:14 | שבטה דבנוי דראובן לבית אבהתהון ושבטה דבנוי דגד |
| 5408 | | Nu 2:02 | גבר על טכסיה באתיין לבית אבהתהון ישרון בני ישראל מן |
| 5409 | | Nu26:02 | בר עשרין שנין ולעיל לבית אבהתהון כל נפקי קרבה בישראל: |
| 5410 | | Nu 3:15 | סכום ית בנוי דלוי לבית אבהתהון לזרעייתהון כל דכורה מן |
| 5411 | | Nu 4:22 | דגרשון אוף אינון לבית אבהתהון לזרעייתהון: |
| 5412 | | Nu 1:45 | סכומיה דבני ישראל לבית אבהתהון מן בר עשרין <שנין> |
| 5413 | | Nu 1:22 | יחוסיהון לזרעייתהון לבית אבהתהון סכומי במניין שמהן |
| 5414 | | Nu 2:32 | סכומיה דבני ישראל לבית אבהתהון סכומי משריתה |
| 5415 | | Nu 4:29 | דמררי לזרעייתהון לבית אבהתהון תסכום יתהון: |
| 5416 | | Nu 4:40 | סכומיהון לזרעייתהון לבית אבהתהון תרין אלפין ושית מאוון |
| 5417 | | Nu17:17 | כל רברבניהון לבית אבהתהון תרין עשר חוטרין גבר ית |
| 5418 | | Nu17:21 | לרב חד חטר לרב חד לבית אבהתהון תרין עשר חטרין וחטרה |
| 5419 | לבית אבהתם | Ex12:03 | לכון גבר אימר לבית אבה{ה}תם אמר לכל ביתה: |
| 5420 | לבית זרע | Nu20:05 | בישה הדין לא אתר שפר לבית זרע ולא <ל>מצב {ו}לא תינין |
| 5421 | לבית מדרשא | Gn25:22 | כען לי בנין ואזלת לבית מדרשא דשם רבה למתבע רחמין |
| 5422 | | Gn25:22M | אנא מעדייא ואזלית לבית מדרשא דשם רבא בעייא ומצליי' |
| 5423 | לבית מדרשיכון | Dt28:19M | "לגו ... כנישתכון": לבית מדרשיכון וליטין תהוון במפקכון |
| 5424 | לבית מוקדשא | Ex23:19 | עללתכון תייתון לבי{ה}<ת> מוקדשא דייי אלהכון עמי בני |
| 5425 | לבית מוקדשה | Dt23:19 | אגר דזנו ופרוק כלב לבית מוקדשה דייי אלהכון ^לכל נדר |
| 5426 | | Dt12:09M | "לנוחתה ולאחסנותה": לבית מוקדשה דמתקרי בית נייחה |
| 5427 | | Dt12:05 | ית איקר שכינתיה תמן לבית מוקדשה תתבעון ותהוון עלין |
| 5428 | לבית מקדשא | Ex34:26 | בכורת ארעכון תייתון לבית מקדשא דייי אלהכון עמי בני |
| 5429 | לבית מקדשה | Lv16:02 | יהווי <עליל> בכל זמן לבית מקדשה לגו מן {מן} פרכתה לקבל |
| 5430 | לבית מרעי | Nu32:01 | גלעד והא אתרה שפר לבית מרעי: |
| 5431 | לבית צלו | Gn28:17M | ברם אלאהן אתר מזמן לבית צלו הוא והדן תרעא דמכוון |
| 5432 | לבית קבורה | Dt33:21 | ארום אתר מזומן הוא לבית קבורה ליה תמן מקב<ע>ן אבנין |
| 5433 | לבית קדשה | Lv16:03M | ומשמש לבית קדשה |
| 5434 | | Lv10:18 | הא לא אתעל ית אדמ' לבית קדשה מלגו מ«י»כל תאכלון |
| 5435 | לבית קודש | Nu 4:19 | בקרב{תו}<ות>הון לבית קודש קדשיה אהרן ובנוי |
| 5436 | לבית קודשא | Ex28:35 | וישתמע קליה במיעליה לבית קודשא קדם ייי ובמפקיה ולא |
| 5437 | לבית קודשה | Nu 8:19 | דבני ישראל לבית קודשה: |
| 5438 | | Ex28:29M | "לגו בית ... לדוכרן": לבית קודשה דוכרן |
| 5439 | | Nu 4:15 | במשכן ולא יקרבון לבית קודשה ולא ימותון אלין מטלני |
| 5440 | לבית שכינה | Nu24:06 | {דמתחזי} <דמתח ייי> לבית שכינה לה כדן יהוון ישראל |
| 5441 | | Nu24:06M | דמתחן{יה} ייי ושכלל לבית שכינה ליה כן יהוויין |
| 5442 | לביתה | Gn20:18 | ייי בעד כל פתחי ילדה לביתה דאבימלך על עסק שרה אתתה |
| 5443 | | Nu17:23 | והא אפרח חוטרה דאהרן לביתה דלוי ואפק פרחין ואנץ |
| 5444 | | Lv22:13 | ובנין לית לה ותחזור לביתה דאבוה כרביותה מן לחמה |
| 5445 | | Gn19:10 | ואעילו ית לוט לוותהון לביתה וית תרעא טרדו: |
| 5446 | לביתיה | Gn39:16 | עד זמן דאתא רבונה לביתיה: |
| 5447 | | Gn28:21 | ואחזר בשלם לביתיה דאבא ויהווה ייי לי לאלה |
| 5448 | | Gn19:02 | מנכון רבוניי מטון כען לביתיה דעבדכון ואביתון ואסחון |
| 5449 | לבמתה | Nu22:41 | ית בלעם ואסק יתיה לבמתה דבעלה וחמא מן תמן מן קצת |
| 5450 | לבנוהי | Gn31:46M | "לאחוהי ... אבנין": לבנוהי דהוה קרי להון בלשון |
| 5451 | לבנוי | Ex29:27M | לאהרן ומן מה דאית לבנוי#2/: |
| 5452 | | Nu 1:28 | לבנוי ישׂשכר יחוסיהון |
| 5453 | | Ex29:29 | קודשא די לאהרן יהווי לבנוי בתרוי למתרבי בהון ולמשלמה |
| 5454 | | Gn15:11M | דעתידין משעבדה לבנוי דאברם וזכותא דאברם |
| 5455 | | Nu 1:40 | לבנוי דאשר יחוסיהון לזרעייתהון |
| 5456 | | Nu 1:36 | לבנוי דבנימן יחוסיהון |
| 5457 | | Nu26:45 | לבנוי דבריעה לחבר זרעייתה |
| 5458 | | Nu 3:21M | לגרשון/לבנוי דג'#2/ זרעייתה \ |
| 5459 | | Nu 1:24 | לבנוי דגד יחוס«י»הון |
| 5460 | | Nu32:06 | ואמר משה לבנוי דגד ולבנוי דראובן |
| 5461 | | Nu32:33 | ויהב להון משה לבנוי דגד ולבנוי דראובן |
| 5462 | | Nu 7:07 | ארבעה תורין יהב משה לבנוי דגרשון כמסת פולחניהון: |
| 5463 | | Nu 1:38 | לבנוי דדן יחוסיהון לזרעייתהון |
| 5464 | | Nu 1:30 | לבנוי דזבולן יחוסיהון |
| 5465 | | Nu 1:26 | לבנוי דיהודה יחוסיהון |
| 5466 | | Nu 1:10 | לבנוי דיוסף הוא שבטה דבית |
| 5467 | | Nu 1:32 | לבנוי דיוסף הוא שבטה דבית |
| 5468 | | Dt33:17 | רימנה כדין לית אפשר לבנוי דיוסף למשתעבדה ויהוון |
| 5469 | | Dt32:49M | דאנה יהב לבני ישראל/לבנוי דיש'#2/ לאחסנה: |
| 5470 | | Dt33:02 | אוריתה על טורא דפראן לבנוי דישמעאל וכיוון דאשכחו |
| 5471 | | Dt 2:09 | מן ארעהון ירתו ארום לבנוי דלוט יהבית ית לחיית |
| 5472 | | Dt 2:19 | עמוניי לכון ירתו ארום לבנוי דלוט יהבית יתה ירתו: |
| 5473 | | Nu 1:34 | לבנוי דמנשה יחוסיהון |
| 5474 | | Nu 7:08 | תמניה תוריה יהב משה לבנוי דמררי כמסת פולחנהון |
| 5475 | | Nu 1:42 | לבנוי דנפתלי יחוסיהון |
| 5476 | | Dt 2:22 | היך מה די עבד לבנוי דעשו דשריין בגבלה די |
| 5477 | | Dt33:02 | טורה דגבלה למתן אורית לבנוי דעשו וכיוון די אשכחו |
| 5478 | | Nu32:01 | ובע«י»ר סגין הוה לבנוי דראובן ולבנוי דגד תקיף |
| 5479 | | Nu 1:22 | לבנוי דשמעון יחוסיהון |
| 5480 | | Dt33:02M | ביקרי' \על טורה/לבנוי#2/ דגבלה למתן אורית |
| 5481 | | Nu36:11 | ונעה בנתיה דצלפחד לבנוי דאחוי דאבוהון לנשין: |
| 5482 | | Gn47:21M | דלא יהוו מוניין לבנוי דיעקוב ואמרין להון |
| 5483 | | Gn49:01 | וקרא יעקב לבנוי ואמר להון אתכנשו וחווי |
| 5484 | | Gn32:01 | ואקדם לבן בצפרא ונשק לבנוי ולבנתיה וברך יתהון ואזל |
| 5485 | | Gn47:29 | דישראל למימת וקרא לבנוי ליוסף ואמר ליה אן כען |
| 5486 | | Gn42:01 | במצרים ואמר יעקב לבנוי למה כען תתחמון שביעין |
| 5487 | | Ex29:29M | דאית לאהרן יהוון לבנוי מן בתרה למרביה בה |
| 5488 | לבני | Ex33:05 | ואמר ייי למשה אמור לבני ישרא' אתון עם קשין למקבלה |
| 5489 | | Gn36:31 | קדם עד לא ימלך מלך לבני ישראל: |
| 5490 | | Ex 3:14M | והווי ואמ' כדן תימ' לבני ישראל אהיה שלח |
| 5491 | | Ex 3:14 | אשר אהיה ואמר כדין תאמר לבני ישראל מן דאמר והוה עלמא |
| 5492 | | Ex 3:15 | תוב ייי למשה כדין תאמר לבני ישראל ייי אלהה אבהתכון |
| 5493 | | Ex 6:06 | בשבועה אמר לבני ישראל אנה ^הוא#2^ ייי |
| 5494 | | Ex 9:04 | דישראל ולא ימות מכל לבני ישראל מדעם: |
| 5495 | | Ex20:22 | ואמר ייי למשה כדן תימר לבני ישראל אתון חמיתון ארום מן |
| 5496 | | Ex28:12 | דאפודה אבנין דדוכרן טב לבני ישראל ויקבל אהרן ית |
| 5497 | | Ex29:43 | ואזדמן ממרי תמן לבני ישראל ויתקדש בגו איקרי: |
| 5498 | | Ex30:16 | לפלחן משכן זימנא ויהווי לבני ישראל לדכרן טב קדם ייי |
| 5499 | | Ex35:30 | ואמר משה לבני ישראל חמו דמני ייי בשם |
| 5500 | | Ex39:07 | דאפודה אבנין דדוכרין לבני ישראל היך מה די פקד ייי |
| 5501 | | Lv17:12 | בגין כדן אמרית לבני ישר«אל» כל נפש מנכון לא |
| 5502 | | Lv17:14 | אדמה בנפשה הוא ואמרת לבני ישראל ^אדם#2^ כל בשר{י} |
| 5503 | | Lv23:44 | מועדוי דייי ואלף יתהון לבני ישראל: |
| 5504 | | Nu11:26M | "ויה[ו]י' ...": ויהווי תקלה לבני ישראל ומידד הוה מתנבי |
| 5505 | | Nu13:02 | ארעא דכנען די אנה יהב לבני ישראל גבר חד לשבט אבהתהון |

|  |  |  |  |  |  |
|---|---|---|---|---|---|
| 5506 | | Nu17:03 | אתקדשו ויהויין לסימן | לבני | ישראל: |
| 5507 | | Nu17:05 | דכרן טב | לבני | ישראל מן בגלל די לא יקרב |
| 5508 | | Nu19:10 | מסאב עד רמשה ויהווי | לבני | ישראל ולגיוריה דמתגיירין |
| 5509 | | Nu20:24 | לא ייעול לארעא די יהבית | לבני | ישראל על די סרבתון על פם |
| 5510 | | Nu27:11 | וירת יתה ותיהווי | לבני | ישראל לקיים דרין היך מה |
| 5511 | | Nu27:12 | ותחמי ית ארעא די יהבית | לבני | ישראל: |
| 5512 | | Nu30:01 | ואמר משה | לבני | ישראל כל מה די פקד ייי ית |
| 5513 | | Nu31:16 | הא אינון הויין תקלה | לבני | ישראל בעצתיה דבלעם |
| 5514 | | Nu31:54 | יתיה למשכן זמנה דכרן טב | לבני | ישראל קדם ייי: |
| 5515 | | Nu35:15 | | לבני | ישראל ולגיורייה ולתותבייה |
| 5516 | | Nu36:02 | ית ארעא באחסנה בעדיון | לבני | ישראל ורבוני אתפקד מן קדם |
| 5517 | | Nu36:04 | ואין יהווי יוב«י»לה | לבני | ישראל ותתוסף אחסנתהון על |
| 5518 | | Nu36:07 | ולא תקף אחסנה | לבני | ישראל מן שבט לשבט ארום |
| 5519 | | Dt31:22M | ההוא ואלף יתה \ית | בני/לבני#2#/ | ישראל: |
| 5520 | | Dt32:49 | ית ארעא דכנען דאנה יהב | לבני | ישראל לאחסנה: |
| 5521 | | Dt32:52 | תיעול לארעא די אנה יהב | לבני | ישראל: |
| 5522 | | Dt33:21 | עבד וסדרי דינוי אלף | לבני | ישראל: |
| 5523 | | Ex 6:17 | בנוי דגרשון | לבני | ושמעי לזרעייתהון: |
| 5524 | | Nu 3:18 | בני לוי לזרעייתהון | לבני | ושמעי: |
| 5525 | | Gn31:28 | ולא שבקתי יתי למנשקיה | לבני | ולבנתי כדון אסכלת ית מה |
| 5526 | | Nu36:11M | \לבנוי דאחוי דאבוהון | /לבני | חביבהן#2#/ לנשין: |
| 5527 | לבני עממיא | Dt14:21 | או מזבנה תזבנון יתיה | לבני עממיא | ארום עם קדישין אתון קדם |
| 5528 | לבניא | Ex 5:14M | למלבן /סכום | לבניא#2#/ | לא היך דאתמ«ל» ולא |
| 5529 | לבניה | Gn16:05 | ארעא מינן ולא נצרך | לבניה | דהגר מצרייתה דהיא מבני |
| 5530 | | Nu17:25 | סהדותא למטרה לסימן | לבני«ה» | סורבניה ויסופון |
| 5531 | לבניהון | Gn31:43 | לאלין יומא דן או | לבניהון | די ילדן: |
| 5532 | | Dt 7:03 | עמהון בנתכון לא תתנון | לבניהון | ובנתהון לא תסבון |
| 5533 | לבניך | Gn12:07 | דייי על אברם ואמר ליה | לבניך | אתן ית ארעא הדה ובנה תמן |
| 5534 | | Gn15:18 | עם אברם קיים למימ׳ | לבניך | אתן ית ארעא הדא מנילוס |
| 5535 | | Gn24:07 | עמי ודי קיים עמי למימר | לבניך | אתן ית ארעא הדא הוא ישלח |
| 5536 | | Ex33:01M | "לברך .. יתה": | לבניך | אתנינה |
| 5537 | | Gn26:04 | יתך ככוכבי שמיא ואתן | לבניך | ית כל ארעתא האלין |
| 5538 | | Gn48:04 | ואתן ית ארעא הדא | לבניך | מן בתרך אחסנות עלם: |
| 5539 | לבניכון | Dt 7:03 | ובנתהון לא תסבון | לבניכון: | |
| 5540 | | Ex13:08 | ותתנון | לבניכון | ביומא ההוא למימר מן בגלל |
| 5541 | | Lv25:46 | ותאחסנון יתהון | לבניכון | בתריכון לירתו ואחסנה |
| 5542 | | Ex32:13 | ארעא הדא דאמרת אתן | לבניכון | ויחסנון יתה עד לעלם: |
| 5543 | | Ex34:16 | ותסבון מבנתהון | לבניכון | ויטעון בנתהון בתר |
| 5544 | | Dt 4:09 | חייכון ותלפון יתהון | לבניכון | ולבני בניכון: |
| 5545 | | Dt11:19 | ותלפון יתהון | לבניכון | ותהוון הגיין בהון |
| 5546 | | Dt 6:07 | ותתנון יתהון | לבניכון | ותהוון הגיין בכון |
| 5547 | | Ex 5:19 | למימר לא תמנעון מן | לבניכון | סכום יום ביומיה: |
| 5548 | | Dt 6:21 | ותימרון | ל{{י}}בניכון | עבדין משעבדין הוינן |
| 5549 | לבנתיה | Nu36:02 | ית אחסנת צלפחד אחונן | לבנתיה: | |
| 5550 | | Nu36:06 | דן פתגמא די פקד ייי | לבנתיה | {דצפל} דצלפחד למימ׳ למן |
| 5551 | | Ex 2:20 | ואמר | לבנתיה | ואן הוא למה כען שבקתון ית |
| 5552 | לבעיל צפון | Ex14:10M | /ופרעה קרב נכסין | לבעיל צפון#2#/ | ונטלו בני ישראל ית |
| 5553 | לבעיריהון | Nu35:03 | יה{ד}<ו>ן | לבעיריהון | ולממונהון ולכל |
| 5554 | לבעיריכון | Dt11:15 | ואתן עשבה באפי ברה | לבעיריכון | ותיכלון ותשבעון: |
| 5555 | לבעירן | Nu32:16 | ואמרין דירין דען נבנה | לבעירן | הכה וקרוין לטפלינן: |
| 5556 | לבעלה | Gn 3:06 | ונסב<ת> ויהבת לחוד | לבעלה | עמה ואכל: |
| 5557 | לבעלי | Gn30:18 | ייי אגרי די יהבת אמתי | לבעלי | וקראת שמיה יששכר: |
| 5558 | לבעלי דבבוי | Nu24:18 | טורא דגבלה ירתו | לבעלי דבבוי | וישראל יצלחון בנכסין |
| 5559 | לבעלי דבביכון | Dt32:43 | תבע ונקמתה יחזר | לבעלי דבביכון | ובחובי עמא ארעא לקייא |
| 5560 | | Dt28:31 | לכון עניכון מסירן | לבעלי דבביכון | ולית לכון עבדין טבין |
| 5561 | | Dt28:68 | יתה ותזדבנון תמן | לבעלי דבביכון | לעבדין ולאמהן ולית |
| 5562 | לבעליך | Nu 5:19M | סאיבה תחות רשותה | לבעליך | דזתכי מן מיה |
| 5563 | לבקורתה | Lv22:27M | לשמך בר תורין ורהט | לבקורתה | ונסב בר תורין רכיך וטב |
| 5564 | לבקרותיה | Lv22:27 | אתברך בכולה ורהט | לבקרותיה | ואייתי בת תורין שמין וטב |
| 5565 | לבר | Lv12:06 | וכד ישלמון יומי דכותה | לבר | דכר או לברה נקבה תייתי אמר |
| 5566 | | Lv12:07 | דא גזרת אורייתה דילדתה | לבר | דכר או לברה נקבה: |
| 5567 | | Ex 2:10 | לברתיה דפרעה והוה לה | לבר | וקרת שמה משה ואמרת ארום |
| 5568 | לבר נשא | Ex 4:11 | ייי למשה מן שוי <פם> | לבר נשא | או מן שוי אלמין או חרשין |
| 5569 | | Gn49:22 | לבוי אינון דמובדין | לבר נשא | מן עלמא בגין כדין יקום |
| 5570 | לבר עממיא | Dt14:21M | /תזבנון יתה | לבר <עממיא>#2#/ | ארום עם קדישין אתון |
| 5571 | לבר עממיה | Dt23:21 | | לבר עממיה | את רשי למיזף ולאחוך לית |
| 5572 | | Ex22:30M | ברה לא תיכלון | לבר עממיה | תתנון יתיה |
| 5573 | לברדק | Ex36:33M | <משלבש> בגו לוחי | /לברדק | ביני לוחי״#2#/ מן דן |
| 5574 | לברה | Gn24:48 | ית ברת אחוי דריבוני | לברה: | |
| 5575 | | Gn24:44 | היא אתתא די זמן ייי | לברה | דריבוני: |
| 5576 | | Gn27:20 | ואמר יצחק | לברה | מה כען אוחת למשכחי ברי |
| 5577 | | Lv12:06 | יומי דכותה לבר דכר או | לברה | נקבה תייתי אמר בר שתה |
| 5578 | | Lv12:07 | דילדתה לבר דכר או | לברה | נקבה: |
| 5579 | | Lv15:33M | /לביר {ו}<ד>כר או | לברה | נקבה#2#/ ולגבר די ישמש עם |
| 5580 | לברי | Gn24:04 | ולילדותי תזיל ותיסב אתה | לברי | ליצחק: |
| 5581 | | Gn24:38 | זרעייתי ותיסב איתה | לבר«י» | ליצחק: |
| 5582 | | Gn24:03 | על ארעא דלא תסב אתא | לברי | מן בנתהון דכנענעאי די אנא |
| 5583 | | Gn24:07 | דרחמין קדמך ותיסב אתה | לברי | מן תמן: |
| 5584 | | Gn24:37 | ריבוני למימר לא תסב אתה | לברי | מן בנתהון דכנענאי די אנא |
| 5585 | | Gn24:40 | ויצלח ארחך ותסב אתה | לברי | מן זרעיתי ומן ביתיה דאבא: |
| 5586 | לבריה | Gn24:51 | דבר ואזל ותהוי אתא | לבריה | דריבוני היך מה דמלל ייי: |
| 5587 | | Gn 3:15 | בעקבה וממרע יתיה ברם | לבריה | יהוי אסו ולך חויה לא יהוי |
| 5588 | | Ex21:09 | ואם | לבריה | יזמן יתה כסדר דנהון דבנתה |
| 5589 | לברך | Ex33:01 | ליצחק וליעקב למימר | לברך | אתן יתה: |
| 5590 | לברכה | Dt23:06 | אלהכון לכון ית קללה | לברכה | ארום רחמכון ייי |
| 5591 | לברכן | Gn12:02 | ואתוקף ית שמך ותהוי | לברכן: | |
| 5592 | | Dt23:06M | לברכה /לווטייה | לברכן#2#/ | ארום רחמכון/רחם |
| 5593 | | Gn12:02M | לברכן /ויהווי אברם | לברכן | סגיאן#2#/: |
| 5594 | לברת | Lv12:07M | /לביר#2#/ דכר או | לברה/<לבר>ת#2#/ | נקבה: |
| 5595 | לברתה | Nu27:08 | ליה ותעברון ית אחסנתיה | לברתה: | |
| 5596 | | Nu30:17 | בין גבר לאתתיה בין אב | לברתה | ברביותה בביתה דאבוה: |
| 5597 | לברתיה | Gn34:31 | ופלח{ו}<י> {{צלמין}} | לברתיה | דיעקב ברם יאי הוא דיהוון |
| 5598 | | Ex 2:07 | ואמרת אחתיה | לברתיה | דפרעה ה{ו}א אזיל ואיקרי |
| 5599 | | Ex 2:10 | ורבה טליא ואיתת יתיה | לברתיה | דפרעה והוה לה לבר וקרת |
| 5600 | לברתך | Dt22:17 | דמילין למימר לא אשכחית | לברתך | סהדוותה ואלין אנון |
| 5601 | לבשר | Gn 2:24 | באתתיה ויהוון תריהו׳ | לבשר | חד: |
| 5602 | לבשתהון | Ex32:12 | יימרון מצרים למימר | לבשתהון | אפק {ו}<י>תהון לקטלותהון |
| 5603 | לג׳ | Nu30:07M | מהווי תהווי | לג׳ | |
| 5604 | | Dt24:20M | יתהון מן בתריכון | לג׳#2#/ | וליתמי «ולארמלתה» |
| 5605 | | Dt24:21M | מן בתריכון | לג׳#2#/ | וליתמיה ולארמלתה יהווי |
| 5606 | | Nu22:30M | באפיהון דגבריה /אמרת | לג׳#2#/ | האליין/א׳#2#/ לית הדא |
| 5607 | | Gn29:19M | יתה לגבר /למתן | לג׳#2#/ | חורן/אחרן#2#/ שרי עמי |
| 5608 | לגב׳ | Lv22:12M | /דגבר כהן ארום תיהוי | לגב׳#2#/ | חילוני היא באפרשות |
| 5609 | לגבול | Nu22:36 | לארעהון דמואביי דסמיך | לגבול | ארנונה די בסייפי תחומה: |
| 5610 | לגבר | Dt24:02 | מבייתיה ותזיל ותתנסב | לגבר | אחרן: |
| 5611 | | Dt24:02M | אחרן /ותיזל ותסב | לגבר | אחרן#2#/: |
| 5612 | | Dt24:04 | לה לאתה מן בתר דאסתאבת | לגבר | אחרן ארום מרחקה הוא קדם |
| 5613 | | Dt21:18 | ארום יהווי | לגבר | בר סורוון ומורוון לית הוא |

|  |  |  |  |  |  |
|---|---|---|---|---|---|
| 5614 | | Ex21:08 | דלא זמן יתה ופרק יתה | לגבר | בר עממין לא יהווי רשיי |
| 5615 | | Nu31:17 | בטפליה וכל אתה דחכמה | לגבר | בתשמיש דכורא קטלו: |
| 5616 | | Gn34:14 | הדין למיסב ית אחתן | לגבר | די ליה <עורלה> ארום בזיון |
| 5617 | | Dt25:09M | סידרא י{ד}<ת>עבד | לגברא/לגבר#2#/ | די לא צבה למיבני ית |
| 5618 | | Nu21:09 | אין נכ«י»ת ח«י»ויה | לגבר | הוה מסתכל על חיויה דנחש |
| 5619 | | Ex21:12 | מן ד ימחי | לגבר | וימות מתקטלא יתקטיל: |
| 5620 | | Dt22:23 | יהווי רבי בתולה מארסה | לגבר | וישכח יתה גבר בקרתה וישמש |
| 5621 | | Lv19:20 | דזרע והיא אמתה משעבדה | לגבר | ומפרק לא אתפרקת או כתב |
| 5622 | | Nu30:07 | ואין מתנסבה תתנסב | לגבר | ונדרה עלה או פירוש סיפוותה |
| 5623 | | Gn29:19 | יתה לך מן למסבה יתה | לגבר | חורן שרי עמי: |
| 5624 | | Lv27:20 | ית חקלה ואן זבן ית חקלה | לגבר | חורן לא תתפרק עוד: |
| 5625 | | Lv22:12 | וברתה דכהן ארום תתנסב | לגבר | חילוני היא באפרשות קדשייה |
| 5626 | | Dt25:05 | תתנסיב אתתה דמיתה לברה | לגבר | חלוני יבמה יזדמן לוותה |
| 5627 | | Lv21:03M | \אתנסבה לגבר /אנסבת | לגבר#2#/ | לעליה יסתאב: |
| 5628 | | Lv21:03 | לוותיה די לא אתנסבה | לגבר | לעליה יסתאב: |
| 5629 | | Ex 2:11 | וחמא גבר מצריי מחי | לגבר | עברי מן אחוי: |
| 5630 | | Ex 2:14 | <ואמר> מן שוי יתך | לגבר | רב ושליט עלינן הא מקטל יתי |
| 5631 | | Dt21:15 | ארום ייהוויין | לגבר | תרתין נשין חדה רחימא וחדא |
| 5632 | לגברא | Dt25:09 | כהדן סידרא י{ד}<ת>עבד | לגברא | די לא צבה למיבני ית בייתה |
| 5633 | | Gn43:06 | למה אבישתון לי למתנייא | לגברא | הא כען אית לכון אחוי: |
| 5634 | | Dt22:16 | לחכימייה ית ברתי יהבית | לגברא | הדין לאתה וסני יתה: |
| 5635 | | Gn24:60 | את אזלה ומדבקה ל{ד}<ה> | לגברא | חסידא ומניך יקומון אלפין |
| 5636 | | Gn28:12 | מרומא למימר אתון חמון | לגברא | חסידא דאיקונין דידיה |
| 5637 | לגברה | Dt24:02M | \ותזיל ותתנסב | לגבר/<לגב>רה#2#/ | אחרן /ותיזל ותסב |
| 5638 | | Lv25:27 | ויחזר ית מה דמשתייר | לגברה | דיזבן ליה ויחזור |
| 5639 | | Lv17:04 | משכנה דייי אדם יתחשב | לגברה | ההוא כילו אדם זכיי שפך |
| 5640 | | Lv21:03M | "לגבר לעליה יסתאב": | <לג>ברה | לה יסב' |
| 5641 | | Nu 5:08 | ואין לית | לגברה | פרוק למחזרה אשמה לה אשמה |
| 5642 | | Lv25:27M | לגברה /מותרה | לגברה#2#/ | דיזבן/דז#2#/ ליה |
| 5643 | לגברי | Ex19:03M | דבית יעקב ותתני | לגברי | דבית ישראל |
| 5644 | לגבריא | Gn19:08 | מה דשפר באפיכון לחוד | לגבריא | אלין לא תעבדון פתגם ארום |
| 5645 | לגדוד | Gn30:22M | \מפתחא דמטרא /ולא | לגדוד | מופתח מט#2#/ ומפתחא |
| 5646 | לגדי | Nu15:11M | או לאימר באימריה או | לגדי | עזייה |
| 5647 | לגובא | Gn37:22 | אדם זכיי טלקו יתיה | לגובא | הדין די במדברא וידא |
| 5648 | | Gn37:24 | ונסבו יתיה וטלקו | לגובא | וגובא הווה ריק«ן» לית |
| 5649 | | Gn37:29 | וחזר ראובן | לגובא | והא לית יוסף בגו גובא |
| 5650 | לגובה | Gn22:10 | קרבנך מנך ונדחי | לגובה | דחבלא בעלמא דאתי עייני |
| 5651 | לגובריה | Gn19:08M | /ותקן קודמיכון לחוד | לגובריה#2#/ | אלין/האליין#2#/ לא |
| 5652 | לגולגלוותהון | Nu 1:20M | שמהן | לגולגלתהון/לגול<גל>וותהון#2#/ | כל דכורא מן |
| 5653 | לגולגלות' | Nu 1:02M | כל דוכרא | לגולגלתהון/לגולגלות'#2#/: | |
| 5654 | לגולגלתהון | Nu 1:02 | שמהן כל דוכרא | לגולגלתהון: | |
| 5655 | | Nu 1:18M | ולעיל | לגולגלתהון/<לגולג>לתהון#2#/: | |
| 5656 | | Nu 1:18 | בר עשרין שנין ולעיל | לגולגלתהון: | |
| 5657 | | Nu 1:20 | במניין שמהן | לגולגלתהון | כל דכורא מן בר עשרין |
| 5658 | | Nu 1:22 | סכומי במניין שמהן | לגולגלתהון | כל דכורא מן בר עשרין |
| 5659 | לגולגלתיה | Nu 3:47M | \לכל | גולגלתה/^לגולגלתיה#2#^/גולגלה#2#/ | בסלעי |
| 5660 | לגור | Gn49:09 | אנא לך יהודה לגור ברי | לגור | בר אריוון מן קטולוי דיוסף |
| 5661 | | Dt33:22 | דייי ואמר דן מדמי | לגור | בר אריוון וארעא תיהווי |
| 5662 | | Gn49:09 | מדמה אנא לך יהודה | לגור | ברי לגור בר אריוון מן |
| 5663 | לגושנא | Gn46:28M | \בגשנה ועלו | /לגושנא | ואתון#2#/ לארעא דגשן: |
| 5664 | לגיור | Lv25:47 | אחוך עמך ויזדבן | לגיור | ותותב עמך או לעקר זרעית |
| 5665 | לגיורה | Dt26:13M | מסכינייה | לגיורייה/<לגיו>רה#2#/ | ליתמייה |
| 5666 | לגיורי' | Ex20:14M | ולא שותפין \עם | גיורין/לגיורי'#2#/ | ולא יתחמי |
| 5667 | לגיוריה | Dt24:20 | עוללתה מן בתריכון | לגיוריה | וליתמי «ולארמלתה» |
| 5668 | | Dt24:21 | עוללה מן בתריכון | לגיוריה | וליתמיה ולארמלתה יהווי: |
| 5669 | לגיורייה | Dt26:13 | ומעשר מסכינייה | לגיורייה | ליתמייה ולארמלתה ככל |
| 5670 | לגייוריה | Dt14:21M | מן בני עממיא די | /לגייוריה | דאית#2#/ בקורייכון |
| 5671 | לגייורייה | Dt26:12 | ומעשרה מסכינייה | לגייורייה | <ליתמיא> ולארמלתה |
| 5672 | לגלגלי | Ex14:25M | <ל>מהון נגדן | לגלגלי | חזרן גלגלי לרידוותא |
| 5673 | לגמליא | Gn24:31 | מן פלחנא נכראה ואתר | לגמליא: | |
| 5674 | | Gn24:31M | דם זכאי ואתרא אתקינת | לגמליא | |
| 5675 | | Gn24:46M | אשקי ושתית ואף | גמליא/לגמליא#2#/ | אשקיית: |
| 5676 | | Gn24:32 | גמליא ויהב תבן וכסה | לגמליא | ומיין למסחיה רגלוי ורגלי |
| 5677 | לגמליך | Gn24:44 | ותימר לי אף את שתי ואף | לגמליך | אמלא היא אתתא די זמן ייי |
| 5678 | | Gn24:14 | ואשתי ותימר שתי ואף | לגמליך | אשקי יתה זמנת לעבדך |
| 5679 | | Gn24:46 | מעלוה ואמרת שתה ואף | לגמליך | אשקי ושתית ואף גמליא |
| 5680 | לגמלך | Gn24:19 | למשקייה יתה ואמרת אף | לגמלך | אמלא עד זמן ישלמון |
| 5681 | | Gn24:44M | אמלא היא /ולחוד | לגמלך | אשק' היא#2#/ אתתא די זמן |
| 5682 | לגנביי' | Ex20:15M | ולא שותפין \עם | גנבין/לגנביי'#2#/ | ולא יתחמי |
| 5683 | לגנה | Gn49:04 | מדמי אנה לך ראובן ברי | לגנה | זעירא דעלו בגווי נחלין |
| 5684 | לגנתה | Gn 3:24 | {מן} מלקדמין מן מדנ' | לגנתה | דעדן מן בני תרין כרוביה |
| 5685 | לגפופא | Ex37:12 | מקף ועבד כליל דדהבא | לגפופא | חזר ומקף: |
| 5686 | לגפופיה | Ex25:25 | ותעבד כליל דדהב | לג{ו}פ<ו>פיה | חזר ומקף: |
| 5687 | לגפן | Gn49:22 | מדמי אנה לך יוסף ברי | לגפן | שתילה על מבועין דמיין |
| 5688 | לד' | Nu35:29M | לדריכון /סדר דין | לד'#2#/ | בכל אתר בית מדוריכון: |
| 5689 | | Ex29:42M | /עולתה דתמידה | לד'#2#/ | בתרע משכן זימנא קדם ייי |
| 5690 | | Nu13:22M | וסליקו | בדרומה/לד'#2#/ | ומטה/ואתון#2#/ כלב |
| 5691 | לדא | Ex 7:23 | בייתו ולא שוי לביה אף | לדא | מח«ו»תה: |
| 5692 | לדבחי | Nu25:02 | וקרין לעמא | לדבחי | טעותהון ואכלו עמא וסגדו |
| 5693 | לדבית | Ex19:03 | טורא למימר כדין תימר | לדבית | יעקב ותתני לשבטא דבני |
| 5694 | לדוכרן | Ex12:14 | ויהוי יומא הדין לכון | לדוכרן | טב ותחגון יתיה חגא קדם |
| 5695 | | Ex28:29 | במיעליה לגו בית קודשא | לדוכרן | טב קדם ייי בתדירא: |
| 5696 | | Nu10:10 | קדשיכון ויהוין לכון | לדוכרן | טב קדם אלהכון אנה ייי |
| 5697 | לדורון | Nu16:15M | "תקבל ... אטענת": תסתכל | לדורון | דידיהון לא חמ<רא> <...> |
| 5698 | לדיב | Gn49:27M | תקיף בתחומיה /מדמי | לדיב | חטיף#2#/ יתבניה בית מקדשה |
| 5699 | לדיברוי | Dt18:19 | ויהוי גברא די לא ישמע | לדיברוי | די ימלל בשם ממרי אנה |
| 5700 | לדידך | Gn 4:08M | "... קרבנכ": וקדמין | לדידך | אתקביל ברעוא קרבני וקרב' |
| 5701 | | Ex14:15 | עד אימת את קיים תהווי | לדידך | מלל עם בני ישראל ויטלון: |
| 5702 | לדייניה | Lv24:12 | דיני נפשן ובגין למלפה | לדייניה | דקיימין בתר משה דיהוון |
| 5703 | | Nu 9:08 | דיני נפשין למלפה | לדייניה | דקי«י»מין בתר משה די |
| 5704 | | Nu15:34 | דהוון דיני נפשן למלפה | לדייניה | דקיימין בתר משה די הוון |
| 5705 | | Nu27:05 | דיני נפש למלפה | לדייניה | דקיימין בתריה די הוון |
| 5706 | לדייראה | Ex34:12M | קי'#2#/ \עם | דייר'/לדייראה#2#/ | ארעא די אתון עלין |
| 5707 | לדיירי | Nu14:14 | ואמרין | לדיירי | ארעא הדה שמעו ארום את הוא |
| 5708 | | Ex34:15M | ארעא ויטעון בתר | /לדיירי | דארע' ותסטון בת'#2#/ |
| 5709 | | Ex15:14 | אתרגוזו רתיתא אחדת | לדיירי | דארעא דפלשת: |
| 5710 | לדיכרא | Nu15:11M | לתורא חדא או | לדיכרא | חדא או לאימר באימריה או |
| 5711 | לדינה | Dt17:12 | תמן קדם ייי אלהכון או | לדינה | ויתקטל גברא ההוא ותבערון |
| 5712 | | Dt25:01 | ביני גברין ויקרבון | לדינה | קדם דייניה ו«י»דונון |
| 5713 | לדינוי | Gn44:18 | דינך למהווי מדמיין | לדינוי | דפרעה רבך: ואמר הא כען |
| 5714 | לדיני | Dt17:08M | מסאב בין דיני נפשא | לדיני | ממונא בין מכתש סגיר |
| 5715 | | Dt17:08 | דקטולין בין דיני ממון | לדיני | נפשן בין מכתש צרעתה למכתש |
| 5716 | לדיניה | Nu25:05 | ואמר משה | לדיניה | דישראל קט«ו»לו גבר |
| 5717 | לדינייה | Dt17:12M | ייי אלהכון או | לדינה/לדינייה#2#/ | ויתקטל גברא ההוא |
| 5718 | לדכ' | Nu15:06M | או עם | דכרה/לדכ'#2#/ | תקרבון מנחה סלת תרין |
| 5719 | לדכותה | Lv13:07 | דאתחוי לוות כהנא | לדכותה | ויתחמי זמן תניינות לכהנא: |
| 5720 | לדכיי' | Lv20:25 | למסאבה ובין עופא מסאבה | לדכיי' | ולא תשקצון ית נפשתכון |
| 5721 | לדכר | Lv15:33 | ית דובה ודדייב ית דובה | לדכר | או לנקבה ולגבר די ישמש עם |

|  |  |  |  |  |  |
|---|---|---|---|---|---|
| 5722 | לדכרן | Gn41:36 | ויהוי מזונא | לדכרן | טב לארעא לשבעתי שני כפנא |
| 5723 | | Ex28:12 | {דאפודה אבנין דדוכרן} | לדכרן | טב: |
| 5724 | | Ex30:16 | ויהווי לבני ישראל | לדכרן | טב קדם ייי לכפרה על |
| 5725 | לדם | Ex 7:17M | /ויתהפכון#2#/ | לאדם/לדם#2#/: | |
| 5726 | | Dt17:08M | דם דכי | לדם | מסאב בין דיני נפשא לדיני |
| 5727 | לדמא | Ex 7:20 | ואתהפכו כל מיא נהרא | לדמא: | |
| 5728 | | Lv16:15M | /כמא#2#/ דעבד | לאדמה/לדמא#2#/ | דתורה וידי יתיה על |
| 5729 | לדן | Lv27:24M | \למן דהווה דידיה /לדן | דאית ליה#2#/ | אחסנות ארעא: |
| 5730 | | Gn44:04M | \למן דהוה אפיטרופוס /לדן | דממני ממני#2#/ | על בייתיה |
| 5731 | לדרגשה | Gn49:01 | תרי עשר שבטייא ומקפן | לדרגש«ה» | דדהבא דהוה אבונן יעקב |
| 5732 | לדרגשיה | Dt 6:04 | ואקים יתהון חזור חזור | לדרגשיה | דדהבה עני אבונן יעקב |
| 5733 | לדרוי | Lv25:30 | לחלטו למן דזבן יתיה | לדרוי | לא יפוק ביובילה: |
| 5734 | לדרומה | Gn12:09 | ונטל אברם אזל ונטל | לדרומה: | |
| 5735 | | Gn13:01 | מה דהוה ליה ולוט עמה | לדרומה: | |
| 5736 | | Gn13:09 | אן את <לצפונה> אנא | לדרומה | אן את לדרומה ואנה לצפונה: |
| 5737 | | Gn13:09 | אנא לדרומה אן את | לדרומה | ואנה לצפונה: |
| 5738 | | Ex26:35 | פתורה על סטר' דמשכנה | לדרומה | ופתורא תתן על צפונה סטרה |
| 5739 | | Nu13:17 | משה סוקו ב{ר}<ד>א | לדרומה | ותסקון ית טורא: |
| 5740 | לדרי | Gn 9:12 | כל נפש חיתא די עמכון | לדרי | ארעא: |
| 5741 | | Ex 3:15 | דן שמי לעלם ודן דכרני | לדרי | דרין: |
| 5742 | | Ex17:16 | ית דוכרנא דעמלק | לדרי | דרין: |
| 5743 | | Ex32:25 | דאהרן קנון להון שם ביש | לדרי | דרין: |
| 5744 | לדריהון | Gn17:09 | ובניך מן ב{רת}<תר>ך | לדריהון: | |
| 5745 | | Ex12:42 | הוא לפורקן לכל ישראל | לדריהון: | |
| 5746 | | Ex40:15 | רבותהון לכהנא לעלם | לדריהון: | |
| 5747 | | Lv 7:36 | בני ישראל קיים עלם | לדריהון: | |
| 5748 | | Lv17:07 | עלם תיהווי דא להון | לדריהון: | |
| 5749 | | Lv21:17 | למימר גבר גבר מן בניך | לדריהון | די יהווי ביה מום לא יקרב |
| 5750 | | Nu18:23 | ית חוביהון קיים עלם | לדריהון | ובגו בני ישראל לא |
| 5751 | | Nu15:38 | ציצין על צנפת גיליהון | לדריהון | וישוון על˜ ציצין דצניף |
| 5752 | | Gn17:07 | ובין בניך מן בתרך | לדריהון | לקיים עלם למהווי במימרי |
| 5753 | | Ex31:16 | למעבד ית יום שבתא | לדריהון | לקיים עלם: |
| 5754 | | Ex27:21 | צפרא קדם ייי קיים עלם | לדריהון | מן לוות בני ישראל: |
| 5755 | לדרייה | Dt 3:02M | מן בגלל למחווייה יתיה | לדרייה | דהוא מסר יתיה בידי בנוי |
| 5756 | לדריכו' | Lv10:09 | דלא תמותון קיים עלם | לדריכו': | |
| 5757 | לדריכון | Ex16:33 | קדם ייי לשהדותא למטרה | לדריכון: | |
| 5758 | | Ex30:08 | קטרת בתדירא קדם ייי | לדריכון: | |
| 5759 | | Ex30:31 | דקדש יהווי דין לי | לדריכון: | |
| 5760 | | Lv23:21 | בכל אתר בית מדוריכון | לדריכון: | |
| 5761 | | Lv24:03 | ייי בתדירה קיים עלם | לדריכון: | |
| 5762 | | Nu10:08 | ויהויין לכון לקים עלם | לדריכון: | |
| 5763 | | Nu15:21 | לשמה דייי אפרשו | לדריכון: | |
| 5764 | | Nu15:23 | יומא די פקד ייי ולהל | לדריכון: | |
| 5765 | | Lv23:41 | בכל שנה קיים דעלם | לדריכון | בירחא שביעיה תחגון יתיה: |
| 5766 | | Lv 3:17 | קיים עלם | לדריכון | בכל אתר בית מדוריכון כל |
| 5767 | | Lv23:14 | דאלהכון קיים עלם | לדריכון | בכל אתר בית מדוריכון: |
| 5768 | | Lv23:31 | לא תעבדון קיים דעלם | לדריכון | בכל אתר בית מדוריכון: |
| 5769 | | Nu35:29 | אילין לכון לקיים דרין | לדריכון | בכל אתר בית מדוריכון: |
| 5770 | | Ex29:42 | עלה תדירא | לדריכון | בתרע משכן זימנא קדם ייי |
| 5771 | | Nu15:14 | או מן מה די ביניכון | לדריכון | ויקרב קרבן מתקבל בלריח |
| 5772 | | Nu15:15 | דמתגיירין קיים עלם | לדריכון | כוותכון גיורה יהוי קדם |
| 5773 | | Lv22:03 | אמור להון | לדריכון | כל גבר די יקרוב מן כל |
| 5774 | | Ex31:13 | הוא ביני וביניכון | לדריכון | למדע ארום אנה הוא ייי |
| 5775 | | Ex12:17 | ותטרון ית יומא הדין | לדריכון | לקיים עלם: |
| 5776 | | Lv 6:11 | ייכלון יתה קיים עלם | לדריכון | מן קרבנוי כל דיקרו' בהון |
| 5777 | | Ex16:32 | מלה עמרא מנה למטרה | לדריכון | מן בגלל די יחמון ית לחמא |
| 5778 | | Ex30:10 | עלוי על קרנת«ה» | לדריכון | קדש קדשים הוא לשמה דייי: |
| 5779 | | Ex12:14 | יתיה חגא קדם ייי | לדריכון | קיים עלם תחגון יתיה: |
| 5780 | | Gn17:12 | יתגזר לכון כל דכורא | לדריכון | תורבבת בתיכון וזביני |
| 5781 | לדרכון | Nu 9:10 | או בארח רחיקה לכון או | לדרכון | ויעבד פיסחה קדם ייי: |
| 5782 | לדרתא | Ex27:09 | דדרומיא מדרומיא ווילון | לדרתא | בוץ שזיר מאה אמין באמתא |
| 5783 | לדרתה | Ex38:09 | דרומיה מן דרומה ווילון | לדרתה | בוץ שזי«ר» מאה אמין |
| 5784 | להדא | Gn 2:23 | מן גרמי ובשר מן בשרי | להדא | יאי למתקריה «אתה» ארום |
| 5785 | | Ex 7:23M | לביה\אף לדא /אוף | להדא#2#/ | מח«ו»תה/מררותא#2#/: |
| 5786 | להדה | Dt 3:05 | קורי מבדרתה סגין | להדה: | |
| 5787 | להדיוטין | Dt28:44 | למלכין ואתון תהוון | להדיוטין: | |
| 5788 | | Dt28:13 | יתכון ייי למלכין ולא | להדיוטין | ותהוון «לחוד» רמין |
| 5789 | להר' | Ex15:08M | צרירין היך זיקיא /וקמו | להר' | צרירין כזקיי#2#/ דמיא |
| 5790 | להור | Nu20:25M | ברה ואסק יתהון | להר/להור#2#/ | טורה. |
| 5791 | | Nu20:27M | די פקד ייי וסלקו | להר/להור#2#/ | טורה לעיני/חמיין#2#/ |
| 5792 | להכ' | Gn15:16 | ודר רביעי יחזרון | להכ' | ארום לא שלימו חוביהון |
| 5793 | להכא | Gn45:13 | ותוחון ותחתון ית אבא | להכא: | |
| 5794 | | Gn45:08 | וכען לא אתון שלחתון יתי | להכא | ארום אלהן ייי ושוי יתיה |
| 5795 | | Ex 2:12 | ואסתכיל | להכא | ולהכא וחמא ארום לא הווה |
| 5796 | | Ex 3:05 | ואמר לא תקרב | להכא | שלח מסניך מעלוי רגליך ארום |
| 5797 | להכה | Gn42:15 | אלהן אתא אחוכון זעירא | להכה: | |
| 5798 | להמינה | Ex39:20M | דבוקה מן לעיל | להמ{נ}יי<נ>ה#2#/ | דאפדה: |
| 5799 | | Ex28:27 | לקבל בית דבוקה מלעיל | להמינה | דאפודא: |
| 5800 | להמנייה | Ex39:20M | דבוקה מן לעיל | להמנייה | |
| 5801 | להר | Nu33:38 | וסלק אהרן כהנא | להר | טורא על פם גזירת ממרה דייי |
| 5802 | | Nu20:22 | בני ישראל כל כנישתה | להר | טורה: |
| 5803 | | Nu20:25 | אלעזר ברה ואסק יתהון | להר | טורה: |
| 5804 | | Nu20:27 | היך מה די פקד ייי וסלקו | להר | טורה לעיני כל עם כנישתה: |
| 5805 | לווייתיה | Ex 7:23M | פרעה ועל לגו | בייתה/לווייתיה#2#/ | ולא שוי לביה אף |
| 5806 | לוולדה | Nu12:12 | כמיתייה והא מ{ת}<ד>מיא | לוולדה | דעבד במעיה דאמיה תשעה |
| 5807 | לזיתיכון | Ex23:11 | כדין תעבדון לכרמיכון | לזיתיכון: | |
| 5808 | לזכו | Gn15:06 | ממרא דייי ואתחשבת ליה | לזכו: | |
| 5809 | לזמנא | Gn18:14M | /דאית קדם ייי מחסור | לזמנא#2#/ | אחזור לוותך בשעתא הדא |
| 5810 | לזמרא | Gn50:01M | קמו ליואי במחלוקתיהון | לזמרא | הא בכין אתרכין |
| 5811 | לזעירתא | Gn19:34 | דבתר<'> ואמרת רבתא | לזעירתא | הא שמשת ברמשא עם אבא |
| 5812 | לזערתא | Gn19:31 | ואמרת רבתא | לזערתא | אבונן סב וגבר לית בארעא |
| 5813 | לזרועא | Gn47:24M | למזרע תחומכון /לכון | לזרועא | באפי בירא#2#/ ולמזוניכון |
| 5814 | לזרע | Lv18:20 | דחברך לא תתן שמושך | לזרע | למסתאבה בה: |
| 5815 | לזרעיוותהון | Nu 1:30M | /תולדוותהון | לזרעיותהון#2#/ | לבית אבהתהון במניין |
| 5816 | | Nu 1:32M | /תולדוותהון | לזרעיותהון#2#/ | לבית אבהתהון |
| 5817 | | Gn 8:19M | על ארעא | לזרעיתהון/לזרעיוותהון#2#/ | נפקו מן תבותא: |
| 5818 | לזרעיותיהון | Ex 6:25 | רישי{ה} אבהת לוויה | לזרעיותיהון: | |
| 5819 | לזרעייהון | Ex 6:25M | לוויה | לזרעיותיהון/לזרעייהון#2#/: | |
| 5820 | | Nu11:10 | ית קלהון דעמה בכיין | לזרעייהון | גבר בתרע משכנה ותקף |
| 5821 | לזרעייוותהון | Ex 6:17M | ושמעי | לזרעייתהון/לזרעייוותהון#2#/: | |
| 5822 | | Nu 1:02M | ישראל | לזרעייתהון/לזרעייוותהון#2#/ | לבית אבהתהון |
| 5823 | | Nu 1:18M | \על | זרעייתהון/לזרעייוותהון#2#/ | לבית אבהתהון |
| 5824 | | Nu 1:22M | | לזרעייתהון/<לזרע>ייוותהון#2#/ | לבית אבהתהון |
| 5825 | | Nu 1:26M | /תולדוותהון | לזרעייתהון/לזרעייוותהון#2#/ | לבית אבהתהון במניין |
| 5826 | | Nu 1:28M | /תולדוותהון | לזרעייוותהון#2#/ | לבית אבהתהון במניין |
| 5827 | | Nu 3:18M | בני לוי | לזרעייתהון/לזרעייוותהון#2#/ | לבני ושמעי: |
| 5828 | לזרעייותהון | Nu 3:20M | דמררי | לזרעייתהון/לזרעייתהון#2#/ | מחלי ומושי |
| 5829 | | Nu 1:32M | דאפרים תולדוותהון | לזרעייוותהון | |

|  |  |  |  |
|---|---|---|---|
| 5830 | | Nu 4:22M | לזרעייתהון/לזרעייותהון#2/: |
| 5831 | | Nu11:10M | דעמה בכיין לזרעייהון/לזרעייותהון#2/ גבר בתרע |
| 5832 | | Nu 3:15M | לזרעייתהון/לזרעייותהון#2/ כל דכורה מן בר |
| 5833 | | Nu 3:39M | ממריה דייי לזרעייתהון/לזרעייותהון#2/ כל דכורה מן בר |
| 5834 | | Nu 1:34M | /תולדוותהון לזרעייותהון#2/ לבית אבהתהון במניין |
| 5835 | | Nu 1:36M | /תולדוותהון לזרעייותהון#2/ לבית אבהתהון במניין |
| 5836 | | Nu 1:38M | /תולדוותהון לזרעייותהון#2/ לבית אבהתהון במניין |
| 5837 | | Nu 1:40M | /תולדוותהון לזרעייותהון#2/ לבית אבהתהון במניין |
| 5838 | | Nu 4:02M | דלוי לזרעייתהון/לזרעייותהון#2/ לבית אבהתהון: |
| 5839 | | Nu 4:29M | דמררי לזרעייתהון/<לזרע>ייותהון#2/ לבית אבהתהון |
| 5840 | | Nu 4:34M | בנוי דקהתי לזרעייתהון/לזרעייותהון#2/ לבית אבהתהון: |
| 5841 | | Nu 4:38M | דגרשון לזרעייתהון/<לזרע>ייותהון#2/ לבית אבהתהון: |
| 5842 | | Nu 4:40M | סכומיהון לזרעייתהון/<לזרע>ייותהון#2/ לבית אבהתהון |
| 5843 | | Nu 4:46M | /ליוואי לזרעייותהון#2/ לבית אבהתהון: |
| 5844 | | Nu 3:20M | אליין הנון לזרעייותהון ליואי |
| 5845 | | Gn10:31M | בנוהי דשם לזרעיתהון/לזרעייותהון#2/ ללשניהון |
| 5846 | | Nu 4:36M | סכומיהון לזרעייתהון/לזרעייותהון#2/ תרין אלפין |
| 5847 | לזרעיית | Nu27:01 | בר מכיר בר מנשה לזרעיית מנשה בר יוסף ואלין |
| 5848 | | Nu36:01 | וקרבו ראשי שיבטייה לזרעיית בנוי דגלעד בר מכיר בר |
| 5849 | | Dt 1:36M | \ולבנוי חלף די אשלם /לזרעיית בנוי אלף דא#2/ למימר |
| 5850 | | Gn48:04M | הדא לבניך/לזרעת בנ#2/לזרעיית בניך#2/ מן בתרך |
| 5851 | | Nu18:19M | הוא קדם <ייי> לך ולבנך/לזרעיית בניך מן#2/ בתרך: |
| 5852 | | Dt34:04 | ליצחק וליעקב למימר לזרעיית בניך אתן יתה חמי יתה |
| 5853 | | Ex32:13M | הדא דאמרת אתן בניכון/לזרעיית בניכון#2/ ויחסנון |
| 5854 | | Ex33:01M | למימר \לברך אתן /לזרעיית בניכון את#2/ יתה: |
| 5855 | | Nu36:06 | יהויין לנשין להוד לזרעיית שבט אבהתהון יהויין |
| 5856 | לזרעייתה | Nu36:01M | לזרעיית בנוי /אבהתה לזרעייתה דבנוי#2/ דגלעד בר |
| 5857 | לזרעייתהון | Ex 6:17 | גרשון לבני ושמעי לזרעייתהון: |
| 5858 | | Nu 4:22 | אינון לבית אבהתהון לזרעייתהון: |
| 5859 | | Nu26:37 | אלין בנוי דיוסף לזרעייתהון: |
| 5860 | | Nu26:42M | זרעייתה דבנוי דדן לזרעייתהון: |
| 5861 | | Nu 3:20 | ובנוי דמררי לזרעייתהון מחלי ומושי אלין אינון |
| 5862 | | Nu26:28 | בנוי דיוסף לזרעייתהון מנשה ואפרים: |
| 5863 | | Nu26:23 | בנוי דיששכר לזרעייתהון תולע זרעייתה דבנוי |
| 5864 | | Gn10:05M | גבר ללשניה לזרעיתהון/לזרעייתהון#2/ באומיהון: |
| 5865 | | Nu26:50 | דבנוי דנפתלי לזרעייתהון וסכומיהון ארבעין וחמשה |
| 5866 | | Nu 3:15 | דלוי לבית אבהתהון לזרעייתהון כל דכורה מן בר ירח |
| 5867 | | Nu 3:39 | גזירת ממריה דייי לזרעייתהון כל דכורה מן בר ירח{ה} |
| 5868 | | Nu26:38 | בנוי דבנימן לזרעייתהון לבלע זרעייתה דבנוי |
| 5869 | | Nu26:57 | ואלין סכומי לויי לזרעייתהון לגרשון זרעייתה דבנוי |
| 5870 | | Nu26:48 | בנוי דנפתלי לזרעייתהון ליחצאל זרעייתה דבנוי |
| 5871 | | Nu26:44 | בנוי דאשר לזרעייתהון לימנה זרעייתה דבנוי |
| 5872 | | Nu26:12 | בנוי דשמעון לזרעייתהון לנמואל זרעיתה |
| 5873 | | Nu26:15 | בנו דגד לזרעייתהון לצפון זרעיתה דבנוי |
| 5874 | | Nu26:42M | /אליין#2/בנוי דדן לזרעייתהון לשוחם זרעייתה דבנוי |
| 5875 | | Nu26:35M | /בנוי דאפרים לזרעייתהון לשותלח זרעיתה דבנוי |
| 5876 | | Nu26:20 | והוון בנוי דיהודה לזרעייתהון לשלה זרעייתה דבנוי |
| 5877 | | Nu 1:02 | כנשתא דבני ישראל לזרעייתהון לבית אבהתהון במניין |
| 5878 | | Nu 1:20 | דישראל יחוסיהון לזרעייתהון לבית אבהתהון במניין |
| 5879 | | Nu 1:22 | דשמעון יחוסיהון לזרעייתהון לבית אבהתהון סכומי |
| 5880 | | Nu 1:24 | דגד יחוס«י»הון לזרעייתהון לבית אבהתהון במניין |
| 5881 | | Nu 1:26 | דיהודה יחוסיהון לזרעייתהון לבית אבהתהון במניין |
| 5882 | | Nu 1:30 | דזבולן יחוסיהון לזרעייתהון לבית אבהתהון במניין |
| 5883 | | Nu 1:32 | דבית אפרים יחוסיהון לזרעייתהון לבית אבהתהון «במניין |
| 5884 | | Nu 1:34 | לבנוי דמנשה יחוסיהון לזרעייתהון לבית אבהתהון במניין |
| 5885 | | Nu 1:36 | דבנימן יחוסיהון לזרעייתהון לבית אבהתהון במניין |
| 5886 | | Nu 1:38 | לבנוי דדן יחוסיהון לזרעייתהון לבית אבהתהון במניין |
| 5887 | | Nu 1:40 | לבנוי דאשר יחוסיהון לזרעייתהון לבית אבהתהון במניין |
| 5888 | | Nu 1:42 | דנפתלי יחוסיהון לזרעייתהון לבית אבהתהון במניין |
| 5889 | | Nu 1:42M | /תולדוותהון לזרעייתהון#2/ לבית אבהתהון במניין |
| 5890 | | Nu 4:02 | מן גו דבנוי דלוי לזרעייתהון לבית אבהתהון: |
| 5891 | | Nu 4:29 | בנוי דמררי לזרעייתהון לבית אבהתהון תסכום |
| 5892 | | Nu 4:34 | כנשתה ית בנוי דקהתי לזרעייתהון לבית אבהתהון: |
| 5893 | | Nu 4:38 | וסכומי בנוי דגרשון לזרעייתהון לבית אבהתהון: |
| 5894 | | Nu 4:40 | והוון סכומיהון לזרעייתהון לבית אבהתהון תרין אלפין |
| 5895 | | Nu 4:42 | זרעיתיה דבנוי דמררי לזרעייתהון לבית אבהתהון: |
| 5896 | | Nu 4:46 | ישראל ית ליואי לזרעייתהון לבית אבהתהון: |
| 5897 | | Nu 3:18 | ואלין שמהת בני לוי לזרעייתהון לבני ושמעי: |
| 5898 | | Gn10:20 | אילין בנוי דחם לזרע{וי}«יי»תהון ללשניהון בארעהון |
| 5899 | | Nu26:26 | בנוי דזבולן לזרעייתהון לסדר זרעיתה דבנוי |
| 5900 | | Nu26:41M | /בנוי דבנימן לזרעייתהון לסכומיהון ארבעין וחמשה |
| 5901 | | Nu33:54M | לזרעייתכון/<לזרעיית>הון#2/ לשבטה דעמיה |
| 5902 | | Nu 4:44 | והוון סכומיהון לזרעייתהון תלתה אלפין וחמש מאוון: |
| 5903 | | Nu 4:36 | והוון סכומיהון לזרעייתהון תרין אלפין ושבע מאוון |
| 5904 | לזרעייתי | Gn24:41 | ארום תיתי לוות לזרעייתי ואן לא יתנון לך ותהוי |
| 5905 | לזרעייתכון | Ex12:21 | אתמנון וסבו לכון ען לזרעייתכון ונכסו: |
| 5906 | | Nu33:54 | ית ארעא בעדיון לזרעייתכון לשבטה דעמיה סגין תסגון |
| 5907 | לזרעית | Gn12:07M | על אברם ואמר ליה לבניך/לזרעית בנך#2/ אתן ית ארעא |
| 5908 | לזרעיתהון | Gn10:05 | בארעותהון גבר לשניה לזרעיתהון באומיהון: |
| 5909 | | Gn36:40 | שמהת רברבנוי דעשו לזרעיתהון לאתריהון בשמתיהון רבה |
| 5910 | | Gn10:31 | אלין בנוהי דשם לזרעיתהון ללשניהון בארעהון |
| 5911 | | Gn 8:19 | וכל דרחש על ארעא לזרעיתהון נפקו מן תבותא: |
| 5912 | לזרעיתיה | Lv25:41 | ובנוי עמה ויחזור לזרעית«י»ה ולאחסנות אבהתה יחזור: |
| 5913 | | Nu 2:34 | לסכסיהון וכן נטלו גבר לזרעיתיה לבית אבהתיה: |
| 5914 | | Lv25:10 | גבר לאחסנתיה וגבר לזרעיתיה תחזרון: |
| 5915 | לזרעת | Gn48:04M | ואתן ית ארעא הדא לבניך/לזרעת בנ#2/לזרעיית |
| 5916 | לח' | Lv15:30M | ויקרב כהנא ית חד חטאת/לח#2/ וית חד עלתה/לעלתה#2 |
| 5917 | | Nu 7:78M | יומין דחנכת/לח#2/ מדבחה דרבותה קרב רב |
| 5918 | | Nu 7:72M | ביום חד עשר יומין דחנוכת/לח#2/ רבותה דמדבחה קרב רב |
| 5919 | לחביריכון | Lv25:14 | וארום תזבנון זבן לחביריכון או תזבנון מן חבריכון לא |
| 5920 | לחברה | Ex23:01M | למלפה {זמן} <זכו> לחברה בדינ' ולא תימרון |
| 5921 | | Ex12:46 | יתאכיל לא תפקון מן בית לחברה ואף לא מן חבורה לחברתה מן |
| 5922 | | Gn26:31M | בשבוע'#2/ גבר לאחוי/לחבריה#2/ ושלח יתהון יצחק |
| 5923 | לחברי' | Nu14:04 | ואמרין גבר לחברי' נשוי עלינן מלך |
| 5924 | לחבריה | Ex22:08 | דייניא ישלם בכפלא לחבריה: |
| 5925 | | Gn11:03 | ואמרו גבר לחבריה אתון ונלבן לבנין ונזי |
| 5926 | | Ex23:02 | מנכון למלפה ז{מ}<כו>ן לחבריה בדינא «לא» {ו}תימרון |
| 5927 | | Dt27:24 | יהווי גברא די יקטל לחבריה בטומרה ויאמרון כל עמה |
| 5928 | | Gn13:13 | ועמה דסדם בישין גבר לחבריה וחייבין בגילוי עריתה |
| 5929 | | Dt19:11 | וארום יהווי גבר סני לחבריה ויכמן לה ויקום עלוי |
| 5930 | | Lv25:17 | ולא תונון גבר לחבריה ותדחלון מן אלהכון ארום |
| 5931 | | Ex22:09 | וארום יתן גבר לחבריה חמר או תור או אימר וכל |
| 5932 | | Ex22:06 | ארום יתן גבר לחבריה כסף או מנין למנטרה יתהון |
| 5933 | | Dt15:02M | ית ידיה דיוזיף בחבריה/לחבריה#2/ לא ידחק ית חבריה |
| 5934 | | Ex18:07 | ונשק יתיה ושאלו גבר לחבריה מלין דשלם ועלו למשכנה: |
| 5935 | לחבריכון | Dt 5:21M | ולא לכל מה דאית לחבריכון ארום בחובי חמודייה |
| 5936 | | Lv19:34M | \יתיה כוותכון /לחבריכון כוו'#2/ ארום גיורין |
| 5937 | | Dt24:10M | "תוזף ... דעם": תזופון לחבריכון מוזפו כל מ<נ>ד{נ} עם |

|  |  |  |  |  |  |
|---|---|---|---|---|---|
| 5938 | לחברך | Ex 2:13 | לחיבה למה כען את מחי | לחברך: | |
| 5939 | | Ex20:17 | ולא חמריה ולא כל מה די | לחברך | ארום בחובי חמודייה מלכותא |
| 5940 | | Dt 5:21 | ולא חמריה ולא כל מה די | לחברך | ארום בחובי חמודיה ענניין |
| 5941 | | Dt24:10 | ארום תוזף | לחברך | זפו כל מה דעם לא תיעול |
| 5942 | לחברכון | Lv19:18 | חוב{כ}<ר<כון ותרחמון | לחברכון | כוותכון כדן אמר ייי: |
| 5943 | לחברתה | Ex12:46 | לחברה ואף לא מן חבורה | לחברתה | מן בשרה לברה וגרמא לא |
| 5944 | לחד | Gn 6:05 | וכל יצר מחשבת לבהון | לח{ז'}<ד> | הגיין ביש כל יומא: |
| 5945 | | Lv25:48M | /בתר דזבן פרוק יהווי לה | לחד | מ'#2#/ אחוי יפרוק יתיה: |
| 5946 | | Nu36:03 | ויהוון | לחד | מבני שבטיה דבני ישראל |
| 5947 | | Gn18:01 | מילין ארום לית אפשר | לחד | ממלאכי מרומא די ישתלח בידה |
| 5948 | | Dt32:03 | בגידופין ברם לית איפשר | לחד | ממלאכי שירותה למדכרה ית |
| 5949 | | Gn47:26 | על ארעהון דמצראי לפרעה | לחד | מן חמשה להוד ארעהון |
| 5950 | | Ex21:06M | /לתרע בית דינ' או | לחד | מן מזוזייתא#2#/ וירצע |
| 5951 | | Nu36:08M | שבט אבהתה ייהוויין | /לחד | מן זרעייתה שבט אביה |
| 5952 | | Nu16:15 | מנהון אסענת ולא אבאשת | לחד | מנהון: |
| 5953 | | Dt28:55 | מן למתן | לחד | מנהון מן בשר בנוי די יאכל |
| 5954 | | Ex26:08M | משח«א» חדא | לחדא/לחד#2# | עשרתי יריעתא: |
| 5955 | לחד עשרתי | Ex36:15M | | לחדה עש{ת}<ר>תי^לחדישרי#2#^/לחד עשרתי#2#/ | |
| 5956 | לחדא | Lv 5:04 | מניה והוא <ידע> ויתחייב | לחדא | מן אילין: |
| 5957 | | Lv 5:05 | ויהוי ארום יתחייב | לחדא | מן אלין ויתוודי על מה |
| 5958 | | Gn32:09 | ואמר אן ייתי עשו | לחדא | משריתא ויקטו«ל» יתיה |
| 5959 | לחדה | Dt19:05 | ויקטל יתיה הוא יעריק | לחדה | מיקרייתה האליין ויחי: |
| 5960 | | Dt 4:42 | ולא מן דקדמוי ויערק | לחדה | מן קרייתה האליין וייחי: |
| 5961 | | Dt19:11 | בנפשיה ויערוק {מן} | לחדה | מן קריתה האיליין: |
| 5962 | לחדה עשרתי | Ex36:15 | חדה משחה חדה | לחדה עש{ת}<ר<תי | יריעתה: |
| 5963 | לחדודי | Dt18:14 | די אתון משצי יתהון | לחדודי | עיינין ולקסמי קסמין |
| 5964 | לחדישרי | Ex36:15M | | לחדה עש{ת}<ר>תי^לחדישרי#2#^/לחד עשרתי#2#/ | |
| 5965 | לחדתא | Lv27:34M | ולית אפשר לנבייא | לחדתא | בהון מדעם ופקדינון מטול |
| 5966 | לחו' | Nu14:19M | לחוביהון /ושבוק כען | לחו'#2#/ | {ו}<ד>עמא האליין כתקוף |
| 5967 | לחובוי | Lv17:16 | לא יסחי במיא ויקבל | לחובוי: | |
| 5968 | לחובי | Gn50:17M | דעבדוי די אלהה | /לחובי | עבדי אלהא#2#/ דאבוך ובכה |
| 5969 | לחוביה | Gn50:17M | לסרחניהון דאחך /ושבוק | לחוביה | עבדי#2#/ ולחוביהון ארום |
| 5970 | | Ex10:17M | כען לחוביי /ושבוק | לחוביה#2#/ | לחוד/להוד#2#/ בזמנא |
| 5971 | לחוביהון | Dt 9:27M | ולא | לסורחניהון/לחוביהון#2#/: | |
| 5972 | | Ex32:32 | וכדון אין תשרי ותשבוק | לחוביהון | ואם לא מחק יתי מן ספר |
| 5973 | | Nu14:19 | שרי כען ושבוק | לחוביהון | {ו}<ד>עמא האליין כתקוף |
| 5974 | | Dt 9:27 | דעמא האיליין ולא | לחוביהון | ולא לסורחניהון: |
| 5975 | | Ex34:09M | ותשרי ותשבוק | לחובינן/לחוביהון#2#/ | ולחטאינן ותאחסן |
| 5976 | | Gn22:14M | אבוהן ושרי ושבק | לחוביהון | ומשזיב יתהון מן כל עקא |
| 5977 | לחוביי | Ex10:17 | וכדון שרי כען | לחוביי | לחוד בזמנא הדין וצלון קדם |
| 5978 | לחוביכון | Ex23:21 | עלוי ארום לא שרי ושבק | לחוביכון | ארום שמי קדישא אתקרי |
| 5979 | לחובין | Gn18:24 | משיצא ולא את שרי ושבק | לחובין | דאתרא מן בגלל חמישיתי' |
| 5980 | | Ex34:07 | לאלפין דרין שרי ושביק | לחובין | ומעבר על מרדין ומכפר על |
| 5981 | | Nu14:18 | למעבד חסד שרי ושביק | לחובין | ומעבר על מרודין ומכפר על |
| 5982 | לחובינן | Ex34:09 | אינון ותשרי ותשבוק | לחובינן | ולחטאינן ותאחסן יתן: |
| 5983 | לחובתהון | Lv 4:03M | דמתרבה {ו}<י>תחייב | לחובתהון | דע' |
| 5984 | | Lv 4:03M | יתחייב | לחובתון/<לחו>בתהון#2#/ | דעמא ויקרב על |
| 5985 | לחובתון | Lv 4:03 | אין כהנא דמתרבה יתחייב | לחובתון | דעמא ויקרב על חובתיה די |
| 5986 | לחוויה | Nu21:09M | בחווייה הוה מסתכל | לחוויה | דנחשה וחי |
| 5987 | לחווייה | Gn49:17M | "יהווי דן ...": דן מדמי | לחווייה | חרמני' דכמן בפרשת ארחת' |
| 5988 | לחוורין | Ex 7:12M | חוטריה והוון | לחוין/לחוורין#2#/ | ובלע חוטריה דאהרן |
| 5989 | לחוור | Lv13:13 | ית מכתשא כלה איתהפיך | לחוור | דכי הוא: |
| 5990 | | Lv13:03 | ושער במכתשה אתהפי' | לחוור | וחזוי דמכתשא מכיך מן משך |
| 5991 | | Lv13:20 | מן משכה וסערה אתהפך | לחוור | וי' ית' כהנא מכתש צרעה |
| 5992 | | Lv13:17 | כהנא והא אתהפך מכתשה | לחוור | וידכי כהנא ית מכתשה דכי |
| 5993 | | Lv13:04 | משכה ושעורה לא אתהפך | לחוור | ויטרוד כהנא ית מכתשה שבעה |
| 5994 | | Lv13:16 | בשרה חיה ויתהפך | לחוור | ויתחזי לוות כהנא: |
| 5995 | לחוטר | Ex 4:04M | והוה \לחטר בכף ידה | /לחוטר | בכף ידוי#2#/: |
| 5996 | לחוי | Ex 4:03 | וטלק יתיה לארעא והוי | לחוי | וערק משה ומן קדמוי: |
| 5997 | לחויה | Gn 3:14 | ואמר ייי אלהים | לחויה | ארום עבדית דא ליט תהוה |
| 5998 | | Gn 3:02 | ואמרת איתתא | לחויה | מן פירי אילני גנת נאכל: |
| 5999 | לחוייה | Nu21:08M | בחוויה יהוי מסתכל | לחוייה | דנחשה וחאי |
| 6000 | לחולק | Ex29:26 | אנפו קדם ייי ויהוי לך | לחולק: | |
| 6001 | | Lv 7:33 | תיהווי שוקה דימינה | לחולק: | |
| 6002 | | Lv 8:29 | דא«ש»למותה למשה הוה | לחולק | היך מה די פקד ייי ית |
| 6003 | לחושנא | Ex28:30 | ותתן | לחושנא | דדינה ית אוריה וית תומי' |
| 6004 | לחטאת | Lv 4:03 | שלם מן מום לשמה דייי | לחטאת: | |
| 6005 | | Nu29:19M | חד \קרב יתיה | לחטאתה/לחטאת#2#/ | בר מן עלת תמידה |
| 6006 | | Nu 8:12M | ית חד | לחט«א»תה/לחטאת#2#/ | וית חד לעלתה קדם |
| 6007 | | Nu29:31 | וצפיר | לחטאת | חד בר מעלת תמידה וצלוחית |
| 6008 | | Lv 5:11 | אתחייב עשרין מכלתה סלת | לחטאת | לא ישווי עלוי מש' ולא יתן |
| 6009 | | Nu29:05 | בר עיזין חד קרב יתיה | לחטאת | למכפרה עליכון: |
| 6010 | | Lv12:06M | /שופנין#2#/ | לחטאתה/<לחט>את#2#/ | לתרע משכן זימנה |
| 6011 | | Nu28:15M | תקרבון \יתה | לחטאתה/לחטאת#2#/ | קדם ייי סמיך לעלת |
| 6012 | | Ex29:36 | ותור | לחטאת | תקרבון בכל יום על כפורא |
| 6013 | לחטאת' | Lv 5:07 | בני יון לשמה דייי חד | לחטאת' | וחד לעלתה: |
| 6014 | | Lv14:22 | מה די תרע ידה ויהוי חד | לחטאת' | וחד לעלתה: |
| 6015 | לחטאתה | Lv 4:03M | לחטאת /קדם ייי | לחטאתה#2#/: | |
| 6016 | | Nu 7:34M | קרב רב שבטה | לחטאתה | |
| 6017 | | Nu 7:39M | \קרב לעלה /רב שבטה | לחטאתה#2#/: | |
| 6018 | | Nu 7:87 | דעזין תרין עשר | לחטאתה: | |
| 6019 | | Nu 8:08 | תניין בר תורין תסב | לחטאתה: | |
| 6020 | | Nu15:24 | דינה וצפיר בר עזין חד | לחטאתה: | |
| 6021 | | Nu15:27 | ותקרב עז בר שתה | לחטאתה: | |
| 6022 | | Lv 4:33 | ראשה דחטאת' ויכוס יתה | לחטאתה | באתרה די יכוס ית עלתה: |
| 6023 | | Nu29:11 | בר עזין חד קרב יתיה | לחטאתה | בר מן חטאתה דכפוריה ועלתה |
| 6024 | | Nu29:16 | בר עזין חד קרב יתיה | לחטאתה | בר מן עלתה דתמידה מנחתה |
| 6025 | | Nu29:19 | בר עזין חד קרב יתיה | לחטאתה | בר מן עלת תמידה ומנחתה |
| 6026 | | Nu29:34M | <וצפיר> בר עיזין חד | לחטאתה | בר מן לעלת תמידה ומנחתה |
| 6027 | | Nu29:25 | בר עזין חד קרב יתיה | לחטאתה | בר מעלת תמידה ומנחתה |
| 6028 | | Lv16:03 | בתור בר תורין | לחטאתה | ודכר לעלתה: |
| 6029 | | Lv16:05 | יסב תרין צפירין דעיזין | לחטאתה | ודכר חד לעלתה: |
| 6030 | | Nu 6:14 | חדה ברת שתה שלם מן מום | לחטאתה | ודכר חד שלם מן מום לנכסת |
| 6031 | | Lv12:08 | תרין גוזלין בר יון חד | לחטאתה | וחד לעלתה ויכפר עלה כהנא |
| 6032 | | Lv15:15 | {ויכפר עלוי} כהנא חד | לחטאתה | וחד לעלתה ויכפר עלוי |
| 6033 | | Lv15:15 | ויקרב יתהון כהנא חד | לחטאתה | וחד לעלתה {ויכפר עלוי} |
| 6034 | | Nu 6:11 | ויקרב כהנה חד | לחטאתה | וחד לעלתה ויכפר עלוי על |
| 6035 | | Lv 4:14 | קהלא תור בר תורין | לחטאתה | וייתון יתה לתרע משכן |
| 6036 | | Lv 5:06 | או צפירה ברת עיזין | לחטאתה | ויכפר עלוי כהנא מן |
| 6037 | | Lv14:31 | ית מה די תארע ידה ית חד | לחטאתה | וית חד לעלתה על מנחתה |
| 6038 | | Nu 8:12 | תורייה וקרב ית חד | לחט«א»תה | וית חד לעלתה קדם ייי |
| 6039 | | Lv 9:03 | סבו צפיר בר עיזין | לחטאתה | ועגל ואמר בני שת{י}הון |
| 6040 | | Lv23:19 | ותקרבון צפיר בר עזין חד | לחטאתה | ותרין אמרין בני שתיהון |
| 6041 | | Nu28:22 | וצפיר | לחטאתה | חד למכפרה עליכון: |
| 6042 | | Nu29:22 | וצפיר בר עזין | לחטאתה | חד {מן} בר< מן> עלת תמידה |
| 6043 | | Nu29:28 | וצפיר בר עזין | לחטאתה | חד בר מעלת תמידה ומנחת |
| 6044 | | Nu29:34 | וצפיר | לחטאתה | חד בר מעלת תמידה מנחתה |
| 6045 | | Nu29:38 | וצפיר | לחטאתה | חד בר מעלת תמידה ומנחתה |

|  |  |  |  |
|---|---|---|---|
| 6046 | | Lv 5:11M | סלת \לחטאת לא ישווי /לחטאתה לא יתן#2# עליה מש' ולא |
| 6047 | | Nu 7:16 | צפיר בר עזין חד קרב יתה לחטאתה לשבקות חובין ולשלוון |
| 6048 | | Nu 7:16M | יתה לחטאתה/רב שבטה לחטאתה#2# לשבקות חובין ולשלוון |
| 6049 | | Nu 7:22 | בר עזין חד קרב יתיה לחטאתה לשבקות חובין ולשלוון |
| 6050 | | Nu 7:22M | לחטאתה /רב שבטה לחטאתה#2# לשבקות חובין ולשלוון |
| 6051 | | Nu 7:28 | צפיר בר עזין חד קרב לחטאתה לשבקות חובין ולשלוון |
| 6052 | | Nu 7:34 | צפיר בר עזין חד קרב לחטאתה לשבקות חובין ולשלוון |
| 6053 | | Nu 7:40 | בר עזין חד קרב יתיה לחטאתה לשבקות חובין ולשלוון |
| 6054 | | Nu 7:40M | לחטאתה /רב שבטה לחטאתה#2# לשבקות חובין ולשלוון |
| 6055 | | Nu 7:46 | צפיר עזין בר חד קרב יתה לחטאתה לשבקות חובין לשלוון |
| 6056 | | Nu 7:52 | צפיר בר עזין חד קרב יתה לחטאתה לשבקות חובין ולשלוון |
| 6057 | | Nu 7:58 | בר עזין חד קרב יתיה לחטאתה לשבקות חובין ולשלוון |
| 6058 | | Nu 7:64 | בר עזין חד קרב יתיה לחטאתה לשבקות חובין ולשלוון |
| 6059 | | Nu 7:70 | בר עזין חד קרב יתיה לחטאתה לשבקות חובין ולשלוון |
| 6060 | | Nu 7:76 | בר עזין חד קרב יתיה לחטאתה לשבקות חובין ולשלוון |
| 6061 | | Nu 7:82 | בר עזין חד קרב יתיה לחט«א»תה לשבקות {ב}‹ח›ובין |
| 6062 | | Lv12:06 | וגוזל בר יון או שפנין לחטאתה לתרע משכן זימנה לוות |
| 6063 | | Lv 4:32 | ואין אימר ייתי קרבניה לחטאתה נקבה שלמה מן מום ייתי |
| 6064 | | Nu28:15 | בר עזין תקרבון יתה לחטאתה קדם ייי סמיך לעלת תמידה |
| 6065 | | Lv 5:08 | לות כהנא ויקרב ית די לחטאתה קודמוי ויעזום ית ראשה מן |
| 6066 | | Ex29:36M | ותור לחטאת/‹לחטא›תה#2# תקרבון בכל/לכל#2#/ |
| 6067 | לחטר | Ex 4:04 | ידיה ואתוקף ביה והוה לחטר בכף ידה: |
| 6068 | לחטת | Nu15:27M | בר/ברת#2#/ שתה לחטאתה/לחטת#2#/: |
| 6069 | | Nu29:16M | חד קרב יתיה לחטאתה/‹לח›טת#2# בר מן עלתה דתמידה |
| 6070 | | Nu29:31M | וצפיר לחטאת/לחטת#2# חד בר מעלת תמידה |
| 6071 | לחטתה | Lv 9:02 | סב לך עגל בר תורין לחטתה ודכר לעלתה שלמים מן מום |
| 6072 | לחיבה | Ex 2:13 | עבריין מתנצין ואמר לחיבה למה כען את מחי לחברך: |
| 6073 | לחיוא | Ex 7:10 | פרעה וקדם עבדוי והווה לחיוא: |
| 6074 | לחיוהי | Gn 7:11 | בסוף שית מאה שנין לחיוהי דנח בירח{ת}‹ח›ה תניינא |
| 6075 | לחיוויא | Gn49:17 | על כל אמיה יהוי מדמי לחיוויא דרבוע בארעא ולעורמנא |
| 6076 | לחיוי | Ex 7:15 | נהרא וחוטרא די אתהפך לחיוי תסב בידך: |
| 6077 | לחיויא | Ex 7:09 | יתיה קדם פרעה ויהווי לחיויא: |
| 6078 | לחיויה | Ex 7:09M | פרעה ויהווי לחיויא/לחיויה#2#/: |
| 6079 | לחיון | Ex 7:12 | וטלקו גבר חוטריה והוון לחיון ובלע חוטריה דאהרן ית |
| 6080 | לחיור | Lv13:13M | כלה איתהפיך לחוור/לחיור#2#/ דכי הוא: |
| 6081 | | Lv13:17M | אתהפך מכתשה לחוור/‹ל›חיור#2#/ וידכי כהנא ית |
| 6082 | | Lv13:16M | בשרה חיה ויתהפך לחוור/לחיור#2# ויתחזי/ויתועל#2#/ |
| 6083 | לחיותא | Ex23:11M | תיכול \חיית ברא /לחיותא דבאפי' ברא#2#/ כדין |
| 6084 | לחיילוותה | Nu10:14M | /מן שירוייה לחיילוותה#2#/ ורבה דהוה ממני על |
| 6085 | לחיילוותהון | Nu 1:52 | וגבר על טקסיה לחיילוותהון: |
| 6086 | | Dt11:04 | ומה די עבד לחיילוותהון דמצריי לסוסוותהון |
| 6087 | | Nu10:28M | סידרא הוו נטלין /לחיילוותהון ונטלו#2#/: |
| 6088 | | Nu 2:03 | שבטה דבנוי דיהודה לחיילוותהון ורב שבטה דבנוי דיהודה |
| 6089 | | Nu 2:10 | דבנוי דראובן דרומה לחיילוותהון ורבה דהוה ממני על שבטה |
| 6090 | | Nu 2:25 | דבנוי דדן מן צפונה לחיילוותהון ורבה דהוה ממני על |
| 6091 | | Nu10:14 | דיהודה בקדמיתה לחיילוותהון ורבה דהוה ממני על |
| 6092 | | Nu 2:24 | תמנייה אלפין ומאה לחיילוותהון ותלתין הוו נטלין: |
| 6093 | | Nu 2:18 | שבטה דבנוי דאפרים לחיילוותהון מן מערבה ורבה דהוה |
| 6094 | | Nu 2:09 | אלפין וארבע מאוון לחיילוותהון קדמיין הוון נטלין: |
| 6095 | | Nu 2:16 | וארבע מאוון וחמשין לחיילוותהון תניינך «הוון» נטלין: |
| 6096 | | Nu 2:32M | דבני ישראל לחיילוותהון#2#/ אשתין/שיתין#2#/ |
| 6097 | לחיילתא | Nu21:19M | ונחתה עמהון לחלתה/לחיילתא#2#/ עמיקתה: |
| 6098 | לחיים | Lv16:10 | עדוה לעזאזל יקים יתה לחיים קדם ייי למכפרה עלוי |
| 6099 | לחייתא | Ex 1:18 | וקרא מלכא דמצריים לחייתא ואמר להון מן בגלל מה |
| 6100 | | Ex 1:15 | ואמר מלכא דמצרים לחייתא עברייתא די שמה דחדא מנהון |
| 6101 | לחייתה | Ex 1:20 | ואייטב ייי לחייתה וסגון עמא ואתוקפו לחדא: |
| 6102 | לחכימי | Nu12:16 | למצטרעה אית אולפן סגי לחכימי ולנטרי אוריתה דמצוה |
| 6103 | לחיל | Nu31:36M | חלקהון אליין דנפקו לחיל |
| 6104 | | Nu31:27 | תפשי קרבה דנפקין לחיל קרבא ובין כל עם כנישתה: |
| 6105 | | Nu 4:03 | בר חמשין שנין כל דיעול לחיל קרבה למעבד עב{ו}‹י›דה |
| 6106 | | Nu 4:23 | תסכום יתהון כל די יעול לחיל קרבה למפלח פולחן במשכן |
| 6107 | | Nu 4:30 | תסכום יתהון כל דייעול לחיל קרבה למפלח ית פלחן משכן |
| 6108 | | Nu 4:35 | חמשין ‹שנין› כל דייעול לחיל קרבה למפלח במשכן זמנה: |
| 6109 | | Nu 4:39 | חמשין שנין כל די יעול לחיל קרבה למפלח משכן זימנה: |
| 6110 | | Nu 4:43 | שנין כל די«י»עול לחיל קרבה למפלח במשכון זימנה: |
| 6111 | | Nu 8:24 | עשרין שנין ולעיל ייעול לחיל קרבה למפלח במשכון זימנא: |
| 6112 | | Nu31:03 | מן לוותכון גברין לחיל קרבה ויהוון על מדין |
| 6113 | | Nu31:04 | שבטיהון דישראל תשלחון לחיל קרבה: |
| 6114 | | Nu31:06M | לסדרי קרבה /‹כהנא› רבה לחיל קרבה#2#/ ומני/ומאני#2#/ |
| 6115 | | Nu31:06 | משה אלף מן כל שבט לחיל קרבה יתהון וית «פנחס |
| 6116 | | Nu31:28M | קרבה אליין דנפקו לחיל#2#/ קרבה דנפקין לחיל קרבה |
| 6117 | | Nu31:28 | עמא עבדי קרבה דנפקין לחיל קרבה חדא נפש מן חמש מאוון |
| 6118 | | Nu31:36 | חלקהון דעמא דנפקין לחיל קרבה מנין ען תלתין ותלת |
| 6119 | | Nu32:20 | הדין אן תזיינון קדם ייי לחיל קרבה: |
| 6120 | | Nu32:27 | ועבדך יעברו כל דמזיין לחיל קרבה קדם ייי לסדרי קרבה |
| 6121 | | Nu32:29 | ית ירדנה כל דמזיין לחיל קרבה קדם ייי ותתכ{נ}‹ב›ש |
| 6122 | | Dt24:05 | גבר אתה כשירוי לא יפוק לחיל קרבה ולא יעבר עלוי כל |
| 6123 | לחילוותהון | Nu 1:03 | תיסכמון יתהון לחילוותהון אתה ואהרן: |
| 6124 | | Nu10:18 | שבטה דבנוי דראובן לחילוותהון ורבה דהוה ממני על |
| 6125 | | Nu10:22 | שבטה ד‹ב›נוי דאפרים לחילוותהון ורבה דהוה ממני על |
| 6126 | | Nu10:25 | דדן מכנש לכל משריתה לחילוותהון ורבה דהוה ממני על |
| 6127 | | Nu10:28 | אלין מטלני בני ישראל לחילוותהון כהדן סידרה הוו נטלין: |
| 6128 | | Nu33:01 | מן ארעא דמצרים לחילוותהון על ידוי דמשה ואהרן: |
| 6129 | לחירות | Ex21:27 | עבדיה או שן אמהתיה יתר לחירות ישלח יתיה חלף שניה: |
| 6130 | | Dt15:13M | תשלח יתיה לחירותה/‹לחי›רות#2#/ מן לוותך |
| 6131 | לחירות' | Lv19:20 | ימותון ארום לא נפקת לחירות': |
| 6132 | לחירותא | Ex21:26 | דאמה{ה}תה ויחבול יתיה לחירותא ישלח יתה תחות עיניה: |
| 6133 | | Ex21:11 | לא יעבד לה ויפק יתה לחירותא מגן דלא בכסף: |
| 6134 | לחירותה | Ex21:05 | וית בני לית אנה נפק לחירותה: |
| 6135 | | Ex21:02 | שבעייתא תשלח יתיה לחירותה מגן: |
| 6136 | | Dt15:12 | שביעיתה ‹תשלח› יתיה לחירותה מן לוותך: |
| 6137 | | Dt15:13 | וארום תשלח יתיה לחירותה מן לוותך לא תשלח יתיה |
| 6138 | | Dt15:16 | יאמר לך לית אנה נפק לחירותה מן לוותך ארום ירחם יתך |
| 6139 | | Dt15:18 | בזמנה די תשלח יתיה לחירותה מן לוותך ארום בכפלה |
| 6140 | לחכימי | Nu22:04M | ואמרו מואבאי לחכימי מדיינאי כדן ילחכון קהלא |
| 6141 | | Nu22:04 | ואמרין מואביי לחכימי מדייניי כדון ישצון קהלא |
| 6142 | | Ex19:07 | ואתא משה וקרא לחכימי עמא וסדר קדמיהון ית כל |
| 6143 | | Dt21:20 | ויימרון לחכימי קרתה בנן דין סורוון |
| 6144 | לחכימיא | Ex 7:11 | וקרא לחוד פרעה לחכימיא ולחרשיא ועבדו אף אינון |
| 6145 | לחכימיה | Dt25:07 | יבמתיה לתרע בית דינה לחכימיה ותימר סרב יבמי למקמה |
| 6146 | לחכימייה | Dt22:16 | ויימר אבוה דרביתה לחכימייה ית ברתי יהבית לגברא הדין |
| 6147 | לחכימן | Ex 7:11M | /להוד#2#/ פרעה לחכימיא/לחכימן#2#/ ולחרשיא ועבדו אף |
| 6148 | לחלומי | Dt13:04M | או \לחלם {ל}חלמייא /לחלומי חלמיה#2#/ ההוא ארום |
| 6149 | לחלם | Dt13:04 | דנבייא שקרא ההוא או לחלם {ל}חלמייא ההוא ארום מנסי |
| 6150 | לחלתה | Nu21:19 | לריש טוריה ונחתה עמהון לחלתה עמיקתה: |
| 6151 | | Nu21:20 | טורייה רמתה ונחת עמהון לחלתה עמיקתה יתגנזת מנהון בחלתה |
| 6152 | לחמודי' | Ex20:17M | ולא שותפין \עם חמודין/לחמודי'#2#/ ולא יתחמי |
| 6153 | לחמודיה | Dt 5:21 | ולא חברין ולא שותפין לחמודיה דלא יקומון בניכון |

|  |  |  |  |
|---|---|---|---|
| 6154 | לחמוי | Ex18:15 | ואמר משה לחמוי ארום אתון לוותי עמא למתבע |
| 6155 | | Ex18:08 | ותני משה לחמוי ית כל מה דעבד ייי לפרעה |
| 6156 | לחמורי | Ex20:17M | ולא תורי ולא חמריה/לחמורי#2#/ ולא כל מה די לחברך |
| 6157 | לחמרא | Dt22:03 | וכדן תעבד לחמרא וכדן תעבד ללבושה וכדן |
| 6158 | לחמריה | Gn42:27 | ית שקיה למיתן כסה לחמריה בבית אבתותתה וחמא ית כספא |
| 6159 | לחמריהון | Gn43:24 | רגליהון ויהב כסא לחמריהו«ן»: |
| 6160 | לחמתהון | Dt32:33 | האיליין חמתהון מדמייא לחמתהון דתניניה בזמנה דאנון |
| 6161 | לחנוכת | Nu 7:11 | יום יקרבון ית קרבנהון לחנוכת רבותה דמדבחה: |
| 6162 | לחפיי | Nu 4:10M | "מניה לגו חפוי": מנאה לחפיי |
| 6163 | לחצדה | Dt16:09M | למחצד /תשרי מגלה לחצדה למחצוד#2#/ בעומרא |
| 6164 | לחצרון | Nu26:06 | {לחצרון} לחצרון זרעייתה דבני |
| 6165 | לחקל | Nu23:14 | ודבר יתיה לחקל סכייה ריש רמתה ובנה שבעה |
| 6166 | לחקלא | Dt 5:21M | "חלקה ... יתהון": לחקלא לא לעבדיה ולא לאמתא ולא |
| 6167 | לחרב | Gn 3:24 | לרשיעיא דהיא מדמיה לחרב שנונה אכלה מן תרין סיטריה |
| 6168 | לחרשיא | Gn41:24 | <....> טביא ואמרית לחרש«י»א ולי«ת» דפשר לי: |
| 6169 | לחתנה | Gn35:09 | עלמין אלפת יתן למברכה לחתנה ולכלתה מן אדם וזוגיה ועוד |
| 6170 | לחתניה | Ex 4:26 | ^גזירתא#2#^ הדא דשיזב לחתניה הדין מידא דמלאך מותא: |
| 6171 | לט' | Nu 5:02M | וכל דמסאב בטמא/לט'#2#/ נפש דבר נש: |
| 6172 | | Nu 9:06M | די הוון מסא'#2#/ בטמא/לט'#2#/ נפש דבר נש ולא יכלו |
| 6173 | לטב | Dt28:11M | ייי אלהכון לטבתה/לטב#2#/<לט>בה#2#/ בפירי וולד |
| 6174 | | Dt30:09 | יחזר ייי למחדי עליכון לטב היך מה די חדה על אבהתכון: |
| 6175 | | Gn50:20M | ממריה דייי חשב יתיה לטב מק'#2#/ מן בגלל ביומא |
| 6176 | לטבה | Dt28:11M | ייי אלהכון לטבתה/לטב#2#/<לט>בה#2#/ בפירי וולד |
| 6177 | לטבותהון | Dt23:07 | לא תתבעון שלמיהון ולא לטבותהון כל יומי חייכון עד לעלם: |
| 6178 | לטבן | Gn50:20 | בישן מן קדם ייי אתחשבן לטבן מן בגלל ביומא הדין לקיימא |
| 6179 | | Dt30:09 | בעירכון ובפרי ארעכון לטבן סגין ארום יחזר ייי למחדי |
| 6180 | לטבתה | Dt28:11 | וישייר יתכון ייי אלהכון לטבתה בפירי וולד מיעיכון ובפירי |
| 6181 | לטר' | Nu34:04M | דעקרבין ויעבר בטור/לטר'#2#/ פרזלא ויהוון |
| 6182 | לטווריה | Nu21:15M | שעתה רמ{ה}<ז> ייי לטווריה ואקפו ראשי |
| 6183 | לטור | Dt32:49 | סוק לטור עברייה הדין הר נבו די |
| 6184 | | Gn31:21 | ית נהרא ושוי ית אפוי לטור גלעדה: |
| 6185 | | Dt33:19 | הא עמא דבית זבולן לטור בית מוקדשא יזדמנון ותמן |
| 6186 | | Gn10:30M | /לספרוויי#2#/ טוורי/לטור#2#/ מדנחה: |
| 6187 | | Nu27:12 | ואמר ייי למשה סוק לטור עבריה הדין ותחמי ית ארעא |
| 6188 | | Nu34:15 | דדן נפק להון תחומה לטור תלגא לתחומה לבנון דמצפון |
| 6189 | | Nu34:15M | נפק להון תחומה לטור תלגה ולחומתה דלבנן ומן |
| 6190 | | Dt 3:09 | צידוניי הוון קריין לטור תלגה טורא דמסרי פירוי |
| 6191 | לטורא | Ex19:13 | יהוון רשיין למיסק לטורא: |
| 6192 | | Ex19:13M | הנון יסקו{ל}<ן> לטורא |
| 6193 | | Ex34:02M | תמן גבי על ראש לטורא#2#/: |
| 6194 | | Dt 1:41 | זייניה ואוחיתון למיסוק לטורא: |
| 6195 | | Dt 1:43 | דייי ואזידתון וסליקתון לטורא: |
| 6196 | | Gn19:17 | ולא תקום בכל משרא לטורא אשתיזב דלא תסתפי: |
| 6197 | | Ex19:23 | לא ייכלין עמא למיסק לטורא דסיני ארום את אסהדת בן |
| 6198 | | Ex34:02 | מזמן לצפרא ותסק בצפרא לטורא דסיני ותתעתד לוותי תמן |
| 6199 | | Ex34:04 | ואקדם משה בצפרא וסלק לטורא דסיני היך מה דפקד יתיה |
| 6200 | | Ex 3:01 | <....> בתר מדברא ואתא לטורא דאיתגלית עלוי איק' שכינתה |
| 6201 | | Ex24:13 | שמשוי וסלק משה לטור«א» דאתגליית עלוי איקר |
| 6202 | | Gn19:19 | ואנא לית אוכל למשתיזבא לטורא דלא תארע יתי בישתא ואמות: |
| 6203 | | Ex19:12 | אזדהרו לכון דלא למיסק לטורא ודלא למקרב בשפולוי כל |
| 6204 | | Ex24:18 | ואתא משה בגו עננא וסלק לטורא והוה משה בטורא ארבעין |
| 6205 | | Ex24:12 | ייי למשה סוק לוותי לטורא והוי תמן ואתן לך ית |
| 6206 | | Ex24:15 | וסלק משה לטורא וכסי עננא ית טור«א»: |
| 6207 | | Dt 1:24 | וכווינו לטורא ומטון עד נחל סגולה ואלילו |
| 6208 | | Dt10:01 | כקדמייה וסק לוותי לטורא ותעביד לך ארון דקים: |
| 6209 | | Dt10:03 | דאבנין כקדמיה וסליקית לטורא ותרין לווחי בידי: |
| 6210 | | Ex19:12 | למקרב בשפולוי כל דיקרב לטורא יתקטל יתקט«י»ל: |
| 6211 | | Gn12:08 | ואסתלק מן תמן לטורא מן מדנח לביתאל ופרש |
| 6212 | | Gn14:10 | תמן ומה דאשתיי«רו» לטורא ערקו: |
| 6213 | לטורה | Dt27:15 | שתה שבטין סליקו לטורה דגריזים ושתה שבטין סליקו |
| 6214 | | Dt34:01 | וסלק משה מן משרה דמאב לטורה דנבו ראש רמתה דאית לוקבל |
| 6215 | | Dt27:15 | ושתה שבטין סליקו לטורה דעיבל וכהנייה וארונה |
| 6216 | | Dt33:02M | "למתן ... דפראן": לטורה דפארן למתן אורייתה |
| 6217 | | Dt 9:09 | באסקותי לטורה למיסב לווחי אבנייה לווחי |
| 6218 | לטורהון | Dt 1:07 | וטולו לכון ועולו לטורהון דאמוריי וכבישו ית כל |
| 6219 | לטוריה | Nu21:15 | קדמוי מה בכוליתה רמז לטוריה ואקפו רישיהון אלין לאלין |
| 6220 | לטכ' | Nu 2:17M | /גבר על תחומיה לטכ'#2#/: |
| 6221 | | Nu 2:34M | /כן הוון שריין לטכ'#2#/ וכן נטלו/הוון נטלין#2#/ |
| 6222 | לטכסיהון | Nu 2:17 | נטלין גבר לאתריה לטכסיהון: |
| 6223 | | Nu 2:31 | אחריין הוון נטלין לטכסיהון: |
| 6224 | | Nu24:02 | ית ישראל שר{ו}<י>ן לטכסיהון והוה עלוי רוח דקדש |
| 6225 | | Nu 2:34 | ייי ית משה כדן שרון לטכסיהון וכן נטלו גבר לזרעיתיה |
| 6226 | לטליתה | Dt22:20M | סהדוון לרביתה/לטליתה#2#/: |
| 6227 | | Dt22:26M | לא תעבד פתגם ביש לית לטליתה חובה דקטולה |
| 6228 | לטמ' | Nu 9:07M | אנן מסאבין בטמא/לטמ'#2#/ נפש דבר נש למה \ |
| 6229 | | Nu19:11M | במית \כל טמא/לטמ'#2#/ נפש דבר נש יהוי מסאב |
| 6230 | לטמא | Lv21:01M | כהנא רבה די בעמה /לטמא נפיש דמית לא יסתאב |
| 6231 | | Lv19:28M | ושרט' \על נפש דמית /לטמא נפש דמ'#2#/ לא תתנון |
| 6232 | | Nu 6:06M | דייי על נפש /קודם ייי לטמא נפש#2#/ דמית לא יעול: |
| 6233 | לטמא' | Dt14:01M | רשום/קרחה#2#/ על/לטמא'#2#/ בית אפיכון על נפש |
| 6234 | לטעון | Dt11:16M | ותפלחון \קדם טעון/לטעון#2#/ אחרני«י»ן ותסגדון |
| 6235 | | Dt28:36M | וטעוון דאבן /לטעוון אחרניין אעא ואבנה#2#/: |
| 6236 | | Dt 7:04M | אחרניין /ויפלחון לטעוון#2#/ די יתקוף רוגזיה |
| 6237 | לטעוות | Dt 6:04 | פלח אתון פלחין או דלמה לטעוות לבן ^דהו'#2#^ דאמה פלח |
| 6238 | | Dt 6:04 | פסילה עשו אחי דלמה לטעוות דהוה אבוי דאברהם פלח |
| 6239 | לטעוותא | Dt 6:04M | עשו אחי דלמה לטעוות/לטעוותא#2#/ דהוה אבוי דאברהם |
| 6240 | לטעוותה | Dt 6:04M | פלחין או דלמה לטעוות/לטעוותה#2#/ לבן ^דהו'#2#^ |
| 6241 | | Nu25:03 | ואתחברו ישראל לטעוותה דפעור ותקף רוגזה דייי |
| 6242 | | Dt 4:46 | בעבר ירדנה בחלתה דסמיך לטעוותה דפעור בארע סיחון מלכהון |
| 6243 | | Nu22:41M | \לבמתה דבעלה וחמא /<ל>טעוותה פעור וחמ'#2#/ מן תמן |
| 6244 | לטעוותהון | Nu25:02 | ואכלו עמא וסגדו לטעוותהון: |
| 6245 | | Dt12:31 | בנתהון יוקדון בנורא לטעוותהון: |
| 6246 | | Dt 5:09M | ולא תפלחון קדמיהון/לטעוותהון#2#/ ארום אנה הוא ייי |
| 6247 | | Dt12:31 | די סני ורחיק עבדו לטעוותהון ארום לחוד ית בניהון וית |
| 6248 | | Dt20:18 | ככל מרחקתהון די פלחו לטעוותהון דלא תתחייבון קדם ייי |
| 6249 | | Ex23:24 | לא תסגדון לטעוותהון ולא תפלחון קדמיהון ולא |
| 6250 | | Dt12:30 | דלא תתבעון לטעוותהון למימר היך הוון פלחין |
| 6251 | לטעוותיה | Lv17:07M | עוד ית דבחיהון לשדיה/לטעוותיה#2#/ די אנון/הנון#2#/ |
| 6252 | לטעוותיהון | Ex34:15 | בתר טעוותהון וידבחון לטעוותיהון ויקרון לכון ותאכלון מן |
| 6253 | לטעותה | Nu33:07 | בפונדקי חירתה דסמיך לטעותה צפון ושרון קדם מגדול: |
| 6254 | לטפליכון | Gn47:24 | בתיכון ולמזון לטפליכון: |
| 6255 | | Nu32:24 | בנון לכון קריין לטפליכון ודרין לעניכון וית מה |
| 6256 | | Gn45:19 | מן ארעא דמצרים עגלן לטפליכון ולנשיכון וטענון ית |
| 6257 | לטפלינן | Nu32:16 | לבעירן הכה וקרוין לטפלינן: |
| 6258 | לטקסיהון | Nu24:02M | לטכסיהון/שרן לטקסיהון#2#/ והוה עלוי רוח דקדש |
| 6259 | ליבשת' | Gn 1:10 | וקרא ממרא דייי ליבשת' ארעא ולבית כנישות מיא קרא |
| 6260 | ליבשתא | Ex 4:09M | ויהוון לאדם ביבשתא/ליבשתא#2#/: |
| 6261 | | Ex14:21 | כל ליליא ושוי ית ימא ליבש{בש}תא ואתבזעו מיא: |

|  |  |  |  |
|---|---|---|---|
| 6262 | | Ex 4:09M | דנהרא ותשפוך ביבשתא/ליבשתא#2#/ ויהוון מיין די תסב |
| 6263 | ליהודייא | Ex 1:22 | כל בר דכר דמתיילד ליהודייא בנהרא תטלקון יתיה וכל |
| 6264 | ליר' | Nu35:01M | דמואב סמיך לירדנה/ליר'#2#/ דיריחו למימר: |
| 6265 | ליואי | Dt12:19M | דלא תשבקון ית ליווי/ליואי#2#/ כל יומיכון על |
| 6266 | ליום | Gn 4:07 | תיטב עובדך בעלמא הדין ליום דינא רבה חטאך נטיר ועל תרע |
| 6267 | | Dt32:34 | לרשיעיה חתום באוצרי ליום דינה רבה: |
| 6268 | ליומא | Ex19:11 | ויהוון מזומנים ליומא תליתייא ארום ביומא |
| 6269 | ליומי | Gn18:12 | דסאבית אפשר לי למחזר ליומי טליותי ולמהווי לי עדויין |
| 6270 | ליומיא | Dt 4:32 | ארום שאילו כען ליומיא קדמייה די הוון קדמיכון |
| 6271 | ליומין | Gn 7:04M | יומין הא אנה מחת מטר /ליומין קלילין שבעה אנה מחת |
| 6272 | ליורדנה | Nu31:12M | דמואב סמיך לירדנא/ליורדנה#2#/ דיריחו: |
| 6273 | | Nu33:48M | דמואב סמיך לירדנא/ליורדנה#2#/ דיריחו: |
| 6274 | | Nu33:50M | דמואב סמיך לירדנה/<ל>יו<רדנה>#2#/ דיריחו |
| 6275 | | Nu36:13M | דמואב סמיך לירדנא/ליורדנה#2#/ דיריחו: |
| 6276 | | Nu34:12M | {תתות} <תחומה> ליורדנה#2#/ ויהוון מפקנוי ימא |
| 6277 | ליחוסיהון | Ex 6:16 | שמהת בנוי דלוי ליחוסיהון גרשום וקהת ומררי |
| 6278 | | Ex 6:19 | דבנוי דלוי ליחוסיהון: |
| 6279 | לייי | Dt10:14 | הא לייי אלהכון שמייא ושמי שמייא |
| 6280 | | Nu16:26M | בכל מה דלהון/דאית לייי#2#/ דלא תשיצון/תיסתפון#2#/ |
| 6281 | | Nu21:02 | ונדרו ישראל נדר לייי ואמרין אן ממסור תמסור ית |
| 6282 | | Nu 5:08 | אשמה לה אשמה דמתחזר לייי לכהנה בר מן דיכרה |
| 6283 | | Lv 7:29 | דייי ייתי ית קרבניה לייי מן נכסת קודשוי: |
| 6284 | | Dt18:05M | ארום בהון/לייי#2#/ אתרע/יתרע#2#/ ייי |
| 6285 | לייתמייה | Dt24:19 | למיסב יתה ולגיוריה לייתמייה ולארמלתה יהווי מן בגלל |
| 6286 | לילדתא | Ex 1:18M | מלכא דמצרים לחייתא/לילדתא#2#/ ואמר להון מן בגלל |
| 6287 | | Ex 1:15M | מלכא דמצרים לחייתא/לילדתא#2#/ עברייתא די שמה |
| 6288 | לילוואי | Nu31:47M | ויהב יתהון לילויי/לילוואי#2#/ דנטרין/נטרי#2#/ |
| 6289 | לימא | Ex14:13 | כיתא דהות אמרה נפול לימא אמר להון משה לא תדחלון |
| 6290 | | Ex10:19M | יתה ימא /וטלק יתיה לימא#2#/ דסוף לא/ולא#2#/ אשתייר |
| 6291 | | Ex14:13 | דסוף חדא הוות אמרה נפל לימא וחדא הוות אמרה נחזור |
| 6292 | | Nu34:15M | דמן מדנח לבית ירח/לימא#2#/ וממדנח ימא |
| 6293 | | Ex14:25 | כמולותיה ורמין יתהון לימא כד חמון מצריי תושבחתא הדין |
| 6294 | | Ex15:12 | בניך וארעא הוות אמרה לימא קבלי קטולי«ך» לא ימא הוה |
| 6295 | לימה | Nu34:11M | ויחות תחומה וימטי סמיך לימה דגי<נ>סר מן מערבה |
| 6296 | | Dt30:13M | /מן ייעיבר לנא מעיבר לימה רבה היך יונא נבייא#2#/ |
| 6297 | | Dt30:13 | ולא מן עבר לימה רבה היא אוריתה למימר לווי |
| 6298 | לימין | Nu20:17M | לימינה ולא לשמאלה/לא לימין ולא ליסמיל#2#/ עד זמן |
| 6299 | | Nu22:26M | לא \לימינה ולא לשמאלה/לימין ולא לשמאל#2#/: |
| 6300 | | Dt 2:27M | אורחא נזל לא נסטי לא לימין ולא לישמיל |
| 6301 | | Dt 5:32M | לא \לימינה ולא לשמאלה /לימין ולא ליסמאל#2#/: |
| 6302 | | Dt17:11M | לא \לימינה ולא לשמאלה /לימין ולא שמיל#2#/: |
| 6303 | | Dt17:20M | לשמאלה/פיקודייה לא לימין ולא לשמיל#2#/ מן בגלל די |
| 6304 | | Dt28:14M | לא \לימינה ולא לשמאלה /לימין ולא ליסמיל#2#/ למיזל בתר |
| 6305 | לימינא | Gn24:49 | ואן לא תנון לי ואסטי לימינא או לשמאלה: |
| 6306 | לימינה | Nu20:17 | מלכא נהלך לא נסטי לא לימינה ולא לשמאלה עד זמן די |
| 6307 | | Nu22:26 | הווה תמן אורח למסטי לא לימינה ולא לשמאלה: |
| 6308 | | Dt 2:27 | בארחה אהלך לא אסטי לא לימינה ולא לשמאלה: |
| 6309 | | Dt 5:32 | יתכון לא תסטון לא לימינה ולא לשמאלה: |
| 6310 | | Dt17:11 | פתגמא די יתנון לכון לא לימינה ולא לשמאלה: |
| 6311 | | Dt17:20 | מן מצוותה דאוריתה לא לימינה ולא לשמאלה מן בגלל די |
| 6312 | | Dt28:14 | יתכון יומא הדין לא לימינה ולא לשמאלה למיזל בתר |
| 6313 | ליסר' | Lv 4:25M | ישפוך \על יסודי/ליסר'#2#/ מדבחה דעלתה: |
| 6314 | ליסודוי | Ex29:12M | תשפך \על יסודי/ליסודוי#2#/ דמדבחא: |
| 6315 | ליסמאל | Dt 5:32M | לשמאלה /לימין ולא ליסמאל#2#/: |
| 6316 | ליסמיל | Dt28:14M | לשמאלה /לימין ולא ליסמיל#2#/ למיזל בתר טעוון |
| 6317 | | Nu20:17M | /לא לימין ולא ליסמיל#2#/ עד זמן די תחומך נעבר |
| 6318 | ליציביא | Ex12:49 | גזירת אוריתא חדא יהוי ליציביא ולגיורייה דמתגיירין |
| 6319 | ליק' | Dt32:10M | יתהון חזור חזור לאיקר/ליק'#2#/ שכינתיה אלף יתהון |
| 6320 | ליקר | Dt26:19M | "ליקרה ... לעם": ליקר ולשם ולתושבחתה ולמהוון עם |
| 6321 | | Ex28:40M | תעבד להון לאיקר/ליקר#2#/ ולתושבחא: |
| 6322 | ליקרה | Dt26:19 | על כל אומייה די ברא ליקרה ולתושבחה ולרוממי ולמהווי |
| 6323 | ליר' | Ex40:17M | תניינתה בחד יום ליר' |
| 6324 | לירדנא | Nu26:03 | במשריה דמואב סמיך לירדנא דיריחו למימר: |
| 6325 | | Nu26:63M | במישריה דמואב דסמיך לירדנא דיריחו: |
| 6326 | | Nu31:12 | במישריה דמואב סמיך לירדנא דיריחו: |
| 6327 | | Nu33:48 | במישרייה דמואב סמיך לירדנא דיריחו: |
| 6328 | | Nu22:01 | במישרה דמואב במעבר ליר{ח}<דנ>א ליריחו: |
| 6329 | לירדנה | Nu32:32 | ירתות אחסנותן מן עבר לירדנה: |
| 6330 | | Nu33:50 | במישריה דמואב סמיך לירדנה דיריחו למ«י»מ{(י)}ר: |
| 6331 | | Nu34:15 | קבלו אחסנתהון מן עבר לירדנה דיריחו קדמין מן מדנחה |
| 6332 | | Nu35:01 | במישריה דמואב סמיך לירדנה דיריחו למימר: |
| 6333 | | Nu36:13 | במישריה דמואב סמיך לירדנה דיריחו: |
| 6334 | | Nu34:12 | ונחת תחומה לירדנה ויהוון מפקנוי ימא דמלחה |
| 6335 | | Nu35:14 | קוריין תתנון מן עבר לירדנה וית תלת קוריאן תתנון |
| 6336 | | Nu32:19 | לא נתאחסן עמהון מן עבר לירדנה ולהל ארום קבלנן אחסנתן |
| 6337 | לירותתיה | Dt 3:20 | ירדנה ותחזרון גבר לירותתיה די יהבית לכון: |
| 6338 | לירח | Lv16:34M | זמנה בשתה בעשרתי יומין לירח תשרי |
| 6339 | לירחא | Nu33:38 | בירחא חמישיה בחד לירחא: |
| 6340 | | Ex40:17 | קדמיא בשתא תנייתא בחד לירחא אקים משה ית משכנה: |
| 6341 | | Gn 8:05 | עשיריא בעשיריא בחד לירחא אתגלון רישי טוריא: |
| 6342 | | Gn 8:05M | רישי טוריא /בחד יום לירחא אתחמין ראשי טוריא#2#/: |
| 6343 | | Lv23:05 | בארבע«ת» עשר יומין לירחא ביני שמשתה נכיסת פסחה קדם |
| 6344 | | Ex12:18 | עד יום חד ועשרין יום לירחא ברמשא: |
| 6345 | | Ex12:18 | בארבעת עשר יומין לירחא ברמשא ביני שמשתא תאכלון |
| 6346 | | Lv16:29M | בעש<ר>תי יומין לירחא דתשרי תצומון ותענון ית |
| 6347 | | Ex12:03 | ישראל בעשרה יומין לירחא הדין ויסבון לכון גבר אימר |
| 6348 | | Ex12:06 | עד ארבעת עשר יומין לירחא הדין ויכסון יתיה כל קהל |
| 6349 | | Nu28:17 | ובחמשת עשר יומין לירחא הדן חגה שבעה יומין פטירין |
| 6350 | | Gn 7:11 | תניינא בשבעה עשר יומין לירחא היך זמן יומא הדין אתבזעו |
| 6351 | | Gn 8:13M | בחד יום לירחא יבשו מיא מן עלוי אר' |
| 6352 | | Gn 8:14 | תניינא בעשרין ושבעה לירחא יבשת ארעא: |
| 6353 | | Lv23:24 | בירחא שביעייה בחד יומא לירחא יהווי לכון שבת שבתה דכרן |
| 6354 | | Nu29:01 | ובירחה שביעיה בחד לירחא יום טב וארוע קדיש יהווי |
| 6355 | | Dt 1:03 | בחד עשר ירחין בחד יום לירחא מלל משה עם בני ישראל כל |
| 6356 | | Gn 8:13 | שנין בירחא קדמיא בחד לירחא נגבו מיא מעלוי ארעא ועבר |
| 6357 | | Nu28:16 | קדמיה בארבעת עשר יומין לירחא נכסת פסחא קדם ייי: |
| 6358 | | Gn 8:04 | שביעיא בשבעת עשר יומין לירחא על טורי קרדון: |
| 6359 | | Nu33:03 | קדמיה בחמש עשר יומין לירחא קדמיה מן בתר יומא טבא |
| 6360 | | Lv23:34 | למימר בחמשת עשר יומין לירחא שביעיה הדין חגה דמטליה |
| 6361 | | Nu29:07 | ובעשרה יומין לירחא שביעיה הדין יום טב וארוע |
| 6362 | | Nu29:12 | ובחמשת עשר יומין לירחא שביעיה יום טב וארוע קדיש |
| 6363 | | Lv23:27 | לחוד בעשורה יומין לירחא שביעייה הדן צומה דכיפוריה |
| 6364 | | Ex16:01 | סיני בחמשת עשר יומין לירחא תנינא לאפקותהון מארעא |
| 6365 | | Nu 1:01 | דסיני במשכן זמנא בחד לירחא תנינא בשתא תניינא בזמן |
| 6366 | | Nu 1:18 | כנשו בחד ^יום#2#^ לירחא תנינא ואתייחסו על |
| 6367 | | Ex40:02 | ביום ירחא קדמיה בחד לירחא תקים ית משכנה משכן זימנא: |
| 6368 | לירחה | Nu10:11 | בשתה תניינתה בעשרין לירחה איסתלק מעילוי משכנה |
| 6369 | | Lv25:09 | שביעיה בעשרה יומין לירחה ביום צומא דכיפוריה תעברון |

|  |  |  |  |  |  |
|---|---|---|---|---|---|
| 6370 | | Nu 9:05 | קדמיה בארבעת עשר יומין | לירחה | ביני שמשתה במדברה דסיני |
| 6371 | | Nu 9:03 | בארבעת עשר יומין | לירחה | הדין ביני שמשתה תעבדון |
| 6372 | | Lv23:06 | ובחמשת עשר יומין | לירחה | חגא דפטיריה קדם ייי שבעה |
| 6373 | | Lv23:32 | ית נפשתכון בתשעה יומין | לירחה | מן רמשה ועד רמשה תהון |
| 6374 | | Lv23:39 | להוד בחמישת עשר יומין | לירחה | שביעיה בכנשתכון ית עללתה |
| 6375 | | Lv16:29 | שביעיה בעשרה יומין | לירחה | תצומון ית נפשתכון וכל |
| 6376 | לירתו | Lv25:46 | יתהון לבניכון בתריכון | לירתו | ואחסנה לעלם בהון תפלחן |
| 6377 | לישמיל | Dt 2:27M | לא נסטי לא לימין ולא | לישמיל | |
| 6378 | ליתבי | Nu24:24M | לאתוראה ויסופון | ליתבי | עיבר פרת ברם סופיהון |
| 6379 | ליתמה | Dt26:13M | /<לגיו>רה#2#/ | ליתמייה/<לית>מה#2#/ | ולארמלתה ככל |
| 6380 | ליתמיא | Dt26:12 | מסכינייה לגייורייה | <ליתמיא> | ולארמלתה וייכלון |
| 6381 | ליתמייה | Dt26:13 | מסכינייה לגיורייה | ליתמייה | ולארמלתה ככל פיקודייך די |
| 6382 | לכ' | Lv15:29M | ותתי יתהון \לוות | כהנא/לכ'#2#/ | לתרע משכן זימנא |
| 6383 | | Nu 6:10M | בני יון \לוות | כהנה/לכ'#2#/ | בתרע/לת'#2#/ משכן |
| 6384 | לכה' | Lv 5:25M | /דא'#2#/ \לוות | כהנא/לכה'#2#/: | |
| 6385 | לכהנא | Lv13:07 | ויתחמי זמן תניינות | לכהנא: | |
| 6386 | | Lv13:19 | חוורה וסמוקה ויתחווי | לכהנא: | |
| 6387 | | Lv13:49 | מכתש צרעה הוא ויתחמי | לכהנא: | |
| 6388 | | Lv15:14M | יתהון \לוות | כהנא/לכהנא#2#/: | |
| 6389 | | Lv 7:14 | קרבן אפרשו לשמה דייי | לכהנא | דזרק ית אדם נכסת קדשיה |
| 6390 | | Lv 7:08 | משכה דעלתה די יקרב | לכהנא | דידיה יהווי: |
| 6391 | | Lv 5:18M | לאשמה \לוות | כהנא/לכהנא#2#/ | ויכפר עלוי כהנא על |
| 6392 | | Lv 5:16 | יוסף עלוי ויתן יתה | לכהנא | וכהנא יכפר עלוהי בדיכרה |
| 6393 | | Lv23:20 | יהוון לשמה דייי מתנה | לכהנא | יתיהבון: |
| 6394 | | Lv 5:13 | וישתביק ליה ותיהוי | לכהנא | כמנחתה: |
| 6395 | | Lv14:35 | וייתי מריה דבייתה ויתני | לכהנא | למימר כמכתש אתחזי לי |
| 6396 | | Ex40:15 | למהווי להון רבותהון | לכהנא | לעלם לדריהון: |
| 6397 | | Lv 7:32 | שקה דימינה תתנון אפרשו | לכהנא | מן נכסת קדשיכון: |
| 6398 | | Nu 6:20 | אנפו קדם ייי קדש אינון | לכהנא | על {מעא}<ניעא> |
| 6399 | | Lv14:13 | ארום כחטאתה אשמה הוא | לכהנא | קדש קדשין הוא: |
| 6400 | לכהנה | Dt18:03 | אין תור אין אימר ויתן | לכהנה | אדרעא ולחייה ארעייה |
| 6401 | | Nu 5:08 | לה אשמה דמתחזר לייי | לכהנה | בר מן דיכרה דכיפורייה די |
| 6402 | | Nu 5:09 | דבני ישראל די יקרבון | לכהנה | דידיה יהוי: |
| 6403 | | Nu 5:10 | דידיה יהוון גבר די יתן | לכהנה | דידיה יהווי: |
| 6404 | | Lv 7:09 | במרתחה ועל מסרייתה | לכהנה | דמקרב יתה לה יהווי: |
| 6405 | | Lv22:14 | חומשה עלוי ויתן | לכהנה | ית קדשיה: |
| 6406 | | Lv13:07M | /דאיחוי#2#/ \לוות | כהנא/לכהנה#2#/ | לדכותה ויתחמי זמן |
| 6407 | | Lv13:07M | דאחמי יתה | לכהנה | למדכייה יתיה וית' |
| 6408 | | Lv27:21 | לשמה דייי כחקל אפרשו | לכהנה | תיהוי אחסנתיה: |
| 6409 | לכהניה | Dt31:09 | ית אוריתה הדה ויהב יתה | לכהניה | בני שבטה דלוי דטענין ית |
| 6410 | לכהנייא | Lv21:01 | ואמר ייי למשה אמר | לכהנייא | בנוי דאהרן ותמר להון על |
| 6411 | | Dt18:01 | לא יהווי | לכהנייא | לליוויי כל בני שבטה |
| 6412 | לכול | Dt 4:19 | פליג ייי אלהכון יתהון | לכול | אומייה די תחות כל שמיא: |
| 6413 | לכולא | Ex20:25M | את<ע>בדו קרב' מותא | לכולא | אסטמר דלא תריק סייפך עלי |
| 6414 | לכולהון | Gn11:06 | הא אומה חדה ולשון חד | לכולהון | והא כדון שרון למעבד |
| 6415 | | Gn45:22 | | לכולהון | יהב לכל גבר אסטולי ולבוש |
| 6416 | | Ex 9:14M | מחוותיי על לבך /מגרי | לכולהון | מחתי וימטון עד לבבך#2#/ |
| 6417 | לכומריא | Gn47:22 | לא זבן ארום חולק | לכומריא | מן לוות פרעה וייכלון ית |
| 6418 | לכותלה | Nu22:25 | ודחקת ית רגלה דבלעם | לכותלה | ואוסף לממחי יתה: |
| 6419 | | Nu22:25 | ית מלאכה דייי ואדחקת | לכותלה | ודחקת ית רגלה דבלעם |
| 6420 | לכיתנא | Lv13:48M | בערבה | לכתנא/^<ל>כית<נא>#2#^/דכתנה#2#/ | או לעמרא |
| 6421 | לכל | Ex12:42 | נטיר ומזומן הוא לפורקן | לכל | ישראל לדריהון: |
| 6422 | | Ex12:42M | לכל /נטור ומזמין | לכל#2#/ | ישראל לדריהון: |
| 6423 | | Dt 5:01 | וקרא משה | לכל | ישראל ואמר להון שמעו |
| 6424 | | Dt29:01 | וקרא משה | לכל | ישראל ואמר להון אתון |
| 6425 | | Dt31:01 | ומלל ית דביריה האליין | לכל | ישראל: |
| 6426 | | Dt 3:13 | דמנשה כל תחום תרכונה | לכל | בותנין לאתרה ההוא יתקרי |
| 6427 | | Dt22:03 | תעבד ללבושה וכדן תעבד | לכל | אבידתה די יאבד מניה ותשכח |
| 6428 | | Dt 7:19 | כדן יעבד ייי אלהכון | לכל | אומייה די אתון דחלין |
| 6429 | | Gn45:15 | ונשק | לכל | אחוי ובכה לקבלהון ומן בתר |
| 6430 | | Nu18:11 | לכון אפרשות מתנתכון | לכל | אנפות בני ישראל לך יהבית |
| 6431 | | Gn45:08 | לאבא {לא} לפרעה ולרבון | לכל | אנשי בייתי' ושליט בכל ארעא |
| 6432 | | Nu18:11M | /לך אפרשות מתנוותהון | לכל | אפרשו דבני#2#/ ישראל לך |
| 6433 | | Dt34:11 | | לכל | אתייה וניסי פרישתה די שלח |
| 6434 | | Gn20:13 | דן חסדיך די תעבדון עמי | לכל | אתר די נעול לתמן אמרי כען |
| 6435 | | Ex12:03 | אימר לבית אבה{ה}תם אמר | לכל | בייתה: |
| 6436 | | Lv 7:10 | מנחתה פילה במשח ונגיבה | לכל | בנוי דאהרן תהוי גבר |
| 6437 | | Ex16:06 | ואמר משה ואהרן | לכל | בני ישראל ברמשא ותדעון |
| 6438 | | Gn 2:20 | וקרא אדם שמהן | לכל | בעירא ולעופא דשמיא ולכל |
| 6439 | | Lv11:26 | | לכל | בעירא דהוא פריס פרסה |
| 6440 | | Nu16:22M | מתייהבה נשמתה | לכל | בשרא#2#/ הא גבר יחטא |
| 6441 | | Nu18:15 | כל פתחי שרוי וולדה | לכל | בשרה די יקרבון לשמה דייי |
| 6442 | | Gn45:22 | לכולהון יהב | לכל | גבר אסטולי ולבוש ולבנימן |
| 6443 | | Ex16:22 | לחם בכיפלא תרין עמרין | לכל | גולגלא ואתון כל רברבני |
| 6444 | | Ex38:26 | ^^טבע | לכל | גולגלה פלגות סלעה |
| 6445 | | Nu 3:47 | ותסב מן חמשה חמשה סלעין | לכל | גולגלתה בסלעי בית קדשה |
| 6446 | | Ex16:16 | מנה גבר לפם מיכליה עמר | לכל | גלגלה מניין נפשכון גבר לפם |
| 6447 | | Gn24:20 | תוב לבאירה למימלי ומלת | לכל | גמלוי: |
| 6448 | | Lv25:10 | ותכרזון חירו לארעא | לכל | דיירה יובלה היא תיהווי |
| 6449 | | Ex38:26M | בית קודשה^^ | כל/לכל#2#/ | דעבר על מנייניה מבר |
| 6450 | | Nu15:12M | סדרא תקרבון \עם | כל/לכל#2#/ | חד כמניינהון/במ'#2#/: |
| 6451 | | Dt19:15 | לא יקום סהד בגבר | לכל | חובה ולכל סרחון בכל סרחון |
| 6452 | | Lv16:16 | ישראל ומן סרחניהון | לכל | חוביהון וכן יעביד למשכן |
| 6453 | | Lv16:21 | ישראל וית כל סרחניהון | לכל | חוביהון ויתן יתהון על |
| 6454 | | Ex38:27 | חומרין למאה ככרין ככר | לכל | חומר: |
| 6455 | | Lv13:12 | מן ראשה ועד רגלוי | לכל | חזיו עיני כהנא: |
| 6456 | | Gn30:22 | ואמר פתח ידך ומשביע | לכל | חיי דאית בהון רעוא מפתחא |
| 6457 | | Gn18:26 | בגו קרתא ואשרי ואשבוק | לכל | חייבוי דאתרה בגללהון: |
| 6458 | | Ex14:28 | ית אר<ת>כי וית פרשיה | לכל | חיילותיה דפרעה דעלו |
| 6459 | | Dt17:03 | להון ולשמשא או לסהרא או | לכל | חילוות שמייא די לא פקדית: |
| 6460 | | Gn 9:10 | עמכון מכל נפקי תבותא | לכל | חיתא דארעא: |
| 6461 | | Ex12:21 | וקרא משה | לכל | חכמיה דישראל ואמר להון |
| 6462 | | Ex29:36M | תקרבון | בכל/לכל#2#/ | יום על כפורא ותרבי ית |
| 6463 | | Ex26:02 | דיריעתה חדתה משחא חדא | לכל | יריעתה: |
| 6464 | | Ex36:09 | יריעתה חדא משחת חדא | לכל | יריעתה: |
| 6465 | | Ex16:09 | ואמר משה לאהרן אמר | לכל | כנישתא דבני ישראל קרבו |
| 6466 | | Ex35:04 | ואמר משה | לכל | כנישתא דבני ישראל למימר |
| 6467 | | Nu14:07 | ואמר«י»ן | לכל | כנישתה דבני ישראל למימר |
| 6468 | | Nu15:26 | וישתבק | לכל | כנישתה דבני ישראל |
| 6469 | | Nu14:35 | ייי מללת אין לא דא אעבד | לכל | כנשתה בישתה הדה די אתרעמו |
| 6470 | | Ex26:17 | דא לקבל דא כדין תעבד | לכל | לווחי דמשכנא: |
| 6471 | | Ex36:22 | דן לקבל דן כדין עבד | לכל | לווחי דמשכנה: |
| 6472 | | Gn45:01 | ולא יכל יוסף למסוברא | לכל | מאן דהוה קיים עלוי ואכרז |
| 6473 | | Ex36:01 | כל עבידת פלחן בית קודשא | לכל | מה די פקד ייי: |
| 6474 | | Lv 5:04 | בסיפתן למבאשה או למיטבה | לכל | מה די יפרש ליה בר נשה |
| 6475 | | Lv13:51 | בשתיה או בערבה או במשך | לכל | מה די יתעבד משכה לעבידה |
| 6476 | | Dt 5:21M | לתוריה ולא לביערה ולא | לכל | מה דאית לחבריכון ארום |
| 6477 | | Nu 4:27 | כל פלחנה דבנוי דגרשוני | לכל | מטוליהון ולכל פלחנהון |

|  |  |  |  |
|---|---|---|---|
| 6478 | | Ex40:36M | בני ישראל בכל/לכל#2/ מטל{ינ}<ני>הון |
| 6479 | | Nu18:04 | ית מטרת משכן זמנה לכל מטרת פלחנה וחילוניי לא |
| 6480 | | Dt23:20 | זפו דממון זפו דכסף זפו לכל מילה די יתוזף: |
| 6481 | | Lv14:54 | דא ^גזירת#2# אוריתא לכל מכתש צרעתה ולנתקה: |
| 6482 | | Dt 3:21 | כדן יעבד מימרה דייי לכל מלכוותה די אתון עברין תמן: |
| 6483 | | Dt28:25 | ותהוון לריחוק לכל מלכוותה דארעא: |
| 6484 | | Gn 3:24 | אילן דחיין היא אורייתא לכל מן דלעי בה ונטר פקודיה הוי |
| 6485 | | Nu33:54 | זעירין תזער אחסנתיה לכל מן די יפוק לה תמן עדווה |
| 6486 | | Ex27:19 | לכל מנה משכנה לכל פלחנא וכל |
| 6487 | | Nu18:09 | מן אשתא כל קרבנהון לכל מנחתהון ולכל חטאתהון ולכל |
| 6488 | | Nu 4:32 | וסכיהון ומתחיהון לכל מניהון ולכל פלחנהון ובשמהן |
| 6489 | | Gn41:55 | על עיסק לחמא ואמר פרעה לכל מצראי אזלו לוות יוסף מה |
| 6490 | | Gn45:09 | שוי יתי ייי לריבון לכל מצראי חות לוותי ולא תשתהי: |
| 6491 | | Nu10:25 | משריית דבנוי דדן מכנש לכל משריתה לחילוותהון ורבה |
| 6492 | | Ex28:38 | די יקדישו בני ישראל לכל מתנת קדשהון ויהווי על |
| 6493 | | Dt23:19 | דייי אלהכון ^^לכל נדר ארום מרחקה קדם ייי |
| 6494 | | Lv22:18 | בישראל די יקרב קרבניה לכל נדריהון ולכל נסיבתהון די |
| 6495 | | Lv 5:03 | ארום יקרב בסאבה דבר נש לכל סאבתיה די יסתאב בה ויתכסי |
| 6496 | | Lv22:05M | די יסתאב ליה בכל/לכל#2/ ס{ב}אובתיה: |
| 6497 | | Ex38:20M | ולדרתה מן חוזר חזור /לכל סכייה דמשכנה ודרתה חז#2# |
| 6498 | | Lv 7:24 | דנבלה ותרב דקטילה יתעבד לכל עבידה ומיכול לא תאכלון |
| 6499 | | Ex35:24 | אשתכח לוותיה אעי שטין לכל עבידת פולחנא אייתון: |
| 6500 | | Ex36:07 | ועבידתה הו{ה}<ת> כמסת לכל עבידת למעבד יתה ועבדו |
| 6501 | | Ex35:29 | לבהון יתהון למייתייה לכל עבידתה די פקד ייי למעבד |
| 6502 | | Dt28:26 | ותהווי נבילתכון למזון לכל עופה דשמייא ולחייתה דארעא |
| 6503 | | Gn23:10 | במשמעהון דבנוי דחת לכל עללי תרע קרתיה למימר: |
| 6504 | | Gn23:11 | במשמעהון דבנוי דחת לכל עללי תרע קרתיה למימר: לא |
| 6505 | | Gn23:18 | לקנין לקבל בנוי דחת לכל עללי תרע קרתיה: |
| 6506 | | Ex16:10M | אהרן \עם כל כנישתא /לכל עם כנישתא#2# דבני ישראל |
| 6507 | | Gn42:06 | על ארעא והוא הוה מזבן לכל עמא דארעא ואתון אחוי |
| 6508 | | Nu11:13 | מן הן אית לי בשר למתין לכל עמא האלין ארום יבכון |
| 6509 | | Nu15:26 | דמתגיירין ביניהון ארום לכל עמא דאשתלון: |
| 6510 | | Nu32:15 | יתכון במדברה ותחבלון לכל עמא האליין: |
| 6511 | | Dt27:14 | וייענון ליווייא ויאמרון לכל עמה בני ישראל קל תלי: |
| 6512 | | Ex 1:22 | ופקד פרעה לכל עמיה למימר כל בר דכר |
| 6513 | | Nu18:07 | עמך תטרון ית כהנתכון לכל עסק מדבחה ולגו מן פרוכתה |
| 6514 | | Nu 3:31M | ישמשון בהון ופרסה וכל/לכל#2/ פולחנה: |
| 6515 | | Nu 4:31 | ודא מטרת מטולהון לכל פולחנהון במשכן זימנה |
| 6516 | | Ex27:19 | לכל מנה משכנה לכל פלחנא וכל סכוי וכל סכי |
| 6517 | | Nu 4:33 | זרעיתה דבנוי דמררי לכל פלחנהון במשכן זמנה על ידוי |
| 6518 | | Nu 3:26 | וית מתחיהון לכל פלחניה: |
| 6519 | | Gn23:16M | /לכל פתר ומתקבלין לכל#2/ פרקמטיא: |
| 6520 | | Dt32:46 | {א}להון שוון לבביכון לכל פתגמיה די אנה משהד בכון |
| 6521 | | Gn23:16M | \בכל אתר מתקבלין בכל /לכל פתר ומתקבלין לכל#2/ |
| 6522 | | Ex12:16 | בהון לחוד מה די יתעביד לכל צורכיה דנפשה הוא לבלחודוי |
| 6523 | | Nu 5:09 | וכל אפרשו לכל קדש«י»הון דבני ישראל די |
| 6524 | | Nu18:08 | לך ית מטרת אפרשותי לכל קדשיהון דבני ישראל לך |
| 6525 | | Lv18:06M | \לוות כל קריב בשריה /לכל קריבת בש#2/ לא תקרבון |
| 6526 | | Dt20:15 | כדן תעבד לכל קרייתה דרחיקן מנכון לחדה |
| 6527 | | Ex12:02M | ירחא הדין ניסן לכון/לכל#2/ ריש ירחין קדמיי הוא |
| 6528 | | Nu31:05M | דישראל אלף \מן כל/לכל#2/ שבט תרין עשר אלפין |
| 6529 | | Nu31:06M | יתהון משה אלף \מן כל/לכל#2/ שבט לחיל קרבה יתהון |
| 6530 | | Dt 1:01 | איסטרטין אסרט ^חדה#2# לכל שבט ארגיזתון קודמוי על ימא |
| 6531 | | Gn20:08 | ואקדם אבימלך בצפרא וקרא לכל שלטוי ומלל ית «כל» |
| 6532 | | Gn40:20 | גניסיא דפרעה ועבד שרוי לכל שלטנוי ו{ח}<רו>מם ית ראשה |
| 6533 | | Nu14:34M | שנה יום \חד בכל/לכל#2/ שנה תקבלון/תסבלון#2/ |
| 6534 | | Nu14:34M | יומין יום \חד בכל/לכל#2/ שנה יום חד בכל |
| 6535 | לכלבא | Ex22:30 | תטלקון יתיה דהוא מדמי לכלבא: |
| 6536 | | Ex22:30 | באפי ברא לא תיכלון לכלבא תטלקון או לנכרייה |
| 6537 | לכלילה | Ex30:04 | דדהב תעבד ליה מן תחות לכלילה על תרתין זויתא תעבד על |
| 6538 | | Ex37:27 | דדהב עבד ליה מן תחות לכלילה על תרתין זויתה על תרין |
| 6539 | לכלמין | Ex 8:12 | ית עפרא דארעא ויהווי לכלמין בכל ארעא דמצרים: |
| 6540 | לכניש' | Lv 8:05M | \לעם כנשתה /לעמא לכניש#2/ דן פתגמא די פקד ייי |
| 6541 | לכנישת | Dt33:05M | יעקב \כנשת ית/לכניש{וי}<ת>#2/ ראשי עמא כחדא |
| 6542 | לכנישתה | Nu14:27 | עד אימת לכנישתה בישתה הדה די אינון |
| 6543 | | Nu19:09 | באתר דכי ותיהוי לכנישתה דבני ישראל למטרה למי |
| 6544 | לכנענאי | Gn13:07M | \לכנעניא ופריזיא עד /לכנענאי ופריזאי דעד#2/ כען |
| 6545 | לכנעניא | Gn13:07 | למימר לא תנטון לכנעניא ופריזיא עד כען אנון |
| 6546 | לכף | Gn 8:09 | ולא אשכחת יוונה נייח לכף רגלה וחזרת לוותה לתיבותה |
| 6547 | | Dt28:65M | "לכפה דרגליכון": לכף רגליכון |
| 6548 | לכפ' | Nu28:22M | וצפיר לחטאתה חד למכפרה/<ל>כפ#2/ עליכון: |
| 6549 | לכפה | Dt28:65 | תתניחון ולא יהווי נייח לכפה דרגליכון ויתן ייי לכון תמן |
| 6550 | לכפי | Dt28:65M | ולא יהווי נייח לכפה/<לכ>פי#2/ דרגליכון ויתן ייי |
| 6551 | לכרכא | Nu34:15 | נפק להון תחומה לכרכא דעיון דמן מדנח לבית ירח |
| 6552 | לכרכה | Gn33:18 | יעקב שלם בעבדא טבא לכרכה דשכם די בארעא דכנען |
| 6553 | | Gn49:06 | נפשי בכנישתיהון לכרכה דשכם למחרבה יתה לא חסו |
| 6554 | | Nu22:39 | ואזל בלעם עם בלק ועלו לכרכה דמלכותה היא מרישה: |
| 6555 | לכרמיכון | Ex23:11 | חיית ברא כדין תעבדון לכרמיכון לזיתיכון: |
| 6556 | לכתנא | Lv13:48 | או בשתיה או בערבה לכתנא או לעמרא או במשך או בכל |
| 6557 | ללבושה | Dt22:03 | תעבד לחמרא וכדן תעבד ללבושה וכדן תעבד לכל אבידתה די |
| 6558 | ללוואי | Nu35:08M | /יתן מן קורייתה ללוואי#2/: |
| 6559 | ללווחי | Ex36:31M | חמשה \ללוחי סטרה /ללווחי{ן} סטרוי#2/ {ה}<ד>משכנה |
| 6560 | | Ex26:27M | נגרין \ללוחי סטרא /ללווחי סטריי#2/ דמשכנה |
| 6561 | ללווט | Dt28:25M | ותהוון לריחוק/ללווט#2/ לכל מלכוותה דארעא: |
| 6562 | ללווי | Nu 8:24 | דא די תעבד ללווי מן בר עשרין שנין ולעיל |
| 6563 | ללוויי | Nu18:24 | לשמה דייי אפרשו יהבית ללוויי אחסנה בגין כדן אמרית להון |
| 6564 | | Nu18:30 | ית טובה מניה ויתחשב ללוויי כאפרשות עיבורא מן אדרה |
| 6565 | ללוחא | Ex26:17 | תרין צירין ללוחא חדתא משלושין דא לקבל דא |
| 6566 | ללוחה | Ex36:22 | תרין צירין ללוחה «חדה» משלושן דן לקבל |
| 6567 | ללוחי | Ex26:27 | וחמשה נגרין ללוחי סטרא דמשכנה תניינא וחמשה |
| 6568 | | Ex36:31 | נגרין אעין דשטין חמשה ללוחי סטרה {ה}<ד>משכנה חדה: |
| 6569 | | Ex36:32 | תניינה וחמשה נגרין ללוחי סטרה דמשכנה בשיפולייה מן |
| 6570 | | Ex26:27M | \ללוחי סטרין /ללוחי סטרוי#2/ דמשכנה |
| 6571 | | Ex26:27 | תניינא וחמשה נגרין ללוחי סטרין דמשכנה בשפולייה מן |
| 6572 | | Ex36:32 | וחמשה נגרין ללוחי סיטרה דמשכנה תניינה וחמשה |
| 6573 | ללוחיה | Ex26:26 | נגרין אעין דשתין חמשין ללוחיה סיטריה דמשכניה חדתה: |
| 6574 | ללחם | Lv24:07 | סדורה לבונה ברירה ותהוי ללחם לאדכרה קדם ייי: |
| 6575 | לליואי | Nu35:07M | די תתנון לליווי/לליוואי#2/ ארבעין ותמני |
| 6576 | | Nu 8:26M | סידרא תעבד לליווי/לליוואי#2/ במטרתהון: |
| 6577 | | Nu 8:24M | דא די תעבד ללווי/לליוואי#2/ מן בר עשרין שנין |
| 6578 | | Nu 8:24M | דן פולחנה דאית לליוואי מן ב{ת}ר עש' |
| 6579 | | Nu35:02M | ישראל ויתנון לליווי/לליוואי#2/ מן ירתות אחסנתהון |
| 6580 | | Nu35:04M | מכותלה דקרתה /לליוואי מן שורה דק#2/ לברה |
| 6581 | | Nu 8:20M | דבני ישראל ללוי/לליוואי#2/ כל/ככל#2/ מה די |
| 6582 | לליווי | Dt26:12 | ותתנון מעשרה קדמייה לליווי ומעשרה ומעשרה לגיורייה |
| 6583 | לליוויי | Nu35:02 | חזור חזור יתהון תתנון לליוויי: |
| 6584 | | Nu35:08 | יאחסנון יתן מן קרוי לליוויי: |
| 6585 | | Nu35:07 | כל קוריין די תתנון לליוויי ארבעין ותמני קריאן יתהון |

|  |  |  |  |  |  |
|---|---|---|---|---|---|
| 6586 | | Nu 8:26 | יפלח כהדן סידרא תעבד | לליוויי | במטרתהון: |
| 6587 | | Dt26:13 | יהבנן מעשרה קדמייה | לליוויי | ומעשר מסכינייה לגיורייה |
| 6588 | | Nu35:06 | די {ד«י»} תתנון | לליוויי | ית שת קרין דשיזבות |
| 6589 | | Dt18:01 | לא יהוי לכהנייא | לליוויי | כל בני שבטה דלוי חולק |
| 6590 | | Nu35:04 | קרייתה די תתנון | לליוויי | מכותלה דקרתה לברה אלף |
| 6591 | | Nu35:02 | ית בני ישראל ויתנון | לליוויי | מן ירתות אחסנתהון קוריין |
| 6592 | | Nu31:30 | כל בעירה ותתן יתהון | לליוויי | נטרי מטרת משכנה דייי: |
| 6593 | ללשניה | Gn10:05 | אומיא בארעותהון גבר | ללשניה | לזרעיתהון באומיהון: |
| 6594 | ללשניהון | Gn10:20 | לזרע{וי}«יי»תהון | ללשניהון | בארעהון באומיהון: |
| 6595 | | Gn10:31 | בנוהי דשם לזרעיתהון | ללשניהון | בארעהון לאמיהון: |
| 6596 | למ׳ | Ex33:08M | עליל למשכניה /למעלה | למ׳#2#/: | |
| 6597 | | Lv19:31M | זכורין לא תתבעון | למ׳ | |
| 6598 | | Nu31:24M | תיעלון \לגו | משריתה/למ׳#2#/: | |
| 6599 | | Gn 4:08M | עולם חורן לית | מתן/למ׳#2#/ | אגר טב לצדיקיא ולית |
| 6600 | | Nu19:07M | ייעול \לגו | משריתה/למ׳#2#/ | ויהוי כהנא מסאב |
| 6601 | | Nu24:23M | /די יקבע ייי ית כרסייה | למ׳ | וישווי#2#/ תקוף רוגזיה |
| 6602 | | Nu 4:39M | /עבידתה למיפל«ו»ח | למ׳#2#/ | זימנה: |
| 6603 | | Nu31:54M | /ואעילו יתהון לגו | למ׳#2#/ | זמנה דכרן טב לבני |
| 6604 | | Lv17:09M | /יעל#2#/ יתיה | לקרבה/למ׳#2#/ | יתיה קדם ייי וישתיצי |
| 6605 | | Nu13:31M | לית אנן יכלין | מסוק/למ׳#2#/ | לוות עמא ארום תקיפין |
| 6606 | | Ex35:29M | /<די> יתרברב לבהון | למ׳#2#/ | לכל עבידתה/עיב׳#2#/ די |
| 6607 | | Nu27:05M | במסאבין דלא יכלו | מעבד/למ׳#2#/ | פסחא בז<י>מניה ובתרין |
| 6608 | | Dt18:15M | \למלוי תהוון שמעין | /למ׳ | תשמעון#2#/: |
| 6609 | | Nu 9:13M | \ויתמנע מלמעבד /ופסק | למ׳#2#/ | פיסחא/<פ>סח#2#/ וישתיצי |
| 6610 | למאה | Ex38:27 | חומרי פרוכתה מאה חומרין | למאה | ככרין ככר לכל חומר: |
| 6611 | למאן | Ex23:22M | דעיק יתכון /ימלל ואסני | למאן | דסני יתכון ומעיק למאן |
| 6612 | | Ex23:22M | למאן דסני יתכון ומעיק | למאן | דעיק יתכון#2#/: |
| 6613 | למאני | Nu18:03M | כל משכנה לחוד | למני/למאני#2#/ | בית קודש׳ |
| 6614 | למבול | Gn 9:15M | למבולא לחבלא /עוד מים | למבול | למחבלה#2#/ כל בשרא |
| 6615 | למבולא | Gn 9:15 | בשרא ולא יהוי תוב מיא | למבולא | לחבלא כל בשרא: |
| 6616 | למגן | Dt32:38M | עליהון/להון#2#/ | כמגלה/למגן#2#/: | |
| 6617 | למד׳ | Dt 2:01M | וכווינן ונטלינן | במדברה/למד׳#2#/ | ארח ימה דסוף |
| 6618 | למדבחא | Ex27:06 | ותעבד אריחין | למדבחא | אעין דשטין ותחפי{ה} יתהון |
| 6619 | | Ex20:26M | עבידו כיבשא | למדבחא | ולא תסקון במסקא |
| 6620 | למדבחה | Lv 6:03 | וישווי י{ד}<ת>יה סמיך | למדבחה: | |
| 6621 | | Nu17:04 | ורדידו יתהון חפיי | למדבחה: | |
| 6622 | | Lv10:12 | ואכלו יתה פטירין סמיך | למדבחה | ארום קדש קדשין היא: |
| 6623 | | Nu17:03 | יתהון טסין מרדדין חפיי | למדבחה | ארום קרבו יתהון קדם ייי |
| 6624 | | Lv16:18 | ויפק | למדבחה | די קדם ייי ויכפר עלוי |
| 6625 | | Dt16:21 | לכון אשרה כל אילן סמיך | למדבחה | דייי אלהכון דתעבדון לכון: |
| 6626 | | Dt16:22M | לך קיימה כל אילן סמיך | למדבחה | דייי אלהכון די תעבדון |
| 6627 | | Lv 1:16 | וי{ק}טל<ק> יתה סמיך | למדבחה | מן מדנחה באתר בית שפיכות |
| 6628 | | Ex38:04 | ועבד | למדבחה | קנקל עובד מצדה דנחש תחות |
| 6629 | למדבר | Lv16:08M | על עמא ועדב חד למפטור | למדבר | צוק לעזזל |
| 6630 | למדבר׳ | Lv16:21 | וישלח ביד גבר מזמן | למדבר׳: | |
| 6631 | למדברא | Gn14:06 | דגבולא דפארן דסמיך | למדברא: | |
| 6632 | | Ex15:22 | ישראל מימא סוף ונפקו | למדברא | דחלוצה והלכו ארח מהלך |
| 6633 | | Ex16:01 | כל כנישתא דבני ישראל | למדברא | דסין די בין אילם ובין |
| 6634 | | Ex19:01 | היך זמן יומא הדין עלו | למדברא | דסיני: |
| 6635 | | Ex19:02 | ונטלו מן רפידים ואתון | למדברא | דסיני ושרון במדברא |
| 6636 | | Ex18:05 | ובנוי ואתתיה לוות משה | למדברא | דהוא שרי תמן דתמן שריא |
| 6637 | | Ex16:03 | ושבעין ארום אפקתון יתן | למדברא | הדין למקטלא ית כל קהלא |
| 6638 | | Ex 4:27 | איזל לקדמות משה | למדברא | ואזל וארע יתיה בטור |
| 6639 | | Ex16:10 | ישראל וכווינ{ן}<ו> | למדברא | והא איקר שכינתה דייי |
| 6640 | | Ex13:21 | באיממא בעמודא דעננא | למדברא | יתהון באורחא ולליליא |
| 6641 | למדברה | Lv16:10 | למשלחה יתיה לעזאזל | למדברה: | |
| 6642 | | Dt 1:40 | ואתון כוונו לכון וטולו | למדברה | אורח ימה דסוף: |
| 6643 | | Nu24:01 | לקדמות קסמיה ואזל ושוי | למדברה | אפוי והוה מדכר להון עבדה |
| 6644 | | Nu14:25 | למחר כוינו ונטולו לכון | למדברה | ארח ימה דסוף: |
| 6645 | | Nu13:26 | כנישתה דבני ישראל | למדברה | דפארן לרקם ואיתיבו |
| 6646 | | Nu20:04 | ^עם#2#^ כנישתה דייי | למדברה | הדין לממות תמן אנן |
| 6647 | | Nu21:23 | ונפק לקדמות ישראל | למדברה | ואתה ליהצה וסדרו קרבה עם |
| 6648 | למדור | Ex15:13 | פרקת תדבר יתהון בתקפך | למדור | בית שכינת קודשך: |
| 6649 | למדוריהון | Gn36:43 | רברבני{(י)} אדומיי | למדוריהון | לארעא תותבותיהון הוא |
| 6650 | למדכי | Lv14:04M | כהנא ויסב \למן | דמדכה/למדכי#2#/ | תרתין צפירין חיין |
| 6651 | למואביי | Nu22:04 | בר צפור הוה מלך | למואביי | בשעתה ההיא: |
| 6652 | למולוותא׳ | Ex14:25M | למיהון נגדן | למולוותא׳ | ורמין על ימא עניין |
| 6653 | למזויית׳ | Ex21:06 | ויקרב יתיה לתרעא או | למזויית׳ | וירצע רבוניה ית אדניה |
| 6654 | למזון | Gn 1:29 | זרע לכון יהבית יתהון | למזון: | |
| 6655 | | Gn 6:21M | ויהוי לך ולהון | למיכל/למזון#2#/: | |
| 6656 | | Ex16:15M | /במימרי׳ דייי לכון | למזון#2#/: | |
| 6657 | | Lv25:07M | תיהוי כל עללת | למיכל/למזון#2#/: | |
| 6658 | | Gn 1:30 | נפש דחיא ית כל עשבא | למזון | והוה כן כממרה: |
| 6659 | | Dt31:17 | רעותי מנהון ויהוויין | למזון | ויארעון יתהון בישן סגין |
| 6660 | | Dt28:26 | ותהווי נבילתכון | למזון | לכל עופה דשמייא ולחייתה |
| 6661 | | Lv11:39M | /הוא#2#/ לכון | למיכל/למזון#2#/ | מן די יקרב בנבלתה |
| 6662 | למזיק | Ex12:13M | מחבלא דממני על מותא | למזיק | באיתגלאיותי למקטל |
| 6663 | למחבלא | Ex12:23 | ישראל ולא יתן רשו | למחבלא | למיעול לגו בתיכון למחבלה: |
| 6664 | למחבלנא | Ex12:23M | ולא יתן רשו | למחבלא/למחבלנא#2#/ | למיעול לגו בתיכון |
| 6665 | למחשבתהון | Dt32:32 | ומחשבתהון מדמיין | למחשבתהון | דעמא דעמורה עבדיהון |
| 6666 | למטלן | Dt10:11 | לי אמר משה קום אזיל | למטלן | קדם {ייי} <עמא> וייעלון |
| 6667 | למטלנוי | Gn13:03 | ואזל | למטלנוי | מן דרומא עד ביתאל עד |
| 6668 | למטלניהון | Nu10:06 | דרומא יבבון יתקעון | למטלניהון: | |
| 6669 | | Nu10:12 | ונטלו בני ישראל | למטלניהון | מן מדברה דסיני ושרה |
| 6670 | | Nu33:02 | וכתב משה ית מפקניהון | למטלניהון | על פם גזירת ממריה דייי |
| 6671 | למטרה | Ex16:34 | יתיה אהרן קדם שהדותא | למטרה: | |
| 6672 | | Ex16:32 | פקד ייי מלה עמרא מנה | למטרה | לדריכון מן בגלל די יחמון |
| 6673 | | Ex16:33 | יתה קדם ייי לשהדותא | למטרה | לדריכון: |
| 6674 | | Ex12:06 | ויהוי לכון | למטרה | עד ארבעת עשר יומין לירחא |
| 6675 | | Ex16:23 | דמשתייר אצניעון לכון | למטרה | עד צפרא: |
| 6676 | למי | Nu19:09 | דבני ישראל למטרה | למי | אדיא חטאת היא: |
| 6677 | למיה | Gn24:45M | על כתפה ונחתת | לעיינה/למיה#2#/ | ומלא«ת» ואמרת לה |
| 6678 | למייא | Ex17:03 | וצחון תמן עמא | למייא | ואתרעמו עמא עם משה |
| 6679 | למילוי | Ex32:25 | עליהון על די לא שמעו | למילוי | דאהרן קנון להון שם ביש |
| 6680 | | Ex 6:09 | עם בני ישראל ולא שמעו | למילוי | דמשה מקפדות רוח ומפולחן |
| 6681 | | Dt13:04 | לא תשמעון | למילוי | דנבייא שקרא ההוא או לחלם |
| 6682 | | Ex 6:12 | הא בני ישראל לא שמעו | למילוי | והיכדין ישמע מני פרעה |
| 6683 | | Dt13:09 | לא תצבון לה ולא תשמעון | למילוי | ולא יחוסון עייניכון עלוי |
| 6684 | למילי | Gn 4:23M | דפומי ארום לא גבר | /למילי | לא גבר#2#/ קטלת דאתקטל |
| 6685 | למיליך | Ex10:28M | ולא למיהווי שמע | למיליך | אזדהר לך דלא יתקוף רוגזי |
| 6686 | למימ׳ | Gn50:16M | לה אבוך /אמהתא דרחל | למימ׳ | ליוסף אבוך#2#/ פקיד |
| 6687 | | Ex 3:14M | הווי והווה ועתיד | למימ׳ | ליה הוי והווי ואמ׳ כדן |
| 6688 | למימריה | Gn 4:23 | דלמך א{נ}<צ>יתן | למימריה | דפומי ארום לא גבר קטלת |
| 6689 | למינה | Lv11:14 | וית דיתה וית אבו | למינה: | |
| 6690 | | Lv11:15 | ואת כל מין עורב׳ | למינה: | |
| 6691 | | Lv11:16 | צפר שחפה וית בר נצצא | למינה: | |
| 6692 | | Lv11:22 | נעלה למינהו וית כרזבה | למינה: | |
| 6693 | | Lv11:29 | ועכברה וחר{ו}<ד>ונה | למינה: | |

| | | | |
|---|---|---|---|
| 6694 | | Dt14:13 | ויח איבו ודייתה למינה: |
| 6695 | | Dt14:15 | צפר שחפה ויח בר נצצה למינה: |
| 6696 | | Gn 1:24 | דייי תפק ארעא נפ׳ דחיא למינה בעיר ורחש וחייתא דארעא |
| 6697 | | Gn 1:11 | אילן דפירין דעבד פירין למינה די נצבתא מינה ובה על ארעא |
| 6698 | | Gn 1:12 | פירין די נצבת׳ מנה ובה למינה וגלי קדם ייי ארום שפר |
| 6699 | | Gn 1:24 | בעיר ורחש וחייתא דארעא למינה והוה כן כמימריה: |
| 6700 | | Gn 1:25 | דייי ית חייתא דארעא למינה ויח בעירה למינה ויח כל |
| 6701 | | Gn 1:25 | דארעא למינה ויח בעירה למינה ויח כל ריחשא דארעא |
| 6702 | | Lv11:19 | חוורתה ואכומתה למינה ויח נגר טורא ויח ערפדא: |
| 6703 | | Lv11:22M | ויח נעלה למינהו/למינה#2/ ויח כרזבה למינה: |
| 6704 | | Lv11:22 | מנהון תאכלון ית גובא למינה ויח רשונה למינהו ויח נעלה |
| 6705 | | Lv11:22M | למינה ויח רשונה למינהו/למינה#2/ ויח נעלה למינהו |
| 6706 | | Gn 7:14 | ארעא למינהו וכל עופה למינה וכל דפרח וכל דטייס: |
| 6707 | | Gn 7:14 | אינון וכל חיתה למינה וכל בעירה למינה וכל רחשא |
| 6708 | | Gn 7:14 | חיתה למינה וכל בעירה למינה וכל רחשא דרחש על ארעא |
| 6709 | | Gn 6:20 | מן עופא למינה ומן בעירא למינה ומן כל |
| 6710 | | Gn 6:20 | מן עופא למינה ומן בעירא למינה ומן כל רחשא דארעא למינה |
| 6711 | | Dt14:18 | ודייתה חוורתה ואכומתה למינה ונגר טורא: |
| 6712 | | Gn 6:20 | ומן כל רחשא דארעא למינה תרין מן כול׳ יעלון לוותך |
| 6713 | למינהו | Lv11:22 | רשונה למינהו ויח נעלה למינהו ויח כרזבה למינה: |
| 6714 | | Lv11:22 | גובא למינה ויח רשונה למינהו ויח נעלה למינהו ויח כרזבה |
| 6715 | | Gn 7:14 | וכל רחשא דרחש על ארעא למינהו וכל עופה למינה וכל דפרח |
| 6716 | למינהון | Dt14:15M | ויח בר נצצה למינה/למינהון#2/: |
| 6717 | | Gn 1:25 | ויח כל ריחשא דארעא למינהון וגלי קדם ייי ארו׳ שפר |
| 6718 | | Gn 1:21 | דרחשא די שרצו מיי׳ למינהון ויח כל עופא דפרח למיניה |
| 6719 | | Gn 6:20M | תרין /רמסה דארעא למינהון תריין#2/ מן כול׳ |
| 6720 | למינו | Dt14:14 | ויח כל מ«י»ן עורבא למינו: |
| 6721 | למיניה | Gn 1:21 | ויח כל עופא דפרח למיניה וגלי קדם ייי ארום שפר |
| 6722 | למיניהון | Lv11:14M | דיתה ויח אבו למינה/למיניהון#2/: |
| 6723 | | Lv11:15M | למינה /מינה דערבה למיניהון#2/: |
| 6724 | | Lv11:16M | ויח בר נצצא למינה/למיניהון#2/: |
| 6725 | | Dt14:13M | איבו ודייתה למינה/למיניהון#2/: |
| 6726 | | Gn 1:12 | דתין דעשב דמזרעין זרע למיניהון אילן דפירין דעבד פירין |
| 6727 | למיפקנהון | Nu33:02 | דייי ואילין מטלניהון למיפקנהון: |
| 6728 | למירות | Lv20:22M | לתמן \למשרי בגווה /למירות יתיה#2/: |
| 6729 | למישרי | Dt11:30 | כל קבל גלגלה סמיך למישרי חזוזה: |
| 6730 | למישריה | Nu31:12M | בזתא למשריתא במישריה/למישריה#2/ דמואב סמיך |
| 6731 | למיתא | Gn48:07 | באשון עללתא דארעא למיתא לאפרתה וקברת יתה תמן |
| 6732 | למיתי | Ex 3:05M | \להכא שלח מסניך מעלוי /למיתי שלוף סנדלך מעליו#2/: |
| 6733 | למיתי׳ | Gn24:39M | בתריי /דלמא רביה אית למיתי׳ מן בת#2/: |
| 6734 | למיתעבדה | Gn21:08M | כשרין \היך מגהך /למיתעבדה מג׳#2/ בפולחנא |
| 6735 | למכתש | Dt17:08M | ממונא בין מכתש סגיר למכתש חליס מלוי <ד>פלוגתא |
| 6736 | | Dt17:08 | נפשן בין מכתש צרעתה למכתש נתקה מילי דינין |
| 6737 | | Lv13:02 | בהקי ויהוי במשך בשריה למכתש צרעה וייתי לוות אהרן |
| 6738 | למלאך | Gn30:22M | ייי ולא מסרן לא למלאכא/למלאך#2/ ולא לשרף מפתחא |
| 6739 | למלאכא | Gn30:22 | ייי ולא מסרן לא למלאכא ולא לשרף מפתחא דמטרא |
| 6740 | למלאכה | Nu22:34 | ואמר בלעם למלאכה דייי חטאת ארום לא ידעת |
| 6741 | למלאכי | Gn28:12 | סלקון למבשר{י}<א> למלאכי{ה} מרומא למימר אתון חמון |
| 6742 | למלאכיא | Ex12:13M | ולא יהא רשו למלאכיא מחבלא דממני על מותא |
| 6743 | למלאכין | Lv22:27 | ופטירין אפה ואייכל למלאכין ומן יד אתבש«ר» לשרה |
| 6744 | למלוי | Dt17:12 | יעבד בזידנו דלא למשמע למלוי דכהנא דקיים מעתד למשמשא |
| 6745 | | Dt18:15 | יקים לכון ייי אלהכון למלוי תהוון שמעין: |
| 6746 | למלי | Nu23:18 | קום בלק ושמע אצת כען למלי ברה דצפור: |
| 6747 | למליכון | Dt 1:45 | בקל בכותכון ולא אצית למליכון: |
| 6748 | למלכא | Gn40:01 | ורב נחתומייא לרבוניהון למלכא דמצרים: {{ורב |
| 6749 | | Gn40:05 | ורב נחתומיא די למלכא דמצרים דהוון חבושין |
| 6750 | | Ex14:05 | ואתני למלכא דמצרים ארום ערקו עמא |
| 6751 | | Gn14:22 | ואמר אברם למלכא דסדם הא זקפי׳ ידי בשבועה |
| 6752 | למלכיהון | Nu21:29 | ובנתהון בשביתה למלכיהון דאמוריי סיחון: |
| 6753 | למלכין | Dt28:44 | להון אינון יהוון למלכין ואתון תהוון להדיוטין: |
| 6754 | | Dt28:13 | וישווי יתכון ייי למלכין ולא להדיוטין ותהוון |
| 6755 | למן | Ex11:07 | לא ינבח כלב בלשניה למן גבר ועד בעיר מן בגלל די |
| 6756 | | Nu 5:07 | יוסף עלוי ויתן למן דאתחייב ליה: |
| 6757 | | Gn21:33M | יתהון למיתן שבחא למרי/למן דברא#2/ עלמא ופלח וצלי |
| 6758 | | Ex32:24 | ואמר להון {לאן לכון} <למן> דהבא פרקו יתיה והבו יתיה |
| 6759 | | Gn43:16 | עמהון ית בנימן ואמר למן דהוה ממני אפיטרופו«ס» על |
| 6760 | | Gn44:01 | ופקיד למן דהוה ממנא אפיטרופוס על |
| 6761 | | Gn44:04 | לא ארחקו ויוסף אמר למן דהוה אפיטרופוס על ביתיה |
| 6762 | | Lv27:24 | למן דזבן יתיה מן לוותה למן דהווה דידיה אחסנות ארעא: |
| 6763 | | Lv25:30 | די בקרתה דלה שור לחלטו למן דזבן יתיה לדרוי לא יפוק |
| 6764 | | Lv27:24 | בשתה דיובילה תחזור חקלה למן דזבן יתיה מן לוותה למן |
| 6765 | | Lv14:04 | ויפקד כהנא ויסב למן דמדכה תרתין צפירין חיין |
| 6766 | | Dt 5:11M | "רבה ... על מגן": למן דמשתבע בשקר בשמה ומשקר |
| 6767 | | Ex23:22 | כל מה די ימלל ואסני למן דסני יתכון ואעיק למן דעיק |
| 6768 | | Ex23:22 | למן דסני יתכון ואעיק למן דעיק יתכון: |
| 6769 | | Nu36:06 | {דצפל} דצלפחד למימ׳ למן דשפר באפהון יהוויין לנשין |
| 6770 | | Lv 5:24 | בקרנא וחומשוי יוסף עלוי למן הוא דידיה יתן יתיה ביומא |
| 6771 | | Ex 9:18 | די לא הוי כוותה במצרים למן יומא דאזדמנת ועד כדון: |
| 6772 | | Dt 4:32 | קדמייה די הוון קדמיכון למן יומא די ברא ייי אלהים אדם |
| 6773 | | Dt 9:07 | דייי אלהכון במדברה למן יומא דנפקתון פריקין מן |
| 6774 | | Nu11:20M | קודמוי למימר למה/<ל>מן#2/ כען נפקינן מן ארעא |
| 6775 | למנחה | Lv 6:13M | מכלתה סלת מנחה/למנחה#2/ בתדירה פלוגתה תהוון |
| 6776 | | Lv14:21 | מכלתה סלת חד פיל במשח למנחה ולג דמשח: |
| 6777 | למנחתה | Nu 7:13 | ומזרקה סולת פילה במשח למנחתה: |
| 6778 | | Nu 7:19 | סולת פילה במשח למנחתה: |
| 6779 | | Nu 7:25 | ומזורקתה פילה במשח למנחתה: |
| 6780 | | Nu 7:31 | סלת פיילה במשח למנחתה: |
| 6781 | | Nu 7:37 | סלת פ«יי»לה במשח למנחתה: |
| 6782 | | Nu 7:43 | סלת פיילה במשח למנחתה: |
| 6783 | | Nu 7:49 | סלת פיילה במשח למנחתה: |
| 6784 | | Nu 7:55 | סלת פיילה במשח למנחתה: |
| 6785 | | Nu 7:61 | סלת פיילה במשח למנחתה: |
| 6786 | | Nu 7:67 | סלת פיילה במשח למנחתה: |
| 6787 | | Nu 7:73 | סלת פיילה במשח למנחתה: |
| 6788 | | Nu 7:79 | סלת פיילה במשח למנחתה: |
| 6789 | | Lv 7:37 | דא גזירת אורייתא לעלתה למנחתה ולחטאתה ולאש«מה» |
| 6790 | | Nu28:05 | ועשרון מכלתה סלת למנחתה פילת במשח כתית רבעית |
| 6791 | למני | Nu18:03 | ומטרת כל משכנה לחוד למני בית קודש׳ ועל {נ}<ג>בי |
| 6792 | למניין | Nu29:15M | /תהוון מקריבין למניין ארבעת עשרתי אמרייה#2/: |
| 6793 | | Gn34:30 | ובפריזיי ואנה עם למניין ויתכנשו לוותי וישיצון יתי |
| 6794 | | Nu29:04M | /תהוון מקריבין למניין ש׳#2/ אמריה: |
| 6795 | | Nu29:10M | שבעתי/תהוון מקריבין למניין ש׳#2/ אמריה: |
| 6796 | | Nu28:21M | שבעתיה/תהוון מקרבין למניין שב׳#2/ אמריה |
| 6797 | | Nu28:29M | שבעתי/תהוון מקרבין למניין שב׳#2/ אמריה: |
| 6798 | | Dt32:08 | אקימת תחומין לאומיה למניין שבטייה דבני ישראל: |
| 6799 | | Nu29:14M | עם תלת עשרתי תורייא /למניין תלת עשרתי תורייה#2/: |
| 6800 | | Nu29:14M | סידרא תקרבון עם תרין /למניין תרין#2/ דכריה: |
| 6801 | למניינהון | Nu 3:43M | ירח ולעיל לסכומיהון/למניינהון#2/ עשרין ותרין |

|  |  |  |  |  |  |
|---|---|---|---|---|---|
| 6802 | למנייניהון | Ex30:12 | דבני ישראל | למנייניהון | ויתנון גבר פרק{י}<ו>ן |
| 6803 | למנינה | Gn41:49 | ארום לא הוי סכום | למנינה: | |
| 6804 | למסכיניה | Lv19:10 | ופרט כרמכון לא תלקטון | למסכיניה | ולגיוריה תשבקון יתהון |
| 6805 | | Lv23:22 | דחצדכון לא תלקטון | למסכיניה | ולגיוריה תשבקון יתהון |
| 6806 | למסכינייה | Dt15:11 | ית ידיכון לאחיכון | למסכינייה | ולצריכיכון בארעכון: |
| 6807 | למסכנה | Lv19:15 | שקר בדינה לא תיסב אפין | למסכנה | ולא תוקרון אפוי דרבה |
| 6808 | למעלי | Nu34:08M | | /למעלני/<למע>לי#2/^למעלה#2/^מעלך#2^/ | |
| 6809 | למעלני | Nu34:08 | תכוונון | למעלני | אנטוכייה ויהוון |
| 6810 | למערבה | Nu34:05 | ויהוון מפ<ק>נו{ק}י | למערבה: | |
| 6811 | | Dt 3:27 | לריש רמתה וטול עייניך | למערבה | ולציפונא ולדרומה ולמדנחה |
| 6812 | למצוות | Ex15:26 | באפוי תעבדון ותציתון | למצוות | ותטרון כל קיימוי כל |
| 6813 | למצוותה | Dt11:13 | ויהוי אין משמע תשמעון | למצוותה | דאוריתא די אנה מפקד |
| 6814 | | Dt11:27 | ית ברכתה די תשמעון | למצוותה | דייי אלהכון די אנה מפקד |
| 6815 | | Dt11:28 | ולווטיה אין לא תשמעון | למצוותה | דייי אלהכון ~ותסטון מן |
| 6816 | | Dt28:13 | נחתין לרע ארום תשמעון | למצוותה | דייי אלהכון די אנה מפקד |
| 6817 | למצנפן | Nu15:39 | ויהוין לכון | למצנפן | ותחמון יתיה ות{ת}<ד>כרון |
| 6818 | למצראי | Gn43:32 | לחם ארום מרחקה היא | למצראי: | |
| 6819 | | Gn50:11 | ואמרין אבל תקיף הוא | למצראי | בגין כן קרא שמה אבל |
| 6820 | | Gn46:34 | ארום מרחקי ^היא#2^ | למצרא«י» | כל דרעי ען: |
| 6821 | | Gn37:36 | ומדייניי זבינו יתיה | למצראי | לפוטיפר שליטא דפרעה רב |
| 6822 | למצריי | Ex19:04 | חמיתון ית קלא דעבדית | למצריי | וטענית יתכון בענני איקר |
| 6823 | למצרייה | Ex14:20 | נהורא חשוכא מחשך | למצרייה | ונהורא לישראל כל ליליא |
| 6824 | | Ex15:26 | מכתשיה בישיה דאייתת | למצרייה | לא אשוי יתהון עליכון |
| 6825 | למרביתה | Gn50:16 | ופקידו שבטי' ית בלהה | למרביתה | דיוסף למימר לה אבוך |
| 6826 | למרדיהון | Gn50:17 | וכדון שרי כען ושבוק | למרדיהון | דעבדוי די אלהה דאבוך |
| 6827 | למרוי | Ex22:11M | למריה /מן גבי' ישלם | למרוי#2/: | |
| 6828 | | Ex21:34 | מרא דגובא ישלם כסף יחזר | למרוי | והדא דמיתה תהוי דידיה: |
| 6829 | למרות | Dt 9:01M | /<למי>על#2/ | למירת/למרות#2/ | אומין רברבין |
| 6830 | | Dt 5:31M | די אנה יהב לכון | למירת/למרות#2/ | יתה: |
| 6831 | למרי | Gn21:33 | ומילף יתהון למיתן שבחא | למרי | עלמא ופלח וצלי בשם ממרי |
| 6832 | למריה | Ex22:11 | גנוב יתגנב מניה ישלם | למריה: | |
| 6833 | | Dt23:16 | לא תמסור עבדה | למריה | די ישתיזב לוותך מן לוות |
| 6834 | למש' | Ex40:21M | ארונ«ה» \לגו | משכנה/למש'#2/ | ושווי ית פרוכתה |
| 6835 | | Gn13:06M | למשרי /סגיא ולא יכלו | למש'#2/ | כחדא: |
| 6836 | | Ex36:06M | /ואפיקו#2/ כרוז | במשריתה/למש'#2/ | למימר גבר ואתה לא |
| 6837 | | Ex40:29M | \תרע משכנא /בתר' | למש'#2/ | משכן זימנא וסדר עלוי ית |
| 6838 | למשב | Gn 3:08 | אלהים מהלך בגו' גנתאה | למשב | יומא ואטמר אדם ואתתה |
| 6839 | למשחא | Ex25:06 | משח לאנהרותא בסמנין | למשחא | דרבותא ולקטרת בסמניה: |
| 6840 | למשחה | Ex35:08 | ומשחא לאנהרותא ובשמנין | למשחה | דרבותא ולקטרת בוסמניה: |
| 6841 | למשיריתה | Lv16:26M | ייעול \לגו | משריתה/למשירייתה#2/: | |
| 6842 | למשך | Ex22:26 | לבלחודוי היא רקיעתא | למשך | בשרה במה הוא דמך ויהוי |
| 6843 | | Gn 3:21 | ולאתתיה לבושין דאוקר | למשך | בשרהון ואלבש יתהון: |
| 6844 | למשכן | Ex28:43 | ועל בנוי במעיליהון | למשכן | זימנא א{ן}<ו> בקרבותהון |
| 6845 | | Ex29:30 | מן בתר{א}<ה> די יעול | למשכן | זימנא למשמשה בגו |
| 6846 | | Ex30:20 | במעליהון | למשכן | זימנא יתקדשון במיא דלא |
| 6847 | | Ex33:07 | אולפן מן קדם ייי נפק | למשכן | זימנא די לבר מן משריתא: |
| 6848 | | Ex39:40 | וית כל מני פלחן משכנה | למשכן | זימנא: |
| 6849 | | Ex40:32 | במיעלהון | למשכן | זימנא ובקרבותיהון על גבי |
| 6850 | | Lv 4:05 | דתורא ויעל {ל}יתיה | למשכן | זימנא: |
| 6851 | | Lv 9:23 | «ואעל משה» ואהרן | למשכן | זימנא ונפקו ובריכו ית עמה |
| 6852 | | Nu 2:02 | מן כל קבל חזור חזור | למשכן | זימנא ישרון: |
| 6853 | | Nu 7:89 | וכד הוה משה עלל | למשכן | זימנא למללה עמיה הוא שמע |
| 6854 | | Nu 7:89M | /ו{מ}ב<מ>עלה דמשה | למשכן#2/ | זימנא לממללה/למ'#2/ |
| 6855 | | Nu11:16 | וסרכי הון ותדבר יתהון | למשכן | זימנא ויתעתדון תמן עמך: |
| 6856 | | Lv 6:23 | חטאתה די יתעל מן אדמה | למשכן | זימנה למכפרה בגו בית קדשא |
| 6857 | | Lv16:23 | ויעל אהרן | למשכן | זימנה וישלח ית לבושי בוצא |
| 6858 | | Nu17:07 | משה ועל אהרן וכוונו | למשכן | זימנה והא כסי יתיה עננה |
| 6859 | | Nu18:22 | יקרבון תוב בני ישראל | למשכן | זימנה למקרבה למסבול חובין |
| 6860 | | Lv 4:16 | דמתרבי מן אדמה דתורא | למשכן | זמנא: |
| 6861 | | Lv16:16 | לכל חוביהון וכן יעביד | למשכן | זמנא די שרי איקר שכינתיה |
| 6862 | | Nu31:54 | ומאוותה ואייתון יתיה | למשכן | זמנה דכרן טב לבני ישראל |
| 6863 | | Nu 9:15M | משכנא \משכנה דסהדותה | /למשכן | סהדו#2/ וברמשא יהווי |
| 6864 | | Nu17:23M | משה \למשכנה דסהדותה | /למשכן | סהדו#2/ והא אפרח חוטרה |
| 6865 | למשכנא | Ex40:28 | ושווי ית פרסה דתרעא | למשכנא: | |
| 6866 | | Ex26:15 | ותעבד ית לווחיה | למשכנא | אעין דשטין קיימין: |
| 6867 | | Gn31:33 | מן משכנא דלאה ועל | למשכנא | דרחל: |
| 6868 | | Gn18:06 | ואוחי אברהם ואזיל | למשכנא | לות שרה ואמר אוחי וסבי |
| 6869 | | Ex26:14 | ותעבד חפוי | למשכנא | משכין דדכרין מסמקין וחפוי |
| 6870 | | Ex36:19 | ועבד חפי | למשכנא | משכין דדכרין מסמקין וחפיי |
| 6871 | למשכנה | Ex18:07 | לחבריה מלין דשלם ועלו | למשכנה: | |
| 6872 | | Ex40:05 | ותשווי ית פרסה דתרעה | למשכנה: | |
| 6873 | | Nu11:24 | ואקים יתהון חזור חזור | למשכנה: | |
| 6874 | | Nu16:24 | אסתלקו מן חזור חזור | למשכנה | דקרח דתן ואבירם: |
| 6875 | | Gn24:67 | <ואעל יתה> יצחק | למשכנה | דשרה אמה ונסב ית רבקה |
| 6876 | | Nu 2:02M | \למשכן זימנא ישרון | /למשכנה | דזמנה יחזור#2/: |
| 6877 | | Nu17:28 | כל די יקרב למקרבה | למשכנה | דייי יתקטל ה<ו>א ספנן הא |
| 6878 | | Nu 1:53 | ולווי ישרון חזור חזור | למשכנה | דסהדותה ולא יהווי רגוז על |
| 6879 | | Nu17:23 | מן יומא דבתרה ועל משה | למשכנה | דסהדותה והא אפרח חוטרה |
| 6880 | | Ex33:08M | ויהוי כד יפוק משה | למשכנה | הוון קיימין כל עמא |
| 6881 | | Ex33:09M | /ויהווי כמיעליה דמשה | למשכנה | הוון נחת#2/ עמודא דעננא |
| 6882 | | Ex38:20 | וכל סכייה | למשכנה | ולדרתה מן חזור חזור דנחש: |
| 6883 | | Ex40:33 | ואקים ית דרתה חזור חזור | למשכנה | ולמדבחה ושווי ית פרס תרע |
| 6884 | | Nu 1:50 | ישמשון יתיה וחזור חזור | למשכנה | ישרון: |
| 6885 | | Ex36:23 | ועבד ית לווחיה | למשכנה | עשרין לווחין לסיטרא |
| 6886 | | Ex33:08 | והוה כד הוה משה נפק | למשכנה | קיימין כל עמא ומתעתדין |
| 6887 | למשכני | Ex40:35 | ולא יכל משה למיעל | למשכני | זימנא ארום אשרי עלוי איקר |
| 6888 | למשכניה | Ex33:08 | בתר משה עד דהוה עליל | למשכניה: | |
| 6889 | | Ex36:20 | ועבד ית לווחיה | למשכניה | אעין דשטין קיימין: |
| 6890 | | Ex26:18 | ותעבד ית לווחי | למשכניה | עשרין לוחין דסיטרת |
| 6891 | למשכניהון | Gn49:19M | כן יחזרון בשלם | למשכניהון | |
| 6892 | למשכניכון | Dt 5:30 | להון חזורו לכון בשלם | למשכניכון: | |
| 6893 | | Dt16:07 | ותקדמון בצפרא ותזלון | למשכניכון: | |
| 6894 | | Gn19:02M | ותזלון בשלום | למשכניכון#2/ | לארחכון ואמרין ליה |
| 6895 | למשלי | Dt 7:10M | לעלמא דאתי ולא משהי | למשל{ו}<י> | לסנאוי אגר מצוון קלילן |
| 6896 | למשרה | Gn14:17M | במישר \פרדסיא היא | /למשרה | דחזוה הוא#2/ משרה |
| 6897 | למשריהון | Nu35:03 | ויהוון קוריין להון | למשריהון | ופרוריהון יה{ד}<ו>ון |
| 6898 | למשריתא | Ex16:13 | עננית טלא חזור חזור | למשריתא: | |
| 6899 | | Nu31:12 | ית שביתה~ וית בזתא | למשריתא | במישריה דמואב סמיך |
| 6900 | | Gn32:09M | עשו \לחדא משריתא | /למשריתא | חדא#2/ ויקטו«ל» יתיה |
| 6901 | למשריתה | Lv16:28 | ומן בתר כדן ייעול | למשריתה: | |
| 6902 | | Nu11:24M | חזור חזור | למשכנה/למשריתה#2/: | |
| 6903 | | Nu11:32 | להון שטחין חזור חזור | למשריתה: | |
| 6904 | | Nu11:30 | ואתכנש משה | למשריתה | הוא וחכימיה וישראל: |
| 6905 | | Ex32:19 | והוה כדי קריב | למשריתה | וירא את העגל ומחלות ותקף |
| 6906 | | Nu11:31 | יום מן הכה חזור חזור | למשריתה | וכתרין אומ{ו}<י>ן רום |
| 6907 | | Ex33:11 | גבר עם חבריה וחזר | למשריתה | ושמשיה יהושע בן נון |
| 6908 | למתלין | Dt28:37 | ותיהוי לצדו | למתלין | ולתנויין בכל אומייה די |
| 6909 | | Dt28:37M | /ותיהוון לשאמום | למתלין#2/ | ולתנויין בכל אומייה די |

|  |  |  |  |  |  |
|---|---|---|---|---|---|
| 6910 | לנביאיכון | Dt32:07M | דר ודר שאלו | לאבהתכון/לנביאיכון#2#/ | דרברבין מנכון |
| 6911 | לנבייא | Lv27:34M | ולית אפשר | לנבייא | לחדתא בהון מדעם ופקדינון |
| 6912 | לנגריה | Ex26:29 | עזקיהון תעבד דהב אתרין | לנגריה | ותחפי{ה} ית נגריה דהב: |
| 6913 | לנדרא | Nu30:13 | ישמע כל פירוש ספוותה | לנדרא | ולקיום נפשה לא יקום בעלה |
| 6914 | לנהורא | Gn 1:05 | וקרא ממרא דייי | לנהורא | אימם׳ ולחשוכא קרא לליא |
| 6915 | לנהרא | Ex 7:24 | כל מצריי חזור חזור | לנהרא | <....> למשתי מן מוי דנהרא: |
| 6916 | | Ex18:11 | ישרא׳ למרמא בניהון | לנהר«א» | בה בפתגמא יתפרע מנהון |
| 6917 | | Gn40:18 | על ישראל ורמי בניהון | לנהרא | ברם פרעה יאבד וחיילותיה |
| 6918 | | Nu34:15 | דדרמשק נפק להון תחומא | לנהרא | רובא נהרא פרת דעלוי סדר |
| 6919 | לנהרה | Nu34:15M | דן נפק להון תחומה | לנהרה | רבה דפרת דעלוי סד׳ |
| 6920 | לנווחתה | Dt12:09 | ארום לא אתיתון עד כדון | לנווחתה | ולאחסנותה דייי אלהכון |
| 6921 | לנורא | Nu31:23M | לנורא תעברון | בנורא/לנורא#2#/ | וידכא להוד/לחוד#2#/ |
| 6922 | | Nu31:23 | כל מדעם די יעול | לנורא | תעברון בנורא וידכא להוד |
| 6923 | לנחיל | Dt21:04 | קרתה ההיא ית עגלתה | לנחיל | דבייר די לא אתפלח ביה ולא |
| 6924 | לנחל | Dt 2:37 | לא קרבנן כל דסמיך | לנחל | יבקא וקורי טורה וכל מה די |
| 6925 | לנחלייה | Nu21:19M | טורייה ונחתה עמהון | ל{ת}<נ>חלייה | עמיקתה |
| 6926 | | Nu21:20M | טווריה ונחתה עמהון | לנחלייה | עמיקתה אתגנזת מנהון |
| 6927 | לנחלין | Nu21:19 | מתגברין ומן דהוות | לנחלין | מתגברין חזרת למהווי סלקה |
| 6928 | | Nu21:19 | מתנה חזרת למהווי להון | לנחלין | מתגברין ומן דהוות לנחלין |
| 6929 | לנטרי | Lv22:31 | הוא ייי דיהב אגר טב | לנטרי | מצוותה דאורייתי: |
| 6930 | לניכסת | Lv 9:04M | \ודכר לנכסת /ואמר | לניכסת#2#/ | קדשיה למקרבה קדם ייי |
| 6931 | | Nu 6:17 | וית דיכרה יקרב | לניכסת | קדשיה קדם ייי על סלה |
| 6932 | לנילוס | Nu34:05 | ומקף תחומה מן לקסם | לנילוס | דמצריי ויהוון מפ<ק>נו{ק}י |
| 6933 | לניסוך | Nu15:10 | וחמר תקרב | לניסוך | פלגות הינה קרבן מתקבל |
| 6934 | | Nu15:05 | וחמר | לניסוך | רביעות הינא משח וחמר |
| 6935 | | Nu15:07 | וחמר | לניסוך | תלתות הינה תקרבון לריח |
| 6936 | לניסוכין | Nu15:10M | לניסוך /תקרבון | לניסוכין#2#/ | פלגות הינה קרבן מתקבל |
| 6937 | | Nu15:07M | וחמר | לניסוך/לניסוכין#2#/ | תלתות הינה תקרבון |
| 6938 | לניתקא | Lv13:33 | ויספר חזור חזור | לני{ק}ת<ק>א | וית ניתקא לא יספר |
| 6939 | לנכי׳ | Lv23:19M | /שתה#2#/שנה#2#/ | לנכסת/לנכי׳#2#/ | קודשיה: |
| 6940 | לנכיסינן | Nu32:16M | דען נבנה | לבעירך/לנכיסינן#2#/ | הכה וקרוין |
| 6941 | לנכיסת | Nu 6:14M | חד שלם מן מום | לנכסת/לנכיסת#2#/ | קודשיא: |
| 6942 | | Lv 3:06 | ואין מה מן ענה קרבניה | לנכיסת | קודשיה לשמה דייי דכר או |
| 6943 | | Nu15:05M | או \לנכסת קודש«י»ה | /לנכיסת | קודשין#2#/ לאמרה חדתה |
| 6944 | לנכסת | Lv 9:04 | ותור ודכר | לנכסת | קדשיה למקרבה קדם ייי |
| 6945 | | Nu 6:14 | ודכר חד שלם מן מום | לנכסת | קודשיא: |
| 6946 | | Lv 3:06M | מן ענה קרבניה | לנכיסת/<לנ>כסת#2#/ | קודשיה לשמה דייי |
| 6947 | | Lv23:19 | ותרין אמרין בני שתיהון | לנכסת | קודשיה: |
| 6948 | | Nu15:05 | הינא תקרבון על עלתה או | לנכסת | קודש«י»ה לאמרה חדתה: |
| 6949 | | Nu15:08 | או נכסה בפירוש נדר או | לנכסת | קודשין לשמה דייי: |
| 6950 | לנכרייה | Ex22:30 | לכלבא תטלקון או | לנכרייה | בר עממיא תטלקון יתיה |
| 6951 | לנס׳ | Lv22:21M | נסיבה /לפרוש דנדר או | לנס׳#2#/ | בתורין או בען שלם יהי |
| 6952 | לנסוך | Nu15:05 | רביעות הינא משח וחמר | לנסוך | רביעות הינא תקרבון על |
| 6953 | לנסוכין | Nu15:05M | וחמר | לניסוך/לנסוכין#2#/ | רביעות הינא משח |
| 6954 | לנסיבה | Nu15:03M | נכיסון פירוש דנדר או | לנסיבה | או בזמן דסדרי |
| 6955 | לנסיון | Nu26:10 | וחמישיתי גברייה והוון | לנסיון: | |
| 6956 | לנפ׳ | Gn 9:05M | אדם נפשתכון/אדמכון | לנפ׳#2#/ | אתבע מלות כל חיא אתבע |
| 6957 | לנפקת בר | Gn38:15 | וחשב יתה יהודה | לנפקת בר | ארום כסיית אפין הוות |
| 6958 | לנפש | Gn 2:07 | נשמ׳ דחיין והוה אדם | לנפש | דחייה ממללא: |
| 6959 | לנפשיה | Nu31:53 | עבדי קרבה בזזו גבר | לנפשיה: | |
| 6960 | לנפשתכון | Dt 4:15 | ותזדהרון לחדא | לנפשתכון | ארום לא חמיתון כל דמו |
| 6961 | לנקבה | Lv15:33 | ודדייב ית דובה לדכר או | לנקבה | ולגבר די ישמש עם אתה |
| 6962 | לנשיא | Ex19:03M | | לנשיא | דבית יעקב ותתני לגברי |
| 6963 | | Ex35:22 | ואתון גובריא סמיך | לנשיא | כל די נדב יתיה לביה |
| 6964 | לנשים | Nu36:12 | דמנשה בר יוסף הוון | לנשים | והוות אחסנתהון {כ}<ע>ל |
| 6965 | | Nu36:03 | מבני שבטיה דבני ישראל | לנשים | ותתמנע אחסנתהון מן אחסנות |
| 6966 | לנשין | Nu36:06 | שבט אבהתהון יהויין | לנשין: | |
| 6967 | | Nu36:11 | לבנוי דאחוי דאבוהון | לנשין: | |
| 6968 | | Gn34:21 | ית בנתהון נסב לן | לנשין | וית בנתן נתן להון: |
| 6969 | | Nu36:06 | דשפר באפהון יהויין | לנשין | להוד לזרעיית שבט אבהתהון |
| 6970 | לס׳ | Dt21:15M | | דסניתא/^<דס>נייתא#2#^/לס׳#2#/: | |
| 6971 | | Nu26:50M | לזרעייתהון | וסכומיהון/לס׳#2#/ | ארבעין וחמשה אלפין |
| 6972 | | Dt 1:03M | והוה | בסוף/לס׳#2#/ | ארבעין שנין בחד עשר |
| 6973 | | Dt20:06M | לבייתיה דלא ימות | בסדרי/לס׳#2#/ | קרבא וגבר אחרן |
| 6974 | | Dt20:05M | לבייתיה דלא ימות | בסדרי/לס׳#2#/ | קרבה וגבר אחרן |
| 6975 | | Dt28:25M | נפקין לקדמותכון | לס׳#2#/ | קרבה ובשבע אורחן תערקון |
| 6976 | לסאובתיה | Lv13:59M | יתיה או | לסאבותיה/לסאובתיה#2#/: | |
| 6977 | לסב | Dt28:50M | לסב ועל עולם לא /נסבה | לסב | ולטלי ל׳#2#/ חייסה: |
| 6978 | | Dt28:50 | אפין די לא נסבת אפין | לסב | ועל עולם לא חייסה: |
| 6979 | לסבותא | Gn21:07M | ארום ילדית ליה ברא | לסבותא | |
| 6980 | | Gn21:02M | דמליל יתה ייי /ביר | לסבותא | בזמנא די מלל עימיה ממריה |
| 6981 | לסגי | Dt28:62M | ככוכבי שמייא | לסוגי/לסגי#2#/ | ארום לא שמעתון בקל |
| 6982 | לסדר | Dt17:08M | "בדינה ... בין מכתש": | לסדר | דדין בין אדם דקטולין לבין |
| 6983 | | Nu26:26 | בנוי דזבולן לזרעייתהון | לסדר | זרעיתה דבנוי דס{ד}ר<ד>י |
| 6984 | | Ex14:20 | ולא קרבו אליין לאליין | לסדר | קרבא כל ליליא: |
| 6985 | | Nu32:20M | קדם ייי | לחיל/לסדר#2#/ | קרבה: |
| 6986 | לסדרי | Nu10:09 | וארום תעלון | לסדרי | קרבא בארעכון על |
| 6987 | | Nu27:17 | קדמיהון ודי יפק יתהון | לסדרי | קרבא ודי יעל יתהון מן |
| 6988 | | Nu32:06 | דראובן האחיכון יעלון | לסדרי | קרבא ואתון תשרון הכה: |
| 6989 | | Dt20:02 | ויהוי כד תקרבון | לסדרי | קרבא ויקרב כהנה וימלל |
| 6990 | | Ex32:18M | גיברין דנפקין ונצחין | לסדרי | קרבה |
| 6991 | | Nu21:33 | לקדמותהון הוא וכל עמיה | לסדרי | קרבה לאדרעי: |
| 6992 | | Nu31:06 | בר» אלעזר כהנא | לסדרי | קרבה ומני בית קודשא |
| 6993 | | Nu32:27 | לחיל קרבה קדם ייי | לסדרי | קרבה היך מה דרבוני ממלל: |
| 6994 | | Dt 2:32 | לקדמותן הוא וכל עמיה | לסדרי | קרבה ליהצה: |
| 6995 | | Dt 3:01 | לקדמותן הוא וכל עמיה | לסדרי | קרבה לאדרעי: |
| 6996 | | Dt20:01 | ארום תפקון | לסדרי | קרבה על בעלי דבביכון |
| 6997 | | Dt20:03 | אתון קריבין יומא הדין | לסדרי | קרבה על בעלי דבביכון לא |
| 6998 | | Dt21:10 | ארום תפקון | לסדרי | קרבה על בעלי דבביכון |
| 6999 | | Dt23:10M | ארום תפקון | מישרי/לסדרי | קרבה#2#/ על |
| 7000 | | Dt28:07 | חדה יפקון לקובליכון | לסדרי | קרבה ובשבע אורחן יערקון |
| 7001 | | Dt28:25 | חדא תפקון קדמיהון | לסדרי | קרבה ובשבע אורחן תערקון |
| 7002 | | Dt29:06 | מלכא דבותנין לקדמותן | לסדרי | קרבה וקטל{נ}«ו»ן יתהון: |
| 7003 | לסהדא | Ex20:16M | \עם סהדי שיקרא | /לסהדא | דשקר#2#/ דלא יקומון |
| 7004 | לסהדו | Gn21:30 | מן בגלל דתהוון לי | לסהדו | ארום חפירית ית בארה הדא: |
| 7005 | | Dt31:21 | שבח שירתה הדה קדמיי | לסהדו | ארום לא תנשה מן פם זרעיית |
| 7006 | | Dt31:19 | לי שבח שירתה הדה | לסהדו | בבני ישראל: |
| 7007 | | Gn31:44M | אנא ואת ויהוי | לסימן/לסהדו#2#/ | ביני ובינך: |
| 7008 | לסהדותה | Nu10:31 | במדברה ותיהוי לן | לסהדותה: | |
| 7009 | לסהדי | Ex20:16M | סהדי שקרא /אוף הנון | לסהדי | דשקר#2#/ ארום בחובי סהדי |
| 7010 | לסהרא | Dt17:03 | וסגד להון ולשמשא או | לסהרא | או לכל חילוות שמייא די לא |
| 7011 | לסוגוי | Dt 1:10M | ככוכבי שמיא | לסוגי/לסוגוי#2#/: | |
| 7012 | לסוגי | Dt 1:10 | יומא הדין ככוכבי שמיא | לסוגי: | |
| 7013 | | Dt10:22 | ייי אלהכון ככוכבי שמיא | לסוגי: | |
| 7014 | | Dt28:62 | הוויתון ככוכבי שמייא | לסוגי | ארום לא שמעתון בקל ממרה |
| 7015 | לסוסוותהון | Dt11:04 | לחיילוותהון דמצריי | לסוסוותהון | ולארתכיהון די אציף ית |
| 7016 | לסוסיא | Gn49:17 | דכמין בפרשת ארחתה דנכת | לסוסיא | בעקבי ומן אימתה מסתחר |
| 7017 | לסוף | Gn 8:06 | והוה | לסוף | ארבעין יומין ופתח נח ית |

|  |  |  |  |
|---|---|---|---|
| 7018 | | Nu13:25 | וחזרו מן דייללו ית ארעא לסוף ארבעין יומין: |
| 7019 | | Nu33:38M | דייי ומית תמן בסוף/לסוף#2/ ארבעין שנין בזמן |
| 7020 | | Dt 9:11 | והוה לסוף ארבעין יומין וארבעין |
| 7021 | | Gn 4:03 | והוה לסוף יומין ואייתי קין מן פירי |
| 7022 | | Gn 8:03 | אזלין וחסקין וחסרו מיא לסוף מאה וחמשין יומין: |
| 7023 | | Dt15:01 | עמי בני ישראל לסוף שבע שנין דיומין תעבדון |
| 7024 | | Dt31:10 | ופקד משה יתהון למימר לסוף שבע שנין דיומין באשון שתה |
| 7025 | | Gn 7:10 | והוה לסוף שבעת יומי אבלא דמתושלח |
| 7026 | | Lv 9:01 | ביומא תמיניה{ון} {לסוף} לסוף שבעתי יומי אשלמותה קרא |
| 7027 | | Gn 8:13 | והוה לסוף שית מאה וחדה שנין בירחא |
| 7028 | | Gn16:03 | ית הגר מצריתה אמתה לסוף שנין עשר דיומין די שרא |
| 7029 | | Gn 7:11M | שית מאה שנין לחיוהי/ לסוף שת מאוון דשנין להוי#2/: |
| 7030 | | Dt14:28 | לסוף תלת שנין דיומין ת{נ}<פ>קון |
| 7031 | | Gn40:13 | לסוף תלתא יומין ירומם פרעה ית |
| 7032 | | Gn40:19 | לסוף תלתא יומין ירים פרעה ית |
| 7033 | | Gn41:01 | והוה לסוף תרתין שנין דיומין ופרעה |
| 7034 | לסורחניהון | Dt 9:27 | ולא לחוביהון ולא לסורחניהון: |
| 7035 | לסחד | Dt31:26 | אלהכון ויהוי תמן לכון לסחד: |
| 7036 | לסט' | Ex28:24M | עזקיא \לגו סיטרוי/לסט'#2/ דחושנא: |
| 7037 | לסטן | Nu22:32M | הא אנה נפקת למסטן/לסטן#2/ לך ארום סטת ארחה מן |
| 7038 | לסטרא | Ex27:09 | ותעבד ית דרת משכנא לסטרא דדרומיא מדרומיא ווילון |
| 7039 | לסטרה | Ex36:25 | ולסטרה דמשכנה תניינה לסטרה צפוניה עבד עשרין לוחין: |
| 7040 | לסטרוי | Ex36:28 | ותרין לוחין עבד לסטרוי דמשכנא בשפלייה: |
| 7041 | לסיטרא | Ex36:23 | למשכנה עשרין לווחין לסיטרא דרומיה מן דרומא: |
| 7042 | | Ex27:09 | מאה אמין באמתא ארך לסיטרא חדא: |
| 7043 | | Ex27:13 | ופותיא דרתה לסיטרא מדנחא מן מדנחא חמשין |
| 7044 | | Ex27:14 | וחמש עשרה אמין ווילון לסיטרא עמודיהון תלתא וחומריהון |
| 7045 | | Ex26:20 | דמשכנא תניינ«א» לסיטרא צפונא עשרין לוחין: |
| 7046 | לסיטרה | Ex38:09 | ועבד ית דרתה לסיטרה דרומיה מן דרומה ווילון |
| 7047 | | Ex27:12 | ופותיא דדרת«א» לסיטרה מערביה ווילון חמשין אמין |
| 7048 | | Ex38:14 | ווילון חמש עשרה אמין לסיטרה עמודיהון תלתא וחומריהון |
| 7049 | | Ex27:11 | וכדן לסיטרה צפוניה באורך ווילון מאה |
| 7050 | לסיטרוי | Ex26:23 | ותרין ל«ו»וחין תעבד לסיטרוי דמשכנה בשיפולי: |
| 7051 | לסייפי | Ex16:35 | מנא אכלו עד מיעליהון לסייפי ארעא דכנען: |
| 7052 | | Gn49:13M | זבולן \על סייפי דימא לסייפי/ ימא#2/ רבה ישרי והוא |
| 7053 | לסיכין | Nu33:55 | כל מה די תשיירון מנהון לסיכין בעיניכון ולרמחים בסטריכון |
| 7054 | לסימן | Gn31:44 | קיים אנא ואת ויהוי לסימן ביני ובינך: |
| 7055 | | Nu17:03 | קדם ייי אתקדשו ויהויין לסימן לבני ישראל: |
| 7056 | | Nu17:25 | קדם סהדותא למטרה לסימן לבני«ה» סורבניה ויסופון |
| 7057 | | Gn47:26 | ושוי יתה יוסף לסימן עד יומא הדין על ארעהון |
| 7058 | | Ex12:13 | ויהוי אדמה לכון לסימן על בתייה די אנון שריין |
| 7059 | | Ex13:16 | ויהווי לסימן על אדריעכון ולדוכרן טב על |
| 7060 | | Dt 6:08 | ותקטרון יתהון לסימן על אדריעכון ויהוון |
| 7061 | | Dt11:18 | נפשתכון ותקטרון יתהון לסימן על אדריעכון ויהוון |
| 7062 | | Gn17:11 | ית בשר ערלתכו' ויהוי לסימן קיים בין ממרי וביניכון: |
| 7063 | | Gn 9:13 | ^א#2#^שוי בעננא ותהי לסימן קים בין ממרי ובין ארעא: |
| 7064 | לסכומיהון | Nu26:18 | זרעייתה דבנוי דגד לסכום{ו}<י>הון ארבעין אלפין וחמש |
| 7065 | | Nu26:41M | דבנימן לזרעייתהון לסכומיהון ארבעין וחמשה אלפין |
| 7066 | | Nu26:25 | זרעיתה דבנוי דיששכר לסכומיהון אשתין וארבעה אלפין ותלת |
| 7067 | | Nu26:27 | דבנוי דזבולנ{ן}<י> לסכומיהון אשתין אלפין וחמש מאוון: |
| 7068 | | Nu26:43 | דבנוי דשוחמי לסכומיהון אשתין וארבעה אלפין |
| 7069 | | Nu26:47 | זרעייתה דבנוי דאשר לסכומיהון חמשין ותלתה אלפין וארבע |
| 7070 | | Nu 3:43 | מבר ירח ולעיל לסכומיהון עשרין ותרין אלפין |
| 7071 | | Nu26:37 | דבנוי דאפרים לסכומיהון תלתין ותרין אלפין וחמש |
| 7072 | לסכומיכון | Nu26:22 | דבנוי דיהודה לסכומיכון שבעין ושתה אלפין וחמש |
| 7073 | לסמיא | Lv19:14M | ולקדם אכסנייה דדמי לסמיא לא תשוון תקלה |
| 7074 | לסמייה | Dt27:18M | באורחה דהוא מדמי לסמייה ויענון |
| 7075 | | Lv19:14M | אכסנייה דהוא מדמי לסמייה לא תשוון <ת>קל{ל}ה |
| 7076 | לסנאוי | Dt 7:10M | ולא משהי למשל{ו}<י> לסנאוי אגר מצוון קלילן דאיתי |
| 7077 | לסנאי | Nu14:18M | ועל דר רביעיי \לסנאי#2/: |
| 7078 | | Dt 5:09M | בחטא קדמיי לשנאי/לסנאי#2/: |
| 7079 | לספרווי | Gn10:30M | מן מישא מעלך לספריא/לספרווי#2/ טוורי/לטור#2/ |
| 7080 | לספריא | Gn10:30 | מן מישא מעלך לספריא טוורי מדנחה: |
| 7081 | לסרחונין | Ex34:07M | שרי ושביק לחובין/לסרחונ{ו}<י>ן ולח'#2/ ומעבר על |
| 7082 | לסרחניהון | Gn50:17 | בבעו שרי כען ושבוק לסרחניהון דאחך ולחוביהון ארום |
| 7083 | לסרקעין | Gn37:28 | גובא וזבנא ית יוסף לסרקעין בעשרין סלעין דכסף |
| 7084 | | Gn37:27 | אתו ונזבן יתיה לסרקעין וידינן לא נפשט ביה ארום |
| 7085 | לע' | Dt32:39M | הדין ומחיי מיתי בעלמא/לע'#2/ דאתי אנה הוא דמחי |
| 7086 | | Nu31:50M | מנן עם חדה מנהון בעלמא/לע'#2/ הדין דלא מהוי |
| 7087 | לעבד | Gn44:17M | בידיה הו יהוי לי עבד/לעבד#2/ ואתון סקון/סוקו#2/ |
| 7088 | לעבדא | Gn24:65 | ואמרת לעבדא מן הוא דא גברא דאתי באפיה |
| 7089 | לעבדוי | Nu22:18 | וענה בלעם ואמר לעבדוי דבלק אם יתן לי בלק מלא |
| 7090 | | Gn32:17 | עדר עדר לבלחודוי ואמר לעבדוי עברו קדמוי ונפי«ש» |
| 7091 | לעבדיה | Dt 5:21M | לחקלא לא לעבדיה ולא לאמתא ולא לתוריה ולא |
| 7092 | | Gn24:02 | ואמר אברהם לעבדיה סבא דביתיה דתפיס בכל דליה |
| 7093 | לעבדיהון | Dt32:32 | עבדיהון מדמיין לעבדיהון {ל}<ד>עמא דסדם |
| 7094 | לעבדיך | Dt 9:27 | אדכר ברחמיך טבייה ^לעבדיך#2/^ לאברהם ליצחק וליעקב |
| 7095 | לעבדין | Gn44:09 | ואף אנן נהוי לריבוני לעבדין: |
| 7096 | | Gn50:18 | קדמוי ואמרו הא אנן לך לעבדין: |
| 7097 | | Gn43:18 | עלינן ולמסב יתן לעבדין וית חמרינן: |
| 7098 | | Dt28:68 | תמן לבעלי דבביכון לעבדין ולאמהן ולית דזבין יתכון: |
| 7099 | | Gn27:37 | כל אחוי שויתי קדמוי לעבדין ועבור וחמר סמכ<'> יתיה |
| 7100 | לעבדך | Ex 5:15 | למימר למה כען תעבד כדן לעבדך: |
| 7101 | | Gn43:28 | ואמרין שלם לעבדך אבונן הא הוא בחיין ועקדו |
| 7102 | | Gn44:21 | ואמרית לעבדך אחותן יתיה לוותי ואשוי |
| 7103 | | Gn44:23 | ואמרת לעבדך אן לא יחות אחוכון זעירא |
| 7104 | | Nu32:05 | באפך יתיהב ית ארעא הדה לעבדך ולאחסנה לא תעבר יתן ית |
| 7105 | | Ex 5:16 | תבן לית מתיהב לעבדך ולבנין את אמר לן עבדך |
| 7106 | | Nu11:11 | קדם ייי למה כען אבאשת לעבדך ולמה כען לא אשכחת חסד |
| 7107 | | Gn32:19 | ותאמר לעבדך ליעקב דורון היא ואשלחת |
| 7108 | | Gn24:14 | לגמליך אשקי יתה זמנת לעבדך ליצחק ובה אדע ארום עבדת |
| 7109 | לעבורייה | Gn21:33M | בגווה מאכל ומשקה לעבורייה ולתהו{מ}<ב>ייא ומן |
| 7110 | לעבידה | Lv13:51 | לכל מה די יתעבד משכה לעבידה צרעה מחלט«א» מכתשה מסאב |
| 7111 | לעבידת | Ex35:21 | אייתון ית אפרשותא דייי לעבידת משכן זימנא ולכל פולחנא |
| 7112 | | Ex36:03 | די אפרשו בני ישראל לעבידת פלחן בית קודשא למעבד יתה |
| 7113 | לעבידתה | Ex38:24 | כל דהבא דאתעבד לעבידתה בכל עבידת בית קודשא |
| 7114 | | Ex36:05 | עמא למייתה כמסת פלחנא לעבידתה די פקד ייי למעבד יתה: |
| 7115 | | Ex36:02M | לביה למק{ור}<רו>ב לעבידתה ולמעבד יתה |
| 7116 | | Ex36:02 | נדב יתיה לבה למקרבה לעבידתה למיעבד יתה: |
| 7117 | לעדוני | Ex14:27 | ידיה על ימא ואחזור ימא לעדוני צפרא לתקפה ומצריי ערקון |
| 7118 | | Ex19:16 | והוה ביומא תליתיא לעדוני צפרא והווה קלין וברקן |
| 7119 | | Gn 8:11 | ותב לוותה יונה לעדוני רמשא והא עלה דזי' קטים |
| 7120 | | Gn24:11 | קרת«א» על בארא דמיא לעדוני רמשא בשעתא דנפקן מלוותא: |
| 7121 | | Gn24:63 | באפיה ברא {{ב}}«ל»עדוני רמשא ונטל עיינוי |
| 7122 | לעדן | Dt32:35 | נקמתה ואנה הוא דמשלם לעדן די תימוט רגליהון דצדיקיה |
| 7123 | | Ex13:10 | הדה בזימנא מן עדן יומין לעדן יומין: |
| 7124 | | Gn24:11M | /לבאירה#2/ דמיא לעדוני/לעדן#2/ רמשא בשעתא דנפקן |
| 7125 | | Gn24:63M | באפיה ברא {{ב}}«ל»עדוני/לעדן#2/ רמשא ונטל |

7126 לעדנא Gn21:02 בר לאשון סיבותה לעדנא דמליל יתה ייי:
7127 לעדנה Gn17:21 יצחק די תלד לך שרה לעדנה הדן בשתה אחרי«תה»:
7128 לעדר Gn35:21 משכוניה רחיק מן מגדלא לעדר:
7129 לער' Dt32:32M מדמיין לעבדיהון/לער'#2#/ {ל}<ד>עמא דסדם
7130 לעובריא Gn21:33 ויהב בגויה מזון לעובריא והווה כד אכילין ושתין
7131 לעולה Lv 9:03M שלמים מן מר' עלה/לעולה#2#/:
7132 Nu 7:15M הוה רב שבטה מקרב לעולה#2#/:
7133 Nu 7:33M הוה רב שבטה מקרב לעולה
7134 Nu 7:51M הוה רב שבטה מקרב לעולה
7135 Lv23:12M לשמה /של' דכר בר שתה לעולה קודם#2#/ דייי:
7136 לעולימוי Gn22:05 <ואמר> אברהם לעולימוי תבו לכון הכא גב חמרא
7137 לעולת Nu28:10 שבתה תקרבון יתיה סמיכה לעולת תמידה תתקרב ונסוכה:
7138 לעולתה Nu28:10M יתיה סמיכה לעולת/<לעול>תה#2#/ תמידה תתקרב
7139 לעופא Gn15:11M ונחתו אומיא דמתילין לעופא מסאבא למיבז נכסיהון
7140 לעזקתה Ex39:21M מן עזקא לגו עזקיה/לעזקתה#2#/ דאפודה <....> ולא
7141 Ex36:29M "לגו ... עבד": לעזקתה חדה כן ע'
7142 לעי' Ex28:28M מן עזקוי \לגו עיזקא/לעי'#2#/ דאפודה בשזר דתכלה
7143 לעיב' Ex38:24M לעבידתה /דמתעבד לעיב'#2#/ בכל עבידת \פלחן#2#/
7144 לעיבידתה Ex36:02M לבה למקרבה לעבידתה/<ל>עיב<ידתה>#2#/ למיעבד יתה:
7145 לעידוני Gn30:16M יעקב מן אפי ברא ברמשא/לעידוני רמשא#2#/ ונפקת לאה
7146 Dt23:12 ^ויהווי לעידוני רמשה יסחי במיה וכמטמעי
7147 לעידנא Gn18:14 דיתכסא מן קדם ייי פתגם לעידנא אחזור לוותך בשעתא הדא
7148 לעיזקוי Ex28:28M "לגו ... דאפודה": עיזקתה לעיזקוי דא'
7149 לעיינה Gn24:29 לבן לוות גברא לברה לעיינה:
7150 Gn24:45 וקולתה על כתפה ונחתת לעיינה ומלא«ת» ואמרת לה אשקיין
7151 Gn24:16 וגבר לא חכים יתה ונחתת לעיינה ומלת קולתה וסלקתו:
7152 לעייני Dt 4:06 וסוכלתנותכון ובינתכון לעייני אומייה די ישמעון ית כל
7153 לעייניה Gn 3:06 למיכל וארום תחמדא הוא לעייניה ויאי אילנא למסתכלא ביה
7154 לעייניהון Nu20:08 עם כיפה קדמיהון לעייניהון ויתן מוי ותפק להון מיין
7155 לעייניכון Dt29:01 ית כל מה די עבד ייי לעייניכון בארעא דמצרים לפרעה
7156 לעיינכון Dt 9:17 ידיי ותברית יתהון לעיינכון:
7157 לעין Gn14:07 וחזרו ועלו לעין דינא היא רקם וקטלו ית כל
7158 לעינא Gn24:42 ואתית יומא דין לעינא ואמרית בבעו ברחמין
7159 לעיני Nu25:06 לוות אחוי ית מדיניתה לעיני משה לעיני כל כנשתה דבני
7160 Lv26:45 פריקין מן ארעא דמצרים לעיני אומייה למיהווי במימרי
7161 Lv20:17 כל די עבד כדן וישתצון לעיני בני עמהון עריתה דאחתה בזי
7162 Dt25:09 ותקרב יבומתיה לוותיה לעיני חכימיה ותשלף סנדלה
7163 לעיניכון Dt 1:30M "ועיניכון חמיין": לעיניכון חזיין
7164 לעיקי Gn38:25 ייי את הוא דעני לעיקי בשעת עקתהון עני יתי בשעתא
7165 לעל' Nu 7:21M הוה רב שבטה מקרב לעל'
7166 Nu 7:21M /הוה רב שבטה מקרב לעל'#2#/:
7167 Dt 5:17M חרבה נפק \על עלמא/לעל'#2#/:
7168 Dt 5:19M כפנה נפק \על עלמא/לעל'#2#/:
7169 Dt32:35M לעלמה/עליהון פורע' לע{י}ל'#2#/ דאתי:
7170 לעלא Lv 1:10 או מן גדיא דבני עזיה לעלא דכר שלם מן מום יקרב יתיה:
7171 לעלה Lv 9:03 שת{י}הון שלמים מן מר' לעלה:
7172 Lv22:18 {יקרבון לשמה} דייי לעלה:
7173 Nu 7:15 חד בר שתה תלתיהון קרב לעלה:
7174 Nu 7:21M דכר חד אמר חד בר שתה לעלה
7175 Nu 7:21 חד בר שתה תלתיהון קרב לעלה:
7176 Nu 7:27 חד בר שתה תלתיהון קרב לעלה:
7177 Nu 7:27M חד אמר חד בר שתה לעלה#2#/:
7178 Nu 7:27M הוה רב שבטה מקרב לעלה
7179 Nu 7:33 תלתיהון קרב ^יתה#2#^ לעלה:

7180 Nu 7:39 חד בר שתה תלתיהון קרב לעלה:
7181 Nu 7:45 חד בר שתה תלתיהון קרב לעלה:
7182 Nu 7:45M חד אמר חד בר שתה לעלה#2#/:
7183 Nu 7:51 חד בר שתה תלתיהון קרב לעלה:
7184 Nu 7:57 חד בר שתה תלתיהון קרב לעלה:
7185 Nu 7:57M /הוה רב שבטה מקרב לעלה#2#/:
7186 Nu 7:57M דכר חד אמר חד בר שתה לעלה
7187 Nu 7:63 חד בר שתה תלתיהון קרב לעלה:
7188 Nu 7:69 חד בר שתה תלתיהון קרב לעלה:
7189 Nu 7:69M חד אימר <חד> בר שתה לעלה
7190 Nu 7:75 חד בר שתה תלתיהון קרב לעלה:
7191 Nu 7:75M /הווה רב שבטה מקרב לעלה#2#/:
7192 Nu 7:75M חד אימר <חד> בר שתה לעלה
7193 Nu 7:81 חד בר שתה תלתיהון קרב לעלה:
7194 Nu 7:81M /הוה רב שבטה מקרב לעלה#2#/:
7195 Nu 7:81M חד אימר <חד> בר שתה לעלה
7196 Nu 6:14 בר שתה שלם מן מום חד לעלה ואימרה חדה ברת שתה שלם מן
7197 Lv12:06 נקבה תייתי אמר בר שתה לעל«ה» וגוזל בר יון או שפנין
7198 Gn22:03 יצחק בריה ופצע קיסין לעלה וקם ואזל לאתרא די אמר לה
7199 Lv 5:10M יקרב ^יתיה#2#^ עליה/לעלה#2#/ כסדר דינא ויכפר עלוי
7200 Nu15:24 כנישתה תור בר תורין חד לעלה לריח {ניחו} דרעוה לשמה
7201 Lv23:12 אמר בר שתיה שלם מן מום לעלה לשמה דייי:
7202 Gn22:02 סור מוריה וקרב יתה תמן לעלה על חד סוריה דאמר לך:
7203 Lv22:27 על חד מן טוריא היך אמר לעלה על גבי מדבחה ופדה יתיה
7204 Gn22:13 ונסב ית דכרא וקרב יתה לעלה תחות בריה:
7205 Nu 7:69M /הוה רב שבטה מקרב לעלה#2#/% לעלה#2#/:
7206 לעלוותכון Nu29:39 נדריכון ונסיבתהון לעלוותכון ולמנחתכון ולנסכיהון
7207 לעליה Lv21:03 די לא אתנסבה לגבר לעליה יסתאב:
7208 לעללתא Gn13:10M כארעא דמצרים בפירי/לעללתא#2#/ מעלך «לזער»:
7209 לעלמ' Ex20:13M \נפיק על עלמא /אתי לעלמ'#2#/:
7210 Ex20:14M על עלמא /מותא אתא לעלמ'#2#/:
7211 Ex20:17M /וגלותא אתא לעלמ'#2#/:
7212 Gn49:22M שותף עמה בגיהנם לעלמ' דאתי והוויין בנתיהון
7213 Ex 3:14M דייי למשה דן דאמ' לעלמ' הווי והווה ועתיד למימ'
7214 לעלמא Ex20:15 בחובי גנביא כפנא אתי לעלמא:
7215 Dt 5:20M דלא נחת ובצורתא אתיא לעלמא
7216 Dt 5:21M וג{ר}<ל>ותה אתיה לעלמא
7217 Gn 3:24 לרשיעיא למתפרעה מנהון לעלמא דאתי על די לא נטרו מצותה
7218 Gn 3:24 חי וקיים כאילן חייא לעלמא דאתי טבא היא אוריתא לפלחי
7219 Gn 4:07M ישתרי וישתבק לך בעלמ'/לעלמא#2#/ דאתי ואין לא תיטב
7220 Gn 4:08 ואית מתפרעה מן רשעי' לעלמא דאתי על עסק פתגמא הדין
7221 Gn15:01 טביא מתקנין לך קדמיי לעלמא דאתי:
7222 Gn15:01 הדין ולית לי חול' לעלמא דאתי או דילמא דיזלון
7223 Gn15:01M מתקנין לך קודמוי לעלמא דאתי
7224 Gn15:17M באתונה דמעתדא לרשיעיא לעלמא דאתי על די לא עסקו אולפן
7225 Gn22:10M לגובה דחבלא בעלמא/לע<למא>#2#/ דאתי עייני
7226 Gn39:10 הדין דלהא למהוי עמה לעלמא דאתי:
7227 Ex15:12 רבה דלא יתבע יתהון מנה לעלמא דאתי מן יד ארכנת ימינך
7228 Ex15:12 דלית את תבע יתהון מנה לעלמא דאתי ופתחת ארעא ית פומא
7229 Nu22:30 בעלמא הדין ולא אתייה לעלמא דאתי לית את יכיל למלוט
7230 Nu23:10 בלעם דלית ליה חולק לעלמא דאתי ברם אן מיית ^הוא#2#^
7231 Nu23:23 טב מתקן לכון קדם ייי לעלמא דאתי:
7232 Nu31:50M שותף עמא בגיהינם לעלמא דאתי היא תיקום לן
7233 Dt 7:10 מן בגלל למתפרעה מנהון לעלמא דאתי ולא משהי אגר טב

|  |  |  |  |  |  |
|---|---|---|---|---|---|
| 7234 | | Dt 7:10M | למישיציה יתהון | לעלמא | דאתי ולא משהי למשל{ו}<'> |
| 7235 | | Dt22:07 | הדין ותארכון יומין | לעלמא | דאתי: |
| 7236 | | Dt32:01 | ברם סופיהון בליין | לעלמא | דאתי וכן ישעיה נבייא |
| 7237 | | Dt33:06 | דביה מייתין רשיעיה | לעלמא | דאתי ויהוון עולימוי עם |
| 7238 | | Nu16:30M | איתבריאת מיתותה בעלמא | לעלמא | הדין הא טב ואין לא תתברי |
| 7239 | | Gn22:10M | צדיקין | לעלמא | חד נכיס וחד מתנכיס דנכיס |
| 7240 | לעלמה | Dt32:35 | ומייתי פורענותה עליהון | לעלמה | דאתי: |
| 7241 | לעלמי | Gn25:23M | תתחבל ולא תפסוק מיניה | לעלמי | עלמין בגין קרא שמיה |
| 7242 | | Gn35:09 | והדרך {והדרך} לא פסקין | לעלמי | עלמין אלפת יתן למברכה |
| 7243 | | Gn49:02 | שמיה כבודיה דמלכותיה | לעלמי | עלמין: |
| 7244 | | Ex15:03 | גבורתיה יהא שמיה מבורך | לעלמי | עלמין: |
| 7245 | | Ex39:43M | עממייה בעובדי ידיכון | לעלמי | עלמין |
| 7246 | | Lv16:23M | /ויצבע#2#/ יתהון תמן | ∧לעלמי | עלמין#2#/: |
| 7247 | | Dt 6:04 | חד הוא יהא שמיה מברך | לעלמי | עלמין: |
| 7248 | לעלמיא | Gn35:09M | ייי והיא שמיה מברך | לעלמיא | |
| 7249 | לעלמין | Gn 3:22 | חי וקיים כאלן חייא עד | לעלמין | וכדון עד די לא נטר מצותיה |
| 7250 | לעלת | Nu28:15 | יתה לחטאתה קדם ייי סמיך | לעלת | תמידה יתקרב ונסכוי: |
| 7251 | | Nu28:24 | ברעוה קדם ייי סמיך | לעלת | תמידה יתקרב ונסוכוי: |
| 7252 | | Nu29:31M | "מעלת ... מיא": | לעלת | תמידה ומנחתהון ונסוכיהון |
| 7253 | | Nu29:34M | עיזין חד לחטאתה בר מן | לעלת | תמידה ומנחתה וניסוכיהון |
| 7254 | לעלתה | Gn22:07 | וקיסייא ואן הוא אמרה | לעלת«ה»: | |
| 7255 | | Lv 5:07 | דייי חד לחטאת' וחד | לעלתה: | |
| 7256 | | Lv14:22 | ויהוי חד לחטאת' וחד | לעלתה: | |
| 7257 | | Lv16:03 | בר תורין לחטאתה ודכר | לעלתה: | |
| 7258 | | Lv16:05 | דעיזין לחטאתה ודכר חד | לעלתה: | |
| 7259 | | Nu 7:33M | דכר חד אמר חד בר שתה | לעלתה | |
| 7260 | | Nu 7:39M | דכר חד אמר חד בר שתה | לעלתה | |
| 7261 | | Lv 1:10M | עזיה לעלא /גדי עזיה | לעלתה#2#/ | דכר שלם מן מום יקרב |
| 7262 | | Nu28:23 | בר מן עלתה דצפרה די | לעלתה | דתמידה תקרבון ית אילין: |
| 7263 | | Gn22:08 | ייי אזדמן לה אמר | לעלתה | ואן לא את הוא אמרא דעלתא |
| 7264 | | Lv12:08 | בר יון חד לחטאתה וחד | לעלתה | ויכפר עלה כהנא ותדכי: |
| 7265 | | Lv15:15 | כהנא חד לחטאתה וחד | לעלתה | ויכפר עלוי כ{ק}הנה מן |
| 7266 | | Lv15:15 | כהנא חד לחטאתה וחד | לעלתה | {ויכפר עלוי} כהנא חד |
| 7267 | | Lv15:30M | /לח'#2#/ וית חד | עלתה/לעלתה#2#/ | ויכפר עליה כהנא קדם |
| 7268 | | Nu 6:11 | כהנה חד לחטאתה וחד | לעלתה | ויכפר עלוי על מה די חטא |
| 7269 | | Lv22:27M | לה תמן אמר תחותוי | לעלתה | ותובן תליתיי גדי בר |
| 7270 | | Lv 7:37 | דא גזירת אורייתא | לעלתה | למנחתה ולחטאתה ולאש«מה» |
| 7271 | | Lv14:31 | ית חד לחטאתה וית חד | לעלתה | על מנחתה ויכפר כהנא על מן |
| 7272 | | Nu 8:12 | חד לחט«א»תה וית חד | לעלתה | קדם ייי למכפרה על ליוויי: |
| 7273 | | Lv 9:02 | בר תורין לחטתה ודכר | לעלתה | שלמים מן מום וקרב קדם |
| 7274 | | Nu 7:87 | כל תורי | לעלתה | תרין עשר תורין דכרין |
| 7275 | לעם | Dt 4:20 | מצרים למהווי לשמה דייי | לעם | אחסנה כיומא הדין: |
| 7276 | | Dt28:32M | חורי#2#/ \לאמא אחרי | /לעם | אחרן#2#/ ועייניכון חמיין |
| 7277 | | Ex19:05 | ית קיימי ותהוון לשמי | לעם | חביבין היך סגלה מן כל אמיה |
| 7278 | | Dt 7:06 | ייי אלהכון למהוי לשמיה | לעם | חביבין היך סגולה מן כל |
| 7279 | | Dt14:02 | אתרעי ייי למהוי לשמיה | לעם | חביבין היך סגולה מן כל |
| 7280 | | Dt26:18 | יומא הדין למהווי לשמא | לעם | חביבין היך סגולה היך מה די |
| 7281 | | Gn28:11M | ארבע משריין ויהון | לעם | חד ושכיב באתרא ההוא |
| 7282 | | Nu19:09M | באתר דכי ותיהוי | לכנישתה/לעם | כני'#2#/ דבני ישראל |
| 7283 | | Nu20:02 | ולא הווה מיין | לעם | כנישתה וכנשו על משה ועל |
| 7284 | | Lv 8:05 | ואמר משה | לעם | כנשתה דן פתגמא די פקד ייי |
| 7285 | | Gn50:20M | ביומא הדין לקיימא | עם/לעם#2#/ | סגון |
| 7286 | | Ex 6:07 | ואפרש יתכון לשמי | לעם | קדישין ויהווי מימרי לכון |
| 7287 | | Lv20:26M | ותהוון לשמי | ∧לעם#2#/ | קדישין ארום קדיש אנה \ |
| 7288 | | Lv26:12 | פרוק ואתון תהוון לשמי | לעם | קדישין: |
| 7289 | | Dt26:19 | ולמהווי ל{י}שמיה | לעם | קדישין קדם ייי אלהכון |
| 7290 | | Dt28:09 | יקים יתכון ייי לשמיה | לעם | קדישין היך מה די קיים לכון |
| 7291 | | Dt29:12 | יומא הדין לשמה דייי | לעם | קדישין והוא יהווי לכון |
| 7292 | לעמ' | Ex17:04M | עוד קליל ורגמ<י>ן יתי | /לעמ' | האליין הא קליל צעיר |
| 7293 | | Ex19:15 | ואמר | לעמ' | הוון מזמנין לתלתא יומין לא |
| 7294 | | Ex 4:16M | /עמך#2#/ \לוות | עמא/לעמ'#2#/ | ויהווי הוא יהווי לך |
| 7295 | לעמא | Dt20:02 | קרבא ויקרב כהנה וימלל | לעמא: | |
| 7296 | | Ex32:30 | מן יומא דבתרה ואמר משה | לעמא | אתון חטיתון חובין רברבין |
| 7297 | | Gn15:12M | כדין תהדר מלכוותא | לעמא | בית ישראל |
| 7298 | | Gn23:11M | חת /ואודי {לעמיה} | לעמא | דארעא קדם בנוי דחת#2#/: |
| 7299 | | Gn47:23 | ˆˆואמר יוסף | לעמא | הא זבנית יתכון יומא הדין |
| 7300 | | Ex 5:22 | ייי למה כען אב{ש}א<ש>ת | לעמא | האליין ולמה כען שלחת יתי: |
| 7301 | | Nu14:19 | חסדך והיך מה די סובלת | לעמא | האליין מן מצרים ועד כדון: |
| 7302 | | Ex 5:23 | לממללה בשם ממרך אבאש | לעמא | האלין ומפרק לא{ו} פרקית ית |
| 7303 | | Ex17:04 | קדם ייי למימר מה אעבד | לעמא | הדין עוד קליל ורגמ<י>ן |
| 7304 | | Ex13:03 | ואמר משה | לעמא | הוון דכירין יומא הדין |
| 7305 | | Ex18:14 | ית כל מה דהוה עבד | לעמ«א» | ואמר מה פתגמא הדין די את |
| 7306 | | Lv16:15M | עמא/ˆדעמא#2#ˆ/דאית | לעמא#2#/ | וייתי ית אדמה/דמא#2#/ |
| 7307 | | Lv 9:15M | \דמן עמה /דאית | לעמא#2#/ | ונכס יתה ודכי יתה |
| 7308 | | Ex24:03 | ואתא משה ותני | לעמא | ית כל פתגמיא דייי וית כל |
| 7309 | | Ex18:19 | ויהווי ייי עמך הוי את | לעמא | כ{מ}תבע אולפן מן קדם ייי |
| 7310 | | Ex20:20 | ואמר משה | לעמא | לא תדחלון ארום מן בגלל |
| 7311 | | Nu25:02 | וקרין | לעמא | לדבחי טעותהון ואכלו עמא |
| 7312 | | Lv 8:05M | ואמר משה \לעם כנשתה | /לעמא | לכניש'#2#/ דן פתגמא די |
| 7313 | | Ex 5:10 | דעמא וסרכיהון ואמרין | לעמא | למימר כדין אמר פרעה לית |
| 7314 | | Nu33:14 | ולא הוה תמן מין | לעמא | למישתי: |
| 7315 | | Ex 5:07 | לא תוספון למיתן תבן | לעמא | למלבן לבנין לא היך דאיתמל |
| 7316 | | Ex18:14 | מה פתגמא הדין די את עבד | לעמא | מן בגלל מה את יתב לבלחודך |
| 7317 | | Nu21:01M | ואתגנזת באירה עני ואמ' | לעמא | עבדי קרבה אתון וניפוק |
| 7318 | | Nu31:21 | ואמר אלעזר כהנא | לעמא | עבדי קרבא דעלו מן חיל קרבא |
| 7319 | לעמה | Nu21:06M | וינכת | לעמה | אליין דאתר' |
| 7320 | | Nu21:06M | וינכת | לעמה | אליין דאתר<עמו> |
| 7321 | | Lv 9:18M | קדשיה \דמן עמה /דאית | לעמה#2#/ | וזמינו/ואקריבו#2#/ בנוי |
| 7322 | לעמודי | Ex38:17 | וחומרין | לעמודי | דנחש ונקלוות עמודיה |
| 7323 | | Ex38:28 | וחמשה עבד אונקלוון | לעמודי | וחפי רישיהון וכבש יתהון: |
| 7324 | לעמודיה | Ex38:17M | וכבושיהון /וחומרוון | לעמודיה | נחש ואנקלוות עמ' |
| 7325 | לעמי | Ex15:09 | בזה רבא אפלג שביתה | לעמי | עבדי קרבא וכד תתמלי מנהון |
| 7326 | | Gn49:29 | ואמר להון הא אנא מתכנש | לעמי | קברו יתי גב אבהתי |
| 7327 | לעמי' | Dt33:02 | אתגלי למתן אוריתה | לעמי' | בני ישראל {ו}<ד>נח |
| 7328 | | Ex22:24M | "תוזף ... ורבין": תיזפון | לעמי' | ית מסכיניי' דבעמכון לא |
| 7329 | לעמיה | Gn25:17 | שנין וסף ומית ואתכנש | לעמיה: | |
| 7330 | | Gn49:33 | דרגשה וסאף ומית ואתכנש | לעמיה: | |
| 7331 | | Ex 7:14M | /דלא למ'#2#/ \ית | עמא/לעמיה#2#/: | |
| 7332 | | Dt33:02 | להבי אשתה ואוריתה יהב | לעמיה: | |
| 7333 | | Nu20:24 | יתכנש אהרן | לעמיה | ארום לא ייעול לארעא די |
| 7334 | | Dt33:03M | כל כדן למחבבה | עמא/לעמיה#2#/ | \בני ישראל /בנוי |
| 7335 | | Gn23:07M | דבני חת /ואודי ושבח | לעמיה | דארעא#2#/: |
| 7336 | | Ex 1:09 | ואמר | לעמיה | הא עמא בני ישראל סגין |
| 7337 | | Gn23:11M | ארעא דבני חת /ואודי | {לעמיה} | לעמא דארעא קדם בנוי |
| 7338 | לעמך | Dt21:08 | כהנייא יימרון כפר | לעמך | ישראל די פרקת ייי ולא |
| 7339 | | Gn49:18 | נפשי דאמרת למיתייה | לעמך | בית ישראל לך לפורקנך |
| 7340 | | Ex15:11 | עלמיא עבד נסין ופלאין | לעמך | בית ישראל: |
| 7341 | לעמקוי | Dt30:13 | חד כיונה נביא די יחות | לעמקוי | דימה רבה ויסק יתה לן |

| | | | |
|---|---|---|---|
| 7342 | לעמרא | Lv13:48 | או בערבה לכתנא או לעמרא או במשך או בכל עב<י>ד{י}ה |
| 7343 | לענבין | Gn40:10 | בשלו סגוליה ואתעבדו לענבין: |
| 7344 | לענה | Gn47:04 | עלנן ארום לית מרעה לענה דילעבדך ארום תקף כפנא לחדא |
| 7345 | לעניכון | Nu32:24 | קריין לטפליכון ודירין לעניכון וית מה דיפוק מפומיכון |
| 7346 | | Ex22:29 | כדון תעבדון לתוריכון לעניכון שבעה יומין יהווה מתרבי |
| 7347 | לעקבי | Gn49:17M | דנכת לסוסיא בעקבי/לעקבי#2# ומן אימתה מסתחר |
| 7348 | לעקר | Lv25:47 | לגיור ותותב עמך או לעקר זרעית גיור: |
| 7349 | לערד | Gn16:12 | והוא יהווי מדמי לערד בבני אנשא ידוהי ישלטון |
| 7350 | לערפלא | Ex20:21 | עמא מן רחיק ומשה קרב לערפלא דתמן שרי איקר שכינתיה |
| 7351 | לפ' | Dt 7:18M | ייי אלהכון \מן פרעה/לפ'#2# ומן מצריי |
| 7352 | | Dt 4:03M | ממריה דייי בפלחי/לפ'#2# טעוותה פעור <...> |
| 7353 | | Dt14:01M | בפולחנה/^בפול>חן#2#^/לפ'#2# נכרייה ולא |
| 7354 | לפולחניכון | Ex 5:04 | איזי«לו» לפולחניכון: |
| 7355 | לפונ' | Nu33:07M | בפונדקי /וחזרו לפונ'#2# חירתה דסמיך לטעותה |
| 7356 | לפונדקי | Ex14:09 | וחיילוותיה סמיך לפונדקי חירתה קדם טעוותה צפון: |
| 7357 | לפורקן | Ex12:42M | דייי בזמן אפקותיהון /לפורקן הוא קדם ייי באפקותא#2#/ |
| 7358 | | Ex12:42 | לילי נטיר ומזומן הוא לפורקן לכל ישראל לדריהון: |
| 7359 | | Ex12:42 | לילי נטיר ומזומן הוא לפורקן לשמה דייי בזמן אפקותיהון |
| 7360 | לפורקנא | Gn49:18 | אמר אבונן יעקב לא לפורקנא דגדעון בר יואש סכיית |
| 7361 | לפורקניה | Gn49:18 | דהוא פורקן שעה ולא לפורקניה דשמשן בר מנוח סכיית |
| 7362 | | Gn49:18 | דהוא פורקן עבור אלא לפורקניה סכיינת נפשי דאמרת |
| 7363 | לפורקנך | Gn49:18M | דפורקנא פורק' דריגעה לפורקנך סכיית ואודיקת רבון כל |
| 7364 | | Gn49:18 | לעמך בית ישראל לך לפורקנך סכיית ייי: |
| 7365 | לפטרון | Gn45:08M | ייי ושוי יתיה לאבא/לפטרון#2# {לא} לפרעה ולרבון |
| 7366 | לפילטן | Gn45:07 | בארעא ולמתקימה לכון לפילטן רברבן: |
| 7367 | לפיסגה | Lv 1:06 | ית עלתה ויפסג יתיה לפיסגה: |
| 7368 | | Lv 9:13 | וית עלתה זמינו לוותה לפיסגה וית רישיה וסדר על גבי |
| 7369 | לפיסגוי | Lv 1:12 | ופיסג יתה לפיסגוי ית רישיה וית גופיה ויסדר |
| 7370 | לפיקודוי | Dt11:13M | תשמעון למצוותה/לפיקודוי#2# דאוריתא די אנה |
| 7371 | | Dt11:27M | די תשמעון למצוותה/לפיקודוי#2# דייי אלהכון די |
| 7372 | | Dt11:28M | אין לא תשמעון למצוותה/לפיקודוי#2# דייי אלהכון |
| 7373 | | Dt28:13M | ארום תשמעון למצוותה/לפיקודוי#2# דייי אלהכון די |
| 7374 | לפיקודי | Ex15:26M | ותציתון למצוות/לפיקודי#2# ותטרון כל קיימוי |
| 7375 | לפירוש | Nu15:03 | ייי עלה או נ{ס}כ<ס>ה לפירוש נדרה או בנסיבה או בזמני |
| 7376 | לפלגות | Dt 3:13 | בית מלכותה דעוג יהבית לפלגות שבטה דמנשה כל תחום |
| 7377 | לפלחי | Gn 3:24 | דאתי טבא היא אוריתא לפלחי בעלמא הדין היך פירי אילן |
| 7378 | | Nu25:05 | גבר אנשי עמיה דאתחברן לפלחי טעוותה דפעור: |
| 7379 | | Dt 3:29 | על חטאינן על די אדבקנן לפלחי טעוותה פעור: |
| 7380 | לפלחייא | Gn 3:24M | חי וקיים מאילן חייא לפלחייא ולנטרי פקודיה |
| 7381 | לפלחן | Ex30:16 | בני ישראל ותתן יתה לפלחן משכן זימנא ויהווי לבני |
| 7382 | | Lv20:02M | פלחנה /<מן> זרעיה לפלחן#2# נכרייה מתקטל יתקטל עמה |
| 7383 | לפלחנה | Lv18:21M | תפסו /ומן זרעך לא תתן לפלחנה נכריין ולא תיפסון ית#2#/ |
| 7384 | לפלטורין | Gn43:18 | ודחלו גבריא לפלטורין ארום אתעלו לפלטורין |
| 7385 | | Gn43:17 | ואעל גברא ית גבריא לפלטורין דיוסף: |
| 7386 | | Gn43:18 | לפלטורין ארום אתעלו לפלטורין דיוסף ואמרין על עיסק |
| 7387 | | Gn43:24 | ואעיל גברא ית גבריא לפלטורין דיוסף ויהב להון מיא |
| 7388 | | Gn44:14 | ואתא יהודה ואחווי לפלטורין דיוסף והוא כען הווה תמן |
| 7389 | | Gn47:14 | ואעל יוסף ית כספא לפלטורין דפרעה: |
| 7390 | | Gn43:26M | ועל יוסף לגו בייתה/לפלטורין#2# ואייתון לה ית |
| 7391 | | Gn43:16 | בייתיה אעיל ית גבריא לפלטורין ונכוס נכסון ואתקן ארום |
| 7392 | | Gn43:26 | ית דורון די בידיהון לפלטורין ושאלון בשלמיה בנימוס |
| 7393 | לפלטין | Gn44:14M | יהודה ואחווי לפלטורין/לפלטין#2# דיוסף והוא כען |
| 7394 | | Gn12:15M | אתתה לפלטירין/לפלטין#2# דפרע': |
| 7395 | | Gn47:14M | יוסף ית כספא לפלטורין/לפלטין#2# דפרעה: |
| 7396 | לפלטירין | Gn12:15 | ואד{כ}<ב>רת אתתה לפלטירין דפרע': |
| 7397 | לפלשתאי | Gn21:32 | וחזרו לארעהון {ל}<^ד#2#^>פלשתאי: |
| 7398 | לפמה | Ex28:32 | ראשה במיצעה שפמה יהווי לפמה מן חזור חזור עבד גרדיי כפם |
| 7399 | | Ex39:23 | במיצעה כפם סירה שפמה לפמה מן חזור חזור ולא יתבזע: |
| 7400 | לפסגוי | Lv 8:20 | וית דכרה פסג לפסגוי וסדר משה ית ראשה וית |
| 7401 | | Ex29:17 | וית דיכרא תפסג לפסג<י>י ותשזג בני גווה ורגלוי |
| 7402 | לפסגין | Gn15:10M | חד פסגה לקבל חבריה /לפסגין ושווי גבר פסגייה לקדמות |
| 7403 | לפר' | Lv21:23M | /לחוד#2# \לגו מן פרכתה/לפר'#2# לא ייעול ועל גבי |
| 7404 | לפרגמטיכון | Dt33:18 | דבית זבולן במיפקכון לפרגמטיכון וחדון דבית יששכר |
| 7405 | לפרוקין | Ex 3:10 | ית עמי בני ישראל לפרוקין מן מצרים: |
| 7406 | לפרוש | Lv22:21M | \לפרש נדר או נסיבה /לפרוש דנדר או לנס'#2# בתורין |
| 7407 | לפריק | Ex15:02 | ייי אמר במימרי והוה לן לפריק אמרין בני ישראל דן הוא |
| 7408 | לפרס | Ex26:07 | ות«ע»בד יריען מעזין לפרס על משכנא חדא עשרה יריען |
| 7409 | לפרסה | Ex26:37 | ותעבד לפרסה חמשא עמודין דשטין ותחפי |
| 7410 | לפרעה | Gn41:08 | חלמוי ולית דפשר יתהון לפרעה: |
| 7411 | | Gn41:25 | ית מה דייי עבד אתני לפרעה: |
| 7412 | | Gn41:28 | ית מה דייי עבד אתני לפרעה: |
| 7413 | | Gn47:20 | עליהון כפנא והוות ארעא לפרעה: |
| 7414 | | Gn47:25 | דרבוני ונהוי עבדין לפרעה: |
| 7415 | | Gn47:26 | בלחודיהון לא הוות לפרעה: |
| 7416 | | Ex 8:08 | על עסק ארדעניא די שווי לפרעה: |
| 7417 | | Ex 8:15 | ואמרין חרשייה לפרעה אצבע דגבורה מן קדם ייי |
| 7418 | | Gn47:20 | ית כל ארעהון דמצראי לפרעה ארום זבנו מצראי גבר חקליה |
| 7419 | | Ex 1:19 | ואמרין חייתה לפרעה ארום לא כנשיה מצרייתה |
| 7420 | | Ex 6:01 | כדון תחמי מה די אעבד לפרעה ארום בידא תקיפא ישלח |
| 7421 | | Dt 6:21 | עבדין משעבדין הוינן לפרעה במצרים ופרק ואפק יתן |
| 7422 | | Ex 8:05 | ואמר משה לפרעה הב לי סימן ואתרחיץ עלי עד |
| 7423 | | Ex 7:01 | דמניית יתך רב ושליט לפרעה ואהרן אחוך יהווי תרגמנך: |
| 7424 | | Ex 7:01M | /הא שוויית יתך לרבון לפרעה#2#/ ואהרן אחוך יהווי |
| 7425 | | Gn46:31 | דאבוי אסוק כען ואתני לפרעה ואמר ליה אחוי |
| 7426 | | Gn47:01 | ואתא יוסף ותני לפרע«ה» ואמר אבא ואחיי ועניהון |
| 7427 | | Gn47:24 | חד {מן חמ} מן חמשה לפרעה וארבעה חלקין יהווי לכון |
| 7428 | | Gn47:19 | ונהווי אנן וארען עבדין לפרעה והב לן זרע ונחי ולא נמות |
| 7429 | | Gn49:22M | תיניינתא דפרעה/דאית לפרעה#2# והוון מקלסין קדמיך יחי |
| 7430 | | Dt29:01 | בארעא דמצרים לפרעה ולכל שולטנוי ולכל ארעיה: |
| 7431 | | Dt34:11 | למיעבד בארעא דמצרים לפרעה ולכל עבדוי ולכל ארעיה: |
| 7432 | | Ex18:08 | ית כל מה דעבד ייי לפרעה ולמצריי על עסק ישראל ית |
| 7433 | | Gn45:08 | ושוי יתיה לאבא {לא} לפרעה ולרבון לכל אנשי בייתי' |
| 7434 | | Ex 3:10 | וכדון אתא ואשלח יתך לפרעה ותפק ית עמי בני ישראל |
| 7435 | | Gn41:25 | ואמר יוסף לפרעה חלמא דפרע«ה» חד הוא ית |
| 7436 | | Ex10:29M | ואמר משה ליה/לפרעה#2# יאות וקושטא |
| 7437 | | Ex10:29 | דפרעה ישרי: ואמר משה לפרעה יאות מן קוש«טא» מללת לא |
| 7438 | | Gn47:09 | ואמר יעקב לפרעה יומי שני תותבותי מאה |
| 7439 | | Ex 1:11 | ובנון קרין תלילן לפרעה ית טנס וית פילוסין: |
| 7440 | | Ex 4:22 | ותימר לפרעה כדן אמר ייי ברי בוכרי |
| 7441 | | Ex 5:01 | עלו משה ואהרן ואמרין לפרעה כדן אמר ייי אלהה דישראל |
| 7442 | | Gn47:26 | הדין על ארעהון דמצראי לפרעה לחד מן חמשה להוד ארעהון |
| 7443 | | Gn47:04 | ואמרין {אל} לפרעה למתותבה בארעא עלנן ארום |
| 7444 | | Dt11:03 | די עבד בגו מצרים לפרעה מלכא דמצרים ולכל |
| 7445 | | Ex10:29 | ומחתה הדא עשירייה הי לפרעה מן בכוריה דפרעה ישרי: |
| 7446 | | Gn47:03 | מן עבידתכון ואמרין לפרעה רען ען אנון עבדך להוד |
| 7447 | | Gn47:23 | יומא הדין וית ארעא לפרעה שיבו לכון זרע ותזרעון ית |
| 7448 | | Gn41:32 | ועל דאתני חלמא לפרעה תרתין זמנין ארום אזדמן |
| 7449 | לפרקנה | Gn49:18M | \לך לפורקנך /ליה לפרקנה#2# סכיית ייי: |

|  |  |  | | | |
|---|---|---|---|---|---|
| 7450 | לפתגמ׳ | Ex 9:21M | /ובלעם דלא שוי לביה | לפתגמ׳ | דייי#2#/ ושבק ית עבדוי |
| 7451 | לפתגמא | Gn19:21 | הא נסבית לך אפין אף | לפתגמא | הדין דלא מיפך ית קרתא די |
| 7452 | לפתגמוי | Ex 9:21 | ומן די לא שוי לבא | לפתגמוי | דייי ושבק ית עבדוי וית |
| 7453 | לפתגמייא | Dt13:04M | דנבייא שקרא ההוא | /לפתגמייא | דנבייא ההו׳#2#/ או |
| 7454 | לצ׳ | Ex34:25M | קדשיי ולא יבית | בצפרא/לצ׳#2#/ | נכסת חגא דפסחא: |
| 7455 | לצדו | Dt28:37 | ותיהוי | לצדו | למתלין ולתנויין בכל אומייה |
| 7456 | לצדיקיא | Gn 3:24 | לרשיעיא אתקן גנת עדן | לצדיקיא | דייכלון ויתפרנקון מן פרי |
| 7457 | | Gn 4:08 | אוחרן ואית מתן אגר טב | לצדיקיא | ואית מתפרעה מן רשעי׳ |
| 7458 | | Gn 3:24 | אוריתא אתקן גנת עדן | לצדיקיא | וגהינם לרשיעיא אתקן גנת |
| 7459 | | Gn 4:08 | חורן לית מתן אגר טב | לצדיקיא | ולית מתפרעה מן רשיעיא |
| 7460 | לציציין | Nu15:39M | למצנפן /והווי לכון | לציציין#2#/ | ותחמון יתיה |
| 7461 | לצלוי׳ | Ex20:24M | אתר דאת קאים | לצלוי׳ | בשמי קדיש׳ מימרי׳ אתגלי |
| 7462 | לצפונא | Ex40:22 | זימנא על שפולוי דמשכנא | לצפונא | לבר מן פרוכתה: |
| 7463 | לצפונה | Gn13:09 | אן את לדרומה ואנה | לצפונה: | |
| 7464 | | Dt 2:03 | טורא הדין כווינו לכון | לצפונה: | |
| 7465 | | Gn13:09 | אתפר׳ כען מעלוי אן את | <לצפונה> | אנא לדרומה אן את לדרומה |
| 7466 | | Gn13:14 | וחמי מן אתרא דאת תמן | לצפונה | ולדרומה ומדנחה ומערבה: |
| 7467 | לצפרא | Ex 8:16 | ואמר ייי למשה אקדם | לצפרא | ואתעתד קדם פרעה הא הוא |
| 7468 | | Ex34:02 | ותהוי מזמן | לצפרא | ותסק בצפרא לטורא דסיני |
| 7469 | לק׳ | Dt20:19M | ארום תקפון \על | קריה/לק׳#2#/ | יומין סגין למסדרה |
| 7470 | | Dt13:19M | ארום תשמעון | בקל/לק׳#2#/ | ממרה דייי אלהכון |
| 7471 | | Nu20:06M | ואהרן \מן קדם | קהלה/לק׳#2#/ | בתרע/לתר׳#2#/ משכן |
| 7472 | לקדוש | Ex30:18 | דנחש ובסיס דידה דנחש | לקדוש | ותשווי יתיה בין משכן זמנא |
| 7473 | לקדשיה | Lv22:03 | די יקרוב מן כל בניכון | לקדשיה | די יקדישון בני ישראל |
| 7474 | לקהל | Gn48:04 | יתך ומסגי יתך ותהווי | לקהל | כנישת אומין צדיקין ואתן ית |
| 7475 | | Gn28:03 | יתך ויסגי יתך ותהוי | לקהל | כנישתא אומין צדיקין: |
| 7476 | | Gn17:04 | אנה הא קיימי עמך ותהוי | לקהל | כנשת אומין צדי«קין»: |
| 7477 | | Gn17:05 | ויהוי שמך אברהם ארום | לקהל | כנשת אומין צדיקין שוית |
| 7478 | | Dt33:10 | יעקב וגזירת אוריתך | לקהל | שבטיה דבני ישראל משוין |
| 7479 | | Dt33:04 | יהב יתה ירתו ואחסנה | לקהל | שבטייה דבית יעקב: |
| 7480 | לקודש׳ | Lv16:03M | אהרן ביומא דכיפורי | לקודש׳ | |
| 7481 | לקורי | Nu35:25 | ויחזרון יתה עם כנישתה | לקורי | שזבותה די ערק תמן וישרי |
| 7482 | | Nu35:32 | ולא תקבלון ממון למערקה | לקורי | שיזבותה למחזור למשרי |
| 7483 | לקורייכון | Lv26:25M | ותתכ«נ»שון | לקרויכון/לקורייכון#2#/ | ואגרי מותנה בכון |
| 7484 | לקורייתה | Nu35:02M | חזור חזור /ופרוילי | לקורייתה | דח׳#2#/ יתהון/להון#2#/ |
| 7485 | לקטוליה | Dt 5:17M | \עם | קטולין/^לקטוליה#2#^/קטולייה#2#/ | ולא יתחמי |
| 7486 | לקטורת | Nu 7:26M | מפטמין ודכיין | לקטרתה/לקטורת | בוס׳#2#/: |
| 7487 | | Nu 7:44M | מפטמין ודכיין | לקטרתה/לקטורת | בוס׳#2#/: |
| 7488 | | Nu 7:14M | מפטמין ודכיין | לקטרתה/לקטורת | בוסמנייה#2#/: |
| 7489 | | Nu 7:20M | מפטמין ודכיין | לקטרתה/לקטורת | בוסמנייה#2#/: |
| 7490 | | Nu 7:38M | מפטמין ודכיין | לקטרתה/לקטורת | בוסמנייה#2#/: |
| 7491 | | Nu 7:68M | מפטמין ודכיין | לקטרתה/לקטורת | בוסמנייה#2#/: |
| 7492 | | Nu 7:74M | מפטמין ודכיין | לקטרתה/לקטורת | בוסמנייה#2#/: |
| 7493 | | Ex40:05M | ית מדבחא דדהבא | לקטרה/לקטורת#2#/ | קדם ארונה דסהדותה |
| 7494 | לקטילה | Dt21:02 | די מן חזור חזור | לקטילה: | |
| 7495 | | Dt21:03 | ותהווי קרתה די קריבה | לק«ט»ילה | ויסבון חכימי קרתה ההיא |
| 7496 | | Dt21:06 | קרתה ההיא דקריבין | לקטילה | יסחון ית ידיהון על עגלתה |
| 7497 | לקטלותהון | Ex32:12 | אפק {ו}<י>תהון | לקטלותהון | בטווריה ולמשיצא יתהון |
| 7498 | לקטרה | Ex40:05 | ותתן ית מדבחא דדהבא | לקטרה | קדם ארונה דסהדותה ותשווי |
| 7499 | לקטרתה | Nu 7:14 | בטבין מפטמין ודכיין | לקטרתה: | |
| 7500 | | Nu 7:20 | טבין מפטמין ודכיין | לקטרתה: | |
| 7501 | | Nu 7:26 | טבין מפטמין ודכיין | לקטרתה: | |
| 7502 | | Nu 7:32 | טבין מפטמין ודכיין | לקטרתה: | |
| 7503 | | Nu 7:38 | טבין מפטמין ודכיין | לקטרתה: | |
| 7504 | | Nu 7:44 | טבין מפטמין ודכיין | לקטרתה: | |
| 7505 | | Nu 7:50 | טבין מפטמין ודכיין | לקטרתה: | |
| 7506 | | Nu 7:56 | טבין מפטמין ודכיין | לקטרתה: | |
| 7507 | | Nu 7:62 | טבין מפטמין ודכיין | לקטרתה: | |
| 7508 | | Nu 7:62 | טבין מפטמין ודכיין | לקטרתה: | |
| 7509 | | Nu 7:68 | טבין מפטמין ודכיין | לקטרתה: | |
| 7510 | | Nu 7:74 | טבין מפטמין ודכיין | לקטרתה: | |
| 7511 | | Nu 7:80 | טבין מפטמין ודכיין | לקטרתה: | |
| 7512 | לקידוש | Ex40:30 | מדבחה ויהב תמן מיין | לקידוש: | |
| 7513 | | Ex31:11 | דרבותא וית קטרת בסמניה | לקידוש | כל מה די פקדית יתך |
| 7514 | לקיום | Nu30:14 | כל נדר וכל שבועה | לקיום | דצער נפש בעלה יקיים יתהון |
| 7515 | לקיטונא | Gn43:30 | אחוי ובעא למבכי ועל | לקיטונא | ובכא תמן: |
| 7516 | לקיים | Lv 7:34M | כהנא ולבנוי \קיים עלם | /לקיים | דע׳#2#/ מן לוות בני |
| 7517 | | Ex29:09M | לקיים עלם /שימוש | לקיים | דעלם#2#/ ותשלם קרבן ידוי |
| 7518 | | Nu27:11 | ותיהווי לבני ישראל | לקיים | דרין היך מה די פקד ייי ית |
| 7519 | | Nu35:29 | ויהוון אילין לכון | לקיים | דרין לדריכון בכל אתר |
| 7520 | | Ex12:24 | ותיטרון ית פתגמא הדין | לקיים | לכון ולבניכון עד לעלם: |
| 7521 | | Gn47:26M | ושוי יתה יוסף | לסימן/לקיים#2#/ | עד יומא הדין על |
| 7522 | | Nu19:10 | דמתגיירין ביניכון | לקיים | עולם: |
| 7523 | | Gn17:07 | בניך מן בתרך לדריהון | לקיים | עלם למהווי במימרי לך לאלה |
| 7524 | | Gn17:13 | ויהוי קיימי בבשרכון | לקיים | עלם: |
| 7525 | | Gn17:19 | ואקים ית קיימי עמה | לקיים | עלם ולבנוהי מן בתרה: |
| 7526 | | Ex12:17 | ית יומא הדין לדריכון | לקיים | עלם: |
| 7527 | | Ex29:09 | להון <....> כהונתה | לקיים | עלם ותשלם קרבן ידוי |
| 7528 | | Ex29:28 | ויהוי לאהרן ולבנוי | לקיים | עלם מן לוות בני ישראל |
| 7529 | | Ex30:21 | ולא ימותון ותהוי להון | לקיים | עלם להון ולזרעיי«ת» |
| 7530 | | Ex31:16 | ית יום שבתא לדריהון | לקיים | עלם: |
| 7531 | | Lv10:15 | ויהוי לך ולבניך עמך | לקיים | עלם היך מה דפקד ייי: |
| 7532 | | Lv16:29 | ותהי לכון | לקיים | עלם בירחה שביעיה בעשרה |
| 7533 | | Lv24:09 | הוא לה מן קרבנוי דייי | לקיים | עלם: |
| 7534 | | Nu18:08 | לך יהבית לרבו ולבנך | לקיים | עלם: |
| 7535 | | Nu18:11 | יהבית ולבנך ולבנתך עמך | לקיים | עלם כל דדכי באינשי ביתך |
| 7536 | | Nu18:19 | לך ולבניך ולבנתך עמך | לקיים | עלם קיים מלח עלם הוא קדם |
| 7537 | | Nu19:21 | ותיהוי להון | לקיים | עלם ומן דמדי מי אדיה |
| 7538 | לקיימה | Gn19:19M | די עבדת עמי | למקימה/לקיימה#2#/ | ית נפשי ואנא לית |
| 7539 | לקיימיה | Dt 4:01 | וכדון ישראל שמעו | לקיימיה | ולסדר דינ{נ}<י>יה די אנה |
| 7540 | לקים | Lv16:34 | ותיהוי דא לכון | לקים | עלם למכפר׳ על בני ישראל |
| 7541 | | Nu10:08 | בחצוצרת׳ ויהויין לכון | לקים | עלם לדריכון: |
| 7542 | לקל | Ex 3:18M | וישמעון \לקלך ותיתי את | /לקל | מיליך ותיעול את#2#/ |
| 7543 | | Dt 9:23M | קדישה ולא שמעתון | בקל/לקל#2#/ | מימרה: |
| 7544 | | Ex18:24M | ושמע משה | לקלה/לקל | מלוי#2#/ דחמוי ועבד כל |
| 7545 | | Ex 4:08 | לקל נסיה קדמיה ויהימנון | לקל | נסה אחריה: |
| 7546 | | Ex 4:08 | יהימנון לך ולא ישמעון | לקל | נסיה קדמיה ויהימנון לקל |
| 7547 | | Gn17:20 | ולישמעאל שמעית | לקל | צלותך הא ברכת יתה ותוקפת |
| 7548 | לקלה | Gn16:02 | אנה על ידה ושמע אברם | לקלה | דשרי: |
| 7549 | | Gn 3:17 | ולאדם אמר ארום שמעת | לקלה | דאתתך ואכלת מן אילנ׳ די |
| 7550 | | Ex18:24 | ושמע משה | לקלה | דחמוי ועבד כל מה דאמר: |
| 7551 | לקלהון | Nu16:34 | די חזור חזור להון ערקו | לקלהון | ארום אמרו דלא תבלע יתהון |
| 7552 | לקלך | Ex 3:18 | וישמעון | לקלך | ותיתי את וחכימיה דישראל |
| 7553 | | Ex 4:09 | נסייא האליין ולא ישמעון | לקלך | ות{ת}<ס>ב מן מוי דנהרא |
| 7554 | לקנין | Gn23:18 | לאברהם | לקנין | לקבל בנוי דחת לכל עללי |
| 7555 | לקנקילה | Ex38:05 | עזקין בארבעתי זויתה | לקנקילה | דנחשה אתרין לאריחיה: |
| 7556 | לקרבא | Gn49:17 | ודחלתו על שנאוי נפק | לקרבא | לקבל שנאוי ומקטל מלכין עם |
| 7557 | | Gn49:11 | יהודה אסר חרציה ונפק | לקרבא | על שנאוי ומקטל מלכין עם |

|  |  |  |  |  |  |
|---|---|---|---|---|---|
| 7558 | | Gn50:01M | תריסר שבטין מיני׳ | לקרבא | קרבנ׳ ומני׳ קמו ליואי |
| 7559 | לקרבה | Lv17:09 | זימנה לא ייתי יתיה | לקרבה | יתיה קדם ייי וישתיצי גברא |
| 7560 | | Dt33:17 | כל אומייה דארעא נפקין | לקרבה | לקבל בעלי דבביהון ולקבל |
| 7561 | לקרבן | Lv 4:33M | יתה/ית חטאתה#2#/ | לחטאתה/לקרבן | דחטאתה#2#/ באתרה די |
| 7562 | לקרויכון | Lv26:25 | קיימיי ותתכ«נ»שון | לקרויכון | ואגרי מותנה בכון |
| 7563 | לקרוין | Nu35:02 | קוריין למישרי ופרוירין | לקרוין | די חזור חזור יתהון תתנון |
| 7564 | לקרי | Gn47:21M | עמא טלטל יתהון מן קרי | לקרי | מן בגלל דלא יהוון קריין |
| 7565 | לקריב | Lv21:02 | ארום אלהן | לקריב | בשרי׳ דקריב לוותיה לאמיה |
| 7566 | לקריבות | Lv21:02M | בשרי׳ דקריב /אלא הן | לקריבות | בשריה דקר{ו}<י>ב#2#/ |
| 7567 | | Nu27:11 | ותתנון ית אחסנתיה | לקריבות | בשריה דקריב לוותיה מן |
| 7568 | לקריה | Gn47:21 | וטלטל יתהון מן קרייה | לקריה | ומן סיפא תחומיהון דמיצראי |
| 7569 | | Dt20:10 | ארום תקרבון | לקריה | למסדרה לקובלה סדרי קרבה |
| 7570 | לקרייה | Nu32:33 | מלכא דמותנין ארעא | לקרייה | בתחומה קרייה דארעא |
| 7571 | לקרייתה | Dt21:02 | ודייניכון וימשחון | לקרייתה | די מן חזור חזור לקטילה: |
| 7572 | לקרן | Nu34:15 | נהרא פרת נפק להון תחומא | לקרן | זווי דברתיה וכל טרכון |
| 7573 | לקרתא | Gn44:13 | גבר על חמריה וחזרו | לקרתא: | |
| 7574 | | Gn24:10 | וקם ואזל לארעא נהרים | לקרתא | דנחור: |
| 7575 | | Nu22:36M | "לארעהון ... בסייפי": | לקרתא | דמואב דאית כל וקביל |
| 7576 | | Gn34:25 | דינה גבר חרביה ועלו | לקרתא | לרוחצן וקטלו כל דכוריא: |
| 7577 | לקרתה | Gn18:26M | /הא אנה שרי ושבק | לקרתה | בזכוותהון#2#/: |
| 7578 | | Nu22:39M | היא מרישה /ואתון | לקרתה | דבתרין שוקה היא |
| 7579 | | Nu35:32M | דממון למערוק | לקרתה | דשזבה#2#/ למחזור למשרי |
| 7580 | | Nu35:25M | דכ׳#2#/ \לקורי שזבותה | /לקרתה | דשיזבו#2#/ די ערק תמן |
| 7581 | | Gn18:24M | ושבק \לחובין | דאתרא/לקרתה#2#/ | מן בגלל חמישיתי |
| 7582 | לקשיותהון | Dt 9:27 | וליעקב לא תסתכל | לקשיותהון | דעמא האיליין ולא |
| 7583 | לקשיותיה | Dt 9:27M | תסתכל | לקשיותהון/^בק#2#^/<לקשיו>תיה#2#/ | דעמא |
| 7584 | לר׳ | Lv22:29M | נכיסת הודייה קודם ייי | לר׳ | |
| 7585 | לראשי | Dt32:33 | שתיין ורוגזיהון מדמי | לראשי | חווייה פתמנייה כזוראי: |
| 7586 | | Dt 2:06 | דבירה דמיא סלקא עמכון | לראשי | טווריה ולחל{ת}תה עמיקתה: |
| 7587 | | Nu21:20M | למהוי סלקה עמהון | לראשי | טוורייה ונחתה עמהון |
| 7588 | | Nu21:19M | /<סל>קת#2#/ עמהון | לריש/לראשי#2#/ | טוריה ונחתה עמהון |
| 7589 | | Nu21:19M | עמהון {לא} | לראשי | טורייה ונחתה עמהון |
| 7590 | | Nu21:20 | ומן דהוות סלקה עמהון | לראשי | טורייה רמתה ונחת עמהון |
| 7591 | לראשך | Gn 3:15 | מתכוונין לך ומחיי׳ יתך | לראשך | וקטלין יתך וכד יהוון |
| 7592 | לרב | Gn41:12 | ותמן עמן טלי עברי עבד | לרב | אספקלטורייה ותנינן לה ופתר |
| 7593 | | Nu17:21 | ליה כל רברבניהון חטר | לרב | חד חטר לרב חד לבית אבהתהון |
| 7594 | | Nu17:21 | חטר לרב חד חטר | לרב | חד לבית אבהתהון תרין עשר |
| 7595 | | Nu17:21M | \חטר לרב חד /חוטר | לרב | שבט חד#2#/ חטר לרב חד |
| 7596 | | Nu17:21M | "חטר לרב חד": חוטר | לרב | שבט חד |
| 7597 | לרבו | Nu18:08 | דבני ישראל לך יהבית | לרבו | ולבנך לקיים עלם: |
| 7598 | לרבון | Dt32:04 | אמר משה נבייא אנה חמית | לרבון | כל עלמייה ייי מפלג יומא |
| 7599 | | Ex 7:01M | לפרעה /הא שוויית יתך | לרבון | לפרעה#2#/ ואהרן אחוך |
| 7600 | לרבוני | Gn47:18 | שלם כספא וענה ובעירא | לרבוני | ולא נשאר מן רבוני אלהן |
| 7601 | | Gn32:05 | למימר כדן תאמרון | לרבוני | לעשו כדן אמר עבדך יעקב |
| 7602 | | Gn44:16 | ואמר יהודה מה נאמר | לרבוני | מה נמליל ומה נזדכי מן קדם |
| 7603 | לרבוניהון | Gn40:01 | דמצרים ורב נחתומייא | לרבוניהון | למלכא דמצרים: {{ורב |
| 7604 | לרבונן | Gn44:16M | יהודה מה נאמר | לרבוני/לרבונן#2#/ | מה נמליל ומה נזדכי |
| 7605 | לרבותה | Ex35:08M | בוסמנין משח | לרבותה | |
| 7606 | לרביה | Gn18:07 | בר תורין רכיך וטב ויהב | לרביה | ואוחי למעבד יתיה: |
| 7607 | | Lv22:27 | בת תורין שמין וטב ויהב | לרביה | ואוחי למעבד יתיה ופטירין |
| 7608 | לרבייה | Lv22:27M | רכיך וטב ויהב יתה | לרבייה | ואוחי רבייה למעבד יתיה |
| 7609 | לרביעות | Nu29:31 | על גבי מדבחה דכרן טב | לרביעות | מטרה וניסוכה וניסוך מיא: |
| 7610 | לרביתה | Dt22:20 | הדין לא אשתכחו סהדוון | לרביתה: | |
| 7611 | | Gn24:57 | ואמרו נקרי | לרביתה | ונשאל ית פמה: |
| 7612 | | Dt22:26 | כל מן דעם ביש לית | לרביתה | סדר דין דקטולין ארום |
| 7613 | לרברבנוי | Nu22:13 | וקם בלעם בצפרא ואמר | לרברבנוי | דבלק איזילו לארעכון |
| 7614 | לרברבניהון | Gn36:21 | בארעהון דאדומיי» | לרברבניהון | בארעא דגבלא: |
| 7615 | לרברבנתא | Gn29:26 | זעירתא קדמיי | לרב{בר}<רב>נתא: | |
| 7616 | לרגלוי | Ex 4:25 | ית ערלתא דברא וקרבת | לרגלוי | דמחבלה ואמרת ארום חתנא |
| 7617 | לרוחצה | Dt12:10M | ותשרון | לרוחצן/לרוחצה#2#/: | |
| 7618 | | Gn34:25M | ועלו לקרתא | לרוחצן/לרוחצה#2#/ | וקטלו כל דכוריא: |
| 7619 | לרוחצן | Dt12:10 | מן חזור חזור ותשרון | לרוחצן: | |
| 7620 | | Lv26:05 | לחמכון ותשבעון ותשרון | לרוחצן | בארעכון: |
| 7621 | | Gn34:25 | גבר חרביה ועלו לקרתא | לרוחצן | וקטלו כל דכוריא: |
| 7622 | | Dt33:28 | ושרון ישראל | לרוחצן | לבלחודיהון מעין ברכתה |
| 7623 | | Lv25:19 | ותאכלון ותשבעון ותשרון | לרוחצן | עלה: |
| 7624 | לרומה | Gn49:22 | {ס}<כ>יפי ועוברתא שלחת | לרומה | וכבשת כל אילנייא כן כבשת |
| 7625 | לרחמוי | Dt 7:09M | קיים וחסד | לרחמוי | ולנטרי פיקודוי |
| 7626 | | Ex20:06 | חסד וטיבו לאלפין דדרין | לרחמוי | צדיקיא ולנטורי פיקודיא: |
| 7627 | | Dt 5:10M | ד{ר}<ד>רין | לרחמיי/לרחמוי#2#/ | צדיקיה ולנטרי |
| 7628 | | Dt 7:09 | היימנה נטר קיימה וחסדה | לרחמוי | צדיקייה ולנטרי מצוותה |
| 7629 | לרחמיי | Dt 5:10 | וטבו לאלפין ד{ר}<ד>רין | לרחמיי | צדיקיה ולנטרי מצוותה |
| 7630 | לרחמכון | Lv19:18M | עם בני עמכון ותרחמון | לרחמכון | דכוותכון כדין אמר ייי |
| 7631 | לרחצה | Lv25:18M | ותשרון \על ארעא לרחצן | /לרחצה | על ארעא#2#/: |
| 7632 | לרחצן | Lv25:18 | יתהון ותשרון על ארעא | לרחצן: | |
| 7633 | | Dt33:12 | ואמר רחימה דייי ישרי | לרחצן | עלוי יהווי מגן עלוי כל |
| 7634 | לריבון | Gn45:09 | ברך יוסף שוי יתי ייי | לריבון | לכל מצראי חות לוותי ולא |
| 7635 | לריבונה | Dt23:16M | לא תמסור עבדה | למריה/לריבונה#2#/ | די ישתיזב לוותך |
| 7636 | | Ex21:04 | בנן אתתא ובניה תהוי | לריבונה | והוא יפוק לבלחודוי: |
| 7637 | לריבוני | Gn21:07M | הווה בישריה די בשר | לריבוני | אברהם מן שרוייה ואמ׳ |
| 7638 | | Gn44:20 | ואמרנן | לריבוני | אית לן אבונן סב וטלי בר |
| 7639 | | Gn44:33 | עבדך תחות טליא עבד | לריבוני | וטליא יסק עם אחוי: |
| 7640 | | Gn32:19 | דורון היא ואשלחת | לריבוני | לעשו והא אף מן בתרן: |
| 7641 | | Gn44:22 | ואמרנן | לריבוני | לא יכל טליא למשבק{ת}<ה> |
| 7642 | | Gn44:16 | דעבדך הא אנן עבדין | לריבוני | לחוד אנן לחוד מן דאשתכח |
| 7643 | | Gn32:06 | ואמהן ושלחת למתנייה | לריבוני | למשכחה חן וחסד באפיך: |
| 7644 | | Gn44:09 | יתקטל ואף אנן נהוי | לריבוני | לעבדין: |
| 7645 | | Gn24:39 | ואמרת | לריבוני | מה דלמא דלא תיתי אתתא |
| 7646 | | Gn24:36 | שרה אתתיה דריבוני בר | לריבוני | מן בתר דיסאב ויהב לה ית |
| 7647 | לריבוניה | Ex21:32 | תלתי«ן» סלעין יתן | לריבוניה | ותורא יתרגם: |
| 7648 | לריבונן | Gn44:09M | אנן נהוי | לריבוני/לריבונן#2#/ | לעבדין: |
| 7649 | לרידוותא | Ex14:25M | לגלגלי חזרן גלגלי | לרידוותא | למיהון נגדן למולוותא׳ |
| 7650 | לריח | Ex29:18 | מדבחא עלה הוא לשמה דייי | לריח | דרעוא קרבן קדם ייי הוא: |
| 7651 | | Ex29:25 | על גבי מדבחה על עלתה | לריח | דרעוא קדם ייי קרבן הוא קדם |
| 7652 | | Lv 1:09 | מדבחא עלה קרבן דמתקבל | לריח | דרעוא קדם ייי: |
| 7653 | | Lv 1:13 | עלה הוא קרבן מתק«ב»ל | לריח | דרעוא קדם ייי: |
| 7654 | | Ex29:41 | וכנסכה תקרבון יתיה | לריח | דרעוה קרבן קדם ייי יתקבל: |
| 7655 | | Lv 1:17 | אשתה עלה הוא קרבן מתקבל | לריח | דרעוה קדם ייי: |
| 7656 | | Lv 2:02 | על גבי מדבחה קרבן מתקבל | לריח | דרעוה קדם ייי: |
| 7657 | | Lv 2:12 | מדבחה לא יתקבלון | לריח | דרעוה: |
| 7658 | | Lv 3:05 | די על אשתה קרבן מתקבל | לריח | דרעוה קדם ייי: |
| 7659 | | Lv 3:16 | על גבי מדבחה לחם קרבן | לריח | דרעוה כל תרבה לשמה דייי: |
| 7660 | | Lv 4:31 | ויסדר כהנא על גבי מדבחה | לריח | דרעוה לשמ׳ דייי ויכפר עלוי |
| 7661 | | Lv 6:14 | מנחה דקצוין תקריב | לריח | דרעוה קדם ייי: |
| 7662 | | Lv 6:14M | מנחת רסוקין תקרבון | לריח | דרעוה לשמה דייי |
| 7663 | | Lv 8:21 | על גבי מדבחה עלה הוא | לריח | דרעוה קרבן הוא היך מה פקד |
| 7664 | | Lv 8:28M | /אשלמוון הני{ף}<ן> | לריח | דרעוה קרבן הוא קדם ייי |
| 7665 | | Lv17:06 | משכן זמנא ויסדר תרבה | לריח | דרעוה לשמה דייי: |

|  |  |  |  |
|---|---|---|---|
| 7666 | | Lv23:13 | פילה במשח קרבן מתקבל לריח דרעוה לשמה דייי ונסוכוי |
| 7667 | | Lv23:18 | ונסכהון קרבן דמתקבל לריח דרעוה קדם ייי: |
| 7668 | | Nu15:03 | בזמני מועדיכון למקרבה לריח דרעוה קדם ייי מן תוריה או |
| 7669 | | Nu15:07 | תלתות הינה תקרבון לריח דרעוה קדם ייי: |
| 7670 | | Nu15:10 | פלגות הינה קרבן מתקבל לריח דרעוה קדם ייי: |
| 7671 | | Nu15:13 | אלין למקרבה קרבן מתקבל לריח דרעוה קדם ייי: |
| 7672 | | Nu18:17 | תרביהון תסדר קרבן מתקבל לריח דרעוה לשמה דייי: |
| 7673 | | Nu28:02 | והיא מתקבל מנכון קדמי לריח דרעוה עמי בני ישראל הוון |
| 7674 | | Nu28:08 | תקרבון יתיה קרבן מתקבל לריח דרעוה קדם ייי: |
| 7675 | | Nu28:08M | לריח דרעוה קדם ייי /לריח דרעוה קרבן מתקבל לשמה |
| 7676 | | Nu28:24M | לחם קרבן מתקבל ברעוה/לריח דרעוה#2/ קדם ייי סמיך |
| 7677 | | Nu28:27 | ותקרבון עלה לריח דרעוה קדם ייי תורין בני |
| 7678 | | Nu29:02 | ותקרבון עלה לריח דרעוה קדם ייי תור בר תורין |
| 7679 | | Nu29:06 | ונסוכיהון כסדר דיניהון לריח דרעוה קדם ייי מתקבל: |
| 7680 | | Nu29:06M | ייי מתקבל /קרבן מתקבל לריח דרעוה לשמה דייי#2/: |
| 7681 | | Nu29:08 | ותקרבון עלה קדם ייי לריח דרעוה תור בר תורין חד דכר |
| 7682 | | Nu29:13 | ותקרבון עלה קרבן מתקבל לריח דרעוה קדם ייי תורין בני |
| 7683 | | Nu29:36 | ותקרבון עלה קרבן מתקבל לריח דרעוה קדם ייי תור חד דכר |
| 7684 | | Nu28:06 | דאתקרבת על טורא דסיני לריח דרעווה קרבן קדם ייי מתקבל: |
| 7685 | | Nu15:24 | תור בר תורין חד לעלה לריח {ניחו} דרעוה לשמה דייי |
| 7686 | | Lv 2:09 | מדבחה קרבן מתקבל ברעוה לריח קדם ייי: |
| 7687 | לריחוק | Nu11:20 | מנחיריכון ויהוי לכון לריחוק חלף די סרבתון על פם גזרת |
| 7688 | | Dt28:25 | מן קדמיהון ותהוון לריחוק לכל מלכוותה דארעא: |
| 7689 | לריש' | Nu17:18 | חוטרה דלוי ארום חטר לריש בית אבהתהון: |
| 7690 | | Nu14:40 | ואקדימו בצפרה וסליקו לריש טורא למימר הא אנן וניסוק |
| 7691 | | Nu14:44 | וכמנו למסוק לריש טורא וארון קיימא דייי |
| 7692 | | Nu21:19 | חזרת למהווי סלקה עמהון לריש טוריה ונחתה עמהון לחלתה |
| 7693 | | Ex17:10 | ואהרן וחור סליקו לריש רמתא: |
| 7694 | | Dt 3:27 | סוק לריש רמתה וסול עיינך למערבה |
| 7695 | לרישיה | Gn50:01 | נבני לאבונן ארזא רמא לרישיה מטי עד צית שמיא ושרשוי |
| 7696 | לרישעתיהן | Dt 9:27M | ולא לחוביהון/^בח#2/^לרישעתיהן#2/ ולא |
| 7697 | לרעוא | Ex28:38 | על בית אפוי בתדירא לרעוא עליהון קדם ייי: |
| 7698 | לרעוה | Lv22:20 | כל מה דאית ביה מום לא לרעוה יהווי לכון: |
| 7699 | | Lv 1:03 | שלם מן מום יקרב יתיה לרעוה עלוי קדם ייי: |
| 7700 | | Lv19:05 | נכסת קדשין לשמה דייי לרעוה עליכון תיכסון יתיה: |
| 7701 | | Lv22:29 | נכסת אודיה לשמה דייי לרעוה עליכון תכסון יתיה: |
| 7702 | | Lv23:11 | ויניף ית עומרא קדם ייי לרעוה עליכון מן בתר יומא טבה |
| 7703 | לרעווה | Lv22:21M | שלמין מן מום יהוון לרעווה#2/ כל <מומה> לא יהווי |
| 7704 | | Lv22:19 | לרעוה עליכון דכר שלם מן «מום» |
| 7705 | לרפוס | Gn49:11 | מעגעגין בדמא מדמי לרפוס ענבים: |
| 7706 | לרקיע | Gn 1:07M | ובין מיא די מלעיל לרקיעא/לרקיע שמיא#2/ והוה כן |
| 7707 | לרקיעא | Gn 1:07 | ובין מיא די מלעיל לרקיעא והוה כן כמימריה: |
| 7708 | | Gn 1:08 | וקרא ממרא דייי לרקיעא שמיא והוה רמש והוה צפר |
| 7709 | לרשיע' | Dt32:03 | לרשיעיה ווי להון לר{{שיע'}} דמדכרין שמה קדישה |
| 7710 | לרשיעיא | Gn 3:24 | עדן לצדיקיא וגהינם לרשיעיא אתקן גנת עדן לצדיקיא |
| 7711 | | Gn 3:24 | פקודיה אתקן גהינם לרשיעיא דהיא מדמיה לחרב שנונה |
| 7712 | | Gn 3:24 | דנור וגומרין מבערן לרשיעיא למתפרעה מנהון לעלמא דאתי |
| 7713 | | Gn15:17M | באתונה דמעתדא לרשיעיא לעלמא דאתי על די לא |
| 7714 | לרשיעיה | Dt32:03 | אמר משה נבייה לרשיעיה ווי להון לר{{שיע'}} |
| 7715 | | Dt32:34 | ממזג ומתקן ומעתד לרשיעיה חתום באוצרי ליום דינה |
| 7716 | לש' | Ex 4:18M | יתרו למשה אזל בשלם/לש'#2/: |
| 7717 | | Lv13:49M | בלבושה או במשכה או לש'#2/ או בעור«בא» או בכל מן |
| 7718 | | Nu 1:41M | סכומיהון דשבטה/לש'#2/ דבנוי דאשר ארבעין |
| 7719 | | Nu34:19M | שמהת גברייה \מן שבטה/לש'#2/ דבנוי דיהודה כלב בר |
| 7720 | | Nu34:23M | ולבנוי דיוסף \מן שבטה/לש'#2/ דבנוי דמנשה רבה |
| 7721 | | Gn12:08 | מן מדנחה ובנא תמן מדבח לש' ממריה דייי ופלח וצלי תמן |
| 7722 | | Nu 1:33M | סכומיהון דשבטה/לש'#2/מן שב'#2/ ^דבנוי#2 |
| 7723 | | Nu 1:35M | סכומיהון דשבטה/לש'#2/מן שב'#2/ דבנוי |
| 7724 | | Nu 1:39M | סכומיהון דשבטה/לש'#2/מן שב'#2/ דבנוי דדן |
| 7725 | לשאול | Gn42:38 | ותחתון ית שיבתי בדווי לשאול: |
| 7726 | | Gn44:29 | ותחתון ית סיבתי בביש לשאול: |
| 7727 | | Gn44:31 | דעבדך אבונן בדוויי לשאול: |
| 7728 | | Nu16:30 | מה דלהון ויחתון חיין לשאול ותדעון ארום ארגיזו גברייה |
| 7729 | לשאולה | Gn44:29M | אזוי#2/ בביש לשאול/לשאולה#2/: |
| 7730 | | Gn44:31M | אבונן בדוויי לשאול/לשאולה#2/: |
| 7731 | | Nu16:33M | דאית להון בחיין לשאולה |
| 7732 | | Gn37:35 | ואמר ארום אחות על ברי לשאולה ובכה יתיה אבוי: |
| 7733 | לשאמום | Dt28:37M | לצדו למתלין /ותיהוון לשאמום למתלין#2/ ולתנויין בכל |
| 7734 | לשב' | Nu 1:43M | סכומיהון דשבטה/לשב'#2/ דבנוי דנפתלי חמשין |
| 7735 | לשבט | Nu13:02 | יהב לבני ישראל גבר חד לשבט אבהתהון תשלחון כל רברביה |
| 7736 | | Nu33:54M | /לה#2/ יהווי לשבטיה/<לש>בט#2/ אבהתכון תאחסנון |
| 7737 | | Nu36:09 | ולא תקף אחסנה מן שבט לשבט אחרן ארום גבר באחסנתיה |
| 7738 | | Nu36:07 | לבני ישראל מן שבט לשבט ארום גבר באחסנות שבט |
| 7739 | | Dt 4:43M | וית גרם בגלעדה לשבטה/לשבט#2/ דבית גדי וית דברה |
| 7740 | לשבט' | Gn49:03M | וכהונתא רבתא לשבטוי/לשבט'#2/ דלוי: |
| 7741 | לשבטא | Ex38:22 | בן אור בר חור לשבטא דבנוי דיהודה עבד ית כל |
| 7742 | | Ex19:03 | תימר לדבית יעקב ותתני לשבטא דבני ישראל: |
| 7743 | | Nu26:54 | לשבטא דעמא סגין תסגון אחסנתיה |
| 7744 | לשבטה | Nu 1:27 | סכומיהון לשבטה דיהודה שובעין וארבעה |
| 7745 | | Dt33:07 | די ברך משה נבייא דייי לשבטה דיהודה ואמר שמע מימריה |
| 7746 | | Dt10:09 | בגין כדין לא הווה לשבטה דלוי חלק ואחסנה עם אחוי |
| 7747 | | Nu 1:47 | וליויי לשבטה דאבהתהון לא אסתכמו |
| 7748 | | Dt 4:43 | וית גרם בגלעדה לשבטה דבית גדי וית דברה |
| 7749 | | Dt 4:43 | בצר במדברה בארע מישרה לשבטה דבית ראובני וית גרם |
| 7750 | | Dt29:07 | ויהבנן יתה לאחסנה לשבטה דבית ראובן ולשבטה דבית |
| 7751 | | Lv24:11 | דאתתה שלמית ברת דברי לשבטה דבנוי דדן: |
| 7752 | | Nu 1:21 | סכומיהון לשבטה דבנוי דראובן ארבעין ושתה |
| 7753 | | Nu 1:23 | סכומיכון לשבטה דבנוי דשמעון חמשין ותשעה |
| 7754 | | Nu 1:25 | סכומיהון לשבטה דבנוי דגד ארבעין וחמשה |
| 7755 | | Nu 1:29 | סכום«י»הון לשבטה דבנוי דיששכר חמשין |
| 7756 | | Nu 7:53 | מן נ«כ»סיה גרמיה רב לשבטה דבנוי דאפרים אלישמע בר |
| 7757 | | Dt 3:12 | גלעדה וקרווייי יהבית לשבטה דבנוי דראובני ולשבטה |
| 7758 | | Dt 4:43 | גדי וית דברה בבותנין לשבטה דבנוי דמנשה: |
| 7759 | | Nu 1:31 | סכומיהון לשבטה דבני זבולן חמשין ושבעה |
| 7760 | | Nu33:54 | ארעא בעדוין לזרעיתכון לשבטה דעמיה סגין תסגון אחסנתיה |
| 7761 | לשבטוי | Gn49:03 | ליהודה וכהונתא רבתא לשבטוי דלוי: |
| 7762 | לשבטיה | Nu33:54 | תמן עדווה דידיה יהווי לשבטיה אבהתכון תאחסנון: |
| 7763 | לשבטיכון | Dt 1:15 | עשרין וסרכין לשבטיכון: |
| 7764 | | Dt16:18M | וסרכין תמנון לכון ^לשבטיכון#2/ בכל קורייכון |
| 7765 | | Dt16:18 | דייי אלהכון יהב לכון לשבטיכון וידונון ית עמא דינין |
| 7766 | לשבטכון | Dt 1:13 | וסכלתנין וחכמין לשבטכון ואמני יתהון רברבנין |
| 7767 | לשבעה | Lv26:18M | /למימחי יתכון חד לשבעה על חטיתון קדמי#2/: |
| 7768 | לשבעתי | Gn41:36 | מזונא לדכרין טב לארעא לשבעתי שני כפנא די יהוויין |
| 7769 | לשבקות | Nu 7:82 | חד קרב יתיה לחט«א»תה לשבקות {ב}<ח>ובין ולשלוון לכפרה |
| 7770 | | Nu 7:16 | עזין חד קרב יתה לחטאתה לשבקות חובין ולשלוון למכפרה |
| 7771 | | Nu 7:22 | חד קרב יתיה לחטאתה לשבקות חובין ולשלוון למכפרה |
| 7772 | | Nu 7:28 | בר עזין חד קרב לחטאתה לשבקות חובין ולשלוון למכפרה |
| 7773 | | Nu 7:34 | בר עזין חד קרב לחטאתה לשבקות חובין ולשלוון למכפרה |

|  |  |  |  |  |  |
|---|---|---|---|---|---|
| 7774 | | Nu 7:40 | חד קרב יתיה לחטאתה | לשבקות | חובין ולשלוון למכפרה |
| 7775 | | Nu 7:46 | בר חד קרב יתה לחטאתה | לשבקות | חובין לשלוון למכפרה באדמה |
| 7776 | | Nu 7:52 | עזין חד קרב יתה לחטאתה | לשבקות | חובין ולשלוון למכפרה |
| 7777 | | Nu 7:58 | חד קרב יתיה לחטאתה | לשבקות | חובין ולשלוון למכפרה |
| 7778 | | Nu 7:64 | חד קרב יתיה לחטאתה | לשבקות | חובין ולשלוון למכפרה באדמה |
| 7779 | | Nu 7:70 | חד קרב יתיה לחטאתה | לשבקות | חובין ולשלוון למכפרה |
| 7780 | | Nu 7:76 | חד קרב יתיה לחטאתה | לשבקות | חובין ולשלוון למכפרה |
| 7781 | לשדי | Dt32:17M | דבחו \קדם טעוות | שדיה/לשדי#2/ | דלית בהון/להו#2/ |
| 7782 | לשדיה | Lv17:07 | ידבחון עוד ית דבחיהון | לשדיה | די אנון טעיין בתרהון קיים |
| 7783 | לשהדותא | Ex16:33 | מנה ואצנע יתה קדם ייי | לשהדותא | למטרה לדריכון: |
| 7784 | | Ex16:33M | יתה \קדם ייי לשהדותא | /לשהדותא | קדם ייי#2/ למטרה |
| 7785 | לשהדותה | Ex31:07 | ית משכן זמנא וית ארונה | לשהדותה | וית כפורתה די עלי וית כל |
| 7786 | לשהדי | Dt 5:20 | לא חברין ולא שותפין | לשהדי | שקרא ולא יתחבר עם משהדי |
| 7787 | לשוק' | Gn39:15 | לבושי עמי וערק ונפק | לשוק': | |
| 7788 | | Gn39:18 | ושבק לבושי בידי וערק | לשוק': | |
| 7789 | לשוקא | Gn39:12 | עמה וערק ונפק ונפק | לשוקא: | |
| 7790 | לשזבו | Dt 2:34 | וספלייה לא שיירנן | ל{א} שזבו: | |
| 7791 | לשחין | Ex 9:09 | על בני אינשא ועל בעירא | לשחין | פרח עבד שלפוקין בכל ארעא |
| 7792 | לשיול | Nu16:30M | לשאול /בחיין | לשי{לו} <ול>#2/ | ותדעון ארום ארגיזו |
| 7793 | לשיזבו | Nu35:12 | ויהוון לכון קוריאן | לשיזבו | מן תבוע אדמא ולא ימות |
| 7794 | | Nu35:12M | /ויהוי לכון קורייתה | לשיזבו#2/ | מן תבוע אדמא/דמא#2/ |
| 7795 | לשימוש | Ex40:15M | רבותהון \לכהנא לעלם | /לשימוש | על#2/ לדריהון: |
| 7796 | לשימשך | Gn40:13 | {ראשך} ויחזור יתך | לשימשך | ותשוי כסא בכף ידיה דפרעה |
| 7797 | לשיע | Gn11:03 | לאבנין וחמרא הווה להון | לשיע: | |
| 7798 | לשיר' | Dt 1:33M | לכון אתר \ | לשרוייכון' /לשיר#2/ | בעמודה דאשתה |
| 7799 | לשלו | Nu15:24 | אם מעיני כנישתה אתעבדת | לשלו | ויקרבון כל עם כנישתה תור |
| 7800 | לשלוון | Nu 7:46 | לחטאתה לשבקות חובין | לשלוון | למכפרה באדמה דצפירה על |
| 7801 | לשלוחך | Nu24:12M | להוד/לחוד#2/ | לשליחך/ <לש>לוחך#2/ | די שלחת לוותי |
| 7802 | לשלטנוי | Gn41:38 | ואמר פרעה | לשלטנוי | אן אנן משכחין כוות דין |
| 7803 | לשליחך | Nu24:12 | בלעם לבלק הלא להוד | לשליחך | די שלחת לוותי מללת למימר: |
| 7804 | לשלם | Lv 5:24M | עלוהי לשק' | וישלם/לשלם | וישלם#2/ יתה בקרנא |
| 7805 | לשם | Gn 8:20 | ובנה נח מדבח | לשם | ממרה דייי ונסב מן כל בעירה |
| 7806 | | Gn12:07 | ארעא הדה ובנה תמן מדבח | לשם | ממרי' דייי דאתגלי עלוי: |
| 7807 | | Lv16:08 | צפיריה עדוין עדיו חד | לשם | ממרי' דייי ועדיו חד |
| 7808 | | Gn35:01 | ושרי תמן ובני תמן מדבח | לשם | ממרי דייי דאתגלי עלך |
| 7809 | | Nu18:09 | ולכל אשמיהון די יחזרון | לשם | ממרי קדש קדשין הוא לך |
| 7810 | | Lv16:09 | צפירה די סלק עלוהי עדוה | לשם | ממריה דייי ויקרב יתה |
| 7811 | לשמ' | Lv 4:31 | על גבי מדבחה לריח דרעוה | לשמ' | דייי ויכפר עלוי כהנא |
| 7812 | | Lv27:09M | קדם /יקרב מנה קרבן | לשמ'#2/ | ייי כל מה די יפרש מינה |
| 7813 | לשמא | Gn24:26 | ועקד גברא ואודי ושבח | לשמא | דייי: |
| 7814 | | Lv27:30 | אילנה לשמה דייי הוא קדש | לשמא | דייי: |
| 7815 | | Nu30:03 | שבועה למקיימה קיים | לשמא | דייי לא יבטל פתגמיה כל די |
| 7816 | | Dt26:18 | יתכון יומא הדין למהווי | לשמא | לעם חביבין היך סגולה |
| 7817 | לשמאל | Nu22:26M | לשמאלה/לימין ולא | לשמאל#2/: | |
| 7818 | לשמאלה | Gn24:49 | לי ואסטי לימינא או | לשמאלה: | |
| 7819 | | Nu22:26 | למסטי לא לימינה ולא | לשמאלה: | |
| 7820 | | Dt 2:27 | לא אסטי לא לימינה ולא | לשמאלה: | |
| 7821 | | Dt 5:32 | תסטון לא לימינה ולא | לשמאלה: | |
| 7822 | | Dt17:11 | לכון לא לימינה ולא | לשמאלה: | |
| 7823 | | Dt28:14 | הדין לא לימינה ולא | לשמאלה | למיזל בתר טעוון אחרניין |
| 7824 | | Dt17:20 | דאוריתה לא לימינה ולא | לשמאלה | מן בגלל די יאריך יומין על |
| 7825 | | Nu20:17 | לא נסטי לא לימינה ולא | לשמאלה | עד זמן די תחומך נעבר: |
| 7826 | לשמה | Nu18:12M | די יתנון | לשמה | |
| 7827 | | Gn38:09 | על ארעא דלא מקמא בנין | לשמה | דאחוי: |
| 7828 | | Gn38:08 | יתה ואקים זרע דבנין | לשמה | דאחוך: |
| 7829 | | Nu25:13 | קים כהנא לעלם חלף דקני | לשמה | דאלה«י»ה וכפר על בני |
| 7830 | | Gn 4:03 | קין מן פירי ארעא דורון | לשמה | דייי: |
| 7831 | | Gn24:48 | ועקדת ואודת ושבחת | לשמה | דייי וצלי«י»ת קדם אלהה |
| 7832 | | Gn28:22 | קיימא יהווי בית מקדשיא | לשמה | דייי וכל מה דתתן לי חד מן |
| 7833 | | Gn35:03 | לבית אל ואבנה תמן מדבח | לשמה | דייי דענה יתי בשעת עקתי |
| 7834 | | Ex12:42 | כחדא הוא לילי פסחא | לשמה | דייי לילי נטיר ומזומן הוא |
| 7835 | | Ex12:42 | נטיר ומזומן הוא לפורקן | לשמה | דייי בזמן אפקותיהון דבני |
| 7836 | | Ex13:12 | די יהוון לכון דכרייא | לשמה | דייי: |
| 7837 | | Ex13:12 | כל שרוי פתחי וולדה | לשמה | דייי וכל פתחי וולדה דבעירא |
| 7838 | | Ex13:15M | ייי כל פתחי וולדא | /לשמה | דייי כל קדמי פתח וול'#2/ |
| 7839 | | Ex19:05M | ארום \דידי היא כל | /לשמה | דייי היא כל#2/ ארעא: |
| 7840 | | Ex28:36 | עלוי גליף חקיק קדש | לשמה | דייי: |
| 7841 | | Ex29:18M | הוא /קרבן מתקבל הוא | לשמה | דייי#2/: |
| 7842 | | Ex29:18 | על גבי מדבחא עלה הוא | לשמה | דייי לריח דרעוא קרבן קדם |
| 7843 | | Ex29:25M | \הוא קדם ייי /מתקבל | לשמה | דייי#2/: |
| 7844 | | Ex29:28 | קודשיכון אפרשותכון | לשמה | דייי: |
| 7845 | | Ex29:41M | \קדם ייי יתקבל /מתקבל | לשמה | דייי#2/: |
| 7846 | | Ex30:10 | לדריכון קדש קדשים הוא | לשמה | דייי: |
| 7847 | | Ex30:12 | גבר פרקן{י}<ו>ן נפשה | לשמה | דייי כד תהוי מני יתהון דלא |
| 7848 | | Ex30:13 | סלעא פלגא סלעא אפרשו | לשמה | דייי: |
| 7849 | | Ex30:14 | שנין ולעילא יתן אפרשו | לשמה | דייי: |
| 7850 | | Ex30:37 | לכון קדש תהווי לכון | לשמה | דייי: |
| 7851 | | Ex31:15M | /שבתה#2/ קדש \קדם ייי | /לשמה | דייי#2/ כל די יעבד |
| 7852 | | Ex35:05 | קבלו מן לוותכון אפרשו | לשמה | דייי כל די ידוב יתה לבה |
| 7853 | | Ex35:22 | די אניף אנפו{י} דדהב | לשמה | דייי: |
| 7854 | | Ex35:29 | אייתון בני ישראל נדבה | לשמה | דייי: |
| 7855 | | Ex39:30 | עלוי כתב גליף חקיק קדיש | לשמה | דייי: |
| 7856 | | Lv 1:03 | אן עלה קרבנה | לשמה | דייי דכר שלם מן מום יקרב |
| 7857 | | Lv 1:14 | ואם מן עופא עלה קרבנה | לשמה | דייי ויקרב מן שפניניה {או} |
| 7858 | | Lv 2:01 | ונפש ארום תקרב קרבן מנחה | לשמה | דייי סלת יהוי קרבניה ויריק |
| 7859 | | Lv 2:08 | מנחתא די יתקרב מן אלין | לשמה | דייי ויקרב יתה לות כהנא |
| 7860 | | Lv 2:11 | כל מנחתה דיקרבון | לשמה | דייי לא תתקרב חמיע ארום כל |
| 7861 | | Lv 2:14 | ואם תקרב מנחת דביכורין | לשמה | דייי מהבהב קלי בנורא גרש |
| 7862 | | Lv 2:16M | קרבן /קדם ייי /מתקבל | לשמה | דייי#2/: |
| 7863 | | Lv 3:09M | שזרתה ועבד יתה /מתקבל | לשמה | דייי תרבה וניעה שלמה |
| 7864 | | Lv 3:16 | קרבן לריח דרעוה כל תרבה | לשמה | דייי: |
| 7865 | | Lv 4:03 | תור בר תורין שלם מן מום | לשמה | דייי לחטאת: |
| 7866 | | Lv 5:07 | או תרין גוזלין בני יון | לשמה | דייי חד לחטאת' וחד לעלתה: |
| 7867 | | Lv 5:25 | וית אשמה ייתי | לשמה | דייי דכר שלם מן מום מן ענה |
| 7868 | | Lv 6:08 | מדבח' ריח דרעוה אדכרתה | לשמה | דייי: |
| 7869 | | Lv 6:14M | תקרבון לריח דרעוה | לשמה | דייי |
| 7870 | | Lv 7:05M | קרבן /קדם ייי /מתקבל | לשמה | דייי#2/ אשמה הוא: |
| 7871 | | Lv 7:11 | דנכסת קודשיה די יקרב | לשמה | דייי: |
| 7872 | | Lv 7:14 | מנה חד מן כל קרבן אפרשו | לשמה | דייי לכהנא דזרק ית אדם |
| 7873 | | Lv 7:20 | מן נכסת קודשיה דמפרש | לשמה | דייי וסאובתיה עלוי ותשתיצא |
| 7874 | | Lv 7:29 | מן דמקרב ית נכסת קודשוי | לשמה | דייי ייתי ית קרבניה לייי |
| 7875 | | Lv 8:28M | קדם ייי /מתקבל הוא | לשמה | דייי#2/: |
| 7876 | | Lv16:08M | "עדיו ...": עדב חד | לשמה | דייי לכפרה על עמא ועדב חד |
| 7877 | | Lv17:06 | ויסדר תרבה לריח דרעוה | לשמה | דייי: |
| 7878 | | Lv19:05 | וארום תכסון נכסת קדשין | לשמה | דייי לרעוה עליכון תיכסון |
| 7879 | | Lv19:21 | וייתי ית אשמה | לשמה | דייי לתרע משכן זימנא דכר |
| 7880 | | Lv19:24 | כל פרי{ו} קדש פרקן | לשמה | דייי: |
| 7881 | | Lv22:03 | די יקדישון בני ישראל | לשמה | דייי וסאבתיה עלוי ותשתיצי |

7882 Lv22:15 ישראל ית מה די יפרשון לשמה דייי:
7883 Lv22:18 די יקרבון לשמה{יקרבון {לשמה} דייי לעלה:
7884 Lv22:21 יקרב נכסת קודשין לשמה דייי לפרש נדר או נסיבה
7885 Lv22:22 מנהון על גבי מדבחה לשמה דייי:
7886 Lv22:24 ודמר<'>ס לא תקרבון אלין לשמה דייי ובארעכון לא תעבדון:
7887 Lv22:27M למקרבה יתיה \קדם ייי /לשמה דייי#2:/
7888 Lv22:29 נכסת אודיה <....> לשמה דייי לרעוה עליכון תכסון
7889 Lv23:05M פסחה \קדם ייי /הוא לשמה דייי#2:/
7890 Lv23:08 ותקרבון קרבנה לשמה דייי שבעה יומין ביומא
7891 Lv23:12 בר שתיה שלם מן מום לעלה לשמה דייי:
7892 Lv23:13 קרבן מתקבל לריח דרעוה לשמה דייי ונסוכוי חמר רבעות
7893 Lv23:17 חמיע יתאפיין בכורייה לשמה דייי:
7894 Lv23:18 ודכרין תרין יהוון עלה לשמה דייי ומנחתהון ונסכהון קרבן
7895 Lv23:20 על תרין אמריה קדש יהוון לשמה דייי מתנה לכהנא יתיהבון:
7896 Lv23:25M קרבנין \קדם ייי /לשמה דייי#2:/
7897 Lv23:38 כל נסיבתכון די תפרשון לשמה דייי:
7898 Lv24:07M לאדכרה קרבן מתקבל לשמה דייי#2:/
7899 Lv25:02 לכון ותשמט ארעא שמטה לשמה דייי:
7900 Lv25:23M לחלטין ארום לשמה דייי היא כל ארעא ארום
7901 Lv27:02 יפרש נדר בעלויה נפשן לשמה דייי:
7902 Lv27:09 ייי כל מה די יפרש מינה לשמה דייי יהוי קדיש:
7903 Lv27:14 ארום יקדש ית ביתה קדש לשמה דייי ויעלי יתה כהנה בין טב
7904 Lv27:16 מחקל אחסנתיה יקדש גבר לשמה דייי ויהווי עלויה לפם זרעה
7905 Lv27:21 חקלה במפקה דיובילה קדש לשמה דייי כחקל אפרשו לכהנה
7906 Lv27:22 לא מן חקל אחסנתיה יקדש לשמה דייי:
7907 Lv27:23 ית עלויה ביומא ההוא קדש לשמה דייי:
7908 Lv27:26 יתיה אין תור אין אימר לשמה דייי הוא:
7909 Lv27:26 להוד בוכרה די יתאפרש לשמה דייי בבעירה לא יקדש גבר
7910 Lv27:28 קדש קדשין ^הוא#2^ לשמה דייי:
7911 Lv27:28 כל אפרשו די יפרש גבר לשמה דייי מן כל מה דלה מן
7912 Lv27:30 דארעא מן פירי אילנה לשמה דייי הוא קדש לשמא דייי:
7913 Lv27:32 שרביטה עשיריה יהוי קדיש לשמה דייי:
7914 Nu 5:08M \דמתחזר לייי /דאתחזר לשמה דייי#2/ לכהנה בר מן
7915 Nu 6:06 כל יומי נזירותיה לשמה דייי על נפש דמית לא יעול:
7916 Nu15:08 נדר או לנכסת קודשין לשמה דייי:
7917 Nu15:10M לריח דרעוה \קדם ייי /לשמה דייי#2:/
7918 Nu15:13M לריח דרעוה \קדם ייי /לשמה דייי#2:/
7919 Nu15:14M ייי היך מה די תעבדון /לשמה דייי תעבדון#2/ כדן
7920 Nu15:19 דארעא תפרשון אפרשו לשמה דייי:
7921 Nu15:21 מן שרוי אצוותכון תפרשון לשמה דייי אפרשו לדריכון:
7922 Nu15:24 לעלה לריח{ניחו} דרעוה לשמה דייי ומנחתיה ונס«ו»כוי
7923 Nu18:06 לכון מתנה אינון יהיבין לשמה דייי למפלח ית פלחן משכן
7924 Nu18:12 שרוי ברתהון די יפרשון לשמה דייי לך יהבית יתהון:
7925 Nu18:13 מה די בארעהון די ייתון לשמה דייי דידך יהווי כל דידכי
7926 Nu18:15 לכל בשרה די יקרבון לשמה דייי בבני אנשא ובבעירא
7927 Nu18:17 קרבן מתקבל לריח דרעוה לשמה דייי:
7928 Nu18:19 די יפרשון בני ישראל לשמה דייי יהבית לך ולבניך
7929 Nu18:24 דבני ישראל די יפרשון לשמה דייי אפרשו יהבית ללוויי
7930 Nu28:06M \קדם ייי מתקבל /מתקבל לשמה דייי#2:/
7931 Nu28:07 יתנסך ניסוך חמר בחיר לשמה דייי:
7932 Nu28:08M /לריח דרעוה קרבן מתקבל לשמה דייי#2:/
7933 Nu29:06M /קרבן מתקבל לריח דרעוה לשמה דייי#2:/
7934 Nu30:03 גבר ארום ידר נדר לשמה דייי או ישתבע שבועה
7935 Nu31:28 ותפרשון אפרשו לשמה דייי מן לות עמא עבדי קרבה

7936 Nu31:37 והוות אפרשותה לשמה דייי מן ענה שת מאוון
7937 Nu31:38 ושתה אלפין ואפרשותהון לשמה דייי שובעין ותרין תורין:
7938 Nu31:39 וחמש מאוון ואפרשותהון לשמה דייי אשתין וחד חמרין:
7939 Nu31:40 שת עשר אלפין ואפרשותהון לשמה דייי תלתין ותרתין נפשן:
7940 Nu31:52 דהבה דאפרשותה די אפרשו לשמה דייי שת עשר אלפין ושבע מאה
7941 Dt 4:20 דפרזלה מן מצרים למהווי לשמה דייי לעם אחסנה כיומא הדין:
7942 Dt12:11 שפר נדריכון די תדרון לשמה דייי:
7943 Dt15:19 ובעניכון דיכרייה תקדשון לשמה דייי אלהכון עמי בני ישראל
7944 Dt29:12 למקמה יתכון יומא הדין לשמה דייי לעם קדישין והוא יהווי
7945 Gn24:52M מליהון ואודי ושבח לשמה/קוד#2/ ייי כנימוס ארעא:
7946 Lv 1:09M דמתקבל לריח דרעוא קדם/לשמה#2/ ייי:
7947 Lv 5:15M וייתי ית אשמיה קדם/לשמה#2/ ייי דכר שלם מן מום מן
7948 Lv23:16M מנחה מן חדתה קדם/לשמה#2/ ייי:
7949 Lv23:18M דמתקבל לריח דרעוה קדם/לשמה#2/ ייי:
7950 Lv23:27M ותקרבון קרבנין קדם/לשמה#2/ ייי:
7951 Lv23:37M למקרבה קרבנין קדם/לשמה#2/ ייי עלוון ומנחוון
7952 Lv22:18 ולכל נסיבתהון די יקרבון לשמה {יקרבון לשמה} דייי לעלה:
7953 Dt32:01 על דהוו דחילין מן לשמה קדישה קמו למסהדה בישראל
7954 Gn40:21 וחזר ית רב מזוגיה לשמושה ושוי כסא בכף ידא דפרעה: לשמושה
7955 Gn41:13 לן כדין הוות יתי חזר לשמושי ויתיה צלב על צליבא: לשמושי
7956 Gn48:05 כראובן ושמעון יהוון לשמי: לשמי
7957 Ex22:28 בניכון די דכריא תקדשון לשמי:
7958 Ex22:29 תמינייא יפרשון יתיה לשמי:
7959 Lv20:26 יתכון מן אומייה למהווי לשמי:
7960 Nu 8:16 בני ישראל אפרשת יתהון לשמי:
7961 Nu 8:17 «אקדשית» יתהון לשמי:
7962 Gn48:05 מייתוי לוותיך מצרימה לשמי אינון אפרים ומנשה
7963 Ex13:02 בבני אנשא ובבעירה לשמי אינון:
7964 Ex34:19 כל פתחי שרוי וולדא לשמי אינון וכל בעירכון דיכרייה
7965 Lv25:55 ארום לשמי אינון בני ישראל עבדין
7966 Nu 3:41 ותפרש ית ליוויי לשמי אמר ייי חלף כל בוכרה דבני
7967 Lv22:02 קדישא די אנון מקדשין <לשמי אנה> ייי:
7968 Nu 3:13 ארום לשמי אנון כל ב{ו}כ«ו»ריה
7969 Ex25:02 עם בני ישראל ויפרשון לשמי אפרשן מן לוות כל גבר די
7970 Ex25:08 ויבנו לשמי בית מוקדש«א» ואשרי איקר
7971 Gn32:30 ואמר למה כען את שאיל לשמי וברך יתי תמן:
7972 Ex22:30 ועם קדישין תהוון לשמי ובשר תליש מן חווה קטילא
7973 Ex20:24 מדבח קביע על ארעא תבנון לשמי ותקרבון עלוי ית עלוותכון
7974 Nu 3:13 מן בני אנשא ועד בעירה לשמי יהוון אמר ייי:
7975 Lv22:02M ייי /הנון מן קדשין לשמי כדין אמ' ייי#2:/
7976 Nu 3:41M לשמי אמר /ליואי לשמי כדין אמ'#2/ ייי חלף כל
7977 Ex13:02 אקדש לשמי כל בכורייא פתחי כל וולד
7978 Nu 3:13 בארעא דמצרים אקדשת לשמי כל ב{ו}כ«ו»ריה בישראל
7979 Nu 8:17 ארום לשמי כל בכוריה דבני ישראל
7980 Ex20:25 ואם מדבח דאבנין תבנון לשמי לא תבנון יתהון חציבין ארום
7981 Nu 8:14 מן גו בני ישראל ויהוון לשמי לווי:
7982 Nu 3:12 דבני ישראל ויהוון לשמי לווי:
7983 Nu 3:45 חלף בעיריהון ויהוון לשמי ליווי אנה ייי:
7984 Ex 6:07 ואפרש יתכון לשמי לעם קדישין ויהווי מימרי
7985 Ex19:05 ותטרון ית קיימי ותהוון לשמי לעם חביבין היך סגלה מן כל
7986 Lv26:12 לאלה פרוק ואתון תהוון לשמי לעם קדישין:
7987 Ex19:06 ואתון תהוון לשמי מלכין וכהנין ואמה קדישא
7988 Lv20:26 ותהוון לשמי קדישין ארום קדיש אנה ייי
7989 Nu18:09M יחזרון \לשם ממרי קדש /לשמי קודש#2/ קדשין הוא לך

|  |  |  |  |
|---|---|---|---|
| 7990 | לשמיא | Dt32:01 | ורחיק מן ארעא אמר לשמיא אציתו ולארעא שמעו ברם |
| 7991 | | Dt30:12M | "לווי ...": מן יסק לן לשמיא היך משה נבייא |
| 7992 | | Dt32:40 | זקפת ית ידיי בשבועה לשמיא ואמרית חי וקיים אנה במימרי |
| 7993 | | Ex 9:10 | פרעה וזרק יתיה משה לשמיא והוה שיחנא עבד |
| 7994 | | Ex10:22 | וארכן משה ית ידא לשמיא והוה חשוך דקבל בכל ארעא |
| 7995 | | Ex 9:22 | למשה ארכן ית <ידך> לשמיא ויהוי ברדא בכל ארעא |
| 7996 | | Ex10:21 | ואמר ייי ארכן ידך לשמיא ויהוי חשוכא על ארעא |
| 7997 | | Ex 9:23 | וארכן משה ית חוטריה לשמיא וייי יהב קלין וברד והלכת |
| 7998 | | Dt30:12 | חד כמשה נבייא די יסוק לשמיא ויסב יתה לן וישמע יתן |
| 7999 | | Gn15:05 | לברה ואמר אסתכל כען לשמיא ומנה ית כוכביא אן תיכל |
| 8000 | | Dt32:01 | משה בגין דהוה קריב לשמיא ורחיק מן ארעא אמר לשמיא |
| 8001 | | Dt32:01 | נבייא פירש ואמר טולו לשמיא עייניכון ואסתכלו בארעא |
| 8002 | | Ex 9:08 | דאתון ויזרוק יתיה משה לשמיא קדם פרעה: |
| 8003 | לשמיה | Ex18:12 | עלוון ונכסת קודשין לשמיה דייי ואתא אהרן וכל |
| 8004 | | Lv 7:25M | נפשה די תיכול מן גוא לשמיה/ דייי וישתצי נפשה ההיא |
| 8005 | | Lv 8:21M | \קרבן הוא/מתקבל הוא לשמיה דייי#2/ היך מה פקד ייי |
| 8006 | | Dt 1:01 | ומשכן זימנא די עבדתון לשמיה וארון קיימא דייי די |
| 8007 | | Gn38:09 | וידע אונן ארום לא לשמיה יתקרון בניה והוה כד הוה |
| 8008 | | Dt 7:06 | אתרעי ייי אלהכון למהוי לשמיה לעם חביבין היך סגולה מן |
| 8009 | | Dt14:02 | ובכון אתרעי ייי למהוי לשמיה לעם חביבין היך סגולה מן |
| 8010 | | Dt26:19 | ולרוממי ולמהווי ל{י}שמיה לעם קדישין קדם ייי |
| 8011 | | Dt28:09 | יקים יתכון ייי לשמיה לעם קדישין היך מה די קיים |
| 8012 | לשמייא | Dt 4:19 | דלא תתלון עייניכון לשמייא ותיחמון ית שמשה וית זהרא |
| 8013 | לשמיל | Dt17:20M | לא לימין ולא לשמיל#2/ מן בגלל די יאריך יומין |
| 8014 | לשמך | Gn28:22 | מן עשרה אפרש יתהון לשמ«ך»: |
| 8015 | | Ex15:16M | עמה האליין דקנית לשמך |
| 8016 | | Ex15:16M | עמה האליין דקנית לשמך#2/: |
| 8017 | | Lv22:27M | פטיר {כ}<ב>ולי קרב לשמך בר תורין ורהט לבקורתה |
| 8018 | | Lv22:27M | תרי עשר שיבטין קדישין לשמך הא בכין פרש משה נבייה |
| 8019 | | Gn48:06 | ותולדתך דאולידת בתריהון לשמך יהוון {על} על שם אחיהון |
| 8020 | לשנאוי | Dt 7:10 | ומשלם לשנאוי בעלמא הדין אגר עובדהון |
| 8021 | | Dt32:41 | יד ימיני אחזור נקמתה לשנאוי ולבעלי דבביהון דעמי אשלם |
| 8022 | | Dt 7:10 | דאתי ולא משהי אגר טב לשנאוי עד אנון יהיבין בעלמא הדין |
| 8023 | לשנאי | Ex20:05 | תליתיא ועל דר רביעיאי לשנאי כד יהוון ב(מ)<נ>ייא |
| 8024 | לשנאיי | Dt 5:09 | כד משלמין בחטא קדמיי לשנאיי: |
| 8025 | לשער | Lv13:10 | חוור' במשכה והיא אתהפכת לשער חוור ורושם דבשרא חי |
| 8026 | לשערה | Lv13:36 | במשכא לא יפשפש כהנא לשערה מצלהבה מסאב הוא: |
| 8027 | לשק' | Lv 5:24 | מה דיש{בת}<תב>ע עלוהי לשק' וישלם יתה בקרנא וחומשוי |
| 8028 | לשקיה | Gn42:25 | ולמחזרה כספהון גבר לשקיה ולמיתן להון זבדין לארחא |
| 8029 | לשקר | Ex20:07M | /די משתבע בשמי' לשקר#2/: |
| 8030 | | Ex20:07M | בשם ממריה דייי אלהיכון לשקר ארום לא מזכי ייי ית |
| 8031 | | Ex23:01M | בש' ממרי' דייי אלהכון לשקר ולא תשוון ידיכו' עם חי' |
| 8032 | | Lv19:12 | ולא תשבעון בשמי לשקר ולא תפסון ית שמא דאלהכון |
| 8033 | לשקרא | Dt 5:11M | בשם ממריה ייי אלהכון לשקרא |
| 8034 | לשרוייכון | Dt 1:33 | למתקנה לכון אתר לשרוייכון בעמודה דאשתה בלילה |
| 8035 | לשריש | Dt29:17 | מהרהר בחטא' דהוא מדמי לשריש קביע בארעא ארום ראשיא |
| 8036 | לשרף | Gn30:22 | ולא מסרן לא למלאכא ולא לשרף מפתחא דמטרא ומפתחא דפרנסתא |
| 8037 | | Gn30:22M | מסירין לא למלאך ולא לשרף מפתחא דמיטר' מפתחיא |
| 8038 | לשתא | Ex20:11 | ארום לשתא יומין ברא ייי שמיא וית |
| 8039 | לשתי | Ex38:26 | מבר עשרין שנין ולעל לשתי מאה אלפין ותלתה אלפין וחמש |
| 8040 | | Ex37:19 | בקנה חד חזור ושושן כדן לשתי קניה דנפקין מן מנרתה: |
| 8041 | | Ex25:35M | קנין דמנה\לשתי קנין /לשתי קנייה קני#2/^ל{ש}שתי |
| 8042 | | Ex25:33 | בקנה חד חזר ושושן כך לשתי קנין דנפקין מן מנרתה: |
| 8043 | | Ex25:35 | תחות תרין קנין דמנה לשתי קנין דנפקין מן מנרתה: |
| 8044 | | Ex37:21 | תחות תרין קנין מנה לשתי קנין דנפקין מניה: |
| 8045 | לשתתי | Ex37:19M | ושושן כדן/כך#2/ לשת'/לשתתי#2/ קניה דנפקין מן |
| 8046 | | Ex37:21M | קנין מנה\לשתי קנין /לשתתי קנייה#2/ דנפקין מניה: |
| 8047 | לת' | Ex38:15M | /דן סטרה ומן דן סטרה לת'#2/ דרתה וולונין/ווילוון#2/ |
| 8048 | | Nu 6:10M | כהנה/לכ'#2/ בתרע/לת'#2/ משכן זימנא: |
| 8049 | | Nu11:10M | גבר בתרע/לת'#2/ משכנה ותקף רוגזה דייי |
| 8050 | לתבן | Ex 5:12 | ארעא דמצרים למגבא קש לתבן: |
| 8051 | לתבע | Ex 4:16 | לך לתורגמן ואת תהוי ליה לתבע אולפן מן קדם ייי: |
| 8052 | לתולדותהון | Gn25:13 | דישמעאל בשמתיהון לתולדותהון בכורה דישמעאל |
| 8053 | לתוקלה | Ex34:12 | עלין בגווה דלא יהוון לתוקלה ביניכון: |
| 8054 | | Ex10:07M | יהווי דין לן לתקלה/לתוקלה#2/ שלח ית עמא |
| 8055 | לתוקפה | Gn18:01M | במיח' יומא /גזורתיה לתוקפה דיומא#2/: |
| 8056 | לתוקפי' | Gn 3:08M | /מטיי' בגוא גנתה לתוקפי' דיומא#2/ ואטמר אדם |
| 8057 | לתור | Nu28:12 | סולת מנחה פילה במשח לתור חד ותרין עשרונין סלת מנחה |
| 8058 | לתורא | Lv 4:20 | ויעבד לתורא היך מה דעבד לתורה דחטאתה |
| 8059 | | Nu15:11M | "עם תורה ... בעזיה": לתורא חדא או לדיכרא חדא או |
| 8060 | לתורגמן | Ex 4:16 | ויהווי הוא יהווי לך לתורגמן ואת תהוי ליה לתבע אולפן |
| 8061 | לתורה | Lv 4:20 | ויעבד לתורא היך מה דעבד לתורה דחטאתה כן יתעבד ליה ויכפר |
| 8062 | לתוריה | Dt 5:21M | לעבדיה ולא לאמתא ולא לתוריה ולא לביערה ולא לכל מה |
| 8063 | לתוריכון | Ex22:29 | כדון תעבדון לתוריכון לעניכון שבעה יומין יהווה |
| 8064 | לתותבייה | Dt14:21 | לא תאכלון כל נבלה לתותבייה מן בני עממיא די |
| 8065 | לתחום | Nu22:36M | דמואביי דסמיך לגבול/לתחום#2/ ארנונה די בסייפי |
| 8066 | | Nu34:10 | ותכוונון לכון לתחום מדינחה מן טירת ענוותה |
| 8067 | לתחומ' | Nu34:02 | לאחסנו ארעא דכנען לתחומ': |
| 8068 | לתחומה | Nu34:15 | להון תחומה לטור תלגא לתחומה לבנון דמצפון |
| 8069 | | Nu34:12 | דא תיהווי לכון ארעא לתחומה מן חזור חזור: |
| 8070 | | Nu34:10M | טירת ענוותה לאפמיה לתחומה/ מערבית בין דיירת |
| 8071 | לתחומהון | Gn32:04 | עשו אחוי לארע גבלא לתחומהון דאדומאי: |
| 8072 | לתחומיהון | Nu20:23 | בהר טורה סמיך לתחומיהון דאדומיי למימר: |
| 8073 | | Dt 2:19 | ותקרבון סמוך לתחומיהון דבני עמונייה לא תעיקון |
| 8074 | | Nu21:15 | והא היא סמיכה לתחומיהון דמואביי: |
| 8075 | לתטאתה | Lv16:09 | ממריה דייי ויקרב יתה לתטאתה: |
| 8076 | לתיבותא | Gn 7:01 | עול את וכל אנשי ביתך לתיבותא ארום יתך חמי' צדיק קדמי |
| 8077 | | Gn 7:09 | תרין תרין עלו עם נח לתיבותא דכר וזוגה היך מה די פקד |
| 8078 | | Gn 6:16 | בית נהור תעביד לתיבותא ובמשח' אמה תשכלל יתה |
| 8079 | | Gn 7:07 | ואתתיה ונשי בנוהי עמה לתיבותא מן קדם מוי דמבולא: |
| 8080 | | Gn 7:15 | ועלו עם נח לתיבותא תרין תרין מן כל בשרא |
| 8081 | לתיבותה | Gn 7:13 | ותלתי נשי בנוהי עמהו' לתיבותה: |
| 8082 | | Gn 8:09 | יתה ואעל יתה לוותה לתיבותה: |
| 8083 | | Gn 8:09 | לכף רגלה וחזרת לוותה לתיבותה ארום מיא הוון על אפיה |
| 8084 | | Gn 6:18 | ית קיימי עמך ותיעול לתיבותה את ובניך ואתתך ונשי בניך |
| 8085 | | Gn 6:19 | תרין מן כול«א» תעיל לתיבותה למקיימה עמך דכר ונקבה |
| 8086 | לתיקה | Gn44:18 | תיקא לית אנה מחזר יתה לתיקה עד זמן די ימלי כל ארעא |
| 8087 | | Gn44:18 | לית אנה מחזר יתה לתיקה עד זמן דנעבד כל ארעא |
| 8088 | לתישעתי | Nu34:13 | די פקד ייי למיתן לתישעתי שבטייה ופלגו שבטה: |
| 8089 | לתלדוותהון | Ex 6:16M | בנוי דלוי ליחוסיהון/לתלדוותהון#2/ גרשום וקהת |
| 8090 | | Ex 6:19M | /זרעייוות לויואי לתלדוותהון#2/: |
| 8091 | | Gn10:32 | זרעית בנוי דנח לתל<ד>וותהון באומיהון ומן אלין |
| 8092 | לתלדוותך | Gn31:03 | חזור לארע אבהתך לתלדוותך ואהוי במימרי עמך: |
| 8093 | לתלת | Gn18:01 | ערלתה ותלתיהו' אשתלחו לתלת מילין ארום לית אפשר לחד |
| 8094 | | Lv25:21 | ותעבד ארעא פירי עללתה לתלת שנין: |
| 8095 | לתלתא | Ex19:15 | ואמר לעמ' הוון מזמנין לתלתא יומין לא יקרב מנכון גבר |
| 8096 | לתמן | Gn24:06M | דלא תחזור ית ברי תמן/לתמן#2/: |
| 8097 | | Gn24:08 | לחוד ית ברי לא תחזור לתמן: |

8098 Gn39:01 דסרקיי די אוחתו יתיה לתמן:
8099 Ex10:26 קדם ייי עד זמן דניעול לתמן:
8100 Ex21:13 אתר קרי שיזבה די יערק לתמן:
8101 Nu15:18 לארעא די אנה מעל יתכון לתמן:
8102 Dt 1:37 להוד את לא תיעול «ל»תמן:
8103 Dt 3:21M די אתון עברין תמן/לתמן#2/:
8104 Dt 4:27 די יגלי ייי יתכון לתמן:
8105 Dt28:37 די יגלי יתכון ייי לתמן:
8106 Dt30:01 סדר יתכון ייי אלהכון לתמן:
8107 Dt30:03 בדר יתכון ייי אלהכון לתמן:
8108 Gn20:13 עמי לכל אתר די נעול לתמן אמרי כען עלי אחי הוא:
8109 Gn19:22 אוחי אשתיזב לתמן ארום לא אוכל למעבד פתגם
8110 Gn19:22 פתגם עד זמן דתיעול לתמן בגין כדין קרא שמה דקרתא
8111 Dt12:05M תהוון תבעין ותעלון לתמן#2/ בדחלה:
8112 Dt31:16 בארעא די אינון עללין לתמן ביניהון ושבקין יתיה ומפסין
8113 Gn19:20 והיא קריבה אשתיזב כען לתמן הלא זעירא היא ותתקיים
8114 Nu14:24 ואעל יתה לארעא די על לתמן ובנוי ירתון יתה:
8115 Gn19:20 קרתא הדה קריבה למערק לתמן והיא קריבה אשתיזב כען לתמן
8116 Gn42:02 מזדבן במצרים חותו לתמן וזבונן לן מתמן ונחי ולא
8117 Dt18:06 מן אתרא די איתותב לתמן וייתי בכל תוחמדת נפשיה
8118 Dt 1:39 טב לביש אינון ייעלון לתמן ולהו{ד}<ן> אתן יתה ואינון
8119 Dt32:50 בשלם בטורא דאת עליל לתמן ותתכנש בשלם לוות עמך
8120 Dt12:06 ותיתון לתמן ית עלוותכון ונכסת קודשיכון
8121 Dt 1:38 משמש קדמך הוא ייעול לתמן יתיה אתוקף ארום הוא יחסן
8122 Dt19:03 ויהוויין לכון למערק לתמן כל דקטיל בשלו:
8123 Lv18:03 דכנען די אנה מעל יתכון לתמן לא תעבדון ובנימוסיהון לא
8124 Ex26:33M תחות פורפיא ותעל תמן/לתמן#2/ לגו מן פרכתא ית ארונה
8125 Dt12:29 ית אומייה די אתון עלין לתמן למטרד יתהון מן קדמיכון
8126 Dt 4:05 בגו ארעא די אתון עללין לתמן למירות יתה:
8127 Dt 4:14 בארעא די אתון עברין לתמן למירת יתה:
8128 Dt 6:01 בארעא די אתון עברין לתמן למירת יתה:
8129 Dt 7:01 לארעא די אתון עללין לתמן למירת יתה ויטרוד אומין
8130 Dt11:10 ארעא די אתון עלי{ך}<ן> לתמן למירת יתה לא כארעא דמצרים
8131 Dt11:11 וארעא די אתון עברין לתמן למירת יתה ארע דטוורין
8132 Dt11:29 לארעא די אתון עלין לתמן למירת יתה ותתנון ית ברכתה
8133 Dt23:21 על ארעא די אתון עלין לתמן למירת יתה:
8134 Dt28:21 מעילווי ארעא דאתון עלין לתמן למירת יתה:
8135 Dt28:63 ארעא די אתון עלין לתמן למירת יתה:
8136 Dt30:16 בארעא די אתון עללין לתמן למירת יתה:
8137 Dt30:18 עברין ית ירדנה למיעול לתמן למירת יתה:
8138 Dt31:13 די אתון} עברין ית ירדנה לתמן למירת יתה:
8139 Dt11:08 ית ארעא די אתון עברין לתמן למרת יתה:
8140 Lv20:22 ארעא די אנה מעל יתכו' לתמן למשרי בגווה:
8141 Dt 4:42 למערק לתמן קטולה די יקטול ית
8142 Dt 4:26M ירדנה/יורדנא#2/ תמן/לתמן#2/ למירת/למירות#2/ יתה
8143 לתפילין Dt 6:08 על אדריעיכון ויהוון לתפילין על בית אפיכון:
8144 Dt11:18 על אדרעיכון ויהוון לתפילין על בית אפיכון:
8145 לתקלה Ex23:33 ארום יהוון לכון לתקלה:
8146 Nu11:26 מן ימא יהווי לישראל לתקלה ומידד הוה מתנבא ואמר הא
8147 Ex10:07 עד אימת יהווי דין לן לתקלה שלח ית עמא ויפלחון קדם
8148 לתקפה Ex14:27 ואחזור ימא לעדוני צפרא לתקפה ומצריי ערקון לקדמותיה
8149 לתר' Lv 4:04M דתורה ויכוס ית תורה לתר'#2/ משכן זימנ' קדם ייי
8150 Nu20:06M קהלה/לק#2/ בתרע/לתר'#2/ משכן זימנה ואשתטחו
8151 לתרי Ex28:21M /יהוון#2/ לתרין/<לת>רי#2/ {עשרתין} עשרתי

8152 לתריהון Ex26:24 עזקתא חדא כדן יהוי לתריהון לתרין סטרין יהוון:
8153 Ex36:29 עזקתה חדא כדון עבד לתריהון לתרין סטרוי:
8154 לתריין Lv 5:11M שפנינין או לתרין/לתריין#2/ גוזלין בני יון
8155 Lv 5:11M /תארע בין ידוי לתריין#2/ שפנינין או לתרין
8156 לתרין Gn 9:22 ית עריתה דאבוי ותני לתרין אחוי בשוק':
8157 Lv 5:11 ידיה לתרין שפנינין או לתרין גוזלין בני יון וייתי ית
8158 Lv10:02M מן קדם ייי ואתפליגת לתרין חוטין ומתרין לארבעה ועלת
8159 Dt 3:21 מה די עבד ייי אלהכון לתרין מלכייה האליין כדן יעבד
8160 Ex 4:09 אין לא יהימנון להוד לתרין נסייא האליין ולא ישמעון
8161 Ex36:24 חומרין תחות לוחה חדה לתרין סטרוי ותרין חומרין תחות
8162 Ex36:24 חומרין תחות לוחה חדה לתרין סטרוי:
8163 Ex36:29 חדא כדון עבד לתריהון לתרין סטרוי:
8164 Ex26:24 חדא כדן יהוי לתריהון לתרין סטרין יהוון:
8165 Gn22:05M <ואמר> אברהם לעולימוי/לתרין עולמוי#2/ תבו לכון
8166 Ex28:21 חקיק על שמיה יהוויין לתרין {עשרתין} עשרתי שבטיה:
8167 Ex26:19 חומרין תחות לוחה חדתה לתרין צירוי ותרין חומרין תחות
8168 Ex26:19 חומרין תחות לוחה חדתה לתרין צירוי:
8169 Lv 5:11 ואין לא תרע ידיה לתרין שפנינין או לתרין גוזלין
8170 לתרין עשרתי Ex39:14 חקיק גבר על שמיה לתרין עשרתי שבטיה:
8171 Ex24:04 ותרתי עשרי קיימין לתרין עשרתי שבטייה דבני ישראל:
8172 לתרע Lv14:38 ויפוק כהנא מן בייתה לתרע בייתה ויטרוד ית בייתה שבעה
8173 Dt22:21 ויפקון ית רביתה לתרע בייתה דאבוה וירגמון יתה
8174 Ex21:06M \לתרעא או למזוזיית'/ לתרע/ בית דינ' או לחד מן
8175 Dt22:15 דרביתה לוות חכימי קרתה לתרע בית דינה:
8176 Dt25:07 ית יבומתיה ותסק יבמתיה לתרע בית דינה לחכימיה ותימר סרב
8177 Ex32:27 ירכיה עברו וחזרו מן תרע לתרע במשריתא וקטלו גבר ית אחוי
8178 Ex35:17M וית פרש תרע/לתרע#2/ דרתה:
8179 Ex38:15 תניינה מן הכה ומן הכא לתרע דרתה וולונין חמש עשרה אמין
8180 Ex39:40 עמודה וית חמרה וית פרסה לתרע דרתה וית מתחיהון וית
8181 Ex40:05M למשכנה /פרס לתרעה לתרע מש'#2/:
8182 Lv 4:15M ויכוס ית תורה קדם ייי לתרע מש'#2/:
8183 Ex29:04 וית אהרן וית בנוי תקרב לתרע משכן זימנא ותקדש יתהון
8184 Ex40:12 ותקרב ית אהרן וית בנוי לתרע משכן זימנה ותקדש יתהון
8185 Lv 4:04 וייתי ית תורא לתרע משכן זימנ' קדם ייי ויסמוך
8186 Lv 4:14 תורין לחטאתה וייתון יתה לתרע משכן זימנא:
8187 Lv 8:03 וית כל עם כנישתה כנש לתרע משכן זימנא:
8188 Lv 8:04 יתה ויתכנשו עם כנשתה לתרע משכן זימנא:
8189 Lv 9:05 ונסבו ית מה דפקד משה לתרע משכן זימנה וקריבו עם כל
8190 Lv12:06 בר יון או שפנין לחטאתה לתרע משכן זימנה לוות כהנא:
8191 Lv14:23 לדכאותיה לוות כהנא לתרע משכן זימנא קדם ייי:
8192 Lv15:14 בני יוון וייתי קדם ייי לתרע משכן זימנא ויתן יתהון לוות
8193 Lv15:29 ותתי יתהון לוות כהנא לתרע משכן זימנא:
8194 Lv16:07 ויקים יתהון קדם ייי לתרע משכן זימנא:
8195 Lv17:05 וייתון יתהון קדם ייי לתרע משכן זמנה לוות כהנה קדם
8196 Lv19:21 וייתי ית אשמה לשמה דייי לתרע משכן זימנא דכר לאשמה:
8197 Nu 6:13 יומי נזירותיה ייתי יתיה לתרע משכן זימנה:
8198 Nu10:03 לוותך כל עם כנישתה לתרע משכן זימנא:
8199 Nu16:19 קרח ית כל עם כנישתה לתרע משכן זמנא ואיתגלית איקר
8200 Nu17:15 וחזר אהרן לוות משה לתרע משכן זימנה ומגפתה אתכליית:
8201 Ex26:36 ותעבד פרס לתרע משכנה תכלה וארגון וצבע
8202 Ex33:09 והוה כד הוה עליל משה לתרע משכנה נחת עמודא דענגא
8203 Ex35:15 בוסמנייה וית פרסה דתרעא לתרע משכנה^:
8204 Ex36:37 ועבד פרס לתרע משכנה תכלה וארגון וצבע
8205 Dt22:24 ותפקון ית תרויהון לתרע קרתה ההיא ותרגמון יתהון

|  |  |  |  |
|---|---|---|---|
| 8206 | | Gn34:20 | ואתא חמור ושכם ברה לתרע קרתיהון ומלילו עם אנשי |
| 8207 | לתרעא | Ex21:06 | לוות דייניה ויקרב יתיה לתרעא או למזוזיית' וירצע רבוניה |
| 8208 | לתרעה | Ex40:05M | דתרעה למשכנה /פרס לתרעה לתרע מש'#2#/: |
| 8209 | לתרתי עשר' | Ex39:14M | על שמיה לתרין עשרת/לתרתי עשר'#2#/ שבטיה: |
| 8210 | לתרתין | Gn32:11 | הדין וכדון הא אנה לתרתין משירין: |
| 8211 | | Gn32:08 | ענה וית סוריא וגמליא לתרתין משרין: |
| 8212 | | Gn 4:23 | ואמר למך לתרתין נשוהי עדה וצלה שמעו |
| 8213 | לתשמיש | Lv18:20M | /תשווי מדמ{ת}<כ>ך לתשמיש דזרע#2#/ למסתאבה בה: |
| 8214 | | Ex19:15 | לא יקרב מנכון גבר לתשמיש דערס: |
| 8215 | לתשעה | Nu34:13M | פקד ייי למיתן לתישעת/לתשעה#2#/ שבטייה ופלגו שבטה |
| 8216 | דלבני | Nu 3:21 | לגרשון זרעייתה דבנוי דלבני וזרעייתה דבנוי דשמעי |
| 8217 | | Nu26:58 | דלויי זרעייתה דבנוי דלבני זרעייתה דבנוי דחברוני |
| 8218 | ול' | Nu18:09M | לך ולבנך /לך הוא ול'#2#/: |
| 8219 | ולאבירם | Nu16:12 | ושלח משה למקרי לדתן ולאבירם בנוי דאליאב ואמרין לית |
| 8220 | | Dt11:06 | ודי עבד לדתן ולאבירם בנוי דאליאב בר ראובן |
| 8221 | ולאברם | Gn12:16 | ולאברם אייטב מן בגללה והוה ליה |
| 8222 | ולאהליאב | Ex36:02 | וקרא משה לבצלאל ולאהליאב ולכל די חכים לבה דשוי |
| 8223 | ולאהרן | Nu12:04 | בתכ{«ק»}וף למשה ולאהרן <....> ונפקו תלתיהון: |
| 8224 | | Ex12:01 | ואמר ייי למשה ולאהרן בארעא דמצרים למימר: |
| 8225 | | Nu20:23 | ואמר ייי למשה ולאהרן בהר טורה סמיך לתחומיהון |
| 8226 | | Ex12:31 | וקרא למשה ולאהרן בליליא ואמר קומו פוקו |
| 8227 | | Ex12:43 | ואמר ייי למשה ולאהרן דא גזירת אורייתא דפסחא |
| 8228 | | Ex 8:04 | וקרא פרעה למשה ולאהרן ואמר צלון קדם ייי ויעדון |
| 8229 | | Ex 8:21 | וקרא פרע' למשה ולאהרן ואמר אזלו קרבו קדם ייי |
| 8230 | | Ex 9:27 | ושלח פרעה וקרא למשה ולאהרן ואמר להון חטית הדא זמנא |
| 8231 | | Ex10:16 | פרעה למקרי למשה ולאהרן ואמר חטית קדם ייי |
| 8232 | | Ex10:24 | וקרא פרעה למשה ולאהרן ואמר אזילו פלחו קדם ייי |
| 8233 | | Nu20:12 | ואמר ייי למשה ולאהרן חלף די לא הימנתון לי |
| 8234 | | Ex 7:08 | ואמר ייי למשה ולאהרן למימר: |
| 8235 | | Ex 9:08 | ואמר ייי למשה ולאהרן סבו לכון מלא כפיכון קטם |
| 8236 | ולאיתמר | Lv10:06 | משה לאהרן ולאלעזר ולאיתמר בנוי ראשיכון לא תכסון |
| 8237 | ולאלעזר | Nu26:01 | ואמר ייי למשה ול«א»<ל>עזר ברה דאהרן כהנא רבה |
| 8238 | | Lv10:06 | ואמר משה לאהרן ולאלעזר ולאיתמר בנוי ראשיכון לא |
| 8239 | | Nu32:02 | דראובן ואמרין למשה ולאלעזר כהנה ולרברבני עם כנישתה |
| 8240 | ולאלצפן | Lv10:04 | וקרא משה למישאל ולאלצפן בנויהי דעזיאל חביבה |
| 8241 | ולבנימן | Gn45:22 | לכל גבר אסטולי ולבוש ולבנימן יהב תלת מאה סלעין דכסף |
| 8242 | וליוסף | Gn41:50 | וליוסף אתיליד תרין בנין |
| 8243 | וליעקב | Gn50:24 | קיים לאברהם ליצחק וליעקב: |
| 8244 | | Dt 9:05 | לאברהם ליצחק וליעקב: |
| 8245 | | Dt29:12 | לאברהם ליצחק וליעקב: |
| 8246 | | Nu32:11 | קיימת לאברהם ליצחק וליעקב ארום <....>: |
| 8247 | | Ex 6:08 | יתה לאברהם ליצחק וליעקב ואתן יתיה לכון {ולתן} |
| 8248 | | Dt 9:27 | לאברהם ליצחק וליעקב לא תסתכל לקשיותהון דעמא |
| 8249 | | Ex33:01 | קיימת לאברהם ליצחק וליעקב למימר לברך אתן יתה: |
| 8250 | | Dt34:04 | לאברהם ליצחק וליעקב למימר לזרעיית בניך אתן |
| 8251 | | Dt 6:10 | לאברהם ליצחק וליעקב למיתן לכון קירוין רברבן |
| 8252 | | Dt30:20 | לאברהם ליצחק וליעקב למיתן להון: |
| 8253 | | Dt 1:08 | לאברהם ליצחק וליעקב למתן להון ולבניהון |
| 8254 | וליצחק | Gn35:12 | ארעא די יהבת לאברהם וליצחק לך אתננה ולבניך מן בתרך |
| 8255 | ולישמעאל | Gn17:20 | ולישמעאל שמעית לקל צלותך הא ברכת |
| 8256 | ולישראל | Ex32:13 | טביה לאברהם ליצחק ולישראל עבדיך די קיימת להון בשם |
| 8257 | | Ex18:01 | כל מה דעבד ייי למשה ולישראל עמיה ארום אפק ייי ית |
| 8258 | וללאה | Gn31:04 | ושלח יעקב וקרא לרחל וללאה לאפי ברא לוות ענה: |
| 8259 | וללבן | Gn29:16 | וללבן תרת«י»ן בנן שמא {דרבא} |
| 8260 | וללוי | Gn34:30 | ואמר יעקב לשמעון וללוי אבאשתון לי למיסבא שמי ביש |
| 8261 | ולמכיר | Dt 3:15 | ולמכיר יהבית ית גלעדה: |
| 8262 | ולמשה | Ex24:01 | ולמשה אמר סוק תבע אולפן מן קדם |
| 8263 | | Nu21:16 | די אמר ייי לאהרן ולמשה כנש ית עמא ואתן להון |
| 8264 | ולנדב | Ex24:11M | "ולוות ... ישראל" ולנדב ואביהו עולמייא שפיריא |
| 8265 | ולעבר | Gn10:25 | ולעבר אתילד תרין בנין שמה דחד |
| 8266 | ולעוג | Dt31:04 | היך מה דעבד לסיחון ולעוג מלכיהון דא{ום}<מו>ריי |
| 8267 | ולקהת | Nu 3:27M | \ולבנוי דקהת/ולקהת#2#/ זרעייתה דבנוי |
| 8268 | ולקין | Gn 4:05 | ולקין ולקרבניה לא קבל ברעווא |
| 8269 | ולרבקה | Gn24:29 | ולרבקה {אחוי} ושמה לבן ורהט |
| 8270 | ולשכם | Gn34:24 | ושמעו לחמור ולשכם בריה כל נפקי תרע קרתיה |
| 8271 | ולשם | Gn10:21 | ולשם אתילד אף הוא אבוהון דכל |
| 8272 | ולשרה | Gn20:16 | ולשרה אמר הא יהבית אלף דסלעין |
| 8273 | | Gn18:14 | אחזור לוותך בשעתא הדא ולשרה בר דכר: |
| 8274 | ולשת | Gn 4:26 | ולשת אף הוא אתיליד בר וקרא ית |
| 8275 | ולחומתה | Nu34:15M | תחומה לטור תלגה ולחומתה דלבנן ומן טור תלגה |
| 8276 | | Nu34:15M | דלבנן ומן טור תלגה ולחומתה דלבנן נפק להון תחומה |
| 8277 | ולא' | Nu 6:07M | לאבוי ולאמיה לאחוי/ולא'#2#/ ולאחתיה לא יסתאב |
| 8278 | ולאבהתכון | Ex13:11 | היך מה די קיים לך ולאבהתכון ויהב יתה לכון: |
| 8279 | ולאבהתן | Nu20:15 | סגין ואבאשו לן מצריי ולאבהתן: |
| 8280 | ולאבוי | Lv21:02 | דקריב לוותיה לאמיה ולאבוי ולברי' ולברתיה ולאחוי: |
| 8281 | | Gn45:23 | ולאבוי שלח כדורון דא עשרה חמרין |
| 8282 | ולאגיריכון | Lv25:06M | ולאמהתכון ולאגיריכון ולתותביכון אליין |
| 8283 | ולאגירך | Lv25:06 | לך ולעבדך ולאמהתך ולאגירך ולתותבך ולגיורה |
| 8284 | ולאגר | Dt24:15 | שמשא ארום מסכן הוא ולאגר פעליה הוא מסר קדמך ית |
| 8285 | ולאדם | Gn 3:17 | ולאדם אמר ארום שמעת לקלה דאתתך |
| 8286 | | Gn 2:20 | ולכל חיתא דאפי ברא ולאדם לא אשכח ליה זוג כד נפק |
| 8287 | ולאחוי | Lv21:02 | ולברי' ולברתיה ולאחוי: |
| 8288 | | Gn37:10 | ותני לאבוי ולאחוי ו{ט}<נז>ף בה אבוי ואמר |
| 8289 | ולאחוך | Dt23:21 | לבר עממיה את רשי למיזף ולאחוך לית את רשי למיזף מן בגלל |
| 8290 | ולאחיה | Gn34:11 | ואמר שכם לאבוה ולאחיה אשכח חן וחסד באפיכון וית |
| 8291 | ולאחסנה | Nu32:05 | ית ארעא הדה לעבדך ולאחסנה לא תעבר יתן ית ירדנה: |
| 8292 | ולאחסנות | Lv25:41 | ויחזור לזרעית«י»ה ולאחסנות אבהתה יחזור: |
| 8293 | ולאחסנותה | Dt12:09 | עד כדון לנוחתה ולאחסנותה דייי אלהכון יהב לכון: |
| 8294 | ולאחסנת | Lv25:41M | לזרעית«י»ה ולאחסנות/<ולאחס>נת#2#/ אבהתה יחזור: |
| 8295 | ולאחסנתה | Dt12:09M | /ולבית מוקדשה ולאחסנתה#2#/ דייי אלהכון יהב לכון: |
| 8296 | ולאחתה | Lv21:03 | ולאחתה בתולתה דקריבה לוותיה די |
| 8297 | ולאחתיה | Nu 6:07 | לאבוי ולאמיה לאחוי ולאחתיה לא יסתאב להון במיתתהון |
| 8298 | ולאימיה | Dt33:09 | על שבטה דלוי לאבוי ולאימיה לא נסב אפין בדינה וית |
| 8299 | ולאינשי בייתי | Gn34:30 | לוותי וישיצון יתי ולאינשי בייתי: |
| 8300 | ולאינשי בתיכון | Dt26:11 | לכון ייי אלהכון ולאינשי בתיכון אתון וליויי וגיורייה |
| 8301 | ולאלין | Lv11:24 | ולאלין תסתאבון כל די יקרב |
| 8302 | ולאמה | Gn24:53 | ודורון יהב לאחיה ולאמה: |
| 8303 | | Gn28:07 | ושמע יעקב לאבוי ולאמה ואזל לפדן ארם: |
| 8304 | | Lv21:11 | דמית לא ייעול לאבוי ולאמה לא יסתאב: |
| 8305 | | Ex21:15 | ומן דימחי לאבוי ולאמה מתקטלה יתקטיל: |
| 8306 | ולאמהן | Dt28:68 | לבעלי דבביכון לעבדין ולאמהן ולית דזבין יתכון: |
| 8307 | ולאמהתך | Lv25:06 | לכון למיכל לך ולעבדך ולאמהתך ולאגירך ולתותבך ולגיורה |
| 8308 | ולאמהתכון | Lv25:06M | לכון ולעבדיכון ולאמהתכון ולאגיריכון ולתותביכון |
| 8309 | ולאמיה | Nu 6:07 | לאבוי ולאמיה לאחוי ולאחתיה לא יסתאב |
| 8310 | ולאנשי בייתיה | Gn46:31 | ואמר יוסף לאחוי ולאנשי בייתיה דאבוי אסוק כען ואתני |
| 8311 | ולארמלתה | Dt26:12 | לגיוריה <ליתמיא> ולארמלתה וייכלון בקורייכון |
| 8312 | | Dt24:19 | ולגיוריה לייתמייה ולארמלתה יהווי מן בגלל די יברך |
| 8313 | | Dt24:20 | לגיוריה וליתמי «ולארמלתה» יהווי: |

|  |  |  |  |  |  |
|---|---|---|---|---|---|
| 8314 | | Dt24:21 | לגיוריה וליתמיה | ולארמלתה | יהווי: |
| 8315 | | Dt26:13 | לגיורייה ליתמייה | ולארמלתה | ככל פיקודייך די פקדת יתן |
| 8316 | ולארעא | Dt12:09M | דמתקרי בית נייחה | ולארעא | דישראל דמתקריי |
| 8317 | | Dt32:01 | ארעא אמר לשמיא אציתו | ולארעא | שמעו ברם ישעיה נבייה דקם |
| 8318 | ולארעהון | Dt31:04 | דא{ומ}<מו>ריי | ולארעהון | די ישיצי יתהון: |
| 8319 | ולארתיכהון | Dt11:04M | | ולארתכיהון/<ולאר>תיכהון#2#/ | די אציף |
| 8320 | ולארתכיהון | Dt11:04 | דמצריי לסוסוותהון | ולארתכיהון | די אציף ית מוי דימה |
| 8321 | ולאשלמותה | Lv 7:37 | ולחטאתה ולאש«מה» | ולאשלמותה | ולנכסת קדשיה: |
| 8322 | ולאשמה | Lv 7:37 | למנחתה ולחטאתה | ולאש«מה» | ולאשלמותה ולנכסת קדשיה: |
| 8323 | ולאתתה | Gn 3:16 | | ולאתתה | אמר מסגיא אסגיא צעריך |
| 8324 | | Lv18:19 | | ולאתתה | בנדת סאבתה לא תסב למגלייה |
| 8325 | | Lv18:20M | \ולוות | אתתה/ולאתתה#2#/ | דחברך לא תתן שמושך |
| 8326 | | Lv18:14 | דאחוי דאבוך לא תבזי | ולאתתה | לא תקרב חביבתך היא: |
| 8327 | ולאתתיה | Gn 3:21 | ועבד ייי אלהים לאדם | ולאתתיה | לבושין דאוקר למשך בשרהון |
| 8328 | ולבהקיתה | Lv14:56 | ולשומתה ולקלפתה | ולבהקיתה: | |
| 8329 | ולבי׳ מקדש׳ | Lv12:04 | בכל קדשין לא תקרב | ולבי׳ מקדש׳ | לא תיעול עד זמן |
| 8330 | ולבית | Gn 1:10 | ממרא דייי ליבשת׳ ארעא | ולבית | כנישות מיא קרא יממא וגלי |
| 8331 | ולבית מוקדשה | Dt12:09M | ולאחסנותה | /ולבית מוקדשה | ולאחסנתה#2#/ דייי |
| 8332 | ולביתה | Lv14:55 | ולצרעתה דלבושה | ולביתה: | |
| 8333 | ולבן | Dt 1:16M | בין/לבין#2#/ גבר | ובין/ולבן#2#/ | אחוי ובין תותביה |
| 8334 | ולבנוהי | Gn17:19 | קיימי עמה לקיים עלם | ולבנוהי | מן בתרה: |
| 8335 | | Gn 9:08 | ואמ׳ ייי לנח | ולבנוהי | עמה למימר: |
| 8336 | | Lv 2:03 | מן מנחתה לאהרן | ולבנוהי | קדש קדשים מן קרבנוי |
| 8337 | ולבנוי | Lv 7:31 | ויהוי ניעה לאהרן | ולבנוי: | |
| 8338 | | Lv 8:31 | ואמר משה לאהרן | ולבנוי | בשלו ית בשרה בתרע משכן |
| 8339 | | Ex28:40 | | ולבנוי | דאהרן תעבד כתונין ותעבד |
| 8340 | | Nu32:01 | הוה לבנוי דראובן | ולבנוי | דגד תקיף לחדה וחמון ית |
| 8341 | | Nu34:23 | | ולבנוי | דיוסף מן שבטה דבנוי |
| 8342 | | Nu18:21 | | ולבנוי | דלוי הא יהבית כל מעשר |
| 8343 | | Nu 7:09 | | ולבנוי | דקהת לא יהב משה לא מן |
| 8344 | | Nu32:06 | ואמר משה לבנוי דגד | ולבנוי | דראובן האחיכון יעלון |
| 8345 | | Nu32:33 | להון משה לבנוי דגד | ולבנוי | דראובן ולפלגות שבטה |
| 8346 | | Lv24:09 | ותיהוי לאהרן | ולבנוי | ויאכלון יתה באתר קדיש |
| 8347 | | Ex29:35 | ותעבד לאהרן | ולבנוי | כדן כל מה דפקדית יתך שבעה |
| 8348 | | Gn25:06 | | ולבנוי | לחינתי די לאברהם יהב |
| 8349 | | Ex28:04 | דקדש לאהרן אחוך | ולבנוי | למשמשא קדמוי בכהנתה רבתה: |
| 8350 | | Ex29:28 | ויהוי לאהרן | ולבנוי | לקיים עלם מן לוות בני |
| 8351 | | Nu 8:19 | ית ליווי מתנה לאהרן | ולבנוי | מן גו בני ישראל למפלח ית |
| 8352 | | Nu 3:09 | ותתן ית ליויי לאהרן | ולבנוי | מתנה אינון יהיבין לה |
| 8353 | | Nu 3:51 | ית כסף פרקוניה לאהרן | ולבנוי | על פם גזירת ממרה דייי |
| 8354 | | Nu 3:48 | ותתן ית כספה לאהרן | ולבנוי | פרקונייה דאשתיירו בהון: |
| 8355 | | Lv 2:10 | מן מנחתה לאהרן | ולבנוי | קדש קדשים מן קרבנוי דייי: |
| 8356 | | Lv 7:34 | יתהון לאהרן כהנא | ולבנוי | קיים עלם מן לוות בני |
| 8357 | ולבני | Ex30:31M | \ועם | בני/ולבני#2#/ | ישראל תמלל/תדבר#2#/ |
| 8358 | | Lv 9:03M | \ועם | בני/ולבני#2#/ | ישראל תמליל למימר |
| 8359 | | Lv20:02 | | ולבני | ישראל תימר גבר גבר מן |
| 8360 | | Dt 4:09 | ותלפון יתהון לבניכון | ולבני | בניכון: |
| 8361 | ולבניהון | Dt11:09 | לאבהתכון למיתן להון | ולבניהון | ארע עבדה פירין טבין |
| 8362 | | Ex28:43 | ימותון קיים עלם להון | ולבניהון | בתריהון: |
| 8363 | | Dt 1:08 | וליעקב למתן להון | ולבניהון | מן בתריהון: |
| 8364 | ולבניך | Gn28:13 | דמך עלה לך אתן יתה | ולבניך: | |
| 8365 | | Nu18:19 | לשמה דייי יהבית לך | ולבניך | ולבנתך עמך לקיים עלם קיים |
| 8366 | | Gn17:07 | למהווי במימרי לך לאלה | ולבניך | מן בתרך: |
| 8367 | | Gn17:08 | ואתן לך | ולבניך | מן בתרך ית ארעא תותבותך |
| 8368 | | Gn13:15 | די את חמי לך אתן יתה | ולבניך | עד לעלם: |
| 8369 | | Lv10:15 | אנפו קדם ייי ויהוי לך | ולבניך | עמך לקיים עלם היך מה דפקד |
| 8370 | ולבניכון | Dt 4:40 | הדין די ייטב לכון | ולבניכון | מן בתריכון ומן בגלל די |
| 8371 | | Dt12:25 | מן בגלל דייטב לכון | ולבניכון | מן בתריכון ארום תעבד |
| 8372 | | Dt12:28 | מן בגלל דייטיב לכון | ולבניכון | מן בתריכון עד לעלם ארום |
| 8373 | | Ex12:24 | הדין לקיים לכון | ולבניכון | עד לעלם: |
| 8374 | ולבנינן | Dt29:28 | ייי אלהן וגלייתה לן | ולבנינן | עד עלמא למעבד ית כל |
| 8375 | ולבנך | Nu18:09 | ממרי קדש קדשין הוא לך | ולבנך: | |
| 8376 | | Gn26:03 | עמך ואברך יתך ארום לך | ולבנך | אתן ית כל ארעתא האלין |
| 8377 | | Nu18:19 | עלם הוא קדם <ייי> לך | ולבנך | בתרך: |
| 8378 | | Nu18:11 | בני ישראל לך יהבית | ולבנך | ולבנתך עמך לקיים עלם כל |
| 8379 | | Nu18:08 | ישראל לך יהבית לרבו | ולבנך | לקיים עלם: |
| 8380 | | Gn28:04 | ית ברכתה דאברהם לך | ולבנך | עמך למירתך ית ארעא |
| 8381 | ולבנתי | Gn31:28 | יתי למנשקיה לבני | ולבנתי | כדון אסכלת ית מה דעבדת: |
| 8382 | | Gn31:43 | חמי {לי הו} לי הוא | ולבנתי | מה אעביד לאלין יומא דן או |
| 8383 | ולבנתיה | Gn32:01 | בצפרא ונשק לבנוי | ולבנתיה | וברך יתהון ואזל וחזר |
| 8384 | ולבנתך | Nu18:11 | ישראל לך יהבית ולבנך | ולבנתך | עמך לקיים עלם כל דדכי |
| 8385 | | Nu18:19 | דייי יהבית לך ולבניך | ולבנתך | עמך לקיים עלם קיים מלח |
| 8386 | ולבעירה | Gn33:17 | ובנה לה בית | ולבעירה | עבד מטלין בגין כדין קרא |
| 8387 | ולבעירכון | Lv25:07 | | ולבעירכון | ולחיותה די בארעכון |
| 8388 | ולבעלי דבביה׳ | Dt32:41 | אחזר נקמתה לשנאוי | ולבעלי דבביהון | דעמי אשלם להון גמלין |
| 8389 | ולבקרותה | Gn18:07 | | ולבקרותה | רהט אברהם ונסב בר תורין |
| 8390 | ולבר | Ex21:21M | משתעבד ליה ולברי׳ | ולבר | ברי׳#2#/: |
| 8391 | ולברה | Lv27:07M | דכסף \ולנקבתה עשר | /ולברה | נקבה עשרה#2#/ סלעין: |
| 8392 | ולברי׳ | Ex21:21M | הוא /דהוא משתעבד ליה | ולברי׳ | ולבר ברי׳#2#/: |
| 8393 | | Lv21:02 | לוותיה לאמיה ולאבוי | ולברי׳ | ולברתיה ולאחוי: |
| 8394 | ולברתיה | Lv21:02 | לאמיה ולאבוי ולברי׳ | ולברתיה | ולאחוי: |
| 8395 | ולגבר | Lv15:33 | ית דובה לדכר או לנקבה | ולגבר | די ישמש עם אתה מסאבה: |
| 8396 | ולגיורה | Lv25:06 | ולאגירך ולתותבך | ולגיורה | דמתגיירין ביניכון: |
| 8397 | | Nu 9:14 | חדה יהיווי לכון | ולגיורה | וליציבה דארעא: |
| 8398 | ולגיוריה | Nu15:15 | דאור«י»תיא לכון | ולגיוריה | דמתגייירין קיים עלם |
| 8399 | | Nu15:16 | דין חד יהוי לכון | ולגיוריה | דמתגייירין ביניכון: |
| 8400 | | Nu15:26 | כנישתה דבני ישראל | ולגיוריה | דמתגייירין ביניהון ארום |
| 8401 | | Nu19:10 | ויהווי לבני ישראל | ולגיוריה | דמתגייירין ביניכון לקיים |
| 8402 | | Dt24:19 | לא תחזרון למיסב יתה | ולגיוריה | לייתמייה ולארמלתה יהווי |
| 8403 | | Lv19:10 | לא תלקטון למסכיניה | ולגיוריה | תשבקון יתהון כדן אמר ייי |
| 8404 | | Lv23:22 | לא תלקטון למסכיניה | ולגיוריה | תשבקון יתהון כדן אמר ייי |
| 8405 | ולגיורייה | Ex12:49 | חדא יהוי ליציביא | ולגיורייה | דמתגייירין ביניכון: |
| 8406 | | Nu 9:14M | \ולגיורה וליציבה | /ולגיורייה | וליציביה#2#/ דארעא: |
| 8407 | | Nu35:15 | לבני ישראל | ולגיורייה | ולתותבייה די ביניהון |
| 8408 | ולגייורייה | Nu15:29M | ישראל | וגיוריה/ולגייורייה#2#/ | דמתגייירין |
| 8409 | ולדוכרן | Ex13:09 | לך לאתין על אדרעיכון | ולדוכרן | טב על בית אפיכון מן בגלל |
| 8410 | | Ex13:16 | לסימן על אדרעיכון | ולדוכרן | טב על בית אפיכון ארום |
| 8411 | ולדרומה | Dt 3:27 | למערבה ולציפונא | ולדרומה | ולמדנחה וחמי בעיינך |
| 8412 | | Gn13:14 | אתרא דאת תמן לצפונה | ולדרומה | ומדנחה ומערבה: |
| 8413 | ולדריהון | Ex30:21 | ולזרעיי«ת» בניהון | ולדריהון: | |
| 8414 | ולדרתה | Ex38:20 | וכל סכייה למשכנה | ולדרתה | מן חזור חזור דנחש: |
| 8415 | ולהכא | Ex 2:12 | ואסתכיל להכא | ולהכא | וחמא ארום לא הווה תמן גבר |
| 8416 | ולזמנין | Gn 1:14 | ליליא ויהוון לאתין | ולזמנין | ולמקדש׳ בהון עבור שהרין |
| 8417 | ולזרעיית | Gn17:19M | \עלם ולבנוהי /דעלם | ולזרעיית | בנוי#2#/ מן בתרה: |
| 8418 | | Ex28:43M | קיים דעלם לה | ולזרעיית | בנוי מן בתרה |
| 8419 | | Dt 1:08M | למתן להון | ולבניהון/ולזרעיית | בני׳#2#/ |
| 8420 | | Dt11:09M | למיתן להון | ולבניהון/ולזרעיית | בני׳#2#/ ארע עבדה |
| 8421 | | Dt 5:29M | למייטבה להון | ולזרעיית | בניה׳ |

|  |  |  |  |  |  |
|---|---|---|---|---|---|
| 8422 | | Ex30:21 | לקיים עלם להון | ולזרעיי«ת» | בניהון ולדריהון: |
| 8423 | | Gn28:04M | "ולבנך ... תותבותך: | ולזרעיית | בניך מן בתרך למירות יתך |
| 8424 | | Dt12:25M | למייטבה לכון/ | ולזרעיית | בניכון#2#/ מן בתריכון |
| 8425 | | Gn35:12M | ולבניך מן בתרך\ | /ולזרעיית | בתרך#2#/ אתן ית ארעא: |
| 8426 | ולזרעית | Nu25:13 | ותיהווי ליה | ולזרעית | מן בתריה קים כהנא לעלם |
| 8427 | ולזרעיתיה | Nu25:13M | ותיהווי ליה | ולזרעית/‹ולזרעי›תיה#2#/ | מן בתריה קים |
| 8428 | ולחוביהון | Gn50:17 | לסרחניהון דאחך | ולחוביהון | ארום בישן גמלו יתך |
| 8429 | ולחטאינן | Ex34:09 | ותשרי ותשבוק לחובינן | ולחטאינן | ותאחסן יתן: |
| 8430 | ולחיותה | Lv25:07 | ולבעירכון | ולחיותה | די בארעכון תיהוי כל עללת |
| 8431 | ולחייתה | Lv25:07M | ולחיותה די בארעכון\ | /ולחייתה | דאית בא#2#/ תיהוי כל |
| 8432 | | Dt28:26 | לכל עופה דשמייא | ולחייתה | דארעא ולית דמניט: |
| 8433 | ולחכימי | Lv 9:01 | משה לאהרן ולבנוי | ולחכימי | ישראל: |
| 8434 | ולחכימיא | Ex24:14 | | ולחכימיא | אמר ת{ו}‹י›בו אמתינו לי |
| 8435 | ולחלתה | Dt 2:06 | עמכון לראשי טוריה | ולחל{ת}תה | עמיקתה: |
| 8436 | ולחרשיא | Ex 7:11 | לחוד פרעה לחכימיא | ולחרשיא | ועבדו אף אינון חרשיהון |
| 8437 | ולחשוכא | Gn 1:05 | דייי לנהורא איממ' | ולחשוכא | קרא לליא והוא רמש והוה |
| 8438 | ולחשנה | Ex35:27 | אבניה דאשלמותא לאפדה | ולחשנה: | |
| 8439 | ולחתה | Lv21:03M | | ולאחתה/ולחתה#2#/ | בתולתה דקריבה |
| 8440 | ולטלי | Dt28:50M | עולם לא /נסבה לסב | ולטלי | ל#2#/ חייסה: |
| 8441 | ולטליתה | Dt22:26M | "ולרביתה ... דקטולין: | ולטליתה | לא תעבד פתגם ביש לית |
| 8442 | ולטעוותהון | Ex23:32 | לא תקימון להון | ולטעוותהון | קיים: |
| 8443 | וליבניהון | Dt 5:29 | מן בגלל דייטיב להון | וליבניהון | לעלם: |
| 8444 | וליבנינן | Gn31:16M | \אינון ודבננן /הוא | וליבנינן#2#/ | וכדון/וכדו#2#/ מה די |
| 8445 | ולילדותי | Gn24:04 | ארום אלהן לארעי | ולילדותי | תזיל ותיסב אתה לברי |
| 8446 | וליציבה | Nu 9:14 | יהווי לכון ולגיורה | וליציבה | דארעא: |
| 8447 | וליציביה | Nu 9:14M | ולגיורייה/ | וליציביה#2#/ | דארעא: |
| 8448 | וליתמי | Dt24:20 | מן בתריכון לגיוריה | וליתמי | «ולארמלתה» יהווי: |
| 8449 | וליתמיה | Dt24:21 | מן בתריכון לגיוריה | וליתמיה | ולארמלתה יהווי: |
| 8450 | ולכל | Dt11:03 | לפרעה מלכא דמצרים | ולכל | ארעי{א}‹ה›: |
| 8451 | | Dt29:01 | לפרעה ולכל שולטנוי | ולכל | ארעיה: |
| 8452 | | Dt34:11 | לפרעה ולכל עבדוי | ולכל | ארעיה: |
| 8453 | | Nu18:09 | מנחתהון ולכל חטאתהון | ולכל | אשמיהון די יחזרון לשם ממרי |
| 8454 | | Ex10:23 | מן אתריה תלתא יומין | ולכל | בני ישראל הוה נהור |
| 8455 | | Ex11:07 | | ולכל | בני ישראל לא ינבח כלב |
| 8456 | | Ex36:02 | משה לבצלאל ולאהליאב | ולכל | די חכים לבה דשוי ייי חכמה |
| 8457 | | Gn 1:30 | דארעא ולכל עופא דשמיא | ולכל | דרחש על ארעא דאית ביה נפש |
| 8458 | | Dt34:12 | ולכל ידה תקיפתה | ולכל | חזווייה רברבייה די עבד |
| 8459 | | Nu18:09 | כל קרבנהון לכל מנחתהון | ולכל | חטאתהון ולכל אשמיהון די |
| 8460 | | Gn 1:30 | | ולכל | חיתא דארעא ולכל עופא דשמיא |
| 8461 | | Gn 2:20 | לכל בעירא ולעופא דשמיא | ולכל | חיתא דאפי ברא ולאדם לא |
| 8462 | | Dt34:12 | | ולכל | ידה תקיפתה ולכל חזווייה |
| 8463 | | Dt 1:07M | כל כופרנוי /דאימוראי | ולכל | כופרניה«ו»{#2#/ במשרה |
| 8464 | | Gn20:16 | דצדיקא ליליא חד | ולכל | מאן דהווה עמיך |
| 8465 | | Nu35:03M | קניינהון /ולניכסיהון | ולכל | ממוניהון#2#/: |
| 8466 | | Gn35:02 | ואמר יעקב לאנשי ביתיה | ולכל | מן דהווה עמיה עברו ית |
| 8467 | | Lv22:18 | קרבניה לכל נדריהון | ולכל | נסיבתהון די יקרבון לשמה |
| 8468 | | Nu14:29M | יפלון פגריכון | וכל/ולכל#2#/ | סכומיכון וכל |
| 8469 | | Dt19:15 | יקום סהד בגבר לכל חובה | ולכל | סרחון בכל סרחון די יתחייב |
| 8470 | | Dt34:11 | בארעא דמצרים לפרעה | ולכל | עבדוי ולכל ארעיה: |
| 8471 | | Gn 1:30 | ולכל חיתא דארעא | ולכל | עופא דשמיא ולכל דרחש על |
| 8472 | | Nu13:26 | ואיתיבו יתהון פתגם | ולכל | עם כנ«י»שתה וחזון ליה ית |
| 8473 | | Ex35:21 | דייי לעבידת משכן זימנא | ולכל | פולחנא וללבושי קודשא: |
| 8474 | | Nu 4:27 | דגרשוני לכל מטוליהון | ולכל | פלחנהון ותסכמון עליהון |
| 8475 | | Nu 4:32 | ומתחיהון לכל מניהון | ולכל | פלחנהון ובשמהן תסכמון ית |
| 8476 | | Nu35:03 | לבעיריהון ולממונהון | ולכל | קניינהון: |
| 8477 | | Ex12:02 | הוא לכון {הוא לכון} | ולכל | ראשי ירחי שתא: |
| 8478 | | Dt29:01 | בארעא דמצרים לפרעה | ולכל | שולטנוי ולכל ארעיה: |
| 8479 | | Lv11:46 | נפש חיתה דרחשא במיא | ולכל | שרצה דשרץ על ארעה: |
| 8480 | ולכלתה | Gn35:09 | אלפת יתן למברכה לחתנה | ולכלתה | מן אדם וזוגיה ועוד אלפת |
| 8481 | וללבושי | Ex35:21 | זימנא ולכל פולחנא | וללבושי | קודשא: |
| 8482 | ולמאניך | Dt23:25M | דנפשך בעייה ותשבע | ולמאניך | לא תשווי |
| 8483 | ולמדבחה | Ex40:33 | דרתה חזר חזור למשכנה | ולמדבחה | ושווי ית פרס תרע דרתה |
| 8484 | ולמדנחה | Dt 3:27 | ולציפונא ולדרומה | ולמדנחה | וחמי בעיינך ארום לא |
| 8485 | ולמומי | Nu 5:21M | ייי יתיך ללוט | ולשבועה/ולמומי#2#/ | בגו עמך כד ישוי |
| 8486 | ולמזון | Gn47:24 | ולתפניק בתיכון | ולמזון | לטפליכון: |
| 8487 | ולמזוניכון | Gn47:24 | לכון למזרע תחומכון | ולמזוניכון | ולתפניק בתיכון ולמזון |
| 8488 | ולמכניה | Gn 4:26M | בפולחנא נוכראה | ולמכניה | יתיה בשם ממ‹רה דייי› |
| 8489 | ולממונהון | Nu35:03 | לבעיריהון | ולממונהון | ולכל קניינהון: |
| 8490 | ולמן | Gn32:18 | מן את אתי ולאן את אזל | ולמן | אלין אנון די קדמיך: |
| 8491 | | Dt 4:32 | אדם קדמיה על ארעא | ולמן | סייפי שמייא ועד סייפי{ה} |
| 8492 | ולמנחתכון | Nu29:39 | ונסיבתהון לעלוותכון | ולמנחתכון | ולנסכיהון ולנכסת |
| 8493 | ולמערת | Nu34:15 | לרפיון ולשוק מזיי | ולמערת | עין גדי עד מסי ספר ימא |
| 8494 | ולמפרשה | Lv14:57M | | ולמלפה/ולמפרשה#2#/ | בין מסאבה ובין |
| 8495 | ולמצראי | Gn43:32 | ולהן לבלחודיהון | ולמצראי | דאכלין עמיה לבלחודיהון |
| 8496 | ולמצריי | Ex18:08 | כל מה דעבד ייי לפרעה | ולמצריי | על עסק ישראל ית כל עקיא |
| 8497 | ולמרדה | Gn10:08M | גיבר באר'/בחטאה | ולמרדה | קדם ייי בא#2#/: |
| 8498 | ולמשחה | Ex35:28 | וית משחה לאנהורותא | ולמשחה | דרבותה ולקטרת בושמיה: |
| 8499 | ולנדר | Lv22:23 | אבר נסיבה תפרשון יתיה | ולנדר | לא יתקבל ברעווה: |
| 8500 | ולנטורי | Ex20:06 | דדרין לרחמוי צדיקיא | ולנטורי | פיקודיא: |
| 8501 | ולנטרי | Nu12:16 | אית אולפן סגי לחיכימי | ולנטרי | אוריתה דמצוה זעירה דאנש |
| 8502 | | Dt 5:10 | לרחמוי צדיקיה | ולנטרי | מצוותה דאורייתי: |
| 8503 | | Dt 7:09 | וחסדה לרחמוי צדיקייה | ולנטרי | מצוותה דאורייתה לאלפין |
| 8504 | | Dt 7:09M | קיים וחסד לרחמוי | ולנטרי | פיקודוי |
| 8505 | | Gn 3:24M | מאילן חייא לפלחייא | ולנטרי | פקודיה |
| 8506 | ולניכסיהון | Nu35:03M | ולכל קניינהון | /ולניכסיהון | ולכל ממוניהון#2#/: |
| 8507 | ולנכיסת | Lv 7:37M | /ולאשלמוותה | ולנכיסת#2#/ | קדשיה: |
| 8508 | | Nu 7:59M | | ולנכסת/ולנכיסת#2#/ | קודשה קרב תורין |
| 8509 | | Nu 7:17M | | ולנכסת/ולנכיסת#2#/ | קודשיא קרב תורין |
| 8510 | | Nu 7:29M | | ולנכסת/ולנכיסת#2#/ | קודשיה קרב תורין |
| 8511 | | Nu 7:35M | | ולנכסת/ולנכיסת#2#/ | קודשיה קרב תורין |
| 8512 | | Nu 7:41M | | ולנכסת/ולנכיסת#2#/ | קודשיה קרב תורין |
| 8513 | | Nu 7:47M | | ולנכסת/ולנכיסת#2#/ | קודשיה קרב תורין |
| 8514 | | Nu 7:53M | | ולנכסת/ולנכיסת#2#/ | קודשיה קרב תורין |
| 8515 | | Nu 7:65M | | ולנכסת/ולנכיסת#2#/ | קודשיה קרב תורין |
| 8516 | | Nu 7:71M | | ולנכסת/ולנכיסת#2#/ | קודשיה קרב תורין |
| 8517 | | Nu 7:77M | | ולנכסת/ולנכיסת#2#/ | קודשיה קרב תורין |
| 8518 | | Nu 7:83M | | ולנכסת/ולנכיסת#2#/ | קודשיה קרב תורין |
| 8519 | ולנכסוי | Gn33:17M | ולבעירה /ביתה | ול‹נ›כסוי#2#/ | עבד מטלין בגין כדין |
| 8520 | ולנכסת | Lv 7:37 | ולאש«מה» ולאשלמותה | ולנכסת | קדשיה: |
| 8521 | | Nu 7:59 | | ולנכסת | קודשה קרב תורין תרין |
| 8522 | | Nu 7:17 | | ולנכסת | קודשיא קרב תורין תרין |
| 8523 | | Nu 7:23 | | ולנכסת | קודשיה קרב תורין תרין |
| 8524 | | Nu 7:29 | | ולנכסת | קודשיה קרב תורין תרין |
| 8525 | | Nu 7:35 | | ולנכסת | קודשיה קרב תורין תרין |
| 8526 | | Nu 7:41 | | ולנכסת | קודשיה קרב תורין תרין |
| 8527 | | Nu 7:47 | | ולנכסת | קודשיה קרב תורין תרין |
| 8528 | | Nu 7:53 | | ולנכסת | קודשיה קרב תורין תרין |
| 8529 | | Nu 7:65 | | ולנכסת | קודשיה קרב תורין <....> |

|  |  |  |  |
|---|---|---|---|
| 8530 | | Nu 7:71 | ולנכסת קודשיה קרב תורין תרין |
| 8531 | | Nu 7:77 | ולנכסת קודשיה קרב תורין תרין |
| 8532 | | Nu 7:83 | ולנכסת קודשיה קרב תורין תרין |
| 8533 | | Nu29:39 | ולמנחתכון ולנסכיהון ולנכסת קודשיהון: |
| 8534 | ולנסכיהון | Nu29:39 | לעלוותכון ולמנחתכון ולנסכיהון ולנכסת קודשיהון: |
| 8535 | ולנקבתה | Lv27:06 | דדכרה חמש סלעין דכסף ולנקבתה עלויה תלת סלעין דכסף: |
| 8536 | | Lv27:07 | חמשה עשר סלעין דכסף ולנקבתה עשר סלעין: |
| 8537 | | Lv27:05 | דדיכרה עשרין סלעין ולנקבתה עשרין סלעין: |
| 8538 | ולנשיכון | Gn45:19 | עגלן לטפליכון ולנשיכון וטעונון ית אבוכון ותיתון: |
| 8539 | ולנתקה | Lv14:54 | לכל מכתש צרעתה ולנתקה: |
| 8540 | ולסדר | Dt 4:01 | ישראל שמעו לקיימיה ולסדר דינ{נ}<י>יה די אנה מלף |
| 8541 | ולסדרי | Dt 4:01M | לקיימיה ולסדר/ולסדרי#2#/ דינ{נ}<י>יה די אנה |
| 8542 | ולסטרא | Ex27:15 | ולסטרא תניינא חמש עשרי ווילון |
| 8543 | ולסטרה | Ex36:25 | ולסטרה דמשכנה תניינה לסטרה |
| 8544 | | Ex38:15 | ולסטרה תניינה מן הכה ומן הכא |
| 8545 | ולסיטרא | Ex26:20 | ולסיטרא דמשכנא תניינ«א» לסיטרא |
| 8546 | ולסיטרה | Ex38:13 | ולסיטרה מדינחה מן מדינחה חמשין |
| 8547 | | Ex38:12 | ולסיטרה מערביה וילון חמשין אמין |
| 8548 | | Ex38:11 | ולסיטרה צפוניה מאה אמין באמתה |
| 8549 | ולסימנין | Dt28:46 | ויהוון לכון לאתין ולסימנין ובבניכון עד לעלם: |
| 8550 | ולעבדיך | Nu32:04 | ארע בית מרעי היא ולעבדיך בעיר סגין: |
| 8551 | | Ex 8:05M | אצלי עליך ולשלטוניך/ולעבדיך#2#/ ולעמך למשיציא |
| 8552 | ולעבדיכון | Lv25:06M | "לך ... בניכון": לכון ולעבדיכון ולאמהתכון ולאגירכון |
| 8553 | ולעבדך | Lv25:06 | דארעא לכון למיכל לך ולעבדך ולאמהתך ולאגירך ולתותבך |
| 8554 | ולעופא | Gn 2:20 | אדם שמהן לכל בעירא ולעופא דשמיא ולכל חיתא דאפי ברא |
| 8555 | ולעורמנא | Gn49:17 | לחיוויא דרבוע בארעא ולעורמנא דכמין בפרשת ארחתה דנכת |
| 8556 | ולעלמי | Gn35:09 | יהא שמיה מבורך לעלם ולעלמי עלמין ענוותנתיך וישרותך |
| 8557 | ולעמא | Nu11:18 | ולעמא תאמר אתקדשו למחר ותיכלון |
| 8558 | ולעמך | Ex 8:05 | אצלי עליך ולשלטוניך ולעמך למשיציא ארדעניא מנך ומן |
| 8559 | ולעפרא | Gn 3:19 | אתברית ארום עפר את ולעפרא את עתיד חזור ומן עפרא את |
| 8560 | ולפירוש | Lv22:23M | /תעביד#2#/ יתיה ולנדר/ולפירוש דנד#2#/ לא יתקבל |
| 8561 | ולפלגות | Nu32:33 | דגד ולבנוי דראובן ולפלגות שבטה דמנשה בר יוסף ית |
| 8562 | | Dt29:07 | ולשבטה דבית דגדי ולפלגות שבטה דבית מנשי: |
| 8563 | ולפתייה | Gn13:17 | קום הלך בארעא לארכה ולפתייה ארום לך אתן יתה: |
| 8564 | ולציפונא | Dt 3:27 | וסול עיינך למערבה ולציפונא ולדרומה ולמדנחה וחמי |
| 8565 | ולצריכיכון | Dt15:11 | לאחיכון למסכינייה ולצריכיכון בארעכון: |
| 8566 | ולצרעתה | Lv14:55 | ולצרעתה דלבושה ולביתה: |
| 8567 | ולקדקדא | Gn49:26M | יוסף \ולגו קדקדא/ולקדקדא#2#/ דגברא חסידא דרב |
| 8568 | ולקטרת | Ex35:08 | ובשמנין למשחה דרבותא ולקטרת בוסמניה: |
| 8569 | | Ex35:28 | ולמשחה דרבותא ולקטרת בושמיה: |
| 8570 | | Ex25:06 | בסמנין למשחא דרבותא ולקטרת בסמניה: |
| 8571 | ולקיום | Nu30:13 | כל פירוש ספוותה לנדרא ולקיום נפשה לא יקום בעלה בטל{ת} |
| 8572 | ולקלפתה | Lv14:56 | ולשומתה ולקלפתה ולבהקיתה: |
| 8573 | ולקסמי | Dt18:14 | יתהון לחדודי עיינין ולקסמי קסמין א«י»{א}נון שמעין |
| 8574 | ולקרבניה | Gn 4:05 | ולקין ולקרבניה לא קבל ברעווא ובאש לקין |
| 8575 | ולרבה | Ex 2:16 | ולרבה דמדין שבע בנן ואתין |
| 8576 | ולרבון | Gn45:08 | יתיה לאבא {לא} לפרעה ולרבון לכל אנשי בייתי" ושליט בכל |
| 8577 | ולרביתה | Dt22:26 | ולרביתה לא תעבדון כל מן דעם ביש |
| 8578 | ולרברבנוי | Nu22:40 | ועין ושלח לבלעם ולרברבנוי דעמיה: |
| 8579 | ולרברבני | Nu32:02 | למשה ולאלעזר כהנה ולרברבני עם כנישתה למימר: |
| 8580 | ולרברבנייה | Nu22:40M | ולרברבנוי\ דעמיה/ולרברבנייה דאית עמיה#2#/ |
| 8581 | ולרומחין | Nu33:55M | בעיניכון ולרמחים/ולרומחין#2#/ בסטריכון ויעיקון |
| 8582 | ולרוממי | Dt26:19 | ברא ליקרה ולתושבחה ולרוממי ולמהווי ל{י} שמיה לעם |
| 8583 | ולרמחים | Nu33:55 | לסיכין בעיניכון ולרמחים בסטריכון ויעיקון לכון על |
| 8584 | ולש' | Nu34:20M | \ומן שבטה/ולש'#2#/ דבנוי דשמעו' שמואל |
| 8585 | | Nu34:21M | \ומן שבטה/ולש'#2#/ דבנוי דבינמן אלידד |
| 8586 | | Nu34:22M | \ומן שבטה/ולש'#2#/ דבנוי דדן רבה |
| 8587 | | Nu34:25M | \ומן שבטה/ולש'#2#/ דבנוי דאפרים רבה |
| 8588 | | Nu34:26M | \ומן שבטה/ולש'#2#/ דבנוי דישכר רבה |
| 8589 | | Nu34:27M | \ומן שבטה/ולש'#2#/ דבנוי דאשר רבה |
| 8590 | | Nu34:28M | \ומן שבטה/ולש'#2#/ דבנוי דנפתלי רבה |
| 8591 | ולשבועה | Nu 5:21 | ישוי ייי יתיך ללוט ולשבועה בגו עמך כד ישוי ייי ית |
| 8592 | ולשבטא | Nu26:54 | סגין תסגון אחסנתיה ולשבטא דעמא זעירין תזערון |
| 8593 | ולשבטה | Dt33:24 | ולשבטה דאשר ברך משה נבייא דייי |
| 8594 | | Dt33:12 | ולשבטה דבנימן ברך משה נבייא |
| 8595 | | Dt33:20 | ולשבטה דגד ברך משה נביא דייי |
| 8596 | | Dt33:22 | ולשבטה דדן ברך משה נבייא דייי |
| 8597 | | Dt33:18 | ולשבטה דזבולן ברך משה נבייא |
| 8598 | | Dt33:13 | ולשבטה דיוסף ברך משה נבייא |
| 8599 | | Dt33:08 | ולשבטה דלוי ברך משה נביא דייי |
| 8600 | | Dt33:23 | ולשבטה דנפתלי ברך משה נבייא |
| 8601 | | Dt29:07 | לשבטה דבית ראובן ולשבטה דבית דגדי ולפלגות שבטה |
| 8602 | | Nu34:24 | ולשבטה דבנוי דאפרי' רבה קמואל |
| 8603 | | Dt 3:12 | לשבטה דבנוי דראובני ולשבטה דבנוי דגדי: |
| 8604 | | Dt 3:16 | ולשבטה דבנוי דראובני ודבנוי |
| 8605 | | Nu33:54 | סגין תסגון אחסנתיה ולשבטה דעמיה זעירין תזער אחסנתיה |
| 8606 | ולשומתה | Lv14:56 | ולשומתה ולקלפתה ולבהקיתה: |
| 8607 | ולשוק | Nu34:15 | נביא דייי נפק לרפיון ולשוק מזיי ולמערת עין גדי |
| 8608 | | Nu34:15M | דבותנן נפק לרפיח ולשוק מזיי עד מטי |
| 8609 | ולשיפולוי | Ex26:22 | ולשיפולוי דמשכנה מן מערבה תעבד |
| 8610 | ולשלוון | Nu 7:82 | לשבקות {ב}{ח<ובין ולשלוון לכפרה באדמה דצפירה על |
| 8611 | | Nu 7:16 | לחטאתה לשבקות חובין ולשלוון למכפרה באדמה דצפירה על |
| 8612 | | Nu 7:22 | לחטאתה לשבקות חובין ולשלוון למכפרה באדמה דצפ«י»רה |
| 8613 | | Nu 7:28 | לחטאתה לשבקות חובין ולשלוון למכפרה באדמה דצפירה על |
| 8614 | | Nu 7:34 | לחטאתה לשבקות חובין ולשלוון למכפרה באדמה דצפירה על |
| 8615 | | Nu 7:40 | לחטאתה לשבקות חובין ולשלוון למכפרה באדמה דצפירה על |
| 8616 | | Nu 7:52 | לחטאתה לשבקות חובין ולשלוון למכפרה באדמה דצפירה על |
| 8617 | | Nu 7:58 | לחטאתה לשבקות חובין ולשלוון למכפרה באדמה דצפירה על |
| 8618 | | Nu 7:70 | לחטאתה לשבקות חובין ולשלוון למכפרה באדמה דצפירה על |
| 8619 | | Nu 7:76 | לחטאתה לשבקות חובין ולשלוון למכפרה באדמה דצפירה על |
| 8620 | ולשלון | Nu 7:64 | לחטאתה לשבקות חובין ולשלון למכפרה באדמה דצפירה על |
| 8621 | ולשלטוניך | Ex 8:05 | עד אימתי אצלי עליך ולשלטוניך ולעמך למשיציא ארדעניא |
| 8622 | ולשם | Dt26:19M | "ליקרה ... לעם": ליקר ולשם ולתושבחתה ולמהוון עם |
| 8623 | ולשמייא | Dt32:01 | שמיא אמר לארעא אציתו ולשמייא שמעו ותריהון על דהוו |
| 8624 | ולשמך | Gn49:08 | יהודה לך יודון אחך ולשמך יתקרון כל יהודים ידיך |
| 8625 | ולשמשא | Dt17:03 | אחרניין וסגד להון ולשמשא או לסהרא או לכל חילוות |
| 8626 | ולשפלוי | Ex36:27 | ולשפלוי דמשכנה מן מערבה עבד שתה |
| 8627 | ולתהובייא | Gn21:33M | ומשקה לעבורייה ולתהו{מ}<ב>ייא ומן דהוון אכלין |
| 8628 | ולתולדותך | Gn32:10 | דאמר לי חזור לארעך ולתולדותך ואוטב לך: |
| 8629 | ולתושבחא | Ex28:40 | תעבד להון לאיקר ולתושבחא: |
| 8630 | ולתושבחה | Dt26:19 | אומייה די ברא ליקרה ולתושבחה ולרוממי ולמהווי ל{י} שמיה |
| 8631 | ולתושבחתה | Dt26:19M | ליקר ולשם ולתושבחתה ולמהוון עם |
| 8632 | ולתותבייה | Nu35:15 | ישראל ולגיורייה ולתותבייה די ביניהון יהווין שת |
| 8633 | ולתותביכון | Lv25:06M | ולאגיריכון ולתותביכון אליין דמתגיירין עמכון |
| 8634 | ולתותבך | Lv25:06 | ולאמהתך ולאגירך ולתותבך ולגיורה דמתגיירין |
| 8635 | ולתלדותי | Nu10:30 | ארום אלהן לארעי ולתלדותי אזל: |
| 8636 | ולתלדותן | Gn43:07 | משאל שאל גברא לנא ולתלדותן למימר הא כען אבוכון קיים |
| 8637 | ולתנויין | Dt28:37 | ותיהוי לצדו למתלין ולתנויין בכל אומייה די יגלי יתכון |

| | | | | | |
|---|---|---|---|---|---|
| 8638 | ולתפניק | Gn47:24 | תחומכון ולמזוניכון | ולתפניק | בתיכון ולמזון לטפליכון: |
| 8639 | ולתרע | Dt21:19 | יתיה לוות חכימי קרתה | ולתרע | בית דינה: |
| 8640 | | Ex27:16 | | ולתרע | דרתה פרס עשרין אמין תכלא |
| 8641 | | Lv17:04 | | ולתרע | משכן זמנה לא אייתי יתיה |
| 8642 | ולתשבחא | Ex28:02 | לאהרן אחוך לאיקר | ולתשבחא: | |

## לא *adv.* no, not [274]

| | | | | | |
|---|---|---|---|---|---|
| 001 | לי | Dt28:50M | לא /נסבה לסב ולטלי | ל#2#/ | חייסה: |
| 002 | לא | Gn24:21 | הא אן אצלח ייי אורחה או | לא: | |
| 003 | | Gn27:21 | את הוא דין ברי עשו או | לא: | |
| 004 | | Gn37:32 | אן פרגודה דבריך היא אי | לא: | |
| 005 | | Ex16:04 | מצוותה דאורייתא אן | לא: | |
| 006 | | Ex17:07 | {ביניהון} בינינן אי | לא: | |
| 007 | | Lv16:01M | אשה ברייה קדם ייי מה די | לא | |
| 008 | | Nu11:23 | אן יארע יתך פתגמוי אן | לא: | |
| 009 | | Nu22:30 | למעבד לך כדין ואמר | לא: | |
| 010 | | Dt 8:02 | אתון מצוותה דאורייתה או | לא: | |
| 011 | | Gn32:29 | ואמר | לא | יעקב יתקרי עוד שמך ארום |
| 012 | | Gn40:23 | ישוי בשרא רוחצנא בגין כן | לא | אדכר {רב} רב מזוגיה ית |
| 013 | | Ex 6:03 | שמיא ברם שמי תקיפא ייי | לא | אודעת להון: |
| 014 | | Ex33:12 | אסק ית עמא האיליין ואת | לא | אודעת יתי ית מה דתשלח עמי |
| 015 | | Gn19:22 | אוחי אשתיזב לתמן ארום | לא | אוכל למעבד פתגם עד זמן |
| 016 | | Gn 8:21 | דנח ואמר ייי במחשבת לבה | לא | אוסף למלט תוב ית ארעא בגלל |
| 017 | | Gn43:14 | דלא תכלת על יוסף ברי | לא | אוסף למתכלה על בנימן: |
| 018 | | Ex10:29 | יאות מן קוש«סא» מללת | לא | אוסף תוב למיחמי סבר אפך: |
| 019 | | Dt18:16 | ביום התכנשות קהלה למימר | לא | אוסף למשמע ית קל ממרה דייי |
| 020 | | Gn49:22M | גברא חסידא דלא/די | לא#2#/ | אזל בתר חיזוי/חיזו#2#/ |
| 021 | | Nu19:13 | מישראל ארום מי אדיא | לא | אזרק עלוי מסאב הוא עד כען |
| 022 | | Nu19:20 | דייי סאב מי אדיה | לא | אזרק עלוי מסאב הוא: |
| 023 | | Gn21:16 | כמרמי בקשתא ארום אמרת | לא | אחמי במותא דטליא ויתבת לה |
| 024 | | Dt18:16 | אלהן וית אשתה רבתה הדה | לא | אחמי תוב ולא אמות: |
| 025 | | Ex23:29 | | לא | אטרד יתהון מן קדמיכון בשתא |
| 026 | | Gn43:09 | מנ{ו}<י> את תבע יתה אם | לא | אייתי יתיה לוותך ואקמית |
| 027 | | Lv17:04 | ולתרע משכן זמנה | לא | אייתי יתיה למקרבה יתיה קרבן |
| 028 | | Gn31:39 | קטילא | לא | אייתית לוותך כל חדא מנהון |
| 029 | | Gn42:37 | ית תרין בניי תקטול אין | לא | אייתית יתיה לוותך מסר יתיה |
| 030 | | Gn44:18 | אבא ואמרי ליה למימר אין | לא | אייתית יתי לוותיך ואקמית |
| 031 | | Gn44:32 | מן לוות אבא למימר אן | לא | אייתית יתה לוותך ניהווי מרחק |
| 032 | | Dt20:20 | לחוד אילנה דאתון ידעין די | לא | אילן עבד פירין הוא יתיה |
| 033 | | Nu 5:14 | קנאה ויקנא ית אתתיה והיא | לא | איסתאבת: |
| 034 | | Nu 2:33 | וליוויי | לא | איסתכמו בגו בני ישראל |
| 035 | | Dt 3:03 | עמיה וקטלנן יתיה עד די | לא | אישתייר ליה שיזבו: |
| 036 | | Gn31:35 | יבאש באפוי דריבוני ארום | לא | אכיל למיקם מן קדמיך ארום |
| 037 | | Gn49:12M | "מלמיכל ... וגזילין": די | לא | אכל בהון לא חמסין ולא |
| 038 | | Ex34:28 | וארבעין לילון לחמא | ל«א» | אכל ומיין לא שתה וכתב על |
| 039 | | Nu24:13 | בלק מלא ביתיה כסף ודהב | לא | אכל למעברה על פם גזרת מימרה |
| 040 | | Gn32:33 | בגין כך | לא | אכלין בני ישראל ית |
| 041 | | Gn31:38 | לא אתכלו ואמריי דכרי ענך | לא | אכלית: |
| 042 | | Dt 9:18 | וארבעין לילוון מזון | לא | אכלית ואוף מיין לא שתית על |
| 043 | | Dt26:14 | | לא | אכלנן באבילותן מניה ולא |
| 044 | | Dt 9:09 | וארבעין לילוון מזון | לא | אכלת ואוף מיין לא שתית: |
| 045 | | Dt29:05 | לחם | לא | אכלתון וחמר חדת ועתיק לא |
| 046 | | Gn 2:05 | ברא עד לא יצמח ארום | לא | אמטר ייי אלהים מטר על ארעא |
| 047 | | Gn40:18 | חלמא הדין ופתרוניה דחלמא | לא | אמר יוסף ופת{ח}<ר> ליה |
| 048 | | Ex14:20M | משרה ברם מלאכי שירותא | לא | אמרו שירתא כל ליליא |
| 049 | | Gn49:18M | וית שמשון בר מנוח | לא | אנה מסכי דפורקניה פורקן |
| 050 | | Nu23:21M | | לית/לא#2#/ | אנה חמי עבדי/עבד#2#/ |
| 051 | | Gn29:08 | ואמרו | לא | אנן יכלין עד זמן דיתכנשון |
| 052 | | Nu16:14 | העיני גברייה האליין תסמי | לא | אנן סלקין: |
| 053 | | Dt28:56 | מחסיתה בכון ומפרנקתה די | לא | אנסת כפה דרגלה למקבע יתה על |
| 054 | | Gn38:26 | היא תמר כלתי בגין כך | לא | אסבת יתה לשלה ברי ולא אוסף |
| 055 | | Dt 2:27 | בארחה בארחה אהלך | לא | אסטי לא לימינה ולא לשמאלה: |
| 056 | | Ex33:03 | כחלבא וחליין כדובשא ארום | לא | אסלק איקר שכינתי מביניכון |
| 057 | | Nu 5:28 | ואין | לא | אסתאבת אתתה ודכיה היא ותעבר |
| 058 | | Nu31:50M | חס לן משה רבן | לא | אסתכל חד מנן בחדה מנהין |
| 059 | | Nu 1:47 | וליואי לשבטה דאבהתהון | לא | אסתכמו ביניהון: |
| 060 | | Nu26:62 | מן בר ירח ולעיל ארום | לא | אסתכמו בגו בני ישראל ארום |
| 061 | | Gn31:52 | היא קיימתא הדה אן אנא | לא | אעבור ואייתי לוותך ית איגרא |
| 062 | | Dt23:05 | על עסיק די | לא | אקדימו יתכון בלחמא ובמיא |
| 063 | | Gn18:15 | ארום דחלא הוות ואמר לה | לא | ארום גחכת: |
| 064 | | Gn19:02 | לארחכון ואמרין ליה | לא | ארום ברחובא דקרתא נבית: |
| 065 | | Gn44:04 | אנון נפקו ית קרתא | לא | ארחקו ויוסף אמר למן דהווה |
| 066 | | Ex22:15M | בתולה \דלא מארסה /די | לא | ארסת#2#/ וישמש עמה |
| 067 | | Lv14:32 | דמן דבה מכתש צרעה די | לא | ארעת ידה למייתיה קרבן ביום |
| 068 | | Lv25:28 | ואין | לא | ארעת ידיה כמסת למחזרה לה |
| 069 | | Ex15:26 | בישיה דאייתית למצרייה | לא | אשוי יתהון עליכון ארום אנה |
| 070 | | Gn29:07 | ואמר הא עד כדון יומא תלי | לא | אשון מכנש בעירא אשקו ענא |
| 071 | | Gn18:28 | חמשה ית כל קרתא ואמר | לא | אשיצא אם אשכח תמן |
| 072 | | Gn18:29 | דישתכחון תמן ארבעין ואמר | לא | אשיצא בגלל ארבעין זכיין: |
| 073 | | Gn18:30 | תמן תלתי«ן» ואמר | לא | אשיצא אן אשכחת תמן תלתין: |
| 074 | | Gn18:31 | תמן {תל} עשרין ו{י}אמר | לא | אשיצא בגלל עשרין זכיין: |
| 075 | | Gn18:32 | ישתכחון תמן עשרה ואמר | לא | אשיצא בגלל עשרה: |
| 076 | | Gn 2:20 | ולכל חיתא דאפי ברא ולאדם | לא | אשכח ליה זוג כד נפק ביה: |
| 077 | | Gn38:22 | וחזר לוות יהודה ואמר | לא | אשכחית יתה ולחוד עמה דאתרא |
| 078 | | Gn38:23 | גדייה הדין והא כדון | לא | אשכחית יתה: |
| 079 | | Dt22:17 | לה עלילן דמילין למימר | לא | אשכחית לברתך סהדוותה ואלין |
| 080 | | Nu11:11 | כען אבאשת לעבדך ולמה כען | לא | אשכחת חסד באפך למשויה ית |
| 081 | | Dt24:01 | ויזדמן לוותה ויהווי אין | לא | אשכחת חן וחסד קדמוי ארום |
| 082 | | Gn32:27 | {ואנה} ריש למשבחיא ואמר | לא | אשלח יתך ארום {ארום} |
| 083 | | Ex 5:14 | דפרעה למימר מן בגלל מה | לא | אשלמתון סכומכון למלבן לא |
| 084 | | Gn47:18M | ונכסי בעירה לות רבונן | לא | אשתייר קדם רבונן ברם |
| 085 | | Ex 8:27 | מפרעה ומן שליטוי ומעממא | לא | אשתייר אף לא חד: |
| 086 | | Ex10:19 | גובא ואקלע יתה ימא דסוף | לא | אשתייר גוב חד בכל תחומיהון |
| 087 | | Ex14:28 | דפרעה דעלו בתריהון בימא | לא | אשתייר בהון אף לא חד: |
| 088 | | Dt22:20 | ואין קשוט הוה פתגמא הדין | לא | אשתכחו סהדוון לרביתה: |
| 089 | | Gn44:18M | רבך אנה מסיי' הלא | לא | אשתמע |
| 090 | | Gn44:18M | לא אתמר לך או דילמא | לא | אשתמע לך מה דעבדו שמעון |
| 091 | | Gn44:18 | לא אתאמר לך או דילמא | לא | אשתמע לך מה דעבדו שמעון |
| 092 | | Lv19:20M | לא יתיהבת /תרוכין | לא | את#2#/ לה מרדו אנון |
| 093 | | Nu12:01M | די נסב \והלו אתה /והלו | לא | את#2#/ כושיה הוות ציפורה |
| 094 | | Gn22:08 | אזדמן לה אמר לעלתה ואן | לא | את הוא אמרא דעלתא ואזלו |
| 095 | | Nu31:50 | בי<ת> ת{ר}<ד>יהון כל כדן | לא | אתאחד חד מנן עם חדה מנהון |
| 096 | | Gn44:18 | מן פרעה אנה דחיל דילמא | לא | אתאמר לך או דילמא לא אשתמע |
| 097 | | Dt22:28 | ישכח גבר רבי בתולה די | לא | אתארסת ויתפוש יתה וישמש עמה |
| 098 | | Ex10:07M | \קדם עד לא תדע /העד כדן | לא | אתבוננתא למידע#2#/ ארום |
| 099 | | Gn44:18M | אם אשלוף סייפי מן תייק' | לא | אתביניה לגוה עד זמן דקטל |
| 100 | | Ex34:10 | עמך אעבד נסין ופלאין די | לא | אתברון בכל ארעא ובכל אמיא |
| 101 | | Gn 2:05 | מטר על ארעא ואדם עד כדון | לא | את«ברי» למהוי פלח בארעא: |

|  |  |  |  |  |
|---|---|---|---|---|
| 102 | Ex 4:01 | ישמעון בקלי ארום יאמרו | לא | אתגלי עלך ייי: |
| 103 | Lv13:04 | לית חזוה מן משכה ושעורה | לא | אתהפך לחוור ויטרוד כהנא ית |
| 104 | Dt21:01 | יתה קטיל ומטלק באפי ברה | לא | אתודע מן קטיל יתיה: |
| 105 | Gn45:08 | וכען | לא | אתון שלחתון יתי להכא ארום |
| 106 | Gn44:18 | אם אשלוף סייפי מן תייקא | לא | אתיבנא לגווה עד זמן דקטיל |
| 107 | Ex 5:18 | וכדון אזלו פלחו ותבן | לא | אתיה«ב» <לכון> וסכום |
| 108 | Nu26:62 | בגו בני ישראל ארום | לא | אתיהב להון אחסנה בגו בני |
| 109 | Ex24:05M | משכן זמנ{ן}<א> ועד כדון | לא | אתייהבת כהונתא לאהרון |
| 110 | Nu22:37 | לוותך למיקרי לך למה כען | לא | אתית לוותי הא מן קושטה לית |
| 111 | Dt12:09 | ארום | לא | אתיתון עד כדון לנוחתה |
| 112 | Ex21:13 | ודי | לא | אתכוון ליה ומן קדם ייי ארעת |
| 113 | Gn31:38 | שנין אנה עמך רחליך ועזיך | לא | אתכלו ואמריי דכרי ענך לא |
| 114 | Gn44:18M | פרעה אנה דחיל דילמא | לא | אתמר לך או דילמא לא אשתמע |
| 115 | Dt 2:05 | בהון סדרי קרבה ארום | לא | אתן לכון מן ארעהון עד מדרס |
| 116 | Dt 2:09 | לקבליהון סדרי קרבה ארום | לא | אתן לכון מן ארעהון ירתו |
| 117 | Dt 2:19 | לקבליהון סדרי קרבה ארום | לא | אתן מן ארעהון דבני עמוניי |
| 118 | Lv21:03 | בתולתה דקריבה לוותיה די | לא | אתנסבה לגבר לעליה יסתאב: |
| 119 | Gn38:14 | חמת ארום רבה שלה והיא | לא | אתנס«י»בת ליה לאתה: |
| 120 | Ex24:05M | בבוכרייא דעד כדון | לא | אתעבד משכן זמנ{ן}<א> ועד |
| 121 | Dt21:03 | ההיא עגלת ברת תורין די | לא | אתפלח בה די לא סלק עליה |
| 122 | Dt21:04 | ית עגלתה לנחיל דבייר די | לא | אתפלח ביה ולא יזדרע ויקטלו |
| 123 | Nu31:49M | דחיל קרבה דאית בידינן | לא | אתפקד מינן גבר |
| 124 | Lv16:01 | דלא בזמנה קדם ייי די | לא | אתפקדו ומיתו: |
| 125 | Lv19:20 | אמתה משעבדה לגבר ומפרק | לא | אתפרקת או כתב חרותה לא |
| 126 | Gn 4:08 | קרבנך ברעוא וקרבני מני | לא | אתקב' ברעוא: ענה הבל ואמר |
| 127 | Gn 4:08 | מני ברעוא קרבנך מינך | לא | אתקביל ברעוא ענה קין ואמר |
| 128 | Nu20:05 | יתן לאתרה בישה הדין | לא | אתר שפר לבית זרע ולא <ל>מצב |
| 129 | Gn49:06 | בכנישתיהון בעצתיהון | לא | אתרעיית נפשי בכנישתיהון |
| 130 | Dt25:08 | עמיה וייקום ויימר | לא | אתרעיית למיסב יתה: |
| 131 | Gn18:30M | ואמר \לא כען יתקף | /לא\ | בבעו יתקוף#2#/ רוגזא דייי |
| 132 | Dt 7:14 | בכון לא עקר לא עקרה אוף | לא | בבעירכון: |
| 133 | Dt 9:06 | ותידעון ארום | לא | בזכוותהון ייי אלהכון יהב |
| 134 | Dt 9:05 | | לא | בזכוותכון ובקשיטות לבביכון |
| 135 | Gn48:22 | יתיה מן ידוי דעשו אחוי | לא | בחרבי ולא בקשתי ארום אלהן |
| 136 | Nu30:12 | וישמע בעלה וישתוק לה | לא | בטל יתה ויקומון כל נדרה וכל |
| 137 | Dt 8:04 | לבושיכון | לא | בלון מעליויכון ורגליכון לא |
| 138 | Dt29:04 | מן עילוויכון ומסניכון | לא | בלון מעילווי רגליכון: |
| 139 | Dt29:04 | יתכון ארבעין שנין במדברה | לא | בלון לבושיכון מן עילוויכון |
| 140 | Dt 8:09 | ארע די | לא | במסכנות תאכלון בה לחם לא |
| 141 | Dt 6:10 | קירוין רברבן וטבן די | לא | בניתון: |
| 142 | Dt 6:11 | ובתין מליין כל טוב די | לא | בניתון וגובין חצובין די לא |
| 143 | Gn44:18M | ולא הוה מתמניא עמנן | לא | בפלגא עמן חולק ואחסנ' |
| 144 | Gn20:12 | אחתי ברתה דאבה היא לחוד | לא | ברתה דאמה והוות לי לאיתה: |
| 145 | Dt30:12 | | לא | בשמיא היא אוריתה למימר לווי |
| 146 | Gn 4:23 | למימריה דפומי ארום | לא | גבר קטלת דאתקטל מן בגללה |
| 147 | Gn 4:23M | ארום לא גבר /למילי | לא | גבר#2#/ קטלת דאתקטל |
| 148 | Ex 4:10 | בבעו ברחמין מן קדמיך ייי | לא | גבר מרי ממלל אנה לא מן |
| 149 | Gn18:15 | וכדבת שרה למימר | לא | גח<כ>ת ארום דחלא הוות ואמר |
| 150 | Nu14:35 | אנה ייי מללת אין | לא | דא אעבד לכל כנשתה בישתה הדה |
| 151 | Ex 9:30M | על דקדם אתון דחלין/דעד | לא | דחלתון#2#/ מן קדם ייי אלהן: |
| 152 | Nu12:08 | הוה מסתכל ומן בגלל מה | לא | דחלתון לממללה בעבדי במשה: |
| 153 | Gn 7:02 | דכר ונקב' ומן בעירא די | לא | דכיא הו{ה}«א» תרין דכר |
| 154 | Gn10:09M | מן יומא דאתברי עלמא | לא | הוה גיבר בחטאה <כ>נמרוד |
| 155 | Gn22:10 | במלאכי מרומא אברהם | לא | הוה חמא יתהון בה בשעתא נפקת |
| 156 | Gn32:26 | וחמא ארום | לא | הוה יכיל ליה וקרב בכף ירכיה |
| 157 | Gn34:07 | עם ברתה דיעקב וכדן | לא | הוה כשר למתעבדא: |
| 158 | Gn38:16 | הבי כען אעול לוותיך ארי | לא | הוה ידע ארום כלתה היא {ארום |
| 159 | Gn40:12 | הדין ברם פתרוניה דחלמא | לא | הוה יוסף אמר ופתר ליה |
| 160 | Gn48:10M | ולא /תקפו מן שיבו | לא#2#/ | הוה יכיל למיחמי ואקריב |
| 161 | Ex 1:08 | וקם מלך חדת על מצרים די | לא | ^הוה#2#^ חכם ית יוסף ולא |
| 162 | Ex 9:26 | די שרין תמן בני ישראל | לא | הוה ברדא: |
| 163 | Ex10:14 | דמצרים תקיף לחדא קודמוי | לא | הוה כדן גוב כוותיה ובתריה |
| 164 | Ex12:30 | רבה במצרים ארום | לא | הוה תמן בית די לא הוה תמן |
| 165 | Ex12:30 | ארום לא הוה תמן בית די | לא | הוה תמן מיתין: |
| 166 | Ex12:30M | הוה תמן מיתין /בייתא די | לא | הוה ביה מיתא מן מצראי#2#/: |
| 167 | Ex12:30M | ביית מן מצרים די | לא | הוה ביה מית <מן> מצרים |
| 168 | Ex34:29 | במחתה מן טורא ומשה | לא | הוה ידע ארום נהר זיו |
| 169 | Lv 5:18 | על שלותיה די אשתלי והוא | לא | הוה ידע וישת«רי» וישתביק |
| 170 | Nu26:64 | ובאלין | לא | הוה גבר מן סכומוי דמשה |
| 171 | Nu27:03 | אבונן מית במדברה והוא | לא | הוה בגו עם כנשתה דאתרעמו |
| 172 | Nu35:23 | יתיה ואפל עלוי ומית והוא | לא | הוה שני ליה ולא תבע בשתה |
| 173 | Dt 4:42 | בתקוף בדלא ידע והוא | לא | הוה סני יתיה לא מן דאתמל |
| 174 | Dt19:04 | ית חבריה בלא ידע והוא | לא | הוה סני יתיה לא מן דאתמול |
| 175 | Dt19:06 | סדר דין דקטולין ארום | ל{ה}<א> | הוה סני יתיה לא מן דאתמל |
| 176 | Nu26:33 | וצלפחד בר חפר | לא | הוו ליה בנין ארום אלהן בנן |
| 177 | Gn44:19 | דהוא מן עילעא דאבה אין | לא | הווה כשר למעבד כדין מן בגין |
| 178 | Ex 2:12 | להכא ולהכא וחמא ארום | לא | הווה תמן גבר וקטל ית מצרייה |
| 179 | Ex33:11M | "טלי ... מגו": <טלי> זעיר | לא | הווה פסק מגו |
| 180 | Nu 3:04 | ייי במדברה דסיני ובנין | לא | הווה להון ושמש בכהונתה רבתה |
| 181 | Nu22:26 | וקם ליה באתר דחיק די | לא | הווה תמן אורח למסטי לא |
| 182 | Dt10:09 | בגין כדין | לא | הווה לשבטה דלוי חלק ואחסנה |
| 183 | Dt15:11M | ישראל מצוותה דאוריתא | לא | הווי בכון מסכינין ברם אין |
| 184 | Gn42:31 | ואמרנא ליה היימנין אנן | לא | הווינן מיללין: |
| 185 | Gn 2:25 | אדם ואתתיה ועד כדון | לא | הוון ידעין מה היא בהתתה: |
| 186 | Gn13:07 | מטין לבית: ורעוי דלוט | לא | הוון זממין בעירהון אלא |
| 187 | Gn21:33M | אכלתון ומן דידיה שתתון | לא | הוון זייעין מן תמן דהווה |
| 188 | Gn42:11 | דגבר חד אנן היימנין אנן | לא | הוון עבדיך ילילין: |
| 189 | Gn43:32 | עמיה לבלחודיהון ארום | לא | הוון יכלין מצראי למיכל עם |
| 190 | Nu 3:04M | לא הווה להון /דכרין | לא | הוון להון#2#/ ושמש בכהונתה |
| 191 | Nu12:16 | וענני איקרה ובירה | לא | הוון זייעין ולא נטלין מן |
| 192 | Nu27:03 | בחובוי מית ובנין דכרין | לא | הוון ליה: |
| 193 | Gn11:30M | שרי עקרה \לית לה בנין | /לא\ | הוות לה ביר#2#/: |
| 194 | Gn16:01 | ושרי אתתה דאברם | לא | הוות ילדה לה ולה אמתה |
| 195 | Gn30:01 | וחמת רחל ארום | לא | הוות ילדה ליעקב וקניית |
| 196 | Gn47:26 | ארעהון דכומריא בלחודיהון | לא | הוות לפרעה: |
| 197 | Ex 9:24 | בגו ברדה תקיף לחדא די | לא | הוות כוותיה בכל ארעא |
| 198 | Ex11:06 | ארעא דמצרים די כוותה | לא | הוות וכוותה לא תוסף למחזי: |
| 199 | Ex16:24 | דפקד משה ולא אסרח ורמה | לא | הוות בגויה: |
| 200 | Nu21:15 | לאתריהון לחוות קרתה די | לא | הוות בעצתהון אשתיזיבת והא |
| 201 | Dt 2:36 | די בנחלה ועד גלעדה | לא | הוות קרייה די אשתזבת מינן |
| 202 | Gn30:42 | ובלקישי ענה | לא | הוי משוי והווה ליה ען סגין |
| 203 | Gn41:49 | דאתמנע מן לממני ארום | לא | הוי סכום למנינה: |
| 204 | Ex 9:18 | למחר ברד תקיף לחדא די | לא | הוי כוותה במצרים למן יומא |
| 205 | Ex14:11M | "... קברין": | לא | הוי לן קב' |
| 206 | Ex15:12M | קבל קטילך [...] ימא [...] | לא | הוי בעה למטמע' יתהון |
| 207 | Dt15:11 | אוריתה ועבדין פיקודיה | לא | הוי ביניהון מסכינייה בגו |
| 208 | Gn29:33M | אנא ויהב לי אף ית דין | /לא\ | הוינא רחימא באפי בעלי |
| 209 | Gn20:16 | ברם אילו יהבת כל מה דילי | לא | הוינא כמסת דידע אברהם |

| | | | | |
|---|---|---|---|---|
| 210 | Ex16:15 | גבר לאחוי מנא הוא ארום | לא | הון ידעין משה ואמר משה |
| 211 | Gn29:31M | ארום\שניא הוות לאה | /לא | הות לאה רחימא באפי |
| 212 | Dt 3:04 | ית כל קורייוי בשעתה ההיא | לא | הות קריה די לא נסבנן יתהון |
| 213 | Gn42:34 | ארום לא יללין אתון ארום | לא | היימנין אתון ית אחוכון אתן |
| 214 | Nu20:12 | ייי למשה ולאהרן חלף די | לא | היימנתון לי בשם מימרי |
| 215 | Gn31:05 | והא לית אנון שפין לקבלי | לא | היך דאתמל ולא היך דקדמוי |
| 216 | Ex 5:07 | תבן לעמא למלבן לבנין | לא | היך דאיתמל ולא היך דקדמוי |
| 217 | Ex 5:14 | לא אשלמתון סכומכון למלבן | לא | היך דאתמ«לא» ולא היך |
| 218 | Dt20:19 | ויתיה לא תקצון ארום | לא | היך דבר נשה אילנה דאפי{לון} |
| 219 | Nu14:28 | אנה במימרי אמר ייי אין | לא | היך מה דמללתון במשמעי כדין |
| 220 | Gn45:26 | דמצרים ואתפלג לביה ארום | לא | הימן להון: |
| 221 | Gn31:02 | לית אינון שיפין לקבליה | לא | הך דאתמל ולא היך דקדמוי: |
| 222 | Dt 8:04 | בלון מעילויכון ורגליכון | לא | הליכו חפיין דנה ארבעין |
| 223 | Lv13:05 | והא מכתשה קאים בחזויה | לא | הלך מכתשה במשכה ויסרוד יתיה |
| 224 | Lv13:32 | מכתשה ביומא שביעיה והא | לא | הלך נ{ק}ת<ק>ה ולא הוה בה |
| 225 | Lv13:34 | נתקה ביומא שביעיה והא | ל{ף}<א> | הלך ניתקא במשכה וחזוה |
| 226 | Lv13:53 | ואין יחמי כהנא והא {לך} | לא | הלך מכתשה בלבוש או בשתיה או |
| 227 | Lv13:55 | הפך מכתשה ית חזוה ומכתש' | לא | הלך מסאב הוא בנורא תוקדון |
| 228 | Lv14:48 | יעו' כהנא ויחמי והא | לא | הלך מכתשה בביתה מן בתר |
| 229 | Lv13:23 | ואין באתרה תיקום בהקיתא | לא | הלכת שומה שחנה היא וידכי |
| 230 | Lv13:28 | ואם באתרה תקום בהקיתה | לא | הלכת במשכה והיא כהיה שומת |
| 231 | Lv13:55 | דאתחוור ית מכתשא והא | לא | הפך מכתשה ית חזוה ומכתש' לא |
| 232 | Gn38:25 | הא היא פרגודא דברך או | לא | ואנה איתמר לי כען דמן אינון |
| 233 | Ex23:02 | ז{מ}<כו>ן לחבריה בדינא | «לא» | {ו}תימרון בלבביכון בתר |
| 234 | Nu13:20 | הא אית בה אילנין או | לא | ותתוקפון ותסבון מן פירי |
| 235 | Gn47:22M | בגין \כדין לא זבנו /כן | לא | זבינו#2/# ית ארעהון: |
| 236 | Gn47:22 | להון ארעהון דכומריא | לא | זבן ארום חולק לכומריא |
| 237 | Gn47:22 | פרעה {בדין} בגין כדין | לא | זבנו ית ארעהון: |
| 238 | Nu14:44 | וארון קיימא דייי ומשה | לא | זעו מן משריתה: |
| 239 | Gn45:06M | שנין דלא/אחרניין די | לא#2/# | זרעין ולא חצדין: |
| 240 | Gn22:10M | נכיס וחד מתנכיס דנכיס | לא | חאיס די מתנכס |
| 241 | Ex20:13 | ישראל לא תהוון קטולין | לא | חברין ולא שותפין עם קטוליא |
| 242 | Ex20:14 | ישראל לא תהוון גיורין | לא | חברין ולא שותפין עם גיורין |
| 243 | Ex20:15 | ישראל לא תהוון גנבין | לא | חברין ולא שותפין עם גנבין |
| 244 | Ex20:16 | לא תהוון סהדי{ן} שקר | לא | חברין ולא שותפין עם סהדי |
| 245 | Ex20:17 | ישראל לא תהוון חמודין | לא | חברין ולא שותפין עם חמודין |
| 246 | Dt 5:20 | תהוון משהדין שהדי דשקר | לא | חברין ולא שותפין לשהדי שקרא |
| 247 | Ex 8:27 | ומעממא לא אשתייר אף | לא | חד: |
| 248 | Ex 9:06 | דבני ישראל לא מית אף | לא | חד: |
| 249 | Ex14:28 | בימא לא אשתייר בהון אף | לא | חד: |
| 250 | Gn21:26M | "ואף את": ואוף את | לא | חוית לי ואוף אנ{ת}<א> לא |
| 251 | Dt 4:28 | טעוון דקיס טעוון דאבן די | לא | חזיין ולא שמעין ולא אכלין |
| 252 | Gn42:16 | הא קושטנין אתון אן | לא | חיי רישיה דפרעה ארום ילילין |
| 253 | Dt28:50 | נסבת אפין לסב ועל עולם | לא | חייסה: |
| 254 | Gn24:16 | חיזו לחדא בתולה וגבר | לא | חכים יתה ונחתת לעיינה ומלת |
| 255 | Dt11:02 | ארום לא ית בניכון די | לא | חכימו ודלא חמון ית אולפן |
| 256 | Gn19:08M | חכמן גב«ר» \אית די | לא | חכימן תשמיש דגבר#2/# אפיק |
| 257 | Dt33:09 | נסב אפין בדינה וית אחוי | לא | חכם בעובדה דעגלה ועל בנוי |
| 258 | Gn42:08 | וחכם יוסף ית אחוי ואנון | לא | חכמו יתיה: |
| 259 | Dt 8:16 | יתכון מנה במדברה די | לא | חכמו אבהתכון מן בגלל למצערה |
| 260 | Dt29:25 | ואשתחו להון טעוון די | לא | חכמו יתהון ולא אתבדרון |
| 261 | Dt31:13 | ובניהון די | לא | חכמו ישמעון וילפון למדחל |
| 262 | Dt32:17 | דלית בהון ממש טעוון די | לא | חכמו יתהון חדתן אינון דמן |
| 263 | Dt 1:39 | לבזה יהוון ובניכון די | לא | חכמון יומא הדין למפרשה בין |
| 264 | Nu31:35 | ונפש דבר נש מן נשיה די | לא | חכמן תשמיש דכורא כל נפשתה |
| 265 | Dt 8:03 | ואייכל יתכון ית מנה די | לא | חכמתון ולא חכימן אבהתכון |
| 266 | Dt11:28 | {ולווטיה} אחרניין די | לא | חכמתון: |
| 267 | Dt13:03 | בתר טעוון אחרניין די | לא | חכמתון יתהון ונפלח קדמיהון: |
| 268 | Dt13:07 | כען טעוון אחרניין די | לא | חכמתון אתון ואבהתכון: |
| 269 | Dt13:14 | קדם טעוון אחרניין די | לא | חכמתון: |
| 270 | Dt28:33 | לעותכון יאכלון אומה די | לא | חכמתון יתה ותהוון לחוד עצן |
| 271 | Dt28:36 | תקימון עליכון לאומה די | לא | חכמתון אתון ואבהתכון |
| 272 | Gn 9:23 | לבתרהון ועריתה דאבוהון | לא | חמון: |
| 273 | Gn49:12M | בהון גלוי עריי' ודי | לא | חמון בהון למשפך אדם |
| 274 | Ex10:06 | ובתיהון דכל מצריי די | לא | חמון אבהתך ואבהת אבהתך מן |
| 275 | Ex10:23 | | לא | חמון גבר ית אחוי ולא קמו |
| 276 | Dt11:02M | ודלא/ולא#2/# ודי | לא#2/# | חמון ית אולפן אורייתה |
| 277 | Dt21:07 | שפכון ית אדמא הדין ועינגן | לא | חמון יתה: |
| 278 | Ex33:20M | "לית ... וייחי": | לא | חמי יתי בר נש וחאי |
| 279 | Dt 4:15 | לחדא לנפשתכון ארום | לא | חמיתון כל דמו ביומא די מלל |
| 280 | Gn49:12M | די לא אכל בהון | לא | חמסין ולא גזילין |
| 281 | Nu16:15 | תקבל ברעווה ית קרבנהון | לא | חמרא דחד מנהון אטענת ולא |
| 282 | Nu16:15M | תסתכל לדורון דידיהון | לא | חמ<רא> <...> נסיבית |
| 283 | Gn49:06 | לכרכה דשכם למחרבה יתה | לא | חסו על איקרי ארום ברוגזהון |
| 284 | Ex16:18 | שייר מן דאסגי ומן דאזער | לא | חסר גבר לפם מיכליה לקטו: |
| 285 | Dt 2:07M | כל מן דעם/^מאנדעם#2/#^ | /לא | חסר יתכון פתגם#2/#: |
| 286 | Gn29:22 | שרי בינינן באר«י»נן | לא | חסרו ובית שקוותן סגון וכדון |
| 287 | Dt 2:07 | שנין ייי אלהכון בסעדכון | לא | חסרתון כל מן דעם: |
| 288 | Dt 6:11 | בניתון וגובין חצובין די | לא | חצבתון כרמין וזייתין די לא |
| 289 | Dt 5:21 | ולא יתחמד בייתיה דחבריה | לא | חקלה ולא עבדה ולא אמהתיה |
| 290 | Lv26:19M | כפרזלא דלא למחתה לכון | לא | טל ולא מטר וית ארעא דאית |
| 291 | Dt28:23M | כפורזלה דלא למחתה לכון | לא | טל ולא מטר וית ארעא דאית |
| 292 | Gn34:31 | ואמרין ליעקב אבוהון | לא | יאה הוא דיהוון אמרין |
| 293 | Lv22:10M | ואגירא כד הוא בר עממין | לא | יאכ'#2/# קדש: |
| 294 | Ex12:43 | דפסחא כל בר עממ{נ}ין | לא | יאכל מיניה: |
| 295 | Ex12:45M | אגירא כד הוא בר עממין | לא | יאכל מיניה |
| 296 | Ex12:48 | דארעא וכל בר עממין | לא | יאכל מניה: |
| 297 | Ex29:33 | למקדשא יתהון וחילוני | לא | יאכל ארי קדש אינון: |
| 298 | Lv22:04M | לא ייכול /מן קדשיה | לא | יאכל#2/# עד זמן די ידכי |
| 299 | Lv22:10 | וכל חילוני | לא | יא'כ'ל קדש תותב בר עממין |
| 300 | Lv22:10 | קדש תותב בר עממין ואגירה | לא | יאכל קדש: |
| 301 | Lv22:13 | דאבוה תאכל וכל חלוני | לא | יאכל מיניה: |
| 302 | Nu 6:03 | וענבין רטיבין ויבשין | לא | יאכל: |
| 303 | Nu 6:04 | דחמרא מן כמישן עד פגן | לא | יאכל: |
| 304 | Gn21:12 | ואמ«ר» ייי לאברהם | לא | יבאש באפיך על טליה ועל אמתך |
| 305 | Gn31:35 | ואמרת לאבוה | לא | יבאש באפוי דריבוני ארום לא |
| 306 | Dt15:18 | | לא | יבאש באפך בזמנה די תשלח |
| 307 | Lv21:10 | ית ראשיה לא יכסה ולבושו | לא | יבזע: |
| 308 | Nu30:03 | למקיימה קיים לשמא דייי | לא | יבטל פתגמיה כל די יפוק מן |
| 309 | Nu 9:12M | ומצוותה /^#2#חס<פד>^/ | לא | יבטלון מניה ככל קיימי |
| 310 | Lv19:13 | לא תעצה ית חברך ולא תגזול | לא | יבית אגרה דאגירה עמך עד |
| 311 | Gn17:14 | וערל דכר די | לא | יגזר ית בשרא דערלתיה ישתצי |
| 312 | Dt15:02 | ית ידיה דיוזיף בחבריה | לא | ידחק ית חבריה וית אחוי ארום |
| 313 | Ex19:24 | ואהרן עמך וכהניא ועמא | לא | ידחקון למיסק קדם ייי דלא |
| 314 | Nu19:12 | תליתיה וביומא שביעיה | לא | ידכי: |
| 315 | Gn39:08 | לאתתיה דרבוניה הא רבוני | לא | ידע מן בתריה <....> מה דליה |
| 316 | Gn42:23 | ואנון | לא | ידעין ארום <....> היך תרגומן |
| 317 | Gn43:22 | אחתנן בידינן למזבן מזון | לא | ידעינן מן שוי כספא בטעוננא: |

318 Gn21:26 ואמר אבימלך לא ידעית מן עבד ית פתגמא הדין
319 Gn27:02 ואמר הא כען סבית לא ידעית יומי מיתתי:
320 Gn28:16M הדין ואנה \לית אנה ידע /לא ידעית#2:/
321 Gn21:26M חוית לי ואוף אנ{ת}<א> לא ידעת עד זמן יומא הדין
322 Nu22:34 למלאכה דייי חטאת ארום לא ידעת ארום את קיים מתעתד
323 Nu 7:09 ולבנוי דקהת לא יהב משה לא מן עגלתה ולא מן
324 Gn20:06 מלמחטי קדמי בגין כדון לא יהבית לך רשו למקרב לוותה:
325 Gn15:03 ואמר אברם הא לי לא יהבת בנין והא בר בתי ירית
326 Gn 3:15M יהוי אסו ולך חויה לא יהווי אסו ברם עתידין הנון
327 Ex20:03 צווח ואמר עמי בני ישראל לא יהווי לך אלה אחרא בר מני:
328 Ex21:08 ופרק יתה לגבר בר עממין לא יהווי רשיי למזבנה ית' חלף
329 Lv16:17 וכל בר נש לא יהווי במשכן זימנה במעלה
330 Lv22:21 שלם יהי ברעווה כל <מומה> לא יהווי ביה:
331 Lv25:26 וגבר ארום לא יהווי ליה פרוק ותארע ידיה
332 Nu 9:13 דכי ובארח ר«חי»קה ל«א» «י»הווי ויתמנע מלמעבד
333 Nu18:20 בארעהון לא תתאחסן וחלק לא יהווי לך ביניהון מ«י»מרי
334 Dt 5:07 צווח ואמר עמי בני ישראל לא יהווי לכון אלה אחרן בר מני:
335 Dt15:04M מסכיניך#2^/ברם ארום לא יהווי בכון מסכיניך#2/
336 Dt15:04 דאורייתי חלף כן ^ארום לא יהווי בכון מסכיניך#2^ ארום
337 Dt18:01 לא יהווי לכהנייא לליוויי כל
338 Dt18:02 ואחסנה לא יהווי ליה ביני אחוי קרבנוי
339 Dt22:05 לא יהווי מני זיינה דגבר על אתה
340 Dt23:11 ארום יהווי בכון גבר די לא יהווי דכי מן קרי דליליה
341 Dt23:23 וארום תתמנעו מן למדר לא יהווי בכון חובה:
342 Dt25:13 לא יהווי לכון בכיסיכון מתקל רב
343 Dt25:14 לא יהווי לכון בבתיכון מכלה רבה
344 Dt29:19 לא יהווי רעווה מן קדם ייי
345 Gn 3:15 לבריה יהוי אסו ולך חויה לא יהוי אסו דעתידין אינון מעבד
346 Ex 9:29 ייי קלייא ותמנעון וברדא לא יהוי תוב מן בגלל דתדע ארום
347 Ex10:14 כדן גוב כוותיה ובתריה לא יהוי כדן:
348 Ex16:26 יתיה וביומא שביעיא שבתא לא יהוי ביה מניה:
349 Nu14:11 קדמי עמא האלין ועד אימתי לא יה«יי»מנון בשם ממרי בכל
350 Ex 4:01 וענה משה ואמר ואין לא יהימנון לי ולא ישמעון בקלי
351 Ex 4:08 ויהוי אין לא יהימנון לך ולא ישמעון לקל
352 Ex 4:09 ויהוי אין לא יהימנון להוד לתרין נסייא
353 Lv17:12 וגיוריה דמתגירין ביניכון לא יוכלון אדם:
354 Nu11:19 לא יומא חד תאכלון ולא תרין
355 Ex10:14M לא יהוי כדן /ובתריה לא יוסף למהווי כן#2:/
356 Dt25:03 ארבעין ימחי יתיה לא יוסף דלא יוסף לממחי יתיה על
357 Lv25:34 וחקל פרוורי קרוי{כ}<ה>ון לא יזדבן ארום אחסנת עלם היא
358 Lv27:28 ובעירה ומן חקל אחסנתיה לא יזדבן ולא יתפרק כל אפרשו
359 Lv25:42 פריקין מן ארעא דמצרי' לא יזדבנון כנימוסי עבדיה:
360 Ex25:15 די בארונא יהוון אריחי לא יזוען מניה:
361 Ex33:11 יהושע בן נון טלי לא יזייע מגו משריתא:
362 Ex23:07 בדינא לא תקטלון ארום לא יזכון קדמיי חייבא:
363 Dt 5:11 דייי אלהכון על מגן ארום לא יזכי ייי ביום דינה רבה ית
364 Ex30:15 דעתיר לא יסגי ודמסכן לא יזער מפלגות סלעא למיתן ית
365 Lv17:16 ואן לא יחוור לבושוי ובשרה לא יסחי
366 Gn45:20 ועיינכון לא יחוסון על מאני זייניכון
367 Dt 7:16 דייי אלהכון יהב לכון לא יחוסון עייניכון עליהון ולא
368 Dt25:12 ותקצון ית כף י{ת}<ד>ה לא יחוסן עייניכון:
369 Gn42:38 ואמר לא יחות ברי עמכון ארום אחוי
370 Gn44:23 ואמרת לעבדך אן לא יחות אחוכון זעירא עמכון לא
371 Ex19:13 ביה אן בעיר אין גבר לא יחי במתקע שופרא משה ואהרן

372 Nu14:23 לאבהתהון וכל דארגזו קדמי לא יחמון יתה:
373 Nu18:23 לדריהון ובגו בני ישראל לא יחסנון אחסנה:
374 Nu18:24 להון בגו בני ישראל לא יחסנון אחסנה:
375 Lv13:11 בשריה ויסאב יתה כהנא לא יטרוד יתיה ארום מסאב הוא:
376 Dt32:27 עליהון בעלי דבביהון ודי לא ייאמרון שנאיהון
377 Ex12:45 תותב בר עממין לאגירא לא ייכול מנה:
378 Lv22:04 מצרע או דייב בקדשייה לא ייכול עד זמן די ידכי ומן די
379 Lv22:08 נבילה וקטילה לא ייכול למסתאבה בה אמר ייי:
380 Ex19:23 <....> לא ייכלין עמא למיסק לטורא
381 Dt20:18 מן בגלל די לא יילפון יתכון למעבד ככל
382 Lv21:11 ועל כל נפש דמית לא ייעול לאבוי ולאמה לא יסתאב:
383 Lv21:23 להוד לגו מן פרכתה לא ייעול ועל גבי מדבחה לא יקרב
384 Nu20:24 יתכנש אהרן לעמיה ארום לא ייעול לארעא די יהבית לבני
385 Nu31:23 במי אדיה ידכא וכל מה די לא ייעול בנורא תעברון במיא:
386 Dt23:02 לא ייעול דפסיק ודמסרס בקהל
387 Dt23:03 לא ייעול ממזר בקהל כנשתה דייי
388 Dt23:11M מן לבר מן משריתה ולא/לא#2/ ייעול לגוא משרייתה:
389 Gn21:10 ית אמתא הדה וית ברה ארום לא יירית ית ברה דאמתה הדה עם
390 Lv17:09 ואל תרע משכן זימנה לא ייתי יתיה לקרבה יתיה קדם
391 Gn44:22 ואמרנן לריבוני לא יכל טליא למשבק{ת}<ה> ית
392 Gn23:11M /% גבר מנן ית קבריה לא יכלה ממך מל<מ>קבר מתך: וקם
393 Lv24:12M דיני נפשן ומסאבין די לא יכלו למ'
394 Nu 9:08M במסאבין דלא/די לא#2/ יכלו למעבד פסחה בזמנה
395 Nu15:34M דיני נפשה ובמסאבין די לא יכלו למעבד פיסחא בזמנא
396 Gn11:07M \דלא ישמעון גבר/די לא יכלון למשמע בי#2/ לשנה
397 Dt33:11 ובעלי דבבוי מן קדמוי לא יכלין למיקום:
398 Lv21:10 למלבש ית לבושיה ית ראשיה לא יכסה ולבושו לא יבזע:
399 Nu35:33 הוא יחייב ית ארעא ולארעא לא יכפר באדמה דיאשתפך בה ארום
400 Gn42:34 ית זעירא לוותי ואדע ארום לא יללין אתון ארום לא היימנין
401 Ex15:12 לימא קבלי קטולי«ך» לא ימא הוה בעה לקבלא יתהון ולא
402 Lv19:20 לה מרדו אנון חייבין לא ימותון ארום לא נפקת
403 Dt24:16 לא ימותון אבהן {על} בחובי בנין
404 Dt24:16 {על} בחובי בנין ובנין לא ימותון בחובי אבהן גבר בחובי
405 Ex21:10 ומעלה ומפקה לוותה לא ימנע:
406 Ex11:07 ולכל בני ישראל לא ינבח כלב בלשניה למן גבר ועד
407 Ex20:07 עמי בני ישראל לא יסב גבר מנכון ית שמה דייי
408 Lv21:14 וטעווה ומפסה ית אילין לא יסב ארר' אלהן מעמיה יסב
409 Dt 5:11 עמי בני ישראל לא יסב אנש ^חד#2^ מנכון שמה
410 Dt23:01 לא יסב גבר ית אתתה דאבוי ולא
411 Lv21:07 ואתה משב«קה» מן בעלה לא יסבון ארום קדישין אנון קדם
412 Lv21:07 אתה סעוה ומפסה לא יסבון ואתה משב«קה» מן
413 Ex30:15 דעתיר לא יסגי ודמסכן לא יזער מפלגות
414 Dt17:16 לחוד לא יסגי ל{א}<ה> סוסוון ולא
415 Dt17:17 ולא יסטן לבבה וכסף ודהב לא יסגי לה לחדא:
416 Lv19:19 {עלאר}<עמר> וכתן שעטנז לא יסוק עליכון:
417 Lv17:16 ואן לא יחוור לבושוי ובשרה לא יסחי במיא ויקבל לחובוי:
418 Ex 8:25 שליטוי ומן עמא למחר לחוד לא יסף פרעה למשקרה דלא למשלחא
419 Lv13:33 לני{ק}ת<ק>א וית ניתקא לא יספר ויטרוד כהנא ית ניתקה
420 Lv21:05 ושומת דקניהון לא יספרון ובבשרהון לא ישרטו'
421 Ex34:03 וגבר לא יסק עמך ולהוד גבר לא יתחמי
422 Ex24:02 ואינון לא יקרבון ועמא לא יסקון עמה:
423 Lv21:01 ותמר להון על נפש דמית לא יסתאב כהנא רבה די בעמה:
424 Lv21:01M די בעמה /לטמא נפיש דמית לא יסתאב בעמיה#2:/
425 Lv21:04 לא יסתאב רבה דבעמה דלא יפס ית

|  |  | | | |
|---|---|---|---|---|
| 426 | Lv21:11 | לא ייעול לאבוי ולאמה | לא | יסתאב: |
| 427 | Nu 6:07 | ולאמיה לאחוי ולאחתיה | לא | יסתאב להון במיתתהון ארום |
| 428 | Ex40:37 | ואין | לא | יסתלק עננה ולא יטלון עד |
| 429 | Gn18:25 | דדיינן כל דיירי ארעא | לא | יעבד דינא: |
| 430 | Ex21:11 | ואן תלתי מלייא האיליין | לא | יעבד לה ויפק יתה לחירותא |
| 431 | Ex12:39M | ולחוד זווד׳ לאורחה | לא | יעבדו להון |
| 432 | Ex36:06 | במשריתה למימר גבר ואתה | לא | יעבדון תוב עבידה לאפרשות |
| 433 | Nu 6:05M | \גלב לא יעלה/גלף | לא | יעבר#2/ על רישיה עד די |
| 434 | Nu 6:06 | לשמה דייי על נפש דמית | לא | יעול: |
| 435 | Nu 6:05 | כל יומי נדר נזירותיה גלב | לא | יעלה על רישיה עד די שלמין |
| 436 | Dt23:04 | | לא | ^יעלון#2^ עמוניי ומואביי |
| 437 | Nu35:30 | יתקטל קטולה וסהד חד | לא | יענה על נפש למתקטלה: |
| 438 | Ex16:29 | בכפלא שרון גבר באתריה | לא | יפוק גבר מן אתריה ביומא |
| 439 | Lv21:12 | ומן בית מקדשה | לא | יפוק ולא יפס ית בית מקדשה |
| 440 | Lv25:30 | למן דזבן יתיה לדרוי | לא | יפוק ביובילה: |
| 441 | Dt24:05 | ארום יסב גבר אתה כשירוי | לא | יפוק לחיל קרבה ולא יעבר |
| 442 | Nu 8:26M | /למיטור מטרה ולמפלוח | לא | יפלוח כהד#2/ סידרא תעבד |
| 443 | Nu 8:25 | שנין יחזור מן חיל קרבה | לא | יפלח עוד: |
| 444 | Nu 8:26 | זימנה למיטר מטרה ופלחן | לא | יפלח כהדן סידרא תעבד |
| 445 | Gn 8:22 | ו{תס}<סת>ב ואיממא ולילי | לא | יפסקון: |
| 446 | Nu32:30 | ואן | לא | י{פ}<ע>ברון מזיינין עמכון |
| 447 | Nu11:26 | מן מני זייניהון וחרש | לא | יפקון ואינון הוון מן שבעתי |
| 448 | Lv27:20 | ואין | לא | יפרוק ית חקלה ואן זבן ית |
| 449 | Lv 1:17 | ויתלע יתיה בכנפוי | לא | יפרש ויסדר כהנא יתיה על גבי |
| 450 | Gn41:44 | ליוסף אנה פרעה בר מינך | לא | יפשוט גבר ית ידיה למיסר |
| 451 | Lv13:36 | {ל} והא הלך נתקה במשכא | לא | יפשפש כהנא לשערה מצלהבה |
| 452 | Lv27:33 | | לא | יפשפש בין טב לביש ולא יפרג |
| 453 | Lv26:20 | עללתה ואילנה דאפי ברה | לא | יצלח בפירוי: |
| 454 | Ex11:09 | ואמר ייי למשה | לא | יקבל מנכון פרעה מן בגלל |
| 455 | Ex 3:03 | ית חזיא רבא הדין מן בגלל | לא | יקד סנייה: |
| 456 | Lv27:26 | יתאפרש לשמה דייי בבעירה | לא | יקדש גבר יתיה אין תור אין |
| 457 | Nu30:06 | וקיימה די קיימת על נפשה | לא | יקום ומן קדם ייי ישתבק לה |
| 458 | Nu30:13 | ספוותה לנדרא ולקיום נפשה | לא | יקום בעלה בטל{ת} יתהון |
| 459 | Dt 7:24 | ית שמהן מן תחות שמיא | לא | יקום מלך ושלטן באפיכון |
| 460 | Dt11:25 | | לא | יקום מלך ושולטן באפיכון |
| 461 | Dt19:15 | | לא | יקום סהד בגבר לכל חובה ולכל |
| 462 | Nu30:06M | יקום ומן קדם ייי ישתבק | לא/ | יקומון וממריה דייי ישתרי |
| 463 | Dt27:26 | ליט יהווי גברה די | לא | יקים ית פתגמי אוריתיה הדה |
| 464 | Ex19:15 | הוון מזמנין לתלתא יומין | לא | יקרב מנכון גבר לתשמיש דערס: |
| 465 | Lv21:17 | לדריהון די יהווי ביה מום | לא | יקרב למקרבה לחם אלהיה: |
| 466 | Lv21:18 | ארום כל גבר דאית ביה מום | לא | יקרב למקרבה גבר סימי או |
| 467 | Lv21:21 | מום בה ית לחם אלהיה | לא | יקרב למקרבה: |
| 468 | Lv21:21 | מום מן בנוי דאהרן כהנא | לא | יקרב למקרבה לחם אלהיה מום |
| 469 | Lv21:23 | לא ייעול ועל גבי מדבחה | לא | יקרב ארום מומא בה ולא יפס |
| 470 | Lv27:11 | ואן כל בעיר מסאב די | לא | יקרב מנה קדם ייי קרבן ויקים |
| 471 | Nu17:05 | לבני ישראל מן בגלל די | לא | יקרב גבר חילוניי די לא מן |
| 472 | Nu18:04 | לכל מטרת פלחנה וחילוניי | לא | יקרב לוותכון: |
| 473 | Ex24:02 | לבלחודוי קדם ייי ואינון | לא | יקרבון ועמא לא יסקון עמה: |
| 474 | Nu18:03 | ועל {נ}<ג>בי מדבחה | לא | יקרבון ולא ימותון להוד |
| 475 | Nu 5:15 | עשרון מכלתה קמח דשערין | לא | יריק <משחה ולא יתן> עלוי |
| 476 | Ex34:03 | בכל טורא להוד ענה ותורא | לא | ירעו{ן}<ך> כל קביל {ת} טורא |
| 477 | Lv21:05 | | לא | ירשמון רושם בראשי«הון» |
| 478 | Gn15:04 | ייי על אברם למימר | לא | ירת יתך דן ארום אלהן מן |
| 479 | Gn28:15 | יתך {לתר} לארעא הדא ארום | לא | ישבוק מימרי עמך עד דאעבד ית |
| 480 | Ex 3:19 | ואנה ידעת ארום | לא | ישבו«ק» יתכון מלכא |
| 481 | Lv 5:11 | עשרין מכלתה סלת לחטאת | לא | ישווי עליה מש׳ ולא יתן עליה |
| 482 | Dt27:15M | "ידי...": <ידי> בר נש ודי | לא | ישווי בטומרא מל{י}<ו>טייה |
| 483 | Dt 7:15 | דמצריי בישייא די חכמתון | לא | ישווי יתהון בכון וישוי יתהון |
| 484 | Ex16:19 | ואמר משה להון גבר | לא | ישייר מנה עד צפרא: |
| 485 | Nu 9:12 | | לא | ישיירון מניה עד צפרה וגרם |
| 486 | Dt28:51 | עד זמן די תשתיצון די | לא | ישיירון לכון עבור או חמר |
| 487 | Lv27:10 | | לא | ישל<ח>ף יתיה טב בביש או ביש |
| 488 | Dt15:06 | באומין סגין ואינון בכון | לא | ישלטון: |
| 489 | Dt28:12M | באומין סגין והנון בכון | לא | ישלטון |
| 490 | Ex22:12 | ייתון סהדין קטילא | לא | ישלם: |
| 491 | Ex22:14 | אם מריה עמי׳ | לא | ישלם אין אגיר הוא אתקבל |
| 492 | Dt18:19 | ויהוי גברא די | לא | ישמע לדיבורוי די ימלל בשם |
| 493 | Lv21:05 | לא יספרון ובבשרהון | לא | ישרטו׳ שרטת: |
| 494 | Ex23:01M | עמי בני ישרא׳ | לא | ישתב׳ חד מנכון בשי׳ ממרי׳ |
| 495 | Nu 6:03 | חדת וחלד חמר עתיק | לא | ישתי וכל עצורה דע{ג}<נ>בין |
| 496 | Nu 6:03 | וכל עצורה דע{ג}<נ>בין | לא | ישתי וענבין רטיבין ויבשין |
| 497 | Nu 6:03 | מן חמר ח{ת}«ד»ת ועתיק | לא | ישתי חלד חמר חדת וחלד חמר |
| 498 | Lv 7:15 | <די> יקרב קרבניה יתאכל | לא | ישתייר מנה עד צפרא: |
| 499 | Gn15:01M | נפלו קודמוי או דלמא די | לא | ישתכח לי זכו בזמנה תניינא |
| 500 | Ex12:19 | שבעה יומין חמיר | לא | ישתכח בגו בתיכון ארום כל די |
| 501 | Ex22:07 | אן | לא | ישתכח גנבא ויקרב מרה דביתא |
| 502 | Dt18:10 | | לא | ישתכח בינכון גבר מעבר בריה |
| 503 | Lv25:53 | כאגיר שנה בשנה יהוי עמה | לא | ישתעבד בה בקשי{ן}<ו> קדמך: |
| 504 | Dt11:02 | ותידעון יומא הדין ארום | לא | ית בניכון די לא חכימו ודלא |
| 505 | Ex29:34 | ותיקד מה דאשתייר בנורא | לא | יתאכל ארום קדש הוא: |
| 506 | Lv 7:19 | די יקרב בכל סואבה {לא} | לא | יתאכל בנורא יתוקד ובשרה כל |
| 507 | Lv11:41 | דשרץ על ארעה שקץ הוא | לא | יתאכל: |
| 508 | Lv19:23 | תלת שנין יהוי לכון ריחוק | לא | יתאכל: |
| 509 | Lv11:13 | וית אליין תשקצון מן עופא | לא | יתאכלון ארום שקץ אינו׳ ית |
| 510 | Lv19:23M | /דיומין יהוון לכון ערלין | לא | יתאכלון#2/: |
| 511 | Dt14:19 | שרץ עופא מסאב הוא לכון | לא | יתאכלון: |
| 512 | Ex28:32 | כפם סירה יהווי ליה | <לא> | יתבזע: |
| 513 | Dt20:03 | קרבה על בעלי דבביכון | לא | יתבר לבביכון לא תדחלון ולא |
| 514 | Nu 9:12 | מניה עד צפרה וגרם | לא | יתברון ביה ככל קיימוי דפסחה |
| 515 | Nu19:12 | וביומא שביעיה ואדכי ואין | לא | יתדי עלוי ביומא תליתיה |
| 516 | Gn 6:03 | ואמר ייי | לא | יתדנון כל דריה דעתידין |
| 517 | Ex20:17 | אינון למהוי עם חמודין | לא | יתחמד גבר מנכון ביתא דחבריה |
| 518 | Ex34:03 | וגבר לא יסק עמך ולהוד גבר | לא | יתחמי בכל טורא להוד ענה |
| 519 | Lv 7:18 | ברעוה מן דמקרב יתיה | לא | יתחשב לה פסיל יהווי ונפשה |
| 520 | Dt23:03 | דייי לחוד דר עשירי | לא | יתחשב להון בקהל כנישתה |
| 521 | Dt23:04 | כנשתה דייי לחוד דר עשרי | לא | יתחשב להון בקהל כנשתה דייי |
| 522 | Lv19:20 | לא אתפרקת או כתב חרותה | לא | יתיהבת לה מרדו אנון חייבין |
| 523 | Gn32:13 | ית בניך כחלא דימא די | לא | יתמנון מן סגי: |
| 524 | Gn11:06 | כדון שרון למעבד וכדון | לא | יתמנע מנהון כל מה די חשבו |
| 525 | Ex30:32 | על בשרא דבר נש הדיוט | לא | יתמשח ובדמותה לא תעבדון |
| 526 | Lv 5:11M | \לחטאת לא ישווי /לחטאתה | לא | יתן#2/ עליה מש׳ ולא יתן |
| 527 | Gn24:41 | תיתי לוות לזרעייתי ואן | לא | יתנון לך ותהוי זכיי מן |
| 528 | Lv 5:01 | או די חמה או די ידע אין | לא | יתני יקבל חובוי: |
| 529 | Ex12:16 | יהווי לכון כל עבידא | לא | יתעבד בהון לחוד מה די |
| 530 | Ex21:21 | חד או תרין יומין יקום | לא | יתפרע מיניה ארום זבינת כספא |
| 531 | Lv25:30 | ואן | לא | יתפרק עד זמן די תשלם לה שנה |
| 532 | Lv25:54 | ואן | לא | יתפרק באלין ויפוק בשתה |
| 533 | Lv27:29M | בני אנשא | לא | יתפרק מתקטלה יתקטל |

| | | | | |
|---|---|---|---|---|
| 534 | Lv27:29 | די יתפרש מן בר נשה | לא | יתפרק ממת ימות: |
| 535 | Lv27:29M | חרמה דמתחרם מן בר נשא | לא | יתפרק בכספא אלהן בעלוון |
| 536 | Lv27:33 | הוא ופירוגיה יהווי קדיש | לא | יתפרק: |
| 537 | Lv 7:18 | דנכסת קדשיה ביומ׳ תליתיה | לא | יתקבל ברעוה מן דמקרב יתיה |
| 538 | Lv19:07 | ביומא תליתיה פסיל הוא | לא | יתקבל ברעווה: |
| 539 | Lv22:23 | נסיבה תפרשון יתיה ולנדר | לא | יתקבל ברעווה: |
| 540 | Lv 2:12 | קדם ייי ועל גבי מדבחה | לא | יתקבלון לריח דרעוה: |
| 541 | Lv22:25 | אלין ארום חבוליהון בהון | לא | יתקבלון ברעווה לכון: |
| 542 | Gn44:18 | כען עבדך פתגם ורבוני | לא | יתקוף רוגזך בעבדך הלא מן |
| 543 | Dt17:06 | יתקטל מן דמתחייב להתקטלה | לא | יתקטל על פם סהד חד: |
| 544 | Ex32:22 | ואמר אהרן למשה | לא | יתקף רוגזא דריבו{ת}<נ>י את |
| 545 | Dt25:07 | ואין | לא | יתרעי גברא למיסב ית יבומתיה |
| 546 | Dt11:10 | עלי{ך}<ן> לתמן למירת יתה | לא | כארעא דמצרים היא די נפקתון |
| 547 | Nu12:12M | זימנא למיחמי בנחמותה | לא | כדון תתרחק דא |
| 548 | Nu12:12M | "לא כען ... מנך": | לא | כדון תיהווי מרים אחתן |
| 549 | Gn48:18 | ואמר יוסף לאבוי | לא | כדן אבא ארום דין בכורה שוי |
| 550 | Ex10:11 | | לא | כדן אזלו כען גברייא ופלחו |
| 551 | Dt34:07 | ועשרין שנין בזמנה דאתכנש | לא | כהיין עיינוי ולא אשתנייו |
| 552 | Nu12:07 | | לא | כוות כל נביאה הוא עבדי מש׳ |
| 553 | Dt18:14 | ואתון עמי בני ישראל | לא | כוותהון יהב לכון ייי |
| 554 | Nu23:19 | | לא | כמימר בני אנשא מימריה דייי |
| 555 | Dt18:14M | יהב לכון ייי אלהכון | /לא | כן יהב בחולקך ייי אלהך#2 |
| 556 | Ex 1:19 | ואמרין חייתה לפרעה ארום | לא | כנשיה מצריתה עברייתא ארום |
| 557 | Dt30:11 | אנה מפקד יתכון יומא הדין | לא | כסייה היא מנכון ולא רחיקה |
| 558 | Gn13:08 | ואמר אבר׳ ללוט | לא | כען יהוון דיינין ביני ובינך |
| 559 | Gn18:30 | ואמר | לא | כען יתקף רוגזא דייי ואמלל |
| 560 | Gn18:32 | ואמר | לא | כען {א}<י>תקף רוגז׳ דייי |
| 561 | Gn19:07 | ואמר | לא | כען אחי תבאשון: |
| 562 | Gn33:10 | ואמר יעקב | לא | כען אן כען אשכחית חן וחסד |
| 563 | Gn47:29 | קיימי ותעבד עמי חסד וטבו | לא | כען תקבר יתי במצרים: |
| 564 | Nu10:31 | ואמר ליה | לא | כען תשבק יתן ארום בגין כדן |
| 565 | Nu12:11 | למשה בבעו מנך רבוני | לא | כען תשווי עלינן חובה די |
| 566 | Nu12:12 | | לא | כען תיהוי מרים מסאבה |
| 567 | Nu22:16 | כדין אמר בלק בר צפור | לא | כען תתמנע מן מייתי לוותי: |
| 568 | Dt32:31 | ארום | לא | כרוחצינן רוחצניהון דאומיה |
| 569 | Gn29:26 | ואמר לבן | לא | כשר למעבד כדן בארענא למיתן |
| 570 | Lv 4:13M | כשרין /פקודוי דייי די | לא | כשרה#2/ למתעבדה |
| 571 | Gn21:08 | לאברהם עבד עובדין די | לא | כשרין היך מגהך בפולחנא |
| 572 | Gn21:09 | לאברהם עבד עובדין די | לא | כשרין: |
| 573 | Lv 4:02 | מן כל מצוותה דייי די | לא | כשרין מתעבדה ותעבד חדא |
| 574 | Lv 4:13 | חדא מן כל מצוותה די | לא | כשרין למתעבדה ויתחייבון: |
| 575 | Lv 5:17 | חדה מן כל מצוותה דייי די | לא | כשרין למתעבדה ולא ידע |
| 576 | Dt28:61 | כל בושין וכל מכתשין די | לא | כתיבין בספר אורייתיה הדה |
| 577 | Lv 7:19 | ובשרא די יקרב בכל סואבה | {לא} | לא יתאכל בנורא יתוקד ובשרה |
| 578 | Nu16:14 | להוד | לא | לארע עבדה פירין טבין נקיין |
| 579 | Nu24:14 | לעמא האליין#2^ ואין | לא | לי{א}<ת> את יכיל שליט בהון |
| 580 | Nu20:17M | \לא לימינה ולא לשמאלה | /לא | לימין ולא ליסמיל#2/ |
| 581 | Dt 2:27M | אורחא נזל לא נסטי | לא | לימין ולא לישמיל |
| 582 | Dt17:20M | ולא לשמאלה/פיקודייה | לא | לימין ולא לשמיל#2/ |
| 583 | Nu20:17 | ארח מלכא נהלך לא נסטי | לא | לימינה ולא לשמאלה עד זמן די |
| 584 | Nu22:26 | לא הווה תמן אורח למסטי | לא | לימינה ולא לשמאלה: |
| 585 | Dt 2:27 | בארחה בארחה אהלך לא אסטי | לא | לימינה ולא לשמאלה: |
| 586 | Dt 5:32 | אלהכון יתכון לא תסטון | לא | לימינה ולא לשמאלה: |
| 587 | Dt17:11 | מן פתגמא די יתנון לכון | לא | לימינה ולא לשמאלה: |
| 588 | Dt17:20 | יסטי מן מצוותה דאוריתה | לא | לימינה ולא לשמאלה מן בגלל |
| 589 | Dt28:14 | אנה מפקד יתכון יומא הדין | לא | לימינה ולא לשמאלה למיזל בתר |
| 590 | Ex34:26M | לית אתון רשיין | לא | למבשלה ולא למיכל בשר וחלב |
| 591 | Ex 8:18 | די עמי שריין עלה די | לא | למהווי תמן ערב{ו}<ר>ובא |
| 592 | Gn30:22M | מפתחיא דלא אינון מסירין | לא | למלאך ולא לשרף מפתחיא |
| 593 | Gn30:22 | עלמ«י»א ייי ולא מסרן | לא | למלאכא ולא לשרף מפתחא דמטרא |
| 594 | Nu20:05M | תינין /דשפר למזדרעה הוא | לא | למנצוב ביה לא תאינין#2/ |
| 595 | Dt 5:21M | "חלקא ... יתהון": לחקלא | לא | לעבדיה ולא לאמתא ולא |
| 596 | Gn49:18 | אמר אבונן יעקב | לא | לפורקנא דגדעון בר יואש |
| 597 | Gn45:08 | אלהן ייי ושוי יתיה לאבא | {לא} | לפרעה ולרבון לכל |
| 598 | Ex 9:32 | וחטיה וכונתיה | לא | לקיין ארום לקישין הוון: |
| 599 | Nu21:19M | נחתה עמהון | {לא} | לראשי טורייה ונחתה עמהון |
| 600 | Lv22:20 | כל מה דאית ביה מום | לא | לרעוה יהווי לכון: |
| 601 | Gn38:09 | וידע אונן ארום | לא | לשמיה יתקרון בניה והוה כד |
| 602 | Gn40:12 | בסופא ואת רב מזוגיא | לא | מובדין אגרין דחלמת חלמא טבא |
| 603 | Ex20:07M | דייי אלהיכון לשקר ארום | לא | מזכי ייי ית חוביכון חייבי |
| 604 | Ex20:07 | דייי אלהיה על מגן ארום | לא | מזכי ייי ביום דינא רבא ית |
| 605 | Nu14:18 | ומכפר על חטאין ומזכייה | לא | מזכי ביום דינה רבה מדכר |
| 606 | Ex34:07 | ומכפר על חטאין ומזכיה | לא | מזכי{ה} ביום דינא רבה מדכר |
| 607 | Ex32:32 | תשרי ותשבוק לחוביהון ואם | לא | מחק יתי מן ספר אוריתך די |
| 608 | Lv11:06 | מסקה גררה היא ומטלפה | לא | מטלפה מסאבה היא לכון: |
| 609 | Nu20:05 | גופנין ולא רימונין אוף | לא | מיין לית לן למשתי: |
| 610 | Nu16:29M | מן קדם ייי אשתלח«י»ת | /לא | מימריה דייי שלח יתי#2/: |
| 611 | Ex 9:06 | ומבעיריהון דבני ישראל | לא | מית אף לא חד: |
| 612 | Ex 9:07 | ושלח פרעה והא | לא | מית מן בעיריהון דישראל |
| 613 | Gn30:01 | ליעקב הב לי בנין ואין | לא | מיתה אנה: |
| 614 | Nu26:11 | דילא הוון בעצתה דאבוהון | לא | מיתו: |
| 615 | Nu26:11M | בתר אולפנה דמשה רבהון | לא | מיתו במותנה ולא לקו |
| 616 | Gn46:30 | אולי אנה מית הדא זימנא | לא | מיתת מן בתר דחמת סבר אפיך |
| 617 | Dt18:21 | נדע ^ית#2^ פתגמא די | לא | מלל יתיה ממרא דייי: |
| 618 | Dt18:22 | ולא יתי הוא פתגמא די | לא | מלל יתיה בזידינו מליל יתיה |
| 619 | Gn 3:04 | ואמר חויה לאיתתא | לא | ממית תמתון: |
| 620 | Gn17:12 | כספכון מן כל בר עממין די | לא | מן בניכון הוא: |
| 621 | Gn26:35 | {{היין}} ולא מקבלן אולפן | לא | מן יצחק ולא מן רבקה: |
| 622 | Ex 4:10 | ייי לא גבר מרי ממלל אנה | לא | מן דאתמול ולא מן דקדמוי |
| 623 | Ex10:29M | די הווינא יהיב במדין | לא | מן סוף דהוה לך רחמין הוינא |
| 624 | Ex12:46 | תפקון מן בית לחברה ואף | לא | מן חבורה לחברתה מן בשרה |
| 625 | Lv 7:26M | \בעופא ובבעירא | /לא | מן עופא ולא מן בעירה#2/: |
| 626 | Lv27:22 | ואן ית חקל זבונה די | לא | מן חקל אחסנתיה יקדש לשמה |
| 627 | Nu 7:09 | ולבנוי דקהת לא יהב משה | לא | מן עגלתה ולא מן תוריה ארום |
| 628 | Nu16:28 | ית כל עיבידה האליין ארום | לא | מן דעתי: |
| 629 | Nu17:05 | לא יקרב גבר חילוניי די | לא | מן בנוי דאהרן הוא למסדרה |
| 630 | Dt 4:42 | ידע והוא לא הוה סני יתיה | לא | מן דאתמל ולא מן דקדמוי |
| 631 | Dt 7:07 | | לא | מן סוגי יתכון מן כל אומייה |
| 632 | Dt17:15 | עליכון גבר בר עממין די | לא | מן אחוכון בר ישראל הוא: |
| 633 | Dt19:04 | ידע והוא לא הוה סני יתיה | לא | מן דאתמול ולא מן דקדמוי: |
| 634 | Dt19:06 | ל{ה}<א> הוה סני יתיה | לא | מן דאתמל ולא מן דקדמוי: |
| 635 | Dt20:15 | דרחיקן מנכון לחדה די | לא | מן קרי אומייה האליין אנון: |
| 636 | Ex 9:16 | וברם | לא | מן בגלל דייטב לך קיימת יתך |
| 637 | Nu16:29 | כל ברייתה יתגזר על אילין | לא | מן קדם ייי אשתלח«י»ת: |
| 638 | Ex12:46M | מן בשרא לברא ומצור׳ | לא | מניה תבטלון ביה#2/: |
| 639 | Gn22:10 | חד נכס וחד מתנכס דנכס | לא | מעכב ודמתנכס פשט צואריה: |
| 640 | Gn38:25 | ואנה אף על גב דאנה יקדה | לא | מפרסייה ברם שהדי דביני |
| 641 | Dt31:06 | שכינתיה מדברה קדמיכון | לא | מרפה יתכון ולא שבק יתכון: |

|  |  | | | |
|---|---|---|---|---|
| 642 | Dt31:08 | קדמך הוא יהווי בסעדך | לא | מרפה יתך ולא שבק יתך לא |
| 643 | Dt 4:31 | אלה חנן ורחמן ייי אלהכון | לא | מרפי יתכון ולא מחבל יתכון |
| 644 | Lv11:07M | /גרה#2#/ \לית הוא גרר | /לא | מתגורר#2#/ מסאב הוא לכון: |
| 645 | Nu35:33M | \ולארעא לא יכפר /וארעה | לא | מתכפר#2#/ באדמה/בדמה#2#/ |
| 646 | Ex 5:11 | תבן מן אן די תשכחון ארום | לא | מתמנע מן פולחניכון מדעם: |
| 647 | Nu23:09 | לבלחודיהון ובנימוס אומיה | לא | מתערבין: |
| 648 | Gn43:05 | ואן לית את משלח | לא | נחות ארום גברא אמר לן לא |
| 649 | Ex20:16M | /ענניה סלקין ומטר/ | לא | נחית#2#/: |
| 650 | Ex 9:33 | ואתמנעו קליא וברדא ומטר | לא | נחת לארעא: |
| 651 | Dt 5:21 | חמודיה עננין סלקין ומטר | לא | נחת ובצורתה אתייה על עלמא |
| 652 | Nu12:15 | משריתה שבעה יומין ועמה | לא | נטלו עד זמן די אתאסית |
| 653 | Gn 3:22 | עד לעלמין וכדון עד די | לא | נטר מצותיה דאוריתא ולא קיים |
| 654 | Gn 3:24 | מנהון לעלמא דאתי על די | לא | נטרו מצותה דאוריתא בעלמא |
| 655 | Nu23:24 | ארום היך מה דאריה | לא | נייח ולא דמך עד זמן דאכיל |
| 656 | Nu23:24 | <אדם> כדן עמא האליין | לא | נייחין ולא ש{כ}ד<כ>ין עד |
| 657 | Dt33:03 | מייתי עליהון יסורין סגין | לא | נייחין ולא שדכין מן אולפן |
| 658 | Gn24:50 | מן קדם ייי נפק פתגמא | לא | נכל לממללא עמך סב או ביש: |
| 659 | Dt33:09 | שבטה דלוי לאבוי ולאימיה | לא | נסב אפין בדינה וית אחוי לא |
| 660 | Dt 3:04 | ההיא לא הות קריה די | לא | נסבנן יתהון מלוות{כ}<ה>ון |
| 661 | Dt28:50 | אומה חציפת אפין די | לא | נסבת אפין לסב ועל עולים לא |
| 662 | Nu20:17 | מי גובין ארח מלכא נהלך | לא | נסטי לא לימינה ולא לשמאלה |
| 663 | Nu20:17M | באסרטא דמלכא ניזיל | לא | נסטי |
| 664 | Nu21:22 | אעבר כען בארעך | לא | נסטי בחקלין ובכרמין ולא |
| 665 | Dt 2:27M | אורחא נזל | לא | נסטי לא לימין ולא לישמיל |
| 666 | Dt10:17 | רבה גיברה ודחילה די | לא | נסיב אפין בדינה ולא מקבל |
| 667 | Nu20:17 | נעבר כען בארעך | לא | נעבר בחקלין ובכרמין ולא |
| 668 | Lv19:20 | חייבין לא ימותון ארום | לא | נפקת לחירות': |
| 669 | Gn37:27 | יתיה לסרקיין וידינן | לא | נפשט ביה ארום אחונן קרב |
| 670 | Dt 6:11 | חצבתון כרמין וזייתין די | לא | נצבתון ות«א»כלון ותשבעון: |
| 671 | Gn37:21 | יתיה מן ידיהון ואמר | לא | נקטול יתיה ונתחייב בנפשיה: |
| 672 | Gn47:18 | בשתה תינייינתה ואמרין ליה | לא | נשקר מרבוני ארום אלהן שלם |
| 673 | Nu32:19 | ארום | לא | נתאחסן עמהון מן עבר לירדנה |
| 674 | Gn 3:18 | בבעו ברחמין מן קדמך ייי | לא | נתחשב כבעירא למיכ' עשבא |
| 675 | Gn45:28M | למחמי והדא ניחמותא | לא | סברית {ס}<ת>וב למחמי ומן |
| 676 | Nu 5:19 | אן לא שמש גבר עימך ואין | לא | סטית סאבה בר מן רשותה |
| 677 | Nu22:33 | דנה תלתה זמנין אילו | לא | סטת מן קדמיי ארום כדון יתך |
| 678 | Gn45:28 | ונחמן סכיית למיחמי ולדא | לא | סכיית לדעד כדון יוסף בחיין |
| 679 | Gn48:11 | ישראל ליוסף סבר אפיך | לא | סכיית למיחמי והא חזי יתי |
| 680 | Lv 1:01M | שעה וקדושיה קדוש שעה | לא | סל' |
| 681 | Nu19:02 | שלמה די לית בה מום די | לא | סלק עליה שעבוד דניר: |
| 682 | Dt21:03 | תורין די לא אתפלח בה די | לא | סלק עליה שעבוד דניר: |
| 683 | Nu16:14M | תסמי \לא אנן/אנן | לא#2#/ | סלקין: |
| 684 | Lv 1:01 | חדה ורבויה רבוי שעה חדה | לא | סלקית ליה עד זמן די אתמלל |
| 685 | Gn49:10 | מין דבית יהודה ואף | לא | ספרין מלפי אוריה מבני בנוי |
| 686 | Ex12:39 | יכלו למסוברא ואף זוודין | לא | עבדו להון: |
| 687 | Nu21:34 | מבועין דמיין ברם פירין | לא | עבדין בגין כדן קיים ייי |
| 688 | Gn40:15 | מן ארעא דעבריי ואף הכה | לא | עבדת כל מאן דעם ארום שוון |
| 689 | Dt26:13 | ככל פיקודייך די פקדת יתן | לא | עברנן מן מצותך ולא אנשינן |
| 690 | Ex33:11M | יזייע מגו משריתא /מתרבי' | לא | עדי מגו משכן בית אלפנה#2# |
| 691 | Gn 4:23M | ולא /דנתקטלה תחותוי | לא#2#/ | עולם חבלת דיתחבלון |
| 692 | Ex11:07M | \למן גבר ועד בעיר | /לא | על גבר ועל בעיר#2#/: |
| 693 | Dt 8:03 | למודעה יתכון ארום | «לא | על לחמא לבלחודוי חיי |
| 694 | Ex16:08M | דאתון מתרעמין | לא | עלינן |
| 695 | Ex16:08M | לא "לא עלינן ...": | לא | עלינן תורעמנותיכון |
| 696 | Ex16:08 | עלוי ואנן מה אנן חשיבין | לא | עלינ«ן» תורעמתכון ארום |
| 697 | Dt 5:03 | | לא | עם אבהתן קיים ייי ית קיימה |
| 698 | Gn15:17M | לעלמא דאתי על די | לא | עסקו אולפן אוריתא בעלמא |
| 699 | Dt 7:14 | כל אומייה ולא יהוי בכון | לא | עקר לא עקרה אוף לא |
| 700 | Dt 7:14 | ולא יהוי בכון לא עקר | לא | עקרה אוף לא בבעירכון: |
| 701 | Dt28:47 | חלף די | לא | פלחתון קדם ייי אלהכון בחדו |
| 702 | Gn15:10 | פסגה לקבל חבריה וית עופה | לא | פסג: |
| 703 | Ex13:22 | | לא | פסק עמוד«א» דענגא באיממא |
| 704 | Gn 8:22M | וסתווה ויממא ויליליה | לא | פסקין |
| 705 | Gn35:09 | ותוקפך והדרך {והדרך} | לא | פסקין לעלמי עלמין אלפת יתן |
| 706 | Gn49:10 | | לא | פסקין מלכין מין דבית יהודה |
| 707 | Dt15:11M | מצוותה דאורייתא ארום | לא | פסקין מסכינייה בגו ארעא |
| 708 | Dt17:03 | או לכל חילוות שמייא די | לא | פקדית: |
| 709 | Dt18:20 | פתגם בשם ממרי ית מה די | לא | פקדית יתיה לממללא ודי ימלל |
| 710 | Ex 5:23 | אבאש לעמא האלין ומפרק | לא{ו} | פרקית ית עמך: |
| 711 | Ex22:10 | דייי תהי בין תריהון אין | לא | פשט ידיה במקמתא דחבריה |
| 712 | Ex24:11 | עולימיהון דבני ישראל | לא | פשט ידיה וחמון ית איקר |
| 713 | Dt32:47 | ארום | לא | פתגם ריקן הוא מנכון ארום |
| 714 | Dt25:07 | למקמה לאחוי שם בישראל | לא | צבא למייבמה יתי: |
| 715 | Dt25:09 | י{ד}<ת>עבד לגברא די | לא | צבה למיבני ית בייתה דאחוי: |
| 716 | Dt22:24 | ית רביתה על עסק די | לא | צווחת בקרתה וית גברא על עסק |
| 717 | Dt33:02 | בגווה לא תהוון קטולין | לא | קבילו יתה והופיע ביקרה למתן |
| 718 | Dt33:02 | בגווה לא תהוון גנבין | לא | קבילו יתה חזר ואתגלי על |
| 719 | Gn 4:05 | ולקין ולקרבניה | לא | קבל ברעווא ובאש לקין לחדה |
| 720 | Dt32:05 | קודמוי ב{{י}}ניה חביביה | לא | קדמוי חבלו אלה להון מומה |
| 721 | Dt32:51 | דרקם במדברה דצין על די | לא | קדשתון יתי בגו בני ישראל: |
| 722 | Gn 4:24 | איתלי לי ולמך בר ברה די | לא | קטל בדינא הוא דיתלי ליה עד |
| 723 | Ex32:18 | ואמר | לא | קל גברין דנצחין בקרבא אנה |
| 724 | Dt33:09 | בעובדה דעגלה ועל בנוי | לא | קנה רחמין בעובדה דזמרי |
| 725 | Dt18:10 | מעבר בריה וברתיה בנורא | לא | קסמי קסמין ולא חדודי עינין |
| 726 | Gn20:04 | ואבימלך | לא | קרב לוותה ואמר בבעו ברחמין |
| 727 | Nu 9:13 | עמה ארום קרבנה דייי | לא | קרב בזימניה חובוי יקבל גברא |
| 728 | Dt 2:37 | להוד לארעהון דבני עמונייה | לא | קרבנן כל דסמיך לנחל יבקא |
| 729 | Dt22:02M | "לית קריב לאחוך" | לא | קריב הוא אחוך |
| 730 | Ex14:20M | ישראל אנהר ליליא | לא | קריבו משרה אל משרה ברם |
| 731 | Gn23:11 | | לא | רבוני קבל מני חקלא יהבית לך |
| 732 | Gn23:11 | עללי תרע קרתיה למימר: | לא | רבוני קבל מני חקלא יהבית לך |
| 733 | Gn42:10 | ואמרין ליה | <לא> | רבוני ועבדיך אתון למזבן |
| 734 | Ex 4:25 | חתנא בעא למגזור וחמוי | לא | שבק יתיה וכפר כען אדם |
| 735 | Gn20:06M | למיחטי קודמי מן בגין כן | לא | שבקית יתך למזדמנא |
| 736 | Ex 9:21 | ומן די | לא | שוי לבא לפתגמוי דייי ושבק |
| 737 | Lv15:11 | די יקרוב ביה דיבה וידוי | לא | שזיג במיא יחוור לבושוי |
| 738 | Nu21:35 | בנוי וית כל עמיה עד די | לא | שיירו לה שזבא וירתו ית |
| 739 | Dt 2:34 | תלילתה ונשיה וטפלייה | לא | שיירנן ל{א}שזבו: |
| 740 | Gn42:04 | וית בנימין אחוי דיוסף | לא | שלח יעקב עם אחוי ארום אמר |
| 741 | Ex22:07 | דביתא לוות דייניא אין | לא | שלח ידי' במקמתא דחבריה: |
| 742 | Ex16:24M | /אסרי{'} ואוף רימה | לא | שלט ביה#2#/: |
| 743 | Gn15:16 | רביעי יחזרון להכ' ארום | לא | שלימו חוביהון דאמוראי עד |
| 744 | Ex12:09 | לא תיכלון מיניה מהבהב ואף | לא | שליק מבשל במיא ארום אלהן |
| 745 | Lv24:12M | שמעין ברם משה רבן אמר | לא | שמע' |
| 746 | Ex 6:12 | ייי למימר הא בני ישראל | לא | שמעו למילוי והיכדין ישמע |
| 747 | Ex32:25 | מפרשה חקיק עליהון על די | לא | שמעו למילוי דאהרן קנון |
| 748 | Lv24:12M | ממונה דלא יבהתון למימר | לא | שמעין ברם משה רבן אמר לא |
| 749 | Nu 9:08M | יבהתון למימר | לא | שמעינן ברם משה רבן אמ' |

|  |  | | | |
|---|---|---|---|---|
| 750 | Nu15:34M | ממונה דלא יבהתון למימר | לא | שמעינן ברם משה רבן אמר |
| 751 | Lv24:12 | לא שמענן דמשה רבהון אמר | לא | שמעית ואצנעו יתה במטרתה |
| 752 | Lv24:12 | מתין באליין ובאילין אמר | לא | שמעית במסאבין דלא יכלו |
| 753 | Lv24:12M | ובאליין ובאליין אמר | לא | שמעית למלפה דייניה דעתידין |
| 754 | Nu 9:08M | ובאליין ובאליין אמר | לא | שמעית למלפה דיינייה דעתיד |
| 755 | Nu15:34M | ובאליין ובאליין אמ׳ | לא | שמעית למלפה דייניה דעתידין |
| 756 | Nu15:34M | ברם משה רבן אמר | לא | שמעית ואצנער׳ |
| 757 | Nu27:05 | מתין ובאליין ובאילין אמר | לא | שמעית במסאבין דלא יכלו מעבד |
| 758 | Nu27:05 | לא שמענן דמשה רבהון אמר | לא | שמעית וקרב משה ית סדר |
| 759 | Lv24:12 | יהוון בהתין למ{מ}י<מ>ר | לא | שמענן דמשה רבהון אמר לא |
| 760 | Nu 9:08 | ולא יהוון בהתין למימר | לא | שמענן דמשה רבן אמר לא |
| 761 | Nu15:34 | יהיוון בה{ד}<ת>ין למימר | לא | שמענן דמשה רבן ואמ׳ לא |
| 762 | Nu27:05 | ולא יהוון בהתין למימר | לא | שמענן דמשה רבהון אמר לא |
| 763 | Gn21:26 | את לא תנית לי ולחוד אנא | לא | שמעת ארום אלהי{ם}<ן> יומא |
| 764 | Ex 7:16 | ויפלחון קדמיי במדברא והא | לא | שמעת עד כדון: |
| 765 | Nu15:34 | מתין ובאלין ובאלין אמר | לא | שמעת במסאבין דלא יכלו מעבד |
| 766 | Nu15:34 | לא שמענן דמשה רבן ואמ׳ | לא | שמעת ואצנעו יתה במטרה |
| 767 | Nu 9:08 | לא שמענן דמשה רבן אמר | לא | שמעתה ואמר להון משה קומו |
| 768 | Dt 8:20M | כן תישתצון חולף די | לא | שמעתון בקל |
| 769 | Dt28:45 | עד זמן דתש«ת»יצון ארום | לא | שמעתון בקל מימרה דייי |
| 770 | Dt28:62 | כוכבי שמייא לסוגי ארום | לא | שמעתון בקל ממרה דייי |
| 771 | Nu 5:19 | יתה כהנה ויימר לאתתה אן | לא | שמש גבר עימך ואין לא סטית |
| 772 | Lv25:36M | /תסב#2# מן לווחיה \\לא#2# | | שערין ורביין/ולא רבי#2# |
| 773 | Dt21:07 | ויענון ויאמרון ידינן | לא | שפכן ית אדמא הדין ועינינן לא |
| 774 | Gn 2:18M | לבלחודוי /ממריה דייי | לא | שפר למהווי אדם לבלחודוי#2# |
| 775 | Gn48:17 | על רישה דאפרים והוא | לא | שפר באפוי ואתוקף בידה דאבוי |
| 776 | Ex23:21 | קדישא אתקרי עלוי ארום | לא | שרי ושבק לחוביכון ארום שמי |
| 777 | Ex34:28 | לחמא ל«א» אכל ומיין | לא | שתה וכתב על לווחי ית מילי |
| 778 | Dt 9:09 | מזון לא אכלת ואוף מיין | לא | שתית: |
| 779 | Dt 9:18 | מזון לא אכלית ואוף מיין | לא | שתית על כל חוביכון די |
| 780 | Dt29:05 | לא אכלתון וחמר חדת ועתיק | לא | שתיתון מן בגלל דתדעון ארום |
| 781 | Lv18:10M | תבזה /ברתה דבר{ים}<תך> | לא | ת#2#/ עריתהון ארום |
| 782 | Nu20:05M | הוא לא למנצוב ביה | לא | תאינין#2#/ ולא גופנין ולא |
| 783 | Lv17:12 | ישר«אל» כל נפש מנכון | לא | תאכל אדם וגיוריה דמתגיירין |
| 784 | Lv22:12 | היא באפרשות קדשייה | לא | תאכל: |
| 785 | Gn 3:01 | ואמר לאיתתא ארום אמר ייי | לא | תאכלון מכל אילני גנתא: |
| 786 | Gn 3:03 | די במציעות גנתה אמר ייי | לא | תאכלון מנה ולא תקרבון ביה |
| 787 | Gn 9:04 | לחוד בשרא אדמ׳ בנפשא | לא | תאכלון: |
| 788 | Ex12:20 | כל אחמע | לא | תאכלון בכל אתר בית מדוריכון |
| 789 | Lv 7:23M | /דתורא{י} דאמר ודעז/ | לא | תאכלון#2#/: |
| 790 | Lv 7:24 | יתעבד לכל עבידה ומיכול | לא | תאכלון יתה: |
| 791 | Lv 7:26 | וכל דם | לא | תאכלון בכל אתר בית מדוריכון |
| 792 | Lv11:08 | מבשרהון | לא | תאכלון ובנבלתהן לא תקרבון |
| 793 | Lv11:42 | כל {ד}שרצה דשרץ על ארעא | לא | תאכלון יתהון ארום שקץ |
| 794 | Dt12:16 | לחוד דמה | לא | תאכלון על ארעא תשפכון כמיא: |
| 795 | Dt12:23 | אדמה ארום אדמה הוא נפשה | לא | תאכלון נפשה עם בשרה: |
| 796 | Dt12:24 | | לא | תאכלון יתיה על ארעא תשפכון |
| 797 | Dt14:03 | עמי בני ישראל | לא | תאכלון כל מרחקה: |
| 798 | Dt14:07 | לחוד ית אילין | לא | תאכלון מן מסקי גררתה ומן |
| 799 | Dt14:10 | <....> | לא | תאכלון מסאב הוא לכון: |
| 800 | Dt14:21 | | לא | תאכלון כל נבלה לתותבייה מן |
| 801 | Dt 9:04 | | לא | תאמרון בלבביכון בזמנה די |
| 802 | Dt 4:26 | ית ירדנה תמן למירת יתה | לא | תארכון יומין עלה ארום |
| 803 | Lv 5:07 | ואין | לא | תארע ידיה כמסת למיתיה אמר |

|  |  | | | |
|---|---|---|---|---|
| 804 | Dt19:14 | | לא | תארע תחומא דחברך מה |
| 805 | Dt 1:29 | ואמרית לכון | לא | תבהלון ולא תדחלון מינהון: |
| 806 | Gn47:19 | זרע ונחי ולא נמות וארעא | לא | תבור: |
| 807 | Lv18:10 | דברתה דברך או ברת ברתך | לא | תבזה עריתהון ארום עריתך |
| 808 | Lv18:15 | לא תבזי אתתה דברך היא | לא | תבזה עריתה: |
| 809 | Ex22:27 | עמא בני ישראל דייניכון | לא | תבזון ורבה דבעמכון לא |
| 810 | Lv18:08 | עריתה דאתתה דאבוך | לא | תבזי עיריתה דאבוך הוא: |
| 811 | Lv18:09 | דילידת אמך מן גבר אוחרן | לא | תבזי עריתהון: |
| 812 | Lv18:11 | דאולד אבו«ך» אחתך היא | לא | תבזי עריתה: |
| 813 | Lv18:12 | עריתה דאחתה דאבוך | לא | תבזי קריבת בשרה דאבוך היא: |
| 814 | Lv18:13 | עריתה דאחתה דאמך | לא | תבזי ארום קריב׳ בשרה דאמך |
| 815 | Lv18:14 | עריתה דאחוי דאבוך | לא | תבזי ולאתתה לא תקרב חביבתך |
| 816 | Lv18:15 | עריתה דכלתך | לא | תבזי אתתה דברך היא לא תבזה |
| 817 | Lv18:16 | ערות דאתתה דאחוך | לא | תבזי עריתה דאחוך היא: |
| 818 | Lv18:17 | ערותה דאתתה וברתה | לא | תבזי ית ברת ברה וית ברת |
| 819 | Lv20:19 | דאחתה דאמך ואחתה דאבוך | לא | תבזי ארום ית קריבת בשריה |
| 820 | Lv10:06 | תכסון ולבושי{כ}«ה»ון | לא | תבזעון דלא תמותון ועל כל עם |
| 821 | Dt21:23 | | לא | תבית נבלתיה על קיסה ארום |
| 822 | Ex20:25 | מדבח דאבנין תבנון לשמי | לא | תבנון יתהון חציבין ארום |
| 823 | Ex35:03 | | לא | תבערון אשא בכל אתר |
| 824 | Dt24:21 | ארום תקטפון כרמיכון | לא | תבערון עוללה מן בתריכון |
| 825 | Nu23:25 | תילוט יתהון ולהוד מברכה | לא | תברך יתהון: |
| 826 | Ex23:19 | אלהכון עמי בני ישראל | לא | תבשלון ולא תיכלון בשר בחלב |
| 827 | Ex34:26 | אלהכון עמי בני ישראל | לא | תבשלון ולא תאכלון בשר וחלב |
| 828 | Dt14:21 | אלהכון עמי בני ישראל | לא | תבשלון ולא תאכלון בשר וחלב |
| 829 | Gn31:31 | ארום דחלת ארום אמרת | לא | תגזול ית בנתך מן לוותי: |
| 830 | Gn15:01 | ייי על אבר׳ צדיקא למימר | לא | תדחל אברם ואף על גב |
| 831 | Gn26:24 | הוא אלה׳ דאברהם אבוך | לא | תדחל ארום עמך אנה וברכת יתך |
| 832 | Gn46:03 | ואמר אנה הוא אלהיה דאבוך | לא | תדחל מיחות מצרים ארום |
| 833 | Nu21:34 | כדין אמר ייי למשה | לא | תדחל מן קדמוי ארום בידך |
| 834 | Dt 3:02 | ואמר ייי לי אמר משה | לא | תדחל מנה ארום בידך מסרית |
| 835 | Dt31:08 | לא מרפה יתך ולא שבק יתך | לא | תדחל ולא תתרע: |
| 836 | Gn43:23 | ואמר שלם לכון | לא | תדחלון אלה{ת}כון ואלהה |
| 837 | Gn50:19 | ואמר להון יוסף | לא | תדחלון ארום מני הוא משלמה |
| 838 | Gn50:21 | וכדון | לא | תדחלון אנה אכלכל יתכו«ן» |
| 839 | Ex14:13 | נפול לימא אמר להון משה | לא | תדחלון אתע<ת>דו וחמון ית |
| 840 | Ex14:13 | למצרים אמר להון משה | לא | תדחלון ארום היך מה דחמיתון |
| 841 | Ex14:14 | סדרי קרבא אמר להון משה | לא | תדחלון ייי הוא עבד לכון |
| 842 | Ex14:14 | יתהון אמר להון משה | לא | תדחלון קומן שתוקו {י}<ו>הבו |
| 843 | Ex20:20 | ואמר משה לעמא | לא | תדחלון ארום מן בגלל למנסיית |
| 844 | Nu14:09M | ומימריה דייי בסעדן/ | לא | תדחלון#2#/ עמן לא תדחלון |
| 845 | Nu14:09 | מעילויהון ומימר דייי עמן | לא | תדחלון מנהון: |
| 846 | Nu14:09 | דייי לא תמרדון ואתון | לא | תדחלון מן עמא דארעא ארום |
| 847 | Dt 1:21 | מלל ייי אלה אבהתכון לכון | לא | תדחלון ולא תבהלון: |
| 848 | Dt 3:22 | | לא | תדחלון מנהון ארום ייי |
| 849 | Dt 7:18 | | לא | תדחלון מנהון מדכרה תדכרון |
| 850 | Dt18:22 | בזידינו מליל יתיה נבייא | לא | תדחלון מיניה: |
| 851 | Dt20:01 | ורוכביהון עם סגין מנכון | לא | תדחלון מנהון ארום ייי |
| 852 | Dt20:03 | לא יתבר לבביכון | לא | תדחלון ולא תפחדון ולא |
| 853 | Dt31:06 | אתוקיפו ואזדרזו | לא | תדחלון ולא תתרעון |
| 854 | Gn21:17 | שמיא ואמר לה מה ליך הגר | לא | תדחלין ארום שמע ייי בקל |
| 855 | Gn35:17 | במילדה ואמרת לה חייתא | לא | תדחלין ארום לחוד דין ליך |
| 856 | Ex23:09 | וגיורא | לא | תדחקון ארום אתון ידעתון |
| 857 | Ex23:13 | ושום טע{י}<ו>ן אחרניין | לא | תדכרון ולא ישתמע |

| | | | | |
|---|---|---|---|---|
| 858 | Ex22:24 | ית עמי ית מסכינה די עמך | לא | תהווי ליה כמרי חוב דחק ולא |
| 859 | Ex20:13 | עמי בני ישראל | לא | תהוון קטולין לא חברין ולא |
| 860 | Ex20:14 | עמי בני ישראל | לא | תהוון גיורין לא חברין ולא |
| 861 | Ex20:15 | עמי בני ישראל | לא | תהוון גנבין לא חברין ולא |
| 862 | Ex20:16 | עמי בני ישראל | לא | תהוון סהדי{ן} שקר לא חברין |
| 863 | Ex20:17 | עמי בני ישראל | לא | תהוון חמודין לא חברין ולא |
| 864 | Ex22:24M | ית מסכיניי׳ דבעמכון | לא | תהוון לכון מ{י}רי חוב דחיק |
| 865 | Ex23:01M | עם חי׳ עמי בני ישרא׳ | לא | תהוון אזלין בתר סוגיי׳ |
| 866 | Ex23:02 | עמי בני ישראל | לא | תהוון אזלין בתר סוגיא |
| 867 | Lv19:11 | עמי בני ישראל | לא | תהוון גנבין לא תכפרון ולא |
| 868 | Lv19:16M | בתר /עמי בני ישראל | לא | תהוון אזלין בת#2/# לישנה |
| 869 | Lv19:18 | | לא | תהוון אזלין בתר לישנא |
| 870 | Dt 5:17 | עמי בני ישראל | לא | תהוון קטולין ולא חברין ולא |
| 871 | Dt 5:18 | עמי בני ישראל | לא | תהוון גיורין ולא חברין ולא |
| 872 | Dt 5:19 | עמי בני ישראל | לא | תהוון גנבין ולא חברין ולא |
| 873 | Dt 5:20 | עמי בני ישראל | לא | תהוון משהדין שהדי דשקר לא |
| 874 | Dt 5:21 | עמי בני ישראל | לא | תהוון חמודין ולא חברין ולא |
| 875 | Dt24:06 | עמי בני ישראל | לא | תהוון אסורי חתנין וכלין ולא |
| 876 | Dt33:02 | די אשכחו כתיב בגווה | לא | תהוון קטולין לא קבילו יתה |
| 877 | Dt33:02 | דישמעאל דכתיב בגווה | לא | תהוון גנבין לא קבילו יתה |
| 878 | Ex23:26 | | לא | תהוי מתכלה ועקרה בארעך ית |
| 879 | Gn13:07M | לא תנטון /צדיקא למ׳ | לא | ת<ה>כון#2/# לכנעניא |
| 880 | Lv18:03 | לא תעבדון ובנימוסיהון | לא | תהלכון: |
| 881 | Lv19:26M | על דם קטילי סנהדרין | לא/ | תוורון על אדם |
| 882 | Dt23:20 | | לא | תוזף לאחוך זפו דממון זפו |
| 883 | Dt28:44 | אינון יוזפון לכון ואתון | לא | תוזפון להון אינון יהוון |
| 884 | Lv19:12M | עמי בני ישראל | לא | תומון שמי על מגן |
| 885 | Ex22:20 | וגיורא | לא | תונון ולא תדחקון יתהון ארום |
| 886 | Lv19:33 | עמכון ג{ו}<י>ור בארעכון | לא | תונון יתיה: |
| 887 | Dt23:17 | מן קרייכון לאן דשפר לה | לא | תונון יתיה: |
| 888 | Ex10:28 | ואמר ליה פרעה אזיל מעלוי | לא | תוסיף למללה קדמ׳ תוב חד |
| 889 | Dt 4:02 | | לא | תוסיפון על פתגמא די אנה כען |
| 890 | Gn 4:12 | ארום תהוי {ו}פלח ית ארעא | לא | תוסף למתן פירי עללתא לך גלי |
| 891 | Dt 3:26 | ייי לי אמר משה סגין לך | לא | תוסף למללה קדמי תוב בפתגמא |
| 892 | Ex 5:07 | | לא | תוספון למיתן תבן לעמא למלבן |
| 893 | Ex14:13 | ית מצריי יומא הדין | לא | תוספון למיחמיה יתהון תוב |
| 894 | Dt17:16 | וייי במימריה אמר לכון | לא | תוספון למחזור באורחא הדין |
| 895 | Dt28:68 | באורחה די אמרת לכון | לא | תוספון תוב למחמי יתה |
| 896 | Dt13:01 | יתכון יתיה תטרון למעבד | לא | תופסון עלוי ולא תמנעון |
| 897 | Dt21:14 | יתה ברשות נפשה ומזבנה | לא | תזבן יתה בכסף לא תתגר עלה |
| 898 | Lv25:04 | לא תזרעון וכרמיכון | לא | תזברון: |
| 899 | Lv25:23 | וארעא | לא | תזדבן לחלוטין ארום דידי |
| 900 | Dt29:22 | גפרי ומלח יקידה כל ארעא | לא | תזדרע ולא תצמח ולא יסק בה |
| 901 | Dt23:21M | מוזפין לאחוך עיבריי׳ | לא | תזופון מן בגלל יבר׳ |
| 902 | Nu22:12 | ואמר ממרה דייי לבלעם | לא | תזיל עמהון ולא תלוט ית עמה |
| 903 | Dt25:04 | עמי בני ישראל | לא | תזמון תורה בדרכיה: |
| 904 | Lv19:19 | לא תרבעון כלאים חקלכון | לא | תזרעון כלאים ולבוש דכל<א>ים |
| 905 | Lv25:04 | שמטתה קדם ייי חקליכון | לא | תזרעון וכרמיכון לא תזברון: |
| 906 | Lv25:11 | חמישתי שנייה תיהווי לכון | לא | תזרעון ולא תחצדון ית |
| 907 | Dt22:09 | | לא | תזרעון כרמיכון כלאים דלא |
| 908 | Dt20:19 | סדרי קרבה למכבוש יתה | לא | תחבלון ית אילנה למעברה עלוי |
| 909 | Gn24:08 | שבועתי הדה לחוד ית ברי | לא | תחזור לתמן: |
| 910 | Dt24:19 | ותנשון עמר באפי ברה | לא | תחזרון למיסב יתה ולגיורה |
| 911 | Gn42:22 | וענה ראובן יתהון למימר | לא | תחטון הלא אמרית לכון לא |
| 912 | Gn42:22 | לא תחטון הלא אמרית לכון | לא | תחטון בטלייא ולא שמעתון |
| 913 | Gn43:03 | מסהד׳ אסהד בן גברא למימר | לא | תחמון סבר אפוי ארום אלהן |
| 914 | Gn43:05 | לא נחות ארום גברא אמר לן | לא | תחמון סבר אפוי ארום אלהן |
| 915 | Nu23:13 | מן קצת עמה תחמי וכולהון | לא | תחמי ותלוט יתהון לי מן תמן: |
| 916 | Dt22:01 | | לא | תחמי ית תורא דאחוך או ית |
| 917 | Dt22:04 | | לא | תחמי ית חמריה או תורה |
| 918 | Dt 8:09 | לא במסכנות תאכלון בה לחם | לא | תחסרון כל מן דעם בה ארע |
| 919 | Lv25:05 | ית כחות חצדיכון | לא | תחצדון וית ענבי שבקיכון לא |
| 920 | Lv25:05M | לא תחצדון /כאבת חקליכון | לא | תחצדון#2/# וית ענבי |
| 921 | Lv19:31 | | לא | תטון בתר שואלי אוב׳ ומסקי |
| 922 | Dt28:40 | לכון בכל תחומיכון ומשח | לא | תטושון ארום ייתר נצייה |
| 923 | Lv 6:05 | מדבחא תהווי יקדה עלוהי | לא | תטפי ויוקד עליה כהנא קיסין |
| 924 | Lv 6:06 | בתדירה תיהווי יקד׳ עלוי | לא | תטפי: |
| 925 | Dt28:58 | אין | לא | תטרון למעבד ית כל פתגמי |
| 926 | Lv18:07 | ערית׳ דאבוך ועריתה דאמך | לא | תיבזי אמך היא לא תיגלי |
| 927 | Lv18:07 | דאמך לא תיבזי אמך היא | לא | תיגלי עיריתה דאבוך הוא: |
| 928 | Dt24:12 | ואין גבר מסכן הוא | לא | תידמוך במשכניה: |
| 929 | Dt23:18 | | לא | תיהווי איתה נפקת בר מן |
| 930 | Lv19:16 | | לא | תיז{ו}<י>ל בתר לישנה תליתיה |
| 931 | Ex23:02 | בלבביכון בתר סוגיא דינא | לא | תיזל בתר סגיא למבאשא לא |
| 932 | Ex 3:21 | ויהווי ארום תיזלון | <לא | תיזלון> ריקנין: |
| 933 | Dt 6:14 | | לא | תיזלון בתר טעוון אחרניין מן |
| 934 | Gn26:02 | ואתגלי עלוי ייי ואמר | לא | תיחות מצרימה שרי בארעא די |
| 935 | Gn 4:07 | לך בעלמ׳ דאתי ואין | לא | תיטב עובדך בעלמא הדין ליום |
| 936 | Gn 3:17 | אילנ׳ די פקדת יתך למימר | לא | תיכול מינה ליטא תהוי ארעא |
| 937 | Lv25:14 | או תזבנון מן חבריכון | לא | {תיכון}<תונון> גבר ית |
| 938 | Gn 2:17 | ידע למפרשה בין טב לבי׳ | לא | ת«י»כל מינה ארום כיומא |
| 939 | Ex12:09 | | לא | תיכלון מיניה מהבהב ואף לא |
| 940 | Ex22:30 | מן חווה קטילא באפי ברא | לא | תיכלון לכלבא תטלקון או |
| 941 | Ex22:30M | ברא מטלק באפה ברה | לא | תיכלון לבר עממיה תתנון |
| 942 | Lv 3:17 | כל תרבה וכל אדם | לא | תיכלון: |
| 943 | Lv 7:23 | תור ואמר וגדי בר עזין | לא | תיכלון: |
| 944 | Lv11:04 | לחוד ית דין | לא | תיכלון מן {מ}מסקי גררתא ומן |
| 945 | Lv11:11 | יהוון לכון מן בשרהון | לא | תיכלון וית נבלתהון תשקצון: |
| 946 | Lv17:14 | {י}בשר כל ^אדם#2#^ | לא | תיכלון ארום נפש כל <בשר> |
| 947 | Lv19:26M | עמי בני ישראל | /לא | תיכלון על דם קטילי |
| 948 | Lv23:14 | חדת וקמח קלי ופירוכיין | לא | תיכלון עד זמן דתייתון ית |
| 949 | Dt12:25 | | לא | תיכלון יתיה מן בגלל דייטב |
| 950 | Dt14:08 | מסאב הוא לכון מן בשרהון | לא | תיכלון ובנבלתהון לא תקרבון: |
| 951 | Dt14:12 | ואיליין די | לא | תיכלון מינהון נשרא וברגזה |
| 952 | Dt15:23 | לחוד ית אדמא | לא | תיכלון על ארעא תשפכון יתיה |
| 953 | Dt16:03 | | לא | תיכלון עלוי חמיע שובעה |
| 954 | Dt24:20 | ארום תשמטון זיתיכון | לא | תיכלון עוללתה מן בתריכון |
| 955 | Dt28:27 | ובטחוריה ובחרבנה די | לא | תיכלון למיתאסייה: |
| 956 | Dt28:35 | על ברכייה ועל שקייה די | לא | תיכלון למתאסייה מן כף |
| 957 | Dt28:49 | דטייס נשרא אומה די | לא | תיכלון למישמע לשניה: |
| 958 | Nu23:25 | בלק לבלעם ל<ה>וד מלוט | לא | תילוט יתהון ולהוד מברכה לא |
| 959 | Nu20:05 | לבית זרע ולא <ל>מצב | {ו}לא | תינין ולא גופנין ולא |
| 960 | Lv19:15 | לא תעבדון שקר בדינה | לא | תיסב אפין למסכנה ולא תוקרון |
| 961 | Lv12:04 | לא תקרב ולבי׳ מקדש׳ | לא | תיעול עד זמן דישלימון יומי |
| 962 | Dt 1:37 | מן בגללכון למימר להוד את | לא | תיעול «ל»תמן: |
| 963 | Dt24:10 | תוזף לחברך זפו כל מה דעם | לא | תיעול לגו בייתיה לממשכנה |
| 964 | Dt32:52 | תחמי ית ארעא ותמן | לא | תיעול לארעא די אנה יהב לבני |
| 965 | Nu20:12 | ישראל בשבועה בגין כדן | לא | תיעלון ית קהלה הדין לאתרא |

|  |  |  |  |  |
|---|---|---|---|---|
| 966 | Dt23:19 | | לא | תיעלון אגר דזנו ופרוק כלב |
| 967 | Ex12:22 | מן אדמא די במנה ואתון | לא | תיפקון גבר מן תרע ביתיה עד |
| 968 | Lv26:23M | קדם ממרי ותהלכון/אין | לא | תיצבון למשמוע לאולפן |
| 969 | Lv19:16 | וית בעלי דינה לא תשתוק | לא | תיקום על אדם קטולוי דחברך |
| 970 | Ex33:20 | ואמר | לא | תכל למחמי אפי ארום לית אפשר |
| 971 | Ex23:18 | | לא | תכסון על חמיע אדם נכסת קדשי |
| 972 | Ex34:25 | | לא | תכסון על חמיע אדם נכסת |
| 973 | Lv10:06 | ולאיתמר בנוי ראשיכון | לא | תכסון ולבושי{כ}«ה»ון לא |
| 974 | Lv22:28 | ישראל תורתא או רחילא | לא | תכסון <....>: |
| 975 | Lv19:11 | ישראל לא תהוון גנבין | לא | תכפרון ולא תשקרון גבר |
| 976 | Dt22:11 | | לא | תלבשון שעטנז עמר וכ{ד}<ת>ן |
| 977 | Lv19:14 | | לא | תלו' ית מה דלא שמע וקדם מן |
| 978 | Ex22:27 | לא תבזון ורבה דבעמכון | לא | תלוטון: |
| 979 | Dt18:09 | דייי אלהכון יהב לכון | לא | תלפון למעבד כמרחקתהון דאתרא |
| 980 | Lv19:09 | למחצד ולקס«ה» דחצדיכון | לא | תלקטון: |
| 981 | Lv19:10 | עוללתכון ופרט כרמכון | לא | תלקטון למסכיניה ולגיוריה |
| 982 | Lv23:22 | למחצדה ולקטה דחצדכון | לא | תלקטון למסכיניה ולגיוריה |
| 983 | Gn31:24 | בלליא ואמר לה אזדהר לך | לא | תמלל עם יעקב מן טב עד ביש: |
| 984 | Ex23:02 | לא תיזל בתר סגיא למבאשא | לא | תמנע מן למימר מה דבלבך על |
| 985 | Ex 5:08 | והיך דקדמוי תשוון עליהון | לא | תמנעון מנהון ארום בטילין |
| 986 | Ex 5:19 | דישראל יתהון בביש למימר | לא | תמנעון מן לבניכון סכום יום |
| 987 | Dt23:16 | | לא | תמסור עבדה למריה די ישתיזב |
| 988 | Nu14:09 | לחוד באיקר שכינתה דייי | לא | תמרדון ואתון לא תדחלון מן |
| 989 | Dt24:06M | "לא תהוון ... חביל": | לא | תמשכנון ריחייה ורכבה ארום |
| 990 | Gn24:49 | עם רבוני תנון לי ואן | לא | תנון לי ואסטי לימינא או |
| 991 | Gn13:07 | מן אברם רבוניהו' למימר | לא | תנטון לכנעניא ופריזיא עד |
| 992 | Gn12:18 | הי' דא דעבדת לי למה כען | לא | תנית לי ארום אתתך היא: |
| 993 | Gn21:26 | עבד ית פתגמא הדין ואף את | לא | תנית לי ולחוד אנא לא שמעת |
| 994 | Ex30:09M | עלוון ומנחה ונסוך | לא | תנס' |
| 995 | Dt 6:16 | | לא | תנסון ית איקר שכינתה דייי |
| 996 | Ex30:09 | ועלוון ומנחוון ונסוכין | לא | תנסכון עלוי: |
| 997 | Dt31:21 | הדה קדמיי לסהדו ארום | לא | תנשה מן פם זרעיית בניהון |
| 998 | Dt 4:09 | וטורו נפשיכון לחדה די | לא | תנשון ית דביריה די חמון |
| 999 | Dt 6:12 | אזדהרו לכון די | לא | תנשון ית אולפן אורייתה דייי |
| 1000 | Dt 8:11 | אזדהרו לכון די | לא | תנשון ית אולפן אורייתה דייי |
| 1001 | Dt 9:07 | אדכרו | לא | תנשון ית מה דארגזתון ית |
| 1002 | Dt25:19 | שמייא עמי בני ישראל | לא | תנשון הוון דכירין: |
| 1003 | Dt25:19M | דכירין/הוון זהירין | לא | תנשון#2#:/ |
| 1004 | Gn24:37 | ואשבע ית ריבוני למימר | לא | תסב אתה לברי מן בנתהון |
| 1005 | Gn28:01 | יתה ופקד יתיה ואמר ליה | לא | תסב אתה מן בנתהון דכנענאי: |
| 1006 | Gn28:06 | ברך יתה ופקד עלוי למימר | לא | תסב אתה מן בנתהון דכנענאי: |
| 1007 | Ex23:03 | ומסכינא די אתחייב בדינא | לא | תסב ליה אפי{ו}<ן> ארום לית |
| 1008 | Lv18:17 | ית ברת ברה וית ברת ברתה | לא | תסב למגליה עריתהון קריבת |
| 1009 | Lv18:18 | ואתה על אחתה | לא | תסב למעקה ל{ך}<ה> |
| 1010 | Lv18:19 | ולאתתה בנדת סאבתה | לא | תסב למגלייה עריתה: |
| 1011 | Dt 1:17 | | לא | תסבון אפין בדינה כמלוי |
| 1012 | Dt 7:03 | לא תתנון לבניהון ובנתהון | לא | תסבון לבניכון: |
| 1013 | Dt22:06 | על גוזלייה או על בעייה | לא | תסבון אמהתה עם בנייה: |
| 1014 | Ex23:08M | לא תקבלון/ושחד דממון | לא | תסביה#2# ארום שוחדא |
| 1015 | Ex20:05 | | לא | תסגדון להון ולא תפלחון |
| 1016 | Ex23:24 | | לא | תסגדון לטעוותהון ולא תפלחון |
| 1017 | Ex34:14 | ארום | לא | תסגדון לאלה חורן ארום ייי |
| 1018 | Dt 5:09 | | לא | תסגדון להון ולא תפלחון |
| 1019 | Gn44:23 | יחות אחוכון זעירא עמכון | לא | תסגון למיחזי סבר אפוי: |
| 1020 | Ex30:09 | | לא | תסדרון עלוי קטרת נכרייה |
| 1021 | Ex23:06M | בדינה/עמי בני ישראל | לא | תסטון סדר דינא דמסכינא |
| 1022 | Lv19:04 | | לא | תסטון בתר {{...}} וטעוון |
| 1023 | Dt 5:32 | די פקד ייי אלהכון יתכון | לא | תסטון לא לימינה ולא לשמאלה: |
| 1024 | Dt16:19 | | לא | תסטון בדינה ולא תסבון אפין |
| 1025 | Dt17:11 | די יימרון לכון תעבדון | לא | תסטון מן פתגמא די יתנון |
| 1026 | Ex23:06 | | לא | תסטי דינא {הצרוכה} <די' |
| 1027 | Dt24:17 | | לא | תסטי דיניה דגיורייה ויתמייה |
| 1028 | Nu 1:49 | לחוד ית שבטה דלוי | לא | תסכום וית ריש סכומיהון לא |
| 1029 | Gn18:03 | כען אשכחת חן וחסד באפיך | לא | תסלק איקר שכינתך מעילווי |
| 1030 | Ex11:06 | די כוותה לא הוות וכוותה | לא | תסף למחזי: |
| 1031 | Ex33:15 | לית איקר שכינתך בינינן | לא | תסק יתן מן הכה: |
| 1032 | Ex20:26 | ומשמשין על גבי מדבחי | לא | תסקון בדרגין על גבי מדבחי |
| 1033 | Nu14:42 | | לא | תסקון ארום לית איקר שכינתה |
| 1034 | Dt 1:42 | ואמר ייי לי אמור להון | לא | תסקון ולא תסדרון קרבה ארום |
| 1035 | Ex23:21 | מן קדמוי ושמעו בקלי | לא | תסרבון על מלוי ארום שמי |
| 1036 | Ex23:21M | לא תסרבון/בקל ממרי' | לא | תסרבון#2# על מלוי ארום |
| 1037 | Lv18:24 | | לא | תסתאבון בכל אליין ארום בכל |
| 1038 | Gn19:17 | לברא ואמר אשתיזב על נפשך | לא | תסתכל לבתרך ולא תקום בכל |
| 1039 | Dt 9:27 | לאברהם ליצחק וליעקב | לא | תסתכל לקשיותיהון דעמא |
| 1040 | Gn30:31 | ואמר מה אתן לך ואמר יעקב | לא | תעבד לי כלום מדעם אן תעבד |
| 1041 | Ex34:17 | ישראל דחלן טעוון דמתכה | לא | תעבד לכון: |
| 1042 | Dt12:31 | | לא | תעבד כדן קדם ייי אלהכון |
| 1043 | Dt22:26M | ולטליתה | לא | תעבד פתגם ביש לית לטליתה |
| 1044 | Gn19:08 | באפיכון לחוד לגבריא אליין | לא | תעבדון פתגם ארום בגין אתון |
| 1045 | Ex20:04 | | לא | תעבדון לכון {{צלם וצורה}} |
| 1046 | Ex20:10 | שבא וניח קדם ייי אלהכון | לא | תעבדון כל עובדה אתון |
| 1047 | Ex20:23 | | לא | תעבדון קדמיי טעון דכסף |
| 1048 | Ex20:23 | טעון דכסף וטעוון דדהב | לא | תעבדון לכון: |
| 1049 | Ex30:32 | הדיוט לא יתמשח ובדמותה | לא | תעבדון כוותיה לכון קדש הוא |
| 1050 | Ex30:37 | וקטרתה דתעבד בדמותה | לא | תעבדון לכון קדש תהוי לכון |
| 1051 | Lv16:29 | ית נפשתכון וכל עבידה | לא | תעבדון יציביה וגיוריה |
| 1052 | Lv18:03 | די אנה מעל יתכון לתמן | לא | תעבדון ובנימוסיהון לא |
| 1053 | Lv18:03 | דמצרים די שריתון בגווה | לא | תעבדון וכעובדי דיירי ארעא |
| 1054 | Lv19:04 | בתר {{...}} וטעוון דמתכה | לא | תעבדון לכון כדן אמר ייי |
| 1055 | Lv19:10 | וכרמכון | לא | תעבדון עוללתכון ופרט כרמכון |
| 1056 | Lv19:15 | | לא | תעבדון שקר בדינה לא תיסב |
| 1057 | Lv19:35 | | לא | תעבדון שקר בדינה במתקלה |
| 1058 | Lv22:24 | אלין לשמה דייי ובארעכון | לא | תעבדון: |
| 1059 | Lv23:03 | יום וארוע קדיש כל עבידה | לא | תעבדון שבי ונייח הוא קדם |
| 1060 | Lv23:07 | לכון כל עבידה דפלחן | לא | תעבדון: |
| 1061 | Lv23:08 | ארוע קדיש כל עבידה דפלחן | לא | תעבדון: |
| 1062 | Lv23:21 | לכון כל עבידה דפלחן | לא | תעבדון קים דלעלם בכל אתר |
| 1063 | Lv23:25 | כל עבידה דפלחן | לא | תעבדון ותקרבון קרבנין קדם |
| 1064 | Lv23:28 | וכל עבידה | לא | תעבדון הכזמן יומא הדין ארום |
| 1065 | Lv23:31 | כל עבידה | לא | תעבדון קיים דעלם לדריכון |
| 1066 | Lv23:36 | חדווה היא כל עבידה דפלחן | לא | תעבדון: |
| 1067 | Lv26:01 | | לא | תעבדון לכון טעוון {{וצלם}} |
| 1068 | Nu28:18 | קדיש כל עבידה דפלחן | לא | תעבדון: |
| 1069 | Nu28:25 | לכון כל עבידה דפלחן | לא | תעבדון: |
| 1070 | Nu28:26 | לכון כל עבידה דפלחן | לא | תעבדון: |
| 1071 | Nu29:01 | לכון כל עבידה דפולחן | לא | תעבדון יום תקועה דשופר |
| 1072 | Nu29:07 | ביה ית נפשתכון כל עבידה | לא | תעבדון: |
| 1073 | Nu29:12 | לכון כל עבידה דפלחן | לא | תעבדון ותחגון יתה חגה קדם |

| | | | | |
|---|---|---|---|---|
| 1074 | Nu29:35 | לכון כל עבידה דפולחן | לא | תעבדון: |
| 1075 | Nu32:23 | ואין | לא | תעבדון כדין הא אתחייבתון |
| 1076 | Dt 5:08 | | לא | תעבדון לכון {{צלם וצורה}} |
| 1077 | Dt 5:14 | שבה ונייח קדם ייי אלהכון | לא | תעבדון על עבידה אתון |
| 1078 | Dt12:04 | | לא | תעבדון כדין קדם ייי אלהכון: |
| 1079 | Dt12:08 | | לא | תעבדון ככל מה דאנן עבדין |
| 1080 | Dt14:01 | אתון קדם ייי אלהכון | לא | תעבדון חבורן חבורן בפולחנה |
| 1081 | Dt16:08 | חדוה קדם ייי אלהכון | לא | תעבדון עבידה: |
| 1082 | Dt22:26 | ולרביתה | לא | תעבדון כל מן דעם ביש לית |
| 1083 | Dt21:14M | יתה בכסף \לא תתגר עלה | /לא | תעביד בה פרגמטייה#2#/ חלף |
| 1084 | Lv26:06 | ברא מן ארעא וחרב דשני | לא | תעבר בארעכון: |
| 1085 | Nu20:20 | ואמר | לא | תעבר ונפקו אדומי לקדמותהון |
| 1086 | Nu32:05 | ארעא הדה לעבדך ולאחסנה | לא | תעבר יתן ית ירדנה: |
| 1087 | Dt23:26 | פירוכין בידיך ומגל לחצד | לא | תעבר על קיימתה דחברך: |
| 1088 | Dt31:02 | וממרה דייי אמר לי | לא | תעבר ית ירדנה הדין: |
| 1089 | Nu20:18M | להון מלכיהון דאדומיי | לא | תעברו בתחומין דלא בחרבה |
| 1090 | Dt27:05 | ייי אלהכון מדבח דאבנין | לא | תעברון עליהון מן דברזל: |
| 1091 | Dt 3:27 | וחמי בעיינך ארום | לא | תעיבר ית ירדנה הדין: |
| 1092 | Dt 2:09 | ואמר ייי לי אמר משה | לא | תעיקון ית מואביי ולא תסדרון |
| 1093 | Dt 2:19 | לתחומיהון דבני עמונייה | לא | תעיקון יתהון ולא תתגרון |
| 1094 | Lv19:13 | | לא | תעצה ית חברך ולא תגזול לא |
| 1095 | Dt24:14 | | לא | תעצי אגריה דאגירה דמסכינה |
| 1096 | Ex21:07 | יזבן גבר ית ברתיה לאמהתה | לא | תפוק בנימוסי עבדייא: |
| 1097 | Dt15:19 | אלהכון עמי בני ישראל | לא | תפלחון בביכורי תוריכון ולא |
| 1098 | Nu18:32 | וית קדשיהון בני ישראל | לא | תפסון ולא תמותון: |
| 1099 | Ex12:46 | חבורן {חבורן} יתאכיל | לא | תפקון מן בית לחברה ואף לא |
| 1100 | Lv 8:33 | ומן תרע משכן זמנה | לא | תפקון שבעה יומין עד די |
| 1101 | Lv10:07 | ומתרע משכן זימנא | לא | תפקון ולא תמותון ארום משח |
| 1102 | Nu18:17M | "בני ... ית": עיזייה | לא | תפרוק קדש הנון וית |
| 1103 | Ex13:13 | דחמרא תפרקון באמר אין | לא | תפרקון יתיה תקטלון יתיה וכל |
| 1104 | Ex34:20 | דחמרא תפרקון באמר ואין | לא | תפרקון יתה תקטלון יתה וכל |
| 1105 | Nu18:17 | בכוריה גדייה בני עזייה | לא | תפרקון קדש אינון ית אדמהון |
| 1106 | Gn22:12 | ואמר | לא | תפשוט ידך ברביה ולא תעבד |
| 1107 | Gn37:22 | די במדברא וידא דקטולין | לא | תפש<ט>ון ביה מן בגלל |
| 1108 | Lv19:31 | שואלי אוב' ומסקי דכורן | לא | תצבון למסתאבה בהון אמר ייי |
| 1109 | Lv26:27M | ומן בתר אליין מרדוותה/ | לא | תצבון למשמוע לא#2#/ |
| 1110 | Dt13:09 | | לא | תצבון לה ולא תשמעון למילוי |
| 1111 | Dt16:21 | | לא | תצבון לכון אשרה כל אילן |
| 1112 | Gn24:05 | ואמר ליה עבדא מה דלמה | לא | תצבי אתתא למיתי בתרי לארעא |
| 1113 | Gn24:08 | ואין | לא | תצבי אתתא למיתיה בתרך |
| 1114 | Nu14:41 | גזירת מימרה דייי והיא | לא | תצלח: |
| 1115 | Ex22:21 | ישראל כל ארמלה ויתמין | לא | תצערון: |
| 1116 | Dt15:06 | לאומין סגין ואתון עמי | לא | תצרכון למיזף ותשלטון באומין |
| 1117 | Dt28:12 | לאומין סגין ואתון עמי | לא | תצרכון: |
| 1118 | Dt28:12M | בני ישראל | לא | תצרכון למיזף ותשלטון |
| 1119 | Nu 1:49M | לא תקבל /ראשיהון | לא | תק#2#/ בגו בני ישראל: |
| 1120 | Lv25:36 | | לא | תקבל מן לוותיה שערין ורביין |
| 1121 | Nu 1:49 | תסכום וית ריש סכומיהון | לא | תקבל בגו בני ישראל: |
| 1122 | Nu16:15 | למשה לחדה ואמר קדם ייי | לא | תקבל ברעווה ית קרבנהון לא |
| 1123 | Ex23:01 | | לא | תקבלון שהדי שקרא לא תשותף |
| 1124 | Ex23:08 | ושחד | לא | תקבלון ארום שוחדא יסמ{ו}<י> |
| 1125 | Lv18:23 | תשמישך למסתאב' בה ואתה | לא | תקום קדם בעיר לממשמשה עמה |
| 1126 | Ex23:07 | רחקין וכל מן דמזכי בדינא | לא | תקטלון ארום לא יזכון קדמיי |
| 1127 | Lv25:05 | תחצדון וית ענבי שבקיכון | לא | תקטפון שבת שבתה יהווי |
| 1128 | Ex22:17 | בני ישראל כל חרש וחרשה | לא | תקיימון: |
| 1129 | Ex34:15 | | לא | תקיימון קיים עם דיירי ארעא |
| 1130 | Dt 7:02 | משיציה ותישיצון יתהון | לא | תקיימון עמהון קיים ולא |
| 1131 | Dt20:16 | אלהכון יהב לכון אחסנה | לא | תקיימון מנהון כל נישמה: |
| 1132 | Ex23:32 | | לא | תקימון להון ולטעוותהון |
| 1133 | Lv26:01 | טעוון {{וצלם}} וקיימה | לא | תקימון לכון ואבן דמתכה לא |
| 1134 | Ex18:17 | ואמר חמוי דמשה ליה | לא | תקין פתגמא די את עבד: |
| 1135 | Gn 2:18 | ואמר ייי אלהים | לא | תקין יהוי בר נשא לבלחודוי |
| 1136 | Ex 8:22 | ואמר משה | לא | תקן למעבד כדן ארום מרחקא |
| 1137 | Lv19:27 | | לא | תקפון א{ר}<ו>מנה דראשיכון |
| 1138 | Dt20:19 | ארום מניה תאכלון ויתיה | לא | תקצון ארום לא היך דבר נשה |
| 1139 | Ex 3:05 | ואמר | לא | תקרב להכא שלח מסניך מעלוי |
| 1140 | Ex19:13 | | לא | תקרב ביה ידא דאנש ארום |
| 1141 | Lv12:04 | על אדם דדכי בכל קדשין | לא | תקרב ולבי' מקדש' לא תיעול |
| 1142 | Lv12:04M | תקרב /אדם דכי בכל קדש | לא | תקרב#2#/ ולבי' מקדש' לא |
| 1143 | Lv18:14 | דאבוך לא תבזי ולאתתה | לא | תקרב חביבתך היא: |
| 1144 | Lv 2:11 | ארום כל דמחמע וכל דמדבש | לא | תקרבון מניה קרבן קדם ייי: |
| 1145 | Lv11:08 | לא תאכלון ובנבלתהן | לא | תקרבון מסאבין אינון לכון: |
| 1146 | Lv18:06 | גבר לוות כל קריב בשריה | לא | תקרבון למגלייה עריה כדן |
| 1147 | Lv22:22 | או נסיס או דמלי חזזין | לא | תקרבון אליין קדם ייי וקרבן |
| 1148 | Lv22:24 | ודכתות ונתיק ודמר<י>ס | לא | תקרבון אלין לשמה דייי |
| 1149 | Lv22:25 | {{ומן יד בר עממין}} | לא | תקרבון לחם אלהכון מן כל |
| 1150 | Dt14:08 | לא תיכלון ובנבלתהון | לא | תקרבון: |
| 1151 | Dt15:21 | חגיר או סמי כל מום ביש | לא | תקרבון יתיה קדם ייי אלהכון: |
| 1152 | Dt17:01 | | לא | תקרבון קדם ייי אלהכון תור |
| 1153 | Lv18:19M | ולוות אתתה בריחוק נדתה | לא | תקרוב למבזיה עריתה |
| 1154 | Gn17:15 | ייי לאברהם שרי אתתך | לא | תקרי ית שמה שרי ארום שרה |
| 1155 | Dt10:16M | \לא תתקפון תוב | /לא | תקשון עוד#2#/: |
| 1156 | Lv19:19 | תטרון בערכון | לא | תרבעון כלאים חקלכון לא |
| 1157 | Gn45:05 | וכדון | לא | תרגזון ולא יבאש באפיכון |
| 1158 | Dt22:10 | עמי בני ישראל | לא | תרדון בתור ובחמר תריהון |
| 1159 | Ex 8:24 | אלהכון במדברא לחוד רחקה | לא | תרחקון למיזל צלין אף עלי: |
| 1160 | Dt23:08 | | לא | תרחקון אדומיי ארום אחיכון |
| 1161 | Dt23:08 | אדומיי ארום אחיכון אנון | לא | תרחקון מצריי ארום דיורין |
| 1162 | Lv 5:11 | ואין | לא | תרע ידיה לתרין שפנינין או |
| 1163 | Lv12:08 | ואין | לא | תרע ידיה כמסת למייתיה אמר |
| 1164 | Dt14:27 | וליוויי די בקורייכון | לא | תשבקון יתהון ארום לית להון |
| 1165 | Lv19:29 | | לא | תשהר' ית בנתכון מן למסבה |
| 1166 | Gn24:56 | ואמר להון | לא | תשהון יתי וייי הצל«ח» |
| 1167 | Ex22:28 | מעשרתכון ודמעכון | לא | תשהון למיפקה בוכרי בניכון |
| 1168 | Dt23:22 | פרוש דנדר קדם ייי אלהכון | לא | תשהון למשלמא יתיה ארום מתבע |
| 1169 | Dt23:25M | בעייה ותשבע ולמאניך | לא | תשווי |
| 1170 | Dt23:26M | /שובולין מלא ידך ומגל | לא | תשווי על קיים#2#/ דחברך: |
| 1171 | Lv19:14M | דהוא מדמי לסמייה | לא | תשוון <ת>קל{ל}ה |
| 1172 | Lv19:14M | אכסנייה דדמי לסמיא | לא | תשוון תקלה |
| 1173 | Lv19:28 | תתנון בבשרכון וכתב חקיק | לא | תשוון בכון אמר ייי: |
| 1174 | Ex23:01 | לא תקבלון שהדי שקרא | לא | תשותף ידך עם חייבה למהווי |
| 1175 | Lv22:30 | ביומא ההוא יתאכל | לא | תשיירון מנה עד צפרא כדן אמר |
| 1176 | Lv19:09 | ובחצדכון ית חצדא דארעכון | לא | תשיצון אומנה אחריה דחקלכון |
| 1177 | Lv23:22 | ית ^חצדה#1#^ דארעכון | לא | תשיצון אומנה אחריה דאית |
| 1178 | Nu 4:18 | | לא | תשיצון ית שבט זרעייתה דבנוי |
| 1179 | Nu33:55 | ואין | לא | תשיצון ית דיירי «ד»ארעא |
| 1180 | Ex16:25 | הדין קדם ייי יומא הדין | לא | תשכחון יתיה באפי ברא: |
| 1181 | Dt15:13 | יתיה לחירותה מן לוותך | לא | תשלח יתיה ריקן: |

|  |  |  |  |  |  |
|---|---|---|---|---|---|
| 1182 | Dt20:12 | | ואן | לא | תשלם לכון ותסדר לקבליכון |
| 1183 | Gn34:17 | | ואן | לא | תשמעון לן למגזר ונסב ית |
| 1184 | Lv26:14 | | ואן | לא | תשמעון לאולפן אורייתי ולא |
| 1185 | Lv26:18 | | ואן עד אילין מרדוותה | לא | תשמעון לאולפן אוריית«י»ה |
| 1186 | Lv26:27 | | ואן בדה | לא | תשמעון לאולפן אורייתי |
| 1187 | Dt 8:20 | | כדן תסופון חלף אין | לא | תשמעון בקל ממרה דייי |
| 1188 | Dt11:28 | | ולווטיה אין | לא | תשמעון למצוותה דייי אלהכון |
| 1189 | Dt13:04 | | | לא | תשמעון למילוי דנבייא שקרא |
| 1190 | Dt28:15 | | ויהוי אין | לא | תשמעון בקל מימריה דייי |
| 1191 | Lv18:22 | | ועם דכר | לא | תשמש תשמיש דאתה מרחקה היא: |
| 1192 | Lv19:17 | | | לא | תשנא ית אחוך בלבך מוכחה |
| 1193 | Gn37:22 | | ואמר להון ראובן | לא | תשפכון אדם זכיי טלקו יתיה |
| 1194 | Lv11:43 | | | לא | תשקצון ית נפשתכון בכל שרצא |
| 1195 | Dt 5:11M | | "לא יסב ... על מגן": | לא | תשתבעון בשם ממריה דייי |
| 1196 | Lv10:09 | | חמר חדת וחמר עתיק | לא | תשתון את ובניך עמך במעלכון |
| 1197 | Dt28:39 | | כרמין תצבון ותפלחון וחמר | לא | תשתון ולא תמגורון ארום תאכל |
| 1198 | Lv19:16 | | למרעיה וית בעלי דינה | לא | תשתוק לא תיקום על אדם |
| 1199 | Ex10:26 | | ולחוד בעירן ייזיל עמן | לא | תשתייר פרסת רגל ארום מנהון |
| 1200 | Lv25:39 | | יתמסכן אחוך ויזדבן לך | לא | תשתעבד בה כנימוסי עבדייה: |
| 1201 | Lv25:43 | | | לא | תשתעבד בה בקשיו ותדחלון מן |
| 1202 | Lv25:46 | | בני ישראל גבר באחוי | לא | תשתעבד בה בקשיו: |
| 1203 | Nu18:20 | | ואמר ייי לאהרן בארעהון | לא | תתאחסן וחלק לא יהווי לך |
| 1204 | Lv 6:16 | | מנחתה דכהנא גמירא תהוי | לא | תתאכל: |
| 1205 | Lv 6:23 | | למכפרה בגו בית קדשא | לא | תתאכל בנורא תתוקד: |
| 1206 | Lv 6:10 | | | לא | תתאפי חמיע חלקהו' יהבית יתה |
| 1207 | Dt13:17 | | אלהכון ותיהוי צדי לעולם | לא | תתבני תוב: |
| 1208 | Lv19:31M | | תצבון זכורין | לא | תתבעון למ' |
| 1209 | Dt23:07 | | | לא | תתבעון שלמיהון ולא לטבותהון |
| 1210 | Ex12:46 | | מן בשרה לברה וגרמא | לא | תתברון ביה: |
| 1211 | Dt 7:21 | | | לא | תתברון מן קדמיהון ארום ייי |
| 1212 | Nu16:30M | | לעלמא הדין הא טב ואין | לא | תתברי כדון ותפתח |
| 1213 | Ex20:26 | | בדרגין על גבי מדבחי די | לא | תתגלי עריתך עלוי: |
| 1214 | Dt21:14 | | ומזבנה לא תזבן יתה בכסף | לא | תתגר עלה חלף די יהבת רשותך |
| 1215 | Dt 2:05 | | | לא | תתגרון בהון סדרי קרבה ארום |
| 1216 | Dt15:07 | | דייי אלהכון יהב לכון | לא | תתוקפון ית לבביכון ולא |
| 1217 | Dt 9:26 | | מן קדמייך ייי אלהים | לא | תתחבל עמך ואחסנותך די פרקת |
| 1218 | Dt 7:25 | | טעוותהון תוקדון בנורא | לא | תתחמדון כספא ודהבה דמחפי |
| 1219 | Lv 6:05M | | ויוקד עליה /תתוקד ביה | לא | תתטפי ויבער על'#2#/ כהנא |
| 1220 | Lv18:20 | | ולוות אתתה דחברך | לא | תתן שמושך לזרע למסתאבה בה: |
| 1221 | Lv18:21 | | ומבניך | לא | תתן למתעברה בנורא קדם פלחנה |
| 1222 | Lv18:21M | | ולא תפסו /ומן זרעך | לא | תתן לפלחנה נכריין ולא |
| 1223 | Lv18:23 | | ובכל בעיר | לא | תתן תשמישך למסתאב' בה ואתתה |
| 1224 | Lv19:14 | | דלא שמע וקדם מן דלא חמי | לא | תתן תקלה ותדחלון מן אלהכון |
| 1225 | Lv25:37 | | ית כספך | לא | תתן ליה בשערין וברביין לא |
| 1226 | Lv25:37 | | תתן ליה בשערין וברביין | לא | תתן מזונך: |
| 1227 | Dt11:17 | | שמייא ולא יהוי מטר וארעא | לא | תתן פירי עללתה ותסופון |
| 1228 | Lv19:28 | | ושרט' על נפש דמית | לא | תתנון בבשרכון וכתב חקיק לא |
| 1229 | Lv22:22 | | איליין קדם ייי וקרבן | לא | תתנון מנהון על גבי מדבחה |
| 1230 | Lv26:01 | | תקימון לכון ואבן דמתכה | לא | תתנון בארעכון למסגד קדמה |
| 1231 | Dt 7:03 | | ולא תתערבון עמהון בנתכון | לא | תתנון לבניהון ובנתהון לא |
| 1232 | Dt28:65 | | ובאומייה האינון | לא | תתניחון ולא יהווי נייח לכפה |
| 1233 | Dt25:05 | | חד מנהון ובר לית ליה | לא | תתנסיב אתתה דמיתה לברה לגבר |
| 1234 | Lv27:20 | | זבן ית חקלה לגבר חורן | לא | תתפרק עוד: |
| 1235 | Dt10:16 | | וקדליכון ק{י}שייא | לא | תתקפון תוב: |
| 1236 | Lv 2:11 | | מנחתה דיקרבון לשמה דייי | לא | תתקרב חמיע ארום כל דמחמע |
| 1237 | Gn45:24 | | אחו«י» ואזלו ואמר להון | לא | תתרגזון בארחא: |
| 1238 | Lv26:23 | | ואן באילין מרדוותה | לא | תתרדון קדם ממרי ותהלכון |
| 1239 | Dt21:14 | | ויהווי אין | לא | תתרעי בה ותשלח יתה ברשות |
| 1240 | Dt32:17M | | אתבריין/ית'#2#/ | דלא/לא#2#/ | אתעסקו/ית'#2#/ בהון |
| 1241 | Gn30:22M | דלא | משום דארבעה מפתחיא | דלא | אינון מסירין לא למלאך ולא |
| 1242 | Ex21:08 | | אין באיש באפוי דריבוניה | דלא | זמן יתה ופרק יתה לגבר |
| 1243 | Gn19:08 | | הא כען לי תרתין בנן | דלא | חכמן גב«ר» אפיק כען |
| 1244 | Ex21:08M | | דריבוניה\דלא זמן יתה | /דלא | יזמן ופריק יתה#2#/ ופרק |
| 1245 | Lv16:13M | | על סהדותה | ולא/דלא#2#/ | ימות: |
| 1246 | Dt17:17M | | ולא יסטן לבבה /נשין | דלא | יסטון ליביה#2#/ וכסף ודהב |
| 1247 | Gn16:05M | | \מן בגלל דלא /בגין | דלא#2#/ | יקטלון יתך וחמית דלא |
| 1248 | Nu 4:15M | | במשכן ולא /למסבול | דלא#2#/ | יקרבון לבית קודשה ולא |
| 1249 | Gn21:08M | | ^בישיין#2#/ \די | לא/^דלא#2#^/ | כשרין היך מגהך |
| 1250 | Ex 4:23M | | דפלחון קדמיי וסרבת | דלא | לאשתלחא יתהון#2#/ הא אנה |
| 1251 | Nu 9:07 | | נפש דבר נש למה נתמנע | דלא | למקרבה ית קרבנה דייי |
| 1252 | Ex22:07M | | לא שלח ידי' במקמתא | /דלא | תושיט בעבידת'#2#/ דחבריה: |
| 1253 | Ex23:29 | | חדא דלא תהוי ארעא צדי | דלא | תסגי עליכון חיות ברא: |
| 1254 | Gn25:23M | | ואח{ר}<ד> יעקב מלכותיה | דלא | תתחבל ולא תפסוק מיניה |
| 1255 | Dt 1:39M | | ובניכון \די | לא/דלא#2#/ | חכמון/חכמין#2#/ יומא |
| 1256 | Lv20:14M | ול' | /יקדון יתה ויתהון | ול'#2#/ | תהוי זנו בניכון: |
| 1257 | Ex14:20M | ולא | וחשוך' מחשך על מצראי | ולא | |
| 1258 | Nu16:15 | | חמרא דחד מנהון אטענת | ולא | אבאשת לחד מנהון: |
| 1259 | Gn26:22 | | מן תמן וחפר באר חורי | ולא | אדינו עליה וקרא שמה |
| 1260 | Gn40:23 | | בבשר דטעים כסא דמותא | ולא | אדכר כתבא דכתיב בספר |
| 1261 | Gn 8:21 | | הגיין ביש מן טליותיהון | ולא | אוסף תוב למשיציא ית כל |
| 1262 | Gn38:26 | | לא אסבת יתה לשלה ברי | ולא | אוסף תוב למחכם יתה: |
| 1263 | Gn 8:12 | | חרינין ושלח ית יונה | ולא | אוספת למחזר לוותה תוב: |
| 1264 | Nu24:01 | | ייי למברכה ית ישראל | ולא | אזל היך מה דהוה אזל בכל |
| 1265 | Nu11:15 | | חין וחסד באפ«י»ך | ולא | אחמי בבשתהון דעמך: |
| 1266 | Gn49:01 | | מן דאתגלי לי קיצא | ולא | <א>יתני להון קץ ברכתא |
| 1267 | Dt 4:28 | | די לא חזיין ולא שמעין | ולא | אכלין ולא מריחין: |
| 1268 | Dt28:32 | | עליהון כל יומייא | ולא | אלהה על ידיכון למפרוק |
| 1269 | Ex20:17 | | אתתיה דחבריה ולא עבדיה | ולא | אמהתי ולא תורי ולא חמריה |
| 1270 | Dt 5:21 | | לא חקלה ולא עבדה | ולא | אמהתיה ולא תוריה ולא חמריה |
| 1271 | Dt18:16 | | רבתה הדה לא אחמי תוב | ולא | אמות: |
| 1272 | Gn49:18M | | דפורקניה פורקן דשעתא | ולא | אנה מודי' דפורקנא פורק' |
| 1273 | Dt26:13 | | יתן לא עברנן מן מצותך | ולא | אנשינן חדה מנהון: |
| 1274 | Dt32:01 | | דאנה מתכנש מן גו עלמא | ולא | אסהדית בבנוי דקיריס אין |
| 1275 | Gn13:06 | | | ולא | אסחנ' יתהון ארעא למשרי |
| 1276 | Ex16:24 | | צפרא היך מה דפקד משה | ולא | אסרח ורמה לא הוות בגויה: |
| 1277 | Nu31:49 | | ע{מ}<ב>די קרבה דבידן | ולא | אסתכם מינהון בר נש: |
| 1278 | Dt20:06 | | ומן הוא גברא די נצב כרם | ולא | אפריק פירוי יזיל ויחזור |
| 1279 | Dt26:14 | | לא אכלנן באבילותן מניה | ולא | אפרש{ו}<י>נן מניה במסאבו |
| 1280 | Dt 1:45 | | שמע ייי בקל בכותכון | ולא | אצית למליכון: |
| 1281 | Lv26:31 | | ואצדי ית בית מקדשיכון | ולא | אקבל ברעווה בריח קרבניכון: |
| 1282 | Lv14:21 | | ואם מסכן הוא | ולא | ארע' ידה ויסב אמר חד לאשמה |
| 1283 | Ex15:12 | | הוה בעה לקבלא יתהון | ולא | ארעא הוות בעה למבלע יתהון |
| 1284 | Gn47:09 | | הוון יומי שני חיי | ולא | ארעו ית יומי שני חיי אבהתי |
| 1285 | Gn31:33 | | דתרתין לחינת«א» | ולא | אשכח ונפק מן משכנא דלאה |
| 1286 | Gn31:34 | | ופשפש לבן ית כל משכנה | ולא | אשכח: |
| 1287 | Gn31:35 | | ופשפש לבן ית כל משכנא | ולא | אשכח ית צלמיה: |
| 1288 | Gn38:20 | | ערבוניה מן ידא דאתתא | ולא | אשכח יתה: |
| 1289 | Gn31:22M | | "בארה ...": | ולא | אשכחו מיא ואמתינו תלתא |

1290 Ex15:22 מהלך תלתא יומין במדברא ולא אשכחו מיין:
1291 Ex16:27 נפקו מן עמא למלקטא ולא אשכחו:
1292 Dt22:14 הדה נסבית וקרבית לוותה ולא אשכחית לה סהדוון:
1293 Gn 8:09 ולא אשכחת יוונה נייח לכף רגלה
1294 Gn38:25 בנורא ובעת תלתא סהדיי ולא אשכחת יתהון תלת עייני
1295 Gn34:19 ולא אשתהי רביא למעבד פתגמא
1296 Ex10:15 פרי אילנא די שייר ברדא ולא אשתייר כל טרף באילן ובעשבא
1297 Ex10:19M לימא#2#/ דסוף לא/ולא#2#/ אשתייר גוב חד בכל
1298 Nu26:65 להון ממת ימותון במדברה ולא אשתייר מנהון גבר א{ל}<ר>ום
1299 Dt34:07 דאתכנש לא כהיין עיינוי ולא אשתניין זיווהון דאפוי:
1300 Gn18:24 קרתא הא ברגז את משיצא ולא את שרי ושבק לחובין דאתרא
1301 Dt29:25 טעוון די לא חכמו יתהון ולא אתבדרון להון:
1302 Gn41:21 ועללין לגו מעיהון ולא אתודע ארום עלו לגו מעיהון
1303 Gn22:14M "...: את הוא ייי דחמי ולא אתחמי
1304 Nu22:30 מסאב ומיתה בעלמא הדין ולא אתייה לעלמא דאתי לית את
1305 Nu31:50M חד מנן בחדה מנהין ולא אתייחד חד מנן עם חד מנהין
1306 Gn44:18 דאבא הא לא אשתמע לך ולא אתני לך מה עבדו תרין אחיי
1307 Gn44:18 או דלמא דלא אשתמע לך ולא אתני לך ארום ^אוף#2#^
1308 Gn26:22M ולא אדינו עליה/אחרי ולא אתנצון עלה#2#/ וקרא שמה
1309 Nu21:06M עמי מארעא דמצרים ולא/ אתרעם על מזונה אפקית עמי
1310 Ex20:17 גבר מנכון ביתא דחבריה ולא אתתיה דחבריה ולא עבדיה ולא
1311 Dt 7:14M עקר לא עקרה\אוף לא/ולא#2#/ בבעירכון:
1312 Gn21:23M דלית את משקר לי בברי ולא בבר ברי כחסדא דקושטא
1313 Nu12:08 <מללית> עמיה בחזוין ולא בדמויין ודמו מן קדם ייי
1314 Nu21:22M נסטי \בחקלין ובכרמין ולא/ בחקל ולא בכרם#2#/ ולא
1315 Nu12:08M ולא בדמויין /בחיזוו ולא בטומרא#2#/ ודמו מן קדם
1316 Nu21:22M ובכרמין /ולא בחקל ולא בכרם#2#/ ולא נשתי מי
1317 Dt33:03 קדמוי דלא בנוי דעשו ולא בנוי דישמעאל מקבלין
1318 Gn48:22 דעשו אחוי לא בחרבי ולא בקשתי ארום אלהן בזכוותי
1319 Gn27:12 בה ואייתי עלי לווטן ולא ברכן:
1320 Gn49:22 אזל בתר חיזוי עייניה ולא בתר הרהורי לבוי אינון
1321 Dt23:18 מן בנתהון דישראל ולא גבר נפק בר מן בני ישראל:
1322 Nu20:05 ולא <ל>מצב {ו}לא תינין ולא גופנין ולא רימונין אוף לא
1323 Gn49:12M לא אכל בהון לא חמסין ולא גזילין
1324 Dt14:08 ארום מטלפין טלפין הוא ולא גרי מסאב הוא לכון מן
1325 Ex13:17 והוה כד שלח פרעה ית עמא ולא דבר יתהון ייי ארח ארעהון
1326 Dt25:18 הוויתון לעיין ומשלהיין ולא דחילו דבית עמלק מן קדם
1327 Nu23:24 היך מה דאריה לא נייח ולא דמך עד זמן דאכיל פשוט ושתי
1328 Gn38:15 הוות בבייתיה דיהודה ולא הוה יהודה חכם יתה:
1329 Gn39:06 תחות רשותא דיוסף ולא הו«ה» ידע מן בתריה כל
1330 Gn39:11 ביתא למחשבה חשבונוי ולא הוה גבר מן עמיה דביתיה תמן
1331 Gn44:18M "דלא ... וכמה": ולא הוה מתמניא עמנן לא בפלגא
1332 Gn48:10 דישראל כהון משיבה ולא הוה יכיל למיחמי ואקריב
1333 Ex17:01 דייי ושרון ברפידים ולא הוה להון מיא דשתון עמא:
1334 Lv13:32 והא לא הלך נ{ק}ת<ק>ה ולא הוה בה שער מצלהב וחזוה
1335 Nu33:14 מאלוש ושרון ברפידים ולא הוה תמן מין לעמא למישתי:
1336 Nu20:02 ולא הווה מיין לעם כנישתה וכנשו
1337 Dt10:10 משה לחוד בזמנה ההיא ולא הווה רעווה מן קדם ייי
1338 Dt32:12 ישרון עמא בני ישראל ולא הווי ביניהון פלחי פלחן
1339 Gn13:06 ארום הוה ממוניהון סגין ולא הוון יכלין למשרי כחדא:
1340 Gn21:33 והוה עלמא אתון אכלין ולא הוון זעיין מן תמן עד זמן
1341 Gn28:10 יתה מעלוי פומא דבארה ולא הוון יכלין כיון דאתא אבונן
1342 Nu21:15 ושטפו נחליה מן אדמיהון ולא הוון ידעין נסיה וגבורתה
1343 Dt 9:23 מימרה דייי אלהכון ולא הימנתון בשם מימרה דייי

1344 Gn31:02 לקבליה לא הך דאתמל ולא היך דקדמוי:
1345 Gn31:05 לקבלי לא היך דאתמל ולא היך דקדמוי ומימר אלהה דאבא
1346 Ex 5:07 לבנין לא היך דאיתמל ולא היך דקדמוי אינון יזלון
1347 Ex 5:14 למלבן לא היך דאתמ«ל» ולא היך דקדמוי לחוד אתמול
1348 Ex 1:08 ^הוה#2#^ חכם ית יוסף ולא הלך בנימוסוי:
1349 Lv13:06 תניינות והא כהה מכתשא ולא הלך מכתשה במשכא וידכי יתיה
1350 Dt 5:17 ישראל לא תהוון קטולין ולא חברין ולא שותפין עם קטולין
1351 Dt 5:18 ישראל לא תהוון גיורין ולא חברין ולא שותפין עם גיורין
1352 Dt 5:19 ישראל לא תהוון גנבין ולא חברין ולא שותפין עם גנבין
1353 Dt 5:21 ישראל לא תהוון חמודין ולא חברין ולא שותפין לחמודיה
1354 Dt18:10 בנורא לא קסמי קסמין ולא חדודי עינין ולא נטורי
1355 Dt32:06 תבעון דא אומה טפשה ולא חכימייה הלא הוא אבוך די
1356 Dt 8:03 ית מנה די לא חכמתון ולא חכימן אבהתכון מן בגלל
1357 Gn27:23 ולא חכם ית«י»ה ארום הוון
1358 Dt34:06 כל וקבל טעותה פעור ולא חכם גבר ית קבורתיה עד זמן
1359 Nu35:23M אבן די ימות בה דלא/ולא#2#/ חמה יתיה ואפל עלוי
1360 Gn44:28 לחוד קטולין אתקטל ולא חמית יתיה עד כדון:
1361 Ex20:17 ולא אמהתי ולא תורי ולא חמריה ולא כל מה די לחברך
1362 Dt 5:21 ולא אמהתיה ולא תוריה ולא חמריה ולא כל מה די לחברך
1363 Nu11:19 תאכלון ולא תרין יומין ולא חמשה יומין ולא עשרין
1364 Gn41:19 לחדא וחסיין בבשרהון ולא חמת כוותיהון בכל ארעא
1365 Gn39:09 ושליט בביתה הדין מני ולא חסך מני כל מה דעם ארום
1366 Gn45:06 חמש שנין דלא זרעין ולא חצדין:
1367 Lv19:26 ולא תהוון נטורי נחשין ולא ח{ר}<ד>ודי עיינין:
1368 Dt18:10 עינין ולא נטורי נחשין ולא חרשין:
1369 Dt32:01 ארעא דלא מייתין לעולם ולא טעמין כסא דמותה ברם
1370 Gn31:22 סברין דלמה דהיא טייפה ולא טפת בכדן אתני ללבן ביומא
1371 Gn31:22M יומין דלמה יהא טיפה ולא טפת ובכן אתנו ביומא
1372 Lv22:06 תיהוי מסאבה עד רמשה ולא יאכל מן קדשיה ארום אלהן
1373 Lv22:16M ויקבלון/ולא יארעון#2#/ יתהון חובי
1374 Gn45:05 וכדון לא תרגזון ולא יבאש באפיכון ארום זבנתון
1375 Dt15:10 מתן תתן לה ולא יבאש באפך כד תיהווי יהיב
1376 Dt23:01 יסב גבר ית אתתה דאבוי ולא יבזי כנף עריתה דאבוי:
1377 Ex23:18 על חמיע אדם נכסת קדשי ולא יבית מן חלבי חגי עד צפרא:
1378 Ex34:25 על חמיע אדם נכסת קדשיי ולא יבית בצפרא נכסת חגא דפסחא:
1379 Lv19:13M ולא תגזלון יתהון ולא יבית
1380 Dt16:04 תחומיכון שובעה יומין ולא יבית מן בשרא מה די תכסון
1381 Dt20:08M יהך ויחזור לבייתיה ולא יגרום לאחוי לתברא לבהון
1382 Lv17:07 ולא ידבחון עוד ית דבחיהון
1383 Dt13:18 ולא ידבק בידיכון מן חרמה
1384 Gn19:33 רבתא ושמישת עם אבוה ולא ידע בדמכה ובמקמה:
1385 Gn19:35 וקמת זעירתא ושמשת עמה ולא ידע במדמכה ובמקמה:
1386 Gn31:32 חכם לך מה עמי וסב לך ולא ידע יעק«ב» ארום רחל
1387 Lv 5:17 די לא כשרין למתעבדה ולא ידע ואתחייב ויקבל חובוי:
1388 Nu21:15M על רישי טורייה מלעיל ולא ידעו נסיה בנחלי ארנון
1389 Ex12:13M "ולא יהווי ... בארעא" ולא יהא רשו למלאכיא מחבלא
1390 Gn31:07 ית אגרי עשרה זמנין ולא יהב ייי רשו{י} למבאשא לי:
1391 Dt29:03 ולא יהב ייי לכון לב למידע
1392 Gn 9:11 בשרא תוב מן מוי דמבולא ולא יהבי תוב מבול למחבלא ארעא:
1393 Dt26:14 מניה במסאבו ולא יהבנן מיניה ארון ותכריכין
1394 Ex12:13 ואגן במימרי עליכון ולא יהווי בכון מותא מחבל
1395 Ex30:12M מני יתהון דלא/ולא#2#/ יהווי בהון מותן מחבל
1396 Nu 1:53 למשכנה דסהדותה ולא יהווי רגוז על עם כנישתה
1397 Nu17:05 למסדרה קטרה קדם ייי ולא יהווי כקרח וככנישתיה

|  |  |  |  |  |
|---|---|---|---|---|
| 1398 | Nu18:05 | וית מטרת מדבחה | ולא | יהווי רגוז ^תוב#2#^ על בני |
| 1399 | Dt18:22 | נבייא בשם ממרה דייי | ולא | יהווי פתגמא ולא יתי הוא |
| 1400 | Dt28:65 | האינון לא תתניחון | ולא | יהווי נייח לכפה דרגליכון |
| 1401 | Dt29:17M | האינון/ההנון#2#/ | דלא/ולא#2#/ | יהווי בכון גבר דלביה |
| 1402 | Nu 9:08 | דחמי לה מתקטלה בדינה | ולא | יהוון בהתין למימר לא שמענן |
| 1403 | Nu27:05 | דחמי ליה למתקטלה בדינה | ולא | יהוון בהתין למימר לא שמענן |
| 1404 | Dt28:41 | בנין ובנן תולדון | ולא | יהוון לכון ארום ייזלון |
| 1405 | Gn 9:15 | כל נפש חיה בכל בשרא | ולא | יהוי תוב מיא למבולא לחבלא |
| 1406 | Ex21:22 | מעבר{ת}ה ויפוק ולדה | ולא | יהוי סקל מתקנסא יתקנס |
| 1407 | Nu 8:19 | ולמכפירה על בני ישראל | ולא | יהוי בבני ישראל רגוז |
| 1408 | Nu14:43 | חזרתון בתר מימרה דייי | ולא | יהוי ייי עמכון: |
| 1409 | Dt 7:14 | תהוון מן כל אומייה | ולא | יהוי בכון לא עקר לא עקרה |
| 1410 | Dt11:17 | בכון ויעצור ית שמייא | ולא | יהוי מטר וארעא לא תתן פירי |
| 1411 | Lv20:06M | יתיה מן חיי עלמא דאתי | ולא | יהיא ליה חולק ביני עמיה |
| 1412 | Dt13:12 | ישראל ישמעון וידחלון | ולא | יוסיפון למעבד כפיתגמא בישה |
| 1413 | Dt19:20 | ישמעון וידחלון | ולא | יוספון למעבד תוב כפתגמא |
| 1414 | Dt21:04 | דבייר די לא אתפלח ביה | ולא | יזדרע ויקטלו תמן ית עגלתה |
| 1415 | Ex28:28 | על המיינה דאפודה | ולא | יזוע חושנא מעילוי אפודה: |
| 1416 | Ex39:21 | לגו עזקיה דאפודה <....> | ולא | יזוע חושנה מעלוי אפודה |
| 1417 | Dt17:13 | וכל עמא ישמעון וידחלון | ולא | יזידון תוב: |
| 1418 | Dt13:09 | לה ולא תשמעון למילוי | ולא | יחוסון עייניכון עלוי ולא |
| 1419 | Dt19:13 | | ולא | יחוסן עייניכון עלוי |
| 1420 | Dt17:16 | לא יסגי ל{א}<ה> סוסוון | ולא | יחזור ית עמא למצריסה |
| 1421 | Dt23:15 | יחמי בכון עריה דמילה | ולא | יחזר איקר שכינתיה |
| 1422 | Dt28:31 | גזילין מן קדמיכון | ולא | יחזורן לכון עניכון מסירן |
| 1423 | Lv18:29M | מן חיי עלמא דאתי | ולא | יחי להון חולק בגו עמהון |
| 1424 | Dt23:15 | משירייתכון קדישין | ולא | יחמי בכון עריה דמילה ולא |
| 1425 | Ex40:37 | ואין לא יסתלק ענגה | ולא | יטלון עד יומא די יסתלק: |
| 1426 | Nu 9:19 | ישראל ית מטרתה דייי | ולא~ | יטלון: |
| 1427 | Nu 9:22 | עלוי ישרון בני ישראל | ולא | יטלון ובא«ס»תלקות עננא |
| 1428 | Dt24:15 | ביומיה תתן אגריה | ולא | יטמע עלוי שמשא ארום מסכן |
| 1429 | Dt19:21 | | ולא | ייחוסן עייניכון נפש תשלומי |
| 1430 | Dt20:08 | יזיל ויחזור לבייתיה | ולא | יימסי ויתבר ית לבהון דאחוי |
| 1431 | Dt23:11 | ויפוק מן לבר מן משריתה | ולא | ייעול לגוא משריתה: |
| 1432 | Nu 4:20 | | ולא | ייעלון למיחמי כד משקע כהנה |
| 1433 | Ex 7:21 | בנהרא מיתו ואסרח נהרא | ולא | יכילו מצריי למשתי מיא מן |
| 1434 | Gn50:21 | בעון למעקר כוכב חד | ולא | יכילין למעקר יתיה ואי' |
| 1435 | Gn45:01 | | ולא | יכל יוסף למסוברא לכל מאן |
| 1436 | Ex40:35 | | ולא | יכל משה למיעל למשכני |
| 1437 | Gn13:06M | יכלין למשרי /סגיא | ולא | יכלו למש#2#/ כחדא: |
| 1438 | Gn31:22 | למשקיה ענה מן בארה | ולא | יכלו ואמתינו תרין תלתא |
| 1439 | Gn45:03 | העד כען אבה בחיין | ולא | יכלו אחוי למעני יתיה ארום |
| 1440 | Gn49:23 | אמרו לקבליה | ולא | יכלו ליה כל חרשהון דמצראי |
| 1441 | Ex 8:14 | למפקא ית כלמייא | ולא | יכלו והוון כלמיא באנשא |
| 1442 | Ex 9:11 | | ולא | יכלו חרשיא למיקם קדם משה |
| 1443 | Ex12:39 | ארום אטרדו מן מצרים | ולא | יכלו למסוברא ואף זוודין לא |
| 1444 | Ex15:23 | ואתו למרתא | ולא | יכלו למשתי מיא מן מרה |
| 1445 | Nu 9:06 | מסאבין בטמא נפש דבר נש | ולא | יכלו למעבד פיסחה ביומא |
| 1446 | Gn37:04 | מן כל אחוי וסנין יתיה | ולא | יכלין לממללה עמיה מלין |
| 1447 | Dt33:11M | מן קדמוי | לא/ולא#2#/ | יכלין למיקום: |
| 1448 | Gn36:07 | סגיא מן למישרי כחדא | ולא | יכלית ארעא תותבותהון |
| 1449 | Gn49:04 | בגווי נחלין דמיין שטפן | ולא | יכלת למסובריה יתהון ואתרעת |
| 1450 | Ex 2:03 | | ולא | יכלת תוב למטמרה יתיה ונסבת |
| 1451 | Ex21:33 | או ארום יחפר גבר גוב | ולא | יכסה יתיה ויפל תמן תור או |
| 1452 | Dt22:05 | מני זיינה דגבר על אתה | ולא | ילבש גבר לבוש דאתה ארום |
| 1453 | Ex 9:04M | ובין נכסיהון דמצראי | ולא | ימות מן בעיריהון |
| 1454 | Ex 9:04 | וביני בעיריהון דישראל | ולא | ימות מכל לבני ישראל מדעם: |
| 1455 | Ex21:18 | חבריה באבן או במרתוק | ולא | ימות ויסלק בערס מרעה: |
| 1456 | Ex28:35 | קדם ייי ובמפקיה | ולא | ימות: |
| 1457 | Lv16:13 | ית כפרתה די על סהדותה | ולא | ימות: |
| 1458 | Nu35:12 | לשיזבו מן תבוע אדמא | ולא | ימות קטולא עד זמן די יקום |
| 1459 | Dt33:06 | יחי ראובן בעלמא הדין | ולא | ימות במותנה תניינה דביה |
| 1460 | Ex30:20M | יתקדשון במיא | דלא/ולא#2#/ | ימותון או בקרובותהון |
| 1461 | Ex30:21 | ויקדשון ידיהון ורגליהון | ולא | ימותון ותהוי להון לקיים |
| 1462 | Lv15:31M | בסאבתהון /סאיביהון | ולא | ימותון בסאיביהון#2#/ דלא |
| 1463 | Nu 4:15 | ולא יקרבון לבית קודשה | ולא | ימותון אלין מטלני בנוי |
| 1464 | Nu 4:19 | ודא עבדו להון וייחון | ולא | ימותון בקרב{תו}<ות>הון |
| 1465 | Nu17:25 | תורעמנותהון מעילווי | ולא | ימותון: |
| 1466 | Nu18:03 | מדבחה לא יקרבון | ולא | ימותון להוד אינון לחוד |
| 1467 | Ex21:36 | מן דאתמל ומן דקדמוי | ולא | ינטר יתה מריה משלמא ישלם |
| 1468 | Ex21:29 | דקדמוי ויתאסהד במרוי | ולא | ינטרון יתיה ויתקטל גבר או |
| 1469 | Nu 5:03 | משריתה תשלחון יתהון | ולא | יסאבון ית משיריתהון די אנה |
| 1470 | Lv14:36M | כל מה די בבית/ מכתש | ולא | יסב כל מה דאית בבית#2#/ |
| 1471 | Ex28:43M | בית קודשה | ולא | יסבלון חובין וימותון קיים |
| 1472 | Dt17:17 | | ולא | יסגי ליה נשים ולא יסטן |
| 1473 | Dt17:17 | ולא יסגי ליה נשים | ולא | יסטן לבבה וכסף ודהב לא |
| 1474 | Dt29:22 | ארעא לא תזדרע ולא תצמח | ולא | יסק בה כל מן דעשב היך מה |
| 1475 | Lv14:36 | כהנא למחמי ית מכתשה | ולא | יסתאב כל מה די בבית' |
| 1476 | Dt24:05 | לא יפוק לחיל קרבה | ולא | יעבר עלוי כל מן דעם ביש |
| 1477 | Nu 8:25M | מן חיל> עבידתה | ולא | יפלוח עוד |
| 1478 | Nu 8:25M | יחזור מן חיל קרבה | לא/ולא#2#/ | יפלח עוד: |
| 1479 | Lv21:12 | ומן בית מקדשה לא יפוק | ולא | יפס ית בית מקדשה דאלהה |
| 1480 | Lv21:15 | | ולא | יפס זרעה בעמה ארום אנה ייי |
| 1481 | Lv21:23 | לא יקרב ארום מומא בה | ולא | יפס ית בית מקדשי ארום אנה |
| 1482 | Nu30:03M | יפוק מן פמה /על נפשה | ולא | יפס פתגמוי כל דנפק מפ#2# |
| 1483 | Lv21:06 | קדישין יהוון קדם אלההון | ולא | יפסון שמה דאלההון ארום ית |
| 1484 | Lv22:02 | מן קדשיהון דבני ישראל | ולא | יפסון ית שמי קדישא די אנון |
| 1485 | Lv22:15 | | ולא | יפסון ית קדשיהון דבני |
| 1486 | Lv27:10M | יחלף#2#/ ישלחיפיניה/ | ולא | יפרג#2#/ יתיה טב בביש או |
| 1487 | Lv27:33 | לא יפשפש בין טב לביש | ולא | יפרג יתיה ואין מפרגה יפרג |
| 1488 | Lv 5:08 | ראשה מן כל קבל קדליה | ולא | יפרש: |
| 1489 | Dt15:09 | מסכינה ולא תתן לה | ולא | יצוח עלך קדם ייי דלא יהווי |
| 1490 | Dt28:29 | דממשש סמייה בהבלייה | ולא | יצלחן אורחתכון ותהוון להוד |
| 1491 | Ex 7:04 | | ולא | יקבל מנכון פרעה ואשווי ית |
| 1492 | Lv22:09 | ויטרון ית מטרתי | ולא | יקבלון עלוי חוב«י»ן |
| 1493 | Ex 3:02M | \לית הוא יקד /מטריב | ולא | יקד#2#/: |
| 1494 | Ex 3:03M | סנייה /מה סנה מטרב | ולא | יקד#2#/: |
| 1495 | Nu 4:15 | בנוי דקהת למטען במשכן | ולא | יקרבון לבית קודשה ולא |
| 1496 | Nu18:22 | | ולא | יקרבון תוב בני ישראל |
| 1497 | Dt27:15 | קדם ייי עבד ידי אומן | ולא | ישווי יתיה בטמרה ומלווטייה |
| 1498 | Nu 9:12M | | לא/ולא#2#/ | ישיירון מניה עד צפרה |
| 1499 | Ex 4:21 | ואנה אתוקף ית לביה | ולא | ישלח ית עמא: |
| 1500 | Ex39:43M | שכינתיה בעובדי ידיכון | ולא | ישלטון עממייה בעובדי |
| 1501 | Ex22:10 | דחבריה ויקבל מריה | ולא | ישלם: |
| 1502 | Ex22:12M | עד גושמת חיבא דתבירא | ולא | ישלם#2#/: |
| 1503 | Dt21:18 | דאימיה וירדון יתיה | ולא | ישמע להון: |
| 1504 | Ex 4:01 | ואין לא יהימנון לי | ולא | ישמעון בקלי ארום יאמרו לא |
| 1505 | Ex 4:08 | ויהוי אין לא יהימנון לך | ולא | ישמעון לקל נסיה קדמיה |

|  |  | | | |
|---|---|---|---|---|
| 1506 | Ex 4:09 | לתרין נסייא האליין | ולא | ישמעון לקלך ות{ת}<ס=ב מן |
| 1507 | Ex23:33 | | ולא | ישרון בארעכון דלא יחייבון |
| 1508 | Ex23:13 | אחרניין לא תדכרון | ולא | ישתמע על פומיכון: |
| 1509 | Dt19:10 | | ולא | ישתפך אדם זכיי בגו ארעכון |
| 1510 | Gn 9:11 | ואקים ית קיימי עמכון | ולא | ישתצי כל בשרא תוב מן מוי |
| 1511 | Ex13:03 | יתכון פריקין מן הכא | ולא | יתאכיל חמיע: |
| 1512 | Ex21:28 | מתרגמא יתרגם תורא | ולא | יתאכיל ית בשריה ומריה |
| 1513 | Ex39:23 | שפמה לפמה מן חזור חזור | ולא | יתבזע: |
| 1514 | Nu19:13 | נפש דבר נש די ימות | ולא | יתדי עלוי ית משכנה דייי |
| 1515 | Nu19:20 | וגבר די יסתאב | ולא | יתדי עלוי ותשתיצי נפשה |
| 1516 | Gn41:31 | | ולא | יתוודע שבעה בארעא מן קדם |
| 1517 | Dt 5:20 | ולא שותפין לשהדי שקרא | ולא | יתחבר עם משהדי שקר דלא |
| 1518 | Ex34:24 | ואפתי ית תחומכון | ולא | יתחמ«ד» גבר מלך ושליט ית |
| 1519 | Dt 5:21 | אנון למהוי עם חמודין | ולא | יתחמד אנש מנכון ית אתתה |
| 1520 | Dt 5:21 | מנכון ית אתתה דחבריה | ולא | יתחמד בייתיה דחבריה לא |
| 1521 | Ex13:07 | יתאכל ית שבעתי יומיא | ולא | יתחמי לכון חמיע ולא יתחמי |
| 1522 | Ex13:07 | ולא יתחמי לכון חמיע | ולא | יתחמי {ב} דמחמע בכל |
| 1523 | Ex20:13 | ולא שותפין עם קטוליא | ולא | יתחמי בכנישתיהון דישראל |
| 1524 | Ex20:14 | ולא שותפין עם גיורין | ולא | יתחמי בכנישתהון דישראל עם |
| 1525 | Ex20:15 | ולא שותפין עם גנבין | ולא | יתחמי בכנישתהון דישראל עם |
| 1526 | Ex20:16 | שותפין עם סהדי שקרא | ולא | יתחמי בכנישתהון דישראל עם |
| 1527 | Ex20:17 | ולא שותפין עם חמודין | ולא | יתחמי בכנישתהון דישרא׳ עם |
| 1528 | Dt 5:17 | ולא שותפין עם קטולין | ולא | יתחמי בכנישתהון דישראל עם |
| 1529 | Dt 5:19 | ולא שותפין עם גנבין | ולא | יתחמי בכנישתהון דישראל עם |
| 1530 | Dt 5:20M | "ולא יתחבר... אנשא": | ולא | יתחמי בכנישתהון דישראל |
| 1531 | Dt16:04 | | ולא | יתחמי לכון חמיר בכל |
| 1532 | Ex34:20 | בכורי בניכון תפרקון | ולא | יתחמון קדמיי ריקנין מן כל |
| 1533 | Dt18:22 | דייי ולא יהווי פתגמא | ולא | יתי הוא פתגמא די לא מלל |
| 1534 | Ex 9:19 | דאשתכח בחקלא | ולא | יתכנש לגו ביתא ויחות |
| 1535 | Dt25:06 | על שמה דאחוי מיתה | ולא | יתמחק שמיה מישראל: |
| 1536 | Ex20:19 | למשה מלל את עמן ונשמע | ולא | יתמלל עמן מן קדם ייי ולא |
| 1537 | Gn16:10 | מסגיא אסגיא ית בניך | ולא | יתמנון מן סוגי: |
| 1538 | Ex23:01M | ברם אלאהן למייטבה | ולא | יתמנע חד מנכון למלפה |
| 1539 | Ex23:02 | ברם אלאהן למייטבה | ולא | יתמנע חד מנכון למלפה |
| 1540 | Ex12:23 | תרע אבהתה דבני ישראל | ולא | יתן רשו למחבלא למיעול לגו |
| 1541 | Lv 5:11 | לא ישווי עליה מש׳ | ולא | יתן עליה לבונה ארום חטאתא |
| 1542 | Nu 5:15 | דשערין לא יריק <משחה | ולא | יתן> עלוי לבונה ארום מנחתה |
| 1543 | Ex 5:09 | על גובריא ויעבדון בה | ולא | יתעסקון במלין דשקרין: |
| 1544 | Lv27:28 | חקל אחסנתיה לא יזדבן | ולא | יתפרק כל אפרשו קדש קדשין |
| 1545 | Gn44:18M | במשמועה דרבנן 01_ | ולא | <יתקוף> |
| 1546 | Gn17:05 | | ולא | יתקרי תוב ית שמך אבר׳ |
| 1547 | Gn35:10 | ואמר ליה ייי שמך יעקב | ולא | יתקרי שמך תוב יעקב ארום |
| 1548 | Ex20:17 | ולא תורי ולא חמריה | ולא | כל מה די לחברך ארום בחובי |
| 1549 | Dt 5:21 | ולא תוריה ולא חמריה | ולא | כל מה די לחברך ארום בחובי |
| 1550 | Lv25:20 | הא לית אנן זרעין | ולא | כנישין ית עללתה: |
| 1551 | Nu23:19 | בני אנשא מימריה דייי | ולא | כעובדיהון דבני אנשא עובדוי |
| 1552 | Dt 5:21M | לחקלא לא לעבדיה | ולא | לאמתא ולא לתוריה ולא |
| 1553 | Dt 5:21M | ולא לאמתא ולא לתוריה | ולא | לביערה ולא לכל מה דאית |
| 1554 | Gn30:22M | ולא לשרף \מפתחא דמטרא | ולא/ | לגדוד מופתח מט#2#/: |
| 1555 | Dt28:13 | וישווי יתכון ייי למלכין | ולא | להדיוטין ותהוון «לחוד» |
| 1556 | Dt 9:27 | לקשיותהון דעמא האליין | ולא | לחוביהון ולא לסורחניהון: |
| 1557 | Dt23:07 | לא תתבעון שלמיהון | ולא | לטבותהון כל יומי חייכון עד |
| 1558 | Dt 5:32M | ולא לשמאלה /לימין | ולא | ליסמאל#2#/: |
| 1559 | Nu20:17M | ולא לשמאלה /לא לימין | ולא | ליסמיל#2#/ עד זמן די |
| 1560 | Dt28:14M | ולא לשמאלה /לימין | ולא | ליסמיל#2#/ למיזל בתר |
| 1561 | Dt 2:27M | נזל לא נסטי לא לימין | ולא | לישמיל |
| 1562 | Dt 5:21M | ולא לתוריה ולא לביערה | ולא | לכל מה דאית לחבריכון ארום |
| 1563 | Ex10:28 | ברם צבי אנה לממות | ולא | למהוי שמע {מי} מליך אזדהר |
| 1564 | Gn27:40M | דלא למלעי באורית׳ | ולא | למטור פקודייה הא בכן תהוי |
| 1565 | Ex10:28M | לי ברם בעי אנא למימות | ולא | למיהווי שמע למליך אזדהר |
| 1566 | Gn 3:15M | דלא למלעי באוריתה | ולא | למיטר׳ פיקודיה תהוי |
| 1567 | Ex34:26M | אתון רשיין לא למבשלה | ולא | למיכל בשר וחלב מער׳ |
| 1568 | Nu20:05 | לא אתר שפר לבית זרע | ולא | <ל>מצב {ו}לא תינין ולא |
| 1569 | Ex19:12M | \לטורא ודלא /בטורא | ולא#2# | \למקרב בשפולוי /<ל>מקרב |
| 1570 | Dt33:17 | למפלח בבכורי תורייה | ולא | למשתעבדה בקרני רימנה כדין |
| 1571 | Dt 9:27 | האיליין ולא לחוביהון | ולא | לסורחניהון: |
| 1572 | Gn49:18 | נפשי דהוא פורקן שעה | ולא | לפורקניה דשמשון בר מנוח |
| 1573 | Nu26:11M | רבהון לא מיתו במותנה | ולא | לקו ביקידתה ולא |
| 1574 | Nu22:26M | ולא לשמאלה/לימין | ולא | לשמאל#2#/: |
| 1575 | Nu20:17 | נהלך לא נסטי לא לימינה | ולא | לשמאלה עד זמן די תחומך |
| 1576 | Nu22:26 | אורח למסטי לא לימינה | ולא | לשמאלה: |
| 1577 | Dt 2:27 | אהלך לא אסטי לא לימינה | ולא | לשמאלה: |
| 1578 | Dt 5:32 | לא תסטון לא לימינה | ולא | לשמאלה: |
| 1579 | Dt17:11 | יתנון לכון לא לימינה | ולא | לשמאלה: |
| 1580 | Dt17:20 | דאוריתה לא לימינה | ולא | לשמאלה מן בגלל די יאריך |
| 1581 | Dt28:14 | יומא הדין לא לימינה | ולא | לשמאלה למיזל בתר טעוון |
| 1582 | Dt17:20M | /פיקודייה לא לימין | ולא | לשמיל#2#/ מן בגלל די |
| 1583 | Gn30:22 | ייי ולא מסרן לא למלאכא | ולא | לשרף מפתחא דמטרא ומפתחא |
| 1584 | Gn30:22M | אינון מסירין לא למלאך | ולא | לשרף מפתחיא דמיטר׳ מפתחיא |
| 1585 | Dt 5:21M | לא לעבדיה ולא לאמתא | ולא | לתוריה ולא לביערה ולא לכל |
| 1586 | Dt 4:31 | אלהכון לא מרפי יתכון | ולא | מחבל יתכון ולא מנשי ית |
| 1587 | Lv26:19M | דלא למחתה לכון לא טל | ולא | מטר וית ארעא דאית |
| 1588 | Dt28:23M | דלא למחתה לכון לא טל | ולא | מטר וית ארעא דאית |
| 1589 | Nu21:05 | ארום לית לן לחם למיכל | ולא | מיין למישתי ונפשן אתיעקת |
| 1590 | Gn26:35 | אולפן לא מן יצחק | ולא | מן רבקה: |
| 1591 | Ex 3:19 | מלכא דמצרים למיזל | ולא | מן ידא דהיא תקיפא: |
| 1592 | Ex 4:10 | ממלל אנה לא מן דאתמול | ולא | מן דקדמוי לחוד מן זמנא די |
| 1593 | Ex10:29 | דהוון תבעיין ית נפשך | ולא | מן סוף דהוינא תבע עלך |
| 1594 | Lv 7:26M | ובבעירא /לא מן עופא | ולא | מן בעירה#2#/: |
| 1595 | Nu 7:09 | יהב משה לא מן עגלתה | ולא | מן תוריה ארום פלחן |
| 1596 | Dt 4:42 | סני יתיה לא מן דאתמל | ולא | מן דקדמוי ויערק לחדה מן |
| 1597 | Dt19:04 | סני יתיה לא מן דאתמול | ולא | מן דקדמוי: |
| 1598 | Dt19:06 | סני יתיה לא מן דאתמל | ולא | מן דקדמוי: |
| 1599 | Dt30:13 | | ולא | מן עבר לימה רבה היא אוריתה |
| 1600 | Dt32:27 | לן מן בעלי דבבינן | ולא | מן קדם ייי אדעבדת דא: |
| 1601 | Gn22:12 | ארום דחל מן קדם ייי את | ולא | מנעת ית ברך ית יחידך מני: |
| 1602 | Gn22:16 | דעבדת ית פתגמא הדין | ולא | מנעת ית ברך ית יחידך: |
| 1603 | Dt 4:31 | יתכון ולא מחבל יתכון | ולא | מנשי ית קיים אבהתכון די |
| 1604 | Gn30:22 | רבון כל עלמ«י»א ייי | ולא | מסרן לא למלאכא ולא לשרף |
| 1605 | Dt10:17 | די לא נסיב אפין בדינה | ולא | מקבל שחוד דממון: |
| 1606 | Gn44:18 | מתמניי׳ עמן מן שבטיא | ולא | מקבלה עמן אחסנייה על חד |
| 1607 | Gn26:35 | נוכראה {{היון}} | ולא | מקבלן אולפן לא מן יצחק |
| 1608 | Nu23:19 | אמרין ולא עבדין גזרין | ולא | מקיימין וחזרין וכפרין |
| 1609 | Dt 4:28 | ולא שמעין ולא אכלין | ולא | מריחין: |
| 1610 | Dt 7:10 | מנהון לעלמא דאתי | ולא | משהי אגר טב לשנאוי עד אנון |
| 1611 | Dt 7:10M | יתהון לעלמא דאתי | ולא | משהי למשל{ו}<׳> לסנאוי |
| 1612 | Gn19:11 | לעין משכחא תרע ביתה | ולא | משכחין תרעא: |
| 1613 | Nu12:12 | תשעה ירחין במיא ובאשתא | ולא | מתנזק וכיון {מ} דמטא קצה |

1614 Gn38:25 דהוא עלם עבו{ד}<ר> ולא נבהת קדם אבהתי צדיקיא
1615 Nu20:17M ולא נשרגגה בתולן ולא נבע{י}<ול> נשי גוברין
1616 Lv19:18 ולא תהוון נוקמנין ולא נוטרנין ית חוב{כ}<ר>כון
1617 Dt28:13 «לחוד» רמין לעיל ולא נחתין לרע ארום תשמעון
1618 Dt18:10 קסמין ולא חדודי עינין ולא נסורי נחשין ולא חרשין:
1619 Nu12:16 ובירה לא הוון זייעין ולא נטלין מן אתריהון עד זמן
1620 Gn15:17M אוריתא בעלמא הדין ולא נטרו פקודייא הוה כל כדן
1621 Lv19:18M <לא תהוון> נקמנין ולא נטרין עם בני עמכון
1622 Nu20:17M <לא> נשרגגה בתולן ולא ני{כ}<נ>וס נשי גוברין
1623 Gn38:25 בעלמא הדין באשא טפיא ולא ניקוד בעלמא דאתי דהוא אשא
1624 Gn42:02 וזבונן לן מתמן ונחי ולא נמות:
1625 Gn43:08 עמי ונקום ונזל ונחיה ולא נמות לחוד אנן ולחוד את
1626 Gn47:19 לפרעה והב לן זרע ונחי ולא נמות וארעא לא תבור:
1627 Ex20:19 יתמלל עמן מן קדם ייי ולא נמות:
1628 Dt18:16M \תוב ולא אמות /עוד ולא נמות#2#/:
1629 Dt20:07 הוא גברא די אריש אתה ולא נסב יתה יזיל ויחזור
1630 Nu11:26 שבעתי חכימיה דמתפרשין ולא נפקו שבעתי חכימיה מן
1631 Nu11:26M סבייה די אתפרשו בשמהן ולא נפקי שובע{ית}<תי> סבייה
1632 Gn16:05M עלמא מיני ומינך ולא#2#/ נצרך לבניה /ניצרוך מן\
1633 Gn16:05 ובינך ותתמלא ארעא מינן ולא נצרך לבניה דהגר מצריתה
1634 Gn47:18 וענה ובעירא לרבוני ולא נשאר מן רבוני אלהן בלהודי
1635 Nu20:17M <לא> נאנוס א{ני}<רו>סן ולא נשרגגה בתולן ולא
1636 Nu20:17 לא נעבר בחקלין ובכרמין ולא נשתי מי גובין ארח מלכא
1637 Nu21:22 לא נסטי בחקלין ובכרמין ולא נשתי מי גובין בארח מלכא
1638 Gn49:10M יהודה \ואף לא ספרין ולא/ סברין מלפין#2#/ מלפי
1639 Dt 5:05 מן קדם להבי אשתה ולא סלקתון בטורא למימר:
1640 Dt 5:21 בייתיה דחבריה לא חקלה ולא עבדה ולא אמהתיה ולא תוריה
1641 Gn 6:03 דילמא די יעבדון תתובה ולא עבדו:
1642 Ex 1:17 ודחלו חייתא מן קדם ייי ולא עבדון היך מה דמלל עמהון
1643 Nu23:21 עבדי שקר בדבית יעקב ולא עבדי פלחן נכריי בדבית
1644 Ex20:17 ולא אתתיה דחבריה ולא עבדיה ולא אמהתי ולא תורי
1645 Nu23:19 דייי בני אנשא אמרין ולא עבדין גזרין ולא מקיימין
1646 Gn 2:23 ואמר אדם הדא זמנא ולא עוד תתברא אתה מן בר נשה
1647 Gn 4:23 קטלת דאתקטל מן בגללה ולא עולם חבלת דיתחבלון זרעיתי
1648 Gn 4:08 דלא ברחמי׳ איתברי עלמא ולא על פירי עובדין טבין הוה
1649 Gn21:12M \ועל אמתך כל מה דתימר ולא/ על אמהתך כל מה די
1650 Dt29:13 ולא עמכון לבלחודיכון אנה כען
1651 Lv13:45M מסאבה יהוורן קריין לה ולא עני יתהון רחוק מן מסאבה
1652 Nu11:19 יומין ולא חמשה יומין ולא עשרין יומין:
1653 Dt 5:22 עננה וערפלה קל רב ולא פסיק וכתב יתהון על תרין
1654 Dt 5:22M קל \רב ולא פסיק /תקף ולא פסק#2#/ וכתב יתהון על
1655 Nu11:25 קודשה והוון מתנבאין ולא פסקין:
1656 Ex10:27 ותקף ייי ית לביה ולא צבא למשלחה יתהון:
1657 Dt 2:30 ולא צבא סיחון מלכא דחשבון
1658 Dt23:06 ולא צבא ייי אלהכון למשמע
1659 Gn14:14M מרביייני בייתיה ולא צבו למהלכה עימיה ואיתבחר
1660 Dt 1:26 ולא צביתון למיסק וסרבתון על פם
1661 Lv23:29 כל נפש די תאכל למצום ולא «ציימה» כזמן יום צומה
1662 Ex 7:22M דפרעה \ולא שמע להון ולא/ קביל מנהון#2#/ היך מה
1663 Ex 8:15M דפרעה \ולא שמע להון ולא/ קבל מנהון#2#/ היך מה דמלל
1664 Gn 3:22 לא נטר מצותיה דאוריתא ולא קיים פקודה הא ניטרו׳ יתיה
1665 Gn15:17M אורייתא בעלמא הדין ולא קיימו פקודייה וצדיקייא מן
1666 Ex32:18 דנצחין בקרבא אנה שמע ולא קל חלשין דמתנצחין בקרבא
1667 Gn45:01 אפקו כל גבר מעלווי ולא קם גבר לוותיה כד אתחכם

1668 Dt34:10 ולא קם נבייא עוד בישראל כמשה
1669 Ex10:23 לא חמון גבר ית אחוי ולא קמו גבר מן אתריה תלתא
1670 Nu23:23 נחשין בדבית יעקב ולא קסמי קסמין בדבית ישראל
1671 Ex14:20 לישראל כל ליליא ולא קרבו אליין לאליין לסדר
1672 Lv25:36M \לא#2#/ שערין ורביין/ולא רבי#2#/ ותדחלון מן
1673 Ex22:24M עליהון ולא שערין ולא רבין
1674 Gn35:05 די חזור חזור יתהון ולא רדפו בתר בנוי דיעקב:
1675 Dt30:11 לא כסייה היא מנכון ולא רחיקה היא:
1676 Nu20:05 {ו}לא תינין ולא גופנין ולא רימונין אוף לא מיין לית לן
1677 Nu21:23 ולא שבק סיחן ית ישראל עברין
1678 Dt31:06 קדמיכון לא מרפה יתכון ולא שבק יתכון:
1679 Dt31:08 בסעדך לא מרפה יתך ולא שבק יתך לא תדחל ולא תתרע:
1680 Gn31:28 ולא שבקתי יתי למנשקיה לבני
1681 Dt33:03 יסורין סגין לא נייחין ולא שדכין מן אולפן אורייתה והא
1682 Ex33:04 בישא הדין ואתאבלון ולא שוון גבר מני זייני«ה»
1683 Ex 7:23 פרעה ועל לגו בייתו ולא שוי לביה אף לדא מח«ו»תה:
1684 Ex20:13 תהוון קטולין לא חברין ולא שותפין עם קטוליא ולא יתחמי
1685 Ex20:14 תהוון גיורין לא חברין ולא שותפין עם גיורין ולא יתחמי
1686 Ex20:15 תהוון גנבין לא חברין ולא שותפין עם גנבין ולא יתחמי
1687 Ex20:16 סהדי{ן} שקר לא חברין ולא שותפין עם סהדי שקרא ולא
1688 Ex20:17 תהוון חמודין לא חברין ולא שותפין עם חמודין ולא יתחמי
1689 Dt 5:17 תהוון קטולין ולא חברין ולא שותפין עם קטולין ולא יתחמי
1690 Dt 5:18 תהוון גיורין ולא חברין ולא שותפין עם גיורין <....> דלא
1691 Dt 5:19 תהוון גנבין ולא חברין ולא שותפין עם גנבין ולא יתחמי
1692 Dt 5:20 שהדי דשקר לא חברין ולא שותפין לשהדי שקרא ולא
1693 Dt 5:21 תהוון חמודין ולא חברין ולא שותפין לחמודיה דלא יקומון
1694 Nu26:11M ולא לקו ביקידתה ולא {ש}<ט>מע<ו> בבליעת ארעא
1695 Ex16:18 ואכילו בעמרא ולא שייר מן דאסגי ומן דאזער לא
1696 Nu25:11 דקני ית קנאתי ביניהון ולא שיציתי ית בני ישראל
1697 Nu23:24 עמא האליין לא נייחין ולא ש{כ}ד<כ>ין עד דקטלין
1698 Dt20:05 דן גברא דבנה בית חדת ולא שכליל יתיה {ו}<י>יזיל
1699 Ex 8:28 ית לבה לחוד בזמנא הדא ולא שלח ית עמא:
1700 Ex 9:07 חד ואתוקף ליבא דפרעה ולא שלח ית עמא:
1701 Ex 9:35 ואתוקף לבא דפרעה ולא שלח ית בני ישראל היך מה
1702 Ex10:20 ותוקף ייי ית ליביה דפרעה ולא שלח ית בני ישראל:
1703 Ex11:10 ייי ית ליביה דפרעה ולא שלח ית בני ישראל מן
1704 Dt17:11M ולא לשמאלה /לימין ולא שמיל#2#/
1705 Gn39:10 עם יוסף יום בתר יום ולא שמע אליה למשמשה עמה בעלמ׳
1706 Ex 7:13 ואתוקף לבא דפרעה ולא שמע להון היך מה דמלל ייי:
1707 Ex 7:22 ואתוקף לבא דפרעה ולא שמע להון היך מה דמלל ייי:
1708 Ex 8:11 שעת דרוח ותקף ית לביה ולא שמע להון היך מה דמלל ייי:
1709 Ex 8:15 היא ואתוקף לבה דפרעה ולא שמע להון היך מה דמלל ייי:
1710 Ex 9:12 ותקף ייי לבא דפרעה ולא שמע להון היך מה די מלל ייי
1711 Dt 1:45 וחזרתון ובכיתון קדם ייי ולא שמע ייי בקל בכותכון ולא
1712 Dt 3:26 דייי בי מן בגללכון ולא שמע בקל צלותי ואמר ייי לי
1713 Ex 6:09 כדין עם בני ישראל ולא שמעו למילוי דמשה מקפדות
1714 Ex16:20 ולא שמעו למשה ושיירו מניה
1715 Nu14:22 יתה דנה עשרה זמנין ולא שמעו בקלי:
1716 Dt 4:28 טעוון דאבן די לא חזיין ולא שמעין ולא אכלין ולא
1717 Gn42:21 כד הוה מפרפר קדמינן ולא שמעינן בגין כך אתת עלינן
1718 Gn42:22 לכון לא תחטון בטלייא ולא שמעתון ולחוד דמיה הא מתבע:
1719 Dt 1:43 ומללית יתכון ולא שמעתון וסרבתון על פם גזירת
1720 Dt 9:23 בשם מימרה דייי קדישה ולא שמעתון בקל מימרה:
1721 Gn49:26M \ובאיקרהון דאחוי ולא/ שני {ע}<כלי>ל רבותהון

| | | | | |
|---|---|---|---|---|
| 1722 | Ex22:24M | דחיק ולא תשוון עליהון | ולא | שערין ולא רבין |
| 1723 | Ex34:26 | בני ישראל לא תבשלון | ולא | תאכלון בשר וחלב מערבין |
| 1724 | Dt14:21 | בני ישראל לא תבשלון | ולא | תאכלון בשר וחלב מערבין |
| 1725 | Dt 1:21 | אבהתכון לכון לא תדחלון | ולא | תבהלון: |
| 1726 | Gn34:31M | <דלית לה> תבוע אדם | ולא | תבוע עלבן כן הוה לדינה |
| 1727 | Lv 2:13 | מנחתיכון במלח תמלחון | ולא | תבטלון מלח קיים אלהכון |
| 1728 | Nu35:23 | והוא לא הוה שני ליה | ולא | תבע בשתה דנפשיה: |
| 1729 | Lv19:13 | לא תעצה ית חברך | ולא | תגזול לא יבית אגרה דאגירה |
| 1730 | Dt15:19 | תפלחון בביכורי תוריכון | ולא | תגזון בכורי עניכון: |
| 1731 | Lv19:13M | תעצון ית חבריכון | ולא | תגזלון יתהון ולא יבית |
| 1732 | Dt 1:17 | דרבה תהוון שמעין | ולא | תדחלון מן קדם מלך ושליט |
| 1733 | Dt 1:29 | ואמרית לכון לא תבהלון | ולא | תדחלון מינהון: |
| 1734 | Ex22:20 | וגיורא לא תונון | ולא | תדחקון יתהון ארום |
| 1735 | Gn14:23M | ותימר אנא /דאית לך | ולא | תהוי מתרברב ואמר אנה#2/ |
| 1736 | Lv11:43 | ארעא ולא תסתאבון בהון | ולא | תהוון מסאבין כוותהון: |
| 1737 | Lv19:18 | תתחשד בחובת אדמה דחברך | ולא | תהוון נוקמנין ולא נוטרנין |
| 1738 | Lv19:26 | עמי בני ישראל | ולא | תהוון נטורי נחשין ולא |
| 1739 | Dt 7:26 | תעלון מרחקה לגו בתיכון | ולא | תהוון מרחקין כוותהון משקצה |
| 1740 | Dt24:06M | הוא נפשא הוא ממשכן | ולא | תהוון אסורי חתנין וכלין |
| 1741 | Gn15:12 | רשיעא דעתידא למיפל | ולא | תהוי ליה תקומה}}: |
| 1742 | Lv20:14 | תוקדון יתיה וית תריהון | ולא | תהוי זנו בניכון: |
| 1743 | Dt28:66 | בליליה ובאיממה | ולא | תהיימנון בחייכון: |
| 1744 | Lv20:23 | | ולא | תהלכון בנימוסי אומייה די |
| 1745 | Lv25:17 | | ולא | תונון גבר לחבריה ותדחלון |
| 1746 | Gn49:04 | עבדיך טביי' {ס}<ד>חטית | ולא | תוסיף למחטי תוב ברי ועל |
| 1747 | Ex 9:28 | ייי וברד ואשלח יתכון | ולא | תוספון למיקם: |
| 1748 | Lv19:15 | לא תיסב אפין למסכנה | ולא | תוקרון אפוי דרבה בקושטא |
| 1749 | Ex20:17 | ולא עבדיה ולא אמהתי | ולא | תורי ולא חמריה ולא כל מה |
| 1750 | Dt 5:21 | ולא עבדה ולא אמהתיה | ולא | תוריה ולא חמריה ולא כל מה |
| 1751 | Lv19:27 | א{ר}<ו>מנה דראשיכון | ולא | תחבלון ית שומת דקניכון: |
| 1752 | Dt 7:02 | לא תקיימון עמהון קיים | ולא | תחוסון עליהון: |
| 1753 | Dt13:09 | יחוסון עייניכון עלוי | ולא | תחוסון ולא תכסון עלוי: |
| 1754 | Nu35:33 | | ולא | תחייבון ית ארעא די אתון |
| 1755 | Dt24:04 | ארום מרחקה הוא קדם ייי | ולא | תחייבון ית ארעא דייי |
| 1756 | Dt13:09M | \לא תצבון | /ולא | תחמדון#2/ לה ולא תשמעון |
| 1757 | Lv25:11 | תיהווי לכון לא תזרעון | ולא | תחצדון ית כהותיכון ולא |
| 1758 | Nu11:17 | עמך במטלהון דעמא | ולא | תטעון את לבלחודך: |
| 1759 | Lv26:37 | שלפי חרבה ורדף דלית | ולא | תיהוי לכון תקומה קדם |
| 1760 | Ex20:20 | דייי על בית אפיכון | ולא | תיחטון: |
| 1761 | Ex10:05 | ויכסו ית חזוה דארעא | ולא | תיכול למיחמי{ה} ית ארעא |
| 1762 | Ex23:19 | בני ישראל לא תבשלון | ולא | תיכלון בשר בחלב מערבין |
| 1763 | Dt28:31M | רשיין למאכל מנהון | /ולא | תיכלון מנהון#2/ חמריכון |
| 1764 | Ex23:01M | <זכו> לחברה בדינ' | ולא | תימרון בלבביכון בתר סוגי |
| 1765 | Lv18:21M | לא תתן לפלחנה נכריין | ולא | תיפסון ית#2/ ית שמה |
| 1766 | Dt13:09 | עלוי ולא תחוסון | ולא | תכסון עלוי: |
| 1767 | Nu22:12 | לבלעם לא תזיל עמהון | ולא | תלוט ית עמה ארום בריכין |
| 1768 | Lv19:14M | "לא תלון[ט]... ותדחלון" | ולא | תלוטון חרשה בגין דלא שמע |
| 1769 | Gn49:22 | מנהון חס לך יוסף ברי | ולא | תליית עיינך ואסתכלת בחד' |
| 1770 | Dt28:39 | ותפלחון וחמר לא תשתון | ולא | תמגורון ארום תאכל יתה |
| 1771 | Gn 3:03 | מנה ולא תקרבון ביה | ולא | תמותון: |
| 1772 | Gn42:20 | ויתהימנן מליכ{י}<ו>ן | ולא | תמותון ועבדו כדין: |
| 1773 | Lv 8:35M | ית מטרתה דייי | דלא/ולא#2/ | תמותון ארום כדן |
| 1774 | Lv10:07 | משכן זימנא לא תפקון | ולא | תמותון ארום משח דרבותה |
| 1775 | Lv10:09M | במשכן זימנא | דלא/ולא#2/ | תמותון קיים עלם |
| 1776 | Nu18:32 | בני ישראל לא תפסון | ולא | תמותון: |
| 1777 | Lv19:18 | למעקה בה ית חברך | ולא | תמנע זכותה דחבר' כד תדע בה |
| 1778 | Dt 4:02 | די אנה כען מפקד יתכון | ולא | תמנעון מניה למיטר ית |
| 1779 | Dt13:01 | למעבד לא תופסון עלוי | ולא | תמנעון מניה: |
| 1780 | Dt24:17 | דיניה דגיורייה ויתמייה | ולא | תמשכון לבושה דארמלתה: |
| 1781 | Dt24:06 | אסורי חתנין וכלין | ולא | תמשכנון ריחייה ארום כל |
| 1782 | Gn31:27 | | ולא | תנית לי אילו תנית לי שלחת |
| 1783 | Dt21:23M | יקר שכינתיה דייי אצלב | ולא | תס#2/ ית ארעכון דייי |
| 1784 | Nu35:34 | | ולא | תסאבון ית ארעא די אתון |
| 1785 | Dt21:23 | ליט קדם ייי כל דצליב | ולא | תסאבון ית ארעכון דייי |
| 1786 | Dt16:19 | לא תסטון בדינה | ולא | תסבון אפין בדינה ולא |
| 1787 | Dt16:19M | "בדינה ... דממון": | ולא | תסבון שוחד דממון |
| 1788 | Dt30:18 | הדין ארום מסף תסופון | ולא | תסגון יומין על ארעא דאתון |
| 1789 | Dt 1:42 | לי אמור להון לא תסקון | ולא | תסדרון קרבה ארום לית איקר |
| 1790 | Dt 2:09 | לא תעיקון ית מואביי | ולא | תסדרון לקבליהון סדרי קרבה |
| 1791 | Dt28:14 | | <ולא> | תסטון מן כל פתגמייא די |
| 1792 | Ex20:26M | עבידו כיבשא למדבחא | ולא | תסקון במסקא |
| 1793 | Lv11:43 | בכל שרצא דשרץ על ארעא | ולא | תסתאבון בהון ולא תהוון |
| 1794 | Lv11:44 | קדישין ארום קדיש אנה | ולא | תסתאבון ית נפשתיכון בכל |
| 1795 | Lv18:30 | די אתעבדו מן קדמיכון | ולא | תסתאבון בהון כדן אמר ייי |
| 1796 | Dt 4:19M | \דלא תתלון עייניכון | /ולא | תסתכל עיינך#2/ לשמייא |
| 1797 | Gn22:12 | ואמר לא תפשוט ידך ברביה | ולא | תעבד ליה כל מן מדעם ארום |
| 1798 | Ex23:24 | ולא תפלחון קדמיהון | ולא | תעבדון כעובדיהון ארום |
| 1799 | Lv18:26 | קיימי וית סדרי דיניי | ולא | תעבדון מכל מרחקתא האליין |
| 1800 | Lv26:14 | תשמעון לאולפן אורייתי | ולא | תעבדון ית כל פיקודיה |
| 1801 | Nu15:22 | וארום תשאלון | ולא | תעבדון ית כל מצוותה האליין |
| 1802 | Dt 7:26 | | ולא | תעלון מרחקה לגו בתיכון ולא |
| 1803 | Dt20:03 | יתבר לבביכון לא תדחלון | ולא | תפחדון ולא תתברון |
| 1804 | Ex20:25M | דלא תריק סייפך עלי | ולא | תפיס יתיה |
| 1805 | Lv18:28 | | ולא | תפלוט ארעא יתכון בסאבותכון |
| 1806 | Lv20:22 | דיניי ותעבדון יתהון | ולא | תפלוט יתכון ארעא די אנה |
| 1807 | Ex20:05 | לא תסגדון להון | ולא | תפלחון קדמיהון ארום אנה |
| 1808 | Ex23:24 | לא תסגדון לטעוותהון | ולא | תפלחון קדמיהון ולא תעבדון |
| 1809 | Dt 5:09 | לא תסגדון להון | ולא | תפלחון קדמיהון ארום אנה |
| 1810 | Dt 7:16 | יחוסון עייניכון עליהון | ולא | תפלחון קדם טעוותהון ארום |
| 1811 | Lv18:21 | בנורא קדם פלחנה נכרייה | ולא | תפסו ית שמה דאלהכון אמר |
| 1812 | Lv19:12 | ולא תשבעון בשמי לשקר | ולא | תפסון ית שמא דאלהכון כדן |
| 1813 | Lv22:32 | | ולא | תפסון ית שמי קדישה ויתקדש |
| 1814 | Gn25:23M | מלכותיה דלא תתחבל | ולא | תפסוק מיניה לעלמי עלמין |
| 1815 | Nu15:39 | דייי ותעבדון יתהון | ולא | ת{פ}<ס>טון בתר הרהורי |
| 1816 | Dt28:30 | כרמין ת{ז}<צ>בון | ולא | תפרקון פירויהון: |
| 1817 | Lv26:21 | ואן תהלכו קדמי בקשיו | ולא | תצבון למשמע לאולפן אורייתי |
| 1818 | Dt29:22 | יקידה כל ארעא לא תזדרע | ולא | תצמח ולא יסק בה כל מן דעשב |
| 1819 | Ex22:20M | יתהון /תדחקון יתהון | ולא | תצערון יתהון#2/ ארום |
| 1820 | Lv19:17 | מוכחה תוכח ית חברך | ולא | תקבל עלוי חובין: |
| 1821 | Nu18:32 | | ולא | תקבלון עלוי ח«ו»בין |
| 1822 | Nu35:31 | | ולא | תקבלון ממון על נפש דקטול |
| 1823 | Nu35:32 | | ולא | תקבלון ממון למערקה לקורי |
| 1824 | Dt16:19 | ולא תסבון אפין בדינה | ולא | תקבלון שחוד דממון ארום |
| 1825 | Gn19:17 | על נפשך לא תסתכל לבתרך | ולא | תקום בכל משרא לטורא אשתיזב |
| 1826 | Lv25:11 | ולא תחצדון ית כהותיכון | ולא | תקטפון ית שבקיכון: |
| 1827 | Dt16:22 | | ולא | תקימון לכון קיימה די סני |
| 1828 | Nu36:07 | | ולא | תקף אחסנה לבני ישראל מן |
| 1829 | Nu36:09 | | ולא | תקף אחסנה מן שבט לשבט אחרן |

|  |  |  |  |  |  |
|---|---|---|---|---|---|
| 1830 | | Dt15:07 | לא תתוקפון ית לבביכון | ולא | תקפצון ית ידיכון מן אחיכון |
| 1831 | | Gn 3:03 | אמר ייי לא תאכלון מנה | ולא | תקרבון ביה ולא תמותון: |
| 1832 | | Nu16:26 | גברייה חייבייה האליין | ולא | תקרבון בכל מה דלהון דלא |
| 1833 | | Lv26:11 | איקר שכינתי ביניכון | ולא | תרחק נפשי יתכון: |
| 1834 | | Nu11:19 | לא יומא חד תאכלון | ולא | תרין יומין ולא חמשה יומין |
| 1835 | | Lv19:12 | | ולא | תשבעון בשמי לשקר ולא תפסון |
| 1836 | | Lv26:26 | לחמכון במתקל ותיאכלון | ולא | תשבעון: |
| 1837 | | Dt22:08 | חדת ותעבד סייג לאגרך | ולא | תשווי חובת שפיכות אדם זכיי |
| 1838 | | Ex22:24M | לכון מ{י}רי חוב דחיק | ולא | תשוון עליהון ולא שערין |
| 1839 | | Ex22:24 | תהווי ליה כמרי חוב דחק | ולא | תשוון עלוי שערין ורבין: |
| 1840 | | Ex23:01M | דייי אלהכון לשקר | ולא | תשוון ידיכו׳ עם חי׳ עמי |
| 1841 | | Dt14:01 | חבורן בפולחנה נכרייה | ולא | תשוון רשום על בית אפיכון |
| 1842 | | Dt21:08 | ישראל די פרקת ייי | ולא | תשוי חובת שפיכות אדם זכיי |
| 1843 | | Dt13:09 | לא תצבון לה | ולא | תשמעון למילוי ולא יחוסון |
| 1844 | | Dt30:17 | ואן יסטון לבביכון | ולא | תשמעון ותתבדרון ותסגדון |
| 1845 | | Lv20:25 | ובין עופא מסאבה לדכיי׳ | ולא | תשקצון ית נפשתכון בבעירה |
| 1846 | | Lv19:11 | תהוון גנבין לא תכפרון | ולא | תשקרון גבר בחברה: |
| 1847 | | Dt28:30 | יסב יתה בתין תבנון | ולא | תשרון בגוויהון כרמין |
| 1848 | | Gn45:09 | לכל מצראי חות לוותי | ולא | תשתהי: |
| 1849 | | Lv19:16M | עלה חבריכון | ולא | תשתוק אדמה דחברך בזמן דאת |
| 1850 | | Ex12:10 | | ולא | תשתיירון מניה עד צפרא ומה |
| 1851 | | Gn45:11 | עד כדון חמש שנין דכפן | ולא | תשתיצא את ואנשי ביתך: |
| 1852 | | Gn41:36 | די יהוויין במצרים | ולא | תשתיצי ארעא בכפנא: |
| 1853 | | Nu14:42M | דייי שרי עליכון | דלא/ולא#2#/ | \תתברון קדם /תתמסרון |
| 1854 | | Dt20:03 | לא תדחלון ולא תפחדון | ולא | תתברון מן קדמיהון: |
| 1855 | | Dt 2:19 | לא תעיקון יתהון | ולא | תתגרון לקבליהון סדרי קרבה |
| 1856 | | Ex23:15 | נפקתון פריקין ממצרים | ולא | תתחמון קדמיי ריקם: |
| 1857 | | Lv19:18 | בה דאית לה זכו בדינה | ולא | תתחשד בחובת אדמה דחברך ולא |
| 1858 | | Nu10:07 | ית קהלא תתקעון | ולא | תתייבבון: |
| 1859 | | Lv26:20 | ויסוף לריקנו חייליכון | ולא | תתן ארעכון פירי עללתה |
| 1860 | | Dt15:09 | באחוך מסכינה | ולא | תתן לה ולא יצוח עלך קדם |
| 1861 | | Dt 1:42 | שכינתי מדברה ביניכון | ולא | תתנגפון קדם בעלי דבביכון: |
| 1862 | | Dt 7:03 | | ולא | תתערבון עמהון בנתכון לא |
| 1863 | | Dt31:08 | ולא שבק יתך לא תדחל | ולא | תתרע: |
| 1864 | | Dt31:06 | ואזדרזו לא תדחלון | ולא | תתרעון מן קדמיהון ארום ייי |
| 1865 | | Dt11:02M | /חכימין#2#/ | ודלא/ולא#2#/ודי | לא#2#/ חמון ית |
| 1866 | | Dt 4:21M | /למעברה ית יורדנה | ולא#2#/ | למיעול/<למי>על#2#/ |
| 1867 | בדלא | Dt 4:42 | ית חברי{ח}<ה> בתקוף | בדלא | ידע והוא לא הוה סני יתיה |
| 1868 | דילא | Nu26:11 | ובנוי דקרח על | דילא | הוון בעצתה דאבוהון לא |
| 1869 | דל׳ | Ex20:20M | /תדירא בפמ׳ מן בגלל | דל׳ | תתחייבו׳#2#/: |
| 1870 | דלא | Gn49:22 | הוא יוסף גברא חסידא | דלא | אזל בתר חיזוי עייניה ולא |
| 1871 | | Gn44:34 | אבה וטליא לית הוא עמי | דלא | אחמי בבישתא די יארע ית |
| 1872 | | Gn18:17 | דיהבת לה בדינה הוא | דלא | איפוך יתה עד זמן דאודע |
| 1873 | | Dt32:21 | אינון אקנון יתי באלה | דלא | אלה ואכעסו יתי במרחקתהון |
| 1874 | | Dt32:21 | ואנה אקני יתהון באמה | דלא | אמה באמה מנבלה אכעס יתהון: |
| 1875 | | Gn26:09 | לה יצחק ארי אמרית | דלא | אמות מן בגללה: |
| 1876 | | Nu 5:22 | אמן אמן דלא אסתאבת אמן | דלא | אסתאב: |
| 1877 | | Nu 5:22 | ותימר אתתה אמן אמן | דלא | אסתאבת אמן דלא אסתאב: |
| 1878 | | Ex33:03 | למקבלה אולפן אינון | דלא | אשיצא יתכון באורחא: |
| 1879 | | Lv26:35 | צדי מנכון תשמט ית מה | דלא | אשמטת בשמיט<י>כון כד |
| 1880 | | Gn15:01 | ואתקימן עלי או דלמא | דלא | אשתכח בידי מצוה בזמנא |
| 1881 | | Gn44:18 | דאבה כל יומייא או דלמא | דלא | אשתמע לך ולא אתני לך ארום |
| 1882 | | Gn49:12M | מן חמרא זכיכא | דלא | אתחמ׳ בהון גלוי עריי׳ ודי |
| 1883 | | Dt32:17 | אינון דמן כדון אתבריין | דלא | אתעסקו בהון אבהתכון: |
| 1884 | | Lv10:01M | אשתא בריה מן תפין מה | דלא | אתפקד להון#2#/: |
| 1885 | | Nu21:06 | דמיכלי קליל ייתי חויה | דלא | אתרעם על מזונה וישלט בעמא |
| 1886 | | Nu20:18M | לא תעברו בתחומין | דלא | בחרבה אפוק לקדמותך#2#/: |
| 1887 | | Ex21:11 | ויפק יתה לחירותא מגן | דלא | בכסף: |
| 1888 | | Gn 3:09 | גלי קדמי ואת חשב | דלא | גלי קדמי אתר דאת בגויה אן |
| 1889 | | Gn15:13 | זרעיית בניך בארעא | דלא | דידהון וישעבדון יתהון |
| 1890 | | Gn49:02 | עשו אחוי ואנה דחיל | דלא | {דלא} יהווי ביניכון גבר |
| 1891 | | Gn 6:08 | ונח על | דלא | הוה בדרה צדיק ^ההוא#2#^ |
| 1892 | | Gn44:18 | על די סאבו לדינה אחתן | דלא | הור׳ מתמניי׳ עמן מן שבטיא |
| 1893 | | Gn22:14 | כולא גלי וידיע קדמיך | דלא | הווה בלבי פלגו בזמנא קדמיא |
| 1894 | | Dt 9:28 | יתן פריקין מן תמן על | דלא | הוות יוכלא מן קדם ייי |
| 1895 | | Gn16:05 | דלא יקטלון יתך וחמית | דלא | הויינה ילדה ונסיבת להגר |
| 1896 | | Gn45:06 | ארעא ועד כדון חמש שנין | דלא | זרעין ולא חצדין: |
| 1897 | | Nu31:18 | וכל טפליה דנשייה | דלא | חכמין תשמיש דכורא קיימו |
| 1898 | | Gn20:16 | כמסת דידע אברהם צדיקה | דלא | חכמת יתך: |
| 1899 | | Dt28:64 | תמן טעוון אחרניין | דלא | חכמתון אתון ואבהתכון טעון |
| 1900 | | Nu35:23 | או בכל אבן די ימות בה | דלא | חמה יתיה ואפל עלוי ומית |
| 1901 | | Lv19:14 | ית מה דלא שמע וקדם מן | דלא | חמי לא תתן תקלה ותדחלון מן |
| 1902 | | Lv24:12M | וזריזין בדיני ממונה | דלא | יבהתון למימר לא שמעין ברם |
| 1903 | | Nu15:34M | וזריזין בדיני ממונה | דלא | יבהתון למימר לא שמעינן |
| 1904 | | Ex19:21 | למשה חות אסהיד בעמא | דלא | ידחקון קדם ייי למיחמיה |
| 1905 | | Nu 6:09 | מית דסמיך ליה בתכיף | דלא | ידע ויסאב ריש נזירותיה |
| 1906 | | Gn47:21M | בקורייתא אעבר במדינתא | דלא | יהוו מוניין לבנוי דיעקוב |
| 1907 | | Gn49:02 | אחוי ואנה דחיל דלא | {דלא} | יהווי ביניכון גבר דלביה |
| 1908 | | Ex30:12 | דייי כד תהוי מני יתהון | דלא | יהווי בהון מותן מחבל בזמן |
| 1909 | | Lv16:02 | מליל עם אהר«ן» אחוך | דלא | יהווי <עליל> בכל זמן |
| 1910 | | Dt15:09 | ולא יצוח עלך קדם ייי | דלא | יהווי בך חובה: |
| 1911 | | Dt19:10 | יהיב לכון לאחסנה | דלא | יהווי עליכון חובת שפיכות |
| 1912 | | Dt23:22 | ייי אלהכון מן לוותכון | דלא | יהווי בכון חובה: |
| 1913 | | Dt24:15M | עליכון קדם ייי אזדהרו | דלא | יהווי בכון חובה |
| 1914 | | Dt24:15 | דלא יצוח עלך קדם ייי | דלא | יהווי בתרך חובה: |
| 1915 | | Dt29:17 | {{דאומייה}} האינון | דלא | יהווי בכון גבר דלביה מהרהר |
| 1916 | | Ex22:23 | ואקטל יתכון בחרבא | דלא | יהוויי נשיכון ארמלן |
| 1917 | | Gn47:21M | מן קרי לקרי מן בגלל | דלא | יהוון קריין לאחוי מטלטליא |
| 1918 | | Gn47:21 | דמצרים ועד סייפיה | דלא | יהוון מצראי מוניין לאחוי |
| 1919 | | Ex34:12 | די אתון עלין בגווה | דלא | יהוון לתוקלה ביניכון: |
| 1920 | | Lv24:12 | ו{מ}מתינין בדיני נפשתה | דלא | יהוון קטילין בפריע ית מן |
| 1921 | | Lv24:12 | מן זוי ח«ו»רי בדינה | דלא | יהוון בהתין למ{מ}י<מ>ר לא |
| 1922 | | Nu 9:08 | ומתינין בדיני נפשתה | דלא | יהוון קטלין בפריע ית מן |
| 1923 | | Nu27:05 | {בדיני} בדיניה נפשן | דלא | יהוון קטלין בפריע ית מן |
| 1924 | | Gn34:31 | דיעקב כלא מן כל כדין | דלא | יהוו{ן}<י> שכם בר חמור |
| 1925 | | Ex19:22 | קדם ייי יתקדשון | דלא | יהוי בהון רגוז מן קדם ייי: |
| 1926 | | Ex19:24 | ידחקון למיסק קדם ייי | דלא | יהוי בהון רגוז: |
| 1927 | | Dt15:09 | אזדהרו לכון | דלא | יהוי פתגם דחטי בתר לבכון |
| 1928 | | Dt29:17 | | דלא | יהוי בכון גבר או אתה או |
| 1929 | | Nu15:34 | ומתינין בדיני נפשן | דלא | יהיוון קטולין בפריע ית מן |
| 1930 | | Nu15:34 | דחמי ליה למתקטלה בדינה | דלא | יהיוון בה{ד}<ת>ין למימר לא |
| 1931 | | Dt25:03 | ימחי יתיה לא יוסף | דלא | יוסף לממחי יתיה על אלין |
| 1932 | | Ex23:33 | ולא ישרון בארעכון | דלא | יחייבון יתכון קדמיי ארום |
| 1933 | | Dt11:16 | אזדהרו לכון | דלא | יטעי לבביכון ותסטון |
| 1934 | | Dt 9:28 | | דלא | יימרון דיירי דארעא די אפקת |
| 1935 | | Gn32:12 | דעשו ארום דחל אנא מנה | דלא | ייתי ויקטול יתי וישיצי אמה |
| 1936 | | Lv24:12 | אמר לא שמעית במסאבין | דלא | יכלו למעבד פיסחה ובדין |
| 1937 | | Nu 9:08 | הוה משה ממתין במסאבין | דלא | יכלו למעבד פסחה בזמנה |

|  |  | | | |
|---|---|---|---|---|
| 1938 | Nu15:34 | אמר לא שמעת במסאבין | דלא | יכלו מעבד פיסחא {פסחא} |
| 1939 | Nu27:05 | אמר לא שמעית במסאבין | דלא | יכלו מעבד פסחא בז<י>מניה |
| 1940 | Nu 4:20M | משקעין מאני בית קודשא | דלא | ימו׳ |
| 1941 | Gn38:11 | שלה ברי ארום אמר | דלא | ימות לחוד הוא כאחוי ואזלת |
| 1942 | Lv16:02 | די על ארונה דסהדותה | דלא | ימות ארום בעגני איקר |
| 1943 | Dt20:05 | ויחזור לבייתיה | דלא | ימות בסדרי קרבה וגבר אחרן |
| 1944 | Dt20:06 | יזיל ויחזור לבייתיה | דלא | ימות בסדרי קרבא וגבר אחרן |
| 1945 | Dt20:07 | יזיל ויחזור לבייתיה | דלא | ימות בסדרי קרבה וגבר אחרן |
| 1946 | Ex28:43 | דלא יקבלון חובין | דלא | ימותון קיים עלם להון |
| 1947 | Ex30:20 | זימנא יתקדשון במיא | דלא | ימותון או בקרובותהון |
| 1948 | Lv15:31 | בני ישראל מן סאבותהון | דלא | ימותון בסאבתהון דלא יסאבון |
| 1949 | Nu 4:20 | ית כל מני בית קודשה | דלא | ימותון: |
| 1950 | Nu18:22 | למקרבה למסבול חובין | דלא | ימותון: |
| 1951 | Lv15:31 | דלא ימותון בסאבתהון | דלא | יסאבון ית בית מקדשי דאיקר |
| 1952 | Nu20:21M | להון#2#/ סדרי | /דלא | יסדרון סד#2#/ קרבה: |
| 1953 | Dt27:15 | ואמרין בריך יהווי גברא | דלא | יעבד {{צלם וצורה}} וכל דמו |
| 1954 | Gn42:04 | יעקב עם אחוי ארום אמר | דלא | יערע יתיה סקל: |
| 1955 | Ex 5:03 | ונקרב קדם ייי אלהן | דלא | יערע יתן במותנא או בחרבא: |
| 1956 | Dt22:08 | אדם זכיי לגו בייתך | דלא | יפול מן דחמי לה למיפל |
| 1957 | Dt 7:04 | ית בניכון מן בתר מימרי | דלא | יפלחון קדם {סדם ס} <סעוון> |
| 1958 | Lv21:04 | לא יסתאב רבה דבעמה | דלא | יפס ית כהנתא: |
| 1959 | Dt24:15M | הוא סבל לך ית נפ׳ | דלא | יצווח עליכון קדם ייי |
| 1960 | Dt24:15 | קדמך ית נפשיה אזדהר לך | דלא | יצוח עלך קדם ייי דלא יהווי |
| 1961 | Ex28:43 | בגו בית ק<ו>ד{י}שא | דלא | יקבלון חובין דלא ימותון |
| 1962 | Ex20:13 | דישראל עם קטולין | דלא | יקומון בניכון מן בתריכון |
| 1963 | Ex20:13M | /דבני ישראל קטולין | דלא#2#/ | יקומון בניכון |
| 1964 | Ex20:14 | דישראל עם גיורין | דלא | יקומון בניכון מן בתריכון |
| 1965 | Ex20:15 | דישראל עם גנבין | דלא | יקומון בניכון מן בתריכון |
| 1966 | Ex20:15M | /דבני ישראל גנבין | דלא#2#/ | יקומון בניכון |
| 1967 | Ex20:16 | דישראל עם סהדי שיקרא | דלא | יקומון בניכון מן בתריכון |
| 1968 | Ex20:17 | דישרא׳ עם חמודין | דלא | יקומון בניכון מן בתריכון |
| 1969 | Dt 5:17 | דישראל עם קטולין | דלא | יקומון בניכון מן בתריכון |
| 1970 | Dt 5:18 | שותפין עם גיורין <....> | דלא | יקומון בניכון מן בתריכון |
| 1971 | Dt 5:19 | דישראל עם גנבין | דלא | יקומון בניכון מן בתריכון |
| 1972 | Dt 5:20 | ולא יתחבר עם משהדי שקר | דלא | יקומון בניכון מן בתריכון |
| 1973 | Dt 5:20M | דישראל שהדין דשקר | דלא | יקומון בניהון מן בתריהון |
| 1974 | Dt 5:21 | ולא שותפין לחמודיה | דלא | יקומון בניכון מן בתריכון |
| 1975 | Gn 4:15 | ושוי ייי לקין סימן | דלא | יקטול יתיה כל מן די יארע |
| 1976 | Gn16:05 | ואמרת אחי הוא מן בגלל | דלא | יקטלון יתך וחמית דלא |
| 1977 | Gn26:07 | דחל למימר אתתיה היא | דלא | יקטלון יתיה עמא דארעא על |
| 1978 | Ex 8:22 | קדמיהון לית אפשר | דלא | ירגמון יתן: |
| 1979 | Dt19:06 | | דלא | ירדוף תבע אדמה בתר קטולה |
| 1980 | Dt28:55M | "מן בלי ... ובצוקה:" | דלא | ישייר לה כל מנדעם בעקין |
| 1981 | Dt 7:04 | יתקוף רוגזיה דייי בכון | דלא | ישיצי יתכון בפריע: |
| 1982 | Gn11:07 | כען ואתגלי תמן לשניהון | דלא | ישמעון גבר לשנה דחבריה: |
| 1983 | Dt28:55 | בנוי די יאכל מן בלי | דלא | ישתייר לה כל מדעים בצער |
| 1984 | Dt 8:14M | | ויתקוף/דלא | יתי#2#/ לבביכון ותנשון |
| 1985 | Ex15:12 | ארעא מן דינא יומא רבה | דלא | יתבע יתהון מנה לעלמא דאתי |
| 1986 | Ex13:17 | קריבה הוא ארום אמר ייי | דלא | יתבר לבהון דעמא כד יחמון |
| 1987 | Dt32:27 | אברהם יצחק ויעקב | דלא | יתגברון עליהון |
| 1988 | Dt29:16 | בגו בתייה דחלין מנהון | דלא | יתגנבן: |
| 1989 | Ex10:28M | שמע למיליך אזדהר לך | דלא | יתקוף רוגזי בך ואמסור יתך |
| 1990 | Ex34:26 | בשר וחלב מערבין כחדא | דלא | יתקו«ף» רוגזי ונבשל |
| 1991 | Dt 6:15 | דאיקר שכינתיה ביניכון | דלא | יתקוף רוגזה דייי אלהך בך |
| 1992 | Ex10:28 | שמע {מי} מליך אזדהר לך | דלא | יתקף רוגזי בך ואמסר יתך |
| 1993 | Ex22:23 | | דלא | יתקף רוגזי ואקטל יתכון |
| 1994 | Ex23:19 | בשר בחלב מערבין כחדא | דלא | יתקף רוגזי עליכון ונ{כ}בשל |
| 1995 | Dt11:17 | | דלא | יתקף רוגזה דייי בכון |
| 1996 | Dt14:21 | בשר וחלב מערבין כחדה | דלא | יתקף רוגזי ונבשל עבוריכון |
| 1997 | Dt17:20 | | דלא | יתקף ליבביה מן אחוי ודלא |
| 1998 | Gn20:09 | חובין רברבין עבדין | דלא | כשרין למתעבדא עבדת עמי: |
| 1999 | Lv 4:22 | מן כל מצוותה דייי אלהה | דלא | כשרין למתעבדה בשלו |
| 2000 | Lv 4:27 | חדה מן מצוותיה דייי | דלא | כשרין למתעבדה ויתחייב: |
| 2001 | Ex 7:14M | דפרעה סרב \מן למשלחיה | /דלא | למ#2#/ \ית עמא/לעמיה#2# |
| 2002 | Dt32:03 | זימנין מנהון ילף משה | דלא | למדכרה ית שמה קדיש׳ עד זמן |
| 2003 | Lv26:19M | ברירין כפרזלא | דלא | למחתה לכון לא טל ולא מטר |
| 2004 | Dt28:23M | ברירין כפורזלה | דלא | למחתה לכון לא טל ולא מטר |
| 2005 | Dt 8:11 | ית אולפן אורייתה דייי | דלא | למטור מצוותה וסדרי דינוי |
| 2006 | Gn49:12 | משיחא מן חמרא זכוכא | דלא | למיחמי בהון גילוי עריין |
| 2007 | Gn24:32M | דהוון זמימי באורח | דלא | למיכל מן גזילא |
| 2008 | Dt12:23 | לחוד אתוקפו | דלא | למיכל אדמה ארום אדמה הוא |
| 2009 | Ex19:12 | למימר אזדהרו לכון | דלא | למיסק לטורא ודלא למקרב |
| 2010 | Gn 3:15M | גרמיהון בנה דאתתה | דלא | למלעי באוריתיה ולא למיטר׳ |
| 2011 | Gn27:40M | גרמיהון בנוי דיעקב | דלא | למלעי באורית׳ ולא למטור |
| 2012 | Lv26:19M | חסימה כנחשה | דלא | למסקה לכון דתין וצמחין |
| 2013 | Dt28:23M | חסימה כנחשה | {ו}<ד>לא | למסקה לכון דתין וצמחין |
| 2014 | Lv18:30 | ותיטרון ית מט{מ}רתי | דלא | למעבד מנימוסי מרחקתה די |
| 2015 | Lv26:15 | סדרי דיניי תרחק נפשכון | דלא | למעבד ית כל פיקודי במפסכון |
| 2016 | Dt 4:21 | על מליכון וקיים בשבועה | דלא | למעבר יתי ית ירדנה ודלא |
| 2017 | Dt 2:30 | סיחון מלכא דחשבון | דלא | למעברה יתן בתחומיה ארום |
| 2018 | Lv20:04 | בנורא קדם פלחנה נכריה | דלא | למקטול יתיה: |
| 2019 | Nu20:21M | מן למשבק /וסרב אדומאי | דלא | למשבוק#2#/ ית ישראל |
| 2020 | Nu22:13M | /סרב מימריה דייי | דלא | למשבוק יתי למיתי ע׳#2#/: |
| 2021 | Ex 8:25 | לא יסף פרעה למשקרה | דלא | למשלחא ית עמא די יקרבון |
| 2022 | Ex 9:17 | עד כדון את מתרברב בעמי | דלא | למשלחא יתהון: |
| 2023 | Ex 7:27 | ארום מסרב את | ^דלא#2#^ | למשלחה הא אנה משיצא ית |
| 2024 | Ex10:04M | ארום אין מסרב את | \דלא#2#/ | למשלחה ית עמי הא אנא |
| 2025 | Dt17:12 | וגוברא די יעבד בזידנו | דלא | למשמע למלוי דכהנא דקיים |
| 2026 | Ex22:16M | אין מסרבה יסרב אבוה | למסבה/דלא | למתן#2#/ יתה ליה כסף |
| 2027 | Nu20:21 | מן אבוהון דבשמיא | דלא | לסדרה לקבליהון סדרי קרבה: |
| 2028 | Ex22:15 | וארום יתפס גבר בתולה | דלא | מארסה וישמש עמה מפר{ז}<נ>ה |
| 2029 | Nu31:50 | חדה מנהון בעלמא הדין | דלא | מהוי עמה בגיהינם בעלמא |
| 2030 | Dt32:01 | קדם שמייא וקדם ארעא | דלא | מייתין לעולם ולא טעמין כסא |
| 2031 | Nu19:07M | ויהוי כהנא מסאב | ומרחק/דלא | מיכל#2#/ מן קדשיה עד |
| 2032 | Nu32:09 | ית לבהון דבני ישראל | דלא | מיעול לארעא די יהב להון |
| 2033 | Gn19:21 | לך אפין אף לפתגמא הדין | דלא | מיפך ית קרתא די מללתא: |
| 2034 | Gn46:30M | בהדא זמנא כילו עליי | דלא | מיתת בתר דחמית |
| 2035 | Ex10:28M | אמר ליה אזדהר למימ׳ | דלא | מלייא קשייתא האלן דאת אמ׳ |
| 2036 | Gn38:09 | מחבל עובדוי על ארעא | דלא | מקמא בנין לשמה דאחוי: |
| 2037 | Lv11:47 | דמתאכלה ובין חייתה | דלא | מתאכלה: |
| 2038 | Gn22:10 | אבא כפות יתי יאות | דלא | נבעוט יתך ויתפסיל קרבנך |
| 2039 | Gn38:23 | ואמר יהודה תסב לה | דלא | נהווי לביזיון הא שלחית |
| 2040 | Nu31:50M | חד מנן עם חד מנהין | דלא | נהווי שותף עמה |
| 2041 | Nu12:12M | הדין וייחי | דלא | נובד זכותה |
| 2042 | Dt 5:20M | ענגין מסתלקין ומטר | דלא | נחת ובצורתא אתיא לעלמא |
| 2043 | Lv 1:01 | רבוי עלם בדינא הוא | דלא | ניעול לגויה עד זמן די |
| 2044 | Nu21:34M | \ברם פירין לא עבדין | /דלא | עבדין פירין#2#/ בגין כדן |
| 2045 | Lv10:01 | קדם ייי אשא בריה | דלא | פקד יתהון: |

|  |  |  |  |  |
|---|---|---|---|---|
| 2046 | Gn26:29 | תעבד עמן בישא היך מה | דלא | קריבנן לך והיך מה דעבדנן |
| 2047 | Gn47:21M | {ל}<א>חו<י> דיוסף | דלא | קריין להון אכסניי גלוליי |
| 2048 | Gn24:27 | אלהא דריבוני אברהם | דלא | שבק חסדה וקושטה עם ריבוני |
| 2049 | Ex 9:21M | לפתגמוי דייי /ובלעם | דלא | שוי לביה לפתגמ׳ דייי#2#/ |
| 2050 | Nu20:18M | לית את עבר בתחומי | דלא | שלופי חרבה |
| 2051 | Lv19:14 | לא תלר׳ ית מה | דלא | שמע וקדם מן דלא חמי לא תתן |
| 2052 | Lv19:14M | ולא תלוטון חרשה בגין | דלא | שמע לקדם אכסנייה דהוא |
| 2053 | Dt31:29 | יומייא ארום תעבדון מה | דלא | שפר ותקן קדם ייי למכעסה |
| 2054 | Dt22:09 | לא תזרעון כרמיכון כלאים | דלא | תאבדון מליתה דזרעא די |
| 2055 | Gn 3:11 | הא מן אלנא די פקדת יתך | דלא | תאכל מנה אכלת: |
| 2056 | Gn19:19 | אוכל למשתיזבא לטורא | דלא | תארע יתי בישתא ואמות: |
| 2057 | Nu16:34 | ערקו לקלהון ארום אמרו | דלא | תבלע יתהון ארעא: |
| 2058 | Ex23:02 | מה דבלבך על חברך בדינא | דלא | תהווי טעי ואמר מן בתר סגיא |
| 2059 | Ex23:29 | מן קדמיכון בשתא חדא | דלא | תהוי ארעא צדי דלא תסגי |
| 2060 | Lv19:29 | בנתכון מן למסבה יתהון | דלא | תזני ארעה ותתמלי ארעא בנין |
| 2061 | Dt 4:16 |  | דלא | תחבלון עובדיכון ותעבדון |
| 2062 | Gn24:06 | ליה <אברהם> אזדהר לך | דלא | תחזר ית ברי תמן: |
| 2063 | Gn14:23 | אסב מן כל מה די לך | דלא | תיהווי מתג«אי» ותימר אנא |
| 2064 | Gn49:22M | "והוון בנתהון": | דלא | תיהווי {שתוף} שותף עמה |
| 2065 | Nu27:17 | מן סדרי קרבא בשלם | דלא | תיהווי כנשתה דייי כעין די |
| 2066 | Dt 8:12 |  | דלא | תיכלון ותשבעון ובתין |
| 2067 | Dt 1:01M | גזר עליכון | דלא | תיעלון לארעא דישראל |
| 2068 | Gn24:39 | ואמרת לריבוני מה דלמא | דלא | תיתי אתתא בתריי: |
| 2069 | Gn43:14 | וית בנימן ואנה היך מה | דלא | תכלת על יוסף ברי לא אוסף |
| 2070 | Lv 8:35 | ותטרון ית מטרתה דייי | דלא | תמותון ארום כדן פקדית: |
| 2071 | Lv10:06 | לא תבזעון | דלא | תמותון ועל כל עם כנשתא |
| 2072 | Lv10:09 | במעלכון במשכן זימנא | דלא | תמותון קיים עלם לדריכו׳: |
| 2073 | Gn31:29M | אזדהר לך \מן למללה | /דלא | תמלל#2#/ עם יעקב מן טב |
| 2074 | Gn31:20 | ית דעתא דלבן ארמאה על | דלא | תני לה ארום ערק הוא: |
| 2075 | Dt 4:23 | אזדהרו לכון | דלא | תנשון ית קיים מימרה דייי |
| 2076 | Gn24:03 | הוא אלהא דשליט על ארעא | דלא | תסב אתא לברי מן בנתהון |
| 2077 | Dt 7:22 | למישיציה יתהון בפריע | דלא | תסגון עליכון חיות ברה: |
| 2078 | Gn29:17M | דהוות בכייא ומצלייה | דלא | תסוק במזליה דעשו ורחל |
| 2079 | Lv13:45M | יתהון רחוק מן מסאבה | דלא | תסתאבון מסאב הוא |
| 2080 | Lv13:45 | ואמר רחוקו מן מסאבה | דלא | תסתאבון: |
| 2081 | Gn19:15M | דקרתא /אילין דאשכחן | דלא | תסתפי בחובי קרתא#2#/: |
| 2082 | Gn19:17 | בכל משרא לטורא אשתיזב | דלא | תסתפי: |
| 2083 | Nu14:43M | וכנענאי#2#/ תמן | קדמיכון/דלא | תפלחון קדמיהון#2#/ |
| 2084 | Lv23:29M | ... ולא ציימה": בר נש | דלא | תצום |
| 2085 | Ex34:12 | אזדהר לך | דלא | תקיים קיים עם דיירי ארעא |
| 2086 | Ex34:12M | קיים /איזדהרו לכון | דלא | תקיימון קי״#2#/ עם דיירי |
| 2087 | Ex34:15M |  | לא/דלא#2#/ | תקיימון קיים עם דיירי |
| 2088 | Dt12:13 | אזדהרו לכון | דלא | תקרבון עלוותכון בכל היידין |
| 2089 | Ex20:25M | קרב׳ מותא לכולא אסטמר | דלא | תריק סייפך עלי ולא תפיס |
| 2090 | Dt12:19 | אזדהרו לכון | דלא | תשבקון ית ליואי כל יומיכון |
| 2091 | Nu16:26 | תקרבון בכל מה דלהון | דלא | תשיצון בכל חוביהון: |
| 2092 | Gn19:15 | וית תרתין בנתך דאשכחן | דלא | תשתיצא בחובי דקרתא: |
| 2093 | Dt12:30 | דישתיצון מן קדמיכון | דלא | תתבעון לטעוותהון למימר היך |
| 2094 | Nu14:42 | שכינתה דייי שרי עליכון | דלא | תתברון קדם בעלי דבביכון: |
| 2095 | Dt20:18 | די פלחו לטעוותהון | דלא | תתחייבון קדם ייי |
| 2096 | Dt 4:19 |  | דלא | תתלון עייניכון לשמייא |
| 2097 | Dt15:09M | באחיכון מס{ק}<כ>״ | דלא | תתנון לה ויצבוח עליכון |
| 2098 | Dt 7:25 | עליהון ותסבון לכון | דלא | תתקלון בהון ארום סני ומרחק |
| 2099 | Dt12:30 | אזדהרו לכון | דלא | תתקלון מן בתריהון בתר |

|  |  |  |  |  |  |
|---|---|---|---|---|---|
| 2100 | דלהא | Gn39:10 | למשמשה עמה בעלמ׳ הדין | דלהא | למהוי עמה לעלמא דאתי: |
| 2101 | ודלא | Dt29:14M | דהוו מן יומי עלמא | ודלא | אתבריו עד כדון כולהון |
| 2102 |  | Dt11:02 | ית בניכון די לא חכימו | ודלא | חמון ית אולפן אורייתה דייי |
| 2103 |  | Dt 4:09 | די חמון עייניכון | ודלא | יסטון מן לבביכון כל יומי |
| 2104 |  | Dt17:20 | דלא יתקף ליבביה מן אחוי | ודלא | יסטי מן מצוותה דאוריתה לא |
| 2105 |  | Dt 4:21 | דלא למעבר יתי ית ירדנה | ודלא | למיעול לארעא «טבתה» דייי |
| 2106 |  | Ex19:12 | לכון דלא למיסק לטורא | ודלא | למקרב בשפולוי כל דיקרב |
| 2107 | כדלא | Gn18:21 | קדמי הא אינון קדמי | כדלא | ידעת: |

## לאחורי־ *prep.* behind [274]

|  |  |  |  |  |  |
|---|---|---|---|---|---|
| 001 | לאחורי | Gn49:17 | מסתחר רכבה ומתהפך | לאחורי | הוא שמשון בר מנוח |
| 002 | לאחורי׳ | Gn49:17M | מתהפך רכבי׳ ונפל | לאחורי׳ |  |

## לאן *adv.* where to [278 להן]

|  |  |  |  |  |  |
|---|---|---|---|---|---|
| 001 | לאן | Gn37:30 | הכא ואנה לית אנה ידע | לאן | אנה אזל: |
| 002 |  | Gn37:30 | ואמר טליא לית אנה ידע | לאן | אנה הכא ואנה לית אנה ידע |
| 003 |  | Dt 1:28 |  | לאן | אנן סלקין אחינן אמסון ית |
| 004 |  | Gn27:08 | וכדון ברי שמע בקלי ואזל | לאן | דאנה מפקדה יתך: |
| 005 |  | Dt23:17 | יתרעי בחדה מן קרייכון | לאן | דשפר לה לא תונון יתיה: |
| 006 |  | Ex32:24 | ואמר להון | {לאן | לכון} <למן> דהבא פרקו יתיה |
| 007 | להן | Nu22:30 | ואמרת אתנתה לבלעם | להן | את אזל בלעם רשיעא חסיר |
| 008 | ולאן | Gn16:08 | דשרי מנן את אתייה | ולאן | את אזלה ואן בית את אשכחה |
| 009 |  | Gn32:18 | למימר מן את אתי | ולאן | את אזל ולמן אלין אנון די |
| 010 | ולהין | Gn32:18M | למימר מן את אתי | ולאן/ולהין#2#/ | את אזל ולמן אלין |
| 011 | ולהן | Gn16:08M | אתייה/אתית#2#/ | ולאן/ולהן#2#/ | את אזלה ואן בית את |

## לאפי *prep.* towards [275]

|  |  |  |  |  |  |
|---|---|---|---|---|---|
| 001 | לאפי | Gn 4:08 | אחוי איתה ונפק תרינן | לאפי | ברא והוה כיון דנפקו תריהון |
| 002 |  | Gn31:04 | יעקב וקרא לרחל וללאה | לאפי | ברא לוות ענה: |
| 003 |  | Lv14:07 | וישלח ית צפרה חייתה | לאפי | ברא: |
| 004 |  | Lv14:53M | חייתה למברא לקרתה | לאפי | ברא ויהי אין יטי{ני}<מ>וס |
| 005 |  | Lv14:53 | צפרה חייתה לבר מן קרתה | לאפי | ברה ויכפר על ביתיה וידכי: |
| 006 | לאפיה | Gn27:05 | עם עשו בריה ואזל עשו | לאפיה | ארעא למצוד צייד |
| 007 |  | Gn27:03 | וקשתיך ופק | לאפיה | ברא וצוד לי צ{ו}<י>ד: |

## לב *n.* heart [275]

|  |  |  |  |  |  |
|---|---|---|---|---|---|
| 001 | לב s ab/cn | Dt29:03 | ולא יהב ייי לכון | לב | למידע ועיינין למחמי ואדנין |
| 002 |  | Dt28:47M | בחדו \ובלב טב /ובטוב | לב#2#/ | מן סוגי כולה: |
| 003 |  | Dt28:65 | ויתן ייי לכון תמן | לב | רוגזן וסייף דעיינין ודייב |
| 004 | בלב | Nu23:03 | ייי אתני לך ואזל בלעם | בלב | יחידי שפי למילוט ית |
| 005 |  | Gn22:06M | תריהון כחדא \בלבה | שלמה/בלב | שפי#2#/: |
| 006 |  | Gn22:08M | תריהון כחדא \בלבה | שלמה/בלב | שפי#2#/: |
| 007 | ובלב | Dt28:47 | קדם ייי אלהכון בחדו | ובלב | טב מן סוגי כולה: |
| 008 |  | Ex31:06M | דן \ובלבי דכל | /ובלב | כל#2#/ חכימי לבי שוית |
| 009 | לב׳ s em/sf | Dt 8:02M | מה דאית במחשבת | לבבכון/לב׳#2#/ | הא אין נטרין אתון |
| 010 | לבא | Ex14:17M | ואנה הא מתוקף ית | לבהון/לבא#2#/ | דמצריי ויעלון |
| 011 |  | Ex 7:03 | ואנה אתוקף ית | לבא | דפרעה ואסגי ית נסוי וית |
| 012 |  | Ex 7:13 | ואתוקף | לבא | דפרעה ולא שמע להון היך מה |
| 013 |  | Ex 7:14 | ואמר ייי למשה אתוקף | לבא | דפרעה סרב מן למשלחיה ית |
| 014 |  | Ex 7:22 | דמצראי בחרשיהון ואתוקף | לבא | דפרעה ולא שמע להון היך מה |
| 015 |  | Ex 9:12 | ותקף ייי | לבא | דפרעה ולא שמע להון היך מה |
| 016 |  | Ex 9:35 | ואתוקף | לבא | דפרעה ולא שלח ית בני |

| | | | |
|---|---|---|---|
| 017 | | Ex11:10M | פרעה ותוקף ייי ית לביה/לבא#2/ דפרעה ולא שלח ית בני |
| 018 | | Ex 9:21 | ומן די לא שוי לבא לפתגמוי דייי ושבק ית עבדוי |
| 019 | | Ex10:27M | ותקף ייי ית לביה/לבא#2/ \דפרעה#2/ ולא צבא |
| 020 | לבה | Gn 6:06 | ואתפייס עם לבה: |
| 021 | | Dt28:28 | ובשעממות לבה: |
| 022 | | Ex35:25 | וכל אתה דחכימת לבה בידה הוות עזלה ית תכלתה |
| 023 | | Ex36:08 | ועבדו כל חכימי לבה בעבדי עבידתה ית משכנה עשר |
| 024 | | Gn34:03M | /מילין דשלם על לבה דטליתא#2/ מלל דשלם: |
| 025 | | Ex36:02M | ולוות כל גבר חכימי לבה די שווי מימרי׳ דייי חכמה |
| 026 | | Ex 8:15 | מן קדם ייי היא ואתוקף לבה דפרעה ולא שמע להון היך מה |
| 027 | | Ex14:04 | ואתוקף ית לבה דפרעה וירדוף בתריהון |
| 028 | | Ex14:05 | ארום ערקו עמא ואתהפך לבה דפרעה ודשלטנוי לוות עמא |
| 029 | | Ex14:08 | ותוקף ייי ית לבה דפרעה מלכא דמצרים ורדף |
| 030 | | Ex36:02 | ולאהליאב ולכל די חכים לבה דשוי ייי חכמה בלבה כל די |
| 031 | | Dt28:22 | ובדלקיתה וב<הר>הור לבה ובחרבה» ובשדפונה ובירקונה |
| 032 | | Gn34:03 | ורחם ית רביתא ומליל עם לבה {ו}<ד>רביתה מלל דשלם: |
| 033 | | Gn 4:07 | רבה חטאך נטיר ועל תרע לבה חטאך רביע ובידך מסרת |
| 034 | | Dt 5:29M | אלווי "מי יתין" יהווי לבה טבה הדין להון |
| 035 | | Ex35:05 | דייי כל די ידוב יתה לבה ייתי ית אפרשותא דייי דהב |
| 036 | | Gn 8:21 | דנח ואמר ייי במחשבת לבה לא אוסף למלט תוב ית ארעא |
| 037 | | Ex 8:28 | ותקף פרעה ית לבה לחוד בזמנא הדא ולא שלח ית |
| 038 | | Ex36:02 | בלבה כל די נדב יתיה לבה למקרבה לעבידתה למיעבד יתה: |
| 039 | | Dt 5:29 | לווי מן יתן ויהוי לבה שלמה ^הדין#2/^ להון למדחול |
| 040 | לבהון | Ex15:15 | אחדת יתהון רתיתא אתמסי לבהון בגויהון כל דיירי דארעא |
| 041 | | Dt20:08 | ולא יימסי ויתבר ית לבהון דאחוי כלבביה: |
| 042 | | Nu32:07 | ולמה כען תתברון ית לבהון דבני ישראל מלמעבר לארעא |
| 043 | | Nu32:09 | וחמון ית ארעא ותברו ית לבהון דבני ישראל דלא מיעול |
| 044 | | Gn 8:21 | בגלל בר נשא ארום יצר לבהון דבני אנשא לה{ו}ון הגיין |
| 045 | | Ex14:17 | ואנה הא מתוקף ית לבהון דמצריי ויעלון בתריהון |
| 046 | | Ex13:17 | ארום אמר ייי דלא יתבר לבהון דעמא כד יחמון סדרי קרבא |
| 047 | | Dt20:08M | ולא יגרום לאחוי לתברא לבהון היך לביה |
| 048 | | Gn42:28 | הוא בפום טעוני ואודעזע לבהון וחרדו גבר לקבל אחוי למימר |
| 049 | | Lv26:41 | או דלמה יתבר לבהון זידנה ובכדן ירעון ית |
| 050 | | Ex35:26 | וכל נשיא די נדב לבהון יתהון בחכמה הוון עזלן ית |
| 051 | | Ex35:29 | כל גבר ואתה דנדב לבהון יתהון למייתייה לכל עבידתה |
| 052 | | Gn 6:05 | בארעא וכל יצר מחשבת לבהון לח{ז}<ד> הגיין ביש כל |
| 053 | | Ex35:29M | למייתייה/<די> יתרברב לבהון למ#2/ לכל עבידתה |
| 054 | לבי | Nu16:28M | האליין ארום לא מן דעת/לבי בדית יתהון#2/: |
| 055 | | Gn20:05 | אמרת אחי הוא בתמימות לבי ובקשיטות כפי ידי עבדת דא: |
| 056 | | Gn24:45 | אשלמת לממללה עם לבי והא רבקה נפקת וקולתה על |
| 057 | | Ex31:06 | דן ובלבי דכל חכימי לבי שוית חכמה ויעבדון ית כל מה |
| 058 | לביה | Dt20:08M | לאחוי לתברא לבהון היך לביה |
| 059 | | Ex35:22 | לנשיא כל די נדב יתיה לביה אייתי{ן}<ו> קטלין וקדשין |
| 060 | | Ex 7:23 | ועל לגו בייתו ולא שוי לביה אף לדא מח«ו»תה: |
| 061 | | Gn45:26 | בכל ארעא דמצרים ואתפלג לביה ארום לא הימן להון: |
| 062 | | Ex28:29 | ישראל בחושנה דדינה על לביה במיעליה לגו בית קודשא |
| 063 | | Ex10:20 | ותוקף ייי ית לביה דפרעה ולא שלח ית בני |
| 064 | | Ex11:10 | קודם פרעה ותוקף ייי ית לביה דפרעה ולא שלח ית בני |
| 065 | | Ex 9:34 | ואוס«ף» למחטי ואתוקף לביה הוא ושליט«וי»: |
| 066 | | Ex28:30 | וית תומי׳ ויהוון על לביה ^ויטעון אהרן ית סדר |
| 067 | | Ex10:01 | ארום אנה תקפ«י»ת ית לביה וית לביהון דשליטוי מן בגלל |
| 068 | | Ex35:21 | ואתון כל גבר די נדב יתיה לביה וכל די נדבת רוחה יתיה |
| 069 | | Ex 4:21 | קדם פרעה ואנה אתוקף ית לביה ולא ישלח ית עמא: |
| 070 | | Ex 8:11 | הוות שעת דרוח ותקף ית לביה ולא שמע להון היך מה דמלל |
| 071 | | Ex10:27 | ותקף ייי ית לביה ולא צבא למשלחה יתהון: |
| 072 | | Ex36:02M | חכמה בלבה כל די רברב לביה למק{ור}<רו>ב לעבידתה |
| 073 | | Ex 9:21M | דייי /ובלעם דלא שוי לביה לפתגמ׳ דייי#2/ ושבק ית |
| 074 | | Dt25:18 | מקטלין בכון כל דהוה לביה מהרהר מן בתר ממרי |
| 075 | | Ex28:30 | דיניהון דבני ישראל על לביה~ קדם ייי תדירא: |
| 076 | | Ex25:02 | כל גבר די ידוב יתיה לביה תקבלון ית אפרשותיה: |
| 077 | לבך | Ex 9:14 | משלח ית כל מחוותיי על לבך ובשלטונך ובעמך מן בגלל די |
| 078 | | Gn20:06 | גלי קדמיי ארום בתמימות לבך עבדת דא ואתחס{ב}<כ>ת אף |
| 079 | לבכון | Dt 6:06M | הדין תדירין על לבבכון/לבכון#2/: |
| 080 | | Dt 4:29M | יתיה בכל לבביכון/לבכון#2/ ובכל נפשיכון |
| 081 | | Dt10:12M | ייי אלהכון בכל לבביכון/לבכון#2/ ובכל נפשתכון: |
| 082 | | Nu15:39 | ת{פ}<ס>טון בתר הרהורי לבכון ובתר חזיו עיניכון די אתון |
| 083 | | Dt15:09 | דלא יהוי פתגם דחטי בתר לבכון זידנה למימר קרבת שתה |
| 084 | | Dt20:03M | לא יתבר לבביכון/לבכון#2/ לא תדחלון ולא |
| 085 | ליבא | Ex35:10 | וכל חכים ליבא דבכון ייתון ויעבדון ית כל |
| 086 | | Ex28:03 | ואת תמלל עם כל חכימא ליבא די אשלמית עמהון רוח חכמה |
| 087 | | Ex 9:07 | דישראל עד לא חד ואתוקף ליבא דפרעה ולא שלח ית עמא: |
| 088 | ליבה | Ex36:01M | "דחכים ... חכמה": חכימי ליבה דיהב מימריה דייי חכמ׳ |
| 089 | | Dt20:08M | מן גברא דדחלה ותביר ליבה מן חובה די בידיה יהך |
| 090 | ליבי | Dt29:18 | יהווי לי ארום בקשיטות ליבי איזיל מן בגלל למוספה חובי |
| 091 | ליביה | Ex 9:14M | מחת פרענותי על ליביה דפרעה ובעבדך |
| 092 | | Dt17:17M | /נשין דלא יסטון ליביה#2/ וכסף ודהב לא יסגי לה |
| 093 | | Dt29:18 | הדין ויתפייס במחשבת ליביה למימר שלם יהווי לי ארום |
| 094 | | Dt17:20M | ליבביה /יתרברב ליביה#2/ מן אחוי ודלא יסטי מן |
| 095 | | Dt 2:30M | ית לבביה /ותוקף ית ליביה#2/ מן בגלל למסור |
| 096 | ליבכון | Lv 9:06M | יצרה בישא מן ליבכון ומן יד יתגלי לכון איקר |
| 097 | בלבא | Gn27:41 | ברך יתה אבוי ואמר עשו בלבא לית אנא עבד היך מה דעבד |
| 098 | | Ex19:08 | וענון כל עמא כחדא בלבא שלמא ואמרי׳ כל מה דמלל ייי |
| 099 | | Ex24:03M | \קל חד ואמרין /כחדא בלבא שלמא ואמ#2/ כל פתגמיא |
| 100 | בלבה | Gn15:01 | תשע משריין חשב אברם בלבה ואמר ווי כען עלי דלמא |
| 101 | | Ex36:02 | חכים לבה דשוי ייי חכמה בלבה כל די נדב יתיה לבה למקרבה |
| 102 | | Ex36:02M | שווי מימרי׳ דייי חכמה בלבה כל די רברב לביה |
| 103 | | Gn18:12 | ותמהת שרה בלבה למימר בתר דסאבית אפשר לי |
| 104 | | Gn22:06 | ואזלו תריהון כחדא בלבה שלמה: |
| 105 | | Gn22:08 | ואזלו תריהון כחדא בלבה שלמה: |
| 106 | | Dt 6:04 | שבטוי דיעקב כחדה בלבה שלמה ואמרין שמע מנן ישראל |
| 107 | | Dt13:05 | תשמעון וקדמוי תפלחון בלבה שלמה ובאולפן אורייתה |
| 108 | בלבהון | Ex15:15M | אחזת יתהון אמסון בלבהון כל דיירי ארעא |
| 109 | | Ex35:35 | אשלם עמהון חכמה בלבהון למעבד כל עבידה דנגר ואומן |
| 110 | בלבי | Gn22:14 | וידיע קדמיך דלא הווה בלבי פלגו בזמנא קדמיא דאמרת לי |
| 111 | בלביה | Ex 4:14 | ויחמי יתך ויחדי בלביה: |
| 112 | | Ex36:01 | וכל גבר דחכים בלביה די שוי ייי חכמה וסכלתנו |
| 113 | | Ex35:34 | ולמלפא יהב בלביה הוא ואהליאב בר אחיסמך |
| 114 | | Gn34:31 | מלגלג בנפשיה ומתגאי בלביה ויאמר באתה דלית לה בר נש |
| 115 | | Dt29:18M | /לווטה הדין ויתרברב בלביה#2/ למימר שלם יהווי לי |
| 116 | בלבך | Lv19:17 | לא תשנא ית אחוך בלבך מוכחה תוכח ית חברך ולא |
| 117 | | Dt22:04M | דבלבך /ית מה דאית בלבך#2/ עלוי ומפרוק/<ומפ>רק#2/ |
| 118 | בלבכון | Dt 7:17M | ארום תימרון בלבביכון/בלבכון#2/ סגין אינון אומייה |
| 119 | בליביה | Gn17:17 | על אפוי ותמה ואמר בליביה הא בר מאה שנין אפשר לי |
| 120 | | Gn44:19M | חשב יהודה בליביה ואמר דן חייליה |
| 121 | | Gn44:19M | יהודה /אמר יהוד׳ בליביה#2/ ואמר דלמה דהא גבורתא |
| 122 | | Lv 1:01 | וית כל מנוי חשב משה בליביה ואמר סורה דסיני דהווה |
| 123 | | Dt32:01 | מן גו עלמא חשב משה בליביה ואמר ווי כען עלי דאנה |
| 124 | | Gn38:25 | דביני לביניה הוא יתן בליביה למיחמי יתהון בשעתא הדה |

|  |  |  |  |  |  |  |
|---|---|---|---|---|---|---|
| 125 | בליבך | | Ex23:05M | \דבלבך על חברך /דאית | בליבך | עלוי#2# ומפרק תפרק עמה |
| 126 | דלביה | | Ex13:17M | דייי במחשבת | דל<ב>יה#2#/ | דלא יתבר לבהון דעמא |
| 127 | | | Dt29:17 | דלא יהוי בכון גבר | דלביה | מהרהר בחטא' דהוא מדמי |
| 128 | | | Gn49:02 | יהווי ביניכון גבר | דלביה | פליג על אחוי למיזל למפלח |
| 129 | דליביה | | Dt29:17 | או אתה או זרעי או שבט | דליביה | סטי עלוי יומא הדין מן בתר |
| 130 | דבלבך | | Ex23:02 | לא תמנע מן למימר מה | דבלבך | על חברך בדינא דלא תהווי |
| 131 | | | Ex23:05 | עמיה משבק תשבק כל מה | דבלבך | על חברך ומפרק תפרק עמה |
| 132 | | | Dt22:04 | מנהון משבק תשבוק מה | דבלבך | עלוי ומפרוק תפרוק ומטעון |
| 133 | וליביה | | Dt20:08 | גברא דדחל מן חובוי | וליביה | תביר על עבידתיה יזיל |
| 134 | כליביה | | Dt20:08M | דאחוי | כלבביה/כליביה#2# | :/ |
| 135 | מלביה | | Gn44:19 | חמא דנפקין שערתיה | מלביה | ובזעו לבושיה בההיא שעתא |
| 136 | ובלבי | p const | Ex31:06 | שבטא ד{ב}ג<ב>רי דן | ובלבי | דכל חכימי לבי שוית חכמה |
| 137 | לבוי | p em/sf | Gn49:22 | עייניה ולא בתר הרהורי | לבוי | אינון דמובדין לבר נשא מן |
| 138 | ליביהון | | Ex10:01 | תקפ«י»ת ית ליביה וית | ליביהון | דשליטוי מן בגלל למשוויה |
| 139 | ליבכון | | Dt 9:05M | \ובישירות#2#/ | לבבכון/ליבכון#2#/ | אתון עללין למירת |
| 140 | | | Dt11:18M | תדירין על | לבבכון/ליבכון#2#/ | ועל נפשתכון |
| 141 | | | Dt11:16M | לכון דלא יטעי | לבבכון/ליבכון#2#/ | ותסטון ותפלחון |

## heart *n.* לבב [275 s.v. לב]

|  |  |  |  |  |  |  |
|---|---|---|---|---|---|---|
| 001 | לבבה | s em/sf | Dt17:17 | יסגי ליה נשים ולא יסטן | לבבה | וכסף ודהב לא יסגי לה לחדא: |
| 002 | לבבהון | | Dt20:08M | ויתבר ית | לבהון/לבבהון#2#/ | דאחוי כלבביה |
| 003 | | | Gn11:02 | והווה כד אסעו | לבבהון | ואשכחו בקעה בארעא דבבל |
| 004 | לבבי | | Dt30:06 | אלהכון ית לבביכון וית | לבבי | זרעיכון למירחם ית אולפן |
| 005 | לבביה | | Dt19:06 | בתר קטולה ארום יודעזע | לבביה | ויארע יתיה ארום תסגי |
| 006 | | | Dt 2:30 | ית רוחיה ותקף ית | לבביה | מן בגלל למסור יתיה |
| 007 | לבבך | | Ex 9:14M | מחתי וימטון עד | לבך/לבבך#2#/ | ובשלטונך ובעמך מן בגלל |
| 008 | לבבכון | | Dt 6:06 | יומא הדין תדירין על | לבבכון: | |
| 009 | | | Dt18:21 | וארום תאמרון במחשבת | לבבכון | אכדן נדע ^ית#2#^ פתגמא די |
| 010 | | | Dt 4:39 | יומא הדין ותתובון על | לבבכון | ארום ייי הוא אלה דאיקר |
| 011 | | | Dt28:67M | די תתפחדון /תבר | לבבכון | די תתברון#2#/ ומן חזווי |
| 012 | | | Dt 8:02 | ית מה דאית במחשבת | לבבכון | הא אין נטרין אתון מצוותה |
| 013 | | | Dt 6:05 | אולפן אורייתה דייי בכל | לבבכון | ובכל נפש{ו}<י>כון ובכל |
| 014 | | | Dt13:04 | דייי אלהכון בכל | לבבכון | ובכל נפשתכון: |
| 015 | | | Dt26:16 | ותעבדון יתהון בכל | לבבכון | ובכל נפשכון: |
| 016 | ליבביה | | Dt17:20 | דלא יתקף | ליבביה | מן אחוי ודלא יסטי מן |
| 017 | בלבביה | | Nu21:15 | כל עלמא ייי דידע מה | בלבביה | וגלי קדמוי מה בכוליתה רמז |
| 018 | כלבביה | | Dt20:08 | ויתבר ית לבהון דאחוי | כלבביה: | |
| 019 | לבביהון | p em/sf | Nu32:07M | כען תתברון ית | לבהון/לבביהון#2#/ | דבני ישראל |
| 020 | | | Nu32:09M | ארעא ותברו ית | לבהון/לבביהון#2#/ | דבני ישראל דלא |
| 021 | | | Gn50:21 | ונחם יתהון ומליל על | לבביהון | מלין דשלם: |
| 022 | לבביכון | | Dt 8:05 | ותתפיסון עם | לבביכון | ארום היך מה דרדי גבר ית |
| 023 | | | Dt 9:05 | לא בזכוותכון ובקשיטות | לבביכון | אתון עללין למירת ית |
| 024 | | | Dt30:01 | קדמיכון ותתחזרון עם | לבביכון | בכל אומייה די סדר יתכון |
| 025 | | | Dt 4:29 | ארום תתבעון יתיה בכל | לבביכון | ובכל נפשיכון: |
| 026 | | | Dt10:12 | קדם ייי אלהכון בכל | לבביכון | ובכל נפשתכון: |
| 027 | | | Dt11:13 | ולמפלח קדמוי בכל | לבביכון | ובכל נפשתכון: |
| 028 | | | Dt26:16M | \לבבכון ובכל נפשכון | לבביכון/ | ובכל נפשתכון#2#/: |
| 029 | | | Dt30:02 | אתון וביניכון בכל | לבביכון | ובכל נפשתכון: |
| 030 | | | Dt30:06 | דייי אלהכון בכל | לבביכון | ובכל נפשתכון בגלל |
| 031 | | | Dt30:10 | קדם ייי אלהכון בכל | לבביכון | ובכל נפשתכון: |
| 032 | | | Dt30:06 | ויגזר ייי אלהכון ית | לבביכון | וית לבבי זרעיכון למירחם |
| 033 | | | Dt15:07 | לכון לא תתוקפון ית | לבביכון | ולא תקפצון ית ידיכון מן |
| 034 | | | Dt30:17 | ואן יסטון | לבביכון | ולא תשמעון ותתבדרון |
| 035 | | | Gn18:05 | ואסב קליל מזון וסעדו | לבביכון | ומן בתר כן תעברון ארום |
| 036 | | | Dt11:18 | האליין תדירין על | לבביכון | ועל נפשתכון ותקטרון |
| 037 | | | Dt10:16 | ותגזרון ית ערלת טפשות | לבביכון | וקדליכון ק{י}שייא לא |
| 038 | | | Dt10:16M | לבביכון /קשיות | לבביכון#2#/ | וקדליכון ק{י}שייא לא |
| 039 | | | Dt 8:14 | ויתקוף | לבביכון | ותנשון ית אולפן אורייתה |
| 040 | | | Dt11:16 | אזדהרו לכון דלא יטעי | לבביכון | ותסטון ותפלחון קדם טעוון |
| 041 | | | Dt 4:09 | ודלא יסטון מן | לבביכון | כל יומי חייכון ותלפון |
| 042 | | | Dt20:03 | בעלי דבביכון לא יתבר | לבביכון | לא תדחלון ולא תפחדון ולא |
| 043 | | | Dt32:46 | ואמר {א}להון שוון | לבביכון | לכל פתגמיה די אנה משהד |
| 044 | לבבינן | | Dt 1:28 | סלקין אחינן אמסון ית | לבבינן | למימר עם רברבין וסגין |
| 045 | בלבביכון | | Lv26:36 | בכון ואעל תברה | בלבביכון | בארע בעלי דבביכון וירדוף |
| 046 | | | Dt 9:04 | לא תאמרון | בלבביכון | בזמנה די ישיצי מימרה |
| 047 | | | Ex23:01M | בדינ' ולא תימרון | בלבביכון | בתר סוגי דינ' סטי |
| 048 | | | Ex23:02 | «לא»{ו}תימרון | בלבביכון | בתר סוגיא דינא לא תיזל |
| 049 | | | Dt 8:17 | ותאמרון | בלבביכון | חיילן ותקוף ידינן קנון |
| 050 | | | Dt 7:17 | ארום תימרון | בלבביכון | סגין אינון אומייה האליין |
| 051 | | | Dt18:21M | \במחשבת | לבבכון/בלבביכון#2#/ | אכדן/איכדין#2#/ |
| 052 | דלבביכון | | Dt28:67 | דייתי צפרא מן פחדא | דלבביכון | די תתפחדון ומן חזווי |
| 053 | ובלבביכון | | Dt30:14 | לחדה במימר פמיכון | ובלבביכון | למעבד יתיה: |

## incense *n.* לבונה [276]

|  |  |  |  |  |  |  |
|---|---|---|---|---|---|---|
| 001 | לבונ' | s ab/cn | Lv 2:15 | ותתן עלה משח ותשוי עליה | לבונ' | מנחתה היא: |
| 002 | לבונה | | Lv 2:01 | עליה משח ויתן עליה | לבונה: | |
| 003 | | | Lv 5:11 | עליה מש' ולא יתן עליה | לבונה | ארום חטאתא היא: |
| 004 | | | Nu 5:15 | <משחה ולא יתן> עלוי | לבונה | ארום מנחתה דקנאה היא מנחה |
| 005 | | | Lv24:07 | ותתן על סדורה | לבונה | ברירה ותהוי ללחם לאדכרה |
| 006 | ולבונה | | Ex30:34 | קטף שבלה מרייא וחלבנה | ולבונה | ברירא מתקל במתקל יהווי: |
| 007 | לבונתה | s em/sf | Lv 6:08 | דמנחתה ומן טוב' וית כל | לבונתה | די על «גבי» מנחתה ויסדר |
| 008 | | | Lv 2:02 | מן סלתה ומן טובה על כל | לבונתה | ויסד' כהנא ית אדכרתה |
| 009 | | | Lv 5:12M | ית אדכרתה/צריד | לבונתה#2#/ | ויסדר על גבי מדבחא |
| 010 | | | Lv 2:16M | ית אדכרתה/צרי{ד}<ר> | לבונתה#2#/ | מן גרשה ומן טובה על כל |
| 011 | | | Lv 2:16 | מן גרשה ומן טובה על כל | לבונתה | קרבן קדם ייי: |

## garment *n.* לבוש [276]

|  |  |  |  |  |  |  |
|---|---|---|---|---|---|---|
| 001 | לבוש | s ab/cn | Lv11:32 | כל {מה} <מן> דקייס או | לבוש | או משך או סק כל מן די |
| 002 | | | Nu 4:06 | חפוי משך דססגון ויפרשון | לבוש | גמר דתכלה מן לעיל וישוון |
| 003 | | | Nu 4:13 | ית מדבחה ויפרשון עלוי | לבוש | דארגוון: |
| 004 | | | Dt22:05 | על אתה ולא ילבש גבר | לבוש | דאתה ארום סני ומרחק קדם |
| 005 | | | Nu 4:08 | ויפרשון עליהון | לבוש | דצבע זהורי טבה ויכסון יתיה |
| 006 | | | Nu 4:07 | דלחם אפיה יפרשון | {ד}<ל>בוש | דתכלה ויתנון עלוי ית |
| 007 | | | Gn45:22M | לכל גבר \אסטולי ולבוש | /לבוש | ואסטולי#2#/ ולבנימן יהב |
| 008 | | | Lv 6:20M | ודי ידי מן אדמה על | לבוש | ודי ידי על#2#/ תחוור |
| 009 | | | Lv15:17 | וכל | לבוש | וכל מן דמשך די יהוו עלוי |
| 010 | | | Nu31:20 | וכל | לבוש | וכל מן דמשך וכל עבד דמעזי |
| 011 | | | Ex22:08 | תור על חמרא על אמר ועל | לבוש | ועל כל {ל}<י>בידא די יאמר |
| 012 | | | Nu 4:11 | ועל מדבחה דדהבה יפרשון | לבוש | {ח}<ד>תכלה ויכסון יתיה |
| 013 | | | Nu 4:09 | ויסבון | לבוש | תכלה ויכסון ית מנרתה |
| 014 | | | Nu 4:12M | /בבית#2#/ ויתנון \לגו | לבוש | תכלה ויכסון יתהון בחפוי |
| 015 | בלבוש | | Lv13:49 | מכתשה ירק או סמוק | בלבוש | או במשך או בשתיה או |
| 016 | | | Lv13:51 | שביעיה ארום הלך מכתשה | בלבוש | או בשתיה או בערבה או במשך |
| 017 | | | Lv13:53 | והא {לך} לא הלך מכתשה | בלבוש | או בשתיה או בערבה או בכל |
| 018 | | | Lv13:47 | צרעה בלבוש דעמר או | בלבוש | דכתן: |
| 019 | | | Lv13:47 | יהוי ביה מכתש צרעה | בלבוש | דעמר או בלבוש דכתן: |
| 020 | | | Lv13:59 | אוריתה דמכתש צרעתה | בלבוש | דעמר או בכתן או בשתיא או |

|  |  |  |  |  |  |
|---|---|---|---|---|---|
| 021 | ולבוש | Dt10:18M | ליה מזון | ואצטלי/^ואסט#2#^/ולבוש#2#/: | |
| 022 | | Lv13:47 | | ולבוש | ארום יהוי ביה מכתש צרעה |
| 023 | | Lv19:19 | לא תזרעון כלאים | ולבוש | דכל<א>ים {עלאר}<עמר> וכתן |
| 024 | | Gn45:22 | יהב לכל גבר אסטולי | ולבוש | ולבנימן יהב תלת מאה |
| 025 | | Gn28:20 | בה ויתן לי לחם למיכל | ולבוש | למלבש: |
| 026 | לבושא s em/sf | Ex22:25 | אין ממשכנה תמשכן | לבושא | דחברך עד מטמעא שמשא תחזר |
| 027 | לבושה | Lv13:52 | ויוקד ית | לבושה | או ית שתיה או ית ערבה |
| 028 | | Lv13:56M | יתיה מן | לבושיה/לבושה#2#/ | או מן משך/משכה#2#/ |
| 029 | | Dt24:17 | ויתמייה ולא תמשכון | לבושה | דארמלתה: |
| 030 | לבושיה | Lv13:56 | יתיה ויבזע יתיה מן | לבושיה | או מן משך או מן שתיה או |
| 031 | | Gn44:19 | שערתיה מלביה ובזעו | לבושיה | בההיא שעתא ואתבהל וארתת |
| 032 | | Gn48:22 | לך חולק חד יתיר על אחך | לבושיה | דאדם קדמיי נסב יתיה |
| 033 | | Lv 8:02 | אהרן וית בנוי עמה וית | לבושיה | וית משחה דרבותה וית תור' |
| 034 | | Lv21:10 | ית קרבן ידוי למלבש ית | לבושיה | ית ראשיה לא יכסה ולבושו |
| 035 | | Dt21:13 | ותעבר ית | לבושיה | שביתה מן עלווה ותיתב בגו |
| 036 | בלבושה | Lv13:49M | במשך או בשתיה /סמק | בלבושה | או במשכה או לש#2#/ או |
| 037 | | Lv13:51M | ארום הלך מכתשה | בלבוש/בלבושה#2#/ | או בשתיה או בערבה |
| 038 | | Lv13:53M | לא הלך מכתשה | בלבוש/בלבושה#2#/ | או בשתיה או בערבה |
| 039 | | Lv13:57 | ואין תתחזי תוב | בלבושה | או בשתיא או בערבה או בכל |
| 040 | בלבושיה | Dt24:13 | עם מסמעי שמשה וידמוך | בלבושיה | ויצלי עלך ולכון תיהווי |
| 041 | דלבושה | Lv14:55 | ולצרעתה | דלבושה | ולביתה: |
| 042 | ולבושא | Lv13:58 | | ולבושא | או שתיה או ערבה או כל מן |
| 043 | ולבושה | Lv13:47M | | ולבוש/ולבושה#2#/ | ארום יהוי ביה מכתש |
| 044 | ולבושו | Lv21:10 | ית ראשיה לא יכסה | ולבושו | לא יבזע: |
| 045 | כלבוש' | Dt32:01 | כתנגה ימסון וארעא | כלבוש' | תתכלי ברם עתיד הוא ייי |
| 046 | ללבושה | Dt22:03 | תעבד לחמרא וכדן תעבד | ללבושה | וכדן תעבד לכל אבידתה די |
| 047 | לבושין p abs | Lv 6:04 | וישלח ית לבושוי וילבש | לבושין | אוחרנין ויפק ית קטמה |
| 048 | | Gn 3:21 | ייי אלהים לאדם ולאתתיה | לבושין | דאוקר למשך בשרהון ואלבש |
| 049 | | Gn41:42 | דיוסף ואלבש יתיה {{ל}} | לבושין | דבוץ ושוי מניכא דדהבא |
| 050 | | Lv 6:03 | וילבש כהנא | לבושין | דבוץ ומכניסין דבוץ ילבש |
| 051 | | Ex28:02M | ותעבד \לבושי קדש | /לבושין | דקדש#2#/ לאהרן אחוך |
| 052 | | Gn45:22M | "אסטלון": חמשה | לבושין | ואסטלוותהון |
| 053 | ולבושין | Ex12:35 | מנין דכסף ומנין דדהב | ולבושין: | |
| 054 | | Ex12:35M | כסף ומאני דהב | ולבושין#2#/: | |
| 055 | | Gn24:53 | מנין דכסף ומנין דדהב | ולבושין | ויהב לרבקה ודורון יהב |
| 056 | | Ex 3:22 | מנין דכסף ומנין דדהב | ולבושין | ותשוון על בניכון ועל |
| 057 | ולבישין | Ex 3:22M | \/ומני#2#/ דדהב | ולבושין/ולבישין#2#/ | ותשוון על בניכון |
| 058 | לבושי p const | Gn38:14 | ועברת | לבושי | ארמלותה מעילווה וכסיית |
| 059 | | Gn38:19 | רדידה מעילווה ולבשת | לבושי | ארמלותה: |
| 060 | | Lv16:23 | למשכן זימנה וישלח ית | לבושי | בוצא די לבש במעלה לגו |
| 061 | | Lv16:32 | בתר אבוי וילבוש ית | לבושי | בוצה לבושי בית קדשא: |
| 062 | | Ex31:10 | וית לבושי שמשה וית | לבושי | ^בית#2#^ קודשא לאהרן |
| 063 | | Lv16:32 | וילבוש ית לבושי בוצה | לבושי | בית קדשא: |
| 064 | | Ex39:41 | בגו בית קדשה וית | לבושי | בית קודשה לאהרן כהנא וית |
| 065 | | Ex29:21 | לבושו' ועל בנוי ועל | לבושי | בנוי עמי ויתקדש הוא |
| 066 | | Ex31:10 | קודשא לאהרן כהנא וית | לבושי | בנוי למשמשה: |
| 067 | | Ex35:19 | קודשא לאהרן כהנא וית | לבושי | בנוי למשמשה: |
| 068 | | Ex39:41 | לאהרן כהנא וית | לבושי{ה} | בנוי למשמשה: |
| 069 | | Lv 8:30 | אהרן ועל לבושוי ועל | לבושי | בנוי עמה וקדש ית אהרן |
| 070 | | Lv 8:30 | לבושוי וית בנוי וית | לבושי | בנוי עמה: |
| 071 | | Ex28:04 | מצנפן והמיין ויעבדון | לבושי | דקדש לאהרן אחוך ולבנוי |
| 072 | | Ex28:02 | ותעבד | לבושי | קדש לאהרן אחוך לאיקר |
| 073 | | Lv16:04 | יאסר ובמצנפן דבוץ יטכס | לבושי | קדשא אינון ויסחי במיא ית |
| 074 | | Ex39:01 | בית קודשה ועבדו ית | לבושי | קדש{י}<ה>^^ די לאהרן |
| 075 | | Ex35:19 | לבושי שמושי למשמשה ית | לבושי | קודשא לאהרן כהנא וית |
| 076 | | Ex39:01 | דזהוריתה סבתה עבדו ית | לבושי | שמוש^^למשמשה בית קודשה |
| 077 | | Ex39:41 | ית | לבושי | שמושה למשמשה בגו בית קדשה |
| 078 | | Ex35:19 | ית | לבושי | שמושי למשמשה ית לבושי |
| 079 | | Ex31:10 | וית | לבושי | שמשה וית לבושי ^בית#2#^ |
| 080 | ולבושי | Ex35:21M | וללבושי קודשא\ | /ולבושי | בית קודשא#2#/: |
| 081 | | Ex29:21 | הוא ולבושוי ובנוי | ולבושי | בנוי עמיה: |
| 082 | | Ex29:29 | | ולבושי | קודשא די לאהרן יהווי |
| 083 | וללבושי | Ex35:21 | זימנא ולכל פולחנא | וללבושי | קודשא: |
| 084 | לבר' p em/sf | Lv13:45M | /דאית ביה מכתשה | לבר'#2#/ | יהוון בזיעין היך |
| 085 | לבושר' | Ex29:21 | ותדי על אהרן ועל | לבושר' | ועל בנוי ועל לבושי בנוי |
| 086 | לבושוי | Gn37:29 | בגו גובא ובזע ית | לבושוי: | |
| 087 | | Lv14:47 | יאכול בביתה יחוור ית | לבושוי: | |
| 088 | | Lv16:23M | ית לבושי /ויחלוש ית | לבושוי#2#/ | בוצא די לבש במעלה לגו |
| 089 | | Gn39:16 | וצנעת | לבושוי | בידה עד זמן דאתא רבונה |
| 090 | | Gn39:18 | ארימת קלי וצווחת ושבק | לבושוי | בידי וערק לשוק: |
| 091 | | Ex40:13 | ותלבש אהרן ית | לבושוי | בית קודשה^^ ותרבי יתיה |
| 092 | | Nu19:08 | ומן דמוקד יתה יחוור | לבושוי | במיא ויסחי בשרה במיא |
| 093 | | Ex28:03 | רוח חכמה ויעבדון ית | לבושוי | דאהרן למקדשא יתיה למשמשה |
| 094 | | Gn27:15 | ונסבת רבקה ית | לבושוי | דעשו ברה רבה משבחיין |
| 095 | | Nu20:28 | <משה ית> אהרן ית | לבושוי | ואלבש יתהון ית אלעזר |
| 096 | | Gn27:27 | ונשק יתה ואריח ית ריח | לבושוי | וברך יתיה ואמר חמון ריחה |
| 097 | | Lv17:16 | ואן לא יחוור | לבושוי | ובשרה לא יסחי במיא ויקבל |
| 098 | | Lv13:06 | כהנא קלפה היא ויחוור | לבושוי | וידכי: |
| 099 | | Lv13:34 | וידכי יתיה כהנא ויחוור | לבושוי | וידכי: |
| 100 | | Lv11:40 | ייכול מן נבלתה יחוור | לבושוי | ויהווי מסאב עד רמשא |
| 101 | | Nu19:10 | ית קטמא דתורתה ית | לבושוי | ויהווי מסאב עד רמשה |
| 102 | | Lv11:28 | יטעון ית נבלתהון יחוור | לבושוי | ויהוי מסאב עד רמש' מסאבין |
| 103 | | Lv 6:04 | וישלח ית | לבושוי | וילבש לבושין אוחרנין ויפק |
| 104 | | Lv14:09 | יספר ויחוור ^ית#2#^ | לבושוי | ויסחי ית בשריה במיא |
| 105 | | Lv15:05 | די יקרב במדמכיה יחוור | לבושוי | ויסחי במיא ויהוי מסאב עד |
| 106 | | Lv15:06 | יתיב עלוי דיבה יחוור | לבושוי | ויסחי במיא ויהוי מסאב עד |
| 107 | | Lv15:07 | יקרב בבשרה דדיבה יחוור | לבושוי | ויסחי במיא ויהווי מסאב עד |
| 108 | | Lv15:08 | {בדיביה}<בדכיה> יחוור | לבושוי | ויסחי במיא ויסתאב עד |
| 109 | | Lv15:10 | ויטעון «יתהון» יחוור | לבושוי | ויסחי במיא ויסתאב עד |
| 110 | | Lv15:11 | לא שזיג במיא יחוור | לבושוי | ויסחי במיא ויסתאב עד |
| 111 | | Lv15:13 | יומין לדכאותיה ויחוור | לבושוי | ויסחי בשרה במייא דמבוע |
| 112 | | Lv15:21 | במדמוכה {ו}<י>חוור | לבושוי | ויסחי במיא ויסתאב עד |
| 113 | | Lv15:22 | מן די תתב עלוי יחוור | לבושוי | ויסחי במיא ויסתאב עד |
| 114 | | Lv15:27 | יקרוב בהון יסתאב ויחור | לבושוי | ויסחי במיא ויהוי מסאב עד |
| 115 | | Lv16:26 | ית צפירה לעזאזל יחוור | לבושוי | ויסחי ית בשריה במיא ובתר |
| 116 | | Lv16:28 | ומן דמוקד יתהון יחוור | לבושוי | ויסחי ית בשריה במיא |
| 117 | | Lv17:15 | ובגיורא ויחוור | לבושוי | ויסחי במיא ויהווי מסאב עד |
| 118 | | Nu19:19 | ביומא שביעיה ויחוור | לבושוי | ויסחי במיא וידכי ברמשא: |
| 119 | | Lv14:08 | ויתחוור מן דמדכי ית | לבו«שוי» | ויספר ית כל שעריה ויסחי |
| 120 | | Lv16:24 | באתר קדיש וילבש ית | לבושוי | ויפוק ויקרב ית עלתה וית |
| 121 | | Lv 8:30 | עמה וקדש ית אהרן וית | לבושוי | וית בנוי וית לבושי בנוי |
| 122 | | Lv14:47 | ידמוך בביתה יחוור ית | לבושוי | ומן די יאכול בביתה יחוור |
| 123 | | Nu19:21 | ומן דמדי מי אדיה יחוור | לבושוי | ומן די יקרוב במי אדיה |
| 124 | | Gn41:14 | בית חבושיא וספר וחוור | לבושוי | ועל לוות פרעה: |
| 125 | | Lv 8:30 | ואדי על אהרן ועל | לבושוי | ועל לבושי בנוי עמה וקדש |
| 126 | | Gn37:34 | ובזע יעקב | לבושוי | ושוי שקא תחתוי ואתאבל על |
| 127 | | Nu20:26 | ואשלח אהרן ית | לבושוי | ותלבש יתהון אלעזר ברה |
| 128 | | Lv13:45 | ומצרעה דמכתשה ביה | לבושוי | יהוון בזיעין היך דמבזעין |

|  |  |  |  |  |  |
|---|---|---|---|---|---|
| 129 | | Nu19:07 | ויחוור | לבושי | כהנא ויסחי בשרה במיא |
| 130 | | Gn49:11 | גלמתא מתרבי גובריהון | לבושי | מעגעגין בדמא מדמי לרפוס |
| 131 | | Gn39:12 | למימר שמש עמי ושבק | לבושי | עמה וערק ונפק לשוקא: |
| 132 | | Gn39:15 | ארימת קלי וצווחת ושבק | לבושי | עמי וערק ונפק לשוק: |
| 133 | | Lv16:04M | יטכס/יצטנף#2#/ | לבושי/לבושי#2#/ | קדשא אינון/הנון#2#/ |
| 134 | לבושי | Lv11:25 | יסיט מן נבלתיהון יחוור | לבושי | ויהוי מסאב עד רמש: |
| 135 | לבושיא | Ex29:05 | ותיסב ית | לבושיא | ותלבש ית אהרן ית כתנתה |
| 136 | לבושיהון | Ex19:10 | הדין ולמחר ויחוורון | לבושיהון: | |
| 137 | | Ex19:14 | וקדש ית עמא וחוורו | לבושיהון: | |
| 138 | | Nu14:06 | ייללייה דארעא בזעו | לבושיהון: | |
| 139 | | Nu 8:07 | על כל בשרהון ויחוורון | לבושיהון | וידכון: |
| 140 | | Nu 8:21 | ואדכון ליוויי וחוורו | לבושיהון | וכפר#1# למדכייה יתהון: |
| 141 | | Gn44:13 | ובזעו | לבושיהון | ושוון גבר על חמריה וחזרו |
| 142 | לבושייא | Ex28:04 | ואליין | לבושייא | די יעבדון חושנא ואפודה |
| 143 | לבושיכון | Gn35:02M | ות(ה)<ד>כון ותחוורון | לבושיכון | |
| 144 | | Gn35:02 | ואדכון וחוורו | לבושיכון: | |
| 145 | | Nu31:24 | ותחוורון | לבושיכון | ביומא שביעייה ותידכון |
| 146 | | Dt 8:04 | | לבושיכון | לא בלון מעילויכון |
| 147 | | Dt29:04 | שנין במדברה לא בלון | לבושיכון | מן עילוויכון ומסניכון לא |
| 148 | בלבושוי | Gn39:12 | ותפשת יתה | בלבושוי | למימר שמש עמי ושבק |
| 149 | ולבושוי | Ex29:21 | בנוי עמי ויתקדש הוא | ולבושוי | ובנוי ולבושי בנוי עמיה: |
| 150 | ולבושיהון | Gn45:22 | דכסף וחמש אסטלון | ולבושיהון: | |
| 151 | | Lv10:06 | ראשיכון לא תכסון | ולבושי{כ}«ה»ון | לא תבזעון דלא תמותון |

## לבלחוד alone *adv.* [!! cf. 104 בלחוד]

|  |  |  |  |  |  |
|---|---|---|---|---|---|
| 001 | לבלחוד | Gn44:20M | ואשתייר הוא | בלחודוי/לבלחוד#2#/ | לאמיה ואבוי רחים |

## לבלחודי־ by ones self *prep.* [104 s.v. בלחודי]

|  |  |  |  |  |  |
|---|---|---|---|---|---|
| 001 | לבל' | Gn47:26M | ארעהון דכומריא | בלחודיהון/לבל'#2#/ | לא הוות לפרעה: |
| 002 | לבלחדוי | Gn32:25 | ואשתייר יעקב | לבלחדוי | ואתפגש מלאך שריאל בדמות |
| 003 | לבלחודהון | Dt32:12 | ייי בממרה אמר | לבלחודהון | ישרון עמא בני ישראל |
| 004 | לבלחודוי | Ex21:04 | לריבונה והוא יפוק | לבלחודוי: | |
| 005 | | Ex22:19 | ארום אלהן קדם ייי | לבלחודוי: | |
| 006 | | Nu11:17M | לבלחודך /תסבול את | לבלחודוי#2#/: | |
| 007 | | Dt22:25 | ית גברא דשמש עמה^ | לבלחודוי: | |
| 008 | | Gn 2:18M | לא שפר למהווי אדם | לבלחודוי#2#/ | אעבד ליה זוג |
| 009 | | Gn 2:18 | לא תקן יהוי בר נשא | לבלחודוי | אעבד ליה זוג כד נפק ביה: |
| 010 | | Ex22:26 | ה«י»א תכסותי«ה» | לבלחודוי | היא רקיעתא למשך בשרה במה |
| 011 | | Gn32:17 | ושוי ביד עבדוי עדר עדר | לבלחודוי | ואמר לעבדוי עברו קדמוי |
| 012 | | Gn43:32 | ושוון ליה | לבלחודוי | ולהן לבלחודיהון ולמצראי |
| 013 | | Dt 8:03 | ארום «לא על לחמא | לבלחודוי | חיי בר נשה ארום» כל מה |
| 014 | | Dt 1:12 | א«י»יכדין אסבול | לבלחודוי | טרחתכון ומטולכון |
| 015 | | Ex21:03 | אם | לבלחודוי | {יועיל} <ייעול> לבלחודוי |
| 016 | | Ex21:03 | {יועיל} <ייעול> | לבלחודוי | יפוק אין נסב אתה הוא |
| 017 | | Lv13:46 | ביה יסתאב מסאב הוא | לבלחודוי | ישרי לבר מן משריתה |
| 018 | | Ex12:16 | לכל צורכיה דנפשה הוא | לבלחודוי | יתעבד לכון: |
| 019 | | Gn33:14M | קדם עבדיה ואנא אדבר | לבלחודוי | לאולפן אוריתא די קדמיי |
| 020 | | Dt 1:09 | למימר לית אנה יכיל | לבלחודוי | למסבול יתכון: |
| 021 | | Nu11:14 | לית אנה יכיל | לבלחודוי | למסובלה טורחתהון דכל עמא |
| 022 | | Ex24:02 | ויקרב משה | לבלחודוי | קדם ייי ואינון לא יקרבון |
| 023 | לבלחודיהון | Gn21:29 | «האילן» דאקימת | לבלחודיהון: | |
| 024 | | Ex36:16 | ^וית שית יריען | לבלחודיהון#2#/:^ | |
| 025 | | Gn43:32 | ולמצראי דאכלין עמיה | לבלחודיהון | ארום לא הוון יכלין |
| 026 | | Nu23:09 | הא עמא האליין שריין | לבלחודיהון | ובנימוס אומיה לא |
| 027 | | Ex26:09 | ותדבק ית חמש יריען | לבלחודיהון | וית שית יריען |
| 028 | | Ex36:16 | ודבק ית חמש יריען | לבלחודיהון | ^וית שית יריען |
| 029 | | Gn43:32 | ליה לבלחודוי ולהן | לבלחודיהון | ולמצראי דאכלין עמיה |
| 030 | | Ex26:09 | וית שית יריען | לבלחודיהון | ותכפל ית יריעתא |
| 031 | | Dt33:28 | ושרון ישראל לרוחצן | לבלחודיהון | מעין ברכתה דברך יתהון |
| 032 | לבלחודיכון | Dt29:13 | ולא עמכון | לבלחודיכון | אנה כען מקיים ית קיימה |
| 033 | לבלחודך | Nu11:17 | דעמא ולא תטעון את | לבלחודך: | |
| 034 | | Ex18:14 | מן בגלל מה את יתב | לבלחודך | וכל עמא קיימין עליך מן |

## לבן to make bricks *vb.* [276]

|  |  |  |  |  |  |
|---|---|---|---|---|---|
| 001 | למלבן peal | Ex 5:14 | מה לא אשלמתון סכומכון | למלבן | לא היך דאתמ«ל» ולא היך |
| 002 | | Ex 5:07 | תוספון למיתן תבן לעמא | למלבן | לבנין לא היך דאיתמל ולא |
| 003 | נלבון | Gn11:03M | \ונלבן לבנין /כען | נלבון | לבנין#2#/ ונזי יתהון |
| 004 | ונלבן | Gn11:03 | ואמרו גבר לחבריה אתון | ונלבן | לבנין ונזי יתהון באתונ' |

## לבן brick *n.* [276]

|  |  |  |  |  |  |
|---|---|---|---|---|---|
| 001 | לבן s ab/cn | Ex24:10 | אפיפודן דרגלוי כעובד | לבן | דסנפרינון וכחזוי שמיא כד |

## לבן 2# storax(?), whiteness(?) *n.* [!!]

|  |  |  |  |  |  |
|---|---|---|---|---|---|
| 001 | לבן s ab/cn | Gn30:37M | יעקב חטרא דלבן/דפרח | לבן#2#/ | רטיב ודלוז ודלוב |
| 002 | דלבן | Gn30:37 | ונסב ל'י יעקב חטרא | דלבן | רטיב ודלוז ודלוב וקלף בהון |

## לבנה brick *n.* [281 ליבנה]

|  |  |  |  |  |  |
|---|---|---|---|---|---|
| 001 | לבנין p abs | Gn 3:15M | וממר' יתהון ברם | לבנין | דאיתתה יהוי אסו ולך חויה |
| 002 | | Gn11:03 | גבר לחבריה אתון ונלבן | לבנין | ונזי יתהון באתונ' והוין |
| 003 | | Gn11:03M | לבנין /כען נלבון | לבנין#2#/ | ונזי יתהון באתונ' |
| 004 | | Ex 5:07 | למיתן תבן לעמא למלבן | לבנין | לא היך דאיתמל ולא היך |
| 005 | ולבנין | Ex 5:16 | תבן לית מתיהב לעבדך | ולבנין | את אמר לן עבדו והא |
| 006 | לבניה p em/sf | Gn11:03 | באתונ' והוין להון | לבניה | לאבנין וחמרא הווה להון |
| 007 | לבנייא | Ex 5:18 | אתיה«ב» <לכון> וסכום | לבנייא | תתנון: |
| 008 | ליבנא | Ex 5:08 | וית סכום | ליבנא | דאינון עבדין היך דאיתמל |
| 009 | ובלבני | Ex 1:14 | בפלחן קשי בטינא | ובלבני | ובכל פולחן באפי ברא ית כל |
| 010 | ובלבניא | Ex 1:14M | קשיא#2#/ בטינא | ובלבני/ובלבניא#2#/ | ובכל פולחן |
| 011 | ובליבני | Gn40:18 | בארעא דמצרים בטינא | ובליבני | ובכל פלחין באפי ברא |

## לבר outside *adv.* [276]

|  |  |  |  |  |  |
|---|---|---|---|---|---|
| 001 | לב' | Ex25:11M | מן גיו/לג#2#/ | ומן בר/לב'#2#/ | תחפי יתיה ותעבד ליה |
| 002 | לבר | Dt23:14 | והווי במייתבכון | לבר | ותחפור ביה ותחזור ותכסי ית |

**See also:** מן לבר *adv.*

## לבר מן outside of *prep.* [276]

|  |  |  |  |  |  |
|---|---|---|---|---|---|
| 001 | לב' | Lv24:23M | דחרף לבר מן /מחרפה | לב'#2#/ | משריתה ורגמו יתיה |
| 002 | לבר | Lv17:03 | עזין במשריתה או די יכוס | לבר | ממשריתה: |
| 003 | לבר מן | Nu36:08 | מן שיבטהון דבני ישראל | לבר מן | זרעיית שבט אבהתה ייהוויין |
| 004 | | Ex12:37 | רבבוון דגברין רגליין | לבר מן | טפליא: |
| 005 | | Nu17:14M | מאה/מאוון#2#/ | בר מן/לב<ר מן> | \מיתייה דמיתו/ אליין |
| 006 | | Ex33:07 | נסב ית משכנא ופרס יתיה | לבר מן | משרית' רחיק מן משריתא |
| 007 | | Lv14:08 | ייעול לגו משריתה וישרי | לבר מן | משרית' שבעה יומין: |
| 008 | | Ex33:07 | ייי נפק למשכן זימנא די | לבר מן | משריתא: |

009 Ex29:14 וית רעיה תוקד בנורא לבר מן משריתה חטאת הוא:
010 Lv 4:12 ויפק ית כל תורא לבר מן משריתה לאתר דכי לאתר
011 Lv 4:21 ויפק ית תורה לבר מן משריתה ויוקד יתה היך מה
012 Lv 6:04 אוחרנין ויפק ית קטמה לבר מן משריתה לאתר דכי:
013 Lv 8:17 וית רעיה אוקיד בנורא לבר מן משריתה היך מה דפקד ייי ית
014 Lv 9:11 וית משכה אוקד בנורא לבר מן משריתה:
015 Lv10:04 אפי קודשה ואפקו יתהון לבר מן משריתה:
016 Lv10:05 בכתנותהון ואפיקו יתהון לבר מן משריתה היך מה דמלל משה:
017 Lv13:46 מסאב הוא לבלחודוי ישרי לבר מן משריתה משרויה:
018 Lv14:03 ויפוק כהנא לבר מן משריתה ויחמי כהנא והא
019 Lv16:27 לגו בית מקדשה יפק לבר מן משריתה ויקדון בנורא ית
020 Lv24:14 אסק ית מן דמחרף לבר מן משריתה ויסמכון ית מן
021 Lv24:23 ואפיקו ית «מן» דחרף לבר מן משריתה ורגמו יתיה באבנייה
022 Nu 5:03 מדכר עד נקבה תשלחון לבר מן משריתה תשלחון יתהון ולא
023 Nu 5:04 בני ישראל ושלחו יתהון לבר מן משריתה היך מה די מלל ייי
024 Nu12:14 יומין תטרד שבעה יומין לבר מן משריתה ומן בתר כדין
025 Nu12:15 ואטרדת מרים לבר מן משריתה שבעה יומין ועמה לא
026 Nu15:35 באבניה כל עם כנישתה לבר מן משריתה:
027 Nu15:36 ואפיקו יתה כל עם כנשתה לבר מן משריתה ורגמו יתיה באבניה
028 Nu19:03 לאלעזר כהנא ויפק יתה לבר מן משריתה ויכוס יתה קודמוי:
029 Nu19:09 קטמה דתורתה ויצנע יתה לבר מן משריתה באתר דכי ותיהוי
030 Nu31:13 כנישתה לקדמותהון לבר מן משריתה:
031 Nu31:19 ואתון שרון לבר מן משריתה שבעה יומין כל דקטל
032 Dt23:11 מן קרי דליליה ויפוק מן לבר מן משריתה ולא ייעול לגוא
033 Dt23:13 ואתר מזמן יהוי לכון לבר מן משריתה ותפקון תמן לברה:
034 Ex40:22 שפולוי דמשכנא לצפונא לבר מן פרוכתה:
035 Lv24:03 לבר מן פרוכתה דסהדותה במשכן זמנה
036 Ex26:35 ותשוי ית פתורא לבר מן פרכתא וית מנרתא לקבל
037 Ex27:21 במשכן זימנא לבר מן פרכתה דעל שהדותא יסדר
038 Dt 3:05 רמין תרעין ונגרין לבר מן קורי מבדרתה סגין להדה:
039 Gn19:16 ואפקו יתה ואצנעו יתיה לבר מן קרתא:
040 Gn24:11 וארבע גמליא לבר מן קרת«א» על בארא דמיא
041 Ex 9:33M פרעה\ית קרתא /לבר מן/ קרתא#2#/ ופרס כף ידוי
042 Lv14:40 מכתשה ויטלקון יתהון לבר מן קרתה לאתר מסאב:
043 Lv14:41 ית עפרא די יקלפון לבר מן קרתה לאת' מסאב:
044 Lv14:45 כל עפרא דבייתיה ויפק לבר מן קרתה לאתר מסאב:
045 Lv14:53 וישלח ית צפרה חייתה לבר מן קרתה לאפי ברה ויכפר על
046 Nu35:05 ותמשחון לבר מן קרתה ית סטרא מדנחייה תרין
047 Nu35:27 ויערע יתיה תבוע אדמה לבר מן תחום קורי שיזבותה ויקטול

## לברה *adv.* outside

[276]

001 לברא Gn39:15M וערק ונפק לשוק/לברא#2#/:
002 Gn19:17 והוה כד אפקו יתהון לברא ואמר אשתיזב על נפשך לא
003 Gn24:31 דייי למה כען את קיים לברא והא אנא פניית ביתה מן
004 Ex12:46M ביה /בייתיה מן בשרא לברא ומצור' לא מניה תבטלון
005 Gn19:06 ונפק לוותהון לברא ותרעא טרד בתרה:
006 Dt21:16M ברא דרחימתה קדם ברה/לברא#2#/ דסניתה/דסנייתא#2#/
007 לברה Dt23:13 משריתה ותפקון תמן לברה:
008 Dt24:11 יפיק לוותך ית משכונה לברה:
009 Nu35:04 לליוויי מכותלה דקרתה לברה אלף אמין מן חזור חזור:
010 Gn15:05 ואפק יתיה לברה ואמר אסתכל כען לשמיא ומנה
011 Ex12:46 מן חבורה לחברתה מן בשרה לברה וגרמא לא תתברון ביה:
012 Dt28:38M ותזרעון\באפי ברה/לברה#2#/ וקליל תכנשון ארום
013 Dt25:05 לא תתנסיב אתתה דמיתה לברה לגבר חלוני יבמה יזדמן

014 Gn24:29 ורהט לבן לוות גברא לברה לעיינה:
015 Dt24:11 לברה תקום וגברא די את מוזף לה

## לברני *n.* Liburnian ship

[276]

001 לברניא p em/sf Nu24:24M סגיאן מן לברניא מן מדינת איטליה
002 בלברנייה Dt28:68 ייי יתכון למצרים בלברנייה ובאלפייה באורחה די אמרת
003 Nu24:24 יפקון אוכלוסין סגין {{בלברנייה עזי}} לשון מן מדינת

## לבש *vb.* to dress

[276]

001 לבש peal Lv16:23 וישלח ית לבושי בוצא די לבש במעלה לגו בית קדשה ויצנע
002 למלבוש Gn28:20M למיכל ולבוש למלבש/למלבוש#2#/:
003 למלבש Gn28:20 לי לחם למיכל ולבוש למלבש:
004 Lv21:10 וישל«ם» ית קרבן ידוי למלבש ית לבושיה ית ראשיה לא
005 ילבוש Ex29:30M שבעה יומין ילבש/<יל>בוש#2#/ יתהון כהנא דקיים
006 ילבש Dt22:05 זיינה דגבר על אתה ולא ילבש גבר לבוש דאתה ארום סני
007 Lv16:04 כתנן דבוץ דקדש {ו}<י>לבש ומכנסין דבוץ יהוון על
008 Ex29:30 שבעה יומין ילבש יתהון כהנא דקיים
009 Lv 6:03 דבוץ ומכנסין דבוץ ילבש על בשריה וירים ית קטמא די
010 ילבשון Nu 4:11M ועל מדבחה דדהבה יפרשון/ילבשון#2#/ לבוש{ח}<ד>תכלה
011 תלבשון Dt22:11 לא תלבשון שעטנז עמר וכ{ד}<ת>ן
012 דלבש Lv22:27 זכותי' דגברא תמימא דלבש בגו{י} ידוי משכין דגדיין
013 Lv22:27M למדכרה זכותי' דתמימה דלבש מְשכין דגדיין ועבד תבשילין
014 וילבוש Lv16:32 בכהונתה רבתה בתר אבוי וילבוש ית לבושי בוצה לבושי
015 Lv16:04M במיא ית בשריה וילבש/וילבוש#2#/ יתהון:
016 וילבש Lv16:24 בשרה במיא באתר קדיש וילבש ית לבושוי ויפוק ויקרב ית
017 Lv16:32M /חולף אבוי#2#/ וילבוש/ויל<ב>ש#2#/ ית לבושי בוצה
018 Lv16:04 ויסחי במיא ית בשריה וילבש יתהון:
019 Lv 6:03 וילבש כהנא לבושין דבוץ ומכניסין
020 Lv 6:04 וישלח ית לבושוי וילבש לבושין אוחרנין ויפק ית
021 ולב' Nu20:28M אהרן ית לבושוי ואלבש/ולב'#2#/ יתהון ית אלעזר בריה
022 ולבשת Gn38:19 ועברת רדידה מעילווה ולבשת לבושי ארמלותה:
023 אלבישת afel Dt33:08 ואמר תומייא ואורייא אלבישת לאהרן גברא חסידה די נפית
024 אלבשת Gn27:16 משכא דגדייא בני עיזייא אלבשת על ידוי ועל
025 ואלבש Gn 3:21 דאוקר למשך בשרהון ואלבש יתהון:
026 Lv 8:13 משה ית בנוי דאהרן ואלבש יתהון כתנן ואסר יתהון
027 Nu20:28 ית> אהרן ית לבושוי ואלבש יתהון ית אלעזר בריה ומית
028 Gn41:42 יתיה על ידוי דיוסף ואלבש יתיה {{ל}}לבושין דבוץ
029 Lv 8:07 ואסר יתיה בהמיינה ואלבש יתיה מעילה ויהב עלוי אפדה
030 ואלבשת Gn27:15 דהווה בגו בייתה ואלבשת ליעקב ברה זעירא:
031 ותלבש Ex40:13 ותלבש אהרן ית לבושוי
032 Ex29:05 ותיסב ית לבושיא ותלבש ית אהרן ית כתנתה וית
033 Ex28:41 ותלבש יתהון ית אהרן אחוך וית
034 Ex29:08 וית בנוי תקרב ותלבש יתהון כתנן:
035 Ex40:14 וית בנוי תקרב ותלבש יתהון כתנון:
036 Nu20:26 ואשלח אהרן ית לבושוי ותלבש יתהון אלעזר ברה ואהרן

## לבתר *prep.* after

[277]

001 לבתרה Gn19:26 דסדומיא אסתכלת לבתר«ה» למחמי מה יהווי בסופה
002 לבתרהון Gn 9:23 תריהון והוון מהלכין לבתרהון וכסון ית עריתה דאבוהון
003 Gn 9:23 דאבוהון ואפיהון הפיכו לבתרהון ועריתה דאבוהון לא חמון:
004 לבתריהון Ex14:25 מדברין יתהון גרירן לבתריהון ארחין דמולוותה למהוי
005 לבתרך Gn19:17 על נפשך לא תסתכל לבתרך ולא תקום בכל משרא לסורא

לג *n.* ⇐ לוג

## לגו *prep.* into, towards [277]

|  |  |  |  |  |  |
|---|---|---|---|---|---|
| 001 | לגו | Ex25:16 | ותתן | לגו | ארונא ית שהדותא די אתן לך: |
| 002 | | Ex40:20 | ונסב ית סהדותה | לגו | ארונה ושווי ית אריחיה על |
| 003 | | Gn43:26 | ועל יוסף | לגו | בייתה ואייתון לה ית דורון |
| 004 | | Ex 7:23 | וכוין פרעה ועל | לגו | בייתו ולא שוי לביה אף לדא |
| 005 | | Gn29:13 | יתה ונשק יתה ואעיל יתה | לגו | בייתיה ותני ללבן ית כל |
| 006 | | Ex 9:20M | לגו ביתא /נכסוי | לגו | בייתיה#2#/: |
| 007 | | Dt24:10 | זפו כל מה דעם לא תיעול | לגו | בייתיה לממשכנה משכונה: |
| 008 | | Dt29:16M | הוון יהיבין עמהון | לגו | בייתיה |
| 009 | | Dt22:02 | את חכים יתיה ותעיל יתיה | לגו | בייתך ויהווי עמך עד זמן די |
| 010 | | Dt22:08 | חובת שפיכות אדם זכיי | לגו | בייתך דלא יפול מן דחמי לה |
| 011 | | Ex28:29 | דדינה על לביה במיעליה | לגו | בית קודשא לדוכרן טב קדם |
| 012 | | Dt28:19 | ליטין תהוון במעלכון | לגו | בית כנישתיכון ובאפקותכון |
| 013 | | Dt28:06M | בני ישראל ∧במעלכון | לגו | בית מדרשכון |
| 014 | | Lv16:27 | די אתועל אדמהון למכפרה | לגו | בית מקדשה יפק לבר מן |
| 015 | | Lv16:03 | יהוי אהרן עלל לשמשה | לגו | בית משריתא בתור בר תורין |
| 016 | | Lv16:23 | לבושי בוצא די לבש במעלה | לגו | בית קדשה ויצנע יתהון תמן: |
| 017 | | Gn24:32 | ועל גברא | לגו | ביתא ושרא ^זממי#2#^ גמליא |
| 018 | | Gn39:11 | היך זמן יומא הדין על | לגו | ביתא למחשבה חשבונוי ולא |
| 019 | | Ex 9:19 | דאשתכח בחקלא ולא יתכנש | לגו | ביתא ויחות עליהון ברדא |
| 020 | | Ex 9:20 | ית עבדוי וית בעירי«ה» | לגו | ביתא: |
| 021 | | Gn19:03 | לחדא וסטון לוותיה ועלו | לגו | ביתה ועבד להון שרו ופטירין |
| 022 | | Lv14:46 | ומן דייעול | לגו | ביתה כל יומין די יטרוד |
| 023 | | Dt21:12 | ותעל יתה | לגו | ביתך ותספר ית ראשה ותצמי |
| 024 | | Ex 9:19M | ביתא ויחות /יתכנשון | לגו | בתייה ויחות#2#/ עליהון |
| 025 | | Ex12:23 | יתן רשו למחבלא למיעול | לגו | בתיכון למחבלה: |
| 026 | | Nu29:35 | כנישין תהוון מן מטליכון | לגו | בתיכון בחדוה כנישין דמצוון |
| 027 | | Nu29:35M | במטליכון | לגו | בתיכון כנישת חדוה יהו' |
| 028 | | Dt 7:26 | ולא תעלון מרחקה | לגו | בתיכון ולא תהוון מרחקין |
| 029 | | Ex26:28 | מש{מ}<לב>ש מן דן סטרא | לגו | דן סיטרא: |
| 030 | | Ex36:33 | לוחי מן דן סטר{י}<ה> | לגו | דן סטרה: |
| 031 | | Gn49:33 | ית בנוי וכנש רגלוי | לגו | דרגשה וסאף ומית ואתכנש |
| 032 | | Ex28:30M | ותתן | לחושנא/לגו | חוש'#2#/ דדינה ית |
| 033 | | Lv 8:08 | ושוי עלוי ית חושנה ויהב | לגו | חושנה ית אוריה וית תמיה: |
| 034 | | Nu 4:10 | ויתנון יתיה וית כל מניה | לגו | חפוי משך דססגון ויתנון על |
| 035 | | Ex14:23 | פרעה ארתכוי ופרשוי | לגו | ימא: |
| 036 | | Nu19:06 | זהורי טבה ויקלק ויטלק | לגו | יקידת תורתה: |
| 037 | | Nu 4:12M | /בבית#2#/ ויתנון | ∧לגו | לבוש תכלה ויכסון יתהון |
| 038 | | Nu31:54M | למשכן /ואעילו יתהון | לגו | למ'#2#/ זמנה דכרן טב לבני |
| 039 | | Gn24:20 | ואוחיית ופנית קולתה | לגו | מורכיון ורהטת תוב לבאירה |
| 040 | | Ex15:25 | דייי מלה דאוריתא וטלק | לגו | מיא ואתחלון מיא תמן שוי |
| 041 | | Nu 5:17 | דמשכנה יסב כהנא ויתן | לגו | מיא: |
| 042 | | Nu 5:23 | האלין כהנא בספרא וימחוק | לגו | מיא מריריה: |
| 043 | | Lv14:05 | ויכוס ית צפירה חדתה | {לבד}<לגו> | מן דחסף על מיין דמבוע: |
| 044 | | Lv14:50 | ויכוס ית צפירה חדתה | לגו | מן דחסף על מיין מבוע: |
| 045 | | Nu 5:17 | ויסב כהנא מיין דכין | לגו | מן דחסף ומן עפרה די יהווי |
| 046 | | Nu 5:17M | \דכין לגו /קדישין | לגו#2#/ | מן דחסף ומן עפרה די |
| 047 | | Nu19:17 | עלוי מין דמבוע דכין | לגו | מן דחסף: |
| 048 | | Nu25:08 | גברא בר ישראל וית אתתה | לגו | מעיה ואתכלת מגפתה מעילוי |
| 049 | | Gn41:21 | ועללין | לגו | מעיהון ולא אתודע ארום עלו |
| 050 | | Gn41:21 | ולא אתודע ארום עלו | לגו | מעיהן וחזוויהן חשיך היך מה |
| 051 | | Dt13:17 | ע{ה}<ד>יתה תכנשון יתה | לגו | מצע פלטיה ותיקדון בנורא ית |
| 052 | | Ex40:21 | ואעל ית ארונ«ה» | לגו | משכנה ושווי ית פרוכתה |
| 053 | | Lv14:08 | וידכי ובתר כן ייעול | לגו | משריתה וישרי לבר מן משרית' |
| 054 | | Lv16:26 | במיא ובתר כדין ייעול | לגו | משריתה: |
| 055 | | Nu19:07 | ומן בתר כד«י»ן ייעול | לגו | משריתה ויהוי כהנא מסאב |
| 056 | | Nu31:24 | ומן בתר כדין תיעלון | לגו | משריתה: |
| 057 | | Dt23:12 | במיה וכמטמעי שמשה ייעול | לגו | משריתה#2#~~: |
| 058 | | Ex28:24 | דדהבא על תרתין עזקיא | לגו | סיטרוי דחושנא: |
| 059 | | Ex29:03 | ותתן יתהון | ~~לגו | סל חד ותקרב יתהון~~ בסלא |
| 060 | | Ex39:21 | וענבו ית חושנה מן עזקא | לגו | עזקיה דאפודה <....> ולא |
| 061 | | Ex26:24 | יהוון מכוונין על רישא | לגו | עזקתא חדא כדן יהוי לתריהון |
| 062 | | Ex36:29 | הוון מתאמין על ראשה | לגו | עזקתה חדא כדון עבד לתריהון |
| 063 | | Ex28:28 | ית חושנא מן עזקוי | לגו | עיזקא דאפודה בשזר דתכלה |
| 064 | | Nu12:12 | {מ} דמטא קצה למפ{י}<ו>ק | לגו | עלמ' אתאכל פלגות בשריה |
| 065 | | Nu17:11 | ושוי קטרה והובל בפריע | לגו | עם כנישתה וכפר עליהון ארום |
| 066 | | Nu 5:27M | אתתה לל{י}<ו>ט | בגו/לגו#2#/ | עמה: |
| 067 | | Nu17:12 | היך מה דמלל משה ורהט | לגו | קהלא והא שרי מחבלה מחבל |
| 068 | | Nu25:08 | ועל בתר גברא בר ישראל | לגו | קהלא ודקר ית תריהון ית |
| 069 | | Dt17:05 | עבדו ית פתגמא בישה הדין | לגו | קורייכון ית גוברא או ית |
| 070 | לגוא | Dt23:11 | לבר מן משריתה ולא ייעול | לגוא | משרייתה: |
| 071 | ולגו | Dt23:25 | ענבים דצורכה ותשבע | ולגו | מניך לית איפשר לך למתן: |
| 072 | | Gn49:26 | כליל דרבו על ריש יוסף | ולגו | קדקדא דגברא חסידא דרב |
| 073 | | Dt33:16 | דרבו על רישא דיוסף | ולגו | קודקדה דגברא ^יוסף#2#^ |
| 074 | לגוה | Gn44:18M | מן תייק' לא אתביניה | לגוה | עד זמן דקטל אנה כל מצראי |
| 075 | לגווה | Gn15:17M | ומסקה תננה ורשיע' | לגווה | אתמריין על די מרדו |
| 076 | | Gn44:18 | מן תייקא לא אתיבנא | לגווה | עד זמן דקטיל אנה כל מצראי |
| 077 | | Lv 1:01M | שעה חדה לא סלקית | ליה/לגווה#2#/ | עד זמן די אתמלל |
| 078 | לגווי | Gn49:04M | לגנה זעירא דעלו | בגווי/לגווי#2#/ | נחלין דמיין שטפן |
| 079 | לגוויה | Gn49:07 | הוה כרכה דשכם כד עלו | לגוויה | שמעון ולוי למחרבה יתה |
| 080 | | Lv11:33 | מן דחסף די יפול מנהון | לגוויה | כל מה דביה יסתאב ויתיה |
| 081 | לגויה | Lv 1:01 | בדינא הוא דלא ניעול | לגויה | עד זמן די אתמלל עמיה |

## לגו מן *prep.* within [277]

|  |  |  |  |  |  |
|---|---|---|---|---|---|
| 001 | לגו מן | Lv16:02 | בכל זמן לבית מקדשה | לגו מן | {מן} פרכתה לקבל כפרת די |
| 002 | | Ex26:33 | תחות פורפיא ותעל תמן | לגו מן | פרכתא ית ארונה דשהדותא |
| 003 | | Lv16:12 | קטרת בסמנין דקיקה ויעל | לגו מן | פרכתה: |
| 004 | | Lv16:15 | דמן עמא וייתי ית אדמה | לגו מן | פרכתה ויעבד לאדמה היך מה |
| 005 | | Lv21:23 | להוד | לגו מן | פרכתה לא ייעול ועל גבי |
| 006 | ולגו מן | Nu18:07 | לכל עסק מדבחה | ולגו מן | פרוכתה ותפלחון פלחן מתנה |

## לגלג *vb.* to deride [277]

|  |  |  |  |  |  |
|---|---|---|---|---|---|
| 001 | quadr. מלגלג | Gn34:31 | שכם בר חמור | מלגלג | בנפשיה ומתגאי בלביה ויאמר |

## להב *n.* flame [277]

|  |  |  |  |  |  |
|---|---|---|---|---|---|
| 001 | p const להבי | Dt 4:12 | ומליל ייי עמכון מן גו | להבי | אשתה קול דבירי אתון שמעין |
| 002 | | Dt 4:15 | בטורא דחורב מן גו | להבי | אשתה: |
| 003 | | Dt 4:33 | דאלה חייה ממלל מן גו | להבי | אשתה היך מה די שמעתון אתון |
| 004 | | Dt 4:36 | וקל דבירוי שמעתון מן גו | להבי | אשתה: |
| 005 | | Dt 5:04 | ייי עמכון בטורה מן גו | להבי | אשתה: |
| 006 | | Dt 5:05 | דייי ארום דחלתון מן קדם | להבי | אשתה ולא סלקתון בטורא |
| 007 | | Dt 5:22 | כל קהלכון בטורא מן גו | להבי | <אשתה> עננה וערפלה קל רב |
| 008 | | Dt 5:23M | ממרה/קלה#2#/ מן גו | חשוכה/להבי | אשתה#2#/ וטורה בעיר |
| 009 | | Dt 5:24 | קל מימרה שמעינן מן גו | להבי | אשתה יומא הדין חמינן: |

010 Dt 5:26 דאלה חייה ממלל מן גו להבי אשתה כוותן וחייה:
011 Dt 9:10 דייי עמכון בטורה מן גו להבי אשתה ביום כנשות קהלה:
012 Dt10:04 דייי עמכון בטורה מן גו להבי אשתה ביום כנשות קהלא ויהב
013 Dt33:02 ונשמע ופשט ימיניה מן גו להבי אשתה ואוריתה יהב לעמיה:

## Lahavite *adj.* להביי [277]

001 p em/sf להביי Gn10:13 ית לודיא וית ענמיה וית להבייא וית נפתוחייא:

## alone *adv.* להוד [277]

001 להוד Dt 3:11M ארום לחוד/להוד#2/ עוג מלכא דבותנין
002 Dt20:20M לחוד/להוד#2/ אילנה דאתון ידעין די
003 Dt15:04M לחוד/להוד#2/ אין תטרון מצוותה
004 Dt15:05M לחוד/להוד#2/ אין משמע/משמעו#2/
005 Nu18:03 לא יקרבון ולא ימותון להוד אינון לחוד אתון:
006 Dt 3:20M וירתון לחוד^להוד#2^/אוף#2/אף#2/ אינון ית
007 Dt 5:18M וילפון לחוד/להוד#2/ אינון למיהוי עם
008 Dt 5:19M וילפון \לחוד/להוד#2^/ אינון למהוי עם
009 Dt12:30M ואעבד \כדן לחוד/להוד#2/ אנה /כן אוף אנן#2/:
010 Gn47:03 לפרעה רען ען אנון עבדך להוד אנון ולחוד אבהתן:
011 Gn46:34 מן טלייתהון ועד כדון להוד אנן להוד מן בגלל דתישרון
012 Gn47:19M לקבלך#2/ לחוד/להוד#2/ אנן לחוד/להוד#2/
013 Nu13:28 להוד ארום חציפין אינון עמה די
014 Gn47:26 לפרעה לחד מן חמשה להוד ארעהון דכומריא בלחודיהון
015 Gn47:19M להוד#2/ אנן לחוד/להוד#2/ ארען קנה/במזאנה#2/
016 Ex10:25M ואמר משה לחוד/להוד#2/ את תתן בידן
017 Dt 1:37 ייי מן בגללכון למימר להוד את לא תיעול «ל»תמן:
018 Ex12:31M פוקו מן גו עמי לחוד/להוד#2/ אתון ולחוד/להוד#2/
019 Nu18:03M לחוד#2/ אינון לחוד/להוד#2/ אתון:
020 Dt12:23M לחוד/להוד#2/ אתוקפו דלא למיכל
021 Ex 5:14M ולא היך דקדמוי לחוד/להוד#2/ אתמול ולחוד/ולהוד#2/
022 Nu16:13 ארום אתרברבת «עלינן להוד אתרברבת»:
023 Ex 9:26M לחוד^/להוד#2^/חוד#2/ בארעא דגשן די
024 Lv27:26 להוד בוכרה די יתאפרש לשמה דייי
025 Ex 8:28M ותקף פרעה ית לבה לחוד/להוד#2/ בזמנא הדא ולא שלח ית
026 Ex10:17M /ושבוק לחוביה#2/ לחוד/להוד#2/ \בזמנא הדין /הדא
027 Dt 9:19M צלותי אמר משה לחוד/להוד#2/ בזמנה ההוא:
028 Dt10:10M צלותי אמר משה לחוד/להוד#2/ בזמנה ההיא/הדא#2/
029 Lv23:39 להוד בחמישת עשר יומין לירחה
030 Ex12:15M /יאכלון#2/ לחוד/להוד#2/ ביומא קדמאה תבטלון
031 Nu18:17 להוד בכורי תוריה או בכורי אמריה
032 Dt12:15M לחוד/להוד#2/ בכל תוחמדת נפשתכון
033 Nu31:23 תעברון בנורא וידכא להוד במי אדיה ידכא וכל מה די לא
034 Dt 1:28M שמיא ולחוד^להוד#2^/ואוף#2/ בנוי דענק
035 Ex12:31M /להוד#2/ אתון ולחוד/להוד#2/ בני ישראל ואזלו
036 Nu11:04M וחזרו ובכון לחוד/להוד#2/ בני ישראל ואמרין
037 Dt 2:35 להוד בעירה בזזנן לן
038 Lv23:27M לחוד/להוד#2/ בעשורה יומין לירחא
039 Dt23:03M בקהל כנשתה דייי לחוד/להוד#2/ דר עשיריי לא יתחשב
040 Dt23:04M בקהל כנשתה דייי לחוד/להוד#2/ דר עשריי לא יתחשב
041 Dt 2:20M תתחשב לחוד^להוד#2^/אוף#2/ היא גיברין
042 Dt12:22M לחוד/להוד#2/ היך מה דמתאכל ית
043 Dt16:15M ידיכון ותהוון לחוד/להוד#2/ {ח} עמי חדיין:
044 Dt 4:09M לחוד/להוד#2/ אזדהרו/יזדהרון#2/
045 Ex10:17M ויעבר מעלוי לחוד/להוד#2/ ית מותנא/רוגזא#2/
046 Ex31:13M בני ישראל למימר לחוד/להוד#2/ ית שובי קדשי תטרון
047 Ex33:17 ואמר ייי למשה להוד ית פתגמא הדין די {מ}מללת
048 Lv11:04M לחוד/להוד#2/ ית דין לא תיכלון מן
049 Lv11:21 להוד ית דין תאכלון מכל שרצא
050 Nu 1:49M לחוד/להוד#2/ ית שבטה דלוי לא
051 Nu31:22 להוד ית דהבא וית כספה וית נחשה
052 Dt 3:03M בידן/בידינן#2/ לחוד/להוד#2/ ית עוג מלכא
053 Dt12:31M ארום לחוד^להוד#2^/אוף#2/ ית בניהון וית
054 Dt14:07M לחוד/להוד#2/ ית איילין/דן#2/ לא
055 Dt15:23M לחוד/להוד#2/ ית אדמא/דמא#2/ לא
056 Lv27:28 להוד כל אפרשו די יפרש גבר לשמה
057 Dt28:61M לחוד/להוד#2/ כל בושין/ביש#2/
058 Ex 8:25M ומן עמא למחר לחוד/להוד#2/ לא יסף פרעה למשקרה
059 Nu16:14 להוד לא לארע עבדה פירין טבין
060 Dt17:16M לחוד/להוד#2/ לא יסגי ל{א}<ה>
061 Dt 2:37 להוד לארעהון דבני עמונייה לא
062 Lv21:23 להוד לגו מן פרכתה לא ייעול
063 Nu36:06 באפהון יהוויין לנשין להוד לזרעיית שבט אבהתהון
064 Nu20:19M לך#2/ לחוד/להוד#2/ לית \מלא בישה /פתגם
065 Dt 2:28M תתנון לן ונשתי לחוד/להוד#2/ לית אנן חסרין מן כל
066 Dt 2:28M ונשתון להוד לית פתגם ביש ברגליין
067 Nu24:12 ואמר בלעם לבלק הלא להוד לשליחך די שלחת לוותי מללת
068 Ex 4:09 ויהוי אין לא יהימנון להוד לתרין נסייא האליין ולא
069 Lv11:36M לחוד/להוד#2/ מבוע וגוב בית כנשת
070 Nu23:25 ואמר בלק לבלעם ל<ה>וד מלוט לא תילוט יתהון ולהוד
071 Ex 4:10M /מקודמוי#2/ לחוד/להוד#2/ \מן זמנא/משעתא#2/
072 Dt20:16M לחוד/להוד#2/ מן קורייתהון
073 Gn46:34 ועד כדון להוד אנן להוד מן בגלל דתישרון בארעא
074 Lv23:16 שבתה שביעיתה מן דתמנון להוד מן בתר יומא טבה קדמיה
075 Nu23:13 די תחמי יתהון מן תמן להוד מן קצת עמה תחמי וכולהון לא
076 Lv25:44 אומי«י»ה די חזור חזור להוד מנהון תזבנון עבדין ואמהן:
077 Nu18:15 ובבעירא דידך יהוי להוד מפרקה תפרק ית בכורי
078 Dt18:20M לחוד/להוד#2/ נבייא די יזיד לממללא
079 Dt20:14M לחוד/להוד#2/ נשייה וטפלייה ובעירה
080 Dt 3:19M לחוד/להוד#2/ נשיכון וטפליכון
081 Gn34:23M הלא דידן אינון לחוד/ל<ה<וד>#2/ נתערב להון
082 Dt 9:20M ובעית רחמין \לחוד/להוד#2/^ על עסק /אוף
083 Ex12:32M ותצלון/ותי#2/ לחוד/להוד#2/ עלי:
084 Dt 1:37M לחוד/להוד#2/ עלי הוה רגוז מן קדם
085 Dt32:25 מדמכיהון אימתיה דמותה להוד עלמין לחוד בתולין ינקין
086 Nu12:02 ואמרין להוד עם משה מלל ייי הלא אוף
087 Ex34:03 גבר לא יתחמי בכל טורא להוד ענה ותורא לא ירעו{ן}<ך>
088 Ex10:24M /ופ"א#2/ קדם ייי לחוד/להוד#2/ עניכון ותוריכון
089 Dt28:29 יצלחן אורחתכון ותהוון להוד עציין וגזילין כל יומייה
090 Dt28:33M יתה ותהוון לחוד/להוד#2/ עצין ורציצין כל
091 Ex 7:11M וקרא לחוד/להוד#2/ פרעה לחכימיא
092 Dt12:26M לחוד/להוד#2/ קודשיכון די יהוון
093 Dt28:13M ותהוון «לחוד»/להוד#2/ רמין לעיל ולא
094 Dt22:22M /ויתקטלון#2/ לחוד/ל<ל>הוד#2/ תריהון גברה דמשמש
095 Dt10:15M לחוד/להוד#2/ באב<ה>תכון/לא"#2/
096 Nu14:09M לחוד/להוד#2/ באיקר/יקר#2/ שכינתה
097 Gn34:15M לחוד/<ל<ה<וד>#2/ בדה/בהדא#2/ נתערב
098 Dt32:25M /לחוד#2/ עלמין לחוד/להוד#2/ בתולין/<בתו<לן#2/

לחוד

|  |  | | | |
|---|---|---|---|---|
| 099 | Ex 8:05M | ומן אנשי ביתך | לחוד/להוד#2#/ | דבנהרא/בנהרא#2#/ |
| 100 | Ex 8:07M | ומן עמך | לחוד/להוד#2#/ | דבנהרא/בנהרא#2#/ |
| 101 | Dt12:16M | | לחוד/להוד#2#/ | דמה/אדמה#2#/ לא |
| 102 | Ex 8:24M | אלהכון במדברא | לחוד/להוד#2#/ | רחקה/^מרחקה#2#^ |
| 103 | Gn33:07 | וקרבת | לחוד | לאה ובנהה ושאל«ין» |
| 104 | Gn 7:23 | ואשתצון מן ארעא ואשתיר | לחוד | נח ומן דהוה עמיה בתיבותה: |
| 105 | Dt 3:11 | ארום | לחוד | עוג מלכא דבותנין אשתייר |
| 106 | Gn46:34M | ועד כדון להוד אנן | להוד/לחוד | אבהתן#2#/ מן בגלל |
| 107 | Ex21:19 | ויזדכי{ה} מן דמחה יתה | לחוד | אגר בטלוניה יתן ואגר אסיא |
| 108 | Dt 4:09 | | לחוד | אזדהרו לכון וטורו נפשיכון |
| 109 | Gn50:18M | ואזלו | אף/לחוד#2#/ | אחוי ונפלו |
| 110 | Dt20:20 | | לחוד | אילנה דאתון ידעין די לא |
| 111 | Dt15:04 | | לחוד | אין תטרון מצוותה דאורייתי |
| 112 | Dt15:05 | | לחוד | אין משמע תשמעון בקל ממרה |
| 113 | Ex20:13 | מן בתריכון וילפון | לחוד | אינון למהוי עם קטולין ארום |
| 114 | Ex20:14 | מן בתריכון וילפון | לחוד | אינון למהוי עם גיורין ארום |
| 115 | Ex20:15 | מן בתריכון וילפון | לחוד | אינון למהוי עם גנבין ארום |
| 116 | Ex20:16 | מן בתריכון וילפון | לחוד | אינון למהוי עם סהדי שקרא |
| 117 | Ex20:17 | מן בתריכון וילפון | לחוד | אינון למהוי עם חמודין לא |
| 118 | Nu18:03M | ולא ימותון | להוד/לחוד#2#/ | אינון לחוד/להוד#2#/ |
| 119 | Dt 3:20 | לאחיכון כוותכון וירתון | לחוד | אינון ית ארעא דייי אלהכון |
| 120 | Dt 5:17 | מן בתריכון וילפון | לחוד | אינון למיהווי עם קטולין |
| 121 | Dt 5:18 | מן בתריכון וילפון | לחוד | אינון למיהווי עם גייורין |
| 122 | Dt 5:19 | מן בתריכון וילפון | לחוד | אינון למהוי עם גנבין ארום |
| 123 | Dt 5:20 | מן בתריכון «וילפון | לחוד | אינון» למהוי מסהדין |
| 124 | Gn23:13 | דעמא דארעא למימר | לחוד | אן לווי את מקבל מני הא |
| 125 | Ex21:21 | | לחוד | אן יום חד או תרין יומין |
| 126 | Gn20:06M | ממריה דייי בחלמא | אף/לחוד#2#/ | אנא גלי קדמיי |
| 127 | Gn27:34M | לאבוי ברך יתי | אף/לחוד#2#/ | אנא אבא: |
| 128 | Gn27:38M | לך אבא ברך יתי | אף/לחוד#2#/ | אנה אבא ונטל/וארעם#2# |
| 129 | Lv26:41M | "אוף אנה אהלך" | לחוד | אנה אדבר |
| 130 | Dt12:30 | ית טעוותהון ואעבד כדן | לחוד | אנה: |
| 131 | Gn47:03M | ען אנון עבדך | להוד/לחוד#2#/ | אנון ולחוד אבהתן: |
| 132 | Dt 5:21 | מן בתריכון וילפון | לחוד | אנון למהוי עם חמודין ולא |
| 133 | Gn43:08 | ונזל ונחיה ולא נמות | לחוד | אנן ולחוד את ולחוד טפלינן: |
| 134 | Gn44:16 | הא אנן עבדין לריבוני | לחוד | אנן לחוד מן דאשתכח כלידא |
| 135 | Gn47:19 | למה נמות קדמיך | לחוד | אנן לחוד ארען קנה יתן וית |
| 136 | Gn29:33M | באפי בעלי ויהב לי | לחוד | אף דן#2#/ וקראת שמיה |
| 137 | Gn 3:01M | לאיתתא \ארום אמר ייי | /לחוד | ארום אמ' ממריה דייי#2#/ |
| 138 | Nu13:28M | | להוד/לחוד#2#/ | ארום חציפין אינון |
| 139 | Gn47:22M | | להון/לחוד#2#/ | ארעהון דכומריא לא |
| 140 | Gn47:26M | לחד מן חמשה | להוד/לחוד#2#/ | ארעהון דכומריא |
| 141 | Gn47:19 | למה נמות קדמיך לחוד אנן | לחוד | ארען קנה יתן וית ארעאן |
| 142 | Gn30:08 | בנין היך מה דיהב לאחתי | לחוד | אשתמעת וקראת שמה נפתלי: |
| 143 | Gn24:44M | <אמרת#2#/ לי> | אף/לחוד#2#/ | את שתי ואף לגמליך |
| 144 | Ex10:25 | ואמר משה | לחוד | את תתן בידן נכסין |
| 145 | Ex18:18 | מלעי תלעי | לחוד | את לחוד עמא האליין «די» |
| 146 | Ex12:31 | קומו פוקו מן גו עמי | לחוד | אתון ולחוד בני ישראל |
| 147 | Nu18:03 | ולא ימותון להוד אינון | לחוד | אתון: |
| 148 | Nu22:19M | תבו#2#/ כען הכה | אוף/לחוד#2#/ | אתון בליליה/בלליה#2#/ |
| 149 | Dt12:23 | | לחוד | אתוקפו דלא למיכל אדמה ארום |
| 150 | Ex 5:14 | ולא היך דקדמוי | לחוד | אתמול ולחוד יומא הדין: |
| 151 | Nu12:02M | "להוד ... ייי": הלא | לחוד | במשה מלל מימריה דייי |
| 152 | Dt10:15 | | לחוד | באב<ה>תכון אתרעי ממרה דייי |
| 153 | Nu14:09 | | לחוד | באיקר שכינתה דייי לא |
| 154 | Ex 9:26 | | לחוד | בארעא דגשן די שרין תמן |
| 155 | Gn34:15 | | לחוד | בדה נתערב לכון אן תהוון |
| 156 | Gn34:22 | | לחוד | בדה אתערבו לנא גברייא |
| 157 | Lv27:26M | | להוד/לחוד#2#/ | בוכרה די יתאפרש |
| 158 | Ex 8:28 | ותקף פרעה ית לבה | לחוד | בזמנא הדא ולא שלח ית עמא: |
| 159 | Ex10:17 | וכדון שרי כען לחוביי | לחוד | בזמנא הדין וצלון קדם ייי |
| 160 | Dt 9:19 | ייי בקל צלותי אמר משה | לחוד | בזמנה ההוא: |
| 161 | Dt10:10 | דייי בקל צלותי אמר משה | לחוד | בזמנה ההיא ולא הווה רעווה |
| 162 | Lv23:39M | | להוד/לחוד#2#/ | בחמישת עשר יומין |
| 163 | Ex12:15 | שבעה יומין פטירי' תיכלון | לחוד | ביומא קדמאה תבטלון חמירא |
| 164 | Nu18:17M | | להוד/לחוד#2#/ | בכורי תוריה או |
| 165 | Dt12:15 | | לחוד | בכל תוחמדת נפשתכון תכסון |
| 166 | Gn19:35M | ואשקיין | אף/לחוד#2#/ | בליליא ההוא ית אבוהון |
| 167 | Nu31:23M | /לנורא#2#/ וידכא | להוד/לחוד#2#/ | במי אדיה ידכא |
| 168 | Nu12:02M | "אוף עמן מלל ושמע": | לחוד | בן מלל וגלי וידיע קדם |
| 169 | Gn50:23M | בנין דר תליתאי | אף/לחוד#2#/ | בנוי דמכיר בר מנשה |
| 170 | Nu11:04 | תוחמודה וחזרו ובכון | לחוד | בני ישראל ואמרין אלווי מן |
| 171 | Nu26:55 | | לחוד | בעד{י}<ו>ין תתפלג ארעא |
| 172 | Lv23:27 | | לחוד | בעשורה יומין לירחא שביעייה |
| 173 | Gn27:33 | נפקת מן שמיא ואמרת | לחוד | בריך יהוי: |
| 174 | Gn 9:04 | | לחוד | בשרא אדמ' בנפשא לא תאכלון: |
| 175 | Dt32:25 | אימתיה דמותה להוד עלמין | לחוד | בתולין ינקין ומתרכין עם |
| 176 | Ex11:03 | דעמא באפהון דמצריי | לחוד | גברא משה תקיף לחדא בארעא |
| 177 | Ex 8:05 | מנך ומן אנשי ביתך | לחוד | דבנהרא ישתיירון: |
| 178 | Ex 8:07 | ומן שלטונך ומן עמך | לחוד | דבנהרא ישתיירון: |
| 179 | Gn35:17 | לה חייתא לא תדחלין ארום | לחוד | דין ליך בר: |
| 180 | Dt12:16 | | לחוד | דמה לא תאכלון על ארעא |
| 181 | Dt23:03 | ממזר בקהל כנשתה דייי | לחוד | דר עשיריי לא יתחשב להון |
| 182 | Dt23:04 | ומואביי בקהל כנשתה דייי | לחוד | דר עשריי לא יתחשב להון |
| 183 | Gn26:09 | וקרא אבימלך ליצחק ואמר | לחוד | הא אתתך היא והיך אמרת אחתי |
| 184 | Gn32:21 | ותימרון | לחוד | הא יעקב אתי בתרן ארום אמר |
| 185 | Gn 4:04M | והבל אייתי | אף/לחוד#2#/ | הוא מן בכירי ענה ומן |
| 186 | Gn 4:26M | ולשת | אף/לחוד#2#/ | הוא אתיליד בר/ביר#2#/ |
| 187 | Gn10:21M | ולשם אתילד | אף/לחוד#2#/ | הוא אבוהון דכל בני |
| 188 | Gn27:31M | ועבד | אף/לחוד#2#/ | הוא תבשילין ואייתי |
| 189 | Gn38:11 | ברי ארום אמר דלא ימות | לחוד | הוא כאחוי ואזלת תמר ויתבת |
| 190 | Ex 4:14 | ארום ממללה ימלל הוא והא | לחוד | הוא אתא לקדמותך ויחמי יתך |
| 191 | Gn19:38M | וזעירתא | אף/לחוד#2#/ | היא ילידת בר/ביר#2#/ |
| 192 | Gn20:05M | אמר לי אחתי היא והיא | \לחוד | היא#2#/ אמרת אחי הוא |
| 193 | Gn22:20M | הא ילדת מלכא | אף/לחוד#2#/ | היא בנין לנחור אחוך: |
| 194 | Dt 2:20 | ארע דגיברין תתחשב | לחוד | היא גיברין שרון בגווה |
| 195 | Gn29:14 | ואמר ליה לבן | לחוד | היך קריב בשרי את ושרי עמיה |
| 196 | Dt12:22 | | לחוד | היך מה דמתאכל ית בשרה |
| 197 | Ex 1:10M | ויתוספון \אינון אף | /לחוד | הינון#2#/ על שונאינון |
| 198 | Gn18:32 | רוגז' דייי ואמלל | לחוד | זמנא הדין מה דילמה ישתכחון |
| 199 | Dt16:15 | ובכל עובד ידיכון ותהוון | לחוד | {ח} עמי חדיין: |
| 200 | Ex 7:11M | ועבדו \אף אינון | /לחוד | {ח<ה>נון#2#/ חרשיהון |
| 201 | Gn26:29M | עמך \טבן ושלחנך | /לחוד | טב וש#2#/ יתך בשלם את |
| 202 | Gn50:08 | ואחוי ובייתיה דאבוי | לחוד | טפלהון ועניהון ותוריהון |
| 203 | Ex10:24M | טפליכון ייזיל /שבוקו | לחוד | טפלכון סיבו#2#/ עמכון: |
| 204 | Gn 4:22M | וצלה \אף | היא/לחוד#2#/ | ילדת ית תובל קין |
| 205 | Gn24:08 | ותזדכי מן שבועתי הדה | לחוד | ית ברי לא תחזור לתמן: |
| 206 | Gn29:27M | דדא#2#/ ואתן לך | אף/לחוד#2#/ | ית דא בפולחנא די |

|  |  |  |  |  |  |
|---|---|---|---|---|---|
| 207 | | Gn29:30M | אף לוות רחל /ואזדמן | לחוד | ית רחל#2/ ורחם אף |
| 208 | | Gn29:30M | ית רחל#2/ ורחם | אף/לחוד#2/ | ית רחל מלאה ופלח |
| 209 | | Gn30:15M | בעלי ואת בעיא למיסב | \לחוד#2/ | ית יברוחי דברי ואמרת |
| 210 | | Gn32:20M | ופקד | אף/לחוד#2/ | ית תנינא אף/לחוד#2/ |
| 211 | | Gn32:20M | "אף ית דמהלך בתר": | לחוד | ית כל איליין דמהלכין בתר |
| 212 | | Gn32:20M | /לחוד#2/ ית תנינא | אף/לחוד#2/ | ית תליתיא אף ית דמהלך |
| 213 | | Ex10:17 | ייי אלהכון ויעבר מעלוי | לחוד | ית מותנא הדין: |
| 214 | | Ex31:13 | מלל עם בני ישראל למימר | לחוד | ית שובי קדשי תטרון ארום |
| 215 | | Lv11:04 | | לחוד | ית דין לא תיכלון מן |
| 216 | | Lv11:21M | | להוד/לחוד#2/ | ית דין תאכלון מכל |
| 217 | | Nu 1:49 | | לחוד | ית שבטה דלוי לא תסכום וית |
| 218 | | Nu22:33M | ארום \כדון יתך /כדו | לחוד | ית#2/ קטלת ויתה קיימת: |
| 219 | | Nu22:34M | לא ידעת \ארום את/כדו | לחוד | ית#2/ קיים/קאם#2/ |
| 220 | | Nu31:22M | | להוד/לחוד#2/ | ית דהבא וית כספה וית |
| 221 | | Dt 3:03 | ומסר ייי אלהן בידן | לחוד | ית עוג מלכא דבותנין וית |
| 222 | | Dt12:31 | עבדו לטעוותהון ארום | לחוד | ית בניהון וית בנתהון |
| 223 | | Dt14:07 | | לחוד | ית איליין לא תאכלון מן מסקי |
| 224 | | Dt15:23 | | לחוד | ית אדמא לא תיכלון על ארעא |
| 225 | | Gn44:10 | ואמר | לחוד | כדון כמליכון כן הוא ית מן |
| 226 | | Nu16:10M | ואתון בעיין למיסב | אוף/לחוד#2/ | כהנתה רבתה: |
| 227 | | Lv27:28M | | להוד/לחוד#2/ | כל אפרשו די יפרש |
| 228 | | Dt28:61 | | לחוד | כל בושין וכל מכתשין די לא |
| 229 | | Gn24:25M | אף/לחוד#2/ תבן | אף/לחוד#2/ | כסה סגין \עמן ואף/לן |
| 230 | | Gn41:40 | פומך יתזנון כל עמי | לחוד | כרסי מלכותי אנה רב מנך: |
| 231 | | Gn20:12 | אחתי ברתה דאבה היא | לחוד | לא ברתה דאמה והוות לי |
| 232 | | Ex 8:25 | ומן שליטוי ומן עמא למחר | לחוד | לא יסף פרעה למשקרה דלא |
| 233 | | Dt17:16 | | לחוד | לא יסגי ל{א}<ה> סוסוון ולא |
| 234 | | Gn 3:06 | ואכלת ונסב<ת> ויהבת | לחוד | לבעלה עמה ואכל: |
| 235 | | Gn19:08 | להון מה דשפר באפיכון | לחוד | לגבריא אלין לא תעבדון פתגם |
| 236 | | Lv21:23M | | להוד/לחוד#2/ | לגו מן פרכתה |
| 237 | | Gn19:08M | לגבריא /ותקן קודמיכון | לחוד | לגובריה#2/ אלין |
| 238 | | Gn24:19M | למשקייה יתה ואמרת | אף/לחוד#2/ | לגמלך אמלא/אשקי#2/ |
| 239 | | Gn20:11 | ואמר אברהם ארום אמרית | לחוד | לית דחלתה דייי יהיבה באתרא |
| 240 | | Nu20:19 | נתן כסף זבוניהון | לחוד | לית מלא בישה ברגלינן אנן |
| 241 | | Dt 2:28 | בכסף תתנון לן ונשתי | לחוד | לית אנן חסרין מן כל מן דעם |
| 242 | | Nu18:03 | ית מטרתך ומטרת כל משכנה | לחוד | למני בית קודשי' |
| 243 | | Lv11:36 | | לחוד | מבוע וגוב בית כנשת מיין |
| 244 | | Gn14:24 | בר מני | לחוד | מה דאכלו טליא וחלקיהון |
| 245 | | Ex12:16 | כל עבידא לא יתעבד בהון | לחוד | מה די יתעביד לכל צורכיה |
| 246 | | Dt 2:15M | | ולהוד/לחוד#2/ | מחוון/ואוף מחת |
| 247 | | Gn31:15 | ליה ארום זבן יתן ואכל | לחוד | מיכל ית כסף זבנן: |
| 248 | | Gn44:16 | עבדין לריבוני לחוד אנן | לחוד | מן דאשתכח כלידא בידיה: |
| 249 | | Ex 4:10 | מן דאתמול ולא מן לקדמוי | לחוד | מן זמנא די {מ}מללת עם עבדך |
| 250 | | Dt20:16 | | לחוד | מן קורייתהון דאומייא |
| 251 | | Lv23:16M | מן דתמנון | להוד/לחוד#2/ | מן בתר יומא טבה |
| 252 | | Nu23:13M | יתהון מן תמן | להוד/לחוד#2/ | מן קצת עמה תחמי |
| 253 | | Lv25:44M | חזור חזור | להוד/לחוד#2/ | מנהון תזבנון עבדין |
| 254 | | Gn46:04 | ואנה בממרי אסיק יתך | לחוד | מסוק ויוסף ישוי ידי«ה» |
| 255 | | Gn27:30 | למברכה ליעקב והוה | לחוד | מפוק נפוק יעקב מן לוות |
| 256 | | Nu18:15M | מפרקה תפרק /יהווי לך | לחוד | מפרוק תפרוק#2/ ית בכורי |
| 257 | | Nu18:15M | דידך \יהווי | להוד^/לחוד#2/^ | מפרקה תפרק /יהווי |
| 258 | | Dt18:20 | | לחוד | נבייא די יזיד לממללא פתגם |
| 259 | | Dt20:14 | | לחוד | נשייה וטפלייה ובעירה וכל |
| 260 | | Dt 3:19 | | לחוד | נשיכון וטפליכון ובעירכון |
| 261 | | Gn34:23 | בעיריהון הלא דידן אינון | לחוד | נתערב להון ו{{נ}}«י» שרון |
| 262 | | Gn 7:03M | \אף מן עוף | /לחוד | עופא#2/ שמיא שבעא שבעה |
| 263 | | Dt 9:20 | יתיה וצליית ובעית רחמין | לחוד | על עסק אהרן בשעתה ההיא: |
| 264 | | Gn26:21M | \ואדינו אף/ואתנצון | לחוד#2/ | עלה וקרא שמה שטנה: |
| 265 | | Ex 8:24M | \צלין אף עלי /ותצלון | לחוד | עלי#2/: |
| 266 | | Ex12:32 | <....> ותיזלון ותצלון | לחוד | עלי: |
| 267 | | Dt 1:37 | | לחוד | עלי הוה רגוז מן קדם ייי |
| 268 | | Dt32:25M | אימתיה דמותה | להוד/לחוד#2/ | עלמין לחוד/להוד#2/ |
| 269 | | Dt 4:06 | קיימיה האליין ויימרון | לחוד | עם חכימין וסוכלתנין אומתה |
| 270 | | Ex18:18 | מלעי תלעי לחוד את | לחוד | עמא האליין «די» {לחוד} |
| 271 | | Ex18:18 | לחוד עמא האליין «די» | {לחוד} | עמך ארום תקף «הוא» מנך |
| 272 | | Gn20:04 | בבעו ברחמין מן קדמך ייי | לחוד | עמם זכיי בדינא אתקטל: |
| 273 | | Ex34:03M | יתחמי בכל טורא | להוד/<ל>חו<ד>#2/ | \ענה ותורא /ענייה |
| 274 | | Ex10:24 | ואמר אזילו פלחו קדם ייי | לחוד | עניכון ותוריכון יקום הכא |
| 275 | | Dt28:33 | די לא חכמתון יתה ותהוון | לחוד | עצן ורציצין כל יומיה: |
| 276 | | Ex 7:11 | וקרא | לחוד | פרעה לחכימיא ולחרשיא ועבדו |
| 277 | | Ex36:16M | אורייתה וית שית יריען | לחוד | קובל שיתה סידורי משנה |
| 278 | | Ex36:16M | ולפף ית חמישתי יריען | לחוד | קובל חמישתי סיפרי אורייתה |
| 279 | | Dt12:26 | | לחוד | קודשיכון די יהוון לכון |
| 280 | | Gn44:28 | מן לוותי ואמרת | לחוד | קטולין אתקטל ולא חמית יתיה |
| 281 | | Ex 8:24 | קדם ייי אלהכון במדברא | לחוד | רחקה לא תרחקון למיזל צלין |
| 282 | | Dt28:13 | ולא להדיוטין ותהוון | «לחוד» | רמין לעיל ולא נחתין לרע |
| 283 | | Gn50:09 | וסלק עמיה | לחוד | רתיכין ולחוד פרשין והוות |
| 284 | | Dt33:28 | לארע עבדה עיבור וחמר | לחוד | שמיא דעילוויהון יהוון |
| 285 | | Gn27:13 | אמה עלי אינון לווטך ברי | לחוד | שמע בקלי ואזל אייתי לי: |
| 286 | | Gn24:25M | ואמרת לה | אף/לחוד#2/ | תבן אף/לחוד#2/ כסה |
| 287 | | Dt22:22 | אתה נסיבת גבר וימותון | לחוד | תריהון גברה דמשמש עם אתתה |
| 288 | | Dt23:19 | קדם ייי אלהכון#2/~ | לחוד | תריהון: |
| 289 | | Nu36:06M | /יהוון#2/ לנשין | להוד/לחוד#2/ | לזרעיית/<זרעיי>תה#2/ |
| 290 | | Nu24:12M | בלעם לבלק הלא | להוד/לחוד#2/ | לשליחך/<לש>לוחך#2/ |
| 291 | | Dt28:29M | אורחתכון ותהוון | להוד/לחוד#2/ | עציין/עשיקין#2/ |
| 292 | ולהוד | Ex33:12M | חכמית יתך בשם טב | ולהוד | |
| 293 | | Ex 6:05M | | ולחוד/ולהוד#2/ | \אנא שמעת ית /גלי |
| 294 | | Dt31:27 | הויתון בתר ממרה דייי | ולהוד | ארום בתר מתותי: |
| 295 | | Nu13:27 | לארעא די שלחת יתן | ולהוד | ארע עבדה פירין טבין נקין |
| 296 | | Ex33:12M | יתך בשם דרבן | ולחוד/ולהוד#2/ | אשכחת חן וחסד |
| 297 | | Lv26:39 | בארע בעלי דבביהון | ולהוד | בחובי אבהתהון עמהון |
| 298 | | Ex10:26M | | ולחוד/ולהוד#2/ | בעירן ייזיל עמן |
| 299 | | Ex34:03 | וגבר לא יסק עמך | ולהוד | גבר לא יתחמי בכל טורא |
| 300 | | Lv26:40 | בשקריהון די שקרו קדמי | ולהוד | די הליכו קדמי בקשיו: |
| 301 | | Dt26:13 | ית קודשיה מן בתינן | ולהוד | יהבנן מעשרה קדמייה |
| 302 | | Ex 5:14M | /להוד#2/ אתמול | ולחוד/ולהוד#2/ | יומא הדין: |
| 303 | | Nu22:35 | לבלעם אזל עם גברייה | ולהוד | ית פתגמא די אמלל עמך יתה |
| 304 | | Dt15:17M | לעולם | ולחוד^/ולהוד#2/^ | \ואוף#2/ לאמהתך עבדיתה |
| 305 | | Nu23:25 | מלוט לא תילוט יתהון | ולהוד | מברכה לא תברך יתהון: |
| 306 | | Dt 2:15 | | ולהוד | מחוון מן קדם ייי אתרגזית |
| 307 | | Dt 2:06 | נחית לכון מן שמיא | ולהוד | מיין לית אתון צריכין |
| 308 | | Lv25:45 | | ולהוד | מן בני תותביה דמתגיירין |
| 309 | | Ex 6:04M | | ולחוד/ולהוד#2/ | קיימת ית קימי עמי |
| 310 | ולהות | Dt 7:20M | | \ולחות^<ול>ה<ות>#2/^ | ית מחות /ואוף ית |
| 311 | ולחד | Gn 6:04M | בארעא ביומי^ האינון | ולחד | מן בתר מן די יזדמנו |
| 312 | ולחוד | Gn47:03 | אנון עבדך להוד אנון | ולחוד | אבהתן: |
| 313 | | Gn37:07 | חקלא והא קמת כורכותי | ולחוד | אזדקפת והא מתכנשין |
| 314 | | Gn21:26 | ואף את לא תנית לי | ולחוד | אנא לא שמעת ארום |

315 Ex 6:05 ולחוד אנא שמעת ית קבלתהון דבני
316 Gn44:09M מן עבדך יתקטל ואף/ולחוד#2# אנן נהוי לריבוני
317 Dt31:27M בתר ממרה דייי ולהוד/ולחוד#2# ארום בתר מתותי:
318 Nu13:27M די שלחת יתן ולהוד/ולחוד#2# ארע עבדה פירין טבין
319 Ex33:12 דמניית יתך בשם דרבן ולחוד אשכחת חן וחסד קדמיי:
320 Gn30:08M /די יהב ללאה אחתי ולחוד#2# אשתמעת וקראת \ית#2#/
321 Gn43:08 ולא נמות לחוד אנן ולחוד את ולחוד טפלינן:
322 Gn24:25M סגין \עמן ואף /לן ולחוד#2# אתר למבתה:
323 Lv26:39M בעלי דבביהון ולהוד/ולחוד#2# בחובי אבהתהון עמהון
324 Dt 1:28 ותלילן עד צית שמיא ולחוד בנוי דענק גוברא חמינן
325 Ex12:31 מן גו עמי לחוד אתון ולחוד בני ישראל ואזלו פלחו קדם
326 Ex10:26 ולחוד בעירן ייזיל עמן לא תשתייר
327 Ex34:03M לא יסק עמך ולהוד/ול<חו<ד#2# גבר לא יתחמי בכל
328 Ex 3:09M סלקת לוותי ואף/ולחוד#2# גלי קדמיי ית דוחקיה
329 Lv26:40M די שקרו קדמי ולהוד/ולחוד#2# די הליכו/יהלכו#2#/
330 Gn42:22 בטלייא ולא שמעתון ולחוד דמיה הא מתבע:
331 Gn38:24 למימר זניית תמר כלתך ולחוד הא היא מעברה בגין דזנו
332 Ex 8:17M ית ערבובא/ערובא ולחוד#2# ויתמלון בתיהון דמצראי
333 Ex12:39M למשההייה ולחוד זווד' לאורחה לא יעבדו
334 Gn43:08 לחוד אנן ולחוד את ולחוד טפלינן:
335 Dt26:13M קודשיה מן בתינן ולהוד/ולחוד#2# יהבנן מעשרה קדמייה
336 Gn17:16 וברכית יתה ולחוד יהבת לך מנה בר וברכת יתה
337 Ex 5:14 היך דקדמוי לחוד אתמול ולחוד יומא הדין:
338 Gn 9:05 ולחוד ית אדם נפשתכון אתבע מלות
339 Gn14:07M אמורי' דהוון שריין ולחוד/ ית אמוראי אלין דשרן#2#/
340 Gn14:16M דאחוי וסגולה חזר ולחוד ית נשייה
341 Gn14:16M סגולה ולחוד ית לוט בריה דאחוי
342 Gn15:14 ולחוד ית אמתא די ישעבדון יתהון
343 Nu22:20 גבריא קום אזל עמהון ולחוד ית פתגמא דאמלל עמך יתיה
344 Nu22:35M אזל עם גברייה ולהוד/ול<חוד#2# ית פתגמא די אמלל
345 Ex19:22 ולחוד כהניא דקיימין ומשמשין קדם
346 Ex18:23 יתך ייי ותיכל למיקם ולחו«ד» כל עמא האלין לאתריהון
347 Gn13:05 ולחוד ללוט דהוה אזל עם אברם
348 Dt15:17 עבד משעבד ע{ו}ד לעולם ולחוד לאמהתך עבידיתה תעבד כדין:
349 Gn24:14M ואשתי ותימר שתי ואף/ולחוד#2# לגמליך אשקי יתה
350 Gn24:46M מעלוה ואמרת שתה ואף/ולחוד#2# לגמליך אשקי ושתית
351 Gn24:44M \ואף לגמליך אמלא היא ולחוד/ לגמלך אשק' היא#2#/ אתתא
352 Nu23:25M לא תילוט יתהון ולהוד/ולחוד#2# מברכה לא תברך
353 Nu23:25M ואמר בלק לבלעם ל<ה<וד/ולחוד#2# מלוט לא תילוט יתהון
354 Lv25:45M ולהוד/ול<חוד#2# מן בני תותביה
355 Gn 6:04 בארעא ביומיה האינון ולחוד מן בתר כדין די עלו בני
356 Gn20:12 ולחוד מן קושטא אחתי ברתה דאבה
357 Gn38:22 ואמר לא אשכחית יתה ולחוד עמה דאתרא אמרו לית הכא
358 Gn50:09 וסלק עמיה לחוד רתיכין ולחוד פרשין והוות משרייתא סגיא
359 Ex 6:04 ולחוד קיימת ית קימי עמי עמהון
360 Ex12:38M ואף/ולחוד#2# גיורין/ערברובין#2#/
361 ולחות Dt 7:20 ולחות ית מחות אורעיתה יגרי ייי

**להונ־ *prep.* at ones leisure** [277]

001 להוני Gn33:14 עבדה ואנא אדבר יתהון להוני לרגל עבידתא די בידי ולרגל

**להות *adv.* ⇐ להוד**

**להט *vb.* to burn** [277]

001 pael ולהטה Dt32:22 ותכלת ארעא ועללתה ולהטה יסודי טוורייה:

**להי *vb.* ⇐ לעי**

**להין *adv.* ⇐ לאן**

**להל *adv.* further on** [278]

001 להל Nu17:02 יקידיה וית אשתה ידרי להל ארום אתקדשו:
002 Nu17:02M \ידרי להל /זרוק ל{ק}הל#2#/ ארום אתקדשו:
003 Gn19:09 ואמרין קרב להל ואמרין האחד אתא למתותבא
004 Gn35:21M ופרס משכוניה \רחיק מן /להל/ מן#2#/ מגדלא לעדר:
005 ולהל Nu32:19 עמהון מן עבר לירדנה ולהל ארום קבלנן אחסנתן לוותן מן
006 Nu15:23 מן יומא די פקד ייי ולהל לדריכון:

**להלן *adv.* further on** [278 s.v. להל]

001 ולהלן Lv22:27 ומן יומא תמינייה ולהל«ן» יהוי כשר למקרבה יתיה
002 ולהלא Gn24:60 אחתן הויית ברם מן הכא ולהלא את אזלה ומדבקה ל{ד}<ה>

**להן *adv.* ⇐ לאן**

**לו *conj.* ⇐ אילו**

**לוביי *adj.* Lybian** [278]

001 p em/sf ולובאי Gn10:07M והינדקאי וסמראי ולובאי וזינגאי ובנוי

**לוג *n.* log (a measure)** [278]

001 s ab/cn ולג Lv14:21 סלת חד פיל במשח למנחה ולג דמשח:
002 Lv14:10 סלת מנחה פילה במשח ולג חד דמשח:
003 s em/sf לוגה Lv14:15 ויסב כהנא מן לוגה דמשחא «י»ריק על כף ידיה
004 Lv14:12 ויקרב יתיה לאשמה וית לוגה דמשחה ויניף יתהון אנפו קדם
005 Lv14:24 כהנא ית אמרה דאשמה וית לוגה דמשחה ויניף יתהון כהנא

**לודיי *adj.* Lydian** [278]

001 s em/sf לודיא Gn10:13 ומצרים אולד ית לודיא וית ענמיה וית להבייא וית

**לוודק *n.* Lybian donkey** [278 לובדק]

001 p abs ולוודקין Gn32:16 עשרה אתנין עשרין ולוודקין עשרה:

**לווט *n.* curse** [278]

001 s ab/cn ללווט Dt28:25M ותהוון לריחוק/ללווט#2# לכל מלכוותה דארעא:
002 ללוט Nu 5:27 ירכה ותיהוי אתתה לל{י}<ו>ט בגו עמה:
003 Nu 5:21 לאתתה ישווי ייי יתיך ללוט ולשבועה בגו עמך כד ישווי
004 דלווט Lv 5:01M קל שבועה דחרוף/דלווט#2# והוא שהד או די חמה
005 s em/sf לבט' Gn27:13M אינון/הנון#2# לווטן/לבט'#2# ברי לחוד שמע בקלי
006 Gn27:12M /וייתי #2# עלי לווטן/לבט'#2# ולא/חולף#2# ברכן:
007 לווטה Dt29:18M ויתפייס במחשבת ליביה לווטה/ הדין ויתרברב בלביה#2#/
008 לווטך Gn27:13 ואמרת ליה אמה עלי אינון לווטך ברי לחוד שמע בקלי ואזל
009 לווטן Gn27:12 כמגחך בה ואייתי עלי לווטן ולא ברכן:

| | | | | | |
|---|---|---|---|---|---|
| 010 | דלווטה | Nu 5:21 | כהנה ית אתתה בשבועתה | דלווטה | ויאמר כהנה לאתתה ישווי |
| 011 | לווטיה p em/sf | Dt29:19 | ההוא וידבקון בה כל | לווטיה | דכתיבין בספר אורייתה הדין |
| 012 | | Dt29:26 | ההיא למייתיה עלה ית כל | לווטיה | דכתיבין בספר אורייתה הדה: |
| 013 | | Dt29:18 | ויהווי כדי שמע ית מילי | לווטיה | הדין ויתפייס במחשבת ליביה |
| 014 | | Dt29:20 | כל שבטיה דישראל ככל | לווטיה | קיימה דכתיבין בספר |
| 015 | לווטייה | Dt27:13 | ואילין יקומון על | לווטייה | בטורא דעיבל ראובן גד |
| 016 | | Dt28:15 | הדין וייתון עליכון כל | לווטייה | האיליין ויארעון יתכון: |
| 017 | | Nu 5:23M | האלין /וכתיב ית | לווטייה | האליין#2#/ כהנא בספרא |
| 018 | | Dt28:45 | וייתון עליכון כל | לווטייה | האליין וירדפון יתכון |
| 019 | | Dt30:07 | ייי אלהכון ית כל | לווטייה | האליין על בעלי דבביכון |
| 020 | | Nu 5:23 | ויכתוב ית | לווטייה | האלין כהנא בספרא וימחוק |
| 021 | | Dt30:19 | לכון ית ברכתה וית | לווטייה | ותבחרון באורחה דחיי |
| 022 | | Dt23:06M | /^הק#2#^/ לברכה | /לווטייה | לברכן#2#/ ארום רחמכון |
| 023 | | Dt11:29 | על טורא דגריזים וית | לווטייה | על טורא דעיבל: |
| 024 | ללווטוי | Dt23:06 | צבא ייי אלהכון למשמע | ללווטוי | דבלעם והפך ייי אלהכון |
| 025 | ולווטיה | Dt11:28 | | ולווטיה | אין לא תשמעון למצוותה |
| 026 | ולווטייה | Dt11:26 | יומא הדין סדר ברכתה | ולווטייה: | |
| 027 | | Dt11:28 | יומא הדין <....> | {ולווטייה} | אחרניין די לא חכמתון: |

**See also:** ליוויי *n.*

## לווי *interj.* *oh that* [278]

| | | | | | |
|---|---|---|---|---|---|
| 001 | לו' | Nu24:23M | ואמר | אלוויי^לו'#2#^/ | מן ייחי ביומיא |
| 002 | לווי | Gn17:18M | אברהם קדם ייי | אלווי/לוויי#2#/ | ישמע«אל» יחי |
| 003 | | Gn23:13 | דארעא למימר לחוד אן | לווי | את מקבל מני הא יהבית כספא |
| 004 | | Dt30:12 | בשמיא היא אוריתה למימר | לווי | הוה לן חד כמשה נבייא די |
| 005 | | Dt30:13 | רבה היא אוריתה למימר | לווי | הוה לן חד כיונה נביא די |
| 006 | | Gn30:34M | אלוי /טובא אמרית | לווי#2#/ | יהוי כמליך/כפתגמך#2#/: |
| 007 | | Ex16:03M | \אלוי "מי יתן" | /לווי | מן#2#/ מותנו קדם ייי |
| 008 | | Dt 5:29 | | לווי | מן יתן ויהוי לבה שלמה |
| 009 | | Dt28:67 | בצפרא תיהוון אמרין | לווי | מן יתן וייתי רמשה וברמשה |
| 010 | לוויי | Nu14:02M | או במדברה הדין | אלווי/לוויי#2#/ | מי{ו}תינן: |
| 011 | | Nu23:10 | בלעם מותין קשיטין | לוויי | תיהוי סופיה אלווי תיהוי |
| 012 | ליוואי | Nu11:04M | \אלווי מן ייכל יתן | /ליוואי | הווה לן דמייכל יתן#2#/ |
| 013 | ליוויי | Nu14:02M | /ב{י}ני ישראל | ליוויי#2#/ | בארעא מי{ן}<י>תינן |
| 014 | | Nu20:03M | "אלווי ... דמיתו": | ליוויי | מיתנן במותנה דמיתו |
| 015 | ולו | Nu11:18M | דייי למימר | אלווי^ולו#2#^/ | \מן יוכל יתן /הוה |
| 016 | ולווי | Gn21:07M | ואמרת | אלווי/ולווי#2#/ | מן ייזיל ותני |
| 017 | וליוואי | Nu23:10M | \אלווי תיהוי אחריתה | /וליוואי | תיהווי אח#2#/ כזעירה |

## לווי *n.* ⇐ ליבה

## לווי *n.* **company** [278]

| | | | | | |
|---|---|---|---|---|---|
| 001 | לווייתיה s em/sf | Ex 7:23M | פרעה ועל לגו | בייתה/לווייתיה#2#/ | ולא שוי לביה אף |

## לוויקיי *adj.* **Lybian** [!!]

| | | | | | |
|---|---|---|---|---|---|
| 001 | לוויקאי p em/sf | Gn10:13M | להבייא וית נפתוחייא | /לוויקאי | וית מרטיונאי וית |

## לוולי *vb.* **to shout** [279]

| | | | | | |
|---|---|---|---|---|---|
| 001 | נלוולי quadr. | Ex14:14 | וכיתא דהוות אמרה | נלוולי | לקבליהון ונערבב יתהון אמר |
| 002 | | Ex14:13M | "אמרה ... ונערבב": אמרי | נלוולי | לקובליהון ונערבבה |
| 003 | נלולי | Ex14:13 | קרבה וחדא הוות אמרה | נלולי | לקבליהון ונערבב יתהון |

## לוות *prep.* **towards** [279]

| | | | | | |
|---|---|---|---|---|---|
| 001 | לוות | Gn26:01 | דאברהם ואזיל יצחק | לוות | אבימלך מלכאהון |
| 002 | | Gn18:01M | פתגם דנבו מן קדם ייי | לוות | אברהם צדיק{י}א למימר |
| 003 | | Gn15:04M | דנבו מן קדם ייי | על/לוות#2#/ | אברם למימר לא ירת |
| 004 | | Ex32:03M | במשמעהון ואייתון יתהון | לוות | אהרן#2#/: |
| 005 | | Ex32:03 | «די» באדניהון ואייתון | לוות | אהרן: |
| 006 | | Lv13:02 | בשריה למכתש צרעה וייתי | לוות | אהרן כהנא {ו}או לוות חד |
| 007 | | Nu22:05 | ושלח שליחין | לוות | בלעם בר בעור פתורה |
| 008 | | Nu22:07 | חתימין בידהון ואתון | לוות | בלעם ומללו עימיה מלוי |
| 009 | | Nu22:16 | ואתון | לוות | בלעם ואמרין ליה כדין אמר |
| 010 | | Nu22:14 | וקמו רברבני מואביי ואתון | לוות | בלק ואמרין סרב בלעם |
| 011 | | Nu23:05 | בפומיה דבלעם ואמר חזור | לוות | בלק וכדן תמלל: |
| 012 | | Nu23:16 | בפמיה ואמר ח{ו}<ז>ר | לוות | בלק וכדן תמלל: |
| 013 | | Nu16:25 | וקם משה ואזל | לוות | דתן ואבירם ואזלו בתריה |
| 014 | | Gn16:04 | ועל | לוות | הגר ועברת וחמת {{ע}}ארום |
| 015 | | Gn38:22 | וחזר | לוות | יהודה ואמר לא אשכחית יתה |
| 016 | | Gn39:07 | אתתיה דרבוני ית עיינה | לוות | יוסף ואמרת לה שמש עמי: |
| 017 | | Gn41:55 | פרעה לכל מצראי אזלו | לוות | יוסף מה דיימר לכון |
| 018 | | Gn46:28 | וית יהודה שלח קדמוי | לוות | יוסף למתקנה ליה אתר |
| 019 | | Gn46:28M | לוות/בהדא דורון | לוות#2#/ | יוסף למתקנה ליה אתר |
| 020 | | Gn47:15 | דכנען ואתון כל מצראי | לוות | יוסף למימר הב לן לחם ולמה |
| 021 | | Gn47:17 | ואייתון כל מצראי | לוות | יוסף למימר הב לן לחם ויהב |
| 022 | | Gn32:07 | וחזרו מלל{{ה}}יה | לוות | יעקב למימר מטינן לוות |
| 023 | | Gn34:06 | ונפק חמור אבוי דשכם | לוות | יעקב לממללה עמה: |
| 024 | | Gn42:29 | ואתון | לוות | יעקב אבוהון לארעא דכנען |
| 025 | | Gn45:25 | ואתו לארעא דכנען | לוות | יעקב אבוהון: |
| 026 | | Gn27:22 | וקרב יעקב | לוות | יצחק אבוי ומשש יתה ואמר |
| 027 | | Gn31:18 | די קנה בפדן ארם למיזל | לוות | יצח«ק» אבוהי לארעא |
| 028 | | Gn35:27 | ואתא יעקב | לוות | יצחק אבוי ממרא קרתהון |
| 029 | | Gn28:09 | ואזל עשו | לוות | ישמעל ונסב ית מחל«ת» |
| 030 | | Ex 4:18M | משה ותב/וחזר#2#/ | ליתרו/לוות | יתרו#2#/ חמוי ואמר |
| 031 | | Gn30:14 | באפי ברא ואייתי יתהון | לוות | לאה אמיה ואמרת רחל ללאה |
| 032 | | Gn27:43 | בקלי וקום אזל{{ך}} לך | לוות | לבן אחי חרנה: |
| 033 | | Gn28:05 | ית יעקב ואזל לפדן ארם | לוות | לבן בר בתואל ארמאה |
| 034 | | Ex18:05 | חמוי דמשה ובנוי ואתתיה | לוות | משה למדברא דהוא שרי תמן |
| 035 | | Ex18:26 | שעה ית פתגמא קשיא ייתון | לוות | משה וית פתגמ' זעירא |
| 036 | | Ex39:33 | ואייתון ^ית משכנה | לוות | משה#2#^ ית משכנה וית כל |
| 037 | | Lv24:11 | וחרף ואייתון יתיה | לוות | משה ושמה דאתתה שלמית ברת |
| 038 | | Nu13:26 | ואזלו ועלו | לוות | משה ואהרן ולוות כנישתה |
| 039 | | Nu15:33 | דאשכחו יתיה מגבב קיסין | לוות | משה ולוות אהרן ולוות כל |
| 040 | | Nu17:15 | וחזר אהרן | לוות | משה לתרע משכן זימנה |
| 041 | | Nu21:07M | ואתון עמא | למשה/לוות | משה#2#/ ואמרין חטינן |
| 042 | | Nu31:12 | ^^ואייתון | לוות | משה ולוות אלעזר כהנה |
| 043 | | Nu31:48 | וקרבו | לוות | משה סכומיה דהוון ממנין על |
| 044 | | Gn 7:09M | תריין#2#/ עלו | עם/לוות#2#/ | נח לתיבותא דכר וזוגה |
| 045 | | Nu21:21 | ושלח ישראל שליחין | לוות | סיחון מלכיהון דאמוריי |
| 046 | | Dt 2:26 | שלוחין מן מדברה דקדמות | לוות | סיחון מלכא דחשבון מלין |
| 047 | | Gn32:04 | שליחין קדמוי {לוות} | לוות | עשו אחוי לארע גבלא |
| 048 | | Gn32:07 | למימר מטינן לוות אחוך | לוות | עשו והא הוא אתא לקדמותך |
| 049 | | Gn29:30 | ועל אף | לוות | רחל ורחם אף ית רחל מלאה |
| 050 | | Ex 2:18 | ואתיין | לוות | רעואל אבוהון ואמר {בגלל |
| 051 | | Gn44:34 | ארום היך כדין אסק | לוות | אבה וטליא לית הוא עמי דלא |
| 052 | | Gn45:09 | אוחו ופקו | לוות | אבה ותימרון ליה כדן אמר |
| 053 | | Gn47:30 | ואתכנש | לוות | אבהתי ותסב יתי מן מצריים |
| 054 | | Gn37:02 | ית טבהון דאחוי ביש | לוות | אבוהון: |

| | | | | |
|---|---|---|---|---|
| 055 | Gn37:32 | מציירה דיוסף ואייתון | לוות | אבוהון ואמרין דא אשכחנן |
| 056 | Gn27:18 | ואתא | לוות | אבוי ואמר אבא ואמר הנני מה |
| 057 | Gn37:22 | מן ידיהון למחזרה יתיה | לוות | אבוי: |
| 058 | Gn44:17 | לי עבד ואתון סקון בשלם | לוות | אבוכון: |
| 059 | Gn18:01 | תלתא מלאכין אש<ת>לחו | לוות | אבונן אברהם בזימנא די גזר |
| 060 | Gn37:23 | והוה כד אתא יוסף | לוות | אחוי ואשלחו ית פרגודא |
| 061 | Gn37:30 | וחזר | לוות | אחוי ואמר טליא לית אנה ידע |
| 062 | Ex 2:11 | האינון ורבה משה ונפק | לוות | אחוי וחמא בפולחניהון וחמא |
| 063 | Nu25:06 | מן בני ישראל אתי ואקרב | לוות | אחוי ית מדיניתה לעיני משה |
| 064 | Gn32:07 | לוות יעקב למימר מטינן | לוות | אחוך לוות עשו והא הוא אתא |
| 065 | Ex 4:18 | ליה איזל כען ואחזור | לוות | אחי די במצרים ואחמי העד |
| 066 | Gn33:03 | זמנין עד זמן די קרב | לוות | אחיו: |
| 067 | Gn38:09 | בניה והוה כד הוה עליל | לוות | אתתא דאחוי הוה מחבל עובדוי |
| 068 | Gn38:08 | ואמר יהודה לאונן עול | לוות | אתתיה דאחוך ויבם יתה ואקים |
| 069 | Ex 3:13 | קדם ייי הא אנה אזל | לוות | בני ישראל ואמר להון אלה |
| 070 | Lv27:34M | מטול לאחוואותהון | לוות | בני ישראל |
| 071 | Nu13:32M | די ילילו יתה | קדם/לוות#2# | בני ישראל למימר ארעא |
| 072 | Nu18:26 | להון ארום תקבלון מן | לו«ו»ת | בני ישראל ית מעשרה די |
| 073 | Nu36:13M | דייי בידוי דמשה | לוות | בני ישראל במישרה#2#/ |
| 074 | Gn38:01 | מן לוות אחוי וסטה | לוות | גבר עדולמיי ושמה חירה: |
| 075 | Gn24:29 | ושמה לבן ורהט לבן | לוות | גברא לברה לעיינה: |
| 076 | Gn24:30 | כדין מלל עמי גברא ואתא | לוות | גברא והא הוא קיים על גמליא |
| 077 | Gn43:13 | אחוכון סבו ואזלו חזרו | לוות | גברא: |
| 078 | Gn43:19 | וקרבו | לוות | גברא דהוה ממני על פלטורין |
| 079 | Ex 2:21 | ושרי משה למשרי | לוות | גברא ואסב ליה ית צפורה |
| 080 | Gn38:12 | ואנחם יהודה וסלק | לוות | גזזי ענה הוא וחירה רחמיה |
| 081 | Ex22:07 | גנבא ויקרב מרה דביתא | לוות | דייניא אין לא שלח ידי' |
| 082 | Ex22:08 | די יאמר ארום דן הוא | לו«ת» | דייניא יעלא מלי תריהון |
| 083 | Ex21:06 | ונקרב יתיה רבוני | לוות | דייניה ויקרב יתיה לתרעא או |
| 084 | Dt25:01M | דייניה ו«י»דונן | /לוות | דינייה וידונון#2#/ יתהון |
| 085 | Nu25:08M | בר ישראל \לגו קהלא | /לוות | הוצא#2#/ ודקר ית תריהון |
| 086 | Lv13:02 | לוות אהרן כהנא {ו}או | לוות | חד מן בנוי כהניא: |
| 087 | Dt21:19 | אבוי ואימיה ויפקון יתיה | לוות | חכימי קרתה ולתרע בית דינה: |
| 088 | Dt22:15 | ית סהדוותה דרביתה | לוות | חכימי קרתה לתרע בית דינה: |
| 089 | Gn19:24M | /גפרי#2#/ ואשא | מן קדם/לוות#2#/ | ייי מן שמיא: |
| 090 | Lv 5:18 | מום מן ענה בעלויה לאשמה | לוות | כהנא ויכפר עלוי כהנא על |
| 091 | Lv 5:25 | מום מן ענה בעלויה לאשמה | לוות | כהנא: |
| 092 | Lv12:06 | לחטאתה לתרע משכן זימנה | לוות | כהנא: |
| 093 | Lv13:07 | במשכה מן בתר דאתחוי | לוות | כהנא לדכותה ויתחמי זמן |
| 094 | Lv13:16 | חיה ויתהפך לחוור ויתחזי | לוות | כהנא: |
| 095 | Lv13:49M | /<ויתח>זי#2#/ | לכהנא/לוות | כהנא#2#/: |
| 096 | Lv14:02 | ביומא דדכותיה וייתי | לוות | כהנא: |
| 097 | Lv14:23 | ביומא תמיניה לדכאותיה | לוות | כהנא לתרע משכן זימנא קדם |
| 098 | Lv15:14 | משכן זימנא ויתן יתהון | לוות | כהנא: |
| 099 | Lv15:29 | בני יון ותתי יתהון | לוות | כהנא לתרע משכן זימנא: |
| 100 | Lv23:10 | ית עומרה שרוי חצדכון | לוות | כהנא: |
| 101 | Dt26:03 | ותיתון | לוות | כהנא די הווי ממני כהנא רבא |
| 102 | Lv17:05 | קדם ייי לתרע משכן זמנה | לוות | כהנה קדם ייי ויכסון נכסת |
| 103 | Nu 5:15 | וי«י»תי גברא ית אתתיה | לוות | כהנה וייתי ית קרבנה עלה |
| 104 | Nu 6:10 | או תרין גוזלין בני יון | לוות | כהנה בתרע משכן זימנא: |
| 105 | Dt17:09 | ותתון | לוות | כהניא וליוויי ולוות דייניה |
| 106 | Lv18:06 | גבר גבר | לוות | כל קריב בשריה לא תקרבון |
| 107 | Lv20:16 | ואתה די תקרב | לוות | כל בעיר למשמשה עמה ותקטלון |
| 108 | Nu17:24 | ית כל חוטריה מן קדם ייי | לוות | כל בני ישראל וחמון ונסבון |
| 109 | Nu16:26 | ומליל | לוות | כנישתה למימר סטון כען |
| 110 | Gn32:04 | ושלח יעקב שליחין קדמוי | {לוות} | לוות עשו אחוי לארע גבלא |
| 111 | Gn24:41 | תזדכה משבועתי ארום תיתי | לוות | לזרעייתי ואן לא יתנון לך |
| 112 | Ex 3:18 | את וחכימיה דישראל | לוות | מלכא דמצרים ותימרון ליה |
| 113 | Nu20:14 | ושלח משה שליחין מן רקם | לוות | מלכיהון {{דאדמיי}} כדן |
| 114 | Ex11:02M | מן חבריה ואתתא | מן לוות/לוות#2#/ | {מנין} חברתה מנין |
| 115 | Dt 9:21 | עבד עפרה וארמי ית עפרה | לוות | {נורא} <נחלה> דנחת מן |
| 116 | Gn44:24 | והוה ארום סלקנן | לוות | עבדך אבה ותנינן ליה ית |
| 117 | Gn44:30 | וכדון כמעלי | לוות | עבדך אבה וטליה לית הוא עמן |
| 118 | Gn22:19 | ותב אברהם | לוות | עולימוי וקמ{ן}<ו> ואזלו |
| 119 | Ex 4:16 | וימלל הוא על ידך | לוות | עמא ויהווי הוא יהווי לך |
| 120 | Ex14:05 | לבה דפרעה ודשלטנוי | לוות | עמא ואמרין מה היא דא |
| 121 | Ex19:10 | ואמר ייי למשה איזל | לוות | עמא ותקדש יתהון יומא הדין |
| 122 | Ex19:14 | ונחת משה מן טורא | לוות | עמא וקדש ית עמא וחוורו |
| 123 | Ex19:25 | ונחת משה מן טורא | לוות | עמא ואמר להון קרובו קבילו |
| 124 | Nu13:31 | לית אנן יכלין מסוק | לוות | עמא ארום תקיפין אינון |
| 125 | Nu13:31 | לית אנן יכלין מסוק | לוות | עמא ארום תקיפין אינון מנן: |
| 126 | Nu17:11M | קטורן ואזל בפריע | לוות | עמא דכנישתה וכפ<ר> |
| 127 | Dt20:02M | כהנה וימלל | לעמא/לוות | עמא#2#/: |
| 128 | Dt20:05M | סרכיה | עם/לוות#2#/ | עמא למימר מן הוא דן |
| 129 | Dt20:08M | סרכייה למללה | עם/לוות#2#/ | עמא ויימרון מן הוא |
| 130 | Dt20:09M | סרכייה למללה | עם/לוות#2#/ | עמא וימנון רברבניה |
| 131 | Gn49:33M | וסאף ומית ואתכנש | לעמיה/לוות | עמי#2#/: |
| 132 | Nu24:14 | וכדון הא אנה אזל | לוות | עמי אתא אעוץ יתך עצה אחטי |
| 133 | Gn25:08 | סב ושביעו ואתכנש | לוות | עמיה: |
| 134 | Gn35:29 | וסאף יצחק ומית ואתכנש | לוות | עמיה סאב ושבע יומין וקברו |
| 135 | Dt32:50 | בהור טורא ואתכנש בשלם | לוות | עמיה: |
| 136 | Nu27:13 | ותחמי יתה ותתכנש | לוות | עמך אוף את היך מה דאתכנש |
| 137 | Nu31:02 | מדייניי ובתר כדן תתכנש | לוות | עמך: |
| 138 | Dt32:50 | עליל לתמן ותתכנש בשלם | לוות | עמך היך מה דאתכנש בשלם |
| 139 | Gn27:09 | אזל כען | לוות | ענה ואייתי לי מן תמן תרין |
| 140 | Gn31:04 | לרחל וללאה לאפי ברא | לוות | ענה: |
| 141 | Gn40:14 | עמי חסד וטיבו ותדכר יתי | לוות | פרעה ותיפוק יתי מן |
| 142 | Gn41:14 | וספר וחוור לבושוי ועל | לוות | פרעה: |
| 143 | Ex 3:10M | וכדון אתא ואשלח יתך | לפרעה/לוות | פרעה#2#/ ותפק ית עמי |
| 144 | Ex 3:11 | קדם ייי מן אנה ארום אזל | לוות | פרעה וארום אסק ית בני |
| 145 | Ex 5:23 | ומן זמנא דאתית | לוות | פרעה למללה בשם ממרך אבאש |
| 146 | Ex 7:10 | ועל משה ואהרן | לוות | פרעה ועבדו כד«ן» היך מה |
| 147 | Ex 7:15 | <איזל | לוות> | פרעה בצפרא הא הוא נפק |
| 148 | Ex 7:26 | ואמר ייי למשה עול | לוות | פרעה ותימר ליה כדון אמר |
| 149 | Ex 9:01 | ואמר ייי למשה על | לוות | פרעה ותימר ליה כדין אמר |
| 150 | Ex10:01 | ואמר ייי למשה עול | לוות | פרעה ארום אנה תקפ«י»ת ית |
| 151 | Ex10:03 | ואתא משה ואהרן | לוות | פרעה ואמרין ליה כדון אמר |
| 152 | Ex10:08 | וחזר ית משה וית אהרן | לוות | פרעה ואמרו להון איזילו |
| 153 | Gn24:54 | בצפרא ואמרו שלחו יתי | לוות | רבוני: |
| 154 | Gn33:14 | טליי' עד זמן די אזל | לוות | רבוני לגבלה: |
| 155 | Gn16:09 | ואמר לה מלאכה דייי חזרי | לוות | רבונתיך ואצטערי תחות ידה: |
| 156 | Gn24:56 | באורחי שלחו יתי ואיזיל | לוות | ריבוני: |
| 157 | Gn15:01M | דנבו מן קדם ייי | על/לות#2#/ | אבר' צדיקא למימר לא |
| 158 | Gn16:05 | ואמרת שרי | לות | אברם דיני ועל בני מחוסי |
| 159 | Gn18:06 | אברהם ואזיל למשכנא | לות | שרה ואמר אוחי וסבי תלת |
| 160 | Gn15:15 | ואת תתכנש | לות | אבהתך בשלם תקבר בשיבו טבא: |
| 161 | Gn 2:19 | עופה דשמיא ואייתי יתהון | לות | אדם למחמי מה הוא קרא ליהון |
| 162 | Gn 2:22 | מן אדם לאתה ואייתי יתה | לות | אדם: |

לות

|  |  |  |  |  |  |
|---|---|---|---|---|---|
| 163 | | Gn16:02M | מה דלמה /אזדמן כען | לות | אמהתי#2#/ דאתבני אף אנה |
| 164 | | Gn16:02 | מן למל{ל}<ד> עול כען | לות | אמתי מה דלמה דאתבני אף אנה |
| 165 | | Gn 3:16M | | ולאתתה/לות | אתתה#2#/ אמר מסגיא |
| 166 | | Lv 2:02 | וייתי יתה | לות | בנוי דאהרן כהניא ויקמץ |
| 167 | | Gn 6:04 | כדין די עלו בני דיניא | לות | בנתהון דבני אנשא וילידו |
| 168 | | Lv 2:08 | לשמה דייי ויקרב יתה | לות | כהנא ויסדר יתה על גבי |
| 169 | | Lv 5:08 | וייתי יתהון | לות | כהנא ויקרב ית די לחטאתה |
| 170 | | Lv 5:12 | וייתי יתיה | לות | כהנא ויקמוץ כהנא מניה מלא |
| 171 | | Lv13:09 | תיהווי בבר נשא וייתי | לות | כהנא: |
| 172 | | Gn49:29M | להון הא אנא מתכנש | לעמי/לות | עמי#2#/ קברו יתי גב |
| 173 | | Gn33:14M | גלותא ורבין אעול | לות | רבוני לאגחא קרבה בגבולא |
| 174 | | Gn47:18M | ונכסי בעירה | לות | רבונן לא אשתייר קדם רבונן |
| 175 | לר' | Gn48:13M | לוותיה /ואקרב ית' | לר#2#/: | |
| 176 | לור' | Gn26:27 | יצחק מן בגלל מה אתיתון | לור' | ואתון שנאתון יתי ושלחתון |
| 177 | | Ex26:25M | \לוחה חדא/חדת#2#/ | /לור' | חתה#2#/ ותרתין חומרין |
| 178 | לוותה | Gn20:06 | לא יהבית לך רשו למקרב | לוותה: | |
| 179 | | Gn29:21 | יומי פלחני ואיעול | לוותה: | |
| 180 | | Gn29:23 | ואייתי יתה לוותה ועל | לוותה: | |
| 181 | | Gn38:02 | שוע ונסב יתה ועל | לוות«ה:» | |
| 182 | | Gn30:16M | עמה בליליי /ואזדמן | לוותה | בליל#2#/ הו«א»: |
| 183 | | Gn27:25M | \וקרב ליה /ואקרב | לוותה#2#/ | ואכל ואייתי ליה חמר |
| 184 | | Gn20:04 | ואבימלך לא קרב | לוותה | ואמר בבעו ברחמין מן קדמך |
| 185 | | Lv 9:18 | בנוי דאהרן ית אדמה | לוותה | וזרק יתיה על גבי |
| 186 | | Dt24:01 | גבר אתה ויפרין ויזדמן | לוותה | ויהווי אין לא אשכחת חן |
| 187 | | Dt25:05 | לגבר חלוני יבמה יזדמן | לוותה | ויסב יתיה לה לאיתה ויבם |
| 188 | | Dt22:13 | ארום יסב גבר אתה ויזדמן | לוותה | ויסני יתה: |
| 189 | | Lv25:25 | וייתי קריביה דקריב | לוותה | ויפרוק ית מה דזבן אחוי: |
| 190 | | Dt22:14 | אתתה הדה נסבית וקרבית | לוותה | ולא אשכחית לה סהדוון: |
| 191 | | Gn19:34M | עמה ונקיים מן /אזדמני | לוותה | ונקיימה מן#2#/ אבונן |
| 192 | | Gn38:18 | די בידך ויהב לוותה ועל | לוותה | ועברת מיניה: |
| 193 | | Gn29:23 | לאה ברתה ואייתי יתה | לוותה | ועל לוותה: |
| 194 | | Gn38:18 | וחוטרך די בידך ויהב | לוותה | ועל לוותה ועברת מיניה: |
| 195 | | Lv 9:09 | בנוי דאהרן ית אדמה | לוותה | וצבע אצבעיה באדמה ויהב על |
| 196 | | Dt21:13 | דיומין ובתר כדן תיעול | לוותה | ותזדמן לוותה ותיסב יתה לך |
| 197 | | Dt21:13 | כדן תיעול לוותה ותזדמן | לוותה | ותיסב יתה לך לאתה: |
| 198 | | Gn30:03 | אמתי בלהה על לוותה | {לוותה} | ותלד ואנה ארבי מה דלמה |
| 199 | | Gn39:21M | בסעדה דיוסף והטה | לוותה | חסד ושווי חסדא באפיה |
| 200 | | Gn44:10 | כן הוא ית מן די ישתכח | לוותה | יהווי לי עבד ואתון תהוון |
| 201 | | Ex21:10 | ותכסיתה ומעלה ומפקה | לוותה | לא ימנע: |
| 202 | | Gn38:16 | וסטה | לוותה | לארחה ואמר הבי כען אעול |
| 203 | | Gn30:03 | ואמרת הא אמתי בלהה על | לוותה | {לוותה} ותלד ואנה ארבי מה |
| 204 | | Dt21:13M | /כן תעל עלה ותזדמן | לוותה | לך#2#/ ותיסב יתה לך לאתה |
| 205 | | Lv 9:13 | וית עלתה זמינו | לוותה | לפיסגה וית רישיה וסדר |
| 206 | | Gn 8:09 | ידה ונסב יתה ואעל יתה | לוותה | לתיבותה: |
| 207 | | Gn 8:09 | נייח לכף רגלה וחזרת | לוותה | לתיבותה ארום מיא הוון |
| 208 | | Gn 8:12M | לוותה תוב /למחזור | לוותה | עוד#2#/: |
| 209 | | Gn 8:12 | יוונה ולא אוספת למחזר | לוותה | תוב: |
| 210 | | Ex36:03 | למעבד יתה ואנון אייתון | לוותה | תוב נדבה בכל צפר וצפר: |
| 211 | לוותהון | Gn40:06 | ואתא | לוותהון | יוסף בצפרא וחמה יתהון |
| 212 | | Ex24:14 | עסק דין דמלין יקרב | לוותהון: | |
| 213 | | Ex 1:19 | עד לא תיתי חייתא | לוותהון | אינון מצליין קדם אבוהון |
| 214 | | Gn37:13 | בשכם אתא ואשלח יתך | לוותהון | ואמר ליה הא אנא: |
| 215 | | Ex23:27M | ית כל עמא דתעלון | לוותהון | ואשו{ו}<י> |
| 216 | | Gn37:18 | מרחיק וקדם עד לא קרב | לוותהון | ואתחשבו עלוי למקטליה: |
| 217 | | Gn42:24 | מלוותיהון ובכה וחזר | לוותהון | ומלל עמהון ונסב |
| 218 | | Ex 1:19M | \חייתא לוותהון אינון | /לוותהון | ילדתא הינין#2#/ מצליין |
| 219 | | Gn43:23 | כספכון אתקבלת ואפק | לוותהון | ית שמעון: |
| 220 | | Gn19:10 | ידיהון ואעילו ית לוט | לוותהון | לביתה וית תרעא טרדו: |
| 221 | | Gn19:06 | ונפק | לוותהון | לברא ותרעא טרד בתרה: |
| 222 | לוותי | Gn38:16 | את יהב ל<י> ארום תעול | לוותי: | |
| 223 | | Gn46:31 | בארע«א» דכנען אתון | לוותי: | |
| 224 | | Ex32:02 | בניכון ובנתכון ואייתון | לוותי: | |
| 225 | | Nu22:10 | מלכהון דמואביי שלח | לוותי: | |
| 226 | | Nu22:16 | לא כען תתמנע מן מייתי | לוותי: | |
| 227 | | Gn30:20M | בהדא זמנא יזדמן בעלי | לוותי | ארום#2#/ ילדית לי שתא |
| 228 | | Gn45:10 | דגושן ותיהווי קריב | לוותי | את ובניך ובני בניך וענך |
| 229 | | Lv10:03 | ייי למימר במן דמקרב | לוותי | אתקדש ובאפי כל עמא איתיקר |
| 230 | | Gn29:34 | כדון בהדא זמנא יזדמן | לוותי | בעלי ארום ילדת ליה תלתא |
| 231 | | Gn31:42 | שלחת יתי ית צערי וית | לוותי | דידי גלי קדם ייי ואוכח |
| 232 | | Nu22:37 | לך למה כען לא אתית | לוותי | הא מן קושטה לית אנה יכיל |
| 233 | | Gn48:09 | הכא ואמר דבר כען יתהון | לוותי | ואברך יתהון: |
| 234 | | Ex18:16 | עסק דין דמלין אתיין | לוותי | ואדון בין גבר ובין חבריה |
| 235 | | Gn42:34 | ית אחוכון ית זעירא | לוותי | ואדע ארום לא יללין אתון |
| 236 | | Gn38:16 | כלתה היא {ארום תעול | לוותי} | ואמרת מה את יהב ל<י> ארום |
| 237 | | Ex18:16M | דמלין אתין | לוותי | ואנה דיין |
| 238 | | Ex 3:09 | דבני ישראל סלקת | לוותי | ואף גלי קדמיי ית דוחקיה |
| 239 | | Gn44:21 | ואמרית לעבדך אחותן יתיה | לוותי | ואשוי עיני עלוי: |
| 240 | | Dt 1:17 | יקשי מינכון תקרבון יתי | לוותי | ואשמע יתיה: |
| 241 | | Ex32:26 | דדחל מן קדם ייי ייתי | לוותי | ואתכנשו לוותיה כל שבטי |
| 242 | | Gn45:18 | וית אנשי בתיכון ותיתון | לוותי | ואתן לכון ית טובא דארעא |
| 243 | | Ex11:08 | ויחתון כל עבדיך אלין | לוותי | וישאלון בשלמי למימר פוק |
| 244 | | Gn34:30 | ואנה עם למניין ויתכנשו | לוותי | וישיצון יתי |
| 245 | | Gn42:33 | אתון חד מנכון אצנעון | לוותי | וית כפנים בתיכון סבו |
| 246 | | Nu22:08M | <די> מלל ממריה דייי | לוותי | ויתבו רברבני דמואב עם |
| 247 | | Gn42:20 | ואת אחוכון זעירא תייתון | לוותי | ויתהימנן מליכ{י}<ו>ן ולא |
| 248 | | Gn45:09 | לריבון לכל מצראי חות | לוותי | ולא תשתהי: |
| 249 | | Gn39:14M | עמי /למזדמני | לוותי#2#/ | וצוחית בקל רם: |
| 250 | | Gn45:04 | יוסף לאחוי קרבו כען | לוותי | וקרבו ואמר אנה יוסף |
| 251 | | Ex33:21 | ואמר ייי הא אתר מזמן | לוותי | ותתעתד על טנרא: |
| 252 | | Dt31:28 | כנשו | לוותי | ית כל חכימי שבטיכון |
| 253 | | Dt 5:23 | בעיר באשתא וקרבתון | לוותי | כל ראשי שבטיכון |
| 254 | | Dt 1:22 | וקרבתון | ל{ת}<וו>תי | כלכון ואמרתון נשלח |
| 255 | | Ex24:12 | ואמר ייי למשה סוק | לוותי | לטורא והוי תמן ואתן לך ית |
| 256 | | Dt10:01 | דאבנין כקדמייה וסק | לוותי | לטורא ותעביד לך ארון |
| 257 | | Gn39:14 | למגחכה {למגחכה} בן על | לוותי | למשמשא עמי וצוחית בקל רם: |
| 258 | | Nu24:12 | להוד לשליחך די שלחת | לוותי | מללת למימר: |
| 259 | | Gn39:17 | כפתגמיא האילן למימר על | לוותי | עבדא עברא די איית«י»ת |
| 260 | | Ex18:15 | משה לחמוי ארום אתון | לוותי | עמא למתבע אולפן מן קדם |
| 261 | | Dt 4:10M | משה כנש \לי ית עמא | /לוותי | עמא#2#/ ואשמע יתהון ית |
| 262 | | Gn30:16 | לאה לקדמותיה ואמרת לה | לוותי | תיעול ארום מגיר אגרית יתך |
| 263 | | Ex34:02 | לטורא דסיני ותתעתד | לוותי | תמן על ראש טורא: |
| 264 | לוותי' | Lv 5:23 | או ית פקדוניה די אתפקד | לוותי' | או ית אבדתה די אשכח: |
| 265 | לוותיה | Ex34:31 | וקרא להון משה וחזרו | לוותיה | אהרן וכל רברבני בכנישתה |
| 266 | | Gn44:18 | וקרב | לוותיה | יהודה זעף במלין ומדכדך |
| 267 | | Gn30:04 | בלהה אמהתה לאתה ועל | לוותיה | יעקב: |
| 268 | | Gn48:13 | ימיניה דישראל וקרב | לוותיה: | |
| 269 | | Ex34:30 | דמשה ודחלו מלמקרב | לוותיה: | |
| 270 | | Nu16:05 | די«י»תרעי ליה וקרב | לוותיה: | |

|  |  |  |  |  |  |
|---|---|---|---|---|---|
| 271 | | Ex35:24 | דייי וכל מן די אשתכח | לוותיה | אעי שטין לכל עבידת פולחנא |
| 272 | | Gn47:18 | ושלמת שתא ההיא ואתן | לוותיה | בשתה תיניינתה ואמרין ליה |
| 273 | | Lv21:03 | ולאחתה בתולתה דקריבה | לוותיה | די לא אתנסבה לגבר לעליה |
| 274 | | Nu32:16 | וקרבין | לוותיה | ואמרין דירין דען נבנה |
| 275 | | Gn48:10 | למיחמי ואקריב יתהון | לוותיה | וגפף יתהון ונשק יתהון: |
| 276 | | Nu23:06 | וחזר | לוותיה | והא אתעתד על עלתה הוא וכל |
| 277 | | Nu23:17 | ואתא | לוותיה | והא הוא מתעתד על עלתה |
| 278 | | Lv14:53M | ת{ו}<י>יבבה ציפורה | לוותיה | ויכפר כהנא על בייתה |
| 279 | | Nu16:05 | דידה וית קדישוי ויקרב | לוותיה | וית מן די«י»תרעי ליה |
| 280 | | Gn27:27 | וקרב | לוותיה | ונשק יתה ואריח ית ריח |
| 281 | | Gn19:03 | עליהו«ן» לחדא וסטון | לוותיה | ועלו לגו ביתה ועבד להון |
| 282 | | Lv 9:12 | וזמינו בנוי דאהרן | לוותיה | ית אדמה וזרק יתיה על גבי |
| 283 | | Gn45:01 | גבר מעלווי ולא קם גבר | לוותיה | כד אתחכם יוסף לאחוי: |
| 284 | | Dt 4:07 | דאית ליה אלה קריב | לוותיה | כוות ממרה דייי אלהן בכל |
| 285 | | Ex32:26 | ייי ייתי לוותי ואתכנשו | לוותיה | כל שבטי דלוי: |
| 286 | | Ex12:04 | הוא ומגורי«ה» דקריב | לוותיה | כמנין נפשין גבר לפם |
| 287 | | Lv21:02 | אלהן לקריב בשרי' דקריב | לוותיה | לאמיה ולאבוי ולברי' |
| 288 | | Nu16:09 | דישראל למקרבה יתכון | לוותיה | למפלח ית פלחן משכן זימנא |
| 289 | | Dt25:09 | ותקרב יבומתיה | לוותיה | לעיני חכימיה ותשלף סנדלה |
| 290 | | Gn26:26 | ואבימלך אתיה | לוותיה | מן גרר וסיעא מן רחמוי |
| 291 | | Gn44:09 | ית מן די ישתכח | לוותיה | מן עבדך יתקטל ואף אנן |
| 292 | | Nu27:11 | לקריבות בשריה דקריב | לוותיה | מן זרעיתיה וירת יתה |
| 293 | | Dt25:09M | ותשלף /ותקרוב יבמתה | לוותיה | קדם חכימייה ותשלוף#2#/ |
| 294 | | Ex35:23 | וכל גבר די אשתכח | לוותיה | תכלה וארגוון וצבע די |
| 295 | | Ex34:05 | דייי בעננא ואתעתד | לוותיה | תמן וצלי תמן בשם מימריה |
| 296 | לוותיך | Gn48:05 | דמצרים עד מייתוי | לוותיך | מצרימה לשמי אינון אפרים |
| 297 | | Gn38:16 | ואמר הבי כען אעול | לוותיך | ארי לא הוה ידע ארום כלתה |
| 298 | | Gn44:18 | למימר אין לא אייתת יתי | לוותיך | ואקמית יתיה קדמך נהוי |
| 299 | לוותך | Gn42:37 | על ידיי ואנה אחזר יתיה | לוותך: | |
| 300 | | Gn47:05 | למימר אבוך ואחך אתון | לוותך: | |
| 301 | | Gn19:05 | אן אנון גובריא די אתון | לוותך | בליליא אפיק יתהון לוותן |
| 302 | | Gn18:10M | והא בר /מחזור א<ח>זור | לוותך | בעידנא הדין והא ביר#2#/ |
| 303 | | Gn44:08 | חזרנן יתיה {יתיה} | לוותך | בקדמיתא מן ארעא דכנען |
| 304 | | Gn18:10 | ואמר מחזר אחזר | לוותך | בשעתא הדא והא בר דכר |
| 305 | | Gn18:14 | ייי פתגם לעידנא אחזור | לוותך | בשעתא הדא ולשרה בר דכר: |
| 306 | | Gn44:18 | מן זמנא קדמייא דאתינן | לוותך | הוויית אמר לן מן קדם ייי |
| 307 | | Gn48:02 | ואמר הא ברך יוסף אתי | לוותך | ואזדרז ישראל ויתב ליה על |
| 308 | | Gn43:09 | יתה אם לא אייתי יתיה | לוותך | ואקמית יתיה ניהוי מרחק מן |
| 309 | | Nu18:02M | לוותך וישמשון | יתך/לוותך#2#/ | ואת ובניך עמך קדם |
| 310 | | Ex18:06 | אנה חמ«ו»ך יתרו אתי | לוותך | ואתתך ותרין בניה עמיה: |
| 311 | | Dt22:02M | יתיה \לגו | בייתך/לוותך#2#/ | ויהווי עמך/גבך#2#/ |
| 312 | | Gn 6:21 | כל מיכל די יתאכל ותכנש | לוותך | ויהוי לך ולהון למיכל: |
| 313 | | Nu18:02 | דלוי שבטה דאבוך אקרב | לוותך | ויזדמנון לוותך וישמשון |
| 314 | | Nu18:04 | ויזדמנון | לוותך | ויטרון ית מטרת משכן זמנה |
| 315 | | Nu18:02 | אקרב לוותך ויזדמנון | לוותך | וישמשון יתך ואת ובניך עמך |
| 316 | | Ex18:22 | כל פתגם רב ייתון יתה | לוותך | וכל פתגם זער ידונון אינון |
| 317 | | Dt22:02 | ואין לית קריב {ל}אחוך | לוותך | ולית את חכים יתיה ותעיל |
| 318 | | Ex 8:25 | ואמר משה הא אנא נפק מן | לוותך | ונצליה קדם ייי ויעבר ית |
| 319 | | Dt 5:27M | די ימלל ייי אלהך | עמך/לוותך#2#/ | \ונשמע ונעבד /שמעין |
| 320 | | Gn31:52 | אן אנא לא אעבור ואייתי | לוותך | ית איגרא הדין <....> וית |
| 321 | | Ex28:01 | ואת הקרב | לוותך | ית אהרן אחוך וית בנוי |
| 322 | | Dt24:11 | די את מוזף לה יפיק | לוותך | ית משכונה לברה: |
| 323 | | Nu22:38 | בלעם לבלק הא אתית | לוותך | כדון הא מיכל אכול למללה |
| 324 | | Gn31:39 | קטילא לא אייתית | לוותך | כל חדא מנהון דהוות ערקה |
| 325 | | Nu10:03 | ויתקעון בהון ויזדמנון | לוותך | כל עם כנישתה לתרע משכן |
| 326 | | Nu10:04 | בחדה יתקעון ויזדמנון | לוותך | ^כל#2#^ רברבני ראשי |
| 327 | | Ex 7:16 | אלההון דעבריין שלח יתי | לוותך | למימר שלח ית עמי ויפלחון |
| 328 | | Nu22:37 | הלא משלח{ת}<ה'> שלחת | לוותך | למיקרי לך למה כען לא אתית |
| 329 | | Gn 6:20 | תרין מן כול' יעלון | לוותך | למקיימה: |
| 330 | | Dt23:16 | עבדה למריה די ישתיזב | לוותך | מן לוות רבוניה: |
| 331 | | Gn42:37 | אין לא אייתית יתיה | לוותך | מסר יתיה על ידיי ואנה |
| 332 | | Ex27:20 | ישראל וייסבון וייתון | לוותך | משח דזית זכיך כתיש |
| 333 | | Lv24:02 | ישראל וייסבון וייתון | לוותך | משח דזית זכיך כתיש |
| 334 | | Gn44:32 | למימר אן לא אייתת יתה | לוותך | ניהווי מרחק מן שאלת שלמה |
| 335 | | Nu19:02 | ישראל ויסבון וייתון | לוותך | תורא סמוקה שלמה די לית בה |
| 336 | לוותכון | Gn22:05 | עד הכא ונצלי ונחזור | לוותכון: | |
| 337 | | Ex 3:14 | ויהווי הוא שלח יתי | לוותכון: | |
| 338 | | Nu18:04 | וחילוניי לא יקרב | לוותכון: | |
| 339 | | Dt13:08M | לכון /דקריב | לוותכון#2#/ | או דרחיקין {ל}<מנ>כון |
| 340 | | Ex 3:15 | ואלהיה דיעקב שלחני | לוותכון | דן שמי לעלם ודן דכרני |
| 341 | | Lv26:09M | אפי רעותי | לוותכון#2#/ | ואתוקף יתכון ואסגי |
| 342 | | Ex24:14 | הכא עד זמן די נחזור | לוותכון | והא אהרן וחור עמכון מן |
| 343 | | Ex 3:13 | אלה אבהתכון שלח יתי | לוותכון | ויאמרו ל{ו}<י> מה שמיה |
| 344 | | Gn19:08 | אפיק כען יתהון | לוותכון | ועבדו להון מה דשפר |
| 345 | | Gn42:36 | יוסף מן דשלחת יתיה | לוותכון | לדותינא לית אנא <ידע> |
| 346 | | Dt30:14 | ארום קריב היא | לוותכון | פתגמא לחדה במימר פמיכון |
| 347 | לוותן | Dt 1:25 | פירי ארעא ו{נ}<א>חיתו | לוותן | ואגיבו יתן פתגם ואמרין |
| 348 | | Dt 1:25M | לוותן ואגיבו /ואוחיתו | לוותן | ואחזרו#2#/ יתן פתגם |
| 349 | | Gn19:05 | בליליא אפיק יתהון | לוותן | ונחכם יתהון: |
| 350 | | Gn19:31 | וגבר לית בארעא למיעול | לוותן | כאורח כל ארעא: |
| 351 | | Gn19:31M | ... כל": למיזדמנה | לוותן | כנימוס כל |
| 352 | | Nu32:19 | ולהל ארום קבלנן אחסנתן | לוותן | מן עבר ירדנה מן מדנחה: |
| 353 | לותה | Gn34:02M | \ושמש עמה /ואיזדמן | לותה#2#/ | וצער ית«ה»: |
| 354 | | Gn 8:11 | ותב | לותה | יונה לעדוני רמשא והא עלה |
| 355 | לותיך | Gn30:15M | בשבועתא יזדמן/ | לותיך | ליליא הדין חולף יבר'#2#/ |
| 356 | ולוות | Nu15:33 | מגבב קיסין לוות משה | ולוות | אהרן ולוות כל כנשתה דבני |
| 357 | | Nu31:12 | ^ואייתון לוות משה | ולוות | אלעזר כהנה ולוות כנישתה |
| 358 | | Lv18:14M | דאבוך לא תבזי | ולאתתה/ולוות | את#2#/ לא תקרב |
| 359 | | Lv18:19M | "ולאתתה... עריתה": | ולוות | אתתה בריחוק נדתה לא |
| 360 | | Lv18:20 | | ולוות | אתתה דחברך לא תתן שמושך |
| 361 | | Gn 3:16 | בצער תלדין בנין | ולוות | בעליך יהוי מתביך והוא |
| 362 | | Dt17:09 | לוות כהניא וליוויי | ולוות | דייניה דייהווי ממני |
| 363 | | Gn24:38 | לביית' דאבא תיזל | ולוות | זרעייתי ותיסב איתה |
| 364 | | Ex36:02M | "ולכל ...": | ולוות | כל גבר חכימי לבה די שווי |
| 365 | | Nu15:33 | לוות משה ולוות אהרן | ולוות | כל כנשתה דבני ישראל: |
| 366 | | Nu13:26 | ועלו לוות משה ואהרן | ולוות | כנישתה דבני ישראל למדברה |
| 367 | | Nu31:12 | ולוות אלעזר כהנה | ולוות | כנישתה דבני ישראל ית |
| 368 | | Ex24:11 | | ולוות | עולימיהון דבני ישראל לא |
| 369 | | Nu11:18M | "ולעמא תאמר אתקדשו": | ולוות | עמא תאמ' תתקדשון |
| 370 | | Dt33:07 | בקל צלותה דיהודה | ולוות | עמיה תשלם יתיה מן סדרי |

**See also:** מן לוות *prep.*

[279]

## לוז *n.* almond

|  |  |  |  |  |  |
|---|---|---|---|---|---|
| 001 | ודלוז s ab/cn | Gn30:37 | יעקב חטרא דלבן רטיב | ודלוז | ודלוב וקלף בהון קלפין |
| 002 | לוזין p abs | Nu17:23M | ואניץ ניצין וחסל | לוזין | |
| 003 | | Nu17:23 | ואנץ נצין וגמר ועבד | לוזין | בר ליליה: |
| 004 | ודלוזין | Gn43:11 | דבש שעוה משח דבוטנין | ודלוזין: | |

|  |  |  |  |  |  |
|---|---|---|---|---|---|
| 001 | לוחה s em/sf | Ex26:21M | תחות \לוחה חדת«ה» | /לוחה | חתה#2/: |
| 002 | | Ex26:21M | חמרין תחות \לוחה חדתה | /לוחה | חתה#2/ ותרתין חמרין |
| 003 | | Ex36:20M | ועבד ית | לווחיה/לווחה#2/ | למשכניה אעין דשטין |
| 004 | לוחה | Ex26:25 | תרתין חומרין תחות | לוחה | חדא ותרתין חומרין תחות |
| 005 | | Ex26:25 | חדא ותרתין חומרין תחות | לוחה | חדה: |
| 006 | | Ex36:24 | תרתין חומרין תחות | לוחה | חדה לתרין סטרוי ותרין |
| 007 | | Ex36:24 | סטרוי ותרין חומרין תחות | לוחה | חדה לתרין סטרוי: |
| 008 | | Ex36:26 | חדה ותרתין חומרין תחות | לוחה | חדה: |
| 009 | | Ex36:26 | דכסף תרין חומרין תחות | לוחה | חדה ותרין חומרין תחות לוחה |
| 010 | | Ex26:19 | לוחה תרין חומרין תחות | לוחה | חדתה לתרין צירוי ותרין |
| 011 | | Ex26:19 | צירוי ותרין חומרין תחות | לוחה | חדתה לתרין צירוי: |
| 012 | | Ex26:21 | חדתה ותרתין חמרין תחות | לוחה | חדת«ה»: |
| 013 | | Ex26:21 | דכסף תרתין חמרין תחות | לוחה | חדתה ותרתין חמרין תחות |
| 014 | | Ex36:30 | תרתין חומרין תחות | לוחה | חדתה: |
| 015 | | Ex26:19 | תרין חומרין תחות עשרין | לוחה | תרין חומרין תחות לוחה חדתה |
| 016 | ללוחא | Ex26:17 | תרין צירין | ללוחא | חדתא משלושין דא לקבל דא |
| 017 | ללוחה | Ex36:22 | תרין צירין | ללוחה | «חדה» משלושן דן לקבל |
| 018 | דלוחה | Ex26:16M | פתיא \דלוחא חדתא | /דלוחה | חתה#2/: |
| 019 | דלוחא | Ex26:16 | עשר אמין ארכה | דלוחא | ואמה ופלגא פתיא דלוחא |
| 020 | | Ex26:16 | דלוחא ואמה ופלגא פתיא | דלוחא | חדתא: |
| 021 | דלוחה | Ex36:21 | ואמה ופלגת אמה פתייה | דלוחה | חדה: |
| 022 | לוחין p abs | Ex26:20M | עשרין | לוחין/לווחין#2/לחין#2/: | |
| 023 | | Ex31:18 | תרין לווחין סהדותא | לוחין | דאבן כתיבין באצבע דגבורה |
| 024 | | Ex34:04 | יתיה ונסב בידיה תרין | לוחין | דאבנין: |
| 025 | | Ex34:04 | וחצב תרין | לוחין | דאבנין כקדמייי ואקדם משה |
| 026 | | Dt 5:22 | וכתב יתהון על תרין | לוחין | דאבנין ויהב יתהון לי אמר |
| 027 | | Dt10:01 | אמר משה חצוב לך תרין | לוחין | דאבנין כקדמיה וסק לוותי |
| 028 | | Dt10:03 | דשיטין וחצבית תרין | לוחין | דאבנין כקדמיה וסליקית |
| 029 | | Ex26:25M | ויהוון תמניא | לוחין/לווחין#2/ | וחמריהון כסף |
| 030 | | Ex32:15 | טורא ותרין לוחי בידי | לוחין | כתיבין מן תרין סטריהון מן |
| 031 | | Ex36:23 | ית לווחיה למשכנה עשרין | לוחין | לסיטרא דרומיה מן דרומא: |
| 032 | | Ex31:18 | עמיה בטור' דסיני תרין | לוחין | סהדותא לווחין דאבן כתיבין |
| 033 | | Ex26:23 | ותרין | ל«ו»חין | תעבד לסיטרוי דמשכנה |
| 034 | | Ex36:24M | עבד תחות עשרין | לוחיא/לווחין#2/ | תרתין חומרין תחות |
| 035 | לוח' | Ex31:18M | סהדותא | לווחין/לוח'#2/ | דאבן כתיבין באצבע |
| 036 | לוחי' | Ex31:18M | תרין | לווחין/^לוחי'#2/^לווחי#2/ | סהדותא לווחין |
| 037 | לוחין | Ex26:20 | לסיטרא צפונא עשרין | לוחין: | |
| 038 | | Ex26:22 | מן מערבה תעבד שתה | לוחין: | |
| 039 | | Ex36:25 | צפונייה עבד עשרין | לוחין: | |
| 040 | | Ex36:27 | מן מערבה עבד שתה | לוחין: | |
| 041 | | Ex34:01 | ייי למשה חצב לך תרין | לוחין | דאבנין כקדמיי ואכתוב על |
| 042 | | Ex26:18 | ית לווחי למשכניה עשרין | לוחין | דסיטרת דרומאה מן דרומה: |
| 043 | | Ex36:30 | והוון תמנייא | לוחין | וחומריהון כסף שית עשר |
| 044 | | Ex26:25 | ויהוון תמניא | לוחין | וחמריהון כסף שת עשרה |
| 045 | | Ex36:28 | ותרין | לוחין | עבד לסטרוי דמשכנא |
| 046 | | Ex27:08 | חלול | לוחין | תעבד יתיה היך <אחמית> יתך |
| 047 | לחין | Ex26:20M | עשרין | לוחין/לווחין#2/לחין#2/: | |
| 048 | דלווחי' | Ex27:08M | חלול/חליל#2/ | לוחין/דלווחי'#2/ | תעבד יתיה היך |
| 049 | דלוחין | Ex38:07 | למטען יתיה בהון חליל | דלוחין | עבד יתיה: |
| 050 | לווחי p const | Ex24:12 | והוי תמן ואתן לך ית | לווחי | אבניא ואורייתא וקיימא די |
| 051 | לווחי | Dt 4:13M | יתהון על תרין | לוחי/לווחי#2/ | אבנייה: |
| 052 | | Dt 9:09 | באסקותי לטורה למיסב | לוחי | אבנייה לוחי קיימה די |
| 053 | | Dt 9:10 | לי אמר משה ית תרין | לוחי | אבנייה כתיבין באצבע |
| 054 | | Dt10:03 | וסליקית לטורא ותרין | לוחי | בידי: |
| 055 | | Ex31:18M | תרין | לווחין/^לוחי'#2/^לווחי#2/ | סהדותא לווחין |
| 056 | | Dt 5:07 | ישראל וחזר ומתחקק על | לוחי | קיימה וכן הוה צווח ואמר |
| 057 | | Dt 9:09 | למיסב לווחי אבנייה | לוחי | קיימה די קיים ייי עמכון |
| 058 | | Dt 9:11 | ית תרין לוחי אבנייה | לוחי | קיימה: |
| 059 | לוחי | Ex40:20M | ונסב משה ית תרין | לוחי | אבניה דאיתיהיבו ליה |
| 060 | | Dt 4:13 | וכתב יתהון על תרין | לוחי | אבנייה: |
| 061 | | Dt 9:11 | ייי לי אמר משה ית תרין | לוחי | אבנייה לווחי קיימה: |
| 062 | | Ex32:15 | ונחת משה מן טורא ותרין | לוחי | בידי לווחין כתיבין מן תרין |
| 063 | | Ex36:33 | {משמש} <משלבש> בגו | לוחי | מן דן סטר{י}<ה> לגו דן |
| 064 | | Ex34:29 | מן טורא דסיני ותרין | לוחי{ה} | סהדותא בידוי דמשה במחתה |
| 065 | | Ex40:20M | הנון לוחי קיימה | לוחי | סהדותה בארונה |
| 066 | | Ex20:02M | חזר ומתחקק על תרין | לוחי | קיימ' ואמר עמי בני ישראל |
| 067 | | Ex20:02 | והוה חזר ומתחקק על תרין | לוחי | קיימא ואמר עמא בני |
| 068 | | Ex20:02 | דישראל וחזר ומתחקק על | לוחי | קיימא וכל ישראל חזיין |
| 069 | | Ex20:03 | והוה חזר ומתחקק על תרין | לוחי | קיימא ואמר עמי בני |
| 070 | | Ex20:03 | דישראל וחזר ומתחקק על | לוחי | קיימא וכל ישראל חזיין |
| 071 | | Ex40:20M | על את בבית אולפנה הנון | לוחי | קיימה לוחי סהדותה בארונה |
| 072 | | Dt 5:06 | וחזר ומ{חת}<תח>קק על | לוחי | קיימה וכן הוה צוח ואמר עמי |
| 073 | | Dt 9:15 | וטורא בער באשתה ותרין | לוחי | קיימה יהיבין על תרתין |
| 074 | | Ex26:29 | וית | לוחי | תחפי{ה} דהב וית עזקיהון |
| 075 | ללוחי | Ex36:31M | חמשה \ללוחי סטרה | /ללווחי{ן} | סטרוי#2/ {ה}<ד>משכנה |
| 076 | | Ex26:27M | נגרין \ללוחי סטרא | /ללווחי | סטריי#2/ דמשכנה |
| 077 | ללוחי | Ex26:27 | וחמשה נגרין | ללוחי | סטרא דמשכנה תניינא וחמשה |
| 078 | | Ex36:31 | נגרין אעין דשטין חמשה | ללוחי | סטרה {ה}<ד>משכנה חדה: |
| 079 | | Ex36:32 | תניינה וחמשה נגרין | ללוחי | סטרה דמשכנה בשיפולייה מן |
| 080 | | Ex26:27M | \ללוחי סטרין | /ללווחי | סטרוי#2/ דמשכנה |
| 081 | | Ex26:27 | תניינא וחמשה נגרין | ללוחי | סטרין דמשכנה בשפולייה מן |
| 082 | | Ex36:32 | וחמשה נגרין | ללוחי | סיטרה דמשכנה תניינה וחמשה |
| 083 | לווחווי p em/sf | Nu 3:36M | בנוי דמ'רי | לווחוי/לווחווי#2/ | דמשכנה ונגרוי |
| 084 | לווחוי | Nu 4:31 | פולחנהון במשכן זימנה | לווחוי | דמשכנה ונגרוי ועמודוי |
| 085 | לווחי | Ex26:17 | לקבל דא כדין תעבד לכל | לווחי | דמשכנא: |
| 086 | | Ex36:22 | לקבל דן כדין עבד לכל | לווחי | דמשכנה: |
| 087 | | Ex34:28 | ומיין לא שתה וכתב על | לווחי | ית מילי קיימא עשירתי |
| 088 | | Ex26:18 | ותעבד ית | לווחי | למשכניה עשרין לווחין |
| 089 | לווחיה | Dt 9:17 | ותפשית בתרין | לווח{ו}<י>ה | וטלקית יתהון מעילווי |
| 090 | | Ex26:15 | ותעבד ית | לווחיה | למשכנא אעין דשטין קיימין: |
| 091 | | Ex36:23 | ועבד ית | לווחיה | למשכנה עשרין לווחין |
| 092 | | Ex36:20 | ועבד ית | לווחיה | למשכניה אעין דשטין |
| 093 | | Ex26:29M | וית | לוח'/לווחיה#2/ | תחפי{ה} דהב וית |
| 094 | לווחייה | Dt10:05 | מן טורה ושווית ית | לווחייה | בארונה די עבדית והוון |
| 095 | | Dt10:02 | ואכתב על | לווחייה | ית דביריה די הוון על |
| 096 | | Dt10:04 | וכתב על | לווחייה | ככתבה קדמייה ית עשרתי |
| 097 | | Dt10:02 | ית דביריה די הוון על | לווחייה | קדמייה די תברת ותשוי |
| 098 | לווחוי | Ex40:18 | ית חומרוי ושווי ית | לווחוי | ויהב ית נגרוי ואקים ית |
| 099 | | Ex35:11 | חפיא וית פורפוי וית | לווחוי | וית נגרוי וית עמ«ו»דוי |
| 100 | | Ex39:33 | וית כל מנוי פורפוי | לווחוי | נגרוי ועמודוי וחמרוי: |
| 101 | לווחי | Ex26:28 | ונגרה תניינה מציעייה בגו | לווחי | מש{מ}<לב>ש מן דן סטרא לגו |
| 102 | לווחי' | Ex36:33M | לווחי \לברדק ביני | לווחי'#2/ | מן דן סטר{י}<ה> לגו |
| 103 | | Ex26:28M | בגו \לווחי מש{מ}<לב>ש | /לווחי' | משלבש#2/ מן דן סטרא לגו |
| 104 | לווחיא | Ex32:19 | דמשה וטלק מן ידוי ית | לווחיא | ותבר יתהון בשיפלוי דטורא: |
| 105 | | Ex34:01 | כקדמיי ואכתוב על | לווחיא | ית דבריא דהוון על לווחיא |
| 106 | | Ex34:01 | ית דבריא דהוון על | לווחיא | קדמיי די תברת: |
| 107 | | Ex26:19 | דכסף תעבד תחות עשרין | לווחיא | תרין חומרין תחות עשרין |
| 108 | לווחיה | Ex32:16 | מן קדם ייי הוא חקוק על | לווחיה: | |

|  |  |  |  |  |  |
|---|---|---|---|---|---|
| 109 | | Ex36:34 | וית | לוחיה | חפה דהב וית עזקיהון עבד |
| 110 | לוחייא | Ex36:24 | דכסף עבד תחות עשרין | לוחייא | תרתין חומרין תחות לוחה |
| 111 | ליווחי | Nu 3:36 | וסכום מטרת בנוי דמררי | ליווחי | דמשכנה ונגרוי ועמודוי |
| 112 | ללוחיה | Ex26:26 | אעין דשתין חמשין | ללוחיה | סיטריה דמשכניה חדתה: |
| 113 | דלוחיה | Ex36:21 | עשר אמין ארכה | דלוחיה | ואמה ופלגת אמה פתייה |
| 114 | ולוחייא | Ex32:16 | | ולוחייא | עבד דגבורה מן קדם ייי |

[279]

## לוט *vb.* to curse

|  |  |  |  |  |  |
|---|---|---|---|---|---|
| 001 | לאט peal | Nu22:06M | \מה די את לייט /מן | לאט#2#/ | הווי/יהוון#2#/ ליט: |
| 002 | לוט | Nu22:11 | דארעא וכדון אתה כען | לוט | לי יתהון מה ^דלמא#2#^ |
| 003 | | Nu23:07 | מטורי מדינ{ת}<ח>ה אתא | לוט | לי ^דדבית#2#^ יעקב ואתא |
| 004 | לטית | Nu21:06 | ואתון אציתו כל בני בשרא | לטית | חויה מן שרויה ואמרית ליה |
| 005 | ליט | Nu22:06 | וית מה די את לייט הווי | ליט: | |
| 006 | | Nu24:09 | ומן דלייט יתהון יהווי | ליט: | |
| 007 | | Gn49:07 | | ליט | הוה כרכה דשכם כד עלו |
| 008 | | Gn12:03 | יתך ומן דלאיט יתך יהוי | ליט | ויתברכון בזכותך כל {זעזר} |
| 009 | | Gn 9:25 | ואמר | ל{{ו}}«י»ט | יהווי כנען עבד משתעב' |
| 010 | | Dt27:15 | כלפי טורה דעיבל ואמרין | ליט | יהווי גברא די יעבד {{צלם |
| 011 | | Dt27:16 | | ליט | יהווי גברא דזלא יקריה |
| 012 | | Dt27:17 | | ליט | יהווי גברה די יארע תחומה |
| 013 | | Dt27:18 | | ליט | יהווי גברה די יטעי סמייה |
| 014 | | Dt27:19 | | ליט | יהווי גברה די יסטי דינה |
| 015 | | Dt27:20 | | ליט | יהווי גברה די ישמש עם אתת |
| 016 | | Dt27:21 | | ליט | יהווי גברה די ישמש עם כל |
| 017 | | Dt27:22 | | ליט | יהווי גברה די ישמש עם |
| 018 | | Dt27:23 | | ליט | יהווי גברה די ישמש עם |
| 019 | | Dt27:24 | | ליט^^ | יהווי גברא די יקטל לחבריה |
| 020 | | Dt27:25 | | ליט | יהווי גברה די נסיב שחוד |
| 021 | | Dt27:26 | | ליט | יהווי גברה די לא יקים ית |
| 022 | | Dt21:23 | יתיה ביומה ההוא ארום | ליט | קדם ייי כל דצליב ולא |
| 023 | | Gn 3:14 | לחויה ארום עבדית דא | ליט | תהוה חויה מן כל בעירא ומן |
| 024 | | Gn 4:11 | וכדון | ליט | תהווי קין מן ארעא די פתחת |
| 025 | | Dt28:16M | במה דאית לכון באפי ברה | /ליט | תיהוון בקרתה וליטין תהוון |
| 026 | ליטא | Gn 3:17 | יתך למימר לא תיכול מינה | ליטא | תהוי ארעא מן בגללך בצער |
| 027 | ליטין | Gn27:29M | כבלעם /ליטך יהון | ליטין | כבל#2#/ בר בעור ומן |
| 028 | | Dt28:16 | | ליטין | תהוון במה דאית לכון |
| 029 | | Dt28:17 | | ליטין | תהוון בסלי בכוריכון |
| 030 | | Dt28:18 | | ליטין | תהוון בפרי ולד מעיכון |
| 031 | | Dt28:19 | | ליטין | תהוון במעלכון לגו |
| 032 | ליטך | Gn27:29M | יתך יהוי לייט כבלעם | /ליטך | יהון ליטין כבל#2#/ בר |
| 033 | לייט | Gn49:07M | \ליט הוה כרכה דשכם | /לייט | בעלי שכם#2#/ כד עלו |
| 034 | | Nu22:06 | יהווי מברך וית מה די את | לייט | הווי ליט: |
| 035 | | Gn40:23 | דייי דמתילא בספר קרביא | לייט | יהוי בר נשא די תרתחץ בבשרא |
| 036 | | Nu23:08 | מה אנה | לייט | ^יתהון#2#^ וממריה דייי |
| 037 | | Gn27:29 | מ{ה}<ן> דלייט יתך יהוי | לייט | כבלעם בר בעור ומן דמברך |
| 038 | | Nu24:09M | מן דלייט יתהון יהווי | לייט | כבלעם בר פעור ודמברך |
| 039 | למילוט | Nu23:03 | בלעם בלב יחידי שפי | למילוט | ית ישראל: |
| 040 | | Nu22:30M | יכיל/אזל#2#/ | למילט/<למי>לוט#2#/ | יתהון ודי טלמת |
| 041 | למילט | Nu22:30 | קדמיהון מה את יכיל | למילט | יתהון ודי טלמת באפיהון |
| 042 | | Nu22:30M | לית את יכיל | למלוט/<למי>לט#2#/ | יתי |
| 043 | למלוט | Nu23:11 | בלק לבלעם מה עבדת לי | למלוט | בעלי דבבי דברת יתך והא |
| 044 | | Nu24:10 | ידוי ואמר בלק לבלעם | למלוט | בעלי דבביי דברת יתך והא |
| 045 | | Nu22:30 | לעלמא דאתי לית את יכיל | למלוט | יתי על אחת כמה וכמה בנוי |
| 046 | | Dt23:05 | חלמיא דמן ארם נהרים | למלוט | יתכון: |
| 047 | למלט | Gn 8:21 | ייי במחשבת לבה לא אוסף | למלט | תוב ית ארעא בגלל בר נשא |
| 048 | אלוט | Gn12:03M | כהנא ומל{ל}<ט>סך | אלוט | כבלעם רשיע{י}א |
| 049 | תילוט | Nu23:25 | לבלעם ל<ה>וד מלוט לא | תילוט | יתהון ולהוד מברכה לא תברך |
| 050 | תלו' | Lv19:14 | לא | תלו' | ית מה דלא שמע וקדם מן דלא |
| 051 | תלוט | Nu22:12 | לא תזיל עמהון ולא | תלוט | ית עמה ארום בריכין אינון: |
| 052 | תלוטון | Ex22:27 | תבזון ורבה דבעמכון לא | תלוטון: | |
| 053 | | Lv19:14M | ולא | תלוטון | חרשה בגין דלא שמע לקדם |
| 054 | מלוט | Nu23:25 | ואמר בלק לבלעם ל<ה>וד | מלוט | לא תילוט יתהון ולהוד מברכה |
| 055 | דלאיט | Gn12:03 | ית מן דמברכך יתך ומן | דלאיט | יתך יהוי ליט ויתברכון |
| 056 | דלייט | Nu24:09 | יתהון יהווי מברך ומן | דלייט | יתהון יהווי ליט: |
| 057 | | Nu24:09M | לקבליהון מן | דלייט | יתהון יהווי לייט |
| 058 | | Gn27:29 | אחוי דאמך מ{ה}<ן> | דלייט | יתך יהוי לייט כבלעם בר |
| 059 | ולוט | Nu23:13M | וכולהון לא תחמי | ותלוט/ולוט#2#/ | יתהון לי מן תמן: |
| 060 | וליטין | Dt28:16M | /ליט תיהוון בקרתה | וליטין | תהוון באפי ברה#2#/: |
| 061 | | Dt28:16 | דאית לכון בקורייכון | וליטין | תהוון במה דאית לכון באפי |
| 062 | | Dt28:19M | לבית מדרשיכון | וליטין | תהוון במפקכון מן |
| 063 | ותלוט | Nu23:13 | תחמי וכולהון לא תחמי | ותלוט | יתהון לי מן תמן: |
| 064 | | Nu23:27 | רעווה מן קדם ייי | ותלוט | יתהון לי מן תמן: |
| 065 | לווט pael | Nu22:06 | וכדון אתה כען | לווט | לי ית עמא האליין ארום |
| 066 | | Nu22:17 | תאמר לי אעבד ואתה כען | לווט | לי ית עמא האליין: |
| 067 | אתליטת etpeel | Gn 5:29 | גזל ידינן מן ארעא די | אתליטת | במימר מן קדם ייי: |

See also: מלווט *n.*

[279]

## לוי *vb.* to accompany

|  |  |  |  |  |  |
|---|---|---|---|---|---|
| 001 | למלוויה pael | Gn18:16 | ואברהם אזל עמהון | למלוויה | יתהון: |
| 002 | דילוון | Gn28:12 | שמיא והא מלאכיה | דילוון | יתיה מן בייתי דאבוי סלקון |
| 003 | דלוי | Gn40:23 | דלעל וחסדא דלרע וחסדא | דלוי | יתיה מן בייתה דאבוי |

[280]

## לולב *n.* lulab

|  |  |  |  |  |  |
|---|---|---|---|---|---|
| 001 | ולולבין p abs | Lv23:40 | אילן משבח תרוגין | ולולבין | והדס וערבה דנחלה ותחדון |

[280]

## לוש *vb.* to knead

|  |  |  |  |  |  |
|---|---|---|---|---|---|
| 001 | לושי peal | Gn18:06 | וסבי תלת סאין קמח דסלת | לושי | ועבידי פטירין: |

[280]

## לחדה *adv.* much

|  |  |  |  |  |  |
|---|---|---|---|---|---|
| 001 | לחד' | Ex12:38M | לחדא/נכסי' סגי | לחד#2#/: | |
| 002 | | Gn17:06 | ואתוקף יתך | לחד' | לחדה ואשוי יתך לאומין |
| 003 | לחדא | Gn12:14 | אתתיה ארום שפירת היא | לחדא: | |
| 004 | | Gn26:13 | אזל ותקף עד זמן די תקף | לחדא: | |
| 005 | | Gn26:16 | ארו«ם» תקפת מנן | לחדא: | |
| 006 | | Gn41:31 | בתר כדן ארום תקיף הוא | לחדא: | |
| 007 | | Gn47:27 | ואחסנו בה ותקפו וסגן | לחדא: | |
| 008 | | Gn50:09 | והוות משרייתא סגיא | לחדא: | |
| 009 | | Ex 1:20 | וסגון עמא ואתוקפו | לחדא: | |
| 010 | | Ex 9:03 | בתוריא ובענה מותא תקיף | לחדא: | |
| 011 | | Ex12:38 | וען ותורין בעיר תקיף | לחדא: | |
| 012 | | Ex19:18 | דאתונא ואזדעזע כל טורא | לחדא: | |
| 013 | | Dt17:17 | וכסף ודהב לא יסגי לה | לחדא: | |
| 014 | | Ex19:19 | קלא דשיפורא אזל ותקף | לחדא | משה הוה ממלל בקול נעים |
| 015 | | Gn34:07 | ואתרגזו גבריא ובאש להון | לחדא | ארום מרחקא עבד בישראל |
| 016 | | Gn21:11 | ובאש פתגמא | לחדא | באפוי דאברהם על עסק |
| 017 | | Ex11:03 | לחוד גברא משה תקיף | לחדא | בארעא דמצרים באפיה שליטוי |

018 Gn13:02 ואברהם תקיף לחדא בבעירה בכספא ובדהבא:
019 Gn24:16 וריביתה שפירת חיזו לחדא בתולה וגבר לא חכים יתה
020 Ex 9:18 בשעתה למחר ברד תקיף לחדא די לא הוי כוותה במצרים
021 Ex 9:24 הוה מקפצה בגו ברדה תקיף לחדא די לא הוות כוותיה בכל ארעא
022 Ex19:16 על טורא ושופרא {ו}תקף לחדא ואזדעזעו כל עמא די
023 Gn47:04 דילעבדך ארום תקף כפנא לחדא ואישתלחון בארעא דכנען
024 Gn27:34 רבה תקיפא ומרירא עד לחדא ואמר לאבוי ברך יתי אף אנא
025 Gn47:13 בכל ארעא ארום תקף כפנא לחדא ואשתלהון דיירי ארעא
026 Gn 1:31 כל מה דעבד והא שפר ותקן לחדא והוה רמש והוה צפר סדר עבד
027 Gn30:43 ותקף גברא לחדא לחדא והוי ליה ען סגין ואמהן
028 Gn41:19 בתרהון דלילן ובישן מחמי לחדא וחסיין בבשרהון ולא חמת
029 Ex10:19 והפך ייי רוח בימא תקיף לחדא וטען ית גובא ואקלע יתה ימא
030 Nu22:17 ארום מיקרה אייקר יתך לחדא וכל מה די תאמר לי אעבד
031 Gn50:10 תמן הספד רב ותקיף לחדא ונטר על אבוי אבל שבעה
032 Gn19:03 ודחק עליהו«ן» לחדא וסטון לוותיה ועלו לגו ביתה
033 Gn32:08 ודחל יעקב לחדא ועקת ליה ופלג ית עמא דהוון
034 Ex14:10 נטלין בתריהון ודחלו לחדא וצלון בני ישראל קדם ייי:
035 Gn24:35 ויייי ברך ית ריבוני לחדא ותקף ויהב לה ען ותורין
036 Gn17:20 ותוקפת יתיה וסגית יתיה לחדא לחדא תרין עשר רברבין יולד
037 Gn30:43 ותקף גברא לחדא לחדא והוי ליה ען סגין
038 Ex 1:20M עמא ואתוקפו/ויסתגון לחדא#2#/ לחדא:
039 Dt 4:15 ותזדהרון לחדא לנפשתכון ארום לא חמיתון כל
040 Gn41:49 עבור כחלא דימא סגין לחדא עד זמן דאתמנע מן לממני
041 Ex26:08 אמין באמתא משח«א» חדא לחדא עשרתי יריעתא:
042 Gn34:12 אסגון עלי לחדא פרן וכתובה ואתן היך מה די
043 Ex10:14 תחומיהון דמצרים תקיף לחדא קודמוי לא הוה כדן גוב
044 Gn17:20 יתיה וסגית יתיה לחדא לחדא תרין עשר רברבין יולד ואשוי
045 Gn13:13 ובפלחנא נכרייה קדם ייי לחדה: לחדה
046 Gn17:02 ואתוקף ית{ן}<ך> לחדה לחדה:
047 Gn18:20 סגת וחובתהון ארום תקפת לחדה:
048 Gn26:07 רבקה ארום שפירת היא לחדה:
049 Nu11:33 תקוף בעמה ומחה סגין לחדה:
050 Nu14:07 יתה טבה ארעא לחדה לחדה:
051 Nu14:39 בני ישראל ואתאבלו עמא לחדה:
052 Dt 2:04 וידחלון מנכון ותזדהרון לחדה:
053 Nu22:03 ודחלו מואביי מן קדם עמא לחדה ארום תקיפין אינון ועיקון
054 Dt30:14 קריב היא לוותכון פתגמא לחדה במימר פמיכון ובלבביכון
055 Dt 4:09 לכון וטורו נפשיכון לחדה די לא תנשון ית דביריה די
056 Dt20:15 לכל קרייתה דרחיקן מנכון לחדה די לא מן קרי אומייה האליין
057 Dt 6:03 דייטיב לכון ודי תסגון לחדה היך מה די מלל ייי אלה
058 Nu13:28 תקיפן רברבן לחדה ואוף בנוי דענק גיברה
059 Gn 4:05 קבל ברעווא ובאש לקין לחדה ואישתני זיווהון דאפוי:
060 Gn27:33 ואזדעזע יצחק זעוע רב לחדה ואמר מן כדון הוא דצד ציד
061 Nu16:15 ובאיש למשה לחדה ואמר קדם ייי לא תקבל
062 Gn17:06 ואתוקף יתך לחד' לחדה ואשוי יתך לאומין מלכין
063 Nu11:10 משכנה ותקף רוגזה דייי לחדה ובאפוי דמשה ביש:
064 Nu32:01 ולבנוי דגד תקיף לחדה וחמון ית ארע מ<כ>ב{כ}ר
065 Dt24:08 במכתש צרעתה למיטור לחדה ולמעבד ככל מה די ילפון
066 Gn19:09 ודחקו בגובריא בלוט לחדה וקרבו למתבר תרעא:
067 Gn 7:19 ומיא אתגברו לחדה לחדה על ארעא ואתכסון כל
068 Gn17:02 ובינך ואתוקף ית{ן}<ך> לחדה לחדה:
069 Nu14:07 למיללה יתה טבה ארעא לחדה לחדה:
070 Nu12:03 וגברא משה ענוון לחדה מן כל בני אנשא די על אפיה
071 Gn 7:18 ואיתגברו מיא וסגון לחדה על ארעא והלכת תיבותא
072 Gn 7:19 ומיא אתגברו לחדה לחדה על ארעא ואתכסון כל טוריא
073 Dt28:54 גברא דמחטי בכון ודמפרנק לחדה תבאש עייניה באחוי ובאתת
074 Gn20:08 לחודא במשמעהון ודחילו גבריא לחודא:
075 Gn17:20M חדה /וסגיית#2#/ יתיה לחדא/חדה#2#/ לחדא תרין עשר רברבין
076 Gn17:02M ית{ן}<ך> לחדה/חדה#2#/ לחדה:
077 Gn17:06M /ואתקף#2#/ יתך לחד'/חדה#2#/ לחדה ואשוי יתך לאומין
078 Nu14:07M יתה טבה ארעא לחדה/חדה#2#/ לחדה:

## לחוד ⇐ *adv.* להוד

## לחוש *adj.* a color [280]

001 לחוש s ab/cn Gn30:35 דאית ביה שומה חיורא וכל לחוש באמריא ושוי ביד בנוה«י»:
002 Gn30:32 כל אמר קרח ונמר וכל אמר לחוש באמרייא ונמר וקרח בעזייא
003 Gn30:40 אפי ענה לקבל קרוחיא וכל לחוש בעניה דלבן <....>:
004 ולחוש Gn30:33 הוא קרח ונמר בעיזייא ולחוש באימריא גניב הוא עמי:

## לחות ⇐ *adv.* להוד

## לחי *n.* cheek [280]

001 ולחייה s em/sf Dt18:03 אימר ויתן לכהנה אדרעא ולחייה ארעייה ורקיתה:

## לחינה *n.* concubine [281]

001 לחינתה s em/sf Gn36:12 ותמנע הוות לחינתה לאליפז ברה דעשו וילידת
002 ולחינתיה Gn22:24 ולחינתיה ושמה ראומה וילידת אף
003 לחינתא p em/sf Gn31:33 דלאה ובמשכנא דתרתין לחינת«א» ולא אשכח ונפק מן משכנא
004 לחינתה Gn33:01 ועל רחל ועל תרתין לחינתה:
005 Gn33:06 וקריבן לחינתה אינין ובניהן ושאלין
006 Gn33:02 ושוי ית לחינתה וית בניהון קדמיין וית
007 לחינתי Gn25:06 ולבנוי לחינתי די לאברהם יהב אברהם
008 לחינתיה Gn32:23 תרתין נשוי וית תרתין לחינתיה וית חד עשרתי בנוי ועבר

## לחך *vb.* to lick [281]

001 ילחכון peal Nu22:04M לחכימי מדיינאי כדן ילחכון קהלא
002 דלחך Nu22:04 די חזור חזור היך מה דלחך תורא בלשניה ית עשבה דאפי

## לחלוטין *adv.* entirely [281]

001 לחלוטין Lv25:23 וארעא לא תזדבן לחלוטין ארום דידי ארעא ארום
002 לחלטו Lv25:30 ביתה די בקרתה דלה שור לחלטו למן דזבן יתיה לדרוי לא
003 לחלטין Lv25:23M "לחלוטין ... קדמי:" לחלטין ארום לשמה דייי היא כל

## לחם *n.* bread [280 לחים]

001 לחם s ab/cn Gn43:25 שמעו ארום תמן ייכלון לחם:
002 Gn43:31 ונפק ואזדרז ואמר שוון לחם:
003 Lv21:06 ארום ית קרבנוי דייי לחם אלההון אינון מקריבין
004 Lv21:17 ביה מום לא יקרב למקרבה לחם אלהיה:
005 Lv21:21 כהנא לא יקרב למקרבה לחם אלהיה מום בה ית לחם אלהיה
006 Lv21:21 לחם אלהיה מום בה ית לחם אלהיה לא יקרב למקרבה:
007 Lv21:22 לחם אלהיה מן קדש קדשיה ומן
008 Lv21:08 ותקדשון יתיה ארום ית לחם אלהכון אנון מקרבין קדישין
009 Lv22:25 יד בר עממין{} לא תקרבון לחם אלהכון מן כל אלין ארום

010 Ex35:13 וית כל מנוי וית סידור **לחם** אפי:
011 Ex25:30 ותתן על פתורא סידור **לחם** אפיא קדמוי בתדיריא:
012 Ex39:36 וית כל מנוי וית סדור **לחם** אפיה:
013 Ex40:23 וסדר עלוי סדור **לחם** אפיה קדם ייי היך מה די פקד
014 Gn43:32 מצראי למיכל עם עבריי **לחם** ארום מרחקה היא למצראי:
015 Ex16:22 והוה ביומא שתיתיה לקטו **לחם** בכיפלא תרין עמרין לכל
016 Ex16:29 יהב לכון ביומא שתיתיא **לחם** בכפלא שרון גבר באתריה לא
017 Lv23:17 אתר בית מדוריכון תייתון **לחם** דאנפו תרתין חלין מן תרין
018 Lv 7:13 על חלין **לחם** דחמיע יקרב קרבני׳ על נכסת
019 Lv 8:26 נסב חלה דפטיר חד וחלה **לחם** דפילה במשח חדה ועריך חד
020 Dt16:03 תיכלון עלוי פטירין **לחם** דצער ארום בבהילו נפקתון
021 Gn31:54 לאחוי למיכל לחם ואכלו **לחם** ואביתו בטורא:
022 Gn31:54 בטורא וקרא לאחוי למיכל **לחם** ואכלו לחם ואביתו בטורא:
023 Gn21:14 ואקדם אברהם בצפרא ונסב **לחם** וזיק דמיין ויהיב להגר
024 Gn14:18 הוא שם רובה אפק **לחם** וחמר והוא הוה כהן משמש
025 Gn47:17 לוות יוסף למימר הב לן **לחם** ויהב להון יוסף מזון
026 Gn47:15 לוות יוסף למימר הב לן **לחם** ולמה נמות כלקבלך ארום שלם
027 Gn37:25 ויתבו למיכל **לחם** ונטלו עייניה«ו»ן וחמון
028 Ex16:03 על דודבת בישרא אכלין **לחם** ושבעין ארום אפקתון יתן
029 Gn25:34 ויעקב יהב לעשו **לחם** ותבשיל דטלופחין ואכל ושתה
030 Ex16:12 בשר ובצפרא תשבעון **לחם** ותידעון ארום אנה הוא ייי
031 Dt 8:09 די לא במסכנות תאכלון בה **לחם** לא תחסרון כל מן דעם בה ארע
032 Dt29:05 **לחם** לא אכלתון וחמר חדת ועתיק
033 Gn28:20 די אנה מהלך בה ויתן לי **לחם** למיכל ולבוש למלבש:
034 Nu21:05 יתן במדברא ארום לית לן **לחם** למיכל ולא מיין למישתי
035 Gn47:12 וית כל אנשי ביתה **לחם** לפם טפליא:
036 Ex16:04 למשה הא אנה מחית לכון **לחם** מן שמיא ויפקון עמא וילקטו
037 Ex25:30M על פתורא \סידור לחם **/לחם** סדור#2#/ אפיא קדמוי
038 Ex39:36M וית \סדור לחם אפיה **/לחם** סדור אפ׳#2#/:
039 Nu28:02 להון ית קרבני לחמי **לחם** סדור פתורי מה די אתון
040 Gn 3:19 בדעתה מן קדם אפיך תאכל **לחם** עד מחזרך לארעא ארום מנה
041 Lv 3:11 יתי׳ כהנא על גבי מדבחה **לחם** קרבן לשמה דייי:
042 Lv 3:16 יתהון כהנא על גבי מדבחה **לחם** קרבן לריח דרעוה כל תרבה
043 Nu28:24 בכל יום שבעתי יומיא **לחם** קרבן מתקבל ברעוה קדם ייי
044 ללחם Lv24:07 לבונה ברירה ותהוי **ללחם** לאדכרה קדם ייי:
045 דלחם Nu 4:07 ועל פתורה **דלחם** אפיה יפרשון {ד}<ל>בוש
046 Ex29:23 וככר **דלחם** חד וחלה דלחם פילה במשח חדה
047 Ex29:23 וככר דלחם חד וחלה **דלחם** פילה במשח חדה ועריך חד מן
048 ולחם Ex16:08 לכון ברמשא בשר למיכל **ולחם** בצפרא למשבע כד שמיע קדם
049 Nu 4:07 מנקיתה וית קשוות נסוכה **ולחם** בתדירה עלוי יהווה:
050 Gn47:13 **ולחם** דלית בכל ארעא ארום תקף
051 Ex29:02 **ולחם** דפטירין וחלין פטירין
052 Gn45:23 ועשר אתנין טעונין עבור **ולחם** ומזון לאבוי לארחא:
053 Lv23:14 **ולחם** חדת וקמח קלי ופירוכיין לא
054 לחמא s em/sf Gn41:54 ובכל ארעא דמצרים הוה **לחמא:**
055 Gn39:06 כל מאן דעם ארום אלהן **לחמא** דהוה אכל והוה יוסף יאי
056 Ex16:15 משה ואמר משה להון הוא **לחמא** די יהב ייי לכון למיכל:
057 Ex16:32 מן בגלל די יחמון ית **לחמא** די אכלת יתכון במדברא
058 Gn41:55 עמא קדם פרעה על עיסק **לחמא** ואמר פרעה לכל מצראי אזלו
059 Ex34:28 יומין וארבעין לילון **לחמא** ל«א» אכל ומיין לא שתה
060 Dt 8:03 יתכון ארום «לא על **לחמא** לבלחודוי חיי בר נשה ארום»
061 Ex18:12 חכימיא דישראל למיכל **לחמא** עם חמוי דמשה קדם ייי:
062 Dt16:03M עלוי פטירין \לחם דצער **/לחמא** ענייא דמסכינו#2#/ ארום
063 לחמה Lv22:13 לביתה דאבוה כרביותה מן **לחמה** דאבוה תאכל וכל חלוני לא
064 Nu15:19 ויהוי כד תיכלון מן **לחמה** דארעא תפרשון אפרשו לשמה
065 Lv23:20 ויניף כהנא יתהון על **לחמה** דבכוריה אנפ{ן}<ו> קדם ייי
066 Ex29:32 ובנוי ית בשרא דדכרא וית **לחמה** די בסלא בתרע משכן זימנא:
067 Lv 8:31 ותמן תאכלון יתיה וית **לחמה** די בסלה דאשלמותה היך מה
068 Gn27:17 ויהבת ית תבשילייה וית **לחמה** דעבדת ביד יעקב ברה:
069 Ex29:34 מבשרה דאשלמותא ומן **לחמה** עד צפרא ותיקד מה דאשתייר
070 Lv23:18 ותקרבון על **לחמה** שבעה אמרין בני שתיהון
071 לחמי Nu28:02 ותימר להון ית קרבני **לחמי** לחם סדור פתורי מה די אתון
072 לחמיה Lv22:07 כדן יאכל מן קדשיה ארום **לחמיה** הוא:
073 לחמכון Lv26:26 חד ויהוויין מחזרן לכון **לחמכון** במתקל ותיאכלון ולא
074 Ex23:25 ייי אלהכון ויברך ית **לחמכון** וית מייכון ויעבר מכתושייה
075 Lv26:05 יארע ית זרעה ותאכלון **לחמכון** ותשבעון ותשרון לרוחצן
076 בלח׳ Nu21:05M מיין ונפשן ויעיקה **בלח׳#2#/** הדין דמיכליה קליל:
077 Gn47:17M /ופרנס יתהון יוסף **בלח׳** ובכל נכסיהון#2#/ בשתא
078 בלחמא Gn47:17 ובחמריא ודבר יתהון **בלחמא** בכל בעירהון בשתא
079 Dt23:05 די לא אקדימו יתכון **בלחמא** ובמיא באורחא בזמן
080 Gn47:19 קנה יתן וית ארעאן **בלחמא** ונהווי אנן וארען עבדין
081 בלחמה Lv22:11 אנון יאכלון **בלחמה:**
082 Nu21:05 למישתי ונפשן אתיעקת **בלחמה** הדין דמיכליה קליל:
083 Nu21:06M /למימר נפשן מעיקה **בלחמה** הדין דמכלי{י}ה קליל בגין
084 Dt 1:01 די אמרתון נפשן מעיקה **בלחמה** הדין דמיכליה קליל
085 דלחמא Nu14:09 עמא דארעא ארום היך מה **דלחמא** קליל לן למיכל כדן אינון
086 ובלחמה Lv 8:32 ומה דמשתייר בבשרא **ובלחמה** בנורה תוקדון יתיה:
087 לחמיכון p em/sf Lv26:26 מזונה וייפון עשר נשין **לחמיכון** במתק׳ בתנור חד ויהוויין

## לטום *n.* landanum [281]

001 ולטום s ab/cn Gn37:25 טעונין שעווה וקטף **ולטום** אזלין לנחתה למצרים:

## ליבה *n.* fat, butter [281]

001 לווי s ab/cn Gn18:08M ונסב **ליבא/לווי#2#/** וחלב ובר תוריה די
002 ליבא Gn18:08 ונסב **ליבא** וחלב ובר תוריה די עבד ושוי
003 ליבה Ex35:10M וכל \חכים ליבא /חכימי **ליבה#2#/** דבכון ייתון/ייעלון#2#/
004 Ex35:35M \חכמה בלבהון /חכימות **ליבה#2#/** למעבד כל/בכל#2#/ עבידה

## ליבלוב *n.* blossom [281]

001 ליבלובין p abs Nu17:23M ביה בליליה אפרח **ליבלובין** ואניץ ניצין וחסל לוזין

## ליגיון *n.* legion [281]

001 לגיונין p abs Gn15:01 ויצטרפון עמהון **לגיונין** סגין וייתון עליי ויקטלון
002 לגיונין Gn15:01 ואף על גב דמצטרפין **לגיונין** סגין ואתין עלך למקטל
003 Nu24:24 <....> ויצטרפון עמהון **לגיונין** סגין מן <....> וישעבדון
004 ליגיונין Gn15:01M ויצרפון עמהון **ליגיונין** ויתון עלי׳ ממרי
005 Nu12:16 {פּמום}<סכום> תמניין **ליגיונין** ועגני איקרה ובירה לא
006 וליגיונין Nu21:28M אשא נפק מן חשבון **וליגיונין** עבדי קרבא כשלהובית

## ליוויי *n.* Levite [281]

001 ללווי s ab/cn Nu 8:24 דא די תעבד **ללווי** מן בר עשרין שנין ולעיל
002 ליוויה s em/sf Ex 4:14 ואמר הלא אהרן אחוך **ליווי«ה»** ידע אנה ארום ממללה ימלל
003 ללווי p em/sf Nu 8:20 וכל כנשתה דבני ישראל **ללווי** כל מה די פקד ייי ית משה
004 לוואי Nu 1:51M יקימון יתה **לויי/לוואי#2#/** וחלוניי דקרב למשמשה
005 Nu 1:50M ית לוויי /מאני ית **לוואי#2#/** על משכנה דסהדותה ועל

| | | | |
|---|---|---|---|
| 006 | לווי | Nu 8:10 | ישראל ית ידיהון על לוויי: |
| 007 | | Nu18:23 | ויפלחון לוויי אנון ית פלחן משכן זימנה |
| 008 | | Dt14:29 | וייתון לוויי ארום חולקהון חלק ואחסנה |
| 009 | | Nu 8:11 | ויניף אהרן ית לוויי ויהוון למפלח ית |
| 010 | | Nu18:06 | אנה אפרשית ית אחיכון לוויי מן גו בני ישראל לכון |
| 011 | | Nu 1:50 | ואת מני ית לוויי על משכנה דסהדותה ועל כל |
| 012 | לווייה | Ex 6:25 | אליין רישי{ה} אבהת לווייה לזרעיותיהון: |
| 013 | לויי | Nu 3:12 | ישראל ויהוון לשמי לויי: |
| 014 | | Nu 1:51 | שרי משכנה יקימון יתה לויי וחלוניי דקרב למשמשה יתקטל: |
| 015 | | Nu26:57 | ואלין סכומי לויי לזרעייתהון לגרשון זרעייתה |
| 016 | | Nu 3:12 | ואנא הא א{ת}פרשת ית לויי מן גו בני ישראל חלף כל |
| 017 | ליואי | Nu 3:32M | על רברבני ליווי/ליואי#2/# אלעזר בר אהרן |
| 018 | | Nu 3:12M | ויהוון לשמי לווי/ליואי#2/#: |
| 019 | | Nu 3:20M | הנון לזרעייותהון ליואי |
| 020 | | Dt14:27M | יתהון ארום/ויתן ליואי ארום#2/# לית להון חלק |
| 021 | | Gn50:01M | לקרבא קרבנ' ומני' קמו ליואי במחלוקתיהון לזמרא הא |
| 022 | | Nu 3:39M | כל סכומי ליווי/ליואי#2/# די סכם משה |
| 023 | | Nu 1:53M | ית מטרתה דסהדותה /ליואי ית מטרת משכן סה'#2/#: |
| 024 | | Dt12:19M | דלא תשבקון ית ליווי/ליואי#2/# כל יומיכון על |
| 025 | | Nu 3:20M | /זרעייות#2/# דלוי/ליואי#2/# לבית אבהתהון: |
| 026 | | Nu 3:41M | ית \ליוויי לשמי אמר /ליואי לשמי כדין אמ'#2/# ייי |
| 027 | | Ex 2:01M | מביתה דלוי /גבר ליואי משבט' דלוי#2/# ונסב ית |
| 028 | ליואי' | Lv25:33M | \קרוי ליוויי /קוריי ליואי'#2/# היא אחסנת{כ}<ה>ון בגו |
| 029 | ליואי | Nu 8:12M | /לכ'#2/# על ליווי/ליואי#2/#: |
| 030 | | Nu 3:45M | ויהוון לשמי ליווי/ליואי#2/# אנה/כדין אמר#2/# |
| 031 | | Nu 8:11M | ויניף אהרן ית לווי/ליואי#2/#: אנפו קדם ייי מן |
| 032 | | Dt18:06M | ייתון \ליוויי מן חדא/ליואי בהדה#2/# מן קורייכון |
| 033 | | Lv25:32M | לווייא \וקורייה ליואי#2/# בתי קריי/קוריי#2/# |
| 034 | | Dt18:07M | אלהיה ככל אחוי ליווי/ליואי#2/# דקיימין ומשמשין |
| 035 | | Dt27:14M | ויאמרון \ויענון ליואי ואמרין#2/# לכל עמה בני |
| 036 | | Nu 1:51M | וכד שרי משכנה /ליואי ובמשרויה מ'#2/# יקימון |
| 037 | | Nu 8:21M | \וית<דכון>#2/# ליווי/ליואי#2/# וחוורו לבושיהון \ |
| 038 | | Lv25:33M | /ודי דיפרוק מין ליואי{'}#2/# ויפוק זבונה/זבינה#2/# |
| 039 | | Nu 3:45M | ית ליויי חלף /סב ית ליואי חולף#2/# כל בכוריה |
| 040 | | Nu 8:18M | ונסבת ית \ליווי חלף /ליואי חולף#2/# כל בכוריה |
| 041 | | Nu 8:19M | \ליווי מתנה לאהרן /ליואי יהיבין לאהרן#2/# |
| 042 | | Nu 8:20M | "ליווי כדן עבדו": ליואי כן ע' |
| 043 | | Nu 4:46M | ית \ליווי לזרעייתהון /ליואי לזרעייותהון#2/# |
| 044 | | Nu 8:22M | ליווי למפלח /כן עלו ליואי למיפלוח#2/# ית פלחניהון |
| 045 | | Ex 6:19M | ליחוסיהון /זרעייות ליואי לתלדוותהון#2/#: |
| 046 | | Nu 3:46M | /מותרייה#2/# על ליווי/ליואי#2/# מן בכוריה |
| 047 | | Nu 8:06M | אפרש ית \ליווי מן גו /ליואי מן ביני#2/# בני ישראל |
| 048 | | Nu 8:14M | ית \ליווי מן גו בני /ליואי מן ביני#2/# ישראל |
| 049 | | Nu18:06M | אחיכון \לווי מן גו /ליואי מן ביני#2/# בני ישראל |
| 050 | | Nu 3:12M | א{ת}פרשת ית לווי/ליואי#2/# מן גו בני ישראל |
| 051 | | Ex38:21M | פומה דמשה פלחן ליואי#2/# על ידוי דאתמר בר |
| 052 | | Nu 8:10M | ותקרב ית ליווי/ליואי#2/# קדם ייי ויסמכון בני |
| 053 | ליווי | Nu 3:45 | בעיריהון ויהוון לשמי ליווי אנה ייי: |
| 054 | | Nu 8:18 | ונסבת ית ליווי חלף כל בכוריה דבני |
| 055 | | Nu 1:53 | דבני ישראל ויטרון ליווי ית מטרתה דסהדותה: |
| 056 | | Nu 8:20 | די פקד ייי ית משה על ליווי כדן עבדו להון בני ישראל: |
| 057 | | Dt12:19 | לכון דלא תשבקון ית ליווי כל יומיכון על |
| 058 | | Nu 8:15 | ובתר כדין ייעלון ליווי ל«מ»פלח משכן זימנא |
| 059 | | Nu 8:22 | ומן בתר כדין עלו ליווי למפלח ית פלחניהון במשכן |
| 060 | | Nu 8:14 | ותפרש ית ליווי מן גו בני ישראל ויהוון |
| 061 | | Nu 8:19 | ויהבית ית ליווי מתנה לאהרן ולבנוי מן גו |
| 062 | ליוויי | Nu 3:32 | דהוה ממני על רברבני ליוויי אלעזר בר אהרן כהנה סכום |
| 063 | | Nu 4:18 | דבנוי דקהתי מן גו ליוויי: |
| 064 | | Nu 8:12 | קדם ייי למכפרה על ליוויי: |
| 065 | | Dt18:07 | דייי אלהיה ככל אחוי ליוויי דקיימין ומשמשין תמן קדם |
| 066 | | Lv25:33 | ביובילה ארום בתי קרוי ליוויי היא אחסנת{כ}<ה>ון בגו בני |
| 067 | | Nu 8:21 | ואדכון ליוויי וחוורו לבושיהון וכפר#1 |
| 068 | | Nu 1:51 | נטל משכנה יפרקון יתיה ליוויי וכד שרי משכנה יקימון יתה |
| 069 | | Dt31:25 | ופקד משה ית ליוויי טעני ארון קיימה דייי |
| 070 | | Nu 8:22 | די פקד ייי ית משה על ליוויי כדן עבדו להון: |
| 071 | | Nu 3:41 | ותפרש ית ליוויי לשמי אמר ייי חלף כל בוכרה |
| 072 | | Dt18:06 | וארום ייתון ליוויי מן חדא מן קורייכון מן כל |
| 073 | | Dt27:09 | ומליל משה וכהנייה ליוויי עם כל ישראל למימר אציתו |
| 074 | | Nu18:26 | ועם ליוויי תמלל ותימר להון ארום |
| 075 | ליווייא | Lv25:32 | וקרייה ליווייא בתי קריי אחסנתהון פרקון |
| 076 | | Dt27:14 | ויענון ליווייא ויאמרון לכל עמה בני |
| 077 | ליווייה | Lv25:33 | וית מה די יפרוק מן ליווייה ויפוק זבונה דביתה וקרתה |
| 078 | ליוייאי | Nu 4:20M | ית כל מני בית קודשה /ליואי כד מכסן כהנייא ית מאני |
| 079 | ליוויי | Nu 8:13 | על ליויי% ותקים ית ליוויי}: |
| 080 | | Nu 3:39 | כל סכומי ליווי די סכם משה{{ואהרן}} |
| 081 | | Nu 8:13 | קדם ייי%{למכפרה על ליויי% ותקים ית ליוויי}: |
| 082 | | Nu 3:45 | תפרש ית ליווי חלף כל בכוריה דבני ישראל |
| 083 | | Nu 3:09 | ותתן ית ליווי לאהרן ולבנוי מתנה אינון |
| 084 | | Nu 4:46 | ורברבני ישראל ית ליווי לזרעייתהון לבית אבהתהון: |
| 085 | | Nu 3:46 | ותלתה דאישתיירו על ליווי מן בכוריה דבני ישראל: |
| 086 | | Nu 8:06 | אפרש ית ליווי מן גו בני ישראל ותדכי |
| 087 | | Nu 8:09 | ותקרב ית ליווי קדם משכן זימנא ותכנש ית |
| 088 | | Nu 8:10 | ותקרב ית ליווי קדם ייי ויסמכון בני |
| 089 | | Nu 8:13 | ו«ת»קים ית ליווי קדם אהרן וקדם בנוי ותניף |
| 090 | לילוואי | Nu31:47M | ויהב יתהון לילווי/לילוואי#2/# דנטרין/נטרי#2/# |
| 091 | לילוואיי | Nu 7:06 | תוריה ויהב יתהון לילווא«י»י: |
| 092 | | Nu 7:05 | זימנה ותתן יתהון לילווא«י»י גבר כמיסת פולחניה: |
| 093 | לילוויי | Nu31:47 | ומן בעירה ויהב יתהון לילוויי דנטרין מטרת משכנא דייי |
| 094 | ללוואי | Nu35:08M | /יתן מן קורייתה ללוואי#2/#: |
| 095 | | Nu18:24M | יהבית \ללוויי אחסנה /ללוואי לאח'#2/# בגין כדן |
| 096 | ללווי | Nu18:24 | לשמה דייי אפרשו יהבית ללווי אחסנה בגין כדן אמרית להון |
| 097 | | Nu18:30 | ית טובה מניה ויתחשב ללווי כאפרשות עיבורא מן אדרה |
| 098 | ללוואי | Nu35:07M | די תתנון ללוויי/ללוואי#2/# ארבעין ותמני |
| 099 | | Nu 8:26M | סידרא תעבד ללוויי/ללוואי#2/# במטרתהון: |
| 100 | | Nu 7:05M | ותתן יתהון לילווא«י»/ללוואי#2/# גבר כמיסת |
| 101 | | Nu 8:22M | משה \על ליוויי כדן /ללוואי כן#2/# עבדו להון: |
| 102 | | Nu 8:24M | דא די תעבד ללווי/ללוואי#2/# מן בר עשרין שנין |
| 103 | | Nu 8:24M | דן פולחנה דאית ללוואי מן ב{ת}ר עש' |
| 104 | | Nu35:02M | ישראל ויתנון ללוויי/ללוואי#2/# מן ירתות אחסנתהון |
| 105 | | Nu35:04M | מכותלה דקרתה /ללוואי מן שורה דק'#2/# לברה |
| 106 | | Nu31:30M | ותתן יתהון ללוויי/ללוואי#2/# נטרי מטרת משכנה |
| 107 | ללוויי | Dt26:12 | ותתנון מעשרה קדמייה ללוויי ומעשרה ומעשרה לגיורייה |
| 108 | ללוויי | Nu35:02 | יתהון תתנון ללוויי: |
| 109 | | Nu35:08 | יאחסנון יתן מן קרוי ללוויי: |
| 110 | | Nu35:07 | כל קוריין די תתנון ללוויי ארבעין ותמני קריאן יתהון |
| 111 | | Nu 8:26 | יפלח כהדין סידרא תעבד ללוויי במטרתהון: |
| 112 | | Dt26:13 | יהבנן מעשרה קדמייה ללוויי ומעשר מסכינייה לגיורייה |
| 113 | | Nu35:06 | די{ד«י»} תתנון ללוויי ית שת קרין דשיזבות |

|  |  |  |  |  |  |
|---|---|---|---|---|---|
| 114 | | Dt18:01 | לא יהוי לכהנייא | לליוויי | כל בני שבטה דלוי חולק |
| 115 | | Nu35:04 | קרייתה די תתנון | לליוויי | מכותלה דקרתה לברה אלף |
| 116 | | Nu35:02 | ית בני ישראל ויתנון | לליוויי | מן ירתות אחסנתהון קוריין |
| 117 | | Nu31:30 | כל בעירה ותתן יתהון | לליוויי | נטרי מטרת משכנה דייי: |
| 118 | לליויי | Lv25:32 | פרקון לעלם תיהוי | לליויי: | |
| 119 | דלואי | Nu 3:41M | בעיר«י»הון | דליווי/דלואי#2#/ | חלף כל בוכרה |
| 120 | דלווי | Nu 2:17 | משכן זימנה משרייתהון | דלווי | בגו משריתה היך מה דהוון |
| 121 | דליוואי | Nu 3:45M | בעיר«י»הון | דליווי/דליוואי#2#/ | חלף/חולף#2#/ |
| 122 | דליווי | Nu 3:49 | על פרקוניהון | דליוויי: | |
| 123 | דליווי | Nu 3:41 | וית בעיר«י»הון | דליווי | חלף כל בוכרה דבעיריהון |
| 124 | | Nu 3:45 | וית בעיר«י»הון | דליווי | חלף בעיריהון ויהוון לשמי |
| 125 | ול' | Dt18:01M | לא יהוי לכהנייא | לליוויי/ול'#2#/ | כל בני שבטה דלוי |
| 126 | ולואי | Nu 1:47M | | ולוויי/ולואי#2#/ | לשבטה דאבהתהון |
| 127 | ולווי | Nu 1:53 | | ולווי | ישרון חזור חזור למשכנה |
| 128 | וליויא | Gn50:01 | כהנייא בחצצרוותיהון | וליוויא | בכינוריהון בכדן אתרכן |
| 129 | וליואי | Dt16:14M | ואמהתכון | וליוויי/וליואי#2#/ | וגיורייה וארמלתה |
| 130 | | Dt17:09M | לוות כהנייא | וליוויי/וליואי#2#/ | ולוות דייניה |
| 131 | וליוואי | Dt12:12M | ואמהתכון \וליווי די | /וליוואי | דאית#2#/ בקורייכון ארום |
| 132 | | Dt12:18M | \וליווי די | /וליוואי | דאית#2#/ בקורייכון |
| 133 | | Dt24:08M | יתכון כהנייא | וליוויא/וליוואי#2#/ | היך דפקד |
| 134 | | Dt26:11M | אתון | וליוויי/וליוואי#2#/ | וגיורייה די |
| 135 | | Dt27:15M | וארונה וכהנייה | וליוואי | יהיבין במצעה |
| 136 | | Nu 8:12M | | ולווי/וליוואי#2#/ | יסמכון ית ידיהון |
| 137 | | Dt27:09M | משה וכהנייה | ליוויי/וליוואי#2#/ | עם כל ישראל למימר |
| 138 | וליווי | Dt12:12 | ועבדיכון ואמהתכון | וליווי | די בקורייכון ארום לית |
| 139 | | Dt12:18 | ועבדיכון ואמהתכון | וליווי | די בקורייכון ותחדון קדם |
| 140 | | Nu 8:12 | | וליווי | יסמכון ית ידיהון על ראשי |
| 141 | | Nu 2:33 | | וליווי | לא איסתכמו בגו בני ישראל |
| 142 | וליוויא | Dt17:18 | ספר מן קדם ^כהנייה | וליוויא#2#^: | |
| 143 | | Dt24:08 | ילפון יתכון כהנייא | וליוויא | היך דפקד יתכון תטרון |
| 144 | וליוויי | Dt16:11 | ועבדכון ואמהתכון | וליוויי | ^דאית בקורייכון#2#^ |
| 145 | | Dt16:14 | ועבדיכון ואמהתכון | וליוויי | וגיורייה וארמלתה די |
| 146 | | Dt17:09 | ותתון לוות כהניא | וליוויי | ולוות דייניה דייהווי |
| 147 | וליויי | Dt14:27 | | וליויי | די בקורייכון לא תשבקון |
| 148 | | Dt26:11 | ולאינשי בתיכון אתון | וליויי | וגיורייה די ביניכון: |
| 149 | | Nu 1:47 | | וליויי | לשבטה דאבהתהון לא אסתכמו |
| 150 | ולייואי | Dt16:11M | | ולוויי/ולייואי#2#^ | ^דאית |
| 151 | וללוואי | Nu18:26M | \ועם | ליוויי/וללוואי#2#/ | תמלל ותימר להון |

## night *n.* לילי [282]

|  |  |  |  |  |  |
|---|---|---|---|---|---|
| 001 | ליל s ab/cn | Ex12:42 | על שכלוליהון וקרא יתיה | ליל | תנינא ליליא תליתיא כד |
| 002 | לילי | Gn20:16M | אברהם צדיקא | לילי | חד ועל כל מה דאית עמי ועל |
| 003 | | Ex12:42 | | לילי | נטיר ומזומן הוא לפורקן |
| 004 | | Ex12:42 | הוא לילי פסחא לשמה דייי | לילי | נטיר ומזומן הוא לפורקן לכל |
| 005 | | Ex12:42 | ואינון מדברי' כחדא הוא | לילי | פסחא לשמה דייי לילי נטיר |
| 006 | | Ex12:42 | נהורא ונהר וקרא יתה | לילי | קדמיא לילי תנינא כד אתגלי |
| 007 | | Ex12:42 | וקרא יתיה לילי תליתיא | לילי | רביעיא כד ישלם עלמא קציה |
| 008 | | Ex12:42M | וקרא יתיה \ליל תנינא | /לילי | תינך#2#/ ליליא תליתיא כד |
| 009 | | Ex12:42 | אינון ישראל וקרא יתיה | לילי | תליתיא לילי רביעיא כד ישלם |
| 010 | | Ex12:42 | וקרא יתה לילי קדמיא | לילי | תנינא כד אתגלי ייי על |
| 011 | בלילי | Gn40:05 | חלם תריהון גבר חלמא | בלילי | חד גבר כפתרון חלמה רב |
| 012 | | Gn41:11 | וחלמנן חלם | בלילי | חד אנה והוא גבר כפתרון |
| 013 | | Ex34:25M | מן בשרא די תכסון | בלילי | יומא טבא דפסחה מן רמשה |
| 014 | | Dt16:04 | מן בשרא מה די תכסון | בלילי | יומא טבה קדמייה דפסחה עד |
| 015 | | Ex23:18M | בשרא די תכסון | בלילי | ימא טבא קדמיי' דפסחא מן |
| 016 | | Ex12:12 | בממרי בארעא דמצרים | בלילי | פסחא הדין ואקטל כל בכוריה |
| 017 | ולילי | Nu 9:21 | בצפרא ויטלון או יומם | ולילי | ויסתלק ענגה ויטלון: |
| 018 | | Gn 8:22 | ו{תס}<סת>ב ואיממא | ולילי | לא יפסקון: |
| 019 | ל' s em/sf | Dt23:11M | מן \קרי דליליה /קראי | ל'#2#/ | ויפוק מן לבר מן משריתה |
| 020 | ליליא | Ex14:20 | לאליין לסדר קרבא כל | ליליא: | |
| 021 | | Ex14:20M | לא אמרו שירתא כל | ליליא | |
| 022 | | Gn19:34 | אבא נשקי יתיה חמר אף | ליליא | הדין ועולי ושמש עמה |
| 023 | | Gn30:15M | /בשבועתא יזדמן לותיך | ליליא | הדין חולף יבר'#2#/ |
| 024 | | Nu22:08M | הדין \ולילייא ואתיב | /ליליא | הדין ואחזור#2#/ יתכון |
| 025 | | Gn14:15 | ופלג עליהון | ליליא | הוא ושלטנוי וקטל יתהון |
| 026 | | Ex12:42 | ייי על מצריי בפלגות | ליליא | הוה ידיה מקטלה בכוריהון |
| 027 | | Gn46:02 | ייי לישראל בחזוה די | ליליא | ואמר יעקב יעקב ואמר: |
| 028 | | Gn 1:14 | למפרשא בין איממא ובין | ליליא | ויהוון לאתין ולזמנין |
| 029 | | Nu11:32 | עמא כל יומא ההוא וכל | ליליא | וכל יומא דבתריה וכנשו ית |
| 030 | | Ex14:21 | ימא ברוח קדום תקיף כל | ליליא | ושוי ית ימא ליבש{בש}תא |
| 031 | | Gn20:16 | ברם מן עיינוי דצדיקא | ליליא | חד ולכל מאן דהוה עמיך |
| 032 | | Ex14:20M | ישראל אנהר | ליליא | לא קריבו משרה אל משרה |
| 033 | | Ex10:13 | בארעא כל יומא ההוא וכל | ליליא | צפרא הוה ורוח קדומא טען |
| 034 | | Ex12:42 | כתיבין בספר דוכרניא | ליליא | קדמיא כד אתגלי ייי על |
| 035 | | Ex12:42M | לילי תנינא /קדמאי | ליליא | תי'#2#/ כד אתגלי/ית'#2# |
| 036 | | Ex12:42 | וקרא יתיה ליל תנינא | ליליא | תליתיא כד אתגלי ייי על |
| 037 | | Ex12:42M | וקרא יתיה לילין תנין | ליליא | תלת |
| 038 | ליליה | Nu17:23 | וגמר ועבד לוזין בר | ליליה: | |
| 039 | | Nu22:20M | בלעם בליליה/בחזוי | ליליה#2#/ | ואמר לה אין למקרא לך |
| 040 | | Ex40:38M | מנ{ח}<ה>רה עלוי כל | ליליה | חמיין כל בית#2#/ ישראל |
| 041 | | Lv 6:02 | דיקדה על גבי מדבח' כל | ליליה | עד צפרא ואשתה על גבי |
| 042 | | Ex12:42M | תליתיא \לילי רביעיא | /ליליה | <רבי>עאה#2#/ כד ישלם |
| 043 | לילייא | Ex14:20 | ונהורא לישראל כל | לילייא | ולא קרבו אליין לאליין |
| 044 | | Ex12:29M | ויייי קטל /בפלגות | לילייא | וממריה דייי קטל#2#/ ית |
| 045 | לילייה | Gn19:05M | די אתון לוותך | בליליא/לילייה | הדין#2#/ אפיק יתהון |
| 046 | | Dt28:66M | /וקבלה ותתברון | לילייה | ויממה#2#/ ולא תהיימנון |
| 047 | ללייא | Gn 1:05 | איממ' ולחשוכא קרא | ללייא | והוא רמש והוה צפר סדר עבד |
| 048 | בל' | Nu 9:16M | אשא /וכחיזו אשתה | בל'#2#/ | בליליה: |
| 049 | בליל' | Gn30:16M | /ואזדמן לוותה | בליל'#2#/ | הו«א»: |
| 050 | | Gn31:40M | בליליי«א» /וקרושא | בליל'#2#/ | ואתנדדת שנתי מן עייני: |
| 051 | בלילה | Gn32:23 | וקם | בלילה | ההוא ודבר ית תרתין נשוי |
| 052 | | Dt 1:33 | בעמודה דאשתה | בלילה | למחויה יתכון בארחא די |
| 053 | בליליי | Gn30:16 | דבר{ו}י ושמש עמה | בליליי | הו«א»: |
| 054 | בליליא | Nu14:14 | בימּמא ובעמודה דאשתא | בליליא: | |
| 055 | | Gn31:39 | וחיות ברא מתכלא | בליליא | אנה הוינא משלם יתהון: |
| 056 | | Gn19:05 | גובריא די אתון לוותך | בליליא | אפיק יתהון לוותן ונחכם |
| 057 | | Ex40:38 | באיממא ואשתא תיהוי | בליליא | ביה לעיני כל בית ישראל |
| 058 | | Gn30:15 | כדין ישמש עמ«י»ך | בליליא | הדין תחות |
| 059 | | Gn19:35 | ואשקיין אף | בליליא | ההוא ית אבוהון חמר וקמת |
| 060 | | Gn26:24 | ואתגלי עלוי ייי | בליליא | ההוא ואמר <אנה> הוא אלה' |
| 061 | | Gn32:22 | דורון קדמוי והוא אבית | בליליא | ההוא במשריתא: |
| 062 | | Gn19:33 | ואשקיין ית אבוהון חמר | בליליא | הוא ועלת רבתא ושמישת עם |
| 063 | | Gn20:03 | דייי על אבימלך בחלמא | בליליא | ואמר ליה הא את מאית על |
| 064 | | Ex12:31 | וקרא למשה ולאהרן | בליליא | ואמר קומו פוקו מן גו עמי |
| 065 | | Gn31:40 | אכל יתי שרבא וקלשא | בליליי«א» | ואתנדדת שנתי מן עייני: |
| 066 | | Gn 1:16 | זעירא למהוי שליט | בליליא | וית סדור כוכביא: |
| 067 | | Ex13:22 | באיממא ועמודא דאישתא | בליליא | מדברין ומעתדין ומנהרין |
| 068 | בליליה | Nu 9:16 | וחזיו אשא אכלה אשא | בליליה: | |

|  |  |  |  |  |
|---|---|---|---|---|
| 069 | | | Nu17:23M | ביה בליליה אפרח ליבלובין ואניץ |
| 070 | | | Nu22:19 | תבו כען הכה אוף אתון בליליה הדין ואדע מה יוסיף מן קדם |
| 071 | | | Gn32:14 | ואבית תמן בליליה ההוא ונסב מן מה דאיתי |
| 072 | | | Ex12:30 | וקם פרעה בליליה הוא וכל שלטונוי וכל מצריי |
| 073 | | | Nu11:09 | וכד נחת טלא על משכנה בליליה הוה מנה נחת עלוי: |
| 074 | | | Nu22:20 | מימריה דייי על בלעם בליליה ואמר לה אין למקרא לך אתו |
| 075 | | | Dt16:01M | עבד לכון ניסין בליליה פיסחא#2#/ וגבורן באימממה |
| 076 | | | Ex12:08 | ויכלון ית בשרא בליליה פסחא צלי בנורא פטירין {עם |
| 077 | בליליה | | Dt28:66 | מן כל קבל ותתפחדון בליליה ובאימממה ולא תהיימנון |
| 078 | בלליא | | Gn31:24 | על לבן ארמאה בחלמא בלליא ואמר לה אזדהר לך לא תמלל |
| 079 | | | Dt16:01 | מן ארעא דמצרים בלליא ועבד לכון נסין וגבורן |
| 080 | בלליה | | Nu22:19M | /לחוד#2# אתון בליליה/בלליה#2# הדין ואדע מה יוסיף |
| 081 | | | Nu14:01 | ית קלהון ובכון עמא בלליה הוא: |
| 082 | דליליא | | Ex12:42M | ליליא /בפלגו דליליא#2# הוה ידיה/ימיניה#2#/ |
| 083 | | | Ex12:29 | והוה בפלגא דליליא«א» ויייי קטל ית כל בכוריא |
| 084 | | | Ex11:04 | כדן אמר ייי בפלגא דליליא ממ{ת}<ר>י מתגלי בגו |
| 085 | דליליה | | Dt23:11 | לא יהווי דכי מן קרי דליליה ויפוק מן לבר מן משריתה |
| 086 | ויילילייה | | Gn 8:22M | וסתווה ויממא ויילילייה לא פסקין |
| 087 | ולליא | | Ex13:21 | למדברא יהוון באורחא ולליא בעמוד' דעננא דאישתא |
| 088 | | | Nu22:08 | אביתו הכה ימא הדין ולליא ואתיב יתכון פתגם היך מה |
| 089 | ולליה | | Nu 9:21M | יומם ולילי/ אימה ולליה#2#/ ויסתלק עננה ויטלון: |
| 090 | | | Lv 8:35M | תתבון יומא ולליה שוב' |
| 091 | ולליה | | Nu21:01M | לאורחא די עלו בה ולליה ונסדרא סדרי קרבה |
| 092 | ובלילה | | Lv 8:35 | זימנה תישרון באיממ' ובלילה שבעה יומין ותשרון ית |
| 093 | ובלליא | | Ex13:21 | למהוי מהלכין ביממא ובלליא: |
| 094 | | | Gn 1:18 | ולמהוי שליט באימאמא ובלליא ולמפרש' בין נהורא ובין |
| 095 | לילון | p abs | Gn 7:12 | ארבעין יומין וארבעין לילון: |
| 096 | | | Ex12:42 | ארעא דמצרים ברם ארבעה לילון אינון די אינון כתיבין |
| 097 | | | Dt 9:25M | וית ארבעין לילוותה/לילון#2#/ די צליית ארום אמר |
| 098 | | | Ex12:42M | כתיבין /ארום ארבע לילון הנון דכתיבין#2#/ בספר |
| 099 | | | Dt10:10 | ארבעין יומין וארבעין לילון ושמע קל ממרה דייי בקל |
| 100 | | | Dt 9:11 | ארבעין יומין וארבעין לילון יהב ייי לי אמר משה ית |
| 101 | | | Dt 9:09 | ארבעין יומין וארבעין לילון מזון לא אכלת ואוף מיין לא |
| 102 | | | Dt 9:18 | ארבעין יומין וארבעין לילון מזון לא אכלית ואוף מיין |
| 103 | לילון | | Gn 7:04 | ארבעין יממין וארבעין לילון ואישצי ית כל ברייתיה די |
| 104 | | | Ex34:28 | ארבעין יומין וארבעין לילון לחמא ל«א» אכל ומיין לא |
| 105 | ליליין | | Gn 7:04M | /יומין וארבעין ליליין#2#/ ואישצי ית כל ברייתיה |
| 106 | לילין | | Ex24:18 | ארבעין יומין וארבעין לילין: |
| 107 | | | Ex12:42M | הנון ישראל וקרא יתיה לילין תנין ליליא תלת |
| 108 | לילוותה | p em/sf | Dt 9:25 | יומייא וית ארבעין לילוותה די צליית ארום אמר ייי |
| 109 | לילותא | | Ex14:20M | לישראל כל ליליא/לילותא#2#/ ולא קרבו אליין |

## ליסטיס *n.* robber [282]

|  |  |  |  |  |
|---|---|---|---|---|
| 001 | ליסטיס | s ab/cn | Gn25:27M | ליה לסימנא די גבר ליסטיס גבר נפק ומקפח עבוריי' |

## ליש *n.* dough [282 לייש]

|  |  |  |  |  |
|---|---|---|---|---|
| 001 | לישה | s em/sf | Ex12:39M | \חמיעה דדהון דאפיקו לישה/ די א'#2# מן מצרים |
| 002 | לישיהון | | Ex12:34 | וטענו עמא ית לישיהון עדלא אתחמע אצבתהון צרירן |
| 003 | לשהון | | Ex12:34M | \לישיהון עדלא אתחמע לשהון/ קדם עד לא אתחמע#2#/ |

## לית *vb.* negative particle [283]

|  |  |  |  |  |
|---|---|---|---|---|
| 001 | לית | peal | Gn37:29 | וחזר ראובן לגובא והא לית יוסף בגו גובא ובזע ית |
| 002 | | | Gn19:19 | עמי למקימה ית נפשי ואנא לית אוכל למשתיזבא לטורא דלא |
| 003 | | | Gn49:07 | שריין שמעון ולוי כחדא לית אומה ומלכה דתיקום לקבליהון |
| 004 | | | Dt33:20 | היך אריא והיך אריוותה לית אומה ומלכו דתקום לקובליה |
| 005 | | | Nu22:26M | די \לא הווה תמן אורח/לית אורחה#2#/ למסטי לא |
| 006 | | | Nu27:11 | ואין לית אחין לאבוי ותתנון ית |
| 007 | | | Dt 4:35 | למידע ארום ייי הוא אלה לית אחרן בר מינה: |
| 008 | | | Gn31:02 | ית סבר אפוי דלבן והא לית אינון שיפין לקבליה לא הך |
| 009 | | | Dt 3:02M | מבועין דמיין ברם פירין לית אינון עבדין בגין כן אמתין |
| 010 | | | Ex33:23 | שכינתי ואפי איקר שכינתי לית איפשר דתחמי: |
| 011 | | | Nu22:37M | /יתך#2# /<מן> קושטין לית איפשר לי למייקרה לך#2#/: |
| 012 | | | Dt23:25 | דצורכה ותשבע ולגו מניך לית איפשר לך למתן: |
| 013 | | | Dt32:03 | שמה קדישה בגידופין ברם לית איפשר לחד ממלאכי שירותה |
| 014 | | | Ex33:15 | ואמר קדמוי אין לית איקר שכינתך בינינן לא תסק |
| 015 | | | Nu14:42 | לא תסקון ארום לית איקר שכינתה דייי שרי |
| 016 | | | Dt 1:42 | ולא תסדרון קרבה ארום לית איקר שכינתי מדברה ביניכון |
| 017 | | | Dt31:17 | ביומה ההוא הלא על די לית איקר שכינתה דייי שרייה |
| 018 | | | Dt 4:39 | ושולטנה על ארעא מן לרע לית אלה אחרן בר מניה: |
| 019 | | | Gn19:19M | ית נפשי ואנא \לית אוכל /לית אנא יכיל#2#/ למשתיזבא |
| 020 | | | Gn19:22M | \לא אוכל/^אכול#2#/^ /לית אנא יכיל#2#/ למעבד פתגם |
| 021 | | | Gn21:26M | ואמר אבימלך \לא ידעית /לית אנא ידע#2#/ מן עבד ית |
| 022 | | | Gn27:02M | \לא ידעית יומי מיתתי /לית אנא ידע יום מי#2#/: |
| 023 | | | Gn27:41 | יתה אבוי ואמר עשו בלבא לית אנא עבד היך מה דעבד קין |
| 024 | | | Gn42:36 | יתיה לוותכון לדותינא לית אנא <ידע> מה הוה בסופיה |
| 025 | | | Ex 5:11M | די תשכחון ארום לא מתמנע/לית אנא מנע#2#/ מן |
| 026 | | | Gn 4:09 | הן הוא הבל אחוך ואמר לית אנ{א}«ה» ידע הא נטורא |
| 027 | | | Gn18:28M | \לא אשיצא/אשתצי#2#/ /לית אנה מחבל#2#/ אם אשכח |
| 028 | | | Gn18:31M | ו{י}אמר \לא אשיצא /לית אנה מחבל מן בגלל#2#/ בגלל |
| 029 | | | Gn18:32M | "לא ... עשרה": לית אנה מחבל אין אישתכח תמן |
| 030 | | | Gn24:33 | ושוון קדמוי למיכל ואמר לית אנה אכל עד זמן דאמלל מליי |
| 031 | | | Gn24:50M | טב או ביש/אזדמן פתגמ' לית אנה יכיל למללא עמך ביש או |
| 032 | | | Gn28:16 | דשריה באתרה הדין ואנה לית אנה ידע: |
| 033 | | | Gn31:35M | ארום \לא אכיל /לית אנה יכיל#2#/ למיקם |
| 034 | | | Gn37:30 | ידע לאן אנה הכא ואנה לית אנה ידע לאן אנה אזל: |
| 035 | | | Gn37:30 | וחזר לוות אחוי ואמר טליא לית אנה ידע לאן אנה הכא ואנה |
| 036 | | | Gn44:18 | אנה חרבי מן גווה תיקא לית אנה מחזר יתה לתיקה עד זמן |
| 037 | | | Gn44:18 | כל ארעא דמצרים קטילין לית אנה מחזר יתה לתיקה עד זמן |
| 038 | | | Ex 5:02 | מן הוא ייי וית ישראל לית אנה משלח: |
| 039 | | | Ex 5:10 | למימר כדין אמר פרעה לית אנה יהב לכון תבן: |
| 040 | | | Ex21:05 | ית רבני ית אתתי וית בני לית אנה נפק לחירותה: |
| 041 | | | Nu10:30 | ואמר ליה לית אנה <אזל> ארום אלהן לארעי |
| 042 | | | Nu11:14 | לית אנה יכיל לבלחודוי למסובלה |
| 043 | | | Nu22:18 | בלק מלא ביתיה כסף ודהב לית ^אנה#2#^ יכיל למעברה |
| 044 | | | Nu22:37 | אתית לוותי הא מן קושטה לית אנה יכיל למוקרה לך: |
| 045 | | | Nu23:20 | אנה ית ישראל וברכה לית אנה מנע מנהון: |
| 046 | | | Nu23:21 | לית אנה חמי עבדי שקר בדבית |
| 047 | | | Nu23:23 | ארום לית אנה חמי נטורי נחשין בדבית |
| 048 | | | Dt 1:09 | לכון בשעתה ההיא למימר לית אנה יכיל לבלחודוי למסבול |
| 049 | | | Dt 4:22 | ארום אנה מתכנש בארעא הדה לית אנה עבר ית ירדנה ואתון |
| 050 | | | Dt15:16 | ויהווי ארום יאמר לך לית אנה נפק לחירותה מן לוותך |
| 051 | | | Dt31:02 | שנין אנה כען יומא הדין לית אנה יכיל תוב למיפוק |
| 052 | | | Gn31:05 | ית סבר אפוי דאבוכון והא לית אנון שפין לקבלי לא היך |
| 053 | | | Gn29:08M | ואמרו לא/לית#2#/ אנן יכלין עד זמן |
| 054 | | | Gn34:14 | ואמרן להון לית אנן יכלין למעבד פתגמא הדין |

|  |  | | | |
|---|---|---|---|---|
| 055 | Gn42:13 | מנן מן דנפק מן לוותן | לית | אנן ידעין מה הוה בסופיה: |
| 056 | Gn42:32 | חד מנן מן דנפק מלוותן | לית | אנן ידעין מה הוה בסופיה |
| 057 | Gn44:26 | ואמרינן | לית | אנן יכלין למיחות אן נחת |
| 058 | Gn44:26 | עמן אנן <נחתין> ארום | לית | אנן יכלין למיחמי סבר אפוי |
| 059 | Ex10:26 | קדם ייי אלהן ואנן | לית | אנן ידעין כמה נפלח קדם ייי |
| 060 | Ex32:01 | אסק יתן מן ארעא דמצרים | לית | אנן ידעין מה הווה בסופה: |
| 061 | Ex32:23 | אפק יתן מן ארעא דמצרים | לית | אנן ידעין מה הוה בסיפי: |
| 062 | Lv25:20 | מה נאכל בשתה שביעיתה הא | לית | אנן זרעין ולא כנישין ית |
| 063 | Nu13:31 | די אזלו עמיה אמרין | לית | אנן יכלין מסוק לוות עמא |
| 064 | Nu13:31 | מנן: {אזלו עמה אמרי׳ | לית | אנן יכלין מסוק לוות עמא |
| 065 | Nu16:12 | בנוי דאליאב ואמרין | לית | אנן סלקין: |
| 066 | Nu16:14M | האינון אין את מנקר | לית | אנן סלקין |
| 067 | Dt 2:28 | תתנון לן ונשתי לחוד | לית | אנן חסרין מן כל מן דעם |
| 068 | Dt21:01M | "לא אתודע מן קטיל": | לית | אנן ידעין מן קטל |
| 069 | Gn 4:14 | אפי דארעא ומן קדמוך | לית | אפשר לי למטמרה ויהוי קין |
| 070 | Gn13:16 | ית עפרא דארעא אף בניך | לית | אפשר להון למתמניה: |
| 071 | Gn18:01 | אשתלחו לתלת מילין ארום | לית | אפשר לחד ממלאכי מרומא די |
| 072 | Gn29:15 | לבן ליעקב הא אחי את | לית | אפשר למפלח קדמיי מגן תנה |
| 073 | Ex 8:22 | סעוותהון דמצריי קדמיהון | לית | אפשר דלא ירגמון יתן: |
| 074 | Ex33:20 | לא תכל למחמי אפי ארום | לית | אפשר דחמי יתי בר נש וייחי: |
| 075 | Dt 5:24M | "ימלל ... חיה": | לית | אפשר מן קדם ייי לממללא עם |
| 076 | Dt33:17 | בקרני רימנה כדין | לית | אפשר לבנוי דיוסף למשתעבדה |
| 077 | Gn29:07M | כדו יומא בתוקפא | לית | אשון למכנשה עדרייה אשקון |
| 078 | Gn20:07 | ויצלי עליך ותחי ואית | לית | את מחזי«ר» יתה דע ארום |
| 079 | Gn43:05 | ואן | לית | את משלח לא נחות ארום גברא |
| 080 | Ex 8:17M | ארום \אן ליתך | /לית | את#2#/ משלח ית עמי הא אנא |
| 081 | Ex18:18 | תקף «הוא» מנך פתגמא | לית | את יכיל למעבד יתיה בלחודך: |
| 082 | Nu20:18M | "להון": <לה> אדומייה | לית | את עבר בתחומי דלא שלופי |
| 083 | Nu22:30 | ולא אתייה לעלמא דאתי | לית | את יכיל למלוט יתי |
| 084 | Nu24:14 | האליין#2#׳ ואין לא | לי{א}<ת> | את יכיל שליט בהון ברם |
| 085 | Dt23:21 | את רשי למיזף ולאחוך | לית | את רשי למיזף מן בגלל די |
| 086 | Dt34:04 | אתן יתה חמי יתה ותמן | לית | את עבר: |
| 087 | Dt 3:27M | ארום \לא תעיבר ית | /לית | אתה מעבר#2#/ ירדנה הדין: |
| 088 | Ex 9:30M | ימסון עליכון מחוותא | לית | אתון מתכנעין מן קדם |
| 089 | Ex23:15M | מצרים עמי בני ישראל | לית | אתון רשיהין למתחמיי׳ |
| 090 | Ex23:19M | "לא תבשלון ... כחדא": | לית | אתון רשאין למבשל׳ ולמיכל |
| 091 | Ex34:26M | "לא תבשלון ... מערבין": | לית | אתון רשיין לא למבשלה ולא |
| 092 | Nu20:20M | ואמר \לא תעבר | /לית | אתון עבריין#2#/ ונפקו |
| 093 | Dt 1:32 | ובפתגמא הדין | לית | אתון מהימנין בשם ממרה |
| 094 | Dt 2:06 | מזון | לית | אתון צריכין מזבון |
| 095 | Dt 2:06 | לכון מן שמיא ולהוד מיין | לית | אתון צריכין מזבון |
| 096 | Dt 4:12 | דבירי אתון שמעין ודמו | לית | אתון חמיין ארום אלהן קל |
| 097 | Dt 4:12M | לית /מנ קדם ייי | לית#2#/ | אתון חמיין ארום אלהן |
| 098 | Dt 7:22 | האיליין מן קדמיכון קליל | לית | אתון יכלין למשיציה יתהון |
| 099 | Dt12:17 | | לית | אתון רשיין למיכל בקורייכון |
| 100 | Dt14:21M | "לא תבשלון ...": | לית | אתון רשיין לבשלה ולמיכול |
| 101 | Dt14:22M | "ושתה": עמי בני ישראל | לית | אתון רשאין למעשרה מן פרי |
| 102 | Dt14:24 | יסגי מנכון אורחה ארום | לית | אתון יכלין למס«ו»ברה |
| 103 | Dt15:19M | \לא תפלחון בביכורי | /לית | אתון רשאין למפלוח#2#/ |
| 104 | Dt16:05 | עמי בני ישראל | לית | אתון רשיין למיכס ית נכסת |
| 105 | Dt16:16 | דמטלייה עמי בני ישראל | לית | אתון רשיין למתחמיא קדם ייי |
| 106 | Dt17:15 | תמנון עליכון מלך <....> | לית | אתון רשיין למשווייה עליכון |
| 107 | Dt24:06M | "לא תהוון": | לית | אתון רשיין למיסב משכונה |
| 108 | Dt24:06M | ריחייה ורכבה {ג}<ב>רם | לית | אתון רשאין למיהווי אסרין |
| 109 | Gn28:17 | מה דחיל הוא אתרא הדין | «לית | אתרא הדין» אתר הדיוט |
| 110 | Gn19:31 | לזערתא אבונן סב וגבר | לית | בארעא למיעול לוותן כאורח |
| 111 | Lv13:26 | ואם יחמי יתיה כהנא והא | לית | בבהקיתה שער חוור ומכיכה |
| 112 | Gn 4:08M | כפרי עובדין ומסב אפין | לית | בדינא |
| 113 | Lv13:21 | ואין יחמי יתה כהנא והא | לית | בה שער חוור ומכיכה לית היא |
| 114 | Lv13:31 | מן משכה ושער אוכ{ס}<ם> | לית | בה ויטרוד כהנא ית |
| 115 | Nu19:02 | תורא סמוקה שלמה די | לית | בה מום די לא סלק עליה |
| 116 | Gn37:24 | וגובא הווה ריק«ן» | לית | ביה מיין: |
| 117 | Gn47:13M | ולחם/מזון#2#/ | דלית/לית#2#/ | בכל ארעא ארום תקף |
| 118 | Gn31:50 | ואין תסב נשין על בנתי | לית | גבר עמן חמי ייי הוא סהד |
| 119 | Ex 2:12M | ובעלמא דאתי וחמא והא | לית | גבר זכאי נפיק מיניה ומחא |
| 120 | Nu19:15 | וכל מן דחסף פתיח די | לית | גופה דשיע מקפה עלוי מסאב |
| 121 | Ex 2:12M | בתרין עלמיא וחמא והא | לית | גיורא עתיד למקום מן ההוא |
| 122 | Gn20:11 | אברהם ארום אמרית לחוד | לית | דחלתה דייי יהיבה באתרא |
| 123 | Gn 4:08 | ענה קין ואמר להבל | לית | דין ולית דיין ולית עולם |
| 124 | Gn28:17M | "לית אתרא ...": | לית | דין אתר חול אילהן אתר |
| 125 | Nu22:30 | באפיהון דגבריה האליין | לית | הדא אתנתה דידי שאלה היא |
| 126 | Gn 5:24M | \ולית ידיע אן הוא /והא | לית | הוא#2#/ <....> אתנגד במימר |
| 127 | Gn30:33 | למקבלה אגרי קדמיך כל די | לית | הוא קרח ונמר בעיזייא ולחוש |
| 128 | Gn44:26 | דגברא ואחונן זעירא | לית | הוא עמן: |
| 129 | Gn44:30 | לוות עבדך אבא וטליה | לית | הוא עמן ונפשיה חביבה עלוי |
| 130 | Gn44:34 | אסק לוות אבא וטליא | לית | הוא עמי דלא אחמי בבישתא די |
| 131 | Ex 3:02 | סניא בער באשתא וסנייה | לית | הוא יקד: |
| 132 | Ex21:08M | \לא יהווי רשיי | /לית | הוא רשאי#2#/ למזבנה ית׳ |
| 133 | Lv11:04 | גררה הוא ומטלפה | לית | הוא מטלפי מסאב הוא לכון: |
| 134 | Lv11:05 | ארום מסק גרה הוא ומטלפה | לית | הוא מטלף מסאב הוא לכון: |
| 135 | Lv11:07 | וסתקתי סתיקה והוא גררה | לית | הוא גרר מסאב הוא לכון: |
| 136 | Lv11:26 | לית היא מטלף וגררה | לית | הוא מסק מסאבי׳ אינון לכון |
| 137 | Lv13:32 | שער מצלהב וחזוה דניתקא | לית | הוא מכיך מן משכה: |
| 138 | Lv13:34 | הלך ניתקא במשכה וחזוה | לית | הוא מכיך מן {מ}משכא וידכי |
| 139 | Dt21:16 | בנוי ית מה די יהווי לה | לית | הוא רשיי למקדמה ית ברא |
| 140 | Dt21:18 | לגבר בר סורוון ומורוון | לית | הוא שמע בקלה דאבוי ובקלה |
| 141 | Dt21:20 | בנן דין סורוון ומורוון | לית | הוא שמע בקלן אכל בבשרה |
| 142 | Dt22:19 | ישראל וליה תיהווי לאתה | לית | הוא רשיי למשבקה יתה כל |
| 143 | Dt24:04 | | לית | הוא רשיי בעלה קדמייה די |
| 144 | Gn38:25 | מעברה חס לה תמר כלתי | לית | היא מעברא בנין דזנו |
| 145 | Lv11:06M | היא לכון /וסת{ת}ק<ת>ה | לית | היא סתיקה מסאב הוא |
| 146 | Lv11:26 | דהוא פריס פרסה וטלפין | לית | היא מטלף וגררה לית הוא מסק |
| 147 | Lv11:26M | מטלפ{ין} טלפין וסתקתה | לית | היא סתיקה וגרגרה |
| 148 | Lv13:21 | לית בה שער חוור ומכיכה | לית | היא מן משכה והיא כהיה |
| 149 | Lv13:26 | בבהקיתה שער חוור ומכיכה | לית | היא מן משכה והיא כהיה |
| 150 | Dt14:07 | גירה אינון ופרסתהון | לית | היא סדיקה מסאבין אינון |
| 151 | Gn38:21 | ארחתה על ארחה ואמרין | לית | הכא אתה נפקת בר: |
| 152 | Gn38:22 | ולחוד עמה דאתרא אמרו | לית | הכא אתה נפקת בר: |
| 153 | Lv13:04 | היא במשך בשרה ומכיך | לית | חזוה מן משכה ושעורה לא |
| 154 | Lv13:31 | ית מכתשה דנ{ק}ת<ק>ה והא | לית | חזוה מכיך מן משכה ושער |
| 155 | Gn44:31 | ויהוי כד יחמי ארום | ל{וו}<י>ת | טליא עמן מית הוא ויחתון |
| 156 | Ex33:15M | אין לית איקר /ליה אין | לית | יקר#2#/ שכינתך בינינן לא |
| 157 | Dt33:26 | | לית | כאלהא דישראל דאשרי איקר |
| 158 | Ex 9:14 | מן בגלל די תדע ארום | לית | כוותי בכל ארעא: |
| 159 | Ex 8:06 | מן בגלל דתידע ארום | לית | כייי אלהן: |
| 160 | Nu 5:08 | ואין | לית | לגברה פרוק למחזרה אשמה לה |
| 161 | Gn11:30 | והוות שרי עקרה | לית | לה בנין: |
| 162 | Lv22:13 | ארמלתה ומשבקה ובנין | לית | לה ותחזור לביתה דאבוה |

|  |  |  |  |  |
|---|---|---|---|---|
| 163 | Lv25:31 | ובתי כופרנייה די | לית | להון שורין מן חזור חזור על |
| 164 | Dt12:12 | די בקורייכון ארום | לית | להון חלק ואחסנה עמכון |
| 165 | Dt14:27 | לא תשבקון יתהון ארום | לית | להון חלק ואחסנה עמכון |
| 166 | Dt22:26M | לא תעבד פתגם ביש | לית | לטליתה חובה דקטולה |
| 167 | Gn40:08 | ליה חלם חלמנן ופתר | לית | ליה ואמר להון יוסף הלא |
| 168 | Gn41:15 | פרעה חלם חלמית ופתיר | לית | ליה ואנה שמעית עלך למימר |
| 169 | Ex22:01 | ישתכח גנבא וילקי וימות | לית | ליה חובת שפיכת אדם זכיי: |
| 170 | Ex22:02 | אדם זכיי שלמא ישלם אן | לית | ליה ויזדבן בגנבתה: |
| 171 | Lv11:10 | וכל די | לית | ליה סנפירין וקסקסין בימיא |
| 172 | Nu27:04 | מן גו זרעיתיה ארום | לית | ליה בר דכר הב לן אחסנה בגו |
| 173 | Nu27:08 | גבר ארום ימות ובר דכר | לית | ליה ותעברון ית אחסנתיה |
| 174 | Nu27:09 | ואין | לית | ליה ברת ותתנון ית אחסנתיה |
| 175 | Nu27:10 | ואין | לית | ליה אחין ותתנון ית אחסנתיה |
| 176 | Nu27:17 | כנשתה דייי כעין די | לית | ליה רעי: |
| 177 | Dt25:05 | כחדא וימות חד מנהון ובר | לית | ליה לא תתנסיב אתתה דמיתה |
| 178 | Nu35:27 | תבוע אדמא ית קטולה | לית | לי{ת}<ה> חובת שפיכות אדם |
| 179 | Nu11:06 | וכדון נפשן ריקנה | לית | לן כל מן דעם ארום אלהין |
| 180 | Nu20:05 | ולא רימונין אוף לא מיין | לית | לן למשתי: |
| 181 | Nu21:05 | למקטלה יתן במדברא ארום | לית | לן לחם למיכל ולא מיין |
| 182 | Dt22:26 | לא תעבדון כל מן דעם ביש | לית | לרביתה סדר דין דקטולין |
| 183 | Dt 8:15 | שרפין ועקרבין וצהו די | לית | מיין די אפיק לכון מיין מן |
| 184 | Ex33:03M | ארום עם קשין למקבלה | /לית | מימרי מדבר קדמיכון ארום |
| 185 | Ex23:03 | תסב ליה אפי{ו}<ן> ארום | לית | מיסב אפין בדינא: |
| 186 | Nu20:19 | נתן כסף זבוניהון לחוד | לית | מלא בישה ברגלינן אנן |
| 187 | Gn47:04 | למתותבה בארעא עלנן ארום | לית | מרעה לענה דילעבדך ארום תקף |
| 188 | Ex 5:16 | תבן | לית | מתיהב לעבדך ולבנין את אמר |
| 189 | Gn 4:08 | דיין ולית עולם חורן | לית | מתן אגר טב לצדיקיא ולית |
| 190 | Dt19:06 | יתיה ויתחייב בנפשה ולה | לית | סדר דין דקטולין ארום |
| 191 | Gn41:39 | דאודע ייי יתך כל דא | לית | סכלתן וחכים כוותך: |
| 192 | Ex22:13 | חבריה ויתבר או ימות מרה | לית | עמיה משלמא ישלם: |
| 193 | Ex 5:02 | בקליה למשלחיה ית ישראל | לית | פרעה ידע מן הוא ייי וית |
| 194 | Dt 2:28M | ונשתון להוד | לית | פתגם ביש ברגליין |
| 195 | Dt22:02 | ואין | לית | קריב {ל}אחוך לוותך ולית את |
| 196 | Gn39:09 | | לית | רב ושליט בביתה הדין מני |
| 197 | Gn39:23 | | לית | רב בית חבושיא חמי ית כל |
| 198 | Nu22:13 | איזילו לארעכון ארום | לית | רעוה מן קדם ייי משבק יתי |
| 199 | Gn27:22M | קלא דיעקב בצלותא | לית | רשו לעשו למנזקיה וכד |
| 200 | Dt22:03 | די יאבד מניה ותשכח יתיה | לית | רשיי למכסייה עיינך מניה: |
| 201 | Nu 5:13M | /מסאבה#2/ וסהד | דלית/לית#2/ | בה/לה#2/ והיא לה |
| 202 | Ex 8:17 | ארום אן | ליתך | משלח ית עמי הא אנא מגרי בך |
| 203 | Ex15:12M | בשבועה ואשתבע לארעא | דלית | |
| 204 | Gn16:05M | ילדה /וכדו חמית | דלית | אנה ילדה#2/ ונסיבת להגר |
| 205 | Gn13:16 | דארעא ארום היך מה{מה} | דלית | אפשר די כל גבר למימני ית |
| 206 | Lv10:19M | מן מעשרה תנינה | ולית/דלית#2/ | אפשר מיכל/למיכל#2/ |
| 207 | Dt33:17 | והדרא ליה הוויין כמה | דלית | אפשר למפלח בבכורי תורייה |
| 208 | Gn21:23M | בשם ממריה דייי הכא | דלית | את משקר לי בברי ולא בבר |
| 209 | Ex15:12 | ייי על ארעא בשבועה | דלית | את תבע יתהון מנה לעלמא |
| 210 | Nu 5:13 | והיא דאסתאבת וסהד | דלית | בה והיא לה אתפשת: |
| 211 | Dt32:17 | דבחו קדם טעוות שדיה | דלית | בהון ממש טעוון די לא חכמו |
| 212 | Dt32:28M | עיצן בישן אינון | ולית/דלית#2/ | בהון שוכלתנו: |
| 213 | Gn47:13 | ולחם | דלית | בכל ארעא ארום תקף כפנא |
| 214 | Gn 3:09M | ואף את סביר | דלית | גלי קודמ{ו}<י> אתרא די |
| 215 | Gn 7:08 | בעירא דדכיה ומן בעירה | דלית | היא דכיה ומן עופא וכל |
| 216 | Gn44:18M | בגווה ית דינה אחתן | דלית | היא ממנין שבטייא ולית לה |
| 217 | Gn44:18 | בגווה ית דינה אחתן | דלית | היא ממנין שבטיא ולית |
| 218 | Lv26:37 | כמן קדם שלפי חרבה ורדף | דלית | ולא תיהוי לכון תקומה קדם |
| 219 | Nu14:16 | על | דלית | יכלה קדם ייי למיעלה ית עמא |
| 220 | Gn34:31 | בלביה ויאמר באתה | דלית | לה בר נש תבע עלבנה כדון |
| 221 | Dt32:20 | דר תהפכנין אנון בנין | דלית | להון היימנו: |
| 222 | Gn34:31M | מטעיה נפקת ברא | דלית | ליה תב{י}<ו>ע איתעביד |
| 223 | Lv11:12 | כל | דלית | ליה סנפירין וקשקסין במיא |
| 224 | Lv21:20 | חפיין על עיינוי או | דלית | ליה שער בגיבינוי או גביע |
| 225 | Nu23:10 | בחרבה מבשר הוא בלעם | דלית | ליה חולק לעלמא דאתי ברם אן |
| 226 | Nu27:08M | ארום ימות ובר דכר | לית/דלית#2/ | ליה ותעברון ית |
| 227 | Lv22:27 | ומתכפר על חובינן וכדון | דלית | לן למקרב{י}ה מן עדרי ענינן |
| 228 | Nu20:05M | אוף לא מיין | לית/ד<לית>#2/ | לן למשתי: |
| 229 | Gn18:21 | אינון בנפשתהון דלמא | דלית | עבדיהון בישייא גליין קדמי |
| 230 | Ex14:11 | למשה הא מן בל{ו}<י> | דלית | קברין במצרים דברת יתן |
| 231 | Dt32:04 | מפרנס כל עלמא צדיקה | דלית | קדמוי שקר ארום כל ארחתיה |
| 232 | Dt32:04 | וקשוט אלהה היימנה | דלית | קדמוי עוולה זכיי וקשוט |
| 233 | Ex14:11M | \הא מן בל{ו}<י> | דלית/המדלית#2/ | קברין במצרים דברת |
| 234 | Gn49:09 | היך אריה וכאריות«א» | ולית | אומה ומלכו דתיקום לקובלך: |
| 235 | Nu24:09 | ושרין כאריה וכאריוותה | ולית | אומה ומלכו דתקום לקב' מן |
| 236 | Dt 4:35M | אלההון דאלהייה | ולית | אלא |
| 237 | Dt32:39 | ארום אנה אנה בממרי הוא | ולית | אלהא אחרן בר מיני אנה הוא |
| 238 | Gn32:11 | הא זעיר אנה | ולית | אנה כמסת מן כל חסדיא ומן |
| 239 | Gn29:15M | לית /מן קושטין אחי | ולית#2/ | אפשר למפלח קדמיי מגן |
| 240 | Lv10:19 | חמ<י>רא מן מעשרה תנינה | ולית | אפשר מיכל מיניה ואנא דארע |
| 241 | Lv27:34M | "על בני ישראל": | ולית | אפשר לנבייא לחדתא בהון |
| 242 | Nu 9:06M | ואביהוא בנוי דאהרן | ולית | אפשר להון למעבד פסחא |
| 243 | Dt22:02 | לית קריב {ל}אחוך לוותך | ולית | את חכים יתיה ותעיל יתיה |
| 244 | Dt28:31 | תוריכון נכיסין קדמיכון | ולית | אתון רשיין למאכל מנהון |
| 245 | Dt32:28 | אבידי עיצן בישן אינון | ולית | בהון שוכלתנו: |
| 246 | Dt28:68 | לעבדין ולאמהן | ולית | דזבין יתכון: |
| 247 | Ex22:09 | או יתבר או ישתבי | ולית | דחמי יתיה: |
| 248 | Gn 4:08 | ואמר להבל לית דין | ולית | דיין ולית עולם חורן לית |
| 249 | Gn28:17M | בית מקדשא די בשמייא | ולית | דין אתרה אתר הדיוט ברם |
| 250 | Dt32:39 | הוא דמחי ואנה הוא דמסי | ולית | דמישיזיב מן ידיי: |
| 251 | Lv26:06 | בארעא ות{ת}<ד>מכון | ולית | דמניט יתכון ואבטל רשותהון |
| 252 | Dt28:26 | דשמייא ולחייתה דארעא | ולית | דמניט: |
| 253 | Gn41:08 | פרעה להון ית חלמוי | ולית | דפשר יתהון לפרעה: |
| 254 | Gn41:24 | ואמרית לחרש«י»א | ולי«ת» | דפשר לי: |
| 255 | Lv26:17 | בכון סנאיכון ותערקון | ולית | דרדף יתכון: |
| 256 | Lv26:36 | כמקדם שלפי חרבה ויפלון | ולית | דר«ד»ף: |
| 257 | Dt22:29 | לאתה חלף די צער יתה | ולית | הוא רשיי למשבקה יתה כל |
| 258 | Nu24:17 | כדון מסתכל אנה ביה | ולית | היא קריבה עתיד מלך למקום |
| 259 | Gn 5:24 | חנוך בקושטא קדם ייי | ולית | ידיע אן הוא <....> אתנגד |
| 260 | Nu24:17 | חמי אנה ליה | ולית | כדון מסתכל אנה ביה ולית |
| 261 | Gn44:18M | דלית היא ממנין שבטייא | ולית | לה חולק ואחסנא בפילוג |
| 262 | Dt32:36 | ואנון שביקין ורסישין | ולית | להון דסעד וסמך: |
| 263 | Gn15:01 | אגר מצוותה בעלמא הדין | ולית | לי חול' לעלמא דאתי או |
| 264 | Gn44:18 | דלית היא ממנין שבטיא | ולית | ל{ך}<ה> חולקא ואחסנא |
| 265 | Dt28:31 | מסירן לבעלי דבביכון | ולית | לכון עבדין סבין קדם ייי |
| 266 | Dt28:32M | כל יומייא \ולא אלהה | /ולית | לכון עובדין טבין די יספק |
| 267 | Lv22:27M | כדן די גרמו חובייה | ולית | לן מה נקרבה מן עדרי ענינן |
| 268 | Nu21:05M | אתיעקת בלחמה /מזון | ולית | מיין ונפשן ויעיקה בלח#2/ |
| 269 | Dt22:27 | יתה צווחת רביתה דמארשא | ולית | מן דמשיזיב יתיה: |
| 270 | Dt28:29 | וגזילין כל יומייה | ולית | מן דמשיזיב: |

ליתך
דלית

המדלית
ולית

|  |  |  |  |  |  |
|---|---|---|---|---|---|
| 271 | | Gn 4:08 | לית מתן אגר טב לצדיקיא | ולית | מתפרעה מן רשיעיא עני הבל |
| 272 | | Gn 4:08 | לית דין ולית דיין | ולית | עולם חורן לית מתן אגר טב |

## [לכן] *adv.* therefore [Heb.] [!!]

|  |  |  |  |  |  |
|---|---|---|---|---|---|
| 001 | לכן | Ex10:28M | "מליך אזדהר": מליא האלין | לכן | אמר ליה אזדהר למימ' דלא |
| 002 | | Dt32:03 | וכרביבים עלי עשב כי שם | לכן | אמר משה נבייא ארום בשמה |
| 003 | | Nu16:11M | "בשבועה ... קדם ייי": | לכן | בשבועה את קרח וכל עמא |
| 004 | | Ex 6:06M | בשבועה/לכן#2#/ | | אמר/אמור#2#/ לבני |

## ללל ⇐ *vb.* מלל

## למברה ל־ *prep.* outside of [284]

|  |  |  |  |  |  |
|---|---|---|---|---|---|
| 001 | למברא | Lv14:53M | ית ציפורא חייתה | למברא | לקרתה לאפי ברא ויהי אין |
| 002 | למברה | Lv14:40M | ית אבנייה דבהון מכתשה | למברה | לקרתה דאיהוא בנה ביתה |

## למה *adv.* why [284]

|  |  |  |  |  |  |
|---|---|---|---|---|---|
| 001 | למ' | Nu21:05M | מימריה דייי ובמשה | למ'#2#/ | כען אסקתון יתן מן |
| 002 | | Gn13:07M | למימר לא תנטון /צדיקא | למ' | לא ת<ה>כון#2#/ לכנעניא |
| 003 | למה | Gn43:06 | ואמר ישראל | למה | אבישתון לי למתנייא לגברא |
| 004 | | Gn12:19 | | למה | אמרת אחתי היא ונסב' יתה לי |
| 005 | | Gn31:30 | אתחמדת לבייתיה דאבוך | למה | גנבת ית דחלתי: |
| 006 | | Gn25:22M | אכ הוא צערא דילדותא | למה | דין אנא מעדייא ואזלית |
| 007 | | Ex32:11 | משה קדם ייי אלהיה ואמר | למה | ה' יתקוף רוגזך בעמך די |
| 008 | | Nu12:12 | דמטה קצה למחסנה ית ארעא | למה | היא מתמנעה מנן צלי על בשרה |
| 009 | | Gn 4:06 | ואמ' ייי לקין | למה | כען בעש לך ולמה כען אשתני |
| 010 | | Gn12:18 | ואמר מה הי' דא דעבדת לי | למה | כען לא תנית לי ארום אתתך |
| 011 | | Gn24:31 | ואמר עול בריכה דייי | למה | כען את קיים לברא והא אנא |
| 012 | | Gn25:22 | כדין היא צערהון דבניא | למה | כען לי בנין ואזלת |
| 013 | | Gn27:45 | ואדב«ו»ר יתך מן תמן | למה | כען אתכל ית תריכון יום חד: |
| 014 | | Gn27:46 | מן בנתהון דעמא דארעא | למה | כען לי חיין: |
| 015 | | Gn32:30 | ואמר תני כען שמך ואמר | למה | כען את שאיל לשמי וברך יתי |
| 016 | | Gn33:15 | עמך מן עמא די עמי ואמר | למה | כען אשכח חן וחסד באפוי |
| 017 | | Gn42:01 | ואמר יעקב לבנוי | למה | כען תתחמון שביעין ביני |
| 018 | | Gn44:04 | ותארע יתהון ותימר להון | למה | כען שלמתון בישן חלף טבן: |
| 019 | | Gn44:07 | ואמרין ליה | למה | כען ימליל רבוני פתגמיא |
| 020 | | Ex 2:13 | מתנצין ואמר לחיבה | למה | כען את מחי לחברך: |
| 021 | | Ex 2:20 | ואמר לבנתיה ואן הוא | למה | כען שבקתון ית גברא קרין |
| 022 | | Ex 5:04 | ואמר להון מלכא דמצרים | למה | כען משה ואהרן תבטלון ית |
| 023 | | Ex 5:15 | וצווחו קדם פרעה למימר | למה | כען תעבד כדן לעבדך: |
| 024 | | Ex 5:22 | ברחמין מן קדמי«ך» ייי | למה | כען אב{ש}א<ש>ת לעמא האליין |
| 025 | | Ex17:03 | עמא עם משה ואמרין ליה | למה | כען אסקת יתן ממצרים |
| 026 | | Ex32:12 | | למה | כען יימרון מצרים למימר |
| 027 | | Nu11:11 | ואמר משה קדם ייי | למה | כען אבאשת לעבדך ולמה כען |
| 028 | | Nu11:20 | ובכיתון קודמוי למימר | למה | כען נפקינן מן ארעא |
| 029 | | Nu14:41 | ואמר משה | למה | כען אתון מעברין על פם |
| 030 | | Nu21:05 | דייי ועל משה אתרעמו | למה | כען אסקתון יתן מן מצרים |
| 031 | | Nu22:37 | שלחת לוותך למיקרי לך | למה | כען לא אתית לוותי הא |
| 032 | | Nu27:04 | | למה | כען יתמנע שם אבונן מן גו |
| 033 | | Dt29:23 | וייאמרון כל אומייה | למה | ממרה דייי כדן עבד לארעה |
| 034 | | Gn47:19 | | למה | נמות קדמיך לחוד אנן לחוד |
| 035 | | Dt 5:25 | וכדון | למה | נמות ארום תאכל יתן אשתה |
| 036 | | Nu 9:07 | מסאבין בטמא נפש דבר נש | למה | נתמנע דלא למקרבה ית קרבנה |
| 037 | | Nu12:12 | על בשרה מיתה דבה ויחי | למה | עבד ית זכותה: |
| 038 | ולמה | Gn 4:06 | לקין למה כען בעש לך | ולמה | כען אשתני זיוהון דאפיך: |
| 039 | | Gn25:32 | עשו הא אנה אזל לממת | ולמה | כען לי בכורותא: |
| 040 | | Gn29:25 | לי הלא ברחל פלחת עמך | ולמה | כען רמית בי: |
| 041 | | Ex 5:22 | אב{ש}א<ש>ת לעמא האליין | ולמה | כען שלחת יתי: |
| 042 | | Nu11:11 | למה כען אבאשת לעבדך | ולמה | כען לא אשכחת חסד באפך |
| 043 | | Nu14:03 | | ולמה | כען ייי מעל יתן לארעא הדה |
| 044 | | Nu20:04 | | ולמה | <כ>ען אייתית{י}<ו>ן ית קהל |
| 045 | | Nu20:05 | | ולמה | כען אסקתון יתן מן מצרים |
| 046 | | Nu32:07 | | ולמה | כען תתברון ית לבהון דבני |
| 047 | | Gn47:15 | יוסף למימר הב לן לחם | ולמה | נמות כלקבלך ארום שלם כספא: |

## למחר *adv.* tomorrow [301 s.v. מחר n.]

|  |  |  |  |  |  |
|---|---|---|---|---|---|
| 001 | למחר | Ex32:05 | ואמר חגא קדם ייי | למח«ר»: | |
| 002 | | Nu16:16 | את «ואינון» ואהרן | למחר: | |
| 003 | | Ex 9:18 | הא אנה מחית בשעתה | למחר | ברד תקיף לחדא די לא הוי |
| 004 | | Ex10:04 | ית עמי הא אנא מייתי | למחר | גובא בתחומך: |
| 005 | | Ex17:09 | סדרי קרבא עם דבית עמלק | למחר | הא אנה קיים מעתד על ריש |
| 006 | | Ex 8:06 | ואמר | למחר | ואמר כמיליך מן בגלל דתידע |
| 007 | | Nu16:07 | עליהון קטרה קדם ייי | למחר | ויהוי גברא די יתרעי ביה |
| 008 | | Nu11:18 | ולעמא תאמר אתקדשו | למחר | ותיכלון בשר ארום בכיתון |
| 009 | | Ex 8:19 | בין עמי ובין עמך | למח«ר» | יהוי סימנא דין: |
| 010 | | Ex16:23 | שבת שבתא קדש קדם ייי | למחר | ית מה די תאפון תאפון וית |
| 011 | | Nu14:25 | וכנעניי שריין במשרה | למחר | כוינו ונטולו לכון למדברה |
| 012 | | Ex 8:25 | פרעה ומן שליטוי ומן עמא | למחר | לחוד לא יסף פרעה למשקרה |
| 013 | | Ex13:14 | ויהוי ארום ישאלון בניכון | למחר | למימר מה הא דא ותימר ליה |
| 014 | | Dt 6:20 | ארום ישאלון יתכון בניכון | למחר | למימר מה סהדוותה וקיימיה |
| 015 | ודמחר | Gn30:33 | עלי זכוותי ביומא הדן | ודמחר | ארום תיעול למקבלה אגרי |
| 016 | ולמחר | Gn30:33M | ביומא הדן | ודמחר/ולמחר#2#/ | ארום תיעול למקבלה |
| 017 | | Ex 9:18M | ברד": בי<ו>מא הדין | ולמחר | ברד |
| 018 | | Ex19:10 | ותקדש יתהון יומא הדין | ולמחר | ויחוורון לבושיהון: |

## למפד *n.* lamp [284]

|  |  |  |  |  |  |
|---|---|---|---|---|---|
| 001 | למפד s ab/cn | Ex20:02 | והיך למפדין דנ{ז}<ו>ר | למפד | דנור מן ימיניה ולמפד דאשא |
| 002 | | Dt 5:06 | ברקין והיך למפדין דנור | <למפד | דנור> מן ימיניה ולמפד |
| 003 | | Dt 5:07 | ברקין והיך למפדין דנור | <למפד | דנור> מן ימיניה {ומל ול} |
| 004 | | Ex20:03 | ברקין והיך למפדין דנור | למפד | דנורא מן ימינה ולמפד דאשא |
| 005 | ולמפד | Ex20:02 | למפד דנור מן ימיניה | ולמפד | דאשא מן שמאליה פרח וטייס |
| 006 | | Ex20:03 | למפד דנורא מן ימינה | ולמפד | דאשא מן שמאלה פרח וטייס |
| 007 | | Dt 5:06 | <למפד דנור> מן ימיניה | ולמפד | דאשה מן שמאליה פרח וטייס |
| 008 | | Dt 5:07 | מן ימיניה {ומל ול} | ולמפד | דאשה מן שמאליה פרח וטייס |
| 009 | למפדין p abs | Ex20:03 | זקין והיך ברקין והיך | למפדין | דנור למפד דנורא מן ימינה |
| 010 | | Dt 5:06 | זיקין והיך ברקין והיך | למפדין | דנור <למפד דנור> מן |
| 011 | | Dt 5:07 | זיקין והיך ברקין והיך | למפדין | דנור <למפד דנור> מן |
| 012 | | Ex20:02 | זיקין והיך ברקין והיך | למפדין | דנ{ז}<ו>ר למפד דנור מן |
| 013 | למפדיי' p em/sf | Ex20:18 | חמיין ית קלייה וית | למפדיי' | וית קלא דשיפור' וית טורא |

## לעו *n.* work [284]

|  |  |  |  |  |  |
|---|---|---|---|---|---|
| 001 | לעות s ab/cn | Gn 3:18 | ברא נקום כען ונלעי ומן | לעות | ידי נאכל מזון מן פירי |
| 002 | | Gn 3:18M | \ומן לעות ידי נאכל /מן | לעות | ידיי וניכל#2#/ מזון מן |
| 003 | לעותכון s em/sf | Dt28:33 | פרי ארעכון וכל | לעותכון | יאכלון אומה די לא חכמתון |

## לעי *vb.* to work [284]

| | | | |
|---|---|---|---|
| 001 | להיין peal | *Dt25:18M* | ישראל הוויתון לעיין/להיין#2#/ ומשלהיין ולא דחילו |
| 002 | למלעי | *Gn27:40M* | בנוי דיעקב דלא למלעי באורית' ולא למטור |
| 003 | | *Gn 3:15M* | גרמיהון בנה דאתתה דלא למלעי באוריתה ולא למיטר' |
| 004 | לעי | *Dt32:04* | לארבע חלקין תלת שעין לעי באוריתה ותלת שעין יתב |
| 005 | | *Gn36:39* | דגברא סרד«א» דהווה לעי במטרדה כל ימוי חיוי ועתר |
| 006 | לעיין | *Gn 3:15M* | בנוי לבין זרעית בנה לעיין באורייתא ונטרין פקודיה |
| 007 | | *Gn27:40* | כד יהוון בנוי דיעקב לעיין באורייתא ומנטרין פיקודיא |
| 008 | | *Dt33:29* | בני ישראל כד תהוון לעיין באורייתה ועבדין פיקודייה |
| 009 | | *Dt32:14* | נבייה אין יהוון ישראל לעיין באוריתה ונטרין פקודייה מן |
| 010 | | *Dt32:30* | כד יהוון ישראל לעיין באוריתה ונטרין פקודיה |
| 011 | | *Dt25:18* | עמי בני ישראל הוויתון לעיין ומשלהיין ולא דחילו דבית |
| 012 | לעין | *Gn19:11* | עד סביהון והוון לעין משכחא תרע ביתה ולא משכחין |
| 013 | מלמלעי | *Gn27:40* | פקודיא ומנעין גרמיהון מלמלעי באורייתא תשלט ביה ותפרוק |
| 014 | מלעי | *Ex18:18* | מלעי תלעי לחוד את לחוד עמא |
| 015 | תלעי | *Ex18:18* | מלעי תלעי לחוד את לחוד עמא האליין |
| 016 | דלעי | *Gn 3:24* | היא אורייתא לכל מן דלעי בה ונטר פקודיה הוי חי |
| 017 | וילעון | *Ex 7:18M* | נהרא וישתלהון/וילעון#2#/ מצריי למשתי מיא |
| 018 | ולעין | *Gn19:11M* | לעין משכחא תרע ולעין/ למשכחה תרעא#2#/ ביתה ולא |
| 019 | ונלעי | *Gn 3:18* | דבאפי ברא נקום כען ונלעי ומן לעות ידי נאכל מזון מן |

## לעיל *adv.* above [284]

| | | | |
|---|---|---|---|
| 001 | לעיל | *Gn 7:20M* | מלעיל /אומין מן לעיל#2#/ איתגברו מיא וכסון |
| 002 | | *Dt28:43* | יהוון רמין עליכון לעיל לעיל ואתון תהוון נחתין לרע לרע: |
| 003 | | *Dt28:13* | ותהוון «לחוד» רמין לעיל ולא נחתין לרע ארום תשמעון |
| 004 | | *Dt28:43* | יהוון רמין עליכון לעיל לעיל ואתון תהוון נחתין לרע |
| 005 | | *Ex25:20* | כרובייא פרסין בכנפיהון לעיל מטלין בכנפיהון על כפרתא |
| 006 | דלעיל | *Lv24:12* | וסכם יתכון בדעתיה דלעיל בתרין מנהון הוה משה זריז |
| 007 | דלעל | *Gn40:23* | שבק יוסף חסדא דלעל וחסדא דלרע וחסדא דלוי יתיה |
| 008 | ולעיל | *Lv27:07* | ואן מן בר אשתין שנין ולעיל אין דכר ויהוי עלויה |
| 009 | | *Nu26:62* | כל דכורה מן בר ירח ולעיל ארום לא אסתכמו בגו בני |
| 010 | | *Nu14:29* | מן בר עשרין שנין ולעיל די אתרעמתון קדמיי: |
| 011 | | *Nu26:04* | מן בר עשרין שנין ולעיל היך מה די פקד ייי ית משה |
| 012 | | *Nu 4:03* | מן בר תלתין שנין ולעיל ועד בר חמשין שנין כל |
| 013 | | *Nu 4:23* | מבר תלתין שנין ולעיל ועד בר חמשין שנין תסכום |
| 014 | | *Nu 4:30* | מן בר תלתין שנין ולעיל ועד בר חמשין שנין תסכום |
| 015 | | *Nu 4:35* | מן בר תלתין שנין <ולעיל> ועד בר חמשין <שנין> כל |
| 016 | | *Nu 4:39* | מן בר תלתין שנין ולעיל ועד בר חמשין שנין כל די |
| 017 | | *Nu 4:43* | מן בר תלתין שנין ולעיל ועד בר חמשין שנין כל |
| 018 | | *Nu 4:47* | מן בר תלתין שנין ולעיל ועד בר חמשין שנין כל די |
| 019 | | *Nu 3:40* | דבני ישראל מן בר ירח ולעיל וקבל ית מניין שמהתהון: |
| 020 | | *Nu 8:24* | מן בר עשרין שנין ולעיל ייעול לחיל קרבה למפלח |
| 021 | | *Nu32:11* | מן בר עשרין שנין ולעיל ית ארעא די קיימת לאברהם |
| 022 | | *Nu 1:20* | מן בר עשרין שנין ולעיל כל נפקי קרבה: |
| 023 | | *Nu 1:22* | מן בר עשרין שנין ולעיל כל נפקי קרבה: |
| 024 | | *Nu 1:24* | שמהן מן בר עשרין שנין ולעיל כל נפקי קרבא: |
| 025 | | *Nu 1:26* | שמהן מן בר עשרין שנין ולעיל כל נפקי קרבא: |
| 026 | | *Nu 1:28* | שמהן מן בר עשרין שנין ולעיל כל נפקי קרבה: |
| 027 | | *Nu 1:30* | שמהן מן בר עשרין שנין ולעיל כל נפקי קרבה: |
| 028 | | *Nu 1:32* | מן בר עשרין שנין ולעיל כל נפקי קרבה: |
| 029 | | *Nu 1:34* | שמהן מן בר עשרין שנין ולעיל כל נפקי קרבה: |
| 030 | | *Nu 1:36* | שמהן מן בר עשרין שנין ולעיל כל נפקי קרבה: |
| 031 | | *Nu 1:38* | שמהן מן בר עשרין שנין ולעיל כל נפקי קרבה: |
| 032 | | *Nu 1:40* | שמהן מן בר עשרין שנין ולעיל כל נפקי קרבה: |
| 033 | | *Nu 1:42* | שמהן מן בר עשרין שנין ולעיל כל נפקי קרבה: |
| 034 | | *Nu 1:45* | מן בר עשרין <שנין> ולעיל כל נפקי קרבה: |
| 035 | | *Nu26:02* | מן בר עשרין שנין ולעיל לבית אבהתהון כל נפקי קרבה |
| 036 | | *Nu 1:18* | שמהן מן בר עשרין שנין ולעיל לגולגלתהון: |
| 037 | | *Nu 3:43* | שמהתהון מבר ירח ולעיל לסכומיהון עשרין ותרין |
| 038 | | *Nu 3:39* | כל דכורה מן בר ירח{ה} ולעיל עשרין ותרין אלפין: |
| 039 | | *Nu 3:34* | כל דכורא מן <בר> ירח ולעיל שתה אלפין ותרתין מאוון: |
| 040 | | *Nu 3:28* | כל דכורה מן בר ירח ולע«י»ל תמניה אלפין ושית מאוון |
| 041 | | *Nu 3:15* | כל דכורה מן בר ירח ולעיל תסכם יתהון: |
| 042 | ולעילא | *Ex30:14* | מ«ן» בר עשרין שנין ולעילא יתן אפרשו לשמה דייי: |
| 043 | ולעל | *Ex30:14M* | בר עשרין שנין ולעילא/ולעל#2#/ יתן אפרשה/אפרשותה |
| 044 | | *Nu 1:03* | מן בר עשרין שנין ולעל כל נפקי חיל קרבא בישראל |
| 045 | | *Ex38:26* | מנייניה מבר עשרין שנין ולעל לשתי מאה אלפין ותלתה אלפין |
| 046 | | *Nu 3:22* | כל דכורא מן בר ירח ולעל סכומיהון שבעה אלפין וחמש |

See also: *adv.* מן לעיל

## לעיל מן *prep.* above [285]

| | | | |
|---|---|---|---|
| 001 | לעיל מן | *Ex39:20* | אפוי לקבל בית דבוקה לעיל מן המיינה דאפדה: |
| 002 | | *Gn22:09* | יתיה על ^גבי#1#^ מדבחא לעיל מן קיסייא: |
| 003 | | *Lv11:21* | כל דאית ליה קרסולין לעיל מן רגלוי למקפצה בהון על |

## לעיני *prep.* in the presence of [403 s.v. עיין n.]

| | | | |
|---|---|---|---|
| 001 | לעייני | *Dt 4:06* | וסוכלתנותכון ובינתכון לעייני אומיה די ישמעון ית כל |
| 002 | לעיני | *Nu25:06* | לוות אחוי ית מדיניתה לעייני משה לעיני כל כנשתה דבני |
| 003 | | *Lv26:45* | מן ארעא דמצרים לעייני אומיה למיהוי במימרי |
| 004 | | *Ex24:17* | אשא מתכלה בריש די טורא לעייני בני ישראל: |
| 005 | | *Nu20:12* | בשם מימרי למקדשה שמי לעייני בני ישראל בשבועה בגין |
| 006 | | *Lv20:17* | כל די עבד כדן וישתצון לעייני בני עמהון עריתה דאחתה בזי |
| 007 | | *Ex17:06* | עמא ועבד כדין משה לעייני חכימיא דישראל: |
| 008 | | *Dt25:09* | ותקרב יבומתיה לוותיה לעייני חכימיה ותשלף סנדלה |
| 009 | | *Ex19:11* | תתגלי איקר שכינתא דייי לעייני כל עמא על טורא דסיני: |
| 010 | | *Ex40:38* | ואשתא תיהוי בליליא ביה לעייני כל בית ישראל בכל |
| 011 | | *Nu20:27* | פקד ייי וסלקו להר טורה לעייני כל עם כנישתה: |
| 012 | | *Nu25:06* | ית מדיניתה לעיני משה לעייני כל כנשתה דבני ישראל |
| 013 | | *Nu33:03* | ישראל פריקין בראש גלי לעייני כל מצריי: |
| 014 | | *Ex 4:30* | ייי עם משה ועבד נסייא לעייני עמא: |
| 015 | לעיינך | *Gn47:19M* | למה נמות קדמיך/^לעיינך#2#^/לקבלך#2#/ לחוד/להוד#2#/ |
| 016 | לעיינכון | *Dt 9:17* | ידיי ותברית יתהון לעיינכון: |
| 017 | לעייניהון | *Nu20:08* | עם כיפה קדמיהון לעייניהון ויתן מוי ותפק להון מיין |
| 018 | לעייניכון | *Dt29:01* | ית כל מה די עבד ייי לעייניכון בארעא דמצרים לפרעה |
| 019 | לעיניכון | *Dt 1:30M* | "ועיניכון חמיין": לעיניכון חזיין |

## לעל ⇐ *adv.* לעיל

## לעלם *adv.* forever [285]

| | | | |
|---|---|---|---|
| 001 | לעולם | *Nu24:20* | יהווי וא«ב»דנהון עד לעולם: |
| 002 | | *Nu24:24* | יהוון ואבדנהון עד לעולם: |
| 003 | | *Dt23:04* | בקהל כנשתה דייי עד לעולם: |
| 004 | | *Dt32:40* | חי וקיים אנה בממרי לעולם: |
| 005 | | *Dt32:01* | וקדם ארעא דלא מייתין לעולם ולא טעמין כסא דמותה ברם |

006 Dt15:17 לך עבד משעבד ע{ו}ד לעולם ולחוד לאמהתך עבדיתה תעבד
007 Nu24:06 ישראל חיין וקיימין לעולם יאין ומשבחין כארזייה
008 Dt13:17 ייי אלהכון ותיהוי צדי לעולם לא תתבני תוב:
009 לעלם Gn 3:22 אילן חייא ויכל ויחי לעלם:
010 Gn13:15 לך אתן יתה ולבניך עד לעלם:
011 Ex12:24 לכון ולבניכון עד לעלם:
012 Ex14:13 תוב בשעבוד ע{ל}<ד> לעלם:
013 Ex21:06 ויהוי ליה עבד משתעבד לעלם:
014 Ex30:21M /קיים דלעלם להון עד לעלם#2#:/
015 Ex32:13 ויחסנון יתה עד לעלם:
016 Nu23:19 ופתגמי נבואתה קיימין לעלם:
017 Dt 5:29 דייטיב להון וליבניהון לעלם:
018 Dt17:16 באורחא הדין תוב עד לעלם:
019 Dt23:07 כל יומי חייכון עד לעלם:
020 Dt28:46 ולסימנין ובבניכון עד לעלם:
021 Ex31:17 ישראל סימן היא שבתא לעלם ארום שתה יומין ברא ייי ית
022 Dt12:28 ולבניכון מן בתריכון עד לעלם ארום תעבדון מה דשפר ותקן
023 Lv25:46 בתריכון לירתו ואחסנה לעלם בהון תפלחון ובאחיכון בני
024 Ex 3:15 שלחני לוותכון דן שמי לעלם ודן דכרני לדרי דרין:
025 Gn35:09 דעלמא יהא שמיה מבורך לעלם ולעלמי עלמין ענוותונתיך
026 Ex19:09 משה עבדי יהמנון לעלם ותני משה ית מליהו«ן»
027 Nu14:21 וברם חי וקיים אנה במימרי לעלם ותתמלא איקר שכינתה דייי ית
028 Nu25:13 מן בתריה קים כהנא לעלם חלף דקני לשמה דאלה«י»ה
029 Ex40:15 להון רבותהון לכהנא לעלם לדריהון:
030 Lv25:32 בתי קריי אחסנתהון פרקון לעלם תיהוי ללוויי:
031 דלעלם Lv23:21 דפלחן לא תעבדון קים דלעלם בכל אתר בית מדוריכון
032 Ex30:21M ולדריהון /קיים דלעלם להון עד לעלם#2#:/

**bitterness** *n.* **לעני** [285]

001 כלעניתה s em/sf Dt29:17 כדבשה ברם סופיה מריר כלעניתה דמותה:

**torch** *n.* **לפד** [285]

001 לפד s ab/cn Ex20:02M דנ{ז}<ו>ר למפד/לפד#2#/ דנור מן ימיניה ולמפד
002 לפידין p abs Ex20:02M ברקין והיך למפדין/לפידין#2#/ דנ{ז}<ו>ר למפד
003 לפידי p em/sf Ex20:18M ית קלייה וית למפדיי/לפידי#2#/ וית קלא/קליי#2#/

**to prepare a field(??)** *vb.* **לפי** [!!]

001 ילפי peal Ex22:04M ארום ייקד/יפקר#2#/ילפי#2#/ גבר חקל/חלק#2#/

**according to** *prep.* **לפם** [285]

001 לפום Nu26:54 תזערון אחסנתיה גבר לפום סכומי יתיהב אחסנתיה:
002 Lv25:51 אן עד כדון סגי בשניה לפום שנייה יחזור פרקוניה מן
003 לפם Lv27:16 לשמה דייי ויהווי עלויה לפם זרעה זרע כור דשערין בחמשין
004 Gn47:12 וית כל אנשי ביתה לחם לפם טפליא:
005 Ex16:16 גלגלה מניין נפשכון גבר לפם מה די במשכנה תסבון:
006 Ex12:04 לוותיה כמנין נפשין גבר לפם מיכל«ה» תתמנון על אימר
007 Ex16:16 די פקד ייי לקטו מנה גבר לפם מיכליה עמר לכל גלגלה מניין
008 Ex16:18 ומן דאזער לא חסר גבר לפם מיכליה לקטו:
009 Lv25:16 לפם סגי שנין תסגי כסף זבוניה
010 Nu35:30 כל די יקטול נפש לפם סהדין יתקטל קטולה וסהד חד
011 Gn49:01 יעקב וברך יתהון גבר לפם עבדוי טבייא ברך יתהון:
012 ולפם Lv25:16 שנין תסגי כסף זבוניה ולפם זעיר שנייה תזער כסף זבונה
013 Nu 9:17M \וכאשון אסתלק«ת» /ולפם סלקות#2#/ עננה מעילוי

**since** *conj.* **לפם** [285]

001 לפם Nu12:16 הוא מקבל עילוי אגר סגיא לפם דקמת לה מרים על גיף נהרא

**to clasp** *vb.* **לפף** [285]

001 ולפף peal Ex36:16M ולפף ית חמישתי יריען לחוד קובל

**by the edge of** *prep.* **לפתגם** [285]

001 לפתגם Gn34:26 וית שכם בריה קטלו לפ<ת>גם דחרב ונסבו ית דינה
002 Gn44:18 בגווה וקטלו כל דכורא לפתגם דחרב על די סאבו לדינה
003 Ex17:13M דייי קטלא ומחיי לפתגם#2#/ דחרב:
004 Ex17:13 ית עמלק וית עמיה לפתגם דחרב:
005 Nu21:24 ושיצי יתיה ישראל לפתגם דחרב וירתו ית ארעיה מן
006 Nu31:08M בר בעור קטלו בחרבה/לפתגם דחרב#2#:/
007 Dt13:16 מה דאית בה וית בעירה לפתגם דחרב:
008 Dt13:16 ית דיירי קרתה ההיא לפתגם דחרב תשיצון יתה וית כל מה
009 Dt20:13 ותקטלון ית כל דכורה לפתגם דחרב:

**opposite** *prep.* **לקבל** [280 לוקבל]

001 לוקבל Dt34:01 דנבו ראש רמתה דאית לוקבל יריחו וחווי ליה מימריה
002 Ex28:26M /סיפו{נ}<ו>ה דאית לוקבל אפודה מן לגיו#2#:/
003 Ex26:09M /<שתי>תיי<תה>#2#/ לקבל/לוקבל#2#/ אפי{ה} משכנה:
004 Ex17:16M קרבא \עם בית עמלק /לוקבל דבי' עמלק#2#/ ויקטול
005 Ex15:12M "תריהון ... דלית": דן לוקבל דן דייני' ימא [...] קבל
006 Ex36:22M לקבל דן כדין עבד /חד לוקבל חד כן ע'#2#/ לכל לווחי
007 Ex37:09M כפורתה /אפיכון חד לוקבל חד על כפר'#2#/ הוון אפי
008 Ex26:06M ית יריעתה חדה לקבל/לוקבל#2#/ חדא בפרפיה ויהוי
009 Ex26:17M דא /חתה משלבשן חדא לוקבל חדא#2#/ כדין תעבד לכל
010 Ex36:10M יריען דבק חדא לקבל/לוקבל#2#/ חדא:
011 Ex36:12M עינבייה#2#/ חדא לקבל/לוקבל#2#/ חדא:
012 Ex36:13M ית יריעתה חדא לקבל/לוקבל#2#/ חדא בפורפיה והוי
013 Ex26:05M יהוון ענביה חדא לקבל/לוקבל#2#/ חדה:
014 Ex36:10M חמשתי יריעתה חדה לוקבל חתה וחמישתי יריעתה
015 Lv 3:09M דייי תרבה וניעה שלמה לוקבל עצייה {ו}<י>עבד ית'#2#/
016 לקבל Gn15:01 דארעא וסדרו קרבא לקבל אברם ונפלו קדמוהי וקטל
017 Dt34:01M ראש רמתה דאית לוקבל/לקבל#2#/ יריחו וחווי ליה
018 Gn42:28 ואזדעזע לבהון וחרדו גבר לקבל אחוי למימר מה הוא דא דעבד
019 Gn31:37 מן כל מני ביתך שוי הכה לקבל אחי ואחיך ויוכיחן מן
020 Ex28:37 תכלה ויהווי על מצנפתה לקבל אפי מצנפתה יהווי:
021 Ex26:09 ית יריעתא שתיתיאתה לקבל אפי{ה} משכנה:
022 Nu 8:02 ליה בסדרותך ית בוציניה לקבל אפ«י»ה מנרתה ינהרון
023 Nu 8:03 ועבד כדן אהרן לקבל אפיה מנרתה סדר בוציניה
024 Ex28:27 מן לרע מן כל וקבל אפוי לקבל בית דבוקה מלעיל להמיינה
025 Ex39:20 מן לרע מן כל קבל אפוי לקבל בית דבוקה לעיל מן המיינה
026 Gn23:11 ומערתא דביה לך אתן יתה לקבל בנוי דעמא יהבית לך קבר
027 Gn23:18 לאברהם לקנין לקבל בנוי דחת לכל עללי תרע
028 Dt33:17 דארעא נפקין לקרבה לקבל בעלי דבביהון ולקבל שנאיהון
029 Ex25:27 לקבל גיפופיה יהוון עזקתיה
030 Ex37:14 לקבל גפופא הוויין עזקי אתרין
031 Ex26:17 ללוחא חדתא משלוושין דא לקבל דא כדין תעבד לכל לווחי
032 Ex25:20 כפרתא ואפיהון הפיכין דן לקבל דן לקבל כפרתא יהוון אפי

|  |  |  |  |
|---|---|---|---|
| 033 | | Ex36:22 | «חדה» משלוושן דן לקבל דן כדין עבד לכל לווחי |
| 034 | | Ex37:09 | כפרתה ואפיהון הפיכן דן לקבל דן לקבל כפורתה הוון אפי |
| 035 | | Ex38:18 | וקומה ופותיה חמש אמין לקבל וילון דרתה: |
| 036 | | Gn15:10 | במציעה ושוי כל חד פסגה לקבל חבריה וית עופה לא פסג: |
| 037 | | Gn43:33 | ותמהו גברייא גבר לקבל חבריה: |
| 038 | | Ex25:20M | לקבל דן לקבל כפרתא /חד לקבל חד על כפרתא#2#/ יהוון אפי |
| 039 | | Ex26:03 | ידיען יהויין מדבק חדא לקבל חדא: |
| 040 | | Ex26:06 | ותדב«ק» ית יריעתה חדה לקבל חדא בפרפיה ויהוי משכני כלה |
| 041 | | Ex36:10 | חדא וחמש יריען דבק חדא לקבל חדא: |
| 042 | | Ex36:10 | ודבק ית חמש יריען חדא לקבל חדא וחמש יריען דבק חדא |
| 043 | | Ex36:12 | מכוונן הוון ענבי חדא לקבל חדא: |
| 044 | | Ex36:13 | דדהב ודבק ית יריעתה חדא לקבל חדא בפורפיה והוי משכנה כלה |
| 045 | | Ex26:05 | מכוונן יהוון ענביה חדא לקבל חדה: |
| 046 | | Gn14:09 | ארבעה מלכין סדרו קרבא לקבל חמשה ויכלו להון: |
| 047 | | Gn23:11 | לך אתן יתה לך קבר ביתך לקבל יהבית לך קבר מתך למיקבר ית |
| 048 | | Ex34:10 | ואמר הא אנה מקיים קיים לקבל כל עמך אעבד נסין ופלאין די |
| 049 | | Dt31:11 | תקרא ית אורייתה הדה לקבל כל ישראל «ב»משמעהון: |
| 050 | | Ex37:09 | הפיכן דן לקבל דן לקבל כפורתה הוון אפי כרוביה: |
| 051 | | Lv16:02 | לגו מן {מן} פרכתה לקבל כפרת די על ארונה דסהדותה |
| 052 | | Ex25:20 | הפיכן דן לקבל דן לקבל כפרתא יהוון אפי כרובייא: |
| 053 | | Ex33:11 | ומלל ייי עם משה ממלל לקבל ממלל היך מה דממלל גבר עם |
| 054 | | Nu12:08 | ממלל לקבל ממלל <מללית> עמיה בחזוין |
| 055 | | Dt 5:04 | ממלל לקבל ממלל מלל ייי עמכון בטורה |
| 056 | | Ex26:35 | לבר מן פרכתא וית מנרתא לקבל פתורה על סטר' משכנה |
| 057 | | Ex40:24 | ית מנרתה במשכן זימנא לקבל פתורה על שפולוי דמשכנא מן |
| 058 | | Gn30:40 | אפרש יעקב ושוי אפי ענה לקבל קרוחיא וכל לחוש בעניה |
| 059 | | Lv 3:09 | ייי תרב{ת}ה אליתה שלמתה לקבל שזרתה ועבד יתה ית תרבה |
| 060 | | Gn49:17 | על שנאוי נפק לקרבא לקבל שנאוי ומקטל מלכין עם |
| 061 | לקב' | Nu24:09 | ולית אומה ומלכו דתקום לקב' מן דמברך יתהון יהווי מברך |
| 062 | לקבלהון | Gn45:15 | ונשק לכל אחוי ובכה לקבלהון ומן בתר כדין מללו אחוי |
| 063 | | Dt 2:24 | שרון למירת ותתגרון לקבלהון סדרי קרב: |
| 064 | לקבלי | Gn31:05 | והא לית אנון שפין לקבלי לא היך דאתמל ולא היך |
| 065 | לקבליה | Gn49:23 | אמרו לקבליה ולא יכלו ליה כל חרשהון |
| 066 | | Gn31:02 | והא לית אינון שיפין לקבליה לא הך דאתמל ולא היך |
| 067 | | Gn11:04 | בידיה ותיהווי עבד' לקבליה סדרי קרבא קדם עד לא נדרי |
| 068 | לקבליהון | Gn49:07 | לית אומה ומלכה דתיקום לקבליהון אפלג חולקיה דשמעון בגו |
| 069 | | Nu22:11 | למסדרה קרבה לקבליהון ואטרוד יתהון: |
| 070 | | Nu21:15 | עברין אנן נפקין לקבליהון ומקטלין יתהון ורמז רבון |
| 071 | | Ex14:13 | וחדא הוות אמרה נלוולי לקבליהון ונערבב יתהון כיתא דהות |
| 072 | | Ex14:14 | דהוות אמרה נלוולי לקבליהון ונערבב יתהון אמר להון |
| 073 | | Nu24:09M | ... יהווי ליט": לקבליהון מן דלייט יתהון יהווי |
| 074 | | Ex14:13 | וחדה הוות אמרה נסדר לקבליהון סדרי קרבה וחדא הוות אמרה |
| 075 | | Ex14:14 | וכיתא דהוות אמרה נסדר לקבליהון סדרי קרבא אמר להון משה |
| 076 | | Nu20:21 | דבשמיא דלא לסדרה לקבליהון סדרי קרבה: |
| 077 | | Nu24:20 | אינון עתידין מסדרה לקבליהון סדרי קרבה וסופיהון לאבדן |
| 078 | | Dt 2:09 | ית מואביי ולא תסדרון לקבליהון סדרי קרבה ארום לא אתן |
| 079 | | Dt 2:19 | יתהון ולא תתגרון לקבליהון סדרי קרבה ארום לא אתן מן |
| 080 | לקבליכון | Dt20:12 | ואן לא תשלם לכון ותסדר לקבליכון סדרי קרבה ותקפון עליה: |
| 081 | לקבלך | Gn47:19M | למה נמות קדמיך/^לעיינך#2#/^לקבלך#2#/ לחוד/להוד#2#/ |
| 082 | לקבלתהון | Gn14:08 | דיריה היא זער וסדרו לקבלתהון סדרי קרבא במישר פרדסייא: |
| 083 | לקוב' | Ex14:13M | /בימא וחדא אמר נסדר לקוב'#2#/ סדרי קרבה וחדא הוות |
| 084 | | Dt20:12M | ותסדר לקבליכון/לקוב#2#/ סדרי קרבה ותקפון |
| 085 | לקובלה | Gn11:04M | לקבליה /ויהוי מסדר לקובלה#2#/ סדרי קרבא קדם עד לא |
| 086 | | Dt20:10 | תקרבון לקריה למסדרה לקובלה סדרי קרבה ותכרזון עלווה |
| 087 | | Dt20:19 | קריה יומין סגין למסדרה לקובלה סדרי קרבה למכבוש יתה לא |
| 088 | | Dt33:20M | ומלכו דתקום לקובליה/^לקוב<לה#2#/ קטילוי חכימין |
| 089 | לקובלי | Gn31:05M | לקבלי/אנין שווין לקובלי#2#/ לא היך דאתמל ולא היך |
| 090 | לקובליה | Gn31:02M | לקבליה/שווין לקובליה#2#/ לא הך דאתמל ולא היך |
| 091 | | Dt33:20 | לית אומה ומלכו דתקום לקובליה קטילוי חכימין בני קטילין |
| 092 | לקובליהון | Ex14:13M | אמרי נלוולי לקובליהון ונערבבה |
| 093 | | Dt 1:41M | ונסדר/סלקין ונסדרה לקובליהון סדרי#2#/ קרבה ככל מה |
| 094 | | Dt 1:42M | תסקון ולא תסדרון קרבה/לקובליהון סדרי קרב'#2#/ ארום |
| 095 | | Nu22:06M | דניכל נסדרה לקובליהון קרבה ואטרוד |
| 096 | | Nu22:11M | דניכול למסדרה/ לקובליהון קרבה#2#/ יתהון: |
| 097 | לקובליכון | Dt28:07 | באורחה חדה יפקון לקובליכון לסדרי קרבה ובשבע אורחן |
| 098 | לקובלך | Gn49:09 | אומה ומלכו דתיקום לקובלך: |
| 099 | לקובלן | Ex 1:10 | שונאינון ויסדרון קרבא לקובלן וישוון עליהון מלך ויסקון |
| 100 | | Ex 1:10M | ויסקון להון מן ארעא /לקובלן סדרי קרב ויתרך יתן |
| 101 | ולקבל | Lv16:15 | ויידי יתיה על כפרתה ולקבל כפרתה: |
| 102 | | Dt33:17 | לקבל בעלי דבביהון ולקבל שנאיהון ומקטלין מלכין עם |

## לקדם *prep.* in front of [285 לקודם]

|  |  |  |  |
|---|---|---|---|
| 001 | לק' | Nu20:10M | ואהרן ית קהלה קדם/לק'#2#/ כיפה ואמר להון שמעו |
| 002 | לקדם | Nu 9:08M | די עלו לקדם משה רבן בתרין מנ' |
| 003 | | Nu15:34M | \דקמו קדם /דיעלו לקדם#2#/ משה רבן בתרין מנהון |
| 004 | | Lv19:14M | חרשה בגין דלא שמע לקדם אכסנייה דהוא מדמי לסמייה |
| 005 | | Dt19:17 | דאית להון דינה קדם ייי לקדם כהנייה ודייניה די יהוון |
| 006 | | Lv16:15M | יתיה על כפרתה ולקבל/לקדם#2#/ כפרתה: |
| 007 | ולקדם | Lv19:14M | "וקדם מן ... תקלה": ולקדם אכסנייה דדמי לסמיא לא |
| 008 | | Lv16:14M | מדנחה וקדם /לקדמין ולקדם#2#/ כפרתה ידי{ה} שבעה |

## לקדמות *prep.* towards [285]

|  |  |  |  |
|---|---|---|---|
| 001 | לקדמות | Gn46:29 | וטכס יוסף ארתכוי ונפק לקדמות ישראל אבוי לגשנה וחמה |
| 002 | | Nu21:23 | סיחון ית כל עמיה ונפק לקדמות ישראל למדברה ואתה ליהצה |
| 003 | | Ex 4:27 | ואמר ייי לאהרן איזל לקדמות משה למדברא ואזל וארע |
| 004 | | Ex19:17 | ואפיק משה ית עמא לקדמות איקר שכינתא דייי מן |
| 005 | | Gn15:10M | ושווי גבר פסגייה לקדמות חב'#2#/ וית עופה לא פסג: |
| 006 | | Ex18:07 | ונפק משה לקדמות חמוי ושאל בשלמיה ונשק |
| 007 | | Nu24:01 | בכל זמן למשאליה בדכריה לקדמות קסמיה ואזל ושוי למדברה |
| 008 | לקדמ' | Gn32:03 | אחי אינון דהוא אתי לקדמ' או משרין דמלאכין מן קדם |
| 009 | לקדמותא | Gn14:17M | \לקדמותיה מן בתר /לקדמותא בתר#2#/ די חזר מן דקטל |
| 010 | לקדמותה | Gn24:17 | ורהט עבדא לקדמותה ואמר אשקיין יתי כען מן |
| 011 | | Gn33:04 | ורהט עשו לקדמותה וגפף יתיה ואתרכן על |
| 012 | | Nu31:13M | <דכ'>#2#/ לקדמותהון/לקדמותה#2#/ לבר מן משריתה: |
| 013 | לקדמותהון | Nu20:20 | לא תעבר ונפקו אדומיי לקדמותהון בעמא תקיפה ובאדרע |
| 014 | | Nu21:33 | עוג מלכא דבותנין לקדמותהון הוא וכל עמיה לסדרי קרבה |
| 015 | | Nu21:15M | "לקבליהון ...": לקדמותהון ומשיציין יתהון ומקטלין |
| 016 | | Gn19:01 | יתהון לוט ורהט לקדמותהון ושאיל בשלמהון בנימוס |
| 017 | | Nu31:13 | וכל רברבני כנישתה לקדמותהון לבר מן משריתה: |
| 018 | | Gn18:02 | עלוי וחמא ורהט לקדמותהון מן תרע משכנה ושאל |
| 019 | לקדמותי | Gn32:03 | אחי אינון דהוא אתי לקדמותי או משרין דמלאכין דעשו |
| 020 | | Nu22:34 | ארום את קיים מתעתד לקדמותי באורחא וכדון אין ביש |
| 021 | | Nu23:03 | יזדמן מימריה דייי לקדמותי ופתגמא די יחווי ייי אתני |
| 022 | | Gn32:03M | דעשו אחי אתיין לקדמותי למיקטול יתי או דלמה |
| 023 | לקדמותיה | Gn30:16 | ברא ברמשא ונפקת לאה לקדמותיה ואמרת לה לוותי תיעול |
| 024 | | Gn29:13 | דיעקב בר אחתה ורהט לקדמותיה וגפף יתה ונשק יתה ואעיל |
| 025 | | Ex14:27 | לתקפה ומצריי ערקון לקדמותיה ושבק ייי ית מצריי בגו |

|  |  |  |  |  |  |  |
|---|---|---|---|---|---|---|
| 026 | | | Nu22:36 | ארום אתה בלעם ונפק | לקדמותיה | לארעהון דמואביי דסמיך |
| 027 | | | Gn14:17 | ונפק מלכא דסדום | לקדמותיה | מן בתר די חזר מן דקטל ית |
| 028 | | | Ex 7:15 | על נהרא ותתעתד | לקדמותיה | על גף נהרא וחוטרא די |
| 029 | לקדמותיהון | | Ex 5:20 | וית אהרן קיימין | לקדמותיהון | באפקותיהון מן קדם פרעה: |
| 030 | לקדמותיהן | | Ex14:27M | ומצראי הוו ערקן | לקדמותיהן | ושנק מימרי׳ דייי ית |
| 031 | לקדמותך | | Nu20:18M | דלא בחרבה אפוק | לקדמותך#2#/: | |
| 032 | | | Gn32:07 | לוות עשו והא הוא אתא | לקדמותך | וארבע מאה דגברין |
| 033 | | | Ex 4:14 | הוא והא לחוד הוא אתא | לקדמותך | ויחמי יתך ויחדי בלביה: |
| 034 | לקדמותכון | | Dt 1:44 | דשריין בטורא ההוא | לקדמותכון | ורדפו יתכון היך מה |
| 035 | | | Dt28:25M | לסדרי /יהוון נפקין | לקדמותכון | לס׳#2#/ קרבה ובשבע |
| 036 | | | Dt28:07M | /יהוון נפקין | לקדמותכון#2#/ | לסדרי קרבה ובשבע |
| 037 | לקדמותן | | Nu21:33M | /בותניין | לקדמותן#2#/ | הוא וכל עמיה לסדרי |
| 038 | | | Dt 2:32 | ונפק סיחון | לקדמותן | הוא וכל עמיה לסדרי קרבה |
| 039 | | | Dt 3:01 | עוג מלכא דבותניין | לקדמותן | הוא וכל עמיה לסדרי קרבה |
| 040 | | | Gn24:65 | גברא דאתי באפיה ברא | לקדמותן | ואמר עבדא הוא ריבוניה |
| 041 | | | Dt29:06 | ועוג מלכא דבותנין | לקדמותן | לסדרי קרבה וקטל{נ}«ו»ן |

## לקדמין *adv.* eastward [!!]

|  |  |  |  |  |  |  |
|---|---|---|---|---|---|---|
| 001 | לקדמין | | Lv16:14M | כפרתה \מן מדנחה וקדם | /לקדמין | ולקדם#2#/ כפרתה ידי{ה} |

מן לקדמין *adv.* **See also:**

## לקט *vb.* to gather [286]

|  |  |  |  |  |  |  |
|---|---|---|---|---|---|---|
| 001 | לקטו | peal | Ex16:18 | לא חסר גבר לפם מיכליה | לקטו: | |
| 002 | | | Ex16:22 | והוה ביומא שתיתיה | לקטו | לחם בכיפלא תרין עמרין לכל |
| 003 | | | Nu13:24 | סגולה על עסק סגולה די | לקטו | מן תמן בני ישראל: |
| 004 | | | Ex16:16 | דן פתגמא די פקד ייי | לקטו | מנה גבר לפם מיכליה עמר לכל |
| 005 | לקטון | | Gn31:46M | בלשון בית קודשא אחוי | לקטון | <א>בנין |
| 006 | לקיט | | Gn 8:11M | קטים בפומה /טרף דזית | לקיט | בפי׳#2#/ /דאייתייאת יתיה |
| 007 | ילקטון | | Ex16:05 | ויהוי בכפולה על מה די | ילקטון | סכום יום ביומיה: |
| 008 | תילק׳ | | Lv19:10M | /כרמי׳#2#/ לא | תלקטון/תילק׳#2#/ | למסכיניה ולגיוריה |
| 009 | תלקטון | | Lv19:09 | ולקט«ה» דחצדיכון לא | תלקטון: | |
| 010 | | | Ex16:26 | שיתא יומין | תלקטון | יתיה וביומא שביעיא שבתא |
| 011 | | | Lv19:10 | ופרט כרמכון לא | תלקטון | למסכיניה ולגיוריה תשבקון |
| 012 | | | Lv23:22 | ולקטה דחצדכון לא | תלקטון | למסכיניה ולגיוריה תשבקון |
| 013 | דילקטון | | Ex16:05M | ית מה | דייתון/דילקטו<ן>#2#/ | ויהוי בכפולה |
| 014 | וילקטו | | Ex16:04 | מן שמיא ויפקון עמא | וילקטו | סכום יום ביומיה מן בגלל |
| 015 | ולקט | | Gn47:14M | | וכנש/ולקט#2#/ | יוסף ית כל כספא |
| 016 | | | Lv19:09M | /דאית בחקליכון למחצד | ולקט | חצדכון#2#/ לא תלקטון: |
| 017 | ולקטו | | Ex16:21 | | ולקטו | יתיה בכל צפר וצפר גבר כפם |
| 018 | | | Ex16:17 | ועבדו כדן בני ישראל | ולקטו | מן דאסגו ומן דזער: |
| 019 | | | Nu13:23 | ומטון עד נחל סגולה | ולקטו | מן תמן עוברה וסגולה |
| 020 | ולקטין | | Nu11:08 | שרון עמה | ולקטין | וטחנין ^ברחיה#2#^ ועבדין |
| 021 | למלקטא | pael | Ex16:27 | שביעיא נפקו מן עמא | למלקטא | ולא אשכחו: |
| 022 | ומ׳ | | Nu11:08M | שרון עמה | ולקטין/ומ׳#2#/ | וטחנין ^ברחיה#2#^ \ |
| 023 | ומלקטין | | Nu11:08M | הוון שטין עמא | ומלקטין | |

## לקט *n.* accumulated food [286]

|  |  |  |  |  |  |  |
|---|---|---|---|---|---|---|
| 001 | בלקטה | s em/sf | Lv 1:16 | ויעב{ד}<ר> ית זלפקקה | בלקטה | וי{ק}טל<ק> יתה סמיך |

## לקט #2 *(v.)n.* gleaning [286]

|  |  |  |  |  |  |  |
|---|---|---|---|---|---|---|
| 001 | לקט | s ab/cn | Lv23:22M | \ולקטה דחצדכון | /לקט | חצד#2#/ לא תלקטון |
| 002 | ולקטה | s em/sf | Lv19:09 | אחריה דחקלכון למחצד | ולקט«ה» | דחצדיכון לא תלקטון: |
| 003 | | | Lv23:22 | דאית בחקליכון למחצדה | ולקטה | דחצדכון לא תלקטון |

## לקי *vb.* to be scourged [286]

|  |  |  |  |  |  |  |
|---|---|---|---|---|---|---|
| 001 | לקו | peal | Nu26:11M | לא מיתו במותנה ולא | לקו | ביקידתה ולא{ש}<ט>מע<ו> |
| 002 | | | Ex 5:16 | לן עבדך עבדו והא עבדיך | לקו | ופרעה ועמא חטיין: |
| 003 | לקייא | | Dt32:43 | ובחובי עמא ארעא | לקייא | וברחמוי טביה הוא מכפר על |
| 004 | לקיין | | Ex 9:31 | ו{פ}<כ>תנה ושערייה | לקיין | ארום שערייה הון בכירן |
| 005 | | | Ex 9:32 | וחטיה וכונתיה לא | לקיין | ארום לקישין הוון: |
| 006 | | | Ex 5:16M | עבדו והא עבדיך | לקו/לקיין#2#/ | ופרעה ועמא חטיין |
| 007 | לקת | | Nu12:10M | מרים \מצרעתה ^^כתלגה | /לקת | בצורעתה חוורה הי |
| 008 | וילקון | | Dt21:18M | ובקלה דאימיה | וירדון/וילקון#2#/ | יתיה ולא ישמע |
| 009 | | | Dt22:18M | ההוא ית גברא | וירדון/וילקון#2#/ | יתיה: |
| 010 | וילקי | | Ex22:01 | אם בחת<ר>תא ישתכח גנבא | וילקי | וימות לית ליה חובת שפיכת |
| 011 | ולקו | | Ex 5:14 | | ולקו | סרכיהון דבני ישראל די |
| 012 | למלקה | | Dt25:02 | ויהווי אין מרדו אתחייב | למלקה | חייבה וירבע יתיה דיינה |
| 013 | למלקי | | Dt25:02M | <אין> צורך חייבה | למלקי | וירב׳ |
| 014 | | | Dt25:02M | אי{ת}<ן> מין דינה | למלקי | רשיעה ויכפתיניה |
| 015 | | | Lv14:53M | אין יטי{ני}<מ>וס הוא | למלקי | תוב בצרעתה ת{ו}<י>יבבה |

## לקיש *adj.* late in season [286]

|  |  |  |  |  |  |  |
|---|---|---|---|---|---|---|
| 001 | ולקיש | s ab/cn | Dt11:14 | דארעכון בזמניה בכיר | ולקיש | ותכנשון עבוריכון וחמריכון |
| 002 | לקישא | s em/sf | Gn30:41M | בכל דאתיחמת ענה | בכירתה/לקישא#2#/ | ושוי יעקב ית |
| 003 | לקישין | p abs | Ex 9:32 | וכונתיה לא לקיין ארום | לקישין | הוון: |
| 004 | לקישן | | Ex 9:31M | \הון בכירן /הוויין | לקישן#2#/ | וכתנה הוות גבעולין |
| 005 | ובלקישי | p const | Gn30:42 | | ובלקישי | ענה לא הוי משוי והווה |
| 006 | לקישיא | p em/sf | Gn30:42 | משוי והווה ליה ען סגין | לקישיא | ללבן ובכיריה ליעקב: |

## לקישו *n.* late blooming [287 s.v. לקשו]

|  |  |  |  |  |  |  |
|---|---|---|---|---|---|---|
| 001 | ובלקישות | s ab/cn | Gn30:42M | | ובלקיש/ובלקישות#2#/ | ענה לא הוי משוי |

## לרגל *prep.* corresponding to, at the feet of! [287]

|  |  |  |  |  |  |  |
|---|---|---|---|---|---|---|
| 001 | לרגל | | Gn33:14 | ואנא אדבר יתהון להוני | לרגל | עבידתא די בידי ולרגל טלייא |
| 002 | | | Dt33:03 | והא אינון מדברין ואתיין | לרגל | עננוי ונטלין ושריין על פם |
| 003 | ולרגל | | Gn33:14 | לרגל עבידתא די בידי | ולרגל | טלייא עד זמן די אזל לוות |

## לריקנו *adv.* for naught [287]

|  |  |  |  |  |  |  |
|---|---|---|---|---|---|---|
| 001 | לריקנו | | Lv26:16 | ומדיבה נפש ותזרעון | לריקנו | זרעיכון וייכלון יתהון |
| 002 | | | Lv26:20 | ויסוף | לריקנו | חייליכון ולא תתן ארעכון |

## לרע *adv.* below [287]

|  |  |  |  |  |  |  |
|---|---|---|---|---|---|---|
| 001 | לרע | | Dt28:43 | ואתון תהוון נחתין לרע | לרע: | |
| 002 | | | Dt28:13 | רמין לעיל ולא נחתין | לרע | ארום תשמעון למצוותה דייי |
| 003 | | | Dt28:43 | לעיל ואתון תהוון נחתין | לרע | לרע: |
| 004 | דלרע | | Gn40:23 | יוסף חסדא דלעל וחסדא | דלרע | וחסדא דלוי יתיה מן בייתה |

מן לרע *adv.* **See also:**

## לשם *n.* a precious stone [287]

|  |  |  |  |  |  |  |
|---|---|---|---|---|---|---|
| 001 | s ab/cn | לשם | Ex28:19 | וסדרא תליתיא | לשם | זוזין וברולין וזמרגדין |
| 002 | | | Ex39:12 | וסדרה תליתיה | לשם | זוזין וירולין וזמרגדין |

## לשם *prep.* for the sake of [287]

|  |  |  |  |  |  |  |
|---|---|---|---|---|---|---|
| 001 | | לשמה | Lv 3:03M | קדשיה קרבן \קדם ייי | /לשמה | דייי#2#/ ית תרבא דחפי ית |
| 002 | | | Lv 3:05M | לריח דרעוה \קדם ייי | /לשמה | דייי#2#/: |
| 003 | | | Lv 3:06 | קרבניה לנכיסת קודשיה | לשמה | דייי דכר או נקבה שלם מן |
| 004 | | | Lv 3:11 | על גבי מדבחה לחם קרבן | לשמה | דייי: |
| 005 | | | Lv 1:13M | לריח דרעוא | קדם/לשמה#2#/ | ייי: |
| 006 | | | Lv 2:09M | מתקבל ברעוה לריח | קדם/לשמה#2#/ | ייי: |
| 007 | | | Lv 2:11M | תקרבון מניה קרבן | קדם/לשמה#2#/ | ייי: |
| 008 | | | Lv 2:12M | תקרבון יתהון | קדם/לשמה#2#/ | ייי ועל גבי מדבחה לא |
| 009 | | | Lv 3:14M | קרבניה קרבן \קדם | ייי/לשמה#2#/ | ית תרבה דח{כ}<פ>י ית |

## לשן *vb.* to slander [287]

|  |  |  |  |  |  |  |
|---|---|---|---|---|---|---|
| 001 | pael | מלשנה | Gn47:21 | וית עמא | מלשנה | לשנה בישא עבר יתהון יוסף |

## לשן *n.* tongue [לישן 282]

|  |  |  |  |  |  |  |
|---|---|---|---|---|---|---|
| 001 | s ab/cn | לישן | Dt27:24M | דישתעי על חבריה | לישן | תליתאי |
| 002 | | לשון | Nu24:24 | סגין {{בלברנייה עזי}} | לשון | מן מדינת איטליא דהיא |
| 003 | | לשן | Dt27:08 | ו«מ»תרגם בשבעים | לשן: | |
| 004 | | | Gn11:01 | והוון כל דיירי דארעא | לשן | חד וממלל חד ובלשן בית קדשה |
| 005 | | | Gn49:23 | כורסיה מלכותא אמרו עלוי | לשן | תליתיי בפליטורין דפרעה |
| 006 | | בלשון | Gn31:47 | שהדותא ויעקב קרא ליה | בלשון | בית קדשא גלעד: |
| 007 | | | Gn46:02M | יעקב ואמר/עני יעקב | בלשון | בית ^קדשא#2#^ הנני: |
| 008 | | | Gn35:18 | ^הוה#2#^ קרי ליה | בלשון | בית קדשה בנימין: |
| 009 | | | Gn31:46M | לבנוהי דהוה קרי להון | בלשון | בית קודשא אחוי לקטון |
| 010 | | | Ex 3:04 | משה משה ענה משה | בלשון | בית קודשא ואמר הנני: |
| 011 | | | Gn31:11M | אנא /ענה יעקוב ואמ' | בלשון | קודשא ואמר הנני#2#/: |
| 012 | | בלשן | Gn22:11M | ואמר /ענה אברהם | בלשן | בית קדשא ואמ'#2#/ הנני: |
| 013 | | | Gn 2:19 | מה דהוה אדם קרי ליה | בלשן | בית קדשה נפש החיה הוא |
| 014 | | | Gn22:01 | ליה אברהם עני אברהם | בלשן | בית קודשא ואמר ליה אברה' |
| 015 | | | Gn45:12 | אחוי בנימן ארום | בלשן | בית קודשא פומיה ממלל |
| 016 | | ולשון | Gn11:06 | ואמר ייי הא אומה חדה | ולשון | חד לכולהון והא כדון שרון |
| 017 | | ובלשן | Gn11:01 | דארעא לשן חד וממלל חד | ובלשן | בית קדשה הוון משתעין דבה |
| 018 | s em/sf | לישנ' | Gn49:21M | פומי' בכנישותא יעקב | לישנ' | חלי' כדבש' |
| 019 | | לישנא | Lv19:18 | לא תהוון אזלין בתר | לישנא | תליתיה דהוא קש' כחרבא |
| 020 | | לישנה | Lv19:16 | לא תיז{ו}<י>ל בתר | לישנה | תליתיה למרעיה וית בעלי |
| 021 | | ללשניה | Gn10:05 | אומיא בארעותהון גבר | ללשניה | לזרעיתהון באומיהון: |
| 022 | | לשנה | Dt28:49M | לשניה /שמעתון | לשנה#2#/: | |
| 023 | | | Gn47:21 | וית עמא מלשנה | לשנה | בישא עבר יתהון יוסף ואגלי |
| 024 | | | Gn11:07 | לשניהון דלא ישמעון גבר | לשנה | דחבריה: |
| 025 | | לשניה | Dt28:49 | די לא תיכלון למישמע | לשניה: | |
| 026 | | בלישנא | Gn44:18 | זעף במלין ומדכדך | בלישנא | נהם כאריה ואמר בבעו מינך |
| 027 | | בלשניה | Nu22:04 | היך מה דלחך תורא | בלשניה | ית עשבה דאפי ברא ובלק בר |
| 028 | | | Ex11:07 | ישראל לא ינבח כלב | בלשניה | למן גבר ועד בעיר מן בגלל |
| 029 | p const | לישני | Dt32:08 | עילאה אומיה בפרישותיה | לישני | בני אנשא אקימת תחומין |
| 030 | | לשני | Gn11:09 | ארו' כדן ערבב ייי | לשני | כל דאירי ארעא ומן תמן דרי |
| 031 | p em/sf | לשניהון | Gn11:07 | אתון כען ואתגלי תמן | לשניהון | דלא ישמעון גבר לשנה |
| 032 | | ללשניהון | Gn10:20 | לזרע{וי}«ייי»תהון | ללשניהון | בארעהון באומיהון: |
| 033 | | | Gn10:31 | בנוהי דשם לזרעיתהון | ללשניהון | בארעהון לאמיהון: |

# מ

## מ־ *prep.* from

[!! cf. 313 מנ־ s.v. מן]

|  |  |  |  |  |  |
|---|---|---|---|---|---|
| 001 | מאברהם | Gn18:17 | הא מכס{ם}<ה> אנה | מאברהם | רחמי ית מה די עבד אנה |
| 002 | מיש׳ | Ex12:42M | ונירי פרזלא ישתיצון | מיש׳ | |
| 003 | מישראל | Ex12:15M | וישתצי נפשא ההיא | מישראל | |
| 004 | | Dt17:12 | ותבערון עבדי בישתא | מישראל: | |
| 005 | | Dt25:06 | מיתה ולא יתמחק שמיה | מישראל: | |
| 006 | | Nu19:13 | סאב ותשתיצא נפשה ההיא | מישראל | ארום מי אדיא לא אזרק |
| 007 | מלאה | Gn29:30 | רחל ורחם אף ית רחל | מלאה | ופלח עמיה עוד תוב שבע |
| 008 | מאבות | Nu33:44 | ונטלו | מאבות | ושרון במגזיה עברייה |
| 009 | מאובות | Nu21:11 | ונטלו | מאובות | ושרון במגזת עבריה במדברה |
| 010 | מאילם | Nu33:10 | ונטלו | מאילם | ושרון על ימא דסוף: |
| 011 | מאלוש | Nu33:14 | ונטלו | מאלוש | ושרון ברפידים ולא הוה |
| 012 | מאתם | Nu33:07 | <ונטלו> | מאתם | ושרון בפונדקי חירתה |
| 013 | מבאר שבע | Gn28:10 | יעקב בזמנא דנפק | מבאר שבע | למיזל לחרן נסא קדמיא |
| 014 | מביתאל | Gn35:16 | ונטלו | מביתאל | והוו«ה» אשון עללתה |
| 015 | מבני יעקן | Nu33:32 | ונטלו | מבני יעקן | ושרון בהר הגדגדה: |
| 016 | מדיבון | Nu33:46 | ונטלו | מדיבון | גד ושרון בעלמון |
| 017 | מהר הג׳ | Nu33:33 | ונטלו | מהר הג׳ | ושרון ביטב׳: |
| 018 | מהר שפר | Nu33:24 | ונטלו | מהר שפר | ושרון בחרדה: |
| 019 | מחצרות | Nu33:18 | ונטלו | מחצרות | ושרון ברתמה: |
| 020 | מחרדה | Nu33:25 | ונטלו | מחרדה | ושרון במקהלות: |
| 021 | מחרן | Gn12:04 | שנין הוה בזמנה די נפק | מחרן: | |
| 022 | מחשמונה | Nu33:30 | ונטלו | מחשמונה | ושרון במוסרות: |
| 023 | מיט׳ | Nu33:34 | ונטלו | מיט׳ | ושרון בעברונה: |
| 024 | מלב׳ | Nu33:21 | ונטלו | מלב׳ | ושרון ברסה: |
| 025 | מלחית | Dt 4:48 | | מלחית | די על גיף נחיל ארנונה |
| 026 | ממסרות | Nu33:31 | ונטלו | ממסרות | ושרון בבני יעקן: |
| 027 | ממצרי׳ | Gn43:02 | ית עיבורא די אייתון | ממצרי׳ | ואמר להון אבוהון חזורו |
| 028 | ממצרים | Ex13:08M | ייי ניסין לי במפק׳ | ממצרים | |
| 029 | | Gn13:01 | וסלק אברם | ממצרים | הוא ואתתיה וכל מה דהוה |
| 030 | | Gn45:25 | וסלקו | ממצרים | ואתו לארעא דכנען לוות |
| 031 | | Ex23:15 | ארום בה נפקתון פריקין | ממצרים | ולא תתחמון קדמיי ריקם: |
| 032 | | Ex17:03 | ליה למה כען אסקת יתן | ממצרים | למקטלה יתן וית בנינן וית |
| 033 | | Ex13:03 | הדין דנפקתון פריקין | ממצרים | מן בית שעבודא ארום בידא |
| 034 | | Ex 3:12 | יתך באפקותך ית עמא | ממצרים | תפלחון קדם ייי על טורא |
| 035 | ממקהלות | Nu33:26 | ונטלו | ממקהלות | ושרון בתחת: |
| 036 | ממתקה | Nu33:29 | ונטלו | ממתקה | ושרון בחשמנה: |
| 037 | מסכות | Ex13:20 | ונטלו | מסכות | ושרון באיתם בסיפה מדברה: |
| 038 | מעברו׳ | Nu33:35 | ונטלו | מעברו׳ | «ושרון» בכרך תרנוגלה: |
| 039 | מעלמון | Nu33:47 | ונטלו | מעלמון | דבלתימה ושרון בטורא |
| 040 | מפדן ארם | Gn33:18 | בארעא דכנען במיתייא | מפדן ארם | ושרא קדם קרתא: |
| 041 | מפדן דארם | Gn48:07 | ואנה במייתוי | מפדן דארם | מיתת קדמ׳ רחל בארעא |
| 042 | מפונון | Nu33:43 | ונטלו | מפונון | ושרון באבות: |
| 043 | מקהלת׳ | Nu33:23 | ונטלו | מקהלת׳ | ושרון בהר שפר: |
| 044 | מרמן פרץ | Nu33:20 | ונטלו | מרמן פרץ | ושרון בלבנה: |
| 045 | מרסה | Nu33:22 | ונטלו | מרסה | <ושרון> בקהלתה: |
| 046 | מרפידים | Nu33:15 | ונטלו | מרפידים | ושרון במדברה דסיני: |
| 047 | מרתמה | Nu33:19 | ונטלו | מרתמה | ושרון ברמן פרץ: |
| 048 | מת׳ | Nu33:27 | ונטלו | מת׳ | ושרון בתרח: |
| 049 | מתרח | Nu33:28 | ונטלו | מתרח | ושרון במתקה: |
| 050 | מא׳ | Nu 8:17M | דבני ישראל | בבני אנשא/מא׳#2#/ | ובבעירה ביומא |
| 051 | מאבוהן | Gn19:36M | דלוט \מן | אבוהון/מאבוהן#2#/: | |
| 052 | מאבונן | Gn31:16 | כל נכסיא די אפיק ייי | מאבונן | דידן אינון ודבנן וכדון מה |
| 053 | מאומה | Gn25:23M | \ומלכו ממלכו /אומה | מאומה#2#/ | תתקף ורבה יהווי משעבד |
| 054 | מאילן | Ex10:28 | לממללה קדמ׳ תוב חד | מאילן | מלייה קשייתא ברם צבי אנה |
| 055 | מאל׳ | Lv 5:04M | לחדא \מן | אילין/מאל׳#2#/: | |
| 056 | מארעא | Ex 7:04 | ית עמי בני ישראל | מארעא | דמצרים בסדרי דינין |
| 057 | | Ex16:01 | לירחא תנינא לאפקותהון | מארעא | דמצרים: |
| 058 | | Ex16:06 | ייי אפיק יתכון פריקין | מארעא | דמצרים: |
| 059 | | Ex29:46 | אלההון די אפקת יתהון | מארעא | דמצרים למשריה איקר |
| 060 | | Dt 1:27 | דייי סני יתן אפק יתן | מארעא | דמצרים לממסר יתן בידיהון |
| 061 | מארעיה | Ex 7:02 | וישלח ית בני ישראל | מארעיה: | |
| 062 | מארעכון | Dt 2:05M | אתן לכון \מן | ארעהון/מארעכון#2#/ | עד מדרס כפה דרגלה |
| 063 | מאתמול | Ex 4:10M | ממלל אנה לא מן | דאתמול/מאתמול#2#/ | ולא מן דקדמוי |
| 064 | מבבינה | Lv16:29M | נפשתכון ממיכל ומשתיה | מבבינה | וסיכותה ושומת סנדלה |
| 065 | מבוכרא | Nu 3:46M | /ליוואי#2#/ \מן | בכוריה/מבוכרא#2#/ | דבני ישראל: |
| 066 | מבייתה | Gn34:26 | דחרב ונסבו ית דינה | מבייתה | דשכם {דשכם} ונפקו: |
| 067 | מבייתיה | Dt24:01M | וישלח יתה \מן | בייתה/מבייתיה#2#/: | |
| 068 | | Dt24:02 | ותפוק | מבייתיה | ותזיל ותתנסב לגבר אחרן: |
| 069 | מבית | Lv17:03 | גבר גבר | מבית | ישראל די יכוס תור אמר או |
| 070 | מבית חבישא | Gn40:14M | יתי \מן | בית חבושא/מבית חבישא#2#/ | הדין: |
| 071 | מביתה | Ex 2:01 | ואזל גברא | מביתה | דלוי ונסב ית ברתא דלוי: |
| 072 | מבני | Gn49:10 | ואף לא ספרין מלפי אוריה | מבני | בנוי עד זמן דייתי מלכא |
| 073 | | Gn16:05 | דהגר מצרייתה דהיא | מבני | בניהון דעמא דיהבו יתך |
| 074 | | Nu36:03 | ויהוון לחד | מבני | שבטיה דבני ישראל לנשים |
| 075 | מבנת | Gn28:02M | אתה מן \בנתיה דלבן | /מבנת | לבן#2#/ אחוי דאמך: |
| 076 | | Lv20:02M | גבר סיב דישמש עם איתתה | מבנת | עממיא |
| 077 | מבנתהון | Ex34:16 | ותסבון | מבנתהון | לבניכון ויטעון בנתהון |
| 078 | מבר | Nu 3:43 | דכרי במניין שמהתהון | מבר | ירח ולעיל לסכומיהון עשרין |
| 079 | | Ex38:26 | כל דעבר על מנייניה | מבר | עשרין שנין ולעל לשתי מאה |
| 080 | | Nu 4:23 | | מבר | תלתין שנין ולעיל ועד בר |
| 081 | מבר נשא | Lv27:29M | די יתאפרש \מן | בר נשה/מבר נשא#2#/ | לא יתפרק ממת ימות: |
| 082 | מבשרה | Ex29:34 | ואין ישתייר | מבשרה | דאשלמותא ומן לחמה עד צפרא |
| 083 | מבשרהון | Lv11:08 | | מבשרהון | לא תאכלון ובנבלתהן לא |
| 084 | מד׳ | Nu24:17M | מן דבית/דליקום | מד׳#2#/ | יעקב ופרוק ושליט מן |
| 085 | | Dt32:42M | /<בבש>ריה׳#2#/ \מן | אדם/מד׳#2#/ | קטיליהון דעמי |
| 086 | מדבית | Gn49:11 | משיחא דעתיד למיקם מן | מדבית | יהודה אסר חרציה ונפק |
| 087 | מדין | Ex37:08M | דאן סטר{י}ה מן הכה | /מדין | סטרא מהכה#2#/ וכרוב חד |
| 088 | מדכר | Nu 5:03 | | מדכר | עד נקבה תשלחון לבר מן |
| 089 | מדם | Nu21:15M | "מן אדמיהון ... קרתה": | מדם | קטולהון והוו ישראל |
| 090 | מדם | Gn49:11 | עם שלטונין מסמק טורייא | מדם | קטיליהון ומחוור גלמתא |
| 091 | מדמ׳ | Lv14:14M | ויסב כהנא \מן | אדמה/מדמ׳#2#/ | דאשמה ויתן כהנא על |
| 092 | | Dt32:42M | ארווי גירייז \מן | אדמהון/מדמ׳#2#/ | וחרבי תתכל בבשרהון |
| 093 | | Ex29:20M | ית דיכרא ותסב מן | אדמיה/מדמ׳#2#/ | ותתן על רום אודנה |
| 094 | מדמא | Lv 4:30M | ויסב כהנא \מן | אדמה/מדמא#2#/ | באצבעיה ויתן על |
| 095 | | Lv16:14M | זמנין \מן | אדמה/מדמא#2#/ | באצבעיה: |
| 096 | | Lv 5:09M | וידי \מן | אדמה/מדמא#2#/ | דחטאת׳ על כתלא |
| 097 | | Lv 4:25M | ויסב כהנא \מן | אדמה/מדמא#2#/ | דחטאתה באצבעיה ויתן |
| 098 | | Lv 4:16M | כהנא דמתרבי \מן | אדמה/מדמא#2#/ | דתורא למשכן זמנא: |
| 099 | | Ex30:10M | חדא זמן בשתא \מן | אדם/מדמא#2#/ | חטאתה דכיפוריה חדא |
| 100 | | Lv 4:18M | \ומן | אדמה/מדמא#2#/ | יתן על קרנותיה |
| 101 | | Lv 8:24M | ונסב משה \מן | אדמה/מדמא#2#/ | על רום אדניהון |
| 102 | מדמה | Lv 4:05 | ויסב כהנא דמתרבי מן | ^מדמה#2#^ | דתורא ויעל {ל}יתיה |
| 103 | | Lv16:18M | עלוי ויסב \מן | אדמה/מדמה#2#/ | דתורא ומן אדמה |
| 104 | | Lv 6:23M | /יתועל#2#/ \מן | אדמה/מדמה#2#/ | למשכן זימנה למכפרה |
| 105 | | Lv 4:07M | ויתן כהנא \מן | אדמה/מדמה#2#/ | על קרנתיה דמדבחה |

| | | | |
|---|---|---|---|
| 106 | מדמיה | Lv 8:23M | ונסיב משה \מן אדמה/מדמיה#2#/ ויהב על רום אדנה |
| 107 | מדקיקיהון | Gn19:11 | ביתה מחון בסידוריה מדקיקיהון עד סביהון והוון לעין |
| 108 | מדרומיא | Ex27:09 | משכנא לסטרא דדרומיא מדרומיא ווילון לדרתא בוץ שזיר |
| 109 | מהור | Nu33:41 | ונטלו מהור טורא ושרון בצלמונה: |
| 110 | מהכה | Ex37:08M | מן הכה /מדין סטרא מהכהה#2#/ וכרוב חד מן דן סטרי מן |
| 111 | מזיו | Ex19:18M | אתרגיף ואתמלי מזיו יקר שכינתיה דייי וסלק |
| 112 | מחבריה | Gn31:49 | ובינך ארום נטמר גבר מחבריה: |
| 113 | מחלבא | Gn49:12 | דם זכיי שנוי נקיין מחל{{א}}בא מלמיכל בהון חמיסיין |
| 114 | מחצר כבדה | Ex29:13 | כרסה וית מה דמשתייר מחצר כבדה וית תרתין כליתה וית |
| 115 | מחקל | Lv27:16 | ואין מחקל אחסנתיה יקדש גבר לשמה דייי |
| 116 | מחרבא | Ex18:04 | דאבא בסעדי ושיזב יתי מחרבא דפרעה: |
| 117 | מטוב | Gn27:28 | ויתן לך ייי מטוב טלא דנחת מן שמיא שפר ומן |
| 118 | מטור | Nu10:33 | ונטלו מטור בית מקדשה דייי אורח <....> |
| 119 | | Gn 8:11M | /דאייתייאת יתיה מטור משחא#2#/ וידע נח ארום |
| 120 | מידא | Ex 4:26 | הדא דשיזב לחתניה הדין מידא דמלאך מותא: |
| 121 | מידיה | Nu21:26M | ונסב ית כל ארעא מניה/מידיה#2#/ עד ארנונה: |
| 122 | מימא | Ex15:22 | ואטל משה ית ישראל מימא סוף ונפקו למדברא דחלוצה |
| 123 | | Nu33:11 | ונטלו מימא דסוף ושרון במדברה דסין: |
| 124 | מיניכסהון | Ex 4:19M | ארום מיתו/נחתו מיניכסהון והא אינון חשיבין |
| 125 | מיקרייתה | Dt19:05 | יתיה הוא יעריק לחדה מיקרייתה האליין וייחי: |
| 126 | מכותלה | Nu35:04 | די תתנון לליוויי מכותלה דקרתה לברה אלף אמין |
| 127 | מכל | Gn 3:01 | ארום אמר ייי לא תאכלון מכל אילני גנתא: |
| 128 | | Dt12:10 | מחסן יתכון ויניח לכון מכל בעלי דבביכון מן חזור חזור |
| 129 | | Nu 6:04 | כל יומי נדר נזירותה מכל די יעבד מן גופנה דחמרא מן |
| 130 | | Ex 9:04 | דישראל ולא ימות מכל לבני ישראל מדעם: |
| 131 | | Lv 5:24 | או מכל מה דיש{בת}<תב>ע עלוהי לשק' |
| 132 | | Lv11:34 | מכל מיכל די יתאכל די יתיהב |
| 133 | | Gn40:17 | ובסל עילאה מכל מיכלא דפרעה עבד נחתום |
| 134 | | Dt23:10 | בעלי דבביכון ותזדהרון מכל מילה בישה: |
| 135 | | Nu18:28 | אוף אתון אפרשותה דייי מכל מעשריכון די תקבלון מן לוות |
| 136 | | Lv18:26 | סדרי דיניי ולא תעבדון מכל מרחקתא האליין יציביה |
| 137 | | Gn 9:10 | ובכל חיתא דארעא עמכון מכל נפקי תבותא לכל חיתא דארעא: |
| 138 | | Gn 2:02M | ואיתניח ביומא שביעאה מכל עבדתיה די עבד |
| 139 | | Ex18:21 | ואת תחמי מכל עמא גברין גברי חיל דחלין |
| 140 | | Ex33:16 | אנה ועמך «אמיה» מכל עמיה דעל אפי ארעא: |
| 141 | | Nu 1:04 | ועמהון יהוון גבר גבר מכל שבט גבר ראש לבית אבהתה |
| 142 | | Lv11:21 | להוד ית דין תאכלון מכל שרצא דעופה דמהלך על ארבע |
| 143 | מכרך | Nu33:36 | ונטלו מכרך תרנוגלה ושרון במדברה דצין |
| 144 | מלאיתמנא' | Ex12:04M | דביתא כמסת למתמניא/מלאיתמנא#2#/ על אימר פסחא |
| 145 | מלביה | Gn44:19 | ועוד חמא דנפקין שערתיה מלביה ובזעו לבושיה בההיא שעתא |
| 146 | ממדברה | Nu33:37 | ונטלו ממדברה דרקם ושרון בהר טורא |
| 147 | ממה | Lv14:30M | בני יוניה \מן די תארע /ממה דארע#2#/ ידה: |
| 148 | | Nu 6:11M | "על מה די חטא על נפשה": ממה דחב על בר נשא דמית די קבר |
| 149 | ממיכל | Lv16:29M | ותענון ית נפשתכון ממיכל ומשתיה מבבינה וסיכותה |
| 150 | ממיתותא | Nu16:29M | דמיתן כל /ממ{ותי}<יתו>תא דמייתין בה כל#2#/ |
| 151 | ממלאכי | Gn18:01 | ארום לית אפשר לחד ממלאכי מרומא די ישתלח בידה יתיר |
| 152 | | Dt32:03 | ברם לית איפשר לחד ממלאכי שירותה למדכרה ית שמה |
| 153 | ממלכו | Gn25:23 | ממעיך יתפרשון ומלכו ממלכו תתקף ורבה יהווי משעבד קדם |
| 154 | ממניין | Gn44:18 | בגלל בנימן אחונן דהוא ממניין שבטייא ואית ליה חולק |
| 155 | ממנין | Gn44:18 | ית דינה אחתן דלית היא ממנין שבטיא ולית ל{ך}<ה> חולקא |
| 156 | | Gn44:18M | בגלל בנימן אחונ' דהוא ממנין שבטיי' ואית ליה חולק |
| 157 | ממעיך | Gn25:23 | ותרי«ן» מלכוון ממעיך יתפרשון ומלכו ממלכו תתקף |
| 158 | ממערבאה | Ex26:22M | דמשכנה \מן מערבה/ממערב{ע}אה#2#/ תעבד שתה/שית#2#~ |
| 159 | ממעשרה | Nu18:26 | דייי חד מן עשרה ממעשרה: |

| | | | |
|---|---|---|---|
| 160 | ממצרעתא | Lv14:03M | /<צר>עא#2#/ \מן מצרעה/ממצרעתא#2#/: |
| 161 | מנבלתהון | Lv11:40M | ודאכל מנבלתהון יחוור |
| 162 | | Lv11:37 | וארום יפל מנבלתהון על כל זרע זריע זרעונין |
| 163 | | Lv11:35 | וכל די יפל מנבלתהון עלוי יסתאב תנור או תפיין |
| 164 | | Lv11:38 | מיין על כל זרע ויפול מנבלתהון עלוי מסאב הוא לכון: |
| 165 | מנהרא | Ex 7:18 | מצריי למשתי מיא מנהרא: |
| 166 | | Gn41:03 | אחרנין סלקין בתריהון מנהרא בישן למיחמי וחסין |
| 167 | מנילוס | Gn15:18 | לבניך אתן ית ארעא הדא מנילוס דמצרים עד נהרא רבה נהרה |
| 168 | מנימוסי | Lv18:30 | ית מט{מ}רתי דלא למעבד מנימוסי מרחקתה די אתעבדו |
| 169 | מנכסי | Nu 7:17 | דן קרבנה די אתנדב וקרב מנכסי גרמי{ר}<ה> רב שבטה דבנוי |
| 170 | מנכסיהון | Ex 9:07M | לא מית \מן בעיריהון/מנכסיהון#2#/ דישראל עד לא חד |
| 171 | מנכסת | Lv 3:09 | ויקרב מנכסת קדשיה קרבן קדם ייי |
| 172 | | Ex29:28 | מן לוות בני ישראל מנכסת קודשיכון אפרשותכון לשמה |
| 173 | מסאבותיה | Lv14:19M | מן דמדכי \מן סאבתה/מסאבותיה#2#/ ומן בתר כן/כדן#2#/ |
| 174 | מסוף | Ex12:41 | והוה מסוף ארבע מאה ותלתין שנין והוה |
| 175 | מסייפי | Dt28:49 | עליכון אומה מן רחוקה מסייפי ארעא היך מה דטייס נשרא |
| 176 | מעבידתהון | Ex 5:04 | ואהרן תבטלון ית עמא מעבידתהון איזי«לו» לפולחניכון: |
| 177 | מעבר | Nu21:13M | ושרון \מן עבר ארנונה /מעבר ארנון#2#/ די/דאית#2#/ |
| 178 | | Nu32:19M | לוותן \מן עבר ירדנה /מעבר יורדנה#2#/ מן מדנחה: |
| 179 | | Nu32:19M | עמהון \מן עבר לירדנה /מעבר יורדנה#2#/ ולהל ארום |
| 180 | | Nu34:15M | "מן עבר ... דעלוי סדר": מעבר יורדנה דיריחו קדמאין מן |
| 181 | מעיביד' | Ex36:04M | גבר \מן עבידתה/מעיביד#2#/ די אנון/הנון#2#/ |
| 182 | מעין | Dt33:28 | לרוחצן לבלחודיהון מעין ברכתה דברך יתהון יעקב |
| 183 | מעמא | Lv 4:27 | ואין נפש חדה תחטא בשלו מעמא דארעא במעבדה חדה מן |
| 184 | מעמיה | Lv21:14 | איליין לא יסב ארו' אלהן מעמיה יסב אתה: |
| 185 | מפ' | Nu30:03M | יפס פתגמוי כל דנפק מפ'#2#/ יעבד: |
| 186 | מפום | Dt31:21M | ארום לא תנשה \מן פם/מפום#2#/ זרעיית בניהון ארום |
| 187 | מפומיכון | Nu32:24 | לעניכון וית מה דיפוק מפומיכון תעבדון: |
| 188 | מפלגות | Ex30:15 | לא יסגי ודמסכן לא יזער מפלגות סלעא למיתן ית אפרשתה דייי |
| 189 | מפלטורין | Gn49:21 | ואייתי אוניתא דחקלא מפלטורין דיוסף וכין דהוא מבשר |
| 190 | מפרעה | Ex 8:27 | דמשה ועבר ערבובא מפרעה ומן שליטוי ומעממא לא |
| 191 | מצרעתה | Nu12:16M | "מן צרעתה נטלו": מצרעתה ומן בתר דאתסיית |
| 192 | מקבריכון | Gn30:22 | קבריכון ואסיק יתי' מקבריכ«ון» עמי מפתח דעקרתא דכן |
| 193 | מקובליה | Gn21:16M | לה מן כל קובליה/מקובליה#2#/ רחיק כמרמי |
| 194 | מקפדות | Ex 6:09 | ולא שמעו למילוי דמשה מקפדות רוח ומפולחן קשה: |
| 195 | מרבוני | Gn47:18 | ואמרין ליה לא נשקר מרבוני ארום אלהן שלם כספא ועגה |
| 196 | מרבנא | Gn35:09M | יתן למיקבר מיתיא מרבנא משה דקבר יתיה רבון |
| 197 | מרחו' | Ex24:01M | דישראל ותצלון מן רחיק/מרחו'#2#/: |
| 198 | משבועתי | Gn24:41 | בכדן תזדכה משבועתי ארום תיתי לוות לזרעייתי |
| 199 | משבט' | Ex 2:01M | דלוי /גבר ליואי משבט' דלוי#2#/ ונסב ית ברתא |
| 200 | משבטה | Ex38:23M | \מן שיבטא דבנוי דדן /משבטה דדן#2#/ נגר ואומן וצייר |
| 201 | משיבה | Gn48:10 | ועייני דישראל כהון משיבה ולא הוה יכיל למיחמי |
| 202 | משעתא | Ex 4:10M | /להוד#2#/ \מן זמנא/משעתא#2#/ די{מ}מללת עם עבדך |
| 203 | משפותיה | Gn49:21 | חלבא ודיבשא נפק משפותיה: |
| 204 | מתורא | Lv 1:02M | מן בעירא \מן תורייה/מתורא#2#/ \ומן ענה/ומענא#2#/ |
| 205 | מתורה | Lv 4:10 | היך מה דיתפרש מתורה דנכסת קודשיה ויסדר יתהון |
| 206 | מתמן | Gn26:17 | ואזל מתמן יצחק ושרה בנחלה דגרר |
| 207 | | Gn42:02 | חותו לתמן וזבונן לן מתמן ונחי ולא נמות: |
| 208 | | Gn18:16 | וקמו מתמן מתמן גובריייה ודיקו כלפי |
| 209 | | Gn18:22M | /וכוונו#2#/ \מן תמן/ /מתמן#2#/ גבריא/גובריא#2#/ |
| 210 | מתרבי | Gn49:11 | קטיליהון ומחוור גלמתא מתרבי גובריהון לבושי מעגעגין |
| 211 | מיבת | Nu33:49 | ושרון על ירדנה מיבת ישימות עד אבל שיטין |
| 212 | מלמחטי | Gn20:06 | אף אנא יתך מלמחטי קדמי בגין כדון לא יהבית |
| 213 | מלמיכל | Gn49:12 | שנוי נקיין מחל{{א}}בא מלמיכל בהון חמיסיין וגזילין |

214 מלמיתי Ex36:06M עמא \מן למיתה/^מלמיתי#2#^/למיתיתיה#2#:/
215 Nu22:16M תתמנע מן מיית/מלמיתי#2# לוותי:
216 מלמלד Gn16:02M ייי \מן למל{ל}<ד> /מלמלד#2# עול כען לות אמתי מה
217 מלמלעי Gn27:40 פקודיא ומנעין גרמיהון מלמלעי באורייתא תשלט ביה ותפרוק
218 מלמנדור Dt23:23M מן למדר /תפסקון מלמנדור#2# לא יהווי בכון חובה:
219 מלמקבר Gn23:11M יח קבריה לא יכלה ממך מל<מ>קבר מתך: וקם אברהם ושאל
220 מלמקרב Ex34:30 דאפוי דמשה ודחלו מלמקרב לוותיה:
221 מלמרביה Lv26:19 תחתכון חסימה היך נחשה מלמרביה לכון צמחין:
222 מלק' Ex34:30M ודחלו מלמקרב /ודחלו מלק'#2# לוותיה:
223 דממדנח Nu34:15 תרנגיל קסריון דממדנח מערבה דדן נפק להון תחומה
224 דמצפון Nu34:15 תלגא לתחומה לבנון דמצפון עיינוות{(י)}יה דדרמשק
225 ומידיוקיטוס Nu34:15 תחומא לידיוקיטא ומידיוקיטוס תרנגיל קסריון דממדנח
226 ומאלין Gn 9:19 אינון אלין בנוי דנח ומאלין איתמלית כל ארעא:
227 ומבורכת Gn49:25M מן לעיל \ומן ברכת/ומבורכת#2# מבועי תהומא דסלקין
228 ומבעיריהון Ex 9:06 כל בעיריהון דמצריי ומבעיריהון דבני ישראל לא מית אף
229 ומדמה Lv 8:30M משחה דרבותה \ומן אדמ'/ומדמה#2# ד'/דאית#2# על גבי
230 ומדריא Ex 8:09M /בתיא#2# \ומן דר'/ומדריא#2# ומן חקליה:
231 וממדנח Nu34:15 דמן מדנח לבית ירח וממדנח ימא דבית ירח נפק להון
232 וממתרה Lv14:17M \ומן מותריה/וממתרה#2# דמשחה די על כף
233 ומנכסהון Ex 9:06M דמצריי ומבעיריהון/ומנ<כ>סהון#2# דבני ישראל לא
234 ומעדיו Nu36:03 שבטה די יהוון להון ומעד<י>ו{י} אחסנתן יתמנע:
235 ומענא Lv 1:02M /מתורא#2# \ומן ענה/ומענא#2# תקרבון ית קרבניכון:
236 ומתרין Lv10:02M ואתפליגת לתרין חוטין ומתרין לארבעה ועלת באפהון ומיתו

## מאה *num.* **hundred** [288]

001 מא' s ab/cn Gn 9:29 כל יומי חיוי דנח תשע מא' וחמשין שנין ומית ואתכנש
002 Gn 6:03M הא יהבת לכון ארכא מא' ועשרין שנין מין בגלל די
003 Gn 5:25 וחיה מתושלח מא' ותמנין שנין ואולד ית למך:
004 Gn 5:26 דאולד ית למך שבע מא' ותמנין ותרתין שנין ובהן
005 מאה Nu 1:21 ארבעין ושתה אלפין וחמש מאה:
006 Nu 1:23 חמשין ותשעה אלפין ותלת מאה:
007 Nu 1:27 וארבעה אלפין ושית מאה:
008 Nu 1:29 וארבעה אלפים וארבע מאה:
009 Nu 1:31 חמשין ושבעה אלפין וארבע מאה:
010 Nu 1:33 ארבעין אלפין וחמש מאה:
011 Nu 1:35 תלתין ותרין אלפין ותרין מאה:
012 Nu 1:37M אלפין וארבע מאוון/מאה#2#:/
013 Nu 1:39M ותרין אלפין ושבע מאוון/מאה#2#:/
014 Nu 1:41M וחד אלפין וחמש מאוון/מאה#2#:/
015 Nu 1:43M אלפין וארבע מאוון/מאה#2#:/
016 Nu 2:04M אלפין ושית מאוון/מאה#2#:/
017 Nu 2:06 וארבעת אלפין וארבע מאה:
018 Nu 2:08M אלפין וארבע מאוון/מאה#2#:/
019 Nu 2:11M אלפין וחמש מאוון/מאה#2#:/
020 Nu 2:13M אלפין ותלת מאוון/מאה#2#:/
021 Nu 2:19M אלפין וחמש מאוון/מאה#2#:/
022 Nu 2:21 תלתין וחמשה אלפין וארבע מאה:
023 Nu 2:26M ותרין אלפין ושבע מאוון/מאה#2#:/
024 Nu 2:28M וחד אלפין חמש מאוון/מאה#2#:/
025 Nu 2:30M אלפין וארבע מאוון/מאה#2#:/
026 Nu 3:22 שבעה אלפין וחמש מאה:
027 Nu 3:34M אלפין ותרתין מאוון/מאה#2#:/
028 Nu 4:44M וחמש/ותרתין#2# מאוון/מאה#2#:/
029 Nu26:18 ארבעין אלפין וחמש מאה:
030 Nu26:34M ותרין אלפין ושבע מאוון/מאה#2#:/
031 Nu26:43 וארבעה אלפין וארבע מאה:
032 Nu26:47M אלפין וארבע מאוון/מאה#2#:/
033 Nu26:50M אלפין וארבע מאוון/מאה#2#:/
034 Nu31:36M ושבעת אלפין וחמש מאוון/מאה#2#:/
035 Nu31:43 רבוון ושבעה אלפין וחמש מאה:
036 Nu31:45M וחמש/ושית#2# מאוון/מאה#2#:/
037 Nu26:37M ותרין אלפין וחמש מאוון/מאה#2# אלין בנוי דיוסף
038 Ex38:26 עשרין שנין ולעל לשתי מאה אלפין ותלתה אלפין וחמש מאה
039 Nu11:21M גברין עמא /שיתין מאה אלפין#2# די אנה שרי
040 Nu31:36M "ען ... מאוון": ענה תלת מאה אלפין ותלתין אלפין
041 Gn 6:15 וכהדין סדרא תעבד יתיה תלת מאה אמין אורכ' דתיבותא חמשין
042 Ex27:09 ווילון לדרתא בוץ שזיר מאה אמין באמתא ארך לסיטרא חדא:
043 Ex27:11 צפוניה באורך ווילון מאה אמין ארך ועמוד' עשרין
044 Ex27:18 ארכה דדרתה מאה אמין באמתה ופתיה חמשין על
045 Ex38:09 לדרתה בוץ שזי«ר» מאה אמין באמתה:
046 Ex38:11 ולסיטרה צפוניה מאה אמין באמתה עמודיהון עשרין
047 Ex14:07 ונסיב שית מאה ארתכין וכל ארתיכוהון
048 Nu17:14 ארבעת עשר אלפין ושבע מאה בר מן דהוון על עצתה דקרח:
049 Gn32:07 הוא אתא לקדמותך וארבע מאה דגברין פולמרכין עמה:
050 Gn33:01 והא עשו אתי ועמה ארבע מאה דגוברין רגלין ופלג ית טליא
051 Ex12:42 אתגלי ייי על אברם בר מאה ושרה אתתיה ברת תשעין שנין
052 Nu31:39M תלתין אלפין וחמש מאוון/מאה#2#/ ואפרשותהון לשמה דייי
053 Gn 5:13 דאולד ית מהללאל תמני מאה וארבעין שנין ובה בשנייה
054 Gn47:28 חיוי דיעקב שני חיוי מאה וארבעין ושבע שנין:
055 Gn 8:13 והוה לסוף שית מאה וחדה שנין בירחא קדמיא בחד
056 Gn 5:06 וחיה שת מאה וחמש שנין ואוליד ית אנוש:
057 Gn 5:11 כל יומי חיוי דאנוש תשע מאה וחמש שנין ומית ואתכניש
058 Gn 5:10 דאולד ית קינן תמני מאה וחמש עשר' שנין ובהן בשנייה
059 Gn 7:24 ואתגברו מיא על ארעא מאה וחמשין יומין:
060 Gn 8:03 וחסקין וחסרו מיא לסוף מאה וחמשין יומין:
061 Gn 9:28 וחיה נח בתר מבולא תלת מאה וחמ«שין» שנין:
062 Ex30:23 פלגותא מתקל תרתי מאה וחמשין וקנה דבשם תקל תרתי
063 Ex30:23 וקנה דבשם תקל תרתי מאה וחמשין:
064 Ex38:26 אלפין ותלתה אלפין וחמש מאה וחמשין:
065 Nu 1:25 ארבעין וחמשה אלפין ושית מאה וחמשין:
066 Nu 1:46M ותלתה אלפין וחמש מאוון/מאה#2# וחמשין:
067 Nu 2:15M וחמשה אלפין ושית מאוון/מאה#2#/ וחמשין:
068 Nu 2:16M רבוון אלף וארבע /מאה וחמשין וחד אלפין וארב'#2#
069 Nu 2:32 רבוון ותלתה אלפין וחמש מאה וחמשין:
070 Nu 4:36M תרין אלפין ושבע מאוון/מאה#2#/ וחמשין:
071 Nu16:02M מן בני ישראל מאתין/מאה#2#/ וחמש«י»ן רברבני
072 Nu16:17M מחתיתיה תרתין מאוון/מאה#2#/ וחמשין מחתיון
073 Nu31:52 דייי שת עשר אלפין ושבע מאה וחמשין סלעין מן לוות
074 Gn 5:14 כל יומי חיוי דקינן תשע מאה ועשר שנין ומית ואתכניש
075 Gn50:22 דאבוי וחי«ה» יוסף מאה ועשר שנין:
076 Gn50:26 ומית יוסף בר מאה ועשר שנין וחנטו יתיה ושוון
077 Gn 6:03 הא יהבית לכון ארכא מאה ועשרין שנין דילמא די
078 Gn23:01 והוון חייה דשרה מאה ועשרין ושבע שנין שני חייה
079 Nu 7:86 כל דהבין דבזיכיה מאה ועשרין:
080 Nu33:39 ואהרן בר מאה ועשרין ותלת שנין הוה בזמנה
081 Dt31:02 ואמר להון בר מאה ועשרין שנין אנה כען יומא
082 Dt34:07 ומשה בר מאה ועשרין שנין בזמנה דאתכנש
083 Gn 5:07 דאולד ית אנוש תמני מאה ושבע שנין ובהן בשנייה הוה

084 Gn 5:31 והוון כל יומי דלמך שבע מאה ושבעין ושבע שנין ומית
085 Gn25:07 שני חייא אברהם די חייה מאה ושבעין וחמש שנין:
086 Ex38:25M ואלף ושבע מאוון/<מ>אה#2#/ ושבעין וחמש
087 Ex38:28M \ושבעתי מאותה /ושבע מאה#2#/ ושבעין וחמשה עבד
088 Nu 2:31M /דמשריתה דבנוי דדן מאה ושבעין וחמשה אלפין
089 Nu 3:46M פרקוניה דתרתין מאוון/מאה#2#/ ושבעין ותלתה
090 Nu31:37M דייי מן ענה שת מאוון/מאה#2#/ ^^ושבעין וחמש
091 Nu 3:43M אלפין ותרתין מאוון/מאה#2#/ ושובעין ותלתה:
092 Gn 5:18 וחיה ירד מאה ושתין ותרתין שנין ואוליד
093 Gn 5:20 כל יומי חיוי דירד תשע מאה ושתין ותרתין שנין ומית
094 Gn 5:23 כל ימי חיוי דחנוך תלת מאה ושתין וחמש שנין:
095 Gn 5:27 יומי חיוי דמתושלח תשע מאה ושתין ותשע שנין ומית
096 Gn11:15 דאולד ית עבר ארבע מאה ותלת שנין ובהן בשניה הוה
097 Gn 5:03 וחיה אדם מאה ותלתי' שנין ואולד בדמותיה
098 Gn 5:05 כל יומי חיוי דאדם תשע מאה ותלתין שנין ומית ואתכנ'
099 Gn 5:16 דאולד ית ירד תמני מאה ותלתין שנין ובהן בשנייה
100 Gn11:13 דאולד ית שלח ארבע מאה ותלתין שני' ובהן בשניה הוה
101 Gn11:17 דאולד ית פלג ארבע מאה ותלתין שנין ובהן בשניה הוה
102 Gn25:17 ואלין שני חיוי דישמעאל מאה ותלתין ושבע שנין וסף ומית
103 Gn47:09 לפרעה יומי שני תותבותי מאה ותלתין שנין קלילין ובישין
104 Ex 6:16 ומררי ושנוי חיוי דלוי מאה ותלתין ושבע שנין:
105 Ex 6:18 ושני' חיוי דקהת מאה ותלתין ותלת שנין:
106 Ex 6:21 משה ושני חיוי דעמרם מאה ותלתין ושבע שנין: ובנוי
107 Ex12:40 די שרון במצרים ארבע מאה ותלתין שנין:
108 Ex12:41 והוה מסוף ארבע מאה ותלתין שנין והוה היך זמן
109 Ex38:24M /קינטרין#2#/ ושבע מאוון/מאה#2#/ ותלתין סלעין בסלע
110 Nu 4:40M תרין אלפין ושית מאוון/מאה#2#/ ותלתין:
111 Nu 7:13 די קרב פיילי דכסף חדא מאה ותלתין סלעין בסלעי
112 Nu 7:19 קרבניה פיילי דכסף חדה מאה ותלתין סלעין בסלעי
113 Nu 7:25 די קרב פיילי דכסף חדה מאה ותלתין סלעין בסלעי
114 Nu 7:31 די קרב פיילי דכסף חדה מאה ותלתין סלעין בסלעי
115 Nu 7:37 די קרב פיילי דכסף חדה מאה ותלתין סלעין בסלעי
116 Nu 7:43 די קרב פיילי דכסף חדה מאה ותלתין סלעין בסלעי
117 Nu 7:49 דיקרב פיילי דכסף חדה מאה ותלתין סלעין בסלעי
118 Nu 7:55 די קרב פיילי דכסף חדה מאה ותלתין סלעין בסלעי
119 Nu 7:61 די קרב פיילי דכסף חדה מאה ותלתין סלעין בסלעי
120 Nu 7:67 די קרב פיילי דכסף חדה מאה ותלתין סלעין בסלעי
121 Nu 7:73 די קרב פיילי דכסף חדה מאה ותלתין סלעין בסלעי
122 Nu 7:79 די קרב פיילי דכסף חדה מאה ותלתין סלעין בסלעי
123 Nu 7:85 מאה ותלתין סלעין מתקלה פיילתה
124 Nu26:07 ארבעין ותלתה אלפין ושבע מאה ותלתין:
125 Nu 2:09M רבוון ואשתה/וש'#2#/ /מאה ותמניי וא'#2#/ אלפין
126 Nu 2:24M תמנייה אלפין ומאה /מאה ותמנייה אלפין ומאה#2#/
127 Gn 5:28 וחיה למך מאה ותמנין ותרתין שנין ואוליד
128 Gn35:28 והוון ימוי דיצחק מאה ותמנין שנין:
129 Nu 4:48M תמניה אלפין וחמש מאוון/מאה#2#/ ותמנין:
130 Gn 5:08 כל יומוי חיוי דשת תשע מאה ותרתין עשרה שנין ומית
131 Gn11:25 מן בתר דאולד ית תרח מאה ותשע עשרה שנין ובהן בשניה
132 Gn 5:17 יומי חיוי דמהללאל תמני מאה ותשעין וחמש שנין ומית
133 Gn 5:30 מן בתר דאולי' ית נח חמש מאה ותשעין וחמש שנין ובהן
134 Ex38:27 וית חומרי פרוכתה מאה חומרין למאה ככרין ככר לכל
135 Ex38:25 ^^וכסף סכומי עם כנישתה מאה כיכרין ואלף ושבע מאוון
136 Nu 2:09M אלפין וארבע מאוון/מאה#2#/ לחיילוותהון קדמיין
137 Ex17:16 דרבון כל עלמא קדמיה {מאה} <מלכה> דעתיד למיקם מן

138 Nu 3:28M אלפין ושית מאוון/מאה#2#/ נטרי מטרת בית קודשא:
139 Ex38:29M וארבע\מאוון דסלעין /מאה סל'#2#/ בסלעי בית קודשה:
140 Gn23:15 רבוני קבל מני ארעא דארבע מאה סלעין דכסף ביני ובינך מה
141. Gn23:16 דבנוי דחת ארבעין מאה סלעין דכסף עברין בכל אתר
142 Gn45:22 ולבוש ולבנימן יהב תלת מאה סלעין דכסף וחמש אסטלון
143 Ex30:23 טבין מר בחיר תקל חמש מאה סלעין וקנמון דבש«ם»
144 Ex30:24 וקציעה תקל חמש מאה סלעין בסלעי בית קודשא ומשח
145 Nu 7:85 מניא תרתין אלפין וארבע מאה סלעין בסלעי בית קודשה:
146 Dt22:19 ויקנסון יתיה מאה סלעין דכסף ויתנון לאבוה
147 Gn14:14 עלמוי תורבוות ביתיה תלת מאה עשר ורדף בתריהון עד
148 Ex38:27M דכ{ת}<ס>פה למתכה /והוה מאה קינטרין דכסף למתכ'#2#/ ית
149 Lv11:42M /עד {ג}<נ>דל דמסגי עד מאה ריגלין#2#/ כל {ד} שרצה
150 Gn17:17M למולדה /הא אברהם בר מאה שנה מולד#2#/ בנין ואן
151 Gn 5:04 דאולד ^ית#2#^ שת תמני מאה שנין ובהן בשניה הוה מולד
152 Gn 5:19 דאולד ית חנוך תמני מאה שנין ובהן בשני' הוה מולד
153 Gn 5:22 דאולד ית מתושל' תלת מאה שנין ובהן בשנייה הוה מולד
154 Gn 5:32 והוה נח בר חמש מאה שנין ואולד נח ית שם ית
155 Gn 7:06 ונח בר שית מאה שנין הווה ומבולא הוה מיא
156 Gn 7:11 בסוף שית מאה שנין לחיוהי דנח
157 Gn11:10 תלדו«תה» דשם שם בר מאה שנין הוה ואולד ית ארפכש'
158 Gn11:11 דאולד ית ארפכשד חמש מאה שנין ובהן בשניה הוה מוליד
159 Gn15:13 ויצערון יתהון ארבע מאה שנין:
160 Gn17:17 ותמה ואמר בליביה הא בר מאה שנין אפשר לי למולדה בנין
161 Gn21:05 ואברהם בר מאה שנין הוה בזמנה דאתילד לה
162 Ex12:42 דאמר כתבא הא אברם בר מאה שנין אולד ושרה אתתיה ברת
163 Gn26:12 ההיא ואשכח בשתא ההיא מאה שערין דגנין וברך יתיה ייי:
164 Ex30:23M דבשם תקל \תרתי מאה /מאה תרתין#2#/^מאתיין#2#/^
165 Ex30:23M מתקל/תקל#2#/ \תרתי מאה /מאה תרתין#2#/ וחמשין וקנה
166 Nu 2:31M אלפין ושית#2#/ מאוון/מאה#2#/ אחריין/^בתריין#2#/^
167 Nu 3:50M ית כספה אלף ותלת מאוון/מאה#2#/ ואשתין/ושיתין#2#/
168 Lv26:08M וירדפון מנכון חמשה מאתה/מאה#2#/ ומאתה/ומאה#2#/ מנכון
169 במאה Gn33:19 די חמור אבוי דשכם במאה מרגליין:
170 ומאה Nu 2:24 רבוון תמנייה אלפין ומאה לחיילוותהון ותלתין הוו
171 Nu 2:24M /מאה ותמנייה אלפין ומאה#2#/ לחיילוותהון ותלתין
172 Lv26:08M מאתה/מאה#2#/ ומאתה/ומאה#2#/ מנכון ר«ב»וותה
173 Nu 7:85M \מאה ותלתין /תלתין ומאה#2#/ סלעין מתקלה פיילתה
174 למאה Ex38:27 פרוכתה מאה חומרין למאה ככרין ככר לכל חומר:
175 מאתה s em/sf Ex38:27 והוות מאתה דככריה דכ{ת}<ס>פה למתכה ית
176 Lv26:08 וירדפון מנכון חמשה מאתה ומאתה מנכון ר«ב»וותה
177 ומאתה Lv26:08 מנכון חמשה מאתה ומאתה מנכון ר«ב»וותה יערקון
178 מאוותן du abs Gn32:15 עשרי«ם» רחלין תרתין מאוותן ודכרין עשרין:
179 Gn32:15 עזין תרתין מא{תוו}<וות>ן ותיישים עשרי«ם»
180 מאון Gn11:19 מן בתר דאולד רעו תרתין מאון ותשע שנין ובהן בשניה הוה
181 מאתיין Nu16:17M "תרתין מאוון": מאתיין
182 Nu26:10 כד תכלת אשתה ית מאתיין וחמישיתי גברייה והוון
183 Ex30:23M "תרתי מאה וחמשין": מאתיין וחמשין
184 Ex30:23M מאה /מאה תרתין#2#/^מאתיין#2#^/ וחמשין:
185 מאתין Nu16:02 וגבריה מן בני ישראל מאתין וחמש«י»ן רברבני
186 Nu16:35 מן קדם ייי ואכלת ית מאת«י»ן וחמשין גברין מסדרי
187 מאתן Gn11:32M יומי חוי דתרח מאוון/מאתן#2#/ וחמש שנין ומית תרח
188 Nu16:35M /ותכליתה#2#/ ית מאת«י»ן/<מא>תן#2#/ וחמשין גברין
189 Gn11:19M רעו \תרתין מאון/מאתן#2#/ ותשע שנין ובהן בשניה
190 Ex22:16M "כסף ... בתולתא": כסף מאתן יתקנס היך מוהר בתולת'
191 Nu26:10M תכלת אשתה ית מאתיין/<מא>תן#2#/ וחמישית/וחמשין#2#/

|  |  |  |  |
|---|---|---|---|
| 192 | ומאתן | Nu26:14M | אלפין \ותרתין מאוון/ומאתן#2#/: |
| 193 | מאוון p abs | Nu 1:21M | אלפין וחמש מאה/מאוון#2#/: |
| 194 | | Nu 1:23M | אלפין ותלת מאה/<מא>וון#2#/: |
| 195 | | Nu 1:27M | אלפין ושית מאה/מאוון#2#/: |
| 196 | | Nu 1:29M | אלפים וארבע מאה/מאוון#2#/: |
| 197 | | Nu 1:31M | אלפין וארבע מאה/מאוון#2#/: |
| 198 | | Nu 1:35M | אלפין ותרין מאה/מאוון#2#/: |
| 199 | | Nu 1:37 | וחמשה אלפין וארבע מאוון: |
| 200 | | Nu 1:39 | אשתין ותרין אלפין ושבע מאוון: |
| 201 | | Nu 1:41 | ארבעין וחד אלפין וחמש מאוון: |
| 202 | | Nu 1:43 | ותלתה אלפין וארבע מאוון: |
| 203 | | Nu 2:04 | וארבעה אלפין ושית מאוון: |
| 204 | | Nu 2:06M | אלפין וארבע מאה/מאוון#2#/: |
| 205 | | Nu 2:08 | ושבעה אלפין וארבע מאוון: |
| 206 | | Nu 2:11 | ואשתה אלפין וחמש מאוון: |
| 207 | | Nu 2:13 | חמשין ותשעה אלפין ותלת מאוון: |
| 208 | | Nu 2:19 | ארבעין אלפין וחמש מאוון: |
| 209 | | Nu 2:21M | וארבע/תרתין#2#/ מאה/מאוון#2#/: |
| 210 | | Nu 2:23 | וחמשה אלפין וארבע מאוון: |
| 211 | | Nu 2:26 | אשתין ותרין אלפין ושבע מאוון: |
| 212 | | Nu 2:28 | ארבעין וחד אלפין חמש מאוון: |
| 213 | | Nu 2:30 | ותלתה אלפין וארבע מאוון: |
| 214 | | Nu 3:22M | שבעה אלפין וחמש מאה/מאוון#2#/: |
| 215 | | Nu 3:34 | ולעיל שתה אלפין ותרתין מאוון: |
| 216 | | Nu 4:44 | תלתה אלפין וחמש מאוון: |
| 217 | | Nu26:14 | ותרין אלפין ותרתין מאוון: |
| 218 | | Nu26:18M | אלפין וחמש מאה/מאוון#2#/: |
| 219 | | Nu26:22 | שבעין ושתה אלפין וחמש מאוון: |
| 220 | | Nu26:25 | וארבעה אלפין ותלת מאוון: |
| 221 | | Nu26:27 | אשתין אלפין וחמש מאוון: |
| 222 | | Nu26:34 | חמשין ותרין אלפין ושבע מאוון: |
| 223 | | Nu26:41M | וחמשה אלפין ושית מאוון: |
| 224 | | Nu26:47 | ותלתה אלפין וארבע מאוון: |
| 225 | | Nu26:50 | וחמשה אלפין וארבע מאוון: |
| 226 | | Nu31:36 | רבוון ושבעת אלפין וחמש מאוון: |
| 227 | | Nu31:36M | ושובעין אלפין וחמש מאוון |
| 228 | | Nu31:45 | וחמרין תלתין אלפין וחמש מאוון: |
| 229 | | Nu 2:31 | ושבעת אלפין ושית מאוון אחריין הוון נטלין |
| 230 | | Nu26:37 | תלתין ותרין אלפין וחמש מאוון אלין בנוי דיוסף |
| 231 | | Nu17:14M | אלפין ושבע מאה/מאוון#2#/ בר מן/לב<ר מן> |
| 232 | | Ex30:23M | תקל חמש \מאה סלעין /מאוון דס#2#/ וקנמון דבש«ם» |
| 233 | | Ex38:29 | ותרין אלפין וארבע מאוון דסלעין בסלעי בית קודשה: |
| 234 | | Ex14:07M | ונסיב שית \מאה ארתכין /מאוון דרתכ{ו}<י>ן#2#/ וכל |
| 235 | | Gn 5:22M | מתושל' תלת \מאה שנין /מאוון דשניך#2#/ ובהן בשנייה |
| 236 | | Gn 7:11M | שנין לחיוהי /לסוף שת מאוון דשנין להוי#2#/ דנח |
| 237 | | Nu31:39 | וחמרין תלתין אלפין וחמש מאוון ואפרשותהון לשמה דייי |
| 238 | | Gn 5:13M | ית מהללאל תמני מאה/מאוון#2#/ וארבעין שנין ובה |
| 239 | | Nu 1:25M | "ארבעין ... וחמשין": שש מאוון וארבעין וחמשה אלפין |
| 240 | | Nu 3:50 | קבל ית כספה אלף ותלת מאוון ואשתין וחמש סלעין בסלעי |
| 241 | | Gn 5:11M | חיוי דאנוש תשע מאה/מאוון#2#/ וחמש שנין ומית |
| 242 | | Gn11:32 | והוון יומי חוי דתרח מאוון וחמש שנין ומית תרח |
| 243 | | Gn 5:10M | ית קינן תמני מאה/מאוון#2#/ וחמש עשר' שנין ובהן |
| 244 | | Gn 9:28M | בתר מבולא תלת מאה/מאוון#2#/ וחמ«שין» שנין: |
| 245 | | Gn 9:29M | חיוי דנח תשע מא'/מאוון#2#/ וחמשין שנין ומית |
| 246 | | Ex38:26M | אלפין וחמש מאה/מאוון#2#/ וחמשין: |
| 247 | | Nu 1:25M | וחמשה אלפין ושית מאה/מאוון#2#/ וחמשין: |
| 248 | | Nu 1:46 | ותלתה אלפין וחמש מאוון וחמשין: |
| 249 | | Nu 2:15 | ארבעין וחמשה אלפין ושת מאוון וחמשין: |
| 250 | | Nu 2:16 | רבוון אלף וארבע מאוון וחמשין לחיילוותהון תניינן |
| 251 | | Nu 4:36 | תרין אלפין ושבע מאוון וחמשין: |
| 252 | | Nu16:17 | ייי גבר מחתיתיה תרתין מאוון וחמשין מחתיוון ואת ואהרן |
| 253 | | Nu31:52M | אלפין ושבע מאה/מאוון#2#/ וחמשין סלעין מן לוות |
| 254 | | Gn 5:14M | חיוי דקינן תשע מאה/מאוון#2#/ ועשר שנין ומית |
| 255 | | Ex18:21 | רברבני אלפין ורברבני מאוון ורברבני חמשן ורברבני |
| 256 | | Ex18:25 | רברבני אלפין ורברבן מאוון ורברבני חמשין ורברבני |
| 257 | | Dt 1:15 | רברבני אלפין רברבני מאוון ורברבני חמשין |
| 258 | | Gn 5:07M | ית אנוש תמני מאה/מאוון#2#/ ושבע שנין ובהן בשניה |
| 259 | | Gn11:21 | דאולד ית שרוג תרתין מאוון ושבע שנין ובהן בשניה הוה |
| 260 | | Gn 5:31M | יומוי דלמך שבע מאה/מאוון#2#/ ושבעין ושבע שנין |
| 261 | | Ex38:25 | מאה כיכרין ואלף ושבע מאוון ושבעין וחמש סלעין בסלעי |
| 262 | | Nu 3:46 | וית פרקוניה דתרתין מאוון ושבעין ותלתה דאישתיירו על |
| 263 | | Nu31:37 | לשמה דייי מן ענה שת מאוון ^^ושבעין וחמש: |
| 264 | | Nu 3:43 | ותרין אלפין ותרתין מאוון ושובעין ותלתה: |
| 265 | | Gn 5:23M | חיוי דחנוך תלת מאה/מאוון#2#/ ושתין וחמש שנין |
| 266 | | Gn11:15M | ית עבר ארבע מאה/מאוון#2#/ ותלת שנין ובהן בשניה |
| 267 | | Gn 5:03M | וחיה אדם מאה/מאוון#2#/ ותלתי' שנין ואולד |
| 268 | | Gn 5:05M | חיוי דאדם תשע מאה/מאוון#2#/ ותלתין שנין ומית |
| 269 | | Gn 5:16M | ית ירד תמני מאה/מאוון#2#/ ותלתין שנין ובהן |
| 270 | | Gn11:13M | ית שלח ארבע מאה/מאוון#2#/ ותלתין שנ' ובהן |
| 271 | | Gn11:17M | ית פלג ארבע מאה/מאוון#2#/ ותלתין שנין ובהן |
| 272 | | Ex12:40M | במצרים ארבע מאה/מאוון#2#/ ותלתין שנין: |
| 273 | | Ex38:24 | עשרין ותשעה ככרין ושבע מאוון ותלתין סלעין בסלע |
| 274 | | Nu 4:40 | תרין אלפין ושית מאוון ותלתין: |
| 275 | | Nu26:51 | אשתין רבוון ואלפא ושבע מאוון ותלתין: |
| 276 | | Gn 5:26M | ית למך שבע מא'/מאוון#2#/ ותמנין ותרתין שנין |
| 277 | | Nu 4:48 | תמניה אלפין וחמש מאוון ותמנין: |
| 278 | | Gn 5:08M | חיוי דשת תשע מאה/מאוון#2#/ ותרתין עשרה שנין |
| 279 | | Gn 5:17M | דמהללאל תמני מאה/מאוון#2#/ ותשעין וחמש שנין |
| 280 | | Gn 5:30M | דאול' ית נח חמש מאה/מאוון#2#/ ותשעין וחמש שנין |
| 281 | | Nu 2:09 | ואשתה אלפין וארבע מאוון לחיילוותהון קדמיין הוון |
| 282 | | Nu31:28 | קרבה חדא נפש מן חמש מאוון מן בני אנשא מן תוריה ומן |
| 283 | | Nu 3:28 | תמניה אלפין ושית מאוון נטרי מטרת בית קודשא: |
| 284 | | Nu 7:85M | אלפין וארבע מאה/מאוון#2#/ סלעין בסלעי |
| 285 | | Gn 5:04M | ^יתיה#2#^ שת תמני מאה/מאוון#2#/ שנין ובהן בשניה הוה |
| 286 | | Gn 5:19M | ית חנוך תמני מאה/מאוון#2#/ שנין ובהן בשנ' הוה |
| 287 | | Gn 5:32M | והוה נח בר חמש מאה/מאוון#2#/ שנין ואולד נח ית |
| 288 | | Gn11:11M | ית ארפכשד חמש מאה/מאוון#2#/ שנין ובהן בשניה הוה |
| 289 | | Gn11:23 | דאולד ית נחור תרתין מאוון שנין ובהן בשניה הוה מוליד |
| 290 | | Gn15:13M | יתהון ארבע מאה/מאוון#2#/ שנין: |
| 291 | | Gn 5:20M | חיוי דירד תשע מאה/מאוון#2#/ ושתין/ואישתין#2#/ |
| 292 | | Gn 5:27M | דמתושלח תשע מאה/מאוון#2#/ ושתין/ואשתין#2#/ |
| 293 | מוון | Gn45:22M | תלת \מאה סלעין דכסף /מוון זוזין#2#/ וחמש אסטלון |
| 294 | מאוותה p em/sf | Nu31:48 | רברבני אלפי ורברבני מאוותה: |
| 295 | | Nu31:52 | אלפי ומן לוות רברבני מאוותה: |
| 296 | | Nu31:14M | \מאויתה דעלו מן /מאוותה דאתון מן קדם#2#/ חיל |
| 297 | מאויתה | Nu31:14 | רברבני אלפיה ורברבני מאויתה דעלו מן חיל קרבא: |
| 298 | מאותה | Ex38:28 | וית אלפא ושבעתי מאותה ושבעין וחמשה עבד אונקלוון |
| 299 | ומאוותה | Nu31:54 | מן לוות רברבני אלפיה ומאוותה ואייתון יתיה למשכן זמנה |

## clasp *n.* מאחדה

[288]

001 מאחדה s ab/cn Ex28:04 ואפודה ומעילה וכיתנה מאחדה מצנפן והמיין ויעבדון
002 Ex39:18M תרתין מאחדתה/^מא>חדה#2#^/משקעתה#2#/ ויהבו יתהון
003 מאחדן p abs Ex39:16 ועבדו תרתי: <מאחדן> דדהב ותרתין עזקין דדהב
004 Ex28:11 שמהת בני ישראל מקפן מאחדן דהב תעבד יתהון:
005 Ex28:13 ותעבד מאחדן דהב:
006 Ex28:20 אשר יוסף ובנימן מקפן מאחדן דהב יהוויין <באשלמותהון>:
007 Ex39:06 אבניה סבת{ן}<ה> מקפן מאחדן דהב מגלפן גלף חקק על שמהת
008 Ex39:13 יוסף ובנימן מקפן מאחדן דהב באשלמותהון:
009 מאחדתה p em/sf Ex28:14 ית שישלתה דקליעתה על מאחדתה:
010 Ex39:18 קליעתה יהבו על תרתין מאחדתה ויהבו יתהון על כתפתה
011 Ex28:25 קליעתה תתן על תרתין מאחדתה ותתן על כתפתה דאפודא מן

## curse *n.* מאירה

[288]

001 מאירתה s em/sf Dt28:20 יגרי ייי בכון ית מאירתה וית שעמומא וית מזופתה בכל

## מאכל *n.* ⇐ מיכל

## מאכס *n.* ⇐ מכס

## spy *n.* מאלל

[288]

001 מלליה p em/sf Gn32:07 וחזרו מלל{ה}יה לוות יעקב למימר מטינן

## vessel *n.* מאן

[288]

001 מאן s ab/cn Gn30:31M תתן לי כל מאן דעאן
002 מין Dt20:19 ית אילנה למעברה עלוי כל מין דפרזל ארום מניה תאכלון
003 מן Dt27:05 דאבנין לא תעברון עליהון מן דברזל:
004 Lv11:33 וכל מן דחסף די יפול מנהון לגוויה
005 Lv14:05 ית צפירה חדתה {לבד}<לגו> מן דחסף על מיין דמבוע:
006 Lv14:50 ויכוס ית צפירה חדתה לגו מן דחסף על מיין מבוע:
007 Lv15:12M ומן/וכל מן#2# דחסף די יקרב ביה דיבה
008 Nu 5:17 ויסב כהנא מיין דכין לגו מן דחסף ומן עפרה די יהווי
009 Nu19:15 וכל מן דחסף פתיח די לית גופה דשיע
010 Nu19:17 עלוי מין דמבוע דכין לגו מן דחסף:
011 Lv15:23M הוא או על\מנה דהיא /מן/ די היא#2# יתבה\יתבא#2#/
012 Lv13:49 או בעור«בא» או בכל מן דמשך מכתש צרעה הוא ויתחמי
013 Lv13:52 בעמר או בכיתן או ית כל מן דמשך די יהווי ביה מכתשה
014 Lv13:53 או בשתיה או בערבה או בכל מן דמשך:
015 Lv13:57 או בשתיא או בערבה או בכל מן דמשך מהלכה היא בנורא תוקדון
016 Lv13:58 או שתיה או ערבה או כל מן דמשך די תחוור ויתעבר מנהון
017 Lv15:17 וכל לבוש וכל מן דמשך די יהוו עלוי תשמיש
018 Nu31:51 ית דהבה מן לוותהון כל מן דעבידה:
019 Dt27:05M מן דברזל /תני{ס}<פ>ון מן דפורזל#2#/:
020 Lv11:32 יסתאב מן כל {מה}<מן> דקיס או לבוש או משך או סק
021 Lv15:12 יקרב ביה דיבה יתבר וכל מן דקיס יתמרק וישתטף במיא:
022 Nu31:20 דמשך וכל עבד דמעזי וכל מן דקיס תדכון:
023 Lv11:34 וכל משקין די ישתתון בכל מן יסתאב:
024 במאן Nu35:16M ואן במן/במ{י}<א>#2# די פרזל מחה יתה
025 במן Nu35:16 ואן במן די פרזל מחה יתה ומית קטיל
026 Lv 6:21 די תתבשל בה יתבר ואין במן דנחש אתבשל ויתמרק
027 ומן Lv 6:21 דחסף די תתבשל בה יתבר ואין ומן
028 Lv15:12 דחסף די יקרב ביה דיבה יתבר ומן

029 מאנה s em/sf Ex37:24M עבד יתה וית כל מניה/מאנה#2#/:
030 Ex31:08M דכיתה וית כל מניה/מאנה#2#/ וית מדבחיה דקטרת
031 Ex31:08M וית פתורה וית מנוי/כל מאנה#2#/ וית מנרתה דכיתה וית כל
032 Ex31:09M דעלתה וית כל מנוי/מאנה#2#/ וית כיורה וית בסיס
033 מאניה Ex37:16M ועבד ית \מניה די על /מאניה דאית עלו#2#/ פתרה ית
034 מנא Lv15:06 ודיתיב על מנא די יתיב עלוי דיבה יחוור
035 מנאה Nu 4:10M "מניה לגו חפוי" מנאה לחפיי
036 מנה Lv13:57 בנורא תוקדון יתיה ית מנה דבי מכתשה:
037 Lv13:54 ויפקד כהנא «ויחוורון ית מנה דביה מכתש» ויטרוד יתה
038 Lv15:23 ואין על מדמכה הוא או על מנה דהיא יתבה עלוי כד יקרוב בה
039 Ex27:19 לכל מנה משכנה לכל פלחנא וכל סכוי
040 מניך Dt23:25 ענבים דצורכה ותשבע ולגו מניך לית איפשר לך למתן:
041 במנא Ex12:22M מזוזיתא מן אדמה די במנא
042 במנה Ex12:22 מזוזתייא מן אדמא די במנה ואתון לא תיפקון גבר מן תרע
043 Ex12:22 ותצבעון באדמה די במנה ואתון ותתנון על שקופא ועל
044 מני p abs Ex 3:22M /תותבות#2#/ ביתה מנין/מני#2#/ דכסף ומנין/ומני#2#/
045 מנין Gn24:53 ואפיק עבד' מנין דכסף ומנין דדהב ולבושין
046 Ex 3:22 ומן קריבת תותבת ביתה מנין דכסף ומנין דדהב ולבושין
047 Ex11:02 מן לוות {מנין} חברתה מנין דכסף ומנין דדהב:
048 Ex12:35 דמשה ושאילו מן מצריי מנין דכסף ומנין דדהב ולבושין:
049 Ex11:02 מן חבריה ואתתא מן לוות {מנין} חברתה מנין דכסף ומנין
050 Ex22:06 יתן גבר לחבריה כסף או מנין למנטרה יתהון ויגנבון מן
051 ומני Ex 3:22M /מני#2#/ דכסף ומנין/ומני#2#/ דדהב ולבושין
052 ומנין Gn24:53 ואפיק עבד' מנין דכסף ומנין דדהב ולבושין ויהב לרבקה
053 Ex 3:22 תותבת ביתה מנין דכסף ומנין דדהב ולבושין ותשוון על
054 Ex11:02 חברתה מנין דכסף ומנין דדהב:
055 Ex12:35 מן מצריי מנין דכסף ומנין דדהב ולבושין:
056 מאייני p const Dt 1:41M גבר ית מאני/מאייני#2#/ זייניה ואוחיתון
057 Ex33:06M בני ישראל מנ/ית מאייני#2#/ זייניהון מעילויהון
058 מאני Nu 4:20M יהון כהנייא משקעין מאני בית קודשא דלא ימר'
059 Ex35:22M וכל מני/מ<א<ני>#2#/ דהב וכל גבר די אניף
060 Ex33:04M ולא שוון גבר מני/מ<א<ני>#2#/ זייני«ה»
061 Dt 1:41 אלהן ואיזדיינתון גבר ית מאני זייניה ואוחיתון למיסוק
062 Gn27:40M ועל חרבך/מאני זייני<ך>#2#/ תחי וקדם
063 Gn45:20 ועיינכון לא יחוסון על מאני זייניכון ארו{ב}<ם> טובא
064 Ex33:05M מעלוי ואדע מה /מא{«יי»}ני זייניכון מעילוויכון
065 Gn27:03M מני זינך/וכדו טול כען מאני זינך#2#/ בית ג{ו}<י>ריך
066 Gn31:37M אחי ואחיך ויוכיחון /מאני/ זינך שווי כען בין אחי
067 Ex12:35M /ושאלו מן מצראי/ מאני כסף ומאני דהב ולבושין#2#
068 Ex38:03M ועבד ית כל מני{ה}/מאני#2#/ מדבחה ית דודוותה
069 Ex38:30M ליה#2#/ וית כל מני/מאני#2#/ מדבחה:
070 Nu 4:32M ובשמהן תסכמון ית מני/מ<א<ני#2#/ מטרת מטולהון
071 Nu31:51M דעבידה/<דע>בדה#2#/ /{ע}<מ>אני עבידתה#2#/:
072 Nu 4:26M וית כל מני/מאני#2#/ פולחניהון וית כל מה
073 Ex39:40M /נגרוי וסכוי וית כל מאני#2#/ פלחן משכנה למשכן זימנא:
074 Nu 4:20M כד מכסן כהנייא ית מאני קדשא#2#/ דלא ימותון:
075 Nu 4:12M ויסבון ית כל מני/מאני#2#/ שמושה די ישמשון
076 מיני Gn49:22 עזקין קטלין מעוכין וכל מיני דהב סברין דאת תליית עיינך
077 מני Nu 4:09M מחתיתיה וית כל מני
078 Nu 4:20 כד משקע כהנה רבה ית כל מני בית קודשה דלא ימותון:
079 Gn31:37 כל מניי מה אשכחת מן כל מני ביתך שוי הכה לקבל אחי
080 Ex35:22 ועזקין וזמרגדין וכל מני דהב וכל גבר די אניף
081 Dt22:05 לא יהווי מני זיינה דגבר על אתה ולא ילבש
082 Ex33:04 ואתאבלון ולא שוון גבר מני זייני«ה» עלוי:

|  |  |  |  |
|---|---|---|---|
| 083 | | Ex33:06 | ופרקו בני ישראל מני זייניהון מעילויהון דהוה |
| 084 | | Nu11:26 | ידלקון בני ישראל מן מני זייניהון וחרש לא יפקון |
| 085 | | Ex33:05 | יתכון וכדון אחתו גבר מני זיינן מעלוי ואדע מה אעבד |
| 086 | | Gn27:03 | וכדון סב כען מני זינך בית ג{ו}<י>ריך וקשתיך |
| 087 | | Ex38:03 | ועבד ית כל מני{ה} מדבחה ית דודוותה וית |
| 088 | | Ex38:30 | דנחשה דידיה וית כל מני מדבחה: |
| 089 | | Nu 4:14 | מגרפיתה וית מזרקיה כל מני מדבחה ויפרשון עלוי חפוי |
| 090 | | Nu 4:32 | ובשמהן תסכמון ית מני מטרת מטולהון: |
| 091 | | Nu 3:08 | ויטרון ית כל מני משכנה וית ^כל#2^ מטרת בני |
| 092 | | Ex31:07 | כפורתה די עלי וית כל מני משכניה: |
| 093 | | Nu 4:26 | וית מתחיהון וית כל מני פולחניהון וית כל מה די |
| 094 | | Ex39:40 | וית סכיהון וית כל מני פלחן משכנה למשכן זימנא: |
| 095 | | Nu 4:15 | למכסיה ית קדשיה וית כל מני קדשיה במטלית דמשריתה |
| 096 | | Nu 4:09 | וית מחתת«ה» וית כל מני שמושה די ישמשון יתיה בהון: |
| 097 | | Nu 4:12 | ויסבון ית כל מני שמושה די ישמשון בהון בגו |
| 098 | במאני | Dt23:14 | וסכיין יהוון קביען במא{ז}ני זייניכון והווי במייתבכון |
| 099 | במני | Nu28:07 | תקרבון עם אמרא חדתה במני בית קודשה יתנסך ניסוך חמר |
| 100 | ומאני | Nu31:06M | לחיל קרבה#2/ ומני/ומאני#2/ בית קודשא וחצוצרתה |
| 101 | | Nu 3:31M | /ומדב>חן#2/< ומני/ומאני#2/ בית קודשה די ישמשון |
| 102 | | Ex12:35M | מן מצראי מאני כסף ומאני דהב ולבושין#2/: |
| 103 | ומני | Nu31:06 | אלעזר כהנא לסדרי קרבה ומני בית קודשא וחצוצרתה דיבבותה |
| 104 | | Nu 3:31 | ופתורה ומנרתה ומדבחה ומני בית קודשה די ישמשון בהון |
| 105 | למאני | Nu18:03M | כל משכנה לחוד למני/למאני#2/ בית קודש' |
| 106 | למני | Nu18:03 | ומטרת כל משכנה לחוד למני בית קודש' ועל {נ}<ג>בי |
| 107 | מאנוי p em/sf | Nu20:29M | משה נחת מן ראש טורא מאנוי בזיעין וקטמה בראשה והווה |
| 108 | | Nu 4:15M | קדשיה במטלית דמשריתה מאנוי/ בית קודשה בנטלות |
| 109 | | Nu 4:14M | ויתנון עלוי ית כל מנוי/מאנוי#2/ \די ישמשו^דש'#2^ |
| 110 | | Nu 1:50M | וית כל \מנוי ואינון /מאנוי והנון#2/ ישמשון יתיה |
| 111 | | Ex35:16M | אריחוי וית כל מנוי/מ<א<נוי>#2/ וית כיורה וית בסיס |
| 112 | | Ex39:36M | ית פתורה וית כל מנוי/מאנוי#2/ וית סדור לחם אפיה |
| 113 | | Ex39:39M | אריחוי וית כל מנוי/מאנוי#2/ וית כיורה/כייוריה#2 |
| 114 | | Lv 1:01M | וקדש יתיה וית כל מנוי/מאנוי#2/ וית מדבחה וית כל |
| 115 | | Lv 8:11M | מדבחה וית כל מנוי/מ<א>{נ}וי#2/ וית כיורה וית |
| 116 | | Nu 3:36M | וחומרוי וכל מנוי/מאנוי#2/ וכל פלחניה: |
| 117 | | Nu 1:50M | ועל כל מנוי \/מאנוי#2/ ועל כל מה דליה אינון |
| 118 | | Ex40:10M | דעלתה וית כל מנוי/מאנוי#2/ ותקדש ית מדבחה ויהוי |
| 119 | | Lv 1:01M | וית מדבחה וית כל מנוי/מאנוי#2/ חשב משה בליביה ואמר |
| 120 | | Nu 4:14M | /מזרקוי#2/ כל מני/מאנוי#2/ מדבחה ויפרשון עלוי |
| 121 | | Ex38:03M | וית מחתייתה וית כל מאנוי/#2/ עבד נחש: |
| 122 | | Ex40:09M | ותקדש יתי' וכל מנוי/מאנוי#2/ ויהוי/והוי#2/ קדש: |
| 123 | מאני' | Ex21:10M | /עליה מזונ' תכשיטי' מאני'#2/ ומעלה ומפקה לוותה לא |
| 124 | מאניהון | Nu 4:32M | לכל מניהון/מאניהון#2/ ולכל פלחנהון |
| 125 | מאניי | Ex25:09M | דמות כל \מנוי וכדן /מאניי וכן#2/ תעבדון: |
| 126 | מאנייה | Nu 7:13M | \מ{(י)}ניה האלין /מאנייה האליין#2/ קרב יתהון |
| 127 | | Nu 7:19M | תרין \מנייה האלין /מאנייה האליין#2/ קרב יתהון |
| 128 | | Nu 7:25M | תרין \מנייה האלין /מאנייה האליין#2/ קרב יתהון |
| 129 | | Nu 7:31M | \מנייא האלין /מאנייה האליין#2/ קרב יתהון |
| 130 | | Nu 7:37M | תרין \מנייה האלין /מאנייה האליין#2/ קרב יתהון |
| 131 | | Nu 7:43M | תרין \מנייה האלין /מאנייה האליין#2/ קרב יתהון |
| 132 | | Nu 7:49M | תרין \מנייה האלין /מאנייה האליין#2/ קרב יתהון |
| 133 | | Nu 7:55M | תרין \מנייה האלין /מאנייה האליין#2/ קרב יתהון |
| 134 | | Nu 7:61M | האלין קרב יתהון /מאנייה האליין קרב#2/ מליין |
| 135 | | Nu 7:67M | תרין \מנייה האלין /מאנייה האליין#2/ קרב יתהון |
| 136 | | Nu 7:73M | האלין קרב יתהון /מאנייה האליין קרב#2/ מליין |
| 137 | | Nu 7:79M | קרב יתהון מליין /מאנייה האליין קרב מ'#2/ |
| 138 | | Ex30:27M | "וית": מאנייה וית כיורייה וית בסיס |
| 139 | | Ex39:37M | וית כל מניה/מאנייה#2/ וית משחה דאנהרותה: |
| 140 | | Nu 7:85M | כל כסף \מניא תרתין /מאנייה תרין#2/ אלפין וארבע |
| 141 | מנהה | Nu 4:10M | יתיה וית כל מניה/מנהה#2/ לגו חפוי משך דססגון |
| 142 | מנוי | Ex30:27M | מדבחה דעלתה הוות כל מנוי |
| 143 | | Nu 7:01 | יתיה וקדיש יתיה וית כל מנוי <...> ורבי יתהון במשח |
| 144 | | Nu 4:14 | ויתנון עלוי ית כל מנוי די ישמשו עלוי בהון ית |
| 145 | | Nu 1:50 | יסענון ית משכנה וית כל מנוי ואינון ישמשון יתיה |
| 146 | | Ex40:09 | מה דביה ותקדש יתי' וכל מנוי ויהוי קדש: |
| 147 | | Ex30:27 | ית פתורה וית כל מנוי וית מנורתא וית מניה וית |
| 148 | | Ex30:28 | וית מדבחה דעלתה וית כל מנוי וית כיורא וית בסיס דידה: |
| 149 | | Ex31:08 | וית פתורה וית מנוי וית מנרתה דכיתה וית כל |
| 150 | | Ex31:09 | וית מדבחה דעלתה וית כל מנוי וית כיורה וית בסיס דידיה: |
| 151 | | Ex35:13 | פתורה וית אריחוי וית כל מנוי וית סידור לחם אפי: |
| 152 | | Ex35:16 | דידה וית אריחוי וית כל מנוי וית כיורה וית בסיס דידה: |
| 153 | | Ex39:36 | ית פתורה וית כל מנוי וית סדור לחם אפיה: |
| 154 | | Ex39:39 | דידיה וית אריחוי וית כל מנוי וית כיורה וית בסיס כיורה: |
| 155 | | Lv 1:01 | יתיה וקדש יתיה וית כל מנוי וית מדבחה וית כל מנוי חשב |
| 156 | | Lv 8:10 | ורבי ית משכנה וית כל מנוי וית כל מה דביה וקדש יתהון: |
| 157 | | Lv 8:11 | ורבי ית מדבחה וית כל מנוי וית כיורה וית בסיס דידיה |
| 158 | | Ex25:09 | דמשכנא וית דמות כל מנוי וכדן תעבדון: |
| 159 | | Nu 3:36 | ועמודוי וחומרוי וכל מנוי וכל פלחניה: |
| 160 | | Nu 1:50 | על משכנה דסהדותה ועל כל מנוי ועל כל מה דליה אינון |
| 161 | | Ex40:10 | ית מדבחה דעלתה וית כל מנוי ותקדש ית מדבחה ויהוי מדבחה |
| 162 | | Lv 1:01 | מנוי וית מדבחה וית כל מנוי חשב משה בליביה ואמר טורה |
| 163 | | Ex38:03 | משליתה וית מחתיתה כל מנוי עבד נחש: |
| 164 | | Ex39:33 | ית משכנה וית כל מנוי פורפוי לוחוי נגרוי ועמודוי |
| 165 | | Ex27:03 | ומשליתא ומחתיתא כל מנוי תעבד דנחש: |
| 166 | מניא | Nu 7:85 | דמזרקה חדה כל כסף מניא תרתין אלפין וארבע מאה |
| 167 | מניה | Ex37:24 | דהב דכי עבד יתה וית כל מניה: |
| 168 | | Ex37:16 | ועבד ית מניה די על פתרה ית פילוותא וית |
| 169 | | Ex25:39 | דהב דכי יעבד יתה ית כל מניה האיליין: |
| 170 | | Nu 7:13 | בסלעי בית קודשא תרין מ{(י)}ניה האלין קרב יתהון מליין |
| 171 | | Ex30:27 | כל מנוי וית מנורתא וית מניה וית מדבחא דקטר(ט)«ת»א: |
| 172 | | Ex31:08 | וית מנרתה דכיתה וית כל מניה וית מדבחיה דקטרת: |
| 173 | | Ex39:37 | בוציניה דאנהורתא וית כל מניה וית משחה דאנהרותה: |
| 174 | | Nu18:32 | באפרשותכון ית טובה מניה וית קדשיהון בני ישראל לא |
| 175 | | Nu18:30 | להון באפרשותכון ית טובה מניה ויתחשב ללוויי כאפרשות |
| 176 | | Nu 4:10 | ויתנון יתיה וית כל מניה לגו חפוי משך דססגון ויתנון |
| 177 | מניהון | Nu 4:32 | וסכיהון ומתחיהון לכל מניהון ולכל פלחנהון ובשמהן |
| 178 | | Gn42:25 | ופקיד יוסף ומלון ית מניהון עבור ולמחזרה כספהון גבר |
| 179 | מניי | Gn31:37 | ארום פשפשת ית כל מניי מה אשכחת מן כל מני ביתך |
| 180 | מנייא | Nu 7:31 | בסלעי בית קודשה תרין מנייא האלין קרב יתהון מליין |
| 181 | מנייה | Nu 7:19 | בסלעי בית קודשא תרין מנייה האלין קרב יתהון מליין |
| 182 | | Nu 7:25 | בסלעי בית קודשה תרין מנייה האלין קרב יתהון פיילתה |
| 183 | | Nu 7:37 | בסלעי בית קודשא תרין מנייה האלין קרב יתהון מליין |
| 184 | | Nu 7:43 | בסלעי בית קודשה תרין מנייה האלין קרב יתהון מליין |
| 185 | | Nu 7:49 | בסלעי בית קודשה תרין מנייה האלין קרב יתהון מליין |
| 186 | | Nu 7:55 | בסלעי בית קודשה תרין מנייה האלין קרב יתהון מליין |
| 187 | | Nu 7:61 | בסלעי בית קדשה תרין מנייה האלין קרב יתהון מליין |
| 188 | | Nu 7:67 | בסלעי בית קודשה תרין מנייה האלין קרב יתהון מליין |
| 189 | | Nu 7:73 | בסלעי בית קודשה תרין מנייה האלין קרב יתהון מליין |
| 190 | | Nu 7:79 | בסלעי בית קודשה תרין מנייה האלין קרב יתהון מליין |

|  |  |  |  |  |
|---|---|---|---|---|
| 191 | | | Ex35:14 | וית מנרתה דאנהרתה ~וית מנייה וית בוצינייה וית משחה |
| 192 | | | Nu19:18 | וידי על משכנה ועל כל מנייה ועל נפשתה דהוון תמן ועל |
| 193 | במניכון | | Gn43:11 | סבא מן טובא דארעא במניכון ואחתו דורון קליל קטף |
| 194 | ובמנוי | | Nu 4:16 | מה דביה בבית קודשה ובמנוי: |
| 195 | ולמאניך | | Dt23:25M | דנפשך בעייה ותשבע ולמאניך לא תשווי |

## מאן ⇐ *pron.* מן

## מאס *vb.* to reject [289]

|  |  |  |  |  |
|---|---|---|---|---|
| 001 | מאסתון | peal | Nu14:31 | ויחכמון ית ארעא די מאסתון בה: |
| 002 | | | Nu11:20M | חולף די מאסתון יקר שכינתה דייי דאית |
| 003 | תמאסון | | Lv26:15M | /אר#2#/ תעיקון/תמאסון#2#/ ואן סדרי דיניי |

## מאפא ⇐ *prep.* מן אפי

## מאצרה ⇐ *n.* מעצרה

## מבדר *n.* dispersed one [289]

|  |  |  |  |  |
|---|---|---|---|---|
| 001 | מבדריכון | p em/sf | Dt30:04 | אין יהוון מבדריכון עד סייפי שמיא מן תמן |

## מבול *n.* deluge [289]

|  |  |  |  |  |
|---|---|---|---|---|
| 001 | מבול | s ab/cn | Gn 9:11 | מוי דמבולא ולא יהבי תוב מבול למחבלא ארעא: |
| 002 | למבול | | Gn 9:15M | לחבלא /עוד מים למבול למחבלה#2#/ כל בשרא |
| 003 | מבולא | s em/sf | Gn10:01 | ואתילידו להון בנין בתר מבולא: |
| 004 | | | Gn10:32 | אומייא בארעא בתר מבולא: |
| 005 | | | Gn11:10 | ארפכש' תרתין שנין בתר מבולא: |
| 006 | | | Gn 7:17 | והוה מבולא ארבעין יומין על ארעא |
| 007 | | | Gn 6:17 | ואנא הא אנה מייתי ית מבולא דמייא על ארעא למחבלא כל |
| 008 | | | Gn 9:28 | וחיה נח בתר מבולא תלת מאה וחמ«שין» שנין: |
| 009 | דמבולא | | Gn 7:07 | לתיבותא מן קדם מוי דמבולא: |
| 010 | | | Gn 7:10 | אבלא דמתושלח ומוי דמבולא הוון על ארעא: |
| 011 | | | Gn 6:03 | למקום כסדר דינא דדריה דמבולא הלא מחתם הוא קדמוי סדר |
| 012 | | | Gn 9:11 | כל בשרא תוב מן מוי דמבולא ולא יהבי תוב מבול למחבלא |
| 013 | | | Gn 6:03M | מיחתם הוא דינה דדרה דמבולא למבד ולמשתציה מחה גמירא |
| 014 | | | Gn 6:03 | קדמוי סדר דינא דדר' דמבולא למובדה ולמישיציה מן גוא |
| 015 | | | Gn 6:03M | בתר דינה דדריה דמבולא מיחתם הוא דינה דדרה |
| 016 | | | Gn 8:02 | שמיא ואיתמנע מטרא דמבולא מן תחות שמיא: |
| 017 | ומבולא | | Gn 7:06 | בר שית מאה שנין הווה ומבולא הוה מיא על ארעא: |
| 018 | למבולא | | Gn 9:15 | בשרא ולא יהוי תוב מיא למבולא לחבלא כל בשרא: |

## מבוע *n.* fountain [289]

|  |  |  |  |  |
|---|---|---|---|---|
| 001 | מבוע | s ab/cn | Lv14:50 | לגו מן דחסף על מיין מבוע: |
| 002 | | | Lv20:18 | דוה ויבזי ית עריתה וית מבוע אדמה אפס והיא בזיית ית |
| 003 | | | Lv20:18 | אדמה אפס והיא בזיית ית מבוע אדמה וישתיצון תריהון מן גו |
| 004 | | | Lv12:07 | ייי ויכפר עלה ותדכי מן מבוע אדמיה דא גזרת אורייתה |
| 005 | | | Lv11:36 | לחוד מבוע וגוב בית כנשת מיין יהווי |
| 006 | דמבוע | | Gn26:19 | ואשכחו תמן בא<'> מיין דמבוע: |
| 007 | | | Lv14:05 | מן דחסף על מיין דמבוע: |
| 008 | | | Lv14:06M | צפרתה דנכיסה על מיין דמבוע |
| 009 | | | Nu19:17M | דמבוע דכין לגו /מים דמבוע בגו#2#/ מן דחסף: |
| 010 | | | Nu19:17 | תורתה ויתן עלוי מין דמבוע דכין לגו מן דחסף: |

|  |  |  |  |  |
|---|---|---|---|---|
| 011 | | | Lv14:52M | דצפרה ובמיא דמבועא/<דמ>בוע#2#/ ובצפרה חייתה |
| 012 | | | Lv15:13 | ויסחי בשרה במייא דמבוע וידכי: |
| 013 | דמבועא | s em/sf | Lv14:52 | באדמה דצפרה ובמיא דמבועא ובצפרה חייתה ובקיסה דארזא |
| 014 | דמבועה | | Lv14:51 | דצפרה נכיסתה ובמיא דמבועה ויידי על ביתה שבעה זמנין: |
| 015 | מבוע' | p abs | Nu21:34M | אתון מדמיין שתילין על מבוע' <דממין> |
| 016 | מבועי | | Dt33:13 | טלין ומטרין מן ברכת מבועי מן לרע דסלקין ומרווין |
| 017 | מבועין | | Gn49:22 | ברי לגפן שתילה על מבועין דמיין ושלחת שרשי' לארעא |
| 018 | | | Nu21:34 | לאלנין יאין קיימין על מבועין דמיין ברם פירין לא עבדין |
| 019 | | | Nu24:06 | כגינין שתילין על מבועין דמיין כדן יהון קורייהון |
| 020 | | | Nu33:09M | "תרתין ...": תריסר מבועין דמיין כל וקבל תריסר |
| 021 | | | Dt 3:02M | לאלנין שתילין על מבועין דמיין ברם פירין לית |
| 022 | | | Dt 8:07 | ארע בית נחלין דמיין מבועין ותהומין נפקין בבקעתה |
| 023 | מבועי | p const | Gn 7:11 | יומא הדין אתבזעו כל מבועי תהומא רבה וכווי שמיא |
| 024 | | | Gn 8:02 | ואסתתמו מבועי תהומא וכווי שמיא ואיתמנע |
| 025 | | | Gn49:25 | שמייא מן לעיל ומן ברכת מבועי תהומא דסלקין מן ארעא |
| 026 | מבועיה | p em/sf | Dt33:22 | וארעא תיהווי שתייה מן מבועיה דנפקין מן בותניין: |
| 027 | מבועיהון | | Ex 7:19 | דמצריי על נהרייא ועל מבועיהון ועל ביציהון ועל כל בית |
| 028 | מבועינן | | Gn29:22M | שבע שנין דיומין מבועינן אתברכו ועדרי ענינן סגון |
| 029 | דמבועיא | | Lv14:06 | דצפרה דנכיסתה על מיא דמבועיא: |

## מביני ⇐ *prep.* מן ביני

## מבסם *n.* embalmer [289]

|  |  |  |  |  |
|---|---|---|---|---|
| 001 | מבסמי' | p em/sf | Gn50:03M | ישלמון יומוי חנוטיה/מבסמיי#2#/ ובכון יתיה מצראי |

## מבר ⇐ *adv.* מן בר

## מגד *n.* precious goods [289 [מגדנין

|  |  |  |  |  |
|---|---|---|---|---|
| 001 | מגדנין | p abs | Dt33:14 | שמשא ומבכ{כ}<ר>ה פירי מגדנין בכל ירח וירח: |

## מגדל *n.* tower [289]

|  |  |  |  |  |
|---|---|---|---|---|
| 001 | ומגדל | s ab/cn | Gn11:04 | אתון ונבנה לן קריה ומגדל וראשה מטי עד צית שמיא |
| 002 | מגדלא | s em/sf | Gn11:05 | דייי למחמי ית קרתא וית מגדלא דבנו בני אנשה: |
| 003 | | | Gn35:21 | ופרס משכוניה רחיק מן מגדלא לעדר: |
| 004 | מגדליהא | p em/sf | Nu32:38M | קרתה דמקפן מגדליהא חזור חזור דילה ושמהת |

## מגו ⇐ *prep.* מן גו

## מגזה *n.* crossing point [290]

|  |  |  |  |  |
|---|---|---|---|---|
| 001 | במגזת | s ab/cn | Nu21:11 | ונטלו מאובות ושרון במגזת עבריה במדברה די קדם |
| 002 | מגזתה | s em/sf | Ex15:16 | עמה האליין די פרקת ית מגזתה דיר<ד>נה: |
| 003 | מגיזתה | | Ex15:16M | "... מגזתה דירדנה": מגיזתה דיורדנה עד זמן דיעברון |
| 004 | | | Ex15:16M | ית \מגזתה דיר<ד>נה /מגיזתה דיורדנה עד זמן דיעברון |
| 005 | | | Nu13:29 | שריין על ימא ועל מגיזתה דירדנה: |
| 006 | במגזיה | p const | Nu33:44 | ונטלו מאבות ושרון במגזיה עברייה בתחומה דמואבי: |

## מגין *n.* shield [290]

|  |  |  |  |  |
|---|---|---|---|---|
| 001 | מגין | s ab/cn | Dt33:29 | קריב מן קדם ייי מגין סעדיכון ותריס חייליכון |
| 002 | למגן | | Dt32:38M | עליהון/להון#2#/ כמגלה/למגן#2#/: |
| 003 | כמגלה | s em/sf | Dt32:38 | יתהון ויהווי עליהון כמגלה: |

## neighbor (m.) *n.* מגיר [290]

|  |  |  |  |  |  |  |
|---|---|---|---|---|---|---|
| 001 | ומגוריה | s em/sf | Ex12:04 | אימר פסחא ויסב הוא | ומגורי«ה» | דקריב לוותיה כמנין |

## neighbor (f.) *n.* מגירה [290]

|  |  |  |  |  |  |  |
|---|---|---|---|---|---|---|
| 001 | מגירתה | s em/sf | Ex 3:22 | ותשאל אתה מן | מגירתה | ומן קריבת תותבת ביתה מנין |

## sickle *n.* מגל [290]

|  |  |  |  |  |  |  |
|---|---|---|---|---|---|---|
| 001 | ומגל | s ab/cn | Dt23:26 | ותקטוף פירוכין בידיך | ומגל | דחצד לא תעבר על קיימתה |
| 002 | | | Dt23:26M | /שובולין מלא ידך | ומגל | לא תשווי על קיימ'#2#/ |
| 003 | מגלה | s em/sf | Dt16:09 | לכון מ' די את משרי | מגלה | דחצדה למחצד בעומרא דאנפותה |
| 004 | | | Dt16:09M | דחצדה למחצד /תשרי | מגלה | לחצדה למחצוד#2#/ בעומרא |

*n.* מגין See also:

## gratis *adv.* מגן [291]

|  |  |  |  |  |  |  |
|---|---|---|---|---|---|---|
| 001 | מגן | | Ex21:02 | תשלח יתיה לחירותה | מגן: | |
| 002 | | | Ex21:11 | לה ויפק יתה לחירותא | מגן | דלא בכסף: |
| 003 | | | Ex21:11M | מגן דלא /ותפרוק | מגן | דלא#2#/ בכסף: |
| 004 | | | Gn29:15M | מגן תנה לי /תפלוח גבי | מגן | חווי לי#2#/ כען מה הוא |
| 005 | | | Nu11:05 | דהוינן אכלין במצרים | מגן | ית קישואיה וית בטיחיה וית |
| 006 | | | Gn29:15 | את לית אפשר למפלח קדמיי | מגן | תנה לי כען מה הוא אגרך: |
| 007 | ומגן | | Gn15:01M | לך בעלמא הדין | ומגן | עלך כל יומיא ברם אגריך |

## plague *n.* מגפה [291]

|  |  |  |  |  |  |  |
|---|---|---|---|---|---|---|
| 001 | מגפתה | s em/sf | Nu17:13 | רחמין על חייא ואתכליית | מגפתה: | |
| 002 | | | Nu25:19 | והוה בתר | מגפתה: | |
| 003 | | | Nu31:16 | טעוותה דפעור והוה | מגפתה | בעם כנשתה דייי: |
| 004 | | | Nu25:08 | אתתה לגו מעיה ואתכלת | מגפתה | מעילוי בני ישראל: |
| 005 | | | Nu25:18 | מה די אתקטלת ביום | מגפתה | על עסק טעותה פעור: |
| 006 | במגפתה | | Nu17:15M | אתכליית /ואתכליית | במגפתה#2#/: | |
| 007 | | | Nu17:14 | והוון מיתיה דמיתו | במגפתה | ארבעת עשר אלפין ושבע מאה |
| 008 | | | Nu17:27M | אית מנן דמיתו | במגפתה | ואית מנן די תכלת יתהון |
| 009 | | | Nu17:27 | כלן אבדנן מינן מיתו | במגפתה | ומנן בלעת ארעא ומנן נפקת |
| 010 | | | Nu25:09 | והוון מיתיה דמיתו | במגפתה | עשרין וארבעה אלפין: |
| 011 | | | Nu14:37 | מפקי טבה ביש על ארעא | במגפתה | קדם ייי: |
| 012 | ומגפתה | | Nu17:15 | משה לתרע משכן זימנה | ומגפתה | אתכליית: |

## to store *vb.* מגר [291]

|  |  |  |  |  |  |  |
|---|---|---|---|---|---|---|
| 001 | תמגורון | peal | Dt28:39 | וחמר לא תשתון ולא | תמגורון | ארום תאכל יתה תולעתה: |

## spade *n.* מגרופי [291]

|  |  |  |  |  |  |  |
|---|---|---|---|---|---|---|
| 001 | מגרופתיה | s em/sf | Ex38:03 | מדבחה ית דודוותה וית | מגרופתיה | וית מזרקיה וית משליתה |
| 002 | מגרפיתה | | Nu 4:14 | מחתיתה וית משליתה וית | מגרפיתה | וית מזרקיה כל מני מדבחה |
| 003 | ומגרופיתא | | Ex27:03 | למדשנא יתיה | ומגרופיתא | ומזריקוי ומשליתא |
| 004 | מגרופוי | p em/sf | Ex38:03M | /בזיכוי וית | מגרופוי#2#/ | וית מזרקיה וית |

## since! *conj.* מד־ [!! cf. 312 מן conj.]

|  |  |  |  |  |  |  |
|---|---|---|---|---|---|---|
| 001 | המדלית | | Ex14:11M | \הא מן בל{ו}<י> | דלית/המדלית#2#/ | קברין במצרים דברת |
| 002 | ומידנטר | | Dt 7:08M | יתכון \ומן די | נטר/ומידנטר#2#/ומן | מה די נטר#2#/ ית |

## altar *n.* מדבח [291]

|  |  |  |  |  |  |  |
|---|---|---|---|---|---|---|
| 001 | מדבח | s ab/cn | Nu23:02 | ובלעם תור ודכר על כל | מדבח: | |
| 002 | | | Nu23:04 | וקרבת תור ודכר על כל | מדבח: | |
| 003 | | | Nu23:14 | וקרב תור ודכר על כל | מדבח: | |
| 004 | | | Nu23:30 | וקרב תור ודבר על כל | מדבח: | |
| 005 | | | Gn13:18 | די בחברו' ובנה תמן | מדבח | בשם ממריה דייי: |
| 006 | | | Ex24:04 | דייי ואקדם בצפרא ובנה | מדבח | בשפולא דטורא ותרתי עשרי |
| 007 | | | Ex20:25 | ואם | מדבח | דאבנין תבנון לשמי לא תבנון |
| 008 | | | Dt27:05 | מדבח קדם ייי אלהכון | מדבח | דאבנין לא תעברון עליהון מן |
| 009 | | | Gn26:25 | ובנה תמן | מדבח | וצלי בשם ממרי דייי ופרס |
| 010 | | | Gn33:20 | ואקם תמן | מדב«ח» | וצלי תמן בשם ייי אלהא |
| 011 | | | Ex17:15 | ובנה משה | מדבח | וצלי תמן בשם מימרי דייי |
| 012 | | | Gn35:07 | ובנה תמן | מדבח | וקרא לאתרא דאתגלי עלוי תמן |
| 013 | | | Gn12:08 | ועיה מן מדנחה ובנא תמן | מדבח | לש' ממריה דייי ופלח וצלי |
| 014 | | | Gn 8:20 | ובנה נח | מדבח | לשם ממרה דייי ונסב מן כל |
| 015 | | | Gn12:07 | ית ארעא הדה ובנה תמן | מדבח | לשם ממרי' דייי דאתגלי |
| 016 | | | Gn35:01 | ושרי תמן ובני תמן | מדבח | לשם ממרי דייי דאתגלי עלך |
| 017 | | | Gn35:03 | ונסק לבית אל ואבנה תמן | מדבח | לשמה דייי דענה יתי בשעת |
| 018 | | | Lv 5:12M | ויסדר על גבי | מדבחא/<מד>בח#2#/ | על קרבנוי דייי |
| 019 | | | Ex20:24 | | מדבח | קביע על ארעא תבנון לשמי |
| 020 | | | Dt27:05 | ותבנון | מדבח | קדם ייי אלהכון מדבח דאבנין |
| 021 | | | Ex32:05 | נביא קדמוי ודחל ובנה | מדבח | קדמוי ואכרז אהרן ואמר חגא |
| 022 | | | Ex30:01M | מסדר קטרתה אעין שטין | /מדבח | קטורן אעין דשת'#2#/ תעבד |
| 023 | מדב' | s em/sf | Lv 8:15M | /<קר>נת#2#/ | «ד»מדבחה/מדב'#2#/ | מן חזור חזור |
| 024 | מדבח' | | Lv 9:13 | וית רישיה וסדר על גבי | מדבח': | |
| 025 | | | Lv 6:02 | היא עלתה דיקדה על גבי | מדבח' | כל ליליה עד צפרא ואשתה |
| 026 | | | Lv 8:19 | משה ית אדמה על גבי | מדבח' | מן חזור חזור: |
| 027 | | | Lv 4:07M | דקטרת בוסמנייה /קרנתה | מדבח' | קטורן בסמנין#2#/ קדם ייי |
| 028 | | | Lv 6:08 | ויסדר על ^גבי#2#^ | מדבח' | ריח דרעוה אדכרתה לשמה |
| 029 | מדבחא | | Ex24:06 | דדמ«א» זרק על גבי | מדבחא: | |
| 030 | | | Ex29:38 | תהוון מקרבין על גבי | מדבחא | אמרין בני שתהון תרין בכל |
| 031 | | | Gn27:27 | דעתיד למתקרבא עלגבי | מדבחא | בטור בית מקדשא הוא טורא |
| 032 | | | Ex40:05 | ותתן ית | מדבחא | דדהבא לקטרה קדם ארונה |
| 033 | | | Ex27:01 | ותעבד ית | מדבחא | {דעאין} <דאעין> דשטי«ן» |
| 034 | | | Ex40:06 | ותתן ית | מדבחא | דעלתה קדם תרע משכנה משכן |
| 035 | | | Ex40:29 | וית | מדבחא | דעלתה שווי תרע משכנא משכן |
| 036 | | | Ex30:27 | מנורתא וית מניה וית | מדבחא | דקטר{ט}«ת»א: |
| 037 | | | Lv 1:07 | כהניא אשא על גבי | מדבחא | ויסדרון קיסין על אשתא: |
| 038 | | | Ex29:44 | ואקדש ית משכן זימנא וית | מדבחא | וית אהרן וית בנוי אקדש |
| 039 | | | Ex29:21 | ותסב מן אדמה די על גבי | מדבחא | ומן משח דרבותא ותדי על |
| 040 | | | Gn22:09 | ייי ובנה תמן אברהם ית | מדבחא | וסדר ית קיסייא ועקד ית |
| 041 | | | Ex17:15M | ובנה משה \מדבח וצלי | /מדבחא | ופלח#2#/ תמן בשם מימרי |
| 042 | | | Ex27:01 | אמין} פתיא מרבע יהי | מדבחא | ותלת אמין משחת רומה: |
| 043 | | | Ex29:37 | שבעה יומין תכפר על גבי | מדבחא | ותקדש יתיה ויהוי מדבחא |
| 044 | | | Ex30:18 | בין משכן זמנא ובין | מדבחא | ותתן תמן בגווה מיין: |
| 045 | | | Ex40:07 | בין משכן זימנא ובין | מדבחא | ותתן בגווה מייה: |
| 046 | | | Gn35:03M | דייי דענה יתי בשעת | /מדבחא | לאלהא די ענה יתי בשע'#2# |
| 047 | | | Ex28:43 | בקרבותהון על גב | מדבחא | למשמשא בגו בית ק<ו>ד{י}שא |
| 048 | | | Ex30:20 | או בקרובותהון על גבי | מדבחא | למשמשא למסדרה קרבנין קדם |
| 049 | | | Gn22:09 | ושוי יתיה על ^גבי#1#^ | מדבחא | לעיל מן קיסייא: |
| 050 | | | Ex29:16 | ותזרק יתיה על גבי | מדבחא | מן חזור חזור: |
| 051 | | | Lv 1:05 | ית דמא <...> על גבי | מדבחא | מן חזור חזור די תרע משכן |
| 052 | | | Lv 8:24 | משה ית אדמה על גבי | מדבחא | מן חזור חזור: |
| 053 | | | Lv 3:05 | בנוי דאהרן על גבי | מדבחא | על עלתה די על קיסיה די על |
| 054 | | | Lv 5:12 | ית אדכרתה ויסדר על גבי | מדבחא | על קרבנוי דייי חטאתה היא: |

|  |  | | | |
|---|---|---|---|---|
| 055 | Ex29:18 | ית כל דיכרא על גבי | מדבחא | עלה הוא לשמה דייי לריח |
| 056 | Lv 1:09 | כהנא ית כלה על גבי | מדבחא | עלה קרבן דמתקבל לריח |
| 057 | Lv 1:13 | ית כלה ויסדר על גבי | מדבחא | עלה הוא קרבן מתק«ב»ל |
| 058 | Ex29:37 | מדבחא ותקדש יתיה ויהוי | מדבחא | קדש קדשין כל די יקרב |
| 059 | Ex12:42 | שנין כד אתקרב על גבי | מדבחא | שמיא אתמככו ונחתו וחמא |
| 060 | Lv 6:05 | ואשתה על גבי | מדבחא | תהווי יקדה עלוהי לא תטפי |

**מדבחה**

|  |  | | | |
|---|---|---|---|---|
| 061 | Gn 8:20 | דיכיה וסדר עלון על גבי | מדבחה: | |
| 062 | Ex29:13 | די עליהון ותסדר על גבי | מדבחה: | |
| 063 | Ex38:30 | דנחשה דידיה וית כל מני | מדבחה: | |
| 064 | Lv 1:08 | די על אשתה די על גבי | מדבחה: | |
| 065 | Lv 1:12 | די על אשתה די על גבי | מדבחה: | |
| 066 | Lv 2:08 | כהנא ויסדר יתה על גבי | מדבחה: | |
| 067 | Lv 4:19 | מנה ויסדר כהנא על גבי | מדבחה: | |
| 068 | Lv 6:07 | דאהרן קדם ייי על גבי | מדבחה: | |
| 069 | Lv 8:16 | וסדר משה על גבי | מדבחה: | |
| 070 | Lv 9:14 | וסדר על עלתה על גבי | מדבחה: | |
| 071 | Lv 9:20 | וסדר תרביה על גבי | מדבחה: | |
| 072 | Lv16:25 | דחטאתה יסדר על גבי | מדבחה: | |
| 073 | Nu 5:25 | ייי ויקרב יתה על גבי | מדבחה: | |
| 074 | Nu 7:10 | רברבני ית קרבניהון קדם | מדבחה: | |
| 075 | Nu 7:10 | וקרבו רברבניא ית חנכת | מדבחה | ביומא דרבי יתיה וקריבו |
| 076 | Ex29:36 | יום על כפורא ותרבי ית | מדבחה | בכפרותך עלוי ותרבי יתיה |
| 077 | Lv 9:17 | ידיה מנה וסדר על גבי | מדבחה | בר מן עלתה דצפרה: |
| 078 | Ex39:38 | וית | מדבחה | דדהבא וית משחה |
| 079 | Ex40:26 | ושוי ית | מדבחה | דדהבה במשכן זימנא קדם |
| 080 | Nu 4:11 | ועל | מדבחה | דדהבה יפרשון לבוש |
| 081 | Gn13:04 | עד אתר | מדבחה | די בנה תמן בקדמיתא וצלי |
| 082 | Gn13:04M | די בנה תמן /לאתר | מדבחה | די צלי תמן#2#/ בקדמיתא |
| 083 | Lv17:06 | ויזרק כהנא ית אדמה על | מדבחה | דייי בתרע משכן זמנא ויסדר |
| 084 | Dt12:27 | נכסת קודשיכון ישתפך על | מדבחה | דייי אלהכון ובשרה תיכלון: |
| 085 | Dt12:27 | עלוותכון בשר ודם על | מדבחה | דייי אלהכון ודם נכסת |
| 086 | Dt26:04 | ידיכון ויצנע יתיה קדם | מדבחה | דייי אלהכון: |
| 087 | Dt27:06 | שלמן מן מום תבנון ית | מדבחה | דייי אלהכון ותסדרון עלוי |
| 088 | Nu29:31 | ביומא שתיתיה על גבי | מדבחה | דכרן סב לרביעות מטרה |
| 089 | Ex38:30 | תרע משכן זימנה וית | מדבחה | דנחשה וית קנקילה דנחשה |
| 090 | Ex39:39 | ית | מדבחה | דנחשה וית קנקלה דנחשה |
| 091 | Ex30:27M | וית מדבחה דקטרתה וית | מדבחה | דעלתה הוות כל מנוי |
| 092 | Ex30:28 | וית | מדבחה | דעלתה וית כל מנוי וית |
| 093 | Ex31:09 | וית | מדבחה | דעלתה וית כל מנוי וית |
| 094 | Ex35:16 | וית | מדבחה | דעלתה וית קנקלא דנחשא |
| 095 | Ex38:01 | ועבד ית | מדבחה | דעלתה אעין דשטין חמש אמין |
| 096 | Ex40:10 | ותרבי ית | מדבחה | דעלתה וית כל מנוי ותקדש |
| 097 | Lv 4:10 | ויסדר יתהון כהנא על | מדבחה | דעלתה: |
| 098 | Lv 4:25 | כל אדמה ישפוך על יסודי | מדבחה | דעלתה: |
| 099 | Ex30:27M | וית | מדבחה | דקטרתה וית מדבחה דעלתה |
| 100 | Ex35:15 | ~וית | מדבחה | דקטרתה וית אריחוי וית |
| 101 | Ex37:25 | ועבד ית | מדבחה | דקטרתה אעין דשטין אמה |
| 102 | Nu 7:78 | תרין עשר יומין דחנכת | מדבחה | דרבותה קרב רב שבטה דבנוי |
| 103 | Lv 9:10 | חטא«תה» סדר על גבי | מדבחה | היך מה דפקד ייי ית משה: |
| 104 | Lv 8:30 | ומן אדמ' די על גבי | מדבחה | ואדי על אהרן ועל לבושוי |
| 105 | Ex40:30 | בין משכן זימנא ובין | מדבחה | ויהב תמן מיין לקידוש: |
| 106 | Ex40:10 | וית כל מנוי ותקדש ית | מדבחה | ויהוי מדבחה קדש קדשין: |
| 107 | Lv14:20 | עלתה וית מנחתה על גבי | מדבחה | ויכפר עלוי כהנא וידכי: |
| 108 | Lv 1:15 | ית ראשה ויסדר על גבי | מדבחה | וימציא אדמה על כותלה |
| 109 | Lv 1:15 | ויקרב יתיה כהנא על גבי | מדבחה | ויעזם ית ראשה ויסדר |
| 110 | Nu 4:13 | וישבעון ית | מדבחה | ויפרשון עלוי לבוש |
| 111 | Nu 4:14 | וית מזרקיה כל מני | מדבחה | ויפרשון עלוי חפוי משך |
| 112 | Lv16:20 | וית משכן זימנא וית | מדבחה | ויקרב ית צפירה דבחיין: |
| 113 | Lv 6:03 | אשתה ית עלתה על גבי | מדבחה | וישווי י{ד}<ת>יה סמיך |
| 114 | Ex39:37M | /<בו>צינה#2#/ דאנהורתא/מדבחה#2#/ | | וית כל מניה |
| 115 | Lv 1:01 | יתיה וית כל מנוי וית | מדבחה | וית כל מנוי חשב משה |
| 116 | Lv 8:11 | שבעה זימנין ורבי ית | מדבחה | וית כל מנוי וית כיורה וית |
| 117 | Lv 8:15 | באצבעה ורבי ית | מדבחה | וית אדמה אריק על יסודוי |
| 118 | Nu18:17 | ית אדמהון תזרוק על גבי | מדבחה | וית תרביהון תסדר קרבן |
| 119 | Lv 9:08 | וקרב אהרן על גבי | מדבחה | ו{כ}נ<כ>ס ית עגלה דחטאתה |
| 120 | Nu18:05 | בית קודשה וית מטרת | מדבחה | ולא יהווי רגוז ^תוב#2#^ |
| 121 | Nu18:07 | ית כהנתכון לכל עסק | מדבחה | ולגו מן פרוכתה ותפלחון |
| 122 | Nu 5:26 | ית אדכרתה ויסדר על גבי | מדבחה | ומן בתר כדן ישקי ית אתתה |
| 123 | Lv22:27 | היך אמר לעלה על גבי | מדבחה | ופדה יתיה וברחמוי טבייה |
| 124 | Lv22:27M | דעקד גרמי' על גבי | מדבחה | ופשט צווארי' בגין שמך |
| 125 | Lv 9:07 | משה לאהרן קרב על גבי | מדבחה | וקרב חטאתך וית עלתך וכפר |
| 126 | Nu17:11 | והב עלה אשא מעלוי | מדבחה | ושוי קטרה והובל בפריע לגו |
| 127 | Lv16:33 | וית משכן זימנה וית | מדבחה | יכפר ועל כהנייה ועל כל עם |
| 128 | Ex38:03 | ועבד ית כל מני{ה} | מדבחה | ית דודוותה וית מגרופתיה |
| 129 | Lv 9:24 | ייי ואכלת על גבי | מדבחה | ית עלתה וית תרביה וחמון |
| 130 | Ex29:37M | /דיקריב על גבי | מדבחה | יתקדש#2#/: |
| 131 | Ex40:32 | ובקרבותיהון על גבי | מדבחה | יתקדשון היך מה די פקד ייי |
| 132 | Lv 4:26 | כל תרביה יסדר על גבי | מדבחה | כתרבה דנכיסת קדשיא ויכפר |
| 133 | Lv 2:12 | יתהון קדם ייי ועל גבי | מדבחה | לא יתקבלון לריח דרעוה: |
| 134 | Lv 6:06M | על גבי | מדבחה#2#/ | לא תטפי: |
| 135 | Lv21:23 | פרכתה לא ייעול ועל גבי | מדבחה | לא יקרב ארום מומא בה ולא |
| 136 | Nu18:03 | בית קודש' ועל {נ}<ג>בי | מדבחה | לא יקרבון ולא ימותון להוד |
| 137 | Lv 3:11 | ויסדר יתי' כהנא על גבי | מדבחה | לחם קרבן לשמה דייי: |
| 138 | Lv 3:16 | ויסדר יתהון כהנא על גבי | מדבחה | לחם קרבן לריח דרעוה כל |
| 139 | Lv17:11 | יהבת לכון יתה על גבי | מדבחה | למכפרה על נפשתכון ארום |
| 140 | Lv 4:31 | ויסדר כהנא על גבי | מדבחה | לריח דרעוה לשמ' דייי |
| 141 | Lv22:22 | לא תתנון מנהון על גבי | מדבחה | לשמה דייי: |
| 142 | Ex29:20 | ותזרק ית אדמה על גבי | מדבחה | מן חזור חזור: |
| 143 | Lv 1:11 | כהנא ית אדמה על גבי | מדבחה | מן חזור חזור: |
| 144 | Lv 3:02 | כהניא ית אדמיה על גבי | מדבחה | מן חזור חזור: |
| 145 | Lv 3:08 | דאהרן ית דמיה על גבי | מדבחה | מן חזור חזור: |
| 146 | Lv 3:13 | דאהרן ית דמיה על גבי | מדבחה | מן חזור חזור: |
| 147 | Lv 7:02 | וית אדמיה יזרוק על גבי | מדבחה | מן חזור חזור: |
| 148 | Lv 9:12 | אדמה וזרק יתיה על גבי | מדבחה | מן חזור חזור: |
| 149 | Lv 9:18 | וזרק יתיה על גבי | מדב«חה» | מן חזור חזור: |
| 150 | Nu 3:26 | די על משכנה ועל גבי | מדבחה | מן חזור חזור וית מתחיהון |
| 151 | Nu 4:26 | דרתה די על משכנה ועל | מדבחה | מן חזור חזור וית מתחיהון |
| 152 | Lv16:12 | גומרין דאשה מעלוי | מדבחה | מן קדם ייי ומלו חופנוי |
| 153 | Ex30:01 | ותעבד | מדבחה | מסדר קטרתה אעין שטין תעבד |
| 154 | Ex29:25 | מן ידיהון ותסדר על גבי | מדבחה | על עלתה לריח דרעוא קדם |
| 155 | Lv 1:17 | ויסדר כהנא יתיה על גבי | מדבחה | על קיסיה די על אשתה עלה |
| 156 | Lv 4:35 | כהנא יתהון על גבי | מדבחה | על קרבנוי דייי ויכפר עלוי |
| 157 | Lv 8:28 | כפי ידיהון וסדר על גבי | מדבחה | על עלתה אשלמו אינון: |
| 158 | Lv 8:21 | משה ית כל דכרה על גבי | מדבחה | עלה הוא לריח דרעוה קרבן |
| 159 | Ex40:10 | ותקדש ית מדבחה ויהוי | מדבחה | קדש קדשין: |
| 160 | Lv 2:02 | כהנא ית אדכרתה על גבי | מדבחה | קרבן מתקבל לריח דרעוה קדם |
| 161 | Lv 2:09 | ית אדכרתה ויסדר על גבי | מדבחה | קרבן מתקבל ברעוה לריח קדם |
| 162 | Lv 7:05 | ויסדר יתהון כהנא על גבי | מדבחה | קרבן קדם ייי אשמה הוא: |

|  |  |  |  |  |  |
|---|---|---|---|---|---|
| 163 | | Lv 8:11 | ואדי מניה על | מדבחה | שבעה זמנין ורבי ית מדבחה |
| 164 | | Lv 6:02 | עד צפרא ואשתה על גבי | מדבחה | תהוי יקדה עלוי: |
| 165 | מדבחי | Ex20:26 | לא תסקון בדרגין על גבי | מדבחי | די לא תתגלי עריתך עלוי: |
| 166 | | Ex20:26 | דקיימין ומשמשין על גבי | מדבחי | לא תסקון בדרגין על גבי |
| 167 | | Ex21:14 | ומשמש {על גב} על גבי | מדבחי | מן תמן תסבון יתיה ותקטלון |
| 168 | מדבחיה | Ex31:08 | דכיתה וית כל מניה וית | מדבחיה | דקטרת: |
| 169 | | Nu23:04 | ואמר ליה ית שבעתי | מדבחיה | סדרת וקרבת תור ודכר על כל |
| 170 | מדבחך | Dt33:10 | גמיר «ברעווה על גבי | מדבחך»: | |
| 171 | במדבחא | Ex29:37 | קדש קדשין כל די יקרב | במדבחא | יהווי קד«י»ש: |
| 172 | דמ' | Nu 7:10M | חנכת מדבחה /רבותה | דמ'#2#/ | ביומא דרבי יתיה וקריבו |
| 173 | דמדבח' | Ex27:05M | דמדבחא /פלגות | דמדבח'#2#/: | |
| 174 | | Lv 1:15 | וימציא אדמה על כותלה | דמדבח': | |
| 175 | דמדבחא | Ex27:05 | ותהוי מצדתא עד פלגא | דמדבחא: | |
| 176 | | Ex29:12 | אדמה תשפך על יסודוי | דמדבחא: | |
| 177 | | Lv 4:30 | אדמה ישפוך על יסודוי | דמדבחא: | |
| 178 | | Ex29:12 | מן אדמא ותתן על קרנתה | דמדבחא | באצבעך וית כל אדמה תשפך |
| 179 | | Lv 4:30 | ויתן על קרנתיה | דמדבחא | דעלתה וית כל אדמה ישפוך |
| 180 | | Lv 5:09 | אדמה דחטאת' על כתלא | דמדבחא | ומה דמשתייר באדמה ימצה על |
| 181 | | Lv 5:09 | באדמה ימצה על יסודוי | דמדבחא | חטאתה הוא: |
| 182 | | Ex27:07 | אריחיא על תרין סטריה | דמדבחא | למטען יתה: |
| 183 | | Ex27:05 | ותתן יתה תחות סובבה | דמדבחא | מן לרע ותהוי מצדתא עד |
| 184 | דמדבחה | Lv 4:34 | אדמיה ישפוך על יסודוי | דמדבחה: | |
| 185 | | Lv 9:09 | דמה אריק על יסודוי | דמדבחה: | |
| 186 | | Nu 7:11 | קרבנהון לחנוכת רבותה | דמדבחה: | |
| 187 | | Nu 7:84 | דא חנוכת רבותה | דמדבחה | ביומא דרבי יתיה מלוות |
| 188 | | Lv 4:18 | אדמה יתן על קרנותיה | דמדבחה | די קדם ייי די במשכ' זימנא |
| 189 | | Lv 4:07 | דתורא ישפוך על יסודי | דמדבחה | דעלתא די בתרע משכן זמנה: |
| 190 | | Lv 4:18 | אדמה ישפוך על יסודי | דמדבחה | דעלתה די בתרע משכן זמנא: |
| 191 | | Lv 4:25 | ויתן על קרנתיה | דמדבחה | דעלתה וית כל אדמה ישפוך |
| 192 | | Lv 4:34 | ויתן על קרנתיה | דמדבחה | דעלתה וית כל אדמיה ישפוך |
| 193 | | Lv 4:07 | מן אדמה על קרנתיה | דמדבחה | דקטרת בוסמנייה קדם ייי די |
| 194 | | Lv 9:09 | באדמה ויהב על קרנתה | דמדבחה | וית כל דמה אריק על יסודוי |
| 195 | | Nu18:07M | מדבחה ולגו מן /עסקא | דמדבחה | ומן לגו מן#2#/ פרוכתה |
| 196 | | Lv 8:15 | אדמה אריק על יסודוי | דמדבחה | וקדש יתיה למכפרה עלוי: |
| 197 | | Ex38:07 | בעזקיה על סטרוי | דמדבחה | למטען יתיה בהון חליל |
| 198 | | Lv 1:11 | ויכוס יתיה על שפולי | דמדבחה | מן צפונה קדם ייי ויזרקון |
| 199 | | Nu 7:88 | אשתין דא חנוכת רבותה | דמדבחה | מן בתר דרבי יתיה: |
| 200 | | Lv 8:15 | אדמה ויהב על קרנתיה | «ד»מדבחה | מן חזור חזור באצבעה |
| 201 | | Lv16:18 | דצפירה ויתן על קרנתה | דמדבחה | מן חזור חזור: |
| 202 | | Nu 7:18 | תנינא דחנוכת רבותה | דמדבחה | קרב רב שבטה דבנוי דישכר |
| 203 | | Nu 7:24 | תליתיא דחנוכת רבותה | דמדבחה | קרב רב שבטה דבנוי דזבולן |
| 204 | | Nu 7:30 | רביעיה דחנוכת רבותה | דמדבחה | קרב רב שבטה דבנוי דראובן |
| 205 | | Nu 7:36 | חמישיה דחנוכת רבותה | דמדבחה | קרב רב שבטה דבנוי דשמעון |
| 206 | | Nu 7:42 | שתיתיה דחנוכת רבותה | דמדבחה | קרב רב שבטה דבנוי |
| 207 | | Nu 7:48 | שביעיה דחנוכת רבותה | דמדבחה | קרב רב שבטה דבנוי דאפר' |
| 208 | | Nu 7:54 | תמיניה דחנוכת רבותה | דמדבחה | קרב רב שבטה דבנוי דמנשה |
| 209 | | Nu 7:60 | תשיעיה דחנוכת רבותה | דמדבחה | קרב בר שבטה דבנוי דבנימן |
| 210 | | Nu 7:66 | עשיריה דחנוכת רבותה | דמדבחה | קרב רב שבטה דבנוי דדן |
| 211 | | Nu 7:72 | יומין דחנוכת רבותה | דמדבחה | קרב רב שבטה דבנוי דאשר |
| 212 | ומדבחה | Nu 3:31 | ארונה ופתורה ומנרתה | ומדבחה | ומני בית קודשה די ישמשון |
| 213 | ולמדבחה | Ex40:33 | דרתה חזר חזר למשכנה | ולמדבחה | ושווי ית פרס תרע דרתה |
| 214 | למדבחא | Ex27:06 | ותעבד אריחין | למדבחא | אעין דשטין ותחפי{ה} יתהון |
| 215 | | Ex20:26M | עבידו כיבשא | למדבחא | ולא תסקון במסקא |
| 216 | למדבחה | Lv 6:03 | י{ד}<ת>יה סמיך | למדבחה: | |
| 217 | | Nu17:04 | ורדידו יתהון חפיי | למדבחה: | |
| 218 | | Lv10:12 | ואכלו יתה פטירין סמיך | למדבחה | ארום קדש קדשין היא: |
| 219 | | Nu17:03 | טסין מרדדין חפיי | למדבחה | ארום קרבו יתהון קדם ייי |
| 220 | | Lv16:18 | ויפק | למדבחה | די קדם ייי ויכפר עלוי |
| 221 | | Dt16:21 | אשרה כל אילן סמיך | למדבחה | דייי אלהכון דתעבדון לכון: |
| 222 | | Dt16:22M | קיימה כל אילן סמיך | למדבחה | דייי אלהכון די תעבדון |
| 223 | | Lv 1:16 | וי{ק}טל<ק> יתה סמיך | למדבחה | מן מדנחה באתר בית שפיכות |
| 224 | | Ex38:04 | ועבד | למדבחה | קנקל עובד מצדה דנחש תחות |
| 225 | מדבחין p abs | Nu23:29 | לבלק בנה לי הכה שבעה | מדבחין | ואתקן לי הכה שבעה תורין |
| 226 | | Nu23:14 | ריש רמתה ובנה שבעה | מדבחין | וקרב תור ודכר על כל מדבח: |
| 227 | | Nu23:01 | בנה לי הכה שבעה תורין | מדבחין | ותקן לי הכה שבעה תורין |
| 228 | ומדבחן | Nu 3:31M | ופתורה ומנרתה | ומדבחה/<ומדב>חן#2#/ | ומני/ומאני#2#/ |
| 229 | מדבחיהון p em/sf | Dt12:03 | ות{סי}<יס>תרון ית | מדבחיהון | ותתברון ית קיימתהון |
| 230 | | Ex34:13M | \{כ}<ק>סמהון תפגרון | מדבחיהון/ | תסתרון#2#/ וית |
| 231 | | Dt 7:05 | סידרה תעבדון להון | מדבחיהון | תסתרון וקיימתהון תתברון |

[291]

## desert *n.* מדבר

|  |  |  |  |  |  |
|---|---|---|---|---|---|
| 001 | למדבר s ab/cn | Lv16:08M | עמא ועדב חד למפטור | למדבר | צוק לעזזל |
| 002 | מדברא s em/sf | Ex12:42 | ומשה יסוק מן גו | מדברא | <....> דן ידבר בריש ענא |
| 003 | | Nu27:14 | אינון מי דייני רקם | מדברא | דצין: |
| 004 | | Ex16:14 | עננית טלא והא על אפי | מדברא | דקיק מפספס דקיק כגלידא על |
| 005 | | Ex 3:01 | רעי ית ענה <....> בתר | מדברא | ואתא לטורא דאיתגלית עלוי |
| 006 | | Ex13:18 | ואקף ייי ית עמא ארח | מדברא | ימא דסוף ומזיינין בעבדא |
| 007 | | Ex23:31 | ימ{א}הון דפלישתאי ומן | מדברא | עד נהרא רבא ארום אמסר{א} |
| 008 | מדברה | Ex13:20 | ושרון באיתם בסיפה | מדברה: | |
| 009 | | Nu33:06 | ושרון באיתם די בסיפי | מדברה: | |
| 010 | | Nu21:18 | משה ואהרן ומן | מדברה | אתיהבת להון מתנה: |
| 011 | | Dt 2:26 | ושלחית שלוחין מן | מדברה | דקדמות לוות סיחון מלכא |
| 012 | | Dt 2:08 | וכווינן ועברינן ארח | מדברה | דמואב: |
| 013 | | Nu10:12 | ישראל למטלניהון מן | מדברה | דסיני ושרה עננא במדברה |
| 014 | | Dt 1:01 | ילילייה די שלחתון מן | מדברה | דפראן למילה ית ארעא |
| 015 | | Nu13:21 | וילילו ית ארעא מן | מדברה | דצין עד רחוב למעליה |
| 016 | | Nu20:01 | ישראל כל עם כנישתה | מדברה | דצין בירחה קדמאה ושרון |
| 017 | | Nu34:03 | לכון תחומא מן דרומה מן | מדברה | דצין עד תחומיהון דאדומיי |
| 018 | | Dt11:24 | בה לכון יהוי מן | מדברה | וטור בית מקדשה מן נהרא |
| 019 | | Nu13:03 | ושלח יתהון מן | מדברה | על פם גזרת ממרה דייי |
| 020 | | Dt 1:19 | מן חורב והלכנן ית כל | מדברה | רבה ודחילה ההוא די חמיתון |
| 021 | | Dt 2:07 | גלי קדמוי הלכותכון ית | מדברה | רבה דנה ארבעין שנין ייי |
| 022 | ממדברא | Ex17:01 | כנישתא דבני ישר«אל» | ממדברא | דסין ו{א}<מ>טלניהון |
| 023 | ממדברה | Nu33:12 | ונטלו | ממדברה | דסין ושרון בדפקה: |
| 024 | | Nu33:16 | ונטלו | ממדברה | דסיני ושרון בקברי שאלי |
| 025 | | Nu33:37 | ונטלו | ממדברה | דרקם ושרון בהר טורא |
| 026 | במ' | Nu14:25M | /וטולו#2#/ לכון | למדברה/במ'#2#/ | ארח ימה דסוף: |
| 027 | | Nu20:01M | מדברה /עמא דכנשתא | במ'#2#/ | דצין בירחה קדמאה ושרון |
| 028 | במד' | Ex 4:27M | לקדמות משה | למדברא/במד'#2#/ | ואזל וארע/וערע#2#/ |
| 029 | במדבר' | Nu12:12 | וחזרין ומטרפין | במדבר' | הוות אחתן חמייה בשעבודן |
| 030 | במדברא | Ex 5:01 | עמא ויחגון קדמא<י> | במדברא: | |
| 031 | | Ex14:12 | מצריי מן למקטליה יתן | במדברא: | |
| 032 | | Ex16:02 | על משה ועל אהרן | במדברא: | |
| 033 | | Nu21:05 | מן מצרים למקטלה יתן | במדברא | ארום לית לן לחם למיכל ולא |
| 034 | | Ex16:32 | ית לחמא די אכלת יתכון | במדברא | באפקותי יתכון פריקין מן |
| 035 | | Gn21:14 | ושלח יתהו ואזלת וטעת | במדברא | דבארה דשבע: |
| 036 | | Lv 7:38 | ית קרבניהון קדם ייי | במדברא | דסיני: |
| 037 | | Nu 1:19 | ית משה וסכם יתהון | במדברא | דסיני: |

|  |  |  | | | |
|---|---|---|---|---|---|
| 038 | | Gn21:21 | ושרא | במדברא | דפארן ונסבת ליה אימיה |
| 039 | | Ex 7:16 | ית עמי ויפלחון קדמיי | במדברא | והא לא שמעת עד כדון: |
| 040 | | Gn21:20 | ייי עם טליא ורבא ושרא | במדברא | והוי מן מתילף מרמי בקשתא: |
| 041 | | Gn37:22 | יתיה לגובא הדין די | במדברא | וידא דקטולין לא תפש<ט>ון |
| 042 | | Ex19:02 | למדברא דסיני ושרון | במדברא | וכוונו תמן ישראל כל קבל |
| 043 | | Ex15:22 | ארח מהלך תלתא יומין | במדברא | ולא אשכחו מיין: |
| 044 | | Ex 3:18 | ארח מהלך תלתא יומין | במדברא | ונקרב קדם ייי אלהן: |
| 045 | | Ex 5:03 | אורח מהלך תלתא יומין | במדברא | ונקרב קדם ייי אלהן דלא |
| 046 | | Ex 8:23 | מהלך תלתא יומין נהלך | במדברא | ונקרב קדם ייי אלה{ו}ן |
| 047 | | Ex 8:24 | קדם ייי אלהכון | במדברא | לחוד רחקה לא תרחקון למיזל |
| 048 | | Ex14:11 | דברת יתן למקטלה יתן | במדברא | מה היא דא דעבדת לנא למפקה |
| 049 | | Gn16:07 | דייי על עיינה דמיא | במדברא | על עיינה באורחא |
| 050 | במדברה | Lv16:22 | מפסקה וישלח ית צפירה | במדברה: | |
| 051 | | Nu14:16 | להון ונכס יתהון | במדברה: | |
| 052 | | Dt 9:28 | יתהון> למקטלה יתהון | במדברה: | |
| 053 | | Dt32:10 | דבר יתהון ארבעין שנין | במדברה | אחת להון מנה מן שמיא אסק |
| 054 | | Nu14:33 | ובניכון יהוון סעיין | במדברה | ארבעין שנין ויקבלון ית |
| 055 | | Nu32:13 | בישראל וטלטל יתהון | במדברה | ארבעין שנין עד סף כל דרה |
| 056 | | Nu16:13 | כדבשה למקטלה יתן | במדברה | ארום אתרברבת «עלינן להוד |
| 057 | | Dt 2:01 | וכוונן ונטלינן | במדברה | ארח ימה דסוף היך מה די |
| 058 | | Dt 4:43 | ית בצר | במדברה | בארע מישרה לשבטה דבית |
| 059 | | Nu33:08M | מהלך תלתה יומין | במדברה#2# | דאיתם ושרון במרה: |
| 060 | | Nu33:08 | חירתא ועברו בגו ימא | במדברה | דאיתם ושרון במרה: |
| 061 | | Nu33:11 | ונטלו מימא דסוף ושרון | במדברה | דסין: |
| 062 | | Nu 1:01 | ממרה דייי עם משה | במדברה | דסיני במשכן זמנא בחד |
| 063 | | Nu 3:04 | אשא בריה קדם ייי | במדברה | דסיני ובנין לא הווה להון |
| 064 | | Nu 3:14 | ומליל ייי עם משה | במדברה | דסיני למימר: |
| 065 | | Nu 9:01 | ומלל ייי עם משה | במדברה | דסיני בשתה תנינתא בזמן |
| 066 | | Nu 9:05 | לירחה ביני שמשתה | במדברה | דסיני כל מה די פקד ייי |
| 067 | | Nu26:64 | די סכמו ית בני ישראל | במדברה | דסיני: |
| 068 | | Nu33:15 | ונטלו מרפידים ושרון | במדברה | דסיני: |
| 069 | | Nu12:16 | עמה מן חצרות ושרון | במדברה | דפארן: |
| 070 | | Nu10:12 | דסיני ושרה ענגא | במדברה | דפראן: |
| 071 | | Nu27:14 | על פם גזרת מימרי | במדברה | דצין במי דייני עם כנישתה |
| 072 | | Nu33:36 | מכרך תרנוגלה ושרון | במדברה | דצין היא רקם: |
| 073 | | Dt32:51 | במי מצותה דרקם | במדברה | דצין על די לא קדשתון יתי |
| 074 | | Nu21:11 | ושרון במגזת עבריה | במדברה | די קדם מואביי מן מדנח |
| 075 | | Dt 8:16 | די אייכל יתכון מנה | במדברה | די לא חכמו אבהתכון |
| 076 | | Nu21:13 | מן עבר ארנונה די | במדברה | דנפק מן תחומיהון דאימוראי |
| 077 | | Nu14:35 | די אתרעמו קדמי«י» | במדברה | הדה יספון ותמן ימותון: |
| 078 | | Nu14:02 | דמצרים או | במדברה | הדין אלווי מי{ו}תינן: |
| 079 | | Nu14:29 | | במדברה | הדין יפלון פגריכון וכל |
| 080 | | Nu14:32 | ופיגרכון אתון יפלון | במ«ד»ברה | הדין: |
| 081 | | Nu15:32 | והוון בני ישראל | במדברה | ואשכחו גבר מגבב קיסין |
| 082 | | Dt 1:01 | משה ואמר להון הלא | במדברה | ובטורא דסיני איתיהיבת |
| 083 | | Nu27:03 | אבונן מית | במדברה | והוא לא הוה בגו עם כנשתה |
| 084 | | Nu12:12M | מרים אחתן מטרפה עמן | במדברה | והווי עמן בעקב' וכיון |
| 085 | | Nu26:65 | ייי להון ממת ימותון | במדברה | ולא אשתייר מנהון גבר |
| 086 | | Nu32:15 | תוב למטלטלה יתכון | במדברה | ותחבלון לכל עמא האליין: |
| 087 | | Nu10:31M | כן ידע ית משריין | במדברה | ותיהוי לן מחוויג' |
| 088 | | Nu10:31 | <דהוינן> שרין ונטלין< | במדברה | ותיהוי לן לסהדותה: |
| 089 | | Dt29:04 | יתכון ארבעין שנין | במדברה | לא בלון לבושיכון |
| 090 | | Dt 9:07 | ית מימרה דייי אלהכון | במדברה | למן יומא דנפקתון פריקין |
| 091 | | Dt 8:02 | דנה ארבעין שנין | במדברה | מן בגלל למצערה יתכון |
| 092 | | Dt11:05 | ומה די עבד לכון | במדברה | עד מעלכון עד אתרה הדין: |
| 093 | | Nu14:33 | עד די יסופון | במדברה | פגריכון: |
| 094 | | Dt 8:15 | די דבר יתכון | במדברה | רבה ודחילה ארע בית חיווין |
| 095 | דמדברא | Ex14:03 | בעל צפון טעותי נגדוי | דמדברא: | |
| 096 | | Ex14:03M | דצפון {נגהו} <נגדוי> | דמדברא | |
| 097 | דמדברה | Dt32:10 | ארע יתהון שרין בארע | דמדברה | ובצלצלתה יליל ישימון דבר |
| 098 | ובמדברה | Dt 1:31 | | ובמדברה | די חמיתון די סבל יתכון |
| 099 | | Nu14:22 | די עבדית במצרים | ובמדברה | ונסון יתה דנה עשרה זמנין |
| 100 | למד' | Dt 2:01M | וכווינן ונטלינן | במדברה/למד'#2# | ארח ימה דסוף |
| 101 | למדבר' | Lv16:21 | וישלח ביד גבר מזמן | למדבר': | |
| 102 | למדברא | Gn14:06 | דגבולא דפארן דסמיך | למדברא: | |
| 103 | | Ex15:22 | מימא סוף ונפקו | למדברא | דחלוצה והלכו ארח מהלך |
| 104 | | Ex16:01 | כל כנישתא דבני ישראל | למדברא | דסין די בין אילם ובין |
| 105 | | Ex19:01 | היך זמן יומא הדין עלו | למדברא | דסיני: |
| 106 | | Ex19:02 | ונטלו מן רפידים ואתון | למדברא | דסיני ושרון במדברא |
| 107 | | Ex18:05 | ואתתיה לוות משה | למדברא | דהוא שרי תמן דתמן שריא |
| 108 | | Ex16:03 | ארום אפקתון יתן | למדברא | הדין למקטלא ית כל קהלא |
| 109 | | Ex 4:27 | איזל לקדמות משה | למדברא | ואזל וארע יתיה בטור |
| 110 | | Ex16:10 | ישראל וכוונ{ן}<ו> | למדברא | והא איקר שכינתה דייי |
| 111 | | Ex13:21 | באימּמא בעמודא דעננא | למדברא | יתהון באורחא ולליא |
| 112 | למדברה | Lv16:10 | למשלחה יתיה לעזאזל | למדברה: | |
| 113 | | Dt 1:40 | ואתון כוונו לכון וטולו | למדברה | אורח ימה דסוף: |
| 114 | | Nu24:01 | קסמיה ואזל ושוי | למדברה | אפוי והוה מדכר להון עבדה |
| 115 | | Nu14:25 | כוינו ונטולו לכון | למדברה | ארח ימה דסוף: |
| 116 | | Nu13:26 | כנישתה דבני ישראל | למדברה | דפארן לרקם ואיתיבו |
| 117 | | Nu20:04 | ^עם#2#^ כנישתה דייי | למדברה | הדין לממות תמן אנן |
| 118 | | Nu21:23 | ונפק לקדמות ישראל | למדברה | ואתה ליהצה וסדרו קרבה עם |

## mortar *n.* מדוכה [291]

|  |  |  | | | |
|---|---|---|---|---|---|
| 001 | s em/sf במדוכתה | Nu11:08M | ^או שחקין | במדוכתה | ומבשלין בקידירה |

## dwelling place *n.* מדור [291]

|  |  |  | | | |
|---|---|---|---|---|---|
| 001 | s ab/cn מדור | Dt26:15 | אדיק כען ברחמיך טביה מן | מדור | איקר שכינתך מן שמיא וברך |
| 002 | | Dt33:27 | | מדור | איקר שכינתה דאלהא מלקדמין |
| 003 | | Dt26:15M | איקר שכינתך /בבעו מן | מדור | בית שכינת קודשך#2#/ מן |
| 004 | במדור | Ex15:17M | "אתר ... שכללי יתיה": | במדור | בית שכינת קודשך ייי |
| 005 | למדור | Ex15:13 | פרקת תדבר יתהון בתקפך | למדור | בית שכינת קודשך: |
| 006 | s em/sf מדורך | Nu24:21 | ושוית בניקרא דכיפה ית | מדורך: | |
| 007 | p abs מדורין | Gn 6:16 | דתיבותא בסיטרא תשוי | מדורין | ארעיין תנינין ותליתאין |
| 008 | | Gn 6:14M | קדרו'#2#/ | כמדורונין/מדורין#2#/ | תעבד ית תבותה |
| 009 | p em/sf מדוריכון | Lv23:03 | קדם ייי בכל אתר | מד«ו»ריכון: | |
| 010 | במדוריהון | Ex10:23 | ישראל הוה נהור | במדוריה«ון»: | |
| 011 | | Nu31:10 | וית כל קורייהון | במדוריהון | וית כל אפרכיוותהון |
| 012 | כמדורונין | Gn 6:14 | אעין דקדרינ«י»ן | כמדורונין | תעבד ית תבותה ותשוע ית' |
| 013 | למדוריהון | Gn36:43 | רברבני{{י}} אדומיי | למדוריהון | לארעא תותבותיהון הוא |

## Midianite *adj.* מדייני [291]

|  |  |  | | | |
|---|---|---|---|---|---|
| 001 | s ab/cn מדייני | Gn36:35 | הדד בן בדד די קטל ית | מדייני | בתחומייהון דמואבאי ושמה |
| 002 | s em/sf מדיניה | Nu10:29 | משה לחובב בר רעואל | מדיניה | חמוי דמשה נטלין אנן |
| 003 | מדיניתה | Nu25:14 | קטילה מה די אתקטל עם | מדיניתה | זמרי בן סלוא רב |
| 004 | | Nu25:06 | ואקרב לוות אחוי ית | מדיניתה | לעיני משה לעיני כל |
| 005 | מידיניתה | Nu25:15 | ושמה דא«י»תתה קטילתה | מידיניתה | כזבי ברת צור ריש אומין |

|  |  |  |  |  |  |  |
|---|---|---|---|---|---|---|
| 006 | מדיינין | p abs | Gn37:28 | ועברו גברין | מדיינין | תגרין ודלון ואפקון ית |
| 007 | מדיינאי | p em/sf | Nu31:50M | בבתיהון דמלכייה | מדיינאי | ובקיטוני מדמכיהון |
| 008 | | | Nu22:07M | מואבאי וחכימית | מדיינאי#2#/ | וגרין דקסמין חתימין |
| 009 | | | Nu31:50M | תמן בנתהון דמלכי<יה> | מדיינאי | ייתה ומפרנקתה והוינן |
| 010 | | | Nu22:04M | ואמרו מואבאי לחכימי | מדיינאי | כדן ילחכון קהלא |
| 011 | מדייניי | | Dt33:17 | גדעון בר יואש מן | מדייניי | דהוא מן שבטה דבנוי |
| 012 | | | Nu31:02 | דבני ישראל מן לוות | מדייניי | ובתר כדן תתכנש לוות עמך: |
| 013 | | | Nu22:07 | רברבני מואביי ורברבני | מדייניי | וגרין דקסמין חתימין |
| 014 | | | Nu25:17 | אקף ית | מדייניי | ותקטלון יתהון: |
| 015 | | | Nu22:04 | ואמרין מואביי לחכימי | מדייניי | כדון ישצון קהלא הדין ית |
| 016 | מדינאי | | Nu31:07M | /ואת{יי}ח<יי>לו על | מדינאי | היך מה די פקד מימריה |
| 017 | מידינאי | | Nu31:03M | על \מדין למשויא | /מידינאי | למיתן#2#/ נקמתה דייי |
| 018 | דמדיינאי | | Nu31:08 | רבע חמישתי מלכיהון | דמדיינאי | וית בלעם בר בעור קטלו |
| 019 | | | Nu31:09 | בני ישראל ית נשיהון | דמדיינאי | וית טפליהון וית בעירהון |
| 020 | דמדייניי | | Nu31:50 | עללין בבתיהון | דמדייניי | בקיטוני מלכיהון והוינן |
| 021 | | | Nu31:08M | מלכיהון | דמדיינאי/<דמדיי>ניי#2#/ | וית בלעם בר |
| 022 | | | Nu31:09M | ית נשיהון | דמדיינאי/<דמדיי>ניי#2#/ | וית טפליהון וית |
| 023 | | | Nu31:08 | וית מלכיהון | דמדייניי | קטלו על קטליהון ית אוי |
| 024 | ומדייניי | | Gn37:36 | | ומדייניי | זבינו יתיה למצראי |

## province *n.* מדינה [291]

|  |  |  |  |  |  |  |
|---|---|---|---|---|---|---|
| 001 | מדינת | s ab/cn | Nu24:24 | עזי{} לשון מן | מדינת | איטליא דהיא <....> |
| 002 | | | Nu24:24M | סגיאן מן לברניא מן | מדינת | איטליה וישעבדון לאתוראה |
| 003 | | | Nu24:07 | יכנש להון גלותהון מן | מדינת | בעלי דבביהון ובנוי ישלטון |
| 004 | מדינתה | s em/sf | Gn15:01M | "דארעא": וכל שלטוני | מדינתה | |
| 005 | במדינתא | p em/sf | Gn47:21M | וית עמא דהוון שרין | במדינתא | אעבר בקורייתא וית עמא |
| 006 | | | Gn47:21M | שריין בקורייתא אעבר | במדינתא | דלא יהוו מוניין לבנוי |
| 007 | | | Gn47:21 | ועמא דבקריית' אשרי | במדינתא | ועמא דמדינתא אשרי |
| 008 | דמדינתא | | Gn47:21 | אשרי במדינתא ועמא | דמדינתא | אשרי בקרייתא מן סייפי |
| 009 | ובמדינתהון | | Gn15:01 | ויהון בכרכיהון | ובמדינתהון | ויצטרפון עמהון לגיוונין |

## place for lying down *n.* מדמוך [292]

|  |  |  |  |  |  |  |
|---|---|---|---|---|---|---|
| 001 | מדמוך | s ab/cn | Lv15:24 | מסאב שבעה יומין וכל | מדמוך | די ידמוך עלוהי יסתאב: |
| 002 | | | Lv15:26 | כל | מדמוך | די תדמוך עלוי כל יומי |
| 003 | מדמך | | Lv15:04 | כל | מדמך | די ידמך עלוי דיבה יסתאב |
| 004 | כמדמו' | | Lv15:26M | /יומין דהיא דייבה/ | כמדמו' | ריחוק נד'#2#/ יהוי לה |
| 005 | כמדמוך | | Lv15:26 | עלוי כל יומי דובה | כמדמוך | נדתה יהוי לה וכל מן די |
| 006 | מדמכה | s em/sf | Lv20:15M | בבעיר מתקטלה/ישווי | מדמכה | בבעירה מת'#2#/ יתקטל וית |
| 007 | | | Lv15:23 | ואין על | מדמכה | הוא או על מנה דהיא יתבה |
| 008 | מדמכיה | | Gn 2:24 | בגין כן יפרש גבר | מדמכיה | מן דאבוי ומן דאימיה וידבק |
| 009 | מדמכך | | Lv18:20M | שמושך לזרע/תשווי | מדמ{ת}<כ>ך | לתשמיש דזרע'#2#/ |
| 010 | במדמוכה | | Lv15:21 | וכל די יקרוב | במדמוכה | {ו}<י>חוור לבושוי ויסחי |
| 011 | במדמכיה | | Lv15:05 | וגבר די יקרב | במדמכיה | יחוור לבושוי ויסחי במיא |

## lying down *(v.)n.* מדמך [292]

|  |  |  |  |  |  |  |
|---|---|---|---|---|---|---|
| 001 | מדמכך | s em/sf | Lv18:23M | ובכל בעיר לא תתן | תשמישך/מדמכך#2#/ | למסתאב' בה ואתה לא |
| 002 | | | Ex 7:28 | ויעלון בביתך ובקיטוני | מדמכך | על עריסתך ובבתי שלטנך |
| 003 | מדמכיהון | p em/sf | Dt32:25 | יתהון חרבה ובקיטוני | מדמכיהון | אימתיה דמותה להוד עלמין |
| 004 | | | Nu31:50M | מדיינאי ובקיטוני | מדמכיהון | והוינן חמיין תמן בנתהון |

## east *n.* מדנח [292]

|  |  |  |  |  |  |  |
|---|---|---|---|---|---|---|
| 001 | מדנח | s ab/cn | Gn 2:14 | דקלת הוא דחזר ומקף מן | מדנח | אתוריה ונהרא רביעיא הוא |
| 002 | | | Nu34:15 | תחומה לכרכא דעיון דמן | מדנח | לבית ירח וממדנח ימא |
| 003 | | | Gn12:08 | ואסתלק מן תמן לטורא מן | מדנח | לביתאל ופרש משכנה ביתאל |
| 004 | | | Gn 4:16 | בארעא גלי ומטלטל מן | מדנח | לעדן והוה עד לא קטל להבל |
| 005 | | | Nu34:15M | די מן | מדנח | מער{ב}<ת> דן נפק להון |
| 006 | | | Nu21:11 | במדברה די קדם מואביי מן | מדנח | שמשה: |
| 007 | | | Dt 4:41 | קרי שזבו בעבר ירדנה מן | מדנח | שמשה: |
| 008 | | | Dt 4:47 | די בעבר ירדנה מן | מדנח | שמשה: |
| 009 | דממדנח | | Nu34:15 | תרנגיל קסריון | דממדנח | מערבה דדן נפק להון תחומה |
| 010 | וממדנח | | Nu34:15 | דמן מדנח לבית ירח | וממדנח | ימא דבית ירח נפק להון |
| 011 | מדינחא | s em/sf | Gn25:06 | בחיין קדמיין לארעא | מדינחא: | |
| 012 | | | Gn29:01 | רגלוי ואזל לארעא בני | מדינחא: | |
| 013 | מדינחה | | Nu34:11 | ימה דגניסר מן | מד«י»נחה: | |
| 014 | | | Nu23:07 | דמואביי מטורי | מדינ{ת}<ח>ה | אתא לוט לי ^דדבית#2#^ |
| 015 | | | Ex38:13 | ולסיטרה מדינחה מן | מדינחה | חמשין אמין: |
| 016 | | | Nu34:11 | מן אפמיה לדפני מן | מד«י»נחה | לעיינה ונחת תחומה ומקף |
| 017 | | | Ex38:13 | ולסיטרה | מדינחה | מן מדינחה חמשין אמין: |
| 018 | | | Nu34:10 | ותכוונון לכון לתחום | מדינחה | מן טירת ענוותה לאפמיה: |
| 019 | מדנ' | | Gn 3:24 | שכינתיה {מן} מלקדמין מן | מדנ' | לגנתה דעדן מן בני תרין |
| 020 | מדנחא | | Ex27:13 | דרתה לסיטרא מדנחא מן | מדנחא | חמשין אמין: |
| 021 | | | Ex27:13 | ופותיא דרתה לסיטרא | מדנחא | מן מדנחא חמשין אמין: |
| 022 | מדנחה | | Gn10:30 | מעלך לספריא טוורי | מדנחה: | |
| 023 | | | Nu10:05 | ויטלון משריתה דשרין מן | מדנחה: | |
| 024 | | | Nu32:19 | לוותן מן עבר ירדנה מן | מדנחה: | |
| 025 | | | Nu34:03 | מן סייפי ימה דמלחה מן | מדנחה: | |
| 026 | | | Dt 3:17 | שפוע בית רמתה מין | מדנחה: | |
| 027 | | | Nu 3:38 | קדם משכן זימנא מן | מדנחה | משה אהרן ובנוי נטרין |
| 028 | | | Lv 1:16 | יתה סמיך למדבחה מן | מדנחה | באתר בית שפיכות קטמא: |
| 029 | | | Gn 4:16M | /גלי בארעא ושרה מן | מדנחה | דעדן'#2#/ והוה עד לא קטל |
| 030 | | | Gn12:08 | מן מערבה ועיה מן | מדנחה | ובנא תמן מדבח לש' ממריה |
| 031 | | | Dt 4:49 | וכל משרה עבר ירדנה מן | מדנחה | ועד ימא דמלחה תחות ריש |
| 032 | | | Lv16:14 | באצבעה על אפי כפרתה מן | מדנחה | וקדם כפרתה ידי{ה} שבעה |
| 033 | | | Nu 2:03 | ודשריין קדמיין מן | מדנחה | טכס משרית שבטה דבנוי |
| 034 | | | Nu34:15M | דיריחו קדמאין מן | מדנחה | מן מישר ימה דמלחא נפק |
| 035 | | | Nu34:15 | דיריחו קדמין מן | מדנחה | נפק להון תחומה לכנרת כרך |
| 036 | | | Gn 3:24M | {מן} מלקדמין מן | מדנ'/<מדנ>חה#2#/ | לגנתה/גנ'#2#/ דעדן |
| 037 | מדנחתה | | Nu35:05M | קרתה ית סטרא | מדנחייה/<מדנ>תה#2#/ | תרין אלפין |
| 038 | דמדנחה | | Lv22:27M | בגין למדכרה סבייה | דמדנחה | פטיר {כ}<ב>ולי קרב לשמך |
| 039 | ומדנחא | | Gn28:14 | מערבא וצפונא ודרומא | ומדנחא | ויתברכון בזכוותך כל |
| 040 | ומדנחה | | Gn13:14M | /די את בגווה צפו' | ומדנחה | ודרומ' ומערבה#2#/: |
| 041 | | | Gn13:14 | תמן לצפונה ולדרומה | ומדנחה | ומערבה: |
| 042 | ולמדנחה | | Dt 3:27 | ולציפונא ולדרומה | ולמדנחה | וחמי בעיינך ארום לא |

See also: מזרח *n.*

## eastern *adj.* מדנחיי [292]

|  |  |  |  |  |  |  |
|---|---|---|---|---|---|---|
| 001 | מדנחיי | s ab/cn | Ex10:13M | רוח | דקדים/^קדים#2#^/מ{נד}<דנ>חיי#2#/ | בארעא כל |
| 002 | מדנחייה | | Ex10:13M | ורוח קדומא/ורוח | מדנחייה#2#/ | טען ית גובא: |
| 003 | מדנחיי' | s em/sf | Ex27:13M | דרתה לסיטרא | מדנחא/מדינחיי#2#/ | מן מדנחא חמשין |
| 004 | מדנחייה | | Lv22:27 | קדמיי זכותיה דגברה | מדנחייה | דבסיבותיה אתברך בכולה |
| 005 | | | Nu35:05 | לבר מן קרתה ית סטרא | מדנחייה | תרין אלפין ^אמין#2#^ |
| 006 | מדינחאי | p em/sf | Gn15:19 | שלמאי וית קניזאי וית | מדינחאי: | |

## מדרס *n.* treading place

[292]

|  |  |  |  |  |  |  |
|---|---|---|---|---|---|---|
| 001 | מדרס | s ab/cn | Dt 2:05 | אתן לכון מן ארעהון עד | מדרס | כפה דרגלה ארום ירתו לעשו |

## מדרש *n.* school!

[292]

|  |  |  |  |  |  |  |
|---|---|---|---|---|---|---|
| 001 | במדרשי | p abs | Gn 9:27M | מתגיירין בנוי ישרון | במדרשי' | דשם והי כנען מש' להון |
| 002 | ובמדרשיהון | p em/sf | Gn34:31 | אמרין בכנישתיהון | ובמדרשיהון | {{ערלין}} סאיבו בתולן |

## מה *pron.* what

[293]

|  |  |  |  |  |  |
|---|---|---|---|---|---|
| 001 | מא | Nu24:05 | | מא | יאיין משכניהון דבית יעקב |
| 002 | מה | Nu23:23 | נבותה טוביכון צדיקיה | מה | אגר טב מתקן לכון קדם ייי |
| 003 | | Ex 2:18 | ואמר {בגלל מן} <מן בגלל> | מה | אוחיתון למיתי יומא הדין: |
| 004 | | Ex 3:13 | ויאמרו ל{ו}<י> מה שמיה | מה | אימר להון: |
| 005 | | Gn21:29 | ואמר אבימלך לאברהם | מה | אינון שבעתי אמרתא {{דענא |
| 006 | | Gn33:05 | ית נשיא וית טפליא ואמר | מה | אינון אילין לך ואמר טליא די |
| 007 | | Gn19:12 | גבריא ללוט מן כדון | מה | אית לך הכה חתנך ובניך |
| 008 | | Gn 4:08 | אפין אית בדינא מן בגלל | מה | איתקבל קרבנך ברעוא וקרבני |
| 009 | | Lv10:17M | מן בגלל | הא לא/מה#2#/ | אכלתון ית חטאתה באתר |
| 010 | | Nu22:30 | בלעם רשיעא חסיר דעתה | מה | אן אנה דאנה בעיר מסאב ומיתה |
| 011 | | Gn30:30 | ייי יתך בזכוותי וכען | מה | אנה יכל למעבד ואנה זקיק |
| 012 | | Nu23:08 | | מה | אנה לייט ^יתהון#2#^ וממריה |
| 013 | | Nu23:08 | וממריה דייי מסגי יתהון | מה | אנה מזער יתהון וממריה דייי |
| 014 | | Ex16:07 | תורעמתכון קדם ייי ואנן | מה | אנן חשיבין ארום תתרעמתון |
| 015 | | Ex16:08 | דאתון מתרעמין עלוי ואנן | מה | אנן חשיבין לא עלינ«ך» |
| 016 | | Gn27:37 | סמכ<'> יתיה ולך מן כדון | מה | אעבד ברי: |
| 017 | | Ex17:04 | וצלי משה קדם ייי למימר | מה | אעבד לעמא הדין עוד קליל |
| 018 | | Ex33:05 | גבר מני זיינן מעלוי ואדע | מה | אעבד לכון: |
| 019 | | Gn31:43 | {לי הו} לי הוא ולבנתי | מה | אעביד לאלין יומא דן או |
| 020 | | Gn31:37 | ארום פשפשת ית כל מניי | מה | אשכחת מן כל מני ביתך שוי |
| 021 | | Gn27:18 | אבוי ואמר אבא ואמר הנני | מה | את ברי: |
| 022 | | Gn37:15 | ושאל יתיה גברא למימר | מה | את בעי: |
| 023 | | Gn38:16 | {ארום תעול לוותי} ואמרת | מה | את יהב ל<י> ארום תעול |
| 024 | | Ex18:14 | די את עבד לעמא מן בגלל | מה | את יתב לבלחודך וכל עמא |
| 025 | | Nu22:30 | הוא מדכר קדמיהון | מה | את יכיל למילט יתהון ודי |
| 026 | | Gn29:22 | ובית שקוותן סגון וכדון | מה | אתון יהבין עצה ונישרי יתה |
| 027 | | Ex17:02 | ונשתי ואמר להון משה | מה | אתון מדיינין עמי {מנ} מה |
| 028 | | Ex17:02 | מה אתון מדיינין עמי {מנ} | מה | אתון מנסון קדם ייי: |
| 029 | | Nu16:03 | שכינתה דייי ומן בגלל | מה | אתון מתרברבין על קהל כנישתה |
| 030 | | Gn26:27 | {להם} להון יצחק מן בגלל | מה | אתיתון לור' ואתון שנאתון |
| 031 | | Gn30:31 | ואמר | מה | אתן לך ואמר יעקב לא תעבד |
| 032 | | Ex 2:04 | אחתיה מרחוק למידע אחתיה | מה | אתעביד ליה: |
| 033 | | Nu21:15 | מה בלבביה וגלי קדמוי | מה | בכוליתה רמז לטוריה ואקפו |
| 034 | | Nu21:15 | רבון כל עלמא ייי דידע | מה | בלבביה וגלי קדמוי מה |
| 035 | | Dt33:13 | ברך משה נבייא דייי ואמר | מה | בריכה היא מן קדם ייי ארעא |
| 036 | | Gn20:16M | צדיקא לילי חד ועל כל | מה | דאית עמי ועל כלה אתוכחית |
| 037 | | Gn24:02M | דהוה שליט בכל | מה | דאית ליה |
| 038 | | Dt 5:21M | ולא לביערה ולא לכל | מה | דאית לחבריכון ארום בחובי |
| 039 | | Gn21:33M | הוו בעין למיתן לה טימי | מה | דאכלו ושתין עני אבונן |
| 040 | | Gn49:01M | דהוי מתני להון כל | מה | דאתערע דיערא להון בסוף |
| 041 | | Nu12:12M | מצרעה באהילה כמיתה ארום | מה | דהדין וולד דהוי במע' |
| 042 | | Gn28:17 | ודחל ואמר | מה | דחיל הוא אתרא הדין «לית |
| 043 | | Lv16:01M | אשה ברייה קדם ייי | מה | די לא |
| 044 | | Gn18:24 | | מה | דילמא דאי«ת» חמשין זכיין |
| 045 | | Gn18:28 | | מה | דילמא יחסרון חמשתי זכיי |
| 046 | | Gn18:29 | תוב למתמללה עימיה ואמר | מה | דילמא דישתכחון תמן ארבעין |
| 047 | | Gn18:30 | יתקף רוגזא דייי ואמלל | מה | דילמה אם ישתכחון תמן |
| 048 | | Gn18:31 | כען שרית למללה קדם ייי | מה | דילמה דישתכחון תמן {תל} |
| 049 | | Gn18:32 | ואמלל לחוד זמנא הדין | מה | דילמה ישתכחון תמן עשרה ואמר |
| 050 | | Gn24:39 | ואמרת לריבוני | מה | דלמא דלא תיתי אתתא בתריי: |
| 051 | | Nu22:11 | אתה כען לוט לי יתהון | מה | ^דלמא#2#^ {י}<ד>איכול |
| 052 | | Nu23:03 | לבלק אתעתד על עלתך ואזל | מה | דלמא יזדמן מימריה דייי |
| 053 | | Gn16:02 | עול כען לות אמתי | מה | דלמה דאתבני אף אנה על ידה |
| 054 | | Gn24:05 | ואמר ליה עבדא | מה | דלמה לא תצבי אתתא למיתי |
| 055 | | Gn30:03 | {לוותה} ותלד ואנה ארבי | מה | דלמה דאתבני אף אנה על ידיה: |
| 056 | | Gn32:21 | כדון אחמי סבר אפוי | מה | דלמה דיסב לי אפין: |
| 057 | | Gn50:15 | ארום מית אבוהון ואמרין | מה | דלמה דיסטם יוסף יתן ומחזרא |
| 058 | | Nu22:06 | ארום תקיפין אינון מנן | מה | דלמה דאכול למשצ«י»א יתהון |
| 059 | | Nu33:55M | "מה די תשיירון מנהון": | מה | דמשתייר מנהון |
| 060 | | Dt23:25M | דחברך ותאכול ענבין | מה | דנפשך בעייה ותשבע ולמאניך |
| 061 | | Gn16:06M | "עבדי ... וצ<ער>ת": עבידי | מה | ד{פ}ש<פ>ר ותקן קודמך וצע' |
| 062 | | Nu 9:08M | קומו כען ואשמע יתכון | מה | דתקן מן קדם ייי מעבד לכון |
| 063 | | Ex13:14 | ישאלון בניכון למחר למימר | מה | הא דא ותימר ליה ביד תקיפא |
| 064 | | Ex15:06 | ימנך ייי | מה | הדירא היא בחילא ימינך ייי |
| 065 | | Gn 2:19 | יתהון לות אדם למחמי | מה | הוא קרא ליהון וכל מה דהוה |
| 066 | | Gn29:15 | קדמיי מגן תנה לי כען | מה | הוא אגרך: |
| 067 | | Gn36:39 | ועתר וקנה נכסין וידע | מה | הוא כספא ומה הוא דהבא: |
| 068 | | Gn42:28 | גבר לקבל אחוי למימר | מה | הוא דא דעבד ייי לנא: |
| 069 | | Ex 4:02 | ואמר ליה ייי | מה | הוא ^דאך#2#^ בידך ואמר חטר: |
| 070 | | Nu16:11 | דאזדמנתון קדם ייי ואהרן | מה | הוא חשיב דארעמתון עלוי: |
| 071 | | Gn42:13 | מן לוותן לית אנן ידעין | מה | הוה בסופיה: |
| 072 | | Gn42:32 | מלוותן לית אנן ידעין | מה | הוה בסופיה וזעירא יומא דן |
| 073 | | Gn42:36 | לדותינא לית אנא <ידע> | מה | הוה בסופיה ואתון בעין למיסב |
| 074 | | Ex32:23 | דמצרים לית אנן ידעין | מה | הוה בסיפי: |
| 075 | | Ex32:01 | דמצרים לית אנן ידעין | מה | הווה בסופה: |
| 076 | | Dt32:29 | וילפון אורית' אתבוננו | מה | הווי באחריותהון: |
| 077 | | Gn12:18 | וקרא פרעה לאברם ואמר | מה | הי' דא דעבדת לי למה כען לא |
| 078 | | Gn 2:25 | ועד כדון לא הוון ידעין | מה | היא בהתתה: |
| 079 | | Gn 3:13 | ואמר ייי אלהים לאתתא | מה | היא דא'די עבדית ואמרת אתתא |
| 080 | | Gn 4:10 | ואמר | מה | היא דא דעבדת קלא אדמהון |
| 081 | | Gn23:15 | סלעין דכסף ביני ובינך | מה | היא חשיב וית מתך קבר: |
| 082 | | Gn26:10 | ואמר אבימלך | מה | היא דא דעבדית לנא הא בקליל |
| 083 | | Gn29:25 | ה«י»א לא' ואמר ללבן | מה | היא דעבדת לי הלא ברחל פלחת |
| 084 | | Gn46:33 | יקרא לכון פרעה ויאמר | מה | היא עבדתיכון: |
| 085 | | Gn49:01 | דרשיעיא ושלוותה דעדן | מה | היא כחדא מתכנשין תרי עשר |
| 086 | | Ex14:05 | ודשלטנוי לוות עמא ואמרין | מה | היא דא דעבדנן ארום שלחנן ית |
| 087 | | Ex14:11 | יתן למקטלה יתן במדברא | מה | היא דא דעבדת לנא למפקה יתן |
| 088 | | Nu13:18 | ותחמון ית ארעא | מה | היא וית עמא דישריין בגווה |
| 089 | | Ex15:24 | ואתרעמו עמא על משה למימר | מה | הן אנן שתיין: |
| 090 | | Nu22:09M | \מן אינון גברייה /לה | מה | הנון גוברייא#2#/ האליין די |
| 091 | | Ex 4:26 | בכדן שבחת צפרה ואמרת | מה | חביב דם ^גזירתא#2#^ הדא |
| 092 | | Gn31:36 | וענה יעקב ואמר ללבן | מה | חובתי ומה סרחני ארום רדפת |
| 093 | | Gn37:10 | בה אבוי ואמר ליה | מה | חלמא הדין די חלמת הא מייתי |
| 094 | | Gn20:10 | ואמר אבימלך לאברהם | מה | חמית ארום עבדת ית פתגמא |
| 095 | | Nu24:05M | "מה ... דבית ישראל": | מה | טבן הנון |
| 096 | | Ex15:18 | אמרין בני ישראל | מה | יאה הוא לך כליל מלכותא ייי |
| 097 | | Gn49:11 | | מה | יאי הוא מלכא משיחא דעתיד |
| 098 | | Nu24:05 | דשמיש בהון ישראל אבוכון | מה | יאי הוא משכן זימנא דשרי |
| 099 | | Gn19:26 | אסתכלת לבתר«ה» למחמי | מה | יהווי בסופה דבייתיה דאבוה |

|  |  |  |  |  |  |
|---|---|---|---|---|---|
| 100 | | Gn37:20 | בשתא אכלת יתיה ונחמי | מה | יהווי בסופהון דחלמוי: |
| 101 | | Nu12:16 | מרים על גיף נהרא למידע | מה | יהווי בסופ«י»ה דמשה הוון |
| 102 | | Dt32:20 | אפי רעותי מנהון אחמי | מה | יהווי בסוף אחריותהון ארום |
| 103 | | Gn19:26M | אסתכלת מן בתרה למחמי | מה | יהוי בסוף בייתיה דא' |
| 104 | | Nu22:19 | אתון בליליה הדין ואדע | מה | יוסיף מן קדם ייי |
| 105 | | Gn49:12 | | מה | ייאיין עיינוי דמלכא משיחא |
| 106 | | Dt10:12 | וכדון ישראל | מה | ייי אלהכון שאל מן לוותכון |
| 107 | | Nu15:34 | דיתפרש להון קדם ייי | מה | יתעבד לה: |
| 108 | | Gn27:20 | ואמר יצחק לברה | מה | כען אוחת למשכחי ברי ואמר |
| 109 | | Gn27:12 | | מה | {ל} דלמה דימוש יתי אבא |
| 110 | | Ex 5:14 | דפרעה למימר מן בגלל | מה | לא אשלמתון סכומכון למלבן לא |
| 111 | | Nu12:08 | ייי הוה מסתכל ומן בגלל | מה | לא דחלתון לממללה בעבדי |
| 112 | | Gn21:17 | להגר מן שמיא ואמר לה | מה | ליך הגר לא תדחלין ארום שמע |
| 113 | | Gn21:07M | "ואמרת": ואמרת | מה | מהיימן הווה בישריה די בשר |
| 114 | | Nu22:32 | ואמר ליה מלאכה דייי על | מה | מחית ית אתנתך דנה תלתא |
| 115 | | Gn37:26 | ואמר יהודה לאחוי | מה | ממון אנן מתהניין ארום נקטול |
| 116 | | Ex29:27M | ומן דבנוי /דאשלמוותה | מה | מן דאית לאהרן ומן מה דאית |
| 117 | | Lv 3:06 | ואין | מה | מן ענה קרבניה לנכיסת קודשיה |
| 118 | | Gn44:18 | פרעה רבך ארום דאת ימה | מה | משתבע {ימ} בה את משתבע אנה |
| 119 | | Lv25:20 | וארום תאמרון | מה | נאכל בשתה שביעיתה הא לית |
| 120 | | Gn44:16 | ואמר יהודה | מה | נאמר לרבוני מה נמליל ומה |
| 121 | | Gn44:16 | יהודה מה נאמר לרבוני | מה | נמליל ומה נזדכי מן קדם ייי |
| 122 | | Gn29:22M | סגון וכדו היבו לי עצה | מה | נעבד בה וישרי גבן {ו}שב<ע> |
| 123 | | Ex10:26M | ואנן לית אנן ידעין | כמה/מה#2#/ | נפלח קדם ייי עד זמן |
| 124 | | Ex10:26M | "כמה ... לתמן": | מה | נקרבה קדם ייי עד מעלן תמן |
| 125 | | Lv22:27M | די גרמו חובייה ולית לן | מה | נקרבה מן עדרי ענינן תורה |
| 126 | | Dt 6:20 | יתכון בניכון למחר למימר | מה | סהדוותה וקיימיה וסדרי |
| 127 | | Ex 3:03M | מן בגלל \לא יקד סנייה | /מה | סנה מטרב ולא יקד#2#/: |
| 128 | | Ex32:21 | ואמר משה לאהרן | מה | עבד לך עמא האיליין ארום |
| 129 | | Gn44:15 | ואמר להון יוסף | מה | עבדא הדן די עבדתון הלא |
| 130 | | Gn44:18 | אשתמע לך ולא אתני לך | מה | עבדו תרין אחיי שמעון ולוי |
| 131 | | Gn20:09 | אבימלך לאברהם ואמ' ליה | מה | עבדת לנא ומה חטאנא לך ארום |
| 132 | | Gn31:26 | ואמר לבן ליעקב | מה | עבדת וגנבת ית דעתי: |
| 133 | | Nu22:28 | פמה דאתנתה ואמר לבלעם | מה | עבדת לך ארום מחית יתי דנה |
| 134 | | Nu23:11 | ואמר בלק לבלעם | מה | עבדת לי למלוט בעלי דבבי |
| 135 | | Ex 1:18 | לחייתא ואמר להון מן בגלל | מה | עבדתון פתגמא הדין וקיימתון |
| 136 | | Gn31:32 | ימות}} קביל אחינן חכם לך | מה | עמי וסב לך ולא ידע |
| 137 | | Gn38:18 | ואמר | מה | ערבונא די אתן ליך ואמרת |
| 138 | | Ex18:14 | דהוה עבד לעמ«א» ואמר | מה | פתגמא הדין די את עבד לעמא |
| 139 | | Lv26:29 | אי | מה | קשיין אינון חובייה ותקיפין |
| 140 | | Ex 3:13 | לוותכון ויאמרו ל{ו}<י> | מה | שמיה מה אימר להון: |
| 141 | | Gn32:28 | ואמר ליה | מה | שמך ^הוא#2#^ ואמר יעקב: |
| 142 | | Gn49:20 | טוביכון דבית אשר | מה | תפנוקי מלכייא דבני ישראל: |
| 143 | | Nu24:21 | ונטל במתל נבותה ואמר | מה | תקיף הוא משרויך ושוית |
| 144 | | Dt29:23 | דייי כדן עבד לארעה הדה | מה | תקיף הוא רוגזיה רבה הדין: |
| 145 | | Gn38:29 | ידיה והא נפק אחוי ואמרת | מה | תקפת ועתיד למתקף ברי וקרא |
| 146 | במה | Ex22:26M | בשרה \במה הוא דמך | /במה | הוא קאים#2#/ ויהוי ארום |
| 147 | ובמה | Ex33:16 | | ובמה | יתודע כדון ארום אשכחת חן |
| 148 | ומ' | Ex23:11M | יתי' מסכנייה דבעמ' | ומ' | |
| 149 | ומה | Nu13:19 | | ומה | ארעא דאינון שריין בה הא |
| 150 | | Nu13:20 | | ומה | ארעא השמינין אינון פריה או |
| 151 | | Lv14:17M | "ומן ... על": | ומה | דאשתייר מן משחה דאית על |
| 152 | | Gn36:39 | נכסין וידע מה הוא כספא | ומה | הוא דהבא: |
| 153 | | Gn25:27M | עשו גבר נחוש ירכן | ומ{ר}<ה> | הוא נחי<ש> ירכן דהווה נחשא |
| 154 | | Gn20:09 | ואמ' ליה מה עבדת לנא | ומה | חטאנא לך ארום אייתת עלי |
| 155 | | Gn20:09M | /היא דא דעבדת לנו | ומה | חטינך#2#/ לך ארום אייתת |
| 156 | | Lv26:29M | בישין הנון חובייה | ומה | מרירין אינון חטייה לאב' |
| 157 | | Gn44:16 | נאמר לרבוני מה נמליל | ומה | נזדכי מן קדם ייי ארעת |
| 158 | | Gn31:36 | ואמר ללבן מה חובתי | ומה | סרחני ארום רדפת בתריי: |
| 159 | | Nu13:19 | בה הא טבה היא או בישה | ומה | קרייתה די אינון שריין |
| 160 | במה | Ex22:26 | היא רקיעתא למשך בשרה | במה | הוא דמך ויהוי ארום יצווח |
| 161 | | Gn15:08 | בבעו ברחמין מן קדמיך | במה | כען {אדן}<אדע#2#> ארום |
| 162 | ממה | Nu 6:11M | "על מה די חטא על נפשה": | ממה | דחב על בר נשא דמית די קבר |

## מה *conj.* that which [292]

|  |  |  |  |  |  |
|---|---|---|---|---|---|
| 001 | מה | Gn31:12 | ארום גלי קדמיי ית כל | מה | דלבן עבד לך: |
| 002 | | Gn31:01 | למימר נסב יעקב ית כל | מה | דאבונן ומן דאבונן קנה ית כל |
| 003 | | Lv18:09 | דאבוך או ברתה דאמ«ך» | מה | דאולד אבוך מן אתה חורי או |
| 004 | | Lv18:11 | דברתה דאיתתה דאבוך | מה | דאולד אבו«ך» אחתך היא לא |
| 005 | | Nu 3:49 | משה ית כסף פרקוניה מן | מה | דאישתייר על פרקוניהון |
| 006 | | Gn30:36M | רעי ית ענא דלבן | דאשתיירת/מה | דאישתירו#2#/: |
| 007 | | Gn12:20M | יתיה וית אתתיה וית כל | מה | דאית לה: |
| 008 | | Gn19:12 | חתנך ובניך ובנותיך וכל | מה | דאית לך בקרתא אפק מן |
| 009 | | Gn31:01M | /דאית לאבונן ומן {מן} | <מה> | דאית לאבונן תקף ית#2#/ |
| 010 | | Gn33:09M | לך כל מה דילך /יהוי לך | מה | דאית לך#2#/: |
| 011 | | Gn45:10M | ותוריך \וכל דילך /וכל | מה | דאית לך#2#/: |
| 012 | | Ex 9:19 | שלח כנש ית בעירך וית כל | מה | דאית לך באפי ברא כל אינשא |
| 013 | | Ex29:27M | מה מן דאית לאהרן ומן | מה | דאית לבנוי#2#/: |
| 014 | | Lv14:36M | בבית' /מכתש ולא יסב כל | מה | דאית בבית#2#/ ומן בתר כדין |
| 015 | | Lv22:20 | כל | מה | דאית ביה מום לא לרעוה יהווי |
| 016 | | Dt 8:02 | <למנסייה יתכון> למידע ית | מה | דאית במחשבת לבבכון הא אין |
| 017 | | Dt 8:13 | וכסף ודהב יסגי לכון וכל | מה | דאית לכון יסגי: |
| 018 | | Dt10:14 | ושמי שמייא ארעא וכל | מה | דאית בה: |
| 019 | | Dt13:16 | דחרב תשיצון יתה וית כל | מה | דאית בה וית בעירה לפתגם |
| 020 | | Dt22:04M | \מה דבלבך /ית | מה | דאית בלבך#2#/ עלוי ומפרוק |
| 021 | | Gn32:14 | תמן בליליה ההוא ונסב מן | מה | דאיתי בידי דורון לעשו |
| 022 | | Gn14:24 | בר מני לחוד | מה | דאכלו טליא וחלקיהון דגובריא |
| 023 | | Nu24:03 | אמר גברא דיקיר מן אבוי | מה | דאכסי מן כל נבואה אתגלי |
| 024 | | Ex12:42 | בכוריהון דישראל למקיימא | מה | דאמר כתבא בני בוכרי אינון |
| 025 | | Ex12:42 | ברת תשעין שנין למקימה | מה | דאמר כתבא הא אברם בר מאה |
| 026 | | Ex18:24 | משה לקלה דחמוי ועבד כל | מה | דאמר: |
| 027 | | Dt12:08 | לא תעבדון ככל | מה | דאנן עבדין הכה יומא הדין |
| 028 | | Ex25:22 | תרין כרובייא ית כל | מה | דאפקד יתך על בני ישראל: |
| 029 | | Dt 9:07 | אדכרו לא תנשון ית | מה | דארגזתון ית מימרה דייי |
| 030 | | Ex29:34 | ומן לחמה עד צפרא ותיקד | מה | דאשתייר בנורא לא יתאכל ארום |
| 031 | | Lv10:16 | איתמר בנוי דאהרן | ^מה#2#^ | דאשתיירו למימר: |
| 032 | | Gn21:22 | לאברהם לממר ייי עמך בכל | מה | דאת עבד: |
| 033 | | Gn31:43 | ובניא בניי וענה עניי וכל | מה | דאת חמי {לי הו} לי הוא |
| 034 | | Dt14:22 | ית כל עללת זרעיכון | מה | דאתון מפקין וזרעין באפי ברה |
| 035 | | Lv 5:05 | לחדא מן אלין ויתוודי על | מה | דאתחייב עלוי: |
| 036 | | Nu 6:11M | עלוי \על מה די חטא /מן | מה | דאתחייב#2#/ על נפשה ויקדש |
| 037 | | Nu24:15 | אמר גברה דיקיר מן אבוי | מה | דאתכסי מן כל נביאיה יתגלי |
| 038 | | Ex34:34 | וממלל עם בני ישראל ית | מה | דאתפקד: |
| 039 | | Dt19:14 | לא תֹארע תחומא דחברך | מה | דאתקינו קדמייה באחסנתכון די |
| 040 | | Dt12:07M | \די ברך /מן | מה | דב'#2#/ יתכון ייי אלהכון: |
| 041 | | Ex20:11 | וית ארעא ית ימיה וית כל | מה | דבהון והוה שבא ונייח קדמוי |
| 042 | | Ex40:09 | ותרבי ית משכנה וית כל | מה | דביה ותקדש יתי' וכל מנוי |
| 043 | | Lv 8:10 | משכנה וית כל מנוי וית כל | מה | דביה וקדש יתהון: |

|  |  |  | | |
|---|---|---|---|---|
| 044 | Lv11:33 | די יפול מנהון לגוויה כל | מה | דביה יסתאב ויתיה תתברון: |
| 045 | Nu 4:16 | דרבותה סכום כל משכנה וכל | מה | דביה בבית קודשה ובמנוי: |
| 046 | Ex23:02 | למבאשא לא תמנע מן למימר | מה | דבלבך על חברך בדינא דלא |
| 047 | Ex23:05 | עמיה משבק תשבק כל | מה | דבלבך על חברך ומפרק תפרק |
| 048 | Dt22:04 | עיינך מנהון משבוק תשבוק | מה | דבלבך עלוי ומפרוק תפרוק |
| 049 | Gn 2:19 | מה הוא קרא ליהון וכל | מה | דהוה אדם קרי ליה בלשן |
| 050 | Gn13:01 | ממצרים הוא ואתתיה וכל | מה | דהוה ליה ולוט עמה לדרומה: |
| 051 | Gn30:29 | מה די פלחת קדמ{ת}<ך> וית | מה | דהוה בעירך קדמיי ותק«י»ף |
| 052 | Gn30:30M | ארום \קליל בעיר /צעיר | מה#2/ | דהוה לך קדמיי ותקף וסגה |
| 053 | Gn39:03 | ארום ייי הווה עמיה וכל | מה | דהוה עבד הוה ייי מצלח |
| 054 | Gn39:05 | על ביתיה ועל כל | מה | דהוה ליה וברך ייי ית ביתיה |
| 055 | Ex 9:25 | בכל ארעא דמצרים ית כל | מה | דהוה באפי ברא מן בני אינשא |
| 056 | Ex18:14 | וחמא חמוי דמשה ית כל | מה | דהוה עבד לעמ«א» ואמר מה |
| 057 | Nu16:33 | ונחתו אינון וכל | מה | דהוה להון חיין שאול וכסיית |
| 058 | Dt 1:27 | במשכנכון ואמרתון על | מה | דהוה ממרה דייי סני יתן אפק |
| 059 | Gn34:29 | נשיהון שבו ובזו וית כל | מה | דהווה בגו בייתה: |
| 060 | Gn39:05 | והוה ברכתיה דייי בכל | מה | דהווה ליה בבייתיה ובאפיה |
| 061 | Lv22:27 | עידן דתדכר לן קרב«נ»ינן | מה | דהוויין מקריבין ומתכפר על |
| 062 | Gn31:39 | משלם יתה מני את תבע יתה | מה | דהוון גנביא גנבין באיממא |
| 063 | Gn39:22 | די בבית חבושיה וית כל | מה | דהוון עבדין תמן הוא הוה |
| 064 | Lv25:25 | דקריב לוותה ויפרוק ית | מה | דזבן אחוי: |
| 065 | Lv26:24M | על דחטיתון /על חד שבעה | מה | דחטיתון קדמי#2/: |
| 066 | Ex33:19M | אפי#2/ ואחוס על | מן/מה#2/ | דחמי למחוס וארחם על מן |
| 067 | Ex33:19M | למחוס וארחם על | מן/מה#2/ | דחמי למרחמה/לה |
| 068 | Nu27:05M | קטלין בפריע ית | מן/מה#2/ | דחמי ליה למתקטלה בדינה |
| 069 | Gn45:13 | כל אקרי במצרי' וית כל | מה | דחמיתון ותוחון ותחתון ית |
| 070 | Gn 6:02 | ונסבו להון {א}נשי' מן כל | מה | די בחרו: |
| 071 | Gn 6:17 | דחיין מן תחות שמיא כל | מה | די בארע' ישתיצי: |
| 072 | Gn 7:05 | ועבד נח כל | מ{ן}<ה> | די פקד יתיה ייי: |
| 073 | Gn 7:22 | דרוח חיין בנחירוי מן כל | מה | די ביבשתא מיתו: |
| 074 | Gn 8:21M | \היך מה די עבדת /ית | מה | די ברית#2/: |
| 075 | Gn 9:02 | ועל כל עופא דשמיא בכל | מה | די תרחש על ארעא ובכל נונוי |
| 076 | Gn11:06 | וכדון לא יתמנע מנהון כל | מה | די חשבו למעבד: |
| 077 | Gn18:17 | אנה מאברהם רחמי ית | מה | די עבד אנה הואיל וכרכה |
| 078 | Gn21:12M | דתימר /ולא על אמהתך כל | מה | די אתמ#2/ לך שרה שמע |
| 079 | Gn21:33 | הוון בעין למיתן ליה אדמי | מה | די אכלו ושתו והוה אמר להון |
| 080 | Gn27:45M | וינשי \ית מה דעבדת /יתך | מה | די עבדית#2/ ואשלח |
| 081 | Gn30:29 | ואמר ליה את ידע ית | מה | די פלחת קדמ{ת}<ך> וית מה |
| 082 | Gn31:16 | דידן אינון ודבנן וכדון | מה | די אמר ייי לך עבד: |
| 083 | Gn31:21 | וערק הוא וכל | מה | די לה וקם ועבר ית נהרא ושוי |
| 084 | Gn34:11 | אשכח חן וחסד באפיכון וית | מה | די תאמרון לי אתן: |
| 085 | Gn34:28 | וית מה די בקרתא וית | מה | די באפי ברא נסבו: |
| 086 | Gn34:28 | וית תוריהון <....> וית | מה | די בקרתא וית מה די באפי ברא |
| 087 | Gn41:50 | קדם עד לא תיתי שתא דכפנא | מה | די ילדת לה אסנת ברת |
| 088 | Gn42:29 | דכנען ותנון לה ית כל | מה | די יערע יתהון למימר: |
| 089 | Ex 3:16 | מדכרה ידכר ייי יתכון וית | מה | די עבדו לכון מצריי: |
| 090 | Ex 4:12M | /ואחווי#2/ יתך ית | \מה#2/ | די תמלל: |
| 091 | Ex 4:15 | ממלל פמה ואלף יתכון ית | מה | די תעבדון: |
| 092 | Ex 6:01 | ואמר ייי למשה כדון תחמי | מה | די אעבד לפרעה ארום בידא |
| 093 | Ex 6:29 | פרעה מלכא דמצרים ית כל | מה | די אנה ממלל{ך}<ל> עמך: |
| 094 | Ex 7:02 | את תמלל ית כל | מה | די פקדת יתך ואהרן אחוך |
| 095 | Ex10:02 | דבניכון ובני בניכון | מה | די שנקת במצריי וית נסיי די |
| 096 | Ex10:12 | ית כל עשבא וארעא ית כל | מה | די שייר ברדה: |
| 097 | Ex12:16 | עבידא לא יתעבד בהון לחוד | מה | די יתעביד לכל צורכיה דנפשה |
| 098 | Ex16:05 | דייתון ויהוי בכפולה על | מה | די ילקטון סכום יום ביומיה: |
| 099 | Ex16:16 | מניין נפשכון גבר לפם | מה | די במשכנה תסבון: |
| 100 | Ex16:23 | שבתא קדש קדם ייי למחר ית | מה | די תאפון תאפון וית מה די |
| 101 | Ex16:23 | ית מה די תאפון תאפון וית | מה | די תבשלון בשלו וית כל מה |
| 102 | Ex20:17 | תורי ולא חמריה ולא כל | מה | די לחברך ארום בחובי חמודייה |
| 103 | Ex21:30 | ויתן פרקון נפשיה בכל | מה | די ישתוי עלוי: |
| 104 | Ex23:13 | ובכל | מה | די אמרת לכון תהוון זהירין |
| 105 | Ex23:16 | דחצדא בכרת עבד ידיכון | מה | די אתון מפקין וזרעין באפי |
| 106 | Ex23:22 | תשמעון בקל ממרי ותעבד כל | מה | די ימלל ואסני למן דסני |
| 107 | Ex24:07 | כשמעון דעמא ואמרין כל | מה | די מלל ייי נעבד ונשמע: |
| 108 | Ex25:09 | כל | מה | די אנא מחזי יתך ית דמותא |
| 109 | Ex31:06 | שוית חכמה ויעבדון ית כל | מה | די פקדית יתך: |
| 110 | Ex31:11 | קטרת בסמניה לקידוש כל | מה | די פקדית יתך תעבדון: |
| 111 | Ex31:14 | מתקטלה יתקטל ארום כל | מה | די יעבד בה עבידה ותשתיצי |
| 112 | Ex34:11 | אזדהר לך ית | מה | די אנה מפקד יתך יומא הדין |
| 113 | Ex35:10 | ייתון ויעבדון ית כל | מה | די פקד ייי: |
| 114 | Ex36:01 | עבידת פלחן בית קודשא לכל | מה | די פקד ייי: |
| 115 | Ex39:32 | ועבדו בני ישראל כל | מה | די פקד ייי ית משה כדין |
| 116 | Ex39:42 | ככל | מה | די פקד ייי ית משה כן עבדו |
| 117 | Lv 3:04 | עליהון די על כסליה וית | מה | די משתייר מן חצר כבדה על |
| 118 | Lv 5:04 | למבאשה או למיטבה לכל | מה | די יפרש ליה בר נשה בשבועה |
| 119 | Lv 5:16 | וית | מה | די אתחייב מן קדשיה ישלם וית |
| 120 | Lv 5:22 | על שקר על חדא מן כל | מה | די עבד ברנשא למיחטי בהון: |
| 121 | Lv 5:26 | וישתבק ליה על חדא מן כל | מה | די יעבד למתחייבה בה: |
| 122 | Lv10:12M | סבו ית מנחתה | \מה#2/ | די אשתיירת מן קרבנוי |
| 123 | Lv11:09 | ית דין תאכלון מן כל | מה | די {מב}<במ>יא כל דאית לה |
| 124 | Lv13:51 | או בערבה או במשך לכל | מה | די יתעבד משכה לעבידה צרעה |
| 125 | Lv14:22 | תרין גוזלין בני יון מן | מה | די תרע ידה ויהוי חד לחטאת' |
| 126 | Lv14:31 | ית | מה | די תארע ידה ית חד לחטאתה |
| 127 | Lv14:36 | ית מכתשה ולא יסתאב כל | מה | די בבית' ומן בתר כדין ייעול |
| 128 | Lv15:20M | וכל | \מה#2/ | \די תדמוך/דדמוך#2/ |
| 129 | Lv15:32 | גיזירת אוריתה דדיבה וית | מה | די תפוק מיניה תשמיש דזרע |
| 130 | Lv20:25 | בבעירה ובעופה ובכל | מה | די תרחש ארעא די אפרשית לכון |
| 131 | Lv22:15 | קדשיהון דבני ישראל ית | מה | די יפרשון לשמה דייי: |
| 132 | Lv25:33 | וית | מה | די יפרוק מן ליוויה ויפוק |
| 133 | Lv27:09 | מנה קרבן קדם ייי כל | מה | די יפרש מינה לשמה דייי יהוי |
| 134 | Lv27:32 | וכל מעשרה תורין וען כל | מה | די יעבר שרביטה עשיריה יהוי |
| 135 | Nu 1:54 | ועבדו בני ישראל ככל | מה | די פקד ייי ית משה כדן |
| 136 | Nu 2:34 | ועבדו בני ישראל כל | מה | די פקד ייי ית משה כדן שרון |
| 137 | Nu 4:26 | כל מני פולחניהון וית כל | מה | די יתעבד להון ויפלחון: |
| 138 | Nu 6:11 | וחד לעלתה ויכפר עלוי על | מה | די חטא על נפשה ויקדש ית |
| 139 | Nu 6:21 | ייי על נזירותיה בר מן | מה | די תרע ידה כפם נדרה כדן |
| 140 | Nu 8:20 | דבני ישראל ללווי כל | מה | די פקד ייי ית משה על ליווי |
| 141 | Nu 9:05 | שמשתה במדברה דסיני כל | מה | די פקד ייי ית משה כדן עבדו |
| 142 | Nu15:14 | יתותב עמכון גיור או מן | מה | די ביניכון לדריכון ויקרב |
| 143 | Nu15:23 | כל | מה | די פקד ייי עליכון על ידוי |
| 144 | Nu18:13 | בכרת כל | מה | די בארעהון די ייתון לשמה |
| 145 | Nu22:02 | וחמא בלק בר צפור ית כל | מה | די עבדו ישראל לאמריי: |
| 146 | Nu22:06 | ארעא ארום ידע אנה ^ית | מה#2^ | די את מברך יהווי מברך וית |
| 147 | Nu22:06 | את מברך יהווי מברך וית | מה | די את לייט הווי ליט: |
| 148 | Nu22:17 | מיקרה אייקר יתך לחדא וכל | מה | די תאמר לי אעבד ואתה כען |
| 149 | Nu23:12 | וענה ואמר הלא | מה | די ישוי מימריה בפמי יתיה |
| 150 | Nu23:26 | הלא מלילית עמך למימר כל | מה | די ימלל ייי יתה אעבד: |
| 151 | Nu24:13 | סבא או בישא מן דעתי ית | מה | די ימליל ייי יתיה אמלל: |

|  |  |  |  |  |
|---|---|---|---|---|
| 152 | Nu25:14 | דגברא בר ישראל קטילה | מה | די אתקטל עם מדיניתה זמרי |
| 153 | Nu25:18 | ברת רבה דמדין אחתהון | מה | די אתקטלת ביום מגפתה על עסק |
| 154 | Nu27:23 | עלוי ופקד עלוי ופקד יתיה | מה | די מלל ייי על ידוי דמשה: |
| 155 | Nu28:02 | לחמי לחם סדור פתורי | מה | די אתון מקרבין קדמי הלא |
| 156 | Nu28:14 | ונסוכיהון | מה | די תהוון מקרבין עמהון פלגות |
| 157 | Nu29:21 | ומנחתהון וניסוכיהון | מה | די תהוון מקריבין עמהון עם |
| 158 | Nu29:27 | ^ומנחתהון ונסוכיהון | מה | די תהוון מקרבין עם תורייה |
| 159 | Nu29:30M | ומנחתהון ונסוכיהון/וחימר | מה | די תהוון מקריב«י»ן עמהון |
| 160 | Nu29:33 | ומנחתהון ונסוכיהון | מה | די תהוון מקריבין עמהון עם |
| 161 | Nu29:37 | ומנחתיהון וניסוכיהון | מה | די תהוון מקריבין עמהון עם |
| 162 | Nu30:01 | ואמר משה לבני ישראל כל | מה | די פקד ייי ית משה: |
| 163 | Nu31:23 | להוד במי אדיה ידכא וכל | מה | די לא ייעול בנורא תעברון |
| 164 | Nu32:31 | ובנוי דראובן למימ' ית | מה | די מלל ייי עם עבדך כדן |
| 165 | Nu33:04 | ומצרי הוון קברין ית | מה | די קטל ייי בהון כל בכוריה |
| 166 | Nu33:55 | מן קדמיכון ויהווי ית כל | מה | די תשיירון מנהון לסיכין |
| 167 | Nu34:15 | דעוג מלכא דבותניין | מה | די קטל משה נביא דייי נפק |
| 168 | Dt 1:03 | משה עם בני ישראל כל | מה | די פקד ייי יתיה למימר להון: |
| 169 | Dt 1:30 | לכון נצחני קרביכון ככל | מה | די עבד ייי עמכון במצרים |
| 170 | Dt 1:41 | אנן נסוק ונסדר קרבה ככל | מה | די פקד יתן ייי אלהן |
| 171 | Dt 2:37 | יבקא וקורי טורה וכל | מה | די פקד ייי אלהן: |
| 172 | Dt 3:21 | למימר עיינך חמיין ית כל | מה | די עבד ייי אלהכון לתרין |
| 173 | Dt 4:03 | הא עייניכון חמיין ית כל | מה | די עבד ממריה דייי בפלחי |
| 174 | Dt 4:34 | ובחזו{ז}<ו>ן רברבין ככל | מה | די עבד לכון ייי אלהכון |
| 175 | Dt 4:46 | דהווא שרי בחשבון | מה | די קטיל משה ובני ישראל |
| 176 | Dt 5:21 | תוריה ולא חמריה ולא כל | מה | די לחברך ארום בחובי חמודיה |
| 177 | Dt 5:27 | אלהן ואת תמלל עמן ית כל | מה | די ימלל ייי אלהך עמך ונשמע |
| 178 | Dt 5:27 | קרב את ושמע ית כל | מה | די יאמר ייי אלהן ואת תמלל |
| 179 | Dt 5:28 | הא שפר ותקן אייטיבו כל | מה | די מלילו: |
| 180 | Dt 7:08M | די נטר/ומידנטר#2#/ומן | מה | די נטר#2#/ ית שבועתה די |
| 181 | Dt 7:08M | ארום מן רחמתה\די רחם | /מה | די רח#2#/ ייי יתכון ומן |
| 182 | Dt 7:18 | מנהון מדכרה תדכרון ית | מה | די פרע ייי אלהכון מן פרעה |
| 183 | Dt 7:20 | בהון עד זמן די יסופון | מה | די אשתיירו ומה די אטמרו |
| 184 | Dt12:11 | תמן תמן תיתון ית כל | מה | די אנה מפקד יתכון עלוותכון |
| 185 | Dt12:14 | ותמן תעבדון ית כל | מה | די אנה מפקד יתכון: |
| 186 | Dt14:09 | ית איליין תאכלון מן כל | מה | די במיא כל דאית ליה סנפרין |
| 187 | Dt14:26 | ובחמר חדת ובעתיק ובכל | מה | די תשאל יתכון נפשיכון |
| 188 | Dt14:26 | ותזבנון בכספא ככל | מה | די תתחמד נפשיכון בתורין |
| 189 | Dt15:14 | מן אדרך ומן מעצרתך מן | מה | די ברך יתך ייי אלהך תתן לה: |
| 190 | Dt15:18 | יתכון ייי אלהכון בכל | מה | די תעבדון: |
| 191 | Dt16:04 | יומין ולא יבית מן בשרא | מה | די תכסון בלילי יומא טבה |
| 192 | Dt17:10 | דייי ותתטרון למעבד כל | מה | די ילפון יתכון: |
| 193 | Dt18:16 | ככל | מה | די שאלתון מן קדם ייי אלהכון |
| 194 | Dt18:17M | כל מה /סבאת מלילו כל | מה#2#/ | די מלילו: |
| 195 | Dt18:17 | לי משה הא שפר ותקן כל | מה | די מלילו: |
| 196 | Dt18:18 | בפומיה וימלל להון ית כל | מה | די אפקד יתיה: |
| 197 | Dt18:20 | לממללא פתגם בשם ממרי ית | מה | די לא פקדית יתיה לממללא ודי |
| 198 | Dt20:14 | נשייה וטפלייה ובעירה וכל | מה | די יהווי בקרתה וכל |
| 199 | Dt21:16 | די יחסין ית בנוי ית | מה | די יהווי לה לית הוא רשיי |
| 200 | Dt21:17 | ^לה#2#^ חולק בכופלה בכל | מה | די ישתכח ליה ארום הוא שרוי |
| 201 | Dt23:09 | בנין | מה | די יתיילדו להון דר תליתי |
| 202 | Dt24:08 | למיטור לחדה ולמעבד ככל | מה | די ילפון יתכון כהנייא |
| 203 | Dt24:09 | ישראל הוון דכירין ית | מה | די עבד ייי אלהכון למרים |
| 204 | Dt25:17 | ישראל הוון דכירין ית | מה | די עבדו לכון דבית עמלק |
| 205 | Dt26:10 | בוכרת כל פירי ארעא מן | מה | די יהבת לן ייי ותצנעון קדם |
| 206 | Dt26:14 | עבדנן {כ}בכל | מה | די פקדת יתן: |
| 207 | Dt29:01 | להון אתון חמיתון ית כל | מה | די עבד ייי לעייניכון בארעא |
| 208 | Dt29:08 | מן בגלל דתצלחון ית כל | מה | די תעבדון: |
| 209 | Dt29:15 | שרינן בארעא דמצרים וית | מה | די עברנן ביני אומייה די |
| 210 | Dt29:15 | ארום ידעתון ית | מה | די שרינן בארעא דמצרים וית |
| 211 | Dt30:02 | ותשמעון בקל מימריה ככל | מה | די אנה כען מפקד יתכון אתון |
| 212 | Dt33:02 | אמרין בני ישראל ית כל | מה | «די» מלל מימרה דייי נעבד |
| 213 | Gn41:25 | דפרע«ה» חד הוא ית | מה | דייי עבד אתני לפרעה: |
| 214 | Gn41:28 | די מלילית עם פרעה ית | מה | דייי עבד אתני לפרעה: |
| 215 | Lv18:09M | גבר/דילידת מן אבוך או | מה | דיילדת מן גב#2#/ אוחרן לא |
| 216 | Gn41:55 | מצראי אזלו לוות יוסף | מה | דיימר לכון תעבדון: |
| 217 | Ex16:05 | ביומא שתיתא ויצנעון ית | מה | דייתון ויהוי בכפולה על מה |
| 218 | Gn46:20 | ליוסף בארעא דמצרים | מה | דילידת ליה אסנת ברת |
| 219 | Lv18:09 | אבוך מן אתה חורי או | מה | דילידת אמך מן גבר אוחרן לא |
| 220 | Nu23:27 | כען אדבר יתך לאתר אחרן | מה | דילמה דיהוי רעווה מן קדם |
| 221 | Gn18:19 | ממריה דייי על אברהם ית | מה | דימלל עמה: |
| 222 | Nu32:24 | ודרין לעניכון וית | מה | דיפוק מפומיכון תעבדון: |
| 223 | Lv 5:24 | או מכל | מה | דיש{בת}<תב>ע עלוהי לשק' |
| 224 | Nu29:18 | ומנחתהון וחמר ניסוכיהון | מה | דיתהוון מקריבין עמהון עם |
| 225 | Lv10:01M | /בהן אשתא בריה מן תפין | מה | דלא אתפקד להון#2#/: |
| 226 | Lv19:14 | לא תלו' ית | מה | דלא שמע וקדם מן דלא חמי לא |
| 227 | Lv26:35 | דהיא צדי מנכון תשמט ית | מה | דלא אשמטת בשמיט<י>כון כד |
| 228 | Dt31:29 | עקב יומייא ארום תעבדון | מה | דלא שפר ותקן קדם ייי למכעסה |
| 229 | Gn28:15M | /זמן די אעבד#2#/ ית | \מה#2#/ | דמלילית לך: |
| 230 | Ex19:08 | כחדא בלבא שלמא ואמרי' כל | מה | דמלל ייי נעבד וחזר משה ית |
| 231 | Ex16:23 | מה די תבשלון בשלו וית כל | מה | דמשתייר אצניעון לכון למטרה |
| 232 | Ex29:13 | כל תרבה דחפי ית כרסה וית | מה | דמשתייר מחצר כבדה וית תרתין |
| 233 | Ex29:22 | תרבה דחפי ית כרסה וית | מה | דמשתייר מן חצר כבדה וית |
| 234 | Lv 3:10 | די עליהן די על כסליה וית | מה | דמשתייר על חצר כבדה על |
| 235 | Lv 3:15 | די עליהן דעל כסליה וית | מה | דמשתייר מן חצר כבדה על |
| 236 | Lv 4:09 | די עליהן די על כסליה וית | מה | דמשתייר מן חצר כבדה על |
| 237 | Lv 7:04 | עליהון די על כסליה וית | מה | דמשתייר על חצר כבדה על |
| 238 | Lv 8:16 | תרבא די על בני גווה וית | מה | דמשתייר מן חצר כבדה וית |
| 239 | Lv 8:25 | תרבה די על בני גוה וית | מה | דמשתייר מן חצר כבדה וית |
| 240 | Lv 9:10 | וית תרבה וית כלייתה וית | מה | דמשתייר מן חצר כבדה מן |
| 241 | Lv25:27 | ית שנין זבוניה ויחזר ית | מה | דמשתייר לגברה דיזבן ליה |
| 242 | Ex15:01M | ומתגאה על גוותניה וכל | מה | דמתגאה#2#/ קדמוי הוא |
| 243 | Dt 8:03 | חיי בר נשה ארום» כל | מה | דנפק מן פם גזירת ממריה דייי |
| 244 | Dt 4:25 | וצורא}} וכל דמו ותעבדון | מה | דסני ומרחק קדם ייי אלהכון |
| 245 | Dt 9:18 | חוביכון די חטיתון למעבד | מה | דסני ומרחק קדם ייי למכעסה |
| 246 | Dt17:01 | מום כל מילה דפסילה ארום | מה | דסני ומרחק קדם ייי אלהכון |
| 247 | Dt17:02 | לכון גבר או אתה די יעבד | מה | דסני ומרחק קדם ייי אלהכון |
| 248 | Dt25:16M | ארום | סני/מה | דסני#2#/ ומרחק קדם ייי |
| 249 | Dt27:15 | {{צלם וצורה}} וכל דמו | מה | דסני ומרחק קדם ייי עבד ידי |
| 250 | Dt27:15 | {{צלם וצורה}} וכל דמו | מה | דסני ומרחק קדם ייי עובד ידי |
| 251 | Gn 1:31 | וגלי קדם ייי ית כל | מה | דעבד והא שפר ותקן לחדא והוה |
| 252 | Gn 9:24 | נח מן חמריה וידע ית | מה | דעבד ליה בריה זעירא: |
| 253 | Gn38:10 | ובאש קדם י{ת} | מה | דעבד ומית אף הוא במימר |
| 254 | Ex18:01 | דמדין חמוי דמשה ית כל | מה | דעבד ייי למשה ולישראל |
| 255 | Ex18:08 | ותני משה לחמוי ית כל | מה | דעבד ייי לפרעה ולמצרי |
| 256 | Gn44:18M | לך או דילמא לא אשתמע לך | מה | דעבדו שמעון ולוי תרין |
| 257 | Gn44:18 | לך או דילמא לא אשתמע לך | מה | דעבדו שמעון ולוי תרין |
| 258 | Gn 3:19 | ויהב דין וחושבן על כל | מה | דעבדת: |
| 259 | Gn27:45 | דאחוך מנך וינשי ית | מה | דעבדת ואשלח ואדב«ו»ר יתך |

260 Gn31:28 ולבנתי כדון אסכלת ית מה דעבדת:
261 Ex14:11M \מה היא דא דעבדת /מה דעבדת#2#/ לנא למפקה יתן
262 Ex34:32 ישראל ופקד יתהון ית כל מה דפקד ייי עמהון בטורא
263 Ex40:16 ועבד משה כל מה דפקד ייי יתיה כדין עבד:
264 Lv 9:05 ונסבו ית מה דפקד משה לתרע משכן זימנה
265 Ex29:35 לאהרן ולבנוי כדן כל מה דפקדית יתך שבעה יומין
266 Ex29:35M כל מה /כדן סדרא ככל מה#2#/ דפקדית יתך שבעה יומין
267 Gn 6:22 ועבד נח ככל מה דפקי' יתיה ייי כדין עבד:
268 Nu30:10 ונדר ארמלא ומשבקה כל מה דקיימה על נפשה יקום עלה:
269 Nu32:13 שנין עד סף כל דרה די עבד מה דשני ומרחק קדם ייי:
270 Gn16:06 הא אמתיך בידך עבדי לה מה דשפיר באפיך וצ{רע}<ער>ת יתה
271 Gn19:08 יתהון לוותכון ועבדו להון מה דשפר באפיכון לחוד לגבריא
272 Gn20:15 אבימלך הא ארעי קדמיך מה דשפר באפך שרי:
273 Nu36:06M צלפחד למימ' למן/מה#2#/ דשפר באפהון יהוויין
274 Dt 6:18M \ותעבד דשפר /ותעבדון מה דשפר#2#/ ותקן קדם ייי
275 Dt12:11M ואפרשות ידיכון וכל שפר/מה דשפר#2#/ נדריכון די
276 Dt12:25M תעבד/תעבדון#2#/ דשפר/מה דשפר#2#/ ותקן קדם ייי:
277 Dt12:28 עד לעלם ארום תעבדון מה דשפר ותקן קדם ייי אלהכון:
278 Dt13:19 יתכון יומא הדין למיעבד מה דשפר ותקן קדם ייי אלהכון:
279 Dt21:09 ואתון תבערון ^אדמה#2#^ מה דשפר ותקן קדם ייי:
280 Gn21:12 על טליה ועל אמתך כל מה דתימר לך שרה שמע בקלה ארום
281 Nu 9:08 קומו כען ואשמע יתכון מה דתקן מן קדם ייי מעבד לכון:
282 Ex33:12 ואת לא אודעת יתי ית מה דתשלח עמי ואת אמרת חמי
283 Gn28:22 בית מקדשיא לשמה דייי וכל מה דתתן לי חד מן עשרה אפרש
284 Lv11:32 במיתתהון יסתאב מן כל {מה} <מן> דקייס או לבוש או משך
285 במה Dt28:03 תהוון עמי בני ישראל במה דאית לכון בקורייכון <....>:
286 Dt28:16 ליטין תהוון במה דאית לכון בקורייכון וליטין
287 Dt28:16 בקורייכון וליטין תהוון במה דאית לכון באפי ברה:
288 Gn27:08M בקלי \ואזל לאן דאנה /במה די אנא#2#/ מפקדה יתך:
289 Gn31:28M /כדו#2#/ אסכלת \ית מה/במה#2#/ דעבדת:
290 Gn44:05M דעבדתון /אבעשתון במה דעבדתון#2#/:
291 דמה Lv 4:09M די על כסליה וית מה/דמה#2#/ דמשתייר מן חצר כבדה על
292 Lv 8:16M על בני גווה וית מה/דמה#2#/ דמשתייר מן חצר כבדה
293 ומה Gn14:10M דאשתיי«רו» /בגווהון ומה דאשתייר#2#/ לטורא ערקו:
294 Gn14:10 ודעמרה ונפלו תמן ומה דאשתיי«רו» לטורא ערקו:
295 Dt19:20 ומה דאשתיירו ישמעון וידחלון
296 Dt 7:20 יסופון מה די אשתיירו ומה די אטמרו מן קדמיכון:
297 Dt11:04 ומה די עבד לחיילוותהון למצריי
298 Dt11:05 ומה די עבד לכון במדברה עד
299 Lv19:08 ומה דיאכל יתה חובוי יקבל ארום
300 Lv24:21 די קטול בעיר ישלם יתה ומה דיקטול בר נש יתקטל:
301 Ex12:10 תשתיירון מניה עד צפרא ומה דמשייר מניה עד צפרא בנורא
302 Ex17:16 מלכין עם שלטונין ומה דמשתייר בהון ישיצון יתהון
303 Ex23:11 מסכינייה די עמך ומה דמשתייר תיכול חיית ברא
304 Lv 2:03 ומה דמשתייר מן מנחתה לאהרן
305 Lv 2:10 ומה דמשתייר מן מנחתה לאהרן
306 Lv 5:09 דחטאת' על כתלא למדבחא ומה דמשתייר באדמה ימצה על
307 Lv 6:09 ומה דמשתייר מניה יכלון אהרן
308 Lv 7:16 יתאכל וביומא דבתרה ומה דמשתייר מנה יתאכ':
309 Lv 7:17 ומה דמשתייר מן בשרה דנכסת
310 Lv 8:32 ומה דמשתייר בבשרא ובלחמה בנורה
311 Lv 9:19 וחפיי כרסה וכלייתה ומה דמשתייר מן חצר כבדה:
312 Lv14:18 ומה דמשתייר די על כף ידוהי
313 Lv19:06 יתאכל וביומ' תליתיה ומה דמשתייר עד יומא תליתייה
314 Lv26:36 ומה דמשתייר בכון ואעל תברה
315 Lv26:39 ומה דמשתייר בכון יתמסון
316 Nu32:24M מה דיפוק מפומיכון /ומה דנפק מן פמיכון#2#/
317 Ex15:26M \ודשפיר באפוי תעבדון /ומה דשפר קודמוי תעבד#2#/
318 ממה Lv14:30M יווניה \מן די תארע /ממה דארע#2#/ ידה:
See also: *conj.* היכמה

## מה דיל־ *n.* one's property [294]

001 s em/sf מה די לך Gn14:23 א«י»ן אסב מן כל מה די לך דלא תיהווי מתג«אי»
002 מה דילי Gn20:16 ברם אילו יהבת כל מה דילי לא הוינה כמסת דידע
003 מה דיליה Gn20:07 ממת תמות אבימלך וכל מה דיליה:
004 Gn24:36 דיסאב ויהב לה ית כל מה דיליה:
005 Gn32:24 ית נחלה ועבר ית כל «מה» דיליה:
006 Gn46:01 ונטל ישראל וכל מה דיליה ואתא לבאירה דשבע ונכס
007 Gn25:05 ויהב אברהם ית כל מה דיליה ליצחק:
008 Gn39:06 ושבק כל מה דיליה תחות רשותא דיוסף ולא
009 מה דילך Gn33:09 סגין אחי יתקיים לך כל מה דילך:
010 מה דלה Lv27:28 גבר לשמה דייי מן כל מה דלה מן בני אנשה ובעירה ומן
011 מה דל' Nu16:33M וכל מה \דהוה להון/דל'#2#/ חיין שאול וכסיית
012 מה דלהון Nu16:32 עם קרח וית כל#2#^ מה דלהון:
013 Gn46:32 ועניהון ותוריהון וכל מה דלהון אייתון:
014 Gn47:01 ותוריהון וכל מה דלה«ו»ן אתון מן ארעא דכנען
015 Nu16:26 האליין ולא תקרבון בכל מה דלהון דלא תשיצון בכל חוביהון:
016 Nu16:30 ותבלע יתהון וית כל מה דלהון ויחתון חיין לשאול ותדעון
017 מה דלי Gn47:06 רברבני קניינן על כל מה דלי:
018 מה דליה Nu 1:50 ועל כל מנוי ועל כל מה דליה אינון יטענון ית משכנה
019 Gn39:04 על ביתיה ועל מה דליה מסר תחות רשותיה:
020 Gn39:08 ידע מן בתריה <....> מה דליה מסר תחות רשות«י»:
021 דליה Gn24:02 סבא דביתיה דתפיס בכל מה דליה שוי כען ידך תחות ירכי:

## מהימן *adj.* trustworthy, loyal [294 [מהיימן]

001 s ab/cn מהימן Dt33:08 במי דיינייה ואשתכח מהימן:
002 Nu12:07 מש' בכל עולמי דברית מהימן הוא:
003 Nu27:16 בנשמת כל בשרא גבר מהימן על עם כנשתה:
004 p abs מהמנין Gn40:12 על ידי תלתא פרנסין מהמנין משה ואהרן ומרים
005 Gn40:12M המהמנין/צדיקין מהמנין#2#/ משה ואהרן ומרים

## מהלך *n.* journey [294]

001 s ab/cn מהלך Dt 1:02 ארח מהלך חד עשר יומין הוה לכון
002 Nu11:31 ^^ורפש על משריתה כארח מהלך יום מן הכה^ וכאורח מהלך
003 Nu11:31 יום מן הכה^ וכאורח מהלך יום מן הכה חזור חזור
004 Dt 1:02M יומין הוה לכון מהלכה/מהלך#2#/ מן טורא דחורב אורח
005 Gn31:23 ורדף בתרי{ת}<ה> ארח מהלך שבעה יומין וארע יתיה בטור
006 Ex15:22 דחלוצה והלכו ארח מהלך תלתא יומין במדברא ולא
007 Nu10:33 דייי אורח <....> מהלך תלתה יומין למתקנה להון אתר
008 Nu33:08M במדברה \ואזלו אורח מהלך תלתה יומין במדברה#2#/
009 s em/sf מהלכה Dt 1:02 חד עשר יומין הוה לכון מהלכה מן טורא דחורב אורח טור

## מואביי *adj.* Moabite [294]

001 s ab/cn ומואביי Dt23:04 לא ^יעלון#2#^ עמוניי ומואביי בקהל כנשתה דייי לחוד דר
002 p em/sf מאובאי Nu22:03M מואביי /ודחילו מאובאי#2#/ מן קדם עמא לחדה ארום
003 מואבאי Nu21:28M מן קרתה דס' לחיית מואבאי

|  |  |  |  |
|---|---|---|---|
| 004 | | Nu23:06M | וכל רברבני מואביי/<מוא>באי#2#/: |
| 005 | | Nu22:03M | סגי הנון ואיתיעקו מואבאי בחייהון מן קדם עמא בני |
| 006 | | Nu22:14M | וקמו רברבני מואביי/מואבאי#2#/ ואתון לוות בלק |
| 007 | | Nu21:13M | /דמואבאי בין מואבאי#2#/ <ובין> אמוריי: |
| 008 | | Nu22:07M | מדייניי/חכימי מואבאי וחכימית מדיינאי#2#/: |
| 009 | | Nu24:17M | ויקטל תקיפי מואביי/מואבאי#2#/ וישיצי כל בנוי |
| 010 | | Nu22:04M | "ואמרין ... קהלא": ואמרו מואבאי לחכימי מדיינאי כדן |
| 011 | | Nu21:29M | /אוי#2#/ לכון מואביי/מואבאי#2#/ ספון אשתיצון |
| 012 | | Nu21:28M | מואביי/לחיית מואבאי#2#/ {{קטילו כומריה}} |
| 013 | מואביי | Nu22:21 | אתנתה ואזל עם רברבני מואביי: |
| 014 | | Nu23:06 | עלתה הוא וכל רברבני מואביי: |
| 015 | | Ex15:15 | רברבני אדומאי תקיפי מואביי אחדת יתהון רתיתא אתמסי |
| 016 | | Nu22:14 | וקמו רברבני מואביי ואתון לוות בלק ואמרין |
| 017 | | Nu21:13 | דמואביי בין מו{ב}<א>ביי <ובין> אמוריי: |
| 018 | | Nu24:17 | ישראל ויקטל תקיפי מואביי וישיצי כל בנוי דשת |
| 019 | | Dt 2:09 | אמר משה לא תעיקון ית מואביי ולא תסדרון לקבליהון סדרי |
| 020 | | Nu22:07 | ואזלו רברבני מואביי ורברבני מדייניי וגרין |
| 021 | | Nu22:04 | ואמרין מואביי לחכימי מדייניי כדון ישצון |
| 022 | | Nu21:11 | עבריה במדברה די קדם מואביי מן מדנח שמשה: |
| 023 | | Nu22:03 | ודחלו מואביי מן קדם עמא לחדה ארום |
| 024 | | Nu22:03 | תקיפין אינון ועיקון מואביי מן קדם בני ישראל: |
| 025 | | Nu21:29 | ווי לכון מואביי ספון אשתיצון עמא דהוון |
| 026 | | Nu23:17 | מתעתד על עלתה ורברבני מואביי עימיה ואמר ליה בלק מן |
| 027 | | Nu22:08 | ייי עמי ושרון רברבני מואביי עם בלעם: |
| 028 | | Nu21:28 | דסיחון שיצון לחוות מואביי {{קטילו כומריה}} |
| 029 | דמואבאי | Nu21:15M | לתחומיהון דמואביי/דמואבאי#2#/: |
| 030 | | Nu25:01M | עם בנתהון דמואב/<דמוא>באי#2#/: |
| 031 | | Nu21:13M | מו{ב}<א>ביי /דמואבאי בין מואבאי#2#/ <ובין> |
| 032 | | Dt28:69M | דמואב /בארעהון דמואבאי#2#/ בר מן קיימה די קיים |
| 033 | | Nu21:20I | רמתה די בתחומיהון דמואבאי והא היא מצ' |
| 034 | | Gn36:35 | ית מדייני בתחומייהון דמואבאי ושמה דקרתיה עוית: |
| 035 | | Dt 2:18M | ית תחומיהון דמואביי/דמואבאי#2#/ ית לחיית: |
| 036 | | Nu21:26M | עם מלכיהון דמואביי/דמואבאי#2#/ קדמייה ונסב ית כל |
| 037 | | Nu21:20M | דאית בתחומיהון דמואבאי ריש רמתה דמצטייפה |
| 038 | | Nu22:10M | צפור מלכהון דמואביי/דמואבאי#2#/ שלח לוותי: |
| 039 | | Dt 1:05M | בארעהון דמואביי/דמואבאי#2#/ שרי משה למפרשה |
| 040 | דמואבי | Nu25:01 | עמא למזניה עם בנתהון דמואבי: |
| 041 | דמואביה | Gn19:37 | מואב הוא אבי אבוהון דמואביה עד זמן יומא הדין: |
| 042 | דמואביי | Nu21:15 | היא סמיכה לתחומיהון דמואביי: |
| 043 | | Nu33:44 | במגזיה עברייה בתחומה דמואביי: |
| 044 | | Nu33:44M | /בתחומיהון דמואביי#2#/: |
| 045 | | Nu21:13 | ארנונה תחומיהון דמואביי בין מו{ב}<א>ביי <ובין> |
| 046 | | Nu22:36 | לקדמותיה לארעהון דמואביי דסמיך לגבול ארנונה די |
| 047 | | Dt 2:18 | הדין ית תחומיהון דמואביי ית לחיית: |
| 048 | | Dt34:06 | יתיה בחילת' בארעהון דמואביי כל וקבל טעותה פעור ולא |
| 049 | | Nu23:07 | דבר יתי בלק מלכיהון דמואביי מטורי מדינ{ת}<ח>ה אתא |
| 050 | | Dt34:05 | עבדה דייי בארעהון דמואביי על פם גזירת מימרה דייי: |
| 051 | | Nu21:26 | סדר קרבה עם מלכיהון דמואביי קדמייה ונסב ית כל ארעא |
| 052 | | Nu21:20 | בחלתה דבתחומיהון דמואביי ריש רמתה והא היא מצטפייה |
| 053 | | Nu22:10 | בלק בר צפור מלכהון דמואביי שלח לוותי: |
| 054 | | Dt 1:05 | בעברה דירדנה בארעהון דמואביי שרי משה למפרשה ית ספר |
| 055 | ומואבאי | Dt23:04M | ומואביי/עמונאי ומואבאי#2#/ בקהל כנשתה דייי לחוד |
| 056 | ומואביי | Dt 2:29 | דעשו דשריין בגבלה ומואביי דשריין בלחיית עד זמן די |
| 057 | | Dt 2:11 | כבנוי דענק גובריה ומואביי הוון קריין להון |
| 058 | למואביי | Nu22:04 | בר צפור הוה מלך למואביי בשעתה ההיא: |

## מודע *vb.* ⇐ אשתמודע

## מוהר *n.* bride-price [294 מהר]

|  |  |  |  |
|---|---|---|---|
| 001 | s em/sf מוהר' | Ex22:16M | כסף מאתן יתקנס היך מוהר' בתולת' |

## מוזנין *n.* scales [294]

|  |  |  |  |
|---|---|---|---|
| 001 | d abs מוזנוון | Lv19:36M | מוזנין/מוזנוון#2#/ דקשט מכלן דקשט' |
| 002 | מוזנין | Lv19:36 | מוזנין דקשט מכלן דקשט' והינין |
| 003 | d em/sf ובמ' | Lv19:35M | /במכלתה במתקלה ובמ'#2#/: |
| 004 | ובמוזניה | Lv19:35 | בדינה במתקלה במכלתה ובמוזניה: |

## מוט *vb.* to decline [295]

|  |  |  |  |
|---|---|---|---|
| 001 | peal תימוט | Dt32:35 | ואנה הוא דמשלם לעדן די תימוט רגליהון דצדיקיה ארום קריב |
| 002 | וימ' | Lv25:35M | וארום יתמסכן אחוך ותמוט/וימ'#2#/ ידה עמך ותתוקף בה |
| 003 | ותמוט | Lv25:35 | וארום יתמסכן אחוך ותמוט ידה עמך ותתוקף בה גיור |

## מולה *n.* mule [295]

|  |  |  |  |
|---|---|---|---|
| 001 | p em/sf דמול' | Ex14:25M | מן בתריהון אורחהון דמול' |
| 002 | דמולוותה | Ex14:25 | גרירן לבתריהון ארחין דמולוותה למהוי נגדין בגלג«לי» |
| 003 | כמולותיה | Ex14:25 | חזרו למהוי נגדין כמולותיה ורמין יתהון לימא כד חמון |
| 004 | למולוותא' | Ex14:25M | למיהון נגדין למולוותא' ורמין על ימא עניין |

## מום *n.* defect [295]

|  |  |  |  |
|---|---|---|---|
| 001 | s ab/cn מ' | Lv 3:01 | דכר אין נוקבה שלם מן מ' יקרב יתיה קדם ייי: |
| 002 | | Lv 9:03 | בני שת{י}הון שלמים מן מ' לעלה: |
| 003 | מום | Ex29:01 | ודכרין תרין שלמין מן מו«ם»: |
| 004 | | Lv 4:23 | צפיר בר עזין דכר שלם מן מום: |
| 005 | | Nu28:11 | שתהון <שבעה> שלמין מן מום: |
| 006 | | Nu29:02 | בני שתהון שבעה שלמין מן מום: |
| 007 | | Nu29:17 | ארבעת עשר שלמין מן מום: |
| 008 | | Nu29:20 | ארבעת עשר שלמין מן מום: |
| 009 | | Nu29:23 | ארבעת עשר שלמין מן מום: |
| 010 | | Nu29:26 | ארבעת עשר שלמין מן מום: |
| 011 | | Nu29:29 | ארבעת עשר שלמין מן מום: |
| 012 | | Nu29:32 | שתהון ארבע עשר שלמין מן מום: |
| 013 | | Nu29:36 | בני שתהון שבעה שלמין מן מום: |
| 014 | | Lv24:20 | תשלומי שן היך מה דיתיהב מום בבר נשא כדן יתייהב ביה: |
| 015 | | Lv21:21 | יקרב למקרבה לחם אלהיה מום בה ית לחם אלהיה לא יקרב |
| 016 | | Lv22:25M | ארום חבוליהון#2#/ בהון מום/ בהון#1#/מומהון#2#/ לא |
| 017 | | Lv24:19 | וגבר ארום יתן מום בחבריה היך מה דעבד כדן |
| 018 | | Lv21:21M | למקרבה ית קרבנה דייי מום ביה |
| 019 | | Dt15:21 | ביה מום חגיר או סמי כל מום ביש לא תקרבון יתיה קדם ייי |
| 020 | | Lv22:19 | עליכון דכר שלם מן «מום» בתוריה באמרייה ובעזייה: |
| 021 | | Nu19:02 | סמוקה שלמה די לית בה מום די לא סלק עליה שעבוד דניר: |
| 022 | | Ex12:05 | אמר שלם מן מום דכר בר שתא יהווי לכון מן |
| 023 | | Dt15:21M | יהווי ביה\מום חגיר /מום דפסיל#2#/ או סמי כל מום |
| 024 | | Lv14:10 | יסב תרין אמרין שלמין מן מום ואמרה חדה ברת שת' שלמה מן |
| 025 | | Lv 9:02 | ודכר לעלתה שלמים מן מום וקרב קדם ייי: |
| 026 | | Lv23:18 | בני שתיהון שלמין מן מום ותור בר תורין חד ודכרין |

|  |  |  |  |  |
|---|---|---|---|---|
| 027 | | | Lv14:10 | חדה ברת שת' שלמה מן מום ותלתה עשרנין סלת מנחה פילה |
| 028 | | | Nu28:09 | בני שתהון שלמין מן מום ותרין עשרונין סלת מנחה |
| 029 | | | Dt15:21 | וארום יהוי ביה מום חגיר או סמי כל מום ביש לא |
| 030 | | | Nu 6:14 | ייי אמר בר שתה שלם מן מום חד לעלה ואימרה חדה ברת שתה |
| 031 | | | Nu29:08 | בני שתהון שבעה שלמין מן מום יהוי לכון: |
| 032 | | | Lv22:21M | ברעווה/בענא שלמין מן מום יהוון לרעווה#2#/ כל |
| 033 | | | Nu28:19 | בני שתהון שלמים מן מום יהוון לכון: |
| 034 | | | Nu28:31 | ומנחתה תקרבון שלמין מן מום יהוון לכון ונסוכיהון: |
| 035 | | | Nu29:13 | ארבעת עשר שלמין מן מום יהוון: |
| 036 | | | Lv 4:32 | לחטאתה נקבה שלמה מן מום ייתי יתה: |
| 037 | | | Lv 1:03 | לשמה דייי דכר שלם מן מום יקרב יתיה לרעוה עלוי קדם |
| 038 | | | Lv 1:10 | עזיה לעלא דכר שלם מן מום יקרב יתיה: |
| 039 | | | Lv 3:06 | דייי דכר או נקבה שלם מן מום יקרב יתיה: |
| 040 | | | Dt17:01 | תור ואמר די יהוי ביה מום כל מילה דפסילה ארום מה |
| 041 | | | Lv21:17 | לדריהון די יהוי ביה מום לא יקרב למקרבה לחם אלהיה: |
| 042 | | | Lv21:18 | ארום כל גבר דאית ביה מום לא יקרב למקרבה גבר סימי או |
| 043 | | | Lv22:20 | כל מה דאית ביה מום לא לרעוה יהוי לכון: |
| 044 | | | Lv22:21 | בען שלם יהי ברעווה כל <מום> לא יהוי ביה: |
| 045 | | | Nu 6:14 | חדה ברת שתה שלם מן מום לחטאתה ודכר חד שלם מן מום |
| 046 | | | Nu 6:14 | לחטאתה ודכר חד שלם מן מום לנכסת קודשיא: |
| 047 | | | Lv23:12 | אמר בר שתיה שלם מן מום לעלה לשמה דייי: |
| 048 | | | Lv 4:03 | תור בר תורין שלם מן מום לשמה דייי לחטאת: |
| 049 | | | Lv 5:15 | קדם ייי דכר שלם מן מום מן ענה ב«ע»לויה כסף |
| 050 | | | Lv 5:18 | וייתי אמר דכר שלם מן מום מן ענה בעלויה לאשמה לוות |
| 051 | | | Lv 5:25 | לשמה דייי דכר שלם מן מום מן ענה בעלויה לאשמה לוות |
| 052 | | | Lv21:21 | כל גבר דאית ביה מום מן בנוי דאהרן כהנא לא |
| 053 | | | Dt27:06 | אבנין סבין שלמן מן מום תבנון ית מדבחה דייי אלהכון |
| 054 | | | Nu28:03 | בני שתהון שלמין מן מום תרין בכל יום על{ם}<ה> |
| 055 | מומא | s em/sf | Lv21:23 | מדבחה לא יקרב ארום מומא בה ולא יפס ית בית מקדשי |
| 056 | מומה | | Dt32:05 | לא קדמוי חבלו אלה להון מומה דאשתכח בהון דרא עקמנה |
| 057 | מומהון | | Lv22:25M | בהון/מום בהון#1#/מומהון#2#/ לא יתקבלון ברעווה |

## מומי *n.* oath [295]

|  |  |  |  |  |
|---|---|---|---|---|
| 001 | ולמומי | s ab/cn | Nu 5:21M | ייי יתיך ללוט ולשבועה/ולמומי#2#/ בגו עמך כד ישוי |
| 002 | מומתא | s em/sf | Ex22:10M | "שבועתא ... תריהון": מומתא דייי תהוי על תרויהו' |

## מועד *n.* holiday [295]

|  |  |  |  |  |
|---|---|---|---|---|
| 001 | מועדין | p abs | Lv23:37 | אילין מועד{ו}«י»ן דייי דיתארעון יתהון |
| 002 | מו' | p em/sf | Lv23:04M | מועדוי/אליין סדר מו'#2#/ דייי {בזמניהון} |
| 003 | מוע' | | Nu29:39M | ייי במועדיכון/בזמני מוע'#2#/ בר מן נדריכון ונסיבתהון |
| 004 | מועדאי | | Lv23:02M | זמן סדרי מועדוי/מועדא[י]#2#/: |
| 005 | מועדוי | | Lv23:02 | אלין אינון זמן סדרי מועדוי: |
| 006 | | | Lv23:02 | בני ישראל ותימר להון מועדוי דייי די תארעון יתהון |
| 007 | | | Lv23:04 | אילין מועדוי דייי {בזמניהון} |
| 008 | | | Lv23:44 | ומליל משה ית סדרי מועדוי דייי ואלף יתהון לבני |
| 009 | מועד' | | Nu29:39M | קדם ייי בזמן חגי מועד' |
| 010 | מועדיכון | | Dt16:14 | ותיחדון עמי בזמני מועדיכון אתון ובניכון ובנתכון |
| 011 | | | Dt16:14M | /אתון בזמן חגי מועדיכון#2#/ אתון ובניכון ובנתכון |
| 012 | | | Lv23:32 | שביכון ועבדין זמני מועדיכון בחדוה: |
| 013 | | | Nu15:03 | או בנסיבה או בזמני מועדיכון למקרבה לריח דרעוה קדם |
| 014 | מעדיכון | | Nu10:10 | וביום חדוותכון ובזמני מעדיכון וברישי ירחיכון ותתקעון |
| 015 | במועדיכון | | Nu29:39 | מקרבין קדם ייי במועדיכון בר מן נדריכון ונסיבתהון |

## מור *n.* myrrh [296]

|  |  |  |  |  |
|---|---|---|---|---|
| 001 | מר | s ab/cn | Ex30:23 | ראשי קטרן בסימנין טבין מר בחיר תקל חמש מאה סלעין |

## מורון *n.* rebellious person [296]

|  |  |  |  |  |
|---|---|---|---|---|
| 001 | ומורון | s ab/cn | Dt21:18 | יהוי לגבר בר סורון ומורון לית הוא שמע בקלה דאבוי |
| 002 | | | Dt21:20 | קרתה בנן דין סורון ומורון לית הוא שמע בקלן אכל |

## מוריי *adj.* of myrrh [296]

|  |  |  |  |  |
|---|---|---|---|---|
| 001 | מרייא | p em/sf | Ex30:34 | בסמנין טבין קסף שבלה מרייא וחלבנה ולבונה ברירא מתקל |

## מורכי *n.* trough at the well [296]

|  |  |  |  |  |
|---|---|---|---|---|
| 001 | מורכיון | p abs | Gn24:20 | ופנית קולתה לגו מורכיון ורהטת תוב לבאירה למימלי |
| 002 | מורכייותה | p em/sf | Ex 2:16M | ומליין ית מור{נ}<כ>תה/מורכייותה#2#/ למשקייה |
| 003 | מורכתה | | Ex 2:16 | ודלין ומליין ית מור{נ}<כ>תה למשקייה ית ענה |
| 004 | במורכוותא | | Gn30:38 | ית חוטריא די פצל במו{ד}<ר>כוותא בשקיא דמיא דתיעול ענה |
| 005 | במורכותא | | Gn30:41 | ית חוטריא קדם ענה במו{ד}<ר>כותא למחמא יתהון בחוטריא: |
| 006 | במורכיותא | | Gn30:41M | יתהון בחוטריא /במו<ר>כיותא למהוויין מתחמן |

## מורני *n.* ⇐ מרדני

## מוש *vb.* to touch [296]

|  |  |  |  |  |
|---|---|---|---|---|
| 001 | ממוש | peal | Gn27:22M | ידוי/ברם ממוש ידיה ממוש ידוי#2#/ דעשו: |
| 002 | | | Gn27:22M | ידיה ממוש ידוי/ברם ממוש ידוי#2#/ דעשו: |
| 003 | דימוש | | Gn27:12 | מה {ל} דלמה דימוש יתי אבא ונהוי באפוי כמגחך |

## מוש *n.* feeling [296]

|  |  |  |  |  |
|---|---|---|---|---|
| 001 | מוש | s ab/cn | Gn27:22 | קלה דיעקב ומוש ידיה מוש ידוי דעשו: |
| 002 | ומוש | | Gn27:22 | ואמר הא קלה קלה דיעקב ומוש ידיה מוש ידוי דעשו: |

## מות *vb.* to die [297]

|  |  |  |  |  |
|---|---|---|---|---|
| 001 | מאית | peal | Gn46:30M | "אנה ... דחמת": הוינא מאית בהדא זמנא כילו עליי דלא |
| 002 | | | Gn50:05 | אשבע יתי למימר הא אנה מאית בקברי די חפרת לי בארעא |
| 003 | | | Gn44:31M | טליא\עמן מית/עימיה מאית#2#/ הוא ויחתון עבדך ית |
| 004 | | | Gn20:03 | בליליא ואמר ליה הא את מאית על אתתה דנסבת דהיא נסיבת |
| 005 | מיית | | Gn44:22M | שבק טליא ית אבוי מית/מיית#2#/ הוא: |
| 006 | | | Nu23:10 | חולק לעלמא דאתי ברם אן מיית ˆהוא#2#ˆ בלעם מותין |
| 007 | | | Gn48:21 | ישראל ליוסף הא אנה מיית ויהווי ייי עמכון ויחזור |
| 008 | מיית' | | Nu20:03M | למימר אלווי מתינן/מיית'#2#/ היך מה דמיתו אחונן |
| 009 | מייתין | | Gn33:13M | כל ענא /הא כל ענה מייתין#2#/: |
| 010 | | | Ex12:33 | שעה חדא הא כל מצריי מייתין: |
| 011 | | | Dt32:01 | שמייא וקדם ארעא דלא מייתין לעולם ולא טעמין כסא דמותה |
| 012 | | | Dt32:01 | וטעמין כסא דמותה מייתין עמה וגזירתהון בטלן ברם |
| 013 | | | Ex14:30 | וחמון ישראל ית מצריי מייתין רמיין על ג{ו}<י>ף: |
| 014 | | | Dt33:06 | במותנה תניינה דביה מייתין רשיעיה לעלמא דאתי ויהוון |
| 015 | מייתינן | | Nu14:02 | כנישתה אלווי בארעא מי{ן}<י>תינן דמצרים או במדברה הדין |
| 016 | מייתן | | Gn33:13 | אן דחקין עליהון יום חד מייתן כל ענא: |
| 017 | מימות | | Nu15:35 | ואמר ייי למשה מימות ימות גברא ירגמון יתה |
| 018 | מימת | | Gn 2:17 | מינה ארום כיומא דתיכל מימת תמות: |
| 019 | מית | | Nu20:29M | בני ישראל ארום מית אה' |
| 020 | | | Nu21:01M | "אסתלק": מית אהרן ואסתלק עמודא דעננא |

|  |  |  |  |  |  |
|---|---|---|---|---|---|
| 021 | | Gn50:15 | וחמון אחוי דיוסף ארום | מית | אבוהון ואמרין מה דלמה |
| 022 | | Ex 9:06 | דבני ישראל לא | מית | אף לא חד: |
| 023 | | Nu27:03 | אבונן | מית | במדברה והוא לא הוה בגו עם |
| 024 | | Gn46:30 | ישראל ליוסף אולי אנה | מית | הדא זימנא לא מיתת מן בתר |
| 025 | | Gn44:22 | אן שבק טליא ית אבוי | מית | הוא: |
| 026 | | Gn44:31 | ארום ל{ו}<י>ת טליא עמן | מית | הוא ויחתון עבדך ית שיביתיה |
| 027 | | Gn44:20 | וטלי בר סיבו זעיר ואחוי | מית | ואשתייר הוא בלחודוי לאמיה |
| 028 | | Nu27:03 | בעצתה דקרח ארום בחובוי | מית | ובנין דכרין לא הוון ליה: |
| 029 | | Gn42:38 | ברי עמכון ארום אחוי | מית | והוא בלחודוי אשתייר ויארע |
| 030 | | Nu12:12M | וכד מטה זימנא למילד | מית | וולדה במיעה הלא מרים |
| 031 | | Gn50:24 | ואמר יוסף לאחוי הא אנא | מית | וייי מדכרה ידכר יתכון |
| 032 | | Ex 9:07 | ושלח פרעה והא לא | מית | מן בעיריהון דישראל עד לא |
| 033 | | Ex12:30M | מצרים די לא הוה ביה | מית | <מן> מצרים |
| 034 | | Nu 6:09M | דלא ידע /ימות עלוהי | מית | מצוותה בתכוף באונסא#2#/ |
| 035 | | Ex22:13M | חבריה ויתבר או | ימות/מית#2#/ | מרה לית ∧הוא#2#/ |
| 036 | מיתה | Gn30:01 | הב לי בנין ואין לא | מיתה | אנה: |
| 037 | | Gn35:18 | והוה במיפקה דנפשה ארום | מיתה | הוה וקרא שמה בר צערי ואבוי |
| 038 | מיתו | Gn 7:22 | מן כל מה די ביבשתא | מיתו: | |
| 039 | | Nu26:11 | הוון בעצתה דאבוהון לא | מיתו: | |
| 040 | | Nu17:27 | אשתיצינן כלן אבדנן מינן | מיתו | במגפתה ומנן בלעת ארעא ומנן |
| 041 | | Nu26:11M | אולפנה דמשה רבהון לא | מיתו | במותנה ולא לקו ביקידתה |
| 042 | | Ex 7:21 | ונוניא די בנהרא | מיתו | ואסרח נהרא ולא יכילו מצריי |
| 043 | | Ex 4:19 | אזל חזור למצרים ארום | מיתו | כל גוברייא דהוון תבעין ית |
| 044 | | Ex10:29 | יתיב במדין למימר ארום | מיתו | כל גברייא דהוון תבעין ית |
| 045 | מיתין | Ex12:30 | תמן בית די לא הוה תמן | מיתין: | |
| 046 | מיתינן | Nu14:02 | או במדברה הדין אלווי | מי{ו}תינן: | |
| 047 | מיתנן | Nu20:03M | ליוויי | מיתנן | במותנה דמיתו |
| 048 | מיתת | Gn35:09M | \אמיה ומיתת /ואימה | מיתת#2#/ | רחל עלוי באורחיה ויתב |
| 049 | | Gn46:30M | זמנא כילו עליי דלא | מיתת | בתר דחמית |
| 050 | | Gn46:30 | אנה מית הדא זימנא לא | מיתת | מן בתר דחמת סבר אפיך ארום |
| 051 | | Gn48:07 | ואנה במייתוי מפדן דארם | מיתת | קדמ' רחל בארעא דכנען |
| 052 | מת | Dt25:05M | ישרון אחין כחדא | וימות/מת#2#/ | חד מנהון ובר ∧דכר#2# |
| 053 | מתינן | Nu20:03 | ואמרין למימר אלווי | מתינן | היך מה דמיתו אחונן קדם |
| 054 | אימות | Gn45:28 | ואיחמי יתיה קדם עד לא | אימות: | |
| 055 | אמות | Gn27:04 | יתך נפשי קדם עד לא | אמות: | |
| 056 | | Gn27:07 | יתך קדם ייי עד לא | אמות: | |
| 057 | | Dt18:16 | הדה לא אחמי תוב ולא | אמות: | |
| 058 | | Gn26:09 | לה יצחק ארי אמרית דלא | אמות | מן בגללה: |
| 059 | ימו' | Nu 4:20M | מאני בית קודשא דלא | ימו' | |
| 060 | ימות | Gn27:10 | יברך יתך קדם ייי עד לא | ימות: | |
| 061 | | Ex21:29M | יתרגם ואף מריה | יתקטל/ימות#2#/: | |
| 062 | | Ex28:35 | קדם ייי ובמפקיה ולא | ימות: | |
| 063 | | Lv16:13 | כפרתה די על סהדותה ולא | ימות: | |
| 064 | | Lv27:29 | מן בר נשה לא יתפרק ממת | ימות: | |
| 065 | | Dt24:16 | אבהן גבר בחובי נפשיה | ימות: | |
| 066 | | Dt33:01 | בני ישראל קדם עד לא | ימות: | |
| 067 | | Lv20:09 | איקריה דאבוי ודאמה ממת | ימות | אקריה דאבוי ודאימיה זל |
| 068 | | Lv16:02 | די על ארונה דסהדותה דלא | ימות | ארום בענני איקר שכינתי |
| 069 | | Nu35:17 | ואן באבן מלא ידא די | ימות | בה מחת יתיה ומית קטול הוא |
| 070 | | Nu35:18 | או בקי{מ}<ס> מלא ידה די | ימות | בה מחה יתיה ומית קטול הוא |
| 071 | | Nu35:23 | או בכל אבן די | ימות | בה דלא חמה יתיה ואפל עלוי |
| 072 | | Dt33:06 | ראובן בעלמא הדין ולא | ימות | במותנה תניינה דביה מייתין |
| 073 | | Nu19:14 | גזירת אוריתה בר נש ארום | ימות | במשכנה כל די על במשכנה וכל |
| 074 | | Dt20:05 | ויחזור לבייתיה דלא | ימות | בסדרי קרבה וגבר אחרן |
| 075 | | Dt20:06 | יזיל ויחזור לבייתיה דלא | ימות | בסדרי קרבא וגבר אחרן |
| 076 | | Dt20:07 | יזיל ויחזור לבייתיה דלא | ימות | בסדרי קרבה וגבר אחרן יסב |
| 077 | | Nu15:35 | ואמר ייי למשה מימות | ימות | גברא ירגמון יתה באבניה כל |
| 078 | | Dt24:03 | יתה מן בייתיה ארום | ימות | גברא אחרייה די נסב יתה ליה |
| 079 | | Nu27:08 | תמלל למימר גבר ארום | ימות | ובר דכר לית ליה ותעברון ית |
| 080 | | Ex21:18 | באבן או במרתוק ולא | ימות | ויטלק בערס מרעה: |
| 081 | | Nu19:13 | במית בטמא נפש דבר נש די | ימות | ולא יתדי עלוי ית משכנה |
| 082 | | Nu35:28 | ימות כהנה רבה ובתר די | ימות | כהנא רבה יחזור קטולה לארע |
| 083 | | Nu35:32 | למשרי בארעא עד זמן די | ימות | כהנא רבה: |
| 084 | | Nu35:25 | תמן וישרי בגווה עד די | ימות | כהנה רבא <ד>רבי יתיה במשחה |
| 085 | | Nu35:28 | שיזבותיה ישרי עד זמן די | ימות | כהנה רבה ובתר די ימות כהנא |
| 086 | | Gn38:11 | שלה ברי ארום אמר דלא | ימות | לחוד הוא כאחוי ואזלת תמר |
| 087 | | Gn50:16 | לה אבוך פקיד קדם עד לא | ימות | למימר: |
| 088 | | Nu 6:09 | וארום | ימות | מית דסמיך ליה בתכיף דלא |
| 089 | | Ex 9:04 | בעיריהון דישראל ולא | ימות | מכל לבני ישראל מדעם: |
| 090 | | Ex 9:04M | נכסיהון דמצראי ולא | ימות | מן בעיריהון |
| 091 | | Lv11:39 | וארום | ימות | מן בעירה די יהוי לכון |
| 092 | | Ex22:13 | גבר מלות חבריה ויתבר או | ימות | מרה לית עמיה משלמא ישלם: |
| 093 | | Nu 6:09M | ליה בתכיף דלא ידע | /ימות | עלוהי מית מצוותה בתכוף |
| 094 | | Gn31:32 | מן די תשכח ית{{טעותך | ימות}} | קביל אחינן חכם לך מה עמי |
| 095 | | Nu35:12 | לשיזבו מן תבוע אדמא ולא | ימות | קטולא עד זמן די יקום קדם |
| 096 | ימותון | Lv20:20 | יקבלון דלא בנין | ימותון: | |
| 097 | | Nu 4:20 | כל מני בית קודשה דלא | ימותון: | |
| 098 | | Nu14:35 | במדברה הדה יספון ותמן | ימותון: | |
| 099 | | Nu17:25 | מעילווי ולא | ימותון: | |
| 100 | | Nu18:22 | למסבול חובין דלא | ימותון: | |
| 101 | | Dt24:16 | לא | ימותון | אבהן {על} בחובי בנין |
| 102 | | Ex30:20 | זימנא יתקדשון במיא דלא | ימותון | או בקרובותהון על גבי |
| 103 | | Nu 4:15 | יקרבון לבית קודשה ולא | ימותון | אלין מטלני בנוי דקהת |
| 104 | | Lv19:20 | לה מרדו אנון חייבין לא | ימותון | ארום לא נפקת לחירות': |
| 105 | | Dt24:16 | בחובי בנין ובנין לא | ימותון | בחובי אבהן גבר בחובי |
| 106 | | Nu26:65 | ארום אמר ייי להון ממת | ימותון | במדברה ולא אשתייר מנהון |
| 107 | | Lv15:31 | ישראל מן סאבותהון דלא | ימותון | בסאבתהון דלא יסאבון ית |
| 108 | | Lv15:31M | /סאיביהון ולא | ימותון | בסאיביהון#2#/ דלא יסאבון |
| 109 | | Nu 4:19 | עבדו להון וייחון ולא | ימותון | בקרב{תו}<ות>הון לבית קודש |
| 110 | | Ex 7:18 | ונוניא די בנהרא | ימותון | ויסרח נהרא וישתלהון מצריי |
| 111 | | Ex30:21 | ידיהון ורגליהון ולא | ימותון | ותהוי להון לקיים עלם להון |
| 112 | | Nu18:03 | מדבחה לא יקרבון ולא | ימותון | להוד אינון לחוד אתון: |
| 113 | | Ex28:43 | דלא יקבלון חובין דלא | ימותון | קיים עלם להון ולבניהון |
| 114 | ימותן | Nu16:29 | דמיתן כל בני אנשא | ימותן | איליין ואין גזרתה דמתגזר |
| 115 | נמות | Gn27:07M | קדם ייי עד לא | אמות/נמות{י}#2#/: | |
| 116 | | Gn42:02 | לן מתמן ונחי ולא | נמות: | |
| 117 | | Gn45:28M | יתיה קדם עד לא | אימות/נמות#2#/: | |
| 118 | | Ex20:19 | עמן מן קדם ייי ולא | נמות: | |
| 119 | | Dt18:16M | ולא אמות /עוד ולא | נמות#2#/: | |
| 120 | | Dt 5:25 | וכדון למה | נמות | ארום תאכל יתן אשתה רבתה |
| 121 | | Gn47:19 | והב לן זרע ונחי ולא | נמות | וארעא לא תבור: |
| 122 | | Gn47:15 | למימר הב לן לחם ולמה | נמות | כלקבלך ארום שלם כספא: |
| 123 | | Gn43:08 | ונקום ונזל ונחיה ולא | נמות | לחוד אנן ולחוד את ולחוד |
| 124 | | Gn47:19 | למה | נמות | קדמיך לחוד אנן לחוד ארען |
| 125 | תמות | Gn20:07 | יתה דע ארום ממת | תמות | אבימלך וכל מה דיליה: |
| 126 | | Gn 2:17 | ארום כיומא דתיכל מימת | תמות: | |
| 127 | תמותון | Gn 3:03 | ולא תקרבון ביה ולא | תמותון: | |
| 128 | | Nu18:32 | ישראל לא תפסון ולא | תמותון: | |

|  |  |  |  |  |  |
|---|---|---|---|---|---|
| 129 | | Lv 8:35 | ית מטרתה דייי דלא | תמותון | ארום כדן פקדית: |
| 130 | | Lv10:07 | זימנא לא תפקון ולא | תמותון | ארום משח דרבותה דייי |
| 131 | | Gn42:20 | מליכ{י}<ו>ן ולא | תמותון | ועבדו כדין: |
| 132 | | Lv10:06 | לא תבזעון דלא | תמותון | ועל כל עם כנשתא יהוי ריגז |
| 133 | | Lv10:09 | במשכן זימנא דלא | תמותון | קיים עלם לדריכו': |
| 134 | תמתון | Gn 3:04 | חויה לאיתתא לא ממית | תמתון: | |
| 135 | ממות | Gn20:07M | יתה דע ארום | ממת/ממות#2#/ | תמות אבימלך וכל |
| 136 | ממית | Gn 3:04 | ואמר חויה לאיתתא לא | ממית | תמתון: |
| 137 | ממת | Lv20:09 | איקריה דאבוי ודאמה | ממת | ימות אקריה דאבוי ודאימיה |
| 138 | | Lv27:29 | מן בר נשה לא יתפרק | ממת | ימות: |
| 139 | | Nu26:65 | ארום אמר ייי להון | ממת | ימותון במדברה ולא אשתייר |
| 140 | | Gn20:07 | מחזי«ר» יתה דע ארום | ממת | תמות אבימלך וכל מה דיליה: |
| 141 | | Gn 3:04M | חויה לאיתתא לא | ממית/ממת#2#/ | תמתון |
| 142 | במימותהון | Nu 6:07M | יסתאב להון | במיתתהון/במימותהון#2#/ | ארום כליל |
| 143 | דמ' | Nu17:14M | \מיתיה דמיתו /אליין | דמ'#2#/ | במגפתה ארבעת עשר אלפין |
| 144 | דמייתין | Nu16:29M | כל /ממ{ותי}<יתו>תא | דמייתין | בה כל#2#/ בני אנשא |
| 145 | | Dt30:15M | דגן עדן וית מותה | דמייתין | בה רשיעיה וית בישותה |
| 146 | דמית | Gn25:11 | והוה מן בתר | דמית | אברהם וברך ייי ית יצחק |
| 147 | | Gn26:18 | יתהון פלישתאי מן בתר | דמית | אברהם וקרא להן שמהן |
| 148 | | Lv22:04M | טמא נפש \בר נש או | /דמית | או#2#/ גבר די תפוק |
| 149 | | Nu33:39 | ותלת שנין הוה בזמנה | דמית | בהר טורא: |
| 150 | | Nu 6:11M | ממה דחב על בר נשא | דמית | די קבר |
| 151 | | Dt25:06M | שמה דאחוי מיתה/דן | דמית#2#/ | ולא יתמחק/ימ'#2#/ שמיה |
| 152 | | Lv19:28 | ושרט' על נפש | דמית | לא תתנון בבשרכון וכתב חקיק |
| 153 | | Dt26:14 | ארון ותכריכין על נפש | דמית | שמענן בקל מימריה דייי |
| 154 | דמיתו | Nu20:03M | ליוויי מיתנן במותנה | דמיתו | |
| 155 | | Nu20:03 | אלווי מתינן היך מה | דמיתו | אחונן קדם ייי: |
| 156 | | Nu17:14M | /לב<ר מן> \מיתייה | דמיתו | /אליין דמיתו#2#/ דהוון |
| 157 | | Nu17:14 | והוון מיתיה | דמיתו | במגפתה ארבעת עשר אלפין |
| 158 | | Nu17:27M | אישתצינן אית מנן | דמיתו | במגפתה ואית מנן די תכלת |
| 159 | | Nu25:09 | והוון מיתיה | דמיתו | במגפתה עשרין וארבעה |
| 160 | | Nu17:14M | דמיתו /אליין | דמיתו#2#/ | דהוון על עצתה דקרח: |
| 161 | | Nu26:10 | יתהון וית קרח בזמנה | דמיתו | עם כנישתה כד תכלת אשתה ית |
| 162 | | Lv10:19 | רבה יומא הדין | {ו}<ד>מיתו | תרין נדב ואביהוא ואנה |
| 163 | | Lv16:01 | ייי עם משה מן בתר | דמיתו | תרין בנוי דאהרן כהנא רבה |
| 164 | דמיתן | Nu16:29 | אן כמיתותא | דמיתן | כל בני אנשא ימותן איליין |
| 165 | דמיתת | Gn24:67 | ואנחם יצחק מן בתר | דמיתת | שרה אמיה: |
| 166 | | Gn27:41M | די ימטון יומי אבלא | דמיתת | אבא ובכן אנא קטל ית |
| 167 | ואמות | Gn19:19 | דלא תארע יתי בישתא | ואמות: | |
| 168 | וימות | Ex22:09 | וכל בעיר למנטרה יתיה | וימות | או יתבר או ישתביי ולית |
| 169 | | Dt13:11 | ותירגמון יתיה באבניה | וימות | ארום בעא {{למיטעי}} יתכון |
| 170 | | Ex21:35 | דגבר ית תורא דחבריה | וימות | ויזבנון ית תורא חייה |
| 171 | | Dt21:21 | כל עמא דקרתה באבנייה | וימות | ותבערון עבדי בישתה |
| 172 | | Dt25:05 | ארום ישרון אחין כחדא | וימות | חד מנהון ובר לית ליה לא |
| 173 | | Ex22:01 | ישתכח גנבא וילקי | וימות | לית ליה חובת שפיכת אדם |
| 174 | | Ex21:12 | מן ד ימחי לגבר | וימות | מתקטלא יתקטיל: |
| 175 | | Ex21:28 | תורא ית גבר או ית אתה | וימות | מתרגמא יתרגם תורא ולא |
| 176 | | Nu20:26 | ברה ואהרן יתכנש | וימות | תמן: |
| 177 | וימותון | Ex 9:19 | ויחות עליהון ברדא | וימותון: | |
| 178 | | Dt17:05 | יתהון באבנייא | וימותון: | |
| 179 | | Lv22:09 | עלוי חוב«י»ן | וימותון | ביה ארום אפיסו יתיה אנה |
| 180 | | Dt22:24 | יתהון באבנייה | וימותון | ית רביתה על עסק די לא |
| 181 | | Dt22:22 | עם אתה נסיבת גבר | וימותון | לחוד תריהון גברה דמשמש |
| 182 | | Ex28:43M | ולא יסבלון חובין | וימותון | קיים דעלם לה ולזרעיית |
| 183 | ומיית | Gn35:29M | /ואתנגד#2#/ יצחק | ומית/ומיית#2#/ | ואתכנש לוות עמיה סאב |
| 184 | ומייתין | Dt 5:25 | מימרה דייי אלהן תוב | ומייתין | אנן: |
| 185 | ומית | Nu35:20 | או טלק עלוי בכמנה | ומית: | |
| 186 | | Gn25:08 | וסאף | ומית | אברהם בשיבו{ס}<ט>בא סב |
| 187 | | Nu20:28 | יתהון ית אלעזר בריה | ומית | אהרן תמן בריש טורה ונחת |
| 188 | | Gn36:33 | | ומית | בלע ומלך בתרה יובב |
| 189 | | Gn36:39 | | ומית | בעל חנן בר עכבור ומלך |
| 190 | | Gn36:36 | | ומית | הדד ומלך בתרה שמלה מן |
| 191 | | Gn11:28 | | ומית | הרן בחיוי דתרח אבוהי |
| 192 | | Gn36:35 | | ומית | חשם ומלך בתרה הדד בן |
| 193 | | Gn36:34 | | ומית | יובב בר זרח ומלך בתרה |
| 194 | | Gn50:26 | | ומית | יוסף בר מאה ועשר שנין |
| 195 | | Ex 1:06 | | ומית | יוסף וכל אחוי וכל דרא |
| 196 | | Nu 3:04 | | ומית | נדב ואביהוא בקרבותהון |
| 197 | | Nu26:61 | | ומית | נדב ואביהוא בקרבותהון |
| 198 | | Nu26:19 | בנוי דיהודה ער ואונן | ומית | ער ואונן בארעא דכנען: |
| 199 | | Gn36:38 | | ומית | שאול ומלך בתרה בעל חנן |
| 200 | | Gn36:37 | | ומית | שמלה ומלך בתרה שאול |
| 201 | | Gn11:32 | דתרח מאוון וחמש שנין | ומית | תרח בחרן: |
| 202 | | Gn38:10 | ובאש קדם י{ת} מה דעבד | ומית | אף הוא במימר מן קדם ייי: |
| 203 | | Gn38:07 | עובדין בישין קדם ייי | ומית | במימר מן קדם ייי: |
| 204 | | Nu15:36 | ורגמו יתיה באבניה | ומית | היך מה די פקד ייי ית משה: |
| 205 | | Gn 5:27 | מאה ושתין ותשע שנין | ומית | ואיתכנש מן גוא עלמא: |
| 206 | | Gn 5:20 | מאה ושתין ותרתין שנין | ומית | ואכניש מן גוא עלמא: |
| 207 | | Gn 5:05 | תשע מאה ותלתין שנין | ומית | ואתכני' מן גוא עלמא: |
| 208 | | Gn 5:11 | תשע מאה וחמש שנין | ומית | ואתכניש מן גוא עלמא: |
| 209 | | Gn 5:14 | תשע מאה ועשר שנין | ומית | ואתכניש מן גוא עלמא: |
| 210 | | Gn 5:31 | מאה ושבעין ושבע שנין | ומית | ואתכניש מן גוא עלמא: |
| 211 | | Gn 5:08 | מאה ותרתין עשרה שנין | ומית | ואתכנש מן גוא עלמא: |
| 212 | | Gn 5:17 | מאה ותשעין וחמש שנין | ומית | ואתכנש מן גוא עלמ': |
| 213 | | Gn 5:23M | ושתין וחמש שנין | /ומית | ואתכנש מן גוא עלמא#2#/: |
| 214 | | Gn 9:29 | תשע מא' וחמשין שנין | ומית | ואתכנש מן גוא עלמא: |
| 215 | | Gn25:17 | ותלתין ושבע שנין וסף | ומית | ואתכנש לעמיה: |
| 216 | | Gn35:29 | וסאף יצחק | ומית | ואתכנש לוות עמיה סאב ושבע |
| 217 | | Gn49:33 | רגלוי לגו דרגשה וסאף | ומית | ואתכנש לעמיה: |
| 218 | | Nu35:23 | דלא חמה יתיה ואפל עלוי | ומית | והוא לא הוה שני ליה ולא |
| 219 | | Ex 9:06 | הדין מן יומא דבתרא | ומית | כל בעיריהון דמצריי |
| 220 | | Ex 2:23 | ביומיא סגיאייה האינון | ומית | מלכא דמצרים ואתנחו בני |
| 221 | | Nu35:21 | מחה יתה בידיה | ומית | מתקטלה יתקטיל קטולה הוא |
| 222 | | Nu35:17 | די ימות בה מחת יתיה | ומית | קטול הוא מתקטלה יתקטל |
| 223 | | Nu35:18 | די ימות בה מחה יתיה | ומית | קטול הוא מתקטלה יתקטל |
| 224 | | Nu35:16 | ואן במן די פרזל מחה יתה | ומית | קטיל מתקטלה יתקטל קטולה: |
| 225 | | Ex21:20 | או ית אמהתיה בשרביטה | ומית | תחות ידיה מתפרע מיניה: |
| 226 | | Nu33:38 | על פם גזירת ממרה דייי | ומית | תמן בסוף ארבעין שנין בזמן |
| 227 | | Dt34:05 | | ומית | תמן <משה> עבדה דייי |
| 228 | ומיתה | Nu22:30 | אן אנה דאנה בעיר מסאב | ומיתה | בעלמא הדין ולא אתייה |
| 229 | | Nu20:01 | קדמאה ושרון עמה ברקם | ומיתה | תמן מרים ואתקברת תמן: |
| 230 | ומיתו | Lv16:01 | קדם ייי די לא אתפקדו | ומיתו: | |
| 231 | | Nu21:06M | /ונכת{ן}<ו> ית עמא | ומיתו | אוכלוסין סגי#2#/ מן |
| 232 | | Lv10:02M | לארבעה ועלת באפהון | ומיתו | בגירין דאשה |
| 233 | | Nu14:37 | | ומיתו | גובריה מפקי טבה ביש על |
| 234 | | Nu21:06 | שרפיתה ונכתו ית עמא | ומיתו | עם סגין מן ישראל: |
| 235 | | Ex 8:09 | ועבד ייי כמילוי דמשה | ומיתו | ערדענייא מן ביתי ומן דרי |
| 236 | | Lv10:02 | ייי ואכלת יתהון | ומיתו | קדם ייי: |

|  |  |  |  |  |  |  |
|---|---|---|---|---|---|---|
| 237 | ומיתון | | Ex 8:09M | כמילוי דמשה | ומיתו/ומיתון#2#/ | עורדעניא/אור^#2#/ |
| 238 | ומיתת | | Gn35:08 | | ומיתת | דבורה מינקתה דרבקה |
| 239 | | | Gn35:09 | דרבק«ה» אמיה | ומיתת | רחל עלוי באורחיה ויתב |
| 240 | | | Gn35:19 | | ומיתת | רחל ואתקברת בארחא |
| 241 | | | Gn23:02 | | ומיתת | שרה בקרתהון דארבעתי |
| 242 | | | Gn38:12 | וסגין יומייא | ומיתת | ברת שוע אתתיה דיהודה |
| 243 | | | Gn35:09M | מרבית' דרבק' אימיה | ומיתת | עלוי רחל באורחא ויתב |
| 244 | למימות | | Ex10:28M | אמ' לי ברם בעי אנא | למימות | ולא למיהווי שמע למיליך |
| 245 | | | Gn47:29M | /דיעקוב#2#/ | למימת/למימות#2#/ | וקרא לבנוי ליוסף |
| 246 | למימת | | Gn47:29 | וקרבו יומוי דישראל | למימת | וקרא לבנוי ליוסף ואמר |
| 247 | לממות | | Nu35:17M | די \ימות בה /כמסת | לממות | בה#2#/ מחת יתיה ומית |
| 248 | | | Ex10:28 | קשייתא ברם צבי אנה | לממות | ולא למהוי שמע {מי} מליך |
| 249 | | | Gn25:32M | עשו הא אנה אזל | לממת/לממות#2#/ | ולמה כען לי בכורותא: |
| 250 | | | Nu35:18M | \ימות בה /כמסת בה | לממות#2#/ | מחה יתיה ומית/וקטל |
| 251 | | | Dt 2:16 | די ספו עמא עבדי קרבה | לממות | מן גו עמא: |
| 252 | | | Nu20:04 | דייי למדברה הדין | לממות | תמן אנן ובעירנן: |
| 253 | לממת | | Gn25:32 | ואמר עשו הא אנה אזל | לממת | ולמה כען לי בכורותא: |
| 254 | דממית | afel | Dt32:39 | אחרן בר מיני אנה הוא | דממית | חיין בעלמא הדין ומחיי |
| 255 | לממתה | | Gn18:25 | מן למעבד פתגמא הדין | לממתה | זכייה עם חייבא ויהוי דינא |

[296]

## death *n.* מות

|  |  |  |  |  |  |  |
|---|---|---|---|---|---|---|
| 001 | מות | s ab/cn | Gn22:10M | קרבנן פסיל ונהוי חייב | מות | בידי שמייא |
| 002 | | | Nu 8:19M | בקרבותהון דבני ישראל | /מות | מחבל בקרבותהון בני |
| 003 | | | Nu23:10M | ^הוא#2#^ בלעם | מותין/מות#2#/ | קשיטין לוויי תיהוי |
| 004 | דמות | | Lv10:19M | רבה יומא הדין | {ו}<ד>מיתה/דמות#2#/ | תרין נדב |
| 005 | מותא | s em/sf | Ex 4:26 | לחתניה הדין מידא דמלאך | מותא: | |
| 006 | | | Ex20:14M | \מותנא אתא על עלמא | /מותא | אתא לעלמ#2#/: |
| 007 | | | Ex20:25M | מינה את<ע>בדו קרב' | מותא | לכולא אסטמר דלא תריק |
| 008 | | | Ex12:13M | למלאכיא מחבלא דממני על | מותא | למזיק באיתגלאיותי למקטל |
| 009 | | | Ex12:13 | עליכון ולא יהווי בכון | מותא | מחבל בקטלותי כל בכוריא |
| 010 | | | Ex 9:03 | בגמליא בתוריא ובענה | מותא | תקף לחדא: |
| 011 | מותה | | Dt30:15M | וית טובה דגן עדן וית | מותה | דמייתין בה רשיעיה וית |
| 012 | | | Dt30:15M | וית טבתה וית סדר | מותנה/מותה#2#/ | וית חילופיהן: |
| 013 | מותנו | | Ex16:03 | ישרא<'> אלוי "מי יתן" | מותנו | קדם ייי בארעא דמצרים כד |
| 014 | במותא | | Gn21:16 | ארום אמרת לא אחמי | במותא | דטליא ויתבת לה מן |
| 015 | במותה | | Dt33:06M | הדין ולא ימות | במותנה/<במו>תה#2#/ | תניינה/<תנ>ינא#2#/ |
| 016 | דמות' | | Ex15:16M | ופחדך בתקוף /אימתי' | דמות' | ותברא בתקף#2#/ אדרע |
| 017 | דמותא | | Gn40:23 | עביר בבשר דטעים כסא | דמותא | ולא אדכר כתבא דכתיב בספר |
| 018 | דמותה | | Dt29:17 | סופיה מריר כלעניתה | דמותה: | |
| 019 | | | Dt32:01 | לעולם ולא טעמין כסא | דמותה | ברם סופיהון בליין לעלמא |
| 020 | | | Dt32:25 | מדמכיהון אימתיה | דמותה | להוד עלמין לחוד בתולין |
| 021 | | | Dt32:01 | דמייתין וטעמין כסא | דמותה | מייתין עמה וגזירתהון בטלן |
| 022 | מותין | p abs | Nu23:10 | אן מיית ^הוא#2#^ בלעם | מותין | קשיטין לוויי תיהוי סופיה |

[297]

## settlement *n.* מותב

|  |  |  |  |  |  |  |
|---|---|---|---|---|---|---|
| 001 | במותבניהון | p em/sf | Ex10:23M | בפיתגמי אורייתא | במותבניהון | |

[297]

## plague, pestilence *n.* מותן

|  |  |  |  |  |  |  |
|---|---|---|---|---|---|---|
| 001 | מותן | s ab/cn | Ex30:12 | יתהון דלא יהווי בהון | מותן | מחבל בזמן דתהוי מני יתהון: |
| 002 | מותנא | s em/sf | Ex20:14 | ארום בחובי גיורא | מותנא | אתא על עלמא: |
| 003 | | | Ex10:17 | וייעבר מעלוי לחוד ית | מותנא | הדין: |
| 004 | מותנה | | Lv26:25 | לקרויכון ואגרי | מותנה | בכון ותתמסרון ביד |
| 005 | | | Dt30:15 | חייה וית טבתה וית סדר | מותנה | וית חילופיהן: |
| 006 | | | Dt 5:18 | ארום בחובי גייוריה | מותנה | נפק^על#2#^ עלמא: |
| 007 | | | Dt28:21 | «יגרי ייי» בכון ית | מותנה | עד זמן די ישצי יתכון |
| 008 | במותאנא | | Ex 9:15 | ושיצית יתך וית עמך | במותאנא | ותשתיצי פרעה מן ארעא: |
| 009 | במותנא | | Ex 5:03 | ייי אלהן דלא יערע יתן | במותנא | או בחרבא: |
| 010 | | | Nu14:12 | אקטול יתהון | במותנא | ואשצי יתהון ואית יכלה |
| 011 | במותנה | | Nu20:03M | ליוויי מיתנן | במותנה | דמיתו |
| 012 | | | Nu26:11M | דמשה רבהון לא מיתו | במותנה | ולא לקו ביקידתה ולא |
| 013 | | | Dt33:06 | בעלמא הדין ולא ימות | במותנה | תניינה דביה מייתין רשיעיה |

[297]

## surplus *n.* מותר

|  |  |  |  |  |  |  |
|---|---|---|---|---|---|---|
| 001 | מותר | s ab/cn | Ex10:05M | ויאכל ית | מותר | פליטתא די אישתייר לכון |
| 002 | מותרא | s em/sf | Ex16:23M | מה \דמשתייר אצניעון | /מותרא | אצנעא#2#/ לכון למטרה עד |
| 003 | מותרה | | Ex26:12M | מותריא/ושפעיה | מותרה#2#/ | בירעת«א» דמשכנא |
| 004 | | | Lv25:27M | ית \מה דמשתייר לגברה | /מותרה | לגברה#2#/ דיזבן/דז#2#/ |
| 005 | וממתרה | | Lv14:17M | \ומן | מותריה/וממתרה#2#/ | דמשחה די על כף |
| 006 | מותרו | p const | Gn49:27 | וברמשא יהוון מפלגין | מותרו | קרבניה דבני ישראל: |
| 007 | מותרי | | Nu31:32M | /ה<ו>ות#2#/ עדיתה | שייר/מותרי#2#/ | בזתה די בזזו |
| 008 | | | Dt 3:11M | /יש'#2#/ מן | שייר/מותרי#2#/ | גברייא והא ערסיה ערס |
| 009 | | | Dt18:08 | חלק כחלק ויכלון בר מן | מותרי | קורבנוי די אחסינו להון |
| 010 | במותרי | | Dt28:54M | בנוי די ישייר | /במותרי | בנוי די יותר#2#/: |
| 011 | ומותרי | | Dt 3:13M | | ושאר/ומותרי#2#/ | גלעדה וכל בותנין |
| 012 | מותריא | p em/sf | Ex26:12 | ושפיע | מותריא | בירעת«א» דמשכנא פלגא |
| 013 | מותריה | | Nu 3:48M | פרקונייה | דאשתיירו/מותריה#2#/ | בהון: |
| 014 | | | Lv14:17 | ומן | מותריה | דמשחה די על כף ידיה יתן |
| 015 | מותרייה | | Ex28:10M | "... דאשתיירן": אישתתי | מותרייה | |
| 016 | | | Nu 3:46M | ושבעין ותלתה | דאישתיירו/מותרייה#2#/ | על ליוויי |
| 017 | במותרייא | | Ex26:13 | ואמה מן דין סיטרא | במותריי«א» | בארכה דיריעתא דמשכנא |

[297]

## to serve wine *vb.* מזג

|  |  |  |  |  |  |  |
|---|---|---|---|---|---|---|
| 001 | מזיג | peal | Gn40:13 | כסדר דינא קדמיה די הוות | מזיג | ליה: |
| 002 | ממזג | pael | Ex30:35 | קטרת פט{י}<ו>ם עובד בסם | ממזג | דכי דקדש: |
| 003 | | | Dt32:34 | הלא הוא דן כסא דפורענותה | ממזג | ומתקן ומעתד לרשיעיה חתום |

[298]

## butler *n.* מזוג

|  |  |  |  |  |  |  |
|---|---|---|---|---|---|---|
| 001 | מזוגי | p em/sf | Gn40:12M | למשתי בעקבה אף את רב | מזוגי | |
| 002 | מזוגיא | | Gn40:02 | על תרין שליטוי על רב | מזוגיא | ועל רב נחתומיה: |
| 003 | | | Gn40:12 | למשתי בסופא ואת רב | מזוגיא | לא מובדין אגרין דחלמת |
| 004 | | | Gn40:09 | ותני רב | מזוגיא | {ל}ית חלמיה ליוסף ואמר |
| 005 | | | Gn41:09 | ומלל רב | מזוגיא | עם פרעה למימר ית סרחנוי |
| 006 | מזוגיה | | Gn40:23 | דאבוי ואתרחיץ ברב | מזוגיה | בבשר עביר בבשר דטעים כסא |
| 007 | | | Gn40:20 | ו{ח}<רו>מם ית ראשה דרב | מזוגיה | וארים ית ראש«ה» דרב |
| 008 | | | Gn40:23 | כן לא אדכר {רב} רב | מזוגיה | ית יוסף ואנשי יתיה |
| 009 | | | Gn40:21 | וחזר ית רב | מזוגיה | לשמושה ושוי כסא בכף ידא |
| 010 | מזוגייא | | Gn40:01 | פתגמיא האלין סרחו רב | מזוגייא | דמלכא דמצרים ורב |
| 011 | | | Gn40:05 | גבר כפתרון חלמה רב | מזוגיי«א» | ורב נחתומיא די למלכא |

[298]

## doorpost *n.* מזוזי

|  |  |  |  |  |  |  |
|---|---|---|---|---|---|---|
| 001 | מזוז | s ab/cn | Dt 6:09M | יתהון בגו | מזוזיין/מזוז#2#/ | ותקבעון יתהון בתרעי |
| 002 | מזוזיתא | s em/sf | Ex12:22M | על שקופה ועל תרתין | מזוזיתא | מן אדמה די במנא |
| 003 | מזוזיין | p abs | Dt11:20 | ותכתבון יתהון על | מזוזיין | ות{ט}<ק>בעון יתהון בתרעי |
| 004 | | | Dt 6:09 | ותכתבון יתהון בגו | מזוזיין | ותקבעון יתהון בתרעי |

005 מזוזיתא p em/sf *Ex12:23* על שקופא ועל תרתין מזוזייתא ויפסח ויגן מימריה דייי
006 *Ex21:06M* בית דינ' או לחד מן מזוזיתא#2#/ וירצע רבוניה ית אדניה
007 *Ex12:07* אדמה ויתנון על תרתין מזוזייתא ועל שקופא על בתי די
008 מזוזתייא *Ex12:22* על שקופא ועל תרתין מזוזתייא מן אדמא די במנה ואתון לא
009 למזוזית' *Ex21:06* ויקרב יתיה לתרעא או למזוזית' וירצע רבוניה ית אדניה

## food *n.* מזון

[298]

001 מזון s ab/cn *Gn42:07* מן ארעא דכנען למזבן מזון:
002 *Gn42:10* ועבדיך אתון למזבן מזון:
003 *Gn43:02* חזורו זבונו לן זעיר מזון:
004 *Gn43:04* עמן נחות ונזבון לך מזון:
005 *Gn43:20* נחתין בקדמיתא למזבן מזון:
006 *Gn43:31M* ואמר שוון לחם/מזון#2#/:
007 *Gn44:25* חזרו זבנ{ן}<ו> לן קליל מזון:
008 *Ex 2:20* ית גברא קרין ליה וייכל מזון:
009 *Gn43:32M* למיכל עם עבריי לחם/מזון#2#/ ארום מרחקה היא
010 *Gn47:17* לן לחם ויהב להון יוסף מזון ב{ט}<ס>וסותא ובקנין ען
011 *Ex16:22M* לקטו \לחם בכיפלא /מזון בכיפלא#2#/ תרין עמרין
012 *Dt 2:28* מזון בכסף תזבנון לן ונאכל ומים
013 *Gn41:48* בארעא דמצרי' ושוי מזון בקרויא מזון תחומה דקרתא די
014 *Gn41:35* עיבור תחות רשותא דפרעה מזון בקריתא ויטרון:
015 *Gn44:01* ית סעוניהון דגובריא מזון היך מה דייכלון למטען ושוי
016 *Gn31:54M* מזון#2#/ ואכלו לחם/מזון#2#/ ואביתו בטורא:
017 *Gn31:54M* וקרא לאחוי למיכל לחם/מזון#2#/ ואכלו לחם/מזון#2#/
018 *Dt10:18* ורחם גיורה למתן ליה מזון ואצטלי:
019 *Nu21:05M* ונפשן אתיקעת בלחמה /מזון ולית מיין ונפשן ויעיקה
020 *Gn18:05* ואסב קליל מזון וסעדו לבביכון ומן בתר כן
021 *Gn21:14M* ויהיב להגר שווי על /מזון וקרבה דמים ויהב להגר
022 *Ex16:03M* דודבת בישרא אכלין לחם/מזון#2#/ ושבעין ארום אפקתון
023 *Ex16:12M* בשר ובצפרא תשבעון לחם/מזון#2#/ ותידעון ארום אנה הוא
024 *Gn43:22* חורן אחתנן בידינן למזבן מזון לא ידעינן מן שוי כספא
025 *Ex34:28M* וארבעין לילון לחמא/מזון#2#/ ל«א» אכל ומיין
026 *Dt 9:09* יומין וארבעין לילוון לא אכלת ואוף מיין לא שתית:
027 *Dt 9:18* יומין וארבעין לילוון מזון לא אכלית ואוף מיין לא שתית
028 *Dt29:05M* לחם/מזון#2#/ לא אכלתון וחמר חדת
029 *Dt11:15M* ואתן עשבה באפי ברה \מזון#2#/ לבעיריכון ותיכלון
030 *Dt 2:06* מזון לית אתון צריכין מזבון
031 *Gn28:20M* מהלך בה ויתן לי לחם/מזון#2#/ למיכל ולבוש למלבש
032 *Gn21:33* ויהב בגויה מזון לעובריא והווה כד אכילין
033 *Gn47:12M* לחם/דאבוי מזון#2#/ לפם ספליא:
034 *Lv25:21M* פירי עללתה/עללה מזון#2#/ לתלת שנין \דיומין#2#:
035 *Gn 3:18* ונלעי ומן לעות ידי נאכל מזון מן פירי דארעא בגין כן יהוי
036 *Ex16:04M* הא אנה מחית לכון לחם/מזון#2#/ מן שמיא ויפקון עמא
037 *Gn42:19* ואתון אזלו אוביל{ן}<ו> מזון עבור כפנים בתיכון:
038 *Gn 3:19M* בדעת אפיך תאכל מזון עד זמן די תחזור לארעא
039 *Ex18:12M* \למיכל לחמא /למיכל מזון#2#/ עם חמוי דמשה קדם ייי:
040 *Gn41:35* ויכנשון ית כל מזון שבעתי שניא טבתא עללתא
041 *Gn41:48* וכנש ית כל מזון שבעתי שנייה דיהוון בארעא
042 *Gn41:48* ושוי מזון בקרויא מזון תחומה דקרתא די חזר חזר לה
043 *Ex16:29M* \לחם בכפלא שרון /מזון תרין יומין תיבו גבר#2#/
044 *Gn47:13M* ולחם/מזון#2#/ דלית/לית#2#/ בכל
045 במזון *Dt23:05M* יתכון \בלחמא ובמיא /במזון ובמיין#2#/ באורחא בזמן
046 ומזון *Ex16:08M* "למיכל ...:" למיכל ומזון בצפר' למשב{ען}<ע> דגלי
047 *Dt 8:09M* /תיכול#2#/ בה לחם \ומזון#2#/ לא תחסרון כל מן דעם
048 *Gn45:23* טעונין עבור ולחם ומזון לאבוי לארחא:
049 ולמזון *Gn47:24* ולתפניק בתיכון ולמזון לטפליכון:
050 למזון *Gn 1:29* זרע לכון יהבית יתהון למזון:
051 *Gn 6:21M* ויהוי לך ולהון למיכל/למזון#2#/:
052 *Ex16:15M* /במימרי' דייי לכון למזון#2#/:
053 *Lv25:07M* תיהוי כל עללת למיכל/למזון#2#/:
054 *Gn 1:30* נפש דחיא ית כל עשבא למזון והוה כן כממרה:
055 *Dt31:17* רעותי מנהון ויהוויין למזון ויארעון יתהון בישן סגין
056 *Dt28:26* ותהווי נבילתכון למזון לכל עופה דשמייא ולחייתה
057 *Lv11:39M* /הוא#2#/ לכון למיכל/למזון#2#/ מן די יקרב בנבלתה
058 מזונ' s em/sf *Ex21:10M* מזונה ותכסיתה/עליה מזונ' תכשיטי' מאני#2#/ ומעלה
059 מזונא *Gn27:17M* וית \לחמה דעבדת /מזונא די עב#2#/ ביד יעקב
060 *Gn41:36* ויהוי מזונא לדכרן טב לארעא לשבעתי שני
061 מזונה *Lv22:11M* בייתי הנון יאכלון מן מזונה
062 *Nu21:06M* דמצרים /ולא אתרעם על מזונה אפקית עמי פריקין מן
063 *Ex29:32M* בסלא /דאשלמוותה וית מזונה דאית בס#2#/ בתרע משכן
064 *Nu15:19M* /בזמן דת#2#/ מן לחמה/מזונה#2#/ דארעא תפרשון אפרשו
065 *Lv11:34M* מיין יסתאב /מן כל מזונה די יתאכל די יתועל עלוי
066 *Lv26:26* כד אתבר לכון שא מזונה וייפון עשר נשין לחמיכון
067 *Nu21:06* ייתי חויה דלא אתרעם על מזונה וישלט בעמא דא«ת»רעמו על
068 *Ex21:10* אן חורי יסב לה מזונה ותכסיתה ומעלה ומפקה לוותה
069 *Lv24:07M* \ללחם לאדכרה קדם ייי /מזונה לאדכרה קרבן מתקבל לשמה
070 *Ex29:34M* לחמה /דאשלמוותה ומן מזונה#2#/ עד צפרא ותיקד מה
071 מזוני *Ex16:32M* ית \לחמא די אכלת /מזוני די איכלית#2#/ יתכון
072 מזוניה *Lv22:07M* מן קדשיה ארום לחמיה/מזוניה#2#/ הוא:
073 מזונך *Lv25:37* בשערין וברביין לא תתן מזונך:
074 *Nu21:06* ואמרית ליה עפרא יהווי מזונך אסקת עמי מארעא דמצרים
075 *Gn 3:14* מעך תהוי שחף ועפר יהוי מזונך כל יומי חייך:
076 מזונכון *Lv26:05M* \לחמכון ותשבעון /מזונכון למישבע#2#/ ותשרון
077 במזאנה *Gn47:19M* /להוד#2#/ ארען קנה/במזאנה#2#/ יתן וית ארעאן בלחמא
078 מזוני' p em/sf *Gn40:17M* /ובסלתא עליי' מן כל מזוני' דפרעה#2#/ עבד נחתום
079 מזוניהון *Nu21:06* בעמא דא«ת»רעמו על מזוניהון בגין כדן {ב}<ג>רי ייי
080 *Gn14:11* דסדם ודעמרה וית כל מזוניהון ואזלו:
081 מזוניכון *Lv26:26M* אתבור לכון שע{ד}<ר>י' מזוניכון וייפיין ע'
082 *Ex23:25M* ויברך ית לחמכון/מזוניכון#2#/ וית מייכון ויעבר
083 ולמזוניכון *Gn47:24* לכון למזרע תחומכון ולמזוניכון ולתפניק בתיכון ולמזון

## rebuke *n.* מזופה

[298]

001 מזופית' s em/sf *Dt28:20M* שעמומא וית מזופתה/<מזו>פית#2#/ בכל אושטות ידיכון
002 מזופתה *Dt28:20* מאירתה וית שעמומא וית מזופתה בכל אושטות ידיכון די

## type of demon *n.* מזיק

[298]

001 למזיק s ab/cn *Ex12:13M* מחבלא דממני על מותא למזיק באיתגלאיותי למקטל

## luck *n.* מזל

[298]

001 מזלא s em/sf *Gn30:11M* לאה את{ו}א גדה/מזלא#2#/ טבא דעתיד למגדעא
002 במזליה *Gn29:17M* ומצלייה דלא תסוק במזליה דעשו ורחל

## prepared, ready *adj.* מזמן

[298]

001 מזומן s ab/cn *Ex15:17* בטור בית אחסנותך אתר מוזמן בית שכינה לך אתקנת ייי
002 מזומנים p abs *Ex19:11* ויהוון מזומנים ליומא תליתייא ארום ביומא

## east [Heb.] *n.* [מזרח] [!!]

|  |  |  |  |  |  |  |
|---|---|---|---|---|---|---|
| 001 | מזרח | s ab/cn | Nu34:07 | לכון להומינס טוורוס | מזרח: | |

## bowl *n.* מזרק [299]

|  |  |  |  |  |  |  |
|---|---|---|---|---|---|---|
| 001 | מזרק | s ab/cn | Nu 7:13 | בית קודשא הוה מתקלה | מזרק | חד דכסף תקל שובעין סלעין |
| 002 | | | Nu 7:19 | בית קודשא הות מתקלה | מזרק | חד דכסף תקל שבעין סלעין |
| 003 | | | Nu 7:25 | בית קודשה הוות מתקלה | מזרק | חד דכסף תקל שבעין סלעין |
| 004 | | | Nu 7:31 | בית קודשה הוות מתקלה | מזרק | חד דכסף תקל שובעין סלעין |
| 005 | | | Nu 7:37 | בית קודשה הוות מתקליה | מזרק | חד דכסף תקל שובעין סלעין |
| 006 | | | Nu 7:43 | בית קודשה הוות מתקליה | מזרק | חד דכסף תקל שובעין בסלעי |
| 007 | | | Nu 7:49 | בית קודשה הוות מתקליה | מזרק | חד דכסף תקל שובעין |
| 008 | | | Nu 7:55 | בית קדשה הוות מתקליה | מזרק | חד דכסף תקל שובעין סלעין |
| 009 | | | Nu 7:61 | בית קדשה הוות מתקליה | מזרק | חד דכסף תקל שובעין סלעין |
| 010 | | | Nu 7:67 | בית קודשה הוות מתקליה | מזרק | חד דכסף תקל שובעין סלעין |
| 011 | | | Nu 7:73 | בית קודשה הוות מתקליה | מזרק | חד דכסף תקל שובעין בסלעי |
| 012 | | | Nu 7:79 | בית קדשה הוות מתקליה | מזרק | חד דכסף תקל שובעין בסלעי |
| 013 | מזרקין | p abs | Nu 7:84 | פילוון דכסף תרתי עשרי | מזרקין | דכסף תרין עשר בזיכין דכסף |
| 014 | מזרקוי | p em/sf | Ex38:03M | וית מחתיתה כל מנוי | /מזרקוי | וית משליתיה וית מחתייתה |
| 015 | | | Nu 4:14M | מגרפיתה וית | מזרקיה/מזרקוי#2#/ | כל מני/מאנוי#2#/ |
| 016 | מזרקיה | | Ex38:03 | וית מגרופתיה וית | מזרקיה | וית משליתה וית מחתיתה כל |
| 017 | | | Nu 4:14 | משליתה וית מגרפיתה וית | מזרקיה | כל מני מדבחה ויפרשון עלוי |
| 018 | ומזריקוי | | Ex27:03 | יתיה ומגרופיתא | ומזריקוי | ומשליתא ומחתיתא כל מנוי |

## bowl *n.* מזרקה [299]

|  |  |  |  |  |  |  |
|---|---|---|---|---|---|---|
| 001 | מז' | s ab/cn | Nu 7:85M | דכסף ושבעין | דמזרקה/מז'#2#/ | חדה כל כסף מניא |
| 002 | מזרקה | | Nu 7:49M | פייליתה | ומזרקתה/<מזר>קה#2#/ | סלת פיילה במשח |
| 003 | | | Nu 7:61M | מליין פייליתה | ומזרקתה/<מזר>קה#2#/ | סלת פיילה |
| 004 | דמזרקה | | Nu 7:85 | חד«ת»ה דכסף ושבעין | דמזרקה | חדה כל כסף מניא תרתין |
| 005 | ומזרקה | | Nu 7:13 | יתהון מליין פייליתא | ומזרקה | סולת פילה במשח למנחתה: |
| 006 | | | Nu 7:31M | מליין פייליתה | ומזרקתה/<ומזר>קה#2#/ | סלת פיילה |
| 007 | | | Nu 7:55M | מליין פייליתה | ומזרקתה/<ומזר>קה#2#/ | סלת פיילה |
| 008 | | | Nu 7:67M | מליין פליתה | ומזרקתה/<ומזר>קה#2#/ | סלת פיילה |
| 009 | | | Nu 7:73M | פלייתה | ומזרקת«ה»/<ומזר>קה#2#/ | סלת פייללה במשח |
| 010 | | | Nu 7:79M | פייליתה | ומזרקתה/<ומזר>קה#2#/ | סלת פיילה |
| 011 | | | Nu 7:19M | מליין פייליתה | ומזרקתה/<ומזר>קה#2#/ | סולת פילה |
| 012 | | | Nu 7:37M | מליין פייליתה | ומזרקתה/<ומזר>קה#2#/ | סלת פ«יי»לה |
| 013 | | | Nu 7:25M | פייליתה מליין | ומזרקתה/<ומזר>קה#2#/ | פילה^פיילה#2#^ |
| 014 | ומזרקתה | s em/sf | Nu 7:19 | יתהון מליין פייליתה | ומזרקתה | סולת פילה במשח למנחתה: |
| 015 | | | Nu 7:31 | יתהון מליין פייליתה | ומזרקתה | סלת פיילה במשח למנחתה: |
| 016 | | | Nu 7:37 | יתהון מליין פייליתה | ומזרקתה | סלת פ«יי»לה במשח |
| 017 | | | Nu 7:43 | יתהון מליין פייליתה | ומזרקתה | סלת פיילה במשח למנחתה: |
| 018 | | | Nu 7:49 | יתהון מליין פייליתה | ומזרקתה | סלת פיילה במשח למנחתה: |
| 019 | | | Nu 7:55 | יתהון מליין פייליתה | ומזרקתה | סלת פיילה במשח למנחתה: |
| 020 | | | Nu 7:61 | יתהון מליין פייליתה | ומזרקתה | סלת פיילה במשח למנחתה: |
| 021 | | | Nu 7:67 | יתהון מליין פלייתה | ומזרקתה | סלת פיילה במשח למנחתה: |
| 022 | | | Nu 7:73 | יתהון מליין פליתה | ומזרקת«ה» | סלת פיילה במשח למנחתה: |
| 023 | | | Nu 7:79 | יתהון מליין פייליתה | ומזרקתה | סלת פיילה במשח למנחתה: |
| 024 | | | Nu 7:25 | יתהון פייליתה מליין | ומזרקתה | פילה במשח למנחתה: |

## destroying angel *n.* מחבל [299]

|  |  |  |  |  |  |  |
|---|---|---|---|---|---|---|
| 001 | מחבלא | s em/sf | Ex 4:26M | ידוי#2#/ דמלאך | מותא/מחבלא#2#/: | |
| 002 | | | Ex12:23M | ירשי מלאכא | מחבלא | |
| 003 | | | Ex12:13M | ולא יהא רשו למלאכיא | מחבלא | דממני על מותא למזיק |
| 004 | מחבלה | | Ex 4:26M | בכדן שבחת /מלאכא | מחבלה | הא בכן שבח#2#/ צפרה |
| 005 | | | Nu17:12 | ורהט לגו קהלא והא שרי | מחבלה | מחבל בעמא ויהב ית קטרתה |
| 006 | דמחבלה | | Ex 4:25 | דברא וקרבת לרגלוי | דמחבלה | ואמרת ארום חתנא בעא |
| 007 | למחבלא | | Ex12:23 | ישראל ולא יתן רשו | למחבלא | למיעול לגו בתיכון למחבלה: |

## destroying angel *n.* מחבלן [299]

|  |  |  |  |  |  |  |
|---|---|---|---|---|---|---|
| 001 | למחבלנא | s em/sf | Ex12:23M | ולא יתן רשו | למחבלא/למחבלנא#2#/ | למיעול לגו בתיכון |

## stroke *n.* מחה [299]

|  |  |  |  |  |  |  |
|---|---|---|---|---|---|---|
| 001 | מחה | s ab/cn | Gn 6:03M | דמבולא למבד ולמשתציה | מחה | גמירא הלא רוחי יהבי' |
| 002 | | | Lv26:28M | ואוסף לממחי יתכון | מחה | חד שובעה על דחטיתון קדמי |
| 003 | | | Dt25:03 | יוסף לממחי יתיה על אלין | מחה | רבה ויתבזי אחוך קדמיך: |
| 004 | מחית | | Ex 7:04 | מנכון פרעה ואשווי ית | מחית | פורענתי במצרים ואפק ית |
| 005 | מחת | | Dt 7:20M | ית מחות /ואוף ית | מחת#2#/ | אורעיתה יגרי ייי אלהכון |
| 006 | | | Lv13:24 | במשכה כוויה דאשה ותיהוי | מחת | דיכויתה בהקי חוורה וסמוקה |
| 007 | | | Dt28:59M | דייי ית מחתה וית | מחת | זרעיית <...> מחן רברבן |
| 008 | | | Lv13:24M | ותיהוי \מחת דיכויתה | /מ<ח>ת | כוויתה#2#/ בהקי חוורה |
| 009 | | | Dt 2:15M | /לחוד#2#/ מחוון/ואוף | מחת | פורענות#2#/ מן קדם ייי |
| 010 | | | Ex23:27M | ית | אימת/מחת | פורענת'#2#/ אשלח |
| 011 | | | Ex 3:20 | ואשלח ית | מחת | פורענתי ואקטול ית מצראיי |
| 012 | | | Ex 7:04M | פרעה ואשווי ית | מחית/מחת#2#/ | פורענתי במצרים ואפק |
| 013 | | | Ex 7:05 | ייי כד אשווי ית | מחת | פורענתי על מצרים ואפקת ית |
| 014 | | | Ex 9:03 | הא | מחת | פורענתי הוויא בבעירך די |
| 015 | | | Ex 9:14M | "מחוותיי ... ובשלטונך": | מחת | פרענותי על ליביה דפרעה |
| 016 | | | Lv13:23M | בהקיתה לא הלכת | שומה/מחת#2#/ | שחנה היא וידכי יתיה |
| 017 | מחותה | s em/sf | Ex 7:23 | ולא שוי לביה אף לדא | מח«ו»תה: | |
| 018 | מחתה | | Dt28:59M | ויכסי מימריה דייי ית | מחתה | וית מחת זרעיית <...> מחן |
| 019 | ומחתא | | Ex10:29M | הוינא מצלי עליך | ומחתא | |
| 020 | | | Ex10:29 | ייי הווינא מצלי עלך | ומחתא | מתכליה מנך ומחתה הדא |
| 021 | ומחתה | | Ex10:29 | עלך ומחתא מתכליה מנך | ומחתה | הדא עשירייה הי לפרעה מן |
| 022 | מחוון | p abs | Dt28:59 | וית מחוות בניכון | מחוון | בישן והיימנין ובושין |
| 023 | | | Dt 2:15 | ולהוד | מחוון | מן קדם ייי אתרגזית בהון |
| 024 | | | Lv26:21 | אורייתי ואוסף עליכון | מחוון | שבעה כמה דחטיתון: |
| 025 | מחיין | | Dt28:59M | בניכון | מחוון/<מח>יין#2#/ | בישן והיימנין |
| 026 | מחין | | Dt28:61M | /ביש'#2#/ וכל | מכתשין/מחין#2#/ | די לא כתיבין בספר |
| 027 | מחן | | Dt28:59M | וית מחת זרעיית <...> | מחן | רברבן וקשיטן ובושין בישין |
| 028 | מחוובת | p const | Dt32:23M | בישן גירי | מחוות/מחוובת#2#/ | פורענותי |
| 029 | מחוות | | Dt28:59 | ייי ית מחוותכון וית | מחוות | בניכון מחוון בישן |
| 030 | | | Dt32:23 | עליהון בישן גירי | מחוות | פורענותי אגרה בהון: |
| 031 | מחות | | Dt 7:20 | ולחות ית | מחות | אורעיתה יגרי ייי אלהכון |
| 032 | | | Ex 9:03M | הא | מחת/מחות#2#/ | פורענתי הוויא בבעירך |
| 033 | | | Ex 9:15 | ארום כדון שלחת ית | מחות | פורענתי ושיצית יתך וית עמך |
| 034 | מחיית | | Dt28:59M | וית | מחוות/<מח>יית#2#/ | בניכון מחוון |
| 035 | מחוותא | p em/sf | Ex 9:30M | על לא ימטון עליכון | מחוותא | לית אתון מתכנעין מן קדם |
| 036 | מחוותה | | Dt29:21 | מן ארע רחיקה ויחמון ית | מחוותה | דארעא ההיא וית בישיה די |
| 037 | מחוותיי | | Ex 9:14 | הדא הא אנה משלח ית כל | מחוותיי | על לבך ובשלטונך ובעמך |
| 038 | מחוותכון | | Dt28:59 | ויפריש ייי ית | מחוותכון | וית מחוות בניכון מחוון |
| 039 | מחייתכון | | Dt28:59M | ייי ית | מחוותכון/<מח>יית<כון>#2#/ | וית מחוות |

מחובה *n.* ⇐ מחה

## harbor *n.* מחוז [299]

|  |  |  |  |  |  |  |
|---|---|---|---|---|---|---|
| 001 | מעוזי | p em/sf | Nu34:06 | אינון מי בראשית נוסוי | מעוזי | וספינתה עם מי«י»א |
| 002 | במחוזוי | | Gn49:13 | ישרי והוא יהווי שליט | במחוזוי | ספינתה ותחומה יהוי מטי |
| 003 | ומחוזוי | | Nu34:06M | /הוא אוקייאנוס ניסוי | ומחוזוי | וספינתה#2/ עם מי«י»א |

## grace *n.* מחוס [299]

|  |  |  |  |  |  |  |
|---|---|---|---|---|---|---|
| 001 | מחוס | s ab/cn | Gn46:04M | ישוי ידי«ה» על | עיינך/מחוס | דעיינך#2/: |
| 002 | | | Gn44:07M | ^חס לעבד' מן#2/הא | מחוס | מן למעבד#2/ <...>: |
| 003 | | | Gn19:16M | בנתיה במחוס/כד הוה | מחוס#2/ | מן קדם ייי עלוי ואפקו |
| 004 | | | Gn44:17M | ואמר חס לי/הא | מחוס | מן קדמוי#2/ מן למעבד דא |
| 005 | | | Gn18:25 | | מחוס | מן קדמיך מן למעבד פתגמא |
| 006 | | | Gn18:25 | דזכייא כדינא דחייבא | מחוס | מן קדמיך מן למעבד פתגמא |
| 007 | | | Gn18:25M | דנה דזכייה כחייבה הא | מחוס#2/ | \מן קדמיך מן למעבד /מן |
| 008 | | | Gn43:29 | לי ואמר מן קדם ייי יהוי | מחוס | עלך ברי: |
| 009 | במחוס | | Gn19:16 | וביד תרתין בנתיה | במחוס | מן קדם ייי עלוי ואפקו יתה |
| 010 | מחוסי | s em/sf | Gn16:05 | לות אברם דיני ועל בני | מחוסי | ושרוי צערי מסיר בידך |

## mirror *n.* מחזי [300]

|  |  |  |  |  |  |  |
|---|---|---|---|---|---|---|
| 001 | במחזיין | p abs | Ex38:08 | בסיס דיד«ה» דנחש | במחזיין | דנשייא צדיקתא דהוון |

## to strike *vb.* מחי [300]

|  |  |  |  |  |  |  |
|---|---|---|---|---|---|---|
| 001 | מחה | peal | Ex 9:25M | /דאפי#2/ בר{ד}א | שיצי/מחהה#2/ | ברדא וית כל {עשבא} |
| 002 | | | Nu35:16 | ואן במן די פרזל | מחה | יתה ומית קטיל מתקטלה יתקטל |
| 003 | | | Nu35:21 | אין בבעל דבבו | מחה | יתה בידיה ומית מתקטלה |
| 004 | | | Nu35:18 | מלא ידה די ימות בה | מחה | יתיה ומית קטול הוא מתקטלה |
| 005 | מחון | | Gn19:11 | וית גובריא די בתרע ביתה | מחון | בסידוריה מדקיקיהון עד |
| 006 | מחי | | Ex 7:17 | תדע ארום אנה ייי הא אנה | מחי | בחוטרא די בידי על מיא די |
| 007 | | | Ex 2:11 | וחמא גבר מצריי | מחי | לגבר עברי מן אחוי: |
| 008 | | | Ex 2:13 | ואמר לחיבה למה כען את | מחי | לחברך: |
| 009 | | | Lv19:18 | תליתייה דהוא קש' כחרבא | מחי | מן תרין סטרוי דמן תרין |
| 010 | מחית | | Ex17:05 | דישרא«ל» וחטרא די | מחית | בה ית נהרא תיסב בידך |
| 011 | | | Nu22:32 | ליה מלאכה דייי על מה | מחית | ית אתנתך דנה תלתא זמנין הא |
| 012 | | | Nu22:28 | לבלעם מה עבדת לך ארום | מחית | יתי דנה תלתה זמנין: |
| 013 | מחת | | Nu35:17 | באבן מלא ידא די ימות בה | מחת | יתיה ומית קטול הוא מתקטלה |
| 014 | מחת' | | Ex16:21M | וכד הוה שמשא | קיים/מחת#2/ | עלוי הוה שיח: |
| 015 | אמחה | | Gn 6:07M | די ברית /ממריה דייי' | אמחה | ית בר נשא די ברי#2/ |
| 016 | ימחי | | Ex21:20 | וארום | ימחי | גבר ית עבדיה או ית אמהתיה |
| 017 | | | Ex21:26 | וארום | ימחי | גבר ית עיניה דעבדיה או ית |
| 018 | | | Dt28:22 | | ימחי | ייי יתכון בשחפיתה |
| 019 | | | Dt25:03 | ארבעין | ימחי | יתיה לא יוסף דלא יוסף |
| 020 | | | Dt28:27 | | ימחי | יתכון ייי בשחנה דמצריי |
| 021 | | | Dt28:28 | | ימחי | יתכון ייי בטפשותה |
| 022 | | | Dt28:35 | | ימחי | יתכון ^ייי#2^ בשחנה בישה |
| 023 | ד ימחי | | Ex21:12 | מן | ד ימחי | לגבר וימות מתקטלא יתקטיל: |
| 024 | דימחי | | Ex21:15 | ומן | דימחי | לאבוי ולאמה מתקטלה |
| 025 | דמוח' | | Ex21:15M | ומן | דימחי'^דמוחת#2^/דמבז#2/ | לאבוי ולאמה |
| 026 | דמחה | | Ex 7:25 | ושלמו שבעת יומין מן בתר | דמחה | ייי ית מיא דנהרא ואסי |
| 027 | | | Ex21:19 | מרדניתא ויזדכי{ה} מן | דמחה | יתה לחוד אגר בטלוניה יתן |
| 028 | דמחי | | Ex21:19M | מסמכיי' ויזכ' דן | דמחי | |
| 029 | | | Dt32:39 | בעלמא דאתי אנה הוא | דמחי | ואנה הוא דמסי ולית |
| 030 | | | Dt25:11 | ית בעלה מן ידוי דדין | דמחי | יתה ותפשוט ידה ותתוקף |
| 031 | ומחא | | Ex 2:12M | גבר זכאי נפיק מיניה | ומחא | ית מיצראה וטמע יתיה בחלא |
| 032 | | | Ex 2:12M | למקום מן ההוא מצראה | ומחא | ית מצראה וטמע יתיה בחלא |
| 033 | ומחה | | Ex 7:20 | דפקיד ייי וארים חוטריה | ומחה | ית מיא די בנהרא קדם פרעה |
| 034 | | | Ex 8:13 | אהרן ית ידא בחוטרא | ומחה | ית עפרא דארעא והוון כלמיא |
| 035 | | | Nu20:11 | וארים משה ית חוטרה | ומחה | ית כיפה בחטריה {תנין} תרין |
| 036 | | | Nu11:33 | ורוגזה דייי תקוף בעמה | ומחה | סגין לחדה: |
| 037 | ומחון | | Nu14:45 | די שרין בטורה ההוא | ומחון | יתהון וכתתו יתהון עד |
| 038 | ומחי | | Ex 8:12 | <...> ית חו«ס»רך | ומחי | ית עפרא דארעא ויהווי |
| 039 | | | Ex 8:13M | /בחוטרה#2/ | ומחה/ומחי#2/ | ית עפרא דארעא והוון |
| 040 | ומחיי | | Ex17:13M | לפתגם/שמת' דייי קטלא | ומחיי | לפתגם#2/ דחרב: |
| 041 | ומחיי' | | Gn 3:15 | יהוון מתכוונין לך | ומחיי' | יתך לראשך וקטלין יתך וכד |
| 042 | ומחת | | Nu22:23 | ארחה והלכת באפי ברא | ומחת | בלעם ית אתנתה למכוונה |
| 043 | | | Ex 7:20M | בחוטר'#2/ | ומחה/<ומ>חת#2/ | ית מיא די/דאית#2/ |
| 044 | | | Nu22:27 | ורבעת לה תחות בלעם | ומחת | ית אתנתה בחוטרה: |
| 045 | ואמחי | | Ex 3:20M | ית מחת פורענתי | ואקטול/ואמחי#2/ | ית מצראיי בכל |
| 046 | | | Lv26:24 | אף אנה עמכון בקשיו | ואמחי | יתכון אוף אנה שבעה על |
| 047 | | | Lv26:28 | אנה עמכון ברגזן בקשיו | ואמחי | יתכון אף אנה שבעה על |
| 048 | וימחי | | Ex21:18 | וארום ידיינון גברין | וימחי | גבר ית חבריה באבן או |
| 049 | | | Dt25:02 | וירבע יתיה דיינה | וימחי | יתיה קדמוי כמסת חובתיה |
| 050 | ותמחי | | Ex17:06 | על טינרא בחרב | ותמחי | בטינרא ונפקון מינה מייא |
| 051 | לממחי | | Nu22:25 | דבלעם לכותלה ואוסף | לממחי | יתה: |
| 052 | | | Dt25:03 | יתיה לא יוסף דלא יוסף | לממחי | יתיה על אלין מחה רבה |
| 053 | | | Lv26:18M | שבעה על דחטיתון | לממחי/ | יתכון חד לשבעה על |
| 054 | | | Lv26:28M | בחמה ובקשיו ואוסף | לממחי | יתכון מחה חד שובעה על |
| 055 | לממחי' | | Ex21:13M | ליה /כוי{ו}<ן> | למ<מ>חי' | יתיה#2/ ומן קדם ייי |

## cavity *n.* 2# מחילה [300]

|  |  |  |  |  |  |  |
|---|---|---|---|---|---|---|
| 001 | מחילין | p abs | Dt32:18 | ועבד יתכון מחילין | מחילין | : |
| 002 | | | Dt32:18 | שכלל יתכון ועבד יתכון | מחילין | מחילין: |

## division *n.* מחלוקה [300]

|  |  |  |  |  |  |  |
|---|---|---|---|---|---|---|
| 001 | במחלוקתיהון | p em/sf | Gn50:01M | ומני' קמו ליואי | במחלוקתיהון | לזמרא הא בכין אתרכין |

## sight, vision *(v.)n.* מחמי [300]

|  |  |  |  |  |  |  |
|---|---|---|---|---|---|---|
| 001 | במחמייה | s em/sf | Nu19:03M | /וכהן אחרן יכוס יתה | במחמייה | דאלעזר#2/: |

## lack *n.* מחסור [300]

|  |  |  |  |  |  |  |
|---|---|---|---|---|---|---|
| 001 | מחסור | s ab/cn | Nu11:23 | למשה הא אית קדם ייי | מחסור | כדון תחמון אן יארע יתך |
| 002 | | | Gn18:14M | לעידנא /דאית קדם ייי | מחסור | לזמנא#2/ אחזור לוותך |

## to wipe out *vb.* מחק [301]

|  |  |  |  |  |  |  |
|---|---|---|---|---|---|---|
| 001 | מחק | peal | Ex32:32 | ותשבוק לחוביהון ואם לא | מחק | יתי מן ספר אוריתך די כתבת: |
| 002 | אמחק | | Ex32:33 | ייי למשה מן דחטא קדמיי | אמחק | יתיה מן ספר אורייתי: |
| 003 | ימ' | | Dt25:06M | /דן דמית#2/ ולא | ימחק/ימ'#2/ | שמיה מישראל: |
| 004 | ואמחוק | | Dt 9:14 | רחמין ואישיצי יתהון | ואמחוק | ית שמהון מן לרע שמייא |
| 005 | וימחוק | | Dt29:19 | בספר אורייתה הדין | וימחוק | ייי ית שמיה «מן תחות |
| 006 | | | Nu 5:23 | האלין כהנא בספרא | וימחוק | לגו מיא מרירתה: |
| 007 | יתמחק | etpeel | Dt25:06 | על שמה דאחוי מיתה ולא | יתמחק | שמיה מישראל: |

## tomorrow *adv.* מחר [301]

|  |  |  |  |  |  |  |
|---|---|---|---|---|---|---|
| 001 | מ' | | Dt 6:20M | יתכון בניכון | למחר/מ'#2/ | למימר מה סהדוותה |
| 002 | מח' | | Nu14:25M | שריין במשרה | למחר/מח'#2/ | כוינו ונטולו/וטולו#2/ |

|  |  |  |  |  |  |  |
|---|---|---|---|---|---|---|
| 003 | מחר | | Ex32:05M | כחגה מן רשיעיה קדם ייי | מחר | |
| 004 | | | Nu16:16M | /והנון#2#/ ואהרן | למחר/מחר#2#/: | |
| 005 | | | Ex17:09M | \למחר הא אנה קיים | /מחר | אנה קאי#2#/ מעתד על ריש |
| 006 | | | Nu16:07M | /קטורן#2#/ קדם ייי | למחר/מחר#2#/ | ויהוי גברא די יתרעי |
| 007 | | | Ex 9:05 | ושוי ייי זמן למימר | מחר | יעבד ייי פתגמייא הדין |

See also: למחר *adv.*

## מחרף *n.* blasphemer [301]

|  |  |  |  |  |  |  |
|---|---|---|---|---|---|---|
| 001 | מחרף | s ab/cn | Nu15:30 | ובגיוריה קדם ייי הוא | מחרף | ותישתצא נפשא ההוא מן גו |
| 002 | ובמחרף | | Nu27:05 | דחליל שבתה בזדנו | ובמחרף | דפרש שמה קדישה בגדפין |
| 003 | מחרפה | s em/sf | Lv24:23M | «מן» דחרף לבר מן | /מחרפה | לב'#2#/ משריתה ורגמו |
| 004 | | | Lv24:14M | אסק ית \מן | דמחרף/מחרפה#2#/ | לבר מן משריתה |
| 005 | במחרפה | | Lv24:12M | "מתין ...": זריז | במחרפה | דחרף שמה קדישה בגדפין |
| 006 | ומחרפה | | Nu 9:08M | <ממון> | ומחרפה | דחרף שמה קדישה בגדפין |
| 007 | ובמחרפה | | Nu15:34M | דחלל שובתה בזידנו | וב<מ>חרפה | דחרף שמא קדישא בגדפין |
| 008 | | | Lv24:12 | דחלל שובתה בזידנו | ובמחרפה | דפרש שמיה קדישה בגדפין |
| 009 | | | Nu 9:08 | דחלל שבתה בזידנו | ובמחרפה | דפרש שמה קדישה בגדפין |
| 010 | | | Nu15:34 | ש«ו»בתה בזידנו | ובמחרפה | דפרש שמה קדישה בגדפין |

## מחשבה *n.* thought [301]

|  |  |  |  |  |  |  |
|---|---|---|---|---|---|---|
| 001 | מחשבת | s ab/cn | Gn 6:05 | בארעא וכל יצר | מחשבת | לבהון לח{זי}<ד> הגיין ביש |
| 002 | במחשבת | | Ex13:17M | אמר ייי/מימרי' דייי | במחשבת | דל<ב>יה#2#/ דלא יתבר |
| 003 | | | Dt 8:02 | למידע ית מה דאית | במחשבת | לבבכון הא אין נטרין אתון |
| 004 | | | Dt18:21 | וארום תאמרון | במחשבת | לבבכון אכדן נדע ^ית#2#^ |
| 005 | | | Gn 8:21 | קרבניה דנח ואמר ייי | במחשבת | לבה לא אוסף למלט תוב ית |
| 006 | | | Dt29:18 | לווטיה הדין ויתפייס | במחשבת | ליביה למימר שלם יהווי לי |
| 007 | מחשבות | p const | Gn 6:05M | לח{זי}<ד> הגיין | /מחשבות | טובא הג'#2#/ ביש כל |
| 008 | מחשבתיהון | p em/sf | Gn50:19 | קדם ייי אינון גלייא | מחשבתיהון | דבני אנשא: |
| 009 | ומחשבתהון | | Dt32:32 | {ל}<ד>עמא דסדם | ומחשבתהון | מדמיין למחשבתהון דעמא |
| 010 | למחשבתהון | | Dt32:32 | ומחשבתהון מדמיין | למחשבתהון | דעמא דעמורה עבדיהון |

## מחתי *n.* coal pan [301]

|  |  |  |  |  |  |  |
|---|---|---|---|---|---|---|
| 001 | מחתי | s ab/cn | Ex 9:14M | על לבך /מגרי לכולהון | מחתי | וימטון עד לבבך#2#/ |
| 002 | מחתת | | Nu 4:09M | וית | מחתת«ה»/<מחת>ת#2#/ | וית כל מני שמושה |
| 003 | מחיתיתיה | s em/sf | Nu16:17 | וסבו גבר | מחיתית«י»ה | ותתנון עליהון קטרה |
| 004 | מחתיתה | | Lv16:12 | ויסב מלא | מחתיתה | גומרין דאשה מעלוי מדבחה |
| 005 | | | Nu17:11 | ואמר לאהרן סב ית | מחתיתה | והב עלה אשא מעלוי מדבחה |
| 006 | מחתיתיה | | Nu16:17 | ואת ואהרן גבר | מחתיתיה: | |
| 007 | | | Lv10:01 | נדב ואביהוא גבר | מחתיתיה | ויהבו בהון אשא ושוון |
| 008 | | | Nu16:18 | ונסב גבר | מחתיתיה | ויהבו עליהון אשא ושוו |
| 009 | | | Nu16:17 | ותקרבון קדם ייי גבר | מחתיתיה | תרתין מאוון וחמשין |
| 010 | מחתתה | | Nu 4:09 | וית מלקט{ט}ה וית | מחתת«ה» | וית כל מני שמושה די |
| 011 | מחתיוון | p abs | Nu16:17 | תרתין מאוון וחמשין | מחתיוון | ואת ואהרן גבר מחתיתיה: |
| 012 | מחתייוון | | Nu16:06M | לכון | מחתיין/<מח>תייוון#2#/ | קרח וכל ^עם#2#^ |
| 013 | מחתיין | | Nu16:06 | דא עבידו סבו לכון | מחתיין | קרח וכל ^עם#2#^ כנישתיה: |
| 014 | | | Nu16:17M | /מאה#2#/ וחמשין | מחתיוון/מחתיין#2#/ | ואת ואהרן גבר |
| 015 | מחתייתה | p em/sf | Nu17:03M | ית | מחתיתהון/מחתייתה#2#/ | דחייביה האליין |
| 016 | | | Ex38:03M | וית משלייתה וית | מחתייתה | וית כל מאנוי#2#/ עבד |
| 017 | מחתיתה | | Nu17:04 | ונסב אלעזר כהנא ית | מחתיתה | דנחשה די קריבו יקידיה |
| 018 | | | Nu 4:14 | די ישמשו עלוי בהון ית | מחתיתה | וית משליתה וית מגרפיתה |
| 019 | | | Ex38:03 | מזרקיה וית משליתה וית | מחתיתה | כל מנוי עבד נחש: |
| 020 | | | Nu17:02 | כהנה רבה וירים ית | מחתיתה | מן ביני יקידיה וית אשתה |
| 021 | מחתיתהון | | Nu17:03 | ית | מחתיתהון | דחייביה האליין דחבו |
| 022 | מחתיתיה | | Nu 4:09M | "מחתתה .. מני": | מחתיתיה | וית כל מני |
| 023 | ומחתיתא | | Ex27:03 | ומזריקוי ומשליתא | ומחתיתא | כל מנוי תעבד דנחש: |
| 024 | ומחתיתה | | Ex25:38 | ומלקט«יה» | ומחתיתה | דהב דכי יעבד יתיה: |
| 025 | | | Ex37:23 | בוצינא שבעה ומלקטה | ומחתיתה | דהב דכי: |

## מטול *n.* burden [301]

|  |  |  |  |  |  |  |
|---|---|---|---|---|---|---|
| 001 | מטול | s ab/cn | Nu 4:47 | למפלח פלחן עבידה ועבידת | מטול | במשכן זימנה: |
| 002 | מטולהון | s em/sf | Nu 4:32 | תסכמון ית מני מטרת | מטולהון: | |
| 003 | | | Nu11:11 | חסד באפך למשויה ית | מטולהון | דכל עמה האלין עלי: |
| 004 | | | Nu 4:31 | ודא מטרת | מטולהון | לכל פולחנהון במשכן זימנה |
| 005 | | | Gn27:40 | יהוון משויין ניר | מטולהון | על צוארך ויהווי כד |
| 006 | מטוליה | | Nu 4:19 | גבר על פולחניה ועל | מטוליה: | |
| 007 | | | Nu 4:49 | גבר גבר על פלחניה ועל | מטוליה | וסכומוי די פקד ייי |
| 008 | מטוליהון | | Nu 4:27 | דבנוי דגרשוני לכל | מטוליהון | ולכל פלחנהון ותסכמון |
| 009 | במטלהון | | Nu11:17 | עליהון ויטענון עמך | במטלהון | דעמא ולא תטעון את |
| 010 | ומטולכון | | Dt 1:12 | לבלחודוי טרחתכון | ומטולכון | ודיניכון: |
| 011 | מטליהון | p em/sf | Nu 4:27 | עליהון במטרה ית כל | מטליהון: | |

## [מטול] *prep.* on account of [LJLA] [301]

|  |  |  |  |  |  |
|---|---|---|---|---|---|
| 001 | מטול | Lv27:34M | בהון מדעם ופקדינון | מטול | לאחוואותהון לוות בני |
| 002 | | Lv 8:34M | קומי יומא דכיפורי | מטול | לכפרה עליכון |
| 003 | אמטול | Lv21:04M | לאפסה כהונתה רבה | אמטול | ליה |
| 004 | ומטול | Gn25:27M | ותואביי הוא | ומטול | הכנא ברכיה אבוי ואמר ליה |

## [מטול] *conj.* because, since [LJLA] [301]

|  |  |  |  |  |  |
|---|---|---|---|---|---|
| 001 | מטול | Lv27:29M | רחמין מן קדם ייי | מטול | דדין קטול מתחייב איתקטלא |

## מטי *vb.* to arrive, to reach [302]

|  |  |  |  |  |  |  |
|---|---|---|---|---|---|---|
| 001 | מטא | peal | Gn32:27 | סלק עמודא דשחרא ארום | מטא | זמניהון דמלאכי מרומא |
| 002 | | | Gn32:27 | ואמר שלח יתי ארום | מטא | סלק עמודא דשחרא ארום מטא |
| 003 | מטה | | Nu12:12M | דמצטרעה בעיבורה וכד | מטה | זימנא למילד מית וולדה |
| 004 | מטון | | Nu21:01 | בירה סלקה להון ארום | מטון | ישראל ארחה די סליקו בה |
| 005 | | | Gn19:02 | ואמר בבעו מנכון רבוניי | מטון | כען לביתיה דעבדכון ואביתון |
| 006 | | | Nu21:01M | {ר}<ד>בית ישראל ארום | מטון | לאורחא די עלו בה ולילייה |
| 007 | | | Gn49:13 | ספינתה ותחומה יהוי | מטי | עד ציידן: |
| 008 | | | Dt 1:02 | דחורב אורח טור גבלה | {מטי | עד} <עד מטי> רקם דגיעה |
| 009 | | | Gn11:04 | לן קריה ומגדל וראשה | מטי | עד צית שמיא ונעבד לן |
| 010 | | | Gn28:12 | והא סלם קבע בארעא וראשה | מטי | עד צית שמיא והא מלאכיה |
| 011 | | | Gn50:01 | לאבונן ארזא רמא לרישיה | מטי | עד צית שמיא ושרשוי מטיין |
| 012 | מטיין | | Gn50:01M | כל דיירי ארעא ושרשוי | מטיין | עד ארעית תהומ' מנה קמו |
| 013 | | | Gn50:01 | מטי עד צית שמיא ושרשוי | מטיין | עד דרי עלמא די נפקו מיניה |
| 014 | | | Gn50:01M | "ושרשוי ...": ענפוי | מטיין | על כל דיירי ארעא ושרשוי |
| 015 | מטין | | Gn13:07 | בעירהון עד זמן דהוון | מטין | לבית: |
| 016 | | | Lv 9:13M | וית עלתה | זמינו/מ{צ}<ט>ין#2#/ | לוותה לפיסגה וית |
| 017 | מטינן | | Gn32:07 | לוות יעקב למימר | מטינן | לוות אחוך לוות עשו והא |
| 018 | מטיתון | | Dt 1:20 | ואמרית לכון | מטיתון | עד טורהון דאמוריי די ייי |
| 019 | מטת | | Nu12:12M | עימנה וכד{י}<ו> | מטת | זימנא למיחמי בנחמותה לא |
| 020 | | | Dt32:36 | ארום גלי קדמוי ארום | מטת | ידיהון דצדיקיה ואנון |
| 021 | ימטון | | Gn27:41M | מתעכב אנא עד זמן די | ימטון | יומי אבלא דמיתת אבא ובכן |
| 022 | | | Ex 9:30M | ארום ... קדם": ארום על לא | ימטון | עליכון מחוותא לית אתון |
| 023 | ימטינ' | | Ex22:12M | \קטילא לא ישלם | /ימטינ' | עד גושמת חיבא דתבירא |

|  |  |  |  |  |  |  |
|---|---|---|---|---|---|---|
| 024 | נמטי | | Gn22:05 | הכא גב חמרא ואנא ורביה | נמטי | עד הכא ונצלי ונחזור |
| 025 | דמטא | | Gn40:23 | ואנשי יתיה עד זמן | דמטא | קיצא למתפרקא: |
| 026 | | | Nu12:12 | ולא מתנזק וכיון {מ} | דמטא | קצה למפ{י}<ו>ק לגו עלמ' |
| 027 | דמטה | | Nu12:12 | חמייה בשעבודן וכיון | דמטה | קצה למחסנה ית ארעא למה היא |
| 028 | | | Dt 6:04 | כיון | דמטה | קצה דאבונן יעקב למתכנש |
| 029 | | | Dt32:01 | כיוון | דמטה | קצה דמשה נבייא למתכנשה |
| 030 | וימטון | | Ex 9:14M | מגרי לכולהון מחתי/ | וימטון | עד לבבך#2#/ ובשלטונך |
| 031 | וימטי | | Nu34:11M | ויחת תחומה | וימטי | סמיך לימה דגי<נ>סר מן |
| 032 | ומטה | | Nu13:22 | וסליקו בדרומה | ומטה | כלב עד חברון ותמן אחימן |
| 033 | ומטון | | Gn11:31 | למיזל לארעא דכנען | ומטון | עד חרן ושרן תמן: |
| 034 | | | Gn50:10 | | ומטון | עד אדר אטדה די בעבר |
| 035 | | | Nu13:23 | | ומטון | עד נחל סגולה ולקטו מן תמן |
| 036 | | | Dt 1:24 | וכוונו לטורא | ומטון | עד נחל סגולה ואלילו יתה: |
| 037 | ומטינן | | Dt 1:19 | פקד ייי אלהן יתן | ומטינן | עד רקם דגיעה: |

## מטלה *n.* booth (sukkah) [302]

|  |  |  |  |  |  |  |
|---|---|---|---|---|---|---|
| 001 | מטילין | p abs | Lv23:43M | אשרית בני /בענני היך | מטילין | אשריית ית בני#2#/ ישראל |
| 002 | מטלין | | Lv23:43 | איקר שכינתי בדמות | מטלין | אשרית בני ישראל בזמן |
| 003 | | | Gn33:17 | לה בית ולבעירה עבד | מטלין | בגין כדין קרא שמה דאתרא |
| 004 | במטלין | | Lv23:42 | יציביה בישראל ישרון | במטלין: | |
| 005 | | | Lv23:42 | | במטלין | תשרון שבעה יומין כל |
| 006 | מטליכון | p em/sf | Nu29:35 | כנישין תהוון מן | מטליכון | לגו בתיכון בחדוה כנישין |
| 007 | במוטלי' | | Ex10:23M | נהורא#2#/ | במדוריה«ון»/במוטל#2#/: | |
| 008 | במטליכון | | Nu29:35M | ח{ודן}<דוו>ה | במטליכון | לגו בתיכון כנישת |
| 009 | דמטליא | | Nu29:17 | וביומא תנינא דחגא | דמטליא | תקרבון תורין אמרין בני |
| 010 | דמטליה | | Lv23:34 | לירחא שביעיה הדין חגה | דמטליה | שבעה יומין קדם ייי: |
| 011 | | | Dt16:13 | חגה | דמטליה | תעבדון לכון שבעה יומין |
| 012 | דמטלייה | | Dt31:10 | שתה דשמי«ט»תה בחגה | דמטלייה: | |
| 013 | | | Dt16:16 | ובחגה <....> | דמטלייה | עמי בני ישראל לית אתון |
| 014 | | | Nu29:20 | וביומא תליתיה דחגה | דמטלייה | תקרבון תורין חד עשר |
| 015 | | | Nu29:23 | וביומא רביעייה דחגה | דמטלייה | תקרבון תורין עשרה דכרין |
| 016 | | | Nu29:26 | וביומא חמישיה דחגה | דמטלייה | תקרבון תורין תשעה דכרין |
| 017 | | | Nu29:29 | וביומא שתיתיה דחגה | דמטלייה | תקרבון תורין תמניה דכרין |
| 018 | | | Nu29:32 | וביומא שביעיה דחגה | דמטלייה | תקרבון תורין שבעה דכרין |

## מטלטל *adj.* homeless [303]

|  |  |  |  |  |  |  |
|---|---|---|---|---|---|---|
| 001 | ומטלטל | s ab/cn | Gn 4:12 | פירי עללתא לך גלי | ומטלטל | תיהוי קין בארעא: |
| 002 | ומטלטלין | p abs | Lv26:34M | גלין/תהוון גליין | ומטלטלין#2#/ | בארע בעלי דבביכון |
| 003 | מטלטליא | p em/sf | Gn47:21M | יהוון קריין לאחוי | מטלטליא | וג{י}לוליא מן בגלל כן |

## מטלן *n.* journey [303]

|  |  |  |  |  |  |  |
|---|---|---|---|---|---|---|
| 001 | למטלן | s ab/cn | Dt10:11 | לי אמר משה קום אזיל | למטלן | קדם {ייי} <עמא> וייעלון |
| 002 | מטלני | p const | Nu 4:15 | ולא ימותון אלין | מטלני | בנוי דקהת במשכן זימנה: |
| 003 | | | Nu10:28 | אלין | מטלני | בני ישראל לחילוותהון |
| 004 | מטלניהון | p em/sf | Ex40:36 | בני ישראל בכל | מטל{ינ}<ני>הון: | |
| 005 | | | Ex40:38 | כל בית ישראל בכל | מטלניהון: | |
| 006 | | | Nu 4:27M | /במטרן וית כל | מטלניהון#2#/: | |
| 007 | | | Nu 4:32M | מטרת | מטולהון/מטלניהון#2#/: | |
| 008 | | | Nu33:01 | אלין | מטלניהון | דבני ישראל די נפקו |
| 009 | | | Nu 4:27M | דגרשוני לכל | מטוליהון/מטלניהון#2#/ | ולכל פלחנהון |
| 010 | | | Nu 4:31M | ודא מטרת | מטולהון/מטלניהון#2#/ | לכל פולחנהון |
| 011 | | | Nu33:02 | ממריה דייי ואילין | מטלניהון | למיפקנהון: |
| 012 | ומטלניהון | | Ex17:01 | ממדברא דסין | ו{א}<מ>טלניהון | על פם גזירת מימריה |
| 013 | למטלנוי | | Gn13:03 | ואזל | למטלנוי | מן דרומא עד ביתאל עד |
| 014 | למטלניהון | | Nu10:06 | דרומא יבבון יתקעון | למטלניהון: | |
| 015 | | | Nu10:12 | ונטלו בני ישראל | למטלניהון | מן מדברה דסיני ושרה |
| 016 | | | Nu33:02 | משה ית מפקניהון | למטלניהון | על פם גזירת ממריה דייי |

## מטמע *(v.)n.* setting (of sun) [303]

|  |  |  |  |  |  |  |
|---|---|---|---|---|---|---|
| 001 | מטמעא | p const | Ex22:25 | תמשכן לבושא דחברך עד | מטמעא | שמשא תחזור יתי' ליה: |
| 002 | מטמעי | | Ex17:12 | רבקה רחל ולאה עד | מטמעי | שמשא: |
| 003 | | | Nu25:04 | וקברין ית נבלתהון עם | מטמעי | שמשא בכדן יחזור תקוף |
| 004 | | | Dt11:30 | בעבר ירדנה מן בתר ארח | מטמעי | שמשה בארעהון דכנעניי |
| 005 | | | Dt24:13 | תחזר לה ית משכוניה עם | מטמעי | שמשה וידמוך בלבושיה ויצלי |
| 006 | במטמעי | | Dt16:06 | נכסת פסחא ברמשא | במטמעי | שמשא בזמן אפקותהון פריקין |
| 007 | וכמטמעי | | Dt23:12 | רמשה יסחי במיה | וכמטמעי | שמשה ייעול לגו |

## מטר *vb.* to rain [303]

|  |  |  |  |  |  |  |
|---|---|---|---|---|---|---|
| 001 | אמטר | afel | Gn 2:05 | ברא עד לא יצמח ארום לא | אמטר | ייי אלהים מטר על ארעא ואדם |
| 002 | ואמטר | | Ex 9:23M | אשתא מקפצא בגו ברדא | ואמטר | ממרי' דייי ברד#2#/ על |

## מטר *n.* rain [303]

|  |  |  |  |  |  |  |
|---|---|---|---|---|---|---|
| 001 | מטר | s ab/cn | Lv26:04 | ואשווי | מטר | ארעכון בזמנה ותתן ארעא |
| 002 | | | Dt11:14M | \ואתן מטרה /ואישווי | מטר#2#/ | דארעכון בזמניה בכיר |
| 003 | | | Dt28:12M | ית שמיא למיתן | מטרה/<מ>טר#2#/ | דארעכון בזמנה |
| 004 | | | Dt28:24M | ישווי ^ייי#2#^ ית | מטרה/מטר#2#/ | דארעכון אבק ועפר מן |
| 005 | | | Dt11:17 | ית שמייא ולא יהוי | מטר | וארעא לא תתן פירי עללתה |
| 006 | | | Lv26:19M | למחתה לכון לא טל ולא | מטר | וית ארעא דאית ת<ח>ותיכון |
| 007 | | | Dt28:23M | למחתה לכון לא טל ולא | מטר | וית ארעא דאית תוחתיכון |
| 008 | | | Gn 2:05 | ארום לא אמטר ייי אלהים | מטר | על ארעא ואדם עד כדון לא |
| 009 | | | Gn 7:04 | שבעה יומין הא אנה מחת | מטר | על ארעא ארבעין יממין |
| 010 | ומטר | | Dt 5:20M | שיקרא ענניו מסתלקין | ומטר | דלא נחת ובצורתא אתיא |
| 011 | | | Ex 9:33 | ייי ואתמנעו קליא וברדא | ומטר | לא נחת לארעא: |
| 012 | | | Dt 5:21 | חמודיה ענניו סלקין | ומטר | לא נחת ובצורתה אתייה על |
| 013 | מט' | s em/sf | Gn30:22M | /ולא לגדוד מופתח | מט'#2#/ | \ומפתחא דפרנסתא /ומופתח |
| 014 | מטרא | | Gn 8:02 | וכווי שמיא ואיתמנע | מטרא | דמבולא מן תחות שמיא: |
| 015 | | | Ex 9:34M | "אתמנעו ... וברדא": פסק | מטרא | וברדה וקלייה |
| 016 | | | Gn 7:04M | קלילין שבעה אנה מחת | מטרא#2#/ | על ארעא ארבעין יממין |
| 017 | | | Gn 7:12 | והוה | מטרא | על ארעא ארבעין יומין |
| 018 | | | Lv26:04M | ואשווי | מטר/<מט>רא#2#/ | ארעכון/דא'#2#/ בזמנה |
| 019 | מטרה | | Dt11:14 | ואתן | מטרה | דארעכון בזמניה בכיר ולקיש |
| 020 | | | Dt28:12 | טבה ית שמיא למיתן | מטרה | דארעכון בזמנה ולמ«ב»רכה |
| 021 | | | Dt28:24 | ישווי ^ייי#2#^ ית | מטרה | דארעכון אבק ועפר מן שמייא |
| 022 | | | Dt11:11 | ארע דטוורין ודבקען מן | מטרה | דנחית מן שמייא היא שתייה |
| 023 | | | Nu29:31 | מדבחה דכרן טב לרביעות | מטרה | וניסוכה וניסוך מיא: |
| 024 | אמטרא | | Gn 8:02M | תהומא וחרכי שמיא וכל | אמטרא | מן שמיא |
| 025 | דמטרא | | Gn30:22 | למלאכא ולא לשרף מפתחא | דמטרא | ומפתחא דפרנסתא ומפת«חי» |
| 026 | דמיטר' | | Gn30:22M | ולא לשרף מפתחיא | דמיטר' | מפתחיא דפרנסתא מפתחיא |
| 027 | ומטר' | | Ex20:16M | /ענניה סלקין | ומטר' | לא נחית#2#/: |
| 028 | ומטרא | | Gn49:25 | יברך יתך מן טוב טלה | ומטרא | דנחתין מן שמייא מן לעיל |
| 029 | | | Ex 9:34 | פרעה ארום אתמנעו קליה | ומטרא | וברדא ואוס«ף» למחטי |
| 030 | | | Ex 9:33M | קליא וברדא | ומטר/ומטרא#2#/ | לא נחת לארעא |
| 031 | ומטרה | | Dt28:23 | נחשה מן מחתה לכון טלא | ומטרה | וארעא די תחותיכון ברירה |
| 032 | כמטרה | | Dt32:02 | יבשם | כמטרה | אולפני על בני ישראל |

|  |  |  |  |  |  |  |
|---|---|---|---|---|---|---|
| 033 | ומטרין | p abs | Dt33:28 | מחתין עליהון טלין | ומטרין: | |
| 034 | | | Lv26:19 | מן למחתה לכון טלין | ומטרין | וית ארעא די תחתכון חסימה |
| 035 | | | Dt33:13 | מן לעיל דמחתין טלין | ומטרין | מן ברכת מבועי מן לרע |

## מטר #2 *n.* prison [303]

|  |  |  |  |  |  |  |
|---|---|---|---|---|---|---|
| 001 | במטרא | s em/sf | Gn40:04 | ושמש יתהון והוה יומין | במטרא: | |
| 002 | | | Gn41:10 | {פ}<ש<ליטוי ושוי יתי | במטרא | בבייתה דרב אספקלטוריא יתי |
| 003 | | | Gn40:07 | ית שליטוי דפרעה דעמיה | במטרא | בבייתיה דרבונה למימר |
| 004 | | | Gn40:03 | ושווי יתהון | במטרא | בביתיה דרב אספקלטוריה |
| 005 | | | Gn42:17 | וחבש יתהון | במטרא | תלתא יומין: |
| 006 | במטרה | | Nu15:34 | לא שמעת ואצנעו יתה | במטרה | עד זמן דיתפרש להון קדם |

## מטרד *n.* (unclear) [303]

|  |  |  |  |  |  |  |
|---|---|---|---|---|---|---|
| 001 | במטרדה | s em/sf | Gn36:39 | סרד«א» דהווה לעי | במטרדה | כל ימוי חיוי ועתר וקנה |

## מטרה *n.* keeping [303]

|  |  |  |  |  |  |  |
|---|---|---|---|---|---|---|
| 001 | מט' | s ab/cn | Nu18:03M | ית מטרתך ומטרת/וית | מט'#2# | כל משכנה לחוד למני |
| 002 | מטרה | | Nu 8:26M | לא יפלח כהדן /למיטר | מטרה | ולמפלוח לא יפלוח כהד'#2#/ |
| 003 | | | Nu 8:26 | אחוי במשכן זימנה למיטר | מטרה | ופלחן לא יפלח כהדן סידרא |
| 004 | מטרת | | Nu18:08 | ואנה הא יהבית לך ית | מטרת | אפרשותי לכל קדשיהון דבני |
| 005 | | | Nu 3:28 | אלפין ושית מאוון נטרי | מטרת | בית קודשא: |
| 006 | | | Nu 3:32 | אהרן כהנה סכום נטורי | מטרת | בית קודשא: |
| 007 | | | Nu 3:38 | משה אהרן ובנוי נטרין | מטרת | בית קודשה למטרת בני ישראל |
| 008 | | | Nu18:05 | ותטרון ית | מטרת | בית קודשה וית מטרת מדבחה |
| 009 | | | Nu 3:36 | וסכום | מטרת | בנוי דמררי ליווחוי דמשכנה |
| 010 | | | Nu 3:08 | מני משכנה וית ^כל#2# | מטרת | בני ישראל למפלח ית פלחן |
| 011 | | | Nu 3:07 | ויטרון ית מטרתיה וית | מטרת | כל עם כנ«י»שתה קדם משכן |
| 012 | | | Nu18:05 | ית מטרת בית קודשה וית | מטרת | מדבחה ולא יהווי רגוז |
| 013 | | | Nu 4:31 | ודא | מטרת | מטולהון לכל פולחנהון במשכן |
| 014 | | | Nu 4:32 | ובשמהן תסכמון ית מני | מטרת | מטולהון: |
| 015 | | | Nu 1:53M | דסהדותה /ליואי ית | מטרת | משכן סה'#2#:/ |
| 016 | | | Nu18:04 | ויזדמנון לוותך ויטרון ית | מטרת | משכן זמנה לכל מטרת פלחנה |
| 017 | | | Nu31:47 | יתהון לילוויי דנטרין | מטרת | משכנא דייי היך מה די פקיד |
| 018 | | | Nu31:30 | ותתן יתהון לליוויי נטרי | מטרת | משכנה דייי: |
| 019 | | | Nu18:04 | ית מטרת משכן זמנה לכל | מטרת | פלחנה וחילוניי לא יקרב |
| 020 | במטרה | | Nu 4:27 | ותסכמון עליהון | במטרה | ית כל מטליהון: |
| 021 | ומטרת | | Nu 3:25 | | ומטרת | בנוי דגרשון במשכן זמנה |
| 022 | | | Nu18:03 | ויטרון ית מטרתך | ומטרת | כל משכנה לחוד למני |
| 023 | למטרה | | Ex16:34 | יתיה אהרן קדם שהדותא | למטרה: | |
| 024 | | | Ex16:32 | פקד ייי מלה עמרא מנה | למטרה | לדריכון מן בגלל די יחמון |
| 025 | | | Ex16:33 | יתה קדם ייי לשהדותא | למטרה | לדריכון: |
| 026 | | | Nu19:09 | לכנישתה דבני ישראל | למטרה | למי אדיא חטאת היא: |
| 027 | | | Nu17:25 | דאהרן קדם סהדותא | למטרה | לסימן לבני«ה» סורבניה |
| 028 | | | Ex12:06 | ויהוי לכון | למטרה | עד ארבעת עשר יומין לירחא |
| 029 | | | Ex16:23 | דמשתייר אצניעון לכון | למטרה | עד צפרא: |
| 030 | למטרת | | Nu 3:38 | נטרין מטרת בית קודשה | למטרת | בני ישראל וחלוניי די |
| 031 | מטרתה | s em/sf | Lv 8:35 | שבעה יומין ותטרון ית | מטרתה | דייי דלא תמותון ארום כדן |
| 032 | | | Nu 9:19 | ויטרון בני ישראל ית | מטרתה | דייי ולא~ יטלון: |
| 033 | | | Nu 9:23 | מימרה דייי יטלון ית | מטרתה | דייי נטרו על פם גזירת |
| 034 | | | Nu 1:53 | ישראל ויטרון ליואי ית | מטרתה | דסהדותה: |
| 035 | מטרתי | | Lv18:30 | ותיטרון ית | מט{מ}רתי | דלא למעבד מנימוסי מרחקתה |
| 036 | | | Lv22:09 | ויטרון ית | מטרתי | ולא יקבלון עלוי חוב«י»ן |
| 037 | | | Gn26:05 | בקל מ"י#2#מרי ונטר | מטרתי | מצותי וקיימי וסדרי דייני: |
| 038 | מטרתיה | | Nu 3:07 | ויטרון ית | מטרתיה | וית מטרת כל עם כנ«י»שתה |
| 039 | | | Dt11:01 | דייי אלהכון ותטר{ת}ון | מטרתיה | וקיימוי וסדרי דינוי |
| 040 | מטרתך | | Nu18:03 | ויטרון ית | מטרתך | ומטרת כל משכנה לחוד למני |
| 041 | במטרתה | | Lv24:12 | לא שמעית ואצנעו יתה | במטרתה | עד זמן דיתפרש להון מן קדם |
| 042 | במטרתהון | | Nu 8:26 | סידרא תעבד לליוויי | במטרתהון: | |
| 043 | ומטרתהון | | Nu 3:31 | | ומטרתהון | ארונה ופתורה ומנרתה |
| 044 | | | Nu 4:28 | דגרשוני במשכן זמנה | ומטרתהון | על דאיתמ' ברה דאהרן |
| 045 | במטרן | p abs | Nu 4:27M | \במטרה ית כל מטליהון | /במטרן | וית כל מטלניהון#2#:/ |

## מיד *adv.* ⇐ מן יד

## [מיטה] *n.* bed [Heb.] [304]

|  |  |  |  |  |  |  |
|---|---|---|---|---|---|---|
| 001 | מיטה | s ab/cn | Lv16:29M | ושומת סנדלה ותשמי' | מיטה | |

## מיין *n.* water [304]

|  |  |  |  |  |  |  |
|---|---|---|---|---|---|---|
| 001 | מיים | p abs | Nu 5:17M | ויסב כהנא | מיין/מיים#2#/ | \דכין לגו/קדישין |
| 002 | מיין | | Gn26:32 | דחפרו ואמרין לה אשכחנן | מיין: | |
| 003 | | | Gn37:24 | הווה ריק«ן» לית ביה | מיין: | |
| 004 | | | Ex15:22 | יומין במדברא ולא אשכחו | מיין: | |
| 005 | | | Ex30:18 | מדבחא ותתן תמן בגווה | מיין: | |
| 006 | | | Nu21:16 | כנש ית עמא ואתן להון | מיין: | |
| 007 | | | Ex 4:09 | ותשפוך ביבשתא ויהוון | מיין | די תסב מן נהרא ויהוון לאדם |
| 008 | | | Dt 8:15 | ועקרבין וצהו די לית | מיין | די אפיק לכון מיין מן כיף |
| 009 | | | Nu 5:17 | ויסב כהנא | מיין | דכין לגו מן דחסף ומן עפרה |
| 010 | | | Gn26:19 | בנחלה ואשכחו תמן בא<'> | מיין | דמבוע: |
| 011 | | | Lv14:05 | {לבד}<לגו> מן דחסף על | מיין | דמבוע: |
| 012 | | | Lv14:06M | באדמה צפרתה דנכיסה על | מיין | דמבוע |
| 013 | | | Ex14:28 | וחזרו | מיין | וכסן ית אר<ת>כי וית פרשיה |
| 014 | | | Nu21:05M | בלחמה /מזון ולית | מיין | ונפשן ויעיקה בלח'#2#/ |
| 015 | | | Ex17:02 | עם משה ואמרין הב לן | מיין | ונשתי ואמר להון משה מה |
| 016 | | | Lv11:36 | לחוד מבוע וגוב בית כנשת | מיין | יהווי דכי ומן די יקרב |
| 017 | | | Lv11:34 | די יתאכל די יתיהב עלוי | מיין | יסתאב וכל משקין די ישתתון |
| 018 | | | Dt 9:09 | מזון לא אכלת ואוף | מיין | לא שתית: |
| 019 | | | Dt 9:18 | מזון לא אכלית ואוף | מיין | לא שתית על כל חוביכון די |
| 020 | | | Nu20:05 | ולא רימונין אוף לא | מיין | לית לן למשתי: |
| 021 | | | Dt 2:06 | נחית לכון מן שמיא ולהוד | מיין | לית אתון צריכין מזבון |
| 022 | | | Nu21:05 | לית לן לחם למיכל ולא | מיין | למישתי ונפשן אתיעקת בלחמה |
| 023 | | | Nu20:02 | ולא הווה | מיין | לעם כנישתה וכנשו על משה |
| 024 | | | Ex40:30 | ובין מדבחה ויהב תמן | מיין | לקידוש: |
| 025 | | | Lv14:50 | חדתה לגו מן דחסף על | מיין | מבוע: |
| 026 | | | Gn24:43 | לה אשקיין יתי קליל | מיין | מן קולתיך: |
| 027 | | | Nu20:08 | ויתן מוי ותפק להון | מיין | מן כיפה ותשקי ית עם כנישתה |
| 028 | | | Dt 8:15 | לית מיין די אפיק לכון | מיין | מן כיף שמיר טנרה: |
| 029 | | | Nu20:11 | תרין זמנין ונפקו מניה | מיין | סגין ושתו עם כנישתה |
| 030 | | | Lv11:38 | וארום יתיהב | מיין | על כל זרע ויפול מנבלתהון |
| 031 | | | Dt 2:06M | בכסף ותיכלון ואוף | מיין | תזבנון מן לוותהון בכסף |
| 032 | מים | | Gn26:32M | ואמ'ר'ן לה אשכחנן | מיין/מים#2#:/ | |
| 033 | | | Ex40:07M | מייה /תמן בגווה | מים#2#:/ | |
| 034 | | | Dt11:11M | שתייה מייה/תשתון | מים#2#:/ | |
| 035 | | | Dt 8:15M | וצהו די לית | מיין/מים#2#/ | די אפיק לכון מיין |
| 036 | | | Gn26:19M | ואשכחו תמן בא<'> | מיין/מים#2#/ | דמבוע: |
| 037 | | | Nu19:17M | \מין דמבוע דכין לגו | /מים | דמבוע בגו#2#/ מן דחסף: |

| | | | |
|---|---|---|---|
| 038 | | Gn21:19M | ית \זיקא מיא /קרבתא מים#2#/ ואשקיית ית טליא: |
| 039 | | Ex17:06M | ונפקון מינה מייא/מים#2#/ וישתון עמא ועבד כדין |
| 040 | | Gn18:04M | כען קליל \מיא ואסחון /מים ושזיגו#2#/ רגלכון ואתקררו |
| 041 | | Lv11:34M | די יתאכל די יתועל עלוי מים יס'#2#/ וכל משקין די |
| 042 | | Dt 9:18M | אכלית \ואוף מיין/ומיין#2#/מים#2#/ לא שתית על כל |
| 043 | | Gn 9:15M | מיא למבולא לחבלא /עוד מים למבול למחבלה#2#/ כל בשרא |
| 044 | | Ex17:01M | הוה להון \מיא דשתון /מים למשתי"#2#/ עמא: |
| 045 | | Ex40:30M | תמן מיין /ושוי תמן מים#2#/ לקידוש: |
| 046 | | Gn24:17M | יתי כען \מן קלתיך /מים מן קולתיך#2#/: |
| 047 | | Ex15:23M | ולא יכלו למשתי מיא/מים#2#/ מן מרה ארום מרירין |
| 048 | | Dt 8:15M | די אפיק לכון מיין/מים#2#/ מן כיף שמיר טנרה: |
| 049 | | Gn 7:06M | הווה ומבולא הוה מיא/מים#2#/ על ארעא: |
| 050 | | Lv11:38M | וארום יתיהב מיין/מים#2#/ על כל זרע ויפול |
| 051 | מין | Nu20:13M | אנון מיא/מין#2#/ דייניה די אדיינו בני |
| 052 | | Nu19:17 | די יקדת תורתה ויתן עלוי מין דמבוע דכין לגו מן דחסף: |
| 053 | | Nu33:14 | ברפידים ולא הוה תמן מין לעמא למישתי: |
| 054 | | Nu20:11M | סגין ושתו עם כנישתה /מין סגי ושתין עמה דכ'#2#/: |
| 055 | במיין | Lv15:13M | ויסחי בשרה במייא/<במ>יין#2#/ דמבוע וידכי: |
| 056 | דמים | Gn49:22M | שתילה על מבועין דמיין/דמיים#2#/ ושלחת שרשי' לארעא |
| 057 | דמיין | Dt10:07M | ארעא נחלין דמיין |
| 058 | | Dt10:07M | ארע בית נחלין דמייה/דמיין#2#/: |
| 059 | | Nu21:34 | יאין קיימין על מבועין דמיין ברם פירין לא עבדין בגין |
| 060 | | Dt 3:02M | שתילין על מבועין דמיין ברם פירין לית אינון |
| 061 | | Gn21:19 | ייי ית עיינה וחמת באר דמיין ואזלת ומלת ית זיקא מיא |
| 062 | | Gn21:14 | בצפרא ונסב לחם וזיק דמיין ויהיב להגר שוי על כתפה |
| 063 | | Nu24:06 | יאין ומשבחין כארזייה דמיין ומשבחין ומנטלין בבריותה: |
| 064 | | Gn49:22 | לגפן שתילה על מבועין דמיין ושלחת שרשי' לארעא ופגרת |
| 065 | | Nu24:06 | שתילין על מבועין דמיין כדן יהון קורייהון מפקן |
| 066 | | Nu33:09M | /תרי עשרי עיינוון דמיין כל וקבל#2#/ תרי עשרתי |
| 067 | | Nu33:09M | תריסר מבועין דמיין כל וקבל תריסר שבטין |
| 068 | | Ex15:27 | תרתין עשרין פיגין דמיין כל קבל תרין עשר שבטי |
| 069 | | Nu33:09 | תרתין עשרי פיגיין דמיין כל קבל תרי עשרתי שבטיה |
| 070 | | Dt 8:07 | טבה ארע בית נחלין דמיין מבועין ותהומין נפקין |
| 071 | | Ex14:22 | ומיא הוון להון שורין דמיין מן ימינהון ומן שמלאהון: |
| 072 | | Gn 6:17M | מייתי ית מבולא דמייא/דמיין#2#/ על ארעא למחבלא כל |
| 073 | | Gn49:04 | דעלו בגווי נחלין דמיין שטפן ולא יכלת למסוברה |
| 074 | דמים | Gn21:19M | עיינה וחמת באר דמיין/דמים#2#/ ואזלת ומלת ית זיקא |
| 075 | | Gn21:14M | שוי על /מזון וקרבה דמים ויהב להגר שוי על'#2#/ |
| 076 | דמין | Ex14:29 | ומיא הוון להון שורין דמין מן ימינהון ומן שמלהון: |
| 077 | ומיין | Ex34:28 | לילון לחמא ל«א» אכל ומיין לא שתה וכתב על לווחי ית |
| 078 | | Dt 9:18M | אכלית \ואוף מיין/ומיין#2#/מים#2#/ לא שתית על כל |
| 079 | | Gn24:32 | ויהב תבן וכסה לגמליא ומיין למסחיה רגלוי ורגלי גבריא |
| 080 | ומים | Dt 2:28 | בכסף תזבנון לן ונאכל ומים בכסף תתנון לן ונשתי לחוד |
| 081 | | Ex34:28M | ל«א» אכל ומיין/ומים#2#/ לא שתה וכתב על לווחי |
| 082 | ובמיין | Dt23:05M | ובמיא /במזון ובמיין#2#/ באורחא בזמן אפקותכון |
| 083 | מי p const | Nu19:13 | נפשה ההיא מישראל ארום מי אדיא לא אזרק עלוי מסאב הוא |
| 084 | | Nu19:20 | ית בית מקדשא דייי סאב מי אדיה לא אזרק עלוי מסאב הוא: |
| 085 | | Nu19:21 | להון לקיים עלם ומן דמדי מי אדיה יחוור לבושוי ומן די |
| 086 | | Nu34:06 | ימה רבה אוקיינוס אינון מי בראשית נוסוי מעווי וספינתה |
| 087 | | Nu20:17 | בחקלין ובכרמין ולא נשתי מי גובין ארח מלכא נהלך לא נסטי |
| 088 | | Nu21:22 | בחקלין ובכרמין ולא נשתי מי גובין בארח מלכא נהלך עד זמן |
| 089 | | Nu27:14 | קדמיהון על עסק מיא אינון מי דייני רקם מדברא דצין: |
| 090 | | Nu 8:07 | למדכיה יתהון אדי עליהון מי חטאתה ויעברון גלב על כל |
| 091 | | Nu20:13M | "אנון ... אדיינו": הנון מי מצותה די אתנצון |
| 092 | במי | Nu19:21 | לבושוי ומן די יקרוב במי אדיה יהווי מסאב עד רמשה: |
| 093 | | Nu31:23 | בנורא וידכא להוד במי אדיה ידכא וכל מה די לא |
| 094 | | Nu27:14 | מימרי במדברה דצין במי דייני עם כנישתה למקדשה שמי |
| 095 | | Dt33:08 | וקם בנסיונה ובדקת יתיה במי דיינייה ואשתכח מהימן: |
| 096 | | Nu19:21M | יהווי מסאב /כל דיקרוב במי הדיה יסתאב#2#/ עד רמשה: |
| 097 | | Nu20:24M | דייניה /ית מימ' פימיה במי מצותהה#2#/: |
| 098 | | Dt 6:16M | \קדמוי בניסיונה /יתיה במי מצותהה#2#/: |
| 099 | | Dt32:51 | ממרי בגו בני ישראל במי מצותה דרקם במדברה דצין |
| 100 | ובמי | Dt 9:22M | ובקברי שאלתה /ובמי מצותה ובקברי שאלת |
| 101 | למי | Nu19:09 | דבני ישראל למטרה למי אדיא חטאת היא: |
| 102 | מוי p em/sf | Ex15:10 | ייי כסון עליהון מוי דימא נחיתו ושקעו היך איברא |
| 103 | | Ex15:19 | בימא וחזר ייי עליהון מוי דימא ובני ישראל הליכו |
| 104 | | Ex15:19 | \וחזר ייי עליהון ית} מוי דימא ובני ישראל הליכו |
| 105 | | Dt11:04 | ולארתכיהון די אציף ית מוי דימה דסוף על אפיהון בזמנה |
| 106 | | Gn 7:07 | עמה לתיבותא מן קדם מוי דמבולא: |
| 107 | | Gn 9:11 | ישתצי כל בשרא תוב מן מוי דמבולא ולא יהבי תוב מבול |
| 108 | | Ex 4:09 | לקלך ות{ת}<ס>ב מן מוי דנהרא ותשפוך ביבשתא ויהוון |
| 109 | | Ex 7:24 | לנהרא <....> למשתי מן מוי דנהרא: |
| 110 | | Nu20:08 | קדמיהון לעייניהון ויתן מוי ותפק להון מיין מן כיפה |
| 111 | מי' | Ex15:22M | \אשכחו מיין /ישכחו מי'#2#/: |
| 112 | | Gn 8:03 | וחזרו מי' מעילוי ארעא אזלין וחסקין |
| 113 | מיא | Gn 1:02 | ייי הוה מנשבא על אפי מיא: |
| 114 | | Gn 7:18 | והלכת תיבותא על אפי מיא: |
| 115 | | Gn 8:01 | דרחמין על ארעא ושדכו מיא: |
| 116 | | Gn24:13 | דעמא דארעא נפקין לממלי מיא: |
| 117 | | Ex14:21 | ימא ליבש{בש}תא ואתבזעו מיא: |
| 118 | | Ex15:27 | דישראל ושרון תמן על מיא: |
| 119 | | Nu 5:17 | יסב כהנא ויתן לגו מיא: |
| 120 | | Nu 5:26 | כדן ישקי ית אתתה ית מיא: |
| 121 | | Nu20:10 | מן כיפה הדין נפק לכון מיא: |
| 122 | | Nu29:31 | מטרה וניסוכה וניסוך מיא: |
| 123 | | Nu33:09M | תמן ∧על {ימא} <מיא>#2#/: |
| 124 | | Nu27:14 | שמי קדמיהון על עסק מיא אינון מי דייני רקם מדברא |
| 125 | | Gn 1:06 | מיא ויהוי מפרש בין מיא ארע<י>א לבין מיא עיליא: |
| 126 | | Gn 1:22 | תקיפו וסגון ומלון ית מיא בימיי' ועופא יסגא על ארעא: |
| 127 | | Nu29:31 | בר מעלת תמידה וצלוחית מיא דהוות מתקרבה ביומא שתיתיה |
| 128 | | Gn 1:07 | די מן תחות רקיעא ובין מיא די מלעיל לרקיעא והוה כן |
| 129 | | Gn 1:07 | ייי ית רקיעא ואפרש בין מיא די מן תחות רקיעא ובין מיא |
| 130 | | Ex 7:17 | מחי בחוטרא די בידי על מיא די בנהרא ויהפכון לאדם: |
| 131 | | Ex 7:20 | וארים חוטריה ומחה ית מיא די בנהרא קדם פרעה וקדם |
| 132 | | Nu20:13 | אנון מיא דייניה די אדיינו בני |
| 133 | | Lv14:06 | באדמה דצפרה דנכיסתה על מיא דמבועיא: |
| 134 | | Ex 7:25 | מן בתר דמחה ייי ית מיא דנהרא ואסי יתיה: |
| 135 | | Gn47:10M | מן קדם ייי דאיסקון מיא דנילוס וישקון ית כל ארעא |
| 136 | | Ex17:01 | ברפידים ולא הוה להון מיא דשתון עמא: |
| 137 | | Gn 8:09 | לוותה לתיבותה ארום מיא הוון על אפיה דכל ארע' ופשט |
| 138 | | Gn31:22M | "בארה ...": ולא אשכחו מיא ואמתינו תלתא יומין דלמה |
| 139 | | Gn18:04 | אסב כען קליל מיא ואסחון רגלכון ואתקררו תחות |
| 140 | | Gn43:24 | דיוסף ויהב להון מיא ואסחון רגליהון ויהב כסא |
| 141 | | Gn21:19 | ואזלת ומלת ית זיקא מיא ואשקיית ית טליא: |
| 142 | | Ex15:25 | מלה דאוריתא וטלק לגו מיא ואתחלון מיא תמן שוי ליה |
| 143 | | Gn 7:17 | יומין על ארעא וסגון מיא וטענו ית תיבותא ורמת מעלוי |
| 144 | | Gn 1:06 | דייי יהוי רקיעא במציעות מיא ויהוי מפרש בין מיא ארע<י>א |
| 145 | | Gn 7:20 | אמין מלעיל איתגברו מיא וכסון טוריא: |

|  |  |  |  |  |  |
|---|---|---|---|---|---|
| 146 | | Gn 7:18 | ואיתגברו | מיא | וסגון לחדה על ארעא והלכת |
| 147 | | Gn26:20 | דיצחק למימר דינן אנן | מיא | וקרא שמה דבארה עשק ארום |
| 148 | | Nu 5:27 | וישקי יתה ית | מיא | ותיהוי אין איסתאבת ותשקר |
| 149 | | Ex 7:15M | מת{ו}ק<ו>רדה על | נהרא/מיא#2#/ | ותתעתד לקדמותיה על גף |
| 150 | | Gn31:22M | חסידא דבזכו׳ הוון | מיא | טיפין מ{יא}<ן> על בירא |
| 151 | | Gn 9:15 | בכל בשרא ולא יהוי תוב | מיא | למבולא לחבלא כל בשרא: |
| 152 | | Ex 7:24M | מצריי חזור חזור לנהרא | /מיא | למישתי#2#/ <....> למשתי מן |
| 153 | | Gn 8:03 | ארעא אזלין וחסקין וחסרו | מיא | לסוף מאה וחמשין יומין: |
| 154 | | Nu 5:22 | וייעלון | מיא | מלווטיא אלין במעיך למנפחה |
| 155 | | Nu 5:27 | שקר בבעלה וייעלון בה | מיא | מלווטיה לממררה לה |
| 156 | | Nu 5:24 | מלווטיה וייעלו בה | מיא | מלוטיה לממרה לה: |
| 157 | | Gn21:15 | ושלימו | מיא | מן זיקא וטלקת ית טליא תחות |
| 158 | | Ex 7:21 | ולא יכילו מצריי למשתי | מיא | מן נהרא והות אדמה בכל ארעא |
| 159 | | Ex15:23 | למרתא ולא יכלו למשתי | מיא | מן מרה ארום מרירין אינון |
| 160 | | Gn 8:13M | בחד יום לירחא יבשו | מיא | מן עלוי אר׳ |
| 161 | | Gn 1:09 | ואמר ממרה דייי יתכנשון | מיא | מן תחות שמיא לאתר חד |
| 162 | | Ex 7:18 | וישתלהון מצריי למשתי | מיא | מנהרא: |
| 163 | | Gn 8:08 | הא א{וק}^תקלי#2#^לו | מיא | מעילוי אפיה דארעא: |
| 164 | | Gn 8:07 | נפק וחזר עד די יבשו | מיא | מעלוי ארעא: |
| 165 | | Gn 8:11 | בפומה וידע נח ארום קלו | מיא | מעלוי ארעא: |
| 166 | | Gn 8:13 | קדמיא בחד לירחא נגבו | מיא | מעלוי ארעא ועבר נח ית |
| 167 | | Nu 5:18 | היא ובידוי דכהנא יהוון | מיא | מריריה מלווטיה: |
| 168 | | Nu 5:23 | כהנא בספרא וימחוק לגו | מיא | מריריה: |
| 169 | | Nu 5:24 | וישקי ית אתתה ית | מיא | מריריה מלווטיה וייעלו בה |
| 170 | | Ex 7:20 | וקדם שליטוי ואתהפכו כל | מיא | נהרא לדמא: |
| 171 | | Gn 1:06 | בין מיא ארע<י>א לבין | מיא | עיליא: |
| 172 | | Gn 7:06 | שנין הווה ומבולא הוה | מיא | על ארעא: |
| 173 | | Gn 7:24 | ואתגברו | מיא | על ארעא מאה וחמשין יומין: |
| 174 | | Ex14:26 | ית ידך על ימא ויחזרון | מיא | על מצרים על ארתכיהון ועל |
| 175 | | Gn 1:10 | ארעא ולבית כנישות | מיא | קרא יממא וגלי קדם ייי ארום |
| 176 | | Ex 2:10 | שמה משה ואמרת ארום מן | מיא | שזבת יתיה: |
| 177 | | Gn 1:20 | ואמר ממרא דייי ישרצון | מיא | שרץ נפש דחיא ועופא דפרח על |
| 178 | | Ex15:25 | וטלק לגו מיא ואתחלון | מיא | תמן שוי ליה קיימין וסדרי |
| 179 | מיה | Nu 5:18M | ובי{ו}די דכהנה יהוון | מיה | בדוקיה לבדק |
| 180 | | Nu 5:19M | דזתכי מן | מיה | בדוקיה לבדק האליין |
| 181 | | Nu 5:24M | לבדק וייעלון ב{י}ה | מיה | בדוקיה לבדק#2#/ לה: |
| 182 | | Nu34:06M | /קדמייה דאית בגווה הנון | מיה | בראשית ק׳#2#/ דין יהווי |
| 183 | מיויכון | Dt29:10M | ועד \מליי | מייכון/^מיויכון^#2#/ | /מלואי מימיכון#2# |
| 184 | מיי׳ | Gn 1:21 | נפש דחיא דרחשא די שרצו | מיי׳ | למינהון וית כל עופא דפרח |
| 185 | | Ex15:08 | מן קדמך ייי אתעבדו | מיי׳ | ערמן ערמן קמו צרירין היך |
| 186 | מייא | Nu20:24 | על פם גזרת מימרי על עסק | מייא | דייניה: |
| 187 | | Ex15:25M | הארדופני וקלק בגו | מייא | ואת׳#2#/ מיא תמן שוי ליה |
| 188 | | Ex17:06 | בטינרא ונפקון מינה | מייא | וישתון עמא ועבד כדין משה |
| 189 | | Nu34:06 | מעוזוי וספינתה עם | מי«י»א | קדמויי די בגווה דין |
| 190 | מייה | Ex40:07 | ובין מדבחא ותתן בגווה | מייה: | |
| 191 | | Dt11:11 | מן שמייא היא שתייה | מייה: | |
| 192 | מייכון | Dt29:10 | קיסיכון ועד מליי | מייכון: | |
| 193 | | Ex23:25 | ויברך ית לחמכון וית | מייכון | ויעבר מכתושיה בישייא |
| 194 | מימהון | Ex 7:19 | סב חוטרך וארכן ידיך על | מימהון | דמצריי על נהרייא ועל |
| 195 | מימיא | Nu 5:19 | רשותה דבעליך תידכי | מימיא | מריריה מלווטיה האליין: |
| 196 | מימיהון | Ex 8:02 | וארכן אהרן ית ידיה על | מימיהון | דמצריי וסלקון ארדעניה |
| 197 | | Ex 7:19 | ועל כל בית כנישת{א} | מימיהון | ויהון לאדם ויהוי אדמה |
| 198 | מימיכון | Dt29:10M | /מלואי | מימיכון#2#/: | |
| 199 | | Ex23:25M | ויעבר מכתושייה | /מימיכון | ואעבר מכתשיה#2#/ בישייא |
| 200 | מימך | Nu20:19 | ארח מלכא נסוק ואין | מימך | נשתה אנן ובעירנן נתן כסף |
| 201 | במ׳ | Lv11:46M | /נפשן דחייה דרמסה | במ׳#2#/ | ולכל/וכ׳#2#/ שרצה דשרץ |
| 202 | במוי | Dt33:08M | ובדקת יתיה | במ׳/במוי#2#/ | דיינייה ואשתכח מהימן: |
| 203 | | Dt32:51M | מצותה /בנוי דישראל | במוי | דמ׳#2#/ דרקם במדברה |
| 204 | במי׳ | Lv11:10 | ומן כל נפש חיתה די | במי׳ | מרחקה אנון לכון: |
| 205 | במיא | Gn48:16 | בארעא היך נוניא יסגון | במיא: | |
| 206 | | Ex15:25M | ביה שמא מפרשא וטלק | במיא | |
| 207 | | Ex29:04 | זימנא ותקדש יתהון | במיא: | |
| 208 | | Ex40:12 | זימנה ותקדש יתהון | במיא: | |
| 209 | | Lv 6:21 | ויתמרק וישתט«ף» | במיא: | |
| 210 | | Lv 8:06 | וית בנוי וקדש יתהון | במיא: | |
| 211 | | Lv15:12 | מן דקיס יתמרק וישתטף | במיא: | |
| 212 | | Lv22:06 | ארום אלהן אסחי בשרה | במיא: | |
| 213 | | Nu31:23 | לא ייעול בנורא תעברון | במיא: | |
| 214 | | Ex12:09 | מהבהב ואף לא שליק מבשל | במיא | ארום אלהן צלי בנורא ראש עם |
| 215 | | Lv16:24 | ויסחי ית בשרה | במיא | באתר קדיש וילבש ית לבושוי |
| 216 | | Lv11:09 | לה סנפירין וקסקסין | במיא | בימיא ובנחליא יתהון |
| 217 | | Nu19:18 | ויסב אזוב ויצבע | במיא | גבר דכי וידי על משכנה ועל |
| 218 | | Ex30:20 | למשכן זימנא יתקדשון | במיא | דלא ימותון או בקרובותהון |
| 219 | | Nu12:12 | במעיה דאמיה תשעה ירחין | במיא | ובאשתא ולא מתנזק וכיון {מ} |
| 220 | | Lv16:26 | לבושוי ויסחי ית בשריה | במיא | ובתר כדין ייעול לגו |
| 221 | | Lv14:08 | ית כל שעריה ויסחי | במיא | וידכי ובתר כן ייעול לגו |
| 222 | | Lv14:09 | לבושוי ויסחי ית בשריה | במיא | וידכי: |
| 223 | | Nu19:19 | ויחוור לבושוי ויסחי | במיא | וידכי ברמשא: |
| 224 | | Lv15:07 | יחוור לבושוי ויסחי | במיא | ויהווי מסאב עד רמשא: |
| 225 | | Lv17:15 | ויחוור לבושוי ויסחי | במיא | ויהווי מסאב עד רמשא וידכי: |
| 226 | | Lv15:05 | יחוור לבושוי ויסחי | במיא | ויהוי מסאב עד רמשא: |
| 227 | | Lv15:06 | יחוור לבושוי ויסחי | במיא | ויהוי מסאב עד רמשה: |
| 228 | | Lv15:27 | ויחור לבושוי ויסחי | במיא | ויהוי מסאב עד רמשא: |
| 229 | | Nu19:08 | לבושוי במיא ויסחי בשרה | במיא | ויהוי מסאב עד רמשא: |
| 230 | | Lv 1:09 | ובני גויה ורגלוי ישיג | במיא | ויסדר כהנא ית כלה על גבי |
| 231 | | Nu19:08 | דמוקד יתה יחוור לבושוי | במיא | ויסחי בשרה במיא ויהוי מסאב |
| 232 | | Lv15:08 | יחוור לבושוי ויסחי | במיא | ויסתאב עד רמשא: |
| 233 | | Lv15:10 | יחוור לבושוי ויסחי | במיא | ויסתאב עד רמשא: |
| 234 | | Lv15:11 | יחוור לבושוי ויסחי | במיא | ויסתאב עד רמשא: |
| 235 | | Lv15:17 | עלוי תשמיש דזרע ויחוור | במיא | ויסתאב עד רמשא: |
| 236 | | Lv15:21 | לבושוי ויסחי | במיא | ויסתאב עד רמשא: |
| 237 | | Lv15:22 | יחוור לבושוי ויסחי | במיא | ויסתאב עד רמשא: |
| 238 | | Lv15:18 | עמה תשמיש דזרע וישזגון | במיא | ויסתאבון עד רמשא: |
| 239 | | Lv17:16 | לבושוי ובשרה לא יסחי | במיא | ויקבל לחובוי: |
| 240 | | Lv 1:13 | ובני גווה ורגלוי ישיג | במיא | ויקרב כהנא ית כלה ויסדר |
| 241 | | Lv11:46 | וכל נפש חיתה דרחשא | במיא | ולכל שרצה דשרץ על ארעה: |
| 242 | | Lv11:10M | מן כל שרצא דמיא/די | במיא#2#/ | ומן כל נפש חיתה די במי׳ |
| 243 | | Lv16:28 | לבושוי ויסחי ית בשריה | במיא | ומן בתר כדן ייעול למשריתה: |
| 244 | | Nu19:07 | לבושוי כהנא ויסחי בשרה | במיא | ומן בתר כד«י»ן ייעול לגו |
| 245 | | Lv 8:21 | בני גווה וית רגלה שזג | במיא | וסדר משה ית כל דכרה |
| 246 | | Lv15:11 | ביה דיבה וידוי לא שזיג | במיא | יחוור לבושוי ויסחי במיא |
| 247 | | Lv15:16 | מיניה תשמיש דזרע ויסחי | במיא | ית כל בשריה ויסתאב עד |
| 248 | | Lv16:04 | לבושי קדשא אינון ויסחי | במיא | ית בשריה וילבש יתהון: |
| 249 | | Lv11:32 | מן די יתעבד עבידה בהון | במיא | יתעל ויהוי מסאב עד רמשא |
| 250 | | Lv11:09 | תאכלון מן כל מה די | {מב}<במ>יא | כל דאית לה סנפירין |
| 251 | | Dt14:09 | תאכלון מן כל מה די | במיא | כל דאית ליה סנפרין וקשקשין |
| 252 | | Ex20:04 | ודי בארעא מן לרע ודי | במיא | מן תחות לארעא מן תחות: |
| 253 | | Lv11:10M | ומן כל נפש חייתה די | במיא | מר<חקה> |

|  |  |  |  |  |  |
|---|---|---|---|---|---|
| 254 | | Ex15:10M | /ימא רבה ושקעו כאיברא | במיא | משבחין{ן}<א>#2#/: |
| 255 | | Lv11:10M | דחייה דאית | במיא | שקץ הנון לכון |
| 256 | | Lv11:12 | ליה סנפירין וקשקסין | במיא | שקץ הוא לכון: |
| 257 | | Ex15:10 | נחיתו ושקעו היך איברא | במיא | תקיפ«י»א: |
| 258 | במיה | Dt23:12 | לעידוני רמשה יסחי | במיה | וכמטמעי שמשה ייעול לגו |
| 259 | במייא | Lv15:13 | לבושוי ויסחי בשרה | במייא | דמבוע וידכי: |
| 260 | | Dt33:24 | וארעא תיהווי מש{י}<ח> | במייא | ומסחי במשחה רגלוי: |
| 261 | | Dt 4:18 | דמו כל נונייא די | במייא | מן לרע לארעא: |
| 262 | | Dt 5:08M | /מן >תחות#2#/ \ודי | במייא | מן לרע#2# לארעא |
| 263 | במייה | Nu 5:23M | \לגו מיא מרירה | /במייה | בדוקיה#2#/: |
| 264 | דמיא | Gn24:30M | על גמליא על עיינא | \דמיא#2#/: | |
| 265 | | Ex15:05 | נחתו ושקעו במצולתיה | דמיא | אדמון לאבנא: |
| 266 | | Gn16:07 | מלאכה דייי על עיינה | דמיא | במדברא על עיינה באורחא |
| 267 | | Gn21:25 | אבימלך על עיסק בירא | דמיא | דגזלו עבדוי דאבימלך: |
| 268 | | Gn26:18 | יצחק וחפר ית באריתא | דמיא | די חפרו בימוי דאברהם אבוי |
| 269 | | Gn30:38 | במו{ד}<ר>כוותא בשקיא | דמיא | דתיעול ענה למשתי <....>: |
| 270 | | Gn24:13 | אנא קיים מעתד על עינא | דמיא | ובנתהון דעמא דארעא נפקין |
| 271 | | Gn24:43 | אנא קיים מעתד על עיינא | דמיא | והא רביתא דנפקי לממלי |
| 272 | | Lv11:10 | ובנחליא מן כל שרצא | דמיא | ומן כל נפש חיתה די במי' |
| 273 | | Gn24:11 | קרת«א» על בארא | דמיא | לעדוני רמשא בשעתא דנפקן |
| 274 | | Ex15:08 | קמו צרירין היך זיקיא | דמיא | נזליא קפון תהומיא בפלגות |
| 275 | | Dt 2:06 | מזבון מן לוותהון דבירה | דמיא | סלקא עמכון לראשי טוריה |
| 276 | דמיי' | Gn24:29M | לעיינה/על עייג' | דמיי'#2#/: | |
| 277 | דמייא | Ex14:29M | דמין /היך שורין | דמייא#2#/ | מן ימינהון ומן שמלהון: |
| 278 | | Gn 6:17 | הא אנה מייתי ית מבולא | דמייא | על ארעא למחבלא כל בשרא |
| 279 | דמייה | Dt10:07 | ליטבתה ארע בית נחלין | דמייה: | |
| 280 | ומוי | Gn 7:10 | יומי אבלא דמתושלח | ומוי | דמבולא הוון על ארעא: |
| 281 | | Gn 7:10M | ומוי /שבעתי יומייא | ומוי#2#/ | דמבולא הוון על ארעא: |
| 282 | ומיא | Gn 7:19 | | ומיא | אתגברו לחדה לחדה על ארעא |
| 283 | | Gn 8:05 | | ומיא | הוון אזלין וחסרין עד ירחא |
| 284 | | Ex14:22 | בגו ימא ביבשתא | ומיא | הוון להון שורין דמיין מן |
| 285 | | Ex14:29 | הליכו ביבשתא בגו ימא | ומיא | הוון להון שורין דמין מן |
| 286 | ובמיא | Dt23:05 | לא אקדימו יתכון בלחמא | ובמיא | באורחא בזמן אפקותכון |
| 287 | | Lv14:52 | ית ביתה באדמה דצפרה | ובמיא | דמבועא ובצפרה חייתה |
| 288 | | Lv14:51 | באדמה דצפרה נכיסתה | ובמיא | דמבועה ויידי על ביתה שבעה |
| 289 | כמיא | Dt12:16 | תאכלון על ארעא תשפכון | כמיא: | |
| 290 | | Dt12:24 | על ארעא תשפכון יתיה | כמיא: | |
| 291 | | Dt15:23 | על ארעא תשפכון יתיה | כמיא: | |
| 292 | כמייא | Nu23:24 | וישפכון אדם קטוליהון | כמייא: | |
| 293 | למיה | Gn24:45M | על כתפה ונחתת | לעיינה/למיה#2#/ | ומלא«ת» ואמרת לה |
| 294 | למייא | Ex17:03 | וצחון תמן עמא | למייא | ואתרעמו עמא עם משה |

## child n. מיינוק

[304]

|  |  |  |  |  |  |
|---|---|---|---|---|---|
| 001 | מיינוקה s em/sf | Nu11:12M | דסבל בידגוגה ית | מיינ{י}<ו>קה#2#/ | על ארעא {די} קיימת |

## wet nurse n. מיינקה

[304]

|  |  |  |  |  |  |
|---|---|---|---|---|---|
| 001 | מיינקא s ab/cn | Ex 2:07 | אזיל ואיקרי ליך אתה | מיינקא | מן עברייתא ותניק לך ית |
| 002 | מיינקתה s em/sf | Gn24:59 | ית רבקה אחתהון וית | מיינקתה | וית עבדא דאברהם וית |
| 003 | מינקתה | Gn35:08 | ומיתת דבורה | מינקתה | דרבקה ואתקברת מן תחות |

## sitting v.n. מייתב

[304]

|  |  |  |  |  |  |
|---|---|---|---|---|---|
| 001 | במייתבכון s em/sf | Dt33:18 | וחדון דבית יששכר | במייתבכון | בבתי מדרשיכון: |
| 002 | | Dt 6:07 | ותהוון הגיין בכון | במייתבכון | בגו בתיכון ובהלכותכון |
| 003 | | Dt11:19M | הגיין בהון | במייתיבכון/<במיית>בכון#2#/ | בגו בתיכון |
| 004 | | Dt23:14 | זייניכון והווי | במייתבכון | לבר ותחפור ביה ותחזור |
| 005 | במיתבכון | Dt33:18M | דבית יששכר | במייתבכון/במיתבכון#2#/ | בבתי מדרשיכון: |
| 006 | | Dt23:14M | והווי | במייתבכון/במית<ב>כון#2#/ | לבר ותחפור ביה |
| 007 | במייתביכון p em/sf | Dt11:19 | ותהווין הגיין בהון | במייתביכון | בגו בתיכון ובהלכותכון |

## food n. מיכל

[304]

|  |  |  |  |  |  |
|---|---|---|---|---|---|
| 001 | מאכל s ab/cn | Gn21:33M | ואתקן בגוה | מאכל | ומשקה לעבורייה |
| 002 | מיכל | Gn 6:21 | ואת סב לך מן כל | מיכל | די יתאכל ותכנש לוותך ויהוי |
| 003 | | Lv11:34 | מכל | מיכל | די יתאכל די יתיהב עלוי |
| 004 | דמיכל | Lv19:23 | לארע' ותנצבון כל אילן | דמיכל | ותפרקון ערלתיה ית פריו |
| 005 | למיכל | Dt28:26M | ותהווי נבילתכון | למזון/למיכל#2#/ | לכל עופה דשמייא |
| 006 | ממיכל | Lv16:29M | ותענון ית נפשתכון | ממיכל | ומשתיה מבבינה וסיכותה |
| 007 | מיכלא s em/sf | Gn40:17 | ובסל עילאה מכל | מיכלא | דפרעה עבד נחתום ועופא אכל |
| 008 | מיכלה | Ex12:04 | כמנין נפשין גבר לפם | מיכל«ה» | תתמנון על אימר פיסחא: |
| 009 | מיכליה | Ex16:21 | בכל צפר וצפר גבר כפם | מיכליה | וכד הוה שמשא קיים עלוי |
| 010 | | Ex16:18 | דאזער לא חסר גבר לפם | מיכליה | לקטו: |
| 011 | | Ex16:16 | ייי לקטו מנה גבר לפם | מיכליה | עמר לכל גלגלה מניין |
| 012 | דמאכ' | Dt 1:01M | בלחמה הדין | דמיכליה/דמאכ'#2#/ | קליל ובחצרות נפלו |
| 013 | דמיכלי | Nu21:06 | קדמיי על עסק מנה | דמיכלי | קליל ייתי חויה דלא אתרעם |
| 014 | דמיכליה | Nu21:05 | אתיעקת בלחמה הדין | דמיכליה | קליל: |
| 015 | | Dt 1:01 | מעיקה בלחמה הדין | דמיכליה | קליל ובחצרות נפלו |
| 016 | דמכליה | Nu21:06M | מעיקה בלחמה הדין | דמכלי{י}ה | קליל בגין כן ייתי#2#/ |

## word n. מילה

[305]

|  |  |  |  |  |  |
|---|---|---|---|---|---|
| 001 | מילה s ab/cn | Dt23:10 | ותזדהרון מכל | מילה | בישה: |
| 002 | | Dt23:20 | דממון זפו דכסף זפו לכל | מילה | די יתוזף: |
| 003 | | Dt17:01 | די יהווי ביה מום כל | מילה | דפסילה ארום מה דסני ומרחק |
| 004 | | Gn18:01 | ישתלח בידה יתיר מן חדה | מילה | מלאכא קדמאה ישתלח למבשרא |
| 005 | | Lv 5:02 | או נפש די תקרב בכל | מילה | מסאבה או בנבלה דחוה מסאבה |
| 006 | מלא | Nu20:19 | כסף זבוניהון לחוד לית | מלא | בישה ברגלינן אנן עברין: |
| 007 | | Ex22:08M | על כל \פתגם דחטיא | /מלא | דחובא#2#/ על תור על חמרא |
| 008 | | Gn18:01M | בידה יתיר מן \חדה | מילה/מלא | חדה#2#/ מלאכא קדמאה |
| 009 | | Lv 5:02M | תקרוב#2#/ בכל | מילה/מלא#2#/ | מסאבה או בנבלה דחוה |
| 010 | מלה | Ex15:25 | ונסב מיניה מימריה דייי | מלה | דאוריתא וטלק לגו מיא |
| 011 | דמילה | Dt23:15 | ולא יחמי בכון ערייה | דמילה | ולא יחזר איקר שכינתיה |
| 012 | דמלה | Dt24:01 | ארום אשכח בה עריה | דמלה | ויכתב לה אגרת שיבוקין |
| 013 | כמלתיה s em/sf | Gn44:02 | וית כסף זבנה ועבד | כמלתיה | דיוסף די מליל: |
| 014 | מילין p abs | Gn18:01 | ותלתיהו' אשתלחו לתלת | מילין | ארום לית אפשר לחד ממלאכי |
| 015 | | Dt32:03 | מחנך פמיה בעשרין וחדה | מילין | דאנון תמניין וחמשה אתין |
| 016 | | Dt28:69 | | אילין | דקיימה די פקד ייי ית משה |
| 017 | | Gn34:03M | עם לבה {ו}<ד>רביתה | /מילין | דשלם על לבה דטליתא#2#/ |
| 018 | | Dt20:10 | קרבה ותכרזון עלווה | מילין | דשלם: |
| 019 | | Dt20:11M | ויהווי אין \שלם תענה | /מילין | דשלם תעני#2#/ יתכון |
| 020 | | Dt13:06 | ההוא יתקטל ארום מלל | מילין | דשקריין קדם ייי אלהכון |
| 021 | | Gn44:19 | ממכמך במילוי ואמר | מילין | מכיכן רבוני שאל ית עבדוי |
| 022 | | Ex10:28M | מלייה קשייתא \מן אי' | מילין | קשיין#2#/ ברם |
| 023 | מלין | Gn37:04 | ולא יכלין לממללה עמיה | מלין | דשלם: |
| 024 | | Gn43:27M | ושאל להון | בשלם/מלין | דשלם#2#/ ואמר הא שלם |
| 025 | | Gn50:21 | יתהון ומליל על לבביהון | מלין | דשלם: |

|  |  |  |  |  |  |
|---|---|---|---|---|---|
| 026 | | Ex18:07 | יתיה ושאלו גבר לחבריה | מלין | דשלם ועלו למשכנה: |
| 027 | | Dt 2:26 | סיחון מלכא חשבון | מלין | דשלם למימר: |
| 028 | | Ex23:07 | מן | מלין | דשקרין תהוון רחקין וכל מן |
| 029 | | Gn42:30 | גברא רבוני דארעא עמין | מלין | קשיין ושוי יתן כמילילין ית |
| 030 | | Gn42:07 | עליהון ומלל עמהון | מלין | קשין ואמר להון מן אן |
| 031 | במלין | Ex 5:09 | בה ולא יתעסקון | במלין | דשקרין: |
| 032 | | Gn44:18 | וקרב לוותיה יהודה זעף | במלין | ומדכדך בלישנא נהם כאריה |
| 033 | דמילין | Dt22:14 | וישווי עלה עלילן | דמילין | ויפק עלה שם בישן ויימר ית |
| 034 | | Dt22:17 | והא הוא שווי לה עלילן | דמילין | למימר לא אשכחית לברתך |
| 035 | דמלין | Ex18:16 | ארום יהוי להון עסק דין | דמלין | אתיין לוותי ואדון בין גבר |
| 036 | | Ex18:16M | "דמלין ... ואדון": | דמלין | אתין לוותי ואנה דיין |
| 037 | | Dt24:01M | בה עריה \דמלה ויכתב | /דמלין | ויכתוב#2# לה אגרת |
| 038 | | Ex24:14 | עמכון מן דאית עסק דין | דמלין | יקרב לוותהון: |
| 039 | מילי p const | Dt31:24 | משה למכתב ית ^כל#2#^ | מילי | אורייתה הדה בגו ספר עד זמן |
| 040 | | Dt31:12 | ויטרון למעבד ית כל | מילי | אוריתה הדה: |
| 041 | | Gn24:30 | אחת{ת}<ה> וכדי שמע ית | מילי | דרבקה אחתה למימר כדין מלל |
| 042 | | Dt17:08 | מכתש צרעתה למכתש נתקה | מילי | דיונין בקורייכון ותקומון |
| 043 | | Dt28:69M | \אילין מילין /אליין | מילי#2# | דקיימה די פקד ייי ית |
| 044 | | Dt29:18 | ויהווי כדי שמע ית | מילי | לווטיה הדין ויתפייס במחשבת |
| 045 | | Ex34:28 | לא שתה וכתב על לווחי ית | מילי | קיימא עשירתי דביריה: |
| 046 | | Dt29:08 | ותיטרון ית | מילי | קיימה הדה ותעבדון יתהון |
| 047 | | Dt27:26M | אוריתה הדה /מקים ית | מילי | שבח אורייתה הדה#2#/ למעבד |
| 048 | | Dt28:58M | למעבד ית \כל פתגמי | /מילי | שבח#2#/ אוריתה הדה |
| 049 | | Dt32:46 | למטור ולמעבד ית כל | מילי | שבח אוריתה: |
| 050 | מלי | Ex23:08 | עיינ{ן}<י> נסבוי ויטלטל | מלי | דינא זכיי בדינא: |
| 051 | | Dt27:08M | \ית כל פתגמי אוריתה | /מלי | שבח אוריתה#2#/ הדה כתיב |
| 052 | | Dt31:30 | דכל קהלה דישראל ית | מלי | שירתה הדה עד זמן דאשלם |
| 053 | | Ex22:08 | לוו«ת» דייניא יעלא | מלי | תריהון ית מן די יחייבון |
| 054 | במילי | Nu16:27M | "קמו": נפקו | במילי | חרופין וקמו |
| 055 | למלי | Nu23:18 | קום בלק ושמע אצת כען | למלי | ברה דצפור: |
| 056 | מילוי p em/sf | Lv10:20 | ושמע משה ית | מילוי | דאהרן ושפר באפוי דמשה: |
| 057 | מיליה' | Ex23:08M | בדיני' ומערבב ומקלקל | מיליה' | דזכאי בשעת דיניהון#2#:/ |
| 058 | מיליהון | Gn34:18 | ושפרו | מיליהון | באפוי דחמור ובאפוי |
| 059 | מיליי | Nu12:06 | ואמר שמעו כען | מיליי | אין יהווי ביניכון נבייה |
| 060 | מיליך | Ex 3:18M | \לקלך ותיתי את /לקל | מיליך | ותיעול את#2#/ וחכימיה |
| 061 | מלוי | Gn37:08 | משנא יתיה על חלמוי ועל | מלוי: | |
| 062 | | Ex23:21 | ושמעו בקלי לא תסרבון על | מלוי | ארום שמי קדישא אתקרי עלוי |
| 063 | | Nu22:07 | לוות בלעם ומללו עימיה | מלוי | דבלק: |
| 064 | | Gn45:27 | ומלילו עמיה ית כל | מלוי | דיוסף דמלל עמהון וחמה ית |
| 065 | | Gn27:42 | ואתני לרבקה ית | מלוי | דעשו ברה רבה ושלחת וקרת |
| 066 | | Gn27:34 | כד שמע עשו ית | מלוי | דאבוי וצוח צווחה רבה תקיפא |
| 067 | | Gn31:01 | ושמע ית | מלוי | דבנוי דלבן למימר נסב |
| 068 | | Ex18:24M | ושמע משה לקלה/לקל | מלוי#2#/ | דחמוי ועבד כל מה דאמר: |
| 069 | | Dt17:08M | מכתש סגיר למכתש חליט | מלוי | <ד>פלוגתא בבית מדרשיך |
| 070 | | Gn44:24 | עבדך אבה ותנינן ליה ית | מלוי | דריבוני: |
| 071 | | Dt16:19 | עייני {נ}סבוי ומטלטל | מלוי | זכיה בדינה: |
| 072 | מליא | Gn39:19 | והוה כד שמע רבוניה ית | מליא | דאתתיה דמללת עמיה למימר |
| 073 | | Ex10:28M | "מליך אזדהר": | מליא | האלין לכן אמר ליה אזדהר |
| 074 | מליהון | Gn31:01M | ושמע ית | מלוי/מל־־הון#2#/ | דבנוי דלבן למימר |
| 075 | | Dt16:19M | חכימייה ומערבב ומקלקל | מליהון | דזכאי בשעת דינהון |
| 076 | | Ex19:08 | ייי נעבד וחזר משה ית | מליהון | דעמא בצלו קדם ייי: |
| 077 | | Ex19:09 | לעלם ותני משה ית | מליהו«ן» | דעמא קדם ייי: |
| 078 | | Dt 5:28 | אמר משה שמעית ית קל | מליהון | דעמא האליין די מלילו עמך |
| 079 | | Gn24:52M | /עבדא דאברהם | מליהון | ואודי ושבח לשמה/קוד#2#/ |
| 080 | מליי | Gn24:33 | אנה אכל עד זמן דאמלל | מליי | ואמר מלל: |
| 081 | מלייא | Ex21:11 | ואן תלתי | מלייא | האיליין לא יעבד לה ויפק |
| 082 | | Ex10:28M | ליה אזדהר למימ' דלא | מלייא | קשייתא האלן דאת אמ' לי |
| 083 | מלייה | Ex10:28 | קדמ' טוב חד מאילן | מלייה | קשייתא ברם צבי אנה לממות |
| 084 | מליך | Ex10:28 | ולא למהוי שמע {מ'} | מליך | אזדהר לך דלא יתקף רוגזי בך |
| 085 | מליכון | Dt 5:28 | ושמע מימרה דייי ית קל | מליכון | בזמנה דמללתון עמי ואמר |
| 086 | | Gn42:16 | ואתון אתחבשו ויבדקון | מליכון | הא קושטנין אתון אן לא חיי |
| 087 | | Gn42:20 | לוותי ויתהימנן | מליכ{י}<ו>ן | ולא תמותון ועבדו כדין: |
| 088 | | Dt 4:21 | ייי הוה רגז עלי על | מליכון | וקיים בשבועה דלא למעבר |
| 089 | | Dt 1:34 | ושמע ייי ית קל | מליכון | ותקף רוגזיה ואמר בשבועה |
| 090 | במילוי | Gn44:19 | כדן שרי יהודה ממכמך | במילוי | ואמר מילין מכיכן רבוני |
| 091 | במיליה | Gn34:31M | בר חמור מלגלג | \במיליה#2#/ | בנפשיה ומתגאי בלביה |
| 092 | במיליהון | Nu23:19 | וחזרין וכפרין | במיליהון | ברם אלהה אמר ועבד גזר |
| 093 | במלוי | Gn44:19M | במלוי/מדכדך | במלוי#2#/ | ואמר מילין מכיכן רבוני |
| 094 | וכמילוי | Dt 1:17 | בדינה כמלוי דזעירה | וכמילוי | דרבה תהוון שמעין ולא |
| 095 | כמילוי | Ex 8:09 | ועבד ייי | כמילוי | דמשה ומיתו עורדענייא מן |
| 096 | | Ex 8:27 | ועבד ייי | כמילוי | דמשה ועבר ערבובא מפרעה |
| 097 | כמיליך | Ex 8:06 | ואמר למחר ואמר | כמיליך | מן בגלל דתידע ארום לית |
| 098 | כמלוי | Ex12:35 | ובני ישראל עבדו | כמלוי | דמשה ושאילו מן מצריי |
| 099 | | Ex32:28 | ועבדו בנוי דלוי | כמלוי | דמשה ונפל מן עמא ביומא |
| 100 | | Lv10:07 | דייי עליכון ועבדו | כמלוי | דמשה: |
| 101 | | Dt 1:17 | לא תסבון אפין בדינה | כמלוי | דזעירה וכמילוי דרבה תהוון |
| 102 | כמליך | Gn30:34 | הא טאבות אלוי יהוי | כמליך: | |
| 103 | | Gn47:30 | ואמר הא אנא עבד | כמליך: | |
| 104 | כמליכון | Gn44:10 | ואמר לחוד כדון | כמליכון | כן הוא ית מן די ישתכח |
| 105 | למ' | Dt18:15M | \למלוי תהוון שמעין | /למ' | תשמעון#2#:/ |
| 106 | למילוי | Ex32:25 | עליהון על די לא שמעו | למילוי | דאהרן קנון להון שם ביש |
| 107 | | Ex 6:09 | בני ישראל ולא שמעו | למילוי | דמשה מקפדות רוח ומפולחן |
| 108 | | Dt13:04 | לא תשמעון | למילוי | דנבייא שקרא ההוא או לחלם |
| 109 | | Ex 6:12 | הא בני ישראל לא שמעו | למילוי | והיכדין ישמע מני פרעה |
| 110 | | Dt13:09 | לא תצבון לה ולא תשמעון | למילוי | ולא יחוסון עייניכון עלוי |
| 111 | למילי | Gn 4:23M | דפומי ארום לא גבר | /למילי | לא גבר#2#/ קטלת דאתקטל |
| 112 | למיליך | Ex10:28M | ולא למיהווי שמע | למיליך | אזדהר לך דלא יתקוף רוגזי |
| 113 | למלוי | Dt17:12 | יעבד בזידנו דלא למשמע | למלוי | דכהנא דקיים מעתד למשמשא |
| 114 | | Dt18:15 | יקים לכון ייי אלהכון | למלוי | תהוון שמעין: |
| 115 | למליכון | Dt 1:45 | בקל בכותכון ולא אצית | למליכון: | |

[305]

## speech *n.* מימר

|  |  |  |  |  |  |
|---|---|---|---|---|---|
| 001 | מימ' s ab/cn | Nu20:24M | על עסק מייא דייניה/ית | מימ' | פימיה במי מצותה#2#:/ |
| 002 | מימר | Gn49:25 | | מימר | אלהא דאבוך יהווי בסעדך |
| 003 | | Ex18:04 | דאחרינא אליעזר ארום | מימר | אלהא דאבא בסעדי ושיזב יתי |
| 004 | | Dt32:15 | נכסין סגין ואנשון ית | מימר | אלהא די ברה יתהון וכפרו |
| 005 | | Dt17:10M | פתגמא /ותעבדון על | מימר#2#/ | די יתנון/יהוון#2#/ לכון |
| 006 | | Ex21:22M | ויתן \על פום דיינין | /מימר | דייניה#2#:/ |
| 007 | | Nu23:21 | פלחן נכריי בדבית ישראל | מימר | ייי אלההון עמהון ויבבות |
| 008 | | Nu24:04 | אימר דשמע | מימר | מן קדם ייי עליה די |
| 009 | | Nu24:16 | אמר דשמע | מימר | מן קדם ייי וידע דיעה |
| 010 | | Nu35:30M | נפש \לפם סהדין /על | מימר | סהדין#2#/ יתקטל קטולה |
| 011 | | Ex38:21M | סהדותה די אתפקד על | מימר | פומה דמשה פלחן ליוואי#2# |
| 012 | | Dt21:05 | ממריה דייי קדישה ועל | מימר | פומהון יהווי כל דין וכל |
| 013 | | Dt32:02 | ויתקבל כטלא עליהון ית | מימר | פומי כרוחייה דמנשבין על |
| 014 | | Dt33:09 | בעובדה דזמרי ארום נטרו | מימר | פומך וגזרתך ואורייתך אינון |
| 015 | | Ex34:27 | פתגמיא האליין ארום על | מימר | פתגמיא האליין קיימית עמך |
| 016 | | Dt17:06M | לא יתקטל \על פם סהד | /מימר | סה'#2# חד |

|  |  |  |  |  |  |
| --- | --- | --- | --- | --- | --- |
| 017 | | Dt17:06M | תרין סהדין או על פם | \מימר#2#/ | תלתה סהדין יתקטל מן |
| 018 | | Dt19:15M | תרין סהדין או על | פם/מימר#2#/ | תלתה סהדין יקום |
| 019 | | Dt19:15M | סרחון חובה דאיתחייב על | מימר | תריין |
| 020 | | Dt17:06 | על פם | מימר | תרין סהדין או על פם תלתה |
| 021 | | Dt19:15M | סרחון די יתחייב על | פם/מימר#2#/ | תרין סהדין או על פם |
| 022 | ממר | Dt32:18 | יתכון שבקתון ואשיתון ית | ממר | אלהה די שכלל יתכון ועבד |
| 023 | | Nu26:56M | על | פם/ממר#2#/ | עדווין תתפלג אחסנתיה |
| 024 | במימר | Gn 5:24 | אן הוא <....> אתנגד | במימר | מן קדם ייי: |
| 025 | | Gn 5:29 | מן ארעא די אתליטת | במימר | מן קדם ייי: |
| 026 | | Gn38:07 | בישין קדם ייי ומית | במימר | מן קדם ייי: |
| 027 | | Gn38:10 | מה דעבד ומית אף הוא | במימר | מן קדם ייי: |
| 028 | | Dt32:01 | שמיה ואמלל ותשמע ארעא | במימר | פומי: |
| 029 | | Dt30:14 | לוותכון פתגמא לחדה | במימר | פמיכון ובלבביכון למעבד |
| 030 | ומימר | Gn31:05 | דאתמל ולא היך דקדמוי | ומימר | אלהה דאבה הווה בסעדי: |
| 031 | | Nu14:09 | {ע}<ס>ליהון מעילויהון | ומימר | דייי עמן לא תדחלון מנהון: |
| 032 | ובמימר | Ex15:08 | | ובמימר | מן קדמך ייי אתעבדו מיי' |
| 033 | כמימר | Nu23:19 | לא | כמימר | בני אנשא מימריה דייי ולא |
| 034 | מימר' s em/sf | Nu10:13 | בקדמיתה על פם גזירת | מימר' | בידה דמשה: |
| 035 | מימרא | Gn 9:16 | למדכרה קיים עלם בין | מימרא | דייי ובין כל נפש חיתה בכל |
| 036 | | Dt 4:20M | ויתכון אפרש | מימריה/<מימ>רא#2#/ | דייי ואפק יתכון מן |
| 037 | מימרה | Dt 9:23 | קדישה ולא שמעתון בקל | מימרה: | |
| 038 | | Dt 5:26 | כל בשרא די שמע ית קל | מימרה | דאלה חייה ממלל מן גו להבי |
| 039 | | Ex 3:14M | "ייי ... שלח": | מימרה | דייי למשה דן דאמ' לעלמ' |
| 040 | | Nu 9:18 | ועל פ{{ו}}ם גזירת | מ«י»מרה | דייי ישרון כל יומין די |
| 041 | | Nu 9:20 | ישרון ועל פם גזירת | מימרה | דייי יטלון: |
| 042 | | Nu 9:23 | דייי נטרו על פם גזירת | מימרה | דייי על ידוי דמשה: |
| 043 | | Nu 9:23 | על פם גזירת | מימרה | דייי ישרון ועל פם גזירת |
| 044 | | Nu 9:23 | ישרון ועל פם גזירת | מימרה | דייי יטלון ית מטרתה דייי |
| 045 | | Nu14:41 | מעברין על פם גזירת | מימרה | דייי והיא לא תצלח: |
| 046 | | Nu14:43 | בגין כדן די חזרתון בתר | מימרה | דייי ולא יהוי ייי עמכון: |
| 047 | | Nu23:04 | ואזדמן | מימרה | דייי על בלעם ואמר ליה ית |
| 048 | | Nu23:05 | ושוי | מימרה | דייי פתגם בפומיה דבלעם |
| 049 | | Nu24:13 | אכל למעברה על פם גזירת | מימרה | דייי למעבד טבא או בישא מן |
| 050 | | Dt 1:36 | די אשלם למימר טב בתר | מימרה | דייי: |
| 051 | | Dt 1:43 | וסרבתון על פם גזירת | מימרה | דייי ואזידתון וסליקתון |
| 052 | | Dt 3:21 | מלכייה האליין כדן יעבד | מימרה | דייי לכל מלכוותה די אתון |
| 053 | | Dt 4:23 | וצורא}} וכל דמו די פקד | מימרה | דייי אלהכון: |
| 054 | | Dt 4:23 | לכון דלא תנשון ית קיים | מימרה | דייי אלהכון די קיים עמכון |
| 055 | | Dt 4:30M | \ותשמעון בקל | מימריה/<מימ>רה#2#/ | דייי /ותשמע בקל |
| 056 | | Dt 5:24 | הדין חמינן: ארום ימלל | מימרה | דייי עם בר נשא וה{י}<ו>א |
| 057 | | Dt 5:24 | ואמרתון {ה}אחזי יתן | מימרה | דייי אלהן די יקריה וית |
| 058 | | Dt 5:25 | מוספין אנן למשמע ית קל | מימרה | דייי אלהן תוב ומייתין |
| 059 | | Dt 5:28 | ושמע | מימרה | דייי ית קל מליכון בזמנה |
| 060 | | Dt 5:28 | בזמנה דמללתון עמי ואמר | מימרה | דייי לי אמר משה שמעית ית |
| 061 | | Dt 6:02 | דתי{ת}<ד>חלון ית | מימרה | דייי אלהכון ולמיטור ית כל |
| 062 | | Dt 6:22 | ושוי | מימרה | דייי אתין וסימנין רברבין |
| 063 | | Dt 8:18 | ותידכרון ית | מימרה | דייי אלהכון ארום הוא די |
| 064 | | Dt 9:04 | דאומייה האליין | מימרה | דייי טרד יתהון |
| 065 | | Dt 9:04 | בזמנה די ישיצי | מימרה | דייי אלהכון יתהון |
| 066 | | Dt 9:07 | ית מה דארגזתון ית | מימרה | דייי אלהכון במדברה למן |
| 067 | | Dt 9:16 | בפריע מן אורחא דפקיד | מימרה | דייי יתכון: |
| 068 | | Dt 9:19 | רוגזה וכליתה די רגז | מימרה | דייי עליכון לשיצי יתכון |
| 069 | | Dt 9:23 | וכד שלח | מימרה | דייי יתכון מן רקם דגיעה |
| 070 | | Dt 9:23 | וסריבתון על פם גזירת | מימרה | דייי אלהכון ולא היימנתון |
| 071 | | Dt 9:23 | ולא היימנתון בשם | מימרה | דייי קדישה ולא שמעתון בקל |
| 072 | | Dt18:05 | למקום למשמשה בשם | מימרה | דייי קדישא הוא ובנוי כל |
| 073 | | Dt18:07 | וישמש בשם | מימרה | דייי אלהיה ככל אחוי |
| 074 | | Dt26:17 | ית | מימרה | דייי אמלכתון עליכון יומא |
| 075 | | Dt28:01 | אין משמע תשמעון בקל | מימרה | דייי אלהכון למיטר למעבד |
| 076 | | Dt28:45 | ארום לא שמעתון בקל | מימרה | דייי אלהכון למיטור |
| 077 | | Dt29:17 | עלוי יומא הדין מן בתר | מימרה | דייי אלהכון למיזל למפלח |
| 078 | | Dt30:03 | ויקבל | מימרה | דייי אלהכון ית תותבתכון |
| 079 | | Dt31:04 | ויעבד | מימרה | דייי להון היך מה דעבד |
| 080 | | Dt33:02 | ית כל מה «די» מלל | מימרה | דייי נעבד ונשמע ופשט |
| 081 | | Dt34:05 | דמואביי על פם גזירת | מימרה | דייי: |
| 082 | | Dt30:20 | דייי אלהכון ולמשמע בקל | מימרה | ולמדבקה ביה ארום היא |
| 083 | | Nu15:22M | די \מלל <ייי> /פקד | מימרה | ייי#2#/ עם משה: |
| 084 | | Nu24:04M | אימר דשמע | מימר/<מימ>רה#2#/ | מן קדם ייי עליה |
| 085 | | Dt 5:24 | וית תוקפיה וית קל | מימרה | שמעינן מן גו להבי אשתה |
| 086 | מימרי | Nu14:22M | ולא שמעו בקלי/בקל | מימרי#2#/: | |
| 087 | | Nu27:14 | די סרבתון על פם גזרת | מימרי | במדברה דצין במי דייני עם |
| 088 | | Ex13:08M | קרבינן באפקותן /לן | מימרי | דייי ניסים במפקיהון#2#/ |
| 089 | | Ex17:15 | משה מדבח וצלי תמן בשם | מימרי | דייי דעבד ליה ניסין: |
| 090 | | Dt 7:04 | יטעון ית בניכון מן בתר | מימרי | דלא יפלחון קדם {טדם ט} |
| 091 | | Ex31:13M | שוב{ר}<ת>ה בין | מימרי | ובן |
| 092 | | Gn26:05 | חלף די שמע אברהם בקל | מ־י#2#^מרי | ונטר מטרתי מצותי וקיימי |
| 093 | | Nu18:20 | לא יהווי לך ביניהון | מ«י»מרי | חלקך ואחסנותך בגו בני |
| 094 | | Ex 6:07 | לשמי לעם קדישין ויהווי | מימרי | לכון לאלה פרוק ותדעון |
| 095 | | Lv26:12 | ממרי ביניכון ויהווי | מימרי | לכון לאלה פרוק ואתון |
| 096 | | Nu20:12 | די לא היימנתון לי בשם | מימרי | למקדשה שמי לעיני בני |
| 097 | | Ex33:03M | עם קשין למקבלה /לית | מימרי | מדבר קדמיכון ארום עם קשי |
| 098 | | Lv26:09 | ואפני | מימרי | מייטבה בכון ואתוקף יתכון |
| 099 | | Ex23:21M | קדישא אתקרי עלוי /שם | מי{י}<ת>קרי עלוי#2#/ | |
| 100 | | Nu20:24 | די סרבתון על פם גזרת | מימרי | על עסק מייא דייניה: |
| 101 | | Gn28:15 | הדא ארום לא ישבוק | מימרי | עמך עד דאעבד ית דמלילית |
| 102 | מימרי' | Ex20:24M | לצלוי' בשמי קדיש' | מימרי' | אתגלי' עליכו' ומברך יתכון |
| 103 | | Ex14:04M | מן <בתריהון> ואייקר | במימרי' | בפ#2#/ ובכל חיילוותיה |
| 104 | | Gn43:29M | ייי יהוי מחוס עלך | /מימרי' | דייי יחוס עלך#2#/ ברי: |
| 105 | | Gn48:21M | ויהווי \ייי עמכון | /מימרי' | דייי בסעדיכון#2#/ |
| 106 | | Ex 8:27M | ועבד \ייי כמילוי | /מימרי' | דייי כפיתגמי'#2#/ דמשה |
| 107 | | Ex 9:01M | /ותמלל עמיה כדין אמ' | מימרי' | דייי#2#/ אלההון/אלהה#2# |
| 108 | | Ex10:21M | ארכן ידך לשמיא /ואמ' | מימרי' | דייי ארעם ידך על שמיא#2# |
| 109 | | Ex13:17M | /הוות#2#/ ארום אמר | ייי/מימרי' | דייי במחשבת דל<ב>יה#2# |
| 110 | | Ex14:24M | \ואדיק ייי /ואודיק | מימרי' | דייי#2#/ ברוגז/ברגוז#2# |
| 111 | | Ex14:27M | ערקן לקדמותיהן ושנק | מימרי' | דייי ית מצריי' בגו ימא |
| 112 | | Ex14:31M | אדרע גבורת' די עבד בה | מימרי' | דייי נסין במצריי' |
| 113 | | Ex15:25M | תמן \שוי ליה /חווי לי | מימרי' | דייי#2#/ קיימין וסדרי |
| 114 | | Ex18:23M | ייי ותיכל למיקם /יתך | מימרי' | דייי ותיכול למיקם#2#/ |
| 115 | | Ex19:11M | דייי לעיני כל /אתגלי' | מימרי' | דייי חמיין כל#2#/ עמא על |
| 116 | | Ex20:11M | ייי /מן בגין כן ברך | מימרי' | דייי#2#/ ית יומא דשבתא |
| 117 | | Ex20:11M | יומין ברא /ושכלל | מימרי' | דייי#2#/ ייי שמיא וית |
| 118 | | Ex36:02M | גבר חכימי לבה די שווי | מימרי' | דייי חכמה בלבה כל די |
| 119 | | Ex23:20M | הא | אנה/מימרי'#2#/ | משלח מלאך דרחמן |
| 120 | מימריה | Dt26:17 | ד«י»נוי ולמשמע בקל | מימריה: | |
| 121 | | Nu23:12 | ואמר הלא מה די ישווי | מימריה | בפמי יתיה אטר למללה: |
| 122 | | Dt33:07 | לשבטה דיהודה ואמר שמע | מימריה | בקל צלותה דיהודה ולוות |
| 123 | | Nu10:35M | בצלו ואמר קום כען | מימריה | בתקוף חיילך וית' |
| 124 | | Dt 4:33 | אומה ומלכו די שמעו בקל | מימריה | דאלה חייה ממלל מן גו להבי |

|  |  |  |  |  |  |
|---|---|---|---|---|---|
| 125 | | Gn19:29M | שיציא ייי /בזמן דחבל | מימריה | דייי#2#/ ית קרוי |
| 126 | | Gn20:03 | ואיתגליה | מימריה | דייי על אבימלך בחלמא |
| 127 | | Gn21:17M | בקל צלותיה דטליא | /מימריה | דייי בקלא דטלא#2#/ |
| 128 | | Gn31:07M | למבאשא לי /שבק יתיה | מימריה | דייי למבאשה לי#2#/: |
| 129 | | Gn33:05M | די \חן ייי /חס ואגון | מימריה | דייי#2#/ ית עבדך: |
| 130 | | Gn35:09M | ממריה דייי ואמ׳ להון | מימריה | דייי תקופו וסגון ומלון |
| 131 | | Gn35:09M | ואמר ואיתגלי עלוי | מימריה | דייי במשרי חזווה ועוד |
| 132 | | Ex 3:07M | \ייי מחמי חמית ית | /מימריה | דייי גלי קדמי ית#2#/ |
| 133 | | Ex 3:15M | \תוב ייי למשה כדין | /מימריה | דייי למשה תניינות |
| 134 | | Ex 4:21M | למשה במיזלך למחזור | /מימריה | דייי למשה כד תיזל |
| 135 | | Ex 4:22M | ברי בוכרי ישראל | /מימריה | דייי בני בוכרי הנין |
| 136 | | Ex 7:17M | אמר \ייי בדא תדע | /מימריה | דייי בהדא זמנא תדע#2#/ |
| 137 | | Ex 7:20M | \ייי וארים חוטריה | /מימריה | דייי ואטען בחוטר׳#2#/ |
| 138 | | Ex 7:25M | \ייי ית מיא דנהרא | /מימריה | דייי ואסיקית נהרא#2#/ |
| 139 | | Ex 9:04M | "יפרש ...:" ויכסי | מימריה | דייי בין נכסיהון דישראל |
| 140 | | Ex 9:05M | \ייי פתגמייא הדין | /מימריה | דייי סימנא הדין#2#/ |
| 141 | | Ex 9:27M | זמנא /חבית דסרבית על | מימריה | דייי הדה זמנא גלי#2#/ |
| 142 | | Ex10:10 | ואמר להון יהוי כען | מימריה | דייי עמכון כד אשלח יתכון |
| 143 | | Ex12:23 | מזוזייתא ויפסח ויגן | מימריה | דייי על תרע אבהתה דבני |
| 144 | | Ex13:17M | דבר יתהון \ייי ארח | /מימריה | דייי מהלך#2#/ ארעהון |
| 145 | | Ex15:25 | ייי אילן ונסב מיניה | מימריה | דייי מלה דאוריתא וטלק לגו |
| 146 | | Ex17:01 | על פם גזירת | מימריה | דייי ושרון ברפידים ולא |
| 147 | | Ex19:20 | על ריש טורא וקרא | מימריה | דייי למשה מן טורא וסלק |
| 148 | | Ex31:17M | יומין ברא ייי/ושכלל | מימריה | דייי#2#/ ית שמיא וית |
| 149 | | Ex32:11M | אלהיה ואמר למה ה׳/כען | מימריה | דייי#2#/ יתקוף רוגזך |
| 150 | | Ex32:35M | \ונגף ייי /וחבל | מימריה | דייי#2#/ ית עמא על אשר |
| 151 | | Ex34:01M | ואמר \ייי למשה חצב | /מימריה | דייי למשה חצוב#2#/ לך |
| 152 | | Ex34:05 | תמן וצלי תמן בשם | מימריה | דייי: |
| 153 | | Ex34:32M | "דפקד ... בטורא": די מלל | מימריה | דייי עימיה בטו׳ |
| 154 | | Ex36:01M | חכימי ליבה דיהב | מימריה | דייי חכמ׳ |
| 155 | | Lv24:16M | ודמבזה שם | מימריה | דייי מתק׳ |
| 156 | | Nu 5:21M | עמיך כד יתן | מימריה | דייי ירכיך מסיין וית |
| 157 | | Nu 8:04M | די \חזה ייי /חווי | מימריה | דייי#2#/ ית משה כדן עבד |
| 158 | | Nu 9:18 | על פ{{ו}}ם גזירת | מימריה | דייי יטלון בני ישראל |
| 159 | | Nu10:29M | "ייי ...": | מימריה | דייי יתיה אתן לכון אתה |
| 160 | | Nu10:29M | עימן ונייטבה לך ארום | מימריה | דייי מלל טב על ישראל |
| 161 | | Nu11:29M | ארום \ישוו׳ ייי /יתן | מימריה | דייי#2#/ ית רוח קודשה |
| 162 | | Nu12:02M | הלא לחוד במשה מלל | מימריה | דייי |
| 163 | | Nu12:05M | ואיתגלי \איקר | שכינתיה/מימריה#2#/ | דייי בעמודה דעננה |
| 164 | | Nu14:08M | הדה ויתן /איתרעי בן | מימריה | דייי ויעל יתן#2#/ יתה לן |
| 165 | | Nu15:30M | ומן גייורייה ית | מימריה | דייי#2#/ הוא מחרף |
| 166 | | Nu16:07M | יתרעי ביה \ייי קדישא | /מימריה | דייי הוא קדיש#2#/ |
| 167 | | Nu16:28M | \מן קדם ייי אשתלחת | /מימריה | דייי שלח יתי#2#/ למעבד |
| 168 | | Nu16:29M | ייי אשתלח«י»ת /לא | מימריה | דייי שלח יתי#2#/: |
| 169 | | Nu21:05M | /ואשתעי{ן}<ו> עמא בשם | מימריה | דייי ובמשה למ׳#2#/ כען |
| 170 | | Nu21:06M | {ב}<ג>רי ייי /וגרי | מימריה | דייי#2#/ בעמא ית חויה |
| 171 | | Nu21:16M | היא באירה די אמ׳ | מימריה | דייי#2#/ לאהרן ולמשה |
| 172 | | Nu22:09 | ואתגלי | מימריה | דייי על בלעם ואמר מן |
| 173 | | Nu22:13M | יתי אתי עמכון /סרב | מימריה | דייי דלא למשבוק יתי |
| 174 | | Nu22:18 | למעברה על פום גזירת | מימריה | דייי אלהי למעבד זעירה או |
| 175 | | Nu22:20 | ואתגלי | מימריה | דייי על בלעם בליליה ואמר |
| 176 | | Nu22:31M | ייי ית עיינוי /ופתח | מימריה | דייי ית עייניה#2#/ |
| 177 | | Nu23:03 | ואזל מה דלמא יזדמן | מימריה | דייי לקדמותי ופתגמא די |
| 178 | | Nu23:16 | ואזדמן | מימריה | דייי על בלעם ושוי פתגם |
| 179 | | Nu23:19 | לא כמימר בני אנשא | מימריה | דייי ולא כעובדהון |
| 180 | | Nu31:07M | מדיננאי היך מה די פקד | מימריה | דייי#2#/ ית משה וקטלו |
| 181 | | Nu36:13M | ישראל במישריה /דפקד | מימריה | דייי בידוי דמשה לוות |
| 182 | | Dt 1:45M | שמע \ייי בקל בכותכון | /מימריה | דייי בקלכון#2#/ ולא |
| 183 | | Dt 4:20 | ויתכון אפרש | מימריה | דייי ואפק יתכון מן כורה |
| 184 | | Dt 4:30 | ייי אלהכון ותשמעון בקל | מימריה | דייי: |
| 185 | | Dt 6:21M | ופרק ואפק יתן פריקין | /\מימריה | דייי#2#/ מן מצרים ביד |
| 186 | | Dt 7:07M | <זכו>ותכון צבא | מימריה | דייי בכון ואיתרעי בכון |
| 187 | | Dt 9:19M | למישיציה מנכון ושמע | מימריה | דייי לי אמר |
| 188 | | Dt10:10M | רעווה מן קדם ייי /בעא | מימריה | דייי#2#/ למחבלה יתכון: |
| 189 | | Dt11:22M | \אולפן אורייתה /בשם | מימריה#2#/ | דייי אלהכון למהלכה בכל |
| 190 | | Dt18:02M | "קרבנוי ... אחסנותיה": | מימריה | דייי הוא אחסנתיה |
| 191 | | Dt26:14 | על נפש דמית שמענן בקל | מימריה | דייי אלה{כון}<נן> עבדנן |
| 192 | | Dt27:10 | ותשמעון בקל | מימריה | דייי אלהכון ותעבדון ית |
| 193 | | Dt28:02 | יתכון ארום תשמעון בקל | מימריה | דייי אלהכון: |
| 194 | | Dt28:08M | עליכון באוצריכון | /מימריה | דייי יתכון ית ברכתה |
| 195 | | Dt28:15 | אין לא תשמעון בקל | מימריה | דייי אלהכון למיטור למיעבד |
| 196 | | Dt28:25M | קדם /ישווי יתכון | מימריה | דייי תיבירי קדל#2#/ |
| 197 | | Dt28:27M | \ייי בשחנה דמצריי | /מימריה | דייי בשוח׳ דמצרים#2#/ |
| 198 | | Dt28:49M | \ישא ייי /יגרי | מימריה | דייי#2#/ עליכון אומה מן |
| 199 | | Dt28:59M | ויכסי | מימריה | דייי ית מחתה וית מחת |
| 200 | | Dt28:61M | יתכון /ישווי עליכון | מימריה | דייי {עליכון} עד זמן |
| 201 | | Dt30:08 | תחזרון ותשמעון בקל | מימריה | דייי אלהכון ותעבדון ית כל |
| 202 | | Dt34:01 | לוקבל יריחו וחווי ליה | מימריה | דייי ית כל ארעא וית גלעד |
| 203 | | Dt34:04 | ואמר | מימריה | דייי לי אמר משה דא ארעא |
| 204 | | Dt34:09 | ועבדו היך מה די פקד | מימריה | דייי ית משה: |
| 205 | | Dt34:10 | כמשה די חכם יתיה | מימריה | דייי ממלל כל וקבל ממלל: |
| 206 | | Dt34:11 | פרישתה די שלח יתיה | מימריה | דייי למיעבד בארעא דמצרים |
| 207 | | Lv26:46 | אוריתה די שווי ייי בין | מימריה | ובין בני ישראל בטורא |
| 208 | | Ex35:30M | חמון הא רבי | מימריה | ייי וקרא בשם טב בצ׳ |
| 209 | | Nu 9:20 | על משכנה על פם גזירת | מימריה | ישרון ועל פם גזירת מימרה |
| 210 | | Dt30:02 | אלהכון ותשמעון בקל | מימריה | ככל מה די אנה כען מפקד |
| 211 | | Dt 4:36 | שמיא אשמע יתכון ית קל | מימריה | למרדי יתכון ועל ארעא חוי |
| 212 | מימריי׳ | Ex14:17M | /מן בתריכו׳ ואיקר | מימריי׳#2#/ | בפרעה ובכל חיילוותיה |
| 213 | מימריך | Gn22:14 | בצפרא ואקדמית ועבדית | מימריך | בחדוה וקיימית ית גזרתך |
| 214 | מימרך | Ex32:13 | די קיימת להון בשם | מימרך | ומללת עמהון אסגי ית |
| 215 | ממר׳ | Dt10:20M | וקדמוי תפלחון ובשים | ממר׳ | |
| 216 | | Gn 1:03 | ואמר | ממ«רא» | דייי יהוי נהור והות נהור |
| 217 | | Gn 1:04 | ארום טב הוא ואפ{שר}<רש> | ממרא | דייי בין נהורא לבין חשוכא: |
| 218 | | Gn 1:05 | וקרא | ממרא | דייי לנהורא אימ׳ ולחשוכא |
| 219 | | Gn 1:06 | ואמר | ממרא | דייי יהוי רקיעא במציעות |
| 220 | | Gn 1:08 | וקרא | ממרא | דייי לרקיעא שמיא והוה רמש |
| 221 | | Gn 1:10 | וקרא | ממרא | דייי ליבשת׳ ארעא ולבית |
| 222 | | Gn 1:11 | ואמ׳ | ממרא | דייי תפק ארעא דתין דעשב |
| 223 | | Gn 1:16 | וברא | ממרא | דייי ית תרין נהוריא רברביא |
| 224 | | Gn 1:20 | ואמר | ממרא | דייי ישרצון מיא שרץ נפש |
| 225 | | Gn 1:22 | וברך יתהון | ממרא | דייי למימר תקיפו וסגון |
| 226 | | Gn15:06 | והיימן אברם בשם | ממרא | דייי ואתחשבת ליה לזכו: |
| 227 | | Lv 9:04M | ארום יומא הדין | ממריה/<ממ>רא#2#/ | דייי מתגלי עליכון: |
| 228 | | Dt11:21 | על <ארעא> די קיים | ממרא | דייי לאבהתכון למיתן לכון |
| 229 | | Dt12:14 | ארום אלהן באתרא די יתרעי | ממרא | דייי בחר מן שבטיכון תמן |
| 230 | | Dt18:21 | פתגמא די לא מלל יתיה | ממרא | דייי: |
| 231 | ממרה | Gn 1:09 | ואמר | ממרה | דייי יתכנשון מיא מן תחות |
| 232 | | Gn 1:25 | וברא | ממרה | דייי ית חייתא דארעא למינה |

| | | | | | |
|---|---|---|---|---|---|
| 233 | Gn 1:27 | וברא | ממרה | דייי ית בר נשא בדמותיה | |
| 234 | Gn 1:28 | איקריה דייי ואמר ליהון | ממרה | דייי תקופו וסגון ומלון ית | |
| 235 | Gn 3:08 | ושמעו ית קל | ממרה | דייי אלהים מהלך בגו' גנתאה | |
| 236 | Gn 4:26M | ולמכניה יתיה בשם | ממ<רה | דייי> | |
| 237 | Gn 4:26 | טעון ומכניין יתהון בש' | ממרה | דייי: | |
| 238 | Gn 8:20 | ובנה נח מדבח לשם | ממרה | דייי ונסב מן כל בעירה | |
| 239 | Gn12:07 | ואתגלי | ממרה | דייי על אברם ואמר ליה | |
| 240 | Gn13:04 | וצלי תמן אברם בשם | ממרה | דייי: | |
| 241 | Gn39:21M | | ממרה | דייי בסעדה דיוסף והטה | |
| 242 | Gn40:23M | בשם ממרי' דייי וישווי | ממרה | דייי רחצניה | |
| 243 | Nu 1:01 | ומליל | ממרה | דייי עם משה במדברה דסיני | |
| 244 | Nu 3:16 | יתהון משה על פם גזירת | ממרה | דייי היך מה דאיתפקד: | |
| 245 | Nu 3:51 | ולבנוי על פם גזירת | ממרה | דייי היך מה די פקד ייי ית | |
| 246 | Nu 4:37 | משה ואהרן על פם גזירת | ממרה | דייי על ידוי דמשה: | |
| 247 | Nu 4:41 | ואהרן על פום גזירת | ממרה | דייי: | |
| 248 | Nu 4:45 | משה ואהרן על פם גזירת | ממרה | דייי על ידוי דמשה: | |
| 249 | Nu 4:49 | על פ{(ו)}ם גזירת | ממרה | דייי סכם יתהון על ידוי | |
| 250 | Nu11:20 | די סרבתון על פם גזרת | ממרה | דייי די אקר שכינתיה שריה | |
| 251 | Nu13:03 | מן מדברה על פם גזרת | ממרה | דייי כולהון גברין ראשיהון | |
| 252 | Nu21:05 | ומלילו עמה בתר | ממרה | דייי ועל משה אתרעמו למה | |
| 253 | Nu21:07 | חטינן ארום מללנן בתר | ממרה | דייי ועליך אתרעמנן צלי קדם | |
| 254 | Nu22:12 | ואמר | ממרה | דייי לבלעם לא תזיל עמהון | |
| 255 | Nu32:12 | בר נון ארום אשלמו בתר | ממרה | דייי: | |
| 256 | Nu33:38 | להר טורא על פם גזירת | ממרה | דייי ומית תמן בסוף ארבעין | |
| 257 | Nu36:05 | בני ישראל על פם גזירת | ממרה | דייי למימר יאות שבטה דבני | |
| 258 | Dt 1:26 | וסרבתון על פם גזירת | ממרה | דייי אלהכון: | |
| 259 | Dt 1:27 | ואמרתון על מה דהוה | ממרה | דייי סני יתן אפק יתן מארעא | |
| 260 | Dt 1:32 | לית אתון מהיימנין בשם | ממרה | דייי אלהכון: | |
| 261 | Dt 4:07 | אלה קריב לוותיה כוות | ממרה | דייי אלהן בכל זמן דאנן | |
| 262 | Dt 8:10 | ותשבעון ותברכון ית | ממרה | דייי אלהכון על ארעא טבתה | |
| 263 | Dt 8:20 | חלף אין לא תשמעון בקל | ממרה | דייי אלהכון: | |
| 264 | Dt 9:10 | כתיב כל דביריה די מלל | ממרה | דייי עמכון בטורה מן גו | |
| 265 | Dt 9:20 | ובאהרן רגז | ממרה | דייי עליכון למישציה יתיה | |
| 266 | Dt10:05 | תמן היך מה די פקד יתיה | ממרה | דייי: | |
| 267 | Dt10:10 | וארבעין לילוון ושמע קל | ממרה | דייי בקל צלותי אמר משה | |
| 268 | Dt10:15 | לחוד באב<ה>תכון אתרעי | ממרה | דייי למרחמ«ו»ה יתהון | |
| 269 | Dt11:04 | בתריכון ושיצי יתהון | ממרה | דייי עד זמן יומא הדין: | |
| 270 | Dt11:23 | ויטרוד | ממרה | דייי ית כל אומייא האליין | |
| 271 | Dt13:05 | בתר | ממרה | דייי אלהכון תהלכון | |
| 272 | Dt13:11 | {{למיטעי}} יתכון מן בתר | ממרה | דייי אלהכון דאפק יתכון | |
| 273 | Dt13:18 | מן חרמה מן בגלל דיחזור | ממרה | דייי מן תקוף רוגזיה ויתן | |
| 274 | Dt13:19 | ארום תשמעון בקל | ממרה | דייי אלהכון למיטר ית כל | |
| 275 | Dt15:04 | ארום מברכה יברך יתכון | ממרה | דייי בארעה דייי אלהכון יהב | |
| 276 | Dt15:05 | לחוד אין משמע תשמעון בקל | ממרה | דייי אלהכון למטור למעבד ית | |
| 277 | Dt18:16 | לא אוסף למשמע ית קל | ממרה | דייי אלהן וית אשתה רבתה | |
| 278 | Dt18:22 | די יימלל נבייא בשם | ממרה | דייי ולא יהווי פתגמא ולא | |
| 279 | Dt28:62 | ארום לא שמעתון בקל | ממרה | דייי אלהכון: | |
| 280 | Dt29:22 | אדמה וצבויים די הפך | ממרה | דייי ברוגזיה ובכליתה: | |
| 281 | Dt29:23 | וייאמרון כל אומייה למה | ממרה | דייי כדן עבד לארעה הדה מה | |
| 282 | Dt30:10 | ארום תשמעון בקל | ממרה | דייי אלהכון למיטור מצוותה | |
| 283 | Dt31:15 | ואתגלי | ממרה | דייי במשכנה בעמודה דעננה | |
| 284 | Dt31:27 | הדין מסרבין הויתון בתר | ממרה | דייי ולהוד ארום בתר מתותי: | |
| 285 | Nu32:15 | ארום תחזרון מן בתר | ממרה | ויוסף תוב למטלטלה יתכון | |
| 286 | Dt 9:04 | למימר בזכוותן אעיל יתן | ממרה | למירת ית ארעא הדה | |
| 287 | Gn17:03 | אברם על אפוי ומליל עמה | ממרה | {למממר} דייי למימר: | |
| 288 | Dt 5:23 | והווה כד שמעתון ית קל | ממרה | מן גו חשוכה וטורה בעיר | |
| 289 | Dt10:08 | קדמוי ולמברכה בשם | ממרה | קדישה עד זמן יומא הדין: | |
| 290 | Ex 4:12 | וכדון אזל ואנה עם | ממרי | אהיה עם ממלל פמך ואלף יתך | ממרי |
| 291 | Lv16:02 | ארום בענני איקר שכינתי | ממרי | איתגלי על כפרתה: | |
| 292 | Dt18:19 | לדיבורוי די ימלל בשם | ממרי | אנה במימרי מתפרע מיניה: | |
| 293 | Dt32:51 | על די סרבתון בשם | ממרי | בגו בני ישראל במי מצותה | |
| 294 | Lv26:12 | וידבר | ממרי | ביניכון ויהווי מימרי לכון | |
| 295 | Nu14:11 | לא יה«יי»מנון בשם | ממרי | בכל ניסי פרישתי די עבדית | |
| 296 | Gn21:33 | למרי עלמא ופלח וצלי בשם | ממרי | דייי אלהה דעלמא: | |
| 297 | Gn26:25 | ובנה תמן מדבח וצלי בשם | ממרי | דייי ופרס תמן משכניה וחפרו | |
| 298 | Gn35:01 | תמן ובני תמן מדבח לשם | ממרי | דייי דאתגלי עלך במערקך | |
| 299 | Dt25:18 | דהוה לביה מהרהר מן בתר | ממרי | ה{ה}<וו>ה עננא פלט | |
| 300 | Gn26:24M | תדחל ארום בסעדך | ממרי | ואברך יתך ואסגי ית זרעית | |
| 301 | Nu14:24 | רוח דקדש עמה ואשלם בתר | ממרי | ואעל יתה לארעא די על לתמן | |
| 302 | Gn 9:13 | ותהי לסימן קים בין | ממרי | ובין ארעא: | |
| 303 | Gn 9:17 | סימן קימא די קיימית בין | ממרי | ובין כל בשרא די על ארעא: | |
| 304 | Gn 9:12 | קיימ' די אנה משוי בין | ממרי | וביניכון ובין כל נפש חיתא | |
| 305 | Gn 9:15 | ואדכר ית קיימי בין | ממרי | וביניכון ובין כל נפש חיה | |
| 306 | Gn17:10M | ובין בניכון /בין | ממרי | וביניכון ובין זרעית | |
| 307 | Gn17:11 | ויהווי לסימן קיים בין | ממרי | וביניכון: | |
| 308 | Lv26:23 | מרדוותה לא תתרדון קדם | ממרי | ותהלכון קדמיי בקשיו: | |
| 309 | Ex19:05 | אין משמע תשמעון בקל | ממרי | ותטרון ית קיימי ותהוון | |
| 310 | Ex23:22 | ארון אן משמע תשמעון בקל | ממרי | ותעבד כל מה די ימלל ואסני | |
| 311 | Dt18:20 | די יזיד למללא פתגם בשם | ממרי | ית מה די לא פקדית יתיה | |
| 312 | Ex29:45 | בגו בני ישראל ויהווי | ממרי | להון לאלה פריק: | |
| 313 | Ex25:22 | ואזמן | ממרי | לך תמן ואמלל עמך מעילוי | |
| 314 | Ex30:36 | שהדותא במשכן זמנא דאזמן | ממרי | לך תמן קדש קדשים תהוי | |
| 315 | Ex29:42M | ייי דאזמן/די אזדמן | ממרי#2#/ | לכון תמן לממללה עמך | |
| 316 | Lv11:45M | למהוי {למהוי} | \/ממרי#2#/ | לכון לאלה פרוק ותהוון | |
| 317 | Lv25:38 | ית ארעא דמצרים למיהוי | ממרי | לכון לאלה פרוק: | |
| 318 | Nu17:19 | קדם סהדותא די אזדמן | ממרי | לכון תמן: | |
| 319 | Ex11:04 | אמר ייי בפלגא דליליא | ממ{ת}<ר>י | מתגלי בגו מצרים: | |
| 320 | Ex19:09 | ואמר ייי למש' הא | ממרי | מתגלי עלך בתקפא דעננא | |
| 321 | Nu 6:27 | וישון ית שמי ית | ממרי | על בני ישראל ואנה | |
| 322 | Ex12:13M | \ואגן במימרי /ויגן | ממרי#2#/ | עליכון ולא יהווי בכון | |
| 323 | Ex 3:12 | ואמר ארום אהויי | ממרי | עמך ודן יהווי לך סימן ארום | |
| 324 | Gn15:01M | ליגיונין ויתון עלי' | ממרי | {פ}<ת>ריס לך בעלמא הדין | |
| 325 | Nu18:09 | אשמיהון די יחזרון לשם | ממרי | קדש קדשין הוא לך ולבנך: | |
| 326 | Ex17:06 | הא | ממרי | קיים מתע{דת}<תד> על טינרא | |
| 327 | Ex 3:12 | ודן יהווי לך סימן ארום | ממרי | שלח יתך באפקותך ית עמא | |
| 328 | Ex29:43 | ואזמן | ממרי | תמן לבני ישראל ויתקדש בגו | |
| 329 | Ex30:06 | דעל שהדותא דאזמן לך | ממרי | תמן: | |
| 330 | Gn15:01 | סגין ואתין עלך למקטל | ממרי | תרום לך דהוה הוה מגן לך | |
| 331 | Gn 1:24M | כן \כמימריה/כגזירת | ממרי#2#/: | | ממרי' |
| 332 | Gn12:07 | הדה ובנה תמן מדבח לשם | ממרי' | דייי דאתגלי עלוי: | |
| 333 | Gn18:01 | אדמה וצבויים ואתגלי | ממרי' | דייי על אברהם במשרי חזוה | |
| 334 | Gn25:21M | יתיה ייי ועברת /ושמע | ממרי' | דייי בקל צלו<ת>י ועב'#2# | |
| 335 | Gn40:23M | גברא די יתרחיץ בשם | ממרי' | דייי וישווי ממרה דייי | |
| 336 | Ex 9:23M | מקפצא בגו ברדא ואמטר | ממרי' | דייי ברד#2#/ על ארעא | |
| 337 | Ex19:20M | שכינתא דייי/ואתגלית | ממרי' | דייי#2#/ על טורא דסיני | |
| 338 | Ex23:01M | ישתב' חד מנכון בשי' | ממרי' | דייי אלהכון לשקר ולא | |
| 339 | Lv16:08 | עדוין עדיו חד לשם | ממרי' | דייי ועדיו חד לעזאזל: | |
| 340 | Ex23:21M | \בקלי לא תסרבון /בקל | ממרי' | לא תסרבון#2#/ על מלוי | |

|  |  |  |  |
|---|---|---|---|
| 341 | ממריה | Gn 1:03 | נהור והות נהור כגזירת ממריה: |
| 342 | | Gn21:33M | דהווה מגייר יתהון בשם ממריה |
| 343 | | Gn22:18 | חלף די שמעת בקל ממריה: |
| 344 | | Dt 4:12 | חמיין ארום אלהן קל ממריה: |
| 345 | | Lv20:23 | מרחקתה עבדו ואעיק ממריה בהון: |
| 346 | | Dt 1:01M | וגבורן עבד לכון ממריה דייי כד הווי' |
| 347 | | Gn 6:07M | אשיצה ית אדם די ברית /ממריה דיי' אמחה ית בר נשא די |
| 348 | | Dt 9:05M | "ייי ... וליעקב": ממריה דיי' עם אברהם ועם יצ' |
| 349 | | Gn 1:24 | ואמר ממריה דייי תפק ארעא נפ' דחיא |
| 350 | | Gn 1:29M | ואמר אקריה/ממריה#2/ דייי הא יהבית |
| 351 | | Gn 2:02 | ואשלם ממריה דייי ביומ' שביעיא |
| 352 | | Gn 2:03M | וברך איקריה/ממריה#2/ דייי ית יומא שביעיא |
| 353 | | Gn 2:03M | עיבידתיה די ברה איקרה/ממריה#2/ דייי למעבד: |
| 354 | | Gn 2:15M | בגנתא דעדן למהוי /ממריה דייי ית אדם ואצנע יתיה |
| 355 | | Gn 2:16M | אלהים על האדם למימר /ממריה דייי על אדם ולמיטר#2/ |
| 356 | | Gn 2:18M | יהוי בר נשא לבלחודוי /ממריה דייי לא שפר למהווי אדם |
| 357 | | Gn 2:21M | ייי אלהים שנה /ואעל ממריה דייי שנה#2/ עמ«י»קה |
| 358 | | Gn 3:01M | ייי /לחוד ארום אמ' ממריה דייי#2/ לא תאכלון מכל |
| 359 | | Gn 3:08M | אלהים בגוא אלני גנתה /ממריה דייי בגוא מציעות גנתהה#2/ |
| 360 | | Gn 3:21M | \ועבד ייי אלהים /וברא ממריה דייי#2/ לאדם ולאתתיה |
| 361 | | Gn 3:22M | ואמר \ייי אלהים הא אדם /ממריה דייי הא הוה אד'#2/ |
| 362 | | Gn 4:25M | אמרית ארום שוי לי ממריה דייי זרע אוחרן חולף הבל |
| 363 | | Gn 7:16M | טבייה עלוי /די פקדת ממריה דייי וחס ואגן ממריה דייי |
| 364 | | Gn 7:16M | ממריה דייי וחס ואגן ממריה דייי עלוי#2/: |
| 365 | | Gn12:08 | ובנא תמן מדבח לש' ממריה דייי ופלח וצלי תמן בשם |
| 366 | | Gn12:08 | דייי ופלח וצלי תמן בשם ממריה דייי: |
| 367 | | Gn13:10M | קדם עד לא יחבל ממריה דייי ית |
| 368 | | Gn13:18 | ובנה תמן מדבח בשם ממריה דייי: |
| 369 | | Gn15:02M | "בבעו ... יהבת": ממריה דייי סגין ברכן יהב' |
| 370 | | Gn16:11M | \שמיע קדם ייי /שמע ממריה דייי#2/ ית צעריך: |
| 371 | | Gn16:13 | וצליית בשם ממריה דייי דאתגלו עליה את הוא |
| 372 | | Gn17:01 | שנין ואתגלי {{ייי על}} ממריה דייי על אברם ואמר לה אנא |
| 373 | | Gn18:19 | ודינא מן בגלל די ייתי ממריה דייי על אברהם ית מה |
| 374 | | Gn19:13M | קדם ייי ושלח יתן \/ממריה דייי למחבלה#2/ למשיציא |
| 375 | | Gn20:06 | ואמר לה ממריה דייי בחלמא אף אנא גלי |
| 376 | | Gn21:02M | בזמנא די מלל עימיה ממריה דייי#2/: |
| 377 | | Gn21:06M | חדה רבה עבד לי ממריה דייי כל דשמע בקלי |
| 378 | | Gn21:23M | קיים לי בשבועה בשם ממריה דייי הכא דלית את משקר לי |
| 379 | | Gn22:08M | ייי אזדמן לה אמר /ממריה דייי יזדמן לה אימרא#2/ |
| 380 | | Gn22:14 | ופלח אברהם וצלי בשם ממריה דייי ואמר בבעו ברחמין |
| 381 | | Gn24:03 | ואשבע יתך בשם ממריה דייי אלהא דשמיא הוא אלהא |
| 382 | | Gn27:27M | בית מקדשה די ברך יתיה ממריה דייי |
| 383 | | Gn35:07M | ופלח וצלי תמן בשם ממריה דייי אלהא די אתגלי עלוי |
| 384 | | Gn35:09M | כתבה מפרש ובריך יתהון ממריה דייי ואמ' להון מימריה |
| 385 | | Gn45:05M | אוכלוסין סגי שלח יתי ממריה דייי#2/ קדמכון: |
| 386 | | Gn50:20M | ייי אתחשבן לטבן /בושן ממריה דייי חשב יתיה לטב מק'#2/ |
| 387 | | Ex 3:04 | משה למחמי וקרא ליה ממריה דייי מן גו סניה ואמר ליה |
| 388 | | Ex 4:31 | והימנו עמא בשם ממריה דייי ושמעו ארום אדכר ייי |
| 389 | | Ex 9:14M | ארום לית כוות/כוות ממריה דייי#2/ בכל ארעא: |
| 390 | | Ex10:19M | \ייי רוח בימא תקיף /ממריה דייי רוח מערב תקיף#2/ |
| 391 | | Ex12:27M | \פסח ייגן על /חס ואגן ממריה דייי על#2/ בתיהון דבני |
| 392 | | Ex14:30 | ופרק ושיז' ממריה דייי ביומא ההוא ית ישראל |
| 393 | | Ex14:31 | מן קדם ייי והימנו בשם ממריה דייי ובנבואתיה דמשה |
| 394 | | Ex15:26 | אין משמע תשמע' בקל ממריה דייי אלהכון ודשפיר באפוי |
| 395 | | Ex20:07M | ישתבע חד מנכון בשם ממריה דייי אלהיכון לשקר ארום |
| 396 | | Lv 5:21M | "בשמה ... די": בשם ממריה דייי וישקר בחברה בפקדונה |
| 397 | | Lv 8:04M | \דפקיד ייי /די פקד ממריה דייי#2/ יתה ויתכנשו עם |
| 398 | | Lv 9:04 | במשח ארום יומא הדין ממריה דייי מתגלי עליכון: |
| 399 | | Lv16:09 | די סלק עלוהי עדוה לשם ממריה דייי ויקרב יתה לתטאתה: |
| 400 | | Nu 3:39 | {{ואהרן}} על פם גזירת ממריה דייי לזרעייתהון כל דכורה |
| 401 | | Nu10:36M | בצלו ואמ[ר] תוו כען ממריה דייי מן תקוף רוגזך ובריך |
| 402 | | Nu14:43M | ולא יהוי \ייי עמכון /ממריה דייי בסעדכון#2/: |
| 403 | | Nu22:08M | מלל <די'> ממריה דייי לוותי ויתבו רברבני |
| 404 | | Nu33:02 | למטלניהון על פם גזירת ממריה דייי ואילין מטלניהון |
| 405 | | Dt 1:03M | \ייי יתיה למימר להון /ממריה דייי יתיה עליהון#2/: |
| 406 | | Dt 2:01 | דסוף היך מה די מלל ממריה דייי עמי אמר משה ואקפנן |
| 407 | | Dt 4:03 | חמיין ית כל מה די עבד ממריה דייי בפלחי טעוותה פעור |
| 408 | | Dt 4:04M | אורייתה דייי /בשם ממ<ריה דייי>#2/ אלהכון הא אתון |
| 409 | | Dt 4:14 | ויתי פקד ממריה דייי בשעתה ההיא למלפה |
| 410 | | Dt 5:05 | כען הוינה מעתד בין ממריה דייי וביניכון בשעתה ההיא |
| 411 | | Dt 8:03 | כל מה דנפק מן פם גזירת ממריה דייי יחי בר נשא: |
| 412 | | Dt10:04 | ית עשרתי דביריה די מלל ממריה דייי עמכון בטורה מן גו |
| 413 | | Dt17:10 | מן אתרא ההוא די יתרעי ממריה דייי ותתטרון למעבד כל מה |
| 414 | | Dt21:05 | קדמוי ולמברכה בשם ממריה דייי קדישה ועל מימר |
| 415 | | Ex31:17 | בין ממריה ובין בני ישראל סימן היא |
| 416 | | Dt 5:11M | לא תשתבעון בשם ממריה ייי אלהכון לשקרא |
| 417 | | Gn17:08M | \ואהוי בממרי /ויהוי ממריה#2/ להון לאלה פריק: |
| 418 | | Nu24:05 | אבוכון כמה טבן ונחמן ממריה עתיד מייתיה עליכון דבית |
| 419 | | Gn22:16 | ואמר בשם ממריה קיימת אמר ייי ארום חלף |
| 420 | | Dt13:05M | אורייתה תדבקון /ובקל ממריה תדב'#2/: |
| 421 | | Dt13:05 | וית מצוותיה תטרון ובקל ממריה תשמעון וקדמוי תפלחון בלבה |
| 422 | ממרך | Ex 5:23 | לוות פרעה לממללה בשם ממרך אבאש לעמא האלין ומפרק |
| 423 | | Gn 3:10 | ואמר ית קל ממרך שמעת בגנתה ודחלית ארום |
| 424 | במימ' | Ex 4:12M | אזל ואנה \עם ממרי/במימ'#2/ אהיה/הווי#2/ עם |
| 425 | במימרה | Dt 1:01 | די עבדתון אמר ייי במימרה למישיצי יתכון אלולי דאדכר |
| 426 | | Gn26:03 | אתותב בארעא הדא ואהווה במימרה עמך ואברך יתך ארום לך |
| 427 | במימרי | Nu 6:27 | על בני ישראל ואנה במ«י»מרי אברך יתהון: |
| 428 | | Ex 4:15 | ית פתגמיא בפומיה ואנה במימרי {אלה} «אהוי» עם ממלל |
| 429 | | Nu14:28 | אמר חי וקיים אנה במימרי אמר ייי אין לא היך מה |
| 430 | | Lv26:45 | לעיני אומיה למיהווי במימרי להון לאלה פרוק אנה ייי: |
| 431 | | Gn17:07 | לקיים עלם למהווי במימרי לך לאלה ולבניך מן בתרך: |
| 432 | | Lv22:33 | ארעא דמצרים למיהוי במימרי לכון לאלה פרוק אנה הוא |
| 433 | | Dt32:23 | אמרת במימרי למייתייה עליהון בישן גירי |
| 434 | | Nu14:21 | וברם חי וקיים אנה במימרי לעלם ותתמלא איקר שכינתה |
| 435 | | Ex15:01 | מן דמתגאי קדמוי הוא במימרי מתפרע מיניה סוסון |
| 436 | | Dt18:19 | די ימלל בשם ממרי אנה במימרי מתפרע מיניה: |
| 437 | | Ex 6:03 | ואיתגלית במימרי על אברהם על יצחק ועל |
| 438 | | Ex12:13 | ית אדמיה ואפסח ואגן במימרי עליכון ולא יהווי בכון |
| 439 | | Gn28:15 | והא אנה במימרי עמך ואנטר {יתך} יתך בכל |
| 440 | במימרי' | Ex16:15M | יהב \ייי לכון למיכל /במימרי' דייי לכון למזון#2/: |
| 441 | במימריה | Dt 1:01M | עגלא דעבדתון אמר במימריה |
| 442 | | Ex18:11 | יתפרע מנהון ייי במימריה אמר וטמע ית ארתכיהון |
| 443 | | Nu10:29 | ונוטב לך ארום ייי במימריה אמר למיתיה טבה ונחמן על |
| 444 | | Dt17:16 | ליה סוסוון וייי במימריה אמר לכון לא תוספון |
| 445 | | Dt 1:01 | יתיה בדהבא סנינה אמר במימריה וכפר על חוביכון: |
| 446 | | Dt33:27 | מן קדמיכון ואמר במימריה למישציה יתהון: |
| 447 | | Gn29:31 | הוות לאה ואמר במימר«י»ה למיתן לי בנין ורחל |
| 448 | | Gn30:22 | קל צלותה דרחל ואמר במימריה למיתן לה בנין: |

|  |  |  |  |  |  |
|---|---|---|---|---|---|
| 449 | | Ex17:16 | ואסתר וייי אמר | במימריה | למשיציא ית דוכרנא דעמלק |
| 450 | במימרך | Nu11:21 | אנה שרי ביניהון ואת | במימרך | אמרת בשר אתן לכון וייכלון |
| 451 | | Nu14:14 | חזיו בחזיו אתגלית את | במימרך | וייי וענן איקר שכינתך הווה |
| 452 | | Ex33:12M | עמא האיליין ואת | \במימרך#2#/ | לא אודעת יתי ית מה |
| 453 | בממ' | Ex12:12M | בממרי /ואיתגלי | בממ'#2#/ | בארעא דמצרים בלילי |
| 454 | בממרה | Dt32:12 | וייי | בממרה | אמר לבלחודהון ישרון עמא |
| 455 | בממרי | Dt31:23 | די קיימת להון ואנה | בממרי | אהוי בסעדך: |
| 456 | | Lv21:08M | \אנה וייי דקדשת יתכון | /בממרי | אנה הוא דבממרי מקד' |
| 457 | | Gn46:04 | אחות עמך מצרימה ואנה | בממרי | אסיק יתך לחוד מסוק ויוסף |
| 458 | | Dt32:26 | אמרת | בממרי | אשיצי יתהון אבטל מן |
| 459 | | Ex12:12 | ואעבר | בממרי | בארעא דמצרים בלילי פסחא |
| 460 | | Dt32:39 | חמון כען ארום אנה אנה | בממרי | הוא ולית אלהא אחרן |
| 461 | | Nu11:17 | ואתגלי | בממרי | ואמלל עמך תמן וארבי מן |
| 462 | | Gn 9:12M | /דאנה יהיב בין | בממרי#2#/ | וביניכון ובין כל נפש |
| 463 | | Ex15:02 | דחיל כל עלמיא וייי אמר | בממרי | והוה לן לפריק אמרין בני |
| 464 | | Lv11:44M | ארום אנה | \בממרי | כדין אמר וייי#2#/ הוא |
| 465 | | Lv20:07M | וייי אלהכון /קדיש אנה | בממרי | כדין אמר וייי#2#/: |
| 466 | | Lv19:02 | תהוון ארום קדיש אנה | בממרי | כדן אמר וייי אלהכון: |
| 467 | | Gn17:08 | לאחסנת עילם ואהוי | בממרי | להון לאלה פריק: |
| 468 | | Ex 3:08 | ואתגלית | בממרי | למשיזבא יתהון מן ידיהון |
| 469 | | Dt32:40 | ואמרית חי וקיים אנה | בממרי | לעולם: |
| 470 | | Dt31:18 | ואנה | בממרי | מטמרה אטמר אפי רעותי |
| 471 | | Gn31:03 | אבהתך לתלדוותך ואהוי | בממרי | עמך: |
| 472 | בממריה | Gn18:17 | וייי אמר | בממריה | הא מכס{ם}<ה> אנה מאברהם |
| 473 | | Ex 3:17 | ואמרת | בממריה | לאסקא יתכון מן שעבודהון |
| 474 | | Dt 1:34M | בשבועה /וקיים | בממריה#2#/ | למימר: |
| 475 | | Ex 2:25 | דבני ישראל ואמר | בממריה | למפרוק יתהון: |
| 476 | | Ex20:24 | ית שמי בצלו אתגלי | בממריה | עליכון ואברך יתכון: |
| 477 | בממרך | Ex33:12M | "אמרת ... ולחוד": | בממרך | אמרתי חכמית יתך בשם |
| 478 | דבמימריה | Lv22:09M | יתכון /הוא וייי | דבמימריה | מקדש יתהון#2#/: |
| 479 | | Gn14:19 | אברם קדם אלהא עילאה | דבמימריה | קנה שמים וארעא: |
| 480 | דבממרי | Lv21:08M | יתכון /בממרי אנה וייי | דבממרי | מקד' יתכון#2#/: |
| 481 | | Lv20:08M | דקדשת יתכון /הוא וייי | דבממרי | מקדש ית'#2#/: |
| 482 | | Lv21:15M | דקדשת יתהון /הוא וייי | דבממרי | מקדש יתיה#2#/: |
| 483 | | Lv21:23M | דקדשת יתהון /הוא וייי | דבממרי | מקדש יתיה#2#/: |
| 484 | דבממריה | Gn14:22 | קדם וייי אלהא עליא | דבממריה | קנה שמיא וארעא: |
| 485 | דמימרה | Dt 8:20 | כאומייה | דמימרה | דוייי מסיף מן קדמיכון כדן |
| 486 | דממרא | Dt11:17 | מן עלוי ארעא טבתה | דממרא | דוייי יהב לכון: |
| 487 | דממרי | Ex31:13M | \וייי דקדשית יתכון | /דממרי | מקדש ית'#2#/: |
| 488 | | Ex 8:18 | דתדע ארום אנה הוא וייי | דממרי | שרי בגו ארעא: |
| 489 | ומימרא | Dt26:18 | | ומימרא | דוייי אמלך יתכון יומא הדין |
| 490 | ומימרה | Dt31:08 | | ומימרה | דוייי די א«י»קר שכינתיה |
| 491 | | Dt32:30 | קדמוי תקיפה שבק יתהון | ומימרה | דוייי מסר יתהון ביד |
| 492 | ומימריה | Nu14:09M | \ומימר דוייי | /ומימריה | דוייי בסעדן לא תדחלון#2# |
| 493 | | Nu30:13M | ישתבק /אפס יתהון | ומימריה | דוייי ישתרי וישת'#2#/ |
| 494 | | Nu30:09M | \ומן קדם וייי ישתבק | /ומימריה | ישתרי וישתבק#2#/ לה: |
| 495 | | Ex12:42 | ודיין ידבר בריש ענה | ומימריה | מדבר ביני תריהון ואנה |
| 496 | וממרה | Gn13:14 | | וממרה | דוייי אמר לאברם מן דאתפרש |
| 497 | | Gn20:13 | יתי בתר טעוותהון | וממרה | דוייי דבר יתיה מן ביתה |
| 498 | | Dt31:02 | תוב למיפוק ולמיעול | וממרה | דוייי אמר לי לא תעבר ית |
| 499 | וממריה | Gn19:24 | | וממריה | דוייי אחת על סדם ועל |
| 500 | | Gn24:01 | ואברהם סאב ועל ביומיא | וממריה | דוייי ברך ית אברהם |
| 501 | | Ex12:29M | קטל /בפלגות ליליא | וממריה | דוייי קטל#2#/ ית כל |
| 502 | | Ex12:42 | פריס על אפי תהומא | וממריה | דוייי והוה נהורא ונהר וקרא |
| 503 | | Ex13:21 | | וממרי«ה» | דוייי הוה מדבר קדמיהון |
| 504 | | Nu23:08 | מה אנה מזער יתהון | וממריה | דוייי מסגי יתהון: |
| 505 | | Nu23:08 | מה אנה לייט ^יתהון#2#^ | וממריה | דוייי מסגי יתהון מה אנה |
| 506 | | Nu30:06M | וייי ישתבק /לא יקומון | וממריה | דוייי ישתרי וישת'#2#/ לה |
| 507 | ובמימ' | Ex15:12M | הוי בעה למטמע' יתהון | ובמימ' | מן קודמך ארכנת ית ידך |
| 508 | ובמימרה | Dt10:20M | ויתיה תפלחון בקרבנה | ובמימרה | תדבקון ובשמיה תימון |
| 509 | ובממרי | Lv22:16M | ארום אנה הוא וייי | ובממרי | מקדש יתהון |
| 510 | כמימריה | Gn 1:07 | מלעיל לרקיעא והוה כן | כמימריה: | |
| 511 | | Gn 1:09 | ותתחמי יבשתא והוה כן | כמימריה: | |
| 512 | | Gn 1:24 | דארעא למינה והוה כן | כמימריה: | |
| 513 | כממרה | Gn 1:11 | ובה על ארעא והוה כן | כממרה: | |
| 514 | | Gn 1:30 | כל עשבא למזון והוה כן | כממרה: | |
| 515 | כממריה | Gn 1:15 | על ארעא והו' כן | כממריה: | |
| 516 | למימריה | Gn 4:23 | דלמך א{נ}<צ>יתן | למימריה | דפומי ארום לא גבר קטלת |

The above entry does not include all examples in the marginal notes. See Preface.

ממרא *GN* **See also:**

## מין *n.* kind

[305]

|  |  |  |  |  |  |  |
|---|---|---|---|---|---|---|
| 001 | מין | s ab/cn | Lv11:15 | ואת כל | מין | עורב' למינה: |
| 002 | | | Dt14:14 | וית כל | מ«י»ן | עורבא למינו: |
| 003 | מן | | Dt29:22 | ולא תצמח ולא יסק בה כל | מן | דעשב היך מה דאתהפכת סדם |
| 004 | מינה | s em/sf | Lv11:15M | כל מין \עורב' למינה | /מינה | דערבה למיניהון#2#/: |
| 005 | למינה | | Lv11:14 | וית דיתה וית אבו | למינה: | |
| 006 | | | Lv11:15 | ואת כל מין עורב' | למינה: | |
| 007 | | | Lv11:16 | צפר שחפה וית בר נצצא | למינה: | |
| 008 | | | Lv11:22M | רשונה למינה וית נפילה | למינה | |
| 009 | | | Lv11:22 | נעלה למינהו וית כרזבה | למינה: | |
| 010 | | | Lv11:29 | ועכברה וחר{ו}<ד>ונה | למינה: | |
| 011 | | | Dt14:13 | וית אייבו ודייתה | למינה: | |
| 012 | | | Dt14:15 | צפר שחפה וית בר נצצה | למינה: | |
| 013 | | | Gn 1:24 | תפק ארעא נפ' דחיא | למינה | בעיר ורחש וחייתא דארעא |
| 014 | | | Gn 1:11 | דפירין דעבד פירין | למינה | די נצבתא מינה ובה על ארעא |
| 015 | | | Gn 1:12 | די נצבת' מנה ובה | למינה | וגלי קדם וייי ארום שפר |
| 016 | | | Gn 1:24 | ורחש וחייתא דארעא | למינה | והוה כן כמימריה: |
| 017 | | | Gn 1:25 | דוייי ית חייתא דארעא | למינה | וית בעירה למינה וית כל |
| 018 | | | Gn 1:25 | דארעא למינה וית בעירה | למינה | וית כל ריחשא דארעא |
| 019 | | | Lv11:19 | חוורתה ואכומתה | למינה | וית נגר טורא וית ערפדא: |
| 020 | | | Lv11:22M | וית נעלה | למינהו/למינה#2#/ | וית כרזבה למינה: |
| 021 | | | Lv11:22 | מנהון תאכלון ית גובא | למינה | וית רשונה למינהו וית נעלה |
| 022 | | | Lv11:22M | כרזבה | למינה | וית רשונה למינה וית |
| 023 | | | Lv11:22M | כרזבה למינה וית רשונה | למינה | וית נפילה למינה |
| 024 | | | Lv11:22M | למינה וית רשונה | למינהו/למינה#2#/ | וית נעלה למינהו |
| 025 | | | Gn 7:14 | ארעא למינהו וכל עופה | למינה | וכל דפרח וכל דטייס: |
| 026 | | | Gn 7:14 | אינון וכל חיתה | למינה | וכל בעירה למינה וכל רחשא |
| 027 | | | Gn 7:14 | חיתה למינה וכל בעירה | למינה | וכל רחשא דרחש על ארעא |
| 028 | | | Gn 6:20 | מן עופא | למינה | ומן בעירא למינה ומן כל |
| 029 | | | Gn 6:20 | עופא למינה ומן בעירא | למינה | ומן כל רחשא דארעא למינה |
| 030 | | | Dt14:18 | ודייתה חוורתה ואכומתה | למינה | ונגר טורא: |
| 031 | | | Gn 6:20 | ומן כל רחשא דארעא | למינה | תרין מן כול' יעלון לוותך |
| 032 | למינהו | | Lv11:22 | רשונה למינהו וית נעלה | למינהו | וית כרזבה למינה: |
| 033 | | | Lv11:22 | גובא למינה וית רשונה | למינהו | וית נעלה למינהו וית כרזבה |
| 034 | | | Gn 7:14 | וכל רחשא דרחש על ארעא | למינהו | וכל עופה למינה וכל דפרח |
| 035 | למינהון | | Dt14:15M | וית בר נצצה | למינה/למינהון#2#/: | |
| 036 | | | Gn 1:25 | וית כל ריחשא דארעא | למינהון | וגלי קדם וייי ארו' שפר |

|  |  |  |  |  |  |  |
|---|---|---|---|---|---|---|
| 037 | | | Gn 1:21 | דרחשא די שרצו מיי׳ | למינהון | וית כל עופא דפרח למיניה |
| 038 | | | Gn 6:20M | תרין /רמסה דארעא | למינהון | תריין#2/ מן כול׳ |
| 039 | למינו | | Dt14:14 | וית כל מ«י»ן עורבא | למינו: | |
| 040 | למיניה | | Gn 1:21 | וית כל עופא דפרח | למיניה | וגלי קדם ייי ארום שפר |
| 041 | למיניהון | p em/sf | Lv11:14M | דיתה וית אבו | למינה/למיניהון#2/: | |
| 042 | | | Lv11:15M | /מינה דערבה | למיניהון#2/: | |
| 043 | | | Lv11:16M | וית בר נצצא | למינה/למיניהון#2/: | |
| 044 | | | Dt14:13M | אייבו ודייתה | למינה/למיניהון#2/: | |
| 045 | | | Gn 1:12 | דעשב דמזרעין זרע | למיניהון | אילן דפירין דעבד פירין |

See also: מאן *n.*

## מיסב *(v.)n.* taking, lifting up [306]

|  |  |  |  |  |  |  |
|---|---|---|---|---|---|---|
| 001 | מיסב | s ab/cn | Ex23:03 | ליה אפי{ו}<ן> ארום לית | מיסב | אפין בדינא: |
| 002 | ומיסב | | Gn 4:08 | עובדין טבין הוה מדבר | ומיסב | אפין אית בדינא מן בגלל מה |

## מיסרה *n.* bundle, bunch [306]

|  |  |  |  |  |  |  |
|---|---|---|---|---|---|---|
| 001 | מיסרא | s ab/cn | Ex12:22 | ותסבון | מיסרא | דאיזוב ותצבעון באדמה די |

## מיסת *n.(adv.?, prep.?)* enough [306]

|  |  |  |  |  |  |  |
|---|---|---|---|---|---|---|
| 001 | מיסת | s ab/cn | Lv27:23 | ויחשב ליה כהנה ית | מיסת | עלויה עד שתה דיובילה ויתן |

See also: כמסת *adv.*
See also: כמסת *prep.*

## מיעל *v.n.* ⇐ מעל

## מיקר *adj.* precious [!!]

|  |  |  |  |  |  |  |
|---|---|---|---|---|---|---|
| 001 | מיקר | s ab/cn | Gn34:19M | דיעקב והוא הוה | יקר/מיקר#2/ | מן כל אנשי ביתיה |

## מישר *n.* plain [306]

|  |  |  |  |  |  |  |
|---|---|---|---|---|---|---|
| 001 | מישר | s ab/cn | Nu34:15M | קדמאין מן מדנחה מן | מישר | ימה דמלחא נפק להון תחומה |
| 002 | | | Gn13:11 | ובחר ליה לוט ית כל | מישר | ירדנ׳ ונטל לוט מן לקדמין |
| 003 | | | Gn13:10 | ית עיינוי וחזא ית כל | מישר | ירדנא ארום כלה בית שקה |
| 004 | במישר | | Gn14:03 | כל אלין מלכייא אתחברו | במישר | פרדיסיא היא ימה דמלחה: |
| 005 | | | Gn14:17 | וית מלכייא דהון עמיה | במישר | פרדסיא היא משרה דמלכא: |
| 006 | | | Gn14:08 | לקבלתהון סדרי קרבא | במישר | פרדסייא: |
| 007 | מישרא | s em/sf | Gn37:14 | יתי פתגם ושלח יתיה מן | מישרא | דחברון ואתא לשכם: |
| 008 | מישרה | | Dt34:03 | וית דרומה וית | מישרה | בבקעתיה דיריחו קרתה |
| 009 | | | Dt 3:10 | כל ק«ו»רי | מישרה | וכל גלעדה וכל בותנין עד |
| 010 | | | Dt 4:43 | ית בצר במדברה בארע | מישרה | לשבטה דבית ראובני וית |
| 011 | משרא | | Gn19:17 | לבתרך ולא תקום בכל | משרא | לטורא אשתיזב דלא תסתפי: |
| 012 | משרה | | Ex14:20M | אנהר ליליא לא קריבו | משרה | אל משרה ברם מלאכי שירותא |
| 013 | | | Ex14:20M | ליליא לא קריבו משרה אל | משרה | ברם מלאכי שירותא לא אמרו |
| 014 | | | Dt34:01 | וסלק משה מן | משרה | דמאב לטורה דנבו ראש רמתה |
| 015 | | | Gn14:17 | עמיה במישר פרדסיא היא | משרה | דמלכא: |
| 016 | | | Gn19:29 | כד שיציא ייי ית קרוי | משרה | ואדכר ייי ברחמוי טביא ית |
| 017 | | | Gn19:28 | וכלפי עמרה וכלפי ארעא | משרה | וחמה והא סליק קיטורא דארעא |
| 018 | | | Gn19:25 | ית קרייתא האילין וית כל | משרה | וית כל דייריה דקרתא וצמחוי |
| 019 | | | Gn13:12 | דכנען ולט שרה בקרי | משרה | ופרס משכניה עד סדום: |
| 020 | | | Dt 2:08 | דשריין בגבלה מן אורח | משרה | מן אילת ומן כרך תרנגולה |
| 021 | | | Dt 4:49 | וכל | משרה | עבר ירדנה מן מדנחה ועד ימא |
| 022 | משריה | | Gn13:10M | וחזא ית כל | משריה | דיורדנה והא כלה אתר |
| 023 | | | Gn13:11M | לוט ית כל מישר | ירדנ׳/משריה | דיורדנה#2/ ונטל לוט |
| 024 | במישרה | | Nu22:01 | ונטלו בני ישראל ושרון | במישרה | דמואב במעבר ליר{ח}<דנ>א |
| 025 | | | Nu33:48M | עברייה ושרון | במישרייה/במישרה#2/ | דמואב סמיך |
| 026 | | | Nu36:13M | לוות בני ישראל | במישרה#2/ | דמואב סמיך לירדנה |
| 027 | | | Dt34:08 | בני ישראל ית משה | במישרה | דמואב תלתין יומין |
| 028 | במשרא | | Dt11:30M | דכנענאי דיתבין | במשרא | כל וקבל גלג<לה> |
| 029 | במשרה | | Dt 1:07 | וכבישו ית כל כופרנוי | במשרה | בטורה בשפלתה ובדרומה |
| 030 | | | Gn35:09 | צדיקא כד אתגליתא עלוי | במשרה | חזווה ועד כען הווה צער מן |
| 031 | | | Dt11:30 | דכנעניי דשריין | במשרה | כל קבל גלגלה סמיך למישרי |
| 032 | | | Nu14:25 | ועמלקיי וכנעניי שריין | במשרה | למחר כוינו ונטולו לכון |
| 033 | דמישרה | | Dt 3:17 | ימא דגניסר ועד ימא | דמישרה | ימא דמ«י»לחה שפוע |
| 034 | ומיש׳ | | Gn14:10 | | ומיש׳ | פרדסיה בארין בארין מליין |
| 035 | ומישרה | | Dt 3:17 | | ומ«י»שרה | וירדנה ותחומה מן ימא |
| 036 | למשרה | | Gn14:17M | במישר \פרדסיא היא | /למשרה | דחזוה הוא#2/ משרה |
| 037 | ובמשרין | p abs | Dt11:11M | ודבקען /דטורין | ובמשרין#2/ | מן מטרה דנחית/דנחת#2 |
| 038 | משריה | p const | Gn12:06 | אברם עד אתרה שכם ועד | משריה | חזווה וכנעניא עד כען הוון |
| 039 | במישרי | | Nu33:47M | דבלתימה ושרון | בטורא/במישרי#2/ | עברייה קדם נבו: |
| 040 | במישירה | | Gn13:18 | משכניה ואתא ושרא | במישריה | חזוה די בחברו׳ ובנה תמן |
| 041 | במשרי | | Gn14:13 | עברייא והוא שרי | במשרי | חזוה דממר׳ אמורי«ה» |
| 042 | | | Gn18:01 | ממרי׳ דייי על אברהם | במשרי | חזוה והוא הווה יתיב בתרע |
| 043 | | | Gn35:09M | עלוי מימריה דייי | במשרי | חזווה ועוד אלפת יתן |
| 044 | למישרי | | Dt11:30 | כל קבל גלגלה סמיך | למישרי | חזוזה: |
| 045 | במישרי׳ | p em/sf | Nu33:49M | במישריה /שטייה | במישרי#2/ | דמואב: |
| 046 | במישריה | | Nu26:63M | סכמו ית בני ישראל | במישריה | דמואב דסמיך לירדנא |
| 047 | | | Nu31:12 | וית בזתא למשריתא | במישריה | דמואב סמיך לירדנא |
| 048 | | | Nu33:49 | עד אבל שיטין | במישריה | דמואב: |
| 049 | | | Nu33:50 | ומליל ייי עם משה | במישריה | דמואב סמיך לירדנה |
| 050 | | | Nu35:01 | ומליל ייי עם משה | במישריה | דמואב סמיך לירדנה |
| 051 | | | Nu36:13 | משה על בני ישראל | במישריה | דמואב סמיך לירדנה |
| 052 | במישרייה | | Nu33:48 | מן טורי עברייה ושרון | במישרייה | דמואב סמיך לירדנא |
| 053 | במשריה | | Nu26:03 | ואלעזר כהנא יתהון | במשריה | דמואב סמיך לירדנא |
| 054 | ובמישריה | | Dt 1:01 | אוריתה בני ישראל | ובמישריה | דמואב אתפרשת לכון כמה |
| 055 | למישריה | | Nu31:12M | בזתא למשריתא | במישריה/למישריה#2/ | דמואב סמיך |
| 056 | למשרי | | Nu35:03M | \להון | למשריהון/למשרי#2/ | ופרויריהון |
| 057 | למשריהון | | Nu35:03 | ויהוון קוריין להון | למשריהון | ופרויריהון יה{ד}<ו>ון |

## מית *n.* dead person [306]

|  |  |  |  |  |  |  |
|---|---|---|---|---|---|---|
| 001 | מית | s ab/cn | Nu 6:09 | וארום ימות | מית | דסמיך ליה בתכיף דׄלא ידע |
| 002 | במית | | Nu19:16 | באפי ברא דקטיל דחרב או | במית | או בגרם דבר נש או בקברה |
| 003 | | | Nu19:18 | בגרם או בקטיל או | במית | או בקברה: |
| 004 | | | Nu19:13 | כל די יקרב | במית | בטמא נפש דבר נש די ימות |
| 005 | | | Nu19:11 | כל די קרב | במית | כל טמא נפש דבר נש יהוי |
| 006 | דמ׳ | | Lv19:28M | נפש דמית /לטמא נפש | דמ#2/ | לא תתנון בבשרכון וכתב |
| 007 | דמית | | Dt14:01 | על בית אפיכון על נפש | דמית: | |
| 008 | | | Lv21:01 | ותמר להון על נפש | דמית | לא יסתאב כהנא רבה די בעמה: |
| 009 | | | Lv21:01M | די בעמה /לטמא נפיש | דמית | לא יסתאב בעמיה#2/: |
| 010 | | | Lv21:11 | ועל כל נפש | דמית | לא ייעול לאבוי ולאמה לא |
| 011 | | | Nu 6:06 | לשמה דייי על נפש | דמית | לא יעול: |
| 012 | מיתא | s em/sf | Ex12:30M | /בייתא די לא הוה ביה | מיתא | מן מצראי#2/: |
| 013 | מיתה | | Gn30:01M | ואין לא \מיתה אנה /מן | מיתה | אנא חשיבא#2/: |
| 014 | | | Gn46:30M | זימנא לא \מיתת מן בתר | /מיתה | בתר#2/ דחמת סבר אפיך |
| 015 | | | Nu12:12 | מתמנעה מנן צלי על בשרה | מיתה | דבה ויחי למה עבד ית זכותה: |
| 016 | | | Dt25:06 | <יקום> על שמה דאחוי | מיתה | ולא יתמחק שמיה מישראל: |
| 017 | | | Gn23:03 | וקם אברהם מעלווי אפי | מיתה | ומליל עם בנוי דחת למימר: |

|  |  |  |  |  |  |  |
|---|---|---|---|---|---|---|
| 018 | מתי | | Gn23:08 | ברעות נפשכון למקבר ית | מתי | מן קדמי קבילו מני ובעון לי |
| 019 | | | Gn23:04 | דקבורה עמכון ואקבר | מתי | מן קדמי: |
| 020 | | | Gn23:11 | לך קבר מתך למיקבר ית | מתי | קדמ«י» קבילו מני ובעון |
| 021 | | | Gn23:13 | דחקלא קבל מני ונקבר ית | מתי | תמן: |
| 022 | מתך | | Gn23:06 | בבית שפר קברינן קבר ית | מתך: | |
| 023 | | | Gn23:11 | בנוי דעמא יהבית לך קבר | מתך: | |
| 024 | | | Gn23:11M | אתן יתה לך אזל קבר | מתך#1#/: | גבר מנן ית קבריה לא |
| 025 | | | Gn23:11M | לא יכלה ממך מל<מ>קבר | מתך: | וקם אברהם ושאל בשלמהון |
| 026 | | | Gn23:11 | ביתך לקבל יהבית לך קבר | מתך | למיקבר ית מתי קדמ«י» |
| 027 | | | Gn23:15 | ובינך מה היא חשיב וית | מתך | קבר: |
| 028 | דמיתא | | Ex21:35 | כספיה ואף ית הנייתה | דמיתא | יפלגון: |
| 029 | | | Ex21:36 | תור תחות תור והנייתה | דמיתא | תהוי דידיה: |
| 030 | דמיתה | | Dt25:05 | ליה לא תתנסיב אתתה | דמיתה | לברה לגבר חלוני יבמה |
| 031 | | | Ex21:34 | כסף יחזר למרוי והדא | דמיתה | תהוי דידיה: |
| 032 | כמיתה | | Nu12:12M | מצרעה באהילה | כמיתה | ארום מה דהדין וולד דהוי |
| 033 | למיתא | | Gn48:07 | באשון עללתא דארעא | למיתא | לאפרתה וקברת יתה תמן |
| 034 | מיתי | p abs | Dt32:39 | חיין בעלמא הדין ומחיי | מיתי | בעלמא דאתי אנה הוא דמחי |
| 035 | מיתיא | p em/sf | Gn35:09M | ועוד אלפתא יתן למיקבר | מיתיא | מרבנא משה דקבר יתיה |
| 036 | מיתיה | | Nu17:13 | וקם ליה ביני | מיתיה | בעי רחמין על חייא |
| 037 | | | Nu17:14 | והוון | מיתיה | דמיתו במגפתה ארבעת עשר |
| 038 | | | Nu25:09 | והוון | מיתיה | דמיתו במגפתה עשרין וארבעה |
| 039 | מיתיי' | | Gn25:34M | מיתייה /וכפר בתחי' | מיתיי'#2#/ | וכפר בחיוי דעלמא |
| 040 | מיתייא | | Gn19:26 | דמלח עד זמן דייחון | מיתייא: | |
| 041 | מיתייה | | Dt18:11 | ותבעין אולפן מן | מיתייה: | |
| 042 | | | Nu17:14M | בר מן/לב<ר מן> | \מיתייה | דמיתו/אליין דמיתו#2#/ |
| 043 | | | Gn25:34 | ית בכורותיה ועל תחיית | מיתייה | וכפר בחיוי דעלמא דאתי: |
| 044 | דמית' | | Nu12:12M | מסאבה באהילה | כמיתייה/דמית'#2#/ | והא מ{ת}<ד>מיא |
| 045 | כמיתיא | | Ex 4:19M | והא אינון חשיבין | כמיתיא#2#/ | כל גובריא דהוון |
| 046 | כמיתייה | | Nu12:12 | מרים מסאבה באהילה | כמיתייה | והא מ{ת}<ד>מיא לוולדה |

## death *n.* מיתה

[307]

|  |  |  |  |  |  |  |
|---|---|---|---|---|---|---|
| 001 | מי' | s em/sf | Gn27:02M | לית אנא ידע יום/ | מי'#2#/: | |
| 002 | מיתתי | | Gn27:02 | כען סבית לא ידעית יומי | מיתתי: | |
| 003 | במיתתהון | | Nu 6:07 | לא יסתאב להון | במיתתהון | ארום כליל אלהיה על |
| 004 | | | Lv11:31 | שרצה כל די יקרב בהון | במיתתהון | יהוי מסאב עד רמשא: |
| 005 | | | Lv11:32 | די יפול עלוי מנהון | במיתתהון | יסתאב מן כל {מה} <מן> |

## death *n.* מיתו

[307]

|  |  |  |  |  |  |  |
|---|---|---|---|---|---|---|
| 001 | מיתותא | s em/sf | Gn26:18M | דמית אברהם /בתר | מיתותא | דאבא#2#/ וקרא להן שמהן |
| 002 | מיתותה | | Nu16:30M | <י>ומי עלמא איתבריאת | מיתותה | בעלמא לעלמא הדין הא טב |
| 003 | מיתותי | | Dt31:29 | ארום ידע אנה בתר | מיתותי | ארום מחבלה תחבלון ותסטון |
| 004 | מתותי | | Dt31:27 | דייי ולהוד ארום בתר | מתותי: | |
| 005 | במיתותהון | | Lv11:31M | די יקרב בהון | במיתתהון/במיתותהון#2#/ | יהוי מסאב |
| 006 | | | Lv11:32M | עלוי מנהון | במיתתהון/במיתותהון#2#/ | יסתאב מן כל {מה} |
| 007 | במיתותי' | | Gn25:11M | והוה \מן בתר | דמית/במיתותי'#2#/ | אברהם ובריך ייי ית |
| 008 | דמתותה | | Dt30:19 | אורחה דחיי וית אורחה | דמתותה | יהבית לכון ית ברכתה וית |
| 009 | כמיתותא | | Nu16:29 | אן | כמיתותא | דמיתין כל בני אנשא ימותון |
| 010 | ממיתותא | | Nu16:29M | דמיתין כל | /ממ{ותי}<יתו>תא | דמייתין בה כל#2#/ |

מכונה ⇐ בות *vb.*

## low *adj.* מכיך

[307]

|  |  |  |  |  |  |  |
|---|---|---|---|---|---|---|
| 001 | מכיך | s ab/cn | Lv13:03 | לחוור וחזווי דמכתשא | מכיך | מן משך בשרה מכת«ש» צרעה |
| 002 | | | Lv13:20 | ויחמי כהנא והא חזוה | מכיך | מן משכה וסערה אתהפך לחוור |
| 003 | | | Lv13:25 | חוור בבה{י}ק<י>תה וחזוה | מכיך | מן משכה צרעה היא בכוותיה |
| 004 | | | Lv13:30 | כהנא ית מכתש' והא חזוה | מכיך | מן משכה ובה שער מצלהב דקיק |
| 005 | | | Lv13:31 | דנ{ק}ת<ק>ה והא לית חזוה | מכיך | מן משכה ושער אוכ{ס}<ם> לית |
| 006 | | | Lv13:32 | וחזווה דניתקא לית הוא | מכיך | מן משכה: |
| 007 | | | Lv13:34 | במשכה וחזווה לית הוא | מכיך | מן {מ}משכא וידכי יתיה כהנא |
| 008 | | | Lv14:37 | ירקן או סמקן וחיזויהון | מכיך | מן כתלה: |
| 009 | ומכיך | | Lv13:04 | חוורה היא במשך בשרה | ומכיך | לית חזוה מן משכה ושעורה |
| 010 | ומכיכה | | Lv13:21 | והא לית בה שער חוור | ומכיכה | לית היא מן משכה והיא כהיה |
| 011 | | | Lv13:26 | לית בבהקיתה שער חוור | ומכיכה | לית היא מן משכה והיא כהיה |
| 012 | מכיכן | p abs | Gn44:19 | במילוי ואמר מילין | מכיכן | רבוני שאל ית עבדוי למימר |

## to be low *vb.* מכך

[307]

|  |  |  |  |  |  |  |
|---|---|---|---|---|---|---|
| 001 | מכו | peal | Lv22:27M | צווארי' בגין שמך שמייא | מכו | ונחתו וחמא יצחק ית |
| 002 | וממך | afel | Dt32:04 | בין גבר לאתתה ומרים | וממך | ותלת שעין מפרנס כל עלמא |
| 003 | אתמככו | etpaal | Ex12:42 | על גבי מדבחא שמיא | אתמככו | ונחתו וחמא יצחק ית |
| 004 | ית' | | Ex12:42M | שמיא/ושמ'#2#/ | אתמככו/ית'#2#/ | ונחתו וחמא יצחק ית |
| 005 | ממכמך | quadr. | Gn44:19 | מן בגין כדן שרי יהודה | ממכמך | במילוי ואמר מילין מכיכן |

See also: ספף *vb.*

## measure *n.* מכלה

[307]

|  |  |  |  |  |  |  |
|---|---|---|---|---|---|---|
| 001 | מכלה | s ab/cn | Dt25:14 | לא יהווי לכון בבתיכון | מכלה | רבה ומכלה זעי{ו}רה מכלה |
| 002 | | | Dt25:14M | מכלן ומכלן | מכלה | רבה למיהווי זבן בה ומכלה |
| 003 | | | Dt25:14 | מכלה רבה ומכלה זעי{ו}רה | מכלה | רבה למיהווי נסב בה ומכלה |
| 004 | מכלת | | Lv10:03 | ושתק אהרן וקבל עלוהי | מכלת | דינה: |
| 005 | | | Ex33:19 | ואמר הא אנה מעבר ית כל | מכלת | טובי קדמיך ואחוס על מן |
| 006 | במכלת | | Gn35:09M | ואת רבון כל עלמא ייי | במכלת | רחמיך טבייה איתגליית |
| 007 | ומכלה | | Dt25:14M | רבה למיהווי זבן בה | ומכלה | זעורה למיהווי מזבן |
| 008 | | | Dt25:14 | לכון בבתיכון מכלה רבה | ומכלה | זעי{ו}רה מכלה רבה למיהווי |
| 009 | | | Dt25:14 | רבה למיהווי נסב בה | ומכלה | זעירה למיהווי יהב בה: |
| 010 | מכלותא | s em/sf | Gn38:25 | ליה בין מכלותא טבא בין | מכלותא | בישא וטובוי כל אנש דמגלי |
| 011 | | | Gn38:25 | מיכל בה מיתכל ליה בין | מכלותא | טבא בין מכלותא בישא |
| 012 | מכלתה | | Nu29:04 | ועשרון | מכלתה | חד תקרבון עם אמרא חדתה |
| 013 | | | Ex29:40 | | מכלתה | סלת פילה במשח כתיש רביעת |
| 014 | | | Lv 5:11 | קרבניה די אתחייב עשרין | מכלתה | סלת לחטאת לא ישווי עליה |
| 015 | | | Lv 6:13 | דירבי יתהון עשרין | מכלתה | סלת מנחה בתדירה פלוגתה |
| 016 | | | Lv14:21 | למכפרה עלוי ועשרון | מכלתה | סלת חד פיל במשח למנחה ולג |
| 017 | | | Nu15:04 | קדם ייי מנחה עשרון | מכלתה | סלת פילה ברביעית הינה |
| 018 | | | Nu28:05 | ועשרון | מכלתה | סלת למנחתה פילת במשח כתית |
| 019 | | | Nu28:13 | ועשרן עשרין | מכלתה | סלת מנחה פילה במשח תקרבון |
| 020 | | | Nu 5:15 | ית קרבנה עלה עשרון | מכלתה | קמח דשערין לא יריק <משחה |
| 021 | | | Nu28:21 | עשרון עשרון | מכלתה | תקרבון עם אמרא חדתה כהדין |
| 022 | | | Nu28:29 | עשרון עשרון | מכלתה | תקרבון עם אמרא חדתה כהדן |
| 023 | | | Nu29:10 | עשרון עשרון | מכלתה | תקרבון עם אמרה חדתה כהדן |
| 024 | | | Nu29:15 | ועשרון עשרון | מכלתה | תקרבון עם אמרא חדתא כהדין |
| 025 | במכלותא | | Gn38:25 | מיני אחי ובית אבא | במכלותא | דאינש מיכל בה מיתכל ליה |
| 026 | במכלתה | | Lv19:35M | במכלתה ובמוזניה/ | במכלתה/ | במתקלה ובמ'#2#/: |
| 027 | | | Lv19:35 | שקר בדינה במתקלה | במכלתה | ובמוזניה: |
| 028 | מכלן | p abs | Lv19:36 | מוזנין דקשט | מכלן | דקש' והינין דקשט ומתקלין |
| 029 | | | Dt25:14M | "מכלה רבה ... יהב בה": | מכלן | ומכלן מכלה רבה למיהווי |
| 030 | | | Dt25:15 | וקשיטין יהווי לכון | מכלן | שלמן וקשיטן יהווי לכון |

|  |  | |  | | | |
|---|---|---|---|---|---|---|
| 031 | דמיכלן | | Nu13:32M | "מרי ... בישה": גברין | דמיכלן | בישן |
| 032 | ומכלן | | Dt25:14M | "מכלה ... בה": מכלן | ומכלן | מכלה רבה למיהווי זבן בה |

## מכללה *n.* crown [308]

|  |  | |  | | | |
|---|---|---|---|---|---|---|
| 001 | מכללתה | p em/sf | Nu32:35M | וית יעזר ויגבהה | /מכללתה | דשופן וית מכוור |
| 002 | | | Nu32:34M | לחיית /דבשתה וית | מכללתה | וית לח#2#/: |

## מכמך *vb.* ⇐ מכך

## מכנסין *n.* an undergarment [308]

|  |  | |  | | | |
|---|---|---|---|---|---|---|
| 001 | מכנסין | p abs | Ex28:42 | ותעבד להון | מכנסין | דבוץ למכסיה בשר ערוותהון |
| 002 | ומכניסין | | Lv 6:03 | כהנא לבושין דבוץ | ומכניסין | דבוץ ילבש על בשריה וירים |
| 003 | ומכנסין | | Lv16:04 | דבוץ דקדש {ו}<י>לבש | ומכנסין | דבוץ יהוון על בשריה |
| 004 | מכנסי | p const | Ex39:28 | כליליה קובעיה דבוץ וית | מכנסי | בוצה בוץ שזיר: |

## מכנש *n.* storehouse [!!]

|  |  | |  | | | |
|---|---|---|---|---|---|---|
| 001 | במכנשיכון | p em/sf | Dt28:08M | יתכון ית ברכתה | במכנש<יכ>ון#2#/ | ובכל אושטות ידיכון |

## מכס *(v.)n.* slaughtering [308]

|  |  | |  | | | |
|---|---|---|---|---|---|---|
| 001 | מאכס | s ab/cn | Ex12:11 | ותיכלון יתיה בבהילו | מאכס | פסחא הוא קדם ייי: |
| 002 | מכס | | Nu 9:02M | בני ישראל ית | /\מכס#2# | פ«י»סחה בזמניה: |
| 003 | | | Ex12:11M | יתיה בבהילו | מאכס/מכס#2# | פסחא הוא קדם ייי: |
| 004 | | | Ex12:27 | ותימרון | מכס | פסחא הוא קדם ייי די פסח |
| 005 | | | Nu28:16M | יומין לירחא | נכסת/מכס#2# | פסחא /\הוא#2#/ קדם |
| 006 | | | Lv23:05M | /שמ<שיה#2#/ | נכיסת/מכס#2# | פסחה /\קדם ייי /הוא |

## מכתש *n.* plague, wound [308]

|  |  | |  | | | |
|---|---|---|---|---|---|---|
| 001 | מ' | s ab/cn | Lv14:32M | /אחוויית דאית ביה | מ'#2#/ | צרעה די לא ארעת ידה |
| 002 | מכ' | | Lv13:59M | אוריתה דמכתש /חוויית | מכ'#2#/ | צרעתה/<צר>עאה#2#/ בלבוש |
| 003 | מכתש | | Dt17:08M | לבין אדם דבתולין בין | מכתש | |
| 004 | | | Dt21:05 | יהוי כל דין וכל | מכתש: | |
| 005 | | | Lv13:29 | או איתה ארום יהוי ביה | מכתש | בראשה או בדיקנה: |
| 006 | | | Lv13:22M | מכתשא/יתיה כהנא | מכתש#2#/ | הוא: |
| 007 | | | Lv14:36M | יסתאב כל מה די בבית' | /מכתש | ולא יסב כל מה דאית |
| 008 | | | Ex11:01 | ואמר ייי למשה עוד | מכתש | חד אייתי על פרעה ועל מצריי |
| 009 | | | Lv13:42 | יהוי בקרחתה או בגלושנתה | מכתש | חוור סמוק צרעה מהלכה היא |
| 010 | | | Lv13:42M | מכתש חוור /בגלשלשתה | מכתש | חיו#2#/ סמוק צרעה מהלכה |
| 011 | | | Lv13:31M | \«מכתשה» דנ{ק}ת<ק>ה | /מכתש | נתקה#2#/ שבעה יומין: |
| 012 | | | Lv13:31M | ית /מכתשה דנ{ק}ת<ק>ה | /מכתש | נתקה#2#/ והא לית חזוה |
| 013 | | | Dt17:08M | נפשא לדיני ממונא בין | מכתש | סגיר למכתש חליט מלוי |
| 014 | | | Lv13:03 | מכיך מן משך בשרה | מכת«ש» | צרעה היא ויחמי יתיה כהנא |
| 015 | | | Lv13:09 | | מכתש | צרעה ארום תיהווי בבר נשא |
| 016 | | | Lv13:20 | לחוור וי' ית' כהנא | מכתש | צרעה היא בשחנה הלכת: |
| 017 | | | Lv13:27 | במשכה ויסאב כהנא יתיה | מכתש | צרעה הוא: |
| 018 | | | Lv13:47 | ולבוש ארום יהוי ביה | מכתש | צרעה בלבוש דעמר או בלבוש |
| 019 | | | Lv13:49 | או בכל מן דמשך | מכתש | צרעה הוא ויתחמי לכהנא: |
| 020 | | | Lv14:32 | דא אורייתא גזירת דמן דבה | מכתש | צרעה די לא ארעת ידה |
| 021 | | | Lv14:34 | יהב לכון אחסנה ואשוי | מכתש | צרעה בבית ארעא אחסנתכון: |
| 022 | | | Lv14:03 | ויחמי כהנא והא איתסי | מכתש | צרעתה מן מצרעה: |
| 023 | | | Lv14:54 | דא ^גזירת#2#^ אוריתא לכל | מכתש | צרעתה ולנתקה: |
| 024 | | | Dt17:08 | ממון לדיני נפשן בין | מכתש | צרעתה למכתש נתקה מילי |
| 025 | מכתש' | | Lv13:30 | ויחמי כהנא ית | מכתש' | והא חזוה מכיך מן משכה ובה |
| 026 | במכתש | | Dt24:08 | אזדהרו | במכתש | צרעתה למיטור לחדה ולמעבד |
| 027 | דמכתש | | Lv13:59 | דא גזרת אוריתה | דמכתש | צרעתה בלבוש דעמר או בכתן |
| 028 | כמכתש | | Lv14:35 | ויתני לכהנא למימר | כמכתש | אתחזי לי בביתה: |
| 029 | למכתש | | Dt17:08M | ממונא בין מכתש סגיר | למכתש | חליט מלוי <ד>פלוגתא |
| 030 | | | Dt17:08 | נפשן בין מכתש צרעתה | למכתש | נתקה מילי דיונין |
| 031 | | | Lv13:02 | בהקי ויהוי במשך בשריה | למכתש | צרעה וייתי לוות אהרן |
| 032 | מכת' | s em/sf | Lv13:12M | \משכא דמכתשה /משך | מכת'#2#/ | מן ראשה ועד רגלוי לכל |
| 033 | מכתש' | | Lv13:54 | ית מנה דביה | מכתש'» | ויטרוד יתה שבעה יומין |
| 034 | מכתשא | | Lv13:03 | וחמא כהנא ית | מכתשא | במשך בשריה ושער במכתשה |
| 035 | | | Lv13:22 | במשכה ויסאב כהנא יתיה | מכתשא | הוא: |
| 036 | | | Lv13:30M | ויחמי כהנא ית | מכתש'/<מכ>תשא#2#/ | והא חזוה מכיך מן |
| 037 | | | Lv13:55 | כהנא מן בתר דאתחוור ית | מכתשא | והא לא הפך מכתשה ית חזוה |
| 038 | | | Lv13:06 | זמן תנינות והא כהה | מכתשא | ולא הלך מכתשה במשכא וידכי |
| 039 | | | Lv13:13 | ית כל בשרה וידכי ית | מכתשא | כלה איתהפיך לחוור דכי |
| 040 | מכתשה | | Lv13:44 | יתיה כהנא בראשה | מכתשה: | |
| 041 | | | Lv13:57 | תוקדון יתיה ית מנה דבי | מכתשה: | |
| 042 | | | Lv14:48 | ית בייתה ארום איתאסי | מכתשה: | |
| 043 | | | Lv13:50 | ית מכתשה ויטרוד ית | מכתשה | <....>: |
| 044 | | | Lv13:52 | מן דמשך די יהווי ביה | מכתשה | ארום צרעה מחלטה היא בנורא |
| 045 | | | Lv14:44 | כהנא ויחמי והא הלך | מכתשה | בביתה צרעה מחלטה היא |
| 046 | | | Lv14:48 | כהנא ויחמי והא לא הלך | מכתשה | בביתה מן בתר דאתטש ית |
| 047 | | | Lv13:32 | ויחמי כהנא ית | מכתשה | ביומא שביעיה והא לא הלך |
| 048 | | | Lv14:37 | ויחמי ית מכתשה והא | מכתשה | בכותלי דבייתה שקען ירקן |
| 049 | | | Lv14:39 | שביעיה ויחמי והא הלך | מכתשה | בכותלי דבייתה: |
| 050 | | | Lv13:51 | ביומא שביעיה ארום הלך | מכתשה | בלבוש או בשתיה או בערבה |
| 051 | | | Lv13:53 | כהנא והא {לך} לא הלך | מכתשה | בלבוש או בשתיה או בערבה |
| 052 | | | Lv13:06 | והא כהה מכתשא ולא הלך | מכתשה | במשכא וידכי יתיה כהנא |
| 053 | | | Lv13:05 | קאים בחזויה לא הלך | מכתשה | במשכה ויטרוד יתיה כהנא |
| 054 | | | Lv13:17 | לחוור וידכי כהנא ית | מכתשה | דכי הוא: |
| 055 | | | Lv13:31 | בה ויטרוד כהנא ית | «מכתשה» | דנ{ק}ת<ק>ה שבעה יומין: |
| 056 | | | Lv13:31 | וארום יחמי כהנא ית | מכתשה | דנ{ק}ת<ק>ה והא לית חזוה |
| 057 | | | Lv14:37 | ויחמי ית | מכתשה | והא מכתשה בכותלי דבייתה |
| 058 | | | Lv14:43 | ואם יחזור | מכתשה | ויהלך בביתה מן בתר די שמט |
| 059 | | | Lv14:40 | ית אבניה די בהן | מכתשה | ויטלקון יתהון לבר מן קרתה |
| 060 | | | Lv13:50 | ויחמי כהנא ית | מכתשה | ויטרוד ית מכתשה <....>: |
| 061 | | | Lv13:58 | די תחוור ויתעבר מנהון | מכתשה | ויתחוור זמן תנינות וידכי: |
| 062 | | | Lv14:36 | יעול כהנא למחמי ית | מכתשה | ולא יסתאב כל מה די בבית' |
| 063 | | | Lv13:43 | ויחמי יתה כהנא והא שומת | מכתשה | חוורה וסמוקה בקרחו«תיה» |
| 064 | | | Lv13:49 | ויהוי | מכתשה | ירק או סמוק בלבוש או במשך |
| 065 | | | Lv13:55 | ית מכתשא והא לא הפך | מכתשה | ית חזוה ומכתש' לא הלך |
| 066 | | | Lv13:45M | ביה לבושוי /דאית ביה | מכתשה | לבר'#2#/ יהוון בזיעין |
| 067 | | | Lv13:17 | יתיה כהנא והא אתהפך | מכתשה | לחוור וידכי כהנא ית מכתשה |
| 068 | | | Lv14:40M | ית אבנייה דבהון | מכתשה | למברה לקרתה דאיהוא בנה |
| 069 | | | Lv13:56 | אן חמא כהנא והא כהה | מכתשה | מן בתר דחור יתיה ויבזע |
| 070 | | | Lv13:51 | לעבידה צרעה מחלט«א» | מכתשה | מסאב הוא: |
| 071 | | | Lv13:05 | כהנא ביומא שביעיה והא | מכתשה | קאים בחזויה לא הלך מכתשה |
| 072 | | | Lv13:04 | לחוור ויטרוד כהנא ית | מכתשה | שבעה יומין: |
| 073 | במכתשה | | Lv13:03 | במשך בשריה ושער | במכתשה | אתהפי' לחוור וחזווי |
| 074 | דמכתשא | | Lv13:03 | אתהפי' לחוור וחזווי | דמכתשא | מכיך מן משך בשרה מכת«ש» |
| 075 | דמכתשה | | Lv13:45 | ומצרעה | דמכתשה | ביה לבושוי יהוון בזיעין |
| 076 | | | Lv13:46 | כל יומין | דמכתשה | ביה יסתאב מסאב הוא |
| 077 | | | Lv13:12 | צרעתה ית כל משכא | דמכתשה | מן ראשה ועד רגלוי לכל |
| 078 | ומכתש' | | Lv13:55 | לא הפך מכתשה ית חזוה | ומכתש' | לא הלך מסאב הוא בנורא |

|  |  |  |  |  |  |  |
|---|---|---|---|---|---|---|
| 079 | מכתשין | p abs | Dt28:61 | לחוד כל בושין וכל | מכתשין | די לא כתיבין בספר אורייתה |
| 080 | | | Gn12:17M | בפרעה \מכתשין רברבן | /מכת{נ}שין | רברבין#2#/ |
| 081 | | | Gn12:17 | וגרי ייי בפרעה | מכתשין | רברבן ובאנשי בייתיה |
| 082 | מכתושיה | p em/sf | Ex23:25 | וית מייכון ויעבר | מכתושיה | בישייא מן ביניכון: |
| 083 | מכתישיהון | | Dt28:60 | ויחזר עליכון ית כל | מכתישיהון | דמצריי די דחלתון |
| 084 | מכתשיה | | Ex15:26 | ותסרון כל קיימי כל | מכתשיה | בישיה דאייתת למצרייה לא |
| 085 | | | Ex23:25M | /מימיכון ואעבר | מכתשיה#2# | בישייא מן ביניכון: |
| 086 | מכתשיהון | | Dt 7:15 | מנכון כל בישין וכל | מכתשיהון | דמצריי בישייא די חכמתון |
| 087 | מכתשיה | | Dt28:60M | דמצריי /בכון ית כל | מכתשייה | דמצראי#2#/ די דחלתון |

## מלא *n.* quantity (that fills something)

[308]

|  |  |  |  |  |  |  |
|---|---|---|---|---|---|---|
| 001 | מלא | s ab/cn | Nu22:18 | דבלק אם יתן לי בלק | מלא | ביתיה כסף ודהב לית |
| 002 | | | Nu24:13 | אן יתן לי בלק | מלא | ביתיה כסף ודהב לא אכל |
| 003 | | | Ex30:24 | בית קודשא ומשח דזית | מלא | ה«י»נה: |
| 004 | | | Nu35:17 | ואן באבן | מלא | ידא די ימות בה מחת יתיה |
| 005 | | | Nu35:18 | או בקי{מ}<ס> | מלא | ידה די ימות בה מחה יתיה |
| 006 | | | Dt23:26M | על קיימתה /שובולין | מלא | ידך ומגל לא תשווי על |
| 007 | | | Ex 9:08 | למשה ולאהרן סבו לכון | מלא | כפיכון קטם דאתון ויזרוק |
| 008 | | | Lv16:12 | ויסב | מלא | מחתיתה גומרין דאשה מעלוי |
| 009 | | | Ex40:35M | וביקר שכינתה דייי | מלא#2#/ | משכנה: |
| 010 | | | Ex16:33 | סב צלוחי חדא והב בגווה | מלא | עמרא מנה ואצנע יתה קדם ייי |
| 011 | | | Lv 2:02 | דאהרן כהניא ויקמץ מתמן | מלא | קומציה מן סלתה ומן טובה על |
| 012 | | | Lv 5:12 | כהנא ויקמוץ כהנא מניה | מלא | קומציה ית אדכרתה ויסדר |
| 013 | מלה | | Ex16:32 | דן פתגמא די פקד ייי | מלה | עמרא מנה למטרה לדריכון |
| 014 | ומלו | | Lv16:12 | מעלוי מדבחה מן קדם ייי | ומלו | חופנוי קטרת בסמנין דקיקה |
| 015 | ומלוי | | Lv16:12M | מדבחה מן קדם ייי | ומלו/ומלוי#2#/ | חופנוי/<חופ>נויי#2#/ |
| 016 | ומלאיה | s em/sf | Dt33:16 | פירין טבין בזכות ארעא | ומלאיה | ודעבד רעותה מן דאשרי איקר |

## מלאך *n.* angel

[308]

|  |  |  |  |  |  |  |
|---|---|---|---|---|---|---|
| 001 | מלאך | s ab/cn | Gn32:25 | יעקב לבלחודי ואתפגש | מלאך | שריאל בדמות גבר וגפף עמיה |
| 002 | | | Gn32:25M | "ואתפגש ...": ואשתדי עמה | מלאך | בדמות גבר עד מסק |
| 003 | | | Gn37:15 | וארע יתיה | מלאך | בדמות גבר והא הוא טעי |
| 004 | | | Gn28:13M | "ייי קיים עלוי": | מלאך | דרחמי מן קדם ייי קם מעתד |
| 005 | | | Ex23:23M | ארום ידבר | מלאכי/מלאך | דרחמין#2#/ קדמיכון |
| 006 | | | Ex32:34M | קדמך וביומא דאדכר | /מלאך | דרחמין ילך ידבר קודמך |
| 007 | | | Ex23:20 | הא אנה משלח | מלאך | דרחמן קדמיכון למנטרא יתכון |
| 008 | | | Ex33:02 | ואשלח קדמך | מלאך | ואטרוד ית כנעניי אמריי |
| 009 | | | Gn24:40M | בקושטא ישלח | מלאכיה/מלאך#2#/ | קדמיך ויצלח ארחך |
| 010 | דמלאך | | Ex 4:26 | לחתניה הדין מידא | דמלאך | מותא: |
| 011 | למלאך | | Gn30:22M | ייי ולא מסרן לא | למלאכא/למלאך#2#/ | ולא לשרף מפתחא |
| 012 | | | Gn30:22M | דלא אינון מסירין לא | למלאך | ולא לשרף מפתחיא דמיטר' |
| 013 | מלאכא | s em/sf | Ex 4:26 | וארפי מיניה | מלאכא | בכדן שבחת צפרה ואמרת מה |
| 014 | | | Gn48:16 | | מלאכא | די פרק יתי מן כל עקא יברך |
| 015 | | | Gn21:17 | ייי ית קליה דטליא וקרא | מלאכא | דייי להגר מן שמיא ואמר |
| 016 | | | Gn22:11 | וקרא ליה | מלאכא | דייי מן שמיא ואמר אברהם |
| 017 | | | Gn31:11 | ואמר לי | מלאכא | דייי בחלמא יעקב ואמר הא |
| 018 | | | Ex 3:02 | ואתגלי | מלאכא | דייי עלוי בשלהובי אשא |
| 019 | | | Ex14:19 | ונטל | מלאכא | דייי דהוי עתיד למהלך קדם |
| 020 | | | Gn24:07 | ית ארעא הדא הוא ישלח | מלאכא | דרחמין קדמך ותיסב אתה |
| 021 | | | Ex12:23M | "יתן רשו למחבלא": ירשי | מלאכא | מחבלא |
| 022 | | | Ex 4:26M | \מלאכא בכדן שבחת | /מלאכא | מחבלה הא בכן שבח#2#/ |
| 023 | | | Ex 4:24 | אבתותה וארע יתיה | מלא«כא» | מן קדם ייי ובעה למקטל |
| 024 | | | Gn18:01 | בידה יתיר מן חדה מילה | מלאכא | קדמאה ישלח למבשרא |

|  |  |  |  |  |  |  |
|---|---|---|---|---|---|---|
| 025 | מלאכה | | Gn16:07 | וארע יתה | מלאכה | דייי על עיינה דמיא במדברא |
| 026 | | | Gn16:09 | ואמר לה | מלאכה | דייי חזרי לוות רבונתיך |
| 027 | | | Gn16:10 | ואמר לה | מלאכה | דייי מסגיא אסגיא ית בניך |
| 028 | | | Gn16:11 | ואמר לה | מלאכה | דייי הא את מתעברה וילדת |
| 029 | | | Gn22:15 | וקרא | מלאכה | דייי לאברהם זמן תניינות |
| 030 | | | Nu22:22 | אזל הוא וא«ת»עתד | מלאכה | דייי בארחה למסטן לה והוא |
| 031 | | | Nu22:23 | וחמת אתנתה ית | מלאכה | דייי מעתד בארחה וחרבה |
| 032 | | | Nu22:24 | וקם ליה | מלאכה | דייי ביני סייגי כרמיה סיג |
| 033 | | | Nu22:25 | וחמת אתנתה ית | מלאכה | דייי ואדחקת לכותלה ודחקת |
| 034 | | | Nu22:26 | ואוסף | מלאכה | דייי למעבר וקם ליה באתר |
| 035 | | | Nu22:27 | וחמת אתנתה ית | מלאכה | דייי ורבעת לה תחות בלעם |
| 036 | | | Nu22:31 | עייני דבלעם וחמא ית | מלאכה | דייי קים מתעתד באורחה |
| 037 | | | Nu22:32 | ואמר ליה | מלאכה | דייי על מה מחית ית אתנתך |
| 038 | | | Nu22:35 | ואמר | מלאכה | דייי לבלעם אזל עם גברייה |
| 039 | | | Nu20:16 | ושמע בקל צלותן ושלח | <מלאכה> | דרחמין וש«י»ז{ו}{י}ב |
| 040 | מלאכי | | Ex32:34 | לאתרא די מללת לך הא | מלאכי | ידבר קדמך וביומא דאדכר |
| 041 | | | Ex23:23 | ארום ידבר | מלאכי | קדמיכון ויעל יתכון |
| 042 | מלאכיה | | Gn24:40 | פלחת קדמוי בקושטא ישלח | מלאכיה | קדמיך ויצלח ארחך ותסב אתה |
| 043 | ומלאכה | | Gn18:01 | ללוט מגו הפכתא | ומלאכה | תליתאה אשתלח למיפך סדם |
| 044 | | | Gn18:01 | שרה ילדה לה ית יצחק | ומלאכה | תניינה אשתלח למשיזבה |
| 045 | למלאכא | | Gn30:22 | ייי ולא מסרן לא | למלאכא | ולא לשרף מפתחא דמטרא |
| 046 | למלאכה | | Nu22:34 | ואמר בלעם | למלאכה | דייי חטאת ארום לא ידעת |
| 047 | מלאכין | p abs | Gn18:01 | תלתא | מלאכין | אש<ת>לחו לוות אבונן |
| 048 | | | Gn18:02 | עיינוהי וחמא והא תלתא | מלאכין | בדמות גברין קיימין עלוי |
| 049 | | | Lv22:27M | <ואייכל> | מלאכין | וזכה למתבשרה דהא שרה |
| 050 | | | Gn32:03 | כד חמה יתהון דלמא | מלאכין | מן דלבן אחוי דאמה אינון |
| 051 | | | Gn28:12 | מתחמדין למחמי יתה והא | מלאכין | מן קדם ייי סלקין ונחתין |
| 052 | | | Gn32:02 | אזל לאורחיה וארעו בה | מלאכין | מן קדם ייי: |
| 053 | | | Gn32:29 | {אתרבבת} אתרברבת עם | מלאכין | מן קדם ייי ועם גוברין |
| 054 | | | Gn32:31 | פניאל ארום חמית | מלאכין | מן קדם ייי אפין כל קביל |
| 055 | | | Gn33:10 | ארע' היך חמי סבר אפי | מלאכין | מן קדם ייי דאתרעית: |
| 056 | דמלאכין | | Gn32:03 | לקדמותי} או משרין | דמלאכין | דעשו אחי אינון דהוא אתי |
| 057 | | | Gn32:03 | אתי לקדמ' או משרין | דמלאכין | מן קדם ייי אתין למשיזבא |
| 058 | | | Gn24:60M | ורבבי דמלאכ<י>ן צדיקין וירתון זרעיית | | |
| 059 | | | Dt33:02 | ועימיה ר«י»בוון | דמלאכין | קדישין אמרין בני ישראל |
| 060 | | | Dt33:03 | ישראל נחית ריבוון | דמלאכין | קדישין דאפעלגב דהוא |
| 061 | כמלאכין | | Gn 3:05 | עיינכון ותהון | כמלאכין | מן קדם ייי ידעין למפרשה |
| 062 | למלאכין | | Lv22:27 | ופטירין אפה ואייכל | למלאכין | ומן יד אתבש«ר» לשרה |
| 063 | מלאכי | p const | Gn18:01M | לחד \ממלאכי /מן | מלאכי#2#/ | מרומא די ישתלח |
| 064 | | | Ex14:20M | משרה אל משרה ברם | מלאכי | שירותא לא אמרו שירתא כל |
| 065 | במלאכי | | Gn22:10 | דיצחק הוויין משוטטן | במלאכי | מרומא אברהם לא הוה חמא |
| 066 | דמלאכי | | Gn32:27 | ארום מטא זמניהון | דמלאכי | מרומא למשבחא ואנ«א» |
| 067 | למלאכי | | Gn28:12 | סלקון למבשר{י}<א> | למלאכי{ה} | מרומא למימר אתון חמון |
| 068 | ממלאכי | | Gn18:01 | ארום לית אפשר לחד | ממלאכי | מרומא די ישתלח בידה יתיר |
| 069 | | | Dt32:03 | ברם לית איפשר לחד | ממלאכי | שירותה למדכרה ית שמה |
| 070 | מלאכיא | p em/sf | Gn19:15 | מסק עמוד שחרא ואתוקפו | מלאכיא | בלוט למימר קום דבר ית |
| 071 | מלאכיה | | Ex33:22 | עליך עד דיעברון כיתי | מלאכיה | די תחמי: |
| 072 | | | Gn28:12 | מטי עד צית שמיא והא | מלאכיה | דילוון יתיה מן בייתי |
| 073 | | | Ex33:19M | /אנה אעבד כל כיתי | מלאכיה | דמשמשין קדמי על אפי#2#/ |
| 074 | | | Ex33:23 | ואעבר ית כיתי | מלאכיה | דקיימין ומשמשין קדמיי |
| 075 | | | Gn19:01 | ועלו תרין | מלאכיה | לסדם ברמשא ולוט הוה |
| 076 | מלאכייא | | Ex 3:04M | למחמי וקרא ליה | ממריה/מלאכייא#2#/ | דייי מן גו סניה |
| 077 | | | Gn 6:02M | וחמון בני | דייניא/מל<א>כייא#2#/ | ית בנתהון |
| 078 | דמלאכיא | | Gn 6:04M | מן די יזדמנו בניהון | דמלאכיא | |

|  |  |  |  |  |  |  |
|---|---|---|---|---|---|---|
| 079 | למלאכיא | | Ex12:13M | ולא יהא רשו | למלאכיא | מחבלא דממני על מותא |

**מלגו** *adv.* ⇐ מן לגו

**מלה** *n.* ⇐ מלא

**מלה** *n.* ⇐ מילה

**מלוא** *n.* ⇐ מלא

## מלווט *n.* curser [308]

|  |  |  |  |  |  |  |
|---|---|---|---|---|---|---|
| 001 | מלווטיא | p em/sf | Nu 5:22 | וייעלון מיא | מלווטיא | אלין במעיך למנפחה מעיך |
| 002 | מלווטיה | | Nu 5:18 | יהוון מיא מרירה | מלווטיה: | |
| 003 | | | Nu 5:19 | תידכי מימיא מרירה | מלווטיה | האלין: |
| 004 | | | Nu 5:24 | ית אתתה ית מיא מרירה | מלווטיה | וייעלו בה מיא מלווטיה |
| 005 | | | Nu 5:27 | בבעלה וייעלון בה מיא | מלווטיה | לממררה לה ותת«נ»פח |
| 006 | מלוטיה | | Nu 5:24 | מלווטיה וייעלו בה מיא | מלוטיה | לממררה לה: |
| 007 | מלוטייה | | Dt27:15M | לא ישווי בטומרא | מל{י}<ו>טייה | |
| 008 | ומלווטייה | | Dt27:15 | ישווי יתיה בטמרה | ומלווטייה | הוון הפכין אפיהון כלפי |

**מלוות** *prep.* ⇐ מן לוות

## מלוי *n.* drawer of water [308]

|  |  |  |  |  |  |  |
|---|---|---|---|---|---|---|
| 001 | מלואי | p const | Dt29:10M | מייכון/^מיויכון#2#^/ | מלואי/ | מימיכון#2#/: |
| 002 | מליי | | Dt29:10 | מן קצוצי קיסיכון ועד | מליי | מייכון: |

## מלוייה *n.* drawer of water (f.) [309]

|  |  |  |  |  |  |  |
|---|---|---|---|---|---|---|
| 001 | מלוותא | p em/sf | Gn24:11 | רמשא בשעתא דנפקן | מלוותא: | |

## מלח *vb.* to salt [309]

|  |  |  |  |  |  |  |
|---|---|---|---|---|---|---|
| 001 | תמלחון | peal | Lv 2:13 | וכל קרבן מנחתיכון במלח | תמלחון | ולא תבטלון מלח קיים |

## מלח *n.* salt [309]

|  |  |  |  |  |  |  |
|---|---|---|---|---|---|---|
| 001 | מלח | s ab/cn | Lv 2:13 | קרבניכון תהוון מקרבין | מלח: | |
| 002 | | | Nu18:19 | עמך לקיים עלם קיים | מלח | עלם הוא קדם <ייי> לך ולבנך |
| 003 | | | Lv 2:13 | במלח תמלחון ולא תבטלון | מלח | קיים אלהכון מעילוי מנחתכון |
| 004 | במלח | | Lv 2:13 | וכל קרבן מנחתיכון | במלח | תמלחון ולא תבטלון מלח קיים |
| 005 | דמלח | | Gn19:26 | והא היא קיימא עמוד | דמלח | עד זמן דייחון מיתייא: |
| 006 | ומלח | | Dt29:22 | גפרי | ומלח | יקידה כל ארעא לא תזדרע ולא |
| 007 | דמילחא | s em/sf | Nu34:15 | עד מטי ספר ימא | דמ«י»לחא | דין הוא תחומא דתרין |
| 008 | דמלחא | | Nu34:15M | מן מדנחה מן מישר ימה | דמלחא | נפק להון תחומה לכנרת |
| 009 | דמלחה | | Gn14:03 | במישר פרדיסיא היא ימה | דמלחה: | |
| 010 | | | Nu34:12 | ויהוון מפקנוי ימא | דמלחה | דא תיהווי לכון ארעא |
| 011 | | | Nu34:03 | דרומה מן סייפי ימה | דמלחה | מן מדנחה: |
| 012 | | | Dt 4:49 | מן מדנחה ועד ימא | דמלחה | תחות ריש רמתה: |

## מלטט *n.* curser [309]

|  |  |  |  |  |  |  |
|---|---|---|---|---|---|---|
| 001 | ומלטטך | s em/sf | Gn12:03M | מברכך כאהרן כהנא | ומל{ל}<ט>טך | אלוט כבלעם רשיע{י}א |

## מלי *vb.* to be full, to fill [309]

|  |  |  |  |  |  |  |
|---|---|---|---|---|---|---|
| 001 | מלא | peal | Ex40:34M | שכינתה דייי | מלת/מלא#2#/ | ית משכנה: |
| 002 | | | Ex40:35 | דייי ואיקר שכינתה דייי | מלא | משכנה: |
| 003 | מלי | | Gn44:01 | על בייתי למימר | מלי | ית טעוניהון דגובריא מזון |
| 004 | מלת | | Ex40:34 | זימנא ואיקר שכינתה דייי | מלת | ית משכנה: |
| 005 | אמלי | | Ex23:26M | תשלמון בשלם/יומיכון | אמלי | בטב#2#/: |
| 006 | אמלא | | Gn24:44 | לי אף את שתי ואף לגמליך | אמלא | היא אתתא די זמן ייי לברה |
| 007 | | | Gn24:19 | יתה ואמרת אף לגמלך | אמלא | עד זמן ישלמון למישתי: |
| 008 | ימלי | | Gn44:18 | יתה לתיקה עד זמן די | ימלי | כל ארעא דמצרים קטילין לית |
| 009 | דימלו | | Gn44:18M | עד ... מצראי": עד זמן | דימלו | כל ארעא דמצרים קטילין |
| 010 | ומילת | | Gn24:16M | יתה ונחתת לעיינה | ומלת/ומילת#2#/ | קולתה וסלקתו: |
| 011 | ומלא | | Lv 9:17 | וקרב ית מנחתה | ומלא | כף ידיה מנה וסדר על גבי |
| 012 | ומלאת | | Gn24:45 | כתפה ונחתת לעיינה | ומלא«ת» | ואמרת לה אשקיין ית' |
| 013 | ומלון | | Gn 1:22 | למימר תקיפו וסגון | ומלון | ית מיא בימיי' ועופא יסגא |
| 014 | | | Gn 1:28 | ממרה דייי תקופו וסגון | ומלון | ית ארעא וכבישו יתה ושלוטו |
| 015 | | | Gn 9:01 | ואמר להון תקופו וסגון | ומלון | ית ארעא: |
| 016 | | | Gn35:09M | דייי תקופו וסגון | ומלון | ית ארעא וכבשו יתה |
| 017 | | | Gn42:25 | ופקיד יוסף | ומלון | ית מניהון עבור ולמחזרה |
| 018 | | | Gn26:15 | סתמו יתהון פלשתאי | ומלון | יתהון עפרא: |
| 019 | ומליין | | Ex 2:16 | שבע בנן ואתין ודלין | ומליין | ית מור{נ}<כ>תה למשקייה ית |
| 020 | ומלת | | Gn21:19 | וחמת באר דמיין ואזלת | ומלת | ית זיקא מיא ואשקיית ית |
| 021 | | | Gn24:20 | תוב לבאירה למימלי | ומלת | לכל גמלוי: |
| 022 | | | Gn24:16 | חכים יתה ונחתת לעיינה | ומלת | קולתה וסלקתו: |
| 023 | למימלי | | Gn24:20 | ורהטת תוב לבאירה | למימלי | ומלת לכל גמלוי: |
| 024 | לממלי | | Gn24:43 | דמיא והא רביתא דנפקי | לממלי | ואמרת לה אשקיין יתי קליל |
| 025 | | | Gn24:13 | דעמא דארעא נפקין | לממלי | מיא: |
| 026 | איתמלית | etpeel | Gn 9:19 | אלין בנוי דנח ומאלין | איתמלית | כל ארעא: |
| 027 | אתמליאת | | Gn 6:13 | בשרא סלקת קדמוי ארו' | אתמליאת | ארעא חמסין וגזילין |
| 028 | תתמלי | | Ex15:09 | לעמי עבדי קרבא וכד | תתמלי | מנהון נפשי ומן בתר כדן |
| 029 | דיתמלי | | Lv20:17M | ברם/קדמאי מן בגלל | דיתמלי | עלמא מנהון בר'#2#/ מן |
| 030 | ואתמלי | | Ex19:18M | "דאתונא ....:" אתרגיף | ואתמלי | מזיו יקר שכינתיה דייי |
| 031 | ואתמליאת | | Gn 6:11 | עובדיהון קדם ייי | ואתמליאת | ארעא חמסין וגזלנין: |
| 032 | ואתמליית | | Gn 6:11M | ייי \ואתמליאת ארעא | /ואתמליית | ארעא#2#/ חמסין |
| 033 | | | Nu14:21M | איקר /כדן אמר ייי | ואתמליית | יק"#2#/ שכינתה דייי ית |
| 034 | ויתמלון | | Gn41:47 | ארעא בשבעתי שני שבעה | ויתמלון | אוצריא: |
| 035 | | | Ex 8:17 | ית ערברובא | ויתמלון | בתיהון דמצרא' מן ערבובא |
| 036 | | | Ex10:06 | | ויתמלון | בתיך ובתי כל שלטונך |
| 037 | ויתמלי | | Gn16:05M | מינן ולא /עלי ועליך | ויתמלי | עלמא מיני ומינך ולא#2#/ |
| 038 | ותתמלא | | Nu14:21 | וקיים אנה במימרי לעלם | ותתמלא | איקר שכינתה דייי ית כל |
| 039 | | | Gn16:05 | שלמה ביני ובינך | ותתמלא | ארעא מינן ולא נצרך לבניה |
| 040 | ותתמלי | | Lv19:29 | יתהון דלא תזני ארעה | ותתמלי | ארעא בנין דזנו: |

## מלי *adj.* full [309]

|  |  |  |  |  |  |  |
|---|---|---|---|---|---|---|
| 001 | מלא | s ab/cn | Dt34:09 | ויהושע בר נון | מלא | רוח דחכמה ארום סמך משה ית |
| 002 | | | Gn50:01 | מ{בק}<קב>עא מרגליין | מליא | ומחזקא באבנא בועה בוצה |
| 003 | מלייה | | Nu 7:26M | <מתקלה> עשרה דדהב | מלייה | קטורה |
| 004 | | | Nu 7:74M | עשרה סלעין דדהב | מלייה. | קטורה |
| 005 | | | Nu 7:38M | <מתקליה> עשרה דדהב | מלייה | קטרה |
| 006 | | | Nu 7:44M | <מתק>לה עשרה דדהב | מלייה | קטרה |
| 007 | | | Nu 7:56M | מתקלה עשרה דדהב/ | מלייה | קטרה#2#/: |
| 008 | | | Nu 7:62M | מתקלה עשרה דדהב | מלייה | קטרה |
| 009 | | | Nu 7:68M | מתקלה עשרה דדהב | מלייה | קטרה |
| 010 | | | Nu 7:80M | קטרת /מתקלה עשרה דדהב | מלייה | קטרה#2#/ בוסמנין טבין |
| 011 | | | Nu 7:20M | מתקלה עשרה דדהב | מלייה | קטרתה |

| | | | | | |
|---|---|---|---|---|---|
| 012 | | Nu 7:14 | והיא הוות דדהב קרב יתה | מלייה | ראשי קטרת בוסמנין בטבין |
| 013 | | Nu 7:20 | והיא הוות דדהב קרב יתה | מלייה | ראשי קטרת בוסמנין טבין |
| 014 | | Nu 7:26 | והיא הוות דדהב קרב יתה | מלייה | ראשי בוסמנין טבין מפטמין |
| 015 | | Nu 7:32 | והיא הוות דדהב קרב יתה | מלייה | ראשי קטרת בוסמנין טבין |
| 016 | | Nu 7:38 | והיא הוות דדהב קרב יתה | מלייה | ראשי ^קטורת#2#^ בוסמנין |
| 017 | | Nu 7:50 | והיא הוות דדהב קרב יתה | מלייה | ראשי קטרת בוסמנין טבין |
| 018 | | Nu 7:56 | והיא הוות דדהב קרב יתה | מלייה | ראשי קטרת בוסמנין טבין |
| 019 | | Nu 7:62 | והיא הוות דדהב קרב יתה | מלייה | ראשי קטרת בוסמנין טבין |
| 020 | | Nu 7:68 | והיא הוות דדהב קרב יתה | מלייה | ראשי קטרת בוסמנין טבין |
| 021 | | Nu 7:74 | והיא הות דדהב קרב יתה | מלייה | ראשי קטרת בוסמנין טבין |
| 022 | | Nu 7:80 | והיא הוות דדהב קרב יתה | מלייה | ראשי קטרת בוסמנין טבין |
| 023 | | Nu 7:44 | והיא הוות דדהב קרב יתה | מלייה | רישי קטרת בוסמנין טבין |
| 024 | דמילי | Lv22:22M | חזזיין /דמלי יבלי או | דמילי | גרב{ר} או דמילי |
| 025 | | Lv22:22M | או דמילי גרב{ר} או | דמילי | חזזיין#2#/ לא תקרבון |
| 026 | דמלי | Lv21:20M | או דחלזונה בעייניה או | דמלי | גרב או דמלי חזזין או |
| 027 | | Lv21:20 | או דחלזונה בעינוי או | דמלי | חזזין או דחזורי חשיך או |
| 028 | | Lv22:22 | או דגבייה או נסיס או | דמלי | חזזין לא תקרבון אליין קדם |
| 029 | | Lv21:20M | או דמלי גרב או | דמלי | חזזין או דחסיר כולייה |
| 030 | | Lv22:22M | או \דמלי חזזיין | /דמלי | יבלי או דמילי גרב{ר} או |
| 031 | ומלי | Dt33:23 | ואמר נפתלי שביע רעווה | ומלי | ברכן מן קדם ייי מערב |
| 032 | מ' p abs | Nu 7:79M | /מאנייה האליין קרב | מ"#2#/ | פייליתה ומזרקתה |
| 033 | מליין | Nu 7:25 | קרב יתהון פייליתה | מליין | ומזרקתה פילה במשח למנחתה: |
| 034 | | Gn14:10 | פרדסיה בארין בארין | מליין | חמר וערקו מלכא דסדם |
| 035 | | Dt 6:11 | ובתין | מליין | כל טוב די לא בניתון |
| 036 | | Gn41:05M | והא שבע שבלין | \מליין#2#/ | סלקן בקנה חד בריין |
| 037 | | Nu 7:19M | "תרין ... פייליתה": תרין | מליין | פייליה |
| 038 | | Nu 7:13 | האלין קרב יתהון | מליין | פייליתא ומזרקה סולת פילה |
| 039 | | Nu 7:19 | מנייה האלין קרב יתהון | מליין | פייליתה ומזרקתה סולת פילה |
| 040 | | Nu 7:31 | מנייא האלין קרב יתהון | מליין | פייליתה ומזרקתה סלת פיילה |
| 041 | | Nu 7:37 | מנייה האלין קרב יתהון | מליין | פייליתה ומזרקתה סלת |
| 042 | | Nu 7:43 | מנייה האלין קרב יתהון | מליין | פייליתה ומזרקתה סלת פיילה |
| 043 | | Nu 7:49 | מנייה האלין קרב יתהון | מליין | פייליתה ומזרקתה סלת פיילה |
| 044 | | Nu 7:49M | יתהון מליין /קרב | מליין#2#/ | פייליתה ומזרקתה |
| 045 | | Nu 7:55 | מנייה האלין קרב יתהון | מליין | פייליתה ומזרקתה סלת פיילה |
| 046 | | Nu 7:61 | מנייה האלין קרב יתהון | מליין | פייליתה ומזרקתה סלת פיילה |
| 047 | | Nu 7:79 | מנייה האלין קרב יתהון | מליין | פייליתה ומזרקתה סלת פיילה |
| 048 | | Nu 7:67 | מנייה האלין קרב יתהון | מליין | פלייתה ומזרקתה סלת פיילה |
| 049 | | Nu 7:73 | מנייה האלין קרב יתהון | מליין | פלייתה ומזרקת«ה» סלת |
| 050 | | Nu 7:86M | תרתי עשרה | מליין | קטורן בוסמנין טבין מן ע' |
| 051 | | Nu 7:86 | בזיכין דדהב תרתין עשרי | מליין | קטרה מן עשרה עשרה בזיכה |
| 052 | מלין | Gn41:22 | שבע שבלין סלקן בקנה חד | מלין | וטבן: |
| 053 | ומלייתא p em/sf | Gn41:07 | שבעתי שבליא ברייתא | ומלייתא | ואיתעיר פרעה והא הוא |

[309]

## fullness *n.* מלי

| | | | | | |
|---|---|---|---|---|---|
| 001 | מליתה s em/sf | Dt22:09 | כלאים דלא תאבדון | מליתה | דזרעא די תזרעון ועללתה |

[310]

## to reign *vb.* מלך

| | | | | | |
|---|---|---|---|---|---|
| 001 | מלכו peal | Gn36:31 | ואלין מלכיא די | מלכו | בארעהון דאדומיי קדם עד לא |
| 002 | ימלך | Gn36:31 | דאדומיי קדם עד לא | ימלך | מלך לבני ישראל: |
| 003 | תמלך | Gn37:08 | ואמרין ליה אחוי הא ממלך | תמלך | עלנא אן משלט תשלט בן |
| 004 | ממלך | Gn37:08 | ואמרין ליה אחוי הא | ממלך | תמלך עלנא אן משלט תשלט בן |
| 005 | ומלך | Gn36:32 | | ומלך | באדום בלע בר בעור ושמיה |
| 006 | | Gn36:33 | ומית בלע | ומלך | בתרה יובב <....>: |
| 007 | | Gn36:34 | ומית יובב בר זרח | ומלך | בתרה חשם מן ארעא דרומא: |
| 008 | | Gn36:35 | ומית חשם | ומלך | בתרה הדד בן בדד די קטל |
| 009 | | Gn36:36 | ומית הדד | ומלך | בתרה שמלה מן משרקה: |
| 010 | | Gn36:37 | ומית שמלה | ומלך | בתרה שאול מן ביני |
| 011 | | Gn36:38 | ומית שאול | ומלך | בתרה בעל חנן בן עכבור: |
| 012 | | Gn36:39 | ומית בעל חנן בר עכבור | ומלך | בתרה הדד ושמה דקרתא פעו |
| 013 | אמלך afel | Dt26:18 | ומימרא דייי | אמלך | יתכון יומא הדין למהווי |
| 014 | אמלכתון | Dt26:17 | ית מימרה דייי | אמלכתון | עליכון יומא הדין למיהווי |

*vb.* מלל **See also:**

[310]

## king *n.* מלך

| | | | | | |
|---|---|---|---|---|---|
| 001 | מלך s ab/cn | Dt17:15 | ממני<ה> תמנון עליכון | מלך | <....> לית אתון רשיין |
| 002 | | Ex 1:10 | לקובלן וישוון עליהון | מלך | ויסקון להון מן ארעא: |
| 003 | | Nu14:04 | גבר לחברי' נשוי עלינן | מלך | ונחז«ו»רו למצרים: |
| 004 | | Dt11:25 | לא יקום | מלך | ושולטן באפיכון פחדכון |
| 005 | | Dt 7:24 | מן תחות שמיא לא יקום | מלך | ושלטן באפיכון עד זמן די |
| 006 | | Ex34:24 | ולא יתחמ«ד» גבר | מלך | ושליט ית ארעכון במיסק לכון |
| 007 | | Dt 1:17 | שמעין ולא תדחלון מן קדם | מלך | ושליט ארום דינה קדם ייי |
| 008 | | Dt33:16 | ^יוסף#2#^ דה{א}<ו>א | מלך | ושליט בארעא דמצרים וזהיר |
| 009 | | Ex 1:08 | וקם | מלך | חדת על מצרים די לא |
| 010 | | Nu21:28M | לחוות מואביי": <ארום | מלך | חציף הי' אשא נפק מן |
| 011 | | Dt17:14 | ותימרון אמני עלינן | מלך | ככל אומייא די חזור חזור |
| 012 | | Gn36:31 | דאדומיי קדם עד לא ימלך | מלך | לבני ישראל: |
| 013 | | Nu22:04 | ברא ובלק בר צפור הוה | מלך | למואביי בשעתה ההיא: |
| 014 | | Nu24:17 | ביה ולית היא קריבה עתיד | מלך | למקום מן דבית יעקב ופרוק |
| 015 | | Nu24:19 | עתיד | מלך | למקום מן דבית יעקב וישיצי |
| 016 | | Dt33:05 | ויקום | מלך | מן דבית יעקב ככנש ית ראשי |
| 017 | מלכ' s em/sf | Gn14:09 | ית כדר לעמר | מלכ' | דעילם ותדעל מלכהון דאמיא |
| 018 | מלכא | Gn40:18M | [פרעה] הוא פרעה | מלכא | מצרי' גזר גזירין בישין |
| 019 | | Nu21:01 | ושמע כנענאה | מלכא | דערד דהוה שרי בדרומה ארום |
| 020 | | Nu33:40 | ושמע כנענא' | מלכא | דערד ארום הוא הוה שרי |
| 021 | | Gn14:02 | ברשע מלכא דעמרה שנאב | מלכא | דאדמה ושמאבר מלכא |
| 022 | | Gn14:01 | מלכה דשנער אריוך | מלכא | דאלסר כדר לעמר מלכא |
| 023 | | Gn14:09 | מלכהון דאמיא ואמרפל | מלכא | דבבל ואריוך מלכא |
| 024 | | Nu34:15 | ובית מלכותא דעוג | מלכא | דבותניין מה די קטל משה |
| 025 | | Dt 3:01 | {ר}ד<בותניין ונפק עוג | מלכא | דבותניין לקדמותן הוא וכל |
| 026 | | Dt 4:47 | ית ארעיה וית ארע עוג | מלכא | דבותניין תרין מלכיהון |
| 027 | | Nu21:33 | ארח בתנין ונפק עוג | מלכא | דבותנין לקדמותהון הוא וכל |
| 028 | | Nu21:34 | והוה כד חמא משה לעוג | מלכא | דבותניין דחל וארתת |
| 029 | | Dt 1:04 | שרי בחשבון וית עוג | מלכא | דבותניין דהווה שרי |
| 030 | | Dt 3:03 | אלהן בידן לחוד ית עוג | מלכא | דבותניין וית כל עמיה |
| 031 | | Dt 3:11 | ארום לחוד עוג | מלכא | דבותניין אשתייר מן שייר |
| 032 | | Dt29:06 | מלכא דחשבון ועוג | מלכא | דבותניין לקדמותן לסדרי |
| 033 | | Gn16:05 | דמצרים וקדם אבימל' | מלכא | דגרר ואמרת אחי הוא |
| 034 | | Gn20:02 | היא ושלח אבימלך | מלכא | דגרר ודבר ית שרה: |
| 035 | | Dt 2:24 | מסרית בידיכון ית סיחון | מלכא | דחשבון אמוריה וית ארעיה |
| 036 | | Dt 2:26 | דקדמות לוות סיחון | מלכא | דחשבון מלין דשלם למימר: |
| 037 | | Dt 2:30 | ולא צבא סיחון | מלכא | דחשבון דלא למעברה יתן |
| 038 | | Dt 3:06 | היך מה די עבדנן לסיחון | מלכא | דחשבון שיצינן כל קורי |
| 039 | | Dt29:06 | לאתרה הדין ונפק סיחון | מלכא | דחשבון ועוג מלכא |
| 040 | | Gn14:18 | ומלכא צדק | מלכא | דירושלם הוא שם רובה אפק |
| 041 | | Nu32:33 | וית מלכותא דעוג | מלכא | דמותנין ארעא לקרייה |
| 042 | | Gn16:05 | קדם מלכי דארעא קדם פרעה | מלכא | דמצרים וקדם אבימל' מלכא |
| 043 | | Gn41:46 | הווה כד קם קדם פרעה | מלכא | דמצרים ונפק יוסף מן קדם |

| | | | | | |
|---|---|---|---|---|---|
| 044 | | Gn49:23 | ואכלו קרצוהי קדם פרעה | מלכא | דמצרים מן בגלל למחתי מן |
| 045 | | Ex 1:15 | ואמר | מלכא | דמצרים לחייתא עברייתא די |
| 046 | | Ex 1:17 | עבדון היך מה דמלל עמהון | מלכא | דמצרים וקיימון ית טליא: |
| 047 | | Ex 1:18 | וקרא | מלכא | דמצרים לחייתא ואמר להון |
| 048 | | Ex 2:23 | סגיאייה האינון ומית | מלכא | דמצרים ואתנחו בני ישראל |
| 049 | | Ex 3:18 | את וחכימיה דישראל לוות | מלכא | דמצרים ותימרון ליה {ליה} |
| 050 | | Ex 3:19 | ארום לא ישבו«ק» יתכון | מלכא | דמצרים למיזל ולא מן ידא |
| 051 | | Ex 5:04 | ואמר להון | מלכא | דמצרים למה כען משה |
| 052 | | Ex 6:11 | עול מלל עם פרעה | מלכא | דמצרים וישלח ית בני |
| 053 | | Ex 6:13 | על בני ישראל ועל פרעה | מלכא | דמצרים למפקא ית בני {ית |
| 054 | | Ex 6:27 | אינון דממללין עם פרעה | מלכא | דמצרים למפקה ית בני |
| 055 | | Ex 6:29 | ייי מלל עם פרעה | מלכא | דמצרים ית כל מה די אנה |
| 056 | | Ex14:08 | ותוקף ייי ית לבה דפרעה | מלכא | דמצרים ורדף בתר בני |
| 057 | | Dt 7:08 | עבדיה ומן ידוי דפרעה | מלכא | דמצרים: |
| 058 | | Dt11:03 | די עבד בגו מצרים לפרעה | מלכא | דמצרים ולכל ארעי{א}<ה>: |
| 059 | | Gn14:21 | ואמר | מלכא | דסד' לאברם הב לי נפשתא |
| 060 | | Gn14:02 | סדרו קרבא עם ברע | מלכא | דסדום ועם ברשע מלכא |
| 061 | | Gn14:17 | ונפק | מלכא | דסדום לקדמותיה מן בתר די |
| 062 | | Gn14:08 | ונפק | מלכא | דסדם ומלכא דעמרה ומלכא |
| 063 | | Gn14:10 | בארין מליין חמר וערקו | מלכא | דסדם ודעמרה ונפלו תמן |
| 064 | | Gn14:01 | מלכא דאלסר כדר לעמר | מלכא | דעילם ותדעל |
| 065 | | Gn14:02 | מלכא דסדום ועם ברשע | מלכא | דעמרה שנאב מלכא דאדמה |
| 066 | | Gn14:09 | מלכא דבבל ואריוך | מלכא | דפונטוס ארבעה מלכין סדרו |
| 067 | | Gn14:02 | מלכא דאדמה ושמאבר | מלכא | דצבוי' ומלכא דקרתא דבלעת |
| 068 | | Gn26:08 | יומיא ואדיק אבימלך | מלכא | דפלישתאי על חרכא וחזא והא |
| 069 | | Nu22:04M | בר צפור הוה | מלך/מלכא#2#/ | למואביי בשעתה ההיא: |
| 070 | | Gn49:12M | "ייאיין ...": יאי הוא | מלכא | משיח' דעתיד למיקם מן דבית |
| 071 | | Gn49:10 | מבני בנוי עד זמן דייתי | מלכא | משיחא דדידיה היא מלכותא |
| 072 | | Gn49:11 | מה יאי הוא | מלכא | משיחא דעתיד למיקם מן מדבית |
| 073 | | Nu20:17 | ולא נשתי מי גובין ארח | מלכא | נהלך לא נסטי לא לימינה ולא |
| 074 | | Nu21:22 | ולא נשתי מי גובין בארח | מלכא | נהלך עד זמן דנעבר תחומך: |
| 075 | | Nu20:19 | ליה בני ישראל ארח | מלכא | נסוק ואין מימך נשתה אנן |
| 076 | מלכאהון | Gn26:01 | יצחק לוות אבימלך | מלכאהון | דפלשתא«י» לגררה: |
| 077 | מלכה | Gn14:01 | והוה ביומי אמרפל | מלכה | דשנער אריוך מלכא דאלסר |
| 078 | | Nu32:33M | \מלכיהון דאמוריי | /מל<כה | <דאמו>ראה#2# |
| 079 | | Gn15:01M | מן דאתכנשו כל | מלכוותה/מלכה#2#/ | דארעא וסדרו קרבא |
| 080 | | Gn16:05M | על'#2#/ עמך קדם | מלכ'/מלכה#2#/ | דארעא קדם פרעה מלכא |
| 081 | | Ex17:16 | כל עלמא קדמיה {מאה} | <מלכה> | דעתיד למיקם מן שבטא |
| 082 | מלכהון | Gn14:01 | דעילם ותדעל | מלכ{א}«ה»ון | דאומיא: |
| 083 | | Nu21:26 | חשבון קרתה דסיחון | מלכהון | דאמוריי הוות והוא סדר |
| 084 | | Dt 1:04M | די קטל ית עוג | מלכיהון/מלכהון#2#/ | דאמוריי דהווה |
| 085 | | Dt 3:02 | היך מה די עבדת לסיחון | מלכהון | דאמוריי דהווה שרי |
| 086 | | Dt 4:46 | דפעור בארע סיחון | מלכהון | דאמוריי דהווא שרי בחשבון |
| 087 | | Gn14:09 | מלכ' דעילם ותדעל | מלכהון | דאמיא ואמרפל מלכא דבבל |
| 088 | | Nu22:10 | קדם ייי בלק בר צפור | מלכהון | דמואביי שלח לוותי: |
| 089 | | Gn26:08M | ואדיק אבימלך | מלכא/מלכהון#2#/ | דפלישתאי על חרכא |
| 090 | מלכיהון | Nu20:18M | \ואמר להון/ | מלכיהון | דאדומיי לא תעברו |
| 091 | | Nu20:14 | שליחין מן רקם לוות | מלכיהון | {{דאדמיי}} כדן אמרין |
| 092 | | Dt31:04 | דעבד לסיחון ולעוג | מלכיהון | דא{ומ}<מו>ריי ולארעהון |
| 093 | | Nu21:34 | היך מה דעבדת לסיחון | מלכיהון | דאמוריי די הווה שרי |
| 094 | | Nu21:21 | שליחין לוות סיחון | מלכיהון | דאמוריי למימר: |
| 095 | | Nu32:33 | ית מלכותא דסיחון | מלכיהון | דאמוריי <דאמו>ראה#2# וית |
| 096 | | Dt 1:04 | בתר די קטל ית עוג | מלכיהון | דאמוריי דהווה שרי |
| 097 | | Nu21:26 | הוות והוא סדר קרבה עם | מלכיהון | דמואביי קדמייה ונסב ית |
| 098 | | Nu23:07 | מן ארם דבר יתי בלק | מלכיהון | דמואביי מטורי |
| 099 | | Nu24:07 | {רחם} <דחס> על אגג | מלכיהון | דעמלקיי ויתרומם מלכותיה |
| 100 | | Gn16:05M | אבימל'\מלכא דגרר | מלכיהון/ | דפלישתאי#2#/ ואמרת אחי |
| 101 | | Nu23:21 | עמהון ויבבות זיו איקר | מלכיהון | מגן עליהון: |
| 102 | | Nu24:07 | יקום | מלכיהון | מן ביניהון ופרוקהון |
| 103 | מלכיכון | Dt28:36 | יגלי ייי יתכון וית | מלכיכון | די תקימון עליכון לאומה |
| 104 | דמלכא | Gn14:17 | במישר פרדסיא היא משרה | דמלכא: | |
| 105 | | Dt 3:11 | אמין פתייה באמתיה | דמלכא: | |
| 106 | | Gn40:01 | האלין סרחו רב מזוגייא | דמלכא | דמצרים ורב נחתומייא |
| 107 | | Nu20:17M | נשי גוברין באורחה | דמלכא | דעלמא ניזיל |
| 108 | | Gn41:43 | מקלסין קדמוי יחי אבוי | דמלכא | דרב בחכמתא וזעיר בשפר |
| 109 | | Gn49:22 | מקלסין קדמיך יחי אבוי | דמלכא | דרב בחכמתא וזעירא בשנייא |
| 110 | | Gn39:20 | באתרא דחבישוי | דמלכא | חבושין והוה תמן |
| 111 | | Gn 3:15 | שפיותיה בעוקבה ביומא | דמלכא | משיחא: |
| 112 | | Gn49:12 | מה ייאיין עייני | דמלכא | משיחא מן חמרא זכוכא דלא |
| 113 | | Nu24:07 | ויתרומם מלכותיה | דמלכא | משיחא: |
| 114 | | Nu11:26 | סלקין לירושלם ובידוי | דמלכא | משיחה אינון נפלין ושבע |
| 115 | | Nu20:17M | נשי גוברין באסרטא | דמלכא | ניזיל לא נסטי |
| 116 | | Nu20:19M | מלכא נסוק /באסטרטא | דמלכא | ניזול#2#/ ואין מימך נשתה |
| 117 | | Nu21:22M | מלכא נהלך /באיסטרטא | דמלכא | ניזול#2#/ עד זמן דנעבר |
| 118 | ומלכא | Gn14:08 | דסדם ומלכא דעמרה | ומלכא | דאדמה ומלכא דצבוים |
| 119 | | Gn14:08 | ונפק מלכא דסדם | ומלכא | דעמרה ומלכא דאדמה ומלכא |
| 120 | | Gn14:08 | דעמרה ומלכא דאדמה | ומלכא | דצבוים ומלכה דקרת<ה> |
| 121 | | Gn14:02 | ושמאבר מלכא דצבוי' | ומלכא | דקרתא דבלעת דיירי היא |
| 122 | ומלכה | Gn14:08 | דאדמה ומלכא דצבוים | ומלכה | דקרת<ה> דבלעת דיריה היא |
| 123 | | Gn49:07 | ולוי כחדא לית אומה | ומלכה | דתיקום לקבליהון אפלג |
| 124 | למלכא | Gn40:01 | נחתומייא לרבוניהון | למלכא | דמצרים: {{ורב |
| 125 | | Gn40:05 | ורב נחתומיא די | למלכא | דמצרים דהוון חבושין |
| 126 | | Ex14:05 | ואתני | למלכא | דמצרים ארום ערקו עמא |
| 127 | | Gn14:22 | ואמר אברם | למלכא | דסדם הא זקפי' ידי בשבועה |
| 128 | למלכיהון | Nu21:29 | ובנתהון בשביתה | למלכיהון | דאמוריי סיחון: |
| 129 | מלכין p abs | Gn17:06 | לחדה ואשוי יתך לאומין | מלכין | דשלטין באמיא מן חלציך |
| 130 | | Dt32:13 | יתהון עללת תפנוקי | מלכין | ואיינק יתהון דבשה מן כיפה |
| 131 | | Gn49:06 | ארום ברוגזהון קטילו | מלכין | וברעותיהון פגרו שורי |
| 132 | | Gn15:01 | וקטל מניהון ארבעה | מלכין | וחזר תשע משריין חשב אברם |
| 133 | | Ex19:06 | ואתון תהוון לשמי | מלכין | וכהנין ואמה קדישא אליין |
| 134 | | Gn44:18 | אתני לך ארום ^אוף#2#^ | מלכין | ושליטין אנן כוותך בארעא |
| 135 | | Gn49:10 | לא פסקין | מלכין | מין דבית יהודה ואף לא |
| 136 | | Gn14:09 | מלכא דפונטוס ארבעה | מלכין | סדרו קרבא לקבל חמשה ויכלו |
| 137 | | Gn49:11 | לקרבא על שנאוי ומקטל | מלכין | עם שלטונין מסמק טורייא |
| 138 | | Gn49:17 | לקרבא לקבל שנאוי ומקטל | מלכין | עם שלטונין: |
| 139 | | Ex17:16 | עם בית עמלק ויקטול | מלכין | עם שלטונין ומה דמשתייר |
| 140 | | Nu21:15M | יתהון ומקטלין | מלכין | עם שלטנין בה<הי>א שעתה |
| 141 | | Dt33:17 | ולקבל שנאיהון ומקטלין | מלכין | עם שולטנין אינון ריבבתה |
| 142 | ומל' | Gn17:06M | לאומין מלכין/סגין | ומל'#2#/ | דשלטין באמיא מן חלציך |
| 143 | ומלכין | Gn17:16M | ותהוי לאומין סגין | ומלכין | |
| 144 | | Gn17:16 | יתה ותהוי לאומין | ומלכין | דשלטין באומיא מנה יקומון: |
| 145 | | Gn35:11 | צדיקין יקומון מינך | ומלכין | דשלטין באמיא מן חלציך |
| 146 | למלכין | Dt28:44 | להון אינון יהוון | למלכין | ואתון תהוון להדיוטין: |
| 147 | | Dt28:13 | וישווי יתכון ייי | למלכין | ולא להדיוטין ותהוון |
| 148 | מלכי p const | Gn16:05 | עמך בהימנו עלית עמך קדם | מלכי | דארעא קדם פרעה מלכא |
| 149 | מלכיא p em/sf | Gn36:31 | ואלין | מלכיא | די מלכו בארעהון דאדומי |
| 150 | מלכיהון | Dt 7:24 | וימסור | מלכיהון | בידיכון ות{ו}ס<ו>פון ית |
| 151 | | Nu34:15M | \מלכותא דאמוריי | /מלכיהון | דאימוראי#2#/ ובית |

|  |  |  |  |  |  |  |
|---|---|---|---|---|---|---|
| 152 | | | Nu34:15 | להון תחומה לכנרת כרך | מלכיהון | דאמוריי נפק להון תחומה |
| 153 | | | Dt 3:08 | ארעא מן ^יד#2^ תרין | מלכיהון | דאמוריי די בעבר ירדנה מן |
| 154 | | | Dt 4:47 | מלכא דבותניין תרין | מלכיהון | דאמוריי די בעבר ירדנה מן |
| 155 | | | Nu31:08 | חור וית רבע חמישתי | מלכיהון | דמדיינאי וית בלעם בר |
| 156 | | | Nu31:08 | וית | מלכיהון | דמדייניי קטלו על קטליהון |
| 157 | | | Nu31:50 | דמדייניי בקיטוני | מלכיהון | והוינן חמ{ד}<י>ין בנתהון |
| 158 | | | Dt33:29 | על פרקת צוארי | מלכיהון | תהוון דרסין: |
| 159 | מלכייא | | Gn14:03 | כל אלין | מלכייא | אתחברו במישר פרדיסיא היא |
| 160 | | | Gn49:20 | דבית אשר מה תפנוקי | מלכייא | דבני ישראל: |
| 161 | | | Gn14:17 | דקטל ית כדר לעמ' וית | מלכייא | דהון עמיה במישר פרדסיא |
| 162 | מלכייה | | Dt 3:21 | עבד ייי אלהכון לתרין | מלכייה | האליין כדן יעבד מימרה |
| 163 | | | Nu24:20M | "שרוי ... עד לעולם": דיש | מלכייה | ואומייה דאגחו קרבה בדבית |
| 164 | דמלכייא | | Gn49:22 | מנהון והוון בנתהון | דמלכייא | ושולטנייא אמרין אלין |
| 165 | | | Gn49:22 | בשנייא והוון בנתהון | דמלכייא | ושלטנייא מדיקין עליך על |
| 166 | דמלכייה | | Nu31:50M | חמיין תמן בנתהון | דמלכי<יה> | מדיינאי ייתה ומפרנקתה |
| 167 | | | Nu31:50M | עלינן בבתיהון | דמלכייה | מדיינאי ובקיטוני |
| 168 | ומלכיא | | Gn14:05 | שנין אתא כדר לעומר | ומלכיא | דהוו עמה וקטילו ית |

## מלכו *n.* kingdom [310]

|  |  |  |  |  |  |  |
|---|---|---|---|---|---|---|
| 001 | מלכו | s ab/cn | Nu21:30 | ופסקת | מלכו | מן חשבון ושלטון מן דיבון |
| 002 | ומלכו | | Ex 9:24 | מן זמנא די הות אומה | ומלכו: | |
| 003 | | | Dt 4:07 | ארום היידה אומה | ומלכו | דאית ליה אלה קריב לוותיה |
| 004 | | | Dt 4:08 | והלא היידה אומה | ומלכו | דאית לה קיימין וסדרי |
| 005 | | | Dt 4:33 | היידה אומה | ומלכו | די שמעו בקל מימריה דאלה |
| 006 | | | Dt 5:26M | היידה אומה | ומלכו | די שמע קלא לאלהה חייה |
| 007 | | | Gn49:09 | ולית אומה | ומלכו | דתיקום לקובלך: |
| 008 | | | Nu24:09 | וכאריוותה ולית אומה | ומלכו | דתקום לקב' מן דמברך יתהון |
| 009 | | | Dt33:20 | והיך אריוותה לית אומה | ומלכו | דתקום לקובליה קטילוי |
| 010 | | | Gn25:23 | מלכוון ממעיך יתפרשון | ומלכו | ממלכו תתקף ורבה יהווי |
| 011 | ומלכות | | Dt 4:07M | \ | ומלכו/<ומלכ>ות#2#/ | רבה#2#/ דאית ליה אלה קריב |
| 012 | ממלכו | | Gn25:23 | ממעיך יתפרשון ומלכו | ממלכו | תתקף ורבה יהווי משעבד קדם |
| 013 | מלכות' | s em/sf | Gn49:03M | דידך היא | ומלכותא/מלכות#2#/ | וכהנתא רבתא לך |
| 014 | מלכותא | | Ex 1:21M | בתי נביאת' ו{מ}בתי | מלכותא | |
| 015 | | | Gn15:17M | יקרא יתוקיד ותצרי כל | מלכותא | אילין חזויא רברביא חזא |
| 016 | | | Gn49:23 | יתיה מן כורסיה | מלכותא | אמרו עלוי לשן תליתיי |
| 017 | | | Nu32:33 | דמנשה בר יוסף ית | מלכותא | דסיחון מלכיהון דאמוריי |
| 018 | | | Nu32:33 | <דאמו>ראה#2# וית | מלכותא | דעוג מלכא דמותנין ארעא |
| 019 | | | Gn25:23M | מן בגלל דבסוף | מלכותא | דעשו ואח{ר}<ד> |
| 020 | | | Nu34:15 | בית מלכותא דסיחון | מלכותא | דאמוריי ובית מלכותא דעוג |
| 021 | | | Ex 1:21 | רבתה מרים נסבת כליל | מלכותא | ויוכבד נסבת כליל |
| 022 | | | Gn49:10 | מלכא משיחא דדידיה היא | מלכותא | וליה ישתעבדון כל מלכוותא: |
| 023 | | | Ex15:18 | מה יאה הוא לך כליל | מלכותא | ייי כד חמון בניך ניסי |
| 024 | | | Ex15:18 | כחדא ואמרין דייי הוא | מלכותא | מן קדם עלמא ועד עלם |
| 025 | | | Ex20:17 | ארום בחובי חמודייה | מלכותא | מתגריין בבני אנשא: |
| 026 | מלכותה | | Nu24:23 | ובזמ{ז}נה די יגרה | מלכותה | אלין לאלין: |
| 027 | מלכותהון | | Nu34:15M | ומן כנרת כרך | מלכותהון | דאימוראי נפק להון תחומה |
| 028 | מלכותי | | Gn41:40 | כל עמי לחוד כרסי | מלכותי | אנה רב מנך: |
| 029 | | | Gn20:09 | לך ארום אייתת עלי ועל | מלכותי | חובין רברבין עבדין דלא |
| 030 | מלכותיה | | Gn10:10 | והווה שרוי | מלכותיה | ב{כ}<ב>ל הד{ם}<ס> |
| 031 | | | Nu32:33M | וית | מלכותא/<מלכו>תיה#2# | דעוג מלכא |
| 032 | | | Gn25:23M | ואח{ר}<ד> יעקב | מלכותיה | דלא תתחבל ולא תפסוק |
| 033 | | | Nu24:07 | דעמלקיי ויתרומם | מלכותיה | דמלכא משיחא: |
| 034 | | | Dt17:20 | די יאריך יומין על | מלכותיה | הוא ובנוי בגו עמא בני |
| 035 | | | Dt17:18 | כד די יתיב על כורסי | מלכותיה | ויכתוב לה ית תניי אוריתה |
| 036 | | | Ex11:05 | עתיד למיתב על כורסי | מלכותיה | עד בכורה דאמה{ה}ת<ה> די |
| 037 | מלכותיהון | | Ex17:16M | למיתב על כורסי | מלכותיהון | דבני ישרא' הוא שאול |
| 038 | דמלכותא | | Ex 1:21 | ועבד להון בתים בייתה | דמלכותא | וביתא דכהונתה רבתה מרים |
| 039 | דמלכותה | | Nu22:39 | עם בלק ועלו לקרכה | דמלכותה | היא מרישה: |
| 040 | דמלכותהון | | Nu34:15M | תחומה לכנרת כרך | דמלכותהון | דאימוראי ומן כנרת כרך |
| 041 | דמלכותיה | | Gn49:02 | ברוך שמיה כבודיה | דמלכותיה | לעלמי עלמין: |
| 042 | ומלכותא | | Dt33:17 | בכורותא | ומלכותא | ויקרא והדרא ליה הוויין |
| 043 | | | Gn49:03 | אחך בכורותא דידך היא | ומלכותא | וכהנתא רבתא לך הוויין |
| 044 | | | Gn49:03 | בכורתא ליוסף ברי | ומלכותא | ליהודה וכהונתא רבתא |
| 045 | מלכוון | p abs | Gn50:01 | בוסמנין טבין קיימן תמן | מלכוון | ושולטנן מן בנוי דישמעל |
| 046 | | | Gn25:23 | אומין במיעיך ותרי«ן» | מלכוון | ממעיך יתפרשון ומלכו ממלכו |
| 047 | | | Gn15:12 | והא אברם חזי ארבעה | מלכוון | קיימא עלוהי "אימה" דא היא |
| 048 | | | Gn15:12M | על אברם והא ארב' | מלכוון | קיימן למשעבדא ית בנוי |
| 049 | מלכוותא | p em/sf | Gn49:10 | וליה ישתעבדון כל | מלכוותא: | |
| 050 | | | Gn15:11 | מסאבא אילין אינון | מלכוותא | דארעא כד יהוון עייצין |
| 051 | | | Gn15:11M | אליין הנון ארבעתי | מלכוותא | דעתידין משעבדה לבנוי |
| 052 | | | Gn27:29 | דעשו ישתעבדון לך | מלכוותא | כל בנוי דישמעל הווי רב |
| 053 | | | Gn15:12M | ומן בתר כדין תהדר | מלכוותא | לעמא בית ישראל |
| 054 | | | Ex12:29 | עתיד למיתב על כורסי | מלכוותא | עד בכורא דשביתא די |
| 055 | מלכוותה | | Gn15:01 | האילין מן דאתכנשו כל | מלכוותה | דארעא וסדרו קרבא לקבל |
| 056 | | | Dt28:25 | ותהוון לריחוק לכל | מלכוותה | דארעא: |
| 057 | | | Dt 3:21 | יעבד מימרה דייי לכל | מלכוותה | די אתון עברין תמן: |
| 058 | | | Dt32:24 | רווחן בישן ושן ארבעתי | מלכוותה | דמתילן כחיוותה ברה אגרה |
| 059 | | | Gn15:12M | קיימא ... אימה": | מלכוותה | דעתידי' למקום ומשעבדה |
| 060 | | | Dt 3:21M | כן יתפרע ייי לכל/ | מלכוותה | האליין#2#/ די אתון |
| 061 | | | Dt 5:21M | ארום בחובי חמודייה | מלכוותה | מתגבייה בבני אנשא |
| 062 | דמלכוותא | | Ex 1:21M | בייתה | דמלכותא/דמלכוותא#2#/ | וביתא דכהונתה |
| 063 | דמלכוותה | | Lv26:06 | יתכון ואבטל רשותהון | דמלכוותה | דמתילן בחיוות ברא מן |
| 064 | ומלכוותה | | Dt 5:21 | אתייה על עלמא | ומלכוותה | מתגריין בבני אנשא וחמדין |

## מלל *vb.* to speak [311]

|  |  |  |  |  |  |  |
|---|---|---|---|---|---|---|
| 001 | מל' | pael | Dt 4:33M | מימריה דאלה חייה | ממלל/מל'#2#/ | מן גו להבי אשתה |
| 002 | מליל | | Gn44:02 | ועבד כמלתיה דיוסף די | מליל: | |
| 003 | | | Ex 9:35 | היך מה {דמליל} די | מליל | ייי עם משה: |
| 004 | | | Ex24:03 | חד ואמרין כל פתגמיא די | מליל | ייי נעבד: |
| 005 | | | Lv10:03 | לאהרן הוא פתגמא די | מליל | ייי למימר במן דמקרב לוותי |
| 006 | | | Dt18:22 | די לא מלל יתיה בזידינו | מליל | יתיה נבייא לא תדחלון |
| 007 | | | Ex14:02 | | מליל | עם בני ישראל ויחזרון |
| 008 | | | Lv 4:02 | | מליל | עם בני ישראל למימר נפש |
| 009 | | | Lv 7:23 | | מליל | עם בני ישראל למימר כל תרב |
| 010 | | | Lv12:02 | | מליל | עם בני ישראל למימר אתא |
| 011 | | | Lv16:02 | ואמר ייי למשה | מליל | עם אהר«ן» אחוך דלא |
| 012 | | | Lv17:02 | | מליל | עם אהרן ועם בנוי ועם כל |
| 013 | | | Lv18:02 | | מליל | עם בני ישראל ותימר ליהון |
| 014 | | | Lv19:02 | | מליל | עם כל כנשתה דבני ישראל |
| 015 | | | Lv21:17 | | מליל | עם אהרן למימר גבר גבר מן |
| 016 | | | Lv22:02 | | מליל | עם אהרן ועם בנוי ויזדהרון |
| 017 | | | Lv22:18 | | מליל | עם אהרן ועם בנוי ועם כל |
| 018 | | | Lv23:34 | | מליל | עם בני ישראל למימר |
| 019 | | | Lv25:02 | | מליל | עם בני ישראל ותימ' להון |
| 020 | | | Lv27:02 | | מליל | עם בני ישראל ותימר להון |
| 021 | | | Nu 5:06 | | מליל | עם בני ישראל גבר ^או#2#^ |
| 022 | | | Nu 5:12 | | מליל | עם בני ישראל ותימר להון |
| 023 | | | Nu 6:02 | | מליל | עם בני ישראל ותימר להון |

|  |  |  |  |  |  |
|---|---|---|---|---|---|
| 024 | | Nu 6:23 | | מליל | עם אהרן ועם בנויי למימר |
| 025 | | Nu 8:02 | | מליל | עם אהרן ותימר ליה בסדרותך |
| 026 | | Nu15:02 | | מליל | עם בני ישראל ותימר להון |
| 027 | | Nu15:18 | | מליל | עם בני ישראל ותימ׳ להון |
| 028 | | Nu15:38 | | מליל | עם בני ישראל ותימר להון |
| 029 | | Nu16:24 | | מליל | עם כל כנשתה למימר אסתלקו |
| 030 | | Nu17:17 | | מליל | עם בני ישראל וקבל |
| 031 | | Nu19:02 | אוריתה די פקד ייי למימר | מליל | עם בני ישראל ויסבון |
| 032 | | Nu33:51 | | מליל | עם בני ישראל ותימר להון |
| 033 | | Nu35:10 | | מליל | עם בני ישראל ותימר להון |
| 034 | | Ex16:12 | תורעמתהון דבני ישראל | מליל{י} | עמהון למימר ביני שמשתה |
| 035 | | Dt 1:06 | ייי אלהן | מליל | עמן בחורב למימר סגין לכון |
| 036 | מלילו | Dt 5:28 | ותקן אייטיבו כל מה די | מלילו: | |
| 037 | | Dt18:17 | הא שפר ותקן כל מה די | מלילו: | |
| 038 | | Dt 5:28M | אייטיבו כל /טבאית | מלילו | כל#2#/ מה די מלילו: |
| 039 | | Dt18:17M | שפר ותקן כל מה /טבאת | מלילו | כל מה#2#/ די מלילו: |
| 040 | | Gn50:04 | אשכחית חן וחסד באפיכון | מלילו | כען במשמעיה דפרעה למימר: |
| 041 | | Nu27:07 | כדין בנתיה דצלפחד | מלילו | מתן תתן להון ירתו ואחסנה |
| 042 | | Dt 5:28 | מליהון דעמא האליין די | מלילו | עמך הא שפר ותקן אייטיבו |
| 043 | מלילית | Gn41:28 | ההוא פתגמא די | מלילית | עם פרעה ית מה דייי עבד |
| 044 | | Nu23:26 | בלעם ואמר לבלק הלא | מלילית | עמך למימר כל מה די ימלל |
| 045 | מלילת | Gn42:14 | להון יוסף הא פתגמא די | מלילת | עמכון למימר ילילין אתון: |
| 046 | מלל | Ex16:10 | והוא כד | מלל | אהרן עם כל כנישתא דבני |
| 047 | | Gn27:05 | ורבקה שומעת כד | מלל | יצחק עם עשו בריה ואזל |
| 048 | | Ex16:24M | צפרא היך מה דפקד/די | מלל#2#/ | משה ולא אסרח ורמה לא |
| 049 | | Dt 1:01 | אלין פתגמייה די | מלל | משה עם כל בני ישראל |
| 050 | | Dt 1:03 | ירחין בחד יום לירחא | מלל | משה עם בני ישראל כל מה |
| 051 | | Dt 4:45 | וסדרי{ה} דינייה די | מלל | משה עם בני ישראל |
| 052 | | Gn24:33 | עד זמן דאמלל מליי ואמר | מלל: | |
| 053 | | Dt23:24M | אלהכון נדיבה היך מה די | מלל | |
| 054 | | Dt26:19 | ייי אלהכון היך מה די | מלל: | |
| 055 | | Ex20:19 | ואמרין למשה | מלל | את עמן ונשמע ולא יתמלל עמן |
| 056 | | Gn42:30 | | מלל | גברא רבוני דארעא עמין מלין |
| 057 | | Nu12:02M | לחוד בן | מלל | וגלי וידיע קדם |
| 058 | | Nu12:02 | מלל ייי הלא אוף עמן | מלל | ושמיע קדם ייי: |
| 059 | | Nu10:29M | לך ארום מימריה דייי | מלל | טב על ישראל |
| 060 | | Ex 4:30 | אהרן ית כל פתגמיא די | מלל | ייי עם משה ועבד נסייא |
| 061 | | Ex 6:28 | והוה ביומא די | מלל | ייי עם משה בארעא דמצרים: |
| 062 | | Ex 9:12 | ולא שמע להון היך מה די | מלל | ייי עם משה: |
| 063 | | Ex16:23 | משה הוא פתגמא די | מלל | ייי שבת שבתא קדש קדם ייי |
| 064 | | Ex24:07 | דעמא ואמרין כל מה די | מלל | ייי נעבד ונשמע: |
| 065 | | Lv10:11 | ישראל ית כל קיימיה די | מלל | ייי עמהון על ידוי דמשה: |
| 066 | | Nu 3:01 | דאהרן ודמשה ביומא די | מלל | «ייי» עם משה בטורא |
| 067 | | Nu 5:04 | לבר מן משריתה היך מה די | מלל | ייי עם משה כדן עבדו בני |
| 068 | | Nu12:02 | ואמרין להוד עם משה | מלל | ייי הלא אוף עמן מלל ושמיע |
| 069 | | Nu15:22 | ית כל מצוותה האליין די | מלל | <ייי> עם משה: |
| 070 | | Nu17:05 | וככנישתיה היך מה די | מלל | ייי על ידוי דמשה ליה: |
| 071 | | Nu27:23 | עלוי ופקד יתיה מה די | מלל | ייי על ידוי דמשה: |
| 072 | | Nu32:31 | דראובן למימ׳ ית מה די | מלל | ייי עם עבדך כדן נעבד: |
| 073 | | Dt 1:21 | סוקו וירתו היך מה די | מלל | ייי אלה אבהתכון לכון לא |
| 074 | | Dt 4:15 | חמיתון כל דמו ביומא די | מלל | ייי עמכון בטורא דחורב |
| 075 | | Dt 5:04 | ממלל לקבל ממלל | מלל | ייי עמכון בטורה מן גו להבי |
| 076 | | Dt 5:22 | ית דביריה האליין | מלל | ייי עם כל קהלכון בטורא |
| 077 | | Dt 6:03 | תסגון לחדה היך מה די | מלל | ייי אלה אבהתכון לכון ארע |
| 078 | | Dt 6:19 | מן קדמיכון היך מה די | מלל | ייי: |
| 079 | | Dt 9:03 | יתהון בפריע היך מה די | מלל | ייי לכון: |
| 080 | | Dt27:03 | וחליין כדבשה היך מה די | מלל | ייי אלהכון לכון: |
| 081 | | Dt31:03 | דעבר קדמיכון היך מה די | מלל | ייי: |
| 082 | | Dt18:21 | נדע ^ית#2#^ פתגמא די לא | מלל | יתיה ממרא דייי: |
| 083 | | Dt18:22 | ולא יתי הוא פתגמא די לא | מלל | יתיה בזידינו מליל יתיה |
| 084 | | Ex11:02 | | מלל | כען במשמעהון דעמא וישאלון |
| 085 | | Dt 9:28 | למיעלה יתהון לארעא די | מלל | להון ועל דהווה סני יתהון |
| 086 | | Dt12:20 | ית תחומיכון היך מה די | מלל | ^לכון#2#^ ותימרון איכל |
| 087 | | Dt13:03 | ויתי אתה או סימנה די | מלל | לכון למימ׳ נזיל בתר טעוון |
| 088 | | Dt15:06 | ברך יתכון היך מה די | מלל | לכון ותזופון לאומין סגין |
| 089 | | Dt26:18 | היך סגולה היך מה די | מלל | לכון ולמיטר כל מצוותיה: |
| 090 | | Dt19:08 | ויתן לכון ית כל ארעא די | מלל | למיתן לאבהתכון: |
| 091 | | Dt13:06 | חלמייה ההוא יתקטל ארום | מלל | מילין דשקריין קדם ייי |
| 092 | | Ex34:32M | "דפקד ... בטורא": די | מלל | מימריה דייי עימיה בטו׳ |
| 093 | | Nu12:02M | הלא לחוד במשה | מלל | מימריה דייי |
| 094 | | Dt 9:10 | הוה כתיב כל דביריה די | מלל | ממרה דייי עמכון בטורה |
| 095 | | Nu22:08M | "די אתמלל ... עם": <די> | מלל | ממריה דייי לוותי ויתבו |
| 096 | | Dt 2:01 | ארח ימה דסוף היך מה די | מלל | ממריה דייי עמי אמר משה |
| 097 | | Dt10:04 | ית עשרתי דביריה די | מלל | ממריה דייי עמכון בטורה |
| 098 | | Gn21:02M | /ביר לסבותא בזמנא די | מלל | עימיה ממריה דייי#2#/: |
| 099 | | Ex 6:11 | עול | מלל | עם פרעה מלכא דמצרים וישלח |
| 100 | | Ex 6:29 | ייי אנה ^הוא#2#^ ייי | מלל | עם פרעה מלכא דמצרים ית כל |
| 101 | | Ex14:15 | את קיים תהווי לדידך | מלל | עם בני ישראל ויטלון: |
| 102 | | Ex25:02 | | מלל | עם בני ישראל ויפרשון לשמי |
| 103 | | Ex31:13 | ואת | מלל | עם בני ישראל למימר לחוד |
| 104 | | Lv 1:02 | | מלל | עם בני ישראל ותימר ליהון |
| 105 | | Lv 6:18 | | מלל | עם אהרן ועם בנוי למימר דא |
| 106 | | Lv 7:29 | | מלל | עם בני ישראל למימר מן |
| 107 | | Lv23:02 | | מלל | עם בני ישראל ותימר להון |
| 108 | | Lv23:10 | | מלל | עם בני ישראל ותימר להון |
| 109 | | Nu 9:10 | | מלל | עם בני ישראל למימר גבר |
| 110 | | Gn24:07 | ומן ארעא תלדוותי ודי | מלל | עמי ודי קיים עמי למימר |
| 111 | | Gn24:30 | דרבקה אחתה למימר כדין | מלל | עמי גברא ואתא לוות גברא |
| 112 | | Gn35:13 | דייי מעילוי באתרא די | מלל | עמיה: |
| 113 | | Gn35:15 | יעקב ית שמה דאתרא די | מלל | עמיה תמן ייי בית אל: |
| 114 | מללו | Ex12:03 | | מללו | {א} עם כל כנישתא דבני |
| 115 | | Gn45:15 | לקבלהון ומן בתר כדין | מללו | אחוי עמיה: |
| 116 | | Lv11:02 | | מללו | עם בני ישראל למימר דא |
| 117 | | Lv15:02 | | מללו | עם בני ישראל ותימרון להון |
| 118 | מללית | Nu12:08 | ממלל לקבל ממלל | <מללית> | עמיה בחזוין ולא בדמויין |
| 119 | | Ex20:22 | חמיתון ארום מן שמיא | מללית | עמכון: |
| 120 | מללנן | Nu21:07 | ואמרין חטינן ארום | מללנן | בתר ממרה דייי ועליך |
| 121 | מללת | Gn18:05M | /כן תעביד היך מה די | מללת#2#/: | |
| 122 | | Nu14:35 | אנה ייי | מללת | אין לא דא אעבד לכל כנשתה |
| 123 | | Ex33:17 | להוד ית פתגמא הדין די | {מ}מללת | אעבד ארום אשכחת חן וחסד |
| 124 | | Ex10:29 | לפרעה יאות מן קוש«טא» | מללת | לא אוסף תוב למיחמי |
| 125 | | Ex32:34 | אזל דבר ית עמא לאתרא די | מללת | לך הא מלאכי ידבר קדמך |
| 126 | | Nu24:12 | לשליחך די שלחת לוותי | מללת | למימר: |
| 127 | | Dt 1:14 | ^הא#2#^ שפר פתגמא די | מללת | למעבד: |
| 128 | | Ex10:29 | משה ליה יאות וקושטא | מללת | מבשר הווינא עד דאנא יתיב |
| 129 | | Gn39:10 | והוה כד | מללת | עם יוסף יום בתר יום ולא |
| 130 | | Ex 4:10 | לחוד מן זמנא די | {מ}מללת | עם עבדך ארום חגר פ{ס}<ם> |
| 131 | | Nu22:20M | ית פתגמא דאמלל/די | מללת#2#/ | עמך יתיה תעבד: |

|  |  |  |  |
|---|---|---|---|
| 132 | | Nu22:35M | ית פתגמא די אמלל/מללת#2#/ עמך יתה תמלל ואזל |
| 133 | מללתא | Gn19:21 | דלא מיפך ית קרתא די מללתא: |
| 134 | מללתון | Dt23:24 | קדם ייי אלהכון נדבה די מללתון בפומכון: |
| 135 | אמלל | Nu22:38 | די ישוי ייי בפמי יתה אמלל: |
| 136 | | Nu24:13 | מה די ימליל ייי יתיה אמלל: |
| 137 | | Nu12:06 | אתגלי עלוי ובחלמין אמלל עימיה: |
| 138 | | Nu22:35 | ולהוד ית פתגמא די אמלל עמך יתה תמלל ואזל בלעם עם |
| 139 | ימלל | Dt18:22 | די ימלל נבייא בשם ממרה דייי ולא |
| 140 | ימליל | Nu24:13 | בישא מן דעתי ית מה די ימליל ייי יתיה אמלל: |
| 141 | | Gn44:07 | ואמרין ליה למה כען ימליל רבוני פתגמיא האליין <...>: |
| 142 | ימלל | Dt18:20 | פקדית יתיה לממללא ודי ימלל בשום טעוון אחרניין ויתקטל |
| 143 | | Dt18:19 | די לא ישמע לדיברוי די ימלל בשם ממרי אנה במימרי מתפרע |
| 144 | | Ex 4:14 | ידע אנה ארום ממללה ימלל הוא והא לחוד הוא אתא |
| 145 | | Ex23:22 | בקל ממרי ותעבד כל מה די ימלל ואסני למן דסני יתכון ואעיק |
| 146 | | Ex23:22M | ואעיק למן דעיק יתכון /ימלל/ ואסני למאן דסני יתכון |
| 147 | | Nu23:26 | עמך למימר כל מה די ימלל ייי יתה אעבד: |
| 148 | | Dt 5:27 | תמלל עמן ית כל מה די ימלל ייי אלהך עמך ונשמע ונעבד: |
| 149 | | Gn44:18 | ואמר בבעו מינך רבוני ימלל כען עבדך פתגם ורבוני לא |
| 150 | | Dt 5:24 | יומא הדין חמינן: ארום ימלל מימרה דייי עם בר נשא |
| 151 | | Ex 7:02 | די פקדת יתך ואהרן אחוך ימלל עם פרעה וישלח ית בני |
| 152 | | Ex 7:09 | ארום ימלל עמכון פרעה למימר הבו לכון |
| 153 | | Ex20:19M | את עמן ונשמע ולא יתמלל/ימלל#2#/ עמן מן קדם ייי ולא |
| 154 | נמליל | Gn44:16 | מה נאמר לרבוני מה נמליל ומה נזדכי מן קדם ייי ארעת |
| 155 | תמליל | Lv 9:03 | ועם בני ישראל תמליל למימר סבו צפיר בר עיזין |
| 156 | | Lv24:15 | ועם בני ישראל תמליל למימר {גבב} גבר ארום |
| 157 | תמלל | Ex 4:12 | פמך ואלף יתך ית די תמלל: |
| 158 | | Nu23:05 | חזור לוות בלק וכדן תמלל: |
| 159 | | Nu23:05M | תמלל/וכהדן סדרא תמלל#2#/: |
| 160 | | Nu23:16 | לוות בלק וכדן תמלל: |
| 161 | | Nu22:35 | פתגמא די אמלל עמך יתה תמלל ואזל בלעם עם רברבני בלק: |
| 162 | | Nu18:26 | ועם ליוויי תמלל ותימר להון ארום תקבלון מן |
| 163 | | Ex 7:02 | את תמלל ית כל מה די פקדת יתך |
| 164 | | Ex30:31 | ועם בני ישראל תמלל למימר משח דרבו דקדש יהווי |
| 165 | | Nu27:08 | ועם בני ישראל תמלל למימר גבר ארום ימות ובר |
| 166 | | Gn31:24 | ואמר לה אזדהר לך לא תמלל עם יעקב מן טב עד ביש: |
| 167 | | Gn31:29M | לך \מן למללה /דלא תמלל#2#/ עם יעקב מן טב ועד ביש: |
| 168 | | Ex19:06 | קדישא אליין פתגמיא די תמלל עם בני ישראל: |
| 169 | | Ex28:03 | ואת תמלל עם כל חכימא ליבא די אשלמית |
| 170 | | Dt 5:27 | מה די יאמר ייי אלהן ואת תמלל עמן ית כל מה די ימלל ייי |
| 171 | תמללון | Gn32:20 | למימר כפתגמא הדין תמללון עם עשו בזמניה די תארעון |
| 172 | ממ' | Dt 5:26M | די שמע קלא לאלהה חייה ממ' |
| 173 | ממלל | Nu32:27 | קרבה היך מה דרבוני ממלל: |
| 174 | | Dt 5:01 | וית סדרי דינייה די אנה ממלל במשמעכון יומא הדין ותלפון |
| 175 | | Ex19:19 | אזל ותקף לחדא משה הוה ממלל בקול נעים ומן קדם ייי הוה |
| 176 | | Ex 6:30 | קדם ייי ^הא#2#^ אנה חגר ממלל והכדין יקבל מני פרעה: |
| 177 | | Dt 4:33 | בקל מימריה דאלה חייה ממלל מן גו להבי אשתה היך מה די |
| 178 | | Dt 5:26 | ית קל מימרה דאלה חייה ממלל מן גו להבי אשתה כוותן |
| 179 | | Gn27:06 | הא שמעית ית קלא דאבוך ממלל עם עשו אחוך למימר: |
| 180 | | Gn29:09 | עד כען הווה ממלל עמהון ורחל אתת עם ענה די |
| 181 | | Nu 7:89 | הוא שמע ית קל דבירה ממלל עמיה מעלוי כפורת די על |
| 182 | | Nu 7:89 | כרוביה מן תמן הוה דבירה ממלל עמיה: |
| 183 | | Ex 6:29 | ית כל מה די אנה ממל{ך}<ל> עמך: |
| 184 | | Gn45:12 | בלשן בית קודשא פומיה ממלל עמכון: |
| 185 | ממללא | Gn 2:07 | והוה אדם לנפש דחייה ממללא: |
| 186 | ממללה | Ex 4:14 | ידע אנה ארום ממללה ימלל הוא והא לחוד הוא אתא |
| 187 | ממללין | Nu36:05M | דבני יוסף תבעין/ממללין#2#/: |
| 188 | | Gn11:01M | אתברי עלמא מן שרויה /ממללין בעיצתא חדא קמו |
| 189 | | Dt22:14M | עלה \עלילן דמילין /ממל<ל>ין ערן{ד}<ר>#2#/ ויפק עלה |
| 190 | דמלי' | Gn12:04 | ואזל אברם היך מה דמלי' עמה ייי ואזל עמה לוט |
| 191 | דמליל | Ex 9:35 | ית בני ישראל היך מה {דמליל} די מליל ייי עם משה: |
| 192 | | Nu23:26M | למימר כל מה \די ימלל/דמליל#2#/ ייי יתה אעבד: |
| 193 | | Gn21:02 | בר לאשון סיבותה לעדנא דמליל יתה ייי: |
| 194 | דמלילית | Gn28:15 | עמך עד דאעבד ית דמלילית לך: |
| 195 | דמלילתא | Gn18:05 | כ{ך}ן תעביד כמה דמלילתא: |
| 196 | | Nu14:17 | כען חילך ייי היך מה דמלילתא למ«י»מר: |
| 197 | דמלל | Nu23:02 | ועבד בלק היך מה דמלל בלעם וקרב בלק ובלעם תור |
| 198 | | Lv10:05 | לבר מן משריתה היך מה דמלל משה: |
| 199 | | Nu17:12 | ונסב אהרן היך מה דמלל משה ורהט לגו קהלא והא שרי |
| 200 | | Gn21:01 | ניסין לשרה היך מה דמלל: |
| 201 | | Gn23:16 | ^לעפרון#2#^ ית כספא דמלל במשמעהון דבנוי דחת ארבעין |
| 202 | | Ex12:25 | די יתן ייי לכון היך מה דמלל {דמלל} ותיטרון ית פולחנא |
| 203 | | Ex12:25 | ייי לכון היך מה דמלל {דמלל} ותיטרון ית פולחנא הדין: |
| 204 | | Gn24:51 | לבריה דריבוני היך מה דמלל ייי: |
| 205 | | Ex 7:13 | ולא שמע להון היך מה דמלל ייי: |
| 206 | | Ex 7:22 | ולא שמע להון היך מה דמלל ייי: |
| 207 | | Ex 8:11 | ולא שמע להון היך מה דמלל ייי: |
| 208 | | Ex 8:15 | ולא שמע להון היך מה דמלל ייי: |
| 209 | | Ex19:08 | בלבא שלמא ואמרי' כל מה דמלל ייי נעבד וחזר משה ית |
| 210 | | Dt10:09 | אינון אחסנתיה היך מה דמלל ייי אלהכון עמכון: |
| 211 | | Dt18:02 | אנון אחסנותיה היך מה דמלל להון: |
| 212 | | Dt 1:11 | ויברך יתכון היך מה דמלל לכון: |
| 213 | | Dt11:25 | די תדרכון בגווה היך מה דמלל לכון: |
| 214 | | Gn45:27 | עמיה ית כל מלוי דיוסף דמלל עמהון וחמה ית עגלתא דשלח |
| 215 | | Ex 1:17 | ייי ולא עבדון היך מה דמלל עמהון מלכא דמצרים וקיימון |
| 216 | דמלל' | Nu14:28M | דמללתון /כן דמלל#2#/ במשמעי כדין/כן#2#/ |
| 217 | דמללנן | Ex14:12 | הלא הוא דן פתגמא דמללנן עמך במצרים למימר ארפי |
| 218 | דמללת | Nu14:20 | ייי הא שרית ושבקת כמה דמללת: |
| 219 | | Gn27:19 | בכורך עבדת היך מה דמללת עמי קום כען תב ואכל מן |
| 220 | | Gn39:19 | רבוניה ית מליא דאתתיה דמללת עמיה למימר כפתגמיא האילין |
| 221 | דמללתון | Ex12:31 | פלחו קדם ייי היך מה דמללתון: |
| 222 | | Nu14:28 | ייי אין לא היך מה דמללתון במשמעי כדין אעבד לכון: |
| 223 | | Dt 5:28 | ית קל מליכון בזמנה דמללתון עמי ואמר מימרה דייי לי |
| 224 | דאמלל | Ex25:22M | ית כל מה דאפקד/דאמלל#2#/ יתך על בני ישראל: |
| 225 | | Gn24:33 | לית אנה אכל עד זמן דאמלל מליי ואמר מלל: |
| 226 | | Nu22:20 | עמהון ולחוד ית פתגמא דאמלל עמך יתיה תעבד: |
| 227 | די מלל | Dt33:02 | בני ישראל ית כל מה «די» מלל מימרה דייי נעבד ונשמע |
| 228 | דימליל | Gn17:23 | בזמן יומא הדין היך מה דימליל עמה ייי: |
| 229 | דימלל | Dt29:12 | לאלה פרוק היך מה «די»מלל לכון והיך מה» דקיים |
| 230 | | Nu14:17M | ייי היך מה דמלילתא/דימלל#2#/ למ«י»מר: |
| 231 | | Gn18:19 | דייי על אברהם ית מה דימלל עמה: |
| 232 | דממלל | Ex33:11 | ממלל לקבל ממלל היך מה דממלל גבר עם חבריה וחזר למשריתה |
| 233 | דממללין | Ex 6:27 | אינון דממללין עם פרעה מלכא דמצרים |
| 234 | ומליל | Ex 4:30 | ומליל אהרן ית כל פתגמיא די מלל |
| 235 | | Lv10:19 | ומליל אהרן עם משה הא יומא הדן |
| 236 | | Gn50:04 | ועברו יומי בכיתיה ומליל יוסף עם אנשי בייתיה |
| 237 | | Lv10:12 | ומליל משה עם אהרן ועם אלעזר |
| 238 | | Lv21:24 | ומליל משה עם אהרן ועם בנוי |
| 239 | | Lv23:44 | ומליל משה ית סדרי מועדוי דייי |

|  |  |  |  |  |  |
|---|---|---|---|---|---|
| 240 | Nu 9:04 | | | ומליל | משה עם בני ישראל למעבד |
| 241 | Nu14:39 | | | ומליל | משה ית פתגמיה האלין עם |
| 242 | Nu17:21 | | | ומליל | משה עם בני ישראל ויהבו |
| 243 | Nu26:03 | | | ומליל | משה ואלעזר כהנא יתהון |
| 244 | Nu27:15 | | | ומליל | משה עם ייי למימר: |
| 245 | Nu30:02 | | | ומליל | משה עם ראשי שבטיה דבני |
| 246 | Nu31:03 | | | ומליל | משה עם עמא למימ׳ אזדיינו |
| 247 | Dt27:09 | | | ומליל | משה וכהנייה ליוויי עם כל |
| 248 | Gn 8:15 | | | ומליל | ייי עם נח למימר: |
| 249 | Ex 6:02 | | | ומליל | ייי עם משה ואמר ליה אנא |
| 250 | Ex 6:13 | | | ומליל | ייי עם משה ועם אהרן |
| 251 | Ex13:01 | | | ומליל | ייי עם משה למימר: |
| 252 | Ex14:01 | | | ומליל | ייי עם משה למימר: |
| 253 | Ex16:11 | | | ומליל | ייי עם משה למימר: |
| 254 | Ex25:01 | | | ומליל | ייי עם משה למימר: |
| 255 | Ex30:22 | | | ומליל | ייי עם משה למימר: |
| 256 | Ex40:01 | | | ומליל | ייי עם משה למימר: |
| 257 | Lv 1:01 | | בכן קרא דבירה למשה | ומליל | ייי עמיה מן משכן זמנא |
| 258 | Lv 4:01 | | | ומליל | ייי עם משה למימ׳: |
| 259 | Lv 5:14 | | | ומליל | ייי עם משה למימר: |
| 260 | Lv 5:20 | | | ומליל | ייי עם משה למימר: |
| 261 | Lv 6:01 | | | ומליל | ייי עם משה לממ׳: |
| 262 | Lv 6:12 | | | ומליל | ייי עם משה למימר: |
| 263 | Lv 6:17 | | | ומליל | ייי עם משה למימר: |
| 264 | Lv 7:22 | | | ומליל | ייי עם משה למימר: |
| 265 | Lv 7:28 | | | ומליל | ייי עם משה למימר: |
| 266 | Lv 8:01 | | | ומליל | ייי עם {ל}משה למימר: |
| 267 | Lv10:08 | | | ומליל | ייי עם אהרן למימר: |
| 268 | Lv11:01 | | | ומליל | ייי עם משה ועם אהרן |
| 269 | Lv12:01 | | | ומליל | ייי עם משה למימ׳: |
| 270 | Lv13:01 | | | ומליל | ייי עם משה ועם אהרן |
| 271 | Lv14:01 | | | ומליל | ייי עם משה למימר: |
| 272 | Lv14:33 | | | ומליל | ייי עם משה «ועם אהרן» |
| 273 | Lv15:01 | | | ומליל | ייי עם משה ועם אהרן |
| 274 | Lv16:01 | | | ומליל | ייי עם משה מן בתר דמיתו |
| 275 | Lv17:01 | | | ומליל | ייי עם משה למימר: |
| 276 | Lv18:01 | | | ומליל | ייי עם משה למימר: |
| 277 | Lv19:01 | | | ומליל | ייי עם משה למימר: |
| 278 | Lv20:01 | | | ומליל | ייי עם משה למימר: |
| 279 | Lv21:16 | | | ומליל | ייי עם משה למימר: |
| 280 | Lv22:01 | | | ומליל | ייי עם משה למימר: |
| 281 | Lv22:17 | | | ומליל | ייי עם משה למימר: |
| 282 | Lv22:26 | | | ומליל | ייי עם משה למימר: |
| 283 | Lv23:01 | | | ומליל | ייי עם משה למימר: |
| 284 | Lv23:09 | | | ומליל | ייי עם משה למימר: |
| 285 | Lv23:23 | | | ומליל | ייי עם משה למימר: |
| 286 | Lv23:26 | | | ומליל | ייי עם משה למימר: |
| 287 | Lv23:33 | | | ומליל | ייי עם משה למימר: |
| 288 | Lv24:01 | | | ומליל | ייי עם משה למימר: |
| 289 | Lv24:13 | | | ומליל | ייי עם משה למימר: |
| 290 | Lv25:01 | | | ומליל | ייי עם משה ^בטורא |
| 291 | Lv27:01 | | | ומליל | ייי עם משה למימר: |
| 292 | Nu 1:48 | | | ומליל | ייי עם משה למימר: |
| 293 | Nu 2:01 | | | ומליל | ייי עם משה ועם אהרן |
| 294 | Nu 3:05 | | | ומליל | ייי עם משה למימר: |
| 295 | Nu 3:14 | | | ומליל | ייי עם משה במדברה דסיני |
| 296 | Nu 3:44 | | | ומליל | ייי עם משה למימר: |
| 297 | Nu 4:01 | | | ומליל | ייי עם משה ועם אהרן |
| 298 | Nu 4:17 | | | ומליל | ייי עם משה ועם אהרן |
| 299 | Nu 4:21 | | | ומליל | ייי עם משה למימר: |
| 300 | Nu 5:01 | | | ומליל | ייי עם משה למימר: |
| 301 | Nu 5:05 | | | ומליל | ייי עם משה למימר: |
| 302 | Nu 5:11 | | | ומליל | ייי עם משה למימר: |
| 303 | Nu 6:01 | | | ומליל | ייי עם משה למימר: |
| 304 | Nu 6:22 | | | ומליל | ייי עם משה למימר: |
| 305 | Nu 8:01 | | | ומליל | ייי עם משה למימר: |
| 306 | Nu 9:09 | | | ומליל | ייי עם משה למימר: |
| 307 | Nu10:01 | | | ומליל | ייי עם משה למימר: |
| 308 | Nu13:01 | | | ומליל | ייי עם משה למימר: |
| 309 | Nu14:26 | | | ומליל | ייי עם משה ועם אהרן |
| 310 | Nu15:01 | | | ומליל | ייי עם משה למימר: |
| 311 | Nu15:17 | | | ומליל | ייי עם משה למימר: |
| 312 | Nu16:20 | | | ומליל | ייי עם משה ועם אהרן |
| 313 | Nu16:23 | | | ומליל | ייי עם משה למימר: |
| 314 | Nu17:01 | | | ומליל | ייי עם משה למימר: |
| 315 | Nu17:09 | | | ומליל | ייי עם משה למימר: |
| 316 | Nu17:16 | | | ומליל | ייי עם משה למימר: |
| 317 | Nu18:08 | | | ומליל | ייי עם אהרן ואמר ואנה הא |
| 318 | Nu18:25 | | | ומליל | ייי עם משה למימר: |
| 319 | Nu19:01 | | | ומליל | ייי עם משה ועם אהרן |
| 320 | Nu20:07 | | | ומליל | ייי עם משה למימר: |
| 321 | Nu25:10 | | | ומליל | ייי עם משה למימר: |
| 322 | Nu25:16 | | | ומליל | ייי עם משה למימר: |
| 323 | Nu26:52 | | | ומליל | ייי עם משה למימר: |
| 324 | Nu28:01 | | | ומליל | ייי עם משה למימר: |
| 325 | Nu31:01 | | | ומליל | ייי עם משה למימר: |
| 326 | Nu33:50 | | | ומליל | ייי עם משה במישריה |
| 327 | Nu34:01 | | | ומליל | ייי עם משה למימר: |
| 328 | Nu34:16 | | | ומליל | ייי עם משה למימר: |
| 329 | Nu35:01 | | | ומליל | ייי עם משה במישריה |
| 330 | Nu35:09 | | | ומליל | ייי עם משה למימר: |
| 331 | Dt 2:17 | | | ומליל | ייי עמי אמר משה למימר: |
| 332 | Dt 4:12 | | | ומליל | ייי עמכון מן גו להבי אשתה |
| 333 | Gn34:13M | | בסגי חכמתהון | ומללו/ומליל#2/ | די סאב/סאבו#2/ ית |
| 334 | Nu16:26 | | | ומליל | לוות כנישתה למימר סטון |
| 335 | Nu 1:01 | | | ומליל | ממרה דייי עם משה במדברה |
| 336 | Gn50:21 | | כוכבין ונחם יתהון | ומליל | על לבביהון מלין דשלם: |
| 337 | Gn23:03 | | מעלווי אפי מיתה | ומליל | עם בנוי דחת למימר: |
| 338 | Gn34:03 | | יעקב ורחם ית רביתא | ומליל | עם לבה {ו}<ד>רביתה מלל |
| 339 | Nu16:05 | | | ומליל | עם קרח ועם כל כנשתה |
| 340 | Gn17:03 | | ואשתטח אברם על אפוי | ומליל | עמה ממרה {לממר} דייי |
| 341 | Gn23:08 | | | ומליל | עמהון למימר אם ברעות |
| 342 | Gn23:11M | | קדם בנוי דחת#2/: | ומליל | עמהון למימר אם ברעות |
| 343 | Gn41:17 | | | ומליל | פרעה עם יוסף בחלמי והא |
| 344 | Gn34:20 | ומלילו | ברה לתרע קרתיהון | ומלילו | עם אנשי קרתיהון למימר: |
| 345 | Nu21:05 | | | ומלילו | עמה בתר ממרה דייי ועל |
| 346 | Gn45:27 | | | ומלילו | עמיה ית כל מלוי דיוסף |
| 347 | Gn39:17 | ומלילת | | ומלילת | עמיה כפתגמיא האילן למימר |

|  |  |  |  |  |  |
|---|---|---|---|---|---|
| 348 | ומלל | Gn34:08 | | ומלל | חמור עמהון למימר שכם ברי |
| 349 | | Ex 6:09 | | ומלל | משה כדין עם בני ישראל |
| 350 | | Ex 6:10 | | {ומלל | משה כדין עם בני ישראל} |
| 351 | | Ex 6:12 | | ומלל | משה קדם ייי למימר הא בני |
| 352 | | Ex34:31 | וכל רברבני בכנישתה | ומלל | משה עמהון: |
| 353 | | Lv24:23 | | ומלל | משה עם בני ישראל ואפיקו |
| 354 | | Nu30:01M | | ואמר/ומלל#2#/ | משה לבני ישראל כל |
| 355 | | Dt31:30 | | ומלל | משה במשמעהון דכל קהלה |
| 356 | | Ex 6:10 | כדין עם בני ישראל} | ומלל | ייי עם משה למימר: |
| 357 | | Ex 6:29 | | ומלל | <ייי> עם משה למימר "אני" |
| 358 | | Ex20:01 | | ומלל | ייי ית כל שבח דיביריייא |
| 359 | | Ex30:11 | | ומלל | ייי עם משה למימר: |
| 360 | | Ex30:17 | | ומלל | ייי עם משה למימר: |
| 361 | | Ex31:01 | | ומלל | ייי עם משה למימר: |
| 362 | | Ex32:07 | | ומלל | ייי עם משה אזל חות ארום |
| 363 | | Ex33:01 | | ומלל | ייי עם משה אזל סק מן הכה |
| 364 | | Ex33:11 | | ומלל | ייי עם משה ממלל לקבל ממלל |
| 365 | | Nu 3:11 | | ומלל | ייי עם משה למימר: |
| 366 | | Nu 8:05 | | ומלל | ייי עם משה לממר: |
| 367 | | Nu 8:23 | | ומלל | ייי עם משה למימר: |
| 368 | | Nu 9:01 | | ומלל | ייי עם משה במדברה דסיני |
| 369 | | Dt32:48 | | ומלל | ייי עם משה בזמן יומא הדין |
| 370 | | Gn20:08 | בצפרא וקרא לכל שלטוי | ומלל | ית «כל» פתגמי«א» האלין |
| 371 | | Dt31:01 | ואזל משה | ומלל' | ית דביריה האליין לכל |
| 372 | | Dt32:44 | ואתה משה | ומלל | ית ^כל#2#^ שבח שירתה הדה |
| 373 | | Gn19:14 | ונפק לוט | ומלל | עם חתנוי נסבי בנתיה ואמר |
| 374 | | Ex33:09 | וקיי«ם» בתרע משכנה | ומלל | עם משה: |
| 375 | | Ex34:34M | וממלל /עד מפקה ונפק | ומלל#2#/ | עם בני ישראל ית מה |
| 376 | | Nu11:24 | ונפק משה | ומלל | עם עמא ית כל פתגמי דייי |
| 377 | | Nu11:25 | שכינתה דייי בעננא | ומלל | עמה ורבי מן רוח קודשה די |
| 378 | | Gn42:07 | יתהון ואתדבב עליהון | ומלל | עמהון מלין קשין ואמר להון |
| 379 | | Gn42:24 | ובכה וחזר לוותהון | ומלל | עמהון ונסב מן לוותהון ית |
| 380 | | Gn44:06 | וארע יתהון | ומלל | עמהון ^למימר^#2# ית פתגמיא |
| 381 | | Gn41:09 | | ומלל | רב מזוגיא עם פרעה למימר ית |
| 382 | ומללו | Gn34:13 | אבוי בסגי חכמתהון | ומללו | די סאב ית דינה אחתהון: |
| 383 | | Nu22:07 | ואתון לוות בלעם | ומללו | עימיה מלוי דבלק: |
| 384 | | Nu36:01 | זרעיית בנוי דיוסף | ומללו | קדם משה וקדם רברבני ראשי |
| 385 | ומללון | Gn43:19 | על פלטורין דיוסף | ומללון | עמיה בתרע«א» פלטורין: |
| 386 | ומללית | Dt 1:43 | | ומללית | יתכון ולא שמעתון וסרבתון |
| 387 | ומללת | Nu12:01 | | ומללת | מרים ואהרן במשה על עסק |
| 388 | | Ex32:13 | קיימת להון בשם מימרך | ומללת | עמהון אסגי ית בניכון |
| 389 | ואמלל | Dt31:28 | דייניכון וסרכיכון | ואמלל | במשמעהון ית פתגמיא האליין |
| 390 | | Dt32:01 | ואזרז ואמר אציתו שמיה | ואמלל | ותשמע ארעא במימר פומי: |
| 391 | | Gn18:32 | {א}<י>תקף רוגז' דייי | ואמלל | לחוד זמנא הדין מה דילמה |
| 392 | | Gn18:30 | כען יתקף רוגזא דייי | ואמלל | מה דילמה אם ישתכחון תמן |
| 393 | | Ex25:22 | ואזמן ממרי לך תמן | ואמלל | עמך מעילוי כפורתא די על |
| 394 | | Nu11:17 | ואתגלי בממרי | ואמלל | עמך תמן וארבי מן רוח קדשה |
| 395 | | Dt 5:31 | הכה אתעתד קדמיי | ואמלל | עמך ית כל מצוותה וקיימיה |
| 396 | וימלל | Ex 4:16 | | וימלל | הוא על ידך לוות עמא |
| 397 | | Dt18:18 | ואישוי דבירוי בפומיה | וימלל | להון ית כל מה די אפקד |
| 398 | | Dt20:02 | לסדרי קרבא ויקרב כהנה | וימלל | לעמא: |
| 399 | וימללו | Dt20:05 | | וימללו | סרכיה עם עמא למימר מן הוא |
| 400 | | Dt25:08M | \קרתיה | ו«י»מללון/<וימל>לו#2#/ | עמיה /קרתה |
| 401 | וימללון | Dt20:05M | | וימללה/<וים>ללון#2#/ | סרכיה עם/לוות#2#/ |
| 402 | | Dt25:08M | עמיה /קרתה | וימללון | עמה#2#/ וייקום ויימר לא |
| 403 | | Dt25:08 | ליה חכימי קרתיה | ו«י»מללון | עמיה וייקום ויימר לא |
| 404 | ותמלל | Ex 4:15 | | ותמלל | עמיה ותשוי ית פתגמיא |
| 405 | | Ex 9:01M | ליה כדין אמר ייי | /ותמלל | עמיה כדין אמ' מימרי' |
| 406 | ותמללון | Nu20:08 | את ואהרן אחוך | ותמללון | עם כיפה קדמיהון |
| 407 | וממלל | Ex34:34 | <עד'>{ד}מפקה והוה נפק | וממלל | עם בני ישראל ית מה |
| 408 | למ' | Nu 7:89M | למשכן#2#/ זימנא | לממללה/למ'#2#/ | עמיה הוא שמע ית קל |
| 409 | למליל | Gn34:06M | לוות יעקב | לממללה/למליל#2#/ | עמה: |
| 410 | למלל | Nu22:19M | מן קדם ייי | למת{ל}«מ»ללה^/למלל#2#^/ | עמי: |
| 411 | למללא | Gn24:15M | קדם עד לא אשלם | לממללא/למללא#2#/ | והא רבקה נפקת די \ |
| 412 | | Nu16:31 | והווה כד אשלם | למללא | ית כל פיתגמיה האיליין |
| 413 | | Gn18:33M | /כיון דאש'#2#/ | לממללא/למללא#2#/ | עם אברהם ואברהם |
| 414 | | Gn24:50M | פתגמ' לית אנה יכיל | למללא | עמך ביש או טב#2#/: |
| 415 | | Gn18:27 | ואמר הא כען שריית | למלל«א» | קדם ייי ואנה עפר וקטם: |
| 416 | למללה | Nu23:12 | מימריה בפמי יתיה אטר | למללה: | |
| 417 | | Dt32:45 | ואשלם משה | למללה | ית כל פתגמייא האיליין עם |
| 418 | | Nu22:38 | כדון הא מיכל אכול | למללה | כל מן דעם פתגמה די ישוי |
| 419 | | Gn31:29 | לי למימר אזדהר לך מן | למללה | עם יעקב מן טב ועד ביש: |
| 420 | | Gn17:22 | ואשלם מן | למללה | עמה ואסתלק' איקר שכינתיה |
| 421 | | Ex34:34 | הוה משה עליל קדם ייי | למללה | עמה הוה מעבר ית סודר{ר}יה |
| 422 | | Ex34:33 | ואשלם משה מן | למללה | עמהון ויהב על אפוי סודר: |
| 423 | | Ex31:18 | ויהב למשה כד אשלם | למללה | עמיה בטור' דסיני תרין |
| 424 | | Gn18:31 | ואמר הא כען שרית | למללה | קדם ייי מה דילמה דישתכחון |
| 425 | | Dt 3:26 | משה סגין לך לא תוסף | למללה | קדמי תוב בפתגמא הדין: |
| 426 | לממלל' | Gn28:10 | דהוה דבירא מתחמד | לממלל' | {ליה} עמיה וניסא תנינא |
| 427 | לממללא | Dt18:20 | מה די לא פקדית יתיה | לממללא | ודי ימלל בשום טעוון |
| 428 | | Gn24:15 | הוא קדם עד לא אשלם | לממללא | והא רבקה נפקת די אתיילדת |
| 429 | | Gn18:33 | דייי כד אשלם | לממללא | עם אברהם ואברהם חזר |
| 430 | | Dt 5:24M | לית אפשר מן קדם ייי | לממללא | עם בר נשא ויחי |
| 431 | | Gn24:50 | ייי נפק פתגמא לא נכל | לממללא | עמך טב או ביש: |
| 432 | | Dt18:20 | לחוד נבייא די יזיד | לממללא | פתגם בשם ממרי ית מה די לא |
| 433 | לממללה | Nu12:08 | ומן בגלל מה לא דחלתון | לממללה | בעבדי במשה: |
| 434 | | Ex 5:23 | זמנא דאתית לוות פרעה | לממללה | בשם ממרך אבאש לעמא האלין |
| 435 | | Nu22:38M | מיכול ניכול | לממללה | כל מנדעם פת' |
| 436 | | Gn18:29M | \תוב למתמללה /עוד | לממללה#2#/ | עימיה ואמר מה/הא#2#/ |
| 437 | | Gn24:45 | אנא קדם עד לא אשלמת | לממללה | עם לבי והא רבקה נפקת |
| 438 | | Dt20:08 | ויוספון סרכייה | לממללה | עם עמא ויימרון מן הוא |
| 439 | | Dt20:09 | כד ישלמון סרכייה | לממללה | עם עמא וימנון רברבניה |
| 440 | | Gn34:06 | אבוי דשכם לוות יעקב | לממללה | עמה: |
| 441 | | Ex34:34M | קדם ייי | למללה/לממללה#2#/ | עמה הוה מעבר ית |
| 442 | | Gn37:04 | וסנין יתיה ולא יכלין | לממללה | עמיה מלין דשלם: |
| 443 | | Ex34:35M | אפוי עד מעלה | למתמללה/לממללה#2#/ | עמיה: |
| 444 | | Nu 7:89 | משה עלל למשכן זימנא | לממללה | עמיה הוא שמע ית קל דבירה |
| 445 | | Ex29:42 | ייי דאזמן לכון תמן | לממללה | עמך תמן: |
| 446 | | Ex10:28 | אזיל מעלוי לא תוסיף | לממללה | קדמ' תוב חד מאילן מליה |
| 447 | | Dt 3:26M | לך לא תוסף | למללה/<ל>ממל<לה>#2#/ | \קדמי תוב /עמי |
| 448 | אתמלל etpaal | Nu12:02M | ייי הלא אוף עמן | מלל/אתמלל#2#/ | ושמיע קדם ייי: |
| 449 | | Nu22:08 | יתכון פתגם היך מה די | אתמלל | מן קדם ייי עמי ושרון |
| 450 | | Nu23:17 | עימיה ואמר ליה בלק מן | אתמלל | מן קדם ייי: |
| 451 | | Lv 1:01 | לא סלקית ליה עד זמן די | אתמלל | עמי מן קדם ייי משכן זמנא |
| 452 | | Lv 1:01 | ניעול לגויה עד זמן די | אתמלל | עמיה מן קדם ייי בכן קרא |
| 453 | ית' | Nu23:17M | ואמר ליה בלק מן | אתמלל/ית'#2#/ | מן קדם ייי: |
| 454 | יתמלל | Ex20:19 | מלל את עמן ונשמע ולא | יתמלל | עמן מן קדם ייי ולא נמות: |
| 455 | דאית' | Gn24:33M | אנה אכל עד זמן | דאמלל/דאית'#2#/ | מליי ואמר מלל: |

|  |  | |  | | | |
|---|---|---|---|---|---|---|
| 456 | למתמללה | | Gn18:29 | ואוסף תוב | למתמללה | עימיה ואמר מה דילמא |
| 457 | | | Nu22:19 | יוסיף מן קדם ייי | למת{ל}«מ»ללה | עמי: |
| 458 | | | Ex34:35 | על אפוי עד מעלה | למתמללה | עמיה: |

## מלל *n.* speech [311]

|  |  | |  | | | |
|---|---|---|---|---|---|---|
| 001 | מלל | s ab/cn | Gn34:03 | עם לבה {ו}<ד>רביתיה | מלל | דשלם: |
| 002 | | | Ex 4:15M | /הווי עם מלל פמך ועם | מלל | פומיה ואורי יתכון#2#/ ית |
| 003 | | | Ex 4:15M | ואלף יתכון /הווי עם | מלל | פמך ועם מלל פומיה ואורי |

See also: מאלל *n.*

## מללו *v.n.* speaking [311]

|  |  | |  | | | |
|---|---|---|---|---|---|---|
| 001 | במללות | s ab/cn | Ex33:16M | הלא \בדברות איקר | /במללות | יקר#2#/ שכינת«ך» עמן |
| 002 | במללותהון | s em/sf | Gn50:17M | יוסף \במלל | יתיה/במללותהון#2#/ | עמה: |
| 003 | במללותי | | Ex19:09 | מן בגלל דישמעון עמא | במללותי | עמך ואף בנבואתך משה |
| 004 | במללותיה | | Gn50:17 | דאבוך ובכה יוסף | במלל {י}<ו>תיה | עמה: |
| 005 | | | Ex34:29 | זיו איקרהון דאפוי | במללותיה | עמיה: |
| 006 | במללותיהון | | Ex 7:07 | בר תמנין ותלת שנין | במללותיהון | עם פרעה: |
| 007 | במללותכון | | Dt 5:28M | \בזמנה דמללתון עמי | /במללותכון | עמי#2#/ ואמר מימרה |

## מלפן *n.* teacher [311]

|  |  | |  | | | |
|---|---|---|---|---|---|---|
| 001 | מלפניהון | p em/sf | Nu20:10 | שמעו כען עמה דמלפין | מלפניהון | די צרכו למילף הא מן כיפה |
| 002 | מלפניכון | | Nu20:10M | עמה דמלפין | מלפניהון/<מלפני>כון#2#/ | די צרכו למילף |

## מלפפון *n.* a type of melon [305 [מילפפון]

|  |  | |  | | | |
|---|---|---|---|---|---|---|
| 001 | מלפפונייה | s em/sf | Nu11:05M | וית בטיחיה /קטייה | מלפפונייה | וית כרת#2#/ וית כרתיה |

## מלקו *n.* corporal punishment [311]

|  |  | |  | | | |
|---|---|---|---|---|---|---|
| 001 | מלקות | s ab/cn | Dt25:03M | /אליין#2#/ \מחה רבה | /מלקות | יתירה#2#/ ויתבזי אחוך |

## מלקוש *n.* late rain [311]

|  |  | |  | | | |
|---|---|---|---|---|---|---|
| 001 | מלקוש | s ab/cn | Dt32:02 | על דתי עשביה וכרסיסי | מלקוש | דסלקין ומרווין צמחה דארעא |

## מלקט *n.* snuffer [311]

|  |  | |  | | | |
|---|---|---|---|---|---|---|
| 001 | מלקטה | s em/sf | Nu 4:09 | וית בוצינה וית | מלקט{ט}ה | וית מחתת«ה» וית כל מני |
| 002 | מלקטיה | | Nu 4:09M | וית | מלקט{ט}ה/מלקטיה#2#/ | וית מחתת«ה» |
| 003 | ומלקטה | | Ex25:38M | ומלקט«יה»/ומלקטה#2#/ | | ומחתיתה דהב דכי |
| 004 | | | Ex37:23 | ועבד ית בוצינא שבעה | ומלקטה | ומחתיתה דהב דכי: |
| 005 | ומלקטיה | p em/sf | Ex25:38 | | ומלקט«יה» | ומחתיתה דהב דכי יעבד |

## מלרע *adv.* ⇐ מן לרע

## ממון *n.* money [311]

|  |  | |  | | | |
|---|---|---|---|---|---|---|
| 001 | ממון | s ab/cn | Gn37:26 | ואמר יהודה לאחוי מה | ממון | אנן מתהניין ארום נקטול ית |
| 002 | | | Lv24:12 | דהווה דיניהון דיני | ממון | במקושה דחלל שובתה בזידנו |
| 003 | | | Nu 9:08 | דהוון דיניהון דיני | ממון | במקושה דחלל שבתה בזידנו |
| 004 | | | Nu27:05 | דהוון דיניהון דיני | ממון | במקושה דחליל שבתה בזדנו |
| 005 | | | Nu15:34M | דהוון דיניהון דיני | ממון | ובאליין ובאליין אמ׳ לא |
| 006 | | | Nu15:34 | דהוה דיניהון דיני | ממון | ובמקושה דחלל ש«ו»בתה |
| 007 | | | Lv24:12M | זריזין בדיני | ממונה/ממון#2#/ | ו{מ}מתינין בדיני |
| 008 | | | Dt17:08 | לאדם דקטולין בין דיני | ממון | לדיני נפשן בין מכתש צרעתה |
| 009 | | | Nu35:32 | ולא תקבלון | ממון | למערקה לקורי שיזובותה |
| 010 | | | Nu35:31 | ולא תקבלון | ממון | על נפש דקטול דהוא חייב |
| 011 | דממון | | Dt10:17 | בדינה ולא מקבל שחוד | דממון: | |
| 012 | | | Dt16:19M | ולא תסבון שוחד | דממון | |
| 013 | | | Dt16:19 | בדינה ולא תקבלון שחוד | דממון | ארום שוחדה מסמי עייני |
| 014 | | | Dt23:20 | לא תוזף לאחוך זפו | דממון | זפו דכסף זפו לכל מילה די |
| 015 | | | Ex21:30 | אין קנס | דממון | ישתוי עליי ויתן פרקון |
| 016 | | | Ex23:08M | ושחד לא תקבלון /ושחד\ | דממון | לא תסביה#2#/ ארום שוחדא |
| 017 | | | Nu35:32M | תסבון ש{ה}<ח>וד/ | דממון | למערוק לקרתה דשזבה#2#/ |
| 018 | | | Dt27:25M | נפיש /דמקבל שחוד | דממון | למקטול נפש#2#/ אדם |
| 019 | ממונא | s em/sf | Dt17:08M | בין דיני נפשא לדיני | ממונא | בין מכתש סגיר למכתש חליט |
| 020 | | | Ex18:21 | גברין קושטנין סניין | ממונא | {{דשיקרא}} ותשוי עליהון |
| 021 | | | Nu15:34 | די הוון זריזין בדיני | ממונא | ומתינין בדיני נפשן דלא |
| 022 | | | Nu27:05 | די הוון זריזין בדיניה | ממונא | ומתינין {בדיני} בדיניה |
| 023 | ממונה | | Gn14:12 | ונסבו ית לוט וית | ממונה | בר אחוי דאברם ואזלו והוא |
| 024 | | | Lv24:12M | נפשתה וזריזין בדיני | ממונה | דלא יבהתון למימר לא |
| 025 | | | Nu15:34M | נפשתה וזריזין בדיני | ממונה | דלא יבהתון למימר לא |
| 026 | | | Gn14:16 | וחזר ית כל | ממונה | ואף ית לוט בר אחוי |
| 027 | | | Gn36:06 | כל נפשתא דביתי׳ וית | ממונה | וית כל בעיריה וית כל |
| 028 | | | Lv24:12 | דיהוון זריזין בדיני | ממונה | ו{מ}מתינין בדיני נפשתה |
| 029 | | | Nu 9:08M | למהוון זריזין בדיני | ממונה | ומתי׳ |
| 030 | ממונהון | | Nu16:32M | וית כל#2#~ | מה דלהון/ממונהון#2#/: | |
| 031 | | | Nu31:09 | כל קניינהון וית כל | ממונהון | בזזו: |
| 032 | | | Gn14:11 | ונסבו ית כל | ממונהון | דסדם ודעמרה וית כל |
| 033 | | | Gn12:05 | לוט בר אחוי וית כל | ממונהון | דיקנין וית נפשתה די |
| 034 | ממוניה | | Gn31:18 | ית כל בעירא וית כל | ממוניה | די קנה נכסוי וקניינוי די |
| 035 | ממוניהון | | Nu35:03M | /ולניכסיהון ולכל | ממוניהון#2#/: | |
| 036 | | | Gn46:06 | ונסבו ית קניינהון וית | ממוניהון | די קנון בארעא דכנען |
| 037 | | | Gn34:29 | וית כל | ממוניהון | וית כל ספליהון וית |
| 038 | | | Gn36:07 | ארום הוה | ממוניהון | סגיא מן למישרי כחדא ולא |
| 039 | | | Gn13:06 | למשרי כחדה ארום הוה | ממוניהון | סגין ולא הוון יכלין |
| 040 | ממוניכון | | Dt 6:05 | נפש{ו}<י>כון ובכל | ממוניכון: | |
| 041 | וממונה | | Gn14:16 | ואף ית לוט בר אחוי | וממונה | חזר ואף ית נשי׳ וית עמה: |
| 042 | | | Gn14:21 | לאברם הב לי נפשתא | וממונה | סב לך: |
| 043 | וממוניהון | | Gn34:23 | קנינהון | וממוניהון | וכל בעירהון הלא דידן |
| 044 | ולממונהון | | Nu35:03 | לבעיריהון | ולממונהון | ולכל קניינהון: |
| 045 | ממוניה | p em/sf | Nu 9:08 | די הווין זריזין בדיני | ממוניה | ומתינין בדיני נפשתה דלא |

## ממזר *n.* bastard [311]

|  |  | |  | | | |
|---|---|---|---|---|---|---|
| 001 | ממזר | s ab/cn | Dt23:03 | לא ייעול | ממזר | בקהל כנשתה דייי לחוד דר |

## ממלל *n.* speech [312]

|  |  | |  | | | |
|---|---|---|---|---|---|---|
| 001 | ממלל | s ab/cn | Ex 6:12 | ישמע מני פרעה ואנה חגר | ממלל: | |
| 002 | | | Dt34:10 | דייי ממלל כל וקבל | ממלל: | |
| 003 | | | Ex 4:10 | מן קדמיך ייי לא גבר מרי | ממלל | אנה לא מן דאתמול ולא מן |
| 004 | | | Ex 4:10 | ארום חגר פ{ס}<ם> חגר | ממלל | אנה: |
| 005 | | | Ex33:11 | ייי עם משה ממלל לקבל | ממלל | היך מה דממלל גבר עם חבריה |
| 006 | | | Dt34:10 | די חכם יתיה מימריה דייי | ממלל | כל וקבל ממלל: |
| 007 | | | Ex33:11 | ומלל ייי עם משה | ממלל | לקבל ממלל היך מה דממלל גבר |
| 008 | | | Nu12:08 | | ממלל | לקבל ממלל <מללית> עמיה |
| 009 | | | Dt 5:04 | | ממלל | לקבל ממלל מלל ייי עמכון |
| 010 | | | Dt 5:04 | ממלל לקבל | ממלל | מלל ייי עמכון בטורה מן גו |

|  |  |  |  |  |  |
|---|---|---|---|---|---|
| 011 | | Nu12:08 | ממלל לקבל | ממלל | <מללית> עמיה בחזוין ולא |
| 012 | | Ex 4:15 | עם ממלל פ{פ}מך ועם | ממלל | פמה ואלף יתכון ית מה די |
| 013 | | Ex 4:12 | ואנה עם ממרי אהיה עם | ממלל | פמך ואלף יתך ית די תמלל: |
| 014 | | Ex 4:15 | {אלה} «אהוי» עם | ממלל | פ{פ}מך ועם ממלל פמה ואלף |
| 015 | וממלל | Gn11:01 | כל דיירי דארעא לשן חד | וממלל | חד ובלשן בית קדשה הוון |

## substance *n.* ממש

[312]

|  |  |  |  |  |  |
|---|---|---|---|---|---|
| 001 | ממש s ab/cn | Dt32:17 | טעוות שדיה דלית בהון | ממש | טעוון די לא חכמו יתהון |

## manna *n.* מן

[313]

|  |  |  |  |  |  |
|---|---|---|---|---|---|
| 001 | מן s ab/cn | Ex16:35M | ישראל אכלו \ית | מנה/מן#2#/ | ארבעין שנין עד |
| 002 | | Lv15:06M | ודיתיב על | מנא/מן#2#/ | די יתיב עלוי דיבה |
| 003 | מנא s em/sf | Ex16:35 | לארעא תותבותיהון ית | מנא | אכלו עד מיעליהון לסייפי |
| 004 | | Ex16:15 | {ואמרין} גבר לאחוי | מנא | הוא ארום לא הון ידעין משה |
| 005 | | Nu21:06 | דמצרים ואחתת להון | מנא | מן שמייא ואסקת להון בירא |
| 006 | מנה | Ex16:35 | ובני ישראל אכלו ית | מנה | ארבעין שנין עד מיעליהון |
| 007 | | Dt 8:16 | די אייכל יתכון | מנה | במדברה די לא חכמו אבהתכון |
| 008 | | Dt 1:01 | ית ארעא דכנען ועל עסק | מנה | די אמרתון נפשן מעיקה בלחמה |
| 009 | | Dt 8:03 | יתכון ואייכל יתכון ית | מנה | די לא חכמתון ולא חכימן |
| 010 | | Nu21:06 | למתרעמא קדמיי על עסק | מנה | דמיכלי קליל ייתי חויה דלא |
| 011 | | Ex16:33 | חדא והב בגווה מלא עמרא | מנה | ואצנע יתה קדם ייי לשהדותא |
| 012 | | Ex16:31 | וקרון בני ישראל ית שמיה | מנה | והוא כזרע דכסבר חיור |
| 013 | | Dt32:10 | שנין במדברה אחת להון | מנה | מן שמיא אסק להון באר' מן |
| 014 | | Nu11:09 | טלא על משכנה בליליה הוה | מנה | נחת עלוי: |
| 015 | מנתא | Ex16:35M | /משרוייהון#2#/ ית | מנא/מנתא#2#/ | אכלו עד מיעליהון |
| 016 | מנתה | Dt 1:01M | לארעא דישראל ובגין | מנתה | דאמרתון דנפ' |
| 017 | | Dt 8:03M | ואייכל יתכון ית | מנה/מנתה#2#/ | די לא חכמתון ולא |
| 018 | | Nu11:06M | תליין בה /אלהן | מנתה | הדה דעיינינן חמיין#2#/: |
| 019 | דמנה | Dt 2:06 | מזבון מן לוותהון בכסף | דמנה | נחית לכון מן שמיא ולהוד |
| 020 | ומנה | Nu11:07 | | «ומנה» | כזרע כסבר הוא ועינה |

## מן #2 *n.* ⇐ מאן

## who *pron.* מן

[316]

|  |  |  |  |  |  |
|---|---|---|---|---|---|
| 001 | מאן | Gn48:08 | ית בנוי דיוסף ואמר | מאן | אינון אליין: |
| 002 | | Gn19:12M | אית לך הכה חתנך /עוד | מאן | אית לך הכא חתניך#2#/: |
| 003 | | Gn20:16M | דצדיקא ליליא חד ולכל | מאן | \דהוה עמיך/דעמיך#2#/ ועל |
| 004 | | Gn45:01 | יכל יוסף למסוברא לכל | מאן | דהוה קיים עלוי ואכרז ואמר |
| 005 | | Ex22:19 | | מאן | דמדבח קדם טעוון אחרניין |
| 006 | | Dt 4:25M | מן דעם#2#/ ותעבדון | מה/מאן#2#/ | דסני ומרחק קדם/ית#2#/ |
| 007 | | Gn 3:11 | ואמר | מאן | תני לך ארום ערטיליי את הא |
| 008 | מן | Nu22:09 | דייי על בלעם ואמר | מן | אינון גברייה האליין די עמך: |
| 009 | | Dt 3:24 | וית גבורת ידך תקיפתה די | מן | אלה כוותך דאיקר שכינתך |
| 010 | | Ex 3:11 | ואמר משה קדם ייי | מן | אנה ארום אזל לוות פרעה |
| 011 | | Gn40:07 | דרבונה למימר מן בגלל | מן | אפיכון בישן יומא הדין: |
| 012 | | Gn24:23 | ואמר ברת | מן | את תניין כען לי האית בביתה |
| 013 | | Gn24:47 | ושאלית יתה ואמרת לה ברת | מן | את ואמרת ברת בתואל בר |
| 014 | | Gn27:18M | \הנני מה את /הא אנא | מן | את#2#/ ברי: |
| 015 | | Gn27:32 | ואמר לה יצחק אבוי | מן | את ואמר אנה ברך בוכרא |
| 016 | | Gn32:18 | עשו אחוי וישאלונך למימר | מן | את אתי ולאן את אזל ולמן |
| 017 | | Gn30:31M | ואמר | מה/מן#2#/ | אתן לך ואמר יעקב לא |
| 018 | | Ex21:12 | | מן | ד ימחי לגבר וימות מתקטלא |
| 019 | | Ex24:14 | והא אהרן וחור עמכון | מן | דאית עסק דין דמלין יקרב |
| 020 | מן | Ex32:24M | ואמרית להון | מן | דאית ליה דהב פריקו ואייתון |
| 021 | | Gn21:33 | אכלו ושתו והוה אמר להון | מן | דאמר והוה עלמא אתון אכלין |
| 022 | | Ex 3:14 | כדין תאמר לבני ישראל | מן | דאמר והוה עלמא מן שרויא |
| 023 | | Ex16:17 | כדן בני ישראל ולקטו | מן | דאסגו ומן דזער: |
| 024 | | Ex16:18 | ואכילו בעמרא ולא שייר | מן | דאסגי ומן דאזער לא חסר גבר |
| 025 | | Dt33:20 | משה נביא דייי ואמר בריך | מן | דאפתי תחומה דגד נייח ושרי |
| 026 | | Nu15:33 | ואקרבו יתיה | מן | דאשכחו יתיה מגבב קיסין לוות |
| 027 | | Gn44:16 | לריבוני לחוד אנן לחוד | מן | דאשתכח כלידא בידיה: |
| 028 | | Ex32:26 | משה בתרע משריתה ואמר | מן | דדחל מן קדם ייי ייתי לוותי |
| 029 | | Nu35:22 | דחף יתיה או טלק עלוי כל | מן | דהוא דלא בכמנה: |
| 030 | | Gn 2:09 | גנתה ואילן דעתה דכל | מן | דהוה אכל מנה ידע למפרשה בין |
| 031 | | Gn 2:17 | ומן אילן דעתה דכל | מן | דהוה אכל מינה ידע למפרשה |
| 032 | | Gn35:02 | יעקב לאנשי ביתיה ולכל | מן | דהווה עמיה עברו ית פלחנא |
| 033 | | Nu21:09M | ושווי יתיה והווה כל | מן | דהווה מנכית בחווייה הוה |
| 034 | | Lv25:28 | לה ויהווי זבונה ביד | מן | דזבן יתיה עד שתה דיובלה |
| 035 | | Lv25:50 | ויחשב עם | מן | דזבן יתיה מן שתה דאזדבן לה |
| 036 | | Nu11:32 | דבתריה וכנשו ית סלווי | מן | דזער אסף עשרה כורוון ושטחו |
| 037 | | Ex32:33 | ואמר ייי למשה | מן | דחטא קדמיי אמחק יתיה מן ספר |
| 038 | | Ex 9:20 | | מן | דחל מן קדם ייי מן שליטוי |
| 039 | | Ex33:19 | מכלת טובי קדמיך ואחוס על | מן | דחמי למחוס וארחם על מן דחמי |
| 040 | | Ex33:19 | מן דחמי למחוס וארחם על | מן | דחמי למרחמה: |
| 041 | | Lv24:12 | יהוון קטלין בפריע ית | מן | דחמי ליה למתקטלה בדינה |
| 042 | | Nu 9:08 | דלא יהוון קטלין בפריע ית | מן | דחמי לה מתקטלה בדינה ולא |
| 043 | | Nu15:34 | יהיון קטולין בפריע ית | מן | דחמי ליה למתקטלה בדינה דלא |
| 044 | | Nu27:05 | דלא יהוון קטלין בפריע ית | מן | דחמי ליה למתקטלה בדינה ולא |
| 045 | | Dt22:08 | זכיי לגו בייתך דלא יפול | מן | דחמי לה למיפל מניה: |
| 046 | | Dt25:01 | ית זכייה ויחייבון ית | מן | דחמי ליה למחייבה: |
| 047 | | Lv24:23 | בני ישראל ואפיקו ית | «מן» | דחרף לבר מן משריתה ורגמו |
| 048 | | Gn 4:15 | סימן דלא יקטול יתיה כל | מן | די יארע יתיה: |
| 049 | | Gn31:32 | גב | מן | די תשכח ית {{טעותך ימות}} |
| 050 | | Gn31:32M | \גב מן /עם כל | מן#2#/ | די תשכח ית {{טעותך |
| 051 | | Gn44:09 | ית | מן | די ישתכח לוותיה מן עבדך |
| 052 | | Gn44:10 | כדון כמליכון כן הוא ית | מן | די ישתכח לוותה יהווי לי עבד |
| 053 | | Ex20:07 | ייי ביום דינא רבא ית | מן | די יסב שמה דייי אלהיה |
| 054 | | Ex22:08 | יעלא מלי תריהון ית | מן | די יחייבון דייניא ישלם |
| 055 | | Ex35:24 | ית אפרשותה דייי וכל | מן | די אשתכח לוותיה אעי שטין |
| 056 | | Lv11:32 | או לבוש או משך או סק כל | מן | די יתעבד עבידה בהון במיא |
| 057 | | Lv11:39 | בעירה די יהוי לכון למיכל | מן | די יקרב בנבלתה יסתאב עד |
| 058 | | Lv14:30 | או מן גוזלייה בני יווניה | מן | די תארע ידה: |
| 059 | | Lv15:04 | ידמך עלוי דיבה יסתאב וכל | מן | די יתיב עלוי יסתאב: |
| 060 | | Lv15:10 | וכל דיקרב בכל | מן | די יהווי תחתוי יסתאב עד |
| 061 | | Lv15:20 | ברחוק נדתה יסתאב וכל | מן | די תתב עלוי יסתאב: |
| 062 | | Lv15:22 | וכל | מן | די יקרוב בכל מן די תתב עלוי |
| 063 | | Lv15:22 | וכל מן די יקרוב בכל | מן | די תתב עלוי יחוור לבושוי |
| 064 | | Lv15:26 | כמדמוך נדתה יהוי לה וכל | מן | די תתב עלוי מסאב יהווי |
| 065 | | Nu33:54 | זעירין תזער אחסנתיה לכל | מן | די יפוק לה תמן עדווה דידיה |
| 066 | | Dt 2:14 | עבדי קרבה מן משריתה היך | מן | די קיים ייי להון: |
| 067 | | Dt 5:11 | ייי ביום דינה רבה ית | מן | די יסב ית שמה דייי קדישה |
| 068 | | Lv 6:20M | <....> וית \די ידי | מן/ | דידי#2#/ עלוי /יתקדש ודי |
| 069 | | Nu16:05 | קדישוי ויקרב לוותיה וית | מן | די«י»תרעי ליה וקרב |
| 070 | | Lv18:29 | ארום כל | מן | דיעבד מן כל מרחקתה האליין |
| 071 | | Gn15:04 | לא ירת יתך דן ארום אלהן | מן | דיפוק מן מעיך הוא ירת יתך: |
| 072 | | Gn26:11 | אבימלך ית כל עמא למימר | מן | דיקרב בגברא הדין ובאיתתיה |

073 Lv19:14 תלי׳ ית מה דלא שמע וקדם מן דלא חמי לא תתן תקלה ותדחלון
074 Gn27:29 דלבן דהוא אחוי דאמך מ{ה}<ן> דלייט יתך יהוי לייט
075 Nu24:09M "... יהווי ליט": לקבליהון מן דלייט יתהון יהווי לייט
076 Gn 3:24 דחיין היא אורייתא לכל מן דלעי בה ונטר פקודיה הוי חי
077 Nu24:09 אומה ומלכו דתקום לקב׳ מן דמברך יתהון יהווי מברך ומן
078 Gn12:03 ואברך ית מן דמברכך יתך ומן דלאיט יתך
079 Lv14:07 וידכי על מן דמדכי מן צרעתה שובעה זימנין
080 Lv14:08 ויתחוור מן דמדכי ית לבו«שוי» ויספר
081 Lv14:19 כהנא ית חטאתה ויכפר על מן דמדכי מן סאבתה ומן בתר כן
082 Lv14:31 על מנחתה ויכפר כהנא על מן דמדכי קדם ייי:
083 Ex22:05 קמתא או חקלא משלמא ישלם מן דמוקד ית יקדתיה:
084 Ex23:07 דשקרין תהוון רחקין וכל מן דמזכי בדינא לא תקטלון ארום
085 Ex21:19 על מרדניתא ויזדכי{ה} מן דמחה יתה לחוד אגר בטלוניה
086 Lv24:14 אסק ית מן דמחרף לבר מן משריתה ויסמכון
087 Nu11:18M \מן יוכל יתן /הוה לן מן דמייכל ית#2#/ בשר ארום טב
088 Nu19:10 ויחוור מן דמכנש ית קטמא דתורתה ית
089 Nu16:05 למימר בצפרה וידע ייי מן דמן דידה וית קדישוי ויקרב
090 Ex31:14 שבתה ארום קדש הוא לכון מן דמפ{ם}<ס> יתיה מתקטלה יתקטל
091 Dt23:24M "פירוש ... בפומכון": מן דמפק מן פומכון תיטרון
092 Lv27:15 ואן מן דמקדש יפרוק ית בייתיה ויוסף
093 Lv27:19 ואן מפרוק יפרוק ית חקלה מן דמקדש יתה ויוסף חמש כסף
094 Lv 7:18 תליתיה לא יתקבל ברעוה מן דמקרב יתיה לא יתחשב לה פסיל
095 Lv 7:29 מלל עם בני ישראל למימר מן דמקרב ית נכסת קודשוי לשמה
096 Lv 7:33 מן דמקרב ית נכסת קודשוהי וית
097 Nu 7:12 והוה מן דמקרב ביומא קדמיה ית קרבניה
098 Nu15:04 ויקרב מן דמקרב קרבניה קדם ייי מנחה
099 Dt22:27 צווחת רביתה דמארשא ולית מן דמשיזיב יתיה:
100 Dt28:29 וגזילין כל יומייה ולית מן דמשיזיב:
101 Nu31:20 וכל לבוש וכל מן דמשך וכל עבד דמעזי וכל מן
102 Ex15:01 נודי ונשבח קדם ייי דכל מן דמתגאי קדמוי הוא במימרי
103 Nu24:19 מן דבית יעקב וישיצי מן דמתחייב מן כרכה חייבא היא
104 Nu25:04 קדם ייי ויהוון דיינין כל מן דמתחייב קטלה יצלבון יתיה על
105 Dt17:06 על פם תלתה סהדין יתקטל מן דמתחייב להתקטלה לא יתקטל
106 Gn50:14 מצרימה הוא ואחוי וכל מן דסלק עמיה למקבר ית אבוי בתר
107 Dt 7:25M דלא תתקלון בהון ארום סני/מן דסני#2#/ ומרחק קדם ייי
108 Dt18:12M ארום סני/מן דסני#2#/ ומרחק קדם ייי \
109 Dt23:19M "מרחקה מן קדם": מן דסני ומרחק ק׳
110 Nu15:29 חדה יהווי לכו{ל}«ן» מן דעבד בשלו:
111 Lv 9:22 על עמה וברך יתהון ונחת מן דקרב חטאתה ועלתה ונכסת
112 Lv24:14 לבר מן משריתה ויסמכון ית מן דשמעון י{ד}<ת> ידיהון על
113 Gn 9:06 מן דשפך אדמיה דבר נש על ידי
114 Ex33:07 ליה משכן זימנא והוה כל מן דתבע אולפן מן קדם ייי נפק
115 Gn 3:24M חייא היא אוריית׳ כל מן {ה}<ד>נטר יתה בעלמא הדין
116 Gn24:65 ואמרת לעבדא מן הוא דא גברא דאתי באפיה ברא
117 Ex 4:02M ואמר ליה ייי מה/מ{י}ן#2#/ הוא ^דאן#2#^ בידך
118 Ex 5:02 ית ישראל לית פרעה ידע מן הוא ייי וית ישראל לית אנה
119 Ex 5:02 ואמר פרעה מן ^הוא#2#^ ייי די אשמע בקליה
120 Dt20:05 וימללו סרכיה עם עמא למימר מן הוא דן גברא דבנה בית חדת
121 Dt20:08 לממללה עם עמא ויימרון מן הוא גברא דדחל מן חובוי
122 Ex10:08 פלחו קדם {ר֗}ייי אלהכון מן ומן אנון אזלין:
123 Nu11:18 במשמעה דייי למימר אלווי מן יוכל יתן בשר ארום טב הוה לן
124 Gn21:07 ואמרת אלווי מן ייזיל ותני בבייתיה דנחור
125 Nu24:23 במתל נבותה ואמר אלוויי מן ייחי ביומיא האינון כד ישווי
126 Nu11:04 בני ישראל ואמרין אלווי מן ייכל יתן בשר:
127 Dt30:13M יחות לעמקוי דימה רבה /מן ייעיבר לנא מעיבר לימה רבה
128 Nu23:10 מן יכיל למימני עולימיהון דבית
129 Nu23:10 מברכין כעפרא דארעא או מן יכיל מסכום חדה מן ארבעתי
130 Dt 9:02 אתון חכמתון ואתון שמעתון מן יכיל למיקם קדם בנוי דענק
131 Dt30:12M "לווי ...": מן יסק לן לשמיא היך משה
132 Nu11:29 משה הא מקנא את לי אלווי מן יתן כל עם דייי נביין ארום
133 Dt 5:29 לווי מן יתן ויהוי לבה שלמה
134 Dt28:67 רמשה וברמשה תהוון אמרין מן יתן דייתי צפרא מן פחדא
135 Dt28:67 בצפרא תיהוון אמרין לווי מן יתן וייתי רמשה וברמשה תהוון
136 Ex15:11 מן כוותך באילי מרומא ייי מן
137 Ex15:11 מן כוותך באילי מרומא ייי מן כוותך הדור בקדושה דחיל
138 Dt33:29 טוביכון ישראל מן כוותכון עם דפרקניהו׳ קריב
139 Nu22:06M וית \מה די את לייט /מן לאט#2#/ הווי/יהוון#2#/
140 Gn33:08 ואמר מן לך כל משריתא הדא די ארעת
141 Gn31:01M ית /דאית לאבונן ומן {מן} <מה> דאית לאבונן תקף
142 Ex16:03M \אלוי "מי יתן" /לווי מן#2#/ מותנו קדם ייי בארעא
143 Nu22:16 בר צפור לא כען תתמנע מן מייתי לוותי:
144 Ex 2:18 אבוהון ואמר {בגלל מן} <מן בגלל> מה אוחיתון למיתי
145 Gn21:20 ורבה ושרא במדברא והוי מן מתילף מרמי בקשתא:
146 Gn21:26 ואמר אבימלך לא ידעית מן עבד ית פתגמא הדין ואף את לא
147 Dt21:01 ומטלק באפי ברה לא אתודע מן קטיל יתיה:
148 Dt21:01M לית אנן ידעין מן קטל
149 Gn43:22 למזבן מזון לא ידעינן מן שוי כספא בטעוננא:
150 Ex 2:14 <ואמר> מן שוי יתך לגבר רב ושליט עלינן
151 Ex 4:11 ואמר ייי למשה מן שוי <פם> לבר נשא או מן שוי
152 Ex 4:11 מן שוי <פם> לבר נשא או מן שוי אלמין או חרשין או

במן

153 Lv10:03 די מליל ייי למימר במן דמקרב לוותי אתקדש ובאפי כל

דמן

154 Gn38:25 לא ואנה איתמר לי כען דמן אינון עזקתה ושו{ת}<ש>פא
155 Lv14:32 דא אורייתא גזירת דמן דבה מכתש צרעה די לא ארעת
156 Lv14:25 ויתן על רום אדניה דמן דמדכ׳ דימינה ועל אליון
157 Lv14:14 ויתן כהנא על רום אדנה דמן דמדכי דימינה ועל אליון
158 Lv14:17 כהנא «על רום אדנה» דמן דמדכי דימינה ועל אליון
159 Lv14:18 דכהנא יתן על ראשיה דמן דמדכי ויכפר עלוהי כהנא קדם
160 Lv14:28 על כף ידיה על רום אדנה דמן דמדכי דימינה ועל אליון
161 Lv14:29 דכהנא יתן על ראשה דמן דמדכי למכפר׳ עלוי קדם ייי:
162 Lv27:08 על פם די תארע ידיה דמן דנדר יעלי יתי כהנה:
163 Nu35:33 בה ארום אלהין באדמה דמן דשפך יתיה:

ומן

164 Ex10:08 קדם {ר֗}ייי אלהכון מן ומן אנון אזלין:
165 Ex16:18 ולא שייר מן דאסגי ומן דאזער לא חסר גבר לפם
166 Gn 7:23 ארעא ואשתיר לחוד נח ומן דהוה עמיה בתיבותה:
167 Ex16:17 ישראל ולקטו מן דאסגו ומן דזער:
168 Gn 4:16 היך פירי גנתא דעדן ומן דחטא וקטל להבל חזרת למהוי
169 Ex 9:21 ומן די לא שוי לבא לפתגמוי דייי
170 Ex21:16 ומן די יגנב גבר ויזבן יתיה
171 Lv11:28 ומן די יטעון ית נבלתהון יחוור
172 Lv11:36 כנשת מיין יהווי דכי ומן די יקרב בנבלתהון יסתאב:
173 Lv11:40 ומן די ייכול מן נבלתה יחוור
174 Lv14:47 ומן די ידמוך בביתה יחוור ית
175 Lv14:47 בביתה יחוור ית לבושוי ומן די יאכול בביתה יחוור ית
176 Lv15:07 ומן די יקרב בבשרה דדיבה יחוור
177 Lv22:04 ייכול עד זמן די ידכי ומן די יקרוב בכל טמא נפש בר נש
178 Lv24:16 ומן די יפרש שמיה דייי בגדפין
179 Lv24:18 ומן די קטל נפש דבעיר ישלם יתה
180 Lv24:21 ומן די קטול בעיר ישלם יתה ומה

|  |  |  |  |  |  |
|---|---|---|---|---|---|
| 181 | | Nu19:21 | מי אדיה יחוור לבושוי | ומן | די יקרוב במי אדיה יהווי |
| 182 | | Lv14:46 | | ומן | דייעול לגו ביתה כל יומין |
| 183 | | Ex21:15 | | ומן | דימחי לאבוי ולאמה מתקטלה |
| 184 | | Gn12:03 | ואברך ית מן דמברכך יתך | ומן | דלאיט יתך יהוי ליט |
| 185 | | Nu24:09 | דמברך יתהון יהווי מברך | ומן | דלייט יתהון יהווי ליט: |
| 186 | | Gn27:29 | לייט כבלעם בר בעור | ומן | דמברך יתך יהוי מברך כמשה |
| 187 | | Nu19:21 | ותיהוי להון לקיים עלם | ומן | דמדי מי אדיה יחוור לבושוי |
| 188 | | Lv16:28 | | ומן | דמוקד יתהון יחוור לבושוי |
| 189 | | Nu19:08 | | ומן | דמוקד יתה יחוור לבושוי |
| 190 | | Lv16:26 | | ומן | דמשלח ית צפירה לעזאזל |
| 191 | | Dt20:06 | | ומן | הוא גברא די נצב כרם ולא |
| 192 | | Dt20:07 | | ומן | הוא גברא די אריש אתה ולא |
| 193 | ולמן | Gn32:18 | מן את אתי ולאן את אזל | ולמן | אלין אנון די קדמיך: |
| 194 | למאן | Ex23:22M | יתכון /ימלל ואסני | למאן | דסני יתכון ומעיק למאן |
| 195 | | Ex23:22M | למאן דסני יתכון ומעיק | למאן | דעיק יתכון#2/: |
| 196 | למן | Gn21:33M | יתהון למיתן שבחא | למרי/למן | דברא#2/ עלמא ופלח וצלי |
| 197 | | Nu36:06 | {דצפל} דצלפחד למימ' | למן | דשפר באפהון יהויין לנשין |
| 198 | | Nu11:20M | קודמוי למימר | למה/<ל>מן#2/ | כען נפקינן מן ארעא |
| 199 | | Nu 5:07 | יוסף עלוי ויתן | למן | דאתחייב ליה: |
| 200 | | Ex32:24 | ואמר להון {לאן לכון} | <למן> | דהבא פרקו יתיה והבו יתיה |
| 201 | | Gn43:16 | עמהון ית בנימן ואמר | למן | דהוה ממני אפיטרופו«ס» על |
| 202 | | Gn44:01 | ופקיד | למן | דהוה ממנא אפיטרופוס על |
| 203 | | Gn44:04 | לא ארחקו ויוסף אמר | למן | דהוה אפיטרופוס על בייתיה |
| 204 | | Lv27:24 | למן דזבן יתיה מן לוותה | למן | דהווה דידיה אחסנות ארעא: |
| 205 | | Lv25:30 | די בקרתה דלה שור לחלטו | למן | דזבן יתיה לדרוי לא יפוק |
| 206 | | Lv27:24 | בשתה דיובילה תחזור חקלה | למן | דזבן יתיה מן לוותה למן |
| 207 | | Lv14:04 | ויפקד כהנא ויסב | למן | דמדכה תרתין צפירין חיין |
| 208 | | Dt 5:11M | "רבה ... על מגן": | למן | דמשתבע בשקר בשמה ומשקר |
| 209 | | Ex23:22 | כל מה די ימלל ואסני | למן | דסני יתכון ואעיק למן דעיק |
| 210 | | Ex23:22 | למן דסני יתכון ואעיק | למן | דעיק יתכון: |
| 211 | | Lv 5:24 | וחומשוי יוסף עלוי | למן | הוא דידיה יתן יתיה ביומא |

## מן#2 *pron.* what

[317]

|  |  |  |  |  |  |
|---|---|---|---|---|---|
| 001 | מן | Nu23:17 | עימיה ואמר ליה בלק | מן | אתמלל מן קדם ייי: |
| 002 | ומן | Lv14:29 | | ומן | דמשתייר מן משחא די על ידוי |

Some of the other examples listed under מן pron., 'who', that correspond to 'what' in the Hebrew, such as 006 and 011, may well belong here, but it is impossible to be certain because of the exegetical nature of the text.

## מן *prep.* from

[313]

|  |  |  |  |  |  |
|---|---|---|---|---|---|
| 001 | מ' | Lv25:48M | פרוק יהווי לה לחד | מ'#2/ | אחוי יפרוק יתיה: |
| 002 | מין | Ex13:10M | למיהון עבדין יתיה | מין | אלין יומין לאלין ירחין |
| 003 | | Gn49:10 | לא פסקין מלכין | מין | דבית יהודה ואף לא ספרין |
| 004 | | Dt25:02M | אי{ת}<ן> | מין | דינה למלקי רשיעה |
| 005 | | Lv25:33M | מן ליווייה/ודי דיפרוק | מין | ליוואי{'}#2/ ויפוק זבונה |
| 006 | | Dt 3:17 | שפוע בית רמתה | מין | מדנחה: |
| 007 | | Ex 7:21M | מצריי למשתי מיא | מן/מין#2/ | נהרא והות אדמה בכל |
| 008 | מן | Nu24:24 | עמהון לגיונין סגין | מן | <....> וישעבדון אתורייה |
| 009 | | Gn13:07 | מפקדים הוון רעווי דאברם | מן | אברם רבוניהו' למימר לא |
| 010 | | Nu34:11 | ונחת תחומה | מן | אפמיה לדפני מן מד«י»נחה |
| 011 | | Gn 4:10 | דהון עתידין למיקום | מן | הבל אחוך צווחין עלך קדמי |
| 012 | | Gn41:57 | עלו למצרים למזבן עיבור | מן | יוסף ארום תקף כפנא בכל |
| 013 | | Gn26:35 | ולא מקבלן אולפן לא | מן | יצחק ולא מן רבקה: |

|  |  |  |  |  |
|---|---|---|---|---|
| 014 | Lv22:27M | וזכה למקבלה סדר ברכתה | מן | יצחק אבוי ולמקמה תרי עשר |
| 015 | Ex12:15 | ותשתיצי אנשא ההוא | מן | ישראל מן יומא קדמייה עד |
| 016 | Nu21:06 | ית עמא ומיתו עם סגין | מן | ישראל: |
| 017 | Nu25:04 | יחזור תקוף רוגזה דייי | מן | ישראל: |
| 018 | Dt19:13 | ותבערון שפוכי אדמה זכייה | מן | ישראל וטב לכון: |
| 019 | Dt22:22 | ואתתה ותבערון עבדי בישתה | מן | ישראל: |
| 020 | Gn23:08 | קבילו מני ובעון לי | מן | עפרון בר צוחר: |
| 021 | Gn23:11 | קבילו מני ובעון לי | מן | עפרון בר צוחר: ויזבן לי |
| 022 | Gn26:35 | אולפן לא מן יצחק ולא | מן | רבקה: |
| 023 | Nu24:07 | ישלטון באומין סגין יתקף | מן | שאול {רחם} <דחס> על אגג |
| 024 | Gn12:04M | הוה בזמנה די נפק | מחרן/מן#2/: | |
| 025 | Nu34:05M | מפ<ק>נו{ק}י | למערבה/מן | |
| 026 | Dt 8:14M | דפרק ואפיק יתכון פריקין | מן | |
| 027 | Dt 2:08 | בגבלה מן אורח משרה | מן | אילת ומן כרך תרנגולה |
| 028 | Ex16:01 | ונטלו | מן | אלים ואתון כל כנישתא דבני |
| 029 | Nu23:07 | ונטל במתל נבותה | מן | ארם דבר יתי בלק מלכיהון |
| 030 | Nu21:24 | דחרב וירתו ית ארעיה | מן | ארנונה עד יבקה עד |
| 031 | Gn28:10 | אבונן יעקב בזמנא די נפק | מן | באר שבע למיזל לחרן: |
| 032 | Gn46:05 | וקם יעקב | מן | באר שבע וטענו בני ישראל |
| 033 | Dt33:22 | שתייה מן מבועיה דנפקין | מן | בותניין: |
| 034 | Gn37:25 | דסרקין דסרקע«ין» אתיא | מן | גלעדה וגמלהון טעונין שעווה |
| 035 | Dt 3:16 | ודבנוי דגדי יהבית | מן | גלעדה ועד נחל ארנונה אמצע |
| 036 | Gn26:26 | ואבימלך אתיה לוותיה | מן | גרר וסיעא מן רחמוי ופיכל |
| 037 | Nu33:13 | ונטלו | מן | דפקה ושרון באלוש: |
| 038 | Gn25:18 | ושרון | מן | הנדין עד הלוצה די כל קבל |
| 039 | Gn19:30 | וסלק לוט | מן | זער ושרא במערתא הוא ותרתין |
| 040 | Dt 1:19 | ונטלן | מן | חורב והלכנן ית כל מדברה |
| 041 | Nu11:35M | נטלו עמה | בחצרות/מן | חצ#2/ והוון |
| 042 | Nu12:16 | נביאתה מן צרעתה נטלו עמה | מן | חצרות ושרון במדברה דפארן: |
| 043 | Gn29:04 | אחי מן אן אתון ואמרין | מן | חרן אנן: |
| 044 | Nu21:28 | בערין היך אשתא נפקו | מן | חשבון עבדי קרב כשלהביתה |
| 045 | Nu21:28M | מלך חציף הי' אשא נפק | מן | חשבון וליגיונין עבדי קרבא |
| 046 | Nu21:30 | ופסקת מלכו | מן | חשבון ושלטון מן דיבון |
| 047 | Nu34:08 | | מן | טוורוס מ{{י}} נוס תכוונון |
| 048 | Dt 2:36 | | מן | לחיית די על נחל ארנונה |
| 049 | Dt 3:12 | הדא ירתינן בשעתה ההיא | מן | לחיית די על גיף נחל |
| 050 | Gn10:30 | והוה משרוייהו' | מן | מישא מעלך לספריא טורי |
| 051 | Dt 4:46 | ישראל באפקותהון פריקין | מן | מצרי': |
| 052 | Gn47:30 | לוות אבהתי ותסב יתי | מן | מצריים ותקבר יתי |
| 053 | Gn42:03 | יוסף עשרה למז{ד} בן עבור | מן | מצרים: |
| 054 | Ex 3:10 | עמי בני ישראל לפרוקין | מן | מצרים: |
| 055 | Ex 3:11 | אסק ית בני ישראל פרוקין | מן | מצרים: |
| 056 | Ex 6:27 | למפקה ית בני ישראל | מן | מצרים הוא משה ואהרן: |
| 057 | Ex12:30M | "בית ... מיתין": בייתֹ | מן | מצרים די לא הוה ביה מית |
| 058 | Ex12:39 | קדם עד לא חמע ארום אטרדו | מן | מצרים ולא יכלו למסוברא ואף |
| 059 | Ex12:39 | ית חמיעה דדהון דאפיקו | מן | מצרים חוררן דפטירין |
| 060 | Ex13:08 | קרבינן באפקותן פריקין | מן | מצרים: |
| 061 | Ex13:09 | אפיק יתכון ייי פריקין | מן | מצרים: |
| 062 | Ex13:16 | תקיפא אפק יתן ייי פריקין | מן | מצרים: |
| 063 | Ex13:16M | מן /פרק ואפק יתן | מן#2/ | מצרים: |
| 064 | Ex14:11 | דא דעבדת לנא למפקה יתן | מן | מצרים: |
| 065 | Ex18:01 | אפק ייי ית ישראל פריקין | מן | מצרים: |
| 066 | Ex23:15M | "ממצרים ... ריקם": | מן | מצרים עמי בני ישראל לית |
| 067 | Ex32:11M | ארעא דמצרים בחיל«ך» | /מן | מצרים בחיילך#2/ רבה |

|  |  | | | |
|---|---|---|---|---|
| 068 | Ex34:18 | דאביבה> נפקתון פריקין | מן | מצרים: |
| 069 | Nu11:20M | /אתפקית} <את אפקת> יתן | מן | מצרים#2#/: |
| 070 | Nu14:19 | די סובלת לעמא האליין | מן | מצרים ועד כדון: |
| 071 | Nu20:05 | ולמה כען אסקתון יתן | מן | מצרים למיעל יתן לאתרה בישה |
| 072 | Nu20:16 | וש«י»ז{{ו}}ב יתן | מן | מצרים והא אנן ברקם קרתה |
| 073 | Nu21:05 | למה כען אסקתון יתן | מן | מצרים למקטלה יתן במדברא |
| 074 | Nu21:06M | מזונה אפקית עמי פריקין | מן | מצרים#2#/ ואחתת/את#2#/ |
| 075 | Nu22:05 | למימר הא עם סגין נפקו | מן | מצרים והא כסון ית חזווה |
| 076 | Nu22:11 | הא עם סגין נפקו | מן | מצרים וכסון ית חזווה דארעא |
| 077 | Nu24:08 | אלה די אפק יתהון פריקין | מן | מצרים תקפה ותושבחתה |
| 078 | Nu32:11 | אם יחמון גבריה די סלקו | מן | מצרים מן בר עשרין שנין |
| 079 | Dt 4:20 | יתכון מן כורה דפרזלה | מן | מצרים למהווי לשמה דייי לעם |
| 080 | Dt 4:37 | בתוקפיה בחיילה רבה | מן | מצרים: |
| 081 | Dt 4:45 | ישראל באפקותהון פריקין | מן | מצרים: |
| 082 | Dt 6:21 | ופרק ואפק יתן פריקין | מן | מצרים ביד תקיפה: |
| 083 | Dt 9:12 | עובדהון די אפקת פריקין | מן | מצרים סטון בפריע מן ארחה |
| 084 | Dt 9:26 | די פרקת בתוקפך די אפקת | מן | מצרים ביד תקיפה: |
| 085 | Dt16:06 | בזמן אפקותהון פריקין | מן | מצרים: |
| 086 | Dt23:05 | בזמן אפקותכון פריקין | מן | מצרים ודי אגרו עליכון ית |
| 087 | Dt24:09 | בזמן אפקותכון פריקין | מן | מצרים: |
| 088 | Dt25:17 | בזמן אפקותכון פריקין | מן | מצרים: |
| 089 | Dt26:08 | ופרק ואפק יתן ייי פריקין | מן | מצרים בידה תקיפה ובאדרע |
| 090 | Ex15:23 | ולא יכלו למשתי מיא | מן | מרה ארום מרירין אינון בגין |
| 091 | Nu33:09 | ונטלו | מן | מרה ואתון לאילם ובאילם |
| 092 | Gn36:36 | ומית הדד ומלך בתרה שמלה | מן | משרקה: |
| 093 | Dt33:02 | ואמר ייי | מן | סיני אתגלי למתן אוריתה |
| 094 | Nu33:06 | ונטלו | מן | סכות ושרון באיתם די בסיפי |
| 095 | Gn 2:10 | ונהר הוה נפק | מן | עדן למשקייה ית גנתא ומן |
| 096 | Nu33:45 | ונטלו | מן | עיין ושרון בדיבון גד: |
| 097 | Lv27:18 | שתה דיובילה ויתמנע | מן | עלויה: |
| 098 | Gn25:20 | רבקה ברת בתואל ארמאה | מן | פדן אחתיה דלבן ארמאה ליה |
| 099 | Gn35:09 | יעקב זמן תנינות במיתייה | מן | פדן ארם וברך יתיה: |
| 100 | Gn35:09M | כד איתגליון עלוי במתייה | מן | פדן ארם אורחיה דעלמא כד |
| 101 | Nu33:05 | ונטלו בני ישראל | מן | פילוס{ופ}ין ושרון בסוכות: |
| 102 | Ex12:37 | <ונטלו> בני ישראל | מן | פילוסין סכותה כשתין |
| 103 | Nu33:03 | ונטלו | מן | פילוסין בירחא קדמיה |
| 104 | Gn10:19 | והוה תחומהון דכנעיא | מן | צידון מעלך לגררה עד עזה |
| 105 | Nu33:42 | ונטלו | מן | צלמונה ושרון בפונון: |
| 106 | Dt 2:23 | עד עזה קפוטקייה די נפקו | מן | קפו{קד}<דק>ייא שיצון יתהון |
| 107 | Nu33:20M | ונטלו מרמן פרץ/מן | | רמן< פרץ>#2#/ ושרון |
| 108 | Ex19:02 | ונטלו | מן | רפידים ואתון למדברא דסיני |
| 109 | Nu20:14 | ושלח משה שליחין | מן | רקם לוות מלכיהון |
| 110 | Nu20:22 | ונטלו | מן | רקם ועלו בני ישראל כל |
| 111 | Nu32:08 | אבהתכון כד שלחת יתהון | מן | רקם דגיעה למיחמי ית ארעא: |
| 112 | Dt 2:14 | וימיא די הלכנן | מן | רקם דגיעה עד זמן די עברנן |
| 113 | Dt 9:23 | וכד שלח מימרה דייי יתכון | מן | רקם דגיעה למימר עולו |
| 114 | Lv26:06M | רשות חיותה בישתה | מן | |
| 115 | Dt24:22M | הוויתון בארעא/מן | | א'#2#/ דמצרים בגין |
| 116 | Dt30:05 | וייטב לכון ויסגי יתכון | מן | אבהתכון: |
| 117 | Gn19:36 | ועברין תרתין בנתיה דלוט | מן | אבוהון: |
| 118 | Nu20:21 | מעילויהון דהוון מפקדין | מן | אבוהון דבשמיא דלא לסדרה |
| 119 | Lv21:03M | דקריבה לוותיה/ליה | מן | אבוי#2#/ די לא אתנסבה |
| 120 | Nu24:03 | דפעור אמר גברא דיקיר | מן | אבוי מה דאכסי מן כל נבואה |
| 121 | Nu24:15 | ברה בעור אמר גברה דיקיר | מן | אבוי מה דאתכסי מן כל נביאיה |
| 122 | Lv18:09M | אמך מן גבר/דילידת | מן | אבוך או מה דיילדת מן |
| 123 | Lv18:11M | אחתך היא/דילידת | מן | אבוך חתך היא#2#/ לא תבזי |
| 124 | Gn19:32 | חמר ונשמש עמה ונקים | מן | אבונן בנין: |
| 125 | Gn19:34 | ועולי ושמש עמה ונקיים | מן | אבונן בני«ן»: |
| 126 | Gn19:34M | /אזדמני לוותה ונקיימה | מן#2#/ | אבונן בני«ן»: |
| 127 | Gn35:09 | אלפת יתן למבקרא ית בישיא | מן | אבונן אברהם צדיקא כד |
| 128 | Gn35:09M | יתן למיברכה ית אבליה | מן | אבונן יעקב צדיקא כד |
| 129 | Gn35:09 | יתן למנחמה ית אבליה | מן | אבונן יעקב צדיקא אורחיה |
| 130 | Gn28:11 | טמעת ליה שמשא תמן ונסב | מן | אבנוי דאתרא ושוי תחות אסדי |
| 131 | Gn28:11M | שמשה ונסיב ארב' אבנין | מן | אבני אתרא קדישא ההוא |
| 132 | Ex22:12M | /מתקטלה יתקטל יתיה ליה | מן | אברוי שהד#2#/ קטילא לא |
| 133 | Lv 2:09M | כהנא ית מנחתה | יח/מן#2#/ | אדכרתה ויסדר על גבי |
| 134 | Gn 2:22 | ייי אלהים ית אלעא די נסב | מן | אדם לאתה ואייתי יתה לות |
| 135 | Gn18:01 | משכניה בתקפה דיומא מתחמם | מן | אדם גזירתיה במיח' יומא: |
| 136 | Gn35:09 | יתן למברכה לחתנה ולכלתה | מן | אדם וזוגיה ועוד אלפת יתן |
| 137 | Ex30:10M | יזדמן בכל שנה | מן | אדם חטאת כיפורייה יזדמן |
| 138 | Ex30:10 | על קרנתה חדא זמן בשתא | מן | אדם חטאתה דכיפוריה חדא זמן |
| 139 | Dt32:42 | וחרבי תתכל בבשרהון | מן | אדם קטיליהון דעמי ושביהון |
| 140 | Lv 4:17 | ויצבע כהנא ית אצבעיה | מן | אדמ' וידי שבעה [זמנין] קדם |
| 141 | Ex12:22 | שקופא ועל תרתין מזוזתייא | מן | אדמא די במנה ואתון לא |
| 142 | Ex29:12 | ותסב | מן | אדמא ותתן על קרנתה דמדבחא |
| 143 | Ex12:07 | ויסבון | מן | אדמה ויתנון על תרתין |
| 144 | Ex12:22M | שקופה ועל תרתין מזוזיתא | מן | אדמה די במנא |
| 145 | Ex29:21 | ותסב | מן | אדמה די על גבי מדבחא ומן |
| 146 | Lv 4:07 | ויתן כהנא | מן | אדמה על קרנתיה דמדבחה דקטרת |
| 147 | Lv 4:16 | וייתי כהנא דמתרבי | מן | אדמה דתורא למשכן זמנא: |
| 148 | Lv 4:25 | ויסב כהנא | מן | אדמה דחטאתה באצבעיה ויתן על |
| 149 | Lv 4:30 | ויסב כהנא | מן | אדמה באצבעיה ויתן על קרנתיה |
| 150 | Lv 4:34 | ויסב כהנא | מן | אדמה דחטאתה באצבעיה ויתן על |
| 151 | Lv 5:09 | וידי | מן | אדמה דחטאת' על כתלא דמדבחא |
| 152 | Lv 6:20M | עלוי /יתקדש ודי ידי | מן | אדמה על לבוש ודי ידי |
| 153 | Lv 6:23 | וכל חטאתה די יתעל | מן | אדמה למשכן זימנה למכפרה בגו |
| 154 | Lv 8:23 | ונכס ונסיב משה | מן | אדמה ויהב על רום אדנה |
| 155 | Lv 8:24 | ית בנוי דאהרן ונסב משה | מן | אדמה על רום אדניהון דימינה |
| 156 | Lv14:14 | ויסב כהנא | מן | אדמה דאשמה ויתן כהנא על רום |
| 157 | Lv14:25 | אמרה~דאשמה ויסב כהנא | מן | אדמה~ דאשמה ויתן על רום |
| 158 | Lv16:14 | ויסב | מן | אדמה וידי באצבעה על אפי |
| 159 | Lv16:14 | כפרתה ידי{ה} שבעה זמנין | מן | אדמה באצבעיה: |
| 160 | Lv16:18 | קדם ייי ויכפר עלוי ויסב | מן | אדמה דתורא ומן אדמה דצפירה |
| 161 | Lv16:19 | וידי עלוי | מן | אדמה באצבעה שבעה זמנין |
| 162 | Nu19:04 | כל קבל אפי משכן זימנה | מן | אדמה שובעה זמנין: |
| 163 | Nu19:04 | ויסב אלעזר כהנא | מן | אדמה באיצבעי ויידי כל קבל |
| 164 | Nu21:15M | ונג{ר}<ד>ו נחלייה | מן | אדמהון ולחיית קרתה |
| 165 | Dt32:42 | ארווי גיריין | מן | אדמהון וחרבי תתכל בבשרהון |
| 166 | Ex29:20 | ותכוס ית דיכרא ותסב | מן | אדמיה ותתן על רום אודנה |
| 167 | Nu21:15 | גיבריהון ושטפו נחליה | מן | אדמיהון ולא הוון ידעין נסיה |
| 168 | Gn 2:07 | וברא ייי אלהים ית אדם עפר | מן | אדמתא ונפח בנחירוי נשמ' |
| 169 | Gn 2:09 | ורבי ייי אלהים | מן | אדמתא כל אילן דיאי למחמי |
| 170 | Gn 2:19 | וברא ייי אלהים | מן | אדמתא כל חיתא דאפי ברא וית |
| 171 | Nu31:50 | דדהבה מן ראשיהון קדישין | מן | אדנ«י»הון שישלין מן |
| 172 | Dt16:13 | יומין במכנשיכון עבורה | מן | אדרא וחמרא מן מעצרתה: |
| 173 | Nu15:20 | אפרשו כאפרשות עבורה | מן | אדרה ו{ת}<ח>מרה מן מעצרתה |
| 174 | Nu18:27 | אפרשותכון כאפרשות עיבורא | מן | אדרה וחמרה מן מעצרתה: |
| 175 | Nu18:30 | ללוויי כאפרשות עיבורא | מן | אדרה וחמרה מן מעצרתה: |

|  |  | | | |
|---|---|---|---|---|
| 176 | Dt15:14 | מזודא תזוויד ליה מן ענ׳ | מן | אדרך ומן מעצרתך מן מה די |
| 177 | Nu31:50 | שישלין מן צואריהון קטלין | מן | אדרעיהון שירין מן ידיהון |
| 178 | Nu31:50M | מן אצבעתיהון ועקיליה | מן | אדרעיהון ומעוכייה מן |
| 179 | Dt11:14M | \עבוריכון וחמריכון | /מן | א{ו}<י>דריכון וחמריכון מן |
| 180 | Dt33:03 | סגין לא נייחין ולא שדכין | מן | אולפן אורייתה והא אינון |
| 181 | Lv20:24 | ייי אלהכון דאפרשית יתכון | מן | אומייה: |
| 182 | Lv20:26 | אנה ייי ואפרשית יתכון | מן | אומייה למהווי לשמי: |
| 183 | Dt 2:08 | ^אליין#2^ דשריין בגבלה | מן | אורח משרה מן אילת ומן כרך |
| 184 | Dt 9:16 | עגל מסכה סטיתון בפריע | מן | אורחא דפקיד מימרה דייי |
| 185 | Dt13:06 | עבדייה {{למיטעי}} יתכון | מן | אורחא די פקד יתכון ייי |
| 186 | Ex 2:11 | גבר מצריי מחי לגבר עברי | מן | אחוי: |
| 187 | Lv21:10 | וכהנא דמתרבי | מן | אחוי די יתארק על ראשה מן |
| 188 | Lv25:48 | יזדבן פרקון תיהוי ליה חד | מן | אחוי יפרוק יתיה: |
| 189 | Dt17:20 | דלא יתקף ליבביה | מן | אחוי ודלא יסטי מן מצוותה |
| 190 | Dt24:07 | ישתכח גבר ג{ב}<נ>ב נפשא | מן | אחוי מן בני <ישראל> |
| 191 | Dt15:03M | תהון דחקין ודי יהווי לך | מן | אחוך |
| 192 | Dt17:15 | גבר בר עממין די לא | מן | אחוכון בר ישראל הוא: |
| 193 | Dt 1:16M | "תהוון ... דקשט": שמועו | מן | אחיכון ותדונון יתהון בקשוט |
| 194 | Dt15:07 | ולא תקפצון ית ידיכון | מן | אחיכון מסכינייה: |
| 195 | Dt15:07 | יהוי ביניכון מסכינין חד | מן | אחיכון בחדה מן קורייכון |
| 196 | Dt18:15 | נבי מן ביניכון | מן | אחיכון כוותי יקים לכון ייי |
| 197 | Dt24:14 | דאגירה דמסכינה וצריכה | מן | אחיכון או מן גיוריכון די |
| 198 | Nu36:03 | לנשים ותתמנע אחסנתהון | מן | אחסנות אבהתן ותתוסף על |
| 199 | Nu35:08 | וקוריאן די תתנון | מן | אחסנתהון דבני ישראל |
| 200 | Lv25:25 | וארום יתמסכן אחוך ויזבן | מן | אחסנתיה וייתי קריביה דקריב |
| 201 | Ex10:28M | חד \מאילן מלייה קשייתא | /מן | אי׳ מילין קשיין#2#/ ברם |
| 202 | Lv 5:04 | והוא <ידע> ויתחייב לחדא | מן | אילין: |
| 203 | Gn 3:17 | שמעת לקלה דאתתך ואכלת | מן | אילנ׳ די פקדת יתך למימר לא |
| 204 | Gn 3:12 | די שוית עמי היא יהבת לי | מן | א«י»לנא ואכלית: |
| 205 | Lv26:36M | טרפה דנתר | מן | אילנה ויערקון מערוקי דחרב |
| 206 | Gn21:15 | וטלקת ית טליא תחות חד | מן | אילניא: |
| 207 | Dt33:17 | דקטל יהושע בר נון | מן | אימוראי דהוא מן שבטה דבנוי |
| 208 | Ex18:11 | הוא לי ארום תקוף הוא ייי | מן | אלהייא ורבון על כל רבוניא |
| 209 | Lv19:14 | חמי לא תתן תקלה ותדחלון | מן | אלהכון כדן אמר ייי: |
| 210 | Lv25:17 | תונון גבר לחבריה ותדחלון | מן | אלהכון ארום אנה ייי אלהכון: |
| 211 | Lv25:36 | שערין ורביין ותדחלון | מן | אלהכון ויחי אחוך עמך: |
| 212 | Lv25:43 | תשתעבד בה בקשיו ותדחלון | מן | אלהכון: |
| 213 | Nu22:15M | שליחין רברבין ותקיפין | מן | אליין#2#/: |
| 214 | Gn10:05 | | מן | אלין אתפרשו נסי אומיא |
| 215 | Lv 2:08 | ותיתי ית מנחתא די יתקרב | מן | אלין לשמה דייי ויקרב יתה |
| 216 | Lv 5:05 | ויהוי ארום יתחייב לחדא | מן | אלין ויתוודי על מה דאתחייב |
| 217 | Lv 5:13 | חובתיה די אתחייב מן חדא | מן | אלין וישתרי וישתביק ליה |
| 218 | Nu22:15 | שליחין סגין ומ«י»קרין | מן | אלין: |
| 219 | Gn 3:11 | לך ארום ערטילי את הא | מן | אלנא די פקדת יתך דלא תאכל |
| 220 | Gn 2:21 | לה ונסב חדא {עלא} אלעא | מן | אלעוי ושוי בשר תחותה: |
| 221 | Nu31:05 | ואתחילו | מן | אלפיה דישראל אלף מן כל שבט |
| 222 | Lv19:03M | "באיקריה דאבוי ודאימיה": | מן | אמה ומן אבוי |
| 223 | Ex12:05 | דכר בר שתא יהווי לכון | מן | אמריא ומן גדייא בני עזיא |
| 224 | Ex29:39 | ית חד | מן | אמריה תקרבון בצפרא וית אמרא |
| 225 | Lv 1:10 | ואם מן ענה קרבני׳ | מן | אמריה או מן גדיא דבני עזיה |
| 226 | Nu28:04 | ית חד | מן | אמריה תקרבון בצפרא וית אמרא |
| 227 | Lv22:19M | ובעזייה /דכר מן תוריה | מן | אמרייה ומן גדי עזייה#2#/: |
| 228 | Gn29:04 | ואמר להון «יעקב» אחי | מן | אן אתון ואמרין מן חרן אנן: |
| 229 | Gn42:07 | מלין קשין ואמר להון | מן | אן אתי{ה}<ת>ון ואמרין מן |

|  |  | | | |
|---|---|---|---|---|
| 230 | Ex 5:11 | אתון אזלו סבו לכון תבן | מן | אן די תשכחון ארום לא מתמנע |
| 231 | Nu31:30 | תסב חד תליש מן חמשין | מן | אנשא ומן תוריה ומן חמריא |
| 232 | Ex28:42 | דבוץ למכסיה בשר ערותהון | מן | אסר חרציהון ועד ירכתהון |
| 233 | Nu31:50 | שירין מן ידיהון עזקין | מן | אצבעתהון {מעזקין}<מעוכין> |
| 234 | Nu31:50M | <...> וקדשיה <...> ועזקיה | מן | אצבעתיהון ועקיליה מן |
| 235 | Lv24:12 | דן חד | מן | ארבעה דינין דקמו קדם משה |
| 236 | Nu 9:08 | ואמר להון דן חד | מן | ארבעה דינין דקמו קדם משה |
| 237 | Nu15:34 | דן חד | מן | ארבעה דינין דקמו קדם משה |
| 238 | Nu27:05 | דן חד | מן | ארבעה דינין דקמו קדם משה |
| 239 | Nu23:10 | או מן יכיל מסכום חדה | מן | ארבעתי טכסי משריתה דבני |
| 240 | Ex32:08 | סטון בפריע | מן | ארחא די פקדת יתהון עשו להם |
| 241 | Nu22:23 | בי{ה}<ד>יה וסטת אתנתה | מן | ארחה והלכת באפי ברא ומחת |
| 242 | Dt 9:12 | מן מצרים סטון בפריע | מן | ארחה דפקדית יתהון עבדו להון |
| 243 | Dt11:28 | דייי אלהכון ^ותסטון | מן | ארחה טבתה^ די אנה מפקד |
| 244 | Dt31:29 | ארום מחבלה תחבלון ותסטון | מן | ארחה די פקדת יתכון ותארע |
| 245 | Dt29:21 | ובר עממיה דייתי | מן | ארע רחיקה ויחמון ית מחוותה |
| 246 | Gn 2:06 | וענן הוה סלק | מן | ארעא ומשקי ית כל אפי ארעא: |
| 247 | Gn 4:10 | אחוך צווחין עלך קדמי | מן | ארעא: |
| 248 | Gn 4:11 | וכדון ליט תהוי קין | מן | ארעא די פתחת ית פומ^ה#2#^ |
| 249 | Gn 5:29 | ביש׳ ומן גזל ידינן | מן | ארעא די אתליטת במימר מן קדם |
| 250 | Gn 7:23 | עד עוף שמיא ואשתצון | מן | ארעא ואשתיר לחוד נח ומן |
| 251 | Gn10:11 | | מן | ארעא ההיא נפק אתוריא ובנה |
| 252 | Gn21:21 | ונסבת ליה אימיה איתה | מן | ארעא דמצרים: |
| 253 | Gn31:13 | לי תמן נדר כדון קום פוק | מן | ארעא הדא וחזור לארעא |
| 254 | Gn36:34 | בר זרח ומלך בתרה חשם | מן | ארעא דרומא: |
| 255 | Gn40:15 | ארום מתגנבא אתגנבת | מן | ארעא דעברייי ואף הכה לא עבדת |
| 256 | Gn42:07 | מן אן אתי{ה}<ת>ון ואמרין | מן | ארעא דכנען למזבן מזון: |
| 257 | Gn44:08 | {יתיה} לוותך בקדמיתא | מן | ארעא דכנען והיך כדין נגנב |
| 258 | Gn45:19 | אתפקדת דא עבדו סיבו לכון | מן | ארעא דמצרים עגלן לטפליכון |
| 259 | Gn47:01 | וכל מה דלהו«ן» אתון | מן | ארעא דכנען והא אינון |
| 260 | Gn47:15 | ושלם כספא | מן | ארעא דמצרים ומן ארעא |
| 261 | Gn49:25 | ברכת מבועי תהומא דסלקין | מן | ארעא מן לרע בריכין דדיא |
| 262 | Gn50:24 | טביא ויסק יתכו«ן» | מן | ארעא הדא לארעא די קיים |
| 263 | Ex 1:10 | עליהון מלך ויסקון להון | מן | ארעא: |
| 264 | Ex 3:08 | דמצרייה ולמסקא יתכון | מן | ארעא הדא לארעא טבא ופתיא |
| 265 | Ex 6:01 | ובידא תקיפא יטרוד יתהון | מן | ארעא: |
| 266 | Ex 6:13 | ית בני {ית בני} ישראל | מן | ארעא: |
| 267 | Ex 6:26 | אפקו ית בנוי דישראל | מן | ארעא דמצרים על חילותיהון: |
| 268 | Ex 9:15 | עמך במותאנא ותשתיצי פרעה | מן | ארעא: |
| 269 | Ex12:17 | אפקית ית חיילתכון פרוקין | מן | ארעא דמצרים ותטרון ית יומא |
| 270 | Ex12:33 | עמא למזורזא למשלחה יתהון | מן | ארעא ארום אמרו אן שהין אנון |
| 271 | Ex12:41 | כל חילוותה דייי פריקין | מן | ארעא דמצריי׳: |
| 272 | Ex12:42 | דבני ישראל פריקין | מן | ארעא דמצרים ברם ארבעה |
| 273 | Ex12:51 | ייי ית בני ישראל פריקין | מן | ארעא דמצרים על |
| 274 | Ex13:18 | סלקו בני ישראל פריקין | מן | ארעא דמצרים: |
| 275 | Ex16:32 | באפקותי יתכון פריקין | מן | ארעא דמצרים: |
| 276 | Ex19:01 | דבני ישראל פריקין | מן | ארעא דמצרים היך זמן יומא |
| 277 | Ex20:02 | פרקת ואפקת יתכון פריקין | מן | ארעא דמצרים מן בית עבדי: |
| 278 | Ex32:01 | דן משה גברא די אסק יתן | מן | ארעא דמצרים לית אנן ידעין |
| 279 | Ex32:07 | חבלו עמך די אפיקת פריקין | מן | ארעא דמצרים: |
| 280 | Ex32:11 | בעמך די אפקת פריקין | מן | ארעא דמצרים בחיל«ך» רבה |
| 281 | Ex32:23 | ארום דין משה די אפק יתן | מן | ארעא דמצרים לית אנן ידעין |
| 282 | Ex33:01 | את ועמא די אסקת פריקין | מן | ארעא דמצרים לארעא די קיימת |
| 283 | Ex34:22M | \במכנשכון ית עללתכון | מן | ארעא#2#/: |

284 Lv11:45 ה׳ די אפקת יתכון פריקין מן ארעא דמצרים למהוי {למהוי}
285 Lv19:36 די אפק יתכון פריקין מן ארעא דמצרים:
286 Lv22:33 דפרקת ואפקת יתכון פריקין מן ארעא דמצרים למיהוי במימרי
287 Lv23:43 בזמן אפקותהון פריקין מן ארעא דמצרים אנה הוא ייי
288 Lv25:38 די אפקת יתכון פריקין מן ארעא דמצרים למיתן לכון ית
289 Lv25:42 אפקית ית{כ}<ה>ון פריקין מן ארעא דמצרי' לא יזדבנון
290 Lv25:55 די אפקת יתהון פריקין מן ארעא דמיצרים אנה ייי
291 Lv26:06 דמתילן בחיוות ברא מן ארעא וחרב דשני לא תעבר
292 Lv26:13 די פרקית יתכון פריקין מן ארעא דמצרים למיהוי להון
293 Lv26:45 ודי אפקת יתהון פריקין מן ארעא דמצרים לעיני אומייה
294 Nu 1:01 דבני ישראל פריקין מן ארעא דמצרים למימר:
295 Nu 9:01 דבני ישראל פריקין מן ארעא דמצ«ר»ים בירחא
296 Nu11:20 למימר למה כען נפקינן מן ארעא דמצרים:
297 Nu15:41 די פרקת ואפקת יתכון מן ארעא דמצרים למיהוי לכון
298 Nu16:13 זעירא היא ארום אסקת יתן מן ארעא עבדה פירין טבין נקיין
299 Nu22:06 יתהון ואטרוד יתהון מן ארעא ארום ידע אנה ^ית
300 Nu23:22 אלהא דאפיק יתהון מן ארעא דמצרים די תוקפא
301 Nu26:04 ובני ישראל דנפקו פריקין מן ארעא דמצרים:
302 Nu33:01 ישראל די נפקו פריקין מן ארעא דמצרים לחילוותהון
303 Nu33:38 דבני ישראל פריקין מן ארעא דמצרים בירחא חמישיה
304 Dt 6:12 דייי דאפיק יתכון פריקין מן ארעא דמצרים מן בית שעבוד
305 Dt 8:14 דייי אלהכון דאפיק יתכון מן ארעא דמצרים מן בית שעבוד
306 Dt 9:07 למן יומא דנפקתון פריקין מן ארעא דמצרים עד מיעלכון עד
307 Dt13:06 אלהכון דאפק יתכון פריקין מן ארעא דמצרים ודי פ«ר»ק
308 Dt13:11 אלהכון דאפק יתכון פריקין מן ארעא דמצרים מן בית שעבוד
309 Dt16:01 יתכון ייי אלהכון פריקין מן ארעא דמצרים בלליא ועבד
310 Dt16:03 בבהילו נפקתון פריקין מן ארעא דמצרים מן בגלל
311 Dt16:03 ית יומא דנפקתון פריקין מן ארעא דמצרים כל יומי
312 Dt20:01 עמכון דאפיק יתכון פריקין מן ארעא דמצרים:
313 Dt29:24 באפקותיה יתהון פריקין מן ארעא דמצרים:
314 Dt32:01 דהוה קריב לשמיא ורחיק מן ארעא אמר לשמיא אציתו ולארעא
315 Ex11:10 ולא שלח ית בני ישראל מן ארע{א}יה:
316 Ex 1:10M קרב ויתרך יתן וניסוק מן ארעה#2/:
317 Dt 5:06 ואפקית יתכון פריקין מן ארעה דמצרים מן בית שעבוד
318 Dt 2:05 קרבה ארום לא אתן לכון מן ארעהון עד מדרס כפה דרגלה
319 Dt 2:09 קרבה ארום לא אתן לכון מן ארעהון ירתו ארום לבנוי
320 Dt 2:19 סדרי קרבה ארום לא אתן מן ארעהון דבני עמוניי לכון
321 Ex 6:11 וישלח ית בני ישראל מן ארעיה:
322 Gn12:01 ואמר ייי לאברם אזל לך מן ארעך ומן תל{(וד)}<דו>ותך
323 Dt26:02 כל פירי ארעא די תייתון מן ארעכון דייי אלהכון יהב לכון
324 Gn19:14 בנתיה ואמר קומו פוקו מן א{רת}<תר>א הדין ארום מחבל
325 Gn19:12 וכל מה דאית לך בקרתא אפק מן א{רת}<תר>ה:
326 Nu18:09 לך מן בית קדש קדשיה מן אשתא כל קרבנהון לכל מנחתהון
327 Lv18:09 דאמ«ך» מה דאולד אבוך מן אתה חורי או מה דילידת אמך
328 Gn11:31 דאברם בריה ונפקו עמהון מן אתון נורהון דכשדאי למיזל
329 Gn15:07 ליה אנה ייי דאפקת יתך מן אתון נורהון דכשדאי למיתן לך
330 Lv23:17 מן אתר בית מדוריכון תייתון לחם
331 Gn13:14 טול כען עיניך וחמי מן אתרא דאת תמן לצפונה ולדרומה
332 Dt17:10 פתגמא די יתנון לכון מן אתרא ההוא די יתרעי ממריה
333 Dt18:06 מן קורייכון מן כל ישראל מן אתרא די איתותב לתמן וייתי
334 Dt12:03 תקצצון ותסיפון ית שמהן מן אתרה ההוא:
335 Ex10:23 גבר ית אחוי ולא קמו גבר מן אתריה תלתא יומין ולכל בני
336 Ex16:29 גבר באתריה לא יפוק גבר מן אתריה ביומא שביעיא:
337 Nu12:16 לא הוון זייעין ולא נטלין מן אתריהון עד זמן דאתסיאת
338 Gn29:02 עדרי דען רביעין עלה ארום מן בארה ההוא ישקון עדריא ואבנא
339 Gn31:22 רעוי דלבן למשקיה ענה מן בארה ולא יכלו ואמתינו תרין
340 Gn24:07 ייי אלהא דשמיא די דבר יתי מן בייתא דאבא ומן ארעא תלדוותי
341 Gn40:23 דלרע וחסדא דלוי יתיה מן בייתה דאבוי ואתרחיץ ברב
342 Lv14:38 ויפוק כהנא מן בייתה לתרע בייתה ויטרוד ית
343 Dt24:01 וישוי בידה וישלח יתה מן בייתה:
344 Gn28:12 והא מלאכיה דילוון יתיה מן בייתי דאבוי סלקון
345 Dt24:03 וישורי בידה ויטרוד יתה מן בייתיה ארום ימות גברא
346 Dt19:20M כפתגמא \בישה הדין /הדה מן בישה#2/: ביניכון:
347 Ex12:46 {חבורן} יתאכיל לא תפקון מן בית לחברה ואף לא מן חבורה
348 Ex20:02 פריקין מן ארעא דמצרים מן בית עבדי:
349 Gn40:14 יתי לוות פרעה ותיפוק יתי מן בית חבושא הדין:
350 Gn41:14 ית יוסף וארהטו יתיה מן בית חבושיא וספר וחוור
351 Dt28:06 תהוון עמי בני במיפקכון מן בית כנשתכון:
352 Gn24:62 ויצחק הוי אתי מן בית מקדשא דשם רבה לבארה
353 Nu18:09 דן יהווי לך מן בית קדש קדשיה מן אשתא כל
354 Dt 5:06 פריקין מן ארעה דמצרים מן בית שעבוד עבדיה:
355 Dt 6:12 פריקין מן ארעא דמצרים מן בית שעבוד עבדייה:
356 Dt 7:08 ביד תקיפה ופרק יתכון מן בית שעבוד עבדיה ומן ידוי
357 Dt 8:14 יתכון מן ארעא דמצרים מן בית שעבוד עבדייה:
358 Dt13:06 ודי פ«ר»ק יתכון מן בית שעבוד עבדייה{{למיטעי}}
359 Dt13:11 פריקין מן ארעא דמצרים מן בית שעבוד עבדייה:
360 Ex13:03 דנפקתון פריקין ממצרים מן בית שעבודא ארום בידא תקיפא
361 Ex13:14 אפיק יתן ייי פריקין מן בית שעבודא:
362 Ex13:14M \מן בית שעבודא /מצרים מן בית שעבודי#2/:
363 Nu31:50M מן אדרעיהון ומעוכייה מן בית תדיהן חס לן משה רבן
364 Nu31:50 {מעזקין}<מעוכין> מ«ן» בי<ת> ת{ר}<ד>יהון כל כדן
365 Ex22:06 למנטרה יתהון ויגנבון מן ביתא דגברא אין ישתכח גברא
366 Gn20:13 וממרה דייי דבר יתיה מן ביתה דאבה ואמרית לה דן
367 Gn44:08 דכנען והיך כדין נגנב מן ביתה דרבונך כסף או דהב:
368 Ex 8:09 דמשה ומיתו ערדענייא מן ביתי ומן דרי ומן חקליה:
369 Ex11:05 כל בכוריה בארעא דמצרים מן בכורא דפרעה דהוה עתיד למיתב
370 Ex12:29 כל בכוריא בארעא דמצרים מן בכורא דפרעה דהוי עתיד למיתב
371 Ex10:29 הדא עשירייה הי לפרעה מן בכוריה דפרעה ישרי: ואמר
372 Ex13:15 כל בכוריה בארעא דמצרים מן בכוריה בני אנשא ועד בכורי
373 Nu 3:46 ותלתה דאישתיירו על ליויי מן בכוריה דבני ישראל:
374 Gn 4:04 והבל אייתי אף הוא מן בכירי ענה ומן שמיני«הון»
375 Gn49:32 קניין חקלא ומערתא דביה מן בנוי דחת:
376 Gn50:01 קיימין תמן מלכוון ושולטנן מן בנוי דישמעל קיימין תמן
377 Gn50:01 קיימין תמן שולטנין מן בנוי דעשו קיימין תמן
378 Gn50:01 דעשו קיימין תמן שולטנין מן בנוי דקטור«ה» תמן קאים
379 Ex29:30M \דקיים מן בתר{א}<ה> /מן בנוי מן ב'#2/ די יעול
380 Lv 6:15 וכהנא דמתרבי מן בתרה מן בנוי יקרב יתה קיים עלם קדם
381 Lv 7:33 ית נכסת קודשוהי וית תרבה מן בנוי דאהרן דידיה תיהווי
382 Lv13:02 אהרן כהנא {ו}או לוות חד מן בנוי כהניא:
383 Lv20:02 בישר«אל» די יתן מן בנוי למעברה קדם פלחנה
384 Lv20:03 ואשצא יתיה מגו עמה ארום מן בנוי יהב למעברה בנורא קדם
385 Lv21:21 כל גבר דאית ביה מום מן בנוי דאהרן כהנא לא יקרב
386 Lv22:04 גבר גבר מן בנוי דאהרן והוא מצרע או
387 Nu17:05 יקרב גבר חילוניי די לא מן בנוי דאהרן הוא למסדרה קטרה
388 Gn16:05M \נצרך לבניה /ניצרוך מן בני#2/ דהגר מצרייתה דהיא
389 Ex21:31 ישראל יגש או ברה נקבה מן בני ישראל כסדר דינא הדין
390 Ex21:31 או בר דכר מן בני ישראל יגש או ברה נקבה
391 Lv17:03M גבר גבר מבית/מן בני#2/ ישראל די יכוס

|  |  |  |  |  |
|---|---|---|---|---|
| 392 | Lv17:13 | וגבר גבר | מן | בני ישראל ומן גייוריה |
| 393 | Lv20:02 | ולבני ישראל תימר גבר גבר | מן | בני ישראל ומן גיורה |
| 394 | Lv25:45 | ולהוד | מן | בני תותביה דמתגיירין |
| 395 | Nu 8:11M | /: אנפו קדם ייי | מן | בני ישראל ויהוון/ויהון#2# |
| 396 | Nu16:02 | וקמו קדם משה וגבריה | מן | בני ישראל מאתין וחמש«י»ן |
| 397 | Nu25:06 | והא גבר | מן | בני ישראל אתי ואקרב לוות |
| 398 | Dt23:18 | דישראל ולא גבר נפק בר | מן | בני ישראל: |
| 399 | Dt24:07 | ג{ב}<נ>ב נפשא מן אחוי | מן | בני <ישראל> ויתג{ב}ר בה |
| 400 | Ex 9:25 | ית כל מה דהוה באפי ברא | מן | בני אינשא ועד בעיר' וית כל |
| 401 | Gn 6:07 | די ברית מעלוי אפי דארעא | מן | בני אנשא עד בעירא: עד רחשא |
| 402 | Gn 7:23 | די על אפי דארעא די | מן | בני אנשא עד בעירה עד ריחשא |
| 403 | Ex12:12 | כל בכוריה בארעא דמצרים | מן | בני אנשא ועד בעירא ובכל |
| 404 | Nu 3:13 | ב{ו}{}כ«ו»ריה בישראל | מן | בני אנשא ועד בעירה לשמי |
| 405 | Nu31:28 | חדא נפש מן חמש מאוון | מן | בני אנשא מן תוריה ומן חמריה |
| 406 | Nu31:47 | ית תליש חד מן חמשין | מן | בני אנשא ומן בעירה ויהב |
| 407 | Dt32:26 | בממרי אשיצי יתהון אבטל | מן | בני אנשא דכרנהון: |
| 408 | Lv27:28 | לשמה דייי מן כל מה דלה | מן | בני אנשה ובעירה ומן חקל |
| 409 | Dt14:21 | תאכלון כל נבלה לתותביה | מן | בני עממיא די בקורייכון |
| 410 | Dt33:24 | נביא דייי ואמר בריך | מן | בניא יהווי מרעיה {בשבטיה} |
| 411 | Ex 2:06 | טליא בכי וחסת עלוי ואמרת | מן | בניהון דעבריה{ון} הוא דין: |
| 412 | Lv21:17 | עם אהרן למימר גבר גבר | מן | בניך לדריהון די יהווי ביה |
| 413 | Gn17:12 | מן כל בר עממין די לא | מן | בניכון הוא: |
| 414 | Gn19:26 | ועל דהות אתתה דלוט | מן | בנתהון דסדומיא אסתכלת |
| 415 | Gn24:03 | על ארעא דלא תסב אתא לברי | מן | בנתהון דכנענאי די אנא שרא |
| 416 | Gn24:37 | למימר לא תסב אתה לברי | מן | בנתהון דכנענאי די אנא שרי |
| 417 | Gn27:46 | דחיתאי אן נסב יעקב את' | מן | בנתהון דחיתיי כאלין מן |
| 418 | Gn27:46 | מן בנתהון דחיתיי כאלין | מן | בנתהון דעמא דארעא למה כען |
| 419 | Gn28:01 | יתיה ואמר ליה לא תסב אתה | מן | בנתהון דכנענאי: |
| 420 | Gn28:06 | עלוי למימר לא תסב אתה | מן | בנתהון דכנענאי: |
| 421 | Gn36:02 | עשו נסב ית נשוי | מן | בנתהון דכנענאי ית עדה ברת |
| 422 | Dt23:18 | לא תיהווי איתה נפקת בר | מן | בנתהון דישראל ולא גבר נפק |
| 423 | Gn28:02 | דאמך וסב לך מן תמן אתה | מן | בנתיה דלבן אחוי דאמך: |
| 424 | Ex 6:25 | ואלעזר בר אהרן נסב לה | מן | בנתיה דפוטיאל ליה לאתה |
| 425 | Gn 7:08 | | מן | בעירא דדכיה ומן בעירה דלית |
| 426 | Lv 1:02 | יקרב מנכון קרבן קדם ייי | מן | בעירא מן תורייה ומן ענה |
| 427 | Lv 7:25 | ארום כל די ייכול תרב | מן | בעירה די יקרב מנה קרבן קדם |
| 428 | Lv 7:26M | ובבעירא /לא מן עופא ולא | מן | בעירה#2#/: |
| 429 | Lv11:39 | וארום ימות | מן | בעירה די יהוי לכון למיכל מן |
| 430 | Ex 9:04M | נכסיהון דמצראי ולא ימות | מן | בעיריהון |
| 431 | Ex 9:07 | ושלח פרעה והא לא מית | מן | בעיריהון דישראל עד לא חד |
| 432 | Lv21:07M | /דקבלת גיטא בלא תנאה | מן#2#/ | בעלה לא יסבון ארום |
| 433 | Lv21:07 | לא יסבון ואתה משב«קה» | מן | בעלה לא יסבון ארום קדישין |
| 434 | Dt33:07 | קרבה בשלם ידוי יתפרען לה | מן | בעלי דבביהון וסעד וסמך מן |
| 435 | Gn49:08 | יהודים ידיך יתפרען לך | מן | בעלי דבביך יהוון מקדמין |
| 436 | Nu10:09 | ייי אלהכון ותתפ«ר»קון | מן | בעלי דבביכון: |
| 437 | Dt32:27 | ידינן אתפרען לן | מן | בעלי דבבינן ולא מן קדם ייי |
| 438 | Ex30:14 | כל דעבר על מנייניה | מ«ן» | בר עשרין שנין ולעילא יתן |
| 439 | Lv27:03 | ויהוי עלויה דדכרה | מן | בר עשרין ועד בר שתין שנין |
| 440 | Lv27:05 | ואן | מן | בר חמש שנין ועד בר עשרין |
| 441 | Lv27:07 | ואן | מן | בר אשתין שנין ולעיל אין דכר |
| 442 | Nu 1:03 | | מן | בר עשרין שנין ולעל כל נפקי |
| 443 | Nu 1:18 | לבית אבהתהון במניין שמהן | מן | בר עשרין שנין ולעיל |
| 444 | Nu 1:20 | שמהן לגולגלתהון כל דכורא | מן | בר עשרין שנין ולעיל כל נפקי |
| 445 | Nu 1:22 | שמהן לגולגלתהון כל דכורא | מן | בר עשרין שנין ולעיל כל נפקי |
| 446 | Nu 1:24 | לבית אבהתהון במניין שמהן | מן | בר עשרין שנין ולעיל כל נפקי |
| 447 | Nu 1:26 | לבית אבהתהון במניין שמהן | מן | בר עשרין שנין ולעיל כל נפקי |
| 448 | Nu 1:28 | לבית אבהתהון במניין שמהן | מן | בר עשרין שנין ולעיל כל נפקי |
| 449 | Nu 1:30 | לבית אבהתהון במניין שמהן | מן | בר עשרין שנין ולעיל כל נפקי |
| 450 | Nu 1:32 | «במניין שמהן» | מן | בר עשרין שנין ולעיל כל נפקי |
| 451 | Nu 1:34 | לבית אבהתהון במניין שמהן | מן | בר עשרין שנין ולעיל כל נפקי |
| 452 | Nu 1:36 | לבית אבהתהון במניין שמהן | מן | בר עשרין שנין ולעיל כל נפקי |
| 453 | Nu 1:38 | לבית אבהתהון במניין שמהן | מן | בר עשרין שנין ולעיל כל נפקי |
| 454 | Nu 1:40 | לבית אבהתהון במניין שמהן | מן | בר עשרין שנין ולעיל כל נפקי |
| 455 | Nu 1:42 | לבית אבהתהון במניין שמהן | מן | בר עשרין שנין ולעיל כל נפקי |
| 456 | Nu 1:45 | דבני ישראל לבית אבהתהון | מן | בר עשרין <שנין> ולעיל כל |
| 457 | Nu 3:15 | לזרעייתהון כל דכורה | מן | בר ירח ולעיל תסכם יתהון: |
| 458 | Nu 3:22 | סכומיהון במניין כל דכורא | מן | בר ירח ולעל סכומיהון שבעה |
| 459 | Nu 3:28 | במניין כל דכורה | מן | בר ירח ולע«י»ל תמניה |
| 460 | Nu 3:34 | וסכומיהון במניין כל דכורא | מן | <בר> ירח ולעיל שתה אלפין |
| 461 | Nu 3:39 | דייי לזרעייתהון כל דכורה | מן | בר ירח{ה} ולעיל עשרין ותרין |
| 462 | Nu 3:40 | דכריה דבני ישראל | מן | בר ירח ולעיל וקבל ית מניין |
| 463 | Nu 4:03 | | מן | בר תלתין שנין ולעיל ועד בר |
| 464 | Nu 4:30 | | מן | בר תלתין שנין ולעיל ועד בר |
| 465 | Nu 4:35 | | מן | בר תלתין שנין <ולעיל> ועד |
| 466 | Nu 4:39 | | מן | בר תלתין שנין ולעיל ועד בר |
| 467 | Nu 4:43 | | מן | בר תלתין שנין ולעיל ועד בר |
| 468 | Nu 4:47 | | מן | בר תלתין שנין ולעיל ועד בר |
| 469 | Nu 8:24 | דא די תעבד ללווי | מן | בר עשרין שנין ולעיל ייעול |
| 470 | Nu14:29 | סכומיכון וכל מנייניכון | מן | בר עשרין שנין ולעיל די |
| 471 | Nu18:16 | ופ«ו»רקניהון | מן | בר ירח תפרוק בעלויה כסף חמש |
| 472 | Nu26:02 | ראש סכומיהון דכל כנשתה | מן | בר עשרין שנין ולעיל |
| 473 | Nu26:04 | | מן | בר עשרין שנין ולעיל היך מה |
| 474 | Nu26:62 | ותלתה אלפין כל דכורה | מן | בר ירח ולעיל ארום לא אסתכמו |
| 475 | Nu32:11 | גבריה די סלקו מן מצרים | מן | בר עשרין שנין ולעיל ית ארעא |
| 476 | Nu29:22 | וצפיר בר עזין לחטאתה חד | {מן} | בר< מן> עלת תמידה ומנחתה |
| 477 | Gn 1:02 | הוות תהיא ובהיא וצדי | מן | בר נש ומן בעיר וריקנא מן כל |
| 478 | Lv27:29M | כל חרמה דמתחרם | מן | בר נשא לא יתפרק בכספא אלהן |
| 479 | Gn 2:23 | זמנא ולא עוד תתברא אתה | מן | בר נשה היך מה דאתברית דא |
| 480 | Lv27:29 | כל אפרשו די יתאפרש | מן | בר נשה לא יתפרק ממת ימות: |
| 481 | Ex10:05 | דאשת{דיי}<ייר>ת לכון | מן | ברדא ויכול ית כל אילנייא |
| 482 | Dt10:06 | ובני ישראל נטלו | מן | ברייה דיעקן למוסרה תמן |
| 483 | Dt33:13 | דמחתין טלין ומטרין | מן | ברכת מבועי מן לרע דסלקין |
| 484 | Lv15:02 | גבר גבר ארום יהווי דייב | מן | בשר' דובה מסאב הוא: |
| 485 | Dt28:55 | מן למתן לחד מנהון | מן | בשר בנוי די יאכל מן בלי דלא |
| 486 | Ex12:46M | לא תתברון ביה/בייתיה | מן | בשרא לברא ומצור' לא מניה |
| 487 | Ex34:25M | "בצפרא ... דפסחא": | מן | בשרא די תכסון בלילי |
| 488 | Dt16:04 | שובעה יומין ולא יבית | מן | בשרא מה די תכסון בלילי |
| 489 | Ex12:46 | ואף לא מן חבורה לחברתה | מן | בשרה לברה וגרמא לא תתברון |
| 490 | Lv 7:17 | ומה דמשתייר | מן | בשרה דנכסת קדשי«ה» ביומא |
| 491 | Lv 7:18 | ואן מתאכלה יתאכל | מן | בשרה דנכסת קדשיה ביום' |
| 492 | Lv 7:21 | או בכל שרץ מסאב ויאכל | מן | בשרה דנכסת קודשיה מן קדם |
| 493 | Lv11:11 | ושקצא יהוון לכון | מן | בשרהון לא תיכלון וית |
| 494 | Dt14:08 | ולא גרי מסאב הוא לכון | מן | בשרהון לא תיכלון ובנבלתהון |
| 495 | Gn 2:23 | דא מני גרם מן גרמי ובשר | מן | בשרי להדא יאי למתקריה |
| 496 | Dt28:19M | וליטין תהוון במפקכון | מן | בתי מדרשיכון |
| 497 | Ex12:15 | ביומא קדמאה תבטלון חמירא | מן | בתיכון ארום כל דייכול |
| 498 | Dt26:13 | אפרישנין ית קודשיה | מן | בתינן ולהוד יהבנן מעשרה |
| 499 | Nu 8:24M | דן פולחנה דאית לליוואי | מן | ב{ת}ר עש' |

|  |  |  |  |  |
|---|---|---|---|---|
| 500 | Lv18:09M | מן אבוך או מה דיילדת | מן | גב'#2#/ אוחרן לא תבזי |
| 501 | Gn 2:23 | יאי למתקריה «אתה» ארום | מן | גבר אתברית דא: |
| 502 | Lv18:09 | חורי או מה דילידת אמך | מן | גבר אוחרן לא תבזי עריתהון: |
| 503 | Lv20:04 | עמא דארעא ית עייניהון | מן | גברא ההו' כד יתן מן זרעית |
| 504 | Dt20:08M | "מן הוא ... כלבביה": | מן | גברא דדחלה ותביר ליבה מן |
| 505 | Nu11:24 | דייי וכנש שובעין גברין | מן | גברי חכימי עמא ואקים יתהון |
| 506 | Gn18:22 | וכיוונו | מן | גבריא ואזלו לסדם ואברהם |
| 507 | Nu31:42 | דבני ישראל די פלג משה | מן | גברייה דאתחילו: |
| 508 | Lv 1:10 | ענה קרבני' מן אמריה או | מן | גדיא דבני עזיה לעלא דכר שלם |
| 509 | Gn37:28 | ודלון ואפקון ית יוסף | מן | גובא וזבנא ית יוסף לסרקעין |
| 510 | Gn37:20 | יתיה ונטלק יתיה בחד | מן | גוביא ונימר חיותא בשתא |
| 511 | Nu21:22M | בכרם#2#/ ולא נשתי | מ'/מן#2#/ | גובין בארח מלכא נהלך |
| 512 | Nu14:38 | וכלב בר יפונה «חיוו» | מן | גוברייה האליין דאזלו |
| 513 | Lv 1:14 | ויקרב מן שפניניה {או} או | מן | גוזליה בני יונה ית קרבניה: |
| 514 | Lv14:30 | ית חד מן שפנינייה או | מן | גוזלייה בני יוניה מן די |
| 515 | Nu 6:04 | נדר נזירותה מכל די יעבד | מן | גופנה דחמרא מן כמישן עד פגן |
| 516 | Gn24:32M | זמימי באורח דלא למיכל | מן | גזילא |
| 517 | Dt 8:03M | כל מה \דנפק מן פם /דנפק | מן | גזירת#2#/דניפק פום#2#/ |
| 518 | Gn35:09 | חזווה ועד כען הווה צער | מן | גזרתא ועוד אלפתא יתן למנחמה |
| 519 | Gn34:25 | תליתיא כד הוון צעורין | מן | גזרתהון ונסבו תרין בנוי |
| 520 | Nu13:33 | גיברי«י»ה בנוי דענק | מן | גיברייה והוונן באפנה כקמציה |
| 521 | Lv17:08M | גיורה די יתגיירון | /מן | גיוריה דמתגיירין |
| 522 | Lv17:08M | "מן ... ביניכון": | מן | גיוריה דמתגיירין ביניהון |
| 523 | Dt24:14 | וצריכה מן אחיכון או | מן | גיוריכון די בארעכון |
| 524 | Gn49:23 | דפרעה דהוה קשיא עלוי | מן | גירייא: |
| 525 | Gn24:10 | ונסב עבדא עשרה גמלין | מן | גמלוי דרבוניה וכל שפר |
| 526 | Gn 3:22 | פקודה הא ניטרו' יתיה | מן | גנתה דעדן קדם עד לא יפשוט |
| 527 | Gn 3:23 | וטרד יתיה ייי אלהים | מן | גנתה דעדן למפלח ית ארעא די |
| 528 | Gn49:12 | וגזילין יסמקון טורייא | מן | גפנוי ומעצרתא מן חמרא |
| 529 | Gn 2:23 | דאתברית דא מני גרם | מן | גרמי ובשר מן בשרי להדא יאי |
| 530 | Lv 2:16 | ויסדר כהנא ית אדכרתה | מן | גרשה ומן טובה על כל לבונתה |
| 531 | Ex29:27 | מן דכרא דאשל{ו}מו<ו>תא | מן | דאהרן ומן דבנוי: |
| 532 | Gn32:03 | כד חמה יתהון דלמא מלאכין | מן | דלבן אחוי דאמה אינון דחזר |
| 533 | Ex29:46M | ואפקת יתהון פריקין | מן#2#/ | דמצרים למשריה איקר |
| 534 | Ex17:12 | הוון אחידין בידוי חד | מן | דא סטרא וחד מן דא סט' |
| 535 | Ex17:12 | בידוי חד מן דא סטרא וחד | מן | דא סט' והויין ידוי דמשה |
| 536 | Gn 2:24 | בגין כן יפרש גבר מדמכיה | מן | דאבוי ומן דאימיה וידבק |
| 537 | Ex29:27M | ומן דבנוי /דאשלמוותה מה | מן | דאית לאהרן ומן מה דאית |
| 538 | Ex37:08 | כרוב חד | מן | דאן סטר{י}ה מן הכה וכרוב חד |
| 539 | Ex 4:10 | לא גבר מרי ממלל אנה לא | מן | דאתמול ולא מן דקדמוי לחוד |
| 540 | Dt19:04 | והוא לא הוה סני יתיה לא | מן | דאתמול ולא מן דקדמוי: |
| 541 | Ex21:29 | ואין תור נגשן הוא | מן | דאתמל ומן דקדמוי ויתאסהד |
| 542 | Ex21:36 | אתודע ארום תור נגשן הוא | מן | דאתמל ומן דקדמוי ולא ינטר |
| 543 | Dt 4:42 | והוא לא הוה סני יתיה לא | מן | דאתמל ולא מן דקדמוי ויערק |
| 544 | Dt19:06 | ל{ה}<א> הוה סני יתיה לא | מן | דאתמל ולא מן דקדמוי: |
| 545 | Ex34:15 | ויקרון לכון ותאכלון | מן | דבחיהון: |
| 546 | Gn49:12M | מלכא משיח' דעתיד למיקם | מן | דבית יהוד' עיינו' |
| 547 | Gn49:16 | | מן | דבית דן יקום פורקן ודיין |
| 548 | Gn49:17 | דן פירוקא דעתיד למיקם | מן | דבית דן יתקף יתגאה על כל |
| 549 | Gn49:19 | | מן | דבית גד יפקון משיריין |
| 550 | Gn50:01M | תמן קיימין גיברין | מן | דבית עשו תמן קיימין |
| 551 | Gn50:01M | עשו תמן קיימין שליטין | מן | דבית יעקב תמן קאים אריה |
| 552 | Lv17:08 | ולהון תימר גבר גבר | מן | דבית ישראל ומן גיורה די |
| 553 | Lv17:10 | וגבר גבר | מן | דבית ישראל ומן גיוריה |
| 554 | Lv22:18 | ותאמר להון גבר גבר | מן | דב«י»ת ישראל ומין גיוריה |
| 555 | Nu21:30M | <מן> דבית חשבון ושלטנו | מן | דבית דיבון |
| 556 | Nu24:17 | היא קריבה עתיד מלך למקום | מן | דבית יעקב ופרוק ושליט מן |
| 557 | Nu24:17 | דבית יעקב ופרוק ושליט | מן | דבית ישראל ויקטל תקיפי |
| 558 | Nu24:19 | עתיד מלך למקום | מן | דבית יעקב וישיצי מן |
| 559 | Dt33:05 | ויקום מלך | מן | דבית יעקב ככנש ית ראשי עמא |
| 560 | Gn44:19 | ואמר דלמה דהא גבורתא | מן | דבית אבה היא ודן חיילא רבא |
| 561 | Lv15:30 | ויכפר עליה כהנא קדם ייי | מן | דוב סא«ב»תה: |
| 562 | Lv15:03 | דוביה או אתחת' בשרה | מן | דובה סאובתיה היא: |
| 563 | Lv15:13 | וארום ידכי דיבה | מן | דובה וימני ליה שבעה יומין |
| 564 | Lv15:28 | ואן אדכיית | מן | דובה ותמני ליה שבעה יומין |
| 565 | Lv15:15 | לעלתה ויכפר עלוי כ{ק}הנה | מן | דוביה: |
| 566 | Ex 3:07 | וית קבלתהון שמעית | מן | דחקהון ארום גלי קדמיי ית |
| 567 | Ex29:23 | חד מן סלא די פטירי | {{מן}} | «די» קדם ייי: |
| 568 | Nu21:30 | מלכו מן חשבון ושלטון | מן | דיבון וצדיין ארחתיה עד כרכה |
| 569 | Gn44:18 | ועד חד כמה דחילי קשי | מן | דידהון וערבת ית טליא |
| 570 | Lv16:06M | \דמן דידיה /דאייתי | מן | דידיה#2#/ ויכפר על ידוי |
| 571 | Lv16:11M | דחטאתה דמן/דאייתי | מ<ן>#2#/ | דידיה: |
| 572 | Lv16:11M | דחטאתה דמן/דאייתי | מן#2#/ | דידיה ויכפר על ידוי |
| 573 | Gn 4:08 | ועל דהוו עובדיי טבין | מן | דידך אתקביל קרבני מני ברעוא |
| 574 | Gn31:32M | לך מה עמי/דאית גבי | מן | דידך#2#/ וסב לך ולא ידע |
| 575 | Gn44:18 | כל ארעא דמצרים צדי | מן | דיור מנך אנה משרי ומן פרעה |
| 576 | Nu 6:19 | ויסב כהנא ית אדרעה בשילתה | מן | דיכרא וחלה דפטיר חד מן סלה |
| 577 | Lv 8:29 | ואניף יתה אנפו קדם ייי | מן | דיכרה דא«ש»למותה למשה |
| 578 | Ex25:19 | ותעבד כרוב חד | מן | דין סטריה {חד} מן הכא וכרוב |
| 579 | Ex26:13 | ואמה | מן | דין סיטרא ואמה מן דין סיטרא |
| 580 | Ex26:13 | ואמה מן דין סיטרא ואמה | מן | דין סיטרא במותריי«א» |
| 581 | Gn38:25 | בשעתא הדה ויפרוק יתי | מן | דינא רבא הדין מיד קם יהודה |
| 582 | Ex15:12 | יתהון דחילא הוות ארעא | מן | דינא יומא רבה דלא יתבע |
| 583 | Gn15:17M | קיימו פקודייה וצדיקייא | מן | דינה אישתיזבו על די פלחו |
| 584 | Gn49:09 | ברי את הויית משיזב | מן | דינה דתמר ברי את הויי' |
| 585 | Ex29:26M | {ית} <מן> דכרא /ניעה | מן | דכ'#2#/ דאשלמותא די |
| 586 | Nu 7:03 | על תרין רברבנין ותור | מן | דכל חד ואקרבו יתהון קדם |
| 587 | Ex29:22 | ותסב | מן | דכרא תרבא ואליתה וית תרבה |
| 588 | Ex29:26 | ותסב ית נעה {ית} | <מן> | דכרא דאשלמותא די לאהרן |
| 589 | Ex29:27 | די אתנף ודי אתפרש | מן | דכרא דאשל{ו}מו<ו>תא מן |
| 590 | Ex25:19 | {חד} מן הכא וכרוב חד | מן | דן סטרה מן הכה כפורתה |
| 591 | Ex26:13M | דמשכנא \מן הכה ומן הכא | /מן | דן סטרא ומן דן סטרא#2#/ |
| 592 | Ex26:28 | בגו לוחי מש{מ}<לב>ש | מן | דן סטרא לגו דן סיטרא: |
| 593 | Ex32:15 | כתיבין מן תרין סטריהון | מן | דן סיטרא ומן דן סטרה אינון |
| 594 | Ex36:33 | {משמש} <משלבש> בגו לוחי | מן | דן סטר{י}<ה> לגו דן סטרה: |
| 595 | Ex37:08 | סטר{י}ה מן הכה וכרוב חד | מן | דן סטרי מן הכה מן כפרתה עבד |
| 596 | Nu11:31M | הכה חזור חזור /יום חד | מן | דן סטרה וכאורח יום חד מן |
| 597 | Nu11:31M | דן סטרה וכאורח יום חד | מן | דן סטרה חז'#2#/ למשריתה |
| 598 | Nu22:24M | סגייה מן דן סטרה וסגייה | מן | דן סטרה |
| 599 | Nu22:24M | באמצע כרמייה סגייה | מן | דן סטרה וסגייה מן דן סטרה |
| 600 | Nu16:28 | כל עיבידה האליין ארום לא | מן | דעתי: |
| 601 | Nu24:13 | דייי למעבד טבא או בישא | מן | דעתי ית מה די ימליל ייי |
| 602 | Ex 4:10 | אנה לא מן דאתמול ולא | מן | דקדמוי לחוד מן זמנא די |
| 603 | Dt 4:42 | סני יתיה לא מן דאתמל ולא | מן | דקדמוי ויערק לחדה מן קרייתה |
| 604 | Dt19:04 | יתיה לא מן דאתמול ולא | מן | דקדמוי: |
| 605 | Dt19:06 | סני יתיה לא מן דאתמל ולא | מן | דקדמוי: |
| 606 | Nu34:04 | פרזלא ויהוון מפ<ק>נו{ק}י | מן | דרום לרקם דגיעה ויפוק |
| 607 | Gn13:03 | ואזל למטלנוי | מן | דרומא עד ביתאל עד אתרא די |

| | | | | |
|---|---|---|---|---|
| 608 | Ex36:23 | לווחין לסיטרא דרומיה | מן | דרומא: |
| 609 | Ex40:24 | פתורה על שפולוי דמשכנא | מן | דרומא: |
| 610 | Nu10:06 | ויטלון משריתה דשרין | מן | דרומא יבבון יתקעון |
| 611 | Nu34:04 | ומקף לכון תחומה | מן | דרומא מן מסקייתה דעקרבין |
| 612 | Ex26:18 | לוחין דסיטרת דרומאה | מן | דרומה: |
| 613 | Ex38:09 | ית דרתה לסיטרה דרומיה | מן | דרומה ווילון לדרתה בוץ |
| 614 | Nu 2:10M | דב'#2#/ דראובן | ^מן#2#/ | דרומה לחיילוותהון ורבה |
| 615 | Nu 3:29 | ישרון על שיפולוי דמשכנה | מן | דרומה: |
| 616 | Nu34:03 | ויהווי לכון תחומא | מן | דרומה מן מדברה דצין עד |
| 617 | Ex 2:12M | לית גיורא עתיד למקום | מן | ההוא מצראה ומחא ית מצראה |
| 618 | Gn24:60 | עד כדון אחתן הויית ברם | מן | הכא ולהלא את אזלה ומדבקה |
| 619 | Gn37:17 | ואמר גברא נטלו | מן | הכא ארום שמעת יתהון אמרין |
| 620 | Ex11:01 | ומן בתר כדון ישלח יתכון | מן | הכא כד ישלח יתכון בפריעה |
| 621 | Ex13:03 | אפיק ייי יתכון פריקין | מן | הכא ולא יתאכיל חמיע: |
| 622 | Ex25:19 | חד מן דין סטריה {חד} | מן | הכא וכרוב חד מן דן סטרה מן |
| 623 | Gn42:15 | חיי רישיה דפרעה אן תפקון | מן | הכה ארום אלהן אתא אחוכון |
| 624 | Gn50:25 | טבייא ותסקון ית גרמוי | מן | הכה: |
| 625 | Ex11:01 | בפריעה מטרוד יטרוד יתכון | מן | הכה: |
| 626 | Ex13:19 | טביה ותסקון ית גרמיי | מן | הכה עמכון: |
| 627 | Ex25:19 | הכא וכרוב חד מן דן סטרה | מן | הכה כפורתה תעבדון ית |
| 628 | Ex26:13 | שפיעה על סטרה דמשכנא | מן | הכה ומן הכא למכסייה יתה: |
| 629 | Ex33:01 | ומלל ייי עם משה אזל סק | מן | הכה את ועמא די אסקת פריקין |
| 630 | Ex33:15 | שכינתך בינינן לא תסק יתן | מן | הכה: |
| 631 | Ex37:08 | הכה וכרוב חד מן דן סטרי | מן | הכה מן כפרתה עבד ית כרוביה |
| 632 | Ex37:08 | כרוב חד מן דאן סטר{י}ה | מן | הכה וכרוב חד מן דן סטרי מן |
| 633 | Ex38:15 | ולסטרה תניינה | מן | הכה ומן הכא לתרע דרתה |
| 634 | Nu11:31 | על משריתה כארח מהלך יום | מן | הכה~ וכאורח מהלך יום מן |
| 635 | Nu11:31 | מן הכה~ וכאורח מהלך יום | מן | הכה חזור חזור למשריתה |
| 636 | Nu22:24 | כרמיה סיג מן הכה וסיג | מן | הכה: |
| 637 | Nu22:24 | ביני סייגי כרמיה סיג | מן | הכה וסיג מן הכה: |
| 638 | Dt 9:12 | אמר משה קום חות בופריע | מן | הכה ארום חבילו עמך ית |
| 639 | Dt27:15 | וארונה במצעה וכל ישראל | מן | הכה ומן הכה מברכין הוון |
| 640 | Gn16:08M | אמהתה דשרי | מן | הן אתייא |
| 641 | Nu11:13 | | מן | הן אית לי בשר למתין לכל עמא |
| 642 | Nu21:04 | ונטלו | מן | הר טורא ארח ימה דסוף למקפה |
| 643 | Gn25:29 | דטלופחין {ואתא עשו | מן} | ואתא עשו מן אפי ברא והוא |
| 644 | Nu 8:16 | פתחי כל וולדה בכרי כל | מן | ולדה בני ישראל אפרשת יתהון |
| 645 | Lv25:51 | לפום שנייה יחזור פרקוניה | מן | זבונה: |
| 646 | Lv24:12 | דילמה דישתכח לה זכו | מן | זוי ח«ו»רי בדינה דלא |
| 647 | Gn21:15 | ושלימו מיא | מן | זיקא וטלקת ית טליא תחות חד |
| 648 | Gn39:05 | והוה | מן | זמנא דמנא יתיה אפיטרופוס על |
| 649 | Gn44:18 | לא יתקוף רוגזך בעבדך הלא | מן | זמנא קדמייא דאתינן לוותך |
| 650 | Ex 4:10 | ולא מן דקדמוי לחוד | מן | זמנא די {מ}מללת עם עבדך |
| 651 | Ex 9:24 | בכל ארעא דמצרי«ם» | מן | זמנא די הות אומה ומלכו: |
| 652 | Ex10:29M | <מבשר> אנא | מן | זמנא קדמייה די הווינא יהיב |
| 653 | Nu 3:35M | ורבה דבית | מן | זרע' |
| 654 | Lv27:30 | וכל מעשרה דארעא | מן | זרעא דארעא מן פירי אילנה |
| 655 | Lv20:02M | בנוי למעברה קדם פלחנה | /<מן> | זרעיה לפלחן#2#/ נכרייה |
| 656 | Nu36:01 | בר מכיר בר מנשה | מ«ן» | זרעיית בנוי דיוסף ומללו |
| 657 | Nu36:12 | | מן | זרעיית בנוי דמנשה בר יוסף |
| 658 | Nu36:08M | שבט אבהתה ייהוויין /לחד | מן | זרעייתה שבט אביה תיהווי#2 |
| 659 | Nu 3:30M | דבנוי /ורבה דבית | מן | זרעייתיה דבנוי#2#/ דקהתי |
| 660 | Lv20:04 | מן גברא ההו' כד יתן | מן | זרעית בנוי למעברה בנורא קדם |
| 661 | Lv25:49 | יתיה או מן קריב בשריה | מן | זרעיתה יפרוק יתיה או תארע |
| 662 | Gn24:40 | ויצלח ארחך ותסב אתה לברי | מן | זרעיתי ומן ביתיה דאבא: |
| 663 | Nu27:11 | בשריה דקריב לוותיה | מן | זרעיתיה וירת יתה ותיהווי |
| 664 | Ex12:46 | מן בית לחברה ואף לא | מן | חבורה לחברתה מן בשרה לברה |
| 665 | Ex11:02 | דעמא וישאלון גבר | מן | חבריה ואתתא מן לוות {מנין} |
| 666 | Lv25:14 | זבן לחביריכון או תזבנון | מן | חבריכון לא {תיכון}<תונון> |
| 667 | Lv 5:13 | כהנא על חובתיה די אתחייב | מן | חדא מן אלין וישתרי וישתביק |
| 668 | Dt18:06 | וארום ייתון ליוויי | מן | חדא מן קורייכון מן כל |
| 669 | Gn18:01 | מרומא די ישתלח בידה יתיר | מן | חדה מילה מלאכא קדמאה ישתלח |
| 670 | Lv23:16 | יומין ותקרבון מנחה | מן | חדתה קדם ייי: |
| 671 | Nu28:26 | דביכורייא בקרבותכון מנחה | מן | חדתה קדם ייי בזמן {ב}<ד>חגי |
| 672 | Nu 5:31 | ויזדכי גברא | מן | חובה ואתתה ההיא תקבל ית |
| 673 | Dt20:08M | גברא דדחלה ותביר ליבה | מן | חובה די בידיה יהך ויחזור |
| 674 | Dt20:08 | ויימרון מן הוא גברא דדחל | מן | חובוי וליביה תביר על |
| 675 | Ex 4:07 | ידיה בחוביה ואפיק יתה | מן | חוביה והא חזרת למיהוי |
| 676 | Lv 4:26 | קדשיא ויכפר עלוי כהנא | מן | חובתיה ויש<ת>ביק ליה: |
| 677 | Lv 5:06 | לחטאתה ויכפר עלוי כהנא | מן | חובתיה: |
| 678 | Lv 5:10 | דינא ויכפר עלוי כהנא | מן | חובתיה די אתחייב וישתרי |
| 679 | Lv19:22 | אתחייב וישתרי וישתבק ליה | מן | חובתיה די אתחיי': |
| 680 | Ex22:30 | תהוון לשמי ובשר תליש | מן | חווה קטילא באפי ברא לא |
| 681 | Nu21:08M | תלי ^והוי כל דמתנוכת | מן | חוויה ויחמי יתיה ויחי#2#/: |
| 682 | Gn14:23 | אם | מן | חוט רצועה דמסן א«י»ן אסב |
| 683 | Gn43:34 | להון ורבי חולקא דבנימן | מן | חולקיהון דכולן חמשה חולקין |
| 684 | Dt28:34 | ותהוון משגעין | מן | חזיו עייניכון די תחמון: |
| 685 | Lv 9:10 | מה דמשתייר מן חצר כבדה | מן | חטא«תה» סדר על גבי מדבחה |
| 686 | Lv10:19 | אבל עליהון הא אילו אכלית | מן | חטאתה יומא הדין הא שפר |
| 687 | Dt28:56 | דרגלה למקבע יתה על ארעא | מן | חטוייה ומן פרנוקה תבאש |
| 688 | Lv18:29M | הי כאליין {ב}<כ>יאורייא | מן | חיי עלמא דאתי ולא יחי להון |
| 689 | Lv20:06M | ההוא {{ואישיצי}} יתיה | מן | חיי עלמא דאתי ולא יהיא ליה |
| 690 | Nu 8:25 | ומן בר חמשין שנין יחזור | מן | חיל קרבה לא יפלח עוד: |
| 691 | Nu31:14 | ורברבני מאויתה דעלו | מן | חיל קרבא: |
| 692 | Nu31:21 | כהנא לעמא עבדי קרבא דעלו | מן | חיל קרבא דא גזירת אוריתה די |
| 693 | Gn44:18 | ארעא ואנא חילי תקיף | מן | חילהון דשמעון ולוי |
| 694 | Gn44:18M | בפילוג ואנה חילי תקיף | מן | חיליהון דשמעון ולוי |
| 695 | Ex24:09 | נדב ואביהוא ושבעין | מן | חכימי ישראל: |
| 696 | Nu11:16 | כנש לי שובעין גברין | מן | חכימי ישראל די את ידע |
| 697 | Ex17:05 | עבר "לפני" עמא וסב עמך | מן | חכימייא דישרא«ל» וחטרא |
| 698 | Ex23:18 | אדם נכסת קדשי ולא יבית | מן | חלבי חגי עד צפרא: |
| 699 | Gn17:16M | ומלכין דשלטין באומיא | מנה/מן | חלציה#2#/ יקומון: |
| 700 | Gn17:06 | מלכין דשלטין באמיא | מן | חלציך יפקון: |
| 701 | Gn35:11 | מינך ומלכין דשלטין באמיא | מן | חלציך יפקון: |
| 702 | Gn47:24 | באשון עללתא ותתנון חד | {מן | חמ} מן חמשה לפרעה וארבעה |
| 703 | Nu 6:03 | | מן | חמר ח{{ת}}«ד»ת ועתיק לא |
| 704 | Gn 9:21 | ושתה | מן | חמרא ורווה ואתגלי בגו |
| 705 | Gn49:12M | עיינו' ד{ק}<כ>יין | מן | חמרא זכיכא דלא אתחמ' בהון |
| 706 | Gn49:12 | טורייא מן גפנוי ומעצרתא | מן | חמרא ויתחוורון גלמתא מן סגי |
| 707 | Gn49:12 | עיינוי דמלכא משיחא | מן | חמרא זכוכא דלא למיחמי בהון |
| 708 | Gn 9:24 | ואתעיר נח | מן | חמריה וידע ית מה דעבד ליה |
| 709 | Nu31:28 | דנפקין לחיל קרבה חדא נפש | מן | חמש מאוון מן בני אנשא מן |
| 710 | Gn41:34 | דמצרים ויהוון מפקין חד | מן | חמשה דעללתה דארעא דמצרים |
| 711 | Gn47:24 | עללתא ותתנון חד {מן חמ} | מן | חמשה לפרעה וארבעה חלקין |
| 712 | Gn47:26 | ארעהון דמצראי לפרעה לחד | מן | חמשה להוד ארעהון דכומריא |
| 713 | Nu 3:47 | ותסב | מן | חמשה חמשה סלעין לכל גולגלתה |
| 714 | Nu31:30 | דבני ישראל תסב חד תליש | מן | חמשין מן אנשא ומן תוריה ומן |
| 715 | Nu31:47 | דבני ישראל ית תליש חד | מן | חמשין מן בני אנשא ומן בעירה |

|  |  |  |  |  |
|---|---|---|---|---|
| 716 | Ex29:22 | ית כרסה וית מה דמשתייר | מן | חצר כבדה וית תרתין כליתה |
| 717 | Lv 3:04 | כסליה וית מה די משתייר | מן | חצר כבדה על כליתה יעבד יתה: |
| 718 | Lv 3:10M | דמשתייר/דמשייר#2#/ | על/מן#2#/ | חצר כבדה על כליתה |
| 719 | Lv 3:15 | דעל כסליה וית מה דמשתייר | מן | חצר כבדה על כליתה יעבד יתה: |
| 720 | Lv 4:09 | על כסליה וית מה דמשתייר | מן | חצר כבדה על כוליתה יעבד |
| 721 | Lv 8:16 | בני גווה וית מה דמשתייר | מן | חצר כבדה וית תרתין כולייתה |
| 722 | Lv 8:25 | בני גוה וית מה דמשתייר | מן | חצר כבדה וית תרתין כליתה |
| 723 | Lv 9:10 | כלייתה וית מה דמשתייר | מן | חצר כבדה מן חטא«תה» סדר |
| 724 | Lv 9:19 | כרסה וכלייתה ומה דמשתייר | מן | חצר כבדה: |
| 725 | Lv27:22 | ואן ית חקל זבונה די לא | מן | חקל אחסנתיה יקדש לשמה דייי: |
| 726 | Lv25:31M | \על תחומיה דארעא | /מן | חקלה דארע׳#2#/ יתחשב |
| 727 | Gn48:22M | דאמורא׳ דהוויי׳ טבין לי | מן | חרבי ומן קשתי |
| 728 | Gn48:22 | טביא דאינון טבין לי | מן | חרבי ומן קשתי ועוד יהבית לך |
| 729 | Gn48:22 | ידיהון דאמוראי דטבין לי | מן | חרבי וקשתי: |
| 730 | Gn49:22 | על כוותיה ומצוותך עליך | מן | חרכייא והוון מזרקן קדמיך |
| 731 | Dt13:18 | ולא ידבק בידיכון | מן | חרמה מן בגלל דיחזור ממרה |
| 732 | Gn31:24 | לך לא תמלל עם יעקב | מן | טב עד ביש: |
| 733 | Gn31:29 | לך מן למללה עם יעקב | מן | טב ועד ביש: |
| 734 | Ex31:18M | דאש׳#2#/ למללה עמיה | בטור׳/מן | טר׳#2#/ דסיני תרין |
| 735 | Gn49:25 | בסעדך ואלה שמיא יברך יתך | מן | טוב טלה ומטרא דנחתין מן |
| 736 | Dt33:13 | מן קדם ייי ארעא דיוסף | מן | טוב אוצרי שמיא מן לעיל |
| 737 | Dt33:14 | ע{ת}<ב>דה פרין | מן | טוב עללת שמשא ומבכ{כ}<ר>ה |
| 738 | Gn27:39 | יצחק אבוי ואמר ליה הא | מן | טובא דארעא תהוי משרויך ומן |
| 739 | Gn43:11 | כדן גמרתון דא עבדו סבא | מן | טובא דארעא במניכון ואחתו |
| 740 | Gn45:23 | דא עשרה חמרין טעונין | מן | טובא דמצרים ועשר אתנין |
| 741 | Ex19:03 | ייי וקרא ליה דבירה דייי | מן | טורא למימר כדין תימר לדבית |
| 742 | Ex19:14 | ונחת משה | מן | טורא לוות עמא וקדש ית עמא |
| 743 | Ex19:20 | וקרא מימריה דייי למשה | מן | טורא וסלק משה: |
| 744 | Ex19:25 | ונחת משה | מן | טורא לוות עמא ואמר להון |
| 745 | Ex32:01 | ארום אשתהי משה למיחת | מן | טורא ואיתכנשו עמה על אהרן |
| 746 | Ex32:15 | וכוין ונחת משה | מן | טורא ותרין לוחי בידי לווחין |
| 747 | Ex33:06 | שמה מפרשה חקיק עליהון | מן | טורא דחורב: |
| 748 | Ex34:29 | סהדותא בידוי דמשה במחתה | מן | טורא ומשה לא הוה ידע ארום |
| 749 | Ex34:29 | והוה כד נחת משה | מן | טורא דסיני ותרין לוחי{ה} |
| 750 | Ex34:29M | משה מן /בזמן די נחת | מן#2#/ | טורא דסיני ותרין |
| 751 | Dt 1:02 | יומין הוה לכון מהלכה | מן | טורא דחורב אורח טור גבלה |
| 752 | Dt 9:15 | וכוונית ונחתת | מן | טורא וטורא בער באשתה ותרין |
| 753 | Dt 9:21 | לוות {נורא} <נחלה> דנחת | מן | טורא: |
| 754 | Nu10:33M | \מטור בית מקדשה דייי | /מן | טורה דייי#2#/ אורח <....> |
| 755 | Nu20:28 | טורה ונחת משה ואלעזר | מן | טורה: |
| 756 | Dt10:05 | וכוונית ונחתית | מן | טורה ושוית ית לווחייה |
| 757 | Nu33:48 | ונטלו | מן | טורי עברייה ושרון במישרייה |
| 758 | Lv22:27 | דגברא יחידה דאתעקד על חד | מן | טוריא היך אמר לעלה על גבי |
| 759 | Nu34:10 | לכון לתחום מדינחה | מן | טירת ענוותה לאפמיה: |
| 760 | Gn26:10 | בקליל זעיר אילו שמש חד | מן | טליא עם אתתך והוות מייתי |
| 761 | Gn48:15 | ויצחק ייי דדבר יתי | מן | טליותי עד יומא הדין: |
| 762 | Gn 8:21 | לה{ו}ון הגיין ביש | מן | טליותיהון ולא אוסף תוב |
| 763 | Gn49:05 | מרי זיינה שנינה עבדי קרב | מן | טליותיהון בארע בעלי דבביהון |
| 764 | Nu22:30 | אנה אתנתך די רכבת עליי | מן | טליותך עד יומא הדין הא |
| 765 | Gn46:34 | מרי בעיר הוון עבדך | מן | טלייתהון ועד כדון להוד אנן |
| 766 | Dt 6:14 | תיזלון בתר טעוון אחרניין | מן | טעוותהון {{דאומייה}} די |
| 767 | Dt13:08 | | מן | טעוותהון דאומייה די |
| 768 | Gn30:14 | רחל ללאה הבי כען לי | מן | יברוחי דבריך: |
| 769 | Nu10:09M | מן /ותשזבון | מן | יד#2#/ בעלי דבביכון: |
| 770 | Dt 3:08 | ונסבנן בשעתה ההיא ית ארעא | מן | ^יד#2#^ תרין מלכיהון |
| 771 | Dt28:31 | אלהכון די ישיזיב יתכון | מן | יד בעלי דבביכון: |
| 772 | Gn38:20 | למיסב ית ערבוניה | מן | ידא דאתתא ולא אשכח יתה: |
| 773 | Ex 3:19 | מלכא דמצרים למיזל ולא | מן | ידא דהיא תקיפא: |
| 774 | Nu 5:25 | ויסב כהנה | מן | ידא דאתתה ית מנחתה דאקנתה |
| 775 | Gn21:30 | ארום ית שבעתי אמרתא תסב | מן | יד{ו}<י> מן בגלל דתהוון לי |
| 776 | Gn28:10M | /עבר#2#/ יתה בחדא | ידא/מן | ידוי#2#/ ואשקי ית ענא |
| 777 | Gn32:12 | שיזב יתי כען | מן | ידוי דאחי מן ידוי דעשו |
| 778 | Gn32:12 | שיזב יתי כען מן ידוי דאחי | מן | ידוי דעשו ארום דחל אנא מנה |
| 779 | Gn33:10 | בגין כדין דחמית סבר אפיך | מן | ידוי ארום מן בגין כן ארע׳ |
| 780 | Gn48:22 | יתיה אברהם אבוי דאבה | מן | ידוי דנמרוד רשיעא ויהב |
| 781 | Gn48:22 | אחוי ואנה נסבת יתיה | מן | ידוי דעשו אחוי לא בחרבי |
| 782 | Ex 4:26M | /ית חתנה#2#/ הדין | מידא/מן | ידוי#2#/ דמלאך מותא |
| 783 | Ex32:19 | ותקף רוגזה דמשה וטלק | מן | ידוי ית לוחיא ותבר יתהון |
| 784 | Nu35:25 | עם כנישתה ית קטולא | מן | ידוי דתבע אדמא ויחזרון יתה |
| 785 | Dt 7:08M | עבדיה ומן /שעבודה | מן#2#/ | ידוי דפרעה מלכא דמצרים: |
| 786 | Dt25:11 | מנהון למשיזבה ית בעלה | מן | ידוי דדין דמחי יתה ותפשוט |
| 787 | Gn32:03 | ייי אתין למשיזבא יתי | מן | ידי תריהון בגין כן קרא שמיה |
| 788 | Dt26:05 | מן שירויה ושיזבת יתיה | מן | ידיה ונחת למצרים ואתותב |
| 789 | Gn37:21 | ושמע ראובן ושזיב יתיה | מן | ידיהון ואמר לא נקטול יתיה |
| 790 | Gn37:22 | ביה מן בגלל למשיזבא יתיה | מן | ידיהון למחזרה יתיה לוות |
| 791 | Gn39:01 | רב אספקלטריה גבר מצראי | מן | ידיהון דסרקיי די אוחתו יתיה |
| 792 | Gn48:22 | בזכוותי ובעובדיי טבייא | מן | ידיהון דאמוראי דטבין לי מן |
| 793 | Ex 2:19 | גבר מצרייה שיזב יתן | מן | ידיהון דרעייא ואף מדלי דלה |
| 794 | Ex 3:08 | בממרי למשיזבא יתהון | מן | ידיהון דמצרייה ולמסקא יתכון |
| 795 | Ex14:30 | ביומא ההוא ית ישראל | מן | ידיהון דמצריי וחמון ישראל |
| 796 | Ex18:09 | לישראל די שיזב יתהון | מן | ידיהון דמצריי: |
| 797 | Ex18:10 | בריך ייי די שיזב יתכון | מן | ידיהון דמצריי ומן ידוי |
| 798 | Ex29:25 | ותקבל יתהון | מן | ידיהון ותסדר על גבי מדבחה |
| 799 | Ex32:04 | וקבל | מן | ידיהון ורמה יתה בטופסא |
| 800 | Nu31:50 | קטלין מן אדרעיהון שירין | מן | ידיהון עזקין מן אצבעתהון |
| 801 | Dt 3:08M | ארעא \מן ^יד#2#^ תרין | /<מן> | ידיהון דת׳#2#/ מלכיהון |
| 802 | Gn48:22M | ובעבדיי{׳} טב<י>א | מן | ידיהן דאמורא׳ דהוויי׳ טבין |
| 803 | Dt32:39 | הוא דמסי ולית דמישיזיב | מן | ידיי: |
| 804 | Gn 4:11 | למקבלה ית אדמה דאחוך | מן | ידיך: |
| 805 | Dt26:04 | ויקבל כהנא סלא דביכוריה | מן | ידיכון ויצנע יתיה קדם מדבחה |
| 806 | Gn10:09M | "כנמרוד ... קדם ייי": | מן | יומא דאתברי עלמא לא הוה |
| 807 | Gn19:34 | והווה | מן | יומא דבתר<׳> ואמרת רבתא |
| 808 | Ex 9:06 | ועבד ייי ית פתגמא הדין | מן | יומא דבתרא ומית כל בעיריהון |
| 809 | Ex10:06 | חמון אבהתך ואבהת אבהתך | מן | יומא די הוון על ארעא עד |
| 810 | Ex12:15 | אנשא ההוא מן ישראל | מן | יומא קדמייה עד יומא שביעיא: |
| 811 | Ex18:13 | והוה | מן | יומא דבתר«ה» ויתב משה |
| 812 | Ex32:06 | ואקדמו | מן | יומא דבתרא וסדרון עליהן |
| 813 | Ex32:30 | והוה | מן | יומא דבתרה ואמר משה לעמא |
| 814 | Lv23:15 | יומא טבא קדמיה דפיסחא | מן | יומא דתייתון ית עומרה |
| 815 | Nu15:23 | ייי עליכון על ידוי דמשה | מן | יומא די פקד ייי ולהל |
| 816 | Nu17:06 | כל עם כנשתה דבני ישראל | מן | יומא דמן בתרה על משה ועל |
| 817 | Nu17:23 | והוה | מן | יומא דבתרה ועל משה למשכנה |
| 818 | Dt 4:32M | די הוון קדמיכון | למן/מן#2#/ | יומא די ברא ייי אלהים |
| 819 | Dt 9:24 | מסרבין הויתון קדם ייי | מן | יומא די חכמית יתכון: |
| 820 | Ex31:02M | דדכרית וקריית בשום טב | מן | יומי עלמא |
| 821 | Nu10:29M | מן קדם ייי איתמר | מן | יומי עלמה לאיתיא טבתה על |
| 822 | Nu16:30M | "ואן ברייה ... ותפתח": אן | מן | <י>ומי עלמא איתבריאת |
| 823 | Dt29:14M | אלהנא וית כל דריה דהוו | מן | יומי עלמא ודלא אתבריו עד |

| | | | | |
|---|---|---|---|---|
| 824 | Gn 6:04M | הנון ג{ו}<י>בריא דאית | מן | יומת עלמא |
| 825 | Dt29:14M | הכה יומא הדין /דקמו | מן | יומת עלמא#2/# קדם ייי אלהן |
| 826 | Dt32:07 | אדכרו יומין | מן | יומת עלמא אתבוננו בשנוי דכל |
| 827 | Nu14:06 | בר נון וכלב בר יפונה | מן | ייללייה דארעא בזעו |
| 828 | Ex15:22M | ית ישראל \מימא סוף | /מן | ים סוף#2/# ונפקו למדברא |
| 829 | Ex23:31 | ואשוי ית תחומיכון | מן | ימא דסוף עד ימ{א}הון |
| 830 | Nu11:26 | מתנבא ואמר הא סלוי סלק | מן | ימא ויהוי לישראל לתקלה |
| 831 | Nu11:31 | מן קדם ייי ואגיז סלויין | מן | ימא ``ורפש על משריתה כארח |
| 832 | Nu21:06M | להון סל{ד}<ו>ויין | מן | ימא אסקית להון באירא מן |
| 833 | Nu21:06 | תהומא ואגיזת להון סלווי | מן | ימא וחזרו עמי למתרעמא קדמיי |
| 834 | Dt 3:17 | ומ«י»שרה וירדנה ותחומה | מן | ימא דגניסר ועד ימא דמישרה |
| 835 | Nu34:07 | ודן יהווי לכון תחום צפונה | מן | ימה רבה תכוונון לכון |
| 836 | Dt32:10 | מן תהומה ואגיז להון סלוי | מן | ימה אשרי יתהון חזור חזור |
| 837 | Ex20:03 | למפדין דנור למפד דנורא | מן | ימינה ולמפד דאשא מן שמאלה |
| 838 | Ex14:22 | הוון להון שורין דמיין | מן | ימינהון ומן שמלאהון: |
| 839 | Ex14:29 | הוון להון שורין דמין | מן | ימינהון ומן שמלהון: |
| 840 | Gn48:13 | וית מנשה בשמאליה | מן | ימיניה דישראל וקרב לוותיה: |
| 841 | Ex20:02 | דנ{ז}<ו>ר למפד דנור | מן | ימיניה ולמפד דאשא מן שמאליה |
| 842 | Dt 5:06 | למפדין דנור <למפד דנור> | מן | ימיניה ולמפד דאשה מן שמאליה |
| 843 | Dt 5:07 | למפדין דנור <למפד דנור> | מן | ימיניה {ומל ול} ולמפד דאשה |
| 844 | Nu15:30M | קדם ייי /ביד רמה | מן | יציבייה ומן גייורייה ית |
| 845 | Lv27:06 | ואן | מן | ירח ועד בר חמש שנין ויהוי |
| 846 | Nu35:02 | ישראל ויתנון לליוויי | מן | ירתות אחסנתהון קוריין |
| 847 | Gn 8:22 | | מן | כדון כל יומי דארעא זרעין |
| 848 | Gn19:12 | ואמרין גבריא ללוט | מן | כדון מה אית לך הכה חתנך |
| 849 | Gn26:29 | ושלחנך יתך בשלם את הוא | מן | כדון בריכה דייי: |
| 850 | Gn27:33 | יצחק זעוע רב לחדה ואמר | מן | כדון הוא דצד ציד ואייתי לי |
| 851 | Gn27:37 | וחמר סמכ<י> יתיה ולך | מן | כדון מה אעבד ברי: |
| 852 | Lv20:17 | עם קדמיי למבני עלמא ברם | מן | כדון כל די עבד כדן וישתצון |
| 853 | Dt20:06M | "אפריק פירוי": פרקיה | מן | כהנה |
| 854 | Gn 6:20 | כל רחשא דארעא למינה תרין | מן | כול' יעלון לוותך למקיימה: |
| 855 | Gn 6:19 | כל חייא מן כל בשרא תרין | מן | כול«א» תעיל לתיבותה |
| 856 | Gn27:33 | דצד ציד ואייתי לי ואכלת | מן | כולה קדם עד לא תייתי וברכת |
| 857 | Dt 4:20 | מימריה דייי ואפק יתכון | מן | כורה דפרזלה מן מצרים |
| 858 | Gn15:17M | בסוף יומיא גומרא די נור | מן | כורסי יקרא יתוקיד ותצרי כל |
| 859 | Gn49:23 | מן רבותא ולמעבריה יתיה | מן | כורסיה מלכותא אמרו עלוי לשן |
| 860 | Dt 8:15 | מיין די אפיק לכון מיין | מן | כיף שמיר סנרה: |
| 861 | Dt32:13 | ומשח {משח} יתהון <משח> | מן | כיף שמיר סינרה: |
| 862 | Ex15:02M | דהווה מינק יתן דבש | מן | כיפ' ומשח יתן משח מן שמיר |
| 863 | Nu20:08 | ויתן מוי ותפק להון מיין | מן | כיפה ותשקי ית עם כנישתה וית |
| 864 | Nu20:10 | די צרכו למילף הא | מן | כיפה הדין נפק לכון מיא: |
| 865 | Dt32:13 | מלכין ואיינק יתהון דבשה | מן | כיפה ומשח {משח} יתהון <משח> |
| 866 | Gn 1:02 | מן בר נש ומן בעיר וריקנא | מן | כל פלחן צמחין ומן אילנין |
| 867 | Gn 2:02 | ונייח קדמוי ביומא שביעיא | מן | כל עבדתיה די ברא: |
| 868 | Gn 2:03 | הוא שבה שבה ונייח קדמוהי | מן | כל עיבידתיה די ברה איקרה |
| 869 | Gn 2:03M | קדמוהי מן /איתניח | מן#2/# | כל עיבידתיה די ברה איקרה |
| 870 | Gn 2:16 | ייי אלהים על האדם למימר | מן | כל אילני גנתה מיכל תיכול: |
| 871 | Gn 3:01 | וחויא הוה חכים | מן | כל חייתא דאפי ברה די ברא |
| 872 | Gn 3:14 | עבדית דא ליט תהוה חויה | מן | כל בעירא ומן כל חיותא |
| 873 | Gn 6:02 | אנון ונסבו להון {א}נשי' | מן | כל מה די בחרו: |
| 874 | Gn 6:19 | | מן | כל חייא מן כל בשרא תרין מן |
| 875 | Gn 6:19 | מן כל חייא | מן | כל בשרא תרין מן כול«א» |
| 876 | Gn 6:21 | ואת סב לך | מן | כל מיכל די יתאכל ותכנש |
| 877 | Gn 7:02 | | מן | כל בעירא דכיא תסב לך שבעה |
| 878 | Gn 7:15 | עם נח לתיבותא תרין תרין | מן | כל בשרא דאית בה נשמה דחיין: |
| 879 | Gn 7:16 | ועלליה דכר ונקבה | מן | כל בשרא עלו היך מה דפקד ייי |
| 880 | Gn 7:16M | די עיילו דכר וזוגה | מן#2/# | כל בשרא עלו היך מה דפקד |
| 881 | Gn 7:22 | נשמה דרוח חיין בנחירוי | מן | כל מה די ביבשתא מיתו: |
| 882 | Gn 8:17 | כל חיתה דעמך | מן | כל בשרא בעופא ובבעירא ובכל |
| 883 | Gn 8:20 | מדבח לשם ממרה דייי ונסב | מן | כל בעירה דוכי' ומן כל עופא |
| 884 | Gn 9:10M | ^דאית#2/# עמכון | מכל/מן | כל#2/# נפקי תבותא לכל |
| 885 | Gn14:23 | רצועה דמסן א«י»ן אסב | מן | כל מה די לך דלא תיהווי |
| 886 | Gn17:12 | בתיכון וביני כספכון | מן | כל בר עממין די לא מן בניכון |
| 887 | Gn22:14M | לחוביהון ומשיזב יתהון | מן | כל עקא ברם עתידין הינון |
| 888 | Gn22:14 | ועני יתהון ומשיזב יתהון | מן | כל עקא דעתידין דריא |
| 889 | Gn31:37 | ית כל מניי מה אשכחת | מן | כל מני ביתך שוי הכה לקבל |
| 890 | Gn32:11 | הא זעיר אנה ולית אנה כמסת | מן | כל חסדיא ומן כל קושטא די |
| 891 | Gn34:19 | דיעקב והוא הוה יקר | מן | כל אנשי ביתיה דאבוי: |
| 892 | Gn34:31 | לדינה ברתיה דיעקב כלא | מן | כל כדין דלא יהוו{ן}<י> שכם |
| 893 | Gn37:03 | וישראל הוה רחים ית יוסף | מן | כל בנוי ארום בר סיבו הוה |
| 894 | Gn37:04 | יתיה הוה רחים אבוהון | מן | כל אחוי וסנין יתיה ולא |
| 895 | Gn40:17M | דפרעה /ובסלתא עליי' | מן | כל מזוני' דפרעה#2/# עבד |
| 896 | Gn48:16 | מלאכא די פרק יתי | מן | כל עקא יברך ית טליא ויתקרי |
| 897 | Ex18:25 | ובחר משה גברין גברי חיל | מן | כל ישראל ושוי יתהון ראשין |
| 898 | Ex19:05 | לשמי לעם חביבין היך סגלה | מן | כל אמיה ארום דידי היא כל |
| 899 | Ex23:15M | קדם אלהיכון ריקונין | מן | כל מצוה |
| 900 | Ex33:16M | ונתכסי אנה ועמך/ | מן | כל עמה דאית על#2/# ארעא: |
| 901 | Ex34:20 | ולא יתחמן קדמיי ריקנין | מן | כל מצוה: |
| 902 | Lv 4:02 | נפש ארום תחטא בשלוה | מן | כל מצותה דייי די לא כשרין |
| 903 | Lv 4:13 | עייני קהלא ויעבדון חדא | מן | כל מצוותה די לא כשרין |
| 904 | Lv 4:22 | דמתרבי יחטא ויעבד חדא | מן | כל מצוותה דייי אלהה דלא |
| 905 | Lv 5:17 | נפש ארום תחטא ותעבד חדה | מן | כל מצוותה דייי די לא כשרין |
| 906 | Lv 5:22 | בה וישתבע על שקר על חדא | מן | כל מה די עבד ברנשא למיחטי |
| 907 | Lv 5:26 | ייי וישתבק ליה על חדא | מן | כל מה די יעבד למתחייבה בה: |
| 908 | Lv 7:14 | ויקרב מנה חד | מן | כל קרבן אפרשו לשמה דייי |
| 909 | Lv11:02 | למימר דא חייתה די תכלון | מן | כל בעירה די על ארעא: |
| 910 | Lv11:09 | ית דין תאכלון | מן | כל מה די {מב}<במ>יא כל דאית |
| 911 | Lv11:10 | וקסקסין בימיא ובנחליא | מן | כל שרצא דמיא ומן כל נפש |
| 912 | Lv11:32 | מנהון במיתתהון יסתאב | מן | כל {מה} <מן> דקיס או לבוש |
| 913 | Lv11:34M | יתיהב עלוי מיין יסתאב | /מן | כל מזונה די יתאכל די |
| 914 | Lv16:30 | עליכון למדכיי' יתכון | מן | כל חוביכון קדם ייי תדכון: |
| 915 | Lv16:34 | עלם למכפר' על בני ישראל | מן | כל חוביהון חדא זמן בשתה |
| 916 | Lv18:29 | ארום כל מן דיעבד | מן | כל מרחקתה האליין |
| 917 | Lv22:03 | לדריכון כל גבר די יקרוב | מן | כל בניכון לקדשיה די יקדישון |
| 918 | Lv22:25 | לא תקרבון לחם אלהכון | מן | כל אלין ארום חבוליהון בהון |
| 919 | Lv27:28 | די יפרש גבר לשמה דייי | מן | כל מה דלה מן בני אנשה |
| 920 | Nu 5:06 | ^אתה די יעבדון #2/#אר^ | מן | כל חובוי דבר נשא למשקרי שקר |
| 921 | Nu12:01 | היך מה דכושיה שני בגופה | מן | כל ברייתה כדין הות ציפורה |
| 922 | Nu12:01 | ושנייה בעובדי' טבי«י»ה | מן | כל נשייה דדרה ההוא: |
| 923 | Nu12:03 | וגברא משה ענוון לחדה | מן | כל בני אנשא די על אפיה |
| 924 | Nu18:29 | | מן | כל מתנתכון תפרשון ית כל |
| 925 | Nu18:29 | ית כל אפרשותה דייי | מן | כל תרבה ית טובה מנה: |
| 926 | Nu24:03 | דיקיר מן אבוי מה דאכסי | מן | כל נבואה אתגלי עלוי: |
| 927 | Nu24:15 | דיקיר מן אבוי מה דאתכסי | מן | כל נביאיה יתגלי עלוי: |
| 928 | Nu31:04 | אלף | מן | כל שבט אלף מן כל שבטיהון |
| 929 | Nu31:04 | אלף מן כל שבט אלף | מן | כל שבטיהון דישראל תשלחון |
| 930 | Nu31:05 | מן אלפיה דישראל אלף | מן | כל שבט תרין עשר אלפין |
| 931 | Nu31:06 | ושלח יתהון משה אלף | מן | כל שבט לחיל קרבה יתהון וית |

|  |  | | | |
|---|---|---|---|---|
| 932 | Nu34:18 | ורב חד רב חד | מן | כל שבט תסבון לאחסנה ית |
| 933 | Dt 1:23 | תרין עשר גברין גבר חד | מן | כל שבט: |
| 934 | Dt 2:28 | ונשתי לחוד לית אנן חסרין | מן | כל מן דעם ברגלינן אנן |
| 935 | Dt 7:06 | לעם חביבין היך סגולה | מן | כל אומיה די על אפי ארעא: |
| 936 | Dt 7:07 | בכון ארום אתון עם קלילין | מן | כל אומייה: |
| 937 | Dt 7:07 | לא מן סוגי יתכון | מן | כל אומייה אתרעי ייי בכון |
| 938 | Dt 7:14 | בריכין תהוון | מן | כל אומייה ולא יהוי בכון לא |
| 939 | Dt10:15 | בבניהון מן בתרהון בכון | מן | כל אומייה כיומא הדין: |
| 940 | Dt12:05 | די יתרעי ייי אלהכון | מן | כל שבטיכון למישרייה ית איקר |
| 941 | Dt14:02 | לעם חביבין היך סגולה | מן | כל אומייה די על אפי ארעא: |
| 942 | Dt14:09 | ית אילין תאכלון | מן | כל מה די במיא כל דאית ליה |
| 943 | Dt15:13M | לא תשלח יתיה ריקן | \מן | כל מצווה#2#/: |
| 944 | Dt16:16 | קדם ייי אלהכון ריקנין | מן | כל מצוה: |
| 945 | Dt18:05 | בהון אתרעי ייי אלהכון | מן | כל שבטיכון למקום למשמשה בשם |
| 946 | Dt18:06 | מן חדא מן קורייכון | מן | כל ישראל מן אתרא די איתותב |
| 947 | Dt25:19 | די יניח ייי אלהכון יתכון | מן | כל בעלי דבביכון |
| 948 | Dt28:14 | <ולא> תסטון | מן | כל פתגמייא די אנה מפקד |
| 949 | Dt29:20 | ויפרש יתיה ייי לבישתה | מן | כל שבטיה דישראל ככל לווטיה |
| 950 | Dt30:03 | יתכון ויחזור ויכנש יתכון | מן | כל אומיה די בדר יתכון ייי |
| 951 | Ex28:25 | ותתן על כתפתה דאפודא | מן | כל קבל אפוי: |
| 952 | Ex39:18 | יתהון על כתפתה דאפדה | מן | כל קבל אפוי: |
| 953 | Ex39:20 | כתפת«ה» דאפדה מן לרע | מן | כל קבל אפוי לקבל בית דבוקה |
| 954 | Lv 5:08 | קודמוי ויעזום ית ראשה | מן | כל קבל קדליה ולא יפרש: |
| 955 | Lv 8:09 | על ראשה ושוי על מצנפתה | מן | כל קבל אפוהי ית ציצה דדהבה |
| 956 | Lv13:41 | ואן | מן | כל קבל אפוי יתמרט שער ראשה |
| 957 | Nu 2:02 | ישרון בני ישראל | מן | כל קבל חזור חזור למשכן |
| 958 | Nu21:20 | ריש רמתה והא היא מצטפייה | מן | כל קבל בית ישימון: |
| 959 | Dt28:66 | חייכון תלאין לכון | מן | כל קבל ותתפחדון בליליה |
| 960 | Dt32:52 | ארום | מן | כל קבלה תחמי ית ארעא ותמן |
| 961 | Nu22:05 | דארעא והא אינון שרין | מן | כל קבלי: |
| 962 | Nu22:32 | למסטן לך ארום סטת ארחה | מן | כל קבלי: |
| 963 | Gn21:16 | במותא דטליא ויתבת לה | מן | כל קבליה ונטלת ית קלא ובכת: |
| 964 | Gn33:12 | נטול כען ונהלך וניזיל | מן | כל קובלך: |
| 965 | Gn14:20 | קדמך ויהב לה חד מן עשרה | מן | כלה: |
| 966 | Nu 6:04 | די יעבד מן גופנה דחמרא | מן | כמישן עד פגן לא יאכל: |
| 967 | Ex12:19 | חמיע ותשתיצי נפשא ההיא | מן | כנישתא דישראל בגיורא |
| 968 | Nu16:09 | אפרש אלה דישראל יתכון | מן | כנשתה דישראל למקרבה יתכון |
| 969 | Dt32:19 | קדם ייי ארום הוה רגוז | מן | כעסה די אכעסו יתיה עמה בני |
| 970 | Dt28:35 | די לא תיכלון למתאסייה | מן | כף רגליכון ועד קדקדי |
| 971 | Ex 6:09M | דמשה מקפדות /למושה | מן | כפיתות#2#/ רוח ומפולחן |
| 972 | Ex37:08 | חד מן דן סטרי מן הכה | מן | כפרתה עבד ית כרוביה מן תרין |
| 973 | Nu24:19 | יעקב וישיצי מן דמתחייב | מן | כרכה חייבא היא <....>.: |
| 974 | Lv14:37 | או סמקן וחיזויהון מכיך | מן | כתלה: |
| 975 | Nu34:05 | ומקף תחומה | מן | לקסם לנילוס דמצריי ויהוון |
| 976 | Dt 4:09 | חמון עייניכון ודלא יסטון | מן | לבביכון כל יומי חייכון |
| 977 | Lv13:56 | דחור יתיה ויבזע יתיה | מן | לבושיה או מן משך או מן שתיה |
| 978 | Ex 5:19 | בביש למימר לא תמנעון | מן | לבניכון סכום יום ביומיה: |
| 979 | Nu24:24M | סגיאן | מן | לברניא מן מדינת איטליה |
| 980 | Lv14:15 | ויסב כהנא | מן | לוגה דמשחא ו«י»ריק על כף |
| 981 | Dt19:11 | ויתחייב בנפשיה ויערוק | {מן} | לחדה מן קריתה האיליין: |
| 982 | Lv22:13 | לביתה דאבוה כרביותה | מן | לחמה דאבוה תאכל וכל חלוני |
| 983 | Nu15:19 | ויהוי כד תיכלון | מן | לחמה דארעא תפרשון אפרשו |
| 984 | Lv 9:06M | אע{ר}<ד>ו יצרה בישא | מן | ליבכון ומן יד יתגלי לכון |
| 985 | Lv25:33 | וית מה די יפרוק | מן | ליווייה ויפוק זבונה דביתה |
| 986 | Gn18:25M | \מן קדמיך מן למעבד | /מן | למ'<עבד#2#/ פתגמא הדין |
| 987 | Gn11:08 | על אפי כל ארעא ואתמנעו | מן | למבני קרתא: |
| 988 | Ex32:10 | וכען מנע גרמך | מן | למבעי רחמין עליהון קדמי |
| 989 | Dt 9:14 | מנע גרמך מן קדמיי | מן | למבעי עליהון רחמין ואישיצי |
| 990 | Dt23:23 | וארום תתמנעו | מן | למדר לא יהווי בכון חובה: |
| 991 | Gn18:11 | סאיבו ועלו ביומיא אתמנע | מן | למהווי לשרה אורח {כנס} |
| 992 | Ex 9:28 | צלון קדם ייי וימנע | מן | למהוי קלי מן קדם ייי וברד |
| 993 | Gn27:01 | יצחק וכהיין עיינו«י» | מן | למחמי וקרא ית עשו בריה רבא |
| 994 | Lv26:19 | עלויכון ברירין היך פרזלה | מן | למחתה לכון טלין ומטרין וית |
| 995 | Lv26:13 | פריקין מן ארעא דמצרים | מן | למיהוי להון עבדין משעבדין |
| 996 | Gn20:06M | "מלמחטי ... למקרב": | מן | למיחטי קודמי מן בגין כן לא |
| 997 | Gn29:35 | קראת שמה יהודה וקמת | מן | למילד: |
| 998 | Gn30:09 | וחמת לאה ארום קמת לה | מן | למילד ונסבת ית זלפה אמהתה |
| 999 | Gn30:09M | ארום \קמת לה מן /פסקת | מן#2#/ | למילד ונסבת ית זלפה |
| 1000 | Ex23:02 | בתר סגיא למבאשא לא תמנע | מן | למימר מה דבלבך על חברך |
| 1001 | Gn36:07 | ארום הוה ממוניהון סגיא | מן | למישרי כחדא ולא יכלית ארעא |
| 1002 | Ex36:06 | בית קודשא ואתכלון עמא | מן | למיתה: |
| 1003 | Lv16:20 | וישלם | מן | למכפרה ית קדשה וית משכן |
| 1004 | Gn16:02 | הא כען מנע יתי ייי | מן | למל{ל}<ד> עול כען לות אמתי |
| 1005 | Gn17:22 | ואשלם | מן | למללה עמה ואסתלק' איקר |
| 1006 | Gn31:29 | אמר לי למימר אזדהר לך | מן | למללה עם יעקב מן טב ועד |
| 1007 | Ex34:33 | ואשלם משה | מן | למללה עמהון ויהב על אפוי |
| 1008 | Gn41:49 | סגין לחדא עד זמן דאתמנע | מן | לממני ארום לא הוי סכום |
| 1009 | Gn29:19 | ואמר לבן תקן מסבה יתה לך | מן | למסבה יתה לגבר חורן שרי |
| 1010 | Lv19:29 | לא תשהר' ית בנתכון | מן | למסבה יתהון דלא תזני ארעה |
| 1011 | Ex 3:06 | ואטמר משה אפוי ארום דחל | מן | למסתכלא באיקר שכינתה דייי: |
| 1012 | Gn18:25 | דחייבא מחוס מן קדמיך | מן | למעבד פתגמא הדין דיינא |
| 1013 | Gn18:25 | מחוס מן קדמיך | מן | למעבד פתגמא הדין לממתה |
| 1014 | Gn18:25M | \מן קדמיך מן למעבד | /מן | למ<עבד#2#/ פתגמא הדין |
| 1015 | Gn44:07M | /חס לעבד' מן#2#/הא מחוס | מן | למעבד#2#/ <...>: |
| 1016 | Gn44:17 | ואמר חס לי | מן | למעבד דא גברא דאשתכח כלידא |
| 1017 | Nu32:07M | ישראל \מלמעבר לארעא | /מן | למעברה ית א'#2#/ די יהב |
| 1018 | Ex14:05 | ארום שלחנן ית ישראל | מן | למפלח קדמנן: |
| 1019 | Ex17:11 | ומנצחין וכד הוה מנע ידוי | מן | למצלייה הוון דבית עמלק |
| 1020 | Dt 9:13 | האליין והא עם קשיין קדל | מן | למקבלה אולפן אינון: |
| 1021 | Ex14:12 | הוה לן פלחין קדם מצריי | מן | למקטליה יתן במדברא: |
| 1022 | Dt28:23 | תחותיכון ברירה היך פרזלה | מן | למרביה לכון דתין וצמחין: |
| 1023 | Nu20:21 | וסרבו אדומיי | מן | למשבק ית ישראל עברין |
| 1024 | Ex 7:14 | אתוקף לבא דפרעה סרב | מן | למשלחיה ית עמא: |
| 1025 | Dt28:55 | | מן | למתן לחד מנהון מן בשר בנוי |
| 1026 | Gn 3:18M | \ומן לעות ידי נאכל | /מן | לעות ידיי וניכל#2#/ מזון |
| 1027 | Dt32:01 | ותריהון על דהוו דחילין | מן | לשמה קדישה קמו למסהדה |
| 1028 | Lv12:07 | קדם ייי ויכפר עלה ותדכי | מן | מבוע אדמיה דא גזרת אורייתה |
| 1029 | Dt33:22 | וארעא תיהווי שתייה | מן | מבועיה דנפקין מן בותניין: |
| 1030 | Gn35:21 | ישראל ופרס משכוניה רחיק | מן | מגדלא לעדר: |
| 1031 | Gn35:21M | משכוניה \רחיק מן /להל | מן#2#/ | מגדלא לעדר: |
| 1032 | Ex 3:22 | ותשאל אתה | מן | מגירתה ומן קריבת תותבת ביתה |
| 1033 | Gn49:11 | מלכא משיחא דעתיד למיקם | מן | מדבית יהודה אסר חרציה ונפק |
| 1034 | Nu10:12 | בני ישראל למטלניהון | מן | מדברה דסיני ושרה עננא |
| 1035 | Nu13:03 | ושלח יתהון | מן | מדברה על פם גזרת ממרה דייי |
| 1036 | Nu13:21 | וסליקו וילילו ית ארעא | מן | מדברה דצין עד רחוב למעליה |
| 1037 | Nu34:03 | לכון תחומא מן דרומה | מן | מדברה דצין עד תחומיהון |
| 1038 | Dt 1:01 | ועל עסק ילילייה די שלחתון | מן | מדברה דפראן למיללה ית ארעא |
| 1039 | Dt 2:26 | ושלחית שלוחין | מן | מדברה דקדמות לוות סיחון |

| | | | | |
|---|---|---|---|---|
| 1040 | Dt11:24 | כף רגליכון בה לכון יהוי | מן | מדברה וטור בית מקדשה מן |
| 1041 | Dt26:15 | אדיק כען ברחמיך טביה | מן | מדור איקר שכינתך מן שמיא |
| 1042 | Dt26:15M | מדור איקר שכינתך /בבעו | מן | מדור בית שכינת קודשך#2#/ |
| 1043 | Dt33:17 | דקטל גדעון בר יואש | מן | מדייניי דהוא מן שבטה דבנוי |
| 1044 | Ex38:13 | ולסיטרה מדינחה | מן | מדינחה חמשין אמין: |
| 1045 | Nu34:11 | על סיפויי ימה דגניסר | מן | מד«י»נחה: |
| 1046 | Nu34:11 | תחומה מן אפמיה לדפני | מן | מד«י»נחה לעיינה ונחת |
| 1047 | Nu24:07 | יהוי יכנש להון גלותהון | מן | מדינת בעלי דבביהון ובנוי |
| 1048 | Nu24:24M | סגיאן מן לברניא | מן | מדינת איסליה וישעבדון |
| 1049 | Nu24:24 | {{בלברנייה עזי}} לשון | מן | מדינת איטליא דהיא <....> |
| 1050 | Lv 4:06 | ית אצבעיה באדמה וידי | מן | {מ}דמא שבע זמנין קדם ייי ית |
| 1051 | Lv 4:05 | ויסב כהנא דמתרבי | מן | ^מדמה#2#^ דתורא ויעל |
| 1052 | Gn 3:24 | יקר שכינתיה {מן} מלקדמין | מן | מדנ' לגנתה דעדן מן בני |
| 1053 | Gn 2:14 | דקלת הוא דחזר ומקף | מן | מדנח אתוריה ונהרא רביעיא |
| 1054 | Gn 4:16 | ושרא בארעא גלי ומטלטל | מן | מדנח לעדן והוה עד לא קטל |
| 1055 | Gn12:08 | ואסתלק מן תמן לטורא | מן | מדנח לביתאל ופרש משכנה |
| 1056 | Nu21:11 | במדברה די קדם מואביי | מן | מדנח שמשה: |
| 1057 | Nu34:15M | דקיס{ס}רי{י}<ו>ן די | מן | מדנח מער{ב}<ת> דן נפק |
| 1058 | Dt 4:41 | קרי שזבו בעבר ירדנה | מן | מדנח שמשה: |
| 1059 | Dt 4:47 | דאמוריי די בעבר ירדנה | מן | מדנח שמשה: |
| 1060 | Ex27:13 | ופותיא דרתה לסיטרא מדנחא | מן | מדנחא חמשין אמין: |
| 1061 | Gn 4:16M | לעדן /גלי בארעא ושרה | מן | מדנחה דעדן#2#/ והוה עד לא |
| 1062 | Gn12:08 | ביתאל מן מערבה ועיה | מן | מדנחה ובנא תמן מדבח לש' |
| 1063 | Lv 1:16 | יתה סמיך למדבחה | מן | מדנחה באתר בית שפיכות קטמא: |
| 1064 | Lv16:14 | וידי באצבעה על אפי כפרתה | מן | מדנחה וקדם כפרתה ידי{ה} |
| 1065 | Nu 2:03 | ודשריין קדמיין | מן | מדנחה טכס משרית שבטה דבנוי |
| 1066 | Nu 3:38 | קדמיין קדם משכן זימנא | מן | מדנחה משה אהרן ובנוי |
| 1067 | Nu10:05 | יבבו ויטלון משריתה דשרין | מן | מדנחה: |
| 1068 | Nu32:19 | לוותן מן עבר ירדנה | מן | מדנחה: |
| 1069 | Nu34:03 | דרומה מן סייפי ימה דמלחה | מן | מדנחה: |
| 1070 | Nu34:15M | יורדנה דיריחו קדמאין | מן | מדנחה מן מישר ימה דמלחא |
| 1071 | Nu34:15 | עבר לירדנה דיריחו קדמיין | מן | מדנחה נפק להון תחומה |
| 1072 | Dt 4:49 | וכל משרה עבר ירדנה | מן | מדנחה ועד ימא דמלחה תחות |
| 1073 | Gn22:12 | ברביה ולא תעבד ליה כל | מן | מדעם ארום כדון ידעת ארום |
| 1074 | Gn32:14 | תמן בליליה ההוא ונסב | מן | מה דאיתי בידי דורון לעשו |
| 1075 | Lv14:22 | או תרין גוזלין בני יון | מן | מה די תרע ידה ויהוי חד |
| 1076 | Nu 3:49 | ונסב משה ית כסף פרקוניה | מן | מה דאישתייר על פרקוניהון |
| 1077 | Nu 6:11M | עלוי \על מה די חטא | /מן/ | מה דאתחייב#2#/ על נפשה |
| 1078 | Nu15:14 | וארום יתותב עמכון גיור או | מן | מה די ביניכון לדריכון ויקרב |
| 1079 | Dt12:07M | ואינשי בתיכון \די ברך | /מן/ | מה דב#2#/ יתכון ייי |
| 1080 | Dt15:14 | ענ' מן אדרך ומן מעצרתך | מן | מה די ברך יתך ייי אלהך תתן |
| 1081 | Dt26:10 | שרוי בוכרת כל פירי ארעא | מן | מה די יהבת לן ייי ותצנעון |
| 1082 | Lv 3:01 | אין דכר אין נוקבה שלם | מן | מו' יקרב יתיה קדם ייי: |
| 1083 | Lv 9:03 | ואמר בני שת{י}הון שלמים | מן | מו' לעלה: |
| 1084 | Gn 9:11 | ולא ישתצי כל בשרא תוב | מן | מוי דמבולא ולא יהבי תוב |
| 1085 | Ex 4:09 | ישמעון לקלך ות{ת}<ס>ב | מן | מוי דנהרא ותשפוך ביבשתא |
| 1086 | Ex 7:24 | לנהרא <....> למשתי | מן | מוי דנהרא: |
| 1087 | Ex12:05 | אמר שלם | מן | מום דכר בר שתא יהווי לכון |
| 1088 | Ex29:01 | תורין ודכרין תרין שלמין | מן | מו«ם»: |
| 1089 | Lv 1:03 | קרבנה לשמה דייי דכר שלם | מן | מום יקרב יתיה לרעוה עלוי |
| 1090 | Lv 1:10 | דבני עזיה לעלא דכר שלם | מן | מום יקרב יתיה: |
| 1091 | Lv 3:06 | דייי דכר או נוקבה שלם | מן | מום יקרב יתיה: |
| 1092 | Lv 4:03 | אתחייב תור בר תורין שלם | מן | מום לשמה דייי לחטאת: |
| 1093 | Lv 4:23 | צפיר בר עזין דכר שלם | מן | מום: |
| 1094 | Lv 4:32 | קרבניה לחטאתה נקבה שלמה | מן | מום ייתי יתה: |
| 1095 | Lv 5:15 | ית אשמיה קדם ייי דכר שלם | מן | מום מן ענה ב«ע»לויה כסף |
| 1096 | Lv 5:18 | וייתי אמר דכר שלם | מן | מום מן ענה בעלויה לאשמה |
| 1097 | Lv 5:25 | ייתי לשמה דייי דכר שלם | מן | מום מן ענה בעלויה לאשמה |
| 1098 | Lv 9:02 | לחטתה ודכר לעלתה שלמים | מן | מום וקרב קדם ייי: |
| 1099 | Lv14:10 | ואמרה חדה ברת שת' שלמה | מן | מום ותלתה עשרנין סלת מנחה |
| 1100 | Lv14:10 | יסב תרין אמרין שלמין | מן | מום ואמרה חדה ברת שת' שלמה |
| 1101 | Lv22:19 | לרעווה עליכון דכר שלם | מן | «מום» בתורייה באמרייה |
| 1102 | Lv22:21M | יהי ברעווה /בענא שלמין | מן | מום יהוון לרעווה#2#/ כל |
| 1103 | Lv23:12 | ית עומרה אמר בר שתיה שלם | מן | מום לעלה לשמה דייי: |
| 1104 | Lv23:18 | אמרין בני שתיהון שלמין | מן | מום ותור בר תורין חד ודכרין |
| 1105 | Nu 6:14 | ואימרה חדה ברת שתה שלמה | מן | מום לחטאתה ודכר חד שלם מן |
| 1106 | Nu 6:14 | מום לחטאתה ודכר חד שלם | מן | מום לנכסת קודשיא: |
| 1107 | Nu 6:14 | קדם ייי אמר בר שתה שלם | מן | מום חד לעלה ואימרה חדה ברת |
| 1108 | Nu28:03 | אמרין בני שתהון שלמין | מן | מום תרין בכל יום על{ם}<ה> |
| 1109 | Nu28:09 | אמרין בני שתהון שלמין | מן | מום ותרין עשרונין סלת מנחה |
| 1110 | Nu28:11 | בני שתהון <שבעה> שלמין | מן | מום: |
| 1111 | Nu28:19 | אמרין בני שתהון שלמים | מן | מום יהוון לכון: |
| 1112 | Nu28:31 | ומנחתה תקרבון שלמין | מן | מום יהוון לכון ונסוכיהון: |
| 1113 | Nu29:02 | בני שתהון שבעה שלמין | מן | מום: |
| 1114 | Nu29:08 | בני שתהון שבעה שלמין | מן | מום יהווי לכון: |
| 1115 | Nu29:13 | שתהון ארבעת עשר שלמין | מן | מום יהוון: |
| 1116 | Nu29:17 | שתהון ארבעת עשר שלמין | מן | מום: |
| 1117 | Nu29:20 | שתהון ארבעת עשר שלמין | מן | מום: |
| 1118 | Nu29:23 | שתהון ארבעת עשר שלמין | מן | מום: |
| 1119 | Nu29:26 | שתהון ארבעת עשר שלמין | מן | מום: |
| 1120 | Nu29:29 | שתהון ארבעת עשר שלמין | מן | מום: |
| 1121 | Nu29:32 | בני שתהון ארבע עשר שלמין | מן | מום: |
| 1122 | Nu29:36 | בני שתהון שבעה שלמין | מן | מום: |
| 1123 | Dt27:06 | אבנין טבין שלמן | מן | מום תבנון ית מדבחה דייי |
| 1124 | Ex21:06M | /לתרע בית דינ' או לחד | מן | מזוזייתא#2#/ וירצע רבוניה |
| 1125 | Lv22:11M | בייתי הנון יאכלון | מן | מזונה |
| 1126 | Gn44:07M | האליין \חס לעבד' | מן#2#/הא | מחוס מן למעבד#2#/ <...>: |
| 1127 | Dt28:23 | עלוויכון חסימין היך נחשה | מן | מחתה לכון טלא ומטרה וארעא |
| 1128 | Nu29:35 | תמיניה כנישין תהוון | מן | מטליכון לגו בתיכון בחדוה |
| 1129 | Dt11:11 | יתה ארע דטוורין ודבקען | מן | מטרה דנחית מן שמייא היא |
| 1130 | Ex 2:10 | וקרת שמה משה ואמרת ארום | מן | מיא שזבת יתיה: |
| 1131 | Nu 5:19M | לבעליך דזתכי | מן | מיה בדוקיה לבדק האליין |
| 1132 | Nu34:15M | דיריחו קדמאין מן מדנחה | מן | מישר ימה דמלחא נפק להון |
| 1133 | Gn37:14 | ואתיב יתי פתגם ושלח יתיה | מן | מישרא דחברון ואתא לשכם: |
| 1134 | Gn30:01M | בנין ואין לא \מיתה אנה | /מן/ | מיתה אנא חשיבא#2#/: |
| 1135 | Dt18:11 | זכורון ותבעין אולפן | מן | מיתייה: |
| 1136 | Gn18:01M | לית אפשר לחד \ממלאכי | /מן/ | מלאכי#2#/ מרומא די ישתלח |
| 1137 | Ex23:07 | | מן | מלין דשקרין תהוון רחקין וכל |
| 1138 | Gn 3:24 | אדם ואשרי יקר שכינתיה | {מן} | מלקדמין מן מדנ' לגנתה |
| 1139 | Ex26:24 | ויהון מתכוונין | מן | מלרע וכחדא יהוון מכוונין על |
| 1140 | Lv11:04 | לחוד ית דין לא תיכלון | מן | {מ}מסקי גררתא ומן מטלפי |
| 1141 | Lv13:34 | במשכה וחזווה לית הוא מכיך | מן | {מ}משכא וידכי יתיה כהנא |
| 1142 | Lv23:43 | | {מן} | מן בגלל די ידעון דריכון |
| 1143 | Gn23:17 | באפיה ברא די בכל תחומא | {מן} | מן חזר חזור: |
| 1144 | Lv 8:26 | ומן סלה דפטירה | {מן} | מן קדם ייי נסב חלה דפטיר |
| 1145 | Lv 2:03 | ומה דמשתייר | מן | מנחתה לאהרן ולבנוהי קדש |
| 1146 | Lv 2:10 | ומה דמשתייר | מן | מנחתה לאהרן ולבנוי קדש |
| 1147 | Nu 5:26 | ויקמוץ כהנה | מן | מנחתה ית אדכרתה ויסדר |

|  |  |  |  |  |
|---|---|---|---|---|
| 1148 | Nu11:26 | שנין ידלקון בני ישראל | מן | מני זייניהון וחרש לא יפקון |
| 1149 | Gn31:39 | כל חדא מנהון דהוות ערקה | מן | מניינה אנה הוינא משלם יתה |
| 1150 | Ex25:33 | כן לשתי קנין דנפקין | מן | מנרתה: |
| 1151 | Ex25:35 | דמנה לשתי קנין דנפקין | מן | מנרתה: |
| 1152 | Ex37:19 | כדן לשתי קניה דנפקין | מן | מנרתה: |
| 1153 | Lv13:45M | לה ולא עני יתהון רחוק | מן | מסאבה דלא תסתאבון מסאב הוא |
| 1154 | Lv13:45 | יהיה צווח ואמר רחוקו | מן | מסאבה דלא תסתאבון: |
| 1155 | Dt14:07 | לחוד ית אילין לא תאכלון | מן | מסקי גררתה ומן סדיקי פרסתה |
| 1156 | Nu34:04 | ומקף לכון תחומה מן דרומא | מן | מסקייתה דעקרבין ויעבר בטור |
| 1157 | Nu22:01M | \במעבר ליר{ח}<דנ>א | /מן | מעבר יורד'#2#/ ליריחו: |
| 1158 | Dt11:30M | "אינון ... גלגלה": הנון | מן | מעבר יורדנה בתר אורח מיעלי |
| 1159 | Nu12:12M | \לגו עלמ' אתאכל | /מן | מעוי דאימיה את#2#/ פלגות |
| 1160 | Gn15:04 | דן ארום אלהן מן דיפוק | מן | מעיך הוא ירת יתך: |
| 1161 | Dt11:14M | א{ו}<י>דריכון וחמריכון | מן | מעצ{יר}<רי>כון#2#/ |
| 1162 | Nu15:20 | עבורה מן אדרה ו{ת}<ח>מרה | מן | מעצרתה כן תפרשון יתה: |
| 1163 | Nu18:27 | עיבורא מן אדרה וחמרה | מן | מעצרתה: |
| 1164 | Nu18:30 | עיבורא מן אדרה וחמרה | מן | מעצרתה: |
| 1165 | Dt16:13 | עבורה מן אדרא וחמרא | מן | מעצרתה: |
| 1166 | Gn12:08 | ופרש משכנה ביתאל | מן | מערבה ועיה מן מדנחה ובנא |
| 1167 | Ex26:22 | ולשיפולוי דמשכנה | מן | מערבה תעבד שתה לוחין: |
| 1168 | Ex26:27 | סטרין דמשכנה בשפולייה | מן | מערבה: |
| 1169 | Ex26:35M | על סטר' דמשכנה | לדרומה/מן | מערבה#2#/ ופתורא תתן |
| 1170 | Ex36:27 | ולשפלוי דמשכנה | מן | מערבה עבד שתה לוחין: |
| 1171 | Ex36:28M | בשפלייה/בשיפועייה | מן | מערבה#2#/: |
| 1172 | Ex36:32 | סטרה דמשכנה בשיפולייה | מן | מערבה: |
| 1173 | Nu 2:18 | דאפרים לחיילוותהון | מן | מערבה ורבה דהוה ממני על |
| 1174 | Nu 3:23 | בשפלוי דמשכנה ישרון | מן | מערבה: |
| 1175 | Nu34:11M | סמיך לימה דגי<נ>סר | מן | מערבה |
| 1176 | Lv10:19 | מלף יתן דחטאתה חמ<י>רא | מן | מעשרה תנינה ולית אפשר מיכל |
| 1177 | Lv27:31 | ואין מפרוק יפרוק גבר | מן | מעשרה חומשה יוסף עלוי: |
| 1178 | Dt17:20 | ליבביה מן אחוי ודלא יסטי | מן | מצוותה דאוריתה לא לימינה |
| 1179 | Lv 4:27 | מעמא דארעא במעבדה חדה | מן | מצוותיה דייי דלא כשרין |
| 1180 | Dt26:13 | די פקדת יתן לא עברנן | מן | מצותך ולא אנשינן חדה מנהון: |
| 1181 | Ex10:02M | די שוית בהון /אפרעית | מן | מצראי וית ניסי פרישתי |
| 1182 | Ex12:30M | די לא הוה ביה מיתא | מן | מצראי#2#/: |
| 1183 | Ex12:35M | דדהב ולבושין /ושאלו | מן | מצראי מאני כסף ומאני דהב |
| 1184 | Ex19:04M | "קלא ... קלילין": די אתפרעת | מן | מצראי וסבלית יתכון על |
| 1185 | Ex12:35 | עבדו כמלוי דמשה ושאילו | מן | מצריי מנין דכסף ומנין דדהב |
| 1186 | Lv14:03 | והא איתסי מכתש צרעתה | מן | מצרעה: |
| 1187 | Nu12:16M | דאתסיית נביאת{י}ה | מן | מצרעתה מן בתר כן |
| 1188 | Nu 4:19M | להון די יזוחון עיניהון | מן | מקדשה#2#/ וייחון ולא |
| 1189 | Lv22:27M | שכלוליהון וכהיין עיינוי | מן | מרומייה מן בגין כן זכה |
| 1190 | Lv14:29 | ומן דמשתייר | מן | משחא די על ידוי דכהנא יתן |
| 1191 | Lv 8:12 | ואריק | מן | משחה דרבותה על ריש דאהרן |
| 1192 | Lv 8:30 | ונסב משה | מן | משחה דרבותה ומן אדמ' די |
| 1193 | Lv14:16 | דעל כף ידיה דשמאלה וידי | מן | משחה בא<צ>בעה שבעה זימנין |
| 1194 | Lv14:17M | "ומן ... על": ומה דאשתייר | מן | משחה דאית על |
| 1195 | Lv14:18M | ומה דמשתייר | \/מן | משחה#2#/ די/דאית#2#/ על |
| 1196 | Lv14:27 | וידי כהנא באצבעיה דימינה | מן | משחה די על כף ידה דכהנא |
| 1197 | Lv14:28 | ויתן כהנא | מן | משחה די על כף ידיה על רום |
| 1198 | Lv21:10 | מן אחוי די יתארק על ראשה | מן | משחה דרבותה וישל«ם» ית |
| 1199 | Ex27:02 | קרנתה על ארבעתי זביתא | מן | משחת רומא מנה יהוויין קרנתה |
| 1200 | Ex38:02 | קרנתיה על ארבעתי זווייתה | מן | משחת רומה <מניה> הוון קרנתה |
| 1201 | Lv13:03 | לחוור וחזווי דמכתשא מכיך | מן | משך בשרה מכת«ש» צרעה היא |
| 1202 | Lv13:56 | ויבזע יתיה מן לבושיה או | מן | משך או מן שתיה או מן ערבה: |
| 1203 | Lv13:59 | או בשתיא או בערבא או בכל | מן | משך לדכיה יתיה או לסאבותיה: |
| 1204 | Lv13:04 | במשך בשרה ומכיך לית חזוה | מן | משכה ושעורה לא אתהפך לחוור |
| 1205 | Lv13:20 | ויחמי כהנא והא חזוה מכיך | מן | משכה וסערה אתהפך לחוור וי' |
| 1206 | Lv13:21 | שער חוור ומכיכה לית היא | מן | משכה והיא כהיה ויטרוד יתיה |
| 1207 | Lv13:25 | בבה{י}ק<י>תה וחזוה מכיך | מן | משכה צרעה היא בכוותיה הלכת |
| 1208 | Lv13:26 | שער חוור ומכיכה לית היא | מן | משכה והיא כהיה ויטרוד יתיה |
| 1209 | Lv13:30 | ית מכתש' והא חזוה מכיך | מן | משכה ובה שער מצלהב דקיק |
| 1210 | Lv13:31 | והא לית חזוה מכיך | מן | משכה ושער אוכ{ס}<ם> לית בה |
| 1211 | Lv13:32 | דניתקא לית הוא מכיך | מן | משכה: |
| 1212 | Lv14:16 | כהנא ית אצבעיה דימינה | מן | מש{כ}<ח>ה דעל כף ידיה |
| 1213 | Lv 1:01 | למשה ומליל ייי עמיה | מן | משכן זמנא למימר: |
| 1214 | Nu16:24M | מן חזור חזור | למשכנה/מן | משכנ'#2#/ דקרח דתן |
| 1215 | Gn31:33 | לחינת«א» ולא אשכח ונפק | מן | משכנא דלאה ועל למשכנא |
| 1216 | Dt34:01 | וסלק משה | מן | משרה דמאב לטורה דנבו ראש |
| 1217 | Nu10:14 | ונטל טכס | מן | משריה דבנוי דיהודה בקדמיתה |
| 1218 | Ex19:17 | לקדמות איקר שכינתא דייי | מן | משריתא ואתעתדו בשפלוי |
| 1219 | Ex33:07 | יתיה לבר מן משרית' רחיק | מן | משריתא והוי קרי ליה משכן |
| 1220 | Nu 5:02 | פקד ית בני ישראל וישלחון | מן | משריתה כל דמצרע וכל דדיב |
| 1221 | Nu10:34 | הוה מגן באיממה במיטלהון | מן | משריתה: |
| 1222 | Nu11:26 | ולא נפקו שבעתי חכימיה | מן | משריתה עד אלדד ומדד |
| 1223 | Nu14:44 | קיימא דייי ומשה לא זעו | מן | משריתה: |
| 1224 | Dt 2:14 | דסף כל דרא עמא עבדי קרבה | מן | משריתה היך מן די קיים ייי |
| 1225 | Lv11:40 | ומן די ייכול | מן | נבלתה יחוור לבושוי ויהווי |
| 1226 | Lv11:25 | וכל די יסיט | מן | נבלתיהון יחוור לבושי ויהוי |
| 1227 | Gn41:02 | והא | מן | נהרא סלקין שבע תורין יאיין |
| 1228 | Gn41:18 | והא | מן | נהרא סלקן שבע תוריין בריין |
| 1229 | Ex 4:09 | ויהוון מיין די תסב | מן | נהרא ויהוון לאדם ביבשתא: |
| 1230 | Ex 7:21 | יכילו מצריי למשתי מיא | מן | נהרא והות אדמה בכל ארעא |
| 1231 | Dt11:24 | מן מדברה וטור בית מקדשה | מן | נהרא רבה נהרא דפרת ועד ימה |
| 1232 | Dt 3:08 | דאמוריי די בעבר ירדנה | מן | נחלה דארנונה עד טור תלגה: |
| 1233 | Lv 7:30M | /קרבנה#2#/ ית תרבה | על/מן#2#/ | ניעה ייתי יתיה ית |
| 1234 | Ex 6:07M | /אפקית יתכון פריקין | מן#2#/ | ניר שעבודהון דמצריי: |
| 1235 | Lv 7:20M | \בשרה מן נכסת /בשר | מן | נכיס'#2#/ קדשיה דמפרש |
| 1236 | Lv 4:35M | דאמרה \מעילוי נכסת | /מן | נכיסת#2#/ קדשיה ויסדר |
| 1237 | Lv10:14M | קדשיהון דבני /אתיהבו | מן | נכיסת קודשי בני#2#/ |
| 1238 | Nu 7:29 | דן קרבנה די אתנדב וקרב | מן | נכסי גרמיה רב שבטה דבנוי |
| 1239 | Nu 7:35 | דן קרבניה די אתנדב וקרב | מן | נכסי גרמיה רב שבטה דבנוי |
| 1240 | Nu 7:41 | דן קרבנה די אתנדב וקרב | מן | נכסי גרמיה רב שבטה דשמעון |
| 1241 | Nu 7:23 | דן קרבנה דאיתנדב וקרב | מן | נכסיה גרמיה רב שבטה דבנוי |
| 1242 | Nu 7:47 | דן קרבנה די אתנדב וקרב | מן | נכסיה גרמיה רב שבטה דבנוי |
| 1243 | Nu 7:53 | דן קרבנה די אתנדב וקרב | מן | נ«כ»סיה גרמיה רב לשבטה |
| 1244 | Nu 7:59 | דן קרבנה די אתנדב וקרב | מן | נכסיה גרמיה רב שבטה דבנוי |
| 1245 | Nu 7:65 | דן קרבנה די אתנדב וקרב | מן | נכסיה גרמיה רב שבטה דבנוי |
| 1246 | Nu 7:71 | דן קורבנה די אתנדב וקרב | מן | נכסיה גרמיה רב שבטה דבנוי |
| 1247 | Nu 7:77 | דין קרבנה די אתנדב וקרב | מן | נכסיה גרמיה רב שבטה דבנוי |
| 1248 | Nu 7:83 | דן קרבנה די אתנדב וקרב | מן | נכסיה גרמיה רב שבטה דבנוי |
| 1249 | Ex12:36 | בני ישראל ית מצריי | מן | נכסיהון: |
| 1250 | Lv 3:03 | ויקרב | מן | נכסת קדשיה קרבן קדם ייי ית |
| 1251 | Lv 7:20 | ונפשא די תיכול בשרה | מן | נכסת קדשיה דמפרש לשמה דייי |
| 1252 | Lv 7:29 | דייי ייתי ית קרבניה לייי | מן | נכסת קודשוי: |
| 1253 | Lv 7:32 | דימינה תתנון אפרשו לכהנא | מן | נכסת קדשיכון: |
| 1254 | Lv 7:34 | קבלת מן לוות בני ישראל | מן | נכסת קודשיהון ויהבת יתהון |
| 1255 | Lv10:14 | וחולקהון דבניך אתייהבון | מן | נכסת קדשיהון דבני ישראל: |

|  |  | | | |
|---|---|---|---|---|
| 1256 | Nu31:35 | ונפש דבר נש | מן | נשיה די לא חכמן תשמיש |
| 1257 | Lv15:31 | ותזהרון ית בני ישראל | מן | סאבותהון דלא ימותון |
| 1258 | Lv14:19 | חטאתה ויכפר על מן דמדכי | מן | סאבתה ומן בתר כן יכוס ית |
| 1259 | Lv16:19 | וידכי יתיה ויקדש יתיה | מן | סאובתהון דבני ישראל: |
| 1260 | Gn32:13 | כחלא דימא די לא יתמנון | מן | סגי: |
| 1261 | Gn49:12 | מן חמרא ויתחוורון גלמתא | מן | סגי עבור ועדרין דען: |
| 1262 | Nu27:17 | לסדרי קרבא ודי יעל יתהון | מן | סדרי קרבא בשלם דלא תיהווי |
| 1263 | Dt33:07 | ולוות עמיה תשלם יתיה | מן | סדרי קרבה בשלם ידוי יתפרען |
| 1264 | Lv16:16 | ויכפר על קודשיה | מן | סואבותהון דבני ישראל ומן |
| 1265 | Gn16:10 | אסגיא ית בניך ולא יתמנון | מן | סוגי: |
| 1266 | Dt 7:07 | לא | מן | סוגי יתכון מן כל אומייה |
| 1267 | Dt28:47 | ייי אלהכון בחדו ובלב טב | מן | סוגי כולה: |
| 1268 | Gn47:21M | מן בגלל כן טלטילינון | מן | סוף תחום מצרים ועד סופיה |
| 1269 | Ex10:29M | הווינא יהיב במדין לא | מן | סוף דהוה לך רחמין הוינא |
| 1270 | Ex10:29 | דהוון תבעין ית נפשך ולא | מן | סוף דהוינא תבע עלך מן קדם |
| 1271 | Ex26:23M | ל«ו»חין תעבד לסיטרוי/ | מן | סטר#2#/ דמשכנה |
| 1272 | Gn19:04 | ועד סביהון כל עמא | מן | סטר חד: |
| 1273 | Dt31:26 | אוריתה הדין ותשוון יתה | מן | סטר ארון קיימה דייי אלהכון |
| 1274 | Ex25:32 | חדתא ותלתא קני מנרתא | מן | סטרא {חדתא ותלתא קני מנרתא |
| 1275 | Ex25:32 | {חדתא ותלתא קני מנרתא | מן | סטרא} תניינא: |
| 1276 | Ex25:32 | סטריה תלתא קני{ם} מנרתא | מן | סטרא חדתא ותלתא קני מנרתא |
| 1277 | Ex27:09M | משכנא \לסטרא דדרומא / | מן | סטרא דרומייא#2#/ מדרומיא |
| 1278 | Ex27:14M | /אומין#2#/ ווילון לסיטרא/ | מן | סטרא#2#/ עמודיהון |
| 1279 | Ex36:25M | ולסטרה דמשכנה תניינה לסטרה/ | מן | סטרה#2#/ צפונייה |
| 1280 | Ex37:18 | חדתה ותלתא קני מנרתה | מן | סטרה תניינא: |
| 1281 | Ex37:18 | ושתה קנין נפקין | מן | סטרה תלתא קני מנרתה מן |
| 1282 | Ex25:32 | ושתא קנין נפקין | מן | סטריה תלתא קני{ם} מנרתה מן |
| 1283 | Ex28:26 | דחושנא על סי{מפ}<פמ>ה די | מן | סיטרא דאפודה מלגו: |
| 1284 | Ex37:18 | מן סטרה תלתא קני מנרתה | מן | סיטרא חדתה ותלתא קני מנרתה |
| 1285 | Ex39:19 | דחושנה על סיפוותה די | מן | סיטרה דאפודה מן לגו: |
| 1286 | Gn47:21 | דמדינתא אשרי בקרייתא | מן | סייפי דארעא דמצרים ועד |
| 1287 | Nu34:03 | ויהווי לכון תחום דרומה | מן | סייפי ימה דמלחה מן מדנחה: |
| 1288 | Dt13:08 | או דרחיקין {ל}<מנ>כון | מן | סייפי ארעא ועד סייפי ארעא: |
| 1289 | Dt28:64 | ויבדר יתכון ייי בכל אומיה | מן | סייפי ארעה ועד סייפי ארעא |
| 1290 | Nu26:64 | ובאלין לא הוה גבר | מן | סכומי דמשה ואהרן כהנה די |
| 1291 | Ex29:23 | פילה במשח חדה ועריך חד | מן | סלא די פטירי {{מן}} «די» |
| 1292 | Gn40:17 | נחתום ועופא אכל יתהון | מן | סלה מעלוי ראשי: |
| 1293 | Nu 6:19 | מן דיכרא וחלה דפטיר חד | מן | סלה ועריך דפטיר חד ויתן על |
| 1294 | Lv 2:02 | ויקמץ מתמן מלא קומציה | מן | סלתה ומן טובה על כל לבונתה |
| 1295 | Lv 6:08 | וירים מנה בקמציה | מן | סלתה דמנחתה ומן טוב' וית כל |
| 1296 | Ex32:32 | לחוביהון ואם לא מחק יתי | מן | ספר אוריתך די כתבת: |
| 1297 | Ex32:33 | מן דחטא קדמיי אמחק יתיה | מן | ספר אריתי: |
| 1298 | Nu11:26M | נביתה מן בתרה והא אנון | | {ס}<ש>ובעתי סביה די |
| 1299 | Nu 7:86M | קטורן בוסמנין טבין | מן | ע' |
| 1300 | Gn 5:29 | נח למימר דן ינחם יתן | מן | עבדינן ביש' ומן גזל ידינן |
| 1301 | Gn44:09 | ית מן די ישתכח לוותיה | מן | עבדך יתקטל ואף אנן נהוי |
| 1302 | Ex36:04 | כל עבידת בית קודשא גבר | מן | עבידתה די אנון עבדין: |
| 1303 | Gn47:03 | ואמר פרעה לאחוי | מן | עבידתכון ואמרין לפרעה רען |
| 1304 | Nu21:13 | מן תמן נטלו ושרון | מן | עבר ארנונה די במדברה דנפק |
| 1305 | Nu32:19 | ארום קבלנן אחסנתן לוותן | מן | עבר ירדנה מן מדנחה: |
| 1306 | Nu32:19 | ארום לא נתאחסן עמהון | מן | עבר לירדנה ולהל ארום קבלנן |
| 1307 | Nu32:32 | ועמן ירתות אחסנותן | מן | עבר לירדנה: |
| 1308 | Nu34:15 | דמנשה קבלו אחסנתהון | מן | עבר לירדנה דיריחו קדמין מן |
| 1309 | Nu35:14 | ית תלת קוריין תתנון | מן | עבר לירדנה וית תלת קוריאן |
| 1310 | Dt30:13 | ולא | מן | עבר לימה רבה היא אוריתה |
| 1311 | Ex 2:07 | ואיקרי ליך אתה מיינקא | מן | עברייתא ותניק לך ית טליא: |
| 1312 | Nu 7:09 | דקהת לא יהב משה לא | מן | עגלתה ולא מן תוריה ארום |
| 1313 | Ex13:10 | דאורייתא הדה בזימנא | מן | עדן יומין לעדן יומין: |
| 1314 | Lv22:27 | וכדון דלית לן למקרב{י}ה | מן | עדרי ענינן יתכפר על חטאינן |
| 1315 | Lv22:27M | חובייה ולית לן מה נקרבה | מן | עדרי ענינן תורה איתבחר |
| 1316 | Gn19:04 | עמא דסדם אקיפו על ביתיה | מן | עולימיהון ועד סביהון כל עמא |
| 1317 | Gn19:11M | מדקיקיהון /בחרבייא | מן | עולמיהון#2#/ עד סביהון |
| 1318 | Gn 7:03 | אף | מן | עוף שמיא שבעא שבעה דכר |
| 1319 | Gn 6:20 | | מן | עופא למינה ומן בעירא למינה |
| 1320 | Lv 1:14 | ואם | מן | עופא עלה קרבנה לשמה דייי |
| 1321 | Lv 7:26M | \בעופא ובבעירא /לא | מן | עופא ולא מן בעירה#2#/: |
| 1322 | Lv11:13 | וית אליין תשקצון | מן | עופא לא יתאכלון ארום שקץ |
| 1323 | Lv 3:12M | "גדי בר עיזין קרבניה": | מן | עז קר' |
| 1324 | Ex39:21 | וענבו ית חושנה | מן | עזקא לגו עזקיה דאפודה <....> |
| 1325 | Ex28:28 | וירדדון ית חושנא | מן | עזקוי לגו עיזקא דאפודה בשזר |
| 1326 | Gn20:16M | מתנה על די אתכסית ברם | מן | עייני דצדיקא ליליא חד |
| 1327 | Gn31:40 | בלילי«א» ואתנדדת שנתי | מן | עייני: |
| 1328 | Lv 4:13 | ישתאלון ויתכסי פתגם | מן | עייני קהלא ויעבדון חדא מן |
| 1329 | Nu15:24M | ויהווי אם \מעיני כנישתה / | מן | עייני עמא דכנישתה#2#/ |
| 1330 | Dt28:07M | בעלי דבביכון דקיימין | \מן#2#/ | עילוו«י»כון |
| 1331 | Gn44:19 | ודן חיילא רבא על דהוא | מן | עילעא דאבא אין לא הווה כשר |
| 1332 | Nu 5:13 | עמה תשמיש דזרע ויתכסי | מן | עינוי דבעלה ותטמר והיא |
| 1333 | Gn31:22M | הוון מיא טיפין | מ{יא}<ן> | על בירא עשרין שנין |
| 1334 | Nu23:28 | ריש טעוותה פעור דמצפיה | מן | {על} <כל> קבל בית הישימון: |
| 1335 | Lv27:08 | וא«י»ן מסכן הוא | מן | עלויה ויקים יתיה קדם כהנה |
| 1336 | Lv25:22 | ית שתה תמיניתה ותאכלון | מן | עללתה עתיקה עד שתה תשיעיתה |
| 1337 | Gn15:02 | קדמך למיתן לי ואנה אזל | מן | עלמא בלא בנין ואליעזר בר |
| 1338 | Gn49:22 | אינון דמובדין לבר נשא | מן | עלמא בגין כדין יקום מנך |
| 1339 | Dt29:14 | ארום כל דרייה דקמו קדמינן | מן | עלמא ועד כדון עמן אנון |
| 1340 | Gn33:15 | ואמר עשו אשבוק כען עמך | מן | עמא די עמי ואמר למה כען |
| 1341 | Ex14:25 | אמרין אלין לאלין נערק | מן | עמא בני ישראל ארום דין הוא |
| 1342 | Ex16:27 | והוה ביומא שביעיא נפקו | מן | עמא למלקטא ולא אשכחו: |
| 1343 | Ex32:28 | דלוי כמלוי דמשה ונפל | מן | עמא ביומא ההוא כתלתא אלפין |
| 1344 | Nu14:09 | תמרדון ואתון לא תדחלון | מן | עמא דארעא ארום היך מה דלחמא |
| 1345 | Gn19:26M | ואתתה דלוט על דהות | מן | עמה דסדם אסתכלת מן בתרה |
| 1346 | Lv 7:25M | דייי וישתצי נפשה ההיא | מן#2#/ | עמה: |
| 1347 | Gn39:11 | חשבונוי ולא הוה גבר | מן | עמיה דביתיה תמן בביתה: |
| 1348 | Nu31:43 | והוות פלגותה דעם כנשתה | מן | ע{מ}<נ>ה תלתין ותלת רבוון |
| 1349 | Dt15:14 | מזודא תזויד ליה | מן | ענ' מן אדרך ומן מעצרתך מן |
| 1350 | Dt32:14 | באוריתה ונטרין פקודייה | מן | ענבה חדה יהוון שתיין כור |
| 1351 | Gn31:43M | דמן בנתיי אתילדין וענה | מן | ענה דידי היא |
| 1352 | Gn38:17 | הא אנה אשלח גדי בר עזין | מן | ענה ואמרת אן תתן ערבון |
| 1353 | Lv 1:10 | ואם | מן | ענה קרבנ' מן אמריה או מן |
| 1354 | Lv 3:06 | ואין מה | מן | ענה קרבניה לנכיסת קודשיה |
| 1355 | Lv 5:06 | על חובתיה די אתחייב נקבה | מן | ענה אמרה או צפירה ברת עיזין |
| 1356 | Lv 5:15 | קדם ייי דכר שלם מן מום | מן | ענה ב«ע»לויה כסף סלעין |
| 1357 | Lv 5:18 | וייתי אמר דכר שלם מן מום | מן | ענה בעלויה לאשמה לוות כהנא |
| 1358 | Lv 5:25 | לשמה דייי דכר שלם מן מום | מן | ענה בעלויה לאשמה לוות כהנא: |
| 1359 | Nu15:03 | קדם ייי מן תוריה או | מן | ענה: |
| 1360 | Nu31:37 | והוות אפרשותה לשמה דייי | מן | ענה שת מאוון ^^ושבעין וחמש: |
| 1361 | Ex24:10 | שמיא כד אינון נקיין | מן | עננא: |
| 1362 | Ex24:10M | מן עננא /הוון נקיין | מן | ענניא#2#/: |
| 1363 | Nu19:17M | די יקדת /למזכיה מסאבה | מן | עפר יק'#2#/ תורתה ויתן |

|  |  |  |  |  |
|---|---|---|---|---|
| 1364 | Gn15:17M | די קיימו אורייתא | מן | עקתא אשתיזבו כל כדן |
| 1365 | Gn15:17 | וצדיקיא על דנטרו יתה | מן | עקתא אשתיזבון כל כדין אתחוי |
| 1366 | Lv13:56 | או מן משך או מן שתיה או | מן | ערבה: |
| 1367 | Ex 8:17 | ויתמלון בתיהון דמצרא׳ | מן | ערבובא וית ארעא די אנון |
| 1368 | Gn14:20 | קדמך ויהב לה חד | מן | עשרה מן כלה: |
| 1369 | Gn24:22 | מתקלה ותרין שרין על ידה | מן | עשרה דדהב מתקלהון: |
| 1370 | Gn28:22 | דייי וכל מה דתתן לי חד | מן | עשרה אפרש יתהון לשמ«ך»: |
| 1371 | Ex16:36 | ועמרה חד | מן | עשרה דתלת סאין הוא: |
| 1372 | Nu 7:86 | תרתין עשרי מליין קטרה | מן | עשרה עשרה בזיכה בסלעי |
| 1373 | Nu18:26 | מיניה אפרשותה דייי חד | מן | עשרה ממעשרה: |
| 1374 | Gn24:31M | דהוון קיימין בגווה | מן | פולחנא נכראה ומן גלוי |
| 1375 | Ex 2:23 | ואתנחו בני ישראל | מן | פולחנא וצווחו וסלקת קבלתהון |
| 1376 | Ex 2:23 | וסלקת קבלתהון קדם ייי | מן | פולחנא: |
| 1377 | Ex12:21M | ונכסו /נגודו ידכון | מן | פולחנא נוכראה ומן בתר כן |
| 1378 | Ex 5:05 | «דארעא» ותבטלון יתהון | מן | פולחניהון: |
| 1379 | Ex 6:06 | דמצריי ואשיזב יתכון | מן | פולחניהון ואפרו«ק» יתכון |
| 1380 | Ex 5:11 | די תשכחון ארום לא מתמנע | מן | פולחניכון מדעם: |
| 1381 | Ex20:02 | דבורייא קדמיא דהוה נפיק | מן | פום קודשא יהא שמה מבורך היך |
| 1382 | Ex20:03 | דבירא תנינא כד הוה נפק | מן | פום קודשא יהא שמה מברך היך |
| 1383 | Dt23:24M | מן דמפק | מן | פומכון תיטרון למיעבד |
| 1384 | Dt28:67 | אמרין מן יתן דייתי צפרא | מן | פחדא דלבביכון די תתפחדון |
| 1385 | Dt 1:01M | חיוותה ובחצרות די נפלו | מן | פיגריכון על ידי בשרא ובגין |
| 1386 | Lv 4:02M | מתעבדה ותעבד חדא | מנהון/מן | פיקודייה האליין#2#/: |
| 1387 | Dt26:13M | "מן מצותך": חדה | מן | פיקודיך |
| 1388 | Gn 3:17M | פירי עלליתיה כל /תוכל | מן | פירה כל#2#/ יומי חייך: |
| 1389 | Nu13:27 | וחליין כדבשה היא והא | מן | פירה: |
| 1390 | Gn 3:02 | ואמרת איתתא לחויה | מן | פירי אילני גנת נאכל: |
| 1391 | Gn 3:18 | ומן לעות ידי נאכל מזון | מן | פירי דארעא בגין כן יהוי |
| 1392 | Gn 3:22 | יפשוט ידיה ויסב | מן | פירי אילן חייא ויכל ויחי |
| 1393 | Gn 4:03 | לסוף יומין ואייתי קין | מן | פירי ארעא דורון לשמה דייי: |
| 1394 | Lv27:30 | דארעא מן זרעא דארעא | מן | פירי אילנה לשמה דייי הוא |
| 1395 | Nu13:20 | או לא ותתוקפון ותסבון | מן | פירי דארעא ויומיא יומי |
| 1396 | Dt 1:25 | ונסבו בידיהון | מן | פירי ארעא ו{נ}<א>חיתו לוותן |
| 1397 | Ex30:13 | יתנון כל דעבר על סכומה | מן | פלגות סלעא בסלעי |
| 1398 | Nu31:29 |  | מן | פלגותהון תסבון ותתן לאלעזר |
| 1399 | Nu31:47 | ונסב משה | מן | פלגותהון דבני ישראל ית |
| 1400 | Gn24:31 | לברא והא אנא פניית ביתה | מן | פלחנא נכראה ואתר לגמליא: |
| 1401 | Dt 5:06 | קדמיה כד הוה נפק | מן | פם קודשא יהא שמיה מברך היך |
| 1402 | Dt 5:07 | דבירה תנינה כד הוא נפק | מן | פם קדשה יהי{ה} שמיה מברך |
| 1403 | Dt 8:03 | בר נשה ארום» כל מה דנפק | מן | פם גזירת ממריה דייי ייחי |
| 1404 | Dt31:21 | קדמיי לסהדו ארום לא תנשה | מן | פם זרעיית בניהון ארום גלי |
| 1405 | Nu30:03 | יבטל פתגמיה כל די יפוק | מן | פמה יעבד: |
| 1406 | Nu32:24M | מפומיכון /ומה דנפק | מן | פמיכון#2#/ תעבדון: |
| 1407 | Gn 3:06 | אילנא למסתכלא ביה ונסבית | מן | פרוי ואכלת ונסב<ת> ויהבת |
| 1408 | Nu18:07M | /עסקא דמדבחה ומן לגו | מן#2#/ | פרוכתה ותפלחון פלחן מתנה |
| 1409 | Gn 3:24 | דייכלון ויתפרנקון | מן | פרי אילנ׳ על די נטרו מצוותה |
| 1410 | Dt14:22M | לית אתון רשאין למעשרה | מן | פרי שנה עד פרי שנה |
| 1411 | Lv16:02 | זמן לבית מקדשה לגו מן | {מן} | פרכתה לקבל כפרת די על |
| 1412 | Gn44:18 | ייי דחיל וכדו את אמרת | מן | פרעה אנה דחיל דילמא לא |
| 1413 | Ex 8:25 | קדם ייי ויעבר ית ערברובא | מן | פרעה ומן שליטוי ומן עמא |
| 1414 | Dt 7:18 | ית מה די פרע ייי אלהכון | מן | פרעה ומן מצריי: |
| 1415 | Ex 9:20M | איוב דהוה דחיל | מן | פתגמ׳ דייי |
| 1416 | Dt17:11 | לכון תעבדון לא תסטון | מן | פתגמא די יתנון לכון לא |
| 1417 | Nu31:50 | מן אדנ«י»הון שישלין | מן | צואריהון קטלין מן אדרעיהון |
| 1418 | Gn25:28 | ורחם יצחק ית עשו ארום | מן | צידיה הוה אכיל ורבקה רחמת |
| 1419 | Gn27:25 | ואמר אקרב לי ואכל | מן | ציידה דברי מן בגלל די תברך |
| 1420 | Gn27:19 | עמי קום כען תב ואכל | מן | ציידי מן בגלל תברך יתי |
| 1421 | Gn27:30 | יצחק אבוי ועשו אחוי על | מן | ציידיה: |
| 1422 | Gn27:31 | לאבוי יקום אבא ויאכל | מן | ציידיה דברה מן בגלל תברך |
| 1423 | Gn14:15 | ורדף יתהון עד חובה די | מן | צפון לדרמשק: |
| 1424 | Nu34:15M | להון תחומה לחובה די | מן | צפון עיינוותה דדרמסק ומן |
| 1425 | Ex40:22M | /סטרוי#2#/ דמשכנא | לצפונא/מן | צפונה#2#/ לבר מן |
| 1426 | Lv 1:11 | יתיה על שפולי דמדבחה | מן | צפונה קדם ייי ויזרקון בנוי |
| 1427 | Nu 2:25 | משרית שבטה דבנוי דדן | מן | צפונה לחיילוותהון ורבה דהוה |
| 1428 | Nu 3:35 | על סטרוי דמשכנה ישרון | מן | צפונה: |
| 1429 | Ex18:13 | ית עמא וקמו עמא קדם משה | מן | צפרא עד רמשא: |
| 1430 | Ex18:14 | וכל עמא קיימין עלויך | מן | צפרא עד רמשא: |
| 1431 | Lv14:07 | וידכי על מן דמדכי | מן | צרעתה שובעה זימנין וידכי |
| 1432 | Nu12:16 | דאתסיאת מרים נביאתה | מן | צרעתה נטלו עמה מן חצרות |
| 1433 | Nu11:35 |  | מן | קברי תחמודתה נטלו עמה |
| 1434 | Nu33:17 | ונטלו | מן | קברי תוחמדתה ושרון בחצרות: |
| 1435 | Dt 4:29 | ותצלון | מן | {קדם} תמן <קדם> ייי אלהכון |
| 1436 | Lv21:22 | לחם אלהיה | מן | קדש קדשיה ומן קדשיה יאכל: |
| 1437 | Lv 5:15 | ארום תשקר שקר ותחטא בשלו | מן | קדשוי דייי וייתי ית אשמיה |
| 1438 | Lv 5:16 | וית מה די אתחייב | מן | קדשיה ישלם וית חומשי׳ יוסף |
| 1439 | Lv22:03M | יקדישון /זרעית בניכון | מן | קדשיה דיק׳#2#/ בני ישראל |
| 1440 | Lv22:06 | מסאבה עד רמשה ולא יאכל | מן | קדשיה ארום אלהן אסחי בשרה |
| 1441 | Lv22:07 | וידכי ומן בתר כדן יאכל | מן | קדשיה ארום לחמיה הוא: |
| 1442 | Nu19:07 | ויהוי כהנא מסאב ומרחק | מן | קדשיה עד רמשה: |
| 1443 | Dt15:22 | תיכלון יתיה דמרחק | מן | קדשיה ודדכי כחדה תאכלון |
| 1444 | Lv22:02 | אהרן ועם בנוי ויזדהרון | מן | קדשיהון דבני ישראל ולא |
| 1445 | Lv22:04M | \בקדשייה לא ייכול | /מן | קדשייה לא יאכל#2#/ עד זמן |
| 1446 | Lv22:02M | <לשמי אנה> ייי /הנון | מן | קדשין לשמי כדין אמ׳ ייי#2# |
| 1447 | Dt12:15 | דמרחק מן קודשייה ודדכי | מן | קודשיה כחדה יאכלון יתיה |
| 1448 | Lv22:02M | מן קדשיהון /ויתאפרשון | מן | קודשיהון#2#/ דבני ישראל |
| 1449 | Dt12:15 | לכון בכל קורייכון דמרחק | מן | קודשייה ודדכי מן קודשיה |
| 1450 | Dt12:22 | כדן תיכלון יתיה דמרחק | מן | קודשייה ודדכי מן קודשייה |
| 1451 | Dt12:22 | דמרחק מן קודשייה ודדכי | מן | קודשייה כחדה ייכלון יתיה: |
| 1452 | Gn24:17M | יתי כען \מן קלתיך /מים | מן | קולתיך#2#/: |
| 1453 | Gn24:43 | לה אשקיין יתי קליל מיין | מן | קולתיך: |
| 1454 | Dt13:13 | ארום תשמעון בחדה | מן | קורייכון דייי אלהכון יהב |
| 1455 | Dt15:07 | חד מן אחיכון בחדה | מן | קורייכון בארעכון דייי |
| 1456 | Dt16:05 | למיכס ית נכסת פסחא בחדה | מן | קורייכון דייי אלהכון יהב |
| 1457 | Dt17:02 | ארום ישתכח ביניכון בחדה | מן | קורייכון דייי אלהכון יהב |
| 1458 | Dt18:06 | וארום ייתון ליוויי מן חדא | מן | קורייכון מן כל ישראל מן |
| 1459 | Nu35:08M | לליוויי /יתן | מן | קורייתה לליוואי#2#/: |
| 1460 | Dt19:05M | הוא יעריק לחדה | מיקרייתה/<מן> | קורייתה#2#/ האליין |
| 1461 | Dt20:16 | לחוד | מן | קורייתהון דאומייא האליין |
| 1462 | Dt17:04 | ותשמעון ותתבעון יאות והא | מן | קושטא אתכוון פתגמא אתעבדת |
| 1463 | Gn49:09 | לגור ברי לגור בר אריוון | מן | קטולי דיוסף ברי את הויית |
| 1464 | Nu19:17 | ויסבון למסאבה | מן | קטמה די יקדת תורתה ויתן |
| 1465 | Dt19:05 | למיקוץ קיסא וישמט פרזלא | מן | קיסה ויארע ית חבריה ויקטל |
| 1466 | Gn22:09 | על ^גבי#1#^ מדבחא לעיל | מן | קיסייא: |
| 1467 | Gn30:37 | וקלף בהון קלפין חוורין | מן | קלופיתא חוורתא די על |
| 1468 | Gn24:17 | ואמר אשקיין יתי כען | מן | קלתיך: |
| 1469 | Dt29:10 | די ביני משירייתכון | מן | קצוצי קיסיכון ועד מליי |
| 1470 | Lv 2:03 | לאהרן ולבנוהי קדש קדשים | מן | קרבנוי דייי: |
| 1471 | Lv 2:10 | לאהרן ולבנוי קדש קדשים | מן | קרבנוי דייי: |

|  |  | | | |
|---|---|---|---|---|
| 1472 | Lv 6:10 | חמיע חלקהו׳ יהבית יתה | מן | קרבנוי קדיש קדישין הוא |
| 1473 | Lv 6:11 | יתה קיים עלם לדריכון | מן | קרבנוי כל דיקרו׳ בהון יהוי |
| 1474 | Lv 7:35 | דאהרן ורבותהו׳ דבנוי | מן | קרבנוי דייי ביומא די אקריב |
| 1475 | Lv10:12 | סבו ית מנחתה די אשתיירת | מן | קרבנוי דייי ואכלו יתה |
| 1476 | Lv10:13 | חולקך וחולקהון דבניך היא | מן | קרבנוי דייי ארום כדן |
| 1477 | Lv24:09 | ארום קדש קדשין הוא לה | מן | קרבנוי דייי לקיים עלם: |
| 1478 | Nu35:08 | אחסנ<ת>יה די יאחסנון יתן | מן | קרוי לליוויי: |
| 1479 | Gn47:21M | וית עמא טלטל יתהון | מן | קרי לקרי מן בגלל דלא יהוון |
| 1480 | Dt20:15 | דרחיקן מנכון לחדה די לא | מן | קרי אומייה האליין אנון: |
| 1481 | Dt23:11 | בכון גבר די לא יהווי דכי | מן | קרי דליליה ויפוק מן לבר מן |
| 1482 | Lv25:49 | אחוי דאבוי יפרוק יתיה או | מן | קריב בשריה מן זרעיתה יפרוק |
| 1483 | Lv25:49M | דחביבה יפרוק יתיה או | מן | קריב{ה}<ת> בש׳ |
| 1484 | Gn47:21 | ואגלי יתהון וטלטל יתהון | מן | קרייה לקריה ומן סיפא |
| 1485 | Dt23:17 | באתרא די יתרעי בחדה | מן | קרייכון לאן דשפר לה לא |
| 1486 | Dt 4:42 | ולא מן דקדמוי ויערק לחדה | מן | קרייתה האליין וייחי: |
| 1487 | Dt19:11 | בנפשיה ויערוק {מן} לחדה | מן | קריתה האיליין: |
| 1488 | Ex 9:29M | ואמר ליה משה במפקי | יתי/מן#2/ | קרתא אפרש ית כפי/כף#2 |
| 1489 | Nu21:28 | עבדי קרב כשלהביתה נפקו | מן | קרתא דסיחון שיצון לחוות |
| 1490 | Nu21:28M | כשלהובית גהינם נפקו | מן | קרתה דס׳ לחיית מואבאי |
| 1491 | Nu20:29M | משה נחת | מן | ראש טורא מאנוי בזיעין |
| 1492 | Nu22:30 | דבגללהון אתברי עלמא | מן | ראש ובזכוותהון הוא מדכר |
| 1493 | Lv13:12 | צרעתה ית כל משכא דמכתשה | מן | ראשה ועד רגלוי לכל חזיו |
| 1494 | Dt11:12 | אלהכון בה מסתכלין בה | מן | ראשה דשתה ועד סופה דשתה: |
| 1495 | Dt32:42 | קטיליהון דעמי ושביהון | מן | ראשי גיבריהון פולימרכיהון |
| 1496 | Nu31:50 | שרין קריה כליליה דדהבה | מן | ראשיהון קדישין מן |
| 1497 | Gn47:18 | ובעירא לרבוני ולא נשאר | מן | רבוני אלהן בלהודי גופינן |
| 1498 | Gn47:18M | ואמרין ליה לא נשקר | מרבוני/מן | רבונן#2/ ארום אלהן |
| 1499 | Gn49:23 | דמצרים מן בגלל למחתי | מן | רבותא ולמעבריה יתיה מן |
| 1500 | Nu27:20 | ותתן ית | מן | רבותך עלוי מן בגלל די |
| 1501 | Nu11:28 | בר נון משמשה דמשה | מן | רוביותיה ואמ׳ ריבוני משה |
| 1502 | Nu11:17 | ואמלל עמך תמן וארבי | מן | רוח קדשה די עמך ואשוי |
| 1503 | Nu11:25 | בעננא ומלל עמה ורבי | מן | רוח קודשה די עלוי ויהב על |
| 1504 | Dt28:49 | ישא ייי עליכון אומה | מן | רוחקה מסייפי ארעא היך מה |
| 1505 | Dt28:49M | \מן רוחקה /<מן> רחיק | מן | רח#2/ מסייפי ארעא היך מה |
| 1506 | Gn26:26 | לוותיה מן גרר וסיעא | מן | רחמוי ופיכל רב חיילותיה: |
| 1507 | Gn29:20 | באפוי כיומין קליל«י»ן | מן | רחמתא דהוה רחם יתה: |
| 1508 | Dt 7:08 | ארום | מן | רחמתה די רחם ייי יתכון ומן |
| 1509 | Lv15:03 | סאובתה בדוביה ריר בשריה | מן | ^ריר#2^ דוביה או אתחת׳ |
| 1510 | Nu13:23 | יתיה בקופה בתרין וכן | מן | רמונייה וכן מן תאינייה: |
| 1511 | Ex23:18M | ימא טבא קדמיי׳ דפסחא | מן | רמשא עד צפרא |
| 1512 | Ex27:21 | יסדר יתיה אהרן ובנוי | מן | רמשא עד צפרא קדם ייי קיים |
| 1513 | Nu 9:21 | ואית זימנין די הווי עננה | מן | רמשא ועד צפרה ויסתלק עננה |
| 1514 | Ex34:25M | בלילי יומא טבא דפסחה | מן | רמשה ועד צפרא |
| 1515 | Lv23:32 | בתשעה יומין לירחה | מן | רמשה ועד רמשה תהון צימין |
| 1516 | Lv24:03 | זמנה יסדר יתיה אהרן | מן | רמשה ועד צפרא קדם ייי |
| 1517 | Gn 4:08 | טב לצדיקיא ולית מתפרעה | מן | רשיעיא עני הבל ואמר לקין |
| 1518 | Ex20:05 | ו{כ}<פ>ורען דמתפרע בקנא | מן | רשיעיא על בנין מרדין על דר |
| 1519 | Ex32:05M | רעוה דיהי נכסא בי כחגה | מן | רשיעיה קדם ייי מחר |
| 1520 | Nu24:23 | ייי תקוף רוגזיה למתפרעה | מן | רשיעיה למיתן אגרהון דצדיקיה |
| 1521 | Dt 5:09M | "בקנאה ... רשיען": בקנא׳ | מן | רשיעיה |
| 1522 | Gn 4:08 | טב לצדיקיא ואית מתפרעה | מן | רשעי׳ לעלמא דאתי על עסק |
| 1523 | Nu 1:25M | סכומיהון לשבטה/^דש#2^/ | מן | ש׳#2/ דבנוי דגד |
| 1524 | Nu 1:27M | סכומיהון לשבטה/^דש#2^/ | מן | ש׳#2/ דיהודה |
| 1525 | Nu 1:29M | סכומ«י»הון לשבטה/^דש#2^/ | מן | ש׳#2/ דבנוי |
| 1526 | Nu 1:31M | סכומיהון לשבטה/^דש#2^/ | מן | ש׳#2/ דבני זבולן |
| 1527 | Gn43:09 | ואקמית יתיה ניהוי מרחק | מן | שאלת בשלמך כל יומיא: |
| 1528 | Gn44:18 | יתיה קדמך נהוי מרחק | מן | שאלת שלמה דאבה כל יומייא או |
| 1529 | Gn44:32 | יתה לוותך ניהווי מרחק | מן | שאלת שלמה דאבה כל יומיא: |
| 1530 | Ex38:22M | בן אור בר חור לשבטא/ | מן | שב׳#2/ דבנוי דיהודה |
| 1531 | Nu 1:23M | סכומיכון לשבטה/^דש#2^/ | מן | שב׳#2/ דבנוי |
| 1532 | Nu 1:33M | סכומיהון דשבטה/לש#2/ | מן | שב׳#2/ \דבנוי#2 |
| 1533 | Nu 1:35M | סכומיהון דשבטה/לש#2/ | מן | שב׳#2/ דבנוי |
| 1534 | Nu 1:39M | סכומיהון דשבטה/לש#2/ | מן | שב׳#2/ דבנוי דדן |
| 1535 | Nu 2:20M | עלוי/<עלי>הם#2/ שבטה/ | מן | שב׳#2/ \דבנוי#2/ |
| 1536 | Nu 3:24M | דשבטה/ורבה דבית אבה | מן | שב׳#2/ דבנוי דגרשני |
| 1537 | Gn24:08 | אתתא למיתיה בתרך ותזדכי | מן | שבועתי הדה לחוד ית ברי לא |
| 1538 | Gn24:41 | לא יתנון לך ותהוי זכיי | מן | שבועתי: |
| 1539 | Nu 2:07M | ושבטה/ | מן | שבט׳#2/ דבנוי דזבולן |
| 1540 | Nu 2:14M | ושבטה/ | מן | שבט׳#2/ דבנוי דגד |
| 1541 | Nu36:07 | ולא תקף אחסנה לבני ישראל | מן | שבט לשבט ארום גבר באחסנות |
| 1542 | Nu36:09 | ולא תקף אחסנה | מן | שבט לשבט אחרן ארום גבר |
| 1543 | Ex17:16 | {מאה} <מלכה> דעתיד למיקם | מן | שבטא דבנימין הוא יהוי שאול |
| 1544 | Ex31:02 | בצלאל בר אורי בר חור | מן | שבטא דבנוי דיהודה: |
| 1545 | Ex31:06 | ית אהליאב ברה דאחיסמך | מן | שבטא ד{ב}ג<ב>רי דן ובלבי |
| 1546 | Dt 4:43M | וית גוולן במותניין | מן | שבטא דבנוי דמנשה |
| 1547 | Ex35:30 | בצלאל בן אור בר חור | מן | שבטה דבנוי דיהודה: |
| 1548 | Ex35:34 | הוא ואהליאב בר אחיסמך | מן | שבטה דבנוי דדן: |
| 1549 | Nu 1:05 | גבריא די יקומון עמכון | מן | שבטה דבנוי דראובן אליצור |
| 1550 | Nu 1:06 | | מן | שבטה דבנוי דשמעון שלמיאל |
| 1551 | Nu 1:07 | | מן | שבטה דבנוי דיהודה נחשון |
| 1552 | Nu 1:08 | | מן | שבטה דבנוי דיששכר נתנאל |
| 1553 | Nu 1:08M | שבטה דבנוי דיוסף דהוא | מן | שבטה דבנוי דאפ׳#2/ |
| 1554 | Nu 1:08M | דבנוי דיששכר /לישכר | מן | שבטה דבנוי דיוסף דהוא מן |
| 1555 | Nu 1:09 | | מן | שבטה דבנוי דזבולן אליאב |
| 1556 | Nu 1:10M | שבטה דבנוי דיוסף דהוא | מן | שבטה דבנוי דא׳#2/ |
| 1557 | Nu 1:10 | אלישמע בר עמיהוד | מן | שבטה דבנוי דמנשה גמליאל |
| 1558 | Nu 1:10M | הוא שבטה דבית אפרים | מן/ | שבטה דבנוי דיוסף דהוא מן |
| 1559 | Nu 1:11 | | מן | שבטה דבנוי דבנימן אבידן |
| 1560 | Nu 1:12 | | מן | שבטה דבנוי דדן אחיעזר בר |
| 1561 | Nu 1:13 | | מן | שבטה דבנוי דאשר פגעיאל בר |
| 1562 | Nu 1:14 | | מן | שבטה דבנוי דגד אליסף בר |
| 1563 | Nu 1:15 | | מן | שבטה דבנוי דנפתלי אחירע |
| 1564 | Nu 1:32M | "לבנוי ... לזרעייתהון": | מן | שבטה דבנוי דיוסף דהוא מן |
| 1565 | Nu 1:32M | שבטה דבנוי דיוסף דהוא | מן | שבטה דבנוי דאפרים |
| 1566 | Nu 2:05M | ודשריין סמיכין לה | \מן#2/ | שבטה דבנוי דיששכר ורב |
| 1567 | Nu 2:12M | ודשריין סמיכין ליה | \מן#2/ | שבטה דבנוי דשמעון ורבה |
| 1568 | Nu 2:16M | כל סכומייה דמשרית | \מן#2/ | שבטה דבנוי דראובן |
| 1569 | Nu 7:12 | קרבניה נחשון בר עמינדב | מן | שבטה דבנוי דיהודה: |
| 1570 | Nu13:04 | ואלה שמהתהון | מן | שבטה דבנוי דראובן שמוע בר |
| 1571 | Nu13:05 | | מן | שבטה דבנוי דשמעון |
| 1572 | Nu13:06 | | מן | שבטה דבנוי דיהודה כלב בר |
| 1573 | Nu13:07 | | מן | שבטה דבנוי דיששכר יגאל בר |
| 1574 | Nu13:08 | | מן | שבטה דבנוי דאפרים הושע בר |
| 1575 | Nu13:09 | | מן | שבטה דבנוי דבנימין פלטי |
| 1576 | Nu13:10 | | מן | שבטה דבנוי דזבולן גדיאל |
| 1577 | Nu13:11 | | מן | שבטה דבנוי דיוסף דמנש׳ |
| 1578 | Nu13:11M | גדי בר סוסי /דהוא | מן | שבטה דבנוי דמנשה#2/: |
| 1579 | Nu13:12 | | מן | שבטה דבנוי דדן עמיאל בר |

|  |  | | | |
|---|---|---|---|---|
| 1580 | Nu13:13 | | מן | שבטה דבנוי דאשר סתור בר |
| 1581 | Nu13:14 | | מן | שבטה דבנוי דנפתלי נחבי בר |
| 1582 | Nu13:15 | | מן | שבטה דבנוי דג{ת}<ד> גאואל |
| 1583 | Nu16:01M | {רת}<וד>תן ואבירם | בנוי/מן | שבטה דבנוי#2#/ דאליאב |
| 1584 | Nu34:19 | ואלין שמהת גברייה | מן | שבטה דבנוי דיהודה כלב בר |
| 1585 | Nu34:23 | ולבנוי דיוסף | מן | שבטה דבנוי דמנשה רבה |
| 1586 | Nu34:23M | "ולבנוי ... דמנשה": | מן | שבטה דבנוי דיוסף דהוא |
| 1587 | Nu36:05M | ממרה דייי למימר יאות | \מן#2#/ | שבטה דבני יוסף תבעין |
| 1588 | Dt 4:43M | "לשבטה ... דמנשה": | מן | שבטה דבנוי דגדי וית |
| 1589 | Dt 4:43M | \לשבטה דבית ראובני | /מן | שבטה דבנוי דראובני#2#/ |
| 1590 | Dt33:17 | בר נון מן אימוראי דהוא | מן | שבטה דבנוי דאפרים ואינון |
| 1591 | Dt33:17 | בר יואש מן מדייניי דהוא | מן | שבטה דבנוי דמנשה: |
| 1592 | Nu 1:12M | מן | שבטה/מן | שבטוי#2#/ דבנוי דדן |
| 1593 | Gn44:18 | דלא הור׳ מתמניי׳ עמן | מן | שבטיא ולא מקבלה עמן אחסנייה |
| 1594 | Gn44:18 | על אחונן דהוא מתמני עמין | מן | שבטיא ומקבל חולק ואחסנא עמן |
| 1595 | Lv24:11M | דברי \לשבטה דבנוי | /מן | שבטייה בנוי#2#/ דדן: |
| 1596 | Dt12:14 | די יתרעי ממרא דייי בחר | מן | שבטיכון תמן תקרבון עלוותכון |
| 1597 | Nu11:26 | לא יפקון ואינון הוון | מן | שבעתי חכימיה דמתפרשין ולא |
| 1598 | Lv25:08 | שבע שמיטין שובעה זמנין | מן | שובעה שנין ויהווי לכון יומי |
| 1599 | Nu35:04M | מכותלה דקרתה /לליוואי | מן | שורה דק#2#/ לברה אלף אמין |
| 1600 | Gn48:10M | \כהון משיבה ולא /תקפו | מן | שיבו לא#2#/ הוה יכיל |
| 1601 | Ex38:23 | ועמיה אהליאב בר אחיסמך | מן | שיבטא דבנוי דדן נגר ואומן |
| 1602 | Nu36:08 | וכל ברתה דירתה אחסנה | מן | שיבטהון דבני ישראל לבר מן |
| 1603 | Dt 3:11 | מלכא דבותנין אשתייר | מן | שייר גברייא והא ערסיה ערס |
| 1604 | Gn49:22M | ומן חרכיי׳ ומסתכל בך | מן | שירוויאה והוון מטלקין עלך |
| 1605 | Dt24:05M | ארום יסב גבר אתה | כשירוי/מן | שירוי#2#/ לא יפוק |
| 1606 | Dt26:02 | ותיסבון | מן | שירוי בוכרת כל פירי ארעא די |
| 1607 | Gn49:15 | וחמא | מן | שירויא ארום טב הוה וית ארעא |
| 1608 | Gn13:03M | די פרס תמן משכניה | בקדמיתא/מן | שירויה#2#/ בין ביתאל |
| 1609 | Gn13:04M | תמן#2#/ \בקדמיתא וצלי | /מן | שירויה ופלח צלי#2#/ תמן |
| 1610 | Gn25:01M | הות הגר דהות אסירה לה | מן | שירויה |
| 1611 | Gn49:21 | דהוא בשר לאבונן יעקב | מן | שירויה דעד כדון יוסף בחיין |
| 1612 | Dt26:05 | סבר למובדה לאבונן יעקב | מן | שירויה ושיזבת יתיה מן ידיה |
| 1613 | Dt33:21 | וחמא | מן | שירויה ארום אתר מזומן הוא |
| 1614 | Nu10:13M | ונטלו | בקדמיתה/מן | שירווייה#2#/ על פם |
| 1615 | Nu10:14M | \בקדמיתה לחיילוותהון | /מן | שירווייה לחיילוותה#2#/ |
| 1616 | Dt26:05M | ארמייה פלח אבונן יעקב | מן | שירווייה ובעה לבן ארמייה |
| 1617 | Ex12:42M | וכהן עיינוי | על/מן#2#/ | שכלוליהון וקרא יתיה |
| 1618 | Ex 9:20 | מן דחל מן קדם ייי | מן | שליטוי דפרעה ערק ית עבדוי |
| 1619 | Gn48:13 | תריהון ית אפרים בימיניה | מן | שמאלה דישראל וית מנשה |
| 1620 | Ex20:03 | מן ימינה ולמפד דאשא | מן | שמאלה פרח וטייס באויר שמיא |
| 1621 | Ex20:02 | מן ימיניה ולמפד דאשא | מן | שמאליה פרח וטייס באויר |
| 1622 | Dt 5:06 | מן ימיניה ולמפד דאשה | מן | שמאליה פרח וטייס באויר שמיא |
| 1623 | Dt 5:07 | {ומל ול} ולמפד דאשה | מן | שמאליה פרח וטייס באויר |
| 1624 | Ex28:10 | אשתה | מן | שמ<ה>תהון על אבנא חדתה |
| 1625 | Ex28:10 | שמהת בני ישראל ששה אשתה | מן | שמהתהון על אבנא חדתה}} וית |
| 1626 | Nu 6:23 | ית בני ישראל אזל משה | מן | שמי ואמר להון: |
| 1627 | Dt 5:30 | אזל משה | מן | שמי ואמור להון חזורו לכון |
| 1628 | Gn 8:02M | וחרכי שמיא וכל אמטרא | מן | שמיא |
| 1629 | Gn19:24 | גפרית ואשא מן קדם ייי | מן | שמיא: |
| 1630 | Gn21:17 | וקרא מלאכא דייי להגר | מן | שמיא ואמר לה מה ליך הגר לא |
| 1631 | Gn22:11 | וקרא ליה מלאכא דייי | מן | שמיא ואמר אברהם אברהם |
| 1632 | Gn22:15 | דייי לאברהם זמן תניינות | מן | שמיא: |
| 1633 | Gn27:28 | ויתן לך ייי מטוב טלא דנחת | מן | שמיא שפר ומן טובא דארעא |
| 1634 | Gn27:33 | וברכת יתה וברת קול נפקת | מן | שמיא ואמרת לחוד בריך יהוי: |
| 1635 | Gn27:39 | משרויך ומן טוב טלא דנחת | מן | שמיא מן לעיל: |
| 1636 | Gn38:25 | בנין דזנו בר{ם}<ת> קלא | מן | שמיא נפקת ואמרת תריכון |
| 1637 | Ex16:04 | הא אנה מחית לכון לחם | מן | שמיא ויפקון עמא וילקטו סכום |
| 1638 | Ex20:22 | ישראל אתון חמיתון ארום | מן | שמיא מללית עמכון: |
| 1639 | Dt 2:06 | בכסף דמנה נחית לכון | מן | שמיא ולהוד מיין לית אתון |
| 1640 | Dt 4:36 | | מן | שמיא אשמע יתכון ית קל |
| 1641 | Dt26:15 | טביה מן מדור איקר שכינתך | מן | שמיא וברך ית עמך ית ישראל |
| 1642 | Dt32:01 | דהוה קרב לארעא ורחיק | מן | שמיא אמר לארעא אציתו |
| 1643 | Dt32:10 | שנין במדברה אחת להון מנה | מן | שמיא אסק להון באר׳ מן תהומה |
| 1644 | Gn22:10 | בה בשעתא נפקת בת קול | מן | שמייא ואמרת אתון חמון תרתין |
| 1645 | Gn30:22 | ייי לכון ית אוצרא טבא | מן | שמי«יא» מפתחא דפרנסתא דכן |
| 1646 | Gn49:25 | מן טוב טלה ומטרא דנחתין | מן | שמייא מן לעיל ומן ברכת |
| 1647 | Nu21:06 | דמצרים ואחתת להון מנא | מן | שמייא ואסקת להון בירא מן |
| 1648 | Dt11:11 | ודבקען מן מטרה דנחית | מן | שמייא היא שתייה מייה: |
| 1649 | Dt28:24 | ית מטרה דארעכון אבק ועפר | מן | שמייא וייחות עליכון עד זמן |
| 1650 | Ex15:02M | מן כיפ׳ ומשח יתן משח | מן | שמיר טינרא עניין בני |
| 1651 | Dt33:07 | בעלי דבביהון וסעד וסמך | מן | שנאוי תיהוי ליה: |
| 1652 | Gn28:16 | ואתער יעקב | מן | שנתיה ואמר הא מן קושטא איקר |
| 1653 | Ex 6:06M | מן תחות ניר שעבודהון | /מן | שעבוד#2#/ דמצריי ואשיזב |
| 1654 | Ex 3:17 | ואמרת בממריה לאסקא יתכון | מן | שעבודהון דמצריי לארעהון |
| 1655 | Lv 1:14 | קרבנה לשמה דייי ויקרב | מן | שפניניה {או} או מן גוזליה |
| 1656 | Lv14:30 | ויקרב ית חד | מן | שפנינייה או מן גוזלייה בני |
| 1657 | Ex22:04M | דחורן /בחקל אוחרי | מן | שפר דחורן#2#/ בית שפר |
| 1658 | Gn 6:04 | להון אינון גיבריא די | מן | שרוי עלמא גיברין מפרשין |
| 1659 | Nu15:21 | | מן | שרוי אצוותכון תפרשון לשמה |
| 1660 | Ex 3:14 | ישראל מן דאמר והוה עלמא | מן | שרויא ועתיד למימר ליה הווי |
| 1661 | Gn11:01 | משתעין דבה אתברי עלמא | מן | שרויה: |
| 1662 | Gn49:26 | אתחמדון רברבני עלמא | מן | שרויה עשו וישמעל יתין כל |
| 1663 | Nu21:06 | כל בני בשרא לטית חויה | מן | שרויה ואמרית ליה עפרא יהווי |
| 1664 | Nu21:18 | דחפרו ית<ה> רברבני עלמא | מן | שרויה אברהם יצחק ויעקב |
| 1665 | Gn21:07M | די בשר לריבוני אברהם | מן | שרוייה ואמ׳ עתידה היא |
| 1666 | Gn28:19M | לוז הוה שמה דקרתא | בקדמיתא/מן | שרוייה#2#/: |
| 1667 | Lv25:50 | ויחשב עם מן דזבן יתיה | מן | שתה דאזדבן לה עד שתה |
| 1668 | Lv27:17 | אן | מן | שתה דיובילה יקדש חקלה |
| 1669 | Lv13:56 | מן לבושיה או מן משך או | מן | שתיה או מן ערבה: |
| 1670 | Nu13:23 | בתרין וכן מן רמונייה וכן | מן | תאינייה: |
| 1671 | Nu35:12 | ויהוון לכון קוריאן לשיזבו | מן | תבוע אדמא ולא ימות קטולא |
| 1672 | Gn 8:16 | פוק | מן | תבותא את ואתתך ובניך ונשי |
| 1673 | Gn 8:19 | על ארעא לזרעיתהון נפקו | מן | תבותא: |
| 1674 | Gn25:30 | עשו ליעקב איכל יתי כען | מן | תבשילא סמוקא הדין ארום |
| 1675 | Lv22:27M | לאבוי ואייכל לאבוי | מן | תבשילוי וחמר אשקי יתיה |
| 1676 | Nu21:06M | מן ימא אסקית להון באירא | מן | תהומא |
| 1677 | Nu21:06 | מן שמייא ואסקת להון בירא | מן | תהומא ואגיזת להון סלווי מן |
| 1678 | Dt32:10 | מן שמיא אסק להון באר׳ | מן | תהומה ואגיז להון סלוי מן |
| 1679 | Lv 4:10M | דנכסת קודשיה /דאתפרש | מן | תור נכיסת קוד׳#2#/ ויסדר |
| 1680 | Ex22:03 | תשתכח בידיה גנבתה | מן | תורא עד חמר«א» עד |
| 1681 | Lv 9:19 | וית תרביה | מן | תורה ומן דכרה אלייתה וחפיי |
| 1682 | Lv 3:01 | נכסת קודשין קרבניה אין | מן | תוריה הוא מקרב אין דכר אין |
| 1683 | Nu 7:09 | יהב משה לא מן עגלתה ולא | מן | תוריה ארום פלחן בית קדשא |
| 1684 | Nu15:03 | לריח דרעוה קדם ייי | מן | תוריה או מן ענה: |
| 1685 | Nu31:28 | מן חמש מאוון מן בני אנשא | מן | תוריה ומן חמריה ומן ענא: |
| 1686 | Lv 1:02 | קרבן קדם ייי מן בעירא | מן | תורייה ומן ענה תקרבון ית |
| 1687 | Lv 1:03M | קרבנה לשמה דייי | \מן | תורייה#2#/ דכר שלם מן מום |

|  | |  | | | |
|---|---|---|---|---|---|
| 1688 | | Lv22:19M | באמרייה ובעזייה /דכר | מן | תורייה מן אמרייה ומן גדי |
| 1689 | | Dt12:21 | איקר שכינתיה תמן ותיכסון | מן | תוריכון ומן עניכון די יהב |
| 1690 | | Nu21:13 | ארנונה די במדברה דנפק | מן | תחומיהון דאימוראי ארום |
| 1691 | | Gn 9:18 | והוון בני נח די נפקו | מן | תיבותא שם וחם ויפת וחם |
| 1692 | | Gn44:18M | בשבועתא אם אשלוף סייפי | מן | תייק' לא אתביניה לגווה |
| 1693 | | Gn44:18 | בשבועתא אם אשלוף סייפי | מן | תייקא לא אתיבנא לגווה |
| 1694 | | Gn 8:10 | למשלחה ית «י»ונה | מן | ת«י»{ת}בותא: |
| 1695 | | Gn24:31M | ביי' פניית ית' {לפל} | מן | תלת אתקנית עבידן קשיין |
| 1696 | | Gn 2:12 | ודהבא דארעא ההיא טב | מן | תמן בדלחא נפק ואבניא טבתה |
| 1697 | | Gn 3:23 | למפלח ית ארעא די אתברי | מן | תמן: |
| 1698 | | Gn10:14 | וית כסלוחיא די נפקו | מן | תמן פלישתייא וית קפודקייא: |
| 1699 | | Gn11:08 | ודרי ייי יתהון | מן | תמן על אפי כל ארעא ואתמנעו |
| 1700 | | Gn12:08 | ואסתלק | מן | תמן לטורא מן מדנח לביתאל |
| 1701 | | Gn18:16M | וקמו מתמן/מן מתמן/מן | מתמן/מן | תמן#2#/ גובריה ודיקו |
| 1702 | | Gn20:01 | ונטל | מן | תמן אברהם לארעא דרומא ושרא |
| 1703 | | Gn21:33 | אכלין ולא הוון זעיין | מן | תמן עד זמן דהוה מגייר יתהון |
| 1704 | | Gn21:33M | שתתון לא הוון זייעין | מן | תמן דהווה מגייר יתהון בשם |
| 1705 | | Gn24:05 | אחזור ית ברך לארעא דנפקת | מן | תמן: |
| 1706 | | Gn24:07 | קדמך ותיסב אתה לברי | מן | תמן: |
| 1707 | | Gn26:22 | ואסתלק | מן | תמן וחפר באר חורי ולא אדינו |
| 1708 | | Gn26:23 | ואסתלק | מן | תמן לבאר שבע: |
| 1709 | | Gn27:03M | לאפיה ברא וצוד לי | צ{ו}<י>ד/מן | תמן צ'#2#/: |
| 1710 | | Gn27:09 | כען לוות ענה ואייתי לי | מן | תמן תרין גדיין דעזין טבין |
| 1711 | | Gn27:45 | ואשלח ואדב«ו»ר יתך | מן | תמן למה כען אתכל ית תריכון |
| 1712 | | Gn28:02 | דבתואל אבוי דאמך וסב לך | מן | תמן אתה מן בנתיה דלבן אחוי |
| 1713 | | Gn28:06 | יתיה פדן ארם למסבה ליה | מן | תמן אתה כד ברך יתה ופקד |
| 1714 | | Gn30:32 | בכל ענך יומא הדן אפרש | מן | תמן כל אמר קרח ונמר וכל אמר |
| 1715 | | Gn42:26 | עבריהון על חמריהון ואזלו | מן | תמן: |
| 1716 | | Ex21:14 | {על גב} על גבי מדבחי | מן | תמן תסבון יתיה ותקטלון |
| 1717 | | Nu 7:89 | מן ביני תרין כרוביה | מן | תמן הוה דבירה ממלל עמיה: |
| 1718 | | Nu13:23 | ומטון עד נחל סגולה ולקטו | מן | תמן עוברה וסגולה דעניבין חד |
| 1719 | | Nu13:24 | על עסק סגולה די לקטו | מן | תמן בני ישראל: |
| 1720 | | Nu21:12 | | מן | תמן נטלו ושרון בנחלה דזרד: |
| 1721 | | Nu21:13 | | מן | תמן נטלו ושרון מן עבר |
| 1722 | | Nu22:41 | יתיה לבמתה דבעלה וחמא | מן | תמן מן קצת עמא: |
| 1723 | | Nu23:13 | לאתר אוחרן די תחמי יתהון | מן | תמן להוד מן קצת עמה תחמי |
| 1724 | | Nu23:13 | לא תחמי ותלוט יתהון לי | מן | תמן: |
| 1725 | | Nu23:27 | ייי ותלוט יתהון לי | מן | תמן: |
| 1726 | | Dt 5:15 | יתכון ייי אלהכון פריקין | מן | תמן בידה תקיפה ובאדרע מנטלה |
| 1727 | | Dt 6:23 | ויתן אפק פריקין | מן | תמן מן בגלל למעלה יתן למתן |
| 1728 | | Dt 9:28 | דארעא די אפקת יתן פריקין | מן | תמן על דלא הוות יוכלא |
| 1729 | | Dt10:07 | | מן | תמן נטלו לגדגדה ומן גדגדה |
| 1730 | | Dt11:10 | דמצרים היא די נפקתון | מן | תמן די תזרעון ית זרעיכון |
| 1731 | | Dt19:12 | קרייתה ויסבון ית«י»ה | מן | תמן וימסרון יתיה בידוי דתבע |
| 1732 | | Dt24:18 | ופרק יתכון ˆˆˆייי אלהכון | מן | תמן בגין כדין אנה מפקד |
| 1733 | | Dt30:04 | מבדריכון עד סייפי שמיא | מן | תמן יכנש יתכון ייי אלהכון |
| 1734 | | Lv10:01M | יתהון /בהן אשתא בריה | מן | תפין מה דלא אתפקד להון#2# |
| 1735 | | Ex 9:16M | מן בגלל למחווייה יתך | מן | תקוף חייליה ומן בגלל |
| 1736 | | Nu10:36 | מצלי ואמר חזור כען ייי | מן | תקוף רוג{ד}<ז>ך ותוב עלינן |
| 1737 | | Nu10:36M | תוו כען ממריה דייי | מן | תקוף רוגזך ובריך רבוותה |
| 1738 | | Dt13:18 | מן בגלל דיחזור ממרה דייי | מן | תקוף רוגזיה ויתן לכון רחמין |
| 1739 | | Gn49:24 | ואדרעוי למבעיה רחמין | מן | תקיפא דאבוי יעקב מן תחות |
| 1740 | | Ex32:12 | אפי דארעא חזור כען | מן | תקף רוגזך ויהוי תהו קדמך על |
| 1741 | | Ex15:02M | "אמרין": | מן | ת{ר}<ד>י אמהתא הוון ינקיא |
| 1742 | | Gn 3:24 | מדמיה לחרב שנונה אכלה | מן | תרין סיטריה אתקן בגוה |
| 1743 | | Ex25:18 | דדהב נגידין תעביד יתהון | מן | תרין סטריה דכפרתה: |
| 1744 | | Ex28:07 | כתפן מדבקן יהויין ליה | מן | תרין סטרוי וידבק: |
| 1745 | | Ex32:15 | לוחי בידיה לווחין כתיבין | מן | תרין סטריהון מן דן סיטרא |
| 1746 | | Ex37:07 | דדהב נגידין עבד יתהון | מן | תרין סטריה דכפרתה: |
| 1747 | | Ex37:08 | מן כפרתה עבד ית כרוביה | מן | תרין סטרוי: |
| 1748 | | Ex39:04 | כתפן עבדו ליה מדבקן | מן | תרין סטרוי אדבק: |
| 1749 | | Lv19:18 | דהוא קש' כחרבא מחי | מן | תרין סטרוי דמן תרין חורפוי |
| 1750 | | Lv23:17 | לחם דאנפו תרתין חלין | מן | תרין עשרונין סלת יהוויין |
| 1751 | | Gn31:37 | לקבל אחי ואחיך ויוכיחן | מן | תרינן: |
| 1752 | | Gn18:02 | עלוי וחמא ורהט לקדמותהון | מן | תרע משכנה ושאל בשלמהון |
| 1753 | | Ex12:22 | במנה ואתון לא תיפקון גבר | מן | תרע ביתיה עד צפרא: |
| 1754 | | Ex32:27 | על ירכיה עברו וחזרו | מן | תרע לתרע במשריתא וקטלו גבר |
| 1755 | | Dt22:21M | בייתה /ויפקון ית טליתה | מן | תרע בית#2#/ דאבוה וירגמון |
| 1756 | | Gn19:06M | ונפק לוותהון לברא | ^/מן | תרעא#2#/ ותרעא טרד \ |
| 1757 | | Lv 9:08M | דחטאתה דמן/דאייתי | מן#2#/ | דידיה/דדליה#2#/: |
| 1758 | מנ | Ex17:02 | מה אתון מדיינין עמי | {מנ} | מה אתון מנסון קדם ייי: |
| 1759 | דמן | Gn31:21M | לישראל ביומי יפתח | דמן | גלעד |
| 1760 | | Dt23:05 | בלעם בר בעור חלמיא | דמן | ארם נהרים למלוט יתכון: |
| 1761 | | Gn40:12 | אברהם יצחק ויעקב | דמן | בני בניהון עתידין למשתעבדא |
| 1762 | | Gn31:43M | בניי אנון חשיבין | דמן | בנתיי אתילידן ועגה מן ענה |
| 1763 | | Nu16:05 | בצפרה וידע ייי מן | דמן | דידה וית קדישוי ויקרב |
| 1764 | | Gn21:33M | קדם אבוכון דבשמיא | דמן | דידיה אכלתון ומן דידיה |
| 1765 | | Lv 9:08 | ית עגלה דחטאתה | דמן | דידיה: |
| 1766 | | Lv16:06 | אהרן ית תורא דחטאתה | דמן | דידיה ויכפר על ידוי |
| 1767 | | Lv16:11 | ויכוס ית תורה דחטאתה | דמן | דידיה: |
| 1768 | | Lv16:11 | אהרן ית תורה דחטאתה | דמן | דידיה ויכפר על ידוי |
| 1769 | | Dt 8:08 | ותאנין ורימונין ארע | דמן | זייתה עבדין משח ותומרייה |
| 1770 | | Dt32:17 | חכמו יתהון חדתן אינון | דמן | כדון אתבריין דלא אתעסקו |
| 1771 | | Nu34:15 | תחומה לכרכא דעיון | דמן | מדנח לבית ירח ומדנח ימא |
| 1772 | | Lv16:15 | ויכוס ית צפירה דחטאתה | דמן | עמא וייתי ית אדמה לגו מן |
| 1773 | | Lv 9:15 | ונסב ית צפירה דחטאתה | דמן | עמה ונכס יתה ודכי יתה |
| 1774 | | Lv 9:18 | וית דכרה נכסת קדשיה | דמן | עמה וזמינו בנוי דאהרן ית |
| 1775 | | Lv18:27 | האליין עבדו עמה דארעה | דמן | קדמיכון ואסתאבת ארעא: |
| 1776 | | Gn 2:11 | ית כל ארעא דהנדקי | דמן | תמן דהבא נפק: |
| 1777 | | Lv19:18 | מחי מן תרין סטרוי | דמן | תרין חורפוי למעקה בה ית |
| 1778 | ומין | Lv22:18 | גבר מן דב«י»ת ישראל | ומין | גיוריה די בישראל די יקרב |
| 1779 | ומן | Dt10:07 | מן תמן נטלו לגדגדה | ומן | גדגדה ליטבתה ארע |
| 1780 | | Nu32:22 | זכיין מן קדם ייי | ומן | ישראל ותיהווי ארעא חדה |
| 1781 | | Nu34:15M | דמלכותהון דאימוראי | ומן | כנרת כרך מלכותהון |
| 1782 | | Lv19:03M | מן אמה | ומן | אבוי |
| 1783 | | Lv 8:30 | משה מן משחה דרבותה | ומן | אדמ' די על גבי מדבחה ואדי |
| 1784 | | Lv 4:18 | | ומן | אדמה יתן על קרנותיה דמדבחה |
| 1785 | | Lv16:18 | ויסב מן אדמה דתורא | ומן | אדמה דצפירה ויתן על קרנתה |
| 1786 | | Nu36:04 | שבטה די יהוויין להון | ומן | אחסנות שבט אבהתן יתמנע |
| 1787 | | Gn 2:17 | | ומן | אילן דעתה דכל מן דהוה אכל |
| 1788 | | Gn 1:02 | מן כל פלחן צמחין | ומן | אילנין וחשוכא פריס על אפי |
| 1789 | | Gn49:17 | דנכת לסוסיא בעקבי | ומן | אימתה מסתחר רכבה ומתהפך |
| 1790 | | Gn 9:19M | אלין בנוי דנח | ומאלין/ומן | אלין#2#/ איתמלית כל |
| 1791 | | Gn10:32 | לתל<ד>וותהון באומיהון | ומן | אלין אתפרשו אומייא בארעא |
| 1792 | | Gn49:17M | בעקבא וממרע יתי' | ומן | אמתי' מתהפך רכבי' ונפל |
| 1793 | | Ex 8:05 | למשיציא ארדעניא מנך | ומן | אנשי ביתך לחוד דבנהרא |
| 1794 | | Ex 8:07 | ויזלון ארדעניא מנך | ומן | אנשי ביתך ומן שלטונך ומן |
| 1795 | | Gn24:07 | דבר יתי מן בייתא דאבא | ומן | ארעא תלדוותי ודי מלל עמי |

|  |  | | | |
|---|---|---|---|---|
| 1796 | Gn47:15 | כספא מן ארעא דמצרים | ומן | ארעא דכנען ואתון כל מצראי |
| 1797 | Gn12:01 | ומן תל{{וד}}<דו>ותך | ומן | בייתי דאבוך לארעא די אחוי |
| 1798 | Lv21:12 | | ומן | בית מקדשה לא יפוק ולא יפס |
| 1799 | Gn24:40 | אתה לברי מן זרעיתי | ומן | ביתיה דאבא: |
| 1800 | Gn48:19M | "באמיא": | ומן | בנוהי יתבון בסנהדרין רבתא |
| 1801 | Gn 1:02 | ובהיא וצדי מן בר נש | ומן | בעיר וריקנא מן כל פלחן |
| 1802 | Gn 6:20 | מן עופא למינה | ומן | בעירא למינה ומן כל רחשא |
| 1803 | Gn 7:02 | לך שבעה שבעה דכר ונקב׳ | ומן | בעירא די לא דכיא |
| 1804 | Gn 7:08 | מן בעירא דדכיה | ומן | בעירה דלית היא דכיה ומן |
| 1805 | Nu31:47 | מן חמשין מן בני אנשא | ומן | בעירה ויהב יתהון לילוויי |
| 1806 | Nu 8:25 | | ומן | בר חמשין שנין יחזור מן חיל |
| 1807 | Gn49:25 | מן שמייא מן לעיל | ומן | ברכת מבועי תהומא דסלקין מן |
| 1808 | Gn49:26M | דמתילין בטוורין | ומן | ברכת ארבעתי אמהתא דמתילין |
| 1809 | Lv22:19M | מן תורייה מן אמרייה | ומן | גדי עזייה#2#/: |
| 1810 | Ex12:05 | יהווי לכון מן אמריא | ומן | גדייא בני עזיא תסבון לכון: |
| 1811 | Gn 5:29 | יתן מן עבדינן ביש׳ | ומן | גזל ידינן מן ארעא די |
| 1812 | Lv20:02 | גבר גבר מן בני ישראל | ומן | גיורה דמתגיירין |
| 1813 | Lv17:10 | וגבר גבר מן דבית ישראל | ומן | גיוריה דמתגיירין ביניהון |
| 1814 | Lv17:08 | גבר גבר מן דבית ישראל | ומן | גייורה די יתגיירון ביניכון |
| 1815 | Lv17:13 | וגבר גבר מן בני ישראל | ומן | גייוריה דמתגיירין ביניהון |
| 1816 | Nu15:30M | /ביד רמה מן יציבייה | ומן | גייורייה ית מימריה |
| 1817 | Gn24:31M | בגווה מן פולחנא נכראה | ומן | גלוי ערייתא ומן שפיכות דם |
| 1818 | Gn31:01 | יעקב ית כל מה דאבונן | ומן | דאבונן קנה ית כל נכסיא |
| 1819 | Gn 2:24 | גבר מדמכיה מן דאבוי | ומן | דאימיה וידבק באתתיה ויהוון |
| 1820 | Ex29:27 | מן דאהרן | ומן | דבנוי: |
| 1821 | Gn21:33M | דמן דידיה אכלתון | ומן | דידיה שתתון לא הוון |
| 1822 | Lv 9:19 | וית תרביה מן תורה | ומן | דכרה אלייתה וחפיי כרסה |
| 1823 | Ex26:13M | ומן הכא /מן דן סטרא | ומן | דן סטרא#2#/ למכסייה יתה: |
| 1824 | Ex32:15 | סטריהון מן דן סיטרא | ומן | דן סטרה אינון כתיבין: |
| 1825 | Ex36:33M | מן דן סטר{י}<ה> | לגו/ומן#2#/ | דן סטרה: |
| 1826 | Ex38:15M | ומן הכא לתרע /דן סטרה | ומן | דן סטרה לת#2#/ דרתה |
| 1827 | Ex21:29 | תור נגשן הוא מן דאתמל | ומן | דקדמוי ויתאסהד במרוי ולא |
| 1828 | Ex21:36 | תור נגשן הוא מן דאתמל | ומן | דקדמוי ולא ינטר יתה מריה |
| 1829 | Ex 8:09 | ומיתו ערדענייא מן ביתי | ומן | דרי ומן חקליה: |
| 1830 | Ex26:13 | על סטרה דמשכנא מן הכה | ומן | הכא למכסייה יתה: |
| 1831 | Ex38:15 | ולסטרה תניינה מן הכה | ומן | הכא לתרע דרתה וולונין |
| 1832 | Dt27:15 | וכל ישראל מן הכה | ומן | הכה מברכין הוון הפכין |
| 1833 | Ex 5:23 | | ומן | זמנא דאתית לוות פרעה |
| 1834 | Lv25:45 | ביניכון מנהון תקנון | ומן | זרעייתהון די עמכון די |
| 1835 | Lv18:21M | פלחנה נכרייה ולא תפסו | /ומן | זרעך לא תתן לפלחנה נכריין |
| 1836 | Dt28:67 | דלבביכון די תתפחדון | ומן | חזווי עייניכון די תחמון: |
| 1837 | Nu31:30 | מן אנשא ומן תוריה | ומן | חמריא ומן ענה ומן כל בעירה |
| 1838 | Nu31:28 | מן בני אנשא מן תוריה | ומן | חמריה ומן ענא: |
| 1839 | Lv27:28 | מן בני אנשה ובעירה | ומן | חקל אחסנתיה לא יזדבן ולא |
| 1840 | Ex 8:09 | מן ביתי ומן דרי | ומן | חקליה: |
| 1841 | Gn49:22M | "מן חרכייה ... מנהון": | ומן | חרכיי׳ ומסתכל בך מן |
| 1842 | Lv 6:08 | בקמציה מן סלתה דמנחתה | ומן | טוב׳ וית כל לבונתה די |
| 1843 | Gn27:39 | טובא דארעא תהוי משרויך | ומן | טוב טלא דנחת מן שמיא |
| 1844 | Gn27:28 | טלא דנחת מן שמיא שפר | ומן | טובא דארעא וסגי עבור חמר |
| 1845 | Lv 2:02 | מלא קומציה מן סלתה | ומן | טובה על כל לבונתה ויסד׳ |
| 1846 | Lv 2:16 | כהנא ית אדכרתה מן גרשה | ומן | טובה על כל לבונתה קרבן קדם |
| 1847 | Dt 8:09 | שריין וברירן היך פרזלה | ומן | טווריה חצבין נחשה: |
| 1848 | Nu34:15M | תלגה ולחומתה דלבנן | ומן | טור תלגה ולחומתה דלבנן |
| 1849 | Lv22:25 | {{ | ומן | יד בר עממין}} לא תקרבון |
| 1850 | Ex18:10 | יתכון מן ידיהון דמצריי | ומן | ידוי דפרעה דשיזב ית עמא |
| 1851 | Dt 7:08 | מן בית שעבוד עבדיה | ומן | ידוי דפרעה מלכא דמצרים: |
| 1852 | Ex22:29M | מתרבי בתר אמה | וביומא/ומן | יומ׳#2#/ תמינייא |
| 1853 | Lv 7:16M | /דבחה#2#/ יתאכל | וביומא/ומן | יומא#2#/ דבתרה ומה |
| 1854 | Lv19:06M | /ביום דבחיהון יתאכל | ומן | יומא דבתרה#2#/ ומה |
| 1855 | Lv22:27 | שבעה יומין בתר אמיה | ומן | יומא תמינייה ולהל«ן» |
| 1856 | Gn 3:14 | תהוה חויה מן כל בעירא | ומן | כל חיותא דעל אפי ברה על |
| 1857 | Gn 6:20 | למינה ומן בעירא למינה | ומן | כל רחשא דארעא למינה תרין |
| 1858 | Gn 8:20 | ונסב מן כל בעירה דוכי׳ | ומן | כל עופא דיכיה וסדר עלון |
| 1859 | Gn32:11 | אנה כמסת מן כל חסדיא | ומן | כל קושטא די עבדת עם עבדך |
| 1860 | Lv11:10 | מן כל שרצא דמיא | ומן | כל נפש חיתה די במי׳ מרחקה |
| 1861 | Lv11:10M | "ומן כל נפש ... מרחקה": | ומן | כל נפש חייתה די במיא |
| 1862 | Nu31:30 | ומן חמריא ומן ענה | ומן | כל בעירה ותתן יתהון |
| 1863 | Dt 2:08 | מן אורח משרה מן אילת | ומן | כרך תרנגולה וכווינן |
| 1864 | Ex29:34 | ישתייר מבשרה דאשלמותא | ומן | לחמה עד צפרא ותיקד מה |
| 1865 | Gn 3:18 | ברא נקום כען ונלעי | ומן | לעות ידי נאכל מזון מן פירי |
| 1866 | Ex23:31 | עד ימ{א}הון דפלישתאי | ומן | מדברא עד נהרא רבא ארום |
| 1867 | Nu21:18 | דישראל משה ואהרן | ומן | מדברה אתיהבת להון מתנה: |
| 1868 | Ex29:27M | מה מן דאית לאהרן | ומן | מה דאית לבנוי#2#/: |
| 1869 | Dt 7:08M | יתכון \ומן די נטר/ומידנטר#2#/ | ומן | מה די נטר#2#/ ית |
| 1870 | Lv14:17 | | ומן | מותריה דמשחה די על כף ידיה |
| 1871 | Ex29:34M | ומן לחמה /דאשלמוותה | ומן | מזונה#2#/ עד צפרא ותיקד |
| 1872 | Lv11:04 | מן {מ}מסקי גררתא | ומן | מטלפי טלפין ית גמלתה ארום |
| 1873 | Gn31:01M | קנה ית /דאית לאבונן | ומן | {מן} <מה> דאית לאבונן תקף |
| 1874 | Dt15:14 | ליה מן ענ׳ מן אדרך | ומן | מעצרתך מן מה די ברך יתך |
| 1875 | Dt 7:18 | פרע ייי אלהכון מן פרעה | ומן | מצריי: |
| 1876 | Ex29:21 | אדמה די על גבי מדבחא | ומן | משח דרבותא ותדי על אהרן |
| 1877 | Lv14:26 | | ומן | משחה יריק כהנא על כף ידיה |
| 1878 | Dt14:07 | תאכלון מן מסקי גררתה | ומן | סדיקי פרסתה דסדיקה ית גמלה |
| 1879 | Gn47:21 | יתהון מן קרייה לקריה | ומן | סיפא תחומיהון דמיצראי ועד |
| 1880 | Lv 8:26 | | ומן | סלה דפטירה {מן} מן קדם ייי |
| 1881 | Lv16:16 | סואבותהון דבני ישראל | ומן | סרחניהון לכל חוביהון וכן |
| 1882 | Gn49:04 | ראובן ברי בחכמתך | ומן | עבדיך טביי׳ {ט}<ד>חטית ולא |
| 1883 | Nu36:03M | להון ומעד<י>ו{י}/ומן | | עד{י}<ו>ין#2#/ |
| 1884 | Gn 7:08 | בעירה דלית היא דכיה | ומן | עופא וכל דרחיש על ארעא: |
| 1885 | Ex 8:27M | שליטוי/עבדוי#2#/ | ומעממא/ומן | עמ׳#2#/ לא אשתייר אף |
| 1886 | Ex 8:25 | מן פרעה ומן שליטוי | ומן | עמא למחר לחוד לא יוסף פרעה |
| 1887 | Ex 8:04 | ויעדון אר{ע}דעניא מני | ומן | עמי ואשלח ית עמא ויקרבון |
| 1888 | Ex 8:07 | אנשי ביתך ומן שלטונך | ומן | עמך לחוד דבנהרא ישתיירון: |
| 1889 | Nu31:28 | מן תוריה ומן חמריה | ומן | ענא: |
| 1890 | Lv 1:02 | ייי מן בעירא מן תורייה | ומן | ענה תקרבון ית קרבניכון: |
| 1891 | Nu31:30 | ומן תוריה ומן חמריא | ומן | ענה ומן כל בעירה ותתן |
| 1892 | Dt12:21 | תמן ותיכסון מן תוריכון | ומן | עניכון די יהב ייי לכון |
| 1893 | Gn 3:19 | את ולעפרא את עתיד חזר | ומן | עפרא את עתיד חזר וקאם ויהב |
| 1894 | Nu 5:17M | "ומן ... דמשכנה": | ומן | עפרה דתחות טבלה דבאיסודי |
| 1895 | Nu 5:17 | מיין דכין לגו מן דחסף | ומן | עפרה די יהווי בשיפולי |
| 1896 | Nu31:30 | | ומן | פלגותהון דבני ישראל תסב |
| 1897 | Nu31:42 | | ומן | פלגותהון דבני ישראל די |
| 1898 | Gn 3:03 | | ומן | פרי אילנא די במציעות גנתה |
| 1899 | Dt28:56 | יתה על ארעא מן חטוייה | ומן | פרנוקה תבאש עייניה בבעיל |
| 1900 | Gn44:18 | מן דיור מנך אנה משרי | ומן | פרעה רבך דאת ימי ביה אנה |
| 1901 | Gn25:27M | גבר רמאי הוה | ומן | ציידיה הוה טעים ליה |
| 1902 | Nu34:15M | צפון עיינוותה דדרמסק | ומן | צפון נפק להון תחומה |
| 1903 | Lv21:22 | לחם אלהיה מן קדש קדשיה | ומן | קדשיה יאכל: |

|  |  |  |  |  |  |
|---|---|---|---|---|---|
| 1904 | | Dt32:25M | תתכל יתהון חרבה | ובקיטונ׳/ומן | קיטו׳#2#/ מדמכיהון |
| 1905 | | Ex 3:22 | ותשאל אתה מן מגירתה | ומן | קריבת תותבת ביתה מנין דכסף |
| 1906 | | Gn48:22M | טבין לי מן חרבי | ומן | קשתי |
| 1907 | | Gn48:22 | דאינון טבין לי מן חרבי | ומן | קשתי ועוד יהבית לך חולק חד |
| 1908 | | Nu 2:22M | | ושבטה/ומן | שב׳#2#/ דבנוי דבנימין |
| 1909 | | Nu34:24M | | ולשבטה/ומן | שב׳#2#/ דבנוי דאפרי׳ |
| 1910 | | Nu34:20 | | ומן | שבטה דבנוי דשמעו׳ שמואל |
| 1911 | | Nu34:21 | | ומן | שבטה דבנוי דבינמן אלידד |
| 1912 | | Nu34:22 | | ומן | שבטה דבנוי דדן רבה <בקי> |
| 1913 | | Nu34:25 | | ומן | שבטה דבנוי דאפרים רבה |
| 1914 | | Nu34:26 | | ומן | שבטה דבנוי דישכר רבה |
| 1915 | | Nu34:27 | | ומן | שבטה דבנוי דאשר רבה |
| 1916 | | Nu34:28 | | ומן | שבטה דבנוי דנפתלי רבה |
| 1917 | | Nu35:08M | /סגי תסגי אחסנתיה | ומן | שבטה#2#/ דעמא זעירין |
| 1918 | | Ex 8:07 | מנך ומן אנשי ביתך | ומן | שלטונך ומן עמך לחוד דבנהרא |
| 1919 | | Ex 8:25 | ית ערברובא מן פרעה | ומן | שליטוי ומן עמא למחר לחוד |
| 1920 | | Ex 8:27 | ועבר ערברובא מפרעה | ומן | שליטוי ומעממא לא אשתייר אף |
| 1921 | | Gn 4:04 | אף הוא מן בכירי ענה | ומן | שמיני«הון» וקבל ייי |
| 1922 | | Ex14:22 | שורין דמין מן ימינהון | ומן | שמלאהון: |
| 1923 | | Ex14:29 | שורין דמין מן ימינהון | ומן | שמלהון: |
| 1924 | | Gn24:31M | נכראה ומן גלוי עריתא | ומן | שפיכות דם זכאי ואתרא |
| 1925 | | Dt 8:08M | "ותומרייה ... כדבשה" | ומן | תומרייה עבדין דובשא |
| 1926 | | Nu31:30 | תליש מן חמשין מן אנשא | ומן | תוריה ומן חמריא ומן ענה |
| 1927 | | Ex39:01 | | ומן | תכלתה וארגוונה וצבע |
| 1928 | | Gn12:01 | לאברם אזל לך מן ארעך | ומן | תל{{וד}}<דו>ותך ומן בייתי |
| 1929 | | Gn 2:10 | עדן למשקייה ית גנתא | ומן | תמן הוה מתפרש וחזר והוה |
| 1930 | | Gn11:09 | ייי לשני כל דאירי ארעא | ומן | תמן דרי יתהון ייי על אפי |
| 1931 | | Nu21:16 | | ומן | תמן אתיהבת להון בירה היא |
| 1932 | | Dt30:04 | יכנש יתכון ייי אלהכון | ומן | תמן יסב יתכון: |
| 1933 | | Lv 8:33 | | ומן | תרע משכן זמנה לא תפקון |
| 1934 | ולמן | Dt 4:32 | אדם קדמיה על ארעא | ולמן | סייפי שמייא ועד סייפי{ה} |
| 1935 | למן | Ex11:07 | לא ינבח כלב בלשניה | למן | גבר ועד בעיר מן בגלל די |
| 1936 | | Ex 9:18 | לא הוי כוותה במצרים | למן | יומא דאזדמנת ועד כדון: |
| 1937 | | Dt 4:32 | קדמייה די הוון קדמיכון | למן | יומא די ברא ייי אלהים אדם |
| 1938 | | Dt 9:07 | דייי אלהכון במדברה | למן | יומא דנפקתון פריקין מן |
| 1939 | מינה | Gn 2:17 | בין טב לבי׳ לא ת«י»כל | מינה | ארום כיומא דתיכל מימת |
| 1940 | | Ex20:25M | "דחרבא ... יתהון": | מינה | את<ע>בדו קרב׳ מותא לכולא |
| 1941 | | Gn 1:11 | פירין למינה די נצבתא | מינה | ובה על ארעא והוה כן כממרה: |
| 1942 | | Gn 3:05 | ארום ביומא די תאכלון | מינה | ויתפתחן עיינכון ותהון |
| 1943 | | Lv22:11M | יהווי ראשי למיכל | מינה | ומרבייניי בייתי הנון |
| 1944 | | Gn 2:17 | דעתה דכל מן דהוה אכל | מינה | ידע למפרשה בין טב לבי׳ לא |
| 1945 | | Gn 3:17 | פקדת יתך למימר לא תיכול | מינה | ליטא תהוי ארעא מן בגללך |
| 1946 | | Lv27:09 | קדם ייי כל מה די יפרש | מינה | לשמה דייי יהוי קדיש: |
| 1947 | | Ex17:06 | ותמחי בטינרא ונפקון | מינה | מייא וישתון עמא ועבד כדין |
| 1948 | | Gn49:01 | ליה קיצא רזא אתכסא | מינה | סברין דהוא מתני להון קץ |
| 1949 | מינהון | Dt 1:29 | לא תבהלון ולא תדחלון | מינהון: | |
| 1950 | | Dt32:32 | וכעובדהון בישיה מתפרע | מינהון: | |
| 1951 | | Gn 4:19 | תרתין נשין שמה דחדה | מינהון | עדה ושמה דתינייתא צלה: |
| 1952 | | Gn 2:11 | שמה דחד | מינהון | פישון הוא דחזר ומקף ית |
| 1953 | | Nu31:49 | קרבה דבידן ולא אסתכם | מינהון | בר נש: |
| 1954 | | Gn44:18 | חד כמה וכמה דאנה קשה | מינהון | ועד חד כמה דחילי קשי מן |
| 1955 | | Gn42:27 | ופתח חד | מינהון | ית שקיה למיתן כסה לחמריה |
| 1956 | | Dt14:12 | ואיליין די לא תיכלון | מינהון | נשרא וברגזה ואיזה: |
| 1957 | מיני׳ | Gn38:25 | בעלמא דאתי וקבילו | מיני | אחי ובית אבא במכלותא דאינש |
| 1958 | | Gn38:25 | וזכאה היא תמר כלתי | מיני | היא מעברה חס לה תמר כלתי |
| 1959 | | Lv10:20M | ואמר הלכתה "התעלמה" | מיני | ואהרן אחי אלף יתי׳ לי |
| 1960 | | Gn16:05M | /עלי ועליך ויתמלי עלמא | מיני | ומינך ולא#2#/ נצרך לבניה |
| 1961 | | Gn50:19M | בישתא דעבדתון /ארום | מיני | חסלת בישתא דעבד׳#2#/ לי |
| 1962 | | Gn38:25 | ואינשי בייתי דאבא קבילו | מיני | טב לי יקד בעלמא הדין באשא |
| 1963 | | Dt18:11M | ואסרי חוון ועקרבין וכל | מיני | רחשין |
| 1964 | מיני׳ | Ex20:25M | ארום פרזלא חרבא מתעבד | מיני׳ | אין עברת פרזלא עלוי |
| 1965 | | Gn49:01M | מיניה וכיון דאיתכסי | מיני׳ | ברך יתהון |
| 1966 | | Ex27:02M | קרנתה/זווייתא | מיני׳ | וביה יהוון קרנת׳#2#/ |
| 1967 | | Ex22:10M | ויקבל מריה/מרוי | מיני׳#2#/ | ולא ישלם: |
| 1968 | | Gn50:01M | בישראל תריסר שבטין | מיני׳ | לקרבא קרבנ׳ ומני׳ קמו |
| 1969 | מיניה | Gn38:18 | לוותה ועל לוותה ועברת | מיניה: | |
| 1970 | | Ex12:43 | כל בר עממ{נ}ין לא יאכל | מיניה | |
| 1971 | | Ex12:45M | הוא בר עממין לא יאכל | מיניה | |
| 1972 | | Ex21:20 | ומית תחות ידיה מתפרע | מיניה: | |
| 1973 | | Lv22:13 | תאכל וכל חלוני לא יאכל | מיניה: | |
| 1974 | | Dt18:19 | ממרי אנה במימרי מתפרע | מיניה: | |
| 1975 | | Dt18:22 | יתיה נבייא לא תדחלון | מיניה: | |
| 1976 | | Gn38:25 | וחוטרא האילין | מיניה | אנה מעברה וזכאה היא תמר |
| 1977 | | Gn38:25 | ליה גברא דאילין דיליה | מיניה | אנה מעברה ואנה אף על גב |
| 1978 | | Nu18:26 | באחסנותכון ותפרשון | מיניה | אפרשותה דייי חד מן עשרה |
| 1979 | | Ex21:21 | יומין יקום לא יתפרע | מיניה | ארום זבינת כספא הוא: |
| 1980 | | Dt26:14 | מניה במסאבו ולא יהבנן | מיניה | ארון ותכריכין על נפש דמית |
| 1981 | | Ex32:24M | ועל סטנה בגווה ונפק | מיניה | דמות עגלה הדין |
| 1982 | | Lv10:19 | תנינה ולית אפשר מיכל | מיניה | ואנא דארע יתי א«ו»נסה |
| 1983 | | Gn49:01M | ברכתא וניחמתא ואתכסי | מיניה | וכיון דאיתכסי מיני׳ ברך |
| 1984 | | Ex 2:12M | והא לית גבר זכאי נפיק | מיניה | ומחא ית מיצראה וטמע יתיה |
| 1985 | | Gn49:01M | לה{ו} רזא אתגנז | מיניה | חזר וברך יתה<ו>ן גבר |
| 1986 | | Gn50:01 | דבני ישראל די נפקו | מיניה | כהנייא בחצצרוותיהון |
| 1987 | | Gn25:23M | דלא תתחבל ולא תפסוק | מיניה | לעלמי עלמין בגין קרא |
| 1988 | | Ex12:09 | לא תיכלון | מיניה | מהבהב ואף לא שליק מבשל |
| 1989 | | Ex15:25 | וחוי ליה ייי אילן ונסב | מיניה | מימריה דייי מלה דאוריתא |
| 1990 | | Ex 4:26 | וארפי | מיניה | מלאכא בכדן שבחת צפרה |
| 1991 | | Ex15:01 | קדמוי הוא במימרי מתפרע | מיניה | סוסון ורוכביהון על די |
| 1992 | | Ex12:10 | עד צפרא ומה דמשייר | מיניה | עד צפרא בנורא תוקדון: |
| 1993 | | Gn49:02M | דקטורה ויצחק אבה קם | מיניה | פסולה עשו אחוי ואנה |
| 1994 | | Dt 6:04 | אברהם אבוי דאבה קם | מיניה | פסילה ישמעאל וכל |
| 1995 | | Dt 6:04 | דקטורה ויצחק אבה קם | מיניה | פסילה עשו אחי דלמה |
| 1996 | | Gn50:01 | עד דרי עלמא די נפקו | מיניה | תרי עשר שבטיא דבני ישראל |
| 1997 | | Lv15:16 | וגבר ארום יפוק | מיניה | תשמיש דזרע ויסחי במיא ית |
| 1998 | | Lv15:32 | דדיבה וית מה די תפוק | מיניה | תשמיש דזרע למסתאבה בה: |
| 1999 | מינך | Gn44:18 | דקטיל אנה כל מצראי | מינך | אנה משרי ובפרעה רבך אנה |
| 2000 | | Gn35:11 | אומין צדיקין קיומון | מינך | ומלכין דשלטין באמיא מן |
| 2001 | | Gn 4:08 | קרבני מני ברעוא קרבנך | מינך | לא אתקביל ברעוא ענה קין |
| 2002 | | Gn30:02M | ייי די «מנע» | מנך/מינך#2#/ | פירי וולד מעייא: |
| 2003 | | Gn44:18 | נהם כאריה ואמר בבעו | מינך | רבוני ימלל כען עבדך פתגם |
| 2004 | מינכון | Dt 1:17 | מתבע ופתגמה די יקשי | מינכון | תקרבון יתי לוותי ואשמע |
| 2005 | מינן | Nu31:49M | דאית בידינן לא אתפקד | מינן | גבר |
| 2006 | | Gn16:05 | ביני ובינך ותתמלא ארעא | מינן | ולא נצרך לבניה דהגר |
| 2007 | | Ex14:12 | עמך במצרים למימר ארפי | מינן | ונפלח קדם מצריי ארום טב |
| 2008 | | Dt 2:36 | לא הוות קרייה די אשתזבת | מינן | ית כלא מסר ייי אלהן |
| 2009 | | Nu17:27 | אשתיצינן כלן אבדנן | מינן | מיתו במגפתה ומנן בלעת ארעא |
| 2010 | | Dt 1:28 | למימר עם רברבין וסגין | מינן | קריין רברבן ותלילן עד צית |
| 2011 | ממך | Gn23:11M | מנן ית קבריה לא יכלה | ממך | מל<מ>קבר מתך: וקם אברהם |

|  |  |  |  |  |  |
|---|---|---|---|---|---|
| 2012 | מנ' | Nu 9:08M | לקדם משה רבן בתריין | מנ' | |
| 2013 | מנה | Ex12:44 | בכדין יהוי כשר למיכל | מנה: | |
| 2014 | | Ex12:45 | לאגירא לא ייכול | מנה: | |
| 2015 | | Nu18:29 | דייי מן כל תרבה ית טובה | מנה: | |
| 2016 | | Nu18:29M | מנה /טוביה ית קודשה | מנה#2#/: | |
| 2017 | | Ex40:31 | ויקדשון | מנה | משה אהרן ובנוי ית ידיהון |
| 2018 | | Gn 3:11 | די פקדת יתך דלא תאכל | מנה | אכלת: |
| 2019 | | Dt 3:02 | ייי לי אמר משה לא תדחל | מנה | ארום בידך מסרית יתיה וית |
| 2020 | | Gn 3:19 | לחם עד מחזרך לארעא ארום | מנה | אתברית ארום עפר את ולעפרא |
| 2021 | | Lv 6:08 | וירים | מנה | בקמציה מן סלתה דמנחתה ומן |
| 2022 | | Gn17:16 | וברכת יתה ולחוד יהבת לך | מנה | בר וברכת יתה ותהווי לאומין |
| 2023 | | Ex16:16 | דן פתגמא די פקד ייי לקטו | מנה | גבר לפם מיכליה עמר לכל |
| 2024 | | Gn32:12 | ידוי דעשו ארום דחל אנא | מנה | דלא ייתי ויקטול יתי וישיצי |
| 2025 | | Ex39:05 | והמיינה דאפדה די עלוי | מנה | הוא כעבדא דהב תכלה וארגוון |
| 2026 | | Ex37:22 | חזוריהון וקניהון | מנה | הוון כלה נגידה חדא דהב |
| 2027 | | Gn 1:12 | דעבד פירין די נצבת' | מנה | ובה למינה וגלי קדם ייי |
| 2028 | | Ex37:17M | כלידה חזורה ושושנה/ | מנה | ובה יהוון#2#/: |
| 2029 | | Ex38:02M | משחת רומה \<מניה> הוון | /מנה | ובה תהוון#2#/ קרנתה וחפי |
| 2030 | | Gn48:19 | וברם אחוי זעירא יתקף | מנה | ובנוי יהוון שליטין באמיא: |
| 2031 | | Lv 5:03 | די יסתאב בה ויתכסי | מנה | והה' ידע ויתחייב: |
| 2032 | | Lv 5:02 | בנבלה דשרץ מסאב ויתכסי | מנה | והוא מסא' ויתחייב: |
| 2033 | | Ex25:35 | וחזור תחות תרין קנין | מנה | וחזור תחות תרין קנין דמנה |
| 2034 | | Ex37:21 | וחזור תחות תרין קנין | מנה | וחזור תחות תרין קנין מנה |
| 2035 | | Lv 4:19 | וית כל תרבה ירים | מנה | ויסדר כהנא על גבי מדבחה: |
| 2036 | | Gn 3:03 | גנתה אמר ייי לא תאכלון | מנה | ולא תקרבון ביה ולא תמותון: |
| 2037 | | Gn49:01 | מן דאתגלי ליה רזא אתכסי | מנה | ומן דאתפתח ליה תרעא אטרד |
| 2038 | | Gn 3:22 | אומין סגיאין למקום | מנה | ומנה תקום אומ' חדא דידעה |
| 2039 | | Lv 9:17 | ית מנחתה ומלא כף ידיה | מנה | וסדר על גבי מדבחה בר מן |
| 2040 | | Ex30:36 | ותשחק | מנה | ותידק ותתן מנה קדם שהדותא |
| 2041 | | Dt22:03M | די \יאבד מניה /תיבד | מנה#2#/ | ותשכח יתיה/יתה#2#/ לית |
| 2042 | | Lv 7:14 | ויקרב | מנה | חד מן כל קרבן אפרשו לשמה |
| 2043 | | Lv 7:18 | יהווי ונפשה די {י} תאכל | מנה | חובוי תקבל: |
| 2044 | | Gn 2:09 | דעתה דכל מן דהוה אכל | מנה | ידע למפרשה בין טב לביש: |
| 2045 | | Ex28:08 | דאפדא די עילוי כעבדא | מנה | יהווי דהב תכלה וארגון וצבע |
| 2046 | | Ex27:02 | זביתא מן משחת רומא | מנה | יהוויין קרנתה ותחפי יתה |
| 2047 | | Ex30:02 | ותרתין אמין משחת רומיה | מנה | יהוויין רומה קרנתה: |
| 2048 | | Ex25:31 | כלידיא חזוריה ושושניה | מנה | יהוון: |
| 2049 | | Ex25:36 | חזוריהם וקניהון | מנה | יהוון כלה נגידא חדה דהב |
| 2050 | | Ex37:17 | כלידיה חזוריה ושושניה | מנה | {י}הוון: |
| 2051 | | Gn17:16 | ומלכין דשלטין באומיא | מנה | יקומון: |
| 2052 | | Ex30:19 | ויקדשון אהרן ובנוי | מנה | ית ידיהון וית רגליהון: |
| 2053 | | Lv 7:03 | וית כל תרבה יקרב | מנה | ית אליתה ~וית תרבה דחפי |
| 2054 | | Lv 7:16 | דבתרה ומה דמשתייר | מנה | יתאכ': |
| 2055 | | Gn17:16M | "יהבת ... ומלכין": אתן | מנה | לך ביר ואברך יתך ותהוי |
| 2056 | | Ex16:32 | די פקד ייי מלה עמרא | מנה | למטרה לדריכון מן בגלל די |
| 2057 | | Ex15:12 | יומא רבה דלא יתבע יתהון | מנה | לעלמא דאתי מן יד ארכנת |
| 2058 | | Ex15:12 | דלית את תבע יתהון | מנה | לעלמא דאתי ופתחת ארעא ית |
| 2059 | | Ex37:21 | וחזור תחות תרין קנין | מנה | לשתי קנין דנפקין מניה: |
| 2060 | | Gn15:14 | יתהון מתפרעה אנה | מנה | מן בתר כדן יפקון בנכסין |
| 2061 | | Ex16:19 | משה להון גבר לא ישייר | מנה | עד צפרא: |
| 2062 | | Lv 7:15 | קרבניה יתאכל לא ישתייר | מנה | עד צפרא: |
| 2063 | | Lv22:30 | ההוא יתאכל לא תשיירון | מנה | עד צפרא כדן אמר ייי: |
| 2064 | | Ex30:33 | גבר דיפסם כוותיה ודי יתן | מנה | על חלוניי וישתצי מן גו |
| 2065 | | Gn49:01 | דאתפתח ליה תרעא אטרד | מנה | ענה אבונן יעקב וברך יתהון |
| 2066 | | Ex30:36 | ותשחק מנה ותידק ותתן | מנה | קדם שהדותא במשכן זמנא |
| 2067 | | Lv27:11 | כל בעיר מסאב די לא יקרב | מנה | קדם ייי קרבן ויקים ית |
| 2068 | | Gn50:01M | מסיין עד ארעית תהומ' | מנה | קמו בישראל תריסר שבטין |
| 2069 | | Lv 7:25 | תרב מן בעירה די יקרב | מנה | קרבן קדם ייי ותשתצא נפשה |
| 2070 | | Lv27:09 | ואן בעיר די יקרבון | מנה | קרבן קדם ייי כל מה די יפרש |
| 2071 | | Lv27:09M | מנה קרבן קדם /יקרב | מנה | קרבן לשמ'#2#/ ייי כל מה |
| 2072 | | Lv22:04 | בר נש או גבר די תפוק | מנה | תשמי{ע}<ש> דזרע: |
| 2073 | מנהון | Gn49:22M | תתלי אפך ותסתכל בחד' | מנהון | |
| 2074 | | Ex32:10 | לממנייה רבה ותקיפא | מנהון: | |
| 2075 | | Lv 4:02 | כשרין מתעבדה ותעבד חדא | מנהון: | |
| 2076 | | Nu14:09 | דייי עמן לא תדחלון | מנהון: | |
| 2077 | | Nu14:12 | יתך לאומא רבה ותקיפה | מנהון: | |
| 2078 | | Nu16:15 | אטענת ולא אבאשת לחד | מנהון: | |
| 2079 | | Nu23:20 | וברכה לית אנה מנע | מנהון: | |
| 2080 | | Nu33:55M | מה דמשתייר | מנהון | |
| 2081 | | Dt 2:06M | "... מן לוותהון": למיזבן | מנהון | |
| 2082 | | Dt 9:14 | רבה ותקיפה ומסגייה | מנהון: | |
| 2083 | | Dt21:18M | \ישמע להון /יקבל | מנהון#2#/: | |
| 2084 | | Dt26:13 | מצותך ולא אנשינן חדה | מנהון: | |
| 2085 | | Ex18:03 | תרין בנוי די שמיה דחד | מנהון | גרשם ארום אמר גיור ותותב |
| 2086 | | Gn10:25 | תרין בנין שמה דחד | מנהון | פלג ארום ביומוי אתפלגו |
| 2087 | | Ex 1:15 | עברייתא די שמה דחדא | מנהון | שפרה ושמה דתנייתא פועה: |
| 2088 | | Ex19:21 | קדם ייי למיחמיה ויפל | מנהון | אוכלסין סגין: |
| 2089 | | Ex14:28M | לא אשתייר \בהון אף | /מנהון | אוף#2#/ לא חד: |
| 2090 | | Dt32:20 | ואמר אהפוך אפי רעותי | מנהון | אחמי מה יהווי בסוף |
| 2091 | | Nu16:15 | ית קרבנהון לא חמרא דחד | מנהון | אטענת ולא אבאשת לחד |
| 2092 | | Ex 5:08 | תשוון עליהון לא תמנעון | מנהון | ארום בטילין אינון בגין |
| 2093 | | Dt 3:22 | לא תדחלון | מנהון | ארום ייי אלהכון הוא דעבד |
| 2094 | | Dt20:01 | סגין מנכון לא תדחלון | מנהון | ארום ייי אלהכון עמכון |
| 2095 | | Nu21:20M | לנחלייה עמיקתה אתגנזת | מנהון | באירה דאית בתחומיהון |
| 2096 | | Ex15:09 | מנהון שבי<ה> רבה ואבוז | מנהון | בזה רבא אפלג שביתה לעמי |
| 2097 | | Nu21:20 | לחלתה עמיקתה יתגנזת | מנהון | בחלתה דבתחומיהון דמואביי |
| 2098 | | Dt 2:06M | מן לוותהון /מזבן | מנהון#2#/ | בכסף דמנה נחית לכון מן |
| 2099 | | Lv11:32 | וכל די יפול עלוי | מנהון | במיתתהון יסתאב מן כל {מה} |
| 2100 | | Nu31:50 | לא אתאחד חד מנן עם חדה | מנהון | בעלמא הדין דלא מהוי עמה |
| 2101 | | Lv20:17M | מן בגלל דיתמלי עלמא | מנהון | בר"#2#/ מן כדון כל די |
| 2102 | | Nu26:65 | במדברה ולא אשתייר | מנהון | גבר א{ל}<ר>ום אלהן כלב |
| 2103 | | Dt 2:06M | מן לוותהון /למיזבן | מנהון#2#/ | דבירה דמיא סלקא עמכון |
| 2104 | | Gn31:39 | לא אייתית לוותך כל חדא | מנהון | דהוות ערקה מן מניינה אנה |
| 2105 | | Dt29:16 | גבהון בגו בתייה דחלין | מנהון | דלא יתגנבן: |
| 2106 | | Lv24:12 | בדעתיה דלעיל בתרין | מנהון | הוה משה זריז ובתרין |
| 2107 | | Lv24:12M | מנהון /רבן בתרין | מנהון#2#/ | הוה משה זריז ובתרין |
| 2108 | | Lv24:12 | הוה משה זריז ובתרין | מנהון | הוה משה מתין באליין |
| 2109 | | Nu 9:08 | דקמו קדם משה בתרין | מנהון | הוה משה זריז ובתרין |
| 2110 | | Nu 9:08 | הוה משה זריז ובתרין | מנהון | הוה משה ממתין במסאבין |
| -2111 | | Nu15:34 | קדם משה רבן בתרין | מנהון | הוה משה זריז ובתרין |
| 2112 | | Nu15:34 | הוה משה זריז ובתרין | מנהון | הוה משה מתין ובאלין |
| 2113 | | Nu27:05 | הוה משה זריז ובתרין | מנהון | הוה משה מתין ובאילין |
| 2114 | | Nu27:05 | דקמו קדם משה בתרין | מנהון | הוה משה זריז ובתרין |
| 2115 | | Ex 7:22M | שמע להון /ולא קביל | מנהון#2#/ | היך מה דמלל ייי: |
| 2116 | | Ex 8:11M | ולא שמע/קבל#2#/ | להון/מנהון#2#/ | היך מה דמלל ייי: |
| 2117 | | Ex 8:15M | שמע להון /ולא קבל | מנהון#2#/ | היך מה דמלל ייי: |
| 2118 | | Dt25:05 | אחין כחדא וימות חד | מנהון | ובר לית ליה לא תתנסיב |
| 2119 | | Gn19:09M | כדון נבעש לך מנהון לך | מנהון | ודחפון בגברא |

|  | |  | | | |
|---|---|---|---|---|---|
| 2120 | | Gn19:09 | כדון נבאש לך יתיר | מנהון | ודחקו בגובריא בלוט לחדה |
| 2121 | | Gn49:22 | עיינך ואסתכלת בחד' | מנהון | והוון בנתהון דמלכייא |
| 2122 | | Ex18:11M | בחשבתא אתפרע פרעה | מנהון | וטמע ריתיכיהון בימ' |
| 2123 | | Dt31:17 | יתהון ואהפוך אפי רעותי | מנהון | ויהוויין למזון ויארעון |
| 2124 | | Gn49:25 | בריכין דדיא דינקת | מנהון | ומעיה דרבעת בגוויהון: |
| 2125 | | Dt28:31M | מנהון /ולא תיכלון | מנהון#2/ | חמריכון גזילין |
| 2126 | | Dt28:31 | ולית אתון רשיין למאכל | מנהון | חמריכון גזילין מן קדמיכון |
| 2127 | | Gn49:22 | עיינך ומסתכלין בחדא | מנהון | חס לך יוסף ברי ולא תלית |
| 2128 | | Nu24:07 | מן ביניהון ופרוקהון | מנהון | יהווי יכנש להון גלותהון |
| 2129 | | Ex18:11 | בה בפתגמא יתפרע | מנהון | ייי במימריה אמר וטמע ית |
| 2130 | | Dt32:03 | אמרין קקק תלתה זימנין | מנהון | ילף משה דלא למדכרה ית |
| 2131 | | Ex17:16M | בהון /ודמשתייר | מנהון#2/ | ישיצון יתהון מרדכי |
| 2132 | | Nu10:04M | ואין בחדה | \מנהון#2/ | יתקעון ויזדמנון לוותך |
| 2133 | | Gn11:06 | למעבד וכדון לא יתמנע | מנהון | כל מה די חשבו למעבד: |
| 2134 | | Dt20:16 | לכון אחסנה לא תקיימון | מנהון | כל נישמה: |
| 2135 | | Lv11:33 | וכל מן דחסף די יפול | מנהון | לגוויה כל מה דביה יסתאב |
| 2136 | | Gn19:09M | דינינן כדון נבעש לך | מנהון | לך מנהון ודחפון בגברא |
| 2137 | | Dt25:11 | ואחוי ותקרוב אתתה דחד | מנהון | למשיזבה ית בעלה מן ידוי |
| 2138 | | Nu33:55 | ית כל מה די תשירון | מנהון | לסיכין בעיניכון ולרמחים |
| 2139 | | Gn 3:24 | מבערן לרשיעיא למתפרעה | מנהון | לעלמא דאתי על די לא נטרו |
| 2140 | | Dt 7:10 | טבייה מן בגלל למתפרעה | מנהון | לעלמא דאתי ולא משהי אגר |
| 2141 | | Dt 7:18 | לא תדחלון | מנהון | מדכרה תדכרון ית מה די פרע |
| 2142 | | Dt22:01 | טעיין ותכסי עיינך | מנהון | מחזרה תחזר יתהון לאחוך: |
| 2143 | | Lv13:58 | דמשך די תחוור ויתעבר | מנהון | מכתשה ויתחוור זמן תנינות |
| 2144 | | Dt28:55 | מן למתן לחד | מנהון | מן בשר בנוי די יאכל |
| 2145 | | Gn44:28 | ונפק חד | ^מנהון#2^ | מן לוותי ואמרת לחוד |
| 2146 | | Dt22:04 | באורחא ותכסי עיינך | מנהון | משבוק תשבוק מה דבלבך עלוי |
| 2147 | | Ex 8:22 | אינון טעוותיהן דמצרי | מנהון | נסב למקרב«א» קדם ייי |
| 2148 | | Ex 8:22M | הינון מרחקתהון דמצראי | מנהון | נסב ונקרבה קדם#2/ ייי |
| 2149 | | Ex10:26 | תשתייר פרסת רגל ארום | מנהון | נסב למקרבא קדם ייי אלהן |
| 2150 | | Ex15:09 | עבדי קרבא וכד תתמלי | מנהון | נפשי ומן בתר כדן אשלוף ית |
| 2151 | | Lv22:22 | קדם ייי וקרבן לא תתנון | מנהון | על גבי מדבחה לשמה דייי: |
| 2152 | | Nu31:50M | והווינן מפרקין | מנהון | קירויה דדהב' <...> וקדשיה |
| 2153 | | Dt32:30 | חד מנהון רדף אלף ותרין | מנהון | רבבה רבותה מערקין על |
| 2154 | | Dt32:30 | ונטרין פיקודיה הוה חד | מנהון | רדף אלף ותרין מנהון רבבה |
| 2155 | | Nu11:28 | ואמ' ריבוני משה מנע | מנהון | רוח קודשה: |
| 2156 | | Ex15:09 | שריין על גוף ימא אשבי | מנהון | שבי<ה> רבה ואבוז מנהון |
| 2157 | | Nu21:01 | קרבה עם ישראל ושבון | מנהון | שביה: |
| 2158 | | Nu21:01M | ישראל ונשב{ן}<י> | מנהון | שבייה רבה |
| 2159 | | Dt21:10 | אלהכון בידיכון ותשבון | מנהון | שבייה: |
| 2160 | | Dt 3:04M | מלוות{כ}<ה>ון^ | /מנהון#2^ | מן לוותהון#2/ שיתין |
| 2161 | | Lv11:22 | ית אלין | מנהון | תאכלון ית גובא למינה וית |
| 2162 | | Lv25:44 | די חזור חזור להוד | מנהון | תזבנון עבדין ואמהן: |
| 2163 | | Lv25:45 | דמתגיירין ביניכון | מנהון | תקנון ומן זרעייתהון די |
| 2164 | מנהין | Nu31:50M | אתייחד חד מנן עם חד | מנהין | דלא נהווי שותף עמא |
| 2165 | | Nu31:50M | לא אסתכל חד מנן בחדה | מנהין | ולא אתייחד חד מנן עם חד |
| 2166 | מני | Gn22:12 | מנעת ית ברך ית יחידך | מני: | |
| 2167 | | Nu11:14 | האלין ארום תקיפין אינון | מני: | |
| 2168 | | Gn30:02 | דיעקב ברחל ואמר הא | מני | אנון פרי וולד מעייא הא אנא |
| 2169 | | Gn33:10 | באפך ותקבל דורון דידי | מנ{ו}<י> | ארום בגין כדין דחמית |
| 2170 | | Gn23:15 | רבוני קבל | מני | ארעא דארבע מאה סלעין דכסף |
| 2171 | | Gn31:39 | אנה הוינא משלם יתה | מני | את תבע יתה מה דהוון גנביא |
| 2172 | | Gn43:09 | אנה ערב יתיה | מנ{ו}<י> | את תבע יתה אם לא אייתי |
| 2173 | | Gn 4:08 | מן דידך אתקביל קרבני | מני | ברעוא קרבנך מינך לא אתקביל |
| 2174 | | Gn 2:23 | היך מה דאתברית דא | מני | גרם מן גרמי ובשר מן בשרי |
| 2175 | | Gn23:13 | לחוד אן לווי את מקבל | מני | הא יהבית כספא דחקלא קבל |
| 2176 | | Gn50:19 | יוסף לא תדחלון ארום | מני | הוא משלמה לכון בישתא |
| 2177 | | Ex 6:12M | ישמע מני /קבילו | מני | ואיך יקבל מני#2/ פרעה |
| 2178 | | Gn23:08 | ית מתי מן קדמי קבילו | מני | ובעון לי מן עפרון בר |
| 2179 | | Gn23:11 | ית מתי קדמ«י» קבילו | מני | ובעון לי מן עפרון בר |
| 2180 | | Gn39:09 | לית רב ושליט בביתה הדין | מני | ולא חסך מני כל מה דעם ארום |
| 2181 | | Ex 8:04 | ייי ויעדון ער{ע}דעניא | מני | ומן עמי ואשלח ית עמא |
| 2182 | | Gn23:13 | הא יהבית כספא דחקלא קבל | מני | ונקבר ית מתי תמן: |
| 2183 | | Gn23:11 | למימר: לא רבוני קבל | מני | חקלא יהבית לך ומערתא דביה |
| 2184 | | Gn23:11 | לא רבוני קבל | מני | חקלא יהבית לך ומערתא דביה |
| 2185 | | Gn23:13M | \קבל מני /בבעותי קבל | מני | יתיה#2/ ונקבר/ואקבור#2 |
| 2186 | | Gn39:09 | בביתה הדין מני ולא חסך | מני | כל מה דעם ארום אלהן יתיך |
| 2187 | | Gn 4:08 | קרבנך ברעוא וקרבני | מני | לא אתקב' ברעוא: ענה הבל |
| 2188 | | Dt 9:14M | גרמך מן קדמיי /ארפי | מני#2/ | מן למבעי עליהון רחמין |
| 2189 | | Ex 6:12 | למילוי והיכדין ישמע | מני | פרעה ואנה חגר ממלל: |
| 2190 | | Ex 6:12M | /קבילו מני ואיך יקבל | מני#2/ | פרעה ואנה חגר/קשי#2/ |
| 2191 | | Ex 6:30 | חגר ממלל והכדין יקבל | מני | פרעה: |
| 2192 | מניה | Ex12:48 | וכל בר עממין לא יאכל | מניה: | |
| 2193 | | Ex16:26 | שבתא לא יהוי ביה | מניה: | |
| 2194 | | Ex25:15 | יהוון אריחי לא יזוען | מניה: | |
| 2195 | | Ex37:21 | מנה לשתי קנין דנפקין | מניה: | |
| 2196 | | Dt13:01 | תופסון עלוי ולא תמנעון | מניה: | |
| 2197 | | Dt22:03 | לית רשיי למכסייה עיינך | מניה: | |
| 2198 | | Dt22:08 | יפול מן דחמי לה למיפל | מניה: | |
| 2199 | | Dt26:14 | מניה ולא אפרש{ו}<י>נן | מניה | במסאבו ולא יהבנן מיניה |
| 2200 | | Ex16:20 | ולא שמעו למשה ושיירו | מניה | גברין עד צפרא ועבד תולעין |
| 2201 | | Ex37:25 | ותרתין אמין משחת רומא | <מניה> | הוון קרנתא: |
| 2202 | | Ex38:02 | זווייתה מן משחת רומה | <מניה> | הוון קרנתה וחפי ית' נחש: |
| 2203 | | Ex37:25M | רומא \<מניה> הוון | /מניה | ובה הוון#2/ קרנתא: |
| 2204 | | Lv 5:04 | בר נשה בשבועה ויתכסי | מניה | והוא <ידע> ויתחייב לחדא מן |
| 2205 | | Dt26:14 | לא אכלנן באבילותן | מניה | ולא אפרש{ו}<י>נן מניה |
| 2206 | | Lv22:11 | קניין כספיה הוא יאכל | מניה | ותרבבת אנשי ביתיה אנון |
| 2207 | | Dt22:03 | תעבד לכל אבידתה די יאבד | מניה | ותשכח יתיה לית רשיי |
| 2208 | | Lv 6:09 | ומה דמשתייר | מניה | יכלון אהרן ובנוי פטירין |
| 2209 | | Ex22:11 | ואין גנוב יתגנב | מניה | ישלם למריה: |
| 2210 | | Lv 4:08 | תרבה דתורה דחטאתה ירים | מניה | ית תרבה דחפי על כרסה וית |
| 2211 | | Nu18:28 | בני ישראל ותתנון | מניה | ית אפרשותה דייי לאהרן |
| 2212 | | Nu 9:12M | /ומצוותה לא יבטלון | מניה | ככל קיימי דפס#2/ יעבדון |
| 2213 | | Dt 4:02 | מפקד יתכון ולא תמנעון | מניה | למיטר ית מצוותה דייי |
| 2214 | | Nu20:11 | {תנין} תרין זמנין ונפקו | מניה | מיין סגין ושתו עם כנישתה |
| 2215 | | Lv 5:12 | לות כהנא ויקמוץ כהנא | מניה | מלא קומציה ית אדכרתה ויסדר |
| 2216 | | Lv18:23M | בעירה למ{נ}<ת>הניי' | מניה | מר' |
| 2217 | | Ex12:10 | ולא תשתיירון | מניה | עד צפרא ומה דמשייר מיניה |
| 2218 | | Nu 9:12 | לא ישיירון | מניה | עד צפרה וגרם לא יתברון ביה |
| 2219 | | Nu21:26 | קדמייה ונסב ית כל ארעא | מניה | עד ארנונה: |
| 2220 | | Lv 8:11 | ואדי | מניה | על מדבחה שבעה זמנין ורבי |
| 2221 | | Gn49:02M | להון סדר ברכתא ואתכסי | מניה | עני אבונן יעקב ואמר להון |
| 2222 | | Gn49:02M | אברהם אבוי דאבה קם | מניה | פסול ישמעל וכל בנוי |
| 2223 | | Lv 2:11 | וכל דמדבש לא תקרבון | מניה | קרבן קדם ייי: |
| 2224 | | Lv 3:14 | ויקרב | מניה | קרבניה קרבן קדם ייי ית |
| 2225 | | Dt20:19 | עלוי כל מין דפרזל ארום | מניה | תאכלון ויתיה לא תקצון ארום |
| 2226 | | Ex12:46M | מן בשרא לברא ומצוו' לא | מניה | תבטלון ביה#2/: |
| 2227 | מניהון | Gn14:14M | למהלכה עימיה ואיתבחר | מניהון | אליעזר |

|  |  |  |  |  |  |
|---|---|---|---|---|---|
| 2228 | Gn15:01 | | ונפלו קדמוהי וקטל | מניהון | ארבעה מלכין וחזור תשע |
| 2229 | Gn18:02M | | קיימין קודמוי חד | מניהון | הוה אזל למבשרא ית שרה |
| 2230 | Gn18:02M | | שרה דילדה בר דכר וחד | מניהון | הוה אזל למהפך ית סדום |
| 2231 | Gn18:02M | | למהפך ית סדום וחד | מניהון | הוה אזל למישזבא ית לוט |
| 2232 | Gn30:02 | מניך | קדם ייי די «מנע» | מניך | פירי וולד מעייא: |
| 2233 | Gn41:40 | מנך | לחוד כרסי מלכותי אנה רב | מנך: | |
| 2234 | Gn44:18 | | דמצרים צדי מן דיור | מנך | אנה משרי ומן פרעה רבך דאת |
| 2235 | Gn44:18M | | דקטל אנה כל מצראי | מנך | אנה משרי |
| 2236 | Ex32:10M | | וכדו ארפה | מנך | ואתקוף רוג' |
| 2237 | Gn27:45 | | תקוף רוגזיה דאחוך | מנך | וינשי ית מה דעבדת ואשלח |
| 2238 | Ex10:29 | | מצלי עלך ומחתא מתכליה | מנך | ומחתה הדא עשירייה הי לפרעה |
| 2239 | Ex 8:05 | | ולעמך למשיציא ארדעניא | מנך | ומן אנשי ביתך לחוד דבנהרא |
| 2240 | Ex 8:07 | | ויזלון ארדעניא | מנך | ומן אנשי ביתך ומן שלטונך |
| 2241 | Gn22:10 | | נבעוט יתך ויתפסיל קרבנך | מנך | ונדחי לגובה דחבלא בעלמא |
| 2242 | Nu24:11 | | איקר והא מנע ייי יתך | מנך | ית איקרא: |
| 2243 | Ex18:18 | | עמך ארום תקף «הוא» | מנך | פתגמא לית את יכיל למעבד |
| 2244 | Gn43:20 | | ואמרין בבעו | מנך | רבוני מחת נחתין בקדמיתא |
| 2245 | Nu12:11 | | ואמר אהרן למשה בבעו | מנך | רבוני לא כען תשוי עלינן |
| 2246 | Gn49:22 | | מן עלמא בגין כדין יקום | מנך | תרין שבטין מנש«ה» |
| 2247 | Dt 2:25M | מנכון | /ויתרגזון ויבהלון | מנכון | /#2#:/ |
| 2248 | Dt 7:01 | | אומין רברבן ותקיפן | מנכון: | |
| 2249 | Dt11:23 | | אומין רברבין ותקיפן | מנכון: | |
| 2250 | Dt28:10 | | איתקרי עליכון וידחלון | מנכון: | |
| 2251 | Dt14:24 | | ארום יסגי | מנכון | אורחה ארום לית אתון יכלין |
| 2252 | Gn42:19 | | אם הימנין אתון חד | מנכון | אחוכון חרנא יתחבש |
| 2253 | Gn38:25 | | על רגלוי ואמר בבעו | מנכון | אחיי ואינשי בייתי דאבא |
| 2254 | Gn42:33 | | ארום הימנין אתון חד | מנכון | אצנעון לוותי וית כפנים |
| 2255 | Nu16:09 | | הא זעירא היא דא | מנכון | ארום אפרש אלה דישראל |
| 2256 | Dt32:47 | | ארום לא פתגם ריקם הוא | מנכון | ארום הוא חייכון ובפתגמא |
| 2257 | Dt12:21 | | ארום יירחוק | מנכון | אתרה די יתרעי ייי אלהכון |
| 2258 | Dt14:24 | | מעשרה תניינה ארום ירחק | מנכון | אתרה די יתרעי ייי אלהכון |
| 2259 | Dt 5:21M | | תחמד חד | מנכון | אתתא דחב' |
| 2260 | Lv19:32 | | מן קדם חכימין רברבין | מנכון | באורייתה תהוון קיימין |
| 2261 | Dt32:07 | | שאלו לאבהתכון דרברבין | מנכון | באורית' ויתנון לכון |
| 2262 | Ex20:17 | | עם חמודין לא יתחמד גבר | מנכון | ביתא דחבריה ולא אתתיה |
| 2263 | Ex23:01M | | ישרא' לא ישתב' חד | מנכון | בשי' ממרי' דייי אלהכון |
| 2264 | Ex20:07M | | "יסב ... דינא": ישתבע חד | מנכון | בשם ממריה דייי אלהיכון |
| 2265 | Ex19:15 | | לתלתא יומין לא יקרב | מנכון | גבר לתשמיש דערס: |
| 2266 | Lv26:34 | | שמטה כל יומין דהיא צדי | מנכון | ואתון גלין בארע |
| 2267 | Dt30:11 | | יומא הדין לא כסייה היא | מנכון | ולא רחיקה היא: |
| 2268 | Dt 9:01 | | אומין רברבין ותקיפין | מנכון | וקוריין רברבן ותלילן |
| 2269 | Dt 9:19M | | למישיציה | מנכון | ושמע מימריה דייי לי אמר |
| 2270 | Dt 2:04 | | דשריין בגבלה וידחלון | מנכון | ותזדהרון לחדה: |
| 2271 | Gn42:16 | | שלחו | מנכון | חד וייתי ית אחוכון ואתון |
| 2272 | Lv26:08 | | וירדפון | מנכון | חמשה מאתה ומאתה מנכון |
| 2273 | Ex20:07 | | בני ישראל לא יסב גבר | מנכון | ית שמה דייי אלהיה על מגן |
| 2274 | Dt 5:16 | | בני ישראל יוקר כל אנש | מנכון | ית אבוי וית אמיה היך מה |
| 2275 | Dt 5:21 | | חמודין ולא יתחמד אנש | מנכון | ית אתתה דחבריה ולא יתחמד |
| 2276 | Lv26:39M | | ומה דמשתייר | בכון/מנכון#2#/ | יתמסון בחוביהון בארע |
| 2277 | Dt 7:15 | | ויעבר ייי | מנכון | כל בישין וכל מכתשיהון |
| 2278 | Lv17:12 | | לבני ישר«אל» כל נפש | מנכון | לא תאכל אדם וגיוריה |
| 2279 | Dt20:01 | | ורוכביהון עם סגין | מנכון | לא תדחלון מנהון ארום ייי |
| 2280 | Dt20:15 | | תעבד לכל קרייתה דרחיקן | מנכון | לחדה די לא מן קרי אומייה |
| 2281 | Ex23:01M | | למייטבה ולא יתמנע חד | מנכון | למלפה {זמן} <זכו> לחברה |
| 2282 | Ex23:02 | | למייטבה ולא יתמנע חד | מנכון | למלפה ז{מ}<כו>ן לחבריה |
| 2283 | Dt13:08 | | לכון או דרחיקין | {ל}<מנ>כון | מן סייפי ארעא ועד סייפי |
| 2284 | Lv26:25 | | שלפי חרב למתפרעה | מנכון | על די פרעתון ית קיימי |
| 2285 | Ex 7:04 | | ולא יקבל | מנכון | פרעה ואשווי ית מחית |
| 2286 | Ex11:09 | | ואמר ייי למשה לא יקבל | מנכון | פרעה מן בגלל למסגי נסי |
| 2287 | Dt17:08 | | ארום יתכסי | מנכון | פתגם בדינה בין אדם |
| 2288 | Nu28:02 | | דאכלה יתיה והיא מתקבל | מנכון | קדמי לריח דרעוה עמי בני |
| 2289 | Dt 4:38 | | אומין רברבין ותקיפין | מנכון | קדמיכון למעלה יתכון למתן |
| 2290 | Lv 1:02 | | ליהון בר נש ארום יקרב | מנכון | קרבן קדם ייי מן בעירא מן |
| 2291 | Lv26:08 | | מנכון חמשה מאתה ומאתה | מנכון | ר«ב»וותה יערקון ויפלון |
| 2292 | Gn19:02 | | ואמר בבעו | מנכון | רבוניי מטון כען לביתיה |
| 2293 | Dt 5:11 | | לא יסב אנש ^חד#2#^ | מנכון | שמה דייי אלהכון על מגן |
| 2294 | Dt 1:23 | | ושפר באפי פתגמא ונסבית | מנכון | תרין עשר גברין גבר חד מן |
| 2295 | Lv26:35 | | כל יומין דהיא צדי | מנכון | תשמט ית מה דלא אשמטת |
| 2296 | Ex 1:09 | מנן | בני ישראל סגין ותקיפין | מנן: | |
| 2297 | Nu13:31 | | עמא ארום תקיפין אינון | מנן: | |
| 2298 | Nu13:31 | | עמא ארום תקיפין אינון | מנן}: | |
| 2299 | Gn49:02 | | דיעקב כחדא ואמרין שמע | מנן | ישראל אבונן ייי אלהן ייי |
| 2300 | Dt 6:04 | | בלבה שלמה ואמרין שמע | מנן | ישראל אבונן ייי אלהן ייי |
| 2301 | Dt 7:17 | | אינון אומייה האליין | מנן | אייכדין איכל למישיצייה |
| 2302 | Nu31:50M | | משה רבן לא אסתכל חד | מנן | בחדה מנהין ולא אתייחד חד |
| 2303 | Nu17:27M | | מנן דמיתו במגפתה ואית | מנן | די תכלת יתהון אשתה ואית |
| 2304 | Nu17:27M | | תכלת יתהון אשתה ואית | מנן | די פתחת ארעא ית פומה |
| 2305 | Nu17:27M | | כולן אישתצינן אית | מנן | דמיתו במגפתה ואית מנן די |
| 2306 | Gn23:11M | | אזל קבר מתך#1#/: גבר | מנן | ית קבריה לא יכלה ממך |
| 2307 | Gn26:16 | | מן לוותן ארו«ם» תקפת | מנן | לחדא: |
| 2308 | Nu22:06 | | ארום תקיפין אינון | מנן | מה דלמה דאכול למשצ«י»א |
| 2309 | Gn42:13 | | עם אבונן יומא הדין וחד | מנן | מן דנפק מן לוותן לית אנן |
| 2310 | Gn42:32 | | אנן אחין בנוי דאבונן חד | מנן | מן דנפק מלוותן לית אנן |
| 2311 | Nu31:50 | | כל כדן לא אתאחד חד | מנן | עם חדה מנהון בעלמא הדין |
| 2312 | Nu31:50M | | מנהין ולא אתייחד חד | מנן | עם חד מנהין דלא נהווי |
| 2313 | Nu12:12 | | ית ארעא למה היא מתמנעה | מנן | צלי על בשרה מיתה דבה ויחי |
| 2314 | Gn23:06 | | קבל | מנן | רבונן רב מן קדם ייי את |
| 2315 | Ex25:35 | דמנה | וחזור תחות תרין קנין | דמנה | לשתי קנין דנפקין מן מנרתה: |
| 2316 | Gn24:60M | דמניך | בההיא צדיק' יהי רעווא | דמניך | יפקו' אלפין ורבבן |
| 2317 | Gn28:11M | ומינהון | למיסב ארבע נשין | ומינהון | עתידין למיפק ארבע |
| 2318 | Gn16:05M | ומינך | ויתמלי עלמא מיני' | ומינך | ולא#2#/ נצרך לבניה |
| 2319 | Gn24:60M | | לגברא חסידא | ומניך^/ומינך#2#^/ | יקומון אלפין |
| 2320 | Gn 3:22 | ומנה | אומין סגיאין למקום מנה | ומנה | תקום אומ' חדא דידעה למפרשה |
| 2321 | Gn50:01M | ומני' | מיני' לקרבא קרבנ' | ומני' | קמו ליואי במחלוקתיהון |
| 2322 | Nu17:27 | ומנן | אבדנן מינן מיתו במגפתה | ומנן | בלעת ארעא ומנן נפקת אשתה: |
| 2323 | Nu17:27 | | במגפתה ומנן בלעת ארעא | ומנן | נפקת אשתה: |
| 2324 | Gn24:60 | ומניך | ל{ד}<ה> לגברא חסידא | ומניך | יקומון אלפין וריבוון |

מ־ *prep.* See also:

בר מן *prep.* See also:

## מן *conj.* since, after [313]

|  |  |  |  |  |  |
|---|---|---|---|---|---|
| 001 | Dt16:09 | מ' | שבועין דיומין תמנון לכון | מ' | די את משרי מגלה דחצדה למחצד |
| 002 | Ex 3:14M | | איתברא עלמא ואנא הוויתי | מן | דאיתברי{ה} עלמ' אנא הוא |
| 003 | Dt33:16 | | ארעא ומלאיה ודעבד רעותה | מן | דאשרי איקר שכינתיה בסנייה |
| 004 | Gn49:01 | | אבונן יעקב רביע בגוויה | מן | דאתגלי לי קיצא ולא <א>יתני |
| 005 | Gn49:01M | | דיערא להון בסוף יומ<י>א | מן | דאתגלי לה{ו} רזא אתגנז |
| 006 | Gn49:01 | | להון קץ ברכתא וניחמתא | מן | דאתגלי ליה קיצא רזא אתכסא |
| 007 | Gn49:01 | | להון קץ פורקנא ונחמתא | מן | דאתגלי ליה רזא אתכסי מנה |

|  |  |  | | | |
|---|---|---|---|---|---|
| 008 | | Gn15:01 | בתר פתגמיא האילין | מן | דאתכנשו כל מלכוותה דארעא |
| 009 | | Gn49:02 | | מן | דאתכנשו תרין עשר שבטוי |
| 010 | | Gn13:14 | וממרה דייי אמר לאברם | מן | דאתפרש לוט מן לוותה טול |
| 011 | | Gn48:12 | ואפק יוסף יתהון | מן | דברך יתהון {ואר} ואשתטחו |
| 012 | | Gn 6:04M | האינון ולחד מן בתר | מן | די יזדמנו בניהון דמלאכיא |
| 013 | | Nu13:25 | וחזרו | מן | דיללו ית ארעא לסוף ארבעין |
| 014 | | Gn38:05 | ית שמה שלה והוה דפסקת | מן | דילדת יתיה: |
| 015 | | Gn42:13 | אבונן יומא הדין וחד מנן | מן | דנפק מן לוותן לית אנן ידעין |
| 016 | | Gn42:32 | אחין בנוי דאבונן חד מנן | מן | דנפק מלוותן לית אנן ידעין |
| 017 | | Gn14:17 | לקדמותיה מן בתר די חזר | מן | דקטל ית כדר לעמ' וית |
| 018 | | Gn42:36 | אבוהון יתי תכלתון יוסף | מן | דשלחת יתיה לוותכון לדותינא |
| 019 | | Lv23:16 | עד מן בתר שבתה שביעיתה | מן | דתמנון להוד מן בתר יומא סבה |
| 020 | ומן | Gn47:31M | ליה בשבועה ואודי | ומן | דאתגלי איקר שכינתי' דייי |
| 021 | | Nu21:19 | | ומן | דאתיהיבת להון בירא מתנה |
| 022 | | Gn49:01 | ליה רזא אתכסי מנה | ומן | דאתפתח ליה תרעא אטרד מנה |
| 023 | | Gn21:33M | ולתהו{מ}<ב>ייא | ומן | דהוון אכלין ושתיין הוו |
| 024 | | Nu21:19 | להון לנחלין מתגברין | ומן | דהוות לנחלין מתגברין חזרת |
| 025 | | Nu21:20 | | ומן | דהוות סלקה עמהון לראשי |
| 026 | | Dt 7:08 | רחמתה די רחם ייי יתכון | ומן | די נטר ית שבועתה די קיים |
| 027 | | Gn45:28M | סברית{ס}<ת>וב למחמי | ומן | דעד כדון יוסף ברי קיים |

See also: *conj.* מד־

## מן אפי *prep.* from (on a surface) [313]

|  |  |  | | | |
|---|---|---|---|---|---|
| 001 | מאפא | Ex23:16M | ית עבד ידיכון | מן אפי/מאפא#2#/ | ברא: |
| 002 | מן אפי | Gn25:29 | עשו מן ואתא עשו | מן אפי | ברא והוא משלהי: |
| 003 | | Gn30:16 | ואתא יעקב | מן אפי | ברא ברמשא ונפקת לאה |
| 004 | | Ex10:05 | כל אילנייא דצמחין לכון | מן אפי | ברא: |
| 005 | | Ex23:16 | במכנשכון ית עבד ידיכון | מן אפי | ברא: |
| 006 | | Gn34:07 | ובנוי דיעקב עלו | מן אפי | ברה כדי שמעו ואתרגזו |
| 007 | | Lv25:12 | היא קדש תיהווי לכון | מן אפי | ברה תיכלון עללתה: |

## מן בגין *prep.* because of [313]

|  |  |  | | | |
|---|---|---|---|---|---|
| 001 | מן בגין | Gn15:01 | ויתחלל בי שמא דשמיי | מן בגין | כדין הוה פתגם דנבו |
| 002 | | Dt10:09M | | בגין/מן בגין#2#/ | כדין לא הווה לשבטה |
| 003 | | Gn19:08M | /כל מן דעם ביש ארום | מן בגין | כדן#2#/ אתון למיבתא בטל |
| 004 | | Gn44:19 | הווה כשר למעבד כדין | מן בגין | כדן שרי יהודה ממכמך |
| 005 | | Gn18:01M | | מן בגין | כן הווה פתגם דנבו |
| 006 | | Gn20:06M | מן למיחטי קודמי | מן בגין | כן לא שבקית יתך למזדמנא |
| 007 | | Gn33:10 | סבר אפיך מן ידוי ארום | מן בגין | כן ארע' היך חמי סבר אפי |
| 008 | | Ex 5:08M | "אינון ... אינון": הינון | מן בגין | כן הינון |
| 009 | | Ex 5:17M | \בגין כדון אתון | /מן בגין | כן את#2#/ אמרין ניזיל |
| 010 | | Ex15:23M | בגין כדן/ה{ו}<נ>ון | מן בגין | כן#2#/ קרא שמה מרה: |
| 011 | | Ex20:11M | בגין\כדין ברך ייי | /מן בגין | כן ברך מימרי' דייי#2#/ |
| 012 | | Lv22:27M | עיינוי מן מרומייה | מן בגין | כן זכה ואזדמן לה תמן |
| 013 | | Dt15:15M | \ובגין כדן אנה | /מן בגין | כן אנא כען#2#/ מפקד |
| 014 | | Gn11:09M | בגין^בכן#2#^/ | מן בגין#2#/ | כדן/כדין#2#/ |
| 015 | מן בגן | Nu14:43M | כדן די חזרתון בתר | /מן בגן | כן חזרתון מן בת#2#/ |
| 016 | ומן בגין | Dt24:15M | "ולאגר ... חובה": | ומן בגין | אגריה הוא סבל לך ית נפ' |

## מן בגין *conj.* since, because [313]

|  |  |  | | | |
|---|---|---|---|---|---|
| 001 | מן בגין | Gn26:33M | דקרא לבארה באר שבע | /מן בגין | קרון שמ' דקרתא |

## מן בגלל *prep.* because of [313]

|  |  |  | | | |
|---|---|---|---|---|---|
| 001 | מן בגלל | Gn 8:21M | ית ארעא | בגלל/מן <בגלל>#2#/ | בר נשא ארום יצר |
| 002 | | Ex 9:16 | קיימת יתך עד כדון אלא | מן בגלל | דא קיימת יתך עד כדון |
| 003 | | Lv10:17 | | מן בגלל | הא לא אכלתון ית חטאתה |
| 004 | | Gn18:24 | שרי ושבק לחובין דאתרא | מן בגלל | חמישיתי זכיי די בגווה: |
| 005 | | Dt23:21M | עיברייה לא תזופון | מן בגלל | יבר' |
| 006 | | Gn47:21M | מטלטליא וג{י}לוליא | מן בגלל | כן טלטילינון מן סוף |
| 007 | | Gn47:21M | עד תחומא סיפא | מן בגלל | {ל}<א>חו<י> דיוסף דלא |
| 008 | | Ex32:12M | מצראי למימר | מן בגלל | למבעשה יתהון אפיק יתהון |
| 009 | | Dt 8:03 | ולא חכימן אבהתכון | מן בגלל | למודעה יתכון ארום «לא |
| 010 | | Dt29:18 | בקשיטות ליבי איזיל | מן בגלל | למוספה חובי שלותה על |
| 011 | | Ex 9:16M | "עד כדון ... ית שמי": | מן בגלל | למחווייה יתך מן תקוף |
| 012 | | Dt 3:02M | משבח שנין סגיאין | מן בגלל | למחווייה יתיה לדרייה |
| 013 | | Ex 9:16 | דא קיימת יתך עד כדון | מן בגלל | למחויה יתך ית תקף חיילי |
| 014 | | Gn49:23 | קדם פרעה מלכא דמצרים | מן בגלל | למחתי מן רבותא ולמעבריה |
| 015 | | Gn45:05M | לשיזבא שלח יתי ייי | /מן בגלל | למקיימיה אוכלוסין סגי |
| 016 | | Dt 7:10M | בידיהון בעלמ' הדין | מן בגלל | למשיציה יתהון לעלמא |
| 017 | | Ex16:04 | סכום יום ביומיה | מן בגלל | למנסיה יתהון אינון אין |
| 018 | | Ex20:20 | לעמא לא תדחלון ארום | מן בגלל | למנסיית יתכון אתגליית |
| 019 | | Lv20:03 | בנורא קדם פלחנה נכריה | מן בגלל | למסאבה ית בית מקדשי |
| 020 | | Ex11:09 | לא יקבל מנכון פרעה | מן בגלל | למסגי נסי פרישתי |
| 021 | | Dt17:16 | יחזור ית עמא למצריםה | מן בגלל | למסגייה ליה סוסוון וייי |
| 022 | | Dt 2:30 | רוחיה ותקף ית לביה | מן בגלל | למסור יתיה בידיכון ביומא |
| 023 | | Dt 6:23 | ויתן אפק פריקין מן תמן | מן בגלל | למעלה יתן למתן לן ית |
| 024 | | Dt 8:02 | ארבעין שנין במדברה | מן בגלל | למצערה יתכון <למנסייה |
| 025 | | Dt 8:16 | די לא חכמו אבהתכון | מן בגלל | למצערה יתכון ומן בגלל |
| 026 | | Ex 1:11 | עליהון רברבנין מפלחנן | מן בגלל | למצערן יתהון |
| 027 | | Dt 8:18 | חיילה למקני נכסין | מן בגלל | למקיימה ית קיימיה די |
| 028 | | Dt29:12 | | מן בגלל | למקמה יתכון יומא הדין |
| 029 | | Ex10:01 | וית לביהון דשליטוי | מן בגלל | למשוויה ניסיא איליין |
| 030 | | Gn37:22 | לא תפש<ט>ון ביה | מן בגלל | למשיזבא יתיה מן ידיהון |
| 031 | | Ex33:13M | /ס{ו}בתה ואודע יתך | מן בגלל | למשכחה חן וחסד קודמיך |
| 032 | | Dt 7:10 | אגר עובדהון טבייה | מן בגלל | למתפרעה מנהון לעלמא דאתי |
| 033 | | Gn 4:08 | ומיסב אפין אית בדינא | מן בגלל | מה איתקבל קרבנך ברעוא |
| 034 | | Gn26:27 | ואמר{להם} להון יצחק | מן בגלל | מה אתיתון לור' ואתון |
| 035 | | Ex 1:18 | לחייתא ואמר להון | מן בגלל | מה עבדתון פתגמא הדין |
| 036 | | Ex 2:18 | ואמר{בגלל מן} | <מן בגלל> | מה אוחיתון למיתי יומא |
| 037 | | Ex 5:14 | דחקוי דפרעה למימר | מן בגלל | מה לא אשלמתון סכומכון |
| 038 | | Ex18:14 | הדין די את עבד לעמא | מן בגלל | מה את יתב בלחודך וכל |
| 039 | | Nu22:32M | ליה מלאכה דייי | על/מן בגלל#2#/ | מה מחית ית אתנתך |
| 040 | | Gn40:07 | בבייתיה דרבונה למימר | מן בגלל | מן אפיכון בישן יומא |
| 041 | | Ex13:08 | ביומא ההוא למימר | מן בגלל | מצוותה דפטיריא עבד ייי |
| 042 | | Gn18:31M | /לית אנה מחבל | מן בגלל#2#/ | עשרין זכיין: |
| 043 | | Dt15:10 | תיהווי יהיב לה ארום | מן בגלל | פתגמא הדין יברך יתכון |
| 044 | ומבגלל | Dt18:12M | אלין/אליין#2#/ | ובגלל/ומבגלל#2#/ | מרחקתה האליין ייי |
| 045 | ומן בגלל | Dt 8:16 | מן בגלל למצערה יתכון | ומן בגלל | למנסייה יתכון למייטבה |
| 046 | | Dt 9:05 | טרד יתהון מן קדמיכון | ומן בגלל | למקיימה ית פתגם די קיים |
| 047 | | Ex 9:16M | מן תקוף חיילה | ומן בגלל | למתנייה {א}<י>ת שמי |
| 048 | | Nu12:08 | מן קדם ייי הוה מסתכל | ומן בגלל | מה לא דחלתון לממללה |
| 049 | | Nu16:03 | שריא שכינתה דייי | ומן בגלל | מה אתון מתרברבין על קהל |
| 050 | מן בגללה | Gn26:09 | ארי אמרית דלא אמות | מן בגללה: | |
| 051 | | Gn12:16 | ולאברם אייטב | מן בגללה | והוה ליה ען ותורין |
| 052 | | Gn 4:23 | לא גבר קטלת דאתקטל | מן בגללה | ולא עולם חבלת דיתחבלון |
| 053 | מן בגללך | Gn12:13M | ותתקמה לי נפשי | מן בגללך#2#/: | |
| 054 | | Gn 3:17 | מינה ליטא תהוי ארעא | מן בגללך | בצער תיכל פירי עללתיה |

|  |  |  |  |  |  |
|---|---|---|---|---|---|
| 055 | מן בגללכון | Dt 3:26 | ותקף רוגזיה דייי בי | מן בגללכון | ולא שמע בקל צלותי ואמר |
| 056 | | Dt 1:37 | הוה רגוז מן קדם ייי | מן בגללכון | למימר להוד את לא תיעול |
| 057 | דמן בג' | Nu22:30M | דיצחק ויעקב | דבגללהון/דמן בג'#2# | אתברי עלמא מן ראש |

[313]

## מן בגלל *conj.* in order that

|  |  |  |  |  |  |
|---|---|---|---|---|---|
| 001 | מין בגלל | Gn 6:03M | ארכא מא' ועשרין שנין | מין בגלל | די יעבדו' |
| 002 | מן בגלל | Gn50:20 | ייי אתחשבן לטבן | מן בגלל | ביומא הדין לקיימא עם |
| 003 | | Gn 6:03 | רוחי יהבית בבני אנשא | מן בגלל | דאינון בשר ועובדיהון |
| 004 | | Ex19:18 | הו«ה» תנן כוליה | מן בגלל | דאתגליית עלוי איקר |
| 005 | | Dt 7:07M | ואיתרעי בכון ארום | מן בגלל | דאתון ענוותנין |
| 006 | | Gn25:23M | קדם זעירא": | מן בגלל | דבסוף מלכותא דעשו |
| 007 | | Gn28:10 | שמשא דלא באשונא | מן בגלל | דהוה דבירא מתחמד לממלל' |
| 008 | | Gn39:23 | ית כל מן דעם מן בתרה | מן בגלל | דהוה ייי עמיה וכלמה דהוה |
| 009 | | Lv24:12M | הוה משה מתי{ן}ן | מן בגלל | דהוה דינהון דיני נפשן |
| 010 | | Nu 9:08 | בגדפין הוה משה ממתין | מן בגלל | דהוה דהוון דיניהון דיני |
| 011 | | Nu15:34 | דצלפחד הוה משה זריז | מן בגלל | דהוה דיניהון דיני ממון |
| 012 | | Lv24:12 | דצלפחד הוה משה זריז | מן בגלל | דהווה דיניהון דיני ממון |
| 013 | | Nu15:34M | הווה משה מתין | מן בגלל | דהווה דיניהון דיני נפשה |
| 014 | | Lv24:12 | בגדפין הוה משה מתין | מן בגלל | דהוון דיניהון דיני נפשן |
| 015 | | Nu 9:08 | דצלפחד הוה משה זריז | מן בגלל | דהוון דיניהון דיני ממון |
| 016 | | Nu15:34M | הוה משה זריז | מן בגלל | דהוון דיניהון דיני ממון |
| 017 | | Nu15:34 | בגדפין הוה משה מתין | מן בגלל | דהוון דיני נפשן למלפה |
| 018 | | Nu27:05 | דצלפחד הוה זריז | מן בגלל | דהוון דיניהון דיני ממון |
| 019 | | Nu27:05 | בגדפין הווה משה מתין | מן בגלל | דהוון דיניהון דיני נפש |
| 020 | | Gn18:19 | למעבד צדקתה ודינא | מן בגלל | די ייתי ממריה דייי על |
| 021 | | Gn18:19 | ארום גלי הוא קדמיי | מן בגלל | די יפקד ית בנוי וית |
| 022 | | Gn27:04 | דרחמת ואייתי לי ואכול | מן בגלל | די תברך יתך נפשי |
| 023 | | Gn27:10 | ותייתי לאבוך וייכול | מן בגלל | די יברך יתך קדם ייי |
| 024 | | Gn27:25 | לי ואכל מן ציידה דברי | מן בגלל | די תברך יתך נפשי וקרב |
| 025 | | Ex 4:05 | | מן בגלל | די יהימנון ארום אתגלי |
| 026 | | Ex 9:14 | על לבך ובשלטונך ובעמך | מן בגלל | די תדע ארום לית כוותי |
| 027 | | Ex11:07 | למן גבר ועד בעיר | מן בגלל | די תדעון די יפרש ייי בין |
| 028 | | Ex16:32 | מנה למטרה לדריכון | מן בגלל | די יחמון ית לחמא די אכלת |
| 029 | | Ex33:13 | ואדחל מן קדמ{ו}<י>ך | מן בגלל | די אשכחת חן וחסד באפיך |
| 030 | | Lv17:05 | | מן בגלל | די ייתון בני ישראל ית |
| 031 | | Lv23:43 | {מן} | מן בגלל | די ידעון דריכון ארום |
| 032 | | Nu17:05 | דכרן טב לבני ישראל | מן בגלל | די לא יקרב גבר חילוניי |
| 033 | | Nu27:20 | ותתן ית מן רבותך עלוי | מן בגלל | די ישמעון כל כנישתה |
| 034 | | Dt 5:14 | וגיורכון די בקירויכון | מן בגלל | די תניחון עבדך ואמהתך |
| 035 | | Dt14:29 | ויאכלון וישבעון | מן בגלל | די יברך יתכון ייי אלהכון |
| 036 | | Dt17:20 | לא לימינה ולא לשמאלה | מן בגלל | די יאריך יומין על |
| 037 | | Dt20:18 | | מן בגלל | די לא יילפון יתכון למעבד |
| 038 | | Dt23:21 | לית את רשי למיזף | מן בגלל | די יברך יתכון ייי אלהכון |
| 039 | | Dt24:19 | ולארמלתה יהווי | מן בגלל | די יברך יתכון ייי אלהכון |
| 040 | | Dt25:15 | וקשיטן יהווי לכון | מן בגלל | די יארכון יומיכון על |
| 041 | | Dt27:03 | אוריתה הדה במעברכון | מן בגלל | די תעלון לארעא דייי |
| 042 | | Dt31:12 | דאית בארעכון | מן בגלל | די ישמעון ומן בגלל |
| 043 | | Dt13:18 | ידבק בידיכון מן חרמה | מן בגלל | דיחזור ממרה דייי מן תקוף |
| 044 | | Ex 9:16 | וברם לא | מן בגלל | דייטב לך קיימת יתך עד |
| 045 | | Dt 6:18 | דשפר ותקן קדם ייי | מן בגלל | דייטב לכון ותיעלון |
| 046 | | Dt12:25 | לא תיכלון יתיה | מן בגלל | דייטב לכן ולבניכון |
| 047 | | Gn12:13 | כען לי אח«ת»י א' | ^מן#2#^ בגלל | דייטיב לי בגללך |
| 048 | | Dt 5:29 | דאורייתי כל יומייה | מן בגלל | דייטיב להון וליבניהון |
| 049 | | Dt12:28 | די אנה מפקד יתכון | מן בגלל | דייטיב לכון ולבניכון |
| 050 | | Dt22:07 | וית בניה תסבון לכון | מן בגלל | דייטיב לכון בע«ל»מא |
| 051 | | Dt17:19M | ביה כל יומוי חיויי | מן בגלל | דיליף למדחול |
| 052 | | Ex20:12 | דאבוי ובאיקרה דאימיה | מן בגלל | דיסגון יומיכון על ארעא |
| 053 | | Dt 5:16 | דפקד ייי אלהכון | מן בגלל | דיסגון יומיכון ומן בגלל |
| 054 | | Dt11:21 | | מן בגלל | דיסגון יומיכון ויומי |
| 055 | | Nu36:08 | אבהתה ייהווין לאתה | מן בגלל | דירתון בני ישראל גבר |
| 056 | | Ex19:09 | מתגלי עלך בתקפא דעננא | מן בגלל | דישמעון עמא במללותי עמך |
| 057 | | Lv20:17M | עלמא ברם/קדמאי | מן בגלל | דיתמלי עלמא מנהון |
| 058 | | Ex20:20M | תיחסון/תדירא בפמ' | מן בגלל | דל' תתחייבו#2#/: |
| 059 | | Gn16:05 | דגרר ואמרת אחי הוא | מן בגלל | דלא יקטלון יתך וחמית דלא |
| 060 | | Gn47:21M | יתהון מן קרי לקרי | מן בגלל | דלא יהוון קריין לאחוי |
| 061 | | Dt 9:28M | פריקין מן תמן | על/מן בגלל#2# | דלא הוות יוכלא |
| 062 | | Gn44:18M | וקטלה בה כל דכור' | מן בגלל | דסאיבו בגווה ית דינה |
| 063 | | Gn44:18 | וקטלו בה כל דכורא | מן בגלל | דסאיבו בגווה ית דינה |
| 064 | | Gn25:27M | רחימת ית יעקב | מן בגלל | דעינוות{א}<ן> הוא ומשמש |
| 065 | | Dt16:03 | מן ארעא דמצרים | מן בגלל | דתדכרון ית יומא דנפקתון |
| 066 | | Ex 8:18 | תמן ערב{ו}<ר>ובא | מן בגלל | דתדע ארום אנה הוא ייי |
| 067 | | Ex 9:29 | וברדא לא יהוי תוב | מן בגלל | דתדע ארום דייי ה{ו}<י>א |
| 068 | | Dt29:05 | חדת ועתיק לא שתיתון | מן בגלל | דתדעון ארום אנה ^הוא#2#^ |
| 069 | | Dt31:19 | ושוי יתה בפמהון | מן בגלל | דתהווי לי שבח שירתה הדה |
| 070 | | Gn21:30 | אמרתא תסב מן יד{ו}<י> | מן בגלל | דתהוון לי לסהדו ארום |
| 071 | | Nu15:40 | | מן בגלל | דתידכרון ית כל פיקודיי |
| 072 | | Ex 8:06 | ואמר למחר ואמר כמיליך | מן בגלל | דתידע ארום לית כייי |
| 073 | | Ex13:09 | טב על בית אפיכון | מן בגלל | דתיהוי אוריתא דייי תדירא |
| 074 | | Dt 4:01 | אנה מלף יתכון למעבד | מן בגלל | דתיחון ותיעלון ותירתון |
| 075 | | Dt 5:33 | אלהכון יתכון תהלכון | מן בגלל | דתיחון וייטיב לכון |
| 076 | | Dt 8:01 | יומא הדין תטרון למעבד | מן בגלל | דתיחון ותסגון ותיעלון |
| 077 | | Dt16:20 | קושט' תהוון רדפין | מן בגלל | דתיחון ותירתון ית ארעא |
| 078 | | Dt30:19 | ותבחרון באורחה דחיי | מן בגלל | דתיחון אתון וזרעיית |
| 079 | | Gn46:34 | כדון להוד אנן להוד | מן בגלל | דתישרון בארעא דגשן ארום |
| 080 | | Dt 6:02 | | מן בגלל | דתי{ת}<ד>חלון ית מימרה |
| 081 | | Dt14:23 | תוריכון ודעניכון | מן בגלל | דתלפון למדחל מן קדם ייי |
| 082 | | Ex23:12 | וביומא שביעא תתנחון | מן בגלל | דתנח תורך וחמרך ויתניח |
| 083 | | Dt29:08 | הדה ותעבדון יתהון | מן בגלל | דתצלחון ית כל מה די |
| 084 | | Dt11:08 | מפקד יתכון יומא הדין | מן בגלל | דתתקפון ותיעלון ותירתון |
| 085 | | Ex 3:03 | ית חזיא רבא הדין | מן בגלל | לא יקד סנייה: |
| 086 | | Gn27:19 | כען תב ואכל מן ציידי | מן בגלל | תברך יתי נפשך: |
| 087 | | Gn27:31 | ויאכל מן ציידיה דברה | מן בגלל | תברך נפשך יתי: |
| 088 | ומן בגלל | Nu12:16M | "אוף על גב ...": | ומן בגלל | דאימתינת מרים למשה על |
| 089 | | Dt 4:40 | ולבניכון מן בתריכון | ומן בגלל | די תארכון יומין על ארעא |
| 090 | | Dt 6:02 | כל יומי חייכון | ומן בגלל | די יסגון יומיכון: |
| 091 | | Dt11:09 | | ומן בגלל | די תארכון יומין על ארעא |
| 092 | | Dt 5:16 | דיסגון יומיכון | ומן בגלל | דייטיב לכון על ארעא דייי |
| 093 | | Dt31:12 | מן בגלל די ישמעון | ומן בגלל | דילפון וידחלון מן קדם |
| 094 | | Ex20:20 | איקר שכינתיה דייי | ומן בגלל | דתיהוי דחלתה דייי על |
| 095 | | Ex 9:16 | יתך ית תקף חיילי | ומן בגלל | דתתניה ית שמי קדישא בכל |

[313]

## מן ביני *prep.* between

|  |  |  |  |  |  |
|---|---|---|---|---|---|
| 001 | מן ביני | Nu18:06M | מן גו/ליוואי | מן ביניי#2# | בני ישראל לכון מתנה |
| 002 | | Nu17:02 | רבה וירים ית מחתיתה | מן ביני | יקידיה וית אשתה ידרי להל |
| 003 | | Gn36:37 | שמלה ומלך בתרה שאול | מן ביני | נהריי«א»: |
| 004 | | Ex25:22M | מן ביני תרין כרובייא | /מן ביני | תרי כרוביא דאית על |
| 005 | | Ex25:22 | די על ארונא דסהדותא | מן ביני | תרין כרובייא ית כל מה |
| 006 | | Nu 7:89 | די על ארונה דסהדותה | מן ביני | תרין כרוביה מן תמן הוה |

| | | | |
|---|---|---|---|
| 007 | מן בני | Gn 3:24 | מן מדנ' לגנתה דעדן מן בני תרין כרוביה קדם על לא |
| 008 | מביניהון | Ex 7:05 | ית בני ישראל פריקין מביניהון: |
| 009 | מביניכון | Dt 4:03 | שיצי יתיה ייי אלהכון מביניכון: |
| 010 | | Ex33:03 | לא אסלק איקר שכינתי מביניכון ארום עם קשין למקבלה |
| 011 | | Gn35:02 | עברו ית פלחנא נכריה מביניכון ואדכון וחוורו לבושיכון: |
| 012 | מן ביני | Nu 8:14M | מן גו בני /ליואי מן ביני#2/# ישראל ויהוון לשמי |
| 013 | | Nu 8:06M | מן גו/ליואי מן ביני#2/# בני ישראל ותדכי |
| 014 | מן ביני' | Dt 4:03M | ייי אלהכון מביניכון/מן ביני'#2/#: |
| 015 | מן ביניהון | Nu14:13 | עמה {הדין} האליין מן ביניהון: |
| 016 | | Nu24:07 | יקום מלכיהון מן ביניהון ופרוקהון מנהון יהווי |
| 017 | מן ביניכון | Ex23:25 | מכתושייה בישייא מן ביניכון: |
| 018 | | Dt13:06 | עבדי בישתה מן ביניכון: |
| 019 | | Dt17:07 | ותבערון עבדי בישתה מן ביניכון: |
| 020 | | Dt19:19 | ותבערון עבדי בישתה מן ביניכון: |
| 021 | | Dt22:21 | ותבערון עבדי בישתה מן ביניכון: |
| 022 | | Dt22:24 | ותבערון עבדי בישתה מן ביניכון: |
| 023 | | Dt24:07 | ותבערון עבדי בישתה מן ביניכון: |
| 024 | | Dt21:09M | /דמה#2/#\זכייה מן ביניכון ארום תעבדון#2/# מה |
| 025 | | Dt13:14 | גברין בני עיצן בישן מן ביניכון ואטעון ית דיירי |
| 026 | | Dt21:21 | ותבערון עבדי בישתה מן ביניכון וכל ישראל ישמעון |
| 027 | | Dt18:15 | נבי מן ביניכון מן אחיכון כוותי יקים |
| 028 | מן בניכון | Ex33:05 | אין אסלק איקר שכינתי מן בניכון אשיצא יתכון וכדון אחתו |

## מן בלי *conj.* without [314]

| | | | |
|---|---|---|---|
| 001 | מן בלי | Dt28:55 | מן בשר בנוי די יאכל מן בלי דלא ישתייר לה כל מדעים |
| 002 | | Ex14:11 | ואמרין למשה הא מן בל{ו}<י> דלית קברין במצרים |

## מן בר *adv.* outside [314]

| | | | |
|---|---|---|---|
| 001 | | Dt23:11 | דכי מן קרי דליליה ויפוק מן לבר מן משריתה ולא ייעול |
| 002 | מבר | Lv27:06M | ואן מן/מבר#2/# ירח ועד בר חמש |
| 003 | מברה | Dt32:25M | מן לברה/מברה#2/# תתכל יתהון חרבה |
| 004 | ומן בר | Ex25:11 | יתיה דהב דכי מן גיו ומן בר תחפי יתיה ותעבד ליה כליל |

## מן בתר *adv.* after [!!]

| | | | |
|---|---|---|---|
| 001 | מן בתר | Gn 9:23M | והוון מהלכין לבתרהון/מן בתר#2/# וכסון ית עריתה |
| 002 | | Gn 9:23M | לבתרהון /הפיכן מן בתר#2/# ועריתה דאבוהון לא |

## מן בתר *prep.* after [314]

| | | | |
|---|---|---|---|
| 001 | מן בת' | Gn 9:09M | /וית זרעיית בניכון מן בת'#2/#: |
| 002 | | Nu14:43M | /מן בגן כן חזרתון מן בת'#2/# מימרה דייי ולא יהוי |
| 003 | מן בתר | Lv20:06M | דכורון למזנייה מן בתר |
| 004 | | Dt11:30 | יהיבין בעבר ירדנה מן בתר ארח מטמעי שמשה בארעהון |
| 005 | | Lv23:15 | ותמנון מן בתר יומא טבא קדמיה דפיסחא מן |
| 006 | | Nu33:03 | יומין לירחא קדמיה מן בתר יומא טבא קדמיה דפיסחא |
| 007 | | Lv23:11 | קדם ייי לרעוה עליכון מן בתר יומא טבה קדמייא דפיסחא |
| 008 | | Lv23:16 | שביעיתה מן דתמנון להוד מן בתר יומא טבה קדמיה דפיסחא |
| 009 | | Gn 6:04 | ביומיה האינון ולחוד מן בתר כדין די עלו בני דיניא לות |
| 010 | | Gn15:14 | יתהון מתפרעה אנה מנה מן בתר כדן יפקון בנכסין רברבין: |
| 011 | | Nu12:16M | נביאת{י}ה מן מצרעתה מן בתר כן |
| 012 | | Gn18:05M | /וסעודו#2/# לבביכון ומן/מן#2/# בתר כן תעברון ארום |
| 013 | | Dt29:17 | סטי עלוי יומא הדין מן בתר מימרה דייי אלהכון למיזל |
| 014 | | Dt 7:04 | ארום יטעון ית בניכון מן בתר מימרי דלא יפלחון קדם |
| 015 | | Nu32:15 | ארום תחזרון מן בתר ממרה ויוסף תוב למטלטלה |
| 016 | | Dt13:11 | בעא {{למיטעי}} יתכון מן בתר ממרה דייי אלהכון דאפק |
| 017 | | Dt25:18 | כל דהוה לביה מהרהר מן בתר ממרי ה{ה}<ו>ה עננא פלט |
| 018 | | Ex23:02 | דלא תהווי סעי ואמר מן בתר סגיא דינא שלם: |
| 019 | | Lv23:16 | עד מן בתר שבתה שביעיתה מן דתמנון |
| 020 | מן בתריהן | Ex20:15M | /בניהון מן בתריהן#2/# וילפון לחוד אינון |
| 021 | מן בתרך | Gn28:13M | /ולזרעיית בניך מן בתרך#2/#: |
| 022 | ומוותר | Dt21:13M | אמה ירח דיומין ובתר/ומוותר#2/# כדין תיעול לוותה |
| 023 | ומן בתר | Gn18:05 | מזון וסעדו לבביכון ומן בתר כן תעברון ארום בגין |
| 024 | | Lv26:27M | לא תשמעון לאולפן/ ומן בתר אליין מרדוותה לא תצבון |
| 025 | | Gn32:21 | בדורון דמהלכה קדמיי ומן בתר כדון אחמי סבר אפוי מה |
| 026 | | Ex 3:20 | די> אעבד ביניהון ומן בתר כדון ישלח יתכון: |
| 027 | | Ex11:01 | על פרעה ועל מצריי ומן בתר כדון ישלח יתכון מן הכא |
| 028 | | Ex11:08 | את וכל עמא דעמך ומ«ן» בתר כדון אפוק ונפק מן קדם |
| 029 | | Gn10:18 | זמרייא וית אנטוכיא ומן בתר כדין אתפרשו זרעיהון |
| 030 | | Gn15:12M | עלוהי דא היא <....> ומן בתר כדין תהדר מלכוותא לעמא |
| 031 | | Gn30:21 | ומן בתר «כדין» ילדת ברתה נקבה |
| 032 | | Gn45:15 | אחוי ובכה לקבלהון ומן בתר כדין מללו אחוי עמיה: |
| 033 | | Ex34:32 | ומן בתר כדין קרבו כל בני ישראל |
| 034 | | Lv14:36 | יסתאב כל מה די בבית' ומן בתר כדין ייעול כהנא למיחמי |
| 035 | | Lv15:28 | ותמני ליה שבעה יומין ומן בתר כדין תדכי: |
| 036 | | Lv22:27 | עקידתיה דיצחק אבונן ומן בתר כדין אתבחר גדייה בר |
| 037 | | Nu 6:20 | ועל שקא דאפרשותה ומן בתר כדין ישתה נזירה חמר: |
| 038 | | Nu 8:22 | ומן בתר כדין עלו ליווי למפלח ית |
| 039 | | Nu12:14 | יומין לבר מן משריתה ומן בתר כדין תתאסי: |
| 040 | | Nu19:07 | כהנא ויסחי בשרה במיא ומן בתר כד«י»ן ייעול לגו |
| 041 | | Nu21:34 | ואתא ונפל בידהון ומן בתר כדין אמר ייי למשה לא |
| 042 | | Nu31:24 | ביומא שבעייה ותידכון ומן בתר כדין תיעלון לגו משריתה: |
| 043 | | Gn24:55 | יומין או עשרה יומין ומן בתר כדן תיז«י»ל: |
| 044 | | Ex 5:01 | ומן בתר כדן עלו משה ואהרן |
| 045 | | Ex15:09 | וכד תתמלי מנהון נפשי ומן בתר כדן אשלוף ית חרבי ותשיצי |
| 046 | | Lv16:28 | ויסחי ית בשריה במיא ומן בתר כדן ייעול למשריתה: |
| 047 | | Lv22:07 | ויטמע שמשה וידכי ומן בתר כדן יאכל מן קדשיה ארום |
| 048 | | Lv22:27 | דהא שרה ילדה ליצחק ומן בתר כדן אתבחר אימרא בגין |
| 049 | | Nu 4:15 | קדשיה במטלית דמשריתה ומן בתר כדן ייעלון בנוי דקהת |
| 050 | | Nu 5:26 | ויסדר על גבי מדבחה ומן בתר כדן ישקי ית אתתה ית מיא: |
| 051 | | Nu 9:17 | עננה מעילוי משכנה ומן בתר כדן יטלון בני ישראל |
| 052 | | Nu21:15 | עמהון בנחלי <....> ומן בתר כדן אתפרשו ואזלו להון |
| 053 | | Nu32:22 | ותתכבש ארעא קדם ייי ומן בתר כדן תחזרון ותהוון זכיין |
| 054 | | Gn15:14M | יתהון דאין אנה ומן בתר כן יפקון בסגול רב |
| 055 | | Gn38:30 | ומן בתר כן נפק אחוי די על ידיה |
| 056 | | Gn49:19M | ית ארעא דכנען ומן בתר כן יחזרון בשלם |
| 057 | | Ex12:21M | מן פולחנא נוכראה ומן בתר כן תכסון אימר#2/#: |
| 058 | | Lv14:08M | במיא וידכי ובתר/ומן בתר#2/# כן ייעול לגו משריתה |
| 059 | | Lv14:19 | על מן דמדכי מן סאבתה ומן בתר כן יכוס ית עלתה: |
| 060 | מבת' | Gn18:10M | הווה \קיים מצית מן בתרה/מבת'#2/# /קאם מן בתרוי#2/#: |
| 061 | מבתרה | Gn22:14 | דריא דיקומ«ון» מבתרה למיהוי אמרין בטור מקדשא |
| 062 | | Lv 6:15M | מן בנוי /מבנוי מבתרה#2/# יקרב/יעבד#2/# יתה קיים |
| 063 | מן ב' | Ex29:30M | /מן בנוי מן ב'#2/# די יעול למשכן זימנא |
| 064 | מן בת' | Gn24:39M | רביה אית למיתי' מן בת'#2/#: |
| 065 | | Ex14:09M | בתריהון /מצראי מן בת'#2/# וארעו יתהון שריין על |
| 066 | מן בתרה | Gn17:19 | עמה לקיים עלם ולבנוהי מן בתרה: |
| 067 | | Gn18:10 | הווה קיים מצית מן בתרה: |
| 068 | | Gn19:06M | תרעא#2/# ותרעא טרד \מן#2/# בתרה: |

|  |  |  |  |  |  |
|---|---|---|---|---|---|
| 069 | | Ex28:43M | לה ולזרעיית בנוי | מן בתרה | |
| 070 | | Dt32:01 | ברם ישעיה נבייה דקם | מן בתרה | בגין דהוה קרב לארעא |
| 071 | | Ex15:20M | /ונפקו כל אנשא | מן בתרה#2#/ | בתופיא הוון חיילן: |
| 072 | | Ex29:30 | יתהון כהנא דקיים | מן בתר{א}<ה> | די יעול למשכן זימנא |
| 073 | | Nu11:26M | דהוא שמשא מקבל נביתה | מן בתרה | והא אנון מן {ס}<ש>ובעתי |
| 074 | | Gn19:26M | מן עמה דסדם אסתכלת | מן בתרה | למחמי מה יהוי בסוף |
| 075 | | Ex29:29M | לאהרן יהוון לבנוי | מן בתרה | למרביה בה |
| 076 | | Lv 6:15 | וכהנא דמתרבי | מן בתרה | מן בנוי יקרב יתה קיים |
| 077 | | Gn39:23 | חמי ית כל מן דעם | מן בתרה | מן בגלל דהוה ייי עמיה |
| 078 | מן בתרהון | Lv17:07M | אנון/הנון#2#/ טעיין | ^מן#2#/ | בתרהון קיים עלם/דעלם#2# |
| 079 | | Dt10:15 | יתהון ובחר בבניהון | מן בתרהון | בכון מן כל אומייה כיומא |
| 080 | מן בתרוי | Gn18:10M | /מבת'#2#/ /קאם | מן בתרוי#2#/: | |
| 081 | מן בתרי | Gn 4:23 | חבלת דיתחבלון זרעיתי | מן בתרי: | |
| 082 | | Gn32:03M | אחוה דאמה אתיין | מן בתרי | למיקטול או דילמה |
| 083 | מן בתריה | Dt10:06 | בריה בכהונתה רבתה | מן בתריה: | |
| 084 | | Gn39:08 | הא רבוני לא ידע | מן בתריה | <....> מה דליה מסר תחות |
| 085 | | Nu16:25M | דתן ואבירם ואזלו | ^מן#2#/ | בתריה חכימוי/חכימי#2#/ |
| 086 | | Gn39:06 | ולא הו«ה» ידע | מן בתריה | כל מאן דעם ארום אלהן |
| 087 | | Lv20:05M | /אליין {{דטעיין}} | מן בתריה | למסטי בתר#2#/ פלחנה |
| 088 | | Nu25:13 | ותיהוי ליה ולזרעית | מן בתריה | קים כהנא לעלם חלף דקני |
| 089 | מן בתריהון | Ex14:19 | מן קדמיהון וקם ליה | מן בתריהון: | |
| 090 | | Nu15:39M | די אתון טעיין | ^מן#2#/ | בתריהון: |
| 091 | | Dt 1:08 | למתן להון ולבניהון | מן בתריהון: | |
| 092 | | Ex14:25M | דהן מדברן גרירי' | מן בתריהון | אורחהון דמול' |
| 093 | | Dt12:30 | לכון דלא תתקלון | מן בתריהון | בתר דישתיצון מן קדמיכון |
| 094 | | Ex14:04M | <ב>פרעה /וירדוף | מן <בתריהון> | ואייקר מימרי' בפ'#2# |
| 095 | | Ex20:13M | /בניהון | מן בתריהון#2#/ | וילפון לחוד אינון |
| 096 | | Ex20:14M | /בניהון | מן בתריהון#2#/ | וילפון לחוד אינון |
| 097 | | Ex20:16M | /בניהון | מן בתריהון#2#/ | וילפון לחוד אינון |
| 098 | | Ex20:17M | /בניהון | מן בתריהון#2#/ | וילפון לחוד אינון |
| 099 | | Dt 5:20M | דלא יקומון בניהון | מן בתריהון | וילפון אוף הנון שהדין |
| 100 | | Ex14:19 | מן קדמיהון וקם ליה | מן בתריהון | ונטל עמודא דעננא |
| 101 | | Dt 4:37 | ויתרעי בבניהון | מן בתריהון | ופרק ואפק יתכון פריקין |
| 102 | מן בתריכו' | Ex14:17M | \בתריהון ואתיקר | /מן בתריכו' | ואיקר מימריי'#2#/ |
| 103 | מן בתריכון | Dt23:15 | יחזר איקר שכינתיה | מן בתריכון: | |
| 104 | | Dt12:25 | דייטב לכן ולבניכון | מן בתריכון | ארום תעבד דשפר ותקן קדם |
| 105 | | Ex20:13 | דלא יקומון בניכון | מן בתריכון | וילפון לחוד אינון למהוי |
| 106 | | Ex20:14 | דלא יקומון בניכון | מן בתריכון | וילפון לחוד אינון למהוי |
| 107 | | Ex20:15 | דלא יקומון בניכון | מן בתריכון | וילפון לחוד אינון למהוי |
| 108 | | Ex20:16 | דלא יקומון בניכון | מן בתריכון | וילפון לחוד אינון למהוי |
| 109 | | Ex20:17 | דלא יקומון בניכון | מן בתריכון | וילפון לחוד אינון למהוי |
| 110 | | Dt 5:17 | דלא יקומון בניכון | מן בתריכון | וילפון לחוד אינון |
| 111 | | Dt 5:18 | דלא יקומון בניכון | מן בתריכון | וילפון לחוד אינון |
| 112 | | Dt 5:19 | דלא יקומון בניכון | מן בתריכון | וילפון לחוד אינון למהוי |
| 113 | | Dt 5:20 | דלא יקומון בניכון | מן בתריכון | «וילפון לחוד אינון» |
| 114 | | Dt 5:21 | דלא יקומון בניכון | מן בתריכון | וילפון לחוד אנון למהוי |
| 115 | | Dt 4:40 | ייטב לכון ולבניכון | מן בתריכון | ומן בגלל די תארכון |
| 116 | | Dt11:04M | /בזמן#2#/ די רדפו | ^מן#2#/ | בתריכון ושיצי יתהון |
| 117 | | Lv25:46M | לירתו ואחסנה | /מן בתריכון | ירתו ואח'#2#/ לעלם |
| 118 | | Dt24:20M | /תווקרון יתהון | מן בתריכון | לג'#2#/ וליתמי |
| 119 | | Dt24:21M | לגיוריה /טוטלוותהון | מן בתריכון | לג'#2#/ וליתמיה |
| 120 | | Dt24:20 | לא תיכלון עוללתה | מן בתריכון | לגיוריה וליתמי |
| 121 | | Dt24:21 | לא תבערון עוללה | מן בתריכון | לגיוריה וליתמיה |
| 122 | | Dt12:28 | דייטיב לכון ולבניכון | מן בתריכון | עד לעלם ארום תעבדון מה |

|  |  |  |  |  |  |
|---|---|---|---|---|---|
| 123 | מן בתרך | Gn17:07 | במימרי לך לאלה ולבניך | מן בתרך: | |
| 124 | | Gn28:14M | אר' ובזר' בניך | מן בתרך#2#/: | |
| 125 | | Nu18:19M | לך ולבנך/לזרעיית בניך | מן#2#/ | בתרך: |
| 126 | | Gn48:04 | ית ארעא הדא לבניך | מן בתרך | אחסנות עלם: |
| 127 | | Gn13:15M | ולבניך/ולזרעיית בניך | מן בתרך | אתן ית ארעא#2#/ עד |
| 128 | | Gn35:12 | לך אתננה ולבניך | מן בתרך | אתן ית ארעא: |
| 129 | | Gn17:08 | ואתן לך ולבניך | מן בתרך | ית ארעא תותבותך ית כל |
| 130 | | Gn17:07 | ביני ובינך ובין בניך | מן בתרך | לדריהון לקיים עלם למהווי |
| 131 | | Gn17:09 | קיימי תטר את ובניך | מן ב{רת}<תר>ך | לדריהון: |
| 132 | | Gn28:04M | ולזרעיית בניך | מן בתרך | למירות יתך ית ארע |
| 133 | מן בתרכון | Dt29:21 | בניכון די יקומון | מן בתרכון | ובר עממיה דייתי מן ארע |
| 134 | מן בתרן | Gn32:19 | לריבוני לעשו והא אף | מן בתרן: | |
| 135 | | Dt29:14 | דרייה דעתידין למקום | מן בתרן | עמן קיימין הכה יומא |
| 136 | דמן בתרה | Nu17:06 | דבני ישראל מן יומא | דמן בתרה | על משה ועל אהרן למימר |

## מן בתר *conj.* **after** [314]

|  |  |  |  |  |  |
|---|---|---|---|---|---|
| 001 | מן בתר | Gn41:39 | ואמר פרעה ליוסף | מן בתר | {בתר} דאודע ייי יתך כל דא |
| 002 | | Lv13:35 | מהלכה יהלך נתקא במשכ' | מן בתר | דאדכי: |
| 003 | | Gn 5:30 | וחיה למך | מן בתר | דאול' ית נח חמש מאה |
| 004 | | Gn 5:04 | והוון כל יומוי חיוי אדם | מן בתר | דאולד ^ית#2#^ שת תמני |
| 005 | | Gn 5:07 | וחיה שת | מן בתר | דאולד ית אנוש תמני מאה |
| 006 | | Gn 5:10 | וחיה אנו' | מן בתר | דאולד ית קינן תמני מאה |
| 007 | | Gn 5:13 | וחיה קינן | מן בתר | דאולד ית מהללאל תמני מאה |
| 008 | | Gn 5:16 | וחיה מהללאל | מן בתר | דאולד ית ירד תמני מאה |
| 009 | | Gn 5:19 | וחיה ירד | מן בתר | דאולד ית חנוך תמני מאה |
| 010 | | Gn 5:22 | בקושטא מן קדם ייי | מן בתר | דאולד ית מתושל' תלת מאה |
| 011 | | Gn 5:26 | וחיה מתושלח | מן בתר | דאולד ית למך שבע מא' |
| 012 | | Gn11:11 | וחיה שם | מן בתר | דאולד ית ארפכשד חמש מאה |
| 013 | | Gn11:13 | וחיה אפרכשד | מן בתר | דאולד ית שלח ארבע מאה |
| 014 | | Gn11:15 | וחיה שלח | מן בתר | דאולד ית עבר ארבע מאה |
| 015 | | Gn11:17 | וחיה עבר | מן בתר | דאולד ית פלג ארבע מאה |
| 016 | | Gn11:19 | וחיה פלג | מן בתר | דאולד רעו תרתין מאון |
| 017 | | Gn11:21 | וחי' רעו | מן בתר | דאולד ית שרוג תרתין |
| 018 | | Gn11:23 | וחיה שרוג | מן בתר | דאולד ית נחור תרתין |
| 019 | | Gn11:25 | וחיה נחור | מן בתר | דאולד ית תרח מאה |
| 020 | | Dt24:04 | למיסב יתה לה לאתה | מן בתר | דאסתאבת לגבר אחרן ארום |
| 021 | | Gn16:13 | הא אף כדון יתגלי עלי | מן בתר | דאתגלי על שרי רבונתי: |
| 022 | | Lv13:55 | ויחמי כהנא | מן בתר | דאתחוור ית מכתשא והא לא |
| 023 | | Lv13:07 | תהלך קלפתה במשכה | מן בתר | דאתחוי לוות כהנא לדכותה |
| 024 | | Lv14:48 | והא לא הלך מכתשה בביתה | מן בתר | דאתטש ית ביתה וידכי כהנא |
| 025 | | Lv13:56 | חמא כהנא והא כהה מכתשה | מן בתר | דחור יתיה ויבזע יתיה מן |
| 026 | | Gn46:30 | מית הדא זימנא לא מיתת | מן בתר | דחמת סבר אפיך ארום כען את |
| 027 | | Gn14:17 | מלכא דסדום לקדמותיה | מן בתר | די חזר מן דקטל ית |
| 028 | | Lv14:43 | מכתשה ויהלך בביתה | מן בתר | די שמט ית אבניה ובתר |
| 029 | | Lv25:48 | | מן בתר | די יזדבן פרקון תיהוי ליה |
| 030 | | Nu30:16 | מבטלא יבטל יתהון בעלה | מן בתר | די ישמע ויקבל ית חובה: |
| 031 | | Nu 6:19 | על כפי ידוי דנזירה | מן בתר | די«י»ספר ית כליל |
| 032 | | Gn24:36 | דריבוני בר לריבוני | מן בתר | דיסאב ויהב לה ית כל |
| 033 | | Ex 7:25 | ושלמו שבעת יומין | מן בתר | דמחה ייי ית מיא דנהרא |
| 034 | | Gn25:11 | והוה | מן בתר | דמית אברהם וברך ייי ית |
| 035 | | Gn26:18 | וסתמו יתהון פלישתאי | מן בתר | דמית אברהם וקרא להן שמהן |
| 036 | | Lv16:01 | ומליל ייי עם משה | מן בתר | דמיתו תרין בנוי דאהרן |
| 037 | | Gn24:67 | ורחם יתה ואנחם יצחק | מן בתר | דמיתת שרה אמיה: |
| 038 | | Nu 7:88 | דא חנוכת רבותה דמדבחה | מן בתר | דרבי יתיה: |

|  |  |  |  |  |  |
|---|---|---|---|---|---|
| 039 | | Ex18:02 | יח צפורה אתתא דמשה | מן בתר | דשבק יתה: |
| 040 | | Gn 6:04M | ביומי׳ האינון ולחד | מן בתר | מן די יזדמנו בניהון |
| 041 | ומן באתר | Lv14:43 | ובתר דקליף ית ביתיה | ומן באתר | דאתטש: |
| 042 | ומן בתר | Nu12:16M | מצרעתה | ומן בתר | דאתסיית נביאת{י}ה מן |
| 043 | | Nu35:28M | ימות כהנה רבה | ובתר/ומן בתר#2# | די ימות כהנא רבה |

## מן גב *prep.* from the vicinity of [314]

|  |  |  |  |  |  |
|---|---|---|---|---|---|
| 001 | מן גב׳ | Ex22:11M | \מניה ישלם למריה | /מן גב׳ | ישלם למרוי#2#/: |
| 002 | מן גבך | Dt15:16M | ארום ירחם | /מן גב{ך}<ך> | ארום רחמית#2#/ יתך |

## מן גו *adv.* from inside [!!]

|  |  |  |  |  |  |
|---|---|---|---|---|---|
| 001 | מן גיו | Ex25:11 | ותחפי יתיה דהב דכי | מן גיו | ומן בר תחפי יתיה ותעבד |

## מן גו *prep.* from inside of [314]

|  |  |  |  |  |  |
|---|---|---|---|---|---|
| 001 | מגו | Ex33:11M | <טלי> זעיר לא הווה פסק | מגו | |
| 002 | | Dt 4:34 | למיעול למבחר ליה אומה | מגו | אומה בניסן באתין ובפרישן |
| 003 | | Gn18:01 | אשתלח למשיזבה ללוט | מגו | הפכתא ומלאכה תליתאה אשתלח |
| 004 | | Ex33:11M | משריתא /מתרבי לא עדי | מגו | משכן בית אלפנה#2#/: |
| 005 | | Ex33:11 | בן נון טלי לא יזייע | מגו | משריתא: |
| 006 | | Lv20:03 | בגברה ההוא ואשצא יתיה | מגו | עמה ארום מן בנוי יהב |
| 007 | | Ex30:38 | למתהנייה ביה וישתצי | מגו | עמיה: |
| 008 | | Ex31:14 | עבידה ותשתיצי נפשה ההיא | מגו | עמיה: |
| 009 | | Ex31:15 | {{ותשתיצי נפשה ההיא | מגו | עמיה}} ^^ביום שבתה^^ |
| 010 | | Ex 3:02M | מן גו /בשלהבי דאשא | מגו#2#/ | סניא/באשניא#2#/ וחמא |
| 011 | מן ג׳ | Gn18:01M | /לשיזבה#2#/ ללוט | מגו/מן ג׳#2#/ | הפכתא/הופכתא#2#/ |
| 012 | מן גו | Dt18:18 | נביא אקים להון | מן גו | אחיהון כוותך ואישוי |
| 013 | | Nu21:06 | ברת קלא נפקת | מן גו | ארעא ואישתמע קליה ברומה |
| 014 | | Dt28:19 | ובאפקותכון | מן גו | בית כנישתכון: |
| 015 | | Nu 3:12 | הא א{ת} פרשת ית לויי | מן גו | בני ישראל חלף כל בוכריה |
| 016 | | Nu 8:06 | אפרש ית ליואי | מן גו | בני ישראל ותדכי יתהון: |
| 017 | | Nu 8:14 | ותפרש ית ליואי | מן גו | בני ישראל ויהוון לשמי |
| 018 | | Nu 8:16 | מתנה אינון יהבין לי | מן גו | בני ישראל חלף פתחי כל |
| 019 | | Nu 8:19 | מתנה לאהרן ולבנוי | מן גו | בני ישראל למפלח ית פלחן |
| 020 | | Nu18:06 | אפרשית ית אחיכון לוויי | מן גו | בני ישראל לכון מתנה |
| 021 | | Nu 4:02 | סכומיהון דבנוי דקהת | מן גו | דבנוי דלוי לזרעייתהון |
| 022 | | Nu27:04 | למה כען יתמנע שם אבונן | מן גו | זרעיתיה ארום לית ליה בר |
| 023 | | Dt 5:23 | כד שמעתון ית קל ממרה | מן גו | חשוכה וטורה בעיר באשתא |
| 024 | | Nu25:07 | בר אהרן כהנה וקם | מן גו | כנישתה ונסב רמחא בידיה: |
| 025 | | Dt 4:12 | ומליל ייי עמכון | מן גו | להבי אשתה קול דבירי אתון |
| 026 | | Dt 4:15 | ייי עמכון בטורא דחורב | מן גו | להבי אשתה: |
| 027 | | Dt 4:33 | מימריה דאלה חייה ממלל | מן גו | להבי אשתה היך מה די |
| 028 | | Dt 4:36 | רבתה וקל דבירוי שמעתון | מן גו | להבי אשתה: |
| 029 | | Dt 5:04 | מלל ייי עמכון בטורה | מן גו | להבי אשתה: |
| 030 | | Dt 5:22 | ייי עם כל קהלכון בטורא | מן גו | להבי <אשתה> עננה וערפלה |
| 031 | | Dt 5:24 | וית קל מימרה שמעינן | מן גו | להבי אשתה יומא הדין |
| 032 | | Dt 5:26 | מימרה דאלה חייה ממלל | מן גו | להבי אשתה כוותן וחייה: |
| 033 | | Dt 9:10 | ממרה דייי עמכון בטורה | מן גו | להבי אשתה ביום כנשות |
| 034 | | Dt10:04 | ממריה דייי עמכון בטורה | מן גו | להבי אשתה ביום כנשות קהלא |
| 035 | | Dt33:02 | נעבד ונשמע ופשט ימיניה | מן גו | להבי אשתה ואוריתה יהב |
| 036 | | Nu 4:18 | זרעייתה דבנוי דקהתי | מן גו | ליוויי: |
| 037 | | Ex12:42 | ישתיצון ומשה יסוק | מן גו | מדברא <....> דן ידבר בריש |
| 038 | | Nu11:26 | הא משה נביא מסתלק | מן גו | משריתה ויהושע בר נון |
| 039 | | Nu11:26M | שובע{ית}<תי> סבייה | מן גו | משריתה עד אלדד ומידד |
| 040 | | Nu14:44M | ומשה לא זעו | מן/<מן> גו#2#/ | משריתה: |
| 041 | | Dt 2:15 | בהון למישציה יתהון | מן גו | משריתה עד זמן די ספו: |
| 042 | | Ex 3:02 | דייי עלוי בשלהובי אשא | מן גו | סניא וחמא והא סניא בער |
| 043 | | Ex 3:04 | וקרא ליה ממריה דייי | מן גו | סניה ואמר ליה משה משה |
| 044 | | Gn49:22M | /הנון מובדין ית בר נשא | מן גו | עלמ׳#2#/ בגין כדין יקום |
| 045 | | Nu11:26M | ספרהון דישראל מתכנשה | מן גו | עלמא ויהושע בין נון |
| 046 | | Dt 6:04 | יעקב למתכנש בשלם | מן גו | עלמא כניש תרין עשרתי |
| 047 | | Dt31:14 | יומי חייך למתכנשה בשלם | מן גו | עלמא קרא ית יהושע |
| 048 | | Dt32:01 | ווי כען עלי דאנה מתכנש | מן גו | עלמא ולא אסהדית בבנוי |
| 049 | | Dt32:01 | נבייא למתכנשה בשלם | מן גו | עלמא חשב משה בליביה ואמר |
| 050 | | Nu16:21 | אתפרשו | מן גו | עם כנשתה הדה ואישצי יתהון |
| 051 | | Nu17:10 | אתפרשו | מן גו | עם כנישתה הדה ואשיצי |
| 052 | | Lv23:29 | צומה דכיפורייה ותשתיצא | מן גו | עמא: |
| 053 | | Lv23:30 | ואישיצי ית נפשה ההיא | מן גו | עמא: |
| 054 | | Nu15:30 | מחרף ותישתצא נפשא ההוא | מן גו | עמא: |
| 055 | | Dt 2:16 | עמא עבדי קרבה לממות | מן גו | עמא: |
| 056 | | Gn17:14 | ישתצי נפשא ההיא | מן גו | עמה ית קיימי אפס: |
| 057 | | Lv17:09 | ייי וישתיצי גברא ההוא | מן גו | עמה: |
| 058 | | Lv17:10 | ית אדמה ואישיצא יתה | מן גו | עמה: |
| 059 | | Lv19:08 | דייי אפס ותשתיצי נפשה | מן גו | עמה: |
| 060 | | Lv20:05 | בתר פלחנה נכריה | מן גו | עמה: |
| 061 | | Nu 9:13 | וישתיצי נפשה ההוא | מן גו | עמה ארום קרבנה דייי לא |
| 062 | | Lv18:29 | נפשתה דעבדן | מן גו׳ | עמהון: |
| 063 | | Lv18:29M | "נפשתה ...": נפשה דעבדה | מן גו | עמהון |
| 064 | | Ex12:31 | בליליא ואמר קומו פוקו | מן גו | עמי לחוד אתון ולחוד בני |
| 065 | | Ex30:33 | מנה על חלוניי וישתצי | מן גו | עמיה: |
| 066 | | Lv 7:20 | עלוי ותשתיצא נפשה ההיא | מן גו | עמיה: |
| 067 | | Lv 7:27 | אדם ותשתיצא נפשה ההיא | מן גו | עמיה: |
| 068 | | Lv17:04 | שפך וישתצי גברא ההוא | מן גו | עמיה: |
| 069 | | Lv20:06 | וא{ציש}<שיצ>י יתיה | מן גו | עמיה: |
| 070 | | Lv20:18 | אדמה וישתיצון תריהון | מן גו | עמיהון: |
| 071 | | Ex24:16 | למשה ביומא שביעיא | מן גו | עננא: |
| 072 | | Nu16:33 | עליהון ארעא ואשתיצון | מן גו | קהלה: |
| 073 | | Nu19:20 | עלוי ותשתיצי נפשה ההיא | מן גו | קהלה ארום ית בית מקדשא |
| 074 | מן גוא | Gn18:02M | אזל למישזבא ית לוט | מן גוא | הפוכתא |
| 075 | | Gn19:29 | ית אברהם ושלח ית לוט | מן גוא | הפכתא כדי הפך ית קרייתא |
| 076 | | Gn 5:17 | וחמש שנין ומית ואתכנש | מן גוא | עלמ׳: |
| 077 | | Gn 5:05 | שנין ומית ואתכנ׳ | מן גוא | עלמא: |
| 078 | | Gn 5:08 | שנין ומית ואתכנש | מן גוא | עלמא: |
| 079 | | Gn 5:11 | וחמש שנין ומית ואתכניש | מן גוא | עלמא: |
| 080 | | Gn 5:14 | ועשר שנין ומית ואתכניש | מן גוא | עלמא: |
| 081 | | Gn 5:20 | שנין ומית ואכניש | מן גוא | עלמא: |
| 082 | | Gn 5:23M | שנין /ומית ואתכנש | מן גוא | עלמא#2#/: |
| 083 | | Gn 5:27 | ותשע שנין ומית ואיתכנש | מן גוא | עלמא: |
| 084 | | Gn 5:31 | ושבע שנין ומית ואתכניש | מן גוא | עלמא: |
| 085 | | Gn 6:03 | למובדה ולמישציה | מן גוא | עלמא הא רוחי יהבית |
| 086 | | Gn 9:29 | שנין ומית ואתכנש | מן גוא | עלמא: |
| 087 | | Lv 7:25 | ותשתצא נפשה די תיכול | מן גוא | עמה: |
| 088 | | Lv 7:21 | ייי ותשתיצי נפש׳ ההיא | מן גוא | עמיה: |
| 089 | מן גווה | Gn44:18 | רבך דאן שלף אנה חרבי | מן גווה | תיקא לית אנה מחזור יתה |

## מן חזור *adv.* all around [314]

|  |  |  |  |  |  |
|---|---|---|---|---|---|
| 001 | מן חזור | Ex28:33 | דזהורי טבא על שפולוי | מן חזור | וזוגין דדהב ביניהון |
| 002 | | Ex28:33 | ותעבד על שפלוי | מן חזור | רמנין תכלה וארגוון וצבע |
| 003 | מן חז' | Lv 3:13M | על גבי מדבחה | מן חזור חזור/חז'#2#/: | |

## מן חזור חזור *adv.* all around [!! cf. חזור חזור adv.]

|  |  |  |  |  |  |
|---|---|---|---|---|---|
| 001 | מן חזור חזור | Ex28:33 | דדהב ביניהון | מן חזור חזור: | |
| 002 | | Ex28:34 | על שיפולוי דמעילה | מן חזור חזור: | |
| 003 | | Ex29:16 | יתיה על גבי מדבחא | מן חזור חזור: | |
| 004 | | Ex29:20 | אדמה על גבי מדבחה | מן חזור חזור: | |
| 005 | | Ex38:31 | וית כל סכוי דרתה~ | מן חזור חזור: | |
| 006 | | Lv 1:11 | אדמה על גבי מדבחה | מן חזור חזור: | |
| 007 | | Lv 3:02 | אדמיה על גבי מדבחא | מן חזור חזור: | |
| 008 | | Lv 3:08 | דמיה על גבי מדבחה | מן חזור חזור: | |
| 009 | | Lv 3:13 | דמיה על גבי מדבחה | מן חזור חזור: | |
| 010 | | Lv 7:02 | יזרוק על גבי מדבחה | מן חזור חזור: | |
| 011 | | Lv 8:19 | אדמה על גבי מדבח' | מן חזור חזור: | |
| 012 | | Lv 8:24 | אדמה על גבי מדבחא | מן חזור חזור: | |
| 013 | | Lv 9:12 | יתיה על גבי מדבחה | מן חזור חזור: | |
| 014 | | Lv 9:18 | על גבי מדב«חה» | מן חזור חזור: | |
| 015 | | Lv16:18 | על קרנתה דמדבחה | מן חזור חזור: | |
| 016 | | Nu32:33 | בתחומה קרייה דארעא | מן חזור חזור: | |
| 017 | | Nu34:12 | לכון ארעא לתחומה | מן חזור חזור: | |
| 018 | | Nu35:04 | לברה אלף אמין | מן חזור חזור: | |
| 019 | | Lv 8:15 | קרנתיה «ד»מדבחה | מן חזור חזור | באצבעה ורבי ית מדבחה |
| 020 | | Dt25:19 | מן כל בעלי דבביכון | מן חזור חזור | בארעא דייי אלהכון יהיב |
| 021 | | Ex39:25 | על שפולוי דמעילה | מן חזור חזור | בגו רמניה: |
| 022 | | Ex38:16 | כל ווילות דרתה | מן חזור חזור | בוץ שזיר: |
| 023 | | Lv 1:05 | <...> על גבי מדבחא | מן חזור חזור | די תרע משכן ז«י»מנא: |
| 024 | | Ex38:20 | סכייה למשכנה ולדרתה | מן חזור חזור | דנחש: |
| 025 | | Nu16:27 | דקרח דתן ואבירם | מן חזור חזור | ו{ת}<ד>תן ואבירם קמו |
| 026 | | Nu 4:32 | ועמודיה דדרתה | מן חזור חזור | וחומריהון וסכיהון |
| 027 | | Nu 3:37 | ועמודוי דדרתה | מן חזור חזור | וחמריהון וסיכיהון |
| 028 | | Lv14:41 | וית ביתה יקלף מן לגו | מן חזור חזור | וישפכון ית עפרא די |
| 029 | | Ex30:03 | דכי אגרוי וית כתלוי | מן חזור חזור | וית קרנתיה ותעבד ליה |
| 030 | | Ex38:31 | וית חומרי דרתא | מן חזור חזור | וית חומרי תרע דרתה |
| 031 | | Nu 3:26 | משכנה ועל גבי מדבחה | מן חזור חזור | וית מתחיהון לכל |
| 032 | | Nu 4:26 | על משכנה ועל מדבחה | מן חזור חזור | וית מתחיהון וית כל מני |
| 033 | | Ex39:23 | כפם סירה שפמה לפמה | מן חזור חזור | ולא יתבזע: |
| 034 | | Ex37:26 | איגרוי וית כותלוי | מן חזור חזור | ועבד ליה כליל דדהב חזר |
| 035 | | Dt12:10 | מכל בעלי דבביכון | מן חזור חזור | ותשרון לרוחצן: |
| 036 | | Ex40:08 | ותשוי ית דרתה | מן חזור חזור | ותתן ית פרס תרע דרתה: |
| 037 | | Nu16:24 | כנשתה למימר אסתלקו | מן חזור חזור | למשכנה דקרח דתן |
| 038 | | Ex39:26 | על שפולוי דמעילה | מן חזור חזור | למשמשה היך מה דפקד ייי |
| 039 | | Dt21:02 | וימשחון לקררייתה די | מן חזור חזור | לקטילה: |
| 040 | | Ex28:32 | שפמה יהווי לפמה | מן חזור חזור | עבד גרדיי כפם סירה |
| 041 | | Lv25:31 | די לית להון שורין | מן חזור חזור | על תחומיה דארעא יתחשב |
| 042 | מן חזר חזור | Gn23:17 | די בכל תחומא {מן} | מן חזר חזור: | |

## מן יד *adv.* immediately [314]

|  |  |  |  |  |  |
|---|---|---|---|---|---|
| 001 | מיד | Gn38:25 | יתי מן דינא רבא הדין | מיד | קם יהודה על רגלוי ואמר |
| 002 | מן יד | Gn22:14 | יתה עפר וקטם קדמיך אלא | מן יד | אקדמית בצפרא ואקדמית |
| 003 | | Ex15:12 | יתהון מנה לעלמא דאתי | מן יד | ארכנת ימינך ייי על ארעא |
| 004 | ומיד | Gn38:25 | ומקדשין שמך קדישא | ומיד | שמע ייי קל צלותה ואמר |
| 005 | ומן יד | Lv22:27 | אפה ואייכל למלאכין | ומן יד | אתבש«ר» לשרה דהא שרה |
| 006 | | Lv 9:06M | יצרה בישא מן ליבכון | ומן יד | יתגלי לכון איקר שכינתה |

## מן כל קבל *prep.* opposite [מן כלוקבל 314]

|  |  |  |  |  |  |
|---|---|---|---|---|---|
| 001 | מן כל וקבל | Ex28:27 | כתפתה דאפודא מן לרע | מן כל וקבל | אפוי לקבל בית דבוקה |
| 002 | מן כל קבל | Ex25:37 | ית בוציניה למנהרא | מן כל קבל | אפיה: |
| 003 | מן כל קובליה | Gn21:16 | ואזלת ויתבת לה | מן כל קובליה | רחיק כמרמי בקשתא ארום |

See also: כלוקבל *prep.*

## מן לבר *adv.* outside [315]

|  |  |  |  |  |  |
|---|---|---|---|---|---|
| 001 | מן לברה | Dt32:25 | | מן לברה | תתכל יתהון חרבה ובקיטוני |
| 002 | ומן לבר | Gn 6:14 | ותשוע ית' מלגוא | ומן לבר | בחמרא: |
| 003 | | Ex37:02 | יתיה דהב דכי מן לגו | ומן לבר | ועבד לה כליל דדהב חזר |
| 004 | | Ex37:11 | יתיה דהב דכי {מן לגו | ומן לבר} | ועבד ליה כליל דדהב חזר |

## מן לברה *adv.* ⇐ מן לבר

## מן לגו *adv.* inside, from inside [315]

|  |  |  |  |  |  |
|---|---|---|---|---|---|
| 001 | מלגו | Ex28:26 | די מן סיטרא דאפודה | מלגו: | |
| 002 | | Lv10:18 | אתעל ית אדמ' לבית קדשה | מלגו | מ«י»כל תאכלון יתה בקודשא |
| 003 | מלגוא | Gn 6:14 | ית תבותה ותשוע ית' | מלגוא | ומן לבר בחמרא: |
| 004 | מן לג' | Ex25:11M | יתיה דהב דכי | מן גיו/לג'#2#/ | ומן בר/לב'#2#/ תחפי |
| 005 | מן לגו | Ex39:19 | די מן סיטרה דאפודה | מן לגו: | |
| 006 | | Ex39:19M | דאית כל וקבל אפודה | מן לגו#2#/: | |
| 007 | | Ex37:02 | וחפי יתיה דהב דכי | מן לגו | ומן לבר ועבד לה כליל דדהב |
| 008 | | Ex37:11 | וחפי יתיה דהב דכי | {מן לגו | ומן לבר} ועבד ליה כליל |
| 009 | | Lv14:41 | וית ביתה יקלף | מן לגו | מן חזור חזור וישפכון ית |
| 010 | | Lv16:12M | דקיקה ויעל \ | לגו מ/מן לגו#2#/ | פרכתה: |
| 011 | מן לגוא | Gn 6:14M | ותשוע ית' | מלגוא/מן לגוא#2#/ | ומן לבר בחמרא: |
| 012 | מן לגיו | Ex28:26M | דאית לוקבל אפודה | מן לגיו#2#/: | |
| 013 | ומן לגו | Nu18:07M | /עסקא דמדבחה | ומן לגו | מן#2#/ פרוכתה ותפלחון |

## מן לוות *prep.* from ones presence [315]

|  |  |  |  |  |  |
|---|---|---|---|---|---|
| 001 | מלוות | Gn47:10M | כפנא ביומך ונפק יעקב | מלוות | |
| 002 | | Gn25:10 | חקלא די זכי אברהם | מלוות | בנוי דחת תמן אתקבר |
| 003 | | Gn33:19 | די פרס תמן משכניה | מלוות | בנוי די חמור אבוי דשכם |
| 004 | | Ex11:08M | כדון אפוק ונפק | מן קדם/מלוות#2#/ | פרעה בתקף רגז: |
| 005 | | Nu 7:84 | דמדבחה ביומא דרבי יתיה | מלוות | רברבני דבני ישראל פילוון |
| 006 | מלות | Ex22:13 | וארום ישאל גבר | מלות | חבריה ויתבר או ימות מרה |
| 007 | | Gn 9:05 | ית אדם נפשתכון אתבע | מלות | כל חיא אתבע יתיה ומלות |
| 008 | | Gn44:29M | ותסבון אף ית דין | \מן לוות/מלות | סבר אפוי#2#/ וארע |
| 009 | מן לור' | Nu 7:05M | \קבל מלוותהון /סב | מן לור#2#/ | ויהוון למפלח |
| 010 | מן לוות | Gn49:30 | די זבן אברהם ית חקלה | מן לוות | עפרון חתייה לאחסנו |
| 011 | | Gn50:13 | ית חקלא לאחסנא דקבורה | מן לוות | עפרון חתייה קדם ממרא: |
| 012 | | Nu 7:84M | די רבי יתיה | מן לוות | |
| 013 | | Gn44:18 | דידהון וערבת ית טליא | מן לוות | אבה ואמרי ליה למימר אין |
| 014 | | Gn44:32 | ארום עבדך ערב ית טליא | מן לוות | אבא למימר אן לא אייתת |
| 015 | | Lv25:44 | ואמהתיך די יהווי לך | מן לוות | אומי«י»ה די חזור חזור |
| 016 | | Gn38:01 | ההיא ונחית יהודה | מן לוות | אחוי וסטה לוות גבר |
| 017 | | Dt 2:08 | ועברנן | מן לוות | אחונן בנוי דעשו |
| 018 | | Ex10:11 | אתון תבעון וטרד יתהון | מן לוות | אפוי דפרעה: |

|  |  |  |  |  |  |
|---|---|---|---|---|---|
| 019 | | Gn27:30 | לחוד מפוק נפוק יעקב | מן לוות | אפי יצחק אבוי ועשו |
| 020 | | Lv10:04 | קרבו סבו ית אחיכון | מן לוות | אפי קודשה ואפקו יתהון |
| 021 | | Nu 3:50 | | מן לוות | בכוריה דבני ישראל קבל |
| 022 | | Gn49:32M | מן בנוי /דאית ביה | מן לוות | בנוי#2#/ דחת: |
| 023 | | Ex27:21 | ייי קיים עלם לדריהון | מן לוות | בני ישראל: |
| 024 | | Ex28:01 | אחוך וית בנוי עמיה | מן לוות | בני ישראל למשמשא קדמוי |
| 025 | | Ex29:28 | היא ואפרשו יהוי | מן לוות | בני ישראל מנכסת |
| 026 | | Ex29:28 | ולבנוי לקיים עלם | מן לוות | בני ישראל ארום אפרשו |
| 027 | | Ex30:16 | ותקבל ית כסף פורקניה | מן לוות | בני ישראל ותתן יתה |
| 028 | | Lv 7:34 | כהנא ולבנוי קיים עלם | מן לוות | בני ישראל: |
| 029 | | Lv 7:34 | שקה דאפרשו«תה» קבלת | מן לוות | בני ישראל מן נכסת |
| 030 | | Lv 7:36 | להון ביומא דרבי יתהון | מן לוות | בני ישראל קיים עלם |
| 031 | | Lv24:08 | יתה קדם ייי בתדירה | מן לוות | בני ישראל קיים עלם: |
| 032 | | Nu 3:09 | מתנה אינון יהיבין לה | מן לוות | בני ישראל: |
| 033 | | Nu18:26 | ותימר להון ארום תקבלון | מן לו«ו»ת | בני ישראל ית |
| 034 | | Nu18:28 | מעשריכון די תקבלון | מן לוות | בני ישראל ותתנון מניה |
| 035 | | Gn 9:05M | אתב{י}<ו>ע יתיה | מן לוות | בני אנשא מן לוות גבר |
| 036 | | Gn17:27 | בייתיה זבינת כספא | מן לוות | בר עממין אתגזרו עמה: |
| 037 | | Gn48:12M | קדמוי על ארעא | /מן לוות | ברכוי ושאלו בשלמה |
| 038 | | Gn 9:05M | מן לוות בני אנשא | מן לוות | גבר ואחוי אתבע יתיה |
| 039 | | Lv25:14M | /ארום#2#/ תזבנון | מן/<מן >לוות#2#/ | חבריכון לא |
| 040 | | Lv25:15 | שנין בתר יובלה תזבון | מן לוות | חברך במניין שנין |
| 041 | | Gn 9:05M | אתבוע | מן לוות | חייתא אתב{י}<ו>ע יתיה |
| 042 | | Ex25:02 | ויפרשון לשמי אפרשן | מן לוות | כל גבר די ידוב יתיה לביה |
| 043 | | Nu17:17 | חטר חטר לבית אבה | מן לוות | כל רברבניהון |
| 044 | | Nu31:02 | נקמתהון דבני ישראל | מן לוות | מדייניי ובתר כדן תתכנש |
| 045 | | Ex11:02 | גבר מן חבריה ואתתא | מן לוות | {מנין} חברתה מנין דכסף |
| 046 | | Dt18:03 | מן לוות ^עמה | מן לוות#2#^ | נכסי נכסתה אין תור אין |
| 047 | | Dt18:03 | סדר דיניהון דכהנייא | ^עמה מן לוות#2#^ | נכסי |
| 048 | | Gn47:22 | זבן ארום חולק לכומריא | מן לוות | פרעה וייכלון ית חולקהון |
| 049 | | Ex 8:08 | ונפק משה ואהרן | מן לוות | פרעה וצלי משה קדם ייי |
| 050 | | Ex 8:26 | ונפק משה | מן לוות | פרעה וצלי קדם ייי: |
| 051 | | Ex 9:33 | ונפק משה | מן לוות | פרעה ית קרתא ופרס כף |
| 052 | | Gn24:27M | וקושטה \עם ריבוני | /מן לוות | רב#2#/ אנא באורחא דבר |
| 053 | | Dt23:16 | למריה די ישתיזב לוותך | מן לוות | רבוניה: |
| 054 | | Nu31:52 | ושבע מאה וחמשין סלעין | מן לוות | רברבני אלפי ומן לוות |
| 055 | | Nu31:54 | ואלעזר כהנא ית דהבה | מן לוות | רברבני אלפיה ומאוותה |
| 056 | | Nu35:08 | אחסנותהון דבני ישראל | מן לוות | שבטה דעמא סגין תסגון |
| 057 | מן לות | Gn23:20 | לאברהם לאחסנות דקבורה | מן לות | בנו«י» דחת: |
| 058 | | Nu31:28 | ותפרשון אפרשו לשמה דייי | מן לות | עמא עבדי קרבה דנפקין לחיל |
| 059 | ומלוות | Gn 9:05 | יתיה ומלות בר נשא | ומלוות | אחוי דבר נשא אתבע ית נפשה |
| 060 | ומלות | Gn 9:05 | מלות כל חיא אתבע יתיה | ומלות | בר נשא ומלוות אחוי |
| 061 | ומן לוות | Lv16:05 | | ומן לוות | עם כנשתה דבני ישראל יסב |
| 062 | | Nu31:52 | מן לוות רברבני אלפי | ומן לוות | רברבני מאוותה: |
| 063 | | Nu35:08 | שבטה דעמא סגין תסגון | ומן לוות | שבטה דעמא זעירין תזערון |
| 064 | מלוויתיה | Gn24:10M | מן גמלוי דרבוניה | \מלוויתיה#2#/ | וכל/דכל#2#/ שפר |
| 065 | מלוותהון | Nu 7:05 | קבל | מלוותהון | ויהוון למפלח ית פלחן |
| 066 | | Nu17:17 | עם בני ישראל וקבל | מלוותהון | חטר חטר לבית אבה מן לוות |
| 067 | | Dt 3:04 | די לא נסבנן יתהון | מלוות{כ}<ה>ון | שיתין קריין כל תחום |
| 068 | מלוותיהון | Gn42:24 | וסטה | מלוותיהון | ובכה וחזר לוותהון ומלל |
| 069 | מלוותן | Gn42:32 | דאבונן חד מנן מן דנפק | מלוותן | לית אנן ידעין מה הוה |
| 070 | מן לוותה | Gn13:14 | לאברם מן דאתפרש לוט | מן לוותה | טול כען עיניך וחמי מן |
| 071 | | Gn 8:08 | ושלח ית יוונה | מן לוותה | למחמי הא |
| 072 | | Lv27:24 | חקלה למן דזבן יתיה | מן לוותה | למן דהווה דידיה אחסנות |
| 073 | מן לוותהון | Nu18:26 | מעשרה די יהבית לכון | מן לוותהון | באחסנותכון ותפרשון |
| 074 | | Dt 2:06M | ואוף מיין תזבנון | מן לוותהון | בכסף ותשתון |
| 075 | | Dt 2:06 | אתון צריכין מזבון | מן לוותהון | בכסף דמנה נחית לכון מן |
| 076 | | Dt 2:06M | תזבנון | מן לוותהון | בכסף ותיכלון ואוף מיין |
| 077 | | Dt 2:06 | אתון צריכין מזבון | מן לוותהון | דבירה דמיא סלקא עמכון |
| 078 | | Ex25:03 | ודא אפרשתא די תקבלון | מן לוותהון | דהב וכסף ונחש: |
| 079 | | Nu17:17M | חטר חטר /וסב | מן לוותהון | חוטר חוטר#2#/ לבית אבה |
| 080 | | Gn42:24 | ומלל עמהון ונסב | מן לוותהון | ית שמעון וחבש יתיה |
| 081 | | Nu31:51 | ואלעזר כהנא ית דהבה | מן לוותהון | כל מן דעבידה: |
| 082 | | Dt 3:04M | מלוות{כ}<ה>ון/^מנהון#2#^/ | מן לוותהון#2#/ | שיתין |
| 083 | מן לוותי | Gn31:31 | לא תגזול ית בנתך | מן לוותי: | |
| 084 | | Gn44:28 | ונפק חד ^מנהון#2#^ | מן לוותי | ואמרת לחוד קטולין אתקטל |
| 085 | | Gn44:29 | ותסבון אף ית דין | מן לוותי | וארע יתיה סקול ותחתון ית |
| 086 | מן לוותיה | Gn26:31 | יתהון יצחק ואזלו | מן לוותיה | בשלם: |
| 087 | | Lv25:36 | לא תקבל | מן לוותיה | שערין ורביין ותדחלון מן |
| 088 | מן לוותך | Dt15:12 | <תשלח> יתיה לחירותה | מן לוותך: | |
| 089 | | Dt15:16 | לית אנה נפק לחירותה | מן לוותך | ארום ירחם יתך וית |
| 090 | | Dt15:18 | די תשלח יתיה לחירותה | מן לוותך | ארום בכפלה אגריה דאגירה |
| 091 | | Lv25:41 | ויפוק | מן לוותך | הוא ובנוי עמה ויחזור |
| 092 | | Ex 8:25 | ואמר משה הא אנא נפק | מן לוותך | ונצליה קדם ייי ויעבר |
| 093 | | Dt15:13 | תשלח יתיה לחירותה | מן לוותך | לא תשלח יתיה ריקן: |
| 094 | מן לוותכון | Gn26:27 | יתי ושלחתון יתי | מן לוותכון: | |
| 095 | | Ex35:05 | קבלו | מן לוותכון | אפרשו לשמה דייי כל די |
| 096 | | Dt10:12 | מה ייי אלהכון שאל | מן לוותכון | ארום אלהן למידחל מן קדם |
| 097 | | Nu31:03 | עם עמא למימ׳ אזדיינו | מן לוותכון | גברין לחיל קרבה ויהוון |
| 098 | | Dt23:22 | יתבע יתיה ייי אלהכון | מן לוותכון | דלא יהווי בכון חובה: |
| 099 | מן לוותן | Gn26:16 | ואמר אבימלך ליצחק אזל | מן לוותן | ארו«ם» תקפת מנן |
| 100 | | Gn26:16M | ליצחק אזל \מן /לך | מן#2#/ | לוותן ארו«ם» תקפת מנן |
| 101 | | Gn42:13 | הדין וחד מנן מן דנפק | מן לוותן | לית אנן ידעין מה הוה |

## מן לעיל *adv.* **above** [315]

|  |  |  |  |  |  |
|---|---|---|---|---|---|
| 001 | מלעיל | Gn 7:20 | חמש עשרה אמין | מלעיל | איתגברו מיא וכסון טוריא: |
| 002 | | Ex20:04 | וכל דמות די בשמייא | מלעיל | ודי בארעא מן לרע ודי במיא |
| 003 | | Nu21:15M | מהלכין על רישי טורייה | מלעיל | ולא ידעו נסיה בנחלי |
| 004 | | Ex28:27 | אפוי לקבל בית דבוקה | מלעיל | להמיינה דאפודא: |
| 005 | | Ex28:27M | /כל וקבל דבוקה | מלעיל#2#/ | להמיינה דאפודא: |
| 006 | | Gn 1:07 | רקיעא ובין מיא די | מלעיל | לרקיעא והוה כן כמימריה: |
| 007 | מלעל | Ex37:09 | כרובי פרסין בכנפיהון | מלעל | מטלין בכנפיהון על כפרתה |
| 008 | מן לעיל | Gn27:39 | טוב טלא דנחת מן שמיא | מן לעיל: | |
| 009 | | Ex26:14 | וחפוי משכין דססגונין | מן לעיל: | |
| 010 | | Gn 7:20M | \אמין מלעיל /אומין | מן לעיל#2#/ | איתגברו מיא וכסון |
| 011 | | Dt33:13 | מן טוב אוצרי שמיא | מן לעיל | דמחתין טלין ומטרין מן |
| 012 | | Ex39:31 | דתכלה למתן על מצנפתה | מן לעיל | היך מה די פקד ייי ית |
| 013 | | Dt 5:08 | וכל דמו די בשמייא | מן לעיל | ודי בארעא מן לרע לארעא: |
| 014 | | Nu 4:06 | לבוש גמר דתכלה | מן לעיל | וישוון אריחוי: |
| 015 | | Nu 4:25 | ~~דססגונה די עלוי | מן לעיל | וית חפוי~~ דתרע משכן |
| 016 | | Gn49:25 | ומטרא דנחתין מן שמייא | מן לעיל | ומן ברכת מבועי תהומא |
| 017 | | Dt 4:39 | שכינתיה שריה בשמיה | מן לעיל | ושולטנה על ארעא מן לרע |
| 018 | | Dt 3:24 | שכינתך שרייא בשמייא | מן לעיל | ושלטניך על ארעא מן לרע |
| 019 | | Gn 6:16 | ובמשח׳ אמה תשכלל יתה | מן לעיל | ותרעא דתיבותא בסיטרא |
| 020 | | Ex39:20M | אפוי כל וקבל דבוקה | מן לעיל | להמנייה |
| 021 | | Ex39:20M | /אפוי כל וקבל דבוקה | מן לעיל | להמ{נ}יי<נ>ה#2#/ דאפדה: |
| 022 | | Ex37:09M | פרסין בכנפיהון | מלעל/מן לעיל#2#/ | מטלין בכנפיהון על |
| 023 | מן לעל | Ex36:19 | וחפיי משך דססגונין | מן לעל: | |

| | | | | | |
|---|---|---|---|---|---|
| 024 | | Ex40:20 | ית כפורתה על ארונה | מן לעל: | |
| 025 | | Ex40:19 | ית חפיא דמשכנא עלוי | מן לעל | היך מה די פקד ייי ית |

## מן לקדמין *adv.* from the beginning [315]

| | | | | | |
|---|---|---|---|---|---|
| 001 | מלק׳ | Dt19:06M | דאתמל ולא \מן | דקדמוי/מלק#2#/: | |
| 002 | מלקדמין | Gn25:01M | הגר דהות קטירא ליה | מלקדמין | |
| 003 | | Gn 1:01 | | מלקדמין | בחכמה ברא דייי שכלל ית |
| 004 | | Dt33:27 | מדור איקר שכינתה דאלהא | מלקדמין | דמן תחות אדרע גבורתה |
| 005 | | Gn 3:24 | יקר שכינתיה {מן} | מלקדמין | מן מדנ׳ לגנתה דעדן |
| 006 | מן לקדמין | Gn11:02M | /בנטלוותהון | מן לקדמין#2#/ | ואשכחו בקעה בארעא |
| 007 | | Gn13:11 | מישר ירדנ׳ ונטל לוט | מן לקדמין | ואתפרשו גבר מעלוי אחוי: |
| 008 | | Dt 2:12 | ובגבלה שרון חוורנייה | מן לקדמין | ובנוי דעשו ירתו יתהון |
| 009 | | Dt 2:20 | גיברין שרון בגווה | מן לקדמין | ועמוניי הוון קר{ו}<י>ן |
| 010 | | Gn 2:08 | ייי אלהים גנא בעדן | מן לקדמין | ושוי תמן ית אדם קדמיא |
| 011 | | Dt 2:10 | אומתנייה | מן לקדמין | שרון בגווה עם רברבין |

לקדמין *adv.* **See also:**

## מן לרע *adv.* below [315]

| | | | | | |
|---|---|---|---|---|---|
| 001 | מלרע | Dt32:01 | עייניכון ואסתכלו בארעא | מלרע | ארום שמייא כתננה ימסון |
| 002 | | Ex26:24 | ויהון מתכוונין מן | מלרע | וכחדא יהוון מכוונין על |
| 003 | מן לרע | Gn49:25 | תהומא דסלקין מן ארעא | מן לרע | בריכין דדיא דינקת מנהון |
| 004 | | Dt 3:24 | ושלטניך על ארעא | מן לרע | די יעבד כעבדיך טבייה |
| 005 | | Dt33:13 | ומטרין מן ברכת מבועי | מן לרע | דסלקין ומרווין צמחיה |
| 006 | | Ex20:04 | בשמייא מלעיל ודי בארעא | מן לרע | ודי במיא מן תחות לארעא |
| 007 | | Ex36:29 | והוון מתאמין | מן לרע | וכחדה הוון מתאמין על ראשה |
| 008 | | Ex27:05 | יתה תחות סובבה דמדבחא | מן לרע | ותהוי מצדתא עד פלגא |
| 009 | | Dt 4:18 | דמו כל נונייא די במייא | מן לרע | לארעא: |
| 010 | | Dt 5:08 | מן לעיל ודי בארעא | מן לרע | לארעא: |
| 011 | | Dt 5:08M | \ודי במייא | מן לרע#2#/ | לארעא |
| 012 | | Dt 4:39 | ושולטנה על ארעא | מן לרע | לית אלה אחרן בר מניה: |
| 013 | | Ex39:20 | תרתין כתפת«ה» דאפדה | מן לרע | מן כל קבל אפוי לקבל |
| 014 | | Ex28:27 | על תרתין כתפתה דאפודא | מן לרע | מן כל וקבל אפוי לקבל |
| 015 | | Ex38:04 | מצדה דנחש תחות סוביבה | מן לרע | עד פלגותיה: |
| 016 | | Dt 9:14 | יתהון ואמחוק ית שמהן | מן לרע | שמייא ויוכלה היא קדמי |
| 017 | מן תחות | Dt 5:08M | בארעא | מן לרע/<מן >תחות#2#/ | \ודי במייא |

## מן עילווי *prep.* from on top of [315]

| | | | | | |
|---|---|---|---|---|---|
| 001 | מיעילוי | Dt 6:15 | אלהך בך וישיצי יתכון | מיעילוי | אפי ארעא: |
| 002 | מן עילוי | Dt28:63 | יתכון ותתעקרון | מן עילוי | ארעא די אתון עלין לתמן |
| 003 | מן עלוי | Gn 8:13M | יום לירחא יבשו מיא | מן עלוי | אר׳ |
| 004 | | Dt11:17 | עללתה ותסופון בופריע | מן עלוי | ארעא טבתה דממרא דייי יהב |
| 005 | מעילווי | Dt28:21 | עד זמן די ישצי יתכון | מעילווי | ארעא דאתון עלין לתמן |
| 006 | | Nu25:11 | כהנה רבה חזר ית חמתיה | מעילווי | בני ישראל על דקני ית |
| 007 | | Nu17:25 | ויסופון תורעמנותהון | מעילווי | ולא ימותון: |
| 008 | | Dt13:11M | /תבע למסטייה יתכון | מעילווי | ייי#2#/ אלהכון דאפק/די |
| 009 | | Nu17:20 | ביה חוטריה ירטב ואבטל | מעילווי | ית תורע«ו»מהון דבני |
| 010 | | Gn18:03 | לא תסלק איקר שכינתך | מעילווי | עבדך: |
| 011 | | Gn22:09M | \לעיל מן קיסייא | /מעילווי | קסייא#2#/: |
| 012 | | Dt25:09 | חכימיה ותשלף סנדלה | מעילווי | רגלה ותירוק קדמוי ותיעני |
| 013 | | Dt29:04 | ומסניכון לא בלון | מעילווי | רגליכון: |
| 014 | | Dt 9:17 | וטלקית יתהון | מעילווי | תרתין ידיי ותברית יתהון |
| 015 | מעילוי | Ex28:28 | דאפודה ולא יזוע חושנא | מעילוי | אפודה: |

| | | | | | |
|---|---|---|---|---|---|
| 016 | | Ex10:11M | וטרד יתהון | מן לוות/מעילוי#2#/ | אפוי דפרע«ה»: |
| 017 | | Gn 4:14 | הא טרדת יתי יומא דין | מעילוי | אפי דארעא ומן קדמוך לית |
| 018 | | Ex32:12 | ולמשיצא יתהון | מעיל«וי» | אפי דארעא חזור כען מן |
| 019 | | Gn 8:08 | א{וק}^תקלי#2#^לו מיא | מעילוי | אפיה דארעא: |
| 020 | | Gn 8:03 | וחזרו מי׳ | מעילוי | ארעא אזלין וחסקין וחסרו |
| 021 | | Dt 4:26 | מיסתיפא תסתיפון בפריע | מעילוי | ארעא די אתון עברין ית |
| 022 | | Gn35:13 | איקר שכינתה דייי | מעילוי | באתרא די מלל עמיה: |
| 023 | | Nu25:08 | לגו מעיה ואתכלת מגפתה | מעילוי | בני ישראל: |
| 024 | | Gn41:42 | ועבר פרעה ית עזקתא | מעילוי | ידיה ויהב יתיה על ידוי |
| 025 | | Ex25:22 | ממרי לך תמן ואמלל עמך | מעילוי | כפורתא די על ארונא |
| 026 | | Lv 8:28 | וקבל משה יתהון | מעילוי | כפי ידיהון וסדר על גבי |
| 027 | | Lv 2:13 | תבטלון מלח קיים אלהכון | מעילוי | מנחתכון על כל קרבניכון |
| 028 | | Nu 9:17 | וכאשון אסתלק«ת» ענגה | מעילוי | משכנה ומן בתר כדן יטלון |
| 029 | | Nu10:11 | בעשרין לירחה איסתלק | מעילוי | משכנה דסהדותה: |
| 030 | | Lv 4:35 | די יעבד תרבה דאמרה | מעילוי | נכסת קדשיה ויסדר כהנא |
| 031 | | Gn29:03 | עדריא ומגלין ית אבנא | מעילוי | פמא דבארה ומשקין ית ענא |
| 032 | | Gn48:17 | בידה דאבוי למחזרה יתה | מעילוי | רישה דאפרים על רישא |
| 033 | מעלווי | Gn 7:04 | ית כל ברייתיה די ברייח | מעלווי | אפי ארעא: |
| 034 | | Gn23:03 | וקם אברהם | מעלווי | אפי מיתה ומליל עם בנוי |
| 035 | | Gn18:02M | "קיימין ...": מעתדין | מעלווי | וחמה יתהון |
| 036 | | Ex40:36 | ובאסתלקות ענגה | «מעלווי | משכנה» {ו}<י>טל{יו}<ון> |
| 037 | | Gn27:40M | תהוי פרק ניר שעבודהו׳ | מעלווי | צווארך |
| 038 | | Gn40:19 | ויאכל עופא ית בשרך | מעלווי | ראשך: |
| 039 | | Lv11:21M | ליה קרסולין | לעיל מן/מעלווי#2#/ | רגלוי למקפצה בהון |
| 040 | מעלוי | Gn17:22 | איקר שכינתיה דייי | מעלוי | אברהם: |
| 041 | | Gn25:06 | דורון ושלח יתהון | מעלוי | יצחק בריה עד הווה בחיין |
| 042 | | Gn13:11 | מן לקדמין ואתפרשו גבר | מעלוי | אחוי: |
| 043 | | Gn13:09 | כל ארעא קדמך אתפר׳ כען | מעלוי | אן את <לצפונה> אנא לדרומה |
| 044 | | Ex39:21 | <....> ולא יזוע חושנה | מעלוי | אפודה היך מה דפקד ייי ית |
| 045 | | Gn 6:07 | אשיצה ית אדם די ברית | מעלוי | אפי דארעא מן בני אנשא עד |
| 046 | | Gn 7:17 | וטענו ית תיבותא ורמת | מעלוי | ארעא: |
| 047 | | Gn 8:07 | וחזר עד די יבשו מיא | מעלוי | ארעא: |
| 048 | | Gn 8:11 | וידע נח ארום קלו מיא | מעלוי | ארעא: |
| 049 | | Gn 8:13 | בחד לירחא נגבו מיא | מעלוי | ארעא ועבר נח ית חפייה |
| 050 | | Dt29:27 | ותלש יתהון ייי | מעלוי | ארעהון בתקוף רגוז ובכליתה |
| 051 | | Gn24:64 | וחמת ית יצחק ואתרכנת | מעלוי | גמלא: |
| 052 | | Ex33:05 | אחתו גבר מני זיינן | מעלוי | ואדע מה אעבד לכון: |
| 053 | | Nu 7:89 | ית קל דבירה ממלל עמיה | מעלוי | כפורת די על ארונה דסהדותה |
| 054 | | Ex10:28 | ואמר ליה פרעה אזיל | מעלוי | לא תוסיף לממללה קדמ׳ תוב |
| 055 | | Ex10:17 | קדם ייי אלהכון ויעבר | מעלוי | לחוד ית מותנא הדין: |
| 056 | | Lv16:12 | מלא מחתיתה גומרין דאשה | מעלוי | מדבחה מן קדם ייי ומלו |
| 057 | | Nu17:11 | ית מחתיתה והב עלה אשא | מעלוי | מדבחה ושוי קטרה והובל |
| 058 | | Nu16:26 | כנישתה למימר סטון כען | מעלוי | משכן גברייה חייבייה |
| 059 | | Nu12:10 | ועננה סטת | מעלוי | משכנה והא מרים מצרעתה |
| 060 | | Nu16:27 | ואסתלקו | מעלוי | משכנה דקרח דתן ואבירם |
| 061 | | Lv 4:31 | יעבד היך מה דעבד תרבה | מעלוי | נכיסת קדשי׳ ויסדר כהנא |
| 062 | | Gn28:10 | אבונן יעקב ית אבנא | מעלוי | פומא דבארה טפת בארה |
| 063 | | Gn28:10 | למג{ז}«ו»ללה יתה | מעלוי | פומא דבארה ולא הוון יכלין |
| 064 | | Gn29:10 | יעקב וגלי ית אבנא | מעלוי | פימא דבארה ואשקי ית ענה |
| 065 | | Gn29:08 | עדריא ויגלון ית אבנא | מעלוי | פמה דבארה ונשקי ית ענא: |
| 066 | | Gn27:40 | ביה ותפרוק ניר שעבודא | מעלוי | צווריך: |
| 067 | | Gn40:17 | ועופא אכל יתהון מן סלה | מעלוי | ראשי: |
| 068 | | Ex 3:05 | לא תקרב להכא שלח מסניך | מעלוי | רגליך ארום אתרא די את |
| 069 | מעליו | Ex 3:05M | /למיתי שלוף סנדלך | מעליו#2#/ | רגליך ארום אתרא די את |

|  |  |  |  |  |  |
|---|---|---|---|---|---|
| 070 | מן עילוויכון | Dt29:04 | לא בלון לבושיכון | מן עילוויכון | ומסניכון לא בלון |
| 071 | מן עילוינן | Nu21:07M | /כען ויעבר | מן עילוינן#2#/ | ית חיויא/חיוותא#2#/ |
| 072 | מן עלווה | Dt21:13 | ותעבר ית לבושיה שביתה | מן עלווה | ותיתב בגו בייתיך ותבכי |
| 073 | מעילווה | Gn38:14 | ועברת לבושי ארמלותה | מעילווה | וכסיית ברדידה ואתעטפת בה |
| 074 | | Gn38:19 | וקמת ואזלת ועברת רדידה | מעילווה | ולבשת לבושי ארמלותה: |
| 075 | מעילווי | Gn28:13M | מן קדם ייי קם מעתד | מעילווי | |
| 076 | מעילוויהון | Nu20:21 | בתחומה וסטון ישראל | מעילוויהון | דהוון מפקדין מן אבוהון |
| 077 | מעילוויכון | Lv26:19M | ואשוי ית שמייא דאית | מעילוויכון | ברירין כפרזלא דלא |
| 078 | | Dt28:23M | "... וצמחין": דאית | מעילוויכון | ברירין כפורזלה דלא |
| 079 | | Lv26:13 | ניר שעבודיהון דמצריי | מעילוויכון | דהוה קשי עליכון היך ניר |
| 080 | | Ex33:05M | זייניכון | מעילוויכון | ואדוע#2#/ אעבד לכון: |
| 081 | | Dt28:43M | לעיל לעיל /סלקין | מעילוויכון | עליין עליין#2#/ ואתון |
| 082 | מעילוון | Nu21:07 | צלי קדם ייי ויעבר | מעילוון | ית חיויא וצלי משה על |
| 083 | מעילוי' | Dt28:36M | די תקימון | עליכון/מעילוי'#2#/ | לאומה די לא חכמתון |
| 084 | מעילויהון | Ex33:06 | ישראל מני זייניהון | מעילויהון | דהוה שמה מפרשה חקיק |
| 085 | | Nu14:09 | עבר {ע}<ט>ליהון | מעילויהון | ומימר דייי עמן לא |
| 086 | מעילויכון | Dt 8:04 | לבושיכון לא בלון | מעילויכון | ורגליכון לא הליכו חפיין |
| 087 | מעילוך | Gn40:19 | ירים פרעה ית ראשך | מעילוך | ויצלב יתך על צליבה ויאכל |
| 088 | מעלוה | Gn24:46 | ואוחיית ואחתת קולתה | מעלוה | ואמרת שתה ואף לגמליך אשקי |
| 089 | מעלווי | Gn45:01 | ואכרז ואמר אפקו כל גבר | מעלווי | ולא קם גבר לוותיה כד |
| 090 | מעלוויהון | Gn18:08M | \קיים עליהון /קאם | מעלוויהון#2#/ | תחות אילנא והוון |
| 091 | מעלווך | Gn40:19M | בשרך \מעלווי | ראשך/<מע>לווך#2#/: | |
| 092 | | Ex18:22 | זער ידונון אינון ויקל | מעלווך | ויטענון עמך: |
| 093 | | Ex18:22M | הינון ו{תו}<ית>קולל | מעלווך | ויסבלון |

## מן קדם *prep.* **before, in front of** [מן קודם 316]

|  |  |  |  |  |  |
|---|---|---|---|---|---|
| 001 | מן קדם | Gn36:06 | דכנען ואזל לארעא חורי | מן קדם | יעקב אחוי: |
| 002 | | Ex35:20 | כל כנישתה דבני ישראל | מן קדם | משה: |
| 003 | | Ex36:03 | ונסבו | מן קדם | משה ית כל אפרשותה די |
| 004 | | Gn35:01 | דייי דאתגלי עלך במערקך | מן קדם | עשו אחוך: |
| 005 | | Gn35:07 | אתגלי עלוי ייי במערקיה | מן קדם | עשו אחוי: |
| 006 | | Gn35:07M | דייי בזמן דערק | מן קדם | עשו |
| 007 | | Gn16:08 | דאברם ריבונך ואמרת | מן קדם | שרי ריבונ«תי» אנה |
| 008 | | Lv19:32 | אפוי דרבה ותדחלון | מן קדם | אלהכון אמר ייי: |
| 009 | | Gn 3:19 | בדעתה | מן קדם | אפיך תאכל לחם עד מחזרך |
| 010 | | Nu22:03 | אינון ועיקון מואביי | מן קדם | בני ישראל: |
| 011 | | Gn27:46 | ליצחק אתעיקת בחיי | מן קדם | בנתהון דחיתאי אן נסב |
| 012 | | Gn36:07 | תותבותהון למסחנא יתהון | מן קדם | בעיריהון: |
| 013 | | Nu32:17 | בקריין תלי{נ}<לי>ן | מן קדם | דייריה דארעא: |
| 014 | | Nu31:14M | מן /מאוותה דאתון | מן קדם#2#/ | חיל קרבא: |
| 015 | | Lv19:32 | | מן קדם | חכימין רברבין מנכון |
| 016 | | Lv26:10 | עתיקה דעתיק ועתיקה | מן קדם | חתתה תפנון: |
| 017 | | Gn 1:02 | תהומא ורוח דרחמין | מן קדם | ייי הוה מנשבא על אפי מיא: |
| 018 | | Gn 1:27 | ית בר נשא בדמותיה בדמו | מן קדם | ייי ברה יתיה דכר וזוגיה |
| 019 | | Gn 3:05 | עיינכון ותהון כמלאכין | מן קדם | ייי ידעין למפרשה בין טב |
| 020 | | Gn 3:08 | יומא ואטמר אדם ואתתה | מן קדם | ייי אלהים בגוא אלני גנתה: |
| 021 | | Gn 4:01 | ואמרת הא יתיהב לי בר | מן קדם | ייי: |
| 022 | | Gn 4:16 | ונפק קין | מן קדם | ייי ושרא בארעא גלי ומטלטל |
| 023 | | Gn 5:01 | די ברא ייי ית אדם בדמו | מן קדם | ייי ברא יתיה: |
| 024 | | Gn 5:22 | ופלח חנוך בקושטא | מן קדם | ייי מן בתר דאולד ית |
| 025 | | Gn 5:24 | הוא <....> אתנגד במימר | מן קדם | ייי: |
| 026 | | Gn 5:29 | ארעא די אתליטת במימר | מן קדם | ייי: |
| 027 | | Gn 6:06 | והוות תהו | מן קדם | ייי ארום ברא ית אדם בארעא |
| 028 | | Gn 9:06 | ישתפך אדמיה ארום בדמו | מן קדם | ייי ברא ית אדם: |
| 029 | | Gn15:01 | כדין הוה פתגם דנבו | מן קדם | ייי על אבר' צדיקא למימר |
| 030 | | Gn15:04 | והא פתגם דנבו | מן קדם | ייי על אברם למימר לא ירת |
| 031 | | Gn18:01M | כן הווה פתגם דנבו | מן קדם | ייי לוות אברהם צדיק{י}א |
| 032 | | Gn18:14 | הא אית אפשר דיתכסא | מן קדם | ייי פתגם לעידנא אחזור |
| 033 | | Gn18:22 | כען הוה קאם בעי רחמין | מן קדם | ייי: |
| 034 | | Gn19:16 | וביד תרתין בנתיה במחוס | מן קדם | ייי עלוי ואפקו יתה ואצנעו |
| 035 | | Gn19:18 | עד זמן דנבעי רחמין | מן קדם | ייי: |
| 036 | | Gn19:24 | ועל עמרה גפרית ואשא | מן קדם | ייי מן שמיא: |
| 037 | | Gn21:06 | שרה חדו רבה אתעבד לי | מן קדם | ייי כל דשמע יחדי עמי: |
| 038 | | Gn22:08 | ואמר אברהם | מן קדם | ייי אזדמן לה אמר לעלתה |
| 039 | | Gn22:12 | כדון ידעת ארום דחל | מן קדם | ייי את ולא מנעת ית ברך ית |
| 040 | | Gn23:06 | קבל מנן רבונן רב | מן קדם | ייי את בינינן בבית שפר |
| 041 | | Gn24:50 | לבן ובתואל ואמרין | מן קדם | ייי נפק פתגמא לא נכל |
| 042 | | Gn25:22 | דשם רבה למתבע רחמין | מן קדם | ייי: |
| 043 | | Gn25:22M | ואזלת למתבוע רחמין | מן קדם | ייי בבית מדרשא של שם |
| 044 | | Gn25:27M | דשם ועבר ותבע אולפן | מן קדם | ייי |
| 045 | | Gn28:12 | למחמי יתה והא מלאכין | מן קדם | ייי סלקין ונחתין ומסתכלין |
| 046 | | Gn28:13M | מלאך דרחמי | מן קדם | ייי קם מעתד מעילווי |
| 047 | | Gn28:17 | הדיוט ארום אתר מזומן | מן קדם | ייי והדן תרעא תרעא דצלו |
| 048 | | Gn32:02 | וארעו בה מלאכין | מן קדם | ייי: |
| 049 | | Gn32:03 | לקדמ' או משרין דמלאכין | מן קדם | ייי אתין למשיזבא יתי מן |
| 050 | | Gn32:29 | אתרברבת עם מלאכין | מן קדם | ייי ועם גוברין ויכלת |
| 051 | | Gn32:31 | ארום חמית מלאכין | מן קדם | ייי אפין כל קביל אפין |
| 052 | | Gn33:10 | היך חמי סבר אפי מלאכין | מן קדם | ייי דאתרעית: |
| 053 | | Gn38:07 | קדם ייי ומית במימר | מן קדם | ייי: |
| 054 | | Gn38:10 | דעבד ומית אף הוא במימר | מן קדם | ייי: |
| 055 | | Gn38:25 | ואמרת תריכון זכיין | מן קדם | ייי הוה פתגמא: |
| 056 | | Gn40:08 | ואמר להון יוסף הלא | מן קדם | ייי פתרוניא תנון כען לי: |
| 057 | | Gn41:16 | ית פרעה למימר בר מני | מן קדם | ייי יתענה ית שלמא דפרעה: |
| 058 | | Gn41:32 | פתגמא מן קדם ייי ומוחי | מן קדם | ייי למעבד יתיה: |
| 059 | | Gn41:32 | זמנין ארום אזדמן פתגמא | מן קדם | ייי ומוחי מן קדם ייי |
| 060 | | Gn41:38 | דין גבר די רוח דקדש | מן קדם | ייי שרייה עלוי: |
| 061 | | Gn42:18 | תליתא דא עבדו וחיון | מן קדם | ייי אנה דחיל: |
| 062 | | Gn43:29 | זעירא דאמרתון לי ואמר | מן קדם | ייי יהוי מחוס עלך ברי: |
| 063 | | Gn44:16 | מה נמליל ומה נזדכי | מן קדם | ייי ארעת חובתהון דעבדך הא |
| 064 | | Gn44:18M | דאתינא אמרת לן | מן קדם | ייי אנא דחיל וכדו את |
| 065 | | Gn44:18 | לוותך הויית אמר לן | מן קדם | ייי אנה דחיל וכדון חזרו |
| 066 | | Gn44:18 | קדמאה דאתינא אמרת לן | מן קדם | ייי דחיל וכדו את אמרת מן |
| 067 | | Gn47:10M | ואמ' ליה יהא רעווא | מן קדם | ייי דאיסקון מיא דנילוס |
| 068 | | Gn50:20 | ואתון חשבתון עליי בישן | מן קדם | ייי אתחשבן לטבן מן בגלל |
| 069 | | Ex 1:17 | ודחלו חייתא | מן קדם | ייי ולא עבדון היך מה דמלל |
| 070 | | Ex 1:17M | ייי /ודחילו ילדתא | מן קדם | ייי#2#/ ולא עבדון |
| 071 | | Ex 1:21 | והוה ארום דחילין חייתא | מן קדם | ייי וקנון להון שם טב בגו |
| 072 | | Ex 4:16 | תהוי ליה לתבע אולפן | מן קדם | ייי: |
| 073 | | Ex 4:20 | די אתעבד ביה ניסין | מן קדם | ייי בידי«ה»: |
| 074 | | Ex 4:24 | וארע יתיה מלא«כא» | מן קדם | ייי ובעה למקטל יתיה: |
| 075 | | Ex 8:15 | לפרעה אצבע דגבורה | מן קדם | ייי היא ואתוקף לבה דפרעה |
| 076 | | Ex 9:20 | מן דחל | מן קדם | ייי מן שליטוי דפרעה ערק |
| 077 | | Ex 9:28 | ייי וימנע מן למהוי קלי | מן קדם | ייי וברד ואשלח יתכון ולא |
| 078 | | Ex 9:30 | על דקדם אתון דחלין | מן קדם | ייי אלהן: |
| 079 | | Ex 9:30M | לית אתון מתכנעין | מן קדם | |
| 080 | | Ex10:29 | מן סוף דהוינא תבע עלך | מן קדם | ייי הווינא מצלי עלך ומחתא |
| 081 | | Ex14:31 | ייי במצרים ודחילו עמא | מן קדם | ייי והימנו בשם ממריה דייי |
| 082 | | Ex16:08M | אלא קדם ייי /ארום אלא | מן קדם | ייי#2#/: |

| | | | | |
|---|---|---|---|---|
| 083 | Ex18:12M | קודשין \לשמיה דייי | /מן קדם | ייי#2#/ ואתא אהרן וכל |
| 084 | Ex18:15 | לוותי עמא למתבע אולפן | מן קדם | ייי: |
| 085 | Ex18:19 | את לעמא כ{מ}תבע אולפן | מן קדם | ייי ותיתי את פיתגמיא קדם |
| 086 | Ex18:21 | גברין גברי חיל דחלין | מן קדם | ייי גברין קושטין סניין |
| 087 | Ex19:03 | ומשה סלק למתבע אולפן | מן קדם | ייי וקרא ליה דבירה דייי |
| 088 | Ex19:22 | דלא יהוי בהון רגוז | מן קדם | ייי: |
| 089 | Ex20:19 | ונשמע ולא יתמלל עמן | מן קדם | ייי ולא נמות: |
| 090 | Ex24:01 | אמר סוק תבע אולפן | מן קדם | ייי את ואהרן נדב |
| 091 | Ex31:03 | רוח דנב{י}<ו> קרב דקדש | מן קדם | ייי בחכמה בסכלתנ{ן}<ו> |
| 092 | Ex31:18 | כתיבין באצבע דגבורה | מן קדם | ייי: |
| 093 | Ex32:11M | משה למתבוע רחמין | מן קדם | ייי#2#/ אלהיה ואמר למה |
| 094 | Ex32:14 | והוה תהו | מן קדם | ייי על בישתא די אמר |
| 095 | Ex32:16 | אינון וכתבא כתב מפרש | מן קדם | ייי הוא חקוק על לוחיה: |
| 096 | Ex32:16 | ולוחייא עבד דגבורה | מן קדם | ייי אינון וכתבא כתב מפרש |
| 097 | Ex32:26 | משריתה ואמר מן דדחל | מן קדם | ייי ייתי לוותי ואתכנשו |
| 098 | Ex32:30 | וכדון אסוק אבעי רחמין | מן קדם | ייי: |
| 099 | Ex33:07 | והוה כל מן דתבע אולפן | מן קדם | ייי נפק למשכן זימנא די |
| 100 | Ex34:28 | והוה תמן תבע אולפן | מן קדם | ייי ארבעין יומין וארבעין |
| 101 | Ex35:31 | ואשלמ{ת} עמה רוח דקדש | מן קדם | ייי בחכמה ובסכלתנו ובדעה |
| 102 | Ex39:43M | יהא רעווה | מן קדם | ייי לאשראה שכינתיה |
| 103 | Lv 1:01 | עד זמן די אתמלל עמי | מן קדם | ייי משכן זמנא דקדושיה |
| 104 | Lv 1:01 | עד זמן די אתמלל עמיה | מן קדם | ייי בכן קרא דבירה למשה |
| 105 | Lv 4:18M | דבמשכן זמנא די | מן קדם | ייי |
| 106 | Lv 7:21 | מן בשרה דנכסת קודשיה | מן קדם | ייי ותשתיצי נפש' ההיא |
| 107 | Lv 8:26 | ומן סלה דפטירה {מן} | מן קדם | ייי נסב חלה דפטיר חד וחלה |
| 108 | Lv 9:24 | ונפקת אשא | מן קדם | ייי ואכלת על גבי מדבחה ית |
| 109 | Lv10:02 | ונפקת אשא | מן קדם | ייי ואכלת יתהון ומיתו קדם |
| 110 | Lv10:02M | "אשא ...": עמודא דאשתה | מן קדם | ייי ואתפליגת לתרין חוטין |
| 111 | Lv16:12 | דאשה מעלוי מדבחה | מן קדם | ייי ומלו חופנוי קטרת |
| 112 | Lv24:12 | עד זמן דיתפרש להון | מן קדם | ייי בהידין דינא מקטלין |
| 113 | Lv27:29M | קודשין ובמבעי רחמין | מן קדם | ייי מטול דדין קטול |
| 114 | Nu 3:10M | יתקטל /באשתה מצלהבה | מן קדם | ייי#2#/: |
| 115 | Nu 9:08M | ואשמע יתכון מה דתקן | מן קדם | ייי מעבד לכון דן חד |
| 116 | Nu 9:08 | ואשמע יתכון מה דתקן | מן קדם | ייי מעבד לכון: |
| 117 | Nu10:29M | "ייי ... על יש": | מן קדם | ייי איתמר מן יומי עלמה |
| 118 | Nu11:01 | רוגזה ובערת בהון אשא | מן קדם | ייי ותכלת בסייפי משריתה: |
| 119 | Nu11:03 | ארום תמן בערת בהון אשא | מן קדם | ייי: |
| 120 | Nu11:23M | אית/^האית#2#/^אפשר | מן#2#/ | קדם ייי מחסור כדון תחמון |
| 121 | Nu11:28M | "מנע": בעי עליהון | מן קדם | ייי ותפסוק נביאתהון |
| 122 | Nu11:31 | ורוח נטל | מן קדם | ייי ואגיז סלויין מן ימא |
| 123 | Nu12:08 | ולא בדמויין ודמו | מן קדם | ייי הוה מסתכל ומן בגלל מה |
| 124 | Nu16:28 | משה בדא תדעון ארום | מן קדם | ייי אשתלחת למעבד ית כל |
| 125 | Nu16:29 | יתגזר על אילין לא | מן קדם | ייי אשתלח«י»ת: |
| 126 | Nu16:35 | ואשא נפקת | מן קדם | ייי ואכלת ית מאת«י»ן |
| 127 | Nu17:11 | עליהון ארום נפק רוגזה | מן קדם | ייי ^והא#2#^ שרי חבלה |
| 128 | Nu17:24 | ואפק משה ית כל חוטריה | מן קדם | ייי לוות כל בני ישראל |
| 129 | Nu18:07M | /\באשא משלהבה | מן קדם | ייי#2#/: |
| 130 | Nu20:09 | ונסב משה ית חוטרא | מן קדם | ייי היך מה די פקד יתיה: |
| 131 | Nu22:08 | פתגם היך מה די אתמלל | מן קדם | ייי עמי ושרון רברבני |
| 132 | Nu22:13 | לארעכון ארום לית רעוה | מן קדם | ייי משבק יתי אתי עמכון: |
| 133 | Nu22:19 | הדין ואדע מה יוסיף | מן קדם | ייי למת{ל}«מ»ללה עמי: |
| 134 | Nu23:17 | ואמר ליה בלק מן אתמלל | מן קדם | ייי: |
| 135 | Nu23:27 | מה דילמה דיהווי רעווה | מן קדם | ייי ותלוט יתהון לי מן |
| 136 | Nu24:01 | וחמה בלעם ארום שפר הוה | מן קדם | ייי למברכה ית ישראל ולא |
| 137 | Nu24:02 | והוה עלוי רוח דקדש | מן קדם | ייי: |
| 138 | Nu24:04 | אימר דשמע מימר | מן קדם | ייי עליה די חז{ר}«י»ו |
| 139 | Nu24:16 | אמר דשמע מימר | מן קדם | ייי וידע דיעה מן קדם עליה |
| 140 | Nu27:18 | בר נון גבר דרוח קדש | מן קדם | ייי שרייה עלוי ותסמוך ית |
| 141 | Nu32:22 | תחזרון ותהוון זכיין | מן קדם | ייי ומן ישראל ותיהווי |
| 142 | Nu36:02 | ישראל ורבוני אתפקד | מן קדם | ייי למיתן ית אחסנת צלפחד |
| 143 | Dt 1:37 | לחוד עלי הוה רגוז | מן קדם | ייי מן בגללכון למימר להוד |
| 144 | Dt 2:15 | ולהוד מחוון | מן קדם | ייי אתרגזית בהון למישציה |
| 145 | Dt 3:23 | וצליתי ובעיתי רחמין | מן קדם | ייי בשעתה ההיא למימר: |
| 146 | Dt 5:24M | "ימלל ... חיה": לית אפשר | מן קדם | ייי לממללא עם בר נשא |
| 147 | Dt 6:24 | קיימיה האיליין למדחול | מן קדם | ייי אלהן למייטבה לן כל |
| 148 | Dt 9:10 | כתיבין באצבע דגבורה | מן קדם | ייי ועליהון הוה כתיב כל |
| 149 | Dt 9:18 | בצלו ובעית רחמין | מן קדם | <ייי> כקדמיתה ארבעין |
| 150 | Dt 9:25 | בצלו ובעית רחמין | מן קדם | ייי ארבעין יומייא וית |
| 151 | Dt 9:28 | תמן על דלא הוות יוכלא | מן קדם | ייי למיעלה יתהון לארעא די |
| 152 | Dt10:10 | ההיא ולא הווה רעווה | מן קדם | ייי למחבלה יתכון: |
| 153 | Dt10:12 | ארום אלהן למידחל | מן קדם | ייי אלהכון ולמהלכה בכל |
| 154 | Dt10:20 | | מן קדם | ייי אלהכון תהוון דחלין |
| 155 | Dt14:23 | מן בגלל דתלפון למדחל | מן קדם | ייי אלהכון כל יומיא: |
| 156 | Dt17:19M | דיליף למדחול | מן <קדם#2#/ | ייי אלהיה למטור ית כל |
| 157 | Dt18:16 | ככל מה די שאלתון | מן קדם | ייי אלהכון בטורא דחורב |
| 158 | Dt25:18 | ולא דחילו דבית עמלק | מן קדם | ייי: |
| 159 | Dt28:58 | שמיה יקירה ודחילה הדין | מן קדם | ייי אלהכון: |
| 160 | Dt28:58M | שמה קדישה ודחילה הדין | מן קדם | ייי#2#/ אלהכון: |
| 161 | Dt28:63 | היך מה דהווה רעווה | מן קדם | ייי עליכון למייטבה יתכון |
| 162 | Dt29:19 | לא יהווי רעווה | מן קדם | ייי למישרי ולמשבק לה ארום |
| 163 | Dt31:12 | דילפון וידחלון | מן קדם | ייי אלהכון ויטרון למעבד |
| 164 | Dt31:13 | ישמעון וילפון למדחל | מן קדם | ייי אלהכון כל יומיה די |
| 165 | Dt32:06 | הלא | מן קדם | ייי אתון תבעון דא אומה |
| 166 | Dt32:27 | לן מן בעלי דבבינן ולא | מן קדם | ייי אדעבדת דא: |
| 167 | Dt33:13 | דייי ואמר מה בריכה היא | מן קדם | ייי ארעא דיוסף מן טוב |
| 168 | Dt33:23 | שביע רעווה ומלי ברכן | מן קדם | ייי מערב {ו}<ד>ימא |
| 169 | Dt33:29 | עם דפרקניהו' קריב | מן קדם | ייי מגין סעדיכון ותריס |
| 170 | Dt17:18 | אוריתה הדה בגו ספר | מן קדם | ^כהנייה וליוויא#2#^: |
| 171 | Gn41:31 | ולא יתוודע שבעה בארעא | מן קדם | כפנא ההוא בתר כדן ארום |
| 172 | Gn47:13 | דמצרים וארעא דכנען | מן קדם | כפנא: |
| 173 | Dt 5:05 | דייי ארום דחלתון | מן קדם | להבי אשתה ולא סלקתון |
| 174 | Gn 7:07 | ונשי בנוהי עמה לתיבותא | מן קדם | מוי דמבולא: |
| 175 | Dt 1:17 | תהוון שמעין ולא תדחלון | מן קדם | מלך ושליט ארום דינה קדם |
| 176 | Dt28:20 | די תסתופון בופריע | מן קדם | עובדיכון בישיה די שבקתון |
| 177 | Nu24:16 | מן קדם ייי וידע דיעה | מן קדם | עליה וחזיו שדי הוה חזי |
| 178 | Ex15:18 | ואמרין דייי הוא מלכותא | מן קדם | עלמא ועד עלם עלמיא: |
| 179 | Ex14:25M | לאלין אלהון נערק | מן קד{ו}ם | עמ' |
| 180 | Ex 1:12 | תקיפין ואעיקו מצראי | מן קדם | עמא בני ישראל: |
| 181 | Nu22:03 | ודחלו מואביי | מן קדם | עמא לחדה ארום תקיפין |
| 182 | Nu22:03M | מואבאי בחייהון | מן קדם | עמא בני |
| 183 | Ex 8:20 | אתחבלת ארע«א» | מן קדם | ערברובא: |
| 184 | Nu33:08 | ונטלו | מן קדם | פונדקי חירתא ועברו בגו |
| 185 | Gn41:46 | דמצרים ונפק יוסף | מן קדם | פרעה ועבר בכל ארעא |
| 186 | Gn44:18M | אנא דחיל וכדו את אמרת | מן קדם | פרעה אנה דחיל דילמא לא |
| 187 | Gn47:10 | וברך יעקב ית פרעה ונפק | מן קדם | פרעה: |
| 188 | Ex 2:15 | ית משה וערק משה | מן קדם | פרעה ושרה בארעא דמדין |
| 189 | Ex 5:20 | לקדמותיהון באפקותיהון | מן קדם | פרעה: |
| 190 | Ex 8:08M | משה ואהרן | מן לוות/<מן >קדם#2#/ | פרעה וצלי משה |

|  |  |  |  |  |  |
|---|---|---|---|---|---|
| 191 | | Ex10:06 | עד יומא הדין וזרז ונפק | מן קדם | פרעה: |
| 192 | | Ex10:18 | ונפק | מן קדם | פרעה וצלי קדם ייי: |
| 193 | | Ex11:08 | כדון אפוק ונפק | מן קדם | פרעה בתקף רגז: |
| 194 | | Nu20:06 | ואתה משה ואהרן | מן קדם | קהלה בתרע משכן זימנה |
| 195 | | Dt 9:19 | ארום דחלית | מן קדם | רוגזה וכליתה די רגז מימרה |
| 196 | | Ex 9:11 | חרשיא למיקם קדם משה | מן קדם | שיחנא ארום הווה שחנא |
| 197 | | Gn31:26M | בנתי היך שביין דערקין | מן קדם | שלפי חרבא |
| 198 | | Dt28:58 | בספר אוריתה הדין למדחל | מן קדם | שמיה יקירה ודחילה הדין |
| 199 | מן קודם | Dt 6:02M | מימרה דייי /תדחלון | מן קודם | ייי#2#/ אלהכון ולמיטור |
| 200 | | Dt 9:18M | מן קדם <ייי> כקדמיתה | /מן קודם | ייי ובעית רחמין#2#/ |
| 201 | מן קדם | Dt 4:12M | אתון שמעין \ודמו לית | /מן קדם | ייי לית#2#/ אתון חמיין |
| 202 | מק' | Gn50:20M | דייי חשב יתיה לטב | מק'#2#/ | מן בגלל ביומא הדין |
| 203 | ומן קדם | Ex19:19 | הוה ממלל בקול נעים | ומן קדם | ייי הוה מתענה ליה בקל: |
| 204 | | Ex21:13 | ודי לא אתכוון ליה | ומן קדם | ייי ארעת חובתה מיתי |
| 205 | | Nu30:06 | על נפשה לא יקום | ומן קדם | ייי ישתבק לה ארום בטל |
| 206 | | Nu30:09 | די קיימת על נפשה~ | ומן קדם | ייי ישתבק לה: |
| 207 | | Nu30:13 | בעלה בטל{ת} יתהון | ומן קדם | ייי ישתבק לה: |
| 208 | | Dt 4:21 | | ומן קדם | ייי הוה רגז עלי על |
| 209 | כמן קדם | Lv26:37 | ויתקלון גבר באחוי | כמן קדם | שלפי חרבה ורדף דלית ולא |
| 210 | כמקדם | Lv26:36 | עם חבר ונתר ויערקון | כמקדם | שלפי חרבה ויפלון ולית |
| 211 | מן קדימהון | Gn 6:13 | ארעא חמסין וגזילין | מן קדימהון | והא אנ' מחבל יתהון וית |
| 212 | מן קדמה | Gn16:06 | יתה שר{ה}«י» וערקת | מן קדמה: | |
| 213 | מן קדמוה | Gn44:19 | ואתבהל וארתת יוסף | מן קדמוה | דיהודה ורמז יוסף |
| 214 | מן קדמוי | Gn45:03 | יתיה ארום אתבהלו | מן קדמוי: | |
| 215 | | Nu32:21 | ישיצי ית בעלי דבבוי | מן קדמוי: | |
| 216 | | Dt 8:06 | באורחתיה ולמדחול | מן קדמוי: | |
| 217 | | Lv22:03 | ותשתיצי נפשה ההיא | מן קדמוי | אמר ייי: |
| 218 | | Nu21:34 | אמר ייי למשה לא תדחל | מן קדמוי | ארום בידך מסרית יתיה וית |
| 219 | | Nu21:34M | זע וארתת | מן קדמוי#2#/ | הלא דין הוא עוג |
| 220 | | Nu21:34 | דבותנין דחל וארתת | מן קדמוי | ואמר הלא דין הוא עוג |
| 221 | | Gn44:19M | שעתא ואתבהל \וארתת | /מן קדמוי | וארתת#2#/ יוסף |
| 222 | | Gn43:34 | ונסב חולקין | מן קדמוי | ופלג להון ורבי חולקא |
| 223 | | Ex23:21 | אזדהרון | מן קדמוי | ושמעו בקלי לא תסרבון על |
| 224 | | Dt 4:10 | דברי די ילפון למדחול | מן קדמוי | כל יומיא דאינון חיין |
| 225 | | Dt33:11 | דשנאוי ובעלי דבבוי | מן קדמוי | לא יכלין למיקום: |
| 226 | | Gn44:17M | ואמר חס לי'הא מחוס | מן קדמוי#2#/ | מן למעבד דא גברא |
| 227 | | Nu12:14 | בה בדינה הוא תתכנע | מן קדמוי | שבעה יומין תסרד שבעה |
| 228 | | Ex10:03M | \קדם ייי שלח ית עמי | /מן קדמוי | שלח עמי#2#/ ויפלחו |
| 229 | מן קדמי | Dt 5:29 | ^הדין#2#^ להון למדחול | מן קדמי | ולמטור ית כל מצוותה |
| 230 | | Gn23:08 | נפשכון למקבר ית מתי | מן קדמי | קבילו מני ובעון לי מן |
| 231 | מן קדמיהון | Dt 7:19 | די אתון דחלין | מן קדמיהון: | |
| 232 | | Dt20:03 | תפחדון ולא תתברון | מן קדמיהון: | |
| 233 | | Dt 7:21 | לא תתברון | מן קדמיהון | ארום ייי אלהכון דאיקר |
| 234 | | Dt31:06 | לא תדחלון ולא תתרעון | מן קדמיהון | ארום ייי אלהכון דאיקר |
| 235 | | Dt28:60 | דמצריי די דחלתון | מן קדמיהון | וידבקון בכון: |
| 236 | | Dt 2:22 | די שיצון ית חוורנייה | מן קדמיהון | וי{ה}<י>תון יתהון ושרון |
| 237 | | Dt 2:21 | ושיצי יתהון ייי | מן קדמיהון | וירתו יתהון ושרון |
| 238 | | Ex14:19 | ונטל עמודא דעננא | מן קדמיהון | וקם ליה מן בתריהון: |
| 239 | | Ex14:19 | משריתיהון דישראל | מן קדמיהון | וקם ליה מן בתריהון ונטל |
| 240 | | Dt 2:12 | יתהון ושיצון יתהון | מן קדמיהון | ושרון באתריהון היך מה |
| 241 | | Dt28:25 | ובשבע אורחן תערקון | מן קדמיהון | ותהוון לריחוק לכל |
| 242 | | Gn49:04 | יתהון ואתרעת | מן קדמיהון | כדן אתרעת ראובן ברי |
| 243 | מן קדמיי | Gn23:04 | עמכון ואקבר מתי | מן קדמיי: | |
| 244 | | Nu22:33 | זמנין אילו לא סטת | מן קדמיי | ארום כדון יתך קטלת ויתה |
| 245 | | Nu22:33M | /אתנה#2#/ וסטת | קדמיי/מן <קדמיי>#2#/ | דנה תלתה זמנין |
| 246 | | Dt32:22 | ארום אשא נפקת | מן קדמיי | ואוקדת עד שאול ארעייתה |
| 247 | | Lv26:25M | קיימיי/אתפרעתון | מן קדמיי#2#/ | ותתכ«נ»שון לקרויכון |
| 248 | | Dt 9:14 | מנע גרמך | מן קדמיי | מן למבעי עליהון רחמין |
| 249 | מן קדמייה | Nu12:14M | הוא ד{ט}ת<ט>ריד | מן קדמייה | שובעה יומין דטרד |
| 250 | מן קדמייך | Dt 9:26 | ואמרית בבעו ברחמין | מן קדמייך | ייי אלהים לא תתחבל עמך |
| 251 | מן קדמיך | Gn31:35 | ארום לא אכיל למיקם | מן קדמיך | ארום ארח {ב}<כ>נשיא לי |
| 252 | | Gn15:08 | {{ליה}} בבעו ברחמין | מן קדמיך | במה כען {אדן}<אדע#2#> |
| 253 | | Dt20:19 | דאפי{לו} ברא למעירק | מן קדמיך | בשעת עקתיה: |
| 254 | | Gn22:14M | בבעו ברחמין | מן קדמיך | ייי אלקים כד יהוון בנוי |
| 255 | | Gn22:14 | דייי ואמר בבעו ברחמין | מן קדמיך | ייי כולא גלי וידיע קדמיך |
| 256 | | Gn24:42 | ואמרית בבעו ברחמין | מן קדמיך | ייי אלהא דריבוני אברהם |
| 257 | | Gn38:25 | ואמרת בבע«ו» ברחמין | מן קדמיך | ייי את הוא דעני לעיקי |
| 258 | | Ex 4:10 | קדם ייי בבעו ברחמין | מן קדמיך | ייי לא גבר מרי ממלל אנה |
| 259 | | Ex 4:13 | ואמר בבעו ברחמין | מן קדמיך | ייי שלח כען ביד דן דחמי |
| 260 | | Ex 5:22 | ואמר בבעו ברחמין | מן קדמי«ך» | ייי למה כען אב{ש}א<ש>ת |
| 261 | | Ex15:10 | אשפת ברוח | מן קדמיך | ייי כסון עליהון מוי דימא |
| 262 | | Nu12:13 | ייי ואמ' בבעו ברחמין | מן קדמיך | ייי אלהה חננה ורחמנה אסי |
| 263 | | Dt 3:24 | ייי בבעו ברחמין | מן קדמיך | ייי את שרית למחוויה ית |
| 264 | | Ex34:11 | יומא הדין הא אנה טרד | מן קדמיך | ית אמריי <ו>כנעניי וחתיי |
| 265 | | Gn18:25 | מחוס | מן קדמיך | מן למעבד פתגמא הדין |
| 266 | | Gn18:25 | כדינא דחייבא מחוס | מן קדמיך | מן למעבד פתגמא הדין |
| 267 | | Ex33:13 | ית אורחתך ואדחל | מן קדמ{ו}<י>ך | מן בגלל די אשכחת חן |
| 268 | מן קדמיכון | Ex23:31 | ארעא ואטרוד יתהון | מן קדמיכון: | |
| 269 | | Lv18:24 | אומייה די אנה מגלה | מן קדמיכון: | |
| 270 | | Lv18:28 | פלטת ית אומייה די | מן קדמיכון: | |
| 271 | | Dt 2:25 | וירגזון ויבהלון | מן קדמיכון: | |
| 272 | | Dt 7:20 | ומה די אטמרו | מן קדמיכון: | |
| 273 | | Dt 9:04 | דייי טרד יתהון | מן קדמיכון: | |
| 274 | | Dt18:12 | אלהכון טרד יתהון | מן קדמיכון: | |
| 275 | | Dt28:07 | ובשבע אורחן יערקון | מן קדמיכון: | |
| 276 | | Lv20:23 | אומייה די אנה משלח | מן קדמיכון | ארו' ית כל אליין מרחקתה |
| 277 | | Dt12:29 | ותירתון יתהון | מן קדמיכון | בארעהון: |
| 278 | | Ex23:29 | לא אטרד יתהון | מן קדמיכון | בשתא חדא דלא תהוי ארעא |
| 279 | | Dt12:30 | בתר דישתיצון | מן קדמיכון | דלא תתבעון לטעוותהון |
| 280 | | Dt 6:19 | ית כל בעלי דבביכון | מן קדמיכון | היך מה די מלל ייי: |
| 281 | | Dt33:27 | יטרוד בעלי דבביכון | מן קדמיכון | ואמר במימריה למישציה |
| 282 | | Ex34:24 | ארום אשיצי אומיא | מן קדמיכון | ואפתי ית תחומכון ולא |
| 283 | | Dt33:29 | ותברין בעלי דבביכון | מן קדמיכון | ואתון עמי בני ישראל כד |
| 284 | | Nu33:55 | ית דיירי «ד»ארעא | מן קדמיכון | ויהווי ית כל מה די |
| 285 | | Lv18:30 | מרחקתה די אתעבדו | מן קדמיכון | ולא תסתאבון בהון כדן |
| 286 | | Dt28:31 | מנהון חמריכון גזילין | מן קדמיכון | ולא יחזרון לכון עניכון |
| 287 | | Dt 9:05 | ייי אלהכון טרד יתהון | מן קדמיכון | ומן בגלל למקיימה ית |
| 288 | | Dt11:23 | ית כל אומייא האליין | מן קדמיכון | ותירתון אומין רברבין |
| 289 | | Dt12:29 | לתמן למטרד יתהון | מן קדמיכון | ותירתון יתהון |
| 290 | | Nu33:52 | ית כל דיירי ארעא | מן קדמיכון | ותסיפון ית כל טעוותהון |
| 291 | | Dt31:03 | ית אומיה האיליין | מן קדמיכון | ותרת{י}<ו>ן יתהון |
| 292 | | Dt 7:01 | ויטרוד אומין סגין | מן קדמיכון | חתיי וגרגשיי ואמוריי |
| 293 | | Dt 8:20 | דמימרה דייי מסיף | מן קדמיכון | כדן תסופון חלף אין לא |
| 294 | | Dt 9:04 | דייי אלהכון יתהון | מן קדמיכון | למימר בזכותן אעיל יתן |
| 295 | | Ex23:30 | קליל קליל אטרוד יתהון | מן קדמיכון | עד זמן די תסגון |
| 296 | | Dt 7:22 | ית אומיה האיליין | מן קדמיכון | קליל לית אתון יכלין |
| 297 | מן קדמך | Nu10:35 | ויערקון סנאיך | מן קדמך: | |
| 298 | | Dt20:19M | אילן חקלא לאיטמרה | מן קדמך | בברכה ציירה |

|  |  |  |  |  |  |
|---|---|---|---|---|---|
| 299 | | Gn 3:18 | אדם ואמר בבעו ברחמין | מן קדמך | ייי לא נתחשב כבעירא |
| 300 | | Gn15:02 | ואמר אברם בבעו ברחמין | מן קדמך | ייי סגין יהבת לי וסגין |
| 301 | | Gn18:03 | ואמר בבעו | מן קדמך | ייי אן כען אשכחת חן וחסד |
| 302 | | Gn20:04 | ואמר בבעו ברחמין | מן קדמך | ייי לחוד עמם זכיי בדינא |
| 303 | | Ex15:08 | ובמימר | מן קדמך | ייי אתעבדו מיי' ערמן |
| 304 | מן קודמיה | Dt 3:02M | רשיעא זע ואירתת | מן קודמיה | אמ' הלא הוא דן עוג |
| 305 | מן קודמיך | Ex32:31M | עמא האליין /ברחמין | מן קודמיך | ייי אתחייבו עמא |
| 306 | מן קודמך | Ex15:12M | למטמע' יתהון ובמימ' | מן קודמך | ארכנת ית ידך בשבועה |
| 307 | מקדמיכון | Ex23:28 | וית כנעניי וית חתיי | מקדמיכון: | |
| 308 | מקודמוי | Gn45:03M | ארום אתבהלו | מן קדמוי/מקודמוי#2#/: | |
| 309 | | Ex 4:10M | ולא \מן | דקדמוי/מקודמוי#2#/ | לחוד/להוד#2#/ מן |
| 310 | ומן קדמוי | Ex 4:03 | והוי לחוי וערק משה | ומן קדמוי: | |
| 311 | | Dt13:05 | דייי אלהכון תהלכון | ומן קדמוי | תהוון דחלין וית מצוותיה |
| 312 | ומן קדמוך | Gn 4:14 | מעילוי אפי דארעא | ומן קדמוך | לית אפשר לי למטמרה |

## מן קושטא *adv.* truly [508 s.v. קשוט]

|  |  |  |  |  |  |
|---|---|---|---|---|---|
| 001 | מן קושטא | Gn18:13 | כען גחכת שרה למימר הא | מן קושטא | אלד ואנה סאבת: |
| 002 | | Gn20:12 | ולחוד | מן קושטא | אחתי ברתה דאבה היא לחוד |
| 003 | | Gn28:16 | מן שנתיה ואמר הא | מן קושטא | איקר שכינה דייי דשריה |
| 004 | | Ex17:07 | נסון קדם ייי למימר הא | מן קושטא | איקר שכינתה דייי שריא |
| 005 | | Gn27:36 | ואמר הא | מן קושטא | איתקרי שמה יעקב והא עקב |
| 006 | | Dt13:15 | ותשאלון יאות והא | מן קושטא | אתכוון פתגמא אתעבדת |
| 007 | | Ex10:29M | יאות | וקושטא/מן קושטא#2#/ | מללת מבשר הווינא |
| 008 | | Ex10:29 | משה לפרעה יאות | מן קוש«טא» | מללת לא אוסף תוב |
| 009 | מן קושטה | Nu22:37 | כען לא אתית לוותי הא | מן קושטה | לית אנה יכיל למוקרה לך: |

## מן קושטין *adv.* truly [508 s.v. קשוט]

|  |  |  |  |  |  |
|---|---|---|---|---|---|
| 001 | מין קושטין | Ex 2:14M | ואמר \הא כען אתידע | /מין קושטין | איתידע#2#/ פתגמא: |
| 002 | מן דקושטין | Gn20:12M | אחתי ברתה | /<מן> דקושטין | אחותי בר#2#/ דאבה |
| 003 | | Gn27:36M | ואמר הא | מן קושטא/<מן> דקושטין#2#/ | איתקרי שמה |
| 004 | | Gn18:13M | למימר הא מן | קושטא/דקושטין#2#/ | אלד ואנה סאבת: |
| 005 | מן קושטין | Dt13:15M | \מן קושטא אתכוון | /<מן> קושטין | אזדמן#2#/ פתגמא |
| 006 | | Gn29:15M | \הא אחי את לית | /מן קושטין | אחי ולית#2#/ אפשר |
| 007 | | Nu22:37M | למוקרה לך/יתך#2#/ | /<מן> קושטין | לית איפשר לי למייקרה |

## מן קצת *adv.* a small amount [316]

|  |  |  |  |  |  |
|---|---|---|---|---|---|
| 001 | מן קצת | Nu22:41 | דבעלה וחמא מן תמן | מן קצת | עמא: |
| 002 | | Nu23:13 | תחמי יתהון מן תמן להוד | מן קצת | עמה תחמי וכולהון לא תחמי |
| 003 | ומן קצת | Gn47:02 | | ומן קצת | <אחוי> נסב חמשה |

## מן רחיק *adv.* from afar [316]

|  |  |  |  |  |  |
|---|---|---|---|---|---|
| 001 | מן רחיק | Gn22:04 | עייניו וחמה ית אתרה | מן רחיק: | |
| 002 | | Ex20:18 | ואזדעזען וקמו להון | מן רחיק: | |
| 003 | | Ex24:01 | חכימיא דישראל ותצלון | מן רחיק: | |
| 004 | | Ex20:21 | וקם עמא | מן רחיק | ומשה קרב לערפלא דתמן |
| 005 | | Dt28:49M | אומה \מן רוחקה | /<מן> רחיק | מן רח#2#/ מסייפי ארעא |
| 006 | מרחוק | Ex 2:04 | ואתעתדת אחתיה | מרחוק | למידע אחתיה מה אתעביד |
| 007 | מרחיק | Gn37:18 | וחמון יתיה | מרחיק | וקדם עד לא קרב לוותהון |

## מן תחות *prep.* below [316]

|  |  |  |  |  |  |
|---|---|---|---|---|---|
| 001 | מן תחות | Ex20:04 | במיא מן תחות לארעא | מן תחות: | |
| 002 | | Gn49:24 | מן תקיפא דאבוי יעקב | מן תחות | אדרע גבורתיה מתפרנסין כל |
| 003 | | Gn35:08 | מינקתה דרבקה ואתקברת | מן תחות | בלוטה וקרא שמיה דבלוט |
| 004 | | Ex17:16 | ואמר שבועה נפקת | מן תחות | כורסי איקרי דרבון כל |
| 005 | | Ex20:04 | בארעא מן לרע ודי במיא | מן תחות | לארעא מן תחות: |
| 006 | | Dt 4:18M | במייא | מן לרע/<מן> תחות#2#/ | לארעא: |
| 007 | | Ex30:04 | עזקין דדהב תעבד ליה | מן תחות | לכלילה על תרתין זויתא |
| 008 | | Ex37:27 | עזקין דדהב עבד ליה | מן תחות | לכלילה על תרתין זויתה על |
| 009 | | Ex 6:06 | ואפיק יתכון פריקין | מן תחות | ניר שעבודהון דמצריי |
| 010 | | Ex 6:07 | די פרקית ואפקית יתכון | מן תחות | ניר שעבודהון דמצריי: |
| 011 | | Ex18:10 | דפרעה דשיזב ית עמא | מן תחות | ניר שעבודהון דמצריי: |
| 012 | | Gn 1:07 | ואפרש בין מיא די | מן תחות | רקיעא ובין מיא די מלעיל |
| 013 | | Gn 1:09 | ממרה דייי יתכנשון מיא | מן תחות | שמיא לאתר חד ותתחמי |
| 014 | | Gn 6:17 | דאית ביה נשומא דחיין | מן תחות | שמיא כל מה די בארע' |
| 015 | | Gn 8:02 | ואיתמנע מטרא דמבולא | מן תחות | שמיא: |
| 016 | | Ex17:14 | ית דכרניה דעמלק | מן תחות | שמיא: |
| 017 | | Dt 7:24 | ות{ו}ס<ו>פון ית שמהון | מן תחות | שמיא לא יקום מלך ושלטן |
| 018 | | Dt29:19 | וימחוק ייי ית שמיה | «מן תחות | שמיא»: |
| 019 | | Dt25:19 | ית דוכרנייה דעמלק | מן תחות | שמייא עמי בני ישראל לא |
| 020 | דמן תחות | Dt33:27 | שכינתה דאלהא מלקדמין | דמן תחות | אדרע גבורתהה מדברין שבטיה |

## מנבל *n.* nasty [317]

|  |  |  |  |  |  |
|---|---|---|---|---|---|
| 001 | מנבלה s ab/cn | Dt32:21 | באמה דלא אמה באמה | מנבלה | אכעס יתהון: |

## מנדעם *n.* something [303 מידעם]

|  |  |  |  |  |  |
|---|---|---|---|---|---|
| 001 | מאן דעם s ab/cn | Gn39:06 | ידע מן בתריה כל | מאן דעם | ארום אלהן לחמא דהוה אכל |
| 002 | | Gn40:15 | ואף הכה לא עבדת כל | מאן דעם | ארום שוון יתי |
| 003 | מאנדעם | Dt 2:07M | \לא חסרתון כל | מן דעם/מאנדעם#2#/ | לא חסר יתכון |
| 004 | מדעים | Dt28:55 | דלא ישתייר לה כל | מדעים | בצער ובצוקה די יעיקון |
| 005 | מדעם | Ex 5:11 | לא מתמנע מן פולחניכון | מדעם: | |
| 006 | | Ex 9:04 | ימות מכל לבני ישראל | מדעם: | |
| 007 | | Gn30:31 | יעקב לא תעבד לי כלום | מדעם | אן תעבד לי פתגמא הדן אחזור |
| 008 | | Gn22:12 | ולא תעבד ליה כל מן | מדעם | ארום כדון ידעת ארום דחל |
| 009 | | Dt 8:09M | לא תחסרון כל | מן דעם/מדעם#2#/ | בה ארע דאבניה שריין |
| 010 | | Dt28:57 | תאכל יתהון בחסרון כל | מדעם | בטומרה בצער ובצוקה די |
| 011 | | Dt22:26M | לא תעבדון כל | מן דעם/מדעם#2#/ | ביש לית לרביתה סדר |
| 012 | | Dt24:05M | יעבר עלוי כל | מן דעם/מדעם#2#/ | ביש זכיי מזמן יהווי |
| 013 | | Dt28:55M | ישתייר לה כל | מדעים/<מד>עם#2#/ | בצער ובצוקה די |
| 014 | | Dt 2:28M | אנן חסרין מן כל | מן דעם/מדעם#2#/ | ברגלינן אנן עברין: |
| 015 | | Nu31:23 | כל | מדעם | די יעול לנורא תעברון בנורא |
| 016 | | Dt28:48 | ובערטליין ובחסרון כל | מדעם | וישוי נירה דפרזלה על |
| 017 | | Lv27:34M | אפשר לנבייא לחדתא בהון | מדעם | ופקדינון מטול לאחוואותהון |
| 018 | | Dt24:10M | לחברך זפו כל | מה דעם/מדעם#2#/ | לא תיעול לגו |
| 019 | | Dt13:18M | \כל | מן דעם#2#/מדעם#2#/מנדעם#2#/ | מן חרמה |
| 020 | מה דעם | Gn39:09 | מני ולא חסך מני כל | מה דעם | ארום אלהן יתיך בגלל דאת |
| 021 | | Dt24:10 | ארום תוזף לחברך זפו כל | מה דעם | לא תיעול לגו בייתיה |
| 022 | מן דעם | Dt 2:07 | בסעדכון לא חסרתון כל | מן דעם: | |
| 023 | | Nu11:06 | נפשן ריקנה לית לן כל | מן דעם | ארום אלהין <...> דעיינינן |
| 024 | | Dt 8:09 | בה לחם לא תחסרון כל | מן דעם | בה ארע דאבניה שריין |
| 025 | | Gn19:08M | \פתגם ארום בגין /כל | מן דעם | ביש ארום מן בגין כדן#2#/ |
| 026 | | Dt22:26 | ולרביתה לא תעבדון כל | מן דעם | ביש לית לרביתה סדר דין |
| 027 | | Dt24:05 | קרבה ולא יעבר עלוי כל | מן דעם | ביש זכיי מזמן יהווי |

|  |  |  |  |  |  |
|---|---|---|---|---|---|
| 028 | | Dt 2:28 | לית אנן חסרין מן כל | מן דעם | ברגלינן אנן עברין: |
| 029 | | Dt 4:16M | ... נקבה": דמ{ן}<ו> כל | מן דעם | דמ{ן}<ו> דדכר או דנקבה |
| 030 | | Gn33:11 | ייי וארום אית לי כל | מן דעם | ודחק עלוי ונסב: |
| 031 | | Dt 4:25M | דמו /{{צלם}} דמו כל | מן דעם#2#/ | ותעבדון מה/מאן#2#/ |
| 032 | | Dt13:18M | /\כל | מן דעם#2#/מדעם#2#/מנדעם#2#/ | מן חרמה |
| 033 | | Gn39:23 | בית חבושיא חמי ית כל | מן דעם | מן בתרה מן בגלל דהוה ייי |
| 034 | | Nu22:38 | הא מיכל אכול למללה כל | מן דעם | פתגמה די ישוי ייי בפמי |
| 035 | מנדע' | Dt28:48M | וישוי נירה דפרזלה | /מנדע' | ואשווי ניר פורזלה#2#/ על |
| 036 | מנדעם | Dt24:10M | לחבריכון מוזפו כל | מ<נ>ד{נ}עם | |
| 037 | | Gn22:12M | תעבד ליה כל מן | מדעם/מנדעם#2#/ | ארום כדון ידעת ארום |
| 038 | | Dt 8:09M | תחסר כל | מנדעם | בה ארע די אבניה ברירין |
| 039 | | Dt28:57M | יתהון בחסרון כל | מדעם/מנדעם#2#/ | בטומרה בצער ובצוקה |
| 040 | | Dt28:55M | דלא ישייר לה כל | מנדעם | בעקין ובצוקין |
| 041 | | Gn33:11M | ודחק עלוי ונסב | /מנדעם | ודחק ביה#2#/: |
| 042 | | Dt13:18M | /\כל | מן דעם#2#/מדעם#2#/מנדעם#2#/ | מן חרמה |
| 043 | | Nu22:38M | מיכול ניכול לממללה כל | מנדעם | פת' |

## gift offering *n.* מנחה

[317]

|  |  |  |  |  |  |
|---|---|---|---|---|---|
| 001 | מנ' s ab/cn | Lv 2:14M | דפירוכיין תקרבון ית | מנ' | |
| 002 | מנחה | Lv 2:04 | וארו' תקרב קרבן | מנחה | אפיה בתנורא סלת חלין |
| 003 | | Lv 6:13 | יתהון עשרין מכלתה סלת | מנחה | בתדירה פלוגתה תהוון מקרבין |
| 004 | | Nu 5:15 | ארום מנחתה דקנאה היא | מנחה | דדכרה מדכרה חובין: |
| 005 | | Lv 6:14 | מרתחה ייתי יתה תופיני | מנחה | דקצין תקריב לריח דרעוה |
| 006 | | Lv 2:06M | ותריק עלה משח | מנחה/מנחה#2#/ | היא: |
| 007 | | Lv 2:01 | ונפש ארום תקרב קרבן | מנחה | לשמה דייי סלת יהוי קרבניה |
| 008 | | Lv23:16 | חמישין יומין ותקרבון | מנחה | מן חדתה קדם ייי: |
| 009 | | Nu28:26 | דביכורייא בקרבותכון | מנחה | מן חדתה קדם ייי בזמן |
| 010 | | Lv 2:07M | ואם | מנחת/מנחה#2#/ | מרתחה קרבנך סלת פילה |
| 011 | | Nu15:06 | או עם דכרה תקרבון | מנחה | סלת תרין עשרנין פילה במשח |
| 012 | | Nu15:09 | ויקרב עם בר תוריה | מנחה | סלת תלתה עשרונין פיל במשח |
| 013 | | Lv 2:05 | ואין | מנח{ח}<ה> | על מסרת' קרבנך סלת פילן |
| 014 | | Nu15:04 | מן דמקרב קרבניה קדם ייי | מנחה | עשרון מכלתה סלת פילה |
| 015 | | Lv14:10 | מן מום ותלתה עשרנין סלת | מנחה | פילה במשח ולג חד דמשח: |
| 016 | | Nu28:09 | מום ותרין עשרונין סלת | מנחה | פילה במשח אינון ונסכיהון: |
| 017 | | Nu28:12 | חד ותרין עשרונין סלת | מנחה | פילה במשח עם דכרה חדתה |
| 018 | | Nu28:12 | ותלתה עשרונין סולת | מנחה | פילה במשח לתור חד ותרין |
| 019 | | Nu28:13 | ועשרן עשרין מכלתה סלת | מנחה | פילה במשח תקרבון עם אמרא |
| 020 | מנחת | Lv 2:14 | גרש פריחין תקרב ית | מנחת | בכוריכון: |
| 021 | | Lv 2:14 | ואם תקרב | מנחת | דביכורין לשמה דייי מהבהב |
| 022 | | Nu 5:18 | כף ידה ית מנחתה דדכרונה | מנחת | דקנאותה היא ובידוי דכהנא |
| 023 | | Lv 2:07 | ואם | מנחת | מרתחה קרבנך סלת פילה במשח |
| 024 | | Nu 5:18M | מנחתה דוכרנה {וית} | מנחת | קנתה היא וב{ין}די דכהנה |
| 025 | | Lv 6:14M | "יית' ...": תעיל יתה מרסקה | מנחת | רסוקין תקרבון לריח דרעוה |
| 026 | ומנחא | Ex30:09M | ועלוון | ומנחוון/<ומנ>חא#2#/ | ונסוכין לא תנסכון |
| 027 | ומנחה | Ex30:09M | ברייה עלוון | ומנחה | ונסוך לא תנס' |
| 028 | | Lv 9:04 | קדשיה למקרבה קדם ייי | ומנחה | פילה במשח ארום יומא הדין |
| 029 | | Nu 4:16 | וקטרת בוסמנייה | ומנחה | תדירה ומשחה דרבותה סכום |
| 030 | ומנחת | Nu29:28 | חד בר מעלת תמידה | ומנחת | ונסוכה: |
| 031 | | Nu 4:16M | \ומנחה תדירה ומשחה | /ומנחת | תמידה ומ'#2#/ דרבותה |
| 032 | כמנחת | Ex29:41M | שמשתה \כמנחתה דאמר | /<כמנ>חת | אמר#2#/ דצפרא וכנסכה |
| 033 | למנחה | Lv 6:13M | מכלתה סלת | מנחה/למנחה#2#/ | בתדירה פלוגתה תהוון |
| 034 | | Lv14:21 | מכלתה סלת חד פיל במשח | למנחה | ולג דמשח: |
| 035 | מנחתא s em/sf | Lv 2:08 | ותיתי ית | מנחתא | די יתקרב מן אלין לשמה |
| 036 | מנחתה | Lv 6:07M | "גזירת ... יתה": אחווית | מנחתה | אקריבו ית' |
| 037 | | Nu 5:25 | כהנה מן ידא דאתתה ית | מנחתה | דאקנתה ויניף ית מנחתה קדם |
| 038 | | Nu 5:18 | ויתן על כף ידה ית | מנחתה | דדכרונה מנחת דקנאותה היא |
| 039 | | Nu 5:18M | "מנחתה ... מלווטיה": | מנחתה | דוכרנה {וית} מנחת קנתה |
| 040 | | Lv10:12 | בנוי דאשתיירו סבו ית | מנחתה | די אשתיירת מן קרבנוי דייי |
| 041 | | Lv 2:11 | כל | מנחתה | דיקרבון לשמה דייי לא |
| 042 | | Lv 6:16 | וכל | מנחתה | דכהנא גמירא תהוי לא |
| 043 | | Lv 7:09 | וכל | מנחתה | דמתאפית בתנורא וכל נעבד |
| 044 | | Nu 5:15 | יתן> עלוי לבונה ארום | מנחתה | דקנאה היא מנחה דדכרה |
| 045 | | Lv 2:06 | קצוין ותריק עלה משח | מנחתה | היא: |
| 046 | | Lv 2:15 | משח ותשוי עליה לבונ' | מנחתה | היא: |
| 047 | | Ex40:29M | עלוי ית עלתה \וית | מנחתה#2#/ | היך מה די פקד ייי ית |
| 048 | | Lv14:31 | לחטאתה וית חד לעלתה על | מנחתה | ויכפר כהנא על מן דמדכי |
| 049 | | Lv 6:08 | לבונתה די על «גבי» | מנחתה | ויסדר על ^גבי#2#^ מדבח' |
| 050 | | Lv 9:17 | וקרב ית | מנחתה | ומלא כף ידיה מנה וסדר |
| 051 | | Nu29:31M | טב לרביעות מטרה | /\מנחתה#2#/ | וניסוכה וניסוך מיא: |
| 052 | | Nu29:16 | בר מן עלתה דתמידה | מנחתה | ונסכה: |
| 053 | | Nu29:34 | חד בר מעלת תמידה | מנחתה | ונסכה: |
| 054 | | Lv 2:09 | וירים כהנא ית | מנחתה | ית אדכרתה ויסדר על גבי |
| 055 | | Nu 5:26 | ויקמוץ כהנה מן | מנחתה | ית אדכרתה ויסדר על גבי |
| 056 | | Lv 2:03 | ומה דמשתייר מן | מנחתה | לאהרן ולבנוהי קדש קדשים |
| 057 | | Lv 2:10 | ומה דמשתייר מן | מנחתה | לאהרן ולבנוי קדש קדשים |
| 058 | | Lv 7:10M | פילה במשח ונגיבה | /מנחתה | מערבה במשח ומנגבה#2#/ |
| 059 | | Lv14:20 | ויסדר כהנא ית עלתה וית | מנחתה | על גבי מדבחה ויכפר עלוי |
| 060 | | Lv 7:10 | וכל | מנחתה | פילה במשח ונגיבה לכל בנוי |
| 061 | | Nu 5:25 | מנחתה דאקנתה ויניף ית | מנחתה | קדם ייי ויקרב יתה על גבי |
| 062 | מנחתהון | Nu18:09 | אשתא כל קרבנהון לכל | מנחתהון | ולכל חטאתהון ולכל |
| 063 | מנחתיה | Nu 6:17 | דפטיריה ויקרב כהנא ית | מנחתיה | וית נסכיה: |
| 064 | מנחתיכון | Lv 2:13 | וכל קרבן | מנחתיכון | במלח תמלחון ולא תבטלון |
| 065 | מנחתכון | Lv 2:13 | קיים אלהכון מעילוי | מנחתכון | על כל קרבניכון תהוון |
| 066 | דמנחתה | Lv 6:08 | מנה בקמציה מן סלתה | דמנחתה | ומן סוב' וית כל לבונתה די |
| 067 | | Nu29:06M | ועלתה דתמידה | /דמנחתה | ועולת תמ'#2#/ ומנחתה |
| 068 | | Lv 6:07 | ודא גזירת אוריתא | דמנחתה | יקרבו יתה בנוי דאהרן קדם |
| 069 | ומנחתה | Nu29:19 | בר מן עלת תמידה | ומנחתה | וניסוכיהון: |
| 070 | | Nu29:34M | בר מן לעלת תמידה | ומנחתה | וניסוכיהון |
| 071 | | Nu29:22 | בר< מן> עלת תמידה | ומנחתה | ונסוכה: |
| 072 | | Nu29:25 | לחטאתה בר מעלת תמידה | ומנחתה | ונסוכה: |
| 073 | | Nu29:38 | חד בר מעלת תמידה | ומנחתה | ונסוכה: |
| 074 | | Nu29:06 | ומנחתה ועלתה דתמידה | ומנחתה | ונסוכיהון כסדר דיניהון |
| 075 | | Nu29:11 | דכפוריה ועלתה דתמידה | ומנחתה | ונסוכיהון: |
| 076 | | Nu29:06 | עלתה דירחא | ומנחתה | ועלתה דתמידה ומנחתה |
| 077 | | Nu 8:08 | ויסבון תור בר תורין | ומנחתה | סולת פילה במשח ותור תניין |
| 078 | | Nu28:31 | בר מן עלתה דתמידה | ומנחתה | תקרבון שלמין מן מום יהוון |
| 079 | ומנחתהון | Nu29:18 | | ומנחתהון | וחמר ניסוכיהון מה |
| 080 | | Nu29:21 | | ומנחתהון | וניסוכיהון מה די תהוון |
| 081 | | Nu29:24 | | ומנחתהון | וניסוכיהון די תהוון |
| 082 | | Nu29:11M | תמ'#2#/ | ומנחתה/<ומנח>תהון#2#/ | ונסוכיהון: |
| 083 | | Nu29:27 | ^^ | ומנחתהון | ונסוכיהון מה די תהוון |
| 084 | | Nu29:30 | | ומנחתהון | ונסוכיהון: |
| 085 | | Nu29:33 | | ומנחתהון | ונסוכיהון מה די תהוון |
| 086 | | Lv23:18 | יהוון עלה לשמה דייי | ומנחתהון | ונסכהון קרבן דמתקבל לריח |
| 087 | | Nu 6:15 | משיח«י»ן במשח | ומנחתהון | ונסכיהון: |
| 088 | | Nu 7:87 | בני שתהון תרין עשר | ומנחתהון | וצפירין דעזין תרין עשר |
| 089 | | Nu28:28 | | ומנחתהון | סולת פילה במשח תלתה |
| 090 | | Nu28:20 | | ומנחתהון | סלת פילה במשח תלתה |

|  |  |  |  |  |  |  |
|---|---|---|---|---|---|---|
| 091 | | | Nu29:03 | | ומנחתהון | סלת פ«י»לה במשח תלתה |
| 092 | | | Nu29:09 | | ומנחתהון | סלת פילה במשח תלתה |
| 093 | | | Nu29:14 | | ומנחתהון | סלת פילה במשח תלתה |
| 094 | | | Nu28:31M | עלתה דתמידה | ומנחתה/<ומנח>תהון#2#/ | תקרבון שלמין מן |
| 095 | ומנחתיה | | Nu15:24 | דרעוה לשמה דייי | ומנחתיה | ונס«ו»כוי כסדר דינה |
| 096 | | | Lv23:13 | | ומנחתיה | תרין עשרונין סלת פילה |
| 097 | ומנחתיהון | | Nu29:37 | | ומנחתיהון | וניסוכיהון מה די תהוון |
| 098 | ובמנחתא | | Gn49:27 | מקרבין אימר תמידא | ובמנחתא | וביני שמשייא יהוון |
| 099 | | | Gn49:27 | {מקרבין} אימר תמידא | ובמנחתא | וברמשא יהוון מפלגין |
| 100 | כמנחתה | | Lv 5:13 | ליה ותיהוי לכהנא | כמנחתה: | |
| 101 | | | Ex29:41 | תקרבון יתה ביני שמשתה | כמנחתה | דאמר דצפרא וכנסכה תקרבון |
| 102 | | | Nu28:08 | יתיה <ביני> שמשתה | כמנחתה | דאמר דצפרא וכנסוכוי כדן |
| 103 | למנחתה | | Nu 7:13 | סולת פילה במשח | למנחתה: | |
| 104 | | | Nu 7:19 | סולת פילה במשח | למנחתה: | |
| 105 | | | Nu 7:25 | ומזרקתה פילה במשח | למנחתה: | |
| 106 | | | Nu 7:31 | סלת פיילה במשח | למנחתה: | |
| 107 | | | Nu 7:37 | סלת פ«יי»לה במשח | למנחתה: | |
| 108 | | | Nu 7:43 | סלת פיילה במשח | למנחתה: | |
| 109 | | | Nu 7:49 | סלת פיילה במשח | למנחתה: | |
| 110 | | | Nu 7:55 | סלת פיילה במשח | למנחתה: | |
| 111 | | | Nu 7:61 | סלת פיילה במשח | למנחתה: | |
| 112 | | | Nu 7:67 | סלת פיילה במשח | למנחתה: | |
| 113 | | | Nu 7:73 | סלת פיילה במשח | למנחתה: | |
| 114 | | | Nu 7:79 | סלת פיילה במשח | למנחתה: | |
| 115 | | | Lv 7:37 | דא גזירת אורייתא לעלתה | למנחתה | ולחטאתה ולאש«מה» |
| 116 | | | Nu28:05 | ועשרון מכלתה סלת | למנחתה | פילת במשח כתית רבעית |
| 117 | ומנחוון | p abs | Lv23:37 | קרבנין קדם ייי עלוון | ומנחוון | דבחין ונסוכין סכום יום |
| 118 | | | Ex30:09 | קטרת נכרייה ועלוון | ומנחוון | ונסוכין לא תנסכון עלוי: |
| 119 | ולמנחתכון | p em/sf | Nu29:39 | ונסיבתהון לעלוותכון | ולמנחתכון | ולנסכיהון ולנכסת |
| 120 | ומנחתהון | | Nu29:31M | לעלת תמידה | ומנחתהון | ונסוכיהון |

## מנטל *adj.* exalted one [317]

|  |  |  |  |  |  |  |
|---|---|---|---|---|---|---|
| 001 | מנט לא | s ab/cn | Nu20:20 | בעמא תקיפה ובאדרע | מנט לא: | |
| 002 | מנטלא | | Ex 6:06M | \ביד תקיפא /בא<ד>רע | מנטלא#2#/ | ובסדרי דינין רברבין: |
| 003 | מנטלה | | Ex32:11M | מנטלתה /ובאדרע | מנטלה#2#/: | |
| 004 | | | Dt 5:15 | תמן בידה תקיפה ובאדרע | מנטלה | בגין כדן פקד יתכון ייי |
| 005 | | | Dt 7:19M | מנטלתה /ואידרע | מנטלה#2#/ | די אפיק/פרק ואפק#2#/ |
| 006 | | | Dt 4:34 | קרבה וביד תקיפה ובאדרע | מנטלה | ובחזו{ז}<ו>ן רברבין ככל |
| 007 | | | Dt26:08 | בידה תקיפה ובאדרע | מנטלה | ובחזוין רברבן ובאתין |
| 008 | מנטלתה | s em/sf | Ex32:11 | בחיל«ך» רבה ובאדרעך | מנטלתה: | |
| 009 | | | Dt 9:29 | בחילך רבה ובאדרעך | מנטלתה: | |
| 010 | | | Dt11:02 | ידיה תקיפתה ואדרעיה | מנטלתה: | |
| 011 | | | Dt 7:19 | וידה תקיפתה ואדרעה | מנטלתה | די אפיק יתכון פריקין ייי |
| 012 | ומנטלין | p abs | Nu24:06 | דמיין ומשבחין | ומנטלין | בבריותה: |
| 013 | | | Nu24:06M | כארזייה רמין | ומנטלין | ביב{צ}<ר>{ו}יי<ו>תא |
| 014 | | | Dt33:17 | למשתעבדה ויהוון רמין | ומנטלין | ועליין על כל אומייה |
| 015 | | | Nu24:06M | רמין | ומנטלין | על כל אומייא יאין |
| 016 | | | Dt26:19 | ולמשויה יתכון רמין | ומנטלין | על כל אומייה די ברא |
| 017 | | | Dt28:01 | ייי אלהכון רמין | ומנטלין | על כל אומי ארעא: |
| 018 | מנטליא | p em/sf | Ex15:21 | על גיותניא ומתנטל על | מנטליא | סוסוון ורוכביהון על |

## מני *vb.* to count, to number [317]

|  |  |  |  |  |  |  |
|---|---|---|---|---|---|---|
| 001 | מני | peal | Ex30:12 | נפשה לשמה דייי כד תהוי | מני | יתהון דלא יהווי בהון מותן |
| 002 | | | Ex30:12 | מותן מחבל בזמן דתהוי | מני | יתהון: |
| 003 | תמנון | | Lv23:16 | יומא טבה קדמיה דפיסחא | תמנון | חמישין יומין ותקרבון מנחה |
| 004 | | | Dt16:09 | שובעה שבועין דיומין | תמנון | לכון מ' די את משרי מגלה |
| 005 | תמני | | Nu 3:15M | מן בר ירח ולעיל | תסכם/תמני#2#/ | יתהון: |
| 006 | ממני | | Gn15:05M | לממני /את יכיל | ממ<ני>#2#/ | יתהון ואמר לה כדין |
| 007 | דתמנון | | Lv23:16 | שבתה שביעיתה מן | דתמנון | להוד מן בתר יומא טבה |
| 008 | וימני | | Lv15:13 | ידכי דיבה מן דובה | וימני | ליה שבעה יומין לדכאותיה |
| 009 | ומאני | | Nu 4:34M | | וסכם/ומאני#2#/ | משה ואהרן ורברבני |
| 010 | ומנה | | Gn15:05 | ואמר אסתכל כען לשמיא | ומנה | ית כוכביא אן תיכל לממני |
| 011 | ומני | | Nu 1:19M | ייי ית משה | וסכם/ומני#2#/ | יתהון במדברא דסיני: |
| 012 | ומנן | | Nu 3:16M | | וסכם/ומנן#2#/ | יתהון משה על פם |
| 013 | ותמנון | | Lv25:08 | | ותמנון | לכון שבע שמיטין שובעה |
| 014 | | | Lv23:15 | | ותמנון | מן בתר יומא טבא קדמיה |
| 015 | | | Nu 4:27M | ולכל פלחנהון | ותסכמון/ותמנון#2#/ | עליהון במטרה ית |
| 016 | ותמני | | Lv15:28 | ואן אדכיית מן דובה | ותמני | ליה שבעה יומין ומן בתר |
| 017 | למימני | | Gn13:16 | דלית אפשר די כל גבר | למימני | ית עפרא דארעא אף בניך לית |
| 018 | | | Nu23:10 | מן יכיל | למימני | עולימיהון דבית יעקב |
| 019 | לממני | | Gn41:49 | לחדא עד זמן דאתמנע מן | לממני | ארום לא הוי סכום למנינה: |
| 020 | | | Gn15:05 | ית כוכביא אן תיכל | לממני | יתהון ואמר לה כדין יהוון |
| 021 | | | Gn 8:10M | ושרי \תוב לממני שבעה | /לממני | עוד שב#2#/ יומין |
| 022 | | | Gn 8:12M | ושרי \תוב לממני שבעה | /לממני | עוד שב#2#/ יומין חרינין |
| 023 | | | Gn 8:10 | ושרי תוב | לממני | שבעה יומין אחרינין ואוסף |
| 024 | | | Gn 8:12 | ושרי תוב | לממני | שבעה יומין חרינין ושלח ית |
| 025 | | | Dt16:09 | בעומרא דאנפותה תשרון | לממני | שובעה שבועין דיומין: |
| 026 | מאני | pael | Nu 1:50M | ואת \מני ית לוויי | /מאני | ית לוואי#2#/ על משכנה |
| 027 | ממנא | | Gn44:01 | ופקיד למן דהוה | ממנא | אפיטרופוס על בייתי למימר |
| 028 | ממני | | Gn41:40 | את תהווי | ממני | אפיטרופ«וס» על בייתי ועל |
| 029 | | | Gn43:16 | ית בנימן ואמר למן דהוה | ממני | אפיטרופו«ס» על בייתיה |
| 030 | | | Dt17:09 | ולוות דייניה דייהווי | ממני | ביומיא האינון ותתבעון |
| 031 | | | Dt26:03 | ותיתון לוות כהנא די הווי | ממני | כהנא רבא ביומיה האינון |
| 032 | | | Gn43:19 | וקרבו לוות גברא דהוה | ממני | על פלטורין דיוסף ומללון |
| 033 | | | Gn44:04M | אפיטרופוס /לדן דממני | ממני#2#/ | \על בייתיה/בגובריא#2#/ |
| 034 | | | Nu 2:03M | ורבה <ד>הוה | ממני | על חיילות שבטה דב' |
| 035 | | | Nu 2:07 | דזבולן ~ורבה דהוה | ממני | על משרית שבטה דזבולן~ |
| 036 | | | Nu 2:10 | לחיילוותהון ורבה דהוה | ממני | על שבטה דבנוי דראובן |
| 037 | | | Nu 2:12 | דבנוי דשמעון ורבה דהוה | ממני | על משרית שבטה דבנוי |
| 038 | | | Nu 2:14 | דבנוי דגד ורבה דהוה | ממני | על משריית שבטה דבנוי דגד |
| 039 | | | Nu 2:18 | מן מערבה ורבה דהוה | ממני | על משרית שבטה דבנוי |
| 040 | | | Nu 2:20 | שבטה דמנשה ורבה דהוה | ממני | על משרית שבטה דמנשה |
| 041 | | | Nu 2:22 | דבנימין ורבה דהוה | ממני | על משרית שבטה דבנימן |
| 042 | | | Nu 2:25 | לחיילוותהון ורבה דהוה | ממני | על משרית שבטה דבנוי דדן |
| 043 | | | Nu 2:27 | דבנוי דאשר ורבה דהוה | ממני | על משרית שבטה דבנוי דאשר |
| 044 | | | Nu 2:29 | ושבטה דנפתלי ורבה דהוה | ממני | על משרית דשבטה דבנוי |
| 045 | | | Nu 3:32 | ורבה דהוה | ממני | על רברבני ליוויי אלעזר בר |
| 046 | | | Nu10:14 | לחיילוותהון ורבה דהוה | ממני | על חיילוות שבטה דבנוי |
| 047 | | | Nu10:16M | ועל/ורבה דהווה | ממני | על#2#/ חיילוות/חל'#2#/ |
| 048 | | | Nu10:18 | לחילוותהון ורבה דהוה | ממני | על חיילוותיה שבטה דבנוי |
| 049 | | | Nu10:19M | ורבה דהווה | ממני | על חילך' |
| 050 | | | Nu10:20M | ורבה דהווה | ממני | על חיילוות |
| 051 | | | Nu10:22 | לחילוותהון ורבה דהוה | ממני | על חילוות שבטה דבנוי |
| 052 | | | Nu10:23M | \ועל חילוות /ורבה דהווה | ממני | על חיילוות#2#/ שבטה דבנוי |
| 053 | | | Nu10:25 | לחילוותהון ורבה דהוה | ממני | על חילוותיה אחיעזר בר |
| 054 | | | Nu10:26M | ורבה דהווה | ממני | על חיילוות |

055 ממניה Dt17:15 ממני<ה> תמנון עליכון מלך <....>
056 ממניין Ex14:07M דמצריים וגברין ממניין
057 Dt17:09M "ייהווי ממני": יהוון ממניין
058 Dt19:17 ודייניה די יהוון ממניין ביומיא האינון:
059 ממנין Ex14:07 דמצריי ורברבנין הוון ממנין על כולהון:
060 Nu 7:02 שבטיה אינון דהווֹ ממנין על סכומיה:
061 Nu31:48 לוות משה סכומיה דהוון ממנין על סכומי חילוותה רברבני
062 Gn44:18M יח דינה אחתן דלית היא ממנין שבטייא ולית לה חולק
063 מני Nu 4:41M במשכן זימנה די סכם/מני#2#/ משה ואהרן על פום
064 Nu 1:50 ואת מני ית לוויי על משכנה דסהדותה
065 אמני Dt17:14 ותשרון בגווה ותימרון אמני עלינן מלך ככל אומייא די
066 ימנה Gn41:33 וכדון ימנה פרעה גבר סכלתן וחכים וישוי
067 ימני Nu27:16 ימני ייי אלה דשליט בנשמת כל
068 תמנון Dt16:18 דיינין וסרכין תמנון לכון בכל קורייכון דייי
069 Dt17:15 ממני<ה> תמנון עליכון מלך <....> לית אתון
070 תמני Nu 3:10M אהרן וית בנוי תסכס/תמני#2#/ ויסרון ית כהונתהון
071 דמ' Nu 2:14M דגד ורבה \דהוה ממני/דמ#2#/ על משריית/חילוות#2#/
072 דממני Gn44:04M דהוה אפיטרופוס /לדן דממני ממני#2#/ על בייתיה
073 Ex12:13M רשו למלאכיא מחבלא דממני על מותא למזיק
074 Nu 3:32M ורבה \דהוה ממני/דממני#2#/ על רברבני ליוויי
075 דמנא Gn39:05 והוה מן זמנא דמנא יתיה אפיטרופוס על ביתיה
076 דמני Ex35:30 משה לבני ישראל חמו דמני ייי בשם דרבן בצלאל בן
077 דמניית Gn41:41 ואמר פרעה ליוסף חמי דמניית יתך רב ושליט על כל ארעא
078 Ex 7:01 ואמר ייי למשה חמי דמניית יתך רב ושליט לפרעה ואהרן
079 Ex33:12 עמי ואת אמרת חמי דמניית יתך בשם דרבן ולחוד אשכחת
080 דמנית Ex31:02 חמי משה דמנית וקראת בשם טב דרבן בצלאל
081 ואימני Ex32:10M \יתך לאומה#2#/ ואימני/ יתך משה לאומייה#2#/
082 Nu14:12M לממניה יתך לאומא ואימני/ יתך משה לאומ#2#/ רבה
083 ואמנא Gn12:02 ואמנא יתך לאמא רבה ואבר' יתך
084 ואמני Dt 1:13 וחכמין לשבטכון ואמני יתהון רברבנין עליכון:
085 Dt 9:14M לממנייה יתך לאומה ואמני/ יתך לאומ#2#/ רבה ותקיפה
086 וימנה Gn41:34 יפקיד פרעה גבר וימנה אפיטרופין בכל ארעא
087 וימנון Dt20:09M רברבניה חיילוון וימנון/ רברבני חילוותה#2#/
088 Dt20:09 סרכייה לממללה עם עמא וימנון רברבניה חיילוון ברישי
089 ומיני Gn39:04 וחסד באפוי ושמש יתיה ומיני יתיה אפיטרופוס על ביתיה
090 וממנין Nu 7:02M דישראל הנון דקיימין וממנין על מנייניה
091 ומני Gn41:43 בשפר ורכיך בשנייה ומני יתה רב ושליט על כל ארעא
092 Gn40:04 ומני רב אספקלטוריה ית יוסף
093 ומניית Dt 1:15 גברין חכימין וסכלתנין ומניית יתהון רברב{נ}ין עליכון
094 Ex33:17 אשכחת חן וחסד באפי ומניית יתן בשם דרבן:
095 לממניה Nu14:12 יתהון ואית יכלה קדמי לממניה יתך לאומא רבה ותקיפה
096 לממנייה Dt 9:14 ויוכלה היא קדמי לממנייה יתך לאומה רבה ותקיפה
097 Ex32:10 ואית יכלה קדמיי לממנייה רבה ותקיפא מנהון:
098 etpeel מלאיתמנא' Ex12:04M דביתא כמסת למתמניא/מלאיתמנא'#2#/ על אימר פסחא
099 מתמני Gn44:18 כמה וכמה על אחונן דהוא מתמני עמין מן שבטיא ומקבל חולק
100 מתמניא Gn44:18M "דלא ... וכמה": ולא הוה מתמניא עמנן לא בפלגא עמן חולק
101 מתמניי' Gn44:18 לדינה אחתן דלא הוו' מתמניי' עמן מן שבטיא ולא מקבלה
102 אתמנון Nu 1:47M /אבה#2#/ לא אסתכמו/אתמנון#2#/ ביניהון:
103 Ex12:21 דישראל ואמר להון אתמנון וסבו לכון ען לזרעייתכון
104 יתמ' Ex12:21M ואמר להון אתמנון/יתמ'#2#/ וסבו לכון ען
105 יתמנון Gn16:10 אסגיא ית בניך ולא יתמנון מן סוגי:
106 Gn32:13 בניך כחלא דימא די לא יתמנון מן סגי:
107 תתמנון Ex12:04 גבר לפם מיכל«ה» תתמנון על אימר פיסחא:
108 למתמניא Ex12:04 אינון עמא דביתא כמסת למתמניא על אימר פסחא ויסב הוא
109 למתמניה Gn13:16 בניך לית אפשר להון למתמניה:
110 etpaal מתמנן Ex24:11M עולמייא שפיריא דהוון מתמנן על בני ישראל
111 איתמניתון Dt27:09 ישראל יומא הדין איתמניתון לאומה קדם ייי אלהכון:

## מניין *n.* number, amount [318]

001 s ab/cn מניין Ex23:26 מתכלה ועקרה בארעך ית מניין יומכון תשלמון בשלם:
002 Ex16:16 מיכליה עמר לכל גלגלה מניין נפשכון גבר לפם מה די
003 Nu 9:20 די יהווי עננה יומין מניין על משכנה על פם גזירת
004 Lv25:16 תזער כסף זבונה ארום מניין עללתה הוא מזבן לך:
005 Nu 3:40 בר ירח ולעיל וקבל ית מניין שמהתהון:
006 מנין Nu31:36 דעמא דנפקין לחיל קרבה מנין ען תלתין ותלת רבוון ושבעת
007 במ' Nu 1:22M \סכומי במניין/במ'#2#/ שמהן לגולגלתהון כל
008 במניין Dt25:02 קדמוי כמסת חובתיה במניין:
009 Dt33:06 עם ג«י»ברין במניין:
010 Dt28:62 ותשתיירון עם במניין חלף די הוויתון ככוכבי
011 Nu14:34 במניין יומין די ייללתון ארבעין
012 Nu 3:22 סכומיהון במניין כל דכורא מן בר ירח ולעל
013 Nu 3:28 במניין כל דכורה מן בר ירח
014 Nu 3:34 וסכומיהון במניין כל דכורא מן <בר> ירח
015 Nu 1:02 לבית אבהתהון במניין שמהן כל דוכרא לגולגלתהון:
016 Nu 1:18 לבית אבהתהון במניין שמהן מן בר עשרין שנין
017 Nu 1:20 לבית אבהתהון במניין שמהן לגולגלתהון כל דכורא
018 Nu 1:22 לבית אבהתהון סכומי במניין שמהן לגולגלתהון כל דכורא
019 Nu 1:24 לבית אבהתהון במניין שמהן מן בר עשרין שנין
020 Nu 1:26 לבית אבהתהון במניין שמהן מן בר עשרין שנין
021 Nu 1:28 יחוסיהון לבית אבהתהון במניין שמהן מן בר עשרין שנין
022 Nu 1:30 לבית אבהתהון במניין שמהן מן בר עשרין שנין
023 Nu 1:32 לבית אבהתהון «במניין שמהן» מן בר עשרין שנין
024 Nu 1:34 לבית אבהתהון במניין שמהן מן בר עשרין שנין
025 Nu 1:36 לבית אבהתהון במניין שמהן מן בר עשרין שנין
026 Nu 1:38 לבית אבהתהון במניין שמהן מן בר עשרין שנין
027 Nu 1:40 לבית אבהתהון במניין שמהן מן בר עשרין שנין
028 Nu 1:42 לבית אבהתהון במניין שמהן מן בר עשרין שנין
029 Nu26:53 תתפלג ארעא באחסנה במניין שמהן:
030 Nu 1:24M \במניין שמהן /במניין שמהת#2#/ מן בר עשרין
031 Nu 3:43 והוון כל בכוריה דכרי במניין שמהתהון מבר ירח ולעיל
032 Lv25:15M יזבן /חבריכון במניין שני עללן יז'#2#/ לך:
033 Lv25:15 במניין שנין בתר יובלה תזבון
034 Lv25:15 תזבון מן לוות חברך במניין שנין דעלל{ת}<ל>תה יזבן לך:
035 Lv25:50 ויהווי כסף זבוניה במניין שנין כיומי אגיר יהווי
036 Lv25:29 שנת זבוניה יומין במניין תיהוי פרקוניה:
037 דמניין Dt 4:27 ותשתיירון עם דמניין באומייה די יגלי ייי יתכון
038 ובמניין Gn22:14M ברך קדמוי ובמניין אקד'
039 כמיניין Gn48:19M רבתא שבעין חכמין כמיניין עלמייא
040 כמנין Ex12:04 דקריב לוותיה כמנין נפשין גבר לפם מיכל«ה»
041 למניין Nu29:15M /תהוון מקריבין למניין ארבעת עשרתי אמריה#2#/:
042 Gn34:30 ובפריזיי ואנה עם למניין ויתכנשו לוותי וישיצון יתי
043 Nu29:04M /תהוון מקריבין למניין ש'#2#/ אמריה:
044 Nu29:10M שבעת/תהוון מקריבין למניין ש'#2#/ אמריה:
045 Nu28:21M שבעתיה /תהוון מקרבין למניין שב'#2#/ אמריה
046 Nu28:29M שבעתי /תהוון מקרבין למניין שב'#2#/ אמריה:
047 Dt32:08 אקימת תחומין לאומיה למניין שבטייה דבני ישראל:
048 Nu29:14M עם תלת עשרתי תורייא /למניין תלת עשרתי תורייה#2#/
049 Nu29:14M תקרבון עם תרין /למניין תוי[ין]#2#/ דכריה:

|  |  |  |  |  |  |
|---|---|---|---|---|---|
| 050 | ממניין | Gn44:18 | בנימן אחונן דהוא | ממניין | שבטייא ואית ליה חולק |
| 051 | ממנין | Gn44:18 | דינה אחתן דלית היא | ממנין | שבטיא ולית לך{ך}<ה> חולקא |
| 052 | | Gn44:18M | בנימן אחונ׳ דהוא | ממנין | שבטיי׳ ואית ליה חולק |
| 053 | s em/sf מניינה | Gn31:39 | מנהון דהוות ערקה מן | מניינה | אנה הוינא משלם יתה מני את |
| 054 | מנייניה | Ex38:26 | כל דעבר על | מנייניה | מבר עשרין שנין ולעל לשתי |
| 055 | | Ex30:14 | כל דעבר על | מנייניה | מ«ן» בר עשרין שנין |
| 056 | מנייניכון | Nu14:29 | וכל סכומיכון וכל | מנייניכון | מן בר עשרין שנין ולעיל |
| 057 | מניניה | Ex30:13M | כל דעבר על | סכומה/מניניה#2#/ | מן פלגות סלעא בסלעי |
| 058 | במ׳ | Nu15:12M | כל/לכל#2#/ חד | כמניינהון/במ׳#2#/: | |
| 059 | במניינהון | Nu29:18 | עם דכרייא עם אמרייא | במניינהון | כסדר דינה: |
| 060 | במניינהון | Nu29:21 | עם דכרייה עם אמרייה | במניינהון | כסדר דינה: |
| 061 | | Nu29:24 | אמרייה ועם דכרייה | במניינהון | כסדר דינה: |
| 062 | | Nu29:30M | דכרייה ועם אמרייה | במניינהון | כסדר דינה: |
| 063 | | Nu29:33 | עם דכרייה עם אמרייה | במניינהון | כסדר דינהון: |
| 064 | | Nu29:37 | דכרייה ועם אמריה | במניינהון | כסדר דינה: |
| 065 | ובמניינהון | Nu29:27 | עם אמרייה ועם אמרייה | ובמניינהון | בסדר דינה^^: |
| 066 | כמנינה | Nu15:12 | | כמנינה | די תעבדון כהדין סדרא |
| 067 | כמנינהון | Nu15:12 | תקרבון עם כל חד | כמנינהון: | |
| 068 | למנינהון | Nu 3:43M | ירח ולעיל | לסכומיהון/למניינהון#2#/ | עשרין ותרין |
| 069 | למנינה | Gn41:49 | ארום לא הוי סכום | למנינה: | |
| 070 | p em/sf מנייניה | Nu 7:02M | דקיימין וממנין על | מנייניה | |
| 071 | למניניהון | Ex30:12 | דבני ישראל | למניניהון | ויתנון גבר פרק{י}<ו>ן |

## [318] necklace *n.* מניך

|  |  |  |  |  |  |
|---|---|---|---|---|---|
| 001 | s em/sf מניכא | Gn41:42 | {{ל}}לבושין דבוץ ושוי | מניכא | דדהבא על צואריה: |

## [318] from where *adv.* מנן

|  |  |  |  |  |  |
|---|---|---|---|---|---|
| 001 | מנן | Gn48:08M | ואמר \מאן אינון אליין | /מנן | אתיילדו אילן#2#/: |
| 002 | | Gn16:08 | ואמר הגר אמתא דשרי | מנן | את אתייה ולאן את אזלה ואן |

See also: *prep.* מן

## [318] to hold back *vb.* מנע

|  |  |  |  |  |  |
|---|---|---|---|---|---|
| 001 | peal מנע | Ex32:10 | וכען | מנע | גרמך מן למבעי רחמין עליהון |
| 002 | | Dt 9:14 | | מנע | גרמך מן קדמיי מן למבעי |
| 003 | | Ex17:11 | מתגברין ומנצחין וכד הוה | מנע | ידוי מן למצלייה הוון דבית |
| 004 | | Nu24:11 | אמרת מוקרא איקר והא | מנע | ייי יתך מנך ית איקרא: |
| 005 | | Gn16:02 | ואמר שרי לאברהם הא כען | מנע | יתי ייי מן למל{ל}<ד> עול |
| 006 | | Ex 5:11M | לא מתמנע/לית אנא | מנע#2#/ | מן פולחניכון מדעם |
| 007 | | Nu11:28 | ואמ׳ ריבוני משה | מנע | מנהון רוח קודשה: |
| 008 | | Nu23:20 | ית ישראל וברכה לית אנה | מנע | מנהון: |
| 009 | | Gn30:02 | ניזל ונבעי קדם ייי די | «מנע» | מניך פירי וולד מעייא: |
| 010 | מנעת | Gn22:12 | דחל מן קדם ייי את ולא | מנעת | ית ברך ית יחידך מני: |
| 011 | | Gn22:16 | דעבדת ית פתגמא הדין ולא | מנעת | ית ברך ית יחידך: |
| 012 | ימנע | Ex21:10 | ומעלה ומפקה לוותה לא | ימנע: | |
| 013 | ימנעון | Gn 3:15M | ונטרין פקודיה | ימנעון | גרמיהון בנה דאתתה דלא |
| 014 | | Gn27:40M | שעבדה על צואריה וכד | ימנעון | גרמיהון בנוי דיעקב דלא |
| 015 | נמניע | Gn30:02M | ניזל ונבעי קדם/די | נמניע | יתהון אתיי אנה ואת ונזיל |
| 016 | תמנע | Lv19:18 | למעקה בה ית חברך ולא | תמנע | זכותה דחבר׳ כד תדע בה דאית |
| 017 | | Ex23:02 | תיזל בתר סגיא למבאשא לא | תמנע | מן למימר מה דבלבך על חברך |
| 018 | תמנעון | Ex 5:19 | יתהון בביש למימר לא | תמנעון | מן לבניכון סכום יום |
| 019 | | Ex 5:08 | דקדמוי תשוון עליהון לא | תמנעון | מנהון ארום בטילין אינון |
| 020 | | Dt 4:02 | אנה כען מפקד יתכון ולא | תמנעון | מניה למיטר ית מצוותה דייי |
| 021 | | Dt13:01 | לא תופסון עלוי ולא | תמנעון | מניה: |
| 022 | וימנע | Ex 9:28 | צלון קדם ייי | וימנע | מן למהוי קלי מן קדם ייי |
| 023 | ומנעין | Gn27:40 | בנוי <ד>יעקב פקודיא | ומנעין | גרמיהון מלמלעי באורייתא |
| 024 | ומנעית | Gn20:06M | אף אנא /הדא | ומנעית | אוף א#2#/ יתך מלמחטי |
| 025 | etpeel מתמנע | Ex 5:11 | אן די תשכחון ארום לא | מתמנע | מן פולחניכון מדעם: |
| 026 | מתמנעה | Nu12:12 | למחסנה ית ארעא למה היא | מתמנעה | מנן צלי על בשרה מיתה דבה |
| 027 | אתמנע | Gn18:11 | סאיבו ועלו ביומיא | אתמנע | מן למהווי לשרה אורח |
| 028 | אתמנעו | Ex 9:34 | וחמא פרעה ארום | אתמנעו | קליה ומטרא וברדא |
| 029 | יתמ׳ | Ex 9:34M | וחמא פרעה ארום | אתמנעו/יתמ׳#2#/ | קליה ומטרא וברדא |
| 030 | יתמנע | Nu36:03 | ומעד<י>ו{י} אחסנתן | יתמנע: | |
| 031 | | Nu36:04 | ומן אחסנות שבט אבהתן | יתמנע | אחסנתהון: |
| 032 | | Ex23:01M | ברם אלאהן למייטבה ולא | יתמנע | חד מנכון למלפה {זמן} |
| 033 | | Ex23:02 | ברם אלאהן למייטבה ולא | יתמנע | חד מנכון למלפה ז{מ}<כו>ן |
| 034 | | Gn11:06 | שרון למעבד וכדון לא | יתמנע | מנהון כל מה די חשבו |
| 035 | | Nu27:04 | למה כען | יתמנע | שם אבונן מן גו זרעיתיה |
| 036 | נתמנע | Nu 9:07 | בטמא נפש דבר נש למה | נתמנע | דלא למקרבה ית קרבנה דייי |
| 037 | תתמנע | Nu22:16 | בלק בר צפור לא כען | תתמנע | מן מייתי לוותי: |
| 038 | תתמנעו | Dt23:23 | וארום | תתמנעו | מן למדר לא יהווי בכון |
| 039 | דאתמנע | Gn41:49 | דימא סגין לחדא עד זמן | דאתמנע | מן לממני ארום לא הוי סכום |
| 040 | ואיתמנע | Gn 8:02 | תהומא וכווי שמיא | ואיתמנע | מטרא דמבולא מן תחות |
| 041 | ואתמנעו | Gn11:08 | תמן על אפי כל ארעא | ואתמנעו | מן למבני קרתא: |
| 042 | | Ex 9:33 | ופרס כף ידוי קדם ייי | ואתמנעו | קליא וברדא ומטר לא נחת |
| 043 | ויתמנע | Nu36:03M | \ותתמנע אחסנתהון | ויתמנע/ | אחסנתן#2#/ מן אחסנות |
| 044 | | Nu 9:13 | ל«א» «י»הווי | ויתמנע` | מלמעבד פיסחא וישתיצי נפשה |
| 045 | | Lv27:18 | עד שתה דיובילה | ויתמנע | מן עלויה: |
| 046 | ויתמנעו | Ex 9:33M | קדם ייי ואתמנעו/ | ויתמנעו#2#/^ופסקו#2#/ | קליא וברדא |
| 047 | ותמנעון | Ex 9:29 | כפי ידי קדם ייי קלייא | ותמנעון | וברדא לא יהוי תוב |
| 048 | ותתמנע | Ex23:05 | רביע תחות טעוניה | ותתמנע | מלמפרק עמיה משבק תשבק כל |
| 049 | | Nu36:03 | דבני ישראל לנשים | ותתמנע | אחסנתהון מן אחסנות אבהתן |

## [319] sacrificial bowl *n.* מנקי

|  |  |  |  |  |  |
|---|---|---|---|---|---|
| 001 | p em/sf מנקיתא | Ex37:16 | פילוותא וית בזיכי וית | מנקיתא | וית קשוותא די ישתמש בהון |
| 002 | מנקיתה | Nu 4:07 | פיאלוותה וית בזכיה וית | מנקיתה | וית קשוות נסוכה ולחם |
| 003 | ומנקותה | Ex25:29 | ובזיכוי וקשותה | ומנקותה | די ישתמש בהון דהב דכי |

## [319] lampstand *n.* מנרה

|  |  |  |  |  |  |
|---|---|---|---|---|---|
| 001 | s em/sf מנורתא | Ex30:27 | פתורה וית כל מנוי וית | מנורתא | וית מניה וית מדבחא |
| 002 | מנרתא | Ex25:31 | ותעבד | מנרתא | דהב דכי נגידא תתעב«ד» |
| 003 | | Ex26:35 | פתורא לבר מן פרכתא וית | מנרתא | לקבל פתורה על סטר׳ דמשכנה |
| 004 | | Ex25:32 | מן סטרא חדתא ותלתא קני | מנרתא | מן סטרא {חדתא ותלתא קני |
| 005 | | Ex25:32 | סטרא {חדתא ותלתא קני | מנרתא | מן סטרא} תניינא: |
| 006 | מנרתה | Ex25:33 | כן לשתי קנין דנפקין מן | מנרתה: | |
| 007 | | Ex25:35 | לשתי קנין דנפקין מן | מנרתה: | |
| 008 | | Ex37:19 | לשתי קניה דנפקין מן | מנרתה: | |
| 009 | | Nu 8:04 | משה כדן עבד בצלאל ית | מנרתה: | |
| 010 | | Ex40:24 | ושוי ית | מנרתה | במשכן זימנא לקבל פתורה על |
| 011 | | Ex25:31 | דכי נגידא תתעב«ד» | מנרתה | בסי{ם}<ס> דידה וקניה |
| 012 | | Ex37:17 | דהב דכי נגידא עבד | מנרתה | בסיס דידה וקניה כלידיה |
| 013 | | Nu 4:09 | לבוש תכלה ויכסון ית | מנרתה | דאנהרותה וית בוציניה וית |
| 014 | | Ex35:14 | וית | מנרתה | דאנהרתה^^וית מנייה וית |
| 015 | | Ex37:17 | ועבד ית | מנרתה | דהב דכי נגידא עבד מנרתה |
| 016 | | Ex31:08 | וית פתורה וית מנוי וית | מנרתה | דכיתה וית כל מניה וית |
| 017 | | Ex39:37 | ית | מנרתה | דכיתה וית בוציניה בוציניה |

|  |  |  |  |  |  |  |
|---|---|---|---|---|---|---|
| 018 | | | Lv24:04 | על | מנרתה | דכיתה יסדר ית בוצינייה |
| 019 | | | Ex40:04 | ותסדר ית סידרה ותעל ית | מנרתה | ותסדר ית בוציניה: |
| 020 | | | Nu 8:02 | בוציניה לקבל אפ«י»ה | מנרתה | ינהרון שבעתי בוצינייה: |
| 021 | | | Ex25:32 | מן סטריה תלתא קני{ם} | מנרתה | מן סטרא חדתא ותלתא קני |
| 022 | | | Ex37:18 | סיטרא חדתה ותלתא קני | מנרתה | מן סטרה תניינא: |
| 023 | | | Ex37:18 | נפקין מן סטרה תלתא קני | מנרתה | מן סיטרא חדתה ותלתא קני |
| 024 | | | Nu 8:04 | ודן עבד | מנרתה | נגודה דהב עד בסיס דידה |
| 025 | | | Nu 8:03 | כדן אהרן לקבל אפיה | מנרתה | סדר בוציניה היך מה די פקד |
| 026 | ומנרתה | | Nu 3:31 | ומטרתהון ארונה ופתורה | ומנרתה | ומדבחה ומני בית קודשה די |
| 027 | ובמנרתא | | Ex25:34 | | ובמנרתא | ארבעה כלידין משקעין |
| 028 | ובמנרתה | | Ex37:20 | | ובמנרתה | ארבעה כלידין משקעין |

[319]

## tax *n.* מס

|  |  |  |  |  |  |  |
|---|---|---|---|---|---|---|
| 001 | מסים | p abs | Gn49:15 | והוון לה כל אחוי למסקי | מסים: | |
| 002 | מסין | | Dt20:11 | בגווה יהווי לכון למסקי | מסין | ויפלחון קדמיכון: |

[319]

## unclean *adj.* מסאב

|  |  |  |  |  |  |  |
|---|---|---|---|---|---|---|
| 001 | מסא' | s ab/cn | Lv 5:02 | מסאב ויתכסי מנה והוא | מסא' | ויתחייב: |
| 002 | מסאב | | Lv14:40 | יתהון לבר מן קרתה לאתר | מסאב: | |
| 003 | | | Lv14:40M | וסלומא יתרמון לאתר | מסאב | |
| 004 | | | Lv14:41 | לבר מן קרתה לאת' | מסאב: | |
| 005 | | | Lv14:45 | ויפק לְבר מן קרתה לאתר | מסאב: | |
| 006 | | | Lv 5:02 | מסאבה או בנבלה דבעיר | מסאב | או בנבלה דשרץ מסאב ויתכסי |
| 007 | | | Lv 7:21 | בסאבותא דברנש או בבעיר | מסאב | או בכל שרץ מסאב ויאכל מן |
| 008 | | | Nu 9:10 | גבר גבר ארום יה«ו»י | מסאב | בטמיה נפש דבר נש או בארח |
| 009 | | | Dt17:08M | דם דכי לדם | מסאב | בין דיני נפשא לדיני ממונא |
| 010 | | | Lv 7:21M | /ונפש ארום תקרוב בכל | מסאב | בסאביתה דבר נש#2#/ או |
| 011 | | | Lv11:29 | ודין יהווי לכון | מסאב | בשרצא דשרץ על ארעא כבושתה |
| 012 | | | Lv27:11 | ואן כל בעיר | מסאב | די לא יקרב מנה קדם ייי |
| 013 | | | Lv11:04 | ומטלפה לית הוא מטלפי | מסאב | הוא לכון: |
| 014 | | | Lv11:05 | הוא ומטלפה לית הוא מטלף | מסאב | הוא לכון: |
| 015 | | | Lv11:06M | לית היא סתיקה | מסאב | הוא לכון#2#/: |
| 016 | | | Lv11:07 | והוא גררה לית הוא גרר | מסאב | הוא לכון: |
| 017 | | | Lv11:26M | \מסאב" אינון לכון | /מסאב | הוא לכון#2#/ כל די יקרב |
| 018 | | | Lv11:38 | זרע ויפול מנבלתהון עלוי | מסאב | הוא לכון: |
| 019 | | | Lv13:11 | כהנא לא יסרוד יתיה ארום | מסאב | הוא: |
| 020 | | | Lv13:15 | חייה ויסאב יתה בשרה חיה | מסאב | הוא צרעת הוא: |
| 021 | | | Lv13:36 | כהנא לשערה מצלהבה | מסאב | הוא: |
| 022 | | | Lv13:44 | גבר מצרע הוא | מסאב | הוא מסאבה יסא«ב» יתיה |
| 023 | | | Lv13:45M | מן מסאבה דלא תסתאבון | מסאב | הוא |
| 024 | | | Lv13:46 | יומין דמכתשה ביה יסתאב | מסאב | הוא לבלחודוי ישרי לבר מן |
| 025 | | | Lv13:51 | צרעה מחלט«א» מכתשה | מסאב | הוא: |
| 026 | | | Lv13:55 | ית חזוה ומכתש' לא הלך | מסאב | הוא בנורא תוקדון יתיה |
| 027 | | | Lv14:44 | צרעה מחלטה היא בביתה | מסאב | הוא: |
| 028 | | | Lv15:02 | יהווי דייב מן בשר' דובה | מסאב | הוא: |
| 029 | | | Nu19:13 | מי אדיא לא אזרק עלוי | מסאב | הוא עד כען סאובתיה ביה: |
| 030 | | | Nu19:15 | לית גופה דשיע מקפה עלוי | מסאב | הוא: |
| 031 | | | Nu19:20 | מי אדיה לא אזרק עלוי | מסאב | הוא: |
| 032 | | | Dt14:08 | טלפין הוא ולא גרי | מסאב | הוא לכון מן בשרהון לא |
| 033 | | | Dt14:10 | לא תאכלון <....> | מסאב | הוא לכון: |
| 034 | | | Dt14:19 | וכל שרץ עופא | מסאב | הוא לכון לא יתאכלון: |
| 035 | | | Lv 7:21 | בבעיר מסאב או בכל שרץ | מסאב | ויאכל מן בשרה דנכסת קודשיה |
| 036 | | | Lv 5:02 | מסאב או בנבלה דשרץ | מסאב | ויתכסי מנה והוא מסא' |
| 037 | | | Nu22:30 | מה אן אנה דאנה בעיר | מסאב | ומיתה בעלמא הדין ולא אתייה |
| 038 | | | Nu19:07 | לגו משריתה ויהוי כהנא | מסאב | ומרחק מן קדשיה עד רמשה: |
| 039 | | | Lv15:26 | לה וכל מן די תתב עלוי | מסאב | יהווי כסואבת ריחוק נדתה: |
| 040 | | | Lv 7:19M | /יקרוב#2#/ בכל | סואבה/מסאב#2#/ | {לא} לא יתאכל בנורא |
| 041 | | | Lv11:24 | די יקרב בנבלתהו' יהוי | מסאב | עד רמשא: |
| 042 | | | Lv11:25 | יחוור לבושי ויהוי | מסאב | עד רמש': |
| 043 | | | Lv11:27 | די יקרב בנבלתתהון יהוי | מסאב | עד רמשא: |
| 044 | | | Lv11:28 | יחוור לבושוי ויהוי | מסאב | עד רמש' מסאבין אינון לכון: |
| 045 | | | Lv11:31 | יקרב בהון במיתתהון יהוי | מסאב | עד רמשא: |
| 046 | | | Lv11:32 | בהון במיא יתעל ויהוי | מסאב | עד רמשא וידכא: |
| 047 | | | Lv11:40 | יחוור לבושוי ויהווי | מסאב | עד רמשא <....>: |
| 048 | | | Lv14:46 | די יסרוד יתיה יהוי | מסאב | עד רמשא: |
| 049 | | | Lv15:05 | לבושוי ויסחי במיא ויהוי | מסאב | עד רמשא: |
| 050 | | | Lv15:06 | לבושוי ויסחי במיא ויהוי | מסאב | עד רמשה: |
| 051 | | | Lv15:07 | ויסחי במיא ויהווי | מסאב | עד רמשא: |
| 052 | | | Lv15:08M | במיא ויסתאב/ויהוי | מסאב#2#/ | עד רמשא: |
| 053 | | | Lv15:23 | עלוי כד יקרוב בה יהוי | מסאב | עד רמשא: |
| 054 | | | Lv15:27 | לבושוי ויסחי במיא ויהוי | מסאב | עד רמשא: |
| 055 | | | Lv17:15 | ויסחי במיא ויהווי | מסאב | עד רמשא וידכי: |
| 056 | | | Nu19:08 | ויסחי בשרה במיא ויהוי | מסאב | עד רמשא: |
| 057 | | | Nu19:10 | דתורתה ית לבושוי ויהווי | מסאב | עד רמשה ויהווי לבני ישראל |
| 058 | | | Nu19:21 | די יקרוב במי אדיה יהוי | מסאב | עד רמשה: |
| 059 | | | Lv15:24 | עמה ותהי נדתה עלוי יהוי | מסאב | שבעה יומין וכל מדמוך די |
| 060 | | | Nu19:11 | כל טמא נפש דבר נש יהוי | מסאב | שבעה יומין: |
| 061 | | | Nu19:14 | די יהיב במשכנה יהווי | מסאב | שבעה יומין: |
| 062 | מסאבה | | Lv15:33 | ולגבר די ישמש עם אתה | מסאבה: | |
| 063 | | | Lv 5:02 | או נפש די תקרב בכל מילה | מסאבה | או בנבלה דחוה מסאבה או |
| 064 | | | Nu12:12 | לא כען תיהוי מרים | מסאבה | באהילה כמיתייה והא |
| 065 | | | Lv11:06 | היא ומטלפה לא מטלפה | מסאבה | היא לכון: |
| 066 | | | Lv15:25 | כיומי ריחוק נדתה תהוי | מסאבה | היא: |
| 067 | | | Lv22:06 | נפש די תקרב בה תיהווי | מסאבה | עד רמשה ולא יאכל מן קדשיה |
| 068 | | | Nu19:22 | די תקרוב ביה תיהווי | מסאבה | עד רמשא: |
| 069 | דמסאב | | Nu 5:02 | כל דמצרע וכל דדיב וכל | דמסאב | בטמא נפש דבר נש: |
| 070 | למסאבה | | Lv20:25 | בין בעירה דכייה | למסאבה | ובין עופא מסאבה לדכיי' |
| 071 | מסאבא | s em/sf | Gn15:11 | {דיי} דין הוא עופא | מסאבא | אילין אינון מלכוותא דארעא |
| 072 | | | Gn15:11M | אומיא דמתילין לעופא | מסאבא | למיבז נכסיהון דישראל |
| 073 | מסאבה | | Lv 5:02 | מסאבה או בנבלה דחוה | מסאבה | או בנבלה דבעיר מסאב או |
| 074 | | | Nu19:19 | וידי דכיה על | מסאבה | ביומא תליתיה וביומא |
| 075 | | | Gn15:11 | הוא טייסא דן הוא טייסא | מסאבה | {דיי} דין הוא עופא מסאבא |
| 076 | | | Lv13:45M | ולא עני יתהון רחוק מן | מסאבה | דלא תסתאבון מסאב הוא |
| 077 | | | Lv13:45 | צווח ואמר רחוקו מן | מסאבה | דלא תסתאבון: |
| 078 | | | Lv10:10 | קדשיה ובין חוליה ובין | מסאבה | ובין דכיה: |
| 079 | | | Lv11:47 | למפרשה בין | מסאבה | ובין דכיא ובין חייתה |
| 080 | | | Lv14:57 | ולמלפה בין | מסאבה | ובין דכיה דא גיזרת אוריתה |
| 081 | | | Lv27:27 | ואן בבעירה | מסאבה | ויתפרק בעלויה <....>: |
| 082 | | | Nu 5:13M | והיא | דאסתאבת/^יסת^#2#/^מסאבה#2#/ | וסהד דלית |
| 083 | | | Lv13:45M | סטרה יהווי מהלך מסאבה | מסאבה | יהוון קריין לה ולא עני |
| 084 | | | Nu19:22 | וכל די יקרוב ביה | מסאבה | יסתאב ונפשה די תקרוב ביה |
| 085 | | | Lv20:25 | דכייה למסאבה ובין עופא | מסאבה | לדכיי' ולא תשקצון ית |
| 086 | | | Nu19:17M | קטמה די יקדת /למזכיה | מסאבה | מן עפר יק'#2#/ תורתה |
| 087 | | | Lv13:45M | ועל סטרה יהווי מהלך | מסאבה | מסאבה יהוון קריין לה |
| 088 | | | Nu18:15 | וית בכוריה דבעירה | מסאבה | תפרוק: |
| 089 | מסבה | | Lv 5:02M | /בנבלת חיה#2#/ | מסאבה/מסבה#2#/ | או בנבלה דבעיר |
| 090 | | | Lv13:44M | /מצורע#2#/ הוא | מסאב/מסבה#2#/ | הוא מסאבה יסא«ב» |

|  |  |  |  |  |  |  |
|---|---|---|---|---|---|---|
| 091 | | | Lv10:10M | /חולא#2#/ ובין | מסאבא/מסבה#2#/ | ובין דכיה: |
| 092 | מסא' | p abs | Nu 9:06M | תמן גוברין די הוון | מסא'#2#/ | בטמא/לט'#2#/ נפש דבר נש |
| 093 | מסאבי' | | Lv11:26 | מטלף וגררה לית הוא מסק | מסאבי' | אינון לכון כל די יקרב |
| 094 | מסאבין | | Lv11:08 | ובנבלתהון לא תקרבון | מסאבין | אינון לכון: |
| 095 | | | Lv11:27 | חייתה דמהלכה על ארבע | מסאבין | אינון לכון כ{י}<ל> די |
| 096 | | | Lv11:28 | ויהוי מסאב עד רמש' | מסאבין | אינון לכון: |
| 097 | | | Dt14:07 | ופרסתהון לית היא סדיקה | מסאבין | אינון לכון: |
| 098 | | | Lv11:35 | תנור או תפיין יסתתרון | מסאבין | אנון ומסאבין יהוון לכון: |
| 099 | | | Nu 9:06 | והוון גברין דהוון | מסאבין | בטמא נפש דבר נש ולא יכלו |
| 100 | | | Nu 9:07 | גבריא האינון ליה אנן | מסאבין | בטמא נפש דבר נש למה נתמנע |
| 101 | | | Lv11:43 | תסתאבון בהון ולא תהוון | מסאבין | כוותהון: |
| 102 | במסאבין | | Lv24:12 | ובאילין אמר לא שמעית | במסאבין | דלא יכלו למעבד פיסחה |
| 103 | | | Nu 9:08 | מנהון הוה משה ממתין | במסאבין | דלא יכלו למעבד פסחה |
| 104 | | | Nu15:34 | ובאלין אמר לא שמעת | במסאבין | דלא יכלו מעבד פיסחא |
| 105 | | | Nu27:05 | ובאילין אמר לא שמעית | במסאבין | דלא יכלו מעבד פסחא |
| 106 | דמסאבין | | Lv11:31 | אליין | דמסאבין | לכון בכל שרצה כל די יקרב |
| 107 | ומסאבין | | Lv24:12M | דינהון דיני נפשן | ומסאבין | די לא יכלו למ' |
| 108 | | | Lv11:35 | יסתתרון מסאבין אנון | ומסאבין | יהוון לכון: |
| 109 | ובמסאבין | | Nu15:34M | דיניהון דיני נפשה | ובמסאבין | די לא יכלו למעבד פיסחא |

## uncleanness *n.* מסאבו [319]

|  |  |  |  |  |  |  |
|---|---|---|---|---|---|---|
| 001 | במסאבו | s ab/cn | Dt26:14 | ולא אפרש{ו}<י>נן מניה | במסאבו | ולא יהבנן מיניה ארון |

## ascent *n.* מסוקי [319]

|  |  |  |  |  |  |  |
|---|---|---|---|---|---|---|
| 001 | מסוקין | p abs | Gn46:04M | אסיק יתך לחוד | מסוק/מסוקין#2#/ | ויוסף ישוי |
| 002 | מסוק' | p em/sf | Nu34:04M | /דרומי#2#/ מן | מסקייתה/מסוק'#2#/ | דעקרבין ויעבר בטור |
| 003 | מסקייתה | | Nu34:04 | תחומה מן דרומא מן | מסקייתה | דעקרבין ויעבר בטור פרזלא |

## to melt *vb.* מסי [320]

|  |  |  |  |  |  |  |
|---|---|---|---|---|---|---|
| 001 | מסיא | peal | Nu 5:21 | ישוי ייי ית ירכ«י»ך | מסיא | וית מעיך מנפחין: |
| 002 | מסיין | | Nu 5:21M | יתן מימריה דייי ירכיך | מסיין | וית כרסיך נפיחה |
| 003 | יימסי' | | Dt20:08 | ויחזור לבייתיה ולא | יימסי' | ויתבר ית לבהון דאחוי |
| 004 | ימ' | | Dt20:08M | לבייתיה ולא | יימסי'/ימ'#2#/ית'#2#/ | ויתבר ית לבהון |
| 005 | ימסון | | Lv26:39 | בחובי אבהתהון עמהון | ימסון: | |
| 006 | | | Dt32:01 | מלרע ארום שמייא כתנהה | ימסון | וארעא כלבוש' תתכלי ברם |
| 007 | אמסון | afel | Ex15:15M | רתית אחזת יתהון | אמסון | בלבהון כל דיירי ארעא |
| 008 | | | Dt 1:28 | לאן אנן סלקין אחינן | אמסון | ית לבבינן למימר עם רברבין |
| 009 | אמסיו | | Dt 1:28M | אחינן | אמסון/^אמסיו#2#/^תברו#2#/ | ית לבבינן |
| 010 | ולממסיא | | Nu 5:22M | למנפחה מעיך | ולממסיה/<ולממסי>א#2#/ | ירכיך ותימר אתתה |
| 011 | ולממסיה | | Nu 5:22 | במעיך למנפחה מעיך | ולממסיה | ירכיך ותימר אתתה אמן אמן |
| 012 | אתמסי | etpeel | Ex15:15 | אחדת יתהון רתיתא | אתמסי | לבהון בגויהון כל דיירי |
| 013 | ית' | | Dt20:08M | לבייתיה ולא | יימסי'/ימ'#2#/ית'#2#/ | ויתבר ית לבהון |
| 014 | יתמסון | | Lv26:39 | ומה דמשתייר בכון | יתמסון | בחוביהון בארע |
| 015 | ואמסי' | | Gn 7:21M | | וסאף/ואמסי'#2#/ | כל בשרא דרחש/דרמס#2# |
| 016 | ויתמסי' | | Nu 5:27M | כרסה | ותתמסי/ויתמסי'#2#/ | ירכה ותיהוי אתתה |
| 017 | ותתמסי | | Nu 5:27 | לה ותת«נ»פח כרסה | ותתמסי | ירכה ותיהוי אתתה |

## oppressor *n.* מסיק [320]

|  |  |  |  |  |  |  |
|---|---|---|---|---|---|---|
| 001 | מסיקיה | s em/sf | Dt28:42M | /ירתון יתהון | מסיקיה#2#/ | ישיצי יתהון חלזונה |
| 002 | מסיקייה | p em/sf | Dt28:42 | ארעכון ישיצון יתהון | מסיקייה | ישיצי יתהון חלזונה: |

## molten image *n.* מסכה [320]

|  |  |  |  |  |  |  |
|---|---|---|---|---|---|---|
| 001 | מסכה | s ab/cn | Dt 9:12 | דפקדית יתהון עבדו להון | מסכה: | |
| 002 | | | Dt 9:16 | אלהכון עבדתון לכון עגל | מסכה | סטיתון בפריע מן אורחא |

## poverty *n.* מסכינו [320]

|  |  |  |  |  |  |  |
|---|---|---|---|---|---|---|
| 001 | במסכנות | s ab/cn | Dt 8:09 | ארע די לא | במסכנות | תאכלון בה לחם לא תחסרון |
| 002 | דמסכינו | | Dt16:03M | דצער/לחמא ענייא | דמסכינו#2#/ | ארום בבהילו נפקתון |

## to be made poor *vb.* מסכן [320]

|  |  |  |  |  |  |  |
|---|---|---|---|---|---|---|
| 001 | יתמסכן | quad/t | Lv25:25 | וארום | יתמסכן | אחוך ויזבן מן אחסנתיה |
| 002 | | | Lv25:35 | וארום | יתמסכן | אחוך ותמוט ידה עמך ותתוקף |
| 003 | | | Lv25:39 | וארום | יתמסכן | אחוך ויזדבן לך לא תשתעבד |
| 004 | ויתמסכן | | Lv25:47 | יד גיור ותותב עמך | ויתמסכן | אחוך עמך ויזדבן לגיור |

## poor person *n.* מסכן [320]

|  |  |  |  |  |  |  |
|---|---|---|---|---|---|---|
| 001 | מסכן | s ab/cn | Lv14:21 | ואם | מסכן | הוא ולא ארע' ידה ויסב אמר |
| 002 | | | Lv27:08 | וא«י»ן | מסכן | הוא מן עלויה ויקים יתיה |
| 003 | | | Dt24:12 | ואין גבר | מסכן | הוא לא תידמוך במשכניה: |
| 004 | | | Dt24:15 | ולא יטמע עלוי שמשא ארום | מסכן | הוא ולאגר פעליה הוא מסר |
| 005 | ודמסכן | | Ex30:15 | דעתיר לא יסגי | ודמסכן | לא יזער מפלגות סלעא למיתן |
| 006 | מסכינא | s em/sf | Dt14:28M | שנת מעשר | מסכינייה/<מס>כינא#2#/ | ותצנעון יתיה |
| 007 | מסכינה | | Ex22:24 | ^אין כסף תוזף ית עמי ית | מסכינה | די עמך לא תהווי ליה כמרי |
| 008 | | | Dt15:09 | ויבאש באפ{ו}<י>ך באחוך | מסכינה | ולא תתן לה ולא יצוח עלך |
| 009 | דמסכינא | | Ex23:06M | לא תסטון סדר דינא | דמסכינא | בשעה דינ'#2#/: |
| 010 | דמסכינה | | Dt24:14 | לא תעצי אגריה דאגירה | דמסכינה | וצריכה מן אחיכון או מן |
| 011 | ומסכינא | | Ex23:03 | עמי בני ישראל | ומסכינא | די אתחייב בדינא לא תסב |
| 012 | למסכנה | | Lv19:15 | בדינה לא תיסב אפין | למסכנה | ולא תוקרון אפוי דרבה |
| 013 | מסכינין | p abs | Dt15:04 | ^ארום לא יהווי בכון | מסכינין#2#^ | ארום מברכה יברך יתכון |
| 014 | | | Dt15:04M | ארום לא יהווי בכון | מסכינין#2#/ | ארום מברכה יברך יתכון |
| 015 | | | Dt15:11M | דאוריתא לא הווי בכון | מסכינין | ברם אין שבקין הנון |
| 016 | | | Dt15:07 | ארום יהוי ביניכון | מסכינין | חד מן אחיכון בחדה מן |
| 017 | מסכי' | p em/sf | Dt15:09M | באפיכון באחיכון | מס{ק}<כ>י' | דלא תתנון להו ויצווח |
| 018 | מסכיניי' | | Ex22:24M | תיופון לעמ' ית | מסכיניי' | דבעמכון לא תהוון לכון |
| 019 | מסכינייה | | Dt15:07 | ית ידיכון מן אחיכון | מסכינייה: | |
| 020 | | | Dt15:11 | לא הוי ביניהון | מסכינייה | בגו ארעא בגין כדין אנה |
| 021 | | | Dt15:11M | ארום לא פסקין | מסכינייה | בגו ארעא |
| 022 | | | Ex23:11 | ותבקרון יתה וייכלון | מסכינייה | די עמך ומה דמשתייר תיכול |
| 023 | | | Dt14:28 | תליתיתה דהוא שנת מעשר | מסכינייה | ותצנעון יתיה בקורייכון: |
| 024 | | | Dt26:12 | תליתייה דהיא שנת מעשר | מסכינייה | ותתנון מעשרה קדמייה |
| 025 | | | Dt26:13 | קדמייה לליוויי ומעשר | מסכינייה | לגיורייה ליתמייה |
| 026 | | | Dt26:12 | קדמייה לליוויי ומעשרה | מסכינייה | לגיורייה <ליתמיא |
| 027 | מסכנייה | | Ex23:11M | ותיכלון יתי' | מסכנייה | דבעמ' ומ' |
| 028 | למסכיניה | | Lv19:10 | כרמכון לא תלקטון | למסכיניה | ולגיוריה תשבקון יתהון |
| 029 | | | Lv23:22 | דחצדכון לא תלקטון | למסכיניה | ולגיוריה תשבקון יתהון |
| 030 | למסכינייה | | Dt15:11 | ית ידיכון לאחיכון | למסכינייה | ולצריכיכון בארעכון: |

## cane (for support) *n.* מסמך [!!]

|  |  |  |  |  |  |  |
|---|---|---|---|---|---|---|
| 001 | מסמכיי' | p em/sf | Ex21:19M | "מרדניתה ... דמחה": | מסמכיי' | ויזכ' דן דמחי |

## מסן n. shoe [320]

| | | | | | | |
|---|---|---|---|---|---|---|
| 001 | דמסן | s ab/cn | Gn14:23 | אם מן חוט רצועה | דמסן | א«י»ן אסב מן כל מה די לך |
| 002 | מסניך | p em/sf | Ex 3:05 | ואמר לא תקרב להכא שלח | מסניך | מעלוי רגליך ארום אתרא די |
| 003 | מסניכון | | Ex12:11 | יתיה חרציכון אסירין | מסניכון | ברגליכון וחוטריכון |
| 004 | ומסניכון | | Dt29:04 | מן עילויכון | ומסניכון | לא בלון מעילווי רגליכון: |

## מסק n. ascent! [321]

| | | | | | | |
|---|---|---|---|---|---|---|
| 001 | במסקא | s em/sf | Ex20:26M | למדבחא ולא תסקון | במסקא | |

## מסק #2 (v.)n. (sun)rise [306 מיסק]

| | | | | | | |
|---|---|---|---|---|---|---|
| 001 | מיסק | s ab/cn | Gn32:25M | די סליק עמוד שחרא /עד | מיסק | קריצתא#2#/: |
| 002 | מסק | | Gn32:25M | עמה מלאך בדמות גבר עד | מסק | |
| 003 | | | Gn19:15 | וכאשון | מסק | עמוד שחרא ואתוקפו מלאכיא |

## מסר vb. to transmit [321]

| | | | | | | |
|---|---|---|---|---|---|---|
| 001 | מ' | peal | Dt 1:08M | חמון דמסרית/דהא | מ'#2#/הא | יהבית#2#/ קדמיכון ית |
| 002 | ממסור | | Nu21:02 | נדר לייי ואמרין אן | ממסור | תמסור ית עמא האליין |
| 003 | ממסר | | Nu21:02M | ואמרין אן | ממסור/<מם>סר#2#/ | תמסור ית עמא האליין |
| 004 | מסיר | | Gn16:05 | מחוסי ושרוי צערי | מסיר | בידך שבקית ארעי ובית |
| 005 | מסירה | | Gn16:06M | \אמתיך בידך /אמהתיך | מסירה | בידך#2#/ עבדי לה מה |
| 006 | מסירין | | Gn30:22 | ארבע מפתחן דאינון | מסירין | ביד רבון כל עלמ«י»א ייי |
| 007 | | | Gn16:05M | צערי מסיר בידך שבקית | /מסירין | בידי' שב#2#/ ארעי ובית |
| 008 | | | Gn30:22M | מפתחיא דלא אינון | מסירין | לא למלאך ולא לשרף מפתחיא |
| 009 | | | Dt28:32M | בניכון ובנתכון | מסירין/מסירין | לאומא חורי#2#/ לאמא |
| 010 | | | Dt28:32 | בניכון ובנתכון | מסירין | לאמא אחרי ועייניכון חמיין |
| 011 | | | Dt28:31M | לכון עניכון | מסירן/<מסי>רין#2#/ | לבעלי דבביכון ולית |
| 012 | מסירן | | Dt28:31 | ולא יחזרון לכון עניכון | מסירן | לבעלי דבביכון ולית לכון |
| 013 | מסר | | Nu21:29 | מדבחין קדם טעוותה כמוש | מסר | בניהון שלילן בקולריא |
| 014 | | | Gn14:20M | עליא/עלאה#2#/ די | תבר/מסר#2#/ | בעלי דבבך קדמך ויהב |
| 015 | | | Dt 1:21 | חמון דהא | מסר | ייי אלהיכון קדמ«י»כון ית |
| 016 | | | Dt 2:36 | די אשתזבת מינן ית כלא | מסר | ייי אלהן קדמינן: |
| 017 | | | Dt32:30 | שבק יתהון ומימרה דייי | מסר | יתהון ביד בעלי דבביהון: |
| 018 | | | Gn42:37 | לא אייתית יתיה לוותך | מסר | יתיה על ידיי ואנה אחזר |
| 019 | | | Dt 3:02M | יתיה לדרייה דהוא | מסר | יתיה בידי בנוי |
| 020 | | | Dt24:15 | הוא ולאגר פעליה הוא | מסר | קדמך ית נפשיה אזדהר לך דלא |
| 021 | | | Gn39:04 | על ביתיה ועל מה דליה | מסר | תחות רשותיה: |
| 022 | | | Gn39:08 | מן בתריה <....> מה דליה | מסר | תחות רשות«י»: |
| 023 | מסרית | | Dt 2:24 | נחלה דארנונה חמון דהא | מסרית | בידיכון ית סיחון מלכא |
| 024 | | | Nu21:34 | מן קדמוי ארום בידך | מסרית | יתיה וית כל עמיה ˆוית |
| 025 | | | Dt 3:02 | לא תדחל מנה ארום בידך | מסרית | יתיה וית כל עמיה וית |
| 026 | מסרן | | Gn30:22 | כל עלמ«י»א ייי ולא | מסרן | לא למלאכא ולא לשרף מפתחא |
| 027 | מסרת | | Gn 9:02 | נונוי דימא רבה בידכון | מסרת: | |
| 028 | | | Gn 4:07 | תרע לבה חטאך רביע ובידך | מסרת | רשות{{ה}}«א» דיצרה בישא |
| 029 | | | Gn 4:07M | ובידך מסרת /ובין ידך | מסרת#2#/ | רשות{{ה}}«א» דיצרה |
| 030 | מסרתון | | Nu21:29M | כמוש \מסר בניהון | /מסרתון | ב{י}ניכון כפיתין |
| 031 | אמסר | | Ex23:31 | עד נהרא רבא ארום | אמסר{א} | בידיכון ית כל דיירי ארעא |
| 032 | ימסור | | Dt28:07 | | ימסור | ייי ית בעלי דבביכון |
| 033 | | | Dt28:25 | | ימסור | יתכון ייי מתנגפין קדם |
| 034 | תמסור | | Nu21:02 | לייי ואמרין אן ממסור | תמסור | ית עמא האליין בידינן |
| 035 | | | Dt23:16 | לא | תמסור | עבדה למריה די ישתיזב |
| 036 | דמסרית | | Gn15:01 | בעלמא הדין ואף על גב | דמסרית | בעלי דבבך קדמיך בעלמא |
| 037 | | | Dt 1:08 | חמון | דמסרית | קדמיכון ית דיירי דארעא |
| 038 | ואמסור | | Ex10:28M | דלא יתקוף רוגזי בך | ואמסור | יתך בין ידיהון דעמה |
| 039 | ואמסר | | Ex10:28 | לך דלא יתקף רוגזי בך | ואמסר | יתך בידיהון דעמא דהון |
| 040 | וימסור | | Dt20:13M | | וימסר/וימסור#2#/ | יתה ייי אלהכון |
| 041 | | | Dt 7:02 | | וימסור | יתהון ייי אלהכון קדמיכון |
| 042 | | | Dt 7:23 | | וימסור | יתהון ייי אלהכון קדמיכון |
| 043 | | | Dt21:10M | על בעלי דבביכון | וימסר/וימסור#2#/ | יתהון ייי אלהכון |
| 044 | | | Dt31:05 | | וימסור | יתהון ייי קדמיכון ותעבדון |
| 045 | | | Dt 7:24 | | וימסור | מלכיהון בידיכון |
| 046 | וימסר | | Dt20:13 | | וימסר | יתה ייי אלהכון בידיכון |
| 047 | | | Dt21:10 | קרבה על בעלי דבביכון | וימסר | יתהון ייי אלהכון בידיכון |
| 048 | | | Dt31:05M | | וימסור/<וימ>סר#2#/ | יתהון ייי קדמיכון |
| 049 | וימסרון | | Dt19:12 | ית«י»ה מן תמן | וימסרון | יתיה בידוי דתבע אדמא |
| 050 | ולממסור | | Dt23:15M | למשזבה יתכון | ולמסור/ולממסור#2#/ | בעלי דבביכון |
| 051 | ולמסור | | Dt23:15 | למשזבה יתכון | ולמסור | בעלי דבביכון קדמיכון |
| 052 | ומסר | | Nu21:03 | בקל צלותהון דישראל | ומסר | בידיהון ית כנעניי ושיצי |
| 053 | | | Dt 3:03 | | ומסר | ייי אלהן בידן לחוד ית עוג |
| 054 | | | Dt 2:33 | | ומסר | יתיה ייי אלהן קדמינן |
| 055 | לממסור | | Dt 2:30M | מן בגלל | למסור/לממסור#2#/ | יתיה בידיכון ביומא |
| 056 | | | Dt 1:27M | מארעא דמצרים | לממסר/לממסור#2#/ | יתן בידיהון דאמוריי |
| 057 | | | Dt 2:31M | שריית \לממסר קדמך | /לממסור | קדמיכון#2#/ ית סיחון |
| 058 | לממסר | | Dt 1:27 | אפק יתן מארעא דמצרים | לממסר | יתן בידיהון דאמוריי |
| 059 | | | Dt 2:31 | משה חמי דהא שריית | לממסר | קדמך ית סיחון וית ארעיה |
| 060 | למסור | | Dt 2:30 | ותקף ית לבביה מן בגלל | למסור | יתיה בידיכון ביומא הדין: |
| 061 | | | Dt 4:34M | עבד ייי למיעול | למבחר/למסור#2#/ | ליה אומה מגו אומה |
| 062 | תתמסרון | etpeel | Nu14:42M | /ולא#2#/ \תתברון קדם | /תתמסרון | ביד#2#/ בעלי דבביכון: |
| 063 | ותתמסרון | | Lv26:25 | ואגרי מותנה בכון | ותתמסרון | ביד בעלי דבביכון: |

## מסרת n. frying pan [321]

| | | | | | | |
|---|---|---|---|---|---|---|
| 001 | מסריתה | s em/sf | Lv 6:14 | על | מסריתה | במשח תתקרב מרתחה ייתי יתה |
| 002 | מסרת' | | Lv 2:05 | ואין מנח{ח}<ה> על | מסרת' | קרבנך סלת פילן במשח פטיר |
| 003 | מסרייתה | p em/sf | Lv 7:09 | וכל נעבד במרתחה ועל | מסרייתה | לכהנה דמקרב יתה לה |

## מעבר n. crossing [321]

| | | | | | | |
|---|---|---|---|---|---|---|
| 001 | מעבר | s ab/cn | Gn32:23 | חד עשרתי בנוי ועבר ית | מעבר | יבקה: |
| 002 | | | Nu22:01M | \במעבר לירד{ח}<דנ>א /מן | מעבר | יורד#2#/ ליריחו: |
| 003 | במעבר | | Dt 4:49M | וכל משרה \עבר ירדנה | /במעבר | יורדנה#2#/ מן מדנחה ועד |

## מעבר prep. across [321]

| | | | | | | |
|---|---|---|---|---|---|---|
| 001 | מעבר | | Nu35:14M | /דשיזבו תתנון בארעא | מעבר | יורדנה#2#/ וית תלת קוריאן |
| 002 | | | Dt11:30M | ..." גלגלה": הנון מן | מעבר | יורדנה בתר אורח מיעלי |
| 003 | מעיבר | | Dt30:13M | רבה /מן ייעיבר לנא | מעיבר | לימה רבה היך יונא |
| 004 | במעבר | | Nu22:01 | ושרון במישרה דמואב | במעבר | ליר{ח}<דנ>א ליריחו: |

## מעה n. small coin [322]

| | | | | | | |
|---|---|---|---|---|---|---|
| 001 | מעין | p abs | Ex30:13 | בית קודש«א» עשרין | מעין | הוא סלעא פלגא סלעא אפרשו |
| 002 | | | Nu 3:47 | בית קדשה תיסב עשרין | מעין | הוא סילעה: |
| 003 | | | Nu18:16 | בסלעי בית קודשה עשרין | מעין | היא סלעה: |
| 004 | | | Lv27:25 | בסלעי בית קודש' עשרין | מעין | יהווי סלעא: |

מעוז n. ⇐ מחוז

## מעוך n. breast covering [322]

|  |  |  |  |  |  |  |
|---|---|---|---|---|---|---|
| 001 | מעוכין | p abs | Gn49:22 | שירין עזקין קטלין | מעוכין | וכל מיני דהב סברין דאת |
| 002 | | | Nu31:50 | עזקין מן אצבעתהון {מעזקין}<מעוכין> | מ«ן» | |
| 003 | ומיעיכין | | Ex35:22M | ועזקין | ומרגדין/ומיעיכין#2#/ | וכל מני |
| 004 | ומעוכין | | Gn49:22M | עלך שירין קטלין | ומעוכין | דלמ' תתלי אפך ותסתכל |
| 005 | ומעוכייה | p em/sf | Nu31:50M | ועקיליה מן אדרעיהון | ומעוכייה | מן בית תדיהון חס לן משה |

## מעזי n. goat's hair material [322]

|  |  |  |  |  |  |  |
|---|---|---|---|---|---|---|
| 001 | דמעזי | s ab/cn | Nu31:20 | וכל מן דמשך וכל עבד | דמעזי | וכל מן דקיס תדכון: |
| 002 | | | Ex36:14 | ועבד יריען | דמעזי | חפיי למיפרס על משכנא |
| 003 | דמעזן | | Ex26:07 | ות«ע»בד יריען | דמעזן | לפרס על משכנא חדא עשרה |
| 004 | ומעזי | | Ex25:04 | וצבע זהורי סבא ובוץ | ומעזי: | |
| 005 | | | Ex35:06 | {ומעזי שעיר} <שזיר | ומעזי>: | |
| 006 | | | Ex35:23 | זיהורי סבא ובוץ שזיר | ומעזי | ומשכין דדכרין מסמקין |
| 007 | ומעזין | p abs | Ex35:23M | סבא ובוץ שזיר | ומעזי/<ומע>זין#2#/ | ומשכין דדכרין |
| 008 | מעזי | p em/sf | Ex35:26 | בחכמה הוון עזלן ית | מעזי: | |

## מעזק ⇐ n. מעוך

## מעיך adj. squeezed one [322]

|  |  |  |  |  |  |  |
|---|---|---|---|---|---|---|
| 001 | ודמעוך | s ab/cn | Lv22:24 | | ודמעוך | ודכתות ונתיק ודמר<י>ס לא |
| 002 | ודמעיך | | Lv22:24M | | ודמעוך/ודמעיך#2#/ | ודכתות ונתיק |

## מעיל n. robe [322]

|  |  |  |  |  |  |  |
|---|---|---|---|---|---|---|
| 001 | מעיל | s ab/cn | Ex28:31M | ית \מעילה דאפודה | /<מ>עיל | אפר#2#/ גמיר דתכלה |
| 002 | | | Ex39:22M | ועבדו ית \מעילה דאפודה | /מעיל | אפוד#2#/ עובד גרדי{ו}י |
| 003 | מע' | s em/sf | Ex28:34M | ורמון על שיפולוי | דמעילה/מע#2#/ | מן חזור חזור: |
| 004 | מעילה | | Ex39:23 | ופם | מעילה | במיצעה כפם סירה שפמה לפמה |
| 005 | | | Ex29:05 | ית אהרן ית כתנתה וית | מעילה | דאפודא וית אפודה וית |
| 006 | | | Ex28:31 | ותעבד ית | מעילה | דאפודה גמיר דתכלה: |
| 007 | | | Ex39:22 | ועבדו ית | מעילה | דאפודה עובד גרדי{ו}י גמיר |
| 008 | | | Nu14:14M | הווה עליהון/קאים | מעילה#2#/ | ובעמודה דעננה את מהלך |
| 009 | | | Lv 8:07 | בהמיינה ואלבש יתיה | מעילה | ויהב עלוי אפדה וזרז יתיה |
| 010 | דמעילה | | Ex28:34 | דדהב ורמון על שיפולוי | דמעילה | מן חזור חזור: |
| 011 | | | Ex39:25 | בגו רמוני על שפולוי | דמעילה | מן חזור חזור בגו רמניה: |
| 012 | | | Ex39:26 | זוג ורמן על שפולוי | דמעילה | מן חזור חזור למשמשה |
| 013 | | | Ex39:24 | ועבדו על שפולוי | דמעילה | רמונין תכלה וארגוון וצבע |
| 014 | ומעילה | | Ex28:04 | יעבדון חושנא ואפודה | ומעילה | וכיתנה מאחדה מצנפן והמיין |

## מעין n. intestines [322]

|  |  |  |  |  |  |  |
|---|---|---|---|---|---|---|
| 001 | במעי | p const | Nu12:12M | \במעיה דאמיה | /<במ>עי | א#2#/ תשעה ירחין במיא |
| 002 | מיעיכון | p em/sf | Dt28:11 | לטבתה בפירי וולד | מיעיכון | ובפירי בעירכון ובפרי |
| 003 | | | Dt28:51M | בעיריכון /וולד | מיעיכון#2#/ | ופרי ארעכון עד זמן די |
| 004 | מעוי | | Lv11:27M | על כפי ידוי /דשחף על | מעוי#2#/ | בכל חייתה דמהלכה על |
| 005 | | | Nu12:12M | \לגו עלמ' אתאכל /מן | מעוי | דאימיה את#2#/ פלגות |
| 006 | | | Lv11:42 | כל דמהלך על | מעוי | וכל דמהלך על ארבע עד כל |
| 007 | | | Gn43:30 | ואוחי יוסף ארום גלו | מעוי | על אחוי ובעא למבכי ועל |
| 008 | מעיה | | Gn25:24 | למילד והא תאומין בגו | מעיה: | |
| 009 | | | Nu25:08 | בר ישראל וית אתתה לגו | מעיה | ואתכלת מגפתה מעילוי בני |
| 010 | מעיהון | | Gn41:21 | ועללין לגו | מעיהון | ולא אתודע ארום עלו לגו |
| 011 | מעיהן | | Gn41:21 | ולא אתודע ארום עלו לגו | מעיהן | וחזוויהן חשיך היך מה |
| 012 | מעייא | | Gn30:02 | «מנע» מניך פירי וולד | מעייא: | |
| 013 | | | Gn30:02 | הא מני אנון פרי וולד | מעייא | הא אנא ואת ניזל ונבעי קדם |
| 014 | מעייה | | Gn38:27 | דילדת והא תומיין בגו | מעייה: | |
| 015 | | | Ex13:02 | בכורייא פתחי כל וולד | מעייה | בבני ישראל בבני אנשא |
| 016 | מעיך | | Gn15:04 | ארום אלהן מן דיפוק מן | מעיך | הוא ירת יתך: |
| 017 | | | Nu 5:22 | אלין במעיך למנפחה | מעיך | ולממסיה ירכיך ותימר אתתה |
| 018 | | | Nu 5:21 | ית ירכ«י»ך מסיא וית | מעיך | מנפחין: |
| 019 | מעיכון | | Dt28:53 | ותיכלון פרי וולד | מעיכון | בשר בניכון ובנתכון די יהב |
| 020 | | | Dt28:04 | בני ישראל בפרי ולד | מעיכון | ובפירי ארעכון ובפירי |
| 021 | | | Dt28:18 | ליטין תהוון בפרי וולד | מעיכון | ובפרי ארעכון בקרת תוריכון |
| 022 | | | Dt30:09 | עבד ידיכון בפרי וולד | מעיכון | ובפרי בעירכון ובפרי |
| 023 | | | Dt 7:13 | יתכון ויברך פירי ולד | מעיכון | ופירי ארעכון עבידתיכון |
| 024 | מעך | | Gn15:04M | אלהן מן דיפוק מן | מעיך/מעך#2#/ | הוא ירת/ירות#2#/ יתך: |
| 025 | | | Gn 3:14 | כל חיותא דעל אפי ברה על | מעך | תהוי שחף ועפר יהוי מזונך |
| 026 | במיעה | | Nu12:12M | למילד מית וולדה | במיעה | הלא מרים אחתן איצט ערת |
| 027 | במיעך | | Gn25:23 | ואמר ייי לה תרין אומין | במיעך | ותרי«ן» מלכוון ממעיך |
| 028 | במע' | | Nu12:12M | מה דהדין וולד דהוי | במע' | |
| 029 | במעה | | Gn25:24M | \בגו | מעיה/^במעה#2#/^במעייה#2#/: | |
| 030 | במעהא | | Gn25:22 | ואדחקו בניא | במעהא | ואמרת אן כדין היא צערהון |
| 031 | במעיה | | Nu12:12 | לוולדה דעבד | במעיה | דאמיה תשעה ירחין במיא |
| 032 | במעייה | | Gn25:24M | \בגו | מעיה/^במעה#2#/^במעייה#2#/: | |
| 033 | במעיך | | Nu 5:22 | מיא מלווטיא אלין | במעיך | למנפחה מעיך ולממסיה ירכיך |
| 034 | ומעיה | | Gn49:25 | דדיא דינקת מנהון | ומעיה | דרבעת בגוויהון: |
| 035 | ממעיך | | Gn25:23 | ותרי«ן» מלכוון | ממעיך | יתפרשון ומלכו ממלכו תתקף |

## מעל (v.)n. coming in, entering [322]

|  |  |  |  |  |  |  |
|---|---|---|---|---|---|---|
| 001 | מיעלהון | s em/sf | Gn34:05M | \עד זמן דאתון /עד | מיעלהון#2#/: | |
| 002 | מעלה | | Lv25:22M | עד זמן \דיעלון פירי | /מעלה | דפ#2#/ עללתה תאכלון |
| 003 | מעלך | | Nu34:08M | | למעלני/<למע>לי#2#/^למעלה#2#/^מעלך#2#/^ | |
| 004 | | | Nu13:21M | דצין עד רחוב | למעליה/מעלך#2#/ | אנטוכיה: |
| 005 | ומעלה | | Ex21:10 | יסב לה מזונה ותכסיתה | ומעלה | ומפקה לוותה לא ימנע: |
| 006 | כמיעליה | | Ex33:09M | משכנה נחת /ויהווי | כמיעליה | דמשה למשכנה הוון |
| 007 | למעלה | | Nu34:08M | | למעלני/<למע>לי#2#/^למעלה#2#/^מעלך#2#/^ | |
| 008 | למעליה | | Nu13:21 | מדברה דצין עד רחוב | למעליה | אנטוכיה: |
| 009 | מיעלי | p const | Dt11:30M | מעבר יורדנה בתר אורח | מיעלי | שמשה בארעהון דכנענאי |
| 010 | מעלי | | Lv22:07M | \ויטמע שמשה וידכי /ועם | מעלי | שמשה ידכי#2#/ ומן בתר כדן |
| 011 | במעליה | | Dt24:13M | "... תיהווי": משכונה | במעליה | שמשא וידמוך באיסטליתא |
| 012 | למעלי | | Nu34:08M | | למעלני/<למע>לי#2#/^למעלה#2#/^מעלך#2#/^ | |

## מעל prep. from above [!!]

|  |  |  |  |  |  |  |
|---|---|---|---|---|---|---|
| 001 | מעל | | Nu23:28M | דמצפיה\מן {על} <כל> קבל/מעל#2#/ | | בית הישימון: |

## מעלל n. entrance [322]

|  |  |  |  |  |  |  |
|---|---|---|---|---|---|---|
| 001 | מעללי | p em/sf | Gn42:12 | ואמר להון ארום | מעללי | דארעא אתיתון למיח«מי»: |
| 002 | מעלליא | | Gn42:09 | ילילין אתון למיחמי ית | מעלליא | דארע«א» אתי{ה}<ת>ון: |

## מעלן n. entrance [322]

|  |  |  |  |  |  |  |
|---|---|---|---|---|---|---|
| 001 | למעלני | p const | Nu34:08 | תכוונון | למעלני | אנטוכייה ויהוון |

## מעצרה *n.* wine press [323]

| | | | | |
|---|---|---|---|---|
| 001 | s em/sf מעצרתה | Nu18:27 | מן אדרה וחמרה מן | מעצרתה: |
| 002 | | Nu18:30 | מן אדרה וחמרה מן | מעצרתה: |
| 003 | | Dt16:13 | מן אדרא וחמרא מן | מעצרתה: |
| 004 | | Nu15:20 | מן אדרה ו{ת}<ח>מרה מן | מעצרתה כן תפרשון יתה: |
| 005 | מעצרתך | Dt15:14 | ליה מן ענ׳ מן אדרך ומן | מעצרתך מן מה די ברך יתך ייי אלהך |
| 006 | ומאצרתך | Dt15:14M | מן אדרך ומן | מעצרתך/ומאצרתך#2#/ מן מה די ברך יתך |
| 007 | ומעצרתא | Gn49:12 | סורייא מן גפנוי | ומעצרתא מן חמרא ויתחוורון גלמתא |

## מערב *n.* west [323]

| | | | | |
|---|---|---|---|---|
| 001 | s ab/cn מערב | Dt33:23 | ומלי ברכן מן קדם ייי | מערב {ו}<ד>ימא דגיניסר ודרומא |
| 002 | | Ex10:19M | תקיף/ממריה דייי רוח | מערב תקיף#2#/ לחדא וטען ית |
| 003 | s em/sf ממערבאה | Ex26:22M | דמשכנה\מן | מערבה/ממערב{ע}אה#2#/ תעבד שתה/^שית#2#^ |
| 004 | מע׳ | Nu34:05M | מפ<ק>נו{ק}׳ | מע׳#2#/: |
| 005 | מערבא | Gn28:14 | בניך כעפרא דארעא ותתקף | מערבא וצפונא ודרומא ומדנחא |
| 006 | מערבה | Ex26:27 | דמשכנה בשפולייה מן | מערבה: |
| 007 | | Ex36:28M | /בשיפוייה מן | מערבה#2#/: |
| 008 | | Ex36:32 | דמשכנה בשיפולייה מן | מערבה: |
| 009 | | Nu 3:23 | בשפלוי דמשכנה ישרון מן | מערבה: |
| 010 | | Nu34:11M | לימה דגי<נ>סר מן | מערבה |
| 011 | | Nu34:15 | תרנגיל קסריון דממדנח | מערבה דדן נפק להון תחומה לטור |
| 012 | | Gn12:08 | ופרש משכנה ביתאל מן | מערבה ועיה מן מדנחה ובנא תמן |
| 013 | | Ex26:35M | דמשכנה לדרומה/מן | מערבה#2#/ ופתורא תתן על צפונה |
| 014 | | Nu 2:18 | דאפרים לחיילוותהון מן | מערבה ורבה דהוה ממני על משרית |
| 015 | | Ex36:27 | ולשפלוי דמשכנה מן | מערבה עבד שתה לוחין: |
| 016 | | Ex26:22 | ולשיפולוי דמשכנה מן | מערבה תעבד שתה לוחין: |
| 017 | ומערבה | Gn13:14 | ולדרומה ומדנחה | ומערבה: |
| 018 | | Gn13:14M | ומדנחה ודרומ׳ | ומערבה#2#/: |
| 019 | למערבה | Nu34:05 | ויהוון מפ<ק>נו{ק}׳ | למערבה: |
| 020 | | Dt 3:27 | לריש רמתה וטול עייניך | למערבה ולציפונא ולדרומה ולמדנחה |

See also: מערה *n.*

## מערביי *adj.* western [323]

| | | | | |
|---|---|---|---|---|
| 001 | s ab/cn מערבית | Nu34:10M | לאפמיה/לתחומה | מערבית בין דיירת עיינוותה |
| 002 | s em/sf מערביה | Ex27:12 | ופותיא דדרת«א» לסיטרה | מערביה ווילון חמשין אמין |
| 003 | | Ex38:12 | ולסיטרה | מערביה וילון חמשין אמין באמתה |
| 004 | מערבייה | Nu34:06M | \תחום ימא/תחומה | מערבייה#2#/: |
| 005 | | Dt11:24M | דפרת ועד ימה | אחרנייה/מערבייה#2#/ יהווי תחומכון: |
| 006 | | Nu35:05 | באומתה וית סיטרה | מערבייה תרין אלפין באומתה וית |

## מערה *n.* cave [323]

| | | | | |
|---|---|---|---|---|
| 001 | s ab/cn מערת | Nu34:15M | די מן מדנח | מער{ב}<ת> דן נפק להון תחומה |
| 002 | | Gn23:09 | ויזבן לי ית | מערת כפילה די בסייפיה חקליה |
| 003 | | Gn23:11 | בר צוחר: ויזבן לי ית | מערת כפילה די בסייפי׳ חקליה |
| 004 | במערת | Gn50:13 | דכנען וקברו יתיה | במערת חקל כפילא די זבן אברהם |
| 005 | ולמערת | Nu34:15 | לרפיון ולשוק מזיי | ולמערת עין גדי עד מטי ספר ימא |
| 006 | s em/sf במערתא | Gn49:29 | קברו יתי גב אבהתי | במערת«א» דבחקלא דעפרון חתי<׳>: |
| 007 | | Gn49:30 | | במערתא די בחקל כפלא די כל קבל |
| 008 | | Gn19:30 | דחל למשרי בזוער ושרה | במערתא הוא ותרתין בנתה: |
| 009 | | Gn19:30 | וסלק לוט מן זער ושרא | במערתא הוא ותרתין בנתה עמיה ארום |
| 010 | | Gn25:09 | ו{ו}<י>שמעל בנוי | במערתא כפילא בחקלא דעפרו׳ בן |
| 011 | במערתי | Gn23:19 | אברהם ית שרה אתתיה | במערתי חקל כפילא די כל קובל |
| 012 | ומערתא | Gn23:11 | קבל מני חקלא יהבית לך | ומערתא דביה לך אתן יתה לקבל בנוי |
| 013 | | Gn23:11 | קבל מני חקלא יהבית לך | ומערתא דביה לך אתן יתה לך קבר |
| 014 | | Gn23:17 | די קדם מימרא חקלא | ומערתא דביה וכל אילנא די באפיה |
| 015 | | Gn23:20 | וקמת חקלא | ומערתא דביה לאברהם לאחסנות |
| 016 | | Gn49:32 | קניין חקלא | ומערתא דביה מן בנוי דחת: |
| 017 | p em/sf מעריה | Nu21:15 | אטמרו אמוריי בגו | מעריה דנחלי ארנונה אמרין כד |
| 018 | במערייה | Nu21:15M | אטמרו אמוראי | במערייה אמרין אלין לאלין כד |

## מערוקי *n.* fleeing [323]

| | | | | |
|---|---|---|---|---|
| 001 | s ab/cn מערוקי | Lv26:36M | דנתר מן אילנה ויערקון | מערוקי דחרב ויפ׳ |

## מעשר *n.* tenth, tithe [323]

| | | | | |
|---|---|---|---|---|
| 001 | s ab/cn מעשר | Nu18:21 | ולבנוי דלוי הא יהבית כל | מעשר דישראל לאחסנה חלף |
| 002 | | Dt14:24M | \למס«ו»ברה | מעשרה/<מע>שר#2#/ /למסבול טרחותה |
| 003 | | Dt14:28 | בשתה תליתיתה דהוא שנת | מעשר מסכינייה ותצנעון יתיה |
| 004 | | Dt26:12 | בשתה תליתייה דהיא שנת | מעשר מסכינייה ותתנון מעשרה |
| 005 | | Dt14:28 | דיומין ת{נ}<פ>קון ית | מעשר עללתכון בשתה תליתיתה דהוא |
| 006 | | Dt26:12 | תשלמון למעשרה ית כל | מעשר עללת<כ>ון בשתה תליתייה |
| 007 | | Dt12:17 | רשיין למיכל בקורייכון | מעשר תיניין עיבוריכון חמרכון |
| 008 | | Dt14:23 | למשרי יקר שכינתיה תמן | מעשר תניין עבוריכון חמרכון |
| 009 | ומעשר | Dt26:12M | לליווי ומעשרה | ומעשרה/<ומע>שר#2#/ לגייורייה <ליתמיא> |
| 010 | | Dt26:13 | מעשרה קדמייה לליוויי | ומעשר מסכינייה לגיורייה ליתמייה |
| 011 | s em/sf מעשרה | Nu18:21M | הא יהבית כל | מעשר/מע{בו}<ש>רה#2#/ דישראל לאחסנה |
| 012 | | Lv27:30 | וכל | מעשרה דארעא מן זרעא דארעא מן |
| 013 | | Nu18:26 | לו«ו»ת בני ישראל ית | מעשרה די יהבית לכון מן לוותהון |
| 014 | | Lv27:31 | ואין מפרוק יפרוק גבר מן | מעשרה חומשה יוסף עלוי: |
| 015 | | Dt26:12 | מעשר מסכינייה ותתנון | מעשרה קדמייה לליווי ומעשרה |
| 016 | | Dt26:13 | מן בתינן ולהוד יהבנן | מעשרה קדמייה לליוויי ומעשר |
| 017 | | Lv27:32 | וכל | מעשרה תורין ועאן כל מה די יעבר |
| 018 | | Dt14:25 | ותפרקון | מעשרה ת{מ}<ני>נה בכסף ותצורון |
| 019 | | Dt14:24 | אתון יכלין למס«ו»ברה | מעשרה תניינה ארום ירחק מנכון |
| 020 | | Lv10:19 | יתן דחטאתה חמ<י>רא מן | מעשרה תנינה ולית אפשר מיכל |
| 021 | מעשרהון | Nu18:24M | ארום ית | מעשרין/מעשרהון#2#/ דבני ישראל די |
| 022 | מעשרכון | Dt12:11 | ונכסת קודשיכון | מעשרכון ואפרשות ידיכון וכל שפר |
| 023 | | Dt12:06 | ונכסת קודשיכון וית | מעשרכון וית אפרשות ידיכון |
| 024 | ומעשרה | Dt26:12 | קדמייה לליווי ומעשרה | ומעשרה לגייורייה <ליתמיא> |
| 025 | | Dt14:24M | /למסבול טרחותה | ומעשרה#2#/ תניינה ארום ירחק |
| 026 | ממעשרה | Nu18:26 | דייי חד מן עשרה | ממעשרה: |
| 027 | p abs מעשרין | Nu18:24 | ארום ית | מעשרין דבני ישראל די יפרשון |
| 028 | p em/sf מעשריכון | Nu18:28 | אתון אפרשותה דייי מכל | מעשריכון די תקבלון מן לוות בני |
| 029 | | Dt12:11M | מעשרכון/ונכיסתהון | מעשריכון#2#/ ואפרשות ידיכון וכל |
| 030 | מעשרתכון | Ex22:28 | מעשרתכון | ודמעכון לא תשהון למיפקה |
| 031 | | Dt12:06M | קודשיכון וית | מעשרכון/מעש>רתכון#2#/ וית אפרשות |

## מפלחן *n.* taskmaster [!!]

| | | | | |
|---|---|---|---|---|
| 001 | p abs מפלחנן | Ex 1:11 | ושוון עליהון רברבנין | מפלחנן מן בגלל למצערן יתהון |

## מפנוקי *n.* ⇐ מפקן

## מפסה *n.* desecrated woman [324]

| | | | | |
|---|---|---|---|---|
| 001 | s ab/cn ומפסה | Lv21:14 | ארמלה ומשבקה וטעווה | ומפסה ית אילין לא יסב ארו׳ אלהן |
| 002 | | Lv21:07 | אתה טעוה | ומפסה לא יסבון ואתה משב«קה» |
| 003 | למפסה | Lv21:04M | ית כהנתא /דבעמכון | למפסה כליל בה#2#/: |

## מפק *(v.)n.* going out [324]

|  |  |  |  |  |  |  |
|---|---|---|---|---|---|---|
| 001 | במפקא | s em/sf | Ex34:22 | דחטיא וחגא דאכנשותא | במפקא | דשתא: |
| 002 | במפקה | | Lv27:21 | ותיהוי חקלה | במפקה | דיובילה קדש לשמה דייי |
| 003 | ומפקה | | Ex21:10 | מזונה ותכסיתה ומעלה | ומפקה | לוותה לא ימנע: |

## מפקן *n.* end, extremity [324]

|  |  |  |  |  |  |  |
|---|---|---|---|---|---|---|
| 001 | מפקנוי | p em/sf | Nu34:08 | אנטוכייה ויהוון | מפ<ק>נו{ק}י | דתחומה לאוולס |
| 002 | | | Nu34:09 | לזפירין ויהוון | מפ<ק>נו{ק}י | טירת ע<נ>בתה די יהוון |
| 003 | | | Nu34:12 | תחומה לירדנה ויהוון | מפקנוי | ימא דמלחה דא תיהווי לכון |
| 004 | | | Nu34:05 | דמצריי ויהוון | מפ<ק>נו{ק}י | למערבה: |
| 005 | | | Nu34:04 | בטור פרזלא ויהוון | מפ<ק>נו{ק}י | מן דרום לרקם דגיעה |
| 006 | מפקניהון | | Nu33:02 | וכתב משה ית | מפקניהון | למטלניהון על פם גזירת |
| 007 | מפקניך | | Dt23:14 | ביה ותחזור ותכסי ית | מפקניך: | |
| 008 | למיפקנהון | | Nu33:02 | ואילין מטלניהון | למיפקנהון: | |

## מפקנו *v.n.* exodus [324]

|  |  |  |  |  |  |  |
|---|---|---|---|---|---|---|
| 001 | מפקנותכון | s em/sf | Dt16:03M | /דתתכרין יום יום | מפקנותכון#2#/ | פריקין מן ארעא |

## מפרנק *adj.* pampered [324]

|  |  |  |  |  |  |  |
|---|---|---|---|---|---|---|
| 001 | ודמפרנק | s ab/cn | Dt28:54 | גברא דמחטי בכון | ודמפרנק | לחדה תבאש עייניה באחוי |
| 002 | ודמפרנקה | s em/sf | Dt28:56M | בכון | ומפרנקתה/ודמפרנקה#2#/ | די לא אנסת כפה |
| 003 | ומפרנקתה | | Dt28:56 | מחטיתה בכון | ומפרנקתה | די לא אנסת כפה דרגלה |
| 004 | | | Nu31:50 | יאתה ושפירתה מחטיתה | ומפרנקתה | והווינן שרין קריה |
| 005 | | | Nu31:50M | מדיינאי ייתה | ומפרנקתה | והווינן מפרקין מנהון |

## מפתח *n.* key [324]

|  |  |  |  |  |  |  |
|---|---|---|---|---|---|---|
| 001 | מופתח | s ab/cn | Gn30:22M | דמטרא /ולא לגדוד | מופתח | מט'#2#/ ומפתחא דפרנסתא |
| 002 | | | Gn30:22M | מפתחי דקבריה ...": | מופתח | קבריה ומופתח עקרתה |
| 003 | מיפתח | | Gn30:22M | רעוא \מפתחא דקבריה | /מיפתח | קב'#2#/ דכן כתבה ומפרש |
| 004 | מפתח | | Gn30:22 | יתי' מקבריכ«ון» עמי | מפתח | דעקרתא דכן כתבה ומפרש ואמר |
| 005 | ומופתח | | Gn30:22M | מופתח קבריה | ומופתח | עקרתה |
| 006 | | | Gn30:22M | \ומפתחא דפרנסתא | /ומופתח | פרנ'#2#/ ומפת«חי» |
| 007 | מפתחא | s em/sf | Gn30:22 | לא למלאכא ולא לשרף | מפתחא | דמטרא ומפתחא דפרנסתא |
| 008 | | | Gn30:22 | אוצרא טבא מן שמי«יא» | מפתחא | דפרנסתא דכן כתבא מפרש |
| 009 | | | Gn30:22 | לכל חיי דאית בהון רעוא | מפתחא | דקבריה דכן כתבה ומפרש |
| 010 | ומפתחא | | Gn30:22 | ומפת«חי» דקבריה | ומפתחא | דעקרתא <...> וכן כתבא |
| 011 | | | Gn30:22 | ולא לשרף מפתחא דמטרא | ומפתחא | דפרנסתא ומפת«חי» דקבריה |
| 012 | ומפתחי | | Gn30:22 | ומפתחא דפרנסתא | ומפת«חי» | דקבריה ומפתחא דעקרתא |
| 013 | מופ' | p abs | Gn30:22M | ארבע | מפתחן/מופ'#2#/ | דאינון מסירין ביד |
| 014 | מפתחן | | Gn30:22 | ארבע | מפתחן | דאינון מסירין ביד רבון כל |
| 015 | מפתחיא | p em/sf | Gn30:22M | משום דארבעה | מפתחיא | דלא אינון מסירין לא |
| 016 | | | Gn30:22M | לא למלאך ולא לשרף | מפתחיא | דמיטר' מפתחיא דפרנסתא |
| 017 | | | Gn30:22M | לשרף מפתחיא דמיטר' | מפתחיא | דפרנסתא מפתחיא דקברא{ה} |
| 018 | | | Gn30:22M | דמיטר' מפתחיא דפרנסתא | מפתחיא | דקברא{ה} ומפתחיא דעקרתא |
| 019 | ומפתחיא | | Gn30:22M | מפתחיא דקברא{ה} | ומפתחיא | דעקרתא |

מצב *n.* ⇐ נצב *vb.*

## מצדה *n.* net [324]

|  |  |  |  |  |  |  |
|---|---|---|---|---|---|---|
| 001 | מצדה | s ab/cn | Ex27:04 | ותעבד לו קנקל עובד | מצדה | דנחש ותעבד על מצדתה ארבע |
| 002 | | | Ex38:04 | ועבד למדבחה קנקל עובד | מצדה | דנחש תחות סוביבה מן לרע עד |
| 003 | מצדתא | s em/sf | Ex27:05 | דמדבחא מן לרע ותהוי | מצדתא | עד פלגא דמדבחא: |
| 004 | מצדתה | | Ex27:04 | מצדה דנחש ותעבד על | מצדתה | ארבע עזקין דנחש על ארבעתי |

## מצו *n.* strife [324]

|  |  |  |  |  |  |  |
|---|---|---|---|---|---|---|
| 001 | מצו | s ab/cn | Dt21:05M | /"ריב"#2#/ וכל | מכתש/מצו#2#/: | |
| 002 | | | Gn13:08M | דיינין /בבעו תהווי | מצו#2#/ | ביני ובינך ובין רעיי |
| 003 | | | Dt25:01M | \דינין ביני גברין | /מצו | ביני תריין גוברין#2#/ |
| 004 | | | Dt19:17M | דאית להון | דינה/מצו#2#/ | קדם ייי לקדם/וקדם#2#/ |
| 005 | דמצו | | Dt17:08M | למכתש נתקה מילי | דיונין/דמצו#2#/ | בקורייכון ותקומון |
| 006 | מצותה | s em/sf | Nu20:24M | /ית מימ' פימיה במי | מצותה#2#/: | |
| 007 | | | Dt 6:16M | בניסיונה /יתיה במי | מצותה#2#/: | |
| 008 | | | Dt32:51 | בגו בני ישראל במי | מצותה | דרקם במדברה דצין על די |
| 009 | | | Nu20:13M | הנון מי | מצותה | די אתנצון |
| 010 | | | Dt 9:22M | ובקברי שאלתה /ובמי | מצותה | ובקברי שאלת תחמדתה#2#/ |
| 011 | דמ' | | Dt32:51M | /בנוי דישראל במוי | דמ'#2#/ | דרקם במדברה דצין על |
| 012 | ומצותא | | Ex17:07M | בית נסיונ' | ומצותא | על דאתנצון בני ישראל |
| 013 | מצוי' | p abs | Gn13:07M | והוו | דיינין/מצוי'#2#/ | בין רעוי דבעירא |

## מצוב *n.* (unclear) [!!]

|  |  |  |  |  |  |  |
|---|---|---|---|---|---|---|
| 001 | מצובייה | p em/sf | Nu15:31M | אפס | משתיציא/מצובייה#2#/ | תישתצי נפשה חובא |

## מצווה *n.* commandment [325]

|  |  |  |  |  |  |  |
|---|---|---|---|---|---|---|
| 001 | מצוה | s ab/cn | Ex23:15M | אלהיכון ריקונין מן כל | מצוה | |
| 002 | | | Ex34:20 | קדמיי ריקנין מן כל | מצוה: | |
| 003 | | | Dt16:16 | אלהכון ריקנין מן כל | מצוה: | |
| 004 | | | Gn15:01 | או דלמא דלא אשתכח בידי | מצוה | בזמנא תניינא ויתחלל בי שמא |
| 005 | מצווה | | Dt15:13M | יתיה ריקן ^מן כל | מצווה#2#/: | |
| 006 | מצוות | | Dt25:10 | דשלפי סנדלה ומבטלה | מצוות | יבומה: |
| 007 | דמצוה | | Nu12:16 | לחיכימי ולנטרי אוריתה | דמצוה | זעירה דאנש עבד הוא מקבל |
| 008 | דמצווה | | Nu29:35M | בחדוה כנישין | דמצוון/<דמצו>וה#2#/ | תיהווי/<ת>הוי#2#/ |
| 009 | מצוותה | s em/sf | Nu 6:09M | ידע /ימות עלוהי מית | מצוותה | בתכוף באונסא#2#/ ויסאב |
| 010 | | | Dt25:10M | ומבטלה \מצוות יבומה | /מצוותה | דיב'#2#/: |
| 011 | | | Ex13:08M | "בגלל ... מצרים": בגין | מצוותה | דפטיריא דא ומרורא ובשר |
| 012 | | | Ex13:08 | ההוא למימר מן בגלל | מצוותה | דפטיריא עבד ייי לן נצחני |
| 013 | | | Ex12:17M | ותטרון ית | פטיראה/מצוותה | דפטר'#2#/ ארום בזמן |
| 014 | | | Dt 6:25 | ארום נטור למעבד ית כל | מצוותה | הדה קדם ייי אלהן היך מה |
| 015 | | | Dt11:22 | אן מטור תטרון ית כל | מצוותה | הדה די אנה מפקד יתכון |
| 016 | | | Dt15:05 | למטור למעבד ית כל | מצוותה | הדה די אנה מפקד יתכון |
| 017 | | | Dt19:09 | ארום תטרון ית כל | מצוותה | הדה למעבד יתה דאנה מפקד |
| 018 | | | Dt30:11 | ארום | מצוותה | הדה די אנה מפקד יתכון |
| 019 | | | Dt 6:01 | ודא | מצוותה | וקיימיה וסדרי דינייה די |
| 020 | | | Lv16:03M | "כהדן ... משריתא": כהדא | מצוותה | יעול אהרן ביומא דכיפורי |
| 021 | מצוון | p abs | Dt 7:10 | הדין משלם להון אגר | מצוון | קליל{י}ן דהוי בידיהון: |
| 022 | | | Gn15:01 | ויקטלון יתי או דלמא | מצוון | קלילן דהוה בידי בזימנא |
| 023 | | | Dt 7:10M | למשל{ו}<'> לסנאוי אגר | מצוון | קלילן דאיתי בידיה |
| 024 | מצוין | | Dt 7:10M | משלם להון אגר | מצוון/<מ>צוין#2#/ | קליל{י}ן דהוי |
| 025 | דמצוון | | Nu29:35 | בתיכון בחדוה כנישין | דמצוון | תיהווי לכון כל עבידה |
| 026 | מיצוותיה | p em/sf | Dt28:45 | דייי אלהכון למיטור | מיצוותיה | וקיימוי די פקד יתכון: |
| 027 | מצ' | | Dt 8:02M | מצוותה /אתון נטרין | מצ'#2#/ | דאורייתה או לא: |
| 028 | מצוותה | | Nu15:31 | ארום פתגמא דייי בזי וית | מצוותה | אפס משתיציא תישתצי נפשה |

|  |  |  |  |
|---|---|---|---|
| 029 | | Gn15:01 | עלי דלמא איתקבלת אגר מצוותה בעלמא הדין ולית לי חול' |
| 030 | | Gn 3:24 | פרי אילנ' על די נטרו מצוותה דאורייתא בעלמא הדין |
| 031 | | Ex16:04 | אינון אין נטרינון מצוותה דאורייתא אן לא: |
| 032 | | Dt15:11M | ברם אין שבקין הנון מצוותה דאורייתא ארום לא פסקין |
| 033 | | Dt 4:40 | ותטרון ית קיימוי וית מצוותה דאוריתה די אנה מפקד |
| 034 | | Dt 6:17 | מטור תטרון ית מצוותה דאוריתה דייי אלהכון |
| 035 | | Dt 7:09 | לרחמוי צדיקיה ולנטרי מצוותה דאוריתה לאלפין ד{ר}רין: |
| 036 | | Dt 8:02 | הא אין נטרין אתון מצוותה דאוריתה או לא: |
| 037 | | Dt 8:06 | ותיטרון ית מצוותה דאוריתה דייי אלהכון |
| 038 | | Lv22:31 | ותטרון מצוותה דאורייתי ותעבדון יתהון |
| 039 | | Lv22:31 | ייי דיהב אגר טב לנטרי מצוותה דאורייתי: |
| 040 | | Dt 5:10 | לרחמיי צדיקיה ולנטרי מצוותה דאורייתי: |
| 041 | | Dt 5:29 | מן קדמי ולמטור ית כל מצוותה דאורייתי כל יומייה |
| 042 | | Dt15:04 | לחוד אין תטרון מצוותה דאורייתי חלף כן ^ארום לא |
| 043 | | Dt15:11M | אין נס' ישראל מצוותה דאוריתא לא הווי בכון |
| 044 | | Dt17:20 | מן אחוי ודלא יסטי מן מצוותה דאוריתה לא לימינה ולא |
| 045 | | Lv 4:13 | קהלא ויעבדון חדא מן כל מצוותה די לא כשרין למתעבדה |
| 046 | | Dt 8:01 | כל מצוותה די אנה מפקד יתכון יומא |
| 047 | | Dt11:08 | ותטרון ית כל מצוותה די אנה מפקד יתכון יומא |
| 048 | | Dt13:19 | אלהכון למיטר ית כל מצוותה די אנה מפקד יתכון יומא |
| 049 | | Dt27:01 | עמא למימר טורו ית כל מצוותה די אנה מפקד יתכון יומא |
| 050 | | Dt28:01 | למיטר למעבד ית כל מצוותה די אנה מפקד יתכון יומא |
| 051 | | Dt30:08 | אלהכון ותעבדון ית כל מצוותה די אנה כען מפקד יתכון |
| 052 | | Dt31:05 | ותעבדון להון ככל מצוותה די פקדת לכון: |
| 053 | | Lv 4:22 | יחטא ויעבד חדא מן כל מצוותה דייי אלהה דלא כשרין |
| 054 | | Lv 5:17 | תחטא ותעבד חדה מן כל מצוותה דייי די לא כשרין למתעבדה |
| 055 | | Nu15:39 | ות{ת}<ד>כרון ית כל מצוותה דייי ותעבדון יתהון ולא |
| 056 | | Dt 4:02 | תמנעון מניה למיטר ית מצוותה דייי אלהכון די אנה מפקד |
| 057 | | Dt10:13 | למטור ית מצוותה דייי וית קיימוי די אנה |
| 058 | | Nu15:22 | ולא תעבדון ית כל מצוותה האליין די מלל <ייי> עם |
| 059 | | Dt 7:11 | ותיטרון מצוותה וית קיימייה וית סדרי |
| 060 | | Dt27:10 | דייי אלהכון ותעבדון ית מצוותה וית קיימוי דיאנה מפקד |
| 061 | | Dt 8:11 | אורייתה דייי דלא למטור מצוותה וסדרי דינוי וקיימוי די |
| 062 | | Nu36:13 | איליין מצוותה וסדרי{ה} דנייה די פקד ייי |
| 063 | | Dt28:15 | למיטור למיעבד ית כל מצוותה וקיימוי די אנה מפקד יתכון |
| 064 | | Dt30:10 | דייי אלהכון למיטור מצוותה וקיימוי דכתיב בספר |
| 065 | | Dt30:16 | דתקנן קדמוי ולמטור מצוותה וקיימוי וסדרי דינוי |
| 066 | | Dt 5:31 | קדמיי ואמלל עמך ית כל מצוותה וקיימיה וסדרי דינייה די |
| 067 | | Dt 7:10M | "ומשלם ...": <ומשלם> אגר מצוותה קלילן דאתי' |
| 068 | מצוותי | Ex16:28 | אתון מסרבין למטר מצוותי וסדרי דיני: |
| 069 | מצוותי' | Ex20:06M | צדיקיא ולנטרי פיקודיא/מצוותי' דאורייתי#2#/: |
| 070 | מצוותיה | Dt26:18 | די מלל לכון ולמיטר כל מצוותיה: |
| 071 | | Dt 5:10M | צדיקיה ולנטרי מצוותה/מצוותיה#2# דאורייתי |
| 072 | | Lv 4:27 | דארעא במעבדה חדה מן מצוותיה דייי דלא כשרין למתעבדה |
| 073 | | Dt28:09 | לכון ארום תטרון ית מצוותיה דייי אלהכון ותהלכון |
| 074 | | Dt13:05 | תהוון דחלין וית מצוותיה תטרון ובקל ממריה תשמעון |
| 075 | מצותה | Gn 3:22 | בין טב לביש אילו נטר מצותה דאוריתא וקיים פקודה אית |
| 076 | | Gn 3:24 | דאתי על די לא נטרו מצותה דאוריתא בעלמא הדין ארום |
| 077 | | Lv 4:02 | ארום תחטא בשלוה מן כל מצותה דייי די לא כשרין מתעבדה |
| 078 | | Gn 3:09 | אתר דאת בגויה אן היא מצותה דפקדת יתך: |
| 079 | מצותי | Gn26:05 | מ^י#2#מרי ונטר מטרתי מצותי וקיימי וסדרי דייני: |
| 080 | מצותיה | Gn 3:22 | וכדון עד די לא נטר מצותיה דאוריתא ולא קיים פקודה הא |
| 081 | מצותך | Dt26:13 | פקדת יתן לא עברנן מן מצותך ולא אנשינן חדה מנהון: |
| 082 | במצוותיה | Ex12:11M | חרציכון אסירין ∧במצוותיה דאורייתא#2#/ מסניכון |
| 083 | ומצור' | Ex12:46M | /בייתיה מן בשרא לברא ומצור' לא מניה תבטלון ביה#2#/: |
| 084 | ומצוותה | Dt11:01 | וקיימוי וסדרי דינוי ומצוותה כל יומייא: |
| 085 | | Nu 9:12M | דפסחה/^<דפ>סח#2#/^ ומצוותה/ לא יבטלון מניה ככל |
| 086 | ומצוותיה | Dt26:17 | קדמוי ולמטור קיימוי ומצוותיה וסדרי ד«י»נוי ולמשמע |
| 087 | ומצוותך | Gn49:22 | עליך על כוותיה ומצוותך עליך מן חרכייא והוון |
| 088 | ומצוותה | Dt 6:02 | ולמיטור ית כל קיימוי ומצוותה דאוריתה די אנה מפקד יתכון |
| 089 | למצוות | Ex15:26 | באפוי תעבדון ותציתון למצוות ותטרון כל קיימוי כל |
| 090 | למצוותה | Dt11:13 | אין משמע תשמעון למצוותה דאוריתא די אנה מפקד |
| 091 | | Dt11:27 | ית ברכתה די תשמעון למצוותה דייי אלהכון די אנה מפקד |
| 092 | | Dt11:28 | ולווטיה אין לא תשמעון למצוותה דייי אלהכון ^ותסטון מן |
| 093 | | Dt28:13 | לרע ארום תשמעון למצוותה דייי אלהכון די אנה מפקד |

## מצולה *n.* depth [325]

|  |  |  |  |
|---|---|---|---|
| 001 | במצולתיה p em/sf | Ex15:05 | עליהון נחתו ושקעו במצולתיה דמיא אדמון לאבנא: |

## מצי *vb.* to squeeze out [325]

|  |  |  |  |
|---|---|---|---|
| 001 | ימצה pael | Lv 5:09 | ומה דמשתייר באדמה ימצה על יסודוי דמדבחא חטאתה |
| 002 | וימציא | Lv 1:15 | ויסדר על גבי מדבחה וימציא אדמה על כותלה דמדבח': |

## מציעו *n.* middle [325]

|  |  |  |  |
|---|---|---|---|
| 001 | מציעות s ab/cn | Gn 2:09 | למיכל ואילן חייא בגו מציעות גנתה ואילן דעתה דכל מן |
| 002 | | Gn 3:08M | גנתה /ממריה דייי בגוא מציעות גנתה#2#/: |
| 003 | במציעות | Gn 3:03 | ומן פרי אילנא די במציעות גנתה אמר ייי לא תאכלון |
| 004 | | Gn 1:06 | ממרא דייי יהוי רקיעא במציעות מיא ויהוי מפרש בין מיא |

## מציעיי *adj.* middle [325]

|  |  |  |  |
|---|---|---|---|
| 001 | מציעיה s em/sf | Ex36:33 | ועבד ית נגר{י}<ה> מציעי<ה> {משמש} <משלבש> בגו לוחי |
| 002 | מציעייה | Ex26:28 | ונגרה תניינה מציעייה בגו לוחי מש{מ}<לב>ש מן |

## מצנפה *n.* turban [325]

|  |  |  |  |
|---|---|---|---|
| 001 | מצנפה s ab/cn | Lv 8:09M | על ראשה ושוי על מצנפתה/מצנפה#2#/ מן כל קבל/כלוקבל#2# |
| 002 | | Lv 8:09M | ושוי ית מצנפתה/מצנפה#2#/ על ראשה ושוי על |
| 003 | מצנפת' s em/sf | Ex28:04M | והמיין /וכיתנתה דבוצה מצנפת' והימנה#2#/ ויעבדון לבושי |
| 004 | מצנפתה | Ex29:06 | ית כליל בית קודשא על מצנפתה: |
| 005 | | Ex39:28 | וית מצנפתה דבוץ וית כליליה קובעיה |
| 006 | | Ex28:37 | על מצנפתה לקבל אפוי מצנפתה יהווי: |
| 007 | | Ex28:37 | על שזר תכלה ויהווי על מצנפתה לקבל אפי מצנפתה יהווי: |
| 008 | | Lv 8:09 | מצנפתה על ראשה ושוי על מצנפתה מן כל קבל אפוהי ית ציצה |
| 009 | | Ex39:31 | שזיר דתכלה למתן על מצנפתה מן לעיל היך מה די פקד ייי |
| 010 | | Ex29:06 | ותשווי ית מצנפתה על ראשה ותתן ית כליל |
| 011 | | Lv 8:09 | ושוי ית מצנפתה על ראשה ושוי על מצנפתה מן |
| 012 | מצנפן p abs | Ex28:39 | ותאחד כתנא דבוץ ותעבד מצנפן דבוץ והמיין תעבד עובד |
| 013 | | Ex28:04 | ומעילה וכיתנה מאחדה מצנפן והמיין ויעבדון לבושי דקדש |
| 014 | ובמצנפן | Lv16:04 | והמיינין דבוץ יאסר ובמצנפן דבוץ יטכס לבושי קדשא |
| 015 | למצנפן | Nu15:39 | ויהוון לכון למצנפן ותחמון יתיה ות{ת}<ד>כרון |

## מצע *vb.* to be in the middle [326]

|  |  |  |  |
|---|---|---|---|
| 001 | ממצע pael | Gn49:14M | ביני /ותחומי' יהווי ממצע#2#/ תרין תחומיי': |

## מצע *n.* midst [325]

|  |  |  |  |  |
|---|---|---|---|---|
| 001 | מצע | s ab/cn | Dt13:17 | תכנשון יתה לגו מצע פלטיה ותיקדון בנורא ית |

## מציעת *adv.* in the middle [!! cf. מציעיי adj.]

|  |  |  |  |  |
|---|---|---|---|---|
| 001 | מציעת | | Dt 3:16M | ועד נחל ארנונה אמצע/מציעית#2#/ נחלה ותחומה ועד נחל |

## מצריי *adj.* Egyptian [326]

|  |  |  |  |  |
|---|---|---|---|---|
| 001 | מצריי | s ab/cn | Lv24:10 | ישראליתה והוא ברה דגבר מצריי בגו בני ישראל ואתנצון |
| 002 | | | Ex 2:11 | בפולחניהון וחמא גבר מצריי מחי לגבר עברי מן אחוי: |
| 003 | מצרייא | | Gn16:01 | הוות ילדה לה ולה אמתה מצרייא ושמה הגר: |
| 004 | מיצראה | s em/sf | Ex 2:14M | היך מה דקטלת ית מצריה/מיצראה#2#/ ודחל משה ואמר הא |
| 005 | | | Ex 2:12M | נפיק מיניה ומחא ית מיצראה וטמע יתיה בחלא |
| 006 | מצראה | | Ex 2:12M | מן ההוא מצראה ומחא ית מצראה וטמע יתיה בחלא |
| 007 | | | Ex 2:12M | עתיד למקום מן ההוא מצראה ומחא ית מצראה וטמע יתיה |
| 008 | מצריה | | Ex 2:14 | את אמר היך מה דקטלת ית מצריה ודחל משה ואמר הא כען |
| 009 | מצרייה | | Ex 2:12 | הווה תמן גבר וקטל ית מצרייה וטמריה בחלא: |
| 010 | | | Ex 2:19 | ואמרין גבר מצרייה שיזב יתן מן ידיהון דרעייא |
| 011 | מצרייתה | | Gn16:05 | ולא נצרך לבניה דהגר מצרייתה דהיא מבני בניהון דעמא |
| 012 | מצריתא | | Gn25:12 | אברהם די ילידת הגר מצריתא אמתא דשרה לאברהם: |
| 013 | | | Gn16:05 | ילדה ונסיבת להגר מצריתא אמתי ויהבת יתה לך לאתה |
| 014 | | | Gn21:08 | ית יצחק ברה דהגר מצר«י»תא די ילדת לאברהם עבד |
| 015 | | | Gn21:09 | וחמת שרה ית ברה דהגר מצריתא די ילדת לאברהם עבד |
| 016 | מצריתה | | Gn16:03 | אתת' דאברם ית הגר מצריתה אמתה לסוף שנין עשר דיומין |
| 017 | דמצריה | | Gn39:05 | וברך ייי ית ביתיה דמצרי«ה» בזכותיה דיוסף והוה |
| 018 | מצ' | p em/sf | Dt 7:18M | ^/מצרים#2#^/ ולכל מצ'#2#/: |
| 019 | מצראי | | Ex12:30M | לא הוה ביה מיתא מן מצראי#2#/: |
| 020 | | | Nu33:03M | קודם#2#/ כל מצריי/<מצר>אי#2#/: |
| 021 | | | Gn41:55 | לחמא ואמר פרעה לכל מצראי אזלו לוות יוסף מה דיימר |
| 022 | | | Ex12:33M | מן ארעא ארום אמרו \מצראי#2#/ אן שהין אנון ישראל |
| 023 | | | Ex14:12M | \קדם מצריי/עם מצראי#2#/ ארום טב הוה לן פלחין |
| 024 | | | Nu14:13M | מצריי/הא שמעין מצראי#2#/ ארום אסקית בחילך ית |
| 025 | | | Dt23:08M | לא תרחקון מצריי/מצראי#2#/ ארום דיורין |
| 026 | | | Gn47:20 | דמצראי לפרעה ארום זבנו מצראי גבר חקליה ארום תקף עליהון |
| 027 | | | Ex10:06M | עבדיך ובני כל/ מצראי#2#/ די לא חמון אבהתך ואבהת |
| 028 | | | Ex14:25M | ורמין על ימא עניין מצראי ואמרי' אלין לאלין אלהון |
| 029 | | | Gn45:02 | ית קליה בבכיה ושמעו מצראי ואשתמע בפלטורין דפרעה: |
| 030 | | | Ex12:30M | עבדוי#2#/ וכל מצריי/מצראי#2#/ והות צווו{ת}חת רבה |
| 031 | | | Ex12:23M | לחבלה#2#/ ית מצריי/מצראי#2#/ ויחמ{ו}<י> ית אדמה |
| 032 | | | Ex10:02M | שוית בהון/אפרעית מן מצראי וית ניסי פרישתי דשויית |
| 033 | | | Ex12:27M | מצרים/בחבלותא ית מצראי#2#/ וית בתינן שזיב ועקדו |
| 034 | | | Ex12:39M | מצרים/סרדו יתהון מצראי#2#/ ולא יכלו למסוברא |
| 035 | | | Ex14:20M | ישראל וחשוכ' מחשך על מצראי ולא |
| 036 | | | Nu20:15M | ואבעשו#2#/ לן מצריי/מצראי#2#/ ולאבהתן: |
| 037 | | | Ex11:01M | על פרעה ועל מצריי/<מצר>אי#2#/ ומן בתר כדון/כ{ו}#2# |
| 038 | | | Ex19:04M | די אתפרעת מן מצראי וסבלית יתכון על ענני |
| 039 | | | Dt26:06M | ואבאישו לן מצריי/מצראי#2#/ וצערו יתן ושוון |
| 040 | | | Gn45:09 | שוי יתי ייי לריבון לכל מצראי חות לוותי ולא תשתהי: |
| 041 | | | Ex15:26M | למצריה/על מצראי#2#/ לא אשוי יתהון עליכון |
| 042 | | | Gn47:15 | ארעא דכנען ואתון כל מצראי לוות יוסף למימר הב לן |
| 043 | | | Gn47:17 | ואייתון כל מצראי לוות יוסף למימר הב לן |
| 044 | | | Gn43:32 | ארום לא הוון יכלין מצראי למיכל עם עבריי לחם ארום |
| 045 | | | Ex32:12M | "מצרים ... ולמשיצא": מצראי למימר מן בגלל למבעשה |
| 046 | | | Ex12:35M | ולבושין /ושאלו מן מצראי מאני כסף ומאני דהב |
| 047 | | | Gn47:21 | ועד סייפיה דלא יהוון מצראי מוניין לאחוי דיוסף |
| 048 | | | Ex12:33M | חדא הא כל מצריי/<מצר>אי#2#/ מייתין: |
| 049 | | | Gn44:18 | עד זמן דקטיל אנה כל מצראי מינך אנה משרי ובפרעה רבך |
| 050 | | | Gn39:01 | דפרעה רב אספקלטריה גבר מצראי מן ידיהון דסרקיי די אוחתו |
| 051 | | | Ex14:09M | ורדפו \מצריי בתריהון מצראי/ מן בת#2#/ וארעו יתהון |
| 052 | | | Ex 1:12 | הוון תקיפין ואעיקו מצראי מן קדם עמא בני ישראל: |
| 053 | | | Gn44:18M | עד זמן דקטל אנה כל מצראי מנך אנה משרי |
| 054 | | | Ex14:10M | ית עייניהון והא מצריי/מצראי#2#/ נטלין בתריהון ודחלו |
| 055 | | | Ex12:33M | ואתוקפו מצריי/<מצר>אי#2#/ על עמא למזורזא |
| 056 | | | Gn50:03 | חנוטיה ובכון יתיה מצראי שבעין יומין: |
| 057 | מצראיי | | Ex 3:20 | מחת פורענתי ואקטול ית מצראיי בכל {פרישות ידי} <פרישותי |
| 058 | מצרי | | Ex14:18 | וידעו מצרי ארום אנה ייי באתיקרותי |
| 059 | מצריה | | Gn12:12 | ויהוי ארו' יחמון יתיך מצריה וימרון אתתיה היא דא ויקט' |
| 060 | | | Gn12:14 | על אברם מצרימה וחמון מצריה ית אתתיה ארום שפירת היא |
| 061 | מצריי | | Ex 3:16 | וית מה די עבדו לכון מצריי: |
| 062 | | | Ex 3:22 | ועל בנתכון ותרוקנון ית מצריי: |
| 063 | | | Ex 9:11 | הווה שחנא בחרשיא ובכל מצריי: |
| 064 | | | Nu33:03 | בראש גלי לעיני כל מצריי: |
| 065 | | | Dt 7:18 | ייי אלהכון מן פרעה ומן מצריי: |
| 066 | | | Ex 7:05 | וידעו מצריי ארום אנה ^הוא#2#^ ייי כד |
| 067 | | | Ex14:04 | ובכל חיילוותיה וידעון מצריי ארום אנה הוא ייי ועבדו |
| 068 | | | Ex14:12 | ארפי מינן ונפלח קדם מצריי ארום טב הוה לן פלחין קדם |
| 069 | | | Nu14:13 | משה קדם ייי וישמעון מצריי ארום אסקית בחילך ית עמה |
| 070 | | | Dt23:08 | אחיכון אנון לא תרחקון מצריי ארום דיורין הוויתון |
| 071 | | | Ex14:27 | לקדמותיה ושבק ייי ית מצריי בגו ימא: |
| 072 | | | Ex12:42 | תליתיא כד אתגלי ייי על מצריי בפלגות ליליא הוה ידיה |
| 073 | | | Ex14:09 | ורדפו מצריי בתריהון וארעו יתהון שריין |
| 074 | | | Ex10:06 | כל שלטונך ובתיהון דכל מצריי די לא חמון אבהתך ואבהת |
| 075 | | | Ex11:07 | תדעון די יפרש ייי בין מצריי ובין ישראל: |
| 076 | | | Ex12:30 | הוא וכל שלטונוי וכל מצריי והות צווו{ת}חת רבה במצרים |
| 077 | | | Ex12:23 | דייי למשיציא ית מצריי ויחמ{ו}<י> ית אדמה על |
| 078 | | | Nu20:15 | יומין סגין ואבאשו לן מצריי ולאבהתן: |
| 079 | | | Ex11:01 | חד אייתי על פרעה ועל מצריי ומן בתר כדון ישלח יתכון |
| 080 | | | Dt26:06 | ואבאישו לן מצריי וצערו יתן ושוון עלינן |
| 081 | | | Ex 7:24 | וחפרו כל מצריי חזור חזור לנהרא <....> |
| 082 | | | Ex14:13 | ארום היך מה דחמיתון ית מצריי יומא הדין לא תוספון |
| 083 | | | Ex 7:18 | ויסרח נהרא וישתלהון מצריי למשתי מיא מנהרא: |
| 084 | | | Ex 7:21 | ואסרח נהרא ולא יכילו מצריי למשתי מיא מן נהרא והות |
| 085 | | | Ex12:33 | הכה אוף שעה חדא הא כל מצריי מייתין: |
| 086 | | | Ex14:30 | דמצריי וחמון ישראל ית מצריי מייתין רמיין על ג{ו}<י>ף: |
| 087 | | | Ex12:36 | ורוקנן בני ישראל ית מצריי מן נכסיהון: |
| 088 | | | Ex14:12 | טב הוה לן פלחין קדם מצריי מן למקטליה יתן במדברא: |
| 089 | | | Ex12:35 | כמלוי דמשה ושאילו מן מצריי מנין דכסף ומנין דדהב |
| 090 | | | Ex14:10 | ישראל ית עייניהון והא מצריי נטלין בתריהון ודחלו לחדא |
| 091 | | | Ex12:33 | ואתוקפו מצריי על עמא למזורזא למשלחה |
| 092 | | | Ex18:11 | ארום בפתגמ«א» דחשיבו מצריי על ישרא' למרמא בניהון |
| 093 | | | Ex14:25 | יתהון לימא כד חמון מצריי תושבחתא הדין אמרין אלין |
| 094 | מצריי' | | Ex14:27M | ושנק מימר' דייי ית מצריי' בגו ימא |
| 095 | מצרייא | | Ex 1:13 | ושעבידו מצרייא ית בני ישראל בקשיו: |
| 096 | מצרייה | | Gn39:02 | ושליט בביתיה דרבוניה מצרייה: |
| 097 | מצרייתה | | Ex 1:19 | לפרעה ארום לא כנשיה מצרייתה עברייתא ארום חיין אינין |
| 098 | במצריי | | Ex10:02 | בניכון מה די שנקת במצריי וית נסיי די שוית בהון |
| 099 | דמיצראי | | Gn41:08 | וקרא ית כל חרישיהון דמיצראי וית כל חכימיהון ותני |
| 100 | | | Gn47:21 | ומן סיפא תחומיהון דמיצראי ועד סייפא ועמא דבקריית' |

|  |  |  |  |  |  |
|---|---|---|---|---|---|
| 101 | דמצרא' | Ex 8:17 | ויתמלון בתיהון | דמצרא' | מן ערבובא וית ארעא די |
| 102 | דמצראי | Ex10:19M | /תחום#2#/ | דמצריי/דמצראי#2#/: | |
| 103 | | Ex14:24M | ית משיריתיהון | דמצריי/דמצראי#2#/: | |
| 104 | | Ex18:09M | מן ידיהון | דמצריי/דמצראי#2#/: | |
| 105 | | Ex12:12M | טעוותיהון | דמצריי/דמצראי#2#/ | אעבד דינין שנין |
| 106 | | Ex 7:22 | ועבדו כדן חרשיהון | דמצראי | בחרשיהון ואתוקף לבא דפרעה |
| 107 | | Dt28:60M | /בכון ית כל מכתשייה | דמצראי#2#/ | די דחלתון מן קדמיהון |
| 108 | | Ex 3:14M | בסעדכון בגלותא | דמצראי | ואנא הוא דעתיד למהווי |
| 109 | | Gn49:23 | יכלו ליה כל חרשיהון | דמצראי | וחכימיהון אמרו בישתא קדם |
| 110 | | Gn49:22 | ברי בחכמתך כל חרשיהון | דמצראי | וית כל חכימיהון כד ארכבו |
| 111 | | Ex 9:04M | דישראל ובין נכסיהון | דמצראי | ולא ימות מן בעיריהון |
| 112 | | Ex12:36M | \דמצריי ואשאלו | /<ד>מצראי ושאילו#2#/ | להון ורוקנן |
| 113 | | Ex10:14M | על כל ארעא | דמצרים/דמצראי#2#/ | ושרא בכל תחומיהון |
| 114 | | Ex11:03M | /דעמ' באפיהון | דמצראי#2#/ | לחוד גברא משה תקיף |
| 115 | | Gn47:20 | יוסף ית כל ארעהון | דמצראי | לפרעה ארום זבנו מצראי גבר |
| 116 | | Gn47:26 | יומא הדין על ארעהון | דמצראי | לפרעה לחד מן חמשה להוד |
| 117 | | Ex 8:22M | הינון מרחקתהון | דמצראי | מנהון נסב ונקרבה קדם#2#/ |
| 118 | | Ex 8:22M | דמצריי /מרחקתהון | דמצראי#2#/ | קדמיהון לית אפשר דלא |
| 119 | דמצרי | Ex 7:03 | נסוי וית פרישתי בארעא | דמצרי: | |
| 120 | דמצריי | Ex 6:07 | מן תחות ניר שעבודהון | דמצריי: | |
| 121 | | Ex10:15 | דאפי ברא בכל ארעא | דמצריי: | |
| 122 | | Ex10:19 | גוב חד בכל תחומיהון | דמצריי: | |
| 123 | | Ex14:24 | וערבב ית משיריתיהון | דמצריי: | |
| 124 | | Ex18:09 | שיזב יתהון מן ידיהון | דמצריי: | |
| 125 | | Ex18:10 | מן תחות ניר שעבודהון | דמצריי: | |
| 126 | | Ex12:12 | בעירא ובכל טעוותיהון | דמצריי | אעבד דינין שנין אמר ייי: |
| 127 | | Ex 7:11 | אף אינון חרשיהון | דמצריי | בחרשיהון כדן: |
| 128 | | Dt 7:15 | כל בישין וכל מכתשיהון | דמצריי | בישייא די חכמתון לא ישוי |
| 129 | | Dt28:60 | ית כל מכתישיהון | דמצריי | די דחלתון מן קדמיהון |
| 130 | | Ex12:36 | חניהון דעמא באפיהון | דמצריי | ואשאלו להון ורוקנן בני |
| 131 | | Ex 6:06 | מן תחות ניר שעבודהון | דמצריי | ואשיזב יתכון מן פולחניהון |
| 132 | | Dt28:27 | ימחי יתכון ייי בשחנה | דמצריי | ובטחוריה ובחרבנה די לא |
| 133 | | Ex 9:04 | ייי ביני בעיריהון | דמצריי | וביני בעיריהון דישראל |
| 134 | | Ex14:20 | ועל בין משרייתיהון | דמצריי | וביני משרייתיהון דישראל |
| 135 | | Ex14:30 | ית ישראל מן ידיהון | דמצריי | וחמון ישראל ית מצריי |
| 136 | | Ex 3:21 | דעמא האילין באפיהון | דמצריי | ויהווי ארום תיזלון <לא |
| 137 | | Nu34:05 | תחומה מן לקסם לנילוס | דמצריי | ויהוון מפ<ק>נו{ק}' |
| 138 | | Ex12:42 | ידיה מקטלה בכוריהון | דמצריי | וימיניה הוות מגנא על |
| 139 | | Ex14:17 | ואנה הא מתוקף ית לבהון | דמצריי | ויעלון בתריהון ואתיקר |
| 140 | | Ex 9:06 | ומית כל בעיריהון | דמצריי | ומבעיריהון דבני ישראל לא |
| 141 | | Ex18:10 | שיזב יתכון מן ידיהון | דמצריי | ומן ידוי דפרעה דשיזב ית |
| 142 | | Ex 8:02 | ית ידיה על מימיהון | דמצריי | וסלקון ארדעניה וחפון ית |
| 143 | | Ex14:07 | ארתכין וכל ארתיכוהון | דמצריי | ורברבנין הוון ממנין על |
| 144 | | Ex14:24 | ברוגז על משרייותיהון | דמצריי | ורמה עליהון נפטה ואישתא |
| 145 | | Ex 3:17 | יתכון מן שעבודהון | דמצריי | לארעהון דכנענאי וחתיי |
| 146 | | Ex11:03 | חניהון דעמא באפהון | דמצריי | לחוד גברא משה תקיף לחדא |
| 147 | | Dt11:04 | ומה די עבד לחיילוותהון | דמצריי | לסוסוותהון ולארתכיהון די |
| 148 | | Ex 8:22 | מרחקא אינון טעוותיהן | דמצריי | מנהון נסב למקרב«א» קדם |
| 149 | | Lv26:13 | ותברית ניר שעבודיהון | דמצריי | מעילוויכון דהוה קשי |
| 150 | | Ex 7:19 | וארכן ידיך על מימהון | דמצריי | על נהרייא ועל מבועיהון |
| 151 | | Ex 8:22 | מקרבן אנן ית טעוותהון | דמצריי | קדמיהון לית אפשר דלא |
| 152 | דמצריי' | Gn47:26M | על ארעהון/ארעא | דמצריי#2#/ | דמצראי לפרעה לחד מן |
| 153 | דמצרייה | Ex 3:08 | יתהון מן ידיהון | דמצרייה | ולמסקא יתכון מן ארעא הדא |
| 154 | | Ex 6:05 | קבלתהון דבני ישראל | דמצרייה | משעבדין בהון ואדכרית |
| 155 | ומצראי | Ex14:27M | "ומצריי ... ימא": | ומצראי | הוו ערקן לקדמותיהן ושנק |
| 156 | | Nu33:04M | | ומצריי/<ומצר>אי#2#/ | הוון קברין ית מה |
| 157 | ומצריי | Nu33:04 | | ומצריי | הוון קברין ית מה די קטל |
| 158 | | Ex14:27 | ימא לעדוני צפרא לתקפה | ומצריי | ערקון לקדמותיה ושבק ייי |
| 159 | ולמצראי | Gn43:32 | ולהן לבלחודיהון | ולמצראי | דאכלין עמיה לבלחודיהון |
| 160 | ולמצריי | Ex18:08 | כל מה דעבד ייי לפרעה | ולמצריי | על עסק ישראל ית כל עקיא |
| 161 | למצראי | Gn43:32 | לחם ארום מרחקה היא | למצראי: | |
| 162 | | Gn50:11 | ואמרין אבל תקיף הוא | למצראי | בגין כן קרא שמה אבל |
| 163 | | Gn46:34 | ארום מרחקי ^היא#2#^ | למצרא«י» | כל דרעי ען: |
| 164 | | Gn37:36 | ומדייני זבינו יתיה | למצראי | לפוטיפר שליטא דפרעה רב |
| 165 | למצריי | Ex19:04 | חמיתון ית קלא דעבדית | למצריי | וטענית יתכון בענני איקר |
| 166 | למצרייה | Ex14:20 | נהורא חשוכא מחשך | למצרייה | ונהורא לישראל כל ליליא |
| 167 | | Ex15:26 | מכתשיה בישיה דאייתת | למצרייה | לא אשוי יתהון עליכון |

## מצרע *n.* leper [326]

|  |  |  |  |  |  |
|---|---|---|---|---|---|
| 001 | s ab/cn מצורע | Lv13:44M | גבר | מצרע/מצורע#2#/ | הוא מסאב/מסבה#2#/ |
| 002 | מצרע | Lv22:04 | גבר מן בנוי דאהרן והוא | מצרע | או דייב בקדשייה לא ייכול |
| 003 | | Lv13:44 | גבר | מצרע | הוא מסאב הוא מסאבה |
| 004 | מצרעה | Nu12:10 | אהרן במריים והא | מצרעה^: | |
| 005 | דמצרע | Nu 5:02 | וישלחון מן משריתה כל | דמצרע | וכל דדייב וכל דמסאב בטמא |
| 006 | s em/sf ממצרעתא | Lv14:03M | צרעתה \מן | מצרעה/ממצרעתא#2#/: | |
| 007 | מצרעה | Lv14:03 | איתסי מכתש צרעתה מן | מצרעה: | |
| 008 | | Nu12:12M | "מסאבה ... במעיה" | מצרעה | באהילה כמיתה ארום מה |
| 009 | | Lv14:02M | וייתי/אחוויית | מצרעה | ביום דכותה ויתועל#2#/ |
| 010 | מצרעתה | Lv14:57M | דצרעה/אחוויית | מצרעתה#2#/: | |
| 011 | | Nu12:10 | מעלוי משכנה והא מרים | מצרעתה | ^כתלגה ואסתכל אהרן |
| 012 | דמצרעה | Lv14:02 | דא תהוי גזירת אוריתה | דמצרעה | ביומא דדכותיה וייתי לוות |
| 013 | ומצרעה | Lv13:45 | | ומצרעה | דמכתשה ביה לבושוי יהוון |

## מקדש *n.* the Temple [326]

|  |  |  |  |  |  |
|---|---|---|---|---|---|
| 001 | s ab/cn מקדש | Lv16:33M | ית \בית קדש קדשיה וית | מקדש/ | בית קודשא וית#2#/ משכן |
| 002 | s em/sf מקדשא | Dt 3:25M | טור ציון טב הדין וית | מקדשא | |
| 003 | | Gn22:14 | למיהוי אמרין בטור | מקדשא | דייי דקרב אברהם ית יצחק |
| 004 | מקדשה | Nu 4:19M | יזוחון עיניהון מן | מקדשה#2#/ | וייחון ולא ימותון |
| 005 | | Nu10:21 | ונטלין בנוי דקהתים טעני | מקדשה | ומקימין ית משכנה עד |
| 006 | | Dt12:05M | תתבעון ותהוון עלין | מקדשה/ | תהוון תבעין ותעלון |

## מקושש *n.* gatherer [326]

|  |  |  |  |  |  |
|---|---|---|---|---|---|
| 001 | s em/sf במקוששה | Nu27:05 | דיניהון דיני ממון | במקוששה | דחליל שבתה בזדנו ובמחרף |
| 002 | | Lv24:12 | דיניהון דיני ממון | במקוששה | דחלל שובתה בזידנו |
| 003 | | Nu 9:08 | דיניהון דיני ממון | במקוששה | דחלל שבתה בזידנו ובמחרפה |
| 004 | | Nu15:34M | זריז | במקוששה | דחלל שובתה בזידנו |
| 005 | ובמקוששה | Lv24:12M | שמה קדישה בגדפין | ובמקוששה | דחליל שובתה בזידנו הוה |
| 006 | | Nu 9:08M | שמה קדישה בגדפין | ובמקוששה | דחלל ש«ו»בתה בזידנו |
| 007 | | Nu15:34 | דיניהון דיני ממון | ובמקוששה | דחלל ש«ו»בתה בזידנו |

## מקמה *n.* object, thing [327]

|  |  |  |  |  |  |
|---|---|---|---|---|---|
| 001 | s em/sf במקמתא | Ex22:07 | אין לא שלח ידי' | במקמתא | דחבריה: |
| 002 | | Ex22:10 | אין לא פשט ידיה | במקמתא | דחבריה ויקבל מריה ולא |

## foster mother *n.* מרביה [327 מרבייה]

|  |  |  |  |  |  |  |
|---|---|---|---|---|---|---|
| 001 | s em/sf | מרבית' | Gn35:09M | דעלמא כד ארעת לדבורה | מרבית' | דרבק' אימיה ומיתת עלוי |
| 002 | | מרביתה | Gn35:08M | ומיתת דברה | מינקתה/מרביתה#2#/ | דרבקה ואתקברת |
| 003 | | למרביתה | Gn50:16 | ופקידו שבטי' ית בלהה | למרביתה | דיוסף למימר לה אבוך |

## one who has been reared *n.* מרביין [327]

|  |  |  |  |  |  |  |
|---|---|---|---|---|---|---|
| 001 | p const | מרבייני | Gn17:23M | "תרבבת ביתה": | מרבייני | בייתה |
| 002 | | | Gn17:12M | דכורא לדריכון | תורבבת/מרבייני#2#/ | בתיכון וזביני |
| 003 | | מרבייני | Gn14:14M | | מרבייני | בייתיה ולא צבו למהלכה |
| 004 | | מרביני | Gn17:13M | בתיכון/מגזור יגזור | מרביני | בתי' וביני/וזבינת#2#/ |
| 005 | | ומרבבייני | Lv22:11M | למיכל מינה | ומרבבייני | בייתי הנון יאכלון מן |
| 006 | | ומרבייני | Gn17:27M | בייתיה <....> | תרבבת/ומרבייני#2#/ | בייתיה זבינת |

## foster mother *n.* מרבייני [327]

|  |  |  |  |  |  |  |
|---|---|---|---|---|---|---|
| 001 | s em/sf | מרביניתא | Gn35:09 | דעלמא ארעת לדבורה | מרב{עו}<יני>תא | דרבק«ה» אמיה ומיתת |

## pearl *n.* מרגלי [327]

|  |  |  |  |  |  |  |
|---|---|---|---|---|---|---|
| 001 | s em/sf | ומרגליתה | Ex28:20 | {ו}<י>מה רבה ובדלחא | ומרגליתה | וכתיב ומפרש עליהון שם |
| 002 | | | Ex39:13 | כרום ימה רבה ובדלחה | ומרגליתה | וכתיב ומפרש עליהון שם |
| 003 | p abs | מרגליין | Gn33:19 | חמור אבוי דשכם במאה | מרגליין: | |
| 004 | | | Gn50:01 | מחפיא דהב מ{בק}<קב>עא | מרגליין | מליא ומחזקא באבנא בועה |
| 005 | | ומרגליין | Dt33:21 | מקב<ע>ן אבנין טבן | ומרגליין | ארום תמן משה נבייא |
| 006 | | ומרגלין | Gn50:01M | ומקבעין באבנין טבין | ומרגלין | ומחזקין באבנ' דבר' |
| 007 | p em/sf | ומרגליתא | Gn 2:12 | נפק ואבניא סבתה | ומרגליתא: | |

## to rebel *vb.* מרד [328]

|  |  |  |  |  |  |  |
|---|---|---|---|---|---|---|
| 001 | peal | מרדו | Gn15:17M | לגווה אתמריין על די | מרדו | בחייהון באולפן אורייתא |
| 002 | | | Gn14:04 | ובתלת עשרי שנין | מרדו | ביה: |
| 003 | | תמרדון | Nu14:09 | באיקר שכינתה דייי לא | תמרדון | ואתון לא תדחלון מן עמא |
| 004 | | דמרדו | Gn15:17 | דבגווה נפלו רשיעי' על | דמרדו | רשיעיא על אורייתא בחייהון |
| 005 | pael | ולמרדה | Gn10:08M | גיבר באר'/בחטאה | ולמרדה | קדם ייי בא'#2#/: |

See also: ירת *vb.*

## rebellious *adj.* מרד [328]

|  |  |  |  |  |  |  |
|---|---|---|---|---|---|---|
| 001 | p abs | מרדין | Ex34:07 | ושביק לחובין ומעבר על | מרדין | ומכפר על חטאין ומזכיה לא |
| 002 | | | Ex20:05 | בקנא מן רשיעיא על בנין | מרדין | על דר תליתיא ועל דר |

## rebellion *n.* מרד [328]

|  |  |  |  |  |  |  |
|---|---|---|---|---|---|---|
| 001 | p em/sf | למרדיהון | Gn50:17 | וכדון שרי כען ושבוק | למרדיהון | דעבדוי די אלהה דאבוך |

## chastisement *n.* מרדו [328]

|  |  |  |  |  |  |  |
|---|---|---|---|---|---|---|
| 001 | s ab/cn | מרדו | Lv19:20 | כתב חרותה לא יתיהבת לה | מרדו | אנון חייבין לא ימותון ארום |
| 002 | | | Dt25:02 | ויהווי אין | מרדו | אתחייב למלקה חייבה וירבע |
| 003 | p em/sf | מרדוותה | Lv26:18 | ואן עד אילין | מרדוותה | לא תשמעון לאולפן |
| 004 | | | Lv26:23 | ואן באילין | מרדוותה | לא תתרדון קדם ממרי |
| 005 | | | Lv26:27M | ומן בתר אליין/ | מרדוותה | לא תצבון למשמוע לא#2#/ |

## [staff] *n.* [מרדכי] [328]

|  |  |  |  |  |  |  |
|---|---|---|---|---|---|---|
| 001 | s em/sf | מרדכיתיה | Ex21:19M | בשוקא על | מרד{נ}<כ>יתא/מרדכיתיה#2#/ | ויזדכי{ה} מן |

## staff *n.* מרדני [!! cf. erroneous 328 מרדכי]

|  |  |  |  |  |  |  |
|---|---|---|---|---|---|---|
| 001 | s em/sf | מרדניתא | Ex21:19 | יקום ויהלך בשוקא על | מרדניתא | ויזדכי{ה} מן דמחה יתה |

## rebellious *adj.* מרוד [328]

|  |  |  |  |  |  |  |
|---|---|---|---|---|---|---|
| 001 | s ab/cn | מרוד | Gn16:12M | והוא יהווי מדמי לערד | /\מרוד#2#/ | בבני אנשא ידוהי |
| 002 | | ומרוד | Dt21:20M | /ברן הדן סרהוון | ומרוד#2#/ | לית הוא שמע בקלן אכל |
| 003 | | | Dt21:18M | ומורוון/ סרהון | ומרוד#2#/ | לית הוא שמע בקלה דאבוי |
| 004 | s em/sf | ומרודה | Gn10:09M | גיבר בחטאה <כ>נמרוד | ומרודה | דייי |
| 005 | p abs | מרודין | Nu14:18 | ושביק לחובין ומעבר על | מרודין | ומכפר על חטאין ומזכייה לא |
| 006 | | | Ex34:07 | על בנין ועל בני בנין | מרודין | על דר תליתיי ועל דר |
| 007 | | | Nu14:18 | אבהן רשיען על בנין | מרודין | על דר תליתיי ועל דר |
| 008 | | | Dt 5:09 | אבהן רשיען על בנין | מרודין | על דר תליתיי ועל דר |

## height *n.* מרום [328]

|  |  |  |  |  |  |  |
|---|---|---|---|---|---|---|
| 001 | s em/sf | מרומא | Gn22:10 | הוויין משוטטן במלאכי | מרומא | אברהם לא הוה חמא יתהון |
| 002 | | | Gn18:01 | לית אפשר לחד ממלאכי | מרומא | די ישתלח בידה יתיר מן חדה |
| 003 | | | Ex15:11 | מן כוותך באילי | מרומא | ייי מן כוותך הדור בקדושה |
| 004 | | | Gn28:12 | למבשר{י}<א> למלאכי{ה} | מרומא | למימר אתון חמון לגברא |
| 005 | | | Gn32:27 | מטא זמניהון דמלאכי | מרומא | למשבחא ואנ«א» {ואנה} |
| 006 | | | Gn 3:22 | דאנא יחידיי בשמי | מרומא | עתידין אומין סגיאין למקום |
| 007 | p em/sf | מרומייה | Lv22:27M | וכהיין עיינוי מן | מרומייה | מן בגין כן זכה ואזדמן |
| 008 | | במרומיא | Gn38:25 | יתהון תלת עייני | במרומיא | ואמרת בבע«ו» ברחמין |

## bitter herb *n.* מרור [329 מרורין]

|  |  |  |  |  |  |  |
|---|---|---|---|---|---|---|
| 001 | s em/sf | ומרורא | Ex13:08M | מצוותה דפסיריא דא | ומרורא | ובשר פיסחא דין עבד ייי |
| 002 | p abs | מרורין | Nu 9:11 | יתיה על פטירין ועם | מרורין | יאכלון יתיה: |
| 003 | | | Ex12:08 | פטירין {עם מרירין} עם | מרורין | ייכלון יתיה: |
| 004 | p em/sf | ומרורי | Ex12:34M | שיורי פטיר' | ומרורי | צ{י}<ר>יר בכסותהון טענ' |

## unclean *adj.* מרחק [329]

|  |  |  |  |  |  |  |
|---|---|---|---|---|---|---|
| 001 | s ab/cn | מרחקי | Gn46:34 | בארעא דגשן ארום | מרחקי | ^היא#2#^ למצרא«י» כל |
| 002 | | דמרחק | Dt14:03M | לא תאכלון כל | מרחקה/דמרחק#2#/: | |
| 003 | | | Dt12:15 | יהב לכון בכל קורייכון | דמרחק | מן קודשייה ודדכי מן |
| 004 | | | Dt12:22 | כדן תיכלון יתיה | דמרחק | מן קודשייה ודדכי מן |
| 005 | | | Dt15:22 | בקורייכון תיכלון יתיה | דמרחק | מן קדשיה ודדכי כחדה |
| 006 | | | Dt12:31 | ייי אלהכון ארום כל | דמרחק | קדם ייי די סני ורחיק עבדו |
| 007 | | ומרחק | Dt23:19M | מן דסני | ומרחק | ק' |
| 008 | | | Nu32:13 | כל דרה די עבד מה דשני | ומרחק | קדם ייי: |
| 009 | | | Dt 4:25 | דמו ותעבדון מה דסני | ומרחק | קדם ייי אלהכון למכעס |
| 010 | | | Dt 7:25 | תתקלון בהון ארום סני | ומרחק | קדם ייי אלהכון הוא: |
| 011 | | | Dt 9:18 | חטיתון למעבד מה דסני | ומרחק | קדם ייי למכעסה קדמוי: |
| 012 | | | Dt17:01 | דפסילה ארום מה דסני | ומרחק | קדם ייי אלהכון אינון: |
| 013 | | | Dt17:02 | אתה די יעבד מה דסני | ומרחק | קדם ייי אלהכון למעברה |
| 014 | | | Dt18:12 | ארום סני | ומרחק | קדם ייי כל דעבד אלין |
| 015 | | | Dt22:05 | לבוש דאתה ארום סני | ומרחק | קדם ייי אלהכון כל דעביד |
| 016 | | | Dt25:16 | ארום סני | ומרחק | קדם ייי אלהכון כל דעבד |
| 017 | | | Dt27:15 | וכל דמו מה דסני | ומרחק | קדם ייי עבד ידי אומן ולא |
| 018 | | | Dt27:15 | וכל דמו מה דסני | ומרחק | קדם ייי עובד ידי אומן |

|  |  |  |  |  |
|---|---|---|---|---|
| 019 | מרחקין | p abs | Dt 7:26 | תרחקון יתהון ארום מרחקין אינון: |
| 020 | | | Dt 7:26 | לגו בתיכון ולא תהוון מרחקין כוותהון משקצה תשקצון |

## abomination *n.* מרחקה

[329]

|  |  |  |  |  |
|---|---|---|---|---|
| 001 | מר׳ | s ab/cn | Lv18:23M | למ{נ}<ת>הניי׳ מניה מר׳ |
| 002 | | | Dt24:04M | בתר דסאב יתה ארום מר׳ |
| 003 | מרחקא | | Ex 8:22 | לא תקן למעבד כדן ארום מרחקא אינון טעוותיהון דמצריי |
| 004 | | | Gn34:14M | <עורלה> ארום בזיון/מרחקא#2#/ הוא לן: |
| 005 | | | Gn34:07 | ובאש להון לחדא ארום מרחקא עבד בישראל למשמשה עם |
| 006 | מרחקה | | Lv11:10M | כל נפש חייתה די במיא מר<חקה> |
| 007 | | | Dt14:03 | ישראל לא תאכלון כל מרחקה: |
| 008 | | | Lv11:10 | כל נפש חיתה די במי׳ מרחקה אנון לכון: |
| 009 | | | Dt17:04M | אתעבדת/ית#2#/ מרחקתה/מרחקה#2#/ הדה בישראל: |
| 010 | | | Dt24:04 | דאסתאבת לגבר אחרן ארום מרחקה הוא קדם ייי ולא תחייבון |
| 011 | | | Gn43:32 | עם עבריי לחם ארום מרחקה היא למצראי: |
| 012 | | | Lv18:22 | לא תשמש תשמיש דאתה מרחקה היא: |
| 013 | | | Lv18:23 | קדם בעיר למשמשה עמה מרחקה היא: |
| 014 | | | Lv20:14 | די יסב ית אתה וית אמה מרחקה היא בנורא תוקדון יתיה וית |
| 015 | | | Lv20:21 | די יסב ית אתתה דאחוי מרחקה היא עריתה דאחוי בזי דלא |
| 016 | | | Ex 8:24M | להוד#2#/ רחקה/^מרחקה#2#^/מרחוק#2#/ לא תרחקון |
| 017 | | | Dt 7:26 | ולא תעלון מרחקה לגו בתיכון ולא תהוון |
| 018 | | | Lv20:12 | דברה מתקטלה יתקטלון מרחקה עבדו חובת אדמהון בהון: |
| 019 | | | Lv20:13 | עם דכורה תשמיש דאתה מרחקה עבדו תריהון מתקט«לה» |
| 020 | | | Dt23:19 | אלהכון ^^לכל נדר ארום מרחקה קדם ייי אלהכון#2#^^ לחוד |
| 021 | מרחקתה | s em/sf | Dt13:15 | אתכוון פתגמא אתעבדת מרחקתה הדא ביניכון: |
| 022 | | | Dt17:04 | אתכוון פתגמא אתעבדת מרחקתה הדה בישראל: |
| 023 | | | Dt22:21 | ויקטלון יתה ארום עבדת מרחקתה הדה בישראל למזנייה |
| 024 | מרחקתכון | | Lv26:30 | ית פגריכון על פגרי מרחקתכון ותרחק נפשי יתכון: |
| 025 | מרחקתא | p em/sf | Lv18:26 | דיניי ולא תעבדון מכל מרחקתא האליין יציבייה וג<י>ורייה |
| 026 | מרחקתה | | Lv18:30 | דלא למעבד מנימוסי מרחקתה די אתעבדו מן קדמיכון ולא |
| 027 | | | Lv18:27 | ארום ית כל מרחקתה האליין עבדו עמה דארעה דמן |
| 028 | | | Lv18:29 | ארום כל מן דיעבד מן כל מרחקתה האליין וישתי«צון» נפשתה |
| 029 | | | Dt18:12 | ייי כל דעבד אלין ובגלל מרחקתה האליין ייי אלהכון טרד |
| 030 | | | Lv20:23 | אר׳ ית כל אליין מרחקתה עבדו ואעיק ממריה בהון: |
| 031 | מרחקתהון | | Dt20:18 | יתכון למעבד ככל מרחקתהון די פלחו לטעוותהון דלא |
| 032 | | | Ex 8:22M | קדם/אמרייה הינון מרחקתהון דמצראי מנהון נסב ונקרבה |
| 033 | | | Ex 8:22M | ית \טעוותהון דמצריי /מרחקתהון/ דמצראי#2#/ קדמיהון לית |
| 034 | | | Dt29:16 | וחמיתון ית מרחקתהון וית טעוותהון וית טעוותה |
| 035 | | | Dt29:16M | משקציהון וית מרחקתהון טעוון דקיס וטעוון דאבן |
| 036 | מרחקתכון | | Nu14:33 | שנין ויקבלון ית מרחקתכון עד די יסופון |
| 037 | במרחקתהון | | Dt32:21 | דלא אלה ואכעסו יתי במרחקתהון ואנה אקני יתהון באמה |
| 038 | | | Dt32:16 | אקנון יתה במרחקתהון ובטעוותהון אכע{ו}<י>סו |
| 039 | כמרחקתהון | | Dt18:09 | לכון לא תלפון למעבד כמרחקתהון דאתרא «ה»אינון: |

## Marcheshwan *n.* מרחשון

[329]

|  |  |  |  |  |
|---|---|---|---|---|
| 001 | דמרחשון | s ab/cn | Gn 8:14M | בירחא תניינא/דמרחשון#2#/ בעשרין ושבעה |

## to be plucked out (itpe.) *vb.* מרט

[329]

|  |  |  |  |  |
|---|---|---|---|---|
| 001 | יתמרט | etpeel | Lv13:40 | וגבר ארום יתמרט שער רישיה קרח הוא דכי |
| 002 | | | Lv13:41 | ואן מן כל קבל אפוי יתמרט שער ראשה גלש לישן הוא דכי |

## Mareotaean *adj.* מרטיוניי

[!!]

|  |  |  |  |  |
|---|---|---|---|---|
| 001 | מרטיונאי | p em/sf | Gn10:13M | לוויקאי וית/ מרטיונאי וית פניפוליטאי וית |

## master *n.* מרי

[329]

|  |  |  |  |  |
|---|---|---|---|---|
| 001 | מרי | s ab/cn | Gn49:05 | ולוי> אחין תלימין מרי זיינה שנינה עבדי קרב מן |
| 002 | | | Dt15:02 | דינה ושמטתה ישמט כל גבר מרי חוב ית ידיה דיוזיף בחבריה |
| 003 | | | Gn37:19 | ואמרין גבר לאחוי הא מרי חלמיא האלין אתי: |
| 004 | | | Gn25:27 | עשו גבר ידע צידה גבר מרי חקלין ויעקב הוה גבר שלם |
| 005 | | | Ex 4:10 | מן קדמיך ייי לא גבר מרי ממלל אנה לא מן דאתמול ולא |
| 006 | דמרי | | Nu12:16M | חדה אמתינת לה שכינתה דמרי עלמא ומשכנה וכל ישראל |
| 007 | כמרי | | Ex22:24 | די עמך לא תהווי ליה כמרי חוב דחק ולא תשוון עלוי |
| 008 | למרי | | Gn21:33 | ומילף יתהון למיתן שבחא למרי עלמא ופלח וצלי בשם ממרי |
| 009 | מרא | s em/sf | Ex21:34 | מרא דגובא ישלם כסף יחזר למרוי |
| 010 | מרה | | Ex22:07 | אן לא ישתכח גנבא ויקרב מרה דביתא לוות דייניא אין לא |
| 011 | | | Ex22:13 | חבריה ויתבר או ימות מרה לית עמיה משלמא ישלם: |
| 012 | מריה | | Lv14:35 | וייתי מריה דבייתה ויתני לכהנא למימר |
| 013 | | | Ex22:10 | במקמתא דחבריה ויקבל מריה ולא ישלם: |
| 014 | | | Ex21:29 | או אתה תורא יתרגם ואף מריה יתקטל: |
| 015 | | | Ex21:36 | ומן דקדמוי ולא ינטר יתה מריה משלמא ישלם תור תחות תור |
| 016 | | | Ex22:14 | אם מריה עמי׳ לא ישלם אין אגיר הוא |
| 017 | ומריה | | Ex21:28 | ולא יתאכיל ית בשריה ומריה דתורא יהוי זכיי: |
| 018 | למריה | | Ex22:11 | גנוב יתגנב מניה ישלם למריה: |
| 019 | | | Dt23:16 | לא תמסור עבדה למריה די ישתיזב לוותך מן לוות |
| 020 | מרי | p const | Gn46:34 | ותימרון מרי בעיר הוון עבדך מן טלייתהון |
| 021 | | | Gn46:32 | וגבריא רען ען ארום מרי בעירא אנ«ו»ן ועניהון |
| 022 | | | Ex22:24M | דבעמכון לא תהוון לכון מ{י}רי חוב דחיק ולא תשוון |
| 023 | | | Nu24:17 | כל בנוי דשת וירוקן מרי נכסייה: |
| 024 | | | Gn46:32M | ועניהון /גוברין מרי{ה} נכסין הינון ועני#2#/ |
| 025 | | | Gn46:34M | בעיר הוון /גוברין מרי{ה} נכסין הוו#2#/ עבדך מן |
| 026 | | | Nu13:32M | דהווינן חמיין תמן/ מרי עי׳#2#/ בישה/<בי׳שן#2#/ |
| 027 | | | Nu13:32 | וכל עמה די חמינן בגווה מרי עיינן בישה גברין דמשיחה: |
| 028 | | | Gn14:13 | ואחוי דענר ואנון הוון מרי קיימא דאברם: |
| 029 | ומרי | | Dt 1:13M | חכימין וסכלתנין וחכמין/ומרי דיעה#2#/ לשבטכון |
| 030 | | | Gn 4:20M | כל דשריין במשכנין ומרי נכסין#2#/: |
| 031 | מרוי | p em/sf | Ex22:10M | דחבריה ויקבל מריה/מרוי מיני׳#2#/ ולא ישלם: |
| 032 | | | Ex21:36M | \ינטר יתה מריה /נטר מרוי#2#/ משלמא ישלם תור תחות |
| 033 | במרוי | | Ex21:29 | ומן דקדמוי ויתאסהד במרוי ולא ינטרון יתיה ויתקטל |
| 034 | למרוי | | Ex22:11M | /מן גב׳ ישלם למרוי#2#/: |
| 035 | | | Ex21:34 | דגובא ישלם כסף יחזר למרוי והדא דמיתה תהוי דידיה: |

מרי ביי *n.* ⇐ ביי and מרי

מרי דיעה *n.* ⇐ דיעה and מרי

מרי זיינה *n.* ⇐ זיין and מרי

מרי חוב *n.* ⇐ חוב and מרי

מרי חלמין *n.* ⇐ חלם and מרי

מרי חקלין *n.* ⇐ חקל and מרי

מרי ממלל ⇐ *n.* ממלל and מרי

מרי נכסין ⇐ *n.* נכסין and מרי

מרי עיצן ⇐ *n.* עיצה and מרי

מרי עלמה ⇐ *n.* עלם and מרי

מרי קיים ⇐ *n.* קיים and מרי

**מריר** *adj.* **bitter** [331]

001 s ab/cn מריר Dt29:17 חלי כדבשה ברם סופיה מריר כלעניתה דמותה:
002 מרירה Ex30:34M ולבונה ברירא/מרירה#2#/ מתקל במתקל יהווי:
003 ומרירא Gn27:34 וצוח צווחה רבה תקיפא ומרירא עד לחדא ואמר לאבוי ברך
004 p abs מרירין Ex15:23 למשתי מיא מן מרה ארום מרירין אינון בגין כדן קרא שמה
005 Lv26:29M בישין הנון חובייה ומה מרירין אינון חטייה לאב׳
006 Ex12:08 צלי בנורא פטירין {עם מרירין} עם מרורין ייכלון יתיה:
007 p em/sf מריריה Nu 5:23 בספרא וימחוק לגו מיא מריריה:
008 Nu 5:18 ובידוי דכהנא יהוון מיא מריריה מלוטיה:
009 Nu 5:19 דבעליך תידכי מימיא מריריה מלוטיה האליין:
010 Nu 5:24 וישקי ית אתתה ית מיא מריריה מלוטיה וייעלו בה מיא

**מרירו** *n.* **bitterness** [331]

001 s ab/cn מרירות Ex23:09M חכמתון מרירות נפשה דגיורא
002 s em/sf מרורותא Ex 7:23M /אוף להדא#2#/ מח«ו»תה/מררותא#2#/:

**מרכוב** *n.* **a place on which one is seated** [331]

001 s ab/cn מרכוב Lv15:09 וכל מרכוב די ירכר עלוי דיבה יסתאב:

**מרס** *vb.* **to crush** [331]

001 peal ודמריס Lv22:24 ודמעוך ודכתות ונתיק ודמר<׳י>ס לא תקרבון אלין לשמה דייי

**מרע** *vb.* **to be sick** [331]

001 afel וממר׳ Gn 3:15M ונכית יתהון בעקבהו׳ וממר׳ יתהון ברם לבנין דאיתתה
002 וממרע Gn49:17M ארחת׳ <...> בעקבא וממרע יתי׳ ומן אמתי׳ מתהפך
003 Gn 3:15 ונכת יתיה בעקבה וממרע יתיה ברם לבריה יהוי אסו

**מרע** *n.* **sickness** [331]

001 s em/sf מרעה Ex21:18 ולא ימות ויטלק בערס מרעה:

**מרעי** *n.* **excrement** [331]

001 s em/sf מרעיהון Lv16:27M בשריהון וית רעיהון/מרעיהון#2#/:
002 מרעייה Lv 8:17M וית בשר׳ וית רעיה/מרעייה#2#/ אוקיד בנורא לבר מן
003 Nu19:05M אדמה עם רעיה/מרעייה#2#/ יוקד יתה:
004 Ex29:14M וית משכא וית רעיה/מרעייה#2#/ תוקד בנורא לבר מן

**מרעי #2** *n.* **pasture** [331]

001 s ab/cn מרעה Gn47:04 בארעא עלנן ארום לית מרעה לענה דילעבדך ארום תקף כפנא
002 s em/sf מרעיה Dt33:24 בריך מן בניא יהווי מרעיה {בשבטיה} <בשמיטה> בין
See also: בית מרעי *n.*

**מרצע** *n.* **awl** [332]

001 s em/sf מרצעה Dt15:17 ותסב ית מרצעה ותתן באדניה ובתרע
002 במרצעא Ex21:06 וירצע רבוניה ית אדניה במרצעא ויהוי ליה עבד משתעבד

**מרק** *vb.* **to cleanse** [332]

001 pael ימרקון Lv26:41M ירעון ית/דזידנה ובכן ימרקון ית#2#/ חוביהון:
002 etpaal יתמרק Lv15:12 דיבה יתבר וכל מן דקיס יתמרק וישתטף במיא:
003 ויתמרק Lv 6:21 ואין במן דנחש אתבשל ויתמרק וישתט«ף» במיא:

**מרר** *vb.* **to make bitter** [332]

001 pael ומררו Ex 1:14 ומררו ית חייהון בפלחן קשי בטינא
002 ומררן Gn26:35M "ולא הוין ... רבקה": ומררן חייהון דיצח׳ ודרבקה
003 afel לממררה Nu 5:27 בה מיא מלווטיה לממררה לה ותת«נ»פח כרסה ותתמסי
004 ואמירו Ex 1:14M ומררו/ואמירו#2#/ ית חייהון בפלחן
005 לממרה Nu 5:24 וייעלו בה מיא מלוטיה לממרה לה:

**מרתוק** *n.* **fist** [332]

001 s ab/cn במרתוק Ex21:18 גבר ית חבריה באבן או במרתוק ולא ימות ויטלק בערס מרעה:

**מרתחה** *n.* **cooking pan** [332]

001 s em/sf מרתחה Lv 2:07 ואם מנחת מרתחה קרבנך סלת פילה במשח
002 במרתחה Lv 7:09 בתנורא וכל נעבד במרתחה ועל מסרייתה לכהנה דמקרב

**משב** *(v.)n.* **blowing** [332]

001 s ab/cn למשב Gn 3:08 אלהים מהלך בגו׳ גנתאה למשב יומא ואטמר אדם ואתתה

**משבח** *adj.* **excellent** [332 and s.v. **משבחה** n.]

001 s em/sf משבחא Ex15:06M משבחא היא בחיילא ימינך ייי
002 p em/sf משבחיא Ex15:10M כאיברא במיא משבחי{ן}<א>#2#/:
003 משבחתה Dt11:03 ניסי פרישתה וית עבדוי משבחתה די עבד בגו מצרים לפרעה

**משבחה** *n.* ⇐ **משבח** *adj.*

**משבקה** *n.* **divorcee** [333]

001 s ab/cn משבקה Lv21:07 ומפסה לא יסבון ואתה משב«קה» מן בעלה לא יסבון ארום
002 ודמשבק׳ Nu30:10M ארמלא/דא׳#2#/ ומשבקה/ודמשבק#2#/ כל מה דקיימה על
003 ומשבקה Lv22:13 ארום תיהווי ארמלתה ומשבקה ובנין לית לה ותחזור לביתה
004 Lv21:14 ארמלה ומשבקה וטעווה ומפסה ית אילין לא
005 Nu30:10 ונדר ארמלא ומשבקה כל מה דקיימה על נפשה יקום

**משום** *conj.* **since** [333]

001 משום Gn30:22M "למיתן לה בנין": משום דארבעה מפתחיא דלא אינון

## to anoint *vb.* משח

|  |  |  |  |  |  |
|---|---|---|---|---|---|
| 001 | משחין peal | Lv 2:04 | במשח ועריכין פטירין | משחין | במשח: |
| 002 | משיחין | Ex29:02 | במשח ועריכין פטירין | משיחין | במשח סלת דחטין תעבד |
| 003 | | Nu 6:15 | במשח ועריכין פטירין | משיח«י»ן | במשח ומנחתהון ונסכיהון: |
| 004 | ומשח | Dt32:13 | יתהון דבשה מן כיפה | ומשח | {משח} יתהון <משח> מן כיף |
| 005 | יתמשח etpeel | Ex25:29M | ומנקותה די | ישתמש/יתמשח#2#/ | בהון דהב דכי תעבד |
| 006 | | Ex37:16M | וית קשוותא די | ישתמש/יתמשח#2#/ | בהון דהב דכי: |
| 007 | | Ex30:32 | על בשרא דבר נש הדיוט לא | יתמשח | ובדמותה לא תעבדון כוותיה |

[333]

## oil *n.* משח

|  |  |  |  |  |  |
|---|---|---|---|---|---|
| 001 | משח s ab/cn | Gn35:14 | עלה נסוכין ואריק עלה | משח: | |
| 002 | | Nu15:04 | סלת פילה ברביעית הינה | משח: | |
| 003 | | Dt33:24 | דבשמייא וארעא תיהווי | מש{י}<ח> | במייא ומסחי במשחה רגלוי: |
| 004 | | Gn43:11 | קליל קטף וקליל דבש שעוה | משח | דבוטנין ודלוזין: |
| 005 | | Ex27:20 | וייסבון וייתון לוותך | משח | דזית זכיך כתיש לאנהרותה |
| 006 | | Lv24:02 | וייסבון וייתון לוותך | משח | דזית זכיך כתיש לאנהרותא |
| 007 | | Ex30:25 | דקדש פטום מפטם עובד בשם | משח | דרבו דקדש יהוי: |
| 008 | | Ex30:25 | ותעבד יתה | משח | דרבו דקדש פטום מפטם עובד |
| 009 | | Ex30:31 | בני ישראל תמלל למימר | משח | דרבו דקדש יהוי דין לי |
| 010 | | Ex29:21 | די על גבי מדבחא ומן | משח | דרבותא ותדי על אהרן ועל |
| 011 | | Lv10:07 | תפקון ולא תמותון ארום | משח | דרבותה דייי עליכון ועבדו |
| 012 | | Nu15:05 | וחמר לניסוך רביעות הינא | משח | וחמר לנסוך רביעות הינא |
| 013 | | Lv 2:01 | יהוי קרבניה ויריק עליה | משח | ויתן עליה לבונה: |
| 014 | | Nu18:12M | כל טוב | דמשח/משח#2#/ | וכל טוב דעבור וחמר |
| 015 | | Dt 8:08 | ארע דמן זייתה עבדין | משח | ותומרייה חלין כדבשה: |
| 016 | | Lv 2:15 | ותתן עלה | משח | ותשוי עליה לבונ' מנחתה |
| 017 | | Dt32:13 | דבשה מן כיפה ומשח | {משח} | יתהון <משח> מן כיף שמיר |
| 018 | | Ex25:06 | | משח | לאנהרותא בסמנין למשחא |
| 019 | | Ex35:08M | בוסמנין | משח | לרבותה |
| 020 | | Ex15:02M | דבש מן כיפ' ומשח יתן | משח | מן שמיר סינרא עניין בני |
| 021 | | Dt32:13 | כיפה ומשח {משח} יתהון | <משח> | מן כיף שמיר טינרה: |
| 022 | | Lv 2:06 | יתה קצוין ותריק עלה | משח | מנחתה היא: |
| 023 | | Gn28:10 | אבנא דאקים קיימא ואריק | משח | על ראשה וניסא תליתאה כיון |
| 024 | | Gn28:18 | ושוי יתה קיימא ואריק | משח | על ראשה: |
| 025 | | Ex40:09M | ותסב ית \משחה דרבותה | /משח | רבותה#2#/ ותרבי ית משכנה |
| 026 | | Lv14:26M | "משחה ... דשמאלה" | משח | רבותה יסב כהנא רבה ויריק |
| 027 | במ' | Lv14:21M | \חד פיל במשח /מערב | במ'#2#/ | למנחה ולג דמשח: |
| 028 | במשח | Lv 2:04 | ועריכין פטירין משחין | במשח: | |
| 029 | | Lv 7:12 | וסלת מרתחה חלין פילין | במשח: | |
| 030 | | Nu28:09 | עשרונין סלת מנחה פילה | במשח | אינון ונסכיהון: |
| 031 | | Lv 9:04 | קדם ייי ומנחה פילה | במשח | ארום יומא הדין ממריה דייי |
| 032 | | Lv14:10 | עשרנין סלת מנחה פילה | במשח | ולג חד דמשח: |
| 033 | | Lv 7:10M | ונגיבה /מנחתה מערבה | במשח | ומנגבה#2#/ לכל בנוי |
| 034 | | Nu 6:15 | פטירין משיח«י»ן | במשח | ומנחתהון ונסכיהון: |
| 035 | | Lv 7:10 | וכל מנחתה פילה | במשח | ונגיבה לכל בנוי דאהרן |
| 036 | | Lv 7:12 | ועריכין דפטירין פילין | במשח | וסלת מרתחה חלין פילין |
| 037 | | Nu 6:15M | /וסלה דפטירין פילין | במשח | ועריכי פט'#2#/ משיח«י»ן |
| 038 | | Ex29:02 | וחלין פטירין דפילין | במשח | ועריכין פטירין משיחין במשח |
| 039 | | Lv 2:04 | סלת חלין פטירין פילן | במשח | ועריכין פטירין משחין במשח: |
| 040 | | Lv 7:12 | חלין פטירין פילין | במשח | ועריכין דפטירין פילין במשח |
| 041 | | Nu 6:15 | דפטירין סלת חלין פילן | במשח | ועריכין פטירין משיח«י»ן |
| 042 | | Nu 8:08 | תורין ומנחתה סולת פילה | במשח | ותור תניין בר תורין תסב |
| 043 | | Ex29:23 | דלחם חד וחלה דלחם פילה | במשח | חדה ועריך חד מן סלא די |
| 044 | | Lv 8:26 | חד וחלה לחם דפילה | במשח | חדה ועריך חד ושוי על תרביה |
| 045 | | Ex29:40 | מכלתה סלת פילה | במשח | כתיש רביעת הנא ונסוך רביעת |
| 046 | | Nu28:05 | מכלתה סלת למנחתה פילת | במשח | כתית רבעית הינה: |
| 047 | | Nu15:04M | הינה משח /עשרון פילה | במשח | כתש רבעית הינה#2#/: |
| 048 | | Lv14:21 | מכלתה סלת חד פיל | במשח | למנחה ולג דמשח: |
| 049 | | Nu 7:13 | ומזרקה סולת פילה | במשח | למנחתה: |
| 050 | | Nu 7:19 | ומזרקתה סולת פילה | במשח | למנחתה: |
| 051 | | Nu 7:25 | מליין ומזרקתה פילה | במשח | למנחתה: |
| 052 | | Nu 7:31 | ומזרקתה סלת פיילה | במשח | למנחתה: |
| 053 | | Nu 7:37 | ומזרקתה סלת פ«יי»לה | במשח | למנחתה: |
| 054 | | Nu 7:43 | ומזרקתה סלת פיילה | במשח | למנחתה: |
| 055 | | Nu 7:49 | ומזרקתה סלת פיילה | במשח | למנחתה: |
| 056 | | Nu 7:55 | ומזרקתה סלת פיילה | במשח | למנחתה: |
| 057 | | Nu 7:61 | ומזרקתה סלת פיילה | במשח | למנחתה: |
| 058 | | Nu 7:67 | ומזרקתה סלת פיילה | במשח | למנחתה: |
| 059 | | Nu 7:73 | ומזרקת«ה» סלת פיילה | במשח | למנחתה: |
| 060 | | Nu 7:79 | ומזרקתה סלת פיילה | במשח | למנחתה: |
| 061 | | Nu28:12 | עשרונין סולת מנחה פילה | במשח | לתור חד ותרין עשרונין סלת |
| 062 | | Ex29:02 | ועריכין פטירין משיחין | במשח | סלת דחטין תעבד יתהון: |
| 063 | | Nu28:12 | עשרונין סלת מנחה פילה | במשח | עם דכרה חדתה תקרבון: |
| 064 | | Lv 2:05 | מסרת' קרבנך סלת פילן | במשח | פטיר תהוי: |
| 065 | | Nu15:09 | סלת תלתה עשרונין פיל | במשח | פלגות הינה: |
| 066 | | Lv23:13 | תרין עשרונין סלת פילה | במשח | קרבן מתקבל לריח דרעוה לשמה |
| 067 | | Nu 7:01 | מנוי <....> ורבי יתהון | במשח | רבותה וקדש יתהון: |
| 068 | | Nu35:25M | \במשחה דבית קודשה | /במשח | רבותה#2#/: |
| 069 | | Nu28:20 | ומנחתהון סלת פילה | במשח | תלתה עשרונין תקרבון: |
| 070 | | Nu28:28 | ומנחתהון סולת פילה | במשח | תלתה עשרונין תקרבון עם |
| 071 | | Nu29:03 | ומנחתהון סלת פ«י»לה | במשח | תלתה עשרונין תקרבון עם |
| 072 | | Nu29:09 | ומנחתהון סלת פילה | במשח | תלתה עשרונין תקרבון עם |
| 073 | | Nu29:14 | ומנחתהון סלת פילה | במשח | תלתה עשרונין תקרבון עם |
| 074 | | Nu15:06 | סלת תרין עשרנין פילה | במשח | תלתות הינא: |
| 075 | | Nu28:13 | מכלתה סלת מנחה פילה | במשח | תקרבון עם אמרא חתתה עלה |
| 076 | | Lv 2:07 | מרתחה קרבנך סלת פילה | במשח | תתקרב: |
| 077 | | Lv 6:14 | על מסריתה | במשח | תתקרב מרתחה ייתי יתה |
| 078 | דמשח | Lv14:10 | מנחה פילה במשח ולג חד | דמשח: | |
| 079 | | Lv14:21 | חד פיל במשח למנחה ולג | דמשח: | |
| 080 | | Nu18:12 | כל טוב | דמשח | וכל טוב דעבור וחמר שרוי |
| 081 | ומשח | Gn27:28 | דארעא וסגי עבור חמר | ומשח: | |
| 082 | | Dt28:51 | לכון עבור או חמר | ומשח | בקרת תוריכון ועדרי עניכון |
| 083 | | Ex30:24 | סלעין בסלעי בית קודשא | ומשח | דזית מלא ה«י»נה: |
| 084 | | Ex15:02M | מינק יתן דבש מן כיפ' | ומשח | יתן משח מן שמיר טינרא |
| 085 | | Dt28:40 | לכון בכל תחומיכון | ומשח | לא תטושון ארום ייתר נצייה |
| 086 | | Ex35:08M | | ומשחא/<ומ>שח#2#/ | לאנהרותא ובשמנין |
| 087 | | Nu18:12M | דחטה וכל טוב חמר | ומשח | שורייהון די יתנון |
| 088 | מש' s em/sf | Lv 5:11 | סלת לחטאת לא ישווי עליה | מש' | ולא יתן עליה לבונה ארום |
| 089 | | Ex29:07M | ותיסב \ית | משחא/מש'#2#/ | דרבותה/רבו'#2#/ ותריק |
| 090 | משחא | Lv14:29 | ומן דמשתייר מן | משחא | די על ידוי דכהנא יתן על |
| 091 | | Ex31:11 | וית | משחא | דרבותא וית קטרת בסמניה |
| 092 | | Ex29:07 | ותיסב ית | משחא | דרבותה ותריק על ראשיה |
| 093 | | Gn 8:11M | /דאייתייאת יתיה מטור | משחא#2#/ | וידע נח ארום קלו |
| 094 | משחה | Lv14:16 | כף ידיה דשמאלה וידי מן | משחה | בא<צ>בעה שבעה זימנין קדם |
| 095 | | Lv14:17M | ומה דאשתייר מן | משחה | דאית על |
| 096 | | Ex35:14 | מנייה וית בוציניה וית | משחה | דאנהרותה^: |
| 097 | | Ex39:37 | וית כל מניה וית | משחה | דאנהרותה: |
| 098 | | Nu 4:16 | ברה דאהרן כהנה רבה | משחה | דאנהרותה וקטרת בוסמנייה |

|  |  |  |  |  |  |
|---|---|---|---|---|---|
| 099 | | Lv14:27 | כהנא באצבעיה דימינה מן | משחה | די על כף ידיה דכהנא דשמאלה |
| 100 | | Lv14:28 | ויתן כהנא מן | משחה | די על כף ידיה על רום אדנה |
| 101 | | Lv14:16 | ית אצבעיה דימינה מן | מש{כ}<ח>ה | דעל כף ידיה דשמאלה וידי |
| 102 | | Ex35:15 | דקטרתה וית אריחוי וית | משחה | דרבותה וית קטורת בוסמנייה |
| 103 | | Ex37:29 | ועבד ית | משחה | דרבותה קדש וית קטרת |
| 104 | | Ex40:09 | ותסב ית | משחה | דרבותה ותרבי ית משכנה וית |
| 105 | | Lv 8:02 | בנוי עמה וית לבושיה וית | משחה | דרבותה וית תור' חטאתה וית |
| 106 | | Lv 8:10 | ונסב משה ית | משחה | דרבותה ורבי ית משכנה וית |
| 107 | | Lv 8:12 | ואריק מן | משחה | דרבותה על ריש דאהרן ורבי |
| 108 | | Lv 8:30 | ונסב משה מן | משחה | דרבותה ומן אדמ' די על גבי |
| 109 | | Lv21:10 | די יתארק על ראשה מן | משחה | דרבותה וישל«ם» ית קרבן |
| 110 | | Ex39:38 | וית מדבחה דדהבא וית | משחה | דרב{י}<ו>תה וית קטרת |
| 111 | | Nu 5:15 | קמח דשערין לא יריק | <משחה | ולא יתן> עלוי לבונה ארום |
| 112 | | Lv14:26 | ומן | משחה | יריק כהנא על כף ידיה דכהנה |
| 113 | | Ex35:28 | וית בוסמניה וית | משחה | לאנהרותא ולמשחה דרבותה |
| 114 | | Lv14:18M | ומה דמשתייר \מן | משחה#2#/ | די/דאית#2#/ על כף ידוהי |
| 115 | במשחה | Nu35:25 | כהנה רבא <ד>רבי יתיה | במשחה | דבית קודשה: |
| 116 | | Dt33:24 | מש{י}<ח> במייא ומסחי | במשחה | רגלוי: |
| 117 | דמשחא | Lv14:15 | ויסב כהנא מן לוגה | דמשחא | ו«י»ריק על כף ידיה |
| 118 | דמשחה | Lv14:17 | ומן מותריה | דמשחה | די על כף ידיה יתן כהנא |
| 119 | | Lv14:12 | יתיה לאשמה וית לוגה | דמשחה | ויניף יתהון אנפו קדם ייי: |
| 120 | | Lv14:24 | אמרה דאשמה וית לוגה | דמשחה | ויניף יתהון כהנא אנפו קדם |
| 121 | ומ' | Nu 4:16M | ומשחה /ומנחת תמידה | ומ'#2#/ | דרבותה סכום/סכמות#2#/ |
| 122 | ומשחא | Ex35:08 | | ומשחא | לאנהרותא ובשמנין למשחה |
| 123 | ומשחה | Nu 4:16 | בוסמנייה ומנחה תדירה | ומשחה | דרבותה סכום כל משכנה וכל |
| 124 | ומשחכון | Dt 7:13 | עבידתיכון חמריכון | ומשחכון | בקרת תוריכון ועדרי |
| 125 | | Dt14:23 | עבוריכון חמרכון | ומשחכון | ובכורי«י» תוריכון |
| 126 | ולמשחה | Ex35:28 | וית משחה לאנהרותא | ולמשחה | דרבותה ולקטרת בושמיה: |
| 127 | למשחא | Ex25:06 | משח לאנהרותא בסמנין | למשחא | דרבותא ולקטרת בסמניה: |
| 128 | למשחה | Ex35:08 | ומשחא לאנהרותא ובשמנין | למשחה | דרבותא ולקטרת בוסמניה: |
| 129 | ומשחיכון p em/sf | Dt11:14 | עבוריכון וחמריכון | ומשחיכון: | |
| 130 | | Dt12:17 | עיבוריכון חמרכון | ומשחיכון | ובכורי תוריכון ועניכון |
| 131 | | Dt18:04 | שרוי עבוריכון חמרכון | ומשחיכון | ושירוי גזזי עניכון תתנון |

## משח 2# *vb.* to measure [333]

|  |  |  |  |  |  |
|---|---|---|---|---|---|
| 001 | משחו peal | Nu21:18 | שובעיתי חכימי דמפרשין | משחו | יתה בחוטריהון ספריהון |
| 002 | משחון | Nu21:18M | חכימי דמפרשין | משחו/<מש>חון#2#/ | יתה בחוטריהון |
| 003 | וימשחון | Dt21:02 | חכימיכון ודייניכון | וימשחון | לקרייתה די מן חזור חזור |
| 004 | ותמשחון | Nu35:05 | | ותמשחון | לבר מן קרתה ית סטרא |

## משחה *n.* measurement [333]

|  |  |  |  |  |  |
|---|---|---|---|---|---|
| 001 | משחא s ab/cn | Ex26:02 | אמין באמתא דיריעתה חדתה | משחא | חדא לכל יריעתה: |
| 002 | | Ex26:08 | ופתיא ארבע אמין באמתא | משח«א» | חדא לחדא עשרתי יריעתא: |
| 003 | משחה | Ex36:15 | אמין פותיה דיריעתה חדה | משחה | חדה לחדה עש{ת}<ר>תי |
| 004 | משחת | Ex36:09 | ארבע אמין יריעתה חדא | משחת | חדא לכל יריעתה: |
| 005 | | Gn 6:15 | חמשין אמין פתיה ותלתין | משחת | רומ': |
| 006 | | Ex27:02 | על ארבעתי זויתא מן | משחת | רומא מנה יהוויין קרנתה |
| 007 | | Ex37:25 | פתיה מרבע ותרתין אמין | משחת | רומא <מניה> הוון קרנתא: |
| 008 | | Ex25:23 | ואמתא פתיא ואמה ופלג | משחת | רומה: |
| 009 | | Ex27:01 | יהי מדבחא ותלת אמין | משחת | רומה: |
| 010 | | Ex37:10 | ואמה פתיה ואמה ופלג | משחת | רומה: |
| 011 | | Ex38:01 | פתיא מרבע ותלת אמין | משחת | רומה: |
| 012 | | Ex38:02 | על ארבעתי זווייתה מן | משחת | רומה <מניה> הוון קרנתה |
| 013 | | Ex25:10 | ופלג פותיא ואמתא ופלג | משחת | רומיה: |
| 014 | | Ex30:02 | מרבע יהוי ותרתין אמין | משחת | רומיה מנה יהוויין רומה |
| 015 | | Ex37:01 | ופלג פתיה ואמה ופלג | משחת | רומיה: |
| 016 | דמשיחה | Nu13:32 | מרי עיינן בישה גברין | דמשיחה: | |
| 017 | ובמשח' | Gn 6:16 | בית נהור תעביד לתיבותא | ובמשח' | אמה תשכלל יתה מן לעיל |
| 018 | ומשחת | Ex38:18M | חמש/אומין ארך | ומשחת | רום בפתוי חמ'#2#/ אמין |
| 019 | | Ex27:18 | ופתיה חמשין על חמשין | ומשחת | רומה חמש אמין בוץ שזיר |

## משטוחין *n.* nets (??) [334]

|  |  |  |  |  |  |
|---|---|---|---|---|---|
| 001 | משטוחין s ab/cn | Nu11:32M | ושטחו להון | שטחין/משטוחין#2#/ | חזור חזור למשריתה: |

## משיח *n.* anointed one [334]

|  |  |  |  |  |  |
|---|---|---|---|---|---|
| 001 | משיח' s em/sf | Gn49:12M | יאי הוא מלכא | משיח' | דעתיד למיקם מן דבית |
| 002 | משיחא | Gn 3:15 | בעוקבה ביומא דמלכא | משיחא: | |
| 003 | | Nu24:07 | ויתרומם מלכותיה דמלכא | משיחא: | |
| 004 | | Gn49:10 | בנוי עד זמן דייתי מלכא | משיחא | דדידיה היא מלכותא וליה |
| 005 | | Gn49:11 | מה יאי הוא מלכא | משיחא | דעתיד למיקם מן מדבית |
| 006 | | Gn49:12 | מה ייאיין עייני דמלכא | משיחא | מן חמרא זכוכא דלא למיחמי |
| 007 | משיחה | Nu11:26 | לירושלם ובידוי דמלכא | משיחה | אינון נפלין ושבע שנין |

## משך *n.* skin [334]

|  |  |  |  |  |  |
|---|---|---|---|---|---|
| 001 | משך s ab/cn | Lv11:32 | <מן> דקייס או לבוש או | משך | או סק כל מן די יתעבד עבידה |
| 002 | | Lv13:56 | יתיה מן לבושיה או מן | משך | או מן שתיה או מן ערבה: |
| 003 | | Lv13:03 | וחזווי דמכתשא מכיך מן | משך | בשרה מכת«ש» צרעה היא |
| 004 | | Lv13:43 | או בגלשנותיה כחזיו צרעת | משך | בשרה: |
| 005 | | Nu 4:06 | ויתנון עלוי חפוי | משך | דססגון ויפרשון לבוש גמר |
| 006 | | Nu 4:08 | טבה ויכסון יתיה בחפוי | משך | דססגון וישוון ית אריחוי: |
| 007 | | Nu 4:10 | וית כל מניה לגו חפוי | משך | דססגון ויתנון על קופה: |
| 008 | | Nu 4:11 | ויכסון יתיה בחפוי | משך | דססגון ויכסון יתי אריחוי: |
| 009 | | Nu 4:12 | בית קודשה ויתנון בחפוי | משך | דססגון על קופה: |
| 010 | | Nu 4:14 | מדבחה ויפרשון עלוי חפוי | משך | דססגון וישוון אריחוי: |
| 011 | | Ex36:19 | דדכרין מסמקין וחפיי | משך | דססגונין מן לעל: |
| 012 | | Lv13:59 | או בערבא או בכל מן | משך | לדכיה יתיה או לסאבותיה: |
| 013 | | Lv13:12M | ית כל \משכא דמכתשה | /משך | מכת'#2#/ מן ראשה ועד |
| 014 | במשך | Lv13:48 | לכתנא או לעמרא או | במשך | או בכל עב<י>ד{י}ה דמשך: |
| 015 | | Lv13:49 | ירק או סמוק בלבוש או | במשך | או בשתיה או בעור«בא» או |
| 016 | | Lv13:04 | ואין בהקי חוורה היא | במשך | בשרה ומכיך לית חזוה מן |
| 017 | | Gn 3:21M | לבושין דאוקר | למשך/במשך#2#/ | בשרהון ואלבש יתהון: |
| 018 | | Lv13:38 | וגבר או אתה ארום יהוי | במשך | בשרהון בהקיין {בהקיין} |
| 019 | | Lv13:39 | ויחמי כהנא והא | במשך | בשרהון בהקיין כהיין חוורן |
| 020 | | Lv13:02 | או קלפה או בהקי ויהוי | במשך | בשריה למכתש צרעה וייתי |
| 021 | | Lv13:02 | בר נש ארום «יהווי» | במשך | «בשריה» שומה או קלפה או |
| 022 | | Lv13:03 | וחמא כהנא ית מכתשא | במשך | בשריה ושער במכתשה אתהפ' |
| 023 | | Lv13:11 | מחלפה היא | במשך | בשריה ויסאב יתה כהנא לא |
| 024 | | Lv13:51 | או בשתיה או בערבה או | במשך | לכל מה די יתעבד משכה |
| 025 | דמשך | Lv13:48 | או בכל עב<י>ד{י}ה | דמשך: | |
| 026 | | Lv13:53 | או בערבה או בכל מן | דמשך: | |
| 027 | | Lv13:52 | או בכיתן או ית כל מן | דמשך | די יהווי ביה מכתשה ארום |
| 028 | | Lv13:58 | שתיה או ערבה או כל מן | דמשך | די תחוור ויתעבר מנהון |
| 029 | | Lv15:17 | וכל לבוש וכל מן | דמשך | די יהוו עלוי תשמיש דזרע |
| 030 | | Nu31:20 | וכל לבוש וכל מן | דמשך | וכל עבד דמעזי וכל מן דקיס |
| 031 | | Lv13:57 | או בערבה או בכל מן | דמשך | מהלכה היא בנורא תוקדון |

|  |  |  |  |  |
|---|---|---|---|---|
| 032 | | | Lv13:49 | בעור«בא» או בכל מן דמשך מכתש צרעה הוא ויתחמי |
| 033 | למשך | | Ex22:26 | לבלחודוי היא רקיעתא למשך בשרה במה הוא דמך ויהוי |
| 034 | | | Gn 3:21 | ולאתתיה לבושין דאוקר למשך בשרהון ואלבש יתהון: |
| 035 | משכא | s em/sf | Gn27:16 | וית משכא דגדייא בני עיזייא אלבשת |
| 036 | | | Lv13:12 | במשכה ותכסי צרעתה ית כל משכא דמכתשה מן ראשה ועד רגלוי |
| 037 | | | Lv 4:11 | וית משכא דתורא וית כל בשרה על רישיה |
| 038 | | | Lv13:34 | וחזוה לית הוא מכיך מן {מ}משכא וידכי יתיה כהנא ויחוור |
| 039 | | | Ex29:14 | וית בשרה דתורא וית משכא וית רעיה תוקד בנורא לבר מן |
| 040 | משכה | | Lv13:32 | דניתקא לית הוא מכיך מן משכה: |
| 041 | | | Lv13:56M | /לבושה#2#/ או מן משך/משכה#2#/ או מן שתיה או מן ערבה |
| 042 | | | Lv 9:11 | וית בשרה וית משכה אוקד בנורא לבר מן משריתה: |
| 043 | | | Lv 7:08 | דיתקר' ית עלתה דגבר משכה דעלתה די יקרב לכהנא דידיה |
| 044 | | | Lv13:30 | מכתש' והא חזוה מכיך מן משכה ובה שער מצלהב דקיק ויסאב |
| 045 | | | Lv13:21 | חוור ומכיכה לית היא מן משכה והיא כהיה ויטרוד יתיה כהנא |
| 046 | | | Lv13:26 | חוור ומכיכה לית היא מן משכה והיא כהיה ויטרוד יתיה כהנה |
| 047 | | | Lv 8:17 | וית תורה וית משכה וית בשר' וית רעיה אוקיד |
| 048 | | | Nu19:05 | ית תורתה קדמוי ית משכ{נ}ה וית בשרה וי{א}<ת> אדמה |
| 049 | | | Lv13:20 | כהנא והא חזוה מכיך מן משכה וסערה אתהפך לחוור וי' ית' |
| 050 | | | Lv13:04 | בשרה ומכיך לית חזוה מן משכה ושעורה לא אתהפך לחוור |
| 051 | | | Lv13:31 | והא לית חזוה מכיך מן משכה ושער אוכ{ס}<ם> לית בה |
| 052 | | | Lv13:51 | או במשך לכל מה די יתעבד משכה לעבידה צרעה מחלט«א» |
| 053 | | | Lv13:25 | וחזוה מכיך מן משכה צרעה היא בכוותיה הלכת |
| 054 | במשכ' | | Lv13:35 | ואם מהלכה יהלך נתקא במשכ' מן בתר דאדכי: |
| 055 | במשכא | | Lv13:39 | חוורן בהקי הוא הלך במשכא דכי הוא: |
| 056 | | | Lv13:06 | מכתשא ולא הלך מכתשה במשכא וידכי יתיה כהנא קלפה היא |
| 057 | | | Lv13:36 | כהנא {ל} והא הלך נתקה במשכא לא יפשפש כהנא לשערה |
| 058 | במשכה | | Lv13:49M | בשתיה /סמק בלבושה או במשכה או לש'#2#/ או בעור«בא» |
| 059 | | | Lv13:10 | כהנא והא שומה חוור' במשכה והיא אתהפכת לשער חוור |
| 060 | | | Lv13:28 | תקום בהקיתה לא הלכת במשכה והיא כהיה שומת כוותיה היא |
| 061 | | | Lv13:34 | והא ל{ף}<א> הלך ניתקא במשכה וחזוה לית הוא מכיך מן |
| 062 | | | Lv13:05 | בחזויה לא הלך מכתשה במשכה ויטרוד יתיה כהנא שבע' |
| 063 | | | Lv13:08 | כהנא והא הלכת קלפתה במשכה ויסאב יתיה כהנה: |
| 064 | | | Lv13:22 | ואין מהלך תהלך במשכה ויסאב כהנא יתיה מכתשא |
| 065 | | | Lv13:27 | שביעיה אין מהלכה תהלך במשכה ויסאב כהנא יתיה מכתש צרעה |
| 066 | | | Lv13:12 | ואין מפרח תפרח צרעתה במשכה ותכסי צרעתה ית כל משכא |
| 067 | | | Lv13:24 | או בשר' ארום יהוי במשכה כוויה דאשה ותיהוי מחת |
| 068 | | | Lv13:51M | או בערבה או במשך/במשכה#2#/ לכל מה די יתעבד |
| 069 | | | Lv13:07 | מהלכ«ה» תהלך קלפתה במשכה מן בתר דאתחוי לוות כהנא |
| 070 | במשכיה | | Lv13:18 | ובשרא ארום יהוי בה במשכיה שחנה ויתאסי: |
| 071 | משכין | p abs | Lv22:27M | זכותי' דתמימה דלבש משכין דגדיין ועבד תבשילין |
| 072 | | | Lv22:27 | תמימא דלבש בגו{י} ידוי משכין דגדיין בני עזין ותבשילין |
| 073 | | | Ex26:14 | ותעבד חפוי למשכנא משכין דדכרין מסמקין וחפוי משכין |
| 074 | | | Ex36:19 | ועבד חפי למשכנא משכין דדכרין מסמקין וחפוי משך |
| 075 | | | Ex39:34M | חפיי משכי דססגונה /<מ>שכין דדכרין סמקין וית חפיי |
| 076 | | | Ex26:14 | דדכרין מסמקין וחפוי משכין דססגונין מן לעיל: |
| 077 | | | Ex39:34M | סמקין וית חפיי <מ>שכין דססגונין#2#/ וית פרוכתה |
| 078 | | | Nu 4:08M | משך דססגון /בחפיי משכין דססגונין#2#/ וישוון ית |
| 079 | משכן | | Nu 4:06M | \חפוי משך דססגון /חפיי משכן דססגונין#2#/ ויפרשון לבוש |
| 080 | ומשכין | | Ex35:07 | ומשכין דדכרין מסמקין ומשכין |
| 081 | | | Ex35:23 | טבא ובוץ שזיר ומעזי ומשכין דדכרין מסמקין ומשכין |
| 082 | | | Ex25:05 | ומשכן דדכרין מסמקין ומשכין דססגונין ואעין דשטין: |
| 083 | | | Ex35:07 | ומשכין דדכרין מסמקין ומשכין דססגונין ואעי שטין: |
| 084 | | | Ex35:23 | ומשכין דדכרין מסמקין ומשכין דססגונין אייתון: |
| 085 | ומשכן | | Ex25:05 | ומשכן דדכרין מסמקין ומשכין |
| 086 | משכי | p const | Ex39:34 | דדכרי מסמקיה וית חפיי משכי דססגונה וית פרוכתה דפרסה: |
| 087 | משכיה | p em/sf | Ex39:34 | וית חפיי משכיה דדכרי מסמקיה וית חפיי |
| 088 | משכיהון | | Lv16:27 | ויקדון בנורא ית משכיהון וית בשריהון וית רעיהון: |

## משכן *n.* pledge [334]

|  |  |  |  |  |
|---|---|---|---|---|
| 001 | משכונה | s em/sf | Dt24:10 | לגו בייתיה לממשכנה משכונה: |
| 002 | | | Dt24:10M | /לבייתיה לממשכנה משכונה#2#/: |
| 003 | | | Dt24:12M | במשכניה /ידמוך גבך משכונה#2#/: |
| 004 | | | Dt24:13M | "משכוניה ... תיהווי" משכונה במעליה שמשא וידמוך |
| 005 | | | Dt24:11 | מוזף לה יפיק לוותך ית משכונה לברה: |
| 006 | | | Dt24:06M | לית אתון רשיין למיסב משכונה ריחייה ורכבה {ג}<ב>רם |
| 007 | משכוניה | | Dt24:13 | מחזרה תחזר לה ית משכוניה עם מטמעי שמשה וידמוך |
| 008 | משכניה | p em/sf | Dt24:10M | לממשכנה משכונה/<מש>כניה#2#/ /לבייתיה לממשכנה |

## משכן *vb.* to give as a pledge [334]

|  |  |  |  |  |
|---|---|---|---|---|
| 001 | ממשכן | quadr. | Dt24:06M | הוא מתחשב ונפשתה הוא ממשכן |
| 002 | | | Dt24:06M | צרכי הוא נפשה הוא ממשכן ולא תהוון אסורי חתנין |
| 003 | ממשכנה | | Ex22:25 | אין ממשכנה תמשכן לבושא דחברך עד |
| 004 | תמשכון | | Dt24:17 | דגיורייה ויתמייה ולא תמשכון לבושה דארמלתה: |
| 005 | תמשכן | | Ex22:25 | אין ממשכנה תמשכן לבושא דחברך עד מטמעא שמשא |
| 006 | תמשכנון | | Dt24:06M | "לא ... חביל": לא תמשכנון ריחייה ורכבה ארום צרכי |
| 007 | | | Dt24:06 | אסורי חתנין וכלין ולא תמשכנון ריחייה ארום כל דעבד כדן |
| 008 | לממשכנה | | Dt24:10 | לא תיעול לגו בייתיה לממשכנה משכונה: |
| 009 | | | Dt24:10M | /לבייתיה לממשכנה משכונה#2#/: |

## משכן *n.* tent [334]

|  |  |  |  |  |
|---|---|---|---|---|
| 001 | מש' | s ab/cn | Nu 4:15M | דקהת/קהת#2#/ במשכן/מש'#2#/ זימנה: |
| 002 | משכן | | Ex33:11M | /מתרבי לא עדי מגו משכן בית אלפנה#2#/: |
| 003 | | | Nu16:26 | למימר סטון כען מעלוי משכן גברייה חייבייה האליין ולא |
| 004 | | | Lv 3:08 | קרבניה ויכוס יתיה קדם משכן זימנ' ויזרקון בנוי דאהרן |
| 005 | | | Lv 4:04 | וייתי ית תורא לתרע משכן זימנ' קדם ייי ויסמוך ית |
| 006 | | | Ex29:04 | וית בנוי תקרב לתרע משכן זימנא ותקדש יתהון במיא: |
| 007 | | | Ex29:10 | ותקרב ית תורא קדם משכן זימנא ויסמך אהרן ובנוי ית |
| 008 | | | Ex29:11 | ית תורא קדם ייי בתרע משכן זימנא: |
| 009 | | | Ex29:32 | וית לחמה די בסלא בתרע משכן זימנא: |
| 010 | | | Ex29:42 | עלה תדירא לדריכון בתרע משכן זימנא קדם ייי דאזמן לכון |
| 011 | | | Ex29:44 | ואקדש ית משכן זימנא וית מדבחא וית אהרן |
| 012 | | | Ex30:16 | ישראל ותתן יתה לפלחן משכן זימנא ויהווי לבני ישראל |
| 013 | | | Ex30:26 | ותרבי ביה ית משכן זימנא וית ארונא דשהדותא: |
| 014 | | | Ex33:07 | מן משריתא והוי קרי ליה משכן זימנא והוה כל מן דתבע |
| 015 | | | Ex35:21 | ית אפרשותא דייי לעבידת משכן זימנא ולכל פולחנא וללבושי |
| 016 | | | Ex38:08 | דהוון מצליין בתרע משכן זימנא: |
| 017 | | | Ex39:32 | ושלמת כל עבדת משכנה משכן זימנא ועבדו בני ישראל כל |
| 018 | | | Ex40:02 | בחד לירחא תקים ית משכנה משכן זימנא: |
| 019 | | | Ex40:06 | דעלתה קדם תרע משכנה משכן זימנא: |
| 020 | | | Ex40:07 | ותתן ית כיורה בין משכן זימנא ובין מדבחא ותתן |
| 021 | | | Ex40:29 | דעלתה שווי תרע משכנא משכן זימנא וסדר עלוי ית עלתה |
| 022 | | | Ex40:30 | ושווי ית כיורה בין משכן זימנא ובין מדבחה ויהב תמן |
| 023 | | | Ex40:34 | וכסי ענגא ית משכן זימנא ואיקר שכינתה דייי |
| 024 | | | Lv 1:05 | מן חזור חזור די תרע משכן ז«י»מנא: |
| 025 | | | Lv 3:13 | על רישיה ויכוס יתיה קדם משכן זימנא ויזרקון בנוי דאהרן |
| 026 | | | Lv 4:14 | לחטאתה וייתון יתה לתרע משכן זימנא: |

|  |  |  |  |  |  |
|---|---|---|---|---|---|
| 027 | Lv 6:09 | תתאכל בתר קדיש בדרת | משכן | ז«י»מנא יאכלון יתה: | |
| 028 | Lv 6:19 | יתה בתר קדיש תתאכל בדרת | משכן | זימנא: | |
| 029 | Lv 8:03 | כל עם כנישתה כנש לתרע | משכן | זימנא: | |
| 030 | Lv 8:04 | ויתכנשו עם כנשתה לתרע | משכן | זימנא: | |
| 031 | Lv10:07 | ומתרע | משכן | זימנא לא תפקון ולא תמותון | |
| 032 | Lv14:23 | לדכאותיה לוות כהנא לתרע | משכן | זימנא קדם ייי: | |
| 033 | Lv15:14 | יוון וייתי קדם ייי לתרע | משכן | זימנא ויתן יתהון לוות | |
| 034 | Lv15:29 | יתהון לוות כהנא לתרע | משכן | זימנא: | |
| 035 | Lv16:07 | יתהון קדם ייי לתרע | משכן | זימנא: | |
| 036 | Lv16:20 | מן למכפרה ית קדשה וית | משכן | זימנא וית מדבחה ויקרב ית | |
| 037 | Lv19:21 | ית אשמה לשמה דייי לתרע | משכן | זימנא דכר לאשמה: | |
| 038 | Nu 3:07 | כל עם כנ«י»שתה קדם | משכן | זימנא למיפלח ית פלחן | |
| 039 | Nu 3:38 | קדם משכנה קדמיין קדם | משכן | זימנא מן מדנחה משה אהרן | |
| 040 | Nu 4:25 | מן לעיל וית חפוי˜ דתרע | משכן | זימנא: | |
| 041 | Nu 6:10 | בני יון לוות כהנה בתרע | משכן | זימנא: | |
| 042 | Nu 6:18 | ויספר נזירה בתרע | משכן | זימנא ית ריש נזירותיה ויתן | |
| 043 | Nu 8:09 | ותקרב ית ליויי קדם | משכן | זימנא ותכנש ית כל כנשתה | |
| 044 | Nu 8:15 | ייעלון ליווי ל«מ»פלח | משכן | זימנא ותידכי יתהון ותניף | |
| 045 | Nu10:03 | לוותך כל עם כנישתה לתרע | משכן | זימנא: | |
| 046 | Nu16:09 | לוותיה למפלח ית פלחן | משכן | זימנא דייי ולמיקם קדם | |
| 047 | Nu24:05 | אבוכון מה יאי הוא | משכן | זימנא דשרי ביניכון דדבית | |
| 048 | Ex38:30 | <ועבד בה> ית חומרי תרע | משכן | זימנה וית מדבחה דנחשה וית | |
| 049 | Ex40:12 | ית אהרן וית בנוי לתרע | משכן | זימנה ותקדש יתהון במיא: | |
| 050 | Ex40:19M | ופרס ית | פרסה/משכן | זימנה#2#/ על משכנה | |
| 051 | Lv 8:31 | בשלו ית בשרה בתרע | משכן | זימנה ותמן תאכלון יתיה וית | |
| 052 | Lv 8:35 | ובתרע | משכן | זימנה תישרון באימם׳ ובלילה | |
| 053 | Lv 9:05 | ית מה דפקד משה לתרע | משכן | זימנה וקריבו עם כל כנשתה | |
| 054 | Lv12:06 | או שפנין לחטאתה לתרע | משכן | זימנה לוות כהנא: | |
| 055 | Lv16:33 | ית בית קדש קדשיה וית | משכן | זימנה וית מדבחה יכפר ועל | |
| 056 | Lv17:09 | ואל תרע | משכן | זימנה לא ייתי יתיה לקרבה | |
| 057 | Nu 2:17 | ונסל | משכן | זימנה משרייתהון דלוויי בגו | |
| 058 | Nu 3:25 | ופרסה וחפויה וחפוי תרע | משכן | זימנה: | |
| 059 | Nu 4:39 | די יעול לחיל קרבה למפלח | משכן | זימנה: | |
| 060 | Nu 6:13 | נזירותיה ייתי יתיה לתרע | משכן | זימנה: | |
| 061 | Nu 7:05 | ויהוון למפלח ית פלחן | משכן | זימנה ותתן יתהון | |
| 062 | Nu17:08 | ועל משה ואהרן קדם | משכן | זימנה: | |
| 063 | Nu17:15 | אהרן לוות משה לתרע | משכן | זימנה ומגפתה אתכליית: | |
| 064 | Nu18:06 | לשמה דייי למפלח ית פלחן | משכן | זימנה: | |
| 065 | Nu18:21 | די אנון פלחין ית פלחן | משכן | זימנה: | |
| 066 | Nu18:23 | לוויי אנון ית פלחן | משכן | זימנה ואינון יקבלון ית | |
| 067 | Nu19:04 | ויידי כל קבל אפי | משכן | זימנה מן אדמה שובעה זמנין: | |
| 068 | Nu20:06 | ואהרן מן קדם קהלה בתרע | משכן | זימנה ואשתטחו על אפיהון | |
| 069 | Nu25:06 | ישראל ואינון בכיין תרע | משכן | זימנה: | |
| 070 | Ex30:18 | לקדוש ותשוי יתיה בין | משכן | זמנא ובין מדבחא ותתן תמן | |
| 071 | Ex31:07 | ית | משכן | זמנא וית ארונה לשהדותה וית | |
| 072 | Lv 1:01 | די אתמלל עמי מן קדם ייי | משכן | זמנא דקדושיה קדוש עלם | |
| 073 | Lv 1:01 | למשה ומליל ייי עמיה מן | משכן | זמנא למימר: | |
| 074 | Lv 3:02 | קרבניה ויכוס יתיה בתרע | משכן | זמנא ויזרקון בנוהי דאהרן | |
| 075 | Lv 4:18 | דמדבחה דעלתה די בתרע | משכן | זמנא: | |
| 076 | Lv14:11 | ויתהון קדם ייי בתרע | משכן | זמנא: | |
| 077 | Lv17:06 | אדמה על מדבחה דייי בתרע | משכן | זמנא ויסדר תרבה לריח דרעוה | |
| 078 | Nu16:09M | ולמיקם קדם כנישתה | /משכן | זמנא ולמקום קודם עמא | |
| 079 | Nu16:18 | עליהון קטרה וקמו בתרע | משכן | זמנא ומשה ואהרן: | |
| 080 | Nu16:19 | ית כל עם כנישתה לתרע | משכן | זמנא ואיתגלית איקר שכינתה | |
| 081 | Nu27:02 | וקדם כל עם כנשתה בתרע | משכן | זמנא למימר: | |
| 082 | Lv 4:07 | דמדבחה דעלתא די בתרע | משכן | זמנה: | |
| 083 | Lv 8:33 | ומן תרע | משכן | זמנה לא תפקון שבעה יומין | |
| 084 | Lv17:04 | ולתרע | משכן | זמנה לא אייתי יתיה למקרבה | |
| 085 | Lv17:05 | יתהון קדם ייי לתרע | משכן | זמנה לוות כהנה קדם ייי | |
| 086 | Nu 4:25 | ית יריעתה דמשכנה וית | משכן | זמנה חפייה וחפוי˜דססגונה | |
| 087 | Nu 4:30 | לחיל קרבה למפלח ית פלחן | משכן | זמנה: | |
| 088 | Nu18:04 | לוותך ויטרון ית מטרת | משכן | זמנה לכל מטרת פלחנה | |
| 089 | Dt31:15 | וקם לה עמודה דעננה בתרע | משכן | זמנה: | |
| 090 | Ex24:05M | דעד כדון לא אתעבד | משכן | זמנ{ן}<א> ועד כדון לא | |
| 091 | Nu 1:53M | דסהדותה /ליואי ית מטרת | משכן | סה׳#2#/: | |
| 092 | Nu18:02M | קדם \משכנה דסהדותא | /משכן | סהדו׳#2#/: | |
| 093 | Ex38:21M | פלח<נ>יון דלווי | /משכן | סהדותה די אתפקד על מימר | |
| 094 | Nu 4:47M | עבידתה ופלחן עבידתה | במ׳ | | במ׳ |
| 095 | Nu 8:24M | /עבידתה למפלוח פלוח | במ׳#2#/ | זימנא: | |
| 096 | Ex28:43M | /במיעלה#2#/ | למשכן/במש׳#2#/ | זימנא א{ן}<ו> | במש׳ |
| 097 | Lv 4:18 | דמדבחה די קדם ייי די | במשכ׳ | זימנא וית כל אדמה ישפוך | במשכ׳ |
| 098 | Nu 8:24 | ייעול לחיל קרבה למפלח | במשכון | זימנא: | במשכון |
| 099 | Nu 4:43 | לחיל קרבה למפלח | במשכון | זימנה: | |
| 100 | Nu 4:15 | בנוי דקהת למטען | במשכן | ולא יקרבון לבית קודשה ולא | במשכן |
| 101 | Ex27:21 | | במשכן | זימנא לבר מן פרכתה דעל | |
| 102 | Ex40:22 | ויהב ית פתורה | במשכן | זימנא על שפולוי דמשכנא | |
| 103 | Ex40:24 | ושוי ית מנרתה | במשכן | זימנא לקבל פתורה על | |
| 104 | Ex40:26 | ושווי ית מדבחה דדהבה | במשכן | זימנא קדם פרוכתה: | |
| 105 | Lv 4:07 | בוסמנייה קדם ייי די | במשכן | זימנא וית כל דמה דתורא | |
| 106 | Lv10:09 | את ובניך עמך במעלכון | במשכן | זימנא דלא תמותון קיים עלם | |
| 107 | Nu 4:03 | קרבה למעבד עב{ו}<י>דה | במשכן | זימנא: | |
| 108 | Nu 4:04 | דן פולחנה דבנוי דקהת | במשכן | זימנא בבית ק«ו»דשיה: | |
| 109 | Nu 4:23 | לחיל קרבה למפלח פולחן | במשכן | זימנא: | |
| 110 | Nu 8:22 | למפלח ית פלחניהון | במשכן | זימנא קדם אהרן וקדם בנוי | |
| 111 | Nu14:10 | שכינתה דייי אתגליית | במשכן | זימנא על כל בני ישראל: | |
| 112 | Lv16:17 | וכל בר נש לא יהווי | במשכן | זימנה במעלה לכפרה בגו | |
| 113 | Nu 4:15 | אלין מטלני בנוי דקהת | במשכן | זימנה: | |
| 114 | Nu 4:31 | מטולהון לכל פולחנהון | במשכן | זימנה לווחוי דמשכנה | |
| 115 | Nu 4:41 | דגרשון כל די פלח | במשכן | זימנה די סכם משה ואהרן | |
| 116 | Nu 4:47 | עבידה ועבידת מטול | במשכן | זימנה: | |
| 117 | Nu 8:26 | וישמש ית אחוי | במשכן | זימנה למיטר מטרה ופלחן לא | |
| 118 | Nu18:31 | הוא לכון חלף פולחנכון | במשכן | זימנה: | |
| 119 | Ex30:36 | ותתן מנה קדם שהדותא | במשכן | זמנא דאזמן ממרי לך תמן | |
| 120 | Nu 1:01 | עם משה במדברה דסיני | במשכן | זמנא בחד לירחא תנינא בשתא | |
| 121 | Dt31:14 | קרא ית יהושע ואתעתדו | במשכן | זמנא ופקד יתיה ואזל משה | |
| 122 | Dt31:14 | משה ויהושע ואתעתדו | במשכן | זמנא: | |
| 123 | Lv24:03 | לבר מן פרוכתה דסהדותה | במשכן | זמנה יסדר יתיה אהרן מן | |
| 124 | Nu 3:25 | ומטרת בנוי דגרשון | במשכן | זמנה משכנה ופרסה וחפויה | |
| 125 | Nu 4:28 | דבנוי דגרשוני | במשכן | זמנה ומטרתהון על דאיתמ׳ | |
| 126 | Nu 4:33 | דמררי לכל פלחנהון | במשכן | זמנה על ידוי דאיתמר ברה | |
| 127 | Nu 4:35 | לחיל קרבה למפלח | במשכן | זמנה: | |
| 128 | Nu 4:37 | דבנוי דקהתי כל די פלח | במשכן | זמנה די סכם משה ואהרן | |
| 129 | Nu 8:19 | ית פלחן דבני ישראל | במשכן | זמנה ולמכפירה על בני | |
| 130 | Nu17:19 | ואצנע יתהון | במשכן | זמנה קדם סהדותא די אזדמן | |
| 131 | Nu17:22M | ייי \במשכנה דסהדותה | /במשכן | סה<ד>ו׳#2#/: | |
| 132 | Ex36:32M | /סטרוי#2#/ | דמשכנה/<דמש>כן#2#/ | תניינה וחמשה נגרין | דמשכן |
| 133 | Lv 4:18M | "די קדם ... זימנא": | דבמשכן | זמנא די מן קדם ייי | דבמשכן |
| 134 | Dt 1:01 | עם יצחק ועם יעקב | ומשכן | זימנא די עבדתון לשמיה | ומשכן |

|  |  |  |  |  |  |
|---|---|---|---|---|---|
| 135 | למ' | Nu 4:39M | /עבידתה למיפל«ו»ח | למ'#2#/ | זימנה: |
| 136 | | Nu31:54M | /ואעילו יתהון לגו | למ'#2#/ | זמנה דכרן טב לבני |
| 137 | למשכן | Ex28:43 | ועל בנוי במעיליהון | למשכן | זימנא א{ן}<ו> בקרבותהון |
| 138 | | Ex29:30 | מן בתר{א}<ה> די יעול | למשכן | זימנא למשמשה בגו |
| 139 | | Ex30:20 | במעליהון | למשכן | זימנא יתקדשון במיא דלא |
| 140 | | Ex33:07 | אולפן מן קדם ייי נפק | למשכן | זימנא די לבר מן משריתא: |
| 141 | | Ex39:40 | וית כל מני פלחן משכנה | למשכן | זימנא: |
| 142 | | Ex40:32 | במיעלהון | למשכן | זימנא ובקרבותיהון על גבי |
| 143 | | Lv 4:05 | דתורא ויעל {ל}יתיה | למשכן | זימנא: |
| 144 | | Lv 9:23 | «ואעל משה» ואהרן | למשכן | זימנא ונפקו ובריכו ית עמה |
| 145 | | Nu 2:02 | מן כל קבל חזור חזור | למשכן | זימנא ישרון: |
| 146 | | Nu 7:89 | וכד הוה משה עלל | למשכן | זימנא לממללה עמיה הוא שמע |
| 147 | | Nu 7:89M | /ו{מ}ב<מ>עלה דמשה | למשכן#2#/ | זימנא לממללה/למ'#2#/ |
| 148 | | Nu11:16 | וסרכי הון ותדבר יתהון | למשכן | זימנא ויתעתדון תמן עמך: |
| 149 | | Lv 6:23 | חטאתה די יתעל מן אדמה | למשכן | זימנה למכפרה בגו בית קדשא |
| 150 | | Lv16:23 | ויעל אהרן | למשכן | זימנה וישלח ית לבושי בוצא |
| 151 | | Nu17:07 | משה ועל אהרן וכוונו | למשכן | זימנה והא כסי יתיה עננה |
| 152 | | Nu18:22 | יקרבון תוב בני ישראל | למשכן | זימנה למקרבה למסבול חובין |
| 153 | | Lv 4:16 | דמתרבי מן אדמה דתורא | למשכן | זמנא: |
| 154 | | Lv16:16 | לכל חוביהון וכן יעביד | למשכן | זמנא די שרי איקר שכינתיה |
| 155 | | Nu31:54 | ומאוותה ואייתון יתיה | למשכן | זמנה דכרן טב לבני ישראל |
| 156 | | Nu 9:15M | משכנא \משכנה דסהדותה | /למשכן | סהדו'#2#/ וברמשא יהווי |
| 157 | | Nu17:23M | משה \למשכנה דסהדותה | /למשכן | סהדו'#2#/ והא אפרח חוטרה |
| 158 | מ' s em/sf | Nu 1:51M | /ליוואי ובמשריה | מ'#2#/ | יקימון יתה לויי/לוואי#2# |
| 159 | מש' | Gn 9:21M | דסוראי ואתבזי במ' | מש' | |
| 160 | | Ex36:22M | לכל לווחי | דמשכנה/מש'#2#/: | |
| 161 | | Ex40:05M | /פרס לתרעה לתרע | מש'#2#/: | |
| 162 | | Lv 4:15M | ית תורה קדם ייי לתרע | מש'#2#/: | |
| 163 | | Nu 1:51M | נטל משכנה /ובנטלות | מש'#2#/ | יפרקון יתיה ליוויי וכד |
| 164 | משכוניה | Gn35:21 | ונטל ישראל ופרס | משכוניה | רחיק מן מגדלא לעדר: |
| 165 | משכנ' | Nu16:24M | למשכנה/מן | משכנ'#2#/ | דקרח דתן ואבירם: |
| 166 | | Nu 9:15 | וברמשא יהווי על | משכנ' | כחזיו אשתה עד צפרה: |
| 167 | משכנא | Ex40:38 | איקר שכינתא דייי על | משכנא | באיממא ואשתא תיהוי בליליא |
| 168 | | Gn31:33 | ולא אשכח ונפק מן | משכנא | דלאה ועל למשכנא דרחל: |
| 169 | | Nu31:47 | לילוויי דנטרין מטרת | משכנא | דייי היך מה די פקיד ייי |
| 170 | | Gn18:10 | הוות שמעה בתרע | משכנא | וישמעאל הווה קיים מצית |
| 171 | | Ex35:11 | ית | משכנא | וית פרסה וית חפיא וית |
| 172 | | Gn31:35 | לי ופשפש לבן ית כל | משכנא | ולא אשכח ית צלמיה: |
| 173 | | Ex33:07 | ומשה נסב ית | משכנא | ופרס יתיה לבר מן משרית' |
| 174 | | Gn 4:20 | יבל הוא אבוהון דדרי | משכנא | וקניין בעיר: |
| 175 | | Ex26:07 | יריען דמעזן לפרס על | משכנא | חדא עשרה יריען תעבד |
| 176 | | Ex36:14 | דמעזי חפיי למיפרס על | משכנא | חדא עשרין יריע{ת}<ן> עבד |
| 177 | | Ex36:18 | דנחש חמשין למדבק ית | משכנא | למהוי כלה חד: |
| 178 | | Ex27:09 | ותעבד ית דרת | משכנא | לסטרא דדרומיא מדרומיא |
| 179 | | Ex40:29 | מדבחא דעלתה שווי תרע | משכנא | משכן זימנא וסדר עלוי ית |
| 180 | | Nu 9:15 | ית משכנה כסי עננה ית | משכנא | משכנה דסהדותה וברמשא |
| 181 | | Ex26:01 | וית | משכנא | תעבד עשר יריען בוץ שזיר |
| 182 | משכנה | Gn 9:21 | חמרא ורווה ואתגלי בגו | משכנה: | |
| 183 | | Ex26:09 | שתיתיאתה לקבל אפי{ה} | משכנה: | |
| 184 | | Ex35:15 | וית פרסה דתרעא לתרע | משכנה^^: | |
| 185 | | Ex39:38 | בסמניה וית פרס תרע | משכנה: | |
| 186 | | Ex40:17 | בחד לירחא אקים משה ית | משכנה: | |
| 187 | | Ex40:34 | שכינתה דייי מלת ית | משכנה: | |
| 188 | | Ex40:35 | ואיקר שכינתה דייי מלא | משכנה: | |

|  |  |  |  |  |  |
|---|---|---|---|---|---|
| 189 | | Nu 3:07 | זימנא למיפלח ית פלחן | משכנה: | |
| 190 | | Nu 3:08 | ישראל למפלח ית פלחן | משכנה: | |
| 191 | | Nu 5:17M | דתחות טבלה דבאיסודי | משכנה | |
| 192 | | Nu 7:03 | יתהון קדם {ייי} | <מ>שכנה: | |
| 193 | | Nu10:17 | ובנוי דמררי טעני | משכנה: | |
| 194 | | Gn12:08 | מן מדנח לביתאל ופרש | משכנה | ביתאל מן מערבה ועיה מן |
| 195 | | Nu11:09 | וכד נחת טלא על | משכנה | בליליה הוה מנה נחת עלוי: |
| 196 | | Nu16:02M | דכ'#2#/ מזמני | קהלה/משכנה#2#/ | גברין מפרשין בשמהן: |
| 197 | | Nu16:27 | ואסתלקו מעלוי | משכנה | דקרח דתן ואבירם |
| 198 | | Lv17:04 | יתיה קרבן קדם ייי קדם | משכנה | דייי אדם יתחשב לגברה ההוא |
| 199 | | Nu19:13 | ימות ולא יתדי עלוי ית | משכנה | דייי סאב ותשתיצא נפשה |
| 200 | | Nu31:30 | לליוויי נטרי מטרת | משכנה | דייי: |
| 201 | | Ex38:21 | אליין סכומי משכנה | משכנה | דסהדותא דאסתכם על גזרת |
| 202 | | Nu18:02 | יתך ואת ובניך עמך קדם | משכנה | דסהדותא: |
| 203 | | Nu 1:50 | ואת מני ית לוויי על | משכנה | דסהדותה ועל כל מנוי ועל |
| 204 | | Nu 9:15 | כסי עננה ית משכנא | משכנה | דסהדותה וברמשא יהווי על |
| 205 | | Nu10:11 | לירחה איסתלק מעילוי | משכנה | דסהדותה: |
| 206 | | Nu12:10 | ועננה סטת מעלוי | משכנה | והא מרים מצרעתה ^^כתלגה |
| 207 | | Nu18:04M | פלחנה וחילוניי /פולחן | משכנה | וחי'#2#/ לא יקרב |
| 208 | | Ex40:18 | ואקים משה ית | משכנה | ויהיב ית חומרוי ושווי ית |
| 209 | | Nu10:17M | משכנה ונטלין /וכד נחת | משכנה | ויטלון#2#/ בנוי דגרשון |
| 210 | | Ex40:36 | עננה «מעלווי | משכנה» | {ו}<י>טל{יו}<ון> בני |
| 211 | | Ex35:11M | ית משכנא וית | פרסה/משכנה#2#/ | וית חפיא/<ח>פוי#2#/ |
| 212 | | Ex39:33 | משכנה לוות משה#2#^ ית | משכנה | וית כל מנוי פורפוי לוחוי |
| 213 | | Ex40:09 | משחה דרבותה ותרבי ית | משכנה | וית כל מה דביה ותקדש יתי' |
| 214 | | Lv 8:10 | ית משחה דרבותה ורבי ית | משכנה | וית כל מנוי וית כל מה |
| 215 | | Nu 1:50 | אינון יטענון ית | משכנה | וית כל מנוי ואינון ישמשון |
| 216 | | Nu 3:08 | ויטרון ית כל מני | משכנה | וית ^כל#2#^ מטרת בני |
| 217 | | Nu 4:16 | ומשחה דרבותה סכום כל | משכנה | וכל מה דביה בבית קודשה |
| 218 | | Gn31:34 | ופשפש לבן ית כל | משכנה | ולא אשכח: |
| 219 | | Ex33:09 | דעננא וקיי«ם» בתרע | משכנה | ומלל עם משה: |
| 220 | | Nu 9:17 | אסתלק«ת» עננה מעילוי | משכנה | ומן בתר כדן יטלון בני |
| 221 | | Nu10:17 | ומתפרק | משכנה | ונטלין בנוי דגרשון ובנוי |
| 222 | | Nu 4:26 | חפוי תרע דרתה די על | משכנה | ועל מדבחה מן חזור חזור |
| 223 | | Nu19:18 | במיא גבר דכי וידי על | משכנה | ועל כל מנייה ועל נפשתה |
| 224 | | Nu 3:26 | וית פרס תרע דרתה די על | משכנה | ועל גבי מדבחה |
| 225 | | Nu 3:25 | דגרשון במשכן זמנה | משכנה | ופרסה וחפויה וחפוי תרע |
| 226 | | Ex33:10 | עמודא דעננא דקיים בתרע | משכנה | וקיימין כל עמא ומצליין |
| 227 | | Nu12:05 | דעננה וקם לה בתרע | משכנה | וקרא אהרן ומרים ונפקו |
| 228 | | Lv 1:01 | כד אשלם משה למקמה ית | משכנה | ורבי יתיה וקדש יתיה וית |
| 229 | | Nu 7:01 | משה ל{א}«מ»קמה ית | משכנה | ורבי יתיה וקדיש יתיה וית |
| 230 | | Gn18:02 | ורהט לקדמותהון מן תרע | משכנה | ושאל בשלמהון כנימוס ארעא: |
| 231 | | Ex40:19 | ופרס ית פרסה על | משכנה | ושווי ית חפיא דמשכנא עלוי |
| 232 | | Ex40:21 | ואעל ית ארונ«ה» לגו | משכנה | ושווי ית פרוכתה דפרסה |
| 233 | | Nu11:10 | לזרעייהון גבר בתרע | משכנה | ותקף רוגזה דייי לחדה |
| 234 | | Lv 3:02M | בתרע/תר'#2#/ | משכן/משכנה#2#/ | זמנא ויזרקון בנוהי |
| 235 | | Ex33:07M | ויהווי לה | משכנה | זמנה ויהווי כל דבקר' |
| 236 | | Nu 9:19 | ובשהיא עננה ^^על | משכנה | יומין סגין ויטרון בני |
| 237 | | Nu 1:51 | וכד נטל | משכנה | יפרקון יתיה ליוויי וכד |
| 238 | | Nu 1:51 | יתיה ליוויי וכד שרי | משכנה | יקימון יתה לויי וחלוניי |
| 239 | | Nu 9:18 | יומין די שרי עננה על | משכנה | ישרון: |
| 240 | | Ex36:13 | לקבל חדא בפורפיה והוי | משכנה | כלה חד: |
| 241 | | Ex26:30 | ותקים ית | משכנה | כסדר דינא די חמית בטורא: |
| 242 | | Nu 9:15 | וביומא דאקים משה ית | משכנה | כסי עננה ית משכנא משכנה |

|  |  |  |  |  |  |
|---|---|---|---|---|---|
| 243 | | Ex39:33 | ואייתון ית | משכנה | לוות משה#2#^ ית משכנה |
| 244 | | Nu18:03 | ית מטרתך ומטרת כל | משכנה | לחוד למני בית קודש' |
| 245 | | Ex27:19 | לכל מנה | משכנה | לכל פלחנא וכל סכוי וכל |
| 246 | | Ex39:40 | סכיהון וית כל מני פלחן | משכנה | למשכן זימנא: |
| 247 | | Nu 9:22 | סגין כד שוהי עננה על | משכנה | למשרי עלוי ישרון בני |
| 248 | | Ex39:32 | ושלמת כל עבדת | משכנה | משכן זימנא ועבדו בני |
| 249 | | Ex40:02 | בחד לירחא תקים ית | משכנה | משכן זימנא: |
| 250 | | Ex40:06 | ית מדבחא דעלתה קדם תרע | משכנה | משכן זימנא: |
| 251 | | Ex38:21 | אליין סכומי | משכנה | משכנה דסהדותא דאסתכם על |
| 252 | | Ex33:09 | כד הוה עליל משה לתרע | משכנה | נחת עמודא דעננא וקיי«ם» |
| 253 | | Nu10:21 | טעני מקדשה ומקימין ית | משכנה | עד מעליהון: |
| 254 | | Nu 9:20 | עננה יומין מניין על | משכנה | על פם גזירת מימריה ישרון |
| 255 | | Ex36:08 | לבה בעבדי עבידתה ית | משכנה | עשר יריען בוץ שזיר תכלה |
| 256 | | Nu 3:38 | ודשריין קדם | משכנה | קדמיין קדם משכן זימנא מן |
| 257 | | Ex26:36 | ותעבד פרס לתרע | משכנה | תכלה וארגון וצבע דזהורי |
| 258 | | Ex36:37 | ועבד פרס לתרע | משכנה | תכלה וארגוון וצבע דזיהורי |
| 259 | | Nu 9:17 | ובאתרה די ישרי תמן | משכנה | תמן ישרון בני ישראל: |
| 260 | משכניה | Ex31:07 | די עלי וית כל מני | משכניה: | |
| 261 | | Ex33:10 | עמא ומצליין גבר בתרע | משכניה: | |
| 262 | | Gn31:25 | ית יעקב ויעקב פרס ית | משכניה | בטורא ולבן אשרי ית אחוי |
| 263 | | Gn13:03 | עד אתרא די פרס תמן | משכניה | בקדמיתא בין ביתאל ובין |
| 264 | | Gn18:01 | והוא הווה יתיב בתרע | משכניה | בתקפה דיומא מתחמם מן אדם |
| 265 | | Nu24:05 | דבית יעקב בזכות | משכניה | דיתיב בהון ישראל אבוכון |
| 266 | | Gn 9:21M | ואתפרסם במצע | משכניה | דסוראי ואתבזי במ' מש' |
| 267 | | Gn13:18 | ופרס אברם | משכניה | ואתא ושרא במישריה חזוה די |
| 268 | | Gn26:25 | בשם ממרי דייי ופרס תמן | משכניה | וחפרו תמן עבדוי דיצחק |
| 269 | | Ex26:11 | פורפי בענביא ותדבק ית | משכניה | ויהוי כלה חד: |
| 270 | | Ex33:08 | עמא ומתעתדין גבר בתרע | משכניה | ומסתכלין בתר משה עד דהוה |
| 271 | | Gn35:09M | עורלתיה ויתב ליה בתרע | משכניה | כמחום יומא דכ{ו}<ן> כתבא |
| 272 | | Gn33:19 | תחומא דחקלא די פרס תמן | משכניה | מלוות בנוי די חמור אבוי |
| 273 | | Gn13:12 | שרה בקרי משרה ופרס | משכניה | עד סדום: |
| 274 | במש' | Nu17:28M | /דיקרוב למקרבה | במש'#2#/ | דייי יתקטל ה<ו>א ספנן |
| 275 | במשכנא | Gn18:09 | אתתך ואמר הא היא | במשכנא: | |
| 276 | | Gn31:33 | ועל לבן | במשכנ«א» | דיעקב ובמשכנא דלאה |
| 277 | במשכנה | Dt31:15 | ואתגלי ממרה דייי | במשכנה | בעמודה דעננה וקם לה עמודה |
| 278 | | Nu17:22 | ית חוטריה קדם ייי | במשכנה | דסהדותה: |
| 279 | | Nu19:14 | ימות במשכנה כל די על | במשכנה | וכל די יהיב במשכנה יהווי |
| 280 | | Nu19:14 | על במשכנה וכל די יהיב | במשכנה | יהווי מסאב שבעה יומין: |
| 281 | | Nu19:14M | מסאב שבעה/ דאית | במשכנה | יסתאב שב'#2#/ יומין: |
| 282 | | Nu19:14 | בר נש ארום ימות | במשכנה | כל די על במשכנה וכל די |
| 283 | | Ex16:16 | נפשכון גבר לפם מה די | במשכנה | תסבון: |
| 284 | במשכניה | Dt24:12 | מסכן הוא לא תידמוך | במשכניה: | |
| 285 | במשכנכון | Dt 1:27 | וארעמתון | במשכנכון | ואמרתון על מה דהוה ממרה |
| 286 | דמשכנא | Ex26:17 | כדין תעבד לכל לווחי | דמשכנא: | |
| 287 | | Ex36:28 | ותרין לוחין עבד לסטרוי | דמשכנא | בשפלייה: |
| 288 | | Ex25:09 | אנא מחזי יתך ית דמותא | דמשכנא | וית דמות כל מנוי וכדן |
| 289 | | Ex35:18 | ית סכוי | דמשכנא | וית סכוי דדרתה וית |
| 290 | | Ex26:13 | בארכה דיריעתא | דמשכנא | יהווי שפיעה על סטרה |
| 291 | | Ex26:12 | על שיפולוי {ימא} | דמשכנא | <ימא>: |
| 292 | | Ex40:22 | במשכן זימנא על שפולוי | דמשכנא | לצפונא לבר מן פרוכתה: |
| 293 | | Ex26:13 | יהווי שפיעה על סטרה | דמשכנא | מן הכה ומן הכא למכסייה |
| 294 | | Ex40:24 | לקבל פתורה על שפולוי | דמשכנא | מן דרומא: |
| 295 | | Ex40:19 | משכנה ושווי ית חפיא | דמשכנא | עלוי מן לעל היך מה די פקד |
| 296 | | Ex26:12 | מותריא ביריעת«א» | דמשכנא | פלגא דריעתא דאשתיירת |
| 297 | | Ex26:20 | ולסיטרא | דמשכנא | תניינ«א» לסיטרא צפונא |
| 298 | דמשכנה | Ex36:22 | כדין עבד לכל לווחי | דמשכנה: | |
| 299 | | Ex26:23 | תעבד לסיטרוי | דמשכנה | בשיפולי: |
| 300 | | Ex36:32 | נגרין ללוחי סטרה | דמשכנה | בשיפולייה מן מערבה: |
| 301 | | Ex26:27 | נגרין ללוחי סטרין | דמשכנה | בשפולייה מן מערבה: |
| 302 | | Ex38:20M | /לכל סכייה | דמשכנה | ודרתה חז#2#/ דנחש: |
| 303 | | Ex38:31 | כל סכוי {{דרתה}} | דמשכנה | וית כל סכוי דרתה~ |
| 304 | | Nu 4:25 | ויטענון ית יריעתה | דמשכנה | וית משכן זמנה חפייה וחפוי |
| 305 | | Nu 3:36 | בנוי דמררי ליווחי | דמשכנה | ונגרוי ועמודוי וחומרוי |
| 306 | | Nu 4:31 | במשכן זימנה לווחי | דמשכנה | ונגרוי ועמודוי וחומרוי: |
| 307 | | Ex36:31 | חמשה ללוחי סטרה | {ה}<ד>משכנה | חדה: |
| 308 | | Nu 5:17 | עפרה די יהווי בשיפולי | דמשכנה | יסב כהנא ויתן לגו מיא: |
| 309 | | Nu 3:23 | דבנוי דגרשני בשפלוי | דמשכנה | ישרון מן מערבה: |
| 310 | | Nu 3:35 | בר אביחיל על סטרוי | דמשכנה | ישרון מן צפונה: |
| 311 | | Ex26:35 | לקבל פתורה על סטר' | דמשכנה | לדרומה ופתורא תתן על |
| 312 | | Ex26:22 | ולשיפולוי | דמשכנה | מן מערבה תעבד שתה לוחין: |
| 313 | | Ex36:27 | ולשפלוי | דמשכנה | מן מערבה עבד שתה לוחין: |
| 314 | | Nu 3:29 | ישרון על שיפולוי | דמשכנה | מן דרומה: |
| 315 | | Ex26:27 | וחמשה נגרין ללוחי סטרא | דמשכנה | תניינא וחמשה נגרין ללוחי |
| 316 | | Ex36:25 | ולסטרה | דמשכנה | תניינה לסטרה צפונייה עבד |
| 317 | | Ex36:32 | נגרין ללוחי סיטרה | דמשכנה | תניינה וחמשה נגרין ללוחי |
| 318 | דמשכניה | Ex26:26 | חמשין ללוחיה סיטריה | דמשכניה | חדתה: |
| 319 | ומשכנה | Nu12:16M | לה שכינתה דמרי עלמא | ומשכנה | וכל ישראל שבעה יומין |
| 320 | ובמשכנא | Gn31:33 | במשכנ«א» דיעקב | ובמשכנא | דלאה ובמשכנא דתרתין |
| 321 | | Gn31:33 | דיעקב ובמשכנא דלאה | ובמשכנא | דתרתין לחינת«א» ולא |
| 322 | למ' | Ex33:08M | עליל למשכניה /למעלה | למ'#2#/: | |
| 323 | למש' | Ex40:21M | ארונ«ה» \לגו | משכנה/למש'#2#/ | ושווי ית פרוכתה |
| 324 | | Ex40:29M | \תרע משכנא /בתר' | למש'#2#/ | משכן זימנא וסדר עלוי ית |
| 325 | למשכנא | Ex40:28 | ושווי ית פרסה דתרעא | למשכנא: | |
| 326 | | Ex26:15 | ותעבד ית לווחיה | למשכנא | אעין דשטין קיימין: |
| 327 | | Gn31:33 | מן משכנא דלאה ועל | למשכנא | דרחל: |
| 328 | | Gn18:06 | ואוחי אברהם ואזיל | למשכנא | לות שרה ואמר אוחי וסבי |
| 329 | | Ex26:14 | ותעבד חפוי | למשכנא | משכין דדכרין מסמקין וחפוי |
| 330 | | Ex36:19 | ועבד חפי | למשכנא | משכין דדכרין מסמקין וחפיי |
| 331 | למשכנה | Ex18:07 | מלין דשלם ועלו | למשכנה: | |
| 332 | | Ex40:05 | ותשווי ית פרסה דתרעה | למשכנה: | |
| 333 | | Nu11:24 | יתהון חזור חזור | למשכנה: | |
| 334 | | Nu16:24 | אסתלקו מן חזור חזור | למשכנה | דקרח דתן ואבירם: |
| 335 | | Gn24:67 | <ואעל יתה> יצחק | למשכנה | דשרה אמה ונסב ית רבקה |
| 336 | | Nu 2:02M | \למשכן זימנא ישרון | /למשכנה | דזמנה יחזור#2#/: |
| 337 | | Nu17:28 | כל די יקרב למקרבה | למשכנה | דייי יתקטל ה<ו>א ספנן הא |
| 338 | | Nu 1:53 | ולווי ישרון חזור חזור | למשכנה | דסהדותה ולא יהווי רגוז על |
| 339 | | Nu17:23 | יומא דבתרה ועל משה | למשכנה | דסהדותה והא אפרח חוטרה |
| 340 | | Ex33:08M | ויהוי כד יפוק משה | למשכנה | הוון קיימין כל עמא |
| 341 | | Ex33:09M | /ויהוי כמיעליה דמשה | למשכנה | הוון נחת#2#/ עמודא דעננא |
| 342 | | Ex38:20 | וכל סכייה | למשכנה | ולדרתה מן חזור חזור דנחש: |
| 343 | | Ex40:33 | ואקים ית דרתה חזר חזר | למשכנה | ולמדבחה ושווי ית פרס תרע |
| 344 | | Nu 1:50 | יתיה וחזור חזור | למשכנה | ישרון: |
| 345 | | Ex36:23 | ועבד ית לווחיה | למשכנה | עשרין לווחין לסיטרא |
| 346 | | Ex33:08 | והוה כד הוה משה נפק | למשכנה | קיימין כל עמא ומתעתדין |
| 347 | למשכניה | Ex33:08 | משה עד דהוה עליל | למשכניה: | |
| 348 | | Ex36:20 | ועבד ית לווחיה | למשכניה | אעין דשטין קיימין: |
| 349 | | Ex26:18 | ותעבד ית לווחי | למשכניה | עשרין לווחין דסיטרת |
| 350 | במשכנין p abs | Gn 4:20M | /אביהון כל דשריין | במשכנין | ומרי נכסין#2#/: |

| | | | | |
|---|---|---|---|---|
| 351 | ומשכינין | | Gn13:05 | אברם הוה עז ותורין ומשכינין: |
| 352 | משכני | p const | Ex26:06 | לקבל חדא בפרפיה ויהוי משכני כלה חד: |
| 353 | למשכני | | Ex40:35 | ולא יכל משה למיעל למשכני זימנא ארום אשרי עלוי איקר |
| 354 | משכוני | p em/sf | Gn 9:27 | וישרי יקר שכינתי׳ בגו משכוני דשם ויהווי כנען עבד |
| 355 | משכניהון | | Nu24:05 | מא יאיין משכניהון דבית יעקב בזכות משכניה |
| 356 | | | Nu16:26M | מעלוי \משכן גברייה משכניהון/ דגבריי״#2# חייבייה |
| 357 | | | Dt11:06 | וית אנשי בתיהון וית משכניהון וית כל קאמיה דהווה |
| 358 | | | Nu16:27 | קמו להון מעתדין בתרע משכניהון ונשיהון ובניהון וטפלהון: |
| 359 | ומשכניהון | | Nu24:05 | ביניכון דבית יעקב ומשכניהון די חזור חזור לה די דבית |
| 360 | למשכניהון | | Gn49:19M | כן יחזרון בשלם למשכניהון |
| 361 | למשכניכון | | Dt 5:30 | חזורו לכון בשלם למשכניכון: |
| 362 | | | Dt16:07 | בצפרא ותזלון למשכניכון: |
| 363 | | | Gn19:02M | ותזלון בשלום למשכניכון #2#/ לארחכון ואמרין ליה |

[335]

## fork *n.* משלי

| | | | | |
|---|---|---|---|---|
| 001 | משלייתה | p em/sf | Ex38:03M | כל מנוי /מזרקוי וית משלייתה וית מחתייתה וית כל |
| 002 | משליתה | | Ex38:03 | וית מזרקיה וית משליתה וית מחתיתה כל מנוי עבד |
| 003 | | | Nu 4:14 | בהון ית מחתיתה וית משליתה וית מגרפיתה וית מזרקיה כל |
| 004 | ומשלוויות׳ | | Ex27:03M | ומזריקוי ומשליתא/ומשלוויות״#2# ומחתיתא כל מנוי |
| 005 | ומשליתא | | Ex27:03 | ומגרופיתא ומזריקוי ומשליתא ומחתיתא כל מנוי תעבד |

[335]

## hearing *v.n.* משמע

| | | | | |
|---|---|---|---|---|
| 001 | במש׳ | s em/sf | Ex10:02M | דבניכון /למיתנייה במש׳ בניכון#2# ובני בניכון מה |
| 002 | במשמועה | | Gn44:18M | "ורבוני לא": במשמועה דרבנן ולא <יתקוף> |
| 003 | במשמועי | | Ex24:07M | ספר קיימא וקרא כשמעון/במשמועי״#2# דעמא ואמרין כל מה |
| 004 | במשמעה | | Nu11:01 | עמה כמתרעמין הגין ביש במשמעה דייי ושמע קדם ייי ותקף |
| 005 | | | Nu11:18 | בשר ארום בכיתון במשמעה דייי למימר אלווי מן יוכל |
| 006 | | | Ex11:02M | מלל כען במשמעהון/במשמעה#2# דעמא וישאלון גבר |
| 007 | | | Ex17:14 | דוכרן טב בספרא ושוי במשמעה ויהושע ארום משיציא |
| 008 | במשמעהון | | Dt31:11 | לקבל כל ישראל «ב»משמעהון: |
| 009 | | | Gn23:10 | חתייה עם אברהם במשמעהון דבנוי דחת לכל עללי תרע |
| 010 | | | Gn23:11 | חתייה עם אברהם במשמעהון דבנוי דחת לכל עללי תרע |
| 011 | | | Gn23:16 | ית כספא דמלל במשמעהון דבנוי דחת ארבעין מאה |
| 012 | | | Dt31:30 | ומלל משה במשמעהון דכל קהלה דישראל ית מלי |
| 013 | | | Gn23:13 | <...> במשמעהון דעמא דארעא למימר לחוד אן |
| 014 | | | Ex11:02 | מלל כען במשמעהון דעמא וישאלון גבר מן |
| 015 | | | Dt32:44 | שבח שירתה הדה במשמעהון דעמא הוא ויהושע בר |
| 016 | | | Ex32:03M | לוות אהרן /דאית במשמעהון ואייתון יתהון לוות |
| 017 | | | Gn20:08 | פתגמי«א» האלין במשמעהון ודחילו גבריא לחודא: |
| 018 | | | Gn35:04M | וית קדשיא די באדנהון/במשמעהון#2# וטמר יתהון יעקב |
| 019 | | | Dt31:28 | וסרכיכון ואמלל במשמעהון ית פתגמיא האליין ואסהד |
| 020 | במשמעי | | Nu14:28 | אין לא היך מה דמללתון במשמעי כדין אעבד לכון: |
| 021 | | | Ex32:02M | \באדני נשיכון /דאית במשמעי נשייה#2# בניכון ובנתכון |
| 022 | במשמעיה | | Gn50:04 | באפיכון מלילו כען במשמעיה דפרעה למימר: |
| 023 | במשמעין | | Ex10:02 | בגלל דתתנון במשמעין דבניכון ובני בניכון מה |
| 024 | במשמעכון | | Dt 5:01 | דינייה די אנה ממלל במשמעכון יומא הדין ותלפון יתהון |

[335]

## to feel *vb.* משמש

| | | | | |
|---|---|---|---|---|
| 001 | ממשמש | quadr. | Ex10:21 | על ארעא דמצרים ויהוי ממשמש בחשוכא: |
| 002 | ממשמשין | | Dt28:29M | \מגששין בטהריה /ממשמשין בסהריה#2# היך מה דממשש |
| 003 | ימשמש | | Gn27:12M | אבא ונהוי /הא דלמא די ימשמש וני״#2# באפוי כמגחך בה |
| 004 | ואמשמש | | Gn27:21M | /קרוב#2# כען ואמשש/ואמשמש#2# יתך ברי הא את הוא |
| 005 | ומשמש | | Gn27:22M | לוות יצחק אבוי ומשש/ומשמש#2#/ יתה ואמר הא קלה קלה |

[335]

## servant *n.* משמש

| | | | | |
|---|---|---|---|---|
| 001 | משמשה | s em/sf | Nu11:28 | וענה יהושע בר נון משמשה דמשה מן רוביתיה ואמ׳ |

[335]

## drink *n.* משקי

| | | | | |
|---|---|---|---|---|
| 001 | משקי | s ab/cn | Lv11:34M | וכל \משקין די ישתתון /משקי/ די ישתתי#2# בכל מן |
| 002 | ומשקה | | Gn21:33M | ואתקן בגוה מאכל ומשקה לעבורייה ולתהון(מ)<ב>ייא |
| 003 | משקין | p abs | Lv11:34 | עלוי מיין יסתאב וכל משקין די ישתתון בכל מן יסתאב: |

[335]

## despicable thing *n.* משקץ

| | | | | |
|---|---|---|---|---|
| 001 | משקציהון | p em/sf | Dt29:16M | "מרחקתהון ...": משקציהון וית מרחקתהון טעוון דקיס |

## משר *n.* ⇐ מישר

[335]

## dwelling place *n.* משרוי

| | | | | |
|---|---|---|---|---|
| 001 | משרויה | s em/sf | Lv13:46 | ישרי לבר מן משריתה משרויה: |
| 002 | משרוייה׳ | | Gn10:30 | והוה משרוייה׳ מן מישא מעלך לספריא |
| 003 | משרוייהון | | Ex16:35M | לארעא תותבותיהון/משרוייהון#2#/ ית מנא/מנתא#2# |
| 004 | משרויך | | Gn27:39 | הא מן טובא דארעא תהוי משרויך ומן טוב טלא דנחת מן שמיא |
| 005 | | | Nu24:21 | נבוותה ואמר מה תקיף הוא משרויך ושוית בניקרא דכיפה ית |
| 006 | ומשרוייהון | | Ex12:40 | ומשרוייהון די בני ישראל די שרון |

[335]

## camp *n.* משרי

| | | | | |
|---|---|---|---|---|
| 001 | מישרי | s ab/cn | Dt23:10 | ארום תפקון מישרי על בעלי דבביכון ותזדהרון |
| 002 | משרית | | Nu 2:29 | ורבה דהווה ממני על משרית שבטה דבנוי דנפתלי |
| 003 | | | Nu 2:03 | קדמיין מן מדנחה טכס משרית שבטה דבנוי דיהודה |
| 004 | | | Nu 2:07 | ~ורבה דהווה ממני על משרית שבטה דזבולן~ אליאב בר |
| 005 | | | Nu 2:10 | טקס משרית שבטה דבנוי דראובן דרומה |
| 006 | | | Nu 2:12 | ורבה דהווה ממני על משרית שבטה דבנוי דשמעון |
| 007 | | | Nu 2:18 | טכס משרית שבטה דבנוי דאפרים |
| 008 | | | Nu 2:18 | ורבה דהווה ממני על משרית שבטה דבנוי דאפרים |
| 009 | | | Nu 2:20 | ורבה דהווה ממני על משרית שבטה דמנשה גמליאל בר |
| 010 | | | Nu 2:22 | ורבה דהווה ממני על משרית שבטה דבנימן אבידן בר |
| 011 | | | Nu 2:25 | «טכס» משרית שבטה דבנוי דדן מן צפונה |
| 012 | | | Nu 2:25 | ורבה דהווה ממני על משרית שבטה דבנוי דדן אחיעזר |
| 013 | | | Nu 2:27 | ורבה דהווה ממני על משרית שבטה דבנוי דאשר פגעיאל |
| 014 | | | Nu10:18 | ונטל טכס משרית שבטה דבנוי דראובן |
| 015 | | | Nu10:22 | ונטל טכס משרית שבטה ד<ב>נוי דאפרים |
| 016 | במשרי | | Nu33:44M | מאבות ושרון במגזיה/במשרי#2#/ עברייה בתחומה |
| 017 | דמשרית | | Nu 2:09 | כל סכומיה דמשרית שבטה דבנוי דיהודה |
| 018 | | | Nu 2:16 | כל סכומייה דמשרית שבטה דבנוי דראובן |
| 019 | | | Nu 2:24 | כל סכומי«י»ה דמשרית שבטה דבנוי דאפרים עשרה |
| 020 | | | Nu 2:31 | כל סכומיה דמשרית שבטה דבנוי דדן חמש עשרה |
| 021 | ממשריתה | s em/sf | Lv17:03 | או די יכוס לבר ממשריתה: |
| 022 | משירת׳ | | Nu 4:15M | בית קודשה בנטלות משירת׳/#2# ומן בתר כדן/כן#2#/ |
| 023 | משריה | | Nu10:14 | ונטל טכס מן משריה דבנוי דיהודה בקדמיתה |
| 024 | | | Nu 2:03M | מן מדנחה טכס משרית/<משר>יה#2#/ שבטה דבנוי דיהודה |
| 025 | משריותא | | Ex16:13 | וסלקת סלוי וכסית ית משריותא ובצפרא הוות ענגית טלא |
| 026 | משרייתא | | Gn50:09 | ולחוד פרשין והוות משרייתא סגיא לחדא: |
| 027 | משרייתה | | Dt23:11 | משריתה ולא ייעול לגוא משרייתה: |

|  |  |  | | | |
|---|---|---|---|---|---|
| 028 | משרית' | Ex33:07 | משכנא ופרס יתיה לבר מן | משרית' | רחיק מן משריתא והוי קרי |
| 029 | | Lv14:08 | משריתא וישרי לבר מן | משרית' | שבעה יומין: |
| 030 | משריתא | Ex33:07 | למשכן זימנא די לבר מן | משריתא: | |
| 031 | | Ex33:11 | נון טלי לא יזייע מגו | משריתא: | |
| 032 | | Gn33:08 | ואמר מן לך כל | משריתא | הדא די ארעת ואמר למשכחא |
| 033 | | Ex19:17 | איקר שכינתא דייי מן | משריתא | ואתעתדו בשפלוי דטורא: |
| 034 | | Ex33:07 | לבר מן משרית' רחיק מן | משריתא | והוי קרי ליה משכן זימנא |
| 035 | | Gn32:09 | ואמר אן ייתי עשו לחדא | משריתא | ויקטו«ל» יתיה ותהוי |
| 036 | משריתה | Lv 9:11 | אוקד בנורא לבר מן | משריתה: | |
| 037 | | Lv10:04 | ואפקו יתהון לבר מן | משריתה: | |
| 038 | | Lv16:26 | ובתר כדין ייעול לגו | משריתה: | |
| 039 | | Nu10:02 | כנ«י» שתה ולמטלה ית | משריתה: | |
| 040 | | Nu10:34 | באיממה במיטלהון מן | משריתה: | |
| 041 | | Nu11:01 | ייי ותכלת בסייפי | משריתה: | |
| 042 | | Nu14:44 | דייי ומשה לא זעו מן | משריתה: | |
| 043 | | Nu15:35 | כל עם כנישתה לבר מן | משריתה: | |
| 044 | | Nu31:13 | לקדמותהון לבר מן | משריתה: | |
| 045 | | Nu31:24 | כדין תיעלון לגו | משריתה: | |
| 046 | | Dt23:12 | שמשה ייעול לגו | משריתה#2#:~ | |
| 047 | | Nu19:09 | ויצנע יתה לבר מן | משריתה | באתר דכי ותיהוי לכנישתה |
| 048 | | Nu 2:03M | "משרית שבטה דבנוי:" | <משרי>תה | דב' |
| 049 | | Nu 2:10M | \משרית שבטה דבנוי | /<משרי>תה | דב#2#/ דראובן \ |
| 050 | | Nu10:22M | ד<ב>נוי /ויטלון טכס | משריתה | דבנוי#2#/ דאפרים |
| 051 | | Nu10:25M | משריית /ויטלון טכס | משריתה#2#/ | דבנוי דדן מכנש לכל |
| 052 | | Nu23:10 | חדה מן ארבעתי טכסי | משריתה | דבני ישראל דאתאמר עליהון |
| 053 | | Gn32:09 | ויקטו«ל» יתיה ותהוי | משריתה | דמשת{ר}יי<ר>ה לשיזבה: |
| 054 | | Nu10:05 | ותתקעון יבבו ויטלון | משריתה | דשרין מן מדנחה: |
| 055 | | Nu10:06 | זמן תניינות ויטלון | משריתה | דשרין מן דרומא יבבון |
| 056 | | Dt 2:14 | דרא עמא עבדי קרבה מן | משריתה | היך מן די קיים ייי להון: |
| 057 | | Lv 8:17 | אוקיד בנורא לבר מן | משריתה | היך מה דפקד ייי ית משה: |
| 058 | | Lv10:05 | ואפיקו יתהון לבר מן | משריתה | היך מה דמלל משה: |
| 059 | | Nu 2:17 | משרייתהון דלוויי בגו | משריתה | היך מה דהוון שריין כדן |
| 060 | | Nu 5:04 | ושלחו יתהון לבר מן | משריתה | היך מה די מלל ייי עם משה |
| 061 | | Nu11:26 | משה נביא מסתלק מן גו | משריתה | ויהושע בר נון משמש |
| 062 | | Ex32:26 | וקם ליה משה בתרע | משריתה | ואמר מן דדחל מן קדם ייי |
| 063 | | Nu 1:52 | בני ישראל גבר על | משרי{י}תה | וגבר על טקסיה |
| 064 | | Nu 2:32 | לבית אבהתהון סכומי | משריתה | וחיילותיה«ו»ן אשתין |
| 065 | | Nu19:07 | כד«י»ן ייעול לגו | משריתה | ויהוי כהנא מסאב ומרחק מן |
| 066 | | Lv 4:21 | ויפק ית תורה לבר מן | משריתה | ויוקד יתה היך מה דאוקד ית |
| 067 | | Lv14:03 | ויפוק כהנא לבר מן | משריתה | ויחמי כהנא והא איתסי מכתש |
| 068 | | Nu19:03 | כהנא ויפק יתה לבר מן | משריתה | ויכוס יתה קודמוי: |
| 069 | | Lv24:14 | אסק ית מן דמחרף לבר מן | משריתה | ויסמכון ית מן דשמעון |
| 070 | | Nu 4:05 | אהרן ובנוי במטלת | משריתה | ויפרקו ית פרכתה דפרסה |
| 071 | | Lv16:27 | בית מקדשה יפק לבר מן | משריתה | ויקדון בנורא ית משכיהון |
| 072 | | Lv14:08 | ובתר כן ייעול לגו | משריתה | וישרי לבר מן משרית' שבעה |
| 073 | | Dt23:11 | דליליה ויפוק מן לבר מן | משריתה | ולא ייעול לגוא משרייתה: |
| 074 | | Nu12:14 | תטרד שבעה יומין לבר מן | משריתה | ומן בתר כדין תתאסי: |
| 075 | | Lv24:23 | ית «מן» דחרף לבר מן | משריתה | ורגמו יתיה באבנייה ובני |
| 076 | | Nu15:36 | יתה כל עם כנשתה לבר מן | משריתה | ורגמו יתיה באבניה ומית |
| 077 | | Dt23:13 | מזמן יהווי לכון לבר מן | משריתה | ותפקון תמן לברה: |
| 078 | | Ex29:14 | רעיה תוקד בנורא לבר מן | משריתה | חטאת הוא: |
| 079 | | Nu11:31 | מן ימא ~ורפש על | משריתה | כארח מהלך יום מן הכה~ |
| 080 | | Nu 5:02 | בני ישראל וישלחון מן | משריתה | כל דמצרע וכל דדיב וכל |
| 081 | | Lv 4:12 | ויפק ית כל תורא לבר מן | משריתה | לאתר דכי לאתר בית שפיכות |
| 082 | | Lv 6:04 | ויפק ית קטמה לבר מן | משריתה | לאתר דכי: |
| 083 | | Nu10:25 | דבנוי דדן מכנש לכל | משריתה | לחילוותהון ורבה דהוה ממני |
| 084 | | Lv13:46 | לבלחודוי ישרי לבר מן | משריתה | משרויה: |
| 085 | | Nu11:26M | סבייה מן גו | משריתה | עד אלדד ומידד מתנביין |
| 086 | | Nu11:26 | נפקו שבעתי חכימיה מן | משריתה | עד אלדד ומדד מתנבאין |
| 087 | | Dt 2:15 | למישציה יתהון מן גו | משריתה | עד זמן די ספו: |
| 088 | | Nu12:15 | ואטרדת מרים לבר מן | משריתה | שבעה יומין ועמה לא נטלו |
| 089 | | Nu31:19 | ואתון שרון לבר מן | משריתה | שבעה יומין כל דקטל נפש |
| 090 | | Nu 5:03 | עד נקבה תשלחון לבר מן | משריתה | תשלחון יתהון ולא יסאבון |
| 091 | משריתיהון | Ex14:19 | דהוי עתיד למהלך קדם | משריתיהון | דישראל מן קדמיהון וקם |
| 092 | במ' | Lv17:03M | בר עזין במשריתה /עז | במ'#2#/ | או די יכוס לבר ממשריתה: |
| 093 | במשרית' | Ex19:18M | וזעו כל עמא דאית | במשרית' | |
| 094 | במשריתא | Gn32:22 | אבית בליליא ההוא | במשריתא: | |
| 095 | | Ex19:16 | ואזדעזעו כל עמא די | במשריתא: | |
| 096 | | Ex32:17 | למשה קל סדרי קרבא | במשריתא: | |
| 097 | | Ex32:27 | וחזרו מן תרע לתרע | במשריתא | וקטלו גבר ית אחוי וגבר |
| 098 | במשריתה | Nu11:26M | ומידד מתנביין | במשריתה | |
| 099 | | Nu11:26 | אלדד ומדד מתנבאין | במשריתה: | |
| 100 | | Nu11:27 | אלדד ומדד מתנבאין | במשריתה: | |
| 101 | | Lv17:03 | אמר או גדי בר עזין | במשריתה | או די יכוס לבר ממשריתה: |
| 102 | | Lv24:10 | בני ישראל ואתנצון | במשריתה | ברה דאתתה ישראליתה וגברה |
| 103 | | Lv10:20M | דמשה": ואפק כרוז | במשריתה | ואמר הלכתה "התעלמה" |
| 104 | | Ex36:06 | ופקד משה ועברן כרוז | במשריתה | למימר גבר ואתה לא יעבדון |
| 105 | | Nu11:26 | ואשתירו תרין גברין | במשריתה | שמה דחד אלדד ושמה |
| 106 | דמשריתה | Nu 2:31M | ושבעת אלפין ושית | /דמשריתה | דבנוי דדן מאה ושבעין |
| 107 | | Nu 4:15 | כל מני קדשיה במטלית | דמשריתה | ומן בתר כדין ייעלון בנוי |
| 108 | דמשריתיה | Gn32:03M | למיקטול יתי או דלמה | דמשריתיה | דלבן אחוה דאמה אתיין |
| 109 | למ' | Nu31:24M | תיעלון \לגו | משריתה/למ'#2#/: | |
| 110 | | Nu19:07M | ייעול \לגו | משריתה/למ'#2#/ | ויהוי כהנא מסאב |
| 111 | למש' | Ex36:06M | /ואפיקו#2#/ כרוז | במשריתה/למש'#2#/ | למימר גבר ואתה לא |
| 112 | למשריתא | Ex16:13 | ענניית טלא חזור חזור | למשריתא: | |
| 113 | | Nu31:12 | ית שביתה~ וית בזתא | למשריתא | במישריה דמואב סמיך |
| 114 | | Gn32:09M | עשו \לחדא משריתא | /למשריתא | חדא#2#/ ויקטו«ל» יתיה |
| 115 | למשריתה | Lv16:28 | ומן בתר כדין ייעול | למשריתה: | |
| 116 | | Nu11:24M | חזור חזור | למשכנה/למשריתה#2#/: | |
| 117 | | Nu11:32 | להון שטחין חזור חזור | למשריתה: | |
| 118 | | Nu11:30 | ואתכנש משה | למשריתה | הוא וחכימיה וישראל: |
| 119 | | Ex32:19 | והוה כדי קריב | למשריתה | וירא את העגל ומחלות ותקף |
| 120 | | Nu11:31 | יום מן הכה חזור חזור | למשריתה | וכתרין אומ{ו}<י>ן רום |
| 121 | | Ex33:11 | גבר עם חבריה וחזר | למשריתה | ושמשיה יהושע בן נון |
| 122 | משיריין p abs | Gn32:11 | וכדון הא אנה לתרתין | משיריין: | |
| 123 | | Gn28:11M | עתידין למיפק ארבע | משיריין | ויהון לעם חד ושכיב |
| 124 | | Gn25:03M | ואמופרין וראשי אומין | /משיריין | ויתבין בשכונ' ובנ'#2# |
| 125 | | Gn49:19 | מן דבית גד יפקון | משיריין | מטכסן ומזיינין אנון |
| 126 | משריין | Gn32:08 | טוריא וגמליא לתרתין | משריין: | |
| 127 | | Nu10:31M | כן ידע ית | משריין | במדברה ותיהווי לן |
| 128 | | Gn15:01 | ארבעה מלכין וחזר תשע | משריין | חשב אברם בלבה ואמר ווי |
| 129 | משרין | Gn32:03 | דחזר למרדף בתרי {או | משרין | דעשו אחי אינון דהוא אתי |
| 130 | | Gn32:03 | דהוא אתי לקדמותי} או | משרין | דמלאכין דעשו אחי אינון |
| 131 | | Gn32:03 | דהוא אתי לקדמ' או | משרין | דמלאכין מן קדם ייי אתין |
| 132 | דמשיריין | Gn32:03M | למיקטול או דילמה | דמשיריין | דייי אתיין לשיזב' יתי |
| 133 | משריית p const | Nu10:25 | ונטל טכס | משריית | דבנוי דדן מכנש לכל |
| 134 | | Nu10:18M | שבטה /ויטלון טכס | משריית | דש#2#/ דבנוי דראובן |
| 135 | | Nu 2:14 | דגד ורבה דהוה ממני על | משריית | שבטה דבנוי דגד אליסף בר |

136 משירויכון p em/sf Nu15:02M /לארע#2#/ בית מידוריכון/משירויכון#2#/ ד«י»אנה יהב
137 משירייתהון Nu 2:32M וחיילותיה«ו»ן /משירייתהון דבני ישראל
138 Dt 5:07 שמייא וחזר ומקף על משירייתהון דבני ישראל וחזר ומתחקק
139 משירייתיהון Ex14:24 בר{ר}דא וערבב ית משירייתיהון דמצריי:
140 משירייתכון Dt23:15 שכינתיה מדברה בגו משירייתכון למשזבה יתכון ולמסור
141 Dt29:10 וגיוריכון די ביני משירייתכון מן קצוצי קיסיכון ועד
142 Dt23:15 קדמיכון ויהוויין משירייתכון קדישין ולא יחמי בכון
143 משיריתהון Dt 5:06 שמיא וחזר ומקף על משיריתהון דישראל וחזר
144 Nu 5:03 יתהון ולא יסאבון ית משיריתהון די אנה שרי ביניהון:
145 משיריתכון Nu 5:03M יסאבו ית משיריתכון די יקר שכינתי שרייה
146 משרייותיהון Ex20:02 וחזר ומקף על משרייותיהון דישראל וחזר ומתחקק על
147 Ex14:24 ואדיק ייי ברוגז על משרייותיהון דמצריי ורמה עליהון
148 משרייתה Nu 2:25M \משרית שבטה דבנוי /משרייתה דבנוי#2#/ דדן מן צפונה
149 משרייתהון Nu 2:17 ונטל משכן זימנה משרייתהון דלוויי בגו משריתה
150 Ex14:20 ועל בין משרייתהון דמצריי וביני משרייתיהון
151 משרייתיהון Ex14:05M אקטרין דמטיילין עם משרייתיהון דישר׳ ועבדו על ימא
152 Ex14:20 דמצריי וביני משרייתיהון דישראל והוה עננא חשוך
153 Ex20:03 וחזר ומקף על משרייתיהון דישראל וחזר ומתחקק על
154 במשריית׳ Nu31:10M /קורייתהון במש{רי}<יר>יית#2#/ וית כל
155 דמשירייתא Gn32:03M דחמא יתהון דלמא דמשירייתא דעשו אחי אתיין
156 למשירייתה Lv16:26M ייעול \לגו משריתה/למשירייתה#2#/:

[335]

## משש *vb.* to feel

001 דממשש pael Dt28:29 מגששין בטהריה היך מה דממשש סמייה בהבלייה ולא יצלחו
002 ואמשש Gn27:21 יצחק ליעקב קרב כען ואמשש יתך ברי הא את הוא דין ברי
003 וממשש Gn27:22 יעקב לוות יצחק אבוי וממשש יתה ואמר הא קלה קלה דיעקב
004 כמשש׳ Ex10:21M והוון כמשש׳ בחשוכא

[335]

## משתו *n.* wedding feast

001 משתודהון s em/sf Gn30:11 גדה טבא דעתיד למגדעא משתודהון לאומה וקראת ית שמיה גד:
002 משתותא Gn29:27 אשלם שבעתי יומי משתותא דא ואתן לך אף ית דא
003 Gn29:28 כן ואשלם שבעתי יומי משתותא דא ואסיב לה ית רחל ברתה

[336]

## משתוק *n.* silence

001 משתוקיה s em/sf Lv10:03M דינה /אגר טב על משתוקיה#2#/:

[336]

## משתי *n.* feast

001 ומשתיה s ab/cn Lv16:29M ית נפשתכון ממיכל ומשתיה מבבינה וסיכותה ושומת
002 משתיא s em/sf Gn29:27M יומי#2#/\משתותא דא /משתיא דדא#2#/ ואתן לך אף
003 Gn29:28M משתותא דא": שבע יומי משתיא דדא

[336]

## מתב *v.n.* returning

001 מתביך s em/sf Gn 3:16 בנין ולוות בעליך יהוי מתביך והוא יהוי רשותה עליך בין

[336]

## מתבר *n.* birthstool

001 מדבריהן p em/sf Ex 1:16M ותהווין מסתכלן על מדבריהן#2#/ אן בר דכר הוא תקטלון
002 מתברייא Ex 1:16 תהוון חמיין על מתברייא אן בר דכר הוא תקטלון

## מתול *n.* composer of parables

[336]

001 מתולי p const Nu21:27 בגין כדין יאמרון מתולי מתלייה עלו לחשבון תתבני

## מתון ⇐ *adj.* מתין

## מתח *vb.* to bend (bow)

[336]

001 דמתח peal Nu24:06M אורייתה היך שמיי דמתח{ייה} ייי ושכלל לבית שכינה
002 Nu24:06 כשום<יי>ה{דמתחו} <דמתח ייי> לבית שכינה לה כדן

## מתח *n.* tent cord

[336]

001 מתחיהון p em/sf Ex35:18 וית סכוי דדרתה וית מתחיהון:
002 Ex39:40 פרסה לתרע דדרתה וית מתחיהון וית סכיהון וית כל מני
003 Nu 4:26 מן חזור חזור וית מתחיהון וית כל מני פולחניהון וית
004 Nu 3:26 מן חזור חזור וית מתחיהון לכל פלחניה:
005 ומתחיהון Nu 3:37 וחמריהון וסיכיהון ומתחיהון:
006 Nu 4:32 וחומריהון וסכיהון ומתחיהון לכל מניהון ולכל פלחנהון

## מתיל ⇐ *adj.* מתל *vb.*

## מתין *adj.* careful

[336]

001 מתון s ab/cn Nu27:05M מנהון הוה משה מתין/<מ>תון#2#/ ובאילין ובאילין
002 Nu27:05M הווה משה מתין/<מ>תון#2#/ מן בגלל דהוון
003 Lv24:12M בגדפין הוה משה מתין/<מ>תון#2#/ מן בגלל/על#2#/
004 מתין Lv24:12 ובתרין מנהון הוה משה מתין באליין ובאילין אמר לא
005 Nu 9:08M מנהון הוה משה ממתין/מתין#2#/ במסאבין דלא/די לא#2#
006 Nu27:05 ובתרין מנהון הוה משה מתין ובאילין ובאילין אמר לא
007 Nu15:34 ובתרין מנהון הוה משה מתין ובאלין ובאלין אמר לא שמעת
008 Nu15:34M מנהון הוה משה זריז/מתין#2#/ ובתרין מנהון הוה
009 Lv24:12M בזידנו הוה משה מתי{י}ן מן בגלל דהוה דינהון
010 Lv24:12 קדישה בגדפין הוה משה מתין מן בגלל דהוון דיניהון דיני
011 Nu 9:08M בגדפין הוה משה ממתין/מתין#2#/ מן בגלל דהוה
012 Nu15:34M קדישא בגדפין הווה משה מתין מן בגלל דהווה דיניהון
013 Nu15:34 קדישה בגדפין הוה משה מתין מן בגלל דהוון דיני נפשן
014 Nu27:05 קדישה בגדפין הווה משה מתין מן בגלל דהוון דיניהון דיני
015 מתינין p abs Lv24:12M למקום בתר משה למהוון מתינין בדיני נפשתה וזריזין
016 Nu15:34M למקום בתר משה למהוון מתינין בדיני{ה} נפשתה וזריזין
017 ומתי׳ Nu 9:08M זריזין בדיני ממונה ומתי׳
018 ומתינין Lv24:12 זריזין בדיני ממונה ו{מ}מתינין בדיני נפשתה דלא יהוון
019 Nu 9:08 זריזין בדיני ממוניה ומתינין בדיני נפשתה דלא יהוון
020 Nu15:34 זריזין בדיני ממונא ומתינין בדיני נפשן דלא יהיוון
021 Nu27:05 זריזין בדיניה ממונא ומתינין {בדיני} בדיניה נפשן דלא

## מתכה *n.* metal

[336]

001 דמתכה s ab/cn Ex34:17 בני ישראל דחלן טעוון דמתכה לא תעבד לכון:
002 Lv19:04 בתר {{...}} וטעוון דמתכה לא תעבדון לכון כדן אמר
003 Lv26:01 לא תקימון לכון ואבן דמתכה לא תתנון בארעכון למסגד
004 Lv26:01M וקיימה/טעוון דמתכה#2#/ לא תקימון לכון ואבן
005 למתכ׳ Ex38:27M מאה קינטרין דכסף למתכ׳#2#/ ית חומרי בית קודשא וית
006 מתכוותהון p em/sf Nu33:52M \מתכתהון תסיפון /מתכוותהון תפרכון#2#/ וית כל
007 מתכתהון Nu33:52 וית כל {{צלמי}} מתכתהון תסיפון וית כל בימסיהון
008 דמתכווה Ex34:17M דחלן טעוון דמתכה/דמתכווה#2#/ לא תעבד לכון:

## מתכלה *n.* bereft of children (f.) [337]

|  |  |  |  |  |  |  |
|---|---|---|---|---|---|---|
| 001 | מתכלה | s ab/cn | Ex23:26 | לא תהוי | מתכלה | ועקרה בארעך ית מניין |

## מתל *vb.* to compare [337]

|  |  |  |  |  |  |  |
|---|---|---|---|---|---|---|
| 001 | דמתילא | peal | Gn40:23 | בספר אוריתא דייי | דמתילא | בספר קרביא לייט יהוי |
| 002 | דמתילה | | Gn15:17 | רמיו והא גהינם | דמתילה | באתונה בתנורא מקפה שביבין |
| 003 | | | Gn15:17M | וכרסון רמיו וגהינם | דמתילה | באתונה דמעתדא לרשיעיא |
| 004 | | | Nu21:14 | בספר אורייתה דייי | דמתילה | בספר קרבייה נסייה |
| 005 | דמתילין | | Gn49:26M | ברכת ארבעתי אמהתא | דמתילין | בגלמתא שרה רבקה רחל |
| 006 | | | Dt33:15 | ויעקב ובזכות אימהתה | דמתילין | בגלמתה שרה רבקה רחל |
| 007 | | | Dt32:24M | כחיוותה^בחי#2#^/ | דמתילין/ | בחיוות#2# ברה אגרה |
| 008 | | | Nu23:09 | בזכות אבהתה צדיקיה | דמתילין | בטווריה אברהם יצחק |
| 009 | | | Dt33:15 | טבין בזכותה דיאבהתן | דמתילין | בטווריא אברהם יצחק |
| 010 | | | Gn49:26M | "דלהון אתחמדון ...": | דמתילין | בטוורין ומן ברכת ארבעתי |
| 011 | | | Gn40:12 | משה ואהרן ומרים | דמתילין | בסגוליא ודי אמרת נסבית |
| 012 | | | Gn15:11M | "ונחת": ונחתו אומיא | דמתילין | לעופא מסאבא למיבז |
| 013 | דמתילן | | Nu23:09 | ובזכות אמהתה צדיקתה | דמתילן | בגלמתה שרה רבקה רחל |
| 014 | | | Dt33:15M | ובזכות אימהתה | דמתילין/<דמתי<לן#2#/ | בגלמתה שרה רבקה |
| 015 | | | Lv26:06 | רשותהון דמלכוותה | דמתילן | בחיוות ברא מן ארעא וחרב |
| 016 | | | Dt32:24 | ושן ארבעתי מלכוותה | דמתילן | כחיוותה ברה אגרה בהון עם |

## מתל *n.* parable [337]

|  |  |  |  |  |  |  |
|---|---|---|---|---|---|---|
| 001 | במתל | s ab/cn | Nu23:07 | ונטל | במתל | נבותה מן ארם דבר יתי בלק |
| 002 | | | Nu23:10 | ככובי שמיא אמר בלעם | במתל | נבותה אן קטלין יתיה ישראל |
| 003 | | | Nu23:18 | ונטל | במתל | נבותה ואמר קום בלק ושמע |
| 004 | | | Nu23:23 | ישראל אמר בלעם | במתל | נבותה טוביכון צדיקיה מה |
| 005 | | | Nu24:03 | ונטל | במתל | נבותה ואמר אמר בלעם בנוי |
| 006 | | | Nu24:20 | וחמא ית עמלקאה ונטל | במתל | נבותה ואמר שרוי אומיה |
| 007 | | | Nu24:21 | וחמה ית שלמייה ונטל | במתל | נבותה ואמר מה תקיף הוא |
| 008 | | | Nu24:23 | ונטל | במתל | נבותה ואמר אלוויי מן ייחי |
| 009 | | | Nu24:15 | ונטל | במתל | נבותיה ואמר אמר בלעם ברה |
| 010 | למתלין | p abs | Dt28:37 | ותיהוי לצדו | למתלין | ולתנויין בכל אומיה די |
| 011 | | | Dt28:37M | ותיהוון לשאמום/ | למתלין#2#/ | ולתנויין בכל אומייה די |
| 012 | מתלייה | p em/sf | Nu21:27 | בגין כדין יאמרון מתולי | מתלייה | עלו לחשבון תתבני ותשתכלל |

## מתן *vb.* to wait (af.) [337]

|  |  |  |  |  |  |  |
|---|---|---|---|---|---|---|
| 001 | ממתין | afel | Nu 9:08 | ובתרין מנהון הוה משה | ממתין | במסאבין דלא יכלו למעבד |
| 002 | | | Nu 9:08 | קדישה בגדפין הוה משה | ממתין | מן בגלל דהוה דהוון |
| 003 | | | Gn27:41 | ית שמיה על שמיה הא אנה | ממתין | עד זמן דיקרבון יומי אבלא |
| 004 | ממתן | | Gn27:41M | <על שמיה> דקטילה ארום | ממתן | עד זמן יקרב' |
| 005 | אמתין | | Dt 3:02M | אינון עבדין בגין כן | אמתין | ליה קודשא בריך הוא והוא |
| 006 | אמתינו | | Gn19:18 | ואמר לוט להון | אמתינו | כען קליל זעיר עד זמן |
| 007 | | | Ex24:14 | ולחכימיא אמר ת{ו}<י>בו | אמתינו | לי הכא עד זמן די נחזור |
| 008 | אמתינת | | Nu12:16M | למשה על נהרה שעה חדה | אמתינת | לה שכינתה דמרי עלמא |
| 009 | דאימתינת | | Nu12:16M | ומן בגלל | דאימתינת | מרים למשה על נהרה שעה |
| 010 | ואמתינו | | Gn31:22M | ולא אשכחו מיא | ואמתינו | תלתא יומין דלמה יהא |
| 011 | | | Gn31:22 | ענה מן בארה ולא יכלו | ואמתינו | תרין תלתא יומין סברין |

## מתן #3 *(v.)n.* giving [337 מתן v.n.]

|  |  |  |  |  |  |  |
|---|---|---|---|---|---|---|
| 001 | מתן | s ab/cn | Gn 4:08 | ואית עלם אוחרן ואית | מתן | אגר טב לצדיקיא ואית מתפרעה |
| 002 | | | Gn 4:08 | דיין ולית עולם חורן לית | מתן | אגר טב לצדיקיא ולית מתפרעה |
| 003 | | | Gn49:01 | סתימייא קיצייה גניזייא | מתן | אגריהון דצדקייא ופורענתהון |

## מתנה *n.* gift [337]

|  |  |  |  |  |  |  |
|---|---|---|---|---|---|---|
| 001 | מתנה | s ab/cn | Nu21:18 | ומן מדברה אתיהבת להון | מתנה: | |
| 002 | | | Nu 3:09 | ית ליויי לאהרן ולבנוי | מתנה | אינון יהיבין לה מן לוות |
| 003 | | | Nu 8:16 | ארום | מתנה | אינון יהבין לי מן גו בני |
| 004 | | | Nu18:06 | מן גו בני ישראל לכון | מתנה | אינון יהיבין לשמה דייי |
| 005 | | | Nu18:07 | פרוכתה ותפלחון פלחן | מתנה | אתן כהנתכון וחילוניי די |
| 006 | | | Nu21:19 | ומן דאתיהיבת להון בירא | מתנה | חזרת למהווי להון לנחלין |
| 007 | | | Nu 8:19 | ויהבית ית ליויי | מתנה | לאהרן ולבנוי מן גו בני |
| 008 | | | Lv23:20 | קדש יהוון לשמה דייי | מתנה | לכהנא יתיהבון: |
| 009 | | | Gn20:16M | כספ«ה» ההוא יהיב ליך | מתנה | על די אתכסית ברם מן |
| 010 | מתנתה | s em/sf | Nu21:18M | /ית'#2#/ להון | מתנה/<מת>נתה#2#:/ | |
| 011 | מתנתכון | | Nu18:11 | ודן יהווי לכון אפרשות | מתנתכון | לכל אנפות בני ישראל לך |
| 012 | | | Nu18:29 | מן כל | מתנתכון | תפרשון ית כל אפרשותה |
| 013 | במתנתה | | Gn18:17 | אנה הואיל וכרכה דסדם | במתנתה | דיהבת לה בדינה הוא דלא |
| 014 | מתנות | p const | Ex28:38M | בני ישראל לכל | מתנת/מתנות#2#/ | קדשהון ויהווי |
| 015 | מתנת | | Ex28:38 | יקדישו בני ישראל לכל | מתנת | קדשהון ויהווי על בית אפוי |
| 016 | מת' | p em/sf | Lv23:38M | /שבי קדשוי דייי בר מן | מת'#2#/ | בר מן כל נדריכון בר מן |
| 017 | מתנוותהון | | Nu18:11M | בני/לך אפרשות | מתנוותהון | לכל אפרשו דבני#2#/ |
| 018 | מתנוותכון | | Lv23:38 | קדשוי דייי בר מן | מתנוותכון | בר מן כל נדריכון בר מן |
| 019 | | | Nu18:29M | מן כל | מתנתכון/מתנוותכון#2#/ | תפרשון ית כל |

## מתקל *n.* weight [338]

|  |  |  |  |  |  |  |
|---|---|---|---|---|---|---|
| 001 | מתקל | s ab/cn | Ex30:34 | וחלבנה ולבונה ברירא | מתקל | במתקל יהווי: |
| 002 | | | Dt25:13 | לא יהווי לכון בכיסיכון | מתקל | רב ומתקל זעיר מתקל רב |
| 003 | | | Dt25:13 | מתקל רב ומתקל זעיר | מתקל | רב למהווי נסב בה ומתקל |
| 004 | | | Ex30:23 | וקנמון דבש«ם» פלגותא | מתקל | תרתי מאה וחמשין וקנה דבשם |
| 005 | במתקל | | Lv26:26 | מחזרן לכון לחמכון | במתקל | ותיאכלון ולא תשבעון: |
| 006 | | | Ex30:34 | ולבונה ברירא מתקל | במתקל | יהווי: |
| 007 | ומתקל | | Dt25:13 | מתקל רב למהווי נסב בה | ומתקל | זעיר למהווי יהב בה: |
| 008 | | | Dt25:13 | לכון בכיסיכון מתקל רב | ומתקל | זעיר מתקל רב למהווי נסב |
| 009 | מתקלה | s em/sf | Gn24:22 | גברא קודש דדהב טבע | מתקלה | ותרין שרין על ידה מן עשרה |
| 010 | | | Nu 7:13 | בסלעי בית קודשא הוה | מתקלה | מזרק חד דכסף תקל שובעין |
| 011 | | | Nu 7:19 | בסלעי בית קודשא הוות | מתקלה | מזרק חד דכסף תקל שבעין |
| 012 | | | Nu 7:25 | בסלעי בית קודשה הוות | מתקלה | מזרק חד דכסף תקל שבעין |
| 013 | | | Nu 7:31 | בסלעי בית קודשה הוות | מתקלה | מזרק חד דכסף תקל שובעין |
| 014 | | | Nu 7:26M | בזך חדה | מתקליה/מתקלה#2#/ | עשר סלעין דכסף הוות |
| 015 | | | Nu 7:20M | "מתקליה ... לקטרתה": | מתקלה | עשרה דדהב מלייה קטרתה |
| 016 | | | Nu 7:56M | מפטמין ודכיין לקטרתה | מתקלה/ | עשרה דדהב מלייה קטרה#2#/ |
| 017 | | | Nu 7:62M | "מתקליה ... לקטרתה": | מתקלה | עשרה דדהב מלייה קטרה |
| 018 | | | Nu 7:68M | "מתקליה ... לקטרתה": | מתקלה | עשרה דדהב מלייה קטרה |
| 019 | | | Nu 7:80M | יתה מלייה ראשי קטרת | מתקלה/ | עשרה דדהב מלייה קטרה#2#/ |
| 020 | | | Nu 7:85 | מאה ותלתין סלעין | מתקלה | פיילתה חד«ת»ה דכסף |
| 021 | מתקלהון | | Gn24:22 | על ידה מן עשרה דדהב | מתקלהון: | |
| 022 | מתקליה | | Nu 7:37 | בסלעי בית קודשה הוות | מתקליה | מזרק חד דכסף תקל שובעין |
| 023 | | | Nu 7:43 | בסלעי בית קודשה הוות | מתקליה | מזרק חד דכסף תקל שובעין |
| 024 | | | Nu 7:49 | בסלעי בית קודשה הוות | מתקליה | מזרק חד דכסף תקל שובעין |
| 025 | | | Nu 7:55 | בסלעי בית קדשה הוות | מתקליה | מזרק חד דכסף תקל שובעין |
| 026 | | | Nu 7:61 | בסלעי בית קודשה | מתקליה | מזרק חד דכסף תקל שובעין |
| 027 | | | Nu 7:67 | בסלעי בית קודשה הוות | מתקליה | מזרק חד דכסף תקל שובעין |
| 028 | | | Nu 7:73 | בסלעי בית קודשה הוות | מתקליה | מזרק חד דכסף תקל שובעין |
| 029 | | | Nu 7:79 | בסלעי בית קדשה הוות | מתקליה | מזרק חד דכסף תקל שובעין |
| 030 | | | Nu 7:14 | בזך חדה | מתקליה | עשר סלעין דכסף הוות עבידה |
| 031 | | | Nu 7:20 | בזך חדה | מתקליה | עשר סלעין דכסף הוות עבידה |
| 032 | | | Nu 7:26 | בזך חדה | מתקליה | עשר סלעין דכסף הוות עבידה |

| | | | | | | |
|---|---|---|---|---|---|---|
| 033 | | | Nu 7:32 | בזך חדה | מתקליה | עשר סלעין דכסף הוות עבידה |
| 034 | | | Nu 7:38 | בזך חדה | מתקליה | עשר סלעין דכסף הוות עבידה |
| 035 | | | Nu 7:44 | בזך חדה | מתקליה | עשר סלעין דכסף הוות עבידה |
| 036 | | | Nu 7:50 | בזך חדה | מתקל«י»ה | עשר סלעין דכסף הוות |
| 037 | | | Nu 7:56 | בזך חדה | מתקליה | עשר סלעין דכסף הוות עבידה |
| 038 | | | Nu 7:62 | בזך חדה | מתקליה | עשר סלעין דכסף הוות עבידה |
| 039 | | | Nu 7:68 | בזך חדה | מתקליה | עשר סלעין דכסף הוות עבידה |
| 040 | | | Nu 7:74 | בזך חדה | מתקליה | עשר סלעין דכסף הוות עבידה |
| 041 | | | Nu 7:80 | בזך חדה | מתקליה | עשר סלעין דכסף הוות עבידה |
| 042 | במתק' | | Lv26:26 | עשר נשין לחמיכון | במתק' | בתנור חד ויהוויין מחזרן |
| 043 | במתקלה | | Lv19:35 | לא תעבדון שקר בדינה | במתקלה | במכלתה ובמוזניה: |
| 044 | | | Lv19:35M | ובמוזניה /במכלתה | במתקלה | ובמ'#2#/: |
| 045 | במתקליה | | Gn43:21 | בפם סעונה כספינן | במתקליה | וחזרנן יתיה בידנא: |
| 046 | מתקלין | p abs | Dt25:13M | "מתקל רב... יהב בה": | מתקלין | ומתקלין מתקלין רברבין |
| 047 | | | Dt25:13M | מתקלין ומתקלין | מתקלין | רברבין למיהווי זבן בהון |
| 048 | | | Dt25:15 | | מתקלין | שלמין וקשיטין יהווי לכון |
| 049 | ומתקלין | | Lv19:36 | דקש' והינין דקשט | ומתקלין | דקשט יהוי לכון אמר ייי |
| 050 | | | Dt25:13M | למיהווי זבן בהון | ומתקלין | זעורין למיהווי מזבן |
| 051 | | | Dt25:13M | "... יהב בה": מתקלין | ומתקלין | מתקלין רברבין למיהווי |

# נ

## prophecy *n.* נבו [339]

|  |  |  |  |  |  |  |
|---|---|---|---|---|---|---|
| 001 | נבואה | s ab/cn | Nu24:03 | מן אבוי מה דאכסי מן כל | נבואה | אתגלי עלוי: |
| 002 | | | Ex 2:12M | "להכא ... בחלא": ברוח | נבואה | בעלמא הדין ובעלמא דאתי |
| 003 | | | Nu24:15M | /דאכסי#2#/ מן כל | נביאיה/נבואה#2#/ | יתגלי/את#2#/ עלוי: |
| 004 | דנבו | | Gn15:01 | מן בגין כדין הוה פתגם | דנבו | מן קדם ייי על אבר' צדיקא |
| 005 | | | Gn15:04 | והא פתגם | דנבו | מן קדם ייי על אברם למימר |
| 006 | | | Gn18:01M | מן בגין כן הווה פתגם | דנבו | מן קדם ייי לוות אברהם |
| 007 | | | Ex31:03 | ואשלמת עמיה רוח | דנב{י}<ו> | קרב דקדש מן קדם ייי |
| 008 | נבואת | s em/sf | Nu24:04 | הוה משתטח על אפוי ורזי | נבואת | מתגלין לה והוה מתנבא על |
| 009 | נבואתה | | Nu24:16M | על אפוי ורזי | נבואתיה/<נבוא>תה#2#/ | מתגליין ליה |
| 010 | | | Nu24:04M | על אפוי ורזי | נבואת/<נבוא>תה#2#/ | מתגלין לה והוה |
| 011 | | | Nu23:19 | ועבד גזר ומקיים ופתגמי | נבואתה | קיימין לעלם: |
| 012 | נבואתיה | | Nu23:10M | אמר בלעם במתל | נבותה/נבואתיה#2#/ | אן קטלין יתיה |
| 013 | | | Nu23:18M | ונטל במתל | נבותה/נבואתיה#2#/ | ואמר קום בלק ושמע |
| 014 | | | Nu24:03M | ונטל במתל | נבותה/נבואתיה#2#/ | ואמר אמר בלעם |
| 015 | | | Nu24:15M | ונטל במתל | נבותיה/<נבו>אתיה#2#/ | ואמר אמר בלעם |
| 016 | | | Nu24:20M | ונטל במתל | נבותה/נבואתיה#2#/ | ואמר שרוי אומיה |
| 017 | | | Nu24:21M | ונטל במתל | נבותה/נבואתיה#2#/ | ואמר מה תקיף הוא |
| 018 | | | Nu24:23M | ונטל במתל | נבותה/נבואתיה#2#/ | ואמר אלוויי |
| 019 | | | Nu23:23M | אמר בלעם במתל | נבותה/נבואתיה#2#/ | טוביכון צדיקיה מה |
| 020 | | | Nu24:04 | דנפיל בחרבא וסוף | נבואתיה | למתקיימה: |
| 021 | | | Nu24:16 | דהוה נפל בחרבה וסוף | נבואתיה | למתקיימה: |
| 022 | | | Nu24:16 | משתטח על אפוי ורזי | נבואתיה | מתגליין ליה {והוה} והוה |
| 023 | נבותה | | Nu23:10 | שמיא אמר בלעם במתל | נבותה | אן קטלין יתיה ישראל |
| 024 | | | Nu23:18 | ונטל במתל | נבותה | ואמר קום בלק ושמע אצת |
| 025 | | | Nu24:03 | ונטל במתל | נבותה | ואמר אמר בלעם בנוי |
| 026 | | | Nu24:20 | ית עמלקאה ונטל במתל | נבותה | ואמר שרוי אומיה דסדרו |
| 027 | | | Nu24:21 | ית שלמייה ונטל במתל | נבותה | ואמר מה תקיף הוא משריך |
| 028 | | | Nu24:23 | ונטל במתל | נבותה | ואמר אלוויי מן ייחי |
| 029 | | | Nu23:23 | ישראל אמר בלעם במתל | נבותה | טוביכון צדיקיה מה אגר טב |
| 030 | | | Nu23:07 | ונטל במתל | נבותה | מן ארם דבר יתי בלק |
| 031 | נבותיה | | Nu24:15 | ונטל במתל | נבותיה | ואמר אמר בלעם ברה בעור |
| 032 | בנבואתך | | Ex19:09 | עמא במללותי עמך ואף | בנבואתך | משה עבדי יהמנון לעלם |
| 033 | ובנבואתיה | | Ex14:31 | בשם ממריה דייי | ובנבואתיה | דמשה עבדיה: |

See also: נביאה *n.*

## to bark *vb.* נבח [339]

|  |  |  |  |  |  |  |
|---|---|---|---|---|---|---|
| 001 | ינבח | pael | Ex11:07 | ולכל בני ישראל לא | ינבח | כלב בלשניה למן גבר ועד |

## to prophesy *vb.* נבי [339]

|  |  |  |  |  |  |  |
|---|---|---|---|---|---|---|
| 001 | מתנבא | etpaal | Nu11:26 | רוח קודשה אלדד הוה | מתנבא | ואמר הא סלוי סלק מן ימא |
| 002 | | | Nu11:26 | לתקלה ומידד הוה | מתנבא | ואמר הא משה נביא מסתלק |
| 003 | | | Nu24:04 | נבואת מתגלין לה והוה | מתנבא | על נפשיה דנפיל בחרבא וסוף |
| 004 | | | Nu24:16 | ליה {והוה} והוה | מתנבא | על נפשיה דהוה נפל בחרבה |
| 005 | מתנבאין | | Nu11:26 | משריתה עד אלדד ומדד | מתנבאין | במשריתה: |
| 006 | | | Nu11:27 | ואמר אלדד ומידד | מתנבאין | במשריתה: |
| 007 | | | Nu11:25 | רוח קודשה והוון | מתנבאין | ולא פסקין: |
| 008 | מתנבי | | Nu11:26M | ישראל ומידד הוה | מתנבי | ואמר עתיד משה ספרהון |
| 009 | מתנביין | | Nu11:26M | עד אלדד ומידד | מתנביין | במשריתה |
| 010 | | | Nu11:26M | אלדד ומדד | מתנבאין/<מתנב>יין#2#/ | במשריתה: |
| 011 | | | Nu11:25M | קודשה והוון | מתנבאין/<מתנב>יין#2#/ | ולא פסקין: |
| 012 | | | Nu11:26 | בתריה ותרויהון | מתנביין | כחדא ואמרין בסוף עקב |

## prophet *n.* נבי [339]

|  |  |  |  |  |  |  |
|---|---|---|---|---|---|---|
| 001 | נבא | s ab/cn | Gn20:07M | אתתיה דגברא ארום | נביא/נבא#2#/ | הוא ויצלי עליך ותחי |
| 002 | | | Dt13:02M | ארום יקום ביניהון | נביא/נבא#2#/ | שקר או חלם חלמין |
| 003 | נבי | | Dt18:15 | | נבי | מן ביניכון מן אחיכון כוותי |
| 004 | נביא | | Dt18:18 | | נביא | אקים להון מן גו אחיהון |
| 005 | | | Gn20:07 | חזור אתתיה דגברא ארום | נביא | הוא ויצלי עליך ותחי ואית |
| 006 | | | Nu12:07M | \כוות כל/ככל#2#/ | נביאה/נביא#2#/ | הוא עבדי מש' בכל |
| 007 | | | Dt13:02 | ארום יקום ביניהון | נביא | שקר או חלם חלמין ויתנון |
| 008 | ונביא | | Dt13:06 | | ונביא | שקרא ההוא או חלם חלמייה |
| 009 | נביא | s em/sf | Dt30:13 | לווי הוה לן חד כיונה | נביא | די יחות לעמקוי דימה רבה |
| 010 | | | Nu34:15 | מה די קטל משה | נביא | דייי נפק לרפיון ולשוק |
| 011 | | | Dt33:01 | ודא ברכתה די ברך משה | נביא | דייי ית בני ישראל |
| 012 | | | Dt33:08 | ולשבטה דלוי ברך משה | נביא | דייי ואמר תומייא ואורייא |
| 013 | | | Dt33:20 | ולשבטה דגד ברך משה | נביא | דייי ואמר בריך מן דאפתי |
| 014 | | | Nu11:26 | הוה מתנבא ואמר הא משה | נביא | מסתלק מן גו משריתה ויהושע |
| 015 | | | Gn27:29 | יתך יהוי מברך כמשה | נביא | ספרון דישראל: |
| 016 | | | Ex32:05 | וחמא אהרן ית חור | נביא | קדמוי ודחל ובנה מדבח קדמוי |
| 017 | נביאה | | Nu12:07 | לא כוות כל | נביאה | הוא עבדי מש' בכל עולמי |
| 018 | נביאכון | | Nu12:06M | ייי בחזיון אתגלי | /נביאכון | ייי בחזווה עלוי אתודע |
| 019 | נבייא | | Dt30:12M | יסק לן לשמיא היך משה | נבייא | |
| 020 | | | Dt32:01 | משה נבייה וישעייה | נבייא | משה בגין דהוה קריב לשמיא |
| 021 | | | Dt32:04 | אמר משה | נבייא | אנה חמית לרבון כל עלמייה |
| 022 | | | Dt32:03 | עשב כי שם לכן אמר משה | נבייא | ארום בשמה קדישא אנה מצלי |
| 023 | | | Dt18:22 | די יממלל | נבייא | בשם ממרה דייי ולא יהווי |
| 024 | | | Dt18:20 | לחוד | נבייא | די יזיד לממללא פתגם בשם |
| 025 | | | Dt30:12 | לווי הוה לן חד כמשה | נבייא | די יסוק לשמיא ויסב יתה לן |
| 026 | | | Dt32:01 | בגין כדין קם ליה משה | נבייא | דייי ואזרז ואמר אציתו |
| 027 | | | Dt33:07 | ודא ברכתה די ברך משה | נבייא | דייי לשבטה דיהודה ואמר |
| 028 | | | Dt33:12 | ולשבטה דבנימן ברך משה | נבייא | דייי ואמר רחימה דייי ישרי |
| 029 | | | Dt33:13 | ולשבטה דיוסף ברך משה | נבייא | דייי ואמר מה בריכה היא |
| 030 | | | Dt33:18 | ולשבטה דזבולן ברך משה | נבייא | דייי ואמר חדון דבית |
| 031 | | | Dt33:22 | ולשבטה דדן ברך משה | נבייא | דייי ואמר דן מדמי לגור |
| 032 | | | Dt33:23 | ולשבטה דנפתלי ברך משה | נבייא | דייי ואמר נפתלי שביע |
| 033 | | | Dt33:24 | ולשבטה דאשר ברך משה | נבייא | דייי ואמר בריך מן בניא |
| 034 | | | Dt18:20 | טעוון אחרניין ויתקטל | נבייא | ההוא: |
| 035 | | | Dt30:13M | לימה רבה היך יונא | נבייא#2#/ | ויסק יתה לן וישמע לן |
| 036 | | | Dt18:22 | יתיה בזידינו מליל יתיה | נבייא | לא תדחלון מיניה: |
| 037 | | | Dt32:01 | כיוון דמטה קצה דמשה | נבייא | למתכנשה בשלם מן גו עלמא |
| 038 | | | Dt33:21 | ומרגליין ארום תמן משה | נבייא | ספריהון דישראל קבור |
| 039 | | | Nu24:09M | יהווי בריך <כ>משה | נבייא | <ס>פריהון דישראל |
| 040 | | | Dt34:10 | ולא קם | נבייא | עוד בישראל כמשה די חכם |
| 041 | | | Dt32:01 | לעלמא דאתי וכן ישעיה | נבייא | פירש ואמר טולו לשמיא |
| 042 | נבייה | | Dt32:14 | דחטייא אמר משה | נבייה | אין יהוון ישראל לעיין |
| 043 | | | Lv22:27M | לשמך הא בכין פרש משה | נבייה | דייי ואמר עמי בני ישראל |
| 044 | | | Dt32:01 | ולארעא שמעו ברם ישעיה | נבייה | דקם מן בתרה בגין דהוה קרב |
| 045 | | | Dt32:01 | למסהדה בישראל משה | נבייה | וישעייה נבייא משה בגין |
| 046 | | | Nu12:06 | אין יהווי ביניכון | נבייה | ייי בחזיון אתגלי עלוי |
| 047 | | | Dt32:03 | אמר משה | נבייה | לרשיעיה ווי להון |
| 048 | דנבייא | | Dt13:04M | שקרא ההוא /לפתגמייא | דנבייא | ההר#2#/ או לחלם |
| 049 | | | Dt13:04 | לא תשמעון למילוי | דנבייא | שקרא ההוא או לחלם |
| 050 | ונבייא | | Dt13:06M | | ונביא/ונבייא#2#/ | שקרא ההוא או חלם |

051 לנביא — Lv27:34M — ולית אפשר לנביא לחדתא בהון מדעם ופקדינון
052 נביין p abs — Nu11:29 — מן יתן כל עם דייי נביין ארום ישוי׳ ייי ית רוח
053 — Dt32:01 — וארעא חדתה ארום תריין נביין קמו למסהדה בישראל משה
054 נביאיה p em/sf — Nu24:15 — אבוי מה דאתכסי מן כל נביאיה יתגלי עלוי:
055 לנביאיכון — Dt32:07M — דר ודר שאלו לאבהתכון/לנביאיכון#2#/ דרברבין מנכון

## נביאה n. prophecy

[!! cf. נביו]

001 נביאת׳ s em/sf — Ex 1:21M — כהונתא רב«ת»א בתי נביאת׳ ו{מ}בתי מלכותא
002 נביאתהון — Nu11:28M — מן קדם ייי ותפסוק נביאתהון
003 נביאתיה — Nu23:07M — ונטל במתל נבותה/נביאתיה#2#/ מן ארם דבר יתי
004 נביתה — Nu11:26M — נון דהוא שמשא מקבל נביתה מן בתרה והא אנון מן
See also: n. נביה

## נבייה n. prophetess

[339]

001 נביאתה s em/sf — Ex15:20 — ונסבת מרים נביאתה אחתה דאהרן ית תופי בידה
002 — Nu21:01 — וארום אסתלקת מרים נביאתה דבזכותה הוות בירה סלקה
003 — Nu21:01M — וארום <מיתת> מרים נביאתה ואתגנזת באירה עני ואמ׳
004 — Nu12:16M — ומן בתר דאתסיית נביאת{י}ה מן מצרעתה מן בתר כן
005 — Nu12:16 — עד זמן דאתסיאת מרים נביאתה מן צרעתה נטלו עמה מן
006 נבייתה — Nu12:16 — דאתחייבת מרים נבייתה למצטרעה אית אולפן סגי

## נבלה n. carrion

[339 נבילה]

001 נבילה s ab/cn — Lv17:15 — וכל נפש די תאכל נבילה וקטילה ביציבייא ובגיורא
002 — Lv22:08 — נבילה וקטילה לא ייכול למסתאבה
003 נבלה — Dt14:21 — לא תאכלון כל נבלה לתותבייה מן בני עממיא די
004 בנבילת — Lv 5:02M — או \בנבלה דבעיר /בנבילת בעיר#2#/ ׳/<ב>נבל<ת
005 — Lv 5:02M — מסאב או \בנבלה דשרץ /בנבילת שרץ#2#/ מסאב ויתכסי מנה
006 בנבלה — Lv 5:02 — בנבלה דחוה מסאבה או בנבלה דבעיר מסאב או בנבלה דשרץ
007 — Lv 5:02 — בכל מילה מסאבה או בנבלה דחוה מסאבה או בנבלה דבעיר
008 — Lv 5:02 — בנבלה דבעיר מסאב או בנבלה דשרץ מסאב ויתכסי מנה והוא
009 בנבלת — Lv 5:02M — /בנבילת בעיר#2#/ ׳/<ב>נבל<ת בער#2#/׳ מסאב או
010 — Lv 5:02M — מסאבה או \בנבלה דחוה /בנבלת חיה#2#/ מסאבה/מסבה#2#/
011 דנבלה — Lv 7:24 — ותרב דנבלה ותרב דקטילה יתעבד לכל
012 נבילתכון s em/sf — Dt28:26 — ותהוי נבילתכון למזון לכל עופה דשמייא
013 נבלתה — Lv11:40 — ומן די ייכול מן נבלתה יחוור לבושי ויהוי מסאב
014 נבלתהון — Lv11:28 — ומן די יטעון ית נבלתהון יחוור לבושי ויהוי מסאב
015 — Nu25:04 — על צליבה וקברין ית נבלתהון עם מטמעי שמשא בכדן יחזור
016 — Lv11:11 — בשרהון לא תיכלון וית נבלתהון תשקצון:
017 נבלתיה — Dt21:23 — לא תבית נבלתיה על קיסה ארום מקבר תקברון
018 נבלתיהון — Lv11:25 — וכל די יסיט מן נבלתיהון יחוור לבושי ויהוי מסאב
019 בנבלתה — Lv11:39 — לכון למיכל מן די יקרב בנבלתה יסתאב עד רמשא:
020 בנבלתהו׳ — Lv11:24 — תסתאבון כל די יקרב בנבלתהו׳ יהוי מסאב עד רמשא:
021 בנבלתהון — Lv11:27 — לכון כ{י}<ל> די יקרב בנבלתהון יהוי מסאב עד רמשא:
022 — Lv11:36 — דכי ומן די יקרב בנבלתהון יסתאב:
023 — Lv11:39M — יסתאב /ודיקרוב בנבלתהון יסתאב#2#/ עד רמשא:
024 ובנבלתהון — Dt14:08 — מן בשרהון לא תיכלון ובנבלתהון לא תקרבון:
025 ובנבלתהן — Lv11:08 — מבשרהון לא תאכלון ובנבלתהן לא תקרבון מסאבין אינון
026 מנבלתהון — Lv11:40M — ודאכל מנבלתהון יחוור
027 — Lv11:37 — וארום יפל מנבלתהון על כל זרע זריע זרעונין
028 — Lv11:35 — וכל די יפל מנבלתהון עלוי יסתאב תנור או תפיין
029 — Lv11:38 — מיין על כל זרע ויפול מנבלתהון עלוי מסאב הוא לכון:

## נבע vb. to spring up

[340]

001 דנבעין peal — Gn49:25M — מבועי תהומא דסלקין/<ד>נבעין וסל׳#2#/ מן ארעא

## נגב vb. to become dry

[340]

001 נגבו peal — Gn 8:13 — חפייה דתיבותא וחמא והא נגבו אפיה דארעא:
002 — Gn 8:13 — בירחא קדמיא בחד לירחא נגבו מיא מעלוי ארעא ועבר נח ית
003 ונגיבה — Lv 7:10 — וכל מנחתה פילה במשח ונגיבה לכל בנוי דאהרן תהוי גבר
004 ומנגבה pael — Lv 7:10M — מנחתה מערבה במשח ומנגבה#2#/ לכל בנוי דאהרן תהוי

## נגד vb. to pull

[340]

001 נגדין peal — Ex14:25 — ארחין דמולוותה למהוי נגדין בגלג«לי» וקיסי חזרו
002 — Ex14:25 — וקיסי חזרו למהוי נגדין כמולותיה ורמין יתהון לימא
003 נגדן — Ex14:25M — "למהוי ... עמא": <ל>מהון נגדן לגלגלי חזרן גלגלי
004 — Ex14:25M — גלגלי לרידוותא למיהון נגדן למלוותא׳ ורמין על ימא
005 נגודה — Nu 8:04 — ודן עבד מנרתה נגודה דהב עד בסיס דידה ועד
006 נגודו — Ex12:21M — \עו לזרעייתכון ונכסו /נגודו ידכון מן פולחנא נוכראה
007 נגיד — Gn21:20M — מרמי/ילף רמי#2#/ בקשתא/נגיד בקשתא#2#/:
008 נגידא — Ex25:36 — וקניהון מנה יהוון כלה נגידא חדה דהב דכי:
009 — Ex37:17 — ועבד ית מנרתה דהב דכי נגידא עבד מנרתה בסיס דידה וקניה
010 — Ex25:31 — ותעבד מנרתא דהב דכי נגידא תתעב«ד» מנרתה בסי{ם}<ס>
011 נגידה — Nu 8:04 — בסיס דידה ועד שושניה נגידה היא כחזוה די חזה ייי ית
012 — Ex37:22 — וקניהון מנה הוון כלה נגידה חדא דהב דכי:
013 נגידין — Ex37:07 — ועבד תרתין כרובין דדהב נגידין עבד יתהון מן תרין סטריה
014 — Ex25:18 — ותעבד תרין כרובין דדהב נגידין תעביד יתהון מן תרין סטריה
015 נגידן — Nu10:02 — לך תרתין חצוצרין דכסף נגידן תעבד יתהון ויהוויין לכון
016 — Ex25:18M — ציורין#2#/ דדהב נגידין/נגידן#2#/ תעביד יתהון מן תרין
017 ונגדו — Nu21:15M — ראשי "ושפכו ...": ונג{ר}<ד>ו נחלייה מן אדמהון
018 אתנגד etpeel — Gn 5:24 — ולית ידיע אן הוא <....> אתנגד במימר מן קדם ייי:
019 ואתנגד — Gn35:29M — וסאף/ואתנגד#2#/ יצחק ומית/ומיית#2#
020 — Gn25:08M — וסאף/ואתנגד#2#/ ומית אברהם בשיבו
021 ואתנגיד — Gn25:17M — ושבע שנין וסף/ואתנגיד#2#/ ומית ואתכנש לעמיה:

## נגד n. path

[340]

001 נגדוי p em/sf — Ex14:03 — עליהון בעל צפון טעותי נגדוי דמדברא:
002 — Ex14:03M — טעותא דצפון {נגהו} <נגדוי> דמדברא

## נגו n. island, province

[!!]

001 ובנ׳ p abs — Gn25:03M — ויתבין בשכוני׳ ובנ׳#2#/:

This interpretation of the marginal reading corresponds to Onkelos. Since the common Jewish Literary Aramaic word נגו is otherwise unattested in JPA, however, purists might wish to restore ניסין instead. See s.v.

## נגע vb. to touch

[341]

001 נגעתן peal — Ex32:29 — יומא הדין קדם ייי ארום נגעתן גבר בברה ובאחוי ולמשויה

## נגף vb. to strike, to afflict

[341]

001 ונגף peal — Ex32:35 — ונגף ייי ית עמא על אשר עשו את
002 מתנגפין etpeel — Dt28:25 — ימסור יתכון ייי מתנגפין קדם בעלי דבביכון באורח
003 תנגפון — Dt 1:42M — ביניכון ולא תתנגפון/תנגפון#2#/ קדם בעלי דבביכון:
004 תתנגפון — Dt 1:42 — מדברה ביניכון ולא תתנגפון קדם בעלי דבביכון:
005 ותתנגפון — Lv26:17 — אפי תקוף רוגזי בכון ותתנגפון קדם בעלי דבביכון וישלטון

See also: *vb.* 2#נקף

## carpenter *n.* נגר [341]

|  |  |  |  |  |  |  |
|---|---|---|---|---|---|---|
| 001 | נגר | s ab/cn | Ex35:35M | עבידה/<עבי>דת#2/ | דנגר/נגר#2/ | ואומן וצייר בתכלא |
| 002 | | | Ex38:23 | מן שיבטא דבנוי דדן | נגר | ואומן וצייר בתכלה ובארגוון |
| 003 | דנגר | | Ex35:35 | בלבהון למעבד כל עבידה | דנגר | ואומן וצייר בתכלא |

## door bolt *n.* 2# נגר [341]

|  |  |  |  |  |  |  |
|---|---|---|---|---|---|---|
| 001 | נגרה | s em/sf | Ex36:33 | ועבד ית | נגר{י}<ה> | מציעי<ה> {משמש}<משלבש> |
| 002 | ונגרה | | Ex26:28 | | ונגרה | תניינה מציעייה בגו לוחי |
| 003 | נגרין | p abs | Ex26:26 | ותעבד | נגרין | אעין דשתין חמשין ללוחיה |
| 004 | | | Ex36:31 | ועבד | נגרין | אעין דשטין חמשה ללוחי |
| 005 | | | Ex26:27 | וחמשה | נגרין | ללוחי סטרא דמשכנה תניינא |
| 006 | | | Ex26:27 | דמשכנה תניינא וחמשה | נגרין | ללוחי סטרין דמשכנה |
| 007 | | | Ex36:32 | וחמשה | נגרין | ללוחי סיטרה דמשכנה תניינה |
| 008 | | | Ex36:32 | דמשכנה תניינה וחמשה | נגרין | ללוחי סטרה דמשכנה |
| 009 | ונגרין | | Dt 3:05 | שורין רמין תרעין | ונגרין | לבר מן קורי מבדרתה סגין |
| 010 | נג' | p em/sf | Nu 3:36M | דמשכנה | ונגרוי/נג'#2/ | ועמודוי וחומרוי וכל |
| 011 | | | Nu 4:31M | דמשכנה | ונגרוי/נג'#2/ | ועמודוי וחומרוי: |
| 012 | נגרוי | | Ex40:18 | ושוי ית לוחוי ויהב ית | נגרוי | ואקים ית עמודוי: |
| 013 | | | Ex35:11 | פורפוי וית לוחוי וית | נגרוי | וית עמ«ו»דוי וית חמרוי: |
| 014 | | | Ex39:40M | וית סכיהון וית כל מני | /נגרוי | וסוכוי וית כל מאני#2/ |
| 015 | | | Ex39:33 | כל מנוי פורפוי לוחוי | נגרוי | ועמודוי וחמרוי: |
| 016 | | | Nu 3:26M | וית | מתחיהון/נגרוי#2/ | לכל פלחניה: |
| 017 | נגריה | | Ex26:29 | לנגריה ותחפי{ה} ית | נגריה | דהב: |
| 018 | | | Ex36:34 | אתרין לאריחי' וחפי ית | נגריה | דהב: |
| 019 | נגריהון | | Nu 4:26M | וית | מתחיהון/נגריהון#2/ | וית כל מני |
| 020 | ונגרוי | | Nu 3:36 | דמררי ליווחי דמשכנה | ונגרוי | ועמודוי וחומרוי וכל מנוי |
| 021 | | | Nu 4:31 | זימנה לוחוי דמשכנה | ונגרוי | ועמודוי וחומרוי: |
| 022 | ונגריהון | | Nu 3:37M | וסיכיהון | ומתחיהון/ונגריהון#2/ | :/ |
| 023 | | | Nu 4:32M | וסכיהון | ומתחיהון/ונגריהון#2/ | לכל מניהון |
| 024 | לנגריה | | Ex26:29 | תעבד דהב אתרין | לנגריה | ותחפי{ה} ית נגריה דהב: |

## an unclean bird *n.* נגר טור [341]

|  |  |  |  |  |  |  |
|---|---|---|---|---|---|---|
| 001 | נגור טורא | s em/sf | Lv11:19M | למינה וית | נגר/נגור#2/ | טורא וית ערפדא |
| 002 | | | Dt14:18M | ונגר טורא/וית | נגור <טורא> | וחרפתה/וית חרפדה#2/ |
| 003 | נגר טורא | | Lv11:19 | ואכומתה למינה וית | נגר | טורא וית ערפדא: |
| 004 | ונגר טורא | | Dt14:18 | ואכומתה למינה | ונגר | טורא: |

## carpentry *n.* נגרו [341]

|  |  |  |  |  |  |  |
|---|---|---|---|---|---|---|
| 001 | ובנגרות | s ab/cn | Ex31:05M | טבתה דאשלמוותה | ובנגרות | קייסה למיעבד כל עבידה |
| 002 | | | Ex31:05 | אבנא טבתא לאשלמתא | ובנגרות | קיסא למעבד בכל עבידא: |
| 003 | | | Ex35:33 | אבנא טבתה לאשלמותה | ובנגרות | קיסה למעבד בכל עבידת |

## to gore *vb.* נגש [341]

|  |  |  |  |  |  |  |
|---|---|---|---|---|---|---|
| 001 | נגיש | peal | Ex21:36M | ארום תור | נגשן/נגיש#2/ | הוא מן דאתמל ומן |
| 002 | יגוש | | Ex21:32M | אין עבד | יגש/יגוש#2/ | תורא \אין אמתא/או |
| 003 | יגש | | Ex21:31 | או בר דכר מן בני ישראל | יגש | או ברה נקבה מן בני ישראל |
| 004 | | | Ex21:28 | וארום | יגש | תורא ית גבר או ית אתה |
| 005 | | | Ex21:32 | אין עבד | יגש | תורא אין אמתא כסף |
| 006 | | | Ex21:35 | וארום | יגש | תורא דגבר ית תורא דחבריה |

## gorer *n.* נגשן [341]

|  |  |  |  |  |  |  |
|---|---|---|---|---|---|---|
| 001 | נגשן | s ab/cn | Ex21:29 | ואין תור | נגשן | הוא מן דאתמל ומן דקדמוי |
| 002 | | | Ex21:36 | אין אתודע ארום תור | נגשן | הוא מן דאתמל ומן דקדמוי |

## to prompt, to donate *vb.* נדב [341]

|  |  |  |  |  |  |  |
|---|---|---|---|---|---|---|
| 001 | נדב | peal | Ex35:21 | ואתון כל גבר די | נדב | יתיה לביה וכל די נדבת רוחה |
| 002 | | | Ex35:22 | סמיך לנשיא כל די | נדב | יתיה לביה אייתי{ן}<ו> |
| 003 | | | Ex36:02 | ייי חכמה בלבה כל די | נדב | יתיה לבה למקרבה לעבידתה |
| 004 | | | Ex35:26 | וכל נשיא די | נדב | לבהון יתהון בחכמה הוון |
| 005 | נדבת | | Ex35:21 | די נדב יתיה לביה וכל די | נדבת | רוחה יתיה אייתון ית |
| 006 | ידוב | | Ex35:05 | אפרשו לשמה דייי כל די | ידוב | יתה לבה ייתי ית אפרשותא |
| 007 | | | Ex25:02 | אפרשן מן לוות כל גבר די | ידוב | יתיה לביה תקבלון ית |
| 008 | | | Ex35:22M | נשייא#2/ כל די | נדב/ידוב#2/ | יתיה לביה אייתי{ן}<ו> |
| 009 | | | Ex35:21M | אייתון ית אפרשותא | /ידוב | רוחיה עלוי ייתון די |
| 010 | דנדב | | Ex35:29 | כל גבר ואתה | דנדב | לבהון יתהון למייתייה לכל |
| 011 | אתנדב | etpeel | Nu 7:17 | שתהון חמשה דן קרבנה די | אתנדב | וקרב מנכסי גרמי{ר}<ה> רב |
| 012 | | | Nu 7:29 | שתהון חמשה דן קרבנה די | אתנדב | וקרב מן נכסי גרמיה רב |
| 013 | | | Nu 7:35 | חמשה דן קרבניה די | אתנדב | וקרב מן נכסי גרמיה רב |
| 014 | | | Nu 7:41 | שתהון חמשה דן קרבנה די | אתנדב | וקרב מן נכסי גרמיה רב |
| 015 | | | Nu 7:47 | שתהון חמשה דן קרבנה די | אתנדב | וקרב מן נכסיה גרמיה רב |
| 016 | | | Nu 7:53 | שתהון חמשה דן קרבנה די | אתנדב | וקרב מן נ«כ»סיה גרמיה |
| 017 | | | Nu 7:59 | שתהון חמשה דן קרבנה די | אתנדב | וקרב מן נכסיה גרמיה רב |
| 018 | | | Nu 7:65 | שתהון חמשה דן קרבנה די | אתנדב | וקרב מן נכסיה גרמיה רב |
| 019 | | | Nu 7:71 | חמשה דן קורבנה די | אתנדב | וקרב מן נכסיה גרמיה רב |
| 020 | | | Nu 7:77 | חמשה דין קרבנה די | אתנדב | וקרב מן נכסיה גרמיה רב |
| 021 | | | Nu 7:83 | שתהון חמשה דן קרבנה די | אתנדב | וקרב מן נכסיה גרמיה רב |
| 022 | דאיתנדב | | Nu 7:23 | שתהון חמשה דן קרבנה | דאיתנדב | וקרב מן נכסיה גרמיה רב |

## offering *n.* נדבה [349 נידבה]

|  |  |  |  |  |  |  |
|---|---|---|---|---|---|---|
| 001 | נדבה | s ab/cn | Ex36:03 | ואנון אייתון לוותה תוב | נדבה | בכל צפר וצפר: |
| 002 | | | Dt23:24 | דנדרתון קדם ייי אלהכון | נדבה | די מללתון בפומכון: |
| 003 | | | Ex35:29 | דמשה אייתון בני ישראל | נדבה | לשמה דייי: |
| 004 | | | Lv 7:16 | ואין נדר או | נדבה | נכסת קרבניה ביומא די יקרב |
| 005 | נדיבה | | Dt23:24M | קדם ייי אלהכון | נדיבה | היך מה די מלל |
| 006 | ונדבתיכון | p em/sf | Dt12:17 | ^די תדרון#2/ | ונדבתיכון | ואפרשות ידיכון: |
| 007 | | | Dt12:06 | ידיכון ונדריכון | ונדב{ד}<ת>יכון | ובכורי תוריכון |

## to be restless *vb.* נדד [341]

|  |  |  |  |  |  |  |
|---|---|---|---|---|---|---|
| 001 | ואתנדדת | etpeel | Gn31:40 | וקלשא בליל«א» | ואתנדדת | שנתי מן עייני: |

## menstrual period *n.* נדה [341]

|  |  |  |  |  |  |  |
|---|---|---|---|---|---|---|
| 001 | בנדת | s ab/cn | Lv18:19 | ולאתתה | בנדת | סאבתה לא תסב למגלייה |
| 002 | נד' | s em/sf | Lv15:26M | דייבה כמדמר' ריחוק | נד'#2/ | יהוי לה וכל מן די תתב |
| 003 | נדתה | | Lv15:26 | יהווי כסואבת ריחוק | נדתה: | |
| 004 | | | Lv15:25 | יומין סגין בלא אשון | נדתה | או ארום ת{ת}<ד>וב על נדתה |
| 005 | | | Lv15:33M | ודדייב /ודייבה בריחוק | נדתה | ודאיב#2/ ית דובה לדכר |
| 006 | | | Lv15:19 | שבעה יומין תיהוי בריחוק | נדתה | וכל די יקרוב בה יסתא' עד |
| 007 | | | Lv12:05 | ארבעה עש' יומין כרחוק | נדתה | ושתין ושתה יומין תתב תטר |
| 008 | | | Lv15:26 | כל יומי דובה כמדמוך | נדתה | יהוי לה וכל מן די תתב עלוי |
| 009 | | | Lv15:20 | וכל די תדמוך עלוי ברחוק | נדתה | יסתאב וכל מן די תתב עלוי |
| 010 | | | Lv15:25 | או ארום ת{ת}<ד>וב על | נדתה | כל יומי{ן} דוב סאבתה כיומי |
| 011 | | | Lv18:19M | ולוות אתתה בריחוק | נדתה | לא תקרוב למבזיה עריתה |

| | | | | | | |
|---|---|---|---|---|---|---|
| 012 | | | Lv15:24 | ישמש גבר עמה ותהי | נדתה | עלוי יהוי מסאב שבעה יומין |
| 013 | | | Lv15:24M | גבר עמה ותהווי ריחוק | נדתה | עלוי יסתאב שובעה יומין |
| 014 | | | Lv15:25 | דוב סאבתה כיומי ריחוק | נדתה | תהוי מסאבה היא: |
| 015 | | | Lv12:02 | שבעה יומין כיומי רחוק | נדתה | תסתאב: |

## נדי *vb.* to sprinkle [341]

| | | | | | | |
|---|---|---|---|---|---|---|
| 001 | אדי | afel | Nu 8:07 | תעבד להון למדכיה יתהון | אדי | עליהון מי חטאתה ויעברון |
| 002 | ידי | | Lv 6:20M | עלוי /יתקדש ודי | ידי | מן אדמה על לבוש ודי ידי |
| 003 | | | Lv 6:20M | מן אדמה על לבוש ודי | ידי | על#2/ תחוור באת' קדיש: |
| 004 | | | Lv 6:20 | קדיש <....> וית די | ידי | עלוי תחוור באת' קדיש: |
| 005 | | | Nu19:12M | הוא | יתדי/ידי#2/ | עלוי ביומא תליתיה |
| 006 | | | Nu19:13M | די ימות ולא | יתדי/ידי#2/ | עלוי ית משכנה דייי |
| 007 | | | Lv16:14 | מן מדבחה וקדם כפרתה | ידי{ה} | שבעה זמנין מן אדמה |
| 008 | דידי | | Lv 6:20M | וית \די ידי /מן | דידי#2/ | עלוי /יתקדש ודי ידי מן |
| 009 | דמדי | | Nu19:21 | להון לקיים עלם ומן | דמדי | מי אדיה יחוור לבושוי ומן |
| 010 | ואדי | | Lv 8:15M | באצבעה | ורב/ואדי#2/ | ית מדבחה וית אדמה |
| 011 | | | Lv 8:11 | | ואדי | מניה על מדבחה שבעה זמנין |
| 012 | | | Lv 8:30 | אדמ' די על גבי מדבחה | ואדי | על אהרן ועל לבושוי ועל |
| 013 | וידי | | Lv16:14 | ויסב מן אדמה | וידי | באצבעה על אפי כפרתה מן |
| 014 | | | Nu19:19 | | וידי | דכיה על מסאבה ביומא תליתיה |
| 015 | | | Lv16:15 | דעבד לאדמה דתורה | וידי | יתיה על כפרתה ולקבל כפרתה: |
| 016 | | | Lv14:27 | | וידי | כהנא באצבעיה דימינה מן |
| 017 | | | Lv 4:06 | כהנא ית אצבעיה באדמה | וידי | מן {מ}דמא שבע זמנין קדם |
| 018 | | | Lv 5:09 | | וידי | מן אדמה דחטאת' על כתלא |
| 019 | | | Lv14:16 | דעל כף ידיה דשמאלה | וידי | מן משחה בא<צ>בעה שבעה |
| 020 | | | Nu19:18 | ויצבע במיא גבר דכי | וידי | על משכנה ועל כל מנייה ועל |
| 021 | | | Lv16:19 | | וידי | עלוי מן אדמה באצבעה שבעה |
| 022 | | | Lv 4:17 | כהנא ית אצבעיה מן אדמ' | וידי | שבעה [זמנין] קדם ייי ית |
| 023 | ויידי | | Nu19:04 | כהנא מן אדמה באיצבעי | ויידי | כל קבל אפי משכן זימנה מן |
| 024 | | | Lv14:51 | נכיסתה ובמיא דמבועה | ויידי | על ביתה שבעה זמנין: |
| 025 | ותדי | | Ex29:21 | מדבחא ומן משח דרבותא | ותדי | על אהרן ועל לבושי' ועל |
| 026 | ומדי | | Nu19:21M | לקיים עלם \ומן | דמדי/ומדי#2/ | מי אדיה יחוור לבושוי |
| 027 | יתדי | ettafal | Nu19:12 | הוא | יתדי | עלוי ביומא תליתיה וביומא |
| 028 | | | Nu19:12 | שביעיה ואדכי ואין לא | יתדי | עלוי ביומא תליתיה וביומא |
| 029 | | | Nu19:13 | נפש דבר נש די ימות ולא | יתדי | עלוי ית משכנה דייי סאב |
| 030 | | | Nu19:20 | וגבר די יסתאב ולא | יתדי | עלוי ותשתיצי נפשה ההיא |

## נדל *n.* centipede [342]

| | | | | | | |
|---|---|---|---|---|---|---|
| 001 | נדל | s ab/cn | Lv11:42M | כל דמסגי ברגלוי /עד | {ג}<נ>דל | דמסגי עד מאה ריגלין#2/ |

## נדר *vb.* to vow [342]

| | | | | | | |
|---|---|---|---|---|---|---|
| 001 | נדרת | peal | Nu30:11 | ואין בבית דבעלה | נדרת | או קיימת קיים על נפשה |
| 002 | | | Gn31:13 | די רבית תמן קיימא די | נדרת | לי תמן נדר כדון קום פוק מן |
| 003 | ידור | | Nu 6:21M | אוריתה דנזירה די | ידר/ידור#2/ | קרבני<ה> קדם ייי על |
| 004 | ידר | | Nu30:03 | גבר ארום | ידר | נדר לשמה דייי או ישתבע |
| 005 | | | Nu 6:21 | אוריתה דנזירה די | ידר | קרבני<ה> קדם ייי על |
| 006 | תדר | | Nu30:04 | ואתתה ארום | תדר | נדר קדם ייי ותקיים קיים |
| 007 | תדרון | | Dt23:22M | ארום \תפרשון פרוש דנדר | /תדרון | דנדר#2/ קדם ייי אלהכון |
| 008 | | | Dt12:17 | וכל נדריכון ^די | תדרון#2/^ | ונדבתיכון ואפרשות |
| 009 | | | Dt12:11 | וכל שפר נדריכון די | תדרון | לשמה דייי: |
| 010 | דנדר | | Lv27:08 | על פם די תארע ידיה דמן | דנדר | יעלי יתי כהנה: |
| 011 | | | Gn31:13M | לי תמן נדר/פירו' | דנדר#2/ | כדון/כדו#2/ קום פוק מן |
| 012 | דנדרתון | | Dt23:24 | תטרון ותעבדון היך מה | דנדרתון | קדם ייי אלהכון נדבה די |
| 013 | ונדר | | Gn28:20 | | ונדר | <יעקב> נדר למימר אן יהווי |
| 014 | ונדרו | | Nu21:02 | | ונדרו | ישראל נדר לייי ואמרין אן |
| 015 | למדר | | Dt23:23 | וארום תתמנעו מן | למדר | לא יהווי בכון חובה: |
| 016 | למנדור | | Nu 6:02 | או אתתה ארום יפרוש | למנדור | נדר ד{ג}<נ>זירו למתנזרה |
| 017 | מלמנדור | | Nu30:13M | ספוותה | לנדרא/למנדור#2/ | ולקיום/ולקיימיה#2/ |
| 018 | | | Dt23:23M | מן למדר /תפסקון | מלמנדור#2/ | לא יהווי בכון חובה: |
| 019 | דתנדרתון | etpeel | Dt23:24M | למיעבד היך מה | דתנדרתון | קדם ייי אלהכון נדיבה |

## נדר *n.* vow [342]

| | | | | | | |
|---|---|---|---|---|---|---|
| 001 | נדר | s ab/cn | Lv 7:16 | ואין | נדר | או נדבה נכסת קרבניה ביומא |
| 002 | | | Lv22:21 | קודשין לשמה דייי לפרש | נדר | או נסיבה בתורין או בען שלם |
| 003 | | | Nu15:08 | עלה או נכסה בפירוש | נדר | או לנכסת קודשין לשמה דייי: |
| 004 | | | Dt23:19 | דייי אלהכון ^לכל | נדר | ארום מרחקה קדם ייי |
| 005 | | | Lv27:02 | להון גבר ארום יפרש | נדר | בעלויה נפשן לשמה דייי: |
| 006 | | | Nu 6:02 | אתתה ארום יפרוש למנדור | נדר | ד{ג}<נ>זירו למתנזרה קדם |
| 007 | | | Nu30:14 | כל | נדר | וכל שבועה לקיום דצער נפש |
| 008 | | | Gn31:13 | קיימא די נדרת לי תמן | נדר | כדון קום פוק מן ארעא הדא |
| 009 | | | Nu21:02 | ונדרו ישראל | נדר | לייי ואמרין אן ממסור תמסור |
| 010 | | | Gn28:20 | ונדר <יעקב> | נדר | למימר אן יהווי ייי בסעדי |
| 011 | | | Nu30:03 | גבר ארום ידר | נדר | לשמה דייי או ישתבע שבועה |
| 012 | | | Nu 6:04 | כל יומי | נדר | נזירותה מכל די יעבד מן |
| 013 | | | Nu 6:05 | כל יומי | נדר | נזירותיה גלב לא יעלה על |
| 014 | | | Nu30:04 | ואתתה ארום תדר | נדר | קדם ייי ותקיים קיים בביתה |
| 015 | דנד' | | Lv22:23M | יתיה ולנדר/ולפירוש | דנד'#2/ | לא יתקבל ברעווה: |
| 016 | דנדר | | Lv22:21M | נדר או נסיבה /לפרוש | דנדר | או לנס'#2/ בתורין או |
| 017 | | | Nu15:03M | עלוון או נכיסון פירוש | דנדר | או לנסיבה או בזמן דסדרי |
| 018 | | | Nu15:08M | או ניסוכין פירוש | דנדר#2/ | או לנכסת קודשין |
| 019 | | | Lv27:02M | בעלויה נפשן /פרוש | דנדר | בעילווי נפ'#2/ לשמה |
| 020 | | | Dt23:22 | ארום תפרשון פרוש | דנדר | קדם ייי אלהכון לא תשהון |
| 021 | | | Dt23:22M | פרוש דנדר /תדרון | דנדר#2/ | קדם ייי אלהכון לא תשהון |
| 022 | ונדר | | Nu30:10 | | ונדר | ארמלא ומשבקה כל מה דקיימה |
| 023 | ולנדר | | Lv22:23 | אבר נסיבה תפרשון יתיה | ולנדר | לא יתקבל ברעווה: |
| 024 | נדרה | s em/sf | Nu15:03 | עלה או נ{ס}כ<ס>ה לפירוש | נדרה | או בנסיבה או בזמני |
| 025 | | | Nu30:15 | בתר יום ויקיים ית כל | נדרה | או ית כל קיומא די עלה קיים |
| 026 | | | Nu30:09 | בעלה יבטל יתה ויבטל ית | נדרה | דעלה וית פירוש שפוותה די |
| 027 | | | Nu30:05 | לה אבוה ויקומון כל | נדרה | וכל קיים די קיימת על נפשה |
| 028 | | | Nu30:12 | לא בטל יתה ויקומון כל | נדרה | וכל קיימה די קיימת על נפשה |
| 029 | | | Nu30:05 | וישמע אבוה ית | נדרה | וקיימה די קיימ' על נפשה |
| 030 | | | Nu30:06 | אבוה יתה ביומא דשמע כל | נדרה | וקיימה די קיימת על נפשה לא |
| 031 | | | Nu 6:21 | בר מן מה די תרע ידה כפם | נדרה | כדן יעבד על גזרת נזירותיה: |
| 032 | ונדרה | | Nu30:07 | ואין מתנסבה תתנסב לגבר | ונדרה | עלה או פירוש סיפוותה די |
| 033 | לנדרא | | Nu30:13 | ישמע כל פירוש ספוותה | לנדרא | ולקיום נפשה לא יקום בעלה |
| 034 | נדריה | p em/sf | Nu30:08 | ישמע וישתוק לה ויקומון | נדריה | וקיומא די קיימת על נפשה |
| 035 | נדריהון | | Lv22:18 | די יקרב קרבניה לכל | נדריהון | ולכל נסיבתהון די יקרבון |
| 036 | נדריכון | | Lv23:38 | מתנוותכון בר מן כל | נדריכון | בר מן כל נסיבתכון די |
| 037 | | | Dt12:11 | ידיכון וכל שפר | נדריכון | די תדרון לשמה דייי: |
| 038 | | | Dt12:17 | תוריכון ועניכון וכל | נדריכון | ^די תדרון#2/^ ונדבתיכון |
| 039 | | | Nu29:39 | ייי במועדיכון בר מן | נדריכון | ונסיבתהון לעלוותכון |
| 040 | ונדריכון | | Dt12:06 | וית אפרשות ידיכון | ונדריכון | ונדב{ד}<ת>יכון ובכורי |
| 041 | | | Dt12:26 | די יהוון לכון | ונדריכון | תטענון ותייתון לאתרה די |

## light *n.* נהור [342]

|  |  |  |  |  |  |  |
|---|---|---|---|---|---|---|
| 001 | נהור | s ab/cn | Ex10:23 | ולכל בני ישראל הוה | נהור | במדוריה«ון»: |
| 002 | | | Gn 1:03 | ואמר ממ«רא» דייי יהוי | נהור | והות נהור כגזירת ממריה: |
| 003 | | | Ex14:20M | "חשוך ... ולא": | נהור | ופלגא חשך נהורא מנהר על |
| 004 | | | Gn 1:03 | דייי יהוי נהור והות | נהור | כגזירת ממריה: |
| 005 | | | Ex12:42M | וממריה דייי והוה | נהורא/נהור#2#/ | ונהר/ומנהר#2#/ וקרא |
| 006 | נהורא | s em/sf | Gn 1:04 | וגלי קדם ייי ית | נהורא | ארום טב הוא ואפ{שר}<רש> |
| 007 | | | Ex10:23M | בני ישראל הוה | נהור/נהורא#2#/ | במדוריה«ון» |
| 008 | | | Gn 1:18 | ובליליא ולמפרש׳ בין | נהורא | ובין חשוכא וגלי קדם ייי |
| 009 | | | Ex12:42 | תהומא וממריה דייי והוה | נהורא | ונהר וקרא יתה לילי קדמיא |
| 010 | | | Gn 1:16 | למהוי שליט באיממא וית | נהורא | זעירא למהוי שליט בליליא |
| 011 | | | Ex14:20 | והוה ענגא חשוך ופלגא | נהורא | חשוכא מחשך למצרייה ונהורא |
| 012 | | | Gn 1:04 | ממרא דייי בין | נהורא | לבין חשוכא: |
| 013 | | | Ex14:20M | נהור ופלגא חשך | נהורא | מנהר על ישראל וחשוכ׳ |
| 014 | | | Ex10:23M | "הוה ... במדוריהון": הוות | נהורא | על דהוון עסיקי׳ בפיתגמי |
| 015 | | | Gn 1:16 | תרין נהוריא רברביא ית | נהורא | רבה למהוי שליט באיממא וית |
| 016 | ונהורא | | Ex14:20 | חשוכא מחשך למצרייה | ונהורא | לישראל כל ליליא ולא |
| 017 | ונהורה | | Gn 3:09 | דברית גלי קדמי חשוכה | ונהורה | גלי קדמי ואת חשב דלא גלי |
| 018 | לנהורא | | Gn 1:05 | וקרא ממרא דייי | לנהורא | אימם׳ ולחשוכא קרא לליא |
| 019 | נהורין | p abs | Gn 1:14 | ואמ׳ ייי יהוון | נהורין | ברקיעא דשמיא למפרשא בין |
| 020 | נהוריא | p em/sf | Gn 1:16 | וברא ממרא דייי ית תרין | נהוריא | רברביא ית נהורא רבה למהוי |

## to roar *vb.* נהם [343]

|  |  |  |  |  |  |  |
|---|---|---|---|---|---|---|
| 001 | נהם | peal | Gn44:18 | זעף במלין ומדכדך בלישנא | נהם | כאריה ואמר בבעו מינך רבוני |

## to shine *vb.* נהר [343]

|  |  |  |  |  |  |  |
|---|---|---|---|---|---|---|
| 001 | נהר | peal | Ex34:29 | ומשה לא הוה ידע ארום | נהר | זיו איקרהון דאפוי במללותיה |
| 002 | | | Ex34:30 | בני ישראל ית משה והא | נהר | זיו איקרהון דאפוי דמשה |
| 003 | | | Ex34:35 | {{והוה משה מחזר}} ארום | נהר | זיו איקרהון דאפוי דמשה |
| 004 | ונהר | | Ex12:42 | וממריה דייי והוה נהורא | ונהר | וקרא יתה לילי קדמיא לילי |
| 005 | אנהר | afel | Gn44:03 | צפרא | אנהר | וגבריא אשתלחו אינון |
| 006 | | | Ex14:20M | ישראל | אנהר | ליליא לא קריבו משרה אל |
| 007 | ינהרון | | Nu 8:02 | לקבל אפ«י»ה מנרתה | ינהרון | שבעתי בוציניה: |
| 008 | מנהר | | Ex14:20M | נהור ופלגא חשך נהורא | מנהר | על ישראל וחשוכ׳ מחשך על |
| 009 | מנהרה | | Ex40:38M | לעיני כל בית /הוות | מנ{ח}<ה>רה | עלוי כל ליליה חמיין כל |
| 010 | מנהרין | | Gn 1:15 | ויהוון | מנהרין | ברקיע שמייא למנהרא על |
| 011 | | | Ex25:37M | /בוצינ׳ וייהוון | מנהרין | כלוקבל#2#/ אפיה: |
| 012 | ואנהר | | Gn38:25 | אלהא דעני לאנינקי | ואנהר | עייני והב לי תלתא |
| 013 | ואנהרון | | Gn38:25 | יתהון לה תלתא שהדוי | ואנהרון | עיינה וחמת יתהון ויהבת |
| 014 | ומנהר | | Ex12:42M | נהורא/נהור#2#/ | ונהר/ומנהר#2#/ | וקרא יתה לילי קדמיא |
| 015 | ומנהרין | | Ex13:22 | מדברין ומעתדין | ומנהרין | קדם עמא: |
| 016 | לאנהרה | | Dt 1:33M | \בלילה למחויה יתכון | /לאנהרה | לכון#2#/ בארחא די |
| 017 | למנהרא | | Ex13:21 | בעמוד׳ דעננא דאישתא | למנהרא | להון למהוי מהלכין ביממא |
| 018 | | | Ex25:37 | שבעה ותסדר ית בוציניה | למנהרא | מן כל קבל אפיה: |
| 019 | | | Gn 1:15 | מנהרין ברקיע שמייא | למנהרא | על ארעא והו׳ כן כממריה: |
| 020 | | | Gn 1:17 | דייי ברקיעא שמיא | למנהרא | על ארעא: |

## river *n.* נהר [343]

|  |  |  |  |  |  |  |
|---|---|---|---|---|---|---|
| 001 | ונהר | s ab/cn | Gn 2:10 | | ונהר | הוה נפק מן עדן למשקייה ית |
| 002 | נהרא | s em/sf | Gn41:01 | והא הוא קיים על גוף | נהרא: | |
| 003 | | | Gn41:03 | תורייא על כ״י#2#^ף | נהרא: | |
| 004 | | | Gn41:17 | קיים על גיף {תוריין} | נהרא: | |
| 005 | | | Ex 2:03 | יתיה באפרה על גב | נהרא: | |
| 006 | | | Ex 7:28 | וישרץ | נהרא | ארדענין ויסקון ויעלון |
| 007 | | | Nu22:05 | פתורה חלמייה די על גף | נהרא | ארע בני עמיה למיקרי ליה |
| 008 | | | Dt11:24 | בית מקדשה מן נהרא רבה | נהרא | דפרת ועד ימה אחרנייה יהווי |
| 009 | | | Ex 7:25M | /מימריה דייי ואסיקית | נהרא#2#/ | ואסי יתיה: |
| 010 | | | Ex 7:21 | מצריי למשתי מיא מן | נהרא | והות אדמה בכל ארעא |
| 011 | | | Ex 7:15 | ותתעתד לקדמותיה על גף | נהרא | וחוטרא די אתהפך לחיוי תסב |
| 012 | | | Ex 2:05 | ורביתה מהלכין על גוף | נהרא | וחמא ית תיבתה בגו אפרה |
| 013 | | | Ex 2:05M | \על נהרא ורביתה /על גב | נהרא | וטלייתא#2#/ מהלכין על גוף |
| 014 | | | Ex 4:09 | ויהוון מיין די תסב מן | נהרא | ויהוון לאדם ביבשתא: |
| 015 | | | Ex 7:18 | די בנהרא ימותון ויסרח | נהרא | וישתלהון מצריי למשתי מיא |
| 016 | | | Ex 7:21 | די בנהרא מיתו ואסרח | נהרא | ולא יכילו מצריי למשתי מיא |
| 017 | | | Ex 2:05 | ברתה דפרעה למתקררא על | נהרא | ורביתה מהלכין על גוף נהרא |
| 018 | | | Gn31:21 | מה די לה וקם ועבר ית | נהרא | ושוי ית אפוי לטור גלעדה: |
| 019 | | | Ex 8:16 | הא הוא נפק למתקוררה על | נהרא | ותימר ליה כדן אמר ייי שלח |
| 020 | | | Ex 7:15 | הוא נפק מת{ו}ק<ו>ררה על | נהרא | ותתעתד לקדמותיה על גף נהרא |
| 021 | | | Ex 7:20 | שליטוי ואתהפכו כל מיא | נהרא | לדמא: |
| 022 | | | Nu12:16 | דקמת לה מרים על גיף | נהרא | למידע מה יהווי בסופ«י»ה |
| 023 | | | Gn41:02 | והא מן | נהרא | סלקין שבע תורין יאיין |
| 024 | | | Gn41:18 | והא מן | נהרא | סלקן שבע תוריין בריין |
| 025 | | | Nu34:15 | להון תחומא לנהרא רובא | נהרא | פרת דעלוי סדר נצחני קרבוי |
| 026 | | | Nu34:15 | מדעבדין ומנהרא רובא | נהרא | פרת נפק להון תחומא לקרן |
| 027 | | | Ex23:31 | דפלישתאי ומן מדברא עד | נהרא | רבא ארום אמסר{א} בידיכון |
| 028 | | | Gn 2:14 | ונהרא רביעיא הוא | נהרא | רבה דנהרא פרת: |
| 029 | | | Gn15:18 | הדא מנילוס דמצרים עד | נהרא | רבה נהרה פרת: |
| 030 | | | Dt11:24 | מדברה וטור בית מקדשה מן | נהרא | רבה נהרא דפרת ועד ימה |
| 031 | | | Ex17:05 | וחטרא די מחית בה ית | נהרא | תיסב בידך ותיזל: |
| 032 | נהרה | | Dt 1:07 | בית מוקדשה עד נהרה רבה | נהרה | דפרת: |
| 033 | | | Gn15:18 | דמצרים עד נהרא רבה | נהרה | פרת: |
| 034 | | | Dt 1:07 | וטור בית מוקדשה עד | נהרה | רבה נהרה דפרת: |
| 035 | | | Nu12:16M | מרים למשה על | נהרה | שעה חדה אמתינת לה שכינתה |
| 036 | בנהרא | | Ex 7:17 | די בידי על מיא די | בנהרא | ויהפכון לאדם: |
| 037 | | | Gn40:18M | \לנהרא ברם פרעה יאבד | /בנהרא | וסופי׳ דפרעה ייבד#2#/ |
| 038 | | | Ex 7:18 | ונוניא די | בנהרא | ימותון ויסרח נהרא |
| 039 | | | Ex 8:05M | לחוד/להוד#2#/ | דבנהרא/בנהרא#2#/ | ישתיירון |
| 040 | | | Ex 8:07M | לחוד/להוד#2#/ | דבנהרא/בנהרא#2#/ | ישתיירון |
| 041 | | | Ex 7:21 | ונוניא די | בנהרא | מיתו ואסרח נהרא ולא יכילו |
| 042 | | | Ex 7:20 | חוטריה ומחה ית מיא די | בנהרא | קדם פרעה וקדם שליטוי |
| 043 | | | Ex 1:22 | דכר דמתיילד ליהודייא | בנהרא | תטלקון יתיה וכל ברא נוקבא |
| 044 | דנהרא | | Ex 7:24 | <....> למשתי מן מוי | דנהרא: | |
| 045 | | | Ex 7:25 | דמחה ייי ית מיא | דנהרא | ואסי יתיה: |
| 046 | | | Ex 4:09 | לקלך ות{ת}<ס>ב מן מוי | דנהרא | ותשפוך ביבשתא ויהוון מיין |
| 047 | | | Gn 2:14 | רביעיא הוא נהרא רבה | דנהרא | פרת: |
| 048 | | | Gn 2:13 | ושמה | דנהרא | תיניינא גיחון הוא דחזר |
| 049 | | | Gn 2:14 | ושמה | דנהרא | תליתיא דקלת הוא דחזר |
| 050 | דבנהרא | | Ex 8:05 | ומן אנשי ביתך לחוד | דבנהרא | ישתיירון: |
| 051 | | | Ex 8:07 | שלטונך ומן עמך לחוד | דבנהרא | ישתיירון: |
| 052 | ונהרא | | Gn 2:14 | ומקף מן מדנח אתוריה | ונהרא | רביעיא הוא נהרא רבה דנהרא |
| 053 | ומנהרא | | Nu34:15 | קרבוי דייי מדעבדין | ומנהרא | רובא נהרא פרת נפק להון |
| 054 | לנהרא | | Ex 7:24 | כל מצריי חזור חזור | לנהרא | <....> למשתי מן מוי דנהרא: |
| 055 | | | Ex18:11 | ישרא׳ למרמא בניהון | לנהר«א» | בה בפתגמא יתפרע מנהון |
| 056 | | | Gn40:18 | על ישראל ורמי בניהון | לנהרא | ברם פרעה יאבד וחיילותיה |
| 057 | | | Nu34:15 | נפק להון תחומא | לנהרא | רובא נהרא פרת דעלוי סדר |
| 058 | לנהרה | | Nu34:15M | דן נפק להון תחומה | לנהרה | רבה דפרת דעלוי סד׳ |
| 059 | מנהרא | | Ex 7:18 | מצריי למשתי מיא | מנהרא: | |

## נוגה early light, dawn *n.* [340 נגה]

|  |  |  |  |  |
|---|---|---|---|---|
| 060 | | | Gn41:03 | אחרנין סלקין בתריהון מנהרא בישן למיחמי וחסין |
| 061 | נהרין | p abs | Gn 2:10 | וחזר והוה לארבעה ראשי נהרין רברבין: |
| 062 | נהרת | p const | Dt 1:07M | עד נהרה רבה נהרה/<נהר>ת#2# דפרת: |
| 063 | נהריא | p em/sf | Ex 8:01 | ארכן ית ידך בחוטרך על נהריא ועל שקיא ועל ביציה ואסק |
| 064 | נהרייא | | Gn36:37 | בתרה שאול מן ביני נהריי«א»: |
| 065 | | | Ex 7:19 | על מימהון דמצריי על נהרייא ועל מבועיהון ועל ביציהון |

|  |  |  |  |  |
|---|---|---|---|---|
| 001 | בנוגהא | s em/sf | Gn44:03M | \צפרא אנהר/היספרא בנוגהא#2#/ וגבריא אשתלחו אינון |

## נווחה rest *n.* [344]

|  |  |  |  |  |
|---|---|---|---|---|
| 001 | לנווחתה | s em/sf | Dt12:09 | לא אתיתון עד כדון לנווחתה ולאחסנותה דייי אלהכון |

## נוח to rest *vb.* [344]

|  |  |  |  |  |
|---|---|---|---|---|
| 001 | ניחין | peal | Nu24:09 | ניחין ושרין כאריה וכאריוותה |
| 002 | נייח | | Nu23:24 | ארום היך מה דאריה לא נייח ולא דמך עד זמן דאכיל פשוט |
| 003 | | | Gn49:09 | דתמר ברי את הוי' זכיי נייח ושרי בגו קרבא היך אריה |
| 004 | | | Dt33:20 | מן דאפתי תחומה דגד נייח ושרי בגו קרבה היך אריא |
| 005 | נייחין | | Nu23:24 | כדן עמא האליין לא נייחין ולא ש{כ}ד<כ>ין עד דקטלין |
| 006 | | | Dt33:03 | עליהון יסורין סגין לא נייחין ולא שדכין מן אולפן |
| 007 | תנר' | | Ex34:21M | ובחגא דחצדא תתנחון/תנר#2#:/ |
| 008 | | | Ex34:21M | שביעיה תתנחון/תנר#2#^/תתניחון#2# בחגא |
| 009 | ונחת | | Gn45:27 | דשלח יוסף למטען יתיה ונחת רוחיה דיעקב אבוהון: |
| 010 | ואנייח | pael | Ex33:14M | רעותי' ידבר יתך ואניי{ך}<ח> יתך#2#:/ |
| 011 | יניח | afel | Dt 3:20 | עד זמן די יניח ייי לאחיכון כוותכון וירתון |
| 012 | | | Dt25:19 | ויהוי בזמנה די יניח ייי אלהכון יתכון מן כל |
| 013 | תניחון | | Dt 5:14 | בקירויכון מן בגלל די תניחון עבדך ואמהתך כוותכון: |
| 014 | דיניח | | Dt25:19M | די יניח/בזמן דיניח#2# ייי אלהכון יתכון |
| 015 | ויניח | | Dt12:10 | אלהכון מחסן יתכון ויניח לכון מכל בעלי דבביכון |
| 016 | איתניח | etpeel | Gn 2:03M | שבה וניח קדמוהי מן איתניח/ מן#2# כל עיבידתיה די |
| 017 | אתניחת | | Lv26:35M | \אשמטת בשמיט<י>כון/ אתניחת בשבי שמטי#2# כד |
| 018 | תתנוחון | | Ex34:21 | תפלחון וביומא שביעיה תתנוחון בחגא דאכנשותא ובחגא |
| 019 | תתנחון | | Ex34:21 | דאכנשותא ובחגא דחצדא תתנחון: |
| 020 | | | Ex23:12 | עבידתך וביומא שביעא תתנחון מן בגלל דתנח תורך וחמרך |
| 021 | תתניח | | Lv26:34M | בכדן תשמט/תתניח#2# ארעא ותרעי ית שמטיה |
| 022 | תתניחון | | Ex34:21M | ברדיא ובחצדה תתניחון |
| 023 | | | Ex34:21M | שביעיה תתנוחון/תנר#2#^/תתניחון#2# בחגא |
| 024 | | | Dt28:65 | ובאומייה האינון לא תתניחון ולא יהווי נייח לכפה |
| 025 | דיתנחון | | Ex23:12M | מן בגלל \דתנח תורך /דיתנחון תוריכון#2#/ וחמרך |
| 026 | דתנח | | Ex23:12 | שביעא תתנחון מן בגלל דתנח תורך וחמרך ויתניח ברא |
| 027 | ואיתנחת | | Gn45:27M | \למסבוליה/ יתיה ונחת/ואיתנחת#2# רוחיה דיעקב |
| 028 | ואיתניח | | Gn 2:02M | עבד ואיתניח ביומא שביעאה מכל עבדתיה |
| 029 | ואתנחו | | Ex 2:23 | ומית מלכא דמצרים ואתנחו בני ישראל מן פולחנא |
| 030 | | | Ex16:30 | ואתנחו עמא ביומא שבעיה: |
| 031 | ואתניח | | Ex20:11M | וניח קדמוי ביומא /ואתניח ביומ#2#/ שביעיא בגין |
| 032 | ואתניחו | | Ex16:30M | ואתנחו/ואתניחו#2# עמא ביומא שבעיה: |
| 033 | ואתניחת | | Gn 8:04M | ושדתכת/ואתניחת#2# תיבותה בירחא |
| 034 | ויתניח | | Ex23:12 | דתנח תורך וחמרך ויתניח ברא דאמתך יהודייתה |
| 035 | ותתניח | | Lv25:02M | אנה יהב לכון ותשמט/ותתניח#2# ארעא שמטה לשמה |

## נוט to scare *vb.* [344]

|  |  |  |  |  |
|---|---|---|---|---|
| 001 | דמנט | afel | Lv26:06M | ולית דמניט/דמנט#2#/ יתכון ואבטל רשותהון |
| 002 | | | Dt28:26M | דארעא ולית דמניט/דמנט יתכון#2#:/ |
| 003 | דמניט | | Dt28:26 | ולחייתה דארעא ולית דמניט: |
| 004 | | | Lv26:06 | ות{ת}<ד>מכון ולית דמניט יתכון ואבטל רשותהון |

## נוטרן one who bears a grudge *n.* [344]

|  |  |  |  |  |
|---|---|---|---|---|
| 001 | נוטרנין | p abs | Lv19:18 | ולא תהוון נוקמנין ולא נוטרנין ית חוב{כ}<ר>כון ותרחמון |

## נוכריי foreign *adj.* [344]

|  |  |  |  |  |
|---|---|---|---|---|
| 001 | נוכריי | s ab/cn | Dt32:12 | ביניהון פלחי פלחן נוכריי: |
| 002 | נכריי | | Nu23:21 | יעקב ולא עבדי פלחן נכריי בדבית ישראל מימר ייי |
| 003 | נוכראה | s em/sf | Ex 2:22 | דייר ותותב אנא בארע נוכראה: |
| 004 | | | Gn26:35 | רוח ומגחכן בפולחנא נוכראה {{היון}} ולא מקבלן אולפן |
| 005 | | | Gn 4:26M | שרון למפלח בפולחנא נוכראה ולמכניה יתיה בשם ממ<רה |
| 006 | | | Ex12:21M | /נגודו ידכון מן פולחנא נוכראה ומן בתר כן תכסון אימר#2# |
| 007 | נוכריה | | Gn21:08 | היך מגהך בפולחנא נוכריה: |
| 008 | | | Gn26:35M | בפולחנא נוכראה/נוכ<ריה#2# {{היון}} ולא |
| 009 | נוכרייה | | Dt15:03M | "ית בר... גב אחוך": ית נוכרייה בר עממיה תהון דחקין ודי |
| 010 | נכראה | | Gn24:31 | פניית ביתה מן פלחנא נכראה ואתר לגמליא: |
| 011 | | | Gn24:31M | בגווה מן פולחנא נכראה ומן גלוי עריתא ומן |
| 012 | | | Ex30:09M | קטרת/קטרן#2#/ נכרייה/<נכר>אה#2# ועלוון ומנחוון |
| 013 | | | Gn13:13M | ובפלחנא נכרייה/נכראה#2#/ קדם ייי לחדה: |
| 014 | נכריה | | Ex18:03 | גיור ותותב הוינא בארעא נכריה: |
| 015 | | | Ex32:06 | וקמו למגחכה בפלחנא נכריה: |
| 016 | | | Ex32:18 | שמע קל מקלסין בפלחנא נכריה אנה שמע קל מקלסין: |
| 017 | | | Gn35:04 | ליעקב ית כל פלחנא נכריה די בידיהון וית קדשיא די |
| 018 | | | Lv20:04 | למעברה בנורא קדם פלחנה נכריה דלא למקטול יתיה: |
| 019 | | | Gn35:02 | עמיה עברו ית פלחנא נכריה מביניכון ואדכון וחוורו |
| 020 | | | Lv20:03 | למעברה בנורא קדם פלחנה נכריה מן בגלל למסאבה ית |
| 021 | | | Lv20:05 | {{למטעי}} בתר פלחנה נכריה מן גו עמה: |
| 022 | נכרייה | | Gn26:35M | רוח פלחן בפולחנא נכרייה#2#/ אולפן לא מן יצחק ולא |
| 023 | | | Lv18:21 | בנורא קדם פלחנה נכרייה ולא תפסו ית שמה דאלהכון |
| 024 | | | Dt14:01 | חבורן חבורן בפולחנא נכרייה ולא תשוון רשום על |
| 025 | | | Ex30:09 | לא תסדרון עלוי קטרת נכרייה ועלוון ומנחוון ונסוכין לא |
| 026 | | | Lv20:02 | בנוי למעברה קדם פלחנה נכרייה מתקטל יתקטל עמה דארעא |
| 027 | | | Gn13:13 | אדמייה ובפלחנא נכרייה קדם ייי לחדה: |
| 028 | לנכרייה | | Ex22:30 | לכלבא תטלקון או לנכרייה בר עממיא תטלקון יתיה |
| 029 | נכריין | p abs | Gn31:15 | הלא כאלו נכריין אתחשבנן ליה ארום זבן יתן |
| 030 | | | Dt31:16 | וטעיין בתר טעוון נכריין דאית בארעא די אינון עללין |
| 031 | | | Lv18:21M | זרעך לא תתן לפלחנה נכריין ולא תיפסון ית#2#/ ית שמה |
| 032 | נוכרייה | p em/sf | Dt31:16M | נכריין/טעווייה נוכרייה#2#/ דאית בארעא די אינון |

## נון *fish* *n.* [344]

|  |  |  |  |  |
|---|---|---|---|---|
| 001 | נונוי | p em/sf | Gn 9:02 | די תרחש על ארעא ובכל נונוי דימא רבה בידכון מסרת: |
| 002 | נוני | | Nu11:22 | הא ספק להון אן ית כל נוני דימא אן מתכנש להון «ה»א |
| 003 | נוניא | | Gn48:16 | ויסגון בארעא היך נוניא יסגון במיא: |
| 004 | נוניה | | Nu11:05 | מדכרין אנן ית נוניה דהוינן אכלין במצרים מגן |
| 005 | נונייא | | Dt 4:18 | כל דרחש בארעא דמו כל נונייא די במייא מן לרע לארעא: |
| 006 | בנונוי | | Gn 1:28 | וכבישו יתה ושלוטו בנונוי דימא ובעופא דשמיא ובכל |
| 007 | בנוניא | | Gn 1:26 | וישלטון בנוניא דימא ובעופ' דשמיא ובבעירא |
| 008 | דנוניי' | | Gn48:16M | \נוניא יסגון במיא /דנוניי' סגן בימא#2#:/ |
| 009 | ונוניא | | Ex 7:18 | ונוניא די בנהרא ימותון ויסרח |

010 Ex 7:21 ונוניא די בנהרא מיתו ואסרח נהרא

## נוף *vb.* to wave [345]

001 אניף afel Lv 9:21 וית ניעיה וית שקה דימינה אניף אהרן אנפו קדם ייי היך מה
002 Ex35:22 וכל מני דהב וכל גבר די אניף אנפו{י} דדהב לשמה דייי:
003 יניף Lv23:11 יומא טבה קדמייא דפיסחא יניף יתה כהנא:
004 תניפון Lv23:12 ותקרבון ביומא די תניפ{י}<ו>ן ית עומרה אמר בר שתיה
005 Dt27:05M עליהון מן דברזל /תני{ס}<פ>ון מן דפורזל#2#/:
006 ואניף Lv 8:29 ונסב משה ית ניעה ואניף יתה אנפו קדם ייי מן דיכרה
007 Lv 8:27 ועל כפי ידיהון דבנוי ואניף יתהון אנפו קדם ייי:
008 Nu 8:21M לבושיהון \ואניף#1#/ויני#2#/ \יתהון אנפו קדם
009 ויני' Nu 8:21M לבושיהון \ואניף#1#/ויני#2#/ \יתהון אנפו קדם
010 ויניף Nu 8:11 ויניף אהרן ית לוויי ויהוון
011 Lv23:11 ויניף ית עומרא קדם ייי לרעוה
012 Nu 5:25 דאתתה ית מנחתה דאקנתה ויניף ית מנחתה קדם ייי ויקרב
013 Lv14:12 לאשמה וית לוגה דמשחה ויניף יתהון אנפו קדם ייי:
014 Lv14:24 דאשמה וית לוגה דמשחה ויניף יתהון כהנא אנפו קדם ייי:
015 Lv23:20 ויניף כהנא יתהון על לחמה
016 ותניף Ex29:24 על כפי ידיהון דבנוי ותניף יתהון אנפו קדם ייי:
017 Nu 8:13 קדם אהרן וקדם בנוי ותניף יתהון אנפו קדם ייי:
018 Nu 8:15 זימנא ותידכי יתהון ותניף יתהון אנפו:
019 Ex29:26 דאשלמותא די לאהרן ותניף ית{הון}<יה> אנפו קדם ייי
020 למ' Lv 7:30M יתה ית/וית#2# ניאה למ'#2#/ יתיה אנפ{ג}<ו> קדם ייי:
021 למנפה Lv10:15 על קרבני תרביה ייתון למנפה אנפו קדם ייי ויהוי לך
022 Lv 7:30 ייתי יתה ית ניעה למנפה ניאה יתיה אנפ{ג}<ו> קדם
023 אתניף ettafal Ex29:27M שקה דאפרשותא די אתנף/א<ת>ניף#2#/ ודי אתפרש מן דכרא
024 אתנף Ex29:27 וית שקה דאפרשותא די אתנף ודי אתפרש מן דכרא

## נוף *n.* ⇐ ניר

## נור *n.* fire [345]

001 נור s ab/cn Gn15:17M בסוף יומיא גומרא די נור מן כורסי יקרא יתוקיד
002 דינור Gn15:17M דבערה כאתונה בשביבין דינור וגומרין דאשתה ומסקה תננה
003 Gn15:17 בתנורא מקפה שביבין דינור שלה{ין}<בין> #2# דאשה
004 דנור Gn 3:24 אתקן בגוה זיקוקין דנור וגומרין מבערן לרשיעיא
005 Ex20:02 ברקין והיך למפדין דנ{ז}<ו>ר למפד דנור מן ימיניה
006 Ex20:03 והיך ברקין והיך למפדין דנור למפד דנורא מן ימינה ולמפד
007 Dt 5:06 והיך ברקין והיך למפדין דנור <למפד דנור> מן ימיניה
008 Dt 5:07 והיך ברקין והיך למפדין דנור <למפד דנור> מן ימיניה
009 Ex20:02 למפדין דנ{ז}<ו>ר למפד דנור מן ימיניה ולמפד דאשא מן
010 Dt 5:06 למפדין דנור <למפד דנור> מן ימיניה ולמפד דאשה מן
011 Dt 5:07 למפדין דנור <למפד דנור> מן ימיניה {ומל ול} ולמפד
012 נורא s em/sf Gn16:05 דעמא דיהבו יתך באתון נורא דכשדאי:
013 Dt 9:21 וארמי ית עפרה לוות {נורא} <נחלה> דנחת מן טורא:
014 נורהון Gn11:28 בארע תלדוותיה באתון נורהון דכשדאי:
015 Gn11:31 ונפקו עמהון מן אתון נורהון דכשדאי למיזל לארעא דכנען
016 Gn15:07 ייי דאפקת יתך מן אתון נורהון דכשדאי למיתן לך ית ארעא
017 בנורא Nu31:10 כל אפרכיוותהון אוקדו בנורא:
018 Dt 7:05 טעוותהון תוקדון בנורא:
019 Lv 2:14 לשמה דייי מהבהב קלי בנורא גרש פריחין תקרב ית מנחת
020 Dt 9:21 נסבת ואוקדת יתיה בנורא ואכתת יתיה זקיק טבאות עד
021 Gn38:25 תמר נפקת למתוקדה בנורא ובעת תלתא סהדיי ולא אשכחת
022 Nu31:23 די יעול לנורא תעברון בנורא וידכא להוד במי אדיה ידכא
023 Ex32:24M לי ואת' וטלקתיה בנורא ועל סטנה בגווה ונפק
024 Dt12:03 וטעוותהון תוקדון בנורא {{וצלמי}} טעוותהון תקצצון
025 Gn38:25 ועזריה כד נחתין בנורא יקידתא ומקדשין שמך קדישא
026 Lv16:27 לבר מן משריתיה ויקדון בנורא ית משכיהון וית בשריהון
027 Dt13:17 לגו מצע פלטיה ותיקדון בנורא ית קרתא וית על עדיתה גמיר
028 Lv 7:17 ביומא תליתיה בנורא יתוקד:
029 Lv 7:19 סואבה {לא} לא יתאכל בנורא יתוקד ובשרה כל דדכי יכול
030 Lv19:06 עד יומא תליתייה בנורא יתוקד:
031 Ex29:34 צפרא ותיקד מה דאשתייר בנורא לא יתאכל ארום קדש הוא:
032 Dt 7:25 טעוותהון תוקדון בנורא לא תתחמדון כספא ודהבה
033 Dt18:10 גבר מעבר בריה וברתיה בנורא לא קסמי קסמין ולא חדודי
034 Ex29:14 משכא וית רעיה תוקד בנורא לבר מן משריתה חטאת הוא:
035 Lv 8:17 בשר' וית רעיה אוקיד בנורא לבר מן משריתה היך מה דפקד
036 Lv 9:11 וית בשרה וית משכה אוקד בנורא לבר מן משריתה:
037 Dt12:31 וית בנתהון יוקדון בנורא לטעוותהון:
038 Ex12:08 בשרא בליליה פסחא צלי בנורא פטירין {עם מרירין} עם
039 Lv18:21 ומבניך לא תתן למתעברה בנורא קדם פלחנה נכרייה ולא תפסו
040 Lv20:03 מן בנוי יהב למעברה בנורא קדם פלחנה נכריה מן בגלל
041 Lv20:04 מן זרעית בנוי למעברה בנורא קדם פלחנה נכריה דלא
042 Lv 2:14M קדם ייי דכיך קלי בנורא קמ{ה}<ח> דפירוכיין
043 Ex12:09 במיא ארום אלהן צלי בנורא ראש עם רגלוי ועם
044 Ex12:10 דמשייר מיניה עד צפרא בנורא תוקדון:
045 Lv13:55 לא הלך מסאב הוא בנורא תוקדון יתיה פחיתה היא
046 Lv13:57 בכל מן דמשך מהלכה היא בנורא תוקדון יתיה ית מנה דבי
047 Lv20:14 אתה וית אמה מרחקה היא בנורא תוקדון יתיה וית תריהון
048 Nu31:23 וכל מה די לא ייעול בנורא תעברון במיא:
049 Lv 6:23 בגו בית קדשא לא תתאכל בנורא תתוקד:
050 Lv13:52 ארום צרעה מחלטה היא בנורא תתוקד:
051 Lv21:09 ית אבוה היא מטער' בנורא תתוקד:
052 בנורה Lv 8:32 דמשתייר בבשרא ובלחמה בנורה תוקדון יתיה:
053 דנורא Ex15:07 תתכל יתהון היך מה דנורא בעיר בקשא:
054 Nu 9:17M ובאתרה \די ישרי /דנורא/ <ישרי#2#/ תמן משכנה
055 Ex20:03 והיך למפדין דנור למפד דנורא מן ימינה ולמפד דאשא מן
056 לנורא Nu31:23M לנורא תעברון בנורא/לנורא#2#/ וידכא להוד/לחוד#2#/
057 Nu31:23 כל מדעם די יעול לנורא תעברון בנורא וידכא להוד

## נות *vb.* ⇐ צות

## נזיר *n.* crown (hairdo of a Nazirite) [!!]

001 נזיר s ab/cn Nu 6:07M ארום כליל/נזיר#2#/ אלהיה על רישיה:
002 נזירה s em/sf Nu 6:18 ויספר נזירה בתרע משכן זימנא ית ריש

## נזיר 2# *n.* Nazirite [345 נזיר]

001 נזירה s em/sf Nu 6:20 ומן בתר כדין ישתה נזירה חמר:
002 דנזירה Nu 6:13 ודא גזרת אורי«י»תה דנז«י»רה ביומא דשלמון ית יומי
003 Nu 6:21 דא גז«י»רת אוריתה דנזירה די ידר קרבני<ה> קדם ייי
004 Nu 6:19 חד ויתן על כפי ידוי דנזירה מן בתר די«י»ספר ית כליל

## נזירו *n.* Naziriteship [345]

001 נז' s ab/cn Nu 6:12M נזירותיה/סאב ריש נז'#2#/:
002 דנזירו Nu 6:02 יפרוש למנדור נדר ד{ג}<נ>זירו למתנזרה קדם ייי:
003 נזירותה s em/sf Nu 6:13M /אחוויית נזירותה#2#/ \ביומא דשלמון/^די

|  |  |  |  |  |
|---|---|---|---|---|
| 004 | | | Nu 6:04 | כל יומי נדר נזירותה מכל די יעבד מן גופנה |
| 005 | נזירותיה | | Nu 6:12 | ארום יסתאב כליל נזירותיה: |
| 006 | | | Nu 6:19 | די«י»ספר ית כליל נזירותיה: |
| 007 | | | Nu 6:21 | כדן יעבד על גזרת נזירותיה: |
| 008 | | | Nu 6:21 | קרבני<ה> קדם ייי על נזירותיה בר מן מה די תרע ידה כפס |
| 009 | | | Nu 6:05 | כל יומי נדר נזירותיה גלב לא יעלה על רישיה עד |
| 010 | | | Nu 6:12 | ויתנזר קדם ייי ית יומי נזירותיה וייתי אמר בר שתה לאשמה |
| 011 | | | Nu 6:09 | דלא ידע ויסאב ריש נזירותיה ויספר רישיה ביום דכיותיה |
| 012 | | | Nu 6:18M | \ויסב ית שער ראש נזירותיה#2/ ויתן על אשתא די תחות |
| 013 | | | Nu 6:18 | משכן זימנא ית ריש נזירותיה ויתן על אשתא די תחות |
| 014 | | | Nu 6:13 | ביומא דשלמון ית יומי נזירותיה ייתי יתיה לתרע משכן |
| 015 | | | Nu 6:06 | כל יומי נזירותיה לשמה דייי על נפש דמית לא |
| 016 | | | Nu 6:08 | כל יומי נזירותיה קדיש יהווי קדם ייי: |

## נזל *adj.* flowing

[345]

|  |  |  |  |  |
|---|---|---|---|---|
| 001 | נזליא | p em/sf | Ex15:08 | צרירין היך זיקיא דמיא נזליא קפון תהומיא בפלגות דימא |

## נזף *vb.* to rebuke

[345]

|  |  |  |  |  |
|---|---|---|---|---|
| 001 | נזף | peal | Nu12:14M | לו נזיפה נזף בא{ב}<פ>יה דינה הוא |
| 002 | | | Nu12:14 | ייי למשה ואבוה נזפה נזף בה בדינה הוא תתכנע |
| 003 | ונזף | | Gn37:10 | ותני לאבוי ולאחוי ו{ט}<נז>ף בה אבוי ואמר ליה מה |

## נזפה *n.* rebuke

[345]

|  |  |  |  |  |
|---|---|---|---|---|
| 001 | נזיפה | s ab/cn | Nu12:14M | לו נזיפה נזף בא{ב}<פ>יה דינה הוא |
| 002 | נזפה | | Nu12:14 | ואמר ייי למשה ואבוה נזפה נזף בה בדינה הוא תתכנע |

## נזק *vb.* to damage

[345]

|  |  |  |  |  |
|---|---|---|---|---|
| 001 | למנזקיה | afel | Gn27:22M | לית רשו לעשו למנזקיה וכד מתרשל בפתגמי אוריתא |
| 002 | ית' | etpeel | Nu12:12M | במיא ובאשתא ולא מתנזק/ית#2/ וכיון {מ} דמטא קצה |
| 003 | מתנזק | | Nu12:12 | ירחין במיא ובאשתא ולא מתנזק וכיון {מ} דמטא קצה |

## נזר *vb.* to take a Nazirite's vow

[346]

|  |  |  |  |  |
|---|---|---|---|---|
| 001 | יתנזר | etpaal | Nu 6:05 | עד די שלמין יומיא די יתנזר קדם ייי קדיש יהווי יתרבי |
| 002 | דתנזר | | Nu 6:05M | יומיא \די יתנזר/דתנזר#2/ קדם ייי קדיש |
| 003 | ויתנזר | | Nu 6:12 | ויתנזר קדם ייי ית יומי נזירותיה |
| 004 | למתנזרה | | Nu 6:02 | נדר ד{ג}<נ>זירו למתנזרה קדם ייי: |

## נחושין ⇐ *n.* נחש#3

## נחיל *n.* wadi

[346]

|  |  |  |  |  |
|---|---|---|---|---|
| 001 | נ' | s ab/cn | Dt 2:37M | כל \דסמיך לנחל/תחום נ'#2/ יבקא וקורי^/וקרוי^#2# |
| 002 | נח' | | Dt 2:36M | /דאית על גיף נח'#2/ ארנונה וקרתה די |
| 003 | נחיל | | Dt 4:48 | מלחית די על גיף נחיל ארנונה ועד טורה דסיאון |
| 004 | | | Dt 2:36M | מן לחיית \די על נחל^/נחיל^#2/ /דאית על גיף נח'#2/ |
| 005 | נחל | | Dt 2:36 | מן לחיית די על נחל ארנונה וקרתה די בנחלה ועד |
| 006 | | | Dt 3:12 | מן לחיית די על גיף נחל ארנונה ופלגות טור גלעדה |
| 007 | | | Dt 3:16 | יהבית מן גלעדה ועד נחל ארנונה אמצע נחלה ותחומה |
| 008 | | | Dt 4:48M | נחיל /דאית על גיף נחל#2/ ארנונה ועד טורה |
| 009 | | | Dt 3:16 | אמצע נחלה ותחומה ועד נחל יבקה תחומיהון דבני |
| 010 | | | Dt 2:13M | \לכון/#2/ית נחלה/נחלא#2/ דזרד ועברנן על/ית#2/ |
| 011 | | | Gn32:24 | ונסב יתהון {ית נחל} ועבר ית נחלה ועבר ית כל |
| 012 | | | Nu13:23 | ומטון עד נחל סגולה ולקטו מן תמן עוברה |
| 013 | | | Nu13:24 | לאתרה ההוא קרא נחל סגולה על עסק סגולה די לקטו |
| 014 | | | Nu32:09 | וסלקו עד נחל סגולה וחמון ית ארעא ותברו |
| 015 | | | Dt 1:24 | וכוונו לטורא ומטון עד נחל סגולה ואלילו יתה: |
| 016 | דנחל | | Lv23:40M | והדס וערבה דנחלה/דנחל#2/ ותחדון קדם ייי |
| 017 | לנחיל | | Dt21:04 | קרתה ההיא ית עגלתה לנחיל דבייר די לא אתפלח ביה ולא |
| 018 | לנחל | | Dt 2:37 | לא קרבנן כל דסמיך לנחל יבקא וקורי טורה וכל מה די |
| 019 | נחלא | s em/sf | Dt 3:16M | קרתא דהא מתבנייה בימצע נחלא והוא תחומה |
| 020 | נחלה | | Dt 2:24 | קומו טלו ועברו ית נחלה דארנונה חמון דהא מסרית |
| 021 | | | Dt 3:08 | די בעבר ירדנה מן נחלה דארנונה עד טור תלגה: |
| 022 | | | Dt 2:13 | כדון קומו ועברו ית נחלה דזרד ועברנן על נחלה |
| 023 | | | Dt 2:13 | ית נחלה דזרד ועברנן על נחלה דזרד: |
| 024 | | | Dt 2:14 | עד זמן די עברנן ית נחלה דזרד תלתין ותמניא שנין עד |
| 025 | | | Dt 9:21 | ית עפרה לוות {נורא} <נחלה> דנחת מן טורא: |
| 026 | | | Gn32:24 | יתהון {ית נחל} ועבר ית נחלה ועבר ית כל «מה» דיליה: |
| 027 | | | Dt 3:16 | ועד נחל ארנונה אמצע נחלה ותחומה ועד נחל יבקה |
| 028 | בנחלה | | Dt21:04 | ויקטלו תמן ית עגלתה בנחלה: |
| 029 | | | Dt21:06 | על עגלתה דקטילה בנחלה: |
| 030 | | | Gn26:17 | ואזל מתמן יצחק ושרה בנחלה דגרר ויתב תמן: |
| 031 | | | Nu21:12 | מן תמן נטלו ושרון בנחלה דזרד: |
| 032 | | | Gn26:19 | וחפרו עבדוי דיצחק בנחלה ואשכחו תמן בא<'> מיין |
| 033 | | | Dt 2:36 | נחל ארנונה וקרתה די בנחלה ועד גלעדה לא הוות קרייה |
| 034 | דנחלה | | Lv23:40 | ולולבין והדס וערבה דנחלה ותחדון קדם ייי אלהכון |
| 035 | נחלין | p abs | Gn49:04 | לגנה זעירא דעלו בגווי נחלין דמיין שטפן ולא יכלת |
| 036 | | | Dt10:07M | "ארע ... דמייה": ארעא נחלין דמיין |
| 037 | | | Nu21:19M | "להון ... עמיקתא": נחלין שטפין חזרת למהוי |
| 038 | כנחלין | | Nu24:06 | כנחלין מתגברין כדן יהון ישראל |
| 039 | לנחלין | | Nu21:19 | מתגברין ומן דהוות לנחלין מתגברין חזרת למהווי סלקה |
| 040 | | | Nu21:19 | מתנה חזרת למהווי להון לנחלין מתגברין ומן דהוות לנחלין |
| 041 | נחלי | p const | Ex15:16 | דיעברון עמך ייי ית נחלי ארנונא עד דיעברון עמא |
| 042 | בנחלי | | Nu21:15 | דעבד ייי עמהון בנחלי <....> ומן בתר כדן אתפרשו |
| 043 | | | Nu21:14M | דייי כד הנון עבר' בנ{ה}<ח>לי |
| 044 | | | Nu21:14 | עמהון כד הוון עברין בנחלי ארנונה: |
| 045 | | | Nu21:15 | כד הוון ישראל עברין בנחלי ארנונה אטמרו אמוריי בגו |
| 046 | | | Nu21:15M | מלעיל ולא ידעו נסיה בנחלי ארנון ולחיית קרתה |
| 047 | דנחלי | | Nu21:15 | אמוריי בגו מעריה דנחלי ארנונה אמרין כד יהוון |
| 048 | נחליה | p em/sf | Nu21:15 | רישי גיבריהון ושטפו נחליה מן אדמיהון ולא הוון ידעין |
| 049 | נחלייה | | Nu21:15M | "ושטפו ...": ונג{ר}<ד>ו נחלייה מן אדמהון ולחיית קרתה |
| 050 | ובנחליא | | Lv11:09 | וקסקסין במיא בימיא ובנחליא יתהון תיכלון: |
| 051 | | | Lv11:10 | וקסקסין בימיא ובנחליא מן כל שרצא דמיא ומן כל |
| 052 | לנחלייה | | Nu21:19M | ונחתה עמהון ל{ת}<נ>חלייה עמיקתה |
| 053 | | | Nu21:20M | סוורייה ונחתה עמהון לנחלייה עמיקתה אתגנזת מנהון |

## נחיר *n.* nostril

[346]

|  |  |  |  |  |
|---|---|---|---|---|
| 001 | בנחירוי | d em/sf | Gn 7:22 | כל די נשמה דרוח חיין בנחירוי מן כל מה די ביבשתא מיתו: |
| 002 | | | Gn 2:07 | עפר מן אדמתא ונפח בנחירוי נשמ' דחיין והוה אדם לנפש |
| 003 | מנחיריכון | | Nu11:20 | יומין עד זמן דיפוק מנחיריכון ויהוי לכון לריחוק חלף |

## נחל ⇐ *n.* נחיל

## נחם *vb.* to comfort, to console [346]

|  |  |  |  |  |  |  |
|---|---|---|---|---|---|---|
| 001 | ינחם | pael | Gn 5:29 | ית שמיה נח למימר דן | ינחם | יתן מן עבדינן ביש׳ ומן גזל |
| 002 | ונחם | | Gn50:21 | יכיל למעקר עשרה כוכבין | ונחם | יתהון ומליל על לבביהון |
| 003 | ונחמת | | Gn35:09M | דאבילא ברכת יתיה | ונחמת | יתיה וכן כתבא מפר׳ ואמ׳ |
| 004 | | | Gn35:09 | ברכת דאבילה ברכת יתיה | ונחמת | יתיה דכן כתב{ת}<ה> מפרש |
| 005 | | | Gn35:09M | סבייה איתגליית עלוי | ונחמת | יתיה וברכתה דאבלייה ברכת |
| 006 | ותנחם | | Ex32:12M | רוגזך \ויהוי תהו קדמך/ותנחם#2# | | על בישתא די אמרת |
| 007 | למנחמה | | Gn35:09 | גזרתא ועוד אלפתא יתן | למנחמה | ית אבליה מן אבונן יעקב |
| 008 | | | Gn37:35 | כל בנוי וכל בנתיה | למנחמה | יתיה וסרב למתנחמה ואמר |
| 009 | לנחמה | | Gn35:09M | ועוד אלפתא יתן | למנחמה/לנחמה#2# | ית אבליה מן אבונן |
| 010 | מתנחם | etpaal | Dt32:36 | עבדוי צדיקיה הוא | מתנחם | ארום גלי קדמוי ארום מטת |
| 011 | ואנחם | | Gn38:12 | שוע אתתיה דיהודה | ואנחם | יהודה וסלק לוות גזזי ענה |
| 012 | | | Gn24:67 | והות לה לאתה ורחם יתה | ואנחם | יצחק מן בתר דמיתת שרה |
| 013 | למתנחמה | | Gn37:35 | למנחמה יתיה וסרב | למתנחמה | ואמר ארום אחות על ברי |

## נחמה *n.* consolation [346]

|  |  |  |  |  |  |  |
|---|---|---|---|---|---|---|
| 001 | נחמתא | s em/sf | Gn45:28M | "טבין ...": טבותא וסגי | נחמתא | אסתכיתי למחמי והדא |
| 002 | ונחמן | p abs | Nu24:05 | ישראל אבוכון כמה טבן | ונחמן | ממריה עתיד מייתיה עליכון |
| 003 | | | Gn45:28 | ואמר ישראל סגי טבין | ונחמן | סכיית למיחמי ולדא לא |
| 004 | | | Nu10:29 | אמר למיתיה טבה | ונחמן | על ישראל: |
| 005 | ונחמתא | p em/sf | Gn49:01 | מתני להון קץ פורקנא | ונחמתא | מן דאתגלי ליה רזא אתכסי |
| 006 | וניחמתא | | Gn49:01M | להון קץ ברכתא | וניחמתא | ואתכסי מיניה וכיון |
| 007 | | | Gn49:01 | להון קץ ברכתא | וניחמתא | מן דאתגלי ליה קיצא רזא |
| 008 | וניחמתה | | Nu23:23 | לבית יעקב טבתה | וניחמתה | דעתיד מייתייה עליכון |

## נחמו *n.* comforting [346]

|  |  |  |  |  |  |  |
|---|---|---|---|---|---|---|
| 001 | ניחמותא | s em/sf | Gn45:28M | אסתכיתי למחמי והדא | ניחמותא | לא סברית {ט}<ת>וב למחמי |
| 002 | בנחמותה | | Nu12:12M | מטת זימנא למיחמי | בנחמותה | לא כדון תתרחק דא |

## נחש *n.* bronze, copper [346]

|  |  |  |  |  |  |  |
|---|---|---|---|---|---|---|
| 001 | נחש | s ab/cn | Ex27:03M | כל מנוי תעבד | דנחש/נחש#2#:/ | |
| 002 | | | Ex27:06 | דשטין ותחפי{ה} יתהון | נחש: | |
| 003 | | | Ex27:17 | וקלוותהון כסף וחומריהון | נחש: | |
| 004 | | | Ex27:18 | אמין בוץ שזיר וחומריהון | נחש: | |
| 005 | | | Ex27:19 | וכל סכוי וכל סכי דדרתה | נחש: | |
| 006 | | | Ex36:38M | וחומריהון חמש׳ | דנחש/נחש#2#:/ | |
| 007 | | | Ex38:02 | הוון קרנתה וחפי ית׳ | נחש: | |
| 008 | | | Ex38:03 | וית מחתיתה כל מנוי עבד | נחש: | |
| 009 | | | Ex38:06 | אעין דשטין וחפי יתהון | נחש: | |
| 010 | | | Ex38:17M | וחומרוון לעמודיה/ | נחש | ואנקלוות עמ׳ |
| 011 | | | Ex38:19M | "ארבע ...": ארבעה | נחש | ואנקלוותהון |
| 012 | | | Ex27:10 | עשרין וחמריהון עשרין | נחש | וקלוות עמודיה וכבושיהון |
| 013 | | | Ex27:11 | עשרין וחמרין עשרין | נחש | וקלוות עמודיה וכבושיהון |
| 014 | | | Ex38:10 | עשרין וחומריהון עשרין | נחש | וקלוות עמודיה וכבושיהון |
| 015 | | | Ex38:11 | עשרין וחומריהון עשרין | נחש | וקלוות עמודיה וכבושיהון |
| 016 | דנחש | | Ex26:37 | ותתיך להון חמשה חמרין | דנחש: | |
| 017 | | | Ex27:03 | ומחתיתא כל מנוי תעבד | דנחש: | |
| 018 | | | Ex36:38 | דהב וחומריהון חמש׳ | דנחש: | |
| 019 | | | Ex38:20 | ולדרתה מן חזור חזור | דנחש: | |
| 020 | | | Lv 6:21 | תתבשל בה יתבר ואין במן | דנחש | אתבשל ויתמרק וישתט«ף» |
| 021 | | | Ex38:08 | דנחש וית בסיס דיד«ה» | דנחש | במחזיין דנשייא צדיקתא |
| 022 | | | Ex30:18 | ותעבד כיור | דנחש | ובסיס דידה דנחש לקדוש |
| 023 | | | Nu21:09 | הוה מסתכל על חיויה | דנחש | והווה חיי: |
| 024 | | | Nu21:09M | \ועבד משה חוי | דנחש | ויהב יתה על אתר תלי#2#/ |
| 025 | | | Ex38:08 | ועבד ית כיורה | דנחש | וית בסיס דיד«ה» דנחש |
| 026 | | | Ex38:17 | וחומרין לעמודי | דנחש | ונקלוות עמודיה וכבושיהון |
| 027 | | | Ex38:19 | ארבע וחומריהון ארבע | דנחש | ונקלוותהון כסף וחפוי |
| 028 | | | Nu21:09M | "חוי ... חיי": חווי | דנחש | ושווי יתיה והווה כל מן |
| 029 | | | Nu21:08 | ייי למשה עבד לך חיוי | דנחש | ושוי יתי אל אתר תלי: |
| 030 | | | Ex27:04 | ותעבד לו קנקל עובד מצדה | דנחש | ותעבד על מצדתה ארבע עזקין |
| 031 | | | Ex26:11 | ותעבד פורפין | דנחש | חמשין ותעל ית פורפי בענביא |
| 032 | | | Ex36:18 | ועבד פורפיה | דנחש | חמשין למדבק ית משכנא למהוי |
| 033 | | | Ex30:18 | כיור דנחש ובסיס דידה | דנחש | לקדוש ותשווי יתיה בין משכן |
| 034 | | | Ex27:04 | על מצדתה ארבע עזקין | דנחש | על ארבעתי זווייתא: |
| 035 | | | Ex38:04 | למדבחה קנקל עובד מצדה | דנחש | תחות סוביבה מן לרע עד |
| 036 | ונחש | | Ex25:03 | מן לוותהון דהב וכסף | ונחש: | |
| 037 | | | Ex35:05 | אפרשותא דייי דהב וכסף | ונחש: | |
| 038 | | | Ex35:24M | דאפרש אפרשו דכסף | ודנחש/ונחש#2#/ | אייתון ית אפרשותה |
| 039 | ודנחש | | Ex35:24 | כל דאפרש אפרשו דכסף | ודנחש | אייתון ית אפרשותה דייי |
| 040 | ונחשת | | Ex38:29M | | ונחשה/ונחשת#2#/ | דאנפותה שבעין ככרין |
| 041 | נחשא | s em/sf | Ex27:02 | קרנתה ותחפי יתה | נחשא: | |
| 042 | | | Ex31:04 | ובאומנות כספא ובאומנות | נחשא: | |
| 043 | | | Ex35:32 | ובאומנות כספא ובאומנות | נחשא: | |
| 044 | | | Gn25:27M | הוא נחי<ש> ירכן דהוה | נחשא | בירכא שמאלא בדמות סייפא |
| 045 | | | Gn 4:22 | קין אומן בכל אומנות | נחשא | ופרזלא ואחתה דתובל קין |
| 046 | נחשה | | Ex35:32M | דהבה וכספה אומנות | נחשה | |
| 047 | | | Dt 8:09 | פרזלה ומן טוורה חצבין | נחשה: | |
| 048 | | | Nu31:22 | ית דהבא וית כספה וית | נחשה | וית פרזלה וית בעצה וית |
| 049 | | | Dt33:25 | היך פרזלה וחסימין היך | נחשה | וכיומי עולימותיהון יומי |
| 050 | | | Lv26:19 | די תחתכון חסימה היך | נחשה | מלמרביה לכון צמחין: |
| 051 | | | Dt28:23 | די עלוויכון חסימין היך | נחשה | מן מחתה לכון טלא ומטרה |
| 052 | דנחשא | | Ex35:16 | מדבחה דעלתה וית קנקלא | דנחשא | דידה וית אריחוי וית כל |
| 053 | דנחשה | | Ex38:05 | בארבעתי זוויתה לקנקילה | דנחשה | אתרין לאריחיה: |
| 054 | | | Nu17:04 | אלעזר כהנא ית מחתיתה | דנחשה | די קריבו יקידיה ורדידו |
| 055 | | | Ex38:30 | דנחשה וית קנקילה | דנחשה | דידיה וית כל מני מדבחה: |
| 056 | | | Ex39:39 | מדבחה דנחשה וית קנקלה | דנחשה | דידיה וית אריחוי וית כל |
| 057 | | | Nu21:08M | יהוי מסתכל לחוייה | דנחשה | וחאי |
| 058 | | | Nu21:09M | הוה מסתכל לחוויה | דנחשה | וחי |
| 059 | | | Ex38:30 | משכן זימנה וית מדבחה | דנחשה | וית קנקילה דנחשה דידיה |
| 060 | | | Ex39:39 | ית מדבחה | דנחשה | וית קנקלה דנחשה דידיה וית |
| 061 | ונחשה | | Ex35:32M | נחשא /וכספה | ונחשה#2#:/ | |
| 062 | | | Ex38:29 | | ונחשה | דאנפותה שבעין ככרין ותרין |
| 063 | כנחשה | | Dt 8:09M | וטורניה ח{כ}<ס>ימין | כנחשה | |
| 064 | | | Dt 8:09M | ותלמידייהא חסינין הי | כנחשה | |
| 065 | | | Lv26:19M | דאית ת<ח>ותיכון חסימה | כנחשה | דלא למסקה לכון דתין |
| 066 | | | Dt28:23M | דאית תוחתיכון חסימה | כנחשה | {ו}<ד>לא למסקה לכון דתין |

## נחש 3# *n.* divination [346]

|  |  |  |  |  |  |  |
|---|---|---|---|---|---|---|
| 001 | נחושין | p abs | Lv19:26M | ולא תהוון נטורי | נחשין/נחושין#2#/ | ולא ח{ר}<ד>ודי |
| 002 | נחשין | | Nu23:23 | ארום לית אנה חמי נטורי | נחשין | בדבית יעקב ולא קסמי |
| 003 | | | Lv19:26 | ישראל ולא תהוון נטורי | נחשין | ולא ח{ר}<ד>ודי עיינין: |
| 004 | | | Dt18:10 | חדודי עינין ולא נטורי | נחשין | ולא חרשין: |

## hunter *n.* נחשירכן [346]

|  |  |  |  |  |  |
|---|---|---|---|---|---|
| 001 | נחוש ירכן s ab/cn | Gn25:27M | והוה עשו גבר | נחוש ירכן | ומר הוא נחי<ש> ירכן |
| 002 | נחיש ירכן | Gn25:27M | נחוש ירכן ומר הוא | נחי<ש> ירכן | דהוה נחשא בירכא שמאלא |

## to go down *vb.* נחת [346]

|  |  |  |  |  |  |
|---|---|---|---|---|---|
| 001 | חות peal | Ex19:21 | ואמר ייי למשה | חות | אסהיד בעמא דלא ידחקון קדם |
| 002 | | Ex32:07 | ומלל ייי עם משה אזל | חות | ארום חבלו עמך די אפיקת |
| 003 | | Dt 9:12 | ואמר ייי לי אמר משה קום | חות | בופריע מן הכה ארום חבילו |
| 004 | | Gn38:25 | קל צלותה ואמר למיכאל | חות | הב יתהון לה תלתא שהדוי |
| 005 | | Ex19:24 | ואמר ליה ייי איזל | חות | ותיסק את ואהרן עמך וכהניא |
| 006 | | Gn45:09 | ייי לריבון לכל מצראי | חות | לוותי ולא תשתהי: |
| 007 | חותו | Gn42:02 | עיבור מזדבן במצרים | חותו | לתמן וזבונן לן מתמן ונחי |
| 008 | נחית | Ex20:16M | סלקין ומטר׳ לא | נחית#2#/: | |
| 009 | | Dt 2:06 | מן לוותהון בכסף דמנה | נחית | לכון מן שמיא ולהוד מיין |
| 010 | | Dt33:03 | למחבבה עמא בני ישראל | נחית | ריבוון דמלאכין קדישין |
| 011 | נחיתו | Ex15:10 | כסון עליהון מוי דימא | נחיתו | ושקעו היך איברא במיא |
| 012 | נחת | Ex34:29 | והוה כד | נחת | משה מן טורא דסיני ותרין |
| 013 | | Gn44:26 | לית אנן יכלין למיחות אן | נחת | אחונן זעירא עמן אנן |
| 014 | | Dt 5:20M | ענניין מסתלקין ומטר דלא | נחת | ובצורתא אתיא לעלמא |
| 015 | | Dt 5:21 | עננין סלקין ומטר לא | נחת | ובצורתא אתייה על עלמא |
| 016 | | Gn15:11 | יתה זכותה דאברם כד | נחת | טייסא הווה שכין על פסגיי׳ |
| 017 | | Nu11:09 | וכד | נחת | טלא על משכנה בליליה הוה |
| 018 | | Ex 9:33 | קליא וברדא ומטר לא | נחת | לארעא: |
| 019 | | Ex34:29M | נחת משה מן /בזמן די | נחת | מן#2#/ טורא דסיני ותרין |
| 020 | | Nu20:29M | "ארום ... ובכון": משה | נחת | מן ראש טורא מאנוי בזיעין |
| 021 | | Nu10:17M | משכנה ונטלין/ וכד | נחת | משכנה ויטלון#2#/ בנוי |
| 022 | | Gn19:23 | שמשא | נחת | על ארעא ולוט על לזער: |
| 023 | | Nu11:09 | על משכנה בליליה הוה מנה | נחת | עלוי: |
| 024 | | Ex33:09M | דמשה למשכנה הוון | נחת#2#/ | עמודא דעננא וקיי«ם» |
| 025 | | Ex33:09 | עליל משה לתרע משכנה | נחת | עמודא דעננא וקיי«ם» בתרע |
| 026 | נחתה | Nu21:19M | שפסין חזרת למהוי | נחתה | עמהון {לא} לראשי |
| 027 | נחתו | Dt10:22M | בשובעין נפשן | נחתו/<נח>תו#2#/ | אבהתכון במצרים |
| 028 | | Ex15:05 | תהומ«י»א כסון עליהון | נחתו | ושקעו במצולתיה דמיא אדמון |
| 029 | | Ex 4:19M | חזור למצרים ארום | מיתו/נחתו | מיניכסהון והא אינון |
| 030 | | Gn46:07M | וכל זרעיה | אחתו/`נחתו#2#/`אעיל#2#/ | עמיה מצרימה |
| 031 | נחתון | Dt10:22 | בשובעין נפשן | נחתון | אבהתכון במצרים וכדון |
| 032 | נחתין | Gn44:26 | אחונן זעירא עמן אנן | <נחתין> | ארום לית אנן יכלין |
| 033 | | Gn38:25 | מישאל ועזריה כד | נחתין | בנורא יקידתא ומקדשין שמך |
| 034 | | Gn43:20 | בבעו מנך רבוני מחת | נחתין | בקדמיתא למזבן מזון: |
| 035 | | Dt28:13 | «לחוד» רמין לעיל ולא | נחתין | לרע ארום תשמעון למצוותה |
| 036 | | Dt28:43 | לעיל לעיל ואתון תהוון | נחתין | לרע לרע: |
| 037 | אחות | Gn37:35 | וסרב למתנחמה ואמר ארום | אחות | על ברי לשאולה ובכה יתיה |
| 038 | | Gn46:04 | אנה | אחות | עמך מצרימה ואנה במימרי |
| 039 | יחות | Gn44:23 | ואמרת לעבדך אן לא | יחות | אחוכון זעירא עמכון לא |
| 040 | | Gn42:38 | ואמר לא | יחות | ברי עמכון ארום אחוי מית |
| 041 | | Dt30:13 | לן חד כיונה נביא די | יחות | לעמקוי דימה ויסק יתה |
| 042 | נחות | Gn43:05 | ואן לית את משלח לא | נחות | ארום גברא אמר לן לא תחמון |
| 043 | | Gn43:04 | משלחה ית אחונן עמן | נחות | ונזבון לך מזון: |
| 044 | תיחות | Gn26:02 | ואתגלי עלוי ייי ואמר לא | תיחות | מצרימה שרי בארעא די אמר |
| 045 | מחת | Gn43:20 | ואמרין בבעו מנך רבוני | מחת | נחתין בקדמיתא למזבן מזון: |
| 046 | מיחות | Gn46:03 | אלהיה דאבוך לא תדחל | מיחות | מצרים ארום לאומה רבה |
| 047 | במחתה | Ex34:29 | סהדותא בידוי דמשה | במחתה | מן טורא ומשה לא הוה ידע |
| 048 | דנחית | Dt11:11 | ודבקען מן מטרה | דנחית | מן שמייא היא שתייה מייה: |
| 049 | דנחת | Gn27:28 | ויתן לך ייי מטוב טלא | דנחת | מן שמיא שפר ומן טובא דארעא |
| 050 | | Gn27:39 | משרויך ומן טוב טלא | דנחת | מן שמיא מן לעיל: |
| 051 | | Dt 9:21 | לוות {נורא} <נחלה> | דנחת | מן טורא: |
| 052 | | Dt11:11M | מן מטרה | דנחית/דנחת#2#/ | מן שמייא היא שתייה |
| 053 | דנחתין | Gn49:25 | יתך מן טוב טלה ומטרא | דנחתין | מן שמייא מן לעיל ומן ברכת |
| 054 | ונחית | Gn38:01 | והווה בשעתא ההיא | ונחית | יהודה מן לוות אחוי וסטה |
| 055 | ונחת | Gn12:10 | והוה כפנא בארע׳ | ונחת | אברם למצרים למתותבה תמן |
| 056 | | Ex19:14 | | ונחת | משה מן טורא לוות עמא וקדש |
| 057 | | Ex19:25 | | ונחת | משה מן טורא לוות עמא ואמר |
| 058 | | Ex32:15 | וכוין | ונחת | משה מן טורא ותרין לוחי |
| 059 | | Nu20:28 | אהרן תמן בריש טורה | ונחת | משה ואלעזר מן טורה: |
| 060 | | Dt26:05M | למקטול יתיה וערק | ונחת | למצריימה |
| 061 | | Gn49:21 | יוסף בחיין והוא אזדרז | ונחת | למצרים בשעתא זעירת ואייתי |
| 062 | | Dt26:05 | ושיזבת יתיה מן ידיה | ונחת | למצרים ואתותב תמן בעם |
| 063 | | Lv 9:22 | בצלו על עמה וברך יתהון | ונחת | מן דקרב חטאתה ועלתה ונכסת |
| 064 | | Gn15:11 | | ונחת | עופה על פסגייה ואשבת יתה |
| 065 | | Nu21:20 | לראשי טורייה רמתה | ונחת | עמהון לחלתה עמיקתה יתגנזת |
| 066 | | Nu34:11 | | ונחת | תחומה מן אפמיה לדפני מן |
| 067 | | Nu34:11 | מן מד«י» נחה לעיינה | ונחת | תחומה ומקף על סיפווי ימה |
| 068 | | Nu34:12 | | ונחת | תחומה לירדנה ויהון מפקנוי |
| 069 | ונחתה | Nu21:19M | {לא} לראשי טורייה | ונחתה | עמהון ל{ת}<נ>חלייה |
| 070 | | Nu21:19 | סלקה עמהון לריש טוריה | ונחתה | עמהון לחלתה עמיקתה: |
| 071 | | Nu21:20M | עמהון לראשי טורייה | ונחתה | עמהון לנחלייה עמיקתה |
| 072 | | Nu21:20M | טורייה רמתה | ונחת/<ונח>תה#2#/ | עמהון לחלתה עמיקתה |
| 073 | ונחתו | Nu20:15 | | ונחתו | אבהתן מצרימה ושרינן |
| 074 | | Gn15:11M | "ונחת": | ונחתו | אומיא דמתילין לעופא |
| 075 | | Gn42:03 | | ונחתו | אחו«י» יוסף עשרה |
| 076 | | Nu16:33 | | ונחתו | אינון וכל מה דהוה להון |
| 077 | | Ex12:42 | מדבחא שמיא אתמככו | ונחתו | וחמא יצחק ית שכלוליהון |
| 078 | | Lv22:27M | בגין שמך שמיא מכו | ונחתו | וחמא יצחק ית שכלוליהון |
| 079 | | Gn43:15 | וית בנימן וקמו | ונחתו | למצרים וקמו קדם יוסף: |
| 080 | | Nu14:45 | | ונחתו | עמלקיי וכנעניי די שרין |
| 081 | ונחתין | Gn28:12 | מן קדם ייי סלקין | ונחתין | ומסתכלין בה: |
| 082 | ונחתית | Dt10:05 | וכוונית | ונחתית | מן טורא ושווית ית לוחיה |
| 083 | ונחתת | Ex 2:05 | | ונחתת | ברתה דפרעה למתקררא על |
| 084 | | Gn24:16 | וגבר לא חכים יתה | ונחתת | לעיינה ומלת קולתה וסלקת: |
| 085 | | Gn24:45 | נפקת וקולתה על כתפה | ונחתת | לעיינה ומלא«ת» ואמרת לה |
| 086 | | Dt 9:15 | וכוונית | ונחתת | מן טורא וטורא בער באשתה |
| 087 | ויחות | Ex 9:19 | ולא יתכנש לגו ביתא | ויחות | עליהון ברדא וימותון: |
| 088 | | Ex 9:19M | /יתכנשון לגו בתייה | ויחות#2#/ | עליהון ברדא וימותון: |
| 089 | | Nu34:11M | | ונחת/ויחות#2#/ | תחומה מן אפמיה |
| 090 | | Nu34:12M | \ונחת תחומה לירדנה | /ויחות | {תתות} <תחומה> |
| 091 | ויחותון | Dt21:04 | | ויחותון | חכימי קרתה ההיא ית עגלתה |
| 092 | ויחת | Nu34:11M | "ונחת ... מן מד[י]נחה": | ויחת | תחומה וימטי סמיך לימה |
| 093 | ויחתון | Nu16:30 | יתהון וית כל מה דלהון | ויחתון | חיין לשאול ותדעון ארום |
| 094 | | Ex11:08 | | ויחתון | כל עבדיך אלין לוותי |
| 095 | וייחות | Dt28:24 | אבק ועפר מן שמייא | וייחות | עליכון עד זמן די ישיצי |
| 096 | וינחתון | Dt21:04M | | ויחותון/וינחתון#2#/ | חכימי קרתה ההיא |
| 097 | למיחות | Gn44:26 | ואמרינן לית אנן יכלין | למיחות | אן נחת אחונן זעירא עמן |
| 098 | למיחת | Gn46:03M | מיחות מצרים\ | /למיחת | למצרים#2#/ ארום לאומה |
| 099 | | Ex32:01 | עמא ארום אשתהי משה | למיחת | מן טורא ואיתכנשו עמה על |
| 100 | אוחתו afel | Gn39:01 | מן ידיהון דסרקיי די | אוחתו | יתיה לתמן: |
| 101 | אוחתת | Gn24:46M | /ורזת#2#/ | ואחתת/אוחתת#2#/ | קולתה מעלוה ואמרת |
| 102 | אחותן | Gn44:21 | ואמרית לעבדך | אחותן | יתיה לוותי ואשוי עיני |
| 103 | אחיתו | Ex33:05M | יתכון וכדון | אחתו/אחיתו#2#/ | גבר מני זיינן מעלוי |

|  |  |  |  |  |  |
|---|---|---|---|---|---|
| 104 | | Gn43:07 | הוינן ידעין ארום יימר | אחיתו | ית אחוכון: |
| 105 | אחת | Ex12:49M | אוריתא חדא יהוי /חוויה | אחת | יהוי#2#/ ליציביא |
| 106 | | Dt32:10 | ארבעין שנין במדברה | אחת | להון מנה מן שמיא אסק להון |
| 107 | | Gn19:24 | וממריה דייי | אחת | על סדם ועל עמרה גפרית |
| 108 | אחתו | Ex33:05 | אשיצא יתכון וכדון | אחתו | גבר מני זיינן מעלוי ואדע |
| 109 | | Gn46:07 | ובנת בנתיה וכל זרעיה | אחתו | עמיה מצרימה: |
| 110 | את' | Nu21:06M | מן מצרים#2#/ | ואחתת/את#2#/ | להון מנא מן שמייא |
| 111 | מחית | Ex 9:18 | הא אנה | מחית | בשעתה למחר ברד תקיף לחדא |
| 112 | | Ex16:04 | ואמר ייי למשה הא אנה | מחית | לכון לחם מן שמיא ויפקון |
| 113 | מחת | Gn 7:04 | בתר שבעה יומין הא אנה | מחת | מטר על ארעא ארבעין יממין |
| 114 | | Gn 7:04M | /ליומין קלילין שבעה אנה | מחת | מטרא#2#/ על ארעא ארבעין |
| 115 | | Gn19:24M | וממריה דייי אחת/הוה | מחת#2#/ | על סדם ועל עמרה גפרית |
| 116 | מחתה | Dt28:23 | חסימין היך נחשה מן | מחתה | לכון טלא ומטרה וארעא די |
| 117 | מחתין | Dt33:28 | שמיא דעילויהון יהוון | מחתין | עליהון טלין ומטרין: |
| 118 | דמחתין | Dt33:13 | אוצרי שמיא מן לעיל | דמחתין | טלין ומטרין מן ברכת מבועי |
| 119 | ואחיתו | Dt 1:25M | לוותן ואגיבו / | ואחיתו/ | לוותן ואחזרו#2#/ יתן |
| 120 | ואחתו | Gn44:11M | ואחתו /וזריזו | ואחתו#2#/ | גבר ית טעוניה על ארעא |
| 121 | ואחיתו | Dt 1:25 | מן פירי ארעא | ו{נ}<א>חיתו | לוותן ואגיבו יתן פתגם |
| 122 | ואחת | Ex 9:23 | והלכת אשתא בגו ארעא | ואחת | ייי ברדא על ארעא דמצרים: |
| 123 | ואחתו | Gn44:11 | ואוחון | ואחתו | גבר ית טעוניה על ארעא |
| 124 | | Gn43:11 | מן טובא דארעא במניכון | ואחתו | דורון קליל קטף וקליל דבש |
| 125 | ואחתת | Nu21:06 | עמי מארעא דמצרים | ואחתת | להון מנא מן שמייא ואסקת |
| 126 | | Gn24:20M | ופנית קולתה /וזרזת | ואחתת | קר'#2#/ לגו מורכיון |
| 127 | | Gn24:18 | שתה רבוני ואוחיית | ואחתת | קולתה על ידה ואשקיית יתה: |
| 128 | | Gn24:46 | ואוחיית | ואחתת | קולתה מעלוה ואמרת שתה ואף |
| 129 | ויחתון | Nu 4:05M | משריתה ויפרקו/^<ויפר>קון#2#/^ | /ויחתון#2#/ | ית פרכתה |
| 130 | | Gn44:31 | טליא עמן מית הוא | ויחתון | עבדך ית שיביתיה דעבדך |
| 131 | ותחתון | Gn42:38 | סקול באורחא תהלכון בה | ותחתון | ית שיבתי בדוי לשאול: |
| 132 | | Gn44:29 | וארע יתיה סקול | ותחתון | ית סיבתי בביש לשאול: |
| 133 | | Gn45:13 | כל מה דחמיתון ותוחון | ותחתון | ית אבא להכא: |
| 134 | למחתה | Lv26:19 | ברירין היך פרזלה מן | למחתה | לכון טלין ומטרין וית ארעא |
| 135 | | Lv26:19M | ברירין כפרזלא דלא | למחתה | לכון לא טל ולא מטר וית |
| 136 | | Dt28:23M | ברירין כפורזלה דלא | למחתה | לכון לא טל ולא מטר וית |
| 137 | למחתי | Gn49:23 | מלכא דמצרים מן בגלל | למחתי | מן רבותא ולמעבריה יתיה מן |
| 138 | לנחתה | Gn37:25 | וקטף ולטום אזלין | לנחתה | למצרים: |
| 139 | הונחת hufal! | Gn39:01 | ויוסף | הונחת | למצרים וזבין יתיה |

## baker *n.* נחתום [347]

|  |  |  |  |  |  |
|---|---|---|---|---|---|
| 001 | נחתום s ab/cn | Gn40:17 | מכל מיכלא דפרעה עבד | נחתום | ועופא אכל יתהון מן סלה |
| 002 | נחתומי' p em/sf | Gn40:18 | בריש גלי אף את רב | נחתומי' | תקבל אגר ביש דחלמת חלמא |
| 003 | נחתומיא | Gn40:16 | וחמא רב | נחתום<י>א | ארום טבית פתר ואמר |
| 004 | | Gn40:20 | וארים ית ראש«ה» דרב | נחתומיא | בגו שלטנוי: |
| 005 | | Gn40:05 | רב מזוגיי«א» ורב | נחתומיא | די למלכא דמצרים דהוון |
| 006 | נחתומיה | Gn40:02 | על רב מזוגיא ועל רב | נחתומיה: | |
| 007 | | Gn41:10 | אספקלטוריא יתי וית רב | נחתומיה: | |
| 008 | | Gn40:22 | וית רב | נחתומיה | צלב היך מה דפתר להון |
| 009 | נחתומייא | Gn40:01 | דמצרים%{{ורב | נחתומייא}}: | |
| 010 | | Gn40:01 | דמלכא דמצרים ורב | נחתומייא | לרבוניהון למלכא דמצרים: |

## guard *n.* נטור [348]

|  |  |  |  |  |  |
|---|---|---|---|---|---|
| 001 | נטורא s em/sf | Gn 4:09 | אנ{{א}}«ה» ידע הא | נטורא | דאחי אנה: |
| 002 | נטורי p const | Nu 3:32 | בר אהרן כהנה סכום | נטורי | מטרת בית קודשא: |
| 003 | | Lv19:26 | בני ישראל ולא תהוון | נטורי | נחשין ולא ח{ר}<ד>ודי |
| 004 | | Nu23:23 | ארום לית אנה חמי | נטורי | נחשין בדבית יעקב ולא |
| 005 | | Dt18:10 | ולא חדודי עינין ולא | נטורי | נחשין ולא חרשין: |
| 006 | ולנטורי | Ex20:06 | דדרין לרחמוי צדיקיא | ולנטורי | פיקודיא: |

## to incline towards *vb.* נטי [348]

|  |  |  |  |  |  |
|---|---|---|---|---|---|
| 001 | תטון peal | Lv19:31 | לא | תטון | בתר שואלי אוב' ומסקי דכורן |
| 002 | תנטון | Gn13:07 | רבוניהו' למימר לא | תנטון | לכנעניא ופריזיא עד כען |

## to lift up *vb.* נטל [348]

|  |  |  |  |  |  |
|---|---|---|---|---|---|
| 001 | טול peal | Gn13:14 | מן דאתפרש לוט מן לוותה | טול | כען עיניך וחמי מן אתרא דאת |
| 002 | | Gn27:03M | סב כען מני זינך /וכדו | טול | כען מאני זינך#2#/ |
| 003 | | Gn31:12M | ואמר | טל/טול#2#/ | כען עיינך וחמי כל גדיא |
| 004 | טולו | Nu 1:02M | דכל כנשתא דבני | /טולו | ית ריש כל עם כנישתה |
| 005 | | Dt32:01 | ישעיה נבייא פירש ואמר | טולו | לשמיא עייניכון ואסתכלו |
| 006 | טולי | Gn21:18 | קומי | טולי | ית טליא ותוקפו ית יד«י»ך |
| 007 | טל | Gn31:12 | ואמר | טל | כען עיינך וחמי כל גדיא |
| 008 | טלו | Dt 2:24 | קומו | טלו | ועברו ית נחלה דארנונה |
| 009 | נטל | Nu10:35 | והוה כד | נטל | ארונה ואמר והוה משה מצלי |
| 010 | | Nu10:35M | כד הווה ארונה | נטל | הוה משה קאים ידוי בצלו |
| 011 | | Gn33:17 | ויעקב | נטל | לסכת«ה» ובנה לה בית |
| 012 | | Gn26:22M | ואסתלק/ | נטל#2#/ | מן תמן וחפר באר |
| 013 | | Nu11:31 | ורוח | נטל | מן קדם ייי ואגיז סלוין מן |
| 014 | | Nu 1:51 | וכד | נטל | משכנה יפרקון יתיה ליוויי |
| 015 | נטלו | Nu 2:34 | כדן שרון לטכסיהון וכן | נטלו | גבר לזרעיתיה לבית אבהתיה: |
| 016 | | Nu21:12 | מן תמן | נטלו | ושרון בנחלה דזרד: |
| 017 | | Nu21:13 | מן תמן | נטלו | ושרון מן עבר ארנונה די |
| 018 | | Nu31:49M | "קבילו ... בר נש": | נטלו | יתה ראש סכומיהון עמה דחיל |
| 019 | | Dt10:07 | מן תמן | נטלו | לגדגדה ומן גדגדה ליטבתה |
| 020 | | Gn37:17 | ואמר גברא | נטלו | מן הכא ארום שמעת יתהון |
| 021 | | Dt10:06 | ובני ישראל | נטלו | מן ברייה דיעקן למוסרה |
| 022 | | Nu12:15 | שבעה יומין ועמה לא | נטלו | עד זמן די אתאסית מרים: |
| 023 | | Nu11:35 | מן קברי תחמודתה | נטלו | עמה בחצרות והוון |
| 024 | | Nu12:16 | מרים נביאתה מן צרעתה | נטלו | עמה מן חצרות ושרון במדברה |
| 025 | נטלין | Nu 2:09 | קדמיין הוון | נטלין: | |
| 026 | | Nu 2:16 | תניינן «הוון» | נטלין: | |
| 027 | | Nu 2:24 | לחיילוותהון ותלתין הוו | נטלין: | |
| 028 | | Nu10:28 | כהדן סידרא הוו | נטלין: | |
| 029 | | Nu10:29 | מדיניה חמוי דמשה | נטלין | אנן לאתרה די אמר ייי יתה |
| 030 | | Ex14:10 | ית עייניהון והא מצריי | נטלין | בתריהון ודחלו לחדא וצלון |
| 031 | | Nu 2:17 | דהוון שריין כדן הוון | נטלין | גבר לאתריה לטכסיהון: |
| 032 | | Nu 2:34M | וכן נטלה/הוון | נטלין#2#/ | גבר לזרעיתיה |
| 033 | | Nu 2:31 | ושית מאוון אחריין הוון | נטלין | לטכסיהון: |
| 034 | | Nu12:16 | לא הוון זייעין ולא | נטלין | מן אתריהון עד זמן דאתסיאת |
| 035 | יט' | Nu 9:22M | יטלון /ובסלקותיה | יט'#2#/: | |
| 036 | יטלון | Nu 2:09M | הוון נטלין /קדמאין | יטלון#2#/: | |
| 037 | | Nu 9:19 | ית מטרתה דייי ולא~ | יטלון: | |
| 038 | | Nu 9:20 | גזירת מימרה דייי | יטלון: | |
| 039 | | Nu 9:22 | ובא«ס» תלקות עננא | יטלון: | |
| 040 | | Ex40:36 | «מעלווי משכנה» | {ו}<י>טל{יו}<ון> | בני ישראל בכל |
| 041 | | Nu 9:17 | משכנה ומן בתר כדן | יטלון | בני ישראל ובאתרה די ישרי |
| 042 | | Nu 9:18 | גזירת מימריה דייי | יטלון | בני ישראל ועל פ{{ו}}ם |
| 043 | | Nu 9:22 | ישרון בני ישראל ולא | יטלון | ובא«ס»תלקות עננא יטלון: |
| 044 | | Nu24:08 | קסלון וקורייהון | יטלון | ויפלגון: |

| | | | | | |
|---|---|---|---|---|---|
| 045 | | Nu 9:23 | גזירת מימרה דייי | יטלון | ית מטרתה דייי נטרו על פם |
| 046 | | Ex40:37 | ואין לא יסתלק ענגה ולא | יטלון | עד יומא די יסתלק: |
| 047 | נטול | Gn33:12 | ואמר | נטול | כען ונהלך וניזיל מן |
| 048 | במטלית | Nu 4:15 | וית כל מני קדשיה | במטלית | דמשריתה ומן בתר כדן |
| 049 | במיטלהון | Nu10:34 | דייי הוה מגן באיממה | במיטלהון | מן משריתה: |
| 050 | דנטל | Gn28:10 | ראשה וניסא תליתאה כיון | דנטל | אבונן יעקב רגלוי למזל |
| 051 | וטול | Dt 3:27 | סוק לריש רמתה | וטול | עייניך למערבה ולציפונא |
| 052 | וטולו | Dt 2:24M | קומו | טלו/וטולו#2/ | ועברו ית נחלה |
| 053 | | Nu14:25M | /מח#2/ כוינו | ונטולו/וטולו#2/ | לכון למדברה/במ#2/ |
| 054 | | Dt 1:07 | כווינו | וטולו | לכון ועולו לטורהון |
| 055 | | Dt 1:40 | ואתון כוונו לכון | וטולו | למדברה אורח ימה דסוף: |
| 056 | ונטולו | Nu14:25 | במשרה למחר כוינו | ונטולו | לכון למדברה ארח ימה |
| 057 | ונטל | Gn22:04 | ביומא תליתיה | ונטל | אברהם ית עיינוי וחמה ית |
| 058 | | Gn22:13 | | ונטל | אברהם ית עינוי וחמה והא |
| 059 | | Gn12:09 | | ונטל | אברם אזל ונטל לדרומה: |
| 060 | | Gn13:18M | אברם משכניה ואתא | /ונטל | אברם ואתא#2/ ושרא |
| 061 | | Nu24:02 | | ונטל | בלעם ית עיינוי וחמה ית |
| 062 | | Gn29:01 | | ונטל | יעקב רגלוי ואזל לארעא בני |
| 063 | | Gn33:01 | | ונטל | «יעקב» ית עיינוי וחמא |
| 064 | | Gn35:21 | | ונטל | ישראל ופרס משכוניה רחיק |
| 065 | | Gn46:01 | | ונטל | ישראל וכל מה דיליה ואתא |
| 066 | | Gn13:10 | | ונטל | לוט ית עיינוי וחזא ית כל |
| 067 | | Gn13:11 | לוט ית כל מישר ירדנ' | ונטל | לוט מן לקדמין ואתפרשו גבר |
| 068 | | Gn27:38 | אבא ברך יתי אף אנה אבא | ונטל | עשו קליה ובכה: |
| 069 | | Gn31:17M | יעקב \וטען ית בנוי | /ונטל | אנשוי#2/ וית נשוי על |
| 070 | | Nu23:07 | | ונטל | במתל נבותה מן ארם דבר יתי |
| 071 | | Nu23:18 | | ונטל | במתל נבותה ואמר קום בלק |
| 072 | | Nu24:03 | | ונטל | במתל נבותה ואמר אמר בלעם |
| 073 | | Nu24:15 | | ונטל | במתל נבותיה ואמר אמר בלעם |
| 074 | | Nu24:20 | וחמא ית עמלקאה | ונטל | במתל נבותה ואמר שרוי אומיה |
| 075 | | Nu24:21 | וחמה ית שלמייה | ונטל | במתל נבותה ואמר מה תקיף |
| 076 | | Nu24:23 | | ונטל | במתל נבותה ואמר אלוויי מן |
| 077 | | Nu10:14 | | ונטל | סכס מן משריה דבנוי דיהודה |
| 078 | | Nu10:18 | | ונטל | סכס משרית שבטה דבנוי |
| 079 | | Nu10:22 | | ונטל | סכס משרית שבטה ד<ב>נוי |
| 080 | | Nu10:25 | | ונטל | סכס משריית דבנוי דדן מכנש |
| 081 | | Gn29:11 | ונשק יעקב לרחל | ונטל | ית קליה ובכה: |
| 082 | | Gn33:05 | | ונטל | ית עיינוי וחמה ית נשיא וית |
| 083 | | Gn12:09 | ונטל אברם אזל | ונטל | לדרומה: |
| 084 | | Ex14:19 | | ונטל | מלאכא דייי דהוי עתיד למהלך |
| 085 | | Gn20:01 | | ונטל | מן תמן אברהם לארעא דרומא |
| 086 | | Nu 2:17 | | ונטל | משכן זימנה משרייתהון |
| 087 | | Gn18:02 | | ונטל | עיינוהי וחמא והא תלתא |
| 088 | | Gn24:63 | {{ב}}«ל» עדוני רמשא | ונטל | עיינוי וחמה והא גמלין |
| 089 | | Gn43:29 | | ונטל | עיינוי וחמא ית בנימן אחוי |
| 090 | | Ex14:19 | וקם ליה מן בתריהון | ונטל | עמודא דעננא מן קדמיהון וקם |
| 091 | ונטלו | Nu10:28M | נטלין /לחיילוותהון | ונטלו#2/: | |
| 092 | | Nu33:31 | | ונטלו | ממסרות ושרון בבני יעקן: |
| 093 | | Gn46:05M | /באירא דשבע#2/ | וטענו/ונטלו#2/ | בני ישראל ית יעקב |
| 094 | | Ex12:37 | | <ונטלו> | בני ישראל מן פילוסין |
| 095 | | Ex14:10 | ופרעה קרב | ונטלו | בני ישראל ית עייניהון |
| 096 | | Nu10:12 | | ונטלו | בני ישראל למטלניהון מן |
| 097 | | Nu21:10 | | <ונטלו> | בני ישראל ושרון |
| 098 | | Nu22:01 | | ונטלו | בני ישראל ושרון במישרה |
| 099 | | Nu33:05 | | ונטלו | בני ישראל מן |
| 100 | | Nu10:13 | | ונטלו | בקדמיתה על פם גזירת מימר' |
| 101 | | Gn35:05 | | ונטלו | והוות דחלתא דייי על |
| 102 | | Gn42:26 | | ונטלו | ית עבריהון על חמריהון |
| 103 | | Ex17:01 | | ונטלו | כל כנישתא דבני ישר«אל» |
| 104 | | Nu33:44 | | ונטלו | מאבות ושרון במגזיה |
| 105 | | Nu21:11 | | ונטלו | מאובות ושרון במגזת עבריה |
| 106 | | Nu33:10 | | ונטלו | מאילם ושרון על ימא |
| 107 | | Nu33:14 | | ונטלו | מאלוש ושרון ברפידים ולא |
| 108 | | Nu33:07 | | <ונטלו> | מאתם ושרון בפונדקי |
| 109 | | Gn35:16 | | ונטלו | מביתאל והוו«ה» אשון |
| 110 | | Nu33:32 | | ונטלו | מבני יעקן ושרון |
| 111 | | Nu33:46 | | ונטלו | מדיבון גד ושרון בעלמון |
| 112 | | Nu33:33 | | ונטלו | מהר הג' ושרון ביטב': |
| 113 | | Nu33:24 | | ונטלו | מהר שפר ושרון בחרדה: |
| 114 | | Nu33:18 | | ונטלו | מחצרות ושרון ברתמה: |
| 115 | | Nu33:25 | | ונטלו | מחרדה ושרון במקהלות: |
| 116 | | Nu33:30 | | ונטלו | מחשמונה ושרון במוסרות: |
| 117 | | Nu33:34 | | ונטלו | מיט' ושרון בעברונה: |
| 118 | | Nu33:21 | | ונטלו | מלב' ושרון ברסה: |
| 119 | | Nu33:26 | | ונטלו | ממקהלות ושרון בתחת: |
| 120 | | Nu33:29 | | ונטלו | ממתקה ושרון בחשמנה: |
| 121 | | Ex13:20 | | ונטלו | מסכות ושרון באיתם בסיפה |
| 122 | | Nu33:35 | | ונטלו | מעברו' «ושרון» בכרך |
| 123 | | Nu33:47 | | ונטלו | מעלמון דבלתימה ושרון |
| 124 | | Nu33:43 | | ונטלו | מפונון ושרון באבות: |
| 125 | | Nu33:23 | | ונטלו | מקהלת' ושרון בהר שפר: |
| 126 | | Nu33:20 | | ונטלו | מרמן פרץ ושרון בלבנה: |
| 127 | | Nu33:22 | | ונטלו | מרסה <ושרון> בקהלתה: |
| 128 | | Nu33:15 | | ונטלו | מרפידים ושרון במדברה |
| 129 | | Nu33:19 | | ונטלו | מרתמה ושרון ברמן פרץ: |
| 130 | | Nu33:27 | | ונטלו | מת' ושרון בתרח: |
| 131 | | Nu33:28 | | ונטלו | מתרח ושרון במתקה: |
| 132 | | Nu33:41 | | ונטלו | מהור טורא ושרון בצלמונה: |
| 133 | | Nu10:33 | | ונטלו | מטור בית מקדשה דייי אורח |
| 134 | | Nu33:11 | | ונטלו | מימא דסוף ושרון במדברה |
| 135 | | Nu33:36 | | ונטלו | מכרך תרנוגלה ושרון במדברה |
| 136 | | Nu33:12 | | ונטלו | ממדברה דסין ושרון |
| 137 | | Nu33:16 | | ונטלו | ממדברה דסיני ושרון בקברי |
| 138 | | Nu33:37 | | ונטלו | ממדברה דרקם ושרון בהר |
| 139 | | Ex16:01 | | ונטלו | מן אלים ואתון כל כנישתא |
| 140 | | Ex19:02 | | ונטלו | מן רפידים ואתון למדברא |
| 141 | | Nu20:22 | | ונטלו | מן רקם ועלו בני ישראל |
| 142 | | Nu21:04 | | ונטלו | מן הר טורא ארח ימה דסוף |
| 143 | | Nu33:03 | | ונטלו | מן פילוסין בירחא קדמיה |
| 144 | | Nu33:06 | | ונטלו | מן סכות ושרון באיתם די |
| 145 | | Nu33:09 | | ונטלו | מן מרה ואתון לאילם |
| 146 | | Nu33:13 | | ונטלו | מן דפקה ושרון באלוש: |
| 147 | | Nu33:17 | | ונטלו | מן קברי תוחמדתה ושרון |
| 148 | | Nu33:42 | | ונטלו | מן צלמונה ושרון בפונון: |
| 149 | | Nu33:45 | | ונטלו | מן עיין ושרון בדיבון |
| 150 | | Nu33:48 | | ונטלו | מן טורי עברייה ושרון |
| 151 | | Nu33:08 | | ונטלו | מן קדם פונדקי חירתא |
| 152 | | Nu10:05M | ותתקעון יבבו | ויטלון/ונטלו#2/ | משריתה דשרין |

|  |  |  |  |  |
|---|---|---|---|---|
| 153 | | | Gn37:25 | ויתבו למיכל לחם ונטלו עייניה«ו»ן וחמון והא |
| 154 | | | Nu14:01 | ונטלו עם כנישתה ושוון ית קלהון |
| 155 | ונטלין | | Nu10:31 | <דהוינן> שרין ונטלין במדברה ותיהוי לן לסהדותה: |
| 156 | | | Nu10:17 | ומתפרק משכנה ונטלין בנוי דגרשון ובנוי דמררי |
| 157 | | | Nu10:21 | ונטלין בנוי דקהתים טעני מקדשה |
| 158 | | | Dt33:03 | ואתיין לרגל עננוי ונטלין ושריין על פם דבירוי: |
| 159 | ונטלינן | | Dt 2:01 | וכווינן ונטלינן במדברה ארח ימה דסוף |
| 160 | ונטלן | | Dt 1:19 | ונטלן מן חורב והלכנן ית כל |
| 161 | ונטלת | | Gn24:64 | ונטלת רבקה ית עיינה וחמת ית |
| 162 | | | Gn39:07 | בתר פתגמ«י»א האלין ונטלת אתתיה דרבוני ית עיינה |
| 163 | | | Gn21:16 | ויתבת לה מן כל קבליה ונטלת ית קלא ובכת: |
| 164 | | | Gn31:10 | דאת«י» חמת ענא ונטל«ת» עייני וחמית בחלמא והא |
| 165 | ואטל | | Ex33:22M | דטינרא \ואפרוש כפי /ואטל ית כף ידי /#2# עליך עד |
| 166 | ויסלון | | Ex14:15 | מלל עם בני ישראל ויסלון: |
| 167 | | | Nu 9:21 | ולילי ויסתלק עננה ויסלון: |
| 168 | | | Nu 9:21 | ויסתלק עננה בצפרא ויסלון או יומם ולילי ויסתלק עננה |
| 169 | | | Nu10:17M | /וכד נחת משכנה ויטלון/#2# בנוי דגרשון ובנוי |
| 170 | | | Nu10:18M | \ונטל טכס משרית שבטה /ויטלון טכס משרית דש/#2# |
| 171 | | | Nu10:22M | משרית שבטה ד<ב>נוי /ויטלון טכס משריתה דבנו/#2# |
| 172 | | | Nu10:25M | \ונטל טכס משריית /ויטלון סכס משריתה/#2# דבנוי |
| 173 | | | Nu 4:25M | ויטענון/ויטלון/#2# ית יריעתה דמשכנה |
| 174 | | | Nu 2:17M | ונטל/ויטלון/#2# משכן זימנה |
| 175 | | | Nu10:05 | ותתקעון יבבו ויטלון משריתה דשרין מן מדנחה: |
| 176 | | | Nu10:06 | יבבו זמן תניינות ויטלון משריתה דשרין מן דרומא |
| 177 | ולמיטול | | Nu 4:24M | למיפלוח ולמיטול |
| 178 | במטלת | afel | Nu 4:05 | וייעלון אהרן ובנוי במטלת משריתה ויפרקו ית פרכתה |
| 179 | ואטל | | Ex15:22 | ואטל משה ית ישראל מימא סוף |
| 180 | | | Nu11:17M | ואמלל עמך תמן ואריב/ואטל/#2# מן רוח קדשה די עמך |
| 181 | | | Nu11:25M | בענניא ומלל עמה ורבי/ואטל/#2# מן רוח \בית/#2# |
| 182 | ולמטלה | | Nu10:02 | למזמנה עם כנ«י»שתה ולמטלה ית משריתה: |
| 183 | מתנטלא | etpaal | Nu23:24M | וכאריוותה מתנטלין/<מתנ>טלא/#2# ארום היך מה דאריה |
| 184 | מתנטלין | | Nu23:24 | שריין וכאריוותה מתנטלין ארום היך מה דאריה לא |
| 185 | ומתנטל | | Ex15:21 | דמתגאה על גיותניא ומתנטל על מנטליא סוסוון |

## נטלו *v.n.* traveling [348]

|  |  |  |  |  |
|---|---|---|---|---|
| 001 | בנטלות | s ab/cn | Nu 4:15M | /מאנוי בית קודשה בנטלות משירת/#2# ומן בתר כדן |
| 002 | | | Nu 4:05M | אהרן ובנוי במטלת/בנטלות/#2# משריתה ויפרקו |
| 003 | ובנטלות | | Nu 1:51M | \וכד נטל משכנה /ובנטלות מש/#2# יפרקון יתיה |
| 004 | בנטלותהון | s em/sf | Nu10:34M | /בימ/#2# במיטלהון/בנטלותהון/#2# מן משריתה: |
| 005 | בנטלותהון | p em/sf | Gn11:02M | \כד אסעו לבבהון /בנטלוותהון מן לקדמין/#2# ואשכחו |

## נטר *vb.* to guard [348]

|  |  |  |  |  |
|---|---|---|---|---|
| 001 | טורו | peal | Dt12:28 | טורו ושמעו ית כל פתגמייה |
| 002 | | | Dt 5:12 | עמי בני ישראל טורו ית יומא דשבתה למקדשה יתיה |
| 003 | | | Dt16:01 | טורו ית ירחא דאביבה ותעבדון |
| 004 | | | Dt27:01 | דישראל ית עמא למימר טורו ית כל מצוותה די אנה מפקד |
| 005 | נט' | | Dt15:11M | "אין נטרין .. ארעא": אין נט' ישראל מצוותה דאוריתא לא |
| 006 | נטור | | Ex12:42M | ומזומן הוא לפורקן לכל /נטור ומזמין לכל/#2# ישראל |
| 007 | | | Dt 6:25 | וזכו תיהוי לן ארום נטור למעבד ית כל מצוותה הדה קדם |
| 008 | נטיר | | Ex12:42 | לילי נטיר ומזומן הוא לפורקן לשמה |
| 009 | | | Ex12:42 | פסחא לשמה דייי לילי נטיר ומזומן הוא לפורקן לכל |
| 010 | | | Gn 4:07 | הדין ליום דינא רבה חטאך נטיר ועל תרע לבה חטאך רביע |
| 011 | נטר | | Ex20:06 | ברם נטר אנה חסד וטיבו לאלפין דדרין |
| 012 | | | Ex34:07 | נטר חסד וטיבו לאלפין דרין שרי |
| 013 | | | Dt 5:10M | ונטר/ברם אנא נטר/#2# חסד וטבו לאלפין |
| 014 | | | Dt 7:08 | די רחם ייי יתכון ומן די נטר ית שבועתה די קיים לאבהתכון |
| 015 | | | Dt 7:08M | /ומידנטר/#2#/ומן מה די נטר/#2# ית שבועתה די קיים |
| 016 | | | Gn 3:22 | למפרשה בין טב לביש אילו נטר מצוותה דאוריתא וקיים פקודה |
| 017 | | | Gn 3:22 | לעלמין וכדון עד די לא נטר מצוותה דאוריתא ולא קיים |
| 018 | | | Ex21:36M | ולא \ינטר יתה מריה /נטר מרוי/#2# משלמא ישלם תור |
| 019 | | | Dt 7:09 | הוא אלה אלה היימנה נטר קיימה וחסדה לרחמוי צדיקייה |
| 020 | נטרו | | Dt33:09 | בעובדה דזמרי ארום נטרו מימר פומך וגזרתך ואורייתך |
| 021 | | | Gn 3:24 | מן פרי אילנ' על די נטרו מצוותה דאוריתא בעלמא הדין |
| 022 | | | Gn 3:24 | לעלמא דאתי על די לא נטרו מצוותה דאוריתא בעלמא הדין |
| 023 | | | Nu 9:23 | יטלון ית מטרתה דייי נטרו על פם גזירת מימרה דייי |
| 024 | | | Gn15:17M | אוריתא בעלמא הדין ולא נטרו פקודייא הוה כל כדן הווה |
| 025 | נטרי | | Nu 3:28 | תמניה אלפין ושית מאוון נטרי מטרת בית קודשה: |
| 026 | | | Nu 3:32M | נטורי /ס{מ}כ<מ>ות נטרי/#2# מטרת בית קודשא: |
| 027 | | | Nu31:30 | ותתן יתהון לליוויי נטרי מטרת משכנה דייי: |
| 028 | | | Nu31:47M | /לילוואי/#2# דנטרין/נטרי/#2# מטרת משכנא דייי |
| 029 | נטרין | | Gn 3:15 | ויהוי כד יהוון בניה נטרין אורייתא ועבדין פקודייה |
| 030 | | | Dt 6:25M | "ארום ... הדה": אין נטרין אנן למעבד ית כל קיימיה |
| 031 | | | Dt 8:02 | במחשבת לבבכון הא אין נטרין אתון מצוותה דאורייתה או |
| 032 | | | Dt15:11 | ארום אין נטרין בני ישראל אולפן אוריתה |
| 033 | | | Nu 3:38 | מדנחה משה אהרן ובנוי נטרין מטרת בית קודשה למטרת בני |
| 034 | | | Dt 8:02M | אתון מצוותה/אתון נטרין מצ'/#2# דאורייתה או לא: |
| 035 | | | Lv19:18M | <לא תהוון> נקמנין ולא נטרין עם בני עמכון ותרחמון |
| 036 | נטרינון | | Ex16:04 | יתהון אינון אין נטרינון מצוותה דאורייתא אן לא: |
| 037 | אטור | | Gn30:31M | ארעי ענך \אנטר יתיה /אטור יתהון/#2# |
| 038 | | | Nu23:12M | מימריה בפמי יתיה אטר/<א>טור/#2# למללה: |
| 039 | אטר | | Nu23:12 | ישווי מימריה בפמי יתיה אטר למללה: |
| 040 | אנטר | | Gn30:31 | הדן אחזור ארעי ענך אנטר יתיה: |
| 041 | תט' | | Dt13:05M | תפלחון וית פיקודוי תט/#2# ובקל ממריה תשמעון |
| 042 | תטר | | Gn17:09 | לאברהם ואת ית קיימי תטר את ובניך מן ב{רת}{תר<ך |
| 043 | | | Lv12:04 | ותלתין ותלתה יומין תתב תטר על אדם דדכי בכל קדשין לא |
| 044 | | | Lv12:05 | ושתין ושתה יומין תתב תטר על אדם דכי: |
| 045 | תטרון | | Ex31:13 | לחוד ית שובי קדשי תטרון ארום סימן הוא ביני |
| 046 | | | Gn17:10 | דא קימי די תטרון ביני וביניכו' ובין בניכון |
| 047 | | | Lv19:19 | ית קימה <ד>א{ד}ורייתי תטרון בערכון לא תרבעון כלאים |
| 048 | | | Lv19:30 | ית שובי קדשיי תטרון ובבית מקדשי תהוון מצלין |
| 049 | | | Lv26:02 | ית שובי קודשוי תטרון ובית מקדשי תהוון מצליין |
| 050 | | | Dt13:05 | דחלין וית מצוותיה תטרון ובקל ממריה תשמעון וקדמוי |
| 051 | | | Ex23:13M | לכון \תהוון זהירין/תטרון/#2# ושום טע{י}<ו>ן |
| 052 | | | Lv25:18 | קיימי וית סדרי דיניי תטרון ותעבד«ו»ן יתהון ותשרון |
| 053 | | | Lv26:03 | תהלכון וית פיקודיי תטרון ותעבדון יתהון: |
| 054 | | | Dt23:24 | פירוש שפוותכון תטרון ותעבדון היך מה דנדרתון |
| 055 | | | Nu18:07 | ואת ובנך עמך תטרון ית כהנתכון לכל עסק מדבחה |
| 056 | | | Dt 6:17 | מטור תטרון ית מצוותה דאורייתה דייי |
| 057 | | | Dt11:22 | ארום אן מטור תטרון ית כל מצוותה הדה די אנה |
| 058 | | | Dt19:09 | ארום תטרון ית כל מצוותה הדה למעבד |
| 059 | | | Dt28:09 | די קיים לכון ארום תטרון ית מצוותיה דייי אלהכון |
| 060 | | | Lv19:03 | זהירין וית שבת קדשיי <תטרון> תטרון כדן אמר ייי אלהכון: |
| 061 | | | Lv18:04 | וית קיימי דאורייתי תטרון למהלכה בהון אנה ייי |
| 062 | | | Dt 8:01 | מפקד יתכון יומא הדין תטרון למעבד מן בגלל דתיחון |
| 063 | | | Dt12:01 | קיימיה וסדרי דינייה די תטרון למעבד בארעא די יהב ייי |
| 064 | | | Dt13:01 | די אנה מפקד יתכון יתיה תטרון למעבד לא תופסון עלוי ולא |
| 065 | | | Dt24:08 | וליוויא היך דפקד יתכון תטרון למעבד: |

|  |  |  |  |  |  |
|---|---|---|---|---|---|
| 066 | | Dt28:58 | אין לא | תטרון | למעבד ית כל פתגמי אוריתה |
| 067 | | Dt15:04 | לחוד אין | תטרון | מצוותה דאורייתי חלף כן |
| 068 | | Ex23:15 | ית חגא דפטירייה | תטרון | שבעה יומין תיכלון פטירין |
| 069 | | Ex34:18 | ית חגה דפטיריה | תטרון | שבעה יומין תאכלון פטירין |
| 070 | תיטרון | Dt23:24M | מן דמפק מן פומכון | תיטרון | למיעבד היך מה דתנדרתון |
| 071 | מטור | Dt 6:17 | | מטור | תטרון ית מצוותה דאורייתה |
| 072 | | Dt11:22 | ארום אן | מטור | תטרון ית כל מצוותה הדה די |
| 073 | מטר | Dt11:22M | ארום אן | מטור/מטר#2#/ | תטרון ית כל מצוותה |
| 074 | דנטר | Gn 3:24M | היא אוריית׳ כל מן | {ה}<ד>נטר | יתה בעלמא הדין הוי חי |
| 075 | | Gn50:15M | יוסף יתן ומחזרא | /דנטר | לן יוסף סנה והוא מח#2# |
| 076 | | Dt32:10 | ונטר יתהון היך מה | דנטר | שיכנה בבה דעיינה: |
| 077 | דנטרו | Gn15:17 | בעלמ׳ הדין וצדיקיא על | דנטרו | יתה מן עקתא אשתיזבון כל |
| 078 | דנטרין | Nu31:47 | ויהב יתהון לילוויי | דנטרין | מטרת משכנא דייי היך מה די |
| 079 | וטורו | Dt 4:09 | לחוד אזדהרו לכון | וטורו | נפשיכון לחדה די לא תנשון |
| 080 | ונטר | Gn27:41M | {ית} עשו ית יעקב | /ונטר | עשו סנה על יעקב#2#/ על |
| 081 | | Dt 5:10 | | ונטר | חסד וטבו לאלפין ד{ר}<ד>רין |
| 082 | | Dt32:10 | דביריה עייני יתהון | ונטר | יתהון היך מה דנטר שיכנה |
| 083 | | Gn26:05 | אברהם בקל מ״י#2#^מרי | ונטר | מטרתי מצותי וקיימי וסדרי |
| 084 | | Gn50:10 | תמן הספד רב ותקיף לחדא | ונטר | על אבוי אבל שבעה יומין: |
| 085 | | Gn 3:24 | אורייתא לכל מן דלעי בה | ונטר | פקודיה הוי חי וקיים כאילן |
| 086 | ונטרין | Dt32:30 | ישראל לעיין באוריתה | ונטרין | פיקודיה הוה חד מנהון רדף |
| 087 | | Gn27:40M | \ומנטרין פיקודיא | /ונטרין | פקודה#2#/ יהוון משויין |
| 088 | | Gn 3:15M | בנה לעיין באורייתא | ונטרין | פקודיה ימנעון גרמיהון |
| 089 | | Dt32:14 | ישראל לעיין באוריתה | ונטרין | פקודייה מן ענבה חדה יהוון |
| 090 | ונטרית | Gn22:14M | ... גזרתך": פיקודך | ונטרית | ית גזרתך |
| 091 | ויטור | Dt 7:12M | ותעבדון יתהון | ויטר/ויטור#2#/ | ייי אלהכון לכון ית |
| 092 | | Gn28:20M | יהווי ייי בסעדי | וינטר/ויטור#2#/ | יתי באורחא די אנה |
| 093 | ויטר | Dt 7:12 | ותטרון ותעבדון יתהון | ויטר | ייי אלהכון לכון ית קיימייה |
| 094 | ויטרון | Gn41:35 | דפרעה מזון בקריתא | ויטרון: | |
| 095 | | Gn18:19 | וית אנשי בייתיה בתרה | ויטרון | אורחא דייי למעבד צדקתה |
| 096 | | Ex31:16 | | ויטרון | בני ישראל ית יומא דשבתא |
| 097 | | Nu 9:19 | ^^על משכנה יומין סגין | ויטרון | בני ישראל ית מטרתה דייי |
| 098 | | Lv22:09 | | ויטרון | ית מטרתי ולא יקבלון עלוי |
| 099 | | Nu 3:07 | | ויטרון | ית מטרתיה וית מטרת כל עם |
| 100 | | Nu 3:08 | | ויטרון | ית כל מני משכנה וית |
| 101 | | Nu 3:10 | אהרן וית בנוי תטכס | ויטרון | ית כהונתהון וחילוניי די |
| 102 | | Nu18:03 | | ויטרון | ית מטרתך ומטרת כל משכנה |
| 103 | | Nu18:04 | ויזדמנון לוותך | ויטרון | ית מטרת משכן זמנה לכל |
| 104 | | Nu 1:53 | עם כנישתה דבני ישראל | ויטרון | ליווי ית מטרתה דסהדותה: |
| 105 | | Dt31:12 | מן קדם ייי אלהכון | ויטרון | למעבד ית כל מילי אוריתה |
| 106 | וינטר | Gn28:20 | אן יהווי ייי בסעדי | וינטר | יתי באורחא די אנה מהלך בה |
| 107 | ותטור | Lv12:04M | ותלתה יומין תתב | תטר/ותטור#2#/ | על אדם דדכי בכל |
| 108 | ותטרון | Lv18:26 | | ותטרון | אתון ית קיימי וית סדרי |
| 109 | | Dt 4:06 | | ותטרון | ותעבדון ארום היא חכמתכון |
| 110 | | Dt 7:12 | ית סדרי דינייה האליין | ותטרון | ותעבדון יתהון ויטר ייי |
| 111 | | Dt16:12 | הוויתון בארעא דמצרים | ותטרון | ותעבדון ית קיימיה |
| 112 | | Dt26:16 | וית סדרי דיניה | ותטרון | ותעבדון יתהון בכל לבבכון |
| 113 | | Ex12:17 | | ותטרון | ית פטיראה ארום בזמן יומא |
| 114 | | Ex12:17 | מן ארעא דמצרים | ותטרון | ית יומא הדין לדריכון |
| 115 | | Ex13:10 | | ותטרון | ית קיימיה דאורייתא הדה |
| 116 | | Ex19:05 | משמע תשמעון בקל ממרי | ותטרון | ית קיימי ותהוון לשמי לעם |
| 117 | | Ex31:14 | | ותטרון | ית יום שבתה ארום קדש הוא |
| 118 | | Lv 8:35 | ובלילה שבעה יומין | ותטרון | ית מטרתה דייי דלא תמותון |
| 119 | | Lv18:05 | | ותטרון | ית קיימי וית סדרי די{י}ני |
| 120 | | Lv19:37 | | ותטרון | ית כל קיימיי וית כל סדרי |
| 121 | | Lv20:08 | | ותטרון | ית קימי ותעבדון יתהון אנה |
| 122 | | Lv20:22 | | ותטרון | ית כל קיימי וית כל סדרי |
| 123 | | Nu18:05 | | ותטרון | ית מטרת בית קודשה וית |
| 124 | | Dt 4:40 | | ותטרון | ית קיימוי וית מצוותה |
| 125 | | Dt11:08 | | ותטרון | ית כל מצוותה די אנה מפקד |
| 126 | | Ex15:26 | תעבדון ותציתון למצוות | ותטרון | כל קיימוי כל מכתשיה בישיה |
| 127 | | Dt11:32 | | ותטרון | למיעבד ית כל קיימיה וית |
| 128 | | Dt 5:01 | הדין ותלפון יתהון | ותטרון | למעבד יתהון: |
| 129 | | Dt11:01 | אורייתה דייי אלהכון | ותטר{ת}ון | מטרתיה וקיימוי וסדרי |
| 130 | | Lv22:31 | | ותטרון | מצוותה דאורייתי ותעבדון |
| 131 | ותיטור | Lv12:05M | \תטר על אדם/דם#2#/ | /ותיטור | א<דם>#2#/ דכי: |
| 132 | ותיטרון | Ex12:24 | | ותיטרון | ית פתגמא הדין לקיים לכון |
| 133 | | Ex12:25 | היך מה דמלל {דמלל} | ותיטרון | ית פולחנא הדין: |
| 134 | | Lv18:30 | | ותיטרון | ית מט{מ}רתי דלא למעבד |
| 135 | | Dt 8:06 | | ותיטרון | ית מצוותה דאורייתה דייי |
| 136 | | Dt29:08 | | ותיטרון | ית מילי קיימה הדה |
| 137 | | Dt 5:32 | | ותיטרון | למעבד היך מה די פקד ייי |
| 138 | | Dt 6:03 | ותשמעון ישראל | ותיטרון | למעבד דייטיב לכון ודי |
| 139 | | Dt 7:11 | | ותיטרון | מצוותה וית קיימייה וית |
| 140 | ותתטרון | Dt17:10 | די יתרעי ממריה דייי | ותתטרון | למעבד כל מה די ילפון |
| 141 | ולמטור | Dt 5:29 | להון למדחול מן קדמי | ולמטור | ית כל מצוותה דאורייתי כל |
| 142 | | Dt30:16 | באורחן דתקנן קדמוי | ולמטור | מצוותה וקיימוי וסדרי |
| 143 | | Gn 2:15 | למהוי פלח באורית׳ | ולמטור | פקודיה: |
| 144 | | Dt26:17 | באורחן דתקנן קדמוי | ולמטור | קיימוי ומצוותיה וסדרי |
| 145 | ולמטר | Dt 5:29M | מן קדמי | ולמטור/<ולמ>טר#2#/ | ית כל מצוותה |
| 146 | | Dt30:16M | דתקנן קדמוי | ולמטור/<ולמ>טר#2#/ | מצוותה וקיימוי |
| 147 | | Dt26:17M | דתקנן קדמוי | ולמטור/<ולמ>טר#2#/ | קיימוי ומצוותיה |
| 148 | ולמיטור | Dt 6:02 | ית מימרה דייי אלהכון | ולמיטור | ית כל קיימוי ומצותה |
| 149 | | Dt26:18M | די מלל לכון | ולמיטר/<ולמי>טור#2#/ | כל מצוותיה: |
| 150 | ולמיטר | Dt26:18 | היך מה די מלל לכון | ולמיטר | כל מצוותיה: |
| 151 | | Gn 2:16M | /ממריה דייי על אדם | ולמיטר#2#/ | מן כל אילני גנתה מיכל |
| 152 | | Gn 2:15M | פלח באורית׳ | ולמטור/ולמיטר#2#/ | פקודיה: |
| 153 | ולנטרי | Nu12:16 | אית אולפן סגי לחיכימי | ולנטרי | אוריתה דמצוה זעירה דאנש |
| 154 | | Dt 5:10 | לרחמיי צדיקיה | ולנטרי | מצוותה דאורייתי: |
| 155 | | Dt 7:09 | וחסדה לרחמוי צדיקייה | ולנטרי | מצוותה דאורייתה לאלפין |
| 156 | | Dt 7:09M | קיים וחסד לרחמוי | ולנטרי | פיקודוי |
| 157 | | Gn 3:24M | מאילן חייא לפלחייא | ולנטרי | פקודיה |
| 158 | ומידנטר | Dt 7:08M | יתכון \ומן די | נטר/ומידנטר#2#/ומן | מה די נטר#2#/ ית |
| 159 | למטור | Dt32:46 | די תפקדון ית בניכון | למטור | ולמעבד ית כל מילי שבח |
| 160 | | Dt 6:02M | ייי#2#/ אלהכון | ולמיטור/למטור#2#/ | ית כל קיימוי |
| 161 | | Dt10:13 | | למטור | ית מצוותה דייי וית קיימוי |
| 162 | | Dt17:19 | ייי אלהיה | למטור | ית כל פתגמיה האיליין וית |
| 163 | | Ex23:20M | דרחמן קדמיכון | למנטרא/למטור#2#/ | יתכון בארעא לאעלא |
| 164 | | Dt15:05 | בקל ממרה דייי אלהכון | למטור | למעבד ית כל מצוותה הדה די |
| 165 | | Dt 8:11 | אורייתה דייי דלא | למטור | מצוותה וסדרי דינוי |
| 166 | | Gn27:40M | למלעי באורית׳ ולא | למטור | פקודייה הא בכן תהוי פרק |
| 167 | למטר | Dt32:46M | ית בניכון | למטור/<למ>טר#2#/ | ולמעבד ית כל מילי |
| 168 | | Ex16:28 | עד אימתיי אתון מסרבין | למטר | מצוותי וסדרי דיני: |
| 169 | למיטו׳ | Gn 3:15M | למלעי באוריתה ולא | למיטו׳ | פיקודיה תהוי מתכוין |
| 170 | למיטור | Dt28:13 | מפקד יתכון יומא הדין | למיטור | ולמעבד: |
| 171 | | Dt 4:02M | ולא תמנעון מניה | למיטר/למיטור#2#/ | ית מצוותה דייי |
| 172 | | Dt13:19M | דייי אלהכון | למיטר/למיטור#2#/ | ית כל מצוותה |
| 173 | | Dt24:08 | אזדהרו במכתש צרעתה | למיטור | לחדה ולמעבד ככל מה די |

|  |  |  |  |  |  |  |
|---|---|---|---|---|---|---|
| 174 | | | Dt28:15 | מימריה דייי אלהכון | למיטור | למיעבד ית כל מצוותה |
| 175 | | | Dt28:01M | דייי אלהכון | למיטר/<למי>טור#2#/ | למעבד ית כל מצוותה |
| 176 | | | Nu 8:26M | ופלחן לא יפלח כהדן | /למיטור | מטרה ולמפלוח לא יפלוח |
| 177 | | | Dt28:45 | בקל מימרה דייי אלהכון | למיטור | מיצוותיה וקיימוי די פקד |
| 178 | | | Dt30:10 | בקל ממרה דייי אלהכון | למיטור | מצוותה וקיימוי דכתיב בספר |
| 179 | למיטר | | Dt28:13M | יומא הדין | למיטור/<למי>טר#2#/ | ולמעבד: |
| 180 | | | Dt 4:02 | יתכון ולא תמנעון מניה | למיטר | ית מצוותה דייי אלהכון די |
| 181 | | | Dt13:19 | בקל ממרה דייי אלהכון | למיטר | ית כל מצוותה די אנה מפקד |
| 182 | | | Dt28:15M | דייי אלהכון | למיטור/<למי>טר#2#/ | למיעבד ית כל |
| 183 | | | Dt28:01 | בקל מימרה דייי אלהכון | למיטר | למעבד ית כל מצוותה די אנה |
| 184 | | | Nu 8:26 | ית אחוי במשכן זימנה | למיטר | מטרה ופלחן לא יפלח כהדן |
| 185 | | | Dt30:10M | דייי אלהכון | למיטור/<למי>טר#2#/ | מצוותה וקיימוי |
| 186 | למנטור | | Ex22:06M | כסף או מנין | למנטרה/למנטור#2#/ | יתהון ויגנבון |
| 187 | למנטר | | Dt10:13M | | למטור/למנטר#2#/ | ית מצוותה |
| 188 | לנטור | | Dt 8:11M | דייי דלא | למטור/לנטור#2#/ | מצוותה/פיקודוי#2#/ |
| 189 | לנטרי | | Lv22:31 | הוא ייי דיהב אגר טב | לנטרי | מצוותה דאורייתי: |
| 190 | ינטר | pael | Ex21:36 | מן דאתמל ומן דקדמוי ולא | ינטר | יתה מריה משלמא ישלם תור |
| 191 | ינטרון | | Ex21:29 | ויתאסהד במרוי ולא | ינטרון | יתיה ויתקטל גבר או אתה |
| 192 | מנטר | | Gn37:11 | וקנון ביה אחוי ואבוי הוי | מנטר | ית פתגמא: |
| 193 | ואנטר | | Gn28:15 | והא אנה במימרי עמך | ואנטר | {יתך} יתך בכל {דתלך} דתזל |
| 194 | ומנטרין | | Gn27:40 | לעיין באורייתא | ומנטרין | פיקודיא יהוון משוין ניר |
| 195 | למנטרא | | Ex23:20 | מלאך דרחמן קדמיכון | למנטרא | יתכון בארעא לאעלא |
| 196 | למנטרה | | Ex22:06 | לחבריה כסף או מנין | למנטרה | יתהון ויגנבון מן ביתא |
| 197 | | | Ex22:09 | תור או אימר וכל בעיר | למנטרה | יתיה וימות או יתבר או |

## ניא *n.* ⇐ ניע

## נייח *n.* rest [349]

|  |  |  |  |  |  |  |
|---|---|---|---|---|---|---|
| 001 | נייח | s ab/cn | Gn 8:09 | ולא אשכחת יוונה | נייח | לכף רגלה וחזרת לוותה |
| 002 | | | Dt28:65 | לא תתניחון ולא יהוי | נייח | לכפה דרגליכון ויתן ייי |
| 003 | וניח | | Ex20:10 | ויומא שביעיא שבא | וניח | קדם ייי אלהכון לא תעבדון |
| 004 | | | Ex31:17 | וביומא שביעיה הוה שבה | וניח | קדם ייי: |
| 005 | | | Gn 2:03 | ארום בה הוא שבה שבה | וניח | קדמוהי מן כל עיבידתיה די |
| 006 | ונייח | | Lv23:03 | עבידה לא תעבדון שבי | ונייח | הוא קדם ייי בכל אתר |
| 007 | | | Lv25:02M | \שמטה לשמה דייי /שבה | ונייח | קדם ייי#2#/: |
| 008 | | | Lv25:04M | לארעא שמטתה/שבה | ונייחה#2#/ | קדם ייי חקליכון לא |
| 009 | | | Dt 5:14 | וביומא שביעיה שבה | ונייח | קדם ייי אלהכון לא תעבדון |
| 010 | | | Gn 2:02 | די ברא והוה שבא | ונייח | קדמוי ביומא שביעיא מן כל |
| 011 | | | Ex20:11 | כל מה דבהון והוה שבא | ונייח | קדמוי ביומא שביעיא בגין |
| 012 | נייחה | s em/sf | Dt12:09M | דמתקרי בית | נייחה | ולארעא דישראל |

## נילוס *n.* The Nile []

|  |  |  |  |  |  |  |
|---|---|---|---|---|---|---|
| 001 | דנילוס | s ab/cn | Gn47:10M | ייי דאיסקון מיא | דנילוס | וישקון ית כל ארעא |
| 002 | לנילוס | | Nu34:05 | ומקף תחומה מן לקסם | לנילוס | דמצריי ויהוון מפ<ק>נו{ק}י |
| 003 | מנילוס | | Gn15:18 | לבניך אתן ית ארעא הדא | מנילוס | דמצרים עד נהרא רבה נהרה |

## נימוס *n.* law [349]

|  |  |  |  |  |  |  |
|---|---|---|---|---|---|---|
| 001 | בנימוס | s ab/cn | Gn19:01 | ושאיל בשלמהון | בנימוס | ארעא: |
| 002 | | | Gn23:07 | אברהם ושאל בשלמיהון | בנימוס | ארעא דבני חת: |
| 003 | | | Gn23:11M | אברהם\ושאל בשלמהון | בנימוס | ארעא דבני חת /ואודי |
| 004 | | | Gn33:03 | קדמיהון ושאל בשלומהון | בנימוס | ארעא שבעה זמנין עד זמן די |
| 005 | | | Gn37:10 | ואמר ואחך למשאל בשלמך | בנימוס | ארעא: |
| 006 | | | Gn43:26 | ושאלון בשלמיה | בנימוס | ארעא: |
| 007 | ובנימוס | | Nu23:09 | שריין לבלחודיהון | ובנימוס | אומיה לא מתערבין: |
| 008 | כנימוס | | Gn18:02 | משכנה ושאל בשלמהון | כנימוס | ארעא: |
| 009 | | | Gn24:52 | והוה כד שמע לשמה דייי | כנימוס | ארעא: |
| 010 | | | Gn42:06 | דיוסף ושאלו בשלמיה | כנימוס | ארעא: |
| 011 | | | Gn44:14 | הווה תמן ושאלו בשלמיה | כנימוס | ארעא: |
| 012 | | | Gn48:12M | ברכוי ושאלו בשלמה | כנימוס | ארעא#2#/: |
| 013 | | | Gn19:31M | כל": למיזדמנה לוותן | כנימוס | כל |
| 014 | | | Ex22:16 | יתה ליה כסף יתקל | כנימוס | פרני בתולתא: |
| 015 | נימוסי' | p const | Ex22:16M | ליה כסף יתקל | כנימוס/נימוסי'#2#/ | פרני בתולתא: |
| 016 | בנימוסי | | Lv20:23 | ולא תהלכון | בנימוסי | אומייה די אנה משלח |
| 017 | | | Ex21:07 | ברתיה לאמהתה לא תפוק | כנימוסי | עבדייא: |
| 018 | כנימוסי | | Lv25:42 | דמצרי' לא יזדבנון | כנימוסי | עבדיה: |
| 019 | | | Lv25:39 | לך לא תשתעבד בה | כנימוסי | עבדייה: |
| 020 | מנימוסי | | Lv18:30 | מס{מ}רתי דלא למעבד | מנימוסי | מרחקתה די אתעבדו |
| 021 | בנימוסוי | p em/sf | Ex 1:08 | ית יוסף ולא הלך | בנימוסוי: | |
| 022 | ובנימוסיהון | | Lv18:03 | לתמן לא תעבדון | ובנימוסיהון | לא תהלכון: |

## ניסוך *n.* libation [349]

|  |  |  |  |  |  |  |
|---|---|---|---|---|---|---|
| 001 | ניסוך | s ab/cn | Nu28:07 | במני בית קודשה יתנסך | ניסוך | חמר בחיר לשמה דייי: |
| 002 | | | Nu29:21M | וניסוכיהון/וחמר | ניסוך#2#/ | מה די תהוון מקריבין |
| 003 | וניסוך | | Nu29:31 | לרביעות מטרה וניסוכה | וניסוך | מיא: |
| 004 | ונסוך | | Ex30:09M | עלוון ומנחה | ונסוך | לא תנס' |
| 005 | | | Ex29:40 | במשח כתיש רביעת הינא | ונסוך | רביעת הנה חמר כהדן סדרא |
| 006 | לניסוך | | Nu15:10 | וחמר תקרב | לניסוך | פלגות הינה קרבן מתקבל |
| 007 | | | Nu15:05 | וחמר | לניסוך | רביעות הינא משח וחמר |
| 008 | | | Nu15:07 | וחמר | לניסוך | תלתות הינה תקרבון לריח |
| 009 | לנסוך | | Nu15:05 | רביעות הינא משח וחמר | לנסוך | רביעות הינא תקרבון על |
| 010 | נסוכה | s em/sf | Nu 4:07 | וית מנקיתה וית קשוות | נסוכה | ולחם בתדירה עלוי יהווה: |
| 011 | דנס' | | Nu 4:07M | נסוכה /קשוותה | דנס'#2#/ | ולחם בתדירה עלוי יהווה: |
| 012 | וניסוכה | | Nu29:31 | דכרן טב לרביעות מטרה | וניסוכה | וניסוך מיא: |
| 013 | ונסוכה | | Nu28:10 | לעולת תמידה תתקרב | ונסוכה: | |
| 014 | | | Nu29:22 | עלת תמידה ומנחתה | ונסוכה: | |
| 015 | | | Nu29:25 | בר מעלת תמידה ומנחתה | ונסוכה: | |
| 016 | | | Nu29:28 | בר מעלת תמידה ומנחת | ונסוכה: | |
| 017 | | | Nu29:38 | בר מעלת תמידה ומנחתה | ונסוכה: | |
| 018 | ניסוכין | p abs | Nu15:08M | בפירוש נדר /עלוון או | ניסוכין | פירוש דנדר#2#/ או לנכסת |
| 019 | נסוכין | | Gn35:14 | קיימא דאבן ונסך עלה | נסוכין | ואריק עלה משח: |
| 020 | ונסוכין | | Ex30:09 | ועלוון ומנחוון | ונסוכין | לא תנסכון עלוי: |
| 021 | | | Lv23:37 | עלוון ומנחוון דבחין | ונסוכין | סכום יום ביומא: |
| 022 | | | Lv23:18M | דייי ומנחתהון | ונסכהון/ונסוכין#2#/ | קרבן דמתקבל לריח |
| 023 | לניסוכין | | Nu15:10M | לניסוך /תקרבון | לניסוכין#2#/ | פלגות הינה קרבן מתקבל |
| 024 | | | Nu15:07M | וחמר | לניסוך/לניסוכין#2#/ | תלתות הינה תקרבון |
| 025 | לנסוכין | | Nu15:05M | וחמר | לניסוך/לנסוכין#2#/ | רביעות הינא משח |
| 026 | נ' | p em/sf | Nu29:33M | ונסוכיהון/וחמר | נ'#2#/ | מה די תהוון מקריבין |
| 027 | ניס' | | Nu29:27M | ונסוכיהון/וחימר | ניס'#2#/ | מה די תהוון מקרבין עם |
| 028 | ניסו' | | Nu29:24M | וניסוכיהון/וחמר | ניסו'#2#/ | די תהוון מקריבין עמהון |
| 029 | ניסוכיהון | | Dt32:38 | נכסי קורבניהון וחמר | ניסוכיהון | דהוון מנסכין קדמוי יקום |
| 030 | | | Nu29:18 | ומנחתהון וחמר | ניסוכיהון | מה דיתהוון מקריבין |
| 031 | | | Nu29:37M | וניסוכיהון/וחמר | ניסוכיהון#2#/ | מה די תהוון מקריבין |
| 032 | נסוכוי | | Nu 6:17M | ית מנחתיה וית | נסכיה/נסוכוי#2#/: | |
| 033 | נסי' | | Dt32:38M | קורבניהון וחמר | ניסוכיהון/נסי'#2#/ | דהוון מנסכין |
| 034 | וניסוכיהון | | Nu29:19 | עלת תמידה ומנחתה | וניסוכיהון: | |
| 035 | | | Nu29:34M | לעלת תמידה ומנחתה | וניסוכיהון | |

| | | | | |
|---|---|---|---|---|
| 036 | | | Nu29:24 | ומנחתהון וניסוכיהון די תהוון מקריבין עמהון |
| 037 | | | Nu29:21 | ומנחתהון וניסוכיהון מה די תהוון מקריבין |
| 038 | | | Nu29:37 | ומנחתיהון וניסוכיהון מה די תהוון מקריבין |
| 039 | ונסוכ' | | Nu 6:15M | במשח ומנחתהון ונסכיהון/ונסוכ'#2#/: |
| 040 | ונסוכוי | | Nu28:24 | לעלת תמידה יתקרב ונסוכוי: |
| 041 | | | Lv23:13 | לריח דרעוה לשמה דייי ונסוכוי חמר רבעות הינה: |
| 042 | | | Nu28:07 | ונסוכוי חמר רביעות הינה תקרבון |
| 043 | | | Nu15:24 | לשמה דייי ומנחתיה ונס«ו»כוי כסדר דינה וצפיר בר |
| 044 | ונסוכיהון | | Nu28:31 | מן מום יהוון לכון ונסוכיהון: |
| 045 | | | Nu29:11 | ועלתה דתמידה ומנחתה ונסוכיהון: |
| 046 | | | Nu29:22M | תמידה ומנחתה ונסוכה/ונסוכיהון#2#/: |
| 047 | | | Nu29:25M | תמידה ומנחתה ונסוכה/ונסוכיהון#2#/: |
| 048 | | | Nu29:30 | ומנחתהון ונסוכיהון: |
| 049 | | | Nu29:31M | תמידה ומנחתהון ונסוכיהון |
| 050 | | | Nu29:06 | ועלתה דתמידה ומנחתה ונסוכיהון כסדר דיניהון לריח דרעוה |
| 051 | | | Nu28:14 | ונסוכיהון מה די תהוון מקריבין |
| 052 | | | Nu29:27 | ^^ומנחתהון ונסוכיהון מה די תהוון מקריבין עם |
| 053 | | | Nu29:33 | ומנחתהון ונסוכיהון מה די תהוון מקריבין |
| 054 | וכנסוכוי | | Nu28:08 | כמנחתה דאמר דצפרא וכנסוכוי כדן תקרבון יתיה קרבן |
| 055 | | | Ex29:41M | וכנסכה תקרבון\ /וכנסוכוי כן תק'#2#/ יתיה' לריח |

**See also:** נסך *n.*

## ניסין *n.* islands [350]

| | | | | |
|---|---|---|---|---|
| 001 | נסי | p const | Gn10:05 | מן אלין אתפרשו נסי אומיא בארעותהון גבר ללשניה |
| 002 | נוסוי | p em/sf | Nu34:06 | אינון מי בראשית נוסוי מעוזוי וספינתה עם |
| 003 | ניסוי | | Nu34:06M | /הוא אוקייאנוס ניסוי ומחוזוי וספינתה#2#/ עם |

## ניסן *n.* Nisan [350]

| | | | | |
|---|---|---|---|---|
| 001 | ניסן | s ab/cn | Nu 9:03M | בינ'/בין'#2#/ בירחה ניסן בינ'#2#/ שמשתה תעבדון |
| 002 | | | Lv23:06M | יומין לירחה \ניסן#2#/ חגא דפטיריה קדם ייי |
| 003 | | | Ex12:02 | ירחא הדין ניסן לכון ריש ירחין קדמיי הוא |
| 004 | בניסן | | Gn 8:13M | בירחא קדמיא \בניסן#2#/בתשרי#2#/ בחד לירחא נגבו |
| 005 | דניסן | | Dt32:02 | צמחה דארעא בירחה דניסן: |

## ניע *n.* breast of an animal [350]

| | | | | |
|---|---|---|---|---|
| 001 | ניאה | s em/sf | Lv 7:34M | ארום ית ני{ש}<ע>ה/ניאה#2#/ דאנפותה וית שקה |
| 002 | | | Lv10:14M | וית ניעה/ניאה#2#/ דאנפותה וית שקה |
| 003 | | | Lv 8:29M | ונסב משה ית ניעה/ניאה#2#/ ואניף יתה אנפו קדם |
| 004 | | | Lv 7:30M | יתיה ית ניעה למנפה /ניאה יעל יתה ית/וית#2#/ ניאה |
| 005 | | | Lv 7:30 | ייתי יתיה ית ניעה למנפה ניאה יתיה אנפ{ג}<ו> קדם ייי: |
| 006 | | | Lv 7:31M | קדם ייי ויהוי ניעה/ניאה#2#/ לאהרן/דא'#2#/ |
| 007 | ניעא | | Nu 6:20 | קדש אינון לכהנא על {מעא}<ניעא> דא«נ»פותה ועל שקא |
| 008 | ניעה | | Lv 7:34 | ארום ית ני{ש}<ע>ה דאנפותה וית שקה |
| 009 | | | Lv10:14 | וית ניעה דאנפותה וית שקה דאפרשות' |
| 010 | | | Nu 6:20M | לכהנא על {מעא}<ניעא>/ניעה#2#/ דא«נ»פותה ועל |
| 011 | | | Lv 8:29 | ונסב משה ית ניעה ואניף יתה אנפו קדם ייי מן |
| 012 | | | Lv 9:21M | וית ניעיה/ניעה#2#/ וית שקה דימינה אניף |
| 013 | | | Lv 9:20M | ושוון ית תרב' על ניעיה/ניעה#2#/ וסדר תרביה על גבי |
| 014 | | | Lv 7:30 | ית קרבנוי ית תרבה על ניעה ייתי יתיה ית ניעה למנפה |
| 015 | | | Lv 7:31 | ית תרבה קדם ייי ויהוי ניעה לאהרן ולבנוי: |
| 016 | | | Lv 7:30 | על ניעה ייתי יתיה ית ניעה למנפה ניאה יתיה אנפ{ג}<ו> |
| 017 | | | Ex29:26M | \נעה {ית}<מן> דכרא /ניעה מן דכ'#2#/ דאשלמותא די |
| 018 | נעה | | Ex29:27 | ותקדש ית נעה דאנפותה וית שקה דאפרשותא |
| 019 | | | Ex29:26 | ותסב ית נעה {ית}<מן> דכרא דאשלמותא די |
| 020 | וניאה | | Lv10:15M | דאפרשות' וניעה/וניאה#2#/ דאנפותה על קרבני |
| 021 | וניעה | | Lv10:15 | שוקה דאפרשות' וניעה דאנפותה על קרבני תרביה |
| 022 | | | Lv 3:09M | /מתקבל לשמה דייי תרבה וניעה שלמה לוקבל עצייה |
| 023 | כניאה | | Nu18:18M | יהווי לך כניעה/כניאה#2#/ דאנפותה וכשקה |
| 024 | כניעה | | Nu18:18 | ובשרהון יהווי לך כניעה דאנפותה וכשקה דימינה דידך |
| 025 | ניעיה | p em/sf | Lv 9:21 | וית ניעיה וית שקה דימינה אניף אהרן |
| 026 | | | Lv 9:20 | ושוון ית תרב' על ניעיה וסדר תרביה על גבי מדבחה: |

## ניר *n.* yoke [350]

| | | | | |
|---|---|---|---|---|
| 001 | ניר | s ab/cn | Gn27:40 | פיקודיא יהוון משויין ניר מטולהון על צוארך ויהווי כד |
| 002 | | | Dt28:48M | דפרזלה/מנדע' ואשווי ניר פורזלה#2#/ על צווריכון |
| 003 | | | Lv26:13 | דהוה קשי עליכון היך ניר פרזלה ודברית יתכון <בקומה> |
| 004 | | | Lv26:13M | "ניר ... זקיפה": נ{וף}<יר> פרזלה ודברית יתכון |
| 005 | | | Gn27:40 | תשלט ביה ותפרוק ניר שעבודא מעלוי צווריך: |
| 006 | | | Gn27:40M | הא בכן תהוי פרק ניר שעבודה' מעלווי צוארך |
| 007 | | | Ex 6:06 | יתכון פריקין מן תחות ניר שעבודהון דמצריי ואשיזב |
| 008 | | | Ex 6:07 | ואפקית יתכון מן תחות ניר שעבודהון דמצריי: |
| 009 | | | Ex18:10 | דשיזב ית עמא מן תחות ניר שעבודהון דמצריי: |
| 010 | | | Lv26:13 | עבדין משעבדין ותברית ניר שעבודיהון דמצריי |
| 011 | דניר | | Nu19:02 | די לא סלק עליה שעבוד דניר: |
| 012 | | | Dt21:03 | די לא סלק עליה שעבוד דניר: |
| 013 | נירה | s em/sf | Dt28:48 | ובחסרון כל מדעם וישוי נירה דפרזלה על צווריכון עד זמן |
| 014 | נירי | p const | Ex12:42 | ישלם עלמא קציה למתפרקא נירי פרזלא יתברון ודרי רשיעא |
| 015 | ונירי | | Ex12:42M | אברי רשיעיא ונירי פרזלא ישתיצון מיש' |

## ניש ⇐ *n.* ניע

## נכוס *n.* one who slaughters [350]

| | | | | |
|---|---|---|---|---|
| 001 | נכוסי | p const | Dt18:03M | \נכסי נכסתה /נכוסי נכיסן#2#/ אין תור אין |

## נכיסה *n.* sacrifice [351]

| | | | | |
|---|---|---|---|---|
| 001 | נכ' | s ab/cn | Lv 4:26M | \כתרבה דנכיסת /כתרב נכ'#2#/ קדשיא ויכפר עלוי כהנא |
| 002 | | | Lv17:05M | קדם ייי ויכסון נכסת/נכ'#2#/ קדשין קדם ייי יתהון: |
| 003 | נכיס' | | Lv 7:20M | \מן נכסת /בשר מן נכיס'#2#/ קדשיה דמפרש לשמה דייי |
| 004 | | | Lv 9:18M | ית תורה וית דכרה נכסת/נכיס'#2#/ קדשיה \דמן עמה /דאית |
| 005 | | | Lv 7:33M | מן דמקרב ית נכסת/אדם נכיס'#2#/ קודשוהי וית תרבה מן |
| 006 | | | Ex32:06M | על'#2#/ וקרבו נכסת/נכיס'#2#/ קודשין ויתבו עמ«א» |
| 007 | נכיסה | | Gn31:54M | ונכס יעקב נכסין/נכיסה#2#/ בטורא וקרא לאחוי |
| 008 | נכיסת | | Lv 7:12M | על\ נכסת קדשיה חלין /נכיסת אודייה חלין#2#/ פטירין |
| 009 | | | Lv 7:13M | על נכסת /קרבנייה על נכיסת#2#/ אודיית קודשוי: |
| 010 | | | Lv22:29M | "נכסת ... לרעוה": נכיסת הודייה קודם ייי לר' |
| 011 | | | Lv 7:15M | ובשר \נכסת אודיית /נכיסת הודיית#2#/ קודשוי |
| 012 | | | Dt16:05M | ית נכסת /למיכוס ית נכיסת#2#/ פסחא בחדה מן קורייכון |
| 013 | | | Dt16:06M | תמן תיכסון נכסת/נכיסת#2#/ פסחא ברמשא במטמעי |
| 014 | | | Lv23:05 | יומין לירחא ביני שמשתה נכיסת פסחה קדם ייי: |
| 015 | | | Lv 4:31 | היך מה דעבד תרבה מעלוי נכיסת קדשי' ויסדר כהנא על גבי |
| 016 | | | Lv 3:03M | ויקרב מן נכסת/נכיסת#2#/ קדשיה קרבן קדם ייי |
| 017 | | | Lv 4:35M | \מעילוי נכסת /מן נכיסת#2#/ קדשיה ויסדר כהנא יתהון |
| 018 | | | Lv 7:14M | ית אדם/דם#2#/ נכסת/נכיסת#2#/ קדשיה דידיה/ליה#2#/ |
| 019 | | | Lv 7:17M | \בשרה דנכסת /בשר נ{סיכ}<כיס>ת#2#/ קדשי«ה» ביומא |

|  |  |  |  |
|---|---|---|---|
| 020 | | Ex34:25M | חמיע אדם/דם#2#/ נכסת/נכיסת#2#/ קדשיי ולא יבית בצפרא |
| 021 | | Lv 7:32M | אפרשו לכהנא מן נכסת/נכיסת#2#/ קדשיכון: |
| 022 | | Nu10:10M | על עלוותיכון ועל נכס'/נכיסת#2#/ קדשיכון ויהוין |
| 023 | | Lv 6:05 | עלתה ויסדר עליה תרבי נכיסת קדשין: |
| 024 | | Lv19:05M | וארום תכסון נכסת/נכיסת#2#/ קדשין לשמה דייי |
| 025 | | Lv 4:10M | קודשיה /דאתפרש מן תור נכיסת קוד'#2#/ ויסדר יתהון |
| 026 | | Lv 7:21M | מן קדם ייי /בשר נכיסת קודשה דאית קדם ייי#2#/ |
| 027 | | Lv 7:29M | /קדם ייי#2#/ מן נכסת/נכיסת#2#/ קודשוי: |
| 028 | | Lv 7:29M | מן דמקרב ית נכסת/נכיסת#2#/ קודשוי לשמה דייי |
| 029 | | Lv10:14M | דבני /אתיהבו מן נכיסת קודשי בני#2#/ ישראל: |
| 030 | | Lv 7:34M | בני ישראל מן נכסת/נכיסת#2#/ קודשיהון ויהבת |
| 031 | | Dt12:27M | דייי אלהכון ודם נכסת/נכיסת#2#/ קודשיכון ישתפך על |
| 032 | | Ex23:18M | אדם \נכסת קדשי /{מ}<נ>כיסת קודשין#2#/ ולא יבית |
| 033 | | Lv 3:01M | ואין נכסת/נכיסת#2#/ קודשין קרבניה אין |
| 034 | | Lv22:21M | ארו«ם» יקרב נכסת/נכיסת#2#/ קודשין לשמה דייי |
| 035 | | Dt27:07M | ותכסון נכסת/נכיסת#2#/ קודשין ותיכלון תמן |
| 036 | | Ex20:24M | ית עלוותכון וית נכסת/נכיסת#2#/ קודשכון ית עניכון |
| 037 | | Lv 7:16M | נכסת /נסיבה נ{סיכ}<כיס>ת#2#/ קרבניה ביומא די |
| 038 | | Dt16:02M | ותיכסון נכסת/נכיסת#2#/ פסחא/פסח#2#/ קדם ייי |
| 039 | | Lv 7:18M | \בשרה דנכסת /בשר נ{סיכ}<כיס>ת#2#/ קדשיה/קודשוי#2#/ |
| 040 | נכס' | Lv 4:31M | תרבה מעלוי נכיסת/נכס'#2#/ קדשי' ויסדר כהנא |
| 041 | | Lv 6:05M | ויסדר עליה תרבי נכיסת/נכס'#2#/ קדשין/<קד>שיה#2#/: |
| 042 | נכסה | Nu15:08 | תקרבון בר תורין עלה או נכסה בפירוש נדר או לנכסת קודשין |
| 043 | | Nu15:03 | קרבן קדם ייי עלה או נ{ס}כ<ס>ה לפירוש נדרה או בנסיבה |
| 044 | נכסת | Lv22:29 | <....> נכסת אודיה לשמה דייי לרעוה |
| 045 | | Lv 7:13 | דחמיע יקרב קרבני' על נכסת אודיית קודשוי: |
| 046 | | Lv 7:15 | ובשר נכסת אודיית קודשוי ^ביום#2#^ |
| 047 | | Ex34:25 | קדשיי ולא יבית בצפרא נכסת חגא דפסחא: |
| 048 | | Nu28:16 | בארבעת עשר יומין לירחא נכסת פסחא קדם ייי: |
| 049 | | Dt16:02 | ותיכסון נכסת פסחא קדם ייי אלהכון ען |
| 050 | | Dt16:05 | לית אתון רשיין למיכס ית נכסת פסחא בחדה מן קוריכון דייי |
| 051 | | Dt16:06 | איקר שכינתיה תמן תיכסון נכסת פסחא ברמשא במטמעי שמשא |
| 052 | | Ex23:18 | לא תכסון על חמיע אדם נכסת קדשי ולא יבית מן חלבי חגי |
| 053 | | Lv 3:03 | ויקרב מן נכסת קודשיה קרבן קדם ייי ית תרבא |
| 054 | | Lv 4:35 | יעבד תרבה דאמרה מעילוי נכסת קודשיה ויסדר כהנא יתהון |
| 055 | | Lv 7:12 | יקרב יתיה ויקרב על נכסת קודשיה חלין פטירין פילין |
| 056 | | Lv 7:14 | דייי לכהנא דזרק ית אדם נכסת קודשיה דידיה יהוי: |
| 057 | | Lv 7:20 | ונפשא די תיכול בשרה מן נכסת קודשיה דמפרש לשמה דייי |
| 058 | | Lv 9:18 | ונכס ית תורה וית דכרה נכסת קודשיה דמן עמה וזמינו בנוי |
| 059 | | Lv10:14 | דבניך אתייהבון מן נכסת קודשיהון דבני ישראל: |
| 060 | | Ex34:25 | לא תכסון על חמיע אדם נכסת קודשיי ולא יבית בצפרא נכסת |
| 061 | | Lv 7:32 | תתנון אפרשו לכהנא מן נכסת קודשיכון: |
| 062 | | Lv17:05 | כהנה קדם ייי ויכסון נכסת קודשין קדם ייי יתהון: |
| 063 | | Lv19:05 | וארום תכסון נכסת קודשין לשמה דייי לרעוה |
| 064 | | Lv 7:33 | מן דמקרב ית נכסת קודשוהי וית תרבה מן בנוי |
| 065 | | Lv 7:29 | ייתי ית קרבניה לייי מן נכסת קודשוי: |
| 066 | | Lv 7:29 | למימר מן דמקרב ית נכסת קודשוי לשמה דייי ייתי ית |
| 067 | | Lv 7:11M | אוריתה דנכסת /אחוות נכסת#2#/ קודשיה די יקרב לשמה |
| 068 | | Nu 6:18 | ויתן על אשתא די תחות נכסת קו<ד>שיה: |
| 069 | | Lv 7:34 | מן לוות בני ישראל מן נכסת קודשיהון ויהבת יתהון |
| 070 | | Dt12:27 | מדבחה דייי אלהכון ודם נכסת קודשיכון ישתפך על מדבחה |
| 071 | | Ex24:05 | וסדרו עליון וקריבו נכסת קודשין קדם ייי תורין: |
| 072 | | Ex32:06 | עליהן עלוון וקרבו נכסת קודשין ויתבו עמ«א» למיכל |
| 073 | | Lv 3:01 | ואין נכסת קודשין קרבניה אין מן תוריה |
| 074 | | Lv22:21 | וגבר ארו«ם» יקרב נכסת קודשין לשמה דייי לפרש נדר |
| 075 | | Dt27:07 | ותכסון נכסת קודשין ותיכלון תמן ותחדון |
| 076 | | Ex20:24 | עלוי ית עלוותכון וית נכסת קודשכון ית עניכון וית |
| 077 | | Lv 7:16 | ואין נדר או נדבה נכסת קרבניה ביומא די יקרב ית |
| 078 | דנכיסה | Lv14:51M | נכיסתה /צפרתה דנכיסה#2#/ ובמיא דמבועה ויידי על |
| 079 | | Lv14:06M | דבחיין באדמה צפרתה דנכיסה על מיין דמבוע |
| 080 | דנכיסת | Lv 4:26 | על גבי מדבחה כתרבה דנכיסת קדשיא ויכפר עלוי כהנא מן |
| 081 | | Nu 7:88M | וכל תורייה דנכסת/דנכיסת#2#/ קודשייה עשרין |
| 082 | דנכסת | Lv 7:17 | ומה דמשתייר מן בשרה דנכסת קדשי«ה» ביומא תליתיה |
| 083 | | Lv 7:18 | מתאכלה יתאכל מן בשרה דנכסת קדשיה ביומ' תליתיה לא |
| 084 | | Lv 4:10 | היך מה דיתפרש מתורה דנכסת קודשיה ויסדר יתהון כהנא |
| 085 | | Lv 7:11 | ודא גיזירת אוריתה דנכסת קודשיה די יקרב לשמה דייי: |
| 086 | | Lv 7:21 | מסאב ויאכל מן בשרה דנכסת קודשיה מן קדם ייי ותשתיצי |
| 087 | | Nu 7:88 | וכל תורייה דנכסת קודשייה עשרין וארבעה |
| 088 | ונכי' | Lv 9:22M | חט'#2#/ ועלתה ונכסת/ונכי'#2#/ קודשיה: |
| 089 | ונכיסת | Dt12:06M | ית עלוותכון ונכסת/ונכיסת#2#/ קודשיכון וית |
| 090 | ונכסת | Lv 9:22 | מן דקרב חטאתה ועלתה ונכסת קודשיה: |
| 091 | | Lv27:29M | בכספא אלהן בעלוון ונכסת קודשין ובמבעי רחמין |
| 092 | | Dt12:06 | לתמן ית עלוותכון ונכסת קודשיכון וית מעשרכון וית |
| 093 | | Dt12:11 | מפקד יתכון עלוותכון ונכסת קודשיכון מעשרכון ואפרשות |
| 094 | | Ex18:12 | חמוי דמשה עלוון ונכסת קודשין לשמיה דייי ואתא |
| 095 | ולנכיסת | Lv 7:37M | ולאשלמוותה ולנכיסת#2#/ קדשיה: |
| 096 | | Nu 7:59M | ולנכסת/ולנכיסת#2#/ קודשה קרב תורין |
| 097 | | Nu 7:17M | ולנכסת/ולנכיסת#2#/ קודשיא קרב תורין |
| 098 | | Nu 7:29M | ולנכסת/ולנכיסת#2#/ קודשיה קרב תורין |
| 099 | | Nu 7:35M | ולנכסת/ולנכיסת#2#/ קודשיה קרב תורין |
| 100 | | Nu 7:41M | ולנכסת/ולנכיסת#2#/ קודשיה קרב תורין |
| 101 | | Nu 7:47M | ולנכסת/ולנכיסת#2#/ קודשיה קרב תורין |
| 102 | | Nu 7:53M | ולנכסת/ולנכיסת#2#/ קודשיה קרב תורין |
| 103 | | Nu 7:65M | ולנכסת/ולנכיסת#2#/ קודשיה קרב תורין |
| 104 | | Nu 7:71M | ולנכסת/ולנכיסת#2#/ קודשיה קרב תורין |
| 105 | | Nu 7:77M | ולנכסת/ולנכיסת#2#/ קודשיה קרב תורין |
| 106 | | Nu 7:83M | ולנכסת/ולנכיסת#2#/ קודשיה קרב תורין |
| 107 | ולנכסת | Lv 7:37 | ולאש«מה» ולאשלמותה ולנכסת קדשיה: |
| 108 | | Nu 7:59 | ולנכסת קודשה קרב תורין תרין |
| 109 | | Nu 7:17 | ולנכסת קודשיא קרב תורין תרין |
| 110 | | Nu 7:23 | ולנכסת קודשיה קרב תורין תרין |
| 111 | | Nu 7:29 | ולנכסת קודשיה קרב תורין תרין |
| 112 | | Nu 7:35 | ולנכסת קודשיה קרב תורין תרין |
| 113 | | Nu 7:41 | ולנכסת קודשיה קרב תורין תרין |
| 114 | | Nu 7:47 | ולנכסת קודשיה קרב תורין תרין |
| 115 | | Nu 7:53 | ולנכסת קודשיה קרב תורין תרין |
| 116 | | Nu 7:65 | ולנכסת קודשיה קרב תורין <....> |
| 117 | | Nu 7:71 | ולנכסת קודשיה קרב תורין תרין |
| 118 | | Nu 7:77 | ולנכסת קודשיה קרב תורין תרין |
| 119 | | Nu 7:83 | ולנכסת קודשיה קרב תורין תרין |
| 120 | | Nu29:39 | ולמנחתכון ולנסכיהון ולנכסת קודשיהון: |
| 121 | לניכסת | Lv 9:04M | \ודכר לנכסת /ואמר לניכסת#2#/ קדשיה למקרבה קדם ייי |
| 122 | | Nu 6:17 | וית דיכרה יקרב לניכסת קדשיה קדם ייי על סלה |
| 123 | לנכי' | Lv23:19M | /שתה#2#/שנה#2#/ לנכסת/לנכי'#2#/ קודשיה: |
| 124 | לנכיסת | Nu 6:14M | חד שלם מן מום לנכסת/לנכיסת#2#/ קודשיא: |
| 125 | | Lv 3:06 | ואין מה מן ענה קרבניה לניכסת קודשיה לשמה דייי דכר או |
| 126 | | Nu15:05M | \לנכסת קודש«י»ה /לניכסת קודשין#2#/ לאמרה חדתה |
| 127 | לנכסת | Lv 9:04 | ותור ודכר לנכסת קדשיה למקרבה קדם ייי |

|  | | |  | | | |
|---|---|---|---|---|---|---|
| 128 | | | Nu 6:14 | ודכר חד שלם מן מום | לנכסת | קודשיא: |
| 129 | | | Lv 3:06M | מן ענה קרבניה | לנכיסת/<לנ>כסת#2#/ | קודשיה לשמה דייי |
| 130 | | | Lv23:19 | אמרין בני שתיהון | לנכסת | קודשיא: |
| 131 | | | Nu15:05 | תקרבון על עלתה או | לנכסת | קודש«י»ה לאמרה חדתה: |
| 132 | | | Nu15:08 | או נכסה בפירוש נדר או | לנכסת | קודשין לשמה דייי: |
| 133 | | מנכיסת | Lv 3:09M | ויקרב | מנכסת/<מ>נכיס<ת>#2#/ | קדשיה קרבן קדם |
| 134 | | מנכסת | Lv 3:09 | ויקרב | מנכסת | קדשיה קרבן קדם ייי |
| 135 | | | Ex29:28 | מן לוות בני ישראל | מנכסת | קודשיכון אפרשותכון לשמה |
| 136 | s em/sf | נכיסתה | Lv14:51 | יתהון באדמה דצפרה | נכיסתה | ובמיא דמבועה וייֵדי על |
| 137 | | דנכיסתה | Lv14:06 | חייתה באדמה דצפרה | דנכיסתה | על מיא דמבועיא: |
| 138 | | דנכסתא | Lv14:06M | /בדמא#2#/ דצפרה | דנכיסתה/דנכסתא#2#/ | על מיא דמבועיא: |
| 139 | | ונכיסתהון | Dt12:11M | קודשיכון מעשרכון | /ונכיסתהון | מעשריכון#2#/ ואפרשות |
| 140 | p abs | נכיסון | Nu15:03M | עלוון או | נכיסון | פירוש דנדר או לנסיבה או |
| 141 | | נכיסן | Lv17:08 | ביניכון די יקרב עלה או | נכיסן: | |
| 142 | | | Dt18:03M | \נכסי נכסתה /נכוסי | נכיסן#2#/ | אין תור אין אימר ויתן |
| 143 | | | Ex10:25M | בידן/בידינן#2#/ | נכסין/נכיסן#2#/ | ועל{י}<ו>ן ונקרב |
| 144 | | | Ex10:26M | \בעירן ייזיל עמן | /נכיסן | נכס עימן#2#/ לא תשתייר |
| 145 | | | Gn46:01M | ונכס | נכסין/נכיסן#2#/ | לאלה/לאלהא#2#/ |
| 146 | | נכסון | Gn43:16 | גבריא לפלטורין ונכוס | נכסון | ואתקן ארום עמדי יאכלון |
| 147 | | נכסין | Gn31:54 | ונכס יעקב | נכסין | בטורא וקרא לאחוי למיכל |
| 148 | | | Ex10:25 | משה לחוד את תתן בידן | נכסין | ועל{י}<ו>ן ונקרב קדם ייי |
| 149 | | | Gn46:01 | ואתא לבאירה דשבע ונכס | נכסין | לאלה דאבוי יצחק: |
| 150 | p const | נכסי | Nu10:10 | על עלוותיכון ועל | נכסי | קדשיכון ויהוין לכון לדוכרן |
| 151 | | | Dt32:38 | הוון מקרבין קדמוי תרבי | נכסי | קורבניהון וחמר ניסוכיהון |
| 152 | p em/sf | נכסתה | Dt18:03 | ^עמה מן לוות#2#^ נכסי | נכסתה | אין תור אין אימר ויתן |

## נכס *vb.* to slaughter [351]

|  | | |  | | | |
|---|---|---|---|---|---|---|
| 001 | peal | נכיס | Gn22:10M | צדיקין לעלמא חד | נכיס | וחד מתנכיס דנכיס לא חאיס |
| 002 | | | Ex32:05M | /וחזא אהרן ית חור | נכיס | קדמוי#2#/ ודחל ובנה מדבח |
| 003 | | נכיסין | Dt28:31 | תוריכון | נכיסין | קדמיכון ולית אתון רשיין |
| 004 | | נכס | Gn22:10 | תרתין יחידיין דבעלמי חד | נכס | וחד מתנכס דנכס לא מעכב |
| 005 | | נכסא | Ex32:05M | ואמר יהא רעוה דיהי | נכסא | בי כחגה מן רשיעיה קדם ייי |
| 006 | | נכסי | Dt18:03 | ^עמה מן לוות#2#^ | נכסי | נכסתה אין תור אין אימר |
| 007 | | יכוס | Lv 4:24 | י{ד}<ת>יה באתרה די | יכוס | ית עלתה קדם ייי חטאתה היא: |
| 008 | | | Lv 4:33 | יתה לחטאתה באתרה די | יכוס | ית עלתה: |
| 009 | | | Lv14:13 | ויכוס ית אמרה באתר די | יכוס | ית חטאתה וית עלתה באתר |
| 010 | | | Lv14:19 | מן סאבתה ומן בתר כן | יכוס | ית עלתה: |
| 011 | | | Nu19:03M | יתה קודמוי /וכהן אחרן | יכוס | יתה במחמייה דאלעזר#2#/: |
| 012 | | | Lv17:03 | בר עזין במשריתה או די | יכוס | לבר ממשריתה: |
| 013 | | | Lv17:03 | גבר גבר מבית ישראל די | יכוס | תור אמר או גדי בר עזין |
| 014 | | יכסון | Lv 7:02M | באתרא דתכסון/די | יכסון#2#/ | ית עלתא תכסון/יכסון#2# |
| 015 | | | Lv 7:02M | ית עלתא | תכסון/יכסון#2#/ | ית אשמה וית אדמיה |
| 016 | | תיכסון | Lv19:05 | לשמה דייי לרעוה עליכון | תיכסון | יתיה: |
| 017 | | | Dt16:06 | איקר שכינתיה תמן | תיכסון | נכסת פסחא ברמשא במטמעי |
| 018 | | תכסון | Lv22:28 | תורתא או רחילא לא | תכסון | <....>: |
| 019 | | | Ex12:21M | נוכראה ומן בתר כן | תכסון | אימר#2#/% פסחא: |
| 020 | | | Dt22:12M | גוליכון די | תתעטפון/תכסון | ביה#2#/ בהון: |
| 021 | | | Ex23:18M | "מן ... צפרא": בשרא די | תכסון | בלילי ימא טבא קדמיי" |
| 022 | | | Ex34:25M | מן בשרא די | תכסון | בלילי יומא טבא דפסחה מן |
| 023 | | | Dt16:04 | ולא יבית מן בשרא מה די | תכסון | בלילי יומא טבה קדמייה |
| 024 | | | Dt12:15 | לחוד בכל תוחמדת נפשתכון | תכסון | ותיכלון בשר כברכתיה דייי |
| 025 | | | Lv 7:02 | באתרא דתכסון ית עלתא | תכסון | ית אשמה וית אדמיה יזרוק |
| 026 | | | Lv22:29 | לשמה דייי לרעוה עליכון | תכסון | יתיה: |
| 027 | | | Lv19:05 | וארום | תכסון | נכסת קדשין לשמה דייי |
| 028 | | | Ex23:18 | לא | תכסון | על חמיע אדם נכסת קדשי ולא |
| 029 | | | Ex34:25 | לא | תכסון | על חמיע אדם נכסת קדשיי |
| 030 | | | Dt17:01M | לא | תקרבון/תכסון#2#/ | קדם ייי אלהכון תור |
| 031 | | דנכיס | Gn22:10M | חד נכיס וחד מתנכיס | דנכיס | לא חאיס די מתנכס |
| 032 | | דנכס | Gn22:10 | חד נכס וחד מתנכס | דנכס | לא מעכב ודמתנכס פשט |
| 033 | | דתיכסון | Lv19:06 | ביומא | דתיכסון | יתיה יתאכל וביומ' |
| 034 | | דתכסון | Lv 7:02 | באתרא | דתכסון | ית עלתא תכסון ית אשמה וית |
| 035 | | ונכס | Nu22:40 | | ונכס | בלק תורין ועאן ושלח לבלעם |
| 036 | | | Gn31:54 | | ונכס | יעקב נכסין בטורא וקרא |
| 037 | | | Lv 8:19 | | ונכס | וזרק משה ית אדמה על גבי |
| 038 | | | Lv 8:15 | | ונכס | ונסב משה ית אדמה ויהב על |
| 039 | | | Lv 8:23 | | ונכס | ונסיב משה מן אדמה ויהב על |
| 040 | | | Lv 9:08 | אהרן על גבי מדבחה | ו{כ}נ<כ>ס | ית עגלה דחטאתה דמן |
| 041 | | | Lv 9:12 | | ונכס | ית עלתה וזמינו בנוי דאהרן |
| 042 | | | Lv 9:18 | | ונכס | ית תורה וית דכרה נכסת |
| 043 | | | Lv 9:15 | צפירה דחטאתה דמן עמה | ונכס | יתה ודכי יתה כקדמיה: |
| 044 | | | Nu14:16 | לארעא דקיים להון | ונכס | יתהון במדברה: |
| 045 | | | Gn46:01 | ואתא לבאירה דשבע | ונכס | נכסין לאלה דאבוי יצחק: |
| 046 | | ונכסו | Ex12:21 | לכון ען לזרעייתכון | ונכסו: | |
| 047 | | | Gn37:31 | ית פרגודא דיוסף | ונכסו | צפיר בר עזין וצבעו ית |
| 048 | | ויכוס | Lv 1:05 | | ויכוס | {ו}<י>ת בר תוריה קדם ייי |
| 049 | | | Lv 4:24 | ידיה על ראשה דצפירה | ויכוס | י{ד}<ת>יה באתרה די יכוס |
| 050 | | | Lv 4:04 | ית ידיה על ראשה דתורא | ויכוס | ית תורא קדם ייי: |
| 051 | | | Lv 4:04M | לתרע/ויעל ית דתורה | ויכוס | ית תורה לתר#2#/ משכן |
| 052 | | | Lv 4:15 | על ראשה דתורא קדם ייי | ויכוס | ית תורא קדם ייי: |
| 053 | | | Lv 4:15M | קדם ייי/קדם ייי | ויכוס | ית תורה קדם ייי לתרע |
| 054 | | | Lv 4:29 | ידיה על ראשה דחטאתא | ויכוס | ית חטאתא באתרה דעלתה: |
| 055 | | | Lv14:05 | ויפקד כהנא | ויכוס | ית צפירה חדתה{לבד}<לגו> |
| 056 | | | Lv14:13 | | ויכוס | ית אמרה באתר די יכוס ית |
| 057 | | | Lv14:25 | | ויכוס | ית אמרה ^^דאשמה ויסב כהנא |
| 058 | | | Lv14:50 | | ויכוס | ית צפירה חדתה לגו מן דחסף |
| 059 | | | Lv16:11 | ועל ידי אנשי ביתיה | ויכוס | ית תורה דחטאתה דמן דידיה: |
| 060 | | | Lv16:15 | | ויכוס | ית צפירה דחטאתה דמן עמא |
| 061 | | | Lv 4:33 | ידיה על ראשה דחטאת' | ויכוס | יתה לחטאתה באתרה די יכוס |
| 062 | | | Nu19:03 | יתה לבר מן משריתה | ויכוס | יתה קודמוי: |
| 063 | | | Lv 1:11 | | ויכוס | יתיה על שפולי דמדבחה מן |
| 064 | | | Lv 3:02 | ידיה על ראש קרבניה | ויכוס | יתיה בתרע משכן זמנא |
| 065 | | | Lv 3:08 | ית ידיה על ריש קרבניה | ויכוס | יתיה קדם משכן זימנ' |
| 066 | | | Lv 3:13 | ית ידיה על רישיה | ויכוס | יתיה קדם משכן זימנא |
| 067 | | ויכס | Ex21:37 | וארום יגנב תור או אימר | ויכס | יתיה או יזבן יתיה חמשה |
| 068 | | ויכסון | Ex12:06 | יומין לירחא הדין | ויכסון | יתיה כל קהל כנישתא דבני |
| 069 | | | Lv17:05 | לוות כהנה קדם ייי | ויכסון | נכסת קדשין קדם ייי יתהון: |
| 070 | | ונכוס | Gn43:16 | ית גבריא לפלטורין | ונכוס | נכסון ואתקן ארום עמדי |
| 071 | | ותיכוס | Ex29:11 | | ותיכוס | ית תורא קדם ייי בתרע משכן |
| 072 | | ותיכסון | Dt12:21 | איקר שכינתיה תמן | ותיכסון | מן תוריכון ומן עניכון די |
| 073 | | | Dt16:02 | | ותיכסון | נכסת פסחא קדם ייי אלהכון |
| 074 | | ותכוס | Ex29:16 | | ותכוס | ית דיכרא ותסב ית אדמיה |
| 075 | | | Ex29:20 | | ותכוס | ית דיכרא ותסב מן אדמיה |
| 076 | | ותכסון | Dt27:07 | | ותכסון | נכסת קודשין ותיכלון תמן |
| 077 | | למיכוס | Gn22:10 | ית ידיה ונסב ית סכינא | למיכוס | ית יצחק בריה ענה יצחק |
| 078 | | | Dt16:05M | \למיכס ית נכסת | /למיכוס | ית נכיסת#2#/ פסחא בחדה |
| 079 | | למיכס | Dt16:05 | ישראל לית אתון רשיין | למיכס | ית נכסת פסחא בחדה מן |
| 080 | etpeel | תתנכס | Lv 6:18 | די תת{כ}נ<כ>ס עלתא | תת{כ}נ<כ>ס | חטאתה קדם ייי קדש קדשין |
| 081 | | | Lv 6:18 | דחטאתה באתרה די | תת{כ}נ<כ>ס | עלתא תת{כ}נ<כ>ס חטאתה |

|  |  |  |  |
|---|---|---|---|
| 082 | מתנכיס | Gn22:10M | לעלמא חד נכיס וחד מתנכיס דנכיס לא חאיס די מתנכס |
| 083 | מתנכס | Gn22:10M | דנכיס לא חאיס די מתנכס |
| 084 | | Gn22:10 | דבעלמי חד נכס וחד מתנכס דנכס לא מעכב ודמתנכס פשט |
| 085 | | Nu11:22 | ע{מ}<נ>יה ותורייה אין מתנכס להון הא ספק להון אן ית כל |
| 086 | ויתנכס | Lv 1:05M | ויכוס/ויתנכס#2#/ {ו}<י>ת בר תורייה |
| 087 | ודמתנכס | Gn22:10 | מתנכס דנכס לא מעכב ודמתנכס פשט צואריה: |

See also: *vb.* אנס

## נכסה ⇐ *n.* נכיסה

## נכסין *n.* property [351]

|  |  |  |  |
|---|---|---|---|
| 001 | נכסין p abs | Gn 4:20M | דשריין במשכנין ומרי נכסין#2#/: |
| 002 | | Nu32:01M | \ובע«י»ר סגין הוה /נכסין הר#2#/ לבנוי דראובן |
| 003 | | Gn46:34M | הוון /גוברין מרי{ה} נכסין הוו#2#/ עבדך מן טלייתהון |
| 004 | | Gn46:32M | /גוברין מרי{ה} נכסין הינון ועניך#2#/ ותוריהון |
| 005 | | Gn36:39 | כל ימוי חיוי ועתר וקנה נכסין וידע מה הוא כספא ומה הוא |
| 006 | | Dt32:15M | "... ואנשון" וקניין נכסין ושבקו |
| 007 | | Ex14:10M | \ופרעה קרב /ופרעה קרב נכסין לבעיל צפון#2#/ ונטלו בני |
| 008 | | Dt 8:18 | יהב לכון חיילה למקני נכסין מן בגלל למקיימה ית קיימיה |
| 009 | | Nu32:04M | ולעבדיך \בעיר סגין /נכסין סגי#2#/: |
| 010 | | Dt 3:19M | אנה ארום \בעיר סגין /נכסין סגי#2#/ אית לכון ישרון |
| 011 | | Dt32:15 | פגשו והצלחו וקנון להון נכסין סגין ואנשון ית מימר אלהה |
| 012 | | Gn47:06M | יתהון רברבני קניינן/נכסין#2#/ על כל מה דלי: |
| 013 | בנכסין | Gn13:02M | בכספא ובדהבא /בנכסין בכסף ובזהב#2#/: |
| 014 | | Gn49:19 | כדן יחזרון לאתרהון בנכסין סגיין: |
| 015 | | Nu24:18 | וישראל יצלחון בנכסין סגין: |
| 016 | | Gn15:14 | מנה מן בתר כדן יפקון בנכסין רברבין: |
| 017 | דנכסין | Nu32:01M | וה{ו}א אתרא אתר דנכסין הוא#2#/: |
| 018 | | Nu32:04M | דישראל ארע \בית מרעי/דנכסין#2#/ היא ולעבדיך בעיר |
| 019 | ונכסין | Gn26:14M | דתורין \ועבדא מסגיא /ונכסין ועבדין סגין#2#/ וקנין |
| 020 | ונסוכין | Dt 3:19M | וטפליכון ובעיריכון/ונסוכין#2#/ ידע אנה ארום |
| 021 | נכסי p const | Nu24:08 | אינון יאכלון בני ישראל נכסי אמיה בעלי דבביהון וגוברהון |
| 022 | | Dt 7:16 | ותיכלון ית כל נכסי אמיה דייי אלהכון יהב לכון |
| 023 | | Nu 7:29 | קרבנה די אתנדב וקרב מן נכסי גרמיה רב שבטה דבנוי |
| 024 | | Nu 7:35 | קרבניה די אתנדב וקרב מן נכסי גרמיה רב שבטה דבנוי |
| 025 | | Nu 7:41 | קרבנה די אתנדב וקרב מן נכסי גרמיה רב שבטה דשמעון |
| 026 | | Ex15:09M | רבא אפלג שביתה/כל נכסי#2#/ לעמי עבדי קרבא/קרבי#2#/ |
| 027 | | Gn31:18M | די קנה /סגולה די סגל נכסי קנינוי די סגל#2#/ |
| 028 | ונכסי | Gn47:18M | "וענה ... וארענן": ונכסי בעירה לות רבונן לא |
| 029 | ובנכסי | Gn47:17M | ען ובקנין תורייה /ובנכסי ענה ובנכסי תר#2#/ |
| 030 | | Gn47:17M | תורייה /ובנכסי ענה ובנכסי תר#2#/ ובחמריא ודבר |
| 031 | מנכסי | Nu 7:17 | קרבנה די אתנדב וקרב מנכסי גרמי{ר}<ה> רב שבטה דבנוי |
| 032 | ניכסיך p em/sf | Gn30:29M | בעירך קדמיי /די הוון ניכסיך רעיין קדמי#2#/ ותק«י»ף |
| 033 | נכסהון | Gn46:06M | ונסבו ית קנינהון/נכסהון#2#/ וית ממוניהון די |
| 034 | נכסוי | Ex 9:21M | ית עבדוי וית בעירה/נכסוי#2#/ באפי ברא: |
| 035 | | Gn34:05M | ובנוי הוון עם בעירה/נכסוי#2#/ באפיה ברא ושתק |
| 036 | | Gn13:07M | בין רעוי דבעירא/נכסוי#2#/ דאברם ובין רעוי |
| 037 | | Gn13:07M | ובין רעוי דבעירה/נכסוי#2#/ דלוט רעוי דאברם |
| 038 | | Gn31:09 | ורוקן ייי ית נכסוי דאבוכון ויה«ב» לי: |
| 039 | | Gn36:06M | דביתי' וית ממוניה/נכסוי#2#/ וית כל בעיריה וית |
| 040 | | Gn31:18 | וית כל ממוניה די קנה נכסוי וקנייינוי די קנה בפדן ארם |
| 041 | | Ex 9:20M | \בעירי«ה» לגו ביתא /נכסוי לגו בייתיה#2#/: |
| 042 | נכסי' | Ex12:38M | תקיף/תקוף#2#/ לחדא/נכסי' סגי לחד#2#/: |
| 043 | נכסיא | Gn31:16 | ארום כל נכסיא די אפיק ייי מאבונן דידן |
| 044 | | Gn31:01 | ומן דאבונן קנה ית כל נכסיא האלין: |
| 045 | נכסיה | Nu 7:23 | קרבנה דאיתנדב וקרב מן נכסיה גרמיה רב שבטה דבנוי |
| 046 | | Nu 7:47 | קרבנה די אתנדב וקרב מן נכסיה גרמיה רב שבטה דבנוי |
| 047 | | Nu 7:53 | די אתנדב וקרב מן נ«כ»סיה גרמיה רב לשבטה דבנוי |
| 048 | | Nu 7:59 | קרבנה די אתנדב וקרב מן נכסיה גרמיה רב שבטה דבנוי |
| 049 | | Nu 7:65 | קרבנה די אתנדב וקרב מן נכסיה גרמיה רב שבטה דבנוי |
| 050 | | Nu 7:71 | די אתנדב וקרב מן נכסיה גרמיה רב שבטה דבנוי דדן |
| 051 | | Nu 7:77 | קרבנה די אתנדב וקרב מן נכסיה גרמיה רב שבטה דבנוי דאשר |
| 052 | | Nu 7:83 | קרבנה די אתנדב וקרב מן נכסיה גרמיה רב שבטה דבנוי |
| 053 | נכסיהון | Gn36:07M | יתהון מן קדם בעיריהון/נכסיהון#2#/: |
| 054 | | Ex12:36 | ישראל ית מצריי מן נכסיהון: |
| 055 | | Gn47:17M | יוסף בלח' ובכל נכסיהון#2#/ בשתא הה«י»א: |
| 056 | | Gn15:11M | לעופא מסאבא למיבז נכסיהון דישראל והות זכותא |
| 057 | | Ex 9:04M | מימריה דייי בין נכסיהון דישראל ובין נכסיהון |
| 058 | | Ex 9:04M | נכסיהון דישראל ובין נכסיהון דמצראי ולא ימות מן |
| 059 | | Ex 9:06M | דבתרא ומית כל בעיריהון/נכסיהון#2#/ דמצריי ומבעיריהון |
| 060 | | Gn47:16M | בעירכון /היבו נכסיהון#2#/ ואתן לכון בבעירכון |
| 061 | | Nu31:09M | וית כל קניינהון/נכסיהון#2#/ וית כל ממונהון |
| 062 | | Gn34:23M | קנינהון וממוניהון\ נכסיהון/ וקניניהון#2#/ וכל |
| 063 | | Dt 5:21 | בבני אנשא וחמדין נכסיהון נס{כ}<ב>ין יתהון: |
| 064 | נכסייה | Nu24:17 | בנוי דשת וירוקן מרי נכסייה: |
| 065 | | Dt 8:17 | ותקוף ידינן קנון לן ית נכסייה האליין: |
| 066 | נכסינן | Nu32:26M | טפלינן נשינן קנינן/נכ{י}סינן#2#/ וכל בעירן יהויין |
| 067 | נכסך | Ex 9:19M | וכדון שלח כנש ית בעירך/נכסך#2#/ וית כל מה דאית לך |
| 068 | בניכסיך | Ex 9:03M | ובחמיריא/אתיא בניכסיך דאית באפי ברא בסוסוותא |
| 069 | בנכסיהון | Gn47:16M | ואתן לכון בבעירכון/בנכסיהון#2#/ אן שלם כספא: |
| 070 | ולניכסיהון | Nu35:03M | ולכל קנייינהון /ולניכסיהון ולכל ממוניהון#2#/: |
| 071 | ולנכסוי | Gn33:17M | ולבעירה/ביתה ול<נ>כסוי#2#/ עבד מטלין בגין כדין |
| 072 | ומנכסהון | Ex 9:06M | דמצריי ומבעיריהון/ומנ<כ>סהון#2#/ דבני ישראל לא |
| 073 | לנכיסינן | Nu32:16M | דען נבנה לבעירן/לנכיסינן#2#/ הכה וקרוין |
| 074 | מיניכסהון | Ex 4:19M | ארום מיתו/נחתו מיניכסהון והא אינון חשיבין |
| 075 | מנכסיהון | Ex 9:07M | לא מית\מן בעיריהון/מנכסיהון#2#/ דישראל עד לא חד |

## נכר *vb.* to recognize [351]

|  |  |  |  |
|---|---|---|---|
| 001 | אכר afel | Gn38:25 | ליעקב {אבר}<אבה> אכר כען הא היא פרגודא דברך או |

## נכריי ⇐ *adj.* נוכריי

## נכת *vb.* to bite [351]

|  |  |  |  |
|---|---|---|---|
| 001 | נכית peal | Nu21:09 | והוה אין נכ«י»ת ח«י»ויה לגבר הוה מסתכל |
| 002 | דנכת | Gn49:17 | דכמין בפרשת ארחתה דנכת לסוסיא בעקבי ומן אימתה |
| 003 | וינכת | Nu21:06M | "וישלט ... דא[ת]רעמו": וינכת לעמה אליין דאתר' |
| 004 | | Nu21:06M | "וישלט ... דא[ת]רעמו": וינכת לעמה אליין דאתר<עמו> |
| 005 | ונכית | Gn 3:15M | פיקודיה תהוי מתכוין ונכית יתהון בעקבהו' וממר' |
| 006 | ונכת | Gn 3:15 | דאוריתא תהוי מתכוין ונכת יתיה בעקבה וממרע יתיה ברם |
| 007 | ונכתו | Nu21:06 | בעמא ית חויה שרפיתה ונכתו ית עמא ומיתו עם סגין מן |
| 008 | | Nu21:06M | עמא ומיתו עם סגין /ונכת{ן}<ו> ית עמא ומיתו אוכלוסין |
| 009 | מנכית pael | Nu21:09M | והווה כל מן דהווה מנכית בחווייה הוה מסתכל לחוויה |
| 010 | דמנכית | Nu21:08M | על רום ויהווי כל דמנכית בחוויה יהוי מסתכל לחוויה |
| 011 | דמתנכות etpaal | Nu21:08M | תלי\והוי כל דמתנכות מן חוויה ויחמי יתיה |

## נל #2 n. (unclear)

[!!]

001 בנלא s em/sf Dt21:03M די לא סלק  עליה/בנלא#2#/  שעבוד דניר

## נמור adj. speckled

[352]

001 ונמור s ab/cn Gn30:33M \קרח ונמר /קרוח  ונמור#2#/  בעיזייא ולחוש באימריא
002 Gn30:32M \קרח ונמר /קרוח  ונמור#2#/  וכל אמר לחוש באמרייא
003 ונמר Gn30:33 כל די לית הוא קרח  ונמר  בעיזייא ולחוש באימריא גניב
004 Gn30:32 אפרש מן תמן כל אמר קרח  ונמר  וכל אמר לחוש באמרייא ונמר
005 Gn30:32 וכל אמר לחוש באמרייא  ונמר  וקרח בעזייא ויהוי אגרי:
006 נמורין p abs Gn30:39 חטריא וילדת ענה קרוחין  נמורין  ומקדקדין:
007 Gn31:10 דסלקין על ענא קרוחין  נמורין  ומקדקדין:
008 Gn31:12 דסלקין על ענה קרוחין  נמורין  ומקדקדין ארום גלי קדמיי
009 נמרין Gn31:08 אגרך הוות ילדה כל ענה  נמרין:
010 Gn31:08 הוות ילדה כל ענה <....>  נמרין  יהווי אגרך הוות ילדה כל
011 ונמוריה p em/sf Gn30:35 ההוא ית תישיא קרוחי  ונמוריה  וית כל עזיא קרוחתא
012 ונמורתא Gn30:35 וית כל עזיא קרוחתא  ונמורתא  כל דאית ביה שומה חיורא

## ננס n. dwarf

[352]

001 ננס s ab/cn Lv21:20 שער בגיבינוי או גביע או  ננס  או דחלזונה בעינוי או דמלי
002 Lv22:22M או דגבייה או  נסיס/ננס#2#/  או \דמלי חזזיין /דמלי

## נס n. miracle

[352]

001 נסא s em/sf Gn28:10 מבאר שבע למיזל לחרן  נסא  קדמיא אתקצרו שע{י}<ו>י
002 נסה Ex 4:08 נסיה קדמיה ויהימנון לקל  נסה  אחריה:
003 וניסא Gn28:10 ענא דלבן אחוי דאמה  וניסא  חמישאה כיון דארים אבונן
004 Gn28:10 ואשתכח יתיב בחרן  וניסא  רביעאה אבנא דהוון כל רעיא
005 Gn28:10 ואריק משח על ראשה  וניסא  תליתאה כיון דנטל אבונן
006 Gn28:10 לממלל׳ {ליה} עמיה  וניסא  תנינא אבניא דנסב אבונן
007 ניסים p abs Ex13:08M /לן מימרי דייי  ניסים  במפקיהון#2#/ פריקין מן
008 ניסין Ex17:15 מימרי דייי דעבד ליה  ניסין:
009 Dt16:01M נסין /מצרים עבד לכון  ניסין  בליליה פיסחא#2#/ וגבורן
010 Ex 8:18 ואעבד  ניסין  ופליין ביומא ההוא עם ארעא
011 Gn21:01 היך מה דאמ׳ ועבד ייי  ניסין  לשרה היך מה דמלל:
012 Ex13:08M פיסחא דין עבד ייי  ניסין  לי במפק׳ ממצרים
013 Ex 4:20 ית חוטרא די אתעבד ביה  ניסין  מן קדם ייי בידי«ה»:
014 Dt 1:01 דמואב אתפרשת לכון כמה  ניסין  עבד ייי עמכון בני ישראל
015 נסין Gn28:10 חמשה  נסין  אתעבדו עם אבונן יעקב
016 Gn15:02 ביתי דעל ידוי איתעבד לי  נסין  בדרמשק ירית יתי:
017 Ex14:31M די עבד בה מימרי׳ דייי  נסין  במצרי׳ והימינו
018 Dt16:01 דמצרים בלליא ועבד לכון  נסין  וגבורן באיממה:
019 Ex15:11 תושבחן כל עלמיא עבד  נסין  ופלאין לעמך בית ישראל:
020 Ex33:16 עמן ויתעבד עמן  נסין  ופלאין אנה ועמך «אמיה»
021 Ex34:10 קיים לקבל כל עמך אעבד  נסין  ופלאין די לא אתברון בכל
022 Ex17:09 וחוטרא די אתעבד ביה  נסין  קדם ייי בידי:
023 בניסן Dt 4:34 ליה אומה מגו אומה  בניסן  באתין ובפרישן ובסדרי קרבה
024 ניסי p const Dt11:03 וית  ניסי  פרישתה וית עבדוי משבחתה די
025 Ex 3:20M ידי} <פרישותי די>/בכל  ניסי  פרישתי#2#/ אעבד ביניהון
026 Ex10:02M /אפרעית מן מצראי וית  ניסי  פרישתי דשויית ביניכון#2#
027 Nu14:11 בשם ממרי בכל  ניסי  פרישתי די עבדית ביניהון:
028 Nu14:22 דחמון ית איקרי וית  ניסי  פר«י»שתי די עבדית
029 Ex15:18 מלכותא ייי כד חמון בניך  ניסי  פרישתך בימא וגבורתא ביני
030 נסי Ex 4:17 תיסב בידך די תעבד בה ית  נסי  פרישתא:
031 Ex11:09 פרעה מן בגלל למסגי  נסי  פרישתי בארע«א» דמצרים:
032 וניסי Dt34:11 לכל אתייה  וניסי  פרישתה די שלח יתיה מימריה
033 וכניסי Dt 3:24 די יעבד כעבדיך טבייה  וכניסי  גבורתך:
034 Dt 3:24M גבורתך /כעבדיך  וכניסי  פרישתך#2#/:
035 ניסיא p em/sf Ex10:01 מן בגלל למשוויה  ניסיא  איליין ביניהון:
036 ניסייא Gn49:01M ואתנו לכון  ניסייא  גניזיי׳ רזיי׳ טמירת׳
037 ניסייה Dt 4:34 או  ניסייה  די עבד ייי למיעול למבחר
038 נסוי Ex 7:03 ית לבא דפרעה ואסגי ית  נסוי  וית פרישתי בארעא דמצרי:
039 Ex 7:03M פרישתי /אתיי וית  נסוי#2#/^תימה  דייי#2#^/ בארעא
040 נסי Ex 4:21 למחזור למצרים חמי כל  נסי  די שווית בידך ותעבדינון
041 נסיא Gn28:10 שרי בחרן אלין חמישיתי  נסיא  אתעבדו עם אבונן יעקב
042 Nu10:31 ארום בגין כדן דאת ידע  נסיא  דעבד ייי עמן בכל אתר
043 נסיה Nu21:15M טורייה מלעיל ולא ידעו  נסיה  בנחלי ארנון ולחיית קרתה
044 Nu21:15 אדמיהון ולא הוון ידעין  נסיה  וגבורתה דעבד ייי עמהון
045 Ex 4:08 לך ולא ישמעון לקל  נסיה  קדמיה ויהימנון לקל נסה
046 נסיי Ex10:02 מה די שנקת במצריי וית  נסיי  די שוית בהון ותדעון ארום
047 נסייא Ex 4:17M בה ית \נסי  פרישתא/נסייא#2#/:
048 Ex 4:09 לא יהימנון להוד לתרין  נסייא  האליין ולא ישמעון לקלך
049 Ex 4:30 מלל ייי עם משה ועבד  נסייא  לעיני עמא:
050 נסייה Ex11:10 ומשה ואהרן עבדו ית כל  נסייה  האלין קודם פרעה ותוקף ייי
051 Nu21:14 דמתילה בספר קרבייה  נסייה  ^וגבורתא#2#^ דעבד ייי עם
052 Dt 7:19  נסייה  רברבייה די חמין עיינכון
053 Dt29:02  נסייה  רברבייה די חמון עיינכון

## נסב vb. to take

[352]

001 סב peal Ex 7:19 ייי למשה אמור לאהרן  סב  חוטרך וארכן ידיך על מימהון
002 Gn19:15M בלוט למימר קום  דבר/סב#2#/  ית אתתך וית תרתין בנתך
003 Ex 7:09 לכון סימן ותימר לאהרן  סב  ית חטרך וטלק יתיה קדם פרעה
004 Lv 8:02  סב  ית אהרן וית בנוי עמה וית
005 Nu 3:45M \תפרש ית ליויי חלף  /סב  ית ליוואי חולף#2#/ כל
006 Nu17:11 ואמר לאהרן  סב  ית מחתיתה והב עלה אשא מעלוי
007 Nu20:08  סב  ית חוטרה וכנש ית עם כנישתה
008 Nu20:25  סב  ית אהרן וית אלעזר ברה
009 Gn22:02M ואמר  דבר/סב#2#/  כען ית ברך ית יחידך די
010 Gn27:03 וכדון  סב  כען מני זינך בית ג{ו}<י>ריך
011 Gn15:09M ליה \קרב קדמיי עגלה  /סב  לי עג׳#2#/ ברת תלת שנין
012 Gn27:13M שמע בקלי ואזל  איית/סב#2#/  לי:
013 Gn 6:21 ואת  סב  לך מן כל מיכל די יתאכל
014 Gn14:21 הב לי נפשתא וממונה  סב  לך:
015 Ex30:23 ואת  סב  לך ראשי קטרן בסימנין טבין
016 Ex30:34 ואמר ייי למשה  סב  לך ראשי קטרן בסמנין טבין
017 Lv 9:02 ואמר לאהרן  סב  לך עגל בר תורין לחטתה ודכר
018 Nu27:18 ואמר ייי למשה  סב  לך ית יהושע בר נון גבר
019 Nu 7:05M \קבל מלוותהון  /סב  מן לור׳#2#/ ויהוון למפלח
020 Ex16:33 ואמר משה לאהרן  סב  צלוחי חדא והב בגווה מלא
021 Ex29:01 קדמוי בכהונתא רבתה  סב  תור חד בר תורין ודכרין תרין
022 סבו Gn43:12 וכסף בכפלה  סבו  בידכון וית כספא דאתחזר
023 Gn42:33 לוותי וית כפנים בתיכון  סבו  ואזילו:
024 Gn43:13 וית אחוכון  סבו  ואזלו חזרו לוות גברא:
025 Lv10:04 דאהרן ואמר להון קרבו  סבו  ית אחיכון מן לוות אפי
026 Lv10:12 איתמר בנוי דאשתיירו  סבו  ית מנחתה די אשתיירת מן
027 Dt31:26  סבו  ית ספר אוריתה הדין ותשוון
028 Ex 5:11 אתון אזלו  סבו  לכון תבן מן אן די תשכחון
029 Ex 9:08 ואמר ייי למשה ולאהרן  סבו  לכון מלא כפיכון קטם דאתון
030 Nu16:06 דא עבידו  סבו  לכון מחתיין קרח וכל

|  |  |  |  |  |  |
|---|---|---|---|---|---|
| 031 | | Lv 9:03 | בני ישראל תמליל למימר | סבו | צפיר בר עיזין לחטאתה ועגל |
| 032 | סבי | Gn21:18M | קומי | טולי/סבי#2#/ | ית טליא ותוקפו |
| 033 | סיבו | Gn45:19 | ואת אתפקדת דא עבדו | סיבו | לכון מן ארעא דמצרים עגלן |
| 034 | | Nu16:06M | דא עבידו | סבו/סיבו#2#/ | לכון מחתיין |
| 035 | | Ex35:05M | | קבלו/סיבו#2#/ | מן לוותכון אפרשו |
| 036 | | Ex10:24M | /שבוקו לחוד טפלכון | סיבו#2#/ | עמכון: |
| 037 | | Lv 9:03M | תמליל למימר | סבו/סיבו#2#/ | צפיר בר עיזין לחטאתה |
| 038 | שיבו | Gn47:23 | הדין וית ארעא לפרעה | שיבו | לכון זרע ותזרעון ית |
| 039 | נסב | Gn27:46 | מן קדם בנתהון דחיתאי אן | נסב | יעקב את' מן בנתהון דחיתיי |
| 040 | | Gn31:01 | מלוי דבנוי דלבן למימר | נסב | יעקב ית כל מה דאבונן ומן |
| 041 | | Dt24:05 | חדא ויחדי ית אתתיה די | נסב: | |
| 042 | | Dt33:09 | דלוי לאבוי ולאימיה לא | נסב | אפין בדינה וית אחוי לא חכם |
| 043 | | Ex21:03 | לבלחודוי יפוק אין | נסב | אתה הוא ותפק אתתיה עמיה: |
| 044 | | Dt25:13 | זעיר מתקל רב למהווי | נסב | בה ומתקל זעיר למהווי יהב |
| 045 | | Dt25:14 | מכלה רבה למיהווי | נסב | בה ומכלה זעירה למיהווי יהב |
| 046 | | Gn27:36 | נסב והא כדון | נסב | ברכתי ואמר הא לא שבקת לי |
| 047 | | Gn27:36 | זמנין ית בכורת{ו}<י> | נסב | והא כדון נסב ברכתי ואמר |
| 048 | | Nu12:01 | על עסק אתתה כושיתה די | נסב | והלו אתה כושיה הות ציפורה |
| 049 | | Ex 8:22M | מרחקתהון דמצראי מנהון | נסב | ונקרבה קדם#2#/ ייי אלהן |
| 050 | | Lv 8:26 | דפטירה {מן} מן קדם ייי | נסב | חלה דפטיר חד וחלה לחם |
| 051 | | Gn47:02 | ומן קצת <אחוי> | נסב | חמשה גברי«ן» ואקם יתהון |
| 052 | | Gn25:20M | {נסבת} נסב /בזמנא דא | נסב#2#/ | ית רבקה ברת בתואל |
| 053 | | Gn25:20 | ארבעין שנין כד {נסבת} | נסב | ית רבקה ברת בתואל ארמאה |
| 054 | | Gn36:02 | עשו | נסב | ית נשוי מן בנתהון דכנענאי |
| 055 | | Ex33:07 | ומשה | נסב | ית משכנא ופרס יתיה לבר מן |
| 056 | | Dt 3:14 | יאיר בר מנשה | נסב | ית כל תחום תרכונה עד תחום |
| 057 | | Dt20:07 | גברא די אריש אתה ולא | נסב | יתה יזיל ויחזור לבייתיה |
| 058 | | Dt24:03 | ימות גברא אחרייה די | נסב | יתה ליה לאתה: |
| 059 | | Gn48:22 | אחך לבושיה דאדם קדמיי | נסב | יתיה אברהם אבוי דאבה מן |
| 060 | | Ex 6:25 | ואלעזר בר אהרן | נסב | לה מן בנתיה דפוטיאל ליה |
| 061 | | Gn34:16 | ית בנתן לכון וית בנתכון | נסב | לון ונשרי עמכון וניהווי |
| 062 | | Ex 8:22 | טעוותיהן דמצריי מנהון | נסב | למקרב«א» קדם ייי אלהן הא |
| 063 | | Ex10:26 | פרסת רגל ארום מנהון | נסב | למקרבא קדם ייי אלהן ואנן |
| 064 | | Gn34:21 | קדמיהון ית בנתהון | נסב | לן לנשין וית בנתן נתן |
| 065 | | Gn 2:22 | ייי אלהים ית אלעא די | נסב | מן אדם לאתה ואייתי יתה לות |
| 066 | | Ex10:26M | ייזיל עמן /נכיסן | נסב | עימן#2#/ לא תשתייר פרסת |
| 067 | נסבה | Dt28:50M | אפין לסב ועל עולם לא | /נסבה | לסב ולטלי ל'#2#/ חייסה: |
| 068 | נסבו | Gn34:28 | וית מה די באפי ברא | נסבו: | |
| 069 | | Gn43:15 | דורון הדא וכסף מכופלה | נסבו | בידיהון וית בנימן וקמו |
| 070 | | Nu34:14 | ארום | נסבו | שבטה דבנוי דראובן |
| 071 | נסבוי | Ex23:08 | יסמ{ו}<י> עיינ{ו}<י> | נסבוי | ויטלטל מלי דינא זכיי |
| 072 | נסבי | Gn19:14 | ונפק לוט ומלל עם חתנוי | נסבי | בנתיה ואמר קומו פוקו מן |
| 073 | נסבין | Dt 5:21 | וחמדין נכסיהון | נס{כ}<ב>ין | יתהון: |
| 074 | נסבית | Dt22:14 | בישן ויימר ית אתתה הדה | נסבית | וקרבית לוותה ולא אשכחית |
| 075 | | Gn30:15M | דא די נסבת /זעיר די | נסבית#2#/ | ית בעלי ואת בעיא למיסב |
| 076 | | Gn19:21 | ואמ«ר» ליה הא | נסבית | לך אפין אף לפתגמא הדין |
| 077 | | Gn40:12 | בסגוליא ודי אמרת | נסבית | ענביה ועצרת יתהון בכסא |
| 078 | נסבנן | Dt 3:04 | ההיא לא הות קריה די לא | נסבנן | יתהון מלוות{כ}<ה>ון שיתין |
| 079 | נסבת | Dt28:50 | אומה חציפת אפין די לא | נסבת | אפין לסב ועל עולם לא |
| 080 | | Dt 9:21 | די עבדתון ית טעוון | נסבת | ואוקדת יתיה בנורא ואכתת |
| 081 | | Gn30:15 | לה הא זעירא היא דא די | נסבת | ית בעלי ואת בעיא למיסב ית |
| 082 | | Gn31:34 | ורחל | נסבת | ית {{טעותא}} ושוית יתהון |
| 083 | | Gn48:22 | יתיה לעשו אחוי ואנה | נסבת | יתיה מן ידוי דעשו אחוי לא |
| 084 | | Ex 1:21 | דכהונתה רבתה מרים | נסבת | כליל מלכותא ויוכבד נסבת |
| 085 | | Ex 1:21 | כליל מלכותא ויוכבד | נסבת | כליל כהונת«ה» רבתה: |
| 086 | | Gn25:20 | בר ארבעין שנין כד | {נסבת} | נסב ית רבקה ברת בתואל |
| 087 | נסובי | Gn19:14M | ומלל עם חתנוי | נסבי/נסובי#2#/ | בנתיה ואמר קומו פוקו |
| 088 | נסיב | Dt10:17 | רבה גיברה ודחילה די לא | נסיב | אפין בדינה ולא מקבל שחוד |
| 089 | | Nu 3:50M | דבני ישראל | קבל/נסיב#2#/ | ית כספה אלף ותלת |
| 090 | | Dt27:25 | ליט יהווי גברה די | נסיב | שחוד למקטול נפיש אדם זכיי |
| 091 | נסיבה | Dt22:22M | משמש עם אתה | נסיבת/<נסי>בה#2#/ | גבר וימותון |
| 092 | נסיבית | Nu16:15M | לא חמ<רא> <...> | נסיבית | |
| 093 | | Nu16:15M | חמרא דחד מנהון | אטענת/נסיבית#2#/ | ולא אבאשת לחד |
| 094 | נסיבת | Gn20:03 | על אתתה דנסבת דהיא | נסיבת | גבר: |
| 095 | | Gn20:03M | נסיבת גבר /והיא אתת | נסיבת | גבר#2#/: |
| 096 | | Dt22:22 | ישתכח גבר משמש עם אתה | נסיבת | גבר וימותון לחוד תריהון |
| 097 | אסב | Gn34:04 | שכם לחמור אבוי למימר | אסב | ית רביתה הדא לאתה: |
| 098 | | Gn18:04 | | אסב | כען קליל מיא ואסחון רגלכון |
| 099 | | Gn14:23 | חוט רצועה דמסן א«י»ן | אסב | מן כל מה די לך דלא תיהווי |
| 100 | יסב | Lv21:13 | והו' אתה בסחדודתה | יסב: | |
| 101 | | Lv21:13M | וכהנא רבה אתה בתולה | יסב | |
| 102 | | Dt 5:11 | עמי בני ישראל לא | יסב | אנש ^חד#2#^ מנכון שמה דייי |
| 103 | | Lv21:14 | ומפסה ית אילין לא | יסב | ארו' אלהן מעמיה יסב אתה: |
| 104 | | Lv21:14 | לא יסב ארו' אלהן מעמיה | יסב | אתה: |
| 105 | | Ex20:07 | עמי בני ישראל לא | יסב | גבר מנכון ית שמה דייי |
| 106 | | Dt22:13 | ארום | יסב | גבר אתה ויזדמן לוותה ויסני |
| 107 | | Dt23:01 | לא | יסב | גבר ית אתתה דאבוי ולא יבזי |
| 108 | | Dt24:01 | ארום | יסב | גבר אתה ויפרין ויזדמן |
| 109 | | Dt24:05 | ארום | יסב | גבר אתה כשירוי לא יפוק |
| 110 | | Lv14:42 | תחות אבניה ועפר אחרן | יסב | וישוע ית ביתה: |
| 111 | | Ex33:07M | ומשה | נסב/יסב#2#/ | ית משכנא ופרס |
| 112 | | Lv20:14 | וגבר די | יסב | ית אתה וית אמה מרחקה היא |
| 113 | | Lv20:17 | וגבר די | יסב | ית אחתה ברת אבוי או ברתה |
| 114 | | Lv20:21 | די | יסב | ית אתתה דאחוי מרחקה היא |
| 115 | | Dt 5:11 | ביום דינה רבה ית מן די | יסב | ית שמה דייי קדישה על מגן: |
| 116 | | Lv14:06 | ית צפרה חייתה | יסב | יתה וית קיסה דארזא וית צבע |
| 117 | | Dt20:07M | ארס#2#/ אתה ולא | נסב/יסב#2#/ | יתה יזיל ויחזור |
| 118 | | Dt20:07 | בסדרי קרבה וגבר אחרן | יסב | יתה: |
| 119 | | Dt28:30 | אתה תארש וגבר אחרן | יסב | יתה בתין תבנון ולא תשרון |
| 120 | | Ex21:04 | אם רבוניה | יסב | יתיה אתה ותלד ליה בנין או |
| 121 | | Dt30:04 | ייי אלהכון ומן תמן | יסב | יתכון: |
| 122 | | Lv14:26M | משח רבותה | יסב | כהנא רבה ויריק על ידא |
| 123 | | Nu 5:17 | די יהווי בשיפולי דמשכנה | יסב | כהנא ויתן לגו מיא: |
| 124 | | Lv14:36M | מה די בבית' /מכתש ולא | יסב | כל מה דאית בבית#2#/ |
| 125 | | Gn18:04M | | אסב/יסב#2#/ | כען קליל מיא ואסחון |
| 126 | | Ex21:10 | אן חורי | יסב | לה מזונה ותכסיתה ומעלה |
| 127 | | Lv15:14 | וביומא תמיניה | יסב | ליה תרין שפנינין או תרין |
| 128 | | Ex20:07 | ביום דינא רבא ית מן די | יסב | שמה דייי אלהיה על מגן: |
| 129 | | Lv14:10 | וביומא תמניא | יסב | תרין אמרין שלמין מן מום |
| 130 | | Lv16:05 | עם כנשתה דבני ישראל | יסב | תרין צפירין דעיזין לחטאתה |
| 131 | יסבון | Lv21:07 | משב«קה» מן בעלה לא | יסבון | ארום קדישין אנון קדם |
| 132 | | Lv21:07 | אתה טעוה ומפסה לא | יסבון | ואתה משב«קה» מן בעלה לא |
| 133 | | Gn14:24 | ענר ושכל וממרא אנון | יסבון | חלקי«הון»: |
| 134 | | Ex28:05M | יקבלון /והנון | יסבון#2#/ | ית דהבא וית תכלתה וית |
| 135 | תיסב | Lv19:15 | לא תעבדון שקר בדינה לא | תיסב | אפין למסכנה ולא תוקרון |
| 136 | | Ex 4:17 | וית חוטרא הדין | תיסב | בידך די תעבד בה ית נסי |
| 137 | | Ex17:05 | די מחית בה ית נהרא | תיסב | בידך ותיזל: |
| 138 | | Nu 3:47 | גולגלתה בסלעי בית קדשה | תיסב | עשרין מעין הוא סילעה: |

|  |  |  |  |
|---|---|---|---|
| 139 | תיסבון | Lv19:15M | שקר בדינה לא תיסב/תיסבון#2/ אפין למסכנה ולא |
| 140 | תס' | Ex12:05M | עזיא תסבון /גדי עזי' תס'#2/ לכון: |
| 141 | תסב | Gn24:03 | אלהא דשליט על ארעא דלא תסב אתא לברי מן בנתהון |
| 142 | | Gn24:37 | ואשבע ית ריבוני למימר לא תסב אתה לברי מן בנתהון דכנענאי |
| 143 | | Gn28:01 | ופקד יתיה ואמר ליה לא תסב אתה מן בנתהון דכנענאי: |
| 144 | | Gn28:06 | יתה ופקד עלוי למימר לא תסב אתה מן בנתהון דכנענאי: |
| 145 | | Ex 7:15 | וחוטרא די אתהפך לחיוי תסב בידך: |
| 146 | | Ex29:15 | וית דיכרא חד{ת}ה תסב ויסמכון אהרן ובנוי ית |
| 147 | | Ex29:31 | וית דכרא דאשלמותא תסב ות{ת} בשל ית בישרא באתר |
| 148 | | Nu31:30 | ומן פלגותהון דבני ישראל תסב חד תליש מן חמשין מן אנשא |
| 149 | | Gn38:23 | ואמר יהודה תסב לה דלא נהווי לביזיון הא |
| 150 | | Lv15:29 | וביומא תמיניה תסב לה תרין שפנונין או תרין |
| 151 | | Nu 8:08 | ותור תניין בר תורין תסב לחטאתה: |
| 152 | | Ex23:03 | די אתחייב בדינא לא תסב ליה אפי{ו}<ן> ארום לית |
| 153 | | Gn 7:02 | מן כל בעירא דכיא תסב לך שבעה שבעה דכר ונקב' ומן |
| 154 | | Lv18:17 | ברת ברה וית ברת ברתה לא תסב למגליה עריתהון קריבת בשר |
| 155 | | Lv18:19 | ולאתתה בנדת סאבתה לא תסב למגליה עריתה: |
| 156 | | Lv18:18 | ואתה על אחתה לא תסב למעקה לו{ך}<ה> למגליי«ה» |
| 157 | | Gn21:30 | ואמר ארום ית שבעתי אמרתא תסב מן ידי{ו}<י> מן בגלל דתהוון |
| 158 | | Ex 4:09 | ביבשתא ויהוון מיין די תסב מן נהרא ויהוון לאדם |
| 159 | | Lv25:36M | לא תקבל/תסב#2/ מן לוותיה \לא#2/ |
| 160 | | Gn31:50 | אין תצער ית בנתי ואין תסב נשין על בנתי לית גבר עמן |
| 161 | תסבון | Ex16:16 | גבר לפם מה די במשכנה תסבון: |
| 162 | | Dt22:06 | גוזלייה או על בעייה לא תסבון אמהתה עם בנייה: |
| 163 | | Dt 1:17 | לא תסבון אפין בדינה כמלוי דזעירה |
| 164 | | Dt16:19 | לא תסטון בדינה ולא תסבון אפין בדינה ולא תקבלון |
| 165 | | Nu31:29 | מן פלגותהון תסבון ותתן לאלעזר כהנא אפרשותה |
| 166 | | Ex21:14 | על גבי מדבחי מן תמן תסבון יתיה ותקטלון יתיה: |
| 167 | | Nu34:18 | ורב חד רב חד מן כל שבט תסבון לאחסנה ית ארעא: |
| 168 | | Dt 7:03 | לבניהון ובנתהון לא תסבון לבניכון: |
| 169 | | Gn34:09 | בנתכון הבו לן וית בנתן תסבון לכון: |
| 170 | | Ex12:05 | ומן גדייא בני עזיא תסבון לכון: |
| 171 | | Dt22:07 | ית אמהתה וית בניה תסבון לכון מן בגלל דייטיב לכון |
| 172 | | Ex25:03M | ודא אפרשתא די תקבלון/תסבון#2/ מן לוותהון דהב וכסף |
| 173 | | Nu35:32M | למערקה לקורי שיזבותה /תסבון ש{ה}<ח>ד דממון למערוק |
| 174 | | Dt16:19M | "בדינה ... דממון": ולא תסבון שוחד דממון |
| 175 | תסביה | Ex23:08M | /ושחד דממון לא תסביה#2/ ארום שוחדא יסמ{ו}<י> |
| 176 | מסב | Gn49:03 | ושרוי צערי חמי הויית מסב תלתא חולקין יתיר על אחך |
| 177 | דיסב | Gn32:21 | אחמי סבר אפוי מה דלמה דיסב לי אפין: |
| 178 | דנסב | Gn28:10 | עמיה וניסא תנינא אבניא דנסב אבונן יעקב ושוי יתהון |
| 179 | דנסבית | Gn48:22 | חד יתיר על אחיך שכם דנסבית בזכותי ובעובדיי טבייא מן |
| 180 | | Gn48:22M | חד יתיר על אחיך דנסבית בזכותי ובעבדיי{'} טב<י>א |
| 181 | | Gn38:25 | אנש דמגלי עובדוי על דנסב«י»ת פרגודה דיוסף אחי |
| 182 | דנסבת | Gn20:03 | הא את מאית על אתתה דנסבת דהיא נסיבת גבר: |
| 183 | ונסב | Gn27:09M | אזל כען לוות ענה ואיית/וסב#2/ לי מן תמן תרין |
| 184 | | Gn28:02 | דבתואל אבוי דאמך וסב לך מן תמן אתה מן בנתיה |
| 185 | | Gn31:32 | אחינן חכם לך מה עמי וסב לך ולא ידע יעק«ב» ארום |
| 186 | | Nu17:17M | מלוותהון חטר חטר /וסב#2/ מן לוותהון חוטר חוטר#2/ |
| 187 | | Ex17:05 | למשה עבר "לפני" עמא וסב עמך מן חכימייא דישרא«ל» |
| 188 | וסבו | Nu16:17 | וסבו גבר מחיתית«י»ה ותתנון |
| 189 | | Ex12:21 | ואמר להון אתמנון וסבו לכון ען לזרעייתכון ונכסו: |
| 190 | וסבי | Gn18:06 | לות שרה ואמר אוחי וסבי תלת סאין קמח דסלת לושי |
| 191 | ונ' | Gn 6:02M | /שפירות חזיו הנין ונ'#2/ להון {א} נשי' מן כל מה |
| 192 | ונסב | Gn20:14 | ונסב אבימלך ען ותורין ועבדין |
| 193 | | Gn17:23 | ונסב אברהם ית ישמעאל ברה וית |
| 194 | | Gn21:27 | ונסב אברהם ען ותורין ויהב |
| 195 | | Gn22:06 | ונסב אברהם ית קיסיא דעלתא ושוי |
| 196 | | Gn11:29 | ונסב אברם ונחור להון נשין שמה |
| 197 | | Gn12:05 | ונסב אברם ית שרי אתתיה וית |
| 198 | | Ex 6:23 | ונסב אהרן ית אלישבע בת |
| 199 | | Nu17:12 | ונסב אהרן היך מה דמלל משה |
| 200 | | Nu17:04 | ונסב אלעזר כהנא ית מחתיתה |
| 201 | | Nu22:41M | והוה בצפרא ודבר/ונסב#2/ בלק ית בלעם ואסק |
| 202 | | Gn38:06 | ונסב יהודה אתה לער בוכריה |
| 203 | | Gn48:13M | ודבר/ונסב#2/ יוסף ית תריהון ית |
| 204 | | Gn31:45 | ונסב יעקב אבן ואקם יתה קיימא: |
| 205 | | Ex18:02 | ונסב יתרו חמוי דמשה ית צפורה |
| 206 | | Ex18:12 | ונסב יתרו חמוי דמשה עלוון |
| 207 | | Ex 4:20 | ונסב משה ית אתתיה וית בנוי |
| 208 | | Ex 4:20 | וחזר לארעא דמצרים ונסב משה ית חוטרא די אתעבד ביה |
| 209 | | Ex13:19 | ונסב משה ית גרמוי דיוסף עמיה |
| 210 | | Ex24:06 | ונסב משה פלגא דדמא ושוי בספלא |
| 211 | | Ex24:08 | ונסב משה ית אדמה וזרק על עמא |
| 212 | | Ex40:20M | "ונסב... לגו ארונה": ונסב משה ית תרין לוחי אבניה |
| 213 | | Lv 8:10 | ונסב משה ית משחה דרבותה ורבי |
| 214 | | Lv 8:15 | ונכס ונסב משה ית אדמה ויהב על |
| 215 | | Lv 8:24 | וקרב ית בנוי דאהרן ונסב משה מן אדמה על רום |
| 216 | | Lv 8:28M | וקבל/ונסב#2/ משה יתהון מעילוי |
| 217 | | Lv 8:29 | ונסב משה ית ניעה ואניף יתה |
| 218 | | Lv 8:30 | ונסב משה מן משחה דרבותה ומן |
| 219 | | Nu 1:17 | ונסב משה ואהרן ית גבריא האילן |
| 220 | | Nu 3:49 | ונסב משה ית כסף פרקוניה מן מה |
| 221 | | Nu 7:06 | ונסב משה ית עגלתה וית תוריה |
| 222 | | Nu20:09 | ונסב משה ית חוטרא מן קדם ייי |
| 223 | | Nu31:47 | ונסב משה מן פלגותהון דבני |
| 224 | | Nu31:51 | ונסב משה ואלעזר כהנא ית דהבה |
| 225 | | Nu31:54 | ונסב משה ואלעזר כהנא ית דהבה |
| 226 | | Ex 6:20 | ונסב עמרם ית יוכבד ברת אחוי |
| 227 | | Gn36:06 | ונסב עשו ית נשוי וית בנוי וית |
| 228 | | Gn 9:23 | ונסב שם ויפת ית אסטליתה ושוון |
| 229 | | Gn11:31 | ונסב תרח ית אברם בריה וית |
| 230 | | Gn33:11 | כל מן דעם ודחק עלוי ונסב: |
| 231 | | Gn39:20 | ונסב אדוניה דיוסף יתיה ושוי |
| 232 | | Gn25:01 | ואוסף אברהם ונסב אתה ושמה קטורה: |
| 233 | | Gn26:34 | עשו בר ארבעין שנין ונסב אתה ית יהודית ברת בארה |
| 234 | | Gn22:06 | ושוי על יצחק בריה ונסב בידי«ה» ית אשתא וית |
| 235 | | Ex34:04 | היך מה דפקד יתיה ונסב בידיה תרין לווחין דאבנין: |
| 236 | | Gn18:07 | ולבקרותה רהט אברהם ונסב בר תורין רכיך וטב ויהב |
| 237 | | Lv22:27M | בר תורין ורהט לבקורתה ונסב בר תורין רכיך וטב ויהב |
| 238 | | Gn27:35 | אתא אחוך בסוגי חכמתא ונסב ברכתך: |
| 239 | | Lv22:27M | ורהט לבקרותיה ואיית/ונסב#2/ בת תורין שמין וטב |
| 240 | | Nu16:18 | ונסב גבר מחתיתיה ויהבו עליהון |
| 241 | | Gn24:22 | כד אשלימו גמליא למשתי ונסב גברא קודש דדהב טבע מתקלה |
| 242 | | Gn27:14 | ואזל ונסב ואייתי לאימיה ועבדת אמיה |
| 243 | | Gn 2:21 | על אדם ודמך לה ונסב חדא {עלא} אלעא מן אלעוי |
| 244 | | Gn43:34 | ונסב חולקין מן קדמוי ופלג להון |
| 245 | | Gn20:02M | \דגרר ודבר ית /דערד ונסב יתי#2/ שרה: |
| 246 | | Gn22:10 | ופשט אברהם ית ידיה ונסב ית סכינא למיכוס ית יצחק |

|  |  |  |  |  |  |
|---|---|---|---|---|---|
| 247 | | Gn22:13 | בקרנוי ואזל אברהם | ונסב | ית דכרא וקרב יתה לעלה תחות |
| 248 | | Gn24:67 | יצחק למשכנה דשרה אמה | ונסב | ית רבקה והות לה לאתה ורחם |
| 249 | | Gn28:09 | ואזל עשו לוות ישמעל | ונסב | ית מחל«ת» ברת ישמעאל |
| 250 | | Gn28:18 | ואקדם יעקב בצפרא | ונסב | ית אבנא די שוי אסדי ראשה |
| 251 | | Gn29:23 | והוה ברמשא | ונסב | ית לאה ברתה ואייתי יתה |
| 252 | | Gn34:17 | ואן לא תשמעון לן למגזר | ונסב | ית ברתן וניזל: |
| 253 | | Gn48:01M | אבוך \ביש ודבר\באש | ונסב#2#/ | ית תרין בנוהי/בנוי#2#/ |
| 254 | | Ex 2:01 | ואזל גברא מביתה דלוי | ונסב | ית ברתא דלוי: |
| 255 | | Ex40:20 | | ונסב | ית סהדותה לגו ארונה ושווי |
| 256 | | Lv 8:16 | | ונסב | ית כל תרבא די על בני גווה |
| 257 | | Lv 8:25 | | ונסב | ית תרבה וית אליתה וית כל |
| 258 | | Lv 9:15 | וקרב ית קרבניהון דעמה | ונסב | ית צפירה דחטאתה דמן עמה |
| 259 | | Nu21:26 | מלכיהון דמואביי קדמייה | ונסב | ית כל ארעא מניה עד |
| 260 | | Gn 8:09 | דכל ארע' ופשט ידה | ונסב | יתה ואעל יתה לוותה |
| 261 | | Gn34:02 | חמור חיוויה רבה דארעא | ונסב | יתה ושמש עמה וצער ית«ה»: |
| 262 | | Gn38:02 | כנענ{ע}אי ושמיה שוע | ונסב | יתה ועל לוות«ה:» |
| 263 | | Gn32:24 | | ונסב | יתהון {ית נחל} ועבר ית |
| 264 | | Gn21:14 | ואקדם אברהם בצפרא | ונסב | לחם וזיק דמיין ויהיב להגר |
| 265 | | Gn30:37 | | ונסב | לי' יעקב חטרא דלבן רטיב |
| 266 | | Gn18:08 | | ונסב | ליבא וחלב ובר תוריה די עבד |
| 267 | | Gn 4:19 | | ונסב | ליה למך תרתין נשין שמה |
| 268 | | Ex15:25 | ייי וחוי ליה ייי אילן | ונסב | מיניה מימריה דייי מלה |
| 269 | | Gn 8:20 | נח מדבח לשם ממרה דייי | ונסב | מן כל בעירה דוכי' ומן כל |
| 270 | | Gn28:11 | ארום טמעת ליה שמשא תמן | ונסב | מן אבנוי דאתרא ושוי תחות |
| 271 | | Gn32:14 | ואבית תמן בליליה ההוא | ונסב | מן מה דאיתי בידי דורון |
| 272 | | Gn42:24 | לוותהון ומלל עמהון | ונסב | מן לוותהון ית שמעון וחבש |
| 273 | | Ex24:07 | | ונסב | ספר קיימא וקרא כשמעון דעמא |
| 274 | | Gn24:10 | | ונסב | עבדא עשרה גמלין מן גמלוי |
| 275 | | Gn24:61 | והלכין בתר גברא | ונסב | עבדא ית רבקה ואזל: |
| 276 | | Ex 1:10 | איתון | ונסב | עליהון עצן בישן ידון דינין |
| 277 | | Nu25:07 | כהנה וקם מן גו כנישתה | ונסב | רמחא בידיה: |
| 278 | ונסב' | Gn12:19 | למה אמרת אחתי היא | ונסב' | יתה לי לאתה וכדין הא אתתך |
| 279 | ונסבו | Nu21:25 | | ונסבו | ישראל ית כל קורייתה |
| 280 | | Ex17:12 | הויין זקיפן בצלו | ונסבו | אבן ושוון תחותוי ויתב |
| 281 | | Gn31:46 | כנש{י}<ו> אבנין | ונסבו | אבנין ועבדו אוגר ואכלו |
| 282 | | Dt 1:25 | | ונסבו | בידיהון מן פירי ארעא |
| 283 | | Lv10:01 | | ונסבו | בנוי דאהרן נדב ואביהוא |
| 284 | | Gn43:15 | | ונסבו | גבריא ית דורון הדא וכסף |
| 285 | | Gn14:11 | | ונסבו | ית כל ממונהון דסדם |
| 286 | | Gn14:12 | | ונסבו | ית לוט וית ממונה בר אחוי |
| 287 | | Gn34:26 | קטלו לפ<ת>גם דחרב | ונסבו | ית דינה מבייתה דשכם |
| 288 | | Gn37:31 | | ונסב«ו» | ית פרגודא דיוסף ונכסו |
| 289 | | Gn46:06 | | ונסבו | ית קנינהון וית ממוניהון |
| 290 | | Ex 9:10 | | ונסבו | ית קטם אתונא וקמו קדם |
| 291 | | Lv 9:05 | | ונסבו | ית מה דפקד משה לתרע משכן |
| 292 | | Nu31:11 | | ונסבו | ית כל בזתא וית כל עדיתה: |
| 293 | | Gn37:24 | | ונסבו | יתיה וטלקו לגובא וגובא |
| 294 | | Gn 6:02 | ארום שפורין חיזו אנון | ונסבו | להון {א}נשי' מן כל מה די |
| 295 | | Ex36:03 | | ונסבו | מן קדם משה ית כל אפרשותה |
| 296 | | Gn34:25 | צעורין מן גזרתהון | ונסבו | תרין בנוי דיעקב שמעון |
| 297 | ונסבון | Nu17:24 | כל בני ישראל וחמון | ונסבון | גבר חוטרה: |
| 298 | ונסבינן | Dt29:07 | | ונסבינן | ית ארעהון ויהבנן יתה |
| 299 | ונסבית | Gn 3:06 | אילנא למסתכלא ביה | ונסבית | מן פרוי ואכלת ונסב<ת> |
| 300 | | Dt 1:23 | ושפר באפי פתגמא | ונסבית | מנכון תרין עשר גברין גבר |
| 301 | ונסבנן | Dt 3:08 | | ונסבנן | בשעתה ההיא ית ארעא מן |
| 302 | ונסבת | Ex15:20 | | ונסבת | מרים נביאתה אחתה דאהרן |
| 303 | | Ex 4:25 | | ונסבת | צפרה טנרא וגזרת ית ערלתא |
| 304 | | Gn27:15 | | ונסבת | רבקה ית לבושוי דעשו ברה |
| 305 | | Gn16:03 | | ונסבת | שרי אתת' דאברם ית הגר |
| 306 | | Ex 2:09 | לי ואנה אתן ית אגריך | ונסבת | אתתא ית טליא ואונקת יתיה: |
| 307 | | Gn 3:06 | ונסבית מן פרוי ואכלת | ונסב<ת> | ויהבת לחוד לבעלה עמה |
| 308 | | Gn38:28 | ופשט וולדה ית ידה | ונסבת | חייתא וקטרת על ידיה |
| 309 | | Gn30:09 | ארום קמת לה מן למילד | ונסבת | ית זלפה אמהתה ויהבת יתה |
| 310 | | Gn40:11 | וכסא דפרעה בידי | ונסבת | ית ענביא ועצר«ת» יתהון |
| 311 | | Nu 8:18 | | ונסבת | ית ליווי חלף כל בכוריה |
| 312 | | Dt 1:15 | | ונסבת | ית ראשי שבטיכון גברין |
| 313 | | Ex 2:05 | אפרה ושלחת ית אמהתה | ונסבת | יתה: |
| 314 | | Gn21:21 | ושרא במדברא דפארן | ונסבת | ליה אימיה איתה מן ארעא |
| 315 | | Ex 2:03 | יכלת תוב למטמרה יתיה | ונסבת | ליה תיבו דגמי ושעיית יתיה |
| 316 | ונסיב | Lv 8:23 | ונכס | ונסיב | משה מן אדמה ויהב על רום |
| 317 | | Gn28:11M | תמן ארום טמע שמשה | ונסיב | ארב' אבנין מן אבני אתרא |
| 318 | | Gn 2:15 | | ונסיב | ייי אלהים ית אדם ואשרי |
| 319 | | Nu16:01M | ופליג קרח\ | /ונסיב | עיצה ופלג קרח#2#/ בר |
| 320 | | Ex14:07 | | ונסיב | שית מאה ארתכין וכל |
| 321 | ונסיבו | Nu16:01M | "ופליג קרח": | ונסיבו | עיצה בישתה ואיתקוטטו |
| 322 | ונסיבת | Gn16:05 | וחמית דלא הויינה ילדה | ונסיבת | להגר מצריתא אמתי ויהבת |
| 323 | | Gn24:65 | ואמר עבדא הוא ריבוניה | ונסיבת | רדידה ואתכסיית ביה: |
| 324 | ואסב | Gn27:45M | ואשלח ואדב«ו»ר/ | ואסב#2#/ | יתך מן תמן למה |
| 325 | | Ex 6:07M | ואפרש/ | ואסב#2#/ | יתכון לשמי לעם |
| 326 | | Gn41:45 | גברא דטמירתא גליו ליה | ואסב | ליה ית אסנת ברת פוטיפרע |
| 327 | | Ex 2:21 | משה למשרי לוות גברא | ואסב | ליה ית צפורה ברתיה למשה: |
| 328 | | Gn18:05 | | ואסב | קליל מזון וסעדו לבביכון |
| 329 | וייסבון | Ex27:20 | תפקד ית בני ישראל | וייסבון | וייתון לוותך משח דזית |
| 330 | | Lv24:02 | פקד ית בני ישראל | וייסבון | וייתון לוותך משח דזית |
| 331 | ויס' | Lv14:21M | /ב{ו}<ן> ידוי כמסת | ויס'#2#/ | אמר חד לאשמה לאנפו |
| 332 | ויסב | Nu19:04 | | ויסב | אלעזר כהנא מן אדמה |
| 333 | | Dt22:15 | | ויסב | אבוה דרביתה ואמה ויפקון ית |
| 334 | | Nu19:18 | | ויסב | אזוב ויצבע במיא גבר דכי |
| 335 | | Lv14:21 | מסכן הוא ולא ארע' ידה | ויסב | אמר חד לאשמה לאנפו למכפרה |
| 336 | | Ex12:04 | למתמניא על אימר פסחא | ויסב | הוא ומגורי«ה» דקריב |
| 337 | | Lv14:51 | | ויסב | ית קיסה דארזה וית אזוב וית |
| 338 | | Lv16:07 | | ויסב | ית תרין צפיריה ויקים יתהון |
| 339 | | Nu 6:18M | ית ריש נזירותיה | \ויסב | ית שער ראש נזירותיה#2#/ |
| 340 | | Dt30:12 | נבייא די יסוק לשמיא | ויסב | יתה לן וישמע יתן פקודייה |
| 341 | | Dt25:05 | חלוני יבמה יזדמן לוותה | ויסב | יתיה לה לאיתה ויבם יתה: |
| 342 | | Lv 4:05 | | ויסב | כהנא דמתרבי מן ^מדמה#2#^ |
| 343 | | Lv 4:25 | | ויסב | כהנא מן אדמה דחטאתה |
| 344 | | Lv 4:30 | | ויסב | כהנא מן אדמה באצבעיה ויתן |
| 345 | | Lv 4:34 | | ויסב | כהנא מן אדמה דחטאתה |
| 346 | | Lv14:12 | | ויסב | כהנא ית אמרה חדתה ויקרב |
| 347 | | Lv14:14 | | ויסב | כהנא מן אדמה דאשמה ויתן |
| 348 | | Lv14:15 | | ויסב | כהנא מן לוגה דמשחא |
| 349 | | Lv14:24 | | ויסב | כהנא ית אמרה דאשמה וית |
| 350 | | Lv14:25 | ויכוס ית אמרה ^^דאשמה | ויסב | כהנא מן אדמה^^ דאשמה ויתן |
| 351 | | Nu 5:17 | | ויסב | כהנא מיין דכין לגו מן דחסף |
| 352 | | Nu 6:19 | | ויסב | כהנא ית אדרעה בשילתה מן |
| 353 | | Nu19:06 | | ויסב | כהנא קיס דארז ואזוב וצבע |
| 354 | | Nu 5:25 | | ויסב | כהנה מן ידא דאתתה ית מנחתה |

|  |  |  |  |  |  |
|---|---|---|---|---|---|
| 355 | | Lv14:49 | | ויסב | למדכי<ה> ית ביתה תרתין |
| 356 | | Lv14:04 | ויפקד כהנא | ויסב | למן דמדכה תרתין צפרין |
| 357 | | Lv16:12 | | ויסב | מלא מחתיתה גומרין דאשה |
| 358 | | Gn 3:22 | קדם עד לא יפשוט ידיה | ויסב | מן פירי אילן חייא ויכל |
| 359 | | Lv16:14 | | ויסב | מן אדמה וידי באצבעה על אפי |
| 360 | | Lv16:18 | די קדם ייי ויכפר עלוי | ויסב | מן אדמה דתורא ומן אדמה |
| 361 | ויסבון | Lv14:42 | | ויסבון | אבנין אחרניין ויעלון |
| 362 | | Nu19:02 | מליל עם בני ישראל | ויסבון | וייתון לוותך תורא סמוקה |
| 363 | | Dt21:03 | די קריבה לק«ט»ילה | ויסבון | חכימי קרתה ההיא עגלת ברת |
| 364 | | Dt22:18 | | ויסבון | חכימי קרתה ההוא ית גברא |
| 365 | | Nu 4:12 | | ויסבון | ית כל מני שמושה די ישמשון |
| 366 | | Dt19:12 | וישלחון חכימי קרייתה | ויסבון | ית«י»ה מן תמן וימסרון |
| 367 | | Nu 4:09 | | ויסבון | לבוש תכלה ויכסון ית מנרתה |
| 368 | | Ex12:03 | יומין לירחא הדין | ויסבון | לכון גבר גבר אימר |
| 369 | | Nu19:17 | | ויסבון | למסאבה מן קטמה די יקדת |
| 370 | | Ex12:07 | | ויסבון | מן אדמה ויתנון על תרתין |
| 371 | | Nu 8:08 | | ויסבון | תור בר תורין ומנחתה סולת |
| 372 | ותיסב | Gn24:38 | תיזל ולוות זרעייתי | ותיסב | איתה לבר«י» ליצחק: |
| 373 | | Gn24:04 | לארעי ולילדותי תיזל | ותיסב | אתה לברי ליצחק: |
| 374 | | Gn24:07 | מלאכא דרחמין קדמך | ותיסב | אתה לברי מן תמן: |
| 375 | | Ex29:05 | | ותיסב | ית לבושיא ותלבש ית אהרן |
| 376 | | Ex29:07 | | ותיסב | ית משחא דרבותא ותריק על |
| 377 | | Ex29:19 | | ותיסב | ית דכרא תניינא ויסמוך |
| 378 | | Dt21:11 | שפירת חזוון ותתרעי בה | ותיסב | יתה לך לאיתה: |
| 379 | | Dt21:13 | לוותה ותזדמן לוותה | ותיסב | יתה לך לאתה: |
| 380 | | Lv24:05 | | ותיסב | סלת ותיפי יתה תרתין עשרה |
| 381 | ותיסבון | Dt26:02 | | ותיסבון | מן שירוי בוכרת כל פירי |
| 382 | ותסב | Gn24:40 | קדמיך ויצלח ארחך | ותסב | אתה לברי מן זרעיתי ומן |
| 383 | | Ex28:09 | | ותסב | ית תרין אבניה סבתא ותגלף |
| 384 | | Ex29:16 | ותכוס ית דיכרא | ותסב | ית אדמיה ותזרק יתיה על גבי |
| 385 | | Ex29:26 | | ותסב | ית נעה {ית} <מן> דכרא |
| 386 | | Ex40:09 | | ותסב | ית משחה דרבותה ותרבי ית |
| 387 | | Dt15:17 | | ותסב | ית מרצעה ותתן באדניה ובתרע |
| 388 | | Ex29:25M | | ותקבל/ותסב#2/ | יתהון מן ידיהון |
| 389 | | Gn47:30 | ואתכנש לוות אבהתי | ותסב | יתי מן מצריים ותקבר יתי |
| 390 | | Ex29:13 | | ותסב | כל תרבה דחפי ית כרסה וית |
| 391 | | Dt24:02M | אחרן /ותיזל | ותסב | לגבר אחרן#2/: |
| 392 | | Ex 4:09 | ולא ישמעון לקלך | ות{ת}<ס>ב | מן מוי דנהרא ותשפוך |
| 393 | | Ex29:12 | | ותסב | מן אדמא ותתן על קרנתה |
| 394 | | Ex29:20 | ותכוס ית דיכרא | ותסב | מן אדמיה ותתן על רום אודנה |
| 395 | | Ex29:21 | | ותסב | מן אדמה די על גבי מדבחא |
| 396 | | Ex29:22 | | ותסב | מן דכרא תרבא ואליתה וית |
| 397 | | Nu 3:47 | | ותסב | מן חמשה חמשה סלעין לכל |
| 398 | | Lv12:08 | ידיה כמסת למייתייה אמר | ותסב | תרין שפנינין או תרין |
| 399 | ותסבון | Gn44:29 | | ותסבון | אף ית דין מן לוותי וארע |
| 400 | | Gn45:18 | | ותסבון | ית אבוכון וית אנשי בתיכון |
| 401 | | Lv23:40 | | ותסבון | לכון ביומא טבה קדמיה פירי |
| 402 | | Dt 7:25 | ודהבה דמחפי עליהון | ותסבון | לכון דלא תתקלון בהון ארום |
| 403 | | Ex34:16 | | ותסבון | מבנתהון לבניכון ויטעון |
| 404 | | Ex12:22 | | ותסבון | מיסרא דאיזוב ותצבעון |
| 405 | | Nu13:20 | אילנין או לא ותתוקפון | ותסבון | מן פירי דארעא ויומיא יומי |
| 406 | ומסב | Gn 4:08M | עלמא כפרי עובדין | ומסב | אפין לית בדינא |
| 407 | ולמסב | Gn43:18 | עלינא ולמתעקפא עלינן | ולמסב | יתן לעבדין וית חמרינן: |
| 408 | למיסב | Nu16:10 | עימך ואתון בעיין | למיסב | אוף כהנתה רבתה: |
| 409 | | Gn28:11M | זמנא ידע דהוא עתיד | למיסב | ארבע נשין ומינהון עתידין |
| 410 | | Gn24:48M | \למסבה ית ברת אחוי | /למיסב | ית ברתי דאחוי#2/ |
| 411 | | Gn30:15 | נסבת ית בעלי ואת בעיא | למיסב | ית יברוחי דברי ואמרת רחל |
| 412 | | Gn34:14 | למעבד פתגמא הדין | למיסב | ית אחתן לגבר די ליה |
| 413 | | Gn38:20 | ביד רחמה עדולמייה | למיסב | ית ערבוניה מן ידא דאתתא |
| 414 | | Gn42:36 | הוה בסופיה ואתון בעיין | למיסב | ית בנימין ואנון סכימין |
| 415 | | Dt25:07 | ואין לא יתרעי גברא | למיסב | ית יבומתיה ותסק יבמתיה |
| 416 | | Dt24:04 | די שבוק יתה למיחזור | למיסב | יתה לה לאתה מן בתר |
| 417 | | Dt24:19 | באפי ברה לא תחזרון | למיסב | יתה ולגיוריה לייתמייה |
| 418 | | Dt25:08 | ויימר לא אתרעיית | למיסב | יתה: |
| 419 | | Dt 9:09 | באסקותי לטורה | למיסב | לווחי אבנייה לווחי קיימה |
| 420 | | Gn28:06M | /לפדנה#2/ | למסבה/למיסב#2/ | ליה מן תמן אתה כד |
| 421 | | Dt24:06M | לית אתון רשיין | למיסב | משכונה ריחייה ורכבה |
| 422 | | Ex29:01M | בכהונתא רבתה | סב/למיסב#2/למסב#2/ | תור חד בר תורין |
| 423 | למיסבא | Gn29:17 | זקיפן בצלו בעיא | למיסבא | יעקב צדיקא ורחל הוות |
| 424 | למסב | Ex29:01M | בכהונתא רבתה | סב/למיסב#2/למסב#2/ | תור חד בר תורין |
| 425 | afel אסבו | Gn34:08 | אתרעיית נפשה בברתכון | אסבו | יתה כען לה לאתה: |
| 426 | אסבת | Gn38:26 | תמר כלתי בגין כך לא | אסבת | יתה לשלה ברי ולא אוסף תוב |
| 427 | מסבה | Gn29:19 | ואמר לבן תקן | מסבה | יתה לך מן למסבה יתה לגבר |
| 428 | ואסבו | Gn34:12 | היך מה די תאמרון לי | ואסבו | לי ית רביתה לאתה: |
| 429 | ואסבת | Gn21:21M | במדברא דפארן | ונסבת/ואסבת#2/ | ליה אימיה איתה מן |
| 430 | | Gn30:04 | | ואסבת | ליה ית בלהה אמהתה לאתה |
| 431 | ואסיב | Gn29:28 | שבעתי יומי משתותא דא | ואסיב | לה ית רחל ברתה לה לאתה: |
| 432 | ואסיבו | Gn29:22M | למסבה יתה /דרמיו | ואסיבו | לה#2/ ללאה חלף |
| 433 | למסבה | Gn24:48 | יתי באורחא דקושטא | למסבה | ית ברת אחוי דריבוני לברה: |
| 434 | | Gn29:19 | תקן מסבה יתה לך מן | למסבה | יתה לגבר חורן שרי עמי: |
| 435 | | Gn29:22 | ויהבו לה עצה דרמיו | למסבה | יתה ללאה חלף רחל: |
| 436 | | Ex22:16 | אין מסרבה יסרב אבוה | למסבה | יתה ליה כסף יתקל כנימוס |
| 437 | | Lv19:29 | לא תשהו' ית בנתכון מן | למסבה | יתהון דלא תזני ארעה |
| 438 | | Gn28:06 | ושלח יתיה פדן ארם | למסבה | ליה מן תמן אתה כד ברך יתה |
| 439 | etpeel אנסבת | Lv21:03M | די לא \אתנסבה לגבר | /אנסבת | לגבר#2/ לעליה יסתאב: |
| 440 | אתנסבה | Lv21:03 | דקריבה לוותיה די לא | אתנסבה | לגבר לעליה יסתאב: |
| 441 | אתנסיבת | Gn38:14 | רבה שלה והיא לא | אתנס«י»בת | ליה לאתה: |
| 442 | תתנסב | Lv22:12 | וברתה דכהן ארום | תתנסב | לגבר חילוני היא באפרשות |
| 443 | | Nu30:07 | ואין מתנסבה | תתנסב | לגבר ונדרה עלה או פירוש |
| 444 | תתנסיב | Dt25:05 | מנהון ובר לית ליה לא | תתנסיב | אתתה דמיתה לברה לגבר |
| 445 | מתנסבה | Nu30:07 | ואין | מתנסבה | תתנסב לגבר ונדרה עלה או |
| 446 | מתסב' | Nu30:07M | ואין | מתנסבה/מתסב'#2/ | תתנסב לגבר ונדרה |
| 447 | ותתנסב | Dt24:02 | ותפוק מבייתיה ותזיל | ותתנסב | לגבר אחרן: |

## נסוך ⇐ *n.* ניסוך

## נסח ⇐ *vb.* נסע

## נסי #2 *vb.* to test

[354]

|  |  |  |  |  |  |
|---|---|---|---|---|---|
| 001 | pael ניסין | Ex15:25M | "נסי יתיה:" | ניסין | יתי בנסיונ' עשריה |
| 002 | נסון | Ex17:07 | בני ישראל ועל די | נסון | קדם ייי למימר הא מן קושטא |
| 003 | נסי | Gn22:01 | בתר פתגמיא האלין וייי | נסי | ית אברהם בנסיונה עשיריה |
| 004 | | Ex15:25 | קיימין וסדרי דינין ותמן | נסי | יתי«ה»: |
| 005 | נסיית | Gn30:27 | אשכחית חן וחסד באנפיך | נסיית | וברך יתי ייי בזכותך: |
| 006 | תנסון | Dt 6:16 | לא | תנסון | ית איקר שכינתה דייי |
| 007 | מנסון | Ex17:02 | עמי {מנ} מה אתון | מנסון | קדם ייי: |
| 008 | מנסי | Dt13:04 | {ל}חלמייא ההוא ארום | מנסי | ייי אלהכון יתכון למדע הא |

009 בנסיותיה Dt33:08M יתיה וקם בנסיונה/<בנס>יותיה#2#/ ובדקת יתיה במי
010 דניסיתון Dt 6:16 דייי אלהכון היך מה דניסיתון קדמוי בניסיונה:
011 דנס' Dt 6:16M אלהכון היך מה דניסיתון/דנס'#2#/ קדמוי בניסיונה
012 דנסי Ex17:07M בני ישראל ועל דנסי יתהון ייי
013 דנסית Dt33:08M גברא חסידה\די נפית/דנסית#2#/ יתיה וקם בנסיונה
014 ונסו Nu14:22M במצרים ובמדברה ונסון/ונסו#2#/ יתה דנה עשרה
015 ונסון Nu14:22 עבדית במצרים ובמדברה ונסון יתה דנה עשרה זמנין ולא
016 למנסיה Ex16:04 יום ביומיה מן בגלל למנסיה יתהון אינון אין נטרינון
017 למנסייה Dt 8:02 מן בגלל למצערה יתכון <למנסייה יתכון> למידע ית מה דאית
018 Dt 8:16 יתכון ומן בגלל למנסייה יתכון למייטבה לכון בסוף
019 למנסיית Ex20:20 תדחלון ארום מן בגלל למנסיית יתכון אתגליית עליכון
See also: vb. נפי

## נסיבה n. free-will offering [354]

001 נסיבה s ab/cn Ex36:03M /והנון אייתון יתה עוד נסיבה בכל#2#/ צפר וצפר:
002 Lv22:21 לשמה דייי לפרש נדר או נסיבה בתורין או בען שלם יהי
003 Ex35:29M בני ישראל נדבה/נסיבה#2#/ לשמה דייי:
004 Lv 7:16M ואין נדר או \נדבה נכסת /נסיבה נ{סיכ}<כיס>ת#2#/ קרבניה
005 Lv22:23 דחסיר אבר או יתיר אבר נסיבה תפרשון יתיה ולנדר לא
006 בנסיבה Nu15:03 לפירוש נדרה או בנסיבה או בזמני מועדיכון למקרבה
007 לנס' Lv22:21M /לפרוש דנדר או לנס'#2#/ בתורין או בען שלם יהי
008 לנסיבה Nu15:03M נכיסון פירוש דנדר או לנסיבה או בזמן דסדרי
009 ונסיבכון s em/sf Nu29:39M נדריכון ונסיבתהון/ונסיבכון#2#/ לעלוותכון
010 נסיבתהון p em/sf Lv22:18 לכל נדריהון ולכל נסיבתהון די יקרבון לשמה {יקרבון
011 נסיבתכון Lv23:38 כל נדריכון בר מן כל נסיבתכון די תפרשון לשמה דייי:
012 ונסיבתהון Nu29:39 בר מן נדריכון ונסיבתהון לעלוותכון ולמנחתכון
013 ונסיבתכון Dt12:17M תדרון^#2# ונדבתיכון/ונסיבתכון#2#/ ואפרשות ידיכון
014 Dt12:06M ונדריכון ונדב{ד}<ת>יכון/ונסיבתכון#2#/ ובכורי

## נסיון n. temptation [349 ניסיון]

001 לנסיון s ab/cn Nu26:10 גברייה והוון לנסיון:
002 נסיונ' s em/sf Ex17:07M בית נסיונ' ומצותא על דאתנצון בני
003 בניסיונה Dt 6:16 דניסיתון קדמוי בניסיונה:
004 בנסיונה Dt33:08 די נפית יתיה וקם בנסיונה ובדקת יתיה במי דיינייה
005 Gn22:01 וייי נסי ית אברהם בנסיונה עשיריה ואמר ליה אברהם
006 ובניסיונה Dt 9:22 ובבית יקידתה ובניסיונה ובקברי שאלתה מרגזין
007 נסיוניה p em/sf Ex17:07 וקרא שמה דאתרא נסיוניה ודיינוותיה על דאדיינון
008 בנסיונ' Ex15:25M ניסין יתי בנסיונ' עשריה

## נסיס adj. weak [354]

001 נסיס s ab/cn Lv22:22 או דתביר או דגבייה או נסיס או דמלי חזזיין לא תקרבון
002 דנסיס Lv21:20M דגביח או דנסיס או דחלזונה בעייניה או

## נסך #2 vb. to pour out [354]

001 תנס' pael Ex30:09M עלוון ומנחה ונסוך לא תנס'
002 תנסכון Ex30:09 ומנחוון ונסוכין לא תנסכון עלוי:
003 מנסכין Dt32:38 וחמר ניסוכיהון דהוון מנסכין קדמוי יקום כען ויפרוק
004 ונסך Gn35:14 קיימא דאבן <....> ונסך עלה נסוכין ואריק עלה משח:
005 יתנסך etpaal Nu28:07 חדתה במני בית קודשה יתנסך ניסוך חמר בחיר לשמה דייי:

## נסך n. libation [354]

001 נסכה s em/sf Nu15:08M תורין \עלה או נכסה/ נסכה#2#/^ בפירוש נדר /עלוון
002 נסכיה Nu 6:17 כהנא ית מנחתיה וית נסכיה:
003 ונסכה Nu29:16 עלתה דתמידה מנחתה ונסכה:
004 Nu29:34 בר מעלת תמידה מנחתה ונסכה:
005 וכנסכה Ex29:41 כמנחתה דאמר דצפרא וכנסכה תקרבון יתיה לריח דרעוה
006 ונסכהון p em/sf Lv23:18 לשמה דייי ומנחתהון ונסכהון קרבן דמתקבל לריח דרעוה
007 ונסכוי Nu28:15 לעלת תמידה יתקרב ונסכוי:
008 Nu15:24M ומנחתיה ונס«ו»כוי/ונ<סכוי#2#/ כסדר דינה וצפיר
009 ונסכיהון Nu 6:15 במשח ומנחתהון ונסכיהון:
010 Nu28:09 פילה במשח אינון ונסכיהון:
011 ולנסכיהון Nu29:39 לעלוותכון ולמנחתכון ולנסכיהון ולנכסת קודשיהון:
See also: n. ניסוך

## נסע vb. to remove [353 s.v. נסח]

001 אסעו afel Gn11:02 והווה כד אסעו לבבהון ואשכחו בקעה בארעא

## נעים adj. pleasant [354]

001 נעים s ab/cn Ex19:19 לחדא משה הוה ממלל בקול נעים ומן קדם ייי הוה מתענה ליה

## נעל n. a type of insect [354]

001 נעלה s em/sf Lv11:22 וית רשונה למינהו וית נעלה למינהו וית כרזבה למינה:

## נעמי n. ostrich [354]

001 נעמיתה s em/sf Lv11:16 וית ברת נעמיתה וית חספיתה וית צפר שחפה
002 Dt14:15 וית ברת נעמיתה וית חספיתה וית צפר שחפה

## נפח vb. to blow [355]

001 נפיחה peal Nu 5:21M ירכיך מסיין וית כרסיך נפיחה
002 ונפח Gn 2:07 ית אדם עפר מן אדמתא ונפח בנחירוי נשמ' דחיין והוה
003 מן פחי pael Dt32:24 מן פחי כפן ואכילי גוב ומרווחי
004 מנפחין Nu 5:21 מסיא וית מעיך מנפחין:
005 למנפחה Nu 5:22 מלווטיא אלין במעיך למנפחה מעיך ולממסיה ירכיך ותימר
006 ומפחן afel Gn26:35 והוון סורבנין ומפחן רוח ומגחכן בפולחנא נוכראה
007 ומפחת Gn26:35M ולא מקבלן/סרהוונין ומפחת רוח פלחן בפולחנא
008 ויתנפח etpeel Nu 5:27M /בדוקיה לבדק ויתנפח#2#/ כרסה ותתמסי/ויתמסי#2#/
009 ותתנפח Nu 5:27 מלווטיה לממררה לה ותת«נ»פח כרסה ותתמסי ירכה ותיהוי

## נפח n. smith [355]

001 דנפחיה p em/sf Nu21:30 וצדיין ארחתיה עד כרכה דנפחיה דסמיך למי{ת}«ד»בא:

## נפט n. naphtha [355]

001 נפטה s em/sf Ex14:24 דמצריי ורמה עליהון נפטה ואישתא ואבני בר{ר}דא וערבב

## נפי vb. to winnow, to sift [355]

001 נפית pael Dt33:08 לאהרן גברא חסידה די נפית יתיה וקם בנסיונה ובדקת
See also: vb. נסי

## נפיל #2 *n.* a type of lizard [355]

|  |  |  |  |  |  |  |
|---|---|---|---|---|---|---|
| 001 | נפילה | s em/sf | Lv11:22M | וית רשונה למינה וית | נפילה | למינה |

## נפל *vb.* to fall [356]

|  |  |  |  |  |  |  |
|---|---|---|---|---|---|---|
| 001 | נפ׳ | peal | Nu24:04M | על נפשיה דנפיל/דהוא | נפ׳#2/ | בחרבא וסוף נבואתיה |
| 002 | נפול | | Ex14:13 | יתהון כיתא דהות אמרה | נפול | לימא אמר להון משה לא |
| 003 | נפל | | Nu24:16 | מתנבא על נפשיה דהוה | נפל | בחרבה וסוף נבואתיה |
| 004 | | | Ex14:13 | ימא דסוף חדא הוות אמרה | נפל | לימא וחדא הוות אמרה נחזור |
| 005 | נפלו | | Dt 1:01M | חיוותה ובחצרות די | נפלו | מן פיגריכון על ידי בשרא |
| 006 | | | Dt 1:01 | דמיכליה קליל ובחצרות | נפלו | פיגריכון ועל ידי בשרא די |
| 007 | | | Gn15:01 | דקטיליה האילין די | נפלו | קדמיי ויהוון בכרכיהון |
| 008 | | | Gn15:01M | לי זכו בזמנ׳ קדמיא די | נפלו | קודמוי או דלמא די לא |
| 009 | | | Gn15:17 | דאשה דבגווה | נפלו | רשיעי׳ על דמרדו רשיעיא על |
| 010 | נפלין | | Dt22:04M | תורה «דאחוך» | מטלקין/נפלין#2/ | באורחא ותכסי עיינך |
| 011 | | | Nu11:26 | דמלכא משיחה אינון | נפלין | ושבע שנין ידלקון בני |
| 012 | נפלת | | Gn15:12 | אישון למסמע ושנה בסימה | נפלת | על אברם והא אברם חזי |
| 013 | | | Gn15:12 | "גדולה" דא היא יון | נפלת | עלוהי דא {{היא אדום רשיעא |
| 014 | | | Gn15:12M | דא היא ייוון | נפלת | עלוהי דא היא <....> |
| 015 | יפול | | Dt22:08 | אדם זכיי לגו בייתך דלא | יפול | מן דחמי לה למיפל מניה: |
| 016 | | | Lv11:33 | וכל מן דחסף די | יפול | מנהון לגוויה כל מה דביה |
| 017 | | | Lv11:32 | וכל די | יפול | עלוי מנהון במיתתהון יסתאב |
| 018 | יפל | | Lv11:35 | וכל די | יפל | מנבלתהון עלוי יסתאב תנור |
| 019 | | | Lv11:37 | וארום | יפל | מנבלתהון על כל זרע זריע |
| 020 | יפלון | | Nu14:32 | ופיגרכון אתון | יפלון | במ«ד»ברה הדין: |
| 021 | | | Nu14:29 | במדברה הדין | יפלון | פגריכון וכל סכומיכון וכל |
| 022 | תיפול | | Nu34:02 | דכנען דא ארעא די | תיפול | לכון לאחסנו ארעא דכנען |
| 023 | דנפיל | | Nu24:04 | והוה מתנבא על נפשיה | דנפיל | בחרבא וסוף נבואתיה |
| 024 | דנפלו | | Gn15:01 | בידי בזימנא קדמיה | דנפלו | קדמיי ואתקימן עלי או דלמא |
| 025 | דיפול | | Lv11:35M | וכל \די | יפל/דיפול#2/ | מנבלתהון עלוי יסתאב |
| 026 | ונפל | | Gn50:01 | | ונפל | יוסף על אפוי דאבו«י» |
| 027 | | | Nu21:34 | ובני בניהון ואתא | ונפל | בידהון ומן בתר כדין אמר |
| 028 | | | Gn49:17M | ומן אמתי׳ מתהפך רכבי׳ | ונפל | לאחורי׳ |
| 029 | | | Ex32:28 | בנוי דלוי כמלוי דמשה | ונפל | מן עמא ביומא ההוא כתלתא |
| 030 | ונפלו | | Gn15:01 | וסדרו קרבא לקבל אברם | ונפלו | קדמוהי וקטל מניהון ארבעה |
| 031 | | | Gn50:18 | ואזלו אף אחוי | ונפלו | קדמוי ואמרו הא אנן לך |
| 032 | | | Gn14:10 | מלכא דסדם ודעמרה | ונפלו | תמן ומה דאשתיי«רו» |
| 033 | ונפלין | | Ex17:11 | דבית עמלק מתגברין | ונפלין | בחרבא: |
| 034 | ויפ׳ | | Lv26:36M | ויערקון מערוקי דחרב | ויפ׳ | |
| 035 | ויפול | | Lv11:38 | יתיהב מיין על כל זרע | ויפול | מנבלתהון עלוי מסאב הוא |
| 036 | | | Lv11:38M | זרע ויפול/זרעה | ויפול#2/ | מנבלתהון עלוי מסאב הוא |
| 037 | ויפל | | Ex19:21 | ידחקון קדם ייי למיחמיה | ויפל | מנהון אוכלסין סגין: |
| 038 | | | Ex21:33 | גבר גוב ולא יכסה יתיה | ויפל | תמן תור או חמור: |
| 039 | ויפלון | | Lv26:08 | ר«ב»וותה יערקון | ויפלון | בעלי דבביכון קדמיכון |
| 040 | | | Lv26:36 | כמקדם שלפי חרבה | ויפלון | ולית דר«ד»ף: |
| 041 | | | Lv26:07 | ית בעלי דבביכון | ויפלון | קדמיכון קטילי חרב: |
| 042 | ותפלון | | Nu14:43 | וכנעניי תמן קדמיכון | ותפלון | בחרבה ארום בגין כדן די |
| 043 | למיפול | | Dt22:08M | מן דחמי לה | למיפל/<למי>פול#2/ | מניה: |
| 044 | למיפל | | Gn15:12 | אדום רשיעא דעתידא | למיפל | ולא תהוי ליה תקומה}}: |
| 045 | | | Dt22:08 | דלא יפול מן דחמי לה | למיפל | מניה: |
| 046 | למפל | | Nu14:03 | ייי מעל יתן לארעא הדה | למפל | בחרבה נשינן וטפלינן יהוון |
| 047 | תפל | afel | Ex15:16 | | תפל | עליהון אימתך ופחדך בתקוף |
| 048 | ואפל | | Nu35:23 | ימות בה דלא חמה יתיה | ואפל | עלוי ומית והוא לא הוה שני |



## נפק *vb.* to go out [356]

|  |  |  |  |  |  |  |
|---|---|---|---|---|---|---|
| 001 | פוק | peal | Ex11:08 | וישאלון בשלמי למימר | פוק | את וכל עמא דעמך |
| 002 | | | Gn 8:16 | | פוק | מן תבותא את ואתתך ובניך |
| 003 | | | Gn31:13 | לי תמן נדר כדון קום | פוק | מן ארעא הדא וחזור לארעא |
| 004 | פוקו | | Gn19:14 | נסבי בנתיה ואמר קומו | פוקו | מן א{רת}<תר>א הדין ארום |
| 005 | | | Ex12:31 | בליליא ואמר קומו | פוקו | מן גו עמי לחוד אתון ולחוד |
| 006 | נפ׳ | | Gn 4:08M | והוה \כיון דנפקו /כד | נפ׳#2/ | תריהון באפי ברא ענה |
| 007 | נפוק | | Gn27:30 | ליעקב והוה לחוד מפוק | נפוק | יעקב מן לוות אפי יצחק |
| 008 | נפיק | | Ex 2:12M | וחמא והא לית גבר זכאי | נפיק | מיניה ומחא ית מיצראה וטמע |
| 009 | | | Ex20:02 | דבורייא קדמיא דהוה | נפיק | מן פום קודשא יהא שמה מבורך |
| 010 | | | Ex20:13 | ארום בחובי קטוליא חרבא | נפיק | על עלמא: |
| 011 | נפק | | Gn 2:11 | דהנדקי דמן תמן דהבא | נפק: | |
| 012 | | | Gn38:29 | והוה כדי חזר ידיה והא | נפק | אחוי ואמרת מה תקפת ועתיד |
| 013 | | | Gn38:30 | ומן בתר כן | נפק | אחוי די על ידיה זהוריתא |
| 014 | | | Gn10:11 | מן ארעא ההיא | נפק | אתוריא ובנה ית נינוה וית |
| 015 | | | Dt23:18 | בנתהון דישראל ולא גבר | נפק | בר מן בני ישראל: |
| 016 | | | Gn 2:12 | ההיא טב מן תמן בדלחא | נפק | ואבניא סבתה ומרגליתא: |
| 017 | | | Gn 8:07 | ושלח ית עורבא והוה | נפק | וחזר נפק וחזר עד די יבשו |
| 018 | | | Gn 8:07 | ית עורבא והוה נפק וחזר | נפק | וחזר עד די יבשו מיא מעלוי |
| 019 | | | Ex34:34 | <עד׳>{ד} מפקה והוה | נפק | וממלל עם בני ישראל ית מה |
| 020 | | | Gn25:27M | די גבר ליססיס גבר | נפק | ומקפח עבוריי׳ ותואביי |
| 021 | | | Nu34:15 | די קטל משה נביא דייי | נפק | לרפיון ולשוק מזיי ולמערת |
| 022 | | | Nu34:15M | דבותנן | נפק | לרפיח ולשוק מזיי עד מטי |
| 023 | | | Nu34:15 | דיריחו קדמין מן מדנחה | נפק | להון תחומה לכנרת כרך |
| 024 | | | Nu34:15M | מן מישר ימה דמלחא | נפק | להון תחומה לכנרת כרך |
| 025 | | | Nu34:15 | כרך מלכיהון דאמוריי | נפק | להון תחומה לכרכא דעיון |
| 026 | | | Nu34:15M | כרך מלכותהון דאימוראי | נפק | להון תחומה לטור תלגה |
| 027 | | | Nu34:15 | וממדנח ימא דבית ירח | נפק | להון תחומא לידיוקיטא |
| 028 | | | Nu34:15M | תלגה ולחומתה דלבנן | נפק | להון תחומה לחובה די מן |
| 029 | | | Nu34:15 | דממדנח מערבה דדן | נפק | להון תחומה לטור תלגא |
| 030 | | | Nu34:15M | דדרמסק ומן צפון | נפק | להון תחומה לדיוקטס |
| 031 | | | Nu34:15 | עיינוותיה דדרמשק | נפק | להון תחומא לנהרא רובא נהרא |
| 032 | | | Nu34:15M | מן מדנח מער{ב}<ת> דן | נפק | להון תחומה לנהרה רבה דפרת |
| 033 | | | Nu34:15 | ומנהרא רובא נהרא פרת | נפק | להון תחומא לקרן זווי |
| 034 | | | Ex21:05 | ית אתתי וית בני לית אנה | נפק | לחירותה: |
| 035 | | | Dt15:16 | ארום יאמר לך לית אנה | נפק | לחירותה מן לוותך ארום ירחם |
| 036 | | | Nu20:10 | למילף הא מן כיפה הדין | נפק | לכון מיא: |
| 037 | | | Ex33:07 | דתבע אולפן מן קדם ייי | נפק | למשכן זימנא די לבר מן |
| 038 | | | Ex33:08 | והוה כד הוה משה | נפק | למשכנה קיימין כל עמא |
| 039 | | | Ex 8:16 | ואתעתד קדם פרעה הא הוא | נפק | למתקוררה על נהרא ותימר ליה |
| 040 | | | Ex 4:14M | הוא והא לחוד הוא | אתא/נפק#2/ | לקדמותך ויחמי יתך |
| 041 | | | Gn49:17 | ודחלתו על שנאוי | נפק | לקרבא לקבל שנאוי ומקטל |
| 042 | | | Gn12:04 | וחמש שנין הוה בזמנה די | נפק | מחרן: |
| 043 | | | Gn 2:10 | ונהר הוה | נפק | מן עדן למשקייה ית גנתא |
| 044 | | | Gn28:10 | עם אבונן יעקב בזמנא די | נפק | מן באר שבע למיזל לחרן: |
| 045 | | | Ex 8:25 | ואמר משה הא אנא | נפק | מן לוותך ונצליה קדם ייי |
| 046 | | | Ex20:03 | דבירא תנינא כד הוה | נפק | מן פום קודשא יהא שמה מברך |
| 047 | | | Nu21:28M | מלך חציף הי׳ אשא | נפק | מן חשבון וליגיונין עבדי |
| 048 | | | Nu22:11M | עם סגין נפקו /הא עמא | נפק#2/ | מן מצרים וכסון ית |
| 049 | | | Dt 5:06 | דב«י»רה קדמיה כד הוה | נפק | מן פם קודשא יהא שמיה מברך |
| 050 | | | Dt 5:07 | דבירה תנינה כד הוא | נפק | מן פם קדשה יהי{ה} שמיה |
| 051 | | | Gn49:21 | דישראל חלבא ודיבשא | נפק | משפותיה: |
| 052 | | | Ex 7:15 | לוות> פרעה בצפרא הא הוא | נפק | מת{ו}ק<ו>רדה על נהרא |
| 053 | | | Dt 5:17 | ארום בחובי קטוליה חרבה | נפק | על עלמא: |
| 054 | | | Dt 5:18 | בחובי גייוריה מותנה | נפק | ^על#2^ עלמא: |

|  |  |  |  |  |  |
|---|---|---|---|---|---|
| 055 | | Dt 5:19 | ארום בחובי גנבייה כפנה | נפק | על עלמא: |
| 056 | | Gn24:50 | ואמרין מן קדם ייי | נפק | פתגמא לא נכל לממללא עמך טב |
| 057 | | Gn38:28 | ידיה זיהוריה למימר דין | נפק | קדמיי: |
| 058 | | Nu17:11 | כנישתה וכפר עליהון ארום | נפק | רוגזה מן קדם ייי ^והא#2#^ |
| 059 | נפקו | Nu16:27M | "קמו": | נפקו | במילי חרופין וקמו |
| 060 | | Nu33:03 | יומא טבא קדמיה דפיסחא | נפקו | בני ישראל פריקין בראש גלי |
| 061 | | Dt13:14 | | נפקו | גברין בני עיצן בישן |
| 062 | | Gn44:04 | אנון | נפקו | ית קרתא לא ארחקו ויוסף |
| 063 | | Ex12:41 | והוה היך זמן יומא הדין | נפקו | כל חילוותה דייי פריקין מן |
| 064 | | Nu16:27M | ואבירם | קמו/נפקו#2#/ | להון מעתדין בתרע |
| 065 | | Gn50:01 | מטיין עד דרי עלמא די | נפקו | מיניה תרי עשר שבטיא דבני |
| 066 | | Gn50:01 | שבטיא דבני ישראל די | נפקו | מיניה כהנייא בחצצרוותיהון |
| 067 | | Gn 8:19 | דרחש על ארעא לזרעיתהון | נפקו | מן תבותא: |
| 068 | | Gn 9:18 | והוון בני נח די | נפקו | מן תיבותא שם וחם ויפת |
| 069 | | Gn10:14 | פתרוסיא וית כסלוחיא די | נפקו | מן תמן פלישתייא וית |
| 070 | | Ex16:27 | והוה ביומא שביעיא | נפקו | מן עמא למלקטא ולא אשכחו: |
| 071 | | Nu21:28 | עבדי קרב כשלהביתה | נפקו | מן קרתא דסיחון שיצון |
| 072 | | Nu21:28M | קרבא כשלהובית גהינם | נפקו | מן קרתה דס' לחיית |
| 073 | | Nu21:28 | גיברין בערין היך אשתא | נפקו | מן חשבון עבדי קרב |
| 074 | | Nu22:05 | ליה למימר הא עם סגין | נפקו | מן מצרים והא כסון ית |
| 075 | | Nu22:11 | הא עם סגין | נפקו | מן מצרים וכסון ית חזווה |
| 076 | | Dt 2:23 | עד עזה קפוטקייה די | נפקו | מן קפו{קד}<דק>ייא שיצון |
| 077 | | Ex14:08 | בני ישראל ובני ישראל | נפקו | פריקין בריש גלי: |
| 078 | | Nu33:01 | מטלניהון דבני ישראל די | נפקו | פריקין מן ארעא דמצרים |
| 079 | | Nu11:26 | חכימיה דמתפרשין ולא | נפקו | שבעתי חכימיה מן משריתה עד |
| 080 | נפקי | Nu 1:03 | מן בר עשרין שנין ולעל כל | נפקי | חיל קרבא בישראל תיסכמון |
| 081 | | Gn46:26 | די עלו עם יעקב מצרימה | נפקי | חלציה בר מנשוי דבנוי |
| 082 | | Ex 1:05 | והוון כל נפשותא | נפקי | חלציה דיעקב שבעין נפשן |
| 083 | | Nu 1:24 | בר עשרין שנין ולעיל כל | נפקי | קרבא: |
| 084 | | Nu 1:26 | בר עשרין שנין ולעיל כל | נפקי | קרבא: |
| 085 | | Nu 1:20 | בר עשרין שנין ולעיל כל | נפקי | קרבה: |
| 086 | | Nu 1:22 | בר עשרין שנין ולעיל כל | נפקי | קרבה: |
| 087 | | Nu 1:28 | בר עשרין שנין ולעיל כל | נפקי | קרבה: |
| 088 | | Nu 1:30 | בר עשרין שנין ולעיל כל | נפקי | קרבה: |
| 089 | | Nu 1:32 | בר עשרין שנין ולעיל כל | נפקי | קרבה: |
| 090 | | Nu 1:34 | בר עשרין שנין ולעיל כל | נפקי | קרבה: |
| 091 | | Nu 1:36 | בר עשרין שנין ולעיל כל | נפקי | קרבה: |
| 092 | | Nu 1:38 | בר עשרין שנין ולעיל כל | נפקי | קרבה: |
| 093 | | Nu 1:40 | בר עשרין שנין ולעיל כל | נפקי | קרבה: |
| 094 | | Nu 1:42 | בר עשרין שנין ולעיל כל | נפקי | קרבה: |
| 095 | | Nu 1:45 | עשרין <שנין> ולעיל כל | נפקי | קרבה: |
| 096 | | Nu26:02 | ולעיל לבית אבהתהון כל | נפקי | קרבה בישראל: |
| 097 | | Nu11:26M | די אתפרשו בשמהן ולא | נפקי | שובע{ית}<תי> סבייה מן גו |
| 098 | | Gn 9:10 | חיתא דארעא עמכון מכל | נפקי | תבותא לכל חיתא דארעא: |
| 099 | | Gn34:24 | קרתיה וגזרו כל דכורא כל | נפקי | תרע קרתיה: |
| 100 | | Gn34:24 | לחמור ולשכם בריה כל | נפקי | תרע קרתיה וגזרו כל דכורא |
| 101 | נפקין | Dt 8:07 | דמיין מבועין ותהומין | נפקין | בבקעתה ובטורה: |
| 102 | | Gn24:13 | ובנתהון דעמא דארעא | נפקין | לממלי מיא: |
| 103 | | Nu21:15 | בני ישראל עברין אנן | נפקין | לקבליהון ומקטלין יתהון |
| 104 | | Dt28:07M | לקובליכון /יהוון | נפקין | לקדמותכון#2#/ לסדרי קרבה |
| 105 | | Dt28:25M | קדמיהון לסדרי /יהוון | נפקין | לקדמותכון לס#2#/ קרבה |
| 106 | | Dt33:17 | על כל אומייה דארעא | נפקין | לקרבה לקבל בעלי דבביהון |
| 107 | | Nu32:17M | ואנן | נעבר/נפק{ו}<י>#2#/ | מזיינין קדם בני |
| 108 | | Ex25:32 | ושתא קנין | נפקין | מן סטריה תלתא קני{ם} |
| 109 | | Ex37:18 | ושתא קנין | נפקין | מן סטרה תלתא קני מנרתה מן |
| 110 | | Ex13:04 | יומא הדין אתון | נפקין | פריקין בזמן ירחא דאביבא: |
| 111 | נפקינן | Nu11:20 | קודמוי למימר למה כען | נפקינן | מן ארעא דמצרים: |
| 112 | נפקת | Nu17:27 | ומנן בלעת ארעא ומנן | נפקת | אשתה: |
| 113 | | Gn22:10 | הוה חמא יתהון בה בשעתא | נפקת | בת קול מן שמייא ואמרת אתון |
| 114 | | Gn24:15 | אשלם לממללא והא רבקה | נפקת | די אתיילדת לבתואל בת |
| 115 | | Gn38:25 | בר{ם}<ת> קלא מן שמיא | נפקת | ואמרת תריכון זכיין מן קדם |
| 116 | | Gn24:45 | לממללה עם לבי והא רבקה | נפקת | וקולתה על כתפה ונחתת |
| 117 | | Lv19:20 | לא ימותון ארום לא | נפקת | לחירות': |
| 118 | | Nu22:32 | דנה תלתא זמנין הא אנה | נפקת | למסטן לך ארום סטת ארחה מן |
| 119 | | Gn38:25 | תמר | נפקת | למתוקדה בנורא ובעת תלתא |
| 120 | | Gn27:33 | וברכת יתה וברת קול | נפקת | מן שמיא ואמרת לחוד בריך |
| 121 | | Nu21:06 | ברת קלא | נפקת | מן גו ארעא ואישתמע קליה |
| 122 | | Nu16:35 | ואשא | נפקת | מן קדם ייי ואכלת ית |
| 123 | | Dt32:22 | ארום אשא | נפקת | מן קדמיי ואוקדת עד שאול |
| 124 | | Ex17:16 | ואמר שבועה | נפקת | מן תחות כורסי איקרי דרבון |
| 125 | נפקתון | Dt11:10 | כארעא דמצרים היא די | נפקתון | מן תמן די תזרעון ית |
| 126 | | Ex23:15 | ירחא דאביבא ארום בה | נפקתון | פריקין ממצרים ולא תתחמון |
| 127 | | Ex34:18 | <ארום בירחא דאביבה> | נפקתון | פריקין מן מצרים: |
| 128 | | Dt16:03 | לחם דצער ארום בבהילו | נפקתון | פריקין מן ארעא דמצרים |
| 129 | | Dt23:05M | בזמן אפקותכון/די | נפקתון#2#/ | פריקין מן מצרים ודי |
| 130 | | Dt25:17M | בזמן אפקותכון/די | נפקתון#2#/ | פריקין מן מצרים: |
| 131 | אפוק | Ex11:08 | דעמך ומ«ן» בתר כדון | אפוק | ונפק מן קדם פרעה בתקף רגז: |
| 132 | | Nu20:18M | בתחומין דלא בחרבה | אפוק | לקדמותך#2#/: |
| 133 | יפוק | Ex33:08M | ויהוי כד | יפוק | משה למשכנה הוון קיימין |
| 134 | | Lv25:31 | תיהוי ליה וביובילה | יפוק: | |
| 135 | | Ex21:03 | <ייעול> לבלחודוי | יפוק | אין נסב אתה הוא ותפק אתתיה |
| 136 | | Lv25:30 | למן דזבן יתיה לדרוי לא | יפוק | ביובילה: |
| 137 | | Ex16:29 | שרון גבר באתריה לא | יפוק | גבר מן אתריה ביומא שביעיא: |
| 138 | | Lv21:12 | ומן בית מקדשה לא | יפוק | ולא יפס ית בית מקדשה דאלהה |
| 139 | | Ex21:04 | ובניה תהוי לריבונה והוא | יפוק | לבלחודוי: |
| 140 | | Nu33:54 | תזער אחסנתיה לכל מן די | יפוק | לה תמן עדווה דידיה יהווי |
| 141 | | Dt24:05 | יסב גבר אתה כשירוי לא | יפוק | לחיל קרבה ולא יעבר עלוי כל |
| 142 | | Ex33:08M | והוה כד הוה משה | נפק/יפוק#2#/ | למשכנה קיימין כל עמא |
| 143 | | Lv15:16 | וגבר ארום | יפוק | מיניה תשמיש דזרע ויסחי |
| 144 | | Lv15:32M | \וית מה די תפוק /ודי | יפוק#2#/ | מיניה \תשמיש דזרע /שכבת |
| 145 | | Nu30:03 | לא יבטל פתגמיה כל די | יפוק | מן פמה יעבד: |
| 146 | | Lv22:04M | או#2#/ גבר די | תפוק/יפוק#2#/ | מנה תשמי{ע}<ש> דזרע: |
| 147 | | Nu27:17 | די | יפוק | קדמיהון ודי יעול קדמיהון |
| 148 | | Nu35:26 | ואן מפק | יפוק | קטולא ית תחום קרי שזבותה |
| 149 | יפקר | Gn24:60M | צדיק' יהי רעווא דמניך | יפקר' | אלפין ורבבן אוכלסין |
| 150 | יפקון | Gn17:06 | דשלטין באמיא מן חלציך | יפקון: | |
| 151 | | Gn35:11 | דשלטין באמיא מן חלציך | יפקון: | |
| 152 | | Nu24:24 | | יפקון | אוכלוסין סגין {{בלברנייה |
| 153 | | Gn15:14 | אנה מנה מן בתר כדן | יפקון | בנכסין רברבין: |
| 154 | | Gn15:14M | דאין אנה ומן בתר כן | יפקון | בסגול רב |
| 155 | | Dt13:14M | גברין בני עיצן בישן | /יפקון | גוברין חייבין#2#/ |
| 156 | | Nu11:26 | מני זייניהון וחרש לא | יפקון | ואינון הוון מן שבעתי |
| 157 | | Nu27:21 | קדם ייי על גזירת פמה | יפקון | ועל גזירת פמה ייעלון הוא |
| 158 | | Dt28:07 | קדל קדמיכון באורחה חדה | יפקון | לקוביליכון לסדרי קרבה |
| 159 | | Gn49:19 | מן דבית גד | יפקון | משיריין מסכסן ומזיינין |
| 160 | | Gn40:18 | ישתצון ובני ישראל | יפקון | פריקין בריש גלי אף את רב |
| 161 | תיפקון | Ex12:22 | אדמא די במנה ואתון לא | תיפקון | גבר מן תרע ביתיה עד צפרא: |
| 162 | תפוק | Ex21:07 | גבר ית ברתיה לאמהתה לא | תפוק | בנימוסי עבדייא: |

|  |  |  |  |  |  |
|---|---|---|---|---|---|
| 163 | | Ex 3:12M | ית /אנא שלחית יתך כד | תפוק | יתי#2/ עמא ממצרים תפלחון |
| 164 | | Lv15:32 | אוריתה דדיבה וית מה די | תפוק | מיניה תשמיש דזרע למסתאבה |
| 165 | | Lv22:04 | טמא נפש בר נש או גבר די | תפוק | מנה תשמי{ע}<ש> דזרע: |
| 166 | תפק | Ex22:05 | ארום | תפק | אשא ותשכח כובין ותיכל |
| 167 | תפקון | Lv26:10M | מן קדם חתתה | תפנון/תפקון#2/: | |
| 168 | | Lv10:07 | ומתרע משכן זימנא לא | תפקון | ולא תמותון ארום משח |
| 169 | | Dt20:01 | ארום | תפקון | לסדרי קרבה על |
| 170 | | Dt21:10 | ארום | תפקון | לסדרי קרבה על |
| 171 | | Dt23:10 | ארום | תפקון | מישרי על בעלי דבביכון |
| 172 | | Gn42:15 | חיי רישיה דפרעה אן | תפקון | מן הכה ארום אלהן אתא |
| 173 | | Ex12:46 | {חבורן} יתאכיל לא | תפקון | מן בית לחברה ואף לא מן |
| 174 | | Dt28:25 | בעלי דבביכון באורח חדא | תפקון | קדמיהון לסדרי קרבה ובשבע |
| 175 | | Lv 8:33 | ומן תרע משכן זמנה לא | תפקון | שבעה יומין עד די תשלמון |
| 176 | מפוק | Gn27:30 | למברכה ליעקב והוה לחוד | מפוק | נפוק יעקב מן לוות אפי |
| 177 | מפק | Nu35:26 | ואן | מפק | יפוק קטולא ית תחום קרי |
| 178 | מפקה | Lv16:17 | לכפרה בגו בית קדשה עד | מפקה | ויכפר על ידוי ועל ידי |
| 179 | | Ex34:34M | והוה נפק וממלל /עד | מפקה | ונפק וממלל#2/ עם בני |
| 180 | במיפקה | Gn35:18 | והוה | במיפקה | דנפשה ארום מיתה הוה וקרא |
| 181 | | Ex23:16 | ברא וחגא דאכנשותא | במיפקה | דשתא במכנשכון ית עבד |
| 182 | במיפקכון | Dt33:18 | חדון דבית זבולן | במיפקכון | לפרגמטיכון וחדון דבית |
| 183 | | Dt28:06 | תהוון עמי בני | במיפקכון | מן בית כנשתכון: |
| 184 | במפק' | Ex13:08M | דין עבד ייי ניסין לי | במפק' | ממצרים |
| 185 | במפקהון | Nu33:38M | שנין \בזמן | אפקותהון/במפקהון#2/ | דבני ישראל |
| 186 | במפקי | Ex 9:29 | ואמר ליה משה | במפקי | ית קרתא אפרש ית כפי ידי |
| 187 | במפקיהון | Ex13:08M | מימרי דייי ניסים | במפקיהון#2/ | פריקין מן מצרים: |
| 188 | במפקכון | Dt28:19M | וליטין תהוון | במפקכון | מן בתי מדרשיכון |
| 189 | דניפק | Dt 8:03M | מן פם /דנפק מן | גזירת#2/דניפק | פום#2/ גזירת ממריה |
| 190 | דנפק | Dt 8:07M | ותהומין | נפקין/דנפק#2/ | בבקעתה ובטורה: |
| 191 | | Gn28:10 | עם אבונן יעקב בזמנא | דנפק | מבאר שבע למיזל לחרן נסא |
| 192 | | Gn42:32 | בנוי דאבונן חד מנן מן | דנפק | מלוותן לית אנן ידעין מה |
| 193 | | Nu21:13 | עבר ארנונה די במדברה | דנפק | מן תחומיהון דאימוראי ארום |
| 194 | | Nu32:24M | דיפוק מפומיכון /ומה | דנפק | מן פמיכון#2/ תעבדון: |
| 195 | | Dt 8:03 | בר נשה ארום» כל מה | דנפק | מן פם גזירת ממריה דייי |
| 196 | | Dt 8:03M | כל מה \דנפק מן פם | /דנפק | מן גזירת#2/דניפק |
| 197 | | Gn42:13 | יומא הדין וחד מנן מן | דנפק | מן לוותן לית אנן ידעין מה |
| 198 | | Nu30:03M | ולא יפס פתגמוי כל | דנפק | מפ'#2/ יעבד: |
| 199 | דנפקו | Nu31:27M | קרבה דנפקין/אליין | דנפקו#2/ | לחיל קרבא ובין כל עם |
| 200 | | Nu31:28M | /דסדרי קרבה אליין | דנפקו | לחיל#2/ קרבה דנפקין |
| 201 | | Nu31:36M | חלקהון אליין | דנפקו | לחיל |
| 202 | | Nu26:04 | ית משה ובני ישראל | דנפקו | פריקין מן ארעא דמצרים: |
| 203 | | Gn 4:08 | לאפי ברא והוה כיון | דנפקו | תריהון באפי ברא ענה קין |
| 204 | דנפקי | Gn24:43 | עיינא דמיא והא רביתא | דנפקי | לממלי ואמרת לה אשקיין יתי |
| 205 | דנפקין | Ex32:18M | גברין גיברין | דנפקין | ונצחין לסדרי קרבה |
| 206 | | Nu31:27 | {מ}<בי>ן תפשי קרבה | דנפקין | לחיל קרבא ובין כל עם |
| 207 | | Nu31:28 | מן לות עמא עבדי קרבה | דנפקין | לחיל קרבה חדא נפש מן חמש |
| 208 | | Nu31:36 | פלגותה חלקהון דעמא | דנפקין | לחיל קרבה מנין ען תלתין |
| 209 | | Gn24:13M | נפקין /דקרתא | דנפקין#2/ | לממלי מיא: |
| 210 | | Ex25:33 | ושושן כן לשתי קנין | דנפקין | מן מנרתה: |
| 211 | | Ex25:35 | קנין דמנה לשתי קנין | דנפקין | מן מנרתה: |
| 212 | | Ex37:19 | ושושן כדן לשתי קניה | דנפקין | מן מנרתה: |
| 213 | | Dt33:22 | שתייה מן מבועיה | דנפקין | מן בותניין: |
| 214 | | Ex37:21 | קנין מנה לשתי קנין | דנפקין | מניה: |
| 215 | | Gn44:19 | דיהודה אחוי ועוד חמא | דנפקין | שערתיה מלביה ובזעו לבושיה |
| 216 | דנפקן | Gn24:11 | לעדוני רמשא בשעתא | דנפקן | מלוותא: |
| 217 | דנפקת | Gn24:05 | אחזור ית ברך לארעא | דנפקת | מן תמן: |
| 218 | דנפקתון | Ex13:03 | דכירין יומא הדין | דנפקתון | פריקין ממצרים מן |
| 219 | | Dt 9:07 | במדברה למן יומא | דנפקתון | פריקין מן ארעא דמצרים |
| 220 | | Dt16:03 | דתדכרון ית יומא | דנפקתון | פריקין מן ארעא דמצרים |
| 221 | | Dt16:06M | שמשא בזמן | אפקותהון/דנפקתון#2/ | פריקין מן מצרים: |
| 222 | | Dt24:09M | \אפקותכון פריקין | /דנפקתון | פריקין#2/ מן מצרים: |
| 223 | דיפוק | Gn15:04 | יתך דן ארום אלהן מן | דיפוק | מן מעיך הוא ירת יתך: |
| 224 | | Nu11:20 | עד ירח יומין עד זמן | דיפוק | מנחיריכון ויהוי לכון |
| 225 | | Nu32:24 | ודרין לעניכון וית מה | דיפוק | מפומיכון תעבדון: |
| 226 | | Nu30:13M | די ישמע כל | פירוש/דיפוק#2/ | ספוותה לנדרא |
| 227 | דמפק | Dt23:24M | "פירוש ... בפומכון": מן | דמפק | מן פומכון תיטרון למיעבד |
| 228 | ופוק | Ex17:09 | בחר לן גברין גיברין | ופוק | וסדר סדרי קרבא עם דבית |
| 229 | ופק | Gn27:03 | בית ג{ו}<י>ריך וקשתיך | ופק | לאפיה ברא וצוד לי |
| 230 | ופקו | Gn45:09 | אוחו | ופקו | לוות אבה ותימרון ליה כדן |
| 231 | ונפק | Gn34:06 | | ונפק | חמור אבוי דשכם לוות |
| 232 | | Gn41:45 | רבה דטנס ליה לאתתה | ונפק | יוסף בכל ארעא דמצרים: |
| 233 | | Gn41:46 | קדם פרעה מלכא דמצרים | ונפק | יוסף מן קדם פרעה ועבר בכל |
| 234 | | Gn47:10M | ויעדי כפנא ביומך | ונפק | יעקב מלוות |
| 235 | | Gn24:63 | | ונפק | יצחק למצלוייה באפיה ברא |
| 236 | | Gn19:14 | | ונפק | לוט ומלל עם חתנוי נסבי |
| 237 | | Ex 8:08 | | ונפק | משה ואהרן מן לוות פרעה |
| 238 | | Ex 8:26 | | ונפק | משה מן לוות פרעה וצלי קדם |
| 239 | | Ex 9:33 | | ונפק | משה מן לוות פרעה ית קרתא |
| 240 | | Ex18:07 | | ונפק | משה לקדמות חמוי ושאל |
| 241 | | Nu11:24 | | ונפק | משה ומלל עם עמא ית כל |
| 242 | | Gn 8:18 | | ונפק | נח ובנוי ואתתיה ונשי בנוי |
| 243 | | Dt 2:32 | | ונפק | סיחון לקדמותן הוא וכל |
| 244 | | Dt29:06 | ואתיתון לאתרה הדין | ונפק | סיחון מלכא דחשבון ועוג |
| 245 | | Nu21:33 | וסליקו ארח בתנין | ונפק | עוג מלכא דבותנין |
| 246 | | Dt 3:01 | לאורח {ר}<ד>בותניין | ונפק | עוג מלכא דבותניין |
| 247 | | Gn 4:16 | | ונפק | קין מן קדם ייי ושרא בארעא |
| 248 | | Ex 2:13 | | ונפק | ביומא תניינא והא תרין |
| 249 | | Dt33:21 | היך מה דהוה עליל | ונפק | בראשי עמא בעלמא הדין כדין |
| 250 | | Dt33:21 | הדין כדין יהווי עליל | ונפק | בראשי עמא בעלמא דאתי זכותה |
| 251 | | Lv24:10 | | ונפק | ברה דאתה ישראליתה והוא ברה |
| 252 | | Gn43:31 | ושגג אפוי | ונפק | ואזדרז ואמר שוון לחם: |
| 253 | | Ex34:34M | נפק וממלל /עד מפקה | ונפק | וממלל#2/ עם בני ישראל ית |
| 254 | | Gn39:12 | ושבק לבושוי עמה וערק | ונפק | ונפק לשוקא: |
| 255 | | Ex17:09M | \ופוק וסדר | /ונפק | וסדר#2/ סדרי קרבא עם |
| 256 | | Gn44:28 | | ונפק | חד ^מנהון#2^ מן לוותי |
| 257 | | Ex 2:11 | האינון ורבה משה | ונפק | לוות אחוי וחמא בפולחניהון |
| 258 | | Gn19:06 | | ונפק | לוותהון לברא ותרעא טרד |
| 259 | | Gn12:05 | וית נפשתה די גיירו | ונפק | למזל לארעא דכנען ואתון |
| 260 | | Gn46:29 | וטכס יוסף ארתכוי | ונפק | לקדמות ישראל אבוי לגשנה |
| 261 | | Nu21:23 | וכנש סיחון ית כל עמיה | ונפק | לקדמות ישראל למדברה ואתה |
| 262 | | Nu22:36 | בלק ארום אתה בלעם | ונפק | לקדמותיה לארעהון דמואביי |
| 263 | | Gn49:11 | מדבית יהודה אסר חרציה | ונפק | לקרבא על שנאוי ומקטל מלכין |
| 264 | | Gn39:15 | ושבק לבושוי עמי וערק | ונפק | לשוק: |
| 265 | | Gn39:12 | לבושוי עמה וערק ונפק | ונפק | לשוקא: |
| 266 | | Ex32:24M | בנורא ועל סטנה בגווה | ונפק | מיניה דמות עגלה הדין |
| 267 | | Gn14:08 | | ונפק | מלכא דסדם ומלכא דעמרה |
| 268 | | Gn14:17 | | ונפק | מלכא דסדום לקדמותיה |
| 269 | | Gn31:33 | לחינת«א» ולא אשכח | ונפק | מן משכנא דלאה ועל למשכנא |
| 270 | | Gn47:10 | וברך יעקב ית פרעה | ונפק | מן קדם פרעה: |

|  |  |  |  |
|---|---|---|---|
| 271 | | Ex10:06 | ארעא עד יומא הדין וזרו ונפק מן קדם פרעה: |
| 272 | | Ex10:18 | ונפק מן קדם פרעה וצלי קדם ייי: |
| 273 | | Ex11:08 | ומ«ן» בתר כדון אפוק ונפק מן קדם פרעה בתקף רגז: |
| 274 | | Gn25:25 | ונפק קדמה סמק{מין}<ריי> כו<ליה |
| 275 | | Nu34:09 | ונפק תחומה לזפירין ויהוון |
| 276 | ונפקו | Nu31:13 | ונפקו משה ואלעזר כהנא וכל |
| 277 | | Gn34:26 | מבייתה דשכם{דשכם} ונפקו: |
| 278 | | Nu20:20 | ואמר לא תעבר ונפקו אדומיי לקדמותהון בעמא |
| 279 | | Dt 1:44 | ונפקו אמורייה דשריין בטורא ההוא |
| 280 | | Ex 5:10 | ונפקו דחקיהון דעמא וסרכיהון |
| 281 | | Lv 9:23 | ואהרן למשכן זימנא ונפקו ובריכו ית עמה ואתגלית |
| 282 | | Ex15:20M | \ונפקו כל נשיא בתרה ונפקו/ כל אנשא מן בתרה#2#/ |
| 283 | | Ex15:20 | דאהרן ית תופי בידה ונפקו כל נשיא בתרה בתופיא הוון |
| 284 | | Ex35:20 | ונפקו כל כנישתה דבני ישראל |
| 285 | | Ex15:22 | ית ישראל מימא סוף ונפקו למדברא דחלוצה והלכו ארח |
| 286 | | Nu20:11 | {תנין} תרין זמנין ונפקו מניה מיין סגין ושתו עם |
| 287 | | Gn11:31 | אתתיה דאברם בריה ונפקו עמהון מן אתון נורהון |
| 288 | | Nu12:04 | למשה ולאהרן <....> ונפקו תלתיהון: |
| 289 | | Nu12:05 | וקרא אהרן ומרים ונפקו תרתיהון: |
| 290 | ונפקון | Ex17:06 | בחרב ותמחי בטינרא ונפקון מינה מייא וישתון עמא ועבד |
| 291 | ונפקת | Gn34:01 | ונפקת דינה ברת לאה די ילדת |
| 292 | | Gn30:16 | מן אפי ברא ברמשא ונפקת לאה לקדמותיה ואמרת לה |
| 293 | | Lv 9:24 | ונפקת אשא מן קדם ייי ואכלת |
| 294 | | Lv10:02 | ונפקת אשא מן קדם ייי ואכלת |
| 295 | ויפוק | Lv25:28 | יתיה עד שתה דיובלה ויפוק ביובילה ויחזור לאחסנתיה: |
| 296 | | Lv25:54 | ואן לא יתפרק באלין ויפוק בשתה דיובילה הוא ובנוי |
| 297 | | Lv16:24 | קדיש וילבש ית לבושוי ויפוק ויקרב ית עלתה וית עלתהון |
| 298 | | Ex21:22 | וירפשון אתה מעבר{ת}ה ויפוק ולדה ולא יהוי סקל מתקנסא |
| 299 | | Lv25:33 | די יפרוק מן ליוויה ויפוק זבונה דביתה וקרתה לאחסנתה |
| 300 | | Nu34:04 | מן דרום לרקם דגיעה ויפוק טירת אדרייה ויעבר בתחום |
| 301 | | Lv14:03 | ויפוק כהנא לבר מן משריתה ויחמי |
| 302 | | Lv14:38 | ויפוק כהנא מן בייתה לתרע בייתה |
| 303 | | Lv16:18M | ויפק/ויפוק#2# למדבחה די/דאית#2#/ |
| 304 | | Dt23:11 | דכי מן קרי דליליה ויפוק מן לבר מן משריתה ולא |
| 305 | | Lv25:41 | ויפוק מן לוותך הוא ובנוי עמה |
| 306 | ויפק | Nu34:04M | לרקם דגיעה ויפוק/ויפק#2# טירת אדרייה ויעבר |
| 307 | ויפקון | Dt21:19M | אבוי ואימיה ויפקון/<ויפ>קו#2# יתיה לוות חכימי |
| 308 | ויפקון | Dt21:02 | ויפקון חכימיכון ודייניכון |
| 309 | | Dt22:21M | ית ריבתה לתרע בייתה /ויפקון ית טליתה מן תרע בית#2#/ |
| 310 | | Gn40:18M | ישראל יפקון פריקין /ויפקון כל ישראל פריקין#2#/ |
| 311 | | Ex16:04 | מחית לכון לחם מן שמיא ויפקון עמא וילקטו סכום יום |
| 312 | וניפוק | Nu21:01M | לעמא עבדי קרבה אתון וניפוק נסדרה סדרי קרבה כל וקבל |
| 313 | ונפוק | Gn 4:08M | "ונפק ... וקטל יתיה": ונפוק תרינן באפי ברא וקם קין |
| 314 | ונפק | Gn 4:08 | קין להבל אחוי איתה ונפק תרינן לאפי ברא והוה כיון |
| 315 | ותיפוק | Gn40:14 | ותדכר יתי לוות פרעה ותיפוק יתי מן בית חבושא הדין: |
| 316 | ותפוק | Dt24:02 | ותפוק מבייתיה ותזיל ותתנסב לגבר |
| 317 | ותפק | Ex21:03 | יפוק אין נסב אתה הוא ותפק אתתיה עמיה: |
| 318 | ותפקון | Dt23:13 | לכון לבר מן משריתה ותפקון תמן לברה: |
| 319 | ובמפקיה | Ex28:35 | לבית קודשא קדם ייי ובמפקיה ולא ימות: |
| 320 | למיפוק | Dt31:02 | הדין לית אנה יכיל תוב למיפוק ולמיעול וממרה דייי אמר לי |
| 321 | למיפק | Gn28:11M | נשין ומינהון עתידין למיפק ארבע משיריין ויהון לעם |
| 322 | למפוק | Nu12:12 | וכיון {מ} דמטא קצה למפ{י}<ו>ק לגו עלמ' אתאכל פלגות |
| 323 | עדמפקה | Ex34:34 | מעבר ית סודר{ר}יה <עד>{ד}מפקה והוה נפק וממלל עם בני |
| 324 | א' afel | Ex12:39M | דדהון דאפיקו/לישה די א'#2#/ מן מצרים חוררן דפטירין |

|  |  |  |  |
|---|---|---|---|
| 325 | אפיק | Gn31:16 | ארום כל נכסיא די אפיק ייי מאבונן דידן אינון |
| 326 | | Ex12:51 | והוה היך זמן יומא הדין אפיק ייי ית בני ישראל פריקין |
| 327 | | Ex13:03 | ארום בידא תקיפא אפיק ייי יתכון פריקין מן הכא |
| 328 | | Gn19:05 | די אתון לוותך בליליא אפיק יתהון לוותן ונחכם יתהון: |
| 329 | | Ex32:12M | מן בגלל למבעשה יתהון אפיק יתהון למקטלה יתהון |
| 330 | | Dt 9:28 | ועל דהווה סני יתהון <אפיק יתהון> למקטלה יתהון |
| 331 | | Ex13:09 | בפמיכון ארום ביד תקיפא אפיק יתכון ייי פריקין מן |
| 332 | | Ex16:06 | ברמשא ותדעון ארום ייי אפיק יתכון פריקין מארעא |
| 333 | | Dt 7:19 | תקיפתה ואדרעה מנטלתה די אפיק יתכון פריקין ייי אלהכון |
| 334 | | Dt16:01 | ארום בזמן ירחה דאביבא אפיק יתכון ייי אלהכון פריקין מן |
| 335 | | Ex13:14 | דא ותימר ליה ביד תקיפא אפיק יתן ייי פריקין מן |
| 336 | | Gn19:08 | בנן דלא חכמן גב«ר» אפיק כען יתהון לוותכון ועבדו |
| 337 | | Dt 8:15 | וצהו די לית מיין די אפיק לכון מיין מן כיף שמיר |
| 338 | | Dt22:19 | לאבוה דרביתה ארום אפיק שום ביש על בתולתה ברת |
| 339 | אפיקו | Gn38:24 | בגין דזנו ואמר יהודה אפיקו יתה ותתוקד: |
| 340 | אפיקת | Ex32:07 | חות ארום חבלו עמך די אפיקת פריקין מן ארעא דמצרים: |
| 341 | אפק | Ex32:12 | מצרים למימר לבשתהון אפק {ו}<י>תהון לקטלותהון |
| 342 | | Ex18:01 | ולישראל עמיה ארום אפק ייי ית ישראל פריקין מן |
| 343 | | Ex12:17M | יומא הדן אפקית/אפק#2#/ ית חיילתכון פרוקין |
| 344 | | Nu24:08 | אלה די אפק יתהון פריקין מן מצרים |
| 345 | | Lv19:36 | לכון אמר ייי אלהכון די אפק יתכון פריקין מן ארעא |
| 346 | | Dt 7:08 | שבועתה די קיים לאבהתכון אפק יתכון פריקין ביד תקיפה |
| 347 | | Ex13:16 | ארום ביד תקיפא אפק יתן ייי פריקין מן מצרים: |
| 348 | | Ex32:23 | לפנינו ארום דין משה די אפק יתן מן ארעא דמצרים לית |
| 349 | | Dt 1:27 | דהוה ממרה דייי סני יתן אפק יתן מארעא דמצרים לממסר |
| 350 | | Gn14:18 | דירושלם הוא שם רובה אפק לחם וחמר והוא הוה כהן משמש |
| 351 | | Gn19:12 | וכל מה דאית לך בקרתא אפק מן א{רת}<תר>ה: |
| 352 | | Gn 8:17 | ובכל רחשא דרחש על ארעא אפק עמך ויתילדון בארעא ויתקפון |
| 353 | | Dt 6:23 | ויתן אפק פריקין מן תמן מן בגלל |
| 354 | אפקו | Ex 6:26 | ומשה די <אמר> ייי להון אפקו ית בנוי דישראל מן ארעא |
| 355 | | Gn19:17 | והוה כד אפקו יתהון לברא ואמר אשתיזב על |
| 356 | | Gn45:01 | קיים עלוי ואכרז ואמר אפקו כל גבר מעלווי ולא קם גבר |
| 357 | אפקית | Ex12:17 | ארום בזמן יומא הדין אפקית ית חיילתכון פרוקין מן |
| 358 | | Lv25:42 | ארום עבדייה אינון די אפקית ית{כ}<ה>ון פריקין מן ארעא |
| 359 | | Ex 6:07M | ואפקית יתכון מן תחות /אפקית יתכון פריקין מן#2#/ ניר |
| 360 | | Nu21:06M | /ולא אתרעם על מזונה אפקית עמי פריקין מן מצרים#2#/ |
| 361 | אפקת | Ex29:46 | אנה הוא ייי אלההון די אפקת יתהון מארעא דמצרים למשריה |
| 362 | | Lv25:55 | עבדין עבדיי אינון די אפקת יתהון פריקין מן ארעא |
| 363 | | Lv26:45 | די קיימת עם קדמוי ודי אפקת יתהון פריקין מן ארעא |
| 364 | | Lv11:45 | ארום אנה הוא ה' די אפקת יתכון פריקין מן ארעא |
| 365 | | Lv25:38 | אנה ייי אלהכון {די} די אפקת יתכון פריקין מן ארעא |
| 366 | | Nu11:20M | דמצרים /{אתפקית}<את אפקת> יתן מן מצרים#2#/: |
| 367 | | Dt 9:28 | יימרון דיירי דארעא די אפקת יתן פריקין מן תמן על דלא |
| 368 | | Dt 9:26 | די פרקת בתוקפך די אפקת מן מצרים ביד תקיפה: |
| 369 | | Ex32:11 | ה' יתקוף רוגזך בעמך די אפקת פריקין מן ארעא דמצרים |
| 370 | | Dt 9:12 | חבילו עמך ית עובדיהון די אפקת פריקין מן מצרים סטון |
| 371 | | Dt 9:29 | עמך ואחסנתך די אפקת פריקין בחילך רבה ובאדרעך |
| 372 | אפקתון | Ex16:03 | אכלין לחם ושבעין ארום אפקתון יתן למדברא הדין למקטלא ית |
| 373 | יפיק | Dt24:11 | וגברא די את מוזף לה יפיק לוותך ית משכונה לברה: |
| 374 | יפק | Nu27:17 | ודי יעול קדמיהון ודי יפק יתהון לסדרי קרבא ודי יעל |
| 375 | | Lv16:27 | למכפרה לגו בית מקדשה יפק לבר מן משריתה ויקדון בנורא |
| 376 | | Dt24:05M | /מן שירוי#2# לא יפוק/<י>פק#2#/ לחיל קרבה ולא יעבר |
| 377 | | Dt 6:23M | ויתן אפק/יפק#2#/ פריקין מן תמן מן בגלל |
| 378 | תפק | Gn 1:11 | ואמ' ממרא דייי תפק ארעא דתין דעשב דמזריעין |

|  |  |  |  |
|---|---|---|---|
| 379 | | Gn 1:24 | ואמר ממריה דייי תפק ארעא נפ׳ דחיא למינה בעיר |
| 380 | תפקון | Dt28:38 | זרע סגין תפקון ותזורעון באפי ברה וקליל |
| 381 | | Dt14:28 | לסוף תלת שנין דיומין ת{נ}<פ>קון ית מעשר עללתכון בשתה |
| 382 | מפיקין | Nu24:06M | כנישתהון דישראל מפיקין חכימין ומלפי אורייתה היך |
| 383 | מפקי | Nu14:37 | ומיתו גובריה מפקי טבה ביש על ארעא במגפתה קדם |
| 384 | מפקין | Ex23:16 | עבד ידיכון מה די אתון מפקין וזרעין באפי ברא וחגא |
| 385 | | Dt14:22 | עללת זרעיכון מה דאתון מפקין וזרעין באפי ברה ומכנשין |
| 386 | | Gn41:34 | ארעא דמצרים ויהוון מפקין חד מן חמשה דעללתה דארעא |
| 387 | | Nu21:01 | הוון ענני איקרה מפקין ית ישראל וארום אסתלקת |
| 388 | מפקן | Nu24:06 | כדן יהוון קורייהון מפקן חכימין ובני אורייה |
| 389 | במפקותי׳ | Ex16:01M | /בזמן אפקותיהון#2/במפקותי׳#2/ מארעא דמצרים: |
| 390 | דאפ׳ | Nu15:41M | \די פרקת ואפקת/דאפ׳#2/ יתכון מן ארעא |
| 391 | דאפיק | Nu23:22 | אלהא דאפיק יתהון מן ארעא דמצרים די |
| 392 | | Dt 6:12 | ית אולפן אורייתה דייי דאפיק יתכון פריקין מן ארעא |
| 393 | | Dt 8:14 | אורייתה דייי אלהכון דאפיק יתכון מן ארעא דמצרים מן |
| 394 | | Dt20:01 | ארום ייי אלהכון עמכון דאפיק יתכון פריקין מן ארעא |
| 395 | דאפיקו | Nu14:37M | ביש על ארעא /האליין דאפיקו ית טבה/דס׳#2/ דארעא#2 |
| 396 | | Ex12:39 | ואפון ית חמיעה דדהון דאפיקו מן מצרים חורדן דפטירין |
| 397 | דאפק | Dt 6:12M | דייי דאפיק/דיפרק דאפק#2/ יתכון פריקין מן ארעא |
| 398 | | Dt13:06 | דשקריין קדם ייי אלהכון דאפק יתכון פריקין מן ארעא |
| 399 | | Dt13:11 | ממרה דייי אלהכון דאפק יתכון פריקין מן ארעא |
| 400 | דאפקת | Gn15:07 | ואמר ליה אנה ייי דאפקת יתך מן אתון נורהון דכשדאי |
| 401 | ואפ׳ | Lv25:55M | הינון די פרקית ואפ׳#2/ יתהון פריקין מן ארעא |
| 402 | | Lv25:42M | אפקית /הנון דפרקית ואפ׳#2/ ית{כ}<ה>ון פריקין מן |
| 403 | | Dt13:06M | אלהכון דאפק/דפרק ואפ׳#2/ יתכון פריקין מן ארעא |
| 404 | ואפיק | Ex19:17 | ואפיק משה ית עמא לקדמות איקר |
| 405 | | Dt16:01M | \אפיק יתכון /פרק ואפיק#2/ ייי אלהכון פריקין מן |
| 406 | | Ex 4:06 | בחובך ואעל ידיה בחובי ואפיק יתה והא ידיה מצרעה כתלגא: |
| 407 | | Ex 4:07 | וחזר ידיה בחוביה ואפיק יתה מן חוביה והא חזרת |
| 408 | | Ex 6:06 | אנה "הוא#2^ ייי ואפיק יתכון פריקין מן תחות ניר |
| 409 | | Dt 8:14M | "דאפיק יתכון מן": דפרק ואפיק יתכון פריקין מן |
| 410 | | Gn24:53 | ואפיק עבד׳ מנין דכסף ומנין דדהב |
| 411 | ואפיקו | Nu13:32 | {ואפיקו טבה דארעא די}: |
| 412 | | Lv24:23 | משה עם בני ישראל ואפיקו ית «מן» דחרף לבר מן |
| 413 | | Nu15:36 | ואפיקו יתה כל עם כנשתה לבר מן |
| 414 | | Lv10:05 | וטענו יתהון בכתנותהון ואפיקו יתהון לבר מן משריתה |
| 415 | | Ex36:06M | ופקד משה ועברן/ואפיקו#2/ כרוז במשריתה |
| 416 | | Gn49:02 | שבטוי דיעקב {ואפיקו}<ואקיפו> שבטוי דיעקב כחדא |
| 417 | ואפק | Gn48:12 | ואפק יוסף יתהון מן דברך יתהון |
| 418 | | Nu17:24 | ואפק משה ית כל חוטריה מן קדם |
| 419 | | Ex 7:04 | מחית פורענתי במצרים ואפק ית חילוותי ית עמי בני |
| 420 | | Gn15:05 | ואפק יתיה לברה ואמר אסתכל כען |
| 421 | | Dt 4:20 | ויתכון אפרש מימריה דייי ואפק יתכון מן כורה דפרזלה מן |
| 422 | | Dt 4:37 | מן בתריהון ופרק ואפק יתכון פריקין בתוקפיה |
| 423 | | Dt 5:15 | בארעא דמצרים ופרק ואפק יתכון ייי אלהכון פריקין מן |
| 424 | | Dt 7:08M | לאבהתכון אפק/פרק ואפק#2/ יתכון פריקין ביד תקיפה |
| 425 | | Dt 7:19M | די אפיק/פרק ואפק#2/ יתכון פריקין ייי אלהכון |
| 426 | | Dt13:11M | אלהכון דאפק/די פרק ואפק#2/ יתכון פריקין מן ארעא |
| 427 | | Dt15:15M | דמצרים ופרק/פרק ואפק#2/ יתכון ייי אלהכון ובגין |
| 428 | | Dt24:18M | במצרים ופרק \ואפק#2/ יתכון ^ייי אלהכון מן |
| 429 | | Ex13:16M | ייי פריקין מן /פרק ואפק יתן מן#2/ מצרים: |
| 430 | | Nu20:16M | דרחמין וש«י»ז{{ו}}ב/ואפק#2/ יתן מן מצרים |
| 431 | | Dt 6:21 | לפרעה במצרים ופרק ואפק יתן פריקין מן מצרים ביד |
| 432 | | Dt26:08 | ופרק ואפק יתן ייי פריקין מן מצרים |
| 433 | | Lv10:20M | "ית מילוי ... דמשה": ואפק כרוז במשריתה ואמר הלכתה |
| 434 | | Gn43:23 | כספכון אתקבלת ואפק לוותהון ית שמעון: |
| 435 | | Nu17:23 | דאהרן לביתה דלוי ואפק פרחין ואנץ נצין וגמר ועבד |
| 436 | ואפקו | Nu13:32 | ואפקו טיבה דארעא די ילילו יתה |
| 437 | | Gn19:16 | במחוס מן קדם ייי עלוי ואפקו יתה ואצנעו יתיה לבר מן |
| 438 | | Lv10:04 | מן לוות אפי קודשה ואפקו יתהון לבר מן משריתה: |
| 439 | ואפקון | Gn37:28 | מדיינין תגרין ודלון ואפקון ית יוסף מן גובא וזבנא ית |
| 440 | ואפקית | Lv19:36M | יתכון פריקין /פרקי׳ ואפקית ית׳#2/ מן ארעא דמצרים: |
| 441 | | Lv26:45M | אפקת /קדמאי דפרקית ואפקית#2/ יתהון פריקין מן ארעא |
| 442 | | Ex 6:07 | ייי אלהכון די פרקית ואפקית יתכון מן תחות ניר |
| 443 | | Lv25:38M | {די} די אפקת/פרקית ואפקית#2/ יתכון פריקין מן ארעא |
| 444 | | Lv26:13M | אלהכון די פרקית \ואפקית#2/ יתכון פריקין מן ארעא |
| 445 | | Dt 5:06 | ייי אלהכון די פרקית ואפקית יתכון פריקין מן ארעה |
| 446 | ואפקת | Gn 1:12 | ואפקת ארעא דתין דעשב דמזרעין |
| 447 | | Ex 7:05 | מחת פורענתי על מצרים ואפקת ית בני ישראל פריקין |
| 448 | | Ex29:46M | יתהון מארעא /פרקת ואפקת יתהון פריקין מן#2/ |
| 449 | | Ex20:02 | ייי אלהכון די פרקת ואפקת יתכון פריקין מן ארעא |
| 450 | | Lv22:33 | דפרקת ואפקת יתכון פריקין מן ארעא |
| 451 | | Nu15:41 | די פרקת ואפקת יתכון מן ארעא דמצרים |
| 452 | ויפיקו | Dt22:15M | דרביתה ואמה ויפקון/ויפיקו#2/ ית סהדוותה דרביתה |
| 453 | ויפק | Lv 4:12 | ויפק ית כל תורא לבר מן משריתה |
| 454 | | Lv 4:21 | ויפק ית תורה לבר מן משריתה |
| 455 | | Lv 6:04 | וילבש לבושין אוחרנין ויפק ית קטמה לבר מן משריתה לאתר |
| 456 | | Ex21:11 | האיליין לא יעבד לה ויפק יתה לחירותא מגן דלא בכסף: |
| 457 | | Nu19:03 | ותתנון יתה לאלעזר כהנא ויפק יתה לבר מן משריתה ויכוס |
| 458 | | Lv14:45 | וית כל עפרא דבייתה ויפק לבר מן קרתה לאתר מסאב: |
| 459 | | Lv16:18 | ויפק למדבחה די קדם ייי ויכפר |
| 460 | | Dt22:14 | וישווי עלה עלילן דמילין ויפק עלה שם בישן ויימר ית אתתה |
| 461 | | Nu34:09M | ונפק/ויפק#2/ תחומה לזפירין |
| 462 | ויפקון | Ex21:22M | כנעניה <מ>ע׳ ויפק{י}<ו>ן |
| 463 | | Dt22:15 | ויסב אבוה דרביתה ואמה ויפקון ית סהדוותה דרביתה לוות |
| 464 | | Dt22:21 | ויפקון ית רביתה לתרע בייתה דאבוה |
| 465 | | Dt21:19 | ביה אבוי ואימיה ויפקון יתיה לוות חכימי קרתה |
| 466 | ותפק | Ex 3:10 | אתא ואשלח יתך לפרעה ותפק ית עמי בני ישראל לפרוקין |
| 467 | | Dt17:05M | ותפקון/ותפק#2/ ית גוברא/גברא#2/ |
| 468 | | Gn40:14M | /קדם#2/ פרעה ותיפוק/ותפק#2/ יתי מן בית חבושא |
| 469 | | Nu20:08 | לעייניהון ויתן מוי ותפק להון מיין מן כיפה ותשקי ית |
| 470 | | Dt24:02M | ותפוק/ותפק#2/ מבייתיה ותזיל |
| 471 | ותפקון | Dt17:05 | ותפקון ית גוברא ההוא או ית אתתה |
| 472 | | Dt22:24 | ותפקון ית תרויהון לתרע קרתה ההיא |
| 473 | למיפקה | Ex22:28 | ודמעכון לא תשהון למיפקה בוכרי בניכון די דכריא |
| 474 | למפקא | Ex 6:13 | ועל פרעה מלכא דמצרים למפקא ית בני {ית בני} ישראל מן |
| 475 | | Ex 8:14 | כדן חרשייא בחרשיהון למפקא ית כלמייא ולא יכלו והוון |
| 476 | למפקה | Nu14:36 | ורעמו עלוי כל כנשתה למפקה טבה ביש על ארעא: |
| 477 | | Ex 6:27 | עם פרעה מלכא דמצרים למפקה ית בני ישראל מן מצרים |
| 478 | | Ex14:11 | מה היא דא דעבדת לנא למפקה יתן מן מצרים: |
| 479 | אתאפק ettafal | Ex 3:11M | לוות פרעה וארום אסק/אתאפק#2/ ית בני ישראל פרוקין |

See also: נפקת בר *n.*
See also: כד נפק ב־ *prep.*

## נפקת בר *n.* prostitute

[358]

|  |  |  |  |
|---|---|---|---|
| 001 | נפקת בר s ab/cn | Gn38:21 | ואמרין לית הכא אתה נפקת בר: |
| 002 | | Gn38:22 | אמרו לית הכא אתה נפקת בר: |
| 003 | | Dt23:18 | לא תיהווי איתה נפקת בר מן בנתהון דישראל ולא |

|  |  |  |  |
|---|---|---|---|
| 004 | לנפקת בר | Gn38:15 | וחשב יתה יהודה לנפקת בר ארום כסיית אפין הוות |
| 005 | נפקת ברא s em/sf | Gn34:31 | אחתן היך אתה טעיא נפקת ברא: |
| 006 | | Gn34:31M | "דלית לה ...": מטעיה נפקת ברא דלית ליה תב{י}<ו>ע |
| 007 | נפקת ברה | Gn38:21 | דאתרא למימר אן היא נפקת ברה דיתבה בפרשות ארחתה על |
| 008 | | Dt23:18M | /<אי>תת#2#/ נפקת בר/<נפקת >ברה#2#/ מן בנתהון |
| 009 | ונפקת ברא | Gn34:31M | ואמר היך אתה זני ונפקת ברא <מחשב> ית אחת' |

## soul *n.* נפש [355 נפיש]

|  |  |  |  |
|---|---|---|---|
| 001 | נפ' s ab/cn | Nu30:14M | נפש /דקיים ל{ר}צע<ר> נפ'#2#/ בעלה יקיים/יקים#2#/ |
| 002 | | Dt26:14M | \על נפש דמית /לטמ' נפ'#2#/ שמענן בקל מימריה דייי |
| 003 | נפיש | Dt27:25 | די נסיב שחוד למקטול נפיש אדם זכיי ויאמרון כל עמא |
| 004 | | Lv21:01M | כהנא רבה די בעמה /לטמא נפיש דמית לא יסתאב בעמיה#2#/: |
| 005 | נפש | Gn46:18M | ליעקב שת עשרה נפשן/נפש#2#/: |
| 006 | | Ex21:23 | ^דינר#2#^ נפש תשלומי נפש: |
| 007 | | Lv24:18 | ישלם יתה נפש תשלומי נפש: |
| 008 | | Gn46:22M | דילידת ליעקב כל נפשתא/נפש#2#/ ארבעה עשרה: |
| 009 | | Lv 4:02 | מליל עם בני ישראל למימר נפש ארום תחטא בשלוה מן כל |
| 010 | | Lv 5:04 | או נפש ארום תשבע למפרשה בסיפתן |
| 011 | | Lv 5:15 | נפש ארום תשקר שקר ותחטא בשלו |
| 012 | | Lv 5:17 | ואין נפש ארום תחטא ותעבד חדה מן כל |
| 013 | | Lv 5:21M | אנש/נפש#2#/ ארום תחטא/תתחייב#2#/ |
| 014 | | Nu30:14 | וכל שבועה לקיום דצער נפש בעלה יקיים יתהון ובעלה |
| 015 | | Lv22:04 | ומן די יקרוב בכל טמא נפש בר נש או גבר די תפוק מנה |
| 016 | | Nu35:11 | תמן קטולה כל די יקטול נפש בשלו: |
| 017 | | Nu35:15 | דיערוק תמן כל די קטל נפש בשלו: |
| 018 | | Lv11:46M | \שרצה דשרץ על ארעה /נפש בשר דשרצה על ארעא#2#/: |
| 019 | | Lv17:11 | ארום נפש בשרה באדמה היא ואנה יהבת |
| 020 | | Lv24:18 | ומן די קטל נפש דבעיר ישלם יתה נפש תשלומי |
| 021 | | Nu 5:02 | וכל דדיב וכל דמסאב בטמא נפש דבר נש: |
| 022 | | Nu 9:06 | גברין דהוון מסאבין בטמא נפש דבר נש ולא יכלו למעבד |
| 023 | | Nu 9:07 | ליה אנן מסאבין בטמא נפש דבר נש למה נתמנע דלא |
| 024 | | Nu 9:10 | יה«ו»י מסאב בטמיה נפש דבר נש או בארח רחיקה לכון |
| 025 | | Nu19:11 | כל די קרב במית כל טמא נפש דבר נש יהוי מסאב שבעה |
| 026 | | Nu19:13 | כל די יקרב במית בטמא נפש דבר נש די ימות ולא יתדי |
| 027 | | Lv24:17 | וגבר ארום יקטול כל נפש דגבר מתקטלה יתקטל: |
| 028 | | Gn 1:20 | דייי ישרצון מיא שרץ נפש דחיא ועופא דפרח על ארעא |
| 029 | | Gn 1:21 | תניניא רברביא וית כל נפש דחיא דרחשא די שרצו מיי' |
| 030 | | Gn 1:30 | דרחש על ארעא דאית ביה נפש דחיא ית כל עשבא למזון והוה |
| 031 | | Gn 2:07M | והוה אדם לנפש/נפש#2#/ דחייה ממללא: |
| 032 | | Gn 7:15M | כל בשרא דאית בה נשמה/נפש#2#/ דחיין: |
| 033 | | Gn 7:22M | בנחירוי מן /דאית ביה נפש דחיין באפו#2#/ כל מה די |
| 034 | | Lv 5:02 | או נפש די תקרב בכל מילה מסאבה או |
| 035 | | Lv 7:27 | כל נפש די תאכל כל אדם ותשתיצא |
| 036 | | Lv17:15 | וכל נפש די תאכל נבילה וקטילה |
| 037 | | Lv22:06 | נפש די תקרב בה תיהווי מסאבה עד |
| 038 | | Lv23:29 | ארום כל נפש די תאכל למצום ולא |
| 039 | | Lv23:30 | וכל נפש די תעבד כל עבידה הכזמן |
| 040 | | Nu27:05M | {בדיני} בדיניה נפשן/נפש#2#/ דלא יהוון קטלין בפריע |
| 041 | | Lv19:28M | \על נפש דמית /לטמא נפש דמ'#2#/ לא תתנון בבשרכון |
| 042 | | Lv19:28 | ושרט' על נפש דמית לא תתנון בבשרכון וכתב |
| 043 | | Lv21:01 | דאהרן ותמר להון על נפש דמית לא יסתאב כהנא רבה די |
| 044 | | Lv21:11 | ועל כל נפש דמית לא ייעול לאבוי ולאמה |
| 045 | | Nu 6:06M | נפש /קודם ייי לטמא נפש#2#/ דמית לא יעול: |
| 046 | | Nu 6:06 | נזירותיה לשמה דייי על נפש דמית לא יעול: |
| 047 | | Dt14:01 | רשום על בית אפיכון על נפש דמית: |
| 048 | | Dt26:14 | מיניה ארון ותכריכין על נפש דמית שמענן בקל מימריה דייי |
| 049 | | Nu35:31 | ולא תקבלון ממון על נפש דקטול דהוא חייב למתקטלה |
| 050 | | Gn 2:19 | קרי ליה בלשן בית קדשה נפש החיה הוא שמיה: |
| 051 | | Dt19:11M | יתיה ויתחייב בנפשיה/נפש#2#/ ויערוק {מן} לחדה מן |
| 052 | | Nu31:19 | שבעה יומין כל דקטל נפש וכל דיקרוב בקטול תדכון |
| 053 | | Dt19:06M | בנפשה /ויקטול יתיה נפש#2#/ ולה לית סדר דין דקטולין |
| 054 | | Lv26:16 | מסיפה עיינין ומדיבה נפש ותזרעון לריקנו זרעיכון |
| 055 | | Nu15:27 | ואן נפש חד תתחייב ותקרב עז בר שתה |
| 056 | | Lv 4:27 | ואין נפש חדה תחטא בשלו מעמא דארעא |
| 057 | | Gn 9:15 | ממרי וביניכון ובין כל נפש חיה בכל בשרא ולא יהוי תוב |
| 058 | | Gn 9:10 | וית כל נפש חייתא די עמכון {ב}בעופא |
| 059 | | Lv11:10M | ומן כל נפש חייתה די במיא מר<חקה> |
| 060 | | Gn 9:12 | ממרי וביניכון ובין כל נפש חיתא די עמכון לדרי ארעא: |
| 061 | | Gn 9:16 | בין מימרא דייי ובין כל נפש חיתה בכל בשרא די על ארעא: |
| 062 | | Lv11:10 | מן כל שרצא דמיא ומן כל נפש חיתה די במי' מרחקה אנון |
| 063 | | Lv11:46 | אוריתה דבעירה ועופה ולכל נפש חיתה דרחשא במיא ולכל שרצה |
| 064 | | Lv17:14 | ארום נפש כל בשרא אדמה בנפשה הוא |
| 065 | | Lv17:14 | בשר{י} לא תיכלון ארום נפש כל <בשר> אדמה הוא כל דיאכל |
| 066 | | Dt22:26M | \בנפשיה כדן הוא /נפש כך#2#/ פתגמא הדין: |
| 067 | | Nu27:05 | דהוון דיניהון דיני נפש למלפה לדייניה דקיימין |
| 068 | | Nu35:30 | וסהד חד לא יענה על נפש למתקטלה: |
| 069 | | Nu35:30 | כל די יקטול נפש לפם סהדין יתקטל קטולה וסהד |
| 070 | | Nu31:28 | דנפקין לחיל קרבה חדא נפש מן חמש מאוון מן בני אנשא |
| 071 | | Dt24:07M | גבר ג{ב}<נ>ב נפשא/נפש#2#/ מן אחוי מן בני |
| 072 | | Lv17:12 | לבני ישר«אל» כל נפש מנכון לא תאכל אדם וגיוריה |
| 073 | | Dt19:21 | עייניכון נפש תשלומי נפש עין תשלומי עין שן תשלומי |
| 074 | | Lv22:11 | וכהן ארום יקנה נפש קניין כספיה הוא יאכל מניה |
| 075 | | Nu31:35M | תשמיש דכורא כל נפשתה/נפש#2#/ תלתין ותרין אלפין: |
| 076 | | Ex21:23 | תיהווי ויתן ^דינר#2#^ נפש תשלומי נפש: |
| 077 | | Lv24:18 | קטל נפש דבעיר ישלם יתה נפש תשלומי נפש: |
| 078 | | Dt19:21 | ולא ייחוסן עייניכון נפש תשלומי נפש עין תשלומי עין |
| 079 | | Dt27:25M | שחוד דממון למקטול נפש#2#/ אדם/דם#2#/ זכיי ויאמרון |
| 080 | בנפש | Nu17:03M | /יקידת אשתה בנפש#2#/ /<דח'> בנפש#2#/ |
| 081 | | Nu17:03M | בנפש#2#/ /<דח'> בנפש#2#/ ויעבדון יתהון טסין |
| 082 | דנפש | Dt28:65 | וסייף דעיינין ודייב דנפש: |
| 083 | ונפיש | Gn32:17 | לעבדוי עברו קדמוי ונפי«ש» תשוון בין עדר ובין עדר: |
| 084 | ונפש | Lv 2:01 | ונפש ארום תקרב קרבן מנחה לשמה |
| 085 | | Lv 5:01 | ונפש ארום תחטא ותשמע קל שבועה |
| 086 | | Lv 7:21M | סואבה בסאבותא דברנש /ונפש ארום תקרוב בכל מסאב |
| 087 | | Nu31:35 | ונפש דבר נש מן נשייה די לא חכמן |
| 088 | | Nu31:40 | ונפש דבר נש שת עשר אלפין |
| 089 | | Nu31:46 | ונפש דבר נש שיתה עשר אלפין: |
| 090 | | Nu15:30 | ונפש די תעבד בריש גלי ביציבייה |
| 091 | | Gn32:17M | עברו קדמוי ונפי«ש»/ונפש#2#/ תשוון בין עדר ובין |
| 092 | לנפש | Gn 2:07 | נשמ' דחיין והוה אדם לנפש דחייה ממללא: |
| 093 | נפ' s em/sf | Ex12:04M | \כמנין נפשין /כסכום נפ'#2#/ גבר לפם מיכל«ה» |
| 094 | | Gn 1:24 | ואמר ממריה דייי תפק ארעא נפ' דחיא למינה בעיר ורחש |
| 095 | | Dt24:15M | אגריה הוא סבל לך ית נפ' דלא יצווח עליכון קדם ייי |
| 096 | | Lv27:02M | /פרוש דנדר בעילווי נפ'#2#/ לשמה דייי: |
| 097 | נפש' | Lv 7:21 | מן קדם ייי ותשתיצי נפש' ההיא מן גוא עמיה: |
| 098 | | Lv23:30M | כיפורייה ותישתיצי נפש'#2#/ ההיא מן גו עמא: |
| 099 | נפשא | Ex23:09M | חכמתון מרירות נפשא דגיורא |
| 100 | | Ex23:09 | תדחקון ארום אתון ידעתון נפשא דגיורא ארום גיורין הויתון |

|  |  |  |  |
|---|---|---|---|
| 101 | | Nu15:30 | ייי הוא מחרף ותישתצא נפשא ההוא מן גו עמא: |
| 102 | | Gn17:14 | ית בשרא דערלתיה ישתצי נפשא ההיא מן גו עמה ית קיימי |
| 103 | | Ex12:15M | ותשתיצי \אנשא ההוא /נפשא ההיא#2#/ מן ישראל מן |
| 104 | | Ex12:15M | וישתצי נפשא ההיא מישראל |
| 105 | | Ex12:19 | כל די אכל חמיע ותשתיצי נפשא ההיא מן כנישתא דישראל |
| 106 | | Dt24:06M | ורכבה ארום צרכי הוא נפשא הוא ממשכן ולא תהוון אסורי |
| 107 | | Dt17:08M | דכי לדם מסאב בין דיני נפשא לדיני ממונא בין מכתש סגיר |
| 108 | | Dt24:07 | ארום ישתכח גבר ג{ב}<נ>ב נפשא מן אחוי מן בני <ישראל> |
| 109 | נפשה | Nu30:07 | סיפוותה די קיימת על נפשה: |
| 110 | | Gn34:03 | ואתרעיית נפשה בדינה ברת יעקב ורחם ית |
| 111 | | Gn34:08 | למימר שכם ברי אתרעיית נפשה בברתכון אסבו יתה כען לה |
| 112 | | Nu30:11 | נדרת או קיימת קיים על נפשה בשבועה: |
| 113 | | Nu15:28 | ויכפר כהנא על נפשה דאשתלת בחובתה בשלותה קדם |
| 114 | | Gn 9:05 | אחוי דבר נשא אתבע ית נפשה דבר נשה: |
| 115 | | Lv 7:25 | מנה קרבן קדם ייי ותשתצא נפשה די תיכול מן גוא עמה: |
| 116 | | Lv18:29M | "נפשתה ...:" נפשה דעבדה מן גו עמהון |
| 117 | | Lv17:04M | זכיי שפך וישתצי גברא/נפשה#2#/ ההוא מן גו עמיה: |
| 118 | | Nu 5:06 | שקר בשמה דייי ותתחוב נפשה ההוא: |
| 119 | | Nu 9:13 | מלמעבד פיסחא וישתצי נפשה ההוא מן גו עמה ארום קרבנה |
| 120 | | Ex31:14 | יעבד בה עבידה ותשתיצי נפשה ההיא מגו עמיה: |
| 121 | | Ex31:15 | די יעבד עבידה {{ותשתיצי נפשה ההיא מגו עמיה}} ^ביום |
| 122 | | Lv 7:20 | וסאובתיה עלוי ותשתיצא נפשה ההיא מן גו עמיה: |
| 123 | | Lv 7:25M | /לשמיה דייי וישתצי נפשה ההיא מן#2#/ עמה: |
| 124 | | Lv 7:27 | די תאכל כל אדם ותשתיצא נפשה ההיא מן גו עמיה: |
| 125 | | Lv22:03 | וסאבתיה עלוי ותשתיצי נפשה ההיא מן קדמוי אמר ייי: |
| 126 | | Lv23:30 | יומא הדין ואישיצי ית נפשה ההיא מן גו עמא: |
| 127 | | Nu19:13 | משכנה דייי סאב ותשתיצא נפשה ההיא מישראל ארום מי אדיא |
| 128 | | Nu19:20 | ולא יתדי עלוי ותשתיצי נפשה ההיא מן גו קהלה ארום ית |
| 129 | | Nu15:34M | דהווה דיניהון דיני נפשה ובמסאבין די לא יכלו למעבד |
| 130 | | Nu 6:11 | עלוי על מה די חטא על נפשה ויקדש ית ראשה ביומא ההוא: |
| 131 | | Nu30:05 | נדרה וקיימה די קיימ' על נפשה וישתוק לה אבוה ויקומון כל |
| 132 | | Nu30:03M | כל די יפוק מן פמה /על נפשה ולא יפס פתגמוי כל דנפק |
| 133 | | Dt21:14 | בה ותשלח יתה ברשות נפשה ומזבנה לא תזבן יתה בכסף לא |
| 134 | | Nu30:09 | שפוותה די קיימת על נפשה~ ומן קדם ייי ישתבק לה: |
| 135 | | Nu15:31 | אפס משתיציא תישתצי נפשה חובא תקבל: |
| 136 | | Lv17:11 | ארום אדמה הוא על חובי נפשה יכפר: |
| 137 | | Nu30:05 | וכל קיים די קיימת על נפשה יקום: |
| 138 | | Nu30:10 | ומשבקה כל מה דקיימה על נפשה יקום עלה: |
| 139 | | Nu30:12 | וכל קיימה די קיימת על נפשה יקום: |
| 140 | | Nu30:08 | וקיומא די קיימת על נפשה «יקומון»: |
| 141 | | Lv17:14M | ארום נפש/נפשה#2#/ כל בשרא אדמה/דמה#2#/ |
| 142 | | Nu30:06 | נדרה וקיימה די קיימת על נפשה לא יקום ומן קדם ייי ישתבק |
| 143 | | Nu30:13 | ספוותה לנדרא ולקיום נפשה לא יקום בעלה בטל{ת} יתהון |
| 144 | | Dt12:23 | אדמה ארום אדמה הוא נפשה לא תאכלון נפשה עם בשרה: |
| 145 | | Ex30:12 | ויתנון גבר פרקן{י}<ו>ן נפשה לשמה דייי כד תהוי מני |
| 146 | | Lv19:08 | קרבנוי דייי אפס ותשתיצי נפשה מן גו עמה: |
| 147 | | Dt12:23 | אדמה הוא נפשה לא תאכלון נפשה עם בשרה: |
| 148 | נפשהון | Nu21:04 | ארעהון דאדומיי ואתעקת נפשהון דעמה באורחה: |
| 149 | נפשי | Gn19:20 | הלא זעירא היא ותתקיים נפשי: |
| 150 | | Gn32:31 | כל קביל אפין ואשתיזבת נפשי: |
| 151 | | Lv20:23M | בהון /עבדו ואתעיקת נפשי בהון#2#/: |
| 152 | | Gn12:13 | דייטיב לי בגללך ותתקיים נפשי בזכותך: |
| 153 | | Gn49:06 | בעצתיהון לא אתרעיית נפשי בכנישתיהון לכרכה דשכם |
| 154 | | Gn49:18 | אלא לפורקניה סכיינת נפשי דאמרת למיתייה לעמך בית |
| 155 | | Ex23:09M | דגיורא /ואתון חכמתון נפשי דגיורא#2#/ ארום גיורין |
| 156 | | Gn49:18 | דשמשן בר מנוח סכיית נפשי דהוא פורקן עבור אלא |
| 157 | | Gn49:18 | דגדעון בר יואש סכיית נפשי דהוא פורקן שעה ולא |
| 158 | | Gn19:19 | די עבדת עמי למקימה ית נפשי ואנא לית אוכל למשתיזבא |
| 159 | | Ex15:09 | קרבא וכד תתמלי מנהון נפשי ומן בתר כדן אשלוף ית חרבי |
| 160 | | Gn27:25 | מן בגלל די תברך יתך נפשי וקרב ליה ואכל ואייתי ליה |
| 161 | | Lv26:11 | שכינתי ביניכון ולא תרחק נפשי יתכון: |
| 162 | | Lv26:30 | על פגרי מרחקתכון ותרחק נפשי יתכון: |
| 163 | | Gn12:13M | לי בזכות' ותתקמה לי נפשי מן בגללך#2#/: |
| 164 | | Gn27:04 | מן בגלל די תברך יתך נפשי קדם עד לא אמות: |
| 165 | נפשיה | Dt24:15 | פעליה הוא מסר קדמך ית נפשיה אזדהר לך דלא יצוח עלך קדם |
| 166 | | Gn34:19 | פתגמא ארום אתרעיית נפשיה בברתיה דיעקב והוא הוה |
| 167 | | Ex21:30 | ישתוי עליי ויתן פרקון נפשיה בכל מה די ישתוי עלוי: |
| 168 | | Nu24:16 | {והוה} והוה מתנבא על נפשיה דהוה נפל בחרבה וסוף |
| 169 | | Nu24:04 | לה והוה מתנבא על נפשיה דנפיל בחרבא וסוף נבואתיה |
| 170 | | Dt24:16 | בחובי אבהן גבר בחובי נפשיה ימות: |
| 171 | | Gn42:21 | דאחונה די חמינן בעקת נפשיה כד הוה מפרפר קדמינן ולא |
| 172 | | Dt18:06 | לתמן וייתי בכל תוחמדת נפשיה לאתרא די יתרעי ייי: |
| 173 | נפשיכון | Dt 4:29 | יתיה בכל לבביכון ובכל נפשיכון: |
| 174 | | Dt12:21 | בקורייכון בכל תוחמדת נפשיכון: |
| 175 | | Dt30:10M | לבביכון ובכל נפשתכון/<נפ>שיכון#2#/: |
| 176 | | Dt14:26 | בכספא בכל מה די תתחמד נפשיכון בתורין ובען ובחמר חדת |
| 177 | | Dt 6:05 | בכל לבבכון ובכל נפש{ו}<י>כון ובכל ממוניכון: |
| 178 | | Dt14:26 | ובכל מה די תשאל יתכון נפשיכון ותאכלון תמן קדם ייי |
| 179 | | Dt 4:09 | לחוד אזדהרו לכון וטורו נפשיכון לחדה די לא תנשון ית |
| 180 | | Dt12:20 | למיכל בשר בכל תוחמדת נפשיכון תיכלון בשר: |
| 181 | נפשך | Gn27:19 | ציידי מן בגלל תברך יתי נפשך: |
| 182 | | Ex10:28 | בידיהון דעמא דהון תבעין נפשך ויקטלון יתך: |
| 183 | | Ex10:29 | גברייא דהוון תבעין ית נפשך ולא מן סוף דהוינא תבע עלך |
| 184 | | Gn27:31 | דברה מן בגלל תברך נפשך יתי: |
| 185 | | Gn19:17 | לברא ואמר אשתיזב על נפשך לא תסתכל לבתרך ולא תקום |
| 186 | | Ex10:28M | דעמה אליין די תבעו יתך נפשך למקטול יתך |
| 187 | | Ex 4:19M | דנפשך /די תבעו ית נפשך למקטל יתך#2#/: |
| 188 | | Dt22:01M | \ותכסי עיינך /ותפלג נפשך#2#/ מנהון מחזרה תחזר יתהון |
| 189 | | Dt22:04M | \ותכסי עיינך /ותפלג נפשך#2#/ מנהון משבוק/<מש>בק#2#/ |
| 190 | נפשכון | Dt26:16 | יתהון בכל לבבכון ובכל נפשכון: |
| 191 | | Ex16:16 | עמר לכל גלגלה מניין נפשכון גבר לפם מה די במשכנה |
| 192 | | Lv26:15 | ואן סדרי דיניי תרחק נפשכון דלא למעבד ית כל פיקודי |
| 193 | | Dt11:18M | ועל נפשתכון/<נפ>כון#2#/ ותקטרון יתהון |
| 194 | | Nu29:07M | ביה ית נפשתכון/<נפ>שכון#2#/ כל עבידה \ |
| 195 | | Dt12:20 | איכל בשרא ארום תתחמד נפשכון למיכל בשר בכל תוחמדת |
| 196 | | Gn23:11M | עמהון למימר אם ברעות נפשכון למיקבר/למקבר#2#/ ית מתי |
| 197 | | Gn23:08 | עמהון למימר אם ברעות נפשכון למקבר ית מתי מן קדמי |
| 198 | | Dt12:15M | בכל תוחמדת נפשתכון/<נפ>שכון#2#/ תכסון ותיכלון בשר |
| 199 | נפשן | Nu21:06M | קליל ייתי /למימר נפשן מעיקה בלחמה הדין |
| 200 | | Dt 1:01 | ועל עסק מנה די אמרתון נפשן מעיקה בלחמה הדין דמיכליה |
| 201 | | Nu11:06 | וכדון נפשן ריקנה לית לן כל מן דעם |
| 202 | בנפ' | Dt 4:15M | ותזדהרון לחדא לנפשתכון/בנפ'#2#/ ארום לא חמיתון כל |
| 203 | בנפש' | Lv17:10M | ואשווי תקוף רוגזי בנפש' די תאוכל ית א' |
| 204 | | Lv20:06 | ואשוי תקוף רגזי בנפש' ההוא וא{ציש}<שיצ>י יתיה |
| 205 | בנפשא | Gn 9:04 | לחוד בשרא אדמ' בנפשא לא תאכלון: |
| 206 | בנפשה | Lv17:10M | אדם ואשר' אפי רוגזי בנפשה דאכלה ית אדמ' |
| 207 | | Lv17:14 | ארום נפש כל בשרא אדמה בנפשה הוא ואמרת לבני ישראל |
| 208 | | Dt19:06 | ויקטל יתיה ויתחייב בנפשה ולה לית סדר דין דקטולין |

|  |  |  |  |  |  |
|---|---|---|---|---|---|
| 209 | בנפשיה | Gn37:21 | נקטול יתיה ונתחייב | בנפשיה: | |
| 210 | | Dt19:11 | ויקטול יתיה ויתחייב | בנפשיה | ויערוק {מן} לחדה מן קריתה |
| 211 | | Gn34:31 | שכם בר חמור מלגלג | בנפשיה | ומתגאי בלביה ויאמר באתה |
| 212 | | Dt22:26 | יתיה ומ«ת»חייב | בנפשיה | כדן הוא פתגמא הדין: |
| 213 | דנפ' | Dt 1:01M | ובגין מנתה דאמרתון | דנפ' | |
| 214 | | Nu21:30M | /קרתה עד שוקא | דנפ'#2#/ | דסמיך/סמ'#2#/ |
| 215 | דנפשה | Gn35:18 | והוה במיפקה | דנפשה | ארום מיתה הוה וקרא שמה בר |
| 216 | | Ex12:16 | די יתעביד לכל צורכיה | דנפשה | הוא לבלחודוי יתעבד לכון: |
| 217 | דנפשיה | Nu35:23 | שני ליה ולא תבע בשתה | דנפשיה: | |
| 218 | דנפשך | Ex 4:19 | דהוון תבעין ית בישתא | דנפשך: | |
| 219 | | Dt23:25M | ותאכול ענבין מה | דנפשך | בעייה ותשבע ולמאניך לא |
| 220 | ונפש' | Lv20:06 | | ונפש' | די תסטי בתר שאלי אובה |
| 221 | ונפשא | Lv 7:20 | | ונפשא | די תיכול בשרה מן נכסת |
| 222 | | Lv 7:21 | | ונפשא | די תקרב בכל סואבה בסאבותא |
| 223 | ונפשה | Lv 7:18 | יתחשב לה פסיל יהווי | ונפשה | די {י}תאכל מנה חובוי |
| 224 | | Nu15:30M | | ונפש/ונפשה#2#/ | די תעבד בריש גלי |
| 225 | | Nu19:22 | יקרוב ביה מסאבה יסתאב | ונפשה | די תקרוב ביה תיהווי מסאבה |
| 226 | ונפשיה | Gn44:30 | אבה וטליה לית הוא עמן | ונפשיה | חביבה עלוי כנפשיה: |
| 227 | ונפשן | Nu21:05 | למיכל ולא מיין למישתי | ונפשן | אתיעקת בלחמה הדין דמיכליה |
| 228 | | Nu21:05M | /מזון ולית מיין | ונפשן | ויעיקה בלח'#2#/ הדין |
| 229 | כנפשיה | Gn44:30 | ונפשיה חביבה עלוי | כנפשיה: | |
| 230 | כנפשך | Dt13:07 | חברך רחמך דחביב עליך | כנפשך | בטומרה למימר ניזיל ונפלח |
| 231 | לנפ' | Gn 9:05M | אדם נפשתכון/אדמכון | לנפ'#2#/ | אתבע מלות כל חיא אתבע |
| 232 | לנפשיה | Nu31:53 | עבדי קרבה בזזו גבר | לנפשיה: | |
| 233 | נפשין p abs | Gn46:25 | ליעקב כל נפשתא שבע | נפשין: | |
| 234 | | Ex12:04 | דקריב לוותיה כמנין | נפשין | גבר לפם מיכל«ה» תתמנון |
| 235 | | Nu 9:08 | דהוון דיניהון דיני | נפשין | למלפה לדייניה דקי«י»מין |
| 236 | נפשן | Gn46:18 | ית אלין ליעקב שת עשרה | נפשן: | |
| 237 | | Nu31:40 | לשמה דייי תלתין ותרתין | נפשן: | |
| 238 | | Dt17:08 | בין דיני ממון לדיני | נפשן | בין מכתש צרעתה למכתש נתקה |
| 239 | | Lv11:46M | \נפש חיתה דרחשא במיא | /נפשן | דחייה דרמסה במ'#2#/ ולכל |
| 240 | | Nu15:34 | ממונא ומתינין בדיני | נפשן | דלא יהוון קטולין בפריע ית |
| 241 | | Nu27:05 | ומתינין {בדיני} בדיניה | נפשן | דלא יהוון קטלין בפריע ית |
| 242 | | Lv17:11M | נפשה יכפר /בחובי | נפ{ק}<ש>ן | הוא מכפר'#2#/: |
| 243 | | Dt24:06 | ארום כל דעבד כדן בחובי | נפשן | הוא חביל: |
| 244 | | Ex 1:05 | נפקי חלציה דיעקב שבעין | נפשן | ויוסף דהוה במצרים: |
| 245 | | Lv24:12 | דהוון דיניהון דיני | נפשן | ובגין למלפה לדייניה |
| 246 | | Lv24:12M | דהוה דינהון דיני | נפשן | ומסאבין די לא יכלו למ' |
| 247 | | Gn46:27 | לה במצרים תרתין | נפשן | כל נפשתא דאנשי בייתיה |
| 248 | | Nu15:34 | מתין מן בגלל דהוון דיני | נפשן | למלפה לדייניה דקיימין בתר |
| 249 | | Lv27:02 | ארום יפרש נדר בעלויה | נפשן | לשמה דייי: |
| 250 | | Dt10:22 | בשובעין | נפשן | נחתון אבהתכון במצרים |
| 251 | נפשותא p em/sf | Ex 1:05 | והוון כל | נפשותא | נפקי חלציה דיעקב שבעין |
| 252 | נפשתא | Gn46:22 | דרחל דילידת ליעקב כל | נפשתא | ארבעה עשרה: |
| 253 | | Gn46:27 | במצרים תרתין נפשן כל | נפשתא | דאנשי בייתיה דיעק«ב» |
| 254 | | Gn36:06 | בנוי וית בנתיה וית כל | נפשתא | דביתי' וית ממונה וית כל |
| 255 | | Gn46:26 | כל | נפשתא | די עלו עם יעקב מצרימה |
| 256 | | Gn14:21 | דסד' לאברם הב לי | נפשתא | וממונה סב לך: |
| 257 | | Gn46:25 | ית אלין ליעקב כל | נפשתא | שבע נפשין: |
| 258 | | Gn46:26 | מנשוי דבנוי דיעקב כל | נפשתא | שתין ושית: |
| 259 | נפשתה | Gn46:15 | וית דינה ברתיה כל | נפשתה | בנוי ובנתיה תלתין ותלת: |
| 260 | | Nu19:18 | משכנה ועל כל מנייה ועל | נפשתה | דהוון תמן ועל כל דיקרוב |
| 261 | | Gn12:05 | כל ממונהון דיקנין וית | נפשתה | די גיירו ונפק למזל לארעא |
| 262 | | Lv18:29M | :"...נפשתה" | נפשתה | די יעבדן הי כאליין |
| 263 | | Lv24:12 | ממונה ו{מ}מתינין בדיני | נפשתה | דלא יהוון קטילין בפריע ית |
| 264 | | Nu 9:08 | ממוניה ומתינין בדיני | נפשתה | דלא יהוון קטלין בפריע ית |
| 265 | | Lv18:29 | האליין וישתי«צון» | נפשתה | דעבדן מן גו עמהון: |
| 266 | | Lv24:12M | למהוון מתינין בדיני | נפשתה | וזריזין בדיני ממונה דלא |
| 267 | | Nu15:34M | מתינין בדיני{ה} | נפשתה | וזריזין בדיני ממונה דלא |
| 268 | | Nu31:35 | לא חכמן תשמיש דכורא כל | נפשתה | תלתין ותרין אלפין: |
| 269 | נפשתי | Ex12:16M | לכל צורכיה | דנפשה/נפשתי#2#/ | הוא לבלחודוי יתעבד |
| 270 | נפשתיכון | Dt 4:29M | ובכל | נפשיכון/נפשתיכון#2#/: | |
| 271 | | Lv11:44 | אנה ולא תסתאבון ית | נפשתיכון | בכל שרצה דרחש על ארעא: |
| 272 | | Dt 4:09M | לכון וטורו | נפשיכון/נפשתיכון#2#/ | לחדה די לא תנשון |
| 273 | נפשתכון | Ex30:15 | אפרשתה דייי לכפרא על | נפשתכון: | |
| 274 | | Ex30:16 | טב קדם ייי לכפרה על | נפשתכון: | |
| 275 | | Dt10:12 | בכל לבביכון ובכל | נפשתכון: | |
| 276 | | Dt11:13 | בכל לבביכון ובכל | נפשתכון: | |
| 277 | | Dt13:04 | בכל לבבכון ובכל | נפשתכון: | |
| 278 | | Dt26:16M | /לבביכון ובכל | נפשתכון#2#/: | |
| 279 | | Dt30:02 | בכל לבביכון ובכל | נפשתכון: | |
| 280 | | Dt30:10 | בכל לבביכון ובכל | נפשתכון: | |
| 281 | | Lv17:11 | מדבחה למכפרה על | נפשתכון | ארום אדמה הוא על חובי |
| 282 | | Gn 9:05 | ולחוד ית אדם | נפשתכון | אתבע מלות כל חיא אתבע |
| 283 | | Lv20:25 | לדכיי' ולא תשקצון ית | נפשתכון | בבעירה ובעופה ובכל מה די |
| 284 | | Dt30:06 | בכל לבביכון ובכל | נפשתכון | בגלל למקיימה יתכון: |
| 285 | | Lv11:43 | לא תשקצון ית | נפשתכון | בכל שרצא דשרץ על ארעא |
| 286 | | Lv23:32 | לכון ותצימון בה ית | נפשתכון | בתשעה יומין לירחה מן |
| 287 | | Ex16:16M | גלגלה מניין | נפשכון/נפשתכון#2#/ | גבר לפם מה די |
| 288 | | Lv26:15M | דיניי תרחק | נפשכון/<נפש>תכון#2#/ | דלא למעבד ית כל |
| 289 | | Lv16:29 | יומין לירחה תצומון ית | נפשתכון | וכל עבידה לא תעבדון |
| 290 | | Dt11:18 | תדירין על לבביכון ועל | נפשתכון | ותקטרון יתהון לסימן על |
| 291 | | Lv23:27 | לכון ותצומון בה ית | נפשתכון | ותקרבון קרבנין קדם ייי: |
| 292 | | Nu29:07 | ותצ«ו»מון ביה ית | נפשתכון | כל עבידה לא תעבדון: |
| 293 | | Lv16:29M | תצומון ותענון ית | נפשתכון | ממיכל ומשתיה מבבינה |
| 294 | | Lv16:31 | לכון ותצומון ביה ית | נפשתכון | קיים עלם: |
| 295 | | Dt12:15 | לחוד בכל תוחמדת | נפשתכון | תכסון ותיכלון בשר |
| 296 | נפשתן | Nu31:50 | דינה רבה למכפרה על | נפשתן | קדם ייי: |
| 297 | בנפשתהון | Gn18:21 | תתובה ומסכיין אינון | בנפשתהון | דלמא דלית עבדיהון בישייא |
| 298 | | Nu17:03 | דחייביה האליין דחבו | בנפשתהון | ויעבדון יתהון טסין |
| 299 | ונפשתה | Dt24:06M | אדם זכיי הוא מתחשב | ונפשתה | הוא ממשכן |
| 300 | לנפשתכון | Dt 4:15 | ותזדהרון לחדא | לנפשתכון | ארום לא חמיתון כל דמו |

## נפתוחיי *adj.* Naftuhian [358]

|  |  |  |  |  |  |
|---|---|---|---|---|---|
| 001 | s em/sf נפתוחייא | Gn10:13 | ענמיה וית להבייא וית | נפתוחייא: | |

## נץ *n.* blossom [358]

|  |  |  |  |  |  |
|---|---|---|---|---|---|
| 001 | s em/sf נצה | Ex 9:31 | הוות גבעולין ואתרת | נצה: | |
| 002 | p abs ניצין | Nu17:23M | אפרח ליבלובין ואניץ | ניצין | וחסל לוזין |
| 003 | נצין | Nu17:23 | דלוי ואפק פרחין ואנץ | נצין | וגמר ועבד לוזין בר ליליה: |
| 004 | p em/sf נציה | Gn40:10 | והיא אפרחת אסקת | נצי{ת}<ה> | בשלו סגוליה ואתעבדו |
| 005 | נצייה | Dt28:40 | לא תשושון ארום ייתר | נצייה | דזייתיכון: |

## נצב *vb.* to plant [358]

|  |  |  |  |  |  |
|---|---|---|---|---|---|
| 001 | peal נצב | Dt20:06 | ומן הוא גברא די | נצב | כרם ולא אפריק פירוי יזיל |
| 002 | נצבתון | Dt 6:11 | כרמין וזייתין די לא | נצבתון | ות«א»כלון ותשבעון: |

| | | | | |
|---|---|---|---|---|
| 003 | נציבא | | Gn27:27M | כריחה דגינתא די נציבא בחקלא דעדן |
| 004 | תצבון | | Dt28:30 | תשרון בגוויהון כרמין ת{ז}<צ>בון ולא תפרקון פיריהון: |
| 005 | | | Dt28:39 | כרמין תצבון ותפלחון וחמר לא תשתון ולא |
| 006 | | | Dt16:21 | לא תצבון לכון אשרה כל אילן סמיך |
| 007 | ונצב | | Gn21:33 | ונצב אברהם פרדס בבאר שב«ע» |
| 008 | | | Gn 2:08 | ונצב ייי אלהים גנא בעדן |
| 009 | | | Gn 9:20 | גבר צדיקא למפלח בארעא ונצב כרם: |
| 010 | ותנצבון | | Lv19:23 | וארום תעלון לארע' ותנצבון כל אילן דמיכל ותפרקון |
| 011 | ותצ' | | Lv19:23M | תעלון לארע' ותנצבון/ותצ'#2#/ כל אילן דמיכל |
| 012 | למנצוב | | Nu20:05M | /דשפר למזדרעה הוא לא למנצוב ביה לא תאינין/#2# ולא |
| 013 | למצב | | Nu20:05 | אתר שפר לבית זרע ולא <ל>מצב {ו}לא תינין ולא גופנין |

## power of reproduction *n.* נצבה [358]

| | | | | |
|---|---|---|---|---|
| 001 | נצבת' | s em/sf | Gn 1:12 | דפירין דעבד פירין די נצבת' מנה ובה למינה וגלי קדם |
| 002 | נצבתא | | Gn 1:11 | דעבד פירין למינה די נצבתא מינה ובה על ארעא והוה כן |

## to defeat *vb.* נצח [359]

| | | | | |
|---|---|---|---|---|
| 001 | דנצחין | peal | Ex32:18 | ואמר לא קל גברין דנצחין בקרבא אנה שמע ולא קל |
| 002 | ונצחין | | Ex32:18M | גברין גיברין דנפקין ונצחין לסדרי קרבה |
| 003 | ומנצחין | pael | Ex17:11 | דבית ישראל מתגברין ומנצחין וכד הוה מנע ידוי מן |
| 004 | דמתנצחין | etpaal | Ex32:18 | אנה שמע ולא קל חלשין דמתנצחין בקרבא אנה שמע קל מקלסין |

## victory *n.* נצחן [359]

| | | | | |
|---|---|---|---|---|
| 001 | נצחנן | p abs | Gn49:05 | בארע בעלי דבביהון עבדו נצחנן קרביהון: |
| 002 | נצחני | p const | Nu34:15 | נהרא פרת דעלוי סדר נצחני קרבוי דייי מדעבדין ומנהרא |
| 003 | | | Ex14:25 | הוא ייי דהוה עבד להון נצחני קרביהון עד אינון יהיבין |
| 004 | | | Ex14:25 | והוא עתיד למעבד להון נצחני קרביהון { עד אינון יהיבין |
| 005 | | | Ex14:25 | והו' עתיד למעבד להון נצחני קרביהון} אוף על ימא |
| 006 | | | Ex14:14 | ייי הוא עבד לכון נצחני קרביכון וכיתא דהוות אמרה |
| 007 | | | Dt 1:30 | קדמיכון הוא יעבד לכון נצחני קרביכון ככל מה די עבד ייי |
| 008 | | | Dt 3:22 | הוא דעבד לכון סדר נצחני קרביכון: |
| 009 | | | Ex13:08 | דפטיריא עבד ייי לן נצחני קרבינן באפקותן פריקין מן |

## to strive, to quarrel *vb.* נצי [359]

| | | | | |
|---|---|---|---|---|
| 001 | נצין | peal | Ex 2:13M | גברין יהודאי' נצין/#2# ואמר לחיבה למה כען את |
| 002 | אתנצון | etpeel | Nu20:13M | הנון מי מצותה די אתנצון |
| 003 | | | Gn26:22M | אדינו עליה/אחרי ולא אתנצון עלה/#2# וקרא שמה רחובות |
| 004 | יתנצון | | Dt25:11 | ארום יתנצון גבריה כחדה גבר ואחוי |
| 005 | | | Ex21:18M | וארום ידיינון/ית{ו}<נ>צון/#2# גברין וימחי גבר |
| 006 | | | Ex21:22 | וארום יתנצון גברין וירפשון אתה |
| 007 | מתנצין | | Gn 4:08M | הוון תריהו' מדיינין/מתנצין/#2# באפי ברא וקם קין |
| 008 | | | Ex 2:13 | והא תרין גברין עבריין מתנצין ואמר לחיבה למה כען את מחי |
| 009 | דאתנצון | | Ex17:07M | נסיונ' ומצותא על דאתנצון בני ישראל ועל דנסי |
| 010 | ואתנצון | | Lv24:10 | מצריי בגו בני ישראל ואתנצון במשריתה ברה דאתתה |
| 011 | | | Gn26:21M | /אחרי#2#/ \ואדינו אף/ואתנצון לחוד#2#/ עלה וקרא שמה |

## to blossom *vb.* נצץ [359]

| | | | | |
|---|---|---|---|---|
| 001 | ואניץ | afel | Nu17:23M | בליליה אפרח ליבלובין ואניץ ניצין וחסל לוזין |
| 002 | ואנץ | | Nu17:23 | לביתה דלוי ואפק פרחין ואנץ נצין וגמר ועבד לוזין בר |

## falcon *n.* נצץ [100 בר נצצה]

| | | | | |
|---|---|---|---|---|
| 001 | נצצא | s em/sf | Lv11:16 | וית צפר שחפה וית בר נצצא למינה: |
| 002 | נצצה | | Dt14:15 | וית צפר שחפה וית בר נצצה למינה: |

## נקב *vb.* ⇐ קבע

## female *n./adj.* נקבה [359]

| | | | | |
|---|---|---|---|---|
| 001 | נוקבא | s ab/cn | Ex 1:22 | תטלקון יתיה וכל ברא נוקבא תקיימון: |
| 002 | נוקבה | | Lv 3:01 | הוא מקרב אין דכר אין נוקבה שלם מן מר' יקרב יתיה קדם |
| 003 | נקבה | | Lv12:07 | דילדתה לבר דכר או לברה נקבה: |
| 004 | | | Nu31:15 | משה הא קיימתון כל נקבה: |
| 005 | | | Dt 4:16 | וצורא{} וכל דמו דכר או נקבה: |
| 006 | | | Nu36:08M | וכל ברתה/ברה נקבה#2#/ דירתה אחסנה מן שיבטהון |
| 007 | | | Ex 1:16 | הוא תקטלון יתיה ואן ברא נקבה היא ותיחי: |
| 008 | | | Lv27:04 | ואן נקבה היא ויהוי עלויה תלתין |
| 009 | | | Lv15:33M | {ו}<ד>כר או לברה נקבה#2#/ ולגבר די ישמש עם אתה |
| 010 | | | Gn30:21 | «כדין» ילדת ברתה נקבה וקרת ית שמה דינה: |
| 011 | | | Ex21:31 | בני ישראל יגש או ברה נקבה מן בני ישראל כסדר דינא |
| 012 | | | Lv 5:06 | ייי על חובתיה די אתחייב נקבה מן ענה אמרה או צפירה ברת |
| 013 | | | Lv27:07M | ולנקבתה עשר/ולברה\ נקבה עשרה#2#/ סלעין: |
| 014 | | | Lv 3:06 | קודשיה לשמה דייי דכר או נקבה שלם מן מום יקרב יתיה: |
| 015 | | | Lv 4:28M | בר/<בר>ת#2#/ עזין \נקבה#2#/ שלמה על חובתיה די |
| 016 | | | Lv 4:32 | אימר ייתי קרבניה לחטאתה נקבה שלמה מן מום ייתי יתה: |
| 017 | | | Lv12:05M | /<ב>רת#2#/ נקבה תלד /נקבה תולד#2#/ ותסתאב |
| 018 | | | Lv12:06 | דכותה לבר דכר או לברה נקבה תייתי אמר בר שתה לעל«ה» |
| 019 | | | Lv12:05 | ואין ברה נקבה תלד ותסתאב ארבעה עש' יומין |
| 020 | | | Ex 1:22M | ברא \נוקבא תקיימון /נקבה תקימון יתיה#2#/: |
| 021 | | | Nu 5:03 | מדכר עד נקבה תשלחון לבר מן משריתה |
| 022 | נקבת | | Lv12:06M | \לברה נקבה/<לבר>ת <נקב>ת#2#/ תייתי אמר בר שתה |
| 023 | דנקבה | | Dt 4:16M | דמ{ן}<ו> דדכר או דנקבה |
| 024 | ונוקב' | | Gn 5:02 | דכר ונוקב' ברה יתהון וברך יתהון וקרא |
| 025 | ונקב' | | Gn 7:02 | תסב לך שבעה שבעה דכר ונקב' ומן בעירא די לא דכיא |
| 026 | ונקבה | | Gn 7:02 | הו{ה}{«א»} תרין דכר ונקבה:» |
| 027 | | | Gn 6:19 | למקיימה עמך דכר ונקבה יהוון: |
| 028 | | | Gn 7:03 | שמיא שבעא שבעה דכר ונקבה למקיימא בנין על אפי ארעא: |
| 029 | | | Gn 7:16 | ועלליה דכר ונקבה מן כל בשרא עלו היך מה |
| 030 | לנקבה | | Lv15:33 | ית דובה לדכר או לנקבה ולגבר די ישמש עם אתה |
| 031 | ולנקבתה | s em/sf | Lv27:06 | דדכרה חמש סלעין דכסף ולנקבתה עלויה תלת סלעין דכסף: |
| 032 | | | Lv27:07 | חמשה עשר סלעין דכסף ולנקבתה עשר סלעין: |
| 033 | | | Lv27:05 | דדיכרה עשרין סלעין ולנקבתה עשרין סלעין: |
| 034 | נוקבן | p abs | Ex 2:16M | דמדין שבע בנן \נוקבן#2#/ ואתין ודלין ומליין ית |
| 035 | נקבן | | Gn32:16 | ובניהן תלתין תורין נקבן ארבעין ותורין דכרין עשרה |
| 036 | | | Gn 6:01 | למסגי על אפי ארעא ובנן נקבן אתילידו להון: |
| 037 | | | Gn29:16M | וללבן תרת«י»ן בנן \נקבן#2#/ שמא {דרבא} דרבתא לאה |

## clean *adj.* נקי [360]

| | | | | |
|---|---|---|---|---|
| 001 | נקיתא | s em/sf | Gn40:16 | והא תלתא סלין דפיתא נקיתא על ראשי: |
| 002 | נקיין | p abs | Ex13:05 | ארעא דעבדא פירין טבין נקיין כחלבא וחליין כדבשא |
| 003 | | | Ex33:03 | לארעא דעבדא פירין טבין נקיין כחלבא וחליין כדובשא ארום |
| 004 | | | Lv20:24 | ארע דעבדה פירין טבין נקיין כחלבה וחליין וטעמיין |
| 005 | | | Nu14:08 | דהיא עבדה פירין טבין נקיין כחלבה וחליין כדבשה: |
| 006 | | | Nu16:13 | ארעא עבדה פירין טבין נקיין כחלבה וחליין כדבשה למקטלה |
| 007 | | | Nu16:14 | לארע עבדה פירין טבין נקיין כחלבה וחלין כדבשה אעלת |

|  |  |  |  |  |  |
|---|---|---|---|---|---|
| 008 | | Dt 6:03 | ארע עבדה פירין טב{י}ין | נקיין | כחלבה וחליין וטעימין |
| 009 | | Dt11:09 | ארע עבדה פירין טבין | נקיין | כחלבה וחליין וטעימין |
| 010 | | Dt26:09 | ארע עבדה פירין טבין | נקיין | כחלבה וטעימין כדובשא: |
| 011 | | Dt26:15 | ארע עבדה פירין טבין | נקיין | כחלבה וחליין כדובשה: |
| 012 | | Dt27:03 | לכון ארע עבדין פירין | נקיין | כחלבה וחליין כדבשה היך מה |
| 013 | | Dt31:20 | ארע דעבדה פירין טבין | נקיין | כחלבה וחליין וטעימין |
| 014 | | Gn49:12 | בהון דם זכיי שנוי | נקיין | מחל{{א}}בא מלמיכל בהון |
| 015 | | Ex24:10 | וכחזוי שמיא כד אינון | נקיין | מן עננא: |
| 016 | | Ex24:10M | \נקיין מן עננא /הוון | נקיין | מן ענניא#2#/: |
| 017 | נקין | Ex 3:08 | לארעא עבדא פירין טבין | נקין | כחלבא וחליין כדובש«א» |
| 018 | | Nu13:27 | ארע עבדה פירין טבין | נקין | כחלבה וחליין כדבשה היא והא |
| 019 | נקיא p em/sf | Ex 3:17 | לארעא דעבדא פירין | נקיא | כחלבא וחליין כדובשא: |

## נקלווה ⇐ *n.* אונקלי

[360]

## נקם *vb.* to take revenge

|  |  |  |  |  |  |
|---|---|---|---|---|---|
| 001 | etpeel אתנקם | Nu31:02 | | אתנקם | נקמתהון דבני ישראל |

[360]

## נקמה *n.* vengeance

|  |  |  |  |  |  |
|---|---|---|---|---|---|
| 001 | s em/sf נקמתה | Nu31:03 | ויהוון על מדין למשויא | נקמתה | דייי במדין: |
| 002 | | Dt32:35 | דידי היא | נקמתה | ואנה הוא דמשלם לעדן די |
| 003 | | Dt32:41 | יד ימיני אחזר | נקמתה | לשנאוי ולבעלי דבביהון |
| 004 | נקמתהון | Nu31:02 | אתנקם | נקמתהון | דבני ישראל מן לוות |
| 005 | ונקמתה | Dt32:43 | עבדוי צדיקייה הוא תבע | ונקמתה | יחזר לבעלי דבביכון ובחובי |

[345 נוקמן]

## נקמן *n.* avenger

|  |  |  |  |  |  |
|---|---|---|---|---|---|
| 001 | p abs נוקמנין | Lv19:18 | אדמה דחברך ולא תהוון | נוקמנין | ולא נוטרנין ית |
| 002 | נקמנין | Lv19:18M | <לא תהוון> | נקמנין | ולא נטרין עם בני עמכון |

[360]

## נקף *vb.* to circle

|  |  |  |  |  |  |
|---|---|---|---|---|---|
| 001 | peal תקף | Nu36:07 | ולא | תקף | אחסנה לבני ישראל מן שבט |
| 002 | | Nu36:09 | ולא | תקף | אחסנה מן שבט לשבט אחרן |
| 003 | ויקף | Nu34:04M | ומקף/ויקף#2#/ | | לכון תחומה מן דרומא |
| 004 | | Nu34:05M | ומקף/ויקף#2#/ | | תחומה מן לקסם |
| 005 | afel אקיפו | Gn19:04 | ועמא דקרתא עמא דסדם | אקיפו | על ביתיה מן עולימיהון ועד |
| 006 | אקף | Nu25:17 | | אקף | ית מדייניי ותקטלון יתהון: |
| 007 | אקפ' | Dt 2:03M | לכון למקפה /סגי לכון | אקפ'#2#/ | ית טורא הדין כווינו |
| 008 | תקפון | Lv19:27 | לא | תקפון | א{ר}<ו>מנה דראשיכון ולא |
| 009 | | Dt20:19 | ארום | תקפון | על קריה יומין סגין למסדרה |
| 010 | מקיפן | Dt 3:05 | כל אלין קריין תלילן | מקיפן | שורין רמין תרעין ונגרין |
| 011 | מקף | Ex37:12 | ועבד ליה גפוף פשך חזור | מקף | ועבד כליל דדהבא לגפופא חזר |
| 012 | | Dt20:20M | כרכומין/קר'#2#/שור | מקף#2#/ | על קרתה דהיא/דיהיא#2#/ |
| 013 | מקפה | Nu19:15 | פתיח די לית גופה דשיע | מקפה | עלוי מסאב הוא: |
| 014 | | Gn15:17 | דמתילה באתונה בתנורא | מקפה | שביבין דינור |
| 015 | | Lv25:29 | יזבן אתר בית משרוי קריה | מקפה | שור ותיהוי פרקוניה עד |
| 016 | מקפין | Dt 3:05M | תלילן | מקיפן/מקפין#2#/ | שורין רמין תרעין |
| 017 | מקפן | Ex28:11 | על שמהת בני ישראל | מקפן | מאחדן דהב תעבד יתהון: |
| 018 | | Ex39:06 | ועבדו ית אבניה טבת{ן}<ה> | מקפן | מאחדן דהב מגלפן גלף חקק על |
| 019 | | Ex39:13 | אשר יוסף ובנימן | מקפן | מאחדן דהב באשלמותהון: |
| 020 | | Nu32:38 | וית נבו וית בעל מעון | מקפן | שורין רמין וית שבמה וקרון |
| 021 | דמקפה | Lv25:29M | \קריה מקפה /קרתה | דמ<ק>פ{ק}ה#2#/ | שור ותיהוי פרקוניה |
| 022 | דמקפן | Nu32:38M | קרתה | דמקפן | מגדליהא חזור חזור דילה |

|  |  |  |  |  |  |
|---|---|---|---|---|---|
| 023 | ואקיפו | Gn49:02 | שבטוי דיעקב {ואפיקו}/<ואקיפו>/ | | דרגשא דדהבא דאבונן |
| 024 | ואקף | Ex13:18 | | ואקף | ייי ית עמא ארח מדברא ימא |
| 025 | ואקפנן | Dt 2:01 | דייי עמי אמר משה | ואקפנן | ית טורא דגבלה יומין |
| 026 | ומקף | Ex25:11 | ליה כליל דדהב חזר | ומקף: | |
| 027 | | Ex25:24 | ליה כליל דדהב חזר | ומק«ף»: | |
| 028 | | Ex25:25 | דדהב לג{ו}פ<ו>פיה חזר | ומקף: | |
| 029 | | Ex28:33M | דדהב בניהון חזר | ומקף#2#/: | |
| 030 | | Ex30:03 | ליה כליל דדהב חזור | ומקף: | |
| 031 | | Ex37:02 | ועבד לה כליל דדהב חזר | ומקף: | |
| 032 | | Ex37:11 | ליה כליל דדהב חזר | ומקף: | |
| 033 | | Ex37:12 | כליל דדהבא לגפופא חזר | ומקף: | |
| 034 | | Ex37:26 | ליה כליל דדהב חזר | ומקף: | |
| 035 | | Ex28:33M | מן חזור חזור /חזור | ומקף | וזגונין דדהב בניהון חזר |
| 036 | | Ex25:25 | ותעבד ליה גיפוף פשך חזר | ומקף | ותעבד כליל דדהב |
| 037 | | Gn 2:11 | מינהון פישון הוא דחזר | ומקף | ית כל ארעא דהנדקי דמן תמן |
| 038 | | Gn 2:13 | גיחון הוא דחזר | ומקף | ית כל ארעא דכוש: |
| 039 | | Nu34:04 | | ומקף | לכון תחומה מן דרומא מן |
| 040 | | Gn 2:14 | תליתיא דקלת הוא דחזר | ומקף | מן מדנח אתוריה ונהרא |
| 041 | | Ex20:02 | עמא בני <ישראל> וחזר | ומקף | על משרייותיהון דישראל |
| 042 | | Ex20:03 | עמי בני <ישראל> וחזר | ומקף | על משרייתיהון דישראל וחזר |
| 043 | | Nu34:11 | לעיינה ונחת תחומה | ומקף | על סיפווי ימה דגניסר מן |
| 044 | | Dt 5:06 | וטייס באויר שמיא וחזר | ומקף | על משיריתהון דישראל וחזר |
| 045 | | Dt 5:07 | וטייס באויר שמייא וחזר | ומקף | על משיריתהון דבני ישראל |
| 046 | | Nu34:05 | | ומקף | תחומה מן לקסם לנילוס |
| 047 | ומקפן | Gn49:01 | תרי עשר שבטייא | ומקפן | לדרגש«ה» דדהבא דהוה |
| 048 | למקפה | Nu21:04 | הר טורא ארח ימה דסוף | למקפה | ית ארעהון דאדומיי ואתעקת |
| 049 | | Dt 2:03 | סגין לכון | למקפה | ית טורא הדין כווינו לכון |

[360]

## נקף 2# *vb.* to knock together

|  |  |  |  |  |  |
|---|---|---|---|---|---|
| 001 | afel ואקפו | Nu21:15M | רמ{ה}<ז> ייי לטוורייה | ואקפו | ראשי |
| 002 | | Nu21:15 | מה בכוליתה רמז לטוריה | ואקפו | רישיהון אלין לאלין ורציצו |

See also: *vb.* נגף

[361]

## נקר *vb.* to hew out

|  |  |  |  |  |  |
|---|---|---|---|---|---|
| 001 | pael מנקר | Nu16:14M | דגובריייא האינון אין את | מנקר | לית אנן סלקין |

[361]

## נקרה *n.* cleft

|  |  |  |  |  |  |
|---|---|---|---|---|---|
| 001 | s ab/cn בניקרא | Nu24:21 | תקיף הוא משרויך ושוית | בניקרא | דכיפה ית מדורך: |
| 002 | בנקרה | Ex33:22 | איקר שכינתי ואשוי יתך | בנקרה | דטינרא ואפרוש כפי עליך עד |

[362]

## [נשׂא] *vb.* to lift up

|  |  |  |  |  |  |
|---|---|---|---|---|---|
| 001 | peal אשא | Dt32:41M | אין | אשננה/אשא#2#/ | כברקה חרבי ותתוקף |
| 002 | ישא | Dt28:49 | | ישא | ייי עליכון אומה מן רוחקה |

## נשׂב ⇐ *vb.* נסב

[362]

## נשׂיו *n.* office of Nasi

|  |  |  |  |  |  |
|---|---|---|---|---|---|
| 001 | s em/sf נשיותיה | Nu11:26 | ויהושע בר נון משמש | נשיותיה | בתריה ותרויהון מתנביין |

## נש ⇐ *n.* בר נש

## נשב *vb.* to blow [361]

|  |  |  |  |  |  |  |
|---|---|---|---|---|---|---|
| 001 | מנשבא | pael | Gn 1:02 | דרחמין מן קדם ייי הוה | מנשבא | על אפי מיא: |
| 002 | דמנשבין | | Dt32:02 | ית מימר פומי כרוחיה | דמנשבין | על דתי עשביה וכרסיסי |
| 003 | ואשבת | afel | Gn15:11 | ונחת עופה על פסגייה | ואשבת | יתה זכותה דאברם כד נחת |

## נשי *vb.* to forget [361]

|  |  |  |  |  |  |  |
|---|---|---|---|---|---|---|
| 001 | נשי | pael | Gn41:51 | שמה דבכורה מנשה ארום | נשי | יתיה ייי ית כל עמלי וית כל |
| 002 | מנשי | | Dt 4:31 | ולא מחבל יתכון ולא | מנשי | ית קיים אבהתכון די קיים |
| 003 | מנשיה | | Dt 8:19 | ויהוי אין | מנשיה | תנשון ית אולפן אורייתה |
| 004 | מנשין | | Dt 8:19M | ויהוי אין מנשיה | תנשון/מנשין#2#/ | ית אולפן אורייתה |
| 005 | תנשון | | Dt25:19M | /הוון זהירין לא | תנשון#2#/: | |
| 006 | | | Dt25:19 | עמי בני ישראל לא | תנשון | הוון דכירין: |
| 007 | | | Dt 4:09 | נפשיכון לחדה די לא | תנשון | ית דביריה די חמון |
| 008 | | | Dt 4:23 | אזדהרו לכון דלא | תנשון | ית קיים מימרה דייי אלהכון |
| 009 | | | Dt 6:12 | אזדהרו לכון די לא | תנשון | ית אולפן אורייתה דייי |
| 010 | | | Dt 8:11 | אזדהרו לכון די לא | תנשון | ית אולפן אורייתה דייי דלא |
| 011 | | | Dt 8:19 | ויהוי אין מנשיה | תנשון | ית אולפן אורייתה דייי |
| 012 | | | Dt 9:07 | אדכרו לא | תנשון | ית מה דארגזתון ית מימרה |
| 013 | וינשי | | Gn27:45 | תקוף רוגזיה דאחוך מנך | וינשי | ית מה דעבדת ואשלח |
| 014 | ותנשון | | Dt 8:14 | ויתקוף לבביכון | ותנשון | ית אולפן אורייתה דייי |
| 015 | | | Dt24:19 | חצדיכון בחקליכון | ותנשון | עמר באפי ברה לא תחזרון |
| 016 | ואשיתון | afel | Dt32:18 | די ברה יתכון שבקתון | ואשיתון | ית ממר אלהה די שכלל |
| 017 | אנשינן | etpaal | Dt26:13 | לא עברנן מן מצותך ולא | אנשינן | חדה מנהון: |
| 018 | אנשית | | Dt26:13M | מצותך ולא | אנשינן/<אנש>ית#2#/ | חדה מנהון: |
| 019 | תנשה | | Dt31:21 | הדה קדמיי לסהדו ארום לא | תנשה | מן פם זרעיית בניהון ארום |
| 020 | ואנשון | | Dt32:15 | וקנון להון נכסין סגין | ואנשון | ית מימר אלהה די ברה יתהון |
| 021 | ואנשי | | Gn40:23 | רב מזוגיה ית יוסף | ואנשי | יתיה עד זמן דמטא קיצא |
| 022 | ותתנשי | | Gn41:30 | שנין כפנא בתריהון | ותתנשי | כל שבעה בארעא דמצרים |

## נשין ⇐ *n.* אתה

## נשי *n.* sciatic nerve [361]

|  |  |  |  |  |  |  |
|---|---|---|---|---|---|---|
| 001 | דנשיא | s em/sf | Gn32:33 | ישראל ית ג{די}<יד>א | דנשיא | די על כף ירכא עד זמן יומא |

## נשמה *n.* breath, soul [350 נישמה]

|  |  |  |  |  |  |  |
|---|---|---|---|---|---|---|
| 001 | נישמה | s ab/cn | Dt20:16 | לא תקיימון מנהון כל | נישמה: | |
| 002 | נש' | | Dt20:16M | תקיימון מנהון כל | נישמה/נש'#2#/: | |
| 003 | נשומא | | Gn 6:17 | כל בשרא דאית ביה | נשומא | דחיין מן תחות שמיא כל מה |
| 004 | נשמ' | | Gn 2:07 | מן אדמתא ונפח בנחירוי | נשמ' | דחיין והוה אדם לנפש דחייה |
| 005 | נשמה | | Gn 7:15 | תרין מן כל בשרא דאית בה | נשמה | דחיין: |
| 006 | | | Gn 9:03 | כל רחש דאית ביה | נשמה | דחיין לכון יהווי למיכל |
| 007 | | | Gn 7:22 | כל די | נשמה | דרוח חיין בנחירוי מן כל מה |
| 008 | נשמת | | Gn 2:07M | נשמ' דחיין /באפוי | נשמת | החיים#2#/ והוה אדם לנפש |
| 009 | בנשמת | | Nu16:22 | ואמרין אלהה דשליט | בנשמת | כל בשרה הא גבר יחטא ועל |
| 010 | | | Nu27:16 | ימני ייי אלה דשליט | בנשמת | כל בשרא גבר מהימן על עם |
| 011 | נשמתה | s em/sf | Nu16:22M | מתייהבה {{אלהייה}} | נשמתה | לכל בשרא#2#/ הא גבר יחטא |

## נשף *vb.* to blow [361]

|  |  |  |  |  |  |  |
|---|---|---|---|---|---|---|
| 001 | נשפת | peal | Ex15:10M | \אשפת ברוח מן קדמיך | /נשפת | רוחך#2#/ ייי כסון עליהון |
| 002 | אשפת | afel | Ex15:10 | | אשפת | ברוח מן קדמיך ייי כסון |

## נשק *vb.* to kiss [362]

|  |  |  |  |  |  |  |
|---|---|---|---|---|---|---|
| 001 | ושק | peal | Gn27:26 | ליה יצחק אבוי קרב כען | ושק | יתי ברי: |
| 002 | ונשוק | | Gn27:26M | כען ושק /קרוב כען | ונשוק#2#/ | יתי ברי: |
| 003 | ונשק | | Gn29:11 | | ונשק | יעקב לרחל ונטל ית קליה |
| 004 | | | Gn27:27 | וקרב לוותיה | ונשק | יתה ואריח ית ריח לבושוי |
| 005 | | | Gn29:13 | ורהט לקדמותיה וגפף יתה | ונשק | יתה ואעיל יתה לגו בייתיה |
| 006 | | | Gn33:04 | יתיה ואתרכן על צווריה | ונשק | יתה ובכו: |
| 007 | | | Gn48:10 | לוותיה וגפף יתהון | ונשק | יתהון: |
| 008 | | | Gn50:01 | דאבוי ובכא עלוי יוסף | ונשק | יתיה: |
| 009 | | | Ex 4:27 | בטור בית מוקדשא דייי | ונשק | יתיה: |
| 010 | | | Ex18:07 | חמוי ושאל בשלמיה | ונשק | יתיה ושאלו גבר לחבריה מלין |
| 011 | | | Gn32:01 | ואקדם לבן בצפרא | ונשק | לבנוי ולבנתיה וברך יתהון |
| 012 | | | Gn50:01 | דאבו«י» ובכה עלוי | ונשק | ליה וארבע יוסף ית אבוי |
| 013 | | | Gn45:15 | | ונשק | לכל אחוי ובכה לקבלהון |
| 014 | למנשקיה | pael | Gn31:28 | ולא שבקתי יתי | למנשקיה | לבני ולבנתי כדון אסכלת |

## נשר *n.* eagle [362]

|  |  |  |  |  |  |  |
|---|---|---|---|---|---|---|
| 001 | נשרא | s em/sf | Dt28:49 | ארעא היך מה דטייס | נשרא | אומה די לא תיכלון למישמע |
| 002 | | | Dt14:12 | די לא תיכלון מינהון | נשרא | וברגזה ואיזה: |
| 003 | | | Lv11:13 | ארום שקץ אינו' ית | נשרא | וית ברגזה וית עזה: |
| 004 | כנשרה | | Dt32:11 | | כנשרה | דמעורר קנה על גוזלוי מרחף |
| 005 | נשירין | p abs | Ex19:04 | איקר שכינתי על כנפי | נשירין | קלילין וקרבית יתכון |
| 006 | נשרין | | Ex19:04M | קלילין היך על כנפי | נשרין | |

## נתיק *adj.* bald [362 נתוק (sic)]

|  |  |  |  |  |  |  |
|---|---|---|---|---|---|---|
| 001 | ונתיק | s ab/cn | Lv22:24 | ודמעוך ודכתות | ונתיק | ודמר<י>ס לא תקרבון אלין |
| 002 | ודנתיק | | Lv22:24M | ודכתות | ונתיק/ודנתיק#2#/ | ודמר<י>ס לא תקרבון |

## נתך *vb.* to melt, to cast [362]

|  |  |  |  |  |  |  |
|---|---|---|---|---|---|---|
| 001 | ואתך | afel | Ex38:05 | | ואתך | ארבע עזקין בארבעתי זויתה |
| 002 | | | Ex37:03 | | ואתך | לה ארבע עזקין דדהב על |
| 003 | | | Ex36:36 | דהב וקליותהון דהב | ואתך | להון ארבעה חומרין דכסף: |
| 004 | | | Ex37:13 | | ואתך | ליה ארבעה עזקין דדהב ויהב |
| 005 | ותתיך | | Ex26:37 | דהב ואונקלוותהון דהב | ותתיך | להון חמשה חמרין דנחש: |
| 006 | ותתך | | Ex25:12 | | ותתך | ליה ארבע עזקין דדהב ותתן |
| 007 | למתכה | | Ex38:27 | דככריה דכ{ת}<ס>פה | למתכה | ית חומרי בית קודשא וית |

## נתן *vb.* to give, to place [362]

|  |  |  |  |  |  |  |
|---|---|---|---|---|---|---|
| 001 | נותן | peal | Dt13:02M | את או סימן /חלמייה | נותן | לכון אתין או סימנין#2#/: |
| 002 | נתן | | Dt11:25M | אמתכון ודחלתכון | נתן#2#/ | ייי אלהכון על אפי כל |
| 003 | | | Nu20:19 | מימך נשתה אנן ובעירנן | נתן | כסף זבוניהון לחוד לית מלא |
| 004 | | | Gn34:21 | נסב לן לנשין וית בנתן | נתן | להון: |
| 005 | נתנין | | Gn34:21M | לנשין וית בנתן | נתן/נתנין#2#/ | להון: |
| 006 | את' | | Ex33:01M | אתן /לזרעיית בניכון | את'#2#/ | יתה: |
| 007 | אתן | | Gn34:11 | וית מה די תאמרון לי | אתן: | |
| 008 | | | Gn12:07 | על אברם ואמר ליה לבניך | אתן | ית ארעא הדה ובנה תמן מדבח |
| 009 | | | Gn13:15M | /ולזרעיית בניך מן בתרך | אתן | ית ארעא#2#/ עד לעלם: |
| 010 | | | Gn15:18 | אברם קיים למימ' לבניך | אתן | ית ארעא הדא מנילוס דמצרים |
| 011 | | | Gn24:07 | קיים עמי למימר לבניך | אתן | ית ארעא הדא הוא ישלח מלאכא |
| 012 | | | Gn26:03 | ואברך יתך ארום לך ולבנך | אתן | ית כל ארעתא האלין ואקים ית |
| 013 | | | Gn35:12 | לך אתננה ולבניך מן בתרך | אתן | ית ארעא: |
| 014 | | | Ex 2:09 | ואוניקי יתה לי ואנה | אתן | ית אגריך ונסבת אתתא ית |

|  |  |  |  |  |  |
|---|---|---|---|---|---|
| 015 | Dt 1:36 | | הוא יחמי יתה וליה | אתן | ית ארעא די דרס בה ולבנוי |
| 016 | Gn13:15 | | ית כל ארעא די את חמי לך | אתן | יתה ולבניך עד לעלם: |
| 017 | Gn13:17 | | לארכה ולפתייה ארום לך | אתן | יתה: |
| 018 | Gn23:10M | | קדם בני עמא | אתן | יתה לך אזל קבר |
| 019 | Gn23:11 | | יהבית לך ומערתא דביה לך | אתן | יתה לך קבר ביתך לקבל יהבית |
| 020 | Gn23:11 | | יהבית לך ומערתא דביה לך | אתן | יתה לקבל בנוי דעמא יהבית |
| 021 | Gn23:11M | | קבר מתך /קדם בני עמא | אתן | יתה לך אזל קבר מתך#1#/: |
| 022 | Gn28:13 | | «די» את דמך עלה לך | אתן | יתה ולבניך: |
| 023 | Gn35:12M | | לאברהם וליצחק לך | אתננה/אתן | יתה#2#/ ולבניך |
| 024 | Ex33:01 | | וליעקב למימר לברך | אתן | יתה: |
| 025 | Lv20:24 | | תירתון ית ארעהון ואנה | אתן | יתה לכון למרת יתה {ארע} |
| 026 | Dt 1:39 | | ייעלון לתמן ולהו{ד}{<ן} | אתן | יתה ואינון יירתון יתה: |
| 027 | Dt34:04 | | למימר לזרעיית בניך | אתן | יתה חמי יתה ותמן לית את |
| 028 | Gn23:11M | | לך קבר /קדם בני עמי | אתן | יתי לך אזל קבר#1#/ מתך: |
| 029 | Nu18:07 | | ותפלחון פלחן מתנה | אתן | כהנתכון וחילוניי די יקרב |
| 030 | Ex32:13 | | שמיא וכל ארעא הדא דאמרת | אתן | לבניכון ויחסנון יתה עד |
| 031 | Gn38:18 | | ואמר מה ערבונא די | אתן | ליך ואמרת עזקתך |
| 032 | Gn30:31 | | ואמר מה | אתן | לך ואמר יעקב לא תעבד לי |
| 033 | Ex25:16 | | לגו ארונא ית שהדותא די | אתן | לך: |
| 034 | Ex25:21 | | <....> תתן ית שהדותא די | אתן | לך: |
| 035 | Gn42:34 | | היימנין אתון ית אחוכון | אתן | לכון וית ארעא תחסנון: |
| 036 | Nu10:29 | | לאתרה די אמר ייי יתה | אתן | לכון אזל עמן ונוטב לך ארום |
| 037 | Nu10:29M | | מימריה דייי יתיה | אתן | לכון אתה עימן ונייטבה לך |
| 038 | Nu11:21 | | ואת במימרך אמרת בשר | אתן | לכון וייכלון ירח יומין: |
| 039 | Dt 2:05 | | בהון סדרי קרבה ארום לא | אתן | לכון מן ארעהון עד מדרס כפה |
| 040 | Dt 2:09 | | סדרי קרבה ארום לא | אתן | לכון מן ארעהון ירתו ארום |
| 041 | Dt 2:19 | | סדרי קרבה ארום לא | אתן | מן ארעהון דבני עמוניי לכון |
| 042 | Gn17:16M | | "יהבת ... ומלכין": | אתן | מנה לך ביר ואברך יתך |
| 043 | Ex33:01M | אתנינה | "לברך .. יתה": לבניך | אתנינה | |
| 044 | Gn35:12 | אתננה | לאברהם וליצחק לך | אתננה | ולבניך מן בתרך אתן ית |
| 045 | Ex30:14 | יתן | בר עשרין שנין ולעילא | יתן | אפרשו לשמה דייי: |
| 046 | Gn38:25 | | שהדי דביני לביניה הוא | יתן | בליביה למיחמי יתהון בשעתא |
| 047 | Ex22:06 | | ארום | יתן | גבר לחבריה כסף או מנין |
| 048 | Ex22:09 | | וארום | יתן | גבר לחבריה חמר או תור או |
| 049 | Dt28:67 | | וברמשה תהוון אמרין מן | יתן | דייתי צפרא מן פחדא |
| 050 | Ex21:19 | | יתה לחוד אגר בטלוניה | יתן | ואגר אסיא דמאסי יתיה: |
| 051 | Dt 5:29 | | לווי מן | יתן | ויהוי לבה שלמה ^הדין#2#^ |
| 052 | Dt28:67 | | תיהוון אמרין לווי מן | יתן | וייתי רמשה וברמשה תהוון |
| 053 | Ex12:25 | | ארום תיעלון לארעא די | יתן | ייי לכון היך מה דמלל |
| 054 | Ex16:08 | | ואמר משה כד | יתן | ייי לכון ברמשא בשר למיכל |
| 055 | Lv 5:24 | | יוסף עלוי למן הוא דידיה | יתן | יתיה ביומא די אתחייב: |
| 056 | Lv14:17 | | דמשחה די על כף ידיה | יתן | כהנא «על רום אדנה» דמן |
| 057 | Nu11:29 | | הא מקנא את לי אלווי מן | יתן | כל עם דייי נביין ארום |
| 058 | Nu22:18 | | ואמר לעבדוי דבלק אם | יתן | לי בלק מלא ביתיה כסף ודהב |
| 059 | Nu24:13 | | אן | יתן | לי בלק מלא ביתיה כסף ודהב |
| 060 | Nu 5:10 | | דידיה יהוון גבר די | יתן | לכהנה דידיה יהוי: |
| 061 | Ex21:32 | | כסף תלתי«ן» סלעין | יתן | לריבוניה ותורא יתרגם: |
| 062 | Lv24:19 | | וגבר ארום | יתן | מום בחבריה היך מה דעבד כדן |
| 063 | Nu 5:21M | | "עמך ... מנפחין": עמיך כד | יתן | מימריה דייי ירכיך מסיין |
| 064 | Nu35:08 | | אחסנ<ת>יה די יאחסנון | יתן | מן קרוי לליוויי: |
| 065 | Nu35:08M | | ^קרויה#2#/^ לליוויי/ | יתן | מן קורייתה ללוואי#2#/: |
| 066 | Ex30:33 | | גבר דיפטם כוותיה ודי | יתן | מנה על חלוניי וישתצי מן גו |
| 067 | Lv 4:18 | | ומן אדמה | יתן | על קרנותיה דמדבחה די קדם |
| 068 | Lv14:18 | | די על כף ידוהי דכהנא | יתן | על ראשיה דמן דמדכי ויכפר |
| 069 | Lv14:29 | | משחא די על ידוי דכהנא | יתן | על ראשה דמן דמדכי למכפר' |
| 070 | Nu 5:15 | | לא יריק <משחה ולא | יתן> | עלוי לבונה ארום מנחתה |
| 071 | Lv 5:11M | | לא ישווי /לחטאתה לא | יתן#2#/ | עליה מש' ולא יתן עליה |
| 072 | Lv 5:11 | | לא ישווי עליה מש' ולא | יתן | עליה לבונה ארום חטאתא היא: |
| 073 | Dt11:17M | | יהוי מטר וארעא לא | תתן/יתן#2#/ | \פירי עללתה/ית |
| 074 | Ex12:23 | | אבהתה דבני ישראל ולא | יתן | רשו למחבלא למיעול לגו |
| 075 | Lv20:15 | | וגבר די | יתן | תשמישיה בבעיר מתקטלה יתקטל |
| 076 | Ex30:13M | יתנון | והיכדין אמר ליה כדין | יתנון | כל דעבר |
| 077 | Ex30:13 | | כהדן סדרא | יתנון | כל דעבר על סכומה מן פלגות |
| 078 | Gn24:41 | | לוות לזרעייתי ואן לא | יתנון | לך ותהוי זכיי מן שבועתי: |
| 079 | Dt17:10 | | ותעבד על פם פתגמא די | יתנון | לכון מן אתרא ההוא די |
| 080 | Dt17:11 | | לא תסטון מן פתגמא די | יתנון | לכון לא לימינה ולא |
| 081 | Nu18:12M | | שורייהון די | יתנון | לשמה |
| 082 | Dt24:15 | תתן | ביומיה | תתן | אגריה ולא יטמע עלוי שמשא |
| 083 | Lv26:20 | | לריקנו חייליכון ולא | תתן | ארעכון פירי עללתה ואילנה |
| 084 | Ex10:25 | | ואמר משה לחוד את | תתן | בידן נכסין ועל{י}{<ו>}ן |
| 085 | Ex25:21 | | יד כפרתא על ארונא <....> | תתן | ית שהדותא די אתן לך: |
| 086 | Dt15:09 | | באחוך מסכינה ולא | תתן | לה ולא יצוח עלך קדם ייי |
| 087 | Dt15:10 | | מתן | תתן | לה ולא יבאש באפך כד תיהווי |
| 088 | Dt15:14 | | מה די ברך יתך ייי אלהך | תתן | לה: |
| 089 | Nu27:07 | | בנתיה דצלפחד מלילו מתן | תתן | להון ירתו ואחסנה בגו אחי |
| 090 | Gn30:31M | | "לי כלום מדעם": | תתן | לי כל מאן דעאן |
| 091 | Lv25:37 | | ית כספך לא | תתן | ליה בשערין וברביין לא תתן |
| 092 | Lv18:21 | | ומבניך לא | תתן | למתעברה בנורא קדם פלחנה |
| 093 | Lv18:21M | | ולא תפסו /ומן זרעך לא | תתן | לפלחנה נכריין ולא תיפסון |
| 094 | Lv25:37 | | ליה בשערין וברביין לא | תתן | מזונך: |
| 095 | Ex26:35 | | דמשכנה לדרומה ופתורא | תתן | על צפונה סטרה צפונה: |
| 096 | Ex28:25 | | תרין סטרי תרתין קליעתה | תתן | על תרתין מאחדתה ותתן על |
| 097 | Gn38:17 | | בר עזין מן ענה ואמרת אן | תתן | ערבון עד זמן דתשלח: |
| 098 | Dt11:17 | | ולא יהוי מטר וארעא לא | תתן | פירי עללתה ותסופון בופריע |
| 099 | Lv18:20 | | ולוות אתתה דחברך לא | תתן | שמושך לזרע למסתאבה בה: |
| 100 | Lv19:14 | | שמע וקדם מן דלא חמי לא | תתן | תקלה ותדחלון מן אלהכון כדן |
| 101 | Lv18:23 | | ובכל בעיר לא | תתן | תשמישך למסתאב' בה ואתה לא |
| 102 | Ex 5:18 | תתנון | <לכון> וסכום לבנייא | תתנון: | |
| 103 | Lv 7:32 | | וית שקה דימינה | תתנון | אפרשו לכהנא מן נכסת |
| 104 | Nu35:14 | | לירדנה וית תלת קוריאן | תתנון | בארעא דכנען קריוא יהוויי |
| 105 | Nu35:14M | | מן עבר לירדנה /דשיזבו | תתנון | בארעא מעבר יורדנה#2#/ |
| 106 | Lv26:01 | | לכון ואבן דמתכה לא | תתנון | בארעכון למסגד קדמה ארום |
| 107 | Lv19:28 | | ושרט' על נפש דמית לא | תתנון | בבשרכון וכתב חקיק לא |
| 108 | Dt16:10 | | כמסת אושטות ידיכון די | תתנון | היך מה די יברך יתכון ייי |
| 109 | Dt14:21 | | בני עממיא די בקורייכון | תתנון | יתה ויכלון יתה או מזבנה |
| 110 | Ex22:30M | | לא תיכלון לבר עממיה | תתנון | יתיה |
| 111 | Lv25:24 | | ובכל ארע אחסנתכון פרקן | תתנון | לארעא: |
| 112 | Lv25:24M | | לארעא /אחסנותכון | תתנון | לארעא#2#/: |
| 113 | Dt 7:03 | | עמהון בנתכון לא | תתנון | לבניהון ובנתהון לא תסבון |
| 114 | Dt15:09M | | מס{ק}{<כ>"} דלא | תתנון | לה ויצבוח עליכון |
| 115 | Dt15:14M | | לה /יתכון ייי אלהכון | תתנון | לה#2#/: |
| 116 | Dt18:04 | | ושירוי גזזי עניכון | תתנון | להון: |
| 117 | Nu35:02 | | די חזור חזור יתהון | תתנון | לליוויי: |
| 118 | Nu35:04 | | ופרוירי קרייתה די | תתנון | לליוויי מכותלה דקרתה לברה |
| 119 | Nu35:06 | | וית קרייתה די {ד«י»} | תתנון | לליוויי ית שת קרין |
| 120 | Nu35:07 | | כל קוריין די | תתנון | לליוויי ארבעין ותמני |
| 121 | Gn34:09M | | לן בנתכון | הבו/תתנון#2#/ | לן וית בנתן תסבון |
| 122 | Dt 2:28 | | לן ונאכל ומים בכסף | תתנון | לן ונשתי לחוד לית אנן |

|  | |  | | | |
|---|---|---|---|---|---|
| 123 | | Nu15:21M | /עצור'#2#/ | תפרשון/תתנון/#2#/ | לשמה דייי אפרשו |
| 124 | | Nu35:08 | וקוריאן די | תתנון | מן אחסנותהון דבני ישראל |
| 125 | | Nu35:14 | ית תלת קוריין | תתנון | מן עבר לירדנה וית תלת |
| 126 | | Lv22:22 | אליין קדם ייי וקרבן לא | תתנון | מנהון על גבי מדבחה לשמה |
| 127 | | Nu35:13 | וקוריתה די | תתנון | שת קריי שיזבו{ן} |
| 128 | מתן | Nu27:07 | כדין בנתיה דצלפחד מלילו | מתן | תתן להון ירתו ואחסנה בגו |
| 129 | | Dt15:10 | | מתן | תתן לה ולא יבאש באפך כד |
| 130 | דיתן | Gn30:08 | בצלותא די צלית קדם ייי | דיתן | לי בנין היך מה דיהב לאחתי |
| 131 | דנתן | Gn29:19M | \תקן מסבה יתה /סב לי | דנתן | יתה#2#/ לך מן למסבה יתה |
| 132 | דתתן | Gn28:22 | לשמה דייי וכל מה | דתתן | לי חד מן עשרה אפרש יתהון |
| 133 | דתתנון | Nu35:06 | ית שת קרין דשיזבות | דתתנון | די יערקון תמן קטולייה |
| 134 | | Dt15:10M | לה /באפיכון בזמן | דתתנון | לה#2#/ ארום מן בגלל |
| 135 | ואתן | Gn30:28 | קוץ כען אגרך קדמיי | ואתן: | |
| 136 | | Gn34:12 | עלי לחדא פרן וכתובה | ואתן | היך מה די תאמרון לי ואסבו |
| 137 | | Gn48:04 | כנישת אומין צדיקין | ואתן | ית ארעא הדא לבניך מן בתרך |
| 138 | | Ex 3:21 | | ואתן | ית חניהון דעמא האילין |
| 139 | | Ex 6:08 | לאברהם ליצחק וליעקב | ואתן | יתיה לכון {ולתן} <ירתו> |
| 140 | | Gn26:04 | ואסגי יתך ככוכבי שמיא | ואתן | לבניך ית כל ארעתא האלין |
| 141 | | Nu21:16 | ולמשה כנש ית עמא | ואתן | להון מיין: |
| 142 | | Gn17:08 | | ואתן | לך ולבניך מן בתרך ית ארעא |
| 143 | | Gn29:27 | שבעתי יומי משתותא דא | ואתן | לך אף ית דא בפולחנא די |
| 144 | | Ex24:12 | לוותי לטורא והוי תמן | ואתן | לך ית לווחי אבניא |
| 145 | | Gn45:18 | ותיתון לוותי | ואתן | לכון ית טובא דארעא דמצרים |
| 146 | | Gn47:16 | יוסף אייתון בעירכון | ואתן | לכון בבעירכון אן שלם כספא: |
| 147 | | Dt11:14 | | ואתן | מטרה דארעכון בזמניה בכיר |
| 148 | | Dt11:15 | | ואתן | עשבה באפי ברה לבעיריכון |
| 149 | | Lv26:06 | | ואתן | שלמה בארעא ות{ת}<ד>מכון |
| 150 | ויתן | Lv16:08 | | ויתן | אהרן על תרין צפיריה עדוין |
| 151 | | Dt24:01M | לה אגרת שיבוקין | וישו'/ויתן#2#/ | בידה וישלח יתה מן |
| 152 | | Dt22:29 | | ויתן | גברא דמשמש עמה לאבוה |
| 153 | | Ex21:23 | ואין סקול תיהווי | ויתן | ^דינר'#2#^ נפש תשלומי נפש: |
| 154 | | Nu11:18 | ארום טב הוה לן במצרים | ויתן | ייי לכון בשר ותכלון: |
| 155 | | Dt28:65 | נייח לכפה דרגליכון | ויתן | ייי לכון תמן לב רוגזן |
| 156 | | Lv16:13 | | ויתן | ית קטרתה על אשתה קדם ייי |
| 157 | | Lv27:23 | עלויה עד שתה דיובילה | ויתן | ית עלויה ביומא ההוא קדש |
| 158 | | Lv 5:16 | וית חומשי' יוסף עלוי | ויתן | יתה לכהנא וכהנא יכפר עלוהי |
| 159 | | Nu14:08 | ווייתי יתן לארעא הדה | ויתן | יתה לן ארע דהיא עבדה פירין |
| 160 | | Lv15:14 | ייי לתרע משכן זימנא | ויתן | יתהון לוות כהנא: |
| 161 | | Lv16:21 | סרחניהון לכל חוביהון | ויתן | יתהון על רישיה דצפירה |
| 162 | | Lv 4:07 | | ויתן | כהנא מן אדמה על קרנתיה |
| 163 | | Lv14:14 | ויסב כהנא מן אדמה דאשמה | ויתן | כהנא על רום אדנה דמן דמדכי |
| 164 | | Lv14:28 | | ויתן | כהנא מן משחה די על כף ידיה |
| 165 | | Nu 5:17 | דמשכנה יסב כהנא | ויתן | לגו מיא: |
| 166 | | Gn28:20 | באורחא די אנה מהלך בה | ויתן | לי לחם למיכל ולבוש למלבש: |
| 167 | | Gn27:28 | | ויתן | לך ייי מטוב טלא דנחת מן |
| 168 | | Gn28:04 | | ויתן | לך ית ברכתה דאברהם לך |
| 169 | | Lv22:14 | וי־ר־ סף חומשה עלוי | ויתן | לכהנה ית קדשיה: |
| 170 | | Dt18:03 | נכסתה אין תור אין אימר | ויתן | לכהנה אדרעא ולחייה ארעייה |
| 171 | | Dt13:18 | דייי מן תקוף רוגזיה | ויתן | לכון רחמין וירחם עליכון |
| 172 | | Dt19:08 | די קיים לאבהתכון | ויתן | לכון ית כל ארעא די מלל |
| 173 | | Nu 5:07 | וח«ו»משה יוסף עלוי | ויתן | למן דאתחייב ליה: |
| 174 | | Nu20:08 | כיפה קדמיהון לעייניהון | ויתן | מוי ותפק להון מיין מן כיפה |
| 175 | | Lv 4:25 | מן אדמה דחטאתה באצבעיה | ויתן | על קרנתיה דמדבחה דעלתה וית |
| 176 | | Lv 4:30 | כהנא מן אדמה באצבעיה | ויתן | על קרנתיה דמדבחא דעלתה וית |
| 177 | | Lv 4:34 | מן אדמה דחטאתה באצבעיה | ויתן | על קרנתיה דמדבחה דעלתה וית |
| 178 | | Lv14:25 | כהנא מן אדמה^ דאשמה | ויתן | על רום אדניה דמן דמדכ' |
| 179 | | Lv16:18 | דתורא ומן אדמה דצפירה | ויתן | על קרנתה דמדבחה |
| 180 | | Nu 5:18 | ויפרע ית רישא דאתתה | ויתן | על כף ידה ית מנחתה דדכרונה |
| 181 | | Nu 6:18 | זימנא ית ריש נזירותיה | ויתן | על אשתא די תחות נכסת |
| 182 | | Nu 6:19 | מן סלה ועריך דפטיר חד | ויתן | על כפי ידוי דנזירה מן בתר |
| 183 | | Ex21:22 | די ישוי עלוי בעלה | ויתן | על פום דיינין: |
| 184 | | Nu19:17 | מן קטמה די יקדת תורתה | ויתן | עלוי מיין דמבוע דכין לגו מן |
| 185 | | Lv 2:01 | קרבניה ויריק עליה משח | ויתן | עליה לבונה: |
| 186 | | Ex21:30 | קנס דממון ישתוי עלוי | ויתן | פרקון נפשיה בכל מה די |
| 187 | ויתנון | Nu 4:12 | בהון בגו בית קודשה | ויתנון | בחפוי משך דססגון על קופה: |
| 188 | | Lv 1:07 | | ויתנון | בנוהי דאהרן כהניא אשא |
| 189 | | Ex30:12 | ישראל למנייניהון | ויתנון | גבר פרק{י}<ו>ן נפשה לשמה |
| 190 | | Nu 4:10 | | ויתנון | יתיה וית כל מניה לגו חפוי |
| 191 | | Dt22:19 | יתיה מאה סלעין דכסף | ויתנון | לאבוה דרביתה ארום אפיק |
| 192 | | Dt13:02 | נביא שקר או חלם חלמין | ויתנון | לכון את או סימן: |
| 193 | | Nu35:02 | פקד ית בני ישראל | ויתנון | לליוויי מן ירתות אחסנתהון |
| 194 | | Ex12:07 | ויסבון מן אדמה | ויתנון | על תרתין מזוזייתא ועל |
| 195 | | Nu 4:10 | לגו חפוי משך דססגון | ויתנון | על קופה: |
| 196 | | Nu 4:12M | משך דססגון | ויתנון#2#/ | על קופה: |
| 197 | | Nu 4:06 | | ויתנון | עלוי חפוי משך דססגון |
| 198 | | Nu 4:07 | {ד}<ל>בוש דתכלה | ויתנון | עלוי ית פיאלוותה וית |
| 199 | | Nu 4:14 | | ויתנון | עלוי ית כל מנוי די ישמשו |
| 200 | וני' | Gn11:04M | בגווירה בית סגד{י}<ו> | וני' | <חרבא> |
| 201 | ונתן | Gn11:04 | ונעבד לן בראשיה סגדה | ונתן | חרבא בידיה ותיהווי עבד' |
| 202 | | Gn34:16 | | ונתן | ית בנתן לכון וית בנתכון |
| 203 | | Nu20:19M | זבוניהון/זבינ'#2#/ | ונתן/ | כסף דמי{ל}<הו>ן לך#2#/ |
| 204 | ותיתן | Ex25:21 | | ותיתן | יד כפרתא על ארונא <....> |
| 205 | ותתן | Lv25:19 | | ותתן | ארעא פירי עללתה ותאכלון |
| 206 | | Lv26:04 | ואשווי מטר ארעכון בזמנה | ותתן | ארעא פירי עללתה ואילנייה |
| 207 | | Dt15:17 | ותסב ית מרצעה | ותתן | באדניה ובתרע בית דינה |
| 208 | | Ex40:07 | משכן זימנא ובין מדבחא | ותתן | בגווה מייה: |
| 209 | | Ex25:26 | ליה ארבע עזקין דדהב | ותתן | ית עזקייא על ארבעתי זוויתא |
| 210 | | Ex26:33 | | ותתן | ית פרכתא תחות פורפיא ותעל |
| 211 | | Ex26:34 | | ותתן | ית {{פרכתה}} «כפורתה» על |
| 212 | | Ex28:14 | תעבד יתהון עובד קליעה | ותתן | ית שישלתה דקליעתה על |
| 213 | | Ex28:23 | חושנה תרתין עזקין דדהב | ותתן | ית תרתין עזקיא על תרין |
| 214 | | Ex28:24 | | ותתן | ית תרתין קליעתה דדהבא על |
| 215 | | Ex29:06 | ית מצנפתה על ראשה | ותתן | ית כליל בית קודשא על |
| 216 | | Ex40:05 | | ותתן | ית מדבחא דדהבא לקטרה קדם |
| 217 | | Ex40:06 | | ותתן | ית מדבחא דעלתה קדם תרע |
| 218 | | Ex40:07 | | ותתן | ית כיורה בין משכן זימנא |
| 219 | | Ex40:08 | ית דרתה מן חזור חזור | ותתן | ית פרס תרע דרתה: |
| 220 | | Nu 3:09 | | ותתן | ית ליויי לאהרן ולבנוי |
| 221 | | Nu 3:48 | | ותתן | ית כספה לאהרן ולבנוי |
| 222 | | Nu27:20 | | ותתן | ית מן רבותך עלוי מן בגלל |
| 223 | | Ex26:32 | | ותתן | יתה על ארבעה עמודין דשטין |
| 224 | | Ex27:05 | | ותתן | יתה תחות סובבה דמדבחא |
| 225 | | Ex30:16 | מן לוות בני ישראל | ותתן | יתה לפלחן משכן זימנא |
| 226 | | Ex28:27 | ותעבד תרתין עזקין דדהב | ותתן | יתהון על תרתין כתפתה |
| 227 | | Ex29:03 | | ותתן | יתהון ^לגו סל חד ותקרב |
| 228 | | Nu 7:05 | ית פלחן משכן זימנה | ותתן | יתהון לילווא«י»י גבר |
| 229 | | Nu31:30 | ומן ענה ומן כל בעירה | ותתן | יתהון לליוויי נטרי מטרת |
| 230 | | Ex30:06 | | ותתן | יתיה קדם פרכתא די על ארונא |

|  |  |  |  |  |  |
|---|---|---|---|---|---|
| 231 | Ex30:18M | | לקדוש | ותשווי^{י}<ו>שוי#2#^/ותתן#2#/ | יתיה בין |
| 232 | Nu31:29 | | מן פלגותהון תסבון | ותתן | לאלעזר כהנא אפרשותה דייי: |
| 233 | Ex25:16 | | | ותתן | לגו ארונא ית שהדותא די אתן |
| 234 | Ex28:30 | | | ותתן | לחושנא דדינה ית אוריה וית |
| 235 | Ex30:36 | | ותשחק מנה ותידק | ותתן | מנה קדם שהדותא במשכן זמנא |
| 236 | Ex25:12 | | ליה ארבע עזקין דדהב | ותתן | על ארבעתי זוויתא ותרתין |
| 237 | Ex25:30 | | | ותתן | על פתורא סידור לחם אפיא |
| 238 | Ex28:25 | | תתן על תרתין מאחדתה | ותתן | על כתפתה דאפודא מן כל קבל |
| 239 | Ex29:12 | | ותסב מן אדמא | ותתן | על קרנתה דמדבחא באצבעך וית |
| 240 | Ex29:17 | | ותשזג בני גווה ורגלוי | ותתן | על פסגוי ועל ראשה: |
| 241 | Ex29:20 | | ית דיכרא ותסב מן אדמיה | ותתן | על רום אודנה דאהרן ועל |
| 242 | Lv24:07 | | | ותתן | על סדורה לבונה ברירה ותהוי |
| 243 | Lv 2:15 | | | ותתן | עלה משח ותשוי עליה לבונ׳ |
| 244 | Ex30:18 | | משכן זמנא ובין מדבחא | ותתן | תמן בגווה מיין: |
| 245 | Nu27:09M | ותתנו | לית ליה ברת | ותתנון/ותתנו#2#/ | ית אחסנתיה לאחוי: |
| 246 | Gn47:24 | ותתנון | ויהוי באשון עללתא | ותתנון | חד {מן חמ} מן חמשה לפרעה |
| 247 | Nu19:03 | | | ותתנון | ית׳ לאלעזר כהנא ויפק יתה |
| 248 | Nu27:09 | | ואין לית ליה ברת | ותתנון | ית אחסנתיה לאחוי: |
| 249 | Nu27:10 | | ואין לית ליה אחין | ותתנון | ית אחסנתיה לאחוי דאבוי: |
| 250 | Nu27:11 | | ואין לית אחין לאבוי | ותתנון | ית אחסנתיה לקריבות בשריה |
| 251 | Dt11:29 | | עלין לתמן למירת יתה | ותתנון | ית ברכתה על טורא דגריזים |
| 252 | Nu32:29 | | ארעא קדמיכון | ותתנון | להון ית ארעא גלעדה |
| 253 | Nu18:28 | | מן לוות בני ישראל | ותתנון | מניה ית אפרשותה דייי |
| 254 | Dt26:12 | | שנת מעשר מסכיניה | ותתנון | מעשרה קדמייה לליוויי |
| 255 | Ex12:22 | | באדמה די במנה ואתון | ותתנון | על שקופא ועל תרתין |
| 256 | Ex12:22M | | "ואתון ... במנה": | ותתנון | על שקופה ועל תרתין |
| 257 | Nu16:17 | | וסבו גבר מחיתית«י»ה | ותתנון | עליהון קטרה ותקרבון קדם |
| 258 | Gn42:25 | ולמיתן | כספהון גבר לשקיה | ולמיתן | להון זבדין לארחא ועבד |
| 259 | Gn 4:08M | למ׳ | עולם חורן לית | מתן/למ׳#2#/ | אגר טב לצדיקיא ולית |
| 260 | Gn29:26M | | /מתעבד כן באתרן | למ׳#2#/ | זעירתא קדמיי/קדם#2#/ |
| 261 | Gn15:02M | | וסגין קודמיך | למ׳ | לי ברם |
| 262 | Nu24:23 | למיתן | למתפרעה מן רשיעיה | למיתן | אגרהון דצדיקיה ובזמ{ז}נה |
| 263 | Gn29:26 | | כשר למעבד כדן בארענא | למיתן | זעירתא קדמיי |
| 264 | Ex 5:21M | | פרעה וקדם עבדוי | למיתן#2#/ | חרבא בידיהון למקטליה |
| 265 | Gn34:14M | | פתגמא הדין | למיסב/למיתן#2#/ | ית אחתן לגבר די |
| 266 | Ex30:15 | | לא יזער מפלגות סלעא | למיתן | ית אפרשות דייי לכפרא על |
| 267 | Nu36:02 | | אתפקד מן קדם ייי | למיתן | ית אחסנת צלפחד אחונן |
| 268 | Nu36:02 | | ית רבוני פקד ייי | למיתן | ית ארעא באחסנה בעדיון |
| 269 | Gn42:27 | | ופתח חד מינהון ית שקיה | למיתן | כסה לחמריה בבית אבתותתה |
| 270 | Dt 1:35 | | ית ארעא טבתה דקיימת | למיתן | לאבהתכון: |
| 271 | Dt19:08 | | ית כל ארעא די מלל | למיתן | לאבהתכון: |
| 272 | Gn21:33M | | ושתיין הוו בעין | למיתן | לה טימי מה דאכלו ושתין |
| 273 | Gn30:22 | | דרחל ואמר במימריה | למיתן | לה בנין: |
| 274 | Dt21:17 | | בכורא ברה דסניתיה יקרב | למיתן | ^לה#2#^ חולק בכופלה בכל |
| 275 | Lv 7:36 | | די פקד ייי | למיתן | להון ביומא דרבי יתהון |
| 276 | Dt 7:13 | | ארעא די קיים לאבהתכון | למיתן | להון: |
| 277 | Dt11:09 | | די קיים ייי לאבהתכון | למיתן | להון ולבניהון ארע עבדה |
| 278 | Dt30:20 | | ליצחק וליעקב | למיתן | להון: |
| 279 | Dt31:07 | | די קיים ייי לאבהתהון | «למיתן | להון» ואת תחסן יתה |
| 280 | Gn15:02 | | יהבת לי וסגין קדמך | למיתן | לי ואנה אזל מן עלמא בלא |
| 281 | Gn29:31 | | לאה ואמר במימר«י»ה | למיתן | לי בנין ורחל הוות עקרה: |
| 282 | Gn30:08M | | קדם ייי | דיתן/למיתן#2#/ | לי בנין היך מה דיהב |
| 283 | Gn21:33 | | ושתין הוון בעין | למיתן | ליה אדמי מה די אכלו ושתו |
| 284 | Gn15:07 | | מן אתון נורהון דכשדאי | למיתן | לך ית ארעא הדא למירת יתה: |
| 285 | Lv25:38 | | מן ארעא דמצרים | למיתן | לכון ית ארעא דמצרים |
| 286 | Dt 6:10 | | ליצחק וליעקב | למיתן | לכון קירוין רברבן וטבן די |
| 287 | Dt11:21 | | ממרא דייי לאבהתכון | למיתן | לכון כיומי שמייא על ארעא: |
| 288 | Dt28:11 | | די קיים ייי לאבהתכון | למיתן | לכון: |
| 289 | Dt26:03 | | די קיים ייי לאבהתן | למיתן | לן: |
| 290 | Nu34:13 | | יתה בעדיון די פקד ייי | למיתן | לתישעתי שבטייה ופלגו |
| 291 | Dt28:12 | | ית אוצריה טבה ית שמיא | למיתן | מטרה דארעכון בזמנה |
| 292 | Nu31:03M | | למשויא/מידיינאי | למיתן#2#/ | נקמתה דייי במדין: |
| 293 | Dt 2:25 | | יומא הדין אשרי | למיתן | פחדכון ודחלתכון על אפי |
| 294 | Gn21:33 | | יתהון ומילף יתהון | למיתן | שבחא למרי עלמא ופלח וצלי |
| 295 | Ex 5:07 | | לא תוספון | למיתן | תבן לעמא למלבן לבנין לא |
| 296 | Nu11:13 | למתין | מן הן אית לי בשר | למתין | לכל עמא האלין ארום יבכון |
| 297 | Dt23:25 | למתן | מניך לית איפשר לך | למתן: | |
| 298 | Dt33:02M | | לטורה דפארן | למתן | אורייתה |
| 299 | Dt33:02 | | ביקרי׳ על טורה דגבלה | למתן | אורית לבנוי דעשו וכיוון |
| 300 | Dt33:02 | | קבילו יתה והופיע ביקרה | למתן | אוריתה על טורא דפראן |
| 301 | Dt33:02 | | ואמר ייי מן סיני אתגלי | למתן | אוריתה לעמי׳ בני ישראל |
| 302 | Ex 5:21 | | פרעה ובאפוי שליטוי | למתן | חרבא בידיהון למקטליה יתן: |
| 303 | Ex 6:08 | | דזקפית ידי בשבועה | למתן | יתה לאברהם ליצחק וליעקב |
| 304 | Ex22:16M | | יסרב אבוה למסבה/דלא | למתן#2#/ | יתה ליה כסף יתקל כנימוס |
| 305 | Gn29:19M | | מן \למסבה יתה לגבר | /למתן | לג#2#/ חורן/אחרן#2#/ |
| 306 | Ex 6:04 | | ית קימי עמי עמהון | למתן | להון ית ארעא דכנען ית |
| 307 | Dt 1:08 | | לאברהם ליצחק וליעקב | למתן | להון ולבניהון מן בתריהון: |
| 308 | Dt10:11 | | ארעא די קיימת לאבהתהון | למתן | להון: |
| 309 | Dt28:55 | | מן | למתן | לחד מנהון מן בשר בנוי די |
| 310 | Dt10:18 | | ודארמלתה ורחם גיורה | למתן | ליה מזון ואצטלי: |
| 311 | Ex13:05 | | די קיים ייי לאבהתכון | למתן | לכון ארעא דעבדא פירין טבין |
| 312 | Dt 4:38 | | קדמיכון למעלה יתכון | למתן | לכון ית ארעהון לאחסנה |
| 313 | Nu11:13M | | מן הן אית לי בשר | למתין/למתן#2#/ | לכל עמא האלין |
| 314 | Dt 6:23 | | תמן מן בגלל למעלה יתן | למתן | לן ית ארעא די קיים לאבהתן: |
| 315 | Ex39:31 | | ויהבו עלוי שזיר דתכלה | למתן | על מצנפתה מן לעיל היך מה |
| 316 | Gn 4:12 | | {ו}פלח ית ארעא לא תוסף | למתן | פירי עללתא לך גלי ומטלטל |

See also: *n.* 3# מתן

## נתק *n.* bald spot [362]

|  |  |  |  |  |  |
|---|---|---|---|---|---|
| 001 | Lv13:34 | ניתקא s em/sf | שביעיה והא ל{ף}<א> הלך | ניתקא | במשכה וחזוה לית הוא מכיך |
| 002 | Lv13:33 | | לנ{ק}ת<ק>א וית | ניתקא | לא יספר ויטרוד כהנא ית |
| 003 | Lv13:33 | ניתקה | לא יספר ויטרוד כהנא ית | ניתקה | שובעה יומין זמן תנינות: |
| 004 | Lv13:35 | נתקא | ואם מהלכה יהלך | נתקא | במשכ׳ מן בתר דאדכי: |
| 005 | Lv13:37 | | ושער אוכם צמח בה אתאסי | נתקא | דכי הוא וידכי יתיה כהנא: |
| 006 | Lv13:37 | | ואן בחזוה קם | נתקא | ושער אוכם צמח בה אתאסי |
| 007 | Lv13:34 | נתקה | ויחמי כהנא ית | נתקה | ביומא שביעיה והא ל{ף}<א> |
| 008 | Lv13:36 | | יתי׳ כהנא {ל} והא הלך | נתקה | במשכא לא יפשפש כהנא לשערה |
| 009 | Lv13:30 | | דקיק ויסאב יתיה כהנא | נתקה | הוא צרעתה ראשה או דדקנה |
| 010 | Lv13:31M | | דנ{ק}ת<ק>ה /מכתש | נתקה#2#/ | והא לית חזוה מכיך |
| 011 | Lv13:32 | | שביעיה והא לא הלך | נ{ק}ת<ק>ה | ולא הוה בה שער מצלהב |
| 012 | Dt17:08 | | בין מכתש צרעתה למכתש | נתקה | מילי דיונין בקורייכון |
| 013 | Lv13:31M | | דנ{ק}ת<ק>ה /מכתש | נתקה#2#/ | שבעה יומין: |
| 014 | Lv13:32 | דניתקא | בה שער מצלהב וחזוה | דניתקא | לית הוא מכיך מן משכה: |
| 015 | Lv13:31 | דנתקה | יחמי כהנא ית מכתשה | דנ{ק}ת<ק>ה | והא לית חזוה מכיך מן |
| 016 | Lv13:31 | | כהנא ית «מכתשה» | דנ{ק}ת<ק>ה | שבעה יומין: |
| 017 | Lv14:54 | ולנתקה | לכל מכתש צרעתה | ולנתקה: | |
| 018 | Lv13:33 | לניתקא | ויספר חזור חזור | לנ{ק}ת<ק>א | וית ניתקא לא יספר |

## נתר *vb.* **to fall off** [363]

| | | | | |
|---|---|---|---|---|
| 001 | peal ייתר | Dt28:40 | ומשח לא תטושון ארום ייתר נצייה דזייתיכון: |
| 002 | דנתר | Lv26:36M | "עליה ... ויפלון": טרפה דנתר מן אילנה ויערקון מערוקי |
| 003 | ונתר | Lv26:36 | קל עליה דשף עם חבר ונתר ויערקון כמקדם שלפי חרבה |
| 004 | afel יתר | Ex21:27 | שן עבדיה או שן אמהתיה יתר לחירות ישלח יתיה חלף שניה: |
| 005 | תתרון | Dt24:20M | ארום תשמטון/תתרון#2#/ זיתיכון לא תיכלון |
| 006 | ואתרת | Ex 9:31 | וכתנה הוות גבעולין ואתרת נצה: |

# ס

## סאב *vb.* to defile, to dirty [364]

|  |  |  |  |  |  |
|---|---|---|---|---|---|
| 001 | סאב pael | Nu19:13 | יתדי עלוי ית משכנה דייי | סאב | ותשתיצא נפשה ההיא מישראל |
| 002 | | Gn34:05 | ויעקב שמע ארום | סאב | ית דינה ברתה ובנוי הוון |
| 003 | | Gn34:13 | בסגי חכמתהון ומללו די | סאב | ית דינה אחתהון: |
| 004 | | Nu19:20 | ארום ית בית מקדשא דייי | סאב | מי אדיה לא אזרק עלוי מסאב |
| 005 | | Nu 6:12M | \יסתאב כליל נזירותיה | /סאב | ריש נז'#2#/: |
| 006 | סאבו | Gn34:27 | על קטיליא ובזון קרתא די | סאבו | אחתהון: |
| 007 | | Gn34:13M | /ומלילו#2#/ די | סאב/סאבו#2#/ | ית דינה אחתהון: |
| 008 | | Gn34:31 | {{ופלחי צלמין}} על די | סאבו | לדינה ברתיה דיעקב כלא מן |
| 009 | | Gn44:18 | דכורא לפתגם דחרב על די | סאבו | לדינה אחתן דלא הוו' |
| 010 | סאיבו | Gn34:31 | ובמדרשיהון {{ערלין}} | סאיבו | בתולן ופלח{ו}<י> |
| 011 | | Gn34:27M | /ובזוו#2#/ קרתא די | סאבו/סאיבו | ית דינא#2#/ אחתהון: |
| 012 | יסאב | Lv13:44 | הוא מסאב הוא מסאבה | יסא«ב» | יתיה כהנא בראשה מכתשה: |
| 013 | יסאבו | Nu 5:03M | "יסאבון ... ביניהון": | יסאבו | ית משיריתכון די יקר |
| 014 | יסאבון | Lv15:31 | ימותון בסאבתהון דלא | יסאבון | ית בית מקדשי דאיקר |
| 015 | | Nu 5:03 | תשלחון יתהון ולא | יסאבון | ית משיריתהון די אנה שרי |
| 016 | יסב' | Lv21:03M | " ... יסתאב": <לג>ברה לה | יסב' | |
| 017 | תס' | Dt21:23M | דייי אצלב ולא | תס'#2#/ | ית ארעכון דייי אלהכון |
| 018 | תסאבון | Nu35:34 | ולא | תסאבון | ית ארעא די אתון שרין בה |
| 019 | | Dt21:23 | קדם ייי כל דצליב ולא | תסאבון | ית ארעכון דייי אלהכון |
| 020 | | Dt24:04M | קדם ייי ולא | תחייבון/תסאבון#2#/ | ית ארעא דייי |
| 021 | מס' | Lv13:44M | הוא מסאבה | יסא«ב»/מס'#2#/ | יתיה כהנא בראשה |
| 022 | מסאבה | Lv13:44 | גבר מצרע הוא מסאב הוא | מסאבה | יסא«ב» יתיה כהנא בראשה |
| 023 | דסאב | Dt24:04M | "בתר ... מרחקה": בתר | דסאב | יתה ארום מר' |
| 024 | דסאיבו | Gn44:18M | בה כל דכור' מן בגלל | דסאיבו | בגווה ית דינה אחתן דלית |
| 025 | | Gn44:18 | בה כל דכורא מן בגלל | דסאיבו | בגווה ית דינה אחתן דלית |
| 026 | ו' | Lv13:20 | משכה וסערה אתהפך לחוור | ו' | ית' כהנא מכתש צרעה היא |
| 027 | ויסאב | Lv13:11 | מחלפה היא במשך בשריה | ויסאב | יתה כהנא לא יסרוד יתיה |
| 028 | | Lv13:15 | כהנא ית בשרה חייה | ויסאב | יתה בשרה חיה מסאב הוא |
| 029 | | Lv13:03 | היא ויחמי יתיה כהנא | ויסאב | יתיה: |
| 030 | | Lv13:08 | והא הלכת קלפתה במשכה | ויסאב | יתיה כהנה: |
| 031 | | Lv13:25 | צרעה היא בכוותיה הלכת | ויסאב | יתיה כהנא צרעה היא: |
| 032 | | Lv13:30 | ובה שער מצלהב דקיק | ויסאב | יתיה כהנא נתקה הוא צרעתה |
| 033 | | Lv13:22 | ואין מהלך תהלך במשכה | ויסאב | כהנא יתיה מכתשא הוא: |
| 034 | | Lv13:27 | אין מהלכה תהלך במשכה | ויסאב | כהנא יתיה מכתש צרעה הוא: |
| 035 | | Nu 6:09 | ליה בתכיף דלא ידע | ויסאב | ריש נזירותיה ויספר רישיה |
| 036 | למסאב' | Lv20:25 | ארעא די אפרשית לכון | למסאב': | |
| 037 | למסאבה | Lv20:03 | פלחנה נכריה מן בגלל | למסאבה | ית בית מקדשי ולמפס' ית |
| 038 | | Lv13:59M | למדכייה יתיה או | למסאבה | יתיה |
| 039 | | Nu19:17 | ויסבון | למסאבה | מן קטמה די יקדת תורתה |
| 040 | לסאבותיה | Lv13:59 | משך לדכיה יתיה או | לסאבותיה: | |
| 041 | איסתאבת etpaal | Nu 5:14 | ית אתתיה והיא לא | איסתאבת: | |
| 042 | | Nu 5:27 | יתה ית מיא ותיהוי אין | איסתאבת | ותשקר שקר בבעלה וייעלון |
| 043 | אסתאב | Nu 5:22 | דלא אסתאבת אמן דלא | אסתאב: | |
| 044 | אסתאבו | Lv18:24M | בכל אליין | אסתאבון/<אסת>אבו#2#/ | אומייה די אנה |
| 045 | אסתאבון | Lv18:24 | אליין ארום בכל אליין | אסתאבון | אומייה די אנה מגלה |
| 046 | אסתאבת | Nu 5:14 | ויקנא ית אתתיה והיא | אסתאבת | או יעבור עלוי רוח קנאה |
| 047 | | Nu 5:22 | אתתה אמן אמן דלא | אסתאבת | אמן דלא אסתאב: |
| 048 | | Nu 5:28 | ואין לא | אסתאבת | אתתה ודכיה היא ותעבר ותלד |
| 049 | | Nu 5:20 | רשותה דבעליך וארום | אסתאבת | ויהב גבר ביך ית תשמישה |
| 050 | יס' | Lv11:34M | די יתועל עלוי מים | יס'#2#/ | וכל משקין די ישתתון |
| 051 | יסת' | Nu 5:28M | ואין לא | אסתאבת/יסת'#2#/ | אתתה ודכיה היא |
| 052 | | Nu 5:13M | והיא | דאסתאבת/^יסת'#2#^/מסאבה#2#/ | וסהד דלית |
| 053 | | Nu 5:27M | מיא ותיהוי אין | איסתאבת/יסת'#2#/ | ותשקר שקר בבעלה |
| 054 | | Nu 5:20M | דבעליך וארום | אסתאבת/יסת'#2#/ | ויהב/וישוי#2#/ גבר |
| 055 | יסתא' | Lv15:19 | נדתה וכל די יקרוב בה | יסתא' | עד רמשא: |
| 056 | יסתאב | Lv11:26 | לכון כל די יקרב בהון | יסתאב: | |
| 057 | | Lv11:34 | משקין די ישתתון בכל מן | יסתאב: | |
| 058 | | Lv11:36 | ומן די יקרב בנבלתהון | יסתאב: | |
| 059 | | Lv13:14 | די יתחזי בה בשר חי | יסתאב: | |
| 060 | | Lv15:04 | וכל מן די יתיב עלוי | יסתאב: | |
| 061 | | Lv15:09 | די ירכב' עלוי דיבה | יסתאב: | |
| 062 | | Lv15:20 | וכל מן די תתב עלוי | יסתאב: | |
| 063 | | Lv15:24 | מדמוך די ידמוך עלוהי | יסתאב: | |
| 064 | | Lv21:03 | לא אתנסבה לגבר לעליה | יסתאב: | |
| 065 | | Lv21:11 | ייעול לאבוי ולאמה לא | יסתאב: | |
| 066 | | Lv 5:03 | דבר נש לכל סאבתיה די | יסתאב | בה ויתכסי מנה והו' ידע |
| 067 | | Lv21:01M | /לסמא נפיש דמית לא | יסתאב | בעמיה#2#/: |
| 068 | | Lv15:27 | כל די יקרוב בהון | יסתאב | ויחור לבושוי ויסחי במיא |
| 069 | | Lv11:33 | לגוויה כל מה דביה | יסתאב | ויתיה תתברון: |
| 070 | | Lv11:34 | די יתיהב עלוי מיין | יסתאב | וכל משקין די ישתתון בכל |
| 071 | | Lv15:04 | מדמך די ידמך עלוי דיבה | יסתאב | וכל מן די יתיב עלוי |
| 072 | | Lv15:20 | תדמוך עלוי ברחוק נדתה | יסתאב | וכל מן די תתב עלוי יסתאב: |
| 073 | | Nu19:20 | וגבר די | יסתאב | ולא יתדי עלוי ותשתיצי |
| 074 | | Nu19:22 | וכל די יקרוב ביה מסאבה | יסתאב | ונפשה די תקרוב ביה תיהווי |
| 075 | | Lv21:01 | להון על נפש דמית לא | יסתאב | כהנא רבה די בעמה: |
| 076 | | Lv21:04M | "לא ... כהנתא": <לא> | יסתאב | כהנה רבה ואפילו בעמיה |
| 077 | | Lv14:36 | למחמי ית מכתשה ולא | יסתאב | כל מה די בבית' ומן בתר |
| 078 | | Nu 6:12 | קדמיין בטלון ארום | יסתאב | כליל נזירותיה: |
| 079 | | Nu 6:07 | לאחוי ולאחתיה לא | יסתאב | להון במיתתהון ארום כליל |
| 080 | | Lv22:05 | יסתאב ליה או בר נש די | יסתאב | ליה בכל ס{ב}אובתיה: |
| 081 | | Lv22:05 | די יקרוב בכל שרץ די | יסתאב | ליה או בר נש די יסתאב ליה |
| 082 | | Lv11:32 | עלוי מנהון במיתתהון | יסתאב | מן כל {מה} <מן> דקייס או |
| 083 | | Lv13:46 | כל יומין דמכתשה ביה | יסתאב | מסאב הוא לבלחודוי ישרי |
| 084 | | Lv11:24M | בנבלתהו' \יהוי | מסאב/יסתאב#2#/ | עד רמשא: |
| 085 | | Lv11:27M | בנבלתהון \יהוי | מסאב/יסתאב#2#/ | עד רמשא: |
| 086 | | Lv11:31M | \יהוי | מסאב/יסתאב#2#/ | עד רמשא: |
| 087 | | Lv11:39 | מן די יקרב בנבלתה | יסתאב | עד רמשא: |
| 088 | | Lv11:39M | /ודיקרוב בנבלתהון | יסתאב#2#/ | עד רמשא: |
| 089 | | Lv14:46M | יסרוד יתיה \יהוי | מסאב/יסתאב#2#/ | עד רמשא: |
| 090 | | Lv15:10 | בכל מן די יהווי תחתוי | יסתאב | עד רמשא ויטעון «יתהון» |
| 091 | | Nu19:21M | /כל דיקרוב במי הדיה | יסתאב#2#/ | עד רמשה: |
| 092 | | Lv21:04 | לא | יסתאב | רבה דבעמה דלא יפס ית |
| 093 | | Nu19:11M | \יהוי מסאב שבעה | /יסתאב | שב'#2#/ יומין: |
| 094 | | Nu19:14M | שבעה/דאית במשכנה | יסתאב | שב'#2#/ יומין: |
| 095 | | Nu19:16 | בגרם דבר נש או בקברה | יסתאב | שבעה יומין: |
| 096 | | Lv15:24M | ריחוק נדתה עלוי | יסתאב | שובעה יומין וכל |
| 097 | | Lv11:35 | די יפל מנבלתהון עלוי | יסתאב | תנור או תפיין יסתתרון |
| 098 | יסתאבון | Lv11:43M | תהוון מסאבין כוותהון | /יסתאבון | בהון#2#/: |
| 099 | תסתאב | Lv12:02 | יומין כיומי רחוק נדתה | תסתאב: | |
| 100 | | Nu19:22M | ביה/תיהווי | מסאבה/תסתאב#2#/ | עד רמשא: |
| 101 | תסתאבון | Lv13:45 | רחוקו מן מסאבה דלא | תסתאבון: | |
| 102 | | Lv11:43 | דשרץ על ארעא ולא | תסתאבון | בהון ולא תהוון מסאבין |
| 103 | | Lv18:30 | אתעבדו מן קדמיכון ולא | תסתאבון | בהון כדן אמר ייי אלהכון: |
| 104 | | Lv18:24 | לא | תסתאבון | בכל אליין ארום בכל אליין |
| 105 | | Lv11:44 | ארום קדיש אנה ולא | תסתאבון | ית נפשתיכון בכל שרצה |

|  |  |  |  |  |
|---|---|---|---|---|
| 106 | | | Lv11:24 | ולאלין תסתאבון כל די יקרב בנבלתהו׳ יהוי |
| 107 | | | Lv13:45M | רחוק מן מסאבה דלא תסתאבון מסאב הוא |
| 108 | | דאסתאבת | Nu 5:13 | דבעלה ותטמר והיא דאסתאבת וסהד דלית בה והיא לה |
| 109 | | | Dt24:04 | יתה לה לאתה מן בתר דאסתאבת לגבר אחרן ארום מרחקה הוא |
| 110 | | דיס׳ | Dt24:04M | מן בתר דאסתאבת/דיס׳#2#/ לגבר אחרן ארום |
| 111 | | דיתסתאבון | Lv18:28M | יתה /בזמן דיתסתאבון#2#/ היך מה די פלטת ית |
| 112 | | ואסתאבת | Lv18:25 | ואסתאבת ארעא ודכרת חובה עליה |
| 113 | | | Lv18:27 | דארעה דמן קדמיכון ואסתאבת ארעא: |
| 114 | | ויסתאב | Lv11:25M | לבושי \ויהוי מסאב/ויסתאב#2#/ עד רמש׳: |
| 115 | | | Lv11:28M | לבושי \ויהוי מסאב/ויסתאב#2#/ עד רמש׳ מסאבין |
| 116 | | | Lv11:40M | לבושי \ויהווי מסאב/ויסתאב#2#/ עד רמשא <....> |
| 117 | | | Lv15:05M | במיא \ויהוי מסאב/ויסתאב#2#/ עד רמשא: |
| 118 | | | Lv15:06M | במיא \ויהוי מסאב/ויסתאב#2#/ עד רמשה: |
| 119 | | | Lv15:07M | במיא \ויהווי מסאב/ויסתאב#2#/ עד רמשא: |
| 120 | | | Lv15:08 | לבושוי ויסחי במיא ויסתאב עד רמשא: |
| 121 | | | Lv15:10 | לבושוי ויסחי במיא ויסתאב עד רמשא: |
| 122 | | | Lv15:11 | לבושוי ויסחי במיא ויסתאב עד רמשא: |
| 123 | | | Lv15:16 | במיא ית כל בשריה ויסתאב עד רמשא: |
| 124 | | | Lv15:17 | דזרע ויחוור במיא ויסתאב עד רמשא: |
| 125 | | | Lv15:21 | לבושוי ויסחי במיא ויסתאב עד רמשא: |
| 126 | | | Lv15:22 | לבושוי ויסחי במיא ויסתאב עד רמשא: |
| 127 | | | Lv17:15M | במיא \ויהווי מסאב/ויסתאב#2#/ עד רמשא וידכי: |
| 128 | | | Lv22:06M | מסאבה /תקרוב ביה ויסתאב#2#/ עד רמשה ולא יאכל מן |
| 129 | | | Nu19:08M | במיא \ויהוי מסאב/ויסתאב#2#/ עד רמשא: |
| 130 | | ויסתאבון | Lv11:32M | רמשא וידכא /יתועלון ויסתאבון עד רמשא וידכון#2#/: |
| 131 | | | Lv15:18 | דזרע וישזגון במיא ויסתאבון עד רמשא: |
| 132 | | ותסתאב | Nu 5:29 | תסטה אתתה בר מן בעלה ותסתאב: |
| 133 | | | Lv12:05 | ואין ברה נקבה תלד ותסתאב ארבעה עש׳ יומין כרחוק |
| 134 | | | Lv12:02 | ארום תעבר ותלד בר דכר ותסתאב שבעה יומין כיומי רחוק |
| 135 | | למ׳ | Lv19:31M | זכורין לא תתבעון למ׳ |
| 136 | | למסתאב׳ | Lv18:23 | בעיר לא תתן תשמישך למסתאב׳ בה ואתה לא תקום קדם בעיר |
| 137 | | למסתאבה | Lv15:32 | מיניה תשמיש דזרע למסתאבה בה: |
| 138 | | | Lv18:20 | לא תתן שמושך לזרע למסתאבה בה: |
| 139 | | | Lv22:08 | נבילה וקטילה לא ייכול למסתאבה בה אמר ייי: |
| 140 | | | Lv19:31 | ומסקי דכורן לא תצבון למסתאבה בהון אמר ייי אלהכון: |

סבב *vb.* **See also:**

## סאב #2 *vb.* to grow old [364]

|  |  |  |  |  |
|---|---|---|---|---|
| 001 | peal | סאב | Gn27:01 | והווה ארום סאב {יצקח} יצחק וכהיין |
| 002 | | | Gn18:12 | לי עדויין ורבוני אברהם סאב: |
| 003 | | | Gn24:01 | ואברהם סאב ועל ביומיא וממריה דייי ברך |
| 004 | | | Gn35:29 | ומית ואתכנש לוות עמיה סאב ושבע יומין וקברו יתיה עשו |
| 005 | | סאבית | Gn27:02M | ואמר הא כען סבית/סאבית#2#/ לא ידעית יומי מיתתי |
| 006 | | סאבת | Gn18:13 | הא מן קושטא אלד ואנה סאבת: |
| 007 | | סאיבו | Gn18:11 | ואברהם ושרה סאיבו ועלו ביומיא אתמנע מן |
| 008 | | סאיבים | Gn18:11M | ושרה \סאיבו ועלו /סאיבים עלו#2#/ ביומיא אתמנע |
| 009 | | סבית | Gn27:02 | ואמר הא כען סבית לא ידעית יומי מיתתי: |
| 010 | | דיסאב | Gn24:36 | בר לריבוני מן בתר דיסאב ויהב לה ית כל מה דיליה: |
| 011 | | דסאבית | Gn18:12 | שרה בלבה למימר בתר דסאבית אפשר לי למחזר ליומי |

## סאבה *n.* ⇐ סאובה

## סאבו *v.n.* making unclean [364]

|  |  |  |  |  |
|---|---|---|---|---|
| 001 | s em/sf | בסאבותכון | Lv18:28 | ולא תפלוט ארעא יתכון בסאבותכון יתה היך מה די פלטת ית |
| 002 | | בסוא׳ | Lv18:28M | ארעא יתכון \בסאבותכון/^בסוא׳#2#^/ יתה /בזמן |
| 003 | | מסאבותיה | Lv14:19M | מן דמדכי \מן סאבתה/מסאבותיה#2#/ ומן בתר כן/כדן#2#/ |

## סאבי *n.* uncleanness [364]

|  |  |  |  |  |
|---|---|---|---|---|
| 001 | s em/sf | בסאביתה | Lv 7:21M | ארום תקרוב בכל מסאב בסאביתה דבר נש#2#/ או בבעיר |

## סאבסל *n.* ⇐ ספסל

## סאה *n.* grain measure [364]

|  |  |  |  |  |
|---|---|---|---|---|
| 001 | p abs | סאין | Ex16:36 | ועמרה חד מן עשרה דתלת סאין הוא: |
| 002 | | | Gn18:06 | שרה ואמר אוחי וסבי תלת סאין קמח דסלת לושי ועבידי |

## סאובה *n.* uncleanness [364]

|  |  |  |  |  |
|---|---|---|---|---|
| 001 | s ab/cn | סאבה | Nu 5:19 | גבר עימך ואין לא סטית סאבה בר מן רשותה דבעליך תידכי |
| 002 | | סאר׳ | Lv15:30M | ייי מן דוב סא«ב»תה/סאר׳#2#/: |
| 003 | | סאיב׳ | Lv15:03M | ודא תיהווי סאובתה/סאיב׳#2#/ בדוביה ריר בשריה מן |
| 004 | | סאיבה | Nu 5:19M | "סטית ... האליין": סטיית סאיבה תחות רשותה לבעליך |
| 005 | | בסאבה | Lv 5:03 | או ארום יקרב בסאבה דבר נש לכל סאבתיה די |
| 006 | | בסאובה | Lv 5:03M | או ארום יקרב בסאבה/בסאובה#2#/ דבר נש לכל סאבתיה |
| 007 | | | Dt26:14M | מניה במסאבה/בסאובה#2#/ ולא יהבנן מיניה |
| 008 | s em/sf | סאבותהון | Lv15:31 | ית בני ישראל מן סאבותהון דלא ימותון בסאבתהון דלא |
| 009 | | סאבתה | Lv15:30 | כהנא קדם ייי מן דוב סא«ב»תה: |
| 010 | | | Lv14:19 | ויכפר על מן דמדכי מן סאבתה ומן בתר כן יכוס ית עלתה: |
| 011 | | | Lv15:25 | על נדתה כל יומי{ן} דוב סאבתה כיומי ריחוק נדתה תהוי |
| 012 | | | Lv18:19 | ולאתתה בנדת סאבתה לא תסב למגלייה עריתה: |
| 013 | | סאבתיה | Lv 5:03 | יקרב בסאבה דבר נש לכל סאבתיה די יסתאב בה ויתכסי מנה |
| 014 | | סאובתה | Lv15:03 | ודא תיהווי סאובתה בדוביה ריר בשריה מן |
| 015 | | | Lv 5:03M | דבר נש לכל סאבתיה/סאובתה#2#/ די יסתאב בה ויתכסי |
| 016 | | סאובתהון | Lv16:19 | יתיה ויקדש יתיה מן סאובתהון דבני ישראל: |
| 017 | | סאובתיה | Lv22:05 | די יסתאב ליה בכל ס{ב}אובתיה: |
| 018 | | | Nu19:13 | עלוי מסאב הוא עד כען סאובתיה ביה: |
| 019 | | | Lv15:03 | או אתחת׳ בשרה מן דובה סאובתיה היא: |
| 020 | | סואבותהון | Lv16:16 | ויכפר על קודשיה מן סואבותהון דבני ישראל ומן |
| 021 | | סוב׳ | Nu19:13M | עד כען סאובתיה/סוב׳#2#/ ביה: |
| 022 | | בסאבותא | Lv 7:21 | די תקרב בכל סואבה בסאבותא דברנש או בבעיר מסאב או |
| 023 | | בסאבתהון | Lv15:31 | סאבותהון דלא ימותון בסאבתהון דלא יסאבון ית בית מקדשי |
| 024 | | וסאבתיה | Lv22:03 | בני ישראל לשמה דייי וסאבתיה עלוי ותשתיצי נפשה ההיא |
| 025 | | וסאובתיה | Lv 7:20 | דמפרש לשמה דייי וסאובתיה עלוי ותשתיצא נפשה ההיא |
| 026 | | וסאיבתה | Lv 7:20M | קודם ייי#2#/ וסאובתיה/וסאיבתה#2#/ עלוי ותשתיצא נפשה |
| 027 | | לסאובתיה | Lv13:59M | יתיה או לסאבותיה/לסאובתיה#2#/: |

סואבה *n.* **See also:**

## סאיבה *n.* ⇐ סאובה

## סאיבו *n.* uncleanness [364]

|  |  |  |  |  |
|---|---|---|---|---|
| 001 | s em/sf | סאיבותה | Lv15:26M | כל ^סאיבותה#2#/ מדמוך די תדמוך |
| 002 | | | Lv15:25M | כל יומי{ן} דוב סאבתה/סאיבותה#2#/ כיומי ריחוק נדתה |

## סאיבין *n.* unclean actions [!!]

001 סאיביהון p em/sf Lv16:16M שכינתיה שרייה בגו סאיביהון
002 Lv16:16M מן סואבותהון/סאיביהון/#2# דבני ישראל ומן
003 Lv16:19M יתיה מן סאובתהון/סאיביהון/#2# דבני ישראל:
004 Lv15:31M דלא ימותון בסאבתהון /סאיביהון ולא ימותון
005 בסאיביהון Lv15:31M ולא ימותון בסאיביהון/#2# דלא יסאבון ית

## סב *adj.* old [264 סב n.]

001 סב s ab/cn Gn19:31 ואמרת רבתא לזערתא אבונן סב וגבר לית בארעא למיעול לוותן
002 Gn44:20 לריבוני אית לן אבונן סב וטלי בר סיבו זעיר ואחוי מית
003 Gn25:08 אברהם בשיבו{ס}<ט>בא סב ושביעו ואתכנש לוות עמיה:
004 סיב Lv20:02M גבר טלי{אן} או גבר סיב דישמש עם איתתה מבנת עממיא
005 לסב Dt28:50M לסב ועל עולם לא /נסבה לסב ולטלי ל#2#/ חייסה:
006 Dt28:50 אפין די לא נסבת אפין לסב ועל עולם לא חייסה:
007 סבא s em/sf Gn43:27 ואמר הא שלם הוא אבוכון סבא דאמריתון הא עד כען הוא
008 Gn24:02 ואמר אברהם לעבדיה סבא דביתיה דתפיס בכל מה דליה
009 Gn43:11 אן כדן גמרתון דא עבדו סבא מן טובא דארעא במניכון
010 סבין p abs Dt32:25 ינקין ומתרכין עם גברין סבין:
011 Lv19:32M מן קדם חכימי/סבין/#2# רברבין מנכון
012 סבוי p em/sf Dt16:19 ארום שוחדה מסמי עייני {נ}סבוי ומטלטל מלוי זכיה בדינה:
013 סביא Ex15:27M כלוקבל שובעיתי/ סביא#2#/ <סביא> סנהדרין דישראל
014 Ex15:27 דתמרין כל קבל שבעין <סביא> סנהדרין דישראל ושרון תמן
015 סביהון Gn19:11 בסידוריה מדקיקיהון עד סביהון והוון לעין משכחא תרע ביתה
016 Gn19:04 ביתיה מן עולימיהון ועד סביהון כל עמא מן סטר חד:
017 סבייה Nu33:09M <שב>עין/#2#/ חכימי/סבייה#2#/ דבני ישראל ושרון
018 Nu11:26M אנון מן {ס}<ש>ובעתי סבייה די אתפרשו בשמהן ולא נפקי
019 Lv22:27M קדמי בגין למדכרה {כ}<ב>ולי סבייה דמדנחה פטיר
020 Nu11:26M ולא נפקי שובע{ית}<תי> סבייה מן גו משריתה עד אלדד
021 וסבייה Dt27:01M ופקד משה וחכימייה/וסבייה#2#/ דישראל ית עמא
022 וסביכון Dt 5:23M ראשי שבטיכון וחכימיכון/וסביכון#2#/:
023 ובסבינן Ex10:09 ואמר משה בעולמינן ובסבינן ניזל בב<נ>ינן ובבנתנן

See also: סב *adj.*

## סבב *vb.* to act badly, to impugn (af.) [!! cf. 364 s.v. סאב]

001 וסבתון peal Dt 1:01M קודמוי על ימא וסרבתון/וסבתון#2#/ על ימא/ים#2#/
002 אסבתון afel Ex 5:21 ייי עליכון וידון די אסבתון ית שמן ביש באפי פרעה
003 למיסבא Gn34:30 וללוי אבאשתון לי למיסבא שמי ביש קדם דיירי ארעא

## סבל *vb.* to carry [365]

001 סבול peal Nu11:12M דסעין פידגוגה ית יונקא /סבול יתהון בעובך היך מה דסבל
002 סבל Dt 1:31 ובמדברה די חמיתון די סבל יתכון ייי אלהכון היך מה
003 Dt 1:12M בלחודוי/היך אנא סבל לב#2#/ טרחתכון ומטולכון
004 Dt24:15M ומן בגין אגריה הוא סבל לך ית נפ' דלא יצווח
005 סבלי' Nu14:19M חסדך והיך מה די סובלת/סבלת#2#/ לעמא האליין מן
006 סבלי Nu10:17M ובנוי דמררי טעני/סבלי#2#/ משכנה:
007 סבלין Nu 7:09M הוון טעני/סבלין#2#/ ית ארונה:
008 סבלת Gn13:06M ולא אסתן/סבלת#2#/ יתהון ארעא למשרי
009 אסבול Dt 1:12 א«י»יכדין אסבול לבלחודוי טרחתכון ומטולכון
010 יסבלון Nu18:23M \יקבלון ית חוביהון /יסבלון חובה#2#/ קיים עלם
011 Ex28:43M בית קודשה ולא יסבלון חובין וימותון קיים דעלם
012 Nu 1:50M ודאית ליה הנון/ יסבלון#2#/ ית משכנה וית כל מנוי
013 Lv22:09M ית מטרתי ולא יקבלון/יסבלון#2#/ עלוי חוב«י»ן
014 תיסבלון Dt12:26M ותייתון לאתרה /תיסבלון ותיעלון לאתר#2#/ די
015 תסבול Nu11:17M ולא \תטעון את לבלחודך /תסבול את לבלחודוי#2#/:
016 תסבלון Nu14:34M לכל#2#/ שנה תקבלון/תסבלון /#2# ית חוביכון ארבעין
017 Nu18:01M ית /ובייתה דאבוך עמך תסבלון ית#2#/ חובי <....>
018 Nu18:32M ולא תקבלון/תסבלון/#2# עלוי ח«ו»בין
019 דסביל Dt 1:31 ייי אלהכון היך מה דסביל גבר ית ברה בכל ארחה די
020 דסבל Nu11:12M יתהון בעובך היך מה דסבל בידגוגה ית
021 וסבל Dt32:11 גוזלוי מרחף פרס כנפוי וסבל יתהון וטען יתהון על תקוף
022 וסבלית Ex19:04M די אתפרעת מן מצראי וסבלית יתכון על ענגין קלילין
023 ויסבול Ex28:12M טב לבני ישראל ויקבל/ויסבול#2#/ אהרן ית שמהתהון
024 Ex28:29M ויטעון/ויסבול#2#/ אהרן ית שמה{ה}ת
025 Lv16:22M ויקבל/ויסבול#2#/ צפירה עלוי ית כל
026 ויסבלון Ex18:22M מעלוון ויסבלון
027 Nu11:17M ואשוי עליהון ויטענון/ויסבלון#2#/ עמך במטלהון דעמא
028 למיסבול Ex37:14M אתרין לאריחיה למטען/למיסבול#2#/ ית פתורה:
029 Ex37:27M לאריחיה\למטען יתיה /למיסבול יתהון#2#/ בהון:
030 Ex38:07M יתיה בהון חליל /למיסבול יתהון חל#2#/ דלוחין
031 Ex30:04M לאתרין לאריחיה למטען/למיסבול#2#/ יתיה בהון:
032 למסבול Ex25:28M יתהון דהב למטען/למסבול#2#/ בהון ית פתורה:
033 Gn 4:13 ייי סגין אינון חוביי למסבול ברם אית יכלה קדמך למשרי
034 Nu 4:15M \למסען במשכן ולא /למסבול דלא#2#/ יקרבון
035 Gn44:01M יכל{ו}<י>ן#2#/ למטען/למסבול#2#/ ושוי כספא דגבר בפום
036 Nu18:22 למשכן זימנה למקרבה למסבול חובין דלא ימותון:
037 Dt14:24M מעשרה/<מע>שר#2#/ /למסבול טרחותה ומעשרה#2#/
038 Ex25:14M סטרה#2#/ דארונא למטען/למסבול#2#/ ית ארונא בהון:
039 Ex37:15M וחפי יתהון דהב למטען/למ<ס>בול#2#/ ית פתרה:
040 Lv10:17M ויתה יהב לכון למטעון/למסבול#2#/ ית חובי עם כנשתה
041 Dt10:08 ית בנוי שבטה דלוי למסבול ית ארון קיימה דייי למקום
042 Gn36:07M תותבותהון למסחנא/למסבול#2#/ יתהון מן קדם
043 Gn45:27M דשלח יוסף למטען/למסבול#2#/ יתיה ונחת
044 Gn46:05M די שלח פרעה למטען/למסבול#2#/ יתיה:
045 Dt 1:09 לית אנה יכיל לבלחודוי למסבול יתכון:
046 למסבל Ex27:07M דמדבחא \למטען יתה /למסבל יתיה#2#/:
047 Dt 1:09M יכיל לבלחודוי למסבול/למס<בל#2#/ יתכון:
048 סובלת poel Nu14:19 כתקוף חסדך והיך מה די סובלת לעמא האליין מן מצרים ועד
049 וסובלוהי Nu13:23M \וטענו יתיה בקופה /וסובלוהי באסלה#2#/ בתרין/ביני
050 למסובלה Nu11:14 לית אנה יכיל לבלחודוי למסובלה טורחתהון דכל עמא האלין

## סבר *vb.* to expect [366]

001 סביר peal Gn 3:09M ואף את סביר דלית גלי קודמ{ו}<י>י אתרא
002 סבר Dt26:05 ייי אלהכון לבן ארמייה סבר למובדה לאבונן יעקב מן
003 סברון Gn49:01M "סברין דהוא ...": ס{י}ברון דהוי מתני להון כל מה
004 סברין Gn49:22 מעוכין וכל מיני דהב סברין דאת תליית עיינך ומסתכלין
005 Gn49:01 קיצא רזא אתכסא מינה סברין דהוא מתני להון קץ פורקנא
006 Gn49:02 יעקב רביע בגוויה סברין דהווה גלי להון סדר ברכתא
007 Gn31:22 תרין תלתא יומין סברין דלמה דהיא טייפה ולא טפת
008 Gn49:10M \ואף לא ספרין /ולא סברין מלפין#2#/ מלפי אוריה
009 סברית Gn45:28M למחמי והדא ניחמותא לא סברית {ט}<ת>וב למחמי ומן דעד

See also: סובר *vb.*

## סבר *n.* opinion [365]

001 סבר s ab/cn Gn15:02M "ירית": סבר בגרמי יר'
002 סבריכון p em/sf Dt33:29 זייניכון ותקיף גיווי סבריכון ותברין בעלי דבביכון

## hope *n.* סבר #2

[366]

|  |  |  |  |  |
|---|---|---|---|---|
| 001 | סבר | s ab/cn | Gn27:30M | יצחק למברכה {\סבר#2/} ליעקב והוה לחוד מפוק |

See also: סבר אפין *n.*

## countenance *n.* סבר אפין

[366 s.v. סבר #2 n.]

|  |  |  |  |  |
|---|---|---|---|---|
| 001 | סבר אפי | p const | Gn27:30M | נפוק יעקב מן לוות /\סבר#2/ אפי יצחק אבוי ועשו |
| 002 | | | Gn33:10 | כן ארע' היך חמי סבר אפי מלאכין מן קדם ייי |
| 003 | סבר אפוי | p em/sf | Gn32:21M | אפין /די קבל ית סבר אפוי#2/: |
| 004 | | | Gn44:23 | לא תסגון למיחזי סבר אפוי: |
| 005 | | | Gn43:03 | גברא למימר לא תחמון סבר אפוי ארום אלהן אחוכון עמכון: |
| 006 | | | Gn43:05 | גברא אמר לן לא תחמון סבר אפוי ארום אלהן אחוכון עמכון: |
| 007 | | | Gn32:21 | בתרן ארום אמר ארעי «סבר» אפוי בדורון דמהלכה קדמיי |
| 008 | | | Gn31:02 | וחמא יעקב ית סבר אפוי דלבן והא לית אינון |
| 009 | | | Ex34:35 | וחמאן בני ישראל ית סבר אפוי דמשה {{והוה משה מחזר}} |
| 010 | | | Gn31:05 | ואמר להון חמה אנה ית סבר אפוי דאבוכון והא לית אנון |
| 011 | | | Gn44:26 | לית אנן יכלין למיחמי סבר אפוי דגברא ואחונן זעירא לית |
| 012 | | | Gn32:21 | ומן בתר כדון אחמי סבר אפוי מה דלמה דיסב לי אפין: |
| 013 | | | Gn44:29M | דין \מן לוות/מלות סבר אפוי#2/ וארע/וירע#2/ יתיה |
| 014 | סבר אפיך | | Gn46:30 | לא מיתת מן בתר דחמת סבר אפיך ארום כען את בחיין: |
| 015 | | | Gn33:10M | מן בגין כן ארע' סבר אפיך#2/ היך חמי סבר אפי |
| 016 | | | Gn48:11 | <ואמר> ישראל ליוסף סבר אפיך לא סכיית למיחמי והא חזי |
| 017 | | | Gn33:10 | ארום בגין כדין דחמית סבר אפיך מן ידוי ארום מן בגין כן |
| 018 | סבר אפך | | Ex10:29 | לא אוסף תוב למיחמי סבר אפך: |

## to bow down *vb.* סגד

[366]

|  |  |  |  |  |
|---|---|---|---|---|
| 001 | סגדין | peal | Lv26:01M | ארום אנה ייי /למהוון סגדין עליה אנה הוא ייי#2/ |
| 002 | תסגדון | | Ex34:14 | ארום לא תסגדון לאלה חורן ארום ייי קנא |
| 003 | | | Ex20:05 | לא תסגדון להון ולא תפלחון קדמיהון |
| 004 | | | Dt 5:09 | לא תסגדון להון ולא תפלחון קדמיהון |
| 005 | | | Ex23:24 | לא תסגדון לטעוותהון ולא תפלחון |
| 006 | ויסגוד | | Dt17:03M | טעוון אחרניין וסגד/ויסגוד#2/ להון ולשמשא או |
| 007 | וסגד | | Dt17:03 | ופלח קדם טעוון אחרניין וסגד להון ולשמשא או לסהרא או |
| 008 | וסגדו | | Gn33:06M | אמהתא הנין ובניהן וסגדו#2/ בשלמיה: |
| 009 | | | Gn33:07M | ושאל«ין» /ובניה וסגדו#2/ בשלמיה <....>: |
| 010 | | | Ex33:10M | כל עמא ומצליין/וסגדו#2/ גבר בתרע משכניה: |
| 011 | | | Nu25:02 | טעוותהון ואכלו עמא וסגדו לטעוותהון: |
| 012 | וסגיד | | Gn47:31M | איקר שכינת' דייי וסגיד ישראל |
| 013 | ותסגדון | | Dt 4:19 | שמיא {{ותטעון}} ותסגדון להון ותפלחון קדמיהון די |
| 014 | | | Dt 8:19 | ותפלחון קדמיהון ותסגדון להון הא אסהידית בכון |
| 015 | | | Dt11:16 | טעוון אחרני«י»ן ותסגדון להון: |
| 016 | | | Dt30:17 | ולא תשמעון ותתבדרון ותסגדון קדם טעוון אחרניין |
| 017 | למסגד | | Lv26:01 | לא תתנון בארעכון למסגד קדמה ארום אנה ייי אלהכון: |

## place of worship *n.* סגדה

[367]

|  |  |  |  |  |
|---|---|---|---|---|
| 001 | סגדה | s ab/cn | Gn11:04 | שמיא ונעבד לן בראשיה סגדה ונתן חרבא בידיה ותיהווי |

## cluster of grapes *n.* סגול

[367]

|  |  |  |  |  |
|---|---|---|---|---|
| 001 | סגול | s ab/cn | Nu13:23M | עוברה וסגולה/וביה סגול#2/ דענבין חד וטענו יתיה |
| 002 | סגולה | s em/sf | Gn36:06M | בעיריה וית כל קניינוי/סגולה#2/ די קנה/סגל#2/ |
| 003 | | | Nu13:24 | קרא נחל סגולה על עסק סגולה די לקטו מן תמן בני |
| 004 | | | Dt 1:24 | לטורא ומטון עד נחל סגולה ואלילו יתה: |
| 005 | | | Nu32:09 | וסלקו עד נחל סגולה וחמון ית ארעא ותברו ית |
| 006 | | | Nu13:23 | ומטון עד נחל סגולה ולקטו מן תמן עוברה וסגולה |
| 007 | | | Nu13:24 | לאתרה ההוא קרא נחל סגולה על עסק סגולה די לקטו מן |
| 008 | וסגולה | | Nu13:23 | ולקטו מן תמן עוברה וסגולה דענבין חד וטענו יתיה |
| 009 | סגוליה | p em/sf | Gn40:10 | אסקת נצי{ת}<ה> בשלו סגוליה ואתעבדו לענבין: |
| 010 | בסגוליא | | Gn40:12 | ומרים דמתילין בסגוליא ודי אמרת נסבית ענביה |

## property *n.* סגול #2

[367]

|  |  |  |  |  |
|---|---|---|---|---|
| 001 | בסגול | s ab/cn | Gn15:14M | אנה ומן בתר כן יפקון בסגול רב |
| 002 | סגולה | s em/sf | Gn14:12M | וית \ממונה בר אחוי /סגולה/ בריה דאחוי#2/ דאבדם |
| 003 | | | Gn31:18M | נכסוי וקניינוי די קנה /סגולה/ די סגל נכסי קנינוי די |
| 004 | | | Gn14:16M | "ממונה ... ית נשי[ה]": סגולה ולחוד ית לוט בריה דאחוי |
| 005 | סגולהון | | Gn46:06M | \ממוניהון די קנון /סגולהון/ די סגולו#2/ בארעא |
| 006 | | | Gn36:07M | הוה \ממוניהון סגיא /סגולהון/ סגי#2/ מן למישרי כחדא |
| 007 | | | Gn13:06M | כחדה ארום הוה ממוניהון/סגולהון#2/ סגין ולא הוון |
| 008 | וסגולה | | Gn14:16M | ית לוט בריה דאחוי וסגולה חזר ולחוד ית נשייה |
| 009 | | | Gn14:21M | הב לי נפשתא וממונה/וסגולה#2/ סב לך: |

## treasure, cherished object *n.* סגולה

[367]

|  |  |  |  |  |
|---|---|---|---|---|
| 001 | סגולה | s ab/cn | Dt28:09M | קדישין/חביבין היך סגולה#2/ היך מה די קיים לכון |
| 002 | | | Dt 4:20M | ליה לעם חביבין היך סגולה#2/ כיומא הדין: |
| 003 | סגלה | | Ex19:05 | לשמי לעם חביבין היך סגלה מן כל אמיה ארום דידי היא |
| 004 | סגולה | s em/sf | Dt26:18 | לשמא לעם חביבין היך סגולה היך מה די מלל לכון ולמיטר |
| 005 | | | Dt 7:06 | לשמיה לעם חביבין היך סגולה מן כל אומיה די על אפי |
| 006 | | | Dt14:02 | לשמיה לעם חביבין היך סגולה מן כל אומייה די על אפי |

## to be much *vb.* סגי

[367]

|  |  |  |  |  |
|---|---|---|---|---|
| 001 | סגו | peal | Gn26:08 | והוה ארום סגו לי' תמן יומיא ואדיק |
| 002 | סגון | | Gn29:22M | אתברכו ועדרי ענינן סגון וכדו היבו לי עצה מה נעבד |
| 003 | | | Gn29:22 | לא חסרו ובית שקוותן סגון וכדון מה אתון יהבין עצה |
| 004 | סגין | | Nu23:10M | עליהון \יהוון מסגין/־סגין#2/^ /דיהוון סגייאן#2/ |
| 005 | סגן | | Gn48:16M | יסגון במיא /דנוני' סגן בימא#2/: |
| 006 | סגת | | Gn 6:05 | וגלי קדם ייי ארום סגת בישתהון דבני אנשא בארעא |
| 007 | | | Gn18:20 | דעמא דסדם ועמרה ארום סגת וחובתהון ארום תקפת לחדה: |
| 008 | | | Dt19:06M | יתיה ארום תסגי/סגת#2/ ל{א}<ה> אורחא ויקטל |
| 009 | | | Gn19:13 | ית א{רת}<תר>א הדין ארום סגת קבלתהון קדם ייי ושלח יתן |
| 010 | יסגא | | Gn 1:22 | ית מיא בימיי' ועופא יסגא על ארעא: |
| 011 | יסגון | | Dt 8:13M | מה דאית לכון יסגי/יסגון#2/: |
| 012 | | | Gn48:16 | ויסגון בארעא היך נוניא יסגון במיא: |
| 013 | | | Ex 1:10 | נזער יתהון קדם עד לא יסגון ויהווי ארום יערע סדרי |
| 014 | | | Dt 8:13 | ותוריכון ועניכון יסגון וכסף ודהב יסגי לכון וכל |
| 015 | | | Dt 6:02 | חייכון ומן בגלל די יסגון יומיכון: |
| 016 | | | Dt25:15M | לכון מן בגלל די יארכון/יסגון#2/ יומיכון על ארעא |
| 017 | | | Nu10:36 | בגו אלפיה ורבוותה יסגון רבוותה וברך אלפי דבני |
| 018 | יסגי | | Dt 8:13 | לכון וכל מה דאית לכון יסגי: |
| 019 | | | Dt11:21M | מן בגלל דיסגון/יסגי#2/ יומיכון ויומי |
| 020 | | | Dt 8:13 | ועניכון יסגון וכסף ודהב יסגי לכון וכל מה דאית לכון |
| 021 | | | Dt14:24 | ארום יסגי מנכון אורחה ארום לית אתון |
| 022 | תיסגי | | Dt 7:22M | /בופ#2/ דלא תסגון/תיסגי#2/ עליכון חיות ברה: |
| 023 | תסגון | | Ex23:30 | מן קדמיכון עד זמן די תסגון ותאחסנון ית ארעא: |
| 024 | | | Dt 6:03 | למעבד דייטיב לכון ודי תסגון לחדה היך מה די מלל ייי |
| 025 | | | Dt 7:22 | יתהון בפריע דלא תסגון עליכון חיות ברה: |
| 026 | תסגי | | Nu35:08M | ומן לוות שבטה/סגי תסגי אחסנתיה ומן שבטה#2/ דעמא |

|  |  |  |  |
|---|---|---|---|
| 027 | | Dt19:06 | לבביה ויארע יתיה ארום תסגי ל{א}<ה> אורחא ויקטל יתיה |
| 028 | | Ex23:29 | דלא תהוי ארעא צדי דלא תסגי עליכון חיות ברא: |
| 029 | דס׳ | Dt 5:16M | אלהכון מן בגלל דיסגון/דס׳#2#/ יומיכון ומן בגלל |
| 030 | דיסגון | Ex20:12 | דאימיה מן בגלל דיסגון יומיכון על ארעא דייי |
| 031 | | Dt 5:16 | ייי אלהכון מן בגלל דיסגון יומיכון ומן בגלל דייטיב |
| 032 | | Dt11:21 | מן בגלל דיסגון יומיכון ויומי בניכון על |
| 033 | דתיסגון | Dt11:09M | ומן בגלל \די תארכון/דתיסגון#2#/ יומין על ארעא די |
| 034 | וסגה | Gn30:29 | בעירך קדמיי ותק«י»ף וסגה: |
| 035 | | Gn30:30 | דהוה לך קדמיי ותקף וסגה וברך ייי יתך בזכותי וכען |
| 036 | וסגון | Ex 1:07 | דישראל תקפו ואתילדו וסגון: |
| 037 | | Gn 9:07 | וסגון ואתילדון בארעא וסגון בגווה: |
| 038 | | Gn47:27M | בה \ותקפו וסגן וסגון/ ואיסתגון#2#/ לחדא: |
| 039 | | Gn 9:07 | ואתון תקופו וסגון ואתילדון בארעא וסגון |
| 040 | | Gn 1:22 | ממרא דייי למימר תקיפו וסגון ומלון ית מיא בימיי׳ ועופא |
| 041 | | Gn 1:28 | ליהון ממרה דייי תקופו וסגון ומלון ית ארעא וכבישו יתה |
| 042 | | Gn 9:01 | בנוי ואמר להון תקופו וסגון ומלון ית ארעא: |
| 043 | | Gn35:09M | מימריה דייי תקופו וסגון ומלון ית ארעא וכבשו יתה |
| 044 | | Gn 7:18 | ואיתגברו מיא וסגון לחדה על ארעא והלכת תיבותא |
| 045 | | Gn 7:17 | ארבעין יומין על ארעא וסגון מיא וטענו ית תיבותא ורמת |
| 046 | | Ex 1:20 | ואייטב ייי לחייתה וסגון עמא ואתוקפו לחדא: |
| 047 | וסגונן | Gn26:22M | אפתי ייי לן ותקפינן/וסגונן#2#/ בארעא: |
| 048 | וסגי | Gn35:11 | ייי אנה אלה שמיא תקף וסגי אמה וקהל כנישת אומין |
| 049 | | Nu14:18M | וקריב רחמין ומסגי/וסגי#2#/ למעבד חסד שרי ושביק |
| 050 | וסגיית | Gn17:20M | יתה ותוקפת יתיה וסגית/וסגיית#2#/ יתיה לחדא/חדה#2#/ |
| 051 | וסגין | Gn38:12 | וסגין יומייא ומיתת ברת שוע |
| 052 | וסגיעו | Gn25:27M | "ורבו טליא ...": וסגיעו עולמייא והוה עשו גבר |
| 053 | וסגית | Gn17:20 | ברכת יתה ותוקפת יתיה וסגית יתיה לחדא לחדא תרין עשר |
| 054 | וסגן | Gn47:27 | דגושן ואחסנו בה ותקפו וסגן לחדא: |
| 055 | ויסגון | Gn48:16 | אבהתי אברהם ויצחק ויסגון בארעא היך נוניא יסגון |
| 056 | | Gn 8:17M | בארעא \ויתקפון ויסגון/ויסגון ויתסגון#2#/ על ארעא: |
| 057 | | Gn 8:17 | ויתלדון בארעא ויתקפון ויסגון על ארעא: |
| 058 | ותיסגי | Ex23:29M | /<צ>דא#2#/ \דלא תסגי/ותיסגי#2#/ עליכון חיות ברא: |
| 059 | ותסגון | Dt30:16 | וסדרי דינוי ותיחון ותסגון ויברך יתכון ייי אלהכון |
| 060 | | Dt 5:33 | דתיחון וייטיב לכון ותסגון ותורכון יומין בארעא די |
| 061 | | Dt 8:01 | למעבד מן בגלל דתיחון ותסגון ותיעלון ותרתון ית ארעא די |
| 062 | | Dt22:07M | יומין /למייטבה לכון ותסגון יומין#2#/ לעלמא דאתי: |
| 063 | למסגי | Ex11:09 | מנכון פרעה מן בגלל למסגי נסי פרישתי בארע«א» |
| 064 | | Gn 6:01 | ארום שרון בני אנשא למסגי על אפי ארעא ובנן נקבן |
| 065 | אסגון afel | Gn34:12 | אסגון עלי לחדא פרן וכתובה ואתן |
| 066 | אסגי | Gn22:17 | מברכה אברך יתך ומסגיא אסגי ית בנך ככוכבי שמיא וכחלא |
| 067 | | Ex32:13 | בשם מימרך ומללת עמהון אסגי ית בניכון ככוכבי שמיא וכל |
| 068 | | Ex32:13M | "אסגי ית בניכון": מסגייה אסגי ית זרעית בניכון |
| 069 | | Dt 1:10 | ייי אלהכון אסגי יתכון והא אתון סגין |
| 070 | | Dt 1:06M | למימר סגין/^סגי#2#^/אסגי#2#/ לכון למישרי |
| 071 | אסגיא | Gn16:10 | לה מלאכה דייי מסגיא אסגיא ית בניך ולא יתמנון מן |
| 072 | | Gn 3:16 | ולאתתא אמר מסגיא אסגיא צעריך ועדוניך בצער תלדין |
| 073 | אסגיתון | Nu16:03M | להון \סגין עליכון /אסגיתון לכון#2#/ ארום כל כנישתה |
| 074 | | Nu16:07 | יתרעי ביה ייי קדישא אסגיתון לכון בנוי דלוי: |
| 075 | יסגי | Ex30:15 | דעתיר לא יסגי ודמסכן לא יזער מפלגות סלעא |
| 076 | | Dt17:16 | לחוד לא יסגי ל{א}<ה> סוסוון ולא יחזור |
| 077 | | Dt17:17 | יסטן לבבה וכסף ודהב לא יסגי לה לחדא: |
| 078 | | Dt17:17 | ולא יסגי ליה נשים ולא יסטן לבבה |
| 079 | תסגון | Nu26:54 | לשבטא דעמא סגין תסגון אחסנתיה ולשבטא דעמא |
| 080 | | Nu33:54 | לשבטה דעמיה סגין תסגון אחסנתיה ולשבטה דעמיה |

|  |  |  |  |
|---|---|---|---|
| 081 | | Nu32:14M | אבהתכון \תרבו דגברין /תסגון גובר׳#2#/ חייבין למוספה |
| 082 | | Nu35:08 | מן לוות שבטה דעמא סגין תסגון ומן לוות שבטה דעמא זעירין |
| 083 | | Dt30:18 | ארום מסף תסופון ולא תסגון יומין על ארעא דאתון עברין |
| 084 | | Dt32:47 | חייכון ובפתגמא הדין תסגון יומין על ארעא די אתון |
| 085 | | Gn44:23 | אחוכון זעירא עמכון לא תסגון למיחזי סבר אפוי: |
| 086 | תסגי | Lv25:16 | לפם סגי שנין תסגי כסף זבוניה ולפם זעיר שנייה |
| 087 | תסגין | Dt 4:26M | יתה לא תארכון/^תורכון#2#^/תסגין#2#/ יומין עלה \ |
| 088 | מסגא | Gn16:10M | לה מלאכה דייי מסגיא/מסגא#2#/ אסגיא ית בניך ולא |
| 089 | מסגי | Nu23:08 | מזער יתהון וממריה דייי מסגי יתהון: |
| 090 | | Nu23:08 | ^יתהון#2#^ וממריה דייי מסגי יתהון מה אנה מזער יתהון |
| 091 | מסגיא | Gn 3:16 | ולאתתה אמר מסגיא אסגיא צעריך ועדוניך בצער |
| 092 | | Gn16:10 | ואמר לה מלאכה דייי מסגיא אסגיא ית בניך ולא יתמנון |
| 093 | | Gn26:14 | דען וקנין דתורין ועבדא מסגיא וקנין ביה פלישתאי: |
| 094 | מסגייה | Ex32:13M | "אסגי ית בניכון": מסגייה אסגי ית זרעיית בניכון |
| 095 | מסגיין | Nu13:18 | הא עם קלילין אינון או מסגיין: |
| 096 | | Ex36:05M | למשה למימר מסגין/מסגיין#2#/ עמא למייתה כמסת |
| 097 | מסגין | Nu23:10 | דאתאמר עליהון יהוון מסגין ככוכבי שמיא אמר בלעם |
| 098 | | Ex36:05 | ואמרין למשה למימר מסגין עמא למייתה כמסת פלחנא |
| 099 | דאסגו | Ex16:17 | בני ישראל ולקטו מן דאסגו ומן דזער: |
| 100 | דאסגי | Ex16:18 | בעמרא ולא שייר מן דאסגי ומן דאזער לא חסר גבר לפם |
| 101 | | Ex16:17M | "מן ... דזער": שבט׳ דאסגי ושבט׳ דאצער דן ודן <דן |
| 102 | דמסגי | Lv11:42 | דמהלך על ארבע עד כל דמסגי ברגלוי כל {ד}שרצה דשרץ על |
| 103 | | Lv11:42M | ברגלוי /עד {ג}<נ>דל דמסגי עד מאה ריגלין#2#/ כל |
| 104 | וסגית | Gn26:24 | עמך אנה וברכת יתך וסגית ית בנך בזכוותא דאברהם |
| 105 | ואסגי | Gn49:07 | בגו דבית יעקב ואסגי אחסנתיה דלוי בגו שבטה |
| 106 | | Nu10:36M | רוגזך ובריך רבוותה ואסגי אלפייה דבני ישראל |
| 107 | | Gn43:34M | להון \ורבי חולקא /ואסגי חולקוי#2#/ דבנימן מן |
| 108 | | Gn26:24M | בסעדך ממרי ואברך יתך ואסגי ית זרעית בניך |
| 109 | | Ex 7:03 | אתוקף ית לבא דפרעה ואסגי ית נסוי וית פרישתי בארעא |
| 110 | | Gn26:04 | ואסגי יתך ככוכבי שמיא ואתן |
| 111 | | Lv26:09 | בכון ואתוקף יתכון ואסגי יתכון ואקים ית קיימי |
| 112 | | Gn17:02M | ביני ובינך ואתוקף/ואסגי#2#/ ית{ן}<ך> לחדה |
| 113 | ויסגי | Gn28:03 | יברך יתך ויתקף יתך ויסגי יתך ותהוי לקהל כנישתא |
| 114 | | Dt 7:13 | יתכון ויברך יתכון ויסגי יתכון ויברך פירי ולד |
| 115 | | Dt13:18 | רחמין וירחם עליכון ויסגי יתכון היך מה דקיים |
| 116 | | Dt30:05 | יתה וייטב לכון ויסגי יתכון מן אבהתכון: |
| 117 | ומסגי | Gn48:04 | לי הא אנה מתוקף יתך ומסגי יתך ותהווי לקהל כנישת |
| 118 | | Ex34:06 | ורחיק רגז וקריב רחמין ומסגי למעבד חסד וקשוט: |
| 119 | | Nu14:18 | ורחיק רגז וקריב רחמין ומסגי למעבד חסד שרי ושביק |
| 120 | ומסגיא | Gn22:17 | ארי מברכה אברך יתך ומסגיא אסגי ית בנך ככוכבי שמיא |
| 121 | ומסגייה | Dt26:05 | תמן לאומה רבה ותקיפה ומסגייה: |
| 122 | | Dt 9:14 | יתך לאומה רבה ותקיפה ומסגייה מנהון: |
| 123 | ולמסגייה | Dt28:63 | עליכון למייטבה יתכון ולמסגייה יתכון כדן יחדי ייי |
| 124 | למסגייה | Dt17:16 | עמא למצריסה מן בגלל למסגייה ליה סוסוון ווייי במימריה |
| 125 | ואיסתגון etpeel | Gn47:27M | וסגן /וסגון ואיסתגון#2#/ לחדא: |
| 126 | ויסתגון | Ex 1:20M | וסגון עמא ואתוקפו/ויסתגון לחדא#2#/ לחדא: |
| 127 | ויתסגון ettafal | Gn 8:17M | ויסגון/ויסגון ויתסגון#2#/ על ארעא: |

## סגי *adj./adv.* **much, many, great** [367 סגין adv.]

|  |  |  |  |
|---|---|---|---|
| 001 | סגי s ab/cn | Gn28:03M | כנישתא אומין צדיקין/סגי#2#/: |
| 002 | | Nu32:04M | \בעיר סגין /נכסין סגי#2#/: |
| 003 | | Dt 2:01M | דגבלה יומין סגין/סגי#2#/: |
| 004 | | Dt 3:19M | \בעיר סגין /נכסין סגי#2#/ אית לכון ישרון |
| 005 | | Nu12:16M | אגר \סגיא לפם /סגי בגין#2#/ דקמת לה מרים |

|  |  |  |  |  |  |  |
|---|---|---|---|---|---|---|
| 006 | | | Lv25:51 | אן עד כדון | סגי | בשניה לפום שנייה יחזור |
| 007 | | | Lv25:51M | אן \עד כדון סגי /עוד | סגי{'}#2#/ | בשניה לפום שנייה יחזור |
| 008 | | | Nu22:03M | "תקיפין ...": | סגי | הנון ואיתיעקו מואבאי |
| 009 | | | Lv10:20M | ועל דאשפל קבל עלה אגר | סגי | ושמע משה ושפר פתגמי |
| 010 | | | Nu20:11M | ושתו עם כנישתה /מין | סגי | ושתין עמה דכ'#2#/ |
| 011 | | | Dt 3:05M | /קורייתה דפריזאי | סגי#2#/ | להדה: |
| 012 | | | Ex12:38M | /תקוף#2#/ לחדא/נכסי' | סגי | לחד'#2#/: |
| 013 | | | Nu12:16 | למצטרעה אית אולפן | סגי | לחיכימי ולנטרי אוריתה |
| 014 | | | Gn21:06M | אתעבד לי מן קדם ייי | /סגי | לי חדוה עבד לי ייי#2#/ כל |
| 015 | | | Dt 3:26M | ייי לי אמר משה | סגין/סגי#2#/ | לך לא תוסף למללה |
| 016 | | | Nu16:07M | "אסגיתון לכון": | סגי | לכון רבנותה |
| 017 | | | Nu16:07M | הוא קדיש#2#/ | אסגיתון/סג{ו}י#2#/ | לכון בנוי דלוי: |
| 018 | | | Dt 1:06M | למימר | סגין/^סגי#2#^/אסגי#2#/ | לכון למישרי |
| 019 | | | Dt 2:03M | \סגין לכון למקפה | /סגי | לכון אקפ'#2#/ ית טורא |
| 020 | | | Gn36:07M | סגיא /סגולהון | סגי#2#/ | מן למישרי כחדא ולא |
| 021 | | | Nu21:06M | עמא ומיתו אוכלוסין | סגי#2#/ | מן ישראל: |
| 022 | | | Nu22:05M | ליה למימר הא עם | סגין/סגי#2#/ | נפקו מן מצרים והא |
| 023 | | | Gn45:05M | למיקיימיה אוכלוסין | סגי | שלח יתי ממריה דייי#2#/ |
| 024 | | | Nu33:54M | \דעמיה סגין /דעמא | סגי#2#/ | תסגון אחסנתיה ולשבטה |
| 025 | | | Nu35:08M | תסגון ומן לוות שבטה | /סגי | תסגי אחסנתיה ומן שבטה#2#/ |
| 026 | | | Dt28:38M | זרע | סגין/סגי#2#/ | תפקון ותזרעון באפי |
| 027 | סגיא | | Gn13:06M | ולא הוון יכלין למשרי | /סגיא | ולא יכלו למש'#2#/ כחדא: |
| 028 | | | Gn31:29M | חיל ואוכלסין | סגין/סגיא#2#/ | למבאשא לכון ואלה |
| 029 | | | Nu12:16 | עבד הוא מקבל עילוי אגר | סגיא | לפם דקמת לה מרים על גיף |
| 030 | | | Gn36:07 | ארום הוה ממוניהון | סגיא | מן למישרי כחדא ולא יכלית |
| 031 | סגין | | Nu32:01 | ובע«י»ר | סגין | הוה לבנוי דראובן ולבנוי |
| 032 | | | Gn41:49 | יוסף עבור כחלא דימא | סגין | לחדא עד זמן דאתמנע מן |
| 033 | | | Nu11:33 | דייי תקוף בעמה ומחה | סגין | לחדה: |
| 034 | | | Dt 3:26 | ואמר ייי לי אמר משה | סגין | לך לא תוסף למללה קדמי תוב |
| 035 | | | Dt 1:06 | מליל עמן בחורב למימר | סגין | לכון למישרי בטורא הדין: |
| 036 | | | Dt 2:03 | | סגין | לכון למקפה ית טורא הדין |
| 037 | | | Nu16:03 | ועל אהרן ואמרין להון | סגין | עליכון ארום כל כנישתה |
| 038 | סגיא | s em/sf | Gn50:09 | פרשין והוות משרייתא | סגיא | לחדא: |
| 039 | סגיאה | | Gn15:12M | קיבלא דא היא מידי | סגיא{ת}<ה> | דא היא ייוון נפלת |
| 040 | סגון | p abs | Gn50:20 | ביומא הדין לקיימא עם | סגון: | |
| 041 | סגיא' | | Ex32:29 | יומא הדין ברכן | ^סגיא'#2#^: | |
| 042 | סגיאין | | Ex 1:12M | /בכן#2#/ הוון | סגיין/סגיאין#2#/ | ובכדן הוון תקיפין |
| 043 | | | Gn 3:22 | מרומא עתידין אומין | סגיאין | למקום מנה ומנה תקום אומ' |
| 044 | | | Dt 3:02M | והוא שמיה משבח שנין | סגיאין | מן בגלל למחווייה יתיה |
| 045 | סגיאן | | Gn12:02M | /ויהווי אברם לברכן | סגיאן#2#/: | |
| 046 | | | Nu24:24M | "אוכלוסין ... עולם": | סגיאן | מן לברניא מן מדינת |
| 047 | סגייאן | | Nu23:10M | /^סגין#2#^/ /דיהוון | סגייאן#2#/ | ככוכבי שמיא אמר בלעם |
| 048 | סגיין | | Gn49:19 | יחזרון לאתרהון בנכסין | סגיין: | |
| 049 | | | Ex 1:12 | מצערין יתהון בכדן הוון | סגיין | ובכדן הוון תקיפין ואעיקו |
| 050 | סגין | | Gn21:34 | בארעהון דפלשתאי יומין | סגין: | |
| 051 | | | Gn37:34 | ואתאבל על בריה יומין | סגין: | |
| 052 | | | Gn50:20M | יומ' הדין קהל אוכלוסין | סגין | |
| 053 | | | Ex19:21 | ויפל מנהון אוכלסין | סגין: | |
| 054 | | | Nu13:18M | הא זעירין הנון או | סגין#2#/: | |
| 055 | | | Nu24:18 | וישראל יצלחון בנכסין | סגין: | |
| 056 | | | Nu32:04 | היא ולעבדיך בעיר | סגין: | |
| 057 | | | Dt 2:01 | ית טורא דגבלה יומין | סגין: | |
| 058 | | | Gn33:09 | ואמר עשו אית לי | סגין | אחי יתקיים לך כל מה דילך: |
| 059 | | | Gn 4:13 | ואמר קין קדם ייי | סגין | אינון חוביי למסבול ברם אית |
| 060 | | | Ex 5:05 | ואמר פרעה הא | סגין | אינון כדן עמה «דארעא» |
| 061 | | | Dt 7:17 | ארום תימרון בלבביכון | סגין | אינון אומייה האליין מנן |
| 062 | | | Dt 3:19 | ידע אנה ארום בעיר | סגין | אית לכון ישרון בקורייכון |
| 063 | | | Dt30:09 | ובפרי ארעכון לטבן | סגין | ארום יחזר ייי למחדי עליכון |
| 064 | | | Gn17:05M | אומין \צדיקין שוית | /סגין | אשוי#2#/ יתך: |
| 065 | | | Lv15:25 | דוב ^אדמה#2#^ יומין | סגין | בלא אשון נדתה או ארום |
| 066 | | | Nu24:24 | יפקון אוכלוסין | סגין | {{בלברנייה עזי}} לשון מן |
| 067 | | | Gn15:02M | ממריה דייי | סגין | ברכן יהב' |
| 068 | | | Nu20:15 | ושרינן במצרים יומין | סגין | ואבאשו לן מצריי ולאבהתן: |
| 069 | | | Dt15:06 | למיזף ותשלטון באומין | סגין | ואינון בכון לא ישלטון: |
| 070 | | | Gn30:43 | לחדא לחדא והוי ליה ען | סגין | ואמהן ועבדין וגמלין |
| 071 | | | Dt32:15 | והצלחו וקנון להון נכסין | סגין | ואנשון ית מימר אלהה די ברה |
| 072 | | | Dt15:06 | מלל לכון ותזופון לאומין | סגין | ואתון עמי לא תצרכון למיזף |
| 073 | | | Dt28:12 | ידיכון ותצרכון לאומין | סגין | ואתון עמי לא תצרכון: |
| 074 | | | Gn15:01 | דמצטרפין לגיונין | סגין | ואתין עלך למקטל ממרי תרום |
| 075 | | | Nu26:56 | אחסנתיה בין שבטה דעמא | סגין | ובין שבטה דעמא זעירין: |
| 076 | | | Dt28:12M | למיזף ותשלטון באומין | סגין | והנון בכון לא ישלטון |
| 077 | | | Nu 9:19 | עננה ^^על משכנה יומין | סגין | ויטרון בני ישראל ית מטרתה |
| 078 | | | Gn15:01 | ויצטרפון עמהון לגיוונין | סגין | וייתון עליי ויקטלון יתי או |
| 079 | | | Gn13:06 | כחדה ארום הוה ממוניהון | סגין | ולא הוון יכלין למשרי כחדא: |
| 080 | | | Nu22:15 | עוד בלק ושלח שליחין | סגין | ומ«י»קרין מן אלין: |
| 081 | | | Gn17:06M | ואשוי יתך לאומין | מלכין/סגין | ומל'#2#/ דשלטין באמיא |
| 082 | | | Gn17:16M | ואברך יתך ותהוי לאומין | סגין | ומלכין |
| 083 | | | Dt31:17 | ויארעון יתהון בישן | סגין | ועקין וייאמרון ביומה ההוא |
| 084 | | | Dt31:21 | ארום יארען יתהון בישן | סגין | ועקין ותענה שבח שירתה הדה |
| 085 | | | Dt 1:10 | אסגי יתכון והא אתון | סגין | וקיימין יומא הדין ככוכבי |
| 086 | | | Gn26:14M | מסגיא /ונכסין ועבדין | סגין#2#/ | וקנין ביה פלישתאי: |
| 087 | | | Nu20:11 | זמנין ונפקו מניה מיין | סגין | ושתו עם כנישתה ובעיריהון: |
| 088 | | | Ex 1:09 | לעמיה הא עמא בני ישראל | סגין | ותקיפין מנן: |
| 089 | | | Gn15:02 | בבעו ברחמין מן קדמך ייי | סגין | יהבת לי וסגין קדמך למיתן |
| 090 | | | Nu 9:22M | \יומין סגין כד שוהי | /סגין | יומין באריכות#2#/ עננה |
| 091 | | | Nu24:07 | ובנוי ישלטון באומין | סגין | יתקף מן שאול {רחם} <דחס> |
| 092 | | | Nu 9:22 | יומין או ירח או יומין | סגין | כד שוהי עננה על משכנה |
| 093 | | | Dt 1:46 | ושריתון ברקם יומין | סגין | כיומיא די שריתון: |
| 094 | | | Dt33:03 | מייתי עליהון יסורין | סגין | לא נייחין ולא שדכין מן |
| 095 | | | Dt 3:05 | לבר מן קורי מבדרתה | סגין | להדה: |
| 096 | | | Gn31:29 | אית עמי חיל ואוכלסין | סגין | למבאשא לכון ואלה דאבוכון |
| 097 | | | Dt20:19 | ארום תקפון על קריה יומין | סגין | למסדרה לקובלה סדרי קרבה |
| 098 | | | Gn30:42 | הוי משוי והווה ליה ען | סגין | לקישיא ללבן ובכיריה |
| 099 | | | Nu21:06 | ונכתו ית עמא ומיתו עם | סגין | מן ישראל: |
| 100 | | | Nu24:24 | ויצטרפון עמהון לגיונין | סגין | מן <....> וישעבדון אתורייה |
| 101 | | | Dt 7:01 | למירת יתה ויטרוד אומין | סגין | מן קדמיכון חתיי וגרגשיי |
| 102 | | | Dt20:01 | סוסוון ורוכביהון עם | סגין | מנכון לא תדחלון מנהון ארום |
| 103 | | | Nu22:05 | למיקרי ליה למימר הא עם | סגין | נפקו מן מצרים והא כסון ית |
| 104 | | | Nu22:11 | הא עם | סגין | נפקו מן מצרים וכסון ית |
| 105 | | | Ex12:38 | ואף גיורין | סגין | סלקו עמהון וען ותורין בעיר |
| 106 | | | Gn24:25 | ואמרת לה אף תבן אף כסה | סגין | עמן ואף אתר למבתה: |
| 107 | | | Nu26:54 | לשבטא דעמא | סגין | תסגון אחסנתיה ולשבטא דעמא |
| 108 | | | Nu33:54 | לזרעייתכון לשבטה דעמיה | סגין | תסגון אחסנתיה ולשבטה דעמיה |
| 109 | | | Nu35:08 | מן לוות שבטה דעמא | סגין | תסגון ומן לוות שבטה דעמא |
| 110 | | | Dt28:38 | זרע | סגין | תפקון ותזרעון באפי ברה |
| 111 | וסגין | | Dt 2:10 | שרון בגווה עם רברבין | וסגין | ותקיפין כבנוי דענק |
| 112 | | | Dt 2:21 | עם רברבין | וסגין | ותקיפין כבנוי דענק |
| 113 | | | Dt 1:28 | למימר עם רברבין | וסגין | מינן קריין רברבן ותלילן |

|  |  |  |  |  |  |
|---|---|---|---|---|---|
| 114 | | Gn45:28M | ישראל סגי סבין ונחמן/וסגיין#2#/ | | סכיית למיחמי ולדא |
| 115 | | Gn15:02 | ייי סגין יהבת לי | וסגין | קדמך למיתן לי ואנה אזל מן |
| 116 | | Gn15:02M | "וסגין ... לי": | וסגין | קודמיך למ' לי ברם |
| 117 | סגיאייה p em/sf | Ex 2:23 | והוה ביומיא | סגיאייה | האינון ומית מלכא דמצרים |
| 118 | סגייה | Nu22:24M | באמצע כרמייה | סגייה | מן דן סטרה וסגייה מן דן |
| 119 | וסגייה | Nu22:24M | סגייה מן דן סטרה | וסגייה | מן דן סטרה |

**סגי ⇐ n. סוגי**

**סגין ⇐ סגי**

**to acquire vb. סגל** [368]

|  |  |  |  |  |  |
|---|---|---|---|---|---|
| 001 | סגולו peal | Gn46:06M | די קנון /סגולהון די | סגולו#2#/ | בארעא דכנען ואתון |
| 002 | סגל | Gn31:18M | די קנה /סגולה די | סגל | נכסי קנינוי די סגל#2#/ |
| 003 | | Gn31:18M | סגל נכסי קנינוי די | סגל#2#/ | בפדן ארם למיזל |
| 004 | | Gn36:06M | /סגולה#2#/ די | קנה/סגל#2#/ | בארעא דכנען ואזל |

**to shut vb. סגר** [368]

|  |  |  |  |  |  |
|---|---|---|---|---|---|
| 001 | סגיר peal | Dt17:08M | לדיני ממונא בין מכתש | סגיר | למכתש חליט מלוי <ד>פלוגתא |

**Sodomite adj. סדומיי** [368]

|  |  |  |  |  |  |
|---|---|---|---|---|---|
| 001 | דסדומיא p em/sf | Gn19:26 | אתתה דלוט מן בנתהון | דסדומיא | אסתכלת לבתר«ה» למחמי |

**סדור ⇐ n. סידור**

**to cleave vb. סדק** [368]

|  |  |  |  |  |  |
|---|---|---|---|---|---|
| 001 | סדיקה peal | Dt14:06 | וכל בעירה דפרסתה | סדיקה | ומטליף טלפין בתרתין פרסתה |
| 002 | | Dt14:07 | אינון ופרסתהון לית היא | סדיקה | מסאבין אינון לכון: |
| 003 | | Dt14:06M | /דמטלף טלפין ופרסתה | סדיקה | תרתין פרסן מסקה גרא#2#/ |
| 004 | סדיקי | Dt14:07 | מן מסקי גררתה ומן | סדיקי | פרסתה דסדיקה ית גמלה וית |
| 005 | דסדיקה | Dt14:07 | גררתה ומן סדיקי פרסתה | דסדיקה | ית גמלה וית ארנבא וית |

**to arrange vb. סדר** [369]

|  |  |  |  |  |  |
|---|---|---|---|---|---|
| 001 | סדר peal | Dt 4:08 | גזירת אוריתה הדה די אנה | סדר | קדמיכון יומא הדין: |
| 002 | | Dt11:32 | וית סדרי דינייה די אנה | סדר | קדמיכון יומא הדין: |
| 003 | | Dt 4:44 | ודן גזירת אורייתה די | סדר | משה קדם עמא בני ישראל: |
| 004 | | Nu 7:17M | חמשה דן קרבנה די | אתנדב/סדר#2#/ | וקרב מנכסי |
| 005 | | Nu 7:23M | חמשה דן קרבנה | דאיתנדב/סדר#2#/ | וקרב מן נכסיה גרמיה |
| 006 | | Nu 7:35M | דן קרבניה די | אתנדב/סדר#2#/ | וקרב מן נכסי גרמיה |
| 007 | | Nu 7:59M | חמשה דן קרבנה די | אתנדב/סדר#2#/ | וקרב מן נכסיה גרמיה |
| 008 | | Nu 7:71M | דן קורבנה די | אתנדב/סדר#2#/ | וקרב מן נכסיה גרמיה |
| 009 | | Nu 7:77M | דין קרבנה די | אתנדב/סדר#2#/ | וקרב מן נכסיה גרמיה |
| 010 | | Nu 7:83M | חמשה דן קרבנה די | אתנדב/סדר#2#/ | וקרב מן נכסיה גרמיה |
| 011 | | Lv27:14M | ביש היך מה די | יעלי/סדר#2#/ | יתיה כהנה כדן יקום: |
| 012 | | Dt30:01 | לבביכון בכל אומייה די | סדר | יתכון ייי אלהכון לתמן: |
| 013 | | Lv 9:10 | חצר כבדה מן חטא«תה» | סדר | על גבי מדבחה היך מה דפקד |
| 014 | | Dt11:26 | חמון דהא אנה כען | סדר | קדמיכון יומא הדין סדר |
| 015 | | Nu21:26 | דאמוריי הוות והוא | סדר | קרבה עם מלכיהון דמואביי |
| 016 | סדרו pael | Gn14:02 | | סדרו | קרבא עם ברע מלכא דסדום |
| 017 | | Gn14:09 | דפונטוס ארבעה מלכין | סדרו | קרבא לקבל חמשה ויכלו להון: |
| 018 | סדרית | Dt30:15 | חמון די | סדרית | קדמיכון יומא הדין ית סדר |
| 019 | סדרת | Nu23:04 | ליה ית שבעתי מדבחיה | סדרת | וקרבת תור ודכר על כל מדבח: |
| 020 | | Dt30:01 | סדר ברכתה וחילופיהון די | סדרת | קדמיכון ותתחזרון עם |
| 021 | יסדר | Lv24:04 | על מנרתה דכיתה | יסדר | ית בוציניה ^קדם ייי#2#^ |
| 022 | | Lv24:08 | דשובתה ביומא דשובתה | יסדר | יתה קדם ייי בתדירה מן לוות |
| 023 | | Lv27:08M | ידיה דמן דנדר | יעלי/יסדר#2#/ | יתי כהנה: |
| 024 | | Ex27:21 | לבר מן פרכתה דעל שהדותא | יסדר | יתיה אהרן ובנוי מן רמשא |
| 025 | | Ex30:07 | בסדרותה ית בוצינייתה | יסדר | יתיה אהרן: |
| 026 | | Ex30:08 | ביני שמשתה {ית} | יסדר | יתיה קטרת בתדירא קדם ייי |
| 027 | | Lv24:03 | דסהדותה במשכן זמנה | יסדר | יתיה אהרן מן רמשה ועד |
| 028 | | Lv27:08M | יתיה קדם כהנה | ויעלי/יסדר#2#/ | יתיה על פם די תארע |
| 029 | | Dt 1:30M | מדבר קדמיכון הוא | יעבד/יסדר#2#/ | לכון נצחני/סדרי#2#/ |
| 030 | | Lv 4:26 | וית כל תרביה | יסדר | על גבי מדבחה כתרבה דנכיסת |
| 031 | | Lv16:25 | וית תרבה דחטאתה | יסדר | על גבי מדבחה: |
| 032 | | Ex17:16 | יהוי שאול בר קיש הוא | יסדר | קרבא עם בית עמלק ויקטול |
| 033 | יסדרון | Nu20:21M | /להון#2#/ סדרי /דלא | יסדרון | סד#2#/ קרבה: |
| 034 | נסדר | Ex14:13 | למצרים וחדה הוות אמרה | נסדר | לקבליהון סדרי קרבה וחדא |
| 035 | | Ex14:14 | וכיתא דהוות אמרה | נסדר | לקבליהון סדרי קרבא אמר |
| 036 | | Ex14:13M | /בימא וחדא אמר | נסדר | לקוב#2#/ סדרי קרבה וחדא |
| 037 | נסדרה | Nu22:06M | "דאכיל ... ואטרוד": דניכל | נסדרה | לקובליהון קרבה ואטרוד |
| 038 | | Nu21:01M | עבדי קרבה אתון וניפוק | נסדרה | סדרי קרבה כל וקבל |
| 039 | תסדר | Nu18:17 | מדבחה וית תרביהון | תסדר | קרבן מתקבל לריח דרעוה לשמה |
| 040 | תסדרון | Dt 2:09 | תעיקון ית מואביי ולא | תסדרון | לקבליהון סדרי קרבה ארום |
| 041 | | Ex30:09 | לא | תסדרון | עלוי קטרת נכרייה ועלוון |
| 042 | | Dt 1:42 | אמור להון לא תסקון ולא | תסדרון | קרבה ארום לית איקר שכינתי |
| 043 | מס' | Dt 4:08M | הדה די אנה | סדר/^מס'#2#^/יהב#2#/ | קדמיכון יומא |
| 044 | מסדר | Gn11:04M | עבד' לקבליה /ויהוי | מסדר | לקובלה#2#/ סדרי קרבא |
| 045 | | Ex30:01 | ותעבד מדבחה | מסדר | קטרתה אעין שטין תעבד יתיה: |
| 046 | מסדרה | Nu24:20 | ומגוג אינון עתידין | מסדרה | לקבליהון סדרי קרבה |
| 047 | מסדרי | Dt33:07M | סדרי קרבה בשלם/בשלם | מסדרי | ק'>ק#2#/ ידוי יתפרען |
| 048 | | Nu16:35 | מאת«י»ן וחמשין גברין | מסדרי | קטרתה: |
| 049 | דסדר | Nu 7:41M | חמשה דן קרבנה די | אתנדב/דסדר#2#/ | וקרב מן נכסי גרמיה |
| 050 | דסדרו | Nu24:20 | נבותה ואמר שרוי אומיה | דסדרו | <קרבה> עם ישראל עמלקי |
| 051 | וסדר | Lv 8:16 | כולייתה וית תרביהון | וסדר | משה על גבי מדבחה: |
| 052 | | Lv 8:20 | וית דכרה פסג לפסגוי | וסדר | משה ית ראשה וית פסגייה וית |
| 053 | | Lv 8:21 | וית רגלה שזג במיא | וסדר | משה ית כל דכרה על גבי |
| 054 | | Ex40:25M | | ואעל/וסדר#2#/ | בוצינייה קדם ייי |
| 055 | | Gn22:09 | תמן אברהם ית מדבחא | וסדר | ית קיסייא ועקד ית יצחק |
| 056 | | Ex17:09M | ופוק וסדר /ונפק\ | וסדר#2#/ | סדרי קרבא עם/כלוקבל#2#/ |
| 057 | | Ex17:09 | לן גברין גיברין ופוק | וסדר | סדרי קרבא עם דבית עמלק |
| 058 | | Lv 9:14 | ית בני גווה וית רגליה | וסדר | על עלתה על גבי מדבחה: |
| 059 | | Lv 8:28 | מעילוי כפי ידיהון | וסדר | על גבי מדבחה על עלתה אשלמו |
| 060 | | Lv 9:13 | לוותה לפיסגה וית רישיה | וסדר | על גבי מדבח': |
| 061 | | Lv 9:17 | מנחתה ומלא כף ידיה מנה | וסדר | על גבי מדבחה בר מן עלתה |
| 062 | | Ex40:23 | | וסדר | עלוי סדור לחם אפיה קדם ייי |
| 063 | | Ex40:27 | | וסדר | עלוי קטרת בסמנין טבין |
| 064 | | Ex40:29 | תרע משכנא משכן זימנא | וסדר | עלוי ית עלתה היך מה די פקד |
| 065 | | Gn 8:20 | ומן כל עופא דכיה | וסדר | עלון על גבי מדבחה: |
| 066 | | Ex19:07 | משה וקרא לחכימי עמא | וסדר | קדמיהון ית כל פתגמיא |
| 067 | | Lv 9:20 | ושוון ית תרבי' על ניעיה | וסדר | תרביה על גבי מדבחה: |
| 068 | וסדרו | Gn14:08 | דבלעת דיריה היא זער | וסדרו | לקבלתהון סדרי קרבא במישר |
| 069 | | Ex17:08 | ואתון רברבני עמלק | וסדרו | סדרי קרבא עם ישראל |
| 070 | | Ex24:05 | עולמיהון דבני ישראל | וסדרו | עליון וקריבו נכסת קודשין |
| 071 | | Gn15:01 | כל מלכוותה דארעא | וסדרו | קרבא לקבל אברם ונפלו |

| | | | | | |
|---|---|---|---|---|---|
| 072 | | Nu21:01 | די סליקו בה ילליה | וסדרו | קרבה עם ישראל ושבון |
| 073 | | Nu21:23 | למדברה ואתה ליהצה | וסדרו | קרבה עם ישראל: |
| 074 | וסדרון | Ex32:06 | ואקדמו מן יומא דבתרא | וסדרון | עליהן עלוון וקרבו נכסת |
| 075 | ויסד׳ | Lv 2:02 | ומן טובה על כל לבונתה | ויסד׳ | כהנא ית אדכרתה על גבי |
| 076 | ויסדר | Lv 2:08 | ויקרב יתה לות כהנא | ויסדר | יתה על גבי מדבחה: |
| 077 | | Lv27:14M | קדש לשמה דייי | ויעל׳/ויסדר#2#/ | יתה כהנה בין טב |
| 078 | | Lv 3:16 | | ויסדר | יתהון כהנא על גבי מדבחה |
| 079 | | Lv 4:10 | מתורה דנכסת קודשיה | ויסדר | יתהון כהנא על מדבחה |
| 080 | | Lv 7:05 | | ויסדר | יתהון כהנא על גבי מדבחה |
| 081 | | Lv 3:11 | | ויסדר | יתי׳ כהנא על גבי מדבחה |
| 082 | | Lv 1:09 | ורגלוי ישיג במיא | ויסדר | כהנא ית כלה על גבי מדבחא |
| 083 | | Lv 1:12 | ית רישיה וית גופיה | ויסדר | כהנא יתהון על קיסיה די על |
| 084 | | Lv 1:17 | יתיה בכנפוי לא יפרש | ויסדר | כהנא יתיה על גבי מדבחה על |
| 085 | | Lv 2:16 | | ויסדר | כהנא ית אדכרתה מן גרשה |
| 086 | | Lv 4:19 | וית כל תרבה ירים מנה | ויסדר | כהנא על גבי מדבחה: |
| 087 | | Lv 4:31 | מעלוי נכיסת קדשי׳ | ויסדר | כהנא על גבי מדבחה לריח |
| 088 | | Lv 4:35 | מעילוי נכסת קדשיה | ויסדר | כהנא יתהון על גבי מדבחה |
| 089 | | Lv 7:31 | | ויסדר | כהנא ית תרבה קדם ייי |
| 090 | | Lv14:20 | | ויסדר | כהנא ית עלתה וית מנחתה |
| 091 | | Lv 1:13 | ויקרב כהנא ית כלה | ויסדר | על גבי מדבחא עלה הוא קרבן |
| 092 | | Lv 1:15 | מדבחה ויעזם ית ראשה | ויסדר | על גבי מדבחה וימציא אדמה |
| 093 | | Lv 2:09 | ית מנחתה ית אדכרתה | ויסדר | על גבי מדבחה קרבן מתקבל |
| 094 | | Lv 5:12 | מלא קומציה ית אדכרתה | ויסדר | על גבי מדבחא על קרבנוי |
| 095 | | Lv 6:08 | די על «גבי» מנחתה | ויסדר | על ^גבי#2#^ מדבח׳ ריח |
| 096 | | Nu 5:26 | מן מנחתה ית אדכרתה | ויסדר | על גבי מדבחה ומן בתר כדן |
| 097 | | Ex30:07 | | ויסדר | עלוי אהרן קטרת בוסמנין |
| 098 | | Lv 6:05 | קיסין בכל צפר צפר | ויסדר | עליה עלתה ויסדר עליה תרבי |
| 099 | | Lv 6:05 | צפר ויסדר עליה עלתה | ויסדר | עליה תרבי נכיסת קדשין: |
| 100 | | Lv17:06 | דייי בתרע משכן זמנא | ויסדר | תרבה לריח דרעוה לשמה |
| 101 | ויסדרון | Lv 1:08 | | ויסדרון | בנוי דאהרן כהניא ית |
| 102 | | Lv 3:05 | | ויסדרון | יתיה בנוי דאהרן על גבי |
| 103 | | Lv 1:07 | אשא על גבי מדבחא | ויסדרון | קיסין על אשתא: |
| 104 | ויסדרן | Ex 1:10 | אינון אף על שונאינון | ויסדרן | קרבא לקובלן וישוון עליהון |
| 105 | ונסדר | Dt 1:41 | קדם ייי אנן נסוק | ונסדר | קרבה ככל מה די פקד יתן |
| 106 | ונסדרא | Nu21:01M | די עלו בה ולילייה | ונסדרא | סדרי קרבה כל וקבל דבית |
| 107 | ונסדרה | Dt 1:41M | ונסדר /סלקין | ונסדרה | לקובליהון סדרי#2#/ קרבה |
| 108 | ותסדר | Ex25:37 | ותעבד ית בוציניה שבעה | ותסדר | ית בוציניה למנהרא |
| 109 | | Ex29:18 | | ותסדר | ית כל דיכרא על גבי מדבחא |
| 110 | | Ex40:04 | ותעל ית פתורה | ותסדר | ית סידרה ותעל ית מנרתה |
| 111 | | Ex40:04 | סידרה ותעל ית מנרתה | ותסדר | ית בוציניה: |
| 112 | | Dt20:12 | ואן לא תשלם לכון | ותסדר | לקבליכון סדרי קרבה ותקפון |
| 113 | | Ex29:13 | וית תרבא די עליהון | ותסדר | על גבי מדבחה: |
| 114 | | Ex29:25 | ותקבל יתהון מן ידיהון | ותסדר | על גבי מדבחה על עלתה לריח |
| 115 | | Ex30:07M | | ויסדר/ותסדר#2#/ | עלוי אהרן קטרת |
| 116 | ותסדרון | Dt27:06 | ית מדבחה דייי אלהכון | ותסדרון | עלוי עלוון קדם ייי |
| 117 | למ׳ | Nu24:20M | אינון עתידין | מסדרה/למ׳#2#/ | לקבליהון סדרי קרבה |
| 118 | למסדרא | Dt 2:32M | הוא וכל עמיה | ^למסדרא#2#/ | לסדרי קרבה ליהצה |
| 119 | | Ex17:10 | דאמר ליה משה רביה | למסדרא | סדרי קרבא עם דבית עמלק |
| 120 | למסדרה | Lv24:02 | זכיך כתיש לאנהרותא | למסדרה | בוציניה בתדירה: |
| 121 | | Ex27:20 | זכיך כתיש לאנהרותה | למסדרה | בוצינין בתדירה: |
| 122 | | Dt20:04 | שכינתיה מדברה ביניכון | למסדרה | לכון סדרי קרביכון עם |
| 123 | | Dt20:10 | ארום תקרבון לקריה | למסדרה | לקובלה סדרי קרבה ותכרזון |
| 124 | | Dt20:19 | על קריה יומין סגין | למסדרה | לקובלה סדרי קרבה למכבוש |
| 125 | | Nu22:11M | ואטרוד /דניכול | למסדרה | לקובליהון קרבה#2#/ |
| 126 | | Ex14:20M | לאליין \לסדר קרבא | /למסדרה | סדרי קרבא#2#/ כל ליליא: |
| 127 | | Nu21:33M | עמיה \לסדרי קרבה | /למסדרה | סדרי קר#2#/ לאדרעי |
| 128 | | Dt 3:01M | הוא וכל עמיה \לסדרי | /למסדרה | סדרי#2#/ קרבה לאדרעי |
| 129 | | Nu17:05 | לא מן בנוי דאהרן הוא | למסדרה | קטרה קדם ייי ולא יהווי |
| 130 | | Nu22:11 | ^דלמא#2#^ {י}<ד>איכול | למסדרה | קרבה לקבליהון ואטרוד |
| 131 | | Ex30:20 | על גבי מדבחא למשמשא | למסדרה | קרבנין קדם ייי: |
| 132 | לסדרה | Nu20:21 | מן אבוהון דבשמיא דלא | לסדרה | לקבליהון סדרי קרבה: |
| 133 | etpaal אסתדרו | Gn15:17 | חזי עד די סאבסלין | אסתדרו | וכורסוון רמיו והא גהינם |
| 134 | תסתדר | Lv 6:15 | קיים עלם קדם ייי גמירה | תסתדר: | |

## סדר *n.* **order** [368]

| | | | | | |
|---|---|---|---|---|---|
| 001 | s ab/cn סד׳ | Nu34:15M | לנהרה רבה דפרת דעלוי | סד׳ | |
| 002 | סדר | Nu 8:03 | אהרן לקבל אפיה מנרתה | סדר | בוציניה היך מה די פקד ייי |
| 003 | | Gn49:02 | סברין דהווה גלי להון | סדר | ברכתא ואתכסי מניה עני |
| 004 | | Lv22:27M | אשקי יתיה וזכה למקבלה | סדר | ברכתה מן יצחק אבוי |
| 005 | | Lv22:27 | לאבוי ו<ז>כה למקבלה ית | סדר | ברכתה אלין תלתי קרבני |
| 006 | | Dt11:26 | סדר קדמיכון יומא הדין | סדר | ברכתה ולווטייה: |
| 007 | | Dt28:08 | יפקד ייי עמכון ית | סדר | ברכתה וייתון עליכון |
| 008 | | Dt30:01 | כל פתגמיא האיליין | סדר | ברכתה וחילופיהון די סדרת |
| 009 | | Lv25:21M | ואפקד ית | ^סדר#2#/ | ברכתי לכון בשתה שתיתיה |
| 010 | | Lv24:22 | | סדר | דין חד יהווי לכון כגיורה |
| 011 | | Nu35:29M | לקיים \דרין לדריכון | /סדר | דין לד׳#2#/ בכל אתר |
| 012 | | Dt19:06 | ויתחייב בנפשה ולה לית | סדר | דין דקטולין ארום ל{ה}<א> |
| 013 | | Dt21:22M | חובת דין /בגבר חובה | סדר | דין#2#/ דקטולין ויתקטל |
| 014 | | Dt22:26 | מן דעם ביש לית לרביתה | סדר | דין דקטולין ארום היך מה די |
| 015 | | Gn 6:03 | הלא מחתם הוא קדמוי | סדר | דינא דדר׳ דמבולא למובדה |
| 016 | | Ex23:06M | בני ישראל לא תסטון | סדר | דינא דמסכינא בשעה דינ׳#2# |
| 017 | | Dt15:02 | ודן ^הוא#2#^ | סדר | דינה ושמטתה ישמט כל גבר |
| 018 | | Dt17:11 | די ילפון יתכון ועל | סדר | דינה די יימרון לכון תעבדון |
| 019 | | Dt21:17 | שרוי צעריה דידיה הוא | סדר | דינה דבכורתה: |
| 020 | | Dt32:05 | דרה דשני עבדוי אוף | סדר | דינוי דעלמא אשתני עלוי: |
| 021 | | Dt27:19M | ויאמרון כל /דמסט׳ | סדר | דיניה דגיורא ודיתמה |
| 022 | | Ex28:30 | לביה ^^ויטעון אהרן ית | סדר | דיניהון דבני ישראל על |
| 023 | | Nu27:05 | לא שמעית וקרב משה ית | סדר | דיניהון קדם ייי: |
| 024 | | Dt18:03 | ודין יהווי | סדר | דיניהון דכהנייא מן לוות |
| 025 | | Dt21:22 | וארום יהווי בגברא | סדר | חובת דין דקטולין ויתקטל |
| 026 | | Dt30:15 | קדמיכון יומא הדין ית | סדר | חייה וית טבתה וית סדר |
| 027 | | Lv23:04M | \אילין מועדוי /אליין | סדר | מר׳#2#/ דייי {בזמניהון} |
| 028 | | Lv23:02M | ישראל ותימר להון | ^סדר#2#/ | מועדוי דייי די תארעון |
| 029 | | Lv23:44M | ומליל משה ית | סדרי/סדר#2#/ | מועדוי דייי ואלף |
| 030 | | Dt30:15 | סדר חייה וית טבתה וית | סדר | מותנה וית חילופיהן: |
| 031 | | Nu34:15 | רובא נהרא פרת דעלוי | סדר | נצחני קרבוי דייי מדעבדין |
| 032 | | Dt 3:22 | אלהכון הוא דעבד לכון | סדר | נצחני קרביכון: |
| 033 | | Gn 1:05 | לליא והוא רמש והוה צפר | סדר | עבד בראשית יום קדמאיי: |
| 034 | | Gn 1:08 | שמיא והוה רמש והוה צפר | סדר | עבד בראשית יום תניין: |
| 035 | | Gn 1:13 | והוה רמש והוה צפר | סדר | עבד בראשית יום תליתאי: |
| 036 | | Gn 1:19 | והוה רמש והוה צפר | סדר | עבד בראשית יום רביעאי: |
| 037 | | Gn 1:23 | והוה רמש והוה צפר | סדר | עבד בראשית יום חמישי: |
| 038 | | Gn 1:31 | לחדא והוה רמש והוה צפר | סדר | עבד בראשית יום שתיתיי: |
| 039 | | Nu28:03 | ותימר להון דן | סדר | קרבנה די תקרבון קדם ייי |
| 040 | בסדר | Nu29:27 | ועם אמרייה ובמניינהון | בסדר | דינה^^: |
| 041 | | Nu27:21 | כהנא יקום וישאול לה | בסדר | דינהון דאוריתה קדם ייי על |
| 042 | דסדר | Ex28:30M | על חושנה | דסדר | דינה |
| 043 | וסדיד | Dt33:29 | ותריס חייליכון | וסדיד | זייניכון ותקיף גיווי |

|  |  |  |  |  |  |
|---|---|---|---|---|---|
| 044 | וסדר | Nu15:16 | אורייתה חדה לכון | וסדר | דין חד יהוי לכון ולגיוריה |
| 045 | | Gn18:19M | \צדקתה ודינא /זכו | וסדר | דן#2#/ מן בגלל די ייתי |
| 046 | ולסדר | Dt 4:01 | ישראל שמעו לקיימיה | ולסדר | דינ{נ}<י>יה די אנה מלף |
| 047 | כסדר | Gn 6:03 | כל דריה דעתידין למקום | כסדר | דינא דדריה דמבולא הלא מחתם |
| 048 | | Gn40:13 | כסא בכף ידיה דפרעה | כסדר | דינא קדמיה די הוות מזיג |
| 049 | | Ex21:31 | ברה נקבה מן בני ישראל | כסדר | דינא הדין יתעבד ליה: |
| 050 | | Ex26:30 | ותקים ית משכנה | כסדר | דינא די חמית בטורא: |
| 051 | | Lv 5:10 | יקרב ־יתיה#2^ עליה | כסדר | דינא ויכפר עלוי כהנא מן |
| 052 | | Lv 9:16 | וקרב ית עלתה וקרב יתיה | כסדר | דינה: |
| 053 | | Nu15:24 | ומנחתיה ונס«ו»כוי | כסדר | דינה וצפיר בר עזין חד |
| 054 | | Nu29:18 | עם אמרייא במניינהון | כסדר | דינה: |
| 055 | | Nu29:21 | עם אמרייה במניינהון | כסדר | דינה: |
| 056 | | Nu29:24 | ועם דכרייה במניינהון | כסדר | דינה: |
| 057 | | Nu29:30M | ועם אמרייה במניינהון | כסדר | דינה: |
| 058 | | Nu29:37 | ועם אמריה במניינהון | כסדר | דינה: |
| 059 | | Nu29:33 | עם אמרייה במניינהון | כסדר | דינהון: |
| 060 | | Nu29:06 | ומנחתה ונסוכיהון | כסדר | דיניהון לריח דרעוה קדם ייי |
| 061 | | Gn18:25M | כדינא דחייבא מחוס | /כסדר | דנה דזכייה כחייבה הא |
| 062 | | Ex21:09 | ואם לבריה יזמן יתה | כסדר | דנהון דבנתה יעבד לה: |
| 063 | לסדר | Dt17:08M | "בדינה ... בין מכתש": | לסדר | דדין בין אדם דקטולין לבין |
| 064 | | Nu26:26 | בנוי דזבולן לזרעייתהון | לסדר | זרעיתה דבנוי דס{ד}ר<ד>י |
| 065 | | Ex14:20 | ולא קרבו אליין לאליין | לסדר | קרבא כל ליליא: |
| 066 | | Nu32:20M | קדם ייי | לחיל/לסדר#2#/ | קרבה: |
| 067 | סדר׳ s em/sf | Ex29:38 | כהדן | סדר׳ | תהוון מקרבין על גבי מדבחא |
| 068 | סדרא | Lv16:03 | כהדן | סדרא | יהוי אהרן עלל לשמשה לגו |
| 069 | | Ex30:13 | כהדן | סדרא | יתנון כל דעבר על סכומה מן |
| 070 | | Ex29:35M | ולבנוי \כדן כל מה /כדן | סדרא | ככל מה#2#/ דפקדית יתך |
| 071 | | Ex28:17 | סדרי«ן» דאבן טבא | סדרא | קדמיה סמקתה וירקתה וברקתה |
| 072 | | Nu28:14 | וירח בהתחדתותיה כהדין | סדרא | תהוון מקרבין עמי בכל ראשי |
| 073 | | Ex12:11 | וכהדין | סדרא | תיכלון יתיה חרציכון אסירין |
| 074 | | Nu23:05M | בלק \וכדן תמלל/וכהדן | סדרא | תמלל#2#/: |
| 075 | | Gn 6:15 | וכהדן | סדרא | תעבד יתיה תלת מאה אמין |
| 076 | | Ex29:40 | רביעת הנה חמר כהדן | סדרא | תקרבון עם אמרא חדתה: |
| 077 | | Nu15:12 | כמניינה די תעבדון כהדין | סדרא | תקרבון עם כל חד כמניינהון: |
| 078 | | Nu28:21 | עם אמרא חדתה כהדין | סדרא | תקרבון עם שבעתיה אמריה: |
| 079 | | Nu28:24 | כהדן | סדרא | תקרבון בכל יום שבעתי יומיא |
| 080 | | Nu28:29 | עם אמרא חדתה כהדן | סדרא | תקרבון ית שבעתי אמריה: |
| 081 | | Nu29:04 | עם אמרא חדתה כהדין | סדרא | תקרבון עם שבעתי{ה} אמריה: |
| 082 | סדרה | Ex39:10 | סמקתה ירקתה וברקתה | סדרה | חדה וכתיב ומפרש עלייהון שם |
| 083 | | Ex39:10 | בה ארבעה סדרין דאבן טבה | סדרה | קדמ<י>ה סמקתה ירקתה וברקתה |
| 084 | סידרא | Ex29:38M | מקרבין על גבי /וכהדין | סידרא | די תקרבון על#2#/ מדבחא |
| 085 | | Nu10:28 | ישראל לחילוותהון כהדן | סידרא | הוו נטלין: |
| 086 | | Dt25:09 | ותיעני ותימר כהדן | סידרא | י{ד}<ת>עבד לגברא די לא |
| 087 | | Nu15:13M | יציבייה יעבדון כהדן | סידרא#2#/ | ית אלין למקרבה קרבן |
| 088 | | Nu 6:23M | \כדן תברכון /בהדן | סידרא | תב׳#2#/ ית בני ישראל |
| 089 | | Nu29:39 | «אלין» כהדן | סידרא | תהוון מקרבין קדם ייי |
| 090 | | Nu 8:26 | ופלחן לא יפלח כהדן | סידרא | תעבד לליוויי במטרתהון: |
| 091 | | Nu29:10 | עם אמרה חדתה כהדין | סידרא | תקרבון עם שבעתי אמריה: |
| 092 | | Nu29:14 | עם תורה חדתה כהדין | סידרא | תקרבון עם תלת עשרתי |
| 093 | | Nu29:14 | עם דכרא חדתא כהדין | סידרא | תקרבון עם תרין דכריה: |
| 094 | | Nu29:15 | עם אמרא חדתא כהדין | סידרא | תקרבון עם ארבעת עשרתי |
| 095 | סידרה | Ex40:04 | ותעל ית פתורה ותסדר ית | סידרה | ותעל ית מנרתה ותסדר ית |
| 096 | | Nu 8:07M | וכדן/וכהדן | סידרה#2#/ | תעבד להון למדכיה יתהון |
| 097 | | Dt 7:05 | ארום אלהן כהדן | סידרה | תעבדון להון מדבחיהון |
| 098 | | Nu15:11 | כהדן | סידרה | תקרבון עם תורה חדתה או עם |
| 099 | וסדרא | Ex28:19 | | וסדרא | תליתיא לשם זוזין וברולין |
| 100 | וסדרה | Ex28:20 | | וסדרה | רביעיה כרום {ו}<י>מה רבה |
| 101 | | Ex39:13 | | וסדרה | רביעיה כרום ימה רבה |
| 102 | | Ex39:12 | | וסדרה | תליתיה לשם זוזין וירולין |
| 103 | | Ex39:11 | | וסדרה | תניינא כדכדינה וספרינה |
| 104 | | Ex28:18 | | וסדרה | תניינה כדכדינה וספרינה |
| 105 | סדרין p abs | Ex28:17 | אשלמיה דאבן ארבעה | סדרי«ן» | דאבן טבא סדרא קדמיה |
| 106 | | Ex39:10 | ואשלימו בה ארבעה | סדרין | דאבן טבה סדרה קדמ<י>ה |
| 107 | סד׳ p const | Lv23:02M | קדישין אליין הנון | סד׳ | <מועדוי> |
| 108 | | Nu20:21M | סדרי /דלא יסדרון | סד׳#2#/ | קרבה: |
| 109 | | Dt20:12M | "... סדרי": ויעבדון עמכון | סד׳ | <קרבה> |
| 110 | סדרי | Lv18:05 | ותטרון ית קיימי וית | סדרי | די{י}ני די יעבד יתהון |
| 111 | | Ex24:03 | כל פתגמיא דייי וית כל | סדרי | דינא וענון כל עמא קל חד |
| 112 | | Dt26:16 | ית קיימיה האילין וית | סדרי | דיניה ותטרון ותעבדון יתהון |
| 113 | | Lv18:04 | ית | סדרי | דיניי תעבדון וית קיימי |
| 114 | | Lv18:26 | ותטרון אתון ית קיימי וית | סדרי | דיניי ולא תעבדון מכל |
| 115 | | Lv19:37 | ית כל קיימיי וית כל | סדרי | דיניי ותעבדון יתהון אמר |
| 116 | | Lv20:22 | ית כל קיימי וית כל | סדרי | דיניי ותעבדון יתהון ולא |
| 117 | | Lv25:18 | ותעבדון ית קיימי וית | סדרי | דיניי תטרון ותעבד«ו»ן |
| 118 | | Lv26:15 | דאורייתי תעיקון ואן | סדרי | דיניי תרחק נפשכון דלא |
| 119 | | Dt 5:01 | ישראל ית קיימיה וית | סדרי | דינייה די אנה ממלל |
| 120 | | Dt 7:11 | מצוותה וית קיימייה וית | סדרי | דינייה די אנה מפקד יתכון |
| 121 | | Dt 7:12 | ויהוי חלף די תשמעון ית | סדרי | דינייה האליין ותטרון |
| 122 | | Dt11:32 | למיעבד ית כל קיימיה וית | סדרי | דינייה די אנה סדר קדמיכון |
| 123 | | Dt17:11M | יתכון ועל \סדר דינה | /סדרי | דינייה#2#/ די יימרון |
| 124 | | Dt33:10 | כשרין למלפה | סדרי | דינין בגו דבית יעקב |
| 125 | | Lv23:02 | קדיש אלין אינון זמן | סדרי | מועדוי: |
| 126 | | Lv23:44 | ומליל משה ית | סדרי | מועדוי דייי ואלף יתהון |
| 127 | | Nu21:33M | \לסדרי קרבה /למסדרה | סדרי | קר׳#2#/ לאדרעי |
| 128 | | Dt 1:42M | תסדרון קרבה/לקובליהון | סדרי | קרב׳#2#/ ארום לית איקר |
| 129 | | Ex 1:10M | להון מן ארעא /לקובלן | סדרי | קרב ויתרך יתן וניסוק מן |
| 130 | | Dt 2:24 | למירת ותתגרון לקבלהון | סדרי | קרב: |
| 131 | | Gn11:04 | ותיהווי עבד׳ לקבליה | סדרי | קרבא קדם עד לא נדרי על אפי |
| 132 | | Gn14:08 | היא זער וסדרו לקבלתהון | סדרי | קרבא במישר פרדסייא: |
| 133 | | Ex 1:10 | יסגון ויהווי ארום יערע | סדרי | קרבא ויתוספון אינון אף על |
| 134 | | Ex13:17 | לבהון דעמא כד יחמון | סדרי | קרבא ויחזרון למצרים: |
| 135 | | Ex14:14 | אמרה נסדר לקבליהון | סדרי | קרבא אמר להון משה לא |
| 136 | | Ex14:20M | \לסדר קרבא /למסדרה | סדרי | קרבא#2#/ כל ליליא: |
| 137 | | Ex17:08 | ואתון רברבני עמלק וסדרו | סדרי | קרבא עם ישראל ברפידים: |
| 138 | | Ex17:09 | גברין גיברין ופוק וסדר | סדרי | קרבא עם דבית עמלק למחר הא |
| 139 | | Ex17:10 | ליה משה רביה למסדרא | סדרי | קרבא עם דבית עמלק ומשה |
| 140 | | Ex32:17 | בייכין ואמר למשה קל | סדרי | קרבא במשריתא: |
| 141 | | Nu27:17 | קרבא ודי יעל יתהון מן | סדרי | קרבא בשלם דלא תיהווי כנשתה |
| 142 | | Ex14:13 | הוות אמרה נסדר לקבליהון | סדרי | קרבה וחדא הוות אמרה נלולי |
| 143 | | Nu20:21 | דלא לסדרה לקבליהון | סדרי | קרבה: |
| 144 | | Nu21:01M | קרבה אתון וניפוק נסדרה | סדרי | קרבה כל וקבל {ר}<ד>בית |
| 145 | | Nu21:01M | עלו בה ולילייה ונסדרא | סדרי | קרבה כל וקבל דבית ישראל |
| 146 | | Nu21:26M | היא#2#/ והוא סדר | \סדרי#2#/ | קרבה עם מלכיהון |
| 147 | | Nu24:20 | עתידין מסדרה לקבליהון | סדרי | קרבה וסופיהון לאבדן יהווי |
| 148 | | Dt 1:41M | ונסדרה לקובליהון | סדרי#2#/ | קרבה ככל מה די פקד יתן |
| 149 | | Dt 2:05 | לא תתגרון בהון | סדרי | קרבה ארום לא אתן לכון מן |
| 150 | | Dt 2:09 | ולא תסדרון לקבליהון | סדרי | קרבה ארום לא אתן לכון מן |
| 151 | | Dt 2:09M | סדרי /תתגרון בהון | סדרי#2#/ | קרבה ארום לא אתן לכון |

|  |  |  |  |  |  |
|---|---|---|---|---|---|
| 152 | | Dt 2:19 | ולא תתגרון לקבליהון | סדרי | קרבה ארום לא אתן מן ארעהון |
| 153 | | Dt 3:01M | עמיה \לסדרי /למסדרה | סדרי#2#/ | קרבה לאדרעי/בא#2#/: |
| 154 | | Dt20:10 | לקריה למסדרה לקובלה | סדרי | קרבה ותכרזון עלווה מילין |
| 155 | | Dt20:12 | לכון ותסדר לקבליכון | סדרי | קרבה ותקפון עליה: |
| 156 | | Dt20:19 | סגין למסדרה לקובלה | סדרי | קרבה למכבוש יתה לא תחבלון |
| 157 | | Dt20:20 | על קרתה דהיא עבדה עמכון | סדרי | קרבה עד זמן דתכ{נ}<ב>שון |
| 158 | | Dt33:07 | ולוות עמיה תשלם יתיה מן | סדרי | קרבה בשלם ידוי יתפרען לה |
| 159 | | Dt 1:30M | /יסדר#2#/ לכון | נצחנ/סדרי#2#/ | קרביכון ככל מה די |
| 160 | | Dt20:04 | ביניכון למסדרה לכון | סדרי | קרביכון עם בעלי דבביכון |
| 161 | סידרי | Nu 9:03 | בזמניה ככל קיימוי וככל | סידרי | דינוי תעבדון יתיה: |
| 162 | סתרי | Ex 1:10M | ונסב/כען ונעיץ יתן | סתרי | קרב#2#/ עליהון עצן בישן |
| 163 | בסדרי | Ex 7:04 | ישראל מארעא דמצרים | בסדרי | דינין רברבין: |
| 164 | | Dt20:06 | לבייתיה דלא ימות | בסדרי | קרבא וגבר אחרן יפ«ר»ק |
| 165 | | Ex32:18M | קל גברין דנצחין | בקרבא/בסדרי | קרבה#2#/ אנה שמע ולא |
| 166 | | Dt20:05 | לבייתיה דלא ימות | בסדרי | קרבה וגבר אחרן ישכליל |
| 167 | | Dt20:07 | לבייתיה דלא ימות | בסדרי | קרבה וגבר אחרן יסב יתה: |
| 168 | דסדרי | Nu15:03M | או לנסיבה או בזמן | דסדרי | |
| 169 | | Nu31:28M | מן לות\עמא עבדי | /דסדרי | קרבה אליין דנפקו לחילה#2# |
| 170 | | Dt 2:14M | דסף כל דרא עמא | עבדי/דסדרי#2#/ | קרבה מן משריתה היך |
| 171 | | Dt 2:16M | די ספו עמא | עבדי/דסדרי#2#/ | קרבה לממות מן גו |
| 172 | וסדרי | Gn26:05 | מטרתי מצותי וקיימי | וסדרי | דייני: |
| 173 | | Dt 8:11 | דייי דלא למטור מצוותה | וסדרי | דינוי וקיימוי די אנה מפקד |
| 174 | | Dt11:01 | מטרתיה וקיימוי | וסדרי | דינוי ומצוותה כל יומייא: |
| 175 | | Dt26:17 | קיימוי ומצוותיה | וסדרי | ד«י»נוי ולמשמע בקל |
| 176 | | Dt26:17M | /קיימוי ופיקודוי | וסדרי | דינוי ול<מ>שמע בקל#2#/ |
| 177 | | Dt30:16 | ולמטור מצוותה וקיימוי | וסדרי | דינוי ותיחון ותסגון ויברך |
| 178 | | Dt33:21 | דאתי זכותה דייי עבד | וסדרי | דינוי אלף לבני ישראל: |
| 179 | | Ex16:28 | מסרבין למטר מצוותי | וסדרי | דיני: |
| 180 | | Nu36:13M | \וסדרי{ה} דנייה | /וסדרי | דינייא#2#/ די פקד ייי |
| 181 | | Lv26:46 | אלין קיימי | וסדרי | דינייה וגזירת אוריתה די |
| 182 | | Dt 4:45 | אלין סהדוותה וקיימיה | וסדרי{ה} | דינייה די מלל משה עם |
| 183 | | Dt 5:31 | ית כל מצוותה וקיימיה | וסדרי | דינייה די תליף יתהון |
| 184 | | Dt 6:01 | ודא מצוותה וקיימיה | וסדרי | דינייה די פקד ייי אלהכון |
| 185 | | Dt 6:20 | מה סהדוותה וקיימיה | וסדרי | דינייה די פקד ייי אלהן |
| 186 | | Dt12:01 | אלין קיימיה | וסדרי | דינייה די תטרון למעבד |
| 187 | | Ex15:25 | תמן שוי ליה קיימין | וסדרי | דינין ותמן נסי יתי«ה»: |
| 188 | | Dt 4:05 | אלפית יתכון קיימין | וסדרי | דינין היך מה די פקד ייי |
| 189 | | Dt 4:08 | ומלכו דאית לה קיימין | וסדרי | דינין זכיין ככל גזירת |
| 190 | | Dt 4:14 | למלפה יתכון קיימין | וסדרי | דינין די תעבדון יתהון |
| 191 | | Nu36:13 | אילין מצוותה | וסדרי{ה} | דנייה די פקד ייי משה על |
| 192 | ובסדרי | Ex 6:06 | יתכון ביד תקיפא | ובסדרי | דינין רברבין: |
| 193 | | Dt 4:34 | בניסן באתין ובפרישן | ובסדרי | קרבה וביד תקיפה ובאדרע |
| 194 | וכסדרי | Nu 9:14 | קדם ייי כקיימוי דפסח | וכסדרי | דינוי כדן יעבד גזירת |
| 195 | ולסדרי | Dt 4:01M | לקיימיה | ולסדר/ולסדרי#2#/ | דינ{נ}<י>יה די אנה |
| 196 | לס' | Dt20:06M | לבייתיה דלא ימות | בסדרי/לס'#2#/ | קרבא וגבר אחרן |
| 197 | | Dt20:05M | לבייתיה דלא ימות | בסדרי/לס'#2#/ | קרבה וגבר אחרן |
| 198 | | Dt28:25M | נפקין לקדמותכון | לס'#2#/ | קרבה ובשבע אורחן תערקון |
| 199 | לסדרי | Nu10:09 | וארום תעלון | לסדרי | קרבא בארעכון על |
| 200 | | Nu27:17 | קדמיהון ודי יפק יתהון | לסדרי | קרבא ודי יעל יתהון מן |
| 201 | | Nu32:06 | דראובן האחיכון יעלון | לסדרי | קרבא ואתון תשרון הכה: |
| 202 | | Dt20:02 | ויהוי כד תקרבון | לסדרי | קרבא ויקרב כהנה וימלל |
| 203 | | Ex32:18M | גיברין דנפקין ונצחין | לסדרי | קרבה |
| 204 | | Nu21:33 | הוא וכל עמיה | לסדרי | קרבה לאדרעי: |
| 205 | | Nu31:06 | בר» אלעזר כהנא | לסדרי | קרבה ומני בית קודשא |
| 206 | | Nu32:27 | לחיל קרבה קדם ייי | לסדרי | קרבה היך מה דרבוני ממלל: |
| 207 | | Dt 2:32 | לקדמותן הוא וכל עמיה | לסדרי | קרבה ליהצה: |
| 208 | | Dt 3:01 | לקדמותן הוא וכל עמיה | לסדרי | קרבה לאדרעי: |
| 209 | | Dt20:01 | ארום תפקון | לסדרי | קרבה על בעלי דבביכון |
| 210 | | Dt20:03 | אתון קריבין יומא הדין | לסדרי | קרבה על בעלי דבביכון לא |
| 211 | | Dt21:10 | ארום תפקון | לסדרי | קרבה על בעלי דבביכון |
| 212 | | Dt23:10M | ארום תפקון | מישרי/לסדרי | קרבה#2#/ על |
| 213 | | Dt28:07 | חדה יפקון לקובליכון | לסדרי | קרבה ובשבע אורחן יערקון |
| 214 | | Dt28:25 | חדא תפקון קדמיהון | לסדרי | קרבה ובשבע אורחן תערקון |
| 215 | | Dt29:06 | מלכא דבותנין לקדמותן | לסדרי | קרבה וקטל{נ}«ו»ן יתהון: |

## סדרו *v.n.* arranging [369]

|  |  |  |  |  |  |
|---|---|---|---|---|---|
| 001 | s ab/cn ובסדרות | Ex30:08 | | ובסדרות | אהרן ית בוציניי«ה» |
| 002 | s em/sf בסדרותה | Ex30:07 | טבין בכל צפר וצפר | בסדרותה | ית בוצינייתה יסדר יתיה |
| 003 | בסדרותך | Nu 8:02 | עם אהרן ותימר ליה | בסדרותך | ית בוצינייה לקבל |

## סהד *vb.* to testify [570 שהד]

|  |  |  |  |  |  |
|---|---|---|---|---|---|
| 001 | afel אסהד | Gn43:03 | יהודה למימר הא מסהד׳ | אסהד | בן גברא למימר לא תחמון |
| 002 | אסהדית | Dt32:01 | מתכנש מן גו עלמא ולא | אסהדית | בבנוי דקיריס אין מסהד אנה |
| 003 | | Dt 4:26 | הא | אסהדית | בכון יומא הדין קדם שמיא |
| 004 | | Dt30:19 | הא | אסהדית | בכון יומא הדין ית שמיא |
| 005 | אסהדת | Ex19:23 | לטורא דסיני ארום את | אסהדת | בן למימר תחם ית טורא וקדש |
| 006 | אסהיד | Dt19:18 | שהד דשקר הוא שהדה שקר | אסהיד | באחוי: |
| 007 | | Ex19:21 | ואמר ייי למשה חות | אסהיד | בעמא דלא ידחקון קדם ייי |
| 008 | אסהידית | Dt 8:19 | ותסגדון להון הא | אסהידית | בכון יומא הדין ארום |
| 009 | אסיד | Dt19:18M | דשקר אסיד שהדו דשקר | אסיד#2#/ | באחוי: |
| 010 | | Dt19:18M | שקר אסהיד/שהדו דשקר | אסיד | שהדו דשקר אסיד#2#/ באחוי: |
| 011 | אסידית | Dt 4:26M | הא | אסהדית/אסידית#2#/ | בכון יומא הדין קדם |
| 012 | | Dt 8:19M | להון הא | אסהדית/אסידית#2#/ | בכון יומא הדין |
| 013 | יסהד | Nu35:30M | קטולה וסהד חד לא | יענה/יסהד#2#/ | על נפש למתקטלה: |
| 014 | מסהד | Dt32:01 | אסהדית בבנוי דקיריס אין | מסהד | אנה בהון קדם בני נש |
| 015 | | Dt32:01 | בטלן ברם ^הא#2#^ אנה | מסהד | בהון קדם שמייא וקדם ארעא |
| 016 | מסהד׳ | Gn43:03 | ליה יהודה למימר הא | מסהד׳ | אסהד בן גברא למימר לא |
| 017 | מסהדין | Dt 5:20 | לחוד אינון» למהוי | מסהדין | {מ}<ס>הדי דשקר ארום בחובי |
| 018 | משהד | Dt32:46 | לכל פתגמיה די אנה | משהד | בכון יומא הדין די תפקדון |
| 019 | משהדי | Dt 5:20 | שקרא ולא יתחבר עם | משהדי | שקר דלא יקומון בניכון |
| 020 | | Dt 5:20M | למהוי עם | משהדי | שקרא |
| 021 | משהדין | Dt 5:20 | עמי בני ישראל לא תהוון | משהדין | שהדי דשקר לא חברין ולא |
| 022 | ואסהד | Dt31:28 | ית פתגמיא האליין | ואסהד | בהון ית שמיא וית ארעא: |
| 023 | ויסהדן | Gn30:33 | | ויסהדן | עלי זכותי ביומא הדן |
| 024 | למסהדה | Dt32:01 | מן לשמה קדישה קמו | למסהדה | בישראל בגין כדין קם ליה |
| 025 | | Dt32:01 | ארום תריין נביין קמו | למסהדה | בישראל משה נבייה |
| 026 | | Dt19:16 | יקום שהד דשקר בגבר | למסהדה | עלוי סהדי דשקר: |
| 027 | ettafal ויתאסהד | Ex21:29 | מן דאתמל ומן דקדמוי | ויתאסהד | במרוי ולא ינטרון יתיה |

## סהד *n.* witness [571 שהיד]

|  |  |  |  |  |  |
|---|---|---|---|---|---|
| 001 | s ab/cn סהד | Gn31:52 | | סהד | אגרא הדין וסהדא היא קיימתא |
| 002 | | Dt19:15 | לא יקום | סהד | בגבר לכל חובה ולכל סרחון |
| 003 | | Gn31:48 | ואמר לבן איגרא הדן | סהד | ביני ובינך יומא הדין בגין |
| 004 | | Gn31:50 | לית גבר עמן חמי ייי הוא | סהד | ביני ובינך: |
| 005 | | Dt17:06 | להתקטלה לא יתקטל על פם | סהד | חד: |
| 006 | | Ex23:01 | ידך עם חייבה למהווי ליה | סהד | שקר: |

|  |  |  |  |  |  |  |
|---|---|---|---|---|---|---|
| 007 | סהיד | | Gn31:47M | \איגר שהדותא /אוגר | סהיד#2#/ | ויעקב קרא ליה בלשון |
| 008 | שה' | | Dt17:06M | \על פם סהד /מימר | שה'#2#/ | חד |
| 009 | שהד | | Lv 5:01 | קל שבועה דחרוף והוא | שהד | או די חמה או די ידע אין לא |
| 010 | | | Dt19:16 | ארום יקום | שהד | דשקר בגבר למסהדה עלוי סהדי |
| 011 | | | Dt19:18 | ויתבעון דייניה יאות והא | שהד | דשקר הוא שהדה שקר אסהיד |
| 012 | | | Ex22:12M | יתיה ליה מן אברוי | שהד#2#/ | \קטילא לא ישלם /ומיני' |
| 013 | וסהד | | Nu 5:13 | ותטמר והיא דאסתאבת | וסהד | דלית בה והיא לה אתפשת: |
| 014 | | | Nu35:30 | לפם סהדין יתקטל קטולה | וסהד | חד לא יענה על נפש למתקטלה: |
| 015 | לסהד | | Dt31:26 | אלהכון ויהוי תמן לכון | לסהד: | |
| 016 | שהדה | s em/sf | Dt19:18 | יאות והא שהד דשקר הוא | שהדה | שקר אסהיד באחוי: |
| 017 | שהדי | | Gn38:25 | יקדה לא מפרסייה ברם | שהדי | דביני לביניה הוא יתן |
| 018 | לסהדא | | Ex20:16M | \עם סהדי שיקרא | /לסהדא | דשקרא#2#/ דלא יקומון |
| 019 | סהדי | p abs | Gn38:25 | עייני והב לי תלתא | סהד«י» | ואנה מקיימה לך תלתא |
| 020 | סהדין | | Dt17:06 | על פם מימר תרין | סהדין | או על פם תלתה סהדין יתקטל |
| 021 | | | Dt19:15 | די יתחייב על פם תרין | סהדין | או על פם תלתה סהדין יקום |
| 022 | | | Ex20:16M | לא תהוון \סהדי{ן} שקר | /סהדין | דשקרא#2#/ לא חברין ולא |
| 023 | | | Dt19:15 | סהדין או על פם תלתה | סהדין | יקום פתגמא: |
| 024 | | | Nu35:30 | כל די יקטול נפש לפם | סהדין | יתקטל קטולה וסהד חד לא |
| 025 | | | Nu35:30M | \לפם סהדין /על מימר | סהדין#2#/ | יתקטל קטולה וסהד חד לא |
| 026 | | | Dt17:06 | סהדין או על פם תלתה | סהדין | יתקטל מן דמתחייב להתקטלה |
| 027 | | | Ex22:12 | מטרפה {ו} יטרף ייתון | סהדין | קטילא לא ישלם: |
| 028 | שהדין | | Dt 5:20M | \משהדין שהדי דשקר | /שהדין | די שקר#2#/ לא חברין ולא |
| 029 | | | Dt 5:20M | וילפון אוף הנון | שהדין | דשקר ארום בחובי שהדי |
| 030 | | | Dt 5:20M | בכנישתהון דישראל | שהדין | דשקר דלא יקומון בניהון |
| 031 | סהדי | p const | Gn38:25 | בנורא ובעת תלתא | סהדי | ולא אשכחת יתהון תלת עייני |
| 032 | | | Ex20:16 | בכנישתהון דישראל עם | סהדי | שיקרא דלא יקומון בניכון |
| 033 | | | Ex20:16 | בני ישראל לא תהוון | סהדי{ן} | שקר לא חברין ולא שותפין |
| 034 | | | Ex20:16 | לא חברין ולא שותפין עם | סהדי | שקרא ולא יתחמי בכנישתהון |
| 035 | | | Ex20:16 | לחוד אינון למהוי עם | סהדי | שקרא ארום בחובי סהדי שקרא |
| 036 | | | Ex20:16 | עם סהדי שקרא ארום בחובי | סהדי | שקרא חיות ברא מתכלה |
| 037 | | | Dt 5:20 | דשקר ארום בחובי | שהדי | שקרא חיות ברא מיתגריה |
| 038 | שהדי | | Dt 5:20 | ישראל לא תהוון משהדין | שהדי | דשקר לא חברין ולא שותפין |
| 039 | | | Dt 5:20M | \לשהדי שקרא /עם | שהדי#2#/ | ולא יתחבר עם משהדי שקר |
| 040 | | | Dt 5:20M | שהדין דשקר ארום בחובי | שהדי | שיקרא ענניו מסתלקין ומטר |
| 041 | | | Ex23:01 | לא תקבלון | שהדי | שקרא לא תשותף ידך עם חייבה |
| 042 | לשהדי | | Dt 5:20 | לא חברין ולא שותפין | לשהדי | שקרא ולא יתחבר עם משהדי |
| 043 | סהדי | p em/sf | Dt 5:20 | אינון» למהוי מסהדין | {מ}<ס>הדי | דשקר ארום בחובי סהדי |
| 044 | | | Dt19:16 | דשקר בגבר למסהדה עלוי | סהדי | דשקר: |
| 045 | שהדוי | | Gn38:25 | חות הב יתהון לה תלתא | שהדוי | ואנהרון עיינה וחמת יתהון |
| 046 | דסהדיא | | Dt17:07 | ידוי | דסהדיא | יפשטן ביה בקדמיתה למיקטל |
| 047 | לסהדי | | Ex20:16M | סהדי שקרא /אוף הנון | לסהדי | דשקרא#2#/ ארום בחובי סהדי |

## סהדה *n.* witness (f.) [570 שהדה]

|  |  |  |  |  |  |  |
|---|---|---|---|---|---|---|
| 001 | וסהדא | s ab/cn | Gn31:52 | סהד אגרא הדין | וסהדא | היא קיימתא הדה אן אנא לא |

## סהדו *n.* testimony [570 שהדו]

|  |  |  |  |  |  |  |
|---|---|---|---|---|---|---|
| 001 | שהדו | s ab/cn | Dt19:18M | הוא שהדה שקר אסהיד | שהדו/ | דשקר אסיד שהדו דשקר |
| 002 | | | Dt19:18M | אסהיד /שהדו דשקר אסיד | שהדו | דשקר אסיד#2#/ באחוי: |
| 003 | לסהדו | | Gn21:30 | מן בגלל דתהוון לי | לסהדו | ארום חפירית ית בארה הדא: |
| 004 | | | Dt31:21 | שבח שירתה הדה קדמיי | לסהדו | ארום לא תנשה מן פם זרעיית |
| 005 | | | Dt31:19 | לי שבח שירתה הדה | לסהדו | בבני ישראל: |
| 006 | | | Gn31:44M | אנא ואת ויהוי | לסימן/לסהדו#2#/ | ביני ובינך: |
| 007 | סה' | s em/sf | Nu 1:53M | /ליואי ית מטרת משכן | סה'#2#/: | |

|  |  |  |  |  |  |  |
|---|---|---|---|---|---|---|
| 008 | סהדו' | | Nu17:22M | דסהדותה /במשכן | סה<ד>ו'#2#/: | |
| 009 | | | Nu18:02M | דסהדותא /משכן | סהדו'#2#/: | |
| 010 | | | Nu 9:15M | דסהדותה /למשכן | סהדו'#2#/ | וברמשא יהווי על משכנ' |
| 011 | | | Nu17:23M | דסהדותה /למשכן | סהדו'#2#/ | והא אפרח חוטרה דאהרן |
| 012 | סהדותא | | Ex34:29 | דסיני ותרין לוחי{ה} | סהדותא | בידוי דמשה במחתה מן טורא |
| 013 | | | Nu17:19 | יתהון במשכן זמנה קדם | סהדותא | די אזדמן ממרי לכון תמן: |
| 014 | | | Ex31:18 | דסיני תרין לווחין | סהדותא | לווחין דאבן כתיבין באצבע |
| 015 | | | Nu17:25 | ית חוטרה דאהרן קדם | סהדותא | למטרה לסימן לבני«ה» |
| 016 | סהדותה | | Ex40:20M | הנון לוחי קיימה לוחי | סהדותה | בארונה |
| 017 | | | Ex38:21M | דלווי /משכן | סהדותה | די אתפקד על מימר פומה |
| 018 | | | Lv16:13 | דקטרתה ית כפרתה די על | סהדותה | ולא ימות: |
| 019 | | | Nu17:25M | \סורבניה ויסופון | /סהדותה | ותחסול#2#/ תורעמנותהון |
| 020 | | | Ex40:20 | ונסב ית | סהדותה | לגו ארונה ושווי ית אריחיה |
| 021 | שהדותא | | Ex30:36 | מנה ותידק ותתן מנה קדם | שהדותא | במשכן זמנא דאזמן ממרי לך |
| 022 | | | Ex30:06 | דשהדותא וקדם כפרתה דעל | שהדותא | דאזמן לך ממרי תמן: |
| 023 | | | Ex25:16 | ותתן לגו ארונא ית | שהדותא | די אתן לך: |
| 024 | | | Ex25:21 | על ארונא <....> תתן ית | שהדותא | די אתן לך: |
| 025 | | | Gn31:47 | וקרא לה לבן איגר | שהדותא | ויעקב קרא ליה בלשון |
| 026 | | | Ex27:21 | זימנא לבר מן פרכתה דעל | שהדותא | יסדר יתיה אהרן ובנוי מן |
| 027 | | | Ex16:34 | ואצנע יתיה אהרן קדם | שהדותא | למטרה: |
| 028 | בסחדודתה | | Lv21:13 | והו' אתה | בסחדודתה | יסב: |
| 029 | דסהדותא | | Nu 4:05 | ויכסון בה ית ארונה | דסהדותא: | |
| 030 | | | Nu18:02 | ובניך עמך קדם משכנה | דסהדותא: | |
| 031 | | | Ex38:21 | סכומי משכנה משכנה | דסהדותא | דאסתכם על גזרת פמיה |
| 032 | | | Ex25:22M | דאית על ארונ' | דסהדותא#2#/ | ית כל מה דאפקד |
| 033 | | | Ex25:22 | כפורתא די על ארונא | דסהדותא | מן ביני תרין כרובייא ית |
| 034 | דסהדותה | | Nu 1:53 | ליויי ית מטרתה | דסהדותה: | |
| 035 | | | Nu10:11 | איסתלק מעילוי משכנה | דסהדותה: | |
| 036 | | | Nu17:22 | קדם ייי במשכנה | דסהדותה: | |
| 037 | | | Ex26:34 | «כפורתה» על ארונה | דסהדותה | בגו בית{א} קדש קדשיה: |
| 038 | | | Lv24:03 | לבר מן פרוכתה | דסהדותה | במשכן זמנה יסדר יתיה |
| 039 | | | Lv16:02 | כפרת די על ארונה | דסהדותה | דלא ימות ארום בענני איקר |
| 040 | | | Ex40:21 | ואן{ע}<ט>יל על ארונה | דסהדותה | היך מה דפקיד ייי ית |
| 041 | | | Nu 9:15 | עננה ית משכנא משכנה | דסהדותה | וברמשא יהווי על משכנ' |
| 042 | | | Nu17:23 | ועל משה למשכנה | דסהדותה | והא אפרח חוטרה דאהרן |
| 043 | | | Ex40:20 | ית אריחיה על ארונה | דסהדותה | ויהב ית כפורתה על ארונה |
| 044 | | | Ex39:35 | ית ארונה | דסהדותה | וית אריחוי וית כפורתה: |
| 045 | | | Nu 1:53 | חזור חזור למשכנה | דסהדותה | ולא יהווי רגוז על עם |
| 046 | | | Nu 1:50 | ית לוויי על משכנה | דסהדותה | ועל כל מנוי ועל כל |
| 047 | | | Ex40:03 | ותשווי תמן ית ארונה | דסהדותה | ותטל על ארונה ית פרוכתה: |
| 048 | | | Ex40:05 | לקטרה קדם ארונה | דסהדותה | ותשווי ית פרסה דתרעה |
| 049 | | | Nu 7:89 | כפורת די על ארונה | דסהדותה | מן ביני תרין כרוביה מן |
| 050 | דשה' | | Ex31:07M | זמנא וית ארונה | לשהדותה/דשה'#2#/ | וית כפורתה די |
| 051 | דשהדותא | | Ex30:26 | משכן זימנא וית ארונא | דשהדותא: | |
| 052 | | | Ex30:06 | פרכתא די על ארונא | דשהדותא | וקדם כפרתה דעל שהדותא |
| 053 | | | Ex26:33 | פרכתא ית ארונה | דשהדותא | ותפרש פרכתא לכון בין |
| 054 | וסהדותיה | | Dt 6:17 | דאורייתה דייי אלהכון | וסהדותיה | וקיימוי די פקד יתכון: |
| 055 | לסהדותה | | Nu10:31 | במדברה ותיהוי לן | לסהדותה: | |
| 056 | לשהדותא | | Ex16:33 | ואצנע יתה קדם ייי | לשהדותא | למטרה לדריכון: |
| 057 | | | Ex16:33M | \קדם ייי לשהדותא | /לשהדותא | קדם ייי#2#/ למטרה |
| 058 | לשהדותה | | Ex31:07 | משכן זמנא וית ארונה | לשהדותה | וית כפורתה די עלי וית כל |
| 059 | סהדוון | p abs | Dt22:14 | לוותה ולא אשכחית לה | סהדוון: | |
| 060 | | | Dt22:17M | אנון/הנון#2#/ | סהדוותה/<סהד>וון#2#/ | דברתי ויפרשון |
| 061 | | | Dt22:20 | פתגמא הדין לא אשתכחו | סהדוון | לרביתה: |

|  |  |  |  |  |
|---|---|---|---|---|
| 062 | סהדותה | p em/sf | Dt22:17 | סהדוותה ואלין אנון סהדוותה דברתי ויפרשון שושיפה קדם |
| 063 | | | Dt22:15 | דרביתה ואמה ויפקון ית סהדוותה דרביתה לוות חכימי קרתה |
| 064 | | | Dt22:17 | למימר לא אשכחית לברתך סהדוותה ואלין אנון סהדוותה דברתי |
| 065 | | | Dt 4:45 | אלין סהדוותה וקיימיה וסדרי{ה} דינייה |
| 066 | | | Dt 6:20 | בניכון למחר למימר מה סהדוותה וקיימיה וסדרי דינייה די |

## the moon *n.* סהר

[369]

|  |  |  |  |  |
|---|---|---|---|---|
| 001 | סיהרא | s em/sf | Dt 4:19M | ית שמשה וית זהרא/סיהרא#2#/ וית סידור כוכביה |
| 002 | בסהריה | | Dt28:29M | בטהריה/ממשמשין בסהריה#2#/ היך מה דממשש סמייה |
| 003 | לסהרא | | Dt17:03 | וסגד להון ולשמשא או לסהרא או לכל חילוות שמייא די לא |
| 004 | שהרין | p abs | Gn 1:14 | ולמקדש' בהון עבור שהרין ירחין: |

## uncleanness *n.* סואבה

[369]

|  |  |  |  |  |
|---|---|---|---|---|
| 001 | סואבה | s ab/cn | Lv 7:21 | ונפשא די תקרב בכל סואבה בסאבותא דברנש או בבעיר |
| 002 | | | Lv 7:19 | ובשרא די יקרב בכל סואבה {לא} לא יתאכל בנורא יתוקד |
| 003 | כסואבת | | Lv15:26 | תתב עלוי מסאב יהוי כסואבת ריחוק נדתה: |
| 004 | סואביהון | p em/sf | Lv16:16 | שרי איקר שכינתיה בגו סואביהון: |

See also: *n.* סאובה

## gallery around altar *n.* סובב

[369]

|  |  |  |  |  |
|---|---|---|---|---|
| 001 | סובבה | s em/sf | Ex27:05 | ותתן יתה תחות סובבה דמדבחא מן לרע ותהוי מצדתא |
| 002 | סוביבה | | Ex38:04 | עובד מצדה דנחש תחות סוביבה מן לרע עד פלגותיה: |

## to carry, to bear *vb.* סובר

[369]

|  |  |  |  |  |
|---|---|---|---|---|
| 001 | ולסוברה | quadr. | Gn33:14M | אוריתא די קדמיי ולסוברה בזכותיה ית בני גלותא |
| 002 | למסברה | | Gn45:01M | ולא יכל יוסף למסוברא/למסברה#2#/ לכל מאן דהוה קיים |
| 003 | למסוברא | | Ex12:39 | מן מצרים ולא יכלו למסוברא ואף זוודין לא עבדו להון: |
| 004 | | | Gn45:01 | ולא יכל יוסף למסוברא לכל מאן דהוה קיים עלוי |
| 005 | למסוברה | | Dt14:24 | לית אתון יכלין למס«ו»ברה מעשרה תניינה ארום ירחק |
| 006 | למסובריה | | Gn49:04 | דמיין שספן ולא יכלת למסובריה יתהון ואתרעת מן קדמיהון |
| 007 | לסוב' | | Ex12:39M | ולא יכלו למסוברא/לסוב'#2#/ ואף זוודין |

## large amount *n.* סוגי

[369]

|  |  |  |  |  |
|---|---|---|---|---|
| 001 | סגי | s ab/cn | Gn32:13 | דימא די לא יתמנון מן סגי: |
| 002 | | | Gn45:28 | ואמר ישראל סגי טבין ונחמן סכיית למיחמי |
| 003 | | | Gn49:12 | חמרא ויתחוורון גלמתא מן סגי עבור ועדרין דען: |
| 004 | | | Lv25:16 | לפם סגי שנין תסגי כסף זבוניה ולפם |
| 005 | סגיי | | Gn32:13M | די לא יתמנון מן סגי/סגיי#2#/: |
| 006 | סוגי | | Gn16:10 | ית בניך ולא יתמנון מן סוגי: |
| 007 | | | Ex23:01M | תימרון בלבביכון בתר סוגי דינ' סטי |
| 008 | | | Dt 7:07 | לא מן סוגי יתכון מן כל אומייה אתרעי |
| 009 | | | Dt28:47 | אלהכון בחדו ובלב טב מן סוגי כולה: |
| 010 | | | Lv25:16M | לפם סגי/סוגי#2#/ שנין תסגי כסף זבוניה |
| 011 | בסגי | | Gn34:13 | ית שכם וית חמור אבוי בסגי חכמתהון ומללו די סאב ית |
| 012 | בסוגי | | Gn27:35 | ואמר אתא אחוך בסוגי חכמתא ונסב ברכתך: |
| 013 | וסגי | | Gn45:28M | טבותא :"טבין ..." וסגי נחמתא אסתכיתי למחמי והדא |
| 014 | | | Gn27:28 | שפר ומן טובא דארעא וסגי עבור חמר ומשח: |
| 015 | ובסגי | | Ex15:07 | ובסגי גיוותנותך תפגר |
| 016 | ובסוגי | | Ex15:06M | "ימינך ייי ... ובעל": ובסוגי תוקפך תברת שורי בעלי |
| 017 | לסגי | | Dt28:62M | ככוכבי שמייא לסוגי/לסגי#2#/ ארום לא שמעתון בקל |
| 018 | לסוגי | | Dt 1:10 | יומא הדין ככוכבי שמיא לסוגי: |
| 019 | | | Dt10:22 | אלהכון ככוכבי שמיא לסוגי: |
| 020 | | | Dt28:62 | הוויתון ככוכבי שמייא לסוגי ארום לא שמעתון בקל ממרה |
| 021 | סוגייכון | s em/sf | Dt 7:07M | לא מן סוגי/סוגייכון#2#/ יתכון מן כל אומייה |
| 022 | סגיא | p em/sf | Ex23:02 | תהווי סעי ואמר מן בתר סגיא דינא שלם: |
| 023 | | | Ex23:02 | סוגיא דינא לא תיזל בתר סגיא למבאשא לא תמנע מן למימר מה |
| 024 | סוגיא | | Ex23:02 | {ו}תימרון בלבביכון בתר סוגיא דינא לא תיזל בתר סגיא |
| 025 | | | Ex23:02 | לא תהוון אזלין בתר סוגיא למבעשא ברם אלאהן למייטבה |
| 026 | סוגיי' | | Ex23:01M | לא תהוון אזלין בתר סוגיי' למבעשא ברם אלאהן למייטבה |
| 027 | לסוגוי | | Dt 1:10M | ככוכבי שמיא לסוגי/לסוגוי#2#/: |

## סוד *vb.* ⇐ סהד

## scarf *n.* סודר

[370]

|  |  |  |  |  |
|---|---|---|---|---|
| 001 | סודר | s ab/cn | Ex34:33 | עמהון ויהב על אפוי סודר: |
| 002 | סודרה | s em/sf | Ex34:35 | והוה משה מחזר ית סודרה על אפוי עד מעלה למתמללה |
| 003 | סודריה | | Ex34:34 | עמה הוה מעבר ית סודר{ר}יה <עד>{ד}מפקה והוה נפק |
| 004 | | | Dt20:19M | עליה :"למכבוש ..." סודריה קרבא ולמתפוס |

## to move *vb.* סוט

[370]

|  |  |  |  |  |
|---|---|---|---|---|
| 001 | יסיט | afel | Lv11:25 | וכל די יסיט מן נבלתיהון יחוור לבושי |

## intelligent *adj.* סוכלתן

[370]

|  |  |  |  |  |
|---|---|---|---|---|
| 001 | סכלתן | s ab/cn | Gn41:33 | וכדון ימנה פרעה גבר סכלתן וחכים וישוי יתיה על ארעא |
| 002 | | | Gn41:39 | ייי יתך כל דא לית סכלתן וחכים כוותך: |
| 003 | וסוכלתנין | p abs | Dt 4:06 | לחוד עם חכימין וסוכלתנין אומתה רבתה ההיא: |
| 004 | וסכלתנין | | Dt 1:13 | לכון גוברין חכימין וסכלתנין וחכמין לשבטכון ואמני |
| 005 | | | Dt 1:15 | שבטיכון גברין חכימין וסכלתנין ומניית יתהון רברב{נ}ין |
| 006 | סוכלתני | p const | Nu21:18M | דעמא שובעיתי סוכלתני/ עלמא שובעיין/#2# חכימי |
| 007 | סכלתניהון | p em/sf | Nu21:18 | ויעקב שכלילו יתה סכלתניהון דעמא שובעיתי חכימי |

## intelligence *n.* סוכלתנו

[370]

|  |  |  |  |  |
|---|---|---|---|---|
| 001 | שוכלתנו | s ab/cn | Dt32:28 | בישן אינון ולית בהון שוכלתנו: |
| 002 | בסכלתנו | | Ex31:03 | מן קדם ייי בחכמה בסכלתנ{ו}<ו> ובדעה ובכל עבידה: |
| 003 | וסכלתנו | | Ex36:01 | די שוי ייי חכמה וסכלתנו בהון למידע ולמעב«ד» ית |
| 004 | ובסכלתנו | | Ex35:31 | מן קדם ייי בחכמה ובסכלתנו ובדעה ובכל עבידא: |
| 005 | וסוכלתנותכון | s em/sf | Dt 4:06 | ארום היא חכמתכון וסוכלתנותכון ובינתכון לעייני אומייה |

## red *adj.* סומק

[370]

|  |  |  |  |  |
|---|---|---|---|---|
| 001 | וסומקא | s ab/cn | Lv13:24M | חוורה וסמוקה/^וסומקא#2#^/סמקה#2#/ או חוורה: |

## horse *n.* סוסי

[371]

|  |  |  |  |  |
|---|---|---|---|---|
| 001 | סוסא | s ab/cn | Gn41:44 | זונה וית רגלה למרכב סוסא בכל ארעא דמצרים: |
| 002 | בסוסיא | s em/sf | Ex 9:03 | הוויא בבעירך די חקלא בסוסיא ובחמיריא בגמליא בתוריא |
| 003 | לסוסיא | | Gn49:17 | בפרשת ארחתה דנכת לסוסיא בעקבי ומן אימתה מסתחר |
| 004 | סוסון | p abs | Dt17:16 | מן בגלל למסגייה ליה סוסון וייי במימריה אמר לכון לא |
| 005 | | | Dt17:16 | לחוד לא יסגי ל{א}<ה> סוסון ולא יחזור ית עמא למצריסה |
| 006 | | | Ex15:21 | ומתנטל על מנטליא סוסון ורוכביהון על דאתגאו ורדפו |
| 007 | | | Dt20:01 | על בעלי דבביכון ותחמון סוסון ורוכביהון עם סגין מנכון |
| 008 | סוסון | | Ex15:01 | הוא במימרי מתפרע מיניה סוסון ורוכביהון על די אתגאון |
| 009 | סוסות | p const | Ex14:23 | מצרים ועלו בתריהון כל סוסות פרעה ארתכוי ופרשוי לגו |

|  |  |  |  |  |  |  |
|---|---|---|---|---|---|---|
| 010 | סוסוותא | p em/sf | Ex15:19 | ארום עלו | סוסוותא | פרעה בארתכוי ובפרשוי |
| 011 | סוסוותה | | Ex14:09 | יתהון שריין על ימא כל | סוסוותה | ארתכוי דפרעה ופרשוי |
| 012 | סוסוותי' | | Ex14:23M | בתריהון כל | סוסוות/סוסוותי#2# | פרעה ארתכוי |
| 013 | בסוסוותא | | Ex 9:03M | דאית באפי ברא | בסוסוותא | ובחמרא ויפרש#2# בגמליא |
| 014 | | | Gn47:17 | להון יוסף מזון | ב{ט}<ס>וסוותא | ובקנין ען ובקנין |
| 015 | לסוסוותהון | | Dt11:04 | לחיילוותהון דמצריי | לסוסוותהון | ולארתכיהון די אציף ית |

## סוף *vb.* to perish [371]

|  |  |  |  |  |  |  |
|---|---|---|---|---|---|---|
| 001 | סאף | peal | Nu20:29 | וחמון כל עם כנישתה ארום | סאף | אהרן ובכון ית אהרן תלתין |
| 002 | סייפין | | Dt28:32 | ועייניכון חמיין ותהוון | סייפין | עליהון כל יומייא ולא אלהה |
| 003 | סף | | Nu32:13 | במדברה ארבעין שנין עד | סף | כל דרה די עבד מה דשני ומרחק |
| 004 | ספו | | Dt 2:15 | מן גו משריתה עד זמן די | ספו: | |
| 005 | | | Dt 2:16 | והוה כד די | ספו | עמא עבדי קרבה לממות מן גו |
| 006 | ספון | | Nu21:29 | ווי לכון מואביי | ספון | אשתיצון עמא דהוון מדבחין |
| 007 | ספינן | | Nu17:27 | ^למשה#2#^ למימר הא | ספינן | אשתיצינן כלן אבדנן מינן |
| 008 | ספנן | | Nu17:28 | למשכנה דייי יתקטל ה<ו>א | ספנן | הא אשתיצינן: |
| 009 | ספתון | | Nu21:29M | "ספון ... סעוותה": | ספתון | יבדתון פלחי סעוותה |
| 010 | יסוף | | Dt28:20M | די \תסתופון בופריע | /יסוף | יתכון בפריע#2# מן קדם |
| 011 | יסופון | | Nu14:33 | ית מרחקתכון עד די | יסופון | במדברה פגריכון: |
| 012 | | | Dt28:22 | יתכון עד זמן די | יסופון | יתכון: |
| 013 | | | Dt28:51 | ועדרי עניכון עד זמן די | יסופון | יתכון: |
| 014 | | | Dt 7:20 | אלהכון בהון עד זמן די | יסופון | מה די אשתיירו ומה די |
| 015 | יספון | | Nu14:35 | קדמי«י» במדברה הדה | יספון | ותמן ימותון: |
| 016 | מסף | | Dt30:18 | לכון יומא הדין ארום | מסף | תסופון ולא תסגון יומין על |
| 017 | תסופון | | Dt30:18 | יומא הדין ארום מסף | תסופון | ולא תסגון יומין על ארעא |
| 018 | | | Dt 8:20 | מסיף מן קדמיכון כדן | תסופון | חלף אין לא תשמעון בקל |
| 019 | תספון | | Dt 8:19 | יומא הדין ארום מסתפה | תספון: | |
| 020 | | | Nu18:32M | בני ישראל לא | תפסון/תספון#2# | ולא תמותון: |
| 021 | דיסופון | | Gn33:14M | ית בני גלותא עד זמן | דיסופון | גלותא ורבין אעול לות |
| 022 | דסף | | Nu32:13M | ארבעין שנין עד | סף/דסף#2# | כל דרה די עבד מה דשני |
| 023 | | | Dt 2:14 | תלתין ותמניא שנין עד | דסף | כל דרא עמא עבדי קרבה מן |
| 024 | ויסוף | | Lv26:20 | | ויסוף | לריקנו חייליכון ולא תתן |
| 025 | ויסופון | | Nu24:24M | וישעבדון לאתוראה | ויסופון | ליתבי עיבר פרת ברם |
| 026 | | | Nu17:25 | לבני«ה» סורבניה | ויסופון | תורעמנותהון מעילווי ולא |
| 027 | וסאף | | Gn35:29 | | וסאף | יצחק ומית ואתכנש לוות |
| 028 | | | Gn25:08 | | וסאף | ומית אברהם בשיבו {ס}<ט>בא |
| 029 | | | Gn49:33 | וכנש רגלוי לגו דרגשה | וסאף | ומית ואתכנש לעמיה: |
| 030 | | | Gn 7:21 | | וסאף | כל בשרא דרחש על ארעא בעופא |
| 031 | וסף | | Gn25:17 | מאה ותלתין ושבע שנין | וסף | ומית ואתכנש לעמיה: |
| 032 | ותסופון | | Dt11:17 | לא תתן פירי עללתה | ותסופון | בופריע מן עלוי ארעא טבתה |
| 033 | | | Nu33:52M | מן קדמיכון | ותסיפון/ותסופון#2# | ית כל סעוותהון |
| 034 | | | Dt 7:24 | מלכיהון בידיכון | ות{ו}ס<ו>פון | ית שמהן מן תחות שמיא |
| 035 | | | Dt 9:03 | ותירתון יתהון | ותסופון | יתהון בפריע היך מה די |
| 036 | סייף | pael | Gn44:12 | ופשפש ברבה שרי ובזעירא | סייף | ואשתכח כלידא בטעוני" |
| 037 | מיספה | | Dt12:02 | | מיספה | תסייפון ית כל אתרייה די |
| 038 | מסיף | | Dt 8:20 | כאומייה דמימרה דייי | מסיף | מן קדמיכון כדן תסופון חלף |
| 039 | מסיפה | | Lv26:16 | ית שחפיתה וית קדחיתה | מסיפה | עיינין ומדיבה נפש ותזרעון |
| 040 | מספא | | Dt 8:19M | הדין ארום | מסתפה/מספא#2#/משצייה | תשתיצון#2#/ |
| 041 | תסייפון | | Dt12:02 | מיספה | תסייפון | ית כל אתרייה די פלחו תמן |
| 042 | תסיפון | | Nu33:52 | כל {צלמי} מתכתהון | תסיפון | וית כל בימסיהון תשיצון: |
| 043 | ולמסייפה | | Dt28:63 | למובדה יתכון | ול«מ»סייפה | יתכון ותתעקרון |
| 044 | ותסיפון | | Nu33:52 | ארעא מן קדמיכון | ותסיפון | ית כל טעוותהון וית כל |
| 045 | | | Dt12:03 | טעוותהון תקצצון | ותסיפון | ית שמהן מן אתרה ההוא: |
| 046 | למסייפה | | Dt28:63M | ול«מ»סייפה יתכון | /למסייפה | יתכון ולמשיצייה |
| 047 | מיסתיפא | etpaal | Dt 4:26 | שמיא וקדם ארעא ארום | מיסתיפא | תסתיפון בפריע מעילוי |
| 048 | מסתפה | | Dt 8:19 | בכון יומא הדין ארום | מסתפה | תספון: |
| 049 | תיסתפון | | Nu16:26M | לייי#2#/ דלא | תשיצון/תיסתפון#2# | בכל חוביהון: |
| 050 | תסתופון | | Dt28:20 | די תשתצון ועד זמן די | תסתופון | בופריע מן קדם עובדיכון |
| 051 | תסתיפון | | Dt 4:26 | ארעא ארום מיסתיפא | תסתיפון | בפריע מעילוי ארעא די |

## סוף *n.* end [371]

|  |  |  |  |  |  |  |
|---|---|---|---|---|---|---|
| 001 | סוף | s ab/cn | Ex10:29M | יהיב במדין לא מן | סוף | דהוה לך רחמין הוינא מצלי |
| 002 | | | Ex10:29 | תבעין ית נפשך ולא מן | סוף | דהוינא תבע עלך מן קדם ייי |
| 003 | | | Nu24:14 | עמא האליין משלוט בעמך | סוף | עקב יומיא: |
| 004 | | | Nu14:33M | יסופון במדברה פגריכון | סוף/ | פוגרי#2#/: |
| 005 | | | Gn47:21M | כן סלטילינון מן | סוף | תחום מצרים ועד סופיה וית |
| 006 | בסוף | | Dt32:20 | מנהון אחמי מה יהווי | בסוף | אחריותהון ארום דר תהפכנין |
| 007 | | | Nu33:38 | ממרה דייי ומית תמן | בסוף | ארבעין שנין בזמן אפקותהון |
| 008 | | | Dt 1:03 | והוה | בסוף | ארבעין שנין בחד עשר ירחין |
| 009 | | | Gn19:26M | מן בתרה למחמי מה יהוי | בסוף | בייתיה דא' |
| 010 | | | Gn15:17M | עתיד דאישתרי | בסוף | יומיא גומרא די נור מן |
| 011 | | | Gn49:01M | מה דאתעתד דיערא להון | בסוף | יומ<י>א מן דאתגלי לה{ו} |
| 012 | | | Dt 8:16 | יתכון למייטבה לכון | בסוף | יומייה: |
| 013 | | | Nu11:26 | מתנביין כחדא ואמרין | בסוף | עקב יומיא גוג ומגוג |
| 014 | | | Dt 4:30 | יתכון כל עקייה האליין | בסוף | עקב יומיא ותתובון קדם ייי |
| 015 | | | Dt31:29 | ותארע יתכון בישתה | בסוף | עקב יומייא ארום תעבדון מה |
| 016 | | | Gn 7:11 | | בסוף | שית מאה שנין לחיוהי דנח |
| 017 | דבסוף | | Gn25:23M | "קדם זעירא": מן בגלל | דבסוף | מלכותא דעשו ואח{ר}<ד> |
| 018 | וסוף | | Nu24:04 | על נפשיה דנפיל בחרבא | וסוף | נבואתיה למתקיימה: |
| 019 | | | Nu24:16 | נפשיה דהוה נפל בחרבה | וסוף | נבואתיה למתקיימה: |
| 020 | לס' | | Dt 1:03M | והוה | בסוף/לס'#2#/ | ארבעין שנין בחד עשר |
| 021 | לסוף | | Gn 8:06 | והוה | לסוף | ארבעין יומין ופתח נח ית |
| 022 | | | Nu13:25 | וחזרו מן דייללו ית ארעא | לסוף | ארבעין יומין: |
| 023 | | | Nu33:38M | דייי ומית תמן | בסוף/לסוף#2#/ | ארבעין שנין בזמן |
| 024 | | | Dt 9:11 | והוה | לסוף | ארבעין יומין וארבעין |
| 025 | | | Gn 4:03 | והוה | לסוף | יומין ואייתי קין מן פירי |
| 026 | | | Lv 9:01 | והוה ביומא תמיניה{ון} | {לסוף} | לסוף שבעתי יומי אשלמותה |
| 027 | | | Gn 8:03 | אזלין וחסקין וחסרו מיא | לסוף | מאה וחמשין יומין: |
| 028 | | | Dt15:01 | עמי בני ישראל | לסוף | שבע שנין דיומין תעבדון |
| 029 | | | Dt31:10 | ופקד משה יתהון למימר | לסוף | שבע שנין דיומין באשון שתה |
| 030 | | | Gn 7:10 | והוה | לסוף | שבעת יומי אבלא דמתושלח |
| 031 | | | Lv 9:01 | תמיניה{ון} {לסוף} | לסוף | שבעתי יומי אשלמותה קרא |
| 032 | | | Gn 8:13 | והוה | לסוף | שית מאה וחדה שנין בירחא |
| 033 | | | Gn16:03 | ית הגר מצריתה אמתה | לסוף | שנין עשר דיומין די שרא |
| 034 | | | Gn 7:11M | שית מאה שנין לחיוהי | /לסוף | שת מאוון דשנין להוי#2#/ |
| 035 | | | Dt14:28 | | לסוף | תלת שנין דיומין ת{נ}<פ>קון |
| 036 | | | Gn40:13 | | לסוף | תלתא יומין ירומם פרעה ית |
| 037 | | | Gn40:19 | | לסוף | תלתא יומין ירים פרעה ית |
| 038 | | | Gn41:01 | והווה | לסוף | תרתין שנין דיומין ופרעה |
| 039 | מסוף | | Ex12:41 | והוה | מסוף | ארבע מאה ותלתין שנין והוה |
| 040 | סופה | s em/sf | Dt11:12 | בה מן ראשה דשתה ועד | סופה | דשתה: |
| 041 | סופיה | | Nu23:10 | קשיטין לוויי תיהוי | סופיה | אלווי תיהוי אחריתה כזעירה |
| 042 | | | Gn47:21M | סוף תחום מצרים ועד | סופיה | וית עמא דהוון שרין |
| 043 | | | Dt29:17 | דחטה חלי כדבשה ברם | סופיה | מריר כלעניתה דמותה: |
| 044 | סופיהון | | Dt32:01 | טעמין כסא דמותה ברם | סופיהון | בליין לעלמא דאתי וכן |
| 045 | | | Nu24:24M | ליתבי עיבר פרת ברם | סופיהון | דאליין ודאיליין לאובדן |
| 046 | | | Nu24:20M | קיש וגמר יתהון ברם | סופיהון | לאובדן עלמיא |
| 047 | בסופא | | Gn40:12 | דפרעה עתיד למשתי | בסופא | ואת רב מזוגיא לא מובדין |

|  |  |  |  |  |  |  |
|---|---|---|---|---|---|---|
| 048 | | | Dt17:07M | וי{ת}<ד> כל עמא/ | בסופא | ותשיצון#2#/ עבדי בישתה |
| 049 | בסופא | | Ex32:01 | לית אנן ידעין מה הווה | בסופה: | |
| 050 | | | Dt13:10M | לכל עמא | באחריתה/בסופהה#2#:/ | |
| 051 | | | Gn19:26 | למחמי מה יהווי | בסופה | דבייתיה דאבוה והא היא |
| 052 | בסופהון | | Gn37:20 | יתיה ונחמי מה יהווי | בסופהון | דחלמוי: |
| 053 | בסופיה | | Gn42:13 | לית אנן ידעין מה הוה | בסופיה: | |
| 054 | | | Nu12:16 | נהרא למידע מה יהווי | בסופ«י»ה | דמשה הוון ישראל אשתין |
| 055 | | | Ex 2:04M | מה\אתעביד ליה /הוה | בסופיה | דטליא#2#:/ |
| 056 | | | Gn42:36 | לית אנא <ידע> מה הוה | בסופיה | ואתון בעין למיסב ית |
| 057 | | | Gn42:32 | לית אנן ידעין מה הוה | בסופיה | וזעירא יומא דן עם אבונן |
| 058 | וסופי' | | Gn40:18M | ברם פרעה יאבד /בנהרא | וסופי' | דפרעה ייבד#2#:/ |
| 059 | וסופיהון | | Nu24:20 | לקבליהון סדרי קרבה | וסופיהון | לאבדן יהווי וא«ב»דנהון |
| 060 | | | Nu24:24 | ויצערון עבר נהרא | וסופיהון | לאבדן יהוון ואבדנהון עד |

## rebellious *adj.* סורבן [372]

|  |  |  |  |  |  |  |
|---|---|---|---|---|---|---|
| 001 | סורוון | s ab/cn | Dt21:18 | ארום יהווי לגבר בר | סורוון | ומורוון לית הוא שמע בקלה |
| 002 | | | Dt21:20 | לחכימי קרתה בנן דין | סורוון | ומורוון לית הוא שמע בקלן |
| 003 | סורבנין | p abs | Gn26:35 | והוון | סורבנין | ומפחן רוח ומגחכן בפולחנא |
| 004 | סורבניה | p em/sf | Nu17:25 | למטרה לסימן לבני«ה» | סורבניה | ויסופון תורעמנותהון |

See also: *adj.* סרהבן

## סורוון *adj.* ⇐ סורבן

## Syrian *adj.* סוריי [!!]

|  |  |  |  |  |  |  |
|---|---|---|---|---|---|---|
| 001 | דסוראי | p em/sf | Gn 9:21M | ואתפרסם במצע משכניה | דסוראי | ואתבזי במ' מש' |

## to bathe *vb.* סחי [372]

|  |  |  |  |  |  |  |
|---|---|---|---|---|---|---|
| 001 | יסחי | peal | Dt23:12 | ^ויהווי לעידוני רמשה | יסחי | במיה וכמטמעי שמשה ייעול |
| 002 | ויסחי | | Lv14:08 | ויספר ית כל שעריה | ויסחי | במיא וידכי ובתר כן ייעול |
| 003 | | | Lv15:05 | במדמכיה יחוור לבושוי | ויסחי | במיא ויהוי מסאב עד רמשא: |
| 004 | | | Lv15:06 | דיבה יחוור לבושוי | ויסחי | במיא ויהוי מסאב עד רמשה: |
| 005 | | | Lv15:07 | דדיבה יחוור לבושוי | ויסחי | במיא ויהווי מסאב עד רמשא: |
| 006 | | | Lv15:08 | <בדכיה> יחוור לבושוי | ויסחי | במיא ויסתאב עד רמשא: |
| 007 | | | Lv15:10 | יחוור לבושוי | ויסחי | במיא ויסתאב עד רמשא: |
| 008 | | | Lv15:11 | במיא יחוור לבושוי | ויסחי | במיא ויסתאב עד רמשא: |
| 009 | | | Lv15:16 | יפוק מיניה תשמיש דזרע | ויסחי | במיא ית כל בשריה ויסתאב |
| 010 | | | Lv15:21 | ו{י}<י>חוור לבושוי | ויסחי | במיא ויסתאב עד רמשא: |
| 011 | | | Lv15:22 | תתב עלוי יחוור לבושוי | ויסחי | במיא ויסתאב עד רמשא: |
| 012 | | | Lv15:27 | יסתאב ויחוור לבושוי | ויסחי | במיא ויהוי מסאב עד רמשא: |
| 013 | | | Lv16:04 | יטכס לבושי קדשא אינון | ויסחי | במיא ית בשריה וילבש |
| 014 | | | Lv17:15 | ובגיורא ויחוור לבושוי | ויסחי | במיא ויהווי מסאב עד רמשא |
| 015 | | | Nu19:19 | שביעיה ויחוור לבושוי | ויסחי | במיא וידכי ברמשא: |
| 016 | וסחון | | Gn19:02M | ואסחון/ואביתו | וסחון#2#/ | רגליכון ותקדמון ותזלון |
| 017 | אס' | afel | Lv22:06M | אסחי/אלא הן אן | אס'#2#/ | בשרה במיא: |
| 018 | אסחי | | Lv22:06 | יאכל מן קדשיה ארום אלהן | אסחי | בשרה במיא: |
| 019 | יסחון | | Dt21:06 | ההיא דקריבין לקטילה | יסחון | ית ידיהון על עגלתה דקטילה |
| 020 | יסחי | | Lv17:16 | יחוור לבושוי ובשרה לא | יסחי | במיא ויקבל לחובוי: |
| 021 | ואסחון | | Gn43:24 | דיוסף ויהב להון מיא | ואסחון | רגליהון ויהב כסא |
| 022 | | | Gn19:02 | דעבדכון ואביתון | ואסחון | רגליכון ותקדמון ותזלון |
| 023 | | | Gn18:04 | אסב כען קליל מיא | ואסחון | רגלכון ואתקררו תחות |
| 024 | ויסחי | | Lv15:13 | ויחוור לבושוי | ויסחי | בשרה במייא דמבוע וידכי: |
| 025 | | | Nu19:07 | ויחוור לבושוי כהנא | ויסחי | בשרה במיא ומן בתר |
| 026 | | | Nu19:08 | יתה יחוור לבושוי במיא | ויסחי | בשרה במיא ויהוי מסאב עד |
| 027 | | | Lv14:09 | ויחוור ^ית#2#^ לבושוי | ויסחי | ית בשרה במיא וידכי: |
| 028 | | | Lv16:24 | | ויסחי | ית בשרה במיא באתר קדיש |
| 029 | | | Lv16:26 | לעזאזל יחוור לבושוי | ויסחי | ית בשריה במיא ובתר כדין |
| 030 | | | Lv16:28 | יתהון יחוור לבושוי | ויסחי | ית בשריה במיא ומן בתר כדן |
| 031 | ומסחי | | Dt33:24 | תיהווי מש{י}<ח> במייא | ומסחי | במשחה רגלוי: |
| 032 | למסחיה | | Gn24:32 | תבן וכסה לגמליא ומיין | למסחיה | רגלוי ורגלי גבריא דעמיה: |

## to carry, to support *vb.* סחן [372]

|  |  |  |  |  |  |  |
|---|---|---|---|---|---|---|
| 001 | למסחנא | afel | Gn36:07 | יכלית ארעא תותבותהון | למסחנא | יתהון מן קדם בעיריהון: |

## סחסגון ⇐ ססגון

## to turn around *vb.* סחר [372]

|  |  |  |  |  |  |  |
|---|---|---|---|---|---|---|
| 001 | מסתחר | etpeel | Gn49:17 | לסוסיא בעקבי ומן אימתה | מסתחר | רכבה ומתהפך לאחורי הוא |

## to turn aside *vb.* סטי [372]

|  |  |  |  |  |  |  |
|---|---|---|---|---|---|---|
| 001 | סטה | peal | Ex 3:04 | וגלי קדם ייי ארום | סטה | משה למחמי וקרא ליה ממריה |
| 002 | סטון | | Ex32:08 | | סטון | בפריע מן ארחא די פקדת |
| 003 | | | Dt 9:12 | אפקת פריקין מן מצרים | סטון | בפריע מן ארחה דפקדית יתהון |
| 004 | | | Dt31:18 | על כל בישתה די עבדו די | סטון | בתר טעוון אחרניין: |
| 005 | | | Nu16:26 | ומליל לווית כנישתה למימר | סטון | כען מעלוי משכן גברייה |
| 006 | סטי | | Ex23:01M | בלבביכון בתר סוגי דינ' | סטי | |
| 007 | | | Dt29:17 | או זרעי או שבט דליביה | סטי | עלוי יומא הדין מן בתר |
| 008 | סטיית | | Nu 5:19M | "סטית ... האליין" | סטיית | סאיבה תחות רשותה לבעליך |
| 009 | סטית | | Nu 5:20 | ואת ארום | סטית | בר מן רשותה דבעליך וארום |
| 010 | | | Nu 5:19 | לא שמש גבר עימך ואין לא | סטית | סאבה בר מן רשותה דבעליך |
| 011 | סטיתון | | Dt 9:16 | עבדתון לכון עגל מסכה | סטיתון | בפריע מן אורחא דפקיד |
| 012 | סטת | | Nu22:32 | אנה נפקת למסטן לך ארום | סטת | ארחה מן כל קבלי: |
| 013 | | | Nu22:33 | דנה תלתה זמנין אילו לא | סטת | מן קדמיי ארום כדון יתך |
| 014 | | | Nu12:10 | וענגה | סטת | מעלוי משכנה והא מרים |
| 015 | אסטי | | Ex 3:03 | ואמר משה | אסטי | כען ואחמי ית חזיא רבא הדין |
| 016 | | | Dt 2:27 | בארחה בארחה אהלך לא | אסטי | לא לימינה ולא לשמאלה: |
| 017 | יסטון | | Dt 7:04M | ארום | יסטון/יסטון#2# | ית בניכון מן בתר |
| 018 | | | Dt30:17 | ואן | יסטון | לבביכון ולא תשמעון |
| 019 | | | Dt 4:09 | די חמון עייניכון ודלא | יסטון | מן לבביכון כל יומי חייכון |
| 020 | יסטי | | Dt17:20 | ליבביה מן אחוי ודלא | יסטי | מן מצוותה דאוריתה לא |
| 021 | נסטי | | Nu20:17M | באסרטא דמלכא ניזיל לא | נסטי | |
| 022 | | | Nu21:22 | אעבר כען בארעך לא | נסטי | בחקלין ובכרמין ולא נשתי מי |
| 023 | | | Nu20:17 | גובין ארח מלכא נהלך לא | נסטי | לא לימינה ולא לשמאלה |
| 024 | | | Dt 2:27M | אורחא נזל לא | נסטי | לא לימין ולא לישמיל |
| 025 | תיסטי | | Nu 5:12 | להון גבר גבר ארום | ת{ו}<י>סטי | אתתה ותשקר ביה שקר: |
| 026 | תסטה | | Nu 5:29 | דא גזרת אוריתה דקנאתה | תסטה | אתתה בר מן בעלה ותסתאב: |
| 027 | תסטון | | Lv19:04 | לא | תסטון | בתר {{...}} וטעוון דמתכה |
| 028 | | | Lv19:31M | לא | תטון/תסטון#2# | בתר שואלי/שאלי#2#/ |
| 029 | | | Nu15:39 | ותעבדון יתהון ולא | ת{פ}<ס>טון | בתר הרהורי לבכון ובתר |
| 030 | | | Dt 5:32 | ייי אלהכון יתכון לא | תסטון | לא לימינה ולא לשמאלה: |
| 031 | | | Dt17:11 | יימרון לכון תעבדון לא | תסטון | מן פתגמא די יתנון לכון לא |
| 032 | | | Dt28:14 | <ולא> | תסטון | מן כל פתגמייא די אנה מפקד |
| 033 | תסטי | | Lv20:06 | ונפש' די | תסטי | בתר שאלי אובה ומסקי זכורן |
| 034 | דתסטה | | Nu 5:29M | \תסטה אתתה | /ד{ססת}<תסט>ה | אתתה#2#/ בר מן |
| 035 | וסטה | | Gn38:01 | יהודה מן לוות אחוי | וסטה | לוות גבר עדולמיי ושמה |

|  |  |  |  |  |  |  |
|---|---|---|---|---|---|---|
| 036 | | | Gn38:16 | | וסטה | לוותה לארחה ואמר הבי כען |
| 037 | | | Gn42:24 | | וסטה | מלוותיהון ובכה וחזר |
| 038 | וסטון | | Nu20:21 | ישראל עברין בתחומה | וסטון | ישראל מעילוויהון דהוון |
| 039 | | | Gn19:03 | ודחק עליהו«ן» לחדא | וסטון | לוותיה ועלו לגו ביתה ועבד |
| 040 | וסטת | | Nu22:23 | וחרבה שליפה בי{ה}<ד>יה | וסטת | אתנתה מן ארחה והלכת באפי |
| 041 | | | Nu22:33 | וחמת יתי אתנתה | וסטת | קדמיי דנה תלתה זמנין אילו |
| 042 | ואסטי | | Gn24:49 | לי ואן לא תנון לי | ואסטי | לימינא או לשמאלה: |
| 043 | ויסטון | | Ex34:16M | לבניכון | ויטעון/ויסטון#2#/ | בנתהון בתר |
| 044 | | | Dt31:20 | וישבעון ויתפרנקון | ויסטון | בתר טעוון אחרניין ויפלחון |
| 045 | ויסטיין | | Ex34:16M | ויטעיין/^ויטעון#2#^/ | ויסטיין#2#/ | ית בניכון |
| 046 | ותסטון | | Ex34:15M | בתר/לדיירי דארע' | ותסטון | בת#2#/ טעוותהון וידבחון |
| 047 | | | Dt 4:19M | חיילות שמיא {{ותטעון}} | /ותסטון#2#/ | ותסגדון להון |
| 048 | | | Dt11:16 | לכון דלא יטעי לבביכון | ותסטון | ותפלחון קדם טעוון |
| 049 | | | Dt11:28 | למצוותה דייי אלהכון | ^ותסטון | מן ארחה סבתה^ די אנה |
| 050 | | | Dt31:29 | ארום מחבלה תחבלון | ותסטון | מן ארחה די פקדת יתכון |
| 051 | למיסטי | | Dt13:06M | יתכון /שעיבודה | למיסטי | יתכון#2#/ מן אורחא די |
| 052 | למסטי | | Lv20:05M | {{דטעיין}} מן בתריה | למסטי | בתר#2#/ פלחנה נכריה |
| 053 | | | Nu22:23M | למכוונה/אתנה | למסטי#2#/ | יתה באורחא: |
| 054 | | | Nu22:26 | די לא הווה תמן אורח | למסטי | לא לימינה ולא לשמאלה: |
| 055 | יסטון | afel | Dt17:17M | יסטן לבבה/נשין דלא | יסטון | ליביה#2#/ וכסף ודהב לא |
| 056 | יסטי | | Dt27:19 | ליט יהווי גברה די | יסטי | דינה דגיורה דיתמה וארמלתה |
| 057 | | | Dt13:07M | ארום | יטעי/יסטי#2#/ | יתך אחוך ברה |
| 058 | יסטן | | Dt17:17 | ולא יסגי ליה נשים ולא | יסטן | לבבה וכסף ודהב לא יסגי לה |
| 059 | תסטון | | Dt16:19 | לא | תסטון | בדינה ולא תסבון אפין |
| 060 | | | Ex23:06M | /עמי בני ישראל לא | תסטון | סדר דינא דמסכינא בשעה |
| 061 | תסטי | | Ex23:06 | לא | תסטי | דינא {הצרוכה} <די צריכה> |
| 062 | | | Dt24:17 | לא | תסטי | דיניה דגיורייה ויתמייה ולא |
| 063 | דיסטון | | Dt13:14M | ית דיירי קרת{י}הון | /דיסטון | ית יתבי קורייכון#2#/ |
| 064 | דמסט' | | Dt27:19M | וארמלתה ויאמרון כל | /דמסט' | סדר דיניה דגייורא ודיתמה |
| 065 | למסטייה | | Dt13:11M | ממרה דייי /תבע | למסטייה | יתכון מעילווי ייי#2#/ |

## סטם *vb.* to be hostile [373]

|  |  |  |  |  |  |  |
|---|---|---|---|---|---|---|
| 001 | דיסטם | peal | Gn50:15 | אבוהון ואמרין מה דלמה | דיסטם | יוסף יתן ומחזרא יחזר לן |
| 002 | ושטם | | Gn27:41 | | ושטם | {ית} עשו ית יעקב על |

## סטן *vb.* to be hostile [Heb.] [!!]

|  |  |  |  |  |  |  |
|---|---|---|---|---|---|---|
| 001 | למסטן | peal | Nu22:22 | מלאכה דייי בארחה | למסטן | לה והוא רכיב על אתנתיה |
| 002 | | | Nu22:32 | זמנין הא אנה נפקת | למסטן | לך ארום סטת ארחה מן |
| 003 | למסטנה | pael | Nu22:22M | דייי בארחה | למסטן/למסטנה#2#/ | לה והוא רכיב על |

## סטן *n.* Satan, devil [373]

|  |  |  |  |  |  |  |
|---|---|---|---|---|---|---|
| 001 | לסטן | s ab/cn | Nu22:32M | הא אנה נפקת | למסטן/לסטן#2#/ | לך ארום סטת ארחה מן |
| 002 | סטנה | s em/sf | Ex32:24M | ואת' וטלקתיה בנורא ועל | סטנה | בגווה ונפק מיניה דמות |

## סטר *vb.* ⇐ סתר

## סטר *vb.* to collect [!! cf. סדר]

|  |  |  |  |  |  |  |
|---|---|---|---|---|---|---|
| 001 | מסטר | pael | Nu11:32M | יומא דבתריה | וכנשו/מסט{ו}<ר>#2#/ | ית סלווי מן דזער |

## סטר *n.* side [373]

|  |  |  |  |  |  |  |
|---|---|---|---|---|---|---|
| 001 | סטר | s ab/cn | Dt31:26 | הדין ותשוון יתה מן | סטר | ארון קיימה דייי אלהכון |
| 002 | | | Gn19:04 | ועד סביהון כל עמא מן | סטר | חד: |
| 003 | בסטר | | Gn41:03 | בבשריהון וקמו להון | בסטר | תורייא על כ^י#2#^ף נהרא: |
| 004 | סט' | s em/sf | Ex17:12 | חד מן דא סטרא וחד מן דא | סט' | והויין ידוי דמשה זקיפן |
| 005 | סטר' | | Ex26:13M | חתה יהווי משפע על | סטר'#2#/ | דמשכנא מן הכה ומן הכא |
| 006 | | | Ex26:35 | וית מנרתא לקבל פתורה על | סטר' | דמשכנה לדרומה ופתורא תתן |
| 007 | סטרא | | Ex26:10 | וחמשין ענבין תעבד על | סטרא | דיריעתא בבית דבוקה תניינא: |
| 008 | | | Ex26:04 | ותעבד עונבין דתכלה על | סטרא | דיריעתה חדתה בריתה |
| 009 | | | Ex36:11 | ועבד ענבין דתכלה על | סטרא | דיריעתה חדה בריתה |
| 010 | | | Ex26:27 | וחמשה נגרין ללוחי | סטרא | דמשכנה תניינא וחמשה נגרין |
| 011 | | | Ex27:09M | \לסטרא דדרומיא /מן | סטרא | דרומייא#2#/ מדרומיא |
| 012 | | | Ex17:12 | אחידין בידוי חד מן דא | סטרא | וחד מן דא סט' והויין ידוי |
| 013 | | | Ex26:13M | \מן הכה ומן הכא /מן דן | סטרא | ומן דן סטרא#2#/ למכסייה |
| 014 | | | Ex25:32 | חדתא ותלתא קני מנרתא מן | סטרא | {חדתא ותלתא קני מנרתא מן |
| 015 | | | Ex25:32 | תלתא קני{ם} מנרתה מן | סטרא | חדתא ותלתא קני מנרתא מן |
| 016 | | | Ex26:28 | לוחי מש{מ}<לב>ש מן דן | סטרא | לגו דן סיטרא: |
| 017 | | | Ex26:13M | /מן דן סטרא ומן דן | סטרא#2#/ | למכסייה יתה: |
| 018 | | | Nu35:05 | ותמשחון לבר מן קרתה ית | סטרא | מדנחייה תרין אלפין |
| 019 | | | Ex37:08M | סטר{י}ה מן הכה /מדין | סטרא | מהכה#2#/ וכרוב חד מן דן |
| 020 | | | Ex27:14M | ווילון לסיטרא/מן | סטרא#2#/ | עמודיהון תלתא |
| 021 | | | Ex25:32 | ותלתא קני מנרתא מן | סטרא} | תניינא: |
| 022 | | | Ex37:03 | סטריה חד ותרין עזקן על | סטרא | תניינא: |
| 023 | סטרה | | Ex36:33 | מן דן סטר{י}<ה> לגו דן | סטרה: | |
| 024 | | | Nu22:24M | דן סטרה וסגייה מן דן | סטרה | |
| 025 | | | Ex32:15 | מן דן סיטרא ומן דן | סטרה | אינון כתיבין: |
| 026 | | | Ex25:14M | אריחי בעזקיא על | סטרוי/סטרה#2#/ | דארונא למטען |
| 027 | | | Ex36:17 | וחמשין ענבין עבד על | סטרה | דיריעתה בבית דבוקה תניינא: |
| 028 | | | Ex37:07M | מן תרין | סטריה/^<סט>רה#2#^/סיטרוי#2#/ | דכפרתה: |
| 029 | | | Ex38:07M | בעזקיה על | סטרוי/<סט>רה#2#/ | דמדבחה למטען יתיה |
| 030 | | | Ex26:13 | דמשכנא יהווי שפיעה על | סטרה | דמשכנא מן הכה ומן הכא |
| 031 | | | Ex36:32 | וחמשה נגרין ללוחי | סטרה | דמשכנה בשיפולייה מן מערבה: |
| 032 | | | Ex36:31 | אעין דשטין חמשה ללוחי | סטרה | {ה}<ד>משכנה חדה: |
| 033 | | | Nu11:31M | /יום חד מן דן | סטרה | וכאורח יום חד מן דן סטרה |
| 034 | | | Ex38:15M | \הכה ומן הכא לתרע /דן | סטרה | ומן דן סטרה לת'#2#/ דרתה |
| 035 | | | Nu22:24M | כרמייה סגייה מן דן | סטרה | וסגייה מן דן סטרה |
| 036 | | | Nu11:31M | וכאורח יום חד מן דן | סטרה | חז'#2#/ למשריתה וכתרין |
| 037 | | | Lv13:45M | יהווי> פריע ועל | סטרה | יהווי מהלך מסאבה מסאבה |
| 038 | | | Ex36:33 | בגו לוחי מן דן | סטר{י}<ה> | לגו דן סטרה: |
| 039 | | | Ex38:15M | לתרע /דן סטרה ומן דן | סטרה | לת'#2#/ דרתה וולונין |
| 040 | | | Ex25:19 | מן הכא וכרוב חד מן דן | סטרה | מן הכה כפורתה תעבדון ית |
| 041 | | | Ex37:08 | כרוב חד מן דאן | סטר{י}ה | מן הכה וכרוב חד מן דן |
| 042 | | | Ex26:35 | ופתורא תתן על צפונה | סטרה | צפונה: |
| 043 | | | Ex25:32M | קנין נפקין מן | סטריה/סטרה#2#/ | תלתא קני{ם} מנרתה מן |
| 044 | | | Ex37:18 | ושׁשה קנין נפקין מן | סטרה | תלתא קני מנרתה מן סיטרא |
| 045 | | | Ex37:18 | חדתה ותלתא קני מנרתה מן | סטרה | תניינא: |
| 046 | | | Ex36:25M | תניינה לסטרה/מן | סטרה#2#/ | צפונייה/צפונה#2#/ עבד |
| 047 | סטרי | | Ex37:08 | מן הכה וכרוב חד מן דן | סטרי | מן הכה מן כפרתה עבד ית |
| 048 | סטריה | | Ex37:03 | זויתיה ותרתין עזקין על | סטריה | חד ותרין עזקן על סטרא |
| 049 | | | Ex25:12 | זוויתא ותרתין עזקין על | סטריה | חדתא ותרתין עזקין על |
| 050 | | | Ex25:32 | ושתא קנין נפקין מן | סטריה | תלתא קני{ם} מנרתה מן סטרא |
| 051 | | | Ex25:12 | חדתא ותרתין עזקין על | סטריה | תניינא: |
| 052 | סיטרא | | Ex26:28 | מן דן סטרא לגו דן | סיטרא: | |
| 053 | | | Ex26:13 | דין סיטרא ואמה מן דין | סיטרא | במותריי«א» בארכה |
| 054 | | | Ex28:26 | על סי{מפ}<פמ>ה די מן | סיטרא | דאפודה מלגו: |

|  |  | |  |  |  |  |
|---|---|---|---|---|---|---|
| 055 | | | Ex26:10 | ותעבד חמשין ענובין על | סיטרא | דיריעתה חדתה בריתה |
| 056 | | | Ex26:13 | ואמה מן דין | סיטרא | ואמה מן דין סיטרא |
| 057 | | | Ex32:15 | מן תרין סטריהון מן דן | סיטרא | ומן דן סטרה אינון כתיבין: |
| 058 | | | Ex37:18 | סטרה תלתא קני מנרתה מן | סיטרא | חדתה ותלתא קני מנרתה מן |
| 059 | סיטרה | | Ex39:19 | על סיפותה די מן | סיטרה | דאפודה מן לגו: |
| 060 | | | Ex40:24M | לקבל פתורה על | שפולו/סיטרה#2#/ | דמשכנא מן דרומא: |
| 061 | | | Ex36:32 | וחמשה נגרין ללוחי | סיטרה | דמשכנה תניינה וחמשה נגרין |
| 062 | | | Nu35:05 | תרין אלפין באמתה וית | סיטרה | דרומה תרין אלפין באומתה |
| 063 | | | Nu35:05 | ˆאמין#2#ˆ באומתה וית | סיטרה | מערבייה תרין אלפין באומתה |
| 064 | | | Nu35:05 | תרין אלפין באומתה וית | סיטרה | צפונה תרין אלפין באמתה |
| 065 | סיטריה | | Ex26:26 | דשתין חמשין ללוחיה | סיטריה | דמשכניה חדתה: |
| 066 | בסטרא | | Ex26:04 | בבית דבוקה וכן תעבד | בסטרא | דיריעתה בריתה בבית דבוקה |
| 067 | בסיטרא | | Ex26:05 | וחמשין עונבין תעביד | בסיטרא | דיריעתא דבבית דבוקה |
| 068 | | | Gn 6:16 | מן לעיל ותרעא דתיבותא | בסיטרא | תשוי מדורין ארעיין תנינין |
| 069 | בסיטרה | | Ex36:11 | בבית דבוקה כן עבד | בסיטרה | די יריעתה בריתה |
| 070 | | | Ex36:12 | חדא וחמשין ענבין עבד | בסיטרה | דיריעתה די בבית דיבוקה |
| 071 | דסיטרת | | Ex26:18 | למשכניה עשרין לוחין | דסיטרת | דרומאה מן דרומה: |
| 072 | ולסטרא | | Ex27:15 | | ולסטרא | תניינא חמש עשרי ווילון |
| 073 | ולסטרה | | Ex36:25 | | ולסטרה | דמשכנה תניינה לסטרה |
| 074 | | | Ex38:15 | | ולסטרה | תניינה מן הכה ומן הכא |
| 075 | ולסיטרא | | Ex26:20 | | ולסיטרא | דמשכנא תניינ«א» לסיטרא |
| 076 | ולסיטרה | | Ex38:13 | | ולסיטרה | מדינחה מן מדינחה חמשין |
| 077 | | | Ex38:12 | | ולסיטרה | מערביה וילון חמשין אמין |
| 078 | | | Ex38:11 | | ולסיטרה | צפוניה מאה אמין באמתה |
| 079 | לסטרא | | Ex27:09 | ותעבד ית דרת משכנא | לסטרא | דדרומיא מדרומיא ווילון |
| 080 | לסטרה | | Ex36:25 | ולסטרה דמשכנה תניינה | לסטרה | צפונייה עבד עשרין לוחין: |
| 081 | לסיטרא | | Ex36:23 | למשכנה עשרין לוחין | לסיטרא | דרומיה מן דרומא: |
| 082 | | | Ex27:09 | מאה אמין באמתא ארך | לסיטרא | חדא: |
| 083 | | | Ex27:13 | ופותיא דרתה | לסיטרא | מדנחא מן מדנחא חמשין |
| 084 | | | Ex27:14 | וחמש עשרה אמין ווילון | לסיטרא | עמודיהון תלתא וחומריהון |
| 085 | | | Ex26:20 | דמשכנא תניינ«א» | לסיטרא | צפונא עשרין לוחין: |
| 086 | לסיטרה | | Ex38:09 | ועבד ית דרתה | לסיטרה | דרומיה מן דרומה ווילון |
| 087 | | | Ex27:12 | ופותיא דדרת«א» | לסיטרה | מערביה ווילון חמשין אמין |
| 088 | | | Ex38:14 | ווילון חמש עשרה אמין | לסיטרה | עמודיהון תלתא וחומריהון |
| 089 | | | Ex27:11 | וכדן | לסיטרה | צפוניה באורך ווילון מאה |
| 090 | סטרין | p abs | Ex36:17 | ועבד ענבין חמשין על | סטרין | דיריעתה בריתה בבית דבוקה |
| 091 | | | Ex26:27 | וחמשה נגרין ללוחי | סטרין | דמשכנה בשפולייה מן מערבה: |
| 092 | | | Ex26:24 | כדן יהוי לתריהון לתרין | סטרין | יהוון: |
| 093 | סטרי | p const | Ex28:25 | וית תרין | סטרי | תרתין קליעתה תתן על תרתין |
| 094 | סטריה | | Ex39:18 | וית תר{ת}ין | סטריה | תרתין קליעתה יהבו על |
| 095 | סטר' | p em/sf | Ex26:23M | תעבד לסיטרוי/מן | סטר#2#/ | דמשכנה בשיפולי: |
| 096 | סטרוי | | Ex25:19 | כרובייא על סטרוי תרין | סטרוי: | |
| 097 | | | Ex36:24 | תחות לוחה חדה לתרין | סטרוי: | |
| 098 | | | Ex36:29 | כדון עבד לתריהון לתרין | סטרוי: | |
| 099 | | | Ex37:08 | עבד ית כרוביה מן תרין | סטרוי: | |
| 100 | | | Ex39:04 | עבדו ליה מדבקן מן תרין | סטרוי | אדבק: |
| 101 | | | Ex25:14 | ית אריחי בעזקיא על | סטרוי | דארונא למטען ית ארונא |
| 102 | | | Ex37:05 | ית אריחיה בעזקיה על | סטרוי | דארונה למטען ית ארונה: |
| 103 | | | Ex39:19 | דהבא ושוון על תרין | סטרוי | דחושנה על סיפוותה די מן |
| 104 | | | Ex39:16 | ית תרין עזקין על תרין | סטרוי | דחשנה: |
| 105 | | | Ex38:07 | ית אריחיה בעזקיה על | סטרוי | דמדבחה למטען יתיה בהון |
| 106 | | | Lv19:18 | קש' כחרבא מחי מן תרין | סטרוי | דמן תרין חורפוי למעקה בה |
| 107 | | | Ex40:22M | במשכן זימנא על | שפולו/סטרוי#2#/ | דמשכנא לצפונא/מן |
| 108 | | | Ex26:27M | \ללוחי סטרין /ללוחי | סטרוי#2#/ | דמשכנה בשפולייה מן |
| 109 | | | Nu 3:35 | צוריאל בר אביחיל על | סטרוי | דמשכנה ישרון מן צפונה: |
| 110 | | | Ex36:31M | סטרה /ללוחי{ן} | סטרוי#2#/ | {ה}<ד>משכנה חדה |
| 111 | | | Ex28:07 | יהויין ליה מן תרין | סטרוי | וידבק: |
| 112 | | | Ex30:04 | זויתא תעבד על תרין | סטרוי | ויהווי לאתרין לאריחיה |
| 113 | | | Ex36:24 | תחות לוחה חדה לתרין | סטרוי | ותרין חומרין תחות לוחה |
| 114 | | | Ex25:19M | כרוב חד מן דין | סטריה/סטרוי#2#/ | {חד} מן הכא וכרוב |
| 115 | | | Ex37:27 | על תרתין זויתה על תרין | סטרוי | לאתרין לאריחיה למטען יתיה |
| 116 | | | Ex25:19 | תעבדון ית כרובייא על | סטרוי | תרין סטרוי: |
| 117 | | | Ex36:32M | נגרין ללוחי | סיטרה/סטרוי#2#/ | דמשכנה/<דמש>כן#2#/ |
| 118 | סטריה | | Ex25:18 | תעביד יתהון מן תרין | סטריה | דכפרתה: |
| 119 | | | Ex37:07 | עבד יתהון מן תרין | סטריה | דכפרתה: |
| 120 | | | Ex27:07 | ויהוון אריחיא על תרין | סטריה | דמדבחא למטען יתה: |
| 121 | | | Ex25:19 | ותעבד כרוב חד מן דין | סטריה | {חד} מן הכא וכרוב חד מן |
| 122 | סטריהון | | Ex32:15 | לווחין כתיבין מן תרין | סטריהון | מן דן סיטרא ומן דן סטרה |
| 123 | סטרי' | | Ex26:27M | \ללוחי סטרא /ללוחי | סטריי#2#/ | דמשכנה תניינא וחמשה |
| 124 | סיטרוי | | Ex28:23 | ית תרתין עזקיא על תרין | סיטרוי | דחושנא: |
| 125 | | | Ex28:24 | על תרתין עזקיא לגו | סיטרוי | דחושנא: |
| 126 | | | Ex28:26 | ותשוי יתהון על תרין | סיטרוי | דחושנא על סי{מפ}<פמ>ה די |
| 127 | | | Ex39:17 | על תרתין עזקיה על | סיטרוי | דחשנה: |
| 128 | | | Ex37:07M | מן תרין | סטריה/ˆסט<רה#2#/ˆסיטרוי | דכפרתה: |
| 129 | סיטריה | | Gn 3:24 | שנונה אכלה מן תרין | סיטריה | אתקן בגוה זיקוקין דנור |
| 130 | בסטריכון | | Nu33:55 | בעיניכון ולרמחים | בסטריכון | ויעיקון לכון על ארעא די |
| 131 | לסט' | | Ex28:24M | עזקיא \לגו | סיטרוי/לסט#2#/ | דחושנא: |
| 132 | לסטרוי | | Ex36:28 | ותרין לוחין עבד | לסטרוי | דמשכנא בשפלייה: |
| 133 | לסיטרוי | | Ex26:23 | ותרין ל«ו»חין תעבד | לסיטרוי | דמשכנה בשיפולי: |

## סיבה ⇐ *n.* שֵׂיבה

## סיבו *n.* old age [373]

|  |  | |  |  |  |  |
|---|---|---|---|---|---|---|
| 001 | סיבו | s ab/cn | Gn37:03 | מן כל בנוי ארום בר | סיבו | הוה ליה ועביד לי פרגוד |
| 002 | | | Gn44:20 | אית לן אבונן סב וטלי בר | סיבו | זעיר ואחוי מית ואשתייר הוא |
| 003 | שיבו | | Gn48:10M | משיבה ולא /תקפו מן | שיבו | לא#2#/ הוה יכיל למיחמי |
| 004 | בסיבו | | Gn44:20M | סיבו זעיר /ואית ליה | בסיבו | זיעור#2#/ ואחוי מית |
| 005 | בשיבו | | Gn15:15 | לות אבהתך בשלם תקבר | בשיבו | טבא: |
| 006 | | | Gn25:08 | וסאף ומית אברהם | בשיבו | {ס}<ט>בא סב ושביעו ואתכנש |
| 007 | בשיבי | | Gn15:15M | תקבר/תתקף#2#/ | בשיבה/בשיבי#2#/ | טבא: |
| 008 | סיבותה | s em/sf | Gn21:02 | שרה לאברהם בר לאשון | סיבותה | לעדנא דמליל יתה ייי: |
| 009 | סיבותיה | | Gn21:07 | ילדת ליה בר לאשון | סיבותיה: | |
| 010 | סיבותיהון | | Dt33:25 | עולימותיהון יומי | סיבותיהון: | |
| 011 | דבסיבותיה | | Lv22:27 | דגברה מדנחייה | דבסיבותיה | אתברך בכולה ורהט |
| 012 | לסבותא | | Gn21:07M | ארום ילדית ליה ברא | לסבותא | |
| 013 | | | Gn21:02M | דמליל יתה ייי /ביר | לסבותא | בזמנא די מלל עימיה ממריה |

## סידור *n.* arrangement [373]

|  |  | |  |  |  |  |
|---|---|---|---|---|---|---|
| 001 | סדור | s ab/cn | Ex39:36M | \סדור לחם אפיה /לחם | סדור | אפי#2#/: |
| 002 | | | Ex25:30M | \סידור לחם /לחם | סדור#2#/ | אפיא קדמוי/קדמיי#2#/ |
| 003 | | | Nu 4:07M | ועל פתורה דלחם | אפיה/סדור#2#/ | יפרשון {ד}<ל>בוש |
| 004 | | | Gn 1:16 | למהוי שליט בליליא וית | סדור | כוכביא: |
| 005 | | | Ex39:36 | ית פתורה וית כל מנוי וית | סדור | לחם אפיה: |
| 006 | | | Ex40:23 | וסדר עלוי | סדור | לחם אפיה קדם ייי היך מה די |
| 007 | | | Lv24:06 | שתה סדורין חלין בכל | סדור | על פתורה דכייה קדם ייי: |
| 008 | | | Nu28:02 | להון ית קרבני לחמי לחם | סדור | פתורי מה די אתון מקרבין |
| 009 | סידור | | Ex40:23M | עלוי \סדור לחם אפיה | /סידור | אפי#2#/ קדם ייי היך מה |

|  |  |  |  |  |  |  |
|---|---|---|---|---|---|---|
| 010 | | | Dt 4:19 | יח שמשה וית זהרא וית | סידור | כוכביה כל חיילות שמיא |
| 011 | | | Ex25:30 | ותתן על פתורא | סידור | לחם אפיא קדמוי בתדירא: |
| 012 | | | Ex35:13 | אריחוי וית כל מנוי וית | סידור | לחם אפי: |
| 013 | סדורה | s em/sf | Ex40:04M | פתורה ותסדר ית | סידרה/סדורה#2/ | ותעל ית מנרתה ותסדר |
| 014 | | | Lv24:07 | ותתן על | סדורה | לבונה ברירה ותהוי ללחם |
| 015 | סדורין | p abs | Lv24:06 | יתהון תרין סדורין שתה | סדורין | חלין בכל סדור על פתורה |
| 016 | | | Lv24:06 | ותשוי יתהון תרין | סדורין | שתה סדורין חלין בכל סדור |
| 017 | סידורי | p const | Ex36:16M | יריען לחוד קובל שיתה | סידורי | משנה |

## סידורין *n.* blindness [373]

|  |  |  |  |  |  |  |
|---|---|---|---|---|---|---|
| 001 | בסידוריה | p em/sf | Gn19:11 | די בתרע ביתה מחון | בסידוריה | מדקיקיהון עד סביהון |

## סייג *n.* fence [373]

|  |  |  |  |  |  |  |
|---|---|---|---|---|---|---|
| 001 | סיג | s ab/cn | Nu22:24 | דייי ביני סייגי כרמיה | סיג | מן הכה וסיג מן הכה: |
| 002 | סייג | | Dt22:08 | ארום תבנה בית חדת ותעבד | סייג | לאגרך ולא תשווי חובת |
| 003 | וסיג | | Nu22:24 | סייגי כרמיה סיג מן הכה | וסיג | מן הכה: |
| 004 | סייגי | p const | Nu22:24 | וקם ליה מלאכה דייי ביני | סייגי | כרמיה סיג מן הכה וסיג מן |

## [סיים #3] *vb.* to complete [373 סיים]

|  |  |  |  |  |  |  |
|---|---|---|---|---|---|---|
| 001 | מסיי' | pael | Gn44:18M | ובפרעה רבך אנה | מסיי' | הלא לא אשתמע |
| 002 | מסיים | | Gn44:18 | משרי ובפרעה רבך אנה | מסיים | ארום יקיר אנה כוותך |

## סייף *n.* end [374]

|  |  |  |  |  |  |  |
|---|---|---|---|---|---|---|
| 001 | וסייף | s ab/cn | Dt28:65 | ייי לכון תמן לב רוגזן | וסייף | דעיינין ודייב דנפש: |
| 002 | סייפא | s em/sf | Gn47:21 | תחומיהון דמיצראי ועד | סייפא | ועמא דבקריית' אשרי |
| 003 | | | Gn47:21M | קרייה לקריה ומן | סיפא/סייפא#2/ | תחומיהון/תחומא#2/ |
| 004 | סייפיה | | Gn47:21 | דארעא דמצרים ועד | סייפיה | דלא יהוון מצראי מוניין |
| 005 | סיפא | | Gn47:21M | דמצריים עד תחומא | סיפא | מן בגלל {ל}<א>חו<י> דיוסף |
| 006 | | | Gn47:21M | תחום' דמצריים עד תחומא | סיפא | :"סיפא" |
| 007 | | | Gn47:21 | מן קרייה לקריה ומן | סיפא | תחומיהון דמיצראי ועד סייפא |
| 008 | בסופ' | | Ex13:20M | ושרון באיתם | בסיפה/בסופ#2/דאית | בסייפי#2/ מדברה: |
| 009 | בסייפ' | | Gn23:11 | לי ית מערת כפילה די | בסייפי' | חקליה בכסף שלים יזבן יתה |
| 010 | | | Ex19:12M | בשפולוי /<ל>מקרב | בסייפי#2/ | כל דיקרב לטורא יתקטל |
| 011 | בסייפיה | | Gn23:09 | לי ית מערת כפילה די | בסייפיה | חקליה בכסף שלים יזבן יתה |
| 012 | בסיפה | | Ex13:20 | מסכות ושרון באיתם | בסיפה | מדברה: |
| 013 | בסיפי | | Ex32:23 | לית אנן ידעין מה הוה | בסיפי: | |
| 014 | סייפי | p const | Gn47:02M | ומן קצת/סייפי#2/ | <אחוי> | נסב חמשה |
| 015 | | | Dt13:08 | דרחיקין {ל}<מנ>כון מן | סייפי | ארעא ועד סייפי ארעא: |
| 016 | | | Dt13:08 | מן סייפי ארעא ועד | סייפי | ארעא: |
| 017 | | | Dt28:64 | מן סייפי ארעה ועד | סייפי | ארעא ותפלחון תמן טעוון |
| 018 | | | Dt28:64 | יתכון ייי בכל אומיה מן | סייפי | ארעה ועד סייפי ארעא |
| 019 | | | Gn47:21 | אשרי בקרייתא מן | סייפי | דארעא דמצרים ועד סייפיה |
| 020 | | | Gn49:13 | זבולן על | סייפי | דימא רבה ישרי והוא יהווי |
| 021 | | | Nu34:03 | לכון תחום דרומה מן | סייפי | ימה דמלחה מן מדנחה: |
| 022 | | | Nu22:41M | וחמ'#2/ מן תמן | מן קצת/סייפי#2/ | עמא: |
| 023 | | | Dt 4:32 | ולמן סייפי שמייא ועד | סייפי{ה} | שמיא הא אן הוה כפתגמא |
| 024 | | | Dt30:04 | אין יהוון מבדריכון עד | סייפי | שמיא מן תמן יכנש יתכון |
| 025 | | | Dt 4:32 | אדם קדמיה על ארעא ולמן | סייפי | שמייא ועד סייפי{ה} שמיא |
| 026 | סיפ' | | Nu20:16M | אנן ברקם קרתה | דבסיפי/סיפ#2/ | תחומך: |
| 027 | בס' | | Nu22:36M | כל וקביל ארנונא דאית | בס' | |
| 028 | בסייפי | | Ex13:20M | /בסופ#2/דאית | בסייפי#2/ | מדברה: |
| 029 | | | Nu11:01 | אשא מן קדם ייי ותכלת | בסייפי | משריתה: |
| 030 | | | Nu22:36 | לגבול ארנונה די | בסייפי | תחומה: |
| 031 | בסיפי | | Nu33:37 | דרקם ושרון בהר טורא | בסיפי | ארעהון דאדומיי: |
| 032 | | | Nu33:06 | סכות ושרון באיתם די | בסייפי | מדברה: |
| 033 | דבסיפי | | Nu20:16 | והא אנן ברקם קרתה | דבסיפי | תחומך: |
| 034 | ובסייפי | | Dt 6:09 | יתהון בתרעי בתיכון | ובסייפי | קורייכון: |
| 035 | ובסיפי | | Dt11:20 | יתהון בתרעי בתיכון | ובסיפי | קורייכון: |
| 036 | לסייפי | | Ex16:35 | מנא אכלו עד מיעליהון | לסייפי | ארעא דכנען: |
| 037 | | | Gn49:13M | \על סייפי דימא | /לסייפי/ | ימא#2/ רבה ישרי והוא |
| 038 | מסייפי | | Dt28:49 | עליכון אומה מן רוחקה | מסייפי | ארעא היך מה דטייס נשרא |

## סייף #2 *n.* sword [374]

|  |  |  |  |  |  |  |
|---|---|---|---|---|---|---|
| 001 | סייפא | s em/sf | Gn25:27M | בירכא שמאלא בדמות | סייפא | והוה ליה לסימנא די גבר |
| 002 | סייפי | | Gn44:18 | ולוי בשבועתא אם אשלוף | סייפי | מן תייקא לא אתיבנא לגווה |
| 003 | | | Gn44:18M | בשבועתא אם אשלוף | סייפי | מן תייק' לא אתביניה לגוה |
| 004 | סייפך | | Ex20:25M | לכולא אסטמר דלא תריק | סייפך | עלי ולא תפיס יתיה |

See also: כיף *n.*

## סיכו *n.* anointing [374]

|  |  |  |  |  |  |  |
|---|---|---|---|---|---|---|
| 001 | וסיכותה | p em/sf | Lv16:29M | ממיכל ומשתיה מבבינה | וסיכותה | ושומת סנדלה ותשמי' מיטה |

## סימה *n.* treasure [375]

|  |  |  |  |  |  |  |
|---|---|---|---|---|---|---|
| 001 | סימן | p abs | Gn43:23 | ואלהה דאבהתכון יהב לכון | סימן | בטעוניכון כספכון אתקבלת |
| 002 | וסימן | | Dt33:19 | תוגרת ימייא ייכלון | וסימן | דטמירן יתגליין להון: |

## סימן *n.* sign [375]

|  |  |  |  |  |  |  |
|---|---|---|---|---|---|---|
| 001 | סימן | s ab/cn | Dt13:02 | ויתנון לכון את או | סימן: | |
| 002 | | | Ex 3:12 | ממרי עמך ודן יהווי לך | סימן | ארום ממרי שלח יתך באפקותך |
| 003 | | | Gn 4:15 | יתלי ליה ושוי ייי לקין | סימן | דלא יקטול יתיה כל מן די |
| 004 | | | Ex31:13 | ית שובי קדשי תמרון ארום | סימן | הוא ביני וביניכון לדריכון |
| 005 | | | Ex31:17 | ממריה ובין בני ישראל | סימן | היא שבתא לעלם ארום שתה |
| 006 | | | Ex 8:05 | ואמר משה לפרעה הב לי | סימן | ואתרחיץ עלי עד אימתי אצלי |
| 007 | | | Ex 7:09 | פרעה למימר הבו לכון | סימן | ותימר לאהרן סב ית חטרך |
| 008 | | | Gn 9:12 | ואמר ייי דין | סימן | קיימ' די אנה משוי בין ממרי |
| 009 | | | Gn 9:17 | ואמר ייי לנח דן | סימן | קימא די קיימית בין ממרי |
| 010 | לסימן | | Gn31:44 | קיים אנא ואת ויהוי | לסימן | ביני ובינך: |
| 011 | | | Nu17:03 | ייי אתקדשו ויהויין | לסימן | לבני ישראל: |
| 012 | | | Nu17:25 | קדם סהדותא למטרה | לסימן | לבני«ה» סורבניה ויסופון |
| 013 | | | Gn47:26 | ושוי יתה יוסף | לסימן | עד יומא הדין על ארעהון |
| 014 | | | Ex12:13 | ויהוי אדמה לכון | לסימן | על בתייה די אנון שריין |
| 015 | | | Ex13:16 | ויהווי | לסימן | על אדרעיכון ולדוכרן טב על |
| 016 | | | Dt 6:08 | ותקטרון יתהון | לסימן | על אדרעיכון ויהוון |
| 017 | | | Dt11:18 | נפשתכון ותקטרון יתהון | לסימן | על אדרעיכון ויהוון |
| 018 | | | Gn17:11 | ית בשר ערלתכו' ויהווי | לסימן | קיים בין ממרי וביניכון: |
| 019 | | | Gn 9:13 | ^א#2#שוי בעננא ותהי | לסימן | קים בין ממרי ובין ארעא: |
| 020 | סימנא | s em/sf | Ex 8:19 | ובין עמך למח«ר» יהוי | סימנא | דין: |
| 021 | | | Ex 9:05M | הדין/מימריה דייי | סימנא | הדין#2/ בארעא: |
| 022 | סימנה | | Dt13:03 | וייתי אתה או | סימנה | די מלל לכון למימ' נזיל |
| 023 | לסימנא | | Gn25:27M | בדמות סייפא והוה ליה | לסימנא | די גבר ליסטיס גבר נפק |
| 024 | סימנין | p abs | Dt13:02M | נותן לכון אתין או | סימנין#2/: | |
| 025 | ולסימנין | | Dt28:46 | ויהוון לכון לאתין | ולסימנין | ובבניכון עד לעלם: |
| 026 | וסימנין | | Dt 6:22 | ושוי מימרה דייי אתין | וסימנין | רברבין ובישין במצרים |

## סימפה *n.* ⇐ שפמה

## סיניי *adj.* Sinaitic, Sinite

[!!]

|  |  |  |  |  |  |  |
|---|---|---|---|---|---|---|
| 001 | סינאי | p em/sf | Gn10:17M | וית ערקיא וית | ארתוסיא/סינאי#2#/: | |

## סינירי *adj.* Sinerite

[376]

|  |  |  |  |  |  |  |
|---|---|---|---|---|---|---|
| 001 | סיניראי | p em/sf | Gn10:07M | ושום אפרכייותהון | סיניראי | והינדקאי וסמראי ולובאי |

## סיעה *n.* company, band

[376]

|  |  |  |  |  |  |  |
|---|---|---|---|---|---|---|
| 001 | סיעא | s ab/cn | Gn37:25 | עייניה«ו»ן וחמון והא | סיעא | דסרקין דסרקע«ין» אתיא מן |
| 002 | וסיעא | | Gn26:26 | אתיה לוותיה מן גרר | וסיעא | מן רחמוי ופיכל רב |
| 003 | סיעתיה | s em/sf | Nu16:06M | וכל ^עם^#2#/ | כנישתיה/סיעתיה#2#/: | |

## סיף *n.* ⇐ כיף

## סיקור *n.* hatchet

[376]

|  |  |  |  |  |  |  |
|---|---|---|---|---|---|---|
| 001 | בסיקורא | s em/sf | Dt19:05 | ו{יז}<ת>דחף י{ת}דיה | בסיקורא | למיקוץ קיסא וישמט פרזלא |

## סירה *n.* thorn

[376]

|  |  |  |  |  |  |  |
|---|---|---|---|---|---|---|
| 001 | סירה | s ab/cn | Ex28:32 | עבד גרדיי כפס | סירה | יהווי ליה <לא> יתבזע: |
| 002 | | | Ex39:23 | ופם מעילה במיצעה כפס | סירה | שפמה לפמה מן חזור חזור ולא |

## סך *n.* ⇐ כלב

## סכה *n.* nail

[374 סיכה]

|  |  |  |  |  |  |  |
|---|---|---|---|---|---|---|
| 001 | סכה | s ab/cn | Ex35:18M | דמשכנא וית | סכוי/סכה#2#/ | דדרתה וית מתחיהון: |
| 002 | וסכיין | p abs | Dt23:14 | | וסכיין | יהוון קביען במא{ז}ני |
| 003 | לסיכין | | Nu33:55 | מה די תשיירון מנהון | לסיכין | בעיניכון ולרמחים בסטריכון |
| 004 | סכי | p const | Ex27:19 | לכל פלחנא וכל סכוי וכל | סכי | דדרתה נחש: |
| 005 | סכוי | p em/sf | Ex35:18 | ית סכוי דמשכנא וית | סכוי | דדרתה וית מתחיהון: |
| 006 | | | Ex35:18 | ית | סכוי | דמשכנא וית סכוי דדרתה וית |
| 007 | | | Ex38:31 | חומרי תרע דרתה ^^וית כל | סכוי | {{דרתה}} דמשכנה וית כל |
| 008 | | | Ex38:31 | {{דרתה}} דמשכנה וית כל | סכוי | דרתה^^ מן חזור חזור: |
| 009 | | | Ex27:19 | מנה משכנה לכל פלחנא וכל | סכוי | וכל סכי דדרתה נחש: |
| 010 | סכיהון | | Ex39:40 | דרתה וית מתחיהון וית | סכיהון | וית כל מני פלחן משכנה |
| 011 | סכייה | | Ex27:19M | וכל סכוי וכל | סכי/סכייה#2#/ | דדרתה נחש: |
| 012 | | | Ex35:18M | ית | סכוי/סכייה#2#/ | דמשכנא וית סכוי |
| 013 | | | Ex38:20M | מן חזור חזור /לכל | סכייה | דמשכנה ודרתה חז#2#/ |
| 014 | | | Ex38:20 | וכל | סכייה | למשכנה ולדרתה |
| 015 | וסוכוי | | Ex39:40M | וית כל מני /נגרוי | וסוכוי | וית כל מאני#2#/ פלחן |
| 016 | וסיכיהון | | Nu 3:37 | וחמריהון | וסיכיהון | ומחתיהון: |
| 017 | וסכיהון | | Nu 4:32 | וחומריהון | וסכיהון | ומתחיהון לכל מניהון ולכל |

## סכוי *n.* watchman

[376]

|  |  |  |  |  |  |  |
|---|---|---|---|---|---|---|
| 001 | סכייה | p em/sf | Nu23:14 | ודבר יתיה לחקל | סכייה | ריש רמתה ובנה שבעה מדבחין |

## סכום *n.* number, total

[377]

|  |  |  |  |  |  |  |
|---|---|---|---|---|---|---|
| 001 | סכום | s ab/cn | Ex 5:13 | למימר אשלמו עבידתכון | סכום | יום ביומא היך מה דהוה |
| 002 | | | Ex 5:19 | לא תמנעון מן לבניכון | סכום | יום ביומיה: |
| 003 | | | Ex16:04 | שמיא ויפקון עמא וילקטו | סכום | יום ביומיה מן בגלל למנסיה |
| 004 | | | Ex16:05 | בכפולה על מה די ילקטון | סכום | יום ביומיה: |
| 005 | | | Lv23:37 | ומנחוון דבחין ונסוכין | סכום | יום ביומא: |
| 006 | | | Nu 3:40 | ואמר ײי למשה | סכום | כל בוכרייה דכריה דבני |
| 007 | | | Nu 4:16 | תדירה ומשחה דרבותה | סכום | כל משכנה וכל מה דביה |
| 008 | | | Ex 5:14M | \סכומכון למלבן | /סכום | לבניא#2#/ לא היך |
| 009 | | | Ex 5:08 | וית | סכום | ליבנא דאינון עבדין היך |
| 010 | | | Gn41:49 | מן לממני ארום לא הוי | סכום | למנינה: |
| 011 | | | Nu 3:32 | אלעזר בר אהרן כהנה | סכום | נטורי מטרת בית קודשא: |
| 012 | | | Nu31:26M | קבל ית | \/סכום#2#/ | עדיתה דשביתה בבני אנשא |
| 013 | | | Nu31:49 | למש' עבדך קבילו ית | סכום | עמא ע{מ}<ב>די קרבה דבידן |
| 014 | | | Nu12:16 | אשתין רבוון דאנון {פּמום} | <סכום> | תמניין ליגיונין ועגני |
| 015 | וסכום | | Ex 5:18 | לא אתיה«ב» <לכון> | וסכום | לבנייא תתנון: |
| 016 | | | Nu 3:36 | | וסכום | מטרת בנוי דמררי ליווחוי |
| 017 | כסכום | | Ex12:04M | לוותיה \כמנין נפשין | /כסכום | נפ#2#/ גבר לפם |
| 018 | סכומה | s em/sf | Ex30:13 | סדרא יתנון כל דעבר על | סכומה | מן פלגות סלעא בסלעי |
| 019 | סכומכון | | Ex 5:14 | מן בגלל מה לא אשלמתון | סכומכון | למלבן לא היך דאתמ«ל» |
| 020 | וסכומהון | | Nu 2:28 | וחיילוותיה«ו»ן | וסכומהון | ארבעין וחד אלפין חמש |
| 021 | סכומי | p const | Nu 1:22 | לבית אבהתהון | סכומי | במניין שמהן לגולגלתהון כל |
| 022 | | | Nu 2:32M | סכומיה דבני /אלין | סכומי | בני#2#/ ישראל |
| 023 | | | Nu 4:41 | אלין | סכומי | זרעיית דבנוי דגרשון כל |
| 024 | | | Nu 4:45 | אלין | סכומי | זרעייתה דבנוי דמררי די |
| 025 | | | Nu 4:37 | אלין | סכומי | זרעיתה דבנוי דקהתי כל די |
| 026 | | | Nu31:48 | סכומיה דהוון ממנין על | סכומי | חילוותה רברבני אלפי |
| 027 | | | Nu 3:39 | כל | סכומי | ליויי די סכם משה |
| 028 | | | Ex38:21 | אליין | סכומי | משכנה משכנה דסהדותא |
| 029 | | | Nu 2:32 | ישראל לבית אבהתהון | סכומי | משריתה וחיילותיה«ו»ן |
| 030 | | | Ex38:25 | ^^וכסף | סכומי | עם כנישתה מאה כיכרין ואלף |
| 031 | וסכומי | | Nu 4:38 | | וסכומי | בנוי דגרשון לזרעייתהון |
| 032 | | | Nu 4:42 | | וסכומי | זרעיתיה דבנוי דמררי |
| 033 | | | Ex 5:18M | <לכון> | וסכום/וסכומי#2#/ | לבנייא תתנון: |
| 034 | סכומוי | p em/sf | Nu26:63M | אלין/אליין#2#/סכומוי | | דמשה ואלעזר |
| 035 | | | Nu26:64 | ובאלין לא הוה גבר מן | סכומוי | דמשה ואהרן כהנה די סכמו |
| 036 | | | Nu31:14 | ורגז משה על | סכומוי | חילוותה רברבני אלפיה |
| 037 | | | Nu26:54 | אחסנתיה גבר לפום | סכומוי | יתיהב אחסנתיה: |
| 038 | | | Nu26:57 | ואלין | סכומוי | לויי לזרעייתהון לגרשון |
| 039 | סכומיה | | Nu 7:02 | אינון דהוו ממנין על | סכומיה: | |
| 040 | | | Nu 4:22 | קבל ית ריש | סכומיה | דבנוי דגרשון אוף אינון |
| 041 | | | Nu 1:45 | והוון כל | סכומיה | דבני ישראל לבית אבהתהון |
| 042 | | | Nu 2:32 | אלין | סכומיה | דבני ישראל לבית אבהתהון |
| 043 | | | Nu31:48 | וקרבו לוות משה | סכומיה | דהוון ממנין על סכומי |
| 044 | | | Nu 1:44 | אילין | סכומיה | די סכם משה ואהרן |
| 045 | | | Nu 4:46 | כל | סכומיה | די סכם משה ואהרן |
| 046 | | | Nu 2:09 | כל | סכומיה | דמשרית שבטה דבנוי דיהודה |
| 047 | | | Nu 1:46 | והוון כל | סכומיה | שתין ריבוון ותלתה אלפין |
| 048 | סכומיהון | | Nu26:07 | דבנוי דראובן והוון | סכומיהון | ארבעין ותלתה אלפין ושבע |
| 049 | | | Nu 3:22 | | סכומיהון | במניין כל דכורא מן בר |
| 050 | | | Nu 4:02 | קבל ית | סכומיהון | דבנוי דקהת מן גו דבנוי |
| 051 | | | Nu 4:22M | קבל ית ריש | סכומיה/סכומיהון#2#/ | דבנוי דגרשון אוף |
| 052 | | | Ex30:12 | תקבל ית ראש | ס{מ}«כ»ו{כ}«מ»יהון | דבני ישראל |
| 053 | | | Nu26:51 | אלין | סכומיהון | דבני ישראל אשתין רבוון |
| 054 | | | Nu 1:02 | קבילו ית ריש | סכומיהון | דכל כנשתא דבני ישראל |
| 055 | | | Nu26:02 | קבילו ית ראש | סכומיהון | דכל כנשתה מן בר עשרין |
| 056 | | | Nu 1:33 | | סכומיהון | דשבטה דאפרים ארבעין |

|  |  |  |  |  |  |
|---|---|---|---|---|---|
| 057 | | Nu 1:35 | | סכומיהון | דשבטה דבנוי דמנשה תלתין |
| 058 | | Nu 1:37 | | סכומיהון | דשבטה דבנוי דבנימן |
| 059 | | Nu 1:39 | | סכומיהון | דשבטה דבנוי דדן אשתין |
| 060 | | Nu 1:41 | | סכומיהון | דשבטה דבנוי דאשר ארבעין |
| 061 | | Nu 1:43 | | סכומיהון | דשבטה דבנוי דנפתלי |
| 062 | | Nu26:34 | זרעיתה דבנוי דמנשה | סכומיהון | חמשין ותרין אלפין ושבע |
| 063 | | Nu 1:49 | לא תסכום וית ריש | סכומיהון | לא תקבל בגו בני ישראל: |
| 064 | | Nu 4:36 | והוון | סכומיהון | לזרעייתהון תרין אלפין |
| 065 | | Nu 4:40 | והוון | סכומיהון | לזרעייתהון לבית אבהתהון |
| 066 | | Nu 4:44 | והוון | סכומיהון | לזרעייתהון תלתה אלפין |
| 067 | | Nu 1:21 | | סכומיהון | לשבטה דבנוי דראובן |
| 068 | | Nu 1:25 | | סכומיהון | לשבטה דבנוי דגד ארבעין |
| 069 | | Nu 1:27 | | סכומיהון | לשבטה דיהודה שובעין |
| 070 | | Nu 1:29 | | סכום«י»הון | לשבטה דבנוי דיששכר |
| 071 | | Nu 1:31 | | סכומיהון | לשבטה דבני זבולן חמשין |
| 072 | | Nu31:49M | נטלו יתה ראש | סכומיהון | עמה דחיל קרבה דאית |
| 073 | | Nu26:62 | והוון | סכומיהון | עשרין ותלתה אלפין כל |
| 074 | | Nu 3:22 | דכורא מן בר ירח ולעל | סכומיהון | שבעה אלפין וחמש מאה: |
| 075 | | Nu 4:48 | והוון | סכומיהון | תמניה אלפין וחמש מאוון |
| 076 | סכומייה | Nu 2:16 | כל | סכומייה | דמשרית שבטה דבנוי |
| 077 | | Nu 2:24 | כל | סכומי«י»ה | דמשרית שבטה דבנוי |
| 078 | | Nu 2:31 | כל | סכומייה | דמשרית שבטה דבנוי דדן |
| 079 | סכומיכון | Nu14:29 | יפלון פגריכון וכל | סכומיכון | וכל מנייניכון מן בר |
| 080 | | Nu 1:23 | | סכומיכון | לשבטה דבנוי דשמעון |
| 081 | וסכומוי | Nu 4:16 | | וסכומוי | אלעזר ברה דאהרן כהנה |
| 082 | | Nu 2:11 | וחיילוותיה | וסכומוי | ארבעין ואשתה אלפין וחמש |
| 083 | | Nu 2:19M | /וחיילוותיה | וסכומוי#2#/ | ארבעין אלפין וחמש |
| 084 | | Nu 2:28M | /וחיילוותיה | וסכומוי#2#/ | ארבעין וחד אלפין חמש |
| 085 | | Nu 4:49 | על פלחניה ועל מטוליה | וסכומוי | די פקד ייי על ידוי |
| 086 | | Nu 2:08 | וחיילוותיה | וסכומוי | חמשין ושבעה אלפין וארבע |
| 087 | | Nu 2:13M | וחיילוותיה | וסכומיהון/וסכומוי#2#/ | חמשין ותשעה |
| 088 | | Nu 2:26M | /וחיילוותה | וסכומוי#2#/ | אשתין/שיתין#2#/ ותרין |
| 089 | וסכומיה | Nu 2:23 | וחיילוותיה | וסכומיה | תלתין וחמשה אלפין וארבע |
| 090 | וסכומיהון | Nu 2:15 | וחיילוותיה | וסכומיהון | ארבעין וחמשה אלפין ושת |
| 091 | | Nu 2:19 | וחיילוותהון | וסכום«י»הון | ארבעין אלפין וחמש |
| 092 | | Nu26:50 | דנפתלי לזרעייתהון | וסכומיהון | ארבעין וחמשה אלפין |
| 093 | | Nu 2:26 | וחיילוותהון | וסכומיהון | אשתין ותרין אלפין ושבע |
| 094 | | Nu 3:34 | | וסכומיהון | במניין כל דכורא מן <בר> |
| 095 | | Nu 2:13 | וחיילוותיה | וסכומיהון | חמשין ותשעה אלפין ותלת |
| 096 | | Nu 2:30 | וחיילוותיהון | וסכומיהון | חמשין ותלתה אלפין וארבע |
| 097 | | Nu 2:04 | וחיילוותה | וסכומיהון | שבעין וארבעה אלפין ושית |
| 098 | | Nu 2:21 | וחיילוותיה | וסכומיהון | תלתין וחמשה אלפין וארבע |
| 099 | לס' | Nu26:50M | לזרעייתהון | וסכומיהון/לס'#2#/ | ארבעין וחמשה אלפין |
| 100 | לסכומיהון | Nu26:18 | דבנוי דגד | לסכום{ו}<י>הון | ארבעין אלפין וחמש |
| 101 | | Nu26:41M | דבנימן לזרעייתהון | לסכומיהון | ארבעין וחמשה אלפין |
| 102 | | Nu26:25 | דבנוי דיששכר | לסכומיהון | אשתין וארבעה אלפין ותלת |
| 103 | | Nu26:27 | דבנוי דזבולנ{ן}<י> | לסכומיהון | אשתין אלפין וחמש מאוון: |
| 104 | | Nu26:43 | דבנוי דשוחמי | לסכומיהון | אשתין וארבעה אלפין |
| 105 | | Nu26:47 | זרעייתה דבנוי דאשר | לסכומיהון | חמשין ותלתה אלפין וארבע |
| 106 | | Nu 3:43 | מבר ירח ולעיל | לסכומיהון | עשרין ותרין אלפין |
| 107 | | Nu26:37 | דבנוי דאפרים | לסכומיהון | תלתין ותרין אלפין וחמש |
| 108 | לסכומיכון | Nu26:22 | דבנוי דיהודה | לסכומיכון | שבעין ושתה אלפין וחמש |

## סכי *vb.* to expect [377]

|  |  |  |  |  |  |
|---|---|---|---|---|---|
| 001 | סכו pael | Gn11:06M | כל מה \די חשבו /די | סכו#2#/ | למעבד: |
| 002 | סכיינת | Gn49:18 | עבור אלא לפורקניה | סכיינת | נפשי דאמרת למיתייה לעמך |
| 003 | סכיית | Gn45:28 | סכיית למיחמי ולדא לא | סכיית | דעד כדון יוסף בחיין |
| 004 | | Gn49:18M | פורק' דריגעה לפורקנך | סכיית | ואודיקת רבון כל עלמיא |
| 005 | | Gn49:18 | בית ישראל לך לפורקנך | סכיית | ייי: |
| 006 | | Gn45:28 | ישראל סגי טבין ונחמן | סכיית | למיחמי ולדא לא סכיית דעד |
| 007 | | Gn48:11 | ליוסף סבר אפיך לא | סכיית | למיחמי והא חזי יתי ייי אף |
| 008 | | Gn49:18 | דשמשן בר מנוח | סכיית | נפשי דהוא פורקן עבור אלא |
| 009 | | Gn49:18 | דגדעון בר יואש | סכיית | נפשי דהוא פורקן שעה ולא |
| 010 | מסכי | Gn49:18M | שמשון בר מנוח לא אנה | מסכי | דפורקניה פורקן דשעתא ולא |
| 011 | ומסכיין | Gn18:21 | ואין בעון מעבד תתובה | ומסכיין | אינון בנפשתהון דלמא דלית |
| 012 | אסתכיתי etpaal | Gn45:28M | טבותא וסגי נחמתא | אסתכיתי | למחמי והדא ניחמותא לא |

## סכיי *n.* ⇐ סכוי

## סכין *n.* knife [377]

|  |  |  |  |  |  |
|---|---|---|---|---|---|
| 001 | סכינא s em/sf | Gn22:06 | בידי«ה» ית אשתא וית | סכינא | ואזלו תריהון כחדא בלבה |
| 002 | | Gn22:10 | אברהם ית ידיה ונסב ית | סכינא | למיכוס ית יצחק בריה ענה |
| 003 | וסכינה | Dt23:14M | \וסכיין יהוון | /וסכינה | תהווי קבעה לכון#2#/ |

## סכיניי *adj.* Sekenite [!!]

|  |  |  |  |  |  |
|---|---|---|---|---|---|
| 001 | סכינאי p em/sf | Gn10:13M | וית פניפוליטאי וית | סכינאי#2#/: | |

## סכל *vb.* to behave foolishly [377]

|  |  |  |  |  |  |
|---|---|---|---|---|---|
| 001 | אסכלת afel | Gn31:28 | לבני ולבנתי כדון | אסכלת | ית מה דעבדת: |

## סכל #2 *vb.* to look at [377]

|  |  |  |  |  |  |
|---|---|---|---|---|---|
| 001 | אסתכל etpaal | Nu31:50M | חס לן משה רבן לא | אסתכל | חד מנן בחדה מנהין ולא |
| 002 | | Gn15:05 | ואפק יתיה לברה ואמר | אסתכל | כען לשמיא ומנה ית כוכביא |
| 003 | אסתכלת | Gn19:26 | מן בנתהון דסדומיא | אסתכלת | לבתר«ה» למחמי מה יהווי |
| 004 | | Gn19:26M | על דהות מן עמה דסדם | אסתכלת | מן בתרה למחמי מה יהוי |
| 005 | יסתכל | Lv20:06M | ובר נש די | יסתכל | בתר בידין וגרם ידוע |
| 006 | תסתכל | Gn19:17 | ואמר אשתיזב על נפשך לא | תסתכל | לבתרך ולא תקום בכל משרא |
| 007 | | Nu16:15M | "תקבל ... אטענת": | תסתכל | לדורון דידיהון לא |
| 008 | | Dt 9:27 | ליצחק וליעקב לא | תסתכל | לקשיותהון דעמא האיליין |
| 009 | | Dt 4:19M | תתלון עייניכון /ולא | תסתכל | עיינך#2#/ לשמייא ותיחמון |
| 010 | מס' | Ex33:08M | ומסתכלין /והוון | מס'#2#/ | בתר משה עד דהוה עליל |
| 011 | מסתכל | Gn 4:08 | ענה הבל ואמר לקין | מסתכל | אנא די ברחמין איתברי עלמא |
| 012 | | Gn 4:08 | ענה קין ואמר להבל | מסתכל | אנה דלא ברחמי' איתברי |
| 013 | | Nu24:17 | חמי אנה ליה ולית כדון | מסתכל | אנה ביה ולית היא קריבה |
| 014 | | Nu12:08 | ודמו מן קדם ייי הוה | מסתכל | ומן בגלל מה לא דחלתון |
| 015 | | Nu21:09M | מנכית בחווייה הוה | מסתכל | לחוויה דנחשה וחי |
| 016 | | Nu21:08M | כל דמנכית בחוויה יהוי | מסתכל | לחוייה דנחשה וחאי |
| 017 | | Nu21:09 | ח«י»ויה לגבר הוה | מסתכל | על חיויה דנחש והווה חיי: |
| 018 | מסתכלין | Dt11:12 | עיינוי דייי אלהכון בה | מסתכלין | בה מן ראשה דשתה ועד סופה |
| 019 | מסתכלן | Ex 1:16M | /בילדותכם ותהווין | מסתכלן | על מדבריהן#2#/ אן בר דכר |
| 020 | ואסתכיל | Ex 2:12 | | ואסתכיל | להכא ולהכא וחמא ארום לא |
| 021 | ואסתכל | Nu12:10 | מרים מצרעתה ~כתלגה | ואסתכל | אהרן במריים והא |
| 022 | | Ex 7:23M | | וכוין/ואסתכל#2#/ | פרעה ועל לגו בייתו |
| 023 | ואסתכלו | Dt32:01 | טולו לשמיא עייניכון | ואסתכלו | בארעא מלרע ארום שמייא |
| 024 | ואסתכלת | Gn49:22 | ברי ולא תליית עיינך | ואסתכלת | בחד' מנהון והוון בנתהון |

| | | | | | | |
|---|---|---|---|---|---|---|
| 025 | ותסתכל | | Gn49:22M | דלמ׳ תתלי אפך | ותסתכל | בחד׳ מנהון |
| 026 | ומסתכל | | Gn24:21 | וגבר הוה שתי | ומסתכל | בה שתק למידע הא אן אצלח |
| 027 | | | Gn49:22M | ומן חרכיי׳ | ומסתכל | בך מן שירוויאה והוון |
| 028 | ומסתכלין | | Gn28:12 | ייי סלקין ונחתין | ומסתכלין | בה: |
| 029 | | | Gn49:22 | דאת תלוית עיינך | ומסתכלין | בחדא מנהון חס לך יוסף |
| 030 | | | Ex33:08 | גבר בתרע משכניה | ומסתכלין | בתר משה עד דהוה עליל |
| 031 | למסתכלא | | Ex 3:06 | אפוי ארום דחל מן | למסתכלא | באיקר שכינתה דייי: |
| 032 | | | Gn 3:06 | לעייניה ויאי אילנא | למסתכלא | ביה ונסבית מן פרוי ואכלת |
| 033 | למסתכלה | | Gn28:12M | מתחמדין \למחמי יתה | /למסתכלה | בה#2#/ והא מלאכין |

## סכם *vb.* to count, to agree [378]

| | | | | | | |
|---|---|---|---|---|---|---|
| 001 | סכום | peal | Nu 3:15 | | סכום | ית בנוי דלוי לבית אבהתהון |
| 002 | סכימין | | Gn42:36 | למיסב ית בנימין ואנון | סכימין | עלוי למקמה תרין עשרתי |
| 003 | סכם | | Nu 1:44 | אילין סכומיה די | סכם | משה ואהרן ורברבניה |
| 004 | | | Nu 3:39 | כל סכומי ליוויי די | סכם | משה {{ואהרן}} על פם |
| 005 | | | Nu 4:37 | כל די פלח במשכן זמנה די | סכם | משה ואהרן על פם גזירת |
| 006 | | | Nu 4:41 | די פלח במשכן זימנה די | סכם | משה ואהרן על פום גזירת |
| 007 | | | Nu 4:45 | זרעייתה דבנוי דמררי די | סכם | משה ואהרן על פם גזירת |
| 008 | | | Nu 4:46 | כל סכומיה די | סכם | משה ואהרן ורברבני ישראל |
| 009 | | | Nu 4:49 | גזירת ממרה דייי | סכם | יתהון על ידוי דמשה גבר |
| 010 | סכמו | | Nu26:63M | דמשה ואלעזר כהנה די | סכמו | ית בני ישראל במישריה |
| 011 | | | Nu26:64 | דמשה ואהרן כהנה די | סכמו | ית בני ישראל במדברה |
| 012 | תיסכמון | | Nu 1:03 | נפקי חיל קרבא בישראל | תיסכמון | יתהון לחילוותהון אתה |
| 013 | תסכום | | Nu 1:49 | לחוד ית שבטה דלוי לא | תסכום | וית ריש סכומיהון לא תקבל |
| 014 | | | Nu 4:23 | ועד בר חמשין שנין | תסכום | יתהון כל די יעול לחיל |
| 015 | | | Nu 4:29 | לבית אבהתהון | תסכום | יתהון: |
| 016 | | | Nu 4:30 | ועד בר חמשין שנין | תסכום | יתהון כל דייעול לחיל קרבה |
| 017 | תסכם | | Nu 3:15 | דכורה מן בר ירח ולעיל | תסכם | יתהון: |
| 018 | תסכמון | | Nu 4:32 | ולכל פלחנהון ובשמהן | תסכמון | ית מני מטרת מטולהון: |
| 019 | מסכום | | Nu23:10 | כעפרא דארעא או מן יכיל | מסכום | חדה מן ארבעתי טכסי משריתה |
| 020 | וסכומו | | Nu 2:06 | וחיילוותיה | וסכומו{י} | חמשין וארבעת אלפין |
| 021 | וסכם | | Nu 3:42 | | וסכם | משה היך מה די פקד ייי יתה |
| 022 | | | Nu 4:34 | | וסכם | משה ואהרן ורברבני עם |
| 023 | | | Nu 1:19 | דיפקד ייי ית משה | וסכם | יתהון במדברא דסיני: |
| 024 | | | Nu 3:16 | | וסכם | יתהון משה על פם גזירת |
| 025 | | | Lv24:12 | דינין דקמו קדם משה | וסכם | יתכון בדעתיה דלעיל בתרין |
| 026 | ותסכמון | | Nu 4:27 | ולכל פלחנהון | ותסכמון | עליהון במטרה ית כל |
| 027 | למסכום | | Nu23:10M | או מן יכיל | מסכום/למסכום#2#/ | חדה מן ארבעתי טכסי |
| 028 | איסתכמו | etpeel | Nu 2:33M | וליוויי לא | איסתכמו/איסתכמו#2#/ | בגו/בינ׳#2#/ בני |
| 029 | איתכמו | | Nu 2:33 | וליוויי לא | איתכמו | בגו בני ישראל היך מה די |
| 030 | אסתכם | | Nu31:49 | קרבה דבידין ולא | אסתכם | מינהון בר נש: |
| 031 | אסתכמו | | Nu26:62 | בר ירח ולעיל ארום לא | אסתכמו | בגו בני ישראל ארום לא |
| 032 | | | Nu 1:47 | לשבטה דאבהתהון לא | אסתכמו | ביניהון: |
| 033 | יסתכם | | Nu16:29M | /וסכמות כל בני אנשא | יס{ט}ת<כם | עליהון#2#/ לא מן קדם |
| 034 | דאסתכם | | Ex38:21 | משכנה משכנה דסהדותא | דאסתכם | על גזרת פמיה דמשה |

## סכמו *v.n.* counting [378]

| | | | | | | |
|---|---|---|---|---|---|---|
| 001 | סכמות | s ab/cn | Nu 4:16M | ומ׳#2#/ דרבותה | סכום/סכמות#2#/ | כל משכנה וכל מה |
| 002 | | | Nu 3:32M | כהנה \סכום נטורי | /ס{מ}כ<מ<ות | נטרי#2#/ מטרת |
| 003 | וסכמות | | Nu 4:16M | | וסכומי/וסכמות#2#/ | אלעזר ברה דאהרן |
| 004 | | | Nu16:29M | יתגזר על אילין | /וסכמות | כל בני אנשא יס{ט}ת<כם |
| 005 | | | Nu 3:36M | | וסכום/וס{מ}כ<מ<ות#2#/ | מטרת בנוי דמררי |

## סכר *vb.* to close up [378]

| | | | | | | |
|---|---|---|---|---|---|---|
| 001 | ואסתכרו | etpaal | Gn 8:02M | | ואסתכרו | עינות תהומא וחרכי שמיא |

## סל *n.* basket [378]

| | | | | | | |
|---|---|---|---|---|---|---|
| 001 | סל | s ab/cn | Ex29:03 | ותתן יתהון ^^לגו | סל | חד ותקרב יתהון^ בסלא וית |
| 002 | וסל | | Nu 6:15 | | וסל | דפטירין סלת חלין פילן במשח |
| 003 | ובסל | | Gn40:17 | | ובסל | עילאה מכל מיכלא דפרעה עבד |
| 004 | סלא | s em/sf | Dt26:04 | ויקבל כהנא | סלא | דביכוריה מן ידיכון ויצנע |
| 005 | | | Ex29:23 | במשח חדה ועריך חד מן | סלא | די פטירי {{מן}} «די» קדם |
| 006 | סלה | | Lv 8:26 | ומן | סלה | דפטירה {מן} מן קדם ייי נסב |
| 007 | | | Lv 8:02 | וית תרין דכריה וית | סלה | דפטיריה: |
| 008 | | | Nu 6:17 | לניכסת קדשיה קדם ייי על | סלה | דפטיריה ויקרב כהנא ית |
| 009 | | | Nu 6:19 | דיכרא וחלה דפטיר חד מן | סלה | ועריך דפטיר חד ויתן על כפי |
| 010 | | | Gn40:17 | ועופא אכל יתהון מן | סלה | מעלוי ראשי: |
| 011 | בס׳ | | Ex29:32M | וית מזונה דאית | בס׳#2#/ | בתרע משכן זימנא: |
| 012 | בסלא | | Ex29:32 | בשרא דדכרא וית לחמה די | בסלא | בתרע משכן זימנא: |
| 013 | | | Ex29:03 | סל חד ותקרב יתהון^ | בסלא | וית תורא וית תרין דכריהו: |
| 014 | בסלה | | Lv 8:31 | יתיה וית לחמה די | בסלה | דאשלמותה היך מה דפקדית |
| 015 | | | Dt26:02 | אלהכון יהב לכון ותשוון | בסלה | ותזלון לאתרא די יתרעי ייי |
| 016 | ובסלתא | | Gn40:17M | מכל מיכלא דפרעה | /ובסלתא | עלי׳ מן כל מזוני׳ |
| 017 | וסלה | | Nu 6:15M | במשח ועריכין פטירין | /וסלה | דפטירין פילן במשח ועריכי |
| 018 | סלין | p abs | Gn40:16 | אף אנה בחלמי והא תלתא | סלין | דפיתא נקיתא על ראשי: |
| 019 | סלי | p const | Dt28:05M | אצוותכון /בריכין | סלי | ביכורייך ואבטיתך |
| 020 | בסלי | | Dt28:05 | תהוון עמי בני ישראל | בסלי | ביכוריכון ובתנורי |
| 021 | | | Dt28:17 | ליטין תהוון | בסלי | בכוריכון ובתנורי אצוותכון: |
| 022 | סליא | p em/sf | Gn40:18 | יוסף דין פתרוניה תלתא | סליא | תלתה יומין אינון: |
| 023 | סליה | | Gn40:18 | דן פתרונה דחלמא תלתי | סליה | תלתיה שעבודיא תקיפיה |

## סלבוק ⇐ שלבוקי

## סלווי *n.* quail [378]

| | | | | | | |
|---|---|---|---|---|---|---|
| 001 | סלווי | s ab/cn | Nu11:32 | יומא דבתריה וכנשו ית | סלווי | מן דזער אסף עשרה כורוון |
| 002 | | | Nu21:06 | מן תהומא ואגיזת להון | סלווי | מן ימא וחזרו עמי למתרעמא |
| 003 | סלוי | | Ex16:13 | והוה ברמשא וסלקת | סלוי | וכסית ית משריותא ובצפרא |
| 004 | | | Dt32:10 | מן תהומה ואגיז להון | סלוי | מן ימה אשרי יתהון |
| 005 | | | Nu11:26 | אלדד הוה מתנבא ואמר הא | סלוי | סלק מן ימא ויהוי לישראל |
| 006 | סלוויין | p abs | Nu11:32M | ית \סלווי מן דזער | /סלוויין | דאזער#2#/ אסף עשרה |
| 007 | | | Nu21:06M | אגיזית להון | סל{ד}<ו>ויין | מן ימא אסקית להון |
| 008 | סלווין | | Nu21:06M | ואגיזת להון | סלווי/<סל>ווין#2#/ | מן ימא וחזרו עמי |
| 009 | סלויין | | Nu11:31 | נטל מן קדם ייי ואגיז | סלויין | מן ימא ^^ורפש על משריתה |
| 010 | סלוין | | Dt32:10M | תהומה ואגיז להון | סלוי/סלוין#2#/ | מן ימה אשרי יתהון |
| 011 | שלויין | | Ex16:13M | והוה ברמשא וסלקת | סלוי/שלויין#2#/ | וכסית ית משריותא |

## סלם *n.* ladder [370 סולם]

| | | | | | | |
|---|---|---|---|---|---|---|
| 001 | סלם | s ab/cn | Gn28:12 | וחלם והא | סלם | קבע בארעא וראשה מטי עד צית |

## סלע *n.* sela (a coin) [379]

| | | | | | | |
|---|---|---|---|---|---|---|
| 001 | סלע | s ab/cn | Nu 7:20M | עשרה | סלע | די הוות <דדהב> |
| 002 | בסלע | | Ex38:24 | מאוון ותלתין סלעין | בסלע | בית קודשא: |
| 003 | סילעה | s em/sf | Nu 3:47 | תיסב עשרין מעין הוא | סילעה: | |
| 004 | סלעא | | Lv27:25 | עשרין מעין יהווי | סלעא: | |
| 005 | | | Ex30:13 | מעין הוא סלעא פלגא | סלעא | אפרשו לשמה דייי: |

|  |  |  |  |  |  |
|---|---|---|---|---|---|
| 006 | | Ex30:13 | דעבר על סכומה מן פלגות | סלעא | בסלעי בית קודש«א» עשרין |
| 007 | | Ex30:15 | ודמסכן לא יזער מפלגות | סלעא | למיתן ית אפרשתה דייי לכפרא |
| 008 | | Ex30:13 | עשרין מעין הוא | סלעא | פלגא סלעא אפרשו לשמה דייי: |
| 009 | סלעה | Nu18:16 | עשרין מעין היא | סלעה: | |
| 010 | | Ex38:26 | ^^טבע לכל גולגלה פלגות | סלעה | בית קודשה^^ כל דעבר על |
| 011 | דסילעה | Ex30:13M | "כהדן ...": דין שיעורא | דסילעה | איתחמי למשה בטורה |
| 012 | סל' p abs | Ex38:29M | \מאוון דסלעין /מאה | סל'#2#/ | בסלעי בית קודשה: |
| 013 | | Gn20:16 | יהבית אלף | «סל'» | דסלעין דכסף לאחוך הא |
| 014 | סלעין | Lv27:04 | היא ויהוי עלויה תלתין | סלעין: | |
| 015 | | Lv27:05 | סלעין ולנקבתה עשרין | סלעין: | |
| 016 | | Lv27:07 | סלעין דכסף ולנקבתה עשר | סלעין: | |
| 017 | | Nu 7:86M | מאה ועשרין | \סלעין#2#/: | |
| 018 | | Ex38:24 | ושבע מאוון ותלתין | סלעין | בסלע בית קודשא: |
| 019 | | Ex30:24 | וקציעה תקל חמש מאה | סלעין | בסלעי בית קודשא ומשח דזית |
| 020 | | Ex38:25 | ושבע מאוון ושבעין וחמש | סלעין | בסלעי בית קודשה^^: |
| 021 | | Lv 5:15 | מן ענה ב«ע»לויה כסף | סלעין | בסלעי «בית» קדשה לאשמה: |
| 022 | | Nu 3:50 | ותלת מאוון ואשתין וחמש | סלעין | בסלעי בית ק«ו»דשה: |
| 023 | | Nu 7:13 | חד דכסף תקל שובעין | סלעין | בסלעי בית קודשא תרין |
| 024 | | Nu 7:13 | דכסף חדא מאה ותלתין | סלעין | בסלעי בית קודשא הוה מתקלה |
| 025 | | Nu 7:19 | מזרק חד דכסף תקל שבעין | סלעין | בסלעי בית קודשא תרין |
| 026 | | Nu 7:19 | דכסף חדה מאה ותלתין | סלעין | בסלעי בית קודשא הות מתקלה |
| 027 | | Nu 7:25 | דכסף חדה מאה ותלתין | סלעין | בסלעי בית קודשה הוות |
| 028 | | Nu 7:25 | מזרק חד דכסף תקל שבעין | סלעין | בסלעי בית קודשה תרין |
| 029 | | Nu 7:31 | דכסף חדה מאה ותלתין | סלעין | בסלעי בית קודשה הוות |
| 030 | | Nu 7:31 | חד דכסף תקל שובעין | סלעין | בסלעי בית קודשה תרין |
| 031 | | Nu 7:37 | דכסף חדה מאה ותלתין | סלעין | בסלעי בית קודשה הוות |
| 032 | | Nu 7:37 | חד דכסף תקל שובעין | סלעין | בסלעי בית קודשה תרין |
| 033 | | Nu 7:43 | דכסף חדה מאה ותלתין | סלעין | בסלעי בית קודשה הוות |
| 034 | | Nu 7:49 | דכסף חדה מאה ותלתין | סלעין | בסלעי בית קודשה הוות |
| 035 | | Nu 7:49 | חד דכסף תקל שובעין | ^סלעין#2#^ | בסלעי בית קודשה תרין |
| 036 | | Nu 7:55 | חד דכסף תקל שובעין | סלעין | בסלעי בית קודשה תרין |
| 037 | | Nu 7:55 | דכסף חדה מאה ותלתין | סלעין | בסלעי בית קדשה הוות |
| 038 | | Nu 7:61 | דכסף חדה מאה ותלתין | סלעין | בסלעי בית קדשה הוות |
| 039 | | Nu 7:61 | חד דכסף תקל שובעין | סלעין | בסלעי בית קדשה תרין מנייה |
| 040 | | Nu 7:67 | דכסף חדה מאה ותלתין | סלעין | בסלעי בית קודשה הוות |
| 041 | | Nu 7:67 | חד דכסף תקל שובעין | סלעין | בסלעי בית קודשה תרין |
| 042 | | Nu 7:73 | דכסף חדה מאה ותלתין | סלעין | בסלעי בית קודשה הוות |
| 043 | | Nu 7:79 | דכסף חדה מאה ותלתין | סלעין | בסלעי בית קדשה הוות |
| 044 | | Nu 7:85 | תרתין אלפין וארבע מאה | סלעין | בסלעי בית קודשה: |
| 045 | | Nu18:16 | תפרוק בעלויה כסף חמש | סלעין | בסלעי בית קודשה עשרין |
| 046 | | Nu 7:74M | "עשר ... דדהב": עשרה | סלעין | דדהב מלייה קטורה |
| 047 | | Nu 7:32M | עבידה והיא הוות /עשרה | סלעין | די הוות#2#/ דדהב קרב יתה |
| 048 | | Nu 7:44M | "עשר ... דדהב": עשרה | סלעין | די הוות דדה' |
| 049 | | Nu 7:50M | והיא הוות דדהב /עשרה | סלעין | די הוות דדהב#2#/ קרב יתה |
| 050 | | Nu 7:62M | "ראשי ... דדהב": עשרה | סלעין | די הוות דדה' |
| 051 | | Nu 7:68M | והיא הוות דדהב /עשרה | סלעין | די הוות דדהב#2#/ קרב יתה |
| 052 | | Nu 7:80M | "עשר ...": עשרה | סלעין | די הוות דדהב |
| 053 | | Nu 7:14M | והיא הוות דדהב /עשרה | סלעין | דיהוות דדהב#2#/ קרב יתה |
| 054 | | Gn23:15 | קבל מני ארעא דארבע מאה | סלעין | דכסף ביני ובינך מה היא |
| 055 | | Gn23:16 | דבנוי דחת ארבעין מאה | סלעין | דכסף עברין בכל אתר |
| 056 | | Gn37:28 | יוסף לסרקיין בעשרין | סלעין | דכסף ואובילו ית יוסף |
| 057 | | Gn45:22 | ולבנימן יהב תלת מאה | סלעין | דכסף וחמש אסטלון |
| 058 | | Lv27:03 | ויהווי עלויה חמשין | סלעין | דכסף בסלעי בית קודשה: |
| 059 | | Lv27:06 | ויהוי עלויה דדכרה חמש | סלעין | דכסף ולנקבתה עלויה תלת |
| 060 | | Lv27:06 | דכסף ולנקבתה עלויה תלת | סלעין | דכסף: |
| 061 | | Lv27:07 | ויהוי עלויה חמשה עשר | סלעין | דכסף ולנקבתה עשר סלעין: |
| 062 | | Lv27:16 | זרע כור דשערין בחמשין | סלעין | דכסף: |
| 063 | | Nu 7:14 | בזך חדה מתקליה עשר | סלעין | דכסף הוות עבידה והיא הוות |
| 064 | | Nu 7:20 | בזך חדה מתקליה עשר | סלעין | דכסף הוות עבידה והיא הוות |
| 065 | | Nu 7:26 | בזך חדה מתקליה עשר | סלעין | דכסף הוות עבידה והיא הוות |
| 066 | | Nu 7:32 | בזך חדה מתקליה עשר | סלעין | דכסף הוות עבידה והיא הוות |
| 067 | | Nu 7:38 | בזך חדה מתקליה עשר | סלעין | דכסף הוות עבידה והיא הוות |
| 068 | | Nu 7:44 | בזך חדה מתקליה עשר | סלעין | דכסף הוות עבידה והיא הוות |
| 069 | | Nu 7:50 | בזך חדה מתקל«י»ה עשר | סלעין | דכסף הוות עבידה והיא הוות |
| 070 | | Nu 7:56 | בזך חדה מתקליה עשר | סלעין | דכסף הוות עבידה והיא הוות |
| 071 | | Nu 7:62 | בזך חדה מתקליה עשר | סלעין | דכסף הוות עבידה והיא הוות |
| 072 | | Nu 7:68 | בזך חדה מתקליה עשר | סלעין | דכסף הוות עבידה והיא הוות |
| 073 | | Nu 7:74 | בזך חדה מתקליה עשר | סלעין | דכסף הוות עבידה והיא הות |
| 074 | | Nu 7:80 | בזך חדה מתקליה עשר | סלעין | דכסף הוות עבידה והיא הוות |
| 075 | | Dt22:19 | ויקנסון יתיה מאה | סלעין | דכסף ויתנון לאבוה דרביתה |
| 076 | | Dt22:29 | עמה לאבוה דרביתה חמשין | סלעין | דכסף וליה תהוי לאתה חלף |
| 077 | | Lv27:05 | עלויה דדיכרה עשרין | סלעין | ולנקבתה עשרין סלעין: |
| 078 | | Ex30:23 | מר בחיר תקל חמש מאה | סלעין | וקנמון דבש«ם» פלגותא |
| 079 | | Ex21:32 | אין אמתא כסף תלתי«ן» | סלעין | יתן לריבוניה ותורא יתרגם: |
| 080 | | Nu 3:47 | ותסב מן חמשה חמשה | סלעין | לכל גולגלתה בסלעי |
| 081 | | Nu31:52 | אלפין ושבע מאה וחמשין | סלעין | מן לוות רבבני אלפי |
| 082 | | Nu 7:85 | מאה ותלתין | סלעין | מתקלה פיילתה חד«ת»ה |
| 083 | דס' | Ex30:23M | \מאה סלעין /מאוון | דס'#2#/ | וקנמון דבש«ם» פלגותא |
| 084 | דסלעין | Ex38:29 | אלפין וארבע מאוון | דסלעין | בסלעי בית קודשה: |
| 085 | | Gn20:16 | אמר הא יהבית אלף | דסלעין | ועל כולא אתווכחת ברם אילו |
| 086 | סלעי p const | Ex38:26M | לכל גולגלה פלגות סלעה/<סל>עי | בסלעי#2#/ | בית קודשה^^ |
| 087 | בסלעי | Lv 5:15 | ב«ע»לויה כסף סלעין | בסלעי | «בית» קדשה לאשמה: |
| 088 | | Nu 3:47 | סלעין לכל גולגלתה | בסלעי | בית קדשה תיסב עשרין מעין |
| 089 | | Nu 7:55 | חדה מאה ותלתין סלעין | בסלעי | בית קדשה הוות מתקליה מזרק |
| 090 | | Nu 7:61 | חדה מאה ותלתין סלעין | בסלעי | בית קדשה הוות מתקליה מזרק |
| 091 | | Nu 7:61 | דכסף תקל שובעין סלעין | בסלעי | בית קדשה תרין מנייה האלין |
| 092 | | Nu 7:79 | חדה מאה ותלתין סלעין | בסלעי | בית קדשה הוות מתקליה מזרק |
| 093 | | Lv27:25 | וכל עלוויה יהוי | בסלעי | בית קודש' עשרין מעין |
| 094 | | Ex30:13 | סכומה מן פלגות סלעא | בסלעי | בית קודש«א» עשרין מעין |
| 095 | | Ex30:24 | תקל חמש מאה סלעין | בסלעי | בית קודשא ומשח דזית מלא |
| 096 | | Nu 7:13 | דכסף תקל שובעין סלעין | בסלעי | בית קודשא תרין מ{(י)}ניה |
| 097 | | Nu 7:13 | חדא מאה ותלתין סלעין | בסלעי | בית קודשא הוה מתקלה מזרק |
| 098 | | Nu 7:19 | דכסף תקל שבעין סלעין | בסלעי | בית קודשא תרין מנייה |
| 099 | | Nu 7:19 | חדה מאה ותלתין סלעין | בסלעי | בית קודשא הות מתקלה מזרק |
| 100 | | Nu 7:37 | דכסף תקל שובעין סלעין | בסלעי | בית קודשא תרין מנייה |
| 101 | | Ex38:25 | ושבעין וחמש סלעין | בסלעי | בית קודשה^^: |
| 102 | | Ex38:26M | פלגות סלעה/<סל>עי | בסלעי#2#/ | בית קודשה^^ כל/לכל#2#/ |
| 103 | | Ex38:29 | וארבע מאוון דסלעין | בסלעי | בית קודשה: |
| 104 | | Lv27:03 | חמשין סלעין דכסף | בסלעי | בית קודשה: |
| 105 | | Nu 3:50 | ואשתין וחמש סלעין | בסלעי | בית ק«ו»דשה: |
| 106 | | Nu 7:25 | חדה מאה ותלתין סלעין | בסלעי | בית קודשה הוות מתקלה מזרק |
| 107 | | Nu 7:25 | דכסף תקל שבעין סלעין | בסלעי | בית קודשה תרין מנייה |
| 108 | | Nu 7:31 | חדה מאה ותלתין סלעין | בסלעי | בית קודשה הוות מתקלה מזרק |
| 109 | | Nu 7:31 | דכסף תקל שובעין סלעין | בסלעי | בית קודשה תרין מנייא |
| 110 | | Nu 7:37 | חדה מאה ותלתין סלעין | בסלעי | בית קודשה הוות מתקליה |
| 111 | | Nu 7:43 | חדה מאה ותלתין סלעין | בסלעי | בית קודשה הוות מתקליה |
| 112 | | Nu 7:43 | חד דכסף תקל שובעין | בסלעי | בית קודשה תרין מנייה |
| 113 | | Nu 7:49 | חדה מאה ותלתין סלעין | בסלעי | בית קודשה הוות מתקליה |

| | | | |
|---|---|---|---|
| 114 | | Nu 7:49 | תקל שובעין ^סלעין#2#^ בסלעי בית קודשה תרין מנייה |
| 115 | | Nu 7:55 | דכסף תקל שובעין סלעין בסלעי בית קודשה תרין מנייה |
| 116 | | Nu 7:67 | חדה מאה ותלתין סלעין בסלעי בית קודשה הוות מתקליה |
| 117 | | Nu 7:67 | דכסף תקל שובעין סלעין בסלעי בית קודשה תרין מנייה |
| 118 | | Nu 7:73 | חד דכסף תקל שובעין בסלעי בית קודשה תרין מנייה |
| 119 | | Nu 7:73 | חדה מאה ותלתין סלעין בסלעי בית קודשה הוות מתקליה |
| 120 | | Nu 7:79 | חד דכסף תקל שובעין בסלעי בית קודשה תרין מנייה |
| 121 | | Nu 7:85 | אלפין וארבע מאה סלעין בסלעי בית קודשה: |
| 122 | | Nu 7:86 | מן עשרה עשרה בזיכה בסלעי בית קודשה כל דהבין |
| 123 | | Nu18:16 | בעלויה כסף חמש סלעין בסלעי בית קודשה עשרין מעין היא |

## סלק *vb.* to go up

[379]

| | | | |
|---|---|---|---|
| 001 | peal סולקו | Ex12:38M | סגין סלקו/סולקו#2#/ עמהון וען ותורין |
| 002 | סוק | Gn35:01 | ואמר ייי ליעקב קום סוק לביתאל ושרי תמן ובני תמן |
| 003 | | Ex24:12 | ואמר ייי למשה סוק לוותי לטורא והוי תמן ואתן |
| 004 | | Nu27:12 | ואמר ייי למשה סוק לטור עבריה הדין ותחמי ית |
| 005 | | Dt32:49 | סוק לטור עברייה הדין הר נבו |
| 006 | | Dt 3:27 | סוק לריש רמתה וטול עיינך |
| 007 | | Ex33:01M | ייי עם משה אזל סק/סוק#2#/ מן הכה את ועמא די אסקת |
| 008 | | Ex24:01 | ולמשה אמר סוק תבע אולפן מן קדם ייי את |
| 009 | סוקו | Nu13:17 | דכנען ואמר להון משה סוקו ב{ר}<ד>א לדרומה ותסקון ית |
| 010 | | Gn44:17M | /לעבד#2#/ ואתון סקון/סוקו#2#/ בשלם לוות אבוכון: |
| 011 | | Dt 9:23M | למימר \עולו וירית /סוקו {ו}<י>רותו#2#/ ית ארעא |
| 012 | | Dt 1:21 | קדמ«י»כון ית ארעא סוקו וירתו היך מה די מלל ייי |
| 013 | סוקי | Nu21:17M | סוקי \בירא/באירה סוקי באירה#2#/ הוון/הוו#2#/ |
| 014 | | Nu21:17 | ית שירת תושבחתה הדה סוקי בירא הוון מזמרין ליה והיא |
| 015 | סק | Gn50:06 | ואמר פרעה סק וקבור ית אבוך היך מה דאשבע |
| 016 | | Ex33:01 | ומלל ייי עם משה אזל סק מן הכה את ועמא די אסקת |
| 017 | | Dt 1:21M | קדמ'#2#/ ית ארעא סוקו/סק#2#/ וירתו/וירת#2#/ היך מה |
| 018 | סקון | Gn44:17 | הו יהוי לי עבד ואתון סקון בשלם לוות אבוכון: |
| 019 | | Nu22:19 | וכעין סקון תבו כען הכה אוף אתון |
| 020 | סל' | Lv 1:01M | וקדושיה קדוש שעה לא סל' |
| 021 | סליק | Gn32:25 | גבר וגפף עמיה עד זמן די סליק עמוד שחרא: |
| 022 | | Gn19:28 | ארעא משרה וחמה והא סליק קיטורא דארעא כקיטור תננא |
| 023 | סליקו | Nu21:01 | מטון ישראל ארחה די סליקו בה ילליה וסדרו קרבה עם |
| 024 | | Dt27:15 | דגריזים ושתה שבטין סליקו לטורה דעיבל וכהנייה |
| 025 | | Dt27:15 | שתה שבטין סליקו לטורה דגריזים ושתה שבטין |
| 026 | | Ex17:10 | ומשה ואהרן וחור סליקו לריש רמתא: |
| 027 | סלק | Gn38:13 | לתמר למימר הא חמוך סלק לתמנתה למגז ענה: |
| 028 | | Ex19:03 | ומשה סלק למתבע אולפן מן קדם ייי |
| 029 | | Gn 2:06 | וענן הוה סלק מן ארעא ומשקי ית כל אפי |
| 030 | | Nu11:26 | הוה מתנבא ואמר הא סלוי סלק מן ימא ויהוי לישראל לתקלה |
| 031 | | Lv16:09 | ויקרב אהרן ית צפירה די סלק עלוהי עדוה לשם ממריה דייי |
| 032 | | Lv16:10 | וצפירה די סלק עלוי עדוה לעזאזל יקים יתה |
| 033 | | Nu19:02 | די לית בה מום די לא סלק עליה שעבוד דניר: |
| 034 | | Dt21:03 | די לא אתפלח בה די לא סלק עליה שעבוד דניר: |
| 035 | | Gn32:27 | ואמר שלח יתי ארום מטא סלק עמודא דשחרא ארום מטא |
| 036 | סלקא | Nu21:17 | הוון מזמרין ליה והיא סלקא: |
| 037 | | Dt 2:06 | מן לוותהון דבירה דמיא סלקא עמכון לראשי טוריה |
| 038 | סלקה | Nu21:01 | דבזכותה הוות בירה סלקה להון ארום מטון ישראל ארחה |
| 039 | | Nu21:19 | מתגברין חזרת למהווי סלקה עמהון לריש טוריה ונחתה |
| 040 | | Nu21:20 | ומן דהוות סלקה עמהון לראשי טורייה רמתה |
| 041 | | Nu21:20M | בתר דחזרת למהוי סלקה עמהון לראשי טורייה ונחתה |
| 042 | סלקו | Ex13:18 | ומזיינין בעבדא טבא סלקו בני ישראל פריקין מן ארעא |
| 043 | | Gn28:12M | מן בייתי דאבוי סלקון/סלקו#2#/ למבשר{י}<א> |
| 044 | | Nu32:11 | אם יחמון גבריה די סלקו מן מצרים מן בר עשרין שנין |
| 045 | | Ex12:38 | ואף גיורין סגין סלקו עמהון וען ותורין בעיר תקיף |
| 046 | | Nu13:31M | וגבריה די אזלו/סלקו#2#/ עמיה אמרין לית אנן |
| 047 | סלקון | Gn28:12 | יתיה מן בייתי דאבוי סלקון למבשר{י}<א> למלאכי{ה} |
| 048 | סלקין | Nu16:12 | דאליאב ואמרין לית אנן סלקין: |
| 049 | | Nu16:14M | אין את מנקר לית אנן סלקין |
| 050 | | Nu16:14 | האליין תסמי לא אנן סלקין: |
| 051 | | Dt 1:28 | לאן אנן סלקין אחינן אמסון ית לבבינן |
| 052 | | Gn41:03 | והא שבע תורין אחרנין סלקין בתריהון מנהרא בישן למיחמי |
| 053 | | Ex20:16M | בבני אינשא /ענניה סלקין ומטר' לא נחית#2#/: |
| 054 | | Dt 5:21 | בחובי חמודיה עננין סלקין ומטר לא נחת ובצורתה אתייה |
| 055 | | Gn28:12 | והא מלאכין מן קדם ייי סלקין ונחתין ומסתכלין בה: |
| 056 | | Dt 1:41M | \נסוק/^נסק#2#^/ ונסדר /סלקין/ ונסדרה לקובליהון סדרי#2# |
| 057 | | Nu11:26 | עקב יומיא גוג ומגוג סלקין לירושלם ובידוי דמלכא |
| 058 | | Nu14:40M | הא אנן וניסוק/סלקין#2#/^נסק#2#^/ לאתרא די אמר |
| 059 | | Dt28:43M | רמין עליכון לעיל לעיל /סלקין/ מעילוויכון עליין |
| 060 | | Gn33:13M | וענא ותורייא מיינקין/סלק{ו}<י>ן#2#/ קדמיי אן דחקין |
| 061 | | Gn41:02 | והא מן נהרא סלקין שבע תורין יאיין למחמי |
| 062 | סלקית | Nu21:16M | היא בירא די אמר ייי /סלקית באירה היא באירה די אמ' |
| 063 | | Lv 1:01 | ורבויה רבוי שעה חדה לא סלקית ליה עד זמן די אתמלל עמי |
| 064 | סלקן | Gn41:05 | תניינות והא שבע שבלין סלקן בקנה חד בריין וטבן: |
| 065 | | Gn41:22 | בחלמי והא שבע שבלין סלקן בקנה חד מלין וטבן: |
| 066 | | Gn41:19 | והא שבע תורין אחרנין סלקן בתרהון דלילן ובישן מחמי |
| 067 | | Gn41:18 | והא מן נהרא סלקן שבע תוריין בריין בבשרהון |
| 068 | סלקנן | Gn44:24 | והוה ארום סלקנן לוות עבדך אבה ותנינן ליה |
| 069 | סלקת | Nu21:01M | הוות בירה סלקה/<סלק>ת#2#/ להון ארום מטון |
| 070 | | Ex 3:09 | הא קבלתהון דבני ישראל סלקת לוותי ואף גלי קדמיי ית |
| 071 | | Nu21:19M | חזרת למהווי סלקה/<סל>קת#2#/ עמהון לריש/לראשי#2# |
| 072 | | Gn 6:13 | ייי לנח קבילת כל בשרא סלקת קדמוי ארו' אתמליאת ארעא |
| 073 | סלקתון | Dt 5:05 | מן קדם להבי אשתה ולא סלקתון בטורא למימר: |
| 074 | אסוק | Ex32:30 | חובין רברבין וכדון אסוק אבעי רחמין מן קדם ייי: |
| 075 | | Gn46:31 | ולאנשי בייתיה דאבוי אסוק כען ואתני לפרעה ואמר ליה |
| 076 | | Gn50:05 | תמן תקבר יתי וכדון אסוק כען ואקבור ית אבא ואחזור: |
| 077 | | Gn44:34M | ארום היך כדין אסק/אסוק#2#/ לוות אבה וטליא לית |
| 078 | אסק | Gn44:34 | ארום היך כדין אסק לוות אבה וטליא לית הוא עמי |
| 079 | יסוק | Dt30:12 | לן חד כמשה נבייא די יסוק לשמיא ויסב יתה לן וישמע |
| 080 | | Ex12:42 | רשיעא ישתיצון ומשה יסוק מן גו מדברא <....> דן ידבר |
| 081 | | Lv19:19 | וכתן שעטנז לא יסוק עליכון: |
| 082 | יסק | Dt29:22 | לא תזדרע ולא תצמח ולא יסק בה כל מן דעשב היך מה |
| 083 | | Dt30:12M | "לווי ...": מן יסק לן לשמיא היך משה נבייא |
| 084 | | Gn44:33 | טליא עבד לריבוני וטליא יסק עם אחוי: |
| 085 | | Ex34:03 | וגבר לא יסק עמך ולהוד גבר לא יתחמי בכל |
| 086 | יסקון | Ex 7:29 | ובך ובעמך ובכל שלטנך יסקון ארדעניא: |
| 087 | | Ex19:13M | דשופירא הנון יסקו{ל}<ן> לטורא |
| 088 | | Ex24:02 | לא יקרבון ועמא לא יסקון עמה: |
| 089 | ניסוק | Nu13:30 | עמה קדם משה ואמר מסוק ניסוק ונירת יתה ארום מכל ניכל |
| 090 | נסוק | Dt 1:22 | יתן פתגמא ית ארחא די נסוק בה וית קו{ח}<ר>יתה די נעול |
| 091 | | Nu20:19 | ליה בני ישראל ארח מלכא נסוק ואין מימך נשתה אנן ובעירנן |
| 092 | | Dt 1:41 | לי סרחנן קדם ייי אנן נסוק ונסדר קרבה ככל מה די פקד |
| 093 | נסק | Dt 1:41M | קדם ייי אנן \נסוק/^נסק#2#^/ ונסדר /סלקין ונסדרה |
| 094 | | Nu14:40M | הא אנן וניסוק/סלקין#2#/^נסק#2#^/ לאתרא די אמר |
| 095 | תסוק | Gn29:17M | בכייא ומצלייה דלא תסוק במזליה דעשו ורחל |
| 096 | תסקון | Nu14:42 | לא תסקון ארום לית איקר שכינתה דייי |

|  |  |  |  |
|---|---|---|---|
| 097 | | Ex20:26 | על גבי מדבחי לא תסקון בדרגין על גבי מדבחי די לא |
| 098 | | Ex20:26M | עבידו כיבשא למדבחא ולא תסקון במסקא |
| 099 | | Dt 1:42 | ייי לי אמור להון לא תסקון ולא תסדרון קרבה ארום לית |
| 100 | מסוק | Gn46:04 | במימרי אסיק יתך לחוד מסוק ויוסף ישוי ידי«ה» על |
| 101 | | Nu13:31 | עמה אמרי׳ לית אנן יכלין מסוק לוות עמא ארום תקיפין אינון |
| 102 | | Nu13:31 | אמרין לית אנן יכלין מסוק לוות עמא ארום תקיפין אינון |
| 103 | | Nu13:30 | ית עמה קדם משה ואמר מסוק ניסוק ונירת יתה ארום מכל |
| 104 | במיסק | Ex34:24 | מלך ושליט ית ארעכון במיסק לכון למתחמייה קדם ייי |
| 105 | במיסקכון | Ex34:24M | ארעכון \במיסק לכון/במיס<ק>כון#2/ למתחמייה |
| 106 | דסל' | Gn31:10M | /בחזוי והא תישיא דסל'#2/ על ענא קרוחין נמורין |
| 107 | דסלק | Gn50:14 | הוא ואחוי וכל מן דסלק עמיה למקבר ית אבוי בתר |
| 108 | דסלקו | Gn50:14M | מן דסלק \וכל אלין דסלקו#2/ עמיה למקבר/למקבור#2/ |
| 109 | דסלקות | Gn44:19 | יוסף חביבא ויקירא דסלקות גבורתיה דיהודה אחוי |
| 110 | דסלקין | Dt32:02 | עשביה וכרסיסי מלקוש דסלקין ומרווין צמחה דארעא בירחה |
| 111 | | Dt33:13 | מן ברכת מבועי מן לרע דסלקין ומרווין צמחיה דארעא: |
| 112 | | Gn49:25 | ומן ברכת מבועי תהומא דסלקין מן ארעא מן לרע בריכין |
| 113 | | Gn31:10 | וחמת בחלמא והא גדיא דסלקין על ענא קרוחין נמורין |
| 114 | | Gn31:12 | עיינך וחמי כל גדיא דסלקין על ענה קרוחין נמורין |
| 115 | דסלקית | Gn44:19M | כיון דחמא יוסף דסלקית <...> רמז למנשה |
| 116 | דסלקן | Gn41:27 | תורייה חסיתה ובאישתא דסלקן בתריהון שבע שנין אינון |
| 117 | דסלקת | Gn18:21 | כען ואחמי הא כקבילתיה דסלקת קדמיי כלייה עבדו גמירא |
| 118 | וסוק | Dt10:01M | וסק /כקדמיין וסוק#2/ לוותי לטורא ותעביד לך |
| 119 | וסוקו | Gn45:09M | \אוחו ופקו /זריזו וסוקו#2/ לוות אבה ותימרון ליה |
| 120 | וסק | Dt10:01 | לווחין דאבנין כקדמייה וסק לוותי לטורא ותעביד לך ארון |
| 121 | וסל' | Gn49:25M | דסלקין/<ד>נבעין וסל'#2/ מן ארעא מן לרע בריכין |
| 122 | וסליק | Gn50:07 | וסליק יוסף למקבר ית אבוי וסלקו |
| 123 | וסליקו | Nu21:33 | וכוינו וסליקו ארח בתנין ונפק עוג מלכא |
| 124 | | Nu13:22 | וסליקו בדרומה ומטה כלב עד |
| 125 | | Nu13:21 | וסליקו וילילו ית ארעא מן מדברה |
| 126 | | Nu14:40 | ואקדימו בצפרה וסליקו לריש טורא למימר הא אנן |
| 127 | | Ex16:13M | והוה ברמשא וסליקו פיסיוניון |
| 128 | וסליקית | Dt10:03 | לווחין דאבנין כקדמיה וסליקית לטורא ותרין לווחי בידי: |
| 129 | וסליקת | Gn28:10 | פומא דבארה ספת בארה וסליקת באפוי והוות טייפה עשרין |
| 130 | וסליקתון | Dt 1:43 | מימרה דייי ואזידתון וסליקתון לטורא: |
| 131 | וסלק | Gn13:01 | וסלק אברם ממצרים הוא ואתתיה |
| 132 | | Nu33:38 | וסלק אהרן כהנא להר טורא על פם |
| 133 | | Gn19:30 | וסלק לוט מן זער ושרא במערתא |
| 134 | | Ex19:20 | דייי למשה מן טורא וסלק משה: |
| 135 | | Ex24:09 | וסלק משה ואהרן נדב ואביהוא |
| 136 | | Ex24:13 | וקם משה ויהושע שמשוי וסלק משה לטור«א» דאתגליית |
| 137 | | Ex24:15 | וסלק משה לטורא וכסי עננא ית |
| 138 | | Dt34:01 | וסלק משה מן משרה דמאב לטורה |
| 139 | | Ex10:14 | וסלק גובא על כל ארעא דמצרים |
| 140 | | Gn38:12 | דיהודה ואנחם יהודה וסלק לוות גזזי ענה הוא וחירה |
| 141 | | Ex24:18 | ואתא משה בגו עננא וסלק לטורא והוה משה בטורא |
| 142 | | Ex34:04 | ואקדם משה בצפרא וסלק לטורא דסיני היך מה דפקד |
| 143 | | Gn46:29M | \ארתכוי ונפק /רתכוי וסלק#2/ לקדמות ישראל אבוי |
| 144 | | Gn50:09 | וסלק עמיה לחוד רתיכין ולחוד |
| 145 | | Ex19:18M | מזיו יקר שכינתיה דייי וסלק קוטרי׳ היך ק{ל}<ו>טרא |
| 146 | | Ex19:18 | שכינת׳ דייי באשתא וסלק{ת} תננא כתננא דאתונא |
| 147 | | Ex19:18M | בשלהובא דאנשא וסלק תננא כקטון{ן}<ר> תנן אתונה |
| 148 | וסלקו | Nu20:27 | היך מה די פקד ייי וסלקו להר טורה לעיני כל עם |
| 149 | | Gn45:25 | וסלקו ממצרים ואתו לארעא דכנען |
| 150 | | Nu32:09 | וסלקו עד נחל סגולה וחמון ית |
| 151 | | Gn50:07 | יוסף למקבר ית אבוי וסלקו עמיה כל שליטוי דפרעה |
| 152 | וסלקון | Ex 8:02 | על מימיהון דמצריי וסלקון ארדעניה וחפון ית ארעא |
| 153 | וסלקנן | Dt 3:01 | וכוינן וסלקנן לאורח {ר}<ד>בותניין ונפק |
| 154 | וסלקת | Ex16:13 | והוה ברמשא וסלקת סלוי וכסית ית משריותא |
| 155 | | Ex16:14 | וסלקת ענגית טלא והא על אפי |
| 156 | | Ex 2:23 | מן פולחנא וצווחו וסלקת קבלתהון קדם ייי מן |
| 157 | וסלקתו | Gn24:16 | לעיינה ומלת קולתה וסלקתו: |
| 158 | ויסוק | Dt25:07M | יבומתיה/יבמ'#2/ ותסק/ויסוק#2/ יבמתיה לתרע בית דינה |
| 159 | ויסק | Ex10:12 | על ארעא דמצרים בגובא ויסק על ארעא דמצרים ויכול ית |
| 160 | ויסקון | Ex 7:28 | וישרץ נהרא ארדענין ויסקון ויעלון בביתך ובקיטוני |
| 161 | | Ex 1:10 | וישוון עליהון מלך ויסקון להון מן ארעא: |
| 162 | ויסקן | Ex 7:28M | בביתך /אורדענין ויסקן ויעלן בביתך#2/ ובקיטוני |
| 163 | וניסוק | Nu14:40 | טורא למימר הא אנן וניסוק לאתרא די אמר ייי ארום |
| 164 | | Ex 1:10M | סדרי קרב ויתרך יתן וניסוק מן ארעה#2/: |
| 165 | ונסק | Gn35:03 | ונקום ונסק לבית אל ואבנה תמן מדבח |
| 166 | ותיסק | Ex19:24 | ואמר ליה ייי איזל חות ותיסק את ואהרן עמך וכהניא ועמא |
| 167 | ותסק | Ex34:02 | ותהוי מזמן לצפרא ותסק בצפרא לטורא דסיני ותתעתד |
| 168 | | Dt25:07 | גברא למיסב ית יבומתיה ותסק יבמתיה לתרע בית דינה |
| 169 | ותסקון | Nu13:17 | סוקו ב{ר}<ד>א לדרומה ותסקון ית טורא: |
| 170 | | Dt17:08 | בקורייכון ותקומון ותסקון לאתרה די יתרעי ייי אלהכון |
| 171 | למ' | Nu13:31M | לית אנן יכלין מסוק/למ'#2/ לוות עמא ארום תקיפין |
| 172 | למיסוק | Dt 1:26M | למיסק /בעיתון למיסוק#2/ וסרבתון על פם |
| 173 | | Gn15:17M | והוות שמשא אזלה למיסוק {וקמטתי}<חמטה> הוות והא |
| 174 | | Dt 1:41 | מאני זייניה ואוחיתון למיסוק לטורא: |
| 175 | למיסק | Dt 1:26 | ולא צביתון למיסק וסרבתון על פם גזירת ממרה |
| 176 | | Ex19:12 | למימר אזדהרו לכון דלא למיסק לטורא ודלא למקרב בשפולוי |
| 177 | | Ex19:13 | אינון יהון רשיין למיסק לטורא: |
| 178 | | Ex19:23 | לא ייכלין עמא <....> למיסק לטורא דסיני ארום את |
| 179 | | Dt 1:41M | /וזר<ז>תון#2/ למיסוק/<למי>סק#2/ לטורא: |
| 180 | | Dt30:12M | כמשה נבייא \די יסוק/למיסק#2/ לשמיא ויסב יתה לן |
| 181 | | Ex19:24 | וכהניא ועמא לא ידחקון למיסק קדם ייי דלא יהוי בהון |
| 182 | למסוק | Ex19:23M | לא ייכלין עמא למיסק/למסוק#2/ לטורא דסיני ארום |
| 183 | | Nu14:44 | וכמנו למסוק לריש טורא וארון קיימא |
| 184 | | Gn19:15M | וכאשון מסק/למסוק#2/ עמוד שחרא ואתוקפו |
| 185 | אסלק pael | Ex33:03 | וחליין כדובשא ארום לא אסלק איקר שכינתי מביניכון ארום |
| 186 | | Ex33:05 | אולפן כקליל זעיר אין אסלק איקר שכינתי מן בניכון |
| 187 | תסלק | Gn18:03 | אשכחת חן וחסד באפיך לא תסלק איקר שכינתך מעילווי עבדך: |
| 188 | אסיק afel | Gn46:04 | עמך מצרימה ואנה במימרי אסיק יתך לחוד מסוק ויוסף ישוי |
| 189 | אסק | Ex 3:11 | אזל לוות פרעה וארום אסק ית בני ישראל פרוקין מן |
| 190 | | Ex33:12 | ייי חמי די את אמר לי אסק ית עמא האיליין ואת לא |
| 191 | | Lv24:14 | אסק ית מן דמחרף לבר מן משריתה |
| 192 | | Ex32:01 | ארום דן משה גברא די אסק יתן מן ארעא דמצרים לית |
| 193 | | Dt32:10 | אחת להון מנה מן שמיא אסק להון באר׳ מן תהומא ואגיז |
| 194 | אסקית | Nu14:13 | ייי וישמעון מצריי ארום אסקית בחילך ית עמה {הדין} |
| 195 | | Nu21:06M | סל{ד}<ו>ויין מן ימא אסקית להון באירא מן תהומא |
| 196 | אסקת | Ex17:03 | משה ואמרין ליה למה כען אסקת יתן ממצרים למקטלה יתן וית |
| 197 | | Nu16:13 | הא זעירא היא ארום אסקת יתן מן ארעא עבדה פירין |
| 198 | | Gn40:10 | תלתא שרביטין והיא אפרחת אסקת נצי{ת}<ה> בשלו סגוליה |
| 199 | | Nu21:06 | ליה עפרא יהווי מזונך אסקת עמי מארעא דמצרים ואחתת |
| 200 | | Ex33:01 | סק מן הכה את ועמא די אסקת פריקין מן ארעא דמצרים |
| 201 | אסקתון | Nu20:05 | ולמה כען אסקתון יתן מן מצרים למיעל יתן |
| 202 | | Nu21:05 | משה אתרעמו למה כען אסקתון יתן מן מצרים למקטלה יתן |
| 203 | אסקתנן | Nu16:13M | היא ארום \אסקת יתן/אסקתנן#2/ מן ארעא עבדה/דעב'#2/ |
| 204 | תסק | Ex33:15 | איקר שכינתך בינינן לא תסק יתן מן הכה: |

|  |  |  |  |
|---|---|---|---|
| 205 | מס׳ | Dt20:11M | יהוון#2#/ לכון למסקי/מס׳#2#/ מסין ויפלחון קדמיכון |
| 206 | מסיק | Dt14:06 | טלפין בתרתין פרסתה מסיק גררה בבעירה יתה תאכלון: |
| 207 | מסק | Lv11:05 | וית טבזא ארום מסק גרה הוא ומטלפה לית הוא |
| 208 | | Lv11:03 | סתיקה תרתין פרסתה מסק גררה בבעירה יתה תיכלון: |
| 209 | | Lv11:04 | טלפין ית גמלתה ארום ^מסק#2#^ גררה הוא ומטלפה לית הוא |
| 210 | | Lv11:26 | היא מטלף וגררה לית הוא מסק מסאבי׳ אינון לכון כל די |
| 211 | מסקה | Dt14:06M | סדיקה תרתין פרסן מסקה גרא#2#/ בבעירה יתה תאכלון |
| 212 | | Lv11:06 | וית ארנבתה ארום מסקה גררה היא ומטלפה לא מטלפה |
| 213 | מסקי | Lv11:04 | ית דין לא תיכלון מן {מ}מסקי גררתא ומן מטלפי טלפין ית |
| 214 | | Dt14:07 | ית אילין לא תאכלון מן מסקי גררתה ומן סדיקי פרסתה |
| 215 | | Lv20:27 | יהוי בהון שאלי אובה או מסקי זכורון מתקטלה יתקטלון |
| 216 | | Gn49:15M | כל אחוי \למסקי מסים /מסקי פרוק#2#/: |
| 217 | מסקיין | Nu16:35M | \מסדרי קטרתה /מ<ס>ק{ס}י{נ}ין קטורת בוסמנין#2#/: |
| 218 | מסקין | Dt14:07 | ארנבא וית טפסה ארום מסקין גירה אינון ופרסתהון לית |
| 219 | דאיסקון | Gn47:10M | רעווא מן קדם ייי דאיסקון מיא דנילוס וישקון ית כל |
| 220 | ואסיק | Gn30:22 | הא אנא פתח ית קבריכון ואסיק יתי׳ מקבריכ«ון» עמי |
| 221 | ואסיקו | Ex24:05M | כהונתא לאהרון ואסיקו |
| 222 | ואסיקית | Ex 7:25M | דנהרא /מימריה דייי ואסיקית נהרא#2#/ ואסי יתיה: |
| 223 | ואסק | Ex 8:01 | ועל שקיא ועל ביציה ואסק ית ארדעניא על ארעא |
| 224 | | Nu20:25 | אהרן וית אלעזר ברה ואסק יתהון להר טורה: |
| 225 | | Nu22:41 | ודבר בלק ית בלעם ואסק יתיה לבמתה דבעלה וחמא מן |
| 226 | ואסקון | Ex 8:03 | כדון חרשיה בחרשיהון ואסקון ית ארדעניא על ארעא |
| 227 | ואסקת | Nu21:06 | להון מנא מן שמייא ואסקת להון בירא מן תהומא ואגיזת |
| 228 | ויסק | Dt30:13 | יחות לעמקי דימה רבה ויסק יתה לן וישמע לן פיקודייה |
| 229 | | Gn50:24 | ידכר יתכון ברחמוי טביא ויסק יתכו«ן» מן ארעא הדא |
| 230 | ותסקון | Gn50:25 | יתכון ברחמוי טבייא ותסקון ית גרמוי מן הכה: |
| 231 | | Ex13:19 | ייי יתכון ברחמוי טביה ותסקון ית גרמיי מן הכה עמכון: |
| 232 | ומסקה | Gn15:17M | דינור וגומרין דאשתה ומסקה תננה ורשיעי׳ לגווה |
| 233 | ומסקי | Lv19:31 | לא תסון בתר שואלי אוב׳ ומסקי דכורן לא תצבון למסתאבה |
| 234 | | Dt18:11 | חבורן בישן ושאלי אובה ומסקי זכורון ותבעין אולפן מן |
| 235 | | Lv20:06 | די תסטי בתר שאלי אובה ומסקי זכורן {{למטעי}} בתריהון |
| 236 | ולמסקא | Ex 3:08 | מן ידיהון דמצרייה ולמסקא יתכון מן ארעא הדא לארעא |
| 237 | לאסקא | Ex 3:17 | ואמרת בממריה לאסקא יתכון מן שעבודהון דמצריי |
| 238 | למסקה | Lv26:19M | חסימה כנחשה דלא למסקה לכון דתין וצמחין |
| 239 | | Dt28:23M | חסימה כנחשה {ו}<ד>לא למסקה לכון דתין וצמחין |
| 240 | למסקי | Gn49:15 | והוון לה כל אחוי למסקי מסים: |
| 241 | | Dt20:11 | בגווה יהוי לכון למסקי מסין ויפלחון קדמיכון: |
| 242 | א׳ etpaal | Nu10:11M | <בעשרין> יומין בירחה א׳ |
| 243 | איסתלק | Nu10:11 | תניינתה בעשרין לירחה איסתלק מעילוי משכנה דסהדותה: |
| 244 | אסתלק | Nu21:01 | דהוה שרי בדרומה ארום אסתלק אהרן גברא חסידה דבזכותיה |
| 245 | אסתלקו | Nu16:24 | מליל עם כל כנשתה למימר אסתלקו מן חזור חזור למשכנה דקרח |
| 246 | אסתלקת | Nu21:01 | מפקין ית ישראל וארום אסתלקת מרים נביאתה דבזכותה הוות |
| 247 | | Nu 9:17 | וכאשון אסתלק«ת» עננה מעילוי משכנה |
| 248 | יס׳ | Nu21:01M | שרי בדרומה ארום אסתלק/יס׳#2#/ אהרן גברא חסידה |
| 249 | | Nu21:01M | ית ישראל וארום אסתלקת/יס׳#2#/ מרים נביאתה דבזכותה |
| 250 | | Nu16:24M | דכנשתה#2#/ למימר אסתלקו/יס׳#2#/ מן חזור חזור למשכנה |
| 251 | יסת׳ | Nu10:11M | לירחה/ביר׳#2#/ איסתלק/יסת׳#2#/ \ענן#2#/ מעילוי |
| 252 | יסתלק | Ex40:37 | ולא יטלון עד יומא די יסתלק: |
| 253 | | Ex40:37 | ואין לא יסתלק עננה ולא יטלון עד יומא די |
| 254 | מסתלק | Nu11:26 | ואמר הא משה נביא מסתלק מן גו משריתיה ויהושע בר |
| 255 | מסתלקין | Dt 5:20M | שהדי שיקרא עננין מסתלקין ומטר דלא נחת ובצורתא |
| 256 | דאס׳ | Ex40:37M | עד יומא \די יסתלק/דאס׳#2#/: |
| 257 | ואסתלק | Nu12:09M | רוגזה דייי בהון ואזל/ואסתלק#2#/: |
| 258 | | Gn12:08 | ואסתלק מן תמן לטורא מן מדנח |
| 259 | | Gn26:22 | ואסתלק מן תמן וחפר באר חורי ולא |
| 260 | | Gn26:23 | ואסתלק מן תמן לבאר שבע: |
| 261 | | Nu21:01M | "אסתלק": מית אהרן ואסתלק עמודא דעננא וארום <מיתת> |
| 262 | ואסתלק׳ | Gn17:22 | ואשלם מן למללה עמה ואסתלק׳ איקר שכינתיה דייי מעלוי |
| 263 | ואסתלקו | Nu16:27 | ואסתלקו מעלוי משכנה דקרח דתן |
| 264 | ואסתלקת | Gn18:33 | ואסתלקת איקר שכינ«תיה» דייי כד |
| 265 | | Gn35:13 | ואסתלקת איקר שכינתה דייי מעילוי |
| 266 | ויס׳ | Nu16:27M | ואסתלקו/ויס׳#2#/ מעלוי משכנה דקרח |
| 267 | ויסתלק | Nu 9:21 | ויטלון או יומם ולילי ויסתלק עננה ויטלון: |
| 268 | | Nu 9:21 | עננה מן רמשא ועד צפרה ויסתלק עננה בצפרא ויטלון או יומם |
| 269 | למסתלקא | Dt 6:04M | למתכנש/^<למתכנ>שא#2#^/למסתלקא#2#/ בשלם מן גו |

## סלקו (v.)n. going up [381]

|  |  |  |  |
|---|---|---|---|
| 001 | סלקות s ab/cn | Nu 9:17M | אסתלק«ת» /ולפם סלקות#2#/ עננה מעילוי משכנה |
| 002 | ובסלקות | Ex40:36M | ובאסתלקות/ובסלקות#2#/ עננה «מעלווי |
| 003 | | Nu 9:19M | ובשהיא/ובסלקות#2#/ עננה ^^על משכנה |
| 004 | ובסלקותיה p em/sf | Nu 9:22M | עננא יטלון /ובסלקותיה יס׳#2#/: |

## סלת n. fine flour [370 סולת]

|  |  |  |  |
|---|---|---|---|
| 001 | סולת s ab/cn | Nu28:12 | ותלתה עשרונין סולת מנחה פילה במשח לתור חד |
| 002 | | Nu 7:13 | מליין פייליתא ומזרקה סולת פילה במשח למנחתה: |
| 003 | | Nu 7:19 | מליין פייליתה ומזרקתה סולת פילה במשח למנחתה: |
| 004 | | Nu 8:08 | תור בר תורין ומנחתה סולת פילה במשח ותור תניין בר |
| 005 | | Nu28:28 | ומנחתהון סולת פילה במשח תלתה עשרונין |
| 006 | סלת | Ex29:02 | פטירין משיחין במשח סלת דחסין תעבד יתהון: |
| 007 | | Lv24:05 | ותיסב סלת ותיפי יתה תרתין עשרה חלין |
| 008 | | Lv14:21 | עלוי ועשרון מכלתה סלת חד פיל במשח למנחה ולג |
| 009 | | Lv 2:04 | קרבן מנחה אפיה בתנורא סלת חלין פטירין פילן במשח |
| 010 | | Nu 6:15 | וסל דפטירין סלת חלין פילן במשח ועריכין |
| 011 | | Lv23:17 | חלין מן תרין עשרונין סלת יהווין חמיע יתאפיין |
| 012 | | Lv 2:01 | קרבן מנחה לשמה דייי סלת יהוי קרבניה ויריק עליה משח |
| 013 | | Lv 5:11 | די אתחייב עשרין מכלתה סלת לחטאת לא ישווי עליה מש׳ |
| 014 | | Nu28:05 | ועשרון מכלתה סלת למנחתה פילת במשח כתית |
| 015 | | Lv 6:13 | דירבי יתהון עשרין מכלתה סלת מנחה בתדירה פלוגתה תהוון |
| 016 | | Lv14:10 | מן מום ותלתה עשרונין סלת מנחה פילה במשח ולג חד |
| 017 | | Nu28:09 | מן מום ותרין עשרונין סלת מנחה פילה במשח אינון |
| 018 | | Nu28:12 | לתור חד ותרין עשרונין סלת מנחה פילה במשח עם דכרה |
| 019 | | Nu28:13 | ועשרן עשרין מכלתה סלת מנחה פילה במשח תקרבון עם |
| 020 | | Nu 7:31 | מליין פייליתה ומזרקתה סלת פיילה במשח למנחתה: |
| 021 | | Nu 7:37 | מליין פייליתה ומזרקתה סלת פ«יי»לה במשח למנחתה: |
| 022 | | Nu 7:43 | מליין פייליתה ומזרקתה סלת פיילה במשח למנחתה: |
| 023 | | Nu 7:49 | מליין פייליתה ומזרקתה סלת פיילה במשח למנחתה: |
| 024 | | Nu 7:55 | מליין פייליתה ומזרקתה סלת פיילה במשח למנחתה: |
| 025 | | Nu 7:61 | מליין פייליתה ומזרקתה סלת פיילה במשח למנחתה: |
| 026 | | Nu 7:67 | מליין פלייתה ומזרקתה סלת פיילה במשח למנחתה: |
| 027 | | Nu 7:73 | פלייתה ומזרקת«ה» סלת פיילה במשח למנחתה: |
| 028 | | Nu 7:79 | מליין פייליתה ומזרקתה סלת פיילה במשח למנחתה: |
| 029 | | Ex29:40 | מכלתה סלת פילה במשח כתיש רביעית הנא |
| 030 | | Lv 2:07 | ואם מנחת מרתחה קרבנך סלת פילה במשח תתקרב: |
| 031 | | Lv23:13 | ומנחתיה תרין עשרונין סלת פילה במשח קרבן מתקבל לריח |
| 032 | | Nu15:04 | ייי מנחה עשרון מכלתה סלת פילה ברביעית הינה משח: |
| 033 | | Nu28:20 | ומנחתהון סלת פילה במשח תלתה עשרונין |
| 034 | | Nu29:03 | ומנחתהון סלת פ«יי»לה במשח תלתה עשרונין |

|  |  |  |  |  |
|---|---|---|---|---|
| 035 | | | Nu29:09 | ומנחתהון סלת פילה במשח תלתה עשרונין |
| 036 | | | Nu29:14 | ומנחתהון סלת פילה במשח תלתה עשרונין |
| 037 | | | Lv 2:05 | על מסרת׳ קרבנך סלת פילן במשח פטיר תהוי: |
| 038 | | | Nu15:09 | ויקרב עם בר תוריה מנחה סלת תלתה עשרונין פיל במשח |
| 039 | | | Nu15:06 | או עם דכרה תקרבון מנחה סלת תרין עשרנין פילה במשח |
| 040 | דסלת | | Gn18:06 | אוחי וסבי תלת סאין קמח דסלת לושי ועבידי פטירין: |
| 041 | וסלת | | Lv 7:12 | דפטירין פילין במשח וסלת מרתחה חלין פילין במשח: |
| 042 | סלתה | s em/sf | Lv 6:08 | וירים מנה בקמציה מן סלתה דמנחתה ומן סוב׳ וית כל |
| 043 | | | Lv 2:02 | מתמן מלא קומציה מן סלתה ומן טובה על כל לבונתה |

## סם *n.* color, essence [381]

|  |  |  |  |  |
|---|---|---|---|---|
| 001 | וסממנין | p abs | Ex35:08M | לאנהרותא ובשמנין/וסממנין#2#/ למשחה דרבותא |

## סמוק *adj.* red [381]

|  |  |  |  |  |
|---|---|---|---|---|
| 001 | סמוק | s ab/cn | Lv13:49 | ויהוי מכתשה ירק או סמוק בלבוש או במשך או בשתיה או |
| 002 | | | Lv13:42 | או בגלושנתה מכתש חוור סמוק צרעה מהלכה היא בקרחתה או |
| 003 | סמק | | Lv13:49M | בלבוש או במשך או בשתיה /סמק בלבושה או במשכה או לש׳#2# |
| 004 | סמקה | | Lv13:24M | בהקי חוורה וסמוקה/סמקה#2#/ או חוורה: |
| 005 | | | Lv13:42M | \סמוק צרעה מהלכה היא /סמקה צרעה פרחה היא#2#/ בקרחתה |
| 006 | | | Lv13:19M | חוורה/חיורה#2#/ וסמוקה/סמקה#2#/ ויתחוור/ויתחמי#2#/ |
| 007 | וסמוקה | | Lv13:24 | דיכויתה בהקי חוורה וסמוקה או חוורה: |
| 008 | | | Lv13:43 | והא שומת מכתשה חוורה וסמוקה בקרחו«תיה» או בגלשנותיה |
| 009 | | | Lv13:19 | חוורה או בהקי חוורה וסמוקה ויתחוור לכהנא: |
| 010 | וסמקה | | Lv13:43M | מכתשה חוורה וסמוקה/וסמקה#2#/ בקרחו«תיה» או |
| 011 | סמוקא | s em/sf | Gn25:30 | איכל יתי כען מן תבשילא סמוקא הדין ארום משלהי אנה בגין |
| 012 | סמוקה | | Nu19:02 | וייתון לוותך תורא סמוקה שלמה די לית בה מום די לא |
| 013 | סמקין | p abs | Ex39:34M | \/<מ>שכין דדכרין סמקין וית חפיי <מ>שכין |
| 014 | סמקן | | Lv14:37 | דבייתה שקען ירקן או סמקן וחיזויהון מכיך מן כתלה: |

## סמי *vb.* to blind (pa.) [381]

|  |  |  |  |  |
|---|---|---|---|---|
| 001 | יסמי | pael | Ex23:08 | לא תקבלון ארום שוחדא יסמ{ו}<י> עיינ{ו}<י> נסבוי ויטלטל |
| 002 | תסמי | | Nu16:14 | העיני גברייה האליין תסמי לא אנן סלקין: |
| 003 | מסמי | | Dt16:19 | שחוד דממון ארום שוחדה מסמי עייני {נ}סבוי ומטלטל מלוי |

## סמי *n.* blind person [381]

|  |  |  |  |  |
|---|---|---|---|---|
| 001 | סימי | s ab/cn | Lv21:18 | מום לא יקרב למקרבה גבר סימי או חגיר או פחוש או פסיע: |
| 002 | סמי | | Dt15:21 | יהווי ביה מום חגיר או סמי כל מום ביש לא תקרבון יתיה |
| 003 | דסמי | | Lv21:18M | חגיר או פחוש או פסיע /דסמי או דחגיר או דפסיק או |
| 004 | | | Lv22:22 | דסמי או דתביר או דגבייה או נסיס |
| 005 | סמייא | s em/sf | Ex 4:11M | או סמין/פקיחא או סמייא#2#/ ארום אלהן אנה ייי |
| 006 | סמייה | | Dt27:18 | ליט יהווי גברה די יטעי סמייה באורחה ויאמרון כל עמא |
| 007 | | | Dt28:29 | בטהריה היך מה דממשש סמייה בהבלייה ולא יצלחן |
| 008 | לסמיא | | Lv19:14M | ולקדם אכסנייה דדמי לסמיא לא תשוון תקלה |
| 009 | לסמייה | | Dt27:18M | באורחה דהוא מדמי לסמייה ויענון |
| 010 | | | Lv19:14M | אכסנייה דהוא מדמי לסמייה לא תשוון <ת>קל{ל}ה |
| 011 | סמין | p abs | Ex 4:11 | או חרשין או פתיחין או סמין ארום אלהן אנה ייי: |

## סמיו *n.* blindness [381]

|  |  |  |  |  |
|---|---|---|---|---|
| 001 | ובסמיותה | s em/sf | Dt28:28M | ובשעמימות /וב<ס>מיותה ובאשמימות#2#/ לבה: |
| 002 | ובסמייותה | | Dt28:28 | ייי בטפשותה ובס{יי}מ<יי>ותה ובשעמימות לבה: |

## סמיך *adj.* near [381]

|  |  |  |  |  |
|---|---|---|---|---|
| 001 | סמ׳ | s ab/cn | Nu21:30M | עד שוקא דנפ׳#2#/ דסמיך/סמ׳#2#/ למי{ת}«ד»בא: |
| 002 | סמוך | | Dt 2:19 | ותקרבון סמוך לתחומיהון דבני עמונייה לא |
| 003 | סמיך | | Gn32:04M | לארע גבלא לתחומהון/סמיך#2#/ דאדומאי: |
| 004 | | | Nu34:11M | ויחות תחומה וימטי סמיך לימה דגי<נ>סר מן מערבה |
| 005 | | | Nu26:03 | יתהון במשריה דמואב סמיך לירדנא דיריחו למימר: |
| 006 | | | Nu31:12 | למשריתא במישריה דמואב סמיך לירדנא דיריחו: |
| 007 | | | Nu33:48 | ושרון במישרייה דמואב סמיך לירדנא דיריחו: |
| 008 | | | Nu33:50 | עם משה במישריה דמואב סמיך לירדנה דיריחו |
| 009 | | | Nu35:01 | עם משה במישריה דמואב סמיך לירדנה דיריחו למימר: |
| 010 | | | Nu36:13 | ישראל במישריה דמואב סמיך לירדנא דיריחו: |
| 011 | | | Lv 1:16 | בלקטה וי{ק}טל<ק> יתה סמיך למדבחה מן מדנחה באתר |
| 012 | | | Lv 6:03 | מדבחה וישווי י{ד}<ת>יה סמיך למדבחה: |
| 013 | | | Lv10:12 | דייי ואכלו יתה פטירין סמיך למדבחה ארום קדש קדשין היא: |
| 014 | | | Dt16:21 | תצבון לכון אשרה כל אילן סמיך למדבחה דייי אלהכון דתעבדון |
| 015 | | | Dt16:22M | תקים לך קיימה כל אילן סמיך למדבחה דייי אלהכון די |
| 016 | | | Dt11:30 | במשרה כל קבל גלגלה סמיך למישרי חזוזה: |
| 017 | | | Ex35:22 | ואתון גובריא סמיך לנשיא כל די נדב יתיה לביה |
| 018 | | | Nu28:15 | יתה לחטאתה קדם ייי סמיך לעלת תמידה יתקרב ונסכוי: |
| 019 | | | Nu28:24 | מתקבל ברעוה קדם ייי סמיך לעלת תמידה יתקרב ונסכוי: |
| 020 | | | Ex14:09 | דפרעה ופרשוי וחיילותיה סמיך לפונדקי חירתה קדם טעוותה |
| 021 | | | Nu20:23 | למשה ולאהרן בהר טורה סמיך לתחומיהון דאדומיי למימר: |
| 022 | סמיכה | | Nu28:10 | ביום שבתה תקרבון יתיה סמיכה לעולת תמידה תתקרב ונסוכה: |
| 023 | | | Nu21:15 | אשתיזיבת והא היא סמיכה לתחומיהון דמואביי: |
| 024 | דסמיך | | Nu21:30 | ארחתיה עד כרכה דנפחיה דסמיך למי{ת}«ד»בא: |
| 025 | | | Gn35:04 | יעקב תחות בלוטה דסמיך לשכם: |
| 026 | | | Nu22:36 | לארעהון דמואביי דסמיך לגבול ארנונה די בסייפי |
| 027 | | | Dt 4:46 | בעבר ירדנה בחלתה דסמיך לטעוותה דפעור בארע סיחון |
| 028 | | | Nu33:07 | ושרון בפונדקי חירתה דסמיך לטעותה צפון ושרון קדם |
| 029 | | | Nu 6:09 | וארום ימות מית דסמיך ליה בתכיף דלא ידע ויסאב |
| 030 | | | Nu26:63M | במישריה דמואב דסמיך לירדנא דיריחו: |
| 031 | | | Gn14:06 | עד דגבולא דפארן דסמיך למדברא: |
| 032 | | | Dt 2:37 | עמונייה לא קרבנן כל דסמיך לנחל יבקא וקורי טורה וכל |
| 033 | סמיכין | p abs | Nu 2:05 | ודשריין סמיכין לה שבטה דבנוי דישׂשכר ורב |
| 034 | | | Nu 2:27 | ודשריין סמיכין לה רבה דבנוי דאשר ורבה |
| 035 | | | Nu 2:12 | ודשריין סמיכין ליה שבטה דבנוי דשמעון |
| 036 | ודסמיכין | | Nu 2:20 | ודסמיכין עלוי שבטה דמנשה ורבה |
| 037 | | | Nu 2:27M | \ודשריין סמיכין/ודסמיכין#2#/ לה/עלוי#2#/ רבה |

## סמך *vb.* to support, to set on [382]

|  |  |  |  |  |
|---|---|---|---|---|
| 001 | סמך | peal | Dt34:09 | נון מלא רוח דחכמה ארום סמך משה ית ידוי עלוי ושמעו |
| 002 | סמכ׳ | | Gn27:37 | לעבדין ועבור וחמר סמכ<׳> יתיה ולך מן כדון מה אעבד |
| 003 | יסמכון | | Nu 8:12 | וליוויי יסמכון ית ידיהון על ראשי תורייה |
| 004 | ויסמוך | | Ex29:19 | ותיסב ית דכרא תניינא ויסמוך אהרן ובנוי ית ידיהון על |
| 005 | | | Lv16:21 | ויסמוך אהרן ית ^תרתין#2#^ ידוי |
| 006 | | | Lv 1:04 | ויסמוך ידוי על ראשה דעלתא ויתרעי |
| 007 | | | Lv 3:02 | ויסמוך ידיה על ראש קרבניה ויכוס |
| 008 | | | Lv 4:24 | ויסמוך ידיה על ראשה דצפירה ויכוס |
| 009 | | | Lv 3:08M | \/ויסמוך#2#/ ית ידיה על ריש קרבניה |
| 010 | | | Lv 3:13 | ויסמוך ית ידיה על רישיה ויכוס |
| 011 | | | Lv 4:04 | משכן זימנ׳ קדם ייי ויסמוך ית ידיה על ראשה דתורא |
| 012 | | | Lv 4:29 | ויסמוך ית ידיה על ראשה דחטאתא |
| 013 | | | Lv 4:33 | ויסמוך ^ית#2#^ ידיה על ראשה |
| 014 | ויסמך | | Ex29:10 | תורא קדם משכן זימנא ויסמך אהרן ובנוי ית ידיהון על |

015 ויסמכון Ex29:15 וית דיכרא חד{ת}ה תסב ויסמכון אהרן ובנוי ית ידיהון על
016 Nu 8:10 ית ליוויי קדם ייי ויסמכון בני ישראל ית ידיהון על
017 Lv 4:15 ויסמכון חכימי עם כנשתא ית ידיהון
018 Lv24:14 דמחרף לבר מן משריתה ויסמכון ית מן דשמעון י{ד}<ת>
019 וסמך Lv 8:14 ואקרב ית תורה דחטאתה וסמך אהרן ובנוי ית ידיהון על
020 Lv 8:22M ^/דכר אש#2#/^ וסמכו/<וס>מך#2#/ אהרן ובנוי ית
021 Dt32:36 ולית להון דסעד וסמך:
022 Nu27:23 וסמך ית ידוי עלוי ופקד עלוי
023 Dt33:07 מן בעלי דבביהון וסעד וסמך מן שנאוי תיהוי ליה:
024 וסמכו Lv 8:18 וקרב ית דכרה דעלתה וסמכו אהרן ובנוי ית ידיהון על
025 Lv 8:22 תנינא דכרה דאשלמותה וסמכו אהרן ובנוי ית ידיהון על
026 ותסמוך Nu27:18 מן קדם ייי שרייה עלוי ותסמוך ית ידך עלוי:
027 יסתמכון etpeel Ex 5:09M בה ולא יתעסקון/יסתמכון#2#/ במלין דשקרין

## סמם ⇐ n. סם

## סממי n. a type of lizard

[382]

001 וסממיתה s em/sf Lv11:30M וכחה וסממתה/<וס>ממיתה#2#/ וקציצה וחולדה
002 וסממתה Lv11:30 ופיילת חוויה וכחה וסממתה וקציצה וחולדה:

## סמק vb. to be red

[383]

001 יסמקון peal Gn49:12 בהון חמיסיין וגזילין יסמקון טורייא מן גפנוי ומעצרתא
002 מסמק pael Gn49:11 ומקטל מלכין עם שלטונין מסמק טורייא מדם קטיליהון ומחוור
003 מסמקיה Ex39:34 וית חפיי משכיה דדכרי מסמקיה וית חפיי משכי דססגונה וית
004 מסמקין Ex26:14 למשכנא משכין דדכרין מסמקין וחפוי משכין דססגונין
005 Ex36:19 למשכנא משכין דדכרין מסמקין וחפוי משך דססגונין
006 Ex25:05 ומשכין דדכרין מסמקין ומשכין דססגונין ואעין
007 Ex35:07 ומשכין דדכרין מסמקין ומשכין דססגונין ואעי
008 Ex35:23 ומעזי ומשכין דדכרין מסמקין ומשכין דססגונין אייתון:

## סמק ⇐ adj. סמוק

## סמקה #2 n. a red precious stone

[383 סמקה]

001 סמקתה s em/sf Ex28:17 דאבן טבא סדרא קדמיה סמקתה וירקתה וברקתה סורא חדתה
002 Ex39:10 דאבן טבה סדרה קדמ<י>ה סמקתה ירקתה וברקתה סדרה חדה

## סמקמין ⇐ adj. סמקריי

## סמקריי adj. reddish

[383]

001 סמקריי s ab/cn Gn25:25 ונפק קדמה סמק{מין}<ריי> כו<ליה כ>כלן דשער

## סמר vb. to be careful (itpe.)

[383]

001 אסטמר etpaal Ex20:25M קרב' מותא לכולא אסטמר דלא תריק סייפך עלי ולא

## סמריי adj. Semarite

[383]

001 וסמראי p em/sf Gn10:07M סינידאי והינדקאי וסמראי ולובאי וזינגאי ובנוי

## סנא ⇐ n. שנא

## סנאה n. hatred

[571 שׂנה]

001 סנה s ab/cn Gn50:15M ומחזרא /דנטר לן יוסף סנה והוא מח#2#/ יחזר לן ית
002 Gn27:41M ית יעקב /ונטר עשו סנה על יעקב#2#/ על ברכתא די
003 בסנה Nu35:22M בעיל דבבו דחף יתיה בסנה/ דחף יתיה#2#/ או טלק עלוי
004 Nu35:20M ידחוף יתיה בסנה/ הדף ית#2#/ או טלק עלוי
005 בשנא Nu35:20 ואן בשנא ידחוף יתיה או טלק עלוי
006 בשנאה Nu35:20M ואן \בשנא/<בשנ>אה#2#/ ידחוף יתיה /בסנה

## סנדל n. sandal

[383]

001 סנדלה s em/sf Dt25:10 בישראל בייתה דשלפי סנדלה ומבטלה מצוות יבומה:
002 Lv16:29M מבבינה וסיכותה ושומת סנדלה ותשמי' מיטה
003 Dt25:09 לעיני חכימיה ותשלף סנדלה מעילווי רגלה ותירוק קדמוי
004 סנדליה Dt25:09M"ותשלף ... רגלה"": ותטלק סנדליה רגליה ימינה
005 סנדלך Ex 3:05M מעלוי/למיתי שלוף סנדלך מעליו#2#/ רגליך ארום
006 דסנדלי Gn14:23M אם מן חוט רצועה דמסן/דסנדלי#2#/ א«י»ן אסב מן כל
007 וסנדליכון p em/sf Dt29:04M מן עילוויכון ומסניכון/וסנדליכון#2#/ לא בלון מעילווי

## סנה ⇐ n. סנאה

## סנהדרין n. Sanhedrin

[383]

001 סונהדרין s ab/cn Nu21:18M ויעקב שכלילו יתה \/סונהדרין דישראל#2#/ סכלתניהון
002 סנ' Lv19:26M אדם קס{ו}<י><ל{ו}<י> סנ'#2#/ ולא תהוון נטורי נחשין
003 סנהדרין Ex15:27 כל קבל שבעין <סביא> סנהדרין דישראל ושרון תמן על
004 Lv19:26M תיכלון על דם קטילי סנהדרין /לא תוורון על אדם
005 בסנהדרין Nu25:04 ראשי עמא ואקים יתהון בסנהדרין קדם ייי ויהוון דיינין כל
006 Gn48:19M ומן בנוהי יתבון בסנהדרין רבתא שבעין חכמין

## סני vb. to hate

[384]

001 סני peal Dt 9:28 די מלל להון ועל דהווה סני יתהון <אפיק יתהון> למקטלה
002 Dt 4:42 בדלא ידע והוא לא הוה סני יתיה לא מן דאתמל ולא מן
003 Dt19:04 בלא ידע והוא לא הוה סני יתיה לא מן דאתמול ולא מן
004 Dt19:06 ארום ל{ה}<א> הוה סני יתיה לא מן דאתמל ולא מן
005 Dt 1:27 על מה דהווה ממרה דייי סני יתן אפק יתן מארעא דמצרים
006 Dt19:11 וארום יהווי גבר סני לחבריה ויכמן לה ויקום עלוי
007 סניין Ex18:21 ייי גברין קושטנין סניין ממונא {{דשיקרא}} ותשוי
008 שנאתון Gn26:27 מה אתיתון לור' ואתון שנאתון יתי ושלחתון יתי
009 שני Nu35:23 עלוי ומית והוא לא הוה שני ליה ולא תבע בשתה דנפשיה:
010 משנא Gn37:08 משלט תשלט בן ואוספו תוב משנא יתיה על חלמוי ועל מלוי:
011 תשנא Lv19:17 לא תשנא ית אחוך בלבך מוכחה תוכח ית
012 דסני Ex23:22 מה די ימלל ואסני למן דסני יתכון ואעיק למן דעיק
013 Ex23:22M ימלל ואסני למאן/ דסני יתכון ומעיק למאן דעיק
014 דשני Nu32:13 עד סף כל דרה די עבד מה דשני ומרחק קדם ייי:
015 ואסני Ex23:22M למן דעיק יתכון /ימלל ואסני למאן דסני יתכון ומעיק
016 Ex23:22 ותעבד כל מה די ממלל ואסני לדסני יתכון ואעיק למן
017 ויסני Dt22:13 גבר אתה ויזדמן לוותה ויסני יתה:
018 וישני Dt24:03 וישני יתה גברא אחרייה ויכתוב לה
019 וסני Dt22:16 יהבית לגברא הדין לאתה וסני יתה:
020 וסנין Gn37:04 אבוהון מן כל אחוי וסנין יתיה ולא יכלין לממללה
021 ושנא Dt22:16M לגברא הדין לאתה וסני/ושנא#2#/ יתה:
022 למיסני Gn37:05 לאחוי ואוסיפו תוב למ«י»סני:

## hated *adj.* סני [384]

|  |  |  |  |  |
|---|---|---|---|---|
| 001 | סני | s ab/cn | Dt 7:25 | דלא תתקלון בהון ארום סני ומרחק קדם ייי אלהכון הוא: |
| 002 | | | Dt18:12 | ארום סני ומרחק קדם ייי כל דעבד אליין |
| 003 | | | Dt22:05 | ילבש גבר לבוש דאתה ארום סני ומרחק קדם ייי אלהכון כל |
| 004 | | | Dt25:16 | ארום סני ומרחק קדם ייי אלהכון כל |
| 005 | | | Dt12:31 | כל דמרחק קדם ייי די סני ורחיק עבדו לטעוותהון ארום |
| 006 | | | Dt16:22 | ולא תקימון לכון קיימה די סני ורחיק קדם ייי אלהכון: |
| 007 | סנייא | | Dt21:15 | נשין חדה רחימא וחדא סנייא וילדן לה בנין רחימתה |
| 008 | שניא | | Gn29:33 | שמיע קדם ייי ארום {...} שניא אנא ויהב לי אף ית דין |
| 009 | | | Gn29:31 | וגלי קדם ייי ארום שניא הוות לאה ואמר במימר«י»ה |
| 010 | דסנה | | Dt12:31M | \די סני ורחיק עבדו /דסנה עבדו#2#/ לטעוותהון ארום |
| 011 | דסני | | Dt 4:25 | וכל דמו ותעבדון מה דסני ומרחק קדם ייי אלהכון למכעס |
| 012 | | | Dt 7:25M | בהון ארום סני/מן דסני#2#/ ומרחק קדם ייי אלהכון |
| 013 | | | Dt 9:18 | די חטיתון למעבד מה דסני ומרחק קדם ייי למכעסה |
| 014 | | | Dt17:01 | כל מילה דפסילה ארום מה דסני ומרחק קדם ייי אלהכון |
| 015 | | | Dt17:02 | גבר או אתה די יעבד מה דסני ומרחק קדם ייי אלהכון |
| 016 | | | Dt18:12M | ארום סני/מן דסני#2#/ ומרחק קדם ייי \ |
| 017 | | | Dt23:19M | "מרחקה מן קדם": מן דסני ומרחק ק' |
| 018 | | | Dt25:16M | ארום סני/מה דסני#2#/ ומרחק קדם ייי אלהכון כל |
| 019 | | | Dt27:15 | וצורה}} וכל דמו מה דסני ומרחק קדם ייי עבד ידי אומן |
| 020 | | | Dt27:15 | וצורה}} וכל דמו מה דסני ומרחק קדם ייי עובד ידי |
| 021 | דסנייתא | s em/sf | Dt21:15M | דסניתא/^<דס>נייתא#2#^/לס'#2#/: |
| 022 | | | Dt21:17M | /בוכרא#2#/ ברה דסניתה/<דס>נייתא#2#/ יקרב/יקדם |
| 023 | | | Dt21:16M | ברה/לברא#2#/ דסניתה/דסנייתא#2#/ בכורא/בוכרא#2#/: |
| 024 | דסניתא | | Dt21:15 | ויהווי ברא בכורא דסניתא: |
| 025 | דסניתה | | Dt21:16 | ברא דרחימתה קדם ברה דסניתה בכורא: |
| 026 | | | Dt21:17 | ארום ית בכורא ברה דסניתה יקרב למיתן ^לה#2#^ חולק |
| 027 | ושנייתה | | Dt21:15M | בנין רחימתה ושניתה/<וש>נייתה#2#/ ויהווי ברא בכורא |
| 028 | ושניתה | | Dt21:15 | וילדן לה בנין רחימתה ושניתה ויהווי ברא בכורא דסניתא: |
| 029 | לס' | | Dt21:15M | דסניתא/^<דס>נייתא#2#^/לס'#2#/: |

## thorn bush *n.* סני [384]

|  |  |  |  |  |
|---|---|---|---|---|
| 001 | סנה | s ab/cn | Ex 3:03M | \לא יקד סנייה/מה סנה מטרב ולא יקד#2#/: |
| 002 | סניא | s em/sf | Ex 3:02 | אשא מן גו סניא וחמא והא סניא בער באשתא וסנייה לית הוא |
| 003 | | | Ex 3:02 | עלוי בשלהובי אשא מן גו סניא וחמא והא סניא בער באשתא |
| 004 | סניה | | Ex 3:04 | ליה ממריה דייי מן גו סניה ואמר ליה משה משה ענה |
| 005 | סנייה | | Ex 3:03 | הדין מן בגלל לא יקד סנייה: |
| 006 | באשניא | | Ex 3:02M | דאשא מגו#2#/ סניא/באשניא#2#/ וחמא והא סניא בער |
| 007 | בסנייה | | Dt33:16 | מן דאשרי איקר שכינתיה בסנייה ייתין כל אליין ברכייתה |
| 008 | וסנייה | | Ex 3:02 | והא סניא בער באשתא וסנייה לית הוא יקד: |

## pure *adj.* סנין [384]

|  |  |  |  |  |
|---|---|---|---|---|
| 001 | סנינה | s em/sf | Dt 1:01 | וחפיתון יתיה בדהבא סנינה אמר במימריה וכפר על |

## fin *n.* סנפיר [384]

|  |  |  |  |  |
|---|---|---|---|---|
| 001 | סנפירין | p abs | Lv11:09 | {מב}<במ>יא כל דאית לה סנפירין וקסקסין במיא בימיא |
| 002 | | | Lv11:10 | וכל די לית ליה סנפירין וקסקסין בימיא ובנחליא מן |
| 003 | | | Lv11:12 | כל דלית ליה סנפירין וקשקסין במיא שקץ הוא |
| 004 | סנפרין | | Dt14:09 | מה די במיא כל דאית ליה סנפרין וקשקשין <....>: |

## sapphire *n.* סנפרינון [384]

|  |  |  |  |  |
|---|---|---|---|---|
| 001 | דסנפרינון | s ab/cn | Ex24:10 | דרגלוי כעובד לבן דסנפרינון וכחזוי שמיא כד אינון |

## vermillion *n.* ססגון [384]

|  |  |  |  |  |
|---|---|---|---|---|
| 001 | ססג' | s ab/cn | Nu 4:25M | ^^דססגונה/וחפיי ססג'#2#/ די עלוי מן לעיל וית |
| 002 | דססגון | | Nu 4:11 | ויכסון יתיה בחפוי משך דססגון ויכסון יתי אריחוי: |
| 003 | | | Nu 4:06 | ויתנון עלוי חפוי משך דססגון ויפרשון לבוש גמר דתכלה |
| 004 | | | Nu 4:08 | ויכסון יתיה בחפוי משך דססגון וישוון ית אריחוי: |
| 005 | | | Nu 4:14 | ויפרשון עלוי חפוי משך דססגון וישוון אריחוי: |
| 006 | | | Nu 4:10 | כל מניה לגו חפוי משך דססגון ויתנון על קופה: |
| 007 | | | Nu 4:12 | ויתנון בחפוי משך דססגון על קופה: |
| 008 | דססגונה | s em/sf | Nu 4:25 | זמנה חפייה וחפוי ^^דססגונה די עלוי מן לעיל וית |
| 009 | | | Ex39:34 | מסמקיה וית חפיי משכי דססגונה וית פרוכתה דפרסה: |
| 010 | דסחסגונין | p abs | Ex25:05M | ומשכין דססגונין/דסחסגונין#2#/ ואעין דשטין: |
| 011 | דססגונין | | Ex35:23 | דדכרין מסמקין ומשכין דססגונין אייתון: |
| 012 | | | Ex35:07 | דדכרין מסמקין ומשכין דססגונין ואעי שטין: |
| 013 | | | Ex25:05 | דדכרין מסמקין ומשכין דססגונין ואעין דשטין: |
| 014 | | | Nu 4:06M | דססגון/חפיי משכן דססגונין#2#/ ויפרשון לבוש גמר |
| 015 | | | Nu 4:08M | /בחפיי משכין דססגונין#2#/ וישוון ית אריחוי: |
| 016 | | | Ex39:34M | וית חפיי <מ>שכין דססגונין#2#/ וית פרוכתה דפרסה: |
| 017 | | | Ex26:14 | מסמקין וחפוי משכין דססגונין מן לעיל: |
| 018 | | | Ex36:19 | מסמקין וחפיי משך דססגונין מן לעל: |

## to help, to aid *vb.* סעד [384]

|  |  |  |  |  |
|---|---|---|---|---|
| 001 | דסעד | peal | Dt32:36 | ורטישין ולית להון דסעד וסמך: |
| 002 | ויסעוד | | Dt32:38M | קדמוי יקום כען ויפרוק/ויסעוד#2#/ יתהון ויהווי |
| 003 | וסעד | | Dt33:07 | לה מן בעלי דבביהון וסעד וסמך מן שנאוי תיהוי ליה: |
| 004 | וסעדו | | Gn18:05 | ואסב קליל מזון וסעדו לבביכון ומן בתר כן תעברון |
| 005 | וסעודו | | Gn18:05M | ואסב קליל מזון וסעדו/וסעודו#2#/ לבביכון ומן/מן#2#/ |

## help, assistance *n.* סעד [384]

|  |  |  |  |  |
|---|---|---|---|---|
| 001 | בסעדא | s em/sf | Gn21:20M | והוה ייי \עם טליא /בסעדא דטלא#2#/ ורבה ושרא |
| 002 | בסעדה | | Gn39:21M | ממרה דייי בסעדה דיוסף והטה לוותה חסד |
| 003 | בסעדי | | Gn31:05 | ומימר אלהה דאבה הווה בסעדי: |
| 004 | | | Gn31:42M | דיצחק הו{ת}<ה> לי/בסעדי#2#/ ארום כדון/כדו#2#/ |
| 005 | | | Gn35:03 | יתי בשעת עקתי והווה בסעדי באורחא דהלכת: |
| 006 | | | Gn28:20 | למימר אן יהווי ייי בסעדי וינטר יתי בארחא די אנה |
| 007 | | | Ex18:04 | ארום מימר אלהה דאבא בסעדי ושיזב יתי מחרבא דפרעה: |
| 008 | | | Gn28:21M | דאבה ויהווה ייי לי/בסעדי#2#/ לאלה פריק/פרוק#2#/: |
| 009 | בסעדך | | Gn31:03M | ואהוי בממרי עמך/בסעדך#2#/: |
| 010 | | | Dt31:23 | להון ואנה בממרי אהוי בסעדך: |
| 011 | | | Gn49:25 | מימר אלהא דאבוך יהווי בסעדך ואלה שמיא יברך יתך מן טוב |
| 012 | | | Ex 3:12M | \עמך ודן יהווי לך/ בסעדך ודן לך#2#/ סימן ארום |
| 013 | | | Dt31:08 | מדברה קדמך הוא יהווי בסעדך לא מרפה יתך ולא שבק יתך |
| 014 | | | Gn26:24M | תדחל ארום בסעדך ממרי ואברך יתך ואסגי ית |
| 015 | בסעדכון | | Nu14:43M | עמכון/ממריה דייי בסעדכון#2#/: |
| 016 | | | Ex 3:14M | אנא הוא דהוויתי בסעדכון בגלותא דמצראי ואנא הוא |
| 017 | | | Dt20:01M | ייי אלהכון עמכון/בסעדכון#2#/ דאפיק יתכון פריקין |
| 018 | | | Ex10:10M | מימריה דייי עמכון/בסעדכון#2#/ כד אשלח יתכון וית |
| 019 | | | Dt 2:07 | שנין ייי אלהכון בסעדכון לא חסרתון כל מן דעם: |
| 020 | בסעדן | | Nu14:09M | דייי /ומימריה דייי בסעדן לא תדחלון#2#/ עמן לא |
| 021 | סעדיכון | p em/sf | Dt33:29 | קריב מן קדם ייי מגין סעדיכון ותריס חייליכון וסדיד |
| 022 | סעדניכון | | Dt33:29M | ייי מגין סעדיכון/סעדניכון#2#/ ותריס חייליכון |

| | | | | |
|---|---|---|---|---|
| 023 | בסעדיכון | | Gn48:21M | /מימרי' דייי בסעדיכון#2#/ ויחזור יתכון לארעא |

## סער *vb.* to exact, to deal out [384]

| | | | | |
|---|---|---|---|---|
| 001 | מסער | afel | Nu14:18M | דינה רבה מדכר/מסער#2#/ חובי אבהן רשיען על |

## סערתיין *n.* hairy one [!!]

| | | | | |
|---|---|---|---|---|
| 001 | סערתיין | s ab/cn | Gn27:23M | דעשו אחוי שערניין/סערתיין#2#/ וברך יתיה: |

## ספד *vb.* to mourn, to lament [385]

| | | | | |
|---|---|---|---|---|
| 001 | וספידו | pael | Gn50:10M | די בעבר ירדנא ואספדו/וספידו#2#/ תמן הספד/ספד#2#/ |
| 002 | ואספדו | afel | Gn50:10 | אטדה די בעבר ירדנא ואספדו תמן הספד רב ותקיף לחדא |
| 003 | ומספד | | Gn35:09 | צווח ובכה ומ<י>לל ו{אמך}<מספד> ואת ברחמך טביא אתגליתא |
| 004 | | | Gn35:09M | יעקב צווח ומייליל ומספד ובכי ואת רבון כל עלמא |
| 005 | למספדא | | Gn23:02 | דכנען ואתה אברהם למספדא לשרה ולמבכי עלה: |

## ספד *n.* eulogy [385]

| | | | | |
|---|---|---|---|---|
| 001 | ספד | s ab/cn | Gn50:10M | /וספידו#2#/ תמן הספד/ספד#2#/ רב ותקיף לחדא ונטר |

## ספווה *n.* lip [376 סיפווה]

| | | | | |
|---|---|---|---|---|
| 001 | סיפווה | s ab/cn | Ex28:26M | סיטרא דאפודה מלגו /סיפו{נ}<ו>ה דאית לוקבל אפודה |
| 002 | | | Ex39:19M | דאפודה מן לגו /סיפו{י}<ו>ה דאית כל וקבל אפודה |
| 003 | שיפווה | | Nu30:07M | פירוש סיפוותה/^<סי>פבת#2#/^שיפווה#2#/ די קיימת |
| 004 | שפווה | | Ex39:23M | במיצעה כפם סירה שפמה/שפווה#2#/ לפמה מן חזור חזור |
| 005 | ספוון | p abs | Lv 5:04M | למבאשה /תשתבע בפירוש ספוון למבעשה#2#/ או למיטבה לכל |
| 006 | בסיפתן | | Lv 5:04 | נפש ארום תשבע למפרשה בסיפתן למבאשה או למיטבה לכל מה |
| 007 | סיפוי | p const | Nu34:11 | ונחת תחומה ומקף על סיפוי ימה דגניסר מן |
| 008 | סיפבת' | p em/sf | Nu30:07M | פירוש סיפוותה/^<סי>פבת#2#/^שיפווה#2#/ די קיימת |
| 009 | סיפוותה | | Ex39:19 | תרין סטרוי דחושנה על סיפוותה די מן סיטרה דאפודה |
| 010 | | | Nu30:07 | ונדרה עלה או פירוש סיפוותה די קיימת על נפשה: |
| 011 | ספוותה | | Nu30:13 | ביומא די ישמע כל פירוש ספוותה לנדרא ולקיום נפשה לא יקום |
| 012 | שפוותה | | Nu30:09 | ית נדרה דעלה וית פירוש שפוותה די קיימת על נפשה^ |
| 013 | שפוותכון | | Dt23:24 | פירוש שפוותכון תטרון ותעבדון היך מה |
| 014 | משפותיה | | Gn49:21 | חלבא ודיבשא נפק משפותיה: |

## ספוקלטר *n.* executioner [385]

| | | | | |
|---|---|---|---|---|
| 001 | ספקליטוריה | p em/sf | Gn37:36 | שליטא דפרעה רב ספקליטוריה: |

## ספי *vb.* to be taken away (itpe.) [385]

| | | | | |
|---|---|---|---|---|
| 001 | תסתפי | etpeel | Gn19:17 | משרא לטורא אשתיזב דלא תסתפי: |
| 002 | | | Gn19:15M | /אילין דאשכחן דלא תסתפי בחובי קרתא#2#/: |

## ספינה *n.* ship [385]

| | | | | |
|---|---|---|---|---|
| 001 | ספינתה | p em/sf | Gn49:13 | יהווי שליט במחוזוי ספינתה ותחומה יהוי מטי עד |
| 002 | וספינתה | | Nu34:06M | ניסוי ומחוזוי וספינתה#2#/ עם מי«י»א קדמויי |
| 003 | | | Nu34:06 | בראשית נוסוי מעוזוי וספינתה עם מי«י»א קדמויי די |

## ספל *n.* bowl [386]

| | | | | |
|---|---|---|---|---|
| 001 | בסופלה | s em/sf | Ex12:22M | \די במנה/דאית בסופלה#2#/ ואתון ותתנון על שקופא |
| 002 | בספלא | | Ex24:06 | משה פלגא דדמא ושוי בספלא ופלגא דדמ«א» זרק על גבי |
| 003 | בספלייא | p em/sf | Ex24:06M | "בספלא ... זרק": בספלייא ופלגא אדמה זרק |

## ספסל *n.* bench [386]

| | | | | |
|---|---|---|---|---|
| 001 | סאבסלין | p abs | Gn15:17 | והא אברם חזי עד די סאבסלין אסתדרו וכורסוון רמיו והא |
| 002 | ספסלין | | Gn15:17M | חזי עד די סאבסלין/ספסלין#2#/ אסתדרו וכורסוון |
| 003 | | | Gn15:17M | אברם חז{ו}<י> על די ספסלין אתעתדו וכרסוון רמיו |

## ספק *vb.* to be sufficient [386]

| | | | | |
|---|---|---|---|---|
| 001 | ספק | peal | Nu11:22 | אן מתכנש להון «ה»א ספק להון: |
| 002 | | | Nu11:22 | אין מתכנס להון הא ספק להון אן ית כל נוני דימא אן |
| 003 | יספק | | Dt28:32M | לכון עובדין טבין די יספק אלה#2#/ על ידיכון למפרוק |
| 004 | | | Nu11:22M | מתכנשין להון הא כולא יספק להון |
| 005 | הספק | | Nu11:22M | להון \«ה»א ספק/הספק#2#/ להון: |
| 006 | מספק' | pael | Gn49:20M | /וארעא תהוי מספק'#2#/ תפנוקי מלכייא דבני |

## ספר *vb.* to cut hair [387]

| | | | | |
|---|---|---|---|---|
| 001 | יספר | pael | Lv14:09 | גביני עייני וית כל שערה יספר ויחוור ^ית#2# לבושוי |
| 002 | | | Lv13:33 | וית ניתקא לא יספר ויטרוד כהנא ית ניתקה שובעה |
| 003 | | | Lv14:09 | ויהוי ביומא שביעיה יספר ית כל שעריה ית ראשיה וית |
| 004 | | | Nu 6:09 | ביומא שביעי«ה» יספר יתיה: |
| 005 | יספרון | | Lv21:05 | ושומת דקניהון לא יספרון ובבשרהון לא ישרטר' שרטת: |
| 006 | דייספר | | Nu 6:19 | ידרי דנזירה מן בתר די«י»ספר ית כליל נזירותיה: |
| 007 | וספר | | Gn41:14 | יתיה מן בית חבושיא וספר וחוור לבושוי ועל לוות |
| 008 | ויספר | | Lv13:33 | ויספר חזור חזור לני{ק}ת<ק> וית |
| 009 | | | Lv14:08 | דמדכי ית לבו«שוי» ויספר ית כל שעריה ויסחי במיא |
| 010 | | | Nu 6:18 | ויספר נזירה בתרע משכן זימנא ית |
| 011 | | | Nu 6:09 | ויסאב ריש נזירותיה ויספר רישיה ביום דכיותיה ביומא |
| 012 | ותספר | | Dt21:12 | ותעל יתה לגו ביתך ותספר ית ראשה ותצמי ית טופרייה: |

## ספר *n.* border district [386]

| | | | | |
|---|---|---|---|---|
| 001 | ספר | s ab/cn | Nu34:15 | ולמערת עין גדי עד מטי ספר ימא דמ«י»לחא דין הוא |

## ספר #2 *n.* scribe [386]

| | | | | |
|---|---|---|---|---|
| 001 | סופריהון | s em/sf | Dt33:21 | ארום תמן משה נבייא סופריהון דישראל קבור ויהווי |
| 002 | ספרהון | | Nu11:26M | מתנבי ואמר עתיד משה ספרהון דישראל מתכנשה מן גו |
| 003 | ספרון | | Gn27:29 | יהוי מברך כמשה נבייא ספרון דישראל: |
| 004 | ספריהון | | Nu24:09M | בריך <כ>משה נבייא <ס>פריהון דישראל |
| 005 | ספרין | p abs | Gn49:10 | מין דבית יהודה ואף לא ספרין מלפי אוריה מבני בנוי |
| 006 | סופרייה | p em/sf | Nu21:18M | דישראל/תרין סופרייה דישראל#2#/ משה ואהרן |
| 007 | ספריהון | | Nu21:18 | משחו יתה בחוטריהון ספריהון דישראל משה ואהרן ומן |

## ספר #3 *n.* document, book [387]

| | | | | |
|---|---|---|---|---|
| 001 | ספר | s ab/cn | Dt 1:05 | שרי משה למפרשה ית ספר אורייתה הדה למימר: |
| 002 | | | Dt31:26 | סבו ית ספר אוריתה הדין ותשוון יתה מן |
| 003 | | | Ex32:32 | ואם לא מחק יתי מן ספר אוריתך די כתבת: |
| 004 | | | Ex32:33 | דחטא קדמיי אמחק יתיה מן ספר ארייתי: |
| 005 | | | Gn 5:01 | דין ספר יחוס תלדוותה דאדם ביומא די |
| 006 | | | Dt17:18 | ית תניי אוריתה הדה בגו ספר מן קדם ^כהנייה |

|  |  |  |  |  |  |  |
|---|---|---|---|---|---|---|
| 007 | | | Dt31:24 | מילי אורייתה הדה בגו | ספר | עד זמן די אשלם יתהון: |
| 008 | | | Ex24:07 | ונסב | ספר | קיימא וקרא כשמעון דעמא |
| 009 | בספר | | Lv22:27 | בגין כדן כתיב ומפרש | בספר | אורייתי' דייי תור אמר או |
| 010 | | | Nu21:14 | בגין כדן כתיב ומפרש | בספר | אורייתה דייי דמתילה בספר |
| 011 | | | Dt28:61 | מכתשין די לא כתיבין | בספר | אורייתה הדה יגרי ייי |
| 012 | | | Dt29:19 | בה כל לווטיה דכתיבין | בספר | אורייתה הדין וימחוק ייי ית |
| 013 | | | Dt29:20 | לווטיה קיימה דכתיבין | בספר | אורייתה הדין: |
| 014 | | | Dt29:26 | ית כל לווטיה דכתיבין | בספר | אורייתה הדה: |
| 015 | | | Dt30:10 | מצוותה וקיימוי דכתיב | בספר | אורייתה הדה ארום תחזרון |
| 016 | | | Gn40:23 | ולא אדכר כתבא דכתיב | בספר | אוריתא דייי דמתילא בספר |
| 017 | | | Dt28:58 | אוריתה הדה דכתבין | בספר | אוריתה הדין למדחל מן קדם |
| 018 | | | Ex12:42 | אינון די אינון כתיבין | בספר | דוכרניא ליליא קדמיא כד |
| 019 | | | Gn40:23 | אוריתא דייי דמתילא | בספר | קרביא לייט יהוי בר נשא |
| 020 | | | Nu21:14 | אורייתה דייי דמתילה | בספר | קרבייה נסייה ^וגבורתא#2#^ |
| 021 | בספר' | s em/sf | Ex17:14M | טב בספרא /הדה | בספר'#2#/ | ושוי במשמעה ויהושע |
| 022 | בספרא | | Nu 5:23 | ית לווטייה האלין כהנא | בספרא | וימחוק לגו מיא מרירה: |
| 023 | | | Ex17:14 | למשה כתב דא דוכרן טב | בספרא | ושוי במשמעה ויהושע ארום |
| 024 | סיפרי | p const | Ex36:16M | לחוד קובל חמישתי | סיפרי | אורייתה וית שית יריען |

## Sepharite *adj.* ספריי [387]

|  |  |  |  |  |  |  |
|---|---|---|---|---|---|---|
| 001 | לספרוויי | p em/sf | Gn10:30M | מן מישא מעלך | לספריא/לספרוויי#2#/ | טוורי/לטור#2#/ |
| 002 | לספריא | | Gn10:30 | מן מישא מעלך | לספריא | טוורי מדנחה: |

## sapphire *n.* ספרין [387]

|  |  |  |  |  |  |  |
|---|---|---|---|---|---|---|
| 001 | וסיפ' | s em/sf | Ex28:18M | תניינה כדכדינה | וספרינה/וסיפ'#2#/ | ועין עגלה וכתיב |
| 002 | וספרינה | | Ex28:18 | וסדרה תניינה כדכדינה | וספרינה | ועין עגלה וכתיב ומפרש |
| 003 | | | Ex39:11 | וסדרה תניינא כדכדינה | וספרינה | ועין עגלה וכתיב ומפרש |

## teacher, scribe *n.* ספרן [387]

|  |  |  |  |  |  |  |
|---|---|---|---|---|---|---|
| 001 | ספרנהון | s em/sf | Gn27:29M | כמשה נביא | ספרון/ספרנהון#2#/ | דישראל: |

סק ⇐ *n.* שק

## accident *n.* סקול [387]

|  |  |  |  |  |  |  |
|---|---|---|---|---|---|---|
| 001 | סקול | s ab/cn | Gn42:38 | אשתייר ויארע יתיה | סקול | באורחא תהלכון בה ותחתון ית |
| 002 | | | Gn44:29 | דין מן לוותי וארע יתיה | סקול | ותחתון ית סיבתי בביש |
| 003 | | | Ex21:23 | ואין | סקול | תיהוי ויתן ^דינר#2#^ נפש |
| 004 | סקל | | Gn42:04 | ארום אמר דלא יערע יתיה | סקל: | |
| 005 | | | Ex21:22 | ויפוק ולדה ולא יהוי | סקל | מתקנסא יתקנס היך מה די |

## to refuse *vb.* סרב [387]

|  |  |  |  |  |  |  |
|---|---|---|---|---|---|---|
| 001 | סרב | pael | Nu22:14 | ואתון לוות בלק ואמרין | סרב | בלעם מייתי עמן: |
| 002 | | | Dt25:07 | בית דינה לחכימיה ותימר | סרב | יבמי למקמה לאחוי שם |
| 003 | | | Nu22:13M | ייי משבק יתי אתי עמכון | סרב/ | מימריה דייי דלא למשבוק |
| 004 | | | Ex 7:14 | למשה אתוקף לבא דפרעה | סרב | מן למשלחיה ית עמא: |
| 005 | סרבתון | | Dt32:51 | על די | סרבתון | בשם ממרי בגו בני ישראל |
| 006 | | | Nu11:20 | לכון לריחוק חלף די | סרבתון | על פם גזירת ממרה דייי די |
| 007 | | | Nu20:24 | לבני ישראל על די | סרבתון | על פם גזירת מימרי על עסק |
| 008 | | | Nu27:14 | היך מה די | סרבתון | על פם גזירת מימרי במדברה |
| 009 | יסרב | | Ex22:16 | אין מסרבה | יסרב | אבוה למסבה יתה ליה כסף |
| 010 | תסרבון | | Ex23:21M | /בקל ממרי' לא | תסרבון#2#/ | על מלוי ארום שמי |
| 011 | | | Ex23:21 | מן קדמוי ושמעו בקלי לא | תסרבון | על מלוי ארום שמי קדישא |
| 012 | מסרב | | Ex 7:27 | ארום | מסרב | את ^דלא#2#^ למשלחה הא אנה |
| 013 | | | Ex 9:02 | ארי | מסרב | את למשלחא ועד כדון את |
| 014 | | | Ex10:04 | ארום אין | מסרב | את למשלחה ית עמי הא אנא |
| 015 | | | Ex10:03 | אלהון דעבריי עד אמת את | מסרב | למתכנעה קדם ייי שלח ית עמי |
| 016 | מסרבה | | Ex22:16 | אין | מסרבה | יסרב אבוה למסבה יתה ליה |
| 017 | מסרבין | | Dt 9:07 | עד מיעלכון עד אתרה | מסרבין | הויתון קדם ייי: |
| 018 | | | Dt 9:24 | | מסרבין | הויתון קדם ייי מן יומא די |
| 019 | | | Dt31:27 | בחיין עמכון יומא הדין | מסרבין | הויתון בתר ממרה דייי |
| 020 | | | Ex16:28 | למשה עד אימתיי אתון | מסרבין | למטר מצוותי וסדרי דיני: |
| 021 | דסרבית | | Ex 9:27M | \חטית הדא זמנא /חבית | דסרבית | על מימריה דייי הדה זמנא |
| 022 | וסרב | | Gn48:19 | | וסרב | אבוי ואמר ידע אנא ברי ידע |
| 023 | | | Nu20:21M | אדומיי מן למשבק | וסרב/ | אדומאי דלא למשבוק#2#/ ית |
| 024 | | | Gn39:08 | | וסרב | ואמר לאתתיה דרבוניה הא |
| 025 | | | Gn37:35 | וכל בנתיה למנחמה יתיה | וסרב | למתנחמה ואמר ארום אחות על |
| 026 | וסרבו | | Nu20:21 | | וסרבו | אדומיי מן למשבק ית ישראל |
| 027 | וסרבת | | Ex 4:23M | בריי דפלחון קדמיי/ | וסרבת | דלא לאשתלחא יתהון#2#/ הא |
| 028 | | | Ex 4:23 | ית ברי ויפלח קדמיי | וסרבת | למשלחא יתיה הא אנה קטל ית |
| 029 | וסרבתון | | Dt 1:01 | קודמוי על ימא | וסרבתון | על ימא דסוף ועל עסק |
| 030 | | | Dt 1:26 | ולא צביתון למיסק | וסרבתון | על פם גזירת ממרה דייי |
| 031 | | | Dt 1:43 | יתכון ולא שמעתון | וסרבתון | על פם גזירת מימרה דייי |
| 032 | וסריבתון | | Dt 9:23 | ארעא די יהבית לכון | וסריבתון | על פם גזירת מימרה דייי |

## (uncertain) *n.* סרד [388]

|  |  |  |  |  |  |  |
|---|---|---|---|---|---|---|
| 001 | סרדא | s em/sf | Gn36:39 | מהיטבאל ברתיה דגברא | סרד«א» | דהווה לעי במטרדה כל יומוי |

## rebellious *adj.* סרהבן [!! cf. 372 סורבן]

|  |  |  |  |  |  |  |
|---|---|---|---|---|---|---|
| 001 | סרהוון | s ab/cn | Dt21:20M | ומורוון /ברן הדן | סרהוון | ומרוד#2#/ לית הוא שמע |
| 002 | סרהון | | Dt21:18M | בר \סורוון ומורוון | סרהון/ | ומרוד#2#/ לית הוא שמע |
| 003 | סרהוונין | p abs | Gn26:35M | {{היון}} ולא מקבלן | /סרהוונין | ומפחת רוח פלחן בפולחנא |
| 004 | סרהבנייה | p em/sf | Nu20:10M | "עמה דמלפין ...":" בנייה | סרהבנייה | |

See also: *adj.* סורבן

## to sin *vb.* סרח [388]

|  |  |  |  |  |  |  |
|---|---|---|---|---|---|---|
| 001 | סרחו | peal | Gn40:01 | והוה בתר פתגמיא האלין | סרחו | רב מזוגייא דמלכא דמצרים |
| 002 | סרחנן | | Dt 1:41 | ועניתון ואמרתון לי | סרחנן | קדם ייי אנן נסוק ונסדר |
| 003 | אסרח | afel | Ex16:24 | היך מה דפקד משה ולא | אסרח | ורמה לא הוות בגויה: |
| 004 | ואסרח | | Ex16:20 | עד צפרא ועבד תולעין | ואסרח | ורגז עליהון משה: |
| 005 | | | Ex 7:21 | ונוניא די בנהרא מיתו | ואסרח | נהרא ולא יכילו מצריי |
| 006 | ואסרחת | | Ex 8:10 | יתהון כרוון כרוון | ואסרחת | ארעא: |
| 007 | ויסרח | | Ex 7:18 | ונוניא די בנהרא ימותון | ויסרח | נהרא וישתלהון מצריי למשתי |

## sin *n.* סרחון [388]

|  |  |  |  |  |  |  |
|---|---|---|---|---|---|---|
| 001 | סרחון | s ab/cn | Dt19:15 | סהד בגבר לכל חובה ולכל | סרחון | בכל סרחון די יתחייב על פם |
| 002 | | | Dt19:15 | חובה ולכל סרחון בכל | סרחון | די יתחייב על פם תרין |
| 003 | | | Dt19:15M | "סרחון די ... תרין": | סרחון | חובה דאיתחייב על מימר |
| 004 | סרחני | s em/sf | Gn31:36 | ללבן מה חובתי ומה | סרחני | ארום רדפת בתריי: |
| 005 | סרחונין | p abs | Dt19:15M | לכל חובה ולכל | סרחון/סרחונין#2#/ | בכל סרחון די |
| 006 | לסרחונין | | Ex34:07M | שרי ושביק | לחובין/לסרחונ{1}<'>ן | ולח#2#/ ומעבר על |
| 007 | סרחנוי | p em/sf | Gn41:09 | עם פרעה למימר ית | סרחנוי | אנה מדכר יומא הדין: |
| 008 | סרחניהון | | Lv16:16 | דבני ישראל ומן | סרחניהון | לכל חוביהון וכן יעביד |
| 009 | | | Lv16:21 | דבני ישראל וית כל | סרחניהון | לכל חוביהון ויתן יתהון |

| | | | | |
|---|---|---|---|---|
| 010 | | לסורחניהון | Dt 9:27 | ולא לחוביהון ולא לסורחניהון: |
| 011 | | לסרחניהון | Gn50:17 | בבעו שרי כען ושבוק לסרחניהון דאחך ולחוביהון ארום |

## to stink *vb.* סרי

[389]

| | | | | |
|---|---|---|---|---|
| 001 | peal | סריתון | Dt28:32M | חמיין ותהוון סייפין/סריתון#2# עליהון כל יומייא |
| 002 | afel | אסרי | Ex16:24M | ורמה לא הוות בגויה /אסרי{'} ואוף דימה לא שלט ביה#2# |
| 003 | | אסרי' | Ex 5:21M | שליטוי למתן /יתכון די אסרי' ית רחן קדם פרעה וקדם |
| 004 | | דמסרי | Dt 3:09 | קריין לטור תלגה טורא דמסרי פירוי ואמוריי הוון קריין |
| 005 | | | Dt 4:48M | ארנונה ועד טורה דסיאון/דמסרי פירוי#2# הוא טור |
| 006 | | ואסרי | Ex16:20M | ועבד תולעין ואסרח/ואסרי#2# ורגז עליהון משה: |
| 007 | | | Dt18:11M | "וחברי ..." : ואסרי חוון ועקרבין וכל מיני |
| 008 | | | Ex 7:21M | בנהרא מיתו ואסרח/ואסרי#2# נהרא ולא יכילו |
| 009 | | ואסרית | Ex 8:10M | כרוון כרוון ואסרחת/ואסריית#2# ארעא: |
| 010 | | ויסרי | Ex 7:18M | די בנהרא ימותון ויסרח/ויסרי#2# נהרא וישתלהון |

## officer *n.* סרך

[389]

| | | | | |
|---|---|---|---|---|
| 001 | p abs | וסרכין | Dt 1:15 | ורב{כ}<ר>בני עשרין וסרכין לשבטיכון: |
| 002 | | | Dt16:18 | דיינין וסרכין תמנון לכון בכל קורייכון |
| 003 | p const | סרכי | Ex 5:19 | וחמון סרכי בנוי דישראל יתהון בביש |
| 004 | p em/sf | סרכיה | Ex 5:19M | וחמון \סרכי בנוי /סרכי־ה^ דבנ#2#/ דישראל יתהון |
| 005 | | | Dt20:05 | וימללו סרכיה עם עמא למימר מן הוא דן |
| 006 | | סרכיהון | Ex 5:19M | וחמון \סרכי בנוי /סרכיהון דבנוי#2#/^ דישראל |
| 007 | | | Ex 5:14 | ולקו סרכיהון דבני ישראל די שוון |
| 008 | | | Ex 5:15 | ואתון סרכיהון דבני ישרא' וצווחו קדם |
| 009 | | | Ex 5:06 | פרעה ביומא ההוא ית סרכיהון דעמא וית דחקיהון למימר: |
| 010 | | סרכייה | Ex 5:14M | ולקו סרכיהון/סרכייה#2# דבני ישראל די |
| 011 | | | Ex 5:15M | ואתון סרכיהון/סרכייה#2# דבני ישרא' וצווחו |
| 012 | | | Dt20:08 | ויוספון סרכייה למללה עם עמא ויימרון מן |
| 013 | | | Dt20:09 | ויהוון כד ישלמון סרכייה למללה עם עמא וימנון |
| 014 | | סרכיכון | Dt 1:16M | ופקדית ית דייניכון/סרכיכון#2# בשעתה ההיא למימר |
| 015 | | וסרכי הון | Nu11:16 | דאינון חכימי עמא וסרכי הון ותדבר יתהון למשכן זימנא |
| 016 | | וסרכיהון | Ex 5:10 | ונפקו דחקיהון דעמא וסרכיהון ואמרין לעמא למימר כדין |
| 017 | | וסרכיכון | Dt31:28 | שבטיכון דייניכון וסרכיכון ואמלל במשמעהון ית פתגמיא |
| 018 | | | Dt29:09 | שבטיכון חכימיכון וסרכיכון כל עמא בני ישראל: |

## salamander *n.* סרמנדר

[389]

| | | | | |
|---|---|---|---|---|
| 001 | s em/sf | וסרמנד' | Lv11:30M | וחולדה /וקצוצה וסרמנד"#2#:/ |

## to castrate *vb.* סרס

[389]

| | | | | |
|---|---|---|---|---|
| 001 | pael | דמסר' | Lv21:18M | דחגיר או דפסיק או דמסר"#2#:/ |
| 002 | | דמסרס | Dt23:02M | /כל דפסיק וכל דמסרס#2# בקהל כנשתה דייי: |
| 003 | | ודמסרס | Dt23:02 | לא ייעול דפסיק ודמסרס בקהל כנשתה דייי: |

## Arab, Saracen *adj.* סרקיי

[390]

| | | | | |
|---|---|---|---|---|
| 001 | p abs | דסרקין | Gn37:25 | וחמון והא סיעא דסרקין דסרקע«ין» אתיא מן |
| 002 | | דסרקעין | Gn37:25 | והא סיעא דסרקין דסרקע«ין» אתיא מן גלעדה וגמלהון |
| 003 | | לסרקעין | Gn37:28 | גובא וזבנא ית יוסף לסרקעין בעשרין סלעין דכסף |
| 004 | | | Gn37:27 | אתו ונזבן יתיה לסרקעין וידינן לא נפשט ביה ארום |
| 005 | p em/sf | דסרקיי | Gn39:01 | גבר מצראי מן ידיהון דסרקיי די אוחתו יתיה לתמן: |

## winter *n.* סתו

[390 סתב]

| | | | | |
|---|---|---|---|---|
| 001 | s ab/cn | וסתב | Gn 8:22 | וקריר וחמים וקיט ו{תס}<סת>ב ואיממא ולילי לא יפסקון: |
| 002 | s em/sf | וסתווה | Gn 8:22M | ושורבא וקייטא וסתווה ויממא ויילילייה לא פסקין |

## secret *n.* סתים

[390]

| | | | | |
|---|---|---|---|---|
| 001 | p em/sf | סתימייא | Gn49:01 | וחווי לכון רזייא סתימייא קיצייה גניזייא מתן |

## to close up *vb.* סתם

[390]

| | | | | |
|---|---|---|---|---|
| 001 | peal | סתמו | Gn26:15 | באריא דחפרו עבדוי דאבוי סתמו יתהון פלשתאי ומלון יתהון |
| 002 | | וסתימון | Gn26:15M | עבדוי דאבוי סתמו/וסתימון#2# יתהון פלשתאי ומלון |
| 003 | | וסתימן | Gn26:18M | דאברהם אבוי וסתמו/וסתימן#2# יתהון פלישתאי |
| 004 | | וסתמו | Gn26:18 | בימוי דאברהם אבוי וסתמו יתהון פלישתאי מן בתר דמית |
| 005 | etpeel | ואסתתמו | Gn 8:02 | ואסתתמו מבועי תהומא וכווי שמיא |

## to split *vb.* סתק

[390]

| | | | | |
|---|---|---|---|---|
| 001 | peal | סתיקה | Lv11:26M | טלפין וסתקתה לית היא סתיקה וגרגרה |
| 002 | | | Lv11:07 | מטלף טלפין הוא וסתקתי סתיקה והוא גררה לית הוא גרר |
| 003 | | | Lv11:04M | לית הוא מטלפ/מטלף#1/סתיקה#2# מסאב הוא לכון: |
| 004 | | | Lv11:06M | /וסת{ת}ק<ת>ה לית היא סתיקה מסאב הוא לכון#2#:/ |
| 005 | | | Dt14:07M | לית היא סדיקה/סתיקה#2#/ מסאבין אינון |
| 006 | | | Lv11:03 | כל דמטלף טלפין וסיתקתי' סתיקה תרתין פרסתה מסק גררה |
| 007 | | סתקי | Lv11:04M | \מטלפי טלפין ית גמלתה /סתקי/ סתקתה ית גמלה#2#/ ארום |

## split *n.* סתקה

[390]

| | | | | |
|---|---|---|---|---|
| 001 | s ab/cn | וסתיקה | Dt14:07M | ית גמלה /טלפי טלפה וסתיקה#2#/ וית ארנבא וית |
| 002 | | וסתקת | Lv11:03M | \וסיתקתי' סתיקה /וסתקת סתקתא#2#/ תרתין פרסתה |
| 003 | s em/sf | סתקתא | Lv11:03M | סתיקה /וסתקת סתקתא#2#/ תרתין פרסתה/פרסן#2#/ |
| 004 | | סתקתה | Lv11:04M | טלפין ית גמלתה /סתקי/ סתקתה ית גמלה#2#/ ארום |
| 005 | | וסיתקתי' | Lv11:03 | כל דמטלף טלפין וסיתקתי' סתיקה תרתין פרסתה מסק |
| 006 | | וסתיקתה | Lv11:07M | מטלף טלפין הוא וסתקת/וסתיקתה#2#/ סתיקה והוא גררה |
| 007 | | וסתקתה | Lv11:04M | גררה הוא ומטלפה/וסתקתה#2#/ לית הוא מטלפי |
| 008 | | | Lv11:05M | מסק גרה הוא ומטלפה/וסת{ת}ק<ת>ה#2#/ לית הוא מטלף |
| 009 | | | Lv11:06M | מסאבה היא לכון /וסת{ת}ק<ת>ה לית היא סתיקה מסאב |
| 010 | | | Lv11:26M | די הוא מטלפ{ין} טלפין וסתקתה לית היא סתיקה וגרגרה |
| 011 | | וסתקתי | Lv11:07 | ארו' מטלף טלפין הוא וסתקתי סתיקה והוא גררה לית הוא |

## to destroy *vb.* סתר

[390]

| | | | | |
|---|---|---|---|---|
| 001 | peal | תסטרון | Ex34:13M | תפגרון /מדבחיהון תסטרון#2#/ וית קיימ{ת}<י>הו«ן» |
| 002 | | תסתרון | Dt 7:05 | תעבדון להון מדבחיהון תסתרון וקיימתהון תתברון ואשרתהון |
| 003 | | ויסתר | Lv14:45M | ויפגר/ויסתר#2#/ ית ביתה ית אבנא |
| 004 | | ותיסתרון | Dt12:03 | ות{סי}<יס>תרון ית מדבחיהון ותתברון |
| 005 | etpeel | יסתתרון | Lv11:35M | יסתתרון /וטפיין יסתתרון#2#/ מסאבין אנון ומסאבין |
| 006 | | | Lv11:35 | יסתאב תנור או תפיין יסתתרון מסאבין אנון ומסאבין |

# ע

[391]

## עבד *vb.* to make

| |  |  |  |  |  |
|---|---|---|---|---|---|
| ע' peal | 001 | Ex36:29M | לעזקתה חדה כן | ע' | |
| | 002 | Nu 8:20M | "... עבדו": ליוואי כן | ע' | |
| | 003 | Ex36:22M | עבד/חד לוקבל חד כן | ע'#2#/ | לכל לווחי דמשכנה/מש'#2# |
| עב' | 004 | Gn27:17M | דעבדת/מזונא די | עב'#2#/ | ביד יעקב ברה: |
| | 005 | Dt21:21M | ויקטלון יתיה ותשצון/ | עב'#2#/ | בישתה מן ביניכון וכל |
| | 006 | Gn 1:31M | ייי ית כל מה דעבד/די | עב'#2#/ | והא שפר ותקן לחדא והוה |
| עבד | 007 | Gn 2:02M | שביעאה מכל עבדתיה די | עבד | |
| | 008 | Gn 6:22 | מה דפקי' יתיה ייי כדין | עבד: | |
| | 009 | Gn 8:06 | נח ית תרעא דתיבותא די | עבד: | |
| | 010 | Gn21:22 | למימר ייי עמך בכל מה דאת | עבד: | |
| | 011 | Gn31:16 | וכדון מה די אמר ייי לך | עבד: | |
| | 012 | Gn39:22 | דהוון עבדין תמן הוא הוה | עבד: | |
| | 013 | Ex18:17 | ליה לא תקין פתגמא די את | עבד: | |
| | 014 | Ex40:16 | מה דפקד ייי יתיה כדין | עבד: | |
| | 015 | Nu17:26 | די פקד ייי יתיה כדין | עבד: | |
| | 016 | Dt11:07 | כל עבדוי דייי רברביה די | עבד: | |
| | 017 | Nu 8:04 | די חזה ייי ית משה כדין | עבד | בצלאל ית מנרתה: |
| | 018 | Dt34:12 | ולכל חזווייה רברבייה די | עבד | משה חמיין כל ישראל: |
| | 019 | Ex38:28 | מאותה ושבעין וחמשה | עבד | אונקלוון לעמודי וחפי |
| | 020 | Dt22:05M | אלהכון כל \דעביד אלין | /עבד | אליין#2#/: |
| | 021 | Gn18:17 | מאברהם רחמי ית מה די | עבד | אנה הואיל וכרכה דסדם |
| | 022 | Gn41:25 | חד הוא ית מה דייי | עבד | אתני לפרעה: |
| | 023 | Gn41:28 | עם פרעה ית מה דייי | עבד | אתני לפרעה: |
| | 024 | Gn34:07 | להון לחדא ארום מרחקא | עבד | בישראל למשמשה עם ברתה |
| | 025 | Dt11:03 | וית עבדוי משבחתה די | עבד | בגו מצרים לפרעה מלכא |
| | 026 | Ex14:31M | תקוף אדרע גבורת' די | עבד | בה מימרי' דייי נסין |
| | 027 | Ex31:14M | ארום כל מה די \יעבד בה | /עבד | ביה#2#/ עבידה ותשתיצי |
| | 028 | Ex36:12 | חמשין ענבין | עבד | בירי[ע]תה חדא וחמשין ענבין |
| | 029 | Ex36:11 | חדה בריתה בבית דבוקה כן | עבד | בסיטרה די יריעתה בריתה |
| | 030 | Ex36:12 | חדא וחמשין ענבין | עבד | בסיטרה דיריעתה די |
| | 031 | Lv 5:22 | שקר על חדא מן כל מה די | עבד | ברנשא למיחטי בהון: |
| | 032 | Ex36:34 | חפה דהב וית עזקיהון | עבד | דהב אתרין לאריחי' וחפי ית |
| | 033 | Dt10:18 | | עבד | דיניהון דיתמיה ודארמלתה |
| | 034 | Nu12:16 | אוריתה דמצוה זעירה דאנש | עבד | הוא מקבל עילוי אגר סגיא |
| | 035 | Gn18:17M | מה די \עבד אנה/אנה | עבד#2#/ | הואיל וכרכה דסדם |
| | 036 | Gn39:03 | הווה עמיה וכל מה דהווה | עבד | הוה ייי מצלח על ידוי: |
| | 037 | Gn39:23 | ייי עמיה וכלמה דהווה | עבד | הוה ייי מצלח על ידוי: |
| | 038 | Gn27:41 | ואמר עשו בלבא לית אנא | עבד | היך מה דעבד קין די קטל |
| | 039 | Lv22:27 | בני עזין ותבשילין | עבד | ואייכ{ו}ל לאבוי ו<ז>כה |
| | 040 | Gn 2:02M | | עבד | ואיתניח ביומא שביעאה מכל |
| | 041 | Dt33:21 | בעלמא דאתי זכותה דייי | עבד | וסדרי דינוי אלף לבני |
| | 042 | Gn18:08 | ליבא וחלב ובר תוריה די | עבד | ושוי קדמיהון והוא הוה קיים |
| | 043 | Ex 9:10 | משה לשמיא והוה שיחנא | עבד | {טפל}<שלפ>וקין פרח |
| | 044 | Ex13:08M | ומרורא ובשר פיסחא דין | עבד | ייי ניסין לי במפק' |
| | 045 | Ex13:08 | מן בגלל מצוותה דפטיריא | עבד | ייי לן נצחני קרבינן |
| | 046 | Ex14:31 | ישראל ית ידא תקיפתא די | עבד | ייי במצרים ודחילו עמא |
| | 047 | Ex18:09 | וחדה יתרו על כל טבתא די | עבד | ייי לישראל די שיזב יתהון |
| | 048 | Nu33:04 | כל בכוריה ובטעוותהון | עבד | ייי דינין שנין: |
| | 049 | Dt 1:01 | אתפרשת לכון כמה ניסין | עבד | ייי עמכון בני ישראל כד |
| | 050 | Dt 1:30 | נצחני קרביכון ככל מה די | עבד | ייי עמכון במצרים ועיניכון |
| | 051 | Dt 3:21 | עיינך חמיין ית כל מה די | עבד | ייי אלהכון לתרין מלכייה |
| | 052 | Dt 4:34 | או ניסייה די | עבד | ייי למיעול למבחר ליה אומה |
| | 053 | Dt24:09 | הוון דכירין ית מה די | עבד | ייי אלהכון למרים באורחא |
| | 054 | Dt29:01 | אתון חמיתון ית כל מה די | עבד | ייי לעייניכון בארעא |
| | 055 | Dt29:23M | למה \ממרה דייי כדן עבד | /עבד | ייי כדן#2#/ לארעה הדה מה |
| | 056 | Gn21:26 | ואמר אבימלך לא ידעית מן | עבד | ית פתגמא הדין ואף את לא |
| | 057 | Ex37:08 | דן סטרי מן הכה מן כפרתה | עבד | ית כרוביה מן תרין סטרוי: |
| | 058 | Ex38:22 | לשבטא דבנוי דיהודה | עבד | ית כל די פקד ייי ית משה: |
| | 059 | Ex39:08M | | ועבד/עבד#2#/ | ית חושנה עובד אומן |
| | 060 | Nu12:12 | בשרה מיתה דבה ויחי למה | עבד | ית זכותה: |
| | 061 | Ex36:35 | טבא ובוץ שזיר עובד אומן | עבד | יתה ציוורין: |
| | 062 | Ex37:24 | קנטר דהב דכי | עבד | יתה וית כל מניה: |
| | 063 | Ex36:08 | טבא צייורין עובד אומן | עבד | יתהון: |
| | 064 | Ex36:14 | חדא עשרין יריע{ת}<ן> | עבד | יתהון: |
| | 065 | Ex37:07 | כרובין דדהב נגידין | עבד | יתהון מן תרין סטריה |
| | 066 | Ex38:07 | יתיה בהון חליל דלוחין | עבד | יתיה: |
| | 067 | Lv20:17 | עלמא ברם מן כדון כל די | עבד | כדן וישתצון לעיני בני |
| | 068 | Gn47:30 | בקבורותיהון ואמר הא אנא | עבד | כמליך: |
| | 069 | Dt11:06 | ודי | עבד | לדתן ולאבירם בנוי |
| | 070 | Dt29:23 | למה ממרה דייי כדן | עבד | לארעה הדה מה תקיף הוא |
| | 071 | Dt 2:22 | היך מה די | עבד | לבנוי דעשו דשרין בגבלה |
| | 072 | Ex14:25 | ארום דין הוא ייי דהוה | עבד | להון נצחני קרביהון עד |
| | 073 | Dt11:04 | ומה די | עבד | לחיילוותהון דמצריי |
| | 074 | Gn21:06M | ייי /סגי לי חדוה | עבד | לי ייי#2#/ כל דשמע יחדי |
| | 075 | Gn21:06M | חדו ... עמי": חדה רבה | עבד | לי ממריה דייי כל דשמע |
| | 076 | Gn39:19 | למימר כפתגמיא האילין | עבד | לי עבדך ותקף רוגזיה: |
| | 077 | Nu11:15 | ואין כדין את | עבד | לי קטול יתי כען קטולין אין |
| | 078 | Ex37:27 | ותרתין עזקין דדהב | עבד | ליה מן תחות לכלילה על |
| | 079 | Gn 6:14 | | עבד | לך תבו אעין דקדרינ«י»ן |
| | 080 | Gn31:12 | קדמיי ית כל מה דלבן | עבד | לך: |
| | 081 | Ex32:21 | ואמר משה לאהרן מה | עבד | לך עמא האיליין ארום אייתית |
| | 082 | Nu10:02 | | עבד | לך תרתין חצוצרין דכסף |
| | 083 | Nu21:08 | ואמר ייי למשה | עבד | לך חיוי דנחש ושוי יתי אל |
| | 084 | Ex14:14 | משה לא תדחלון ייי הוא | עבד | לכון נצחני קרביכון וכיתא |
| | 085 | Dt 1:01M | וגבורן | עבד | לכון ממריה דייי כד הווי' |
| | 086 | Dt 4:34 | רברבין ככל מה די | עבד | לכון ייי אלהכון במצרים |
| | 087 | Dt11:05 | ומה די | עבד | לכון במדברה עד מעלכון עד |
| | 088 | Dt16:01M | ועבד לכון נסין /מצרים | עבד | לכון ניסין בליליה |
| | 089 | Ex36:22 | משלוושן דן לקבל דן כדין | עבד | לכל לווחי דמשכנה: |
| | 090 | Ex36:28 | ותרין לוחין | עבד | לסטרוי דמשכנא בשפליה: |
| | 091 | Ex18:14 | מה פתגמא הדין די את | עבד | לעמא מן בגלל מה את יתב |
| | 092 | Ex18:14 | דמשה ית כל מה דהווה | עבד | לעמ«א» ואמר מה פתגמא |
| | 093 | Ex36:29 | ראשה לגו עזקתה חדא כדון | עבד | לתריהון לתרין סטרוי: |
| | 094 | Nu32:13 | שנין עד סף כל דרה די | עבד | מה דשני ומרחק קדם ייי: |
| | 095 | Gn33:17 | ובנה לה בית ולבעירה | עבד | מטלין בגין כדין קרא שמה |
| | 096 | Dt 4:03 | חמיין ית כל מה די | עבד | ממריה דייי בפלחי טעוותה |
| | 097 | Ex15:11 | דחיל תושבחן כל עלמיא | עבד | נסין ופלאין לעמך בית |
| | 098 | Gn21:08 | די ילדת לאברהם | עבד | עובדין די לא כשרין היך |
| | 099 | Gn21:09 | מצריתא די ילדת לאברהם | עבד | עובדין די לא כשרין: |
| | 100 | Gn38:07 | והוה ער בכורה דיהודה | עבד | עובדין בישין קדם ייי ומית |
| | 101 | Ex36:17 | בבית דבוקה וחמשין ענבין | עבד | על סטרה דיריעתה בבית דבוקה |
| | 102 | Gn26:29M | לך והיך מה דעבדנן/די | עבד#2#/ | עמך \טבן ושלחנן/לחוד |
| | 103 | Dt10:21 | תשבחתכון והוא אלהכון די | עבד | עמכון ית רברבתה וית דחילתה |
| | 104 | Dt 9:21 | יתיה זקיק טבאות עד די | עבד | עפרה וארמי ית עפרה לוות |
| | 105 | Ex36:25 | תניינה לסטרה צפוניה | עבד | עשרין לוחין: |

106 Dt20:20 דאתון ידעין די לא אילן עבד פירין הוא יתיה תחבלון
107 Ex15:03 ייי גוברא עבד קרביא ייי שמיה כשמיה כן
108 Ex 9:09 ועל בעירא לשחין פרח עבד שלפוקין בכל ארעא דמצרים:
109 Nu23:21M לית/לא#2#/ אנה חמי עבדי/עבד#2#/ שקר בדבית יעקב ולא
110 Ex36:27 ולשפלוי דמשכנה מן מערבה עבד שתה לוחין:
111 Ex36:24 וארבעין חומרין דכסף עבד תחות עשרין לוחיא תרתין
112 Lv 4:31M תרבה יעבד היך מה דעבד/עבד#2#/ תרבה מעלוי נכיסת
113 עבד' Gn11:04 ונתן חרבא בידיה ותיהווי עבד' לקבליה סדרי קרבא קדם עד לא
114 עבדא Ex 3:08 לארעא טבא ופתיא לארעא עבדא פירין טבין נקיין כחלבא
115 עבדה Dt33:28 יתהון יעקב אבוהון לארע עבדה עיבור וחמר לחוד שמיא
116 Dt20:20 כרכומין על קרתה דהיא עבדה עמכון סדרי קרבה עד זמן
117 Nu13:27 די שלחת יתן ולהוד ארע עבדה פירין טבין נקיין כחלבה
118 Nu14:08 ויתן יתה לן ארע דהיא עבדה פירין טבין נקיין כחלבה
119 Nu16:13 ארום אסקת יתן מן ארעא עבדה פירין טבין נקיין כחלבה
120 Nu16:14 להוד לא לארע עבדה פירין טבין נקיין כחלבה
121 Dt 6:03 אלה אבהתכון לכון ארע עבדה פירין טבן{י}ין נקיין כחלבה
122 Dt11:09 למיתן להון ולבניהון ארע עבדה פירין טבין נקיין כחלבה
123 Dt26:09 ויהב לן ית ארעא הדא ארע עבדה פירין טבין נקיין כחלבה
124 Dt26:15 דקיימת לאבהתן ארע עבדה פירין טבין נקיין כחלבה
125 Dt33:15 עבדה פירין בזכותה דיאבהתן
126 Dt33:16 עבדה פירין טבין בזכות ארעא
127 Dt33:14 ע{ת}<ב>דה פרין מן טוב עללת שמשא
128 עבדו Gn 6:03 די יעבדון תתובה ולא עבדו:
129 Ex 7:06 דפקד ייי יתהון כדן עבדו:
130 Ex12:28 ייי ית משה ואהרן כן עבדו:
131 Ex12:50 ית משה וית אהרן כן עבדו:
132 Ex39:32 פקד ייי ית משה כדין עבדו:
133 Nu 1:54 די פקד ייי ית משה כדן עבדו:
134 Nu22:02 בר צפור ית כל מה די עבדו ישראל לאמריי:
135 Dt 2:12 באתריהון היך מה די עבדו ישראל לארע תותבותהון די
136 Nu32:08 כדן עבדו אבהתכון כד שלחת יתהון מן
137 Ex39:42 די פקד ייי ית משה כן עבדו בני ישראל ית כל פלחנא:
138 Nu 5:04 די מלל ייי עם משה כדן עבדו בני ישראל:
139 Nu 9:05 די פקד ייי ית משה כדן עבדו בני ישראל:
140 Nu36:10 דפקיד ייי ית משה כדן עבדו בנתה דצלפחד:
141 Gn18:21 דסלקת קדמיי כלייה עבדו גמירא אינון חייבין ואין
142 Dt31:18 ההוא על כל בישתה די עבדו די סטון בתר טעוון אחרניין:
143 Lv24:23 באבנייה ובני ישראל עבדו היך מה די פקד ייי ית משה:
144 Lv20:23 ארו' ית כל איליין מרחקתה עבדו ואעיק ממריה בהון:
145 Lv20:23M עבדו ואעיק ממריה בהון /עבדו ואתעיקת נפשי בהון#2#/:
146 Ex39:43 די פקד ייי ית משה כדן עבדו וברך יתהון משה ואמר להון
147 Ex 5:16 ולבנין את אמר לן עבדך עבדו והא עבדיך לקו ופרעה ועמא
148 Gn42:18 יוסף ביומא תליתא דא עבדו וחיון מן קדם ייי אנה דחיל:
149 Lv20:12 מתקטלה יתקטלון מרחקה עבדו חובת אדמהון בהון:
150 Gn45:17 פרעה ליוסף אמר לאחך דא עבדו טענו ית בעירכון ואזלו עולו
151 Ex11:10 ומשה ואהרן עבדו ית כל נסייה האלין קודם
152 Ex39:01 וצבע דזהוריתה טבתה עבדו ית לבושי שמוש^^למשמשה
153 Ex39:09 מרבע הווה כפול עבדו ית חושנא זרת ארכה וזרת
154 Dt17:05 ההוא או ית אתתה ההיא די עבדו ית פתגמא בישה הדין לגו
155 Ex39:43 משה ית כל עבידתיה והא עבדו יתה היך מה די פקד ייי ית
156 Ex12:35 ובני ישראל עבדו כמלוי דמשה ושאילו מן
157 Ex12:39 למסוברא ואף זוודין לא עבדו להון:
158 Nu 4:19 ודא עבדו להון וייחון ולא ימותון
159 Nu 8:20 ית משה על ליוויי כדן עבדו להון בני ישראל:
160 Nu 8:22 ית משה על ליוויי כדן עבדו להון:
161 Dt 9:12 מן ארחה דפקדית יתהון עבדו להון מסכה:
162 Dt12:31 קדם ייי די סני ורחיק עבדו לטעוותהון ארום לחוד ית
163 Dt12:31M סני ורחיק עבדו /דסנה עבדו#2#/ לטעוותהון ארום לחוד
164 Dt20:18M ככל מרחקתהון די פלחו/עבדו#2#/ לטעוותהון דלא
165 Ex39:04 כתפן עבדו ליה מדבקן מן תרין סטרוי
166 Ex32:21M משה לאהרן מה עבד/עבדו#2#/ לך עמא האיליין ארום
167 Ex 3:16 ייי יתכון וית מה די עבדו לכון מצריי:
168 Dt25:17 הוון דכירין ית מה די עבדו לכון דבית עמלק באורחא
169 Dt 2:29 היך מה די עבדו לן בנוי דעשו דשריין
170 Ex 3:16M עבדו לכון מצריי /די עבדו מתעבד לכון במצרים#2#/:
171 Gn49:05 בארע בעלי דבביהון עבדו נצחנן קרביהון:
172 Gn43:11 אבוהון אן כדן גמרתון דא עבדו סבא מן טובא דארעא במניכון
173 Gn45:19 ואת אתפקדת דא עבדו סיבו לכון מן ארעא דמצרים
174 Lv18:27 ארום ית כל מרחקתה האליין עבדו עמה דארעה דמן קדמיכון
175 Lv20:13 דכורה תשמיש דאתה מרחקה עבדו תריהון מתקט«לה» יתקטלון
176 Gn44:18 אשתמע לך ולא אתני לך מה עבדו תרין אחיי שמעון ולוי
177 עבדון Ex 1:17 חייתא מן קדם ייי ולא עבדון היך מה דמלל עמהון מלכא
178 Dt 9:12M יתהון עבד/^עבודו#2#^/עבדון#2#/ להון מסכה:
179 עבדי Dt17:12 גברא ההוא ותבערון עבדי בישתא מישראל:
180 Dt13:06 למהלכה בה ותעב{ד}<ר>ון עבדי בישתה מן ביניכון:
181 Dt17:07 כל עמא באחרייתה ותבערון עבדי בישתה מן ביניכון:
182 Dt19:19 למעבד לאחוי ותבערון עבדי בישתה מן ביניכון:
183 Dt21:21 באבנייה וימות ותבערון עבדי בישתה מן ביניכון וכל
184 Dt22:21 בייתיה דאבוה ותבערון עבדי בישתה מן ביניכון:
185 Dt22:22 עם אתתה ואתתה ותבערון עבדי בישתה מן ישראל:
186 Dt22:24 ית אתתה דחברה ותבערון עבדי בישתה מן ביניכון:
187 Dt24:07 גנבה ההוא ותבערון עבדי בישתה מן ביניכון:
188 Ex35:35 טב{ת}ה ובבוץ וגרדיי עבדי כל עבידה ומלפי אומנוון:
189 Gn16:06 לשרי הא אמתיך בידך עבדי לה מה דשפיר באפיך
190 Nu23:21 שקר בדבית יעקב ולא עבדי פלחן נכריי בדבית ישראל
191 Gn49:05 תלימין מרי זיינה שנינה עבדי קרב מן טליותיהון בארע
192 Nu21:28 היך אשתא נפקו מן חשבון עבדי קרב כשלהביתה נפקו מן קרתא
193 Ex14:06 וטכס ית ארתכוי וית עמא עבדי קרבא דבר עמה:
194 Ex15:09 בזה רבא אפלג שביתה לעמי עבדי קרבא וכד תתמלי מנהון נפשי
195 Nu21:28M מן חשבון וליגיונין עבדי קרבא כשלהובית גהינם נפקו
196 Nu31:21 ואמר אלעזר כהנא לעמא עבדי קרבא דעלו מן חיל קרבא דא
197 Nu31:32 שייר בזתה די בזוז עמא עבדי קרבא ענא שיתין ושבע רבבן
198 Nu21:01M באירה עני ואמ' לעמא עבדי קרבה אתון וניפוק נסדרה
199 Nu31:28 לשמה דייי מן לות עמא עבדי קרבה דנפקין לחיל קרבה חדא
200 Nu31:49 קבילו ית סכום עמא ע{מ}<ב>די קרבה דבידן ולא אסתכם
201 Nu31:53 עבדי קרבה בזוז גבר לנפשיה:
202 Dt 2:14 שנין עד דסף כל דרא עמא עבדי קרבה מן משריתה היך מן די
203 Dt 2:16 והוה כד די ספו עמא עבדי קרבה לממות מן גו עמא:
204 Nu23:21 לית אנה חמי עבדי שקר בדבית יעקב ולא עבדי
205 עבדי' Ex 1:17M ולא עבדון/עבדי#2#/ היך מה דמלל עמהון
206 עבדין Ex36:04 גבר מן עבידתה די אנון עבדין:
207 Nu21:34 דמיין ברם פירין לא עבדין בגין כדן קיים ייי יתיה
208 Dt 3:02M ברם פירין לית אינון עבדין בגין כן אמתין ליה קודשא
209 Nu23:19 בני אנשא אמרין ולא עבדין גזרין ולא מקיימין וחזרין
210 Dt 8:08M ומן תומרייה עבדין דובשא
211 Ex 5:08 וית סכום ליבנא דאינון עבדין היך דאיתמל והיך דקדמוי
212 Dt12:08 לא תעבדון ככל מה דאנן עבדין הכה יומא הדין גבר כל דשפר
213 Gn24:49M וטבו /וכדו אין אתון עבדין חסד וקשוט#2#/ עם רבוני

|  |  |  |  |  |  |
|---|---|---|---|---|---|
| 214 | | Dt31:21 | יצרהון בישה דאינון | עבדין | יומא הדין קדם עד לא אעל |
| 215 | | Ex31:16M | ית יום שבתא /למהוון | עבדין | ית יומא דשב#2/ לדריהון |
| 216 | | Ex13:10M | הדין בזימנא למיהוון | עבדין | יתיה מין אלין יומין |
| 217 | | Gn 4:26 | שרו בני אנשא למהוי | עבדין | להון טעון ומכניין יתהון |
| 218 | | Dt 8:08 | ורימונין ארע דמן זייתה | עבדין | משח ותומרייה חליין כדבשה: |
| 219 | | Nu21:34M | פירין לא עבדין /דלא | עבדין | פירין#2/ בגין כדן קיים |
| 220 | | Dt27:03 | אלהכון יהב לכון ארע | עבדין | פירין נקיין כחלבה וחליין |
| 221 | | Gn39:22 | וית כל מה דהוון | עבדין | תמן הוא הוה עבד: |
| 222 | עבדינן | Gn34:31M | בדינה אחתי בגין כן | עבדינן | פתגמ׳ הדין |
| 223 | עבדית | Nu14:22 | וית ניסי פר«׳»שתי די | עבדית | במצרים ובמדברה ונסון יתה |
| 224 | | Nu14:11 | בכל ניסי פרישתי די | עבדית | ביניהון: |
| 225 | | Gn 3:14 | ייי אלהים לחויה ארום | עבדית | דא ליט תהוה חויה מן כל |
| 226 | | Gn 3:13 | לאתתא מה היא דא׳די | עבדית | ואמרת אתתא חויה אשלי יתיה |
| 227 | | Gn27:45M | מה דעבדת /יתך מה די | עבדית#2/ | ואשלח ואדב«ו»ר |
| 228 | | Dt10:05 | ית לוחייה בארונה די | עבדית | והוון תמן היך מה די פקד |
| 229 | עבדנן | Dt26:14 | דייי אלה{כון}<נן> | עבדנן | {כ}בכל מה די פקדת יתן: |
| 230 | | Dt 3:06 | ושיצינן יתהון היך מה די | עבדנן | לסיחון מלכא דחשבון |
| 231 | עבדת | Gn 8:21 | ית כל חייא היך מה די | עבדת: | |
| 232 | | Gn20:05 | לבי ובקשיטות כפי ידי | עבדת | דא: |
| 233 | | Gn20:06 | קדמיי ארום בתמימות לבך | עבדת | דא ואתחס{ב}<כ>ת אף אנא יתך |
| 234 | | Gn27:19 | לאביו אנה עשו בכורך | עבדת | היך מה דמללת עמי קום כען |
| 235 | | Gn31:26 | ואמר לבן ליעקב מה | עבדת | וגנבת ית דעתי: |
| 236 | | Gn24:14 | ליצחק ובה אדע ארום | עבדת | חסד עם רבוני: |
| 237 | | Gn20:10 | לאברהם מה חמית ארום | עבדת | ית פתגמא הדין: |
| 238 | | Gn40:15 | ארעא דעבריי ואף הכה לא | עבדת | כל מאן דעם ארום שוון יתי |
| 239 | | Dt 3:02 | ותעבד ליה היך מה די | עבדת | לסיחון מלכהון דאמוריי |
| 240 | | Gn15:02M | ביתי דעל ידוי | איתעבד/עבדת#2/ | לי נסין בדרמשק |
| 241 | | Nu23:11 | ואמר בלק לבלעם מה | עבדת | לי למלוט בעלי דבבי דברת |
| 242 | | Nu22:28 | דאתנתה ואמר לבלעם מה | עבדת | לך ארום מחית יתי דנה תלתה |
| 243 | | Gn20:09 | לאברהם ואמ׳ ליה מה | עבדת | לנא ומה חטאנא לך ארום |
| 244 | | Dt22:21 | ויקטלון יתה ארום | עבדת | מרחקתה הדה בישראל למזנייה |
| 245 | | Gn32:11 | חסדיא ומן כל קושטא די | עבדת | עם עבדך ארום בחוטרי עברת |
| 246 | | Gn19:19 | קדמך ותוקפת חסדך די | עבדת | עמי למקימה ית נפשי ואנא |
| 247 | | Gn20:09 | עבדין דלא כשרין למתעבדא | עבדת | עמי: |
| 248 | | Gn21:23 | ובברי ובבר ברי כחסדא די | עבדת | עמך תעבד עמי ועם ארעא די |
| 249 | עבדתון | Dt 1:01 | ועל עסק עיגלה די | עבדתון | אמר ייי במימרה למישיצי |
| 250 | | Gn44:15 | יוסף מה עבדא הדין די | עבדתון | הלא ידעתון ארום מקסם יקסם |
| 251 | | Dt 9:21 | וית חוביכון די | עבדתון | ית טעוון נסבת ואוקדת יתיה |
| 252 | | Dt 9:16 | קדם ייי אלהכון | עבדתון | לכון עגל מסכה סטיתון |
| 253 | | Dt 1:01 | יעקב ומשכן זימנא די | עבדתון | לשמיה וארון קיימא דייי די |
| 254 | | Ex 1:18 | ואמר להון מן בגלל מה | עבדתון | פתגמא הדין וקיימתון טליא: |
| 255 | עבודו | Dt 9:12M | יתהון | עבד/׳עבודו#2/׳עבדון#2/ | להון מסכה: |
| 256 | עבידה | Nu 7:14 | עשר סלעין דכסף הוות | עבידה | והיא הוות דדהב קרב יתה |
| 257 | | Nu 7:20 | עשר סלעין דכסף הוות | עבידה | והיא הוות דדהב קרב יתה |
| 258 | | Nu 7:26 | עשר סלעין דכסף הוות | עבידה | והיא הוות דדהב קרב יתה |
| 259 | | Nu 7:32 | עשר סלעין דכסף הוות | עבידה | והיא הוות דדהב קרב יתה |
| 260 | | Nu 7:38 | עשר סלעין דכסף הוות | עבידה | והיא הוות דדהב קרב יתה |
| 261 | | Nu 7:44 | עשר סלעין דכסף הוות | עבידה | והיא הוות דדהב קרב יתה |
| 262 | | Nu 7:50 | עשר סלעין דכסף הוות | עבידה | והיא הוות דדהב קרב יתה |
| 263 | | Nu 7:56 | עשר סלעין דכסף הוות | עבידה | והיא הוות דדהב קרב יתה |
| 264 | | Nu 7:62 | עשר סלעין דכסף הוות | עבידה | והיא הוות דדהב קרב יתה |
| 265 | | Nu 7:68 | עשר סלעין דכסף הוות | עבידה | והיא הוות דדהב קרב יתה |
| 266 | | Nu 7:74 | עשר סלעין דכסף הוות | עבידה | והיא הוות דדהב קרב יתה |
| 267 | | Nu 7:80 | עשר סלעין דכסף הוות | עבידה | והיא הוות דדהב קרב יתה |
| 268 | עבידו | Ex20:26M | | עבידו | כיבשא למדבחא ולא תסקון |
| 269 | | Nu16:06 | דא | עבידו | סבו לכון מחתיין קרח וכל |
| 270 | עבידי | Gn16:06M | "עבדי ... וצ<ער>ת": | עבידי | מה ד{פ}ש<פ>ר ותקן קודמך |
| 271 | עיבידו | Nu 4:19M | ודא\עבדו להון /תקנתה | עיבידו | להון די יזוחון עיניהון |
| 272 | אעבד | Nu23:26 | כל מה די ימלל ייי יתה | אעבד: | |
| 273 | | Ex33:17 | פתגמא הדין די {מ}מללת | אעבד | ארום אשכחת חן וחסד באפי |
| 274 | | Ex 3:20 | ידי} <פרישותי די> | אעבד | ביניהון ומן בתר כדון ישלח |
| 275 | | Gn39:09 | דאת א«י»תתיה והיכדין | אעבד | בישתא רבתא הדא ואחטי קדם |
| 276 | | Gn27:37 | יתיה ולך מן כדון מה | אעבד | ברי: |
| 277 | | Lv26:16 | אנה | אעבד | דא לכון ואדכר עליכון |
| 278 | | Ex12:12 | ובכל טעוותיהון דמצריי | אעבד | דינין שנין אמר ייי: |
| 279 | | Nu22:17 | לחדא וכל מה די תאמר לי | אעבד | ואתה כען לווט לי ית עמא |
| 280 | | Gn28:15M | עמך עד דאעבד/זמן די | אעבד#2/ | ית\מה#2/ דמלילית לך: |
| 281 | | Ex33:19M | מכלת טובי קדמיך/אנה | אעבד | כל כיתי מלאכיה דמשמשין |
| 282 | | Gn47:30M | הא אנא\עבד כמליך | /אעבד | כפתגמא#2/: |
| 283 | | Gn 2:18 | יהוי בר נשא לבלחודוי | אעבד | ליה זוג כד נפק ביה: |
| 284 | | Ex33:05 | מני זיינן מעלוי ואדע מה | אעבד | לכון: |
| 285 | | Nu14:28 | דמללתון במשמעי כדין | אעבד | לכון: |
| 286 | | Nu33:56 | דאתחשבת למעבד להון | אעבד | לכון: |
| 287 | | Nu14:35 | אנה ייי מללת אין לא דא | אעבד | לכל כנשתה בישתה הדה די |
| 288 | | Ex17:04 | משה קדם ייי למימר מה | אעבד | לעמא הדין עוד קליל |
| 289 | | Ex 6:01 | למשה כדון תחמי מה די | אעבד | לפרעה ארום בידא תקיפא ישלח |
| 290 | | Ex34:10 | מקיים קיים לקבל כל עמך | אעבד | נסין ופלאין די לא אתברון |
| 291 | | Ex34:10 | דחלין אינון די אנה | אעבד | עמך: |
| 292 | אעביד | Gn31:43 | הו} לי הוא ולבנתי מה | אעביד | לאלין יומא דן או לבניהון |
| 293 | יעבד | Nu15:14 | היך מה די תעבדון כדן | יעבד: | |
| 294 | | Nu30:03 | כל די יפוק מן פמה | יעבד: | |
| 295 | | Ex31:14 | יתקטל ארום כל מה די | יעבד | בה עבידה ותשתיצי נפשה ההיא |
| 296 | | Ex35:02 | שבת שבתה קדם ייי כל די | יעבד | בה עבידה יתקטל: |
| 297 | | Dt17:12 | וגוברא די | יעבד | בזידנו דלא למשמע למלוי |
| 298 | | Nu 9:14 | דפסח וכסדרי דינוי כדן | יעבד | גזירת אורייתה חדה יהיוי |
| 299 | | Gn18:25 | דדיינן כל דיירי ארעא לא | יעבד | דינא: |
| 300 | | Lv 4:31 | וית כל תרבה | יעבד | היך מה דעבד תרבה מעלוי |
| 301 | | Lv 4:35 | וית כל תרבה | יעבד | היך מה די יעבד תרבה דאמרה |
| 302 | | Ex 9:05 | ושוי ייי זמן למימר מחר | יעבד | ייי פתגמייא הדין בארעא: |
| 303 | | Dt 7:19 | פריקין ייי אלהכון כדן | יעבד | ייי אלהכון לכל אומייה די |
| 304 | | Lv 3:09M | שלמה לוקבל עציה | {ו}<י>עבד | יעבד/#2/ ית תרבה דחפי |
| 305 | | Ex25:39 | קנטר דדהב דכי | יעבד | יתה ית כל מניה האיליין: |
| 306 | | Ex26:31 | טבא ובוץ שזיר עובד אומן | יעבד | יתה ציורין: |
| 307 | | Lv 3:04 | מן חצר כבדה על כליתה | יעבד | יתה: |
| 308 | | Lv 3:15 | מן חצר כבדה על כליתה | יעבד | יתה: |
| 309 | | Lv 4:09 | מן חצר כבדה על כוליתה | יעבד | יתה: |
| 310 | | Lv 6:15M | /מבנוי מבתרה#2/ | יקרב/יעבד#2/ | יתה קיים עלם/דעלם#2 |
| 311 | | Lv 7:04 | על חצר כבדה על כליתה | יעבד | יתה: |
| 312 | | Lv18:05 | וית סדרי די{׳}ני די | יעבד | יתהון בר נשא ויחי בהון כדן |
| 313 | | Ex25:38 | ומחתיתה דהב דכי | יעבד | יתיה: |
| 314 | | Nu15:13 | כל יציבייה | יעבד | כדן ית אלין למקרבה קרבן |
| 315 | | Ex30:38 | גבר די | יעבד | כוותיה למתהנייה ביה וישתצי |
| 316 | | Dt 3:24 | על ארעא מן לרע די | יעבד | כעבדיך טבייה וכניסי |
| 317 | | Ex21:09 | יתה כסדר דנהון דבנתה | יעבד | לה: |
| 318 | | Ex21:11 | תלתי מלייא האיליין לא | יעבד | לה ויפק יתה לחירותא מגן |
| 319 | | Nu21:14M | כן | יעבד | להון <מימריה> דייי כד |
| 320 | | Lv 4:20M | לתורה דחטאתה כן | יתעבד/יעבד#2/ | ליה ויכפר עליהון |
| 321 | | Ex14:13 | ית פורקנוי דייי די | יעבד | לכון יומא הדין וכיתא דהוות |

|  |  |  |  |  |  |
|---|---|---|---|---|---|
| 322 | | Dt 1:30 | מדבר קדמיכון הוא | יעבד | לכון נצחני קרביכון ככל מה |
| 323 | | Lv 5:26 | ליה על חדא מן כל מה די | יעבד | למתחייבה בה: |
| 324 | | Dt17:02 | יהב לכון גבר או אתה די | יעבד | מה דסני ומרחק קדם ייי |
| 325 | | Dt 3:21 | לתרין מלכייה האליין כדן | יעבד | מימרה דייי לכל מלכוותה די |
| 326 | | Nu 6:04 | יומי נדר נזירותה מכל די | יעבד | מן גופנה דחמרא מן כמישן עד |
| 327 | | Ex31:15 | קדש קדם ייי כל די | יעבד | עבידה {{ותשתיצי נפשה ההיא |
| 328 | | Nu 6:21 | די תרע ידה כפם נדרה כדן | יעבד | על גזרת נזירותיה: |
| 329 | | Dt27:15 | בריך יהווי גברא דלא | יעבד | {{צלם וצורה}} וכל דמו מה |
| 330 | | Dt27:15 | ליט יהווי גברא די | יעבד | {{צלם וצורה}} וכל דמו מה |
| 331 | | Lv 4:35 | כל תרבה יעבד היך מה די | יעבד | תרבה דאמרה מעילוי נכסת |
| 332 | יעבדו | Ex12:39M | ולחוד זווד' לאורחה לא | יעבדו | להון |
| 333 | יעבדו' | Gn 6:03M | שנין מין בגלל די | יעבדו' | |
| 334 | יעבדון | Ex18:20 | בה וית פתגמא די | יעבדון: | |
| 335 | | Ex27:08 | <אחמית> יתך בטורא כדן | יעבדון: | |
| 336 | | Nu 9:12 | ככל קיימוי דפסחה | {יעבד«ו»ן}: | |
| 337 | | Nu 9:12 | ככל קיימוי דפסחה | {יעבד«ו»ן}: | |
| 338 | | Nu32:25 | למשה למימר עבדך | יעבדון | היך מה דרבוני מפקד: |
| 339 | | Ex28:04 | ואליין לבושיא די | יעבדון | חושנא ואפודה ומעילה |
| 340 | | Nu 9:11 | יומין ביני שמשתה | יעבדון | יתיה על פטירין ועם מרורין |
| 341 | | Nu15:13M | יעבד כדן /וכל יציביה | יעבדון | כהדן סידרא#2#/ ית אלין |
| 342 | | Nu 5:06 | גבר ^או#2#^ אתה די | יעבדון | מן כל חובוי דבר נשא |
| 343 | | Lv18:30M | מרחקתה די | אתעבד/יעבדון#2#/ | מן קדמיכון ולא |
| 344 | | Ex12:47 | כל כנישתא דישראל | יעבדון | פיסחא: |
| 345 | | Ex36:06 | למימר גבר ואתה לא | יעבדון | תוב עבידה לאפרשות |
| 346 | | Gn 6:03 | ועשרין שנין דילמא די | יעבדון | תתובה ולא עבדו: |
| 347 | יעבדינה | Lv 3:10M | \ועבד | יתה^{ו}<י>עבדינה#2#^/יעבד#2#/: | |
| 348 | | Lv 3:10M | \ועבד | יתה^{ו}<י>עבדינה#2#^/יעבד#2#/: | |
| 349 | יעבדן | Lv18:29M | "נפשתה ...": נפשתה די | יעבדן | הי כאליין {ב}<כ>יאורייא |
| 350 | יעביד | Lv16:16 | לכל חוביהון וכן | יעביד | למשכן זמנא די שרי איקר |
| 351 | נעבד | Ex24:03 | כל פתגמיא די מליל ייי | נעבד: | |
| 352 | | Nu32:31 | די מלל ייי עם עבדך כדן | נעבד: | |
| 353 | | Gn29:22M | וכדו היבו לי עצה מה | נעבד | בה וישרי גבן {ו}שב<ע> |
| 354 | | Lv 7:09 | דמתאפית בתנורא וכל | נעבד | במרתחה ועל מסרייתה לכהנה |
| 355 | | Ex19:08 | ואמרי' כל מה דמלל ייי | נעבד | וחזר משה ית מליהון דעמא |
| 356 | | Ex24:07 | ואמרין כל מה די מלל ייי | נעבד | ונשמע: |
| 357 | | Dt33:02 | «די» מלל מימרה דייי | נעבד | ונשמע ופשט ימיניה מן גו |
| 358 | | Gn44:18M | עד זמן די | נעבד | כל ארעיה דמצרי' צדי |
| 359 | תע' | Ex31:15M | /אישתה#2#/ יומין | יתעבד/תע'#2#/ | עבידה/עיבידתה#2#/ |
| 360 | תעבד | Nu22:20 | פתגמא דאמלל עמך יתיה | תעבד: | |
| 361 | | Ex 4:17 | חוטרא הדין תיסב בידך די | תעבד | בה ית נסי פרישתא: |
| 362 | | Ex26:05 | חמשין עונבין | תעבד | ביריעה חדתא וחמשין עונבין |
| 363 | | Ex26:04 | בריתה בבית דבוקה וכן | תעבד | בסטרא דיריעתה בריתה |
| 364 | | Nu15:30 | ונפש די | תעבד | בריש גלי ביציבייה ובגיוריה |
| 365 | | Ex26:29 | תחפי{ה} דהב וית עזקיהון | תעבד | דהב אתרין לנגריה ותחפי{ה} |
| 366 | | Ex27:03 | ומשליתא ומחתיתא כל מנוי | תעבד | דנחש: |
| 367 | | Dt12:25 | מן בתריכון ארום | תעבד | דשפר ותקן קדם ייי: |
| 368 | | Ex18:23 | אן ית פתגמא הדין | תעבד | ויפקד יתך ייי ותיכל למיקם |
| 369 | | Ex15:26M | /ומה דשפר קודמוי | תעבד#2#/ | ותציתון למצוות |
| 370 | | Gn 6:14 | דקדרינ«י»ן כמדורונין | תעבד | ית תבותה ותשוע ית' מלגוא |
| 371 | | Gn 6:16 | ארעיין תנינין ותליתאין | תעבד | יתה: |
| 372 | | Ex26:31M | שזיר עובד אומן | יעבד/תעבד#2#/ | יתה ציורין: |
| 373 | | Ex25:29 | די ישתמש בהון דהב דכי | תעבד | יתהון: |
| 374 | | Ex26:01 | טבא ציורין עבד אומן | תעבד | יתהון: |
| 375 | | Ex26:07 | על משכנא חדא עשרה יריען | תעבד | יתהון: |
| 376 | | Ex28:11 | ישראל מקפן מאחדן דהב | תעבד | יתהון: |
| 377 | | Ex28:14 | שישלן דדהב דכי מתחמן | תעבד | יתהון עובד קליעה ותתן ית |
| 378 | | Ex29:02 | משיחין במשח סלת דחטין | תעבד | יתהון: |
| 379 | | Nu10:02 | חצוצרין דכסף נגידן | תעבד | יתהון ויהוון לכון למזמנה |
| 380 | | Gn 6:15 | וכהדן סדרא | תעבד | יתיה תלת מאה אמין אורכ' |
| 381 | | Ex27:08 | חלול לוחין | תעבד | יתיה היך <אחמית> יתך בטורא |
| 382 | | Ex28:15 | דזהורי טבא ובוץ שזיר | תעבד | יתיה: |
| 383 | | Ex28:15 | עובד אומן כעבידה דאפדה | תעבד | יתיה דהב תכלה וארגון וצבע |
| 384 | | Ex30:01 | מסדר קטרתא אעין שטין | תעבד | יתיה: |
| 385 | | Dt15:17 | ולחוד לאמהתך עבדיתה | תעבד | כדין: |
| 386 | | Ex 5:15 | קדם פרעה למימר למה כען | תעבד | כדן לעבדך: |
| 387 | | Dt12:31 | לא | תעבד | כדן קדם ייי אלהכון ארום כל |
| 388 | | Lv23:30 | וכל נפש די | תעבד | כל עבידה הכזמן יומא הדין |
| 389 | | Ex28:40 | ולבנוי דאהרן | תעבד | כתונין ותעבד להון חמיינין |
| 390 | | Ex28:40 | להון חמיינין וכובעין | תעבד | להון לאיקר ולתושבחא: |
| 391 | | Nu 8:07 | וכדן | תעבד | להון למדכיה יתהון אדי |
| 392 | | Dt 7:05M | סידרה תעבדון /אין כן | תעבד#2#/ | להון מדבחיהון תסתרון |
| 393 | | Dt22:03 | וכדן | תעבד | לחמרא וכדן תעבד ללבושה |
| 394 | | Gn30:31 | לא תעבד לי כלום מדעם אן | תעבד | לי פתגמא הדן אחזור ארעי |
| 395 | | Gn30:31 | מה אתן לך ואמר יעקב לא | תעבד | לי כלום מדעם אן תעבד לי |
| 396 | | Gn22:12 | לא תפשוט ידך ברביה ולא | תעבד | ליה כל מן מדעם ארום כדון |
| 397 | | Ex30:04 | ותרתין עזקין דדהב | תעבד | ליה מן תחות לכלילה על |
| 398 | | Dt22:12M | לכון /צניפן וציצייתה | תעבד | לך#2#/ על ארבעתי זבית |
| 399 | | Ex34:17 | דחלן סעוון דמתכה לא | תעבד | לכון: |
| 400 | | Ex26:17 | דא לקבל דא כדין | תעבד | לכל לווחי דמשכנא: |
| 401 | | Dt20:15 | כדן | תעבד | לכל קרייתה דרחיקן מנכון |
| 402 | | Dt22:03 | וכדן תעבד ללבושה וכדן | תעבד | לכל אבידתה די יאבד מניה |
| 403 | | Dt22:03 | וכדן תעבד לחמרא וכדן | תעבד | ללבושה וכדן תעבד לכל |
| 404 | | Nu 8:24 | דא די | תעבד | ללווי מן בר עשרין שנין |
| 405 | | Nu 8:26 | לא יפלח כהדן סידרא | תעבד | לליוויי במטרתהון: |
| 406 | | Ex26:23 | ותרין ל«ו»חין | תעבד | לסיטרוי דמשכנה בשיפולי: |
| 407 | | Ex35:02 | שיתא יומין | תעבד | עבידא וביומא שביעיא יהוי |
| 408 | | Lv23:03 | שתא יומין | תעבד | עבידה וביומא שבעיה שבת |
| 409 | | Ex28:39 | ותעבד מצנפן דבוץ והמיין | תעבד | עובד צייר: |
| 410 | | Ex26:10 | וחמשין ענבין | תעבד | על סטרא דיריעתא בבית דבוקה |
| 411 | | Ex30:04 | לכלילה על תרתין זויתא | תעבד | על תרין סטרוי ויהווי |
| 412 | | Gn21:23 | ברי כחסדא די עבדת עמך | תעבד | עמי ועם ארעא די אתותבת בה: |
| 413 | | Gn26:29 | אין | תעבד | עמן בישא היך מה דלא קריבנן |
| 414 | | Ex26:01 | וית משכנא | תעבד | עשר יריען בוץ שזיר ותכלה |
| 415 | | Dt22:26M | ולטליתה לא | תעבד | פתגם ביש לית לטליתה חובה |
| 416 | | Ex26:22 | דמשכנה מן מערבה | תעבד | שתה לוחין: |
| 417 | | Ex26:19 | וארבעין חומרין דכסף | תעבד | תחות עשרין לוחיא תרין |
| 418 | תעבדון | Gn41:55 | יוסף מה דיימר לכון | תעבדון: | |
| 419 | | Ex 4:15 | ואלף יתכון ית מה די | תעבדון: | |
| 420 | | Ex25:09 | וית דמות כל מנוי וכדן | תעבדון: | |
| 421 | | Ex31:11 | כל מה די פקדית יתך | תעבדון: | |
| 422 | | Lv22:24 | לשמה דייי ובארעכון לא | תעבדון: | |
| 423 | | Lv23:07 | כל עבידה דפלחן לא | תעבדון: | |
| 424 | | Lv23:08 | כל עבידה דפלחן לא | תעבדון: | |
| 425 | | Lv23:36 | היא כל עבידה דפלחן לא | תעבדון: | |
| 426 | | Nu28:18 | כל עבידה דפלחן לא | תעבדון: | |
| 427 | | Nu28:25 | כל עבידה דפלחן לא | תעבדון: | |
| 428 | | Nu28:26 | כל עבידה דפלחן לא | תעבדון: | |
| 429 | | Nu29:07 | נפשתכון כל עבידה לא | תעבדון: | |

430 Nu29:35 כל עבידה דפולחן לא תעבדון:
431 Nu32:24 וית מה דיפוק מפומיכון תעבדון:
432 Dt 1:18 ההיא ית כל פתגמיה די תעבדון:
433 Dt14:29 בכל עובד ידיכון די תעבדון:
434 Dt15:18 ייי אלהכון בכל מה די תעבדון:
435 Dt29:08 דתצלחון ית כל מה די תעבדון:
436 Lv 9:06M דפקיד ייי תעבדון או{ר}<ד>ו יצרה בישא מן
437 Dt12:25M מן בתריכון ארום תעבד/תעבדון#2#/ דשפר/מה דשפר#2#/
438 Lv23:28 וכל עבידה לא תעבדון הכזמן יומא הדין ארום יום
439 Lv18:03 אנה מעל יתכון לתמן לא תעבדון ובנימוסיהון לא תהלכון:
440 Lv18:04 ית סדרי דיניי תעבדון וית קיימי דאורייתי תטרון
441 Lv18:03 די שריתון בגווה לא תעבדון וכעובדי דיירי ארעא דכנען
442 Nu29:12 לכון כל עבידה דפלחן לא תעבדון ותחגון יתה חגה קדם ייי
443 Ex15:26 אלהכון ודשפיר באפוי תעבדון ותציתון למצוות ותטרון כל
444 Lv23:25 כל עבידה דפלחן לא תעבדון ותקרבון קרבנין קדם ייי:
445 Lv 9:06 דן פתגמה די פקד ייי תעבדון ותתגלי עליכו' איקר
446 Dt14:01 אתון קדם ייי אלהכון לא תעבדון חבורן חבורן בפולחנה
447 Nu29:01 כל עבידה דפולחן לא תעבדון יום תקועה דשופר ויבבו
448 Lv16:29 נפשתכון וכל עבידה לא תעבדון יציביה וגיוריה דמתגיירין
449 Ex25:19 דן סטרה מן הכה כפורתה תעבדון ית כרוביא על סטרוי תרין
450 Lv26:14 לאולפן אורייתי ולא תעבדון ית כל פיקודיה האליין:
451 Nu15:22 וארום תשאלון ולא תעבדון ית כל מצוותה האליין די
452 Nu32:20 ואמר להון משה אם תעבדון ית פתגמה הדין אן תזיינון
453 Dt12:14 תקרבון עלוותכון ותמן תעבדון ית כל מה די אנה מפקד
454 Dt 4:14 קיימין וסדרי דינין די תעבדון יתהון בארעא די אתון עברין
455 Nu 9:03 וככל סידרי דינוי תעבדון יתיה:
456 Nu 9:03 לירחה הדין ביני שמשתה תעבדון יתיה בזמניה ככל קיימוי
457 Nu32:23 ואין לא תעבדון כדין הא אתחייבתון קדם ייי
458 Nu15:14 קדם ייי היך מה די תעבדון כדן יעבד:
459 Nu15:14M תעבדון /לשמה דייי תעבדון#2#/ \כדן יעבד /כן יתעבד#2
460 Dt12:04 לא תעבדון כדן קדם ייי אלהכון:
461 Nu15:12 כמניינה די תעבדון כהדין סדרא תקרבון עם כל
462 Ex30:32 לא יתמשח ובדמותה לא תעבדון כוותיה לכון קדש הוא קדש
463 Dt12:08 לא תעבדון ככל מה דאנן עבדין הכה
464 Ex20:10 וניח קדם ייי אלהכון לא תעבדון כל עובדה אתון ובניכון
465 Dt22:26 ולרביתה לא תעבדון כל מן דעם ביש לית לרביתה
466 Dt12:31M לא \תעבד כדן /תעבדון כן#2#/ קדם ייי אלהכון
467 Ex23:24 ולא תפלחון קדמיהון ולא תעבדון כעובדיהון ארום מפגרא
468 Dt17:11 דינה די יימרון לכון תעבדון לא תסטון מן פתגמא די
469 Dt 7:05 ארום אלהן כהדן סידרה תעבדון להון מדבחיהון תסתרון
470 Ex20:04 לא תעבדון לכון {{צלם וצורה}} וכל
471 Ex20:23 דכסף וטעוון דדהב לא תעבדון לכון:
472 Ex30:37 וקטרתה דתעבד בדמותה לא תעבדון לכון קדש תהווי לכון לשמה
473 Ex34:22 וחגא דשבועיא היא עצרתא תעבדון לכון בכרת חצדה דחטיא וחגא
474 Lv19:04 {{...}} וטעוון דמתכה לא תעבדון לכון כדן אמר ייי אלהכון:
475 Lv26:01 לא תעבדון לכון טעוון {{וצלם}}
476 Dt 5:08 לא תעבדון לכון {{צלם וצורה}} וכל
477 Dt16:13 חגה דמטליה תעבדון לכון שבעה יומין במכנשיכון
478 Dt16:22M למדבחה דייי אלהכון די תעבדון לכון
479 Dt22:12 צניפן תעבדון לכון על ארבעתי זבית
480 Ex23:11 תיכול חיית ברא כדין תעבדון לכרמיכון לזיתיכון:
481 Ex22:29 כדון תעבדון לתוריכון לעניכון שבעה
482 Dt12:28 עד לעלם ארום תעבדון מה דשפר ותקן קדם ייי
483 Dt21:09M מן ביניכון ארום תעבדון#2#/ מה דשפר ותקן קדם ייי:

484 Dt31:29 בסוף עקב יומייא ארום תעבדון מה דלא שפר ותקן קדם ייי
485 Lv18:26 וית סדרי דיניי ולא תעבדון מכל מרחקתא האליין יציביה
486 Lv23:03M אשתה#2#/ יומין תעבד/<תעב>דון#2#/ עבידה וביומא שביעה
487 Dt16:08 חדוה קדם ייי אלהכון לא תעבדון עבידה:
488 Ex23:12 שיתא יומין תעבדון עבידתך וביומא שביעא
489 Dt28:20 בכל אושטות ידיכון די תעבדון עד זמן די תשתצון ועד זמן
490 Lv19:10 וכרמכון לא תעבדון עוללתכון ופרט כרמכון לא
491 Dt 5:14 קדם ייי אלהכון לא תעבדון על עבידה אתון ובניכון
492 Gn20:13 ואמרית לה דין חסדיך די תעבדון עמי לכל אתר די נעול לתמן
493 Gn19:08 לחוד לגבריא אלין לא תעבדון פתגם ארום בגין אתון
494 Ex20:23 לא תעבדון קדמיי טעון דכסף וטעוון
495 Lv23:31 כל עבידה לא תעבדון קיים דעלם לדריכון בכל אתר
496 Lv23:21 לכון כל עבידה דפלחן לא תעבדון קים דלעלם בכל אתר
497 Lv23:03 וארוע קדיש כל עבידה לא תעבדון שבי ונייח הוא קדם ייי בכל
498 Dt15:01 לסוף שבע שנין דיומין תעבדון שמטה:
499 Lv19:15 לא תעבדון שקר בדינה לא תיסב אפין
500 Lv19:35 לא תעבדון שקר בדינה במתקלה במכלתה

**תעבדין**

501 Ex20:24M ארעא תבנון /בארעא תעבדין#2#/ לשמי ותקרבון עלוי ית
502 Gn20:13M לה דן חסדיך די תעבדון/תעבדין#2#/ עמי לכל אתר די

**תעביד**

503 Dt21:14M בכסף \לא תתגר עלה/לא תעביד בה פרגמטייה#2#/ חלף
504 Ex26:05 חדתא וחמשין עונבין תעביד בסיטרא דיריעתא
505 Gn18:05M תעביד כמה דמלילתא /כן תעביד היך מה די מללת#2#/:
506 Ex25:18 כרובין דדהב נגידין תעביד יתהון מן תרין סטריה
507 Lv22:23M יתיר אבר נסיבה תפרשון/תעביד#2#/ יתיה ולנדר/ולפירוש
508 Gn18:05 עבדכון ואמרין כ{{ך}}ן תעביד כמה דמלילתא:
509 Gn 6:16 בית נהור תעביד לתיבותא ובמשח' אמה תשכלל

**מעבד**

510 Nu 9:08 מה דתקן מן קדם ייי מעבד לכון:
511 Nu 9:08M מה דתקן מן קדם ייי מעבד לכון דן חד
512 Gn44:18 אנה מחסל על מנת למעבד מעבד על {על} כורחיה דאבא הא לא
513 Nu15:34 שמעת במסאבין דלא יכלו מעבד פיסחא {פסחא} בזמנה ובתרין
514 Nu27:05 שמעית במסאבין דלא יכלו מעבד פסחא בז<י>מניה ובתרין
515 Gn 3:15 יהוי אסו דעתידין אינון מעבד שפיותיה בעוקבה ביומא דמלכא
516 Gn18:21 אינון חייבין ואין בעון מעבד תתובה ומסכיין אינון

**במעבדה**

517 Lv 4:27 תחטא בשלו מעמא דארעא במעבדה חדה מן מצוותיה דייי דלא

**דע'**

518 Nu14:08M לן ארע \דהיא עבדה /דע'#2#/ פירין סבין נקיין כחלבה

**דעב'**

519 Nu16:13M מן ארעא עבדה/דעב'#2#/ פירין סבין נקיין

**דעבד**

520 Gn24:66 ליצחק ית כל פתגמא {ל}<ד>עבד:
521 Ex14:13M <די> ביקר שכינת' הוא דעבד
522 Gn27:41 לית אנא עבד היך מה דעבד קין די קטל להבל בחיובי
523 Dt18:12 סני ומרחק קדם ייי כל דעבד אלין ובגלל מרחקתה האליין
524 Dt25:16 קדם ייי אלהכון כל דעבד אלין כל דעביד שקר:
525 Lv 8:34 היך מה דעבד ביומא הדין פקד ייי למעבד
526 Lv 8:34M היך כמה דעבד <ביומא> הדין הכדין פקד
527 Nu12:12 והא מ{ת}<ד>מיא לוולדה דעבד במעיה דאמיה תשעה ירחין
528 Lv 7:09M בתנורא וכל נעבד/דעבד#2#/ במרתחה ועל מסרייתה
529 Nu15:29 יהווי לכון{ל}«ן» מן דעבד בשלו:
530 Gn 1:31 וגלי קדם ייי ית כל מה דעבד והא שפר ותקן לחדא והוה רמש
531 Gn38:10 ובאש קדם י{ת} מה דעבד ומית אף הוא במימר מן קדם
532 Gn42:28 אחוי למימר מה הוא דא דעבד ייי לנא:
533 Ex18:01 חמוי דמשה ית כל מה דעבד ייי למשה ולישראל עמיה
534 Ex18:08 משה לחמוי ית כל מה דעבד ייי לפרעה ולמצריי על עסק
535 Nu10:31 בגין כדן דאת ידע נסיא דעבד ייי עמן בכל אתר {דחזינן}
536 Nu21:14 נסייה ^וגבורתא^#2# דעבד ייי עם ישראל כד הוון
537 Nu21:15 ידעין נסיה וגבורתה דעבד ייי עמהון בנחלי <....>

| | | | |
|---|---|---|---|
| 538 | | Dt 7:18M | ית מה \די פרע^דעבד#2#^\אתפרע#2#/ ייי אלהכון מן |
| 539 | | Lv24:19 | יתן מום בחבריה היך מה דעבד כדן יתעבד ליה: |
| 540 | | Dt24:06 | תמשכנון ריחייה ארום כל דעבד כדן בחובי נפשן הוא חביל: |
| 541 | | Dt31:04 | מימרה דייי להון היך מה דעבד לסיחון ולעוג מלכיהון |
| 542 | | Lv16:15 | ויעבד לאדמה דתורה היך מה דעבד לאדמה דתורה וידי יתיה על |
| 543 | | Gn 9:24 | מן חמריה וידע ית מה דעבד ליה בריה זעירא: |
| 544 | | Ex17:15 | תמן בשם מימרי דייי דעבד ליה ניסין: |
| 545 | | Dt 3:22 | ארום ייי אלהכון הוא דעבד לכון סדר נצחני קרביכון: |
| 546 | | Lv 4:20 | ויעבד לתורא היך מה דעבד לתורה דחטאתה כן יתעבד ליה |
| 547 | | Nu21:14 | על ימא דסוף וגבורתה דעבד עמהון כד הוון עברין בנחלי |
| 548 | | Gn 1:11 | זרע אילן דפירין דעבד פירין למינה די נצבתא מינה |
| 549 | | Gn 1:12 | למיניהון אילן דפירין דעבד פירין די נצבת' מנה ובה |
| 550 | | Dt11:09M | בני'#2#/ ארע עבדה/דעבד#2#/ פירין טבין נקיין |
| 551 | | Ex21:27M | \שן עבדיה /שני' דעבד#2#/ית שנה <ע'>#2#/ או שן |
| 552 | | Lv 4:31 | וית כל תרבה יעבד היך מה דעבד תרבה מעלוי נכיסת קדשי' |
| 553 | | Ex31:15M | דייי#2#/ כל \די יעבד/דעבד#2#/ עבידה/עיבידה#2#/ |
| 554 | דעבד' | Gn50:19M | מיני חסלת בישתא דעבד'#2#/ לי הלא קדם ייי אינון |
| 555 | דעבדא | Ex 3:17 | וחיויי ויבוסיי לארעא דעבדא פירין נקיא כחלבא וחליין |
| 556 | | Ex13:05 | למתן לכון ארעא דעבדא פירין טבין נקיין כחלבא |
| 557 | | Ex33:03 | לארעא דעבדא פירין טבין נקיין כחלבא |
| 558 | דעבדה | Dt 8:08M | ארע \דחיטין ושערין /דעבדה חיטין ושערין#2#/ וגופנין |
| 559 | | Lv18:29M | "נפשתה ...": נפשה דעבדה מן גו עמהון |
| 560 | | Lv20:24 | למרת יתה {ארע} ארע דעבדה פירין טבין נקיין כחלבה |
| 561 | | Dt27:03M | יהב לכון ארע עבדין/דעבדה#2#/ פירין \טבין#2#/ |
| 562 | | Dt31:20 | די קיימת לאבהתהון ארע דעבדה פרין טבין נקיין כחלבה |
| 563 | | Dt34:03 | בבקעתיה דיריחו קרתה דעבדה תומרין היא זער: |
| 564 | דעבדו | Gn44:18M | דילמא לא אשתמע לך מה דעבדו שמעון ולוי תרין אחיי |
| 565 | | Gn44:18 | דילמא לא אשתמע לך מה דעבדו שמעון ולוי תרין אחיי |
| 566 | | Nu 5:07 | ית חובתהון דעבדו וחזרו ית אשמה בקרנה |
| 567 | | Ex36:04M | \אלין#2#/ דעבדין{י}<ד>עבדו#2#/ ית כל עבידת \ |
| 568 | | Lv18:29M | נפשתה דעבדן/דעבדו#2#/ מן גו עמהון: |
| 569 | דעבדין | Ex36:04 | ואתון כל חכימיא דעבדין ית כל עבידת בית קודשא גבר |
| 570 | דעבדית | Ex19:04 | אתון חמיתון ית קלא דעבדית למצריי וטענית יתכון בעננ' |
| 571 | | Gn26:10 | ואמר אבימלך מה היא דא דעבדית לנא הא בקליל זעיר אילו |
| 572 | דעבדן | Lv18:29 | וישתי«צון» נפשתה דעבדן מן גו עמהון: |
| 573 | דעבדנן | Ex14:05 | עמא ואמרין מה היא דא דעבדנן ארום שלחנן ית ישראל מן |
| 574 | | Gn26:29 | דלא קריבנן לך והיך מה דעבדנן עמך טבן ושלחנן יתך בשלם |
| 575 | דעבדת | Gn 3:19 | דין וחושבן על כל מה דעבדת: |
| 576 | | Gn31:28 | כדון אסכלת ית מה דעבדת: |
| 577 | | Gn27:17 | ית תבשילייה וית לחמה דעבדת ביד יעקב ברה: |
| 578 | | Gn27:45 | דאחוך מנך וינשי ית מה דעבדת ואשלח ואדב«ו»ר יתך מן |
| 579 | | Gn22:16 | אמר ייי ארום חלף דעבדת ית פתגמא הדין ולא מנעת ית |
| 580 | | Nu21:34 | ותעבד ליה היך מה דעבדת לסיחון מלכיהון דאימוריי |
| 581 | | Gn12:18 | לאברם ואמר מה הי' דא דעבדת לי למה כען לא תנית לי |
| 582 | | Gn29:25 | ואמר ללבן מה היא דעבדת לי הלא ברחל פלחת עמך |
| 583 | | Ex14:11 | יתן במדברא מה היא דא דעבדת לנא למפקה יתן מן מצרים: |
| 584 | | Ex14:11M | היא דא דעבדת /מה דעבדת#2#/ לנא למפקה יתן/יתהון#2# |
| 585 | | Gn20:09M | ומה חטאנא /היא דא דעבדת לנו ומה חטינן#2#/ לך |
| 586 | | Lv20:17 | ית ערייתיה חסד הוה דעבדת עם קדמייה למבני עלמא ברם |
| 587 | | Gn 4:10 | ואמר מה היא דא דעבדת קלא אדמהון דאוכלוסין |
| 588 | דעבדתון | Gn44:05 | יקסם ביה אבאשתון דעבדתון: |
| 589 | | Gn44:05M | /אבעשתון במה דעבדתון#2#/: |
| 590 | | Dt 1:01M | בשרא ובגין עגלא דעבדתון אמר במימריה |
| 591 | | Gn50:19 | הוא משלמה לכון בישתא דעבדתון לי הלא קדם ייי אינון |
| 592 | דעביד | Dt22:05 | קדם ייי אלהכון כל דעביד אלין: |
| 593 | | Dt24:06M | חתנין וכלין ארום כל דעביד אלין כפר בחי{ו}וייה |
| 594 | | Dt25:16 | כל דעבד אלין כל דעביד שקר: |
| 595 | דאעבד | Gn28:15 | לא ישבוק מימרי עמך עד דאעבד ית דמלילית לך: |
| 596 | דיעבד | Lv18:29 | ארום כל מן דיעבד מן כל מרחקתה האליין |
| 597 | | Lv13:51M | לכל מה \די יתעבד/דיעבד#2#/ משכה לעבידה צרעה |
| 598 | דיעבדון | Gn 6:03M | יהבי' בבני אנשא דיעבדון עובדין טבין עד דהנון |
| 599 | דנעבד | Gn44:18 | מחזר יתה לתיקה עד זמן דנעבד כל ארעא דמצרים צדי מן |
| 600 | דת' | Nu 4:26M | וית כל מה \די יתעבד/דת'#2#/ להון ויפלחון: |
| 601 | דתע' | Gn 6:15M | תעבד \ודין שעורא דתע'#2#/ יתיה תלת מאה אמין |
| 602 | דתעבד | Ex30:37 | וקטרתה דתעבד בדמותה לא תעבדון לכון קדש |
| 603 | | Nu24:14 | יתך עצה אחטי יתהון ^דתעבד לעמא האליין#2#^ ואין לא |
| 604 | דתעבדון | Dt16:21 | למדבחה דייי אלהכון דתעבדון לכון: |
| 605 | ואעבד | Dt12:30 | האליין ית טעוותהון ואעבד כדן לחוד אנה: |
| 606 | | Ex 8:18 | ואעבד ניסין ופליין ביומא ההוא |
| 607 | ואעבדית | Dt10:03M | \ועבדית ארון /ואעבדית ארונה#2#/ אעין דשיטין |
| 608 | ואעביד | Gn27:09 | תרין גדיין דעזין טבין ואעביד יתהון תבשילין לאבוך |
| 609 | ועבד | Gn21:08 | ורבא טליא ואתחסל ועבד אברהם שרו רבא ביומא |
| 610 | | Lv 8:36 | ועבד אהרן ובנוי ית כל פתגמיה |
| 611 | | Nu23:02 | ועבד בלק היך מה דמלל בלעם |
| 612 | | Nu23:30 | ועבד בלק היך מה דאמר בלעם |
| 613 | | Ex36:01 | ועבד בצלאל ואהליאב וכל גבר |
| 614 | | Ex37:01 | ועבד בצלאל ית ארונה אעין דשטין |
| 615 | | Ex17:10 | ועבד יהושע היך מה דאמר ליה |
| 616 | | Gn29:28 | ועבד יעקב כן ואשלם שבעתי יומי |
| 617 | | Ex 7:06 | ועבד משה ואהרן היך מה דפקד |
| 618 | | Ex40:16 | ועבד משה כל מה דפקד ייי יתיה |
| 619 | | Lv 8:04 | ועבד משה היך מה דפקיד ייי יתה |
| 620 | | Nu 8:20 | ועבד משה ואהרון וכל כנשתה |
| 621 | | Nu17:26 | ועבד משה היך מה די פקד ייי |
| 622 | | Nu20:27 | ועבד משה היך מה די פקד ייי |
| 623 | | Nu21:09M | \ועבד משה חוי דנחש ויהב יתה |
| 624 | | Nu27:22 | ועבד משה היך מה די פקד ייי |
| 625 | | Nu31:31 | ועבד משה ואלעזר כהנא היך מה |
| 626 | | Gn 6:22 | ועבד נח כל מה דפקי' יתיה ייי |
| 627 | | Gn 7:05 | ועבד נח כל מ{ן}<ה> די פקד יתיה |
| 628 | | Gn27:31 | ועבד אף הוא תבשילין ואייתי |
| 629 | | Ex37:04 | ועבד אריחין אעין דשטין וחפא |
| 630 | | Ex25:40 | וחמי ועבד בדמותיהון די את חמי בטורא: |
| 631 | | Ex38:30 | <ועבד בה> ית חומרי תרע משכן |
| 632 | | Gn43:17 | ועבד גברא היך מה דאמר יוסף |
| 633 | | Nu23:19 | במיליהון ברם אלהה אמר ועבד גזר ומקיים ופתגמי נבואתה |
| 634 | | Lv16:34 | חוביהון חדא זמן בשתה ועבד היך מה די פקד ייי ית משה: |
| 635 | | Ex36:13 | ועבד חמשין פורפין דדהב ודבק ית |
| 636 | | Gn24:12 | לי כען קדמוי יומא הדין ועבד חסד עם רבוני אברה«ם»: |
| 637 | | Ex36:19 | ועבד חפי למשכנא משכין דדכרין |
| 638 | | Gn 3:21 | ועבד ייי אלהים לאדם ולאתתיה |
| 639 | | Gn21:01 | ית שרה היך מה דאמ' ועבד ייי ניסין לשרה היך מה |
| 640 | | Ex 8:09 | ועבד ייי כמילוי דמשה ומיתו |
| 641 | | Ex 8:20 | ועבד ייי כדן ואתא ערבוב תקף |
| 642 | | Ex 8:27 | ועבד ייי כמילוי דמשה ועבר |
| 643 | | Ex 9:06 | ועבד ייי ית פתגמא הדין מן יומא |
| 644 | | Ex36:14 | ועבד יריען דמעזי חפיי למיפרס על |
| 645 | | Ex36:20 | ועבד ית לווחיה למשכניה אעין |

|  |  |  |  |  |  |
|---|---|---|---|---|---|
| 646 | Ex36:23 | | ועבד | ית לווחיה למשכנה עשרין | |
| 647 | Ex36:33 | | ועבד | ית נגר{י}<ה> מציעי<ה> | |
| 648 | Ex36:35 | | ועבד | ית פרוכתה תכלה וארגוון | |
| 649 | Ex37:10 | | ועבד | ית פתורה אעין דשטין תרתין | |
| 650 | Ex37:15 | | ועבד | ית אריחיה אעין דשטין וחפי | |
| 651 | Ex37:16 | | ועבד | ית מניה די על פתרה ית | |
| 652 | Ex37:17 | | ועבד | ית מנרתה דהב דכי נגידא עבד | |
| 653 | Ex37:23 | | ועבד | ית בוצינא שבעה ומלקטה | |
| 654 | Ex37:25 | | ועבד | ית מדבחה דקטרתה אעין דשטין | |
| 655 | Ex37:28 | | ועבד | ית אריחי«ה» אעין דשטין | |
| 656 | Ex37:29 | | ועבד | ית משחה דרבותה קדש וית | |
| 657 | Ex38:01 | | ועבד | ית מדבחה דעלתה אעין דשטין | |
| 658 | Ex38:03 | | ועבד | ית כל מני{ה} מדבחה ית | |
| 659 | Ex38:06 | | ועבד | ית אריחיה אעין דשטין וחפי | |
| 660 | Ex38:08 | | ועבד | ית כיורה דנחש וית בסיס | |
| 661 | Ex38:09 | | ועבד | ית דרתה לסיטרה דרומיה מן | |
| 662 | Ex39:02 | | ועבד | ית אפדה דהב תכלה וארגוון | |
| 663 | Ex39:08 | | ועבד | ית חושנה עובד אומן כעבדה | |
| 664 | Lv 3:09 | אליתה שלמתה לקבל שזרתה | ועבד | יתה ית תרבה דחפי ית כרסה | |
| 665 | Lv 3:10 | על חצר כבדה על כליתה | ועבד | יתה: | |
| 666 | Dt32:04 | עלמייה ייי מפלג יומא | ועבד | יתה לארבע חלקין תלת שעין | |
| 667 | Dt32:18 | ממר אלהה די שכלל יתכון | ועבד | יתכון מחילין מחילין: | |
| 668 | Ex17:06 | מינה מייא וישתון עמא | ועבד | כדין משה לעיני חכימיא | |
| 669 | Nu 8:03 | | ועבד | כדן אהרן לקבל אפיה מנרתה | |
| 670 | Ex18:24 | ושמע משה לקלה דחמוי | ועבד | כל מה דאמר: | |
| 671 | Ex37:12 | ליה גפוף פשך חזור מקף | ועבד | כליל דדהבא לגפופא חזר | |
| 672 | Gn44:02 | דזעירא וית כסף זבנה | ועבד | כמלתיה דיוסף די מליל: | |
| 673 | Ex37:06 | | ועבד | כפורתה דהב דכי תרתין אמין | |
| 674 | Gn50:10M | לחדא \ונטר על אבוי | /ועבד | לאבוי#2# אבל שבעה | |
| 675 | Ex36:36 | | ועבד | לה ארבעה עמודין דשטין וחפי | |
| 676 | Ex37:02 | דהב דכי מן לגו ומן לבר | ועבד | לה כליל דדהב חזר ומקף: | |
| 677 | Gn19:03M | | ועבד | להון שירו והנון מתחמיין | |
| 678 | Gn19:03 | לוותיה ועלו לגו ביתה | ועבד | להון שרו ופטירין אפה | |
| 679 | Gn26:30 | | ועבד | להון שירא ואכלו ושתון: | |
| 680 | Gn42:25 | להון זבדין לארחא | ועבד | להון כדון: | |
| 681 | Ex 1:21 | שם טב בגו בית ישראל | ועבד | להון בתים בייתה דמלכותא | |
| 682 | Nu17:23 | פרחין ואנץ נצין וגמר | ועבד | לוזין בר ליליה: | |
| 683 | Gn27:04 | | ועבד | לי תבשילין היך מה דרחמת | |
| 684 | Gn27:07 | אייתי לי ציד | ועבד | לי תבשילין ואיכול ואברך | |
| 685 | Ex37:11 | דכי {מן לגו ומן לבר} | ועבד | ליה כליל דדהב חזור ומקף: | |
| 686 | Ex37:12 | | ועבד | ליה גפוף פשך חזר מקף ועבד | |
| 687 | Ex37:26 | כותלוי מן חזור חזור | ועבד | ליה כליל דדהב חזור ומקף: | |
| 688 | Dt16:01 | מן ארעא דמצרים בלליא | ועבד | לכון נסין וגבורן באיממה: | |
| 689 | Ex38:04 | | ועבד | למדבחה קנקל עובד מצדה דנחש | |
| 690 | Ex36:31 | | ועבד | נגרין אעין דשטין חמשה | |
| 691 | Ex 4:30 | די מלל ייי עם משה | ועבד | נסייא לעיני עמא: | |
| 692 | Ex36:11 | | ועבד | ענבין דתכלה על סטרא | |
| 693 | Ex36:17 | | ועבד | ענבין חמשין על סטרין | |
| 694 | Ex36:18 | | ועבד | פורפיה דנחש חמשין למדבק ית | |
| 695 | Ex36:37 | | ועבד | פרס לתרע משכנה תכלה | |
| 696 | Ex38:02 | | ועבד | קרנתיה על ארבעתי זווייתה | |
| 697 | Gn29:22 | לבן ית כל עמה דאתרא | ועבד | שירו ענה לבן ואמר להון הא | |
| 698 | Gn40:20 | תליתא יום גניסיא דפרעה | ועבד | שרוי לכל שלטנוי ו{ח}<רו>מם | |
| 699 | Lv22:27M | דלבש משכין דגדיין | ועבד | תבשילין ואייתי לאבוי | |
| 700 | Ex16:20 | מניה גברין עד צפרא | ועבד | תולעין ואסרח ורגז עליהון | |
| 701 | Ex37:07 | | ועבד | תרתין כרובין דדהב נגידין | |
| 702 | Gn31:46 | אבנין ונסבו אבנין | ועבדו | אוגר ואכלו תמן על איגרא: | ועבדו |
| 703 | Ex 7:11 | פרעה לחכימיא ולחרשיא | ועבדו | אף אינון חרשיהון דמצריי | |
| 704 | Ex32:28 | | ועבדו | בנוי דלוי כמלוי דמשה | |
| 705 | Ex12:28 | ואזלו | ועבדו | בני ישראל היך מה דפקד | |
| 706 | Ex39:32 | עבדת משכנה משכן זימנא | ועבדו | בני ישראל כל מה די פקד | |
| 707 | Nu 1:54 | | ועבדו | בני ישראל ככל מה די פקד | |
| 708 | Nu 2:34 | | ועבדו | בני ישראל כל מה די פקד | |
| 709 | Dt34:09 | ושמעו ליה בני ישראל | ועבדו | היך מה די פקד מימריה דייי | |
| 710 | Ex36:07 | לכל עבידת למעבד יתה | ועבדו | ושיירו: | |
| 711 | Ex39:25 | | ועבדו | זוגין דהב דכי ויהבו ית | |
| 712 | Ex39:01 | ^למשמשה בית קודשה | ועבדו | ית לבושי קדש{י}<ה>^ די | |
| 713 | Ex39:06 | | ועבדו | ית אבניה טבת{ן}<ה> מקפן | |
| 714 | Ex39:22 | | ועבדו | ית מעילה דאפודה עובד | |
| 715 | Ex39:27 | | ועבדו | ית כתונה דבוץ עובד גרדיי | |
| 716 | Ex39:30 | | ועבדו | ית ציצה כליל בית קודשה | |
| 717 | Nu 9:05 | | ועבדו | ית פיסחא בירחה קדמיה | |
| 718 | Nu17:03M | יתהון סטין מרדדין | /ועבדו | יתהון רד{ו}<י>די סטין | |
| 719 | Ex 8:03 | | ועבדו | כדון חרשיה בחרשיהון | |
| 720 | Gn42:20 | ולא תמותון | ועבדו | כדין: | |
| 721 | Ex 7:10 | משה ואהרן לוות פרעה | ועבדו | כד«ן» היך מה דפקד ייי | |
| 722 | Ex 7:20 | | ועבדו | כדן משה ואהרן היך מה | |
| 723 | Ex 7:22 | | ועבדו | כדן חרשיהון דמצראי | |
| 724 | Ex 8:14 | | ועבדו | כדן חרשייא בחרשיהון למפקא | |
| 725 | Ex14:04 | ארום אנה הוא ייי | ועבדו | כדן: | |
| 726 | Ex16:17 | | ועבדו | כדן בני ישראל ולקטו מן | |
| 727 | Nu 5:04 | | ועבדו | כדן בני ישראל ושלחו | |
| 728 | Ex12:50 | | <ועבדו> | כל בני ישראל היך מה | |
| 729 | Ex36:08 | | ועבדו | כל חכימי לבה בעבדי עבידתה | |
| 730 | Lv10:07 | דרבותה דייי עליכון | ועבדו | כמלוי דמשה: | |
| 731 | Gn45:21 | | ועבדו | כן בני ישראל ויהב להון | |
| 732 | Ex 8:13 | | ועבדו | כן וארכן אהרן ית ידא | |
| 733 | Gn 3:07 | להון עלין דתינה | ועבדו | להון אזרין: | |
| 734 | Gn 3:07M | אזרין /טרפין דתאנה | ועבדו | להון איסטלוון#2#/: | |
| 735 | Gn19:08 | כען יתהון לוותכון | ועבדו | להון מה דשפר באפיכון לחוד | |
| 736 | Ex32:31M | \ויעשו להם אלהי זהב | /ועבדו | להון אלהי דהב#2#/: | |
| 737 | Ex14:05M | עם משרייתיהון דישר' | ועבדו | על ימא | |
| 738 | Ex39:15 | | ועבדו | על חושנה שלשלת מתאמין | |
| 739 | Ex39:24 | | ועבדו | על שפולוי דמעילה רמונין | |
| 740 | Ex39:16 | | ועבדו | תרתי: | |
| 741 | Ex39:19 | | ועבדו | תרתין עזקין דדהב ושוון על | |
| 742 | Ex39:20 | | ועבדו | תרתין עזקין דדהב ושוון | |
| 743 | Gn50:12 | | ועבדון | בנוי ליה היך מה דפקד | ועבדון |
| 744 | Ex 1:21M | ועבד להון בתים /דרי | ועבדי | להון בתין#2# בייתה | ועבדי |
| 745 | Dt 5:27M | ונעבד /שמעין | ועבדין#2#/: | | ועבדין |
| 746 | Nu11:08M | ומבשלין בקידירה | ועבדין#1#/ | ועבדין יתיה חוררן | |
| 747 | Lv23:32 | צומיכון ושבתין שביכון | ועבדין | זמני מועדיכון בחדוה: | |
| 748 | Nu11:08 | וטחנין ^ברחיה#2#^ | ועבדין | יתיה חוררן והוה טעמיה | |
| 749 | Dt15:11 | ישראל אולפן אוריתה | ועבדין | פיקודיה לא הוי ביניהון | |
| 750 | Dt33:29 | תהוון לעיין באורייתה | ועבדין | פיקודייה על פרקת צוארי | |
| 751 | Gn 3:15 | בניה נטרין אורייתא | ועבדין | פקודייה יהוון מתכוונין לך | |
| 752 | Dt10:03 | | ועבדית | ארון אעין דשיטין וחצבית | ועבדית |
| 753 | Gn22:14 | אקדמית בצפרא ואקדמית | ועבדית | מימריך בחדוה וקיימית ית | |

|  |  |  |  |  |  |
|---|---|---|---|---|---|
| 754 | ועבדת | Gn27:14 | ונסב ואייתי לאימיה | ועבדת | אמיה תבשילין היך מה דרחם |
| 755 | | Gn41:47 | | ועבדת | ארעא בשבעתי שני שבעה |
| 756 | ועביד | Gn37:03 | ארום בר סיבו הוה ליה | ועביד | לי פרגוד מצייר: |
| 757 | ועבידי | Gn18:06M | פטירין /יתהון | ועבידי | עוגין#2/: |
| 758 | | Gn18:06 | סאין קמח דסלת לושי | ועבידי | פטירין: |
| 759 | ויע' | Lv 4:22M | דירבה יתחייב | ויע' | |
| 760 | ויעבד | Lv 4:22 | כהנא דמתרבי יחטא | ויעבד | חדא מן כל מצוותה דייי |
| 761 | | Lv14:19 | | ויעבד | כהנא ית חטאתה ויכפר על מן |
| 762 | | Lv16:15 | ית אדמה לגו מן פרכתה | ויעבד | לאדמה היך מה דעבד לאדמה |
| 763 | | Nu 5:30 | ויקים ית אתתא קדם ייי | ויעבד | לה כהנה ית כל קיימיה |
| 764 | | Lv 4:20 | | ויעבד | לתורא היך מה דעבד לתורה |
| 765 | | Dt31:04 | | ויעבד | מימרה דייי להון היך מה |
| 766 | | Ex12:48 | וארום יתותב עמכון דייר | ויעבד | פיסחא קדם ייי במגזר ליה |
| 767 | | Nu 9:10 | רחיקה לכון או לדרכון | ויעבד | פיסחה קדם ייי: |
| 768 | | Nu 9:14 | עמכון גי{זל}<ור> | ויעבד | פסחה קדם ייי כקיימי דפסח |
| 769 | ויעבדון | Ex25:10 | | ויעבדון | ארונה אעה {דשתא} דשטין |
| 770 | | Dt 5:31 | דינייה די תליף יתהון | ויעבדון | בארעא די אנה יהב לכון |
| 771 | | Ex 5:09 | תתקף עבידתא על גובריא | ויעבדון | בה ולא יתעסקון במלין |
| 772 | | Nu 9:02 | | ויעבדון | בני ישראל ית פ«י»סחה |
| 773 | | Lv 4:13 | פתגם מן עייני קהלא | ויעבדון | חדא מן כל מצוותה די לא |
| 774 | | Ex28:03 | עמהון רוח חכמה | ויעבדון | ית לבושי דאהרן למקדשא |
| 775 | | Ex28:06 | | ויעבדון | ית אפודה דהב תכל«א» |
| 776 | | Ex31:06 | חכימי לבי שוית חכמה | ויעבדון | ית כל מה די פקדת יתך: |
| 777 | | Ex35:10 | ליבא דבכון ייתון | ויעבדון | ית כל מה די פקד ייי: |
| 778 | | Nu17:03 | האליין דחבו בנפשתהון | ויעבדון | יתהון ססין מרדדין חפיי |
| 779 | | Ex28:04 | מאחדה מצנפן והמיין | ויעבדון | לבושי דקדש לאהרן אחוך |
| 780 | | Nu15:38 | ישראל ותימר להון | ^^ויעבדון | להון ציצין על צנפת |
| 781 | | Dt20:12M | "ותסדר ... סדרי": | ויעבדון | עמכון סד' |
| 782 | ונעבד | Dt 5:27 | ייי אלהך עמך ונשמע | ונעבד: | |
| 783 | | Dt30:12 | לן וישמע יתן פקודייה | ונעבד | יתהון: |
| 784 | | Dt30:13 | לן וישמע לן פיקודייה | ונעבד | יתהון: |
| 785 | | Gn11:04 | וראשה מטי עד צית שמיא | ונעבד | לן בראשיה סגדה ונתן חרבא |
| 786 | ותעבד | Ex25:13 | | ותעבד | אריחין אעין דשטין ותחפי |
| 787 | | Ex27:06 | | ותעבד | אריחין למדבחא אעין דשטין |
| 788 | | Lv25:21 | לכון בשתה שתיתיה | ותעבד | ארעא פירי עללתה לתלת |
| 789 | | Ex27:03 | | ותעבד | {דידי}<דודו>תא למדשנא |
| 790 | | Dt 6:18 | | ותעבד | דשפר ותקן קדם ייי מן בגלל |
| 791 | | Lv 4:02 | די לא כשרין מתעבדה | ותעבד | חדא מנהון: |
| 792 | | Lv 5:17 | ואין נפש ארום תחטא | ותעבד | חדה מן כל מצוותה דייי די |
| 793 | | Ex28:15 | | ותעבד | חושנא דדינא עובד אומן |
| 794 | | Ex26:06 | | ותעבד | חמשין פורפין דדהב |
| 795 | | Ex26:10 | | ותעבד | חמשין ענבין על סיטרא |
| 796 | | Gn24:12M | /דיך#2/ \ועבד חסד | /ותעבד | חסד וקשוט#2/ עם רבוני |
| 797 | | Ex26:14 | | ותעבד | חפוי למשכנא משכין דדכרין |
| 798 | | Ex26:07 | | ות«ע»בד | יריען דמעזן לפרס על |
| 799 | | Ex25:28 | | ותעבד | ית אריח{ו}<י>ה אעין |
| 800 | | Ex25:37 | | ותעבד | ית בוציניה שבעה ותסדר ית |
| 801 | | Ex26:15 | | ותעבד | ית לווחיה למשכנא אעין |
| 802 | | Ex26:18 | | ותעבד | ית לווחי למשכניה עשרין |
| 803 | | Ex27:01 | | ותעבד | ית מדבחא {דעאין} <דאעין> |
| 804 | | Ex27:09 | | ותעבד | ית דרת משכנא לסטרא |
| 805 | | Ex28:31 | | ותעבד | ית מעילה דאפודה גמיר |
| 806 | | Ex30:05 | | ותעבד | ית אריחיה אעין דשטין |
| 807 | | Ex30:25 | | ותעבד | יתה משח דרבו דקדש פטום |
| 808 | | Ex30:35 | | ותעבד | יתה קטרת פט{י}<ו>ם עובד |
| 809 | | Ex 4:21M | ותעבדינון קדם /קדמיך | ותעבד | יתהון קדם#2/ פרעה ואנה |
| 810 | | Ex30:18 | | ותעבד | כיור דנחש ובסיס דידה דנחש |
| 811 | | Ex23:22 | משמע תשמעון בקל ממרי | ותעבד | כל מה די ימלל ואסני למן |
| 812 | | Ex25:25 | גיפוף פשך חזור ומקף | ותעבד | כליל דדהב לג{ו}פ<ו>פיה |
| 813 | | Gn40:14 | יתי עמך כד ייטב לך | ותעבד | כען עמי חסד וסיבו ותדכר |
| 814 | | Ex25:17 | | ותעבד | כפרתה דדהב דכי תרתין אמין |
| 815 | | Ex25:19 | | ותעבד | כרוב חד מן דין סטריה {חד} |
| 816 | | Ex29:35 | | ותעבד | לאהרן ולבנוי כדן כל מה |
| 817 | | Ex28:02 | | ותעבד | לבושי קדש לאהרן אחוך |
| 818 | | Ex28:40 | דאהרן תעבד כתונין | ותעבד | להון חמיינין וכובעין תעבד |
| 819 | | Ex28:42 | | ותעבד | להון מכנסין דבוץ למכסיה |
| 820 | | Ex27:04 | | ותעבד | לו קנקל עובד מצדה דנחש |
| 821 | | Ex25:11 | ומן בר תחפי יתיה | ותעבד | ליה כליל דדהב חזר ומקף: |
| 822 | | Ex25:25 | | ותעבד | ליה גיפוף פשך חזר ומקף |
| 823 | | Ex25:26 | | ותעבד | ליה ארבע עזקין דדהב ותתן |
| 824 | | Ex30:03 | וית קרנתיה | ותעבד | ליה כליל דדהב חזור ומקף: |
| 825 | | Nu21:34 | עמיה ^וית ארעיה#2^ | ותעבד | ליה היך מה דעבדת לסיחון |
| 826 | | Dt 3:02 | וית כל עמיה וית ארעיה | ותעבד | ליה היך מה די עבדת |
| 827 | | Ex26:37 | | ותעבד | לפרסה חמשא עמודין דשטין |
| 828 | | Ex28:13 | | ותעבד | מאחדן דהב: |
| 829 | | Ex30:01 | | ותעבד | מדבחה מסדר קטרתה אעין |
| 830 | | Ex25:31 | | ותעבד | מנרתא דהב דכי נגידא |
| 831 | | Ex28:39 | ותאחד כתנא דבוץ | ותעבד | מצנפן דבוץ והמיין תעבד |
| 832 | | Ex26:26 | | ותעבד | נגרין אעין דשתין חמשין |
| 833 | | Dt22:08 | ארום תבנה בית חדת | ותעבד | סייג לאגרך ולא תשווי חובת |
| 834 | | Ex26:04 | | ותעבד | ענבין דתכלה על סטרא |
| 835 | | Ex27:04 | קנקל עובד מצדה דנחש | ותעבד | על מצדתה ארבע עזקין דנחש |
| 836 | | Ex28:22 | | ותעבד | על חושנא שישלא מתחמן עובד |
| 837 | | Ex28:23 | | ותעבד | על חושנה תרתין עזקין דדהב |
| 838 | | Ex28:33 | | ותעבד | על שפלוי מן חזור רמנין |
| 839 | | Dt17:10 | | ותעבד | על פם פתגמא די יתנון לכון |
| 840 | | Gn47:29 | כען ידך תחות קיימי | ותעבד | עמי חסד וטבו לא כען תקבר |
| 841 | | Ex26:11 | | ותעבד | פורפין דנחש חמשין ותעל ית |
| 842 | | Ex25:29 | | ותעבד | פילוותה ובזיכוי וקשותה |
| 843 | | Ex26:31 | | ותעבד | פרכתא תכלה וארגונא וצבע |
| 844 | | Ex26:36 | | ותעבד | פרס לתרע משכנה תכלה |
| 845 | | Ex25:23 | | ותעבד | פתורא אעין דשטין תרתין |
| 846 | | Ex28:36 | | ותעבד | ציצא דהב דכי ותגליף עלוי |
| 847 | | Ex27:02 | | ותעבד | קרנתה על ארבעתי זויתא מן |
| 848 | | Ex25:18 | | ותעבד | תרין כרובין דדהב נגידין |
| 849 | | Ex28:26 | | ותעבד | תרתין עזקין דדהב ותשוי |
| 850 | | Ex28:27 | | ותעבד | תרתין עזקין דדהב ותתן |
| 851 | ותעבדון | Dt 4:06 | ותטרון | ותעבדון | ארום היא חכמתכון |
| 852 | | Dt23:24 | פירוש שפוותכון תטרון | ותעבדון | היך מה דנדרתון קדם ייי |
| 853 | | Lv23:12 | | ותעבדון | ותקרבון ביומא די |
| 854 | | Dt16:10 | | ותעבדון | חגה דשבועיה היא עצרתה |
| 855 | | Lv25:18 | | ותעבדון | ית קיימי וית סדרי דיניי |
| 856 | | Dt16:12 | בארעא דמצרים ותטרון | ותעבדון | ית קיימיה האיליין: |
| 857 | | Dt27:10 | מימריה דייי אלהכון | ותעבדון | ית מצוותה וית קיימוי |
| 858 | | Dt30:08 | מימריה דייי אלהכון | ותעבדון | ית כל מצוותה די אנה כען |
| 859 | | Lv19:37 | וית כל סדרי דיניי | ותעבדון | יתהון אמר ייי: |
| 860 | | Lv20:08 | ותטרון ית קימי | ותעבדון | יתהון אנה ייי דקדשת |
| 861 | | Lv20:22 | וית כל סדרי דיניי | ותעבדון | יתהון ולא תפלוט יתכון |

|  |  |  |  |  |  |
|---|---|---|---|---|---|
| 862 | | Lv22:31 | מצוותה דאורייתי | ותעבדון | יתהון אנה הוא ייי דיהב |
| 863 | | Lv25:18 | סדרי דיניי תטרון | ותעבד«ו»ן | יתהון ותשרון על ארעא |
| 864 | | Lv26:03 | וית פיקודיי תטרון | ותעבדון | יתהון: |
| 865 | | Nu15:39 | ית כל מצוותה דייי | ותעבדון | יתהון ולא ת{פ}<ס>טון בתר |
| 866 | | Dt 7:12 | דינייה האליין ותטרון | ותעבדון | יתהון ויטר ייי אלהכון |
| 867 | | Dt26:16 | סדרי דיניה ותטרון | ותעבדון | יתהון בכל לבבכון ובכל |
| 868 | | Dt29:08 | ית מילי קיימה הדה | ותעבדון | יתהון מן בגלל דתצלחון ית |
| 869 | | Dt 5:13 | שיתה יומין תפלחון | ותעבדון | כל עבידתכון: |
| 870 | | Dt19:19 | | ותעבדון | לה היך מה דאתחשב למעבד |
| 871 | | Dt31:05 | יתהון ייי קדמיכון | ותעבדון | להון ככל מצוותה די פקדת |
| 872 | | Dt 4:16 | דלא תחבלון עובדיכון | ותעבדון | לכון {{צלם וצורא}} וכל |
| 873 | | Dt 4:23 | אלהכון די קיים עמכון | ותעבדון | לכון {{צלם וצורא}} וכל |
| 874 | | Dt 4:25 | ותחבלון עובדיכון | ותעבדון | לכון {{צלם וצורא}} וכל |
| 875 | | Dt 4:25 | וצורא}} וכל דמו | ותעבדון | מה דסני ומרחק קדם ייי |
| 876 | | Dt 6:18M | \ותעבד דשפר | /ותעבדון | מה דשפר#2#/ ותקן קדם |
| 877 | | Dt17:10M | \ותעבד על פם פתגמא | /ותעבדון | על מימר#2#/ די יתנון |
| 878 | | Dt16:01 | סורו ית ירחא דאביבה | ותעבדון | פסחא קדם ייי אלהכון ארום |
| 879 | | Dt28:48 | | ותעבדון | קדם בעלי דבביכון די יגרי |
| 880 | ותעבדינון | Ex 4:21 | נסי די שוית בידך | ותעבדינון | קדם פרעה ואנה אתוקף ית |
| 881 | ותעביד | Ex25:24 | ותחפי יתיה דהב דכי | ותעביד | ליה כליל דדהב חזר |
| 882 | | Dt10:01 | וסק לוותי לטורא | ותעביד | לך ארון דקים: |
| 883 | | Gn35:01M | ושרי תמן | ובנ'/ותעביד#2#/ | תמן מדבח לשם ממרי |
| 884 | ודעבד | Dt33:16 | בזכות ארעא ומלאיה | ודעבד | רעותה מן דאשרי איקר |
| 885 | ולמיעבד | Ex31:04M | \ולמעבד באומנות | /ולמיעבד | אומנו'#2#/ דהבא |
| 886 | ולמעבד | Dt28:13 | יומא הדין למיטור | ולמעבד: | |
| 887 | | Ex31:04 | ולמלפא אומנון | ולמעבד | באומנות דהבא ובאומנות |
| 888 | | Ex36:01 | וסכלתנו בהון למידע | ולמעב«ד» | ית כל עבידת פלחן |
| 889 | | Dt15:05M | מצוותה הדה די אנה | /ולמעבד | ית כל פיקודייה האליין |
| 890 | | Dt32:46 | ית בניכון למטור | ולמעבד | ית כל מילי שבח אוריתה: |
| 891 | | Ex36:02M | למק{ור}<רו>ב לעבידתה | ולמעבד | יתה |
| 892 | | Dt24:08 | צרעתה למיטור לחדה | ולמעבד | ככל מה די ילפון יתכון |
| 893 | למ' | Lv24:12M | ומסאבין די לא יכלו | למ' | |
| 894 | | Nu27:05M | במסאבין דלא יכלו | מעבד/למ'#2#/ | פסחא בז<י>מניה ובתרין |
| 895 | | Nu 9:13M | מלמעבד /ופסק | למ'#2#/ | פיסחא/<פ>סח#2#/ וישתיצי |
| 896 | | Gn18:25M | מן למעבד /מן | למ'#2#/ | פתגמא הדין דיינא |
| 897 | למיעבד | Dt34:11 | שלח יתיה מימריה דייי | למיעבד | בארעא דמצרים לפרעה ולכל |
| 898 | | Dt23:24M | מן פומכון תיטרון | למיעבד | היך מה דתנדרתון קדם ייי |
| 899 | | Gn30:30M | \יכל למעבד /יכיל | למיעבד#2#/ | ואנה זקיק למפרנסה בניי |
| 900 | | Dt11:32 | ותטרון | למיעבד | ית כל קיימיה וית סדרי |
| 901 | | Dt28:15 | דייי אלהכון למיטור | למיעבד | ית כל מצוותה וקיימוי די |
| 902 | | Ex36:02 | לבה למקרבה לעבידתה | למיעבד | יתה: |
| 903 | | Ex31:05M | ובנגרות קייסה | למיעבד | כל עבידה |
| 904 | | Dt13:19 | מפקד יתכון יומא הדין | למיעבד | מה דשפר ותקן קדם ייי |
| 905 | למעבד | Gn 2:03 | די ברה איקרה דייי | למעבד: | |
| 906 | | Gn11:06 | מנהון כל מה די חשבו | למעבד: | |
| 907 | | Ex32:22M | ביה והוא גרם ליה | למעבד | |
| 908 | | Lv 8:05 | דן פתגמא די פקד ייי | למעבד: | |
| 909 | | Dt 1:14 | שפר פתגמא די מללת | למעבד: | |
| 910 | | Dt24:08 | היך דפקד יתכון תטרון | למעבד: | |
| 911 | | Gn44:07M | מן#2#/הא מחוס מן | למעבד#2#/ | :<...> |
| 912 | | Ex35:32 | ולמלפא אומנ{י}<ו>ן | למעבד | באומנות דהבא ובאומנות |
| 913 | | Dt 6:01 | אלהכון למלפה יתכון | למעבד | בארעא די אתון עברין לתמן |
| 914 | | Dt12:01 | וסדרי דינייה די תטרון | למעבד | בארעא די יהב ייי אלה |
| 915 | | Ex39:03 | וקטעו יתהון שיזרין | למעבד | בגו תכלתה ובגו ארגוונא |
| 916 | | Ex31:05 | לאשלמתא ובנגרות קיסא | למעבד | בכל עבידא: |
| 917 | | Ex35:33 | לאשלמותה ובנגרות קיסה | למעבד | בכל עבידת באומנות: |
| 918 | | Gn44:17 | ואמר חס לי מן | למעבד | דא גברא דאשתכח כלידא |
| 919 | | Dt 6:03 | ותשמעון ישראל ותיטרון | למעבד | דייטיב לכון ודי תסגון |
| 920 | | Dt 5:32 | ותיטרון | למעבד | היך מה די פקד ייי אלהכון |
| 921 | | Gn30:30 | וכען מה אנה יכל | למעבד | ואנה זקיק למפרנסה בניי |
| 922 | | Gn11:06 | לכולהון והא כדון שרון | למעבד | וכדון לא יתמנע מנהון כל |
| 923 | | Nu22:18 | מימריה דייי אלהי | למעבד | זעירה או רבתה: |
| 924 | | Gn24:49 | וכדון אן ברעתכון | למעבד | חסד וטבו עם רבוני תנון לי |
| 925 | | Ex34:06 | רגז וקריב רחמין ומסגי | למעבד | חסד וקשוט: |
| 926 | | Nu14:18 | רגז וקריב רחמין ומסגי | למעבד | חסד שרי ושביק לחובין |
| 927 | | Nu24:13 | על פם גזרת מימרה דייי | למעבד | טבא או בישא מן דעתי ית מה |
| 928 | | Ex31:16 | ישראל ית יומא דשבתא | למעבד | ית יום שבתא לדריהון לקיים |
| 929 | | Lv26:15 | דיניי תרחק נפשכון דלא | למעבד | ית כל פיקודי במפסכון ית |
| 930 | | Nu16:28 | מן קדם ייי אשתלחת | למעבד | ית כל עיבידה האליין ארום |
| 931 | | Dt 5:15 | פקד יתכון ייי אלהכון | למעבד | ית יומא דשבתה: |
| 932 | | Dt 6:24 | ופקד יתן ייי | למעבד | ית כל קיימיה האיליין |
| 933 | | Dt 6:25 | תיהוי לן ארום נטור | למעבד | ית כל מצוותה הדה קדם ייי |
| 934 | | Dt 6:25M | אין נטרין אנן | למעבד | ית כל קיימיה האילין |
| 935 | | Dt15:05 | דייי אלהכון למטור | למעבד | ית כל מצוותה הדה די אנה |
| 936 | | Dt24:18 | אנה מפקד יתכון#2#^^ | למעבד | ית פתגמא הדין: |
| 937 | | Dt24:22 | כדין אנה מפקד יתכון | למעבד | ית פתגמא הדין: |
| 938 | | Dt26:16 | ייי אלהכון מפקד יתכון | למעבד | ית קיימיה האיליין וית |
| 939 | | Dt28:01 | דייי אלהכון למיטר | למעבד | ית כל מצוותה די אנה מפקד |
| 940 | | Dt28:58 | אין לא תטרון | למעבד | ית כל פתגמי אוריתה הדה |
| 941 | | Dt29:28 | לן ולבנינן עד עלמא | למעבד | ית כל פתגמי אורייתה הדה: |
| 942 | | Dt31:12 | ייי אלהכון ויטרון | למעבד | ית כל מילי אוריתה הדה: |
| 943 | | Gn22:14 | למקרבא ית יצחק ברי | למעבד | יתה עפר וקטם קדמיך אלא |
| 944 | | Ex36:03 | לעבידת פלחן בית קודשא | למעבד | יתה ואנון אייתון לוותה |
| 945 | | Ex36:05 | לעבידתה די פקד ייי | למעבד | יתה: |
| 946 | | Ex36:07 | כמסת לכל עבידת | למעבד | יתה ועבדו ושיירו: |
| 947 | | Dt 4:14M | \די תעבדון יתהון | /למעבד | יתהה#2#/ בארעא די אתון |
| 948 | | Dt11:22 | הדה די אנה מפקד יתכון | למעבד | יתה למרחם ית אולפן |
| 949 | | Dt19:09 | ית כל מצוותה הדה | למעבד | יתה דאנה מפקד יתכון יומא |
| 950 | | Ex35:01 | פתגמיא די פקד ייי | למעבד | יתהון: |
| 951 | | Dt 5:01 | ותלפון יתהון ותטרון | למעבד | יתהון: |
| 952 | | Dt 7:11 | מפקד יתכון יומא הדין | למעבד | יתהון: |
| 953 | | Dt17:19 | וית קיימיה האיליין | למעבד | יתהון: |
| 954 | | Dt27:26 | ית פתגמי אוריתה הדה | למעבד | יתהון ויאמרון כל עמה אמן: |
| 955 | | Gn18:07 | וטב ויהב לרביה ואוחי | למעבד | יתיה: |
| 956 | | Gn41:32 | ייי ומוחי מן קדם ייי | למעבד | יתיה: |
| 957 | | Ex12:48 | דכורא בכדן יהוי כשר | למעבד | יתיה ויהוי כיציביא דארעא |
| 958 | | Ex18:18 | מנך פתגמא לית את יכיל | למעבד | יתיה בלחודך: |
| 959 | | Lv22:27 | וטב ויהב לרביה ואוחי | למעבד | יתיה ופטירין אפה ואייכל |
| 960 | | Lv22:27M | לרבייה ואוחי רבייה | למעבד | יתיה |
| 961 | | Dt30:14 | פמיכון ובלבביכון | למעבד | יתיה: |
| 962 | | Gn44:19 | דאבה אין לא הווה כשר | למעבד | כדין מן בגין כדן שרי |
| 963 | | Gn29:26 | ואמר לבן לא כשר | למעבד | כדן בארענא למיתן זעירתא |
| 964 | | Ex 8:22 | ואמר משה לא תקן | למעבד | כדן ארום מרחקא אינון |
| 965 | | Dt 4:05 | די פקד ייי אלהי | למעבד | כדן בגו ארעא די אתון |
| 966 | | Dt20:18 | די לא יילפון יתכון | למעבד | ככל מרחקתהון די פלחו |
| 967 | | Ex35:35 | אשלם עמהון חכמה בלבהון | למעבד | כל עבידה דנגר ואומן וצייר |
| 968 | | Dt17:10 | ממריה דייי ותתטרון | למעבד | כל מה די ילפון יתכון: |
| 969 | | Dt18:09 | יהב לכון לא תלפון | למעבד | כמרחקתהון דאתרא |

|  |  |  |  |  |  |
|---|---|---|---|---|---|
| 970 | | Dt13:12 | וידחלון ולא יוסיפון | למעבד | כפיתגמא בישה הדין |
| 971 | | Dt13:01 | מפקד יתכון יתיה תטרון | למעבד | לא תופסון עלוי ולא תמנעון |
| 972 | | Dt19:19 | לה היך מה דאתחשב | למעבד | לאחוי ותבערון עבדי בישתה |
| 973 | | Ex14:25 | במצרים והוא עתיד | למעבד | להון נצחני קרביהון {עד |
| 974 | | Ex14:25 | במצרים והו' עתיד | למעבד | להון נצחני קרביהון} אוף |
| 975 | | Nu33:56 | ויהוי היך מה דאתחשבת | למעבד | להון אעבד לכון: |
| 976 | | Nu22:30 | הא מתכוונה מתכוונת | למעבד | לך כדין ואמר לא: |
| 977 | | Lv 8:34 | ביומא הדין פקד ייי | למעבד | למכפרה עליכון: |
| 978 | | Dt 9:18 | כל חוביכון די חטיתון | למעבד | מה דסני ומרחק קדם ייי |
| 979 | | Dt 4:01 | די אנה מלף יתכון | למעבד | מן בגלל דתיחון ותיעלון |
| 980 | | Dt 8:01 | יתכון יומא הדין תטרון | למעבד | מן בגלל דתיחון ותסגון |
| 981 | | Lv18:30 | ית מט{מ}רתי דלא | למעבד | מנימוסי מרחקתה די אתעבדו |
| 982 | | Gn44:18 | ביה אנה מחסל על מנת | למעבד | מעבד על {על} כורחיה דאבא |
| 983 | | Nu 4:03 | כל דיעול לחיל קרבה | למעבד | עב{ו}<י>דה במשכן זימנא: |
| 984 | | Ex35:29 | לכל עבידתה די פקד ייי | למעבד | על ידוי דמשה אייתון בני |
| 985 | | Dt 4:13 | ית קיימה די פקד יתכון | למעבד | עשרתי דביריה וכתב יתהון |
| 986 | | Nu15:34M | ובמסאבין די לא יכלו | למעבד | פיסחא בזמנא וב{ג}<ד>ין |
| 987 | | Lv24:12 | במסאבין דלא יכלו | למעבד | פיסחה ובדין בנתה דצלפחד |
| 988 | | Nu 9:04 | משה עם בני ישראל | למעבד | פיסחה: |
| 989 | | Nu 9:06 | נפש דבר נש ולא יכלו | למעבד | פיסחה ביומא ההוא <....>: |
| 990 | | Nu 9:06M | ולית אפשר להון | למעבד | פסחא |
| 991 | | Nu 9:08 | במסאבין דלא יכלו | למעבד | פסחה בזמנה ובדין בנתיה |
| 992 | | Gn19:22 | לתמן ארום לא אוכל | למעבד | פתגם עד זמן דתיעול לתמן |
| 993 | | Gn18:25 | מחוס מן קדמיך מן | למעבד | פתגמא הדין דיינא דדיינן |
| 994 | | Gn18:25 | מחוס מן קדמיך מן | למעבד | פתגמא הדין לממתה זכייה עם |
| 995 | | Gn18:25M | מן למעבד /מן | למ<עבד#2#/ | פתגמא הדין לממתה |
| 996 | | Gn34:14 | להון לית אנן יכלין | למעבד | פתגמא הדין למיסב ית אחתן |
| 997 | | Gn34:19 | ולא אשתהי רביא | למעבד | פתגמא ארום אתרעיית נפשיה |
| 998 | | Gn18:19 | ויטרון אורחא דייי | למעבד | צדקתה ודינא מן בגלל די |
| 999 | | Lv 8:34M | הדין הכדין פקד ייי | למעבד | שבעה יומין קומי יומא |
| 1000 | | Gn 3:15M | הנון אלין ואלין | למעבד | שפ' |
| 1001 | | Dt19:20 | וידחלון ולא יוסיפון | למעבד | תוב כפתגמא בישה הדין |
| 1002 | מלמעבד | Lv 9:22M | עמה ובריכינון ופסק | מלמעבד | |
| 1003 | | Nu 9:13 | «י»הווי ויתמנע | מלמעבד | פיסחא וישתיצי נפשה ההוא |
| 1004 | etpeel אדעבדת | Dt32:27 | ולא מן קדם ייי | אדעבדת | דא: |
| 1005 | איתעבד | Gn34:07M | לחדא ארום מרחקא | עבד/איתעבד#2#/ | בישראל למשמשה |
| 1006 | | Gn15:02 | בר ביתי דעל ידוי | איתעבד | לי נסין בדרמשק ירית יתי: |
| 1007 | איתעביד | Gn34:31M | דלית ליה תב{י}<ו>ע | איתעביד | בדינה אחתי בגין כן |
| 1008 | אתעבד | Lv24:12M | יתיה /באלין דינין | אתעבד | בה#2#/: |
| 1009 | | Ex 4:20 | ונסב משה ית חוטרא די | אתעבד | ביה ניסין מן קדם ייי |
| 1010 | | Ex17:09 | על ריש רמתא וחוטרא די | אתעבד | ביה נסין קדם ייי בידי: |
| 1011 | | Ex 5:15M | למה כען \תעבד כדן | /אתעבד | כן#2#/ לעבדך: |
| 1012 | | Gn34:31 | בר נש תבע עלבנה כדון | אתעבד | לדינא אחתן היך אתה טעיא |
| 1013 | | Gn21:06 | ואמרת שרה חדו רבה | אתעבד | לי מן קדם ייי כל דשמע |
| 1014 | | Ex24:05M | בבוכרייא דעד כדון לא | אתעבד | משכן זמנ{ן}<א> ועד כדון |
| 1015 | אתעבדו | Ex15:08 | ובמימר מן קדמך ייי | אתעבדו | מיי' ערמן ערמן קמו צרירין |
| 1016 | | Lv18:30 | מנימוסי מרחקתה די | אתעבדו | מן קדמיכון ולא תסתאבון |
| 1017 | | Gn28:10 | אלין חמישיתי נסיא | אתעבדו | עם אבונן יעקב בזמנא די |
| 1018 | | Gn28:10 | חמשה נסין | אתעבדו | עם אבונן יעקב בזמנא דנפק |
| 1019 | | Ex20:25M | "דחרבא ... יתהון": מינה | את<ע>בדו | קרב' מותא לכולא אסטמר |
| 1020 | אתעבדון | Dt32:31 | דחטינן וארגזן קדמוי | אתעבדון | בעלי דבבי{כון}<נן> |
| 1021 | אתעבדת | Nu15:24 | ויהוי אם מעיני כנישתה | אתעבדת | לשלו ויקרבון כל עם כנישתה |
| 1022 | | Dt13:15 | מן קושטא אתכוון פתגמא | אתעבדת | מרחקתה הדא ביניכון: |
| 1023 | | Dt17:04 | מן קושטא אתכוון פתגמא | אתעבדת | מרחקתה הדה בישראל: |
| 1024 | אתעביד | Ex 2:04 | מרחוק למידע אחתיה מה | אתעביד | ליה: |
| 1025 | אתעבידו | Ex14:13 | ארבע כתין | אתעבידו | בני ישראל בזמנא דהוון |
| 1026 | ית' | Dt32:27M | ולא מן קדם ייי | אדעבדת/ית'#2#/ | דא: |
| 1027 | | Dt17:04M | אזדמן#2#/ פתגמא | אתעבדת/ית'#2#/ | מרחקתה/מרחקה#2#/ הדה |
| 1028 | יתעבד | Nu15:14M | \כדן יעבד /כן | יתעבד#2#/: | |
| 1029 | | Ex12:16 | יהווי לכון כל עבידא לא | יתעבד | בהון לחוד מה די יתעביד |
| 1030 | | Dt25:09 | ותימר כהדן סידרא | י{ד}<ת>עבד | לגברא די לא צבה למיבני |
| 1031 | | Nu15:34 | דיתפרש להון קדם ייי מה | יתעבד | לה: |
| 1032 | | Nu 4:26 | פולחניהון וית כל מה די | יתעבד | להון ויפלחון: |
| 1033 | | Ex21:31 | ישראל כסדר דינא הדין | יתעבד | ליה: |
| 1034 | | Lv 4:20 | דעבד לתורה דחטאתה כן | יתעבד | ליה ויכפר עליהון כהנא |
| 1035 | | Lv24:19 | בחבריה היך מה דעבד כדן | יתעבד | ליה: |
| 1036 | | Ex12:16 | דנפשה הוא לבלחודוי | יתעבד | לכון: |
| 1037 | | Lv 7:24 | ותרב דנבלה ותרב דקטילה | יתעבד | לכל עבידה ומיכול לא |
| 1038 | | Lv 2:08M | ית מנחתא די | יתקרב/יתעבד#2#/ | מן אלין לשמה דייי |
| 1039 | | Lv13:51 | או במשך לכל מה די | יתעבד | משכה לעבידה צרעה |
| 1040 | | Ex31:15 | שתה יומין | יתעבד | עבידה וביומה שבעיה שבת |
| 1041 | | Lv11:32 | או משך או סק כל מן די | יתעבד | עבידה בהון במיא יתעל |
| 1042 | יתעבדו | Dt32:31M | וארגזן קדמוי | אתעבדון/יתעבדו#2#/ | בעלי דבבי{כון}<נן> |
| 1043 | יתעבדון | Gn49:26 | יתין כל ברכתא האליין | יתעבדון | כליל דרבו על ריש יוסף |
| 1044 | יתעבדת | Dt13:15M | פתגמא | אתעבדת/יתעבדת#2#/ | מרחקתה הדא |
| 1045 | יתעביד | Ex12:16 | יתעבד בהון לחוד מה די | יתעביד | לכל צורכיה דנפשה הוא |
| 1046 | תת' | Dt14:01M | ייי אלהכון לא | \תעבדון/^תת'#2#^/ | חבורן חבורן |
| 1047 | תתעבד | Lv 2:07M | סלת פילה במשח | תתקרב/תתעבד#2#/: | |
| 1048 | | Lv 2:11M | לשמה דייי לא | תתקרב/תתעבד#2#/ | חמיע ארום כל דמחמע |
| 1049 | | Ex25:31 | מנרתא דהב דכי נגידא | תתעב«ד» | מנרתה בסי{ם}<ס> דידה |
| 1050 | מדעבדין | Nu34:15 | סדר נצחני קרבוי דייי | מדעבדין | ומנהרא רובא נהרא פרת נפק |
| 1051 | מתעבד | Gn29:26M | כדן בארענא למיתן | /מתעבד | כן באתרן למ'#2#/ זעירתא |
| 1052 | | Ex 3:16M | לכון מצריי /די עבדו | מתעבד | לכון במצרים#2#/: |
| 1053 | | Ex20:25M | חציב ארום פרזלא חרבא | מתעבד | מיני' אין עברת פרזלא |
| 1054 | מתעבדא | Ex20:25 | {ארום פרזלא} דחרבא | מתעב{ר}<ד>א | עברת עליהון ואפסת יתהון: |
| 1055 | מתעבדה | Lv 4:02 | מצותה דייי די לא כשרין | מתעבדה | ותעבד חדא מנהון: |
| 1056 | דאתעבד | Ex38:24 | {{ובארגוון}} כל דהבא | דאתעבד | לעבידתה בכל עבידת |
| 1057 | דיתע' | Ex35:02M | קדם ייי כל \די | יעבד/דיתע'#2#/ | בה עבידה/עי'#2#/ |
| 1058 | דיתעבד | Ex29:01 | ודן פתגמא | ד<י>תעבד | להון למקדשה יתהון למשמשה |
| 1059 | דמתעבד | Ex38:24M | \דאתעבד לעבידתה | /דמתעבד | לעיבי'#2#/ בכל עבידת \ |
| 1060 | ואתעבד | Dt 1:01 | אתבזע קדמיכון ימא | ואתעבד | תרתין עשרי איסטרטין אסרט |
| 1061 | ואתעבדו | Gn40:10 | בשלו סגוליה | ואתעבדו | לענבין: |
| 1062 | ואתעבדן | Gn28:11M | ושוינון איסדוהי | ואתעבדן | לאבנ' חדא ביהוא זמנא |
| 1063 | וית' | Dt 1:01M | קדמיכון ימא | ואתעבד/וית'#2#/ | תרתין עשרי איסטרטין |
| 1064 | ויתעבד | Lv13:58M | תחוור | ויתעבר/^<ויתע>בד#2#^/ויעבר#2#/ | מנהון מכתשה |
| 1065 | | Ex33:16 | איקר שכינת«ך» עמן | ויתעבד | עמן נסין ופלאין אנה ועמך |
| 1066 | ויתעבדן | Dt33:16 | כל אליין ברכייתה | ויתעבדן | כליל דרבו על רישא דיוסף |
| 1067 | ותעבדון | Ex20:09 | שיתא יומין תפלחון | {י}<ו>תעבדון | כל עבדתכון: |
| 1068 | לאתעבדה | Lv 5:17M | די לא כשרין | למתעבדה/<ל>א<תעבדה>#2#/ | ולא ידע ואתחייב |
| 1069 | למיתעבדה | Gn21:08M | כשרין \היך מגהך | /למיתעבדה | מג'#2#/ בפולחנא |
| 1070 | למתעבדא | Gn34:07 | וכדן לא הוה כשר | למתעבדא: | |
| 1071 | | Gn20:09 | עבדין דלא כשרין | למתעבדא | עבדת עמי: |
| 1072 | למתעבדה | Lv 4:22 | דייי אלהה דלא כשרין | למתעבדה | בשלו ויתחייב: |
| 1073 | | Lv 4:27 | דייי דלא כשרין | למתעבדה | ויתחייב: |
| 1074 | | Lv 4:13 | מצוותה די לא כשרין | למתעבדה | ויתחייבון: |
| 1075 | | Lv 5:17 | דייי די לא כשרין | למתעבדה | ולא ידע ואתחייב ויקבל |

## servant *n.* עבד

[391]

|  |  |  |  |  |  |
|---|---|---|---|---|---|
| 001 | עבד s ab/cn | Ex12:44 | וכל | עבד | דגבר זבין כספא ותגזרון |
| 002 | | Gn44:10 | די ישתכח לוותה יהוי לי | עבד | ואתון תהוון זכיין: |
| 003 | | Gn44:17 | כלידא בידיה הו יהוי לי | עבד | ואתון סקון בשלם לוות |
| 004 | | Ex21:32 | אין | עבד | יגש תורא אין אמתא כסף |
| 005 | | Gn41:12 | ותמן עמן טלי עברי | עבד | לרב אספקלטורייה ותנינן לה |
| 006 | | Gn44:33 | יתיב כען עבדך תחות טליא | עבד | לריבוני וטליא יסק עם אחוי: |
| 007 | | Dt15:17 | בית דינה ויהווי לך | עבד | משעבד ע{ו}ד לעולם ולחוד |
| 008 | | Gn 9:25 | יהווי כנען | עבד | משתעב' יהווי לאחוי: |
| 009 | | Gn 9:26 | אלהא דשם ויהווי כנען | עבד | משתעבד להון: |
| 010 | | Gn 9:27 | דשם ויהווי כנען | עבד | משתעבד להון: |
| 011 | | Ex21:06 | אדניה במרצעא ויהווי ליה | עבד | משתעבד לעלם: |
| 012 | | Ex21:02 | ארום תזבן | עבד | עבריי שית שנין יפלח קדמך |
| 013 | לעבד | Gn44:17M | בידיה הו יהוי לי | עבד/לעבד#2#/ | ואתון סקון/סוקו#2#/ |
| 014 | עבד' s em/sf | Gn18:05M | כן עברתון למזכיי' ית | עבד' | |
| 015 | | Gn24:53 | ואפיק | עבד' | מנין דכסף ומנין דדהב |
| 016 | עבדא | Gn24:34 | ואמר | עבדא | דאברהם אנה: |
| 017 | | Gn24:52M | \כד שמע/כיון דשמע#2#/ | עבדא/ | דאברהם מליהון ואודי |
| 018 | | Gn24:59M | פדגוגתא וית אליעזר | עבדא#2#/ | דאברהם וית אנשוי |
| 019 | | Gn24:59 | אחתהון וית מיינקתה וית | עבדא | דאברהם וית אנשוי: |
| 020 | | Gn24:65 | באפיה ברא לקדמותן ואמר | עבדא | הוא ריבוניה ונסיבת רדידה |
| 021 | | Gn24:61 | והלכין בתר גברא ונסב | עבדא | ית רבקה ואזל: |
| 022 | | Gn24:66 | ותני | עבדא | ליצחק ית כל פתגמא |
| 023 | | Gn24:17 | ורהט | עבדא | לקדמותה ואמר אשקיין יתי |
| 024 | | Gn24:05 | ואמר ליה | עבדא | מה דלמה לא תצבי אתתא למיתי |
| 025 | | Gn39:17 | האילן למימר על לוותי | עבדא | עברא די איית«י»ת לן |
| 026 | | Gn24:10 | ונסב | עבדא | עשרה גמלין מן גמלוי |
| 027 | | Ex21:05 | ואם מימר ימר | עבדא | רחמית ית רבני ית אתתי וית |
| 028 | עבדה | Dt34:05 | ומית תמן <משה> | עבדה | דייי בארעהון דמואביי על פם |
| 029 | | Gn33:14 | יעבר כען רבוני קדם | עבדה | ואנא אדבר יתהון להוני לרגל |
| 030 | | Dt 5:21 | דחבריה לא חקלה ולא | עבדה | ולא אמהתיה ולא תוריה ולא |
| 031 | | Gn24:09 | ושווי | עבדה | ית ידה תחות קיימה |
| 032 | | Dt23:16 | לא תמסור | עבדה | למריה די ישתיזב לוותך |
| 033 | עבדי | Nu12:07 | לא כוות כל נביאה הוא | עבדי | מש' בכל עולמי דברית מהימן |
| 034 | | Nu12:07M | עולמי דברית מהימן הוא | עבדי/ | משה בכל קומיסטון דידי |
| 035 | | Gn26:24 | ית בנך בזכוותא דאברהם | עבדי: | |
| 036 | | Ex20:02 | מן ארעא דמצרים מן בית | עבדי: | |
| 037 | | Gn50:17M | דאחך /ושבוק לחוביה | עבדי#2#/ | ולחוביהון ארום בישן |
| 038 | | Ex19:09 | עמך ואף בנבואתך משה | עבדי | יהמנון לעלם ותני משה ית |
| 039 | עבדיה | Ex14:31 | דייי ובנבואתיה דמשה | עבדיה: | |
| 040 | | Ex21:20 | וארום ימחי גבר ית | עבדיה | או ית אמהתיה בשרביטה ומית |
| 041 | | Ex21:27 | ואין שן | עבדיה | או שן אמהתיה יתר לחירות |
| 042 | | Gn33:14M | אבא בעלמא הדין קדם | עבדיה | ואנא אדבר לבלחודוי |
| 043 | עבדך | Gn18:03 | איקר שכינתך מעילווי | עבדך: | |
| 044 | | Gn33:05 | ואמר טליא די חן ייי ית | עבדך: | |
| 045 | | Gn32:05 | לרבוני לעשו כדן אמר | עבדך | יעקב עם לבן אתותבת |
| 046 | | Gn44:24 | והוה ארום סלקנן לוות | עבדך | אבה ותנינן ליה ית מלוי |
| 047 | | Gn44:27 | <ואמר> | עבדך | אבה לן אתון ידעתון ארום |
| 048 | | Gn44:30 | וכדון כמעלי לוות | עבדך | אבה וטליה לית הוא עמן |
| 049 | | Gn44:31M | \שיביתיה דעבדך/שיבת | עבדך#2#/ | אבונן בדוויי לשאול |
| 050 | | Gn32:11 | ומן כל קושטא די עבדת עם | עבדך | ארום בחוטרי עברת ית ירדנא |
| 051 | | Ex 4:10 | מן זמנא די {מ}מללת עם | עבדך | ארום חגר פ{ס}<ם> חגר ממלל |
| 052 | | Dt 5:14 | מן בגלל די תניחון | עבדך | ואמהתך כוותכון: |
| 053 | | Gn39:19 | כפתגמיא האילין עבד לי | עבדך | ותקף רוגזיה: |
| 054 | | Gn19:19 | הא כען אשכח | עבדך | חן וחסד קדמך ותוקפת חסדך |
| 055 | | Gn44:31 | טליא עמן מית הוא ויחתון | עבדך | ית שיביתיה דעבדך אבונן |
| 056 | | Dt 3:24 | ייי את שרית למחווייה ית | עבדך | ית תקפך וית גבורת ידך |
| 057 | | Gn44:09 | ית מן די ישתכח לוותיה מן | עבדך | יתקטל ואף אנן נהוי לריבוני |
| 058 | | Nu32:31 | ית מה די מלל ייי עם | עבדך | כדן נעבד: |
| 059 | | Gn44:32 | ארום | עבדך | ערב ית טליא מן לוות אבה |
| 060 | | Gn44:18 | מינך רבוני ימלל כען | עבדך | פתגם ורבוני לא יתקוף רוגזך |
| 061 | | Nu31:49 | ואמרין למש' | עבדך | קבילו ית סכום עמא |
| 062 | | Gn44:33 | וכדון יתיב כען | עבדך | תחות טליא עבד לריבוני |
| 063 | עבדכון | Dt 5:14M | תניחון \עבדך ואמהתך | עבדכון/ | ואמהתכון#2#/ כוותכון: |
| 064 | | Gn18:05 | שורותא עברתון על | עבדכון | ואמרין כ{{ך}}ן תעביד כמה |
| 065 | בעב' | Dt 3:24M | למחווייה \ית | עבדך/בעב'#2#/ | ית תקפך וית גבורת |
| 066 | בעבדי | Nu12:08 | מה לא דחלתון לממללה | בעבדי | במשה: |
| 067 | בעבדך | Gn44:18 | ורבוני לא יתקוף רוגזך | בעבדך | הלא מן זמנא קדמייא דאתינן |
| 068 | דעבדיה | Ex21:26 | ימחי גבר ית עיניה | דעבדיה | או ית עיניה דאמה{ה}תה |
| 069 | דעבדך | Gn44:31 | עבדך ית שיביתיה | דעבדך | אבונן בדוויי לשאול: |
| 070 | | Gn44:16 | ייי ארעת חובתהון | דעבדך | הא אנן עבדין לריבוני לחוד |
| 071 | דעבדכון | Gn19:02 | מסון כען לביתיה | דעבדכון | ואביתון ואסחון רגליכון |
| 072 | דילעבדך | Gn47:04 | ארום לית מרעה לענה | דילעבדך | ארום תקף כפנא לחדא |
| 073 | ועבדא | Gn26:14 | דען וקנין דתורין | ועבדא | מסגיא וקנין ביה פלישתאי: |
| 074 | ועבדי | Nu14:24 | | ועבדי | כלב חלף די הוות רוח דקדש |
| 075 | ובעבדך | Ex 9:14M | על ליביה דפרעה | ובעבדך | |
| 076 | ולעבדך | Lv25:06 | דארעא לכון למיכל לך | ולעבדך | ולאמהתך ולאגירך ולתותבך |
| 077 | לעבד' | Gn44:07M | פתגמיא האליין \חס | לעבד' | מן#2#/הא מחוס מן |
| 078 | לעבדא | Gn24:65 | ואמרת | לעבדא | מן הוא דא גברא דאתי באפיה |
| 079 | לעבדיה | Dt 5:21M | לחקלא לא | לעבדיה | ולא לאמתא ולא לתוריה ולא |
| 080 | | Gn24:02 | ואמר אברהם | לעבדיה | סבא דביתיה דתפיס בכל דליה |
| 081 | לעבדך | Ex 5:15 | למה כען תעבד כדן | לעבדך: | |
| 082 | | Gn43:28 | ואמרין שלם | לעבדך | אבונן הא הוא בחיין ועקדו |
| 083 | | Gn44:21 | ואמרית | לעבדך | אחותן יתיה לוותי ואשוי |
| 084 | | Gn44:23 | ואמרת | לעבדך | אן לא יחות אחוכון זעירא |
| 085 | | Nu32:05 | יתיהב ית ארעא הדה | לעבדך | ולאחסנה לא תעבר יתן ית |
| 086 | | Ex 5:16 | תבן לית מתיהב | לעבדך | ולבנין את אמר לן עבדך |
| 087 | | Nu11:11 | קדם ייי למה כען אבאשת | לעבדך | ולמה כען לא אשכחת חסד |
| 088 | | Gn32:19 | ותאמר | לעבדך | ליעקב דורון היא ואשלחת |
| 089 | | Gn24:14 | לגמליך אשקי יתה זמנת | לעבדך | ליצחק ובה אדע ארום עבדת |
| 090 | עבדין p abs | Lv25:55M | /^הנון#2#^/ די אפקת | /עבדין | הינון די פרקית ואפ'#2#/ |
| 091 | | Lv25:44 | להוד מנהון תזבנון | עבדין | ואמהן: |
| 092 | | Gn47:19 | בלחמא ונהווי אנן וארען | עבדין | לפרעה והב לן זרע ונחי ולא |
| 093 | | Gn47:25 | באפוי דרבוני ונהוי | עבדין | לפרעה: |
| 094 | | Gn44:16 | חובתהון דעבדך הא אנן | עבדין | לריבוני לחוד אנן לחוד מן |
| 095 | | Lv26:13 | דמצרים מן למיהוי להון | עבדין | משעבדין ותברית ניר |
| 096 | | Dt 5:15 | ותידכרון ארום | עבדין | משעבדין הויתון בארעא |
| 097 | | Dt 6:21 | ותימרון ל{{י}} בניכון | עבדין | משעבדין הוינן לפרעה |
| 098 | | Dt15:15 | ות{ת}<ד>כרון ארום | עבדין | משעבדין הוויתון בארעא |
| 099 | | Dt16:12 | ותדכרון ארום | עבדין | משעבדין הוויתון בארעא |
| 100 | | Dt24:18 | ותדכרון ארום | עבדין | משעבדין הוויתון במצרים |
| 101 | | Dt24:22 | ות{ת}<ד>כרון ארום | עבדין | משעבדין הוויתון בארעא |
| 102 | | Lv25:55 | לשמי אינון בני ישראל | עבדין | עבדיי אינון די אפקת יתהון |
| 103 | ועבדין | Gn12:16 | ליה ען ותורין וחמרין | ועבדין | ואמהן ואתנין וגמלין: |
| 104 | | Gn20:14 | ונסב אבימלך ען ותורין | ועבדין | ואמהן ויהב לאברהם וחזי |
| 105 | | Gn24:35 | ען ותורין וכסף ודהב | ועבדין | ואמהן וגמלין וחמרין: |
| 106 | | Gn32:06 | והוה לי תורין וחמרין | ועבדין | ואמהן ושלחת למתנייה |
| 107 | | Gn30:43 | ליה ען סגין ואמהן | ועבדין | וגמלין וחמרין: |
| 108 | | Gn26:14M | \ועבדא מסגיא /ונכסין | ועבדין | סגין#2#/ וקנין ביה |

|  |  |  |  |  |
|---|---|---|---|---|
| 109 | לעבדין | | Gn44:09 | ואף אנן נהוי לריבוני לעבדין: |
| 110 | | | Gn50:18 | ואמרו הא אנן לך לעבדין: |
| 111 | | | Gn43:18 | עלינן ולמסב יתן לעבדין וית חמרינן: |
| 112 | | | Dt28:68 | תמן לבעלי דבביכון לעבדין ולאמהן ולית דזבין יתכון: |
| 113 | | | Gn27:37 | כל אחוי שויתי קדמוי לעבדין ועבור וחמר סמכ<'> יתיה |
| 114 | עבדי | p const | Gn50:17M | דעבדוי די אלהה /לחובי עבדי אלהא#2#/ דאבוך ובכה יוסף |
| 115 | ע' | p em/sf | Gn21:25M | עבדוי /די חפרו יתה ע'#2#/ דאבימלך: |
| 116 | עבדוי | | Gn40:20M | \בגו שלטנוי /ביני עבדוי#2#/: |
| 117 | | | Gn45:16 | באפוי דפרעה ובאפוי עבדוי: |
| 118 | | | Ex 9:34M | לביה הוא ושליט«וי»/עבדוי#2#/: |
| 119 | | | Gn21:25 | בירא דמיא דגזלו עבדוי דאבימלך: |
| 120 | | | Gn26:19 | וחפרו עבדוי דיצחק בנחלה ואשכחו תמן |
| 121 | | | Gn26:25 | תמן משכניה וחפרו תמן עבדוי דיצחק באר: |
| 122 | | | Gn26:32 | והוה ביומא ההוא ואתון עבדוי דיצחק ותניאו ליה על עסק |
| 123 | | | Gn26:15 | וכל באריא דחפרו עבדוי דאבוי סתמו יתהון פלשתאי |
| 124 | | | Dt11:07 | עיניכון חמיין ית כל עבדוי דייי רברביה די עבד: |
| 125 | | | Ex 9:20M | מן קדם ייי מן שליטוי/עבדוי#2#/ דפרעה ערק ית עבדוי |
| 126 | | | Ex10:07 | ואמרו עבדוי דפרעה ליה עד אימת יהווי |
| 127 | | | Ex11:03M | דמצרים באפיה שליטוי/עבדוי#2#/ דפרעה ובאפי עמא |
| 128 | | | Ex 7:10 | חוטריה קדם פרעה וקדם עבדוי והווה לחיוא: |
| 129 | | | Ex 9:20 | מן שליטוי דפרעה ערק ית עבדוי וית בעירי«ה» לגו ביתא: |
| 130 | | | Ex 9:21 | לפתגמוי דייי ושבק ית עבדוי וית בעיריה באפי ברא: |
| 131 | | | Ex12:30M | בליליה הוא וכל שלטנוי/עבדוי#2#/ וכל מצריי/מצראי#2# |
| 132 | | | Dt29:01M | לפרעה ולכל שולטנוי/עבדוי#2#/ ולכל ארעיה: |
| 133 | | | Dt34:11 | דמצרים לפרעה ולכל עבדוי ולכל ארעיה: |
| 134 | | | Gn20:08M | בצפרא וקרא לכל שלטוי/עבדוי#2#/ ומלל ית «כל» |
| 135 | | | Ex 8:27M | מפרעה ומן שליטוי/עבדוי#2#/ ומעממא/ומן עמ'#2#/ |
| 136 | | | Gn50:02 | ופקד יוסף ית עבדוי ית אסיא למחנט ית אבר' |
| 137 | | | Gn44:19 | מכיכן רבוני שאל ית עבדוי למימר הא אית לכון אב או |
| 138 | | | Ex 5:21M | ית רחן קדם פרעה וקדם עבדוי למיתן#2#/ חרבא בידיהון |
| 139 | | | Gn32:17 | ושוי ביד עבדוי עדר עדר לבלחודוי ואמר |
| 140 | | | Dt32:43 | ישראל ארום עולבן ודם עבדוי צדיקייה הוא תבע ונקמתה |
| 141 | עבדיה | | Lv25:42 | לא יזדבנון כנימוסי עבדיה: |
| 142 | | | Dt 5:06 | דמצרים מן בית שעבוד עבדיה: |
| 143 | | | Ex20:17 | ולא אתתיה דחבריה ולא עבדיה ולא אמהתי ולא תורי ולא |
| 144 | | | Dt 7:08 | יתכון מן בית שעבוד עבדיה ומן ידוי דפרעה מלכא |
| 145 | עבדיי | | Lv25:55 | אינון בני ישראל עבדין עבדיי אינון די אפקת יתהון |
| 146 | עבדייא | | Ex21:07 | לא תפוק בנימוסי עבדייא: |
| 147 | עבדייה | | Lv25:39 | לא תשתעבד בה כנימוסי עבדייה: |
| 148 | | | Dt 6:12 | דמצרים מן בית שעבוד עבדייה: |
| 149 | | | Dt 8:14 | דמצרים מן בית שעבוד עבדייה: |
| 150 | | | Dt13:11 | דמצרים מן בית שעבוד עבדייה: |
| 151 | | | Lv25:42 | ארום עבדייה אינון די אפקית ית{כ}<ה>ון |
| 152 | | | Dt13:06 | יתכון מן בית שעבוד עבדייה {{למיטעי}} יתכון מן אורחא |
| 153 | עבדיך | | Ex11:08 | ויחתון כל עבדיך אלין לוותי וישאלון בשלמי |
| 154 | | | Ex32:13 | ליצחק ולישראל עבדיך די קיימת להון בשם מימרך |
| 155 | | | Ex10:06M | ובתיהון דכל מצריי /עבדיך ובני כל מצראי#2#/ די לא |
| 156 | | | Ex 8:07M | אנשי ביתך ומן שלטונך/עבדיך#2#/ ומן עמך לחוד |
| 157 | | | Ex 7:28M | ובבתי \שלטנך ובעמך /עבדיך ועמיך#2#/ ובכל שולטנך |
| 158 | | | Gn42:11 | היימינן אנן לא הוון עבדיך ילילין: |
| 159 | | | Ex 7:29M | ובעמך#2#/ ובכל שלטנך/עבדיך#2#/ יסקון ארדעניא |
| 160 | | | Ex 5:16 | אמר לן עבדך עבדו והא עבדיך לקו ופרעה ועמא חטיין: |
| 161 | עבדך | | Gn42:13 | ואמרין תרין עשר עבדך אחין אנן בנוי דגבר חד |
| 162 | | | Gn47:04 | דכנען וכדון ישרון כען עבדך בארעא דגשן: |
| 163 | | | Nu32:25 | דראובן למשה למימר עבדך יעבדון היך מה דרבוני מפקד: |
| 164 | | | Gn47:03 | לפרעה רען ען אנון עבדך להוד אנון ולחוד אבהתן: |
| 165 | | | Gn46:34 | ותימרון מרי בעיר הוון עבדך מן טלייתהון ועד כדון להוד |
| 166 | | | Ex 5:16 | לעבדך ולבנין את אמר לן עבדך עבדו והא עבדיך לקו ופרעה |
| 167 | בעבדיך | | Ex 8:17M | /משלח#2#/ בך ובשלטונך/בעבדיך#2#/ ובעמך ובאנשי ביתך |
| 168 | דעבדוי | | Gn50:17 | כען ושבוק למרדיהון דעבדוי די אלהה דאבוך ובכה יוסף |
| 169 | | | Ex 8:20M | דפרעה ובתיהון דעבדוי#2#/ ובכל ארעא דמצרים |
| 170 | | | Ex10:01M | וית לביהון דשליטוי/דעבדוי#2#/ מן בגלל למשוויה |
| 171 | ועבדוי | | Gn14:15M | ליליא הוא ושלטנוי/ועבדוי#2#/ וקטל יתהון ורדף |
| 172 | ועבדיך | | Gn42:10 | ואמרין ליה <לא> רבוני ועבדיך אתון למזבן מזון: |
| 173 | | | Lv25:44 | ועבדיך ואמהתיך די יהווי לך |
| 174 | | | Ex 9:30M | ידע/ואת פרעה ועבדיך ידע#2#/ אנה ארום על דקדם |
| 175 | ועבדיכון | | Dt 5:14 | אתון ובניכון ובנתכון ועבדיכון ואמהת«י»כון תוריכון |
| 176 | | | Lv25:44M | די יהווי לך /ועבדיכון ואמהתכון דייהוון |
| 177 | | | Dt12:12 | אתון ובניכון ובנתכון ועבדיכון ואמהתכון וליווי די |
| 178 | | | Dt12:18 | אתון ובניכון ובנתכון ועבדיכון ואמהתכון וליווי די |
| 179 | | | Dt16:14 | אתון ובניכון ובנתכון ועבדיכון ואמהתכון וליוויי |
| 180 | ועבדך | | Nu32:27 | ועבדך יעברו כל דמזיין לחיל קרבה |
| 181 | ועבדכון | | Ex20:10 | אתון ובניכון ובנתכון ועבדכון ואמהתיכון ובעירכון |
| 182 | | | Dt16:11 | אתון ובניכון ובנתכון ועבדכון ואמהתכון וליוויי ˆדאית |
| 183 | ולעבדיך | | Nu32:04 | ארע בית מרעי היא ולעבדיך בעיר סגין: |
| 184 | | | Ex 8:05M | אצלי עליך ולשלטוניך/ולעבדיך#2#/ ולעמך למשיציא |
| 185 | ולעבדיכון | | Lv25:06M | "לך ... בניכון": לכון ולעבדיכון ולאמהתכון ולאגיריכון |
| 186 | לעבדוי | | Nu22:18 | וענה בלעם ואמר לעבדוי דבלק אם יתן לי בלק מלא |
| 187 | | | Gn32:17 | עדר עדר לבלחודוי ואמר לעבדוי עברו קדמוי ונפי«ש» |
| 188 | לעבדיך | | Dt 9:27 | אדכר ברחמיך טבייה ˆלעבדיך#2#ˆ לאברהם ליצחק וליעקב |

See also: n. עובד

## work *n.* עבדה

[393]

|  |  |  |  |  |
|---|---|---|---|---|
| 001 | עבדת | s ab/cn | Ex39:32 | ושלמת כל עבדת משכנה משכן זימנא ועבדו בני |
| 002 | בעבדא | | Gn17:01 | קדמי בקשטא והוה שלם בעבדא טבא: |
| 003 | | | Gn25:27 | ויעקב הוה גבר שלם בעבדא טבא יתיב בבתי מדרשא: |
| 004 | | | Gn33:18 | ואתא יעקב שלם בעבדא טבא לכרכה דשכם די בארעא |
| 005 | | | Gn34:21 | גברייה האילין שלמין בעבדא טבא עמן וישרון בארעא |
| 006 | | | Gn39:02 | יוסף והוה גבר מצלח בעבדא טבא והוה רב ושליט בביתיה |
| 007 | | | Ex13:18 | ימא דסוף ומזיינין בעבדא טבא סלקו בני ישראל |
| 008 | בעבדה | | Gn 6:09 | דנח נח גבר צדיק שלם בעבדה טבא הוו בדרוי קדם ייי פלח |
| 009 | | | Nu12:01M | טבי«י»ה/ומשנייה בעבדה טבה#2#/ מן כל נשייה דדרה |
| 010 | | | Dt18:13 | ישראל שלמין תהוון בעבדה טבה עם ייי אלהכון |
| 011 | | | Dt34:03M | דיריחו קרתה דעבדה/בעבדה#2#/ תומרין היא זער: |
| 012 | דעבדה | | Nu31:51M | כל \מן דעבידה/דע>בדה#2#/ /{ע}<מ>אני |
| 013 | עבדתה | s em/sf | Ex40:33 | תרע דרתה ואשלם משה ית עבדתה: |
| 014 | עבדתיה | | Gn 2:02 | ביומא שביעיא מן כל עבדתיה די ברא: |
| 015 | | | Gn 2:02M | ביומא שביעאה מכל עבדתיה די עבד |
| 016 | עבדתיכון | | Gn46:33 | פרעה ויאמר מה היא עבדתיכון: |
| 017 | עבדתכון | | Ex20:09 | {י'}<ו>תעבדון כל עבדתכון: |

עבדי *n.* ⇐ עבריי *adj.*

עבוד *adj.* ⇐ עבור

## עבור *adj.* passing [393]

|  |  |  |  |  |  |  |
|---|---|---|---|---|---|---|
| 001 | עבור | s ab/cn | Gn49:18 | סכיית נפשי דהוא פורקן | עבור | אלא לפורקניה סכיינת נפשי |
| 002 | | | Gn38:25 | בעלמא הדין דהוא עלם | עבו{ד}<ר> | ולא נבהת קדם אבהתי |
| 003 | עביר | | Gn40:23 | ואתרחיץ ברב מזוגיה בבשר | עביר | בבשר דטעים כסא דמותא ולא |
| 004 | עבוריי׳ | p em/sf | Gn25:27M | ליסטים גבר נפק ומקפח | עבוריי׳ | ותואביי הוא ומטול |
| 005 | לעבורייה | | Gn21:33M | בגוה מאכל ומשקה | לעבורייה | ולתהו{מ}<ב>ייא ומן |

## עבור *n.* grain [393]

|  |  |  |  |  |  |  |
|---|---|---|---|---|---|---|
| 001 | עבור | s ab/cn | Dt28:51 | די לא ישיירון לכון | עבור | או חמר ומשח בקרת תוריכון |
| 002 | | | Gn45:23 | ועשר אתנין טעונין | עבור | ולחם ומזון לאבוי לארחא: |
| 003 | | | Gn42:25 | יוסף ומלון ית מניהון | עבור | ולמחזרה כספהון גבר לשקיה |
| 004 | | | Gn49:12 | ויתחוורון גלמתא מן סגי | עבור | ועדרין דען: |
| 005 | | | Gn27:28 | שפר ומן טובא דארעא וסגי | עבור | חמר ומשח: |
| 006 | | | Gn41:49 | וכנש יוסף | עבור | כחלא דימא סגין לחדא עד זמן |
| 007 | | | Gn42:19 | אזלו אוביל{ן}<ו> מזון | עבור | כפנים בתיכון: |
| 008 | | | Gn42:03 | יוסף עשרה למז{ד}בן | עבור | מן מצרים: |
| 009 | עיבור | | Dt33:28 | יעקב אבוהון לארע עבדה | עיבור | וחמר לחוד שמיא דעילוויהון |
| 010 | | | Gn42:01 | ברוח קודשא ארום אית | עיבור | מזדבן במצרים ואמר יעקב |
| 011 | | | Gn42:02 | ואמר הא שמעית ארו«ם» | עיבור | מזדבן במצרים חותו לתמן |
| 012 | | | Gn41:57 | ארעא עלו למצרים למזבן | עיבור | מן יוסף ארום תקף כפנא |
| 013 | | | Gn41:35 | עללתא האיליין ויכנשון | עיבור | תחות רשותא דפרעה מזון |
| 014 | דעבור | | Nu18:12 | כל טוב דמשח וכל טוב | דעבור | וחמר שרוי ברתהון די |
| 015 | ועבור | | Gn27:37 | שויתי קדמוי לעבדין | ועבור | וחמר סמכ<׳> יתיה ולך מן |
| 016 | עב׳ | s em/sf | Nu18:30M | ללוויי כאפרשות | עיבורא/עב׳#2#/ | מן אדרה וחמרה מן |
| 017 | עבורה | | Nu15:20 | תפרשון אפרשו כאפרשות | עבורה | מן אדרה ו{ת}<ח>מרה מן |
| 018 | | | Dt16:13 | שבעה יומין במכנשיכון | עבורה | מן אדרא וחמרא מן מעצרתה: |
| 019 | עבריהון | | Gn42:26 | ונטלו ית | עבריהון | על חמריהון ואזלו מן תמן: |
| 020 | עי׳ | | Nu15:20M | אפרשו כאפרשות | עבורה/עי׳#2#/ | מן אדרה ו{ת}<ח>מרה |
| 021 | עיבורא | | Gn43:02 | והוי כדי אשלמו למיכל ית | עיבורא | די אייתון ממצרי׳ ואמר |
| 022 | | | Nu18:27 | לכון אפרשותכון כאפרשות | עיבורא | מן אדרה וחמרה מן מעצרתה: |
| 023 | | | Nu18:30 | ויתחשב ללוויי כאפרשות | עיבורא | מן אדרה וחמרה מן מעצרתה: |
| 024 | בעיבורה | | Gn47:14 | ובארעא דכנען | בעיבורה | די אנון <....> ואעל |
| 025 | עבוריכון | p em/sf | Dt11:14 | בכיר ולקיש ותכנשון | עבוריכון | וחמריכון ומשחיכון: |
| 026 | | | Dt14:23 | תמן מעשר תניין | עבוריכון | חמרכון ומשחכון |
| 027 | | | Dt18:04 | שרוי | עבוריכון | חמרכון ומשחיכון ושירוי |
| 028 | | | Ex23:19 | רוגזי עליכון ונ{כ}בשל | עבוריכון | צריכין דגנה וקשה מערבין |
| 029 | | | Dt14:21 | דלא יתקף רוגזי ונבשל | עבוריכון | צרירין דגנה וקשה מערבין |
| 030 | עבריכון | | Ex34:26 | יתקו«ף» רוגזי ונבשל | עבריכון | צרירין דגנא וקשה מערבין |
| 031 | עיבוריכון | | Dt12:17 | מעשר תיניין | עיבוריכון | חמרכון ומשחיכון ובכורי |
| 032 | לעובריא | | Gn21:33 | ויהב בגויה מזון | לעובריא | והווה כד אכילין ושתין |

## עבי *adj.* thick [393]

|  |  |  |  |  |  |  |
|---|---|---|---|---|---|---|
| 001 | עבין | p abs | Gn50:01M | הוון קיימין בוסמנין | עבין | תמן הוון קיימין מדבית |

## עבידה *n.* work [393]

|  |  |  |  |  |  |  |
|---|---|---|---|---|---|---|
| 001 | עבידא | s ab/cn | Ex31:05 | ובנגרות קיסא למעבד בכל | עבידא: | |
| 002 | | | Ex35:31 | ובסכלתנו ובדעה ובכל | עבידא: | |
| 003 | | | Ex35:33M | קיסה למעבד בכל | עבידת/<עבי>דא#2#/ | באומנות: |
| 004 | | | Ex35:02 | שיתא יומין תעבד | עבידא | וביומא שביעיא יהוי לכון |
| 005 | | | Ex12:16 | <....> יהווי לכון כל | עבידא | לא יתעבד בהון לחוד מה די |
| 006 | עבידה | | Ex31:03 | ובדעה ובכל | עבידה: | |
| 007 | | | Ex31:05M | קייסה למיעבד כל | עבידה | |
| 008 | | | Dt16:08 | ייי אלהכון לא תעבדון | עבידה: | |
| 009 | | | Dt 5:14 | אלהכון לא תעבדון על | עבידה | אתון ובניכון ובנתכון |
| 010 | | | Lv11:32 | או סק כל מן די יתעבד | עבידה | בהון במיא יתעל ויהוי מסאב |
| 011 | | | Nu 4:03 | לחיל קרבה למעבד | עב{ו}<י>דה | במשכן זימנא: |
| 012 | | | Ex35:33M | "עבידת באומנות": | עבידה | דאומנו |
| 013 | | | Lv13:48 | לעמרא או במשך או בכל | עב<י>ד{י}ה | דמשך: |
| 014 | | | Ex35:35 | חכמה בלבהון למעבד כל | עבידה | דנגר ואומן וצייר בתכלא |
| 015 | | | Ex35:24M | לכל \עבידת פולחנא | /עבידה | דפולחן#2#/ אייתון: |
| 016 | | | Nu29:01 | קדיש יהווי לכון כל | עבידה | דפולחן לא תעבדון יום |
| 017 | | | Nu29:35 | דמצוון תיהווי לכון כל | עבידה | דפולחן לא תעבדון: |
| 018 | | | Lv23:07 | קדיש יהווי לכון כל | עבידה | דפלחן לא תעבדון: |
| 019 | | | Lv23:08 | קדמיה ארוע קדיש כל | עבידה | דפלחן לא תעבדון: |
| 020 | | | Lv23:21 | קדיש יהווי לכון כל | עבידה | דפלחן לא תעבדון קים דלעלם |
| 021 | | | Lv23:25 | כל | עבידה | דפלחן לא תעבדון ותקרבון |
| 022 | | | Lv23:36 | ייי כניסת חדווה היא כל | עבידה | דפלחן לא תעבדון: |
| 023 | | | Nu28:18 | יום טב וארוע קדיש כל | עבידה | דפלחן לא תעבדון: |
| 024 | | | Nu28:25 | קדיש יהווי לכון כל | עבידה | דפלחן לא תעבדון: |
| 025 | | | Nu28:26 | קדיש יהווי לכון כל | עבידה | דפלחן לא תעבדון: |
| 026 | | | Nu29:12 | קדיש יהווי לכון כל | עבידה | דפלחן לא תעבדון ותחגון |
| 027 | | | Lv23:30 | וכל נפש די תעבד כל | עבידה | הכזמן יומא הדין ואישיצי |
| 028 | | | Lv23:03 | שתא יומין תעבד | עבידה | וביומא שבעיה שבת שבתה יום |
| 029 | | | Ex31:15 | שתה יומין יתעבד | עבידה | וביומה שבעיה שבת |
| 030 | | | Lv 7:24 | ותרב דקטילה יתעבד לכל | עבידה | ומיכול לא תאכלון יתה: |
| 031 | | | Ex35:35 | ובבוץ וגרדיי עבדי כל | עבידה | ומלפי אומנוון: |
| 032 | | | Nu 4:47 | כל די יעול למפלח פלחן | עבידה | ועבידת מטול במשכן זימנה: |
| 033 | | | Ex31:14 | ארום כל מה די יעבד בה | עבידה | ותשתיצי נפשה ההיא מגו |
| 034 | | | Ex31:15 | קדש קדם ייי כל די יעבד | עבידה | {{ותשתיצי נפשה ההיא מגו |
| 035 | | | Ex35:02 | קדם ייי כל די יעבד בה | עבידה | יתקטל: |
| 036 | | | Lv16:29 | תצומון ית נפשתכון וכל | עבידה | לא תעבדון יציביה וגיוריה |
| 037 | | | Lv23:03 | שבתה יום וארוע קדיש כל | עבידה | לא תעבדון שבי ונייח הוא |
| 038 | | | Lv23:28 | וכל | עבידה | לא תעבדון הכזמן יומא הדין |
| 039 | | | Lv23:31 | כל | עבידה | לא תעבדון קיים דעלם |
| 040 | | | Nu29:07 | ביה ית נפשתכון כל | עבידה | לא תעבדון: |
| 041 | | | Ex36:06 | גבר ואתה לא יעבדון תוב | עבידה | לאפרשות בית קודשא ואתכלון |
| 042 | עבידת | | Ex35:33 | ובנגרות קיסה למעבד בכל | עבידת | באומנות: |
| 043 | | | Ex36:04 | כל חכימיא דעבדין ית כל | עבידת | בית קודשא גבר מן עבידתה |
| 044 | | | Ex38:24 | דאתעבד לעבידתה בכל | עבידת | בית קודשא והווה דהבא |
| 045 | | | Ex36:07 | הו{ה}<ת> כמסת לכל | עבידת | למעבד יתה ועבדו ושיירו: |
| 046 | | | Ex35:24 | לוותיה אעי שטין לכל | עבידת | פולחנא אייתון: |
| 047 | | | Ex36:01 | למידע ולמעב«ד» ית כל | עבידת | פלחן בית קודשא לכל מה די |
| 048 | | | Ex35:35M | כל/בכל#2#/ | עבידה/<עבי>דת#2#/ | דנגר/נגר#2#/ ואומן |
| 049 | עי׳ | | Ex35:02M | /דיתע׳#2#/ בה | עבידה/עי׳#2#/ | יתקטל/מתקטלה |
| 050 | עיבי׳ | | Lv16:29M | ית נפשתכון וכל | עבידה/עיבי׳#2#/ | לא תעבדון יציביה |
| 051 | עיבידה | | Nu16:28 | ייי אשתלחת למעבד ית כל | עיבידה | האליין ארום לא מן דעתי: |
| 052 | | | Ex31:15M | יעבד/דעבד#2#/ | עבידה/עיבידה#2#/ | {{ותשתיצי נפשה ההיא |
| 053 | דעבידה | | Nu31:51 | מן לוותהון כל מן | דעבידה: | |
| 054 | ועבידת | | Nu 4:47 | יעול למפלח פלחן עבידה | ועבידת | מטול במשכן זימנה: |
| 055 | לעבידה | | Lv13:51 | לכל מה די יתעבד משכה | לעבידה | צרעה מחלט«א» מכתשה מסאב |
| 056 | לעבידת | | Ex35:21 | ית אפרשותא דייי | לעבידת | משכן זימנא ולכל פולחנא |
| 057 | | | Ex36:03 | די אפרשו בני ישראל | לעבידת | פלחן בית קודשא למעבד יתה |
| 058 | עבד׳ | s em/sf | Ex 5:09M | תתקף/תתקוף#2#/ | עבידתא/עבד׳#2#/ | על גובריא ויעבדון |
| 059 | עבידתא | | Gn33:14 | אדבר יתהון להוני לרגל | עבידתא | די בידי ולרגל טלייא |
| 060 | | | Gn44:15M | להון יוסף מה | עבדא/עבידתא#2#/ | הדן די עבדתון הלא |
| 061 | | | Ex 5:09 | תתקף | עבידתא | על גובריא ויעבדון בה ולא |
| 062 | עבידתה | | Nu31:51M | /{ע}<מ>אני | עבידתה#2#/: | |

|  |  |  |  |
|---|---|---|---|
| 063 | | Nu 4:47M | פלחן עבידתה ופלחן עבידתה במ' |
| 064 | | Ex35:29 | יתהון למייתייה לכל עבידתה די פקד ייי למעבד על ידוי |
| 065 | | Ex36:04 | עבידת בית קודשא גבר מן עבידתה די אנון עבדין: |
| 066 | | Nu 8:25M | <מן חיל> עבידתה ולא יפלוח עוד |
| 067 | | Nu 4:47M | דעלל למפלוח פלחן עבידתה ופלחן עבידתה במ' |
| 068 | | Ex36:08 | כל חכימי לבה בעבדי עבידתה ית משכנה עשר יריען בוץ |
| 069 | | Nu 4:39M | קרבה \למפלח משכן /עבידתה למיפל«ו»ח למ'#2/ |
| 070 | | Nu 4:43M | לחיל קרבה למפלח/עבידתה למיפלוח#2/ במשכון |
| 071 | | Nu 8:24M | \קרבה למפלח במשכון /עבידתה למפלוח פלוח במ'#2/ |
| 072 | עבידתיה | Ex39:43 | וחמא משה ית כל עבידתיה והא עבדו יתה היך מה די |
| 073 | | Dt20:08 | חובוי וליביה תביר על עבידתיה יזיל ויחזור לבייתיה ולא |
| 074 | עבידתיכון | Dt 7:13 | מעיכון ופירי ארעכון עבידתיכון חמריכון ומשחכון בקרת |
| 075 | עבידתך | Ex23:12 | שיתא יומין תעבדון עבידתך וביומא שביעא תתנחון |
| 076 | עבידתכון | Dt 5:13 | תפלחון ותעבדון כל עבידתכון: |
| 077 | | Gn47:03 | ואמר פרעה לאחוי מן עבידתכון ואמרין לפרעה רען עאן אנון |
| 078 | | Ex 5:13 | דחקין למימר אשלמו עבידתכון סכום יום ביומא היך מה |
| 079 | עיב' | Ex40:33M | ואשלם משה ית עבדתה/עיב'#2/: |
| 080 | | Dt 5:13M | ותעבדון כל עבידתכון/עיב'#2/: |
| 081 | | Ex35:29M | למ'#2/ לכל עבידתה/עיב'#2/ די פקד ייי למעבד |
| 082 | | Ex36:07M | ועבידתה/עיב'#2/ הו{ה}<ת> כמסת לכל |
| 083 | | Dt20:08M | וליביה תביר על עבידתיה/עיב'#2/ יזיל ויחזור לבייתיה |
| 084 | | Ex36:08M | חכימי לבה בעבדי עבידתה/עיב'#2/ ית משכנה עשר יריען |
| 085 | עיבידתה | Ex31:15M | יתעבד/תע'#2/ עבידה/עיבידתה#2/ וביומה שביעיה שבת |
| 086 | | Ex39:43M | משה ית כל עבידתיה/עיבידתה#2/ והא עבדו יתה |
| 087 | עיבידתיה | Gn 2:02 | דייי ביום' שביעיא עיבידתיה די ברא והוה שבא וניח |
| 088 | | Gn 2:03 | שבה וניח קדמוהי מן כל עיבידתיה די ברה איקרה דייי למעבד: |
| 089 | בעבידת' | Ex22:07M | במקמתא /דלא תושיט בעבידת'#2/ דחבריה: |
| 090 | בעבידתיה | Ex22:10M | פשט ידיה במקמתא/בע{ת}<ב>ידתי<ה>#2/ דחבריה ויקבל |
| 091 | ועבידתה | Ex36:07 | ועבידתה הו{ה}<ת> כמסת לכל עבידת |
| 092 | לעבידתה | Ex38:24 | כל דהבא דאתעבד לעבידתה בכל עבידת בית קודשא |
| 093 | | Ex36:05 | למייתה כמסת פלחנא לעבידתה די פקד ייי למעבד יתה: |
| 094 | | Ex36:02M | לביה למק{ור}<רו>ב לעבידתה ולמעבד יתה |
| 095 | | Ex36:02 | נדב יתיה לבה למקרבה לעבידתה למיעבד יתה: |
| 096 | לעיבי' | Ex38:24M | לעבידתה /דמתעבד לעיבי'#2/ בכל עבידת \פלחן#2/ |
| 097 | לעיבידתה | Ex36:02M | לבה למקרבה לעבידתה/<ל>עיב<ידתה>#2/ למיעבד יתה: |
| 098 | מעבידתהון | Ex 5:04 | תבטלון ית עמא מעבידתהון איזי«לו» לפולחניכון: |
| 099 | מעיביד' | Ex36:04M | גבר \מן עבידתה/מעיביד'#2/ די אנון/הנון#2/ |
| 100 | עבידן p abs | Gn24:31M | {לפל} מן תלת אתקנית עבידן קשיין דהוון קיימין בגווה |

[393] **camel saddle** *n.* **עביט**

|  |  |  |  |
|---|---|---|---|
| 001 | בעביטא s em/sf | Gn31:34 | {{טעותא}} ושוית יתהון בעביטא דגמלא ויתבת עליהון ופשפש |

**עביר** ⇐ *adj.* **עבור**

[394] **to cross over, to become pregnant** *vb.* **עבר**

|  |  |  |  |
|---|---|---|---|
| 001 | עבר peal | Dt34:04 | יתה חמי יתה ותמן לית את עבר: |
| 002 | | Gn15:17M | אברם חזי כד הוה אברם עבר ביני בתרייא האליין שמשא |
| 003 | | Gn15:17 | אתחוי לאברם כד הוה עבר ביני גזרייא האילין: |
| 004 | | Nu20:18M | <לה> אדומיה לית את עבר בתחומי דלא שלופי חרבה |
| 005 | | Gn40:23M | \עביר בבשר דטעים כסא /עבר ובשר טעם כסה#2/ דמותא |
| 006 | | Gn32:32 | ודנחת ליה שמשא כד עבר ית פניאל והוא הווה מטלע |
| 007 | | Dt 4:22 | מתכנש בארעא הדה לית אנה עבר ית ירדנה ואתון עברין |
| 008 | | Ex17:05 | ואמר ייי למשה עבר "לפני" עמא וסב עמך מן |
| 009 | | Nu12:10M | ועננה סטת/עבר#2/ מעלוי משכנה והא מרים |
| 010 | | Nu14:09 | באפינן למשיציא יתהון עבר {ע}<ט>ליהון מעילויהון |
| 011 | | Gn33:03 | והוא עבר קדמיהון ושאל בשלומהון |
| 012 | | Dt 9:03M | קדמיכון": שכינת יקריה עבר קדמך |
| 013 | עבר' | Nu21:14M | <מימריה> דייי כד הגון עבר' בנ{ה}<ח>לי |
| 014 | עברו | Ex32:27 | שוון גבר חרביה על ירכיה עברו וחזרו מן תרע לתרע במשריתא |
| 015 | | Gn32:17 | לבלחודוי ואמר לעבדוי עברו קדמוי ונפי«ש» תשוון בין |
| 016 | עברין | Nu20:19 | מלא בישה ברגלינן אנן עברין: |
| 017 | | Dt 2:28 | כל מן דעם ברגלינן אנן עברין: |
| 018 | | Nu21:15 | כד יהוון בני ישראל עברין אנן נפקין לקבליהון |
| 019 | | Gn23:16 | ארבעין מאה סלעין דכסף עברין בכל אתר מתקבלין בכל |
| 020 | | Nu21:14 | דעבד עמהון כד הוון עברין בנחלי ארנונה: |
| 021 | | Nu21:15 | כד הוון ישראל עברין בנחלי ארנונה אטמרו |
| 022 | | Dt 2:04 | וית עמה פקד למימר אתון עברין בתחום אחיכון בנוי דעשו |
| 023 | | Nu20:21 | מן למשבק ית ישראל עברין בתחומה וסטון ישראל |
| 024 | | Nu21:23 | ולא שבק סיחן ית ישראל עברין בתחומה וכנש סיחון ית כל |
| 025 | | Nu20:20M | \לא תעבר /לית אתון עברין#2/ ונפקו אדומי/אדומאי#2/ |
| 026 | | Dt 4:22 | אנה עבר ית ירדנה ואתון עברין ותירתון ית ארעא טבתה הדה: |
| 027 | | Dt 2:18 | אתון עברין יומא הדין ית תחומיהון |
| 028 | | Dt 9:01 | שמעו כען ישראל אתון עברין «יומא הדין» ית ירדנה |
| 029 | | Nu33:51 | ותימר להון ארום אתון עברין ית ירדנה לארעא דכנען: |
| 030 | | Nu35:10 | ותימר להון ארום אתון עברין ית ירדנה לארעא דכנען: |
| 031 | | Dt 4:26 | מעילוי ארעא די אתון עברין ית ירדנה תמן למירת יתה לא |
| 032 | | Dt11:31 | ארום אתון עברין ית ירדנה למיעל למירת ית |
| 033 | | Dt30:18 | יומין על ארעא דאתון עברין ית ירדנה למיעול לתמן |
| 034 | | Dt31:13 | על ארעא די אתון} עברין ית ירדנה לתמן למירת יתה: |
| 035 | | Dt32:47 | יומין על ארעא די אתון עברין ית ירדנה תמן למירת יתה: |
| 036 | | Dt 4:14 | יתהון בארעא די אתון עברין לתמן למירת יתה: |
| 037 | | Dt 6:01 | למעבד בארעא די אתון עברין לתמן למירת יתה: |
| 038 | | Dt11:08 | ית ארעא די אתון עברין לתמן למרת יתה: |
| 039 | | Dt11:11 | וארעא די אתון עברין לתמן למירת יתה ארע |
| 040 | | Dt 3:21 | לכל מלכוותה די אתון עברין תמן: |
| 041 | עברינן | Nu13:32 | ישראל למימר ארעא די עברינן בה למיילה יתה ארע אכלה |
| 042 | | Dt 2:29M | \נעבר ית ירדנה הדן /עברינן יורדנה#2/ לארעא דייי |
| 043 | עברן | Dt 2:08M | ועברינן /וכוון עברן#2/ ארח מדברה דמואב: |
| 044 | עברנן | Nu14:07 | ישראל למימר ארעא די עברנן בגווה למיללה יתה טבה |
| 045 | | Dt29:15 | דמצרים וית מה די עברנן ביני אומייה די עברתון: |
| 046 | | Dt 2:14 | רקם דגיעה עד זמן די עברנן ית נחלה דזרד תלתין |
| 047 | | Dt26:13 | די פקדת יתן לא עברנן מן מצותך ולא אנשינן חדה |
| 048 | עברת | Gn32:11 | עם עבדך ארום בחוטרי עברת ית ירדנא הדין וכדון הא אנה |
| 049 | | Nu11:12 | האנא עברת ית כל עמא האלין או אנה |
| 050 | | Ex20:25M | חרבא מתעבד מיני' אין עברת פרזלא עלוי אפיסת יתיה |
| 051 | עברתון | Dt29:15 | עברנן ביני אומייה די עברתון: |
| 052 | | Gn18:05M | "כדין ... עבדכון": כן עברתון למזכיי' ית עבד' |
| 053 | | Gn18:05 | כדין באיש{ת}ון שורותא עברתון על עבדכון ואמרין כ{{ך}}ן |
| 054 | אעבור | Gn31:52 | קיימתא הדה אן אנא לא אעבור ואייתי לוותך ית איגרא |
| 055 | | Nu21:22M | אעבר/<אע>בור#2/ כען בארעך לא נסטי |
| 056 | | Dt 2:27M | אעיבר/אעבור#2/ כען ב{ע}<א>רעך |
| 057 | | Dt 3:25M | \אעבר כען בבעו ואחמי /אעבור כען ואחמי#2/ ית ארעא |
| 058 | אעבר | Gn30:32 | אעבר בכל ענך יומא הדן אפרש מן |
| 059 | | Nu21:22 | אעבר כען בארעך לא נסטי בחקלין |
| 060 | | Dt 3:25 | אעבר כען בבעו ואחמי ית ארעא |
| 061 | אעיבר | Dt 2:27 | אעיבר כען ב{ע}<א>רעך בארחה |
| 062 | ייעיבר | Dt30:13M | לעמקוי דימה רבה /מן ייעיבר לנא מעיבר לימה רבה היך |

|  |  |  |  |  |  |
|---|---|---|---|---|---|
| 063 | יעבור | Ex34:09M | ייי \ידבר איקרך ייי | /יעבור | כען יקר שכינתיה דייי#2#/ |
| 064 | | Nu 5:14 | אתתיה והיא אסתאבת או | יעבור | עלוי רוח קנאה ויקנא ית |
| 065 | יעבר | Gn33:14 | | יעבר | כען רבוני קדם עבדה ואנא |
| 066 | | Nu 6:05M | \גלב לא יעלה /גלף לא | יעבר#2#/ | על רישיה עד די שלמין |
| 067 | | Dt24:05 | לא יפוק לחיל קרבה ולא | יעבר | עלוי כל מן דעם ביש זכיי |
| 068 | | Dt 3:28 | וזריז יתיה ארום הוא | יעבר | קדם עמא האלין והוא יחסן |
| 069 | | Lv27:32 | תורין ועאן כל מה די | יעבר | שרביטה עשיריה יהוי קדיש |
| 070 | יעברו | Nu32:27 | ועבדך | יעברו | כל דמזיין לחיל קרבה קדם |
| 071 | יעברון | Nu32:29 | «ואמר להון משה» אן | יעברון | בנוי דגד ובנוי דראובן |
| 072 | | Nu32:27M | ועבדך | יעברו/<יעב>רון#2#/ | כל דמזיין לחיל |
| 073 | | Nu32:30 | ואן לא | י{פ}<ע>ברון | מזיינין עמכון |
| 074 | | Gn49:19 | מטכסן ומזיינין אנון | יעברון | עם ישראל ית ירדנא ואנון |
| 075 | נעבר | Nu20:17 | לשמאלה עד זמן די תחומך | נעבר: | |
| 076 | | Nu20:17 | נעבר כען בארעך לא | נעבר | בחקלין ובכרמין ולא נשתי מי |
| 077 | | Dt 2:29 | בלחיית עד זמן די | נעבר | ית ירדנה הדן לארעא דייי |
| 078 | | Nu20:17 | | נעבר | כען בארעך לא נעבר בחקלין |
| 079 | | Nu32:32 | אנן | נעבר | מזיינ{י}ין קדם ייי בארעא |
| 080 | | Nu32:17 | ואנן | נעבר | מזיינין קדם בני ישראל |
| 081 | תעבר | Lv26:06 | מן ארעא וחרב דשני לא | תעבר | בארעכון: |
| 082 | | Nu20:20 | ואמר לא | תעבר | ונפקו אדומיי לקדמותהון |
| 083 | | Dt31:02 | וממרה דייי אמר לי לא | תעבר | ית ירדנה הדין: |
| 084 | | Nu 5:30 | או גבר די | תעבר | עלוי רוח דקנא ויקנא ית |
| 085 | תעברו | Nu20:18M | מלכיהון דאדומיי לא | תעברו | בתחומין דלא בחרבה אפוק |
| 086 | תעברון | Gn18:05 | לבביכון ומן בתר כן | תעברון | ארום בגין כדין באיש{ת}ון |
| 087 | | Nu31:23 | מה די לא ייעול בנורא | תעברון | במיא: |
| 088 | | Nu31:23 | כל מדעם די יעול לנורא | תעברון | בנורא וידכא להוד במי אדיה |
| 089 | | Dt27:02 | ויהווי ביומא די | תעברון | ית ירדנה לארעא דייי |
| 090 | | Dt27:03M | במעברכון/בזמן די | תעברון | ית יורדנה#2#/ מן בגלל די |
| 091 | | Dt27:04M | ית ירדנה /בזמן די | תעברון | ית יורדנה#2#/ ותקימון ית |
| 092 | | Dt 3:18 | הדה למירת יתה מזיינין | תעברון | קדם אחיכון בני ישראל כל |
| 093 | תעיבר | Dt 3:27 | וחמי בעייניך ארום לא | תעיבר | ית ירדנה הדין: |
| 094 | תעיברון | Dt27:04M | ביומה די | תעיברון | |
| 095 | במעברכון | Dt27:04 | ויהווי | במעברכון | ית ירדנה ותקימון ית |
| 096 | | Dt27:12 | עמא על טורה דגריזים | במעברכון | ית ירדנה שמעון ולוי |
| 097 | | Dt27:03 | כל פתגמי אוריתה הדה | במעברכון | מן בגלל די תעלון לארעא |
| 098 | דיעבר | Gn28:10M | חמישאה כיון | דארים/דיעבר#2#/ | אבונן יעקב ית אבנא |
| 099 | דיעברון | Ex33:22 | ואפרוש כפי עליך עד | דיעברון | כיתי מלאכיה די תחמי: |
| 100 | | Ex15:16 | ית נחלי ארנונא עד | דיעברון | עמא האליין די פרקת ית |
| 101 | | Ex15:16M | דיורדנה עד זמן | דיעברון | עמה האליין דקנית |
| 102 | | Ex15:16M | דיורדנה עד זמן | דיעברון | עמה האליין דקנית לשמך |
| 103 | | Ex15:16 | כאבנייא עד זמן | דיעברון | עמך ייי ית נחלי ארנונא |
| 104 | דנעבר | Nu20:17M | \די תחומך נעבר | /דנעבר | <תח'>#2#/: |
| 105 | | Nu21:22 | בארח מלכא נהלך עד זמן | דנעבר | תחומך: |
| 106 | דעבר | Ex30:13M | אמר ליה כדין יתנון כל | דעבר | |
| 107 | | Nu12:12M | לוולדה | דעבד/<דע>בר#2#/ | במעיה דאמיה |
| 108 | | Gn15:17M | רברביא חזא אברם בזמן | דעבר | בן פסגייא האיליין |
| 109 | | Ex30:13 | כהדן סדרא יתנון כל | דעבר | על סכומה מן פלגות סלעא |
| 110 | | Ex30:14 | כל | דעבר | על מנייניה מ«ן» בר עשרין |
| 111 | | Ex38:26 | סלעה בית קודשה˜ כל | דעבר | על מנייניה מבר עשרין שנין |
| 112 | | Dt31:03 | יתהון יהושע הוא | דעבר | קדמיכון היך מה די מלל ייי: |
| 113 | ועב' | Gn25:21M | דייי בקל צלו<ת>' | ועב'#2#/ | רבקה אתתיה: |
| 114 | ועבר | Gn12:06 | | ועבר | אברם עד אתרה שכם ועד |
| 115 | | Gn41:46 | ונפק יוסף מן קדם פרעה | ועבר | בכל ארעא דמצרי': |
| 116 | | Gn31:21 | הוא וכל מה די לה וקם | ועבר | ית נהרא ושוי ית אפוי לטור |
| 117 | | Gn32:23 | וית חד עשרתי בנוי | ועבר | ית מעבר יבקה: |
| 118 | | Gn32:24 | ונסב יתהון {ית נחל} | ועבר | ית נחלה ועבר ית כל |
| 119 | ועברו | Nu33:08 | מן קדם פונדקי חירתא | ועברו | בגו ימא במדברה דאיתם |
| 120 | | Gn37:28 | | ועברו | גברין מדיינין תגרין ודלון |
| 121 | | Gn50:04 | | ועברו | יומי בכיתיה ומליל יוסף |
| 122 | | Dt 2:13 | כדון קומו | ועברו | ית נחלה דזרד ועברנן על |
| 123 | | Dt 2:24 | קומו טלו | ועברו | ית נחלה דארנונה חמון דהא |
| 124 | ועברינן | Dt 2:08 | כרך תרנגולה וכווינן | ועברינן | ארח מדברה דמואב: |
| 125 | ועברנן | Dt 2:08 | | ועברנן | מן לוות אחונן בנוי דעשו |
| 126 | | Dt 2:13 | ועברו ית נחלה דזרד | ועברנן | על נחלה דזרד: |
| 127 | ועברת | Ex34:06 | | ועברת | איקר שכינתיה דייי וצלי |
| 128 | | Gn32:22 | | ועברת | דורון קדמוי והוא אבית |
| 129 | | Gn16:04 | ועל לוות הגר | ועברת | וחמת {{ע}}ארום עברת וזל |
| 130 | ועברתון | Dt 1:02 | קדמוי אתעכבתון | ועב<ר>תון | בהון מהלכין ארבעין |
| 131 | | Dt 1:41M | ייי אלהן | ואיזדיינתון/ועבר{כ}<ת>ון#2#/ | גבר ית מאני |
| 132 | ואעבר | Ex12:12 | | ואעבר | בממרי בארעא דמצרים בלילי |
| 133 | | Ex23:25M | מכתושייה /מימיכון | ואעבר | מכתשיה#2#/ בישייא |
| 134 | ויעבור | Nu 5:14 | | ויעבור | עלוי רוח דק{ב}<נ>אה ויקנא |
| 135 | ויעבר | Ex 8:07M | | ויזלון/ויעבר#2#/ | ארדענייא מנך ומן |
| 136 | | Nu34:04 | מן מסקייתה דעקרבין | ויעבר | בטור פרזלא ויהוון |
| 137 | | Nu34:04 | ויפוק טירת אדרייה | ויעבר | בתחום שוק מסיי בקסם: |
| 138 | | Nu32:21 | | ויעבר | לכון כל דמזיין ית ירדנה |
| 139 | | Nu21:07M | ויעבר מעילוון /כען | ויעבר | מן עילוינן#2#/ ית חיויא |
| 140 | | Lv13:58M | תחוור | ויתעבר/^<ויתע>בד#2#^/ויעבר#2#/ | מנהון מכתשה |
| 141 | ויעיבר | Nu32:21M | | ויעבר/<וי>עיבר#2#/ | לכון כל דמזיין ית |
| 142 | ותעבר | Ex12:23 | | ותעבר | איקר שכינתיה דייי למשיציא |
| 143 | ותעברון | Dt12:10 | | ותעברון | ית ירדנה ותשרון בארעא |
| 144 | כמעיבר | Ex33:22 | ויהוי | כמעיבר | איקר שכינתי ואשוי יתך |
| 145 | למעבר | Nu22:26 | ואוסף מלאכה דייי | למעבר | וקם ליה באתר דחיק די לא |
| 146 | | Dt 4:21 | וקיים בשבועה דלא | למעבר | יתי ית ירדנה ודלא למיעול |
| 147 | למעברכון | Dt29:11 | | למעברכון | בקיימה דייי אלהכון |
| 148 | מלמעבר | Nu32:07 | ית לבהון דבני ישראל | מלמעבר | לארעא די יהב להון ייי: |
| 149 | pael עבר | Gn28:10M | אבונן יעק«ב» | ארים/עבר#2#/ | יתה בחדא ידא/מן |
| 150 | | Gn47:21 | וית עמא מלשנה לשנה בישא | עבר | יתהון יוסף ואגלי יתהון |
| 151 | עברו | Gn35:02 | ולכל מן דהווה עמיה | עברו | ית פלחנא נכריה מביניכון |
| 152 | עברת | Gn16:05 | אף אנה על ידה וחמת ארום | עברת | ואזל איקרי באפה וכדון |
| 153 | | Gn16:05M | ובזית ארום | עברת | ובזיית איקרי באפה וכדו |
| 154 | | Gn16:04 | ועברת וחמת {{ע}}ארום | עברת | וזל איקרה דריבוניתה באפה: |
| 155 | | Ex20:25 | פרזלא} דחרבא מתעברא | עברת | עליהון ואפסת יתהון: |
| 156 | תעבר | Lv12:02 | ישראל למימר אתא ארום | תעבר | ותלד בר דכר ותסתאב שבעה |
| 157 | | Gn18:03M | לא \תסלק איקר /בבעו | תעבר | יקר#2#/ שכינתך מעילווי |
| 158 | | Nu32:05 | הדה לעבדך ולאחסנה לא | תעבר | יתן ית ירדנה: |
| 159 | | Dt23:26 | בידיך ומגל דחצד לא | תעבר | על קיימתה דחברך: |
| 160 | תעברה | Nu11:03M | ארום תמן בערת | /תעברה | ארום בע'#2#/ בהון אשא |
| 161 | תעברון | Dt27:05 | אלהכון מדבח דאבנין לא | תעברון | עליהון מן דברזל: |
| 162 | | Lv25:09 | ביום צומא דכיפוריה | תעברון | שיפורה בכל ארעכון: |
| 163 | מע' | Ex21:22M | "... ויפוק": כנעניה | <מ>ע' | ויפק{י}<ו>ן |
| 164 | מעבר | Dt18:10 | לא ישתכח ביניכון גבר | מעבר | בריה וברתיה בנורא לא קסמי |
| 165 | | Dt 3:27M | תעיבר ית /לית אתה | מעבר#2#/ | ירדנה הדין: |
| 166 | | Ex33:19 | ואמר הא אנה | מעבר | ית כל מכלת טובי קדמיך |
| 167 | | Ex34:34 | קדם ייי למללה עמה הוה | מעבר | ית סודר{ר}יה <עד'>{ד}מפקה |
| 168 | מעברא | Gn38:25 | תמר כלתי לית היא | מעברא | בנין דזנו בר{ם}<ת> קלא מן |
| 169 | מעברה | Gn38:24 | תמר כלתך ולחוד הא היא | מעברה | בגין דזנו ואמר יהודה |
| 170 | | Nu12:12M | מרים אחתן כאיתתה | מעברה | דמצטרעה בעיבורה וכד מטה |

|  |  |  |  |  |  |  |
|---|---|---|---|---|---|---|
| 171 | | | Gn38:25 | דאילין דיליה מיניה אנה | מעברה | ואנה אף על גב דאנה יקדה |
| 172 | | | Gn38:25 | האילין מיניה אנה | מעברה | וזכאה היא תמר כלתי מיני |
| 173 | | | Ex21:22 | גברין וירפשון אתה | מעבר{ת}ה | ויפוק ולדה ולא יהוי סקל |
| 174 | | | Gn38:25 | היא תמר כלתי מיני היא | מעברה | חס לה תמר כלתי לית היא |
| 175 | מעברין | | Nu14:41 | ואמר משה למה כען אתון | מעברין | על פם גזירת מימרה דייי |
| 176 | דיעבר | | Ex 8:25M | קדם ייי | ויעבר/ד<י>עבר#2/ | ית ערברובא מן פרעה |
| 177 | דמע' | | Dt18:10M | גבר מעבר \בכון | דמע'#2/ | בריה וברתיה בנורא לא |
| 178 | דמעבר | | Dt 1:38M | \דקיים משמש קדמך | /דמעבר | קדמיכון#2/ הוא ייעול |
| 179 | | | Dt 9:03M | "... מתאכלה": הוא | דמעבר | קודמיכון אשא דאכלא אש' |
| 180 | ואעבר | | Ex33:23 | | ואעבר | ית כיתי מלאכיה דקיימין |
| 181 | ויעבר | | Dt 7:15 | | ויעבר | ייי מנכון כל בישין וכל |
| 182 | | | Ex 8:25 | לוותך ונצליה קדם ייי | ויעבר | ית ערברובא מן פרעה ומן |
| 183 | | | Lv 1:16 | | ויעב{ד}<ר> | ית זלפקקה בלקטה |
| 184 | | | Ex23:25 | ית לחמכון וית מיכון | ויעבר | מכתושיה בישייא |
| 185 | | | Nu21:07 | אתרעמנן צלי קדם ייי | ויעבר | מעילוון ית חיויא וצלי |
| 186 | | | Ex10:17 | וצלון קדם ייי אלהכון | ויעבר | מעלוי לחוד ית מותנא הדין: |
| 187 | ויעברון | | Ex 8:04M | צלון קדם ייי | ויעדון/ויעברון#2/ | אר{ע}דעניא |
| 188 | | | Nu 8:07 | אדי עליהון מי חטאתה | ויעברון | גלב על כל בשרהון |
| 189 | ועבירת | | Gn30:17 | בקל צלותה דלאה | ועב{רי}<יר>ת | וילדת ליעקב בר |
| 190 | ועבר | | Gn 8:13 | נגבו מיא מעלוי ארעא | ועבר | נח ית חפייה דתיבותא וחמא |
| 191 | | | Gn 8:01 | בעירה די עמה בתיבותא | ועבר | ייי רוח דרחמין על ארעא |
| 192 | | | Gn32:24 | {ית נחל} ועבר ית נחלה | ועבר | ית כל «מה» דיליה: |
| 193 | | | Ex 8:27 | ועבד ייי כמילוי דמשה | ועבר | ערברובא מפרעה ומן שליטוי |
| 194 | | | Gn41:42 | | ועבר | פרעה ית עזקתא מעילוי ידיה |
| 195 | ועברי | | Gn19:36M | | ועברין/^<ועב>רן#2/^ועברי#2/ | תרתין בנתיה |
| 196 | ועברין | | Gn19:36 | | ועברין | תרתין בנתיה דלוט מן |
| 197 | ועברן | | Ex36:06 | ופקד משה | ועברן | כרוז במשריתה למימר גבר |
| 198 | | | Gn19:36M | | ועברין/^<ועב>רן#2/^ועברי#2/ | תרתין בנתיה |
| 199 | ועברת | | Gn30:05 | | ועברת | בלהה וילידת ליעקב בר |
| 200 | | | Gn29:32 | | ועברת | לאה וילדת בר וקראת שמיה |
| 201 | | | Gn25:21 | הוות וענה יתיה ייי | ועברת | רבקה אתתיה: |
| 202 | | | Ex 2:02 | | ועברת | אתתא וילדת בר וחמת יתיה |
| 203 | | | Gn 4:17 | וחכם קין ית אתתיה | ועברת | וילדת ית חנוך והוה בני |
| 204 | | | Gn21:02 | | ועברת | וילדת שרה לאברהם בר |
| 205 | | | Gn38:03 | | ועברת | וילדת בר וקרת ית שמיה |
| 206 | | | Gn 4:01 | והאדם חכם ית חוה אתתה | ועברת | וילידת ית קין ואמרת הא |
| 207 | | | Gn30:23 | | ועברת | וילידת בר ואמרת כנש ייי |
| 208 | | | Gn38:14 | | ועברת | לבושי ארמלותה מעילווה |
| 209 | | | Gn38:18 | ויהב לוותה ועל לוותה | ועברת | מיניה: |
| 210 | | | Gn29:33 | | ועברת | עוד תוב וילידת בר ואמרת |
| 211 | | | Gn38:19 | וקמת ואזלת | ועברת | רדידה מעילווה ולבשת לבושי |
| 212 | | | Gn29:34 | | ועברת | תוב וילדת בר ואמרת כדון |
| 213 | | | Gn29:35 | | ועברת | תוב וילידת בר ואמרת הדה |
| 214 | | | Gn30:07 | | ועברת | תוב וילדת בלהה אמה{ה}תה |
| 215 | | | Gn30:19 | | ועברת | תוב לאה וילדת בר שתיתייא |
| 216 | | | Gn38:04 | | ועברת | תוב וילדת בר וקרת ית שמיה |
| 217 | ותעבר | | Nu 5:28M | ותלד בר \ותידכי | ותעבר | בר#2/ דכר: |
| 218 | | | Nu 5:28 | אסתאבת אתתה ודכיה היא | ותעבר | ותלד בר דכר: |
| 219 | | | Dt21:13 | | ותעבר | ית לבושיה שביתה מן עלווה |
| 220 | ותעברון | | Dt13:06 | למהלכה בה | ותעב{ד}<ר>ון | עבדי בישתה מן ביניכון: |
| 221 | | | Lv25:09 | | ותעברון | שיפור יבבו בירחה שביעיה |
| 222 | ומעבר | | Ex34:07 | דרין שרי ושביק לחובין | ומעבר | על מרדין ומכפר על חטאין |
| 223 | | | Nu14:18 | חסד שרי ושביק לחובין | ומעבר | על מרודין ומכפר על חטאין |
| 224 | ולמעבריה | | Gn49:23 | למחתי מן רבותא | ולמעבריה | יתיה מן כורסיה מלכותא |
| 225 | למעבר' | | Gn48:17M | בידה דאבוי | למחזרה/למעבר#2/ | יתה מעילוי רישה |
| 226 | למעברה | | Lv20:03 | עמה ארום מן בנוי יהב | למעברה | בנורא קדם פלחנה נכריה |
| 227 | | | Lv20:04 | כד יתן מן זרעית בנוי | למעברה | בנורא קדם פלחנה נכריה דלא |
| 228 | | | Dt17:02 | ומרחק קדם ייי אלהכון | למעברה | בקיימיה: |
| 229 | | | Nu22:26M | ואוסף מלאכה דייי | למעבר/למעברה#2/ | וקם ליה באתר דחיק |
| 230 | | | Nu32:07M | \מלמעבר לארעא \מן | למעברה | ית א'#2/ די יהב להון |
| 231 | | | Gn28:10M | מתכנשין | למג{ז}«ו»ללה/למעברה#2/ | יתה מעלוי פומא |
| 232 | | | Dt 2:30 | מלכא דחשבון דלא | למעברה | יתן בתחומיה ארום אקשי ייי |
| 233 | למעברה | | Dt 4:21M | יתי ית ירדנה ודלא | /למעברה | ית יורדנה ולא#2/ |
| 234 | | | Nu22:18 | לית ^אנה#2/^ יכיל | למעברה | על פום גזירת מימריה דייי |
| 235 | | | Nu24:13 | ביתיה כסף ודהב לא יכיל | למעברה | על פם גזירת מימרה דייי |
| 236 | | | Dt20:19 | לא תחבלון ית אילנה | למעברה | עלוי כל מין דפרזל ארום |
| 237 | | | Lv20:02 | די יתן מן בנוי | למעברה | קדם פלחנה נכרייה מתקטל |
| 238 | אעבירו | afel! | Gn35:02M | דאית עמיה | אעבירו | טעותא דאית בינ' |
| 239 | אעבר | | Gn47:21M | דהוון שריין בקורייתא | אעבר | במדינתא דלא יהוו מוניין |
| 240 | | | Gn47:21M | עמא דהוון שרין במדינתא | אעבר | בקורייתא וית עמא דהוון |
| 241 | ואעבר | | Gn 8:13M | מיא מעלוי ארעא | ועבר/ואעבר#2/ | נח ית חפייה דתיבותא |
| 242 | ותעברון | | Nu27:07 | בגו אחי אבוהון | ותעברון | ית אחסנות אבוהון להון: |
| 243 | | | Nu27:08 | ימות ובר דכר לית ליה | ותעברון | ית אחסנתיה לברתה: |
| 244 | מתעברה | etpaal | Gn16:11 | לה מלאכה דייי הא את | מתעברה | וילדת בר ותיקרי שמה |
| 245 | ויתעבר | | Lv13:58 | כל מן דמשך די תחוור | ויתעבר | מנהון מכתשה ויתחוור זמן |
| 246 | ותתעבר | | Ex34:02M | תמן על ראש טורא | /ותתעבר | תמן גבי על ראש לטורא#2/ |
| 247 | למתעברה | | Lv18:21 | ומבניך לא תתן | למתעברה | בנורא קדם פלחנה נכרייה |

## [393] far shore *n.* עבר

|  |  |  |  |  |  |  |
|---|---|---|---|---|---|---|
| 001 | עבר | s ab/cn | Nu21:13 | מן תמן נטלו ושרון מן | עבר | ארנונה די במדברה דנפק מן |
| 002 | | | Nu32:19 | קבלנן אחסנתן לוותן מן | עבר | ירדנה מן מדנחה: |
| 003 | | | Dt 4:49 | וכל משרה | עבר | ירדנה מן מדנחה ועד ימא |
| 004 | | | Dt30:13 | ולא מן | עבר | לימה רבה היא אוריתה למימר |
| 005 | | | Nu32:19 | ארום לא נתאחסן עמהון מן | עבר | לירדנה ולהל ארום קבלנן |
| 006 | | | Nu32:32 | ועמן ירתות אחסנותן מן | עבר | לירדנה: |
| 007 | | | Nu34:15 | דמנשה קבלו אחסנתהון מן | עבר | לירדנה דיריחו קדמין מן |
| 008 | | | Nu35:14 | ית תלת קוריין תתנון מן | עבר | לירדנה וית תלת קוריאן |
| 009 | עיבר | | Nu24:24M | לאתוראה ויסופון ליתבי | עיבר | פרת ברם סופיהון דאיליין |
| 010 | בעבר | | Dt 1:05M | | בעברה/בעבר#2/ | דירדנה בארעהון |
| 011 | | | Gn50:10 | ומטון עד אדר אטדה די | בעבר | ירדנא ואספדו תמן הספד רב |
| 012 | | | Gn50:11 | קרא שמה אבל מצרים די | בעבר | ירדנה: |
| 013 | | | Dt 1:01 | יתהון עד אינון יהיבין | בעבר | ירדנה עני משה ואמר להון |
| 014 | | | Dt 3:08 | מלכיהון דאמוריי די | בעבר | ירדנה מן נחלה דארנונה עד |
| 015 | | | Dt 3:20 | דייי אלהכון יהב לכון | בעבר | ירדנה ותחזרון גבר לירותתיה |
| 016 | | | Dt 3:25 | ואחמי ית ארעא טבתה די | בעבר | ירדנה טורא טבה הדין וטור |
| 017 | | | Dt 4:41 | משה <תלת> קרי שזבו | בעבר | ירדנה מן מדנח שמשה: |
| 018 | | | Dt 4:46 | | בעבר | ירדנה בחלתה דסמיך לטעוותה |
| 019 | | | Dt 4:47 | מלכיהון דאמוריי די | בעבר | ירדנה מן מדנח שמשה: |
| 020 | | | Dt11:30 | הלא אינון יהיבין | בעבר | ירדנה מן בתר ארח מטמעי |
| 021 | ועיבר | | Gn25:06M | /דהוא#2/ בחיין \ | ועיבר#2/ | קדמיין לארעא מדינחא: |
| 022 | מעבר | | Nu21:13M | ושרון \מן עבר ארנונה | /מעבר | ארנון#2/ די/דאית#2/ |
| 023 | | | Nu32:19M | לוותן \מן עבר לירדנה | /מעבר | יורדנה#2/ מן מדנחה: |
| 024 | | | Nu32:19M | עמהון \מן עבר לירדנה | /מעבר | יורדנה#2/ ולהל ארום |
| 025 | | | Nu34:15M | "מן עבר ... דעלוי סדר": | מעבר | יורדנה דיריחו קדמאין מן |
| 026 | בעברה | s em/sf | Dt 1:05 | | בעברה | דירדנה בארעהון דמואביי |
| 027 | עבריה | p em/sf | Nu21:11 | מאובות ושרון במגזת | עבריה | במדברה די קדם מואביי מן |
| 028 | | | Nu27:12 | ואמר ייי למשה סוק לטור | עבריה | הדין ותחמי ית ארעא די |
| 029 | עברייה | | Nu33:44 | מאבות ושרון במגזיה | עברייה | בתחומה דמואביי: |

| | | | | | | |
|---|---|---|---|---|---|---|
| 030 | | | Nu33:48 | ונטלו מן טורי | עברייה | ושרון במישרייה דמואב |
| 031 | | | Nu33:47 | דבלתימה ושרון בטורא | עברייה | קדם נבו: |

עבר נהר *n.* See also:
עוב *n.* See also:

## עבר נהר *n.* land across the river [393 s.v. עבר]

| | | | | | | |
|---|---|---|---|---|---|---|
| 001 | עבר נהרא | s em/sf | Gn10:21M | אבוהון דכל בני | עבריא/עבר נהרא#2#/ | אחוי דיפת רבה: |
| 002 | | | Nu24:24 | אתורייה ויצערון | עבר נהרא | וסופיהון לאבדן יהוון |

## עבריי *adj.* Hebrew [394]

| | | | | | | |
|---|---|---|---|---|---|---|
| 001 | עברי | s ab/cn | Ex 2:11 | וחמא גבר מצריי מחי לגבר | עברי | מן אחוי: |
| 002 | | | Gn41:12 | ותמן עמן טלי | עברי | עבד לרב אספקלטורייה ותנינן |
| 003 | עבריי | | Gn39:14 | חמון דאייתי לי גבר | עבריי | למגחכה {למגחכה} בן על |
| 004 | | | Ex21:02 | ארום תזבן עבד | עבריי | שית שנין יפלח קדמך ובשתא |
| 005 | עברא | s em/sf | Gn39:17 | למימר על לוותי עבדא | עברא | די איית«י»ת לן למגחכה |
| 006 | עבריה | | Dt15:12 | ארום יזדבן לך אחוכון | עבריה | או אחתכון עבריתה ויפלח |
| 007 | עברייא | | Gn14:13 | ואתא משיזבא ותני לאברם | עברייא | והוא שרי במשרי חזוה |
| 008 | עברייה | | Dt15:03 | יתיה דיהווי לך גב אחוך | עברייה | תשמט ידך: |
| 009 | עברייתה | | Dt15:12 | עבריה או אחתכון | עברייתה | ויפלח קדמך שית שנין |
| 010 | עיברייה | | Dt23:21M | תהוון מוזפין לאחוך | עיברייה | לא תזופון מן בגלל יבר' |
| 011 | עבריתה | | Dt15:17 | לעולם ולחוד לאמהתך | עב{ד}<ר>יתה | תעבד כדין: |
| 012 | עבריין | p abs | Ex 2:13 | תניינא והא תרין גברין | עבריין | מתנצין ואמר לחיבה למה כען |
| 013 | דעבריין | | Ex 7:16 | ותימר ליה ייי אלההון | דעבריין | שלח יתי לוותך למימר שלח |
| 014 | עבריא | p em/sf | Gn10:21 | אף הוא אבוהון דכל בני | עבריא | אחוי דיפת רבה: |
| 015 | עבריי | | Gn43:32 | יכלין מצראי למיכל עם | עבריי | לחם ארום מרחקה היא |
| 016 | עברייתא | | Ex 1:19 | ארום לא כנשיה מצרייתה | עברייתא | ארום חיין אינין עד לא |
| 017 | | | Ex 1:15 | מלכא דמצרים לחייתא | עברייתא | די שמה דחדא מנהון שפרה |
| 018 | | | Ex 2:07 | ליך אתה מיינקא מן | עברייתא | ותניק לך ית טליא: |
| 019 | | | Ex 1:16 | כד תהוון מיילדין ית | עברייתא | תהוון חמיין על מתברייא |
| 020 | דעבראי | | Ex 9:01M | ייי אלההון | דיהו{י}די/דעבראי#2# | שלח ית עמי |
| 021 | דעבריה | | Ex 2:06 | ואמרת מן בניהון | דעבריה{ון} | הוא דין: |
| 022 | דעבריי | | Ex 5:03 | ואמרין אלהון | דעבריי | אתגלי עלינן נזיל כען אורח |
| 023 | | | Gn40:15 | מתגנבא אתגנבת מן ארעא | דעבריי | ואף הכה לא עבדת כל |
| 024 | | | Ex10:03 | כדון אמר ייי אלהון | דעבריי | עד אמת את מסרב למתכנעה |
| 025 | | | Ex 9:13M | ייי אלההון | דיהודי/<דעבר>יי#2# | שלח ית עמא |
| 026 | דעברייה | | Ex 3:18 | ליה {ליה} ייי אלההון | דעברייה | אתגלי עלינן וכדו נזיל |

## עגול *n.* loaf of bread [402 עיגול]

| | | | | | | |
|---|---|---|---|---|---|---|
| 001 | ועגול | s ab/cn | Ex29:23M | | וככר/ועגול#2#/ | דלחם חד וחלה |

## עגל *n.* calf [395]

| | | | | | | |
|---|---|---|---|---|---|---|
| 001 | עגל | s ab/cn | Lv 9:02 | ואמר לאהרן סב לך | עגל | בר תורין לחטתה ודכר לעלתה |
| 002 | | | Dt 9:16 | ייי אלהכון עבדתון לכון | עגל | מסכה סטיתון בפריע מן אורחא |
| 003 | ועגל | | Lv 9:03 | צפיר בר עיזין לחטאתה | ועגל | ואמר בני שת{י}הון שלמים מן |
| 004 | עגלא | s em/sf | Dt 1:01M | על ידי בשרא ובגין | עגלא | דעבדתון אמר במימריה |
| 005 | עגלה | | Lv 9:08 | מדבחה ו{כ}נ<כ>ס ית | עגלה | דחטאתה דמן דידיה: |
| 006 | | | Ex32:24M | בגווה ונפק מיניה דמות | עגלה | הדין |
| 007 | | | Nu 7:08M | תמניה תוריה /ארבעתיה | עגלה | וית תימנתה תור'#2#/ יהב |
| 008 | עיגלה | | Dt 1:01 | די אתחמדתון ועל עסק | עיגלה | די עבדתון אמר ייי במימרה |
| 009 | דעגלה | | Nu24:01 | והוה מדכר להון עבדה | דעגלה: | |
| 010 | | | Dt33:09 | אחוי לא חכם בעובדה | דעגלה | ועל בנוי לא קנה רחמין |
| 011 | עגלין | p abs | Nu 7:08 | וית ארבע | עגלין | וית תמניה תוריה יהב משה |

## עגלה *n.* heifer [395]

| | | | | | | |
|---|---|---|---|---|---|---|
| 001 | עג' | s ab/cn | Gn15:09M | קדמיי עגלה /סב לי | עג'#2#/ | ברת תלת שנין ועז בר תלת |
| 002 | עגלה | | Gn15:09 | ואמר ליה קרב קדמיי | עגלה | ברת תלת שנין ועז בר תלת |
| 003 | עגלת | | Dt21:03 | ויסבון חכימי קרתה ההיא | עגלת | ברת תורין די לא אתפלח בה |
| 004 | עגלתה | s em/sf | Dt21:04 | יזדרע ויקטלו תמן ית | עגלתה | בנחלה: |
| 005 | | | Dt21:06 | יסחון ית ידיהון על | עגלתה | דקטילה בנחלה: |
| 006 | | | Dt21:04 | חכימי קרתה ההיא ית | עגלתה | לנחיל דבייר די לא אתפלח |

## עגלה #2 *n.* chariot, wagon [395]

| | | | | | | |
|---|---|---|---|---|---|---|
| 001 | עגלה | s ab/cn | Nu 7:03 | מזווגן ותרין עשר תורין | עגלה | על תרין רברבנין ותור מן |
| 002 | עגלין | p abs | Gn45:21 | ישראל ויהב להון יוסף | עגלין | על {על} גזרת פומיה דפרעה |
| 003 | עגלן | | Gn45:19 | לכון מן ארעא דמצרים | עגלן | לטפליכון ולנשיכון וטענון |
| 004 | | | Nu 7:03 | קרבניהון קדם ייי שית | עגלן | מזווגן ותרין עשר תורין |
| 005 | עיגלן | | Nu 7:07 | ית תרתין | עיגלן | וית ארבעה תורין יהב משה |
| 006 | עגלתא | p em/sf | Gn45:27 | דמלל עמהון וחמה ית | עגלתא | דשלח יוסף למטען יתיה |
| 007 | עגלתה | | Nu 7:06 | ונסב משה ית | עגלתה | וית תוריה ויהב יתהון |
| 008 | | | Nu 7:09 | לא יהב משה לא מן | עגלתה | ולא מן תוריה ארום פלחן |
| 009 | בעגלתה | | Gn46:05 | טפליהון וית נשיהון | בעגלתה | די שלח פרעה למטען יתיה: |

## עגעג *vb.* to roll, to make dirty [395]

| | | | | | | |
|---|---|---|---|---|---|---|
| 001 | מעגעגין | quadr. | Gn49:11 | מתרבי גובריהון לבושי | מעגעגין | בדמא מדמי לרפוס ענבים: |

## עד *prep.* until [396]

| | | | | | | |
|---|---|---|---|---|---|---|
| 001 | עד | | Nu11:26M | סבייה מן גו משריתה | עד | אלדד ומידד מתנביין |
| 002 | | | Nu11:26 | שבעתי חכימיה מן משריתה | עד | אלדד ומדד מתנבאין |
| 003 | | | Nu33:49 | על ירדנה מיבת ישימות | עד | אבל שיטין במישריה דמואב: |
| 004 | | | Nu21:26 | ונסב ית כל ארעא מניה | עד | ארנונה: |
| 005 | | | Gn13:03 | ואזל למטלנוי מן דרומא | עד | ביתאל עד אתרא די פרס תמן |
| 006 | | | Dt34:01 | ית כל ארעא וית גלעד | עד | דן דקיסריון: |
| 007 | | | Gn25:18 | ושרון מן הנדין | עד | הלוצה די כל קבל מצרים |
| 008 | | | Nu13:22 | וסליקו בדרומה ומטה כלב | עד | חברון ותמן אחימן ששי |
| 009 | | | Gn14:15 | וקטל יתהון ורדף יתהון | עד | חובה די מן צפון לדרמשק: |
| 010 | | | Gn11:31 | למיזל לארעא דכנען ומטון | עד | חרן ושרן תמן: |
| 011 | | | Nu21:24 | ית ארעיה מן ארנונה | עד | יבקה עד תחומיהון דבני |
| 012 | | | Gn13:12 | בקרי משרה ופרס משכניה | עד | סדום: |
| 013 | | | Dt 3:10 | וכל גלעדה וכל בותנין | עד | ס{{י}}ליוק{{י}}«י»ה |
| 014 | | | Gn10:19 | מן צידון מעלך לגררה | עד | עזה מעלך סדו{{ם}}«מ»ה |
| 015 | | | Dt 2:23 | ועווייא דשרון בכופרנייה | עד | עזה קפוטקייה די נפקו מן |
| 016 | | | Gn49:13 | ספינתה ותחומה יהוי מטי | עד | ציידן: |
| 017 | | | Gn14:14 | תלת מאה עשר ורדף בתריהון | עד | קיסריון: |
| 018 | | | Gn10:19 | ועמרה אדמה וצבוים | עד | קלרהי: |
| 019 | | | Nu13:21 | ית ארעא מן מדברה דצין | עד | רחוב למעליה אנטוכיה: |
| 020 | | | Dt 1:19 | פקד ייי אלהן יתן ומטינן | עד | רקם דגיעה: |
| 021 | | | Gn50:10 | ומטון | עד | אדר אטדה די בעבר ירדנא |
| 022 | | | Lv26:18 | ואן | עד | אילין מרדוותה לא תשמעון |
| 023 | | | Ex22:03 | מן תורא עד חמר«א» | עד | א«י»מר בחיין בכפלא ישלם: |
| 024 | | | Ex10:07 | ואמרו עבדוי דפרעה ליה | עד | אימת יהווי דין לן לתקלה שלח |
| 025 | | | Ex14:15 | ואמר ייי למשה | עד | אימת את קיים תהווי לדידך |
| 026 | | | Nu14:27 | | עד | אימת לכנישתה בישתה הדה די |
| 027 | | | Ex 8:05 | הב לי סימן ואתרחיץ עלי | עד | אימתי אצלי עליך ולשלטוניך |
| 028 | | | Ex16:28 | ואמר ייי למשה | עד | אימתיי אתון מסרבין למטר |
| 029 | | | Ex10:03 | אמר ייי אלהון דעבריי | עד | אמת את מסרב למתכנעה קדם ייי |
| 030 | | | Nu14:11 | ואמ' ייי למשה | עד | אמתי ירגזון קדמי עמא האלין |

|  |  | | | |
|---|---|---|---|---|
| 031 | Ex12:06 | ויהוי לכון למטרה | עד | ארבעת עשר יומין לירחא הדין |
| 032 | Gn50:01M | דיירי ארעא ושרשוי מטיין | עד | ארעית תהומ' מנה קמו |
| 033 | Gn13:04 | | עד | אתר מדבחה די בנה תמן |
| 034 | Gn13:03 | מן דרומא עד ביתאל | עד | אתרא די פרס תמן משכניה |
| 035 | Gn12:06 | ועבר אברם | עד | אתרה שכם ועד משריה חזווה |
| 036 | Dt 1:31 | די הלכתון עד מיעלכון | עד | אתרה הדין: |
| 037 | Dt 9:07 | ארעא דמצרים עד מיעלכון | עד | אתרה מסרבין הוויתון קדם |
| 038 | Dt11:05 | לכון במדברה עד מעלכון | עד | אתרה הדין: |
| 039 | Gn31:24 | לא תמלל עם יעקב מן טב | עד | ביש: |
| 040 | Ex12:29 | למיתב על כורסי מלכותא | עד | בכורא דשביתא די |
| 041 | Ex11:05 | למיתב על כורסי מלכותיה | עד | בכורה דאמה{ה}ת<ה> די טחנה |
| 042 | Nu 8:04 | ודן עבד מנרתה נגודה דהב | עד | בסיס דידה ועד שושניה נגידה |
| 043 | Gn 6:07 | אפי דארעא מן בני אנשא | עד | בעירא: עד רחשא ועד עוף שמיא |
| 044 | Gn 7:23 | דארעא די מן בני אנשא | עד | בעירה עד ריחשא עד עוף שמיא |
| 045 | Gn49:04M | ולא תוסיף למחטי | תוב/עד#2/ | ברי ועל ד{ט}חסית תשתרי |
| 046 | Ex22:12M | \קטילא לא ישלם /ימטינ' | עד | גושמת חיבא דתבירא ולא |
| 047 | Lv11:42M | \עד כל דמסגי ברגלוי | /עד | {ג}<נ>דל דמסגי עד מאה |
| 048 | Gn14:06 | דהוון שריין בטורא דגבלא | עד | דגבולא דפארן דסמיך למדברא: |
| 049 | Gn50:01 | עד צית שמיא ושרשוי מטיין | עד | דרי עלמא די נפקו מיניה |
| 050 | Ex24:05M | בוכרי' בני ישראל ארום | עד | ההי' שעתא הוות פולחנא |
| 051 | Gn22:05 | גב חמרא ואנא ורביה נמטי | עד | הכא ונצלי ונחזור לוותכון: |
| 052 | Ex22:03 | בידיה גנבתה מן תורא | עד | חמר«א» עד א«י»מר בחיין |
| 053 | Dt 3:08 | ירדנה מן נחלה דארנונה | עד | טור תלגה: |
| 054 | Dt 1:20 | ואמרית לכון מטיתון | עד | טורהון דאמוריי די ייי אלהן |
| 055 | Ex12:18 | ביני שמשתא תאכלון פטירין | עד | יום חד ועשרין יום לירחא |
| 056 | Gn47:26 | ושוי יתה יוסף לסימן | עד | יומא הדין על ארעהון דמצראי |
| 057 | Gn48:15 | ייי דדבר יתי מן טליותי | עד | יומא הדין: |
| 058 | Ex10:06 | מן יומא די הוון על ארעא | עד | יומא הדין וזרז ונפק מן קדם |
| 059 | Ex12:15 | מן ישראל מן יומא קדמייה | עד | יומא שביעיא: |
| 060 | Ex40:37 | לא יסתלק ענגה ולא יטלון | עד | יומא די יסתלק: |
| 061 | Lv19:06 | תליתייה ומה דמשתייר | עד | יומא תליתייה בנורא יתוקד: |
| 062 | Nu22:30 | די רכבת עליי מן טליותך | עד | יומא הדין הא מתכוונה |
| 063 | Dt 3:14 | כופרנוי דיאיר | עד | יומא הדן: |
| 064 | Dt29:03 | למחמי ואדנין למשמע | עד | יומא הדין: |
| 065 | Ex23:31 | ית תחומיכון מן ימא דסוף | עד | ימ{א}הון דפלישתאי ומן מדברא |
| 066 | Nu11:20 | | עד | ירח יומין עד זמן דיפוק |
| 067 | Gn 8:05 | ומיא הוון אזלין וחסרין | עד | ירחא עשיריא בעשיריא בחד |
| 068 | Gn32:05M | כדון /ושהית למיתי | עד | כדו#2/: |
| 069 | Gn 2:05 | אלהים מטר על ארעא ואדם | עד | כדון לא את«ברי» למהוי פלח |
| 070 | Gn24:60M | ואמרו לה | עד | כדון הוית אחת' כדון את |
| 071 | Gn24:60 | ית רבקה ואמרין לה ברם | עד | כדון אחתן הוית ברם מן הכא |
| 072 | Gn29:07 | ואמר הא | עד | כדון יומא תלי לא אשון מכנש |
| 073 | Gn31:14 | רחל ולאה ואמרין לה הא | עד | כדון אית לנא חלק ואחסנא |
| 074 | Gn43:28M | שלם לעבדך אבונן הא/הא | עד | כדון#2/ הוא בחיין ועקדו |
| 075 | Gn44:14M | בשלמיה כנימוס ארעא | /עד | כדון הוה יהיב תמן ואשטטחו |
| 076 | Gn44:28 | אתקטל ולא חמית יתיה | עד | כדון: |
| 077 | Gn45:11 | ואכלכל יתך תמן ארום | עד | כדון חמש שנין דכפן ולא |
| 078 | Gn45:26 | ותנון ליה למימר | עד | כדון יוסף בחיין וארום הוא |
| 079 | Gn46:30M | דחמת סבר אפיך ארום | כען/עד | כדון#2/ את בחיין: |
| 080 | Ex 4:18M | "העד כען אינון בחיין": הא | עד | כדון הנון בחיין |
| 081 | Ex 7:16 | קדמיי במדברא והא לא שמעת | עד | כדון: |
| 082 | Ex 9:16 | אלא מן בגלל דא קיימת יתך | עד | כדון מן בגלל למחויה יתך ית |
| 083 | Ex 9:16 | דייטב לך קיימת יתך | עד | כדון אלא מן בגלל דא קיימת |
| 084 | Ex 9:17 | הא | עד | כדון את מתרברב בעמי דלא |
| 085 | Lv25:51 | אן | עד | כדון סגי בשניה לפום שנייה |
| 086 | Dt12:09 | ארום לא אתיתון | עד | כדון לנווחתה ולאחסנותה דייי |
| 087 | Dt29:14M | יומי עלמא ודלא אתבריו | עד | כדון כולהון קיימין עמנא |
| 088 | Lv11:42 | מעוי וכל דמהלך על ארבע | עד | כל דמסגי ברגלוי כל {ד}שרצה |
| 089 | Gn12:06 | ועד משריה חזווה וכנעניא | עד | כען הוון שריין בארעא: |
| 090 | Gn13:07 | לא תנטון לכנעניא ופריזיא | עד | כען אנון שריין בארעא: |
| 091 | Gn15:16 | לא שלימו חוביהון דאמוראי | עד | כען: |
| 092 | Gn18:22 | ואזלו לסדם ואברהם | עד | כען הוה קאם בעי רחמין |
| 093 | Gn29:09 | | עד | כען הווה ממלל עמהון ורחל |
| 094 | Gn43:27 | אבוכון סבא דאמריתון הא | עד | כען הוא בחיין: |
| 095 | Ex 1:05M | שבעין נפשן ויוסף | דהוה/עד | כען הוה#2/ במצרים: |
| 096 | Nu11:33 | בשרה | עד | כען הוה ביני שיניהון |
| 097 | Nu19:13 | לא אזרק עלוי מסאב הוא | עד | כען סאובתיה ביה: |
| 098 | Nu24:22 | ארום אן יהווי שלמיה לביזה | עד | כען אשוריי משבי יתך: |
| 099 | Nu21:30 | מן דיבון וצדיין ארחתיה | עד | כרכה דנפחיה דסמיך |
| 100 | Gn13:03M | \דרומא עד ביתאל /דרום | עד | לביתאל#2/ עד אתרא די פרס |
| 101 | Ex 9:14M | לכולהון מחתי וימטון | עד | לבבך#2/ ובשלטונך ובעמך |
| 102 | Gn27:34 | צווחה רבה תקיפא ומרירא | עד | לחדא ואמר לאבוי ברך יתי אף |
| 103 | Nu24:20 | לאבדן יהווי וא«ב»דנהון | עד | לעולם: |
| 104 | Nu24:24 | לאבדן יהוון ואבדנהון | עד | לעולם: |
| 105 | Dt15:17 | ויהווי לך עבד משעבד | ע{ו}ד | לעולם ולחוד לאמהתך עבדיתה |
| 106 | Dt23:04 | להון בקהל כנשתה דייי | עד | לעולם: |
| 107 | Gn13:15 | את חמי לך אתן יתה ולבניך | עד | לעלם: |
| 108 | Ex12:24 | הדין לקיים לכון ולבניכון | עד | לעלם: |
| 109 | Ex14:13 | יתהון תוב בשעבוד | ע{ל}<ד> | לעלם: |
| 110 | Ex30:21M | /קיים דלעלם להון | עד | לעלם#2/: |
| 111 | Ex32:13 | אתן לבניכון ויחסנון יתה | עד | לעלם: |
| 112 | Dt12:28 | לכון ולבניכון מן בתריכון | עד | לעלם ארום תעבדון מה דשפר |
| 113 | Dt17:16 | למחזור באורחא הדין תוב | עד | לעלם: |
| 114 | Dt23:07 | לטבותהון כל יומי חייכון | עד | לעלם: |
| 115 | Dt28:46 | לאתין ולסימנין ובבניכון | עד | לעלם: |
| 116 | Gn 3:22 | הוה חי וקיים כאלן חייא | עד | לעלמין וכדון עד די לא נטר |
| 117 | Lv11:42M | /עד {ג}<נ>דל דמסגי | עד | מאה ריגלין#2/ כל {ד}שרצה |
| 118 | Dt 2:05 | לא אתן לכון מן ארעהון | עד | מדרס כפה דרגלה ארום ירתו |
| 119 | Gn 3:19 | מן קדם אפיך תאכל לחם | עד | מחזרך לארעא ארום מנה אתברית |
| 120 | Nu34:15M | נפק לרפיח ולשוק מזיי | עד | מטי |
| 121 | Ex22:25 | תמשכן לבושא דחברך | עד | מטמעא שמשא תחזר יתי' ליה: |
| 122 | Ex17:12 | שרה רבקה רחל ולאה | עד | מטמעי שמשא: |
| 123 | Gn48:05 | דאתילדו לך בארעא דמצרים | עד | מייתוי לוותיך מצרימה לשמי |
| 124 | Gn32:25M | די סליק עמוד שחרא | /עד | מיסק קריצתא#2/: |
| 125 | Gn34:05M | יעקב \עד זמן דאתון | /עד | מיעלהון#2/: |
| 126 | Ex16:35 | תותבותיהון ית מנא אכלו | עד | מיעליהון לסייפי ארעא |
| 127 | Ex16:35 | אכלו ית מנה ארבעין שנין | עד | מיעליהון לארעא תותבותיהון |
| 128 | Dt 1:31 | ברה בכל ארחה די הלכתון | עד | מיעלכון עד אתרה הדין: |
| 129 | Dt 9:07 | פריקין מן ארעא דמצרים | עד | מיעלכון עד אתרה מסרבין |
| 130 | Lv23:16 | | עד | מן בתר שבתה שביעיתה מן |
| 131 | Gn32:25M | עמה מלאך בדמות גבר | עד | מסק |
| 132 | Ex34:35 | מחזר ית סודרה על אפוי | עד | מעלה למתמללה עמיה: |
| 133 | Nu10:21 | מקדשה ומקימין ית משכנה | עד | מעליהון: |
| 134 | Dt11:05 | ומה די עבד לכון במדברה | עד | מעלכון עד אתרה הדין: |
| 135 | Ex10:26M | מה נקרבה קדם ייי | עד | מעלן תמן |
| 136 | Ex34:34M | והוה נפק וממלל | /עד | מפקה ונפק וממלל#2/ עם בני |
| 137 | Ex34:34 | מעבר ית סודר{ר}יה | <ע>דמפקה | והוה נפק וממלל עם בני |
| 138 | Lv16:17 | במעלה לכפרה בגו בית קדשה | עד | מפקה ויכפר על ידוי ועל ידי |

|  |  |  |  |  |  |
|---|---|---|---|---|---|
| 139 | | Gn15:18 | ארעא הדא מנילוס דמצרים | עד | נהרא רבה נהרה פרת: |
| 140 | | Ex23:31 | דפלישתאי ומן מדברא | עד | נהרא רבא ארום אמסר{א} |
| 141 | | Dt 1:07 | דכנעניי וטור בית מוקדשה | עד | נהרה רבה נהרה דפרת: |
| 142 | | Nu13:23 | ומטון | עד | נחל סגולה ולקטו מן תמן |
| 143 | | Nu32:09 | וסלקו | עד | נחל סגולה וחמון ית ארעא |
| 144 | | Dt 1:24 | וכווינו לטורא ומטון | עד | נחל סגולה ואלילו יתה: |
| 145 | | Nu 5:03 | מדכר | עד | נקבה תשלחון לבר מן משריתה |
| 146 | | Gn19:11 | מחון בסידוריה מדקיקיהון | עד | סביהון והוון לעין משכחא תרע |
| 147 | | Dt30:04 | אין יהוון מבדריכון | עד | סייפי שמיא מן תמן יכנש |
| 148 | | Nu32:13 | יתהון במדברה ארבעין שנין | עד | סף כל דרה די עבד מה דשני |
| 149 | | Dt 1:02 | אורח טור גבלה{מטי | עד} | <עד מטי> רקם דגיעה על |
| 150 | | Gn 7:23 | עד בעירה עד ריחשא | עד | עוף שמיא ואשתצון מן ארעא |
| 151 | | Lv23:14M | דתייתון /יומא הדין | עד | עידן#2#/ ית קורבנה דאלהכון |
| 152 | | Gn 4:24M | ארום קין \דקטל להבל | עד/ | על דקטל להבל |
| 153 | | Ex21:06M | ליה עבד משתעבד | לעלם/עד | עלם#2#/: |
| 154 | | Dt29:28 | אלהן וגלייתה לן ולבנינן | עד | עלמא למעבד ית כל פתגמי |
| 155 | | Dt 6:04M | \הוא יהא שמיה מברך | \עד#2#/ | /ענה יעקב אמ' בריך |
| 156 | | Nu 6:04 | מן גופנה דחמרא מן כמישן | עד | פגן לא יאכל: |
| 157 | | Ex27:05 | מן לרע ותהוי מצדתא | עד | פלגא דמדבחא: |
| 158 | | Ex38:04 | דנחש תחות סוביבה מן לרע | עד | פלגותיה: |
| 159 | | Dt14:22M | רשאין למעשרה מן פרי שנה | עד | פרי שנה |
| 160 | | Ex12:10 | ולא תשתיירון מניה | עד | צפרא ומה דמשייר מיניה עד |
| 161 | | Ex12:10 | עד צפרא ומה דמשייר מיניה | עד | צפרא בנורא תוקדון: |
| 162 | | Ex12:22 | תיפקון גבר מן תרע ביתיה | עד | צפרא: |
| 163 | | Ex16:19 | להון גבר לא ישייר מנה | עד | צפרא: |
| 164 | | Ex16:20 | למשה ושיירו מניה גברין | עד | צפרא ועבד תולעין ואסרח ורגז |
| 165 | | Ex16:23 | אצניעון לכון למטרה | עד | צפרא: |
| 166 | | Ex16:24 | ואצנעון יתיה | עד | צפרא היך מה דפקד משה ולא |
| 167 | | Ex23:18 | ולא יבית מן חלבי חגי | עד | צפרא: |
| 168 | | Ex23:18M | קדמיי' דפסחא מן רמשא | עד | צפרא |
| 169 | | Ex27:21 | יתיה אהרן ובנוי מן רמשא | עד | צפרא קדם ייי קיים עלם |
| 170 | | Ex29:34 | מבשרה דאשלמותא ומן לחמה | עד | צפרא ותיקד מה דאשתייר בנורא |
| 171 | | Lv 6:02 | על גבי מדבח' כל ליליה | עד | צפרא ואשתה על גבי מדבחה |
| 172 | | Lv 7:15 | יתאכל לא ישתייר מנה | עד | צפרא: |
| 173 | | Lv19:13 | לא יבית אגרה דאגירה עמך | עד | צפרא: |
| 174 | | Lv22:30 | יתאכל לא תשיירון מנה | עד | צפרא כדן אמר ייי: |
| 175 | | Nu 9:12 | לא ישיירון מניה | עד | צפרה וגרם לא יתברון ביה ככל |
| 176 | | Nu 9:15 | על משכנ' כחזיו אשתה | עד | צפרה: |
| 177 | | Dt16:04 | יומא טבה קדמייה דפסחה | עד | צפרה: |
| 178 | | Gn 6:07 | מן בני אנשא עד בעירא: | עד | רחשא ועד עוף שמיא ארום הוה |
| 179 | | Gn 7:23 | די מן בני אנשא עד בעירה | עד | ריחשא עד עוף שמיא ואשתצון |
| 180 | | Lv11:25 | יחוור לבושי ויהוי מסאב | עד | רמש': |
| 181 | | Lv11:28 | יחוור לבושי ויהוי מסאב | עד | רמש' מסאבין אינון לכון: |
| 182 | | Ex18:13 | עמא קדם משה מן צפרא | עד | רמשא: |
| 183 | | Ex18:14 | עמא קיימין עלויך מן צפרא | עד | רמשא: |
| 184 | | Lv11:24 | יקרב בנבלתהו' יהוי מסאב | עד | רמשא: |
| 185 | | Lv11:27 | יקרב בנבלתהון יהוי מסאב | עד | רמשא: |
| 186 | | Lv11:31 | בהון במיתתהון יהוי מסאב | עד | רמשא: |
| 187 | | Lv11:32 | במיא יתעל ויהוי מסאב | עד | רמשא וידכא: |
| 188 | | Lv11:32M | וידכא /יתועלון ויסתאבון | עד | רמשא וידכון#2#/: |
| 189 | | Lv11:39 | מן די יקרב בנבלתה יסתאב | עד | רמשא: |
| 190 | | Lv11:40 | יחוור לבושי ויהווי מסאב | עד | רמשא <....>: |
| 191 | | Lv14:46 | די יטרוד יתיה יהוי מסאב | עד | רמשא: |
| 192 | | Lv15:05 | ויסחי במיא ויהוי מסאב | עד | רמשא: |

|  |  |  |  |  |  |
|---|---|---|---|---|---|
| 193 | | Lv15:07 | ויסחי במיא ויהווי מסאב | עד | רמשא: |
| 194 | | Lv15:08 | לבושוי ויסחי במיא ויסתאב | עד | רמשא: |
| 195 | | Lv15:10 | לבושוי ויסחי במיא ויסתאב | עד | רמשא: |
| 196 | | Lv15:10 | מן די יהווי תחתוי יסתאב | עד | רמשא ויטעון «יתהון» יחוור |
| 197 | | Lv15:11 | לבושוי ויסחי במיא ויסתאב | עד | רמשא: |
| 198 | | Lv15:16 | במיא ית כל בשריה ויסתאב | עד | רמשא: |
| 199 | | Lv15:17 | דזרע ויחוור במיא ויסתאב | עד | רמשא: |
| 200 | | Lv15:18 | וישזגון במיא ויסתאבון | עד | רמשא: |
| 201 | | Lv15:19 | וכל די יקרוב בה יסתא' | עד | רמשא: |
| 202 | | Lv15:21 | לבושוי ויסחי במיא ויסתאב | עד | רמשא: |
| 203 | | Lv15:22 | לבושוי ויסחי במיא ויסתאב | עד | רמשא: |
| 204 | | Lv15:23 | כד יקרוב בה יהוי מסאב | עד | רמשא: |
| 205 | | Lv15:27 | ויסחי במיא ויהוי מסאב | עד | רמשא: |
| 206 | | Lv17:15 | ויסחי במיא ויהווי מסאב | עד | רמשא וידכי: |
| 207 | | Nu19:08 | בשרה במיא ויהוי מסאב | עד | רמשא: |
| 208 | | Nu19:22 | תקרוב ביה תיהווי מסאבה | עד | רמשא: |
| 209 | | Lv15:06 | ויסחי במיא ויהוי מסאב | עד | רמשה: |
| 210 | | Lv22:06 | די תקרב בה תיהווי מסאבה | עד | רמשה ולא יאכל מן קדשיה ארום |
| 211 | | Nu19:07 | כהנא מסאב ומרחק מן קדשיה | עד | רמשה: |
| 212 | | Nu19:10 | ית לבושוי ויהווי מסאב | עד | רמשה ויהווי לבני ישראל |
| 213 | | Nu19:21 | במי אדיה יהווי מסאב | עד | רמשה: |
| 214 | | Dt32:22 | אשא נפקת מן קדמיי ואוקדת | עד | שאול ארעייתה ותכלת ארעא |
| 215 | | Gn 4:24M | /על דקטל להבל אחוי | עד#2#/ | שבעה דרין איתלי לי ולמך |
| 216 | | Gn 4:24 | קטל בדינא הוא דיתלי ליה | עד | שבעין ושבעה דרין יתלי ליה: |
| 217 | | Gn 4:15 | בשבועה כל דיקטול קין | עד | שובעה דרין יתלי ליה ושוי |
| 218 | | Nu21:30M | עד כרכה דנפחיה /קרתה | עד | שוקא דנפ'#2#/ דסמיך |
| 219 | | Dt 1:44 | וכתיתו יתכון בגבלה | עד | שיציו: |
| 220 | | Nu14:45 | ומחון יתהון וכתתו יתהון | עד | שציו: |
| 221 | | Ex21:06M | ויהוי פלח עמא | עד | שתא דיובל' |
| 222 | | Lv25:22 | ותאכלון מן עללתה עתיקה | עד | שתה תשיעיתה עד זמן דיעלון |
| 223 | | Lv25:28 | זבונה ביד מן דזבן יתיה | עד | שתה דיובלה ויפוק ביובילה |
| 224 | | Lv25:40 | כאגיר כתותב יהווי עמך | עד | שתה דיובילה יפלח עמך: |
| 225 | | Lv25:50 | יתיה מן שתה דאזדבן לה | עד | שתה דיובילה ויהווי כסף |
| 226 | | Lv25:52 | ואן קלל זער אשתייר בשנייה | עד | שתה דיובילה ויחשב לה כפם |
| 227 | | Lv27:18 | על פם שנייה דאשת«יירן» | עד | שתה דיובילה ויתמנע |
| 228 | | Lv27:23 | ליה כהנה ית מיסת עלויה | עד | שתה דיובילה ויתן ית עלויה |
| 229 | | Gn29:27 | אף ית דא בפולחנא די תפלח | עד | תוב <שבע> שנין אחריניין: |
| 230 | | Nu13:29M | ימא \ועל מגיזתה דירדנה | /עד | תחום ירד'#2#/: |
| 231 | | Dt 3:14 | נסב ית כל תחום תרכונה | עד | תחום גשורייה{{ואפיקירוס}} |
| 232 | | Gn47:21M | סיפא תחומ' דמצריים | עד | תחומא סיפא מן בגלל |
| 233 | | Nu21:24 | מן ארנונה עד יבקה | עד | תחומיהון דבני עמון ארום |
| 234 | | Nu34:03 | מן דרומה מן מדברה דצין | עד | תחומיהון דאדומיי ויהווי |
| 235 | דעד | Gn45:28M | {ט}<ת>וב למחמי ומן | דעד | כדון יוסף ברי קיים איזיל |
| 236 | | Gn45:28 | למיחמי ולדא לא סכיית | דעד | כדון יוסף בחיין איזי«ל» |
| 237 | | Gn49:21 | לאבונן יעקב מן שירויה | דעד | כדון יוסף בחיין והוא |
| 238 | | Ex24:05M | הוות פולחנא בבוכרייא | דעד | כדון לא אתעבד משכן |
| 239 | | Ex 9:30M | ארום על דקדם אתון | דחלין/דעד | לא דחלון#2#/ מן קדם |
| 240 | | Gn13:07M | עד /לכנענאי ופריזאי | דעד#2#/ | כען אנון שריין בארעא: |
| 241 | העד | Gn45:26M | ליה למימר \עד כדון | /העד | כדו#2#/ יוסף בחיין וארום |
| 242 | | Ex 9:02M | ארי מסרב את למשלחא | ועד/העד#2#/ | כדון את מתוקף בהון: |
| 243 | | Ex10:07M | אלההון \קדם עד לא תדע | /העד | כדן לא אתבוננתא למידע#2#/ |
| 244 | | Gn45:03 | יוסף לאחוי אנה יוסף | העד | כען אבה בחיין ולא יכלו |
| 245 | | Ex 4:18 | אחי די במצרים ואחמי | העד | כען אינון בחיין ואמר יתרו |
| 246 | ועד | Dt 2:36 | ארנונה וקרתה די בנחלה | ועד | גלעדה לא הוות קרייה די |

|  |  |  |
|---|---|---|
| 247 | Nu14:11 | ירגזון קדמי עמא האלין ועד אימתי לא יה«יי»מנון בשם |
| 248 | Gn31:29 | למללה עם יעקב מן טב ועד ביש: |
| 249 | Ex13:15 | מן בכוריה בני אנשא ועד בכורי בעירא בגין כדון אנן |
| 250 | Ex 9:25 | באפי ברא מן בני אינשא ועד בעיר׳ וית כל עשבא דבאפי |
| 251 | Ex11:07 | כלב בלשניה למן גבר ועד בעיר מן בגלל די תדעון די |
| 252 | Ex12:12 | דמצרים מן בני אנשא ועד בעירא ובכל טעוותיהון |
| 253 | Nu 3:13 | בישראל מן בני אנשא ועד בעירה לשמי יהוון אמר ייי: |
| 254 | Lv27:03 | דדכרה מן בר עשרין ועד בר שתין שנין ויהווי עלויה |
| 255 | Lv27:05 | ואן מן בר חמש שנין ועד בר עשרין ^שנין#2#^ ויהוי |
| 256 | Lv27:06 | ואן מן ירח ועד בר חמש שנין ויהוי עלויה |
| 257 | Nu 4:03 | מן בר תלתין שנין ולעיל ועד בר חמשין שנין כל דיעול |
| 258 | Nu 4:23 | מבר תלתין שנין ולעיל ועד בר חמשין שנין תסכום יתהון |
| 259 | Nu 4:30 | מן בר תלתין שנין ולעיל ועד בר חמשין שנין תסכום יתהון |
| 260 | Nu 4:35 | בר תלתין שנין <ולעיל> ועד בר חמשין <שנין> כל דייעול |
| 261 | Nu 4:39 | מן בר תלתין שנין ולעיל ועד בר חמשין שנין כל די יעול |
| 262 | Nu 4:43 | מן בר תלתין שנין ולעיל ועד בר חמשין שנין כל |
| 263 | Nu 4:47 | מן בר תלתין שנין ולעיל ועד בר חמשין שנין כל די יעול |
| 264 | Nu 6:04M | \כמישן עד פגן /חרצניה\ ועד זוגיה#2#/ לא יאכל |
| 265 | Gn44:18 | וכמה דאנה קשה מינהון ועד חד כמה דחילי קשי מן דידהון |
| 266 | Dt 4:48 | די על גיף נחיל ארנונה ועד טורה דסיאון הוא טור תלגה: |
| 267 | Dt 3:17 | ותחומה מן ימא דגניסר ועד ימא דמישרה ימא דמ«י»לחה |
| 268 | Dt 4:49 | עבר ירדנה מן מדנחה ועד ימא דמלחה תחות ריש רמתה: |
| 269 | Dt11:24 | מן נהרא רבה נהרא דפרת ועד ימה אחרנייה יהווי תחומכון: |
| 270 | Dt34:02 | וית כל ארעא דיהודה ועד ימה אחרייה: |
| 271 | Ex28:42 | מן אסר חרציהון ועד ירכתהון יהוון: |
| 272 | Gn 2:25 | ערטלין אדם ואתתיה ועד כדון לא הוון ידעין מה היא |
| 273 | Gn45:06 | שנין כפנא בגו ארעא ועד כדון חמש שנין דלא זרעין |
| 274 | Gn46:34 | הוון עבדך מן טלייתהון ועד כדון להוד אנן להוד מן בגלל |
| 275 | Ex 9:02 | ארי מסרב את למשלחא ועד כדון את מתוקף בהון: |
| 276 | Ex 9:18 | למן יומא דאזדמנת ועד כדון: |
| 277 | Ex24:05M | אתעבד משכן זמנ{ן}<א> ועד כדון לא אתייהבת כהונתא |
| 278 | Nu14:19 | לעמא האליין מן מצרים ועד כדון: |
| 279 | Dt29:14 | דקמו קדמינן מן עלמא ועד כדון עמן אנון קיימין הכה |
| 280 | Gn35:09 | עלוי במשרה חזווה ועד כען הווה צער מן גזרתא ועוד |
| 281 | Dt29:10 | מן קצוצי קיסיכון ועד מליי מייכון: |
| 282 | Gn12:06 | ועבר אברם עד אתרה שכם ועד משריה חזווה וכנעניא עד כען |
| 283 | Dt 3:16 | אמצע נחלה ותחומה ועד נחל יבקה תחומיהון דבני |
| 284 | Dt 3:16 | דגדי יהבית מן גלעדה ועד נחל ארנונה אמצע נחלה |
| 285 | Gn19:04 | על ביתיה מן עולימיהון ועד סביהון כל עמא מן סטר חד: |
| 286 | Dt11:12 | בה מן ראשה דשתה ועד סופה דשתה: |
| 287 | Gn47:21M | מן סוף תחום מצרים ועד סופיה וית עמא דהוון שרין |
| 288 | Gn47:21 | סיפא תחומיהון דמיצראי ועד סייפא ועמא דבקריית׳ אשרי |
| 289 | Dt13:08 | מן סייפי ארעא ועד סייפי ארעא: |
| 290 | Dt28:64 | אומיה מן סייפי ארעה ועד סייפי ארעא ותפלחון תמן |
| 291 | Gn47:21 | מן סייפי דארעא דמצרים ועד סייפיה דלא יהוון מצראי |
| 292 | Dt 4:32 | ארעא ולמן סייפי שמייא ועד סייפי{ה} שמיא הא אן הוה |
| 293 | Gn 6:07 | עד בעירא: עד רחשא ועד עוף שמיא ארום הוה תהו קדמי |
| 294 | Gn 6:07M | ועד עוף שמיא /רמסה ועד עופא דשמ׳#2#/ ארום הוה |
| 295 | Ex15:18 | הוא מלכותא מן קדם עלמא ועד עלם עלמיא: |
| 296 | Ex34:25M | דפסחה מן רמשה ועד צפרא: |
| 297 | Lv24:03 | יתיה אהרן מן רמשה ועד צפרא קדם ייי בתדירה קיים |
| 298 | Nu 9:21 | די הווי ענגה מן רמשא ועד צפרה ויסתלק עננה בצפרא |
| 299 | Dt28:35 | למתאסייה מן כף רגליכון ועד קדקדי ראשיכון: |
| 300 | Lv13:12 | כל משכא דמכתשה מן ראשה ועד רגלוי לכל חזיו עיני כהנא: |
| 301 | Lv23:32 | יומין לירחה מן רמשה ועד רמשה תהון צימין צומיכון |
| 302 | Nu 8:04 | נגודה דהב עד בסיס דידה ועד שושניה נגידה היא כחזוה די |

## עד *conj.* until [395]

|  |  |  |  |
|---|---|---|---|
| 001 | עד | Ex14:25 | עבד להון נצחני קרביהון עד אינון יהיבין במצרים והוא |
| 002 | | Ex14:25 | להון נצחני קרביהון {עד אינון יהיבין במצרים והו׳ |
| 003 | | Dt 1:01 | בני ישראל ואוכח יתהון עד אינון יהיבין בעבר ירדנה עני |
| 004 | | Dt 7:10 | ולא משהי אגר טב לשנאוי עד אנון יהיבין בעלמא הדין משלם |
| 005 | | Ex10:29 | וקושטא מללת מבשר הווינא עד דאנא יתיב במדין למימר ארום |
| 006 | | Dt31:27 | וית קדלכון קשייא הא עד דאנה בחיין עמכון יומא הדין |
| 007 | | Gn28:15 | ארום לא ישבוק מימרי עמך עד דאעבד ית דמלילית לך: |
| 008 | | Ex33:08 | משכניה ומסתכלין בתר משה עד דהוה עליל למשכניה: |
| 009 | | Gn 6:03M | דיעבדון עובדין טבין עד דהנון בשר עובדין בישין הא |
| 010 | | Gn 3:22 | חייא עד לעלמין וכדון עד די לא נטר מצותיה דאוריתא |
| 011 | | Gn 8:07 | והוה נפק וחזר נפק וחזר עד די יבשו מיא מעלוי ארעא: |
| 012 | | Gn15:17 | הווה והא אברם חזי עד די סאבסלין אסתדרו וכורסוון |
| 013 | | Lv 8:33 | זמנה לא תפקון שבעה יומין עד די תשלמון יומי אשלמותכון |
| 014 | | Nu 6:05 | גלב לא יעלה על רישיה עד די שלמין יומיא די יתנזר קדם |
| 015 | | Nu14:33 | שנין ויקבלון ית מרחקתכון עד די יסופון במדברה |
| 016 | | Nu21:35 | וית בנוי וית כל עמיה עד די לא שיירו לה שזבא וירתו |
| 017 | | Nu35:25 | די ערק תמן וישרי בגווה עד די ימות כהנה רבא <ד>רבי |
| 018 | | Dt 1:02M | <עד מטי> /סורא דגבלה עד די#2#/ רקם דגיעה על |
| 019 | | Dt 3:03 | וית כל עמיה וקטלנן יתיה עד די לא אישתייר ליה שיזבו: |
| 020 | | Dt 9:21 | ואכתת יתיה זקיק טבאות עד די עבד עפרה וארמי ית עפרה |
| 021 | | Gn27:45 | עד דיחזור תקוף רוגזיה דאחוך |
| 022 | | Ex15:16 | עמך ייי ית נחלי ארנונא עד דיעברון עמא האליין די פרקת |
| 023 | | Ex33:22 | דסינרא ואפרוס כפי עליך עד דיעברון כיתי מלאכיה די |
| 024 | | Nu14:16M | \על דלית /עד עד דלא#2#/ יכלה קדם ייי |
| 025 | | Dt 2:14 | דזרד תלתין ותמניא שנין עד דסף כל דרא עמא עבדי קרבה מן |
| 026 | | Nu23:24 | לא נייחין ולא ש{כ}ד<כ>ין עד דקטלין בעלי «ד»בביכון |
| 027 | | Gn33:04M | "ובכו": עשו הוה בכי עד דק{ר}<ה>ין שניו |
| 028 | | Lv25:29 | מקפה שור ותיהוי פרקוניה עד דתשלם שנת זבוניה יומין |
| 029 | | Gn25:06 | יתהון מעלוי יצחק בריה עד הווה בחיין קדמיין לארעא |

## עד זמן *prep.* until [396]

|  |  |  |  |
|---|---|---|---|
| 001 | עד זמן | Gn 2:19M | נפש החיה הוא שמיה /עד זמן יומא הדן#2#/: |
| 002 | | Gn19:37 | הוא אבי אבוהון דמואביה עד זמן יומא הדין: |
| 003 | | Gn19:38 | הוא אבוהון דבני עמוניי עד זמן יומא הדין: |
| 004 | | Gn21:26M | ואוף אנ{ת}<א> לא ידעת עד זמן יומא הדין: |
| 005 | | Gn26:33 | דקרא לבארה באר שבע עד זמן יומא הדין: |
| 006 | | Gn32:33 | דנשיא די על כף ירכא עד זמן יומא הדין ארום קרב בכף |
| 007 | | Gn35:20 | היא קיימת קבורתא דרחל עד זמן יומא הדין: |
| 008 | | Dt 2:22 | יתהון ושרון באתריהון עד זמן יומא הדין: |
| 009 | | Dt 3:14M | כופרנוי דיאיר עד \זמן#2#/ יומא הדן: |
| 010 | | Dt10:08 | ולמברכה בשם ממרה קדישה עד זמן יומא הדין: |
| 011 | | Dt11:04 | ושיצי יתהון ממרה דייי עד זמן יומא הדין: |
| 012 | | Dt34:06 | ולא חכם גבר ית קבורתיה עד זמן יומא הדין: |
| 013 | זמן | Nu22:30M | עליי מן טליותך עד \זמן#2#/ יומא הדין הא מתכוונה |

## עד זמן *conj.* until [396]

|  |  |  |  |
|---|---|---|---|
| 001 | עד זמן | Gn18:17 | הוא דלא איפוך יתה עד זמן דאודע יתיה: |
| 002 | | Dt32:03 | למדכרה ית שמה קדישה עד זמן דאינון דישראל אמרין קקק |

|  |  |  |  |  |
|---|---|---|---|---|
| 003 | Nu23:24 | דאריה לא נייח ולא דמך | עד זמן | דאכיל פשוט ושתי {ארום} |
| 004 | Gn24:33 | למיכל ואמר לית אנה אכל | עד זמן | דאמלל מליי ואמר מלל: |
| 005 | Dt31:30 | ית מלי שירתה הדה | עד זמן | דאשלם יתהון: |
| 006 | Gn39:16 | וצנעת לבושי בידה | עד זמן | דאתא רבונה לביתיה: |
| 007 | Gn43:25 | ואתקנו ית דורון | עד זמן | דאתא יוסף באשון שרותא |
| 008 | Gn34:05 | באפיה ברא ושתק יעקב | עד זמן | דאתון: |
| 009 | Gn41:49 | כחלא דימא סגין לחדא | עד זמן | דאתמנע מן לממני ארום לא |
| 010 | Nu12:16 | ולא נטלין מן אתריהון | עד זמן | דאתסיאת מרים נביאתה מן |
| 011 | Gn21:33 | ולא הוון זעיין מן תמן | עד זמן | דהוה מגייר יתהון ומילף |
| 012 | Dt32:03 | למדכרה ית שמה קדיש' | עד זמן | דהוה מחנך פמיה בעשרין |
| 013 | Gn13:07 | הוון זממין בעירהון | עד זמן | דהוון מטין לבית: |
| 014 | Nu21:34 | בגין כדן קיים ייי יתיה | עד זמן | דחמא בניהון ובני בניהון |
| 015 | Gn 3:19M | בדעת אפיך תאכל מזון | עד זמן | די תחזור לארעא |
| 016 | Gn 8:07M | וחזר עד די/אזל וחזר | עד זמן | די#2# יבשו מיא מעלוי |
| 017 | Gn26:13 | גברא והווה אזל ותקף | עד זמן | די תקף לחדא: |
| 018 | Gn27:41M | דהבל ברם מתעכב אנא | עד זמן | די ימטון יומי אבלא דמיתת |
| 019 | Gn27:44 | ותשרי עמיה יומין קלילן | עד זמן | די תשתדך כליתיה דאחוך: |
| 020 | Gn32:25 | בדמות גבר וגפף עמיה | עד זמן | די סליק עמוד שחרא: |
| 021 | Gn33:03 | בנימוס ארעא שבעה זמנין | עד זמן | די קרב לוות אחיו: |
| 022 | Gn33:14 | די בידי ולרגל טלייא | עד זמן | די אזיל לוות רבוני לגבלה: |
| 023 | Gn44:18M | "עד זמן ... מצראי": | עד זמן | די נעבד כל ארעיה דמצרי" |
| 024 | Gn44:18 | לית אנה מחזר יתה לתיקה | עד זמן | די ימלי כל ארעא דמצרים |
| 025 | Ex23:30 | אטרוד יתהון מן קדמיכון | עד זמן | די תסגון ותאחסנון ית |
| 026 | Ex24:14 | אמתינו לי הכא | עד זמן | די נחזור לוותכון והא |
| 027 | Lv 1:01 | שעה חדה לא סלקית ליה | עד זמן | די אתמלל עמי מן קדם ייי |
| 028 | Lv 1:01 | הוא דלא ניעול לגויה | עד זמן | די אתמלל עמיה מן קדם ייי |
| 029 | Lv22:04 | דייב בקדשייה לא ייכול | עד זמן | די ידכי ומן די יקרוב בכל |
| 030 | Lv25:30 | ואן לא יתפרק | עד זמן | די תשלם לה שנה שלימה |
| 031 | Nu12:15 | יומין ועמה לא נטלו | עד זמן | די אתאסית מרים: |
| 032 | Nu20:17 | לא לימינה ולא לשמאלה | עד זמן | די תחומך נעבר: |
| 033 | Nu32:17 | מזיינין קדם בני ישראל | עד זמן | די נעל יתהון לאתריהון |
| 034 | Nu32:21 | ית ירדנה קדם ייי | עד זמן | די ישיצי ית בעלי דבבוי |
| 035 | Nu35:12 | אדמא ולא ימות קטולא | עד זמן | די יקום קדם עם כנישתה |
| 036 | Nu35:25M | בגווה/תמן#2#/\ עד די | /עד זמן | די#2# ימות כהנה רבא |
| 037 | Nu35:28 | בקרוי שיזבותיה ישרי | עד זמן | די ימות כהנה רבה ובתר די |
| 038 | Nu35:32 | למחזור למשרי בארעא | עד זמן | די ימות כהנא רבה: |
| 039 | Dt 2:14 | הלכנן מן רקם דגיעה | עד זמן | די עברנן ית נחלה דזרד |
| 040 | Dt 2:15 | יתהון מן גו משריתה | עד זמן | די ספו: |
| 041 | Dt 2:29 | ומואביי דשריין בלחיית | עד זמן | די נעבר ית ירדנה הדן |
| 042 | Dt 3:20 | | עד זמן | די יניח ייי לאחיכון |
| 043 | Dt 7:20 | יגרי ייי אלהכון בהון | עד זמן | די יסופון מה די אשתיירו |
| 044 | Dt 7:24 | יקום מלך ושלטן באפיכון | עד זמן | די ישיצי יתהון: |
| 045 | Dt22:02 | לגו בייתך ויהווי עמך | עד זמן | די יתבע יתיה אחוך ותחזר |
| 046 | Dt28:20 | ידיכון די תעבדון | עד זמן | די תשתצון ועד זמן די |
| 047 | Dt28:21 | ייי» בכון ית מותנה | עד זמן | די ישצי יתכון מעילווי |
| 048 | Dt28:22 | ובירקונה וירדפון יתכון | עד זמן | די יסופון יתכון: |
| 049 | Dt28:24 | מן שמייא וייחות עליכון | עד זמן | די ישיצי יתכון: |
| 050 | Dt28:48 | דפרזלה על צווריכון | עד זמן | די ישיצון יתכון: |
| 051 | Dt28:51 | תוריכון ועדרי עניכון | עד זמן | די יסופון יתכון: |
| 052 | Dt28:51 | בעיריכון ופרי ארעכון | עד זמן | די תשתיצון די לא ישיירון |
| 053 | Dt28:61 | הדה יגרי ייי עליכון | עד זמן | די ישיצון יתכון: |
| 054 | Dt31:24 | אורייתה הדה בגו ספר | עד זמן | די אשלם יתהון: |
| 055 | Gn19:26 | היא קיימא עמוד דמלח | עד זמן | דייחון מיתייא: |
| 056 | Gn49:10 | מלפי אוריה מבני בנוי | עד זמן | דייתי מלכא משיחא דדידיה |
| 057 | Dt28:52 | לכון בכל קורייכון | עד זמן | דיכבשון שורייה רמייה |
| 058 | Gn44:18M | צדי "עד זמן ... מצראי": | עד זמן | דימלו כל ארעא דמצרים |
| 059 | Gn33:14M | בזכותיה ית בני גלותא | עד זמן | דיסופון גלותא ורבין אעול |
| 060 | Ex15:16 | קיימין דמימין כאבנייא | עד זמן | דיעברון עמך ייי ית נחלי |
| 061 | Ex15:16M | מגיזתה דיורדנה/ | עד זמן | דיעברון עמה האליין דקנית |
| 062 | Ex15:16M | מגיזתה דיורדנה | עד זמן | דיעברון עמה האליין דקנית |
| 063 | Lv25:22 | עתיקה עד שתה תשיעיתה | עד זמן | דיעלון פירי עללתה תאכלון |
| 064 | Nu11:20 | עד ירח יומין | עד זמן | דיפוק מנחיריכון ויהוי |
| 065 | Gn27:41 | על שמיה הא אנה ממתין | עד זמן | דיקרבון יומי אבלא דאבא |
| 066 | Lv12:04 | ולבי' מקדש' לא תיעול | עד זמן | דישלימון יומי דכיתה: |
| 067 | Gn29:08 | ואמרו לא אנן יכלין | עד זמן | דיתכנשון כל עדריא ויגלון |
| 068 | Lv24:12 | ואצנעו יתה במטרתה | עד זמן | דיתפרש להון מן קדם ייי |
| 069 | Nu15:34 | שמעת ואצנעו יתה במטרה | עד זמן | דיתפרש להון קדם ייי מה |
| 070 | Gn38:11 | ארמלה בבייתיה דאבוך | עד זמן | דיתרבי שלה ברי ארום אמר |
| 071 | Gn40:23 | ית יוסף ואנשי יתיה | עד זמן | דמטא קיצא למתפרקא: |
| 072 | Gn19:18 | אמתינו כען קליל זעיר | עד זמן | דנבעי רחמין מן קדם ייי: |
| 073 | Ex10:26 | ידעין כמה נפלח קדם ייי | עד זמן | דניעול לתמן: |
| 074 | Gn44:18 | לית אנה מחזר יתה לתיקה | עד זמן | דנעבד כל ארעא דמצרים צדי |
| 075 | Nu21:22 | גובין בארח מלכא נהלך | עד זמן | דנעבר תחומך: |
| 076 | Gn44:18 | תייקא לא אתיבנא לגווה | עד זמן | דקטיל אנה כל מצראי מינך |
| 077 | Gn44:18M | תייק' לא אתביניה לגוה | עד זמן | דקטל אנה כל מצראי מנך |
| 078 | Lv23:14 | ופירוכיין לא תיכלון | עד זמן | דתייתון ית קורבנה דאלהכון |
| 079 | Gn19:22 | לא אוכל למעבד פתגם | עד זמן | דתיעול לתמן בגין כדין קרא |
| 080 | Dt20:20 | עבדה עמכון סדרי קרבה | עד זמן | דתכ{נ}<ב>שון יתיה: |
| 081 | Gn38:17 | ענה ואמרת אן תתן ערבון | עד זמן | דתשלח: |
| 082 | Dt28:45 | יתכון ויארעון יתכון | עד זמן | דתש«ת»יצון ארום לא |
| 083 | Dt28:61M | מימריה דייי {עליכון} | עד זמן | דתשתיצון#2#/: |
| 084 | Gn27:41M | דקטילה ארום ממתן | עד זמן | יקרב' "סא" דהבל ברם |
| 085 | Gn24:19 | ואמרת אף לגמלך אמלא | עד זמן | ישלמון למישתי: |
| 086 | Gn28:15M | ישבוק מימרי עמך עד | דאעבד/זמן | די אעבד#2#/ ית \ |
| 087 ועד זמן | Dt28:20 | עד זמן די תשתצון | ועד זמן | די תסתופון בופריע מן קדם |

## עד לא *conj.* before [396]

|  |  |  |  |  |
|---|---|---|---|---|
| 001 עד לא | Ex 3:14M | אנא הוויתי | עד לא | איתברא עלמא ואנא הוויתי |
| 002 | Gn27:07 | ואברך יתך קדם ייי | עד לא | אמות: |
| 003 | Ex 9:07 | מן בעיריהון דישראל | עד לא | חד ואתוקף ליבא דפרעה ולא |
| 004 | Gn27:10 | די יברך יתך קדם ייי | עד לא | ימות: |
| 005 | Gn 2:05 | וכל עשביא דבאפי ברא | עד לא | יצמח ארום לא אמטר ייי |
| 006 | Gn 4:16 | מן מדנח לעדן והוה | עד לא | קטל להבל הוות ארעא |
| 007 | Ex 1:19 | ארום חיין אינין | עד לא | תיתי חייתא לוותהון אינון |
| 008 עדלא | Ex12:34 | וטענו עמא ית לישיהון | עדלא | אתחמע אצבתהון צרירן |
| 009 על לא | Ex 9:30M | "ארום ... מן קדם": ארום | על לא | ימטון עליכון מחוותא לית |

## עד מטי *prep.* as far as [396]

|  |  |  |  |  |
|---|---|---|---|---|
| 001 עד מטי | Dt 1:02 | טור גבלה {מטי עד} | <עד מטי> | רקם דגיעה על דחטיתון |
| 002 | Nu34:15 | מזיי ולמערת עין גדי | עד מטי | ספר ימא דמ«י»לחא דין |
| 003 | Nu34:15M | לרפיח ולשוק מזיי | עד מטי | <ספר> |

## עד צית *prep.* towards [396]

|  |  |  |  |  |
|---|---|---|---|---|
| 001 עד צית | Gn28:17M | הוא והדן תרעא דמכוון | עד <צית> | |
| 002 | Gn11:04 | קריה ומגדל וראשה מטי | עד צית | שמיא ונעבד לן בראשיה סגדה |
| 003 | Gn28:12 | קבע בארעא וראשה מטי | עד צית | שמיא והא מלאכיה דילוון |

| | | | | |
|---|---|---|---|---|
| 004 | | | Gn28:17 | תרעא תרעא דצלו מזומן עד צי«ת» שמיא: |
| 005 | | | Gn50:01 | ארזא רמא לרישיה מטי עד צית שמיא ושרשוי מטיין עד דרי |
| 006 | | | Dt 1:28 | קריין רברבן ותלילן עד צית שמיא ולחוד בנוי דענק |
| 007 | | | Dt 4:11 | וטורה הוה בעיר באשתה עד צית שמיא חשוכה ענגה וערפלה: |
| 008 | | | Dt 9:01 | וקוריין רברבן ותלילן עד צית שמיא: |
| 009 | צאת | | Gn28:12M | בארעא וראשה מטי עד צית/צאת#2#/ שמיא והא מלאכיה |

## עדב ⇐ n. עדיו

## עדבה ⇐ n. עדיו

## עדה n. congregation

[402 עידה]

| | | | | |
|---|---|---|---|---|
| 001 | עדת | s ab/cn | Ex16:02 | ואתרעמו כל עדת כנישתא דבני ישראל על משה |

## עדולמיי adj. Adulamite

[396]

| | | | | |
|---|---|---|---|---|
| 001 | עדולמיי | s ab/cn | Gn38:01 | אחוי וסטה לוות גבר עדולמיי ושמה חירה: |
| 002 | עדולמיי | s em/sf | Gn38:12 | ענה הוא וחירה רחמיה עדולמיי לתמנתה: |
| 003 | עדולמייה | | Gn38:20 | בר עזייא ביד רחמה עדולמייה למיסב ית ערבוניה מן ידא |

## עדון ⇐ n. עידון

## עדי vb. to pass by

[396]

| | | | | |
|---|---|---|---|---|
| 001 | עדי | peal | Ex33:11M | מגו משריתא /מתרבי לא עדי מגו משכן בית אלפנה#2#/: |
| 002 | ויעדון | | Ex 8:04 | ואמר צלון קדם ייי ויעדון אר{ע}דעניא מני ומן עמי |
| 003 | ויעדי | | Gn47:10M | ית כל ארעא דמצרים ויעדי כפנא ביומך ונפק יעקב |
| 004 | מעדייא | pael | Gn25:22M | דילדותא למה דין אנא מעדייא ואזלית לבית מדרשא דשם |
| 005 | אעדו | afel | Lv 9:06M | דפקיד ייי תעבדון אע{ר}<ד>ו יצרה בישא מן ליבכון |

## עדי n. spoil

[396]

| | | | | |
|---|---|---|---|---|
| 001 | עדייתה | s em/sf | Nu31:11M | כל בזתא וית כל עדיתה/עדייתה#2#/ ∧בבני אנשא |
| 002 | עדיתה | | Nu31:11 | ונסבו ית כל בזתא וית כל עדיתה: |
| 003 | | | Dt13:17 | בנורא ית קרתא וית על עדיתה גמיר קדם ייי אלהכון |
| 004 | | | Nu31:26 | קבל ית עדיתה דשביתה בבני אנשא ובבעירה |
| 005 | | | Nu31:27 | ופלג ית עדיתה {מ}<בי>ן תפשי קרבה דנפקין |
| 006 | | | Nu31:32 | והוה עדיתה שייר בזתה די בזוו עמא |
| 007 | | | Dt20:14 | די יהווי בקרתה וכל {עתידה}<עדיתה> תבזון לכון ותיכלון ית |
| 008 | | | Dt13:17 | וית כל ע{ה}<ד>יתה תכנשון יתה לגו מצע |
| 009 | ועדיתיהון | | Dt 2:35 | בזזנן לן {ועתידיהון}<ועדיתיהון> דקורייתה די |
| 010 | | | Dt 3:07 | וכל בעירה {ועתידהון}<ועדיתיהון> וקורייתה בזזן לן: |

## עדיו n. lot

[397]

| | | | | |
|---|---|---|---|---|
| 001 | עדב | s ab/cn | Dt32:09 | עמה בני ישראל יעקב עדב אחסנתיה: |
| 002 | | | Lv16:08M | :"עדיו ..." עדב חד לשמה דייי לכפרה על עמא |
| 003 | עדיו | | Lv16:08 | על תרין צפיריה עדוין עדיו חד לשם ממרי' דייי ועדיו חד |
| 004 | עדיוו | | Lv16:08M | צפיריה עדוין עדיו/עדיוו#2#/ חד לשם ממרי' דייי |
| 005 | ועדב | | Lv16:08M | דייי לכפרה על עמא ועדב חד למפטור למדבר צוק |
| 006 | ועדיו | | Lv16:08 | חד לשם ממרי' דייי ועדיו חד לעזאזל: |
| 007 | ועדיוו | | Lv16:08M | לשם ממרי' דייי ועדיו/ועדיוו#2#/ חד לעזאזל: |
| 008 | ומעדיו | | Nu36:03 | שבטה די יהוון להון ומעד<י>ו{י} אחסנתן יתמנע: |
| 009 | עדוה | s em/sf | Lv16:10 | וצפירה די סלק עלוי עדוה לעזאזל יקים יתה לחיים קדם |
| 010 | | | Lv16:09 | ית צפירה די סלק עלוהי עדוה לשם ממריה דייי ויקרב יתה |
| 011 | עדווה | | Nu33:54 | לכל מן די יפוק לה תמן עדווה דידיה יהווי לשבטיה |
| 012 | עדיוא | | Lv16:09M | די סלק עלוהי עדוה/עד{י}<ו>א#2#/ לשם ממריה דייי |
| 013 | עדווין | p abs | Nu26:56 | על פם עדווין תתפלג אחסנתיה בין שבטה |
| 014 | עדוין | | Nu36:03M | ומעד<י>ו{י}/ומן עד{י}<ו>ין#2#/ אחסנתן יתמנע: |
| 015 | | | Lv16:08 | אהרן על תרין צפיריה עדוין עדיו חד לשם ממרי' דייי |
| 016 | בעדוויין | | Nu36:02M | ארעא באחסנה בעדוין/בעדוויין#2#/ לבני ישראל |
| 017 | בעדווין | | Nu33:54M | ית ארעא בעדוין/בעדווין#2#/ לזרעייתכון |
| 018 | בעדוין | | Nu26:55 | לחוד בעד{י}<ו>ין תתפלג ארעא בשמ{ת}<ה>ת |
| 019 | בעדוין | | Nu34:13 | ארעא די תתאחסנון יתה בעדוין די פקד ייי למיתן לתישעתי |
| 020 | | | Nu36:02 | למיתן ית ארעא באחסנה בעדוין לבני ישראל ורבוני אתפקד |
| 021 | | | Nu33:54 | ותאחסנון ית ארעא בעדוין לזרעייתכון לשבטה דעמיה |

## עדן ⇐ עידן

## עדר n. flock

[397]

| | | | | |
|---|---|---|---|---|
| 001 | עדר | s ab/cn | Gn32:17 | תשוון בין עדר ובין עדר: |
| 002 | | | Gn32:17 | ונפי«ש» תשוון בין עדר ובין עדר: |
| 003 | | | Gn32:17 | ושוי ביד עבדוי עדר עדר לבלחודוי ואמר לעבדוי עברו |
| 004 | | | Gn32:17 | ושוי ביד עבדוי עדר עדר לבלחודוי ואמר לעבדוי |
| 005 | לעדר | | Gn35:21 | משכוניה רחיק מן מגדלא לעדר: |
| 006 | עדרי | p abs | Gn29:02 | באפיה ברה והא תמן תלתא עדרי דען רביעין עלה ארום מן |
| 007 | | | Gn32:17M | עבדוי \עדר עדר /עדרי עדרי#2#/ לבלחודוי ואמר לעבדוי |
| 008 | | | Gn32:17M | ביד עבדוי \עדר עדר /עדרי עדרי#2#/ לבלחודוי ואמר |
| 009 | ועדרין | | Gn49:12 | גלמתא מן סגי עבור ועדרין דען: |
| 010 | עדרי | p const | Lv22:27 | דלית לן למקרב{י}ה מן עדרי ענינן יתכפר על חטאינן תורה |
| 011 | | | Lv22:27M | ולית לן מה נקרבה מן עדרי ענינן תורה איתבחר קדמי |
| 012 | ועדרי | | Dt14:23M | תוריכון ודעניכון/ועדרי עני#2#/ מן בגלל |
| 013 | | | Dt 7:13 | ומשחכון בקרת תוריכון ועדרי עניכון על ארעא די קיים |
| 014 | | | Dt28:04 | בעיריכון בקרת תוריכון ועדרי עניכון: |
| 015 | | | Dt28:18 | ארעכון בקרת תוריכון ועדרי עניכון: |
| 016 | | | Dt28:51 | חמר ומשח בקרת תוריכון ועדרי עניכון עד זמן די יסופון |
| 017 | | | Gn29:22M | מבועינן אתברכו ועדרי ענינן סגון וכדו היבו לי |
| 018 | עדריא | p em/sf | Gn29:02 | מן בארה ההוא ישקון עדריא ואבנא רבא על פימ«ה» |
| 019 | | | Gn29:08 | עד זמן דיתכנשון כל עדריא ויגלון ית אבנא מעלוי פמה |
| 020 | | | Gn29:03 | ומתכנשין תמן כל עדריא ומגלין ית אבנא מעילוי פמא |
| 021 | | | Gn32:20 | תליתיא אף ית דמהלך בתר עדריא למימר כפתגמא הדין תמללון |
| 022 | עדרייה | | Gn29:07M | לית אשון למכנשה עדרייה אשקון ענא ואזלו ורעון |

## עוב n. bosom

[397]

| | | | | |
|---|---|---|---|---|
| 001 | עובך | s em/sf | Dt13:07M | אתתה דדמכה חובך או {עובך} <חברך> דר#2#/ או חברך |
| 002 | בעבך | | Nu11:12 | תאמר לי טען יתהון בעב{ר}<ך> היך דטען פידגוגה ית |
| 003 | בעובך | | Nu11:12M | ית יונקא /סבול יתהון בעובך היך מה דסבל בידגוגה ית |

## עובד n. action, deed

[397]

| | | | | |
|---|---|---|---|---|
| 001 | עבד | s ab/cn | Ex20:09M | {י'}<ו>תעבדון כל עבדתכון/עבד#2#/: |
| 002 | | | Ex26:01 | וצבע זהורי טבא ציורין עבד אומן תעבד יתהון: |
| 003 | | | Ex37:29 | וית קטרת בוסמניה דכי עבד בסם: |
| 004 | | | Gn 1:05 | והוא רמש והוה צפר סדר עבד בראשית יום קדמאי: |
| 005 | | | Gn 1:08 | והוה רמש והוה צפר סדר עבד בראשית יום תניין: |
| 006 | | | Gn 1:13 | והוה רמש והוה צפר סדר עבד בראשית יום תליתאי: |
| 007 | | | Gn 1:19 | והוה רמש והוה צפר סדר עבד בראשית יום רביעאי: |

|  |  |  |  |  |
|---|---|---|---|---|
| 008 | | | Gn 1:23 | והוה רמש והוה צפר סדר **עבד** בראשית יום חמישי: |
| 009 | | | Gn 1:31 | והוה רמש והוה צפר סדר **עבד** בראשית יום שתיתיי: |
| 010 | | | Ex30:25M | פטום מפטם **עובד/עבד#2#/** בשם משח דרבו דקדש |
| 011 | | | Ex28:32 | יהווי לפמה מן חזור חזור **עבד** גרדיי כפם סירה יהווי ליה |
| 012 | | | Ex39:27M | /כותנו{נ}תה דבוצה **עבד#2#/** גרדיי לאהרן |
| 013 | | | Ex32:16 | ולוחייא **עבד** דגבורה מן קדם ייי אינון |
| 014 | | | Nu31:20 | וכל לבוש וכל מן דמשך וכל **עבד** דמעזי וכל מן דקיס תדכון: |
| 015 | | | Dt27:15 | מה דסני ומרחק קדם ייי **עבד** ידי אומן ולא ישווי יתיה |
| 016 | | | Ex23:16 | במיפקה דשתא במכנשכון ית **עבד** ידיכון מן אפי ברא: |
| 017 | | | Ex23:16 | וחגא דחצדא בכרת **עבד** ידיכון מה די אתון מפקין |
| 018 | | | Dt28:12 | בזמנה ולמ«ב»רכה ית כל **עבד** ידיכון ותצרכון לאומין סגין |
| 019 | | | Dt30:09 | יתכון ייי אלהכון בכל **עבד** ידיכון בפרי וולד מעיכון |
| 020 | | | Ex37:17 | ית מנרתה דהב דכי נגידא **עבד** מנרתה בסיס דידה וקניה |
| 021 | | | Nu 8:04 | ודן **עבד** מנרתה נגודה דהב עד בסיס |
| 022 | | | Ex38:03 | וית מחתיתה כל מנוי **עבד** נחש: |
| 023 | | | Gn40:17 | עילאה מכל מיכלא דפרעה **עבד** נחתום ועופא אכל יתהון מן |
| 024 | | | Ex36:37 | דזיהורי סבא ובוץ שזיר **עבד** צייר: |
| 025 | | | Ex39:28M | בוץ /דבוצה וית תושבחה **עבד** קובעיה בוץ וית אברקסין |
| 026 | ע׳ | | Dt27:15M | ומרחק קדם ייי **עבד/ע׳#2#/** ידי אומן ולא ישווי |
| 027 | עובד | | Ex26:31 | זיהורי סבא ובוץ שזיר **עובד** אומן יעבד יתה ציורין: |
| 028 | | | Ex28:06 | זהורי סבא ובוץ שזיר **עובד** אומן: |
| 029 | | | Ex28:11 | **עובד** אומ«ן» תהוי אבניה גליף |
| 030 | | | Ex28:15 | ותעבד חושנא דדינא **עובד** אומן כעבדה דאפדה תעבד יתיה |
| 031 | | | Ex36:08 | דזיהורי סבא ציוורין **עובד** אומן עבד יתהון: |
| 032 | | | Ex36:35 | דזיהורי סבא ובוץ שזיר **עובד** אומן עבד יתה ציוורין: |
| 033 | | | Ex39:03 | זיהוריתה סבתה ובגו בוצה **עובד** אומן: |
| 034 | | | Ex39:08 | ועבד ית חושנה **עובד** אומן כעבדה דאפדה דהב תכלה |
| 035 | | | Ex30:35 | ותעבד יתה קטרת פט{י}<ו>ם **עובד** בסם ממזג דכי דקדש: |
| 036 | | | Ex30:25 | משח דרבו דקדש פטום מפטם **עובד** בשם משח דרבו דקדש יהוי: |
| 037 | | | Ex39:22 | ועבדו ית מעילה דאפודה **עובד** גרדי{ו}י גמיר תכלה: |
| 038 | | | Ex39:27 | ועבדו ית כתונה דבוץ **עובד** גרדיי לאהרן לבנ{יו}<וי>: |
| 039 | | | Ex32:16M | ולוחייא **עבד/עובד#2#/** דגבורה/אצבע דגב#2#/ |
| 040 | | | Dt 4:28 | ותפלחון תמן טעוון **עובד** ידי בר נש טעוון דקיס טעוון |
| 041 | | | Dt27:15 | מה דסני ומרחק קדם ייי **עובד** ידי אומן וישוי יתיה בטמרה |
| 042 | | | Dt14:29 | יתכון ייי אלהכון בכל **עובד** ידיכון די תעבדון: |
| 043 | | | Dt15:10M | אל«ה»כון בכל **עובדיכון/עובד** ידיכון#2#/ ובכל |
| 044 | | | Dt16:15 | אלהכון בכל עללתכון ובכל **עובד** ידיכון ותהוון לחוד{ח} עמי |
| 045 | | | Dt24:19 | יתכון ייי אלהכון בכל **עובד** ידיכון: |
| 046 | | | Ex27:04 | ותעבד לו קנקל **עובד** מצדה דנחש ותעבד על מצדתה |
| 047 | | | Ex38:04 | ועבד למדבחה קנקל **עובד** מצדה דנחש תחות סוביבה |
| 048 | | | Ex26:36 | דזהורי סבא ובוץ שזיר **עובד** ציור: |
| 049 | | | Ex38:18 | ופרס תרע דרתה **עובד** ציור ותכל«ה» וארגוון וצבע |
| 050 | | | Ex27:16 | דזהורי סבא ובוץ שזיר **עובד** צייר עמודיהון ארבעה |
| 051 | | | Ex28:39 | מצנפן דבוץ והמיין תעבד **עובד** צייר: |
| 052 | | | Ex39:29 | וארגוון וצבע דזהורי סבא **עובד** צייר היך מה די פקד ייי ית |
| 053 | | | Ex30:25M | יתה משח \דרבו דקדש **/עובד** קודש#2#/ פטום מפטם עובד |
| 054 | | | Ex28:14 | דכי מתחמן תעבד יתהון **עובד** קליעה ותתן ית שישלתה |
| 055 | | | Ex28:22 | על חושנא שישלא מתחמן **עובד** קליעה דהב דכי: |
| 056 | | | Ex39:15 | על חושנה שלשלת מתאמין **עובד** קליעה דהב דכי: |
| 057 | | | Dt 2:07M | \בריך יתכון בכל **עבד/׳עובד#2#/** ידיכון#2#/ גלי |
| 058 | ע׳ | | Ex36:37M | סבא ובוץ שזיר **עבד/ע׳#2#/** צייר: |
| 059 | בעבד | | Ex39:43 | ואמר להון תשרי שכינתה **בעבד** ידיכון: |
| 060 | | | Dt31:29 | קדם ייי למכעסה יתיה **בעבד** ידיכון: |
| 061 | בעובד | | Ex39:43M | להון תשרי שכינתה **בעבד/בעובד#2#/** ידיכון: |
| 062 | כעובד | | Ex24:10 | ותחות אפיפודין דרגלוי **כעובד** לבן דסנפרינון וכחזוי שמיא |
| 063 | עבדא | s em/sf | Gn44:15 | ואמר להון יוסף מה **עבדא** הדן די עבדתון הלא ידעתון |
| 064 | עבדה | | Nu24:01 | אפוי והוה מדכר להון **עבדה** דעגלה: |
| 065 | עובדא | | Ex18:20M | יהלכון בה וית פתגמא/עובדא#2#/ די יעבדון: |
| 066 | עובדה | | Ex20:10 | אלהכון לא תעבדון כל **עובדה** אתון ובניכון ובנתכון |
| 067 | עובדהון | | Dt 9:12 | הכה ארום חבילו עמך ית **עובדהון** די אפקת פריקין מן מצרים |
| 068 | עובדך | | Gn 4:07 | דאתי ואין לא תיטב **עובדך** בעלמא הדין ליום דינא רבה |
| 069 | | | Gn 4:07 | הלא אן תטיב **עובדך** בעלמא הדין ישתרי וישתבק |
| 070 | בעובדא | | Gn25:27M | תחיה ויעקב גבר שלם **בעובדא** סבא יתיב ומשמש |
| 071 | בעובדה | | Dt33:09 | ועל בנוי לא קנה רחמין **בעובדה** דזמרי ארום נטרו מימר |
| 072 | | | Dt33:09 | בדינה וית אחוי לא חכם **בעובדה** דעגלה ועל בנוי לא קנה |
| 073 | כעב׳ | | Nu23:19M | דייי ולא **כעובדהון/כעב׳#2#/** דבני אנשא |
| 074 | כעבדא | | Ex39:05 | דאפדה די עלוי מנה הוא **כעבדא** דהב תכלה וארגוון וצבע |
| 075 | | | Ex28:08 | והמינה דאפדא די עילוי **כעבדא** מנה יהווי דהב תכלה וארגון |
| 076 | כעבדה | | Ex28:15 | חושנא דדינא עובד אומן **כעבדה** דאפדה תעבד יתיה דהב תכלה |
| 077 | | | Ex39:08 | ית חושנה עובד אומן **כעבדה** דאפדה דהב תכלה וארגוון |
| 078 | | | Ex39:05M | מנה הוא \כעבדא דהב **/כעבד{י}ה** דהב#2#/ תכלה וארגוון |
| 079 | כעבדיה | | Ex28:15M | דדינא עובד אומן **כעבדה/כעבדיה#2#/** דאפדה תעבד יתיה דהב |
| 080 | כעובדהון | | Nu23:19 | מימריה דייי ולא **כעובדהון** דבני אנשא עובדוי דייי |
| 081 | עבדין | p abs | Dt32:32 | דעמא דעמורה עבדיהון **עבדין** בישין וכעובדהון בישיה |
| 082 | | | Gn20:09 | מלכותי חובין רברבין **עבדין** דלא כשרין למתעבדא עבדת |
| 083 | | | Dt28:31 | ולית לכון **עבדין** טבין קדם ייי אלהכון די |
| 084 | ע׳ | | Dt32:32M | עבדיהון/ער׳#2#/ **עבדין/ער׳#2#/** בישין וכעובדהון |
| 085 | עובדין | | Gn 6:03M | טבין עד דהנון בשר **עובדין** בישין הא יהבת לכון ארכא |
| 086 | | | Gn38:07 | ער בכורה דיהודה עבד **עובדין** בישין קדם ייי ומית במימר |
| 087 | | | Gn21:08 | די ילדת לאברהם עבד **עובדין** די לא כשרין היך מגהך |
| 088 | | | Gn21:09 | די ילדת לאברהם עבד **עובדין** די לא כשרין: |
| 089 | | | Gn20:09M | /חובה רבה#2#/ **עבדין/׳עובדין#2#/^** דלא כשרין למתעבדא |
| 090 | | | Gn 4:08M | ברחמ׳ אתברי עלמא כפרי **עובדין** ומסב אפין לית בדינא |
| 091 | | | Gn 4:08 | עלמא ולא על פירי **עובדין** טבין הוה מדבר ומיסב אפין |
| 092 | | | Gn 4:08 | איתברי עלמא ועל פירי **עובדין** טבין הו׳ מדבר ועל דהוו |
| 093 | | | Gn 6:03M | בבני אנשא דיעבדון **עובדין** טבין עד דהנון בשר עובדין |
| 094 | | | Dt28:32M | ולא אלהה /ולית לכון\ **עובדין** טבין די יספק אלהה#2#/ |
| 095 | בעובדי׳ | | Nu12:01 | ושפירה בחיזוה ושנייה **בעובדי׳** טבי«י»ה מן כל נשייה |
| 096 | עבדי | p const | Dt 2:07M | \בריך יתכון בכל **עבדי/׳עובד#2#/** ידיכון#2#/ גלי |
| 097 | עובדי | | Dt28:12M | ית כל **עבד/׳אושטות#2#/׳עובדי#2#/** ידיכון ותצרכון |
| 098 | | | Dt30:09M | ייי אלהכון בכל **עבד/עוב{י}ד<י>#2#/** ידיכון בפרי וולד |
| 099 | בעבדי | | Ex36:08 | ועבדו כל חכימי לבה **בעבדי** עבידתה ית משכנה עשר יריען |
| 100 | בעובדי | | Ex39:43M | ולא ישלטון עממייה **בעובדי** ידיכון לעלמי עלמין |
| 101 | | | Ex39:43M | ייי לאשראה שכינתיה **בעובדי** ידיכון ולא ישלטון עממייה |
| 102 | וכעובדי | | Lv18:03 | בגווה לא תעבדון **וכעובדי** דיירי ארעא דכנען די אנה |
| 103 | כעובדי | | Lv18:03 | **כעובדי** דיירי דארעא דמצרים די |
| 104 | ע׳ | p em/sf | Ex34:10M | שרי ביניהון ית **עובדוי/עב׳#2#/** דייי דחילין |
| 105 | | | Nu23:19M | /דבר נש#2#/ **עובדוי/עב׳#2#/** דייי בני אנשא אמרין |
| 106 | עבד׳ | | Dt 7:10M | בעלמא הדין אגר **עובדהון/עבד׳#2#/** טבייה מן בגלל |
| 107 | עבדוי | | Dt32:05 | עקמנה ופתלתנה דרה דשני **עבדוי** אוף סדר דינוי דעלמא אשתני |
| 108 | | | Dt32:36 | בני ישראל ועל עלבון **עבדוי** דצדיקיה הוא מתנחם ארום |
| 109 | | | Gn49:01 | וברך יתהון גבר לפם **עבדוי** טבייא ברך יתהון: |
| 110 | | | Dt11:03 | וית ניסי פרישתה וית **עבדוי** משבחתה די עבד בגו מצרים |
| 111 | עבדיהון | | Gn18:21 | בנפשתהון דלמא דלית **עבדיהון** בישייא גליין קדמי הא |
| 112 | | | Ex32:07M | "חבלו": חבילו **עבדיהון** טבייה |
| 113 | | | Dt32:32 | ארום עמא האיליין **עבדיהון** מדמיין לעבדיהון |
| 114 | | | Dt32:32 | דעמא דעמורה **עבדיהון** עבדין בישין וכעובדהון |
| 115 | עבדיך | | Gn49:04 | ראובן ברי בחכמתך ומן **עבדיך** טבי׳ {ט}<ד>חטית ולא |

| | | | |
|---|---|---|---|
| 116 | עבדינן | Gn 5:29 | למימר דן ינחם יתן מן עבדינן ביש' ומן גזל ידינן מן |
| 117 | ער' | Dt32:32M | דעמא דעמורה עבדיהון/ער'#2#/ עבדין/ער'#2#/ בישין |
| 118 | עוב' | Dt32:05M | ופתלתנה דרה דשני עבדוי/עוב'#2#/ אוף סדר דינוי דעלמא |
| 119 | | Dt32:32M | ארום עמא האיליין עבדיהון/עוב'#2#/ מדמיין לעבדיהון |
| 120 | עובדהון | Dt 7:10 | לשנאוי בעלמא הדין אגר עובדהון טבייה מן בגלל למתפרעה |
| 121 | עובדוי | Dt11:03M | משבחתה די /אתוי וית עובדוי די'#2#/ עבד בגו מצרים |
| 122 | | Ex34:10 | די את שרי ביניהון ית עובדוי דייי דחילין אינון די אנה |
| 123 | | Nu23:19 | ולא כעובדהון דבני אנשא עובדוי דייי בני אנשא אמרין ולא |
| 124 | | Gn38:09 | אתתא דאחוי הוה מחבל עובדוי על ארעא דלא מקמא בנין |
| 125 | | Gn38:25 | וטובוי כל אנש דמגלי עובדוי על דנסב«י»ת פרגודה |
| 126 | עובדיהון | Ex32:07M | אזל חות ארום חבלו ∧עובדיהון#2#/ עמך די אפיקת פריקין |
| 127 | | Gn 6:11 | וחבלו דיירי ארעא עובדיהון קדם ייי ואתמליאת ארעא |
| 128 | עובדיי | Gn 4:08 | טבין הר' מדבר ועל דהוו עובדיי טבין מן דידך אתקביל קרבני |
| 129 | עובדייה | Nu16:28M | למעבד ית כל עיבידה/עובדייה#2#/ האליין ארום לא מן |
| 130 | עובדיך | Gn15:01 | קדמיך בעלמא הדין אגר עובדיך טביא מתקנין לך קדמיי |
| 131 | עובדיכון | Dt28:20 | תסתופון בופריע מן קדם עובדיכון בישיה די שבקתון אולפן |
| 132 | | Dt15:10 | ייי אל«ה»כון בכל עובדיכון ובכל אושטות ידיכון: |
| 133 | | Dt 4:16 | דלא תחבלון עובדיכון ותעבדון לכון {{צלם |
| 134 | | Dt 4:25 | בארעא ותחבלון עובדיכון ותעבדון לכון {{צלם |
| 135 | עובדך | Gn15:01M | בעלמא הדין אגר עובדיך/<עוב>דך#2#/ טביא מתקנין לך |
| 136 | ועבדך | Gn15:01M | כל יומיא ברם אגריך ועבדך טבייה מתקנין לך קודמוי |
| 137 | ועובדיהון | Gn 6:03 | מן בגלל דאינון בשר ועובדיהון בישין הא יהבית לכון |
| 138 | ובעבדיי | Gn48:22M | דנסבית בזכותי ובעבדיי{'} טב<י>א מן ידיהן |
| 139 | ובעובדיי | Gn48:22 | ארום אלהן בזכוותי ובעובדיי טביא דאינון טבין לי מן |
| 140 | | Gn48:22 | שכם דנסבית בזכוותי ובעובדיי טבייא מן ידיהון דאמוראי |
| 141 | וכעובדהון | Dt32:32 | עבדיהון עבדין בישין וכעובדהון בישיה מתפרע מינהון: |
| 142 | וכעובדיהון | Lv18:03M | דיירי ארעא דכנען /וכעובדיהון דעמ'#2#/ די אנה מעל |
| 143 | כעבדיך | Dt 3:24M | טבייה וכניסי גבורתך /כעבדיך וכניסי פרישתך#2#/: |
| 144 | | Dt 3:24 | ארעא מן לרע די יעבד כעבדיך טבייה וכניסי גבורתך: |
| 145 | כעובדיהון | Ex23:24 | קדמיהון ולא תעבדון כעובדיהון ארום מפגרא תפגר{א}<ון> |
| 146 | | Lv18:03M | \כעובדי דיירי דארעא /כעובדיהון דע'#2#/ דמצרים די |
| 147 | לעבדיהון | Dt32:32 | עבדיהון מדמיין לעבדיהון {ל}<ד>עמא דסדם |
| 148 | לער' | Dt32:32M | מדמיין לעבדיהון/לער'#2#/ {ל}<ד>עמא דסדם |

## עוברה *n.* branch [398]

| | | | |
|---|---|---|---|
| 001 s ab/cn | עוברה | Nu13:23 | נחל סגולה ולקטו מן תמן עוברה וסגולה דענבין חד וטענו |
| 002 p em/sf | ועוברתא | Gn49:22 | שיני כל {ס}<כ>יפי ועוברתא שלחת לרומה וכבשת כל |

## עוגב *n.* harp [398]

| | | | |
|---|---|---|---|
| 001 s em/sf | ועוגבא | Gn 4:21M | /כל תפשי כינרא ועוגבא#2#/: |

## עוגה *n.* cake, loaf [398]

| | | | |
|---|---|---|---|
| 001 p abs | עוגיין | Nu11:08M | ועבדין יתיה חורדן/עוגיין#2#/ והוה טעמיה כטעם |
| 002 | | Ex12:39M | \חורדן דפטירין /עוגיין פטירי'#2#/ קדם עד לא |
| 003 | עוגין | Gn18:06M | /יתהון ועבידי עוגין#2#/: |

## עוד *adv.* still [398]

| | | | |
|---|---|---|---|
| 001 | עוד | Gn 8:12M | תוב /למחזור לוותה עוד#2#/: |
| 002 | | Lv27:20 | חקלה לגבר חורן לא תתפרק עוד: |
| 003 | | Nu 8:25 | מן חיל קרבה לא יפלה עוד: |
| 004 | | Nu 8:25M | חיל> עבידתה ולא יפלוח עוד |
| 005 | | Dt10:16M | תתקפון תוב /לא תקשון עוד#2#/: |
| 006 | | Dt13:17M | לעולם לא תתבני תוב/עוד#2#/: |
| 007 | | Dt17:13M | ולא יזידון תוב/עוד#2#/: |
| 008 | | Nu22:15 | ואוסיף עוד בלק ושלח שליחין סגין |
| 009 | | Gn35:10M | ולא יתקרי שמך תוב/עוד#2#/ יעקב ארום אלהן |
| 010 | | Gn30:19M | ועברת תוב/עוד#2#/ לאה וילדת בר/ביר#2#/ |
| 011 | | Dt34:10 | ולא קם נבייא עוד בישראל כמשה די חכם יתיה |
| 012 | | Nu18:22M | ולא יקרבון תוב/עוד#2#/ בני ישראל למשכן |
| 013 | | Dt 3:26M | \קדמי תוב /עמי עוד#2#/ בפתגמא הדין: |
| 014 | | Gn45:06M | ארום ∧עוד#2#/ דנה תרתין שנין כפנא |
| 015 | | Gn30:07M | ועברת תוב/עוד#2#/ וילדת בלהה אמה{ה}תה |
| 016 | | Dt18:16M | לא אחמי \תוב ולא אמות /עוד ולא נמות#2#/: |
| 017 | | Dt 5:25M | מימרה דייי אלהן תוב/עוד#2#/ ומייתין אנן: |
| 018 | | Gn 4:25 | וחכם אדם עוד ית אתתיה וילדת בר וקרא' ית |
| 019 | | Gn 8:21M | לא אוסף למלט תוב/עוד#2#/ ית ארעא בגלל |
| 020 | | Gn17:05M | ולא יתקרי תוב/עוד#2#/ ית שמך אבר' ויהוי |
| 021 | | Lv17:07 | ולא ידבחון עוד ית דבחיהון לשדיה די אנון |
| 022 | | Gn 8:22M | מן כדון/עוד#2#/ כל יומי דארעא זרעין |
| 023 | | Dt19:20M | ולא יוספון למעבד תוב/עוד#2#/ כפתגמא בישה הדין |
| 024 | | Gn24:20M | לגו מורכיון ורהטת תוב/עוד#2#/ לבאירה למימלי ומלת |
| 025 | | Dt28:68M | לכון לא תוספון תוב/עוד#2#/ למחמי יתה ותזדבנון |
| 026 | | Ex 2:03M | ולא יכלת תוב/עוד#2#/ למטמרה יתיה ונסבת ליה |
| 027 | | Ex10:29M | מללת לא אוסף תוב/עוד#2#/ למיחמי סבר אפך/אפך#2# |
| 028 | | Gn18:29M | ואוסף \תוב למתמללה /עוד לממללה#2#/ עימיה ואמר מה |
| 029 | | Gn19:12M | מה אית לך הכה חתנך /עוד מאן אית לך הכא חתניך#2#/ |
| 030 | | Gn 9:11M | יהב'/<יה>ויי#2#/ תוב/עוד#2#/ מבול למהבלא ארעא: |
| 031 | | Gn 9:15M | \תוב מיא למבולא לחבלא /עוד מים למבול למחבלה#2#/ כל |
| 032 | | Ex11:01 | ואמר ייי למשה עוד מכתש חד אייתי על פרעה ועל |
| 033 | | Gn 9:11M | ולא ישתצי כל בשרא תוב/עוד#2#/ מן מוי דמבולא ולא |
| 034 | | Ex 9:29M | וברדא לא יהוי תוב/עוד#2#/ מן בגלל דתדע ארום |
| 035 | | Ex36:03M | בכל /והנון אייתון יתה עוד נסיבה בכל#2#/ צפר וצפר: |
| 036 | | Lv25:51M | אן \עד כדון סגי /עוד סגי{'}#2#/ בשניה לפום |
| 037 | | Dt17:16M | \הדין תוב /הדה עוד#2#/ עד לעלם: |
| 038 | | Nu18:05M | ולא יהווי רגוז ^תוב#2#^/עוד#2#/ על בני ישראל: |
| 039 | | Nu32:14M | חייבין למוספה תוב/עוד#2#/ על תקוף רוגזה דייי על |
| 040 | | Ex17:04 | למימר מה אעבד לעמא הדין עוד קליל ורגמ<י>ן יתי: |
| 041 | | Gn 8:10M | \תוב לממני שבעה /לממני עוד שב'#2#/ יומין אחרינין |
| 042 | | Gn 8:12M | \תוב לממני שבעה /לממני עוד שב'#2#/ יומין חרינין |
| 043 | | Gn29:22 | ונישרי יתה בינינן הכה עוד שבע שנין ויהבו לה עצה |
| 044 | | Gn29:27M | תוב <שבע> /תפלוח גבי עוד שבע#2#/ שנין אחריניין: |
| 045 | | Gn29:30M | \עמיה עוד תוב שבע /גבה עוד שבע#2#/ שנין אחרניי«ן»: |
| 046 | | Gn32:29 | ואמר לא יעקב יתקרי עוד שמך ארום אלהן ישראל ארום |
| 047 | | Gn32:29M | \יתקרי עוד /יתאמ' עוד#2#/ שמך ארום אלהן ישראל |
| 048 | | Gn29:30 | ית רחל מלאה ופלח עמיה עוד תוב שבע שנין אחרניי«ן»: |
| 049 | | Gn29:33 | ועברת עוד תוב וילידת בר ואמרת ארום |
| 050 | | Dt19:09M | "תוב תלת קורי שיזבו": עוד תלת קוריין דשיד' |
| 051 | | Gn 2:23 | ואמר אדם הדא זמנא ולא עוד תתברא אתה מן בר נשה היך מה |
| 052 | ועוד | Gn35:09 | ולכלתה מן אדם וזוגיה ועוד אלפת יתן למבקרא ית בישיא |
| 053 | | Gn35:09M | דייי במשרי חזווה ועוד אלפת יתן למיברכה ית אבליה |
| 054 | | Gn35:09M | מפר' ואמ' דאיתגלי ועוד אלפתא יתן למיקבר מיתיא |
| 055 | | Gn35:09 | כען הווה צער מן גזרתא ועוד אלפתא יתן למנחמה ית אבליה |
| 056 | | Gn44:19 | גבורתיה דיהודה אחוי ועוד חמא דנפקין שערתיה מלביה |
| 057 | | Gn48:22 | לי מן חרבי ומן קשתי ועוד יהבית לך חולק חד יתיר על |
| 058 | | Gn45:06M | /דכפן#2#/ בגו ארעא ועד/ועוד#2#/ כדון חמש שנין דלא |

## עוויי *adj.* Avvite [398]

| | | | | | | |
|---|---|---|---|---|---|---|
| 001 | p em/sf | ואי׳ | Dt 2:23M | ועווייא/ואי׳#2#/ | דשרון בכופרנייה עד | |
| 002 | | ועווייא | Dt 2:23 | ועווייא | דשרון בכופרנייה עד עזה | |

## עוולה *n.* iniquity [398]

| | | | | | | |
|---|---|---|---|---|---|---|
| 001 | s ab/cn | עוולה | Dt32:04 | אלהה היימנה דלית קדמוי | עוולה | זכיי וקשוט בדינה הוא: |

## עוז *n.* a bird of prey [398]

| | | | | | | |
|---|---|---|---|---|---|---|
| 001 | s em/sf | עזה | Lv11:13 | ית נשרא וית ברגזה וית | עזה: | |
| 002 | | | Lv11:13M | וית \ברגזה וית עזה | /עזה | וית ברגזה#2#:/ |
| 003 | | ואיזה | Dt14:12 | מינהון נשרא וברגזה | ואיזה: | |
| 004 | | ועוזה | Dt14:12M | נשרא \וברגזה ואיזה | /ועוזה | וברגזה#2#:/ |

## [עוטם] *n.* (unclear) [398]

| | | | | | | |
|---|---|---|---|---|---|---|
| 001 | s ab/cn | עוטם | Lv13:45 | מכסי ועל שפמה יהווי | עוטם | והוא מצרעה יהיה צווח ואמר |
| 002 | | עטם | Lv13:45M | ועל שפמה יהווי | עוטם/עטם#2# | והוא מצרעה יהיה צווח |

## עולים *n.* boy [399]

| | | | | | | |
|---|---|---|---|---|---|---|
| 001 | s ab/cn | עולם | Dt28:50 | די לא נסבת אפין לסב ועל | עולם | לא חייסה: |
| 002 | p em/sf | עולימוהי | Gn22:03 | ית חמרה ודבר ית תרין | עולימוהי | עמיה וית יצחק בריה ופצע |
| 003 | | עולימוי | Gn22:19 | ותב אברהם לוות | עולימוי | וקמ{ן} <ו> ואזלו כחדא |
| 004 | | | Dt33:06 | לעלמא דאתי ויהוון | עולימוי | עם ג«י» ברין במניין: |
| 005 | | | Gn22:03M | ודבר ית תרין | עולימוהי/<עולי>מוי#2#/ | עמיה וית יצחק |
| 006 | | | Nu22:22 | רכיב על אתנתיה ותרין | עולימוי | עמיה: |
| 007 | | | Gn14:14M | אחוי וזאין ית \עלמוי^עולימוי#2#^/ | | תורבוות ביתיה |
| 008 | | עולימיהון | Nu23:10 | מן יכיל למימני | עולימיהון | דבית יעקב דאיתאמר |
| 009 | | | Ex24:11 | ולוות | עולימיהון | דבני ישראל לא פשט ידיה |
| 010 | | | Gn19:04 | אקיפו על ביתיה מן | עולימיהון | ועד סביהון כל עמא מן |
| 011 | | עולמוי | Gn22:05M | לעולימוי/לתרין | עולמוי#2#/ | תבו לכון הכא גב חמרא |
| 012 | | | Gn14:14M | תורבוות ביתיה | /עולמוי | תרבות בינתה#2#/ תלת מאה |
| 013 | | עולמיהון | Ex24:05 | ושלח ית | עולמיהון | דבני ישראל וסדרו עליון |
| 014 | | | Gn19:11M | \בחרבייא מן | עולמיהון#2#/ | עד סביהון והוון לעין |
| 015 | | עולמייא | Gn25:27M | "ורבו טליא ...": וסגיעו | עולמייא | והוה עשו גבר נחוש ירכן |
| 016 | | | Ex24:11M | ולנדב ואביהו | עולמייא | שפירייא דהוון מתמנן על |
| 017 | | עלמוי | Gn14:14 | לוט בר אחוי וזאין ית | עלמוי | תורבוות ביתיה תלת מאה עשר |
| 018 | | בעולמינן | Ex10:09 | ואמר משה | בעולמינן | ובסבינן ניזל בב<נ>ינן |
| 019 | | לעולימוי | Gn22:05 | אברהם <ואמר> | לעולימוי | תבו לכון הכא גב חמרא |

## עולימו *n.* youth [399]

| | | | | | | |
|---|---|---|---|---|---|---|
| 001 | s ab/cn | עולימו | Ex15:04 | גירין דאשא בימא ושפר | עולימו | גברוי דפרעה רמא וטמע |
| 002 | s em/sf | עולימותיהון | Dt33:25 | היך נחשה וכיומי | עולימותיהון | יומי סיבותיהון: |

## עוללה *n.* gleanings [399]

| | | | | | | |
|---|---|---|---|---|---|---|
| 001 | s ab/cn | עוללה | Dt24:21 | כרמיכון לא תבערון | עוללה | מן בתריכון לגיוריה |
| 002 | s em/sf | עוללתה | Dt24:20 | זיתיכון לא תיכלון | עוללתה | מן בתריכון לגיוריה וליתמי |
| 003 | | עוללתכון | Lv19:10 | וכרמכון לא תעבדון | עוללתכון | ופרט כרמכון לא תלקטון |

עולם *n.* ⇐ עולים

עולם *n.* ⇐ עלם

עומר *n.* ⇐ עמר #2

## עונב *n.* ring [399]

| | | | | | | |
|---|---|---|---|---|---|---|
| 001 | p abs | ער׳ | Ex36:12M | וחמשין | ענבין^עי׳#2#^/ער׳#2#/ | עבד בסיטרה |
| 002 | | עונבין | Ex26:04 | ותעבד | עונבין | דתכלה על סטרא דיריעתה |
| 003 | | | Ex26:05 | חמשין | עונבין | תעבד ביריעה חדתא וחמשין |
| 004 | | | Ex26:05 | ביריעה חדתא וחמשין | עונבין | תעביד בסיטרא דיריעתא |
| 005 | | עי׳ | Ex36:12M | חמשין | ענבין/עי׳#2#/ | עבד ביריעתה חדא |
| 006 | | | Ex36:12M | וחמשין | ענבין^עי׳#2#^/ער׳#2#/ | עבד בסיטרה |
| 007 | | עינ׳ | Ex36:11M | ועבד | ענבין/עינ׳#2#/ | דתכלה על סטרא |
| 008 | | ענבין | Ex36:11 | ועבד | ענבין | דתכלה על סטרא דיריעתה חדה |
| 009 | | | Ex36:17 | ועבד | ענבין | חמשין על סטרין דיריעתה |
| 010 | | | Ex36:12 | חמשין | ענבין | עבד ביריעתה חדא וחמשין |
| 011 | | | Ex36:12 | עבד ביריעתה חדא וחמשין | ענבין | עבד בסיטרה דיריעתה די |
| 012 | | | Ex36:17 | בבית דבוקה וחמשין | ענבין | עבד על סטרה דיריעתה |
| 013 | | | Ex26:10 | ותעבד חמשין | ענבין | על סיטרא דיריעתה חדתה |
| 014 | | | Ex26:10 | בבית דבוק«ה» וחמשין | ענבין | תעבד על סטרא דיריעתא |
| 015 | | ענובין | Ex36:17M | ועבד | ענבין/ענובין#2#/ | חמשין על סטרין |
| 016 | | | Ex36:17M | וחמשין | ענבין/ענובין#2#/ | עבד על סטרה דיריעתה |
| 017 | p em/sf | עינבייה | Ex36:12M | הוון ענבי /מתחמיין | עינבייה#2#/ | חדא לקבל/לוקבל#2#/ |
| 018 | | ענבי | Ex36:12 | תניינה מכוונן הוון | ענבי | חדא לקבל חדא: |
| 019 | | ענביה | Ex26:05 | תניינא מכוונן יהוון | ענביה | חדא לקבל חדה: |

## עוף *n.* bird [399]

| | | | | | | |
|---|---|---|---|---|---|---|
| 001 | s ab/cn | עוף | Dt14:20 | עמי בני ישראל כל | עוף | דדכי תאכלון: |
| 002 | | | Lv17:13 | די יצוד ציד דחיה או | עוף | די יתאכל וישפוך ית אדמיה |
| 003 | | | Dt 4:17 | בעיר דאית בארעא דמו כל | עוף | דפרח דטייס באויר שמייא: |
| 004 | | | Gn 6:07 | עד בעירא: עד רחשא ועד | עוף | שמיא ארום הוה תהו קדמי |
| 005 | | | Gn 7:03 | אף מן | עוף | שמיא שבעא שבעה דכר ונקבה |
| 006 | | | Gn 7:23 | עד בעירה עד ריחשא עד | עוף | שמיא ואשתצון מן ארעא |
| 007 | | דעוף | Dt14:19M | וכל \שרץ עופא /שרצא | דעוף#2#/ | מסאב הוא לכון לא |
| 008 | s em/sf | עופא | Gn 8:20 | כל בעירה דכי׳ ומן כל | עופא | דכיה וסדר עלון על גבי |
| 009 | | | Gn15:11M | היידין הוא | טייסא/עופא#2#/ | דן הוא טייסא |
| 010 | | | Gn 1:21 | מיי׳ למינהון וית כל | עופא | דפרח למיניה וגלי קדם ייי |
| 011 | | | Gn 6:07M | ועד עוף שמיא /רמסה ועד | עופא | דשמ׳#2#/ ארום הוה תהו |
| 012 | | | Gn 1:30 | ולכל חיתא דארעא ולכל | עופא | דשמיא ולכל דרחש על ארעא |
| 013 | | | Gn 9:02 | כל חייתא דארעא ועל כל | עופא | דשמיא בכל מה די תרחש על |
| 014 | | | Gn 7:08 | בעירה דלית היא דכיה ומן | עופא | וכל דרחיש על ארעא: |
| 015 | | | Lv 7:26M | \בעופא ובבעירא /לא מן | עופא | ולא מן בעירה#2#:/ |
| 016 | | | Gn40:19 | יתך על צליבה ויאכל | עופא | ית בשרך מעלווי ראשך: |
| 017 | | | Lv11:13 | וית אליין תשקצון מן | עופא | לא יתאכלון ארום שקץ אינו׳ |
| 018 | | | Gn 6:20 | מן | עופא | למינה ומן בעירא למינה ומן |
| 019 | | | Dt14:19 | וכל שרץ | עופא | מסאב הוא לכון לא יתאכלון: |
| 020 | | | Gn15:11 | מסאבה {דיי׳} דין הוא | עופא | מסאבא אילין אינון מלכוותא |
| 021 | | | Lv20:25 | בעירה דכייה למסאבה ובין | עופא | מסאבה לדכיי׳ ולא תשקצון ית |
| 022 | | | Lv 1:14 | ואם מן | עופא | עלה קרבנה לשמה דייי ויקרב |
| 023 | | | Gn 7:03M | \אף מן עוף /לחוד | עופא#2#/ | שמיא שבעא שבעה דכר |
| 024 | | עופה | Lv17:13M | או עוף /חייה או | עופה#2#/ | די יתאכל וישפוך ית |
| 025 | | | Gn 2:19 | כל חיתא דאפי ברא וית כל | עופה | דשמיא ואיתי יתהון לות אדם |
| 026 | | | Dt28:26 | נבילתכון למזון לכל | עופה | דשמייא ולחייתה דארעא ולית |
| 027 | | | Gn 8:19 | כל חייתה כל רחשא וכל | עופה | וכל דרחש על ארעא לזרעיתהון |
| 028 | | | Gn15:10 | חד פסגה לקבל חבריה וית | עופה | לא פסג: |
| 029 | | | Gn 7:14 | דרחש על ארעא למינהו וכל | עופה | למינה וכל דפרח וכל דטייס: |
| 030 | | | Gn15:11 | ונחת | עופה | על פסגייה ואשבת יתה זכותה |

031 בעופא Gn 8:17 חיתה דעמך מן כל בשרא בעופא ובבעירא ובכל רחשא דרחש על
032 Lv 7:26 בכל אתר בית מדוריכון בעופא ובבעירא:
033 Gn 7:21 כל בשרא דרחש על ארעא בעופא ובבעירה ובכל חיתא ובכל
034 Gn 9:10 נפש חייתא די עמכון {ב}בעופא ובבעירה ובכל חיתא דארעא
035 דעופה Lv11:23 וכל שרצא דעופה דאית ליה ארבע רגלין שקץ
036 Lv11:20 וכל שרצא דעופה דמהלך על ארבע שקץ הוא
037 Lv11:21 דין תאכלון מכל שרצא דעופה דמהלך על ארבע כל דאית ליה
038 ועופא Gn40:17 מיכלא דפרעה עבד נחתום ועופא אכל יתהון מן סלה מעלוי
039 Gn 1:20 מיא שרץ נפש דחיא ועופא דפרח על ארעא על אפי אויר
040 Gn 1:22 ומלון ית מיא בימיי' ועופא יסגא על ארעא:
041 ועופה Lv11:46 דא גזיר' אוריתה דבעירה ועופה וכל נפש חיתה דרחשא במיא
042 ובעופ' Gn 1:26 וישלטון בנוניא דימא ובעופ' דשמיא ובבעירא ובכל ארעא
043 ובעופא Gn 1:28 ושלוטו בנוני דימא ובעופא דשמיא ובכל חייתא דרחשא על
044 ובעופה Lv20:25 ית נפשתכון בבעירה ובעופה ובכל מה די תרחש ארעא די
045 ולעופא Gn 2:20 אדם שמהן לכל בעירא ולעופא דשמיא ולכל חיתא דאפי ברא
046 לעופא Gn15:11M ונחתו אומיא דמתילין לעופא מסאבא למיבז נכסיהון

[400]

## to advise *vb.* עוץ

001 עייצין peal Gn15:11 מלכוותא דארעא כד יהוון עייצין עצן בישן על דבית ישראל
002 אעוץ Nu24:14 הא אנה אזל לוות עמי אתא אעוץ יתך עצה אחטי יתהון ˆדתעבד
003 תעצון Lv19:13M "תעצה ... יבית": תעצון ית חבריכון ולא תגזלון
004 ונעוץ Ex 1:10M איתון ונסב/כען ונעוץ יתן סתרי קרב'#2#/ עליהון

[400]

## to be distressed *vb.* עוק

001 עיק' peal Nu10:09M על סנאה דמעיק/די עיק'#2#/ לכון/יתכון#2#/ ותתקעון
002 דעיק Ex23:22 דסני יתכון ואעיק למן דעיק יתכון:
003 Ex23:22M דסני יתכון ומעיק למאן דעיק יתכון#2#/:
004 ועיקו Nu22:03M תקיפין אינון ועיקון/ועיקו#2#/ מואביי מן קדם בני
005 ועיקון Nu22:03 ארום תקיפין אינון ועיקון מואביי מן קדם בני ישראל:
006 ועקת Gn32:08 ודחל יעקב לחדא ועקת ליה ופלג ית עמא דהוון עמה
007 אעיקת afel Gn27:46M רבקה ליצחק אתעיקת/אעיקת#2#/ בחי מן קדם בנתהון
008 יעיקון Dt28:55 מדעים בצער ובצוקה די יעיקון יתכון בעלי דבביכון בכל
009 Dt28:53 לכון בצער ובצוקה די יעיקון לכון בעלי דבביכון:
010 Dt28:57 בטומרה בצער ובצוקה די יעיקון לכון בעלי דבביכון
011 מעיקה Nu21:06M קליל ייתי /למימר נפשן מעיקה בלחמה הדין דמקליי{י}ה
012 Dt 1:01 מנה די אמרתון נפשן מעיקה בלחמה הדין דמיכליה קליל
013 מעיקין Nu25:18 ארום מעיקין אינון לכון בשקריהון די
014 תעיקון Lv26:15 ואן בקיימי דאורייתי תעיקון ואן סדרי דיניי תרחקק
015 Dt 2:09 ואמר ייי לי אמר משה לא תעיקון ית מואביי ולא תסדרון
016 Dt 2:19 דבני עמונייה לא תעיקון יתהון ולא תתגרון לקבליהון
017 דאעיק Dt 4:30 בזמנה דאעיק לכון וארעא יתכון כל עקייה
018 דיעיקון Dt 4:30M בזמנא/ˆ#2#/ וארעון/ˆ דיעיקון יתכון ויארעו#2#/ יתכון
019 דמעיק Nu10:09 בעלי דבביכון על סנאה דמעיק לכון ותתקעון בחצוצרת'
020 ואעיק Ex23:22 ואסני למן דסני יתכון ואעיק למן דעיק יתכון:
021 Lv20:23 כל אליין מרחקתה עבדו ואעיק ממריה בהון:
022 ואעיקו Ex 1:12 ובכדן הוון תקיפין ואעיקו מצראי מן קדם עמא בני
023 ויעיקה Nu21:05M /מזון ולית מיין ונפשן ויעיקה בלח#2#/ הדין דמיכליה
024 ויעיקון Nu33:55 ולרמחים בסטריכון ויעיקון לכון על ארעא די אתון
025 Dt28:52 ויעיקון לכון בכל קורייכון עד זמן
026 Dt28:52 בהון בכל ארעכון ויעיקון לכון בכל קורייכון בכל
027 ומעיק Ex23:22M למאן דסני יתכון ומעיק למאן דעיק יתכון#2#/:
028 למעקה Lv19:18 סטרוי דמן תרין חורפוי למעקה בה ית חברך ולא תמנע זכותה
029 Lv18:18 ואתה על אחתה לא תסב למעקה לך{ך}<ה> למגליי«ה»
030 אתיעקת etpeel Nu21:05 ולא מיין למישתי ונפשן אתיעקת בלחמה הדין דמיכליה קליל:
031 אתעיקת Gn27:46 ואמרת רבקה ליצחק אתעיקת בחי מן קדם בנתהון דחיתאי
032 דמתעיק Nu10:09M <על> סנאה דמ<ת>ע{ת}יק לכון ותתייבבון
033 ואיתיעקו Nu22:03M "תקיפין ...": סגי הנון ואיתיעקו מואבאי בחייהון מן קדם
034 ואיתעקת Nu21:04M /וית'#2#/ /דאדומאי ואיתעקת#2#/ נפשהון דעמה באורחה:
035 ואתעיק Gn32:08M ודחל יעקב לחדא ועקת/ואתעיק#2#/ ליה ופלג ית עמא
036 ואתעיקו Ex 1:12M הוון תקיפין ואעיקו/ואתעיקו#2#/ מצראי מן קדם עמא
037 ואתעיקת Lv20:23M ממריה בהון /עבדו ואתעיקת נפשי בהון#2#/:
038 ואתעקת Nu21:04 ית ארעהון דאדומיי ואתעקת נפשהון דעמה באורחה:
039 וית' Nu21:04M ארעהון \דאדומיי ואתעקת/וית'#2#/ \דאדומאי ואיתעקת#2#/

See also: *n.* עיק

[400]

## to rouse *vb.* עור

001 ואיתעיר etpeel Gn41:07 שבליא ברייתא ומלייתא ואיתעיר פרעה והא הוא חלם:
002 ואיתעירית Gn41:21 דהוון בקדמיתא ואיתעירית:
003 ואתעיר Gn 9:24 ואתעיר נח מן חמריה וידע ית מה
004 ואתער Gn28:16 ואתער יעקב מן שנתיה ואמר הא
005 Gn41:04 יאיין למחמי ובריית[א] ואתער פרעה:
006 דמעורר polel Dt32:11 כנשרה דמעורר קנה על גוזלוי מרחף פרס

[400]

## raven *n.* עורב

001 עורב' s em/sf Lv11:15 ואת כל מין עורב' למינה:
002 עורבא Gn 8:07 ושלח ית עורבא והוה נפק וחזר נפק וחזר עד
003 Dt14:14 וית כל מ«י»ן עורבא למינו:

[215 s.v. חרמן]

## serpent *n.* עורמן

001 ולעורמנא s em/sf Gn49:17 לחיוויא דרבוע בארעא ולעורמנא דכמין בפרשת ארחתה דנכת

[400]

## old thing *n.* עותק

001 עותק s ab/cn Lv25:22M ע{ק}«ת»יקה/עותק#2#/{{עתיקתה}}#2#/:

[400]

## wealth, riches *n.* עותר

001 עותרא s em/sf Gn31:16M ארום כל נכסיא/עותרא#2#/ די אפיק ייי מאבונן

[400]

## goat *n.* עז

001 עז s ab/cn Lv17:03M \גדי בר עזין במשריתה /עז במ'#2#/ או די יכוס לבר
002 Nu15:27 ואן נפש חד תתחייב ותקרב עז בר שתה לחטאתה:
003 Lv 3:12M "גדי בר עיזין קרבניה": מן עז קר'
004 ועז Gn15:09 עגלה ברת תלת שנין ועז בר תלת שנין ודכר בר תלת
005 ודעז Lv 7:23M תיכלון /דתורא{י} דאמר ודעז לא תאכלון#2#/:
006 עיזה s em/sf Lv22:28M ותורתה או רחלה או עיזה#2#/ \יתה וית ברה#1#/ לא
007 עזין p abs Lv17:03 יכוס תור אמר או גדי בר עזין במשריתה או די יכוס לבר
008 Nu 7:46 צפיר בר עזין חד קרב יתה לחטאתה
009 Lv 4:23 וייתי ית קרבניה צפיר בר עזין דכר שלם מן מום:
010 Gn37:31 דיוסף ונכסו צפיר בר עזין וצבעו ית פרגודה באדמה:
011 Lv22:27 ידוי משכין דגדיין בני עזין ותבשילין עבד ואייכ{ו}ל
012 Lv23:19 ותקרבון צפיר בר עזין חד לחטאתה ותרין אמרין בני
013 Nu 7:16 צפיר בר עזין חד קרב יתה לחטאתה לשבקות
014 Nu 7:22 צפיר בר עזין חד קרב יתיה לחטאתה לשבקות
015 Nu 7:28 צפיר בר עזין חד קרב לחטאתה לשבקות חובין

|  |  |  |  |  |  |  |
|---|---|---|---|---|---|---|
| 016 | | | Nu 7:34 | צפיר בר | עזין | חד קרב לחטאתה לשבקות חובין |
| 017 | | | Nu 7:40 | צפיר בר | עזין | חד קרב יתיה לחטאתה לשבקות |
| 018 | | | Nu 7:52 | צפיר בר | עזין | חד קרב יתה לחטאתה לשבקות |
| 019 | | | Nu 7:58 | צפיר בר | עזין | חד קרב יתיה לחטאתה לשבקות |
| 020 | | | Nu 7:64 | צפיר בר | עזין | חד קרב יתיה לחטאתה לשבקות |
| 021 | | | Nu 7:70 | צפיר בר | עזין | חד קרב יתיה לחטאתה לשבקות |
| 022 | | | Nu 7:76 | צפיר בר | עזין | חד קרב יתיה לחטאתה לשבקות |
| 023 | | | Nu 7:82 | צפיר בר | עזין | חד קרב יתיה לחט«א»תה |
| 024 | | | Nu15:24 | כסדר דינה וצפיר בר | עזין | חד לחטאתה: |
| 025 | | | Nu28:15M | וצפיר \בר עזין | /עזין | חד#2#/ תקרבון יתה |
| 026 | | | Nu28:30 | צפיר בר | עזין | חד למכפרה עליכון: |
| 027 | | | Nu29:11 | וצפיר בר | עזין | חד קרב יתיה לחטאתה בר מן |
| 028 | | | Nu29:16 | וצפיר בר | עזין | חד קרב יתיה לחטאתה בר מן |
| 029 | | | Nu29:19 | וצפיר בר | עזין | חד קרב יתיה לחטאתה בר מן |
| 030 | | | Nu29:25 | וצפיר בר | עזין | חד קרב יתיה לחטאתה בר מעלת |
| 031 | | | Gn27:09M | \גדיין דעזין /גדיי | עזין#2#/ | טבין ואעביד יתהון |
| 032 | | | Lv 7:23 | כל תרב תור ואמר וגדי בר | עזין | לא תיכלון: |
| 033 | | | Nu29:22 | וצפיר בר | עזין | לחטאתה חד {מן} בר< מן> עלת |
| 034 | | | Nu29:28 | וצפיר בר | עזין | לחטאתה חד בר מעלת תמידה |
| 035 | | | Gn38:17 | ואמר הא אנה אשלח גדי בר | עזין | מן ענה ואמרת אן תתן ערבון |
| 036 | | | Lv 4:28 | ית קרבניה צפירת בר | עזין | שלמה על חובתיה די אתחייב: |
| 037 | | | Nu28:15 | וצפיר בר | עזין | תקרבון יתה לחטאתה קדם ייי |
| 038 | | | Gn32:15 | | עזין | תרתין מא{תוו}<וות>ן |
| 039 | עיז' | | Lv16:05M | דעיזין /צפירי בני | עיז'#2#/ | לחטאתה ודכר חד לעלתה: |
| 040 | עיזין | | Lv22:27M | ותובן תליתיי גדי בר | עיזין | בגין למדכרה זכותי' |
| 041 | | | Nu29:05 | וצפיר בר | עיזין | חד קרב יתיה לחטאת למכפרה |
| 042 | | | Nu29:34M | <וצפיר> בר | עיזין | חד לחטאתה בר מן לעלת |
| 043 | | | Lv 5:06 | ענה אמרה או צפירה ברת | עיזין | לחטאתה ויכפר עלוי כהנא מן |
| 044 | | | Lv 9:03 | למימר סבו צפיר בר | עיזין | לחטאתה ועגל ואמר בני |
| 045 | | | Lv 3:12 | ואין גדי בר | עיזין | קרבניה ויקרב יתיה קדם |
| 046 | | | Nu 7:87M | תרין עשר /צפירי בר | עיזין | תרי ע'#2#/ לחטאתה: |
| 047 | דעזין | | Gn27:09 | לי מן תמן תרין גדיין | דעזין | טבין ואעביד יתהון תבשילין |
| 048 | | | Nu 7:87 | ומנחתהון וצפירין | דעזין | תרין עשר לחטאתה: |
| 049 | דעיזין | | Lv16:05 | יסב תרין צפירין | דעיזין | לחטאתה ודכר חד לעלתה: |
| 050 | עזי' | p em/sf | Ex12:05M | בני עזיא תסבון /גדי | עזי' | תס'#2#/ לכון: |
| 051 | עזיא | | Gn30:35 | קרוחי ונמוריה וית כל | עזיא | קרוחתא ונמורתא כל דאית ביה |
| 052 | | | Ex12:05 | מן אמריא ומן גדייא בני | עזיא | תסבון לכון: |
| 053 | עזיה | | Lv 1:10 | אמריה או מן גדיא דבני | עזיה | לעלא דכר שלם מן מום יקרב |
| 054 | | | Lv 1:10M | דבני עזיה לעלא /גדי | עזיה | לעלתה#2#/ דכר שלם מן מום |
| 055 | עזייא | | Gn38:20 | ושלח יהודה ית גדייה בר | עזייא | ביד רחמה עדולמייה למיסב |
| 056 | עזייה | | Lv22:19M | מן אמרייה ומן גדי | עזייה#2#/: | |
| 057 | | | Nu15:11M | לאימר באימריה או לגדי | עזייה | |
| 058 | | | Lv22:27 | כדין אתבחר גדייה בר | עזייה | בגין למדכרה זכותי' דגברא |
| 059 | | | Nu18:17 | או בכוריה גדייה בני | עזייה | לא תפרקון קדש אינון ית |
| 060 | עיזייא | | Gn27:16 | וית משכא דגדייא בני | עיזייא | אלבשת על ידוי ועל |
| 061 | עיזייה | | Dt14:04M | וגדי בעיזיה/בר | עיזייה#2#/: | |
| 062 | | | Nu18:17M | "בני ... אינון ית": | עיזייה | לא תפרוק קדש הנון וית |
| 063 | בעזיה | | Nu15:11 | באמריה או בגדיה או | בעזיה: | |
| 064 | בעזייא | | Gn30:32 | באמרייא ונמר וקרח | בעזייא | ויהוי אגרי: |
| 065 | בעיזיה | | Dt14:04 | תור אמר באמריה וגדי | בעיזיה: | |
| 066 | בעיזייא | | Gn30:33 | די לית הוא קרח ונמר | בעיזייא | ולחוש באימריא גניב הוא |
| 067 | ועזיך | | Gn31:38 | שנין אנה עמך רחליך | ועזיך | לא אתכלו ואמריי דכרי ענך |
| 068 | ובעזייה | | Lv22:19 | בתורייה באמרייה | ובעזייה: | |

## עז *adj.* strong

[!! cf. עזיזו n.]

|  |  |  |  |  |  |  |
|---|---|---|---|---|---|---|
| 001 | עזי | p const | Nu24:24 | סגין {{בלברנייה | עזי}} | לשון מן מדינת איטליא |

## עזל *vb.* to spin

[401]

|  |  |  |  |  |  |  |
|---|---|---|---|---|---|---|
| 001 | עזלה | peal | Ex35:25 | דחכימת לבה בידה הוות | עזלה | ית תכלתה וית ארגונא וית |
| 002 | עזלן | | Ex35:26 | לבהון יתהון בחכמה הוון | עזלן | ית מעזי: |

## עזם *vb.* to nip off

[401]

|  |  |  |  |  |  |  |
|---|---|---|---|---|---|---|
| 001 | ויע' | peal | Lv 5:08M | ד«ח»טאתה קדמייה | ויע'#2#/ | ית ראשה מן כל קבל |
| 002 | ויעזום | | Lv 5:08 | ית די לחטאתה קודמוי | ויעזום | ית ראשה מן כל קבל קדליה |
| 003 | ויעזם | | Lv 1:15 | כהנא על גבי מדבחה | ויעזם | ית ראשה ויסדר על גבי |

## עזקה *n.* ring

[401]

|  |  |  |  |  |  |  |
|---|---|---|---|---|---|---|
| 001 | עזקא | s ab/cn | Ex39:21 | וענבו ית חושנה מן | עזקא | לגו עזקיה דאפודה <....> ולא |
| 002 | | | Ex26:24M | על רישא לגו | עזקתא/עזקא#2#/ | חדא/חדתה#2#/ כדן |
| 003 | עיזקא | | Ex28:28 | ית חושנא מן עזקוי לגו | עיזקא | דאפודה בשזר דתכלה למיהוה |
| 004 | לעי' | | Ex28:28M | מן עזקוי \לגו | עיזקא/לעי'#2#/ | דאפודה בשזר דתכלה |
| 005 | עזקתא | s em/sf | Ex26:24 | מכוונין על רישא לגו | עזקתא | חדא כדן יהוי לתריהון |
| 006 | | | Gn41:42 | ועבר פרעה ית | עזקתא | מעילוי ידיה ויהב יתיה |
| 007 | עזקתה | | Gn38:25 | איתמר לי כען דמן אינון | עזקתה | ושו{ת}<ש>פא וחוטרא האילין |
| 008 | | | Ex36:29 | מתאמין על ראשה לגו | עזקתה | חדא כדון עבד לתריהון |
| 009 | עזקתיה | | Ex25:27 | לקבל גיפופיה יהוון | עזקתיה | לאתרין לאריחי למטען ית |
| 010 | עזקתך | | Gn38:18 | די אתן ליך ואמרת | עזקתך | ושו{ת}<ש>פך וחוטרך די |
| 011 | עיזקתה | | Ex28:28M | "לגו עיזקא דאפודה": | עיזקתה | לעיזקוי דא' |
| 012 | לעזקתה | | Ex39:21M | מן עזקא לגו | עזקיה/לעזקתה#2#/ | דאפודה <....> ולא |
| 013 | | | Ex36:29M | "לגו ... עבד": | לעזקתה | חדה כן ע' |
| 014 | עזקין | p abs | Ex38:05 | ואתך ארבע | עזקין | בארבעתי זויתה לקנקילה |
| 015 | | | Ex25:12 | ותתך ליה ארבע | עזקין | דדהב ותתן על ארבעתי |
| 016 | | | Ex25:26 | ותעבד ליה ארבע | עזקין | דדהב ותתן ית עזקייא על |
| 017 | | | Ex28:23 | ותעבד על חושנה תרתין | עזקין | דדהב ותתן ית תרתין עזקיא |
| 018 | | | Ex28:26 | ותעבד תרתין | עזקין | דדהב ותשוי יתהון על תרין |
| 019 | | | Ex28:27 | ותעבד תרתין | עזקין | דדהב ותתן יתהון על תרתין |
| 020 | | | Ex30:04 | ותרתין | עזקין | דדהב תעבד ליה מן תחות |
| 021 | | | Ex37:03 | ואתך לה ארבע | עזקין | דדהב על ארבעתי זויתיה |
| 022 | | | Ex37:13 | ואתך ליה ארבעה | עזקין | דדהב ויהב ית עזקיה על |
| 023 | | | Ex37:27 | ותרתין | עזקין | דדהב עבד ליה מן תחות |
| 024 | | | Ex39:16 | <מאחדן> דדהב ותרתין | עזקין | דדהב ויהבו ית תרין עזקין |
| 025 | | | Ex39:19 | ועבדו תרתין | עזקין | דדהב ושוון על תרין סטרוי |
| 026 | | | Ex39:20 | ועבדו תרתין | עזקין | דדהב ושוון יתהון על תרתין |
| 027 | | | Ex27:04 | ותעבד על מצדתה ארבע | עזקין | דנחש על ארבעתי זווייתא: |
| 028 | | | Nu31:50 | שירין מן ידיהון | עזקין | מן אצבעתהון |
| 029 | | | Ex25:12 | ארבעתי זוויתא ותרתין | עזקין | על סטריה חדתא ותרתין |
| 030 | | | Ex25:12 | על סטריה חדתא ותרתין | עזקין | על סטריה תניינא: |
| 031 | | | Ex37:03 | ארבעתי זויתיה ותרתין | עזקין | על סטריה חד ותרין עזקן על |
| 032 | | | Ex39:16 | דדהב ויהבו ית תרין | עזקין | על תרין סטרוי דחשנה: |
| 033 | | | Gn49:22 | מזרקן קדמיך שירין | עזקין | קטלין מעוכין וכל מיני דהב |
| 034 | עזקן | | Ex28:26M | ותעבד תרתין | עזקין/<עז>קן#2#/ | דדהב ותשוי יתהון על |
| 035 | | | Ex30:04M | ותרתין | עזקין/עזקן#2#/ | דדהב תעבד ליה |
| 036 | | | Ex37:03M | ואתך לה ארבע | עזקין/<עז>קן#2#/ | דדהב על ארבעתי |
| 037 | | | Ex39:19M | ועבדו תרתין | עזקין/<עז>קן#2#/ | דדהב ושוון על תרין |
| 038 | | | Ex37:03 | עזקין על סטריה חד ותרין | עזקן | על סטרא תניינא: |
| 039 | | | Ex37:03M | עזקן /חתתה ותרתין < | עז>קן#2#/ | על סטרא תניינא: |
| 040 | ועזקין | | Ex35:22 | קטלין וקדשין | ועזקין | וזמרגדין וכל מני דהב וכל |

| | | | | |
|---|---|---|---|---|
| 041 | עזקוי p em/sf | Ex28:28 | וירדדון ית חושנא מן | עזקוי לגו עיזקא דאפודה בשזר |
| 042 | עזקי | Ex37:14 | לקבל גפופא הוויין | עזקי אתרין לאריחיה למטען ית |
| 043 | עזקיא | Ex28:24 | קליעתה דדהבא על תרתין | עזקיא לגו סיטרוי דחושנא: |
| 044 | | Ex28:23 | דדהב ותתן ית תרתין | עזקיא על תרין סיטרוי דחושנא: |
| 045 | עזקיה | Ex39:21 | ית חושנה מן עזקא לגו | עזקיה דאפודה <....> ולא יזוע |
| 046 | | Ex39:16M | ותרתין | עזקין/עזקיה#2#/ דדהב ויהבו ית תרין |
| 047 | | Ex37:13 | עזקין דדהב ויהב ית | עזקיה על ארבעתי זיוייתה די |
| 048 | | Ex39:17 | קליעתה דדהבא על תרתין | עזקיה על סיטרוי דחשנה: |
| 049 | עזקיהון | Ex36:34 | וית לוחיה חפה דהב וית | עזקיהון עבד דהב אתרין לאריחי' |
| 050 | | Ex26:29 | לוחי תחפי{ה} דהב וית | עזקיהון תעבד דהב אתרין לנגריה |
| 051 | עזקייא | Ex25:26 | עזקין דדהב ותתן ית | עזקייא על ארבעתי זוויתא די |
| 052 | עזקייה | Ex39:19M | "עזקין ... על": | ע<ז>קייה דדהבה ויהבו על |
| 053 | בעזקיא | Ex25:15 | | בעזקיא די בארונא יהוון אריחי לא |
| 054 | | Ex27:07 | ותעל ית אריחיה | בעזקיא ויהוון אריחיא על תרין |
| 055 | | Ex25:14 | ותעיל ית אריחי | בעזקיא על סטרוי דארונא למטען ית |
| 056 | בעזקיה | Ex37:05 | ואעל ית אריחיה | בעזקיה על סטרוי דארונה למטען ית |
| 057 | | Ex38:07 | ואעל ית אריחיה | בעזקיה על סטרוי דמדבחה למטען |
| 058 | ועזקיה | Nu31:50M | <...> וקדשיה <...> | ועזקיה מן אצבעתיהון ועקיליה מן |
| 059 | לעיזקוי | Ex28:28M | עיזקתה | לעיזקוי דא' |

## to put on a wrap *vb.* עטף [402]

| | | | | |
|---|---|---|---|---|
| 001 | תתעטפון etpaal | Dt22:12 | זבית גוליכון די | תתעטפון בהון: |
| 002 | דתתעטף | Dt22:12M | ארבע גדפי טליתא | ד{ט}תתעטף בה |
| 003 | ואתעטפת | Gn38:14 | וכסיית ברדידה | ואתעטפת בה ויתבת לה בפרשות |
| 004 | | Gn24:65M | רדידה ואתכסיית^/ואתצמצמת#2#/^ואתעטפת | ביה: |

## intercalation *n.* עיבור [402]

| | | | | |
|---|---|---|---|---|
| 001 | עבור s ab/cn | Gn 1:14 | ולזמנין ולמקדש' בהון | עבור שהרין ירחין: |
| 002 | בעיבורה s em/sf | Nu12:12M | מעברה דמצטרעה | בעיבורה וכד מטה זימנא למילד מית |

## pregnancy *n.* עידוי [402]

| | | | | |
|---|---|---|---|---|
| 001 | עדויין p abs | Gn18:12 | טליותי ולמהווי לי | עדויין ורבוני אברהם סאב: |
| 002 | עידוים | Gn18:12M | ולמהווי לי | עדויין/עידוים#2#/ ורבוני אברהם סאב: |

## time *n.* עידון [402]

| | | | | |
|---|---|---|---|---|
| 001 | בעד' p const | Ex19:16M | ביומא תליתיא | לעדוני/בעד'#2#/ צפרא והווה קלין |
| 002 | בעדוני | Ex14:24 | והוה | בעדוני צפרא ואדיק ייי ברוגז על |
| 003 | לעדוני | Ex14:27 | על ימא ואחזור ימא | לעדוני צפרא לתקפה ומצריי ערקין |
| 004 | | Ex19:16 | והוה ביומא תליתיא | לעדוני צפרא והווה קלין וברקין |
| 005 | | Gn 8:11 | ותב לותה יונה | לעדוני רמשא והא עלה דזי' קטים |
| 006 | | Gn24:11 | קרת«א» על בארא דמיא | לעדוני רמשא בשעתא דנפקן מלוותא: |
| 007 | | Gn24:63 | באפיה ברא {ב} | «ל»עדוני רמשא ונטל עיינוי |
| 008 | לעידוני | Gn30:16M | יעקב מן אפי ברא | ברמשא/לעידוני רמשא#2#/ ונפקת לאה |
| 009 | | Dt23:12 | ויהווי^^ | לעידוני רמשה יסחי במיה וכמטמעי |

## pregnancy *n.* עידון 2# [402]

| | | | | |
|---|---|---|---|---|
| 001 | ועדוניך p em/sf | Gn 3:16 | מסגיא אסגיא צעריך | ועדוניך בצער תלדין בנין ולוות |
| 002 | ועידונייך | Gn 3:16M | בצער תלדין | /ועידו{ד}<נ>ייך בצער תלידי#2#/ בנין |

## set time *n.* עידן [402]

| | | | | |
|---|---|---|---|---|
| 001 | עדן s ab/cn | Ex13:10 | דאורייתא הדה בזימנא מן | עדן יומין לעדן יומין: |
| 002 | עידן | Lv23:14M | /יומא הדין עד | עידן#2#/ עד יית קורבנה דאלהכון קיים |
| 003 | לעדן | Ex13:10 | בזימנא מן עדן יומין | לעדן יומין: |
| 004 | | Gn24:11M | /לבאירה#2#/ דמיא | לעדוני/לעדן#2#/ רמשא בשעתא דנפקן |
| 005 | | Gn24:63M | באפיה ברא {{ב}} | «ל»עדוני/לעדן#2#/ רמשא ונטל |
| 006 | בעדנ' s em/sf | Gn40:06M | יוסף בצפרא /ועל | בעדנ' צפרא#2#/ וחמה יתהון והא |
| 007 | בעדנא | Nu23:23 | קסמין בדבית ישראל | בע{{י}}דנא הדין יתאמר לבית יעקב |
| 008 | בעי' | Nu23:23M | בדבית ישראל | בע{{י}}דנא/בעי'#2#/ הדין/ההיא#2#/ |
| 009 | בעידנא | Gn18:10M | /מחזור א<ח>זור לוותך | בעידנא הדין והא ביר#2#/ דכר |
| 010 | בעידנה | Gn18:14M | לוותך \בשעתא הדא | /בעידנה הדין#2#/ ולשרה בר |
| 011 | לעדנא | Gn21:02 | בר לאשון סיבותה | לעדנא דמליל יתה ייי: |
| 012 | לעדנה | Gn17:21 | יצחק די תלד לך שרה | לעדנה הדן בשתה אחרי«תה»: |
| 013 | לעידנא | Gn18:14 | מן קדם ייי פתגם | לעידנא אחזור לוותך בשעתא הדא |

## when *conj.* עידן [402]

| | | | | |
|---|---|---|---|---|
| 001 | עידן | Lv22:27 | | עידן דתתדכר לן קרב«נ»ינן מה |
| 002 | לעדן | Dt32:35 | נקמתה ואנה הוא דמשלם | לעדן די תימוט רגליהון דצדיקיה |

## vulture *n.* עייט [403]

| | | | | |
|---|---|---|---|---|
| 001 | עייטא s em/sf | Gn15:11M | /עופא#2#/ דן הוא | טייסא/עייטא#2#/ מסאבה {דיי} דין |

## eye *n.* עיין [403]

| | | | | |
|---|---|---|---|---|
| 001 | עי' s ab/cn | Nu13:32M | חמיין תמן מרי | עי'#2#/ בישה/<בי>שן#2#/ גברין |
| 002 | עין | Ex21:24 | עין תשלומ' | עין שן תשלומי שן יד תשלומי יד |
| 003 | | Lv24:20 | ד{ג}<ת>בר עין תשלומי | עין שן תשלומי שן היך מה דיתיהב |
| 004 | | Dt19:21 | תשלומי נפש עין תשלומי | עין שן תשלומי שן <יד תשלומי |
| 005 | | Ex21:24 | | עין תשלומ' עין שן תשלומי שן יד |
| 006 | | Lv24:20 | תבר תשלומי ד{ג}<ת>בר | עין תשלומי עין שן תשלומי שן |
| 007 | | Dt19:21 | עייניכון נפש תשלומי נפש | עין תשלומי עין שן תשלומי שן |
| 008 | עיני s em/sf | Gn44:21 | אחותן יתיה לוותי ואשוי | עיני עלוי: |
| 009 | עיניה | Ex21:26 | ית עיניה דעבדיה או ית | עיניה דאמה{ה}תה ויחבול יתיה |
| 010 | | Ex21:26 | וארום ימחי גבר ית | עיניה דעבדיה או ית עיניה |
| 011 | דעיינה | Dt32:10 | דנטר שיכנה בבה | דעיינה: |
| 012 | ועיינכון | Gn45:20 | | ועיינכון לא יחוסון על מאני |
| 013 | ועינה | Nu11:07 | «ומנה» כזרע כסבר הוא | ועינה כחזיו בדולחה: |
| 014 | עיינין d abs | Lv19:26 | נחשין ולא ח{ר}<ד>ודי | עיינין: |
| 015 | | Dt18:14 | אתון משצי יתהון לחדודי | עיינין ולקסמי קסמין א«י»{א}נון |
| 016 | | Lv26:16 | וית קדחיתה מסיפה | עיינין ומדיבה נפש ותזרעון לריקנו |
| 017 | עיינן | Nu13:32 | עמה די חמינן בגווה מרי | עיינן בישה גברין דמשיחה: |
| 018 | עינין | Dt18:10 | קסמי קסמין ולא חדודי | עינין ולא נטורי נחשין ולא |
| 019 | דעיינין | Nu10:31M | ותיהווי לן מחווינ' | דעיינין |
| 020 | | Dt28:65 | תמן לב רוגזן וסייף | דעיינין ודייב דנפש: |
| 021 | ועיינין | Dt29:03 | ייי לכון לב למידע | ועיינין למחמי ואדנין למשמע עד |
| 022 | עייני d const | Dt16:19 | דממון ארום שוחדה מסמי | עייני {נ}סבוי ומטלטל מלוי זכיה |
| 023 | | Nu15:24M | אם\מעיני כנישתה/ מן | עייני עמא דכנישתה#2#/ אתעבדת |
| 024 | | Lv 4:13 | ישתאלון ויתכסי פתגם מן | עייני קהלא ויעבדון חדא מן כל |
| 025 | | Gn 3:07 | ואיתפת«חון» | עייני תריהון וידעו ארום ערטליין |
| 026 | עיני | Lv13:12 | ראשה ועד רגלוי לכל חזיו | עיני כהנא: |
| 027 | בעיני | Ex21:08M | אין באיש באפוי/בעיני#2#/ | דריבוניה דלא זמן |
| 028 | העיני | Nu16:14 | לן אחסנת חקלוון וכרמין | העיני גברייה האליין תסמי לא אנן |
| 029 | מעיני | Nu15:24 | ויהווי אם | מעיני כנישתה אתעבדת לשלו |
| 030 | עיינה d em/sf | Gn21:19 | ופקח ייי ית | עיינה וחמת באר דמיין ואזלת ומלת |

|  |  |  |  |
|---|---|---|---|
| 031 | | Gn24:64 | ונטלת רבקה ית עיינה וחמת ית יצחק ואתרכנת |
| 032 | | Gn38:25 | לה תלתא שהדוי ואנהרון עיינה וחמת יתהון ויהבת יתהון |
| 033 | | Gn39:07 | ונטלת אתתיה דרבוני ית עיינה לוות יוסף ואמרת לה שמש |
| 034 | עיינ' | Gn49:12M | למיקם מן דבית יהוד' עיינ' ד{ק}<כ>יין מן חמרא זכיכא |
| 035 | עיינוהי | Gn18:02 | ונטל עיינוהי וחמא והא תלתא מלאכין |
| 036 | עיינוי | Lv21:20 | או די גבנוי חפיין על עיינוי או דלית ליה שער בגיבינוי |
| 037 | | Dt28:54M | חובה טליותיה/תבאש עיינוי באחוי ובבעלת טליותה#2#/ |
| 038 | | Gn22:10 | לגובה דחבלא בעלמא דאתי עיינוי דאברהם הוויין בעיינוי |
| 039 | | Nu22:31 | וגל' ייי ית עיינוי דבלעם וחמא ית מלאכה דייי |
| 040 | | Nu 5:13M | דזרע ויתכסי מן עינו/עיינוי#2#/ דבעלה ותטמר והיא |
| 041 | | Dt11:12 | אלהכון תבע יתה בתדירה עיינוי דייי אלהכון בה מסתכלין בה |
| 042 | | Gn49:12 | מה ייאיין עיינוי דמלכא משיחא מן חמרא זכוכא |
| 043 | | Gn20:16 | על די אתכסית ברם מן עיינוי דצדיקא ליליא חד ולכל מאן |
| 044 | | Gn13:10 | ונטל לוט ית עיינוי וחזא ית כל מישר ירדנא |
| 045 | | Gn33:01 | ונטל «יעקב» ית עיינוי וחמא והא עשו את' ועמה |
| 046 | | Gn43:29 | ונטל עיינוי וחמא ית בנימן אחוי ברה |
| 047 | | Gn22:04 | תליתיה ונטל אברהם ית עיינוי וחמה ית אתרה מן רחיק: |
| 048 | | Gn24:63 | רמשא ונטל עיינוי וחמה והא גמלין אתין: |
| 049 | | Gn33:05 | ונטל ית עיינוי וחמה ית נשיא וית טפליא |
| 050 | | Nu24:02 | ונטל בלעם ית עיינוי וחמה ית ישראל שר{ו}<י>ן |
| 051 | | Dt34:07 | בזמנה דאתכנש לא כהיין עיינוי ולא אשתניו זיוההון |
| 052 | | Gn27:01 | {יצחק} יצחק וכהיין עיינו«י» מן למחמי וקרא ית עשו |
| 053 | | Lv22:27M | ית שכלוליהון וכהיין עיינוי מן מרומייה מן בגין כן |
| 054 | | Ex12:42 | ית שכלוליהון וכהן עיינוי על שכלוליהון וקרא יתיה |
| 055 | | Gn44:21M | לוותי ואשוי עינ/עיינוי#2#/ עלוי: |
| 056 | עייני | Gn31:40 | ואתנדדת שנתי מן עייני: |
| 057 | | Gn38:25 | ולא אשכחת יתהון תלת עייני במרומיא ואמרת בבע«ו» |
| 058 | | Gn38:25 | דעני לאנינקי ואנהר עייני והב לי תלתא סהד«י» ואנה |
| 059 | | Gn31:10 | ענא ונטל«ת» עייני וחמת בחלמא והא גדיא |
| 060 | | Lv14:09 | וית דקנה וית גביני עייני וית כל שערה יספר ויחוור |
| 061 | | Ex23:08 | ארום שוחדא יסמ{ו}<י> עיינ{ו}<י> נסבוי ויטלטל מלי דינא |
| 062 | עייניה | Ex21:26M | \תחות עיניה/חלף עייניה#2#/: |
| 063 | | Lv21:20M | /דחליזון עייניה#2#/ או דמלי חזזיין או |
| 064 | | Dt28:54 | בכון ודמפרנק לחדה תבאש עייניה באחוי ובאתת חובה טליותיה |
| 065 | | Dt28:56 | חטוייה ומן פרנוקה תבאש עייניה בבעיל חובה ובברה ובברתה: |
| 066 | | Nu22:31M | /ופתח מימריה דייי ית עייניה#2#/ דבלעם וחמא ית מלאכה |
| 067 | | Gn49:22 | דלא אזל בתר חיזוי עייניה ולא בתר הרהורי לבוי אינון |
| 068 | עייניהון | Ex14:10 | ונטלו בני ישראל ית עייניהון והא מצריי נטלין בתריהון |
| 069 | | Gn37:25 | למיכל לחם ונטלו עייניה«ו»ן וחמון והא סיעא דסרקין |
| 070 | | Lv20:04 | יכסון עמא דארעא ית עייניהון מן גברא ההו' כד יתן מן |
| 071 | עיינייה | Dt18:14M | יתהון לחדודי עיינין/עיינייה#2#/ ולקסמי קסמין |
| 072 | עייניך | Dt 3:27 | סוק לריש רמתה וטול עייניך למערבה ולציפונא ולדרומה |
| 073 | עייניכון | Dt10:21 | האליין די חמיין עייניכון: |
| 074 | | Dt25:12 | כף י{ת}<ד>ה לא יחוסן עייניכון: |
| 075 | | Dt29:02 | נסייה רברבייה די חמון עייניכון אתייה ופרישתה רברבייה |
| 076 | | Dt28:34 | ותהוון משגעין מן חזיו עייניכון די תחמון: |
| 077 | | Dt28:67 | די תתפחדון ומן חזווי עייניכון די תחמון: |
| 078 | | Dt32:01 | פירש ואמר טולו לשמיא עייניכון ואסתכלו בארעא מלרע ארום |
| 079 | | Dt 7:19 | נסייה רברבייה די חמין עייניכון ואתייה ופרישתה וידה |
| 080 | | Dt 4:09 | ית דביריה די חמון עייניכון ודלא יסטון מן לבביכון כל |
| 081 | | Gn45:12 | והא עייניכון חמון ועיינוי אחוי בנימן |
| 082 | | Dt 3:21M | ההיא למימר עיינך/עייניכון#2#/ חמיין ית כל מה די |
| 083 | | Dt 4:03 | הא עייניכון חמיין ית כל מה די עבד |
| 084 | | Dt 4:19 | דלא תתלון עייניכון לשמייא ותיחמון ית שמשה |
| 085 | | Dt19:21 | ולא ייחוסן עייניכון נפש תשלומי נפש עין |
| 086 | | Dt13:09 | למילוי ולא יחוסון עייניכון עלוי ולא תחוסון ולא |
| 087 | | Dt19:13 | ולא יחוסן עייניכון עלוי ותבערון שפוכי אדמה |
| 088 | | Dt 7:16 | יהב לכון לא יחוסון עייניכון עליהון ולא תפלחון קדם |
| 089 | עיינך | Gn46:04 | ישוי ידי«ה» על עיינך: |
| 090 | | Gn49:22 | יוסף ברי ולא תלית עיינך ואסתכלת בחד' מנהון והוון |
| 091 | | Gn31:12 | ואמר טל כען עיינך וחמי כל גדיא דסלקין על |
| 092 | | Gn49:22 | דהב סברין דאת תלית עיינך ומסתכלין בחדא מנהון חס לך |
| 093 | | Dt 3:21 | פקדית בשעתה ההיא למימר עיינך חמיין ית כל מה די עבד ייי |
| 094 | | Dt 4:19M | עייניכון/ולא תסתכל עיינך#2#/ לשמייא ותיחמון |
| 095 | | Dt22:01 | ית אמריה טעיין ותכסי עיינך מנהון מחזרה תחזר יתהון |
| 096 | | Dt22:04 | מטלקין באורחא ותכסי עיינך מנהון משבוק תשבוק מה |
| 097 | | Dt22:03 | יתיה לית רשיי למכסייה עיינך מניה: |
| 098 | עיינכון | Gn 3:05 | תאכלון מינה ויתפתחן עיינכון ותהון כמלאכין מן קדם ייי |
| 099 | עינוי | Nu 5:13 | תשמיש דזרע ויתכסי מן עינוי דבעלה ותטמר והיא דאסתאבת |
| 100 | | Gn22:13 | ונטל אברהם ית עינוי וחמה והא דכר חד באילנא |
| 101 | עיניה | Ex21:26 | לחירותא ישלח יתה תחות עיניה: |
| 102 | עיניהון | Nu 4:19M | להון די יזוחון עיניהון מן מקדשה#2#/ וייחון ולא |
| 103 | עיניך | Gn13:14 | לוט מן לוותה טול כען עיניך וחמי מן אתרא דאת תמן |
| 104 | עיניכון | Nu15:39 | לבכון ובתר חזיו עיניכון די אתון טעיין בתריהון: |
| 105 | | Dt11:07 | ארום עיניכון חמיין ית כל עבדוי דייי |
| 106 | בעיינוי | Gn22:10 | דאברהם הוויין בעיינוי דיצחק ועיינוי דיצחק |
| 107 | | Gn45:16M | \פתגמוי#2#/ באפוי/בעיינוי#2#/ דפרעה ובאפוי |
| 108 | בעייניה | Lv21:20M | או דנסיס או דחלזונה בעייניה או דמלי גרב או דמלי |
| 109 | בעייניך | Dt 3:27 | ולדרומה ולמדנחה וחמי בעייניך ארום לא תעיבר ית ירדנה |
| 110 | בעיינך | Dt34:04M | \חמי יתה/אחמיתה בעיינך#2#/ ותמן לית את עבר: |
| 111 | בעינוי | Lv21:20 | או ננס או דחלזונה בעינוי או דמלי חזזיין או דחזורי |
| 112 | בעיניה | Lv21:20M | או \דחלזונה בעינוי/^בעי<ניה#2#/^ /דחליזון |
| 113 | בעיניך | Gn16:06M | לה מה דשפיר באפיך/בעיניך#2#/ וצ{רע}<ער>ת יתה |
| 114 | בעיניכון | Nu33:55 | תשיירון מנהון לסיכין בעיניכון ולרמחים בסטריכון ויעיקון |
| 115 | בעינך | Gn19:19M | עבדך חן וחסד קדמך/בעינך#2#/ ותוקפת/ותוקף#2#/ |
| 116 | דעיינינן | Nu11:06M | בה /אלהן מנתה הדה דעיינינן חמיין#2#/: |
| 117 | | Nu11:06 | ארום אלהין <...> דעיינינן תליין בה: |
| 118 | דעיינך | Gn46:04M | על עיינך/מחוס דעיינך#2#/: |
| 119 | העיניהון | Nu16:14M | "העיני... סלקין": העיניהון דגוברייא האינון אין את |
| 120 | ועיינוי | Gn45:12 | והא עייניכון חמון ועיינוי אחוי בנימן ארום בלשן |
| 121 | | Gn22:10 | בעיינוי דיצחק ועיינוי דיצחק הוויין משוטטן |
| 122 | | Gn48:10 | ועיינוי דישראל כהון משיבה ולא |
| 123 | ועייניכון | Dt 4:34 | ייי אלהכון במצרים ועייניכון חמיין: |
| 124 | | Dt28:32 | מסירין לאמא אחרי ועייניכון חמיין ותהוון סייפין |
| 125 | ועיינינן | Dt 6:22 | ובכל אנשי בייתיה ועיינינן חמיין: |
| 126 | ועיני | Gn29:17 | ועיני דלאה הוויין זקיפן בצלו |
| 127 | ועיניכון | Dt 1:30 | ייי עמכון במצרים ועיניכון חמיין: |
| 128 | לעיינה | Gn 3:06 | וארום תחמדא הוא לעיינה ויאי אילנא למסתכלא ביה |

*prep.* לעיני **See also:**

## עיין 2# *n.* **spring** [404]

|  |  | |  |  |
|---|---|---|---|---|
| 001 | עיין | s ab/cn | Lv14:50M | מן דחסף על \מיין מבוע/עיין#2#/: |
| 002 | לעין | | Gn14:07 | וחזרו ועלו לעין דינא היא רקם וקטלו ית כל |
| 003 | מעין | | Dt33:28 | לרוחצן לבלחודיהון מעין ברכתה דברך יתהון יעקב |
| 004 | עייני' | s em/sf | Gn24:29M | גברא לברה לעיינה/על עייני' דמיי#2#/: |
| 005 | עיינא | | Gn24:30 | הוא קיים על גמליא על עיינא: |
| 006 | | | Gn24:43 | הא אנא קיים מעתד על עיינא דמיא והא רביתא דנפקי |
| 007 | עיינה | | Gn16:07 | עיינה דמיא במדברא על עיינה באורחא דחלו«צה»: |

008 Gn16:07 וארע יתה מלאכה דייי על עיינה דמיא במדברא על עיינה
009 עניא Gn24:13 הא אנא קיים מעתד על עניא דמיא ובנתהון דעמא דארעא
010 לעיינה Gn24:29 לבן לוות גברא לברה לעיינה:
011 Gn24:45 וקולתה על כתפה ונחתת לעיינה ומלא«ת» ואמרת לה אשקיין
012 Gn24:16 לא חכים יתה ונחתת לעיינה ומלת קולתה וסלקתו:
013 לעינא Gn24:42 ואתית יומא דין לעינא ואמרית בבעו ברחמין
014 עיינוון p abs Nu33:09M כל קבל /תרי עשרי עיינוון דמיין כל וקבל#2/
015 Lv11:36M "מבוע ... יקרב:" עיינוון וגובין בית כנשות דמיי
016 Dt 8:07M דמיין מבועין/עיינוון#2/ ותהומין נפקין
017 עיינין Ex15:27M פיגין^פיגו{ו}<ן>#2#^עיינין#2/ דמיין
018 עיינות p const Gn 7:11M כל \מבועי תהומא /עיינות תיהום#2/ רבה וכווי
019 עינות Gn 8:02M ואסתכרו עינות תהומא וחרכי שמיא וכל
020 עיינוותה p em/sf Gn14:15M די מן צפון לדרמשק/עיינוותה דדרמסק#2/:
021 Nu34:15M לחובה די מן צפון עיינוותה דדרמסק ומן צפון נפק
022 Nu34:09M ע<נ>בתה /דירת עיינוותה#2/ די יהוון לכון תחום
023 Nu34:10M מערבית בין דיירת עיינוותה לאפמייס#2/:
024 עיינוותיה Nu34:15 לבנון למצפון עיינוות{י}יה דדרמשק ומצפון
025 Nu34:15 דדרמשק ומצפון עיינוותיה דדרמשק נפק להון תחומא
026 ענבתה Nu34:09 מפ<ק>נו{ק}י סירת ע<נ>בתה די יהוון לכון תחום
027 ענוותה Nu34:10 לתחום מדינחה מן סירת ענוותה לאפמיה:
See also: ענוותן *n.*

## [404] to guard, to watch *vb.* עייני

001 עייני quadr. Dt32:10 אלף יתהון עשרתי דביריה עייני יתהון ונטר יתהון היך מה

## [404] upon *prep.* עילווי

001 עילווי Gn28:13M והא ייי קיים עלוי/עילווי#2/ ואמר אנה ייי אלהה
002 עלוי Lv 4:23M ליה חובתיה/יתודע עלוי חובת#2/ דאתחיי' עלה
003 עילוויכון Dt28:07 דקיימין עילוו«י»כון למ{אב}באשה בכון תבירי
004 עלווה Dt20:10 סדרי קרבה ותכרזון עלווה מילין דשלם:
005 עלוויכון Dt28:23 ויהוון שמיא די עלוויכון חסימין היך נחשה מן מחתה
006 עלויה Lv27:07 ולעיל אין דכר ויהוי עלויה חמשה עשר סלעין דכסף
007 עלויהון Nu11:28M "מנע": בעי עלויהון מן קדם ייי ותפסוק
008 עלויך Ex18:14 לבלחודך וכל עמא קיימין עלויך מן צפרא עד רמשא:
009 עלויכון Lv26:19 ואשוי ית שמייה די עלויכון ברירין היך פרזלה מן
010 בעילווי Lv27:02M נפשן/פרוש דנדר בעילווי נפ#2/ לשמה דייי:
011 בעלוי Lv 5:18M מן מום מן ענה בעלויה/בעלוי#2/ לאשמה לוות כהנא
012 דעילוויהון Dt33:28 וחמר לחוד שמיא דעילוויהון יהוון מחתין עליהון טלין

## [404] supreme, highest, exalted *adj.* עיליי

001 עילאה s em/sf Dt32:08 באחסנת עילאה אומיה בפרישותיה לישני
002 Gn14:19 הוא אברם קדם אלהא עילאה דבמימריה קנה שמים וארעא:
003 Nu24:04M מן קדם ייי עליה/עילאה#2/ די חזו{ר}«י»ו
004 Nu24:16M מן קדם \עליה וחזיו /עילאה וחיזוה#2/ שדי הוה חזי
005 Gn40:17 ובסל עילאה מכל מיכלא דפרעה עבד נחתום
006 עילייא Gn14:18M אלהא עלאה/לאלהא עילייא#2/:
007 עלאה Gn14:18 בכהנת' רבתה קדם אלהא עלאה:
008 Gn14:22M קדם ייי אלהא עליא/עלאה#2/ דבממריה קנה שמיא
009 Gn14:20M וברוך הוא אלהא עליא/עלאה#2/ די תבר/מסר#2/
010 עליא Gn14:22 ידי בשבועה קדם ייי אלהא עליא דבממריה קנה שמיא וארעא:
011 Gn14:20 וברוך הוא אלהא עליא די תבר בעלי דבבך קדמך ויהב
012 עליי' Gn40:17M מיכלא דפרעה/ובסלתא עליי' מן כל מזוני' דפרעה#2/

013 עליין p abs Dt28:43M מעילויכון עליין עליין#2/ ואתון תהוון נחתין לרע
014 Dt28:43M סלקין מעילוויכון/ עליין עליין#2/ ואתון תהוון
015 ועליין Dt33:17 ויהוון רמין ומנטלין ועליין על כל אומייה דארעא נפקין
016 עיליא p em/sf Gn 1:06 מיא ארע<י>א לבין מיא עיליא:

## עילם ⇐ *n.* עלם

## [403] a precious stone *n.* עין עגל

001 ועין עגלה s em/sf Ex28:18 כדכדינה וספרינה ועין עגלה וכתיב ומפרש עליהון שם
002 Ex39:11 כדכדינה וספרינה ועין עגלה וכתיב ומפרש עליהון שם

## [405] advice *n.* עיצה

001 עיצה s ab/cn Nu16:01M "ופליג קרח": ונסיבו עיצה בישתה ואיתקוטטו קרח
002 Nu16:01M ופליג קרח/ונסיב\ עיצה ופלג קרח#2/ בר יצהר בר
003 עצה Nu24:14 לוות עמי אתא איעץ יתך עצה אחטי יתהון ^דתעבד לעמא
004 Gn29:22 עוד שבע שנין ויהבו לה עצה דרמיו למסבה יתה ללאה חלף
005 Ex18:19 כדון שמע בקלי איעץ יתך עצה ויהוי ייי עמך הוי את לעמא
006 Gn29:22 וכדון מה אתון יהבין עצה ונישרי יתה בינינן הכה עוד
007 Gn29:22M סגון וכדו היבו לי עצה מה נעבד בה וישרי גבן
008 ועיצה Gn11:01M לשן חד וממלל חד \ועיצה חדה#2/ ובלשן בית קדשה
009 עצתה s em/sf Nu17:14 ושבע מאה בר מן דהוון על עצתה דקרח:
010 בעיצתא Gn11:01M מן שרויה/ממללין בעיצתא חדא קמו למירדי#2/:
011 בעצתא Dt11:06M ישראל/ברייתא דאית בעצתא דקורח בגו בני י#2/:
012 בעצתה Nu26:09 ייי על משה ועל אהרן בעצתה דקרח בזמנה די פלגו קדם
013 Nu27:03 כנשתה דאתרעמו קדם ייי בעצתה דקרח ארום בחובוי מית
014 Nu26:11 דקרח על דילא הוון בעצתה דאבוהון לא מיתו:
015 בעצתהון Nu21:15 קרתה די לא הוות בעצתהון אשתיזיבת והא היא סמיכה
016 בעצתיה Nu31:16 תקלה לבני ישראל בעצתיה דבלעם למשקרה שקר בשמה
017 Nu16:32M קרח/בני אנשא דאית בעצתיה דק#2/ וית כל^#2/^
018 בעצתיהון Gn49:06 בכנישתיהון בעצתיהון לא אתרעיית נפשי
019 עיצן p abs Dt13:14 נפקו גברין בני עיצן בישן מן בינכון ואטעון ית
020 Dt32:28 ארום אומה אבידי עיצן בישן אינון ולית בהון
021 עצן Gn15:11 דארעא כד יהוון עייצין עצן בישן על דבית ישראל
022 Ex 1:10 איתון ונסב עליהון עצן בישן ידון דינין נזער יתהון

## [405] backbone, tail *n.* עיצי

001 עצייה s em/sf Lv 3:09M תרבה וניעה שלמה לוקבל עצייה {ו}<י>עבד ית#2/ ית

## [405] distressed person *n.* עיק

001 לעיקי p abs Gn38:25 ייי את הוא דעני לעיקי בשעת עקתהון עני יתי בשעתא

## [405] to hold back, to hesitate *vb.* עכב

001 מעכב pael Gn22:10 נכס וחד מתנכס דנכס לא מעכב ודמתנכס פשט צואריה:
002 אתעכבתון etpaal Dt 1:02 וארגזתון קדמוי אתעכבתון ועב<ר>תון בהון מהלכין
003 מתעכב Gn27:41M יקרב' "סא" דהבל ברם מתעכב אנא עד זמן די ימטון יומי

## [406] mouse *n.* עכבר

001 ועוכברה s em/sf Lv11:29M ועכברה /חולדה ועוכברה#2/ וחר{ו}<ד>ונה למינה:
002 ועכברה Lv11:29 דשרץ על ארעא כבושתה ועכברה וחר{ו}<ד>ונה למינה:

## על *prep.* upon

[406]

| | |
|---|---|
| 001 | ע' |
| 002 | על |

|  |  | | | |
|---|---|---|---|---|
| 001 | Gn44:18M | חולק ואחסנ' בפילוג ארעא | ע' | חד כמ' וכמ' |
| 002 | Gn20:03 | ואיתגליה מימריה דייי | על | אבימלך בחלמא בליליא ואמר |
| 003 | Gn15:01 | הוה פתגם דנבו מן קדם ייי | על | אבר' צדיקא למימר לא תדחל |
| 004 | Gn18:01 | ואתגלי ממרי' דייי | על | אברהם במשרי חזוה והוא הווה |
| 005 | Gn18:19 | די ייתי ממריה דייי | על | אברהם ית מה דימלל עמה: |
| 006 | Ex 6:03 | ואיתגלית במימרי | על | אברהם על יצחק ועל יעקב |
| 007 | Gn12:07 | ואתגלי ממרה דייי | על | אברם ואמר ליה לבניך אתן ית |
| 008 | Gn15:04 | והא פתגם דנבו מן קדם ייי | על | אברם למימר לא ירת יתך דן |
| 009 | Gn15:12 | למטמע ושנה בסימה נפלת | על | אברם והא אברם חזי ארבעה |
| 010 | Gn15:12M | ושנתא עמיקתא איתרמיית | על | אברם והא ארב' מלכוון |
| 011 | Gn17:01 | {{ייי על}} ממריה דייי | על | אברם ואמר לה אנא אלהא שמיא |
| 012 | Ex12:42 | לילי תנינא כד אתגלי ייי | על | אברם בר מאה ושרה אתתיה |
| 013 | Nu24:07 | מן שאול {רחם} <דחס> | על | אגג מלכיהון דעמלקיי |
| 014 | Ex28:35 | ויהווי | על | אהרן למשמשה וישתמע קליה |
| 015 | Ex28:43 | ויהוון | על | אהרן ועל בנוי במעיליהון |
| 016 | Ex29:21 | ומן משח דרבותא ותדי | על | אהרן ועל לבושי' ועל בנוי |
| 017 | Ex32:01 | מן טורא ואיתכנשו עמה | על | אהרן ויאמרו אליו קום עשה |
| 018 | Lv 8:30 | די על גבי מדבחה ואדי | על | אהרן ועל לבושוי ועל לבושי |
| 019 | Lv10:16 | תבע משה והא אתוקד ורגז | על | אלעזר ועל איתמר בנוי |
| 020 | Nu22:09 | ואתגלי מימריה דייי | על | בלעם ואמר מן אינון גברייה |
| 021 | Nu22:20 | ואתגלי מימריה דייי | על | בלעם בליליה ואמר לה אין |
| 022 | Nu23:04 | ואזדמן מימרה דייי | על | בלעם ואמר ליה ית שבעתי |
| 023 | Nu23:16 | ואזדמן מימריה דייי | על | בלעם ושוי פתגם בפמיה ואמר |
| 024 | Nu24:10 | ותקיף רוגזה דבלק | על | בלעם וטפח בכף ידוי ואמר |
| 025 | Gn43:14 | יוסף ברי לא אוסף למתכלה | על | בנימן: |
| 026 | Gn 4:08M | תרינן באפי ברא וקם קין | על | הבל אחוי וקטל יתיה |
| 027 | Gn43:14 | ואנה היך מה דלא תכלת | על | יוסף ברי לא אוסף למתכלה על |
| 028 | Gn27:41M | ית יעקב /ונטר עשו סנה | על | יעקב#2#/ על ברכתא די ברך |
| 029 | Gn35:09 | מפרש ואמר ואתגלי ייי | על | יעקב זמן תנינות במיתייה מן |
| 030 | Gn22:06 | ית קיסיא דעלתא ושוי | על | יצחק בריה ונסב בידי«ה» |
| 031 | Ex 6:03 | ואיתגלית במימרי על אברהם | על | יצחק ועל יעקב באלה שמיא |
| 032 | Ex18:11 | בפתגמ«א» דחשיבו מצריי | על | ישרא' למרמא בניהון |
| 033 | Gn40:18 | פרעה למגזר גזרן בישא | על | ישראל ורמי בניהון לנהרא |
| 034 | Ex14:20M | ופלגא חשך נהורא מנהר | על | ישראל וחשוכ' מחשך על |
| 035 | Nu10:29M | ארום מימריה דייי מלל טב | על | ישראל |
| 036 | Nu10:29 | אמר למיתיה טבה ונחמן | על | ישראל: |
| 037 | Nu10:29M | יומי עלמה לאיתיא טבתה | על | ישראל |
| 038 | Nu32:14 | תוב על תקוף רוגזה דייי | על | ישראל: |
| 039 | Gn33:01 | רגלין ופלג ית טליא | על | לאה ועל רחל ועל תרתין |
| 040 | Gn31:24 | ואתגלי ייי | על | לבן ארמאה בחלמא בלליא ואמר |
| 041 | Ex15:24 | ואתרעמו עמא | על | משה למימר מה הן אנן שתיין: |
| 042 | Ex16:02 | עדת כנישתא דבני ישראל | על | משה ועל אהרן במדברא: |
| 043 | Nu14:02 | ואתרעמו | על | משה ועל אהרן כל בני |
| 044 | Nu16:03 | ואתכנשו | על | משה ועל אהרן ואמרין להון |
| 045 | Nu17:06 | ישראל מן יומא דמן בתרה | על | משה ועל אהרן למימר אתון |
| 046 | Nu17:07 | והוה באתכנשות עם כנישתה | על | משה ועל אהרן וכוונו למשכן |
| 047 | Nu20:02 | מיין לעם כנישתה וכנשו | על | משה ועל אהרן: |
| 048 | Nu26:09 | כנשתה די פלגו קדם ייי | על | משה ועל אהרן בעצתה דקרח |
| 049 | Gn 7:13 | בזמן יומא הדין | על | נח ושם וח' ויפת בנוי |
| 050 | Gn26:07 | יקטלון יתיה עמא דארעא | על | רבקה ארום שפירת היא לחדה: |
| 051 | Gn16:13 | יתגלי עלי מן בתר דאתגלי | על | שרי רבונתי: |
| 052 | Nu31:07 | ואזדיינו | על | מדיין היך מה די פקד ייי ית |
| 053 | Nu31:03 | גברין לחיל קרבה ויהוון | על | מדין למשויא נקמתה דייי |
| 054 | Ex 1:08 | וקם מלך חדת | על | מצרים די לא ^הוה#2#^ חכם |
| 055 | Ex 7:05 | כד אשווי ית מחת פורענתי | על | מצרים ואפקת ית בני ישראל |
| 056 | Ex14:26 | ידך על ימא ויחזרון מיא | על | מצרים על ארתכיהון ועל |
| 057 | Gn19:24 | וממריה דייי אחת | על | סדם ועל עמרה גפרית ואשא |
| 058 | Ex12:25M | ויהוי ארום תיעלון | לארעא/על | <א'>#2#/ די יתן ייי |
| 059 | Ex34:08M | /וזריז#2#/ משה ועקד | לארעא/על | א'#2#/ ואודי ושבח: |
| 060 | Dt 4:18M | דמו כל דרחש/דרמס#2#/ | בארעא/על | א'#2#/ דמו כל נונייא די |
| 061 | Dt18:08M | /זבונייה דזבינו לה | על | אבהתה#2#/: |
| 062 | Dt30:09 | עליכון לטב היך מה די חדה | על | אבהתכון: |
| 063 | Gn50:10 | הספד רב ותקיף לחדא ונטר | על | אבוי אבל שבעה יומין: |
| 064 | Lv13:45 | יהוון בזיעין היך דמבזעין | על | אבילה וראשיה יהווי מכסי ועל |
| 065 | Ex28:10 | ששה אשתה מן שמהתהון | על | אבנא חדתה}} וית שמהת שתתה |
| 066 | Ex28:10 | וית שמהת שתתה דאשתיירן | על | אבנא תניינ{ו}תא |
| 067 | Ex28:10 | אשתה מן שמ<ה>תהון | על | אבנא חדתה {{וית שמהת בני |
| 068 | Dt27:08 | ותכתבון | על | אבנייה ית כל פתגמי אוריתה |
| 069 | Gn 2:16M | האדם למימר /ממריה דייי | על | אדם ולמיטר#2#/ מן כל אילני |
| 070 | Gn 2:21 | ייי אלהים שנה עמ«י»קה | על | אדם ודמך לה ונסב חדא {עלא} |
| 071 | Lv12:04 | ותלתה יומין תתב תטר | על | אדם דדכי בכל קדשין לא תקרב |
| 072 | Lv12:05 | ושתין ושתה יומין תתב תטר | על | אדם דכי: |
| 073 | Lv19:16 | דינה לא תשתוק לא תיקום | על | אדם קטולוי דחברך בזמנה דאת |
| 074 | Lv19:26M | סנהדרין /לא תוורון | על | אדם קט{ו}<י>ל{ו}<י> סנ'#2# |
| 075 | Lv14:17 | ועל אליון רגליה דימינה | על | אדמה דאשמה: |
| 076 | Ex13:09 | ויהוי לך לאתין | על | אדרעיכון ולדוכרן טב על |
| 077 | Ex13:16 | ויהווי לסימן | על | אדרעיכון ולדוכרן טב על |
| 078 | Dt 6:08 | ותקטרון יתהון לסימן | על | אדרעיכון ויהוון לתפילין על |
| 079 | Dt11:18 | ותקטרון יתהון לסימן | על | אדרעיכון ויהוון לתפילין על |
| 080 | Lv 7:12 | אן | על | אודיה יקרב יתיה ויקרב על |
| 081 | Gn15:17 | רשיעי' על דמרדו רשיעיא | על | אורייתא בחייהון בעלמ' הדין |
| 082 | Gn43:30 | ואוחי יוסף ארום גלו מעוי | על | אחוי ובעא למבכי ועל לקיטונא |
| 083 | Gn49:02 | ביניכון גבר דלביה פליג | על | אחוי למיזל למפלח קדם טעוון |
| 084 | Gn44:18 | אחסנייה על חד כמה וכמה | על | אחונן דהוא מתמני עמין מן |
| 085 | Gn48:22 | יהבית לך חולק חד יתיר | על | אחיך שכם דנסבית בזכוותי |
| 086 | Gn48:22M | לכון חולק חד יתיר | על | אחיך דנסבית בזכותי |
| 087 | Gn27:29 | דישמעל הווי רב ושליט | על | אחך כל בניה דקטור' ויהוון |
| 088 | Gn48:22 | יהבית לך חולק חד יתיר | על | אחך לבושיה דאדם קדמיי נסב |
| 089 | Gn49:03 | מסב תלתא חולקין יתיר | על | אחך בכורותא דידך היא |
| 090 | Nu36:03 | מן אחסנות אבהתן ותתוסף | על | אחסנות שבטה די יהוון להון |
| 091 | Nu36:04 | ישראל ותתוסף אחסנתהון | על | אחסנות שבטה די יהוויין להון |
| 092 | Nu22:30 | את יכיל למלוט יתי | על | אחת כמה וכמה בנוי דאברהם |
| 093 | Lv18:18 | ואתה | על | אחתה לא תסב למעקה ל{ך}<ה> |
| 094 | Gn31:46 | ועבדו אוגר ואכלו תמן | על | איגרא: |
| 095 | Nu16:29 | על כל ברייתה יתגזר | על | אילין לא מן קדם ייי |
| 096 | Gn35:09M | דאבלייה ברכת יתיה | על | אימיה |
| 097 | Ex12:04 | גבר לפם מיכל«ה» תתמנון | על | אימר פיסחא: |
| 098 | Ex12:04 | עמא דביתא כמסת למתמניא | על | אימר פסחא ויסב הוא |
| 099 | Gn49:06 | דשכם למחרבה יתה לא חסו | על | איקרי ארום ברוגזהון קטילו |
| 100 | Lv 8:23 | ועל אליון ידיה דימינה | על | אליון רגלה דימינה: |
| 101 | Dt25:03 | יוסף דלא יוסף לממחי יתיה | על | אלין מחה רבה ויתבזי אחוך |
| 102 | Gn21:12M | אמתך כל מה דתימר /ולא | על | אמהתך כל מה די אתמ'#2#/ |
| 103 | Ex22:08 | דחטיא על תור על חמרא | על | אמר ועל לבוש ועל כל |
| 104 | Gn17:03 | ואשתטח אברם | על | אפוי ומליל עמה ממרה {לממר} |
| 105 | Gn17:03M | על /ואתרכן אברם בצלו | על#2#/ | אפוי ומליל עמה ממרה |
| 106 | Gn17:17 | ואשתטח אברהם | על | אפוי ותמה ואמר בליביה הא בר |
| 107 | Gn50:01 | ונפל יוסף | על | אפוי דאבו«י» ובכה עלוי |
| 108 | Ex34:33 | משה מן למללה עמהון ויהב | על | אפוי סודר: |

| | | | | |
|---|---|---|---|---|
| 109 | Ex34:35 | והוה משה מחזר ית סודרה | על | אפוי עד מעלה למתמללה עמיה: |
| 110 | Nu16:04 | ושמע משה ואשתטח | על | אפוי: |
| 111 | Nu22:31 | שליפה בידיה ועקד ואשתטח | על | אפוי: |
| 112 | Nu24:04 | וכד הוה חזי הוה משתטח | על | אפוי ורזי נבואת מתגלין לה |
| 113 | Nu24:16 | וכד הווה בעי הווה משתטח | על | אפוי ורזי נבואתיה מתגליין |
| 114 | Ex33:19M | מלאכיה דמשמשין קדמי | על | אפי#2#/ ואחוס על מן/מה#2# |
| 115 | Nu33:07M | לסעותה צפון/דאית | על | אפי סעוותה צפון#2#/ ושרון |
| 116 | Lv 9:24 | כל עמא וחדון ואשתטחו | על | אפיהון: |
| 117 | Lv 9:24M | ואתרכינו בצלו | על#2#/ | אפיהון: |
| 118 | Nu14:05 | ואשטתח משה ואהרן | על | אפיהון קדם כנישתה דבני |
| 119 | Nu16:22 | ואישתטחו | על | אפיהון ואמרין אלהה דשליט |
| 120 | Nu17:10 | כקליל זעיר ואש{טת}<תט>חו | על | אפיהון: |
| 121 | Nu20:06 | בתרע משכן זימנה ואשתטחו | על | אפיהון וא«ת»גלית איקר |
| 122 | Dt11:04 | אציף ית מוי דימה דסוף | על | אפיהון בזמנה די רדפו |
| 123 | Dt12:19 | ית ליווי כל יומיכון | על | אר{א}<ע>כון: |
| 124 | Ex37:13M | \די לארבעתי /דאית | על | ארבע#2#/ רגלוי: |
| 125 | Lv11:20 | וכל שרצא דעופה דמהלך | על | ארבע שקץ הוא לכון: |
| 126 | Lv11:21 | מכל שרצא דעופה דמהלך | על | ארבע כל דאית ליה קרסולין |
| 127 | Lv11:27 | ידוי בכל חייתה דמהלכה | על | ארבע מסאבין אינון לכון |
| 128 | Lv11:42 | דמהלך על מעוי וכל דמהלך | על | ארבע עד כל דמסגי ברגלוי כל |
| 129 | Ex26:32 | מחפין דהב וקלוותהון דהב | על | ארבעה חמרין דכסף: |
| 130 | Ex26:32 | ותתן יתה | על | ארבעה עמודין דשטין מחפין |
| 131 | Ex25:12 | ליה ארבע עזקין דדהב ותתן | על | ארבעתי זוויתא ותרתין עזקין |
| 132 | Ex25:26 | דדהב ותתן ית עזקייא | על | ארבעתי זוויתא די לארבעתי |
| 133 | Ex27:02 | ותעבד קרנתה | על | ארבעתי זביתא מן משחת רומא |
| 134 | Ex27:04 | על מצדתה ארבע עזקין דנחש | על | ארבעתי זווייתא: |
| 135 | Ex37:03 | ואתך לה ארבע עזקין דדהב | על | ארבעתי זויתיה ותרתין עזקין |
| 136 | Ex37:13 | עזקין דדהב ויהב ית עזקיה | על | ארבעתי זיוייתה די לארבעתי |
| 137 | Ex38:02 | ועבד קרנתיה | על | ארבעתי זווייתה מן משחת רומה |
| 138 | Dt22:12 | צניפן תעבדון לכון | על | ארבעתי זבית גוליכון די |
| 139 | Ex25:22M | תרי כרובייא דאית | על | ארונ' דסהדותא#2#/ ית כל מה |
| 140 | Ex25:21 | ותיתן יד כפרתא | על | ארונא <....> תתן ית שהדותא |
| 141 | Ex25:22 | עמך מעילוי כפורתא די | על | ארונא דסהדותא מן ביני תרין |
| 142 | Ex30:06 | ותתן יתיה קדם פרכתא די | על | ארונא דשהדותא וקדם כפרתה |
| 143 | Ex26:34 | ית {{פרכתה}} «כפורתה» | על | ארונה דסהדותה בגו בית{א} |
| 144 | Ex40:03 | ית ארונה דסהדותה ותטל | על | ארונה ית פרוכתה: |
| 145 | Ex40:20 | דסהדותה ויהב ית כפורתה | על | ארונה מן לעל: |
| 146 | Ex40:20 | ארונה ושווי ית אריחיה | על | ארונה דסהדותה ויהב ית |
| 147 | Ex40:21 | פרוכתה דפרסה וא{ע}<ט>יל | על | ארונה דסהדותה היך מה דפקיד |
| 148 | Lv16:02 | {מן} פרכתה לקבל כפרת די | על | ארונה דסהדותה דלא ימות ארום |
| 149 | Nu 7:89 | ממלל עמיה מעלוי כפורת די | על | ארונה דסהדותה מן ביני תרין |
| 150 | Gn38:14 | לה בפרשות אורחתה די | על | ארח תמנתה ארום חמת ארום |
| 151 | Gn38:21 | דיתבה בפרשות ארחתה | על | ארחה ואמרין לית הכא אתה |
| 152 | Ex15:12M | ארעא בשבועה /בשבועת' | על | ארע#2#/ דלית את תבע יתהון |
| 153 | Lv11:21 | רגלוי למקפצה בהון | על | ארע': |
| 154 | Gn 1:11 | למינה די נצבתא מינה ובה | על | ארעא והוה כן כממרה: |
| 155 | Gn 1:15 | ברקיע שמייא למנהרא | על | ארעא והו' כן כממריה: |
| 156 | Gn 1:17 | דייי ברקיעא שמיא למנהרא | על | ארעא: |
| 157 | Gn 1:20 | שרץ נפש דחיא ועופא דפרח | על | ארעא על אפי אויר רקיע שמיא: |
| 158 | Gn 1:22 | ית מיא בימיי' ועופא יסגא | על | ארעא: |
| 159 | Gn 1:26 | ובכל ארעא ובכל רחשא דרחש | על | ארעא: |
| 160 | Gn 1:28 | דשמיא ובכל חייתא דרחשא | על | ארעא: |
| 161 | Gn 1:30 | ולכל עופא דשמיא ולכל דרחש | על | ארעא דאית ביה נפש דחיא ית |
| 162 | Gn 2:05 | לא אמטר ייי אלהים מטר | על | ארעא ואדם עד כדון לא |
| 163 | Gn 6:12 | חבלו כל בישרא ית אורחתי' | על | ארעא: |
| 164 | Gn 6:17 | אנה מייתי ית מבולא דמייא | על | ארעא למחבלא כל בשרא דאית |
| 165 | Gn 7:04 | יומין הא אנה מחת מטר | על | ארעא ארבעין יממין וארבעין |
| 166 | Gn 7:06 | שנין הווה ומבולא הוה מיא | על | ארעא: |
| 167 | Gn 7:08 | דכיה ומן עופא וכל דרחיש | על | ארעא: |
| 168 | Gn 7:10 | ומוי דמבולא הוון | על | ארעא: |
| 169 | Gn 7:12 | והוה מטרא | על | ארעא ארבעין יומין וארבעין |
| 170 | Gn 7:14 | למינה וכל רחשא דרחש | על | ארעא למינהו וכל עופה למינה |
| 171 | Gn 7:17 | והוה מבולא ארבעין יומין | על | ארעא וסגון מיא וטענו ית |
| 172 | Gn 7:18 | ואיתגברו מיא וסגון לחדה | על | ארעא והלכת תיבותא על אפי |
| 173 | Gn 7:19 | ומיא אתגברו לחדה לחדה | על | ארעא ואתכסון כל טוריא רמיה |
| 174 | Gn 7:21 | ובכל חיתא ובכל רחשא דרחש | על | ארעא וכל בני אנשא: |
| 175 | Gn 7:21 | וסאף כל בשרא דרחש | על | ארעא בעופא ובבעירה ובכל |
| 176 | Gn 7:21M | רחשא ובכל שרצה דשרץ | על | ארעא ובכל |
| 177 | Gn 7:24 | ואתגברו מיא | על | ארעא מאה וחמשין יומין: |
| 178 | Gn 8:01 | ועבר ייי רוח דרחמין | על | ארעא ושדכו מיא: |
| 179 | Gn 8:17 | ובבעירא ובכל רחשא דרחש | על | ארעא אפק עמך ויתלדון בארעא |
| 180 | Gn 8:17 | בארעא ויתקפון ויסגון | על | ארעא: |
| 181 | Gn 8:19 | רחשא וכל עופה וכל דרחש | על | ארעא לזרעיתהון נפקו מן |
| 182 | Gn 9:02 | דשמיא בכל מה די תרחש | על | ארעא ובכל נוני דימא רבה |
| 183 | Gn 9:14 | ויהי כד יהוון ענניא פרסין | על | ארעא ותתחמי קשתא בעננא: |
| 184 | Gn 9:14M | פרסין על /יפרוס ענני | על#2#/ | ארעא ותתחמי קשתא בעננא: |
| 185 | Gn 9:16 | כל נפש חיתה בכל בשרא די | על | ארעא: |
| 186 | Gn 9:17 | בין ממרי ובין כל בשרא די | על | ארעא: |
| 187 | Gn19:23 | שמשא נחת | על | ארעא ולוט על לזער: |
| 188 | Gn24:03 | דשמיא הוא אלהא דשליט | על | ארעא דלא תסב אתא לברי מן |
| 189 | Gn38:09 | דאחוי הוה מחבל עובדוי | על | ארעא דלא מקמא בנין לשמה |
| 190 | Gn41:33 | סכלתן וחכים וישוי יתיה | על | ארעא דמצרים: |
| 191 | Gn42:06 | ויוסף הוא הוה שליט | על | ארעא והוא הוה מזבן לכל עמא |
| 192 | Gn44:11 | ואחתו גבר ית טעוניה | על | ארעא ופתחו גבר טעוניה: |
| 193 | Gn44:14M | יהיב תמן ואשטטחו קדמוי | על | ארעא#2#/: |
| 194 | Gn48:12 | {ואר} ואשתטחו קדמוי | על | ארעא: |
| 195 | Gn49:26 | דגברא חסידא דרב ושליט | על | ארעא דמצרים וזהיר ביקירא |
| 196 | Ex 8:01 | ביציה ואסק ית ארדעניא | על | ארעא דמצרים: |
| 197 | Ex 8:03 | ואסקון ית ארדעניא | על | ארעא דמצרים: |
| 198 | Ex 9:23 | בגו ארעא ואחת ייי ברדא | על | ארעא דמצרים: |
| 199 | Ex10:06 | אבהתך מן יומא די הוון | על | ארעא עד יומא הדין וזרז ונפק |
| 200 | Ex10:12 | ארעא דמצרים בגובא ויסק | על | ארעא דמצרים ויכול ית כל |
| 201 | Ex10:12 | ואמר ייי למשה ארכן ידך | על | ארעא דמצרים בגובא ויסק על |
| 202 | Ex10:13 | וארכן משה ית חוטריה | על | ארעא דמצרים וייי דבר רוח |
| 203 | Ex10:21 | ידך לשמיא ויהוי חשוכא | על | ארעא דמצרים ויהוי ממשמש |
| 204 | Ex15:12 | מן יד ארכנת ימינך ייי | על | ארעא בשבועה דלית את תבע |
| 205 | Ex16:14 | דקיק מפספס דקיק כגלידא | על | ארעא: |
| 206 | Ex20:12 | מן בגלל דיסגון יומיכון | על | ארעא דייי אלהכון יהב לכון: |
| 207 | Ex20:24 | מדבח קביע | על | ארעא תבנון לשמי ותקרבון |
| 208 | Ex33:16M | ועמך מן כל עמה דאית | על#2#/ | ארעא: |
| 209 | Lv11:02 | די תכלון מן כל בעירה די | על | ארעא: |
| 210 | Lv11:29 | לכון מסאב בשרצא דשרץ | על | ארעא כבושתה ועכברה |
| 211 | Lv11:42 | ברגלוי כל {ד} שרצה דשרץ | על | ארעא לא תאכלון יתהון ארום |
| 212 | Lv11:43 | ית נפשתכון בכל שרצא דשרץ | על | ארעא ולא תסתאבון בהון ולא |
| 213 | Lv11:44 | נפשתיכון בכל שרצה דרחש | על | ארעא: |
| 214 | Lv11:46M | על ארעה /נפש בשר דשרצה | על | ארעא#2#/: |
| 215 | Lv25:18 | ותעבד«ו»ן יתהון ותשרון | על | ארעא לרחצן: |
| 216 | Lv25:18M | \על ארעא לרחצן /לרחצה | על | ארעא#2#/: |

| | | | | |
|---|---|---|---|---|
| 217 | Nu11:12 | דטען פידגוגה ית יונקא | על | ארעא {די} קיימת לאבהתהון: |
| 218 | Nu14:36 | כל כנשתה למפקה טבה ביש | על | ארעא: |
| 219 | Nu14:37 | גובריה מפקי טבה ביש | על | ארעא במגפתה קדם ייי: |
| 220 | Nu33:55 | בסטריכון ויעיקון לכון | על | ארעא די אתון שרין בה: |
| 221 | Dt 3:24 | בשמייא מן לעיל ושלטניך | על | ארעא מן לרע די יעבד כעבדיך |
| 222 | Dt 4:10 | דאינון חיין וקיימין | על | ארעא וית בניהון יילפון |
| 223 | Dt 4:26M | /תסגיןי#2#/ יומין עלה | ∧על | ארעא#2#/ ארום מישתיציה |
| 224 | Dt 4:32 | ברא ייי אלהים אדם קדמיה | על | ארעא ולמן סייפי שמייא ועד |
| 225 | Dt 4:39 | בשמיה מן לעיל ושולטנה | על | ארעא מן לרע לית אלה אחרן |
| 226 | Dt 4:40 | ומן בגלל די תארכון יומין | על | ארעא די ייי אלהכון יהב לכון |
| 227 | Dt 5:16 | ומן בגלל דייטיב לכון | על | ארעא דייי אלהכון יהב לכון: |
| 228 | Dt 7:13 | תוריכון ועדרי עניכון | על | ארעא די קיים לאבהתכון למיתן |
| 229 | Dt 8:10 | ית ממרה דייי אלהכון | על | ארעא טבתה די יהב לכון: |
| 230 | Dt11:09 | ומן בגלל די תארכון יומין | על | ארעא די קיים ייי לאבהתכון |
| 231 | Dt11:21 | למיתן לכון כיומי שמייא | על | ארעא: |
| 232 | Dt11:21 | יומיכון ויומי בניכון | על | <ארעא> די קיים ממרא דייי |
| 233 | Dt12:01 | די אתון חיין וקיימין | על | ארעא: |
| 234 | Dt12:16 | לחוד דמה לא תאכלון | על | ארעא תשפכון כמיא: |
| 235 | Dt12:24 | לא תאכלון יתיה | על | ארעא תשפכון יתיה כמיא: |
| 236 | Dt15:23 | לחוד ית אדמא לא תיכלון | על | ארעא תשפכון יתיה כמיא: |
| 237 | Dt22:06 | בארחה בכל אילן או | על | ארעא גוזלין או בעיין ואמהון |
| 238 | Dt23:21 | אלהכון בכל אושטות ידיכון | על | ארעא די אתון עלין לתמן |
| 239 | Dt25:15 | די יארכון יומיכון | על | ארעא דייי אלהכון יהיב לכון: |
| 240 | Dt28:11 | בעירכון ובפרי ארעכון | על | ארעא די קיים ייי לאבהתכון |
| 241 | Dt28:56 | אנסת כפה דרגלה למקבע יתה | על | ארעא מן חטוייה ומן פרנוקה |
| 242 | Dt30:18 | תסופון ולא תסגון יומין | על | ארעא דאתון עברין ית ירדנה |
| 243 | Dt30:20 | חייכון ואריכות יומיכון | על | ארעא דקיים ייי לאבהתכון |
| 244 | Dt31:13 | די אתון חיין וקיימין | על | ארעא די אתון {חיין וקיימין |
| 245 | Dt31:13 | די אתון {חיין וקיימין | על | ארעא די אתון} עברין ית |
| 246 | Dt32:43 | וברחמוי טביה הוא מכפר | על | ארעא ועל עמא: |
| 247 | Dt32:43M | הוא מכפר על/ויכפר | על#2#/ | ארעא ועל עמא: |
| 248 | Dt32:47 | ובפתגמא הדין תסגון יומין | על | ארעא די אתון עברין ית ירדנה |
| 249 | Gn33:03M | בנימוס ארעא /ואישתטח | על | ארעה#2#/ שבעה זמנין עד זמן |
| 250 | Lv11:41 | וכל שרצא דשרץ | על | ארעה שקץ הוא לא יתאכל: |
| 251 | Lv11:46 | במיא ולכל שרצה דשרץ | על | ארעה: |
| 252 | Gn47:26 | יוסף לסימן עד יומא הדין | על | ארעהון דמצראי לפרעה לחד מן |
| 253 | Ex14:26 | ויחזרון מיא על מצרים | על | ארתכיהון ועל פרשיהון: |
| 254 | Lv 1:07 | מדבחא ויסדרון קיסין | על | אשתא: |
| 255 | Nu 6:18 | ית ריש נזירותיה ויתן | על | אשתא די תחות נכסת קו<ד>שיה: |
| 256 | Lv 1:08 | וית גופה על קיסיה די | על | אשתה די על גבי מדבחה: |
| 257 | Lv 1:12 | כהנא יתהון על קיסיה די | על | אשתה די על גבי מדבחה: |
| 258 | Lv 1:17 | על גבי מדבחה על קיסיה די | על | אשתה עלה הוא קרבן מתקבל |
| 259 | Lv 3:05 | על עלתה די על קיסיה די | על | אשתה קרבן מתקבל לריח דרעוה |
| 260 | Lv16:13 | ויתן ית קטרתה | על | אשתה קדם ייי ויכסי תננה |
| 261 | Ex40:20M | ליה בחורב והוון קיימין | על | את בבית אולפנה הנון לוחי |
| 262 | Dt22:05 | לא יהווי מני זיינה דגבר | על | אתה ולא ילבש גבר לבוש דאתה |
| 263 | Nu22:22 | בארחה למסטן לה והוא רכיב | על | אתנתיה ותרין עולימוי עמיה: |
| 264 | Lv14:28 | ועל אליון רגליה דימינה | על | אתר אדמה דאשמה: |
| 265 | Nu21:09M | משה חוי דנחש ויהב יתה | על | אתר תלי#2#/ והוה אין |
| 266 | Gn20:03 | ואמר ליה הא את מאית | על | אתתה דנסבת דהיא נסיבת גבר: |
| 267 | Gn26:07 | ושאלון עמא דאתרא | על | אתתיה ואמרו אחתי היא ארום |
| 268 | Gn24:11 | גמליא לבר מן קרת«א» | על | בארא דמיא לעדוני רמשא בשעתא |
| 269 | Ex 2:15 | בארעא דמדין ויתב לה | על | בארה: |
| 270 | Dt24:16 | לא ימותון אבהן | {על} | בחובי בנין ובנין לא ימותון |
| 271 | Lv14:53M | לוותיה ויכפר כהנא | על | בייתה וידכי |
| 272 | Gn41:40 | תהווי ממני אפיטרופ«וס» | על | בייתי ועל גזירת פומך יתזנון |
| 273 | Gn44:01 | למן דהוה ממנא אפיטרופוס | על | בייתי למימר מלי ית טעוניהון |
| 274 | Gn43:16 | דהוה ממני אפיטרופו«ס» | על | בייתיה אעיל ית גבריא |
| 275 | Gn44:04 | אמר למן דהוה אפיטרופוס | על | בייתיה קום רדף בתר גבריא |
| 276 | Gn31:22M | הוון מיא טיפין מ{יא}<ן> | על | בירא עשרין שנין |
| 277 | Ex32:12 | תקף רוגזך ויהוי תהו קדמך | על | בישתא די אמרת למיתי על עמך: |
| 278 | Ex32:14 | והוה תהו מן קדם ייי | על | בישתא די אמר למייתיה על |
| 279 | Nu 2:34M | גבר לזרעיתיה | לבית אבהתיה/על | בית< אבהתיה>#2#/: |
| 280 | Ex28:38 | ויהווי | על | בית אפוי דאהרן ויטען אהרן |
| 281 | Ex28:38 | לכל מתנת קדשהון ויהווי | על | בית אפוי בתדירא לרעוא |
| 282 | Gn24:47 | ילדת לה מלכה ושוית קדשה | על | בית אפיה ושריה על ידה: |
| 283 | Ex13:09 | על אדרעיכון ולדוכרן טב | על | בית אפיכון מן בגלל דתיהוי |
| 284 | Ex13:16 | על אדרעיכון ולדוכרן טב | על | בית אפיכון ארום ביד תקיפא |
| 285 | Ex20:20 | דתיהוי דחלתה דייי | על | בית אפיכון ולא תיחטון: |
| 286 | Dt 6:08 | אדרעיכון ויהוון לתפילין | על | בית אפיכון: |
| 287 | Dt11:18 | אדרעיכון ויהוון לתפילין | על | בית אפיכון: |
| 288 | Dt14:01 | נכרייה ולא תשוון רשום | על | בית אפיכון על נפש דמית: |
| 289 | Lv14:51 | ובמיא דמבועה ויידי | על | ביתה שבעה זמנין: |
| 290 | Gn19:04 | דקרתא עמא דסדם אקיפו | על | ביתיה מן עולימיהון ועד |
| 291 | Gn39:04 | ומיני יתיה אפיטרופוס | על | ביתיה ועל מה דליה מסר תחות |
| 292 | Gn39:05 | זמנא דמנא יתיה אפיטרופוס | על | ביתיה ועל כל מה דהוה ליה |
| 293 | Lv14:53 | קרתה לאפי ברה ויכפר | על | ביתיה וידכי: |
| 294 | Ex12:42 | דמצריי וימיניה הוות מגנא | על | בכוריהון דישראל למקיימא מה |
| 295 | Dt32:13 | ארכב יתהון | על | במסיה דארעא ואייכל יתהון |
| 296 | Ex 6:13 | ועם אהרן ופקד יתהון | על | בני ישראל ועל פרעה מלכא |
| 297 | Ex24:11M | שפיריא דהוון מתמנן | על | בני ישראל |
| 298 | Ex25:22 | ית כל מה דאפקד יתך | על | בני ישראל: |
| 299 | Ex29:43M | ואזדמן ממרי תמן | לבני/על | בני#2#/ ישראל ויתקדש |
| 300 | Lv16:34 | דא לכון לקים עלם למכפר׳ | על | בני ישראל מן כל חוביהון |
| 301 | Lv27:34 | די פקד ייי ית משה | על | בני ישראל בטורא דסיני: |
| 302 | Nu 6:27 | וישון ית שמי ית ממרי | על | בני ישראל ואנה במ«י»מרי |
| 303 | Nu 8:19 | במשכן זמנה ולמכפירה | על | בני ישראל ולא יהוי בבני |
| 304 | Nu18:05 | ולא יהווי רגוז ^תוב#2#^ | על | בני ישראל: |
| 305 | Nu25:13 | לשמה דאלה«י»ה וכפר | על | בני ישראל: |
| 306 | Nu36:13 | דנייה די פקד ייי משה | על | בני ישראל במישריה דמואב |
| 307 | Dt32:02 | יבשם כמטרה אולפני | על | בני ישראל ויתקבל כטלא |
| 308 | Ex 9:09 | ארע«א» דמצרים ויהווי | על | בני אינשא ועל בעירא לשחין |
| 309 | Ex 9:22 | ברדא בכל ארעא דמצרים | על | בני אנשא ועל בעירה ועל כל |
| 310 | Lv 3:14 | ית כרסא וית כל תרבה די | על | בני גוה: |
| 311 | Lv 8:25 | וית אליתה וית כל תרבה די | על | בני גוה וית מה דמשתייר מן |
| 312 | Lv 3:03 | ית כרסה וית כל תרבה די | על | בני גווה: |
| 313 | Lv 3:09 | ית כרסה וית כל תרבה די | על | בני גווה: |
| 314 | Lv 4:08 | על כרסה וית כל תרבה די | על | בני גווה: |
| 315 | Lv 8:16 | ונסב ית כל תרבא די | על | בני גווה וית מה דמשתייר מן |
| 316 | Ex 3:22 | דדהב ולבושין ותשוון | על | בניכון ועל בנתכון ותרוקנון |
| 317 | Ex20:05 | דמתפרע בקנא מן רשיעיא | על | בנין מרדין על דר תליתיא ועל |
| 318 | Ex34:07 | מדכר חובי אבהן רשיעין | על | בנין ועל בני בנין מרודין על |
| 319 | Nu14:18 | רבה מדכר חובי אבהן רשיען | על | בנין מרודין על דר תליתיי |
| 320 | Dt 5:09 | מדכר חובי אבהן רשיען | על | בנין מרודין על דר תליתיי |
| 321 | Gn31:50 | ית בנתי ואין תסב נשין | על | בנתי לית גבר עמן חמי ייי |
| 322 | Dt22:06 | רביעה על גוזלייה או | על | בעייה לא תסבון אמהתה עם |
| 323 | Gn49:17 | שמשון בר מנוח דאמתיה | על | בעלי דבבו«י» ודחלתו על |
| 324 | Nu10:09 | תעלון לסדרי קרבא בארעכון | על | בעלי דבביכון על סנאה דמעיק |

|  |  | | | |
|---|---|---|---|---|
| 325 | Nu24:06 | כדן יהוון ישראל מתגברין | על | בעלי דבביכון כגינין שתילין |
| 326 | Dt20:01 | ארום תפקון לסדרי קרבה | על | בעלי דבביכון ותחמון סוסוון |
| 327 | Dt20:03 | יומא הדין לסדרי קרבה | על | בעלי דבביכון לא יתבר |
| 328 | Dt21:10 | ארום תפקון לסדרי קרבה | על | בעלי דבביכון וימסר יתהון |
| 329 | Dt23:10 | ארום תפקון מישרי | על | בעלי דבביכון ותזדהרון מכל |
| 330 | Dt30:07 | ית כל לווטייה האליין | על | בעלי דבביכון ועל סנאיכון די |
| 331 | Nu15:09M | ויקרב | עם/על#2/ | בר תוריה מנחה סלת תלתה |
| 332 | Nu 6:11M | ממה דחב | על | בר נשא דמית די קבר |
| 333 | Gn37:35 | למתנחמה ואמר ארום אחות | על | ברי לשאולה ובכה יתיה אבוי: |
| 334 | Gn37:34 | ושוי שקא תחתוי ואתאבל | על | בריה יומין סגין: |
| 335 | Gn50:23 | דמכיר בר מנשה אתיילדו | על | ברכוי דיוסף: |
| 336 | Dt28:35 | ^ייי#2^ בשחנה בישה | על | ברכייה ועל שקייה די לא |
| 337 | Gn27:41 | ושטם {ית} עשו ית יעקב | על | ברכתא די ברך יתה אבוי ואמר |
| 338 | Gn49:26 | ברכתא דאבוך יתוספון לך | על | ברכתא די ברכו יתי אבהתי |
| 339 | Ex30:32 | | על | בשרא דבר נש הדיוט לא יתמשח |
| 340 | Nu12:12 | למה היא מתמנעה מנן צלי | על | בשרה מיתה דבה ויחי למה עבד |
| 341 | Lv 6:03 | דבוץ ומכניסין דבוץ ילבש | על | בשריה וירים ית קטמא די |
| 342 | Lv16:04 | ומכנסין דבוץ יהוון | על | בשריה והמיינין דבוץ יאסר |
| 343 | Dt22:19 | דרביתה ארום אפיק שום ביש | על | בתולתה ברת ישראל וליה |
| 344 | Ex12:07 | תרתין מזוזייתא ועל שקופא | על | בתי די יאכלון ית פיסחא |
| 345 | Ex12:27M | /חס ואגן ממריה דייי | על#2/ | בתיהון דבני ישראל |
| 346 | Ex12:27 | הוא קדם ייי די פסח ויגן | על | בתיהון דבני ישראל במצרים |
| 347 | Ex12:13 | ויהוי אדמה לכון לסימן | על | בתייה די אנון שריין תמן |
| 348 | Ex11:07M | \למן גבר ועד בעיר /לא | על | גבר ועל בעיר#2/ מן בגלל |
| 349 | Ex 5:09 | תתקף עבידתא | על | גובריא ויעבדון בה ולא |
| 350 | Ex15:01M | /דהוא רם על רמיא ומתגאה | על | גוותניה וכל מה דמתגאה#2/ |
| 351 | Dt32:11 | כנשרה דמעורר קנה | על | גוזלוי מרחף פרס כנפוי וסבל |
| 352 | Dt22:06 | או בעיין ואמהון רביעה | על | גוזלייא או על בעייה לא |
| 353 | Nu27:21 | דינהון דאוריתה קדם ייי | על | גזירת פומיה יפקון ועל גזירת |
| 354 | Gn45:21 | להון יוסף עגלין על | {על} | גזרת פומיה דפרעה ויהב להון |
| 355 | Ex38:21 | משכנה דסהדותא דאסתכם | על | גזרת פמיה דמשה פלח<נ>ין |
| 356 | Nu 4:27 | | על | גזרת פמה דאהרן ודיבנוי |
| 357 | Nu 6:21 | ידה כפם נדרה כדן יעבד | על | גזרת נזירותיה: |
| 358 | Ex15:21 | קדם ייי גיותנה דמתגאה | על | גיותניא ומתנטל על מנטליא |
| 359 | Ex25:25M | ותעבד כליל דדהב לג{ו}פ<ו>פיה/על | | גיפופי#2/ חזר |
| 360 | Gn24:30 | לוות גברא והא הוא קיים | על | גמליא על עיינא: |
| 361 | Gn24:61 | וקמת רבקה ורביתה ורכבין | על | גמלי«א» והלכין בתר גברא |
| 362 | Gn24:61M | על /וטלייתא ורכבי | על#2/ | גמלי«א» והלכין בתר |
| 363 | Gn31:17 | וטען ית בנוי וית נשוי | על | גמליה: |
| 364 | Gn15:11 | כד יהוון עייצין עצן בישן | על | דבית ישראל בזכוותיה דאברם |
| 365 | Ex16:03 | דמצרים כד הווינן יתיבין | על | דודבת בישרא אכלין לחם |
| 366 | Lv 9:22M | וקם אהרן | על | דוכנה וזקף ידוי קבל עמה |
| 367 | Lv19:26M | בני ישראל /לא תיכלון | על | דם קטילי סנהדרין /לא |
| 368 | Ex20:05 | מן רשיעיא על בנין מרדין | על | דר תליתיא ועל דר רביעיאי |
| 369 | Ex34:07 | בנין ועל בני בנין מרודין | על | דר תליתיי ועל דר רבעיי: |
| 370 | Nu14:18 | רשיען על בנין מרודין | על | דר תליתיי ועל דר רביעיי: |
| 371 | Dt 5:09 | רשיען על בנין מרודין | על | דר תליתיי ועל דר רביעיי כד |
| 372 | Dt32:02 | פומי כרוחייה דמנשבין | על | דתי עשביה וכרסיסי מלקוש |
| 373 | Gn 2:16 | ופקיד ייי אלהים | על | האדם למימר מן כל אילני גנתה |
| 374 | Ex28:28 | דאפודה בשזר דתכלה למיהוה | על | המיינה דאפודה ולא יזוע |
| 375 | Nu 1:18 | לירחא תנינא ואתייחסו | על | זרעייתהון לבית אבהתהון |
| 376 | Ex21:14 | <וארום יתחשב> גבר | על | חבריה למקטל יתיה בכמנא |
| 377 | Lv25:14M | גבר \ית אחוי | /על | חבריה#2/: |
| 378 | Dt22:26 | ארום היך מה די קיים גבר | על | חבריה ויקטול יתיה |
| 379 | Dt27:24M | דישתעי | על | חבריה לישן תליתאי |
| 380 | Ex23:02 | תמנע מן למימר מה דבלבך | על | חברך בדינא דלא תהווי טעי |
| 381 | Ex23:05 | משבק תשבק כל מה דבלבך | על | חברך ומפרק תפרק עמה ומטען |
| 382 | Gn22:02 | מוריה וקרב יתה תמן לעלה | על | חד טוריה דאמר לך: |
| 383 | Gn44:18 | ולא מקבלה עמן אחסנייה | על | חד כמה וכמה על אחונן דהוא |
| 384 | Lv22:27 | זכותא דגברא יחידה דאתעקד | על | חד מן טוריא היך אמר לעלה |
| 385 | Lv26:24M | \שבעה על דחטיתון | /על | חד שבעה מה דחטיתון |
| 386 | Lv 5:22 | ויכפר בה וישתבע על שקר | על | חדא מן כל מה די עבד ברנשא |
| 387 | Lv 5:26 | כהנא קדם ייי וישתבק ליה | על | חדא מן כל מה די יעבד |
| 388 | Ex 4:25 | וכפר כען אדם גזירתה הדא | על | חובוי דחתניה הדין: |
| 389 | Nu 7:16 | למכפרה באדמה דצפירה | על | חובוי ועל חובי שלות שבטה: |
| 390 | Nu 7:22 | למכפרה באדמה דצפ«י»רה | על | חובוי ועל חובי שלות שבטה: |
| 391 | Nu 7:28 | למכפרה באדמה דצפירה | על | חובוי ועל חובי שלות שבטה: |
| 392 | Nu 7:34 | למכפרה באדמה דצפירה | על | חובוי ועל חובי שלות שבטה: |
| 393 | Nu 7:40 | למכפרה באדמה דצפירה | על | חובוי ועל חובי שלות שבטה: |
| 394 | Nu 7:46 | למכפרה באדמה דצפירה | על | חובוי ועל חובי שלות שבטה: |
| 395 | Nu 7:52 | למכפרה באדמה דצפירה | על | חובוי ועל חובי שלות שבטה: |
| 396 | Nu 7:58 | למכפרה באדמה דצפירה | על | חובוי ועל חובי שלות שבטה: |
| 397 | Nu 7:64 | למכפרה באדמה דצפירה | על | חובוי ועל חובי שלות שבטה: |
| 398 | Nu 7:70 | למכפרה באדמה דצפירה | על | חובוי ועל חובי שלות שבטה: |
| 399 | Nu 7:76 | למכפרה באדמה דצפירה | על | חובוי ועל חובי שלות שבטה: |
| 400 | Nu 7:82 | לכפרה באדמה דצפירה | על | חובוי ועל חובי שלות שבטה: |
| 401 | Lv17:11 | על נפשתכון ארום אדמה הוא | על | חובי נפשה יכפר: |
| 402 | Dt29:18 | למוספה חובי שלותה | על | חובי זדנותה: |
| 403 | Ex32:30M | ייי /דלמה די יכפר | על | חוביכון#2/: |
| 404 | Dt 1:01 | סנינה אמר במימריה וכפר | על | חוביכון: |
| 405 | Lv22:27M | קורבנינן מכפרין לן | על | חובינן כדן די גרמו |
| 406 | Lv22:27 | דהוויין מקריבין ומתכפר | על | חובינן וכדון דלית לן |
| 407 | Dt 3:29 | ושרינן בחלתה בכיין | על | חובינן ומתוודין על חטאינן |
| 408 | Lv 4:03 | לחובתון דעמא ויקרב | על | חובתיה די אתחייב תור בר |
| 409 | Lv 4:28 | צפירת בר עזין שלמה | על | חובתיה די אתחייב: |
| 410 | Lv 4:35 | דייי ויכפר עלוי כהנא | על | חובתיה די אתחייב וישתביק |
| 411 | Lv 5:06 | ויייתי ית אשמיה קדם ייי | על | חובתיה די אתחייב נקבה מן |
| 412 | Lv 5:13 | ויכפר עלוי כהנא | על | חובתיה די אתחייב מן חדא מן |
| 413 | Lv 5:19 | אשמה הוא | על | חובתיה די אתחייב אשמה ייתי |
| 414 | Lv19:22 | עלוי בדכרה דאשמא קדם ייי | על | חובתיה די אתחייב וישתרי |
| 415 | Nu17:17 | חוטרין גבר ית שמה תכתוב | על | חוטרה: |
| 416 | Nu17:18 | וית שמא דאהרן תכתב | {ר}<ע>ל | חוטרה דלוי ארום חסר |
| 417 | Gn30:37 | מן קלופיתא חוורתא די | על | חוטרתא: |
| 418 | Ex28:22 | ותעבד | על | חושנא שישלא מתחמן עובד |
| 419 | Ex28:23 | ותעבד | על | חושנה תרתין עזקין דדהב ותתן |
| 420 | Ex28:30M | "לחושנא דדינה:" | על | חושנה דסדר דינה |
| 421 | Ex39:15 | ועבדו | על | חושנה שלשלת מתאמין עובד |
| 422 | Ex34:07 | ומעבר על מרדין ומכפר | על | חטאין ומזכיה לא מזכי{ה} |
| 423 | Nu14:18 | ומעבר על מרודין ומכפר | על | חטאין ומזכייה לא מזכי ביום |
| 424 | Lv22:27 | מן עדרי ענינן יתכפר | על | חטאינן תורה אתבחר קדמי בגין |
| 425 | Dt 3:29 | בכיין על חובינן ומתוודין | על | חטאינן על די אדבקנן לפלחי |
| 426 | Gn30:39 | ואתיחמו ענה | על | חטריא וילדת ענה קרוחין |
| 427 | Nu21:09 | ח«י»ויה לגבר הוה מסתכל | על | חיויה דנחש והווה חיי: |
| 428 | Gn25:34M | בחיוי דעלמא /ואפי' | על | חיי' דעלמ'#2/ דאתי: |
| 429 | Nu17:13 | ליה ביני מיתיה בעי רחמין | על | חייא ואתכליית מגפתה: |
| 430 | Nu10:14 | ורבה דהווה ממני | על | חיילוות שבטה דבנוי דיהודה |
| 431 | Nu10:20M | ורבה דהווה ממני | על | חיילוות |
| 432 | Nu10:23M | חילוות /ורבה דהווה ממני | על | חיילוות#2/ שבטה דבנוי |

|  |  |  |  |  |
|---|---|---|---|---|
| 433 | Nu10:26M | ורבה דהווה ממני | על | חיילוות |
| 434 | Nu10:16M | ועל/ורבה דהווה ממני | על#2#/ | חיילוות/חל#2#/ שבטה |
| 435 | Nu10:18 | ורבה דהווה ממני | על | חיילוותיה שבטה דבנוי |
| 436 | Ex12:51 | פריקין מן ארעא דמצרים | על | חיילוותיהון: |
| 437 | Nu 2:03M | ורבה <ד>הוה ממני | על | חיילות שבטה דב׳ |
| 438 | Nu10:19M | ורבה דהווה ממני | על | חילו׳ |
| 439 | Nu10:22 | ורבה דהווה ממני | על | חילוות שבטה דבנוי דאפרים |
| 440 | Nu10:25 | ורבה דהווה ממני | על | חילוותיה אחיעזר בר |
| 441 | Ex 6:26 | דישראל מן ארעא דמצרים | על | חילותיהון: |
| 442 | Ex30:33 | דיפטם כוותיה ודי יתן מנה | על | חלוניי וישתצי מן גו עמיה: |
| 443 | Lv 7:13 | | על | חלין לחם דחמיע יקרב קרבני׳ |
| 444 | Gn37:08 | בן ואוספו תוב משנא יתיה | על | חלמוי ועל מלוי: |
| 445 | Ex23:18 | לא תכסון | על | חמיע אדם נכסת קדשי ולא יבית |
| 446 | Ex34:25 | לא תכסון | על | חמיע אדם נכסת קדשיי ולא |
| 447 | Ex 4:20 | וית בנוי וארכב יתהון | על | חמרא וחזר לארעא דמצרים |
| 448 | Ex22:08 | על כל פתגם דחטיא על תור | על | חמרא על אמר ועל לבוש ועל כל |
| 449 | Gn44:13 | ובזעו לבושיהון ושוון גבר | על | חמריה וחזרו לקרתא: |
| 450 | Gn42:26 | ונטלו ית עבריהון | על | חמריהון ואזלו מן תמן: |
| 451 | Ex27:18 | אמין באמתה ופתיה חמשין | על | חמשין ומשחת רומה חמש אמין |
| 452 | Lv 3:10 | על כסליה וית מה דמשתייר | על | חצר כבדה על כליתה ועבד יתה: |
| 453 | Lv 7:04 | על כסליה וית מה דמשתייר | על | חצר כבדה על כליתה יעבד יתה: |
| 454 | Gn26:08 | אבימלך מלכא דפלישתאי | על | חרכא וחזא והא יצחק מגהך עם |
| 455 | Ex 3:12 | ממצרים תפלחון קדם ייי | על | טורא הדין: |
| 456 | Ex19:11 | שכינתא דייי לעיני כל עמא | על | טורא דסיני: |
| 457 | Ex19:16 | קלין וברקן וענן תקיף | על | טורא ושופרא {ו}תקף לחדא |
| 458 | Ex19:20 | ואתגליית איקר שכינתא דייי | על | טורא דסיני על ריש טורא |
| 459 | Ex24:16M | /למשה ביומ׳ שבעייה | על | טורא#2#/ מן גו עננא: |
| 460 | Ex24:16 | ושרת אי{י}קר שכינתיה דייי | על | טורא דסיני וכסי יתיה עננא |
| 461 | Nu28:06 | עלה תדירה היך מה דאתקרבת | על | טורא דסיני לריח דרעווה |
| 462 | Dt11:29 | יתה ותתנון ית ברכתה | על | טורא דגריזים וית לווטייה |
| 463 | Dt11:29 | דגריזים וית לווטייה | על | טורא דעיבל: |
| 464 | Dt33:02 | והופיע ביקרה למתן אוריתה | על | טורא דפראן לבנוי דישמעאל |
| 465 | Dt27:12 | יקומון למברכה ית עמא | על | טורה דגריזים במעברכון ית |
| 466 | Dt27:15M | ואשתה שבטין קמו | על | טורה דעיבל וארונה וכהנייה |
| 467 | Dt27:15M | לטורה /אשתה שבטין קמו | על | טורה#2#/ דגריזים ושתה |
| 468 | Dt33:02 | ישראל {ו}<ד>נח ביקרי׳ | על | טורה דגבלה למתן אורית |
| 469 | Dt33:02 | לא קבילו יתה חזר ואתגלי | על | טורה דסיני ועימיה |
| 470 | Gn 8:04M | על טורי קרדון /בירחא | על | טורי קוורדום#2#/: |
| 471 | Gn 8:04 | בשבעת עשר יומין לירחא | על | טורי קרדון: |
| 472 | Dt12:02 | יתהון ית טעוותהון | ^על#2#^ | טוריה רמייה ועל גלמתה |
| 473 | Ex17:06 | הא ממרי קיים מתע{דת}<תד> | על | טינרא בחרב ותמחי בטינרא |
| 474 | Nu 2:02 | גבר | על | טכסיה באתיין לבית אבהתהון |
| 475 | Gn21:12 | לאברהם לא יבאש באפיך | על | טליה ועל אמתך כל מה דתימר |
| 476 | Gn22:12M | ואמר לא תפשוט ידך | ברביה/על | טלייה#2#/ ולא תעבד ליה |
| 477 | Ex33:21 | הא אתר מזמן לוותי ותתעתד | על | טנרא: |
| 478 | Nu 1:52 | גבר על משרי{י}תה וגבר | על | טקסיה לחיילוותהון: |
| 479 | Lv14:26M | יסב כהנא רבה ויריק | על | ידא דידיה דשמאלה |
| 480 | Nu 4:33 | לכל פלחנהון במשכן זמנה | על | ידוי דאיתמר ברה דאהרן |
| 481 | Gn38:28 | ית ידה ונסבת חייתא וקטרת | על | ידיה זיהוריה למימר דין נפק |
| 482 | Nu21:07 | ית חיויא וצלי משה | על | ידיהון דעמא: |
| 483 | Ex14:02 | צפון מכוונין תשרון | על | ימא: |
| 484 | Ex14:05M | משרייתיהון דישר׳ ועבדו | על | ימא |
| 485 | Ex14:09 | וארעו יתהון שריין | על | ימא כל סוסוותה ארתכוי דפרעה |
| 486 | Ex14:13 | בזמנא דהוון קיימין | על | ימא דסוף חדא הוות אמרה נפל |
| 487 | Ex14:16 | ית חוטרך וארכן ית ידך | על | ימא ובזע יתיה ויעלון בני |
| 488 | Ex14:21 | וארכן משה ית ידיה | על | ימא ודבר ייי ית ימא ברוח |
| 489 | Ex14:25M | נגדן למולוותא׳ ורמין | על | ימא עניין מצראי ואמרי׳ |
| 490 | Ex14:25 | להון נצחני קרביהון} אוף | על | ימא דסוף: |
| 491 | Ex14:26 | ייי למשה ארכן ית ידך | על | ימא ויחזרון מיא על מצרים |
| 492 | Ex14:27 | וארכן משה ית ידיה | על | ימא ואחזור ימא לעדוני צפרא |
| 493 | Nu13:29 | בטורא וכנענאי שריין | על | ימא ועל מגיזתה דירדנה: |
| 494 | Nu21:14 | עם ישראל כד הוון קיימין | על | ימא דסוף וגבורתה דעבד |
| 495 | Nu33:09M | דבני ישראל ושרון תמן | ∧על | {ימא} <מיא>#2#/: |
| 496 | Nu33:10 | ונטלו מאילם ושרון | על | ימא דסוף: |
| 497 | Dt 1:01 | ישראל כד הוויתון קיימין | על | ימא דסוף אתבזע קדמיכון ימא |
| 498 | Dt 1:01 | לכל שבט ארגיזתון קודמוי | על | ימא וסרבתון על ימא דסוף |
| 499 | Dt 1:01 | קודמוי על ימא וסרבתון | על | ימא דסוף ועל עסק ילליה די |
| 500 | Ex29:12 | באצבעך וית כל אדמה תשפך | על | יסודוי דמדבחא: |
| 501 | Lv 5:09 | ומה דמשתייר באדמה ימצה | על | יסודוי דמדבחא חטאתה הוא: |
| 502 | Lv 8:15 | ית מדבחה וית אדמה אריק | על | יסודוי דמדבחה וקדש יתיה |
| 503 | Lv 9:09 | דמדבחה וית כל דמה אריק | על | יסודוי דמדבחה: |
| 504 | Lv 4:07 | וית כל דמה דתורא ישפוך | על | יסודי דמדבחה דעלתא די בתרע |
| 505 | Lv 4:18 | זימנא וית כל אדמה ישפוך | על | יסודי דמדבחה דעלתה די בתרע |
| 506 | Lv 4:25 | דעלתה וית כל אדמה ישפוך | על | יסודי מדבחה דעלתה: |
| 507 | Lv 4:30 | דעלתה וית כל אדמה ישפוך | על | יסודי דמדבחא: |
| 508 | Lv 4:34 | דעלתה וית כל אדמיה ישפוך | על | יסודי דמדבחה: |
| 509 | Nu16:11M | דכנשתך אליין דאתרעמו | על | יקר שכינתה דייי |
| 510 | Nu33:49 | ושרון | על | ירדנה מיבת ישימות עד |
| 511 | Gn32:32 | ית פניאל והוא הווה מטלע | על | ירכיה: |
| 512 | Ex32:27 | דישראל שוון גבר חרביה | על | ירכיה עברו וחזרו מן תרע |
| 513 | Gn32:33M | בגין | כך/על | כדין#2#/ לא אכלין |
| 514 | Gn49:22 | ושלטנייא מדיקין עליך | על | כוותיה ומצוותך עליך מן |
| 515 | Ex14:07 | ורברבנין הוון ממנין | על | כולהון: |
| 516 | Lv 4:09 | מה דמשתייר מן חצר כבדה | על | כוליתה יעבד יתה: |
| 517 | Gn44:18 | על מנת למעבד מעבד על | {על} | כורחיה דאבא הא לא אשתמע לך |
| 518 | Ex11:05 | דפרעה דהוה עתיד למיתב | על | כורסי מלכותיה עד בכורה |
| 519 | Ex12:29 | דפרעה דהוי עתיד למיתב | על | כורסי מלכוותא עד בכורא |
| 520 | Ex17:16M | "למיקם ... הוא": למיתב | על | כורסי מלכותיהון דבני |
| 521 | Dt17:18 | ויהווי כד די יתיב | על | כורסי מלכותיה ויכתוב לה ית |
| 522 | Lv 1:15 | על גבי מדבחה וימציא אדמה | על | כותלה דמדבח׳: |
| 523 | Ex12:34M | צ{י}<ר>יר בכסותהון טענ׳ | על | כיתפיהון |
| 524 | Gn 3:19 | חזר וקאם ויהב דין וחושבן | על | כל מה דעבדת: |
| 525 | Gn 9:02 | ודחלתכון ואימתכון תהווא | על | כל חייתא דארעא ועל כל עופא |
| 526 | Gn16:13M | את הוא אלהא קיים | ∧על#2#/ | כל עלמייא ארום אמרת הא |
| 527 | Gn41:41 | חמי דמניית יתך רב ושליט | על | כל ארעא דמצרים: |
| 528 | Gn41:43 | בשנייה ומני יתה רב ושליט | על | כל ארעא דמצרים: |
| 529 | Gn41:56 | וכפנא הוה | על | כל אפי ארעא ופתח יוסף כל |
| 530 | Gn47:06 | יתהון רברבני קניינן | על | כל מה דלי: |
| 531 | Gn49:17 | מן דבית דן יתקף יתגאה | על | כל אמיה יהווי מדמי לחיוויא |
| 532 | Gn50:01M | "ושרשוי ...": ענפוי מטיין | על | כל דיירי ארעא ושרשוי מטיין |
| 533 | Ex 9:09 | ויהוי לאבק | על | כל ארע«א» דמצרים ויהווי |
| 534 | Ex10:14 | וסלק גובא | על | כל ארעא דמצרים ושרא בכל |
| 535 | Ex18:09 | וחדה יתרו | על | כל טבתא די עבד ייי לישראל |
| 536 | Ex18:11 | הוא ייי מן אלהייא ורבון | על | כל רבוניא ארום בפתגמ«א» |
| 537 | Ex22:08 | | על | כל פתגם דחטיא על תור על |
| 538 | Lv 2:02 | קומציה מן סלתה ומן טובה | על | כל לבונתה ויסד׳ כהנא ית |
| 539 | Lv 2:13 | אלהכון מעילוי מנחתכון | על | כל קרבניכון תהוון מקרבין |
| 540 | Lv 2:16 | אדכרתה מן גרשה ומן טובה | על | כל לבונתה קרבן קדם ייי: |

| | | | | |
|---|---|---|---|---|
| 541 | Lv 9:23 | ואתגלית איקר שכינתה דייי | על | כל עמא: |
| 542 | Lv11:37 | וארום יפל מנבלתהון | על | כל זרע זריע זרעונין די |
| 543 | Lv11:38 | וארום יתיהב מיין | על | כל זרע ויפול מנבלתהון עלוי |
| 544 | Nu 8:07 | מי חטאתה ויעברון גלב | על | כל בשרהון ויחוורון לבושיהון |
| 545 | Nu14:10 | דייי אתגליית במשכן זימנא | על | כל בני ישראל: |
| 546 | Nu15:25 | ויכפר כהנה | על | כל כנישתה דבני ישראל |
| 547 | Nu16:19 | איקר שכינתה דייי | על | כל עם כנישתה: |
| 548 | Nu16:29 | איליין ואין גזרתה דמתגזר | על | כל ברייתה יתגזר על איליין לא |
| 549 | Nu23:02 | בלק ובלעם תור ודכר | על | כל מדבח: |
| 550 | Nu23:04 | סדרת וקרבת תור ודכר | על | כל מדבח: |
| 551 | Nu23:14 | מדבחין וקרב תור ודכר | על | כל מדבח: |
| 552 | Nu23:30 | דאמר בלעם וקרב תור ודבר | על | כל מדבח: |
| 553 | Nu24:06M | רמין ומנטלין | על | כל אומייא יאין ומשבחין |
| 554 | Dt 9:18 | אכלית ואוף מיין לא שתית | על | כל חוביכון די חטיתון למעבד |
| 555 | Dt10:17 | ייי אלהכון הוא <אלהא> | «על | כל אלה ורבון על כל |
| 556 | Dt10:17 | <אלהא> «על כל אלה ורבון | על | כל ריבונייה אלה» רבה גיברה |
| 557 | Dt26:19 | יתכון רמין ומנטלין | על | כל אומייה די ברא ליקרה |
| 558 | Dt28:01 | ייי אלהכון רמין ומנטלין | על | כל אומי ארעא: |
| 559 | Dt31:18 | אפי רעותי ביומ' ההוא | על | כל בישתה די עבדו די סטון |
| 560 | Dt33:17 | רמין ומנטלין ועליין | על | כל אומייה דארעא נפקין לקרבה |
| 561 | Nu23:28 | טעוותה פעור דמצפיה מן | {על} | <כל> קבל בית הישימון: |
| 562 | Lv 3:04 | מה די משתייר מן חצר כבדה | על | כליתה יעבד יתה: |
| 563 | Lv 3:10 | מה דמשתייר על חצר כבדה | על | כליתה ועבד יתה: |
| 564 | Lv 3:15 | מה דמשתייר מן חצר כבדה | על | כליתה יעבד יתה: |
| 565 | Lv 7:04 | מה דמשתייר על חצר כבדה | על | כליתה יעבד יתה: |
| 566 | Gn21:31 | | על | כן קרא שמה דאתרה ההוא |
| 567 | Ex19:04 | יתכון בעננֵי איקר שכינתי | על | כנפי נשירין קלילין וקריבית |
| 568 | Ex19:04M | על ענגין קלילין היך | על | כנפי נשרין |
| 569 | Lv 3:04 | וית תרבה די עליהון די | על | כסליה וית מה די משתייר מן |
| 570 | Lv 3:10 | וית תרבה די עליהון די | על | כסליה וית מה דמשתייר על |
| 571 | Lv 3:15M | עליהן דעל/דאית | <על>#2#/ | כסליה וית מה דמשתייר |
| 572 | Lv 4:09 | וית תרבה די עליהן די | על | כסליה וית מה דמשתייר מן |
| 573 | Lv 7:04 | וית תרבה די עליהן די | על | כסליה וית מה דמשתייר על |
| 574 | Gn32:33 | ית ג{די}<יד>א דנשיא די | על | כף ירכא עד זמן יומא הדין |
| 575 | Gn40:11M | כסא בכף /ושווית ית כסא | על | כף#2#/ ידיה דפרעה: |
| 576 | Lv14:15 | מן לוגה דמשחא ו«י»ריק | על | כף ידיה דכהנ' דשמאלה: |
| 577 | Lv14:17 | ומן מותריה דמשחה די | על | כף ידיה יתן כהנא «על רום |
| 578 | Lv14:17M | דאשתייר מן משחה דאית | על | <כף> |
| 579 | Lv14:18 | ומה דמשתייר די | על | כף ידוהי דכהנא יתן על ראשיה |
| 580 | Lv14:26 | ומן משחה יריק כהנא | על | כף ידיה דכהנה דשמאלה: |
| 581 | Lv14:27 | דימינה מן משחה די | על | כף ידה דכהנא דשמאלה שבעה |
| 582 | Lv14:28 | ויתן כהנא מן משחה די | על | כף ידיה על רום אדנה דמן |
| 583 | Nu 5:18 | ויפרע ית רישא דאתתה ויתן | על | כף ידה ית מנחתה דדכרונה |
| 584 | Ex37:09M | /אפיכון חד לוקבל חד | על | כפר#2#/ הוון אפי כרובייה: |
| 585 | Ex29:36 | ותור לחטאת תקרבון בכל יום | על | כפורא ותרבי ית מדבחה |
| 586 | Ex29:24 | ותשוי כל{י}<א> | על | כפי ידיהון דבנוי ותניף |
| 587 | Lv 8:27 | ויהב ית כולה | על | כפי ידוי דאהרן ועל כפי |
| 588 | Lv11:27 | וכל דמהלך | על | כפי ידוי בכל חייתה דמהלכה |
| 589 | Nu 6:19 | סלה ועריך דפטיר חד ויתן | על | כפי ידוי דנזירה מן בתר |
| 590 | Ex25:20M | לקבל כפרתא /חד לקבל חד | על | כפרתא#2#/ יהוון אפי |
| 591 | Ex25:20 | לעיל מטלין בכנפיהון | על | כפרתא ואפיהון הפיכין דן |
| 592 | Ex37:09 | מלעל מטלין בכנפיהון | על | כפרתה ואפיהון הפיכין דן לקבל |
| 593 | Lv16:02 | איקר שכינתי ממרי איתגלי | על | כפרתה: |
| 594 | Lv16:15 | לאדמה דתורה וידי יתיה | על | כפרתה ולקבל כפרתה: |
| 595 | Lv 3:14M | ית תרבה דח{כ}<פ>י | ית/על#2#/ | כרסא וית כל תרבה די |
| 596 | Ex29:13M | ותסב כל תרבה דחפי | ית/על#2#/ | כרסה וית מה דמשתייר |
| 597 | Lv 3:03M | ית תרבא דחפי | ית/על#2#/ | כרסה וית כל תרבה די |
| 598 | Lv 3:09M | ית תרבה דחפי | ית/על#2#/ | כרסה וית כל תרבה די |
| 599 | Lv 4:08 | ירים מניה ית תרבה דחפי | על | כרסה וית כל תרבה די על |
| 600 | Lv 5:09 | וידי מן אדמה דחטאת' | על | כתלא דמדבחא ומה דמשתייר |
| 601 | Gn 9:23 | ויפת ית אסטליתה ושוון | על | כתף תריהון והוון מהלכין |
| 602 | Gn21:14 | דמיין ויהיב להגר שווי | על | כתפה וית טליא ושלח יתה |
| 603 | Gn21:14M | דמים ויהב להגר שווי | על#2#/ | כתפה וית טליא ושלח יתה |
| 604 | Gn24:15 | אחוי דאברהם וקולתה | על | כתפה: |
| 605 | Gn24:45 | והא רבקה נפקת וקולתה | על | כתפה ונחתת לעיינה ומלא«ת» |
| 606 | Ex12:34 | בשושפיהון ^יהיבין#2#^ | על | כתפיהון: |
| 607 | Ex28:12 | ותשוי ית תרתין אבניה | על | כתפתה דאפודה אבנין דדוכרן |
| 608 | Ex28:25 | תתן על תרתין מאחדתה ותתן | על | כתפתה דאפודא מן כל קבל |
| 609 | Ex39:07 | ושווי יתהון | על | כתפתה דאפודה אבנין דדוכרין |
| 610 | Ex39:18 | תרתין מאחדתה ויהבו יתהון | על | כתפתה דאפדה מן כל קבל אפוי: |
| 611 | Gn50:21 | כוכבין ונחם יתהון ומליל | על | לבביהון מלין דשלם: |
| 612 | Dt 8:05M | \ותתפיסון עם /ותידעון | על#2#/ | לבביכון ארום היך מה דרדי |
| 613 | Dt11:18 | ית פתגמייה האליין תדירין | על | לבביכון ועל נפשתכון ותקטרון |
| 614 | Dt 4:39 | ותדעון יומא הדין ותתובון | על | לבבכון ארום ייי הוא אלה |
| 615 | Dt 6:06 | יתכון יומא הדין תדירין | על | לבבכון: |
| 616 | Gn34:03M | {1} {ו}<ד>רביתה /מילין דשלם | על | לבה דטליתא#2#/ מלל דשלם: |
| 617 | Lv 6:20M | /יתקדש ודי ידי מן אדמה | על | לבוש ודי ידי על#2#/ תחוור |
| 618 | Ex28:29 | בני ישראל בחושנה דדינה | על | ליביה במיעליה לגו בית קודשא |
| 619 | Ex28:30 | סדר דיניהון דבני ישראל | על | ליביה^ קדם ייי תדירא: |
| 620 | Ex28:30 | אוריה וית תומי' ויהוון | על | ליביה ^ויטעון אהרן ית סדר |
| 621 | Ex 9:14 | אנה משלח ית כל מחוותיי | על | לבך ובשלטונך ובעמך מן בגלל |
| 622 | Ex34:28 | אכל ומיין לא שתה וכתב | על | לוחי ית מילי קיימא עשירתי |
| 623 | Dt 5:07 | דבני ישראל וחזר ומתחקק | על | לוחי קיימה וכן הוה צווח |
| 624 | Dt10:02 | ואכתב | על | לוחייה ית דביריה די הוון |
| 625 | Dt10:02 | ית דביריה די הוון | על | לוחייה קדמייה די תברת |
| 626 | Dt10:04 | וכתב | על | לוחייה ככתבה קדמייה ית |
| 627 | Dt27:13 | ואיליין יקומון | על | לווטייה בטורא דעיבל ראובן |
| 628 | Nu 8:10 | בני ישראל ית ידיהון | על | לוויי: |
| 629 | Ex20:02 | דישראל וחזר ומתחקק | על | לוחי קיימא וכל ישראל חזיין |
| 630 | Ex20:03 | דישראל וחזר ומתחקק | על | לוחי קיימא וכל ישראל חזיין |
| 631 | Dt 5:06 | וחזר ומ{חת}<תח>קק | על | לוחי קיימה וכן הוה צווח ואמר |
| 632 | Ex34:01 | דאבנין כקדמיי ואכתוב | על | לוחיא ית דבריא דהוון על |
| 633 | Ex34:01 | על לוחיא ית דבריא דהוון | על | לוחיא קדמיי די תברת: |
| 634 | Ex32:16 | מפרש מן קדם ייי הוא חקוק | על | לוחיה: |
| 635 | Dt 8:03 | למודעה יתכון ארום «לא | על | לחמא לבלחודוי חיי בר נשה |
| 636 | Lv23:18 | ותקרבון | על | לחמה שבעה אמרין בני שתיהון |
| 637 | Lv23:20 | ויניף כהנא יתהון | על | לחמה דבכוריה אנפ{ן}<ו> קדם |
| 638 | Ex 9:14M | מחת פרענותי | על | ליביה דפרעה ובעבדך |
| 639 | Nu 8:20 | כל מה די פקד ייי ית משה | על | ליווי כדן עבדו להון בני |
| 640 | Nu 8:12 | חד לעלתה קדם ייי למכפרה | על | ליוויי: |
| 641 | Nu 8:22 | די פקד ייי ית משה | על | ליוויי כדן עבדו להון: |
| 642 | Nu 3:46 | ושבעין ותלתה דאישתיירו | על | ליויי מן בכוריה דבני |
| 643 | Nu 8:13 | אנפו קדם ייי% {למכפרה | על | ליוויי% ותקים ית ליויי}: |
| 644 | Ex28:14 | ותתן ית שישלתה דקליעתה | על | מאחדתה: |
| 645 | Gn45:20 | ועיינכון לא יחוסון | על | מאני זייניכון ארו{ב}<ם> |
| 646 | Nu21:34M | אתון מדמיין שתילין | על | מבוע' |
| 647 | Gn49:22 | לך יוסף ברי לגפן שתילה | על | מבועין דמיין ושלחת שרשי' |
| 648 | Nu21:34 | לאלנין יאין קיימין | על | מבועין דמיין ברם פירין לא |

649 Nu24:06 כגינין שתילין על מבועין דמיין כדן יהוון
650 Dt 3:02M מדמין לאלנין שתילין על מבועין דמיין ברם פירין לית
651 Ex29:38M סידרא די תקרבון על#2/ מדבחא אמרין בני שתהון
652 Lv 4:10 קודשיה ויסדר יתהון כהנא על מדבחה דעלתה:
653 Lv 8:11 ואדי מניה על מדבחה שבעה זמנין ורבי ית
654 Lv17:06 ויזרק כהנא ית אדמה על מדבחה דייי בתרע משכן זמנא
655 Dt12:27 ודם נכסת קודשיכון ישתפך על מדבחה דייי אלהכון ובשרה
656 Dt12:27 ותקרבון עלוותכון בשר ודם על מדבחה דייי אלהכון ודם נכסת
657 Ex 1:16M /בילדותכם ותהווין מסתכלן על מדבריהן#2/ אן בר דכר הוא
658 Nu31:07M פקד ייי /ואת{יי}ח<יי>לו על מדינאי היך מה די פקד
659 Lv15:23 ואין על מדמכה הוא או על מנה דהיא
660 Ex16:05 מה דייתון ויהוי בכפולה על מה די ילקטון סכום יום
661 Lv 5:05 לחדא מן אלין ויתוודי על מה דאתחייב עלוי:
662 Nu 6:11 וחד לעלתה ויכפר עלוי על מה די חטא על נפשה ויקדש ית
663 Nu22:32 ואמר ליה מלאכה דייי על מה מחית ית אתנתך דנה תלתא
664 Dt 1:27 וארעמתון במשכנכון ואמרתון על מה דהוה ממרה דייי סני יתן
665 Ex12:13M רשו למלאכיא מחבלא דממני על מותא למזיק באיתגלאיותי
666 Dt11:20 ותכתבון יתהון על מזוזיין ות{ט}<ק>בעון יתהון
667 Nu21:06M דמצרים /ולא אתרעם על מזונה אפקית עמי פריקין מן
668 Nu21:06 קליל ייתי חויה דלא אתרעם על מזונה וישלט בעמא
669 Nu21:06 וישלט בעמא דא«ת»רעמו על מזוניהון בגין כדן {ב}<ג>רי
670 Ex 7:17 אנה מחי בחוטרא די בידי על מיא די בנהרא ויהפכון לאדם:
671 Ex15:27 דישראל ושרון תמן על מיא:
672 Lv14:06 באדמה דצפרה דנכיסתה על מיא דמבועיא:
673 Lv14:05 חדתה {לבד}<לגו> מן דחסף על מיין דמבוע:
674 Lv14:06M באדמה צפרתה דנכיסה על מיין דמבוע
675 Lv14:50 צפירה חדתה לגו מן דחסף על מיין מבוע:
676 Ex 7:19 סב חוטרך וארכן ידיך על מימהון דמצריי על נהרייא ועל
677 Ex 8:02 וארכן אהרן ית ידיה על מימיהון דמצריי וסלקון
678 Ex34:27 לך ית פתגמיא האליין ארום על מימר פתגמיא האליין קיימית
679 Ex38:21M /משכן סהדותה די אתפקד על מימר פומה דמשה פלחן
680 Nu35:30M נפש \לפם סהדין /על/ מימר סהדין#2/ יתקטל
681 Dt17:10M על פם פתגמא /ותתעבדון על מימר#2/ די יתנון
682 Dt19:15M סרחון חובה דאיתחייב על מימר תריין
683 Ex 9:27M הדא זמנא /חבית דסרבית על מימריה דייי הדה זמנא
684 Ex23:21 ושמעו בקלי לא תסרבון על מלוי ארום שמי קדישא אתקרי
685 Dt 4:21 ומן קדם ייי הוה רגז עלי על מליכון וקיים בשבועה דלא
686 Dt17:20 מן בגלל די יאריך יומין על מלכותיה הוא ובנוי בגו עמא
687 Gn17:01 ותשע שנין ואתגלי {ייי על} ממריה דייי על אברם ואמר
688 Ex33:19 כל מכלת סובי קדמיך ואחוס על מן דחמי ואחוס וארחם על מן
689 Ex33:19 על מן דחמי למחוס וארחם על מן דחמי למרחמה:
690 Lv14:07 וידכי על מן דמדכי מן צרעתה שובעה
691 Lv14:19 ויעבד כהנא ית חטאתה ויכפר על מן דמדכי מן סאבתה ומן בתר
692 Lv14:31 על מנחתה ויכפר כהנא על מן דמדכי קדם ייי:
693 Lv15:06 ודיתיב על מנא די יתיב עלוי דיבה יחוור
694 Lv15:23 ואין על מדמכה הוא או על מנה דהיא יתבה עלוי כד יקרוב
695 Lv14:31 חד לחטאתה וית חד לעלתה על מנחתה ויכפר כהנא על מן
696 Ex15:21 דמתגאה על גיותניא ומתנטל על מנטליא סוסוון ורוכביהון על
697 Ex30:14 כל דעבר על מניניה מ«ן» בר עשרין
698 Ex38:26 סלעה בית קודשה~ כל דעבר על מניניה מבר עשרין שנין ולעל
699 Nu 7:02M הנון דקיימין וממנין על מניניה
700 Lv24:04 על מנרתה דכיתה יסדר ית
701 Nu19:19 וידי דכיה על מסאבה ביומא תליתיה וביומא
702 Lv 6:14 על מסריתה במשח תתקרב מרתחה
703 Lv 2:05 ואין מנח{ח}<ה> על מסרת' קרבנך סלת פילן במשח
704 Nu 6:20 קדם ייי קדש אינון לכהנא על {מעא}<ניעא> דא«נ»פותה ועל
705 Lv11:27M על כפי ידוי /דשחף על מעוי#2/ בכל חייתה דמהלכה
706 Lv11:42 כל דמהלך על מעוי וכל דמהלך על ארבע עד
707 Gn 3:14 ומן כל חיותא דעל אפי ברה על מעך תהוי שחף ועפר יהוי
708 Ex27:04 עובד מצדה דנחש ותעבד על מצדתה ארבע עזקין דנחש על
709 Dt26:13M פקדת יתן לא עברנן מן/על#2/ מצותך ולא אנשינן
710 Ex28:37 יתיה על שזר תכלה ויהווי על מצנפתה לקבל אפי מצנפתה
711 Ex29:06 ותתן ית כליל בית קודשא על מצנפתה:
712 Ex39:31 עלוי שזיר דתכלה למתן על מצנפתה מן לעיל היך מה די
713 Lv 8:09 ית מצנפתה על ראשה ושוי על מצנפתה מן כל קבל אפוהי ית
714 Ex14:20M על ישראל וחשוכ' מחשך על מצראי ולא
715 Ex15:26M דאייתת/דשווית#2/ למצרייה/על מצראי#2/ לא אשוי
716 Ex12:42 תליתיא כד אתגלי ייי על מצריי בפלגות ליליא הוה ידיה
717 Ex34:07 שרי ושביק לחובין ומעבר על מרדין ומכפר על חטאין ומזכיה
718 Ex21:19 אין יקום ויהלך בשוקא על מרדניתא ויזדכי{ה} מן דמחה
719 Nu14:18 שרי ושביק לחובין ומעבר על מרודין ומכפר על חטאין
720 Dt 5:07 באויר שמייא וחזר ומקף על משרייתהון דבני ישראל וחזר
721 Dt 5:06 באויר שמיא וחזר ומקף על משריתהון דישראל וחזר
722 Nu 9:15 דסהדותה וברמשא יהווי על משכנ' כחזיו אשתה עד צפרה:
723 Ex26:07 יריען דמעזין לפרס על משכנא חדא עשרה יריען תעבד
724 Ex36:14 יריען דמעזי חפיי למיפרס על משכנא חדא עשרין יריע{ת}<ן>
725 Ex40:38 ארום ענן איקר שכינתא דייי על משכנא באימאמא ואשתא תיהוי
726 Ex40:19 ופרס ית פרסה על משכנה ושווי ית חפיא דמשכנא
727 Nu 1:50 ואת מני ית לוויי על משכנה דסהדותה ועל כל מנוי
728 Nu 3:26 דרתה וית פרס תרע דרתה די על משכנה ועל גבי מדבחה
729 Nu 4:26 וית חפוי תרע דרתה די על משכנה ועל מדבחה
730 Nu 9:18 כל יומין די שרי עננה על משכנה ישרון:
731 Nu 9:19 ובשהיא עננה ~על משכנה יומין סגין ויטרון
732 Nu 9:20 יהווי עננה יומין מניין על משכנה על פם גזירת מימריה
733 Nu 9:22 יומין סגין כד שוהי עננה על משכנה למשרי עלוי ישרון בני
734 Nu11:09 וכד נחת טלא על משכנה בליליה הוה מנה נחת
735 Nu19:18 ויצבע במיא גבר דכי וידי על משכנה ועל כל מנייה ועל
736 Ex28:14M על מאחדתה /מתחמתה על משקעתה#2/:
737 Ex14:24 צפרא ואדיק ייי ברוגז על משרייתיהון דמצריי ורמה
738 Ex20:02 בני <ישראל> וחזר ומקף על משרייותיהון דישראל וחזר
739 Nu 2:14 דגד ורבה דהוה ממני על משריית שבטה דבנוי דגד
740 Nu 1:52 וישרון בני ישראל גבר על משרי{י}תה וגבר על טקסיה
741 Ex20:03 בני <ישראל> וחזר ומקף על משרייתיהון דישראל וחזר
742 Nu 2:07 דזבולן~ורבה דהוה ממני על משרית שבטה דזבולן~ אליאב
743 Nu 2:12 דשמעון ורבה דהוה ממני על משרית שבטה דבנוי דשמעון
744 Nu 2:18 מן מערבה ורבה דהוה ממני על משרית שבטה דבנוי דאפרים
745 Nu 2:20 דמנשה ורבה דהוה ממני על משרית שבטה דמנשה גמליאל
746 Nu 2:22 דבנימין ורבה דהוה ממני על משרית שבטה דבנימן אבידן
747 Nu 2:25 ורבה דהוה ממני על משרית שבטה דבנוי דדן
748 Nu 2:27 דאשר ורבה דהוה ממני על משרית שבטה דבנוי דאשר
749 Nu 2:29 דנפתלי ורבה דהוה ממני על משרית דשבטה דבנוי דנפתלי
750 Nu11:31 סלויין מן ימא~ורפש על משריתה כארח מהלך יום מן
751 Lv10:03M מכלת דינה/אגר סב על משתוקיה#2/:
752 Ex 1:16 ית עברייתא תהוון חמיין על מתברייא אן בר דכר הוא
753 Lv15:25 נדתה או ארום ת{ת}<ד>וב על נדתה כל יומי{ן} דוב סאבתה
754 Ex 2:05 ברתה דפרעה למתקררא על נהרא ורביתה מהלכין על גוף
755 Ex 7:15 הא הוא נפק מת{ו}ק<ו>ררה על נהרא ותתעתד לקדמותיה על גף
756 Ex 8:16 פרעה הא הוא נפק למתקוררה על נהרא ותימר ליה כדן אמר ייי

757 Nu12:16M דאימתינת מרים למשה על נהרה שעה חדה אמתינת לה
758 Ex 8:01 ארכן ית ידך בחוטרך על נהריא ועל שקיא ועל ביציה
759 Ex 7:19 ידיך על מימהון דמצריי על נהרייא ועל מבועיהון ועל
760 Nu 6:21 די ידר קרבני<ה> קדם ייי על נזירותיה בר מן מה די תרע
761 Dt 2:36 מן לחיית די על נחל ארנונה וקרתה די בנחלה
762 Dt 2:13 ית נחלה דזרד ועברנן על נחלה דזרד:
763 Lv 7:30 יתון ית קרבנוי ית תרבה על ניעה ייתי יתיה ית ניעה
764 Lv 9:20 ושוון ית תרבי׳ על ניעיה וסדר תרביה על גבי
765 Lv 7:13M על נכסת /קרבנייה על נכיסת#2#/ אודיית קודשוי:
766 Lv 7:12 על אודיה יקרב יתיה ויקרב על נכסת קדשיה חלין פטירין
767 Lv 7:13 לחם דחמיע יקרב קרבני׳ על נכסת אודיית קודשוי:
768 Lv19:28 ושרט׳ על נפש דמית לא תתנון בבשרכון
769 Lv21:01 בנוי דאהרן ותמר להון על נפש דמית לא יסתאב כהנא רבה
770 Nu 6:06 יומי נזירותיה לשמה דייי על נפש דמית לא יעול:
771 Nu35:30 קטולה וסהד חד לא יענה על נפש למתקטלה:
772 Nu35:31 ולא תקבלון ממון על נפש דקטול דהוא חייב למתקטלה
773 Dt14:01 תשוון רשום על בית אפיכון על נפש דמית:
774 Dt26:14 מיניה ארון ותכריכין על נפש דמית שמענן בקל מימריה
775 Nu 6:11 ויכפר עלוי על מה די חטא על נפשה ויקדש ית ראשה ביומא
776 Nu15:28 ויכפר כהנא על נפשה דאשתלת בחובתה בשלותה
777 Nu30:03M כל די יפוק מן פמה /על/ נפשה ולא יפס פתגמוי כל
778 Nu30:05 נדרה וכל קיים די קיימת על נפשה יקום:
779 Nu30:05 ית נדרה וקיימה די קיימ׳ על נפשה וישתוק לה אבוה ויקומון
780 Nu30:06 כל נדרה וקיימה די קיימת על נפשה לא יקום ומן קדם ייי
781 Nu30:07 פירוש סיפוותה די קיימת על נפשה:
782 Nu30:08 נדריה וקיומא די קיימת על נפשה «יקומון»:
783 Nu30:09 פירוש שפוותה די קיימת על נפשה˜ ומן קדם ייי ישתבק
784 Nu30:10 ומשבקה כל מה דקיימה על נפשה יקום עלה:
785 Nu30:11 דבעלה נדרת או קיימת קיים על נפשה בשבועה:
786 Nu30:12 נדרה וכל קיימה די קיימת על נפשה יקום:
787 Nu24:04 מתגלין לה והוה מתנבא על נפשיה דנפיל בחרבא וסוף
788 Nu24:16 ליה {והוה} והוה מתנבא על נפשיה דהוה נפל בחרבה וסוף
789 Gn19:17 יתהון לברא ואמר אשתיזב על נפשך לא תסתכל לבתרך ולא
790 Ex30:15 ית אפרשתה דייי לכפרא על נפשתכון:
791 Ex30:16 לדכרן טב קדם ייי לכפרה על נפשתכון:
792 Lv17:11 יתה על גבי מדבחה למכפרה על נפשתכון ארום אדמה הוא על
793 Nu31:50 לן ביום דינה רבה למכפרה על נפשתן קדם ייי:
794 Gn28:09 דאברהם אחתה דנביות על נשוי לה לאתה:
795 Lv24:07 ותתן על סדורה לבונה ברירה ותהוי
796 Lv16:13 תננה דקטרתה ית כפרתה די על סהדותה ולא ימות:
797 Ex26:13M /יריעתה חתה יהווי משפע על סטר׳#2#/ דמשכנא מן הכה
798 Ex26:35 וית מנרתא לקבל פתורה על סטר׳ דמשכנה לדרומה ופתורא
799 Ex26:04 ותעבד עונבין דתכלה על סטרא דיריעתה חדתה בריתה
800 Ex26:10 וחמשין ענבין תעבד על סטרא דיריעתא בבית דבוקה
801 Ex36:11 ועבד ענבין דתכלה על סטרא דיריעתה חדה בריתה
802 Ex37:03 על סטריה חד ותרין עזקן על סטרא תניינא:
803 Ex26:13 דמשכנא יהווי שפיעה על סטרה דמשכנא מן הכה ומן הכא
804 Ex36:17 וחמשין ענבין עבד על סטרה דיריעתה בבית דבוקה
805 Ex25:14 ותעיל ית אריחי בעזקיא על סטרוי דארונא למטען ית ארונא
806 Ex25:19 כפורתה תעבדון ית כרוביא על סטרוי תרין סטרוי:
807 Ex37:05 ואעל ית אריחיה בעזקיה על סטרוי דארונה למטען ית
808 Ex38:07 ואעל ית אריחיה בעזקיה על סטרוי דמדבחה למטען יתיה
809 Nu 3:35 צוריאל בר אביחיל על סטרוי דמשכנה ישרון מן
810 Ex25:12 זוויתא ותרתין עזקין על סטריה חדתא ותרתין עזקין על
811 Ex25:12 סטריה חדתא ותרתין עזקין על סטריה תניינא:
812 Ex37:03 זויתיה ותרתין עזקין על סטריה חד ותרין עזקן על סטרא
813 Ex36:17 ועבד ענבין חמשין על סטרין דיריעתה בריתה
814 Ex26:10 ותעבד חמשין ענבין על סיטרא דיריעתה חדתה בריתה
815 Ex39:17 דדהבא על תרתין עזקיה על סיטרוי דחשנה:
816 Gn49:13 זבולן על סייפי דימא רבה ישרי והוא
817 Ex28:26 על תרין סיטרוי דחושנא על סי(מפ)<פמ>ה די מן סיטרא
818 Nu34:11 לעיינה ונחת תחומה ומקף על סיפווי ימה דגניסר מן
819 Ex39:19 על תרין סטרוי דחושנה על סיפוותה די מן סיטרה דאפודה
820 Ex30:13 כהדן סדרא יתנון כל דעבר על סכומה מן פלגות סלעא בסלעי
821 Nu31:14 ורגז משה על סכומי חילוותה רברבני אלפיה
822 Nu31:48 משה סכומיה דהוון ממנין על סכומי חילוותה רברבני אלפי
823 Nu 7:02 שבטיה אינון דהוו ממנין על סכומיה:
824 Nu 6:17 לניכסת קדשיה קדם ייי על סלה דפטיריה ויקרב כהנא ית
825 Nu10:09 בארעכון על בעלי דבביכון על סנאה דמעיק לכון ותתקעון
826 Gn18:05 באיש{ת}ון שורותא עברתון על עבדכון ואמרין כ{{ך}}ן תעביד
827 Dt 5:14 קדם ייי אלהכון לא תעבדון על עבידה אתון ובניכון ובנתכון
828 Dt20:08 מן חובוי וליביה תביר על עבידתיה יזיל ויחזור לבייתיה
829 Dt21:06 לקטילה יסחון ית ידיהון על עגלתה דקטילה בנחלה:
830 Dt13:17 בנורא ית קרתא וית על עדיתה גמיר קדם ייי אלהכון
831 Gn24:29M לוות גברא לברה לעיינה/על עיינ׳ דמיי׳#2#/:
832 Gn24:30 והא הוא קיים על גמליא על עיינא:
833 Gn24:43 הא אנא קיים מעתד על עיינא דמיא והא רביתא דנפקי
834 Gn16:07 וארע יתה מלאכה דייי על עיינה דמיא במדברא על עיינה
835 Gn16:07 על עיינה דמיא במדברא על עיינה באורחא דחלו«צה»:
836 Lv21:20 או די גבנוי חפיין על עייניו או דלית ליה שער
837 Gn46:04 ויוסף ישוי ידי«ה» על עיינך:
838 Gn44:18 מחסל על מנת למעבד מעבד על {על} כורחיה דאבא הא לא
839 Gn45:21 ויהב להון יוסף עגלין על {על} גזרת פומיה דפרעה ויהב
840 Gn48:06 בתריהון לשמך יהוון {על} על שם אחיהון יתקרון
841 Nu11:31M /וכרום תרתין הווה {טל}<על>#2#/ על אפיה דארעא/אר#2#
842 Nu10:10 ירחיכון ותתקעון בחצוצרתה על עלוותיכון ועל נכסי קדשיכון
843 Lv27:13 יפרוק יתה ויסף חמשה על עלויה:
844 Ex12:42 ליליא קדמיא כד אתגלי ייי על עלמא למבריה יתיה הוה עלמא
845 Ex20:13 בחובי קטוליא חרבא נפיק על עלמא:
846 Ex20:14 בחובי גיורא מותנא אתא על עלמא:
847 Dt 5:17 בחובי קטוליה חרבה נפק על עלמא:
848 Dt 5:18 גייוריה מותנה נפק ^על#2#^ עלמא:
849 Dt 5:19 בחובי גנבייה כפנה נפק על עלמא:
850 Dt 5:21 לא נחת ובצורתה אתייה על עלמא ומלכוותה מתגריין
851 Ex29:25 ותסדר על גבי מדבחה על עלתה לריח דרעוא קדם ייי
852 Lv 3:05 בנוי דאהרן על גבי מדבחא על עלתה די על קיסיה די על אשתה
853 Lv 8:28 ידיהון וסדר על גבי מדבחה על עלתה אשלמו אינון:
854 Lv 9:14 בני גווה וית רגליה וסדר על עלתה על גבי מדבחה:
855 Nu15:05 לנסוך רביעות הינא תקרבון על עלתה או לנכסת קודש«י»ה
856 Nu23:06 וחזר לוותיה והא אתעתד על עלתה הוא וכל רברבני מואביי:
857 Nu23:17 ואתא לוותיה והא הוא מתעתד על עלתה ורברבני מואביי עימיה
858 Nu23:03 ואמר בלעם לבלק אתעתד על עלתך ואזל מה דלמא יזדמן
859 Nu23:15 ואמר לבלק אתעתד הכה על עלתך ואנה אזדמן הכה:
860 Nu 1:53 דסהדותה ולא יהווי רגוז על עם כנישתה דבני ישראל
861 Nu27:16 בנשמת כל בשרא גבר מהימן על עם כנשתה:
862 Ex12:33 ואתוקפו מצריי על עמא למזרוזא למשלחה יתהון מן
863 Ex18:25 ישראל ושוי יתהון ראשין על עמא רברבני אלפין ורברבן
864 Ex24:08 ונסב משה ית אדמה וזרק על עמא ואמר הא אדם קיימא דקיים

|  |  |  |  |  |
|---|---|---|---|---|
| 865 | Ex32:14 | על בישתא די אמר למייתיה | על | עמא: |
| 866 | Lv16:08M | עדב חד לשמה דייי לכפרה | על | עמא ועדב חד למפטור למדבר |
| 867 | Nu17:12 | בעמא ויהב ית קטרתה וכפר | על | עמא: |
| 868 | Lv 9:22 | וזקף אהרן ית ידוהי בצלו | על | עמה וברך יתהון ונחת מן דקרב |
| 869 | Ex32:12 | על בישתא די אמרת למיתי | על | עמך: |
| 870 | Gn31:10 | בחלמא והא גדיא דסלקין | על | ענא קרוחין נמורין ומקדקדין: |
| 871 | Gn31:12 | וחמי כל גדיא דסלקין | על | ענה קרוחין נמורין ומקדקדין |
| 872 | Gn24:13 | הא אנא קיים מעתד | על | עניא דמיא ובנתהון דעמא |
| 873 | Ex19:04M | מן מצראי וסבלית יתכון | על | ענני קלילין היך על כנפי |
| 874 | Nu17:14 | ושבע מאה בר מן דהוון | על | עצתה דקרח: |
| 875 | Ex 7:28 | בביתך ובקיטוני מדמכך | על | עריסתך ובבתי שלטנך ובעמך |
| 876 | Lv26:30 | ואשוי ית פגריכון | על | פגרי מרחקתכון ותרחק נפשי |
| 877 | Nu 4:19 | וישרון יתהון גבר גבר | על | פולחניה ועל מטוליה: |
| 878 | Nu 9:11 | ביני שמשתה יעבדון יתיה | על | פטירין ועם מרורין יאכלון |
| 879 | Gn 4:08 | ברחמי' איתברי עלמא ולא | על | פירי עובדין טבין הוה מדבר |
| 880 | Ex30:16M | בני ישראל ותתן יתה | לפלחן/על | פלחן#2#/ משכן זימנא |
| 881 | Nu 4:49 | על ידוי דמשה גבר גבר | על | פלחניה ועל מטוליה וסכומוי |
| 882 | Gn43:19 | וקרבו לוות גברא דהוה ממני | על | פלטורין דיוסף ומללון עמיה |
| 883 | Gn44:19 | למנשה ברה וטפח ברגליה | על | פלטין ואזדעזע כל פלטין ענה |
| 884 | Ex29:17 | בני גווה ורגלוי ותתן | על | פסגוי ועל ראשה: |
| 885 | Gn15:11 | כד נחת טייסא הווה שכין | על | פסגיי' היידין הוא טייסא דן |
| 886 | Gn15:11 | ונחת עופה | על | פסגייה ואשבת יתה זכותה |
| 887 | Nu24:25 | חזר לאתריה ואקים בנתיה | על | פרה רבה: |
| 888 | Ex11:01 | למשה עוד מכתש חד אייתי | על | פרעה ועל מצריי ומן בתר כדון |
| 889 | Nu 3:49 | פרקוניה מן מה דאישתייר | על | פרקוניהון דליוויי: |
| 890 | Dt33:29 | באורייתה ועבדין פיקודייה | על | פרקת צוארי מלכיהון תהוון |
| 891 | Gn41:10 | פרעה רגז | על | {פ}<ש>ליטוי ושוי יתי במטרא |
| 892 | Dt 4:02 | לא תוסיפון | על | פתגמא די אנה כען מפקד יתכון |
| 893 | Ex25:30 | ותתן | על | פתורא סידור לחם אפיא קדמוי |
| 894 | Lv24:06 | שתה סדורין חלין בכל סדור | על | פתורה דכייה קדם ייי: |
| 895 | Ex37:16 | ועבד ית מניה די | על | פתרה ית פילוותא וית בזיקי |
| 896 | Ex37:16M | די על /מאניה דאית | על#2#/ | פתרה ית פילוותא וית |
| 897 | Gn27:40M | "מטולהון ...": שעבדה | על | צואריה וכד ימנעון גרמיהון |
| 898 | Gn41:42 | דבוץ ושוי מניכא דדהבא | על | צואריה: |
| 899 | Gn45:14 | אחוי ובכא ובנימן בכה | על | צואריה: |
| 900 | Gn46:29 | לגשנה וחמה יתיה ואתרכן | על | צואריה ובכה על צואריה תוב: |
| 901 | Gn46:29 | ואתרכן על צואריה ובכה | על | צואריה תוב: |
| 902 | Gn27:40 | יהוון משויין ניר מטולהון | על | צוארך ויהווי כד ישבקון בנוי |
| 903 | Gn45:14 | ואתרכן | על | צווארי דבנימן אחוי ובכא |
| 904 | Gn50:01 | אתרכן יוסף ^בכין#2#^ | על | צוואריה דאבוי ובכא עלוי |
| 905 | Dt28:48 | מדעם וישוי נירה דפרזלה | על | צוואריכון עד זמן די ישיצון |
| 906 | Gn33:04 | לקדמותה וגפף יתיה ואתרכן | על | צווריה ונשק יתה ובכו: |
| 907 | Nu15:38 | גיליהון לדריהון וישוון | על~~ | ציצין דצניף גולתה שיע |
| 908 | Gn41:13 | יתי חזר לשמושי ויתיה צלב | על | צליבא: |
| 909 | Gn40:19 | ית ראשך מעילוך ויצלב יתך | על | צליבה ויאכל עופא ית בשרך |
| 910 | Nu25:04 | דמתחייב קטלה יצלבון יתיה | על | צליבה וקברין ית נבלתהון עם |
| 911 | Nu15:38 | ^^ויעבדון להון ציצין | על | צנפת גיליהון לדריהון וישוון |
| 912 | Ex26:35 | דמשכנה לדרומה ופתורא תתן | על | צפונה סטרה צפונה: |
| 913 | Gn35:20 | ואקם יעקב קיימא | על | קבורת' היא קיימת קבורתא |
| 914 | Nu16:03 | מה אתון מתרברבין | על | קהל כנישתה דייי: |
| 915 | Lv16:16 | ויכפר | על | קודשיה מן סואבותהון דבני |
| 916 | Nu 4:10 | חפוי משך דססגון ויתנון | על | קופה: |
| 917 | Nu 4:12 | ויתנון בחפוי משך דססגון | על | קופה: |
| 918 | Gn34:27 | בנוי דיעקב עלו | על | קטיליא ובזון קרתא די סאבו |
| 919 | Nu31:08 | וית מלכיהון דמדייניי קטלו | על | קטליהון ית אוי וית רקם |
| 920 | Dt17:02M | ייי אלהכון למעברה | בקיימיה/על | קיים#2#/: |
| 921 | Dt23:26M | מלא ידך ומגל לא תשווי | על | קיים'#2#/ דחברך: |
| 922 | Dt23:26 | בידיך ומגל דחצד לא תעבר | על | קיימתה דחברך: |
| 923 | Dt21:22 | ויתקטל ותצלבון יתיה | על | קיסה: |
| 924 | Dt21:23 | לא תבית נבלתיה | על | קיסה ארום מקבר תקברון יתיה |
| 925 | Lv 4:12 | קיטמא ויוקד יתיה | על | קיסי' באשתא בתר בית שפיכות |
| 926 | Lv 1:08 | פסגי' ית ראשה וית גופה | על | קיסיה די על אשתה די על גבי |
| 927 | Lv 1:12 | גופיה ויסדר כהנא יתהון | על | קיסיה די על אשתה די על גבי |
| 928 | Lv 1:17 | כהנא יתיה על גבי מדבחה | על | קיסיה די על אשתה עלה הוא |
| 929 | Lv 3:05 | על גבי מדבחא על עלתה די | על | קיסיה די על אשתה קרבן מתקבל |
| 930 | Lv 4:35 | כהנא יתהון על גבי מדבחה | על | קרבנוי דייי ויכפר עלוי כהנא |
| 931 | Lv 5:12 | ויסדר על גבי מדבחא | על | קרבנוי דייי חטאתה היא: |
| 932 | Lv10:15 | דאפרשות' וניעה דאנפותה | על | קרבני תרביה ייתון למנפה |
| 933 | Ex24:11 | שכינתה דייי והוון חדיין | על | קרבניהון דאתקבלון היך אכלון |
| 934 | Dt20:19 | ארום תקפון | על | קריה יומין סגין למסדרה |
| 935 | Gn35:05 | ונטלו והוות דחלתא דייי | על | קרייתא די חזור חזור יתהון |
| 936 | Lv 4:18 | ומן אדמה יתן | על | קרנותיה דמדבחה די קדם ייי |
| 937 | Ex29:12 | ותסב מן אדמא ותתן | על | קרנתה דמדבחא באצבעך וית כל |
| 938 | Ex30:10 | חדא זמן בשתא יכפר עלוי | על | קרנת«ה» לדריכון קדש קדשים |
| 939 | Ex30:10 | <ויכפר> אהרן עלוי | על | קרנתה חדא זמן בשתא מן אדם |
| 940 | Lv 9:09 | וצבע אצבעיה באדמה ויהב | על | קרנתה דמדבחה וית כל דמה |
| 941 | Lv16:18 | ומן אדמה דצפירה ויתן | על | קרנתה דמדבחה מן חזור חזור: |
| 942 | Lv 4:07 | ויתן כהנא מן אדמה | על | קרנתיה דמדבחה דקטרת |
| 943 | Lv 4:25 | אדמה דחטאתה באצבעיה ויתן | על | קרנתיה דמדבחה דעלתה וית כל |
| 944 | Lv 4:30 | מן אדמה באצבעיה ויתן | על | קרנתיה דמדבחא דעלתה וית כל |
| 945 | Lv 4:34 | אדמה דחטאתה באצבעיה ויתן | על | קרנתיה דמדבחה דעלתה וית כל |
| 946 | Lv 8:15 | ונסב משה ית אדמה ויהב | על | קרנתיה «ד»מדבחה |
| 947 | Dt20:20 | ותקצון ותבנון כרכומין | על | קרתה דהיא עבדה עמכון סדרי |
| 948 | Ex34:02 | דסיני ותתעתד לוותי תמן | על | ראש טורא: |
| 949 | Ex34:02M | טורא /ותתעבר תמן גבי | על | ראש לטורא#2#/: |
| 950 | Lv 3:02 | ויסמוך ידיה | על | ראש קרבניה ויכוס יתיה בתרע |
| 951 | Lv 8:14 | אהרן ובנוי ית ידיהון | על | ראש תורה דחטאתה: |
| 952 | Gn28:10 | דאקים קיימא ואריק משח | על | ראשה וניסא תליתאה כיון דנטל |
| 953 | Gn28:18 | ושוי יתה קיימא ואריק משח | על | ראשה: |
| 954 | Gn48:14 | ית ימינה ופשט ושווי | על | ראשה דאפרים והוא זעירא וית |
| 955 | Ex29:06 | ותשווי ית מצנפתה | על | ראשה ותתן ית כליל בית קודשא |
| 956 | Ex29:15 | אהרן ובנוי ית ידיהון | על | ראשה דדיכרא: |
| 957 | Ex36:29 | מן לרע וכחדה הוון מתאמין | על | ראשה לגו עזקתה חדא כדון עבד |
| 958 | Lv 1:04 | ויסמוך ידוי | על | ראשה דעלתא ויתרעי ליה |
| 959 | Lv 4:04 | קדם ייי ויסמוך ית ידיה | על | ראשה דתורא ויכוס ית תורא |
| 960 | Lv 4:15 | חכימי עם כנשתא ית ידיהון | על | ראשה דתורא קדם ייי ויכוס ית |
| 961 | Lv 4:24 | ויסמוך ידיה | על | ראשה דצפירה ויכוס י{ד}<ת>יה |
| 962 | Lv 4:29 | ויסמוך ית ידיה | על | ראשה דחטאתא ויכוס ית חטאתא |
| 963 | Lv 4:33 | ויסמוך ^ית#2#^ ידיה | על | ראשה דחטאת' ויכוס יתה |
| 964 | Lv 8:09 | ושוי ית מצנפתה | על | ראשה ושוי על מצנפתה מן |
| 965 | Lv 8:18 | אהרן ובנוי ית ידיהון | על | ראשה דדכרה: |
| 966 | Lv14:29 | די על ידוי דכהנא יתן | על | ראשה דמן דמדכי למכפר' עלוי |
| 967 | Lv16:21 | אהרן ית ^תרתיך#2#^ ידוי | על | ראשה דצפירה דבחיין ויתודי |
| 968 | Lv21:10 | דמתרבי מן אחוי די יתארק | על | ראשה מן משחה דרבותה |
| 969 | Lv24:14 | מן דשמעון י{ד}<ת> ידיהון | על | ראשה וירגמון יתיה כל עמה |
| 970 | Gn40:16 | תלתא סלין דפיתא נקיתא | על | ראשי: |
| 971 | Nu 8:12 | וליווי יסמכון ית ידיהון | על | ראשי תורייה וקרב ית חד |
| 972 | Ex29:07 | ית משחא דרבותה ותריק | על | ראשיה ותרבי יתיה: |

| | | | | |
|---|---|---|---|---|
| 973 | Lv14:18 | די על כף ידוהי דכהנא יתן | על | ראשיה דמן דמדכי ויכפר עלוהי |
| 974 | Gn40:02 | ורגז פרעה על תרין שליטוי | על | רב מזוגיא ועל רב נחתומיה: |
| 975 | Nu 3:32 | ורבה דהוה ממני | על | רברבני ליוויי אלעזר בר |
| 976 | Gn38:25 | רבא הדין מיד קם יהודה | על | רגלוי ואמר בבעו מנכון אחיי |
| 977 | Ex29:20 | דיכרא ותסב מן אדמיה ותתן | על | רום אודנה דאהרן ועל רום |
| 978 | Lv 8:23 | ונסיב משה מן אדמה ויהב | על | רום אדנה דאהרן דימינה ועל |
| 979 | Lv 8:24 | דאהרן ונסב משה מן אדמה | על | רום אדניהון דימינה ועל |
| 980 | Lv14:14 | מן אדמה דאשמה ויתן כהנא | על | רום אדנה דמן דמדכי דימינה |
| 981 | Lv14:17 | די על כף ידיה יתן כהנא | «על | רום אדנה» דמן דמדכי |
| 982 | Lv14:25 | מן אדמה˜ דאשמה ויתן | על | רום אדניה דמן דמדכ׳ דימינה |
| 983 | Lv14:28 | מן משחה די על כף ידיה | על | רום אדנה דמן דמדכי דימינה |
| 984 | Nu21:08M | "אל אתר": | על | רום ויהוי כל דמנכית |
| 985 | Gn47:31 | ליה ואודי ושבח ישראל | על | ריש דרגשא: |
| 986 | Gn48:02 | ואזדרז ישראל ויתב ליה | על | ריש דרגשה: |
| 987 | Gn49:26 | האליין יתעבדון כליל דרבו | על | ריש יוסף ולגו קדקדא דגברא |
| 988 | Ex17:09 | למחר הא אנה קיים מעתד | על | ריש רמתא וחוטרא די אתעבד |
| 989 | Ex19:20 | דייי על טורא דסיני | על | ריש טורא וקרא מימריה דייי |
| 990 | Ex29:10 | אהרן ובנוי ית ידיהון | על | ריש תורא: |
| 991 | Ex29:19 | אהרן ובנוי ית ידיהון | על | ריש תורא: |
| 992 | Lv 3:08 | ית ידיה | על | ריש קרבניה ויכוס יתיה קדם |
| 993 | Lv 8:12 | ואריק מן משחה דרבותה | על | ריש דאהרן ורבי יתיה למקדשה |
| 994 | Lv 8:22 | אהרן ובנוי ית ידיהון | על | ריש דדכרה: |
| 995 | Gn48:17 | יתה מעילוי רישה דאפרים | על | רישא דמנשה: |
| 996 | Ex26:24 | מלרע וכחדא יהוון מכוונין | על | רישא לגו עזקתא חדא כדן יהוי |
| 997 | Ex36:29M | /מתחמין#2/ \על ראשה | /על | רישא#2/ לגו עזקתה חדא |
| 998 | Dt33:16 | ויתעבדון כליל דרבו | על | רישא דיוסף ולגו קודקדה |
| 999 | Gn48:17 | ארום שוי אבוי ית ימיניה | על | רישה דאפרים והוא לא שפר |
| 1000 | Nu21:15M | והוו ישראל מהלכין | על | רישי טורייה מלעיל ולא ידעו |
| 1001 | Gn48:14 | והוא זעירא וית שמאליה | על | רישיה דמנשה שלחף ית |
| 1002 | Gn48:18 | ארום דין בכורה שוי ימינך | על | רישיה: |
| 1003 | Lv 3:13 | ויסמוך ית ידיה | על | רישיה ויכוס יתיה קדם משכן |
| 1004 | Lv 4:11 | משכא דתורא וית כל בשרה | על | רישיה ועל רגלוי ובני גוויה |
| 1005 | Lv16:21 | לכל חוביהון ויתן יתהון | על | רישיה דצפירה וישלח ביד גבר |
| 1006 | Nu 6:05 | נדר נזירותיה גלב לא יעלה | על | רישיה עד די שלמין יומיא די |
| 1007 | Nu 6:07 | במיתתהון ארום כליל אלהיה | על | רישיה: |
| 1008 | Ex15:01M | \דכל מן דמתגאי/דהוא רם | על | רמיא ומתגאה על גוותניה וכל |
| 1009 | Ex15:21M | ייי "כי" הוא רם | על | רמיא |
| 1010 | Nu36:12 | לנשים והוות אחסנתהון | {כ}<ע>ל | שבט אחסנות אבוהון: |
| 1011 | Nu 2:10 | ורבה דהוה ממני | על | שבטה דבנוי דראובן אליצור |
| 1012 | Dt33:09 | דאמיר | על | שבטה דלוי לאבוי ולאימיה לא |
| 1013 | Nu11:25 | רוח קודשה די עלוי ויהב | על | שבעתי גובריה חכימיה והוה כד |
| 1014 | Ex 1:10 | קרבא ויתוספון אינון אף | על | שונאינון ויסדרון קרבא לקובלן |
| 1015 | Ex28:37 | ותשוי יתיה | על | שזר תכלה ויהווי על מצנפתה |
| 1016 | Ex26:12 | דריעתא דאשתיירת תשפ«ע» | על | שיפולוי {ימא} דמשכנא <ימא>: |
| 1017 | Ex28:34 | ורמון זוגין דדהב ורמון | על | שיפולוי דמעילה |
| 1018 | Nu 3:29 | זרעיתה דבנוי דקהת ישרון | על | שיפולוי דמשכנה מן דרומה: |
| 1019 | Ex12:42 | ית שכלוליהון וכהן עייני | על | שכלוליהון וקרא יתיה ליל |
| 1020 | Nu15:25 | קדם ייי וחובתהון קדם ייי | על | שלותהון: |
| 1021 | Lv 5:18 | כהנא ויכפר עלוי כהנא | על | שלותיה די אשתלי והוא לא הוה |
| 1022 | Gn48:06 | בתריהון לשמך יהוון {על} | על | שם אחיהון יתקרון |
| 1023 | Dt 3:14 | וקרא יתהון | על | שמה ית בותנ«י»ין כופרנוי |
| 1024 | Dt25:06 | בכורה די תולד <יקום> | על | שמה דאחוי מיתה ולא יתמחק |
| 1025 | Ex28:11 | חקיק תגלף ית תרין אבניה | על | שמהת בני ישראל מקפן מאחדן |
| 1026 | Ex28:21 | <אבניה יהווין> | על | שמהת בני ישראל תרתין עשרי |
| 1027 | Ex39:06 | מאחדן דהב מגלפן גלף חקק | על | שמהת בני ישרא׳: |
| 1028 | Ex39:14 | ואבניה | על | שמהת בני ישראל אינין תרתין |
| 1029 | Ex28:21 | בני ישראל תרתין עשרי | על | שמהתהון גליף חקיק על שמיה |
| 1030 | Ex39:06M | גלף \חקק על שמהת /דחתים | על | שמהתהון#2/ בני ישרא׳: |
| 1031 | Ex39:14 | ישראל אינין תרתין עשרה | על | שמהתהון גליף חקיק גבר על |
| 1032 | Ex 9:22M | "ארכך:" ארעם ידך | על | שמיא |
| 1033 | Ex10:21M | מימרי׳ דייי ארעם ידך | על | שמיא#2/ ויהוי חשוכא |
| 1034 | Gn27:41 | ית שת וקרא ית שמיה | על | שמיה הא אנה ממתין עד זמן |
| 1035 | Ex28:21 | על שמהתהון גליף חקיק | על | שמיה יהוויין לתרין {עשרתין} |
| 1036 | Ex28:21M | על /גלף {ת}<ד>חתום | על#2/ | שמיה יהוויין/תהוויין#2 |
| 1037 | Ex39:14 | על שמהתהון גליף חקיק גבר | על | שמיה לתרין עשרתי שבטיה: |
| 1038 | Gn49:11 | אסר חרציה ונפק לקרבא | על | שנאוי ומקטל מלכין עם |
| 1039 | Gn49:17 | על בעלי דבבו«י» ודחלתו | על | שנאוי נפק לקרבא לקבל שנאוי |
| 1040 | Gn33:04M | ויעקב הוה בכי | על | שעיעות צואריה |
| 1041 | Ex28:33 | וארגוון וצבע דזהורי טבא | על | שפולוי מן חזור וזוגין דדהב |
| 1042 | Ex39:24 | ועבדו | על | שפולוי דמעילה רמונין תכלה |
| 1043 | Ex39:25 | ויהבו ית זוגיא בגו רמוני | על | שפולוי דמעילה מן חזור חזור |
| 1044 | Ex39:26 | זוג ורמן זוג ורמן | על | שפולוי דמעילה מן חזור חזור |
| 1045 | Ex40:22 | ויהב ית פתורה במשכן זימנא | על | שפולוי דמשכנא לצפונא לבר מן |
| 1046 | Ex40:24 | במשכן זימנא לקבל פתורה | על | שפולוי דמשכנא מן דרומא: |
| 1047 | Lv 1:11 | ויכוס יתיה | על | שפולי דמדבחה מן צפונה קדם |
| 1048 | Ex28:33 | ותעבד | על | שפלוי מן חזור רמנין תכלה |
| 1049 | Ex12:22 | די במנה ואתון ותתנון | על | שקופא ועל תרתין מזוזתייא מן |
| 1050 | Ex12:23 | מצריי ויחמ{ו}<י> ית אדמה | על | שקופא ועל תרתין מזוזייתא |
| 1051 | Ex12:22M | "ואתון ... במנה": ותתנון | על | שקופה ועל תרתין מזוזיתא מן |
| 1052 | Lv 5:22 | אביד׳ ויכפר בה וישתבע | על | שקר על חדא מן כל מה די עבד |
| 1053 | Ex22:08 | על כל פתגם דחסיא | על | תור על חמרא על אמר ועל לבוש |
| 1054 | Lv25:31 | להון שורין מן חזור חזור | על | תחומיה דארעא יתחשב פרקון |
| 1055 | Nu 2:17M | לאתריה לטכסיהון /גבר | על | תחומיה לטכ׳#2/: |
| 1056 | Dt19:09 | לכון תוב תלת קורי שיזבו | על | תלתי קירייתה האיליין: |
| 1057 | Nu32:14 | דגברין חייבין למוספה תוב | על | תקוף רוגזה דייי על ישראל: |
| 1058 | Dt32:11 | וסבל יתהון וסען יתהון | על | תקוף אברוי: |
| 1059 | Nu21:08M | דנחש ושוי יתי \אל אתר | /על | תר#2/ תלי /\והוי כל |
| 1060 | Lv 8:26 | במשח חדה ועריך חד ושוי | על | תרביה ועל שקה דימינה: |
| 1061 | Ex22:10M | מומתא דייי תהוי | על | תרויהו׳ |
| 1062 | Gn40:02 | ורגז פרעה | על | תרין שליטוי על רב מזוגיא |
| 1063 | Ex20:02M | והוה חזר ומתחקק | על | תרין לוחי קיימ׳ ואמר עמי |
| 1064 | Ex20:02 | ודחלין והוה חזר ומתחקק | על | תרין לוחי קיימא ואמר עמא |
| 1065 | Ex20:03 | ודחלין והוה חזר ומתחקק | על | תרין לוחי קיימא ואמר עמי |
| 1066 | Ex27:07 | בעזקיא ויהוון אריחיא | על | תרין סטריה דמדבחא למטען |
| 1067 | Ex28:23 | דדהב ותתן ית תרתין עזקיא | על | תרין סיטרוי דחושנא: |
| 1068 | Ex28:26 | עזקין דדהב ותשוי יתהון | על | תרין סיטרוי דחושנא על |
| 1069 | Ex30:04 | על תרתין זויתא תעבד | על | תרין סטרוי ויהוי לאתרין |
| 1070 | Ex37:27 | לכלילה על תרתין זויתה | על | תרין סטרוי לאתרין לאריחיה |
| 1071 | Ex39:16 | דדהב ויהבו ית תרין עזקין | על | תרין סטרוי דחשנה: |
| 1072 | Ex39:19 | תרתין עזקין דדהב ושוון | על | תרין סטרוי דחושנה על |
| 1073 | Ex39:19M | ע<ז>קייה דדהבה ויהבו | על | <תרין> |
| 1074 | Lv16:08 | ויתן אהרן | על | תרין צפיריה עדוין עדיו חד |
| 1075 | Lv23:20 | אנפ{ן}<ו> קדם ייי | על | תרין אמריה קדש יהוון לשמה |
| 1076 | Nu 7:03 | ותרין עשר תורין עגלה | על | תרין רברבנין ותור מן דכל חד |
| 1077 | Dt 4:13 | עשרתי דביריה וכתב יתהון | על | תרין לוחי אבנייה: |
| 1078 | Dt 5:22 | רב ולא פסיק וכתב יתהון | על | תרין לווחין דאבנין ויהב |
| 1079 | Ex12:23 | ויפסח ויגן מימריה דייי | על | תרע אבהתה דבני ישראל ולא |
| 1080 | Dt 6:09M | ותתנון יתהון | על | תרע בתיכון וקורייכ׳ |

|  |  |  |  |  |  |
|---|---|---|---|---|---|
| 1081 | | Dt11:20M | בתיכון ובסיפי קורייכון | /על | תרע בתיכון ועל קורי#2#/: |
| 1082 | | Ex12:07 | ויסבון מן אדמה ויתנון | על | תרתין מזוזייתא ועל שקופא על |
| 1083 | | Ex28:12 | אהרן ית שמהתהון קדם ייי | על | תרתין כתפתה {דאפודה אבנין |
| 1084 | | Ex28:24 | ית תרתין קליעתה דדהבא | על | תרתין עזקיא לגו סיטרוי |
| 1085 | | Ex28:25 | סטרי תרתין קליעתה תתן | על | תרתין מאחדתה ותתן על כתפתה |
| 1086 | | Ex28:27 | עזקין דדהב ותתן יתהון | על | תרתין כתפתה דאפודא מן לרע |
| 1087 | | Ex30:04 | תעבד ליה מן תחות לכלילה | על | תרתין זויתא תעבד על תרין |
| 1088 | | Ex37:27 | עבד ליה מן תחות לכלילה | על | תרתין זויתה על תרין סטרוי |
| 1089 | | Ex39:17 | ויהבו תרתין קליעתה דדהבא | על | תרתין עזקיה על סיטרוי |
| 1090 | | Ex39:18 | תרתין קליעתה יהבו | על | תרתין מאחדתה ויהבו יתהון על |
| 1091 | | Ex39:20 | עזקין דדהב ושוון יתהון | על | תרתין כתפת«ה» דאפדה |
| 1092 | | Dt 9:15 | ותרין לוחי קיימה יהיבין | על | תרתין ידיי: |
| 1093 | דעל | Lv 3:15 | וית תרבה די עליהן | דעל | כסליה וית מה דמשתייר מן |
| 1094 | | Lv14:16 | דימינה מן מש{כ}<ח>ה | דעל | כף ידיה דשמאלה וידי מן |
| 1095 | | Ex27:21 | זימנא לבר מן פרכתה | דעל | שהדותא יסדר יתיה אהרן |
| 1096 | | Ex30:06 | דשהדותא וקדם כפרתה | דעל | שהדותא דאזמן לך ממרי תמן: |
| 1097 | ועל | Ex16:02 | דבני ישראל על משה | ועל | אהרן במדברא: |
| 1098 | | Nu14:02 | ואתרעמו על משה | ועל | אהרן כל בני ישראל ואמרין |
| 1099 | | Nu16:03 | ואתכנשו על משה | ועל | אהרן ואמרין להון סגין |
| 1100 | | Nu17:06 | יומא דמן בתרה על משה | ועל | אהרן למימר אתון קטלתון ית |
| 1101 | | Nu17:07 | עם כנישתה על משה | ועל | אהרן וכוונו למשכן זימנה |
| 1102 | | Nu20:02 | כנישתה וכנשו על משה | ועל | אהרן: |
| 1103 | | Nu26:09 | פלגון קדם ייי על משה | ועל | אהרן בעצתה דקרח בזמנה די |
| 1104 | | Lv10:16 | אתוקד ורגז על אלעזר | ועל | איתמר בנוי דאהרן ^מה#2#^ |
| 1105 | | Ex 6:03 | על אברהם על יצחק | ועל | יעקב באלה שמיא ברם שמי |
| 1106 | | Nu21:05 | עמה בתר ממרה דייי | ועל | משה אתרעמו למה כען אסקתון |
| 1107 | | Gn33:01 | ופלג ית טליא על לאה | ועל | רחל ועל תרתין לחינתה: |
| 1108 | | Gn19:24 | וממריה דייי אחת על סדם | ועל | עמרה גפרית ואשא מן קדם |
| 1109 | | Ex29:20 | אודניהון דבנוי דימינא | ועל | אליון ידיהון דימינא ועל |
| 1110 | | Ex29:20 | אליון ידיהון דימינא | ועל | אליון רגליהון דימינא ותזרק |
| 1111 | | Lv 8:23 | רום אדנה דאהרן דימינה | ועל | אליון ידיה דימינה על אליון |
| 1112 | | Lv 8:24 | על רום אדניהון דימינה | ועל | אליון ידיהון דימינה ועל |
| 1113 | | Lv 8:24 | אליון ידיהון דימינה | ועל | אליון רגליהו' דימינה וזרק |
| 1114 | | Lv14:14 | אדנה דמן דמדכי דימינה | ועל | אליון ידיה דימינה ועל |
| 1115 | | Lv14:14 | ועל אליון ידיה דימינה | ועל | אליון רגליה ימינה: |
| 1116 | | Lv14:17 | דמן דמדכי דימינה | ועל | אליון ידיה דימינ' ועל |
| 1117 | | Lv14:17 | ועל אליון ידיה דימינ' | ועל | אליון רגליה דימינה על אדמה |
| 1118 | | Lv14:25 | אדניה דמן דמדכ' דימינה | ועל | אליון ידיה דימינה ועל |
| 1119 | | Lv14:25 | ועל אליון ידיה דימינה | ועל | אליון רגליה דימינה: |
| 1120 | | Lv14:28 | אדנה דמן דמדכי דימינה | ועל | אליון ידוי דימינה ועל |
| 1121 | | Lv14:28 | ועל אליון ידוי דימינה | ועל | אליון רגליה דימינה על אתר |
| 1122 | | Gn21:12 | לא יבאש באפיך על טליה | ועל | אמתך כל מה דתימר לך שרה |
| 1123 | | Lv16:11M | אנשי ביתיה /על{ו}וי | ועל | אנ#2#/ ויכוס ית תורה |
| 1124 | | Lv16:06M | אנשי בייתה /עלוי | ועל | אנש#2#/: |
| 1125 | | Lv16:24M | ועל ידי /עלוי | ועל#2#/ | אנש עמה: |
| 1126 | | Gn12:17M | רברבין#2#/ ובאנשי ביית#יה/ועל | | אנשי דבייתי' |
| 1127 | | Dt 4:36 | קל מימריה למרדי יתכון | ועל | ארעא חוי יתכון ית אשתיה |
| 1128 | | Ex 8:01 | על נהריא ועל שקיא | ועל | ביציה ואסק ית ארדעניא על |
| 1129 | | Ex 7:19 | על נהרייא ועל מבועיהון | ועל | ביציהון ועל כל בית |
| 1130 | | Ex28:43 | ויהוון על אהרן | ועל | בנוי במעיליהון למשכן זימנא |
| 1131 | | Ex29:21 | על אהרן ועל לבושו' | ועל | בנוי ועל לבושי בנוי עמי |
| 1132 | | Dt33:09 | לא חכם בעובדה דעגלה | ועל | בנוי לא קנה רחמין בעובדה |
| 1133 | | Ex34:07 | אבהן רשיעין על בנין | ועל | בני בנין מרודין על דר |
| 1134 | | Ex 3:22 | ותשוון על בניכון | ועל | בנתכון ותרוקנון ית מצריי: |
| 1135 | | Ex11:07M | ועד בעיר /לא על גבר | ועל | בעיר#2#/ מן בגלל די תדעון |
| 1136 | | Ex 9:09 | ויהווי על בני אינשא | ועל | בעירא לשחין פרח עבד |
| 1137 | | Ex 9:22 | דמצרים על בני אנשא | ועל | בעירה ועל כל עשבא באפי ברא |
| 1138 | | Gn41:40 | אפיטרופ«וס» על בייתי | ועל | גזירת פומך יתזנון כל עמי |
| 1139 | | Nu27:21 | ייי על גזירת פמה יפקון | ועל | גזירת פמה ייעלון הוא |
| 1140 | | Dt12:02 | ^על#2#^ טוריה רמייה | ועל | גלמתה ותחות כל אילן משבח: |
| 1141 | | Ex20:05 | מרדין על דר תליתיא | ועל | דר רביעיאי לשנאי כד יהוון |
| 1142 | | Ex34:07 | מרודין על דר תליתיי | ועל | דר רבעיי: |
| 1143 | | Nu14:18 | מרודין על דר תליתיי | ועל | דר רביעיי: |
| 1144 | | Dt 5:09 | מרודין על דר תליתיי | ועל | דר רביעיי כד משלמין בחטא |
| 1145 | | Gn44:18 | ואחסנא עמן בפלוג ארעא | ועל | חד כמה וכמה דאנה קשה |
| 1146 | | Nu 7:16 | באדמה דצפירה על חובוי | ועל | חובי שלות שבטה: |
| 1147 | | Nu 7:22 | דצפ«י»רה על חובוי | ועל | חובי שלות שבטה: |
| 1148 | | Nu 7:28 | באדמה דצפירה על חובוי | ועל | חובי שלות שבטה: |
| 1149 | | Nu 7:34 | באדמה דצפירה על חובוי | ועל | חובי שלות שבטה: |
| 1150 | | Nu 7:40 | באדמה דצפירה על חובוי | ועל | חובי שלות שבטה: |
| 1151 | | Nu 7:46 | באדמה דצפירה על חובוי | ועל | חובי שלות שבטה: |
| 1152 | | Nu 7:52 | באדמה דצפירה על חובוי | ועל | חובי שלות שבטה: |
| 1153 | | Nu 7:58 | באדמה דצפירה על חובוי | ועל | חובי שלות שבטה: |
| 1154 | | Nu 7:64 | באדמה דצפירה על חובוי | ועל | חובי שלות שבטה: |
| 1155 | | Nu 7:70 | באדמה דצפירה על חובוי | ועל | חובי שלות שבטה: |
| 1156 | | Nu 7:76 | באדמה דצפירה על חובוי | ועל | חובי שלות שבטה: |
| 1157 | | Nu 7:82 | באדמה דצפירה על חובוי | ועל | חובי שלות שבטה: |
| 1158 | | Nu10:15 | | ועל | חיילוות שבטה דבנוי דיששכר |
| 1159 | | Nu10:16 | | ועל | חיילוות שבטה דבנוי דזבולן |
| 1160 | | Nu10:19 | | ועל | חיילוות שבטה דבנוי דשמעון |
| 1161 | | Nu10:20 | | ועל | חיילוות שבטה דבנוי |
| 1162 | | Nu10:23 | | ועל | חילוות שבטה דבנוי דמנשה |
| 1163 | | Nu10:27 | | ועל | חילוות שבטה דבנוי דנפתלי |
| 1164 | | Nu10:26 | | ועל | חילוותי שבטה דבנוי דאשר |
| 1165 | | Gn25:27M | ברכיה אבוי ואמר ליה | ועל | חרבך תחיה ויעקב גבר שלם |
| 1166 | | Gn27:40 | | ועל | חרבך תחי וקדם אחוך תהוי |
| 1167 | | Lv16:33 | זימנה וית מדבחה יכפר | ועל | כהנייה ועל כל עם קהלא |
| 1168 | | Gn20:16 | הא יהבית אלף דסלעין | ועל | כולא אתווכחת ברם אילו יהבת |
| 1169 | | Gn 9:02 | על כל חייתא דארעא | ועל | כל עופא דשמיא בכל מה די |
| 1170 | | Gn20:16M | אברהם צדיקא לילי חד | ועל | כל מה דאית עמי ועל כלה |
| 1171 | | Gn39:05 | אפיטרופוס על ביתיה | ועל | כל מה דהוה ליה וברך ייי ית |
| 1172 | | Ex 7:19 | מבועיהון ועל ביציהון | ועל | כל בית כנישת{א} מימיהון |
| 1173 | | Ex 9:22 | על בני אנשא ועל בעירה | ועל | כל עשבא באפי ברא בארעא |
| 1174 | | Ex22:08 | חמרא על אמר ועל לבוש | ועל | כל {ל}<י>בידא די יאמר ארום |
| 1175 | | Lv10:06 | לא תבזעון דלא תמותון | ועל | כל עם כנשתא יהוי ריגז |
| 1176 | | Lv16:33 | מדבחה יכפר ועל כהנייה | ועל | כל עם קהלא יכפר: |
| 1177 | | Lv21:11 | | ועל | כל נפש דמית לא ייעול לאבוי |
| 1178 | | Nu 1:50 | לוויי על משכנה דסהדותה | ועל | כל מנוי ועל כל מה דליה |
| 1179 | | Nu 1:50 | דסהדותה ועל כל מנוי | ועל | כל מה דליה אינון יטענון ית |
| 1180 | | Nu19:18 | ועל נפשתה דהוון תמן | ועל | כל דיקרוב בגרם או בקטיל או |
| 1181 | | Nu19:18 | גבר דכי וידי על משכנה | ועל | כל מנייה ועל נפשתה דהוון |
| 1182 | | Gn20:16M | חד ועל כל מה דאית עמי | ועל | כלה אתוכחית |
| 1183 | | Nu16:22 | כל בשרה הא גבר יחטא | ועל | כנישתה יהוי רגוז: |
| 1184 | | Ex29:24M | /כף#2#/ \\ידוי דאהרן | ועל | כפי#2#/ ידיהון דבנוי |
| 1185 | | Lv 8:27 | על כפי ידוי דאהרן | ועל | כפי ידיהון דבנוי ואניף |
| 1186 | | Ex22:08 | על תור על חמרא על אמר | ועל | לבוש ועל כל {ל}<י>בידא די |
| 1187 | | Ex29:21 | דרבותא ותדי על אהרן | ועל | לבושו' ועל בנוי ועל לבושי |
| 1188 | | Lv 8:30 | מדבחה ואדי על אהרן | ועל | לבושוי ועל לבושי בנוי עמה |

|  |  |  |  |
|---|---|---|---|
| 1189 | | Ex29:21 | ועל לבושי' ועל בנוי ועל לבושי בנוי עמי ויתקדש הוא |
| 1190 | | Lv 8:30 | על אהרן ועל לבושוי ועל לבושי בנוי עמה וקדש ית |
| 1191 | | Gn29:13M | \ואעיל יתה לגו בייתיה /ועל לבייתיה#2/ ותני ללבן ית |
| 1192 | | Ex 7:19 | דמצריי על נהרייא ועל מבועיהון ועל ביציהון ועל |
| 1193 | | Nu13:29 | וכנענאי שריין על ימא ועל מגיזתה דירדנה: |
| 1194 | | Nu 4:11 | ועל מדבחה דדהבה יפרשון לבוש |
| 1195 | | Nu 4:26 | תרע דרתה די על משכנה ועל מדבחה מן חזור חזור וית |
| 1196 | | Gn39:04 | אפיטרופוס על ביתיה ועל מה דליה מסר תחות רשותיה: |
| 1197 | | Nu 4:19 | גבר גבר על פולחניה ועל מטוליה: |
| 1198 | | Nu 4:49 | גבר גבר על פלחניה ועל מטוליה וסכומוי די פקד ייי |
| 1199 | | Dt21:05 | בשם ממריה דייי קדישה ועל מימר פומהון יהווי כל דין |
| 1200 | | Gn37:08 | תוב משנא יתיה על חלמוי ועל מלוי: |
| 1201 | | Gn20:09 | לך ארום אייתת עלי ועל מלכותי חובין רברבין עבדין |
| 1202 | | Lv 7:09 | בתנורא וכל נעבד במרתחה ועל מסרייתה לכהנה דמקרב יתה לה |
| 1203 | | Ex11:01 | מכתש חד אייתי על פרעה ועל מצריי ומן בתר כדון ישלח |
| 1204 | | Nu10:10 | בחצוצרתה על עלוותיכון ועל נכסי קדשיכון ויהוין לכון |
| 1205 | | Nu19:18 | על משכנה ועל כל מנייה ועל נפשתה דהוון תמן ועל כל |
| 1206 | | Dt11:18 | תדירין על לבביכון ועל נפשתכון ותקטרון יתהון |
| 1207 | | Dt17:11 | אוריתה די ילפון יתכון ועל סדר דינה די יימרון לכון |
| 1208 | | Ex32:24M | לי ואת' ותלקתיה בנורא ועל סטנה בגווה ונפק מיניה |
| 1209 | | Lv13:45M | <וראשיה יהווי> פריע ועל סטרה יהווי מהלך מסאבה |
| 1210 | | Dt28:50 | די לא נסבת אפין לסב ועל עולם לא חייסה: |
| 1211 | | Dt32:36 | דעמיה בני ישראל ועל עלבון עבדוי דצדיקיה הוא |
| 1212 | | Lv 9:07M | /עליך/ ^<דעמ<ה#2#^ ועל עמא#2/ וקרב ית קרבניהון |
| 1213 | | Dt32:43 | טביה הוא מכפר על ארעא ועל עמא: |
| 1214 | | Gn 4:08 | די ברחמין איתברי עלמא ועל פירי עובדין טבין הו' מדבר |
| 1215 | | Ex 6:13 | יתהון על בני ישראל ועל פרעה מלכא דמצרים למפקא ית |
| 1216 | | Ex14:26 | על מצרים על ארתכיהון ועל פרשיהון: |
| 1217 | | Nu 4:07 | ועל פתורה דלחם אפיה יפרשון |
| 1218 | | Nu10:24 | ועל "צבא" שבטה דבנוי דבנימן |
| 1219 | | Dt28:35M | מן כף רגליכון ועד/ועל#2/ קדקדי ראשיכון: |
| 1220 | | Dt11:20M | /על תרע בתיכון ועל קורי#2/: |
| 1221 | | Ex29:17 | ורגלוי ותתן על פסגוי ועל ראשה: |
| 1222 | | Gn40:02 | שליטוי על רב מזוגיא ועל רב נחתומיה: |
| 1223 | | Gn12:20M | ופקד עלוי פרעה גוברין \ועל#2/ רברבין ושלחו יתיה וית |
| 1224 | | Lv 4:11 | וית כל בשרה על רישיה ועל רגלוי ובני גוויה ורעייה: |
| 1225 | | Gn 6:15M | \אומין#2/ \משחת רומ' /ועל רום אמה#2/: |
| 1226 | | Ex29:20 | על רום אודנה דאהרן ועל רום אודניהון דבנוי דימינא |
| 1227 | | Dt30:07 | האליין על בעלי דבביכון ועל סנאיכון די רדפו יתכון: |
| 1228 | | Gn27:16 | עיזייא אלבשת על ידוי ועל שעש{ו}<י>ע«ו»ת ציוריה: |
| 1229 | | Lv13:45 | וראשיה יהווי מכסי ועל שפמה יהווי עוטם והוא מצרעה |
| 1230 | | Nu 6:20 | דא«נ»פותה ועל שקא דאפרשותה ומן בתר כדין |
| 1231 | | Lv 8:26 | ועריך חד ושוי על תרביה ועל שקה דימינה: |
| 1232 | | Ex12:07 | על תרתין מזוזייתא ועל שקופא על בתי די יאכלון ית |
| 1233 | | Ex 8:01 | ית ידך בחוטרך על נהריא ועל שקיא ועל ביציה ואסק ית |
| 1234 | | Dt28:35 | בשחנה בישה על ברכייה ועל שקייה די לא תיכלון |
| 1235 | | Gn25:34 | ובזי עשו ית בכורותיה ועל תחיית מיתייה וכפר בחיוי |
| 1236 | | Gn 4:07 | דינא רבה חטאך נטיר ועל תרע לבה חטאך רביע ובידך |
| 1237 | | Gn33:01 | טליא על לאה ועל רחל ועל תרתין לחינתה: |
| 1238 | | Ex12:22 | ואתון ותתנון על שקופא ועל תרתין מזוזתייא מן אדמא די |
| 1239 | | Ex12:22M | ותתנון על שקופה ועל תרתין מזוזיתא מן אדמה די |
| 1240 | | Ex12:23 | ית אדמה על שקופא ועל תרתין מזוזיתא ויפסח ייגן |
| 1241 | ע' | Nu19:15M | עלוי /פומה משע{ת}<א> ע'#2/ מסאב הוא: |
| 1242 | עילוי | Nu12:16 | דאנש עבד הוא מקבל עילוי אגר סגיא לפם דקמת לה |
| 1243 | | Ex28:08 | והמינה דאפדא די עילוי כעבדא מנה יהווי דהב תכלה |
| 1244 | על' | Lv 6:05M | ביה לא תתטפי ויבער על'#2/ כהנא קיסין בכל צפר צפר |
| 1245 | | Lv 6:20M | אדמה על לבוש ודי ידי על'#2/ תחוור באת' קדיש: |
| 1246 | עלה | Gn23:02 | למספדא לשרה ולמבכי עלה: |
| 1247 | | Gn24:42 | למצלחה ארחי דאנא מהלך עלה: |
| 1248 | | Lv25:19 | ותשבעון ותשרון לרוחצן עלה: |
| 1249 | | Lv26:35 | כד הוויתון שריין עלה: |
| 1250 | | Nu30:10 | מה דקיימה על נפשה יקום עלה: |
| 1251 | | Dt20:12M | סדרי קרבה ותקפון עליה/עלה#2/: |
| 1252 | | Dt21:14 | עלה חלף די יהבת רשותך עלה: |
| 1253 | | Lv10:20M | יתי' לי ועל דאשפל קבל עלה אגר סגי ושמע משה ושפר |
| 1254 | | Gn29:02 | תלתא עדרי דען רביעין עלה ארום מן בארה ההוא ישקון |
| 1255 | | Dt 4:26 | יתה לא תארכון יומין עלה ארום מישתיציה תשתיצון: |
| 1256 | | Nu17:11 | לאהרן סב ית מחתיתה והב עלה אשא מעלוי מדבחה ושוי קטרה |
| 1257 | | Ex 8:18 | ארעא דגשן די עמי שריין עלה די לא למהווי תמן |
| 1258 | | Lv 4:23 | ליה חובתיה דאתחיי' עלה וייתי ית קרבניה צפיר בר |
| 1259 | | Lv 4:14 | ותתודע חובתה די אתחייבו עלה ויקרבון קהלא תור בר תורין |
| 1260 | | Gn26:21 | וחפרו באר חורי ואדינו אף עלה וקרא שמה שטנה: |
| 1261 | | Gn26:22M | /אחרי ולא אתנצון עלה#2/ וקרא שמה רחובות ואמר |
| 1262 | | Lv12:07 | ויקרב יתיה קדם ייי ויכפר עלה ותדכי מן מבוע אדמיה דא |
| 1263 | | Dt21:13M | ותזדמן לוותה /כן תעל עלה ותזדמן לוותה לך#2/ ותיסב |
| 1264 | | Lv19:16M | "למרעיה ... אמר ייי" עלה חבריכון ולא תשתוק אדמה |
| 1265 | | Dt21:14 | תזבן יתה בכסף לא תתגר עלה חלף די יהבת רשותך עלה: |
| 1266 | | Dt29:26 | דייי בארעא ההיא למייתיה עלה ית כל לווטיה דכתיבין בספר |
| 1267 | | Lv12:08 | לחטאתה וחד לעלתה ויכפר עלה כהנא ותדכי: |
| 1268 | | Gn28:13 | ארעא «די» את דמך עלה לך אתן יתה ולבניך: |
| 1269 | | Gn23:11M | מני \ובעון לי /ופייס עלה#2/ מן עפרון בר צוחר: |
| 1270 | | Gn35:14 | ונסך עלה נסוכין ואריק עלה משח: |
| 1271 | | Lv 2:06 | תקצי יתה קצוין ותריק עלה משח מנחתה היא: |
| 1272 | | Lv 2:15 | ותתן עלה משח ותשוי עליה לבונ' מנחתה |
| 1273 | | Gn35:14 | קיימא דאבן ונסך <....> עלה נסוכין ואריק עלה משח: |
| 1274 | | Dt22:14 | וישווי עלה עלילן דמילין ויפק עלה שם |
| 1275 | | Nu 5:15 | כהנה וייתי ית קרבנה עלה עשרון מכלתה קמח דשערין לא |
| 1276 | | Nu30:15 | נדרה או ית כל קיומא די עלה קיים יתהון ארום שתק לה |
| 1277 | | Gn16:14 | קרא לבארה באר' דאתגלי עלה קיים כל עלמייא הא היא בין |
| 1278 | | Gn25:11 | ויתב יצחק בבארה דאתגלי עלה קיים כל עלמיא: |
| 1279 | | Dt22:14 | עלה עלילן דמילין ויפק עלה שם בישן ויימר ית אתתה הדה |
| 1280 | עלווי | Nu14:27 | די אנון מתרעמין עלווי: |
| 1281 | עלוהי | Gn15:12 | חזי ארבעה מלכוון קיימא עלוהי "אימה" דא היא בבל "חשכה" |
| 1282 | | Lv 5:16 | יתה לכהנא וכהנא יכפר עלוהי בדיכרה דאשמה וישתרי |
| 1283 | | Gn15:12 | דא היא יון נפלת עלוהי דא {{ היא אדום רשיעא |
| 1284 | | Gn15:12M | דא היא ייוון נפלת עלוהי דא היא <....> ומן בתר |
| 1285 | | Lv15:24 | וכל מדמוך די ידמוך עלוהי יסתאב: |
| 1286 | | Lv14:18 | ראשיה דמן דמדכי ויכפר עלוהי כהנא קדם ייי: |
| 1287 | | Lv 6:05 | מדבחא תהווי יקדה עלוהי לא תטפי ויוקד עליה כהנא |
| 1288 | | Lv 5:24 | או מכל מה דיש{בת}<תב>ע עלוהי לשק' וישלם יתה בקרנא |
| 1289 | | Nu 6:09M | בתכיף דלא ידע /ימות עלוהי מית מצוותה בתכוף |
| 1290 | | Lv10:03 | איתיקר ושתק אהרן וקבל עלוהי מכלת דינה: |
| 1291 | | Lv16:09 | אהרן ית צפירה די סלק עלוהי עדוה לשם ממריה דייי ויקרב |
| 1292 | עלוי | Gn 7:16 | ואגן ייי ברחמוי טבייה עלוי: |
| 1293 | | Gn 7:16M | וחס ואגן ממריה דייי עלוי#2/: |
| 1294 | | Gn12:07 | לשם ממרי' דייי דאתגלי עלוי: |
| 1295 | | Gn37:23 | ית פרגודא מצייר דה די עלוי: |
| 1296 | | Gn41:38 | דקדש מן קדם ייי שרייה עלוי: |

1297 Gn44:21 יתיה לוותי ואשוי עיני עלוי:
1298 Ex20:26 די לא תתגלי עריתך עלוי:
1299 Ex21:30 נפשיה בכל מה די ישתוי עלוי:
1300 Ex23:21 ארום שמי קדישא אתקרי עלוי:
1301 Ex30:09 ונסוכין לא תנסכון עלוי:
1302 Ex33:04 גבר מני זייני«ה» עלוי:
1303 Lv 1:04 ויתרעי ליה למכפרה עלוי:
1304 Lv 5:05 ויתוודי על מה דאתחייב עלוי:
1305 Lv 6:02 על גבי מדבחה תהוי יקדה עלוי:
1306 Lv 8:15 וקדש יתיה למכפרה עלוי:
1307 Lv27:31 מן מעשרה חומשה יוסף עלוי:
1308 Nu 5:08 דכיפורייה די יכפר ליה עלוי:
1309 Nu11:09 בליליה הוה מנה נחת עלוי:
1310 Nu16:11 מה הוא חשיב דארעמתון עלוי:
1311 Nu24:03 מן כל נבואה אתגלי עלוי:
1312 Nu24:15 מן כל נביאיה יתגלי עלוי:
1313 Nu27:18 עלוי ותסמוך ית ידך עלוי:
1314 Dt13:09 ולא תחוסון ולא תכסון עלוי:
1315 Dt25:12M עייניכון \/עלוי#2#:
1316 Dt32:05 סדר דינוי דעלמא אשתני עלוי:
1317 Ex30:07 ויסדר עלוי אהרן קטרת בוסמנין טבין
1318 Gn50:01 על צווריה דאבוי ובכא עלוי יוסף ונשק יתיה:
1319 Gn35:09M דרבק' אימיה ומיתת עלוי רחל באורחא ויתב ליה
1320 Ex 3:01 ואתא לטורא דאיתגלית עלוי איק' שכינתה דייי חורב:
1321 Gn22:14 ובטורא הדין אתגלי«ית» עלוי איקר שכינתיה דייי:
1322 Ex19:18 כוליה מן בגלל דאתגליית עלוי איקר שכינת' דייי באשתא
1323 Ex24:13 משה לטור«א» דאתגליית עלוי איקר שכינתה דייי:
1324 Ex40:35 למשכני זימנא ארום אשרי עלוי איקר שכינתה דייי ואיקר
1325 Ex22:02M \עלוי שמש{ו}א /שמשא עלוי#2#/ אית ליה חובת שפיכות אדם
1326 Lv21:12 כליל משה רבותה דאלהה עלוי אמר ייי:
1327 Lv 8:07 ואלבש יתיה מעילה ויהב עלוי אפדה וזרז יתיה בהמיינה
1328 Ex20:25M מינ' אין עברת פרזלא עלוי אפיסת יתיה
1329 Ex23:21 ארום שמי קדישא אתקרי עלוי ארום לא שרי ושבק לחוביכון
1330 Ex23:21M /שם מימרי מי{י}<ת>קרי עלוי#2#/ ארום לא שרי ושבק
1331 Nu12:06M /נביאכון ייי בחזווה עלוי אתודע בחלם א'#2#/ עלוי
1332 Ex 3:05 ארום אתרא די את קאים עלוי אתר קדיש הוא:
1333 Gn35:07M דייי אלהא די אתגלי עלוי בבית אל ארום תמן אתגליית
1334 Gn35:09 אמיה ומיתת רחל עלוי באורחיה ויתב ליה צווח ובכה
1335 Lv19:22 ויכפר עלוי בדכרה דאשמא קדם ייי על
1336 Nu 4:14 ית כל מנוי די ישמשו עלוי בהון ית מחתיתה וית משליתה
1337 Nu19:12 ואדכי ואין לא יתדי עלוי ביומא תליתיה וביומא שביעיה
1338 Nu19:12 הוא יתדי עלוי ביומא תליתיה וביומא שביעיה
1339 Nu35:20 בשנא ידחוף יתיה או טלק עלוי בכמנה ומית:
1340 Gn35:09 אברהם צדיקא כד אתגליתא עלוי במשרה חזווה ועד כען הווה
1341 Gn35:09M צדיקא כד איתגליון עלוי במתייה מן פדן ארם אורחיה
1342 Ex21:22 יתקנס היך מה די ישוי עלוי בעלה ויתן על פום דיינין:
1343 Lv15:20 וכל די תדמוך עלוי ברחוק נדתה יסתאב וכל מן די
1344 Ex 3:02M יתיה יקר שכינתיה דייי עלוי בשלהבן אשה
1345 Ex 3:02 ואתגלי מלאכא דייי עלוי בשלהובי אשא מן גו סניא
1346 Ex28:36 ציצא דהב דכי ותגליף עלוי גליף חקיק קדש לשמה דייי:
1347 Lv15:04 כל מדמך די ידמך עלוי דיבה יסתאב וכל מן די יתיב
1348 Lv15:06 ודיתיב על מנא די יתיב עלוי דיבה יחוור לבושוי ויסחי
1349 Lv15:09 וכל מרכוב די ירכו' עלוי דיבה יסתאב:
1350 Ex16:21 וכד הוה שמשא קיים עלוי הוה שיח:

1351 Dt32:19 בני ישראל דהוון חביבין עלוי היך בנין והיך בנן:
1352 Gn45:01 לכל מאן דהוה קיים עלוי ואכרז ואמר אפקו כל גבר
1353 Gn28:13 והא ייי קיים עלוי ואמר אנה ייי אלהה דאברהם
1354 Ex 2:06 טליא והא טליא בכי וחסת עלוי ואמרת מן בניהון דעבריה{ון}
1355 Ex16:08 תורעמתכון דאתון מתרעמין עלוי ואנן מה אנן חשיבין לא
1356 Gn19:16 בנתיה במחוס מן קדם ייי עלוי ואפקו יתה ואצנעו יתיה
1357 Nu14:24M דהוות רוח דחכמה שרייה עלוי ואש'
1358 Gn30:28M כען אגרך קדמי/עלוי#2#/ ואתן:
1359 Nu12:06 נבייה ייי בחזיון אתגלי עלוי ובחלמין אמלל עימיה:
1360 Gn35:09 ואת ברחמך טביא אתגליתא עלוי וברכת יתה ברכת דאבילה ברכת
1361 Gn18:02 בדמות גברין קיימין עלוי וחמא ורהט לקדמותהון מן תרע
1362 Nu11:25 ורבי מן רוח קודשה די עלוי ויהב על שבעתי גובריה
1363 Lv27:15M דידה /חמשין כסף עלויה עלוי ויהווי דידיה#2#/:
1364 Lv16:18 למדבחה די קדם ייי ויכפר עלוי ויסב מן אדמה דתורא ומן
1365 Dt19:11M \ויכמן לה /ויכמון עלוי#2#/ ויקום עלוי ויקטול יתיה
1366 Dt19:11 לחבריה ויכמן לה ויקום עלוי ויקטול יתיה ויתחייב בנפשיה
1367 Nu15:28 בשלותה קדם ייי למכפרה עלוי וישתבק לה:
1368 Nu15:28M בשלו קדם ייי ויכפר עלוי וישתרי וישתבק להון
1369 Nu 5:07 בקרנה וח«ו»משה יוסף עלוי ויתן למן דאתחייב ליה:
1370 Lv 5:16 ישלם וית חומשי' יוסף עלוי ויתן יתה לכהנא וכהנא יכפר
1371 Lv22:14M עלוי /חומשין דמוי עלוי#2#/ ויתן לכהנה ית קדשיה
1372 Lv22:14 קדש בשלו וי־ר־סף חומשה עלוי ויתן לכהנה ית קדשיה:
1373 Dt13:01 תטרון למעבד לא תופסון עלוי ולא תמנעון מניה:
1374 Dt13:09 ולא יחוסון עייניכון עלוי ולא תחוסון ולא תכסון עלוי:
1375 Nu35:23 בה דלא חמה יתיה ואפל עלוי ומית והוא לא הוה שני ליה
1376 Dt22:04 משבוק תשבוק מה דבלבך עלוי ומפרוק תפרוק ומטעון תטעון
1377 Ex23:05M על חברך /דאית בליבך עלוי#2#/ ומפרק תפרק עמה ומטען
1378 Gn35:09M רחמיך טבייה איתגליית עלוי ונחמת יתיה וברכתה דאבלייה
1379 Gn33:11 אית לי כל מן דעם ודחק עלוי ונסב:
1380 Gn50:01 על אפוי דאבו«י» ובכה עלוי ונשק ליה וארבע יוסף ית
1381 Lv16:06M ועל ידי אנשי בייתה /עלוי ועל אנש'#2#/:
1382 Lv16:11M ועל ידי אנשי ביתיה /על{ו}וי ועל אנ'#2#/ ויכוס ית
1383 Lv16:24M \על ידוי ועל ידי /עלוי ועל#2#/ אנש עמה:
1384 Nu27:23 וסמך ית ידוי עלוי ופקד עלוי ופקד יתיה מה די
1385 Nu27:23 וסמך ית ידוי עלוי ופקד עלוי ופקד יתיה מה די מלל ייי
1386 Lv14:21 חד לאשמה לאנפו למכפרה עלוי ועשרון מכלתה סלת חד פיל
1387 Dt34:09 ארום סמך משה ית ידוי עלוי ושמעו ליה בני ישראל ועבדו
1388 Dt19:13 ולא יחוסן עייניכון עלוי ותבערון שפוכי אדמה זכייה
1389 Nu27:18 קדש מן קדם ייי שרייה עלוי ותסמוך ית ידך עלוי:
1390 Lv27:19 יתה ויסף חמש כסף עלויה עלוי ותקום לה:
1391 Ex29:36 ותרבי ית מדבחה בכפרותך עלוי ותרבי יתיה למקדשא יתיה:
1392 Lv 7:20 לשמה דייי וסאובתיה עלוי ותשתיצא נפשה ההיא מן גו
1393 Lv22:03 לשמה דייי וסאבתיה עלוי ותשתיצי נפשה ההיא מן קדמוי
1394 Nu19:20 וגבר די יסתאב ולא יתדי עלוי ותשתיצי נפשה ההיא מן גו
1395 Lv19:17 תוכח ית חברך ולא תקבל עלוי חובין:
1396 Lv22:09 ית מטרתי ולא יקבלון עלוי חוב«י»ן וימותון ביה ארום
1397 Nu18:32 ולא תקבלון עלוי ח«ו»בין באפרשותכון ית
1398 Lv 4:28M ליה /אתוודע עלוי#2#/ חובתיה די אתחייב וייתי
1399 Dt16:03 לא תיכלון עלוי חמיע שובעה יומין תיכלון
1400 Gn39:21 והוה ייי עם יוסף ושוי עלוי חן וחסד ושוי חנו באפי רב
1401 Nu 4:06 ויתנון עלוי חפוי משך דססגון ויפרשון
1402 Nu 4:14 כל מני מדבחה ויפרשון עלוי חפוי משך דססגון וישוון
1403 Nu 4:07 קשוות נסוכה ולחם בתדירה עלוי יהווה:
1404 Dt33:12 רחימה דייי ישרי לרחצן עלוי יהווי מגן עלוי כל יומיא

1405 Lv15:24 ישמש גבר עמה ותהי נדתה עלוי יהוי מסאב שבעה יומין וכל
1406 Dt29:17 זרעי או שבט דליביה סטי עלוי יומא הדין מן בתר מימרה
1407 Lv15:22 די יקרוב בכל מן די תתב עלוי יחוור לבושוי ויסחי במיא
1408 Gn26:02 ואתגלי עלוי ייי ואמר לא תיחות מצרימה
1409 Gn26:24 ואתגלי עלוי ייי בליליא ההוא ואמר <אנה>
1410 Gn35:07 בית אל ארום תמן אתגלי עלוי ייי במערקיה מן קדם עשו
1411 Ex35:21M ית אפרשותא /ידוב רוחיה עלוי ייתון די אפ׳#2/ דייי
1412 Lv11:35 וכל די יפל מנבלתהון עלוי יסתאב תנור או תפיין
1413 Lv15:04 יסתאב וכל מן די יתיב עלוי יסתאב:
1414 Lv15:20 יסתאב וכל מן די תתב עלוי יסתאב:
1415 Lv15:24M עמה ותהווי ריחוק נדתה עלוי יסתאב שובעה יומין וכל
1416 Gn16:14M הא היא בין /דאיתגליית עלוי יקר שכינתיה דייי הא הוא
1417 Gn24:62M כל עלמא והוא /דאתגליית עלוי יקר שכינתי׳ דייי והוא#2/
1418 Gn25:11M \עלה קיים כל עלמיא /עלוי יקר שכינתיה דייי#2/:
1419 Gn35:07M ארום תמן אתגליית עלוי יקר שכינתיה דייי בזמן
1420 Nu 9:22 עננה על משכנה למשרי עלוי ישרון בני ישראל ולא יטלון
1421 Nu 4:14 ויתנון עלוי ית כל מנוי די ישמשו עלוי
1422 Nu19:13 דבר נש די ימות ולא יתדי עלוי ית משכנה דייי סאב ותשתיצא
1423 Ex20:24 ארעא תבנון לשמי ותקרבון עלוי ית עלוותכון וית נכסת
1424 Ex40:29 משכנא משכן זימנא וסדר עלוי ית עלתה היך מה די פקד ייי
1425 Nu 4:07 {ד}<ל>בוש דתכלה ויתנון עלוי ית פיאלוותה וית בזכיה וית
1426 Lv 8:07 ויהב עלוי ית כו<ת>נתה ואסר יתיה
1427 Lv 8:08 ושוי עלוי ית חושנה ויהב לגו חושנה ית
1428 Lv16:21 דצפירה דבחיין ויתודי עלוי ית כל חוביהון דבני ישראל
1429 Lv16:22 ויקבל צפירה עלוי ית כל חוביהון לארע מפסקה
1430 Lv15:23 הוא או על מנה דהיא יתבה עלוי כד יקרוב בה יהוי מסאב עד
1431 Lv21:12M עלוי אמר /רבות אלהיה עלוי כדין אמ׳#2/ ייי:
1432 Lv 4:26 דנכיסת קדשיא ויכפר עלוי כהנא מן חובתיה ויש<ת>ביק
1433 Lv 4:31 דרעוה לשמ׳ דייי ויכפר עלוי כהנא וישתרי וישתבק ליה:
1434 Lv 4:35 על קרבנוי דייי ויכפר עלוי כהנא על חובתיה די אתחייב
1435 Lv 5:06 ברת עיזין לחטאתה ויכפר עלוי כהנא מן חובתיה:
1436 Lv 5:10 עליה כסדר דינא ויכפר עלוי כהנא מן חובתיה די אתחייב
1437 Lv 5:13 ויכפר עלוי כהנא על חובתיה די אתחייב
1438 Lv 5:18 לאשמה לוות כהנא ויכפר עלוי כהנא על שלותיה די אשתלי
1439 Lv 5:26 ויכפר עלוי כהנא קדם ייי וישתבק ליה על
1440 Lv14:20 על גבי מדבחה ויכפר עלוי כהנא וידכי:
1441 Lv15:15 וחד לעלתה {ויכפר עלוי} כהנא חד לחטאתה וחד לעלתה
1442 Ex40:38M בית /הוות מנ{ח}<ה>רה עלוי כל ליליה חמיין כל בית#2/
1443 Lv15:26 כל מדמוך די תדמוך עלוי כל יומי דובה כמדמוך נדתה
1444 Nu14:36 ית ארעא וחזרו ורעמו עלוי כל כנשתה למפקה טבה ביש על
1445 Nu35:22 דחף יתיה או טלק עלוי כל מן דהוא דלא בכמנה:
1446 Dt20:19 תחבלון ית אילנה למעברה עלוי כל מין דפרזל ארום מניה
1447 Dt24:05 יפוק לחיל קרבה ולא יעבר עלוי כל מן דעם ביש זכיי מזמן
1448 Dt33:12 לרחצן עלוי יהווי מגן עלוי כל יומיא ובתחומיה יתבני
1449 Gn44:30 הוא עמן ונפשיה חביבה עלוי כנפשיה:
1450 Ex28:08M \די עילוי /דאית עלוי#2/ כעבדא מנה יהווי/ובה
1451 Lv15:15 לחטאתה וחד לעלתה ויכפר עלוי כ{ק}הנה מן דוביה:
1452 Ex39:30 בית קודשה דהב דכי וכתבו עלוי כתב גליף חקיק קדיש לשמה
1453 Lv 6:06 אשה בתדירה תיהווי יקד׳ עלוי לא תטפי:
1454 Nu 5:15 לא יריק <משחה ולא יתן> עלוי לבונה ארום מנחתה דקנאה היא
1455 Nu 4:13 וישבעון ית מדבחה ויפרשון עלוי לבוש דארגוון:
1456 Nu11:13M יבכון קודמוי/^<קוד>מיי#2/^/עלוי#2/ למימר הב לן
1457 Gn28:06 תמן אתה כד ברך יתה ופקד עלוי למימר לא תסב אתה מן בנתהון
1458 Lv 5:24 יתה בקרנא וחומשוי יוסף עלוי למן הוא דידיה יתן יתיה

1459 Gn37:18 קרב לוותהון ואתחשבו עלוי למקטליה:
1460 Gn42:36 ית בנימין ואנון סכימין עלוי למקמה תרין עשרתי שבטיא:
1461 Lv16:10 לחיים קדם ייי למכפרה עלוי למשלחה יתיה לעזאזל
1462 Gn49:23 מן כורסיה מלכותא אמרו עלוי לשן תליתיי בפליטורין דפרעה
1463 Lv11:34 מיכל די יתאכל די יתיהב עלוי מיין יסתאב וכל משקין די
1464 Lv11:34M די יתאכל די יתועל עלוי מים יס׳#2/ וכל משקין די
1465 Gn35:09M כתבא מפרש ואמר ואיתגלי עלוי מימריה דייי במשרי חזווה
1466 Nu19:17 קטמה די יקדת תורתה ויתן עלוי מיין דמבוע דכין לגו מן
1467 Gn49:23 דפרעה דהוה קשיא עלוי מן גירייא:
1468 Lv16:19 וידי עלוי מן אדמה באצבעה שבעה זמנין
1469 Nu27:20 ותתן ית מן רבותך עלוי מן בגלל די ישמעון כל
1470 Gn16:13M כדון יתגלי עלי/עלוי#2/ מן בתר דאתגלי על שרי
1471 Nu 4:25 וחפוי ^^דססגונה די עלוי מן לעיל וית חפוי^^ דתרע
1472 Ex40:19 ושווי ית חפיא דמשכנא עלוי מן לעל היך מה די פקד ייי
1473 Ex39:05 והמיינה דאפדה די עלוי מנה הוא כעבדא דהב תכלה
1474 Lv11:32 וכל די יפול עלוי מנהון במיתתהון יסתאב מן כל
1475 Lv11:38 כל זרע ויפול מנבלתהון עלוי מסאב הוא לכון:
1476 Lv15:26 יהוי לה וכל מן די תתב עלוי מסאב יהווי כסואבת ריחוק
1477 Nu19:13 ארום מי אדיא לא אזרק עלוי מסאב הוא עד כען סאובתיה
1478 Nu19:15 די לית גופה דשיע מקפה עלוי מסאב הוא:
1479 Nu19:20 סאב מי אדיה לא אזרק עלוי מסאב הוא:
1480 Ex40:23 וסדר עלוי סדור לחם אפיה קדם ייי
1481 Dt19:16 שהד דשקר בגבר למסהדה עלוי סהדי דשקר:
1482 Lv16:10 וצפירה די סלק עלוי עדוה לעזאזל יקים יתה
1483 Ex30:10 חדא זמן בשתא יכפר עלוי על קרנת«ה» לדריכון קדש
1484 Ex30:10 <ויכפר> אהרן עלוי על קרנתה חדא זמן בשתא מן
1485 Nu 6:11 לחטאתה וחד לעלתה ויכפר עלוי על מה די חטא על נפשה ויקדש
1486 Dt27:06 דייי אלהכון ותסדרון עלוי עלוון קדם ייי אלהכון:
1487 Dt16:03 חמיע שובעה יומין תיכלון עלוי פטירין לחם דצער ארום
1488 Gn12:20 ופקד עלוי פרעה גוברין:
1489 Lv 1:03 מן מום יקרב יתיה לרעוה עלוי קדם ייי:
1490 Lv14:29 ראשה דמן דמדכי למכפר׳ עלוי קדם ייי:
1491 Ex30:09 לא תסדרון עלוי קטרת נכרייה ועלוון ומנחוון
1492 Ex40:27 וסדר עלוי קטרת בסמנין טבין היך מה די
1493 Nu 2:27M /ודסמיכין#2/ לה/עלוי#2/ רבה דבנוי דאשר ורבה
1494 Nu 5:14 ויעבור עלוי רוח דק{ב}<נ>אה ויקנא ית
1495 Nu 5:14 והיא אסתאבת או יעבור עלוי רוח קנאה ויקנא ית אתתיה
1496 Nu 5:30 או גבר די תעבר עלוי רוח דקנא ויקנא ית אתתיה
1497 Nu24:02 שר{ו}<י>ן לטכסיהון והוה עלוי רוח דקדש מן קדם ייי:
1498 Nu 2:20 ודסמיכין עלוי שבטה דמנשה ורבה דהוה ממני
1499 Ex39:31 ויהבו עלוי שזיר דתכלה למתן על מצנפתה
1500 Dt24:15 תתן אגריה ולא יטמע עלוי שמשא ארום מסכן הוא ולאגר
1501 Ex22:02 אן דנחת עלוי שמש{ו}א אית ליה חובת
1502 Ex22:24 כמרי חוב דחק ולא תשוון עלוי שערין ורבין:
1503 Lv 6:20 קדיש <....> וית די ידי עלוי תחוור באת׳ קדיש:
1504 Gn35:07 מדבח וקרא לאתרא דאתגלי עלוי תמן {«ייי»} ייי בית אל
1505 Lv15:17 וכל מן דמשך די יהוו עלוי תשמיש דזרע ויחוור במיא
1506 Lv15:04M די {ד}<י>ד<מוך עלויי דייבה — עלויי
1507 Nu14:27 די אינון מתרעמין קדמיי עלויי שמיע קדמי ^^ית תורעמות
1508 Ex 8:24 לא תרחקון למיזל צלין אף עלי: — עלי
1509 Nu11:11 מטולהון דכל עמה האלין עלי:
1510 Nu11:11M עלי /כל עמא האליין עלי#2/:
1511 Ex 8:24M אף עלי /ותצלון לחוד עלי#2/:
1512 Ex12:32 ותיזלון ותצלון לחוד עלי:

|  |  |  |  |  |  |
|---|---|---|---|---|---|
| 1513 | Gn15:01 | | דנפלו קדמיי ואתקימן | עלי | או דלמא דלא אשתכח בידי |
| 1514 | Gn20:13 | | די נעול לתמן אמרי כען | עלי | אחי הוא: |
| 1515 | Gn27:13 | | ואמרת ליה אמה | עלי | אינון לווטך ברי לחוד שמע |
| 1516 | Ex 3:16 | | ייי אלהה אבהתכון אתגלי | עלי | אלה«ה» דאברהם יצחק |
| 1517 | Gn48:03 | | ליוסף אלה שמיא אתגלי | עלי | בלוז בארעא דכנען וברך |
| 1518 | Nu14:35M | | די אתרעמו | קדמי«י»/עלי#2#/ | במדברה הדה יספון |
| 1519 | Dt32:01 | | בליביה ואמר ווי כען | עלי | דאנה מתכנש מן גו עלמא ולא |
| 1520 | Gn15:01 | | אברם בלבה ואמר ווי כען | עלי | דלמא איתקבלת אגר מצוותה |
| 1521 | Dt 1:37 | | לחוד | עלי | הוה רגוז מן קדם ייי |
| 1522 | Gn34:30M | | יתי ולאינשי בייתי | /עלי | ויקטלון ויקטלון אותי |
| 1523 | Ex31:07 | | לשהדותה וית כפורתה די | עלי | וית כל מני משכניה: |
| 1524 | Ex20:25M | | אסטמר דלא תריק סייפך | עלי | ולא תפיס יתיה |
| 1525 | Gn20:09 | | ומה חטאנא לך ארום אייתת | עלי | ועל מלכותי חובין רברבין |
| 1526 | Gn16:05M | | ותתמלא ארעא מינן ולא | /עלי | ועליך ויתמלי עלמא מיני |
| 1527 | Gn30:33 | | ויסהדן | עלי | זכוותי ביומא הדן ודמחר |
| 1528 | Gn27:12 | | באפוי כמגחך בה ואייתי | עלי | לווטן ולא ברכן: |
| 1529 | Gn34:12 | | אסגון | עלי | לחדא פרן וכתובה ואתן |
| 1530 | Gn16:13 | | אמרת הא אף כדון יתגלי | עלי | מן בתר דאתגלי על שרי |
| 1531 | Ex 8:05 | | הב לי סימן ואתרחיץ | עלי | עד אימתי אצלי עליך |
| 1532 | Dt 4:21 | | ומן קדם ייי הוה רגז | עלי | על מליכון וקיים בשבועה דלא |
| 1533 | Gn24:62 | | דשם רבה לבארה דאתגלי | עלי | קיים כל עלמא והוא הוה שרי |
| 1534 | Nu14:27M | | מתרעמין קדמיי | עלוי/עלי#2#/ | שמיע קדמי ״ית |
| 1535 | Gn15:01M | עלי' | עמהון ליגיונין ויתון | עלי' | ממרי {פ}<ת>ריס לך בעלמא |
| 1536 | Ex21:08 | עליה | ית' חלף די יהב רשותא | עליה: | |
| 1537 | Lv 5:05M | | על מה דאתחייב | עלוי/עליה#2#/: | |
| 1538 | Dt20:12 | | סדרי קרבה ותקפון | עליה: | |
| 1539 | Lv26:01M | | אנה ייי /למהוון סגדין | עליה | אנה הוא ייי#2#/ אלהכון: |
| 1540 | Gn16:13 | | בשם ממריה דייי דאתגלו | עליה | את הוא אלהא קיים כל עלמייא |
| 1541 | Nu13:18M | | דישריין/אליין דשריין | עליה#2#/ | בגווה הא תקיפין אינון |
| 1542 | Lv18:18 | | למגליי«ה» ערייתה | עליה | בחייה: |
| 1543 | Lv26:32 | | אוף אנה ית ארעא ויצדון | עליה | בעלי דבביכון די שריין בה: |
| 1544 | Nu24:04 | | דשמע מימר מן קדם ייי | עליה | די חז{{ר}}«י»ו שדי הוה |
| 1545 | Ex17:12 | | אבן ושוון תחותוי ויתב | עליה | ואהרן וחור הוון אחידין |
| 1546 | Lv18:25 | | ואסתאבת ארעא ודכרת חובה | עליה | ואתגליית ארעא ית דיירי: |
| 1547 | Nu24:16 | | ייי וידע דיעה מן קדם | עליה | וחזיו שדי הוה חזי וכד הווה |
| 1548 | Lv18:25M | | ואתגליית ארעא /חוביה | עליה | ופלטת אר#2#/ ית דייריה |
| 1549 | Gn26:22 | | וחפר באר חורי ולא אדינו | עליה | וקרא שמה רחובות ואמר ארום |
| 1550 | Nu30:15M | | די עלה קיים /אסרה דאית | עליה | יקים#2#/ יתהון ארום שתק |
| 1551 | Lv 6:05 | | עלוהי לא תטפי ויוקד | עליה | כהנא קיסין בכל צפר צפר |
| 1552 | Lv12:08M | | וחד לעלתה ויכפר | עלה/<ע>ליה#2#/ | כהנא ותדכי: |
| 1553 | Lv15:30 | | חטאת' וית חד עלתה ויכפר | עליה | כהנא קדם ייי מן דוב |
| 1554 | Lv 5:10 | | וית תנינא יקרב ^יתיה#2#^ | עליה | כסדר דינא ויכפר עלוי כהנא |
| 1555 | Gn23:08M | | לי מן עפרון /ופייסו | עליה | לע'#2#/ בר צוחר: |
| 1556 | Lv 2:15 | | ותתן עלה משח ותשוי | עליה | לבונ' מנחתה היא: |
| 1557 | Lv 2:01 | | ויריק עליה משח ויתן | עליה | לבונה: |
| 1558 | Lv 5:11 | | ישווי עליה מש' ולא יתן | עליה | לבונה ארום חטאתא היא: |
| 1559 | Ex21:10M | | יסב \לה מזונה ותכסיתה | /עליה | מזונ' תכשיטי' מאני'#2#/ |
| 1560 | Dt20:10M | | עלווה /ותקרון | עליה#2#/ | מילין דשלם: |
| 1561 | Lv 5:11 | | סלת לחטאת לא ישווי | עליה | מש' ולא יתן עליה לבונה |
| 1562 | Lv 2:01 | | סלת יהוי קרבניה ויריק | עליה | משח ויתן עליה לבונה: |
| 1563 | Dt20:10M | | לקריה למסדרה | לקובלה/עליה#2#/ | סדרי קרבה ותכרזון |
| 1564 | Dt20:19M | | "לקובלה ... למכבוש": | עליה | סודריה קרבא ולמתפוס |
| 1565 | Lv 6:05 | | קיסין בכל צפר צפר ויסדר | עליה | עלתה ויסדר עליה תרבי נכיסת |
| 1566 | Dt22:14M | | ער{ד}<ר>#2#/ ויפק | עלה/עליה#2#/ | שם בישן/ביש#2#/ ויימר |
| 1567 | Nu19:02 | | די לית בה מום די לא סלק | עליה | שעבוד דניר: |
| 1568 | Dt21:03 | | לא אתפלח בה די לא סלק | עליה | שעבוד דניר: |
| 1569 | Lv 6:05 | | ויסדר עליה עלתה ויסדר | עליה | תרבי נכיסת קדשין: |
| 1570 | Nu10:34M | עליה' | דייי /יקרה דייי | עליה'#2#/ | הוה מגן באיממה/בימ'#2# |
| 1571 | Nu12:16M | עליהו' | עבד הוא מקבל | עילוי/עליהו'#2#/ | אגר \סגיא לפם /סגי |
| 1572 | Gn15:11M | עליהון | זכותא דאברהם מגנא | עליהון | |
| 1573 | Nu11:29 | | ייי ית רוח קודשה | עליהון: | |
| 1574 | Nu20:06 | | איקר שכינתיה דייי | עליהון: | |
| 1575 | Nu23:21 | | זיו איקר מלכיהון מגן | עליהון: | |
| 1576 | Dt 1:03M | | /ממריה דייי יתיה | עליהון#2#/: | |
| 1577 | Dt 7:02 | | עמהון קיים ולא תחוסון | עליהון: | |
| 1578 | Dt 7:25M | | תחמדון כסף ודהב דאית | עליהון | |
| 1579 | Nu 8:21M | | וכפר#1#/ויכ'#2#/ | ^עליהון | אהרן#1#/ למדכייה |
| 1580 | Ex16:20 | | ועבד תולעין ואסרח ורגז | עליהון | משה: |
| 1581 | Nu16:19 | | וכנש | עליהון | קרח ית כל עם כנישתה לתרע |
| 1582 | Ex15:16 | | תפל | עליהון | אימתך ופחדך בתקוף אדרע |
| 1583 | Nu17:11 | | לגו עם כנישתה וכפר | עליהון | ארום נפק רוגזה מן קדם ייי |
| 1584 | Nu16:33 | | להון חיין שאול וכסיית | עליהון | ארעא ואשתיצון מן גו קהלה: |
| 1585 | Nu16:18 | | ונסב גבר מחתיתיה ויהבו | עליהון | אשא ושוו עליהון קטרה וקמו |
| 1586 | Ex35:26M | | לבהון | יתהון/עליהון#2#/ | בחכמה הוון עזלן ית |
| 1587 | Dt32:23 | | אמרת במימרי למייתייה | עליהון | בישן גירי מחוות פורענותי |
| 1588 | Nu 7:09 | | פלחן בית קדשא הווה | עליהון | בכתפיהון הוון טענין ית |
| 1589 | Nu 4:27 | | ולכל פלחנהון ותסכמון | עליהון | במטרה ית כל מטליהון: |
| 1590 | Ex14:03 | | טעיין אינון באורחא טרד | עליהון | בעל צפון טעותי נגדוי |
| 1591 | Dt32:27 | | ויעקב דלא יתגברון | עליהון | בעלי דבביהון ודי לא |
| 1592 | Ex 9:19 | | יתכנש לגו ביתא ויחות | עליהון | ברדא וימותון: |
| 1593 | Ex15:04 | | דפרעה וחיילוותיה קשת | עליהון | גירין דאשא בימא ושפר |
| 1594 | Ex 5:14 | | דבני ישראל די שוון | עליהון | דחקוי דפרעה למימר מן בגלל |
| 1595 | Nu23:10 | | דבית יעקב דאיתאמר | עליהון | די הוון מברכין כעפרא |
| 1596 | Lv 3:04 | | כולייתיה וית תרבה די | עליהון | די על כסליה וית מה די |
| 1597 | Lv 3:10M | | \די עליהן /דאית | עליהון#2#/ | די/דאי'#2#/ על כסליה |
| 1598 | Lv 7:04 | | כלייתה״ וית תרבה די | עליהון | די על כסליה וית מה |
| 1599 | Lv10:19 | | נדב ואביהוא ואנה אבל | עליהון | הא אילו אכלית מן חטאתה |
| 1600 | Lv 9:07M | | על ידיהון /ותתכפר | עליהון#2#/ | היך מה דפקד ייי: |
| 1601 | Ex20:25 | | דחרבא מתעברא עברת | עליהון | ואפסת יתהון: |
| 1602 | Nu14:14 | | וענן איקר שכינתך הווה | עליהון | ובעמודה דעננה את מהלך |
| 1603 | Nu11:17 | | רוח קדשה די עמך ואשוי | עליהון | ויטענון עמך במטלהון דעמא |
| 1604 | Ex29:22 | | כליתה וית תרבא די | עליהון | וית שקה דימינא ארום דכרא |
| 1605 | Ex22:24M | | חוב דחיק ולא תשוון | עליהון | ולא שערין ולא רבין |
| 1606 | Dt 7:16 | | לא יחוסון עייניכון | עליהון | ולא תפלחון קדם טעוותהון |
| 1607 | Gn42:07 | | אחוי וחכם יתהון ואתדבב | עליהון | ומלל עמהון מלין קשין ואמר |
| 1608 | Gn45:15M | | לכל אחוי ובכה | לקבלהון/עליהון#2#/ | ומן בתר כדין מללו |
| 1609 | Gn31:34 | | בעביטא דגמלא ויתבת | עליהון | ופשפש לבן ית כל משכנה |
| 1610 | Gn40:04 | | רב אספקלטוריה ית יוסף | עליהון | ושמש יתהון והוה יומין |
| 1611 | Dt 7:25 | | כספא ודהבה דמחפי | עליהון | ותסבון לכון דלא תתקלון |
| 1612 | Ex29:13 | | כליתה וית תרבא די | עליהון | ותסדר על גבי מדבחה: |
| 1613 | Nu20:29M | | ישראל דהוית מכפר | עליהון | חד זמן בכל שנה בהיא שעתה |
| 1614 | Ex32:34 | | דאדכר יתהון אדכר | עליהון | חוביהון: |
| 1615 | Ex32:21 | | האיליין ארום אייתית | עליהון | חובין רברבין: |
| 1616 | Dt33:28 | | דעילוויהון יהוון מחתין | עליהון | טלין ומטרין: |
| 1617 | Ex14:03M | | הינון באורחא טרד | עליהון | טעותא דצפון {נגהו} |
| 1618 | Nu23:10 | | דבני ישראל דאתאמר | עליהון | יהוון מסגין ככוכבי שמיא |
| 1619 | Gn33:13 | | מיינקין קדמיי אן דחקין | עליהון | יום חד מייתן כל ענא: |
| 1620 | Dt33:03 | | דאפעלגב דהוא מייתי | עליהון | יסורין סגין לא נייחין ולא |

|  |  |  |  |
|---|---|---|---|
| 1621 | | Ex15:19 | בגו ימא: {וחזר ייי עליהון ית מוי דימא ובני ישראל |
| 1622 | | Dt27:03 | ותכתבון עליהון ית כל פתגמי אוריתה הדה |
| 1623 | | Dt32:02 | בני ישראל ויתקבל כטלא עליהון ית מימר פומי כרוחייה |
| 1624 | | Lv 4:20 | כן יתעבד ליה ויכפר עליהון כהנא וישתרי וישתבק להון: |
| 1625 | | Dt28:32 | חמיין ותהוון סייפין עליהון כל יומייא ולא אלהה |
| 1626 | | Dt32:38 | ויפרוק יתהון ויהווי עליהון כמגלה: |
| 1627 | | Gn47:20 | גבר חקליה ארום תקף עליהון כפנא והוות ארעא לפרעה: |
| 1628 | | Ex 5:08 | והיך דקדמוי תשוון עליהון לא תמנעון מנהון ארום |
| 1629 | | Nu 4:08 | ויפרשון עליהון לבוש דצבע זהורי טבה |
| 1630 | | Nu 4:13M | מדבחה ויפרשון עלוי/עליהון#2#/ לבוש דארגוון: |
| 1631 | | Nu16:29M | בני אנשא יס{ט}<ת<כם עליהון#2#/ לא מן קדם ייי |
| 1632 | | Gn19:03 | ודחק עליהו«ן» לחדא וסטון לוותיה ועלו |
| 1633 | | Gn14:15 | ופלג עליהון ליליא הוא ושלטנוי וקטל |
| 1634 | | Dt32:35 | ומזרז ומייתי פורענותה עליהון לעלמה דאתי: |
| 1635 | | Ex15:10 | ברוח מן קדמיך ייי כסון עליהון מוי דימא נחיתו ושקעו היך |
| 1636 | | Ex15:19 | ובפרשוי בימא וחזר ייי עליהון מוי דימא ובני ישראל |
| 1637 | | Nu 8:07 | להון למדכיה יתהון אדי עליהון מי חטאתה ויעברון גלב על |
| 1638 | | Ex 1:10 | קרבא לקובלן וישוון עליהון מלך ויסקון להון מן ארעא: |
| 1639 | | Ex33:06 | דהוה שמה מפרשה חקיק עליהון מן טורא דחורב: |
| 1640 | | Dt27:05 | מדבח דאבנין לא תעברון עליהון מן דברזל: |
| 1641 | | Ex15:05 | תהומ«י»א כסון עליהון נחתו ושקעו במצולתיה דמיא |
| 1642 | | Ex14:24 | דמצריי ורמה עליהון נפטה ואישתא ואבני בר{ר}דא |
| 1643 | | Ex32:25 | דהוה שמה מפרשה חקיק עליהון על די לא שמעו למילוי |
| 1644 | | Ex 1:10 | איתון ונסב עליהון עצן בישן ידון דינין נזער |
| 1645 | | Dt32:35M | \פורענותה עליהון לעלמה/עליהון פורע' לע{י}ל#2#/ |
| 1646 | | Ex28:38 | בית אפוי בתדירא לרעוא עליהון קדם ייי: |
| 1647 | | Ex32:10 | גרמך מן למבעי רחמין עליהון קדמי ויתקוף רוגזי בהון |
| 1648 | | Lv10:01 | ויהבו בהון אשא ושוון עליהון קוטרא וקריבו קדם ייי אשא |
| 1649 | | Nu16:07 | והבו בהון אשא ושוון עליהון קטרה קדם ייי למחר ויהוי |
| 1650 | | Nu16:17 | מחיתית«י»ה ותתנון עליהון קטרה ותקרבון קדם ייי גבר |
| 1651 | | Nu16:18 | ויהבו עליהון אשא ושוו עליהון קטרה וקמו בתרע משכן זמנא |
| 1652 | | Ex18:21 | ממונא {{דשיקרא}} ותשוי עליהון רברבני אלפין ורברבני |
| 1653 | | Ex 1:11 | ושוון עליהון רברבנין מפלחנן מן בגלל |
| 1654 | | Nu11:25 | חכימיה והוה כד שרת עליהון רוח קודשה והוון מתנבאין |
| 1655 | | Nu11:26 | דתניינה מידד ושרת עליהון רוח קודשה אלדד הוה מתנבא |
| 1656 | | Dt 9:14 | גרמך מן קדמיי מן למבעי עליהון רחמין ואישיצי יתהון |
| 1657 | | Ex28:17 | טורא חדתה וכתיב ומפרש עליהון שם תלתא שבטין ראובן |
| 1658 | | Ex28:18 | ועין עגלה וכתיב ומפרש עליהון שם תלתא שבטין יהודה |
| 1659 | | Ex28:19 | וזמרגדין וכתיב ומפרש עליהון שם תלתא שבטין דן ונפתלי |
| 1660 | | Ex28:20 | ומרגליתה וכתיב ומפרש עליהון שם תלתא שבטין אשר יוסף |
| 1661 | | Ex39:11 | ועין עגלה וכתיב ומפרש עליהון שם תלתה שבטין יהודה |
| 1662 | | Ex39:12 | וזמרגדין וכתב ומפרש עליהון שם תלתה שבטין דן ונפתלי |
| 1663 | | Ex39:13 | ומרגליתה וכתיב ומפרש עליהון שם תלתה שבטין אשר יוסף |
| 1664 | | Ex28:09 | תרין אבניה טבתא ותגלף עליהון שמהת בני ישראל: |
| 1665 | | Gn18:08 | קדמיהון והוא הוה קיים עליהון תחות אילנא והוון מתחמין |
| 1666 | עליהם | Nu 2:20M | ודסמיכין עלו/<עלי>הם#2#/ שבטה/מן שב'#2#/ \ |
| 1667 | עליהן | Lv 3:10 | כליתה וית תרבה די עליהן די על כסליה וית מה |
| 1668 | | Lv 4:09 | כלייתה וית תרבה די עליהן די על כסליה וית מה |
| 1669 | | Lv 3:15 | כליתה וית תרבה די עליהן דעל כסליה וית מה דמשתייר |
| 1670 | | Ex32:06 | מן יומא דבתרא וסדרון עליהן עלוון וקרבו נכסת קודשין |
| 1671 | עליי | Gn50:20 | ואתון חשבתון עליי בישן מן קדם ייי אתחשבן |
| 1672 | | Gn46:30M | מאית בהדא זמנא כילו עליי דלא מיתת בתר דחמית |
| 1673 | | Gn15:01 | לגיוונין סגין וייתון עליי ויקטלון יתי או דלמא מצוון |
| 1674 | | Ex21:30 | אין קנס דממון ישתוי עליי ויתן פרקון נפשיה בכל מה די |
| 1675 | | Nu22:30 | הלא אנה אתנתך די רכבת עליי מן טליותך עד יומא הדין הא |
| 1676 | עלייהון | Ex39:10 | סדרה חדה וכתיב ומפרש עלייהון שם תלתא שבטין ראובן |
| 1677 | עלייך | Gn31:52M | לא אעבור ואייתי לוותך/עלייך#2#/ ית איגרא הדין |
| 1678 | עליך | Nu20:29M | והווה בכי ואמ' ווי לי עליך אהרן אחי עמוד צלותהון |
| 1679 | | Gn31:13M | עלך /דאיתגליית עליך#2#/ בבית אל די רבית תמן |
| 1680 | | Gn 3:16 | מתביך והוא יהוי רשותה עליך בין למזכה ובין למחטא: |
| 1681 | | Ex 8:05 | עלי עד אימתי אצלי עליך ולשלטוניך ולעמך למשיציא |
| 1682 | | Ex10:29M | לך רחמין הוינא מצלי עליך ומחתא |
| 1683 | | Lv 9:07M | דעמא/^<דעמ>ה#2#^/ /עליך ועל עמא#2#/ וקרב ית |
| 1684 | | Gn20:07 | ארום נביא הוא ויצלי עליך ותחי ואית לית את מחזי«ר» |
| 1685 | | Dt13:07 | חובך או חברך רחמך דחביב עליך כנפשך בטומרה למימר ניזיל |
| 1686 | | Gn27:42M | /מתחשד#2#/ \עלך למקטל /עליך למקטול#2#/ יתך: |
| 1687 | | Gn49:22 | עליך על כוותיה ומצוותך עליך מן חרכייא והוון מזרקן |
| 1688 | | Ex 8:05M | לי סימן ואתרחיץ עלי/עליך#2#/ עד אימתי/אמת#2#/ אצלי |
| 1689 | | Ex33:22 | בנקרה דטינרא ואפרוש כפי עליך עד דיעברון כיתי מלאכיה די |
| 1690 | | Gn49:22 | דמלכייא ושלטנייא מדיקין עליך על כוותיה ומצוותך עליך מן |
| 1691 | | Gn 4:10M | הבל אחוך צווחין עלך/עליך#2#/ קדמי מן ארעא: |
| 1692 | | Ex22:22 | ויהווי ארום מצווח יצווח עליך קדמי ואשמע ית קל צלותה |
| 1693 | עליכו' | Lv 9:06 | פקד ייי תעבדון ותתגלי עליכו' איקר שכינתיה דייי: |
| 1694 | | Ex20:24M | קדיש' מימרי' אתגלי עליכו' ומברך יתכון |
| 1695 | עליכון | Lv 8:34M | דכיפורי מטול לכפרה עליכון |
| 1696 | | Lv 8:34 | פקד ייי למעבד למכפרה עליכון: |
| 1697 | | Lv 9:04 | הדין ממריה דייי מתגלי עליכון: |
| 1698 | | Lv19:19 | וכתן שעטנז לא יסוק עליכון: |
| 1699 | | Lv26:09M | ואקים ית קיימי עמכון/עליכון#2#/: |
| 1700 | | Dt 1:13 | ואמני יתהון רברבנין עליכון: |
| 1701 | | Dt 1:13M | יתכון ראשין ע<ליכון>#2#/: |
| 1702 | | Dt15:09M | דלא תתנון לה ויצבוח עליכון |
| 1703 | | Nu17:20 | ישראל דאינון מתרעמין עליכון: |
| 1704 | | Nu28:22 | וצפיר לחטאתה חד למכפרה עליכון: |
| 1705 | | Nu28:30 | צפיר בר עזין חד למכפרה עליכון: |
| 1706 | | Nu29:05 | קרב יתיה לחטאת למכפרה עליכון: |
| 1707 | | Dt28:49 | ישא ייי עליכון אומה מן רוחקה מסייפי ארעא |
| 1708 | | Ex20:20 | למנסיית יתכון אתגליית עליכון איקר שכינתיה דייי |
| 1709 | | Ex15:26 | למצרייה לא אשוי יתהון עליכון ארום אנה הוא ייי דמסי |
| 1710 | | Nu16:03 | אהרן ואמרין להון סגין עליכון ארום כל כנישתה כולהון |
| 1711 | | Dt28:08 | ית סדר ברכתה וייתון עליכון באוצריכון ובכל אושטות |
| 1712 | | Lv26:16 | אנה אעבד דא לכון ואדכר עליכון בביהילו ית שחפיתה וית |
| 1713 | | Dt17:15 | אתון רשיין למשווייה עליכון גבר בר עממין די לא מן |
| 1714 | | Nu24:05 | ממריה עתיד מייתייה עליכון דדבית יעקב בזכות |
| 1715 | | Lv22:19 | לרעווה עליכון דכר שלם מן «מום» |
| 1716 | | Nu14:42 | איקר שכינתה דייי שרי עליכון דלא תתברון קדם |
| 1717 | | Dt 1:01M | "ית ארעא ... נפשן": גזר עליכון דלא תיעלון לארעא דישראל |
| 1718 | | Lv26:13 | מעילוויכון דהוה קשי עליכון היך ניר פרזלה ודברית |
| 1719 | | Ex20:24 | שמי בצלו אתגלי בממריה עליכון ואברך יתכון: |
| 1720 | | Nu23:23 | וניחמתה דעתיד מייתייה עליכון ודדבית ישראל אמר בלעם |
| 1721 | | Ex 5:21 | ואמרו להון יתגלי ייי עליכון וידון די אסבתון ית שמן |
| 1722 | | Dt28:10 | שמיה דייי קדישה איתקרי עליכון וידחלון מנכון: |
| 1723 | | Dt13:18 | ויתן לכון רחמין וירחם עליכון ויסגי יתכון היך מה דקיים |
| 1724 | | Ex12:13 | ואפסח ואגן במימרי עליכון ולא יהווי בכון מותא מחבל |
| 1725 | | Ex23:19 | כחדא דלא יתקף רוגזי עליכון ונ{כ}בשל עבוריכון צריכין |
| 1726 | | Lv10:07 | ארום משח דרבותה דייי עליכון ועבדו כמלוי דמשה: |
| 1727 | | Dt15:09M | יהווי בך חובה /ויהווי עליכון חו'#2#/: |
| 1728 | | Dt19:10 | לכון לאחסנה דלא יהווי עליכון חובת שפיכות אדם זכיי: |

|  |  |  |  |  |  |
|---|---|---|---|---|---|
| 1729 | | Ex23:29 | תהוי ארעא צדי דלא תסגי | עליכון | חיות ברא: |
| 1730 | | Dt 7:22 | יתהון בפריע דלא תסגון | עליכון | חיות ברה: |
| 1731 | | Ex32:29 | בברה ובאחוי ולמשויה | עליכון | יומא הדין ברכן |
| 1732 | | Dt26:17 | ית מימרה דייי אמלכתון | עליכון | יומא הדין למיהווי לכון |
| 1733 | | Dt23:05 | מן מצרים ודי אגרו | עליכון | ית בלעם בר בעור חלמיא |
| 1734 | | Dt28:60 | ויחזר | עליכון | ית כל מכתישיהון דמצריי די |
| 1735 | | Dt 1:11 | ייי אלהי אבהתכון יוסף | עליכון | כוותכון אלף דזמנין ויברך |
| 1736 | | Dt28:02 | וייתון | עליכון | כל ברכתה האליין ויארעון |
| 1737 | | Dt28:15 | יתכון יומא הדין וייתון | עליכון | כל לווטייה האליין |
| 1738 | | Dt28:45 | וייתון | עליכון | כל לווטייה האליין וירדפון |
| 1739 | | Dt30:01 | ויהווי ארום ייתון | עליכון | כל פתגמיא האיליין סדר |
| 1740 | | Dt28:36 | וית מלכיכון די תקימון | עליכון | לאומה די לא חכמתון אתון |
| 1741 | | Dt30:09 | ארום יחזר ייי למחדי | עליכון | לטב היך מה די חדה על |
| 1742 | | Lv16:30 | ארום ביומא הדין יכפר | עליכון | למדכיי׳ יתכון מן כל |
| 1743 | | Dt28:63 | יתכון כדן יחדי ייי | עליכון | למובדה יתכון ול«מ»סייפה |
| 1744 | | Dt28:63 | דהווה רעווה מן קדם ייי | עליכון | למייטבה יתכון ולמסגייה |
| 1745 | | Dt 9:20 | ובאהרן רגז ממרה דייי | עליכון | למישצייה יתיה וצליית |
| 1746 | | Dt28:43 | די ביניכון יהוון רמין | עליכון | לעיל לעיל ואתון תהוון |
| 1747 | | Dt 9:19 | די רגז מימרה דייי | עליכון | לשיצי יתכון ושמע ייי בקל |
| 1748 | | Lv26:21 | לאולפן אורייתי ואוסף | עליכון | מחוון שבעה כמה דחטיתון: |
| 1749 | | Ex 9:30M | ארום על לא ימטון | עליכון | מחוותא לית אתון מתכנעין |
| 1750 | | Dt28:61M | ישיצון יתכון /ישוי | עליכון | מימריה דייי {עליכון} |
| 1751 | | Dt17:15 | ממני<ה> תמנון | עליכון | מלך <....> לית אתון רשיין |
| 1752 | | Lv23:11 | ית עומרא קדם ייי לרעוה | עליכון | מן בתר יומא טבה קדמייא |
| 1753 | | Dt28:24 | ועפר מן שמייא וייחות | עליכון | עד זמן די ישיצי יתכון: |
| 1754 | | Dt28:61 | אורייתה הדה יגרי ייי | עליכון | עד זמן די ישיצון יתכון: |
| 1755 | | Dt28:61M | עליכון מימריה דייי | {עליכון} | עד זמן דתשתיצון#2#/: |
| 1756 | | Nu15:23 | כל מה די פקד ייי | עליכון | על ידוי דמשה מן יומא די |
| 1757 | | Lv10:17 | חובי עם כנשתה למכפרה | עליכון | קדם ייי: |
| 1758 | | Lv23:28 | דכיפורייה הוא לכפרה | עליכון | קדם ייי אלהכון: |
| 1759 | | Dt24:15M | לך ית נפ׳ דלא יצווח | עליכון | קדם ייי אזדהרו דלא יהווי |
| 1760 | | Dt 1:15 | ומניית יתהון רברב{נ}ין | עליכון | רברבני אלפין רברבני מאוון |
| 1761 | | Dt13:18M | \ויתן לכון /דישווה | עליכון#2#/ | רחמין וירחם עליכון |
| 1762 | | Lv26:25M | \בתרכון שלפי חרב | /עליכון | שלופי חרבה#2#/ למתפרעה |
| 1763 | | Lv19:05 | קדשין לשמה דייי לרעוה | עליכון | תיכסון יתיה: |
| 1764 | | Lv22:29 | אודיה לשמה דייי לרעוה | עליכון | תכסון יתיה: |
| 1765 | עלין | Lv19:30M | \מצלין בדחל«ה» | /עלין | בדחלה כדן#2#/ אמר ייי: |
| 1766 | | Dt26:19M | \רמין ומנטלין /רמין | עלין#2#/ | על כל אומייה די ברא |
| 1767 | עלינא | Gn43:18 | אנן מתעלין למתרברבא | עלינא | ולמתעקפא עלינן ולמסב יתן |
| 1768 | עלינן | Ex16:07 | חשיבין ארום תתרעמתון | עלינן: | |
| 1769 | | Ex16:08M | דאתון מתרעמין לא | עלינן | |
| 1770 | | Nu10:36 | תקוף רוג{ד}<ז>ך ותוב | עלינן | ברחמיך טבייה ואשרי איקר |
| 1771 | | Ex 2:14 | שוי יתך לגבר רב ושליט | עלינן | הא מקטל יתי את אמר היך מה |
| 1772 | | Ex 3:18 | אלההון דעבורייה אתגלי | עלינן | וכדו נזיל כען ארח מהלך |
| 1773 | | Gn43:18 | עלינא ולמתעקפא | עלינן | ולמסב יתן לעבדין וית |
| 1774 | | Nu12:11 | מנך רבוני לא כען תשווי | עלינן | חובה די אשתלינן ודי |
| 1775 | | Gn26:10 | עם אתתך והוות מייתי | עלינן | חובין רברבין: |
| 1776 | | Nu13:27 | ותנון ליה ואמרין | עלינן | לארעא די שלחת יתן ולהוד |
| 1777 | | Nu16:13 | במדברה ארום אתרברבת | «עלינן | להוד אתרברבת»: |
| 1778 | | Dt26:03 | הדין קדם ייי אלהן ארום | עלינן | לארעא די קיים ייי לאבהתן |
| 1779 | | Nu14:04 | ואמרין גבר לחברי׳ נשוי | עלינן | מלך ונחז«ו»רו למצרים: |
| 1780 | | Dt17:14 | בגווה ותימרון אמני | עלינן | מלך ככל אומייא די |
| 1781 | | Ex 5:03 | אלההון דעברייי אתגלי | עלינן | נזיל כען אורח מהלך תלתא |
| 1782 | | Gn42:21 | ולא שמעינן בגין כך אתת | עלינן | עקתה רבתה הדה: |
| 1783 | | Dt26:06 | מצריי וצערו יתן ושוון | עלינן | פלחן קשי: |
| 1784 | | Ex16:08M | "לא עלינן ...": לא | עלינן | תורעמנותיכון |
| 1785 | | Ex16:08 | מה אנן חשיבין לא | עלינ«ן» | תורעמתכון ארום אלא קדם |
| 1786 | עלך | Gn31:13 | אנה הוא אלהה דאתגלית | עלך | בבית אל די רבית תמן קיימא |
| 1787 | | Gn 3:16M | והוא יהוי שליט | עלך#2#/ | בין למזכה ובין למחטא: |
| 1788 | | Gn35:01 | לשם ממרי דייי דאתגלי | עלך | במערקך מן קדם עשו אחוך: |
| 1789 | | Gn43:29 | מן קדם ייי יהוי מחוס | עלך | ברי: |
| 1790 | | Gn43:29M | /מימרי׳ דייי יחוס | עלך#2#/ | ברי: |
| 1791 | | Ex19:09 | ייי למש׳ הא ממרי מתגלי | עלך | בתקפא דעננא מן בגלל |
| 1792 | | Dt24:13 | וידמוך בלבושיה ויצלי | עלך | ולכון תיהווי זכו קדם ייי |
| 1793 | | Ex10:29 | מן קדם ייי הווינא מצלי | עלך | ומחתא מתכליה מנך ומחתה הדא |
| 1794 | | Ex 4:01 | ארום יאמרו לא אתגלי | עלך | ייי: |
| 1795 | | Ex 4:05 | די יהימנון ארום אתגלי | עלך | ייי אלה אבהתהון אלהה |
| 1796 | | Gn15:01M | לך בעלמא הדין ומגן | עלך | כל יומיא ברם אגריך ועבדך |
| 1797 | | Gn41:15 | לית ליה ואנה שמעית | עלך | למימר תשמע חלמא למפתר |
| 1798 | | Gn15:01 | לגיונין סגין ואתין | עלך | למקטל ממרי תרום לך דהוה |
| 1799 | | Gn27:42 | לה הא עשו אחוך מתחשב | עלך | למקטל יתך: |
| 1800 | | Ex10:29 | ולא מן סוף דהוינא תבע | עלך | מן קדם ייי הווינא מצלי עלך |
| 1801 | | Dt15:09 | ולא תתן לה ולא יצווח | עלך | קדם ייי דלא יהווי בך חובה: |
| 1802 | | Dt24:15 | נפשיה אזדהר לך דלא יצווח | עלך | קדם ייי דלא יהווי בתרך |
| 1803 | | Gn 4:10 | מן הבל אחוך צווחין | עלך | קדמי מן ארעא: |
| 1804 | | Ex22:26 | דמך ויהוי ארום יצווח | עלך | קדמי ואשמע ית קל צלותיה |
| 1805 | | Gn49:22M | שירוויאה והוון מטלקין | עלך | שירין קטלין ומעוכין דלמ׳ |
| 1806 | עלנא | Gn37:08 | ליה אחוי הא ממלך תמלך | עלנא | אן משלט תשלט בן ואוספו תוב |
| 1807 | דעלה | Nu30:09 | יבטל יתה ויבטל ית נדרה | דעלה | וית פירוש שפוותה די קיימת |
| 1808 | דעלוי | Nu34:15 | לנהרא רובא נהרא פרת | דעלוי | סדר נצחני קרבוי דייי |
| 1809 | דעלוי | Nu34:15M | תחומה לנהרה רבה דפרת | דעלוי | סד׳ |
| 1810 | ועליהון | Dt 9:10 | דגבורה מן קדם ייי | ועליהון | הוה כתיב כל דביריה די |
| 1811 | | Nu35:06 | יערקון תמן קטולייה | ועליהון | תוספון ארבעין ותרתין |
| 1812 | ועליך | Nu21:07 | מללנן בתר ממרה דייי | ועליך | אתרעמנן צלי קדם ייי ויעבר |
| 1813 | | Gn16:05M | ארעא מינן ולא /עלי | ועליך | ויתמלי עלמא מיני ומינך |
| 1814 | לעליה | Lv21:03 | די לא אתנסבה לגבר | לעליה | יסתאב: |

[406]

## על *conj.* since

|  |  |  |  |  |  |
|---|---|---|---|---|---|
| 001 | על | Nu 4:28 | במשכן זמנה ומטרתהון | על | דאיתמ׳ ברה דאהרן כהנה |
| 002 | | Ex17:07 | נסיוניה ודיינוותיה | על | דאדיינון בני ישראל ועל די |
| 003 | | Ex15:21 | מנטליא סוסון ורוכביהון | על | דאתגאו ורדפו בתר עמא בני |
| 004 | | Ex17:07M | בית נסיונ׳ ומצותא | על | דאתנצון בני ישראל ועל |
| 005 | | Gn44:19 | היא ודן חיילא רבא | על | דהוא מן עילעא דאבה אין לא |
| 006 | | Dt32:01 | ולשמייא שמעו ותריהון | על | דהוו דחלין מן לשמה קדישה |
| 007 | | Ex10:23M | הוות נהורא | על | דהוון עסיק׳ בפיתגמי |
| 008 | | Lv24:12M | מתין/<מ>תון#2#/ מן בגלל/ | על#2#/ | דהוון דיניהון דיני |
| 009 | | Gn29:17M | "זקיפן ...": רכיכן | על | דהוות בכייא ומצלייה דלא |
| 010 | | Gn19:26M | ואתתה דלוט | על | דהות מן עמה דסדם אסתכלת |
| 011 | | Lv26:28 | ואמחי יתכון אף אנה שבעה | על | דחביתון: |
| 012 | | Dt32:30 | מנהון רבבה רבותה מערקין | על | דחטון וארגיזו קדמוי תקיפה |
| 013 | | Dt32:31 | רוחצניהון דאומייה | על | דחטינן וארגזן קדמוי אתעבדון |
| 014 | | Gn49:03 | רבתא לך הוויין חמיין | על | דחטית ראובן ברי אתיהיבת |
| 015 | | Lv26:18 | ואוסף למרדי יתכון שבעה | על | דחטיתון: |
| 016 | | Lv26:18M | /לממחי יתכון חד לשבעה | על | דחטיתון קדמי#2#/: |
| 017 | | Lv26:24 | ואמחי יתכון אוף אנה שבעה | על | דחטיתון: |
| 018 | | Lv26:28M | יתכון מחה חד שובעה | על | דחטיתון קדמי |
| 019 | | Dt 1:02 | עד} <עד מטי> רקם דגיעה | על | דחטיתון וארגזתון קדמוי |
| 020 | | Gn 3:24 | ויתפרנקון מן פרי אילנ׳ | על | די נטרו מצוותה דאורייתא |

|  |  |  |  |  |  |
|---|---|---|---|---|---|
| 021 | | Gn 3:24 | למתפרעה מנהון לעלמא דאתי | על | די לא נטרו מצותה דאוריתא |
| 022 | | Gn 4:24M | לי ולמך בר ברה | ∧על#2#/ | די לא קטל בדינא הוא |
| 023 | | Gn15:17M | הוות והא אברם חז{ו}<י> | על | די ספסלין אתעתדו וכרסוון |
| 024 | | Gn15:17M | לרשיעיא לעלמא דאתי | על | די לא עסקו אולפן אוריתא |
| 025 | | Gn15:17M | ורשיעי׳ לגווה אתמריין | על | די מרדו בחייהון באולפן |
| 026 | | Gn15:17M | מן דינה אישתיזבו | על | די פלחו בחייהון בעלמא הדין |
| 027 | | Gn20:16 | ההוא יהיב ליך מתנה | על | די אתכסית ברם מן עייני |
| 028 | | Gn34:31 | בתולה {{ופלחי צלמין}} | על | די סאבו לדינה ברתיה דיעקב |
| 029 | | Gn44:18 | כל דכורא לפתגם דחרב | על | די סאבו לדינה אחתן דלא |
| 030 | | Ex15:01 | מיניה סוסון ורוכביהון | על | די אתגאון ורדפו בתר עמא בני |
| 031 | | Ex32:25 | שמה מפרשה חקיק עליהון | על | די לא שמעו למילוי דאהרן |
| 032 | | Lv 6:02M | על#2#/ היא עלתה דיקדה | /על | די אתוקדת#2#/ על גבי |
| 033 | | Lv26:25 | שלפי חרב למתפרעה מנכון | על | די פרעתון ית קיימיי |
| 034 | | Nu20:24 | די יהבית לבני ישראל | על | די סרבתון על פם גזרת מימרי |
| 035 | | Dt 3:29 | ומתוודין על חטאינן | על | די אדבקנן לפלחי טעוותה |
| 036 | | Dt 4:04 | ואתון | על | די אדבקתון באולפן אורייתה |
| 037 | | Dt29:24 | וייאמרון | על | די שבקו ית קיימה דייי אלה |
| 038 | | Dt31:17 | וייאמרון ביומה ההוא הלא | על | די לית איקר שכינתה דייי |
| 039 | | Dt32:51 | | על | די סרבתון בשם ממרי בגו בני |
| 040 | | Dt32:51 | מצותה דרקם במדברה דצין | על | די לא קדשתון יתי בגו בני |
| 041 | | Nu26:11 | ובנוי דקרח | על | דילא הוון בעצתה דאבוהון לא |
| 042 | | Gn 6:08 | ונח | על | דלא הוה בדרה צדיק ^ההוא#2#^ |
| 043 | | Gn31:20 | ית דעתא דלבן ארמאה | על | דלא תני לה ארום ערק הוא: |
| 044 | | Dt 9:28 | אפקת יתן פריקין מן תמן | על | דלא הוות יוכלא מן קדם ייי |
| 045 | | Nu14:16 | | על | דלית יכלה קדם ייי למיעלה ית |
| 046 | | Gn15:17 | דאשה דבגוה נפלו רשיעי׳ | על | דמרדו רשיעיא על אורייתא |
| 047 | | Gn15:17 | בעלמ׳ הדין וצדיקיא | על | דנטרו יתה מן עקתא אשתיזבון |
| 048 | | Gn38:25 | כל אנש דמגלי עובדוי | על | דנסב«י»ת פרגודה דיוסף |
| 049 | | Gn 4:24M | קין \דקטל להבל עד/ | על | דקטל להבל אחוי עד#2# |
| 050 | | Nu25:11 | חמתיה מעילווי בני ישראל | על | דקני ית קנאתי ביניהון ולא |
| 051 | ועל | Lv10:20M | אחי אלף יתי׳ לי | ועל | דאשפל קבל עלה אגר סגי |
| 052 | | Gn41:32 | | ועל | דאתני חלמא לפרעה תרתין |
| 053 | | Gn 4:08 | עובדין טבין הו׳ מדבר | ועל | דהוו עובדיי טבין מן דידך |
| 054 | | Dt 9:28 | לארעא די מלל להון | ועל | דהווה סני יתהון <אפיק |
| 055 | | Gn19:26 | | ועל | דהות אתתה דלוט מן בנתהון |
| 056 | | Gn49:03M | לך הוויין חמיין | על/ועל#2#/ | דחטית ראובן ברי |
| 057 | | Gn49:04 | תוסיף למחטי תוב ברי | ועל | ד{ט}חטית תשתרי וישתבק לך: |
| 058 | | Ex17:07 | על דאדיינון בני ישראל | ועל | די נסון קדם ייי למימר הא |
| 059 | | Ex32:25M | מפרשה חקיק עליהון | על/ועל#2#/ | די לא שמעו למילוי |
| 060 | | Ex17:07M | על דאתנצון בני ישראל | ועל | דנסי יתהון ייי |

## על אחת כמה וכמה *adv.* ⇐ חד ,כמה

## על חד כמה וכמה *adv.* ⇐ חד ,כמה

## על אפי *prep.* on the surface of [406]

|  |  |  |  |  |  |
|---|---|---|---|---|---|
| 001 | על אפי | Gn 1:20 | ועופא דפרח על ארעא | על אפי | אויר רקיע שמיא: |
| 002 | | Dt 2:25 | למיתן פחדכון ודחלתכון | על אפי | אומייא די תחות כל שמיא די |
| 003 | | Gn 6:01 | שרון בני אנשא למסגי | על אפי | ארעא ובנן נקבן אתילידו |
| 004 | | Gn 7:03 | דכר ונקבה למקיימא בנין | על אפי | ארעא: |
| 005 | | Dt 7:06 | סגולה מן כל אומיה די | על אפי | ארעא: |
| 006 | | Dt14:02 | סגולה מן כל אומייה די | על אפי | ארעא: |
| 007 | | Lv14:07M | \חייתה לאפי /דבחיין | על אפי#2#/ | ברא: |
| 008 | | Lv17:05M | /הינון#2#/ דבחין | באפי/על אפי#2#/ | ברא וייתון יתהון |
| 009 | | Gn 7:23 | ושיצי ית כל ברייתא די | על אפי | דארעא די מן בני אנשא עד |
| 010 | | Gn 1:29 | עשביא דמזרעין זרע די | על אפי | כל ארעא וית כל אילניא |
| 011 | | Gn11:04 | קרבא קדם עד לא נדרי | על אפי | כל ארעא: |
| 012 | | Gn11:08 | ודרי ייי יתהון מן תמן | על אפי | כל ארעא ואתמנעו מן למבני |
| 013 | | Gn11:09 | ומן תמן דרי יתהון ייי | על אפי | כל ארעא: |
| 014 | | Dt11:25 | ישווי ייי אלהכון | על אפי | כל ארעא די תדרכון בגווה |
| 015 | | Lv16:14 | מן אדמה וידי באצבעה | על אפי | כפרתה מן מדנחה וקדם כפרתה |
| 016 | | Lv 6:07M | דאהרן קדם ייי | על גבי/אפי#2#/ | מדבחה: |
| 017 | | Ex16:14 | וסלקת ענניה טלא והא | על אפי | מדברא דקיק מפספס דקיק |
| 018 | | Gn 1:02 | מן קדם ייי הוה מנשבא | על אפי | מיא: |
| 019 | | Gn 7:18 | על ארעא והלכת תיבותא | על אפי | מיא: |
| 020 | | Lv 4:06M | פרוכתה דבית קודשה | /על אפי | פרוכת בית <קודשה>%#2#/: |
| 021 | | Lv 4:17M | זמנין#2#/ קדם ייי | ית/על#2#/ | אפי פרוכתה: |
| 022 | | Gn 1:02 | ומן אילנין וחשוכא פריס | על אפי | תהומא ורוח דרחמין מן קדם |
| 023 | | Ex12:42 | תהו ובהו וחשוכא פריס | על אפי | תהומא וממריה דייי והוה |
| 024 | דעל אפי | Ex33:16 | «אמיה» מכל עמיה | דעל אפי | ארעא: |
| 025 | | Gn 3:14 | בעירא ומן כל חיותא | דעל אפי | ברה על מעך תהוי שחף ועפר |
| 026 | על אפיה | Nu11:31 | וכתרין אומ{ו}<י>ן רום | על אפיה | דארעא: |
| 027 | | Nu12:03 | מן כל בני אנשא די | על אפיה | דארעא: |
| 028 | | Gn 8:09 | לתיבותה ארום מיא הוון | על אפיה | דכל ארע׳ ופשט ידה ונסב |

## על גב *prep.* on the top of [406 s.v. על גבי]

|  |  |  |  |  |  |
|---|---|---|---|---|---|
| 001 | על גב | Ex28:43 | א{ן}<ו> בקרבותהון | על גב | מדבחא למשמשא בגו |
| 002 | | Ex 2:03 | טליא ושויית יתיה באפרה | על גב | נהרא: |
| 003 | | Ex 2:05M | \על נהרא ורביתה | /על גב | נהרא וטלייתא#2#/ מהלכין |
| 004 | | Ex21:14 | כהנא רבה דקאים ומשמש | {על גב} | על גבי מדבחי מן תמן |

## על גבי *prep.* upon [406]

|  |  |  |  |  |  |
|---|---|---|---|---|---|
| 001 | על גבי | Lv 6:02 | דעלתה היא עלתה דיקדה | על גבי | מדבח׳ כל ליליה עד צפרא |
| 002 | | Lv 6:08 | מנחתה ויסדר | על ^גבי#2#^ | מדבח׳ ריח דרעוה אדכרתה |
| 003 | | Lv 8:19 | ונכס וזרק משה ית אדמה | על גבי | מדבח׳ מן חזור חזור: |
| 004 | | Lv 9:13 | לפיסגה וית רישיה וסדר | על גבי | מדבח׳: |
| 005 | | Gn22:09 | יצחק ברה ושוי יתיה | על ^גבי#1#^ | מדבחא לעיל מן קיסייא: |
| 006 | | Ex12:42 | ושבע שנין כד אתקרב | על גבי | מדבחא שמיא אתמככו ונחתו |
| 007 | | Ex24:06 | ופלגא דדמ«א» זרק | על גבי | מדבחא: |
| 008 | | Ex29:16 | ית אדמיה ותזרק יתיה | על גבי | מדבחא מן חזור חזור: |
| 009 | | Ex29:18 | ותסדר ית כל דיכרא | על גבי | מדבחא עלה הוא לשמה דייי |
| 010 | | Ex29:21 | ותסב מן אדמה די | על גבי | מדבחא ומן משח דרבותא ותדי |
| 011 | | Ex29:37 | שבעה יומין תכפר | על גבי | מדבחא ותקדש יתיה ויהוי |
| 012 | | Ex29:38 | כהדן סדר׳ תהוון מקרבין | על גבי | מדבחא אמרין בני שתהון |
| 013 | | Ex30:20 | ימותון או בקרובותהון | על גבי | מדבחא למשמשא למסדרה |
| 014 | | Lv 1:05 | כהניא ית דמא <...> | על גבי | מדבחא מן חזור חזור די תרע |
| 015 | | Lv 1:07 | בנוהי דאהרן כהניא אשא | על גבי | מדבחא ויסדרון קיסין על |
| 016 | | Lv 1:09 | במיא ויסדר כהנא ית כלה | על גבי | מדבחא עלה קרבן דמתקבל |
| 017 | | Lv 1:13 | כהנא ית כלה ויסדר | על גבי | מדבחא עלה הוא קרבן |
| 018 | | Lv 3:05 | יתיה בנוי דאהרן | על גבי | מדבחא על עלתה די על קיסיה |
| 019 | | Lv 5:12 | קומציה ית אדכרתה ויסדר | על גבי | מדבחא על קרבנוי דייי |
| 020 | | Lv 6:05 | ואשתה | על גבי | מדבחא תהווי יקדה עלוהי לא |
| 021 | | Lv 8:24 | וזרק משה ית אדמה | על גבי | מדבחא מן חזור חזור: |
| 022 | | Gn 8:20 | עופא דיכיה וסדר עלון | על גבי | מדבחה: |
| 023 | | Ex29:13 | תרבא די עליהון ותסדר | על גבי | מדבחה: |
| 024 | | Ex29:20 | דימינא ותזרק ית אדמה | על גבי | מדבחה מן חזור חזור: |

|  |  |  |  |  |  |
|---|---|---|---|---|---|
| 025 | | Ex29:25 | יתהון מן ידיהון ותסדר | על גבי | מדבחה על עלתה לריח דרעוא |
| 026 | | Ex29:37M | קד«י»ש/דיקריב | על גבי | מדבחה יתקדש#2#/: |
| 027 | | Ex40:32 | זימנא ובקרבותיהון | על גבי | מדבחה יתקדשון היך מה די |
| 028 | | Lv 1:08 | על קיסיה די על אשתה די | על גבי | מדבחה: |
| 029 | | Lv 1:11 | דאהרן כהנא ית אדמה | על גבי | מדבחה מן חזור חזור: |
| 030 | | Lv 1:12 | על קיסיה די על אשתה די | על גבי | מדבחה: |
| 031 | | Lv 1:15 | ויקרב יתיה כהנא | על גבי | מדבחה ויעזם ית ראשה ויסדר |
| 032 | | Lv 1:15 | ויעזם ית ראשה ויסדר | על גבי | מדבחה וימציא אדמה על |
| 033 | | Lv 1:17 | יפרש ויסדר כהנא יתיה | על גבי | מדבחה על קיסיה די על אשתה |
| 034 | | Lv 2:02 | ויסד׳ כהנא ית אדכרתה | על גבי | מדבחה קרבן מתקבל לריח |
| 035 | | Lv 2:08 | יתה לות כהנא ויסדר יתה | על גבי | מדבחה: |
| 036 | | Lv 2:09 | מנחתה ית אדכרתה ויסדר | על גבי | מדבחה קרבן מתקבל ברעוה |
| 037 | | Lv 3:02 | דאהרן כהניא ית אדמיה | על גבי | מדבחה מן חזור חזור: |
| 038 | | Lv 3:08 | בנוי דאהרן ית דמיה | על גבי | מדבחה מן חזור חזור: |
| 039 | | Lv 3:11 | ויסדר יתי׳ כהנא | על גבי | מדבחה לחם קרבן לשמה דייי: |
| 040 | | Lv 3:13 | בנוי דאהרן ית דמיה | על גבי | מדבחה מן חזור חזור: |
| 041 | | Lv 3:16 | ויסדר יתהון כהנא | על גבי | מדבחה לחם קרבן לריח דרעוה |
| 042 | | Lv 4:19 | ירים מנה ויסדר כהנא | על גבי | מדבחה: |
| 043 | | Lv 4:26 | וית כל תרביה יסדר | על גבי | מדבחה כתרבה דנכיסת קדשיא |
| 044 | | Lv 4:31 | נכיסת קדשי׳ ויסדר כהנא | על גבי | מדבחה לריח דרעוה לשמ׳ |
| 045 | | Lv 4:35 | קדשיה ויסדר כהנא יתהון | על גבי | מדבחה על קרבנוי דייי |
| 046 | | Lv 6:02 | כל ליליה עד צפרא ואשתה | על גבי | מדבחה תהוי יקדה עלוי: |
| 047 | | Lv 6:03 | {י}תאכל אשתה ית עלתה | על גבי | מדבחה וישווי י{ד}<ת>יה |
| 048 | | Lv 6:06M | עלוי /{ד}<ת>תוקד{ה} | על גבי | מדבחה#2#/ לא תטפי: |
| 049 | | Lv 6:07 | בנוי דאהרן קדם ייי | על גבי | מדבחה: |
| 050 | | Lv 7:02 | אשמה וית אדמיה יזרוק | על גבי | מדבחה מן חזור חזור: |
| 051 | | Lv 7:05 | ויסדר יתהון כהנא | על גבי | מדבחה קרבן קדם ייי אשמה |
| 052 | | Lv 8:16 | וית תרביהון וסדר משה | על גבי | מדבחה: |
| 053 | | Lv 8:21 | וסדר משה ית כל דכרה | על גבי | מדבחה עלה הוא לריח דרעוה |
| 054 | | Lv 8:28 | מעילוי כפי ידיהון וסדר | על גבי | מדבחה על עלתה אשלמו |
| 055 | | Lv 8:30 | דרבותה ומן אדמ׳ די | על גבי | מדבחה ואדי על אהרן ועל |
| 056 | | Lv 9:07 | ואמר משה לאהרן קרב | על גבי | מדבחה וקרב חטאתך וית עלתך |
| 057 | | Lv 9:08 | וקרב אהרן | על גבי | מדבחה ו{כ}נ<כ>ס ית עגלה |
| 058 | | Lv 9:10 | מן חטא«תה» סדר | על גבי | מדבחה היך מה דפקד ייי ית |
| 059 | | Lv 9:12 | ית אדמה וזרק יתיה | על גבי | מדבחה מן חזור חזור: |
| 060 | | Lv 9:14 | וית רגליה וסדר על עלתה | על גבי | מדבחה: |
| 061 | | Lv 9:17 | ומלא כף ידיה מנה וסדר | על גבי | מדבחה בר מן עלתה דצפרה: |
| 062 | | Lv 9:18 | אדמה לוותה וזרק יתיה | על גבי | מדב«חה» מן חזור חזור: |
| 063 | | Lv 9:20 | על ניעיה וסדר תרביה | על גבי | מדבחה: |
| 064 | | Lv 9:24 | אשא מן קדם ייי ואכלת | על גבי | מדבחה ית עלתה וית תרביה |
| 065 | | Lv14:20 | כהנא ית עלתה וית מנחתה | על גבי | מדבחה ויכפר עלוי כהנא |
| 066 | | Lv16:25 | וית תרבה דחטאתה יסדר | על גבי | מדבחה: |
| 067 | | Lv17:11 | היא ואנה יהבת לכון יתה | על גבי | מדבחה למכפרה על נפשתכון |
| 068 | | Lv22:22 | וקרבן לא תתנון מנהון | על גבי | מדבחה לשמה דייי: |
| 069 | | Lv22:27M | דישר׳ דעקד גרמי׳ | על גבי | מדבחה ופשט צווארי׳ בגין |
| 070 | | Lv22:27 | מן טוריא היך אמר לעלה | על גבי | מדבחה ופדה יתיה וברחמוי |
| 071 | | Nu 5:25 | קדם ייי ויקרב יתה | על גבי | מדבחה: |
| 072 | | Nu 5:26 | מנחתה ית אדכרתה ויסדר | על גבי | מדבחה ומן בתר כדן ישקי ית |
| 073 | | Nu18:17 | אינון ית אדמהון תזרוק | על גבי | מדבחה וית תרביהון תסדר |
| 074 | | Nu29:31 | מתקרבה ביומא שתיתיה | על גבי | מדבחה דכרן טב לרביעות |
| 075 | | Ex20:26 | מדבחי לא תסקון בדרגין | על גבי | מדבחי די לא תתגלי עריתך |
| 076 | | Ex20:26 | דאהרן דקיימין ומשמשין | על גבי | מדבחי לא תסקון בדרגין |
| 077 | | Ex21:14 | דקאים ומשמש {על גב} | על גבי | מדבחי מן תמן תסבון יתיה |
| 078 | | Dt33:10 | וקרבן גמיר «ברעווה | על גבי | מדבחך»: |
| 079 | | Lv 6:08 | וית כל לבונתה די | על «גבי» | מנחתה ויסדר על^גבי#2#^ |
| 080 | עלגבי | Gn27:27 | טביה דעתיד למתקרבא | עלגבי | מדבחא בטור בית מקדשא |
| 081 | דעל גבי | Nu 3:26M | על משכנה | ועל גבי/דעל <גבי>#2#/ | מדבחה |
| 082 | ועל גבי | Lv 2:12 | תקרבון יתהון קדם ייי | ועל גבי | מדבחה לא יתקבלון לריח |
| 083 | | Lv21:23 | פרכתה לא ייעול | ועל גבי | מדבחה לא יקרב ארום מומא |
| 084 | | Nu 3:26 | תרע דרתה די על משכנה | ועל גבי | מדבחה מן חזור חזור וית |
| 085 | | Nu18:03 | למני בית קודש׳ | ועל {נ}<ג>בי | מדבחה לא יקרבון ולא |

See also: *prep.* על גב

## על גוף ⇐ *prep.* על גיף

## [406] על גיף *prep.* on the shore of

|  |  |  |  |  |  |
|---|---|---|---|---|---|
| 001 | על גוף | Ex14:30 | מצריי מייתין רמיין | על גוף: | |
| 002 | | Ex15:09 | וארע יתהון שריין | על גוף | ימא אשבי מנהון שבי<ה> רבה |
| 003 | | Gn41:01 | ופרעה חלם והא הוא קיים | על גוף | נהרא: |
| 004 | | Ex 2:05 | על נהרא ורביתה מהלכין | על גוף | נהרא וחמא ית תיבתה בגו |
| 005 | | Nu12:16 | סגיא לפם דקמת לה מרים | על גיף | נהרא למידע מה יהווי |
| 006 | | Dt 2:36M | נחל^נחיל#2#^/ דאית | על גיף | נח#2#/ ארנונה וקרתה די |
| 007 | | Dt 4:48 | מלחית די | על גיף | נחיל ארנונה ועד טורה |
| 008 | | Dt 3:12 | ההיא מן לחיית די | על גיף | נחל ארנונה ופלגות טור |
| 009 | | Dt 4:48M | \די על גיף נחיל/דאית | על גיף | נחל#2#/ ארנונה ועד טורה |
| 010 | | Gn41:17 | בחלמי והא אנא קיים | על גיף | {תוריין} נהרא: |
| 011 | על גף | Gn22:17 | ככוכבי שמיא וכחלא די | על גף | ימא וירתון בניך ית קירי |
| 012 | | Ex 2:03M | ושויית יתיה באפרה | על גב/גף#2#/ | נהרא: |
| 013 | | Ex 7:15 | נהרא ותתעתד לקדמותיה | על גף | נהרא וחוטרא די אתהפך |
| 014 | | Ex 8:16M | הוא נפק למתקוררה על | \גף#2#/ | נהרא ותימר ליה כדן אמר |
| 015 | | Nu22:05 | בעור פתורה חלמייה די | על גף | נהרא ארע בני עמיה למיקרי |
| 016 | על כיף | Ex14:30M | מייתין רמיין | על ג{ו}<י>ף/כי{ן}<ף> | ימא: |
| 017 | | Gn41:03 | להון בסטר תורייא | על כ^י#2#^ף | נהרא: |

## על דקדם ⇐ *adv.* קדם עד לא

## [407] על ידי *prep.* through, by means of

|  |  |  |  |  |  |
|---|---|---|---|---|---|
| 001 | על ידי | Gn24:30M | אחת{ת}<ה> וכדי שמע/ | <על >ידי/ | אחתי וכיון דש#2#/ ית |
| 002 | | Gn 9:06 | מן דשפך אדמיה דבר נש | על ידי | בר נש ישתפך אדמיה ארום |
| 003 | | Dt 1:01M | די נפלו מן פיגריכון | על ידי | בשרא ובגין עגלא דעבדתון |
| 004 | | Gn40:12 | ועתידין למתפרקא | על ידי | תלתא פרנסין מהמנין משה |
| 005 | ועל ידי | Lv16:24 | דעמא ויכפר על ידוי | ועל ידי | אנש עמה: |
| 006 | | Lv16:06 | דידיה ויכפר על ידוי | ועל ידי | אנשי בייתה: |
| 007 | | Lv16:11 | דידיה ויכפר על ידוי | ועל ידי | אנשי ביתיה ויכוס ית תורה |
| 008 | | Lv16:17 | מפקה ויכפר על ידוי | ועל ידי | אנשי ביתיה ועל ידי כל |
| 009 | | Dt 1:01 | נפלו פיגריכון | ועל ידי | בשרא די אתחמדתון ועל עסק |
| 010 | | Lv16:17 | ועל ידי אנשי ביתיה | ועל ידי | כל קהל כנישתה דבני |
| 011 | על ידה | Gn24:47 | על בית אפיה ושריה | על ידה: | |
| 012 | | Gn24:30 | חמה ית קדשא וית שיריא | על ידה | אחת{ת}<ה> וכדי שמע ית |
| 013 | | Lv14:29M | ד׳/דאית#2#/ | על ידוי/<על >ידה#2#/ | דכהנא יתן על ראשה |
| 014 | | Gn24:18 | ואוחיית ואחתת קולתה | על ידה | ואשקיית יתה: |
| 015 | | Gn16:05 | דילמא דאתבני אף אנה | על ידה | וחמת ארום עברת ואזל איקרי |
| 016 | | Gn16:02 | מה דלמה דאתבני אף אנה | על ידה | ושמע אברם לקלה דשרי: |
| 017 | | Gn24:22 | טבע מתקלה ותרין שרין | על ידה | מן עשרה דדהב מתקלהון: |
| 018 | על ידוי | Gn39:03 | דהוה עבד הוה ייי מצלח | על ידוי: | |
| 019 | | Gn39:23 | דהוה עבד הוה ייי מצלח | על ידוי: | |
| 020 | | Nu 7:08 | דמררי כמסת פולחנהון | על ידוי | דאיתמר ברה דאהרן כהנה: |

|  |  |  |  |  |  |
|---|---|---|---|---|---|
| 021 | | Ex38:21 | פלח<נ>יון דלווי | על ידוי | דאתמר בר אהרן כהנא |
| 022 | | Gn41:42 | מעילוי ידיה ויהב יתיה | על ידוי | דיוסף ואלבש יתיה |
| 023 | | Ex35:29 | די פקד ייי למעבד | על ידוי | דמשה אייתון בני ישראל |
| 024 | | Lv 8:36 | כל פתגמיה די פקד ייי | על ידוי | דמשה: |
| 025 | | Lv10:11 | די מלל ייי עמהון | על ידוי | דמשה: |
| 026 | | Lv26:46 | ישראל בטורא דסיני | על ידוי | דמשה: |
| 027 | | Nu 4:37 | על פם גזירת ממרה דייי | על ידוי | דמשה: |
| 028 | | Nu 4:45 | על פם גזירת ממרה דייי | על ידוי | דמשה: |
| 029 | | Nu 4:49 | וסכומוי די פקד ייי | על ידוי | דמשה: |
| 030 | | Nu 4:49 | ממרה דייי סכם יתהון | על ידוי | דמשה גבר גבר על פלחניה |
| 031 | | Nu 9:23 | גזירת מימרה דייי | על ידוי | דמשה: |
| 032 | | Nu10:13M | מימר׳ \בידה דמשה | /על ידוי | דמשה#2#/: |
| 033 | | Nu15:23 | מה די פקד ייי עליכון | על ידוי | דמשה מן יומא די פקד ייי |
| 034 | | Nu17:05 | היך מה די מלל ייי | על ידוי | דמשה ליה: |
| 035 | | Nu27:23 | יתיה מה די מלל ייי | על ידוי | דמשה: |
| 036 | | Nu33:01 | דמצרים לחילוותהון | על ידוי | דמשה ואהרן: |
| 037 | | Lv14:29 | ומן דמשתייר מן משחא די | על ידוי | דכהנא יתן על ראשה דמן |
| 038 | | Ex21:13 | ייי ארעת חובתה מיתי | על ידוי | ואשווי לכון אתר קרי |
| 039 | | Gn27:16 | בני עיזייא אלבשת | על ידוי | ועל שעש{ו}<י>ע«ו»ת |
| 040 | | Lv16:06 | דמן דידיה ויכפר | על ידוי | ועל ידי אנשי בייתה: |
| 041 | | Lv16:11 | דמן דידיה ויכפר | על ידוי | ועל ידי אנשי ביתיה ויכוס |
| 042 | | Lv16:17 | עד מפקה ויכפר | על ידוי | ועל ידי אנשי ביתיה |
| 043 | | Lv16:24 | וית עלתהון דעמא ויכפר | על ידוי | ועל ידי אנש עמה: |
| 044 | על ידיה | Gn30:03 | מה דלמה דאתבני אף אנה | על ידיה: | |
| 045 | | Gn38:30 | ומן בתר כן נפק אחוי די | על ידיה | זהוריתא וקרא שמה זרח: |
| 046 | על ידיהון | Lv 9:07 | קרבניהון דעמא וכפר | על ידיהון | היך מה דפקד ייי: |
| 047 | על ידיי | Gn42:37 | יתיה לוותך מסר יתיה | על ידיי | ואנה אחזר יתיה לוותך: |
| 048 | על ידיכון | Dt28:32 | כל יומייא ולא אלהה | על ידיכון | למפרוק יתכון: |
| 049 | על ידך | Lv 9:07 | חטאתך וית עלתך וכפר | על ידך | ועל ידיהון דעמא וקרב ית |
| 050 | | Ex 4:16 | וימלל הוא | על ידך | לוות עמא ויהווי הוא יהווי |
| 051 | דעל ידוי | Gn15:02 | ואליעזר בר ביתי | דעל ידוי | איתעבד לי נסין בדרמשק |
| 052 | ועל ידיהון | Lv 9:07 | עלתך וכפר על ידך | ועל ידיהון | דעמא וקרב ית קרבניהון |

## על כיף ⇐ *prep.* על גיף

## על מגן *adv.* for nothing [407]

|  |  |  |  |  |  |
|---|---|---|---|---|---|
| 001 | על מגן | Ex20:07 | די יסב שמה דייי אלהיה | על מגן: | |
| 002 | | Lv19:12M | ישראל לא תומון שמי | על מגן | |
| 003 | | Dt 5:11 | יסב ית שמה דייי קדישה | על מגן: | |
| 004 | | Ex20:07 | ית שמה דייי אלהיה | על מגן | ארום לא מזכי ייי ביום |
| 005 | | Dt 5:11 | מנכון שמה דייי אלהכון | על מגן | ארום לא יזכי ייי ביום |

## על מנת *conj.* with the intention that [407]

|  |  |  |  |  |  |
|---|---|---|---|---|---|
| 001 | על מנת | Gn44:18 | דאת ימי ביה אנה מחסל | על מנת | למעבד מעבד על {על} כורחיה |

## על עסיק ⇐ על עסק

## על עסק *prep.* concerning [407 על עסיק]

|  |  |  |  |  |  |
|---|---|---|---|---|---|
| 001 | על עיסק | Gn21:25 | אברהם ית אבימלך | על עיסק | בירא דמיא דגזלו עבדוי |
| 002 | | Gn43:18 | דיוסף ואמרין | על עיסק | כספא דאתחזר בטעונינון |
| 003 | | Gn41:55 | וצווחו עמא קדם פרעה | על עיסק | לחמא ואמר פרעה לכל מצראי |
| 004 | על עסק | Dt 9:20 | ובעית רחמין לחוד | על עסק | אהרן בשעתה ההיא: |
| 005 | | Gn21:11 | לחדא באפוי דאברהם | על עסק | ישמעל ברה: |
| 006 | | Ex18:08 | דעבד ייי לפרעה ולמצריי | על עסק | ישראל ית כל עקיא די ארען |
| 007 | | Gn20:02 | ואמר אברהם | על עסק | שרה אתתיה אחתי{(ה)} היא |
| 008 | | Gn20:11 | באתרא הדין וקטלין יתי | על עסק | שרה אתתי: |
| 009 | | Gn20:18 | ילדה לביתה דאבימלך | על עסק | שרה אתתה דאברהם: |
| 010 | | Gn12:17 | רברבן ובאנשי בייתיה | על עסק | שרי אתתיה דאברם: |
| 011 | | Ex 8:08 | פרעה וצלי משה קדם ייי | על עסק | ארדעניא די שווי לפרעה: |
| 012 | | Nu12:01 | מרים ואהרן במשה | על עסק | אתתה כושיתה די נסב והלו |
| 013 | | Ex14:03M | דמשתיירין במצרים | על עסק | בני ישרא׳ טעוותי פעור |
| 014 | | Gn34:31 | ערלין אתקטלו | על עסק | בתולה {(ופלחי צלמין)} על |
| 015 | | Gn26:32 | דיצחק ותניאו ליה | על עסק | דבאירה דחפרו ואמ̇רן לה |
| 016 | | Nu21:07M | וצלי משה על | ידיהון/עסק#2#/ | דעמא: |
| 017 | | Nu31:16 | למשקרה שקר בשמה דייי | על עסק | טעוותה דפעור והוה מגפתה |
| 018 | | Nu25:18 | די אתקטלת ביום מגפתה | על עסק | טעותה פעור: |
| 019 | | Nu25:18 | בשקריהון די שקרו לכון | על עסק | טעותה דפעור ועל עסק כזבי |
| 020 | | Nu27:14 | למקדשה שמי קדמיהון | על עסק | מיא אינון מי דייני רקם |
| 021 | | Nu20:24 | על פם גזירת מימרי | על עסק | מייא דייניה: |
| 022 | | Nu21:06 | עמי למתרעמא קדמיי | על עסק | מנה דמיכלי קליל ייתי חויה |
| 023 | | Nu13:24 | ההוא קרא נחל סגולה | על עסק | סגולה די לקטו מן תמן בני |
| 024 | | Ex14:03 | <ויימר> פרעה | על עסק | עמא דבני ישראל טעיין |
| 025 | | Gn 4:08 | מן רשעי׳ לעלמא דאתי | על עסק | פתגמא הדין הוון תריהו׳ |
| 026 | | Gn24:09 | רבוניה ואשבע ליה | על עסק | פתגמא הדן: |
| 027 | על עסקי | Dt 9:20M | על עסק/אוף | על עסקי#2#/ | אהרן בשעתה ההיא: |
| 028 | | Gn25:21 | וצלי יצחק קדם ייי | על עסקי | רבקה אתתיה ארום עקרה |
| 029 | | Gn25:21M | אתר דכפתיה תמן אבוי | על עסקי | את׳ |
| 030 | ועל עסק | Gn17:20M | שמעית לקל צלותך הא | /ועל עסק | ישמעאל שמעית בקלך |
| 031 | | Nu25:18 | על עסק טעותה דפעור | ועל עסק | כזבי ברת רבה דמדין |
| 032 | | Dt 1:01 | וסרבתון על ימא דסוף | ועל עסק | ילילייה די שלחתון מן |
| 033 | | Dt 1:01 | ית ארעא דכנען | ועל עסק | מנה די אמרתון נפשן מעיקה |
| 034 | | Dt 1:01 | בשרא די אתחמדתון | ועל עסק | עיגלה די עבדתון אמר ייי |

## על עסק *conj.* because [407 על עסיק]

|  |  |  |  |  |  |
|---|---|---|---|---|---|
| 001 | על עסיק | Dt23:05 | | על עסיק | די לא אקדימו יתכון בלחמא |
| 002 | על עסק | Dt22:24 | וימותון ית רביתה | על עסק | די לא צווחת בקרתה וית |
| 003 | | Dt22:24 | צווחת בקרתה וית גברא | על עסק | די צער ית אתתה דחברה |
| 004 | | Dt23:05M | | על עסיק/<על ע>סק#2#/ | די לא אקדימו |

## על פם *prep.* according to [407]

|  |  |  |  |  |  |
|---|---|---|---|---|---|
| 001 | על פום | Nu 3:16M | יתהון משה | על פם/<על >פום#2#/ | גזירת ממרה דייי |
| 002 | | Nu 4:37M | משה ואהרן | על פם/<על >פום#2#/ | גזירת ממרה דייי |
| 003 | | Nu 4:41 | די סכם משה ואהרן | על פום | גזירת ממרה דייי: |
| 004 | | Nu 4:45M | משה ואהרן | על פם/<על >פום#2#/ | גזירת ממרה דייי |
| 005 | | Nu 4:49M | | על פ{(ו)}ם/<על >פום#2#/ | גזירת ממרה דייי |
| 006 | | Nu 9:18M | | על פ{(ו)}ם/<על >פום#2#/ | גזירת מימריה |
| 007 | | Nu 9:20M | מניין על משכנה | על פם/<על >פום#2#/ | גזירת מימריה ישרון |
| 008 | | Nu 9:23M | | על פם/<על >פום#2#/ | גזירת ממרה דייי |
| 009 | | Nu 9:23M | דייי ישרון ועל פם/ | <על >פום#2#/ | גזירת מימרה דייי |
| 010 | | Nu10:13M | /מן שירוייה#2#/ | על פם/<על >פום#2#/ | גזירת מימר׳ בידה |
| 011 | | Nu22:18 | ^אנה#2#^ יכיל למעברה | על פום | גזירת מימריה דייי אלהי |
| 012 | | Dt 1:26M | וסרבתון | על פם/על פום#2#/ | גזירת ממרה דייי |
| 013 | | Dt34:05M | דמואביי | על פם/<על >פום#2#/ | גזירת מימרה דייי: |
| 014 | | Nu11:20M | חלף די סרבתון | על פם/<על >פום#2#/ | גזרת ממרה דייי די |
| 015 | | Dt33:03M | ונטלין ושריין | על פם/<על >פום#2#/ | דבירוי: |

|  |  |  |  |  |  |
|---|---|---|---|---|---|
| 016 | | Ex21:22 | די ישוי עלוי בעלה ויתן | על פום | דיינין: |
| 017 | | Gn43:07 | לכון אחוי ותנינן ליה | על פום | פתגמיא האליין ואמר יהוד׳ |
| 018 | על פם | Nu 4:27M | פמה דאהרן ודיבנוי | /על פם | אהרן ובנוי#2/ |
| 019 | | Ex17:01 | דסין ו{א}<מ>טלניהון | על פם | גזירת מימריה דייי ושרון |
| 020 | | Nu 3:16 | וסכם יתהון משה | על פם | גזירת ממרה דייי היך מה |
| 021 | | Nu 3:39 | די סכם משה {{ואהרן}} | על פם | גזירת ממריה דייי |
| 022 | | Nu 3:51 | פרקוניה לאהרן ולבנוי | על פם | גזירת ממרה דייי היך מה די |
| 023 | | Nu 4:37 | די סכם משה ואהרן | על פם | גזירת ממרה דייי על ידוי |
| 024 | | Nu 4:45 | די סכם משה ואהרן | על פם | גזירת ממרה דייי על ידוי |
| 025 | | Nu 4:49 | | על פ{{ו}}ם | גזירת ממרה דייי סכם |
| 026 | | Nu 9:18 | | על פ{{ו}}ם | גזירת מימריה דייי יטלון |
| 027 | | Nu 9:20 | יומין מניין על משכנה | על פם | גזירת מימריה ישרון ועל פם |
| 028 | | Nu 9:23 | | על פם | גזירת מימרה דייי ישרון |
| 029 | | Nu 9:23 | ית מטרתה דייי נטרו | על פם | גזירת מימרה דייי על ידוי |
| 030 | | Nu10:13 | ונטלו בקדמיתה | על פם | גזירת מימר׳ בידה דמשה: |
| 031 | | Nu14:41 | למה כען אתון מעברין | על פם | גזירת מימרה דייי והיא לא |
| 032 | | Nu33:02 | ית מפקניהון למטלניהון | על פם | גזירת ממריה דייי ואילין |
| 033 | | Nu33:38 | אהרן כהנא להר טורא | על פם | גזירת ממרה דייי ומית תמן |
| 034 | | Nu36:05 | ופקד משה ית בני ישראל | על פם | גזירת ממרה דייי למימר |
| 035 | | Dt 1:26 | צביתון למיסק וסרבתון | על פם | גזירת ממרה דייי אלהכון: |
| 036 | | Dt 1:43 | ולא שמעתון וסרבתון | על פם | גזירת מימרה דייי ואזידתון |
| 037 | | Dt 9:23 | די יהבית לכון וסריבתון | על פם | גזירת מימרה דייי אלהכון |
| 038 | | Dt17:11 | | על פם | גזירת אוריתה די ילפון |
| 039 | | Dt34:05 | דייי בארעהון דמואביי | על פם | גזירת מימרה דייי: |
| 040 | | Nu11:20 | לריחוק חלף די סרבתון | על פם | גזרת ממרה דייי די אקר |
| 041 | | Nu13:03 | ושלח יתהון מן מדברה | על פם | גזרת ממרה דייי כולהון |
| 042 | | Nu20:24 | ישראל על די סרבתון | על פם | גזרת מימרי על עסק מייא |
| 043 | | Nu24:13 | כסף ודהב לא אכל למעברה | על פם | גזרת מימרה דייי למעבד טבא |
| 044 | | Nu27:14 | היך מה די סרבתון | על פם | גזרת מימרי במדברה דצין |
| 045 | | Dt33:03 | ענווי ונטלין ושריין | על פם | דבירוי: |
| 046 | | Lv27:08 | קדם כהנה ויעלי יתיה | על פם | די תארע ידיה דמן דנדר |
| 047 | | Dt17:06 | | על פם | מימר תרין סהדין או על פם |
| 048 | | Dt17:06 | להתקטלה לא יתקטל | על פם | סהד חד: |
| 049 | | Nu26:56 | | על פם | עדווין תתפלג אחסנתיה בין |
| 050 | | Dt17:10 | ותעבד | על פם | פתגמא די יתנון לכון מן |
| 051 | | Lv27:18 | ויחשב לה כהנה ית כספה | על פם | שנייה דאשת«יירן» עד שתה |
| 052 | | Dt17:06 | מימר תרין סהדין או | על פם | תלתה סהדין יתקטל מן |
| 053 | | Dt19:15 | על פם תרין סהדין או | על פם | תלתה סהדין יקום פתגמא: |
| 054 | | Dt19:15 | בכל סרחון די יתחייב | על פם | תרין סהדין או על פם תלתה |
| 055 | ועל פם | Nu 9:18 | יטלון בני ישראל | ועל פ{{ו}}ם | גזירת מ«י»מרה דייי |
| 056 | | Nu 9:20 | גזירת מימריה ישרון | ועל פם | גזירת מימרה דייי יטלון: |
| 057 | | Nu 9:23 | מימרה דייי ישרון | ועל פם | גזירת מימרה דייי יטלון ית |
| 058 | על פומיכון | Ex23:13 | לא תדכרון ולא ישתמע | על פומיכון: | |
| 059 | על פימה | Gn29:02 | עדריא ואבנא רבא | על פימ«ה» | דבארה: |
| 060 | על פמה | Gn29:03 | ענא ומחזירין ית אבנא | על פמה | בבארה לאתרה: |
| 061 | ועל פום | Nu 9:18M | בני ישראל | ועל פ{{ו}}ם/פום#2/ | גזירת מ«י»מרה |
| 062 | | Nu 9:20M | מימריה ישרון | ועל פם/פום#2/ | גזירת מימרה דייי |

## עלבן *n.* humiliation, insult [408]

|  |  |  |  |  |  |
|---|---|---|---|---|---|
| 001 | עולבן s ab/cn | Dt32:43 | עמיה בית ישראל ארום | עולבן | ודם עבדוי צדיקייה הוא תבע |
| 002 | עלבון | Dt32:36 | דעמיה בני ישראל ועל | עלבון | עבדוי צדיקייה הוא מתנחם |
| 003 | עלבן | Gn34:31M | תבוע אדם ולא תבוע <לה> | עלבן | כן הוה לדינה ברתיה |
| 004 | עלבנה s em/sf | Gn34:31 | באתה דלית לה בר נש תבע | עלבנה | כדון אתעבד לדינא אחתן |
| 005 | ועל בני | Gn16:05 | שרי לות אברם דיני | ועל בני | מחוסי ושרוי צערי מסיר |

## עלה *n.* burnt offering [408]

|  |  |  |  |  |  |
|---|---|---|---|---|---|
| 001 | עולה s ab/cn | Nu28:19M | \קרבנין עלוון /קרבן | עולה#2/ | קדם ייי תורין ^תרין#2^ |
| 002 | עולת | Nu29:16M | בר מן \עלתה דתמידה | /עולת | תמידה#2/ מנחתה ונסכה: |
| 003 | עלה | Lv17:08 | ביניכון די יקרב | עלה | או נכיסן: |
| 004 | | Nu15:03 | ותקרבון קרבן קדם ייי | עלה | או נ{ס}כ<ס>ה לפירוש נדרה |
| 005 | | Nu15:08 | וארום תקרבון בר תורין | עלה | או נכסה בפירוש נדר או |
| 006 | | Nu30:07 | מתנסבה תתנסב לגבר ונדרה | עלה | או פירוש סיפוותה די קיימת |
| 007 | | Ex29:18 | כל דיכרא על גבי מדבחא | עלה | הוא לשמה דייי לריח דרעוא |
| 008 | | Lv 1:13 | כלה ויסדר על גבי מדבחא | עלה | הוא קרבן מתק«ב»ל לריח |
| 009 | | Lv 1:17 | על קיסיה די על אשתה | עלה | הוא קרבן מתקבל לריח דרעוה |
| 010 | | Lv 8:21 | ית כל דכרה על גבי מדבחה | עלה | הוא לריח דרעוה קרבן הוא |
| 011 | | Nu28:27 | ותקרבון | עלה | לריח דרעוה קדם ייי תורין |
| 012 | | Nu29:02 | ותקרבון | עלה | לריח דרעוה קדם ייי תור בר |
| 013 | | Lv23:18 | חד ודכרין תרין יהוון | עלה | לשמה דייי ומנחתהון ונסכהון |
| 014 | | Nu28:11 | ירח«י»כון תקרבון | עלה | קדם ייי תורין בני שתהון |
| 015 | | Nu29:08 | ותקרבון | עלה | קדם ייי לריח דרעוה תור בר |
| 016 | | Lv 1:09 | ית כלה על גבי מדבחא | עלה | קרבן דמתקבל לריח דרעוא קדם |
| 017 | | Nu29:13 | ותקרבון | עלה | קרבן מתקבל לריח דרעוה קדם |
| 018 | | Nu29:36 | ותקרבון | עלה | קרבן מתקבל לריח דרעוה קדם |
| 019 | | Lv 1:03 | אן | עלה | קרבנה לשמה דייי דכר שלם מן |
| 020 | | Lv 1:14 | ואם מן עופא | עלה | קרבנה לשמה דייי ויקרב מן |
| 021 | | Nu28:13 | תקרבון עם אמרא חתתה | עלה | ריח דרעוה קרבן קדם ייי |
| 022 | | Ex29:42 | | עלה | תדירא לדריכון בתרע משכן |
| 023 | | Nu28:03 | מן מום תרין בכל יום | על{ם}<ה> | תדירה: |
| 024 | | Nu28:06 | | עלה | תדירה היך מה דאתקרבת על |
| 025 | עלת | Nu29:19 | קרב יתיה לחטאתה בר מן | עלת | תמידה ומנחתה וניסוכיהון: |
| 026 | | Nu29:22 | לחטאתה חד {מן} בר< מן> | עלת | תמידה ומנחתה ונסוכה: |
| 027 | בר מעלת | Nu29:25 | חד קרב יתיה לחטאתה | בר מעלת | תמידה ומנחתה ונסוכה: |
| 028 | | Nu29:28 | בר עזין לחטאתה חד | בר מעלת | תמידה ומנחת ונסוכה: |
| 029 | | Nu29:31 | וצפיר לחטאת חד | בר מעלת | תמידה וצלוחית מיא דהוות |
| 030 | | Nu29:34 | וצפיר לחטאתה חד | בר מעלת | תמידה מנחתה ונסכה: |
| 031 | | Nu29:38 | וצפיר לחטאתה חד | בר מעלת | תמידה ומנחתה ונסוכה: |
| 032 | דעלה | Ex40:06M | ותתן ית מדבחא | דעלתה/דעלה#2/ | קדם תרע משכנה משכן |
| 033 | ועולת | Nu29:06M | ועלתה דתמידה /דמנחתה | ועולת | תמ׳#2/ ומנחתה ונסוכיהון |
| 034 | | Nu29:11M | דתמידה /חטאת כפוריה | ועולת | תמ׳#2/ ומנחתה |
| 035 | לעולה | Lv 9:03M | שלמים מן מר׳ | לעלה/לעולה#2/: | |
| 036 | | Nu 7:15M | הוה רב שבטה מקרב | לעולה#2/: | |
| 037 | | Nu 7:33M | הוה רב שבטה מקרב | לעולה | |
| 038 | | Nu 7:51M | הוה רב שבטה מקרב | לעולה | |
| 039 | | Lv23:12M | לשמה /של׳ דכר בר שתה | לעולה | קודם#2/ דייי: |
| 040 | לעולת | Nu28:10 | תקרבון יתיה סמיכה | לעולת | תמידה תתקרב ונסוכה: |
| 041 | לעל׳ | Nu 7:21M | הוה רב שבטה מקרב | לעל׳ | |
| 042 | | Nu 7:21M | /הוה רב שבטה מקרב | לעל׳#2/: | |
| 043 | לעלא | Lv 1:10 | או מן גדיא דבני עזיה | לעלא | דכר שלם מן מום יקרב יתיה: |
| 044 | לעלה | Lv 9:03 | שת{י}הון שלמים מן מר׳ | לעלה: | |
| 045 | | Lv22:18 | {יקרבון לשמה} דייי | לעלה: | |
| 046 | | Nu 7:15 | חד בר שתה תלתיהון קרב | לעלה: | |
| 047 | | Nu 7:21M | דכר חד אמר חד בר שתה | לעלה | |
| 048 | | Nu 7:21 | חד בר שתה תלתיהון קרב | לעלה: | |
| 049 | | Nu 7:27 | חד בר שתה תלתיהון קרב | לעלה: | |
| 050 | | Nu 7:27M | /חד אמר חד בר שתה | לעלה#2/: | |
| 051 | | Nu 7:27M | הוה רב שבטה מקרב | לעלה | |
| 052 | | Nu 7:33 | תלתיהון קרב ^יתה#2^ | לעלה: | |
| 053 | | Nu 7:39 | חד בר שתה תלתיהון קרב | לעלה: | |
| 054 | | Nu 7:45 | חד בר שתה תלתיהון קרב | לעלה: | |

|  |  |  | | | |
|---|---|---|---|---|---|
| 055 | | Nu 7:45M | חד אמר חד בר שתה | לעלה#2/: | |
| 056 | | Nu 7:51 | חד בר שתה תלתיהון קרב | לעלה: | |
| 057 | | Nu 7:57 | חד בר שתה תלתיהון קרב | לעלה: | |
| 058 | | Nu 7:57M | /הוה רב שבטה מקרב | לעלה#2/: | |
| 059 | | Nu 7:57M | דכר חד אמר חד בר שתה | לעלה | |
| 060 | | Nu 7:63 | חד בר שתה תלתיהון קרב | לעלה: | |
| 061 | | Nu 7:69 | חד בר שתה תלתיהון קרב | לעלה: | |
| 062 | | Nu 7:69M | שבטה מקרב לעלה#2/% | לעלה#2/: | |
| 063 | | Nu 7:69M | חד אימר <חד> בר שתה | לעלה | |
| 064 | | Nu 7:75 | חד בר שתה תלתיהון קרב | לעלה: | |
| 065 | | Nu 7:75M | /הווה רב שבטה מקרב | לעלה#2/: | |
| 066 | | Nu 7:75M | חד אימר <חד> בר שתה | לעלה | |
| 067 | | Nu 7:81 | חד בר שתה תלתיהון קרב | לעלה: | |
| 068 | | Nu 7:81M | /הוה רב שבטה מקרב | לעלה#2/: | |
| 069 | | Nu 7:81M | חד אימר <חד> בר שתה | לעלה | |
| 070 | | Nu 6:14 | בר שתה שלם מן מום חד | לעלה | ואימרה חדה ברת שתה שלם מן |
| 071 | | Lv12:06 | תייתי אמר בר שתה | לעל«ה» | וגוזל בר יון או שפנין |
| 072 | | Gn22:03 | יצחק בריה ופצע קיסין | לעלה | וקם ואזל לאתרא די אמר לה |
| 073 | | Lv 5:10M | יקרב ^יתיה#2^ | עליה/לעלה#2/ | כסדר דינא ויכפר עלוי |
| 074 | | Nu15:24 | כנישתה תור בר תורין חד | לעלה | לריח {ניחו} דרעוה לשמה |
| 075 | | Lv23:12 | אמר בר שתיה שלם מן מום | לעלה | לשמה דייי: |
| 076 | | Gn22:02 | מוריה וקרב יתה תמן | לעלה | על חד טוריה דאמר לך: |
| 077 | | Lv22:27 | על חד מן טוריא היך אמר | לעלה | על גבי מדבחה ופדה יתיה |
| 078 | | Gn22:13 | ונסב ית דכרא וקרב יתה | לעלה | תחות בריה: |
| 079 | לעלת | Nu28:15 | לחטאתה קדם ייי סמיך | לעלת | תמידה יתקרב ונסכוי: |
| 080 | | Nu28:24 | ברעוה קדם ייי סמיך | לעלת | תמידה יתקרב ונסכוי: |
| 081 | | Nu29:31M | "מעלת ... מיא": | לעלת | תמידה ומנחתהון ונסוכיהון |
| 082 | | Nu29:34M | עיזין חד לחטאתה בר מן | לעלת | תמידה ומנחתה וניסוכיהון |
| 083 | עולתה s em/sf | Ex29:42M | \עלה תדירא לדריכון | /עולתה | דתמידה לד'#2/ בתרע משכן |
| 084 | על' | Lv 6:02M | אוריתה דעלתה /אחוית | על'#2/ | היא עלתה דיקדה /על די |
| 085 | עלתא | Lv 7:02 | באתרא דתכסון ית | עלתא | תכסון ית אשמה וית אדמיה |
| 086 | | Lv 6:18 | באתרה די תת{כ}נ<כ>ס | עלתא | תת{כ}נ<כ>ס חטאתה קדם ייי |
| 087 | עלתה | Lv 4:33 | באתרה די יכוס ית | עלתה: | |
| 088 | | Lv14:19 | ומן בתר כן יכוס ית | עלתה: | |
| 089 | | Nu 6:16 | ייי ויקרב ית חטאתה וית | עלתה: | |
| 090 | | Nu15:05 | רביעות הינא תקרבון על | עלתה | או לנכסת קודש«י»ה לאמרה |
| 091 | | Lv 8:28 | וסדר על גבי מדבחה על | עלתה | אשלמו אינון: |
| 092 | | Lv14:13 | די יכוס ית חטאתה וית | עלתה | באתר קדיש ארום כחטאתה אשמה |
| 093 | | Lv 7:08 | וכהנא דיתקר' ית | עלתה | דגבר משכה דעלתה די יקרב |
| 094 | | Lv 3:05 | דאהרן על גבי מדבחא על | עלתה | די על קיסיה די על אשתה |
| 095 | | Nu28:14 | תקרבון עם אמרא חמר דא | עלתה | די תהווי מקרבה בכל ריש ירח |
| 096 | | Lv 6:02 | גזירת אוריתה דעלתה היא | עלתה | דיקדה על גבי מדבח' כל |
| 097 | | Nu29:06 | {מן}בר< מן> | עלתה | דירחא ומנחתה ועלתה דתמידה |
| 098 | | Lv 9:17 | וסדר על גבי מדבחה בר מן | עלתה | דצפרה: |
| 099 | | Nu28:23 | בר מן | עלתה | דצפרה די לעלתה דתמידה |
| 100 | | Nu28:10 | | עלתה | דשבתה ביום שבתה תקרבון |
| 101 | | Nu28:31 | בר מן | עלתה | דתמידה ומנחתה תקרבון שלמין |
| 102 | | Nu29:16 | קרב יתיה לחטאתה בר מן | עלתה | דתמידה מנחתה ונסכה: |
| 103 | | Nu23:06 | וחזר לוותיה והא אתעתד על | עלתה | הוא וכל רברבני מואביי: |
| 104 | | Ex40:29 | משכן זמנא וסדר עלוי ית | עלתה | היך מה די פקד ייי ית משה: |
| 105 | | Lv 9:12 | ונכס ית | עלתה | וזמינו בנוי דאהרן לוותיה |
| 106 | | Lv15:30 | כהנא ית חד חטאת' וית חד | עלתה | ויכפר עליה כהנא קדם ייי מן |
| 107 | | Lv 6:05 | בכל צפר צפר ויסדר עליה | עלתה | ויסדר עליה תרבי נכיסת |
| 108 | | Lv 1:06 | וישלח ית | עלתה | ויפסג יתיה לפיסגה: |
| 109 | | Lv 9:24 | ואכלת על גבי מדבחה ית | עלתה | וית תרביה וחמון כל עמא |
| 110 | | Lv14:20 | ויסדר כהנא ית | עלתה | וית מנחתה על גבי מדבחה |
| 111 | | Lv16:24 | לבושוי ויפוק ויקרב ית | עלתה | וית עלתהון דעמא ויכפר |
| 112 | | Lv 9:16 | וקרב ית | עלתה | וקרב יתיה כסדר דינה: |
| 113 | | Nu23:17 | לוותיה והא הוא מתעתד על | עלתה | ורברבני מואביי עימיה ואמר |
| 114 | | Lv 9:13 | וית | עלתה | זמינו לוותה לפיסגה וית |
| 115 | | Ex29:25 | ותסדר על גבי מדבחה על | עלתה | לריח דרעוא קדם ייי קרבן |
| 116 | | Lv 6:03 | קטמא די {י}תאכל אשתה ית | עלתה | על גבי מדבחה וישוי |
| 117 | | Lv 9:14 | וית רגליה וסדר על | עלתה | על גבי מדבחה: |
| 118 | | Lv 4:24 | באתרה די יכוס ית | עלתה | קדם ייי חטאתה היא: |
| 119 | עלתהון | Lv16:24 | ויקרב ית עלתה וית | עלתהון | דעמא ויכפר על ידוי |
| 120 | | Lv10:19 | קרבו ית חטאתהון וית | עלתהון | קדם ייי ואת מלף יתן |
| 121 | עלתך | Nu23:03 | בלעם לבלק אתעתד על | עלתך | ואזל מה דלמא יזדמן מימריה |
| 122 | | Nu23:15 | ואמר לבלק אתעתד הכה על | עלתך | ואנה אזדמן הכה: |
| 123 | | Lv 9:07 | מדבחה וקרב חטאתך וית | עלתך | וכפר על ידך ועל ידיהון |
| 124 | דעלתא | Lv 4:07 | ישפוך על יסודי דמדבחה | דעלתא | די בתרע משכן זמנה: |
| 125 | | Gn22:08 | ואן לא את הוא אמרא | דעלתא | ואזלו תריהון כחדא בלבה |
| 126 | | Lv 1:04 | ויסמוך ידוי על ראשה | דעלתא | ויתרעי ליה למכפרה עלוי: |
| 127 | | Gn22:06 | ונסב אברהם ית קיסיא | דעלתא | ושוי על יצחק בריה ונסב |
| 128 | דעלתה | Lv 4:10 | יתהון כהנא על מדבחה | דעלתה: | |
| 129 | | Lv 4:25 | ישפוך על יסודי מדבחה | דעלתה: | |
| 130 | | Lv 4:29 | ויכוס ית חטאתא באתרה | דעלתה: | |
| 131 | | Ex38:01 | ועבד ית מדבחה | דעלתה | אעין דשטין חמש אמין ארכה |
| 132 | | Nu28:14M | עם אמרא חמר ∧ | /דעלתה#2/ | דא עלתה די תהווי |
| 133 | | Lv 4:18 | ישפוך על יסודי דמדבחה | דעלתה | די בתרע משכן זמנא: |
| 134 | | Lv 7:08 | ית עלתה דגבר משכה | דעלתה | די יקרב לכהנא דידיה |
| 135 | | Ex30:27M | דקטרתה וית מדבחה | דעלתה | הוות כל מנוי |
| 136 | | Lv 6:02 | למימר דא גזירת אוריתה | דעלתה | היא עלתה דיקדה על גבי |
| 137 | | Ex30:28 | וית מדבחה | דעלתה | וית כל מנוי וית כיורא וית |
| 138 | | Ex31:09 | וית מדבחה | דעלתה | וית כל מנוי וית כיורה וית |
| 139 | | Ex35:16 | וית מדבחה | דעלתה | וית קנקלא דנחשא דידה וית |
| 140 | | Ex40:10 | ותרבי ית מדבחה | דעלתה | וית כל מנוי ותקדש ית |
| 141 | | Lv 4:25 | ויתן על קרנתיה דמדבחה | דעלתה | וית כל אדמה ישפוך על |
| 142 | | Lv 4:30 | ויתן על קרנתיה דמדבחא | דעלתה | וית כל אדמה ישפוך על |
| 143 | | Lv 4:34 | ויתן על קרנתיה דמדבחה | דעלתה | וית כל אדמיה ישפוך על |
| 144 | | Lv 8:18 | וקרב ית דכרה | דעלתה | וסמכו אהרן ובנוי ית |
| 145 | | Ex40:06 | ותתן ית מדבחא | דעלתה | קדם תרע משכנה משכן זימנא: |
| 146 | | Ex40:29 | וית מדבחא | דעלתה | שווי תרע משכנא משכן זימנא |
| 147 | ועלתה | Nu29:06 | עלתה דירחא ומנחתה | ועלתה | דתמידה ומנחתה ונסוכיהון |
| 148 | | Nu29:11 | בר מן חטאתה דכפוריה | ועלתה | דתמידה ומנחתה ונסוכיהון: |
| 149 | | Lv 9:22 | ונחת מן דקרב חטאתה | ועלתה | ונכסת קודשיה: |
| 150 | לעולתה | Nu28:10M | יתיה סמיכה | לעולת/<לעול>תה#2/ | תמידה תתקרב |
| 151 | לעלתה | Gn22:07 | ואן הוא אמרה | לעלת«ה»: | |
| 152 | | Lv 5:07 | דייי חד לחטאת' וחד | לעלתה: | |
| 153 | | Lv14:22 | ויהוי חד לחטאת' וחד | לעלתה: | |
| 154 | | Lv16:03 | בר תורין לחטאתה ודכר | לעלתה: | |
| 155 | | Lv16:05 | דעיזין לחטאתה ודכר חד | לעלתה: | |
| 156 | | Nu 7:33M | דכר חד אמר חד בר שתה | לעלתה | |
| 157 | | Nu 7:39M | דכר חד אמר חד בר שתה | לעלתה | |
| 158 | | Lv 1:10M | לעלא /גדי עזיה | לעלתה#2/ | דכר שלם מן מום יקרב |
| 159 | | Nu28:23 | בר מן עלתה דצפרה די | לעלתה | דתמידה תקרבון ית אילין: |
| 160 | | Gn22:08 | ייי אזדמן לה אמר | לעלתה | ואן לא את הוא אמרא דעלתא |
| 161 | | Lv12:08 | בר ^יון חד לחטאתה וחד | לעלתה | ויכפר עלה כהנא ותדכי: |
| 162 | | Lv15:15 | כהנא חד לחטאתה וחד | לעלתה | ויכפר עלוי כ{ק}הנה מן |

163 Lv15:15 כהנא חד לחטאתה וחד לעלתה {ויכפר עלוי} כהנא חד
164 Lv15:30M /לח'#2#/ וית חד עלתה/לעלתה#2#/ ויכפר עליה כהנא קדם
165 Nu 6:11 כהנה חד לחטאתה וחד לעלתה ויכפר עלוי על מה די חטא
166 Lv22:27M לה תמן אמר תחותוי לעלתה ותובן תליתיי גדי בר
167 Lv 7:37 דא גזירת אורייתא לעלתה למנחתה ולחטאתה ולאש«מה»
168 Lv14:31 ית חד לחטאתה וית חד לעלתה על מנחתה ויכפר כהנא על מן
169 Nu 8:12 חד לחט«א»תה וית חד לעלתה קדם ייי למכפרה על ליוויי:
170 Lv 9:02 בר תורין לחטתה ודכר לעלתה שלמים מן מום וקרב קדם
171 Nu 7:87 כל תורי לעלתה תרין עשר תורין דכרין
172 עלי' p abs Ex32:06M עליהן עלוון /וקריבו עלי'#2#/ וקרבו נכסת/נכיס'#2#/
173 עלוון Nu15:03M "עלה ... בזמני": עלוון או נכיסון פירוש דנדר או
174 Nu15:08M /^נסכה#2#^/ בפירוש נדר /עלוון/ או ניסוכין פירוש דנדר#2#
175 Ex30:09M קטורן ברייה עלוון ומנחה ונסוך לא תנס'
176 Lv23:37 למקרבה קרבנין קדם ייי עלוון ומנחוון דבחין ונסוכין
177 Ex18:12 ונסב יתרו חמוי דמשה עלוון ונכסת קודשין לשמיה דייי
178 Ex32:06 דבתרא וסדרון עליהן עלוון וקרבו נכסת קודשין ויתבו
179 Nu28:19 ותקרבון קרבנין עלוון קדם ייי תורין ^תרין^#2#
180 Dt27:06 אלהכון ותסדרון עלוי עלוון קדם ייי אלהכון:
181 עליון Ex24:05 דבני ישראל וסדרו עליון וקריבו נכסת קודשין קדם
182 בעלוון Lv27:29M לא יתפרק בכספא אלהן בעלוון ונכסת קודשין ובמבעי
183 ועלוון Ex30:09 עלוי קטרת נכרייה ועלוון ומנחוון ונסוכין לא תנסכון
184 עלוותיכון p em/sf Nu10:10 ותתקעון בחצוצרתה על עלוותיכון ועל נכסי קדשיכון ויהוין
185 עלוותכון Dt12:13 אזדהרו לכון דלא תקרבון עלוותכון בכל היידין אתר די
186 Dt12:27 ותקרבון עלוותכון בשר ודם על מדבחה דייי
187 Ex20:24 לשמי ותקרבון עלוי ית עלוותכון וית נכסת קודשכון ית
188 Dt12:06 ותיתון לתמן ית עלוותכון ונכסת קודשיכון וית
189 Dt12:11 מה די אנה מפקד יתכון עלוותכון ונכסת קודשיכון מעשרכון
190 Dt12:14 מן שבטיכון תמן תקרבון עלוותכון ותמן תעבדון ית כל מה די
191 לעלוותכון Nu29:39 נדריכון ונסיבתהון לעלוותכון ולמנחתכון ולנסכיהון

## עלה #2 n. leaf [408]

001 עלה s ab/cn Gn 8:11 יונה לעדוני רמשא והא עלה דזי' קטים בפומה וידע נח
002 עליה Lv26:36 בעלי דבביכון וירדוף קל עליה דשף עם חבר ונתר ויערקון
003 עלין p abs Gn 3:07 אינון וחייטו להון עלין דתינה ועבדו להון אזרין:

## עלוי #3 n. evaluation [404 עילוי]

001 עלוויה s em/sf Lv27:25 וכל עלוויה יהוי בסלעי בית קודש'
002 עלויה Lv27:13 יפרוק יתה ויסף חמשה על עלויה:
003 Lv27:18 שתה דיובילה ויתמנע מן עלויה:
004 Lv27:23 עד שתה דיובילה ויתן ית עלויה ביומא ההוא קדש לשמה דייי:
005 Lv27:05 עשרין ^שנין^#2# ויהוי עלויה דדיכרה עשרין סלעין
006 Lv27:03 ויהוי עלויה דדכרה מן בר עשרין ועד בר
007 Lv27:06 ועד בר חמש שנין ויהוי עלויה דדכרה חמש סלעין דכסף
008 Lv27:08 ואי«י»ן מסכן הוא מן עלויה ויקים יתיה קדם כהנה ויעלי
009 Lv27:03 בר שתין שנין ויהווי עלויה חמשין סלעין דכסף בסלעי
010 Lv27:16 גבר לשמה דייי ויהווי עלויה לפם זרעה זרע כור דשערין
011 Lv27:23 ויחשב ליה כהנה ית מיסת עלויה עד שתה דיובילה ויתן ית
012 Lv27:15M ויהוי דידה /חמשין כסף עלויה עלוי ויהווי דידיה#2#/:
013 Lv27:19 דמקדש יתה ויסף חמש כסף עלויה עלוי ותקום לה:
014 Lv27:06 חמש סלעין דכסף ולנקבתה עלויה תלת סלעין דכסף:
015 Lv27:04 ואן נקבה היא ויהוי עלויה תלתין סלעין:
016 בעלויה Lv27:27 בביעירה מסאבה ויתפרק בעלויה <....>:
017 Lv27:17 שתה דיובילה יקדש חקלה בעלויה יקום:
018 Lv 5:15 שלם מן מום מן ענה ב«ע»לויה כסף סלעין בסלעי
019 Nu18:16 מן בר ירח תפרוק בעלויה כסף חמש סלעין בסלעי
020 Lv 5:18 דכר שלם מן מום מן ענה בעלויה לאשמה לוות כהנא ויכפר
021 Lv 5:25 דכר שלם מן מום מן ענה בעלויה לאשמה לוות כהנא:
022 Lv27:02 גבר ארום יפרש נדר בעלויה נפשן לשמה דייי:
023 כעלויה Lv27:12 יתיה בין טב ובין ביש כעלויה דכהנה כדין יהווי:

## עלוי prep. ⇐ עילווי

## עלי vb. to evaluate (pa.), to go up (pe. [Heb.]) [408]

001 יעלה peal Nu 6:05 נדר נזירותיה גלב לא יעלה על רישיה עד די שלמין יומיא
002 יעלי pael Lv27:08 די תארע ידיה דמן דנדר יעלי יתי כהנה:
003 Lv27:14 טב ובין ביש היך מה די יעלי יתיה כהנה כדן יקום:
004 ויעלי Lv27:14 ית ביתה קדש לשמה דייי ויעלי יתה כהנה בין טב ובין ביש
005 Lv27:08 ויקים יתיה קדם כהנה ויעלי יתיה על פם די תארע ידיה
006 Lv27:12 ויעלי כהנה יתיה בין טב ובין ביש

## עליי adj. ⇐ עיליי

## עלילה n. false charge [408]

001 עלילן p abs Dt22:14 וישווי עלה עלילן דמילין ויפק עלה שם בישן
002 Dt22:17 והא הוא שווי לה עלילן דמילין למימר לא אשכחית
003 עלין Dt22:17M והא הוא שווי לה עלילן/עלין#2#/ דמילין למימר לא

## עלל vb. to enter [408]

001 עול peal Gn 7:01 ואמר ייי לנח עול את וכל אנשי ביתך לתיבותא
002 Gn24:31 ואמר עול בריכה דייי למה כען קיים
003 Gn16:02 יתי ייי מן למל{ל}<ד> עול כען לות אמתי מה דלמה
004 Gn38:08 ואמר יהודה לאונן עול לוות אתתיה דאחוך ויבם יתה
005 Ex 7:26 ואמר ייי למשה עול לוות פרעה ותימר ליה כדון
006 Ex10:01 ואמר ייי למשה עול לוות פרעה ארום אנה
007 Ex 6:11 עול מלל עם פרעה מלכא דמצרים
008 עולו Dt 9:23 מן רקם דגיעה למימר עולו וירתו ית ארעא די יהבית
009 Dt 1:08 קדמיכון ית דיירי דארעא עולו וירתו ית ארעא דקיים ייי
010 Nu21:27M מתולי מתלייה על/עולו#2#/ לחשבון תתבני ותשתכלל
011 Gn45:17 טענו ית בעירכון ואזלו עולו לארעא דכנען:
012 עיילו Gn 7:16M ונקבה מן /ואילין די עיילו דכר וזוגה מן#2#/ כל בשרא
013 עיילנן Gn48:05M דמצרים עד מייתו/עיילנן#2#/ לוותיך מצרימה
014 על Gn12:14 והוה כד על אברם מצרימה וחמון מצריה
015 Nu19:14 ארום ימות במשכנה כל די על במשכנה וכל די יהיב במשכנה
016 Gn39:11 והווה היך זמן יומא הדין על לגו ביתא למחשבה חשבונוי ולא
017 Ex 9:01 ואמר ייי למשה על לוות פרעה ותימר ליה כדין
018 Gn30:03 ואמרת הא אמתי בלהה על לוותה {לוותה} ותלד ואנה
019 Gn39:14 עברייי למגחכה {למגחכה} בן על לוותי למשמשא עמי וצווחית בקל
020 Gn39:17 עמיה כפתגמיא האילין למימר על לוותי עבדא עברא די
021 Gn19:23 שמשא נחת על ארעא ולוט על לזער:
022 Nu14:24 ממרי ואעל יתה לארעא די על לתמן ובנוי ירתון יתה:
023 Gn27:30 יצחק אבוי ועשו אחוי על מן צײדיה:
024 על' Gn16:05M עלית /בהיימנות שמייא על'#2#/ עמך קדם מלכי/מלכה#2#/
025 עלו Ex 5:01 ומן בתר כדן עלו משה ואהרן ואמרין לפרעה
026 Ex 1:01 יעקב גבר ואנשי בייתיה עלו:
027 Gn46:27 דיעק«ב» די עלו מצרימה שבעין:

|  |  |  |  |
|---|---|---|---|
| 028 | | Nu21:01M | ארום מטון לאורחא די עלו בה ולילייה ונסדרא סדרי |
| 029 | | Gn18:11M | \סאיבו ועלו /סאיבים עלו#2/ ביומיא אתמנע/פסק#2/ מן |
| 030 | | Gn 6:04 | ולחוד מן בתר כדין די עלו בני דיניא לות בנתהון |
| 031 | | Gn 7:16 | דכר ונקבה מן כל בשרא עלו היך מה דפקד ייי יתיה ואגן |
| 032 | | Nu21:27 | יאמרון מתולי מתלייה עלו לחשבון תתבני ותשתכלל קרתה |
| 033 | | Gn41:57 | וכל דיירי ארעא עלו למצרים למזבן עיבור מן |
| 034 | | Gn46:08 | ואילן שמהת בני ישראל די עלו למצרים יעקב ובנוי |
| 035 | | Ex 1:01 | שמהת בני ישראל די עלו למצרים עם יעקב גבר |
| 036 | | Gn41:21 | מעיהון ולא אתודע ארום עלו לגו מעיהן וחזוויהן חשיך |
| 037 | | Gn49:07 | ליט הוה כרכה דשכם כד עלו לגוויה שמעון ולוי למחרבה |
| 038 | | Nu 8:22M | עלו ליוויי למפלח /כן עלו ליוואי למיפלוח#2/ ית |
| 039 | | Nu 8:22 | ומן בתר כדין עלו ליוויי למפלח ית פלחניהון |
| 040 | | Ex19:01 | היך זמן יומא הדין עלו למדברא דסיני: |
| 041 | | Nu 9:08M | "דקמו ... מנהון": די עלו לקדם משה רבן בתריין מנ' |
| 042 | | Gn34:07 | ובנוי דיעקב עלו מן אפי ברה כדי שמעו |
| 043 | | Ex15:19 | ארום עלו סוסוותא פרעה בארתכוי |
| 044 | | Gn34:27 | בנוי דיעקב עלו על קטיליא ובזון קרתא די |
| 045 | | Gn 7:09 | תרין תרין עלו עם נח לתיבותא דכר וזוגה |
| 046 | | Gn46:26 | כל נפשתא די עלו עם יעקב מצרימה נפקי |
| 047 | עלון | Gn 8:20 | ומן כל עופא דיכיה וסדר עלון על גבי מדבחה: |
| 048 | עליל | Ex33:09 | והוה כד הוה עליל משה לתרע משכנה נחת עמודא |
| 049 | | Lv16:02 | אחוך דלא יהווי <עליל> בכל זמן לבית מקדשה לגו מן |
| 050 | | Dt33:21 | קבור ויהווי היך מה דהווה עליל ונפק בראשי עמא בעלמא הדין |
| 051 | | Dt33:21 | בעלמא הדין כדין יהווי עליל ונפק בראשי עמא בעלמא דאתי |
| 052 | | Gn38:09 | יתקרון בניה והוה כד הוה עליל לוות אתתא דאחוי הוה מחבל |
| 053 | | Ex33:08 | בתר משה עד דהוה עליל למשכניה: |
| 054 | | Dt32:50 | ותתכנש בשלם בטורא דאת עליל לתמן ותתכנש בשלם לוות עמך |
| 055 | | Ex34:34 | וכד הוה משה עליל קדם ייי למללה עמה הוה מעבר |
| 056 | עלין | Ex34:12 | עם דיירי ארעא די אתון עלין בגווה דלא יהוון לתוקלה |
| 057 | | Lv26:02M | מצליין בדחלה /תהבון עלין בדחלא#2/ אנ{י}<ה> ייי |
| 058 | | Dt12:05 | תתבעון ותהוון עלין בדחלה: |
| 059 | | Gn22:14M | כד יהוון בנוי דיצחק עלין בשעת אננקי תהווי מדכר |
| 060 | | Dt 9:05M | אתון \עללין למירת /עלין למירות#2/ ית ארעהון |
| 061 | | Dt 4:05M | בגו ארעא די אתון עללין/עלין#2/ לתמן למירות |
| 062 | | Dt 7:01M | לארעא די אתון עללין/עלין#2/ לתמן למירת/למירות#2 |
| 063 | | Dt11:10 | ארום ארעא די אתון עלי{ך}<ן> לתמן למירת יתה לא כארעא |
| 064 | | Dt11:29 | אלהכון לארעא די אתון עלין לתמן למירת יתה ותתנון ית |
| 065 | | Dt12:29 | ית אומייה די אתון עלין לתמן למטרד יתהון |
| 066 | | Dt23:21 | ידיכון על ארעא די אתון עלין לתמן למירת יתה: |
| 067 | | Dt28:21 | מעילווי ארעא דאתון עלין לתמן למירת יתה: |
| 068 | | Dt28:63 | מן עילוי ארעא די אתון עלין לתמן למירת יתה: |
| 069 | עלינן | Nu31:50M | כד הווינן עלינן בבתיהון דמלכייה |
| 070 | | Gn43:21 | והוה ארום עלינן לבית אב<ת>ותה ופתחנן ית |
| 071 | עלית | Gn16:05 | ואתית יתיה עמך בהימנו עלית עמך קדם מלכי דארעא קדם |
| 072 | עלל | Nu 7:89 | וכד הוה משה עלל למשכן זימנא לממללה עמיה |
| 073 | | Lv16:03 | כהדן סדרא יהוי אהרן עלל לשמשה לגו בית משריתא בתור |
| 074 | עללי | Gn23:10 | במשמעהון דבנוי דחת לכל עללי תרע קרתיה למימר: |
| 075 | | Gn23:11 | במשמעהון דבנוי דחת לכל עללי תרע קרתיה למימר: לא רבוני |
| 076 | | Gn23:18 | לקבל בנוי דחת לכל עללי תרע קרתיה: |
| 077 | עללין | Nu31:50 | דייי גבר מידהווינן עללין בבתיהון דמדייניי בקיטוני |
| 078 | | Ex34:12M | ארעא די אתון עלין/עללין#2/ בגווה דלא יהוון |
| 079 | | Nu34:02 | להון ארום אתון על{י}ל<י>ן לארעא דכנען דא ארעא |
| 080 | | Dt18:09 | ארום {א}אתון עללין לארעא דייי אלהכון יהב |
| 081 | | Dt 9:05 | ובקשיטות לבביכון אתון עללין למירת ית ארעהון ארום |
| 082 | | Dt 4:05 | כדן בגו ארעא די אתון עללין לתמן למירות יתה: |
| 083 | | Dt 7:01 | אלהכון לארעא די אתון עללין לתמן למירת יתה ויטרוד |
| 084 | | Dt11:10M | ארעא די אתון עלי{ך}<ן>/עללין#2/ לתמן למירת |
| 085 | | Dt12:29M | אומייה די אתון עלין/עללין#2/ לתמן למטרד/למירות#2 |
| 086 | | Dt30:16 | אלהכון בארעא די אתון עללין לתמן למירת יתה: |
| 087 | | Dt31:16 | דאית בארעא די אינון עללין לתמן ביניהון ושבקין יתיה |
| 088 | עללן | Dt14:22M | עללתה דכל /וכנשין עללן בכל#2/ שתה ושתה: |
| 089 | עללת | Dt33:14 | ע{ת}<ב>דה פרין מן טוב עללת שמשא ומבכ{כ}<ר>ה פירי |
| 090 | עלנן | Gn47:04 | לפרעה למתותבה בארעא עלנן ארום לית מרעה לענה דילעבדך |
| 091 | עלתון | Dt12:09M | ארום לא אתיתון/עלתון#2/ עד כדון לנוחתה |
| 092 | אעול | Gn38:16 | לארחה ואמר הבי כען אעול לוותיך ארי לא הוה ידע ארום |
| 093 | | Gn33:14M | דיסופון גלותא ורבין אעול לות רבוני לאגחא קרבה |
| 094 | יועיל | Ex21:03 | אם לבלחודוי {יועיל} <ייעול> לבלחודוי יפוק |
| 095 | ייעול | Nu31:23 | אדיה ידכא וכל מה די לא ייעול בנורא תעברון במיא: |
| 096 | | Dt23:02 | לא ייעול דפסיק ודמסרס בקהל כנשתה |
| 097 | | Lv21:23 | להוד לגו מן פרכתה לא ייעול ועל גבי מדבחה לא יקרב |
| 098 | | Lv14:36 | די בבית' ומן בתר כדין ייעול כהנא למיחמי ית ביתה: |
| 099 | | Lv21:11 | ועל כל נפש דמית לא ייעול לאבוי ולאמה לא יסתאב: |
| 100 | | Nu20:24 | אהרן לעמיה ארום לא ייעול לארעא די יהבית לבני |
| 101 | | Lv14:08 | במיא וידכי ובתר כן ייעול לגו משריתה וישרי לבר מן |
| 102 | | Lv16:26 | בשריה במיא ובתר כדין ייעול לגו משריתה: |
| 103 | | Nu19:07 | במיא ומן בתר כד«י»ן ייעול לגו משריתה ויהוי כהנא |
| 104 | | Dt23:12 | יסחי במיה וכמטמעי שמשה ייעול לגו משריתה#2^^: |
| 105 | | Dt23:11 | מן לבר מן משריתה ולא ייעול לגוא משרייתה: |
| 106 | | Nu 8:24 | מן בר עשרין שנין ולעיל ייעול לחיל קרבה למפלח במשכון |
| 107 | | Lv16:28 | בשריה במיא ומן בתר כדן ייעול למשריתה: |
| 108 | | Dt 1:38 | דקיים משמש קדמך הוא ייעול לתמן יתיה אתוקף ארום הוא |
| 109 | | Dt23:03 | לא ייעול ממזר בקהל כנשתה דייי לחוד |
| 110 | | Dt19:05 | ודי ייעול עם חבריה ב{ק}<ח>ורשא |
| 111 | ייעלון | Nu 4:15 | דמשריתה ומן בתר כדן ייעלון בנוי דקהת למטען במשכן |
| 112 | | Nu27:21 | יפקון ועל גזירת פמה ייעלון הוא ^וכל#2^ בני ישראל |
| 113 | | Ex35:10M | ליבה#2/ דבכון ייתון/ייעלון#2/ ויעבדון ית כל מה די |
| 114 | | Nu 4:19 | קדשיה אהרן ובנוי ייעלון וישרון יתהון גבר גבר על |
| 115 | | Dt23:03M | דר עשיריי לא יתחשב/ייעלון#2/ להון בקהל כנישתה |
| 116 | | Dt23:04M | דר עשריי לא יתחשב/ייעלון#2/ להון בקהל כנשתה |
| 117 | | Nu 8:15 | ובתר כדן ייעלון ליווי ל«מ»פלח משכן |
| 118 | | Nu 4:20 | ולא ייעלון למיחמי כד משקע כהנה רבה |
| 119 | | Dt 1:39 | בין טב לביש אינון ייעלון לתמן ולהו{ד}<ן> אתן יתה |
| 120 | יער' | Lv14:48 | ואין מיעול יער' כהנא ויחמי והא לא הלך |
| 121 | יעול | Nu 6:06 | דייי על נפש דמית לא יעול: |
| 122 | | Lv16:03M | כהדא מצוותה יעול אהרן ביומא דכיפורי |
| 123 | | Lv14:36 | ית ביתיה קדם עד לא יעול כהנא למחמי ית מכתשה ולא |
| 124 | | Nu 4:23 | שנין תסכום יתהון כל די יעול לחיל קרבה למפלח פולחן |
| 125 | | Nu 4:39 | ועד בר חמשין שנין כל די יעול לחיל קרבה למפלח משכן |
| 126 | | Nu 4:47 | ועד בר חמשין שנין כל די יעול למפלח פלחן עבידה ועבידת |
| 127 | | Ex29:30 | דקיים מן בתר{א}<ה> די יעול למשכן זימנא למשמשה בגו |
| 128 | | Nu31:23 | כל מדעם די יעול לנורא תעברון בנורא וידכא |
| 129 | | Dt23:04M | לא ^יעלון#2^/יעול#2/ עמוניי ומואביי |
| 130 | | Nu27:17 | די יפוק קדמיהון ודי יעול קדמיהון ודי יפק יתהון |
| 131 | יעלא | Ex22:08 | דן הוא לוו«ת» דייניא יעלא מלי תריהון ית מן די |
| 132 | יעלו | Gn 6:20M | מן כול' \יעלון לוותך /יעלו עמך#2/ למקיימה: |
| 133 | יעלון | Ex18:23 | כל עמא האלין לאתריהון יעלון בשלם: |
| 134 | | Dt23:09M | להון דר תליתי יתחשב/יעלון#2/ להון בקהל כנישתה |
| 135 | | Gn 6:20 | למינה תרין מן כול' יעלון לוותך למקיימה: |

|  |  |  |  |
|---|---|---|---|
| 136 | | Nu32:06 | ולבנוי דראובן האחיכון יעלון לסדרי קרבא ואתון תשרון |
| 137 | | Dt23:04 | לא ^יעלון#2#^ עמוניי ומואביי בקהל |
| 138 | ניעול | Lv 1:01 | רבוי עלם בדינא הוא דלא ניעול לגויה עד זמן די אתמלל |
| 139 | | Gn33:14M | טלייא עד זמן די אזל/ניעול#2#/ לוות רבוני לגבלה: |
| 140 | נעול | Dt 1:22 | בה וית קו{ח}<ר>יתה די נעול בגוויהון: |
| 141 | | Gn20:13 | תעבדון עמי לכל אתר די נעול לתמן אמרי כען עלי אחי הוא: |
| 142 | נעולין | Dt 1:22M | די \נעול בגוויהון /נעולין בהן#2#/: |
| 143 | תיעול | Gn30:16 | ואמרת לה לוותי תיעול ארום מגיר אגרית יתך |
| 144 | | Dt23:26 | ארום תיעול {ב}<כ>אריס בקיימתיה דחברך |
| 145 | | Dt23:25 | ארום תיעול כאריס בכרמי«י»ה דחברך |
| 146 | | Dt32:52 | תחמי ית ארעא ותמן לא תיעול לארעא די אנה יהב לבני |
| 147 | | Dt24:10 | לחברך זפו כל מה דעם לא תיעול לגו בייתיה לממשכנה |
| 148 | | Gn24:41M | משבועתי ארום תית/תיע{י}<ו>ל#2#/ לוות לזרעייתי ואן |
| 149 | | Dt21:13 | ירח דיומין ובתר כדן תיעול לוותה ותזדמן לוותה ותיסב |
| 150 | | Gn15:15M | ואת תתכנש/תיעול#2#/ לות אבהתך בשלם תקבר |
| 151 | | Gn30:33 | ביומא הדן ודמחר ארום תיעול למקבלה אגרי קדמיך כל די |
| 152 | | Gn 6:19M | מן כול«א» תעיל/תיעול#2#/ לתיבותה למקיימה עמך |
| 153 | | Dt 1:37 | למימר להוד את לא תיעול «ל»תמן: |
| 154 | | Lv12:04 | לא תקרב ולבי' מקדש' לא תיעול עד זמן דישלימון יומי |
| 155 | תיעל | Dt31:07 | אתוקף ואזדרז ארום את תיעל ית עמה האליין לארעא די |
| 156 | תיעלון | Dt23:19 | לא תיעלון אגר דזנו ופרוק כלב |
| 157 | | Nu15:02 | ישראל ותימר להון ארום תיעלון בארעא בית מידוריכון |
| 158 | | Ex23:27 | ואערבב ית כל עמיא די תיעלון ביניהון ואשוי ית כל |
| 159 | | Nu20:12 | בשבועה בגין כדן לא תיעלון ית קהלה הדין לאתרא די |
| 160 | | Dt12:11M | שכינתיה תמן תמן תיתון/תיעלון#2#/ ית כל מה די אנה |
| 161 | | Dt17:14 | ארום תיעלון לארע' דייי אלהכון יהב |
| 162 | | Ex12:25 | ויהוי ארום תיעלון לארעא די יתן ייי לכון |
| 163 | | Lv23:10 | ישראל ותימר להון ארום תיעלון לארעא די אנה יהב לכון |
| 164 | | Lv25:02 | ישראל ותימ' להון ארום תיעלון לארעא די אנה יהב לכון |
| 165 | | Nu14:30 | אין אתון תיעלון לארעא די זקפית ידי בשבועה |
| 166 | | Dt 1:01M | גזר עליכון דלא תיעלון לארעא דישראל ובגין מנתה |
| 167 | | Dt26:01 | ויהווי ארום תיעלון לארעא דייי אלהכון יהב |
| 168 | | Nu31:24 | ותידכון ומן בתר כדין תיעלון לגו משריתה: |
| 169 | תע' | Dt23:19M | לא תיעלון/תע'#2#/ אגר דזנו ופרוק |
| 170 | תעול | Gn38:16 | ידע ארום כלתה היא {ארום תעול לוותי} ואמרת מה את יהב |
| 171 | | Gn38:16 | מה את יהב ל<י> ארום תעול לוותי: |
| 172 | תעל | Dt21:13M | לוותה ותזדמן לוותה /כן תעל עלה והזדמן לוותה לך#2#/ |
| 173 | תעלון | Nu10:09 | וארום תעלון לסדרי קרבא בארעכון על |
| 174 | | Lv19:23 | וארום תעלון לארע' ותנצבון כל אילן |
| 175 | | Lv14:34 | ארום תעלון לארעא דכנען די אנה יהב |
| 176 | | Dt27:03 | במעברכון מן בגלל די תעלון לארעא דייי אלהכון יהב |
| 177 | מיע' | Dt11:05M | לכון במדברה עד מעלכון/מיע'#2#/ עד אתרה הדין: |
| 178 | מיעול | Lv14:48 | ואין מיעול יעי' כהנא ויחמי והא לא |
| 179 | | Nu32:09 | לבהון דבני ישראל דלא מיעול לארעא די יהב להון ייי: |
| 180 | מיעל | Lv14:48M | ואין מיעול/<מי>על#2#/ יעי' כהנא ויחמי והא |
| 181 | מיעליהון | Ex16:35 | ית מנה ארבעין שנין עד מיעליהון לארעא תותבותיהון ית מנא |
| 182 | | Ex16:35 | ית מנא אכלו עד מיעליהון לסייפי ארעא דכנען: |
| 183 | מיעלכון | Dt28:06M | "... מדרשכון": תהוון מיעלכון ויימ' |
| 184 | | Dt 1:31 | בכל ארחה די הלכתון עד מיעלכון עד אתרה הדין: |
| 185 | | Dt 9:07 | מן ארעא דמצרים עד מיעלכון עד אתרה מסרבין הוויתון |
| 186 | מעלה | Ex34:35 | ית סודרה על אפוי עד מעלה למתמללה עמיה: |
| 187 | מעליהון | Nu10:21 | ומקימין ית משכנה עד מעליהון: |
| 188 | מעלך | Gn13:10M | מעלך": "כארץ" דמצרים מעלך |
| 189 | | Gn10:19 | מעלך לגררה עד עזה מעלך סדו{ם}{«מ»ה ועמרה |
| 190 | | Gn25:18 | הלוצה די כל קבל מצרים מעלך לאתור וקדם כל אחוי שרה: |
| 191 | | Gn10:19 | דכנעיא מן צידון מעלך לגררה עד עזה מעלך |
| 192 | | Gn13:10 | כארעא דמצרים בפירה מעלך «לזער»: |
| 193 | | Gn10:30 | והוה משרוייה' מן מישא מעלך לספריא טורי מדנחה: |
| 194 | מעלכון | Dt11:05 | די עבד לכון במדברה עד מעלכון עד אתרה הדין: |
| 195 | מעלן | Ex10:26M | מה נקרבה קדם ייי עד מעלן תמן |
| 196 | במיעלה | Ex28:43M | ועל בנוי במעיליהון/במיעלה#2#/ למשכן/במש'#2#/ |
| 197 | במיעלהון | Nu33:40M | דכנען \בזמנה דאתון/במיעלהון#2#/ בני ישראל: |
| 198 | | Ex40:32 | במעלהון למשכן זימנא ובקרבותיהון |
| 199 | במיעליה | Ex28:35 | למשמשה וישתמע קליה במעליה לבית קודשא קדם ייי |
| 200 | | Ex28:29 | בחושנה דדינה על לביה במעליה לגו בית קודשא לדוכרן טב |
| 201 | במעיליהון | Ex28:43 | על אהרן ועל בנוי במעיליהון למשכן זימנא א{ן}<ו> |
| 202 | במעלה | Lv16:23 | ית לבושי בוצא די לבש במעלה לגו בית קדשה ויצנע יתהון |
| 203 | | Lv16:17 | לא יהווי במשכן זימנה במעלה לכפרה בגו בית קדשה עד |
| 204 | במעלהון | Dt31:11 | במעלהון דכל ישראל למחמייה קדם |
| 205 | במעליהון | Ex30:20 | במעליהון למשכן זימנא יתקדשון במיא |
| 206 | במעלכון | Lv10:09 | תשתון את ובניך עמך במעלכון במשכן זימנא דלא תמותון |
| 207 | | Nu15:18 | ותימ' להון ארום במעלכון לארעא די אנה מעל יתכון |
| 208 | | Dt28:06M | עמי בני ישראל \במעלכון לגו בית מדרשכון |
| 209 | | Dt28:19 | ליטין תהוון במעלכון לגו בית כנישתיכון |
| 210 | דייעול | Lv14:46 | ומן דייעול לגו ביתה כל יומין די |
| 211 | | Nu 4:30 | שנין תסכום יתהון כל דייעול לחיל קרבה למפלח ית פלחן |
| 212 | | Nu 4:35 | בר חמשין <שנין> כל דייעול לחיל קרבה למפלח במשכן |
| 213 | | Nu 4:43 | בר חמשין שנין כל די«י»עול לחיל קרבה למפלח במשכן |
| 214 | דיעול | Nu19:14M | במשכנה כל \די על/דיעול#2#/ במשכנה וכל די יהיב |
| 215 | | Nu 4:03 | ועד בר חמשין שנין כל דיעול לחיל קרבה למעבד |
| 216 | דיעלו | Nu15:34M | דינין \דקמו קדם /דיעלו לקדם#2#/ משה רבן בתרין |
| 217 | דניעול | Ex10:26 | נפלח קדם ייי עד זמן דניעול לתמן: |
| 218 | דעל | Gn12:14M | אברם מצרימה /כוון דעל אברם למצרים#2#/ וחמון |
| 219 | דעלו | Gn44:18M | תרין אחיי בכרכה דשכם דעלו בגוה וקטלה בה כל דכור' |
| 220 | | Gn44:18 | תרין אחיי בכרכה דשכם דעלו בגווה וקטלו בה כל דכורא |
| 221 | | Gn49:04 | ראובן ברי לגנה זעירא דעלו בגווי נחלין דמיין שטפן ולא |
| 222 | | Ex14:28 | לכל חיילותיה דפרעה דעלו בתריהון בימא לא אשתייר |
| 223 | | Nu31:14 | אלפיה ורברבני מאויתה דעלו מן חיל קרבא: |
| 224 | | Nu31:21 | כהנא לעמא עבדי קרבא דעלו מן חיל קרבא דא גזירת |
| 225 | דעלית | Ex 5:23M | לוות פרעה /שעתא דעלית קדם פרעה#2#/ לממללה בשם |
| 226 | דעלל | Nu 4:03M | בר חמשין שנין כל דיעול/דעלל#2#/ לחיל קרבה למעבד |
| 227 | | Nu 4:30M | תסכום יתהון כל דייעול/דעלל#2#/ לחיל קרבה למפלח |
| 228 | | Nu 4:35M | חמשין <שנין> כל דייעול/דעלל#2#/ לחיל קרבה למפלח |
| 229 | | Nu 4:39M | שנין כל \די יעול/דעלל#2#/ לחיל קרבה למפלח |
| 230 | | Nu 4:47M | "די ... במשכן": דעלל למפלוח פלחן עבידתה ופלחן |
| 231 | דעללת' | Dt 1:01M | דייי \די אעלתון/^דעללת#2#^/ בגווה וחפיתון |
| 232 | דתיעול | Gn19:22 | למעבד פתגם עד זמן דתיעול לתמן בגין כדין קרא שמה |
| 233 | | Gn30:38 | בשקיא דמיא דתיעול ענה למשתי <....>: |
| 234 | דתעלון | Ex23:27M | ואשיצי ית כל עמא דתעלון לוותהון ואשו{ו}<י> |
| 235 | ועל | Gn24:01 | ואברהם סאב ועל ביומיא וממריה דייי ברך ית |
| 236 | ואיעול | Gn29:21 | אשלימנ<י> יומי פלחני ואיעול לוותה: |
| 237 | וייעול | Nu 4:05M | וייעלון/וייעול#2#/ אהרן ובנוי במטלת |
| 238 | | Lv15:14M | גוזלין בני יוון וייתי/וייעול#2#/ קדם ייי לתרע משכן |
| 239 | וייעלו | Nu 5:24 | ית מיא מרירה מלווטיה וייעלו בה מיא מלוטיה לממרה לה: |
| 240 | וייעלון | Nu 4:05 | וייעלון אהרן ובנוי במטלת משריתה |
| 241 | | Nu 5:27 | ותשקר שקר בבעלה וייעלון בה מיא מלווטיה לממררה לה |
| 242 | | Nu 5:24M | לממרה /בדוקיה לבדק וייעלון ב{י}ה מיה בדוקיה |
| 243 | | Dt10:11 | קדם {ייי} <עמא> וייעלון ויירתון ית ארעא די קיימת |

|  |  |  |  |
|---|---|---|---|
| 244 | | Nu 5:22 | ויייעלון מיא מלווטיא אלין במעיך |
| 245 | ויעול | Lv14:44 | וייתי ויעול כהנא ויחמי והא הלך מכתשה |
| 246 | | Lv14:44M | \וייתי ויעול/ויעול#2# כהנא ויחמי והא הלך |
| 247 | ויעל | Lv16:23 | ויעל אהרן למשכן זימנה וישלח ית |
| 248 | | Lv 4:04M | \וייתי ית תורא לתרע /ויעל ית דתורה ויכוס ית תורה |
| 249 | | Nu14:08M | \איתרעי בן מימריה דייי ויעל יתן#2# יתה לן ארע דהיא |
| 250 | | Lv16:12 | קטרת בסמנין דקיקה ויעל לגו מן פרכתה: |
| 251 | ויעלון | Ex 7:28 | נהרא אורדענין ויסקון ויעלון בביתך ובקיטוני מדמכך על |
| 252 | | Ex14:16 | ידך על ימא ובזע יתיה ויעלון בני ישראל בגו ימא |
| 253 | | Ex14:17 | מתוקף ית לבהון דמצריי ויעלון בתריהון ואתיקר בפרעה ובכל |
| 254 | ויעלן | Ex 7:28M | \אורדענין ויסקן ויעלן בביתך#2# ובקיטוני מדמכך |
| 255 | ולמיעול | Dt31:02 | אנה יכיל תוב למיפוק ולמיעול וממרה דייי אמר לי לא |
| 256 | ועולו | Dt 1:07 | כוונו וטולו לכון ועולו לטורהון דאמוריי וכבישו ית |
| 257 | ועולי | Gn19:34 | חמר אף ליליא הדין ועולי ושמש עמה ונקיים מן אבונן |
| 258 | ועל | Gn43:26 | ועל יוסף לגו בייתה ואייתון לה |
| 259 | | Gn35:06 | ועל יעקב לוזה די בארעא |
| 260 | | Gn31:33 | ועל לבן במשכנ«א» דיעקב |
| 261 | | Ex 7:10 | ועל משה ואהרן לוות פרעה |
| 262 | | Ex10:03M | ואתא/ועל#2# משה ואהרן לוות |
| 263 | | Nu17:08 | ועל משה ואהרן קדם משכן |
| 264 | | Nu17:23 | והוה מן יומא דבתרה ועל משה למשכנה דסהדותה והא |
| 265 | | Nu20:06M | ואתה/ועל#2# משה ואהרן מן קדם |
| 266 | | Gn 7:07 | ועל נח ובנוהי ואתתיה ונשי |
| 267 | | Gn29:30 | ועל אף לוות רחל ורחם אף ית |
| 268 | | Ex14:20 | ועל בין משרייתהון דמצריי וביני |
| 269 | | Gn40:06M | לוותהון יוסף בצפרא /ועל בעדנ' צפרא#2# וחמה יתהון |
| 270 | | Nu25:08 | ועל בתר גברא בר ישראל לגו |
| 271 | | Gn24:32 | ועל גברא לגו ביתא ושרא |
| 272 | | Ex 7:23 | וכוין פרעה ועל לגו בייתו ולא שוי לביה אף |
| 273 | | Gn16:04 | ועל לוות הגר ועברת וחמת |
| 274 | | Gn27:18M | ואתא/ועל#2# לוות אבוי ואמר אבא |
| 275 | | Gn41:14 | וספר וחוור לבושוי ועל לוות פרעה: |
| 276 | | Gn29:23 | ברתה ואייתי יתה לוותה ועל לוותה: |
| 277 | | Gn38:02 | ושמיה שוע ונסב יתה ועל לוות«ה:» |
| 278 | | Gn38:18 | די בידך ויהב לוותה ועל לוותה ועברת מיניה: |
| 279 | | Gn30:04 | ית בלהה אמהתה לאתה ועל לוותיה יעקב: |
| 280 | | Gn31:33 | ונפק מן משכנא דלאה ועל למשכנא דרחל: |
| 281 | | Gn43:30 | על אחוי ובעא למבכי ועל לקיטונא ובכא תמן: |
| 282 | ועלו | Gn44:18 | דשכם דהוו בשלווה ועלו בגווה וקטלו כל דכורא לפתגם |
| 283 | | Gn18:11 | ואברהם ושרה סאיבו ועלו ביומיא אתמנע מן למהווי |
| 284 | | Gn42:05 | ועלו בני ישראל למזבן בגו עלליה |
| 285 | | Ex14:22 | ועלו בני ישרא<'> בגו ימא |
| 286 | | Nu20:01 | ועלו בני ישראל כל עם כנישתה |
| 287 | | Nu20:22 | ונטלו מן רקם ועלו בני ישראל כל כנישתה להר |
| 288 | | Ex14:23 | ורדפו מצרים ועלו בתריהון כל סוסות פרעה |
| 289 | | Gn45:25M | וסלקו ממצרים ואתו/ועלו#2# לארעא דכנען לוות |
| 290 | | Gn46:28 | אתר בית משרוי בגשנה ועלו לארעא דגשן: |
| 291 | | Gn19:03 | לחדא וסטון לוותיה ועלו לגו ביתיה ועבד להון שרו |
| 292 | | Nu13:26 | ואזלו ועלו לוות משה ואהרן ולוות |
| 293 | | Nu22:39 | ואזל בלעם עם בלק ועלו לכרכה דמלכותה היא מרישה: |
| 294 | | Ex18:07 | גבר לחבריה מלין דשלם ועלו למשכנה: |
| 295 | | Gn14:07 | וחזרו ועלו לעין דינא היא רקם וקטלו |
| 296 | | Gn34:25 | אחי דינה גבר חרביה ועלו לקרתא לרוחצן וקטלו כל |
| 297 | | Gn 7:15 | ועלו עם נח לתיבותא תרין תרין |

|  |  |  |  |
|---|---|---|---|
| 298 | | Gn19:01 | ועלו תרין מלאכיה לסדם ברמשא |
| 299 | ועלון | Ex10:25 | את תתן בידן נכסין ועל{י}<ו>ן ונקרב קדם ייי אלהן: |
| 300 | ועליתון | Dt29:06M | ואתיתון/ועליתון#2# לאתרה הדין ונפק |
| 301 | ועללין | Gn41:21 | ועללין לגו מעיהון ולא אתודע ארום |
| 302 | ועלת | Lv10:02M | חוסין ומתרין לארבעה ועלת באפהון ומיתו בגירין דאשה |
| 303 | | Gn19:33 | אבוהון חמר בליליא הוא ועלת רבתא ושמישת עם אבוה ולא |
| 304 | ותיעול | Ex 3:18M | ותיתי את /לקל מליך ותיעול את#2# וחכימיה דישראל |
| 305 | | Lv13:02M | \צרעה וייתי /צרעתה ותיעול#2# לוות אהרן כהנא {ו}או |
| 306 | | Gn 6:18 | ואקיים ית קיימי עמך ותיעול לתיבותה את ובניך ואתתך |
| 307 | ותיעלון | Dt 4:01 | למעבד מן בגלל דתיחון ותיעלון ותירתון ית ארעא דייי אלה |
| 308 | | Dt 6:18 | מן בגלל דייטב לכון ותיעלון ותירתון ית ארעא טבתה די |
| 309 | | Dt11:08 | הדין מן בגלל דתתקפון ותיעלון ותירתון ית ארעא די אתון |
| 310 | | Dt 8:01 | דתיחון ותסגון ותיעלון ותרתון ית ארעא די קיים |
| 311 | | Dt12:26M | לאתרה /תיסבלון ותיעלון לאתר#2# די יתרעי |
| 312 | | Dt12:06M | ותיתון/ותיעלון#2# לתמן ית עלוותכון |
| 313 | ותעל | Ex26:33 | ית פרכתא תחות פורפיא ותעל תמן לגו מן פרכתא ית ארונה |
| 314 | ותעלון | Dt12:05M | /מקדשה תהוון תבעין ותעלון לתמן#2# בדחלה: |
| 315 | ובמעלה | Ex34:34M | \וכד הוה משה עליל /ובמעלה דמשה#2# קדם ייי לממללה |
| 316 | | Nu 7:89M | משה עלל למשכן /ו{מ}ב<מ>עלה דמשה למשכן#2# זימנא |
| 317 | ודיע' | Dt19:05M | \ודי ייעול/ודיע'#2# עם חבריה |
| 318 | ודיעול | Lv14:46M | \ומן דייעול לגו ביתה /ודיעול לבייתה#2# כל יומין די |
| 319 | כמעלי | Gn44:30 | וכדון כמעלי לוות עבדך אבה וטליה לית |
| 320 | למיע' | Gn12:11 | והוה כדי קרב למיע' למצרים ואמר לשרי אתתה |
| 321 | למיעול | Gn48:07M | /בזמן אסון בכרת ארעא למיעול לאפר#2# וקברת יתה תמן |
| 322 | | Gn35:16M | למתייה /כברת אר' למיעול#2# לאפרתה וילדת רחל |
| 323 | | Nu12:12M | "קצה ... למה": קצן למיעול לארעא דישראל |
| 324 | | Dt 4:21 | יתי ית ירדנה ודלא למיעול לארעא «טבתה» דייי |
| 325 | | Ex12:23 | ולא יתן רשו למחבלא למיעול לגו בתיכון למחבלה: |
| 326 | | Gn31:18M | בפדן ארם למיזל/למיעול#2# לוות יצח«ק» |
| 327 | | Gn19:31 | סב וגבר לית בארעא למיעול לוותן כאורח כל ארעא: |
| 328 | | Dt 4:34 | או ניסייה די עבד ייי למיעול למבחר ליה אומה מגו אומה |
| 329 | | Dt11:31M | למיעל למירת /יורדנה למיעול למירות#2# ית ארעא דייי |
| 330 | | Dt 9:01 | הדין» ית ירדנה למיעול למירת אומין רברבין |
| 331 | | Ex40:35M | ולא יכל משה למיעל/<למי>עול#2# למשכני זימנא ארום |
| 332 | | Dt30:18 | דאתון עברין ית ירדנה למיעול לתמן למירת יתה: |
| 333 | | Dt10:11M | משה קום אזיל למטלן/למיעול#2# קדם {ייי} <עמא> |
| 334 | למיעל | Dt 4:21M | יורדנה ולא#2# למיעול/<למי>על#2# לארעא «טבתה» |
| 335 | | Gn19:31M | וגבר לית בארעא למיעול/<למי>על#2# לוותן כאורח כל |
| 336 | | Dt11:31 | אתון עברין ית ירדנה למיעל למירת ית ארעא דייי אלהכון |
| 337 | | Ex40:35 | ולא יכל משה למיעל למשכני זימנא ארום אשרי |
| 338 | | Dt 9:01M | /יורדנה#2# למיעול/<למי>על#2# למירת/למרות#2#/ |
| 339 | אעיל afel | Gn43:16 | אפיטרופו«ס» על בייתיה אעיל ית גבריא לפלטורין ונכוס |
| 340 | | Dt31:20 | ארום אעיל יתהון לארעא די קיימת |
| 341 | | Dt 9:04 | למימר בזכוותן אעיל יתן ממרה למירת ית ארעא הדה |
| 342 | | Gn46:07M | וכל זרעיה אחתת/^נחתת#2#^/אעיל#2# עמיה מצרימה |
| 343 | אעל | Dt31:21 | יומא הדין קדם עד לא אעל יתהון לארעא די קיימת: |
| 344 | | Ex22:14M | "אתקבל באגרא": אעל כל פסיד' אגריה |
| 345 | | Ex 4:06 | ואמר ליה תוב אעל כען ידך בחובך ואעל ידיה |
| 346 | אעלת | Nu16:14 | נקיין כחלבה וחלין כדבשה אעלת יתן ויהבת לן אחסנת חקלוון |
| 347 | אעלתון | Dt 1:01 | וארון קיימא דייי די אעלתון בגווה וחפיתון יתיה בדהבא |
| 348 | | Nu20:04M | ית קהל /אעלתון ית קהלה#2#/ עם#2#^ |
| 349 | ייעל | Dt 6:10 | ויהוי ארום ייעל {א} יתכון ייי אלהכון לארעא |
| 350 | יעיל | Dt11:29 | ויהווי ארום יעיל יתכון ייי אלהכון לארעא די |
| 351 | יעל | Dt 6:10M | ויהוי ארום ייעל/יעל#2# {א} יתכון ייי אלהכון |

|  |  |  |  |  |  |
|---|---|---|---|---|---|
| 352 | | Lv 7:30M | ית ניעה למנפה /ניאה | יעל | יתה ית/וית#2#/ ניאה |
| 353 | | Nu27:17 | יתהון לסדרי קרבא ודי | יעל | יתהון מן סדרי קרבא בשלם |
| 354 | | Lv17:04M | משכן זמנה לא | אייתי/יעל#2#/ | יתיה למקרבה יתיה |
| 355 | | Lv17:09M | תרע משכן זימנה לא | ייתי/יעל#2#/ | יתיה לקרבה/למ׳#2#/ |
| 356 | | Ex13:05 | ויהווי ארום | יעל | יתכון ייי לארעהון דכנענאיי |
| 357 | | Ex13:11 | ויהווי ארום | יעל | יתכון ייי לארעהון דכנעניי |
| 358 | | Dt 7:01 | ארום | יעל | יתכון ייי אלהכון לארעא די |
| 359 | נעל | Nu32:17 | בני ישראל עד זמן די | נעל | יתהון לאתריהון וישרון |
| 360 | תעיל | Dt31:23 | וא«ז»דרז ארום את | תעיל | ית בני ישראל לארעא די |
| 361 | | Lv 6:14M | "ייתי ..." : | תעיל | יתה מרסקה מנחת רסוקין |
| 362 | | Gn 6:19 | בשרא תרין מן כול«א» | תעיל | לתיבותה למקיימה עמך דכר |
| 363 | תעל | Ex15:17 | | תעל | יתהון ותאחסן יתהון בטור |
| 364 | תעלון | Dt 7:26 | ולא | תעלון | מרחקה לגו בתיכון ולא |
| 365 | מעיל | Nu14:03M | ולמה כען ייי | מעל/מעיל#2#/ | יתן לארעא הדה למפל |
| 366 | מעל | Lv20:22 | תפלוט יתכון ארעא די אנה | מעל | יתכו׳ לתמן למשרי בגווה: |
| 367 | | Lv18:03 | ארעא דכנען די אנה | מעל | יתכון לתמן לא תעבדון |
| 368 | | Nu15:18 | במעלכון לארעא די אנה | מעל | יתכון לתמן: |
| 369 | | Dt 8:07 | ארום ייי אלהכון | מעל | יתכון לארע טבה ארע |
| 370 | | Nu14:03 | ולמה כען ייי | מעל | יתן לארעא הדה למפל בחרבה |
| 371 | דיעלון | Lv25:22 | עד שתה תשיעיתה עד זמן | דיעלון | פירי עללתה תאכלון |
| 372 | ואעיל | Gn43:24 | | ואעיל | גברא ית גבריא לפלטורין |
| 373 | | Gn29:13 | וגפף יתה ונשק יתה | ואעיל | יתה לגו בייתיה ותני ללבן |
| 374 | | Nu14:31 | די אמרתון לבזה יהוון | ואעיל | יתהון ויחכמון ית ארעא די |
| 375 | | Dt26:09 | | ואעיל | יתן לארעא הדין ויהב לן ית |
| 376 | ואעילו | Gn19:10 | ופשטו גובריא ית ידיהון | ואעילו | ית לוט לוותהון לביתה וית |
| 377 | | Nu31:54M | \ואייתון יתיה למשכן | /ואעילו | יתהון לגו למ׳#2#/ זמנה |
| 378 | ואעל | Gn47:07M | | ואייתי/ואעל#2#/ | יוסף ית יעקב אבוי |
| 379 | | Gn47:14 | בעיבורה די אנון <....> | ואעל | יוסף ית כספא לפלטורין |
| 380 | | Lv 9:23 | | «ואעל | משה» ואהרן למשכן זימנא |
| 381 | | Ex40:25 | | ואעל | בוציניה קדם ייי היך מה |
| 382 | | Gn43:17 | גברא היך מה דאמר יוסף | ואעל | גברא ית גבריא לפלטורין |
| 383 | | Ex 4:06 | תוב אעל כען ידך בחובך | ואעל | ידיה בחובי ואפיק יתה והא |
| 384 | | Ex37:05 | | ואעל | ית אריחיה בעזקיה על סטרוי |
| 385 | | Ex38:07 | | ואעל | ית אריחיה בעזקיה על סטרוי |
| 386 | | Ex40:21 | | ואעל | ית ארונ«ה» לגו משכנה |
| 387 | | Gn 8:09 | ארע׳ ופשט ידה ונסב יתה | ואעל | יתה לוותה לתיבותה: |
| 388 | | Gn24:67 | | <ואעל | יתה> יצחק למשכנה דשרה |
| 389 | | Gn29:23M | ית לאה ברתה | ואייתי/ואעל#2#/ | יתה לוותה ועל |
| 390 | | Nu14:24 | עמה ואשלם בתר ממרי | ואעל | יתה לארעא די על לתמן ובנוי |
| 391 | | Lv26:41 | אנה אהלך עמהון בקשיו | ואעל | יתהון לארע בעלי דבביהון או |
| 392 | | Nu14:31M | /יהווי {ולאעליתהון} | <ואעל | יתהון> וידעון ית אר׳#2#/ |
| 393 | | Ex 6:08 | | ואעל | יתכון לארעא דזקפית ידי |
| 394 | | Gn 2:21M | \ורמה ייי אלהים שנה | /ואעל | ממריה דייי שנה#2#/ |
| 395 | | Lv26:36 | ומה דמשתייר בכון | ואעל | תברה בלבביכון בארע |
| 396 | ויעל | Lv 2:02M | | וייתי/ויעל#2#/ | יתה לות בנוי דאהרן |
| 397 | | Ex23:23 | ארום ידבר מלאכי קדמיכון | ויעל | יתכון לארעהון דאמוריי |
| 398 | | Dt30:05 | | ויעל | יתכון ייי אלהכון לארעא די |
| 399 | | Lv 4:16M | | וייתי/ויעל#2#/ | כהנא דמתרבי מן אדמה |
| 400 | | Lv 4:05 | מן ^מדמה#2#^ דתורא | ויעל | {ל}יתיה למשכן זימנא: |
| 401 | ויעלון | Lv14:42 | ויסבון אבנין אחרניין | ויעלון | יתהון תחות אבניה ועפר |
| 402 | ותעיל | Ex25:14 | | ותעיל | ית אריחי בעזקיא על סטרוי |
| 403 | | Dt22:02 | ולית את חכים יתיה | ותעיל | יתיה לגו בייתך ויהווי עמך |
| 404 | ותעל | Ex26:11 | ותעבד פורפין דנחש חמשין | ותעל | ית פורפי בענביא ותדבק ית |
| 405 | | Ex27:07 | | ותעל | ית אריחיה בעזקיא ויהוון |
| 406 | | Ex40:04 | | ותעל | ית פתורה ותסדר ית סידרה |
| 407 | | Ex40:04 | פתורה ותסדר ית סידרה | ותעל | ית מנרתה ותסדר ית בוציניה: |
| 408 | | Lv 2:08M | | ותיתי/ותעל#2#/ | ית מנחתא די יתקרב |
| 409 | | Dt21:12 | | ותעל | יתה לגו ביתך ותספר ית ראשה |
| 410 | ולמעלה | Ex23:20M | יתכון בארעא | לאעלא/ולמעלה#2#/ | יתכו«ן» באתרא די |
| 411 | לאעלא | Ex23:20 | למנטרא יתכון בארעא | לאעלא | יתכו«ן» באתרא די אתקנת: |
| 412 | למיעל | Nu20:05 | אסקתון יתן מן מצרים | למיעל | יתן לאתרה בישה הדין לא |
| 413 | למיעלה | Nu14:16 | על דלית יכלה קדם ייי | למיעלה | ית עמא האליין לארעא דקיים |
| 414 | | Dt 9:28 | הוות יוכלא מן קדם ייי | למיעלה | יתהון לארעא די מלל להון |
| 415 | למעלה | Dt 4:38 | ותקיפין מנכון קדמיכון | למעלה | יתכון למתן לכון ית ארעהון |
| 416 | | Nu20:05M | יתן מן מצרים | למיעל/למעלה#2#/ | יתן לאתרה בישה הדין |
| 417 | | Dt 6:23 | פריקין מן תמן מן בגלל | למעלה | יתן למתן לן ית ארעא די |
| 418 | | Ex33:08M | דהוה עליל למשכניה | /למעלה | למ׳#2#/: |
| 419 | ettafal אתועל | Lv16:27 | וית צפירה דחטאתה די | אתועל | אדמהון למכפרה לגו |
| 420 | אתעל | Lv10:18 | הא לא | אתעל | ית אדמ׳ לבית קדשה מלגו |
| 421 | אתעלו | Gn43:18 | גבריא לפלטורין ארום | אתעלו | לפלטורין דיוסף ואמרין |
| 422 | אתעלית | Nu16:14M | כדבשה \אעלת | יתן/אתעלית#2#/ | ויהבת לן אחסנת |
| 423 | ית׳ | Lv10:18M | הא לא | אתעל/ית׳#2#/ | ית אדמ׳/דמה#2#/ |
| 424 | יתועל | Lv 6:23M | וכל חטאתה די | יתעל/יתועל#2#/ | \מן אדמה/מדמה#2#/ |
| 425 | | Lv11:34M | כל מזונה די יתאכל די | יתועל | עלוי מים יס׳#2#/ וכל |
| 426 | יתועלון | Lv11:32M | מסאב עד רמשא וידכא | /יתועלון | ויסתאבון עד רמשא |
| 427 | יתיעלון | Lv 7:30M | יד{י}ו<י> | יתון/יתיעלון#2#/ | ית קרבנוי |
| 428 | יתעל | Lv11:32 | יתעבד עבידה בהון במיא | יתעל | ויהוי מסאב עד רמשא וידכא: |
| 429 | | Lv 6:23 | וכל חטאתה די | יתעל | מן אדמה למשכן זימנה למכפרה |
| 430 | מתעלין | Gn43:18 | בטעונינון בקדמיתא אנן | מתעלין | למתרברבא עלינא ולמתעקפא |
| 431 | דית׳ | Lv16:27M | צפירה דחטאתה די | אתועל/דית׳#2#/ | אדמהון/דמ׳#2#/ |
| 432 | וייתועל | Lv13:09M | תיהווי בבר נשא | וייתי/וייתועל#2#/ | לות כהנא: |
| 433 | ויתועל | Lv13:16M | /לחיור#2#/ | ויתחזי/ויתועל#2#/ | לוות כהנא: |
| 434 | | Lv14:02M | מצרעה ביום דכותה | ויתועל#2#/ | לוות כהנא: |

## עלל *n.* one who enters [408]

|  |  |  |  |  |  |  |
|---|---|---|---|---|---|---|
| 001 | p em/sf | עלליה | Gn42:05 | בני ישראל למזבן בגו | עלליה | ארום הוה כפנא בארעא |
| 002 | | ועלליה | Gn 7:16 | | ועלליה | דכר ונקבה מן כל בשרא עלו |

## עללה *n.* produce [409]

|  |  |  |  |  |  |  |
|---|---|---|---|---|---|---|
| 001 | s ab/cn | עללה | Lv25:21M | \ארעא פירי עללתה | /עללה | מזון#2#/ לתלת שנין \ |
| 002 | | עללת | Gn49:20M | \והא תהוי מרבייה | עלל«ת» | /וארעא תהוי מספק׳#2#/ |
| 003 | | | Dt14:22 | מעשרה תעשרון ית כל | עללת | זרעיכון מה דאתון מפקין |
| 004 | | | Lv25:07 | די בארעכון תיהוי כל | עללת | למיכל: |
| 005 | | | Dt32:13 | דארעא ואייכל יתהון | עללת | תפנוקי מלכין ואיינק יתהון |
| 006 | s em/sf | עלליתיה | Gn 3:17 | בצער תיכל פירי | עלליתיה | כל יומי חייך: |
| 007 | | עללתא | Gn48:07 | דכנען בארחא באשון | עללתא | דארעא למיתא לאפרתה וקברת |
| 008 | | | Gn47:24 | ויהווי באשון | עללתא | ותתנון חד {מן חמ} מן חמשה |
| 009 | | | Gn 4:12 | ארעא לא תוסף למתן פירי | עללתא | לך גלי ומטלטל תיהוי קין |
| 010 | | עללתה | Ex23:10 | ארע{א}כון ותכנשון ית | עללתה: | |
| 011 | | | Lv25:03 | כרמיכון ותכנשון ית | עללתה: | |
| 012 | | | Lv25:12 | לכון מן אפי ברה תיכלון | עללתה: | |
| 013 | | | Lv25:20 | זרעין ולא כנישין ית | עללתה: | |
| 014 | | | Lv19:25 | פירוי למוספה לכון פירי | עללתה | אמר ייי אלהכון: |
| 015 | | | Gn35:16 | מביתאל והוו«ה» אשון | עללתה | דארעא למתייה לאפרתה |
| 016 | | | Lv23:39 | שביעיה בכנשתכון ית | עללתה | דארעא תחגון יתה חגה קדם |
| 017 | | | Dt22:09M | מליתה /תק<ד>שון | עללתה#2#/ | דזרעא די תזרעון ועללתה |
| 018 | | | Dt14:22 | באפי ברה ומכנשין | עללתה | דכל שתה ושתה: |

|  |  |  |  |  |  |  |
|---|---|---|---|---|---|---|
| 019 | | | Lv26:20 | ולא תתן ארעכון פירי | עללתה | ואילנה דאפי ברה לא יצלח |
| 020 | | | Lv26:04 | בזמנה ותתן ארעא פירי | עללתה | ואילנייה דאפי ברה יצלח |
| 021 | | | Lv25:19 | ותתן ארעא פירי | עללתה | ותאכלון ותשבעון ותשרון |
| 022 | | | Dt11:17 | מטר וארעא לא תתן פירי | עללתה | ותסופון בופריע מן עלוי |
| 023 | | | Lv25:21 | שתיתיה ותעבד ארעא פירי | עללתה | לתלת שנין: |
| 024 | | | Lv25:22 | שתה תמיניתה ותאכלון מן | עללתה | עתיקה עד שתה תשיעיתה |
| 025 | | | Lv25:22 | עד זמן דיעלון פירי | עללתה | תאכלון ע{ק}«ת»יקה: |
| 026 | | | Dt11:17M | \פירי עללתה /ית | עללתה#2/ | ותסופון/ותי<ש>תצון#2/ |
| 027 | עללתכון | | Dt14:28 | ת{נ}<פ>קון ית מעשר | עללתכון | בשתה תליתיתה דהוא שנת |
| 028 | | | Dt26:12 | למעשרה ית כל מעשר | עללת<כ>ון | בשתה תליתייה דהיא שנת |
| 029 | | | Ex23:16M | מפקין וזרעין באפי | /עללתכון | די תזרעון {י}<כ>לפי#2/ |
| 030 | | | Dt16:15 | יתכון ייי אלהכון בכל | עללתכון | ובכל עובד ידיכון ותהוון |
| 031 | | | Ex34:22M | דשתא \במכנשכון ית | עללתכון | מן ארעא#2/: |
| 032 | | | Ex23:19 | שרוי בכרית פירי | עללתכון | תייתון לבי{ה}<ת> מוקדשא |
| 033 | דעללתה | | Gn41:34 | מפקין חד מן חמשה | דעללתה | דארעא דמצרים בשבעתי שני |
| 034 | | | Lv25:15 | חברך במניין שנין | דעל{ת}<ל>תה | יזבן לך: |
| 035 | ועללתה | | Dt22:09 | מליתה דזרעא די תזרעון | ועללתה | דכרמא: |
| 036 | | | Dt32:22 | ארעייתה ותכלת ארעא | ועללתה | ולהטה יסודי טוורייה: |
| 037 | לעללתא | | Gn13:10M | כארעא דמצרים | בפירי/לעללתא#2/ | מעלך «לזער»: |
| 038 | עללן | p abs | Lv25:16M | ארום מניין | עללתה/עללן#2/ | הוא מזבן לך: |
| 039 | | | Lv25:15M | /חבריכון במניין שני | עללן | יז#2/ לך: |
| 040 | עללתא | p em/sf | Gn41:35 | מזון שבעתי שניא טבתא | עללתא | האיליין ויכנשון עיבור |
| 041 | עללתה | | Lv25:16 | כסף זבונה ארום מניין | עללתה | הוא מזבן לך: |

## עלם *n.* eternity, world

[409]

|  |  |  |  |  |  |  |
|---|---|---|---|---|---|---|
| 001 | ע' | s ab/cn | Lv25:32M | אחסנתהון פרקון | לעלם/ע'#2/ | תיהוי לליויי: |
| 002 | עולם | | Nu19:10 | ביניכון לקיים | עולם: | |
| 003 | | | Gn 4:23 | דאתקטל מן בגללה ולא | עולם | חבלת דיתחבלון זרעיתי |
| 004 | | | Gn 4:08 | לית דין ולית דיין ולית | עולם | חורן לית מתן אגר טב |
| 005 | עילם | | Gn17:08 | כל ארעא דכנען לאחסנת | עילם | ואהוי במימרי להון לאלה |
| 006 | על' | | Ex40:15M | \לכהנא לעלם /לשימוש | על'#2/ | לדריהון: |
| 007 | עלם | | Gn17:13 | קיימי בבשרכון לקיים | עלם: | |
| 008 | | | Gn48:04 | לבניך מן בתרך אחסנות | עלם: | |
| 009 | | | Ex12:17 | יומא הדין לדריכון לקיים | עלם: | |
| 010 | | | Ex21:06M | עבד משתעבד לעלם/עד | עלם#2/: | |
| 011 | | | Ex31:16 | יום שבתא לדריהון לקיים | עלם: | |
| 012 | | | Lv16:31 | ביה ית נפשתכון קיים | עלם: | |
| 013 | | | Lv24:08 | מן לוות בני ישראל קיים | עלם: | |
| 014 | | | Lv24:09 | לה מן קרבנוי דייי לקיים | עלם: | |
| 015 | | | Nu18:08 | יהבית לרבו ולבנך לקיים | עלם: | |
| 016 | | | Gn 4:08 | אית דין ואית דיין ואית | עלם | אוחרן ואית מתן אגר טב |
| 017 | | | Lv 1:01 | קדוש עלם ורבויה רבוי | עלם | בדינא הוא דלא ניעול לגויה |
| 018 | | | Gn 9:16 | ואחמי יתה למדכרה קיים | עלם | בין מימרא דייי ובין כל נפש |
| 019 | | | Lv16:29 | ותהי לכון לקיים | עלם | בירחה שביעיה בעשרה יומין |
| 020 | | | Lv 1:01M | רבוי עלם וקדושיה קדוש | עלם | דינ'#2/ הוא דלא ניעול |
| 021 | | | Nu18:19 | עמך לקיים עלם קיים מלח | עלם | הוא קדם <ייי> לך ולבנך |
| 022 | | | Lv25:34 | לא יזדבן ארום אחסנת | עלם | היא להון: |
| 023 | | | Lv10:15 | לך ולבניך עמך לקיים | עלם | היך מה דפקד ייי: |
| 024 | | | Gn17:19 | ית קיימי עמה לקיים | עלם | ולבנוהי מן בתרה: |
| 025 | | | Nu19:21 | ותיהוי להון לקיים | עלם | ומן דמדי מי אדיה יחוור |
| 026 | | | Lv 1:01M | בדינא /דרבויה רבוי | עלם | וקדושיה קדוש עלם דינ'#2/ |
| 027 | | | Lv 1:01 | משכן זמנא דקדושיה קדוש | עלם | ורבויה רבוי עלם בדינא הוא |
| 028 | | | Ex29:09 | להון <....> כהונתה לקיים | עלם | ותשלם קרבן ידוי דאהרן |
| 029 | | | Nu18:11 | ולבנך ולבנתך עמך לקיים | עלם | כל דדכי באינשי ביתך יאכל |
| 030 | | | Ex27:21 | עד צפרא קדם ייי קיים | עלם | לדריהון מן לוות בני |
| 031 | | | Lv 7:36 | מן לוות בני ישראל קיים | עלם | לדריהון: |
| 032 | | | Nu18:23 | יקבלון ית חוביהון קיים | עלם | לדריהון ובגו בני ישראל לא |
| 033 | | | Lv10:09 | זימנא דלא תמותון קיים | עלם | לדריכו': |
| 034 | | | Lv 3:17 | קיים | עלם | לדריכון בכל אתר |
| 035 | | | Lv 6:11 | דאהרן ייכלון יתה קיים | עלם | לדריכון מן קרבנוי כל |
| 036 | | | Lv23:14 | ית קורבנה דאלהכון קיים | עלם | לדריכון בכל אתר |
| 037 | | | Lv24:03 | קדם ייי בתדירה קיים | עלם | לדריכון: |
| 038 | | | Nu10:08 | ויהויין לכון לקיים | עלם | לדריכון: |
| 039 | | | Nu15:15 | ולגיוריה דמתגיירין קיים | עלם | לדריכון כוותכון גיורה יהוי |
| 040 | | | Ex28:43 | חובין דלא ימותון קיים | עלם | להון ולבניהון בתריהון: |
| 041 | | | Ex30:21 | ימותון ותהוי להון לקיים | עלם | להון ולזרעיי«ת» בניהון |
| 042 | | | Gn17:07 | מן בתרך לדריהון לקיים | עלם | למהווי במימרי לך לאלה |
| 043 | | | Lv16:34 | ותיהוי דא לכון לקיים | עלם | למכפר' על בני ישראל מן כל |
| 044 | | | Ex29:28 | לאהרן ולבנוי לקיים | עלם | מן לוות בני ישראל ארום |
| 045 | | | Lv 7:34 | לאהרן כהנא ולבנוי קיים | עלם | מן לוות בני ישראל: |
| 046 | | | Gn38:25 | לי בהית בעלמא הדין דהוא | עלם | עבו{ד}<ר> ולא נבהת קדם |
| 047 | | | Ex15:18 | מלכותא מן קדם עלמא ועד | עלם | עלמיא: |
| 048 | | | Lv 6:15 | מן בנוי יקרב יתה קיים | עלם | קדם ייי גמירה תסתדר: |
| 049 | | | Nu18:19 | ולבניך ולבנתך עמך לקיים | עלם | קיים מלח עלם הוא קדם <ייי> |
| 050 | | | Ex12:14 | קדם ייי לדריכון קיים | עלם | תחגון יתיה: |
| 051 | | | Lv17:07 | אנון טעיין בתרהון קיים | עלם | תיהווי דא להון לדריהון: |
| 052 | דיעלם | | Lv16:29M | ותהי לכון לקיים | עלם/דיעלם#2/ | בירחה שביעיה בעשרה |
| 053 | דע' | | Ex31:16M | לדריהון לקיים | עלם/דע'#2/: | |
| 054 | | | Lv16:31M | ית נפשתכון קיים | עלם/דע'#2/: | |
| 055 | | | Nu18:08M | לרבו ולבנך לקיים | עלם/דע'#2/: | |
| 056 | | | Nu18:23M | חובהו#2/ קיים | עלם/דע'#2/ | לדריהון ובגו בני |
| 057 | | | Lv24:03M | /ת'#2/ קיים | עלם/דע'#2/ | לדריכון: |
| 058 | | | Nu10:08M | לכון לקיים | עלם/דע'#2/ | לדריכון: |
| 059 | | | Nu15:15M | דמתגיירין קיים | עלם/דע'#2/ | לדריכון כוותכון גיורה |
| 060 | | | Lv 7:34M | \קיים עלם /לקיים | דע'#2/ | מן לוות בני ישראל: |
| 061 | | | Nu18:19M | ולבנתך עמך לקיים | עלם/דע'#2/ | קיים מלח עלם הוא קדם |
| 062 | דעלם | | Ex12:17M | לדריכון לקיים | עלם/דעלם#2/: | |
| 063 | | | Nu19:10M | ביניכון לקיים | עולם/דעלם#2/: | |
| 064 | | | Gn17:19M | לקיים \עלם ולבנוהי | /דעלם | ולזורעיית בנוי#2/ |
| 065 | | | Ex29:09M | עלם /שימוש לקיים | דעלם#2/ | ותשלם קרבן ידוי דאהרן |
| 066 | | | Nu18:11M | ולבנתך עמך לקיים | עלם/דעלם#2/ | כל דדכי באינשי ביתך |
| 067 | | | Lv10:09M | תמותון קיים | עלם/דעלם#2/ | לדריכו': |
| 068 | | | Lv23:31 | כל עבידה לא תעבדון קיים | דעלם | לדריכון בכל אתר |
| 069 | | | Lv23:41 | יומין בכל שנה קיים | דעלם | לדריכון בירחא שביעיה תחגון |
| 070 | | | Ex28:43M | חובין וימותון קיים | דעלם | לה ולזורעיית בנוי מן בתרה |
| 071 | | | Lv16:34M | דא לכון לקים | עלם/דעלם#2/ | למכפר' על בני ישראל |
| 072 | | | Lv 6:15M | /יעבד#2/ יתה קיים | עלם/דעלם#2/ | קדם ייי גמירה תסתדר: |
| 073 | | | Ex12:14M | לדריכון קיים | עלם/דעלם#2/ | תחגון יתיה: |
| 074 | | | Lv17:07M | בתרהון קיים | עלם/דעלם#2/ | תיהוי דא להון |
| 075 | עולמי | s em/sf | Nu12:07 | הוא עבדי מש' בכל | עולמי | דברית מהימן הוא: |
| 076 | עלמ' | | Gn 5:17 | ומית ואתכנש מן גוא | עלמ': | |
| 077 | | | Ex 3:14M | הוויתי מן דאיתברי{ה} | עלמ' | אנא הוא דהוויתי בסעדכון |
| 078 | | | Nu12:12 | דמטא קצה למפ{י}<ו>ק לגו | עלמ' | אתאכל פלגות בשריה כדין כד |
| 079 | | | Gn49:22M | ית בר נשא מן גו | עלמ'#2/ | בגין כדין יקום מנך תרין |
| 080 | | | Ex12:42M | עלמא למבריה יתיה/ית | עלמ'#2/ | הוה עלמא תהו ובהו |
| 081 | עלמא | | Gn 5:05 | ומית ואתכנ' מן גוא | עלמא: | |
| 082 | | | Gn 5:08 | ומית ואתכנש מן גוא | עלמא: | |
| 083 | | | Gn 5:11 | ומית ואתכניש מן גוא | עלמא: | |

|  |  |  |  |  |  |
|---|---|---|---|---|---|
| 084 | | Gn 5:14 | ומית ואתכניש מן גוא | עלמא: | |
| 085 | | Gn 5:20 | ומית ואכניש מן גוא | עלמא: | |
| 086 | | Gn 5:23M | /ומית ואתכנש מן גוא | עלמא#2#:/ | |
| 087 | | Gn 5:27 | ומית ואיתכנש מן גוא | עלמא: | |
| 088 | | Gn 5:31 | ומית ואתכניש מן גוא | עלמא: | |
| 089 | | Gn 6:04M | דאית מן יומת | עלמא | |
| 090 | | Gn 9:29 | ומית ואתכנש מן גוא | עלמא: | |
| 091 | | Gn49:18M | כל עלמיא דפורקנך פורקן | עלמא | |
| 092 | | Ex20:13 | קטוליא חרבא נפיק על | עלמא: | |
| 093 | | Ex20:14 | גיורא מותנא אתא על | עלמא: | |
| 094 | | Ex31:02M | וקריית בשום טב מן יומי | עלמא | |
| 095 | | Dt 5:17 | קטוליה חרבה נפק על | עלמא: | |
| 096 | | Dt 5:18 | מותנה נפק ^על#2#^ | עלמא: | |
| 097 | | Dt 5:19 | גנבייה כפנה נפק על | עלמא: | |
| 098 | | Lv22:27 | קרבני קרבני תלתי אבהת | עלמא | אינון אברהם יצחק ויעקב |
| 099 | | Nu16:30M | אן מן <י>ומי | עלמא | איתבריאת מיתותה בעלמא |
| 100 | | Gn40:12 | תלתי שרביטיה תלתי אבהת | עלמא | אנון אברהם יצחק ויעקב |
| 101 | | Dt32:07 | אדכרו יומין מן יומת | עלמא | אתבוננו בשנוי דכל דר ודר |
| 102 | | Gn21:33 | אמר להון מן דאמר והוה | עלמא | אתון אכלין ולא הוון זעיין |
| 103 | | Gn49:22 | דמובדין לבר נשא מן | עלמא | בגין כדין יקום מנך תרין |
| 104 | | Gn15:02 | למיתן לי ואנה אזל מן | עלמא | בלא בנין ואליעזר בר ביתי |
| 105 | | Dt33:21M | עליל ונפק בראשי | עמא/עלמא#2#/ | בעלמא הדין כדין יהווי |
| 106 | | Lv20:17 | דעבדת עם קדמיי למבני | עלמא | ברם מן כדון כל די עבד כדן |
| 107 | | Gn 6:04 | אינון גיבריא די מן שרוי | עלמא | גיברין מפרשין בשמהן: |
| 108 | | Lv18:29M | {ב}<כ>יאורייא מן חיי | עלמא | דאתי ולא יחי להון חולק |
| 109 | | Lv20:06M | יתיה מן חיי | עלמא | דאתי ולא יהיא ליה חולק |
| 110 | | Dt30:15M | "חייה ... חילופיהן": חיי | עלמא | דאתי וית טובה דגן עדן |
| 111 | | Gn 3:09 | לאדם ואמר ליה הא כל | עלמא | דברית גלי קדמי חשוכה |
| 112 | | Gn50:01 | ושרשוי מטיין עד דרי | עלמא | די נפקו מיניה תרי עשר |
| 113 | | Gn 6:03 | למובדה ולמישיציה מן גוא | עלמא | הא רוחי יהבית בבני אנשא |
| 114 | | Nu11:26M | דישראל מתכנשה מן גו | עלמא | ויהושע בין נון דהוא |
| 115 | | Ex 3:14M | הוויתי עד לא איתברא | עלמא | ואנא הוויתי מן דאיתברי{ה} |
| 116 | | Dt29:14M | כל דריה דהוו מן יומי | עלמא | ודלא אתבריו עד כדון |
| 117 | | Gn24:62 | דאתגלי עלי קיים כל | עלמא | והוא הוה שרי בארעא דרומה: |
| 118 | | Gn 4:08 | אנה דלא ברחמי' איתברי | עלמא | ולא על פירי עובדין טבין |
| 119 | | Dt32:01 | עלי דאנה מתכנש מן גו | עלמא | ולא אסהדית בבנוי דקיריס |
| 120 | | Dt 5:21 | לא נחת ובצורתה אתייה על | עלמא | ומלכוותה מתגריין בבני אנשא |
| 121 | | Nu12:16M | אמתינת לה שכינתה דמרי | עלמא | ומשכנה וכל ישראל שבעה |
| 122 | | Ex15:18 | דייי הוא מלכותא מן קדם | עלמא | ועד עלם עלמיא: |
| 123 | | Dt29:14 | כל דרייה דקמו קדמינן מן | עלמא | ועד כדון עמן אנון קיימין |
| 124 | | Gn 4:08 | אנא די ברחמין איתברי | עלמא | ועל פירי עובדין טבין הר' |
| 125 | | Gn21:33 | יתהון למיתן שבחא למרי | עלמא | ופלח וצלי בשם ממרי דייי |
| 126 | | Dt32:01 | למתכנשה בשלם מן גו | עלמא | חשב משה בליביה ואמר ווי |
| 127 | | Nu24:24M | ודאיליין לאובדן | עלמא | ייבידון |
| 128 | | Gn35:09M | ומספד ובכי ואת רבון כל | עלמא | ייי במכלת רחמיך טבייה |
| 129 | | Nu21:15 | יתהון ורמז רבון כל | עלמא | ייי דידע מה בלבביה וגלי |
| 130 | | Dt 6:04 | יעקב למתכנש בשלם מן גו | עלמא | כניש תרין עשרתי שבטייה |
| 131 | | Gn 4:08M | אפעלגב די ברחמ' אתברי | עלמא | כפרי עובדין ומסב אפין לית |
| 132 | | Gn10:09M | מן יומא דאתברי | עלמא | לא הוה גיבר בחטאה |
| 133 | | Ex12:42 | קדמיא כד אתגלי ייי על | עלמא | למבריה יתיה הוה עלמא תהו |
| 134 | | Dt29:28 | וגלייתה לן ולבנינן עד | עלמא | למעבד ית כל פתגמי אורייתה |
| 135 | | Gn16:05M | ולא /עלי ועליך ויתמלי | עלמא | מיני ומינך ולא#2#/ נצרך |
| 136 | | Gn11:01 | הוון משתעין דבה אתברי | עלמא | מן שרויה: |
| 137 | | Gn49:26 | דלהון אתחמדון רברבני | עלמא | מן שרויה עשו וישמעל יתין |
| 138 | | Ex 3:14 | ישראל מן דאמר והוה | עלמא | מן שרויא ועתיד למימר ליה |
| 139 | | Nu21:18 | בירא דחפרו ית<ה> רברבני | עלמא | מן שרויה אברהם יצחק |
| 140 | | Nu22:30 | ויעקב דבגללהון אתברי | עלמא | מן ראש ובזכוותהון הוא מדכר |
| 141 | | Lv20:17M | /קדמאי מן בגלל דיתמלי | עלמא | מנהון בר#2#/ מן כדון כל |
| 142 | | Dt32:04 | וממך ותלת שעין מפרנס כל | עלמא | צדיקה דלית קדמוי שקר ארום |
| 143 | | Dt29:14M | הדין /דקמו מן יומת | עלמא#2#/ | קדם ייי אלהן וית כל |
| 144 | | Ex17:16 | כורסי איקרי דרבון כל | עלמא | קדמיה {מאה} <מלכה> דעתיד |
| 145 | | Ex12:42 | לילי רביעיא כד ישלם | עלמא | קציה למתפרקא נירי פרזלא |
| 146 | | Dt31:14 | חייך למתכנשה בשלם מן גו | עלמא | קרא ית יהושע ואתעתדו |
| 147 | | Nu21:18M | דעמא שובעיתי /סוכלתני | עלמא | שובעין#2#/ חכימי דמפרשין |
| 148 | | Ex12:42 | על עלמא למבריה יתיה הוה | עלמא | תהו ובהו וחשוכא פריס |
| 149 | | Gn 3:24 | כרוביה קדם על לא יברא | עלמא | תרין אלפין דשנין ברא |
| 150 | עלמה | Nu10:29M | ייי איתמר מן יומי | עלמה | לאיתיא סבתה על ישראל |
| 151 | בעלמ' | Gn 4:07 | הדין ישתרי וישתבק לך | בעלמ' | דאתי ואין לא תיטב עובדך |
| 152 | | Gn15:17 | על אורייתא בחייהון | בעלמ' | הדין וצדיקיא על דנטרו יתה |
| 153 | | Gn39:10 | שמע אליה למשמשה עמה | בעלמ' | הדין דלהא למהוי עמה לעלמא |
| 154 | | Dt 7:10M | דאתי' בידיהון | בעלמ' | הדין מן בגלל למישיציה |
| 155 | בעלמא | Gn22:10 | מנך ונדחי לגובה דחבלא | בעלמא | דאתי עיינוי דאברהם |
| 156 | | Gn38:25 | באשא טפיא ולא ניקוד | בעלמא | דאתי דהוא אשא אכל' אשא טב |
| 157 | | Gn38:25 | נבהת קדם אבהתי צדיקיא | בעלמא | דאתי וקבילו מיני אחי |
| 158 | | Nu31:50 | דלא מהוי עמה בגיהינם | בעלמא | דאתי דא תיקום לן ביום |
| 159 | | Dt32:39 | בעלמא הדין ומחיי מיתי | בעלמא | דאתי אנה הוא דמחי ואנה |
| 160 | | Dt33:21 | עליל ונפק בראשי עמא | בעלמא | דאתי זכותה דייי עבד וסדרי |
| 161 | | Gn 3:24M | כל מן {ה}<ד>נטר יתה | בעלמא | הדין הוי חי וקיים מאילן |
| 162 | | Gn 3:24 | נטרו מצוותה דאוריתא | בעלמא | הדין וקיימו פקודיה אתקן |
| 163 | | Gn 3:24 | לא נטרו מצותה דאוריתא | בעלמא | הדין ארום אילן דחיין היא |
| 164 | | Gn 3:24 | טבא היא אוריתא לפלחי | בעלמא | הדין היך פירי אילן חייא: |
| 165 | | Gn 4:07 | ואין לא תיטב עובדך | בעלמא | הדין ליום דינא רבה חטאך |
| 166 | | Gn 4:07 | הלא אן תטיב עובדך | בעלמא | הדין ישתרי וישתבק לך |
| 167 | | Gn15:01 | לך דהוה הוה מגן לך | בעלמא | הדין ואף על גב דמסרית |
| 168 | | Gn15:01 | בעלי דבבך קדמיך | בעלמא | הדין אגר עובדיך טביא |
| 169 | | Gn15:01 | איתקבלת אגר מצוותה | בעלמא | הדין ולית לי חול' לעלמא |
| 170 | | Gn15:01M | ממרי {פ}<ת>ריס לך | בעלמא | הדין ומגן עלך כל יומיא |
| 171 | | Gn15:17M | לא עסקו אולפן אוריתא | בעלמא | הדין ולא נטרו פקודייא |
| 172 | | Gn15:17M | באולפן אורייתא | בעלמא | הדין ולא קיימו פקודייה |
| 173 | | Gn15:17M | על די פלחו בחייהון | בעלמא | הדין וקיימו פיקודייה |
| 174 | | Gn33:14M | רברבתא דברכיה אבא | בעלמא | הדין קדם עבדיה ואנא אדבר |
| 175 | | Gn38:25 | קבילו מיני טב לי יקד | בעלמא | הדין באשא טפיא ולא ניקוד |
| 176 | | Gn38:25 | אכל' אשא טב לי בהית | בעלמא | הדין דהוא עלם עבו{ד}<ר> |
| 177 | | Ex 2:12M | ברוח נבואה | בעלמא | הדין ובעלמא דאתי וחמא |
| 178 | | Nu22:30 | דאנה בעיר מסאב ומיתה | בעלמא | הדין ולא אתייה לעלמא דאתי |
| 179 | | Nu31:50 | חד מנן עם חדה מנהון | בעלמא | הדין דלא מהוי עמה בגיהינם |
| 180 | | Dt 7:10 | ומשלם לשנאוי | בעלמא | הדין אגר עובדהון טבייה |
| 181 | | Dt 7:10 | לשנאוי עד אנון יהיבין | בעלמא | הדין משלם להון אגר מצוון |
| 182 | | Dt 7:10M | קלילן דאיתי בידיה | בעלמא | הדין |
| 183 | | Dt22:07 | מן בגלל דייטיב לכון | בע«ל»מא | הדין ותארכון יומין |
| 184 | | Dt32:39 | אנה הוא דממית חיין | בעלמא | הדין ומחיי מיתי בעלמא |
| 185 | | Dt33:06 | יחי ראובן | בעלמא | הדין ולא ימות במותנה |
| 186 | | Dt33:21 | עליל ונפק בראשי עמא | בעלמא | הדין כדין יהווי עליל ונפק |
| 187 | | Gn 3:22 | דברית יתיה יחידיי | בעלמא | היך מה דאנא יחידיי בשמי |
| 188 | | Nu16:30M | עלמא איתבריאת מיתותה | בעלמא | לעלמא הדין הא טב ואין לא |
| 189 | דעלמ' | Gn25:34M | /ואפי' על חיי' | דעלמ'#2#/ | דאתי: |
| 190 | | Ex12:42M | \עלמא קציה /קצא | דעלמ'#2#/ | למתפרקא נירי פרזלא |
| 191 | דעלמא | Gn21:33 | בשם ממרי דייי אלהה | דעלמא: | |

|  |  |  |  |  |  |
|---|---|---|---|---|---|
| 192 | | Gn35:09 | יעקב צדיקא אורחיה | דעלמא | ארעת לדבורא |
| 193 | | Dt32:05 | עבדוי אוף סדר דינוי | דעלמא | אשתני עלוי: |
| 194 | | Gn25:34 | מיתייה וכפר בחיוי | דעלמא | דאתי: |
| 195 | | Dt24:06M | אלין כפר בחי{ו}וייה | דעלמא | דאתי |
| 196 | | Gn35:09 | אלהא | דעלמא | יהא שמיה מבורך לעלם |
| 197 | | Gn35:09M | מן פדן ארם אורחיה | דעלמא | כד ארעת לדבורה מרבית׳ |
| 198 | | Nu20:17M | גוברין באורחה דמלכא | דעלמא | ניזיל |
| 199 | **דבעלמי** | Gn22:10 | חמון תרתין יחידיין | דבעלמי | חד נכס וחד מתנכס דנכס לא |
| 200 | **ובעלמא** | Ex 2:12M | נבואה בעלמא הדין | ובעלמא | דאתי וחמא והא לית גבר |
| 201 | **לע׳** | Dt32:39M | הדין ומחיי מיתי | בעלמא/לע׳#2#/ | דאתי אנה הוא דמחי |
| 202 | | Nu31:50M | מנן עם חדה מנהון | בעלמא/לע׳#2#/ | הדין דלא מהוי |
| 203 | **לעל׳** | Dt 5:17M | חרבה נפק \על | עלמא/לעל׳#2#/: | |
| 204 | | Dt 5:19M | כפנה נפק \על | עלמא/לעל׳#2#/: | |
| 205 | | Dt32:35M | /עליהון פורע׳ | לע{י}ל׳#2#/ | דאתי: |
| 206 | **לעלמ׳** | Ex20:13M | \נפיק על עלמא /אתי | לעלמ׳#2#/: | |
| 207 | | Ex20:14M | על עלמא /מותא אתא | לעלמ׳#2#/: | |
| 208 | | Ex20:17M | /וגלותא אתא | לעלמ׳#2#/: | |
| 209 | | Gn49:22M | שותף עמה בגיהנם | לעלמ׳ | דאתי והוויין בנתיהון |
| 210 | | Ex 3:14M | דייי למשה דן דאמ׳ | לעלמ׳ | הווי והווה ועתיד למימ׳ |
| 211 | **לעלמא** | Ex20:15 | בחובי גנביא כפנא אתי | לעלמא: | |
| 212 | | Dt 5:20M | דלא נחת ובצורתא אתיא | לעלמא | |
| 213 | | Dt 5:21M | וג{ר}<ל>ותה אתיה | לעלמא | |
| 214 | | Gn 3:24 | לרשיעיא למתפרעה מנהון | לעלמא | דאתי על די לא נטרו מצותה |
| 215 | | Gn 3:24 | חי וקיים כאילן חייא | לעלמא | דאתי טבא היא אוריתא לפלחי |
| 216 | | Gn 4:07M | ישתרי וישתבק לך | בעלמ׳/לעלמא#2#/ | דאתי ואין לא תיטב |
| 217 | | Gn 4:08 | ואית מתפרעה מן רשעי׳ | לעלמא | דאתי על עסק פתגמא הדין |
| 218 | | Gn15:01 | טביא מתקנין לך קדמיי | לעלמא | דאתי: |
| 219 | | Gn15:01 | הדין ולית לי חולי׳ | לעלמא | דאתי או דילמא דיזלון |
| 220 | | Gn15:01M | מתקנין לך קודמוי | לעלמא | דאתי |
| 221 | | Gn15:17M | דמעתדא לרשיעיא | לעלמא | דאתי על די לא עסקו אולפן |
| 222 | | Gn22:10M | לגובה דחבלא | בעלמא/לע<למא>#2#/ | דאתי עיינוי |
| 223 | | Gn39:10 | הדין דלהא למהוי עמה | לעלמא | דאתי: |
| 224 | | Ex15:12 | דלא יתבע יתהון מנה | לעלמא | דאתי מן יד ארכנת ימינך |
| 225 | | Ex15:12 | דלית את תבע יתהון מנה | לעלמא | דאתי ופתחת ארעא ית פומא |
| 226 | | Nu22:30 | בעלמא הדין ולא אתייה | לעלמא | דאתי לית את יכיל למלוט |
| 227 | | Nu23:10 | בלעם דלית ליה חולק | לעלמא | דאתי ברם אן מיית ^הוא#2#^ |
| 228 | | Nu23:23 | טב מתקן לכון קדם ייי | לעלמא | דאתי: |
| 229 | | Nu31:50M | עמא בגיהינם | לעלמא | דאתי היא תיקום לן |
| 230 | | Dt 7:10 | מן בגלל למתפרעה מנהון | לעלמא | דאתי ולא משהי אגר טב |
| 231 | | Dt 7:10M | למישיציה יתהון | לעלמא | דאתי ולא משהי למשל{ו}<׳> |
| 232 | | Dt22:07 | הדין ותארכון יומין | לעלמא | דאתי: |
| 233 | | Dt32:01 | ברם סופיהון בליין | לעלמא | דאתי וכן ישעיה נבייא |
| 234 | | Dt33:06 | דביה מייתין רשיעיה | לעלמא | דאתי ויהוון עולימוי עם |
| 235 | | Nu16:30M | מיתותה בעלמא | לעלמא | הדין הא טב ואין לא תתברי |
| 236 | | Gn22:10M | צדיקין | לעלמא | חד נכיס וחד מתנכיס דנכיס |
| 237 | **לעלמה** | Dt32:35 | פורענותה עליהון | לעלמה | דאתי: |
| 238 | **עלמין** p abs | Gn49:02 | כבודיה דמלכותיה לעלמי | עלמין: | |
| 239 | | Ex15:03 | יהא שמיה מבורך לעלמי | עלמין: | |
| 240 | | Ex39:43M | בעובדי ידיכון לעלמי | עלמין | |
| 241 | | Lv16:23M | יתהון תמן ∧לעלמי | עלמין#2#/: | |
| 242 | | Dt 6:04 | יהא שמיה מברך לעלמי | עלמין: | |
| 243 | | Gn35:09 | {והדרך} לא פסקין לעלמי | עלמין | אלפת יתן למברכה לחתנה |
| 244 | | Gn25:23M | ולא תפסוק מיניה לעלמי | עלמין | בגין קרא שמיה יעקב |
| 245 | | Dt32:25 | אימתיה דמותה להוד | עלמין | לחוד בתולין ינקין ומתרכין |
| 246 | | Gn35:09 | שמיה מבורך לעלם ולעלמי | עלמין | ענוותונתיך וישרותך |
| 247 | **לעלמין** | Gn 3:22 | חי וקיים כאלן חייא עד | לעלמין | וכדון עד די לא נטר מצותיה |
| 248 | **ולעלמי** p const | Gn35:09 | יהא שמיה מבורך לעלם | ולעלמי | עלמין ענוותונתיך וישרותך |
| 249 | **לעלמי** | Gn25:23M | ולא תפסוק מיניה | לעלמי | עלמין בגין קרא שמיה |
| 250 | | Gn35:09 | {והדרך} לא פסקין | לעלמי | עלמין אלפת יתן למברכה |
| 251 | | Gn49:02 | שמיה כבודיה דמלכותיה | לעלמי | עלמין: |
| 252 | | Ex15:03 | יהא שמיה מבורך | לעלמי | עלמין: |
| 253 | | Ex39:43M | עממייה בעובדי ידיכון | לעלמי | עלמין |
| 254 | | Lv16:23M | /ויצבע#2#/ יתהון תמן | ∧לעלמי | עלמין#2#/: |
| 255 | | Dt 6:04 | חד הוא יהא שמיה מברך | לעלמי | עלמין: |
| 256 | **עלמיא** p em/sf | Gn25:11 | דאתגלי עלה קיים כל | עלמיא: | |
| 257 | | Gn27:27 | ברך יתיה חי וקיים כל | עלמי«א»: | |
| 258 | | Ex15:18 | מן קדם עלמא ועד עלם | עלמיא: | |
| 259 | | Nu24:20M | ברם סופיהון לאובדן | עלמיא | |
| 260 | | Gn49:18M | סכיית ואודיקת רבון כל | עלמיא | דפורקנך פורקן עלמא |
| 261 | | Ex 2:12M | משה ברוח קודשא בתרין | עלמיא | וחמא והא לית גיורא עתיד |
| 262 | | Gn30:22 | מסירין ביד רבון כל | עלמ«י»א | ייי ולא מסרן לא למלאכא |
| 263 | | Gn35:09M | משה דקבר יתיה רבון | עלמיא | ייי והיא שמיה מברך |
| 264 | | Ex15:02 | ורוב תושבחתן דחיל כל | עלמיא | ייי אמר בממרי והוה לן |
| 265 | | Ex23:17 | אולפן קדם רבון כל | עלמיא | ייי: |
| 266 | | Ex34:23 | דוכריכון קדם רבון כל | עלמיא | ייי אלהה דישראל: |
| 267 | | Dt16:16 | דכוריכון קדם רבון כל | עלמיא | ייי אלהכון באתרא די יתרעי |
| 268 | | Ex15:11 | בקדושה דחיל תושבחן כל | עלמיא | עבד נסין ופלאין לעמך בית |
| 269 | **עלמייא** | Gn48:19M | שבעין חכמין כמיניין | עלמייא | |
| 270 | | Gn16:13 | את הוא אלהא קיים כל | עלמייא | ארום אמרת הא אף כדון |
| 271 | | Gn16:14 | דאתגלי עלה קיים כל | עלמייא | הא היא בין רקם ובין |
| 272 | **עלמייה** | Dt32:04 | אנה חמית לרבון כל | עלמייה | ייי מפלג יומא ועבד יתה |
| 273 | **לעלמיא** | Gn35:09M | ייי והיא שמיה מברך | לעלמיא | |

adv. לעלם **See also:**

## people *n.* עם

[410]

|  |  |  |  |  |  |
|---|---|---|---|---|---|
| 001 | **עם** s ab/cn | Dt28:62 | ותשתיירון | עם | במניין חלף די הוויתון |
| 002 | | Ex16:35M | ∧<ו>עם#2#/ | | {ו}בני ישראל אכלו ית מנה |
| 003 | | Nu14:05M | אפיהון קדם כנישתה/קהל | עם#2#/ | {ד}בני ישראל: |
| 004 | | Nu21:28 | ארום | עם | גיברין בערין היך אשתא נפקו |
| 005 | | Dt33:06 | דאתי ויהוון עולימוי | עם | ג«י»ברין במניין: |
| 006 | | Ex12:06M | יתיה כל קהל | כנישתא/עם#2#/ | דבני ישראל |
| 007 | | Nu11:29 | את לי אלווי מן יתן כל | עם | דייי נביין ארום ישוו׳ ייי |
| 008 | | Dt 4:27 | יתכון באומייה ותשתיירון | עם | דמניין באומייה די יגלי ייי |
| 009 | | Dt33:29 | טוביכון ישראל מן כוותכון | עם | דפרקניהו׳ קריב מן קדם ייי |
| 010 | | Dt 4:06 | האליין ויימרון לחוד | עם | חכימין וסוכלתנין אומתה רבתה |
| 011 | | Lv 9:05 | לתרע משכן זימנה וקריבו | עם | כל כנשתה וקמו קדם ייי: |
| 012 | | Ex16:10M | \עם כל כנישתא /לכל | עם | כנישתא#2#/ דבני ישראל |
| 013 | | Ex35:20M | ונפקו כל | ∧עם#2#/ | כנישתה דבני ישראל |
| 014 | | Ex38:25 | ^^וכסף סכומי | עם | כנישתה מאה כיכרין ואלף ושבע |
| 015 | | Lv 8:03 | וית כל | עם | כנישתה כנש לתרע משכן זימנא: |
| 016 | | Nu 1:02M | דבני /טולו ית ריש כל | עם | כנישתה דב׳#2#/ ישראל |
| 017 | | Nu 1:53 | ולא יהווי רגוז על | עם | כנישתה דבני ישראל ויטרון |
| 018 | | Nu 3:07 | ית מטרתיה וית מטרת כל | עם | כנ«י»שתה קדם משכן זימנא |
| 019 | | Nu10:02 | ויהווין לכון למזמנה | עם | כנ«י»שתה ולמטלה ית |
| 020 | | Nu10:03 | בהון ויזדמנון לוותך כל | עם | כנישתה לתרע משכן זימנא: |
| 021 | | Nu13:26 | ואיתיבו יתהון פתגם ולכל | עם | כנ«י»שתה וחזון ליה ית |
| 022 | | Nu14:01 | ונטלו | עם | כנישתה ושוון ית קלהון ובכון |
| 023 | | Nu14:02 | ישראל ואמרין להון כל | עם | כנישתה אלווי בארעא |

024 Nu14:10 ואמרין כל עם כנישתה מרגום יתהון באבניא
025 Nu14:27M עד אימת לכנישתה/עם כנישתה#2#/ בישתה הדה
026 Nu15:24 אתעבדת לשלו ויקרבון כל עם כנישתה תור בר תורין חד לעלה
027 Nu15:26M /וישתרי וישת'#2#/ לכל ∧עם#2#/ כנישתה דבני ישראל
028 Nu15:35 ירגמון יתה באבניה כל עם כנישתה לבר מן משריתה:
029 Nu16:19 איקר שכינתה דייי על כל עם כנישתה:
030 Nu16:19 וכנש עליהון קרח ית כל עם כנישתה לתרע משכן זמנא
031 Nu17:06 למימר אתון קטלתון ית עם כנישתה דייי:
032 Nu17:07 והוה באתכנשות עם כנישתה על משה ועל אהרן
033 Nu17:10 אתפרשו מן גו עם כנישתה הדה ואשיצי יתהון
034 Nu17:11 קטרה והובל בפריע לגו עם כנישתה וכפר עליהון ארום נפק
035 Nu20:01 ועלו בני ישראל כל עם כנישתה מדברה דצין בירחה
036 Nu20:03 ואדיינו עמה עם כנ«י»שתה ואמרין למימר
037 Nu20:04 אייתית{י}<ו>ן ית קהל ^עם#2#^ כנישתה דייי למדברה הדין
038 Nu20:08 מיין מן כיפה ותשקי ית עם כנישתה וית בעירהון:
039 Nu20:08 סב ית חוטרה וכנש ית עם כנישתה את ואהרן אחוך
040 Nu20:11 מניה מיין סגין ושתו עם כנישתה ובעיריהון:
041 Nu20:27 וסלקו להר טורה לעיני כל עם כנישתה:
042 Nu20:29 וחמון כל עם כנישתה ארום סאף אהרן ובכון
043 Nu26:10 וית קרח בזמנה דמיתו עם כנישתה כד תכלת אשתה ית
044 Nu27:14 במדברה דצין במי דייני עם כנישתה למקדשה שמי קדמיהון
045 Nu27:19 וקדם רברבניה וקדם כל עם כנישתה ותפקד יתיה קדמיהון:
046 Nu27:21 בני ישראל עמה וכל עם כנישתה:
047 Nu31:27 דנפקין לחיל קרבא ובין כל עם כנישתה:
048 Nu32:02 ולאלעזר כהנה ולרברבני עם כנישתה למימר:
049 Nu35:12 קטולא עד זמן די יקום קדם עם כנישתה בדינה:
050 Nu35:24 וידונון עם כנישתה בין קטולא ובין תבוע
051 Nu35:25 וישזבון עם כנישתה ית קטולא מן ידוי
052 Nu35:25 דתבע אדמא ויחזרון יתה עם כנישתה לקורי שזבותה די ערק
053 Nu16:06 לכון מחתיין קרח וכל ^עם#2#^ כנישתיה:
054 Nu16:11 בשבועה את וכל עם כנישתך דאזדמנתון קדם ייי
055 Nu16:16 ואמר משה לקרח את וכל עם כנישתך הוון קדם ייי את
056 Lv 4:15 ויסמכון חכימי עם כנשתא ית ידיהון על ראשה
057 Lv10:06 תבזעון דלא תמותון ועל כל עם כנשתא יהוי ריגז ואחיכון כל
058 Nu 1:16 אלין מזמני עם כנשתא רברבני שבטי אבהתהון
059 Nu 1:18 וית כל עם כנשתא כנשו בחד ^יום#2#^
060 Lv 8:04 דפקיד ייי יתה ויתכנשו עם כנשתה לתרע משכן זימנא:
061 Lv10:17 יהב לכון למטעון ית חובי עם כנשתה למכפרה עליכון קדם
062 Lv16:05 ומן לוות עם כנשתה דבני ישראל יסב תרין
063 Lv24:16 מרגם ירגמון יתיה כל עם כנשתה כגיורייה כיציבייה
064 Nu 4:34 וסכם משה ואהרן ורברבני עם כנשתה ית בנוי דקהתי
065 Nu 8:09M ותכנש ית כל כנשתה/קהל עם כנשתה#2#/ דבני ישראל:
066 Nu 8:20M ועבד משה ואהרון וכל ∧עם#2#/ כנשתה דבני ישראל
067 Nu15:36 ואפיקו יתה כל עם כנשתה לבר מן משריתה ורגמו
068 Nu16:21 אתפרשו מן גו עם כנשתה הדה ואישצי יתהון
069 Nu17:06 ואתרעמו כל עם כנשתה דבני ישראל מן יומא
070 Nu17:10M עם כנישתה /עם ביני עם כנשתה#2#/ הדה ואשיצי יתהון
071 Nu27:02 וקדם רברבניה וקדם כל עם כנשתה בתרע משכן זמנא למימר:
072 Nu27:03 במדברה והוא לא הוה בגו עם כנשתה דאתרעמו קדם ייי בעצתה
073 Nu27:16 כל בשרא גבר מהימן על עם כנשתה:
074 Nu27:22 קדם אלעזר כהנא וקדם כל עם כנשתה:
075 Gn34:30 בכנעניי ובפריזיי ואנה עם למניין ויתכנשו לוותי
076 Gn50:20 ביומא הדין לקיימא עם סגון:
077 Nu21:06 ונכתו ית עמא ומיתו עם סגין מן ישראל:
078 Nu22:05 עמיה למיקרי ליה למימר הא עם סגין נפקו מן מצרים והא
079 Nu22:11 הא עם סגין נפקו מן מצרים וכסון
080 Dt20:01 ותחמון סוסוון ורוכביהון עם סגין מנכון לא תדחלון מנהון
081 Nu15:40M \קדישין קדם ייי אלהכון /עם קדישין לאל'#2#/:
082 Dt 7:06 ארום עם קדישין אתון קדם ייי אלהכון
083 Dt14:02 ארום עם קדישין אתון קדם ייי אלהכון
084 Dt14:21 יתיה לבני עממיא ארום עם קדישין אתון קדם ייי אלהכון
085 Dt26:19M ולשם ולתושבחתה ולמהוון עם <קדישין>
086 Dt27:09M \איתמניתון לאומה /תהוון עם קדישין#2#/ קדם ייי אלהכון:
087 Nu14:07M ואמר«י»ן לכל כנישתה/עם קהל#2#/ דבני ישראל
088 Lv16:33 יכפר ועל כהנייה ועל כל עם קהלא יכפר:
089 Nu13:18 תקיפין אינון או חלשין הא עם קלילין אינון או מסגיין:
090 Dt 7:07 אתרעי ייי בכון ארום אתון עם קלילין מן כל אומייה:
091 Ex33:03M מימרי מדבר קדמיכון ארום עם קשי קדל למק'#2#/ אולפן
092 Ex32:09 קדמיי ית עמא האליין והא עם קשיין לקבלה אולפן אינון:
093 Dt 9:13 קשיותהון דעמא האליין והא עם קשיין קדל מן למקבלה אולפן
094 Ex33:03 שכינתי מביניכון ארום עם קשין למקבלה אולפן אינון דלא
095 Ex33:05 אמור לבני ישרא' אתון עם קשין למקבלה אולפן כקליל
096 Ex34:09 איקרך ייי בינינן ארום עם קשין למקבלה אולפן אינון
097 Dt 9:06 טבתה הדה למירת יתה ארום עם קשין קדל למקבלה אולפן אתון:
098 Dt 1:28 אמסון ית לבבינן למימר עם רברבין וסגין מינן קריין
099 Dt 2:10 מן לקדמין שרון בגווה עם רברבין וסגין ותקיפין כבנוי
100 Dt 2:21 עם רברבין וסגין ותקיפין כבנוי
101 Dt 9:02 עם רברבין ותקיפין בנוי דענק
בעם 102 Dt26:05 למצרים ואתותב תמן בעם זעיר ואיתברך והוה תמן
103 Ex34:31M אהרן וכל רברבני בכנישתה/בעם כני'#2#/ ומלל משה
104 Nu31:16 דפעור והוה מגפתה בעם כנשתה דייי:
105 Nu20:20M תקיפה ובאדרע מנט לא /בעם תקיף וביד תקיפה#2#/:
דעם 106 Nu31:43 והוות פלגותה דעם כנשתה מן ע{מ}<נ>ה תלתין
ועם 107 Ex22:30 ועם קדישין תהוון לשמי ובשר
וכעם 108 Nu17:05M ולא יהווי כקרח וככנישתיה/וכעם כניש'#2#/ היך מה די
לעם 109 Dt 4:20 למהווי לשמה דייי לעם אחסנה כיומא הדין:
110 Dt28:32M חורי#2#/ \לאמא אחרי /לעם אחרן#2#/ ועייניכון חמיין
111 Ex19:05 ית קיימי ותהוון לשמי לעם חביבין היך סגלה מן כל אמיה
112 Dt 4:20M לעם אחסנה /למהוון ליה לעם חביבין היך סגולה#2#/
113 Dt 7:06 ייי אלהכון למהוי לשמיה לעם חביבין היך סגולה מן כל
114 Dt14:02 אתרעי ייי למהוי לשמיה לעם חביבין היך סגולה מן כל
115 Dt26:18 יומא הדין למהווי לשמא לעם חביבין היך סגולה היך מה די
116 Gn28:11M ארבע משיריין ויהון לעם חד ושכיב באתרא ההוא
117 Nu19:09M באתר דכי ותיהוי לכנישתה/לעם כני'#2#/ דבני ישראל
118 Nu20:02 ולא הווה מיין לעם כנישתה וכנשו על משה ועל
119 Lv 8:05 ואמר משה לעם כנשתה דן פתגמא די פקד ייי
120 Gn50:20M ביומא הדין לקיימא עם/לעם#2#/ סגון
121 Ex 6:07 ואפרש יתכון לשמי לעם קדישין ויהווי מימרי לכון
122 Lv20:26M ותהוון לשמי ∧לעם#2#/ קדישין ארום קדיש אנה \
123 Lv26:12 פרוק ואתון תהוון לשמי לעם קדישין:
124 Dt26:19 ולמהווי ל{י}שמיה לעם קדישין קדם ייי אלהכון
125 Dt28:09 יקים יתכון ייי לשמיה לעם קדישין היך מה די קיים לכון
126 Dt29:12 יומא הדין לשמה דייי לעם קדישין והוא יהווי לכון
עמ' s em/sf 127 Ex14:25M אלהון נערק מן קד{ו}ם עמ'
128 Dt 5:31M וכדו הכא קו' עמ' ואמ'
עמא 129 Ex 4:21 ית לביה ולא ישלח ית עמא:
130 Ex 4:30 משה ועבד נסייא לעיני עמא:
131 Ex 7:14 דפרעה סרב מן למשלחיה ית עמא:

|  |  |  |  |  |
|---|---|---|---|---|
| 132 | Ex 8:28 | בזמנא הדא ולא שלח ית | עמא: | |
| 133 | Ex 9:07 | ליבא דפרעה ולא שלח ית | עמא: | |
| 134 | Ex11:03 | שליטוי דפרעה ובאפי | עמא: | |
| 135 | Ex13:22 | ומעתדין ומנהרין קדם | עמא: | |
| 136 | Ex17:01 | ולא הוה להון מיא דשתון | עמא: | |
| 137 | Ex32:14 | בישתא די אמר למייתיה על | עמא: | |
| 138 | Lv 9:23 | איקר שכינתה דייי על כל | עמא: | |
| 139 | Lv23:29 | דכיפורייה ותשתיצא מן גו | עמא: | |
| 140 | Lv23:30 | ית נפשה ההיא מן גו | עמא: | |
| 141 | Nu15:30 | ותישתצא נפשא ההוא מן גו | עמא: | |
| 142 | Nu17:12 | ויהב ית קטרתה וכפר על | עמא: | |
| 143 | Nu22:41 | וחמא מן תמן מן קצת | עמא: | |
| 144 | Dt 2:16 | עבדי קרבה לממות מן גו | עמא: | |
| 145 | Dt20:02M | כהנה וימלל לעמא/לוות | עמא#2#/: | |
| 146 | Dt20:09 | רברבניה חיילוון ברישי | עמא: | |
| 147 | Dt32:43 | הוא מכפר על ארעא ועל | עמא: | |
| 148 | Lv10:03 | לוותי אתקדש ובאפי כל | עמא | איתיקר ושתק אהרן וקבל |
| 149 | Nu13:28M | די שריין /תקיפין הנון | עמא | אליין דש'#2#/ בארעא |
| 150 | Dt27:15M | בטומרה הוון עניין כל | עמא | אלין לאלין |
| 151 | Dt27:16M | אבוי ואמה ויענון כל | עמא | אמן#2#/: |
| 152 | Dt27:16 | דאבוי ודאמה ויאמרון כל | עמא | אמן: |
| 153 | Dt27:17 | תחומה דגברא ויאמרון כל | עמא | אמן: |
| 154 | Dt27:18 | סמייה באורחה ויאמרון כל | עמא | אמן: |
| 155 | Dt27:19 | וארמלתה ויאמרון כל | עמא | אמן: |
| 156 | Dt27:21 | עם כל בעיר ויאמרון כל | עמא | אמן: |
| 157 | Dt27:23 | עם חתנתיה ויאמרון כל | עמא | אמן: |
| 158 | Dt27:25 | אדם זכיי ויאמרון כל | עמא | אמן: |
| 159 | Ex32:01 | וחמון | עמא | ארום אשתהי משה למיחת מן |
| 160 | Ex32:22 | דריבו{ת}<נ>י את חכם ית | עמא | ארום בישין אינון: |
| 161 | Ex32:25 | וחמא משה ית | עמא | ארום פריעין אינון ארום |
| 162 | Nu13:31 | לית אנן יכלין מסוק לוות | עמא | ארום תקיפין אינון מנן: |
| 163 | Nu13:31 | לית אנן יכלין מסוק לוות | עמא | ארום תקיפין אינון מנן}: |
| 164 | Ex13:18 | ואקף ייי ית | עמא | ארח מדברא ימא דסוף |
| 165 | Dt32:43 | לבעלי דבביכון ובחובי | עמא | ארעא לקייא וברחמוי טביה |
| 166 | Gn23:10M | קדם בני | עמא | אתן יתה לך אזל קבר |
| 167 | Gn23:11M | לך קבר מתך /קדם בני | עמא | אתן יתה לך אזל קבר מתך#1# |
| 168 | Dt17:07 | למיקטל יתיה וידי כל | עמא | באחרייתה ותבערון עבדי |
| 169 | Dt13:10 | למקטלה יתיה וידיהון דכל | עמא | באחריתה: |
| 170 | Nu31:50M | מנהין דלא נהווי שותף | עמא | בגיהינם לעלמא דאתי היא |
| 171 | Ex16:30 | ואתנחו | עמא | ביומא שביעיה: |
| 172 | Ex32:28 | כמלוי דמשה ונפל מן | עמא | ביומא ההוא כתלתא אלפין |
| 173 | Dt27:11 | ופקד משה ית | עמא | ביומא ההוא למימר: |
| 174 | Ex 5:12 | ואבדרון | עמא | בכל ארעא דמצרים למגבא קש |
| 175 | Ex18:22 | וידינון ית | עמא | בכל שעה ויהוי כל פתגם רב |
| 176 | Ex18:26 | והוו דיינ{ו}<י>ן ית | עמא | בכל שעה ית פתגמא קשיא |
| 177 | Nu14:01 | ושוון ית קלהון ובכון | עמא | בלליה הוא: |
| 178 | Ex19:09 | דענגא מן בגלל דישמעון | עמא | במללותי עמך ואף בנבואתך |
| 179 | Ex 1:09 | ואמר לעמיה הא | עמא | בני ישראל סגין ותקיפין |
| 180 | Ex 1:12 | ואעיקו מצראי מן קדם | עמא | בני ישראל: |
| 181 | Ex14:25 | אלין לאלין נערק מן | עמא | בני ישראל ארום דין הוא |
| 182 | Ex15:01 | על די אתגאון ורדפו בתר | עמא | בני ישראל רמא וטבע יתהון |
| 183 | Ex15:09 | ובעיל דבבא ארדוף בתר | עמא | בני ישראל וארע יתהון |
| 184 | Ex15:21 | על דאתגאו ורדפו בתר | עמא | בני ישרא' רמא וטמע יתהון |
| 185 | Ex20:02 | על תרין לוחי קיימא ואמר | עמא | בני <ישראל> וחזר ומקף על |
| 186 | Ex22:27 | | עמא | בני ישראל דייניכון לא |
| 187 | Nu22:03M | מואבאי בחייהון מן קדם | עמא | בני |
| 188 | Dt 4:44 | אורייתה די סדר משה קדם | עמא | בני ישראל: |
| 189 | Dt11:06 | דהווה ברגליהון בגו | עמא | בני ישראל: |
| 190 | Dt17:20 | מלכותיה הוא ובנוי בגו | עמא | בני ישראל: |
| 191 | Dt29:09 | חכימיכון וסרכיכון כל | עמא | בני ישראל: |
| 192 | Dt32:12 | אמר לבלחודהון ישרון | עמא | בני ישראל ולא הווי |
| 193 | Dt33:03 | אלא כל כדן למחבבה | עמא | בני ישראל נחית ריבוון |
| 194 | Dt17:07M | ותבערון /וי{ת}<ד> כל | עמא | בסופא ותשיצון#2#/ עבדי |
| 195 | Dt33:21 | דהוה עליל ונפק בראשי | עמא | בעלמא הדין כדין יהווי עליל |
| 196 | Dt33:21 | יהווי עליל ונפק בראשי | עמא | בעלמא דאתי זכותה דייי עבד |
| 197 | Ex 4:31 | והימנו | עמא | בשם ממריה דייי ושמעו ארום |
| 198 | Nu21:05M | למה /ואשתעי{ן}<ו> | עמא | בשם מימריה דייי ובמשה |
| 199 | Ex18:21 | ואת תחמי מכל | עמא | גברין גברי חיל דחלין |
| 200 | Gn19:04 | דמכו ועמא דקרתא | עמא | דסדם אקיפו על ביתיה מן |
| 201 | Ex19:18M | תנן אתונה וזעו כל | עמא | דאית במשרית' |
| 202 | Gn23:12 | ואשתטח אברה«ם» קדם | עמא | דארעא: |
| 203 | Gn26:07 | היא דלא יקטלון יתיה | עמא | דארעא על רבקה ארום שפירת |
| 204 | Gn42:06 | ארעא והוא הוה מזבן לכל | עמא | דארעא ואתון אחוי דיוסף |
| 205 | Lv20:04 | ואן מכסיה יכסון | עמא | דארעא ית עייניהון מן גברא |
| 206 | Nu14:09 | ואתון לא תדחלון מן | עמא | דארעא ארום היך מה דלחמא |
| 207 | Nu15:26 | ביניהון ארום לכל | עמא | דאשתלון: |
| 208 | Gn26:07 | ושאלון | עמא | דאתרא על אתתיה ואמרו אחתי |
| 209 | Gn38:21 | ושאל ית | עמא | דאתרא למימר אן היא |
| 210 | Dt33:19 | הא | עמא | דבית זבולן לטור |
| 211 | Dt33:25 | הא | עמא | דבית אשר ברירין היך פרזלה |
| 212 | Ex12:04 | ואן זעירין אינון | עמא | דביתא כמסת למתמניא על אימר |
| 213 | Ex14:03 | <ויימר> פרעה על עסק | עמא | דבני ישראל טעיין אינון |
| 214 | Gn32:08 | לחדא ועקת ליה ופלג ית | עמא | דהוון עמה ית ענה וית תוריא |
| 215 | Gn47:21M | מצרים ועד סופיה וית | עמא | דהוון שרין במדינתא אעבר |
| 216 | Gn47:21M | אעבר בקורייתא וית | עמא | דהוון שריין בקורייתא אעבר |
| 217 | Nu11:34 | שאלתה ארום תמן קברו ית | עמא | דהוון מתחמדין: |
| 218 | Nu21:29 | מואביי ספון אשתיצון | עמא | דהוון מדבחין קדם טעוותה |
| 219 | Gn33:15 | עשו אשבוק כען עמך מן | עמא | די עמי ואמר למה כען אשכח |
| 220 | Gn35:06 | הי ביתאל הוא וכל | עמא | די עמיה: |
| 221 | Ex 8:25 | למשקרה דלא למשלחא ית | עמא | די יקרבון קדם ייי: |
| 222 | Ex19:16 | {ו}תקף לחדא ואזדעזעו כל | עמא | די במשריתא: |
| 223 | Ex34:10 | ארעא ובכל אמיא ויחמי כל | עמא | די את שרי ביניהון ית |
| 224 | Nu11:21 | רבוון רגליין גברין | עמא | די אנה שרי ביניהון ואת |
| 225 | Dt20:11 | ותפתח לכון ויהווי כל | עמא | די ישתכחון בגווה יהווי |
| 226 | Dt16:18 | לשבטיכון וידונון ית | עמא | דינין דקשט: |
| 227 | Nu13:18 | ית ארעא מה היא וית | עמא | דישריין בגווה הא תקיפין |
| 228 | Ex38:25M | ^^וכסף סכומי \עם כנישתה | /עמא | דכ'#2#/ מאה כיכרין ואלף |
| 229 | Nu16:02M | רברבני כנ«י»שתה/עמא | | דכ'#2#/ מזמני קהלה |
| 230 | Nu16:03M | לכון#2#/ ארום כל כנישתה/עמא | | דכ'#2#/ כולהון קדישין |
| 231 | Nu16:05M | ועם \כל כנשתה /{ע}<כ>ל | עמא | דכ'#2#/ למימר בצפרה וידע |
| 232 | Nu20:29M | וחמון כל \עם כנישתה | /עמא | דכ'#2#/ ארום סאף אהרן |
| 233 | Nu31:27M | ובין כל \עם כנישתה | /עמא | דכ'#2#/: |
| 234 | Nu35:25M | ויחזרון יתה \עם כנישתה | /עמא | דכ'#2#/ לקורי שזבותה |
| 235 | Nu16:16M | את וכל \עם כנישתך | /עמא | דכי'#2#/ הוון/יהוון#2#/ |
| 236 | Nu15:25M | ויכפר כהנה על כל | כנישתה/עמא | דכינישתה#2#/ דבני |
| 237 | Nu10:03M | לוותך כל \עם כנישתה | /עמא | דכנ'#2#/ לתרע/בת'#2#/ |
| 238 | Nu16:22M | יחטא/חטי#2#/ ועל | כנישתה/עמא | דכנ'#2#/ יהוי רגוז: |
| 239 | Nu20:22M | ועלו בני ישראל כל | כנישתה/עמא | דכנ'#2#/ להר טורה: |

|  |  |  |  |  |
|---|---|---|---|---|
| 240 | Nu20:27M | כל \עם כנישתה | /עמא | דכנ׳#2#/: |
| 241 | Nu35:25M | וישזבון \עם כנישתה | /עמא | דכנ׳#2#/ ית קטולא מן ידוי |
| 242 | Ex16:22M | ואתון כל רברבני | כנישתא/עמא | דכניש#2#/ ותנון |
| 243 | Nu32:02M | ולרברבני \עם כנישתה | /עמא | דכנישתא#2#/ למימר: |
| 244 | Nu 4:34M | ורברבני \עם כנשתה | /עמא | דכנישתה#2#/ ית בנוי דקהתי |
| 245 | Nu15:24M | כנישתה /מן עייני | עמא | דכנישתה#2#/ אתעבדת לשלו |
| 246 | Nu15:26M | ארום לכל \עמא דאשתלון | /<עמא> | דכנישתה הוות בשלו#2#/: |
| 247 | Nu16:26M | ומליל \לוות כנישתה \עם | /עמא | דכנישתה#2#/ למימר סטון |
| 248 | Nu17:11M | קטורן ואזל בפריע לוות | עמא | דכנישתה וכפ<ר> |
| 249 | Nu16:09M | משכן זמנא ולמקום קודם/ | עמא | דכנשתא#2#/ למשמשה יתהון: |
| 250 | Nu20:01M | כל \עם כנישתה מדברה | /עמא | דכנשתא במ׳#2#/ דצין |
| 251 | Nu 1:18M | וית כל \עם כנשתא | /עמא | דכנשתה#2#/ כנשו בחד |
| 252 | Nu 3:07M | מטרת כל \עם כנ«י»שתה | /עמא | דכנשתה#2#/ קדם משכן זימנא |
| 253 | Nu14:10M | כל \עם כנישתה מרגום | /עמא | דכנשתה למרגם#2#/ יתהון |
| 254 | Nu16:24M | מליל עם כל | כנשתה/עמא | דכנשתה#2#/ למימר |
| 255 | Nu35:24M | עם כנישתה /וידינון | עמא | דכנשתה#2#/ בין קטולא ובין |
| 256 | Nu16:11M | לכן בשבועה את קרח וכל | עמא | דכנשתך אליין דאתרעמו על |
| 257 | Lv21:11M | ועל כל | נפש/עמא#2#/ | דמית לא ייעול לאבוי |
| 258 | Ex11:08 | בשלמי למימר פוק את וכל | עמא | דעמך ומ«ן» בתר כדון אפוק |
| 259 | Gn34:20M | עם \אנשי קרתיהון | /עמא | דקרתא#2#/ למימר: |
| 260 | Dt21:21 | וירגמון יתיה כל | עמא | דקרתה באבנייה וימות |
| 261 | Dt22:21 | בייתה דאבוה וירגמון יתה | עמא | דקרתה באבנייה ויקטלון יתה |
| 262 | Ex23:27M | ואשיצי ית כל | עמא | דתעלון לוותהון ואשו{ו}<י> |
| 263 | Ex32:21 | משה לאהרן מה עבד לך | עמא | האליין ארום אייתית עליהון |
| 264 | Ex33:12 | חמי די את אמר לי אסק ית | עמא | האליין ואת לא אודעת יתי |
| 265 | Dt32:32 | ארום | עמא | האליין עבדיהון מדמיין |
| 266 | Dt32:33 | ארום | עמא | האליין חמתהון מדמייה |
| 267 | Ex15:13 | דברת בחסדך | עמא | האליין די פרקת תדבר יתהון |
| 268 | Ex15:16 | נחלי ארנונא עד דיעברון | עמא | האליין די פרקת ית מגזתה |
| 269 | Ex18:18 | מלעי תלעי לחוד את לחוד | עמא | האליין «די» {לחוד} עמך |
| 270 | Ex32:09 | ייי למשה גלי קדמיי ית | עמא | האליין והא עם קשיין לקבלה |
| 271 | Ex32:31 | ואמר בבעו חטון | עמא | האליין חובין רברבין ויעשו |
| 272 | Nu11:11M | \דכל עמה האלין עלי /כל | עמא | האליין עלי#2#/: |
| 273 | Nu14:14 | את הוא דאיקר שכינתך בגו | עמא | האליין ארום חזיו בחזיו |
| 274 | Nu14:15 | ו«ת»קטל ית | עמא | האליין כגבר חד ו{א} ימרון |
| 275 | Nu14:16 | יכלה קדם ייי למיעלה ית | עמא | האליין לארעא דקיים להון |
| 276 | Nu21:02 | אן ממסור תמסור ית | עמא | האליין בידינן ואשיצי ית |
| 277 | Nu22:06 | וכדון אתה כען לווט לי ית | עמא | האליין ארום תקיפין אינון |
| 278 | Nu22:17 | ואתה כען לווט לי ית | עמא | האליין: |
| 279 | Nu23:09 | רבקה רחל ולאה הא | עמא | האליין שריין לבלחודיהון |
| 280 | Nu23:09 | ארום חמי אנה | עמא | האליין מדברין ואתיין בזכות |
| 281 | Nu23:24 | ושתי {ארום} <אדם> כדן | עמא | האליין לא נייחין ולא |
| 282 | Nu24:14 | בהון ברם עתידין אינון | עמא | האליין משלוט בעמך סוף עקב |
| 283 | Nu32:15 | במדברה ותחבלון לכל | עמא | האליין: |
| 284 | Ex18:23 | למיקם ולחו«ד» כל | עמא | האלין לאתריהון יעלון בשלם: |
| 285 | Nu11:12 | האנא עברת ית כל | עמא | האלין או אנה אולדת יתהון |
| 286 | Nu11:13 | הן אית לי בשר למתין לכל | עמא | האלין ארום יבכון קודמוי |
| 287 | Nu11:14 | למסובלה טורחתהון דכל | עמא | האלין ארום תקיפין אינון |
| 288 | Nu14:11 | עד אמתי ירגזון קדמי | עמא | האלין ועד אימתי לא |
| 289 | Dt 3:28 | יתיה ארום הוא יעבר קדם | עמא | האלין והוא יחסן יתהון ית |
| 290 | Ex32:31M | מן קודמיך ייי אתחייבו | עמא | הליין#2#/ חובין רברבין |
| 291 | Ex12:27 | וית בתינן שזיב ועקדו | עמא | ואודו ושבחו: |
| 292 | Ex20:18 | וית טורא תנן וחמון | עמא | ואודעזען וקמו להון |
| 293 | Ex19:25 | ונחת משה מן טורא לוות | עמא | ואמר להון קרובו קבילו |
| 294 | Ex24:08 | משה ית אדמה וזרק על | עמא | ואמר הא אדם קיימא דקיים |
| 295 | Ex14:05 | לבה דפרעה ודשלטנוי לוות | עמא | ואמרין מה היא דא דעבדנן |
| 296 | Nu11:24 | גברין מן גברי חכימי | עמא | ואקים יתהון חזור חזור |
| 297 | Nu25:04 | למשה דבר ית כל ראשי | עמא | ואקים יתהון בסנהדרין קדם |
| 298 | Dt 4:10 | לי אמר משה כנש לי ית | עמא | ואשמע יתהון ית דברי די |
| 299 | Dt 4:10M | \לי ית עמא /לוותי | עמא#2#/ | ואשמע יתהון ית דברי די |
| 300 | Ex14:05 | למלכא דמצרים ארום ערקו | עמא | ואתהפך לבה דפרעה ודשלטנוי |
| 301 | Ex 1:20 | ואייטב ייי לחייתה וסגון | עמא | ואתוקפו לחדא: |
| 302 | Nu21:16 | לאהרן ולמשה כנש ית | עמא | ואתן להון מיין: |
| 303 | Lv 9:24 | עלתה וית תרביה וחמון כל | עמא | וחדון ואשתטחו על אפיהון: |
| 304 | Ex19:14 | טורא לוות עמא וקדש ית | עמא | וחוורו לבושיהון: |
| 305 | Ex 4:16 | וימלל הוא על ידך לוות | עמא | ויהווי הוא יהווי לך |
| 306 | Ex 5:01 | ייי אלהה דישראל שלח ית | עמא | ויחגון קדמא<י> במדברא: |
| 307 | Dt20:08 | ויוספון סרכייה לממללה עם | עמא | ויימרון מן הוא גברא דדחל |
| 308 | Dt10:11 | אזיל למטלן קדם {ייי} | <עמא> | וייעלון ויירתון ית ארעא |
| 309 | Lv16:15 | ית צפירה דחטאתה דמן | עמא | וייתי ית אדמה לגו מן פרכתה |
| 310 | Ex16:04 | לכון לחם מן שמיא ויפקון | עמא | וילקטו סכום יום ביומיה |
| 311 | Dt20:09 | ישלמון סרכייה לממללה עם | עמא | וימנון רברבניה חיילוון |
| 312 | Ex 7:26 | ליה כדון אמר ייי שלח ית | עמא | ויפלחון קדמיי: |
| 313 | Ex 9:13 | אלההון דיהודיי שלח ית | עמא | ויפלחון קדמיי: |
| 314 | Ex10:07 | דין לן לתקלה שלח ית | עמא | ויפלחון קדם ייי אלההון |
| 315 | Ex 8:04 | מני ומן עמי ואשלח ית | עמא | ויקרבון קדם ייי: |
| 316 | Gn34:21M | בעבדא טבא עמן/הנון | עמא#2#/ | וישרון בארעא ויתגרון בה |
| 317 | Ex13:17 | והוה כד שלח פרעה ית | עמא | ולא דבר יתהון ייי ארח |
| 318 | Nu21:06 | ית חויה שרפיתה ונכתו ית | עמא | ומיתו עם סגין מן ישראל: |
| 319 | Nu21:06M | עם סגין /ונכת{ן}<ו> ית | עמא | ומיתו אוכלוסין סגי#2#/ מן |
| 320 | Nu11:08M | הוון שטין | עמא | ומלקטין |
| 321 | Ex33:08M | למשכנה הוון קיימין כל | עמא | ומעתדין |
| 322 | Ex33:10 | בתרע משכנה וקיימין כל | עמא | ומצליין גבר בתרע משכניה: |
| 323 | Ex33:08 | נפק למשכנה קיימין כל | עמא | ומתעתדין גבר בתרע משכניה |
| 324 | Ex17:05 | ייי למשה עבר "לפני" | עמא | וסב עמך מן חכימייא |
| 325 | Nu25:02 | לדבחי טעותהון ואכלו | עמא | וסגדו לטעוותהון: |
| 326 | Ex19:07 | ואתא משה וקרא לחכימי | עמא | וסדר קדמיהון ית כל פתגמיא |
| 327 | Nu11:16 | די את ידע דאינון חכימי | עמא | וסרכי הון ותדבר יתהון |
| 328 | Ex17:06 | ונפקון מינה מייא וישתון | עמא | ועבד כדין משה לעיני |
| 329 | Lv16:08M | חד לשמה דייי לכפרה על | עמא | ועדב חד למפטור למדבר צוק |
| 330 | Ex19:14 | ונחת משה מן טורא לוות | עמא | וקדש ית עמא וחוורו |
| 331 | Ex18:13 | ויתב משה למדן ית | עמא | וקמו עמא קדם משה מן צפרא |
| 332 | Lv 9:07M | /עליך ועל | עמא#2#/ | וקרב ית קרבניהון דעמא |
| 333 | Ex19:10 | ואמר ייי למשה איזל לוות | עמא | ותקדש יתהון יומא הדין |
| 334 | Dt22:25 | ויתקוף בה גברא וישמש | עמא | ~ותקטלון ית גברא דשמש |
| 335 | Ex19:12 | ותתחם ית | עמא | חזור חזור למימר אזדהרו |
| 336 | Ex20:18 | וכל | עמא | חמיין ית קלייה וית למפדי׳ |
| 337 | Gn47:21M | "וית עמא ...": וית | עמא | טלטל יתהון מן קרי לקרי |
| 338 | Dt17:13 | וכל | עמא | ישמעון וידחלון ולא יזידון |
| 339 | Ex12:34 | וטענו | עמא | ית לישיהון עדלא אתחמע |
| 340 | Ex32:03 | ופרקו כל | עמא | ית קדשיא דדהבא «די» |
| 341 | Ex33:04 | ושמע{ן}<ו> | עמא | ית פתגמא בישא הדין |
| 342 | Ex33:10 | וחמון כל | עמא | ית עמודא דענגא דקיים בתרע |
| 343 | Nu11:24 | ונפק משה ומלל עם | עמא | ית כל פתגמוי דייי וכנש |
| 344 | Nu23:24 | הא | עמא | כאריה שריין וכאריוותה |
| 345 | Ex19:08 | ועגון כל | עמא | כחדא בלבא שלמא ואמרי׳ כל |
| 346 | Dt33:05 | דבית יעקב ככנש ית ראשי | עמא | כחדא ישתמעון לה כל שבטייה |
| 347 | Dt27:15 | יתיה בטמרה ועניין כל | עמא | כחדה ואמרין אמן: |

|  |  | | | |
|---|---|---|---|---|
| 348 | Nu11:32 | וקם | עמא | כל יומא ההוא וכל ליליא וכל |
| 349 | Nu16:19M | שכינתה דייי על כל | עם/עמא#2#/ | כנישתה: |
| 350 | Nu16:19M | עליהון קרח ית כל | עם/עמא#2#/ | כנישתה לתרע משכן זמנא |
| 351 | Nu21:07 | ואתון | עמא | למשה ואמרין חטינן ארום |
| 352 | Dt17:16 | סוסוון ולא יחזור ית | עמא | למצריסה מן בגלל למסגייה |
| 353 | Ex32:34 | וכדון {וכדון} אזל דבר ית | עמא | לאתרא די מללת לך הא מלאכי |
| 354 | Nu14:39 | כל בני ישראל ואתאבלו | עמא | לחדה: |
| 355 | Nu22:03 | ודחלו מואביי מן קדם | עמא | לחדה ארום תקיפין אינון |
| 356 | Ex12:33 | ואתוקפו מצריי על | עמא | למזורזא למשלחה יתהון מן |
| 357 | Nu25:01 | ישראל בשטים ושרי | עמא | למזניה עם בנתהון דמואבי: |
| 358 | Ex 8:25 | מן פרעה ומן שליטוי ומן | עמא | למחר לחוד לא יסף פרעה |
| 359 | Ex17:03 | וצחון תמן | עמא | למייא ואתרעמו עמא עם משה |
| 360 | Ex36:05 | ואמרין למשה למימר מסגין | עמא | למייתיה כמסת פלחנא לעבידתה |
| 361 | Ex32:06 | נכסת קודשין ויתבו | עמ«א» | למיכל ולמישתי וקמו |
| 362 | Nu31:03 | ומליל משה עם | עמא | למימ' אזדיינו מן לוותכון |
| 363 | Gn26:11 | ופקד אבימלך ית כל | עמא | למימר מן דיקרב בגברא הדין |
| 364 | Dt20:05 | וימללו סרכיה עם | עמא | למימר מן הוא דן גברא דבנה |
| 365 | Dt27:01 | וחכימייה דישראל ית | עמא | למימר טורו ית כל מצוותה די |
| 366 | Ex19:23 | לא ייכלין <....> | עמא | למיסק לטורא דסיני ארום את |
| 367 | Ex16:27 | ביומא שביעיא נפקו מן | עמא | למלקטא ולא אשכחו: |
| 368 | Ex18:15 | לחמוי ארום אתון לוותי | עמא | למתבע אולפן מן קדם ייי: |
| 369 | Ex19:17 | ואפיק משה ית | עמא | לקדמות איקר שכינתא דייי מן |
| 370 | Ex 3:12 | ממרי שלח יתך באפקותך ית | עמא | ממצרים תפלחון קדם ייי על |
| 371 | Gn47:21 | וית | עמא | מלשנה לשנה בישא עבר יתהון |
| 372 | Gn19:04 | עולימיהון ועד סביהון כל | עמא | מן סטר חד: |
| 373 | Ex36:06 | בית קודשא ואתכלון | עמא | מן למיתיה: |
| 374 | Ex14:31 | עבד ייי במצרים ודחילו | עמא | מן קדם ייי והימנו בשם |
| 375 | Ex20:21 | וקם | עמא | מן רחיק ומשה קרב לערפלא |
| 376 | Ex18:10 | ומן ידוי דפרעה דשיזב ית | עמא | מן תחות ניר שעבודהון |
| 377 | Ex 5:04 | משה ואהרן תבטלון ית | עמא | מעבידתהון איזי«לו» |
| 378 | Nu22:11M | \הא עם סגין נפקו /הא | עמא | נפק#2#/ מן מצרים וכסון |
| 379 | Ex14:06 | וטכס ית ארתכוי וית | עמא | עבדי קרבא דבר עמה: |
| 380 | Nu31:28 | אפרשו לשמה דייי מן לות | עמא | עבדי קרבה דנפקין לחיל קרבה |
| 381 | Nu31:32 | עדיתה שייר בזתה די בזזו | עמא | עבדי קרבא ענא שיתין ושבע |
| 382 | Dt 2:14 | שנין עד דסף כל דרא | עמא | עבדי קרבה מן משריתה היך מן |
| 383 | Dt 2:16 | והוה כד די ספו | עמא | עבדי קרבה לממות מן גו עמא: |
| 384 | Ex15:24 | ואתרעמו | עמא | על משה למימר מה הן אנן |
| 385 | Ex19:11 | שכינתא דייי לעיני כל | עמא | על טורא דסיני: |
| 386 | Ex32:35 | ונגף ייי ית | עמא | על אשר עשו את העגל אשר עשה |
| 387 | Dt27:12 | אילין יקומון למברכה ית | עמא | על טורה דגריזים במעברכון |
| 388 | Ex17:02 | ואדינו | עמא | עם משה ואמרין הב לן מיין |
| 389 | Ex17:03 | תמן עמא למייא ואתרעמו | עמא | עם משה ואמרין ליה למה כען |
| 390 | Nu31:49 | עבדך קבילו ית סכום | עמא | ע{מ}<ב>די קרבה דבידן ולא |
| 391 | Gn41:55 | כל ארעא דמצרים וצווחו | עמא | קדם פרעה על עיסק לחמא ואמר |
| 392 | Ex18:13 | משה למדן ית עמא וקמו | עמא | קדם משה מן צפרא עד רמשא: |
| 393 | Ex18:14 | מה את יתב לבלחודך וכל | עמא | קיימין עליך מן צפרא עד |
| 394 | Ex24:03 | כל סדרי דינא וענון כל | עמא | קל חד ואמרין כל פתגמיא די |
| 395 | Dt 9:02M | \עם רברבין ותקיפין | עמא/ | רבא ותקיפא#2#/ בנוי דענק |
| 396 | Ex18:25 | ושוי יתהון ראשין על | עמא | רברבני אלפין ורברבן מאוון |
| 397 | Nu11:18M | ולוות | עמא | תאמ' תתקדשון |

## עמה

|  |  | | | |
|---|---|---|---|---|
| 398 | Gn14:16 | חזר ואף ית נשי' וית | עמה: | |
| 399 | Lv 7:25 | נפשה די תיכול מן גוא | עמה: | |
| 400 | Lv16:24 | על ידוי ועל ידי אנש | עמה: | |
| 401 | Lv17:09 | וישתיצי גברא ההוא מן גו | עמה: | |
| 402 | Lv17:10 | אדמה ואישיצא יתה מן גו | עמה: | |
| 403 | Lv19:08 | אפס ותשתיצי נפשה מן גו | עמה: | |
| 404 | Lv20:05 | בתר פלחנה נכריה מן גו | עמה: | |
| 405 | Nu 5:27 | אתתה לל{י}<ו>ט בגו | עמה: | |
| 406 | Nu11:21M | כאשתין רבוון דרגלין | עמה | |
| 407 | Dt27:20 | עריתה דאבוי ויאמרון כל | עמה | אמן: |
| 408 | Dt27:22 | או ברת אמיה ויאמרון כל | עמה | אמן: |
| 409 | Dt27:24 | בטומרה ויאמרון כל | עמה | אמן: |
| 410 | Dt27:26 | למעבד יתהון ויאמרון כל | עמה | אמן: |
| 411 | Lv20:03 | ההוא ואשצא יתיה מגו | עמה | ארום מן בנוי יהב למעברה |
| 412 | Nu 9:13 | וישתיצי נפשה ההוא מן גו | עמה | ארום קרבנה דייי לא קרב |
| 413 | Nu22:12 | תזיל עמהון ולא תלוט ית | עמה | ארום בריכין אינון: |
| 414 | Nu11:35 | מן קברי תחמודתה נטלו | עמה | בחצרות והוון בחצירות: |
| 415 | Nu20:01 | דצין בירחה קדמאה ושרון | עמה | ברקם ומיתה תמן מרים |
| 416 | Nu 1:16M | עם כנשתא \אליין מזמני | עמה | בכנישתה#2#/ רברבני שבטי |
| 417 | Dt27:14 | ליוויא ויאמרון לכל | עמה | בני ישראל קל תלי: |
| 418 | Dt32:09 | ארום חלקה דייי אנון | עמה | בני ישראל יעקב עדב |
| 419 | Dt32:19 | מן כעסה די אכעסו יתיה | עמה | בני ישראל דהוון חביבין |
| 420 | Nu21:05 | ומלילו | עמה | בתר ממרה דייי ועל משה |
| 421 | Dt31:12 | כנש ית | עמה | גבריה ונשייה וטפלייה |
| 422 | Gn19:26M | ואתתה דלוט על דהות מן | עמה | דסדם אסתכלת מן בתרה |
| 423 | Ex33:16M | ונתכסי אנה ועמך מן כל/ | עמה | דאית על#2#/ ארעא: |
| 424 | Ex 5:05 | פרעה הא סגין אינון כדון | עמה | «דארעא» ותבטלון יתהון מן |
| 425 | Lv20:02 | נכרייה מתקטל יתקטל | עמה | דארעא ירגמון יתה באבניה: |
| 426 | Dt28:10M | ויחמון כל | אומייה/עמה#2#/ | דארעא ארום שמיה |
| 427 | Lv18:27 | כל מרחקתה האליין עבדו | עמה | דארעה דמן קדמיכון ואסתאבת |
| 428 | Gn29:22 | וכנש לבן ית כל | עמה | דאתרא ועבד שירו ענה לבן |
| 429 | Gn38:22 | לא אשכחית יתה ולחוד | עמה | דאתרא אמרו לית הכא אתה |
| 430 | Dt32:43M | שבחו יתיה \עמיה | עמה/ | דבית#2#/ ישראל ארום |
| 431 | Nu31:49M | נטלו יתה ראש סכומיהון | עמה | דחיל קרבה דאית בידינן לא |
| 432 | Nu31:53M | קרבה בזזו גבר לנפשיה | עמה/ | דחיל קרבה בזזו גבר |
| 433 | Nu13:28 | להוד ארום חציפין אינון | עמה | די שריין בארעא |
| 434 | Nu13:32 | אכלה דיירייה היא וכל | עמה | די חמינן בגווה מרי עיינן |
| 435 | Ex35:01M | וכנש משה ית כל | כנישתה/עמה | דכ"#2#/ דבני ישראל |
| 436 | Nu31:13M | כהנא וכל רברבני | כנישתה/עמה | <דכ'>#2#/ לקדמותהון |
| 437 | Nu31:26M | אבהת/<אבהת>כן#2#/ | כנישתה/עמה | דכ"#2#/: |
| 438 | Nu35:12M | די יקום קדם \עם כנישתה | עמה/ | דכ"#2#/ בדינה: |
| 439 | Nu15:36M | ואפיקו יתה כל \עם כנשתה | עמה/ | דכ"#2#/ לבר מן משריתה |
| 440 | Nu20:11M | כנישתה/מין סגי ושתין | עמה | דכ"#2#/ ובעיריהון: |
| 441 | Nu15:33M | אהרן ולוות כל | כנשתה/עמה | דכינשתה#2#/ דבני |
| 442 | Lv24:16M | יתיה כל \עם כנשתה | עמה/ | דכנ"#2#/ כגיורייה |
| 443 | Nu20:08M | עם כנישתה וית בעירהון | עמה/ | דכניש' ובעי"#2#/: |
| 444 | Lv 8:04M | עם כנשתה/וכנשו | עמה | דכניש#2#/ לתרע משכן |
| 445 | Lv10:06M | \כל עם כנשתא יהוי ריגז | עמה/ | דכנישתה הווי רגוז#2#/ |
| 446 | Nu14:35M | אין לא דא אעבד לכל | כנשתה/עמה | דכנישתה#2#/ בישתה הדה |
| 447 | Lv24:14 | על ראשה וירגמון יתיה כל | עמה | דכנשתה: |
| 448 | Nu13:26M | ואחזרו יתהון וית כל | עמה | דכנשתה וחמון להון ית |
| 449 | Nu14:01M | עם כנישתה \וארעמן כל | עמה | דכנשתה#2#/ ושוון ית קלהון |
| 450 | Nu15:24M | כל עם כנישתה \כל | עמה | דכנשתה#2#/ תור בר תורין |
| 451 | Nu20:10 | כיפה ואמר להון שמעו כען | עמה | דמלפין מלפניהון די צרכו |
| 452 | Dt31:16 | בשלם עם אבהתך וקיימין | עמה | האליין וטעיין בתר טעוון |
| 453 | Ex15:16M | דיורדנה עד זמן דיעברון | עמה | האליין דקנית לשמך#2#/: |
| 454 | Ex15:16M | דיורדנה עד זמן דיעברון | עמה | האליין דקנית לשמך |
| 455 | Dt31:07 | ואזדרז ארום את תיעל ית | עמה | האליין לארעא די קיים ייי |

|  |  |  |  |  |  |
|---|---|---|---|---|---|
| 456 | | Nu11:11 | למשויה ית מטולהון דכל | עמה | האלין עלי: |
| 457 | | Nu14:13 | ארום אסקית בחילך ית | עמה | {הדין} האליין מן ביניהון: |
| 458 | | Lv 9:23 | זמנא ונפקו ובריכו ית | עמה | ואתגלית איקר שכינתה דייי |
| 459 | | Lv 9:22M | על דוכנה וזקף ידוי קבל | עמה | ובריכינון ופסק מלמעבד |
| 460 | | Lv 9:22 | אהרן ית ידוהי בצלו על | עמה | וברך יתהון ונחת מן דקרב |
| 461 | | Dt32:01 | וטעמין כסא דמותה מייתין | עמה | וגזירתהון בטלן ברם ^הא#2#^ |
| 462 | | Lv 9:18 | וית דכרה נכסת קדשיה דמן | עמה | וזמינו בנוי דאהרן ית אדמה |
| 463 | | Nu11:08 | שרון | עמה | ולקטין וטחנין ^ברחיה#2#^ |
| 464 | | Lv 9:15 | ית צפירה דחטאתה דמן | עמה | ונכס יתה ודכי יתה כקדמיה: |
| 465 | | Gn17:14 | ישתצי נפשא ההיא מן גו | עמה | ית קיימי אפס: |
| 466 | | Nu11:01 | והוה | עמה | כמתרעמין הגין ביש במשמעה |
| 467 | | Nu12:16 | נביאתה מן צרעתה נטלו | עמה | מן חצרות ושרון במדברה |
| 468 | | Dt18:03 | דיניהון דכהנייא מן לוות | ^עמה | מן לוות#2#^ נכסי נכסתה אין |
| 469 | | Ex32:01 | למיחת מן טורא ואיתכנשו | עמה | על אהרן ויאמרו אליו קום |
| 470 | | Dt 2:04 | וית | עמה | פקד למימר אתון עברין בתחום |
| 471 | | Nu11:02 | וצו«ו»חו | עמה | קדם משה וצלי משה קדם ייי |
| 472 | | Nu13:30 | ושתק כלב ית | עמה | קדם משה ואמר מסוק ניסוק |
| 473 | | Nu23:13 | מן תמן להוד מן קצת | עמה | תחמי וכולהון לא תחמי ותלוס |
| 474 | עמהון | Lv18:29 | נפשתה דעבדן מן גו | עמהון: | |
| 475 | | Lv18:29M | ולא יחי להון חולק בגו | עמהון | |
| 476 | | Lv18:29M | נפשה דעבדה מן גו | עמהון | |
| 477 | עמי | Nu20:12M | שמי> מייקרון בגו | עמי | שמי> |
| 478 | | Lv22:32 | שמי מייקר«ה» בגו | עמי | ישראל אנה הוא ייי דקדשית |
| 479 | | Nu24:14 | וכדון הא אנה אזל לוות | עמי | אתא אעוץ יתך עצה אחטי |
| 480 | | Gn23:11M | יהבית לך קבר /קדם בני | עמי | אתן יתי לך אזל קבר#1#/ |
| 481 | | Nu28:14 | כהדין סדרא תהוון מקרבין | עמי | בכל ראשי ירחי שתא: |
| 482 | | Dt26:11M | ותחדון | עמי#2#/^ | בכל טובה/<טוב>תה#2#/ |
| 483 | | Ex 1:09M | ואמר לעמיה הא | עמא/עמי#2#/ | בני ישראל סגין |
| 484 | | Ex 3:10 | ואשלח יתך לפרעה ותפק ית | עמי | בני ישראל לפרוקין מן |
| 485 | | Ex 7:04 | ואפק ית חיילותי ית | עמי | בני ישראל מארעא דמצרים |
| 486 | | Ex12:45 | | עמי | בני ישראל תותב בר עממין |
| 487 | | Ex20:02M | תרין לוחי קיימ' ואמר | עמי | בני ישראל |
| 488 | | Ex20:02M | יתיה כד הוה צוח ואמר | עמי | בני ישרא' |
| 489 | | Ex20:02 | יתיה בכן הוה צווח ואמר | עמי | בני ישראל אנה הוא ייי |
| 490 | | Ex20:03 | על תרין לוחי קיימא ואמר | עמי | בני <ישראל> וחזר ומקף על |
| 491 | | Ex20:03 | יתיה וכן הוון צווח ואמר | עמי | בני ישראל לא יהווי לך אלה |
| 492 | | Ex20:07 | | עמי | בני ישראל לא יסב גבר |
| 493 | | Ex20:08 | | עמי | בני ישראל הוון דכירי«ן» |
| 494 | | Ex20:12 | | עמי | בני ישראל הוון זהירין גבר |
| 495 | | Ex20:13 | | עמי | בני ישראל לא תהוון קטולין |
| 496 | | Ex20:14 | | עמי | בני ישראל לא תהוון גיורין |
| 497 | | Ex20:15 | | עמי | בני ישראל לא תהוון גנבין |
| 498 | | Ex20:16 | | עמי | בני ישראל לא תהוון |
| 499 | | Ex20:17 | | עמי | בני ישראל לא תהוון חמודין |
| 500 | | Ex22:17 | | עמי | בני ישראל כל חרש וחרשה לא |
| 501 | | Ex22:21 | | עמי | בני ישראל כל ארמלה ויתמין |
| 502 | | Ex23:01M | תשוון ידיכר' עם חי' | עמי | בני ישרא' לא תהוון אזלין |
| 503 | | Ex23:01M | "לא תקבלון... חייבה": | עמי | בני ישרא' לא ישתב' חד |
| 504 | | Ex23:02 | | עמי | בני ישראל לא תהוון אזלין |
| 505 | | Ex23:03 | | עמי | בני ישראל ומסכינא די |
| 506 | | Ex23:06M | די צריכה> בדינה> | עמי/ | בני ישראל לא תסטון סדר |
| 507 | | Ex23:15M | מן מצרים | עמי | בני ישראל לית אתון |
| 508 | | Ex23:17M | | עמי^/ | בני ישראל#2#/ תלתא |
| 509 | | Ex23:19 | דייי אלהכון | עמי | בני ישראל לא תבשלון ולא |
| 510 | | Ex34:17 | | עמי | בני ישראל דחלן טעוון |
| 511 | | Ex34:23M | | עמי | בני ישראל תלתה זמנין בכל |
| 512 | | Ex34:26 | לבית מקדשא דייי אלהכון | עמי | בני ישראל לא תבשלון ולא |
| 513 | | Lv19:11 | | עמי | בני ישראל לא תהוון גנבין |
| 514 | | Lv19:12M | "ולא תשבעון בשמי לשקר": | עמי | בני ישראל לא תומון שמי |
| 515 | | Lv19:16M | \לא תיז{ו}<י>ל בתר | עמי/ | בני ישראל לא תהוון אזלין |
| 516 | | Lv19:26 | | עמי | בני ישראל ולא תהוון נטורי |
| 517 | | Lv22:27M | משה נבייה דייי ואמר | עמי | בני ישראל תור או אמר |
| 518 | | Lv22:28 | | עמי | בני ישראל תורתא או רחילא |
| 519 | | Nu28:02 | מנכון קדמי לריח דרעוה | עמי | בני ישראל הוון זהירין |
| 520 | | Dt 5:06 | קיימה וכן הוה צוח ואמר | עמי | בני ישראל אנה הוא ייי |
| 521 | | Dt 5:07 | קיימה וכן הוה צווח ואמר | עמי | בני ישראל לא יהווי לכון |
| 522 | | Dt 5:11 | | עמי | בני ישראל לא יסב אנש |
| 523 | | Dt 5:12 | | עמי | בני ישראל טורו ית יומא |
| 524 | | Dt 5:16 | | עמי | בני ישראל יוקר כל אנש |
| 525 | | Dt 5:17 | | עמי | בני ישראל לא תהוון קטולין |
| 526 | | Dt 5:18 | | עמי | בני ישראל לא תהוון גיורין |
| 527 | | Dt 5:19 | | עמי | בני ישראל לא תהוון גנבין |
| 528 | | Dt 5:20 | | עמי | בני ישראל לא תהוון משהדין |
| 529 | | Dt 5:21 | | עמי | בני ישראל לא תהוון חמודין |
| 530 | | Dt12:17M | | עמי^/ | בני ישראל#2#/ לית אתון |
| 531 | | Dt14:03 | | עמי | בני ישראל לא תאכלון כל |
| 532 | | Dt14:11 | | עמי | בני ישראל כל צפר דדכיה |
| 533 | | Dt14:20 | | עמי | בני ישראל כל עוף דדכי |
| 534 | | Dt14:21 | אתון קדם ייי אלהכון | עמי | בני ישראל לא תבשלון ולא |
| 535 | | Dt14:22 | | עמי | בני ישראל מעשרה תעשרון ית |
| 536 | | Dt14:22M | "ושתה": | עמי | בני ישראל לית אתון רשאין |
| 537 | | Dt15:01 | | עמי | בני ישראל לסוף שבע שנין |
| 538 | | Dt15:19 | תקדשון לשמה דייי אלהכון | עמי | בני ישראל לא תפלחון |
| 539 | | Dt16:05 | | עמי | בני ישראל לית אתון רשיין |
| 540 | | Dt16:09 | | עמי | בני ישראל שובעה שבועין |
| 541 | | Dt16:16 | ובחגה דמטלייה | עמי | בני ישראל לית אתון רשיין |
| 542 | | Dt16:16M | /תבעין אולפן#2#/ | עמי^/ | בני ישראל#2#/ קדם רבון |
| 543 | | Dt18:13 | | עמי | בני ישראל שלמין תהוון |
| 544 | | Dt18:14 | שמעין ואתון | עמי | בני ישראל לא כוותהון יהב |
| 545 | | Dt22:10 | | עמי | בני ישראל לא תרדון בתור |
| 546 | | Dt24:06 | | עמי | בני ישראל לא תהוון אסורי |
| 547 | | Dt24:09 | | עמי | בני ישראל הוון דכירין ית |
| 548 | | Dt25:04 | | עמי | בני ישראל לא תזמון תורה |
| 549 | | Dt25:17 | | עמי | בני ישראל הוון דכירין ית |
| 550 | | Dt25:18 | עמלק קטלין יתיה ואתון | עמי | בני ישראל הוויתון לעיין |
| 551 | | Dt25:19 | דעמלק מן תחות שמייא | עמי | בני ישראל לא תנשון הוון |
| 552 | | Dt28:03 | בריכין תהוון | עמי | בני ישראל במה דאית לכון |
| 553 | | Dt28:04 | ובריכין תהוון | עמי | בני ישראל בפרי ולד מעיכון |
| 554 | | Dt28:05 | בריכין תהוון | עמי | בני ישראל בסלי ביכוריכון |
| 555 | | Dt28:06 | ישראל ובריכין תהוון | עמי | בני במיפקכון מן |
| 556 | | Dt28:06 | בריכין תהוון | עמי | בני ישראל ובריכין תהוון |
| 557 | | Dt32:03 | קדישא אנה מצלי ואתון | עמי | בני ישראל הבו איקר |
| 558 | | Dt33:29 | מן קדמיכון ואתון | עמי | בני ישראל כד תהוון לעיין |
| 559 | | Ex 8:17 | ארום אן ליתך משלח ית | עמי | הא אנא מגרי בך ובשלטונך |
| 560 | | Ex10:04 | אין מסרב את למשלחה ית | עמי | הא אנא מייתי למחר גובא |
| 561 | | Gn19:38 | בר וקראת ^ית#2#^ שמה בר | עמי | הוא אבוהון דבני עמוניי |
| 562 | | Ex 8:04 | אר{ע}דעניא מני ומן | עמי | ואשלח ית עמא ויקרבון קדם |
| 563 | | Ex 8:19 | ואשווי פורקן בין | עמי | ובין עמך למח«ר» יהוי |

| | | | | | |
|---|---|---|---|---|---|
| 564 | | Ex10:03 | למתכנעה קדם ייי שלח ית | עמי | ויפלחו קדמיי: |
| 565 | | Ex10:03M | ית עמי /מן קדמוי שלח | עמי#2#/ | ויפלחו קדמיי: |
| 566 | | Ex 7:16 | יתי לוותך למימר שלח ית | עמי | ויפלחון קדמיי במדברא והא |
| 567 | | Ex 8:16 | ליה כדן אמר ייי שלח | עמי | ויפלחון קדמיי: |
| 568 | | Ex 9:01 | דיהו{י}דיי שלח ית | עמי | ויפלחון קדמיי: |
| 569 | | Ex22:24 | אין כסף תוזף ית | עמי | ית מסכינה די עמך לא תהווי |
| 570 | | Dt15:06 | לאומין סגין ואתון | עמי | לא תצרכון למיזף ותשלטון |
| 571 | | Dt28:12 | לאומין סגין ואתון | עמי | לא תצרכון: |
| 572 | | Gn41:40 | גזירת פומך יתזנון כל | עמי | לחוד כרסי מלכותי אנה רב |
| 573 | | Ex12:31 | ואמר קומו פוקו מן גו | עמי | לחוד אתון ולחוד בני ישראל |
| 574 | | Nu21:06 | להון סלווי מן ימא וחזרו | עמי | למתרעמא קדמיי על עסק מנה |
| 575 | | Nu21:06 | עפרא יהווי מזונך אסקת | עמי | מארעא דמצרים ואחתת להון |
| 576 | | Nu21:06M | אתרעם על מזונה אפקית | עמי | פריקין מן מצרים#2#/: |
| 577 | | Gn49:29M | אנא מתכנש לעמי/לות | עמי#2#/ | קברו יתי גב אבהתי |
| 578 | | Ex 8:18 | ההוא עם ארעא דגשן די | עמי | שריין עלה די לא למהווי תמן |
| 579 | עמי' | Gn49:33M | ואתכנש לעמיה/לוות | עמי#2#/: | |
| 580 | עמיה | Gn25:08 | סב ושביעו ואתכנש לוות | עמיה: | |
| 581 | | Ex30:33 | על חלוניי וישתצי מן גו | עמיה: | |
| 582 | | Ex30:38 | ביה וישתצי מגו | עמיה: | |
| 583 | | Ex31:14 | ותשתיצי נפשה ההיא מגו | עמיה: | |
| 584 | | Lv 7:20 | נפשה ההיא מן גו | עמיה: | |
| 585 | | Lv 7:21 | נפש' ההיא מן גוא | עמיה: | |
| 586 | | Lv 7:27 | נפשה ההיא מן גו | עמיה: | |
| 587 | | Lv17:04 | וישתצי גברא ההוא מן גו | עמיה: | |
| 588 | | Lv20:06 | יתיה מן גו | עמיה: | |
| 589 | | Lv20:06M | ולא יהיא ליה חולק ביני | עמיה | |
| 590 | | Dt 2:33 | יתיה וית <בנוי> וית כל | עמיה: | |
| 591 | | Dt32:50 | טורא ואתכנש בשלם לוות | עמיה: | |
| 592 | | Ex18:01 | דעבד ייי למשה ולישראל | עמיה | ארום אפק ייי ית ישראל |
| 593 | | Ex31:15 | נפשה ההיא מגו | {עמיה} | ^^ביום שבתה^^ יתקטלה |
| 594 | | Dt32:43 | קדמוי אומייה שבחו יתיה | עמיה | בית ישראל ארום עולבן ודם |
| 595 | | Nu25:05 | קט«ו»לו גבר אנשי | עמיה | דאתחברן לפלחי טעוותה |
| 596 | | Gn39:11 | חשבנוני ולא הוה גבר מן | עמיה | דביתיה תמן בביתה: |
| 597 | | Lv10:17M | ית חובי \עם כנשתה | /עמיה | דכנש#2#/ למכפרה עליכון |
| 598 | | Nu21:34 | בידך מסרית יתיה וית כל | עמיה | ^וית ארעיה#2#^ ותעבד ליה |
| 599 | | Dt 3:02 | בידך מסרית יתיה וית כל | עמיה | וית ארעיה ותעבד ליה היך מה |
| 600 | | Nu21:23 | וכנש סיחון ית כל | עמיה | ונפק לקדמות ישראל למדברה |
| 601 | | Dt 3:03 | מלכא דבותנין וית כל | עמיה | וקטלנן יתיה עד די לא |
| 602 | | Ex 1:22 | ופקד פרעה לכל | עמיה | למימר כל בר דכר דמתיילד |
| 603 | | Nu22:05 | די על גף נהרא ארע בני | עמיה | למיקרי ליה למימר הא עם |
| 604 | | Nu21:33 | לקדמותהון הוא וכל | עמיה | לסדרי קרבה לאדרעי: |
| 605 | | Dt 2:32 | סיחון לקדמותן הוא וכל | עמיה | לסדרי קרבה ליהצה: |
| 606 | | Dt 3:01 | לקדמותן הוא וכל | עמיה | לסדרי קרבה לאדרעי: |
| 607 | | Ex17:13 | יהושע ית עמלק וית | עמיה | לפתגם דחרב: |
| 608 | | Gn35:29 | יצחק ומית ואתכנש לוות | עמיה | סאב ושבע יומין וקברו יתיה |
| 609 | | Nu21:35 | יתיה וית בנוי וית כל | עמיה | עד די לא שיירו לה שזבא |
| 610 | | Dt33:07 | בקל צלותה דיהודה ולוות | עמיה | תשלם יתיה מן סדרי קרבה |
| 611 | עמך | Ex 5:23 | ומפרק לא{ו} פרקית ית | עמך: | |
| 612 | | Ex32:12 | בישתא די אמרת למיתי על | עמך: | |
| 613 | | Nu31:02 | ובתר כדן תתכנש לוות | עמך: | |
| 614 | | Dt21:08 | שפיכות אדם זכיי בגו | עמך | ישראל ויתכפר להון אדמה |
| 615 | | Ex33:13 | חן וחסד באפיך וחמי ארום | עמך | אומתא רבתה הדא: |
| 616 | | Nu27:13 | ותחמי יתה ותתכנש לוות | עמך | אוף את היך מה דאתכנש אהרן |
| 617 | | Ex34:10 | אנה מקיים קיים לקבל כל | עמך | אעבד נסין ופלאין די לא |
| 618 | | Ex 9:15 | פורענתי ושיצית יתך וית | עמך | במותאנא ותשתיצי פרעה מן |
| 619 | | Ex32:07 | משה אזל חות ארום חבלו | עמך | די אפיקת פריקין מן ארעא |
| 620 | | Dt32:50 | לתמן ותתכנש בשלם לוות | עמך | היך מה דאתכנש בשלם אהרן |
| 621 | | Dt 9:26 | ייי אלהים לא תתחבל | עמך | ואחסנותך די פרקת בתוקפך די |
| 622 | | Dt 9:29 | ^ואינון#2#^ | עמך | ואחסנתך די אפקת פריקין |
| 623 | | Gn 8:17 | רחשא דרחש על ארעא אפק | עמך | ויתלדון בארעא ויתקפון |
| 624 | | Ex15:16 | כאבנייא עד זמן דיעברון | עמך | ייי ית נחלי ארנונא עד |
| 625 | | Dt 9:12 | מן הכה ארום חבילו | עמך | ית עובדהון די אפקת פריקין |
| 626 | | Dt26:15 | שכינתך מן שמיא וברך ית | עמך | ית ישראל וית ארעא די יהבת |
| 627 | | Gn40:14 | ארום אן אדכרת יתי | עמך | כד ייטב לך ותעבד כען עמי |
| 628 | | Nu 5:21 | יתיך ללוט ולשבועה בגו | עמך | כד ישוי ייי ית ירכ«י»ך |
| 629 | | Ex 8:07 | ומן שלטונך ומן | עמך | לחוד דבנהרא ישתיירון: |
| 630 | | Ex 8:19 | פורקן בין עמי ובין | עמך | למח«ר» יהוי סימנא דין: |
| 631 | עמכון | Lv19:18M | ולא נטרין עם בני | עמכון | ותרחמון לרחמכון דכוותכון |
| 632 | בעמא | Nu17:11 | שרי חבלה מחבל | בעמא: | |
| 633 | | Nu21:06 | אתרעם על מזונה וישלט | בעמא | דא«ת»רעמו על מזוניהון |
| 634 | | Ex19:21 | ייי למשה חות אסהיד | בעמא | דלא ידחקון קדם ייי למיחמיה |
| 635 | | Dt 1:35 | אין יחמי גבר | בעמא | האלין דרה בישה הדין ית |
| 636 | | Nu17:12 | והא שרי מחבלה מחבל | בעמא | ויהב ית קטרתה וכפר על עמא: |
| 637 | | Nu21:06 | בגין כדן {ב}<ג>רי ייי | בעמא | ית חויה שרפיתה ונכתו ית |
| 638 | | Nu20:20 | ונפקו אדומיי לקדמותהון | בעמא | תקיפה ובאדרע מנט לא: |
| 639 | בעמה | Lv21:01 | לא יסתאב כהנא רבה די | בעמה: | |
| 640 | | Lv21:15 | ולא יפס זרעה | בעמה | ארום אנה ייי דקדשת יתהון: |
| 641 | | Nu11:33 | אשתצי ורוגזה דייי תקוף | בעמה | ומחה סגין לחדה: |
| 642 | | Nu11:33M | /ותקף רוגזה דייי | בעמה#2#/ | ומחה סגין לחדה: |
| 643 | בעמי | Ex 9:17 | הא עד כדון את מתרברב | בעמי | דלא למשלחא יתהון: |
| 644 | בעמיה | Lv21:01M | נפיש דמית לא יסתאב | בעמיה#2#/: | |
| 645 | | Lv21:04M | כהנה רבה ואפילו | בעמיה | לאפסה כהונתה רבה אמטול |
| 646 | בעמך | Ex32:11 | למה ה' יתקוף רוגזך | בעמך | די אפקת פריקין מן ארעא |
| 647 | | Nu24:14 | אינון עמא האליין משלוט | בעמך | סוף עקב יומיא: |
| 648 | דע' | Lv 4:03M | {ו}<י>תחייב לחובתהון | דע' | |
| 649 | | Lv18:03M | דארעא /כעובדיהון | דע'#2#/ | דמצרים די שריתון בגווה |
| 650 | דעמ' | Lv18:03M | דכנען /וכעובדיהון | דעמ'#2#/ | די אנה מעל יתכון לתמן |
| 651 | דעמא | Ex11:03M | דפרעה ובאפי | עמא/דעמא#2#/: | |
| 652 | | Nu21:07 | וצלי משה על ידיהון | דעמא: | |
| 653 | | Ex11:03 | ושווי ייי חניהון | דעמא | באפהון דמצריי לחוד גברא |
| 654 | | Ex12:36 | וייי שוי ית חניהון | דעמא | באפיהון דמצריי ואשאלו להון |
| 655 | | Ex32:17 | ושמע יהושע ית קלהון | דעמא | בייכין ואמר למשה קל סדרי |
| 656 | | Ex19:08 | וחזר משה ית מליהון | דעמא | בצלו קדם ייי: |
| 657 | | Gn18:20 | ואמר ייי קבילתהון | דעמא | דסדם ועמרה ארום סגת |
| 658 | | Dt32:32 | מדמיין לעבדיהון | {ל}<ד>עמא | דסדם ומחשבתהון מדמיין |
| 659 | | Dt32:32 | מדמיין למחשבתהון | דעמא | דעמורה עבדיהון עבדין |
| 660 | | Gn34:01 | למתחמייא עם בנתהון | דעמא | דארע': |
| 661 | | Gn23:13 | <...> במשמעהון | דעמא | דארעא למימר לחוד אן לווי |
| 662 | | Gn24:13 | על עניא דמיא ובנתהון | דעמא | דארעא נפקין לממלי מיא: |
| 663 | | Gn27:46 | דחיתיי כאלין מן בנתהון | דעמא | דארעא למה כען לי חיין: |
| 664 | | Ex10:28 | בך ואמסר יתך בידיהון | דעמא | דהון תבעין נפשך ויקטלון |
| 665 | | Gn16:05 | דהיא מבני בניהון | דעמא | דיהבו יתך באתון נורא |
| 666 | | Nu31:36 | והוה פלגותה חלקהון | דעמא | דנפקין לחיל קרבה מנין ען |
| 667 | | Dt 9:27 | לא תסתכל לקשיותהון | דעמא | האליין ולא לחוביהון ולא |
| 668 | | Ex 3:21 | ואתן ית חניהון | דעמא | האילין באפיהון דמצריי |
| 669 | | Nu14:19 | כען ושבוק לחוביהון | {ו}<ד>עמא | האליין כתקוף חסדך |
| 670 | | Dt 5:28 | שמעית ית קל מליהון | דעמא | האליין די מלילו עמך הא שפר |
| 671 | | Dt 9:13 | גלי קדמי ית קשיותהון | דעמא | האליין והא עם קשיין קדל מן |

|  |  |  |  |  |  |
|---|---|---|---|---|---|
| 672 | | Dt32:44 | שבח שירתה הדה במשמעהון | דעמא | הוא ויהושע בר נון: |
| 673 | | Ex24:07 | ספר קיימא וקרא כשמעון | דעמא | ואמרין כל מה די מלל ייי |
| 674 | | Lv16:24 | ית עלתה וית עלתהון | דעמא | ויכפר על ידוי ועל ידי אנש |
| 675 | | Lv 4:03 | דמתרבה יתחייב לחובתון | דעמא | ויקרב על חובתיה די אתחייב |
| 676 | | Ex11:02 | מלל כען במשמעהון | דעמא | וישאלון גבר מן חבריה ואתתא |
| 677 | | Ex 5:06 | ביומא ההוא ית סרכיהון | דעמא | וית דחקיהון למימר: |
| 678 | | Lv 9:07 | דעמא וקרב ית קרבניהון | דעמא | וכפר על ידיהון היך מה דפקד |
| 679 | | Nu11:17 | ויטענון עמך במטלהון | דעמא | ולא תטעון את לבלחודך: |
| 680 | | Ex 5:10 | ונפקו דחקיהון | דעמא | וסרכיהון ואמרין לעמא למימר |
| 681 | | Lv 9:07 | וכפר על ידך ועל ידיהון | דעמא | וקרב ית קרבניהון דעמא וכפר |
| 682 | | Nu26:54 | תסגון אחסנתיה ולשבטא | דעמא | זעירין תזערון אחסנתיה גבר |
| 683 | | Nu26:56 | דעמא סגין ובין שבטה | דעמא | זעירין: |
| 684 | | Nu35:08 | תסגון ומן לוות שבטה | דעמא | זעירין תזערון גבר כפם |
| 685 | | Gn23:11 | לך אתן יתה לקבל בנוי | דעמא | יהבית לך קבר מתך: |
| 686 | | Ex13:17 | אמר ייי דלא יתבר לבהון | דעמא | כד יחמון סדרי קרבא ויחזרון |
| 687 | | Nu33:54M | לשבטה \דעמיה סגין | /דעמא | סגי#2#/ תסגון אחסנתיה |
| 688 | | Nu26:54 | לשבטא | דעמא | סגין תסגון אחסנתיה ולשבטא |
| 689 | | Nu26:56 | תתפלג אחסנתיה בין שבטה | דעמא | סגין ובין שבטה דעמא |
| 690 | | Nu35:08 | ישראל מן לוות שבטה | דעמא | סגין תסגון ומן לוות שבטה |
| 691 | | Ex19:09 | משה ית מליהו«ן» | דעמא | קדם ייי: |
| 692 | | Nu21:18 | שכלילו יתה סכלתניהון | דעמא | שובעיתי חכימי דמפרשין משחו |
| 693 | | Lv16:15M | דחטאתה \דמן | עמא/^דעמא#2#^/דאית | לעמא#2#/ וייתי ית |
| 694 | דעמה | Ex10:28M | ואמסור יתך בין ידיהון | דעמה | אליין די תבעו יתך נפשך |
| 695 | | Nu21:04 | דאדומיי ואתעקת נפשהון | דעמה | באורחה: |
| 696 | | Nu11:10 | ושמע משה ית קלהון | דעמה | בכיין לזרעייהון גבר בתרע |
| 697 | | Nu31:43M | פלגותה \דעם כנשתה | /דעמה | דכנשתה#2#/ מן ע{מ}<נ>ה |
| 698 | | Lv 9:15 | וקרב ית קרבניהון | דעמה | ונסב ית צפירה דחטאתה דמן |
| 699 | | Lv 9:07M | ועל ידיהון | דעמא/^<דעמ>ה#2#^/ | /עליך ועל עמא#2#/ |
| 700 | דעמי | Dt32:42 | בעלי דבביהון | דעמי: | |
| 701 | | Dt32:41 | לשנאוי ולבעלי דבביהון | דעמי | אשלם להון גמלין בישין: |
| 702 | | Ex 3:07 | מחמי חמית ית צערהון | דעמי | דבמצרים וית קבלתהון שמעית |
| 703 | | Dt32:42 | מן אדם קטיליהון | דעמי | ושבייהון מן ראשי גיבריהון |
| 704 | | Ex14:15M | \דבני ישראל קדמא | /דעמי | קדמת#2#/ לדידך מלל עם |
| 705 | דעמי׳ | Ex11:03M | \דעמא באפהון דמצריי | /דעמי׳ | באפיהון דמצראי#2#/ לחוד |
| 706 | דעמיה | Gn24:32 | רגלוי ורגלי גבריא | דעמיה: | |
| 707 | | Gn40:07 | ושאל ית שליטוי דפרעה | דעמיה | במטרא בבייתיה דרבונה |
| 708 | | Dt32:36 | טבייה ית דיניהון | דעמיה | בני ישראל ועל עלבון |
| 709 | | Nu33:54 | תסגון אחסנתיה ולשבטה | דעמיה | זעירין תזער אחסנתיה לכל |
| 710 | | Nu26:56M | /<שב>טיה#2#/ | דעמא/<דע>מיה#2#/ | סגין ובין שבטה |
| 711 | | Nu33:54 | לזרעייתכון לשבטה | דעמיה | סגין תסגון אחסנתיה ולשבטה |
| 712 | דעמך | Ex15:06M | שור בעלי דבביהון | דעמך | |
| 713 | | Nu11:15 | ולא אחמי בבשתהון | דעמך: | |
| 714 | | Ex15:07 | תפגר בעלי דבביהון | דעמך | תשלח בהון תקוף רוגזך תתכל |
| 715 | דבעמ׳ | Ex23:11M | ותיכלון יתי׳ מסכנייה | דבעמ׳ | ומ׳ |
| 716 | דבעמה | Lv21:04 | לא יסתאב רבה | דבעמה | דלא יפס ית כהנתא: |
| 717 | דבעמכון | Ex22:24M | לעמי׳ ית מסכיניי׳ | דבעמכון | לא תהוון לכון מ{י}רי |
| 718 | | Ex22:27 | לא תבזון ורבה | דבעמכון | לא תלוטון: |
| 719 | ועמא | Gn47:21 | דמיצראי ועד סייפא | ועמא | דבקריית׳ אשרי במדינתא ועמא |
| 720 | | Ex33:01 | משה אזל סק מן הכה את | ועמא | די אסקת פריקין מן ארעא |
| 721 | | Gn47:21 | דבקריית׳ אשרי במדינתא | ועמא | דמדינתא אשרי בקרייתא מן |
| 722 | | Gn19:04 | קדם עד לא דמכו | ועמא | דקרתא עמא דסדם אקיפו על |
| 723 | | Ex 5:16 | והא עבדיך לקו ופרעה | ועמא | חטיין: |
| 724 | | Ex 9:27 | ייי הוא צדיקיא ופרעה | ועמא | חייב«י»א: |
| 725 | | Ex19:24 | את ואהרן עמך וכהניא | ועמא | לא ידחקון למיסק קדם ייי |
| 726 | | Ex24:02 | ייי ואינון לא יקרבון | ועמא | לא יסקון עמה: |
| 727 | ועמה | Gn13:13 | | ועמה | דסדם בישין גבר לחבריה |
| 728 | | Nu12:15 | משריתה שבעה יומין | ועמה | לא נטלו עד זמן די אתאסית |
| 729 | ועמיך | Ex 7:28M | ובעמך /עבדיך | ועמיך#2#/ | ובכל שולטנך ובתנורך |
| 730 | ועמך | Ex33:16 | עמן נסין ופלאין אנה | ועמך | «אמיה» מכל עמיה דעל אפי |
| 731 | | Ex33:16 | חן וחסד קדמיך אנה | ועמך | הלא בדברות איקר שכינת«ך» |
| 732 | | Ex33:16M | דעל אפי /ונתכסי אנה | ועמך | מן כל עמה דאית על#2#/ |
| 733 | | Lv21:04M | דלא יפס ית כהנתא | /דבעמכון | למפסה כליל בה#2#/: |
| 734 | ובעמך | Ex 8:17 | אנא מגרי בך ובשלטונך | ובעמך | ובאנשי ביתך ית ערברובא |
| 735 | | Ex 7:28 | על עריסתך ובבתי שלטנך | ובעמך | ובכל שולטנך ובתנורך |
| 736 | | Ex 7:29 | ובך | ובעמך | ובכל שלטנך יסקון ארדעניא: |
| 737 | | Ex 7:29M | \ובך ובעמך /ובכה | ובעמך#2#/ | ובכל שלטנך/עבדיך#2#/ |
| 738 | | Ex 9:14 | על לבך ובשלטונך | ובעמך | מן בגלל די תדע ארום לית |
| 739 | ולעמא | Nu11:18 | | ולעמא | תאמר אתקדשו למחר ותיכלון |
| 740 | ולעמך | Ex 8:05 | אצלי עליך ולשלטוניך | ולעמך | למשיציא ארדעניא מנך ומן |
| 741 | לעמ׳ | Ex17:04M | קליל ורגמ<י>ן יתי | /לעמ׳ | האליין הא קליל צעיר |
| 742 | | Ex19:15 | ואמר | לעמ׳ | הוון מזמנין לתלתא יומין לא |
| 743 | | Ex 4:16M | /עמך#2#/ \לוות | עמא/לעמ׳#2#/ | ויהווי הוא יהווי לך |
| 744 | לעמא | Dt20:02 | קרבא ויקרב כהנה וימלל | לעמא: | |
| 745 | | Ex32:30 | יומא דבתרה ואמר משה | לעמא | אתון חטיתון חובין רברבין |
| 746 | | Gn15:12M | כדין תהדר מלכוותא | לעמא | בית ישראל |
| 747 | | Gn23:11M | חת /ואודי {לעמיה} | לעמא | דארעא קדם בנוי דחת#2#/: |
| 748 | | Gn47:23 | ^^ואמר יוסף | לעמא | הא זבנית יתכון יומא הדין |
| 749 | | Ex 5:22 | ייי למה כען אב{ש}א<ש>ת | לעמא | האליין ולמה כען שלחת יתי: |
| 750 | | Nu14:19 | חסדך והיך מה די סובלת | לעמא | האליין מן מצרים ועד כדון: |
| 751 | | Nu24:14 | עצה אחטי יתהון ^דתעבד | לעמא | האליין#2#^ ואין לא |
| 752 | | Ex 5:23 | לממללה בשם ממרך אבאש | לעמא | האלין ומפרק לא{ו} פרקית ית |
| 753 | | Ex17:04 | קדם ייי למימר מה אעבד | לעמא | הדין עוד קליל ורגמ<י>ן |
| 754 | | Ex13:03 | ואמר משה | לעמא | הוון דכירין יומא הדין |
| 755 | | Ex18:14 | ית כל מה דהוה עבד | לעמ«א» | ואמר מה פתגמא הדין די את |
| 756 | | Lv16:15M | עמא/^דעמא#2#^/דאית | לעמא#2#/ | וייתי ית אדמה/דמא#2#/ |
| 757 | | Lv 9:15M | \דמן עמה /דאית | לעמא#2#/ | ונכס יתה ודכי יתה |
| 758 | | Ex24:03 | ואתא משה ותני | לעמא | ית כל פתגמיא דייי וית כל |
| 759 | | Ex18:19 | ויהווי ייי עמך הוי את | לעמא | כ{מ}תבע אולפן מן קדם ייי |
| 760 | | Ex20:20 | ואמר משה | לעמא | לא תדחלון ארום מן בגלל |
| 761 | | Nu25:02 | וקרין | לעמא | לדבחי טעותהון ואכלו עמא |
| 762 | | Lv 8:05M | ואמר משה \לעם כנשתה | /לעמא | לכניש׳#2#/ דן פתגמא די |
| 763 | | Ex 5:10 | דעמא וסרכיהון ואמרין | לעמא | למימר כדין אמר פרעה לית |
| 764 | | Nu33:14 | ולא הוה תמן מין | לעמא | למישתי: |
| 765 | | Ex 5:07 | לא תוספון למיתן תבן | לעמא | למלבן לבנין לא היך דאיתמל |
| 766 | | Ex18:14 | פתגמא הדין די את עבד | לעמא | מן בגלל מה את יתב לבלחודך |
| 767 | | Nu21:01M | באירה עני ואמ׳ | לעמא | עבדי קרבה אתון וניפוק |
| 768 | | Nu31:21 | ואמר אלעזר כהנא | לעמא | עבדי קרבא דעלו מן חיל קרבא |
| 769 | לעמה | Nu21:06M | וינכת | לעמה | אליין דאתר׳ |
| 770 | | Nu21:06M | וינכת | לעמה | אליין דאתר<עמו> |
| 771 | | Lv 9:18M | \דמן עמה /דאית | לעמה#2#/ | וזמינו/ואקריבו#2#/ בנוי |
| 772 | לעמי | Ex15:09 | בזה רבא אפלג שביתה | לעמי | עבדי קרבא וכד תתמלי מנהון |
| 773 | | Gn49:29 | ואמר להון הא אנא מתכנש | לעמי | קברו יתי גב אבהתי |
| 774 | לעמי׳ | Dt33:02 | אתגלי למתן אוריתה | לעמי׳ | בני ישראל {ו}<ד>נח |
| 775 | | Ex22:24M | "תוזף ... ורבין": תיזפון | לעמי׳ | ית מסכיניי׳ דבעמכון לא |
| 776 | לעמיה | Gn25:17 | שנין וסף ומית ואתכנש | לעמיה: | |
| 777 | | Gn49:33 | וסאף ומית ואתכנש | לעמיה: | |
| 778 | | Ex 7:14M | /דלא למ׳#2#/ \ית | עמא/לעמיה#2#/: | |
| 779 | | Dt33:02 | להבי אשתה ואוריתה יהב | לעמיה: | |

|  |  |  | | | |
|---|---|---|---|---|---|
| 780 | | Nu20:24 | יתכנש אהרן | לעמיה | ארום לא ייעול לארעא די |
| 781 | | Dt33:03M | כל כדן למחבבה | עמא/לעמיה#2#/ | \בני ישראל /בנוי |
| 782 | | Gn23:07M | דבני חת /ואודי ושבח | לעמיה | דארעא#2#/: |
| 783 | | Ex 1:09 | ואמר | לעמיה | הא עמא בני ישראל סגין |
| 784 | | Gn23:11M | דבני חת /ואודי | {לעמיה} | לעמא דארעא קדם בנוי |
| 785 | לעמך | Dt21:08 | כהנייא יימרון כפר | לעמך | ישראל די פרקת ייי ולא |
| 786 | | Gn49:18 | נפשי דאמרת למיתייה | לעמך | בית ישראל לך לפורקנך |
| 787 | | Ex15:11 | עלמיא עבד נסין ופלאין | לעמך | בית ישראל: |
| 788 | מעמא | Lv 4:27 | ואין נפש חדה תחטא בשלו | מעמא | דארעא במעבדה חדה מן |
| 789 | מעמיה | Lv21:14 | לא יסב ארו' אלהן | מעמיה | יסב אתה: |
| 790 | עמ' p em/sf | Ex 8:27M | /עבדוי#2#/ ומעממא/ומן | עמ'#2#/ | לא אשתייר אף/אוף#2#/ לא |
| 791 | עמיא | Ex23:27 | קדמיכון ואערבב ית כל | עמיא | די תיעלון ביניהון ואשוי ית |
| 792 | עמיה | Ex33:16 | אנה ועמך «אמיה» מכל | עמיה | דעל אפי ארעא: |
| 793 | עמיהון | Lv20:18 | וישתיצון תריהון מן גו | עמיהון: | |

עמם *n.* See also:

[410]

## עם *prep.* with

|  |  |  | | | |
|---|---|---|---|---|---|
| 001 | ע' | Nu 9:11M | פטירין ועם /פטירין | ע'#2#/ | מרורין יאכלון יתיה: |
| 002 | עם | Gn18:33 | דייי כד אשלם למללא | עם | אברהם ואברהם חזר לאתריה: |
| 003 | | Gn23:10 | דחת וענה עפרון חתייה | עם | אברהם במשמעהון דבנוי דחת |
| 004 | | Gn23:11 | דחת וענה עפרון חתייה | עם | אברהם במשמעהון דבנוי דחת |
| 005 | | Ex 2:24 | טבייא ית קיימא די קיים | עם | אברה«ם» עם יצחק ועם |
| 006 | | Dt 1:01 | קיימה די קיים עם אבהתכון | עם | אברהם עם יצחק ועם יעקב |
| 007 | | Dt 6:10M | "לאב' ... וליעקב": | עם | אברהם ועם יצחק ועם יעקב |
| 008 | | Dt 9:05M | ממריה דיי' | עם | אברהם ועם יצ' ועם יע' |
| 009 | | Gn13:05 | ולחוד ללוט דהוה אזל | עם | אברם הוה ען ותורין |
| 010 | | Gn15:18 | ˆביומא ההוא#2#ˆ קיים ייי | עם | אברם קיים למימ' לבניך אתן |
| 011 | | Lv 6:18 | מלל | עם | אהרן ועם בנוי למימר דא |
| 012 | | Lv10:08 | ומליל ייי | עם | אהרן למימר: |
| 013 | | Lv10:12 | ומליל משה | עם | אהרן ועם אלעזר ועם איתמר |
| 014 | | Lv16:02 | ואמר ייי למשה מליל | עם | אהר«ן» אחוך דלא יהווי |
| 015 | | Lv17:02 | מליל | עם | אהרן ועם בנוי ועם כל בני |
| 016 | | Lv21:17 | מליל | עם | אהרן למימר גבר גבר מן בניך |
| 017 | | Lv21:24 | ומליל משה | עם | אהרן ועם בנוי ועם כל בני |
| 018 | | Lv22:02 | מליל | עם | אהרן ועם בנוי ויזדהרון מן |
| 019 | | Lv22:18 | מליל | עם | אהרן ועם בנוי ועם כל בני |
| 020 | | Nu 6:23 | מליל | עם | אהרן ועם בנויי למימר כדן |
| 021 | | Nu 8:02 | מליל | עם | אהרן ותימר ליה בסדרותך ית |
| 022 | | Nu18:08 | ומליל ייי | עם | אהרן ואמר ואנה הא יהבית לך |
| 023 | | Nu22:08 | עמי ושרון רברבני מואביי | עם | בלעם: |
| 024 | | Nu22:08M | ויתבו רברבני דמואב | עם | <בלעם> |
| 025 | | Nu22:39 | ואזל בלעם | עם | בלק ועלו לכרכה דמלכותה היא |
| 026 | | Gn14:02 | סדרו קרבא | עם | ברע מלכא דסדום ועם ברשע |
| 027 | | Gn39:10 | והוה כד מללת | עם | יוסף יום בתר יום ולא שמע |
| 028 | | Gn39:21 | והוה ייי | עם | יוסף ושוי עלוי חן וחסד |
| 029 | | Gn41:17 | ומליל פרעה | עם | יוסף בחלמי והא אנא קיים |
| 030 | | Gn31:24 | ואמר לה אזדהר לך לא תמלל | עם | יעקב מן טב עד ביש: |
| 031 | | Gn31:29 | למימר אזדהר לך מן למללה | עם | יעקב מן טב ועד ביש: |
| 032 | | Gn46:26 | כל נפשתא די עלו | עם | יעקב מצרימה נפקי חלציה בר |
| 033 | | Ex 1:01 | ישראל די עלו למצרים | עם | יעקב גבר ואנשי בייתיה עלו: |
| 034 | | Gn17:21 | וית קיימי אקים | עם | יצחק די תלד לך שרה לעדנה |
| 035 | | Gn21:10 | ית ברה דאמתה הדה עם ברי | עם | יצחק: |
| 036 | | Ex 2:24 | די קיים עם אברה«ם» | עֶם | יצחק ועם יעקב: |
| 037 | | Dt 1:01 | עם אבהתכון עם אברהם | עם | יצחק ועם יעקב ומשכן זימנא |
| 038 | | Gn49:19 | ומזיינין אנון יעברון | עם | ישראל ית ירדנא ואנון |
| 039 | | Ex17:08 | עמלק וסדרו סדרי קרבא | עם | ישראל ברפידים: |
| 040 | | Nu21:01 | בה ילליה וסדרו קרבה | עם | ישראל ושבון מנהון שביה: |
| 041 | | Nu21:14 | ˆוגבורתא#2#ˆ דעבד ייי | עם | ישראל כד הוון קיימין על |
| 042 | | Nu21:23 | ואתה ליהצה וסדרו קרבה | עם | ישראל: |
| 043 | | Nu24:20 | שרוי אומיה דסדרו <קרבה> | עם | ישראל עמלקיי ובעקבה ביומוי |
| 044 | | Dt18:01 | שבטה דלוי חולק ואחסנה | עם | ישראל קורבנוי דייי |
| 045 | | Gn31:36M | דיעקוב#2#/ ואדיין | בלבן/עם | לבן#2#/ וענה יעקב |
| 046 | | Gn32:05 | לעשו כדן אמר עבדך יעקב | עם | לבן אתותבת ואשתהיית כדון: |
| 047 | | Dt26:05M | "אלהכון לבן ... ואתותב": | עם | לבן ארמייה פלח אבונן |
| 048 | | Ex 4:30 | ית כל פתגמיא די מלל ייי | עם | משה ועבד נסייא לעיני עמא: |
| 049 | | Ex 6:02 | ומליל ייי | עם | משה ואמר ליה אנא הוא ייי: |
| 050 | | Ex 6:10 | עם בני ישראל} ומלל ייי | עם | משה למימר: |
| 051 | | Ex 6:13 | ומליל ייי | עם | משה ועם אהרן ופקד יתהון |
| 052 | | Ex 6:28 | והוה ביומא די מלל ייי | עם | משה בארעא דמצרים: |
| 053 | | Ex 6:29 | ומלל <ייי> | עם | משה למימר "אני" ייי אנה |
| 054 | | Ex 9:12 | להון היך מה די מלל ייי | עם | משה: |
| 055 | | Ex 9:35 | {דמליל} די מליל ייי | עם | משה: |
| 056 | | Ex13:01 | ומליל ייי | עם | משה למימר: |
| 057 | | Ex14:01 | ומליל ייי | עם | משה למימר: |
| 058 | | Ex16:11 | ומליל ייי | עם | משה למימר: |
| 059 | | Ex17:02 | ואדינו עמא | עם | משה ואמרין הב לן מיין |
| 060 | | Ex17:03 | עמא למייא ואתרעמו עמא | עם | משה ואמרין ליה למה כען |
| 061 | | Ex25:01 | ומליל ייי | עם | משה למימר: |
| 062 | | Ex30:11 | ומלל ייי | עם | משה למימר: |
| 063 | | Ex30:17 | ומלל ייי | עם | משה למימר: |
| 064 | | Ex30:22 | ומליל ייי | עם | משה למימר: |
| 065 | | Ex31:01 | ומלל ייי | עם | משה למימר: |
| 066 | | Ex32:07 | ומלל ייי | עם | משה אזל חות ארום חבלו עמך |
| 067 | | Ex33:01 | ומלל ייי | עם | משה אזל סק מן הכה את ועמא |
| 068 | | Ex33:09 | בתרע משכנה ומלל | עם | משה: |
| 069 | | Ex33:11 | ומלל ייי | עם | משה ממלל לקבל ממלל היך מה |
| 070 | | Ex40:01 | ומליל ייי | עם | משה למימר: |
| 071 | | Lv 4:01 | ומליל ייי | עם | משה למימ': |
| 072 | | Lv 5:14 | ומליל ייי | עם | משה למימר: |
| 073 | | Lv 5:20 | ומליל ייי | עם | משה למימר: |
| 074 | | Lv 6:01 | ומליל ייי | עם | משה למימ': |
| 075 | | Lv 6:12 | ומליל ייי | עם | משה למימר: |
| 076 | | Lv 6:17 | ומליל ייי | עם | משה למימר: |
| 077 | | Lv 7:22 | ומליל ייי | עם | משה למימר: |
| 078 | | Lv 7:28 | ומליל ייי | עם | משה למימר: |
| 079 | | Lv10:19 | ומליל אהרן | עם | משה הא יומא הדן קרבו ית |
| 080 | | Lv11:01 | ומליל ייי | עם | משה ועם אהרן למימר להון: |
| 081 | | Lv12:01 | ומליל ייי | עם | משה למימ': |
| 082 | | Lv13:01 | ומליל ייי | עם | משה ועם אהרן למימר: |
| 083 | | Lv14:01 | ומליל ייי | עם | משה למימר: |
| 084 | | Lv14:33 | ומליל ייי | עם | משה «ועם אהרן» למימר: |
| 085 | | Lv15:01 | ומליל ייי | עם | משה ועם אהרן למימר: |
| 086 | | Lv16:01 | ומליל ייי | עם | משה מן בתר דמיתו תרין בנוי |
| 087 | | Lv17:01 | ומליל ייי | עם | משה למימר: |
| 088 | | Lv18:01 | ומליל ייי | עם | משה למימר: |
| 089 | | Lv19:01 | ומליל ייי | עם | משה למימר: |
| 090 | | Lv20:01 | ומליל ייי | עם | משה למימר: |
| 091 | | Lv21:16 | ומליל ייי | עם | משה למימר: |

|  |  | | | |
|---|---|---|---|---|
| 092 | Lv22:01 | ומליל ייי | עם | משה למימר: |
| 093 | Lv22:17 | ומליל ייי | עם | משה למימר: |
| 094 | Lv22:26 | ומליל ייי | עם | משה למימר: |
| 095 | Lv23:01 | ומליל ייי | עם | משה למימר: |
| 096 | Lv23:09 | ומליל ייי | עם | משה למימר: |
| 097 | Lv23:23 | ומליל ייי | עם | משה למימר: |
| 098 | Lv23:26 | ומליל ייי | עם | משה למימר: |
| 099 | Lv23:33 | ומליל ייי | עם | משה למימר: |
| 100 | Lv24:01 | ומליל ייי | עם | משה למימר: |
| 101 | Lv24:13 | ומליל ייי | עם | משה למימר: |
| 102 | Lv25:01 | ומליל ייי | עם | משה ^בטורא דסיני^#2# |
| 103 | Lv27:01 | ומליל ייי | עם | משה למימר: |
| 104 | Nu 1:01 | ומליל ממרה דייי | עם | משה במדברה דסיני במשכן |
| 105 | Nu 1:48 | ומליל ייי | עם | משה למימר: |
| 106 | Nu 2:01 | ומליל ייי | עם | משה ועם אהרן למימר: |
| 107 | Nu 3:01 | ביומא די מלל «ייי» | עם | משה בטורא דסיני: |
| 108 | Nu 3:05 | ומליל ייי | עם | משה למימר: |
| 109 | Nu 3:11 | ומלל ייי | עם | משה למימר: |
| 110 | Nu 3:14 | ומליל ייי | עם | משה במדברה דסיני למימר: |
| 111 | Nu 3:44 | ומליל ייי | עם | משה למימר: |
| 112 | Nu 4:01 | ומליל ייי | עם | משה ועם אהרן למ«י»מר: |
| 113 | Nu 4:17 | ומליל ייי | עם | משה ועם אהרן למימר: |
| 114 | Nu 4:21 | ומליל ייי | עם | משה למימר: |
| 115 | Nu 5:01 | ומליל ייי | עם | משה למימר: |
| 116 | Nu 5:04 | משריתה היך מה די מלל ייי | עם | משה כדן עבדו בני ישראל: |
| 117 | Nu 5:05 | ומליל ייי | עם | משה למימר: |
| 118 | Nu 5:11 | ומליל ייי | עם | משה למימר: |
| 119 | Nu 6:01 | ומליל ייי | עם | משה למימר: |
| 120 | Nu 6:22 | ומליל ייי | עם | משה למימר: |
| 121 | Nu 7:89M | תמן הוה דבירה ממלל עמיה/ | עם | משה#2#/: |
| 122 | Nu 8:01 | ומליל ייי | עם | משה למימר: |
| 123 | Nu 8:05 | ומלל ייי | עם | משה לממר: |
| 124 | Nu 8:23 | ומלל ייי | עם | משה למימר: |
| 125 | Nu 9:01 | ומלל ייי | עם | משה במדברה דסיני בשתה |
| 126 | Nu 9:09 | ומליל ייי | עם | משה למימר: |
| 127 | Nu10:01 | ומליל ייי | עם | משה למימר: |
| 128 | Nu12:02 | ואמרין להוד | עם | משה מלל ייי הלא אוף עמן |
| 129 | Nu13:01 | ומליל ייי | עם | משה למימר: |
| 130 | Nu14:26 | ומליל ייי | עם | משה ועם אהרן למימר: |
| 131 | Nu15:01 | ומליל ייי | עם | משה למימר: |
| 132 | Nu15:17 | ומליל ייי | עם | משה למימר: |
| 133 | Nu15:22 | האליין די מלל <ייי> | עם | משה: |
| 134 | Nu16:20 | ומליל ייי | עם | משה ועם אהרן למימר: |
| 135 | Nu16:23 | ומליל ייי | עם | משה למימר: |
| 136 | Nu17:01 | ומליל ייי | עם | משה למימר: |
| 137 | Nu17:09 | ומליל ייי | עם | משה למימר: |
| 138 | Nu17:16 | ומליל ייי | עם | משה למימר: |
| 139 | Nu18:25 | ומליל ייי | עם | משה למימר: |
| 140 | Nu19:01 | ומליל ייי | עם | משה ועם אהרן למימר: |
| 141 | Nu20:07 | ומליל ייי | עם | משה למימר: |
| 142 | Nu25:10 | ומליל ייי | עם | משה למימר: |
| 143 | Nu25:16 | ומליל ייי | עם | משה למימר: |
| 144 | Nu26:52 | ומליל ייי | עם | משה למימר: |
| 145 | Nu28:01 | ומליל ייי | עם | משה למימר: |
| 146 | Nu31:01 | ומליל ייי | עם | משה למימר: |
| 147 | Nu33:50 | ומליל ייי | עם | משה במישריה דמואב סמיך |
| 148 | Nu34:01 | ומליל ייי | עם | משה למימר: |
| 149 | Nu34:16 | ומליל ייי | עם | משה למימר: |
| 150 | Nu35:01 | ומליל ייי | עם | משה במישריה דמואב סמיך |
| 151 | Nu35:09 | ומליל ייי | עם | משה למימר: |
| 152 | Dt32:48 | ומלל ייי | עם | משה בזמן יומא הדין למימר: |
| 153 | Gn 7:09 | תרין תרין עלו | עם | נח לתיבותא דכר וזוגה |
| 154 | Gn 7:15 | ועלו | עם | נח לתיבותא תרין תרין מן כל |
| 155 | Gn 8:15 | ומליל ייי | עם | נח למימר: |
| 156 | Gn27:05 | ורבקה שומעת כד מלל יצחק | עם | עשו בריה ואזל עשו לאפיה |
| 157 | Gn27:06 | שמעית ית קלא דאבוך ממלל | עם | עשו אחוך למימר: |
| 158 | Gn32:20 | למימר כפתגמא הדין תמללון | עם | עשו בזמניה די תארעון יתה: |
| 159 | Nu16:05 | ומליל | עם | קרח ועם כל כנשתה למימר |
| 160 | Nu16:32 | וית כל ^ברייתה דהון | עם | קרח וית כל#2#^ מה דלהון: |
| 161 | Gn26:08 | חרכא וחזא והא יצחק מגהך | עם | רבקה אתתה: |
| 162 | Gn19:34 | לזעירתא הא שמשת ברמשא | עם | אבא נשקי יתיה חמר אף ליליא |
| 163 | Dt31:16 | למשה הא את מתכנש בשלם | עם | אבהתך וקיימין עמה האיליין |
| 164 | Dt 1:01 | דאדכר לכון קיימה די קיים | עם | אבהתכון עם אברהם עם יצחק |
| 165 | Dt 5:03 | לא | עם | אבהתן קיים ייי ית קיימה |
| 166 | Gn19:33 | הוא ועלת רבתא ושמישת | עם | אבוה ולא ידע בדמכה ובמקמה: |
| 167 | Gn28:10 | אלין חמישיתי נסיא אתעבדו | עם | אבונן יעקב בזמנא די נפק מן |
| 168 | Gn28:10 | חמשה נסין אתעבדו | עם | אבונן יעקב בזמנא דנפק |
| 169 | Gn42:13 | בארעא דכנען והא זעירא | עם | אבונן יומא הדין וחד מנן מן |
| 170 | Gn42:32 | בסופיה וזעירא יומא דן | עם | אבונן בארעא דכנען: |
| 171 | Dt33:20 | בני קטילין פרק ראשא | עם | אדרעא: |
| 172 | Gn37:02 | בר שבע עשרה שנה הוה רעי | עם | אחוי בענה והוא הוה טלי |
| 173 | Gn42:04 | אחוי דיוסף לא שלח יעקב | עם | אחוי ארום אמר דלא יערע יתיה |
| 174 | Gn44:33 | עבד לריבוני וטליא יסק | עם | אחוי: |
| 175 | Dt10:09 | לשבטה דלוי חלק ואחסנה | עם | אחוי קרבנוי דייי אינון |
| 176 | Gn49:22 | ויקבלון חולק ואחסנון | עם | אחיהון בפלג ארעא: |
| 177 | Dt27:22 | ליט יהווי גברה די ישמש | עם | אחתיה ברת אבוי או ברת אמיה |
| 178 | Lv20:02M | או גבר סיב דישמש | עם | איתתה מבנת עממיא |
| 179 | Ex29:40 | הנה חמר כהדן סדרא תקרבון | עם | אמרא חדתה: |
| 180 | Nu28:07 | חמר רביעות הינה תקרבון | עם | אמרא חדתה במני בית קודשה |
| 181 | Nu28:13 | מנחה פילה במשח תקרבון | עם | אמרא חתתה עלה ריח דרעוה |
| 182 | Nu28:14 | דכרא ורבעות הינא תקרבון | עם | אמרא חמר דא עלתה די תהווי |
| 183 | Nu28:21 | עשרון עשרון מכלתה תקרבון | עם | אמרא חדתה כהדין סדרא תקרבון |
| 184 | Nu28:29 | עשרון עשרון מכלתה תקרבון | עם | אמרא חדתה כהדן סדרא תקרבון |
| 185 | Nu29:04 | ועשרון מכלתה חד תקרבון | עם | אמרא חדתה כהדין סדרא תקרבון |
| 186 | Nu29:15 | ועשרון עשרון מכלתה תקרבון | עם | אמרא חדתא כהדין סידרא |
| 187 | Nu15:11 | חדתה או עם דכרה חדתה או | עם | אמרה באמריה או בגדיה או |
| 188 | Nu29:10 | עשרון עשרון מכלתה תקרבון | עם | אמרה חדתה כהדן סידרא תקרבון |
| 189 | Nu29:18 | עם תורייה עם דכרייא | עם | אמרייה במנייניהון כסדר |
| 190 | Nu29:21 | עם תורייה עם דכרייה | עם | אמרייה במנייניהון כסדר דינה: |
| 191 | Nu29:24 | מקריבין עמהון עם תורייה | עם | אמרייה ועם דכרייה במנייניהון |
| 192 | Nu29:27 | תהוון מקרבין עם תורייה | עם | אמרייה ועם אמרייה |
| 193 | Nu29:33 | עמהון עם תוריה עם דכרייה | עם | אמרייה במנייניהון כסדר |
| 194 | Gn34:20 | ברה לתרע קרתיהון ומלילו | עם | אנשי קרתיהון למימר: |
| 195 | Gn50:04 | יומי בכיתיה ומליל יוסף | עם | אנשי בייתיה דפרעה למימר אן |
| 196 | Nu29:15 | חדתא כהדין סידרא תקרבון | עם | ארבעת עשרתי <אמרייה>: |
| 197 | Ex 8:18 | ניסין ופליין ביומא ההוא | עם | ארעא דגשן די עמי שריין עלה |
| 198 | Lv15:33 | או לנקבה ולגבר די ישמש | עם | אתה מסאבה: |
| 199 | Lv19:20 | וגבר {כ}<ד>י ישמש | עם | אתה תשמי' דזרע והיא אמתה |

|  |  |  |
|---|---|---|
| 200 | Lv20:18 | וגבר די ישמש עם אתתה דוה ויבזי ית עריתה וית |
| 201 | Dt22:22 | ארום ישתכח גבר משמש עם אתה נסיבת גבר וימותון לחוד |
| 202 | Dt27:20 | ליט יהווי גברה די ישמש עם אתת אבוי ארום בזי עריתה |
| 203 | Lv20:10 | וגבר די ישמש עם אתתה דגבר ודי יגיי«ר» עם |
| 204 | Lv20:11 | וגבר די ישמש עם אתתה דאבוי מתקטלה יתקטל |
| 205 | Lv20:12 | וגבר די ישמש עם אתתה דברה מתקטלה יתקטלון |
| 206 | Dt22:22 | לחוד תריהון גברה דמשמש עם אתתה ואתתה ותבערון עבדי |
| 207 | Dt27:20M | ישמש עם אתת אבוי /דמשמש עם אתתה דאבוי#2/ ארום בזי |
| 208 | Lv20:10 | אתתה דגבר ודי יגיי«ר» עם אתתיה דחבריה אתקטלה יתקטל |
| 209 | Gn26:10 | זעיר אילו שמש חד מן טליא עם אתתך והוות מייתי עלינן |
| 210 | Nu17:10M | \מן גו עם כנישתה /עם ביני עם כנשתה#2/ הדה |
| 211 | Ex17:16 | בר קיש הוא יסדר קרבא עם בית עמלק ויקטול מלכין עם |
| 212 | Gn23:03 | מעלווי אפי מיתה ומליל עם בנוי דחת למימר: |
| 213 | Gn37:02 | בענה והוא הוה טלי מתרבי עם בנוי דבלהה ועם בנוי דזלפה |
| 214 | Ex 6:09 | ומלל משה כדין עם בני ישראל ולא שמעו למילוי |
| 215 | Ex 6:10 | {ומלל משה כדין עם בני ישראל} ומלל ייי עם |
| 216 | Ex14:02 | מליל עם בני ישראל ויחזרון וישרון |
| 217 | Ex14:15 | את קיים תהווי לדידך מלל עם בני ישראל ויטלון: |
| 218 | Ex19:06 | אליין פתגמיא די תמלל עם בני ישראל: |
| 219 | Ex25:02 | מלל עם בני ישראל ויפרשון לשמי |
| 220 | Ex31:13 | ואת מלל עם בני ישראל למימר לחוד ית |
| 221 | Ex34:34 | והוה נפק וממלל עם בני ישראל ית מה דאתפקד: |
| 222 | Lv 1:02 | מלל עם בני ישראל ותימר ליהון |
| 223 | Lv 4:02 | מליל עם בני ישראל למימר נפש ארום |
| 224 | Lv 7:23 | מליל עם בני ישראל למימר כל תרב תור |
| 225 | Lv 7:29 | מלל עם בני ישראל למימר מן דמקרב |
| 226 | Lv11:02 | מללו עם בני ישראל למימר דא חייתה |
| 227 | Lv12:02 | מליל עם בני ישראל למימר אתא ארום |
| 228 | Lv15:02 | מללו עם בני ישראל ותימרון להון גבר |
| 229 | Lv18:02 | מליל עם בני ישראל ותימר ליהון אנה |
| 230 | Lv19:18M | תהוון> נקמנין ולא נטרין עם בני עמכון ותרחמון לרחמכון |
| 231 | Lv23:02 | מלל עם בני ישראל ותימר להון |
| 232 | Lv23:10 | מלל עם בני ישראל ותימר להון ארום |
| 233 | Lv23:34 | מליל עם בני ישראל למימר בחמשת עשר |
| 234 | Lv24:23 | ומלל משה עם בני ישראל ואפיקו ית «מן» |
| 235 | Lv25:02 | מליל עם בני ישראל ותימ' להון ארום |
| 236 | Lv27:02 | מליל עם בני ישראל ותימר להון גבר |
| 237 | Nu 5:06 | מליל עם בני ישראל גבר ^או#2^ אתה |
| 238 | Nu 5:12 | מליל עם בני ישראל ותימר להון גבר |
| 239 | Nu 6:02 | מליל עם בני ישראל ותימר להון גבר |
| 240 | Nu 9:04 | ומליל משה עם בני ישראל למעבד פיסחה: |
| 241 | Nu 9:10 | מלל עם בני ישראל למימר גבר גבר |
| 242 | Nu15:02 | מליל עם בני ישראל ותימר להון ארום |
| 243 | Nu15:18 | מליל עם בני ישראל ותימ' להון ארום |
| 244 | Nu15:38 | מליל עם בני ישראל ותימר להון |
| 245 | Nu17:17 | מליל עם בני ישראל וקבל מלוותהון |
| 246 | Nu17:21 | ומליל משה עם בני ישראל ויהבו ליה כל |
| 247 | Nu19:02 | די פקד ייי למימר מליל עם בני ישראל ויסבון וייתון |
| 248 | Nu33:51 | מליל עם בני ישראל ותימר להון ארום |
| 249 | Nu35:10 | מליל עם בני ישראל ותימר להון ארום |
| 250 | Dt 1:03 | בחד יום לירחא מלל משה עם בני ישראל כל מה די פקד ייי |
| 251 | Dt 4:45 | דינייה די מלל משה עם בני ישראל באפקותהון פריקין |
| 252 | Dt28:69 | פקד ייי ית משה למקיימה עם בני ישראל בארעה דמואב |
| 253 | Gn32:12 | ויקטול יתי וישיצי אמה עם בניא: |
| 254 | Gn34:30M | אותי וישיצי אמהתא עם בנייה#2/: |
| 255 | Dt22:06 | על בעייה לא תסבון אמהתה עם בנייה: |
| 256 | Gn34:01 | די ילדת ליעקב למתחמייא עם בנתהון דעמא דארע': |
| 257 | Nu25:01 | בשטים ושרי עמא למזניה עם בנתהון דמואבי: |
| 258 | Ex22:18 | כל דמשמש עם בעיר מתקטלה יתקטיל: |
| 259 | Gn34:05 | ית דינה ברתה ובנוי הוון עם בעירה באפיה ברא ושתק יעקב |
| 260 | Dt20:04 | למסדרה לכון סדרי קרביכון עם בעלי דבביכון למשיזבה יתכון: |
| 261 | Nu15:09 | ויקרב עם בר תוריה מנחה סלת תלתה |
| 262 | Dt 5:24 | ארום ימלל מימרה דייי עם בר נשא וה{י}<ו>א חיה: |
| 263 | Dt 5:24M | אפשר מן קדם ייי לממללא עם בר נשא ויחי |
| 264 | Gn21:10 | לא יירת ית ברה דאמתה הדה עם ברי עם יצחק: |
| 265 | Gn34:07 | עבד בישראל למשמשה עם ברתה דיעקב וכדן לא הוה כשר |
| 266 | Dt12:23 | הוא נפשה לא תאכלון נפשה עם בשרה: |
| 267 | Gn24:58 | לרבקה ואמרן לה הא תזלין עם גברא הדין ואמרית אזיל: |
| 268 | Nu22:35 | מלאכה דייי לבלעם אזל עם גברייה ולהוד ית פתגמא די |
| 269 | Dt32:25 | בתולין ינקין ומתרכין עם גברין סבין: |
| 270 | Ex20:14 | לא חברין ולא שותפין עם גיורין ולא יתחמי בכנישתהון |
| 271 | Ex20:14 | יתחמי בכנישתהון דישראל עם גיורין דלא יקומון בניכון |
| 272 | Ex20:14 | וילפון לחוד אינון למהוי עם גיורין ארום בחובי גיורא |
| 273 | Dt 5:18 | ולא חברין ולא שותפין עם גיורין <....> דלא יקומון |
| 274 | Dt 5:18 | לחוד אינון למיהווי עם גייורין ארום בחובי גייוריה |
| 275 | Ex20:15 | לא חברין ולא שותפין עם גנבין ולא יתחמי בכנישתהון |
| 276 | Ex20:15 | יתחמי בכנישתהון דישראל עם גנבין דלא יקומון בניכון |
| 277 | Ex20:15 | וילפון לחוד אינון למהוי עם גנבין ארום בחובי גנביא כפנא |
| 278 | Dt 5:19 | ולא חברין ולא שותפין עם גנבין ולא יתחמי בכנישתהון |
| 279 | Dt 5:19 | יתחמי בכנישתהון דישראל עם גנבין דלא יקומון בניכון |
| 280 | Dt 5:19 | וילפון לחוד אינון למהוי עם גנבין ארום בחובי גנבייה |
| 281 | Ex17:09 | ופוק וסדר סדרי קרבא עם דבית עמלק למחר הא אנה קיים |
| 282 | Ex17:10 | רביה למסדרא סדרי קרבא עם דבית עמלק ומשה ואהרן |
| 283 | Ex34:12 | אזדהר לך דלא תקיים קיים עם דיירי ארעא די אתון עלין |
| 284 | Ex34:15 | לא תקיימון קיים עם דיירי ארעא ויטעון בתר |
| 285 | Lv20:13 | וגבר די ישמש עם דכורה תשמיש דאתה מרחקה עבדו |
| 286 | Lv27:07M | שנין ולעיל \אין דכר /עם דכורה#2/ ויהוי עלויה |
| 287 | Nu28:14 | תורא ותלתות הינא תקרבון עם דכרא ורבעות הינא תקרבון עם |
| 288 | Nu28:20M | \עם תורה ותרין עשרונין עם דכרא#2/ תקרבון: |
| 289 | Nu28:28 | תורה חדתה תרין עשרונין עם דכרא חדתה תקרבון: |
| 290 | Nu29:03 | עם תורה תרין עשרונין עם דכרא תקרבון: |
| 291 | Nu29:14 | תרין עשרונין תקרבון עם דכרא חדתא כהדין סידרא |
| 292 | Nu15:06 | או עם דכרה תקרבון מנחה סלת תרין |
| 293 | Nu15:11 | תקרבון עם תורה חדתה או עם דכרה חדתה או עם אמרה באמריה |
| 294 | Nu28:12 | סלת מנחה פילה במשח עם דכרה חדתה תקרבון: |
| 295 | Nu29:09 | עם תורה תרין עשרונין עם דכרה חדתה תקרבון: |
| 296 | Nu29:18 | מקריבין עמהון עם תורייה עם דכרייא עם אמרייא במיניינהון |
| 297 | Nu29:21 | מקריבין עמהון עם תורייה עם דכרייה עם אמרייה במניינהון |
| 298 | Nu29:30M | עמהון עם תורייה עם דכרייה ועם אמרייה |
| 299 | Nu29:33 | מקריבין עמהון עם תוריה עם דכרייה עם אמרייה במנינהון |
| 300 | Lv20:20 | וגבר די ישמש עם חביבתה עריתה דחביבתה בזי |
| 301 | Lv26:36 | וירדוף קל עליה דשף עם חבר ונתר ויערקון כמקדם שלפי |
| 302 | Ex33:11 | ממלל היך מה דממלל גבר עם חבריה וחזר למשריתה ושמשיה |
| 303 | Dt19:05 | ודי ייעול עם חבריה ב{ק}<ח>ורשא למקטב |
| 304 | Nu31:50M | מנהין ולא אתייחד חד מנן עם חד מנהין דלא נהווי שותף |
| 305 | Nu31:50 | כל כדן לא אתאחד חד מנן עם חדה מנהון בעלמא הדין דלא |
| 306 | Ex23:01M | לשקר ולא תשוון ידיכו' עם חי' עמי בני ישרא' לא |
| 307 | Gn18:23 | הא ברגז את משיציא זכייא עם חייבא: |

|  |  | | | |
|---|---|---|---|---|
| 308 | Gn18:25 | פתגמא הדין לממתה זכייה | עם | חייבא ויהוי דינא דזכייא |
| 309 | Ex23:01 | שהדי שקרא לא תשותף ידך | עם | חייבה למהווי ליה סהד שקר: |
| 310 | Ex20:17 | לא חברין ולא שותפין | עם | חמודין ולא יתחמי בכנישתהון |
| 311 | Ex20:17 | יתחמי בכנישתהון דישרא׳ | עם | חמודין דלא יקומון בניכון |
| 312 | Ex20:17 | וילפון לחוד אינון למהוי | עם | חמודין לא יתחמד גבר מנכון |
| 313 | Dt 5:21 | וילפון לחוד אנון למהוי | עם | חמודין ולא יתחמד אנש מנכון |
| 314 | Ex18:12 | דישראל למיכל לחמא | עם | חמוי דמשה קדם ייי: |
| 315 | Dt32:24 | כחיוותה ברה אגרה בהון | עם | חמת{ה}הון דתניניא וזחלוי |
| 316 | Gn19:14 | ונפק לוט ומלל | עם | חתנוי נסבי בנתיה ואמר קומו |
| 317 | Dt27:23 | ליט יהווי גברה די ישמש | עם | חתנתיה ויאמרון כל עמא אמן: |
| 318 | Dt32:14 | ודכרין בני בתניי וגדיין | עם | טוב שומניהון דחטייא אמר |
| 319 | Dt32:14 | שמיני תורין ורכיכי ען | עם | טוב דפטימין ודכרין בני |
| 320 | Gn21:20 | והוה ייי | עם | טליא ורבה ושרא במדברא והוי |
| 321 | Nu27:15 | ומליל משה | עם | ייי למימר: |
| 322 | Dt18:13 | שלמין תהוון בעבדה טבה | עם | ייי אלהכון: |
| 323 | Nu20:08 | את ואהרן אחוך ותמללון | עם | כיפה קדמיהון לעייניהון ויתן |
| 324 | Gn31:32M | \גב מן | /עם | כל מן#2#/ די תשכח ית |
| 325 | Ex12:03 | מללו {א} | עם | כל כנישתא דבני ישראל בעשרה |
| 326 | Ex16:10 | והוא כד מלל אהרן | עם | כל כנישתא דבני ישראל |
| 327 | Ex28:03 | ואת תמלל | עם | כל חכימא ליבא די אשלמית |
| 328 | Lv19:02 | מליל | עם | כל כנשתה דבני ישראל ותימר |
| 329 | Nu14:39 | משה ית פתגמיה האלין | עם | כל בני ישראל ואתאבלו עמא |
| 330 | Nu15:12 | תעבדון כהדין סדרא תקרבון | עם | כל חד כמניינהון: |
| 331 | Nu16:24 | מליל | עם | כל כנשתה למימר אסתלקו |
| 332 | Dt 1:01 | אלין פתגמייה די מלל משה | עם | כל בני ישראל ואוכח יתהון |
| 333 | Dt 5:22 | ית דביריה האליין מלל ייי | עם | כל קהלכון בטורא מן גו להבי |
| 334 | Dt27:09 | ומליל משה וכהנייה ליוויי | עם | כל ישראל למימר אציתו ושמעו |
| 335 | Dt27:21 | ליט יהווי גברה די ישמש | עם | כל בעיר ויאמרון כל עמא אמן: |
| 336 | Dt32:45 | ית כל פתגמייא האיליין | עם | כל ישראל: |
| 337 | Lv 8:01 | ומליל ייי | עם | {ל}משה למימר: |
| 338 | Dt 8:05 | ותתפיסון | עם | לבביכון ארום היך מה דרדי |
| 339 | Dt30:01 | די סדרת קדמיכון ותתחזרון | עם | לבביכון בכל אומייה די סדר |
| 340 | Gn 6:06 | {ואריק}<ואדיין> ואתפייס | עם | לבה: |
| 341 | Gn34:03 | ורחם ית רביתא ומליל | עם | לבה {ו}<ד>רביתה מלל דשלם: |
| 342 | Gn24:45 | קדם עד לא אשלמת לממללה | עם | לבי והא רבקה נפקת וקולתה |
| 343 | Nu25:14 | ישראל קטילה מה די אתקטל | עם | מדיניתה זמרי בן סלוא רב |
| 344 | Nu25:04 | צליבה וקברין ית נבלתהון | עם | מטמעי שמשא בכדן יחזור תקוף |
| 345 | Dt24:13 | מחזרה תחזר לה ית משכוניה | עם | מטמעי שמשה וידמוך בלבושיה |
| 346 | Nu34:06 | נוסוי מעוזוי וספינתה | עם | מי«י»א קדמויי די בגווה |
| 347 | Gn32:29 | ארום {אתרבבת} אתרברבת | עם | מלאכין מן קדם ייי ועם |
| 348 | Nu21:26 | הוות והוא סדר קרבה | עם | מלכיהון דמואביי קדמייה ונסב |
| 349 | Ex 4:15M | פמה ואלף יתכון /הווי | עם | מלל פמך ועם מלל פומיה |
| 350 | Ex 4:12 | אזל ואנה עם ממרי אהיה | עם | ממלל פמך ואלף יתך ית די |
| 351 | Ex 4:15 | במימרי {אלה} «אהוי» | עם | ממלל פ{פ}מך ועם ממלל פמה |
| 352 | Ex 4:12 | וכדון אזל ואנה | עם | ממרי אהיה עם ממלל פמך ואלף |
| 353 | Lv25:50 | ויחשב | עם | מן דזבן יתיה מן שתה דאזדבן |
| 354 | Ex14:12M | מינן ונפלח \קדם מצריי | /עם | מצראי#2#/ ארום טב הוה לן |
| 355 | Ex12:08 | בנורא פטירין {עם מרירין} | עם | מרורין ייכלון יתיה: |
| 356 | Ex12:08 | פסחא צלי בנורא פטירין | {עם | מרירין} עם מרורין ייכלון |
| 357 | Dt 5:20 | לשהדי שקרא ולא יתחבר | עם | משהדי שקר דלא יקומון בניכון |
| 358 | Dt 5:20M | "למהוי ... דשקר": למהוי | עם | משהדי שקרא |
| 359 | Ex14:05M | ותנון אקטרין דמטיילין | עם | משרייתיהון דישר׳ ועבדו על |
| 360 | Ex35:22M | גובריא \סמיך לנשיא | /עם | נשייא#2#/ כל די נדב |
| 361 | Ex20:16 | שקר לא חברין ולא שותפין | עם | סהדי שקרא ולא יתחמי |
| 362 | Ex20:16 | יתחמי בכנישתהון דישראל | עם | סהדי שיקרא דלא יקומון |
| 363 | Ex20:16 | וילפון לחוד אינון למהוי | עם | סהדי שקרא ארום בחובי סהדי |
| 364 | Gn32:11 | ומן כל קושטא די עבדת | עם | עבדך ארום בחוטרי עברת ית |
| 365 | Ex 4:10 | לחוד מן זמנא די {מ}מללת | עם | עבדך ארום חגר פ{ס}<ם> חגר |
| 366 | Nu32:31 | למימ׳ ית מה די מלל ייי | עם | עבדך כדן נעבד: |
| 367 | Gn43:32 | הוון יכלין מצראי למיכל | עם | עבריי לחם ארום מרחקה היא |
| 368 | Nu11:24 | ונפק משה ומלל | עם | עמא ית כל פתגמוי דייי וכנש |
| 369 | Nu16:26M | ומליל \לוות כנישתה | /עם | עמא דכנישתה#2#/ למימר |
| 370 | Nu31:03 | ומליל משה | עם | עמא למימ׳ אזדיינו |
| 371 | Dt20:05 | וימללו סרכיה | עם | עמא למימר מן הוא דן גברא |
| 372 | Dt20:08 | ויוספון סרכייה לממללה | עם | עמא ויימרון מן הוא גברא |
| 373 | Dt20:09 | כד ישלמון סרכייה לממללה | עם | עמא וימנון רברבניה חיילוון |
| 374 | Gn29:06 | שלם והא רחל ברתיה אתייא | עם | ענה: |
| 375 | Gn29:09 | ממלל עמהון ורחל אתת | עם | ענה די לאבוהי ארום {{רעיא}} |
| 376 | Nu35:24 | בין קטולא ובין תבוע אדמא | עם | עסק דיניא האילין: |
| 377 | Gn41:09 | ומלל רב מזוגיא | עם | פרעה למימר ית סרחנוי אנה |
| 378 | Gn41:28 | ההוא פתגמא די מלילית | עם | פרעה ית מה דייי עבד אתני |
| 379 | Ex 6:11 | עול מלל | עם | פרעה מלכא דמצרים וישלח ית |
| 380 | Ex 6:27 | אינון דממללין | עם | פרעה מלכא דמצרים למפקה ית |
| 381 | Ex 6:29 | ייי אנה ^הוא#2#^ ייי מלל | עם | פרעה מלכא דמצרים ית כל מה |
| 382 | Ex 7:02 | יתך ואהרן אחוך ימלל | עם | פרעה וישלח ית בני ישראל |
| 383 | Ex 7:07 | ותלת שנין במללותיהון | עם | פרעה: |
| 384 | Lv26:45 | ואדכר להון קיימה די קיימת | עם | קדמי ודי אפקת יתהון פריקין |
| 385 | Lv20:17 | ית ערייתיה חסד הוה דעבדת | עם | קדמיי למבני עלמא ברם מן |
| 386 | Ex20:13 | לא חברין ולא שותפין | עם | קטוליא ולא יתחמי בכנישתיהון |
| 387 | Ex20:13 | יתחמי בכנישתיהון דישראל | עם | קטולין דלא יקומון בניכון |
| 388 | Ex20:13 | וילפון לחוד אינון למהוי | עם | קטולין ארום בחובי קטוליא |
| 389 | Dt 5:17 | ולא חברין ולא שותפין | עם | קטולין ולא יתחמי בכנישתהון |
| 390 | Dt 5:17 | יתחמי בכנישתהון דישראל | עם | קטולין דלא יקומון בניכון |
| 391 | Dt 5:17 | לחוד אינון למיהווי | עם | קטולין ארום בחובי קטוליה |
| 392 | Nu30:02 | ומליל משה | עם | ראשי שבטיה דבני ישראל |
| 393 | Gn24:12 | קדמוי יומא הדין ועבד חסד | עם | רבוני אברה«ם»: |
| 394 | Gn24:14 | ובה אדע ארום עבדת חסד | עם | רבוני: |
| 395 | Gn24:49 | ברעתכון למעבד חסד וטבו | עם | רבוני תנון לי ואן לא תנון |
| 396 | Nu22:21 | בצפרא ושוי ית אתנתה ואזל | עם | רברבני מואביי: |
| 397 | Nu22:35 | עמך יתה תמלל ואזל בלעם | עם | רברבני בלק: |
| 398 | Ex12:09 | ארום אלהן צלי בנורא ראש | עם | רגלוי ועם בני גווה: |
| 399 | Gn24:27 | דלא שבק חסדה וקושטה | עם | ריבוני אנא באורחא דבר יתי |
| 400 | Gn26:20 | ואדיינו רעויי דגרר | עם | רעוי דיצחק למימר דינן אנן |
| 401 | Nu19:05 | וית בשרה וי{א}<ת> אדמה | עם | רעייה יוקד יתה: |
| 402 | Nu29:10 | חדתה כהדין סידרא תקרבון | עם | שבעתי אמריה: |
| 403 | Nu28:21 | חדתה כהדין סדרא תקרבון | עם | שבעתיה אמריה: |
| 404 | Nu29:04 | חדתה כהדין סדרא תקרבון | עם | שבעתי{ה} אמריה: |
| 405 | Dt 5:20M | ולא שותפין \לשהדי שקרא | /עם | שהדי#2#/ ולא יתחבר עם |
| 406 | Dt33:17 | שנאיהון ומקטלין מלכין | עם | שולטנין אינון ריבבתה דקטל |
| 407 | Gn49:11 | על שנאוי ומקטל מלכין | עם | שלטונין מסמק טורייא מדם |
| 408 | Gn49:17 | לקבל שנאוי ומקטל מלכין | עם | שלטונין: |
| 409 | Ex17:16 | בית עמלק ויקטול מלכין | עם | שלטונין ומה דמשתייר בהון |
| 410 | Nu21:15M | יתהון ומקטלין מלכין | עם | שלטנין בה<הי>א שעתה |
| 411 | Nu28:14 | עמהון פלגות הינא תקרבון | עם | תורא ותלתות הינא תקרבון עם |
| 412 | Nu15:11 | כהדן סידרה תקרבון | עם | תורה חדתה או עם דכרה חדתה |
| 413 | Nu28:12M | \לתור חד ותרין /תקרבון | עם | תורה חתה ותרין#2#/ עשרונין |
| 414 | Nu28:20M | פילה במשח תלתה עשרונין | ^/עם | תורה ותרין עשרונין עם |
| 415 | Nu28:28 | במשח תלתה עשרונין תקרבון | עם | תורה חדתה תרין עשרונין עם |

| | | | |
|---|---|---|---|
| 416 | | Nu29:03 | במשה תלתה עשרונין תקרבון עם תורה תרין עשרונין עם דכרא |
| 417 | | Nu29:09 | במשה תלתה עשרונין תקרבון עם תורה תרין עשרונין עם דכרה |
| 418 | | Nu29:14 | במשה תלתה עשרונין תקרבון עם תורה חדתה כהדין סידרא |
| 419 | | Nu29:33 | די תהוון מקריבין עמהון עם תוריה עם דכרייה עם אמרייה |
| 420 | | Nu29:37 | די תהוון מקריבין עמהון עם תוריה ועם דכרייה ועם אמריה |
| 421 | | Nu29:18 | מה דיתהוון מקריבין עמהון עם תורייה עם דכרייא עם אמרייא |
| 422 | | Nu29:21 | די תהוון מקריבין עמהון עם תורייה עם דכרייה עם אמרייה |
| 423 | | Nu29:24 | די תהוון מקריבין עמהון עם תורייה עם אמריה ועם דכרייה |
| 424 | | Nu29:27 | מה די תהוון מקרבין עם תורייה עם אמריה ועם אמרייה |
| 425 | | Nu29:30M | תהוון מקריב«י»ן עמהון עם תורייה עם דכרייה ועם |
| 426 | | Nu29:14 | חדתה כהדין סידרא תקרבון עם תלת עשרתי תורייא תרין |
| 427 | | Nu29:14 | חדתא כהדין סידרא תקרבון עם תרין דכריה: |
| 428 | ועם | Ex 6:13 | ומליל ייי עם משה ועם אהרן ופקד יתהון על בני |
| 429 | | Lv11:01 | ומליל ייי עם משה ועם אהרן למימר להון: |
| 430 | | Lv13:01 | ומליל ייי עם משה ועם אהרן למימר: |
| 431 | | Lv14:33 | ומליל ייי עם משה «ועם אהרן» למימר: |
| 432 | | Lv15:01 | ומליל ייי עם משה ועם אהרן למימר: |
| 433 | | Nu 2:01 | ומליל ייי עם משה ועם אהרן למימר: |
| 434 | | Nu 4:01 | ומליל ייי עם משה ועם אהרן למ«י»מר: |
| 435 | | Nu 4:17 | ומליל ייי עם משה ועם אהרן למימר: |
| 436 | | Nu14:26 | ומליל ייי עם משה ועם אהרן למימר: |
| 437 | | Nu16:20 | ומליל ייי עם משה ועם אהרן למימר: |
| 438 | | Nu19:01 | ומליל ייי עם משה ועם אהרן למימר: |
| 439 | | Lv10:12 | עם אהרן ועם אלעזר ועם איתמר בנוי דאשתיירו סבו |
| 440 | | Lv10:12 | ומליל משה עם אהרן ועם אלעזר ועם איתמר בנוי |
| 441 | | Gn14:02 | עם ברע מלכא דסדום ועם ברשע מלכא דעמרה שנאב |
| 442 | | Dt 9:05M | עם אברהם ועם יצ' ועם יע' |
| 443 | | Ex 2:24 | אברה«ם» עם יצחק ועם יעקב: |
| 444 | | Dt 1:01 | עם אברהם עם יצחק ועם יעקב ומשכן זימנא די |
| 445 | | Dt 6:10M | עם אברהם ועם יצחק ועם יעקב |
| 446 | | Dt 9:05M | ממריה דיי' עם אברהם ועם יצ' ועם יע' |
| 447 | | Dt 6:10M | עם אברהם ועם יצחק ועם יעקב |
| 448 | | Ex34:27 | האליין קיימית עמך קיים ועם ישראל: |
| 449 | | Nu29:37 | עם תוריה ועם דכרייה ועם אמריה במניינהון כסדר דינה: |
| 450 | | Nu29:24M | עם/ועם#2/ תורייה עם/ועם#2/ אמרייה ועם דכרייה |
| 451 | | Nu29:27 | עם תורייה עם אמרייה ועם אמרייה ובמניינהון בסדר |
| 452 | | Nu29:30M | עם תורייה עם דכרייה ועם אמרייה במניינהון כסדר |
| 453 | | Nu29:33M | עם/ועם#2/ דכרייה עם/ועם#2/ אמרייה במניינהון כסדר |
| 454 | | Gn21:23 | די עבדת עמך תעבד עמי ועם ארעא די אתותבת בה: |
| 455 | | Gn37:02 | מתרבי עם בנוי דבלהה ועם בנוי דזלפה נשוי דאבוי |
| 456 | | Lv 6:18 | מלל עם אהרן ועם בנוי למימר דא גזירת אוריתה |
| 457 | | Lv17:02 | מליל עם אהרן ועם בנוי ועם כל בני ישראל |
| 458 | | Lv21:24 | ומליל משה עם אהרן ועם בנוי ועם כל בני ישראל: |
| 459 | | Lv22:02 | מליל עם אהרן ועם בנוי ויזדהרון מן קדשיהון |
| 460 | | Lv22:18 | מליל עם אהרן ועם בנוי ועם כל בני ישראל |
| 461 | | Nu 6:23 | מליל עם אהרן ועם בנויי למימר כדן תברכון ית |
| 462 | | Ex30:31 | ועם בני ישראל תמלל למימר משח |
| 463 | | Lv 9:03 | ועם בני ישראל תמליל למימר סבו |
| 464 | | Lv24:15 | ועם בני ישראל תמליל למימר |
| 465 | | Nu27:08 | ועם בני ישראל תמלל למימר גבר |
| 466 | | Ex12:09 | צלי בנורא ראש עם רגלוי ועם בני גווה: |
| 467 | | Gn 9:09 | מקיים ית קיימי עמכון ועם בניכון בתריכון: |
| 468 | | Gn32:29 | עם מלאכין מן קדם ייי ועם גוברין ויכלת להון: |
| 469 | | Lv18:22 | ועם דכר לא תשמש תשמיש דאתה |
| 470 | | Nu29:18M | עם/ועם#2/ תורייה עם/ועם#2/ דכרייא עם אמרייא |
| 471 | | Nu29:21M | עם/ועם#2/ תורייה עם/ועם#2/ דכרייה עם אמרייה |
| 472 | | Nu29:24 | עם תורייה עם אמרייה ועם דכרייה במניינהון כסדר |
| 473 | | Nu29:33M | עמהון עם תורייה עם/ועם#2/ דכרייה עם/ועם#2/ |
| 474 | | Nu29:37 | מקריבין עמהון עם תוריה ועם דכרייה ועם אמריה במניינהון |
| 475 | | Lv17:02 | מליל עם אהרן ועם בנוי ועם כל בני ישראל ותימר להון |
| 476 | | Lv21:24 | משה עם אהרן ועם בנוי ועם כל בני ישראל: |
| 477 | | Lv22:18 | מליל עם אהרן ועם בנוי ועם כל בני ישראל ותאמר להון |
| 478 | | Nu16:05 | ומליל עם קרח ועם כל כנשתה למימר בצפרה וידע |
| 479 | | Nu18:26 | ועם ליוויי תמלל ותימר להון |
| 480 | | Ex 4:15M | /הווי עם מלל פמך ועם מלל פומיה ואורי יתכון#2/ |
| 481 | | Ex 4:15 | עם ממלל פ{פ}מך ועם ממלל פמה ואלף יתכון ית מה |
| 482 | | Lv22:07M | \ויטמע שמשה וידכי /ועם מעלי שמשה ידכי#2/ |
| 483 | | Nu 9:11 | יעבדון יתיה על פטירין ועם מרורין יאכלון יתיה: |
| 484 | | Nu29:18M | מקריבין עמהון עם/ועם#2/ תורייה עם/ועם#2/ |
| 485 | | Nu29:21M | מקריבין עמהון עם/ועם#2/ תורייה עם/ועם#2/ |
| 486 | | Nu29:24M | מקריבין עמהון עם/ועם#2/ תורייה עם/ועם#2/ |
| 487 | ע' | Nu22:13M | דלא למשבוק יתי למיתי ע'#2/: |
| 488 | עימיה | Lv25:50 | שנין כיומי אגיר יהווי עימיה: |
| 489 | | Nu12:06 | עלוי ובחלמין אמלל עימיה: |
| 490 | | Ex34:32M | די מלל מימריה דייי עימיה בטו' |
| 491 | | Gn14:14M | בייתיה ולא צבו למהלכה עימיה ואיתבחר מניהון אליעזר |
| 492 | | Gn18:29 | ואוסף תוב למתמללה עימיה ואמר מה דילמא דישתכחון |
| 493 | | Nu23:17 | על עלתה ורברבני מואביי עימיה ואמר ליה בלק מן אתמלל |
| 494 | | Gn44:31M | טליא \עמן מית /עימיה מאית#2/ הוא ויחתון עבדך |
| 495 | | Nu22:07 | ואתון לוות בלעם ומללו עימיה מלוי דבלק: |
| 496 | | Gn21:02M | לסבותא בזמנא די מלל עימיה ממריה דייי#2/: |
| 497 | עימך | Nu 5:19 | לאתתה אן לא שמש גבר עימך ואין לא סטית סאבה בר מן |
| 498 | | Nu16:10 | כל אחיכון בנוי דלוי עימך ואתון בעיין למיסב אוף |
| 499 | עימן | Nu10:29M | דייי יתיה אתן לכון אתה עימן ונייטבה לך ארום מימריה |
| 500 | | Ex10:26M | ייזיל עמן /נכיסן נסב עימן#2/ לא תשתייר פרסת רגל ארום |
| 501 | עימנה | Nu12:12M | מרים אחתן איצט ערת עימנה וכד{י}<ו> מטת זימנא |
| 502 | עמ' | Gn 6:18 | ובניך ואתתך ונשי בניך עמ': |
| 503 | | Ex39:33M | לוחוי נגרוי ועמודוי/עמ'#2/ וחמרוי: |
| 504 | עמא | Ex21:06M | ויהוי פלח עמא עד שתא דיובל' |
| 505 | עמדי | Gn43:16 | ונכוס נכסון ואתקן ארום עמדי יאכלון גבריא באשון שירותא: |
| 506 | עמה | Gn17:27 | מן לוות בר עממין אתגזרו עמה: |
| 507 | | Gn18:19 | על אברהם ית מה דימלל עמה: |
| 508 | | Gn32:07 | מאה דגברין פולמרכין עמה: |
| 509 | | Gn32:26 | ירכיה דיעקב באתפגשותא עמה: |
| 510 | | Gn34:06 | דשכם לוות יעקב לממללה עמה: |
| 511 | | Gn50:17 | ובכה יוסף במלל יתיה עמה: |
| 512 | | Ex14:06 | וית עמא עבדי קרבא דבר עמה: |
| 513 | | Ex24:02 | לא יקרבון ועמא לא יסקון עמה: |
| 514 | | Lv 8:30 | וית בנוי וית לבושי בנוי עמה: |
| 515 | | Dt22:23 | יתה גבר בקרתה וישמש עמה: |
| 516 | | Gn12:04 | דמלי' עמה ייי ואזל עמה לוט ואברם בר שבעין וחמש |
| 517 | | Nu13:31 | תקיפין אינון מנן: {אזלו עמה אמרי' לית אנן יכלין מסוק |
| 518 | | Gn29:22M | שנין אוחראין וקמו עמה בארעא |
| 519 | | Nu31:50 | בעלמא הדין דלא מהוי עמה בגיהינם בעלמא דאתי דא |
| 520 | | Gn49:22M | דלא תיהווי {שתוף} שותף עמה בגיהנם לעלמ' דאתי והוויין |
| 521 | | Dt28:30M | יתה בתין תבנון /ישמש עמה בייתין דבנין#2/ ולא |
| 522 | | Gn30:16 | דבר{ו}י ושמש עמה בליליא הו«א»: |
| 523 | | Gn39:10 | יום ולא שמע אליה למשמשה עמה בעלמ' הדין דלהא למהוי עמה |

|  | |  | | | |
|---|---|---|---|---|---|
| 524 | | Gn 8:01 | חייתה וית כל בעירה די | עמה | בתיבותא ועבר ייי רוח |
| 525 | | Gn 7:23M | עמיה /ואילין דאית | עמה#2#/ | בתיבותה: |
| 526 | | Gn32:14M | בידי דורון /דהוה | עמה | דר#2#/ לעשו אחוי: |
| 527 | | Ex34:34 | משה עליל קדם ייי למללה | עמה | הוה מעבר ית סודד{ר}יה |
| 528 | | Gn 3:06 | ויהבת לחוד לבעלה | עמה | ואכל: |
| 529 | | Gn17:22 | ואשלם מן למללה | עמה | ואסתלק' איקר שכינתיה דייי |
| 530 | | Nu14:24 | חלף די הוות רוח דקדש | עמה | ואשלם בתר ממרי ואעל יתה |
| 531 | | Dt24:01M | ויזדמן לוותה /וישמש | עמה#2#/ | ויהווי אין לא אשכחת חן |
| 532 | | Lv25:41 | ויפוק מן לוותך הוא ובנוי | עמה | ויחזור לזרעית«י»ה |
| 533 | | Dt25:08M | עמיה /קרתה וימללון | עמה#2#/ | וייקום ויימר לא אתרעיית |
| 534 | | Dt22:28 | אתארסת ויתפוש יתה וישמש | עמה | וישתכחון תריהון: |
| 535 | | Lv 8:02 | סב ית אהרן וית בנוי | עמה | וית לבושיה וית משחה דרבותה |
| 536 | | Nu27:21 | הוא ^וכל#2#^ בני ישראל | עמה | וכל עם כנישתה: |
| 537 | | Gn19:35 | חמר וקמת זעיראתא ושמשת | עמה | ולא ידע במדמכה ובמקמה: |
| 538 | | Ex23:05 | על חברך ומפרק תפרק | עמה | ומטען תטען עמיה: |
| 539 | | Gn19:34 | ליליא הדין ועולי ושמש | עמה | ונקיים מן אבונן בני«ן»: |
| 540 | | Gn19:32 | ית אבונן חמר ונשמש | עמה | ונקים מן אבונן בנין: |
| 541 | | Gn39:12 | שמש עמי ושבק לבושוי | עמה | וערק ונפק ונפק לשוקא: |
| 542 | | Gn34:02 | רבה דארעא ונסב יתה ושמש | עמה | וצער ית«ה»: |
| 543 | | Lv 8:30 | לבושוי ועל לבושי בנוי | עמה | וקדש ית אהרן וית לבושוי |
| 544 | | Gn14:05 | כדר לעומר ומלכיא דהוו | עמה | וקטילו ית גיברייה בעשתרתא |
| 545 | | Nu11:25 | שכינתה דייי בענניא ומלל | עמה | ורבי מן רוח קודשה די עלוי |
| 546 | | Lv15:24M | מזדמנה יזדמן גבר | עמה | ותהווי ריחוק נדתה עלוי |
| 547 | | Lv15:24 | ואם משמשה ישמש גבר | עמה | ותהי נדתה עלוי יהוי מסאב |
| 548 | | Lv20:16 | לוות כל בעיר למשמשה | עמה | ותקטלון ית אתתה וית בעירה |
| 549 | | Gn12:04 | ואזל אברם היך מה דמלי' | עמה | ייי ואזל עמה לוט ואברם |
| 550 | | Gn17:23 | יומא הדין היך מה דימליל | עמה | ייי: |
| 551 | | Gn32:08 | ליה ופלג ית עמא דהוון | עמה | ית ענה וית טוריא וגמליא |
| 552 | | Lv25:53 | כאגיר שנה בשנה יהוי | עמה | לא ישתעבד בה בקשי{ן}<ו> |
| 553 | | Dt22:29 | ויתן גברא דמשמש | עמה | לאבוה דרביתה חמשין סלעין |
| 554 | | Dt22:25 | ^^ותקטלון ית גברא דשמש | עמה^^ | לבלחודוי: |
| 555 | | Gn13:01 | וכל מה דהוה ליה ולוט | עמה | לדרומה: |
| 556 | | Gn 9:08 | ואמ' ייי לנח ולבנוהי | עמה | למימר: |
| 557 | | Gn39:10 | בעלמ' הדין דלהא למהוי | עמה | לעלמא דאתי: |
| 558 | | Gn17:19 | יצחק ואקים ית קיימי | עמה | לקיים עלם ולבנוהי מן בתרה: |
| 559 | | Gn 7:07 | ואתתיה ונשי בנוהי | עמה | לתיבותא מן קדם מוי דמבולא: |
| 560 | | Gn 7:13M | ותלתי נשי בנוהי | עמהו'/עמה#2#/ | לתיבותה: |
| 561 | | Gn32:25M | "ואתפגש ...": ואשתדי | עמה | מלאך בדמות גבר עד מסק |
| 562 | | Gn17:03 | אברם על אפוי ומליל | עמה | ממרה {לממר} דייי למימר: |
| 563 | | Ex22:15 | בתולה דלא מארסה וישמש | עמה | מפר{ז}<נ>ה יפרן יתה ליה |
| 564 | | Lv18:23 | לא תקום קדם בעיר למשמשה | עמה | מרחקה היא: |
| 565 | | Nu20:03 | ואדיינו | עמה | עם כנ«י»שתה ואמרין למימר |
| 566 | | Ex35:31 | ואשלמ{ת} | עמה | רוח דקדש מן קדם ייי בחכמה |
| 567 | | Lv15:18 | ואתתה די ישמש גבר | עמה | תשמיש דזרע וישזגון במיא |
| 568 | | Nu 5:13 | וישמש גבר | עמה | תשמיש דזרע ויתכסי מן עינוי |
| 569 | עמהו' | Gn 7:13 | דנח ותלתי נשי בנוהי | עמהו' | לתיבותה: |
| 570 | עמהון | Ex34:31 | בכנישתה ומלל משה | עמהון: | |
| 571 | | Dt31:16 | ומפסין ית קיימי דקיימת | עמהון: | |
| 572 | | Ex32:13 | להון בשם מימרך ומללת | עמהון | אסגי ית בניכון ככוכבי |
| 573 | | Dt29:24 | אלה אבהת{כ}הון די קיים | עמהון | באפקותיה יתהון פריקין מן |
| 574 | | Ex34:32 | ית כל מה דפקד ייי | עמהון | בטורא דסיני: |
| 575 | | Dt28:69 | בר מן קיימה די קיים | עמהון | בטורה דחורב: |
| 576 | | Nu21:15 | נסיה וגבורתה דעבד ייי | עמהון | בנחלי <....> ומן בתר כדן |
| 577 | | Dt 7:03 | ולא תתערבון | עמהון | בנתכון לא תתנון לבניהון |
| 578 | | Lv26:41 | אוף אנה אהלך | עמהון | בקשיו ואעל יתהון לארע |
| 579 | | Gn29:09 | עד כען הווה ממלל | עמהון | ורחל אתת עם ענה די |
| 580 | | Gn45:27 | ית כל מלוי דיוסף דמלל | עמהון | וחמה ית עגלתא דשלח יוסף |
| 581 | | Nu23:21 | ישראל מימר ייי אלההון | עמהון | ויבבות זיו איקר מלכיהון |
| 582 | | Ex34:33 | ואשלם משה מן למללה | עמהון | ויהב על אפוי סודר: |
| 583 | | Nu22:12 | דייי לבלעם לא תזיל | עמהון | ולא תלוט ית עמה ארום |
| 584 | | Nu22:20 | לך אתו גבריא קום אזל | עמהון | ולחוד ית פתגמא דאמלל עמך |
| 585 | | Gn42:24 | ובכה וחזר לוותהון ומלל | עמהון | ונסב מן לוותהון ית שמעון |
| 586 | | Ex12:38 | ואף גיורין סגין סלקו | עמהון | וען ותורין בעיר תקיף |
| 587 | | Ex35:35 | אשלם | עמהון | חכמה בלבהון למעבד כל |
| 588 | | Lv26:39 | ולהוד בחובי אבהתהון | עמהון | ימסון: |
| 589 | | Gn43:16 | <וחמא> יוסף | עמהון | ית בנימן ואמר למן דהוה |
| 590 | | Nu21:14 | ימא דסוף וגבורתה דעבד | עמהון | כד הוון עברין בנחלי |
| 591 | | Nu21:19M | למהוי נחתה | עמהון | {לא} לראשי טורייה ונחתה |
| 592 | | Dt29:16M | ודדהבה הוון יהיבין | עמהון | לגו בייתיה |
| 593 | | Gn15:01 | ובמדינתהון ויצטרפון | עמהון | לגיונין סגין וייתון עליי |
| 594 | | Nu24:24 | דהיא <....> ויצטרפון | עמהון | לגיונין סגין מן <....> |
| 595 | | Nu21:19 | עמהון לריש טוריה ונחתה | עמהון | לחלתה עמיקתה: |
| 596 | | Nu21:20 | לראשי טורייה רמתה ונחת | עמהון | לחלתה עמיקתה יתגנזת מנהון |
| 597 | | Gn15:01M | האילייין ויצרפון | עמהון | ליגיונין ויתון עלי' ממרי |
| 598 | | Gn23:08 | ומליל | עמהון | למימר אם ברעות נפשכון |
| 599 | | Gn23:11M | בנוי דחת#2#/: ומליל | עמהון | למימר אם ברעות נפשכון |
| 600 | | Gn34:08 | ומלל חמור | עמהון | למימר שכם ברי אתרעיית |
| 601 | | Gn44:06 | וארע יתהון ומלל | עמהון | ^למימר#2#^ ית פתגמיא |
| 602 | | Ex16:12 | דבני ישראל מליל{י} | עמהון | למימר ביני שמשתה תיכלון |
| 603 | | Gn18:16 | כלפי סדום ואברהם אזל | עמהון | למלוויה יתהון: |
| 604 | | Ex 6:04 | ולחוד קיימת ית קימי עמי | עמהון | למתן להון ית ארעא דכנען |
| 605 | | Nu21:20M | לראשי טורייה ונחתה | עמהון | לנחלייה עמיקתה אתגנזת |
| 606 | | Nu21:20 | ומן דהוות סלקה | עמהון | לראשי טורייה רמתה ונחת |
| 607 | | Nu21:20M | בתר דחזרת למהוי סלקה | עמהון | לראשי טוורייה ונחתה |
| 608 | | Nu21:19 | חזרת למהווי סלקה | עמהון | לריש טוריה ונחתה עמהון |
| 609 | | Nu21:19M | לראשי טורייה ונחתה | עמהון | ל{ת}<נ>חלייה עמיקתה |
| 610 | | Gn42:07 | ואתדבב עליהון ומלל | עמהון | מלין קשין ואמר להון מן אן |
| 611 | | Ex 1:17 | ולא עבדון היך מה דמלל | עמהון | מלכא דמצרים וקיימון ית |
| 612 | | Gn11:31 | דאברם בריה ונפקו | עמהון | מן אתון נורהון דכשדאי |
| 613 | | Dt18:18 | נביא אקים | להון/עמהון#2#/ | מן גו אחיהון כוותך |
| 614 | | Nu32:19 | ארום לא נתאחסן | עמהון | מן עבר לירדנה ולהל ארום |
| 615 | | Gn14:08M | היא זער וסדרו | לקבלתהון/עמהון#2#/ | סדרי קרבא במישר |
| 616 | | Lv10:11 | כל קיימיה די מלל ייי | עמהון | על ידוי דמשה: |
| 617 | | Nu29:18 | מה דיתהוון מקריבין | עמהון | עם תורייה עם דכרייא עם |
| 618 | | Nu29:21 | מה די תהוון מקריבין | עמהון | עם תורייה עם דכרייה עם |
| 619 | | Nu29:24 | די תהוון מקריבין | עמהון | עם תורייה עם אמרייה ועם |
| 620 | | Nu29:30M | די תהוון מקריב«י»ן | עמהון | עם תורייה עם דכרייה ועם |
| 621 | | Nu29:33 | מה די תהוון מקריבין | עמהון | עם תוריה עם דכרייה עם |
| 622 | | Nu29:37 | מה די תהוון מקריבין | עמהון | עם תוריה ועם דכרייה ועם |
| 623 | | Lv20:17M | /כן ואשיצי יתיה קדם | עמהון | עריתה דחתה בזי#2#/ |
| 624 | | Lv20:17 | כדן וישתצון לעיני בני | עמהון | עריתה דאחתה בזי חובוי |
| 625 | | Nu28:14 | מה די תהוון מקרבין | עמהון | פלגות הינא תקרבון עם תורא |
| 626 | | Dt 7:02 | יתהון לא תקיימון | עמהון | קיים ולא תחוסון עליהון: |
| 627 | | Ex28:03 | חכימא ליבא די אשלמית | עמהון | רוח חכמה ויעבדון ית |
| 628 | עמי | Gn20:09 | דלא כשרין למתעבדא עבדת | עמי: | |
| 629 | | Gn21:06M | לי{יתי} ויחדי | עמי | |
| 630 | | Gn21:06 | מן קדם ייי כל דשמע יחדי | עמי: | |
| 631 | | Gn29:19 | למסבה יתה לגבר חורן שרי | עמי: | |

632 Gn30:33 ולחוש באימריא גניב הוא עמי:
633 Gn39:07 לוות יוסף ואמרת לה שמש עמי:
634 Nu22:19 ייי למת{ל}«מ»ללה עמי:
635 Gn14:24 דגובריא די אזלו עמי ענר ושכל וממרא אנון
636 Dt 2:01 די מלל ממריה דייי עמי אמר משה ואקפנן ית טורא
637 Dt 2:17 ומליל ייי עמי אמר משה למימר:
638 Dt14:26 קדם ייי אלהכון ותחדון עמי אתון ואנשי בתיכון:
639 Dt16:14 ותיחדון עמי בזמני מועדיכון אתון
640 Lv26:27 לאולפן אורייתי ותהלכו עמי בקשיו:
641 Gn24:30 אחתה למימר כדין מלל עמי גברא ואתא לוות גברא והא
642 Gn44:34 לוות אבה וטליא לית הוא עמי דלא אחמי בבישתא די יארע ית
643 Gn 3:12 ואמר אדם אתתה די שוית עמי היא יהבת לי מן א«י»לנא
644 Gn33:15 אשבוק כען עמך מן עמא די עמי ואמר למה כען אשכח חן וחסד
645 Dt 5:28M עמי /במללותכון עמי#2#/ ואמר מימרה דייי לי אמר
646 Dt 5:28 קל מליכון בזמנה דמללתון עמי ואמר מימרה דייי לי אמר
647 Ex33:12 אודעת יתי ית מה דתשלח עמי ואת אמרת חמי דמניית יתך
648 Gn24:07 ארעא תלדוותי ודי מלל עמי ודי קיים עמי למימר לבניך
649 Ex29:21 ועל בנוי ועל לבושי בנוי עמי ויתקדש הוא ולבושי ובנוי
650 Gn43:08 לישראל אבוי שלח טליא עמי ונקום ונזל ונחיה ולא נמות
651 Gn31:32 קביל אחינן חכם לך מה עמי וסב לך ולא ידע יעק«ב»
652 Gn20:16M לילי חד ועל כל מה דאית עמי ועל כלה אתוכחית
653 Gn21:23 כחסדא די עבדת עמך תעבד עמי ועם ארעא די אתותבת בה:
654 Gn39:15 קלי וצווחת ושבק לבושי עמי וערק ונפק לשוק:
655 Gn39:14 בן על לוותי למשמשא עמי וצוחית בקל רם:
656 Gn39:12 יתה בלבושוי למימר שמש עמי ושבק לבושוי עמה וערק ונפק
657 Nu22:08 די אתמלל מן קדם ייי עמי ושרון רברבני מואביי עם
658 Dt16:15 ידיכון ותהוון לחוד {ח} עמי חדיין:
659 Gn31:29 אית עמי חיל ואוכלסין סגין למבאשא
660 Gn40:14 כד ייטב לך ותעבד כען עמי חסד וטיבו ותדכר יתי לוות
661 Gn47:29 ידך תחות קיימי ותעבד עמי חסד וטבו לא כען תקבר יתי
662 Nu23:13 ואמר ליה בלק אתא כען עמי לאתר אוחרן די תחמי יתהון
663 Gn20:13 לה דן חסדיך די תעבדון עמי לכל אתר די נעול לתמן אמרי
664 Gn24:07 ודי מלל עמי ודי קיים עמי למימר לבניך אתן ית ארעא
665 Gn19:19 ותוקפת חסדך די עבדת עמי למקימה ית נפשי ואנא לית
666 Lv 1:01 ליה עד זמן די אתמלל עמי מן קדם ייי משכן זמנא
667 Ex17:02 משה מה אתון מדיינין עמי {מנ} מה אתון מנסון קדם
668 Gn30:22 ואסיק יתי' מקבריכ«ון» עמי מפתח דעקרתא דכן כתבה ומפרש
669 Dt 3:26M קדמי תוב\ /עמי' עוד#2#/ בפתגמא הדין:
670 Ex 6:04 ולחוד קיימת ית קימי עמי עמהון למתן להון ית ארעא
671 Gn27:19 בכורך עבדת היך מה דמללת עמי קום כען תב ואכל מן ציידי
672 Ex22:14 אם מריה עמי' לא ישלם אין אגיר הוא אתקבל

עמי'
עמיה

673 Gn 8:18 ובנוי ואתתיה ונשי בנוי עמיה:
674 Gn26:20 דבארה עשק ארום אתעשקו עמיה:
675 Gn35:06 ביתאל הוא וכל עמא די עמיה:
676 Gn35:13 מעילוי באתרא די מלל עמיה:
677 Gn43:34 חולקין ושתון ורוון עמיה:
678 Gn45:15 ומן בתר כדין מללו אחוי עמיה:
679 Gn46:06 מצרימה יעקב וכל בנוי עמיה:
680 Ex18:06 לוותך ואתתך ותרין בניה עמיה:
681 Ex21:03 נסב אתה הוא ותפק אתתיה עמיה:
682 Ex23:05 תפרק עמה ומטען תטען עמיה:
683 Ex29:21 ובנוי ולבושי בנוי עמיה:
684 Ex34:29 איקרהון דאפוי במללותיה עמיה:
685 Ex34:35 אפוי עד מעלה למתמללה עמיה:
686 Lv25:54 בשתה דיובילה הוא ובנוי עמיה:
687 Nu 7:89 מן תמן הוה דבירה ממלל עמיה:
688 Nu22:22 אתנתיה ותרין עולימוי עמיה:
689 Nu22:40M ולרברבנייה דאית\ עמיה#2#/:
690 Dt22:04 תפרוק ומטעון תטעון עמיה:
691 Gn46:07 בנתיה וכל זרעיה אחתו עמיה מצרימה:
692 Nu13:31 וגבריה די אזלו עמיה אמרין לית אנן יכלין מסוק
693 Gn35:02M "דהווה ... לבושיכון": דאית עמיה אעבירו טעותא דאית בינ'
694 Ex39:10M ואשלימו בה/עמיה#2#/ ארבעה סדרין דאבן טבה
695 Gn19:30 במערתא הוא ותרתין בנתה עמיה ארום דחל למשרי בזער ושרה
696 Ex13:19 משה ית גרמוי דיוסף עמיה ארום משתבע«א» אשתבע ית
697 Nu12:08 ממלל לקבל ממלל <מללית> עמיה בחזוין ולא בדמויין ודמו
698 Ex31:18 ויהב למשה כד אשלם למללה עמיה בטור' דסיני תרין לוחין
699 Gn14:17 וית מלכייא דהון עמיה במישר פרדסיא היא משרה
700 Gn46:07 בנוי וכל בנוי עמיה בנתיה ובנת בנתיה וכל זרעיה
701 Gn 7:23 לחוד נח ומן דהוה עמיה בתיבותה:
702 Gn43:19 פלטורין דיוסף ומללון עמיה בתרע«א» פלטורין:
703 Nu 7:89 עלל למשכן זימנא לממללה עמיה הוא שמע ית קל דבירה ממלל
704 Gn24:54 ושתו הוא וגובריא די עמי«ה» וביתו וקמו בצפרא ואמרו
705 Dt17:19M \ותיהווי עמיה ויהוי קרי ביה כל יומוי
706 Dt25:08 חכימי קרתיה ו«י»מללון עמיה וייקום ויימר לא אתרעיית
707 Gn22:03 ודבר ית תרין עולימוהי עמיה וית יצחק בריה ופצע קיסין
708 Gn39:03 רבוניה ארום ייי הווה עמיה וכל מה דהוה עבד הוה ייי
709 Gn39:23 מן בגלל דהוה ייי עמיה וכלמה דהוה עבד הוה ייי
710 Gn28:10 מתחמד לממלל' {ליה} עמיה וניסא תנינא אבניא דנסב
711 Gn24:10 שפר דייתיקא דריבוניה עמיה וקם ואזל לארעא נהרים
712 Gn31:23 ודבר את אחוי עמיה ורדף בתרי{ת}<ה> ארח מהלך
713 Ex28:41 ית אהרן אחוך וית בנוי עמיה ותרבי{ה} יתהון ותשלם ית
714 Ex 4:15 ותמלל עמיה ותשוי ית פתגמיא בפומיה
715 Gn27:44 ותשרי עמיה יומין קלילן עד זמן די
716 Gn29:14 היך קריב בשרי את ושרי עמיה ירח דיומין:
717 Gn45:27 ומלילו עמיה ית כל מלוי דיוסף דמלל
718 Gn48:01 ביש ודבר ית תרין בנוהי עמיה ית מנשה וית אפרים:
719 Ex31:06 ואנה הא שויית עמיה ית אהליאב ברה דאחיסמך מן
720 Ex 9:01M כדין אמר ייי /ותמלל עמיה כדין אמ' מימרי' דייי#2#/
721 Gn50:07 למקבר ית אבוי וסלקו עמיה כל שליטוי דפרעה אפיטרופוי
722 Gn39:17 ומלילת עמיה כפתגמיא האילין למימר על
723 Gn43:32 ולמצראי דאכלין עמיה לבלחודיהון ארום לא הוון
724 Gn50:09 וסלק עמיה לחוד רתיכין ולחוד פרשין
725 Gn39:19 ית מליא דאתתיה דמללת עמיה למימר כפתגמיא האילין עבד
726 Gn50:14 הוא ואחוי וכל מן דסלק עמיה למקבר ית אבוי בתר דקבר ית
727 Gn37:04 יתיה ולא יכלין לממללה עמיה מלין דשלם:
728 Gn19:04M ועד סביהון כל עמא/עמיה#2#/ מן סטר חד:
729 Lv 1:01 דבירה למשה ומליל ייי עמיה מן משכן זמנא למימר:
730 Ex28:01 ית אהרן אחוך וית בנוי עמיה מן לוות בני ישראל למשמשא
731 Lv 1:01 לגויה עד זמן די אתמלל עמיה מן קדם ייי בכן קרא דבירה
732 Nu 7:89 שמע ית קל דבירה ממלל עמיה מעלוי כפורת די על ארונה
733 Ex23:05 טעוניה ותתמנע מלמפרק עמיה משבק תשבק כל מה דבלבך על
734 Ex22:13 ויתבר או ימות מרה לית עמיה משלמא ישלם:
735 Gn35:02 ולכל מן דהווה עמיה עברו ית פלחנא נכריה
736 Gn32:25 שריאל בדמות גבר וגפף עמיה עד זמן די סליק עמוד שחרא:
737 Gn29:30 אף ית רחל מלאה ופלח עמיה עוד תוב שבע שנין
738 Ex31:03 ואשלמת עמיה רוח דנב{י}<ו> קרב דקדש
739 Ex35:23M אשתכח/יש'#2#/ לוותיה/עמיה#2#/ תכלה וארגוון וצבע

|  |  |  |  |  |  |
|---|---|---|---|---|---|
| 740 | | Gn35:15 | ית שמה דאתרא די מלל | עמיה | תמן ייי בית אל: |
| 741 | | Ex34:05M | בעננא ואתעתד | לוותיה/עמיה#2#/ | תמן וצלי תמן בשם |
| 742 | עמיך | Gn30:15 | רחל בגין כדין ישמש | עמ«י»ך | בליליא הדין תחות |
| 743 | | Nu 5:19M | אן לא שמש גבר | עימך/עמיך#2#/ | ואין לא סטית סאבה |
| 744 | | Gn20:16M | חד ולכל מאן \דהוה | עמיך/דעמיך#2#/ | ועל כולא אתווכחת ברם |
| 745 | | Nu 5:21M | "עמך ... מנפחין": | עמיך | כד יתן מימריה דייי ירכיך |
| 746 | עמין | Gn42:30 | מלל גברא רבוני דארעא | עמין | מלין קשיין ושוי יתן |
| 747 | | Gn44:18 | על אחונן דהוא מתמני | עמין | מן שבטיא ומקבל חולק ואחסנא |
| 748 | עמך | Gn26:28 | ובינך ונקיים קיים | עמך: | |
| 749 | | Gn31:03 | לתלדוותך ואהוי במימרי | עמך: | |
| 750 | | Ex 6:29 | כל מה די אנה ממלל{ך}<ל> | עמך: | |
| 751 | | Ex18:22 | ויקל מעלווך ויסענון | עמך: | |
| 752 | | Ex34:10 | אינון די אנה אעבד | עמך: | |
| 753 | | Lv25:35 | בה גיור ותותב וייחי | עמך: | |
| 754 | | Lv25:36 | מן אלהכון ויחי אחוך | עמך: | |
| 755 | | Lv25:40 | עמך עד שתה דיובילה יפלח | עמך: | |
| 756 | | Nu11:16 | זימנא ויתעתדון תמן | עמך: | |
| 757 | | Nu22:09 | אינון גברייה האליין די | עמך: | |
| 758 | | Gn46:04 | אנה אחות | עמך | מצרימה ואנה במימרי אסיק |
| 759 | | Lv25:47 | עמך ויזדבן לגיור ותותב | עמך | או לעקר זרעית גיור: |
| 760 | | Gn26:24 | אבוך לא תדחל ארום | עמך | אנה וברכת יתך וסגית ית בנך |
| 761 | | Ex18:18 | האליין «די» {לחוד} | עמך | ארום תקף «הוא» מנך פתגמא |
| 762 | | Lv10:14 | באתר דכי את ובניך ובנתך | עמך | ארום חולקך וחולקהון דבניך |
| 763 | | Ex14:12 | הלא הוא דן פתגמא דמללנן | עמך | במצרים למימר ארפי מינן |
| 764 | | Gn16:05 | ובייתי' דאבה ואתית יתיה | עמך | בהימנו עלית עמך קדם מלכי |
| 765 | | Gn24:50M | לית אנה יכיל למללא | עמך | ביש או טב#2#/: |
| 766 | | Gn21:22 | לאברהם למימר ייי | עמך | בכל מה דאת עבד: |
| 767 | | Nu11:17 | ואשוי עליהון ויטענון | עמך | במטלהון דעמא ולא תטעון את |
| 768 | | Lv10:09 | עתיק לא תשתון את ובניך | עמך | במעלכון במשכן זימנא דלא |
| 769 | | Gn 6:19 | תעיל לתיבותה למקיימה | עמך | דכר ונקבה יהוון: |
| 770 | | Dt 5:28 | דעמא האליין די מלילו | עמך | הא שפר ותקן אייטיבו כל מה |
| 771 | | Ex18:19 | איעץ יתך עצה ויהווי ייי | עמך | הוי את לעמא כ{מ}תבע אולפן |
| 772 | | Gn26:03 | בארעא הדא ואהווה במימרה | עמך | ואברך יתך ארום לך ולבנך |
| 773 | | Gn26:28 | חמינן ארום הה' ייי | עמך | ואמרינן יהווי כען שבועה |
| 774 | | Gn28:15 | והא אנה במימרי | עמך | ואנטר {יתך} יתך בכל {דתלך} |
| 775 | | Ex19:09 | דישמעון עמא במללותי | עמך | ואף בנבואתך משה עבדי |
| 776 | | Nu11:17 | וארבי מן רוח קדשה די | עמך | ואשוי עליהון ויטענון עמך |
| 777 | | Ex 3:12 | ואמר ארום אהויי ממרי | עמך | ודן יהווי לך סימן ארום |
| 778 | | Lv25:47 | ותותב עמך ויתמסכן אחוך | עמך | ויזדבן לגיור ותותב עמך או |
| 779 | | Lv25:47 | וארום תארע יד גיור ותותב | עמך | ויתמסכן אחוך עמך ויזדבן |
| 780 | | Ex19:24 | חות ותיסק את ואהרן | עמך | וכהניא ועמא לא ידחקון |
| 781 | | Ex34:03 | וגבר לא יסק | עמך | ולהוד גבר לא יתחמי בכל |
| 782 | | Gn29:25 | דעבדת לי הלא ברחל פלחת | עמך | ולמה כען רמית בי: |
| 783 | | Ex23:11 | יתה וייכלון מסכיניה די | עמך | ומה דמשתייר תיכול חיית ברא |
| 784 | | Dt 5:27 | כל מה די ימלל ייי אלהך | עמך | ונשמע ונעבד: |
| 785 | | Gn17:04 | אנה הא קיימי | עמך | ותהוי לקהל כנשת אומין |
| 786 | | Gn 6:18 | ואקיים ית קיימי | עמך | ותיעול לתיבותה את ובניך |
| 787 | | Lv25:35 | יתמסכן אחוך ותמוט ידה | עמך | ותתוקף בה גיור ותותב וייחי |
| 788 | | Gn24:50 | נפק פתגמא לא נכל למללא | עמך | טב או ביש: |
| 789 | | Gn26:29 | לך והיך מה דעבדנן | עמך | טבן ושלחנן יתך בשלם את הוא |
| 790 | | Dt 5:31 | הכה אתעתד קדמיי ואמלל | עמך | ית כל מצוותה וקיימיה וסדרי |
| 791 | | Nu22:35 | ולהוד ית פתגמא די אמלל | עמך | יתה תמלל ואזל בלעם עם |
| 792 | | Nu22:20 | ולחוד ית פתגמא דאמלל | עמך | יתיה תעבד: |
| 793 | | Ex22:24 | ית עמי ית מסכינה די | עמך | לא תהווי ליה כמרי חוב דחק |
| 794 | | Ex 4:16M | וימלל הוא | על ידך/עמך#2#/ | \לוות עמא/לעמ'#2#/ |
| 795 | | Gn32:10M | ואוטב/וניטבה | עמך#2#/ | לך: |
| 796 | | Dt13:03M | או סימנה די מלל | לכון/עמך#2#/ | למימ' נזיל/נזל#2#/ |
| 797 | | Nu23:26 | ואמר לבלק הלא מלילית | עמך | למימר כל מה די ימלל ייי |
| 798 | | Gn28:04 | ברכתה דאברהם לך ולבנך | עמך | למירתך ית ארעא תותבותך |
| 799 | | Gn 6:20M | \יעלון לוותך /יעלו | עמך#2#/ | למקיימה: |
| 800 | | Lv10:15 | קדם ייי ויהוי לך ולבניך | עמך | לקיים עלם מה היך מה דפקד ייי: |
| 801 | | Nu18:11 | לך יהבית ולבנך ולבנתך | עמך | לקיים עלם כל דדכי |
| 802 | | Nu18:19 | יהבית לך ולבניך ולבנתך | עמך | לקיים עלם קיים מלח עלם הוא |
| 803 | | Gn 8:17M | כל חיתה דעמך/דאית | עמך#2#/ | מן כל בשרא בעופא |
| 804 | | Gn33:15 | ואמר עשו אשבוק כען | עמך | מן עמא די עמי ואמר למה כען |
| 805 | | Ex17:05 | עבר "לפני" עמא וסב | עמך | מן חכימייא דישרא«ל» |
| 806 | | Ex25:22 | ואזמן ממרי לך תמן ואמלל | עמך | מעילוי כפורתא די על ארונא |
| 807 | | Gn28:15 | הדא ארום לא ישבוק מימרי | עמך | עד דאעבד ית דמלילית לך: |
| 808 | | Lv19:13 | לא יבית אגרה דאגירה | עמך | עד צפרא: |
| 809 | | Lv25:40 | כאגיר כתותב יהווי | עמך | עד שתה דיובילה יפלח עמך: |
| 810 | | Dt22:02 | יתיה לגו בייתך ויהווי | עמך | עד זמן די יתבע יתיה אחוך |
| 811 | | Gn16:05 | יתיה עמך בהימנו עלית | עמך | קדם מלכי דארעא קדם פרעה |
| 812 | | Nu18:02 | וישמשון יתך ואת ובניך | עמך | קדם משכנה דסהדותא: |
| 813 | | Ex34:27 | פתגמיא האליין קיימית | עמך | קיים ועם ישראל: |
| 814 | | Gn31:38 | דנה עשרי«ן» שנין אנה | עמך | רחליך ועזיך לא אתכלו |
| 815 | | Nu18:07 | ואת ובנך | עמך | תטרון ית כהנתכון לכל עסק |
| 816 | | Ex29:42 | דאזמן לכון תמן לממללה | עמך | תמן: |
| 817 | | Nu11:17 | ואתגלי במימרי ואמלל | עמך | תמן וארבי מן רוח קדשה די |
| 818 | | Nu18:01M | ית /ובייתה דאבוך | עמך | תסבלון ית#2#/ חובי <....> |
| 819 | | Gn21:23 | ובבר ברי כחסדא די עבדת | עמך | תעבד עמי ועם ארעא די |
| 820 | | Nu18:01 | את ובנך ואנשי ביתך | עמך | תקבלון ית חובי <....> |
| 821 | עמכון | Gn43:03 | ארום אלהן אחוכון | עמכון: | |
| 822 | | Gn43:05 | ארום אלהן אחוכון | עמכון: | |
| 823 | | Gn45:12 | בית קודשא פומיה ממלל | עמכון: | |
| 824 | | Ex10:24 | הכא אף טפליכון ייזיל | עמכון: | |
| 825 | | Ex13:19 | ותסקון ית גרמיי מן הכה | עמכון: | |
| 826 | | Ex20:22 | ארום מן שמיא מללית | עמכון: | |
| 827 | | Lv25:06M | אליין דמתגיירין | עמכון | |
| 828 | | Lv26:09 | יתכון ואקים ית קיימי | עמכון: | |
| 829 | | Nu14:43 | דייי ולא יהוי ייי | עמכון: | |
| 830 | | Nu22:13 | ייי משבק יתי אתי | עמכון: | |
| 831 | | Dt10:09 | היך מה דמלל ייי אלהכון | עמכון: | |
| 832 | | Gn42:38 | ואמר לא יחות ברי | עמכון | ארום אחוי מית והוא |
| 833 | | Dt 1:30 | ככל מה די עבד ייי | עמכון | במצרים ועיניכון חמיין: |
| 834 | | Gn 9:10 | וית כל נפש חייתא די | עמכון | {ב}בעופא ובבעירה ובכל |
| 835 | | Dt 4:15 | דמו ביומא די מלל ייי | עמכון | בטורא דחורב מן גו להבי |
| 836 | | Dt 5:04 | ממלל לקבל ממלל מלל ייי | עמכון | בטורה מן גו להבי אשתה: |
| 837 | | Dt 9:10 | די מלל ממרה דייי | עמכון | בטורה מן גו להבי אשתה |
| 838 | | Dt10:04 | די מלל ממריה דייי | עמכון | בטורה מן גו להבי אשתה |
| 839 | | Dt 1:01 | לכון כמה ניסין עבד ייי | עמכון | בני ישראל כד הוויתון |
| 840 | | Dt12:12 | לית להון חלק ואחסנה | עמכון | בפלוג ארעא: |
| 841 | | Dt14:27 | לית להון חלק ואחסנה | עמכון | בפלוג ארעא: |
| 842 | | Dt14:29 | חולקהון חלק ואחסנה | עמכון | בפלוג ארעא וגיוריה |
| 843 | | Lv26:24 | ואהלך אף אנה | עמכון | בקשיו ואמחי יתכון אוף אנה |
| 844 | | Lv26:28 | ואהלך אף אנה | עמכון | ברגזן בקשיו ואמחי יתכון |
| 845 | | Lv19:33 | וארום יתותב | עמכון | ג{ו}<י>ור בארעכון לא |
| 846 | | Nu15:14 | וארום יתותב | עמכון | גיור או מן מה די ביניכון |
| 847 | | Nu 9:14 | וארום יתותב | עמכון | גי{זל}<ור> ויעבד פסחה קדם |

|  |  |  |  |  |  |
|---|---|---|---|---|---|
| 848 | Dt20:01 | | מנהון ארום ייי אלהכון | עמכון | דאפיק יתכון פריקין מן |
| 849 | Lv25:45 | | תקנון ומן זרעייתהון די | עמכון | די אולידו בארעכון ויהוון |
| 850 | Ex12:48 | | וארום יתותב | עמכון | דייר ויעבד פיסחא קדם ייי |
| 851 | Gn23:04 | | אנה דייר ותותב אנה | עמכון | הבו לי אחסנו דקבורה עמכון |
| 852 | Gn31:29M | | למבאשא \לכון ואלה | /עמכון | ואלהא#2#/ דאבוכון ברמשא |
| 853 | Gn23:04 | | הבו לי אחסנו דקבורה | עמכון | ואקבר מתי מן קדמיי: |
| 854 | Gn48:21 | | הא אנה מיית ויהווי ייי | עמכון | ויחזור יתכון לארעא |
| 855 | Nu32:30 | | לא י{פ}<ע>ברון מזיינין | עמכון | ויתאחסנון ביניכון בארעא |
| 856 | Gn 9:11 | | ואקים ית קיימי | עמכון | ולא ישתצי כל בשרא תוב מן |
| 857 | Dt 1:43M | | ומללית | יתכון/עמכון#2#/ | ולא שמעתון וסרבתון |
| 858 | Gn34:16 | | בנתכון נסב לון ונשרי | עמכון | וניהווי {כולה} כולן לאומה |
| 859 | Gn 9:09 | | הא אנא מקיים ית קיימי | עמכון | ועם בניכון בתריכון: |
| 860 | Dt 9:09 | | קיימה די קיים ייי | עמכון | ושרית בטורה ארבעין יומין |
| 861 | Dt20:12M | | \תשלם לכון /ישלמון | עמכון#2#/ | ותסדר לקבליכון |
| 862 | Dt 4:23 | | דייי אלהכון די קיים | עמכון | ותעבדון לכון {{ צלם |
| 863 | Dt29:11 | | דייי אלהכון מקיים | עמכון | יומא הדין: |
| 864 | Dt31:27 | | קשייא הא עד דאנה בחיין | עמכון | יומא הדין מסרבין הויתון |
| 865 | Dt23:17 | | | עמכון | ישרי ביניכון באתרא די |
| 866 | Gn50:25M | | טבייא ותסקון | \עמכון#2#/ | ית גרמוי מן הכה: |
| 867 | Ex24:08 | | הא אדם קיימא דקיים ייי | עמכון | ית כל פתגמיי׳ האליין: |
| 868 | Nu32:29 | | דגד ובנוי דראובן | עמכון | ית ירדנה כל דמזיין לחיל |
| 869 | Dt10:21 | | והוא אלהכון די עבד | עמכון | ית רברבתה וית דחילתה |
| 870 | Dt28:08 | | יפקד ייי | עמכון | ית סדר ברכתה וייתון |
| 871 | Ex10:10 | | יהוי כען מימריה דייי | עמכון | כד אשלח יתכון וית טפלכון |
| 872 | Gn44:23 | | לא יחות אחוכון זעירא | עמכון | לא תסגון למיחזי סבר אפוי: |
| 873 | Dt29:13 | | ולא | עמכון | לבלחודיכון אנה כען מקיים |
| 874 | Gn 9:12M | | לדרי ארעא /דחיא דאית | עמכון | לדורת עולם#2#/: |
| 875 | Gn 9:12 | | ובין כל נפש חיתא די | עמכון | לדרי ארעא: |
| 876 | Gn42:14 | | הא פתגמא די מלילת | עמכון | למימר ילילין אתון: |
| 877 | Dt 2:06 | | דבירה דמיא סלקא | עמכון | לראשי טווריה ולחל{ת}תה |
| 878 | Gn 9:10 | | ובכל חיתא דארעא | עמכון | מכל נפקי תבותא לכל חיתא |
| 879 | Ex24:14 | | והא אהרן וחור | עמכון | מן דאית עסק דין דמלין |
| 880 | Nu 1:05 | | שמהת גבריא די יקומון | עמכון | מן שבטה דבנוי דראובן |
| 881 | Dt 4:12 | | ומליל ייי | עמכון | מן גו להבי אשתה קול דבירי |
| 882 | Lv25:45M | | דמתגיירין | ביניכון/עמכון#2#/ | מנהון תקנון ומן |
| 883 | Dt20:12M | | ויעבדון "סדרי׳: ..." | עמכון | סד׳ |
| 884 | Dt20:20 | | על קרתה דהיא עבדה | עמכון | סדרי קרבה עד זמן |
| 885 | Ex 7:09 | | ארום ימלל | עמכון | פרעה למימר הבו לכון סימן |
| 886 | Ex34:27M | | האליין קיימית | עמך/עמכון#2#/ | קיים ועם ישראל: |
| 887 | Gn34:23 | עמן | להון ו{{נ}}«י»שרון | עמן: | |
| 888 | Gn44:26 | | ואחונן זעירא לית הוא | עמן: | |
| 889 | Nu22:14 | | ואמרין סרב בלעם מייתי | עמן: | |
| 890 | Gn44:18 | | עמן מן שבטיא ולא מקבלה | עמן | אחסנייה על חד כמה וכמה על |
| 891 | Dt29:14 | | קדמינן מן עלמא ועד כדון | עמן | אנון קיימין הכה יומא הדין |
| 892 | Gn44:26 | | אן נחת אחונן זעירא | עמן | אנן <נחתין> ארום לית אנן |
| 893 | Dt 1:06 | | ייי אלהן מליל | עמן | בחורב למימר סגין לכון |
| 894 | Gn26:29 | | אין תעבד | עמן | בישא היך מה דלא קריבנן לך |
| 895 | Nu10:31 | | דאת ידע נסיא דעבד ייי | עמן | בכל אתר {דחזינן} <דהוינן> |
| 896 | Nu12:12M | | הוות מרים אחתן מטרפה | עמן | במדברה והווי עמן בעקב׳ |
| 897 | Nu12:12M | | מטרפה עמן במדברה והווי | עמן | בעקב׳ וכיון |
| 898 | Gn44:18 | | שבטיא ומקבל חולק ואחסנא | עמן | בפלוג ארעא ועל חד כמה וכמה |
| 899 | Dt 5:03 | | ית קיימה הדין ארום אלהן | עמן | הא אנן כולן הכה יומה הדין |
| 900 | Gn24:25 | | לה אף תבן אף כסה סגין | עמן | ואף אתר למבתה: |
| 901 | Nu10:32 | | ויהוי ארום תיתי | עמן | ויהוי טבה הוא די ייטב ייי |
| 902 | Gn34:21 | | האילין שלמין בעבדא טבא | עמן | וישרון בארעא ויתגרון בה |
| 903 | Ex33:16 | | בדברות איקר שכינת«ך» | עמן | ויתעבד עמן נסין ופלאין אנה |
| 904 | Nu10:29 | | ייי יתה אתן לכון אזל | עמן | ונוטב לך ארום ייי במימריה |
| 905 | Nu10:32 | | טבה הוא די ייטב ייי | עמן | ונוטב לך: |
| 906 | Gn44:30 | | עבדך אבה וטליה לית הוא | עמן | ונפשיה חביבה עלוי כנפשיה: |
| 907 | Ex20:19 | | ואמרין למשה מלל את | עמן | ונשמע ולא יתמלל עמן מן קדם |
| 908 | Gn44:18M | | מתמניא עמנן לא בפלגא | עמן | חולק ואחסנ׳ בפילוג ארעא |
| 909 | Gn31:50 | | נשין על בנתי לית גבר | עמן | חמי ייי הוא סהד ביני |
| 910 | Gn41:12 | | ותמן | עמן | טלי עברי עבד לרב |
| 911 | Dt 5:27 | | יאמר ייי אלהן ואת תמלל | עמן | ית כל מה די ימלל ייי אלהך |
| 912 | Ex10:26 | | ולחוד בעירן ייזיל | עמן | לא תשתייר פרסת רגל ארום |
| 913 | Nu14:09 | | מעילויהון ומימר דייי | עמן | לא תדחלון מנהון: |
| 914 | Gn34:22 | | אתערבו לנא גברייא למשרי | עמן | למהוי לאומא חדא במגזר לנא |
| 915 | Gn34:09M | | והתערבו/ותתערבון | עמן#2#/ | לן בנתכון הבו/תתנון#2#/ |
| 916 | Gn44:31 | | ארום ל{וו}<י>ת טליא | עמן | מית הוא ויחתון עבדך ית |
| 917 | Nu12:02 | | עם משה מלל ייי הלא אוף | עמן | מלל ושמיע קדם ייי: |
| 918 | Gn44:18 | | אחתן דלא הוו׳ מתמניי׳ | עמן | מן שבטיא ולא מקבלה עמן |
| 919 | Ex20:19 | | את עמן ונשמע ולא יתמלל | עמן | מן קדם ייי ולא נמות: |
| 920 | Gn43:04 | | אן ברעותך משלחה ית אחונן | עמן | נחות ונזבון לך מזון: |
| 921 | Ex33:16 | | שכינת«ך» עמן ויתעבד | עמן | נסין ופלאין אנה ועמך |
| 922 | Dt 5:02 | | ייי אלהן קיים | עמן | קיים בטורה דחורב: |
| 923 | Dt29:14 | | דעתידין למקום מן בתרן | עמן | קיימין הכה יומא הדין: |
| 924 | Gn24:55 | | אחוה ואמה תשרי רביתי | עמן | תרין יומין או עשרה יומין |
| 925 | Dt29:14M | עמנא | עד כדון כולהון קיימין | עמנא | יומא דין |
| 926 | Dt29:14M | | דקיימין הכא | עמנא | קיימין יומא הדין קדם ייי |
| 927 | Gn44:18M | עמנן | ולא הוה מתמניא | עמנן | לא בפלגא עמן חולק ואחסנ׳ |
| 928 | Nu22:40 | דעמיה | ושלח לבלעם ולרברבנוי | דעמיה: | |
| 929 | Gn20:16M | דעמיך | ולכל מאן \דהוה | עמיך/דעמיך#2#/ | ועל כולא אתווכחת ברם |
| 930 | Ex11:08 | דעמך | למימר פוק את וכל עמא | דעמך | ומ«ן» בתר כדון אפוק ונפק |
| 931 | Gn 8:17 | | כל חיתה | דעמך | מן כל בשרא בעופא ובבעירא |
| 932 | Dt33:02 | ועימיה | ואתגלי על טורה דסיני | ועימיה | ר«י»בוון דמלאכין קדישין |
| 933 | Gn33:01 | ועמה | וחמא והא עשו אתי׳ | ועמה | ארבע מאה דגוברין רגלין |
| 934 | Nu 1:04 | ועמהון | | ועמהון | יהוון גבר גבר מכל שבט גבר |
| 935 | Ex38:23 | ועמיה | | ועמיה | אהליאב בר אחיסמך מן |
| 936 | Nu32:32 | ועמן | קדם ייי בארעא דכנען | ועמן | ירתות אחסנותן מן עבר |
| 937 | Gn34:10 | | | ועמן | תשרון וארעא תהוי קדמיכון |

## [עמד־] *prep.* ⇐ עם

## [עמד #2] *vb.* to stand [Heb.] [!!]

|  |  |  |  |  |  |
|---|---|---|---|---|---|
| 001 peal | Dt24:11M | תעמוד | \לברה תקום /בשוקה | תעמוד#2#/ | וגברא די את מוקף לה |

## עמוד *n.* column [410]

|  |  |  |  |  |  |
|---|---|---|---|---|---|
| 001 s ab/cn | Gn19:26 | עמוד | דאבוה והא היא קיימא | עמוד | דמלח עד זמן דייחון מיתייא: |
| 002 | Nu20:29M | | ווי לי עליך אהרן אחי | עמוד | צלותהון דבני ישראל |
| 003 | Gn19:15 | | וכאשון מסק | עמוד | שחרא ואתוקפו מלאכיא בלוט |
| 004 | Gn32:25 | | עמיה עד זמן די סליק | עמוד | שחרא: |
| 005 s em/sf | Lv10:02M | עמודא | "אשא ...": | עמודא | דאשתה מן קדם ייי |
| 006 | Ex13:22 | | לא פסק | עמוד«א» | דעננא באיממא ועמודא |
| 007 | Ex14:19 | | ליה מן בתריהון ונטל | עמודא | דעננא מן קדמיהון וקם ליה |
| 008 | Ex33:09 | | משה לתרע משכנה נחת | עמודא | דעננא וקיי«ם» בתרע |
| 009 | Ex33:10 | | וחמון כל עמא ית | עמודא | דעננא דקיים בתרע משכנה |
| 010 | Nu21:01M | | מית אהרן ואסתלק | עמודא | דעננא וארום <מיתת> מרים |

|  |  |  |  |  |  |  |
|---|---|---|---|---|---|---|
| 011 | | | Gn32:27 | שלח יתי ארום מטא סלק | עמודא | דשחרא ארום מטא זמניהון |
| 012 | עמודה | | Ex38:17M | משקעי{י}ן כסף כל | עמודה | דדר'#2#/: |
| 013 | | | Dt31:15 | בעמודה דעננה וקם לה | עמודה | דעננה בתרע משכן זמנה: |
| 014 | | | Ex39:40 | ית ווילות דרתה ית | עמודה | וית חמרה וית פרסה לתרע |
| 015 | בעמוד' | | Ex13:21 | יתהון באורחא ולילי | בעמוד' | דעננא דאישתא למנהרא להון |
| 016 | בעמודא | | Ex13:21 | מדבר קדמיהון באיממא | בעמודא | דעננא למדברא יתהון באורחא |
| 017 | בעמודה | | Dt 1:33 | לכון אתר לשרוייכון | בעמודה | דאשתה בלילה למחויה יתכון |
| 018 | | | Nu12:05 | איקר שכינתיה דייי | בעמודה | דעננה וקם לה בתרע משכנה |
| 019 | | | Dt31:15 | ממרה דייי במשכנה | בעמודה | דעננה וקם לה עמודה דעננה |
| 020 | ועמודא | | Ex13:22 | דעננא באיממא | ועמודא | דאישתא בליליא מדברין |
| 021 | ובעמודא | | Ex13:21M | ולילי | בעמוד'/ובעמודא#2#/ | דעננא דאישתא |
| 022 | ובעמודה | | Nu14:14 | מהלך קודמיהון בימּמא | ובעמודה | דאשתא בליליא: |
| 023 | | | Nu14:14 | שכינתך הווה עליהון | ובעמודה | דעננה את מהלך קודמיהון |
| 024 | | | Dt 1:33 | בארחא די תהלכון בה | ובעמודה | דעננה באימּמה: |
| 025 | עמודין | p abs | Ex26:32 | ותתן יתה על ארבעה | עמודין | דשטין מחפין דהב וקלוותהון |
| 026 | | | Ex26:37 | ותעבד לפרסה חמשא | עמודין | דשטין ותחפי יתהון דהב |
| 027 | | | Ex36:36 | ועבד לה ארבעה | עמודין | דשטין וחפי יתהון דהב |
| 028 | עמודי | p const | Ex38:17 | ואינון מכבשין כסף כל | עמודי | דרת«ה»: |
| 029 | עמ' | p em/sf | Ex38:17M | לעמודיה נחש ואנקלוות | עמ' | ושק{י}<ו>עיהון#2#/ כסף |
| 030 | עמודוי | | Ex40:18 | ית נגרוי ואקים ית | עמודוי: | |
| 031 | | | Ex27:17 | כל | עמודוי | דדרתה חזור חזור מכובשין |
| 032 | | | Ex35:11 | לוחוי וית נגרוי וית | עמ«ו»דוי | וית חמרוי: |
| 033 | | | Ex35:17 | ית איליות דרתה ית | עמודוי | וית חומרוי וית פרש תרע |
| 034 | | | Ex36:38 | וית | עמודוי | חמשה וית קליותהון וחפי |
| 035 | עמודיה | | Ex38:12 | וחומריהון עשר' וקלוות | עמודיה | {וחומריהון} <וכבושיהון> |
| 036 | | | Ex27:10 | עשרין נחש וקלוות | עמודיה | וכבושיהון כסף: |
| 037 | | | Ex27:11 | עשרין נחש וקלוות | עמודיה | וכבושיהון כסף: |
| 038 | | | Ex38:10 | עשרין נחש וקלוות | עמודיה | וכבושיהון כסף: |
| 039 | | | Ex38:11 | עשרין נחש וקלוות | עמודיה | וכבושיהון כסף: |
| 040 | | | Ex38:17 | לעמודי דנחש ונקלוות | עמודיה | וכבושיהון כסף וחפוי |
| 041 | עמודיהון | | Ex27:16 | ובוץ שזיר עובד צייר | עמודיהון | ארבעה וחומריהון ארבעה: |
| 042 | | | Ex27:12 | ווילון חמשין אמין | עמודיהון | עשרה וחומריהון עשרה: |
| 043 | | | Ex38:12 | חמשין אמין באמתה | עמודיהון | עשרה וחומריהון עשר' |
| 044 | | | Ex38:10 | | עמודיהון | עשרין וחומריהון עשרין |
| 045 | | | Ex38:11 | צפוניה מאה אמין באמתה | עמודיהון | עשרין וחומריהון עשרין |
| 046 | | | Ex27:14 | אמין ווילון לסיטרא | עמודיהון | תלתא וחומריהון תלתא: |
| 047 | | | Ex27:15 | חמש עשרי ווילון | עמודיהון | תלתא וחומריהון תלתה: |
| 048 | | | Ex38:14 | חמש עשרה אמין לסיטרה | עמודיהון | תלתא וחומריהון תלת«א»: |
| 049 | | | Ex38:15 | וולונין חמש עשרה אמין | עמודיהון | תלתה וחומריהון תלתה: |
| 050 | ועמדוי | | Ex27:10 | | ועמדוי | עשרין וחמריהון עשרין נחש |
| 051 | ועמוד' | | Ex27:11 | ווילון מאה אמין ארך | ועמוד' | עשרין וחמרין עשרין נחש |
| 052 | ועמודוי | | Nu 3:37 | | ועמודוי | דדרתה מן חזור חזור |
| 053 | | | Nu 3:36 | דמשכנה ונגרוי | ועמודוי | וחומרוי וכל מנוי וכל |
| 054 | | | Nu 4:31 | לווחוי דמשכנה ונגרוי | ועמודוי | וחומרוי: |
| 055 | | | Ex39:33 | פורפוי לוחוי נגרוי | ועמודוי | וחמרוי: |
| 056 | ועמודיה | | Nu 4:32 | | ועמודיה | דדרתה מן חזור חזור |
| 057 | ועמודיהון | | Ex38:19 | | ועמודיהון | ארבע וחומריהון ארבע |
| 058 | לעמודי | | Ex38:17 | וחומרין | לעמודי | דנחש ונקלוות עמודיה |
| 059 | | | Ex38:28 | וחמשה עבד אונקלוון | לעמודי | וחפי רישיהון וכבש יתהון: |
| 060 | לעמודיה | | Ex38:17M | וכבושיהון /וחומרוון | לעמודיה | נחש ואנקלוות עמ' |

## עמוניי *adj.* Ammonite [410]

|  |  |  |  |  |  |  |
|---|---|---|---|---|---|---|
| 001 | עמונאי | p em/sf | Nu21:24M | תחומיהון דבני | עמוניי/עמונאי#2#/: | |
| 002 | | | Dt 3:16M | תחומיהון דבני | עמוניי/עמונאי#2#/: | |
| 003 | | | Nu21:24M | \דבני עמון /ב{י}ני | עמונאי#2#/ | ארום תקיף ^הווה#2#^ |
| 004 | | | Dt23:04M | \עמוניי ומואביי /עמונאי | ומואבאי#2#/ | בקהל כנשתה |
| 005 | | | Dt 2:19M | /כל וקבל בני | עמונאי#2#/ | לא תעיקון יתהון ולא |
| 006 | | | Dt 2:37M | לארעהון דבני | עמונייה/עמונאי#2#/ | לא קרבנן/אק'#2#/ |
| 007 | | | Dt 3:11M | /באפרכיו ברבת בני | עמונאי#2#/ | תשע אמין/גוברין |
| 008 | עמוניי | | Nu21:24 | תחומיהון דבני | עמוניי: | |
| 009 | | | Dt 3:16 | יבקה תחומיהון דבני | עמוניי: | |
| 010 | | | Dt23:04 | לא ^יעלון#2#^ | עמוניי | ומואביי בקהל כנשתה דייי |
| 011 | | | Dt 2:19 | לא אתן מן ארעהון דבני | עמוניי | לכון ירתו ארום לבנוי |
| 012 | | | Gn19:38 | בר עמי הוא אבוהון דבני | עמוניי | עד זמן יומא הדין: |
| 013 | | | Dt 3:11 | היא יהיבא ברבת דבני | עמוניי | תשע אמין ארכה וארבע אמין |
| 014 | עמונייה | | Dt 2:19 | סמוך לתחומיהון דבני | עמונייה | לא תעיקון יתהון ולא |
| 015 | | | Dt 2:37 | להוד לארעהון דבני | עמונייה | לא קרבנן כל דסמיך לנחל |
| 016 | ועמוניי | | Dt 2:20 | שרון בגווה מן לקדמין | ועמוניי | הוון קר{ו}<י>ן להון |

## עמיק *adj.* deep [411]

|  |  |  |  |  |  |  |
|---|---|---|---|---|---|---|
| 001 | עמוקה | s ab/cn | Gn15:12M | למטמע ושנה | בסימה/עמוקה#2#/ | נפלת על אברם והא |
| 002 | עמיק | | Lv13:03M | וחזווי \דמכתשא | מכיך/עמיק#2#/ | מן משך בשרה מכת«ש» |
| 003 | | | Lv13:25M | וחזוה | מכיך/עמיק#2#/ | מן משכה צרעה היא |
| 004 | | | Lv13:31M | והא לית חזוה | מכיך/עמיק#2#/ | מן משכה ושער |
| 005 | | | Lv13:32M | דניתקא לית הוא | מכיך/עמיק#2#/ | מן משכה: |
| 006 | | | Lv13:34M | וחזוה לית הוא | מכיך/עמיק#2#/ | מן {מ}משכא וידכי |
| 007 | עמיקה | | Gn 2:21 | ורמה ייי אלהים שנה | עמ«י»קה | על אדם ודמך לה ונסב חדא |
| 008 | ועמיק | | Lv13:04M | היא במשך בשרה | ומכיך/ועמי{ך}<ק>#2#/ | לית חזוה מן משכה |
| 009 | עמיקתא | s em/sf | Gn15:12M | קריב למטמוע ושנתא | עמיקתא | איתרמיית על אברם והא |
| 010 | עמיקתה | | Nu21:19 | ונחתה עמהון לחלתה | עמיקתה: | |
| 011 | | | Dt 2:06 | טווריה ולחל{ת}תה | עמיקתה: | |
| 012 | | | Nu21:20 | רמתה ונחת עמהון לחלתה | עמיקתה | יתגנזת מנהון בחלתה |
| 013 | | | Nu21:19M | עמהון ל{ת}<נ>חלייה | עמיקתה | |
| 014 | | | Nu21:20M | ונחתה עמהון לנחלייה | עמיקתה | אתגנזת מנהון באירה דאית |

## עמל *n.* labor [411]

|  |  |  |  |  |  |  |
|---|---|---|---|---|---|---|
| 001 | עמלי | s em/sf | Gn41:51 | ארום נשי יתיה ייי ית כל | עמלי | וית כל אנשי ביתיה |
| 002 | עמלן | | Dt26:07M | וית \שעבודן וית דוחקן | /עמלן | וית דחקוון#2#/: |

## עמלקיי *adj.* Amalekite [411]

|  |  |  |  |  |  |  |
|---|---|---|---|---|---|---|
| 001 | עמלקאה | s em/sf | Nu24:20 | וחמא ית | עמלקאה | ונטל במתל נבותה ואמר שרוי |
| 002 | עמלקייה | | Nu24:20M | וחמא ית | עמלקאה/<עמלק>ייה#2#/ | ונטל במתל נבותה |
| 003 | עמלקאי | p em/sf | Nu14:43M | ארום \עמלקיי וכנעניי | /עמלקאי | וכנענאי#2#/ תמן קדמיכון |
| 004 | | | Nu14:45M | \די שרין/דשרון#2#/ | /עמלקאי | וכנענאי אלין דשריין#2#/ |
| 005 | | | Nu13:29 | | עמלקאי | שרין בארעא דרומה וחתאי |
| 006 | עמלקיי | | Nu24:20 | דסדרו <קרבה> עם ישראל | עמלקיי | ובעקבה ביומוי דגוג |
| 007 | | | Nu14:43 | ארום | עמלקיי | וכנעניי תמן קדמיכון |
| 008 | | | Nu14:45 | ונחתו | עמלקיי | וכנעניי די שרין בטורה |
| 009 | דעמלקיא | | Gn14:07 | וקטלו ית כל תחומהון | דעמלקיא | ואף ית אמורי' דהוון |
| 010 | דעמלקיי | | Nu24:07 | על אגג מלכיהון | דעמלקיי | ויתרומם מלכותיה דמלכא |
| 011 | ועמלקאי | | Nu14:25M | \ועמלקיי וכנעניי | /ועמלקאי | וכנענאי#2#/ שריין במשרה |
| 012 | ועמלקיי | | Nu14:25 | | ועמלקיי | וכנעניי שריין במשרה למחר |

## עמם n. gentile, non-Jew [411]

|  |  |  |  |  |  |  |
|---|---|---|---|---|---|---|
| 001 | עמם | s ab/cn | Gn20:04 | ברחמין מן קדמך ייי לחוד | עמם | זכיי בדינא אתקטל: |
| 002 | ומעממא | s em/sf | Ex 8:27 | מפרעה ומן שליטוי | ומעממא | לא אשתייר אף לא חד: |
| 003 | עממיא | p em/sf | Lv20:02M | דישמש עם איתתה מבנת | עממיא | |
| 004 | | | Gn20:13 | והוה כד בעין | עממיא | {{לאטעאה}} יתי בתר |
| 005 | | | Nu23:24M | כדן/כן#2#/ | עמא/עממיא#2#/ | האליין/אי״#2#/ לא |
| 006 | עממיה | | Nu24:08M | בני ישראל נכסי | אמיה/עממיה#2#/ | בעלי דבביהון |
| 007 | עממייה | | Ex39:43M | ידיכון ולא ישלטון | עממייה | בעובדי ידיכון לעלמי |

## עמק n. depth [399 עומק]

|  |  |  |  |  |  |  |
|---|---|---|---|---|---|---|
| 001 | לעמקוי | p em/sf | Dt30:13 | כיונה נביא די יחות | לעמקוי | דימה רבה ויסק יתה לן |

## עמר n. wool [411]

|  |  |  |  |  |  |  |
|---|---|---|---|---|---|---|
| 001 | עמר | s ab/cn | Dt22:11 | לא תלבשון שעטנז | עמר | וכ{ד}<ת>ן מערבין כחדה: |
| 002 | | | Lv19:19 | ולבוש דכל<א>ים | {עלאר}<עמר> | וכתן שעטנז לא יסוק |
| 003 | בעמר | | Lv13:52 | או ית שתיה או ית ערבה | בעמר | או בכיתן או ית כל מן דמשך |
| 004 | דעמר | | Lv13:47 | ביה מכתש צרעה בלבוש | דעמר | או בלבוש דכתן: |
| 005 | | | Lv13:59 | דמכתש צרעתה בלבוש | דעמר | או בכתן או בשתיא או בערבא |
| 006 | דעמרה | s em/sf | Lv13:52M | או בכיתן או ית כל | /דעמרה | או דכ{נ}ת<נ>ה ית כל#2#/ |
| 007 | ודעמר׳ | | Lv13:48M | /דכתנה#2#/ \או | לעמרא/ודעמר׳#2#/ | או במשך או בכל |
| 008 | לעמרא | | Lv13:48 | או בערבה לכתנא או | לעמרא | או במשך או בכל עב<י>ד{י}ה |

## עמר #2 n. sheaf [411 and 399 2# עומר]

|  |  |  |  |  |  |  |
|---|---|---|---|---|---|---|
| 001 | ער׳ | s ab/cn | Dt24:19M | בחקליכון ותנשון | עמר/ער׳#2#/ | באפי ברה לא תחזרון |
| 002 | עמר | | Dt24:19 | חצדיכון בחקליכון ותנשון | עמר | באפי ברה לא תחזרון למיסב |
| 003 | | | Ex16:16 | לקטו מנה גבר לפם מיכליה | עמר | לכל גלגלה מניין נפשכון גבר |
| 004 | עומרא | s em/sf | Lv23:11 | ויניף ית | עומרא | קדם ייי לרעוה עליכון |
| 005 | עומרה | | Lv23:12 | די תניפ{י}<ו>ן ית | עומרה | אמר בר שתיה שלם מן מום |
| 006 | | | Lv23:15 | מן יומא דתייתון ית | עומרה | דאנפות«ה» שבע שבין |
| 007 | | | Lv23:10 | ית חצדה ותייתון ית | עומרה | שרוי חצדכון לוות כהנא: |
| 008 | עמרא | | Ex16:32 | דן פתגמא די פקד ייי מלה | עמרא | מנה למטרה לדריכון מן בגלל |
| 009 | | | Ex16:33 | צלוחי חדא והב בגווה מלא | עמרא | מנה ואצנע יתה קדם ייי |
| 010 | בעומרא | | Dt16:09 | משרי מגלה דחצדה למחצד | בעומרא | דאנפותה תשרון לממני שובעה |
| 011 | בעמרא | | Ex16:18 | ואכילו | בעמרא | ולא שייר מן דאסגי ומן |
| 012 | ועמרה | | Ex16:36 | | ועמרה | חד מן עשרה דתלת סאין הוא: |
| 013 | עמרין | p abs | Ex16:22 | לקטו לחם בכיפלא תרין | עמרין | לכל גולגלא ואתון כל |

## ען n. sheep [411]

|  |  |  |  |  |  |  |
|---|---|---|---|---|---|---|
| 001 | ען | s ab/cn | Gn46:34 | למצרא«י» כל דרעי | ען: | |
| 002 | | | Gn47:03 | ואמרין לפרעה רען | ען | אנון עבדך להוד אנון ולחוד |
| 003 | | | Gn46:32 | וגבריא רען | ען | ארום מרי בעירא אנ«ו»ן |
| 004 | | | Gn29:09M | ארום {{רעיא}} רעייה | /\ען#2#/ | הוות: |
| 005 | | | Gn 4:02 | ית הבל והוה הבל רעי | ען | וקין הוה פלח בארעא: |
| 006 | | | Gn47:17 | ב{ט}<ס>וסוותא ובקנין | ען | ובקנין תורייה ובחמריא ודבר |
| 007 | | | Gn12:16 | אייטב מן בגללה והוה ליה | ען | ותורין וחמרין ועבדין ואמהן |
| 008 | | | Gn13:05 | דהוה אזל עם אברם הוה | ען | ותורין ומשכינין: |
| 009 | | | Gn20:14 | ונסב אבימלך | ען | ותורין ועבדין ואמהן ויהב |
| 010 | | | Gn21:27 | ונסב אברהם | ען | ותורין ויהב לאבימלך וקיימו |
| 011 | | | Gn24:35 | ריבוני לחדא ותקף ויהב לה | ען | ותורין וכסף ודהב ועבדין |
| 012 | | | Dt16:02 | נכסת פסחא קדם ייי אלהכון | ען | ותורין באתרה די יתרעי ייי |
| 013 | | | Ex12:21 | להון אתמנון וסבו לכון | ען | לזרעייתכון ונכסו: |
| 014 | | | Gn30:42 | לא הוי משוי והווה ליה | ען | סגין לקישיא ללבן ובכיריה |
| 015 | | | Gn30:43 | גברא לחדא לחדא והוי ליה | ען | סגין ואמהן ועבדין וגמלין |
| 016 | | | Dt32:14 | שמיני תורין ורכיכי | ען | עם טוב דפטימין ודכרין בני |
| 017 | | | Ex21:37 | ישלם תחות תורא וארבע | ען | תחות אמרא: |
| 018 | | | Nu31:36 | דנפקין לחיל קרבה מנין | ען | תלתין ותלת רבוון ושבעת |
| 019 | | | Nu31:32M | עבדי/דחיל#2#/ קרבא | ענא/ען#2#/ | שיתין/אישתה#2#/ ושבע |
| 020 | בען | | Lv22:21 | נדר או נסיבה בתורין או | בען | שלם יהי ברעווה כל <מומה> |
| 021 | דעאן | | Gn30:31M | תתן לי כל מאן | דעאן | |
| 022 | דען | | Gn49:12 | מן סגי עבור ועדרין | דען: | |
| 023 | | | Nu32:36 | קרי תלילן ודירין | דען: | |
| 024 | | | Gn26:14 | והוה ליה קניין | דען | וקנין דתורין ועבדא מסגיא |
| 025 | | | Nu32:16 | לוותיה ואמרין דירין | דען | נבנה לבעירן הכה וקרוין |
| 026 | | | Gn29:02 | ברה והא תמן תלתא עדרי | דען | רביעין עלה ארום מן בארה |
| 027 | וען | | Nu22:40 | ונכס בלק תורין | וען | ושלח לבלעם ולרברבנוי |
| 028 | | | Ex12:38 | גיורין סגין סלקו עמהון | וען | ותורין בעיר תקיף לחדא: |
| 029 | | | Lv27:32 | וכל מעשרה תורין | וען | כל מה די יעבר שרביטה |
| 030 | ובען | | Dt14:26 | תתחמד נפשיכון בתורין | ובען | ובחמר חדת ובעתיק ובכל מה |
| 031 | כעין | | Nu27:17 | דלא תיהווי כנשתה דייי | כעין | די לית ליה רעי: |
| 032 | ענ׳ | s em/sf | Dt15:14 | מזודא תזוויד ליה מן | ענ׳ | מן אדרך ומן מעצרתך מן מה |
| 033 | ענא | | Gn29:08 | פמה דבארה ונשקי ית | ענא: | |
| 034 | | | Gn33:13 | עליהון יום חד מייתן כל | ענא: | |
| 035 | | | Nu31:28 | מן תוריה ומן חמריה ומן | ענא: | |
| 036 | | | Gn28:10 | יתה בחדא ידא ואשקי ית | ענא | דלבן אחוי דאמה וניסא |
| 037 | | | Gn30:36 | יעקב ויעקב רעי ית | ענא | דלבן דאשתיירת: |
| 038 | | | Gn37:12 | ואזלון אחוי למרע ית | ענא | דאבוהון בשכם: |
| 039 | | | Gn 4:02M | הבל והוה הבל רעי | ען/ענא#2#/ | וקין הוה פלח בארעא: |
| 040 | | | Gn29:07M | למכנשה עדרייה אשקון | ענא | ואזלו ורעון |
| 041 | | | Gn29:07 | לא אשון מכנש בעירא אשקו | ענא | ואזלו רעון: |
| 042 | | | Ex12:42 | <....> דן ידבר בריש | ענא | ודין ידבר בריש ענה ומימריה |
| 043 | | | Gn29:03 | פמא דבארה ומשקין ית | ענא | ומחזירין ית אבנא על פמה |
| 044 | | | Gn31:10 | והוה בשעתא דאת«י»חמת | ענא | ונטל«ת» עייני וחמת בחלמא |
| 045 | | | Gn31:10 | והא גדיא דסלקין על | ענא | קרוחין נמורין ומקדקדין: |
| 046 | | | Nu31:32 | די בזזו עמא עבדי קרבא | ענא | שיתין ושבע רבבן וחמשין |
| 047 | ענה | | Gn31:08 | יהוי אגריך הוות ילדה כל | ענה | <....> נמרין יהווי אגרך |
| 048 | | | Ex 3:01 | ומש«ה» הווה רעי ית | ענה | <....> בתר מדברא ואתא לטורא |
| 049 | | | Gn31:11M | \יעקב ואמר הא אנא | /ענה | יעקוב ואמ׳ בלשון קודשא |
| 050 | | | Gn29:22 | כל עמה דאתרא ועבד שירו | ענה | לבן ואמר להון הא שבע שנין |
| 051 | | | Gn29:06 | והא רחל ברתיה אתייא עם | ענה: | |
| 052 | | | Gn31:04 | וללאה לאפי ברא לוות | ענה: | |
| 053 | | | Gn38:13 | חמוך סלק לתמנתה למגז | ענה: | |
| 054 | | | Ex 2:19M | דלה לן ואשקי ית | ענן/ענה#2#/: | |
| 055 | | | Nu15:03 | קדם ייי מן תוריה או מן | ענה: | |
| 056 | | | Lv 5:06 | די אתחייב נקבה מן | ענה | אמרה או צפירה ברת עיזין |
| 057 | | | Gn30:41 | והוה בכל דאתיחמת | ענה | בכירתה ושוי יעקב ית |
| 058 | | | Gn30:41 | יעקב ית חוטריא קדם | ענה | במו{ד}<ר>כותא למחמא יתהון |
| 059 | | | Lv 5:15 | ייי דכר שלם מן מום מן | ענה | ב«ע»לויה כסף סלעין בסלעי |
| 060 | | | Lv 5:18 | אמר דכר שלם מן מום מן | ענה | בעלויה לאשמה לוות כהנא |
| 061 | | | Lv 5:25 | דייי דכר שלם מן מום מן | ענה | בעלויה לאשמה לוות כהנא: |
| 062 | | | Gn29:10 | ברת לבן אחוי דאמה וית | ענה | דלבן אחוי דאמה וקרב יעקב |
| 063 | | | Gn29:10 | פימא דבארה ואשקי ית | ענה | דלבן אחוי דאמה: |
| 064 | | | Ex 2:16 | מור{נ}<כ>תה למשקייה ית | ענה | דאבוהון: |
| 065 | | | Gn29:09 | ממלל עמהון ורחל אתת עם | ענה | די לאבוהי ארום {{רעיא}} |
| 066 | | | Gn31:43M | בנתיי אתילידן וענה מן | ענה | דידי היא |
| 067 | | | Gn38:12 | יהודה וסלק לוות גזזי | ענה | הוא וחירה רחמיה עדולמיי |
| 068 | | | Gn27:09 | אזל כען לוות | ענה | ואייתי לי מן תמן תרין |

069 Gn38:17 אנה אשלח גדי בר עזין מן ענה ואמרת אן תתן ערבון עד זמן
070 Gn47:17M ובקנין תורייה /ובנכסי ענה ובנכסי תור#2#/ ובחמריא
071 Gn31:19 ולבן אזל למגזז ית ענה וגנבת רחל ית צלמייה די
072 Gn32:08 ית עמא דהוון עמה ית ענה וית תוריא וגמליא לתרתין
073 Ex12:42 בריש ענא ודין ידבר בריש ענה ומימריה מדבר ביני תריהון
074 Gn 4:04 אייתי אף הוא מן בכירי ענה ומן שמיני«הון» וקבל ייי
075 Nu31:30 ומן תוריה ומן חמריא ומן ענה ומן כל בעירה ותתן יתהון
076 Gn31:10M ענא /בשעת יחמות ענה#2#/ ונטל«ת» עייני וחמת
077 Ex34:03 לא יתחמי בכל טורא להוד ענה ותורא לא ירעו{ן}<ך>
078 Nu11:22M "הא ... להון": אין ענה ותורייה <...> דימה רבה אין
079 Gn35:03M בשעת /מדבחא לאלהא די ענה יתי בשע#2#/ עקתי והווה
080 Gn30:42 ובלקישי ענה לא הוי משרי והווה ליה עך
081 Gn30:38 בשקיא דמיא דתיעול ענה למשתי <....>:
082 Gn30:40 אפרש יעקב ושוי אפי ענה לקבל קרוחיא וכל לחוש בעניה
083 Gn33:13M \מייתין כל ענא /הא כל ענה מייתין#2#/:
084 Gn31:22 דאזלו רעוי דלבן למשקיה ענה מן בארה ולא יכלו ואמתינו
085 Gn31:08 יהווי אגרך הוות ילדה כל ענה נמרין:
086 Gn30:39 ואתיחמו ענה על חסריא וילדת ענה קרוחין
087 Lv 1:10 ואם מן ענה קרבני' מן אמריה או מן גדיא
088 Lv 3:06 ואין מה מן ענה קרבניה לנכיסת קודשיה לשמה
089 Gn30:39 ענה על חסריא וילדת ענה קרוחין נמורין ומקדקדין:
090 Gn31:12 וחמי כל גדיא דסלקין על ענה קרוחין נמורין ומקדקדין
091 Nu31:37 אפרשותה לשמה דייי מן ענה שת מאוון ~ושבעין וחמש:
092 Nu31:36M "ען תלתין .. מאוון": ענה תלת מאה אלפין ותלתין
093 Nu31:43 פלגותה דעם כנשתה מן ע{מ}<נ>ה תלתין ותלת רבוון ושבעה
094 Lv 1:02 מן בעירא מן תורייה ומן ענה תקרבון ית קרבניכון:
095 ענהון Ex 2:17 ושזיב יתהון ואשקי ית ענהון:
096 ענך Gn30:31 לי פתגמא הדין אחזור ארעי ענך אנטר יתיה:
097 Gn30:32 אעבר בכל ענך יומא הדין אפרש מן תמן כל
098 Gn31:38 לא אתכלו ואמריי דכרי ענך לא אכלית:
099 ענן Ex 2:19 מדלי דלה לן ואשקי ית ענן:
100 בענא Lv22:21M \בען שלם יהי ברעווה /בענא שלמין מן מום יהוון
101 בענה Gn37:02 שנה הוה רעי עם אחוי בענה והוא הוה טלי מתרבי עם בנוי
102 בעניה Gn30:40 לקבל קרוחיא וכל לחוש בעניה דלבן <....>:
103 בענך Gn31:41 בתרתין בנתך ושית שנין בענך ושלחפת ית אגרי עשרה זמנין:
104 בענן Ex10:09 ניזל בב<נ>ינן ובבנתן בענן ובתורינן ניזל ארו«ם» חגא
105 דענא Gn21:28 אברהם ית שבעתי אמריא דענא בלחודיהון:
106 Gn21:29 מה אינון שבעתי אמרתא {{דענא בלחודיהון}} «האילן»
107 Gn37:14 שלמיהון דאחיך וית שלמא דענא ואתיב יתי פתגם ושלח יתיה
108 וענא Gn33:13 ידע ארום טלייא מחסין וענא ותורייא מיינקין קדמיי אן
109 וענה Gn47:18 ארום אלהן שלם כספא וענה ובעירא לרבוני ולא נשאר מן
110 Gn31:43M דמן בנתיי אתילידן וענה מן ענה דידי היא
111 Gn31:43 בנתא בנתיי ובניא בניי וענה עניי וכל מה דאת חמי {לי
112 וענך Gn45:10 את ובניך ובני בניך וענך ותוריך וכל דילך:
113 ובענה Ex 9:03 בגמליא בתוריא ובענה מותא תקף לחדא:
114 ודענה Gn47:18M כספא \וענה ובעירא /ודענה ודבעירא#2#/ לרבוני ולא
115 Lv27:32M \תורין וען/דתורה ודענה#2#/ כל מה די יעבר שרביטה
116 ומענא Lv 1:02M /מתורא#2#/ \ומן ענה/ומענא#2#/ תקרבון ית קרבניכון:
117 לענה Gn47:04 עלנן ארום לית מרעה לענה דילעבדך ארום תקף כפנא לחדא
118 עני' p em/sf Dt14:23M ודעניכון/ועדרי עני"#2#/ מן בגלל דתלפון למדחל
119 עניה Nu11:22 הא ע{מ}<נ>יה ותורייה אין מתנכס להון
120 עניהון Gn34:28 וית עניהון וית תוריהון <....> וית מה
121 עניהין Ex 2:17M יתהון ואשקי ית ענהון/עניהין#2#/:
122 עניי Gn31:43 בנתיי ובניא בניי וענה עניי וכל מה דאת חמי {לי הו} לי

123 ענייא Dt16:03M \לחם דצער /לחמא ענייא דמסכינו#2#/ ארום בבהילו
124 ענייה Ex34:03M \ענה ותורא /ענייה ותורייה#2#/ לא
125 עניכון Dt15:19 ולא תגזון בכורי עניכון:
126 Dt28:04 בקרת תוריכון ועדרי עניכון:
127 Dt28:18 בקרת תוריכון ועדרי עניכון:
128 Dt12:21 ותיכסון מן תוריכון ומן עניכון די יהב ייי לכון היך מה די
129 Ex20:24 וית נכסת קודשכון ית עניכון וית תוריכון בכל אתרא די
130 Ex10:24 פלחו קדם ייי לחוד עניכון ותוריכון יקום הכא אף
131 Dt28:31 ולא יחזרון לכון עניכון מסירן לבעלי דבביכון ולית
132 Dt28:51 בקרת תוריכון ועדרי עניכון עד זמן די יסופון יתכון:
133 Dt 7:13 בקרת תוריכון ועדרי עניכון על ארעא די קיים לאבהתכון
134 Dt18:04 ומשחיכון ושירוי גזזי עניכון תתנון להון:
135 ענינן Lv22:27 לן למקרב{י}ה מן עדרי ענינן יתכפר על חטאינן תורה
136 Gn29:22M מבועינן אתברכו ועדרי ענינן סגון וכדו היבו לי עצה מה
137 Lv22:27M לן מה נקרבה מן עדרי ענינן תורה איתבחר קדמי בגין
138 ועניהון Gn46:32 מרי בעירא אנ«ו»ן ועניהון ותוריהון וכל מה דלהון
139 Gn47:01 ואמר אבה ואחיי ועניהון ותוריהון וכל
140 Gn50:08 דאבוי לחוד טפלהון ועניהון ותוריהון שבקו בארעא
141 ועניכון Dt12:17 ובכורי תוריכון ועניכון וכל נדריכון ^די
142 Dt 8:13 ותוריכון ועניכון יסגון וכסף ודהב יסגי
143 ועינן Dt21:07 לא שפכן ית אדמא הדין ועינן לא חמון יתה:
144 ובעניכון Dt15:19 די יתילדון בתוריכון ובעניכון דיכרייה תקדשון לשמה דייי
145 ודעניכון Dt12:06 ובכורי תוריכון ודע{י}ניכון:
146 Dt14:23 ובכורי«» תוריכון ודעניכון מן בגלל דתלפון למדחל
147 לעניכון Nu32:24 קריין לטפליכון ודרין לעניכון וית מה דיפוק מפומיכון
148 Ex22:29 כדון תעבדון לתוריכון לעניכון שבעה יומין יהווה מתרבי

## ענב *vb.* to fasten [411]

001 וענבו peal Ex39:21 וענבו ית חושנה מן עזקא לגו

## ענב *n.* ⇐ עונב

## ענבה *n.* grapes [412]

001 ענבה s ab/cn Dt32:14 ונטרין פקודייה מן ענבה חדה יהוון שתיין כור דחמר:
002 ענבים p abs Gn49:11 בדמא מדמי לרפוס ענבים:
003 Dt23:25 דחברך ותאכל ענבים דצורכה ותשבע ולגו מניך
004 ענבין Dt23:25M בכרמה דחברך ותאכול ענבין מה דנפשך בעייה ותשבע
005 דענבי Nu 6:03M דע{ג}<נ>בין/שזוג דענבי#2#/ לא ישתי וענבין רטיבין
006 דענבין Nu13:23 מן תמן עוברה וסגולה דענבין חד וטענו יתיה בקופה בתרין
007 Nu 6:03 לא ישתי וכל עצורה דע{ג}<נ>בין לא ישתי וענבין רטיבין
008 וענבין Nu 6:03 דע{ג}<נ>בין לא ישתי וענבין רטיבין ויבשין לא יאכל:
009 לענבין Gn40:10 בשלו סגוליה ואתעבדו לענבין:
010 ענבי p const Lv25:05 חצדיכון לא תחצדון וית ענבי שבקיכון לא תקטפון שבת שבתה
011 Lv25:11M ולא תקטפון ית שבקיכון/ענבי שמטה#2#/:
012 ענביא p em/sf Gn40:11 דפרעה בידי ונסבת ית ענביא ועצר«ת» יתהון בכסה
013 ענביה Nu13:20 ויומיא יומי בכורי ענביה:
014 Nu13:20M \הוון יומי בכרת ע<נביה>#2#/:
015 Gn40:12 בסגוליא ודי אמרת נסבית ענביה ועצרת יתהון בכסא דפרעה
016 בענביא Ex26:11 חמשין ותעל ית פורפי בענביא ותדבק ית משכניה ויהוי כלה
017 בענווויי' Ex26:11M ותעל ית פורפי בענביא/בענווויי#2#/ ותדבק ית משכניה

## humble *adj.* ענוון [412]

|  |  |  |  |  |  |  |
|---|---|---|---|---|---|---|
| 001 | ענוון | s ab/cn | Nu12:03 | וגברא משה | ענוון | לחדה מן כל בני אנשא די |

## humble *adj.* ענוותן [412]

|  |  |  |  |  |  |  |
|---|---|---|---|---|---|---|
| 001 | דענוותן | s ab/cn | Gn25:27M | ית יעקב מן בגלל | דעינוות{א}<ן> | הוא ומשמש בבית מדרשא |
| 002 | ענוותנין | p abs | Dt 7:07M | ארום מן בגלל דאתון | ענוותנין | |

## humility *n.* ענוותנו [412]

|  |  |  |  |  |  |  |
|---|---|---|---|---|---|---|
| 001 | ענוותונתיך | s em/sf | Gn35:09 | לעלם ולעלמי עלמין | ענוותונתיך | וישרותך וצדיקותך ותוקפך |

## to respond *vb.* עני [412]

|  |  |  |  |  |  |  |
|---|---|---|---|---|---|---|
| 001 | ענה | peal | Gn22:11M | אברהם אברהם ואמר | /ענה | אברהם בלשן בית קדשא |
| 002 | | | Gn 4:08 | מני לא אתקב' ברעוא: | ענה | הבל ואמר לקין מסתכל אנא |
| 003 | | | Gn44:19 | פלטין ואזדעזע כל פלטין | ענה | יהודה ואמר דלמה דהא |
| 004 | | | Gn50:01 | ארייה גוברין דאחוי | ענה | יהודה ואמר לאחוי איתון |
| 005 | | | Gn50:21 | יתכו«ן» וית ספלכון | ענה | יוסף ואמר להון עשרה |
| 006 | | | Gn49:02 | אבונן ייי אלהן ייי חד | ענה | יעקב ואמר ברוך שמיה |
| 007 | | | Dt 6:04M | יהא שמיה מברך ∧עד#2/ | /ענה | יעקב אמ' בריך שמ'#2/ |
| 008 | | | Gn22:10 | למיכוס ית יצחק בריה | ענה | יצחק ואמר לאברהם אבוהי |
| 009 | | | Ex 3:04 | סניה ואמר ליה משה משה | ענה | משה בלשון בית קודשא ואמר |
| 010 | | | Gn 4:08 | דנפקו תריהון באפי ברא | ענה | קין ואמר להבל מסתכל אנה |
| 011 | | | Gn 4:08 | מינך לא אתקביל ברעוא | ענה | קין ואמר להבל לית דין |
| 012 | | | Gn49:01 | ליה תרעא אסרד מנה | ענה | אבונן יעקב וברך יתהון גבר |
| 013 | | | Gn27:01M | ברי \ואמר ליה /עשו | ענה | ואמ'#2/ הא אנה: |
| 014 | עני | | Gn22:01 | עשיריה ואמר ליה אברהם | עני | אברהם בלשן בית קודשא ואמר |
| 015 | | | Gn 4:08 | ולית מתפרעה מן רשיעיא | עני | הבל ואמר לקין אית דין |
| 016 | | | Gn46:02M | ואמר יעקב יעקב | ואמר/עני | יעקב בלשון |
| 017 | | | Dt 1:01 | אינון יהיבין בעבר ירדנה | עני | משה ואמר להון הלא במדברה |
| 018 | | | Gn27:41M | די ברך יתה אבוי | ואמר/עני#2/ | עשו בלבא לית אנא עבד |
| 019 | | | Gn21:33M | לה סימי מה דאכלו ושתין | עני | אבונן אברהם ואמ' להון |
| 020 | | | Gn49:02 | סדר ברכתא ואתכסי מניה | עני | אבונן יעקב ואמר להון |
| 021 | | | Dt 6:04 | חזור חזור לדרגשיה דדהבה | עני | אבונן יעקב ואמר להון |
| 022 | | | Gn 3:18 | ותיכל ית עשבא דבאפי ברא | עני | אדם ואמר בבעו ברחמין |
| 023 | | | Nu21:01M | נביאתה ואתגנזת באירה | עני | ואמ' לעמא עבדי קרבה אתון |
| 024 | | | Ex 1:19 | אבוהון בשמ«י»א והוא | עני | יתהון ואינון ילדן: |
| 025 | | | Lv13:45M | יהוין קריין לה ולא | עני | יתהון רחוק מן מסאבה דלא |
| 026 | | | Dt32:15M | דתקיפה דהוה | פרק/עני#2/ | יתהון בשעת עקתהון \ |
| 027 | | | Gn38:25 | דעני לעיקי בשעת עקתהון | עני | יתי בשעתא הדה דהיא שעת |
| 028 | | | Lv22:27 | דידהון בשעת אננקי דדהון | עני | יתן בהדה שעתה ושמע בקל |
| 029 | | | Dt 4:07 | דאנן מצליין קדמוי הוא | עני | יתן: |
| 030 | עניין | | Ex15:02M | יתן משח מן שמיר סינרא | עניין | בני ישרא' ואמרין אלין |
| 031 | | | Dt27:15M | ודי ישווי בטומרה הוון | עניין | כל עמא אלין לאלין |
| 032 | | | Ex14:25M | ורמין על ימא | עניין | מצראי ואמרי' אלין לאלין |
| 033 | | | Gn34:31 | | עניין | תרין בני דיעקב שמעון |
| 034 | | | Gn49:02 | קדם טעוון אחרניין | עניין | תרין עשר שבטוי |
| 035 | | | Dt 6:04 | אבוכון אתון פלחין | עניין | תרין עשרתי שבטוי דיעקב |
| 036 | ענין | | Dt 4:07M | שעה דאנן קריין לה הוא | ענין | |
| 037 | יענה | | Nu35:30 | יתקטל קטולה וסהד חד לא | יענה | על נפש למתקטלה: |
| 038 | תענה | | Dt20:11 | ויהוי אין שלם | תענה | יתכון ותפתח לכון ויהווי כל |
| 039 | תעני | | Dt20:11M | תענה/מילין דשלם | תעני#2/ | יתכון ותפתח לכון |
| 040 | דענה | | Gn35:03 | תמן מדבח לשמה דייי | דענה | יתי בשעת עקתי והווה בסעדי |
| 041 | דעני | | Gn38:25 | דהיא שעת אננקי אלהא | דעני | לאנינקי ואנהר עייני והב לי |
| 042 | | | Gn38:25 | מן קדמיך ייי את הוא | דעני | לעיקי בשעת עקתהון עני יתי |
| 043 | ויענון | | Dt27:18M | דהוא מדמי לסמייה | ויענון | |
| 044 | | | Dt21:07 | | ויענון | ויאמרון ידינן לא שפכן ית |
| 045 | | | Dt27:26M | למעבד יתהון | ויאמרון/ויענון | ויימרון#2/ כל עמה |
| 046 | | | Dt27:16M | אמן /דמבזי אבוי ואמה | ויענון | כל עמא אמן#2/: |
| 047 | | | Dt27:17M | דגברא/גבר#2/ | ויאמרון/ויענון#2/ | כל עמא אמן: |
| 048 | | | Dt27:19M | ודיתמה ודארמלתה | ויענון | כל#2/ עמא אמן: |
| 049 | | | Dt27:20M | עריתה דאבוי | ויאמרון/ויענון#2/ | כל עמה אמן: |
| 050 | | | Dt27:22M | דאבוי או ברתה דאמיה | ויענון | כל#2/ עמה אמן: |
| 051 | | | Dt27:23M | ויאמרון כל /חביבתה | ויענון | כל#2/ עמא אמן: |
| 052 | | | Dt27:24M | לחבריה בטומרה | ויאמרון/ויענון#2/ | כל עמה אמן^: |
| 053 | | | Dt27:25M | /דם#2/ זכיי | ויאמרון/ויענון#2/ | כל עמא אמן: |
| 054 | | | Dt27:14M | לליוויא ויאמרון | /ויענון | לליוואי ואמרין#2/ לכל |
| 055 | | | Dt27:14 | | ויענון | לליווייא ויאמרון לכל עמה |
| 056 | וענה | | Gn18:27 | | וענה | אברהם ואמר הא כען שריית |
| 057 | | | Nu22:18 | | וענה | בלעם ואמר לעבדוי דבלק אם |
| 058 | | | Nu23:26 | | וענה | בלעם ואמר לבלק הלא |
| 059 | | | Nu11:28 | | וענה | יהושע בר נון משמשה דמשה |
| 060 | | | Gn40:18 | | וענה | יוסף ואמר דן פתרונה דחלמא |
| 061 | | | Gn41:16 | | וענה | יוסף ית פרעה למימר בר מני |
| 062 | | | Gn31:31 | | וענה | יעקב ואמר ללבן ארום דחלת |
| 063 | | | Gn31:36 | ואדיין בלבן | וענה | יעקב ואמר ללבן מה חובתי |
| 064 | | | Gn27:37M | ואתיב/וענה#2/ | | יצחק ואמר לעשו הא |
| 065 | | | Gn27:39 | | וענה | יצחק אבוי ואמר ליה הא מן |
| 066 | | | Gn31:43 | | וענה | לבן ואמר ליעקב בנתא |
| 067 | | | Ex 4:01 | | וענה | משה ואמר ואין לא יהימנון |
| 068 | | | Gn23:10 | הוי שרי בגו בנוי דחת | וענה | עפרון חתייה עם אברהם |
| 069 | | | Gn23:11 | לאחסנו דקבורה דחת | וענה | עפרון חתייה עם אברהם |
| 070 | | | Gn23:14 | | וענה | עפרון ית אברהם למימר |
| 071 | | | Gn42:22 | | וענה | ראובן יתהון למימר לא |
| 072 | | | Gn31:14 | | וענה | רחל ולאה ואמרין לה הא עד |
| 073 | | | Nu23:12 | | וענה | ואמר הלא מה די ישווי |
| 074 | | | Gn25:21 | אתתיה ארום עקרה הוות | וענה | יתיה ייי ועברת רבקה |
| 075 | וענו | | Nu32:31 | | וענו | בנוי דגד ובנוי דראובן |
| 076 | וענון | | Gn34:13 | | וענון | בנוי דיעקב ית שכם וית |
| 077 | | | Ex19:08 | | וענון | כל עמא כחדא בלבא שלמא |
| 078 | | | Ex24:03 | דייי וית כל סדרי דינא | וענון | כל עמא קל חד ואמרין כל |
| 079 | ועני | | Gn22:14 | ושמע בקל צלותהון | ועני | יתהון ומשיזב יתהון מן כל |
| 080 | | | Ex 1:19M | עני יתהון /קדם ייי | ועני | יתהון דילדתן#2/ ואינון |
| 081 | ועניין | | Gn24:50 | | ועניין | לבן ובתואל ואמרין |
| 082 | | | Gn23:05 | | ועניין | בנו«י» דחתאה ית אברה' |
| 083 | | | Dt27:15 | אומן וישוי יתיה בטמרה | ועניין | כל עמא כחדה ואמרין אמן: |
| 084 | וענין | | Gn34:13M | | וענון/וענין#2/ | בנוי דיעקב ית שכם |
| 085 | | | Gn46:32M | מרי(ה) נכסין הינון | וענין#2/ | ותוריהון וכל מה דלהון |
| 086 | ועניתון | | Dt 1:41 | | ועניתון | ואמרתון לי סרחנן קדם ייי |
| 087 | | | Dt 1:14 | | ועניתון | יתי ואמרתון ^הא#2^ שפר |
| 088 | וענת | | Ex15:21 | | וענת | להון מרים נודה ונשבח קדם |
| 089 | ותיעני | | Dt25:09 | רגלה ותירוק קדמוי | ותיעני | ותימר כהדן סידרא |
| 090 | ותענה | | Dt31:21 | יתהון בישן סגין ועקין | ותענה | שבח שירתה הדה קדמיי לסהדו |
| 091 | ותענון | | Dt26:05 | | ותענון | ותימרון קדם ייי אלהכון |
| 092 | למעני | | Gn45:03 | בחיין ולא יכלו אחוי | למעני | יתיה ארום אתבהלו |
| 093 | מענ' | pael | Ex15:21M | "וענת ... דמתגאה": והוו | מענ' | לה' מרים נודה ונשבחה קדם |
| 094 | יתענה | etpeel | Gn41:16 | בר מני מן קדם ייי | יתענה | ית שלמא דפרעה: |
| 095 | מתענה | | Ex19:19 | נעים ומן קדם ייי הוה | מתענה | ליה בקל: |

## עני #3 *vb.* to afflict [413]

| | | | | | | |
|---|---|---|---|---|---|---|
| 001 | pael | ותענון | Lv16:29M | לירחא דתשרי תצומון | ותענון | ית נפשתכון ממיכל ומשתיה |

## ענמיי *adj.* Anamite [413]

| | | | | | | |
|---|---|---|---|---|---|---|
| 001 | p em/sf | ענמיה | Gn10:13 | אולד ית לודיא וית | ענמיה | וית להבייא וית נפתוחייא: |

## ענן *n.* cloud [413]

| | | | | | | |
|---|---|---|---|---|---|---|
| 001 | s ab/cn | ענן | Ex40:38 | ארום | ענן | איקר שכינתא דייי על משכנא |
| 002 | | | Nu 9:16M | בתדירה\עננה יכסי | /<ענן> | יקרה חפ׳#2#/ יתיה וחזיו |
| 003 | | | Nu10:11M | איסתלק/יסת׳#2#/ | \ענן#2#/ | מעילוי משכנה דסהדותה: |
| 004 | | | Lv16:13M | ייי ויכסי\תננה דקטרתה | /ענן | קט׳#2#/ ית כפרתה די |
| 005 | | בענן | Lv16:02M | ארום\בענני איקר | /בענן | יקר׳#2#/ שכינתי ממרי |
| 006 | | וענן | Nu10:34 | | וענן | איקר שכינתה דייי הוה מגן |
| 007 | | | Nu14:14 | אתגלית את במימרך ייי | וענן | איקר שכינתך הווה עליהון |
| 008 | | | Gn 2:06 | | וענן | הוה סלק מן ארעא ומשקי ית |
| 009 | | | Ex19:16 | צפרא והווה קלין וברקן | וענן | תקיף על טורא ושופרא {ו}תקף |
| 010 | s em/sf | ענ׳ | Nu17:07M | יתיה עננה /כסי< >יתה | ענ׳#2#/ | ואת{ל}«ג»<ל>יית איקר |
| 011 | | עננא | Ex24:10 | שמיא כד אינון נקיין מן | עננא: | |
| 012 | | | Ex24:16 | ביומא שביעיא מן גו | עננא: | |
| 013 | | | Nu10:12 | מן מדברה דסיני ושרה | עננא | במדברה דפראן: |
| 014 | | | Ex24:18 | ואתא משה בגו | עננא | וסלק לטורא והוה משה בטורא |
| 015 | | | Ex14:20 | משרייתיהון דישראל והווה | עננא | חשוך ופלגא נהורא חשוכא |
| 016 | | | Nu 9:22 | ולא יטלון ובא«ס»תלקות | עננא | יטלון: |
| 017 | | | Ex24:15 | וסלק משה לטורא וכסי | עננא | ית טור«א»: |
| 018 | | | Ex40:34 | וכסי | עננא | ית משכן זימנא ואיקר שכינתה |
| 019 | | | Dt25:18 | מן בתר ממרי ה{ה}<וו>ה | עננא | פלט ית«י»ה ודבית עמלק |
| 020 | | | Ex24:16 | טורא דסיני וכסי יתיה | עננא | שיתא יומין וקרא למשה |
| 021 | | | Nu 9:17M | <ישרי>#2#/ תמן | משכנה/עננא#2#/ | תמן ישרון בני |
| 022 | | עננה | Nu 9:21 | מן רמשא ועד צפרה ויסתלק | עננה | בצפרא ויטלון או יומם ולילי |
| 023 | | | Nu17:07 | זימנה והא כסי יתיה | עננה | ואת{ל}«ג»<ל>יית איקר |
| 024 | | | Ex40:35M | ואיקר שכינתה דייי מלא | /עננה | וביקר שכינתה דייי מלא#2# |
| 025 | | | Nu 9:21 | או יומם ולילי ויסתלק | עננה | ויטלון: |
| 026 | | | Ex40:37 | ואין לא יסתלק | עננה | ולא יטלון עד יומא די |
| 027 | | | Dt 4:11 | באשתה עד צית שמיא חשוכה | עננה | וערפלה: |
| 028 | | | Dt 5:22 | בטורא מן גו להבי <אשתה> | עננה | וערפלה קל רב ולא פסיק וכתב |
| 029 | | | Nu 9:20 | ואית זימנין די יהווי | עננה | יומין מניין על משכנה על פם |
| 030 | | | Nu 9:16 | כדין יהוי בתדירה | עננה | יכסי יתיה וחזיו אשא אכלה |
| 031 | | | Nu 9:15 | דאקים משה ית משכנה כסי | עננה | ית משכנא משכנה דסהדותה |
| 032 | | | Nu 9:21 | ואית זימנין די יהווי | עננה | מן רמשא ועד צפרה ויסתלק |
| 033 | | | Nu 9:17 | וכאשון אסתלק«ת» | עננה | מעילוי משכנה ומן בתר כדן |
| 034 | | | Ex40:36 | ובאסתלקות | עננה | «מעלווי משכנה» |
| 035 | | | Nu 9:18 | ישרון כל יומין די שרי | עננה | על משכנה ישרון: |
| 036 | | | Nu 9:19 | ובשהיא | עננה | ^על משכנה יומין סגין |
| 037 | | | Nu 9:22 | או יומין סגין כד שוהי | עננה | על משכנה למשרי עלוי ישרון |
| 038 | | ענני | Gn 9:14M | ענניא פרסין על /יפרוס | ענני | על׳#2#/ ארעא ותתחמי קשתא |
| 039 | | בעננא | Gn 9:14 | על ארעא ותתחמי קשתא | בעננא: | |
| 040 | | | Ex16:10 | שכינתה דייי אתגליית | בעננא: | |
| 041 | | | Gn 9:16 | ותהוי קשתא | בעננא | ואחמי יתה למדכרה קיים עלם |
| 042 | | | Ex34:05 | איקר שכינתי׳ דייי | בעננא | ואתעתד לוותיה תמן וצלי |
| 043 | | | Gn 9:13 | ית קשתי ^א#2#^שוי | בעננא | ותהי לסימן קים בין ממרי |
| 044 | | דעננא | Ex13:22 | לא פסק עמוד«א» | דעננא | באיממא ועמודא דאישתא |
| 045 | | | Ex13:21 | באורחא וליליא בעמוד׳ | דעננא | דאישתא למנהרא להון למהוי |
| 046 | | | Ex33:10 | וחמון כל עמא ית עמודא | דעננא | דקיים בתרע משכנה וקיימין |
| 047 | | | Nu21:01M | אהרן ואסתלק עמודא | דעננא | וארום <מיתת> מרים |
| 048 | | | Ex33:09 | לתרע משכנה נחת עמודא | דעננא | וקיי«ם» בתרע משכנה ומלל |
| 049 | | | Ex13:21 | קדמיהון באיממא בעמודא | דעננא | למדברא יתהון באורחא |
| 050 | | | Ex19:09 | ממרי מתגלי עלך בתקפא | דעננא | מן בגלל דישמעון עמא |
| 051 | | | Ex14:19 | מן בתריהון ונסל עמודא | דעננא | מן קדמיהון וקם ליה |
| 052 | | דעננה | Nu14:14 | הווה עליהון ובעמודה | דעננה | את מהלך קודמיהון ביממא |
| 053 | | | Dt 1:33 | די תהלכון בה ובעמודה | דעננה | באיממה: |
| 054 | | | Dt31:15 | דעננה וקם לה עמודה | דעננה | בתרע משכן זמנה: |
| 055 | | | Nu12:05 | שכינתיה דייי בעמודה | דעננה | וקם לה בתרע משכנה וקרא |
| 056 | | | Dt31:15 | דייי במשכנה בעמודה | דעננה | וקם לה עמודה דעננה בתרע |
| 057 | | ועננה | Nu12:10 | | ועננה | סטת מעלוי משכנה והא מרים |
| 058 | p abs | עננין | Dt 5:20M | ארום בחובי שהדי שיקרא | עננין | מסתלקין ומטר דלא נחת |
| 059 | | | Dt 5:21 | ארום בחובי חמודיה | עננין | סלקין ומטר לא נחת ובצורתה |
| 060 | | | Ex19:04M | מצראי וסבלית יתכון על | עננין | קלילין היך על כנפי נשרין |
| 061 | | בעננין | Lv23:43M | מטלין אשרית בני | /בעננין | היך מטלין אשריית ית |
| 062 | p const | ענני | Nu21:01 | חסידה דבזכותיה הוון | ענני | איקרה מפקין ית ישראל |
| 063 | | בענני | Ex19:04 | למצריי וטענית יתכון | בענני | איקר שכינתי על כנפי |
| 064 | | | Lv16:02 | דסהדותה דלא ימות ארום | בענני | איקר שכינתי ממרי איתגלי |
| 065 | | | Lv23:43 | די ידעון דריכון ארום | בענני | איקר שכינתי בדמות מטלין |
| 066 | | וענני | Nu12:16 | תמניין ליגיונין | וענני | איקרה ובירה לא הוון |
| 067 | p em/sf | עננוי | Dt33:03 | מדברין ואתיין לרגל | עננוי | ונטלין ושריין על פם |
| 068 | | ענניא | Gn 9:14 | ויהי כד יהוון | ענניא | פרסין על ארעא ותתחמי קשתא |
| 069 | | ענניה | Ex20:16M | ברא מתכלה בבני אינשא | /ענניה | סלקין ומטר׳ לא נחית#2#/: |
| 070 | | ענניא | Ex24:10M | /הוון נקיין מן | ענניא#2#/: | |
| 071 | | בענניא | Nu11:25 | איקר שכינתה דייי | בענניא | ומלל עמה ורבי מן רוח |

## ענני *n.* covering [413]

| | | | | | | |
|---|---|---|---|---|---|---|
| 001 | s ab/cn | עננית | Ex16:13 | ית משריותא ובצפרא הוות | עננית | טלא חזור חזור למשריתא: |
| 002 | | | Ex16:14 | וסלקת | עננית | טלא והא על אפי מדברא דקיק |

## ענף *n.* branch [413]

| | | | | | | |
|---|---|---|---|---|---|---|
| 001 | p em/sf | ענפוי | Gn50:01M | "ושרשוי..." :" | ענפוי | מטיין על כל דיירי ארעא |

## עסיק *n.* ⇐ עסק

## עסק *vb.* to be occupied with [414]

| | | | | | | |
|---|---|---|---|---|---|---|
| 001 | peal | עסקו | Gn15:17M | לעלמא דאתי על די לא | עסקו | אולפן אוריתא בעלמא הדין |
| 002 | | עסיקי׳ | Ex10:23M | הוות נהורא על דהוון | עסיקי׳ | בפיתגמי אורייתא |
| 003 | etpeel | אתעסקו | Dt32:17 | דמן כדון אתבריין דלא | אתעסקו | בהון אבהתכון: |
| 004 | | אתעשקו | Gn26:20 | שמה דבארה עשק ארום | אתעשקו | עמיה: |
| 005 | | ית׳ | Dt32:17M | דלא/לא#2#/ | אתעסקו/ית׳#2#/ | בהון אבהתכון: |
| 006 | | יתעסקון | Ex 5:09 | גובריא ויעבדון בה ולא | יתעסקון | במלין דשקרין: |

## עסק *n.* matter [413 עסיק]

| | | | | | | |
|---|---|---|---|---|---|---|
| 001 | s ab/cn | עסיק | Dt19:04 | ודן | עסיק | קטולא די יערק תמן ויחי די |
| 002 | | עסק | Ex18:16 | ארום יהוי להון | עסק | דין דמלין אתיין לוותי |
| 003 | | | Ex24:14 | וחור עמכון מן דאית | עסק | דין דמלין יקרב לוותהון: |
| 004 | | | Dt17:09 | ותתבעון ויתנון לכון ית | עסק | דינה: |
| 005 | | | Nu35:24 | קטולא ובין תבוע אדמא עם | עסק | דיניא האילין: |
| 006 | | | Nu18:07 | תטרון ית כהנתכון לכל | עסק | מדבחה ולגו מן פרוכתה |
| 007 | s em/sf | עסקא | Dt17:09M | לכון ית\עסק דינה | /עסקא | דדינה#2#/: |
| 008 | | | Nu18:07M | \עסק מדבחה ולגו מן | /עסקא | דמדבחה ומן לגו מן#2#/ |

|  |  |  |  |  |  |  |
|---|---|---|---|---|---|---|
| 009 | בעיסקה | | Nu31:16M | לבני ישראל | בעצתיה/בעי«ס»קה#2#/ | דבלעם למשקרה |

See also: על עסק n.

## עפר n. dust [414]

|  |  |  |  |  |  |  |
|---|---|---|---|---|---|---|
| 001 | עפר | s ab/cn | Gn 3:19 | ארום מנה אתברית | עפר | את ולעפרא את עתיד חזר ומן |
| 002 | | | Gn18:27 | למלל«א» קדם ייי ואנה | עפר | וקטם: |
| 003 | | | Gn22:14 | ית יצחק ברי למעבד יתה | עפר | וקטם קדמיך אלא מן יד |
| 004 | | | Nu21:06M | ואמרית \ליה עפרא /לה | עפר#2#/ | יהווי מזונך אסקת עמי |
| 005 | | | Nu19:17M | יקדת /למזכיה מסאבה מן | עפר | יק"#2#/ תורתה ויתן עלוי |
| 006 | | | Gn 2:07 | וברא ייי אלהים ית אדם | עפר | מן אדמתא ונפח בנחירוי נשמ' |
| 007 | ועפר | | Lv14:42 | יתהון תחות אבניה | ועפר | אחרן יסב וישוע ית ביתה: |
| 008 | | | Gn 3:14 | ברה על מעך תהוי שחף | ועפר | יהוי מזונך כל יומי חייך: |
| 009 | | | Dt28:24 | ית מטרה דארעכון אבק | ועפר | מן שמייא ויחות עליכון |
| 010 | כעפר | | Nu23:10M | \כעפרא דארעא /<כ> | עפר | א'#2#/ או מן יכיל מסכום |
| 011 | עפרא | s em/sf | Gn26:15 | פלשתאי ומלון יתהון | עפרא: | |
| 012 | | | Gn 3:19 | ולעפרא את עתיד חזר ומן | עפרא | את עתיד חזר וקאם ויהב דין |
| 013 | | | Gn13:16 | די כל גבר למימני ית | עפרא | דארעא אף בניך לית אפשר |
| 014 | | | Ex 8:12 | ית חו«ט»רך ומחי ית | עפרא | דארעא ויהווי לכלמין בכל |
| 015 | | | Ex 8:13 | בבני אנשא ובבעירא כל | עפרא | דארעא הוון כלמין בכל ארעא |
| 016 | | | Ex 8:13 | ית ידא בחוטרא ומחה ית | עפרא | דארעא והוון כלמיא |
| 017 | | | Lv14:45 | אבנא וית קיסוי וית כל | עפרא | דבייתיה ויפק לבר מן קרתה |
| 018 | | | Lv14:41 | מן חזור חזור וישפכון ית | עפרא | די יקלפון לבר מן קרתה לאת' |
| 019 | | | Nu21:06 | מן שרויה ואמרית ליה | עפרא | יהווי מזונך אסקת עמי מארעא |
| 020 | עפרה | | Nu 5:17 | דכין לגו מן דחסף ומן | עפרה | די יהווי בשיפולי דמשכנה |
| 021 | | | Nu 5:17M | ומן | עפרה | דתחות טבלה דבאיסודי משכנה |
| 022 | | | Dt 9:21 | זקיק טבאות עד די עבד | עפרה | וארמי ית עפרה לוות {נורא} |
| 023 | | | Dt 9:21 | עד די עבד עפרה וארמי ית | עפרה | לוות {נורא} <נחלה> דנחת מן |
| 024 | בעפרא | | Lv17:13 | ית אדמיה ויכסי יתיה | בעפרא: | |
| 025 | דעפרה | | Dt32:24 | דתניניא וזחלוי | דעפרה: | |
| 026 | ולעפרא | | Gn 3:19 | אתברית ארום עפר את | ולעפרא | את עתיד חזר ומן עפרא את |
| 027 | כעפרא | | Gn13:16 | ואשווי ית בניך | כעפרא | דארעא ארום היך מה{מה} |
| 028 | | | Gn28:14 | ויהוון בניך | כעפרא | דארעא ותתקף מערבא וצפונא |
| 029 | | | Nu23:10 | עליהון די הוון מברכין | כעפרא | דארעא או מן יכיל מסכום |

## עצה n. ⇐ עיצה

## עצוה n. ⇐ אצו

## עצורה n. pressed out fluid [414]

|  |  |  |  |  |  |  |
|---|---|---|---|---|---|---|
| 001 | עצורה | s ab/cn | Nu 6:03 | עתיק לא ישתי וכל | עצורה | דע{ג}<נ>בין לא ישתי |

## עצי vb. to oppress, to constrain [414]

|  |  |  |  |  |  |  |
|---|---|---|---|---|---|---|
| 001 | עצה | peal | Lv 5:21 | יד או בגזל או די | עצה | ית חברה: |
| 002 | | | Lv 5:23 | דגזל או ית עיציה די | עצה | ית חברא או ית פקדוניה די |
| 003 | עציין | | Nu13:20M | /פירהא אם פתרנין#2# | /^עציין#2# | הא אית בה אילנין |
| 004 | | | Dt28:29 | אורחתכון ותהוון להוד | עציין | וגזילין כל יומייה ולית מן |
| 005 | עצן | | Dt28:33 | חכמתון יתה ותהוון לחוד | עצן | ורציצין כל יומייה: |
| 006 | תעצה | | Lv19:13 | לא | תעצה | ית חברך ולא תגזול לא יבית |
| 007 | תעצון | | Dt24:14M | לא | תעצי/תעצון#2#/ | אגריה דאגירה דמסכינה |
| 008 | תעצי | | Dt24:14 | לא | תעצי | אגריה דאגירה דמסכינה |

## עצי n. oppression, constraint [414]

|  |  |  |  |  |  |  |
|---|---|---|---|---|---|---|
| 001 | עצא | s ab/cn | Lv 5:23M | גזלה דגזל או ית | עיציה/עצא#2#/ | די עצה ית חברא או ית |
| 002 | עיציה | s em/sf | Lv 5:23 | ית גזלה דגזל או ית | עיציה | די עצה ית חברא או ית |

## עצייה n. ⇐ עיצי

## עצף n. ⇐ אצו

## עצר vb. to press [415]

|  |  |  |  |  |  |  |
|---|---|---|---|---|---|---|
| 001 | מעצריכון | peal | Dt11:14M | וחמריכון מן | מעצ{יר}<רי>כון#2#/ | ומשחיכון: |
| 002 | ויעצור | | Dt11:17 | יתקף רוגזה דייי בכון | ויעצור | ית שמייא ולא יהוי מטר |
| 003 | ועצרת | | Gn40:11 | בידי ונסבת ית ענביא | ועצר«ת» | יתהון בכסה דפרעה ושוית |
| 004 | | | Gn40:12 | ודי אמרת נסבית ענביה | ועצרת | יתהון בכסא דפרעה |

## עצרתה n. Shavuot [415]

|  |  |  |  |  |  |  |
|---|---|---|---|---|---|---|
| 001 | עצרתא | s em/sf | Ex34:22 | וחגא דשבועיא היא | עצרתא | תעבדון לכון בכרת חצדה |
| 002 | עצרתה | | Dt16:10 | ותעבדון חגה דשבועיה היא | עצרתה | קדם ייי אלהכון כמסת |

## עקב vb. to trip [415]

|  |  |  |  |  |  |  |
|---|---|---|---|---|---|---|
| 001 | עקב | peal | Gn27:36 | איתקרי שמה יעקב והא | עקב | יתי דנה תרין זמנין ית |

## עקב n. heel [416 עקיב]

|  |  |  |  |  |  |  |
|---|---|---|---|---|---|---|
| 001 | עקב | s ab/cn | Nu11:26 | כחדא ואמרין בסוף | עקב | יומיא גוג ומגוג סלקין |
| 002 | | | Nu24:14 | האליין משלוט בעמך סוף | עקב | יומיא: |
| 003 | | | Dt 4:30 | כל עקייה האליין בסוף | עקב | יומיא ותתובון קדם ייי |
| 004 | | | Gn 4:03M | והוה \לסוף יומין | /עקב | יומייא#2#/ ואייתי קין מן |
| 005 | | | Dt31:29 | ותארע יתכון בישתה בסוף | עקב | יומייא ארום תעבדון מה דלא |
| 006 | | | Dt 8:16M | לכון \בסוף יומייה | /עקב | יומיכון#2#/: |
| 007 | בעוקבה | s em/sf | Gn 3:15 | אינון מעבד שפיותיה | בעוקבה | ביומא דמלכא משיחא: |
| 008 | בעקב' | | Nu12:12M | עמן במדברה והווי עמן | בעקב' | וכיון |
| 009 | בעקבא | | Gn49:17M | בפרשת ארחת' <...> | בעקבא | וממרע יתי' ומן אמתי' |
| 010 | בעקבה | | Gn40:12M | דפרעה עתיד למשתי | בעקבה | אף את רב מזוגי |
| 011 | | | Gn 3:15 | תהוי מתכוין ונכת יתיה | בעקבה | וממרע יתיה ברם לבריה יהוי |
| 012 | בעקבהו' | | Gn 3:15M | מתכוין ונכית יתהון | בעקבהו' | וממר' יתהון ברם לבנין |
| 013 | ובעקבה | | Nu24:20 | עם ישראל עמלקיי | ובעקבה | ביומי דגוג ומגוג אינון |
| 014 | בעקבי | p em/sf | Gn49:17 | ארחתה דנכת לסוסיא | בעקבי | ומן אימתה מסתחר רכבה |
| 015 | לעקבי | | Gn49:17M | דנכת לסוסיא | בעקבי/לעקבי#2#/ | ומן אימתה מסתחר |

## עקד vb. to bind [415]

|  |  |  |  |  |  |  |
|---|---|---|---|---|---|---|
| 001 | דעקד | peal | Lv22:27M | למדכרה זכותה דישר' | דעקד | גרמ' על גבי מדבחה ופשט |
| 002 | ועקד | | Gn22:09 | מדבחא וסדר ית קיסייא | ועקד | ית יצחק ברה ושוי יתיה |
| 003 | דאתעקד | etpeel | Lv22:27 | זכותא דגברא יחידה | דאתעקד | על חד מן טוריא היך אמר |

## עקד 2# vb. to bow down [415]

|  |  |  |  |  |  |  |
|---|---|---|---|---|---|---|
| 001 | ואקדת | peal | Gn24:48M | "ועקדת:" | ואקדת | ואודית ושבחת קדם ייי |
| 002 | ועקד | | Gn24:26 | | ועקד | גברא ואודי ושבח לשמא דייי: |
| 003 | | | Nu22:31 | וחרביה שליפה בידיה | ועקד | ואשתטח על אפוי: |
| 004 | | | Ex34:08 | ואוחי משה | ועקד | לארעא ואודי ושבח: |
| 005 | ועקדו | | Gn43:28 | אבונן הא הוא בחיין | ועקדו | ואודו ושבחו: |
| 006 | | | Ex 4:31 | גלי קדמוי ית צערון | ועקדו | ואודן ושבחן: |

|  |  |  |  |  |  |  |
|---|---|---|---|---|---|---|
| 007 | | | Ex12:27 | מצרים וית בתינן שזיב | ועקדו | עמא ואודו ושבחו: |
| 008 | ועקדת | | Gn24:48 | | ועקדת | ואודת ושבחת לשמה דייי |

## עקה n. trouble [415]

|  |  |  |  |  |  |  |
|---|---|---|---|---|---|---|
| 001 | עקא | s ab/cn | Gn22:14M | ומשזיב יתהון מן כל | עקא | ברם עתידין הינון דריא |
| 002 | | | Gn22:14 | ומשיזב יתהון מן כל | עקא | דעתידין דריא דיקום«ון» |
| 003 | | | Gn48:16 | מלאכא די פרק יתי מן כל | עקא | יברך ית טליא ויתקרי בהון |
| 004 | | | Gn22:14M | בנוי קיימין בשעת | עקתא/עקא#2/ | תהוי מדכר עקדתיה |
| 005 | בעקת | | Gn42:21 | באדמה דאחונה די חמינן | בעקת | נפשיה כד הוה מפרפר קדמינן |
| 006 | עקתא | s em/sf | Gn15:17M | די קיימו אורייתא מן | עקתא | אשתיזבו כל כדן |
| 007 | | | Gn15:17 | וצדיקיא על דנטרו יתה מן | עקתא | אשתיזבון כל כדין אתחוי |
| 008 | | | Gn22:14 | יהון בנוי קיימין בשעת | עקתא | תהוי מדכר עקדתיה דיצחק |
| 009 | עקתה | | Gn42:21 | בגין כך אתת עלינן | עקתה | רבתה הדה: |
| 010 | עקתהון | | Dt32:15 | דהוה פרק יתהון בשעת | עקתהון: | |
| 011 | | | Gn38:25 | את הוא דעני לעיקי בשעת | עקתהון | עני יתי בשעתא הדה דהיא |
| 012 | עקתי | | Gn35:03 | לשמה דייי דענה יתי בשעת | עקתי | והווה בסעדי באורחא דהלכת: |
| 013 | עקתיה | | Dt20:19 | למעירק מן קדמיך בשעת | עקתיה: | |
| 014 | בעקין | p abs | Dt28:53M | לכון \בצער ובצוקה | בעקין/ | ובצוקין#2/ די יעיקון |
| 015 | | | Dt28:55M | ישייר לה כל מנדעם | בעקין | ובצוקין |
| 016 | | | Dt28:57M | בטומרה \בצער ובצוקה | בעקין/ | ובצוקין#2/ די יעיקון |
| 017 | ועקין | | Dt31:17 | יתהון בישן סגין | ועקין | וייאמרון ביומה ההוא הלא |
| 018 | | | Dt31:21 | יארען יתהון בישן סגין | ועקין | ותענה שבח שירתה הדה קדמיי |
| 019 | עקיא | p em/sf | Ex18:08 | על עסק ישראל ית כל | עקיא | די ארען יתהון באורחא ושזיב |
| 020 | עקיה | | Nu20:14 | אתון ידעתון ית כל | עקיה | די ארעון יתן: |
| 021 | עקייה | | Dt 4:30 | לכון וארעא יתכון כל | עקייה | האליין בסוף עקב יומיא |

## עקידה n. binding [416]

|  |  |  |  |  |  |  |
|---|---|---|---|---|---|---|
| 001 | עקדתיה | s em/sf | Gn22:14 | בשעת עקתא תהווי מדכר | עקדתיה | דיצחק אבוהון ושמע בקל |
| 002 | עקידתא | | Gn22:14M | אננקי תהווי מדכר להון | עקידתא | דיצחק אבוהון ושרי ושבק |
| 003 | עקידתיה | | Lv22:27 | בקל צלותן ואדכר לן | עקידתיה | דיצחק אבונן ומן בתר |

## עקיל n. band [416]

|  |  |  |  |  |  |  |
|---|---|---|---|---|---|---|
| 001 | ועקיליה | s em/sf | Nu31:50M | ועזקיה מן אצבעתיהון | ועקיליה | מן אדרעיהון ומעוכייה מן |

## עקמן adj. guileful [416]

|  |  |  |  |  |  |  |
|---|---|---|---|---|---|---|
| 001 | עקמנה | s em/sf | Dt32:05 | מומה דאשתכח בהון דרא | עקמנה | ופתלתנה דרה דשני עבדוי |

## עקף vb. to embroil in [416]

|  |  |  |  |  |  |  |
|---|---|---|---|---|---|---|
| 001 | ולמתעקפא | etpaal | Gn43:18 | למתרברבא עלינא | ולמתעקפא | עלינן ולמסב יתן לעבדין |

## עקר vb. to pull out, to uproot [416]

|  |  |  |  |  |  |  |
|---|---|---|---|---|---|---|
| 001 | למעקר | peal | Gn50:21M | והיך כוכב אחד יכול | למעקר | |
| 002 | | | Gn50:21 | כוכב חד ולא יכילין | למעקר | יתיה ואי׳ איפשר כוכב חד |
| 003 | | | Gn50:21 | להון עשרה כוכבין בעון | למעקר | כוכב חד ולא יכילין למעקר |
| 004 | | | Gn50:21 | איפשר כוכב חד יכיל | למעקר | עשרה כוכבין ונחם יתהון |
| 005 | ותתעקרון | etpeel | Dt28:63 | ול«מ»סייפה יתכון | ותתעקרון | מן עילוי ארעא די אתון |

## עקר n. sterile man [416]

|  |  |  |  |  |  |  |
|---|---|---|---|---|---|---|
| 001 | עקר | s ab/cn | Dt 7:14 | אומייה ולא יהוי בכון לא | עקר | לא עקרה אוף לא בבעירכון: |

## עקר 2# n. root [405 עיקר]

|  |  |  |  |  |  |  |
|---|---|---|---|---|---|---|
| 001 | לעקר | s ab/cn | Lv25:47 | לגיור ותותב עמך או | לעקר | זרעית גיור: |

## עקרב n. scorpion [417]

|  |  |  |  |  |  |  |
|---|---|---|---|---|---|---|
| 001 | דעקרבין | p abs | Nu34:04 | מן דרומא מן מסקייתה | דעקרבין | ויעבר בטור פרזלא ויהוון |
| 002 | ועקרבין | | Dt18:11M | "וחברי ..." ואסרי חוון | ועקרבין | וכל מיני רחשין |
| 003 | | | Dt 8:15 | ארע בית חיוון שרפין | ועקרבין | וצהו די לית מיין די אפיק |

## עקרה n. barren woman [417]

|  |  |  |  |  |  |  |
|---|---|---|---|---|---|---|
| 001 | עקרה | s ab/cn | Gn29:31 | לי בנין ורחל הוות | עקרה: | |
| 002 | | | Dt 7:14 | ולא יהוי בכון לא עקר לא | עקרה | אוף לא בבעירכון: |
| 003 | | | Gn25:21 | רבקה אתתיה ארום | עקרה | הוות וענה יתיה ייי ועברת |
| 004 | | | Gn11:30 | והוות שרי | עקרה | לית לה בנין: |
| 005 | ועקרה | | Ex23:26 | לא תהוי מתכלה | ועקרה | בארעך ית מניין יומכון |

## עקרה 2# n. infertility [417]

|  |  |  |  |  |  |  |
|---|---|---|---|---|---|---|
| 001 | עקרתה | s em/sf | Gn30:22M | מופתח קבריה ומופתח | עקרתה | |
| 002 | דעקרתא | | Gn30:22 | דקבריה ומפתחא | דעקרתא | <...> וכן כתבא ומפר«ש» |
| 003 | | | Gn30:22M | דקברא{ה} ומפתחיא | דעקרתא | |
| 004 | | | Gn30:22 | מקבריכ«ון» עמי מפתח | דעקרתא | דכן כתבה ומפרש ואמר ואדכר |

## ערב vb. to mix [417]

|  |  |  |  |  |  |  |
|---|---|---|---|---|---|---|
| 001 | מער׳ | pael | Ex34:26M | ולא למיכל בשר וחלב | מער׳ | |
| 002 | מערב | | Lv14:21M | סלת \חד פיל במשח | מערב/ | במ#2/ למנחה ולג דמשח: |
| 003 | מערבה | | Lv 7:10M | במשח ונגיבה/מנחתה | מערבה | במשח ומנגבה#2/ לכל בנוי |
| 004 | | | Lv23:13M | עשרונין סלת | פילה/מע{ב}ר<ב>ה#2/ | במשח קרבן מתקבל |
| 005 | | | Nu 7:13M | סולת | פילה/ˆפיילה#2ˆ/מערבה#2/ | במשח למנחתה: |
| 006 | | | Nu 7:25M | | פילה/ˆפיילה#2ˆ/מערבה#2/ | במשח למנחתה: |
| 007 | | | Nu 7:31M | סלת | פיילה/מערבה#2/ | במשח למנחתה: |
| 008 | | | Nu 7:37M | סלת | פ«יי»לה/מערבה#2/ | במשח למנחתה: |
| 009 | | | Nu 7:43M | ומזרקתה סלת | פיילה/מערבה#2/ | במשח למנחתה: |
| 010 | | | Nu 7:55M | סלת | פיילה/מערבה#2/ | במשח למנחתה: |
| 011 | | | Nu 7:61M | /<מזר>קה#2/ סלת | פיילה/מערבה#2/ | במשח למנחתה: |
| 012 | | | Nu 7:67M | סלת | פיילה/מערבה#2/ | במשח למנחתה: |
| 013 | | | Nu 7:79M | סלת | פיילה/מערבה#2/ | במשח למנחתה: |
| 014 | | | Nu28:28M | ומנחתהון סולת | פילה/מערבה#2/ | במשח תלתה עשרונין |
| 015 | | | Nu29:14M | ומנחתהון סלת | פילה/מערבה#2/ | במשח תלתה עשרונין |
| 016 | מערבין | | Ex23:19M | ולמיכל בשר׳ וחלב | מערבין | כחדא |
| 017 | | | Ex23:19 | ולא תיכלון בשר בחלב | מערבין | כחדא דלא יתקף רוגזי |
| 018 | | | Ex23:19 | צריכין דגנה וקשה | מערבין | כחדא: |
| 019 | | | Ex34:26 | ולא תאכלון בשר וחלב | מערבין | כחדא דלא יתקו«ף» רוגזי |
| 020 | | | Ex34:26 | צרירין דגנא וקשה | מערבין | כחדא: |
| 021 | | | Dt14:21M | ולמיכול בשר בחלב | מערבין | כחדה |
| 022 | | | Dt14:21 | ולא תאכלון בשר וחלב | מערבין | כחדה דלא יתקף רוגזי ונבשל |
| 023 | | | Dt14:21 | צרירין דגנה וקשה | מערבין | כחדה: |
| 024 | | | Dt22:10M | \תריהון קטירין כחדה | מערבין/ | כחדה#2/: |
| 025 | | | Dt22:11 | שעטנז עמר וכ{ד}<ת>ן | מערבין | כחדה: |
| 026 | ומערבה | | Nu 7:19M | סולת | פילה/ˆפיילה#2ˆ/ומערבה#2/ | במשח למנחתה: |

027 etpaal מתערבין Nu23:09 ובנימוס אומיה לא מתערבין:
028 תתערבון Dt 7:03 ולא תתערבון עמהון בנתכון לא תתנון
029 והתערבו Gn34:09 והתערבו לן בנתכון הבו לן וית
030 ותתערבון Gn34:09M והתערבו/ותתערבון עמן#2#/ לן בנתכון

## ערב #2 vb. to pledge [417]

001 peal ערב Gn44:32 ארום עבדך ערב ית טליא מן לוות אבה למימר
002 Gn43:09 אנה ערב יתיה מנ{ו}<י> את תבע יתה
003 וערבת Gn44:18 דחילי קשי מן דידהון וערבת ית טליא מן לוות אבה ואמרי

## ערב #3 vb. to be pleasing [417]

001 etpaal אתערבו Gn34:22 לחוד בדה אתערבו לנא גברייא למשרי עמן
002 יתי' Gn34:22M לחוד בדה/בהדא#2#/ אתערבו/יתי'#2#/ לנא גברייא למשרי עמן
003 נתערב Gn34:23 הלא דידן אינון לחוד נתערב להון ו{נ}«י»שרון עמן:
004 Gn34:15 לחוד בדה נתערב לכון אן תהוון כוותן למגזר

## ערב n. woof [417]

001 s em/sf עורבא Lv13:56M מן שתיה או מן ערבה/עורבא#2#/:
002 ערבה Lv13:56 משך או מן שתיה או מן ערבה:
003 Lv13:58 ולבושא או שתיה או ערבה או כל מן דמשך די תחוור
004 Lv13:52 לבושה או ית שתיה או ית ערבה בעמר או בכיתן או ית כל מן
005 בעורבא Lv13:49 או במשך או בשתיה או בעור«בא» או בכל מן דמשך מכתש
006 בעורבה Lv13:57M או בשתיא או בערבה/בעורבה#2#/ או בכל מן דמשך
007 בערבא Lv13:59 או בכתן או בשתיא או בערבא או בכל מן משך לדכיה יתיה
008 בערבה Lv13:51 בלבוש או בשתיה או בערבה או במשך לכל מה די יתעבד
009 Lv13:53 בלבוש או בשתיה או בערבה או בכל מן דמשך:
010 Lv13:57 בלבושה או בשתיא או בערבה או בכל מן דמשך מהלכה היא
011 Lv13:48 או בשתיה או בערבה לכתנא או לעמרא או במשך או
012 דערבה Lv13:59M או דשתייה או דערבה#2#/ או בכל מן משך לדכיה

## ערבב vb. to mix up [418]

001 quadr. ערבב Gn11:09 שמה ב{כ}<ב>ל ארו' כדן ערבב ייי לשני כל דאירי ארעא ומן
002 וערבב Ex14:24 ואישתא ואבני בר{ר}דא וערבב ית משיריתיהון דמצרי׳:
003 ואערבב Ex23:27 ית אימתי אשלח קדמיכון ואערבב ית כל עמיא די תיעלון
004 ויערבב Dt 7:23 ייי אלהכון קדמיכון ויערב{ו}ב יתהון ערבוב רב זמן די
005 Dt 7:23M קדמיכון ויערב{ו}ב/ויערבב#2#/ יתהון ערבוב רב
006 ונערבב Ex14:13 אמרה נלולי לקבליהון ונערבב יתהון כיתא דהות אמרה נפול
007 Ex14:14 אמרה נלולי לקבליהון ונערבב יתהון אמר להון משה לא
008 Gn11:07 אתון כאן ואתגלי ונערבב תמן לשניהון דלא
009 ונערבבה Gn11:07M ונערבב": תתגלי ונערבבה
010 Ex14:13M נלולי לקובליהון ונערבבה
011 Gn22:10M בשעת צערי נפרכס ונערבבה וישתכח קרבנן פסיל ונהוי
012 Ex14:14M לקבליהון ונערבב/ונערבבה#2#/ יתהון אמר להון
013 ומערבב Ex23:08M /חכימייא בדינ'/ ומערבב ומקלקל מיליה' דזכאי בשעת
014 Dt16:19M בדינה": חכימייה ומערבב ומקלקל מליהון דזכאי בשעת ..."

## ערבה n. willow [418]

001 s ab/cn דערבה Lv11:15M \עורב' למינה/מינה דערבה למיניהון#2#/:
002 וערבה Lv23:40 תרוגין ולולבין והדס וערבה דנחלה ותחדון קדם ייי

## ערבוב n. uproar [418]

001 s ab/cn ערבוב Dt 7:23 ויערב{ו}ב יתהון ערבוב רב זמן די ישיצי יתהון:

See also: n. ערברוב

## ערבון n. surety, pledge [418]

001 s ab/cn ערבון Gn38:17 מן ענה ואמרת אן תתן ערבון עד זמן דתשלח:
002 s em/sf ערבונא Gn38:18 ואמר מה ערבונא די אתן ליך ואמרת עזקתך
003 ערבוניה Gn38:20 עדולמייה למיסב ית ערבוניה מן ידא דאתתא ולא אשכח

## ערברוב n. vermin, mixed multitude [418]

001 s ab/cn ערברוב Ex 8:20 ועבד ייי כדן ואתא ערברוב תקף בפלטורין דפרעה ובבתי
002 s em/sf ערברובא Ex 8:17 בתיהון דמצרא' מן ערברובא וית ארעא די אנון שריין
003 ערבובא Ex 8:18 די לא למהווי תמן ערבובא מן בגלל דתדע ארום אנה
004 ערברובא Ex 8:20 ארע«א» מן קדם ערברובא:
005 Ex 8:17 ובעמך ובאנשי ביתך ית ערברובא ויתמלון בתיהון דמצרא' מן
006 Ex 8:25 קדם ייי ויעבר ית ערברובא מן פרעה ומן שליטוי ומן
007 Ex 8:27 ייי כמילוי דמשה ועבר ערברובא מפרעה ומן שליטוי ומעממא
008 וערבובה Nu11:04 וערבובה די ביניהון איתחמדו
009 p abs ערברובין Ex12:38M ואף/ולחוד#2#/ גיורין/ערברובין#2#/ סגין סלקו
010 p em/sf וערוברובייה Nu11:04M \וערבובה די ביניהון /וערוברובייה#2#/ דאית ביניכ'

## ערד n. wild ass [418]

001 s ab/cn לערד Gn16:12 והוא יהווי מדמי לערד בבני אנשא ידוהי ישלטון

## ערוב n. pestilence [418]

001 s em/sf ערובא Ex 8:17M /דבתיך#2#/ ית ערברובא/ערובא ולחוד#2#/ ויתמלון

## ערוה n. nakedness [Bib. Ar.] [!! cf. ערייה]

001 s ab/cn ערות Lv18:16 ערות דאתתה דאחוך לא תבזי עריתה
002 s em/sf ערותה Lv18:17 ערותה דאתתה וברתה לא תבזי ית
003 ערוותהון Ex28:42 דבוץ למכסיה בשר ערוותהון מן אסר חרציהון ועד

## ערטליי adj. naked [419 ערטיליי]

001 s ab/cn ערטיליי Gn 3:11 ואמר מאן תני לך ארום ערטיליי את הא מן אלנא די פקדת
002 ערטלאי Gn 3:10 שמעת בגנתה ודחלית ארום ערטלאי אנא ואטמרית:
003 p abs ערטליין Gn 3:07 תריהון וידעו ארום ערטליין אינון וחייטו להון עלין
004 ערטלין Gn 2:25 והוו תריהון ערטלין אדם ואתתיה ועד כדון לא

## ערטליו n. nakedness [419 ערטיליו]

001 s ab/cn ובערטליו Dt28:48M בכפן ובצהו ובערטליין/ובערטליו#2#/ ובחסרון כל מדעם
002 p abs ובערטליין Dt28:48 ייי בכון בכפן ובצהו ובערטליין ובחסרון כל מדעם וישוי

## ערייה n. nakedness, consanguinity [419]

001 s ab/cn עריה Dt24:01 וחסד קדמוי ארום אשכח בה עריה דמלה ויכתב לה אגרת שיבוקין
002 ערייה Dt23:15 קדישין ולא יחמי בכון ערייה דמילה ולא יחזר איקר
003 Lv18:06 לא תקרבון למגלייה ערייה כדן אמר ייי:
004 עריית Gn13:13M וחייבין בגילוי עריתה/עריית#2#/ ובשפיכות אדמייה/דם
005 s em/sf עיריתה Lv18:07 תיבזי אמך היא לא תיגלי עיריתה דאבוך הוא:
006 Lv18:08 דאתתה דאבוך לא תבזי עיריתה דאבוך הוא:

|  |  |  |  |  |
|---|---|---|---|---|
| 007 | | | Lv18:09 | עיריתה דאחתך ברתה דאבוך או ברתה |
| 008 | עריי | | Gn49:12M | דלא אתחמ׳ בהון גלוי עריי ודי לא חמון בהון למשפך |
| 009 | עריתא | | Gn24:31M | פולחנא נכראה ומן גלוי עריתא ומן שפיכות דם זכאי ואתרא |
| 010 | עריתה | | Lv18:19 | סאבתה לא תסב למגלייה עריתה: |
| 011 | | | Lv18:19M | נדתה לא תקרוב למבזיה עריתה |
| 012 | | | Lv20:11M | ישמש עם אתתה דאבוי \עריתה דאבוי בזי#2#/ מתקטלה |
| 013 | | | Lv18:10 | עריתה דברתה דברך או ברת ברתך לא |
| 014 | | | Lv18:11 | עריתה דברתה דאיתתה דאבוך מה |
| 015 | | | Lv20:20 | וגבר די ישמש עם חביבתה עריתה דחביבתה בזי חוביהון |
| 016 | | | Lv20:17M | ואשיצי יתיה קדם עמהון עריתה דחתה בזי#2#/ חובוי יקבל: |
| 017 | | | Lv18:18 | ל{ך}<ה> למגליי«ה» עריתה עליה בחייה: |
| 018 | | | Lv18:17M | קריבת /למבזי עריתה קרי#2#/ בשר אינון |
| 019 | עריתהון | | Lv18:09 | מן גבר אוחרן לא תבזי עריתהון: |
| 020 | | | Lv18:10 | או ברת ברתך לא תבזה עריתהון ארום עריתך אינון: |
| 021 | | | Ex28:42M | למכסיה בשר ערוותהון/<ער>ית<הון#2#/ מן אסר חרציהון |
| 022 | עריתיה | | Lv20:17 | ית עריתה והיא תחמי ית עריתיה חסד הוה דעבדת עם קדמיי |
| 023 | עריתך | | Lv18:10 | לא תבזה עריתהון ארום עריתך אינון: |
| 024 | עריתʼ | | Lv18:07 | עריתʼ דאבוך ועריתה דאמך לא |
| 025 | עריתה | | Lv18:11 | אחתך היא לא תבזי עריתה: |
| 026 | | | Lv18:15 | אתתה דברך היא לא תבזה עריתה: |
| 027 | | | Gn 9:23 | לבתרהון וכסון ית עריתה דאבוהון ואפיהון הפיכו |
| 028 | | | Gn 9:22 | חם אבוהו׳ דכנעני׳ ית עריתה דאבוי ותני לתרין אחוי |
| 029 | | | Dt23:01 | דאבוי ולא יבזי כנף עריתה דאבוי: |
| 030 | | | Dt27:20 | עם אתת אבוי ארום בזי עריתה דאבוי ויאמרון כל עמה אמן: |
| 031 | | | Lv18:07M | \תיגלי עיריתה/תבזי עריתה#2#/ דאבוך הוא: |
| 032 | | | Lv18:14 | עריתה דאחוי דאבוך לא תבזי |
| 033 | | | Lv20:21 | אתתה דאחוי מרחקה היא עריתה דאחוי בזי דלא בנין יהוון: |
| 034 | | | Lv18:16 | דאתתה דאחוך לא תבזי עריתה דאחוך היא: |
| 035 | | | Lv18:12 | עריתה דאחתה דאבוך לא תבזי קריבת |
| 036 | | | Lv18:13 | עריתה דאחתה דאמך לא תבזי ארום |
| 037 | | | Lv20:17 | לעיני בני עמהון עריתה דאחתה בזי חובוי יקבל: |
| 038 | | | Lv18:08 | עריתה דאתתה דאבוך לא תבזי |
| 039 | | | Lv18:15 | עריתה דכלתך לא תבזי אתתה דברך |
| 040 | | | Gn13:13 | לחבריה וחייבין בגילוי עריתה ובשפיכות אדמייה ובפלחנא |
| 041 | | | Lv20:17 | או ברתה דאמה ויחמי ית עריתה והיא תחמי ית עריתיה חסד |
| 042 | | | Lv20:18 | עם אתה דוה ויבזי ית עריתה וית מבוע אדמה אפס והיא |
| 043 | עריתהון | | Lv18:17 | ברתה לא תסב למגליה עריתהון קריבת בשר אינון זנו היא: |
| 044 | עריתהן | | Lv18:17M | תסב \למגליה עריתהו/^<ערית>הן#2#/ קריבת /למבזי |
| 045 | עריתך | | Ex20:26 | מדבחי די לא תתגלי עריתך עלוי: |
| 046 | ועריתה | | Gn 9:23 | ואפיהון הפיכו לבתרהון ועריתה דאבוהון לא חמון: |
| 047 | | | Lv20:19 | ועריתה דאחתה דאמך ואחתה דאבוך לא |
| 048 | | | Lv18:07 | עריתʼ דאבוך ועריתה דאמך לא תיבזי אמך היא לא |
| 049 | עריין | p abs | Gn49:12 | דלא למיחמי בהון גילוי עריין מלמשפך בהון דם זכיי שנוי |

## עריך *n.* thin sacrificial cake [419]

|  |  |  |  |  |
|---|---|---|---|---|
| 001 | ועריך | s ab/cn | Nu 6:19 | וחלה דפטיר חד מן סלה ועריך דפטיר חד ויתן על כפי ידוי |
| 002 | | | Ex29:23 | דלחם פילה במשח חדה ועריך חד מן סלא די פטירי {{מן}} |
| 003 | | | Lv 8:26 | לחם דפילה במשח חדה ועריך חד ושוי על תרביה ועל שקה |
| 004 | ועריכין | p abs | Lv 7:12 | פטירין פילין במשח ועריכין דפטירין פילין במשח וסלת |
| 005 | | | Ex29:02 | פטירין דפילין במשח ועריכין פטירין משיחין במשח סלת |
| 006 | | | Lv 2:04 | פטירין פילן במשח ועריכין פטירין משחין במשח: |
| 007 | | | Nu 6:15 | סלת חלין פילן במשח ועריכין פטירין משיח«י»ן במשח |
| 008 | ועריכי | p const | Nu 6:15M | דפטירין פילין במשח ועריכי פט#2#/ משיח«י»ן במשח |
| 009 | | | Lv 7:12M | \ועריכין דפטירין ועריכי/ פטי#2#/ פילין במשח |
| 010 | | | Ex29:02M | דפילין במשח ועריכין/ועריכי#2#/ פטירין משיחין במשח |

## עריסה *n.* kneading trough [419]

|  |  |  |  |  |
|---|---|---|---|---|
| 001 | עריסתך | p em/sf | Ex 7:28 | ובקיטוני מדמכך על עריסתך ובבתי שלטנך ובעמך ובכל |

## עריק *adj.* fugitive [!!]

|  |  |  |  |  |
|---|---|---|---|---|
| 001 | עריקין | p abs | Dt28:25M | תערקון/טעיין תהוון עריקין#2#/ מן קדמיהון ותהוון |

## ערל *n.* uncircumcized male [419]

|  |  |  |  |  |
|---|---|---|---|---|
| 001 | וערל | s ab/cn | Gn17:14 | וערל דכר די לא יגזר ית בשרא |
| 002 | ערלין | p abs | Gn34:31 | דישראל ובבית מדרשהון ערלין אתקטלו על עסק בתולה |
| 003 | | | Lv19:23M | /דיומין יהוון לכון ערלין לא יתאכלון#2#/: |
| 004 | | | Gn34:31 | ובמדרשיהון {{ערלין}} סאיבו בתולן ופלח{ו}<י> |

## ערלה *n.* foreskin [420]

|  |  |  |  |  |
|---|---|---|---|---|
| 001 | ערלה | s ab/cn | Gn34:14 | ית אחתן לגבר די ליה <ערלה> ארום בזיון הוא לן: |
| 002 | ערלת | | Dt10:16 | ותגזרון ית ערלת טפשות לבביכון וקדליכון |
| 003 | עורלתיה | s em/sf | Gn35:09M | ופקדת יתיה למגזור עורלתיה ויתב ליה בתרע משכניה |
| 004 | ערלתא | | Ex 4:25 | צפרה טנרא וגזרת ית ערלתא דברא וקרבת לרגלוי דמחבלה |
| 005 | ערלתה | | Gn17:25 | שנין במגזר ליה ית בשר ערלתה: |
| 006 | | | Gn17:26 | דין גזר אברהם בשר ערלתה וישמעאל בריה: |
| 007 | | | Gn18:01 | בזימנא די גזר ית בשר ערלתה ותלתיהו׳ אשתלחו לתלת |
| 008 | ערלתהון | | Gn17:23 | דאברהם וגזר ית בשר ערלתהון בזמן יומא הדין היך מה |
| 009 | ערלתיה | | Gn17:24 | שנין במגזר ליה בשר ערלתיה: |
| 010 | | | Lv12:03 | תמיניה תגזרון בש«ר» ערלתיה: |
| 011 | | | Lv19:23 | כל אילן דמיכל ותפרקון ערלתיה ית פריו תלת שנין יהוי |
| 012 | ערלתכו׳ | | Gn17:11 | ותגזרון ית בשר ערלתכו׳ ויהווי לסימן קיים בין |
| 013 | דערלתיה | | Gn17:14 | די לא יגזר ית בשרא דערלתיה ישתצי נפשא ההיא מן גו |

## ערמה *n.* heap [401 עורמה]

|  |  |  |  |  |
|---|---|---|---|---|
| 001 | ערמן | p abs | Ex15:08 | מן קדמך ייי אתעבדו מיי׳ ערמן ערמן קמו צרירין היך זיקיא |
| 002 | | | Ex15:08 | ייי אתעבדו מיי׳ ערמן ערמן קמו צרירין היך זיקיא דמיא |

## ערס *n.* bed [420]

|  |  |  |  |  |
|---|---|---|---|---|
| 001 | ערס | s ab/cn | Dt 3:11 | שייר גברייא והא ערסיה ערס דפרזל הלא היא יהיבא ברבת |
| 002 | בערס | | Gn50:01 | וארבע יוסף ית אבוי בערס דשנדפין מחפיא דהב |
| 003 | | | Ex21:18 | במרתוק ולא ימות ויסלק בערס מרעה: |
| 004 | דערס | | Ex19:15 | יקרב מנכון גבר לתשמיש דערס: |
| 005 | ערסיה | s em/sf | Dt 3:11 | מן שייר גברייא והא ערסיה ערס דפרזל הלא היא יהיבא |
| 006 | ערסך | | Ex 7:28M | מדמכך על עריסתך/ערסך#2#/ ובבתי שלטנך ובעמך |

## ערע *vb.* to meet, to befall [420]

|  |  |  |  |  |
|---|---|---|---|---|
| 001 | יערע | peal | Gn42:29 | ותנון לה ית כל מה די יערע יתהון למימר: |
| 002 | | | Gn42:04 | עם אחוי ארום אמר דלא יערע יתיה סקל: |
| 003 | | | Gn32:18 | ית קדמיה למימר ארום יערע יתך עשו אחוי וישאלונך |
| 004 | | | Ex 5:03 | ונקרב קדם ייי אלהן דלא יערע יתן במותנא או בחרבא: |
| 005 | | | Ex 1:10 | יסגון ויהווי ארום יערע סדרי קרבא ויתוספון אינון |
| 006 | תערא | | Ex23:04 | ארום תערא תורא דשנאך או חמריה טעון |
| 007 | דיערא | | Gn49:01M | להון כל מה דאתערע דיערא להון בסוף יומ<י>א מן |
| 008 | דערעו | | Dt25:18M | \די ארעו/דערעו#2#/ יתכון באורחא והוון |

|  |  |  |  |  |  |  |
|---|---|---|---|---|---|---|
| 009 | ויערע | | Nu35:27 | | ויערע | יתיה תבוע אדמה לבר מן |
| 010 | וערע | | Gn31:25 | | וערע | לבן ית יעקב ויעקב פרס |
| 011 | | | Gn28:11M | "וצלי ...": | וערע | בית מקדש' ובת תמן ארום |
| 012 | | | Gn44:06M | | וארע/וערע#2#/ | יתהון ומלל עמהון |
| 013 | | | Ex 4:27M | /במד'#2#/ ואזל | וארע/וערע#2#/ | יתיה בטור בית מוקדשא |
| 014 | וערעו | | Ex 5:20M | | וארעו/וערעו#2#/ | ית משה וית אהרן |
| 015 | דאתערע | etpeel | Gn49:01M | דהוי מתני להון כל מה | דאתערע | דיערא להון בסוף יום<י>א |

## bat *n.* ערפד

[215 s.v. חרפד]

|  |  |  |  |  |  |  |
|---|---|---|---|---|---|---|
| 001 | ערפדא | s em/sf | Lv11:19 | למינה וית נגר טורא וית | ערפדא: | |
| 002 | וערפדא | | Dt14:18M | וחרפדתה/וית | חרפדה#2#/וערפדא#2#/: | |

## cloud *n.* ערפל

[420]

|  |  |  |  |  |  |  |
|---|---|---|---|---|---|---|
| 001 | וערפלה | s em/sf | Dt 4:11 | שמיא חשוכה עננה | וערפלה: | |
| 002 | | | Dt 5:22 | להבי <אשתה> עננה | וערפלה | קל רב ולא פסיק וכתב יתהון |
| 003 | לערפלא | | Ex20:21 | עמא מן רחיק ומשה קרב | לערפלא | דתמן שרי איקר שכינתיה |

## to flee *vb.* ערק

[420]

|  |  |  |  |  |  |  |
|---|---|---|---|---|---|---|
| 001 | ערוק | peal | Gn19:17M | בכל משרא לטורא | אשתיזב/ערוק#2#/ | דלא תסתפי: |
| 002 | ערק | | Gn31:22 | ביומא תליתייא ארום | ערק | יעקב: |
| 003 | | | Gn31:22M | ביומא תליתאה ארום | ערק | יעקב |
| 004 | | | Gn31:20 | על דלא תני לה ארום | ערק | הוא: |
| 005 | | | Gn27:43M | שמע בקלי וקום | אזל{{ך}}/ערק#2#/ | לך לוות לבן אחי |
| 006 | | | Nu35:25 | כנישתה לקורי שזבותה די | ערק | תמן וישרי בגווה עד די ימות |
| 007 | | | Nu35:26M | שזבותה די | יערוק/ערק#2#/ | תמן: |
| 008 | ערקה | | Gn16:08 | שרי ריבונ«תי» אנה | ערקה: | |
| 009 | | | Gn31:39 | כל חדא מנהון דהוות | ערקה | מן מניינה אנה הוינא משלם |
| 010 | ערקו | | Gn14:10 | ומה דאשתיי«רו» לטורא | ערקו: | |
| 011 | | | Nu16:34 | די חזור חזור להון | ערקו | לקלהון ארום אמרו דלא תבלע |
| 012 | | | Ex14:05 | ואתני למלכא דמצרים ארום | ערקו | עמא ואתהפך לבה דפרעה |
| 013 | ערקון | | Ex14:27 | צפרא לתקפה ומצריי | ערקון | לקדמותיה ושבק ייי ית |
| 014 | ערקין | | Dt28:07M | /אורחין טעיין יהוון | ערקין#2#/ | מן קדמיכון: |
| 015 | ערקן | | Ex14:27M | ומצראי הוו | ערקן | לקדמותיהן ושנק מימרי' |
| 016 | ערקת | | Gn35:01M | עלך במערקך/בזמנה די | ערקת#2#/ | מן קדם עשו אחוך: |
| 017 | יעירוק | | Nu35:11 | שיזבו יהוון לכון די | יעירוק | תמן קטולה כל די יקטול נפש |
| 018 | יערוק | | Nu35:26 | ית תחום קרי שזבותה די | יערוק | תמן: |
| 019 | יעריק | | Dt19:05 | חבריה ויקטל יתיה הוא | יעריק | לחדה מיקרייתה האליין |
| 020 | יערק | | Ex21:13 | לכון אתר קרי שיזבה די | יערק | לתמן: |
| 021 | | | Dt19:04 | ודן עסיק קטולא די | יערק | תמן ויחי די יקטול ית חבריה |
| 022 | יערקון | | Lv26:08 | ומאתה מנכון ר«ב»ווחה | יערקון | ויפלון בעלי דבביכון |
| 023 | | | Dt28:07 | לסדרי קרבה ובשבע אורחן | יערקון | מן קדמיכון: |
| 024 | | | Nu35:06 | קרין דשיזבות דתתנון די | יערקון | תמן קטולייה ועליהון |
| 025 | נערק | | Ex14:25 | הדין אמרין אלין לאלין | נערק | מן עמא בני ישראל ארום דין |
| 026 | | | Ex14:25M | אלין לאלין אלהון | נערק | מן קד{ו}ם עמ' |
| 027 | תערקון | | Dt28:25 | לסדרי קרבה ובשבע אורחן | תערקון | מן קדמיהון ותהוון לריחוק |
| 028 | במערקיה | | Gn35:07 | תמן אתגלי עלוי ייי | במערקיה | מן קדם עשו אחוי: |
| 029 | במערקך | | Gn35:01 | ממרי דייי דאתגלי עלך | במערקך | מן קדם עשו אחוך: |
| 030 | דיערוק | | Nu35:15 | קרייתה האלין לשיזבה | דיערוק | תמן כל די קטל נפש בשלו: |
| 031 | דערק | | Gn35:07M | יקר שכינתיה דייי בזמן | דערק | מן קדם עשו |
| 032 | דערקין | | Gn31:26M | ית בנתי היך שביין | דערקין | מן קדם שלפי חרבא |
| 033 | וערק | | Ex 2:15 | ובעה למקטל ית משה | וערק | משה מן קדם פרעה ושרה |
| 034 | | | Ex 4:03 | יתיה לארעא והוי לחוי | וערק | משה ומן קדמוי: |
| 035 | | | Gn31:21 | | וערק | הוא וכל מה די לה וקם ועבר |
| 036 | | | Dt26:05M | ארמייה למקטול יתיה | וערק | ונחת למצריימה |
| 037 | | | Gn39:12 | עמי ושבק לבושוי עמה | וערק | ונפק ונפק לשוקא: |
| 038 | | | Gn39:15 | וצווחת ושבק לבושוי עמי | וערק | ונפק לשוק': |
| 039 | | | Gn39:18 | ושבק לבושוי בידי | וערק | לשוק': |
| 040 | וערקו | | Gn14:10 | בארין בארין מליין חמר | וערקו | מלכא דסדם ודעמרה ונפלו |
| 041 | וערקת | | Gn16:06 | יתה שר{ה}«י» | וערקת | מן קדמה: |
| 042 | וייעירוק | | Nu35:11M | יהוויין לכון | וייעירוק#2#/ | תמן קטולה כל די יקטול |
| 043 | ויערוק | | Dt19:11 | יתיה ויתחייב בנפשיה | ויערוק | {מן} לחדה מן קריתה |
| 044 | ויערק | | Dt 4:42 | דאתמל ולא מן דקדמוי | ויערק | לחדה מן קרייתה האליין |
| 045 | ויערקון | | Lv26:36 | עליה דשף עם חבר ונתר | ויערקון | כמקדם שלפי חרבה ויפלון |
| 046 | | | Lv26:36M | טרפה דנתר מן אילנה | ויערקון | מערוקי דחרב ויפ' |
| 047 | | | Nu10:35 | ויתבדרון בעלי דבבך | ויערקון | סנאיך מן קדמך: |
| 048 | ותערקון | | Lv26:17 | וישלטון בכון סנאיכון | ותערקון | ולית דרדף יתכון: |
| 049 | למיעירוק | | Dt19:03M | /^דיק'#2#^/ /ויהוי | למיעירוק | תמן כל דקטל#2#/ בשלו: |
| 050 | למעירק | | Dt20:19 | אילנה דאפי{לו} ברא | למעירק | מן קדמיך בשעת עקתיה: |
| 051 | למערוק | | Nu35:32M | ש{ה}<ח>וד דממון | למערוק | לקרתה דשזבה#2#/ למחזור |
| 052 | | | Gn19:20M | קרתא הדה קריבה | למערק/<למע>רוק#2#/ | לתמן והיא קריבה |
| 053 | | | Dt20:19M | דאפי{לו} ברא | למעירק/למערוק#2#/ | מן קדמיך |
| 054 | למערק | | Gn19:20 | הא כען קרתא הדה קריבה | למערק | לתמן והיא קריבה אשתיזב |
| 055 | | | Dt 4:42 | | למערק | לתמן קטולה די יקטול ית |
| 056 | | | Dt19:03 | אלהכון ויהוויין לכון | למערק | לתמן כל דקטיל בשלו: |
| 057 | למערקה | | Nu35:32 | ולא תקבלון ממון | למערקה | לקורי שיזבותה למחזור |
| 058 | ערק | pael | Ex 9:20 | ייי מן שליטוי דפרעה | ערק | ית עבדוי וית בעירי«ה» |
| 059 | מערקין | | Lv26:08M | ר«ב»ווחה | יערקון/מערקין#2#/ | ויפלון |
| 060 | | | Dt32:30 | ותרין מנהון רבבה רבותה | מערקין | על דחטון וארגיזו קדמוי |

**See also:** עריק *adj.*

## Arqite *adj.* ערקיי

[421]

|  |  |  |  |  |  |  |
|---|---|---|---|---|---|---|
| 001 | ערקיא | s em/sf | Gn10:17 | וית חוויא וית | ערקיא | וית ארתוסיא: |

## legal claim *n.* ערר

[421]

|  |  |  |  |  |  |  |
|---|---|---|---|---|---|---|
| 001 | ערר | s ab/cn | Dt22:14M | דמילין /ממל<ל>ין | ער{ד}<ר>#2#/ | ויפק עלה/עליה#2#/ שם |

## plant, herb *n.* עשׂב

[421]

|  |  |  |  |  |  |  |
|---|---|---|---|---|---|---|
| 001 | דעשב | s ab/cn | Gn 1:11 | דייי תפק ארעא דתין | דעשב | דמזריעין זרע אילן דפירין |
| 002 | | | Gn 1:12 | ואפקת ארעא דתין | דעשב | דמזרעין זרע למיניהון אילן |
| 003 | | | Dt29:22 | תצמח ולא יסק בה כל מן | דעשב | היך מה דאתהפכת סדם |
| 004 | עש' | s em/sf | Gn 3:18M | ותיכל ית עשבא/ירוק | עש'#2#/ | דבאפי ברא עני אדם ואמר |
| 005 | עשבא | | Ex 9:25 | שיצי ברדא וית כל | {עשבא} | אילנייא דבאפי ברא תבר: |
| 006 | | | Ex 9:22 | ועל בעירה ועל כל | עשבא | באפי ברא בארעא דמצרים: |
| 007 | | | Ex10:15 | וחשכת ארעא ואכל ית כל | עשבא | דארעא וית כל פרי אילנא די |
| 008 | | | Gn 2:05M | יהוי בארעא וכל | עשביא/<עש>בא#2#/ | דבאפי ברא עד לא |
| 009 | | | Gn 3:18 | לא נתחשב כבעירא למיכ' | עשבא | דבאפי ברא נקום כען ונלעי |
| 010 | | | Gn 3:18 | תרבי לך ותיכל ית | עשבא | דבאפי ברא עני אדם ואמר |
| 011 | | | Ex 9:25 | ועד בעיר' וית כל | עשבא | דבאפי בר{ד}א שיצי ברדא וית |
| 012 | | | Ex10:12 | דמצרים ויכול ית כל | עשבא | וארעא ית כל מה די שייר |
| 013 | | | Gn 1:30 | דאית ביה נפש דחיא ית כל | עשבא | למזון והוה כן כממרה: |
| 014 | עשבה | | Dt11:15 | ואתן | עשבה | באפי ברה לבעיריכון ותיכלון |
| 015 | | | Nu22:04 | דלחך תורא בלשניה ית | עשבה | דאפי ברא ובלק בר צפור |
| 016 | ובעשבא | | Ex10:15 | אשתייר כל טרף באילן | ובעשבא | דאפי ברא בכל ארעא דמצריי: |
| 017 | | | Ex10:15M | ובעשבא /ירוק באלנא | ובעשבא#2#/ | דאפי ברא בכל ארעא |

| | | | | | | |
|---|---|---|---|---|---|---|
| 018 | עשבי׳ | p em/sf | Gn 9:03 | לכון יהוי למיכל כירק | עשבי׳ | יהבית לכון ית כלא: |
| 019 | עשביא | | Gn 2:05 | יהוי בארעא וכל | עשביא | דבאפי ברא עד לא יצמח ארום |
| 020 | | | Gn 1:29 | הא יהבית לכון ית כל | עשביא | דמזרעין זרע די על אפי כל |
| 021 | עשביה | | Dt32:02 | כרוחייה דמנשבין על דתי | עשביה | וכרסיסי מלקוש דסלקין |

## עשיריי *num.* tenth [421]

| | | | | | | |
|---|---|---|---|---|---|---|
| 001 | עשיריי | s ab/cn | Dt23:03 | כנשתה דייי לחוד דר | עשיריי | לא יתחשב להון בקהל כנישתה |
| 002 | עשירייה | | Ex10:29 | מתכליה מנך ומחתה הדא | עשירייה | הי לפרעה מן בכוריה דפרעה |
| 003 | עשריי | | Dt23:04 | כנשתה דייי לחוד דר | עשריי | לא יתחשב להון בקהל כנשתה |
| 004 | עשיריא | s em/sf | Gn 8:05 | אזלין וחסרין עד ירחא | עשיריא | בעשיריא בחד לירחא אתגלון |
| 005 | עשיריה | | Nu 7:66 | ביומא | עשיריה | דחנוכת רבותה דמדבחה קרב |
| 006 | | | Gn22:01 | נסי ית אברהם בנסיונה | עשיריה | ואמר ליה אברהם עני |
| 007 | | | Lv27:32 | כל מה די יעבר שרביטה | עשיריה | יהוי קדיש לשמה דייי: |
| 008 | עשריה | | Ex15:25M | ניסין יתי בנסיוני׳ | עשריה | |
| 009 | בעשיריא | | Gn 8:05 | עד ירחא עשיריא | בעשיריא | בחד לירחא אתגלון רישי |

## עשר *vb.* to tithe [421]

| | | | | | | |
|---|---|---|---|---|---|---|
| 001 | מעשרה | pael | Dt14:22 | עמי בני ישראל | מעשרה | תעשרון ית כל עללת זרעיכון |
| 002 | תעשרון | | Dt14:22 | עמי בני ישראל מעשרה | תעשרון | ית כל עללת זרעיכון מה |
| 003 | למעשרה | | Dt26:12 | ארום תשלמון | למעשרה | ית כל מעשר עללת<כ>ון בשתה |
| 004 | | | Dt14:22M | לית אתון רשאין | למעשרה | מן פרי שנה עד פרי שנה |

## עשר *num.* ten [421]

| | | | | | | |
|---|---|---|---|---|---|---|
| 001 | ע׳ | s ab/cn | Lv26:26M | מזוניכון וייפיין | ע׳ | |
| 002 | | | Nu 7:86M | קטורן בוסמנין סבין מן | ע׳ | |
| 003 | עשר | | Nu31:46 | ונפש דבר נש שיתה עשר | עשר | אלפין: |
| 004 | | | Ex26:16 | | עשר | אמין ארכה דלוחא ואמה ופלגא |
| 005 | | | Ex36:21 | | עשר | אמין ארכה דלוחיה ואמה |
| 006 | | | Gn16:03 | מצריתה אמתה לסוף שנין | עשר | דיומין די שרא אברם בארעא |
| 007 | | | Gn14:14 | תורבוות ביתיה תלת מאה | עשר | ורדף בתריהון עד קיסריון: |
| 008 | | | Nu14:22M | /ונסו#2/ יתה דנה | עשרה/<ע>שר#2/ | זמנין ולא שמעו בקלי |
| 009 | | | Gn24:55M | יומין /דשתא שלמא או | עשר | ירחי׳ יומין#2/ ומן בתר |
| 010 | | | Ex26:01 | וית משכנא תעבד | עשר | יריען בוץ שזיר ותכלה |
| 011 | | | Ex36:08 | בעבדי עבידתה ית משכנה | עשר | יריען בוץ שזיר תכלה |
| 012 | | | Lv26:26 | לכון שא מזונה וייפון | עשר | נשין לחמיכון במתק׳ בתנור |
| 013 | | | Lv27:07 | סלעין דכסף ולנקבתה | עשר | סלעין: |
| 014 | | | Nu 7:14 | בזך חדה מתקליה | עשר | סלעין דכסף הוות עבידה והיא |
| 015 | | | Nu 7:20 | בזך חדה מתקליה | עשר | סלעין דכסף הוות עבידה והיא |
| 016 | | | Nu 7:26 | בזך חדה מתקליה | עשר | סלעין דכסף הוות עבידה והיא |
| 017 | | | Nu 7:32 | בזך חדה מתקליה | עשר | סלעין דכסף הוות עבידה והיא |
| 018 | | | Nu 7:38 | בזך חדה מתקליה | עשר | סלעין דכסף הוות עבידה והיא |
| 019 | | | Nu 7:44 | בזך חדה מתקליה | עשר | סלעין דכסף הוות עבידה והיא |
| 020 | | | Nu 7:50 | בזך חדה מתקל«י»ה | עשר | סלעין דכסף הוות עבידה והיא |
| 021 | | | Nu 7:56 | בזך חדה מתקליה | עשר | סלעין דכסף הוות עבידה והיא |
| 022 | | | Nu 7:62 | בזך חדה מתקליה | עשר | סלעין דכסף הוות עבידה והיא |
| 023 | | | Nu 7:68 | בזך חדה מתקליה | עשר | סלעין דכסף הוות עבידה והיא |
| 024 | | | Nu 7:74 | בזך חדה מתקליה | עשר | סלעין דכסף הוות עבידה והיא |
| 025 | | | Nu 7:80 | בזך חדה מתקליה | עשר | סלעין דכסף הוות עבידה והיא |
| 026 | | | Gn49:02M | עניין תרין | עשר/עשרת#2/ | שבטוי דיעקב כחדא |
| 027 | עשר׳ | | Ex38:12 | עמודיהון עשרה וחומריהון | עשר׳ | וקלוות עמודיה {וחומריהון} |
| 028 | עשרה | | Gn18:32 | ואמר לא אשיצא בגלל | עשרה: | |
| 029 | | | Gn18:32M | מחבל אין אישתכח תמן | עשרה | |
| 030 | | | Gn32:16 | אתנין עשרין ולוודקין | עשרה: | |
| 031 | | | Ex18:21 | ורברבני חמשין ורברבני | עשרה: | |
| 032 | | | Ex18:25 | ורברבני חמשין ורברבני | עשרה: | |
| 033 | | | Ex27:12 | עשרה וחומריהון | עשרה: | |
| 034 | | | Gn28:22 | וכל מה דתתן לי חד מן | עשרה | אפרש יתהון לשמ«ך»: |
| 035 | | | Gn32:16 | ארבעין ותורין דכרין | עשרה | אתנין עשרין ולוודקין עשרה: |
| 036 | | | Nu 7:86 | מליין קטרה מן עשרה | עשרה | בזיכה בסלעי בית קודשה כל |
| 037 | | | Gn24:10 | ונסב עבדא | עשרה | גמלין מן גמלוי דרבוניה וכל |
| 038 | | | Gn24:22 | ותרין שרין על ידה מן | עשרה | דדהב מתקלהון: |
| 039 | | | Nu 7:20M | מתקלה | עשרה | דדהב מלייה קטרתה |
| 040 | | | Nu 7:26M | "... לקטרתה": <מתקלה> | עשרה | דדהב מלייה קטורה |
| 041 | | | Nu 7:38M | <מתקליה> | עשרה | דדהב מלייה קטרה |
| 042 | | | Nu 7:44M | <מתק>לה | עשרה | דדהב מלייה קטרה |
| 043 | | | Nu 7:56M | ודכיין לקטרתה /מתקלה | עשרה | דדהב מלייה קטרה#2/: |
| 044 | | | Nu 7:62M | מתקלה | עשרה | דדהב מלייה קטרה |
| 045 | | | Nu 7:68M | מתקלה | עשרה | דדהב מלייה קטרה |
| 046 | | | Nu 7:80M | מלייה ראשי קטרת /מתקלה | עשרה | דדהב מלייה קטרה#2/ |
| 047 | | | Nu 7:72M | ביומא חד | עשרה | דה׳ |
| 048 | | | Nu 7:66M | ביומא | עשיריה/עשרה#2/ | דחנוכת רבותה דמדבחה |
| 049 | | | Nu29:23 | דמטלייה תקרבון תורין | עשרה | דכרין תרין אמרין בני שתהון |
| 050 | | | Ex16:36 | ועמרה חד מן | עשרה | דתלת סאין הוא: |
| 051 | | | Gn18:32 | מה דילמה ישתכחון תמן | עשרה | ואמר לא אשיצא בגלל עשרה: |
| 052 | | | Ex27:12 | חמשין אמין עמודיהון | עשרה | וחומריהון עשרה: |
| 053 | | | Ex38:12 | אמין באמתה עמודיהון | עשרה | וחומריהון עשר׳ וקלוות |
| 054 | | | Gn31:07M | אבוכן ית אגרי דנה | עשרה#2/ | זמנין ולא יהב ייי |
| 055 | | | Gn31:07 | שקר בי ושלחף ית אגרי | עשרה | זמנין ולא יהב ייי רשו{י} |
| 056 | | | Gn31:41 | בענך ושלחפת ית אגרי | עשרה | זמנין: |
| 057 | | | Nu14:22 | ובמדברה ונסון יתה דנה | עשרה | זמנין ולא שמעו בקלי: |
| 058 | | | Gn45:23 | ולאבוי שלח כדורון דא | עשרה | חמרין סעונין מן טובא |
| 059 | | | Gn24:55 | רביתי עמן תרין יומין או | עשרה | יומין ומן בתר כדן |
| 060 | | | Gn50:21 | ענה יוסף ואמר להון | עשרה | כוכבין בעון למעקר כוכב חד |
| 061 | | | Gn50:21 | כוכב חד יכיל למעקר | עשרה | כוכבין ונחם יתהון ומליל על |
| 062 | | | Gn50:21M | אמ׳ להון יוסף | עשרה | כוכבין והיך כוכב אחד |
| 063 | | | Nu11:32 | ית סלווי מן דזער אסף | עשרה | כורוון ושטחו להון שטחין |
| 064 | | | Gn42:03 | ונחתו אחו«י» יוסף | עשרה | למזו{ד} בן עבור מן מצרים: |
| 065 | | | Nu18:26 | אפרשותה דייי חד מן | עשרה | ממעשרה: |
| 066 | | | Gn14:20 | קדמך ויהב לה חד מן | עשרה | מן כלה: |
| 067 | | | Nu 7:20M | "עשר ... דדהב": | עשרה | סלע די הוות <דדהב> |
| 068 | | | Lv27:07M | עשר /ולברה נקבה | עשרה#2/ | סלעין: |
| 069 | | | Nu 7:14M | עבידה והיא הוות דדהב | /עשרה | סלעין דיהוות דדהב#2/ |
| 070 | | | Nu 7:32M | הוות עבידה והיא הוות | /עשרה | סלעין די הוות#2/ דדהב |
| 071 | | | Nu 7:44M | "עשר ... דדהב": | עשרה | סלעין די הוות דדה׳ |
| 072 | | | Nu 7:50M | עבידה והיא הוות דדהב | /עשרה | סלעין די הוות דדהב#2/ |
| 073 | | | Nu 7:62M | "ראשי ... דדהב" | עשרה | סלעין די הוות דדה׳ |
| 074 | | | Nu 7:68M | עבידה והיא הוות דדהב | /עשרה | סלעין די הוות דדהב#2/ |
| 075 | | | Nu 7:74M | "עשר ... דדהב": | עשרה | סלעין דדהב מלייה קטורה |
| 076 | | | Nu 7:80M | "עשר ...": | עשרה | סלעין די הוות דדהב |
| 077 | | | Ex39:14 | בני ישראל אינין תרתין | עשרה | על שמהתהון גליף חקיק גבר |
| 078 | | | Nu 7:86 | מליין קטרה מן | עשרה | עשרה בזיכה בסלעי בית קודשה |
| 079 | | | Nu 2:24 | שבטה דבנוי דאפרים | עשרה | רבוון תמנייה אלפין ומאה |
| 080 | ועשר | | Gn45:23 | טעונין מן טובא דמצרים | ועשר | אתנין סעונין עבור ולחם |
| 081 | | | Gn 5:14 | חיוי דקינן תשע מאה | ועשר | שנין ומית ואתכניש מן גוא |
| 082 | | | Gn50:22 | וחי«ה» יוסף מאה | ועשר | שנין: |
| 083 | | | Gn50:26 | ומית יוסף בר מאה | ועשר | שנין וחנטו יתיה ושוון יתיה |

|  |  |  |  |  |  |  |
|---|---|---|---|---|---|---|
| 084 | ובעשר | | Nu29:07M | | ובעשרה/<ובע>שר#2/ | יומין לירחא שביעיה |
| 085 | עשירתא | s em/sf | Ex19:25 | ואמר להון קרובו קבילו | עשירתא | דביריא: |
| 086 | עשירתי | | Ex34:28 | על לווחי ית מילי קיימא | עשירתי | דביריה: |
| 087 | עשרתי | | Dt 4:13 | די פקד יתכון למעבד | עשרתי | דביריה וכתב יתהון על תרין |
| 088 | | | Dt10:04 | ככתבה קדמייה ית | עשרתי | דביריה די מלל ממריה דייי |
| 089 | | | Dt32:10 | שכינתיה אלף יתהון | עשרתי | דביריה עייני יתהון ונטר |
| 090 | | | Ex26:08 | משח«א» חדא לחדא | עשרתי | יריעתא: |
| 091 | | | Gn49:02M | עניין תרין | עשר/עשרת#2/ | שבטוי דיעקב כחדא |
| 092 | עשתרי | | Ex34:28M | ית מילי קיימא | עשירת/עשתרי#2/ | דביריה: |
| 093 | | | Dt10:04M | ככתבה קדמייה ית | עשרת/עשתרי#2/ | דביריה די מלל ממריה |
| 094 | בעשורה | | Lv23:27 | לחוד | בעשורה | יומין לירחא שביעייה הדין |
| 095 | בעשרה | | Ex12:03 | כל כנישתא דבני ישראל | בעשרה | יומין לירחא הדין ויסבון |
| 096 | | | Lv16:29 | עלם בירחה שביעיה | בעשרה | יומין לירחה תצומון ית |
| 097 | | | Lv25:09 | יבבו בירחה שבעיה | בעשרה | יומין לירחה ביום צומא |
| 098 | בעשרתי | | Lv16:34M | <חדא> זמנה בשתה | בעשרתי | יומין לירח תשרי |
| 099 | בעשרתי | | Lv16:29M | "שביעיה ...": | בעש<ר>תי | יומין לירחא דתשרי |
| 100 | ובעשרה | | Nu29:07 | | ובעשרה | יומין לירחא שביעיה הדין |
| 101 | עסרת | p abs | Dt 1:15M | | עשרין/^<ע>סרת#2/^עשרת#2/ | וסרכין |
| 102 | עשרין | | Dt 1:15 | חמשין ורב{כ}<ר>בני | עשרין | וסרכין לשבטיכון: |
| 103 | עשרת | | Dt 1:15M | | עשרין/^<ע>סרת#2/^עשרת#2/ | וסרכין |

## עשרון *n.* tenth of an epha [422]

|  |  |  |  |  |  |  |
|---|---|---|---|---|---|---|
| 001 | עשרון | s ab/cn | Lv 5:11M | די אתחייב | עשרין/עשרון#2/ | מכלתה סלת לחטאת לא |
| 002 | | | Lv 6:13M | דירבי יתהון | עשרין/עשרון#2/ | מכלתה סלת מנחה |
| 003 | | | Nu 5:15 | וייתי ית קרבנה עלה | עשרון | מכלתה קמח דשערין לא יריק |
| 004 | | | Nu15:04 | קרבניה קדם ייי מנחה | עשרון | מכלתה סלת פילה ברביעית |
| 005 | | | Nu28:21 | עשרון | עשרון | מכלתה תקרבון עם אמרא חדתה |
| 006 | | | Nu28:29 | עשרון | עשרון | מכלתה תקרבון עם אמרא חדתה |
| 007 | | | Nu29:10 | עשרון | עשרון | מכלתה תקרבון עם אמרה חדתה |
| 008 | | | Nu29:15 | ועשרון | עשרון | מכלתה תקרבון עם אמרא חדתא |
| 009 | | | Nu28:21 | | עשרון | עשרון מכלתה תקרבון עם |
| 010 | | | Nu28:29 | | עשרון | עשרון מכלתה תקרבון עם |
| 011 | | | Nu29:10 | | עשרון | עשרון מכלתה תקרבון עם |
| 012 | | | Nu15:04M | פילה ברביעית הינה משח | /עשרון/ | פילה במשח כתש רבעית |
| 013 | ועשרון | | Lv14:21 | לאנפו למכפרה עלוי | ועשרון | מכלתה סלת חד פיל במשח |
| 014 | | | Nu28:05 | | ועשרון | מכלתה סלת למנחתה פילת |
| 015 | | | Nu29:04 | | ועשרון | מכלתה חד תקרבון עם אמרא |
| 016 | | | Nu29:15 | | ועשרון | עשרון מכלתה תקרבון עם |
| 017 | ועשרן | | Nu28:13 | | ועשרן | עשרין מכלתה סלת מנחה פילה |
| 018 | ועשרונה | s em/sf | Nu28:05M | | ועשרון/ועשרונה#2/ | מכלתה סלת למנחתה |
| 019 | עשרונין | p abs | Nu28:12 | ותלתה | עשרונין | סולת מנחה פילה במשח לתור |
| 020 | | | Lv23:13 | ומנחתיה תרין | עשרונין | סלת פילה במשח קרבן מתקבל |
| 021 | | | Lv23:17 | תרתין חלין מן תרין | עשרונין | סלת יהווין חמיע יתאפיין |
| 022 | | | Nu28:09 | שלמין מן מום ותרין | עשרונין | סלת מנחה פילה במשח אינון |
| 023 | | | Nu28:12 | במשח לתור חד ותרין | עשרונין | סלת מנחה פילה במשח עם |
| 024 | | | Nu28:20M | ^עם תורה ותרין | עשרונין | עם דכרא#2/ תקרבון: |
| 025 | | | Nu28:28 | עם תורה חדתה תרין | עשרונין | עם דכרא חדתה תקרבון: |
| 026 | | | Nu29:03 | תקרבון עם תורה תרין | עשרונין | עם דכרא תקרבון: |
| 027 | | | Nu29:09 | תקרבון עם תורה תרין | עשרונין | עם דכרה חדתה תקרבון: |
| 028 | | | Nu15:09 | תוריה מנחה סלת תלתה | עשרונין | פיל במשח פלגות הינה: |
| 029 | | | Nu28:20 | סלת פילה במשח תלתה | עשרונין | תקרבון: |
| 030 | | | Nu28:28 | סולת פילה במשח תלתה | עשרונין | תקרבון עם תורה חדתה תרין |
| 031 | | | Nu29:03 | פ«י»לה במשח תלתה | עשרונין | תקרבון עם תורה תרין |
| 032 | | | Nu29:09 | סלת פילה במשח תלתה | עשרונין | תקרבון עם תורה תרין |
| 033 | | | Nu29:14 | תלת עשרתי תורייא תרין | עשרונין | תקרבון עם דכרא חדתא |
| 034 | | | Nu29:14 | סלת פילה במשח תלתה | עשרונין | תקרבון עם תורה חדתה |
| 035 | עשרנין | | Lv24:05 | תרתין עשרה חלין תרין | עשרנין | יהווי בכל חלה חדתה: |
| 036 | | | Lv14:10 | שת' שלמה מן מום ותלתה | עשרנין | סלת מנחה פילה במשח ולג חד |
| 037 | | | Nu15:06 | תקרבון מנחה סלת תרין | עשרנין | פילה במשח תלתות הינא: |

## עשרין *num.* twenty [421 s.v. עשר num.]

|  |  |  |  |  |  |  |
|---|---|---|---|---|---|---|
| 001 | עש' | ab/cn | Nu 8:24M | דאית לליוואי מן ב{ת}ר | עש' | |
| 002 | עשרי' | | Ex12:18M | \חד ועשרין יום | /עשרי' | וחד יומין#2/ לירחא |
| 003 | עשרים | | Gn32:15 | ותיישים | עשרי«ם» | רחלין תרתין מאוותן |
| 004 | | | Gn31:41 | דנה לי | עשרים | שנין בגו בייתך פלחית קדמך |
| 005 | עשרין | | Gn32:15 | תרתין מאוותן ודכרין | עשרין: | |
| 006 | | | Ex27:16 | ולתרע דרתה פרס | עשרין | אמין תכלא וארגוון וצבע |
| 007 | | | Nu 7:88 | תורייה דנכסת קודשייה | עשרין | וארבעה תורין דכרין אשתין |
| 008 | | | Nu25:09 | מיתיה דמיתו במגפתה | עשרין | וארבעה אלפין: |
| 009 | | | Ex38:10 | עמודיהון | עשרין | וחומריהון עשרין נחש |
| 010 | | | Ex38:11 | אמין באמתה עמודיהון | עשרין | וחומריהון עשרין נחש |
| 011 | | | Ex27:10 | ועמדוי | עשרין | וחמריהון עשרין נחש וקלוות |
| 012 | | | Ex27:11 | מאה אמין ארך ועמוד' | עשרין | וחמרין עשרין נחש וקלוות |
| 013 | | | Gn18:31 | דישתכחון תמן {תל} | עשרין | ו{י}אמר לא אשיצא בגלל |
| 014 | | | Gn32:16 | דכרין עשרה אתנין | עשרין | ולוודקין עשרה: |
| 015 | | | Lv27:03 | ויהוי עלויה דדכרה מן בר | עשרין | ועד בר שתין שנין ויהווי |
| 016 | | | Nu26:62 | והוון סכומיהון | עשרין | ותלתה אלפין כל דכורה מן |
| 017 | | | Ex36:09 | ארכה דיריעתה חדא | עשרין | ותמני אמין באמתה ופתיא |
| 018 | | | Ex26:02 | ארכה דיריעתה חדתה | עשרין | ותמנין אמין די יריעתה |
| 019 | | | Nu 3:39 | מן בר ירח{ה} ולעיל | עשרין | ותרין אלפין: |
| 020 | | | Nu 3:43 | ירח ולעיל לסכומיהון | עשרין | ותרין אלפין ותרתין מאוון |
| 021 | | | Nu26:14 | אלין זרעיתה דשמעוני | עשרין | ותרין אלפין ותרתין מאוון: |
| 022 | | | Gn11:24 | וחיה | עשרין | ותשע שנין ואול' ית תרח: |
| 023 | | | Ex38:24 | והווה דהבא דאנפותא | עשרין | ותשעה ככרין ושבע מאוון |
| 024 | | | Gn18:31 | ו{י}אמר לא אשיצא בגלל | עשרין | זכיין: |
| 025 | | | Nu11:19 | ולא חמשה יומין ולא | עשרין | יומין: |
| 026 | | | Ex36:23 | ועבד ית לווחיה למשכנה | עשרין | לווחין לסיטרא דרומיה מן |
| 027 | | | Ex26:19 | לוחיא תרין חומרין תחות | עשרין | לוחה תרין חומרין תחות |
| 028 | | | Ex26:19 | חומרין דכסף תעבד תחות | עשרין | לוחיא תרין חומרין תחות |
| 029 | | | Ex36:24 | חומרין דכסף עבד תחות | עשרין | לוחייא תרתין חומרין תחות |
| 030 | | | Ex26:18 | ותעבד ית לווחי למשכניה | עשרין | לוחין דסיטרת דרומאה מן |
| 031 | | | Ex26:20 | לסיטרא צפונא | עשרין | לוחין: |
| 032 | | | Ex36:25 | לסטרה צפונייה עבד | עשרין | לוחין: |
| 033 | | | Lv 5:11 | ית קרבניה די אתחייב | עשרין | מכלתה סלת לחטאת לא ישווי |
| 034 | | | Lv 6:13 | ייי ביומא דירבי יתהון | עשרין | מכלתה סלת מנחה בתדירה |
| 035 | | | Nu28:13 | ועשרן | עשרין | מכלתה סלת מנחה פילה במשח |
| 036 | | | Ex30:13 | בסלעי בית קודש«א» | עשרין | מעין הוא סלעא פלגא סלעא |
| 037 | | | Lv27:25 | יהוי בסלעי בית קודש' | עשרין | מעין יהווי סלעא: |
| 038 | | | Nu 3:47 | בסלעי בית קדשה תיסב | עשרין | מעין הוא סילעה: |
| 039 | | | Nu18:16 | סלעין בסלעי בית קודשה | עשרין | מעין היא סלעה: |
| 040 | | | Ex27:10 | ועמדוי עשרין וחמריהון | עשרין | נחש וקלוות עמודיה |
| 041 | | | Ex27:11 | ועמוד' עשרין וחמרין | עשרין | נחש וקלוות עמודיה |
| 042 | | | Ex38:10 | עשרין וחומריהון | עשרין | נחש וקלוות עמודיה |
| 043 | | | Ex38:11 | עשרין וחומריהון | עשרין | נחש וקלוות עמודיה |
| 044 | | | Lv27:05 | ויהוי עלויה דדיכרה | עשרין | סלעין ולנקבתה עשרין |
| 045 | | | Lv27:05 | עשרין סלעין ולנקבתה | עשרין | סלעין: |
| 046 | | | Gn28:10 | באפוי והוות טייפה | עשרין | שנין כל יומין דהוה שרי |
| 047 | | | Gn31:22M | מ{יא}<ן> על בירא | עשרין | שנין |

|  |  |  | | | |
|---|---|---|---|---|---|
| 048 | | Gn31:38 | דנה | עשרי«ן» | שנין אנה עמך רחליך |
| 049 | | Ex30:14 | על מניניה מ«ן» בר | עשרין | שנין ולעילא יתן אפרשו |
| 050 | | Ex38:26 | כל דעבר על מנייניה מבר | עשרין | שנין ולעל לשתי מאה אלפין |
| 051 | | Lv27:05 | מן בר חמש שנין ועד בר | עשרין | ^שנין#2# ויהוי עלויה |
| 052 | | Nu 1:03 | מן בר | עשרין | שנין ולעיל כל נפקי חיל |
| 053 | | Nu 1:18 | במניין שמהן מן בר | עשרין | שנין ולעיל לגולגלתהון: |
| 054 | | Nu 1:20 | כל דכורא מן בר | עשרין | שנין ולעיל כל נפקי קרבה: |
| 055 | | Nu 1:22 | כל דכורא מן בר | עשרין | שנין ולעיל כל נפקי קרבה: |
| 056 | | Nu 1:24 | במניין שמהן מן בר | עשרין | שנין ולעיל כל נפקי קרבא: |
| 057 | | Nu 1:26 | במניין שמהן מן בר | עשרין | שנין ולעיל כל נפקי קרבא: |
| 058 | | Nu 1:28 | במניין שמהן מן בר | עשרין | שנין ולעיל כל נפקי קרבה: |
| 059 | | Nu 1:30 | במניין שמהן מן בר | עשרין | שנין ולעיל כל נפקי קרבה: |
| 060 | | Nu 1:32 | «במניין שמהן» מן בר | עשרין | שנין ולעיל כל נפקי קרבה: |
| 061 | | Nu 1:34 | במניין שמהן מן בר | עשרין | שנין ולעיל כל נפקי קרבה: |
| 062 | | Nu 1:36 | במניין שמהן מן בר | עשרין | שנין ולעיל כל נפקי קרבה: |
| 063 | | Nu 1:38 | במניין שמהן מן בר | עשרין | שנין ולעיל כל נפקי קרבה: |
| 064 | | Nu 1:40 | במניין שמהן מן בר | עשרין | שנין ולעיל כל נפקי קרבה: |
| 065 | | Nu 1:42 | במניין שמהן מן בר | עשרין | שנין ולעיל כל נפקי קרבה: |
| 066 | | Nu 1:45 | לבית אבהתהון מן בר | עשרין | <שנין> ולעיל כל נפקי |
| 067 | | Nu 8:24 | דא די תעבד ללווי מן בר | עשרין | שנין ולעיל ייעול לחיל |
| 068 | | Nu14:29 | וכל מנייניכון מן בר | עשרין | שנין ולעיל די אתרעמתון |
| 069 | | Nu26:02 | דכל כנשתה מן בר | עשרין | שנין ולעיל לבית אבהתהון |
| 070 | | Nu26:04 | מן בר | עשרין | שנין ולעיל היך מה די פקד |
| 071 | | Nu32:11 | סלקו מן מצרים מן בר | עשרין | שנין ולעיל ית ארעא די |
| 072 | בעשרין | Dt32:03 | עד זמן דהוה מחנך פמיה | בעשרין | וחדה מילין דאנון תמניין |
| 073 | | Gn 8:14 | בירחא תניינא | בעשרין | ושבעה לירחא יבשת ארעא: |
| 074 | | Nu10:11 | והוה בשתה תניינתה | בעשרין | לירחה איסתלק מעילוי משכנה |
| 075 | | Gn37:28 | ית יוסף לסרקעין | בעשרין | סלעין דכסף ואובילו ית |
| 076 | ועשרין | Nu 7:86 | כל דהבין דבזיכיה מאה | ועשרין: | |
| 077 | | Ex38:18 | דזיהורי טבה ובוץ שזיר | ועשרין | אמין ארך וקומה ופותיה חמש |
| 078 | | Gn23:01 | והוון חייה דשרה מאה | ועשרין | ושבע שנין שני חייה דשרה: |
| 079 | | Nu33:39 | ואהרן בר מאה | ועשרין | ותלת שנין הוה בזמנה דמית |
| 080 | | Ex12:18 | פטירין עד יום חד | ועשרין | יום לירחא ברמשא: |
| 081 | | Gn 6:03M | יהבת לכון ארכא מא' | ועשרין | שנין מין בגלל די יעבדו' |
| 082 | | Gn 6:03 | יהבית לכון ארכא מאה | ועשרין | שנין דילמא די יעבדון |
| 083 | | Dt31:02 | ואמר להון בר מאה | ועשרין | שנין אנה כען יומא הדין |
| 084 | | Dt34:07 | ומשה בר מאה | ועשרין | שנין בזמנה דאתכנש לא |

## עשק *vb.* to oppress [421]

|  |  |  | | | |
|---|---|---|---|---|---|
| 001 | עשיקין peal | Dt28:29M | להוד/לחוד#2#/ | עציין/עשיקין#2#/ | וגזילין כל יומייה |

## עתד *vb.* to prepare [422]

|  |  |  | | | |
|---|---|---|---|---|---|
| 001 | מאתד pael | Gn24:13M | הא אנא קיים | מעתד/מאתד#2#/ | על עניא דמיא ובנתהון |
| 002 | מע' | Nu23:17M | לוותיה והא הוא | מתעתד/מע'#2#/ | על עלתה ורברבני |
| 003 | מעת' | Nu22:34M | קיים/קאם#2#/ | מתעתד/מעת'#2#/ | לקדמותי באורחא וכדון |
| 004 | | Nu23:06M | אתעתד/^ית'#2#/^הוא | מעת'#2#/ | על עלתה הוא וכל רברבני |
| 005 | מעתד | Nu22:23 | אתנתה ית מלאכה דייי | מעתד | באורחה וחרבה שליפה |
| 006 | | Dt 5:05 | אנה ^הוא#2#^ כען הוינה | מעתד | בין ממריה דייי וביניכון |
| 007 | | Dt17:12 | למשמע למלוי דכהנא דקיים | מעתד | למשמשא תמן קדם ייי אלהכון |
| 008 | | Gn28:13M | דרחמי מן קדם ייי קם | מעתד | מעילווי |
| 009 | | Gn24:13 | הא אנא קיים | מעתד | על עניא דמיא ובנתהון דעמא |
| 010 | | Gn24:43 | הא אנא קיים | מעתד | על עיינא דמיא והא רביתא |
| 011 | | Ex17:09 | עמלק למחר הא אנה קיים | מעתד | על ריש רמתא וחוטרא די |
| 012 | | Ex17:06M | הא ממרי קיים | מתע{דת}<תד>/מעתד | קודמיך#2#/ על טינרא |
| 013 | מעתדה | Dt32:35 | דרשיעיה ואשת' דגהינם | מעתדה | להון ומזרז ומייתי |
| 014 | מעתדין | Nu16:27 | ואבירם קמו להון | מעתדין | בתרע משכניהון ונשיהון |
| 015 | | Dt29:09 | אתון קיימין | מעתדין | כולכון יומא הדין קדם ייי |
| 016 | | Ex 5:20M | משה וית אהרן | קיימין/מעתדין#2#/ | לקדמותיהון |
| 017 | | Gn18:02M | "קיימין ...": | מעתדין | מעלווי וחמה יתהון |
| 018 | דמעתדא | Gn15:17M | וגהינם דמתילה באתונה | דמעתדא | לרשיעיא לעלמא דאתי על די |
| 019 | ומעתד | Dt32:34 | דפורענותה ממזג ומתקן | ומעתד | לרשיעיה חתום באוצרי ליום |
| 020 | ומעתדין | Ex33:08M | הוון קיימין כל עמא | ומעתדין | <גבר> |
| 021 | | Ex13:22 | דאישתא בליליא מדברין | ומעתדין | ומנהרין קדם עמא: |
| 022 | אתעתד etpaal | Nu23:15 | ואמר לבלק | אתעתד | הכה על עלתך ואנה אזדמן |
| 023 | | Nu23:03 | ואמר בלעם לבלק | אתעתד | על עלתך ואזל מה דלמא |
| 024 | | Nu23:06 | וחזר לוותיה והא | אתעתד | על עלתה הוא וכל רברבני |
| 025 | | Dt 5:31 | «ואת» הכה | אתעתד | קדמיי ואמלל עמך ית כל |
| 026 | אתעתדו | Ex14:13 | להון משה לא תדחלון | אתע<ת>דו | וחמון ית פורקנוי דייי די |
| 027 | | Gn15:17M | חז{ו}<י> על די ספסלין | אתעתדו | וכרסוון רמיו וגהינם |
| 028 | ית' | Nu23:15M | ואמר לבלק | אתעתד/ית'#2#/ | הכה על עלתך ואנה |
| 029 | | Nu23:03M | ואמר בלעם לבלק | אתעתד/ית'#2#/ | על עלתך ואזל מה דלמא |
| 030 | | Dt 5:31M | «ואת» הכה | אתעתד/ית'#2#/ | קדמיי ואמלל עמך ית |
| 031 | | Nu23:06M | וחזר לוותיה והא | אתעתד/^ית'#2#/^הוא | מעת'#2#/ על עלתה |
| 032 | מתעתד | Nu22:31 | וחמא ית מלאכה דייי קים | מתעתד | באורחה וחרביה שליפה בידיה |
| 033 | | Nu22:34 | לא ידעת ארום את קיים | מתעתד | לקדמותי באורחא וכדון אין |
| 034 | | Ex17:06 | הא ממרי קיים | מתע{דת}<תד> | על טינרא בחרב ותמחי |
| 035 | | Nu23:17 | ואתא לוותיה והא הוא | מתעתד | על עלתה ורברבני מואביי |
| 036 | ואתעתד | Ex34:05 | שכינתי' דייי בעננא | ואתעתד | לוותיה תמן וצלי תמן בשם |
| 037 | | Nu22:22 | דייי ארום אזל הוא | וא«ת»עתד | מלאכה דייי בארחה למסטן |
| 038 | | Ex 8:16 | ייי למשה אקדם לצפרא | ואתעתד | קדם פרעה הא הוא נפק |
| 039 | | Ex 9:13 | ייי למשה אקדם בצפרא | ואתעתד | קדם פרעה ותימר ליה כדין |
| 040 | ואתעתדו | Dt31:14 | עלמא קרא ית יהושע | ואתעתדו | במשכן זמנא ופקד יתיה |
| 041 | | Dt31:14 | ואזל משה ויהושע | ואתעתדו | במשכן זמנא: |
| 042 | | Ex19:17 | דייי מן משריתא | ואתעתדו | בשפלוי דטורא: |
| 043 | ואתעתדת | Ex 2:04 | | ואתעתדת | אחתיה מרחוק למידע אחתיה |
| 044 | ויתעתדון | Nu11:16 | יתהון למשכן זימנא | ויתעתדון | תמן עמך: |
| 045 | ותתעתד | Ex34:02 | בצפרא לטורא דסיני | ותתעתד | לוותי תמן על ראש טורא: |
| 046 | | Ex 7:15 | מת{ו}ק<ו>רדה על נהרא | ותתעתד | לקדמותיה על גף נהרא |
| 047 | | Ex33:21 | ייי הא אתר מזמן לוותי | ותתעתד | על טנרא: |
| 048 | ומתעתדין | Ex33:08 | למשכנה קיימין כל עמא | ומתעתדין | גבר בתרע משכניה ומסתכלין |

## עתיד *adj.* future modal [422]

|  |  |  | | | |
|---|---|---|---|---|---|
| 001 | עתיד s ab/cn | Nu11:26M | ומידד הוה מתנבי ואמר | עתיד | משה ספרהון דישראל |
| 002 | | Gn15:17M | פיקודייה ובזכותהון | עתיד | דאישתרי בסוף יומיא גומרא |
| 003 | | Gn22:02M | לארע טור מוריה ∧דתמן | עתיד | די יתבני בית מקדשא#2#/ |
| 004 | | Ex14:03M | | עתיד | דיימר פרעה לדתן ואבירם |
| 005 | | Dt32:01 | ווארעא כלבוש' תתכלי ברם | עתיד | הוא ייי למברה שמיא |
| 006 | | Gn 3:19 | ארום עפר את ולעפרא את | עתיד | חזר ומן עפרא את עתיד חזר |
| 007 | | Gn 3:19 | את עתיד חזר ומן עפרא את | עתיד | חזר וקאם ויהב דין וחושבן |
| 008 | | Ex14:19 | ונטל מלאכא דייי דהוי | עתיד | למהלך קדם משריתיהון |
| 009 | | Gn31:21M | חמא ברוח קודשא דתמן | עתיד | למיהוי ש{ה}<יז>ב{י}<ו>תא |
| 010 | | Gn28:11M | ביהוא זמנא ידע דהוא | עתיד | למיסב ארבע נשין ומינהון |
| 011 | | Ex11:05 | מן בכורא דפרעה דהוה | עתיד | למיתב על כורסי מלכותיה עד |
| 012 | | Ex12:29 | מן בכורא דפרעה דהוי | עתיד | למיתב על כורסי מלכוותא עד |
| 013 | | Ex14:25 | יהיבין במצרים והוא | עתיד | למעבד להון נצחני קרביהון |
| 014 | | Ex14:25 | יהיבין במצרים והו' | עתיד | למעבד להון נצחני קרביהון} |
| 015 | | Ex 2:12M | וחמא והא לית גיורא | עתיד | למקום מן ההוא מצראה ומחא |

|  |  |  |  |  |  |  |
|---|---|---|---|---|---|---|
| 016 | | | Gn40:12 | היא כסא דפורענתא דפרעה | עתיד | למשתי בסופא ואת רב מזוגיא |
| 017 | | | Gn40:12M | דרוגזי<ה> דפרעה | עתיד | למשתי בעקבה אף את רב |
| 018 | | | Nu24:05 | כמה טבן ונחמן ממריה | עתיד | מייתייה עליכון דדבית יעקב |
| 019 | | | Nu24:17 | אנה ביה ולית היא קריבה | עתיד | מלך למקום מן דבית יעקב |
| 020 | | | Nu24:19 | | עתיד | מלך למקום מן דבית יעקב |
| 021 | עתידה | | Gn21:07M | אברהם מן שרוייה ואמ' | עתידה | היא למיינקה בנין שרה |
| 022 | | | Dt32:35M | /ואשא דג'#2#/ | מעתדה/עתידה#2#/ | להון ומזרז ומייתי |
| 023 | דעתיד | | Gn30:11 | לאה את{{ו}}א גדה טבא | דעתיד | למגדעא משתודהון לאומה |
| 024 | | | Gn49:11 | מה יאי הוא מלכא משיחא | דעתיד | למיקם מן מדבית יהודה אסר |
| 025 | | | Gn49:12M | יאי הוא מלכא משיח' | דעתיד | למיקם מן דבית יהוד' |
| 026 | | | Gn49:17 | יהווי דן פירוקא | דעתיד | למיקם מן דבית דן יתקף |
| 027 | | | Ex17:16 | קדמיה {מאה} <מלכה> | דעתיד | למיקם מן שבטא דבנימין הוא |
| 028 | | | Nu 9:08M | שמעית למלפה דיינייה | דעתיד | למקום בתר משה למהוון |
| 029 | | | Gn27:27 | כריח קטרת בסמניה טביה | דעתיד | למתקרבא עלגבי מדבחא בטור |
| 030 | | | Nu23:23 | יעקב טבתה וניחמתה | דעתיד | מייתייה עליכון ודדבית |
| 031 | דעתידא | | Gn15:12 | דא {{היא אדום רשיעא | דעתידא | למיפל ולא תהוי ליה |
| 032 | ועתיד | | Ex 3:14M | לעלמ' הווי והווה | ועתיד | למימ' ליה הוי והווי ואמ' |
| 033 | | | Ex 3:14 | והוה עלמא מן שרויא | ועתיד | למימר ליה הווי ויהווי הוא |
| 034 | | | Lv22:33 | ייי דפרקת לאבהתכון | ועתיד | למפרק יתכון: |
| 035 | | | Gn38:29 | אחוי ואמרת מה תקפת | ועתיד | למתקף ברי וקרא שמיה פרץ: |
| 036 | | | Gn40:18 | ובכל פלחין באפי ברא | ועתיד | פרעה למגזר גזרן בישא על |
| 037 | עתידין | p abs | Gn 3:22 | דאנא יחידיי בשמי מרומא | עתידין | אומין סגיאין למקום מנה |
| 038 | | | Nu24:14 | את יכיל שליט בהון ברם | עתידין | אינון עמא האליין משלוט |
| 039 | | | Dt32:37 | ואמר | עתידין | אינון אומיה למימר אן אלהא |
| 040 | | | Gn22:14M | יתהון מן כל עקא ברם | עתידין | הינון דריא ועתידין למקום |
| 041 | | | Gn 3:15M | חויה לא יהווי אסו ברם | עתידין | הנון אלין ואלין למעבד |
| 042 | | | Gn28:11M | ארבע נשין ומינהון | עתידין | למיפק ארבע משריין ויהון |
| 043 | | | Gn 4:10 | דאוכלוסין צדיקין דהון | עתידין | למיקום מן הבל אחוך |
| 044 | | | Gn40:12 | ויעקב דמן בני בניהון | עתידין | למשתעבדא בשעבודא דארעא |
| 045 | | | Gn27:27M | בסמנין טבין | עתידין | למתקרבה בטור בית מקדשה |
| 046 | | | Nu24:20 | דגוג ומגוג אינון | עתידין | מסדרה לקבליהון סדרי קרבה |
| 047 | דעתידי' | | Gn15:12M | ... אימה": מלכוותה | דעתידי' | למקום ומשעבדה בבנוי |
| 048 | דעתידין | | Gn40:18 | תלתיה שעבודיא תקיפיה | דעתידין | ישראל למשתעבדא בארעא |
| 049 | | | Gn 3:15 | ולך חויה לא יהוי אסו | דעתידין | אינון מעבד שפיותיה |
| 050 | | | Gn22:14 | יתהון מן כל עקא | דעתידין | דריא דיקומ«ון» מבתרה |
| 051 | | | Gn 6:03 | לא יתדנון כל דריה | דעתידין | למקום כסדר דינא דדריה |
| 052 | | | Lv24:12M | שמעית למלפה דייניה | דעתידין | למקום בתר משה למהוון |
| 053 | | | Nu15:34M | שמעית למלפה דייניה | דעתידין | למקום בתר משה למהוון |
| 054 | | | Dt29:14 | אלהן וית כל דרייה | דעתידין | למקום מן בתרן עמן קיימין |
| 055 | | | Gn15:11M | הנון ארבעתי מלכוותא | דעתידין | משעבדה לבנוי דאברם |
| 056 | ועתידין | | Gn22:14M | עתידין הינון דריא | ועתידין | למקום למהוון אמרין |
| 057 | | | Gn40:12 | דארעא דמצרים | ועתידין | למתפרקא על ידי תלתא |

עדי *n.* **See also:**

## עתיק *adj.* old [422]

|  |  |  |  |  |  |  |
|---|---|---|---|---|---|---|
| 001 | עתיק | s ab/cn | Lv10:09 | חמר חדת וחמר | עתיק | לא תשתון את ובניך עמך |
| 002 | | | Nu 6:03 | חלד חמר חדת וחלד חמר | עתיק | לא ישתי וכל עצורה |
| 003 | דעתיק | | Lv26:10 | ותיכלון עתיקה | דעתיק | ועתיקה מן קדם חתתה תפנון: |
| 004 | דעתק | | Lv26:10M | ותיכלון עתיקה | דעתיק/דעתק#2#/ | ועתיקה מן קדם חתתה |
| 005 | ועתיק | | Dt14:26M | חדת \ובעתיק ובכל | /ועתיק | וכל#2#/ מה די תשאל |
| 006 | | | Nu 6:03 | מן חמר ח{{ת}}«ד»ת | ועתיק | לא ישתי חלד חמר חדת |
| 007 | | | Dt29:05 | לחם לא אכלתון וחמר חדת | ועתיק | לא שתיתון מן בגלל דתדעון |
| 008 | ובעתיק | | Dt14:26 | בתורין ובען ובחמר חדת | ובעתיק | ובכל מה די תשאל יתכון |
| 009 | עתיקה | s em/sf | Lv25:22 | פירי עללתה תאכלון | ע{ק}«ת»יקה: | |
| 010 | | | Lv26:10 | ותיכלון | עתיקה | דעתיק ועתיקה מן קדם חתתה |
| 011 | | | Lv25:22 | ותאכלון מן עללתה | עתיקה | עד שתה תשיעיתה עד זמן |
| 012 | עתיקתה | | Lv25:22M | מן עללתה | עתיקה/עתיקתה#2#/ | עד שתה תשיעיתה |
| 013 | | | Lv25:22M | ע{ק}«ת»יקה/עותק#2#/{{עתיקתה}}#2#/: | | |
| 014 | ועתיקה | | Lv26:10 | ותיכלון עתיקה דעתיק | ועתיקה | מן קדם חתתה תפנון: |

## עתיר *adj.* rich [422]

|  |  |  |  |  |  |  |
|---|---|---|---|---|---|---|
| 001 | דעתיר | s ab/cn | Ex30:15 | | דעתיר | לא יסגי ודמסכן לא יזער |

## עתק *vb.* to be old [422]

|  |  |  |  |  |  |  |
|---|---|---|---|---|---|---|
| 001 | מעתקה | pael | Lv13:11M | ^צרע{ת}<ה>#2#^ | מחלפה/מעתקה#2#/ | היא במשך בשריה |
| 002 | | | Lv13:52M | מכתשה ארום צרעה | מחלטה/מעתקה#2#/ | היא בנורא תתוקד |
| 003 | | | Lv14:44M | בביתה צרעה | מחלטה/מעתקה#2#/ | היא בביתה מסאב הוא: |
| 004 | | | Lv13:51M | לעבידה צרעה | מחלט«א»/מעתקה#2#/ | מכתשה מסאב הוא: |
| 005 | ותע' | | Dt 4:25M | בנין ובני בנין | ותתעתקון/ותע'#2#/ | בארעא ותחבלון |
| 006 | ותתעתקון | etpeel | Dt 4:25 | בנין ובני בנין | ותתעתקון | בארעא ותחבלון עובדיכון |

עוק *vb.* **See also:**

## עתר *vb.* to be rich [422]

|  |  |  |  |  |  |  |
|---|---|---|---|---|---|---|
| 001 | ועתר | peal | Gn36:39 | במטרדה כל ימוי חיוי | ועתר | וקנה נכסין וידע מה הוא |
| 002 | ועתרו | | Dt32:15 | דבית ישראל ובעטו | ועתרו | ופחזו פגשו והצלחו וקנון |
| 003 | עתרית | pael | Gn14:23 | מתג«אי» ותימר אנא | עתרית | ית אברם: |

עתיר *adj.* **See also:**

# פ

## פגג *vb.* to be unripe [424]

| | | | | |
|---|---|---|---|---|
| 001 | peal | פגן | Nu 6:04 | גופנה דחמרא מן כמישן עד פגן לא יאכל: |

## פגר *vb.* to break up, to destroy [424]

| | | | | |
|---|---|---|---|---|
| 001 | pael | פגרו | Gn49:06 | קטילו מלכין וברעותיהון פגרו שורי בעלי דבביהון: |
| 002 | | תפגר | Ex15:07 | ובסגי גיוותנותך תפגר בעלי דבביהון דעמך תשלח |
| 003 | | תפגרון | Ex34:13 | ארום ית {כ}<ק>סמהון תפגרון וית קיימ{ת}<י>הו«ן» |
| 004 | | | Ex23:24 | ארום מפגרא תפגר{א}<ון> יתהון ומתברא תתברון ית |
| 005 | | מפגרא | Ex23:24 | תעבדון כעובדיהון ארום מפגרא תפגר{א}<ון> יתהון ומתברא |
| 006 | | ויפגר | Lv14:45 | ויפגר ית ביתה ית אבנא וית קיסוי |
| 007 | | ופגרת | Gn49:22 | ושלחת שרשי' לארעא ופגרת שיני כל {ס}<כ>יפי ועוברתא |

## פגר *n.* corpse, body [424]

| | | | | |
|---|---|---|---|---|
| 001 | p const | פגרי | Lv26:30 | ואשוי ית פגריכון על פגרי מרחקתכון ותרחק נפשי יתכון: |
| 002 | p em/sf | פגריכון | Nu14:29 | במדברה הדין יפלון פגריכון וכל סכומיכון וכל |
| 003 | | | Nu14:33 | עד די יסופון במדברה פגריכון: |
| 004 | | | Lv26:30 | ית טעוותכון ואשוי ית פגריכון על פגרי מרחקתכון ותרחק |
| 005 | | | Lv26:30M | ית במסיכון /ואפקר ית פגריכון קיימתכון/#2# ואשיצי ית |
| 006 | | פוגרי' | Nu14:33M | פגריכון /סוף פוגרי'#2#/: |
| 007 | | פיגריכון | Dt 1:01 | קליל ובחצרות נפלו פיגריכון ועל ידי בשרא די אתחמדתון |
| 008 | | | Dt 1:01M | ובחצרות די נפלו מן פיגריכון על ידי בשרא ובגין עגלא |
| 009 | | | Lv26:31 | ואשוי ית {פיגריכון} פיגריכון קורייכון חרבה ואצדי ית |
| 010 | | ופיגרכון | Nu14:32 | ופיגרכון אתון יפלון במ«ד»ברה |

## פגש *vb.* to strike [425]

| | | | | |
|---|---|---|---|---|
| 001 | pael | פגשו | Dt32:15 | ובעטו ועתרו ופחזו פגשו והצלחו וקנון להון נכסין |
| 002 | etpaal | ואתפגש | Gn32:25 | ואשתייר יעקב לבלחודי ואתפגש מלאך שריאל בדמות גבר |

## פדי *vb.* to liberate [425]

| | | | | |
|---|---|---|---|---|
| 001 | peal | ופדה | Lv22:27 | אמר לעלה על גבי מדבחה ופדה יתיה וברחמוי סבייה וזמן |

## פדע *n.* injury [425]

| | | | | |
|---|---|---|---|---|
| 001 | s em/sf | פדעא | Ex21:25 | כויה תשלומי כויה פדעא תשלומי פדעה רושם תשלומי |
| 002 | | פדעה | Ex21:25 | תשלומי כויה פדעא תשלומי פדעה רושם תשלומי רושם: |

## פול *vb.* to soak [426]

| | | | | |
|---|---|---|---|---|
| 001 | peal | פיילה | Nu 7:13M | סולת פילה/^פיילה#2#/^ במשח למנחתה: |
| 002 | | | Nu 7:19M | סולת פילה/^פיילה#2#/^ במשח למנחתה: |
| 003 | | | Nu 7:25M | ומזרקתה פילה/^פיילה#2#/^ במשח למנחתה: |
| 004 | | | Nu 7:31 | פייליתה ומזרקתה סלת פיילה במשח למנחתה: |
| 005 | | | Nu 7:37 | פייליתה ומזרקתה סלת פ«יי»לה במשח למנחתה: |
| 006 | | | Nu 7:43 | פייליתה ומזרקתה סלת פיילה במשח למנחתה: |
| 007 | | | Nu 7:49 | פייליתה ומזרקתה סלת פיילה במשח למנחתה: |
| 008 | | | Nu 7:55 | פייליתה ומזרקתה סלת פיילה במשח למנחתה: |
| 009 | | | Nu 7:61 | פייליתה ומזרקתה סלת פיילה במשח למנחתה: |
| 010 | | | Nu 7:67 | פלייתה ומזרקתה סלת פיילה במשח למנחתה: |
| 011 | | | Nu 7:73 | פלייתה ומזרקת«ה» סלת פיילה במשח למנחתה: |
| 012 | | | Nu 7:79 | פייליתה ומזרקתה סלת פיילה במשח למנחתה: |
| 013 | | | Nu 7:31M | ית קורבני'#2#/ פייל/פיילה#2#/ דכסף חדה מאה ותלתין |
| 014 | | | Nu 7:43M | קרב ית קרבניה/ פיילה#2#/ דכסף חדה מאה ותלתין |
| 015 | | | Nu 7:61M | קרב ית קרבניה/ פיילה#2#/ דכסף חדה מאה ותלתין |
| 016 | | | Nu 7:79M | קרב ית קרבניה פיילה <דכסף> |
| 017 | | פיל | Lv14:21 | ועשרון מכלתה סלת חד פיל במשח למנחה ולג דמשח: |
| 018 | | | Nu15:09 | מנחה סלת תלתה עשרונין פיל במשח פלגות הינה: |
| 019 | | פילה | Ex29:23 | וככר דלחם חד וחלה דלחם פילה במשח חדה ועריך חד מן סלא |
| 020 | | | Ex29:40 | מכלתה סלת פילה במשח כתיש רביעת הנא ונסוך |
| 021 | | | Lv 2:05M | קרבנך סלת פילן/פילה#2#/ במשח פטיר תהוי: |
| 022 | | | Lv 2:07 | מנחת מרתחה קרבנך סלת פילה במשח תתקרב: |
| 023 | | | Lv 7:10 | וכל מנחתה פילה במשח ונגיבה לכל בנוי |
| 024 | | | Lv 9:04 | למקרבה קדם ייי ומנחה פילה במשח ארום יומא הדין ממריה |
| 025 | | | Lv14:10 | ותלתה עשרנין סלת מנחה פילה במשח ולג חד דמשח: |
| 026 | | | Lv23:13 | ומנחתיה תרין עשרונין סלת פילה במשח קרבן מתקבל לריח דרעוה |
| 027 | | | Nu 7:13 | פייליתא ומזרקה סולת פילה במשח למנחתה: |
| 028 | | | Nu 7:19 | פייליתה ומזרקתה סולת פילה במשח למנחתה: |
| 029 | | | Nu 7:25 | פייליתה מליין ומזרקתה פילה במשח למנחתה: |
| 030 | | | Nu 8:08 | בר תורין ומנחתה סולת פילה במשח ותור תניין בר תורין |
| 031 | | | Nu15:04M | הינה משח /עשרון פילה במשח כתש רבעית הינה#2#/: |
| 032 | | | Nu15:06 | מנחה סלת תרין עשרנין פילה במשח תלתות הינא: |
| 033 | | | Nu28:05M | סלת למנחתה פילת/<פיל>ה#2#/ במשח כתית רבעית |
| 034 | | | Nu28:09 | ותרין עשרונין סלת מנחה פילה במשח אינון ונסכיהון: |
| 035 | | | Nu28:12 | ותרין עשרונין סלת מנחה פילה במשח עם דכרה חדתה תקרבון: |
| 036 | | | Nu28:12 | ותלתה עשרונין סולת מנחה פילה במשח לתור חד ותרין עשרונין |
| 037 | | | Nu28:13 | עשרן מכלתה סלת מנחה פילה במשח תקרבון עם אמרא חתתה |
| 038 | | | Nu28:20 | ומנחתהון סלת פילה במשח תלתה עשרונין תקרבון: |
| 039 | | | Nu28:28 | ומנחתהון סולת פילה במשח תלתה עשרונין תקרבון |
| 040 | | | Nu29:03 | ומנחתהון סלת פ«י»לה במשח תלתה עשרונין תקרבון |
| 041 | | | Nu29:09 | ומנחתהון סלת פילה במשח תלתה עשרונין תקרבון |
| 042 | | | Nu29:14 | ומנחתהון סלת פילה במשח תלתה עשרונין תקרבון |
| 043 | | | Nu15:04 | מנחה עשרון מכלתה סלת פילה ברביעית הינה משח: |
| 044 | | פילין | Lv 7:12 | נכסת קדשיה חלין פטירין פילין במשח ועריכין דפטירין |
| 045 | | | Lv 7:12 | במשח ועריכין דפטירין פילין במשח וסלת מרתחה חלין |
| 046 | | | Lv 7:12 | במשח וסלת מרתחה חלין פילין במשח: |
| 047 | | פילן | Lv 2:04 | בתנורא סלת חלין פטירין פילן במשח ועריכין פטירין משחין |
| 048 | | | Lv 2:05 | על מסרת' קרבנך סלת פילן במשח פטיר תהוי: |
| 049 | | | Nu 6:15M | פטירין /וסלה דפטירין פילן במשח ועריכי פט#2#/ |
| 050 | | | Nu 6:15 | וסל דפטירין סלת חלין פילן במשח ועריכין פטירין |
| 051 | | פילת | Nu28:05 | מכלתה סלת למנחתה פילת במשח כתית רבעית הינה: |
| 052 | | דפילה | Lv 8:26 | חלה דפטיר חד וחלה לחם דפילה במשח חדה ועריך חד ושוי על |
| 053 | | דפילין | Ex29:02 | דפטירין וחלין פטירין דפילין במשח ועריכין פטירין |

## פולחן *n.* ⇐ פלחן

## פולימרך *n.* warrior [426]

| | | | | |
|---|---|---|---|---|
| 001 | p abs | פולימרכין | Ex14:07M | דמצריי ורברבנין/פולימרכין#2#/ הוון ממנין על |
| 002 | | | Gn33:01M | מאה דגוברין רגלין/פולימ<ר>כין#2#/ ופלג ית טליא על |
| 003 | | פולמרכין | Gn32:07 | וארבע מאה דגברין פולמרכין עמה: |
| 004 | p em/sf | פולימרכיהון | Dt32:42 | מן ראשי גיבריהון פולימרכיהון בעלי דבביהון דעמי: |
| 005 | | פור' | Dt32:42M | ראשי גיבריהון פולימרכיהון/פור'#2#/ בעלי דבביהון דעמי |

## פולמוס *n.* debate [426]

| | | | | | | |
|---|---|---|---|---|---|---|
| 001 | פולמוסין | p abs | Gn32:07M | מאה דגברין | פולמרכין/פולמוסין#2#/ | עמה: |

## פום *n.* ⇐ פם

## פונדק *n.* inn [426]

| | | | | | | |
|---|---|---|---|---|---|---|
| 001 | פונדקי | p const | Nu33:08 | ונטלו מן קדם | פונדקי | חירתא ועברו בגו ימא |
| 002 | | | Ex14:02 | ויחזרון וישרון קדם | פונדקי | חירתה בין מגדול ובין ימא |
| 003 | פנדיקי | | Ex14:02M | פונדקי חירתה /וישרון | פנדיקי | חירותא#2#/ בין מגדול |
| 004 | בפונדקי | | Nu33:07 | <ונטלו> מאתם ושרון | בפונדקי | חירתה דסמיך לטעותה |
| 005 | לפונ׳ | | Nu33:07M | בפונדקי /וחזרו | לפונ׳#2#/ | חירתה דסמיך לטעותה |
| 006 | לפונדקי | | Ex14:09 | וחיילוותיה סמיך | לפונדקי | חירתה קדם טעוותה צפון: |

## פורען *adj.* vengeful [426]

| | | | | | | |
|---|---|---|---|---|---|---|
| 001 | ופורען | s ab/cn | Dt 4:24 | אכלה אשא הוא אלה קניי | ופורען | בקנא: |
| 002 | | | Ex20:05 | אלהכון אלה קניי | ו{כ}<פ>ורען | דמתפרע בקנא מן רשיעיא |
| 003 | | | Dt 6:15 | ארום אלה קניי | ופורען | הוא אלהכון דאיקר שכינתיה |
| 004 | | | Ex34:14 | ייי קנא שמיה אלה קניי | ופורען | מתפרע בקנא הוא: |
| 005 | | | Dt 5:09 | ייי אלהכון אלה קניי | ופורען | מתפרע בקנאה מדכר חובי |

## פורענה *n.* retribution [427]

| | | | | | | |
|---|---|---|---|---|---|---|
| 001 | פורענת׳ | s em/sf | Ex23:27M | ית אימתי/מחת | פורענת׳#2#/ | אשלח קדמיכון ואערבב |
| 002 | פורענתי | | Ex 7:04 | פרעה ואשווי ית מחית | פורענתי | במצרים ואפק ית חיילותי |
| 003 | | | Ex 9:03 | הא מחת | פורענתי | הוויא בבעירך די חקלא |
| 004 | | | Ex 3:20 | ואשלח ית מחת | פורענתי | ואקטול ית מצראיי בכל |
| 005 | | | Ex 9:15 | ארום כדון שלחת ית מחות | פורענתי | ושיצית יתך וית עמך |
| 006 | | | Ex 7:05 | ייי כד אשווי ית מחת | פורענתי | על מצרים ואפקת ית בני |
| 007 | דפורענתא | | Gn40:12 | בידוי דפרעה היא כסא | דפורענתא | דפרעה עתיד למשתי בסופא |
| 008 | ופורענתהון | | Gn49:01 | מתן אגריהון דצדקייא | ופורענתהון | דרשיעיא ושלוותה דעדן |

## פורענו *n.* retribution, vengence [427]

| | | | | | | |
|---|---|---|---|---|---|---|
| 001 | פורע׳ | s em/sf | Dt32:35M | עליהון לעלמה/עליהון | פורע׳ | לע{י}ל#2#/ דאתי: |
| 002 | פורענותה | | Dt32:35 | להון ומזרז ומייתי | פורענותה | עליהון לעלמה דאתי: |
| 003 | פורענותהון | | Dt32:23M | /מחוובת#2#/ | פורענות/פורענותהון#2#/ | אגרה בהון: |
| 004 | פורענותי | | Dt32:23 | בישן גירי מחוות | פורענותי | אגרה בהון: |
| 005 | | | Dt 2:15M | מחוון/ואוף מחת | פורענותי#2#/ | מן קדם ייי אתרגזית |
| 006 | פרענותי | | Ex 9:14M | מחת | פרענותי | על ליביה דפרעה ובעבדך |
| 007 | דפורענותה | | Dt32:34 | הלא הוא דן כסא | דפורענותה | ממזג ומתקן ומעתד |

## פורפין *n.* clasps [450 פרף]

| | | | | | | |
|---|---|---|---|---|---|---|
| 001 | פורפין | p abs | Ex26:06 | ותעבד חמשין | פורפין | דדהב ותדב«ק» ית יריעתה |
| 002 | | | Ex36:13 | ועבד חמשין | פורפין | דדהב ודבק ית יריעתה חדא |
| 003 | | | Ex26:11 | ותעבד | פורפין | דנחש חמשין ותעל ית פורפי |
| 004 | פורפוי | p em/sf | Ex35:11 | וית פרסה וית חפיא וית | פורפוי | וית לוחוי וית נגרוי וית |
| 005 | | | Ex39:33 | ית משכנה וית כל מנוי | פורפוי | לוחוי נגרוי ועמודוי |
| 006 | פורפי | | Ex26:11 | דנחש חמשין ותעל ית | פורפי | בענביא ותדבק ית משכניה |
| 007 | פורפיא | | Ex26:33 | ותתן ית פרכתא תחות | פורפיא | ותעל תמן לגו מן פרכתא ית |
| 008 | פורפיה | | Ex36:18 | ועבד | פורפיה | דנחש חמשין למדבק ית משכנא |
| 009 | פר׳ | | Ex39:33M | וית כל מנוי | פורפוי/פר׳#2#/ | לוחוי נגרוי ועמודוי |
| 010 | בפורפיה | | Ex36:13 | יריעתה חדא לקבל חדא | בפורפיה | והוי משכנה כלה חד: |
| 011 | בפרפיה | | Ex26:06 | יריעתה חדה לקבל חדא | בפרפיה | ויהוי משכני כלה חד: |

## פורקן *n.* redemption [427]

| | | | | | | |
|---|---|---|---|---|---|---|
| 001 | פורק׳ | s ab/cn | Gn49:18M | ולא אנה מודי׳ דפורקנא | פורק׳ | דריגעה לפורקנך סכיית |
| 002 | פורקן | | Ex 8:19 | ואשווי | פורקן | בין עמי ובין עמך למח«ר» |
| 003 | | | Gn49:18M | לא אנה מסכי דפורקניה | פורקן | דשעתא ולא אנה מודי׳ |
| 004 | | | Gn49:16 | מן דבית דן יקום | פורקן | ודיין כחדא ישתמעון לה כל |
| 005 | | | Gn49:18 | מנוח סכיית נפשי דהוא | פורקן | עבור אלא לפורקניה סכיינת |
| 006 | | | Gn49:18M | רבון כל עלמיא דפורקנך | פורקן | עלמא |
| 007 | | | Gn49:18 | יואש סכיית נפשי דהוא | פורקן | שעה ולא לפורקניה דשמשן |
| 008 | לפורקן | | Ex12:42M | דייי בזמן אפקותיהון | לפורקן/ | הוא קדם ייי באפקותא#2#/ |
| 009 | | | Ex12:42 | לילי נטיר ומזומן הוא | לפורקן | לכל ישראל לדריהון: |
| 010 | | | Ex12:42 | לילי נטיר ומזומן הוא | לפורקן | לשמה דייי בזמן אפקותיהון |
| 011 | פורקנא | s em/sf | Gn49:01 | דהוא מתני להון קץ | פורקנא | ונחמתא מן דאתגלי ליה רזא |
| 012 | פורקניה | | Ex14:13M | וחמון ית | פורקנוי/פורקניה#2#/ | דייי די יעבד לכון |
| 013 | | | Ex30:16 | ותקבל ית כסף | פורקניה | מן לוות בני ישראל ותתן |
| 014 | דפורקנא | | Gn49:18M | דשעתא ולא אנה מודי׳ | דפורקנא | פורק׳ דריגעה לפורקנך |
| 015 | דפורקניה | | Gn49:18M | מנוח לא אנה מסכי | דפורקניה | פורקן דשעתא ולא אנה |
| 016 | דפורקנך | | Gn49:18M | רבון כל עלמיא | דפורקנך | פורקן עלמא |
| 017 | לפורקנא | | Gn49:18 | אמר אבונן יעקב לא | לפורקנא | דגדעון בר יואש סכיית |
| 018 | לפורקניה | | Gn49:18 | דהוא פורקן שעה ולא | לפורקניה | דשמשן בר מנוח סכיית |
| 019 | | | Gn49:18 | דהוא פורקן עבור אלא | לפורקניה | סכיינת נפשי דאמרת |
| 020 | לפורקנך | | Gn49:18M | פורק׳ דריגעה | לפורקנך | סכיית ואודיקת רבון כל |
| 021 | | | Gn49:18 | לעמך בית ישראל לך | לפורקנך | סכיית ייי: |
| 022 | לפרקנה | | Gn49:18M | \לך לפורקנך/ליה | לפרקנה#2#/ | סכיית ייי: |
| 023 | פורקנוי | p em/sf | Ex14:13 | אתע<ת>דו וחמון ית | פורקנוי | דייי די יעבד לכון יומא |
| 024 | דפרקניהו׳ | | Dt33:29 | מן כוותכון עם | דפרקניהו׳ | קריב מן קדם ייי מגין |
| 025 | ופורקניהון | | Nu18:16 | | ופ«ו»רקניהון | מן בר ירח תפרוק |

## פחד *vb.* to fear [427]

| | | | | | | |
|---|---|---|---|---|---|---|
| 001 | תפחדון | pael | Dt20:03 | לבביכון לא תדחלון ולא | תפחדון | ולא תתברון מן קדמיהון: |
| 002 | תתפחדון | etpaal | Dt28:67 | מן פחדא דלבביכון די | תתפחדון | ומן חזווי עייניכון די |
| 003 | ותתפחדון | | Dt28:66 | תלאין לכון מן כל קבל | ותתפחדון | בליליה ובאימִמה ולא |

## פחד *n.* fear [427]

| | | | | | | |
|---|---|---|---|---|---|---|
| 001 | פחדא | s em/sf | Dt28:67 | מן יתן דייתי צפרא מן | פחדא | דלבביכון די תתפחדון ומן |
| 002 | פחדכון | | Dt 2:25 | יומא הדין אשרי למיתן | פחדכון | ודחלתכון על אפי אומייא די |
| 003 | | | Dt11:25 | מלך ושולטן באפיכון | פחדכון | ודחלתכון ישווי ייי אלהכון |
| 004 | ופחדך | | Ex15:16 | תפל עליהון אימתך | ופחדך | בתקוף אדרע גבורתך תקיפא |

## פחוש *adj.* flat-nosed [427]

| | | | | | | |
|---|---|---|---|---|---|---|
| 001 | פחוש | s ab/cn | Lv21:18 | גבר סימי או חגיר או | פחוש | או פסיע: |

## פחז *vb.* to be lewd [427]

| | | | | | | |
|---|---|---|---|---|---|---|
| 001 | ופחזו | peal | Dt32:15 | ישראל ובעטו ועתרו | ופחזו | פגשו והצלחו וקנון להון |

## פחיתה *n.* cavity [428]

| | | | | | | |
|---|---|---|---|---|---|---|
| 001 | פחיתה | s ab/cn | Lv13:55 | הוא בנורא תוקדון יתיה | פחיתה | היא בכליותה או בחדתותיה: |
| 002 | פחתה | | Lv13:55M | תוקדון יתיה | פחיתה/פחתה#2#/ | היא בכליותה או |

## פטום #2 *n.* compounding [430 פיטום]

| | | | | |
|---|---|---|---|---|
| 001 | s ab/cn פטום | Ex30:25 | ותעבד יתה משח דרבו דקדש | פטום מפטם עובד בשם משח דרבו |
| 002 | | Ex30:35 | ותעבד יתה קטרת | פט{י}<ו>ם עובד בסם ממזג דכי דקדש: |

## פטים *n.* fattened animal [429 פטים adj.]

| | | | | |
|---|---|---|---|---|
| 001 | s ab/cn פטים | Ex37:29M | בוסמניה דכי עבד | בסם/פטים#2#/: |
| 002 | p abs דפטימין | Dt32:14 | ורכיבי ען עם טוב | דפטימין ודכרין בני בתניי וגדיין |

## פטיר *n.* unleavened bread [429]

| | | | | |
|---|---|---|---|---|
| 001 | s ab/cn פטיר | Lv 2:05 | קרבנך סלת פילן במשח | פטיר תהוי: |
| 002 | דפטיר | Lv 8:26 | מן קדם ייי נסב חלה | דפטיר חד וחלה לחם דפילה במשח |
| 003 | | Nu 6:19 | דפטיר חד מן סלה ועריך | דפטיר חד ויתן על כפי ידוי |
| 004 | | Nu 6:19 | בשילתה מן דיכרא וחלה | דפטיר חד מן סלה ועריך דפטיר חד |
| 005 | s em/sf דפטירה | Lv 8:26 | ומן סלה | דפטירה {מן} מן קדם ייי נסב חלה |
| 006 | p abs פט' | Nu 6:15M | פילן במשח ועריכי | פט'#2#/ משיח«י»ן במשח |
| 007 | פטי' | Lv 7:12M | דפטירין /ועריכי | פטי'#2#/ פילן במשח וסלת מרתחה |
| 008 | פטיר' | Ex12:34M | שיורי | פטיר' ומרורי צ{י}<ר>יר |
| 009 | פטירי' | Ex12:15 | שבעה יומין | פטירי' תיכלון לחוד ביומא קדמאה |
| 010 | פטירין | Gn18:06 | קמח דסלת לושי ועבידי | פטירין: |
| 011 | | Ex12:20 | בית מדוריכון תיכלון | פטירין: |
| 012 | | Ex29:02 | ולחם דפטירין וחלין | פטירין דפילין במשח ועריכין |
| 013 | | Ex23:15 | שבעה יומין תיכלון | פטירין היך מה דפקדת יתכון בזמן |
| 014 | | Ex34:18 | שבעה יומין תאכלון | פטירין היך מה דפקדת יתכון בזמן |
| 015 | | Ex13:06 | שבעה יומין תיכלון | פטירין וביומא שביעיה חגא קדם |
| 016 | | Dt16:08 | שיתה יומין תאכלון | פטירין וביומא שביעיה כנישת חדוה |
| 017 | | Nu 9:11 | שמשתה יעבדון יתיה על | פטירין ועם מרורין יאכלון יתיה: |
| 018 | | Ex13:07 | | פטירין יתאכל ית שבעתי יומיא ולא |
| 019 | | Dt16:03 | יומין תיכלון עלוי | פטירין לחם דצער ארום בבהילו |
| 020 | | Lv 2:04 | פילן במשח ועריכין | פטירין משחין במשח: |
| 021 | | Ex29:02 | דפילין במשח ועריכין | פטירין משיחין במשח סלת דחטין |
| 022 | | Nu 6:15 | חלין פילן במשח ועריכין | פטירין משיח«י»ן במשח ומנחתהון |
| 023 | | Lv10:12 | קרבנוי דייי ואכלו יתה | פטירין סמיך למדבחה ארום קדש |
| 024 | | Nu 9:11M | יתיה \על פטירין ועם | /פטירין ע'#2#/ מרורין יאכלון |
| 025 | | Ex12:18 | ביני שמשתא תאכלון | פטירין עד יום חד ועשרין יום |
| 026 | | Ex12:08 | בליליה פסחא צלי בנורא | פטירין {עם מרירין} עם מרורין |
| 027 | | Lv 7:12 | על נכסת קדשיה חלין | פטירין פילין במשח ועריכין |
| 028 | | Lv 2:04 | אפיה בתנורא סלת חלין | פטירין פילין במשח ועריכין פטירין |
| 029 | | Nu28:17 | הדן חגה שבעה יומין | פטירין תאכלון: |
| 030 | | Lv23:06 | קדם ייי שבעה יומין | פטירין תיכלון: |
| 031 | | Lv 6:09 | מניה יכלון אהרן ובנוי | פטירין תתאכל בתר קדיש בדרת משכן |
| 032 | דפ' | Lv 2:04M | סלת חלין | פטירין/דפ'#2#/ פילן במשח ועריכין |
| 033 | דפטירין | Ex29:02 | ולחם | דפטירין וחלין פטירין דפילין במשח |
| 034 | | Nu 6:15 | וסל | דפטירין סלת חלין פילן במשח |
| 035 | | Lv 7:12 | פילן במשח ועריכין | דפטירין פילן במשח וסלת מרתחה |
| 036 | | Nu 6:15M | פטירין /וסלה | דפטירין פילן במשח ועריכי פט'#2# |
| 037 | | Ex12:39 | מן מצרים חוררן | דפטירין קדם עד לא חמע ארום אטרדו |
| 038 | ופטירין | Gn19:03 | ביתה ועבד להון שרו | ופטירין אפה ואכלו: |
| 039 | | Lv22:27 | ואוחי למעבד יתיה | ופטירין אפה ואייכל למלאכין |
| 040 | p em/sf פטיראה | Ex12:17 | ותטרון ית | פטיראה ארום בזמן יומא הדן אפקית |
| 041 | פטירי' | Ex29:23 | חדה ועריך חד מן סלא די | פטירי' {{מן}} «די» קדם ייי: |
| 042 | פטירי' | Ex12:39M | דפטירין /עוגיין | פטירי'#2#/ קדם עד לא חמע |
| 043 | דפטיריא | Ex13:08M | בגין מצוותה | דפטיריא דא ומרורא ובשר פיסחא |
| 044 | | Ex13:08 | למימר מן בגלל מצוותה | דפטיריא עבד ייי לן נצחני קרבינן |

| | | | | |
|---|---|---|---|---|
| 045 | דפטיריה | Lv 8:02 | תרין דכריה וית סלה | דפטיריה: |
| 046 | | Nu 6:17 | קדשיה קדם ייי על סלה | דפטיריה ויקרב כהנא ית מנחתיה וית |
| 047 | | Lv23:06 | יומין לירחה חגא | דפטיריה קדם ייי שבעה יומין |
| 048 | | Ex34:18 | ית חגה | דפטיריה תטרון שבעה יומין תאכלון |
| 049 | דפטירייה | Dt16:16 | באתרא די יתרעי בחגה | דפטירייה <....> ובחגה |
| 050 | | Ex23:15 | ית חגא | דפטירייה תטרון שבעה יומין תיכלון |
| 051 | דפטר' | Ex12:17M | ית פטיראה/מצוותה | דפטר'#2#/ ארום בזמן/היך זמן#2#/ |

## פטירבולי *n.* magistrate [429]

| | | | | |
|---|---|---|---|---|
| 001 | s ab/cn פטיר בולי | Lv22:27M | סבייה דמדנחה | פטיר {כ}<ב>ולי קרב לשמך בר תורין |

## פטם *vb.* to compound spices [429]

| | | | | |
|---|---|---|---|---|
| 001 | pael מפטם | Ex30:25 | יתה משח דרבו דקדש פטום | מפטם עובד בשם משח דרבו דקדש |
| 002 | מפטמין | Nu 7:14 | קטרת בוסמנין בטבין | מפטמין ודכיין לקטרתה: |
| 003 | | Nu 7:20 | ראשי קטרת בוסמנין טבין | מפטמין ודכיין לקטרתה: |
| 004 | | Nu 7:26 | ראשי בוסמנין טבין | מפטמין ודכיין לקטרתה: |
| 005 | | Nu 7:32 | ראשי קטרת בוסמנין טבין | מפטמין ודכיין לקטרתה: |
| 006 | | Nu 7:38 | בוסמנין טבין | מפטמין ודכיין לקטרתה: |
| 007 | | Nu 7:44 | רישי קטרת בוסמנין טבין | מפטמין ודכיין לקטרתה: |
| 008 | | Nu 7:50 | ראשי קטרת בוסמנין טבין | מפטמין ודכיין לקטרתה: |
| 009 | | Nu 7:56 | ראשי קטרת בוסמנין טבין | מפטמין ודכיין לקטרתה: |
| 010 | | Nu 7:62 | ראשי קטרת בוסמנין טבין | מפטמין ודכיין לקטרתה: |
| 011 | | Nu 7:68 | ראשי קטרת בוסמנין טבין | מפטמין ודכיין לקטרתה: |
| 012 | | Nu 7:74 | ראשי קטרת בוסמנין טבין | מפטמין ודכיין לקטרתה: |
| 013 | | Nu 7:80 | ראשי קטרת בוסמנין טבין | מפטמין ודכיין לקטרתה: |
| 014 | דיפטם | Ex30:33 | גבר | דיפטם כוותיה ודי יתן מנה על |

## פטר *vb.* to release [429]

| | | | | |
|---|---|---|---|---|
| 001 | peal ויפטור | Lv14:53M | "וישלח...": | ויפטור ית ציפורא חייתה למברא |
| 002 | למפטור | Lv16:08M | לכפרה על עמא ועדב חד | למפטור למדבר צוק לעזול |

## פטרון *n.* patron, protector [429]

| | | | | |
|---|---|---|---|---|
| 001 | s ab/cn לפטרון | Gn45:08M | ייי ושוי יתיה | לאבא/לפטרון#2#/ {לא} לפרעה ולרבון |

## פיגי *n.* fountain [429]

| | | | | |
|---|---|---|---|---|
| 001 | p abs פיגון | Ex15:27M | פיגין/פיגו{ו}<ן>#2#/עיינין#2#/ | דמיין |
| 002 | פיגיין | Nu33:09 | ובאילם תרתין עשרי | פיגיין דמיין כל קבל תרי עשרתי |
| 003 | פיגין | Ex15:27 | ותמן תרתין עשרין | פיגין דמיין כל קבל תרין עשר |

## פידגוג *n.* pedagogue [430]

| | | | | |
|---|---|---|---|---|
| 001 | s em/sf פדגוגתא | Gn24:59M | וית עבדא/וית רבית' | פדגוגתא וית אליעזר עבדא#2#/ |
| 002 | פידגוגה | Nu11:12 | בעב{ר}<ך>ד היך דטען | פידגוגה ית יונקא על ארעא {די} |
| 003 | בידגוגה | Nu11:12M | בעובך היך מה דסבל | בידגוגה ית מיינ{י}<ו>קה#2#/ על |

## פיילי *n.* flat bowl [430]

| | | | | |
|---|---|---|---|---|
| 001 | s ab/cn פוליי' | Nu 7:13M | יתהון מליין | פייליתא/פוליי'#2#/ ומזרקה סולת פילה |
| 002 | פיילי | Nu 7:13 | וקרבניה די קרב | פיילי דכסף חדא מאה ותלתין סלעין |
| 003 | | Nu 7:19 | קרב ית קרבניה | פיילי דכסף חדה מאה ותלתין סלעין |
| 004 | | Nu 7:25 | קרבניה די קרב | פיילי דכסף חדה מאה ותלתין סלעין |
| 005 | | Nu 7:31 | קרבניה די קרב | פיילי דכסף חדה מאה ותלתין סלעין |

| | | | | | | |
|---|---|---|---|---|---|---|
| 006 | | | Nu 7:37 | קרבניה די קרב | פיילי | דכסף חדה מאה ותלתין סלעין |
| 007 | | | Nu 7:43 | קרבניה די קרב | פיילי | דכסף חדה מאה ותלתין סלעין |
| 008 | | | Nu 7:49 | קרבניה דיקרב | פיילי | דכסף חדה מאה ותלתין סלעין |
| 009 | | | Nu 7:55 | קרבניה די קרב | פיילי | דכסף חדה מאה ותלתין סלעין |
| 010 | | | Nu 7:61 | קרבניה די קרב | פיילי | דכסף חדה מאה ותלתין סלעין |
| 011 | | | Nu 7:67 | קרבני<ה> די קרב | פיילי | דכסף חדה מאה ותלתין סלעין |
| 012 | | | Nu 7:73 | קרבניה די קרב | פיילי | דכסף חדה מאה ותלתין סלעין |
| 013 | | | Nu 7:79 | קרבניה די קרב | פיילי | דכסף חדה מאה ותלתין סלעין |
| 014 | s em/sf | פייליתא | Nu 7:13 | האלין קרב יתהון מליין | פייליתא | ומזרקה סולת פילה במשח |
| 015 | | פייליתה | Nu 7:19 | האלין קרב יתהון מליין | פייליתה | ומזרקתה סולת פילה במשח |
| 016 | | | Nu 7:31 | האלין קרב יתהון מליין | פייליתה | ומזרקתה סלת פיילה במשח |
| 017 | | | Nu 7:37 | האלין קרב יתהון מליין | פייליתה | ומזרקתה סלת פ«יי»לה |
| 018 | | | Nu 7:43 | האלין קרב יתהון מליין | פייליתה | ומזרקתה סלת פיילה במשח |
| 019 | | | Nu 7:49 | האלין קרב יתהון מליין | פייליתה | ומזרקתה סלת פיילה במשח |
| 020 | | | Nu 7:55 | האלין קרב יתהון מליין | פייליתה | ומזרקתה סלת פיילה במשח |
| 021 | | | Nu 7:61 | האלין קרב יתהון מליין | פייליתה | ומזרקתה סלת פיילה במשח |
| 022 | | | Nu 7:79 | האלין קרב יתהון מליין | פייליתה | ומזרקתה סלת פיילה במשח |
| 023 | | | Nu 7:25 | מנייה האלין קרב יתהון | פייליתה | מליין ומזרקתה פילה במשח |
| 024 | | פיילתה | Nu 7:85 | מאה ותלתין סלעין מתקלה | פיילתה | חד«ת»ה דכסף ושבעין |
| 025 | | | Nu 7:85M | סלעין מתקלה | פיילתה/פייליתה | חדתה דכסף#2#/ |
| 026 | | פליתי' | Gn40:12M | "... רב מזוגיא": | פליתי' | דרוגזי דפרעה עתיד למשתי |
| 027 | p abs | פילוון | Nu 7:84 | רברבני דבני ישראל | פילוון | דכסף תרתי עשרי מזרקין |
| 028 | p em/sf | פיאלוותה | Nu 4:07 | דתכלה ויתנון עלוי ית | פיאלוותה | וית בזכיה וית מנקיתה וית |
| 029 | | פיילוותה | Nu 4:07M | \פיאלוותה וית בזכיה | /פיילוותה | וית בזיכוי#2#/ וית |
| 030 | | פייליה | Nu 7:19M | תרין מליין | פייליה | |
| 031 | | פילוותא | Ex37:16 | ית מניה די על פתרה ית | פילוותא | וית בזיקי וית מנקיתא וית |
| 032 | | פילוותה | Ex25:29 | ותעבד | פילוותה | ובזיכוי וקשותה ומנקותה |
| 033 | | | Dt20:11M | לכון /ותפתוח לכון | פילוותה#2#/ | ויהווי כל עמא די |
| 034 | | פלייתה | Nu 7:67 | האלין קרב יתהון מליין | פלייתה | ומזרקתה סלת פיילה במשח |
| 035 | | | Nu 7:73 | האלין קרב יתהון מליין | פלייתה | ומזרקת«ה» סלת פיילה |

## פייס vb. to appease, to be satisfied (itpa.) [430]

| | | | | | | |
|---|---|---|---|---|---|---|
| 001 | pael | ופייס | Gn23:11M | קבילו מני \ובעון לי | /ופייס | עלה#2#/ מן עפרון בר |
| 002 | | ופייסו | Gn23:08M | \ובעון לי מן עפרון | /ופייסו | עליה לע'#2#/ בר צוחר: |
| 003 | etpaal | ואתפייס | Gn 6:06 | {ואריק}<ואדיין> | ואתפייס | עם לבה: |
| 004 | | ויתפייס | Dt29:18 | ית מילי לווטיה הדין | ויתפייס | במחשבת ליביה למימר שלם |
| 005 | | ותתפיסון | Dt 8:05 | | ותתפיסון | עם לבביכון ארום היך מה |

## [פילגש] n. concubine [Heb.] [!!]

| | | | | | | |
|---|---|---|---|---|---|---|
| 001 | s ab/cn | פילגש | Gn35:22M | וישכב ית בלהה | \פילגש | אבוי#2#/ ושמע ישראל |

## פילוג (v.)n. division [431 n.]

| | | | | | | |
|---|---|---|---|---|---|---|
| 001 | s ab/cn | בפילוג | Gn44:18 | לנ{ך}<ה> חולקא ואחסנא | בפילוג | ארעא כל דכן בגלל בנימן |
| 002 | | | Gn44:18 | ואית ליה חולק ואחסנא | בפילוג | ארעא ואנא חילי תקיף מן |
| 003 | | | Gn44:18M | עמן חולק ואחסנ' | בפילוג | ארעא ע' חד כמ' וכמ' |
| 004 | | | Gn44:18M | ולית לה חולק ואחסנא | בפילוג | ארעא כל דכן בגלל בנימן |
| 005 | | | Gn44:18M | ואית ליה חולק ואחסנא | בפילוג | ואנה חילי תקיף מן |
| 006 | | בפלג | Gn49:22 | חולק ואחסנון עם אחיהון | בפלג | ארעא: |
| 007 | | בפלוג | Gn44:18 | ומקבל חולק ואחסנא עמן | בפלוג | ארעא ועל חד כמה וכמה דאנה |
| 008 | | | Dt12:12 | להון חלק ואחסנה עמכון | בפלוג | ארעא: |
| 009 | | | Dt14:27 | להון חלק ואחסנה עמכון | בפלוג | ארעא: |
| 010 | | | Dt14:29 | חלק ואחסנה עמכון | בפלוג | ארעא וגיוריה ואיתמיה |

## פילוסיי adj. of Pelusium [431]

| | | | | | | |
|---|---|---|---|---|---|---|
| 001 | p em/sf | פילוסאי | Gn10:14M | \פתרוסיא וית כסלוחיא | /פילוסאי | וית פנטסכינאי#2#/ די |

## פילי n. city gate [431]

| | | | | | | |
|---|---|---|---|---|---|---|
| 001 | s ab/cn | בפילי | Gn19:01M | הוה יתיב בתרעא | /בפילי#2#/ | דסדם ו{ת}<ח>מא יתהון |

## פיקוד n. commandment [432]

| | | | | | | |
|---|---|---|---|---|---|---|
| 001 | s em/sf | פיקודך | Dt26:13M | ולארמלתה ככל | פיקודייך/<פיקו>דך#2#/ | די פקדת יתן לא |
| 002 | | | Gn22:14M | "מימריך ... גזרתך" | פיקודך | ונטרית ית גזרתך |
| 003 | | פקודה | Gn 3:22 | מצוותה דאוריתא וקיים | פקודה | אית הוה חי וקיים כאלן |
| 004 | | | Gn 3:22 | דאוריתא ולא קיים | פקודה | הא ניטרו' יתיה מן גנתה |
| 005 | | | Gn27:40M | פיקודיא /ונטרין | פקודה#2#/ | יהוון משויין ניר |
| 006 | | ופיקודא | Ex24:12M | כתבית למלפא יתהון | /ופיקודא | די כתבית למחוו' |
| 007 | p em/sf | פיקדוי | Lv 5:17M | חדה מן כל | מצוותה/פיקדוי#2#/ | דייי די לא כשרין |
| 008 | | פיקדייה | Nu15:22M | תעבדון ית כל | מצוותה/פיקדייה#2#/ | האליין די מלל |
| 009 | | פיקוד' | Gn26:05M | ונטר מטרתי | מצות/פיקוד'#2#/ | וקיימי וסדרי דייני |
| 010 | | פיקודוי | Dt 7:09M | וחסד לרחמוי ולנטרי | פיקודוי | |
| 011 | | | Nu15:31M | דייי בזי וית | מצוותה/פיקודוי#2#/ | אפס משתיציא |
| 012 | | | Dt11:08M | ותטרון ית כל | מצוותה/פיקודוי#2#/ | די אנה מפקד יתכון |
| 013 | | | Dt13:19M | ית כל | מצוותה/פיקודוי#2#/ | די אנה מפקד יתכון |
| 014 | | | Lv 4:02M | בשלוה מן כל | מצוותה/פיקודוי#2#/ | דייי די לא כשרין |
| 015 | | | Lv 4:22M | חדא מן כל | מצוותה/פיקודוי#2#/ | דייי אלהה דלא |
| 016 | | | Dt 6:17M | ית \מצוותה | דאורייתה/פיקודוי#2#/ | דייי אלהכון |
| 017 | | | Dt 8:06M | ית \מצוותה | דאורייתה/פיקודוי#2#/ | דייי אלהכון |
| 018 | | | Dt10:13M | /למנטר#2#/ ית | מצוותה/פיקודוי#2#/ | דייי וית קיימוי די |
| 019 | | | Dt28:09M | ארום תטרון ית | מצוותיה/פיקודוי#2#/ | דייי אלהכון |
| 020 | | | Dt27:10M | ית מצוותה/כל | פיקודוי#2#/ | וית קיימוי דיאנה \ |
| 021 | | | Dt 8:11M | /לנטור#2#/ | מצוותה/פיקודוי#2#/ | וסדרי דינוי |
| 022 | | | Dt28:15M | למיעבד ית כל | מצוותה/פיקודוי#2#/ | וקיימוי די אנה \ |
| 023 | | | Dt13:05M | וקודמוי תפלחון וית | פיקודוי | תט'#2#/ ובקל ממריה |
| 024 | | פיקודי | Lv26:15 | נפשכון דלא למעבד ית כל | פיקודי | במפסכון ית קיימי: |
| 025 | | | Ex16:28M | \מצוותי וסדרי דיני | /פיקודי | ואחוויית אור<י>תי#2#/: |
| 026 | | פיקודי' | Dt 5:29M | ית כל | מצוותה/פיקודי'#2#/ | דאורייתי כל יומייה |
| 027 | | פיקודיא | Ex20:06 | לרחמוי צדיקיא ולנטורי | פיקודיא: | |
| 028 | | | Gn27:40 | באורייתא ומנטרין | פיקודיא | יהוון משויין ניר מטולהון |
| 029 | | פיקודיה | Gn 3:09M | פיקודייה די פקדת יתך | פיקודיה | די פקדיתך |
| 030 | | | Lv26:14 | ולא תעבדון ית כל | פיקודיה | האליין: |
| 031 | | | Dt32:30 | לעיין באוריתה ונטרין | פיקודיה | הוה חד מנהון רדף אלף |
| 032 | | | Dt 6:01M | \ודא מצוותה /ואלין | פיקודיה#2#/ | וקיימיה וסדרי דינייה |
| 033 | | | Dt15:11 | אולפן אוריתה ועבדין | פיקודיה | לא הוי ביניהון מסכינייה |
| 034 | | | Gn 3:15M | באוריתה ולא למיטר' | פיקודיה | תהוי מתכוין ונכית יתהון |
| 035 | | פיקודיי | Nu15:40 | מן בגלל דתידכרון ית כל | פיקודיי | ותהוון קדישין קדם ייי |
| 036 | | | Lv26:03 | דאוריתי תהלכון וית | פיקודיי | תטרון ותעבדון יתהון: |
| 037 | | פיקודייה | Gn 3:09M | את בגווה היך אינון | פיקודייה | די פקדת יתך פיקודיה די |
| 038 | | | Dt 8:01M | כל | מצוותה/פיקודייה#2#/ | די אנה מפקד יתכון |
| 039 | | | Dt27:01M | טורו ית כל | מצוותה/פיקודייה#2#/ | די אנה \כען#2#/ |
| 040 | | | Lv 4:02M | ותעבד חדא מנהון/מן | פיקודייה | האליין#2#/: |
| 041 | | | Dt11:22M | ית כל \מצוותה הדה | /פיקודייה | האליין#2#/ די אנה מפקד |
| 042 | | | Dt15:05M | די אנה \ולמעבד ית כל | פיקודייה | האליין די אנה#2#/ מפקד |
| 043 | | | Gn15:17M | בעלמא הדין וקיימו | פיקודייה | ובזכותהון עתיד דאישתרי |
| 044 | | | Dt 7:11M | ותיטרון | מצוותה/פיקודייה#2#/ | וית קיימייה וית |
| 045 | | | Dt30:13 | ויסק יתה לן וישמע לן | פיקודייה | ונעבד יתהון: |
| 046 | | | Nu36:13M | מצוותה/אליין | פיקודייה#2#/ | וסדרי{ה} דנייה |

|  |  |  |  |  |  |  |
|---|---|---|---|---|---|---|
| 047 | | | Dt 5:31M | עמך ית כל | מצוותה/פיקודייה#2#/ | וקיימיה |
| 048 | | | Dt17:20M | לימינה ולא לשמאלה | /פיקודייה | לא לימין ולא לשמיל#2#/ |
| 049 | | | Dt33:29 | לעיין באורייתה ועבדין | פיקודייה | על פרקת צוארי מלכיהון |
| 050 | פיקודייך | | Dt26:13 | ליתמייה ולארמלתה ככל | פיקודייך | די פקדת יתן לא עברנן מן |
| 051 | פיקודיך | | Dt26:13M | "מן מצותך": חדה מן | פיקודיך | |
| 052 | פקודוי | | Lv 4:13M | מצוותה די לא כשרין | /פקודוי | דייי די לא כשרה#2#/ |
| 053 | | | Lv 4:27M | במעבדה חדה מן | מצוותיה/פקודוי#2#/ | דייי דלא כשרין |
| 054 | | | Nu15:39M | ית כל | מצוותה/פקודוי#2#/ | דייי ותעבדון יתהון |
| 055 | פקודויי | | Gn 3:22M | ולא קיים | פקודה/<פקו>דויי#2#/ | הא ניטרו' יתיה מן |
| 056 | פקודי | | Gn 3:15 | יתך וכד יהוון שבקין | פקודי | דאוריתא תהוי מתכוין ונכת |
| 057 | פקודיא | | Gn27:40 | ישבקון בנוי <ד>יעקב | פקודיא | ומנעין גרמיהון מלמלעי |
| 058 | פקודיה | | Gn 2:15 | פלח באורית' ולמטור | פקודיה: | |
| 059 | | | Gn 3:24M | חייא לפלחייא ולנטרי | פקודיה | |
| 060 | | | Gn 3:24 | בעלמא הדין וקיימו | פקודיה | אתקן גהינם לרשיעיא דהיא |
| 061 | | | Lv27:34 | אלין | פקודיה | די פקד ייי ית משה על בני |
| 062 | | | Gn 3:24 | לכל מן דלעי בה ונטר | פקודיה | הוי חי וקיים כאילן חייא |
| 063 | | | Gn 3:15M | לעיין באורייתא ונטרין | פקודיה | ימנעון גרמיהון בנה דאתתה |
| 064 | פקודיי' | | Dt28:01M | למעבד ית כל | מצוותה/פקודיי'#2#/ | די אנה \כען#2#/ |
| 065 | פקודייא | | Gn15:17M | בעלמא הדין ולא נטרו | פקודייא | הוה כל כדן הווה אברם |
| 066 | פקודייה | | Gn27:40M | באורית' ולא למטור | פקודייה | הא בכן תהוי פרק ניר |
| 067 | | | Dt30:12 | ויסב יתה לן וישמע יתן | פקודייה | ונעבד יתהון: |
| 068 | | | Gn15:17M | בעלמא הדין ולא קיימו | פקודייה | וצדיקייא מן דינה |
| 069 | | | Gn 3:15 | נטרין אורייתא ועבדין | פקודייה | יהוון מתכוונין לך ומחיי' |
| 070 | | | Dt32:14 | לעיין באורייתה ונטרין | פקודייה | מן ענבה חדה יהוון שתיין |
| 071 | ופיקודוי | | Dt 6:02M | ומצוותה\ | דאוריתה/ופיקודוי#2#/ | די אנה מפקד יתכון |
| 072 | | | Dt28:45M | וקיימוי /קיימוי | ופיקודוי{י}#2#/ | די פקד יתכון: |
| 073 | | | Dt26:17M | ולמשמע בקל /קיימוי | ופיקודוי | וסדרי דינוי ול<מ>שמוע |
| 074 | ופיקודייה | | Dt11:01M | וסדרי דינוי | ומצוותה/ופיקודייה#2#/ | כל יומייא |
| 075 | לפיקודוי | | Dt11:13M | תשמעון | למצוותה/לפיקודוי#2#/ | דאוריתא די אנה |
| 076 | | | Dt11:27M | די תשמעון | למצוותה/לפיקודוי#2#/ | דייי אלהכון די |
| 077 | | | Dt11:28M | אין לא תשמעון | למצוותה/לפיקודוי#2#/ | דייי אלהכון |
| 078 | | | Dt28:13M | ארום תשמעון | למצוותה/לפיקודוי#2#/ | דייי אלהכון די |
| 079 | לפיקודי | | Ex15:26M | ותציתון | למצוות/לפיקודי#2#/ | ותטרון כל קיימוי |

## פירוג n. exchange, price [432]

|  |  |  |  |  |  |  |
|---|---|---|---|---|---|---|
| 001 | פרוק | s ab/cn | Gn49:15M | \למסקי מסים /מסקי | פרוק#2#/: | |
| 002 | ופירוג | | Dt23:19M | ופרוק": דזני | ופירוג | {ס}<ד>ך<לב> |
| 003 | ופרוק | | Dt23:19 | לא תיעלון אגר דזנו | ופרוק | כלב לבית מוקדשה דייי |
| 004 | ופריק | | Dt23:19M | אגר דזנו | ופרוק/<ופ>ריק#2#/ | כלב לבית מוקדשה |
| 005 | ופירוגיה | s em/sf | Lv27:33 | יפרג יתיה ויהוי הוא | ופירוגיה | יהוי קדיש לא יתפרק: |
| 006 | ופרוגיה | | Lv27:10 | בעיר בבעיר ויהוי הוא | ופרוגיה | יהוי קדיש: |

## פירוכיין n. ears of grain [432]

|  |  |  |  |  |  |  |
|---|---|---|---|---|---|---|
| 001 | פירוכין | p abs | Dt23:26 | בקיימתיה דחברך ותקטוף | פירוכין | בידיך ומגל דחצד לא תעבר |
| 002 | דפירוכיין | | Lv 2:14M | קלי בנורא קמ{ה}<ח> | דפירוכיין | תקרבון ית מנ' |
| 003 | ופירוכיין | | Lv23:14 | ולחם חדת וקמח קלי | ופירוכיין | לא תיכלון עד זמן |

## פירוש n. distinct expression [432]

|  |  |  |  |  |  |  |
|---|---|---|---|---|---|---|
| 001 | פירו' | s ab/cn | Gn31:13M | די נדרת לי תמן | נדר/פירו' | דנדר#2#/ כדון/כדו#2#/ |
| 002 | פירוש | | Nu15:03M | עלוון או נכיסון | פירוש | דנדר או לנסיבה או בזמן |
| 003 | | | Nu15:08M | נדר /עלוון או ניסוכין | פירוש | דנדר#2#/ או לנכסת קודשין |
| 004 | | | Nu30:07 | לגבר ונדרה עלה או | פירוש | סיפוותה די קיימת על נפשה: |
| 005 | | | Nu30:13 | בעלה ביומא די ישמע כל | פירוש | ספוותה לנדרא ולקיום נפשה |
| 006 | | | Nu30:09 | ויבטל ית נדרה דעלה וית | פירוש | שפוותה די קיימת על נפשה~ |
| 007 | | | Dt23:24 | | פירוש | שפוותכון תטרון ותעבדון |
| 008 | פרוש | | Lv27:02M | יפרש \נדר בעלויה נפשן | /פרוש | דנדר בעילווי נפ'#2#/ |
| 009 | | | Dt23:22 | ארום תפרשון | פרוש | דנדר קדם ייי אלהכון לא |
| 010 | בפירוש | | Nu15:08 | בר תורין עלה או נכסה | בפירוש | נדר או לנכסת קודשין לשמה |
| 011 | | | Lv 5:04M | בסיפתן למבאשה/תשתבע | בפירוש | ספוון למבעשה#2#/ או |
| 012 | ולפירוש | | Lv22:23M | /תעביד#2#/ יתיה | ולנדר/ולפירוש | דנד'#2#/ לא יתקבל |
| 013 | לפירוש | | Nu15:03 | ייי עלה או נ{ס}כ<ס>ה | לפירוש | נדרה או בנסיבה או בזמני |
| 014 | לפרוש | | Lv22:21M | \לפרש נדר או נסיבה | /לפרוש | דנדר או לנס'#2#/ בתורין |

## פיתה n. piece of bread [433]

|  |  |  |  |  |  |  |
|---|---|---|---|---|---|---|
| 001 | דפיתא | s ab/cn | Gn40:16 | בחלמי והא תלתא סלין | דפיתא | נקיתא על ראשי: |

## פכר vb. to demolish [433]

|  |  |  |  |  |  |  |
|---|---|---|---|---|---|---|
| 001 | פכרו | pael | Ex32:02 | ואמר להון אהרן | פכרו | קדשייא דדהבא די באדני |
| 002 | יפקר | | Ex22:04M | ארום | ייקד/יפקר#2#/ילפי' | גבר חקל/חלק#2#/ |
| 003 | מפכרא | | Ex23:24M | כעובדיהון ארום | מפגרא/מפכרא#2#/ | תפגר{א}ון<> יתהון |
| 004 | ואפקר | | Lv26:30M | \ואצדי ית במסיכון | /ואפקר | ית פגריכון קיימתכון#2#/ |
| 005 | ופכרת | | Gn49:22M | לארעא \ופגרת שיני כל | /ופכרת | שני כל#2#/ {ס}<כ>יפי |

## פלג vb. to divide (pa.) [434]

|  |  |  |  |  |  |  |
|---|---|---|---|---|---|---|
| 001 | פלגו | peal | Nu26:09 | ואבירם מזמני כנשתה די | פלגו | קדם ייי על משה ועל אהרן |
| 002 | | | Nu26:09 | בעצתה דקרח בזמנה די | פלגו | קדם ייי: |
| 003 | פליג | | Gn49:02 | ביניכון גבר דלביה | פליג | על אחוי למיזל למפלח קדם |
| 004 | ופלג | | Nu16:01M | קרח /ונסיב עיצה | ופלג | קרח#2#/ בר יצהר בר קהת |
| 005 | | | Gn14:15 | | ופלג | עליהון ליליא הוא ושלטנוי |
| 006 | ופליג | | Nu16:01 | | ופליג | קרח בר יצהר בר קהת בר |
| 007 | פלג | pael | Nu31:42 | פלגותהון דבני ישראל די | פלג | משה מן גברייה דאתחילו: |
| 008 | פליג | | Dt 4:19 | להון ותפלחון קדמיהון די | פליג | ייי אלהכון יתהון לכול |
| 009 | אפלג | | Gn49:07 | ומלכה דתיקום לקבליהון | אפלג | חולקיה דשמעון בגו דבית |
| 010 | | | Ex15:09 | רבה ואבוז מנהון בזה רבא | אפלג | שביתה לעמי עבדי קרבא וכד |
| 011 | יפלגון | | Ex21:35 | ואף ית הנייתה דמיתא | יפלגון: | |
| 012 | | | Nu24:08M | /וקורוויהון | יפלג{י}<ו>ן | וגבריהון ישיצון#2#/: |
| 013 | מפלג | | Dt32:04 | לרבון כל עלמייה ייי | מפלג | יומא ועבד יתה לארבע חלקין |
| 014 | מפלגין | | Gn49:27 | ובמנחתא וברמשא יהוון | מפלגין | מותרו קרבניה דבני ישראל: |
| 015 | ופלג | | Gn32:08 | יעקב לחדא ועקת ליה | ופלג | ית עמא דהוון עמה ית ענה |
| 016 | | | Gn33:01 | ארבע מאה דגוברין רגלין | ופלג | ית טליא על לאה ועל רחל |
| 017 | | | Nu31:27 | | ופלג | ית עדיתה {מ}<בי>ן תפשי |
| 018 | | | Gn43:34 | ונסב חולקין מן קדמוי | ופלג | להון ורבי חולקא דבנימן מן |
| 019 | ויפלגון | | Nu24:08 | וקורייהון יטלון | ויפלגון: | |
| 020 | | | Ex21:35 | ויזבנון ית תורא חייה | ויפלגון | ית כספיה ואף ית הנייתה |
| 021 | ותפלג | | Nu31:27M | | ופלג/ותפלג#2#/ | ית עדיתה {מ}<בי>ן |
| 022 | | | Dt22:01M | טעיין \ותכסי עיינך | /ותפלג | נפשך#2#/ מנהון מחזרה |
| 023 | | | Dt22:04M | באורחא \ותכסי עיינך | /ותפלג | נפשך#2#/ מנהון משבוק |
| 024 | ואפלג | etpeel | Gn45:26M | ארעא דמצרים | ואתפלג/ואפלג#2#/ | לביה ארום לא הימן |
| 025 | ואתפלג | | Gn45:26 | שליט בכל ארעא דמצרים | ואתפלג | לביה ארום לא הימן להון: |
| 026 | אתפלגו | etpaal | Gn10:25 | מנהון פלג ארום ביומוי | אתפלגו | דיירי ארעא ושמה דאחוי |
| 027 | אתפלגת | | Gn10:25M | \אתפלגו דיירי ארעא | /אתפלגת | ארעא#2#/ ושמה דאחוי |
| 028 | תתפלג | | Nu26:56 | על פם עדווין | תתפלג | אחסנתיה בין שבטה דעמא |
| 029 | | | Nu26:53 | לאלין שבטיה | תתפלג | ארעא באחסנה במניין שמהן: |
| 030 | | | Nu26:55 | לחוד בעד{י}<ו>ין | תתפלג | ארעא בשמ{ת}<ה>ת שבטי |

| 031 | ואתפליגת | | Lv10:02M | דאשתה מן קדם ייי | ואתפליגת | לתרין חוטין ומתרין |
|---|---|---|---|---|---|---|

## פלג *n.* half [436 פליג]

|  |  |  |  |  |  |  |
|---|---|---|---|---|---|---|
| 001 | ופלג | s ab/cn | Ex25:10 | דשטין תרתין אמין | ופלג | ארכה ואמתא ופלג פותיא |
| 002 | | | Ex25:17 | דדהב דכי תרתין אמין | ופלג | ארכה ואמה ופלג פתיא: |
| 003 | | | Ex37:06 | דהב דכי תרתין אמין | ופלג | ארכה ואמה ופלג פתיה: |
| 004 | | | Ex37:01 | אעין דשטין תרתין אמין | ופלג | ארכיה ואמה ופלג פתיה ואמה |
| 005 | | | Ex25:10 | ואמתא ופלג פותיא ואמתא | ופלג | משחת רומיה: |
| 006 | | | Ex25:23 | ארכן ואמתא פתיא ואמה | ופלג | משחת רומה: |
| 007 | | | Ex37:01 | ואמה ופלג פתיה ואמה | ופלג | משחת רומיה: |
| 008 | | | Ex37:10 | ארכה ואמה פתיה ואמה | ופלג | משחת רומה: |
| 009 | | | Ex25:10 | אמין ופלג ארכה ואמתא | ופלג | פותיא ואמתא ופלג משחת |
| 010 | | | Ex25:17 | אמין ופלג ארכה ואמה | ופלג | פתיא: |
| 011 | | | Ex37:01 | אמין ופלג ארכיה ואמה | ופלג | פתיה ואמה ופלג משחת רומיה: |
| 012 | | | Ex37:06 | אמין ופלג ארכה ואמה | ופלג | פתיה: |
| 013 | פלגא | s em/sf | Ex24:06 | ונסב משה | פלגא | דדמא ושוי בספלא ופלגא |
| 014 | | | Ex27:05 | מן לרע ותהוי מצדתא עד | פלגא | דמדבחא: |
| 015 | | | Ex26:12 | ביריעת«א» דמשכנא | פלגא | דריעתא דאשתיירת תשפ«ע» |
| 016 | | | Ex30:13 | עשרין מעין הוא סלעא | פלגא | סלעא אפרשו לשמה דייי: |
| 017 | בפלגא | | Ex11:04 | ואמר משה כדן אמר ייי | בפלגא | דליליא ממ{ת}<ר>י מתגלי |
| 018 | | | Ex12:29 | והוה | בפלגא | דלילי«א» וייי קטל ית כל |
| 019 | | | Gn44:18M | הוה מתמניא עמנן לא | בפלגא | עמן חולק ואחסנ' בפילוג |
| 020 | ופלגא | | Ex24:06M | בספלייא | ופלגא | אדמה זרק |
| 021 | | | Ex24:06 | פלגא דדמא ושוי בספלא | ופלגא | דדמ«א» זרק על גבי |
| 022 | | | Ex14:20M | "חשוך ... ולא": נהור | ופלגא | חשך נהורא מנהר על ישראל |
| 023 | | | Ex14:20 | והוה ענגא חשוך | ופלגא | נהורא חשוכא מחשך למצרייה |
| 024 | | | Ex26:16 | אמין ארכה דלוחא ואמה | ופלגא | פתיא דלוחא חדתא: |
| 025 | ופלגה | | Ex37:01M | אמין/אומין#2#/ | ופלג/<ופל>גה#2#/ | ארכיה ואמה |
| 026 | | | Ex37:01M | /ואמתה#2#/ | ופלג/<ופל>גה#2#/ | משחת רומיה: |

## פלגו *n.* half [434]

|  |  |  |  |  |  |  |
|---|---|---|---|---|---|---|
| 001 | פלגו | s ab/cn | Gn22:14 | קדמיך דלא הווה בלבי | פלגו | בזמנא קדמיא דאמרת לי |
| 002 | | | Nu12:12M | דאימיה את'#2#/ | פלגות/<פל>גו#2#/ | בשריה כדין כד הוינא |
| 003 | פלגות | | Nu12:12 | לגו עלמ' אתאכל | פלגות | בשריה כדין כד הוינא |
| 004 | | | Ex27:05M | עד \פלגא דמדבחא | /פלגות | דמדבח'#2#/: |
| 005 | | | Nu28:14 | די תהוון מקרבין עמהון | פלגות | הינא תקרבון עם תורא |
| 006 | | | Nu15:09 | תלתה עשרונין פיל במשח | פלגות | הינה: |
| 007 | | | Nu15:10 | וחמר תקרב לניסוך | פלגות | הינה קרבן מתקבל לריח |
| 008 | | | Ex26:12M | דמשכנא \פלגא דריעתא | /פלגות | יר'#2#/ דאשתיירת |
| 009 | | | Ex30:13 | כל דעבר על סכומה מן | פלגות | סלעא בסלעי בית קודש«א» |
| 010 | | | Ex38:26 | ^^טבע לכל גולגלה | פלגות | סלעה בית קודשה^^ כל דעבר |
| 011 | בפלגו | | Ex12:42M | מצריי \בפלגות ליליא | /בפלגו | דליליא#2#/ הוה ידיה |
| 012 | בפלגות | | Ex15:08 | נזליא קפון תהומיא | בפלגות | דימא רבא: |
| 013 | | | Ex12:42 | כד אתגלי ייי על מצריי | בפלגות | ליליא הוה ידיה מקטלה |
| 014 | | | Ex12:29M | דלילי«א» וייי קטל | /בפלגות | ליליא וממריה דייי |
| 015 | ופלגו | | Nu34:13 | למיתן לתישעתי שבטייה | ופלגו | שבטה: |
| 016 | ופלגות | | Ex24:06M | ושוי בספלא | ופלגא/ופלגות#2#/ | דדמ«א» זרק על גבי |
| 017 | | | Dt 3:12 | די על גיף נחל ארנונה | ופלגות | טור גלעדה וקרווייו יהבית |
| 018 | | | Nu34:14 | דגד לבית אבהתהון | ופלגות | שבטה דמנשה קבלו |
| 019 | | | Nu34:15 | הוא תחומא דתרין שבטיה | ופלגות | שבטה: |
| 020 | | | Nu34:15 | תרין שבטייה | ופלגות | שבטה דמנשה קבלו אחסנתהון |
| 021 | ופלגת | | Ex36:21 | אמין ארכה דלוחיה ואמה | ופלגת | אמה פתייה דלוחה חדה: |
| 022 | ולפלגות | | Nu32:33 | דגד ולבנוי דראובן | ולפלגות | שבטה דמנשה בר יוסף ית |
| 023 | | | Dt29:07 | ולשבטה דבית דגדי | ולפלגות | שבטה דבית מנשי: |
| 024 | לפלגות | | Dt 3:13 | דעוג יהבית | לפלגות | שבטה דמנשה כל תחום |
| 025 | מפלגות | | Ex30:15 | יסגי ודמסכן לא יזער | מפלגות | סלעא למיתן ית אפרשתה דייי |
| 026 | פלגותא | s em/sf | Ex30:23 | סלעין וקנמון דבש«ם» | פלגותא | מתקל תרתי מאה וחמשין וקנה |
| 027 | פלגותה | | Nu31:43 | והוות | פלגותה | דעם כנשתה מן ע{מ}<נ>ה |
| 028 | | | Nu31:36 | והוה | פלגותה | חלקהון דעמא דנפקין לחיל |
| 029 | פלגותהון | | Nu31:30 | ומן | פלגותהון | דבני ישראל תסב חד תליש |
| 030 | | | Nu31:42 | ומן | פלגותהון | דבני ישראל די פלג משה |
| 031 | | | Nu31:47 | ונסב משה מן | פלגותהון | דבני ישראל ית תליש חד |
| 032 | | | Nu31:29 | מן | פלגותהון | תסבון ותתן לאלעזר כהנא |
| 033 | פלגותיה | | Ex38:04 | תחות סוביבה מן לרע עד | פלגותיה: | |
| 034 | דפלוגתא | | Dt17:08M | למכתש חליט מלוי | <ד>פלוגתא | בבית מדרשיך |
| 035 | ופלגו' | | Ex26:16M | \ואמה ופלגא /ואומ' | ופלגו'#2#/ | פתיא דלוחא חדתא |
| 036 | ופלגותה | | Lv 6:13 | תהוון מקרבין בצפרא | ופלגותה | תהוון מקרבין ביני שמשתה: |

## [פלוגה] *n.* half [434 s.v. פלגו]

|  |  |  |  |  |  |  |
|---|---|---|---|---|---|---|
| 001 | פלוגתה | s em/sf | Lv 6:13 | מכלתה סלת מנחה בתדירה | פלוגתה | תהוון מקרבין בצפרא |

## פלח *vb.* to work [435]

|  |  |  |  |  |  |  |
|---|---|---|---|---|---|---|
| 001 | פלוח | peal | Nu 8:24M | במשכון /עבידתה למפלוח | פלוח | במ'#2#/ זימנא: |
| 002 | פלח | | Gn 6:09 | טבא הוו בדרוי קדם ייי | פלח | נח בקושטא: |
| 003 | | | Dt26:05M | עם לבן ארמייה | פלח | אבונן יעקב מן שירוייה |
| 004 | | | Dt 6:04 | דהוה אבוי דאברהם | פלח | אתון פלחין או דלמה לטעוות |
| 005 | | | Dt 6:04 | לטעוות לבן אחוה דאמה | פלח | אתון פלחין או לאלהיה |
| 006 | | | Gn 2:15 | יתיה בגנתא דעדן למהוי | פלח | באורית' ולמטור פקודיה: |
| 007 | | | Gn 2:05 | כדון לא את«ברי» למהוי | פלח | בארעא: |
| 008 | | | Gn 4:02 | הבל רעי ען וקין הוה | פלח | בארעא: |
| 009 | | | Gn 9:20M | צדיקא למפלח/למהוי | פלח#2#/ | בארעא ונצב \לה#2#/ |
| 010 | | | Nu 4:37 | דבנוי דקהתי כל די | פלח | במשכן זמנה די סכם משה |
| 011 | | | Nu 4:41 | דבנוי דגרשון כל די | פלח | במשכן זימנה די סכם משה |
| 012 | | | Gn27:40 | חרבך תחי וקדם אחוך תהוי | פלח | ומשועבד ויהוי כד יהוון |
| 013 | | | Gn 4:12 | ארום תהוי | {ו} פלח | ית ארעא לא תוסף למתן פירי |
| 014 | | | Ex21:06M | בא{ר}<ב>רזי' ויהוי | פלח | עמא עד שתא דיובל' |
| 015 | | | Gn17:01 | ואמר לה אנא אלהא שמיא | פלח | קדמי בקשטא והוה שלם בעבדא |
| 016 | | | Dt15:18 | ארום בכפלה אגריה דאגירה | פלח | קדמיך שית שנין דיומין |
| 017 | | | Dt15:16 | אנשי בייתך ארום טב לה | פלח | קדמך: |
| 018 | פלחו | | Ex 1:14 | באפי ברא ית כל פולחן די | פלחו | בהון בקשיו: |
| 019 | | | Gn15:17M | מן דינה אישתיזבו על די | פלחו | בחייהון בעלמא הדין וקיימו |
| 020 | | | Ex 5:18 | וכדון אזלו | פלחו | ותבן לא אתיה«ב» <לכון> |
| 021 | | | Ex 8:21M | קדם ייי אלהכון בארעא | /פלחו | לאלהא בארעא#2#/ דמצרים: |
| 022 | | | Dt20:18 | למעבד ככל מרחקתהון די | פלחו | לטעוותהון דלא תתחייבון קדם |
| 023 | | | Gn14:04 | תרתין עשרה שנין | פלחו | קדם כדר לעמר ובתלת עשרי |
| 024 | | | Ex10:08 | פרעה ואמרו להון איזילו | פלחו | קדם {ר} ייי אלהכון מן ומן |
| 025 | | | Ex10:24 | ולאהרן ואמר אזילו | פלחו | קדם ייי לחוד עניכון |
| 026 | | | Ex12:31 | ולחוד בני ישראל ואזלו | פלחו | קדם ייי היך מה דמללתון: |
| 027 | | | Dt12:02 | תסייפון ית כל אתרייה די | פלחו | תמן אומייה די אתון משיציין |
| 028 | פלחין | | Dt 6:04 | אבוי דאברהם פלח אתון | פלחין | או דלמה לטעוות לבן |
| 029 | | | Dt 6:04 | אחוה דאמה פלח אתון | פלחין | או לאלהיה דיעקב אבוכון |
| 030 | | | Dt12:30 | למימר היך הוון | פלחין | אומייה האיליין ית |
| 031 | | | Gn40:18 | בטינא ובליבני ובכל | פלחין | באפי ברא ועתיד פרעה למגזר |
| 032 | | | Nu18:21 | חלף פלחניהון די אנון | פלחין | ית פלחן משכן זימנה: |
| 033 | | | Dt 6:04 | דיעקב אבוכון אתון | פלחין | עניין תרין עשרתי שבטוי |
| 034 | | | Ex14:12 | מצריי ארום טב הוה לן | פלחין | קדם מצריי מן למקטליה יתן |

| | | | |
|---|---|---|---|
| 035 | פלחית | Gn31:06 | ידעתן ארום בכל חיילי פלחית קדם אבוכון: |
| 036 | | Gn30:26 | הב לי ית נשי וית בני די פלחית קדמיך בהן ואזיל ארום את |
| 037 | | Gn30:26 | ארום את ידעת פלחני די פלחית קדמך: |
| 038 | | Gn31:41 | עשרים שנין בגו בייתך פלחית קדמך ארבע עשרה שנין |
| 039 | פלחת | Gn29:25 | היא דעבדת לי הלא ברחל פלחת עמך ולמה כען רמית בי: |
| 040 | | Gn24:40 | ואמר לי «ייי» די פלחת קדמוי בקושטא ישלח מלאכיה |
| 041 | | Gn30:29 | ואמר ליה את ידע ית מה די פלחת קדמ{ת}<ך> וית מה דהוה |
| 042 | פלחתון | Dt28:47 | חלף די לא פלחתון קדם ייי אלהכון בחדו ובלב |
| 043 | אפלוח | Gn29:18M | רחל ואמר \אפלח קדמך /אפלוח גבך#2#/ שבע שנין \ |
| 044 | אפלח | Dt21:04M | די לא אתפלח/אפלח#2#/ית#2#/ ביה ולא יזדרע |
| 045 | | Gn29:18 | ורחם יעקב ית רחל ואמר אפלח קדמך שבע שנין ברחל ברתך |
| 046 | | Dt21:03M | תורין די לא אתפלח/אפלח#2#/ בה/בגווה#2#/ די לא |
| 047 | יפלוח | Lv25:53M | יהוי עמה לא ישתעבד/יפלוח#2#/ בה בקשי{ן}<ו> קדמך: |
| 048 | | Lv25:40M | שתה דיובילה \יפלח עמך /יפלוח גבך#2#/: |
| 049 | | Nu 8:26M | מטרה ולמפלוח לא יפלוח כהד#2#/ סידרא תעבד |
| 050 | | Nu 8:25M | מן חיל> עבידתה ולא> יפלוח עוד |
| 051 | יפלח | Ex21:02M | \יפלח קדמך /דיומין יפלח גבך#2#/ ובשתא שבעייתא |
| 052 | | Nu 8:26 | למיטר מטרה ופלחן לא יפלח כהדן סידרא תעבד לליוויי |
| 053 | | Nu 8:25 | יחזור מן חיל קרבה לא יפלח עוד: |
| 054 | | Lv25:40 | עמך עד שתה דיובילה יפלח עמך: |
| 055 | | Ex21:02 | תזבן עבד עבריי שית שנין יפלח קדמך ובשתא שבעייתא תשלח |
| 056 | יפלחון | Dt12:30M | \הוון פלחין /כען יפלחון#2#/ אומייה האיליין ית |
| 057 | | Dt 7:04 | מן בתר מימרי דלא יפלחון קדם {טדם ט} <טעוון> |
| 058 | | Gn27:29 | יפלחון קדמך אומיא כל בנוי דעשו |
| 059 | נפלח | Ex10:26 | ואנן לית אנן ידעין כמה נפלח קדם ייי עד זמן דניעול |
| 060 | תפלוח | Lv25:43M | לא תשתעבד/תפלוח#2#/ בה בקשיו ותדחלון מן |
| 061 | | Gn29:15M | קדמיי מגן תנה לי /תפלוח גבי מגן חווי לי#2#/ כען |
| 062 | | Gn29:27M | די \תפלח עד תוב <שבע> /תפלוח גבי עוד שבע#2#/ שנין |
| 063 | תפלח | Lv25:46M | גבר באחוי לא תשתעבד/תפלח#2#/ בה בקשיו: |
| 064 | | Gn29:27 | לך אף ית דא בפולחנא די תפלח עד תוב <שבע> שנין |
| 065 | תפלחון | Dt15:19 | עמי בני ישראל לא תפלחון בביכורי תוריכון ולא תגזון |
| 066 | | Lv25:39M | \תשתעבד בה כנימוסי /תפלחון ביה כני#2#/ עבדייה: |
| 067 | | Dt13:05 | ממריה תשמעון וקדמוי תפלחון בלבה שלמה ובאולפן אורייתה |
| 068 | | Dt10:20M | אלהכון תצלון ויתיה תפלחון בקרבנה ובמימרה תדבקון |
| 069 | | Ex34:21 | שתא יומין תפלחון וביומא שביעיה תתנוחון |
| 070 | | Dt10:20M | תדחלון וקדמוי תפלחון ובשים ממר' |
| 071 | | Dt13:05M | /תתהלכון וקודמוי תפלחון וית פיקודוי תס#2#/ ובקל |
| 072 | | Dt 5:13 | שיתה יומין תפלחון ותעבדון כל עבידתכון: |
| 073 | | Ex20:09 | שיתא יומין תפלחון {י}<ו>תעבדון כל עבדתכון: |
| 074 | | Ex 3:12 | באפקותך ית עמא ממצרים תפלחון קדם ייי על טורא הדין: |
| 075 | | Ex23:33 | יתכון קדמיי ארום תפלחון קדם טעייתיהון ארום יהוון |
| 076 | | Dt 7:16 | עייניכון עליהון ולא תפלחון קדם טעוותהון ארום תוקלה |
| 077 | | Ex20:05 | לא תסגדון להון ולא תפלחון קדמיהון ארום אנה ייי |
| 078 | | Ex23:24 | לא תסגדון לטעוותהון ולא תפלחון קדמיהון ולא תעבדון |
| 079 | | Nu14:43M | תמן קדמיכון/דלא תפלחון קדמיהון#2#/ ותפלון בחרבה |
| 080 | | Dt 5:09 | לא תסגדון להון ולא תפלחון קדמיהון ארום אנה הוא ייי |
| 081 | תפלחן | Lv25:46 | לירתו ואחסנה לעלם בהון תפלחן ובאחיכון בני ישראל גבר |
| 082 | דפל' | Gn30:29M | פלחת /חכם ית פלחני דפל'#2#/ קדמ{ת}<ך> וית מה דהוה |
| 083 | דפלחון | Ex 4:23M | למשלחא יתיה /בריי דפלחון קדמיי וסרבת דלא לאשתלחא |
| 084 | ופ' | Ex10:24M | ואמר אזילו פלחו/ופ'#2#/ קדם ייי לחוד/להוד#2#/ |
| 085 | ופלוח | Ex10:08M | \איזילו פלחו /זילו ופלוחו#2#/ קדם {ר} ייי אלהכון מן |
| 086 | ופלח | Gn22:14 | ופלח אברהם וצלי בשם ממריה דייי |
| 087 | | Gn 5:22 | ופלח חנוך בקושטא מן קדם ייי |
| 088 | | Gn 5:24 | ופלח חנוך בקושטא קדם ייי ולית |
| 089 | | Gn29:20 | ופלח יעקב ברחל שבע שנין והוון |
| 090 | | Gn26:25M | ובנה תמן מדבח וצלי/ופלח#2#/ בשם ממרי דייי ופרס |
| 091 | | Gn12:08 | מדבח לש' ממריה דייי ופלח וצלי תמן בשם ממריה דייי: |
| 092 | | Gn21:33 | למיתן שבחא למרי עלמא ופלח וצלי בשם ממרי דייי אלהה |
| 093 | | Gn35:07M | "וקרא": ופלח וצלי תמן בשם ממריה דייי |
| 094 | | Gn29:30 | ורחם אף ית רחל מלאה ופלח עמיה עוד תוב שבע שנין |
| 095 | | Gn13:04M | וצלי /מן שירויה ופלח צלי#2#/ תמן אברם בשם |
| 096 | | Dt17:03 | ואזל ופלח קדם טעוון אחרניין וסגד |
| 097 | | Gn33:20M | ואקם תמן מדב«ח» וצלי/ופלח#2#/ תמן בשם ייי אלהא |
| 098 | | Ex17:15M | \מדבח וצלי /מדבחא ופלח#2#/ תמן בשם מימרי דייי דעבד |
| 099 | ופלחו | Ex10:11 | לא כדן אזלו כען גברייא ופלחו קדם ייי ארום יתה אתון |
| 100 | | Ex12:31M | בני ישראל ואזלו פלחו/ופלחו#2#/ קדם ייי היך מה |
| 101 | ויפלוח | Dt17:03M | \ואזל ופלח /ויזל ויפלוח#2#/ קדם טעוון אחרניין וסגד |
| 102 | ויפלח | Ex 4:23 | ואמרית לך שלח ית ברי ויפלח קדמיי וסרבת למשלחא יתיה |
| 103 | | Dt15:12 | או אחתכון עברייתה ויפלח קדמך שית שנין ובשתה |
| 104 | ויפלחו | Ex10:03 | קדם ייי שלח ית עמי ויפלחו קדמיי: |
| 105 | ויפלחון | Nu 4:26 | כל מה די יתעבד להון ויפלחון: |
| 106 | | Nu18:23 | ויפלחון לוויי אנון ית פלחן משכן |
| 107 | | Dt 7:04M | <טעוון> אחרניין /ויפלחון לטעוון#2#/ די יתקוף |
| 108 | | Ex10:07 | לן לתקלה שלח ית עמא ויפלחון קדם ייי אלההון קדם עד לא |
| 109 | | Dt31:20 | בתר טעוון אחרניין ויפלחון קדמיהון וירגיזו קדמי |
| 110 | | Ex 7:16 | למימר שלח ית עמי ויפלחון קדמיי במדברא והא לא שמעת |
| 111 | | Ex 7:26 | אמר ייי שלח ית עמא ויפלחון קדמיי: |
| 112 | | Ex 8:16 | כדן אמר ייי שלח עמי ויפלחון קדמיי: |
| 113 | | Ex 9:01 | שלח ית עמי ויפלחון קדמיי: |
| 114 | | Ex 9:13 | דיהודיי שלח ית עמא ויפלחון קדמיי: |
| 115 | | Dt20:11 | לכון למסקי מסין ויפלחון קדמיכון: |
| 116 | ונפלוח | Dt13:07M | למימר ניזיל ונפלח/ונפלוח#2#/ כען טעוון אחרניין |
| 117 | | Dt13:14M | \ניזיל ונפלח /נזל ונפלוח#2#/ קדם טעוון אחרניין די |
| 118 | ונפלח | Dt13:07 | בטומרה למימר ניזיל ונפלח כען טעוון אחרניין די לא |
| 119 | | Ex14:12 | למימר ארפי מינן ונפלח קדם מצריי ארום טב הוה לן |
| 120 | | Dt13:14 | קרת{י}הון למימר ניזיל ונפלח קדם טעוון אחרניין די לא |
| 121 | | Dt13:03 | די לא חכמתון יתהון ונפלח קדמיהון: |
| 122 | ותפלחון | Dt28:39 | כרמין תצבון ותפלחון וחמר לא תשתון ולא |
| 123 | | Ex13:05 | כחלבא וחליין כדבשא ותפלחון ית פלחנא הדין בירחא |
| 124 | | Nu18:07 | מדבחה ולגו מן פרוכתה ותפלחון פלחן מתנה אתן כהנתכון |
| 125 | | Ex23:25 | ותפלחון קדם ייי אלהכון ויברך ית |
| 126 | | Dt11:16 | יטעי לבביכון ותסטון ותפלחון קדם טעוון אחרני«י»ן |
| 127 | | Dt28:48M | ותעבדון/ותפלחון#2#/ קדם בעלי דבביכון |
| 128 | | Dt 4:19 | ותסגדון להון ותפלחון קדמיהון די פליג ייי |
| 129 | | Dt 8:19 | בתר טעוון אחרניין ותפלחון קדמיהון ותסגדון להון הא |
| 130 | | Dt30:17 | קדם טעוון אחרניין ותפלחון קדמיהון: |
| 131 | | Dt 4:28 | ותפלחון תמן טעוון עובד ידי בר נש |
| 132 | | Dt28:36 | חכמתון אתון ואבהתכון ותפלחון תמן טעוון אוחרניין טעוון |
| 133 | | Dt28:64 | ארעה ועד סייפי ארעא ותפלחון תמן טעוון אחרניין דלא |
| 134 | ולמפלוח | Nu 8:26M | כהדן /למיטור מטרה ולמפלוח לא יפלוח כהד#2#/ סידרא |
| 135 | | Dt10:12M | אולפן אורייתא ולמפלח/ולמפלוח#2#/ קדם ייי אלהכון בכל |
| 136 | | Dt11:13M | דייי אלהכון ולמפלח/ולמפלוח#2#/ קדמוי בכל לבביכון |
| 137 | ולמפלח | Dt29:17M | קדם ייי אלה למיזל ולמפלח ית טעוון |
| 138 | | Dt10:12 | ית אולפן אורייתא ולמפלח קדם ייי אלהכון בכל |
| 139 | | Dt11:13 | אורייתה דייי אלהכון ולמפלח קדמוי בכל לבביכון ובכל |
| 140 | למיפלוח | Nu 4:43M | קרבה למפלח/עבידתה למיפלוח#2#/ במשכן זימנה: |
| 141 | | Nu 4:24M | דגרישוני למיפלוח ולמיטול |
| 142 | | Nu 3:07M | קדם משכן זימנא למיפלח/למיפלוח#2#/ ית פלחן משכנה: |

|  |  |  |  |
|---|---|---|---|
| 143 | | Nu 8:11M | /ויהון#2/ למפלח/למיפלוח#2# ית פ{{ו}}לחנה |
| 144 | | Nu 8:22M | /כן עלו ליוואי \למיפלוח#2# ית פלחניהון במשכן |
| 145 | | Nu 4:39M | משכן /עבידתה למיפל«ו»ח למ׳#2/ זימנה: |
| 146 | למיפלח | Nu 3:07 | קדם משכן זימנא למיפלח ית פלחן משכנה: |
| 147 | למפלוח | Nu 4:30M | לחיל קרבה למפלח/<למפ>לוח#2/ ית פלחן משכן זמנה: |
| 148 | | Nu 7:05M | ויהוון למפלח/למפלוח#2/ ית פלחן משכן זימנה |
| 149 | | Nu16:09M | יתכון לוותיה למפלח/למפלוח#2/ ית פלחן משכן זימנא |
| 150 | | Nu18:06M | לשמה דייי למפלח/למפלוח#2/ ית פלחן משכן זימנה: |
| 151 | | Nu 4:23M | יעול לחיל קרבה למפלח/<למפ>לוח#2/ פולחן במשכן זימנא: |
| 152 | | Nu 8:24M | למפלח במשכון /עבידתה למפלוח פלוח במ׳#2/ זימנא: |
| 153 | | Nu 4:47M | דעלל למפלוח פלחן עבידתה ופלחן עבידתה |
| 154 | | Dt10:08M | דייי למקום/למיקום למפלוח#2/ קדם ייי למשמשה קדמוי |
| 155 | | Dt28:14M | סטוון אחרניין למפלח/למפלוח#2/ קדמיהון: |
| 156 | | Dt15:19M | /לית אתון רשאין למפלוח#2/ תוריכון ולא תגזון |
| 157 | למפלח | Gn 9:20 | ושרי נח וגבר צדיקא למפלח בארעא ונצב כרם: |
| 158 | | Dt33:17 | הוויין כמה דלית אפשר למפלח בבכורי תורייה ולא |
| 159 | | Nu 4:43 | די«י» עול לחיל קרבה למפלח במשכון זימנה: |
| 160 | | Nu 8:24 | ולעיל ייעול לחיל קרבה למפלח במשכון זימנא: |
| 161 | | Nu 4:35 | כל דייעול לחיל קרבה למפלח במשכן זמנה: |
| 162 | | Gn 4:26M | "בכדין": הא בכדין שרון למפלח בפולחנא נוכראה ולמכניה |
| 163 | | Nu 4:24 | זרעייתה דבנוי דגרשון למפלח ולמטעון: |
| 164 | | Gn 3:23 | אלהים מן גנתה דעדן למפלח ית ארעא די אתברי מן תמן: |
| 165 | | Nu 3:08 | מטרת בני ישראל למפלח ית פלחן משכנה: |
| 166 | | Nu 4:30 | כל דייעול לחיל קרבה למפלח ית פלחן משכן זמנה: |
| 167 | | Nu 7:05 | קבל מלוותהון ויהוון למפלח ית פלחן משכן זימנה ותתן |
| 168 | | Nu 8:11 | אהרן ית לוויי ויהוון למפלח ית פ{{ו}}לחנה דייי: |
| 169 | | Nu 8:19 | מן גו בני ישראל למפלח ית פלחן דבני ישראל במשכן |
| 170 | | Nu 8:22 | ומן בתר כדין עלו ליואי למפלח ית פלחניהון במשכן זימנא |
| 171 | | Nu16:09 | למקרבה יתכון לוותיה למפלח ית פלחן משכן זימנא דייי |
| 172 | | Nu18:06 | יהיבין לשמה דייי למפלח ית פלחן משכן זימנה: |
| 173 | | Nu 4:39 | כל די יעול לחיל קרבה למפלח משכן זימנה: |
| 174 | | Nu 8:15 | כדן ייעלון ליוויי ל«מ»פלח משכן זימנא ותידכי יתהון |
| 175 | | Nu 4:23 | כל די יעול לחיל קרבה למפלח פולחן במשכן זימנא: |
| 176 | | Nu 4:47 | חמשין שנין כל די יעול למפלח פלחן עבידה ועבידת מטול |
| 177 | | Gn49:02 | פליג על אחוי למיזל למפלח קדם טעוון אחרניין עניין |
| 178 | | Dt29:17 | דייי אלהכון למיזל למפלח קדם טעוותהון {{דאומייה}} |
| 179 | | Dt28:14 | בתר טעוון אחרניין למפלח קדמיהון: |
| 180 | | Gn29:15 | הא אחי את לית אפשר למפלח קדמיי מגן תנה לי כען מה |
| 181 | | Ex14:05 | שלחנן ית ישראל מן למפלח קדמנן: |
| 182 | אתפלח etpeel | Dt21:03 | עגלת ברת תורין די לא אתפלח בה די לא סלק עליה שעבוד |
| 183 | | Dt21:04 | לנחיל דבייר די לא אתפלח ביה ולא יזדרע ויקטלו תמן |
| 184 | ית׳ | Dt21:04M | דבייר די לא אתפלח/ית׳#2/ ביה ולא יזדרע |

## [434] worker, worshipper *n.* פלח

|  |  |  |  |
|---|---|---|---|
| 001 | פלחי p const | Nu21:29M | ספתון יבדתון פלחי טעוותה |
| 002 | | Dt32:12 | ישראל ולא הווי ביניהון פלחי פלחן נוכריי: |
| 003 | בפלחי | Dt 4:03 | מה די עבד ממריה דייי בפלחי טעוותה פעור <...> שיצי |
| 004 | ופלחי | Gn34:31 | סאיבו בתולן ופלח{ו}<י> {{צלמין}} לברתיה דיעקב |
| 005 | | Gn34:31 | אתקטלו על עסק בתולה {{ופלחי צלמין}} על די סאבו |
| 006 | לפ׳ | Dt 4:03M | ממריה דייי בפלחי/לפ׳#2/ טעוותה פעור <...> |
| 007 | לפלחי | Nu25:05 | גבר אנשי עמיה דאתחברן לפלחי טעוותה דפעור: |
| 008 | | Dt 3:29 | חטאינן על די אדבקנן לפלחי טעוותה פעור: |
| 009 | | Gn 3:24 | דאתי טבא היא אוריתא לפלחי בעלמא הדין היך פירי אילן |
| 010 | לפלחייא p em/sf | Gn 3:24M | חי וקיים מאילן חייא לפלחייא ולנטרי פקודיה |

## [435] one who breaks through?? *n.* 4# פלח

|  |  |  |  |
|---|---|---|---|
| 001 | פלחי p const | Ex13:12M | וכל \פתחי וולדה /קדמוי פלחי וול׳#2/ דבעירא די יהוון |
| 002 | | Nu18:15M | \פתחי שרוי וולדה /קדמי פלחי וול׳#2/ לכל בשרה די |

## [435] work, service *n.* פלחן

|  |  |  |  |
|---|---|---|---|
| 001 | פולחן s ab/cn | Ex 1:14 | קשי בטינא ובלבני ובכל פולחן באפי ברא ית כל פולחן די |
| 002 | | Ex36:04M | ית כל עבידת \פולחן#2/ בית קודשא גבר מן |
| 003 | | Nu 4:23 | יעול לחיל קרבה למפלח פולחן במשכן זימנא: |
| 004 | | Nu 4:04M | דן פולחנה/<פול>חן#2/ דבנוי דקהת במשכן |
| 005 | | Ex 1:14 | פולחן באפי ברא ית כל פולחן די פלחו בהון בקשיו: |
| 006 | | Nu18:04M | \מטרת פלחנה וחילוניי /פולחן משכנה וחי׳#2/ לא יקרב |
| 007 | פלחן | Nu 7:09 | עגלתה ולא מן תוריה ארום פלחן בית קדשא הווה עליהון |
| 008 | | Ex36:01 | ולמעב«ד» ית כל עבידת פלחן בית קודשא לכל מה די פקד |
| 009 | | Ex36:03 | אפרשו בני ישראל לעבידת פלחן בית קודשא למעבד יתה ואנון |
| 010 | | Ex38:24M | בכל עבידת \פלחן#2/ בית קודשא והווה דהבא |
| 011 | | Nu 4:27M | כל \פלחנה דבנוי /פלחן בנוי#2/ דגרשוני לכל |
| 012 | | Gn26:35M | /סרהווניין ומפחת רוח פלחן בפולחנא נכרייה#2/ אולפן |
| 013 | | Nu 8:19 | בני ישראל למפלח ית פלחן דבני ישראל במשכן זמנה |
| 014 | | Nu 4:24 | דא פלחן זרעייתה דבנוי דגרשון |
| 015 | | Nu 4:28 | דן פלחן זרעייתה דבנוי דגרשוני |
| 016 | | Ex38:21M | על מימר פומה דמשה פלחן ליוואי#2/ על ידוי דאתמר |
| 017 | | Ex30:16M | ותתן יתה לפלחן/על פלחן#2/ משכן זימנא ויהווי לבני |
| 018 | | Nu 4:30 | לחיל קרבה למפלח ית פלחן משכן זמנה: |
| 019 | | Nu 7:05 | ויהוון למפלח ית פלחן משכן זימנה ותתן יתהון |
| 020 | | Nu16:09 | יתכון לוותיה למפלח ית פלחן משכן זימנא דייי ולמיקם קדם |
| 021 | | Nu18:06 | לשמה דייי למפלח ית פלחן משכן זימנה: |
| 022 | | Nu18:21 | די אנון פלחין ית פלחן משכן זימנה: |
| 023 | | Nu18:23 | ויפלחון לוויי אנון ית פלחן משכן זימנה ואינון יקבלון |
| 024 | | Ex39:40 | וית סכיהון וית כל מני פלחן משכנה למשכן זימנא: |
| 025 | | Nu 3:07 | משכן זימנא למיפלח ית פלחן משכנה: |
| 026 | | Nu 3:08 | בני ישראל למפלח ית פלחן משכנה: |
| 027 | | Nu18:07 | ולגו מן פרוכתה ותפלחון פלחן מתנה אתן כהנתכון וחילוניי |
| 028 | | Dt32:12 | ולא הווי ביניהון פלחי פלחן נוכריי: |
| 029 | | Nu23:21 | בדבית יעקב ולא עבדי פלחן נכריי בדבית ישראל מימר |
| 030 | | Nu 4:47 | שנין כל די יעול למפלח פלחן עבידה ועבידת מטול במשכן |
| 031 | | Nu 4:47M | דעלל למפלוח פלחן עבידתה ופלחן עבידתה במ׳ |
| 032 | | Gn 1:02 | ומן בעיר וריקנא מן כל פלחן צמחין ומן אילנין וחשוכא |
| 033 | | Dt26:06 | וצערו יתן ושוון עלינן פלחן קשי: |
| 034 | פלחנ | Nu 4:33 | דן פלחנ{ה} זרעייתה דבנוי דמררי לכל |
| 035 | בפולחן | Dt14:01M | בפולחנה/^בפול>חן#2/לפ׳#2/ נכרייה ולא |
| 036 | | Ex 1:13M | ית בני ישראל בקשיו/בפולחן קשה#2/: |
| 037 | בפלחן | Ex32:18M | שמע קל מקלסין בפלחנא/<בפל>חן#2/ נכריה אנה שמע קל |
| 038 | | Ex 1:14 | ומררו ית חייהון בפלחן קשי בטינא ובלבני ובכל |
| 039 | דפולחן | Ex35:24M | פולחנא /עבידה דפולחן#2/ אייתון: |
| 040 | | Nu29:01 | יהווי לכון כל עבידה דפולחן לא תעבדון יום תקועה דשופר |
| 041 | | Nu29:07M | כל עבידה \דפולחן#2/ לא תעבדון: |
| 042 | | Nu29:35 | תיהווי לכון כל עבידה דפולחן לא תעבדון: |
| 043 | דפלחן | Lv23:07 | יהווי לכון כל עבידה דפלחן לא תעבדון: |
| 044 | | Lv23:08 | ארוע קדיש כל עבידה דפלחן לא תעבדון: |
| 045 | | Lv23:21 | יהווי לכון כל עבידה דפלחן לא תעבדון קים דלעלם בכל |
| 046 | | Lv23:25 | כל עבידה דפלחן לא תעבדון ותקרבון קרבנין |
| 047 | | Lv23:36 | חדווה היא כל עבידה דפלחן לא תעבדון: |
| 048 | | Nu28:18 | וארוע קדיש כל עבידה דפלחן לא תעבדון: |
| 049 | | Nu28:25 | יהווי לכון כל עבידה דפלחן לא תעבדון: |

|  |  |  |  |  |  |
|---|---|---|---|---|---|
| 050 | | Nu28:26 | יהווי לכון כל עבידה | דפלחן | לא תעבדון: |
| 051 | | Nu29:12 | יהווי לכון כל עבידה | דפלחן | לא תעבדון ותחגון יתה חגה |
| 052 | ופלחן | Nu 8:26 | זימנה למיטר מטרה | ופלחן | לא יפלח כהדן סידרא תעבד |
| 053 | | Nu 4:47M | למפלוח פלחן עבידתה | ופלחן | עבידתה במ' |
| 054 | ומפולחן | Ex 6:09 | דמשה מקפדות רוח | ומפולחן | קשה: |
| 055 | לפלחן | Ex30:16 | בני ישראל ותתן יתה | לפלחן | משכן זימנא ויהווי לבני |
| 056 | | Lv20:02M | פלחנה /<מן> זרעיה | לפלחן#2#/ | נכרייה מתקטל יתקטל עמה |
| 057 | פולחנא s em/sf | Ex 2:23 | קבלתהון קדם ייי מן | פולחנא: | |
| 058 | | Ex35:24 | אעי שטין לכל עבידת | פולחנא | אייתון: |
| 059 | | Gn25:21M | "קדם ... אתתיה": בטור | פולחנא | אתר דכפתיה תמן אבוי |
| 060 | | Ex 1:14M | ובכל פולחן/פולחנא#2#/ | | באפי ברא ית כל |
| 061 | | Ex24:05M | עד ההי' שעתא הוות | פולחנא | בבוכרייא דעד כדון לא |
| 062 | | Ex12:25 | דמלל {דמלל} ותיטרון ית | פולחנא | הדין: |
| 063 | | Ex35:21 | לעבידת משכן זימנא ולכל | פולחנא | וללבושי קודשא: |
| 064 | | Ex 2:23 | ואתנחו בני ישראל מן | פולחנא | וצווחו וסלקת קבלתהון קדם |
| 065 | | Ex12:21M | ונכסו /נגודו ידכון מן | פולחנא | נוכראה ומן בתר כן תכסון |
| 066 | | Gn24:31M | דהוון קיימין בגווה מן | פולחנא | נכראה ומן גלוי עריתא |
| 067 | פולחנה | Nu 3:31 | ישמשון בהון ופרסה ולכל | פולחנה: | |
| 068 | | Nu 8:24M | "דא די ... עשרין": דן | פולחנה | דאית לליוואי מן ב{ת}ר |
| 069 | | Nu 4:04 | דן | פולחנה | דבנוי דקהת במשכן זימנא |
| 070 | פולחנהון | Ex 2:23M | קדם ייי מן | פולחנא/פולחנהון#2#/: | |
| 071 | | Nu 4:31 | ודא מטרת מטולהון לכל | פולחנהון | במשכן זימנה לווחוי |
| 072 | | Nu 8:19M | למפלח ית | פלחן/פולחנהון#2#/ | דבני ישראל במשכן |
| 073 | | Nu 7:08 | לבנוי דמררי כמסת | פולחנהון | על ידוי דאיתמר ברה |
| 074 | פולחניה | Nu 7:05 | גבר כמיסת | פולחניה: | |
| 075 | | Nu 4:19 | יתהון גבר גבר על | פולחניה | ועל מטוליה: |
| 076 | פולחנכון | Nu18:31 | ארום אגר הוא לכון חלף | פולחנכון | במשכן זימנה: |
| 077 | פלחנא | Ex39:42 | עבדו בני ישראל ית כל | פלחנא: | |
| 078 | | Ex13:05 | כדבשא ותפלחון ית | פלחנא | הדין בירחא הדין: |
| 079 | | Ex27:19 | לכל מנה משכנה לכל | פלחנא | וכל סכוי וכל סכי דדרתה |
| 080 | | Ex36:05 | מסגין עמא למייתה כמסת | פלחנא | לעבידתה די פקד ייי למעבד |
| 081 | | Gn24:31 | והא אנא פניית ביתה מן | פלחנא | נכראה ואתר לגמליא: |
| 082 | | Gn35:02 | מן דהווה עמיה עברו ית | פלחנא | נכריה מביניכון ואדכון |
| 083 | | Gn35:04 | ויהבו ליעקב ית כל | פלחנא | נכריה די בידיהון וית |
| 084 | פלחנה | Nu 4:27 | ודיבנוי ת«י»הוי כל | פלחנה | דבנוי דגרשוני לכל |
| 085 | | Nu 8:11 | ויהוון למפלח ית | פ{ו}לחנה | דייי: |
| 086 | | Nu18:04 | משכן זמנה לכל מטרת | פלחנה | וחילוניי לא יקרב לוותכון: |
| 087 | | Nu 4:24M | דא | פלחן/<פל>חנה#2#/ | זרעייתה דבנוי |
| 088 | | Lv20:03 | יהב למעברה בנורא קדם | פלחנה | נכריה מן בגלל למסאבה ית |
| 089 | | Lv20:04 | בנוי למעברה בנורא קדם | פלחנה | נכריה דלא למקטול יתיה: |
| 090 | | Lv20:05 | בתרי' {למסעי} בתר | פלחנה | נכריה מן גו עמה: |
| 091 | | Lv18:21 | תתן למתעברה בנורא קדם | פלחנה | נכרייה ולא תפסו ית שמה |
| 092 | | Lv20:02 | יתן מן בנוי למעברה קדם | פלחנה | נכרייה מתקטל יתקטל עמה |
| 093 | | Nu 4:28M | דן | פלחן/פלחנה#2#/ | זרעייתה/<זרע>יית#2#/ |
| 094 | פלחנהון | Nu 4:33 | דבנוי דמררי לכל | פלחנהון | במשכן זמנה על ידוי |
| 095 | | Nu 4:32 | לכל מניהון ולכל | פלחנהון | ובשמהן תסכמון ית מני |
| 096 | | Nu 4:27 | לכל מטוליהון ולכל | פלחנהון | ותסכמון עליהון במטרה ית |
| 097 | פלחני | Gn30:26 | בהן ואזיל ארום את ידעת | פלחני | די פלחית קדמך: |
| 098 | | Gn30:29M | ית מה די פלחת /חכם ית | פלחני | דפל#2#/ קדמ{ת}<ך> וית |
| 099 | | Gn29:21 | «ארי אשלימני» יומי | פלחני | ואיעול לוותה: |
| 100 | פלחניה | Nu 3:26 | וית מתחיהון לכל | פלחניה: | |
| 101 | | Nu 3:36 | וחומרוי וכל מנוי וכל | פלחניה: | |
| 102 | | Nu 4:49 | דמשה גבר גבר על | פלחניה | ועל מטוליה וסכומוי די פקד |
| 103 | בפולחנא | Gn29:27 | דא ואתן לך אף ית דא | בפולחנא | די תפלח עד תוב <שבע> |
| 104 | | Gn 4:26M | הא בכדין שרון למפלח | בפולחנא | נוכראה ולמכניה יתיה בשם |
| 105 | | Gn26:35 | ומפחן רוח ומגחכן | בפולחנא | נוכראה {{היון}} ולא |
| 106 | | Gn21:08 | די לא כשרין היך מגהך | בפולחנא | נוכריה: |
| 107 | | Gn26:35M | ומפחת רוח פלחן | בפולחנא | נכרייה#2#/ אולפן לא מן |
| 108 | | Ex 1:14M | חייהון \בפלחן קשי | בפולחנא/ | קשיא#2#/ בטינא ובלבני |
| 109 | בפולחנה | Dt14:01 | תעבדון חבורן חבורן | בפולחנה | נכרייה ולא תשוון רשום על |
| 110 | בפולחניהון | Ex 2:11 | ונפק לוות אחוי וחמא | בפולחניהון | וחמא גבר מצריי מחי לגבר |
| 111 | בפלחנא | Ex32:06 | ולמישתי וקמו למגחכה | בפלחנא | נכריה: |
| 112 | | Ex32:18 | אנה שמע קל מקלסין | בפלחנא | נכריה אנה שמע קל מקלסין: |
| 113 | ובפלחנא | Gn13:13 | ובשפיכות אדמייה | ובפלחנא | נכרייה קדם ייי לחדה: |
| 114 | לפ' | Dt14:01M | חבורן | בפולחנה/לפ'#2#/ | נכרייה ולא תשוון |
| 115 | לפו' | Lv20:04M | קדם פלחנה /זרעה | לפו'#2#/ | נכריה דלא למקטול יתיה: |
| 116 | לפלחנה | Lv18:21M | /ומן זרעך לא תתן | לפלחנה | נכריין ולא תיפסון ית#2#/ |
| 117 | פולחניהון p em/sf | Ex 5:05 | ותבטלון יתהון מן | פולחניהון: | |
| 118 | | Nu 7:07 | לבנוי דגרשון כמסת | פולחניהון: | |
| 119 | | Ex 6:06 | ואשיזב יתכון מן | פולחניהון | ואפרו«ק» יתכון ביד |
| 120 | | Nu 4:26 | מתחיהון וית כל מני | פולחניהון | וית כל מה די יתעבד להון |
| 121 | פולחניכון | Ex 5:11 | ארום לא מתמנע מן | פולחניכון | מדעם: |
| 122 | פלחניהון | Nu 8:22 | עלו ליוויי למפלח ית | פלחניהון | במשכן זימנא קדם אהרן |
| 123 | | Nu18:21 | דישראל לאחסנה חלף | פלחניהון | די אנון פלחין ית פלחן |
| 124 | פלחניון | Ex38:21 | על גזרת פמיה דמשה | פלח<נ>יון | דלווי על ידוי דאתמר |
| 125 | בפולחניהון | Ex 1:11 | למצערן יתהון | בפולחניה«ון» | ובנון קרין תלילן |
| 126 | לפולחניכון | Ex 5:04 | איזי«לו» | לפולחניכון: | |

## פלחן #2 *n.* taskmaster [435]

|  |  |  |  |  |  |
|---|---|---|---|---|---|
| 001 | פלחנין p abs | Ex 1:11M | עליהון רברבנין | מפלחנן/פלחנין#2#/ | מן בגלל למצערן |

## פלט *vb.* to eject [435]

|  |  |  |  |  |  |
|---|---|---|---|---|---|
| 001 | פלט peal | Dt25:18 | ממרי ה{ה}<וו>ה ענגא | פלט | ית«י»ה ודבית עמלק קטלין |
| 002 | פלטת | Lv18:28 | בסאבותכון יתה היך מה די | פלטת | ית אומייה די מן קדמיכון: |
| 003 | תפלוט | Lv18:28 | ולא | תפלוט | ארעא יתכון בסאבותכון יתה |
| 004 | | Lv20:22 | ותעבדון יתהון ולא | תפלוט | יתכון ארעא די אנה מעל |
| 005 | ופלטת | Lv18:25M | ארעא /חוביה עליה | ופלטת | אר'#2#/ ית דיירה |

## פלטורין *n.* palace [435]

|  |  |  |  |  |  |
|---|---|---|---|---|---|
| 001 | פלטורין s ab/cn | Gn43:19 | ומללון עמיה בתרע«א» | פלטורין: | |
| 002 | | Gn43:19 | גברא דהוה ממני על | פלטורין | דיוסף ומללון עמיה |
| 003 | בפלטורין | Gn45:02 | ושמעו מצראי ואשתמע | בפלטורין | דפרעה: |
| 004 | | Gn45:16 | וקלה אשתמע | בפלטורין | דפרעה למימר אתון אחוי |
| 005 | | Ex 8:20 | כדן ואתא ערבוב תקף | בפלטורין | דפרעה ובבתי שליטוי ובכל |
| 006 | בפליטורין | Gn49:23 | עלוי לשן תליתיי | בפליטורין | דפרעה דהוה קשיא עלוי מן |
| 007 | לפלטורין | Gn43:18 | ודחלו גבריא | לפלטורין | ארום אתעלו לפלטורין |
| 008 | | Gn43:17 | ואעל גברא ית גבריא | לפלטורין | דיוסף: |
| 009 | | Gn43:18 | לפלטורין ארום אתעלו | לפלטורין | דיוסף ואמרין על עיסק |
| 010 | | Gn43:24 | ואעיל גברא ית גבריא | לפלטורין | דיוסף ויהב להון מיא |
| 011 | | Gn44:14 | ואתא יהודה ואחווי | לפלטורין | דיוסף והוא כען הווה תמן |
| 012 | | Gn47:14 | ואעל יוסף ית כספא | לפלטורין | דפרעה: |
| 013 | | Gn43:26M | ועל יוסף לגו | בייתה/לפלטורין#2#/ | ואייתון לה ית |
| 014 | | Gn43:16 | בייתיה אעיל ית גבריא | לפלטורין | ונכוס נכסון ואתקן ארום |
| 015 | | Gn43:26 | ית דורון די בידיהון | לפלטורין | ושאלון בשלמיה בנימוס |
| 016 | לפלטירין | Gn12:15 | ואד{כ}<ב>רת אתתה | לפלטירין | דפרע': |
| 017 | מפלטורין | Gn49:21 | ואייתי אוניתא דחקלא | מפלטורין | דיוסף וכיון דהוא מבשר |

## פלטיה *n.* open place [435]

|  |  |  |  |  |
|---|---|---|---|---|
| 001 | פלטיה | s ab/cn | Dt13:17 | תכנשון יתה לגו מצע פלטיה ותיקדון בנורא ית קרתא וית |
| 002 | פלטייוות | p const | Gn10:11M | דקרתא וית הדיף /פלטייוות קרתא וית חדיי{ת}<ב>#2# |
| 003 | בפלטיות | | Gn19:02M | \ברחובא דקרתא נבית /בפלטיות קרתא נבית#2#/: |
| 004 | פלטיותא | p em/sf | Gn10:11 | ובנה ית נינוה וית פלטיותא דקרתא וית הדיף: |
| 005 | פלטייוותה | | Dt13:17M | יתה לגו מצע פלטיה/פלטייוותה#2#/ ותיקדון בנורא ית |

## פלטין *n.* palace [435]

|  |  |  |  |  |
|---|---|---|---|---|
| 001 | פלטין | s ab/cn | Gn44:19 | ברה וטפח ברגליה על פלטין ואזדעזע כל פלטין ענה |
| 002 | | | Gn44:19 | על פלטין ואזדעזע כל פלטין ענה יהודה ואמר דלמה דהא |
| 003 | בפלטין | | Gn45:02M | בפלטורין/קליה בפלטין#2#/ דפרעה: |
| 004 | | | Gn45:16M | וקלה אשתמע בפלטורין/בפלטין#2#/ דפרעה למימר אתון |
| 005 | לפלטין | | Gn44:14M | יהודה ואחווי לפלטורין/לפלטין#2#/ דיוסף והוא כען |
| 006 | | | Gn12:15M | אתתה לפלטירין/לפלטין#2#/ דפרע': |
| 007 | | | Gn47:14M | יוסף ית כספא לפלטורין/לפלטין#2#/ דפרעה: |

## פלי *n.* wonder [436]

|  |  |  |  |  |
|---|---|---|---|---|
| 001 | ופלאין | p abs | Ex33:16 | עמן ויתעבד עמן נסין ופלאין אנה ועמך «אמיה» מכל |
| 002 | | | Ex34:10 | לקבל כל עמך אעבד נסין ופלאין די לא אתברון בכל ארעא |
| 003 | | | Ex15:11 | כל עלמיא עבד נסין ופלאין לעמך בית ישראל: |
| 004 | ופליין | | Ex 8:18 | ואעבד ניסין ופליין ביומא ההוא עם ארעא דגשן |

## פליטה *n.* remnant [436]

|  |  |  |  |  |
|---|---|---|---|---|
| 001 | פליטתא | s em/sf | Ex10:05M | ויאכל ית מותר פליטתא די אישתייר לכון |
| 002 | פליטתה | | Ex10:05 | ית ארעא ויכול ית שייר פליטתה דאשת{ריי}<ייר>ת לכון מן |
| 003 | לפילטן | p abs | Gn45:07 | בארעא ולמתקימה לכון לפילטן רברבן: |

## פליית חיווייה *n.* speckled beetle [436]

|  |  |  |  |  |
|---|---|---|---|---|
| 001 | ופיילת חווה | s ab/cn | Lv11:30M | ופיילת חוויה/^חווה#2#^/ וכחה וסממתה |
| 002 | ופיילת חוויה | | Lv11:30 | ופיילת חוויה וכחה וסממתה וקציצה |
| 003 | ופליית חווייתה | s em/sf | Lv11:30M | ופיילת חוויה/ופליית חווייתה#2#/ וכחה וסממתה |

## פלישתיי *adj.* Philistine [436]

|  |  |  |  |  |
|---|---|---|---|---|
| 001 | פלישתאי | p em/sf | Gn26:14 | ועבדא מסגיא וקנין ביה פלישתאי: |
| 002 | | | Gn26:18 | אבוי וסתמו יתהון פלישתאי מן בתר דמית אברהם וקרא |
| 003 | פלישתייא | | Gn10:14 | די נפקו מן תמן פלישתייא וית קפודקייא: |
| 004 | פלשתאי | | Gn26:15 | עבדוי דאבוי סתמו יתהון פלשתאי ומלון יתהון עפרא: |
| 005 | דפלישתאי | | Gn16:05M | דגרר /מלכיהון דפלישתאי#2#/ ואמרת אחי הוא |
| 006 | | | Ex23:31 | דסוף עד ימ{א}הון דפלישתאי ומן מדברא עד נהרא רבא |
| 007 | | | Gn26:08 | ואדיק אבימלך מלכא דפלישתאי על חרכא וחזא והא יצחק |
| 008 | דפלישתיי | | Ex13:17 | יתהון ייי ארח ארעהון דפלישתיי ארום קריבה הוא ארום אמר |
| 009 | דפלשתאי | | Gn21:32 | וחזרו לארעהון {ל}<^ד#2#^>פלשתאי: |
| 010 | | | Gn21:34 | אברהם בארעהון דפלשתאי יומין סגין: |
| 011 | | | Gn26:01 | אבימלך מלכאהון דפלשתא«י» לגררה: |

## פלקה *n.* concubine [437]

|  |  |  |  |  |
|---|---|---|---|---|
| 001 | ופלקתיה | s em/sf | Gn22:24M | ולחינתיה/ופלקתיה#2#/ ושמה ראומה |

## פם *n.* mouth [437]

|  |  |  |  |  |
|---|---|---|---|---|
| 001 | פום | s ab/cn | Dt 8:03M | מן גזירת#2#/דניפק פום#2#/ גזירת ממריה דייי ייחי |
| 002 | | | Ex20:02 | קדמיא דהוה נפיק מן פום קודשא יהא שמה מבורך היך |
| 003 | | | Ex20:03 | תנינא כד הוה נפק מן פום קודשא יהא שמה מברך היך |
| 004 | פם | | Dt 8:03 | ארום» כל מה דנפק מן פם גזירת ממריה דייי ייחי |
| 005 | | | Dt31:21 | לסהדו ארום לא תנשה מן פם זרעיית בניהון ארום גלי קדמי |
| 006 | | | Ex 4:10 | עם עבדך ארום חגר פ{ס}<ם> חגר ממלל אנה: |
| 007 | | | Ex 4:11 | ואמר ייי למשה מן שוי <פם> לבר נשא או מן שוי אלמין או |
| 008 | | | Dt 5:07 | דבירה תנינה כד הוא נפק מן פם קדשה יהי{ה} שמיה מברך היך |
| 009 | | | Ex20:02M | /כד הוה#2#/ נפיק מן פום/פם#2#/ קודשא יהא שמה מבורך |
| 010 | | | Dt 5:06 | קדמיה כד הוה נפק מן פם קודשא יהא שמיה מברך היך |
| 011 | | | Ex28:32 | ויהווי פם ראשה במיצעה שפמה יהווי לפמה |
| 012 | ופם | | Ex39:23 | ופם מעילה במיצעה כפם סירה שפמה |
| 013 | מפום | | Dt31:21M | ארום לא תנשה \מן פם/מפום#2#/ זרעיית בניהון ארום |
| 014 | פומ' | s em/sf | Dt11:06M | די פתחת ארעא ית פמה/פומ'#2#/ ובלעת יתהון וית |
| 015 | פומא | | Gn28:10 | יעקב ית אבנא מעלוי פומא דבארה טפת בארה וסליקת |
| 016 | | | Gn28:10 | יתה מעלוי פומא דבארה ולא הוון יכלין כיון |
| 017 | | | Ex15:12 | דאתי ופתחת ארעא ית פומא ובלעה יתהון: |
| 018 | פומה | | Ex38:21M | די אתפקד על מימר פומה דמשה פלחן ליוואי#2#/ |
| 019 | | | Nu17:27M | מנן די פתחת ארעא ית פומה ובלעת יתהון |
| 020 | | | Nu19:15M | \גופה דשיע מקפה עלוי /פומה משע{ת}<א> ע'#2#/ מסאב |
| 021 | פומהון | | Dt27:15M | \ואמרין בריך /ופתחו פומהון בברכה#2#/ יהווי גברא דלא |
| 022 | | | Dt21:05 | דייי קדישה ועל מימר פומהון יהווי כל דין וכל מכתש: |
| 023 | פומי | | Dt32:01 | ואמלל ותשמע ארעא במימר פומי: |
| 024 | | | Dt32:02 | כטלא עליהון ית מימר פומי כרוחייה דמנשבין על דתי |
| 025 | | | Gn45:12M | פומיה /היך בתורגמן פומי#2#/ ממלל עמכון: |
| 026 | פומ' | | Gn49:21M | חקל כפילתא כד הוא פתח פומ' בכנישותא יעקב לישנ' |
| 027 | פומיה | | Gn45:21 | עגלין על {על} גזרת פומיה דפרעה ויהב להון זוודין |
| 028 | | | Ex 4:15M | עם מלל פמך ועם מלל פומיה ואורי יתכון#2#/ ית מה די |
| 029 | | | Gn 4:11 | מן ארעא די פתחת ית פומי^ה#2#^ למקבלה ית אדמה דאחוך מן |
| 030 | | | Gn45:12 | ארום בלשן בית קודשא פומיה ממלל עמכון: |
| 031 | פומך | | Dt33:09 | דזמרי ארום נטרו מימר פומך וגזרתך ואורייתך אינון |
| 032 | | | Gn41:40 | על בייתי ועל גזירת פומך יתזנון כל עמי לחוד כרסי |
| 033 | פומכון | | Dt23:24M | מן דמפק מן פומכון תיטרון למיעבד היך מה |
| 034 | פימא | | Gn29:10 | וגלי ית אבנא מעלוי פימא דבארה ואשקי ית ענה דלבן |
| 035 | פימיה | | Nu20:24M | מייא דייניה /ית מימ' פימיה במי מצותה#2#/: |
| 036 | פמ' | | Dt33:09M | ארום נטרו מימר פומך/פמ'#2#/ וגזרתך ואורייתך אינון |
| 037 | פמא | | Gn29:03 | ומגלין ית אבנא מעילוי פמא דבארה ומשקין ית ענא |
| 038 | פמה | | Gn24:57 | נקרי לרביתה ונשאל ית פמה: |
| 039 | | | Nu 4:27 | על גזרת פמה דאהרן ודיבנוי ת«י»הוי |
| 040 | | | Nu22:28 | ופתח ייי פמה דאתנתה ואמר לבלעם מה עבדת |
| 041 | | | Gn29:08 | ויגלון ית אבנא מעלוי פמה דבארה ונשקי ית ענא: |
| 042 | | | Ex 4:15 | עם ממלל פ{פ}מך ועם ממלל פמה ואלף יתכון ית מה די |
| 043 | | | Nu16:32 | ופתחת ארעא ית פמה ובלעת יתהון וית בתיהון וית |
| 044 | | | Nu26:10 | ותפתח ארעא ית פמה ובלעת יתהון וית קרח בזמנה |
| 045 | | | Dt11:06 | ראובן די פתחת ארעא ית פמה ובלעת יתהון וית |
| 046 | | | Nu16:30 | יברא ייי ותפתח ארעא ית פמה ותבלע יתהון וית כל |
| 047 | | | Nu27:21 | פמה יפקון ועל גזירת פמה ייעלון הוא ^וכל#2#^ בני |
| 048 | | | Nu30:03 | פתגמיה כל די יפוק מן פמה יעבד: |
| 049 | | | Nu27:21 | קדם ייי על גזירת פמה יפקון ועל גזירת פמה ייעלון |
| 050 | פמיה | | Gn49:21 | דיוסף וכיון דהוא מבשר פמיה בכנישתיהון דישראל חלבא |
| 051 | | | Dt32:03 | קדיש' עד זמן דהוה מחנך פמיה בעשרין וחדה מילין דאנון |
| 052 | | | Ex38:21 | דסהדותא דאסתכם על גזרת פמיה דמשה פלח<נ>יון דלווי |
| 053 | פמך | | Ex 4:12 | עם ממרי אהיה עם ממלל פמך ואלף יתך ית די תמלל: |
| 054 | | | Ex 4:15 | {אלה} «אהוי» עם ממלל פ{פ}מך ועם ממלל פמה ואלף יתכון |

|  |  |  |  |  |  |  |
|---|---|---|---|---|---|---|
| 055 | | | Ex 4:15M | יתכון /הווי עם מלל | פמך | ועם מלל פומיה ואורי |
| 056 | בפומה | | Gn 8:11 | והא עלה דזי׳ קטים | בפומה | וידע נח ארום קלו מיא |
| 057 | בפומי׳ | | Dt23:24M | די מללתון | בפומכון/<בפו>מי׳#2#/: | |
| 058 | בפומיה | | Nu23:05 | ושווי מימרה דייי פתגם | בפומיה | דבלעם ואמר חזור לוות |
| 059 | | | Ex 4:15 | עמיה ותשוי ית פתגמיא | בפומיה | ואנה במימרי {אלה} |
| 060 | | | Dt18:18M | דכוותך ואשוי פתגמי/ | בפומיה#2#/ | וימלל להון ית כל מה די |
| 061 | | | Dt18:18 | כוותך ואישווי דבירוי | בפומיה | וימלל להון ית כל מה די |
| 062 | בפומכון | | Dt23:24 | נדבה די מללתון | בפומכון: | |
| 063 | בפי׳ | | Gn 8:11M | /סרף דזית לקיט | בפי׳#2#/ | דאייתייאת יתיה מטור |
| 064 | בפימיה | | Gn25:27M | ציידיה הוה טעים ליה | בפימיה | ורבקה רחימת ית יעקב |
| 065 | בפמ׳ | | Ex20:20M | ולא תיחטון /תדירא | בפמ׳ | מן בגלל דל׳ תתחייבו׳#2#/: |
| 066 | בפמהון | | Dt31:19 | בני ישראל ושוי יתה | בפמהון | מן בגלל דתהווי לי שבח |
| 067 | בפמי | | Nu22:38 | פתגמה די ישוי ייי | בפמי | יתה אמלל: |
| 068 | | | Nu23:12 | הלא מה די ישווי מימריה | בפמי | יתיה אטר למללה: |
| 069 | בפמיה | | Nu23:16 | על בלעם ושוי פתגם | בפמיה | ואמר ח{ו}<ז>ר לוות בלק |
| 070 | דפומי | | Gn 4:23 | א{נ}<צ>יתן למימריה | דפומי | ארום לא גבר קטלת דאתקטל |
| 071 | לפמה | | Ex28:32 | ראשה במיצעה שפמה יהווי | לפמה | מן חזור חזור עבד גרדיי כפם |
| 072 | | | Ex39:23 | במיצעה כפם סירה שפמה | לפמה | מן חזור חזור ולא יתבזע: |
| 073 | מפ׳ | | Nu30:03M | יפס פתגמוי כל דנפק | מפ׳#2#/ | יעבד: |
| 074 | פומיהון | p em/sf | Ex15:18 | גלליא בההיא שעתא פתחו | פומיהון | כחדא ואמרין דייי הוא |
| 075 | פמיכון | | Dt30:14 | פתגמא לחדה במימר | פמיכון | ובלבביכון למעבד יתיה: |
| 076 | | | Nu32:24M | /ומה דנפק מן | פמיכון#2#/ | תעבדון: |
| 077 | בפמיכון | | Ex13:09 | אוריתא דייי תדירא | בפמיכון | ארום ביד תקיפא אפיק |
| 078 | מפומיכון | | Nu32:24 | לעניכון וית מה דיפוק | מפומיכון | תעבדון: |

## פנטסכיני *adj.* Pentesekenite [!!]

|  |  |  |  |  |  |  |
|---|---|---|---|---|---|---|
| 001 | פנטסכינאי | p em/sf | Gn10:14M | /פילוסאי וית | פנטסכינאי#2#/ | די נפקו מן תמן |

## פני *vb.* to turn [438]

|  |  |  |  |  |  |  |
|---|---|---|---|---|---|---|
| 001 | פניית | pael | Gn24:31M | אנא ... לגמלייא": ואנה | פניית | ביי׳ פניית ית׳{לפל} מן |
| 002 | | | Gn24:31 | את קיים לברא והא אנא | פניית | ביתה מן פלחנא נכראה ואתר |
| 003 | | | Gn24:31M | ואנה פניית ביי׳ | פניית | ית׳{לפל} מן תלת אתקנית |
| 004 | תפנון | | Lv26:10 | ועתיקה מן קדם חתתה | תפנון: | |
| 005 | מפנין | | Gn42:35 | והוו אינון | מפנין | שקיהון והא גבר צררא דכספא |
| 006 | ויפנון | | Lv14:36 | ויפקד כהנא | ויפנון | ית ביתיה קדם עד לא יעול |
| 007 | ופנית | | Gn24:20 | ואוחיית | ופנית | קולתה לגו מורכיון ורהטת |
| 008 | ואפני | afel | Lv26:09M | מימרי מייטבה בכון | /וא{נ}פ<נ>י | אפי רעותי לוותכון#2#/ |
| 009 | | | Lv26:09 | | ואפני | מימרי מייטבה בכון ואתוקף |

## פניפוליטיי *adj.* Pentapolitonian [!!]

|  |  |  |  |  |  |  |
|---|---|---|---|---|---|---|
| 001 | פניפוליטאי | p em/sf | Gn10:13M | וית מרטיונאי וית | פניפוליטאי | וית סכינאי#2#/: |

## פסג *vb.* to cut into pieces [439]

|  |  |  |  |  |  |  |
|---|---|---|---|---|---|---|
| 001 | פסג | pael | Gn15:10 | לקבל חבריה וית עופה לא | פסג: | |
| 002 | | | Lv 8:20 | וית דכרה | פסג | לפסגוי וסדר משה ית ראשה |
| 003 | תפסג | | Ex29:17 | וית דיכרא | תפסג | לפסג<ו>י ותשזג בני גווה |
| 004 | ופיסג | | Lv 1:12 | | ופיסג | יתה לפיסגוי ית רישיה וית |
| 005 | ופסג | | Lv 1:12M | | ופיסג/ופסג#2#/ | יתה לפיסגוי ית רישיה |
| 006 | | | Gn15:10 | וקרב קדמוי ית כל אלין | ופסג | יתהון במציעה ושוי כל חד |
| 007 | ויפסג | | Lv 1:06 | וישלח ית עלתה | ויפסג | יתיה לפיסגה: |

## פסג *n.* piece [438]

|  |  |  |  |  |  |  |
|---|---|---|---|---|---|---|
| 001 | פסגה | s em/sf | Gn15:10 | יתהון במציעה ושוי כל חד | פסגה | לקבל חבריה וית עופה לא |
| 002 | לפיסגה | | Lv 1:06 | ית עלתה ויפסג יתיה | לפיסגה: | |
| 003 | | | Lv 9:13 | וית עלתה זמינו לוותה | לפיסגה | וית רישיה וסדר על גבי |
| 004 | לפסגין | p abs | Gn15:10M | חד פסגה לקבל חבריה | לפסגין/ | ושווי גבר פסגייה לקדמות |
| 005 | פסגוי | p em/sf | Ex29:17 | ורגלוי ותתן על | פסגוי | ועל ראשה: |
| 006 | פסגי׳ | | Lv 1:08 | בנוי דאהרן כהניא ית | פסגי׳ | ית ראשה וית גופה על קיסיה |
| 007 | פסגיה | | Lv 8:20 | וסדר משה ית ראשה וית | פסגיה | וית גופה: |
| 008 | פסגיי׳ | | Gn15:11 | נחת טייסא הווה שכין על | פסגיי׳ | היידין הוא טייסא דן הוא |
| 009 | פסגייא | | Gn15:17M | אברם בזמן דעבר בן | פסגייא | האיליין |
| 010 | פסגייה | | Gn15:11 | ונחת עופה על | פסגייה | ואשבת יתה זכותה דאברם כד |
| 011 | | | Gn15:10M | /לפסגין ושווי גבר | פסגייה | לקדמות חב׳#2#/ וית עופה |
| 012 | לפיסגוי | | Lv 1:12 | ופיסג יתה | לפיסגוי | ית רישיה וית גופיה ויסדר |
| 013 | לפסגוי | | Lv 8:20 | וית דכרה פסג | לפסגוי | וסדר משה ית ראשה וית |
| 014 | | | Ex29:17 | וית דיכרא תפסג | לפסג<ו>י | ותשזג בני גווה ורגלוי |

## פסול *n.* unfit, blemished person [439]

|  |  |  |  |  |  |  |
|---|---|---|---|---|---|---|
| 001 | פסול | s ab/cn | Gn49:02 | אבוי דאבה קם מניה | פסול | ישמעל וכל בנוי דקטורה |
| 002 | פסולה | s em/sf | Gn49:02 | ויצחק אבה קם מיניה | פסולה | עשו אחוי ואנה דחיל דלא |

See also: *adj.* פסיל

## פסח *vb.* to leap over [439]

|  |  |  |  |  |  |  |
|---|---|---|---|---|---|---|
| 001 | פסח | peal | Ex12:27 | מכס פסחא הוא קדם ייי די | פסח | ויגן על בתיהון דבני ישראל |
| 002 | ואפסח | | Ex12:13 | תמן ואחמי ית אדמיה | ואפסח | ואגן במימרי עליכון ולא |
| 003 | ויפסח | | Ex12:23 | ועל תרתין מזוזייתא | ויפסח | ויגן מימריה דייי על תרע |

## פסח *n.* Passover [439]

|  |  |  |  |  |  |  |
|---|---|---|---|---|---|---|
| 001 | פסח | s ab/cn | Dt16:02M | נכסת/נכיסת#2#/ | פסחא/פסח#2#/ | קדם ייי אלהכון ען |
| 002 | | | Nu 9:13M | /ופסק למ׳#2#/ | פיסחא/<פ>סח#2#/ | וישתיצ׳/ות׳#2#/ |
| 003 | דפסח | | Nu 9:14 | פסחה קדם ייי כקיימוי | דפסח | וכסדרי דינוי כדן יעבד |
| 004 | | | Nu 9:12M | \ככל קיימוי | דפסחה/^דפ<ס>סח#2#^/ | ומצוותה לא יבטלון |
| 005 | פיסחא | s em/sf | Ex12:04 | תתמנון על אימר | פיסחא: | |
| 006 | | | Ex12:47 | כנישתא דישראל יעבדון | פיסחא: | |
| 007 | | | Ex12:07 | על בתי די יאכלון ית | פיסחא | בהון: |
| 008 | | | Nu15:34M | די לא יכלו למעבד | פיסחא | בזמנא ובז{ג}<ד>ין בנתיה |
| 009 | | | Nu 9:05 | ועבדו ית | פיסחא | בירחה קדמיה בארבעת עשר |
| 010 | | | Ex13:08M | דא ומרורא ובשר | פיסחא | דין עבד ייי ניסין לי |
| 011 | | | Dt16:01M | לכון ניסין בליליה | פיסחא#2#/ | וגבורן באיממה/בימ׳#2#/ |
| 012 | | | Nu 9:13 | ויתמנע מלמעבד | פיסחא | וישתיצי נפשה ההוא מן גו |
| 013 | | | Nu15:34 | במסאבין דלא יכלו מעבד | פיסחא | {פסחא} בזמנה ובתרין בנתה |
| 014 | | | Ex12:48 | יתותב עמכון דייר ויעבד | פיסחא | קדם ייי במגזר ליה כל |
| 015 | פיסחה | | Nu 9:04 | עם בני ישראל למעבד | פיסחה: | |
| 016 | | | Nu 9:02 | ויעבדון בני ישראל ית | פ«י»סחה | בזמניה: |
| 017 | | | Nu 9:06 | דבר נש ולא יכלו למעבד | פיסחה | ביומא ההוא <....>: |
| 018 | | | Lv24:12 | במסאבין דלא יכלו למעבד | פיסחה | ובדין בנתה דצלפחד הוה |
| 019 | | | Nu 9:10 | לכון או לדרכון ויעבד | פיסחה | קדם ייי: |
| 020 | פסחא | | Ex12:21M | כן תכסון אימר%/#2# | פסחא: | |
| 021 | | | Nu 9:06M | ולית אפשר להון למעבד | פסחא | |
| 022 | | | Nu27:05 | במסאבין דלא יכלו מעבד | פסחא | בז<י>מניה ובתרין בנתיה |
| 023 | | | Nu15:34 | דלא יכלו מעבד פיסחא | {פסחא} | בזמנה ובתרין בנתה דצלפחד |
| 024 | | | Dt16:05 | רשיין למיכס ית נכסת | פסחא | בחדה מן קוריכון דייי |
| 025 | | | Dt16:06 | שכינתיה תמן תיכסון נכסת | פסחא | ברמשא במטמעי שמשא בזמן |
| 026 | | | Ex12:12 | בארעא דמצרים בליליה | פסחא | הדין ואקטל כל בכוריה בארעא |

| | | | |
|---|---|---|---|
| 027 | | Ex12:11 | יתיה בבהילו מאכס פסחא הוא קדם ייי: |
| 028 | | Ex12:27 | ותימרון מכס הוא קדם ייי די פסח ויגן על |
| 029 | | Ex12:04 | כמסת למתמניא על אימר פסחא ויסב הוא ומגורי«ה» דקריב |
| 030 | | Ex12:42 | מדברי' כחדא הוא לילי פסחא לשמה דייי לילי נטיר ומזומן |
| 031 | | Ex12:08 | ויכלון ית בשרא בליליה פסחא צלי בנורא פטירין {עם |
| 032 | | Nu28:16 | יומין לירחא נכסת פסחא קדם ייי: |
| 033 | | Dt16:01 | ית ירחא דאביבה ותעבדון פסחא קדם ייי אלהכון ארום בזמן |
| 034 | | Dt16:02 | ותיכסון נכסת פסחא קדם ייי אלהכון ען ותורין |
| 035 | פסחה | Nu 9:08 | במסאבין דלא יכלו למעבד פסחה בזמנה ובדין בנתיה דצלפחד |
| 036 | | Lv23:05 | לירחא ביני שמשתה נכיסת פסחה קדם ייי: |
| 037 | | Nu 9:14 | עמכון גי{זל}<ור> ויעבד פסחה קדם ייי כקיימוי דפסחה |
| 038 | דפיסחא | Lv23:11 | יומא טבה קדמייא דפיסחא יניף יתה כהנא: |
| 039 | | Lv23:15 | מן בתר יומא טבא קדמיה דפיסחא מן יומא דתייתון ית עומרה |
| 040 | | Nu33:03 | מן בתר יומא טבא קדמיה דפיסחא נפקו בני ישראל פריקין |
| 041 | | Lv23:16 | מן בתר יומא טבה קדמיה דפיסחא תמנון חמישין יומין |
| 042 | דפסחא | Ex34:25 | יבית בצפרא נכסת חגא דפסחא: |
| 043 | | Ex12:43 | דא גזירת אורייתא דפסחא כל בר עממ{נ}ין לא יאכל |
| 044 | | Ex23:18M | בלילי ימא טבא קדמיי' דפסחא מן רמשא עד צפרא |
| 045 | דפסחה | Nu 9:12 | יתברון ביה ככל קיימוי דפסחה {יעבד«ו»}ן}: |
| 046 | | Ex34:25M | תכסון בלילי יומא טבא דפסחה מן רמשה ועד צפרא |
| 047 | | Dt16:04 | בלילי יומא טבה קדמייה דפסחה עד צפרה: |

## loss *n.* פסיד [440]

| | | | |
|---|---|---|---|
| 001 | פסיד' s em/sf | Ex22:14M | "אתקבל באגרא": אעל כל פסיד' אגריה |
| 002 | בפסדי' | Ex22:14M | יזל אגרי' בפסדי' |

## pheasant *n.* פסייני [440]

| | | | |
|---|---|---|---|
| 001 | פיסיוניון p abs | Ex16:13M | והוה ברמשא וסליקו פיסיוניון |

## unfit *adj.* פסיל [440]

| | | | |
|---|---|---|---|
| 001 | פסיל s ab/cn | Lv19:07 | יתאכל ביומא תליתיה פסיל הוא לא יתקבל ברעווה: |
| 002 | | Gn22:10M | ונערבבה וישתכח קרבנן פסיל ונהוי חייב מות בידי שמייא |
| 003 | | Lv 7:18 | דמקרב יתיה לא יתחשב לה פסיל יהווי ונפשה די {י}תאכל מנה |
| 004 | פסילה | Dt 6:04 | אבוי דאבה קם מיניה פסילה ישמעאל וכל בנ{כ}<ה> |
| 005 | | Dt 6:04 | ויצחק אבה קם מיניה פסילה עשו אחי דלמה לטעוות דהוה |
| 006 | דפסיל | Dt15:21M | ביה \מום חגיר/מום דפסיל/#2# או סמי כל מום ביש לא |
| 007 | דפסילה | Dt17:01 | יהווי ביה מום כל מילה דפסילה ארום מה דסני ומרחק קדם |

See also: *n.* פסול

## פסיס ⇐ *n.* בסיס

## lame *adj.* פסיע [440]

| | | | |
|---|---|---|---|
| 001 | פסיע s ab/cn | Lv21:18 | או חגיר או פחוש או פסיע: |

## to become unfit (itpe.) *vb.* פסל [440]

| | | | |
|---|---|---|---|
| 001 | ויתפסיל etpeel | Gn22:10 | יאות דלא נבעוט יתך ויתפסיל קרבנך מנך ונדחי לגובה |

## desecrate *vb.* פסס [440]

| | | | |
|---|---|---|---|
| 001 | במפסכון peal | Lv26:15 | למעבד ית כל פיקודי במפסכון ית קיימיי: |
| 002 | אפיסו afel | Lv22:09 | וימותון ביה ארום אפיסו יתיה אנה ייי דקדשית |
| 003 | אפיסת | Ex20:25M | אין עברת פרזלא עלוי אפיסת יתיה |
| 004 | אפס | Gn17:14 | ההיא מן גו עמה ית קיימי אפס: |
| 005 | | Lv20:18 | ית עריתה וית מבוע אדמה אפס והיא בזיית ית מבוע אדמה |
| 006 | | Lv19:08 | ארום ית קרבנוי דייי אפס ותשתיצי נפשה מן גו עמה: |
| 007 | | Nu30:13M | ומן קדם ייי ישתבק אפס/ יתהון ומימריה דייי ישתרי |
| 008 | | Nu15:31 | דייי בזי וית מצוותה אפס משתיציא תישתצי נפשה חובא |
| 009 | יפס | Lv21:15 | ולא יפס זרעה בעמה ארום אנה ייי |
| 010 | | Lv21:04 | לא יסתאב רבה דבעמה דלא יפס ית כהנתא: |
| 011 | | Lv21:12 | בית מקדשה לא יפוק ולא יפס ית בית מקדשה דאלהה ארום |
| 012 | | Lv21:23 | יקרב ארום מומא בה ולא יפס ית בית מקדשי ארום אנה ייי |
| 013 | | Nu30:14M | יתהון ובעלה יבטל/יפס#2#/ יתהון: |
| 014 | | Nu30:03M | מן פמה/על נפשה ולא יפס פתגמוי כל דנפק מפ'#2#/ |
| 015 | יפסון | Lv22:02 | דבני ישראל ולא יפסון ית שמי קדישא די אנון |
| 016 | | Lv22:15 | ולא יפסון ית קדשיהון דבני ישראל ית |
| 017 | | Lv21:06 | יהוון קדם אלההון ולא יפסון שמה דאלההון ארום ית |
| 018 | תיפ' | Lv22:32M | ולא תפסון/תיפ'#2#/ ית שמי קדישה ויתקדש |
| 019 | תיפסון | Lv18:21M | תתן לפלחנה נכריין ולא תיפסון יתה#2#/ ית שמה דאלהכון \ |
| 020 | תפיס | Ex20:25M | דלא תריק סייפך עלי ולא תפיס יתיה |
| 021 | תפסו | Lv18:21 | קדם פלחנה נכרייה ולא תפסו ית שמה דאלהכון אמר ייי: |
| 022 | תפסון | Nu18:32 | קדשיהון בני ישראל לא תפסון ולא תמותון: |
| 023 | | Lv19:12 | תשבעון בשמי לשקר ולא תפסון ית שמא דאלהכון כדן אמר |
| 024 | | Lv22:32 | ולא תפסון ית שמי קדישה ויתקדש שמי |
| 025 | מפסה | Lv21:09M | כליל כהונתה דאבוה היא מפסה |
| 026 | דמפס | Ex31:14 | קדש הוא לכון מן דמפ{ם}<ס> יתיה מתקטלה יתקטל ארום |
| 027 | ואפי' | Gn25:34M | \כפר בחיור דעלמא/ ואפי' על חיי' דעלמ'#2#/ דאתי: |
| 028 | ואפסת | Ex20:25 | מתעברא עברת עליהון ואפסת יתהון: |
| 029 | ויפסון | Dt31:20 | קדמי וישבקו יתי ויפסון ית קיימי: |
| 030 | ותפסו' | Ex23:02M | /טוב'#2#/ לא תיזל \ותפסו'#2#/ בתר סגיא למבאשא לא |
| 031 | ומפסה | Lv21:09 | וברת גבר כהן ארום טעוה ומפסה ית אבוה היא מטער' בנורא |
| 032 | ומפסין | Dt31:16 | ביניהון ושבקין יתיה ומפסין ית קיימי דקיימת עמהון: |
| 033 | ולמפס' | Lv20:03 | למסאבה ית בית מקדשי ולמפס' ית שמי קדשא: |
| 034 | לאפסה | Lv21:04M | רבה ואפילו בעמיה לאפסה כהונתה רבה אמטול ליה |
| 035 | ומתפסה ettafal | Lv21:07M | /זנו#2#/ ומפסה/ומתפסה בזנו#2#/ לא יסבון |

## to spread out *vb.* פספס [441]

| | | | |
|---|---|---|---|
| 001 | מפספס quadr. | Ex16:14 | והא על אפי מדברא דקיק מפספס דקיק כגלידא על ארעא: |

## to come to an end *vb.* פסק [441]

| | | | |
|---|---|---|---|
| 001 | פסוק peal | Gn30:28M | ואמר קוץ/פסוק#2#/ כען אגרך קדמיי |
| 002 | | Ex14:12M | במצרים למימר ארפי/פסוק#2#/ מינן ונפלח קדם |
| 003 | פסיק | Dt 5:22 | ענגה וערפלה קל רב ולא פסיק וכתב יתהון על תרין לווחין |
| 004 | פסק | Dt 5:22M | ולא פסיק/תקף ולא פסק#2#/ וכתב יתהון על תרין |
| 005 | | Ex33:11M | טלי> זעיר לא הווה פסק מגו < |
| 006 | | Ex 9:34M | "אתמנעו ... וברדא": פסק מטרא וברדה וקלייה |
| 007 | | Gn18:11M | עלו#2#/ ביומיא אתמנע/פסק#2#/ מן למהווי לשרה אורח |
| 008 | | Nu11:28M | ואמ' ריבוני משה מנע/פסק#2#/ מנהון רוח קודשה: |
| 009 | | Ex13:22 | לא פסק עמוד«א» דעננא באיממא |
| 010 | | Dt15:02M | \סדר דינה ושמטתה פסק/ שמיטתה אשמט#2#/ ישמט כל |
| 011 | פסקין | Gn 8:22M | וימּמא ויילילייה לא פסקין |
| 012 | | Nu11:25 | והוון מתנבאין ולא פסקין: |
| 013 | | Gn35:09 | וההדרך {וההדרך} לא פסקין לעלמי עלמין אלפת יתן |
| 014 | | Gn49:10 | לא פסקין מלכין מין דבית יהודה ואף |
| 015 | | Dt15:11M | דאורייתא ארום לא פסקין מסכינייה בגו ארעא |

| | | | | | | |
|---|---|---|---|---|---|---|
| 016 | | פסקת | Gn30:09M | לאה ארום\קמת לה מן | /פסקת | מן#2#/ למילד ונסבת ית |
| 017 | | יפסקון | Gn 8:22 | ואימּמא ולילי לא | יפסקון: | |
| 018 | | | Ex 9:29M | קדם ייי קלייא | ותמנעון/יפסקון#2#/ | וברדא לא יהוי תוב |
| 019 | | תפסוק | Gn25:23M | מלכותיה דלא תתחבל ולא | תפסוק | מיניה לעלמי עלמין בגין |
| 020 | | תפסקון | Dt23:23M | וארום\תתמנעו מן למדר | /תפסקון | מלמנדור#2#/ לא יהווי |
| 021 | | דפסיק | Lv21:18M | /דסמי או דחגיר או | דפסיק | או דמסר#2#/: |
| 022 | | | Dt23:02 | לא ייעול | דפסיק | ודמסרס בקהל כנשתה דייי: |
| 023 | | | Dt23:02M | \דפסיק ודמסרס /כל | דפסיק | וכל דמסרס#2#/ בקהל כנשתה |
| 024 | | דפסקת | Gn38:05 | וקרת ית שמה שלה והוה | דפסקת | מן דילדת יתיה: |
| 025 | | ופסק | Nu 9:13M | \ויתמנע מלמעבד | /ופסק | למ#2#/ פיסחא/<פ>סח#2#/ |
| 026 | | | Lv 9:22M | קבל עמה ובריכינון | ופסק | מלמעבד |
| 027 | | ופסקו | Gn11:08M | על אפי כל ארעא | ואתמנעו/ופסקו#2#/ | מן למבני קרתא: |
| 028 | | | Ex 9:33M | קדם ייי | ואתמנעו/^ויתמנעו#2#^/ופסקו#2#/ | קליא וברדא |
| 029 | | ופסקת | Nu21:30 | | ופסקת | מלכו מן חשבון ושלטון מן |
| 030 | | ויפסוק | Ex 9:28M | "וימנע ... קדם ייי": | ויפסוק | קדמוי דייי זכאה |
| 031 | | ותפסוק | Nu11:28M | עלויהון מן קדם ייי | ותפסוק | נביאתהון |
| 032 | pael | מפסקה | Lv16:22 | ית כל חוביהון לארע | מפסקה | וישלח ית צפירה במדברה: |

## פעל *n.* work [441]

| | | | | | | |
|---|---|---|---|---|---|---|
| 001 | s em/sf | פעליה | Dt24:15 | ארום מסכן הוא ולאגר | פעליה | הוא מסר קדמך ית נפשיה |

## פצל *vb.* to peel [442]

| | | | | | | |
|---|---|---|---|---|---|---|
| 001 | peal | פצל | Gn30:38 | ואקם ית חוטריא די | פצל | במו{ד}<ר>כותא בשקיא דמיא |

## פצע *vb.* to split [442]

| | | | | | | |
|---|---|---|---|---|---|---|
| 001 | peal | ופצע | Gn22:03 | עמיה וית יצחק בריה | ופצע | קיסין לעלה וקם ואזל לאתרא |

## פקד *vb.* to command [442]

| | | | | | | |
|---|---|---|---|---|---|---|
| 001 | peal | פקד | Gn 7:09 | דכר וזוגה היך מה די | פקד | ייי ית נח: |
| 002 | | | Ex16:16 | דן פתגמא די | פקד | ייי לקטו מנה גבר לפם |
| 003 | | | Ex16:32 | ואמר משה דן פתגמא די | פקד | ייי מלה עמרא מנה למטרה |
| 004 | | | Ex35:01 | להון אליין פתגמיא די | פקד | ייי למעבד יתהון: |
| 005 | | | Ex35:04 | למימר דין פתגמא די | פקד | ייי למימר: |
| 006 | | | Ex35:10 | ויעבדון ית כל מה די | פקד | ייי: |
| 007 | | | Ex35:29 | למייתייה לכל עבידתה די | פקד | ייי למעבד על ידוי דמשה |
| 008 | | | Ex36:01 | בית קודשא לכל מה די | פקד | ייי: |
| 009 | | | Ex36:05 | כמסת פלחנא לעבידתה די | פקד | ייי למעבד יתה: |
| 010 | | | Ex38:22 | דיהודה עבד ית כל די | פקד | ייי ית משה: |
| 011 | | | Ex39:05 | ובוץ שזיר היך מה די | פקד | ייי ית משה: |
| 012 | | | Ex39:07 | לבני ישראל היך מה די | פקד | ייי ית משה: |
| 013 | | | Ex39:29 | טבא עובד צייר היך מה די | פקד | ייי ית משה: |
| 014 | | | Ex39:31 | מן לעיל היך מה די | פקד | ייי ית משה: |
| 015 | | | Ex39:32 | בני ישראל כל מה די | פקד | ייי ית משה כדין עבדו: |
| 016 | | | Ex39:42 | ככל מה די | פקד | ייי ית משה כן עבדו בני |
| 017 | | | Ex39:43 | והא עבדו יתה היך מה די | פקד | ייי ית משה כדין עבדו וברך |
| 018 | | | Ex40:19 | עלוי מן לעל היך מה די | פקד | ייי ית משה: |
| 019 | | | Ex40:23 | אפיה קדם ייי היך מה די | פקד | ייי ית משה: |
| 020 | | | Ex40:27 | בסמנין טבין היך מה די | פקד | ייי ית משה: |
| 021 | | | Ex40:29 | עלוי ית עלתה היך מה די | פקד | ייי ית משה: |
| 022 | | | Ex40:32 | מדבחה יתקדשון היך מה די | פקד | ייי ית משה: |
| 023 | | | Lv 7:36 | די | פקד | ייי למיתן להון ביומא דרבי |
| 024 | | | Lv 7:38 | די | פקד | ייי ית משה בטורא דסיני |
| 025 | | | Lv 8:05 | לעם כנשתה דן פתגמא די | פקד | ייי למעבד: |
| 026 | | | Lv 8:09 | כליל בית קדשה היך מה די | פקד | ייי ית משה: |
| 027 | | | Lv 8:13 | להון כובעין היך מה די | פקד | ייי ית משה: |
| 028 | | | Lv 8:21 | דרעוה קרבן הוא היך מה | פקד | ייי ית משה: |
| 029 | | | Lv 8:29 | הוה לחולק היך מה די | פקד | ייי ית משה: |
| 030 | | | Lv 8:34 | היך מה דעבד ביומא הדין | פקד | ייי למעבד למכפרה עליכון: |
| 031 | | | Lv 8:34M | <ביומא> הדין הכדין | פקד | ייי למעבד שבעה יומין קומי |
| 032 | | | Lv 8:36 | ובנוי ית כל פתגמיה די | פקד | ייי על ידוי דמשה: |
| 033 | | | Lv 9:06 | ואמ' משה דן פתגמה די | פקד | ייי תעבדון ותתגלי עליכר |
| 034 | | | Lv16:34 | זמן בשתה ועבד היך מה די | פקד | ייי ית משה: |
| 035 | | | Lv17:02 | ותימר להון דן פתגמא די | פקד | ייי למימר: |
| 036 | | | Lv24:23 | ישראל עבדו היך מה די | פקד | ייי ית משה: |
| 037 | | | Lv27:34 | אלין פקודיה די | פקד | ייי ית משה על בני ישראל |
| 038 | | | Nu 1:54 | בני ישראל ככל מה די | פקד | ייי ית משה כדן עבדו: |
| 039 | | | Nu 2:33 | בני ישראל היך מה די | פקד | ייי ית משה: |
| 040 | | | Nu 2:34 | בני ישראל כל מה די | פקד | ייי ית משה כדן שרון |
| 041 | | | Nu 3:42 | וסכם משה היך מה די | פקד | ייי יתה ית כל בכור«י»ה |
| 042 | | | Nu 3:51 | ממרה דייי היך מה די | פקד | ייי ית משה: |
| 043 | | | Nu 4:49 | ועל מטוליה וסכומוי די | פקד | ייי על ידוי דמשה: |
| 044 | | | Nu 8:03 | סדר בוציניה היך מה די | פקד | ייי את משה: |
| 045 | | | Nu 8:20 | ישראל ללווי כל מה די | פקד | ייי ית משה על ליווי כדן |
| 046 | | | Nu 8:22 | וקדם בנוי היך מה די | פקד | ייי ית משה על ליוויי כדן |
| 047 | | | Nu 9:05 | במדברה דסיני כל מה די | פקד | ייי ית משה כדן עבדו בני |
| 048 | | | Nu15:23 | דמשה מן יומא די | פקד | ייי ולהל לדריכון: |
| 049 | | | Nu15:23 | כל מה די | פקד | ייי עליכון על ידוי דמשה |
| 050 | | | Nu15:36 | באבניה ומית היך מה די | פקד | ייי ית משה: |
| 051 | | | Nu17:26 | ועבד משה היך מה די | פקד | ייי יתיה כדן עבד: |
| 052 | | | Nu19:02 | דא גזירת אוריתה די | פקד | ייי למימר מליל עם בני |
| 053 | | | Nu20:27 | ועבד משה היך מה די | פקד | ייי וסלקו להר טורה לעיני |
| 054 | | | Nu26:04 | שנין ולעיל היך מה די | פקד | ייי ית משה ובני ישראל |
| 055 | | | Nu27:11 | לקיים דרין היך מה די | פקד | ייי ית משה: |
| 056 | | | Nu27:22 | ועבד משה היך מה די | פקד | ייי יתיה ודבר ית יהושע |
| 057 | | | Nu30:01 | לבני ישראל כל מה די | פקד | ייי ית משה: |
| 058 | | | Nu30:02 | למימר דין פתגמא די | פקד | ייי: |
| 059 | | | Nu30:17 | אלין קיימיה די | פקד | ייי ית משה בין גבר לאתתיה |
| 060 | | | Nu31:07 | על מדיין היך מה די | פקד | ייי ית משה וקטלו כל |
| 061 | | | Nu31:21 | קרבא דא גזירת אוריתה די | פקד | ייי ית משה: |
| 062 | | | Nu31:31 | ואלעזר כהנא היך מה די | פקד | ייי ית משה: |
| 063 | | | Nu31:41 | לאלעזר כהנא היך מה די | פקד | ייי ית משה: |
| 064 | | | Nu34:13 | תתאחסנון יתה בעדיון די | פקד | ייי למיתן לתישעתי שבטייה |
| 065 | | | Nu34:29M | בארעא/אליין שבטייה די | פקד | ייי למאחס' ית ארעא#2#/ |
| 066 | | | Nu34:29 | אלין די | פקד | ייי ית משה למאחסנה ית בני |
| 067 | | | Nu36:02 | ואמרין ית רבוני | פקד | ייי למיתן ית ארעא באחסנה |
| 068 | | | Nu36:06 | דן פתגמא די | פקד | ייי לבנתיה{דצפל} דצלפחד |
| 069 | | | Nu36:13 | וסדרי{ה} דנייה די | פקד | ייי משה על בני ישראל |
| 070 | | | Dt 1:03 | עם בני ישראל כל מה די | פקד | ייי יתיה למימר להון: |
| 071 | | | Dt 1:19 | טורהון דאמוריי היך מה | פקד | ייי אלהן יתן ומטינן עד |
| 072 | | | Dt 2:37 | וקורי טורה וכל מה די | פקד | ייי אלהן: |
| 073 | | | Dt 4:05 | וסדרי דינין היך מה די | פקד | ייי אלהי למעבד כדן בגו |
| 074 | | | Dt 5:32 | ותיטרון למעבד היך מה די | פקד | ייי אלהכון יתכון לא תסטון |
| 075 | | | Dt 5:33 | בכל אורחה די | פקד | ייי אלהכון יתכון תהלכון |
| 076 | | | Dt 6:01 | וקיימיה וסדרי דינייה די | פקד | ייי אלהכון למלפה יתכון |
| 077 | | | Dt 6:20 | וקיימיה וסדרי דינייה די | פקד | ייי אלהן יתכון: |
| 078 | | | Dt28:69 | אילין מילין דקיימה די | פקד | ייי ית משה למקיימה עם בני |

|  |  |  |  |  |  |
|---|---|---|---|---|---|
| 079 | | Lv 6:02 | | פקד | ית אהרן וית בנוי למימר דא |
| 080 | | Lv 7:38 | בטורא דסיני ביומא די | פקד | ית בני ישראל למקרבה ית |
| 081 | | Lv24:02 | | פקד | ית בני ישראל וייסבון |
| 082 | | Nu 5:02 | | פקד | ית בני ישראל וישלחון מן |
| 083 | | Nu28:02 | | פקד | ית בני ישראל ותימר להון |
| 084 | | Nu34:02 | | פקד | ית בני ישראל ותימר להון |
| 085 | | Nu35:02 | | פקד | ית בני ישראל ויתנון |
| 086 | | Lv10:01 | קדם ייי אשא בריה דלא | פקד | יתהון: |
| 087 | | Gn 7:05 | ועבד נח כל מ{ן}<ה> די | פקד | יתיה ייי: |
| 088 | | Ex19:07 | ית כל פתגמיא האיליין די | פקד | יתיה ייי: |
| 089 | | Nu20:09 | מן קדם ייי היך מה די | פקד | יתיה: |
| 090 | | Dt10:05 | והוון תמן היך מה די | פקד | יתיה ממרה דייי: |
| 091 | | Dt 4:13 | ותני לכון ית קיימה די | פקד | יתכון למעבד עשרתי דביריה |
| 092 | | Dt 5:12 | למקדשה יתיה היך מה די | פקד | יתכון ייי אלהכון: |
| 093 | | Dt 5:15 | ובאדרע מנטלה בגין כדן | פקד | יתכון ייי אלהכון למעבד ית |
| 094 | | Dt 5:16M | דאמכון היך מי די | פקד | יתכון ייי |
| 095 | | Dt 6:17 | וסהדותיה וקיימוי די | פקד | יתכון: |
| 096 | | Dt13:06 | יתכון מן אורחא די | פקד | יתכון ייי אל«ה»כון |
| 097 | | Dt20:17 | ויבוסייה היך מה די | פקד | יתכון ייי אל<ה>כון: |
| 098 | | Dt26:16M | הדין ייי אלהכון | מפקד/פקד#2#/ | יתכון למעבד ית קיימיה |
| 099 | | Dt28:45 | מיצוותיה וקיימוי די | פקד | יתכון: |
| 100 | | Dt 1:41 | ונסדר קרבה ככל מה די | פקד | יתן ייי אלהן ואיזדיינתון |
| 101 | | Dt 6:25 | קדם ייי אלהן היך מה די | פקד | יתן: |
| 102 | | Dt33:04 | אמרין בני ישראל אורייתה | פקד | יתן משה יהב יתה ירתו |
| 103 | | Dt 2:04 | וית עמה | פקד | למימר אתון עברין בתחום |
| 104 | | Nu15:22M | האליין די \מלל <ייי> | /פקד | מימרה ייי#2#/ עם משה: |
| 105 | | Dt 4:23 | וצורא}} וכל דמו די | פקד | מימרה דייי אלהכון: |
| 106 | | Nu31:07M | על מדינאי היך מה די | פקד | מימריה דייי#2#/ ית משה |
| 107 | | Dt34:09 | ישראל ועבדו היך מה די | פקד | מימריה דייי ית משה: |
| 108 | | Lv 8:04M | היך מה \דפקיד ייי /די | פקד | ממריה דייי#2#/ יתה |
| 109 | | Dt 4:14 | ויתי | פקד | ממריה דייי בשעתה ההיא |
| 110 | פקדית | Lv 8:35 | דלא תמותון ארום כדן | פקדית: | |
| 111 | | Dt17:03 | לכל חילוות שמייא די לא | פקדית: | |
| 112 | | Dt 3:21 | וית יהושע | פקדית | בשעתה ההיא למימר עיינך |
| 113 | | Lv24:02M | \פקד ית | /פקדית | ית#2#/ בני ישראל |
| 114 | | Dt18:20 | בשם ממרי ית מה די לא | פקדית | יתיה לממללא ודי ימלל בשום |
| 115 | | Ex31:11 | בסמניה לקידוש כל מה די | פקדית | יתך תעבדון: |
| 116 | | Dt12:21 | יהב ייי לכון היך מה די | פקדית | יתכון ותאכלון בקורייכון |
| 117 | פקדיתך | Gn 3:09M | פקדת יתך פיקודיה די | פקדיתך | |
| 118 | פקדת | Ex32:08 | סטון בפריע מן ארחא די | פקדת | יתהון עשו להם עגל מסכה |
| 119 | | Gn 3:09M | היך אינון פיקודייה די | פקדת | יתך פיקודיה די פקדיתך |
| 120 | | Gn 3:11 | את הא מן אלנא די | פקדת | יתך דלא תאכל מנה אכלת: |
| 121 | | Gn 3:17 | דאתתך ואכלת מן אילנ׳ די | פקדת | יתך למימר לא תיכול מינה |
| 122 | | Ex 7:02 | את תמלל ית כל מה די | פקדת | יתך ואהרן אחוך ימלל עם |
| 123 | | Ex31:06 | ויעבדון ית כל מה די | פקדת | יתך: |
| 124 | | Dt31:29 | ותסטון מן ארחה די | פקדת | יתכון ותארע יתכון בישתה |
| 125 | | Dt26:13 | ככל פיקודייך די | פקדת | יתן לא עברנן מן מצותך ולא |
| 126 | | Dt26:14 | עבדנן {כ} בכל מה די | פקדת | יתן: |
| 127 | | Dt31:05 | להון ככל מצוותה די | פקדת | לכון: |
| 128 | | Gn 7:16M | ברחמוי טבייה עלוי /די | פקדת | ממריה דייי וחס ואגן ממריה |
| 129 | פקיד | Nu31:47 | משכנא דייי היך מה די | פקיד | ייי ית משה: |
| 130 | | Gn50:16 | דיוסף למימר לה אבוך | פקיד | קדם עד לא ימות למימר: |
| 131 | אפקד | Dt18:18 | וימלל להון ית כל מה די | אפקד | יתיה: |
| 132 | | Ex31:06M | ית כל מה די | פקדת/אפקד#2#/ | יתך: |
| 133 | יפקד | Dt28:08 | | יפקד | ייי עמכון ית סדר ברכתה |
| 134 | | Gn18:19 | הוא קדמיי מן בגלל די | יפקד | ית בנוי וית אנשי בייתיה |
| 135 | תפקד | Ex27:20 | ואת | תפקד | ית בני ישראל וייסבון |
| 136 | תפקדון | Dt32:46 | משהד בכון יומא הדין די | תפקדון | ית בניכון למטור ולמעבד ית |
| 137 | מפקד | Nu32:25 | יעבדון היך מה דרבוני | מפקד: | |
| 138 | | Ex 7:02M | פקדת/^דיפקד#2#^/אנא | מפקד#2#/ | יתך ואהרן אחוך ימלל עם |
| 139 | | Ex34:11 | אזדהר לך ית מה די אנה | מפקד | יתך יומא הדין הא אנה טרד |
| 140 | | Dt 4:02 | דייי אלהכון די אנה | מפקד | יתכון: |
| 141 | | Dt 4:02 | על פתגמא די אנה כען | מפקד | יתכון ולא תמנעון מניה |
| 142 | | Dt 4:40 | מצוותה דאורייתה די אנה | מפקד | יתכון יומא הדין די ייטב |
| 143 | | Dt 6:02 | ומצותה דאוריתה די אנה | מפקד | יתכון ובניכון ובני בניכון |
| 144 | | Dt 6:06 | פתגמייה האליין די אנה | מפקד | יתכון יומא הדין תדירין על |
| 145 | | Dt 7:11 | וית סדרי דינייה די אנה | מפקד | יתכון יומא הדין למעבד |
| 146 | | Dt 8:01 | כל מצוותה די אנה | מפקד | יתכון יומא הדין תטרון |
| 147 | | Dt 8:11 | דינוי וקיימוי די אנה | מפקד | יתכון יומא הדין: |
| 148 | | Dt10:13 | דייי וית קיימוי די אנה | מפקד | יתכון יומא הדין למייטב |
| 149 | | Dt11:08 | ית כל מצוותה די אנה | מפקד | יתכון יומא הדין מן בגלל |
| 150 | | Dt11:13 | למצוותה דאוריתא די אנה | מפקד | יתכון יומא הדין למירחם ית |
| 151 | | Dt11:22 | ית כל מצוותה הדה די אנה | מפקד | יתכון למעבד יתה למרחם ית |
| 152 | | Dt11:27 | דייי אלהכון די אנה | מפקד | יתכון יומא הדין: |
| 153 | | Dt11:28 | מן ארחה טבתה^^ די אנה | מפקד | יתכון יומא הדין <....> |
| 154 | | Dt12:11 | תיתון ית כל מה די אנה | מפקד | יתכון עלוותכון ונכסת |
| 155 | | Dt12:14 | תעבדון ית כל מה די אנה | מפקד | יתכון: |
| 156 | | Dt12:28 | פתגמייה האיליין די אנה | מפקד | יתכון מן בגלל דייטיב לכון |
| 157 | | Dt13:01 | ית כל פתגמא די אנה | מפקד | יתכון יתיה תטרון למעבד לא |
| 158 | | Dt13:19 | ית כל מצוותה די אנה | מפקד | יתכון יומא הדין למיעבד מה |
| 159 | | Dt15:05 | ית כל מצוותה הדה די אנה | מפקד | יתכון יומא הדין: |
| 160 | | Dt15:11 | בגו ארעא בגין כדין אנה | מפקד | יתכון יומא הדין למימר מפתח |
| 161 | | Dt15:15 | אלהכון ובגין כדן אנה | מפקד | יתכון ^ית פתגמא הדין#2#^ |
| 162 | | Dt19:07 | בגין כדן אנה | מפקד | יתכון למימר תלת קורי שיזבו |
| 163 | | Dt19:09 | הדה למעבד יתה דאנה | מפקד | יתכון יומא הדין למרחם ית |
| 164 | | Dt24:18 | מן תמן בגין כדין אנה | מפקד | יתכון#2#^^ למעבד ית פתגמא |
| 165 | | Dt24:22 | דמצרים בגין כדין אנה | מפקד | יתכון למעבד ית פתגמא הדין: |
| 166 | | Dt26:16 | יומא הדין ייי אלהכון | מפקד | יתכון למעבד ית קיימיה |
| 167 | | Dt27:01 | ית כל מצוותה די אנה | מפקד | יתכון יומא הדין: |
| 168 | | Dt27:04 | ית אבנייה האליין די אנא | מפקד | יתכון יומא הדין בטורא |
| 169 | | Dt27:10 | מצוותה וית קיימוי דיאנה | מפקד | יתכון יומא הדין: |
| 170 | | Dt28:01 | ית כל מצוותה די אנה | מפקד | יתכון יומא הדין וישווי ייי |
| 171 | | Dt28:13 | דייי אלהכון די אנה | מפקד | יתכון יומא הדין למיטור |
| 172 | | Dt28:14 | מן כל פתגמייא די אנה | מפקד | יתכון יומא הדין לא לימינה |
| 173 | | Dt28:15 | מצוותה וקיימוי די אנה | מפקד | יתכון יומא הדין וייתון |
| 174 | | Dt30:02 | ככל מה די אנה כען | מפקד | יתכון אתון ובניכון בכל |
| 175 | | Dt30:08 | ית כל מצוותה די אנה כען | מפקד | יתכון יומא הדין: |
| 176 | | Dt30:11 | ארום מצוותה הדה די אנה | מפקד | יתכון יומא הדין לא כסייה |
| 177 | | Dt30:16 | די אנה כען | מפקד | יתכון יומא הדין למרחום ית |
| 178 | מפקדה | Gn27:08 | שמע בקלי ואזל לאן דאנה | מפקדה | יתך: |
| 179 | מפקדים | Gn13:07 | ואזלין ברם {ברם} | מפקדים | הוון רעווי דאברם מן |
| 180 | מפקדין | Nu20:21 | מעילוויהון דהוון | מפקדין | מן אבוהון דבשמיא דלא |
| 181 | דפ׳ | Dt 1:19M | היך מה | פקד/דפ׳#2#/ | ייי אלהן יתן ומטינן |
| 182 | דפקד | Ex16:24 | יתיה עד צפרא היך מה | דפקד | משה ולא אסרח ורמה לא הוות |
| 183 | | Lv 9:05 | ונסבו ית מה | דפקד | משה לתרע משכן זימנה |
| 184 | | Nu17:12M | ונסב אהרן היך מה | דמלל/דפקד#2#/ | משה ורהט לגו קהלא |
| 185 | | Gn 7:16 | מן כל בשרא עלו היך מה | דפקד | ייי יתיה ואגן ייי ברחמוי |
| 186 | | Ex 7:06 | ועבד משה ואהרן היך מה | דפקד | ייי יתהון כדן עבדו: |

|  |  |  |  |
|---|---|---|---|
| 187 | | Ex 7:10 | ועבדו כד«ן» היך מה דפקד ייי וטלק אהרן ית חוטריה |
| 188 | | Ex12:28 | בני ישראל היך מה דפקד ייי ית משה ואהרן כן |
| 189 | | Ex12:50 | כל בני ישראל היך מה דפקד ייי ית משה וית אהרן כן |
| 190 | | Ex16:34 | היך מה דפקד ייי ית משה ואצנע יתיה |
| 191 | | Ex34:32 | ופקד יתהון ית כל מה דפקד ייי עמהון בטורא דסיני: |
| 192 | | Ex39:01 | די לאהרן היך מה דפקד ייי ית משה: |
| 193 | | Ex39:21 | מעלוי אפודה היך מה דפקד ייי ית משה: |
| 194 | | Ex39:26 | למשמשה היך מה דפקד ייי ית משה: |
| 195 | | Ex40:16 | ועבד משה כל מה דפקד ייי יתיה כדין עבד: |
| 196 | | Ex40:25 | קדם ייי היך מה דפקד ייי ית משה: |
| 197 | | Lv 8:17 | לבר מן משריתה היך מה דפקד ייי ית משה: |
| 198 | | Lv 9:07 | וכפר על ידיהון היך מה דפקד ייי: |
| 199 | | Lv 9:10 | על גבי מדבחה היך מה דפקד ייי ית משה: |
| 200 | | Lv 9:21 | אנפו קדם ייי היך מה דפקד ^ייי ית#2^ משה: |
| 201 | | Lv10:15 | עמך לקיים עלם היך מה דפקד ייי: |
| 202 | | Nu27:23M | \מה די מלל /היך מה דפקד#2/ ייי על ידוי דמשה: |
| 203 | | Dt 5:16 | אבוי וית אמיה היך מה דפקד ייי אלהכון מן בגלל דיסגון |
| 204 | | Gn50:12 | ועבדון בנוי ליה היך מה דפקד יתהון: |
| 205 | | Gn21:04 | בר תמניה יומין היך מה דפקד יתיה ייי: |
| 206 | | Ex34:04 | לטורא דסיני היך מה דפקד יתיה ונסב בידיה תרין |
| 207 | | Dt12:21M | לכון היך מה \די פקדית/דפקד#2/ יתכון ותאכלון |
| 208 | | Dt24:08 | כהנייא וליוויא היך דפקד יתכון תטרון למעבד: |
| 209 | | Nu36:13M | בני ישראל במישריה /דפקד מימריה דייי בידוי דמשה |
| 210 | דפקדו | Dt24:08M | /וליוואי#2/ היך דפקד/<דפק>דו#2/ יתכון תטרון למעבד: |
| 211 | דפקדית | Dt 9:12 | סטון בפריע מן ארחה דפקדית יתהון עבדו להון מסכה: |
| 212 | | Ex29:35 | ולבנוי כדן כל מה דפקדית יתך שבעה יומין תשלמון ית |
| 213 | | Lv 8:31 | בסלה דאשלמותה היך מה דפקדית למימר אהרן ובנוי יאכלון |
| 214 | דפקדת | Lv10:18 | יתה בקודשא היך מה דפקדת: |
| 215 | | Gn 3:09 | בגויה אן היא מצותה דפקדת יתך: |
| 216 | | Ex23:15 | תיכלון פטירין היך מה דפקדת יתכון בזמן ירחא דאביבא |
| 217 | | Ex34:18 | תאכלון פטירין היך מה דפקדת יתכון בזמן ירחא {דאברכה} |
| 218 | דפקי' | Gn 6:22 | ועבד נח כל מה דפקי' יתיה ייי כדין עבד: |
| 219 | דפקיד | Ex 7:20 | משה ואהרן היך מה דפקיד ייי וארים חוטריה ומחה ית |
| 220 | | Ex40:21 | ארונה דסהדותה היך מה דפקיד ייי ית משה: |
| 221 | | Lv 8:04 | ועבד משה היך מה דפקיד ייי יתה ויתכנשו עם כנשתה |
| 222 | | Lv 9:06M | "די פקד ... דייי": דפקיד ייי תעבדון אע{ר}<ד>ו |
| 223 | | Nu36:10 | היך מה דפקיד ייי ית משה כדן עבדו בנתה |
| 224 | | Dt 9:16 | סטיתון בפריע מן אורחא דפקיד מימרה דייי יתכון: |
| 225 | דאפקד | Ex25:22 | תרין כרובייא ית כל מה דאפקד יתך על בני ישראל: |
| 226 | דיפקד | Lv 9:05M | ונסבו ית מה דפקד/דיפקד#2/ משה לתרע/קודם#2/ |
| 227 | | Nu 1:19 | היך מה דיפקד ייי ית משה וסכם יתהון |
| 228 | | Ex 7:02M | ית כל מה \די פקדת/^דיפקד#2^/אנא מפקד#2/ יתך |
| 229 | ופקד | Gn26:11 | ופקד אבימלך ית כל עמא למימר מן |
| 230 | | Gn50:02 | ופקד יוסף ית עבדוי ית אסיא |
| 231 | | Ex36:06 | ופקד משה ועברן כרוז במשריתה |
| 232 | | Nu34:13 | ופקד משה ית בני ישראל למימר |
| 233 | | Nu36:05 | ופקד משה ית בני ישראל על פם |
| 234 | | Dt27:01 | ופקד משה וחכימייה דישראל ית |
| 235 | | Dt27:11 | ופקד משה ית עמא ביומא ההוא |
| 236 | | Dt31:10 | ופקד משה יתהון למימר לסוף שבע |
| 237 | | Dt31:25 | ופקד משה ית ליוויי טעני ארון |
| 238 | | Gn32:20 | ופקד אף ית תנינא אף ית תליתיא |
| 239 | | Dt 3:28 | ופקד ית יהושע ותוקף יתיה וזריז |
| 240 | | Dt31:23 | ופקד ית יהושע בר נון ואמר |

|  |  |  |  |
|---|---|---|---|
| 241 | | Gn32:05 | ופקד יתהון יעקב {יתהון} למימר |
| 242 | | Gn49:29 | ופקד יתהון ואמר להון הא אנא |
| 243 | | Ex 6:13 | ייי עם משה ועם אהרן ופקד יתהון על בני ישראל ועל |
| 244 | | Ex34:32 | קרבו כל בני ישראל ופקד יתהון ית כל מה דפקד ייי |
| 245 | | Nu32:28 | ופקד יתהון «משה» ית אלעזר |
| 246 | | Gn28:01 | יצחק ליעקב וברך יתה ופקד יתיה ואמר ליה לא תסב אתה |
| 247 | | Nu27:19M | כל עם כנישתה ותפקד/ופקד#2/ יתיה קדמיהון: |
| 248 | | Nu27:23 | ית ידוי עלוי ופקד עלוי ופקד יתיה מה די מלל ייי על ידוי |
| 249 | | Dt31:14 | ואתעתדו במשכן זמנא ופקד יתיה ואזל משה ויהושע |
| 250 | | Dt 6:24 | ופקד יתן ייי למעבד ית כל קיימיה |
| 251 | | Gn12:20 | ופקד עלוי פרעה גוברין רברבין |
| 252 | | Gn28:06 | מן תמן אתה כד ברך יתה ופקד עלוי למימר לא תסב אתה מן |
| 253 | | Nu27:23 | וסמך ית ידוי עלוי ופקד עלוי ופקד יתיה מה די מלל |
| 254 | | Ex 1:22 | ופקד פרעה לכל עמיה למימר כל בר |
| 255 | | Ex 5:06 | ופקד פרעה ביומא ההוא ית סרכיהון |
| 256 | ופקדינון | Lv27:34M | לחדתא בהון מדעם ופקדינון מטול לאחוואותהון לוות |
| 257 | ופקדית | Dt 1:16 | ופקדית ית דייניכון בשעתה ההיא |
| 258 | | Dt 1:18 | ופקדית יתכון בשעתה ההיא ית כל |
| 259 | ופקדת | Gn35:09M | יתה "ועד כען הווה ...": ופקדת יתיה למגזור עורלתיה ויתב |
| 260 | | Dt 3:18 | ופקדת יתכון בשעתה ההיא למימר |
| 261 | ופקיד | Gn42:25 | ופקיד יוסף ומלון ית מניהון |
| 262 | | Gn 2:16 | ופקיד ייי אלהים על האדם למימר |
| 263 | | Gn32:18 | ופקיד ית קדמיה למימר ארום יערע |
| 264 | | Gn44:01 | ופקיד למן דהווה ממנא אפיטרופוס |
| 265 | ופקידו | Gn50:16 | ופקידו שבטי' ית בלהה למרביתה |
| 266 | ואפקד | Lv25:21 | ואפקד ית ברכתי לכון בשתה שתיתיה |
| 267 | | Dt31:14M | במשכן זמנא ופקד/ואפקד#2/ יתיה ואזל משה |
| 268 | ויפקד | Ex18:23 | אן ית פתגמא הדין תעבד ויפקד יתך ייי ותיכל למיקם |
| 269 | | Lv13:54 | ויפקד כהנא «ויחוורון ית מנה |
| 270 | | Lv14:04 | ויפקד כהנא ויסב למן דמדכה תרתין |
| 271 | | Lv14:05 | ויפקד כהנא ויכוס ית צפירה חדתה |
| 272 | | Lv14:36 | ויפקד כהנא ויפנון ית ביתיה |
| 273 | | Lv14:40 | ויפקד כהנא וישמטון ית אבניה די |
| 274 | ותפקד | Nu27:19 | וקדם כל עם כנישתה ותפקד יתיה קדמיהון: |
| 275 | למפקדא | Gn49:33 | ואשלם יעקב למפקדא ית בנוי וכנש רגלוי לגו |
| 276 | afel יפקיד | Gn41:34 | יפקיד פרעה גבר וימנה אפיטרופין |
| 277 | etpaal אתפקד | Nu20:09M | ייי היך מה די פקד/אתפקד#2/ יתיה: |
| 278 | | Lv10:01M | בריה מן תפין מה דלא אתפקד להון#2/: |
| 279 | | Nu31:49M | קרבה דאית בידינן לא אתפקד מינן גבר |
| 280 | | Nu36:02 | לבני ישראל ורבוני אתפקד מן קדם ייי למיתן ית אחסנת |
| 281 | | Ex38:21M | /משכן סהדותה די אתפקד על מימר פומה דמשה פלחן |
| 282 | אתפקדו | Lv16:01 | בזמנה קדם ייי די לא אתפקדו ומיתו: |
| 283 | אתפקדית | Lv 8:35M | \כדן פקדית /כן אתפקדית#2/: |
| 284 | | Lv10:13 | קרבנוי דייי ארום כדן אתפקדית: |
| 285 | אתפקדת | Gn45:19 | ואת אתפקדת דא עבדו סיבו לכון מן ארעא |
| 286 | ית' | Lv16:01M | קדם ייי די לא אתפקדו/ית#2/ ומיתו: |
| 287 | דאיתפקד | Nu 3:16 | ממרה דייי היך מה דאיתפקד: |
| 288 | דאתפקד | Ex34:34 | עם בני ישראל ית מה דאתפקד: |
| 289 | ettafal אתפקד | Lv 5:23 | חברא או ית פקדוניה די אתפקד לוותי' או ית אבדתה די |
| 290 | דית' | Lv 5:23M | ית פקדוניה \די אתפקד/דית'#2/ לוותי'/גבה#2/ או ית |

## פקדון *n.* deposit [432 פיקדון]

|  |  |  |  |  |  |  |
|---|---|---|---|---|---|---|
| 001 | s ab/cn | בפקדון | Lv 5:21 | דייי וי{ח}<כ>פר בחברה | בפקדון | או באושטות יד או בגזל או |
| 002 | s em/sf | פקד׳ | Lv 5:23M | "עצה ...": טלומא או ית | פקד<׳> | [...] די לֹם ית חו׳ |
| 003 | | פקדוניה | Lv 5:23 | די עצה ית חברא או ית | פקדוניה | די אתפקד לוותי׳ או ית |
| 004 | | בפקדונה | Lv 5:21M | דייי וישקר בחברה | בפקדונה | או באושטות ידה או בגזלה |

## פקוד *n.* ⇐ פיקוד

## פקח *vb.* to open (the eye) [443]

|  |  |  |  |  |  |  |
|---|---|---|---|---|---|---|
| 001 | peal | ופקח | Gn21:19 | | ופקח | ייי ית עיינה וחמת באר |

## פקיח *n.* seeing person [443]

|  |  |  |  |  |  |  |
|---|---|---|---|---|---|---|
| 001 | s em/sf | פקיחא | Ex 4:11M | או \פתיחין או סמין | /פקיחא | או סמייא#2#/ ארום אלהן |

## פקר *vb.* ⇐ פכר

## פרג *vb.* to change, to reverse [443]

|  |  |  |  |  |  |  |
|---|---|---|---|---|---|---|
| 001 | pael | פרגא | Lv27:33M | מפרגה /יפרגיניה ואין | פרגא#2#/ | יפרג יתיה ויהוי/ויהי#2# |
| 002 | | יפרג | Lv27:10 | או ביש בטב ואן מפרגה | יפרג | בעיר בבעיר ויהוי הוא |
| 003 | | | Lv27:10M | /ישלחיפיניה ולא | יפרג#2#/ | יתיה טב בביש או ביש בטב |
| 004 | | | Lv27:33 | יפרג יתיה ואין מפרגה | יפרג | יתיה ויהוי הוא ופירוגיה |
| 005 | | | Lv27:33 | לא יפשפש בין טב לביש ולא | יפרג | יתיה ואין מפרגה יפרג יתיה |
| 006 | | יפרגיניה | Lv27:33M | יתיה ואין מפרגה | /יפרגיניה | ואין פרגא#2#/ יפרג |
| 007 | | מפרגה | Lv27:10 | טב בביש או ביש בטב ואן | מפרגה | יפרג בעיר בבעיר ויהוי הוא |
| 008 | | | Lv27:33 | ולא יפרג יתיה ואין | מפרגה | יפרג יתיה ויהוי הוא |
| 009 | | ופרג | Gn31:07M | עשרה /ואבוכן שקר בי | ופרג | אבוכן ית אגרי דנה עשרה#2# |
| 010 | | ופרגת | Gn31:41M | ושית שנין בענך | ושלחפת/ופרגת#2#/ | ית אגרי \דנה#2#/ |

## פרגוד *n.* bordered garment [443]

|  |  |  |  |  |  |  |
|---|---|---|---|---|---|---|
| 001 | s ab/cn | פרגוד | Gn37:03 | סיבו הוה ליה ועביד לי | פרגוד | מצייר: |
| 002 | s em/sf | פרגודא | Gn37:31 | ונסב«ו» ית | פרגודא | דיוסף ונכסו צפיר בר עזין |
| 003 | | | Gn37:33 | וחכם יתה ואמר הדא | פרגודא | דברי חיוה בישא אכלת יתה |
| 004 | | | Gn38:25 | <אבה> אכר כען הא היא | פרגודא | דברך או לא ואנה איתמר לי |
| 005 | | | Gn37:23 | לוות אחוי ואשלחו ית | פרגודא | מציירה די עלוי: |
| 006 | | פרגודה | Gn37:31 | צפיר בר עזין וצבעו ית | פרגודה | באדמה: |
| 007 | | | Gn38:25 | עובדוי על דנסב«י»ת | פרגודה | דיוסף אחי ואצבעת יתיה |
| 008 | | | Gn37:32 | דא אשכחנן חכם כען אן | פרגודה | דבריך היא אי לא: |
| 009 | | | Gn37:32 | ושלחו ית | פרגודה | מציירה דיוסף ואייתון |

## פרגל *vb.* to chastise! [444]

|  |  |  |  |  |  |  |
|---|---|---|---|---|---|---|
| 001 | quadr. | מפרגל | Dt 8:05M | אבה ית בריה ייי אלהך | מפרגל | לך |
| 002 | | דמפרגל | Dt 8:05M | "... יתכון": היך כמה | דמפרגל | אבה ית בריה ייי אלהך |

## פרגמטייה *n.* commerce [444]

|  |  |  |  |  |  |  |
|---|---|---|---|---|---|---|
| 001 | s ab/cn | פרגמטייה | Dt21:14M | עלה /לא תעביד בה | פרגמטייה#2#/ | חלף/בתר#2#/ די יהבת |
| 002 | | פרקמטיא | Gn23:16 | בכל אתר מתקבלין בכל | פרקמטיא: | |
| 003 | s em/sf | לפרגמטיכון | Dt33:18 | זבולן במיפקכון | לפרגמטיכון | וחדון דבית יששכר |

## פרדס *n.* garden, park [444]

|  |  |  |  |  |  |  |
|---|---|---|---|---|---|---|
| 001 | s ab/cn | פרדס | Gn21:33 | ונצב אברהם | פרדס | בבאר שב«ע» ויהב בגויה |
| 002 | p em/sf | פרדיסיא | Gn14:03 | מלכייא אתחברו במישר | פרדיסיא | היא ימה דמלחה: |
| 003 | | פרדסיא | Gn14:17 | מלכייא דהון עמיה במישר | פרדסיא | היא משרה דמלכא: |
| 004 | | פרדסיה | Gn14:10 | ומיש׳ | פרדסיה | בארין בארין מליין חמר |
| 005 | | פרדסייא | Gn14:08 | סדרי קרבא במישר | פרדסייא: | |

## פרה ורבה *n.* prostitution [444]

|  |  |  |  |  |  |  |
|---|---|---|---|---|---|---|
| 001 | s ab/cn | פרה רבה | Nu24:25 | לאתריה ואקים בנתיה על | פרה רבה: | |
| 002 | | פרה רביה | Nu24:25M | /בנתה#2#/ על | פרה רבה/<פרה ר>ביה#2#/: | |

## פרוירין *n.* area outside of city [445]

|  |  |  |  |  |  |  |
|---|---|---|---|---|---|---|
| 001 | p abs | ופרוילי | Nu35:02M | לקרוין די חזור חזור | /ופרוילי | לקורייתה דח׳#2#/ יתהון |
| 002 | | ופרוירין | Nu35:02 | קוריין למישרי | ופרוירין | לקרוין די חזור חזור |
| 003 | p const | פרווילי | Nu35:05M | קריתה /דא יהווי לכון | פרווילי | קור׳#2#/: |
| 004 | | | Lv25:34M | \פרוירי קרוי{כ}<ה>ון | /פרווילי | קורייכון#2#/ לא יזדבן |
| 005 | | פרוירי | Lv25:34 | וחקל | פרוירי | קרוי{כ}<ה>ון לא יזדבן |
| 006 | | | Nu35:05 | במצעה אלין יהוון לכון | פרוירי | קריתה: |
| 007 | | ופרווילי | Nu35:04M | | ופרוירי/ופרווילי#2#/ | קרייתה די תתנון |
| 008 | | ופרוירי | Nu35:04 | | ופרוירי | קרייתה די תתנון לליוויי |
| 009 | p em/sf | פרוויליהון | Nu35:07M | וית | פרויריהון/^פרורי#2#^/פרוויליהון#2#/: | |
| 010 | | פרווילייה | Lv25:31M | ובתי | כופרנייה/פרווילייה#2#/ | די לית להון |
| 011 | | פרויריהון | Nu35:07 | קריאן יתהון וית | פרויריהון: | |
| 012 | | פרורי׳ | Nu35:07M | וית | פרויריהון/^פרורי׳#2#^/פרוויליהון#2#/: | |
| 013 | | ופרוויליהון | Nu35:03M | /למשרי׳#2#/ | ופרויריהון/ופרוויליהון#2#/ | יה{ד}<ו>ון |
| 014 | | ופרויריהון | Nu35:03 | להון למשריהון | ופרויריהון | יה{ד}<ו>ון לבעיריהון |

## פרוכה *n.* curtain [445]

|  |  |  |  |  |  |  |
|---|---|---|---|---|---|---|
| 001 | s ab/cn | פרוכת | Lv 4:06M | דבית קודשה /על אפי | פרוכת | בית <קודשה>%#2#/: |
| 002 | s em/sf | פרוכתה | Ex40:03 | ותטל על ארונה ית | פרוכתה: | |
| 003 | | | Ex40:22 | דמשכנא לצפונא לבר מן | פרוכתה: | |
| 004 | | | Ex40:26 | דדהבה במשכן זימנא קדם | פרוכתה: | |
| 005 | | | Lv 4:17 | קדם ייי ית אפי | פרוכתה: | |
| 006 | | | Lv 4:06 | זמנין קדם ייי ית אפי | פרוכתה | דבית קודשה: |
| 007 | | | Lv24:03 | לבר מן | פרוכתה | דסהדותה במשכן זמנה יסדר |
| 008 | | | Ex39:34 | חפיי משכי דססגונה וית | פרוכתה | דפרסה: |
| 009 | | | Ex40:21 | לגו משכנה ושווי ית | פרוכתה | דפרסה וא{ע}<ט>יל על ארונה |
| 010 | | | Nu18:07 | לכל עסק מדבחה ולגו מן | פרוכתה | ותפלחון פלחן מתנה אתן |
| 011 | | | Ex38:27 | בית קודשא וית חומרי | פרוכתה | מאה חומרין למאה ככרין ככר |
| 012 | | | Ex36:35 | ועבד ית | פרוכתה | תכלה וארגוון וצבע דזיהורי |
| 013 | | פרכתא | Ex30:06 | ותתן יתיה קדם | פרכתא | די על ארונא דשהדותא וקדם |
| 014 | | | Ex26:35 | ותשוי ית פתורא לבר מן | פרכתא | וית מנרתא לקבל פתורה על |
| 015 | | | Ex26:33 | פורפיא ותעל תמן לגו מן | פרכתא | ית ארונה דשהדותא ותפרש |
| 016 | | | Ex26:33 | ית ארונה דשהדותא ותפרש | פרכתא | לכון בין קדשא ובין קדש |
| 017 | | | Ex26:33 | ותתן ית | פרכתא | תחות פורפיא ותעל תמן |
| 018 | | | Ex26:31 | ותעבד | פרכתא | תכלה וארגונא וצבע זיהורי |
| 019 | | פרכתה | Lv16:12 | דקיקה ויעל לגו מן | פרכתה: | |
| 020 | | | Ex27:21 | במשכן זימנא לבר מן | פרכתה | דעל שהדותא יסדר יתיה |
| 021 | | | Ex35:12 | אריחוי ית כפרתה וית | פרכתה | דפרסה: |
| 022 | | | Nu 4:05 | במטלת משריתה ויפרקו ית | פרכתה | דפרסה ויכסון בה ית ארונה |
| 023 | | | Lv16:15 | וייתי ית אדמה לגו מן | פרכתה | ויעבד לאדמה היך מה דעבד |
| 024 | | | Ex26:34 | ותתן ית | {{פרכתה}} | «כפורתה» על ארונה |
| 025 | | | Lv21:23 | להוד לגו מן | פרכתה | לא ייעול ועל גבי מדבחה לא |

| | | | | | |
|---|---|---|---|---|---|
| 026 | | Lv16:02 | לבית מקדשה לגו מן {מן} | פרכתה | לקבל כפרת די על ארונה |
| 027 | לפר׳ | Lv21:23M | /לחוד#2#/ \לגו מן | פרכתה/לפר׳#2#/ | לא ייעול ועל גבי |

## פרוכת *n.* ⇐ פרוכה

## פרוילין *n.* ⇐ פרוירין

## פרוק *n.* savior [445]

| | | | | | |
|---|---|---|---|---|---|
| 001 | s ab/cn פ׳ | Nu 5:08M | לית \לגברה פרוק /גבר | פ׳#2#/ | למחזרה אשמה לה אשמה |
| 002 | פרוק | Gn28:21M | /בסעדי#2#/ לאלה | פריק/פרוק#2#/: | |
| 003 | | Lv25:38 | למיהוי ממרי לכון לאלה | פרוק: | |
| 004 | | Lv22:33 | למיהוי במימרי לכון לאלה | פרוק | אנה הוא ייי דפרקת לאבהתכון |
| 005 | | Lv26:45 | במימרי להון לאלה | פרוק | אנה ייי: |
| 006 | | Nu15:41 | למיהוי לכון לאלה | פרוק | אנה ^הוא#2#^ ייי אלהכון: |
| 007 | | Dt29:12 | והוא יהווי לכון לאלה | פרוק | היך מה «ד״׳מלל לכון |
| 008 | | Lv26:12 | ויהווי מימרי לכון לאלה | פרוק | ואתון תהוון לשמי לעם |
| 009 | | Lv25:26 | וגבר ארום לא יהווי ליה | פרוק | ותארע ידיה ותשכח כמסת |
| 010 | | Ex 6:07 | ויהווי מימרי לכון לאלה | פרוק | ותדעון ארום אנה הוא ייי |
| 011 | | Lv11:45 | {למהווי} לכון לאלה | פרוק | ותהוון קדישין ארום קדיש |
| 012 | | Lv25:48M | ליה חד מן /בתר דזבן | פרוק | יהווי לה לחד מ׳#2#/ אחוי |
| 013 | | Dt26:17 | הדין למיהווי לכון לאלה | פרוק | למהלכה באורחן דתקנן קדמוי |
| 014 | | Nu 5:08 | ואין לית לגברה | פרוק | למחזרה אשמה לה אשמה דמתחזר |
| 015 | פריק | Gn17:08 | ואהוי בממרי להון לאלה | פריק: | |
| 016 | | Gn28:21 | ויהווה ייי לי לאלה | פריק: | |
| 017 | | Ex29:45 | ויהווי ממרי להון לאלה | פריק: | |
| 018 | דיפרוק | Lv25:33M | מן ליווייה /ודי | דיפרוק | מין ליוואי{׳}#2#/ ויפוק |
| 019 | ופרוק | Nu24:17 | למקום מן דבית יעקב | ופרוק | ושליט מן דבית ישראל |
| 020 | לפריק | Ex15:02 | ייי אמר בממרי והוה לן | לפריק | אמרין בני ישראל דן הוא |
| 021 | s em/sf פירוקא | Gn49:17 | יהווי דן | פירוקא | דעתיד למיקם מן דבית דן |
| 022 | פרוקיה | Lv25:25M | אחסנתיה וייתי | קריביה/פרוקיה#2#/ | דקריב לוותה ויפרוק |
| 023 | ופירוקה | Nu18:16M | ופ«ו»רקניהון/ופירוקה#2#/ | | מן בר ירח |
| 024 | ופרוקהון | Nu24:07 | מלכיהון מן ביניהון | ופרוקהון | מנהון יהווי יכנש להון |

See also: פירוג *n.*

## פרזל *n.* iron [445]

| | | | | | |
|---|---|---|---|---|---|
| 001 | s ab/cn פרזל | Nu35:16 | ואן במן די | פרזל | מחה יתה ומית קטיל מתקטלה |
| 002 | דברז׳ | Dt20:19M | כל מין | דפרזל/דפור׳#2#/דברז׳#2#/ | ארום מניה |
| 003 | דברזל | Dt27:05 | לא תעברון עליהון מן | דברזל: | |
| 004 | דפור׳ | Dt20:19M | כל מין | דפרזל/דפור׳#2#/דברז׳#2#/ | ארום מניה |
| 005 | דפורזל | Dt27:05M | /תני{ס}<פ>ון מן | דפורזל#2#/: | |
| 006 | דפרזל | Dt20:19 | למעברה עלוי כל מין | דפרזל | ארום מניה תאכלון ויתיה לא |
| 007 | | Dt 3:11 | גברייא והא ערסיה ערס | דפרזל | הלא היא יהיבא ברבת דבני |
| 008 | s em/sf בורזלה | Dt19:05M | קיסין וישמוט | בורזלה#2#/ | מן קיסה ויארע/ויירע#2# |
| 009 | בר׳ | Dt33:25M | אשר ברירין היך | פרזלה/בר׳#2#/ | וחסימין היך נחשה |
| 010 | פורזלה | Nu31:22M | וית נחשה וית | פרזלה/פורזלה#2#/ | וית בעצה וית כסיטרא |
| 011 | | Dt28:48M | /מנדע׳ ואשווי ניר | פורזלה#2#/ | על צווריכון עד זמן די |
| 012 | פרזלא | Ex20:25 | יתהון חציבין ארום | פרזלא | {ארום פרזלא} דחרבא מתעברא |
| 013 | | Ex20:25 | ארום פרזלא {ארום | פרזלא} | דחרבא מתעברא עברת עליהון |
| 014 | | Nu34:04 | דעקרבין ויעבר בטור | פרזלא | ויהוון מפ<ק>נו{ק}׳ מן |
| 015 | | Ex20:25M | חציב ארום | פרזלא | חרבא מתעבד מינ׳ אין |
| 016 | | Ex12:42M | אברי רשיעיא ונירי | פרזלא | ישתיצון מיש׳ |
| 017 | | Ex12:42 | עלמא קציה למתפרקא ניריה | פרזלא | יתברון ודרי רשיעא ישתיצון |
| 018 | | Dt19:05 | למיקוץ קיסא וישמט | פרזלא | מן קיסה ויארע ית חבריה |
| 019 | | Ex20:25M | מתעבד מינ׳ אין עברת | פרזלא | עלוי אפיסת יתיה |
| 020 | פרזלה | Lv26:13 | קשי עליכון היך ניר | פרזלה | ודברית יתכון <בקומה> |
| 021 | | Lv26:13M | נ{וף}<יר> | פרזלה | ודברית יתכון בקומה זקיפה |
| 022 | | Dt33:25 | דבית אשר ברירין היך | פרזלה | וחסימין היך נחשה וכיומי |
| 023 | | Nu31:22 | וית כספה וית נחשה וית | פרזלה | וית בעצה וית כסיטרא וית |
| 024 | | Dt 8:09 | שריין וברירן היך | פרזלה | ומן טווריה חצבין נחשה: |
| 025 | | Lv26:19 | די עלויכון ברירין היך | פרזלה | מן למחתה לכון טלין ומטרין |
| 026 | | Dt28:23 | די תחותיכון ברירה היך | פרזלה | מן למרביה לכון דתין |
| 027 | דפרזלה | Dt 4:20 | ואפק יתכון מן כורה | דפרזלה | מן מצרים למהווי לשמה |
| 028 | | Dt28:48 | כל מדעם וישוי נירה | דפרזלה | על צוואריכון עד זמן די |
| 029 | ופרזלא | Gn 4:22 | אומן בכל אומנות נחשא | ופרזלא | ואחתה דתובל קין הות |
| 030 | כפורזלא | Dt 8:09M | ארע די אבניה ברירין | כפורזלא | וטוריה ח{כ}<ס>ימין |
| 031 | כפורזלה | Dt28:23M | מעילוויכון ברירין | כפורזלה | דלא למחתה לכון לא טל |
| 032 | כפר׳ | Dt 8:09M | וברירן \היך | פרזלה/כפר׳#2#/ | ומן טווריה חצבין |
| 033 | כפרזלא | Lv26:19M | מעילוויכון ברירין | כפרזלא | דלא למחתה לכון לא טל ולא |
| 034 | | Dt 8:09M | תקיפין הי | כפרזלא | ותלמידייהא חסינין הי |

## פרח *vb.* to fly [446]

| | | | | | |
|---|---|---|---|---|---|
| 001 | peal פורח | Ex 9:09M | \פרח עבד שלפוקין | /פורח | סלבוקיין#2#/ בכל ארעא |
| 002 | פרח | Ex 9:10 | עבד {טפל}<שלפ>וקין | פרח | בבני אינשא ובבעירה: |
| 003 | | Lv13:39M | /חיור#2#/ בהקי הוא | הלך/פרח#2#/ | במשכא דכי הוא: |
| 004 | | Ex20:02 | ולמפד דאשא מן שמאליה | פרח | וטייס באויר שמייא וחזר וכל |
| 005 | | Ex20:03 | ולמפד דאשא מן שמאלה | פרח | וטייס באויר שמיא וחזר וכל |
| 006 | | Dt 5:06 | ולמפד דאשה מן שמאליה | פרח | וטייס באויר שמיא וחזר ומקף |
| 007 | | Dt 5:07 | ולמפד דאשה מן שמאליה | פרח | וטייס באויר שמייא וחזר |
| 008 | | Ex 9:09 | ועל בעירא לשחין | פרח | עבד שלפוקין בכל ארעא |
| 009 | פרחה | Lv13:20M | /׳^הל<כא#2#/^היא | פרחה#2#/: | |
| 010 | | Lv13:42M | מהלכה היא /סמקה צרעה | פרחה | היא#2#/ בקרחתה או |
| 011 | | Lv13:57M | או בכל מן דמשך | מהלכה/פרחה#2#/ | היא בנורא תוקדון |
| 012 | פרחת | Lv13:25M | /בכוייה#2#/ | הלכת/פרחת#2#/ | ויסאב יתיה כהנא צרעה |
| 013 | פריחין | Lv 2:14 | מהבהב קלי בנורא גרש | פריחין | תקרב ית מנחת בכוריכון: |
| 014 | יפרח | Nu17:20M | ביה חוטריה | ירטב/יפרח#2#/ | ואבטל מעילווי ית |
| 015 | | Gn 1:20M | נפש דחיא ועופא | דפרח/יפרח#2#/ | על ארעא על אפי אויר |
| 016 | תפרוח | Lv13:12M | ואין מפרח | תפרח/תפרוח#2#/ | צרעתה/<צר>עא#2#/ |
| 017 | תפרח | Lv13:12 | ואין מפרח | תפרח | צרעתה במשכה ותכסי צרעתה ית |
| 018 | מפרח | Lv13:12 | ואין | מפרח | תפרח צרעתה במשכה ותכסי |
| 019 | דפרח | Dt 4:17 | דאית בארעא דמו כל עוף | דפרח | דטייס באויר שמייא: |
| 020 | | Gn 7:14 | וכל עופה למינה וכל | דפרח | וכל דטייס: |
| 021 | | Gn 1:21 | למינהון וית כל עופא | דפרח | למיניה וגלי קדם ייי ארום |
| 022 | | Gn 1:20 | מיא שרץ נפש דחיא ועופא | דפרח | על ארעא על אפי אויר רקיע |
| 023 | ויפרוח | Lv14:43M | ואם יחזור מכתשה | ויהלך/ויפרוח#2#/ | בביתה מן בתר די שמט |
| 024 | afel אפרח | Nu17:23 | למשכנה דסהדותה והא | אפרח | חוטרה דאהרן לביתה דלוי |
| 025 | | Nu17:23M | ביה בליליה | אפרח | ליבלובין ואניץ ניצין וחסל |
| 026 | אפרחת | Gn40:10 | תלתא שרביטין והיא | אפרחת | אסקת נצי{ת}<ה> בשלו |

## פרח *n.* flower [445]

| | | | | | |
|---|---|---|---|---|---|
| 001 | s ab/cn דפרח | Gn30:37M | ונסב לי׳ יעקב חטרא | דלבן/דפרח | לבן#2#/ רטיב ודלוז |
| 002 | p abs פרחין | Nu17:23 | לביתה דלוי ואפק | פרחין | ואניץ נצין וגמר ועבד לוזין |

## פרט *n.* single grapes [Heb.] [446]

| | | | | | |
|---|---|---|---|---|---|
| 001 | s ab/cn ופרט | Lv19:10 | לא תעבדון עוללתכון | ופרט | כרמכון לא תלקטון למסכיניה |

|  |  |  |  |  |
|---|---|---|---|---|
| 001 | פרי | s ab/cn | Gn 3:24 | דייכלון ויתפרנקון מן **פרי** אילנ׳ על די נטרו מצוותה |
| 002 | | | Gn 3:03 | ומן **פרי** אילנא די במציעות גנתה אמר |
| 003 | | | Ex10:15 | ית כל עשבא דארעא וית כל **פרי** אילנא די שייר ברדא ולא |
| 004 | | | Dt 7:13M | ולד מעיכון **ופירי/פרי#2#** ארעכון עבידתיכון |
| 005 | | | Dt28:33 | **פרי** ארעכון וכל לעותכון יאכלון |
| 006 | | | Dt28:51 | וייאכל **פרי** בעיריכון ופרי ארעכון |
| 007 | | | Gn30:02 | ברחל ואמר הא מני אנון **פרי** וולד מעייא הא אנא ואת ניזל |
| 008 | | | Dt28:53 | ותיכלון **פרי** וולד מעיכון בשר בניכון |
| 009 | | | Dt 7:13M | ויסגי יתכון ויברך **פירי/פרי#2#** ולד מעיכון ופירי |
| 010 | | | Lv19:24 | ובשתה רביעתה יהוון כל **פרי{ו}** קדש פרקן לשמה דייי: |
| 011 | | | Dt14:22M | למעשרה מן פרי שנה עד **פרי** שנה |
| 012 | | | Dt14:22M | אתון רשאין למעשרה מן **פרי** שנה עד פרי שנה |
| 013 | בפרי | | Dt30:09 | אלהכון בכל עבד ידיכון **בפרי** וולד מעיכון ובפרי בעירכון |
| 014 | | | Dt28:04 | תהוון עמי בני ישראל **בפרי** ולד מעיכון ובפירי ארעכון |
| 015 | | | Dt28:18 | ליסין תהוון **בפרי** ולד מעיכון ובפרי ארעכון |
| 016 | ופרי | | Dt28:11M | \ופרי#2# בעירכון **ובפרי/ופרי#2#** ארעכון על ארעא די |
| 017 | | | Dt28:42 | כל אילנכון **ופרי** ארעכון ישיצון יתהון |
| 018 | | | Dt28:51 | וייאכל פרי בעיריכון **ופרי** ארעכון עד זמן די תשתיצון |
| 019 | | | Dt28:04M | ובפירי ארעכון **ובפירי/ופרי#2#** בעיריכון בקרת |
| 020 | | | Dt28:11M | וולד מיעיכון **ובפירי/ופרי#2#** בעירכון ובפרי |
| 021 | ובפרי | | Dt28:11 | ובפירי בעירכון **ובפרי** ארעכון על ארעא די קיים |
| 022 | | | Dt28:18 | תהוון בפרי ולד מעיכון **ובפרי** ארעכון בקרת תוריכון ועדרי |
| 023 | | | Dt30:09 | מעיכון ובפרי בעירכון **ובפרי** ארעכון לטבן סגין ארום |
| 024 | | | Dt30:09 | בפרי וולד מעיכון **ובפרי** בעירכון ובפרי ארעכון לטבן |
| 025 | כפרי | | Gn 4:08M | די ברחמ׳ אתברי עלמא **כפרי** עובדין ומסב אפין לית |
| 026 | פירא | s em/sf | Gn 4:03M | קין מן \פירי ארעא **/פירא** דאר#2# דורון לשמה |
| 027 | פירה | | Nu13:27 | כדבשה היא והא מן **פירה**: |
| 028 | | | Gn 3:18M | מזון מן **פירי/פירה#2#** דארעא \בגין כן /הא |
| 029 | | | Gn 3:17M | עלליתיה כל /תוכל מן **פירה** כל#2# יומי חייך: |
| 030 | פיריה | | Dt26:02M | כל \פירי ארעא **/פיריה** דא#2# די תייתון מן |
| 031 | | | Dt 1:25M | בידיהון מן \פירי ארעא **/פיריה** דארע#2# ו{נ}<א>חיתו |
| 032 | פריו | | Lv19:23 | דמיכל ותפרקון ערלתיה ית **פריו** תלת שנין יהוי לכון ריחוק |
| 033 | פירין | p abs | Nu21:34M | לא עבדין /דלא עבדין **פירין/פירין#2#** בגין כדן קיים ייי יתיה |
| 034 | | | Gn 1:12 | אילן דפירין דעבד **פירין** די נצבת׳ מנה ובה למינה |
| 035 | | | Dt20:20 | ידעין די לא אילן עבד **פירין** הוא יתיה תחבלון ותקצון |
| 036 | | | Dt 6:03 | אבהתכון לכון ארע עבדה **פירין** טב{י}ן נקיין כחלבה |
| 037 | | | Ex 3:08 | טבא ופתיא לארעא עבדא **פירין** טבין נקין כחלבא וחליין |
| 038 | | | Ex13:05 | למתן לכון ארעא דעבדא **פירין** טבין נקיין כחלבא וחליין |
| 039 | | | Ex33:03 | לארעא דעבדא **פירין** טבין נקיין כחלבא וחליין |
| 040 | | | Lv20:24 | יתה {ארע} ארע דעבדה **פירין** טבין נקיין כחלבה וחליין |
| 041 | | | Nu13:27 | יתן ולהוד ארע עבדה **פירין** טבין נקין כחלבה וחליין |
| 042 | | | Nu14:08 | יתה לן ארע דהיא עבדה **פירין** טבין נקיין כחלבה וחליין |
| 043 | | | Nu16:13 | אסקת יתן מן ארעא עבדה **פירין** טבין נקיין כחלבה וחליין |
| 044 | | | Nu16:14 | להוד לא לארע עבדה **פירין** טבין נקיין כחלבה וחלין |
| 045 | | | Dt11:09 | להון ולבניהון ארע עבדה **פירין** טבין נקיין כחלבה וחליין |
| 046 | | | Dt26:09 | ית ארעא הדא ארע עבדה **פירין** טבין נקיין כחלבה וטעימין |
| 047 | | | Dt26:15 | דקיימת לאבהתן ארע עבדה **פירין** טבין נקיין כחלבה וחליין |
| 048 | | | Dt33:15 | עבדה **פירין** טבין בזכותה דיאבהתן |
| 049 | | | Dt33:16 | עבדה **פירין** טבין בזכות ארעא ומלאיה |
| 050 | | | Nu21:34 | על מבועין דמיין ברם **פירין** לא עבדין בגין כדן קיים |
| 051 | | | Dt 3:02M | על מבועין דמיין ברם **פירין** לית אינון עבדין בגין כן |
| 052 | | | Gn 1:11 | זרע אילן דפירין דעבד **פירין** למינה די נצבתא מינה ובה |
| 053 | | | Ex 3:17 | ויבוסיי לארעא דעבדא **פירין** נקיא כחלבא וחליין כדובשא: |
| 054 | | | Dt27:03 | יהב לכון ארע עבדין **פירין** נקיין כחלבה וחליין כדבשה |
| 055 | פרין | | Dt31:20 | לאבהתהון ארע דעבדה **פרין** טבין נקיין כחלבה וחליין |
| 056 | | | Dt33:14 | ע{ת}<ב>דה **פרין** מן טוב עללת שמשא |
| 057 | דפירין | | Gn 1:11 | דמזריעין זרע אילן **דפירין** דעבד פירין למינה די נצבתא |
| 058 | | | Gn 1:12 | זרע למיניהון אילן **דפירין** דעבד פירין די נצבת׳ מנה |
| 059 | פירי | p const | Gn 1:29 | וית כל אילניא דאית ביה **פירי** אילן דמזרעין זרע לכון |
| 060 | | | Gn 3:22 | יפשוט ידיה ויסב מן **פירי** אילן חייא ויכל ויחי לעלם: |
| 061 | | | Gn 3:24M | ברם **פירי** אילן חייא היא אוריית׳ כל |
| 062 | | | Gn 3:24 | לפלחי בעלמא הדין היך **פירי** אילן חייא: |
| 063 | | | Lv23:40 | לכון ביומא טבא קדמיה **פירי** אילן משבח תרוגין ולולבין |
| 064 | | | Lv27:30 | דארעא מן זרעא דארעא מן **פירי** אילנה לשמה דייי הוא קדש |
| 065 | | | Gn 3:02 | ואמרת איתתא לחויה מן **פירי** אילני גנת נאכל: |
| 066 | | | Gn 4:03 | יומין ואייתי קין מן **פירי** ארעא דורון לשמה דייי: |
| 067 | | | Dt 1:25 | ונסבו בידיהון מן **פירי** ארעא ו{נ}<א>חיתו לוותן |
| 068 | | | Dt26:02 | מן שירוי בוכרת כל **פירי** ארעא די תייתון מן ארעכון |
| 069 | | | Dt26:10 | ית שרוי בוכרת כל **פירי** ארעא מן מה די יהבת לן ייי |
| 070 | | | Gn49:20M | אשר מה /שמינין אינון **פירי** ארעכון והא תהוי מרבייה |
| 071 | | | Gn 4:16 | ארעא מרבייה קודמוי היך **פירי** גנתא דעדן ומן דחטא וקטל |
| 072 | | | Gn 3:18 | לעות ידי נאכל מזון מן **פירי** דארעא בגין כן יהוי מפרש |
| 073 | | | Nu13:20 | לא ותתוקפון ותסבון מן **פירי** דארעא ויומיא יומי בכורי |
| 074 | | | Nu13:26 | כנ«י»שתה וחזון ליה ית **פירי** דארעא: |
| 075 | | | Gn30:02 | קדם ייי די «מנע» מניך **פירי** וולד מעייא: |
| 076 | | | Dt 7:13 | יתכון ויסגי יתכון ויברך **פירי** ולד מעיכון ופירי ארעכון |
| 077 | | | Dt33:14 | עללת שמשא ומבכ{כ}<ר>ה **פירי** מגדנין בכל ירח וירח: |
| 078 | | | Gn 4:08 | איתברי עלמא ולא על **פירי** עובדין טבין הוה מדבר ומיסב |
| 079 | | | Gn 4:08 | ברחמין איתברי עלמא ועל **פירי** עובדין טבין הו׳ מדבר ועל |
| 080 | | | Gn 3:17 | ארעא מן בגללך בצער תיכל **פירי** עלליתיה כל יומי חייך: |
| 081 | | | Gn 4:12 | ית ארעא לא תוסף למתן **פירי** עללתא לך גלי ומטלטל תיהוי |
| 082 | | | Lv19:25 | ית פירוי למוספה לכון **פירי** עללתה אמר ייי אלהכון: |
| 083 | | | Lv25:19 | ותתן ארעא **פירי** עללתה ותאכלון ותשבעון |
| 084 | | | Lv25:21 | בשתה שתיתיה ותעבד ארעא **פירי** עללתה לתלת שנין: |
| 085 | | | Lv25:22 | תשיעיתה עד זמן דיעלון **פירי** עללתה תאכלון ע{ק}<ת>יקה: |
| 086 | | | Lv26:04 | ארעכון בזמנה ותתן ארעא **פירי** עללתה ואילנייה דאפי ברה |
| 087 | | | Lv26:20 | חייליכון ולא תתן ארעכון **פירי** עללתה ואילנה דאפי ברה לא |
| 088 | | | Dt11:17 | יהוי מטר וארעא לא תתן **פירי** עללתה ותסופון בופריע |
| 089 | | | Ex23:19 | שרוי בכרית **פירי** עללתכון תייתון |
| 090 | בפירי | | Dt28:11 | ייי אלהכון לטבתה **בפירי** וולד מיעיכון ובפירי |
| 091 | דפ׳ | | Lv25:22M | \דיעלון פירי /מעלה **דפ#2#** עללתה תאכלון |
| 092 | ופירי | | Dt 7:13 | ויברך פירי ולד מעיכון **ופירי** ארעכון עבידתיכון חמריכון |
| 093 | ובפירי | | Dt28:04 | בפרי ולד מעיכון **ובפירי** ארעכון ובפירי בעיריכון |
| 094 | | | Dt28:04 | מעיכון ובפירי ארעכון **ובפירי** בעיריכון בקרת תוריכון |
| 095 | | | Dt28:11 | בפירי וולד מיעיכון **ובפירי** בעירכון ובפרי ארעכון על |
| 096 | פירהא | p em/sf | Nu13:20M | \פריה או אפתרין **/פירהא** אם פתרנין#2#^/עציין#2#^ |
| 097 | פירוי | | Dt 4:48M | טורה דסיאון/דמסרי **פירוי#2#/** הוא טור תלגה: |
| 098 | | | Dt 3:09 | לטור תלגה טורא דמסרי **פירוי** ואמוריי הוון קריין יתיה |
| 099 | | | Dt20:06 | די נצב כרם ולא אפריק **פירוי** יזיל ויחזור לבייתיה דלא |
| 100 | | | Lv19:25 | ובשתה חמישיתה תיכלון ית **פירוי** למוספה לכון פירי עללתה |
| 101 | פיריהון | | Dt28:30 | ת{ז}<צ>בון ולא תפרקון **פיריהון**: |
| 102 | פירייה | | Nu13:26M | דכנשתה וחמון להון ית **פירייה** דא׳ |
| 103 | פרוי | | Gn 3:06 | למסתכלא ביה ונסבית מן **פרוי** ואכלת ונסב<ת> ויהבת לחוד |
| 104 | פריה | | Nu13:20 | ומה ארעא השמינין אינון **פריה** או אפתרין הא אית בה אילנין |
| 105 | | | Gn49:15 | דישראל ארום שמינין **פרי«ה»** וארכן כתפה לאולפן |
| 106 | | | Gn49:15M | פרי«ה» /שמנין הנן **פריה#2#/** וארכן כתפה לאולפן |
| 107 | פרייה | | Nu13:20M | ותסבון מן **פירי/פרייה#2#** דארעא ויומיא יומי |
| 108 | בפירוי | | Lv26:04 | דאפי ברה יצלח **בפירוי**: |

|  |  |  |  |  |
|---|---|---|---|---|
| 109 | | | Lv26:20 | דאפי ברה לא יצלח בפירוי: |
| 110 | בפיריה | | Gn13:10 | באילנא כארעא דמצרים בפיריה מעלך «לזוער»: |

## פריזיי *adj.* Perizite [447]

|  |  |  |  |  |
|---|---|---|---|---|
| 001 | ופריזיא | s em/sf | Gn13:07 | לא תנטון לכנעניא ופריזיא עד כען אנון שריין בארעא: |
| 002 | ופריזיה | | Dt20:17 | חתיי ואמוריי כנעניי ופריזיה וחיווייה ויבוסייה היך מה |
| 003 | ופריזייה | | Dt 7:01 | ואמוריי וכנעניי ופריזייה וחיויי ויבוסייה שבעה |
| 004 | פריזיי | p em/sf | Gn15:20 | וית חתיי וית פריזיי וית גיבריא: |
| 005 | | | Ex33:02 | ית כנעניי אמריי חתיי פריזיי חיויי ויבוסיי: |
| 006 | דפריזאי | | Dt 3:05M | סגין /קורייתה דפריזאי סגי#2/ להדה: |
| 007 | ופרזיי | | Ex34:11 | אמריי <ו>כנעניי וחתיי ופרזיי ויבוסיי: |
| 008 | | | Ex23:23 | לארעהון דאמוריי דחתיי ופרזיי וכנעניי וחויי ויבוסיי |
| 009 | ופריזאי | | Gn13:07M | ופריזיא עד /לכנעאי ופריזאי דעד#2/ כען אנון שריין |
| 010 | | | Ex33:02M | ואימוראי וחיתאי ופריזאי וחיוואי ויבוסאי#2/: |
| 011 | | | Dt20:17M | "כנעניי ...": וכנעני ופריזאי וחיוואי ואיבוסאי |
| 012 | | | Ex34:11M | וכנענאי וחיתאי ופריזאי ויבוסאי |
| 013 | | | Ex23:23M | ושיצא /וחתאי ופריזאי וכנ{נ}ענ{ע}אי וחיואי |
| 014 | ופריזי | | Ex 3:08 | דכנענאי וחתיי ואמריי ופריזי וחויי {ואמריי} ויבוסי: |
| 015 | ופריזיי | | Ex 3:17 | וחתיי ואמריי ופריזיי וחיויי ויבוסיי לארעא |
| 016 | ובפריזיי | | Gn34:30 | דיירי ארעא בכנעניי ובפריזיי ואנה עם למניין ויתכנשו |

## פריק *n.* ⇐ פירוג

## פרישה *n.* wonder [447 פרישן]

|  |  |  |  |  |
|---|---|---|---|---|
| 001 | ובפרישן | p abs | Dt26:08 | ובחזוין רברבן ובאתין ובפרישן: |
| 002 | | | Dt 4:34 | מגו אומה בניסין באתין ובפרישן ובסדרי קרבה וביד תקיפה |
| 003 | וכפרישן | | Dt28:46M | /בכון כאתין וכפרישן ובזרעיית בני#2/ עד |
| 004 | פרישותי | p em/sf | Ex 3:20 | בכל {פרישות ידי} <פרישותי> די <> אעבד ביניהון ומן בתר |
| 005 | פרישתא | | Ex 4:17 | די תעבד בה ית נסי פרישתא: |
| 006 | פרישתה | | Dt34:11 | לכל אתייה וניסי פרישתה די שלח יתיה מימריה דייי |
| 007 | | | Dt11:03 | וית ניסי פרישתה וית עבדוי משבחתה די עבד |
| 008 | פרישתי | | Ex 3:20M | די/>בכל ניסי פרישתי#2/ אעבד ביניהון ומן בתר |
| 009 | | | Ex 7:03 | ואסגי ית נסוי וית פרישתי בארעא דמצרי: |
| 010 | | | Ex11:09 | פרעה מן בגלל למסגי נסי פרישתי בארע«א» מצרים: |
| 011 | | | Nu14:11 | בשם ממרי בכל ניסי פרישתי די עבדית ביניהון: |
| 012 | | | Nu14:22 | ית איקרי וית ניסי פר«י»שתי די עבדית במצרים |
| 013 | | | Ex10:02M | מן מצראי וית ניסי פרישתי דשוויית ביניכון#2/ |
| 014 | פרישתך | | Dt 3:24M | /כעבדיך וכניסי פרישתך#2/: |
| 015 | | | Ex15:18 | ייי כד חמון בניך ניסי פרישתך בימא וגבורתא ביני גלליא |
| 016 | ופרישתה | | Dt 7:19 | חמין עייניכון ואתייה ופרישתה וידה תקיפתה ואדרעה |
| 017 | | | Dt29:02 | חמון עייניכון אתייה ופרישתה רברבייה האינון: |

## פרך *vb.* to shatter [447]

|  |  |  |  |  |
|---|---|---|---|---|
| 001 | פריכין | peal | Lv 2:14M | בנורא גרש פריחין/<פרי>כ<ין>#2/ תקרב ית מנחת |
| 002 | תפרכון | pael | Nu33:52M | תסיפון /מתכוותהון תפרכון#2/ וית כל בימסיהון |

## פרכס *vb.* to kick convulsively [447]

|  |  |  |  |  |
|---|---|---|---|---|
| 001 | נפרכס | peal | Gn22:10M | "נבעוט ...": בשעת צערי נפרכס ונערבבה וישתכח קרבנן |

## פרן *vb.* to provide a dowry [448]

|  |  |  |  |  |
|---|---|---|---|---|
| 001 | יפריננה | afel | Ex22:15M | ליה לאיתו /מפרינ' יפריננה ליה לאיתא#2/: |
| 002 | יפרן | | Ex22:15 | וישמש עמה מפר{ז}<נ>ה יפרן יתה ליה לאיתו: |
| 003 | מפרינ' | | Ex22:15M | יפרן יתה ליה לאיתו /מפרינ' יפריננה ליה לאיתא#2/: |
| 004 | מפרנה | | Ex22:15 | דלא מארסה וישמש עמה מפר{ז}<נ>ה יפרן יתה ליה לאיתו: |
| 005 | ויפרין | | Dt24:01 | ארום יסב גבר אתה ויפרין ויזדמן לוותה ויהווי אין |

## פרן *n.* marriage settlement (ketubba) [448]

|  |  |  |  |  |
|---|---|---|---|---|
| 001 | פרן | s ab/cn | Gn34:12 | אסגון עלי לחדא פרן וכתובה ואתן היך מה די |
| 002 | פרני | p const | Ex22:16 | יתה ליה כסף יתקל כנימוס פרני בתולתא: |

## פרנוס *n.* maintenance [448]

|  |  |  |  |  |
|---|---|---|---|---|
| 001 | לפרנוס | s ab/cn | Gn47:24M | ולמזוניכון ולתפניק/לפרנוס#2/ בתיכון ולמזון |

## פרנוק *n.* delight [448]

|  |  |  |  |  |
|---|---|---|---|---|
| 001 | פרנוקה | s em/sf | Dt28:56 | על ארעא מן חטוייה ומן פרנוקה תבאש עייניה בבעיל חובה |

## פרנס *vb.* to support [448]

|  |  |  |  |  |
|---|---|---|---|---|
| 001 | אפרנס | quadr. | Gn50:21M | לא תדחלון אנה אכלכל/אפרנס#2/ יתכו«ן» וית |
| 002 | מפרנס | | Dt32:04 | ומרים וממך ותלת שעין מפרנס כל עלמא צדיקה דלית קדמוי |
| 003 | ופרנס | | Gn47:17M | בלחמא בכל בעירהון /ופרנס יתהון יוסף בלח' ובכל |
| 004 | ואפרנס | | Gn45:11M | ואכלכל/ואפרנס#2/ יתך תמן ארום עד |
| 005 | למפרנסה | | Gn30:30 | יכל למעבד ואנה זקיק למפרנסה בניי ואנשי בייתי: |
| 006 | מתפרנסין | quad/t | Gn49:24 | מן תחות אדרע גבורתיה מתפרנסין כל שבטיא דישראל: |

## פרנס *n.* community leader [448]

|  |  |  |  |  |
|---|---|---|---|---|
| 001 | פרנסין | p abs | Gn40:12 | למתפרקא על ידי תלתא פרנסין מהמנין משה ואהרן ומרים |

## פרנסה *n.* livelihood [448]

|  |  |  |  |  |
|---|---|---|---|---|
| 001 | פרנ' | s em/sf | Gn30:22M | דפרנסתא /ומופתח פרנ'#2/ ומפת«חי» דקבריה |
| 002 | דפרנסתא | | Gn30:22 | מן שמי«א» מפתחא דפרנסתא דכן כתבא מפרש ואמר פתח |
| 003 | | | Gn30:22 | מפתחא דמטרא ומפתחא דפרנסתא ומפת«חי» דקבריה ומפתחא |
| 004 | | | Gn30:22M | דמיטר' מפתחיא דפרנסתא מפתחיא דקברא{ה} ומפתחיא |

## פרנק *vb.* to enjoy [448]

|  |  |  |  |  |
|---|---|---|---|---|
| 001 | ויתפרנקון | quad/t | Dt31:20 | וייאכלון וישבעון ויתפרנקון ויסטון בתר טעוון |
| 002 | | | Gn 3:24 | לצדיקיא דייכלון ויתפרנקון מן פרי אילנ' על די נטרו |

## פרס *vb.* to spread [449]

|  |  |  |  |  |
|---|---|---|---|---|
| 001 | פריס | peal | Gn 1:02 | צמחין ומן אילנין וחשוכא פריס על אפי תהומא ורוח דרחמין |
| 002 | | | Ex12:42 | עלמא תהו ובהו וחשוכא פריס על אפי תהומא וממריה דייי |
| 003 | | | Lv11:26 | לכל בעירא דהוא פריס פרסה וטלפין לית היא מטלף |
| 004 | פרס | | Gn31:25 | לבן ית יעקב ויעקב פרס ית משכניה בטורא ולבן אשרי |
| 005 | | | Dt32:11 | קנה על גוזלוי מרחף פרס כנפוי וסבל יתהון וטען |
| 006 | | | Gn13:03 | עד ביתאל עד אתרא די פרס תמן משכניה בקדמיתא בין |
| 007 | | | Gn33:19 | וזבן ית תחומא דחקלא די פרס תמן משכניה מלוות בנוי די |
| 008 | פרסין | | Ex25:20 | ויהווי כרובייא פרסין בכנפיהון לעיל מטלין |
| 009 | | | Ex37:09 | והוון כרובי' פרסין בכנפיהון מלעל מטלין |
| 010 | | | Gn 9:14 | ויהי כד יהוון ענניא פרסין על ארעא ותתחמי קשתא |

|  |  |  |  |  |  |  |
|---|---|---|---|---|---|---|
| 011 | | אפרש | Ex 9:29 | ליה משה במפקי ית קרתא | אפרש | ית כפי ידי קדם ייי קלייא |
| 012 | | יפרוס | Gn 9:14M | \יהוון ענניא פרסין על | /יפרוס | ענני על#2#/ ארעא ותתחמי |
| 013 | | יפרשון | Nu 4:07 | ועל פתורה דלחם אפיה | יפרשון | {ד}<ל>בוש דתכלה ויתנון |
| 014 | | | Nu 4:11 | ועל מדבחה דדהבה | יפרשון | לבוש {ח}<ד>תכלה ויכסון |
| 015 | | ופרס | Gn13:18 | | ופרס | אברם משכניה ואתא ושרא |
| 016 | | | Ex40:19 | | ופרס | ית פרסה על משכנה ושווי ית |
| 017 | | | Ex33:07 | ומשה נסב ית משכנא | ופרס | יתיה לבר מן משרית׳ רחיק מן |
| 018 | | | Ex 9:33 | מן לוות פרעה ית קרתא | ופרס | כף ידוי קדם ייי ואתמנעו |
| 019 | | | Gn35:21 | ונטל ישראל | ופרס | משכוניה רחיק מן מגדלא |
| 020 | | | Gn13:12 | ולט שרה בקרי משרה | ופרס | משכניה עד סדום: |
| 021 | | | Gn26:25 | וצלי בשם ממרי דייי | ופרס | תמן משכניה וחפרו תמן עבדוי |
| 022 | | | Ex38:18 | | ופרס | תרע דרתה עובד ציור |
| 023 | | ופרש | Gn12:08 | לטורא מן מדנח לביתאל | ופרש | משכנה ביתאל מן מערבה |
| 024 | | ואפרוש | Ex33:22 | יתך בנקרה דטינרא | ואפרוש | כפי עליך עד דיעברון כיתי |
| 025 | | ויפרוס | Ex33:07M | ית משכנא | ופרס/ויפרוס#2#/ | יתיה לבר מן משרית׳ |
| 026 | | | Gn16:05 | ייי וידון ביני ובינך | ויפרוס | שלמה ביני ובינך ותתמלא |
| 027 | | ויפרשון | Nu 4:06 | עלוי חפוי משך דססגון | ויפרשון | לבוש גמר דתכלה מן לעיל |
| 028 | | | Nu 4:13 | וישבעון ית מדבחה | ויפרשון | עלוי לבוש דארגוון: |
| 029 | | | Nu 4:14 | מזרקיה כל מני מדבחה | ויפרשון | עלוי חפוי משך דססגון |
| 030 | | | Nu 4:08 | | ויפרשון | עליהון לבוש דצבע זהורי |
| 031 | | | Dt22:17 | אנון סהדוותה דברתי | ויפרשון | שושיפה קדם חכימי קרתה: |
| 032 | | ותפרש | Ex26:33 | ית ארונה דשהדותא | ותפרש | פרכתא לכון בין קדשא ובין |
| 033 | | למיפרס | Ex36:14 | ועבד יריען דמעזי חפיי | למיפרס | על משכנא חדא עשרין |

## פרס *n.* covering [448]

|  |  |  |  |  |  |  |
|---|---|---|---|---|---|---|
| 001 | s ab/cn | פריס | Ex26:31M | ותעבד | פרכתא/פריס#2#/ | תכלה וארגונא וצבע |
| 002 | | פרס | Nu 4:25M | עלוי מן לעיל וית | חפוי~~/פרס#2#/ | דתרע משכן זימנא: |
| 003 | | | Ex26:36 | ותעבד | פרס | לתרע משכנה תכלה וארגון |
| 004 | | | Ex36:37 | ועבד | פרס | לתרע משכנה תכלה וארגוון |
| 005 | | | Ex40:05M | ית \פרסה דתרעה למשכנה | /פרס | לתרעה לתרע מש׳#2#/: |
| 006 | | | Ex27:16 | ולתרע דרתה | פרס | עשרין אמין תכלא וארגוון |
| 007 | | | Ex39:38 | וית קטרת בסמניה וית | פרס | תרע משכנה: |
| 008 | | | Ex40:08 | מן חזור חזור ותתן ית | פרס | תרע דרתה: |
| 009 | | | Ex40:33 | למשכנה ולמדבחה ושווי ית | פרס | תרע דרתה ואשלם משה ית |
| 010 | | | Nu 3:26 | ואילוות דרתה וית | פרס | תרע דרתה די על משכנה |
| 011 | | | Nu 4:26M | דרתה וית | חפוי/פרס#2#/ | תרע דרתה די/דאית#2#/ |
| 012 | | פרש | Ex35:17 | עמודוי וית חומרוי וית | פרש | תרע דרתה: |
| 013 | | לפרס | Ex26:07 | ות«ע»בד יריען דמעזן | לפרס | על משכנא חדא עשרה יריען |
| 014 | s em/sf | פרסה | Ex35:15 | וית קטורת בוסמנייה וית | פרסה | דתרעא לתרע משכנה~~: |
| 015 | | | Ex40:28 | ושווי ית | פרסה | דתרעא למשכנא: |
| 016 | | | Ex40:05 | ארונה דסהדותה ותשווי ית | פרסה | דתרעה למשכנה: |
| 017 | | | Ex35:11 | ית משכנא וית | פרסה | וית חפיא וית פורפוי וית |
| 018 | | | Ex39:40 | ית עמודה וית חמרה וית | פרסה | לתרע דרתה וית מתחיהון וית |
| 019 | | | Ex40:19 | ופרס ית | פרסה | על משכנה ושווי ית חפיא |
| 020 | | דפרסה | Ex35:12 | ית כפרתה וית פרכתה | דפרסה: | |
| 021 | | | Ex39:34 | דססגונה וית פרוכתה | דפרסה: | |
| 022 | | | Ex40:21 | משכנה ושווי ית פרוכתה | דפרסה | וא{ע}<ט>יל על ארונה |
| 023 | | | Nu 4:05 | ויפרקו ית פרכתה | דפרסה | ויכסון בה ית ארונה |
| 024 | | ופרסה | Nu 3:25 | במשכן זמנה משכנה | ופרסה | וחפויה וחפוי תרע משכן |
| 025 | | | Nu 3:31 | די ישמשון בהון | ופרסה | וכל פולחנה: |
| 026 | | לפרסה | Ex26:37 | ותעבד | לפרסה | חמשא עמודין דשטין ותחפי |

## פרסה *n.* hoof [449]

|  |  |  |  |  |  |  |
|---|---|---|---|---|---|---|
| 001 | s ab/cn | פרסה | Lv11:26 | לכל בעירא דהוא פריס | פרסה | וטלפין לית היא מטלף וגררה |
| 002 | | פרסת | Ex10:26 | ייזיל עמן לא תשתייר | פרסת | רגל ארום מנהון נסב למקרבא |
| 003 | s em/sf | פרסתה | Dt14:07 | מסקי גררתה ומן סדיקי | פרסתה | דסדיקה ית גמלה וית ארנבא |
| 004 | | דפרסתה | Dt14:06 | וכל בעירה | דפרסתה | סדיקה ומטליף טלפין בתרתין |
| 005 | | ופרסתהון | Dt14:07 | מסקין גירה אינון | ופרסתהון | לית היא סדיקה מסאבין |
| 006 | p abs | פרסן | Lv11:03M | סתקתא#2#/ תרתין | פרסתה/פרסן#2#/ | מסק גררה/גרה#1#/ |
| 007 | | | Dt14:06M | ופרסתה סדיקה תרתין | פרסן | מסקה גרא#2#/ בבעירה יתה |
| 008 | p em/sf | פרסתה | Dt14:06 | ומטליף טלפין בתרתין | פרסתה | מסיק גררה בבעירה יתה |
| 009 | | | Lv11:03 | וסיתקתי׳ סתיקה תרתין | פרסתה | מסק גררה בבעירה יתה |
| 010 | | ופרסתה | Dt14:06M | גררה /דמטלף טלפין | ופרסתה | סדיקה תרתין פרסן מסקה |

## פרסי *vb.* to uncover, to reveal [449]

|  |  |  |  |  |  |  |
|---|---|---|---|---|---|---|
| 001 | quadr. | מפרסייה | Gn38:25 | אף על גב דאנה יקדה לא | מפרסייה | ברם שהדי דביני לביניה |

## פרסם *vb.* to reveal, to expose [449]

|  |  |  |  |  |  |  |
|---|---|---|---|---|---|---|
| 001 | quadr. | יפרסם | Dt23:01M | דאבוי ולא \יבזי כנף | /יפרסם | כנפה#2#/ עריתה דאבוי: |
| 002 | quad/t | ואתפרסם | Gn 9:21M | | ואתפרסם | במצע משכניה דסוראי |

## פרע *vb.* to punish, to take retribution [449]

|  |  |  |  |  |  |  |
|---|---|---|---|---|---|---|
| 001 | peal | פרע | Dt 7:18 | מדכרה תדכרון ית מה די | פרע | ייי אלהכון מן פרעה ומן |
| 002 | pael | מפרע | Ex34:14M | אלה קניי ופורען | מתפרע/מפרע#2#/ | בקנא הוא: |
| 003 | etpeel | אפרעית | Ex10:02M | נסיי די שוית בהון | /אפרעית | מן מצראי וית ניסי |
| 004 | | אתפ׳ | Dt18:19M | ממרי אנה במימרי | מתפרע/אתפ׳#2#/ | מיניה: |
| 005 | | אתפרע | Ex18:11M | בחשבתא | אתפרע | פרעה מנהון וטמע |
| 006 | | | Dt 7:18M | ית מה \די | פרע/^דעבד#2#^/אתפרע#2#/ | ייי אלהכון מן |
| 007 | | | Dt 4:03M | ית כל מה די | עבד/אתפרע#2#/ | ממריה דייי בפלחי |
| 008 | | אתפרען | Dt32:27 | בעלי דבביהון ידינן | אתפרען | לן מן בעלי דבבינן ולא |
| 009 | | אתפרעת | Ex19:04M | "קלא ... קלילין": די | אתפרעת | מן מצראי וסבלית יתכון על |
| 010 | | אתפרעתון | Lv26:25M | \פרעתון ית קיימיי | /אתפרעתון | מן קדמיי#2#/ |
| 011 | | ית׳ | Dt32:27M | ידינן | אתפרען/ית׳#2#/ | לן מן בעלי דבבינן |
| 012 | | יתפרע | Dt 3:21M | דייי לכל מלכוותה /כן | יתפרע | ייי לכל מלכוותה |
| 013 | | | Dt 7:19M | \כדן יעבד /כן | יתפרע#2#/ | ייי אלהכון לכל אומייה |
| 014 | | | Ex21:21 | או תרין יומין יקום לא | יתפרע | מיניה ארום זבינת כספא |
| 015 | | | Ex18:11 | לנהר«א» בה בפתגמא | יתפרע | מנהון ייי במימריה אמר |
| 016 | | יתפרעון | Dt33:07M | <ק׳>#2#/ ידוי | יתפרען/<יתפר>עון#2#/ | לה מן |
| 017 | | | Gn49:08 | יתקרון כל יהודים ידיך | יתפרעון | לך מן בעלי דבביך יהוון |
| 018 | | יתפרען | Dt33:07 | מן סדרי קרבה בשלם ידוי | יתפרען | לה מן בעלי דבביהון וסעד |
| 019 | | מתפרע | Ex34:14 | שמיה אלה קניי ופורען | מתפרע | בקנא הוא: |
| 020 | | | Dt 5:09 | אלהכון אלה קניי ופורען | מתפרע | בקנאה מדכר חובי אבהן |
| 021 | | | Dt32:32 | בישין וכעובדהון בישיה | מתפרע | מינהון: |
| 022 | | | Ex15:01 | קדמוי הוא במימרי | מתפרע | מיניה סוסון ורוכביהון על |
| 023 | | | Ex21:20 | בשרביטה ומית תחות ידיה | מתפרע | מיניה: |
| 024 | | | Dt18:19 | בשם ממרי אנה במימרי | מתפרע | מיניה: |
| 025 | | מתפרעה | Gn15:14 | אמתא די ישעבדון יתהון | מתפרעה | אנה מנה מן בתר כדן יפקון |
| 026 | | | Gn 4:08 | אגר טב לצדיקיא ואית | מתפרעה | מן רשעי׳ לעלמא דאתי |
| 027 | | | Gn 4:08 | אגר טב לצדיקיא ולית | מתפרעה | מן רשיעיא עני הבל ואמר |
| 028 | | דמתפרע | Ex20:05 | אלה קניי ו{כ}<פ>ורען | דמתפרע | בקנא מן רשיעיא על בנין |
| 029 | | ומתפרע | Dt 4:24M | ופורען בקנא /קנאן | ומתפרע | בקנא הוא#2#/: |
| 030 | | למ׳ | Nu24:23M | /די יקבע ייי ית כרסייה | למ׳ | וישווי#2#/ תקוף רוגזיה |
| 031 | | למתפרעה | Nu24:23 | ייי תקוף רוגזיה | למתפרעה | מן רשיעיה למיתן אגרהון |
| 032 | | | Gn 3:24 | מבערן לרשיעיא | למתפרעה | מנהון לעלמא דאתי על די |
| 033 | | | Dt 7:10 | טבייה מן בגלל | למתפרעה | מנהון לעלמא דאתי ולא |

|  |  |  |  |  |  |
|---|---|---|---|---|---|
| 034 | | Lv26:25 | ואגרי בתרכון שלפי חרב | למתפרעה | מנכון על די פרעתון ית |

## פרע #2 vb. to disarrange (hair) [449]

|  |  |  |  |  |  |
|---|---|---|---|---|---|
| 001 | פריע peal | Lv13:45M | <וראשיה יהווי> | פריע | ועל סטרה יהווי מהלך מסאבה |
| 002 | פריעו | Ex32:25M | /הנון#2/ ארום | פרעו/פריעו#2/ | כלילא/כלילה#2/ |
| 003 | פריעין | Ex32:25 | וחמא משה ית עמא ארום | פריעין | אינון ארום פרעו כלילא |
| 004 | פרע | Nu 6:05 | ייי קדיש יהווי יתרבי | פרע | שער רישיה: |
| 005 | פרעו | Ex32:25 | ארום פריעין אינון ארום | פרעו | כלילא דדהבא דהוה ברישיהון |
| 006 | פרעתון | Lv26:25 | למתפרעה מנכון על די | פרעתון | ית קיימיי ותתכ«נ»שון |
| 007 | ויפרוע | Nu 5:18M | ית אתתה קדם ייי | ויפרע/ויפרוע#2/ | ית רישא דאתתה ויתן |
| 008 | ויפרע | Nu 5:18 | כהנה ית אתתה קדם ייי | ויפרע | ית רישא דאתתה ויתן על כף |

## פרע #2 n. disheveled hair [!!]

|  |  |  |  |  |  |
|---|---|---|---|---|---|
| 001 | פרע s ab/cn | Lv21:10M | ראשיה לא יכסה/ירבי | /פרע#2/ | ולבושו לא יבזע: |

## פרעה n. Pharaoh [!!]

|  |  |  |  |  |  |
|---|---|---|---|---|---|
| 001 | פרע' | Ex 8:21 | וקרא | פרע' | למשה ולאהרן ואמר אזלו |
| 002 | פרעה | Gn41:04 | למחמי ובריירתא ואתער | פרעה: | |
| 003 | | Gn41:14 | וחוור לבושוי ועל לוות | פרעה: | |
| 004 | | Gn47:02 | ואקם יתהון קדם | פרעה: | |
| 005 | | Gn47:07 | קדם פרעה וברך יעקב ית | פרעה: | |
| 006 | | Gn47:10 | ית פרעה ונפק מן קדם | פרעה: | |
| 007 | | Ex 4:30M | \לעיני עמא /קדם | פרעה#2/: | |
| 008 | | Ex 5:20 | באפקותיהון מן קדם | פרעה: | |
| 009 | | Ex 6:30 | ממלל והכדין יקבל מני | פרעה: | |
| 010 | | Ex 7:07 | שנין במללותיהון עם | פרעה: | |
| 011 | | Ex 9:08 | יתיה משה לשמיא קדם | פרעה: | |
| 012 | | Ex10:06 | הדין וזרז ונפק מן קדם | פרעה: | |
| 013 | | Ex10:28 | ואמר ליה | פרעה | אזיל מעלוי לא תוסיף לממללה |
| 014 | | Gn44:18M | וכדו את אמרת מן קדם | פרעה | אנה דחיל דילמא לא אתמר לך |
| 015 | | Gn44:18 | דחיל וכדו את אמרת מן | פרעה | אנה דחיל דילמא לא אתאמר לך |
| 016 | | Ex 8:11 | וחמא | פרעה | ארום הוות שעת דרוח ותקף ית |
| 017 | | Ex 9:34 | וחמא | פרעה | ארום אתמנעו קליה ומטרא |
| 018 | | Ex10:01 | ואמר ייי למשה עול לוות | פרעה | ארום אנה תקפ«י»ת ית לביה |
| 019 | | Ex14:23 | ועלו בתריהון כל סוסוות | פרעה | ארתכוי ופרשוי לגו ימא: |
| 020 | | Ex15:19 | ארום עלו סוסוותא | פרעה | בארתכוי ובפרשוי בימא וחזר |
| 021 | | Gn47:22 | ית חולקהון די יהב להון | פרעה | {בדין} בגין כדין לא זבנו |
| 022 | | Ex 5:06 | ופקד | פרעה | ביומא ההוא ית סרכיהון דעמא |
| 023 | | Ex12:30 | וקם | פרעה | בליליה הוא וכל שלטונוי וכל |
| 024 | | Ex 7:15 | <איזל לוות> | פרעה | בצפרא הא הוא נפק |
| 025 | | Gn41:44 | ואמר פרעה ליוסף אנה | פרעה | בר מינך לא יפשוט גבר ית |
| 026 | | Ex11:08 | כדון אפוק ונפק מן קדם | פרעה | בתקף רגז: |
| 027 | | Gn41:33 | וכדון ימנה | פרעה | גבר סכלתן וחכים וישוי יתיה |
| 028 | | Gn41:34 | יפקיד | פרעה | גבר וימנה אפיטרופין בכל |
| 029 | | Gn12:20 | ופקד עלוי | פרעה | גוברין רברבין ושלחו |
| 030 | | Ex 5:05 | ואמר | פרעה | הא סגין אינון כדן עמה |
| 031 | | Ex 8:16 | אקדם לצפרא ואתעתד קדם | פרעה | הא הוא נפק למתקוררה על |
| 032 | | Ex 8:24 | ואמר | <פרעה> | הא אנא משלח יתכון ותקרבון |
| 033 | | Gn12:15 | דפרעה ושבחו יתה קדם | פרעה | ואד{כ}<ב>רת אתתה לפלטירין |
| 034 | | Ex10:08 | ית משה וית אהרן לוות | פרעה | ואמרו להון איזילו פלחו קדם |
| 035 | | Ex10:03 | ואתא משה ואהרן לוות | פרעה | ואמרין ליה כדון אמר ייי |
| 036 | | Ex 4:21 | בידך ותעבדינון קדם | פרעה | ואנה אתוקף ית לביה ולא |
| 037 | | Ex 6:12 | למילוי והיכדין ישמע מני | פרעה | ואנה חגר ממלל: |
| 038 | | Ex 3:11 | מן אנה ארום אזל לוות | פרעה | וארום אסק ית בני ישראל |
| 039 | | Ex 7:04 | ולא יקבל מנכון | פרעה | ואשווי ית מחית פורענתי |
| 040 | | Ex 5:21 | אסבתון ית שמן ביש באפי | פרעה | ובאפוי שליטוי למתן חרבא |
| 041 | | Gn47:07 | אבוי ואקים יתיה קדם | פרעה | וברך יעקב ית פרעה: |
| 042 | | Gn41:07 | ברייתא ומלייתא ואיתעיר | פרעה | והא הוא חלם: |
| 043 | | Ex 9:07 | ושלח | פרעה | והא לא מית מן בעיריהון |
| 044 | | Ex 9:10 | ית קטם אתונא וקמו קדם | פרעה | וזרק יתיה משה לשמיא והוה |
| 045 | | Gn46:33 | ויהוי ארום יקרא לכון | פרעה | ויאמר מה היא עבדתיכון: |
| 046 | | Ex 7:09 | ית חטרך וטלק יתיה קדם | פרעה | ויהווי לחיויא: |
| 047 | | Gn47:22 | חולק לכומריא מן לוות | פרעה | וייכלון ית חולקהון די יהב |
| 048 | | Ex 7:02 | יתך ואהרן אחוך ימלל עם | פרעה | וישלח ית בני ישראל |
| 049 | | Ex 8:25 | ייי ויעבר ית ערברובא מן | פרעה | ומן שליטוי ומן עמא למחר |
| 050 | | Dt 7:18 | מה די פרע ייי אלהכון מן | פרעה | ומן מצריי: |
| 051 | | Gn47:10 | וברך יעקב ית | פרעה | ונפק מן קדם פרעה: |
| 052 | | Ex 7:10 | ועל משה ואהרן לוות | פרעה | ועבדו כד«ן» היך מה דפקד |
| 053 | | Gn41:46 | ונפק יוסף מן קדם | פרעה | ועבר בכל ארעא דמצרי׳: |
| 054 | | Ex 7:23 | וכוין | פרעה | ועל לגו בייתו ולא שוי לביה |
| 055 | | Ex11:01 | עוד מכתש חד אייתי על | פרעה | ועל מצריי ומן בתר כדון |
| 056 | | Ex 8:08 | ונפק משה ואהרן מן לוות | פרעה | וצלי משה קדם ייי על עסק |
| 057 | | Ex 8:26 | ונפק משה מן לוות | פרעה | וצלי קדם ייי: |
| 058 | | Ex10:18 | ונפק מן קדם | פרעה | וצלי קדם ייי: |
| 059 | | Ex 7:10 | אהרן ית חוטריה קדם | פרעה | וקדם עבדוי והווה לחיוא: |
| 060 | | Ex 7:20 | ית מיא די בנהרא קדם | פרעה | וקדם שליטוי ואתהפכו כל מיא |
| 061 | | Gn41:14 | ושלח | פרעה | וקרא ית יוסף וארהטו יתיה |
| 062 | | Ex 9:27 | ושלח | פרעה | וקרא למשה ולאהרן ואמר |
| 063 | | Ex 2:15 | משה וערק משה מן קדם | פרעה | ושרה בארעא דמדין ויתב לה |
| 064 | | Ex11:10 | ית כל נסייה האלין קודם | פרעה | ותוקף ייי ית לביה דפרעה |
| 065 | | Ex 7:26 | ואמר ייי למשה עול לוות | פרעה | ותימר ליה כדון אמר ייי שלח |
| 066 | | Ex 9:01 | ואמר ייי למשה עול לוות | פרעה | ותימר ליה כדין אמר ייי |
| 067 | | Ex 9:13 | אקדם בצפרא ואתעתד קדם | פרעה | ותימר ליה כדין אמר ייי |
| 068 | | Gn40:14 | וטיבו ותדכר יתי לוות | פרעה | ותיפוק יתי מן בית חבושא |
| 069 | | Ex 3:10M | ואשלח יתך לפרעה/לוות | פרעה#2/ | ותפק ית עמי בני ישראל |
| 070 | | Gn41:15 | ואמר | פרעה | חלם חלמית ופתיר לית ליה |
| 071 | | Gn40:18 | ורמי בניהון לנהרא ברם | פרעה | יאבד וחיילותיה ישתצון ובני |
| 072 | | Ex 5:02 | למשלחיה ית ישראל לית | פרעה | ידע מן הוא ייי וית ישראל |
| 073 | | Gn40:13 | לסוף תלתא יומין ירומם | פרעה | ית ראשך {ראשך} ויחזור יתך |
| 074 | | Gn40:19 | לסוף תלתא יומין ירים | פרעה | ית ראשך מעילוך ויצלב יתך |
| 075 | | Gn41:28 | ההוא פתגמא די מלילית עם | פרעה | ית מה דייי עבד אתני לפרעה: |
| 076 | | Gn41:42 | ועבר | פרעה | ית עזקתא מעילוי ידיה ויהב |
| 077 | | Ex 2:15 | ושמע | פרעה | ית פתגמא הדין ובעה למקטל |
| 078 | | Ex 8:28 | ותקף | פרעה | ית לבה לחוד בזמנא הדא ולא |
| 079 | | Ex 9:33 | ונפק משה מן לוות | פרעה | ית קרתא ופרס כף ידוי קדם |
| 080 | | Ex13:17 | והוה כד שלח | פרעה | ית עמא ולא דבר יתהון ייי |
| 081 | | Gn12:18 | וקרא | פרעה | לאברם ואמר מה הי׳ דא |
| 082 | | Gn41:39 | ואמר | פרעה | ליוסף מן בתר {בתר} דאודע |
| 083 | | Gn41:41 | ואמר | פרעה | ליוסף חמי דמניית יתך רב |
| 084 | | Gn41:44 | ואמר | פרעה | ליוסף אנה פרעה בר מינך לא |
| 085 | | Gn45:17 | ואמר | פרעה | ליוסף אמר לאחך דא עבדו |
| 086 | | Gn47:05 | ואמר | פרעה | ליוסף למימר אבוך ואחך |
| 087 | | Gn47:08 | ואמר | פרעה | ליעקב כמה אינון יומי שני |
| 088 | | Ex 8:04 | וקרא | פרעה | למשה ולאהרן ואמר צלון |
| 089 | | Ex10:24 | וקרא | פרעה | למשה ולאהרן ואמר אזילו |
| 090 | | Gn47:03 | ואמר | פרעה | לאחוי מן עבידתכון ואמרין |

|  |  | | | | |
|---|---|---|---|---|---|
| 091 | Gn41:08 | | וית כל חכימיהון ותני | פרעה | להון ית חלמוי ולית דפשר |
| 092 | Ex 7:11 | | וקרא לחוד | פרעה | לחכימיא ולחרשיא ועבדו אף |
| 093 | Ex 5:10 | | לעמא למימר כדין אמר | פרעה | לית אנה יהב לכון תבן: |
| 094 | Gn41:55 | | פרעה על עיסק לחמא ואמר | פרעה | לכל מצראי אזלו לוות יוסף |
| 095 | Ex 1:22 | | ופקד | פרעה | לכל עמיה למימר כל בר דכר |
| 096 | Gn40:18 | | פלחין באפי ברא ועתיד | פרעה | למגזר גזרן בישא על ישראל |
| 097 | Gn46:05 | | נשיהון בעגלתה די שלח | פרעה | למטען יתיה: |
| 098 | Ex10:05M | | דארעא ולא תיכול/יכול | פרעה#2/ | למיחמי{ה} ית ארעא ויכול |
| 099 | Gn41:09 | | ומלל רב מזוגיא עם | פרעה | למימר ית סרחנוי אנה מדכר |
| 100 | Gn41:16 | | וענה יוסף ית | פרעה | למימר בר מני מן קדם ייי |
| 101 | Ex 5:15 | | דבני ישרא' וצווחו קדם | פרעה | למימר למה כען תעבד כדן |
| 102 | Ex 7:09 | | ארום ימלל עמכון | פרעה | למימר הבו לכון סימן ותימר |
| 103 | Ex 5:23 | | ומן זמנא דאתית לוות | פרעה | לממללה בשם ממרך אבאש לעמא |
| 104 | Ex10:16 | | ואוחי | פרעה | למקרי למשה ולאהרן ואמר |
| 105 | Ex13:15 | | והוה ארום אקשי | פרעה | למשלחה יתן וקטל ייי כל |
| 106 | Ex 8:25 | | עמא למחר לחוד לא יוסף | פרעה | למשקרה דלא למשלחא ית עמא |
| 107 | Gn41:38 | | ואמר | פרעה | לשלטנוי אן אנן משכחין כוות |
| 108 | Gn16:05 | | עמך קדם מלכי דארעא קדם | פרעה | מלכא דמצרים וקדם אבימל' |
| 109 | Gn41:46 | | שנין הווה כד קם קדם | פרעה | מלכא דמצרים ונפק יוסף |
| 110 | Gn49:23 | | ואכלו קרצוהי קדם | פרעה | מלכא דמצרים מן בגלל למחתי |
| 111 | Ex 6:11 | | עול מלל עם | פרעה | מלכא דמצרים וישלח ית בני |
| 112 | Ex 6:13 | | יתהון על בני ישראל ועל | פרעה | מלכא דמצרים למפקא ית בני |
| 113 | Ex 6:27 | | אינון דממללין עם | פרעה | מלכא דמצרים למפקה ית בני |
| 114 | Ex 6:29 | | אנה ^הוא#2^ ייי מלל עם | פרעה | מלכא דמצרים ית כל מה די |
| 115 | Ex 5:02 | | ואמר | פרעה | מן ^הוא#2^ ייי די אשמע |
| 116 | Ex 9:15 | | וית עמך במותאנא ותשתיצי | פרעה | מן ארעא: |
| 117 | Ex11:09 | | ייי למשה לא יקבל מנכון | פרעה | מן בגלל למסגי נסי פרישתי |
| 118 | Gn50:06 | | ואמר | פרעה | סק וקבור ית אבוך היך מה |
| 119 | Gn40:02 | | ורגז | פרעה | על תרין שליטוי על רב |
| 120 | Gn41:55 | | דמצרים וצווחו עמא קדם | פרעה | על עיסק לחמא ואמר פרעה לכל |
| 121 | Ex14:03 | | <ויימר> | פרעה | על עסק עמא דבני ישראל |
| 122 | Gn41:17 | | ומליל | פרעה | עם יוסף בחלמי והא אנא |
| 123 | Gn44:18 | | כוותך וא{נ}<ב>ה כוות | פרעה | רבך ארום דאת ימה מה משתבע |
| 124 | Gn44:18 | | דיור מנך אנה משרי ומן | פרעה | רבך דאת ימי ביה אנה מחסל |
| 125 | Gn41:10 | | | פרעה | רגז על {פ}<ש>ליטוי ושוי |
| 126 | Ex15:09 | | אמר | פרעה | רשיעא שנאה ובעיל דבבא |
| 127 | Gn41:45 | | וקרא | פרעה | שמ' דיוסף גברא דטמירתא |
| 128 | Ex15:06 | | בחילא ימינך ייי תברת | פרעה | שנאה ובעל דבבה: |
| 129 | Ex 9:30M | | \ואת ושלטונך ידע/ואת | פרעה | ועבדיך ידע#2/ אנה ארום |
| 130 | Ex 5:21M | | די אסרי' ית רחן קדם | פרעה | וקדם עבדוי למיתן#2/ |
| 131 | Ex14:03M | | עתיד דיימר | פרעה | לדתן ואבירם דמשתיירין |
| 132 | Ex 5:23M | | /שעתא דעלית קדם | פרעה#2/ | לממללה בשם ממרך אבאש |
| 133 | Gn40:18M | | [פרעה] הוא | פרעה | מלכא מצרי' גזר גזירין |
| 134 | Ex18:11M | | בחשבתא אתפרע | פרעה | מנהון וטמע ריתיכיהון |
| 135 | Ex14:04M | בפ' | ואייקר מימרי' | בפ'#2/ | ובכל חיילוותיה וידעון |
| 136 | Ex14:18 | בפרעה | אנה ייי באתיקרותי | בפרעה | בארתכוי ובפרשוי: |
| 137 | Ex14:04 | | בתריהון ואתיקר | <ב>פרעה | ובכל חיילוותיה וידעון |
| 138 | Ex14:17 | | ויעלון בתריהון ואתיקר | בפרעה | ובכל חיילוותיה בארתכוי |
| 139 | Dt 6:22 | | רברבין ובישין במצרים | בפרעה | ובכל אנשי בייתיה ועיינינן |
| 140 | Gn12:17 | | וגרי ייי | בפרעה | מכתשין רברבן |
| 141 | Dt 6:21M | דפ' | /הווינה תחות ידא | דפ'#2/ | במצרים ופרק ואפק יתן |
| 142 | Gn12:15 | דפרע' | אתתה לפלטירין | דפרע': | |
| 143 | Ex 2:08 | | ואמרת לה ברתה | דפרע' | אזלי ואזלת רביתיה וקראת |
| 144 | Gn40:11 | דפרעה | ושוית כסא בכף ידיה | דפרעה: | |
| 145 | Gn40:21 | | ושוי כסא בכף ידא | דפרעה: | |
| 146 | Gn41:16 | | ייי יתענה ית שלמא | דפרעה: | |
| 147 | Gn45:02 | | מצראי ואשתמע בפלטורין | דפרעה: | |
| 148 | Gn47:14 | | ית כספא לפלטורין | דפרעה: | |
| 149 | Ex10:11 | | יתהון מן לוות אפוי | דפרעה: | |
| 150 | Ex18:04 | | בסעדי ושיזב יתי מחרבא | דפרעה: | |
| 151 | Ex 2:09 | | ואמרת לה ברתה | דפרעה | אייבילי ית טליא הדין |
| 152 | Gn42:15 | | בדא תבדקון חיי רישיה | דפרעה | אן תפקון מן הכה ארום אלהן |
| 153 | Gn50:07 | | וסלקו עמיה כל שליטוי | דפרעה | אפיטרופוי ארעא דמצרים: |
| 154 | Gn42:16 | | אתון אן לא חיי רישיה | דפרעה | ארום ילילין אתון: |
| 155 | Gn40:11 | | וכסא | דפרעה | בידי ונסבת ית ענביא |
| 156 | Gn49:23 | | לשן תליתיי בפליטורין | דפרעה | דהוה קשיא עלוי מן גירייא: |
| 157 | Ex11:05 | | דמצרים מן בכורא | דפרעה | דהוה עתיד למיתב על כורסי |
| 158 | Ex12:29 | | דמצרים מן בכורא | דפרעה | דהוי עתיד למיתב על כורסי |
| 159 | Ex14:28 | | פרשיה לכל חיילותיה | דפרעה | דעלו בתריהון בימא לא |
| 160 | Gn40:07 | | ושאל ית שליטוי | דפרעה | דעמיה במטרא בבייתיה |
| 161 | Ex18:10 | | דמצריי ומן ידוי | דפרעה | דשיזב ית עמא מן תחות ניר |
| 162 | Ex 2:07 | | ואמרת אחתיה לברתיה | דפרעה | ה{ו}א אזיל ואיקרי ליך אתה |
| 163 | Gn40:12 | | ושוי«ת» כסא בידוי | דפרעה | היא כסא דפורענתא דפרעה |
| 164 | Ex 7:03 | | ואנה אתוקף ית לבא | דפרעה | ואסגי ית נסוי וית פרישתי |
| 165 | Gn41:37 | | ושפר פתגמא באפוי | דפרעה | ובאפוי כל שלטנוי: |
| 166 | Gn45:16 | | דיוסף ושפר באפוי | דפרעה | ובאפוי עבדוי: |
| 167 | Ex11:03 | | דמצרים באפיה שליטוי | דפרעה | ובאפי עמא: |
| 168 | Ex 8:20 | | ערברוב תקף בפלטורין | דפרעה | ובבתי שליטוי ובכל ארעא |
| 169 | Ex 9:14M | | מחת פרענותי על ליביה | דפרעה | ובעבדך |
| 170 | Ex 8:20M | | שליטוי /בבייתיה | דפרעה | ובתיהון דעבדוי#2/ ובכל |
| 171 | Ex14:05 | | ערקו עמא ואתהפך לבה | דפרעה | ודשלטנוי לוות עמא ואמרין |
| 172 | Ex 2:10 | | ואיתת יתיה לברתיה | דפרעה | והוה לה לבר וקרת שמה משה |
| 173 | Gn49:22 | | יתך בארתכא תיניינתא | דפרעה | והוון מקלסין קדמיך יחי |
| 174 | Ex15:04 | | ארתכוי | דפרעה | וחיילוותיה קשת עליהון |
| 175 | Gn45:21 | | על {על} גזרת פומיה | דפרעה | ויהב להון זוודין לאורחא: |
| 176 | Ex14:04 | | ואתוקף ית לבה | דפרעה | וירדוף בתריהון ואתיקר |
| 177 | Ex 7:13 | | ואתוקף לבא | דפרעה | ולא שמע להון היך מה דמלל |
| 178 | Ex 7:22 | | בחרשיהון ואתוקף לבא | דפרעה | ולא שמע להון היך מה דמלל |
| 179 | Ex 8:15 | | ייי היא ואתוקף לבה | דפרעה | ולא שמע להון היך מה דמלל |
| 180 | Ex 9:07 | | עד לא חד ואתוקף ליבא | דפרעה | ולא שלח ית עמא: |
| 181 | Ex 9:12 | | ותקף ייי לבא | דפרעה | ולא שמע להון היך מה די |
| 182 | Ex 9:35 | | ואתוקף לבא | דפרעה | ולא שלח ית בני ישראל |
| 183 | Ex10:20 | | ותוקף ייי ית לביה | דפרעה | ולא שלח ית בני ישראל: |
| 184 | Ex10:27M | | ית לביה/לבא#2/ \ | דפרעה#2/ | ולא צבא למשלחה יתהון: |
| 185 | Ex11:10 | | ותוקף ייי ית לביה | דפרעה | ולא שלח ית בני ישראל מן |
| 186 | Gn40:20 | | תליתאה יום גניסיא | דפרעה | ועבד שרוי לכל שלטנוי |
| 187 | Ex14:09 | | ימא כל סוסוותה ארתכוי | דפרעה | ופרשוי וחיילוותיה סמיך |
| 188 | Gn12:15 | | וחמון יתה רברבנוי | דפרעה | ושבחו יתה קדם פרעה |
| 189 | Gn40:11 | | ועצר«ת» יתהון בכסה | דפרעה | ושוית כסא בכף ידיה דפרעה: |
| 190 | Gn40:12 | | ועצרת יתהון בכסא | דפרעה | ושוי«ת» כסא בידוי דפרעה |
| 191 | Gn41:08 | | בצפרא ואטרפת רוחיה | דפרעה | ושלח וקרא ית כל חרשיהון |
| 192 | Gn41:25 | | יוסף לפרעה חלמא | דפרע«ה» | חד הוא ית מה דייי עבד |
| 193 | Gn40:18M | | יאבד /בנהרא וסופי' | דפרעה | ייבד#2/ וחיילוותיה |
| 194 | Ex10:29 | | הי לפרעה מן בכוריה | דפרעה | ישרי: ואמר משה לפרעה |
| 195 | Gn40:13 | | ותשוי כסא בכף ידיה | דפרעה | כסדר דינא קדמיה די הוות |
| 196 | Ex10:07 | | ואמרו עבדוי | דפרעה | ליה עד אימת יהוי דין לן |
| 197 | Gn45:16 | | וקלה אשתמע בפלטורין | דפרעה | למימר אתון אחוי דיוסף |
| 198 | Gn50:04 | | מלילו כען במשמעיה | דפרעה | למימר: |

|  |  |  |  |  |  |
|---|---|---|---|---|---|
| 199 | | Gn50:04 | יוסף עם אנשי בייתיה | דפרעה | למימר אן אשכחית חן וחסד |
| 200 | | Ex 5:14 | די שוון עליהון דחקוי | דפרעה | למימר מן בגלל מה לא |
| 201 | | Ex 2:05 | ונחתת ברתה | דפרעה | למתקררא על נהרא ורביתה |
| 202 | | Gn41:35 | עיבור תחות רשותא | דפרעה | מזון בקריתא ויטרון: |
| 203 | | Ex14:08 | ותוקף ייי ית לבה | דפרעה | מלכא דמצרים ורדף בתר בני |
| 204 | | Dt 7:08 | עבדיה ומן ידוי | דפרעה | מלכא דמצרים: |
| 205 | | Ex 7:14 | ייי למשה אתוקף לבא | דפרעה | סרב מן למשלחיה ית עמא: |
| 206 | | Gn40:17 | ובסל עילאה מכל מיכלא | דפרעה | עבד נחתום ועופא אכל יתהון |
| 207 | | Gn40:17M | עליי' מן כל מזוני' | #2#דפרעה | עבד נחתום ועופא אכל |
| 208 | | Gn12:17M | ועל אנשי דבייתי'/ | #2#דפרעה | על עסק שרי אתתיה |
| 209 | | Gn40:12M | פליתי' דרוגזי<ה> | דפרעה | עתיד למשתי בעקבה אף את |
| 210 | | Gn40:12 | היא כסא דפורענתא | דפרעה | עתיד למשתי בסופא ואת רב |
| 211 | | Ex 9:20 | מן קדם ייי מן שליטוי | דפרעה | ערק ית עבדוי וית |
| 212 | | Gn37:36 | למצראי לפוטיפר שליטא | דפרעה | רב ספקליטוריה: |
| 213 | | Gn39:01 | יתיה פוטיפר שליטא | דפרעה | רב אספקלטוריה גבר מצראי מן |
| 214 | | Gn44:18 | דאת משתבע בחיי רישיה | דפרעה | רבך דאן שלף אנה חרבי |
| 215 | | Gn44:18 | למהווי מדמיין לדינוי | דפרעה | רבך: ואמר הא כען רבונן הא |
| 216 | | Ex15:04 | ושפר עולימו גברוי | דפרעה | רמא וטמע יתהון בימא |
| 217 | ופרעה | Ex14:10M | \ופרעה קרב | ופרעה/ | קרב נכסין לבעיל צפון#2# |
| 218 | | Ex 5:16 | עבדו והא עבדיך לקו | ופרעה | ועמא חסיין: |
| 219 | | Ex 9:27 | זמנא ייי הוא צדיקיא | ופרעה | ועמא חייב«י»א: |
| 220 | | Gn41:01 | תרתין שנין דיומין | ופרעה | חלם והא הוא קיים על גוף |
| 221 | | Ex14:10 | | ופרעה | קרב ונטלו בני ישראל ית |
| 222 | | Gn44:18 | דכנען היך מה דאת | ופרעה | רבך שליטין בארעא דמצרים |
| 223 | ובפרעה | Gn44:18M | "ובפרעה רבך ...": | ובפרעה | רבך אנה מסיי' הלא לא |
| 224 | | Gn44:18 | מצראי מינך אנה משרי | ובפרעה | רבך אנה מסיים ארום יקיר |
| 225 | לפ' | Dt 7:18M | ייי אלהכון \מן | פרעה/לפ'#2#/ | ומן מצריי |
| 226 | לפרעה | Gn41:08 | חלמוי ולית דפשר יתהון | לפרעה: | |
| 227 | | Gn41:25 | ית מה דייי עבד אתני | לפרעה: | |
| 228 | | Gn41:28 | ית מה דייי עבד אתני | לפרעה: | |
| 229 | | Gn47:20 | כפנא והוות ארעא | לפרעה: | |
| 230 | | Gn47:25 | דרבוני ונהוי עבדין | לפרעה: | |
| 231 | | Gn47:26 | בלחודיהון לא הוות | לפרעה: | |
| 232 | | Ex 8:08 | ארדעניא די שוי | לפרעה: | |
| 233 | | Ex 8:15 | ואמרין חרשיה | לפרעה | אצבע דגבורה מן קדם ייי |
| 234 | | Gn47:20 | ית כל ארעהון דמצראי | לפרעה | ארום זבנו מצראי גבר חקליה |
| 235 | | Ex 1:19 | ואמרין חייתה | לפרעה | ארום לא כנשיה מצרייתה |
| 236 | | Ex 6:01 | כדון תחמי מה די אעבד | לפרעה | ארום בידא תקיפא ישלח |
| 237 | | Dt 6:21 | עבדין משעבדין הוינן | לפרעה | במצרים ופרק ואפק יתן |
| 238 | | Ex 8:05 | ואמר משה | לפרעה | הב לי סימן ואתרחיץ עלי עד |
| 239 | | Ex 7:01M | שוויית יתך לרבון | לפרעה#2#/ | ואהרן אחוך יהווי |
| 240 | | Gn47:01 | ואתא יוסף ותני | לפרע«ה» | ואמר אבא ואחיי ועניהון |
| 241 | | Ex 7:01 | דמניית יתך רב ושליט | לפרעה | ואהרן אחוך יהווי תרגמנך: |
| 242 | | Gn46:31 | דאבוי אסוק כען ואתני | לפרעה | ואמר ליה אחוי |
| 243 | | Gn47:24 | חד {מן חמ} מן חמשה | לפרעה | וארבעה חלקין יהווי לכון |
| 244 | | Gn47:19 | אנן וארען עבדין | לפרעה | והב לן זרע ונחי ולא נמות |
| 245 | | Gn49:22M | דפרעה/דאית | לפרעה#2#/ | והוון מקלסין קדמיך יחי |
| 246 | | Dt29:01 | בארעא דמצרים | לפרעה | ולכל שולטנוי ולכל ארעיה: |
| 247 | | Dt34:11 | למיעבד בארעא דמצרים | לפרעה | ולכל עבדוי ולכל ארעיה: |
| 248 | | Ex18:08 | ית כל מה דעבד ייי | לפרעה | ולמצריי על עסק ישראל ית |
| 249 | | Gn45:08 | ושוי יתיה לאבא {לא} | לפרעה | ולרבון לכל אנשי בייתי' |
| 250 | | Ex 3:10 | וכדון אתא ואשלח יתך | לפרעה | ותפק ית עמי בני ישראל |
| 251 | | Gn41:25 | ואמר יוסף | לפרעה | חלמא דפרע«ה» חד הוא ית |
| 252 | | Ex10:29M | ואמר משה | ליה/לפרעה#2#/ | יאות וקושטא |
| 253 | | Ex10:29 | דפרעה ישרי: ואמר משה | לפרעה | יאות מן קוש«טא» מללת לא |
| 254 | | Gn47:09 | ואמר יעקב | לפרעה | יומי שני תותבותי מאה |
| 255 | | Ex 1:11 | ובנון קרין תלילן | לפרעה | ית טנס וית פילוסין: |
| 256 | | Ex 4:22 | ותימר | לפרעה | כדן אמר ייי ברי בוכרי |
| 257 | | Ex 5:01 | משה ואהרן ואמרין | לפרעה | כדן אמר ייי אלהה דישראל |
| 258 | | Gn47:26 | הדין על ארעהון דמצראי | לפרעה | לחד מן חמשה להוד ארעהון |
| 259 | | Gn47:04 | ואמרין {אל} | לפרעה | למתותבה בארעא עלנן ארום |
| 260 | | Dt11:03 | די עבד בגו מצרים | לפרעה | מלכא דמצרים ולכל |
| 261 | | Ex10:29 | ומחתה הדא עשירייה הי | לפרעה | מן בכוריה דפרעה ישרי: |
| 262 | | Gn47:03 | מן עבידתכון ואמרין | לפרעה | רען עאן אנון עבדך להוד |
| 263 | | Gn47:23 | יומא הדין וית ארעא | לפרעה | שיבו לכון זרע ותזרעון ית |
| 264 | | Gn41:32 | ועל דאתני חלמא | לפרעה | תרתין זמנין ארום אזדמן |
| 265 | מפרעה | Ex 8:27 | דמשה ועבר ערבובא | מפרעה | ומן שליטוי ומעממא לא |

## פרפר *vb.* to writhe in death agony [450]

|  |  |  |  |  |  |
|---|---|---|---|---|---|
| 001 | מפרפר quadr. | Gn42:21 | בעקת נפשיה כד הוה | מפרפר | קדמינן ולא שמעינן בגין כך |

## פרק *vb.* to redeem, to unload [450]

|  |  |  |  |  |  |
|---|---|---|---|---|---|
| 001 | פרוקין peal | Ex 3:10M | עמי בני ישראל | לפרוקין/פרוקין#2#/ | מן מצרים: |
| 002 | | Ex 3:11 | אסק ית בני ישראל | פרוקין | מן מצרים: |
| 003 | | Ex12:17 | הדין אפקית ית חיילתכון | פרוקין | מן ארעא דמצרים ותטרון ית |
| 004 | פריק' | Lv23:43M | /באפקותי יתהון | פריק'#2#/ | מן ארעא דמצרים אנה |
| 005 | פריקין | Ex13:04 | יומא הדין אתון נפקין | פריקין | בזמן ירחא דאביבא: |
| 006 | | Dt 9:29 | עמך ואחסנתך די אפקת | פריקין | בחילך רבה ובאדרעך מנטלתה: |
| 007 | | Dt 7:08 | לאבהתכון אפק יתכון | פריקין | ביד תקיפה ופרק יתכון מן |
| 008 | | Nu33:03 | דפיסחא נפקו בני ישראל | פריקין | בראש גלי לעיני כל מצריי: |
| 009 | | Gn40:18 | ובני ישראל יפקון | פריקין | בריש גלי אף את רב נחתומי' |
| 010 | | Gn40:18M | ויפקון כל ישראל/ | פריקין#2#/ | בריש גלי אף את רב |
| 011 | | Ex14:08 | ובני ישראל נפקו | פריקין | בריש גלי: |
| 012 | | Dt 4:37 | ופרק ואפק יתכון | פריקין | בתוקפיה בחיילה רבה מן |
| 013 | | Dt 7:19 | מנטלתה די אפיק יתכון | פריקין | ייי אלהכון כדן יעבד ייי |
| 014 | | Ex 6:13M | מלכא דמצרים למפקא\ | פריקין#2#/ | ית בני {ית בני} |
| 015 | | Ex13:03 | יומא הדין דנפקתון | פריקין | ממצרים מן בית שעבודא |
| 016 | | Ex23:15 | דאביבא ארום בה נפקתון | פריקין | ממצרים ולא תתחמון קדמי |
| 017 | | Ex16:06 | ארום ייי אפיק יתכון | פריקין | מארעא דמצרים: |
| 018 | | Ex 7:05 | ואפקת ית בני ישראל | פריקין | מביניהון: |
| 019 | | Ex 3:11M | ית בני ישראל | פרוקין/פריקין#2#/ | מן מצרים: |
| 020 | | Ex 6:07M | מן תחות /אפקית יתכון | פריקין | מן#2#/ ניר שעבודהון |
| 021 | | Ex 6:26M | ית בנוי דישראל\ | פריקין#2#/ | מן ארעא דמצרים על |
| 022 | | Ex12:41 | נפקו כל חילוותה דייי | פריקין | מן ארעא דמצריי: |
| 023 | | Ex12:42 | אפקותיהון דבני ישראל | פריקין | מן ארעא דמצרים ברם ארבעה |
| 024 | | Ex12:51 | אפיק ייי ית בני ישראל | פריקין | מן ארעא דמצרים על |
| 025 | | Ex13:03 | תקיפא אפיק ייי יתכון | פריקין | מן הכא ולא יתאכיל חמיע: |
| 026 | | Ex13:08 | נצחני קרבינן באפקותן | פריקין | מן מצרים: |
| 027 | | Ex13:09 | תקיפא אפיק יתכון ייי | פריקין | מן מצרים: |
| 028 | | Ex13:14 | ביד תקיפא אפיק יתן ייי | פריקין | מן בית שעבודא: |
| 029 | | Ex13:16 | ביד תקיפא אפק יתן ייי | פריקין | מן מצרים: |
| 030 | | Ex13:18 | טבא סלקו בני ישראל | פריקין | מן ארעא דמצרים: |
| 031 | | Ex16:32 | במדברא באפקותי יתכון | פריקין | מן ארעא דמצרים: |
| 032 | | Ex18:01 | ארום אפק ייי ית ישראל | פריקין | מן מצרים: |
| 033 | | Ex19:01 | אפיקתהון דבני ישראל | פריקין | מן ארעא דמצרים היך זמן |
| 034 | | Ex20:02 | די פרקת ואפקת יתכון | פריקין | מן ארעא דמצרים מן בית |
| 035 | | Ex29:46M | /פרקת ואפקת יתהון | פריקין | מן#2#/ דמצרים למשריה |

|  |  |  |  |  |  |
|---|---|---|---|---|---|
| 036 | | Ex32:07 | ארום חבלו עמך די אפיקת | פריקין | מן ארעא דמצרים: |
| 037 | | Ex32:11 | רוגזך בעמך די אפקת | פריקין | מן ארעא דמצרים בחיל«ך» |
| 038 | | Ex33:01 | מן הכה את ועמא די אסקת | פריקין | מן ארעא דמצרים לארעא די |
| 039 | | Ex34:18 | בירחא דאביבה> נפקתון | פריקין | מן מצרים: |
| 040 | | Lv11:45 | הוא ה' די אפקת יתכון | פריקין | מן ארעא דמצרים למהוי |
| 041 | | Lv19:36 | אלהכון די אפק יתכון | פריקין | מן ארעא דמצרים: |
| 042 | | Lv22:33 | דפרקת ואפקת יתכון | פריקין | מן ארעא דמצרים למיהוי |
| 043 | | Lv23:43 | ישראל בזמן אפקותהון | פריקין | מן ארעא דמצרים אנה הוא |
| 044 | | Lv25:38 | {די} די אפקת יתכון | פריקין | מן ארעא דמצרים למיתן |
| 045 | | Lv25:42 | די אפקית ית{כ}<ה>ון | פריקין | מן ארעא דמצרי" לא |
| 046 | | Lv25:55 | אינון די אפקת יתהון | פריקין | מן ארעא דמיצרים אנה ייי |
| 047 | | Lv26:13 | אלהכון די פרקית יתכון | פריקין | מן ארעא דמצרים מן למיהוי |
| 048 | | Lv26:45 | עם קדמי ודי אפקת יתהון | פריקין | מן ארעא דמצרים לעיני |
| 049 | | Nu 1:01 | אפקותהון דבני ישראל | פריקין | מן ארעא דמצרים למימר: |
| 050 | | Nu21:06M | על מזונה אפקית עמי | פריקין | מן מצרים/#2# ואחתת |
| 051 | | Nu24:08 | אלה די אפק יתהון | פריקין | מן מצרים תקפה ותושבחתה |
| 052 | | Nu26:04 | משה ובני ישראל דנפקו | פריקין | מן ארעא דמצרים: |
| 053 | | Nu33:01 | דבני ישראל די נפקו | פריקין | מן ארעא דמצרים |
| 054 | | Nu33:38 | אפקותהון דבני ישראל | פריקין | מן ארעא דמצרים בירחא |
| 055 | | Dt 4:45 | בני ישראל באפקותהון | פריקין | מן מצרים: |
| 056 | | Dt 4:46 | ובני ישראל באפקותהון | פריקין | מן מצרי": |
| 057 | | Dt 5:06 | די פרקית ואפקית יתכון | פריקין | מן ארעה דמצרים מן |
| 058 | | Dt 5:15 | ואפק יתכון ייי אלהכון | פריקין | מן תמן בידה תקיפה ובאדרע |
| 059 | | Dt 6:12 | דייי דאפיק יתכון | פריקין | מן ארעא דמצרים מן |
| 060 | | Dt 6:21 | במצרים ופרק ואפק יתן | פריקין | מן מצרים ביד תקיפה: |
| 061 | | Dt 6:23 | ויתן אפק | פריקין | מן תמן מן בגלל למעלה יתן |
| 062 | | Dt 8:14M | דפרק ואפיק יתכון | פריקין | מן |
| 063 | | Dt 9:07 | למן יומא דנפקתון | פריקין | מן ארעא דמצרים עד |
| 064 | | Dt 9:12 | עמך ית עובדהון די אפקת | פריקין | מן מצרים סטון בפריע מן |
| 065 | | Dt 9:28 | דארעא די אפקת יתן | פריקין | מן תמן על דלא הוות יוכלא |
| 066 | | Dt13:06 | ייי אלהכון דאפק יתכון | פריקין | מן ארעא דמצרים ודי |
| 067 | | Dt13:11 | דייי אלהכון דאפק יתכון | פריקין | מן ארעא דמצרים מן |
| 068 | | Dt16:01 | אפיק יתכון ייי אלהכון | פריקין | מן ארעא דמצרים בלליא |
| 069 | | Dt16:03 | ארום בבהילו נפקתון | פריקין | מן ארעא דמצרים מן בגלל |
| 070 | | Dt16:03 | ית יומא דנפקתון | פריקין | מן ארעא דמצרים כל יומי |
| 071 | | Dt16:06 | שמשא בזמן אפקותהון | פריקין | מן מצרים: |
| 072 | | Dt20:01 | עמכון דאפיק יתכון | פריקין | מן ארעא דמצרים: |
| 073 | | Dt23:05 | באורחא בזמן אפקותכון | פריקין | מן מצרים ודי אגרו עליכון |
| 074 | | Dt24:09 | באורחא בזמן אפקותכון | פריקין | מן מצרים: |
| 075 | | Dt24:09M | פריקין /דנפקתון | פריקין/#2# | מן מצרים: |
| 076 | | Dt25:17 | באורחא בזמן אפקותכון | פריקין | מן מצרים: |
| 077 | | Dt26:08 | ופרק ואפק יתן ייי | פריקין | מן מצרים בידה תקיפה |
| 078 | | Dt29:24 | עמהון באפקותיה יתהון | פריקין | מן ארעא דמצרים: |
| 079 | | Ex 6:06 | ייי ואפיק יתכון | פריקין | מן תחות ניר שעבודהון |
| 080 | פריקן | Nu 9:01 | אפקותהון דבני ישראל | פריקן | מן ארעא דמצ«ר»ים בירחא |
| 081 | פרק | Dt16:01M | דאביבא \אפיק יתכון | פרק/ | ואפיק#2#/ ייי אלהכון |
| 082 | | Ex13:16M | \אפק יתן ייי פריקין מן | פרק/ | ואפק יתן מן#2#/ מצרים: |
| 083 | | Dt 7:08M | די קיים לאבהתכון | אפק/פרק | ואפק#2#/ יתכון פריקין |
| 084 | | Dt 7:19M | \ואידרע מנטלה#2#/ די | אפיק/פרק | ואפק#2#/ יתכון פריקין |
| 085 | | Dt13:11M | ייי#2#/ אלהכון דאפק/די | פרק | ואפק#2#/ יתכון פריקין מן |
| 086 | | Dt15:15M | בארעא דמצרים | ופרק/פרק | ואפק#2#/ יתכון ייי |
| 087 | | Dt32:15 | בדחלתיה דתקיפה דהוה | פרק | יתהון בשעת עקתהון: |
| 088 | | Gn48:16 | מלאכא די | פרק | יתי מן כל עקא יברך ית טליא |
| 089 | | Dt20:06M | ולא \אפריק פירוי יזיל | פרק/ | יתיה יזל#2#/ ויחזור |
| 090 | | Dt13:06 | מן ארעא דמצרים ודי | פ«ר»ק | יתכון מן בית שעבוד |
| 091 | | Gn27:40M | פקודייה הא בכן תהוי | פרק | ניר שעבודהו' מעלווי צווארך |
| 092 | פרקו | Ex32:24 | {לאן לכון} <למן> דהבא | פרקו | יתיה והבו יתיה לי{ה} |
| 093 | פרקי' | Lv19:36M | די \אפק יתכון פריקין | /פרקי' | ואפקית ית'#2#/ מן ארעא |
| 094 | פרקית | Lv25:55M | אפקת /עבדין הינון די | פרקית | ואפ'#2#/ יתהון פריקין מן |
| 095 | | Ex 6:07 | אנה הוא ייי אלהכון די | פרקית | ואפקית יתכון מן תחות ניר |
| 096 | | Lv25:38M | ייי אלהכון {די} די | אפקת/פרקית | ואפקית#2#/ יתכון |
| 097 | | Dt 5:06 | אנה הוא ייי אלהכון די | פרקית | ואפקית יתכון פריקין מן |
| 098 | | Ex 5:23 | לעמא האלין ומפרק לא{ו} | פרקית | ית עמך: |
| 099 | | Lv26:13 | אנה ייי אלהכון די | פרקית | יתכון פריקין מן ארעא |
| 100 | פרקת | Dt 9:26 | תתחבל עמך ואחסנותך די | פרקת | בתוקפך די אפקת מן מצרים |
| 101 | | Ex20:02 | אנה הוא ייי אלהכון די | פרקת | ואפקת יתכון פריקין מן ארעא |
| 102 | | Ex29:46M | \די אפקת יתהון מארעא | /פרקת | ואפקת יתהון פריקין מן#2# |
| 103 | | Nu15:41 | די <....> | פרקת | ואפקת יתכון מן ארעא |
| 104 | | Dt21:08 | כפר לעמך ישראל די | פרקת | ייי ולא תשוי חובת שפיכות |
| 105 | | Ex15:16 | דיעברון עמא האליין די | פרקת | ית מגזתה דיר<ד>נה: |
| 106 | | Dt33:29 | ועבדין פיקודייה על | פרקת | צוארי מלכיהון תהוון דרסין: |
| 107 | | Ex15:13 | בחסדך עמא האליין די | פרקת | תדבר יתהון בתקפך למדור |
| 108 | אפרוק | Ex13:15M | אנן מפרקין /בני | אפרוק#2#/ | אנון#2#:^ |
| 109 | יפרוק | Lv27:31 | ואין מפרוק | יפרוק | גבר מן מעשרה חומשה יוסף |
| 110 | | Lv27:15 | ואן מן דמקדש | יפרוק | ית בייתיה ויוסף חומש כסף |
| 111 | | Lv27:19 | ואן מפרוק | יפרוק | ית חקלה מן דמקדש יתה ויסף |
| 112 | | Lv27:20 | ואין לא | יפרוק | ית חקלה ואן זבן ית חקלה |
| 113 | | Lv27:13 | ואין מפרוק | יפרוק | יתה ויסף חמשה על עלויה: |
| 114 | | Lv25:48 | תיהוי ליה חד מן אחוי | יפרוק | יתיה: |
| 115 | | Lv25:49 | קריב בשריה מן זרעיתה | יפרוק | יתיה או תארע ידיה ויתפרק: |
| 116 | | Lv25:49 | דאבוי או בר אחוי דאבוי | יפרוק | יתיה או מן קריב בשריה מן |
| 117 | | Lv25:49M | חביבה או בריה דחביבה | יפרוק | יתיה או מן קריב{ה}<ת> |
| 118 | | Lv25:33 | וית מה די | יפרוק | מן ליוווייה ויפוק זבונה |
| 119 | יפרק | Lv27:19M | יפרוק /<מפ>רק | <יפ>רק#2#/ | ית חקלה מן/דין#2#/ |
| 120 | | Lv27:13M | יפרוק /<מפ>רק | <יפ>רק#2#/ | יתה ויסף חמשה/חמשין |
| 121 | תפרוק | Nu18:15 | בכוריה דבעירה מסאבה | תפרוק: | |
| 122 | | Nu18:16 | מן בר ירח | תפרוק | בעלויה כסף חמש סלעין |
| 123 | | Dt22:04 | מה דבלבך עלוי ומפרוק | תפרוק | ומטעון תטעון עמיה: |
| 124 | | Nu18:15M | /יהוי לך לחוד מפרוק | תפרוק#2#/ | ית בכורי בני אנשא וית |
| 125 | | Nu18:17M | עזייה לא | תפרוק | קדש הנון וית |
| 126 | תפרק | Ex23:05 | מה דבלבך על חברך ומפרק | תפרק | עמה ומטעון תטען עמיה: |
| 127 | תפרקון | Ex13:13 | בני אנש«א» בבניכון | תפרקון: | |
| 128 | | Ex13:13 | וכל פתחי וולדא דחמרא | תפרקון | באמר אין לא תפרקון יתיה |
| 129 | | Ex34:20 | ופתח{ן}<י> וולדה דחמרא | תפרקון | באמר ואין לא תפרקון יתה |
| 130 | | Ex34:20 | יתה וכל בכורי בניכון | תפרקון | ולא יתחמן קדמי ריקנין מן |
| 131 | | Ex34:20 | תפרקון באמר ואין לא | תפרקון | יתה תקטלון יתה וכל בכורי |
| 132 | | Ex13:13 | תפרקון באמר אין לא | תפרקון | יתיה תקטלון יתיה וכל |
| 133 | | Dt28:30 | כרמין ת{ז}<צ>בון ולא | תפרקון | פירוהון: |
| 134 | | Nu18:17 | גדייה בני עזייה לא | תפרקון | קדש אינון ית אדמהון תזרוק |
| 135 | מפרוק | Lv27:13 | ואין | מפרוק | יפרוק יתה ויסף חמשה על |
| 136 | | Lv27:19 | ואן | מפרוק | יפרוק ית חקלה מן דמקדש |
| 137 | | Lv27:31 | ואין | מפרוק | יפרוק גבר מן מעשרה חומשה |
| 138 | | Nu18:15M | תפרק /יהווי לך לחוד | מפרוק | תפרוק#2#/ ית בכורי |
| 139 | מפרק | Lv27:31M | ואין | מפרוק/<מפ>רק#2#/ | יפרוק גבר מן מעשרה |
| 140 | | Lv27:13M | ואין \מפרוק יפרוק | /<מפ>רק | <יפ>רק#2#/ יתה ויסף |
| 141 | | Lv27:19M | ואן \מפרוק יפרוק | /<מפ>רק | <יפ>רק#2#/ ית חקלה מן |
| 142 | דיפרק | Dt 6:12M | אורייתה דייי | דאפיק/דיפרק | דאפק#2#/ יתכון פריקין |
| 143 | דפרק | Dt13:06M | קדם ייי אלהכון | דאפק/דפרק | ואפ'#2#/ יתכון פריקין |

|  |  |  |  |  |  |  |
|---|---|---|---|---|---|---|
| 144 | | | Dt 8:14M | "דאפיק יתכון מן": | דפרק | ואפיק יתכון פריקין מן |
| 145 | דפרקית | | Lv25:42M | די אפקית /הנון | דפרקית | ואפ׳#2#/ ית{כ}<ה>ון |
| 146 | | | Lv26:45M | ודי אפקת /קדמאי | דפרקית | ואפקית#2#/ יתהון פריקין |
| 147 | דפרקת | | Lv22:33 | | דפרקת | ואפקת יתכון פריקין מן |
| 148 | | | Lv22:33 | לאלה פרוק אנה הוא ייי | דפרקת | לאבהתכון ועתיד למפרק |
| 149 | ופרוק | | Lv19:20M | משעבדה לגבר | ומפרק/ופרוק#2#/ | לא אתפרקת או כתב |
| 150 | ופריק | | Ex21:08M | זמן יתה /דלא יזמן | ופריק | יתה#2#/ ופרק יתה לגבר |
| 151 | ופרק | | Dt 4:37 | בבניהון מן בתריהון | ופרק | ואפק יתכון פריקין בתוקפיה |
| 152 | | | Dt 5:15 | הויתון בארעא דמצרים | ופרק | ואפק יתכון ייי אלהכון |
| 153 | | | Dt 6:21 | הוינן לפרעה במצרים | ופרק | ואפק יתן פריקין מן מצרים |
| 154 | | | Dt26:08 | | ופרק | ואפק יתן ייי פריקין מן |
| 155 | | | Ex14:30 | | ופרק | ושיז׳ ממריה דייי ביומא |
| 156 | | | Ex21:08 | דריבוניה דלא זמן יתה | ופרק | יתה לגבר בר עממין לא יהווי |
| 157 | | | Dt 7:08 | יתכון פריקין ביד תקיפה | ופרק | יתכון מן בית שעבוד עבדיה |
| 158 | | | Dt 7:08M | /ייי באיד תקיפ׳ | ופרק#2#/ | יתכון מן בית שעבוד |
| 159 | | | Dt15:15 | הוויתון בארעא דמצרים | ופרק | יתכון ייי אלהכון ובגין כדן |
| 160 | | | Dt24:18 | הוויתון במצרים | ופרק | יתכון ^^ייי אלהכון מן תמן |
| 161 | ואפרוק | | Ex 6:06 | יתכון מן פולחניהון | ואפרו«ק» | יתכון ביד תקיפא ובסדרי |
| 162 | ויפרוק | | Lv27:27M | ויתפרק /דכייה | ויפרוק#2#/ | בעלויה <....> |
| 163 | | | Lv25:25 | קריביה דקריב לוותה | ויפרוק | ית מה דזבן אחוי: |
| 164 | | | Dt32:38 | מנסכין קדמוי יקום כען | ויפרוק | יתהון ויהווי עליהון |
| 165 | | | Gn38:25 | יתהון בשעתא הדה | ויפרוק | יתי מן דינא רבא הדין מיד |
| 166 | ויפרקו | | Nu 4:05 | ובנוי במטלת משריתה | ויפרקו | ית פרכתה דפרסה ויכסון בה |
| 167 | ויפרקון | | Nu 4:05M | משריתה ויפרקו/^<ויפר>קון#2#^/ויחתון#2#/ | | ית פרכתה |
| 168 | ותפרוק | | Ex21:11M | יתה לחירותא מגן דלא | /ותפרוק | מגן דלא#2#/ בכסף: |
| 169 | | | Gn27:40 | באורייתא תשלט ביה | ותפרוק | ניר שעבודא מעלוי צווריך: |
| 170 | ותפרקון | | Dt14:25 | | ותפרקון | מעשרה ת{מ}<ני>נה בכסף |
| 171 | | | Lv19:23 | כל אילן דמיכל | ותפרקון | ערלתיה ית פריו תלת שנין |
| 172 | ומפרוק | | Dt22:04 | תשבוק מה דבלבך עלוי | ומפרוק | תפרוק ומטעון תטעון עמיה: |
| 173 | ומפרק | | Lv19:20 | והיא אמתה משעבדה לגבר | ומפרק | לא אתפרקת או כתב חרותה לא |
| 174 | | | Ex 5:23 | ממרך אבאש לעמא האלין | ומפרק | לא{ו} פרקית ית עמך: |
| 175 | | | Dt22:04M | בלבך#2#/ עלוי | ומפרוק/<ומפ>רק#2#/ | תפרוק ומטעון |
| 176 | | | Ex23:05 | כל מה דבלבך על חברך | ומפרק | תפרק עמה ומטען תטען עמיה: |
| 177 | למפרוק | | Ex 2:25 | ישראל ואמר בממריה | למפרוק | יתהון: |
| 178 | | | Dt28:32 | ולא אלהה על ידיכון | למפרוק | יתכון: |
| 179 | למפרק | | Lv22:33 | דפרקת לאבהתכון ועתיד | למפרק | יתכון: |
| 180 | לפרוקין | | Ex 3:10 | ית עמי בני ישראל | לפרוקין | מן מצרים: |
| 181 | מלמפרק | | Ex23:05 | תחות טעוניה ותתמנע | מלמפרק | עמיה משבק תשבק כל מה |
| 182 | פריקו | pael | Ex32:24M | להון מן דאית ליה דהב | פריקו | ואייתון לי ואת׳ וטלקתיה |
| 183 | | | Ex32:02M | ואמר להון אהרן | פכרו/פריקו#2#/ | קדשייא דדהבא די |
| 184 | פרק | | Dt33:20 | חכימין בני קטילין | פרק | ראשא עם אדרעא: |
| 185 | פרקיה | | Dt20:06M | "אפריק פירוי": | פרקיה | מן כהנה |
| 186 | יפרקון | | Nu 1:51 | וכד נטל משכנה | יפרקון | יתיה ליוויי וכד שרי משכנה |
| 187 | תפרק | | Nu18:15 | דידך יהווי להוד מפרקה | תפרק | ית בכורי בני אנשא וית |
| 188 | מפרקה | | Nu18:15 | דידך יהווי להוד | מפרקה | תפרק ית בכורי בני אנשא |
| 189 | מפרקין | | Ex13:15 | וכל בכור«י»ה בנן אנן | מפרקין | ^אנון#2#^: |
| 190 | | | Nu31:50M | ייתה ומפרנקתה והווינן | מפרקין | מנהון קירויה דדהב׳ <...> |
| 191 | ופרק | | Ex14:25 | | ופרק | ית גלגלי רידוותיה והוו |
| 192 | ופרקו | | Ex33:06 | | ופרקו | בני ישראל מני זייניהון |
| 193 | | | Ex32:03 | | ופרקו | כל עמא ית קדשיא דדהבא |
| 194 | אפריק | afel | Dt20:06 | גברא די נצב כרם ולא | אפריק | פירוי יזיל ויחזור לבייתיה |
| 195 | יפרק | | Dt20:06 | בסדרי קרבא וגבר אחרן | יפ«ר»ק | יתיה: |
| 196 | יפרקינה | | Dt20:06M | אחרן \יפ«ר»ק | יתיה/יפרקינה#2#/: | |
| 197 | אתפרקת | etpeel | Lv19:20 | משעבדה לגבר ומפרק לא | אתפרקת | או כתב חרותה לא יתיהבת לה |
| 198 | ית׳ | | Lv27:20M | חורן/אחרן#2#/ לא | תתפרק/ית׳#2#/ | עוד: |
| 199 | יתפרק | | Lv27:33 | ופירוגיה יהווי קדיש לא | יתפרק: | |
| 200 | | | Lv25:54 | ואן לא | יתפרק | באלין ויפוק בשתה דיובילה |
| 201 | | | Lv27:29M | דמתחרם מן בר נשא לא | יתפרק | בכספא אלהן בעלוון ונכסת |
| 202 | | | Lv27:28 | אחסנתיה לא יזדבן ולא | יתפרק | כל אפרשו קדש קדשין |
| 203 | | | Lv27:29 | די יתאפרש מן בר נשה לא | יתפרק | ממת ימות: |
| 204 | | | Lv27:29M | בני אנשא לא | יתפרק | מתקטלה יתקטל |
| 205 | | | Lv25:30 | ואן לא | יתפרק | עד זמן די תשלם לה שנה |
| 206 | תתפרק | | Lv27:20 | ית חקלה לגבר חורן לא | תתפרק | עוד: |
| 207 | תתפרקון | | Ex13:13M | "תפ׳ ... יתיה": | תתפרקון | יתיה תתקטלון יתיה |
| 208 | מתפרקין | | Ex13:04M | אתון נפקין | פריקין/מתפרקין#2#/ | בזמן ירחא דאביבא: |
| 209 | | | Ex13:03M | הדין דנפקתון | פריקין/מתפרקין#2#/ | ממצרים מן |
| 210 | | | Gn40:12M | ועתידין | למתפרקא/מתפרקין#2#/ | על ידי תלתא |
| 211 | וית׳ | | Lv25:49M | /דארע בן ידוי | וית׳#2#/: | |
| 212 | ויתפרק | | Lv25:49 | יתיה או תארע ידיה | ויתפרק: | |
| 213 | | | Lv27:27 | ואן בביעירה מסאבה | ויתפרק | בעלויה <....>: |
| 214 | ותתפרקון | | Nu10:09 | קדם ייי אלהכון | ותתפ«ר»קון | מן בעלי דבביכון: |
| 215 | למתפרקא | | Gn40:23 | עד זמן דמטא קיצא | למתפרקא: | |
| 216 | | | Ex12:42 | כד ישלם עלמא קציה | למתפרקא | נירי פרזלא יתברון ודרי |
| 217 | | | Gn40:12 | דמצרים ועתידין | למתפרקא | על ידי תלתא פרנסין |
| 218 | ומתפרק | etpaal | Nu10:17 | | ומתפרק | משכנה ונטלין בנוי דגרשון |

## פרקון *n.* redemption [451]

|  |  |  |  |  |  |  |
|---|---|---|---|---|---|---|
| 001 | פרקון | s ab/cn | Lv25:32 | בתי קריי אחסנתהון | פרקון | לעלם תיהוי לליויי: |
| 002 | | | Ex30:12 | ויתנון גבר | פרק{י}<ו>ן | נפשה לשמה דייי כד תהוי |
| 003 | | | Ex21:30 | דממון ישתוי עליי ויתן | פרקון | נפשיה בכל מה די ישתוי |
| 004 | | | Lv25:31 | על תחומיה דארעא יתחשב | פרקון | תיהוי ליה וביובילה יפוק: |
| 005 | | | Lv25:48 | מן בתר די יזדבן | פרקון | תיהוי ליה חד מן אחוי |
| 006 | פרקן | | Lv19:24 | יהוון כל פרי{ו} קדש | פרקן | לשמה דייי: |
| 007 | | | Lv25:24 | ובכל ארע אחסנתכון | פרקן | תתנון לארעא: |
| 008 | דפרקון | | Lv19:24M | כל פרי{ו} קדש | פרקן/דפרקון#2#/ | לשמה דייי: |
| 009 | פרקונה | s em/sf | Lv25:26 | ותארע ידיה ותשכח כמסת | פרקונה: | |
| 010 | | | Lv25:52 | לה כפם שנוי יחזר ית | פרקונה: | |
| 011 | פרקוניה | | Lv25:29 | יומין במניין תיהוי | פרקוניה: | |
| 012 | | | Lv25:51 | לפום שנייה יחזור | פרקוניה | מן זבונה: |
| 013 | | | Lv25:29 | קריה מקפה שור ותיהוי | פרקוניה | עד דתשלם שנת זבוניה |
| 014 | | | Nu 3:46 | וית | פרקוניה | דתרתין מאוון ושבעין |
| 015 | | | Nu 3:51 | ויהב משה ית כסף | פרקוניה | לאהרן ולבנוי על פם |
| 016 | | | Nu 3:49 | ונסב משה ית כסף | פרקוניה | מן מה דאישתייר על |
| 017 | פרקוניהון | p em/sf | Nu 3:49 | מן מה דאישתייר על | פרקוניהון | דליוויי: |
| 018 | פרקונייה | | Nu 3:48 | ית כספה לאהרן ולבנוי | פרקונייה | דאשתיירו בהון: |
| 019 | | | Ex30:16M | ותקבל ית כסף | פורקניה/פרקונייה#2#/ | מן לוות בני |

See also: פורקן *n.*

## פרקמטיא *n.* ⇐ פרגמטייה

## פרשׂ ⇐ פרס

## פרש *vb.* to separate [451]

|  |  |  |  |  |  |  |
|---|---|---|---|---|---|---|
| 001 | יפרוש | peal | Nu 6:02 | להון גבר או אתתה ארום | יפרוש | למנדור נדר ד{ג}<נ>זירו |
| 002 | פירש | pael | Dt32:01 | דאתי וכן ישעיה נבייא | פירש | ואמר טולו לשמיא עייניכון |
| 003 | פרש | | Lv22:27M | קדישין לשמך הא בכין | פרש | משה נבייה דייי ואמר עמי |
| 004 | יפריש | | Lv24:15 | למימר {גבב} גבר ארום | יפריש | שמה דאלה בגדפין יקבל |

005 יפרש Lv27:02 ותימר להון גבר ארום יפרש נדר בעלויה נפשן לשמה דייי:
006 Lv24:16 ומן די יפרש שמיה דייי בגדפין מתקטלה
007 תפרשון Dt23:22 ארום תפרשון פרוש דנדר קדם ייי אלהכון
008 מפר' Gn35:09M ונחמת יתיה וכן כתבא מפר' ואמ' דאיתגלי ועוד אלפתא
009 מפרש Gn30:22 דפרנסתא דכן כתבא מפרש ואמר פתח ידך ומשביע לכל
010 Gn35:09M יומא דכ{ו}<ן> כתבא מפרש ואמר ואיתגלי עלוי מימריה
011 Gn35:09 יתיה דכן כתב{ת}<ה> מפרש ואמר ואתגלי ייי על יעקב
012 Dt32:03 וחמשה אתין וכן הוא מפרש ואמר האזינו השמים ואדברה
013 Gn35:09M "ועוד": דכן כתבה מפרש ובריך יתהון ממריה דייי
014 Ex32:16 ייי אינון וכתבא כתב מפרש מן קדם ייי הוא חקוק על
015 מפרשא Ex15:25M דארדופני וכתב ביה שמא מפרשא וטלק במיא
016 מפרשה Lv24:11M וחרף ואייתון /מפרשה ובזי ואיית'#2#/ יתיה
017 Ex32:25 דהוה ברישיהון דהוה שמה מפרשה חקיק עליהון על די לא שמעו
018 Ex33:06 מעילויהון דהוה שמה מפרשה חקיק עליהון מן טורא
019 מפרשין Gn 6:04 די מן שרוי עלמא גיברין מפרשין בשמהן:
020 Nu16:02 מזמני קהלה גברין מפרשין בשמהן:
021 דפרש Nu 9:08 שבתה בזידנו ובמחרפה דפרש שמה קדישה בגדפין הוה משה
022 Nu15:34 בזידנו ובמחרפה דפרש שמה קדישה בגדפין הוה משה
023 Nu27:05 שבתה בזדנו ובמחרף דפרש שמה קדישה בגדפין הווה משה
024 Lv24:12 שובתה בזידנו ובמחרפה דפרש שמיה קדישה בגדפין הוה משה
025 דמפ' Nu11:26M חכימיה דמתפרשין/דמפ'#2#/ ולא נפקו שבעתי
026 דמפרש Lv 7:20 בשרה מן נכסת קדשיה דמפרש לשמה דייי וסאובתיה עלוי
027 דמפרשין Nu21:18 דעמא שובעיתי חכימי דמפרשין משחו יתה בחוטריהון
028 ופרש Lv24:11 ופרש ברה דאתתה ישראליתה בגדפין
029 ויפריש Dt28:59 ויפריש ייי ית מחוותכון וית מחוות
030 ותפרשון Lv20:25 ותפרשון בין בעירה דכייה למסאבה
031 ומפרש Lv22:27 ויעקב בגין כדן כתיב ומפרש בספר אוריית' דייי תור אמר
032 Nu21:14 בגין כדן כתיב ומפרש בספר אורייתה דייי דמתילה
033 Gn30:22 <...> וכן כתבא ומפר«ש» ואמר יפתח ייי לכון ית
034 Gn30:22 מפתחא דקבריה דכן כתבה ומפרש ואמר הא אנא פתח ית
035 Gn30:22 מפתח דעקרתא דכן כתבה ומפרש ואמר ואדכר ייי ברחמוי
036 Dt27:08 אוריתה הדה כתיב חקיק ומפרש יאות ומתקרא ו«מ»תרגם
037 Ex28:17 סורא חדתה וכתיב ומפרש עליהון שם תלתא שבטין
038 Ex28:18 ועין עגלה וכתיב ומפרש עליהון שם תלתא שבטין
039 Ex28:19 וזמרגדין וכתיב ומפרש עליהון שם תלתא שבטין דן
040 Ex28:20 ובדלחא ומרגליתה וכתיב ומפרש עליהון שם תלתא שבטין אשר
041 Ex39:11 ועין עגלה וכתיב ומפרש עליהון שם תלתה שבטין
042 Ex39:12 וירולין וזמרגדין וכתב ומפרש עליהון שם תלתה שבטין דן
043 Ex39:13 ובדלחה ומרגליתה וכתיב ומפרש עליהון שם תלתה שבטין אשר
044 Ex39:10 וברקתה סדרה חדה וכתיב ומפרש עלייהון שם תלתא שבטין
045 למפרשה Lv 5:04 או נפש ארום תשבע למפרשה בסיפתן למבאשה או למיטבה
046 Dt 1:05 דמואביי שרי משה למפרשה ית ספר אורייתה הדה למימר:
047 לפרש Lv22:21 נכסת קודשין לשמה דייי לפרש נדר או נסיבה בתורין או בען
048 afel אפריש Dt10:08 בשעתה ההיא אפריש ייי ית בנוי שבטה דלוי
049 אפרישינן Dt26:13 ותימרון קדם ייי אלהכון אפרישינן ית קודשיה מן בתינן ולהוד
050 אפרש Gn30:40 ואמריא אפרש יעקב ושוי אפי ענה לקבל
051 Nu16:09 זעירא היא דא מנכון ארום אפרש אלה דישראל יתכון מן כנשתה
052 Lv27:28M כל אפרשו די יפרש/אפרש#2#/ גבר לשמה דייי מן כל
053 Nu 8:06 אפרש ית ליוויי מן גו בני ישראל
054 Gn28:22 מה דתתן לי חד מן עשרה אפרש יתהון לשמ«ך»:
055 Dt 4:20 ויתכון אפרש מימריה דייי ואפק יתכון מן
056 Gn30:32 אעבר בכל ענך יומא הדן אפרש מן תמן כל אמר קרח ונמר וכל
057 אפרשו Ex36:03 משה ית כל אפרשותה די אפרשו בני ישראל לעבידת פלחן
058 אפרשינן Dt26:14 באבילותן מניה ולא אפרש{ו}<י>נן מניה במסאבו ולא יהבנן
059 אפרשית Nu 8:17M ארום לשמי כל/אפרש{ו}<י>ת#2#/ בכוריה דבני ישראל
060 Nu18:06 ואנה הא אנה אפרשית ית אחיכון לוויי מן גו בני
061 Nu 8:17M דמצרים «אקדשית»/אפרשית#2#/ יתהון לשמי:
062 Lv20:25 מה די תרחש ארעא די אפרשית לכון למסאב':
063 אפרשת Nu 3:12 ואנא הא א{ת}פרשת ית לויי מן גו בני ישראל
064 Nu 8:16 כל מן ולדה בני ישראל אפרשת יתהון לשמי:
065 יפריש Dt 4:41 בכ{ו}<י>ן יפריש משה <תלת> קרי שזבו בעבר
066 יפרש Lv 5:08 מן כל קבל קדליה ולא יפרש:
067 Gn 2:24 בגין כן יפרש גבר מדמכיה מן דאבוי ומן
068 Lv27:16M ואין מחקל אחסנתיה יקדש/יפרש#2#/ גבר לשמה דייי ויהווי
069 Lv27:28 להוד כל אפרשו די יפרש גבר לשמה דייי מן כל מה דלה
070 Lv 1:17 ויתלע יתיה בכנפוי לא יפרש ויסדר כהנא יתיה על גבי
071 Ex11:07 מן בגלל די תדעון די יפרש ייי בין מצריי ובין ישראל:
072 Lv 5:04 או למיטבה לכל מה די יפרש ליה בר נשה בשבועה ויתכסי
073 Lv27:26M בוכרה די יתאפרש/יפרש#2#/ \לשמה דייי /קדם
074 Lv27:09 קרבן קדם ייי כל מה די יפרש מינה לשמה דייי יהוי קדיש:
075 Lv 4:08M תו'#2#/ דחטאתה ירים/יפרש#2#/ מניה ית תרבה דחפי על
076 יפרשו Lv 3:16M לריח דרעוה כל תרבה \יפרשו#2#/ לשמה דייי:
077 יפרשון Nu18:19 כל אפרשות קדשיה די יפרשון בני ישראל לשמה דייי
078 Ex22:29 בתר אמה וביומא תמיניא יפרשון יתיה לשמי:
079 Lv22:15 דבני ישראל ית מה די יפרשון לשמה דייי:
080 Nu18:12 וחמר שרוי ברתהון די יפרשון לשמה דייי לך יהבית יתהון:
081 Nu18:24 מעשרין דבני ישראל די יפרשון לשמה דייי אפרשו יהבית
082 תפרש Nu 3:45 תפרש ית ליוויי חלף כל בכוריה
083 תפרשון Nu18:28 כדן תפרשון אוף אתון אפרשותה דייי מכל
084 Nu15:19 תיכלון מן לחמה דארעא תפרשון אפרשו לשמה דייי:
085 Nu15:20 שרוי אצוותכון חלה תפרשון אפרשו כאפרשות עבורה מן
086 Nu18:29 מן כל מתנתכון תפרשון ית כל אפרשותה דייי מן כל
087 Nu15:20 מן מעצרתה כן תפרשון יתה:
088 Lv22:23 אבר או יתיר אבר נסיבה תפרשון יתיה ולנדר לא יתקבל
089 Dt19:02 תלת קרוין דשיזבו תפרשון ל{גוו}ך בגו ארעכון דייי
090 Dt19:07 למימר תלת קורי שיזבו תפרשון לכון:
091 Lv23:38 בר מן כל נסיבתכון די תפרשון לשמה דייי:
092 Nu15:21 מן שרוי אצוותכון תפרשון לשמה דייי אפרשו לדריכון:
093 מפ' Gn 2:09M ידע/הוה ידע'#2#/ למפרשה/מפ'#2#/ בין טב לביש:
094 מפרש Gn 1:06 רקיעא במציעות מיא ויהוי מפרש בין מיא ארע<י>א לבין מיא
095 Gn 3:18 פירי דארעא בגין כן יהוי מפרש בין בני אנשא לבין בעירא:
096 דאפרש Ex35:24 כל דאפרש אפרשו דכסף ודנחש אייתון
097 דאפרשית Lv20:24 כדבשא אנה ייי אלהכון דאפרשית יתכון מן אומייה:
098 דתפרשון Lv22:15M יפרשון לשמה דייי /דתפרשון קדם ייי#2#/:
099 Nu35:13M וקוריתה \די תתנון/דתפרשון#2#/ שת קריי שיזבו{ן}
100 ואפרש Gn30:35 ואפרש ביומא ההוא ית תישיא קרוחי
101 Gn 1:07 וברא ייי ית רקיעא ואפרש בין מיא די מן תחות רקיעא
102 Ex 6:07 ואפרש יתכון לשמי לעם קדישין
103 Gn 1:04 נהורא ארום טב הוא ואפ{שר}<רש> ממרא דייי בין נהורא
104 ואפרשית Lv20:26 ארום קדיש אנה ייי ואפרשית יתכון מן אומייה למהווי
105 ויפרש Ex 9:03M ברא בסוסוותא ובחמרא ויפרש#2#/ בגמליא בתוריא ובענה
106 Ex 9:04 ויפרש ייי ביני בעיריהון דמצריי
107 Lv 6:03M ילבש על בשריה וירים/ויפרש#2#/ ית קטמא די{י} תאכל
108 Dt29:20 ויפרש יתיה ייי לבישתה מן כל
109 Lv 2:09M וירים/ויפרש#2#/ כהנא ית מנחתה ית
110 ויפרשון Ex25:02 מלל עם בני ישראל ויפרשון לשמי אפרשן מן לוות כל
111 Lv14:57M ולמלפה/ולמפרשה#2#/ בין מסאבה ובין
112 ותפרש Nu 3:41 ותפרש ית ליוויי לשמי אמר ייי

|  |  |  |  |  |  |  |
|---|---|---|---|---|---|---|
| 113 | | | Nu 8:14 | | ותפרש | ית ליווי מן גו בני ישראל |
| 114 | | ותפרשון | Nu31:28 | | ותפרשון | אפרשו לשמה דייי מן לות |
| 115 | | | Ex13:12 | | ותפרשון | כל שרוי פתחי וולדה לשמה |
| 116 | | | Nu18:26 | באחסנותכון | ותפרשון | מיניה אפרשותה דייי חד מן |
| 117 | | | Dt14:25M | | ותפרקון/ותפרשון#2#/ | מעשרה ת{מ}<ני>נה |
| 118 | | ולמפרש' | Gn 1:18 | שליט באיממא ובליליא | ולמפרש' | בין נהורא ובין חשוכא |
| 119 | | ולמפרשה | Lv10:10 | | ולמפרשה | בין קדשיה ובין חוליה |
| 120 | | למפרשא | Gn 1:14 | נהורין ברקיעא דשמיא | למפרשא | בין איממא ובין ליליא |
| 121 | | למפרשה | Gn 2:09 | מן דהוה אכל מנה ידע | למפרשה | בין טב לביש: |
| 122 | | | Gn 2:17 | מן דהוה אכל מינה ידע | למפרשה | בין טב לבי' לא ת«י»כל |
| 123 | | | Gn 3:05 | מן קדם ייי ידעין | למפרשה | בין טב לביש: |
| 124 | | | Gn 3:22 | תקום אומ' חדא דידעה | למפרשה | בין טב לביש אילו נטר |
| 125 | | | Lv11:47 | | למפרשה | בין מסאבה ובין דכיא ובין |
| 126 | | | Dt 1:39 | די לא חכמון יומא הדין | למפרשה | בין טב לביש אינון ייעלון |
| 127 | etpeel | אתפר' | Gn13:09 | הלא כל ארעא קדמך | אתפר' | כען מעלוי אן את <לצפונה> |
| 128 | | אתפרשו | Gn10:32 | באומיהון ומן אלין | אתפרשו | אומייא בארעא בתר מבולא: |
| 129 | | | Nu21:15 | <....> ומן בתר כדן | אתפרשו | ואזלו להון לאתריהון |
| 130 | | | Gn10:18 | אנטוכיא ומן בתר כדין | אתפרשו | זרעיהון דכנע<נ>יא: |
| 131 | | | Nu16:21 | | אתפרשו | מן גו עם כנשתה הדה ואישצי |
| 132 | | | Nu17:10 | | אתפרשו | מן גו עם כנישתה הדה |
| 133 | | | Gn10:05 | מן אלין | אתפרשו | נסי אומיא בארעותהון גבר |
| 134 | | ית' | Nu16:21M | | אתפרשו/ית'#2#/ | מן גו עם כנשתה |
| 135 | | | Nu17:10M | | אתפרשו/ית'#2#/ | \מן גו עם כנישתה /עם |
| 136 | | יתפרשון | Gn25:23 | מלכוון ממעיך | יתפרשון | ומלכו ממלכו תתקף ורבה |
| 137 | | מתפרש | Gn 2:10 | ית גנתא ומן תמן הוה | מתפרש | וחזר והוה לארבעה ראשי |
| 138 | | דאתפרש | Gn13:14 | דייי אמר לאברם מן | דאתפרש | לוט מן לוותה טול כען |
| 139 | | ואתפרשו | Gn13:11 | ונטל לוט מן לקדמין | ואתפרשו | גבר מעלוי אחוי: |
| 140 | etpaal | אתפרש | Lv24:12M | "... דיתפרש": קדם עד לא | אתפרש | |
| 141 | | | Lv24:12M | דיתפרש /קדם עד לא | אתפרש#2#/ | להון מן קדם ייי |
| 142 | | אתפרשו | Nu 1:17 | ית גבריא האילן די | אתפרשו | בשמהן: |
| 143 | | | Nu11:26M | {ס}<ש>ובעתי סבייה די | אתפרשו | בשמהן ולא נפקי |
| 144 | | אתפרשת | Dt 1:01 | ישראל ובמישריה דמואב | אתפרשת | לכון כמה ניסין עבד ייי |
| 145 | | דא' | Nu15:34M | יתה במטרה עד זמן | דיתפרש/דא'#2#/ | להון קדם ייי מה |
| 146 | | דיתפרש | Lv24:12 | יתה במטרתה עד זמן | דיתפרש | להון מן קדם ייי בהידין |
| 147 | | | Nu15:34 | יתה במטרה עד זמן | דיתפרש | להון קדם ייי מה יתעבד לה: |
| 148 | | דמתפרשין | Nu11:26 | הוון מן שבעתי חכימיה | דמתפרשין | ולא נפקו שבעתי חכימיה מן |
| 149 | ettafal | אתפרש | Ex29:27 | דאפרשותא די אתנף ודי | אתפרש | מן דכרא דאשל{ו}מו<ו>תא מן |
| 150 | | יתאפרש | Lv27:26 | להוד בוכרה די | יתאפרש | לשמה דייי בבעירה לא יקדש |
| 151 | | | Lv27:29 | כל אפרשו די | יתאפרש | מן בר נשה לא יתפרק ממת |
| 152 | | דאתפרש | Lv 4:10M | מתורה דנכסת קודשיה | /דאתפרש | מן תור נכיסת קוד'#2#/ |
| 153 | | דיתפרש | Lv 4:10 | היך מה | דיתפרש | מתורה דנכסת קודשיה ויסדר |
| 154 | | ויתאפרשון | Lv22:02M | מן קדשיהון | /ויתאפרשון | מן קודשיהון#2#/ דבני |

פרס *vb.* **See also:**

## פרש *n.* rider [451]

|  |  |  |  |  |  |  |
|---|---|---|---|---|---|---|
| 001 | p abs | פרשין | Gn50:09 | עמיה לחוד רתיכין ולחוד | פרשין | והוות משרייתא סגיא לחדא: |
| 002 | p em/sf | פרשיה | Ex14:28 | וכסן ית אר<ת>כי וית | פרשיה | לכל חיילותיה דפרעה דעלו |
| 003 | | פרשיהון | Ex14:26 | על ארתכיהון ועל | פרשיהון: | |
| 004 | | | Ex14:28M | ית אר<ת>כי וית | פרשיה/פרשיהון#2#/ | לכל חיילותיה דפרעה |
| 005 | | ובפרשוי | Ex14:17 | חיילוותיה בארתכוי | ובפרשוי: | |
| 006 | | | Ex14:18 | בפרעה בארתכוי | ובפרשוי: | |
| 007 | | | Ex15:19 | סוסוותא פרעה בארתכוי | ובפרשוי | בימא וחזר ייי עליהון מוי |
| 008 | | ופרשוי | Ex14:09 | סוסוותה ארתכוי דפרעה | ופרשוי | וחיילוותיה סמיך לפונדקי |
| 009 | | | Ex14:23 | כל סוסוות פרעה ארתכוי | ופרשוי | לגו ימא: |

## פרשה *n.* crossroads (w. אורחתה) [452]

|  |  |  |  |  |  |  |
|---|---|---|---|---|---|---|
| 001 | s ab/cn | בפרשות | Gn38:14 | ואתעטפת בה ויתבת לה | בפרשות | אורחתה די על ארח תמנתה |
| 002 | | | Gn38:21 | אן היא נפקת ברה דיתבה | בפרשות | ארחתה על ארחה ואמרין לית |
| 003 | | בפרשת | Gn49:17M | לחווייה חרמני' דכמן | בפרשת | ארחת' <...> בעקבא וממרע |
| 004 | | | Gn49:17 | בארעא ולעורמנא דכמין | בפרשת | ארחתה דנכת לסוסיא בעקבי |

## פרשו *v.n.* separating [452]

|  |  |  |  |  |  |  |
|---|---|---|---|---|---|---|
| 001 | s ab/cn | פרישות | Ex 3:20 | ואקטול ית מצראיי בכל | {פרישות | ידי'} <פרישותי די> אעבד |
| 002 | s em/sf | בפרישותיה | Dt32:08 | באחסנת עילאה אומיה | בפרישותיה | לישני בני אנשא אקימת |
| 003 | | בפרשותיה | Lv24:16 | כגיורייה כיציבייה | בפרשותיה | שמה דאלהה בגידופין |

פרשה *n.* **See also:**

## פרת *n.* The Euphrates [ ]

|  |  |  |  |  |  |  |
|---|---|---|---|---|---|---|
| 001 | s ab/cn | פרת | Gn 2:14 | הוא נהרא רבה דנהרא | פרת: | |
| 002 | | | Gn15:18 | עד נהרא רבה נהרה | פרת: | |
| 003 | | | Nu24:24M | ויסופון ליתבי עיבר | פרת | ברם סופיהון דאיליין |
| 004 | | | Nu34:15 | תחומא לנהרא רובא נהרא | פרת | דעלוי סדר נצחני קרבוי דייי |
| 005 | | | Nu34:15 | ומנהרא רובא נהרא | פרת | נפק להון תחומא לקרן זווי |
| 006 | | דפרת | Dt 1:07 | עד נהרה רבה נהרה | דפרת: | |
| 007 | | | Ex23:31M | ומן מדברא עד נהרא | רבא/דפרת#2#/ | ארום אמסר{א} בידיכון |
| 008 | | | Nu34:15M | לנהרא רובא נהרא | פרת/דפרת#2#/ | דעלוי סדר נצחני קרבוי |
| 009 | | | Nu34:15M | להון תחומה לנהרה רבה | דפרת | דעלוי סד' |
| 010 | | | Dt11:24 | מן נהרא רבה נהרא | דפרת | ועד ימה אחרנייה יהווי |

## פשט *vb.* to stretch out [453]

|  |  |  |  |  |  |  |
|---|---|---|---|---|---|---|
| 001 | peal | פשוט | Nu23:24 | ולא דמך עד זמן דאכיל | פשוט | ושתי {ארום} <אדם> כדן עמא |
| 002 | | פשט | Gn49:24 | ואשרי בתקיפה רוחצניה | פשט | ידוי ואדרעוי למבעיה רחמין |
| 003 | | | Ex22:10 | תהי בין תריהון אין לא | פשט | ידיה במקמתא דחבריה ויקבל |
| 004 | | | Ex24:11 | דבני ישראל לא | פשט | ידיה וחמון ית איקר שכינתה |
| 005 | | | Ex 4:04 | ואמר ייי למשה | פשט | ית ידך ואתיקף בקוטניה ופשט |
| 006 | | | Gn22:10 | דנכס לא מעכב ודמתנכס | פשט | צואריה: |
| 007 | | פשיט | Nu23:24M | דמך עד זמן דאכיל | פשוט/פשיט#2#/ | ושתי {ארום} <אדם> |
| 008 | | יפשוט | Gn41:44 | אנה פרעה בר מינך לא | יפשוט | גבר ית ידיה למיסר זונה |
| 009 | | | Gn 3:22 | גנתה דעדן קדם עד לא | יפשוט | ידיה ויסב מן פירי אילן |
| 010 | | יפשטון | Dt13:10M | יתיה ידיכון | ישלטון/יפשטון#2#/ | ביה בקדמיתה |
| 011 | | יפשטן | Dt17:07 | ידוי דסהדיא | יפשטן | ביה בקדמיתה למיקטל יתיה |
| 012 | | נפשט | Gn37:27 | יתיה לסרקעין וידינן לא | נפשט | ביה ארום אחונן קרב בשרן |
| 013 | | תפשוט | Gn22:12 | ואמר לא | תפשוט | ידך ברביה ולא תעבד ליה כל |
| 014 | | תפשטון | Gn37:22 | וידא דקטולין לא | תפש<ט>ון | ביה מן בגלל למשיזבא יתיה |
| 015 | | ופשט | Gn22:10 | | ופשט | אברהם ית ידיה ונסב ית |
| 016 | | | Gn48:14 | | ופשט | ישראל ית ימינה ופשט ושווי |
| 017 | | | Gn38:28 | והוה כמילדה | ופשט | וולדה ית ידה ונסבת חייתא |
| 018 | | | Gn48:14 | ופשט ישראל ית ימינה | ופשט | ושווי על ראשה דאפרים והוא |
| 019 | | | Gn 8:09 | הוון על אפיה דכל ארע' | ופשט | ידה ונסב יתה ואעל יתה |
| 020 | | | Ex 4:04 | ית ידך ואתיקף בקוטניה | ופשט | ידיה ואתוקף ביה והוה לחטר |
| 021 | | | Dt33:02 | מימרה דייי נעבד ונשמע | ופשט | ימיניה מן גו להבי אשתה |
| 022 | | | Lv22:27M | גרמי' על גבי מדבחה | ופשט | צווארי' בגין שמך שמייא |
| 023 | | ופשטו | Gn19:10 | | ופשטו | גובריא ית ידיהון ואעילו |
| 024 | | ויפשט | Dt25:11M | דדין דמחי יתה | ותפשוט/ויפשט#2#/ | ידה ותתוקף |
| 025 | | ותפשוט | Dt25:11 | מן ידוי דדין דמחי יתה | ותפשוט | ידה ותתוקף בבית בהתתיה: |

## פשך *n.* handbreadth, sixth part of cubit [453]

|  |  |  |  |  |  |
|---|---|---|---|---|---|
| 001 | פשך s ab/cn | Ex28:16 | מרבע יהווי כפל | פשך | ארכה ופשך פתיא: |
| 002 | | Ex39:09M | עבדו ית חושנא | זרת/פש{״}ך#2#/ | ארכה וזרת פתיה |
| 003 | | Ex25:25 | ותעבד ליה גיפוף | פשך | חזר ומקף ותעבד כליל דדהב |
| 004 | | Ex37:12 | ועבד ליה גפוף | פשך | חזר מקף ועבד כליל דדהבא |
| 005 | ופשך | Ex39:09M | ארכה \וזרת פתיה כפול | ופשך/ | ארכה כפיל#2#/: |
| 006 | | Ex28:16 | מרבע יהווי כפל פשך ארכה | ופשך | פתיא: |

## פשפש *vb.* to search [453]

|  |  |  |  |  |  |
|---|---|---|---|---|---|
| 001 | פשפשת quadr. | Gn31:37 | ארום | פשפשת | ית כל מניי מה אשכחת מן כל |
| 002 | יפשפש | Lv27:33 | לא | יפשפש | בין טב לביש ולא יפרג יתיה |
| 003 | | Lv13:36 | והא הלך נתקה במשכא לא | יפשפש | כהנא לשערה מצלהבה מסאב |
| 004 | ופשפש | Gn31:34 | דגמלא ויתבת עליהון | ופשפש | לבן ית כל משכנה ולא |
| 005 | | Gn31:35 | ארח {ב}<כ>נשיא לי | ופשפש | לבן ית כל משכנא ולא אשכח |
| 006 | | Gn44:12 | | ופשפש | ברבה שרי ובזעירא סייף |

## פשר *vb.* to interpret a dream [454]

|  |  |  |  |  |  |
|---|---|---|---|---|---|
| 001 | דפשר peal | Gn41:08 | להון ית חלמוי ולית | דפשר | יתהון לפרעה: |
| 002 | | Gn41:24 | לחרש«י»א ולי«ת» | דפשר | לי: |

*vb.* פרש **See also:**

## פתגם *n.* word [454]

|  |  |  |  |  |  |
|---|---|---|---|---|---|
| 001 | פתגם s ab/cn | Ex 5:11M | מן פולחניכון | מדעם/פתגם#2#/: | |
| 002 | | Ex 9:04M | מכל לבני ישראל | מדעם/פתגם#2#/: | |
| 003 | | Dt 2:07M | /לא חסר יתכון | פתגם#2#/: | |
| 004 | | Gn19:08 | לגבריא אלין לא תעבדון | פתגם | ארום בגין אתון למיבתא בטל |
| 005 | | Dt17:08 | ארום יתכסי מנכון | פתגם | בדינה בין אדם דבתול{ו}<י>ן |
| 006 | | Nu20:19M | לית \מלא בישה | /פתגם | ביש#2#/ ברגלינן אנן |
| 007 | | Dt 2:28M | ונשתון להוד לית | פתגם | ביש ברגליין |
| 008 | | Dt17:01M | מום כל \מילה דפסילה | /פתגם | ביש#2#/ ארום מה דסני |
| 009 | | Dt22:26M | ולטליתה לא תעבד | פתגם | ביש לית לטליתה חובה |
| 010 | | Dt23:10M | מכל \מילה בישה | /פתגם | ביש#2#/: |
| 011 | | Nu23:05 | ושווי מימרה דייי | פתגם | בפומיה דבלעם ואמר חזור |
| 012 | | Nu23:16 | דייי על בלעם ושוי | פתגם | בפמיה ואמר ח{ו}<ז>ר לוות |
| 013 | | Dt18:20 | נבייא די יזיד לממללא | פתגם | בשם ממרי ית מה די לא פקדית |
| 014 | | Dt15:09 | אזדהרו לכון דלא יהוי | פתגם | דחטי בתר לבכון זידנה למימר |
| 015 | | Ex22:08 | על כל | פתגם | דחטיא על תור על חמרא על |
| 016 | | Nu31:23M | כל | מדעם/פתגם#2#/ | די יעול לנורא תעברון |
| 017 | | Dt 9:05 | ומן בגלל למקיימה ית | פתגם | די קיים ייי לאבהתכון |
| 018 | | Dt23:20M | וזפו דדהב {י}<ו>זפו כל | פתגם | די יוזף#2#/: |
| 019 | | Gn15:01 | דשמיי׳ מן בגין כדין הוה | פתגם | דנבו מן קדם ייי על אבר׳ |
| 020 | | Gn15:04 | והא | פתגם | דנבו מן קדם ייי על אברם |
| 021 | | Gn18:01M | מן בגין כן הווה | פתגם | דנבו מן קדם ייי לוות |
| 022 | | Ex33:17M | למשה להוד ית | פתגמא/<פת>גם#2#/ | הדין די {מ}מללת |
| 023 | | Nu22:08 | הדין ולילייא ואתיב יתכון | פתגם | היך מה די אתמלל מן קדם ייי |
| 024 | | Dt 1:25 | לוותן ואגיבו יתן | פתגם | ואמרין טבא היא ארעא דייי |
| 025 | | Nu13:26 | לרקם ואיתיבו יתהון | פתגם | ולכל עם כנ«י»שתה וחזון |
| 026 | | Gn44:18 | רבוני ימלל כען עבדך | פתגם | ורבוני לא יתקוף רוגזך |
| 027 | | Gn37:14 | וית שלמא דענא ואתיב יתי | פתגם | ושלח יתיה מן מישרא דחברון |
| 028 | | Dt24:05M | "מן דעם ... לבייתיה": | פתגם | זכיי יהווי בבייתיה |
| 029 | | Ex18:22 | רב ייתון יתה לוותך וכל | פתגם | זער ידונון אינון ויקל |
| 030 | | Dt 1:22M | /ויחזרון#2#/ יתן | פתגמא/פתגם#2#/ | ית ארחא די נסוק בה |
| 031 | | Gn18:14 | אפשר דיתכסא מן קדם ייי | פתגם | לעידנא אחזור לוותך בשעתא |
| 032 | | Lv 4:13 | דישראל ישתאלון ויתכסי | פתגם | מן עייני קהלא ויעבדון חדא |
| 033 | | Gn19:22 | לתמן ארום לא אוכל למעבד | פתגם | עד זמן דתיעול לתמן בגין |
| 034 | | Ex18:22 | ית עמא בכל שעה ויהוי כל | פתגם | רב ייתון יתה לוותך וכל |
| 035 | | Dt32:47 | ארום לא | פתגם | ריקן הוא מנכון ארום הוא |
| 036 | פיתגמא s em/sf | Dt 9:05M | למקיימה ית | פתגם/פיתגמא{׳}#2#/ | די קיים ייי |
| 037 | פת׳ | Nu22:38M | ניכול לממללה כל מנדעם | פת׳ | |
| 038 | פתגמ׳ | Ex 9:20M | איוב דהוה דחיל מן | פתגמ׳ | דייי |
| 039 | | Gn34:31M | אחתי בגין כן עבדינן | פתגמ׳ | הדין |
| 040 | | Ex18:22M | "פתגם ... ויטענון": | פתגמ׳ | זעיר׳ ידונון הינון |
| 041 | | Ex18:26 | ייתון לוות משה וית | פתגמ׳ | זעירא ידונון אינון: |
| 042 | | Ex18:22M | וכל \פתגם זער ידונון | /פתגמ׳ | זעירי׳ ידונון#2#/ אינון |
| 043 | | Gn24:50M | עמך טב או ביש /אזדמן | פתגמ׳ | לית אנה יכיל למללא עמך |
| 044 | פתגמא | Gn37:11 | אחוי ואבוי הוי מנטר ית | פתגמא: | |
| 045 | | Gn38:25 | זכיין מן קדם ייי הוה | פתגמא: | |
| 046 | | Ex 2:14 | משה ואמר הא כען אתידע | פתגמא: | |
| 047 | | Dt19:15 | על פם תלתה סהדין יקום | פתגמא: | |
| 048 | | Gn34:19 | ולא אשתהי רביא למעבד | פתגמא | ארום אתרעיית נפשיה בברתיה |
| 049 | | Dt13:15 | והא מן קושטא אתכוון | פתגמא | אתעבדת מרחקתה הדא |
| 050 | | Dt17:04 | והא מן קושטא אתכוון | פתגמא | אתעבדת מרחקתה הדה |
| 051 | | Gn41:37 | ושפר | פתגמא | באפוי דפרעה ובאפוי כל |
| 052 | | Ex33:04 | ושמע{ן}<ו> עמא ית | פתגמא | בישא הדין ואתאבלון ולא |
| 053 | | Dt17:05 | אתתה ההיא די עבדו ית | פתגמא | בישה הדין לגו קורייכון ית |
| 054 | | Nu22:20 | קום אזל עמהון ולחוד ית | פתגמא | דאמלל עמך יתיה תעבד: |
| 055 | | Gn41:28 | ההוא | פתגמא | די מלילית עם פרעה ית מה |
| 056 | | Gn42:14 | ואמר להון יוסף הא | פתגמא | די מלילת עמכון למימר |
| 057 | | Ex16:16 | דן | פתגמא | די פקד ייי לקטו מנה גבר |
| 058 | | Ex16:23 | ואמר {ואמר} משה הוא | פתגמא | די מלל ייי שבת שבתא קדש |
| 059 | | Ex16:32 | ואמר משה דן | פתגמא | די פקד ייי מלה עמרא מנה |
| 060 | | Ex18:17 | חמוי דמשה ליה לא תקין | פתגמא | די את עבד: |
| 061 | | Ex18:20 | ארחא די יהלכון בה וית | פתגמא | די יעבדון: |
| 062 | | Ex35:04 | דבני ישראל למימר דין | פתגמא | די פקד ייי למימר: |
| 063 | | Lv 8:05 | ואמר משה לעם כנשתה דן | פתגמא | די פקד ייי למעבד: |
| 064 | | Lv10:03 | ואמר משה לאהרן הוא | פתגמא | די מליל ייי למימר במן |
| 065 | | Lv17:02 | ישראל ותימר להון דן | פתגמא | די פקד ייי למימר: |
| 066 | | Nu22:35 | אזל עם גברייה ולהוד ית | פתגמא | די אמלל עמך יתה תמלל ואזל |
| 067 | | Nu30:02 | דבני ישראל למימר דין | פתגמא | די פקד ייי: |
| 068 | | Nu36:06 | דן | פתגמא | די פקד ייי לבנתיה {דצפל} |
| 069 | | Dt 1:14 | ואמרתון ^הא#2#^ שפר | פתגמא | די מללת למעבד: |
| 070 | | Dt 4:02 | לא תוסיפון על | פתגמא | די אנה כען מפקד יתכון ולא |
| 071 | | Dt 9:10M | כל דבירייה /בכל | פתגמא#2#/ | די מלל ממרה דייי עמכון |
| 072 | | Dt13:01 | ית כל | פתגמא | די אנה מפקד יתכון יתיה |
| 073 | | Dt17:10 | ותעבד על פם | פתגמא | די יתנון לכון מן אתרא |
| 074 | | Dt17:11 | תעבדון לא תסטון מן | פתגמא | די יתנון לכון לא לימינה |
| 075 | | Dt18:21 | אכדן נדע ^ית#2#^ | פתגמא | די לא מלל יתיה ממרא דייי: |
| 076 | | Dt18:22 | פתגמא ולא יתי הוא | פתגמא | די לא מלל יתיה בזידינו |
| 077 | | Nu15:31 | ארום | פתגמא | דייי בזי וית מצוותה אפס |
| 078 | | Ex29:01 | ודן | פתגמא | ד<י>תעבד להון למקדשה |
| 079 | | Ex14:12 | הלא הוא דן | פתגמא | דמללנן עמך במצרים למימר |
| 080 | | Gn48:01 | והוה בתר | פתגמא | האליין ואיתמר ליוסף הא |
| 081 | | Gn 4:08 | לעלמא דאתי על עסק | פתגמא | הדין הוון תריהו׳ מדיינין |
| 082 | | Gn18:25 | מחוס מן קדמיך מן למעבד | פתגמא | הדין דיינא דדיינן כל |
| 083 | | Gn18:25 | מחוס מן קדמיך מן למעבד | פתגמא | הדין לממתה זכייה עם חייבא |
| 084 | | Gn20:10 | מה חמית ארום עבדת ית | פתגמא | הדין: |
| 085 | | Gn21:26 | לא ידעית מן עבד ית | פתגמא | הדין ואף את לא תנית לי |

|  |  |  |  |  |  |
|---|---|---|---|---|---|
| 086 | | Gn22:16 | ייי ארום חלף דעבדת ית | פתגמא | הדין ולא מנעת ית ברך ית |
| 087 | | Gn34:14 | לית אנן יכלין למעבד | פתגמא | הדין למיסב ית אחתן לגבר |
| 088 | | Ex 1:18 | להון מן בגלל מה עבדתון | פתגמא | הדין וקיימתון טליא: |
| 089 | | Ex 2:15 | ושמע פרעה ית | פתגמא | הדין ובעה למקטל ית משה |
| 090 | | Ex 9:06 | ועבד ייי ית | פתגמא | הדין מן יומא דבתרא ומית |
| 091 | | Ex12:24 | ותיטרון ית | פתגמא | הדין לקיים לכון ולבניכון |
| 092 | | Ex18:14 | עבד לעמ«א» ואמר מה | פתגמא | הדין די את עבד לעמא |
| 093 | | Ex18:23 | אן ית | פתגמא | הדין תעבד ויפקד יתך ייי |
| 094 | | Ex33:17 | ואמר ייי למשה להוד ית | פתגמא | הדין די {מ}מללת אעבד ארום |
| 095 | | Dt15:10 | יהיב לה ארום מן בגלל | פתגמא | הדין יברך יתכון ייי |
| 096 | | Dt15:15 | כדן אנה מפקד יתכון ^ית | פתגמא | הדין#2#^ יומא הדין: |
| 097 | | Dt22:20 | ואין קשוט הוה | פתגמא | הדין לא אשתכחו סהדוון |
| 098 | | Dt22:26 | בנפשיה כדן הוא | פתגמא | הדין: |
| 099 | | Dt24:18 | יתכון#2#^^ למעבד ית | פתגמא | הדין: |
| 100 | | Dt24:22 | מפקד יתכון למעבד ית | פתגמא | הדין: |
| 101 | | Gn24:09 | ואשבע ליה על עסק | פתגמא | הדן: |
| 102 | | Gn30:31 | כלום מדעם אן תעבד לי | פתגמא | הדין אחזור ארעי ענך אנטר |
| 103 | | Dt18:22 | ממרה דייי ולא יהווי | פתגמא | ולא יתי הוא פתגמא די לא |
| 104 | | Nu13:26M | /וית#2#/ יתהון | פתגם/<פת>גמא#2#/ | ולכל עם כנ«י»שתה |
| 105 | | Dt 1:23 | ושפר באפי | פתגמא | ונסבית מנכון תרין עשר |
| 106 | | Dt 1:22 | ית ארעא ויתיבון יתן | פתגמא | ית ארחא די נסוק בה וית |
| 107 | | Gn24:50 | ואמרין מן קדם ייי נפק | פתגמא | לא נכל לממללא עמך טב או |
| 108 | | Gn24:66 | ותני עבדא ליצחק ית כל | פתגמא | {ל}<ד>עבד: |
| 109 | | Gn21:11 | ובאש | פתגמא | לחדא באפי דאברהם על עסק |
| 110 | | Dt30:14 | ארום קריב היא לוותכון | פתגמא | לחדה במימר פמיכון |
| 111 | | Ex18:18 | ארום תקף «הוא» מנך | פתגמא | לית את יכיל למעבד יתיה |
| 112 | | Gn41:32 | תרתין זמנין ארום אזדמן | פתגמא | מן קדם ייי ומוחי מן קדם |
| 113 | | Ex18:26 | ית עמא בכל שעה ית | פתגמא | קשיא ייתון לוות משה וית |
| 114 | פתגמה | Lv 9:06 | ואמ׳ משה דין | פתגמה | די פקד ייי תעבדון ותתגלי |
| 115 | | Nu22:38 | אכול למללה כל מן דעם | פתגמה | די ישוי ייי בפמי יתה |
| 116 | | Nu32:20 | להון משה אם תעבדון ית | פתגמה | הדין אן תזיינון קדם ייי |
| 117 | פתגמי | Lv10:20M | סגי ושמע משה ושפר | פתגמי | באפוי |
| 118 | בפתגמ׳ | Gn24:28M | /ית כל פתגמיא האלין | /בפתגמ׳ | האליין#2#/: |
| 119 | בפתגמא | Ex18:11 | על כל רבוניא ארום | בפתגמ«א» | דחשיבו מצריי על ישרא׳ |
| 120 | | Dt 3:26 | תוסף למללה קדמי תוב | בפתגמא | הדין: |
| 121 | | Ex18:11 | בניהון לנהר«א» בה | בפתגמא | יתפרע מנהון ייי במימריה |
| 122 | ופת׳ | Dt 1:32M | | ובפתגמא/ופת׳#2#/ | הדין לית אתון |
| 123 | ופתגמא | Nu23:03 | מימריה דייי לקדמותי | ופתגמא | די יחווי ייי אתני לך ואזל |
| 124 | | Dt 1:17M | לאלהה הוא | ופתגמא | די יקום באפכון תק׳ |
| 125 | ופתגמה | Dt 1:17 | דינה קדם ייי הוא מתבע | ופתגמה | די יקשי מינכון תקרבון יתי |
| 126 | ובפתגמא | Dt 1:32 | | ובפתגמא | הדין לית אתון מהיימנין |
| 127 | | Dt32:47 | ארום הוא חייכון | ובפתגמא | הדין תסגון יומין על ארעא |
| 128 | כפיתגמא | Dt13:12 | ולא יוסיפון למעבד | כפיתגמא | בישה הדין ביניכון: |
| 129 | כפתגמא | Gn47:30M | \עבד כמליך /אעבד | כפתגמא#2#/: | |
| 130 | | Dt19:20 | ולא יוספון למעבד תוב | כפתגמא | בישה הדין ביניכון: |
| 131 | | Gn44:02M | /זבונא#2#/ ועבד | כמלתיה/כפתגמא#2#/ | דיוסף די מליל: |
| 132 | | Ex12:35M | ובני ישראל עבדו | כמלוי/כפתגמא#2#/ | דמשה ושאילו מן |
| 133 | | Gn32:20 | דמהלך בתר עדריא למימר | כפתגמא | הדין תמללון עם עשו |
| 134 | | Dt 4:32 | שמיא הא אן הוה | כפתגמא | רבה הדן או אין אשתמע |
| 135 | כפתגמה | Lv10:07M | עליכון ועבדו | כמלוי/כפתגמה#2#/ | דמשה: |
| 136 | כפתגמך | Nu14:20M | ושבקת \כמה | דמללת/כפתגמך#2#/: | |
| 137 | לפתגמ׳ | Ex 9:21M | /ובלעם דלא שוי לביה | לפתגמ׳ | דייי#2#/ ושבק ית עבדוי |
| 138 | לפתגמא | Gn19:21 | הא נסבית לך אפין אף | לפתגמא | הדין דלא מיפך ית קרתא די |
| 139 | פתגמי p const | Dt29:28 | עד עלמא למעבד ית כל | פתגמי | אורייתה הדה: |
| 140 | | Dt27:03 | ותכתבון עליהון ית כל | פתגמי | אוריתה הדה במעברכון |
| 141 | | Dt27:08 | ותכתבון על אבנייה ית כל | פתגמי | אוריתה הדה כתיב חקיק |
| 142 | | Dt27:26 | גברה די לא יקים ית | פתגמי | אוריתה הדה למעבד יתהון |
| 143 | | Dt28:58 | לא תטרון למעבד ית כל | פתגמי | אוריתה הדה דכתבין בספר |
| 144 | | Nu11:24M | /^<פתג>מי#2#/^ דייי | /פתג<מי | ייי#2#/ וכנש שובעין |
| 145 | | Dt17:19M | \האיליין וית קיימיה | פתגמי/ | שבח אורייתה הדה וית |
| 146 | בפיתגמי | Ex10:23M | על דהוון עסיקי׳ | בפיתגמי | אורייתא במותבניהון |
| 147 | בפתגמי | Gn27:22M | למנזקיה וכד מתרשל | בפתגמי | אוריתא שלטין ביה ידוי |
| 148 | ופתגמי | Nu23:19 | אמר ועבד גזר ומקיים | ופתגמי | נבואתה קיימין לעלם: |
| 149 | פיתגמיא p em/sf | Ex18:19 | מן קדם ייי ותיתי את | פיתגמיא | קדם ייי: |
| 150 | פיתגמיה | Nu16:31 | כד אשלם למללא ית כל | פיתגמיה | האליין ואתפתחת ארעא די |
| 151 | פיתגמייה | Dt29:28M | כל \פתגמי אורייתה | /פיתגמייה | דאר#2#/ הדה: |
| 152 | פתגמוי | Nu11:23 | כדון תחמון אן יארע יתך | פתגמוי | אן לא: |
| 153 | | Nu22:07M | ומללו עימיה | מלוי/פתגמוי#2#/ | דבלק: |
| 154 | | Gn45:27M | עמיה ית כל | מלוי/פתגמוי#2#/ | דיוסף דמלל עמהון |
| 155 | | Ex 4:28M | לאהרן ית כל | פתגמיא/פתגמוי#2#/ | דייי דשלח יתיה ייי |
| 156 | | Ex24:03M | לעמא ית כל | פתגמיא/פתגמוי#2#/ | דייי וית כל סדרי |
| 157 | | Nu11:24 | משה ומלל עם עמא ית כל | פתגמוי | דייי וכנש שובעין גברין מן |
| 158 | | Nu15:31M | ארום | פתגמא/פתגמוי#2#/ | דייי בזי וית מצוותה |
| 159 | | Dt 5:05M | לכון ית | דבירוי/פתגמוי#2#/ | דייי ארום דחלתון |
| 160 | | Nu30:03M | פמה /על נפשה ולא יפס | פתגמוי | כל דנפק מפ#2#/ יעבד: |
| 161 | | Gn45:16M | אחוי דיוסף ושפר | \פתגמוי#2#/ | באפוי/בעיינוי#2#/ |
| 162 | פתגמי | Dt18:18M | בפומיה/דכוותך ואשוי | פתגמי | בפומיה#2#/ וימלל להון ית |
| 163 | | Nu11:24M | עם עמא ית כל | \פתגמוי/^<פתג>מי#2#/^ | דייי /<פתג>מי |
| 164 | | Nu11:23M | יארע יתך | פתגמוי/<פתג>מי#2#/ | אן/או#2#/ לא: |
| 165 | פתגמיא | Ex 4:15 | ותמלל עמיה ותשוי ית | פתגמיא | בפומיה ואנה במימרי {אלה} |
| 166 | | Ex 4:30 | ומליל אהרן ית כל | פתגמיא | די מלל ייי עם משה ועבד |
| 167 | | Ex19:06 | ואמה קדישא אליין | פתגמיא | די תמלל עם בני ישראל: |
| 168 | | Ex24:03 | כל עמא קל חד ואמרין כל | פתגמיא | די מליל ייי נעבד: |
| 169 | | Ex35:01 | ישראל ואמר להון אליין | פתגמיא | די פקד ייי למעבד יתהון: |
| 170 | | Ex 4:28 | וחווי משה לאהרן ית כל | פתגמיא | דייי דשלח יתיה ייי <....>: |
| 171 | | Ex24:03 | משה ותני לעמא ית כל | פתגמיא | דייי וית כל סדרי דינא |
| 172 | | Gn44:06 | עמהון ^למימר#2#^ ית | פתגמיא | האיליין: |
| 173 | | Ex19:07 | עמא וסדר קדמיהון ית כל | פתגמיא | האיליין די פקד יתיה ייי: |
| 174 | | Dt30:01 | ארום ייתון עליכון כל | פתגמיא | האיליין סדר ברכתה |
| 175 | | Gn15:01 | בתר | פתגמיא | האילין מן דאתכנשו כל |
| 176 | | Gn29:13 | ותני ללבן ית כל | פתגמ<י>א | האילין: |
| 177 | | Gn43:07 | אחוי ותנינן ליה על פום | פתגמיא | האליין ואמר יהוד׳ הא |
| 178 | | Gn44:07 | למה כען ימליל רבוני | פתגמיא | האליין <...>: |
| 179 | | Ex34:27 | האליין ארום על מימר | פתגמיא | האליין קיימית עמך קיים |
| 180 | | Ex34:27 | ייי למשה כתב לך ית | פתגמיא | האליין ארום על מימר |
| 181 | | Dt31:28 | ואמלל במשמעהון ית | פתגמיא | האליין ואסהד בהון ית שמיא |
| 182 | | Gn20:08 | שלטוי ומלל ית «כל» | פתגמי«א» | האלין במשמעהון ודחילו |
| 183 | | Gn22:01 | והוה בתר | פתגמיא | האלין ויייי נסי ית אברהם |
| 184 | | Gn22:20 | והווה בתר | פתגמיא | האלין ואתני לאברהם למימר |
| 185 | | Gn24:28 | דאמה ותניית ית כל | פתגמיא | האלין: |
| 186 | | Gn39:07 | והווה בתר | פתגמ«י»א | האלין ונטלת אתתיה |
| 187 | | Gn40:01 | והוה בתר | פתגמיא | האלין סרחו רב מזוגייא |
| 188 | פתגמיה | Lv 8:36 | ועבד אהרן ובנוי ית כל | פתגמיה | די פקד ייי על ידוי דמשה: |
| 189 | | Dt 1:18 | יתכון בשעתה ההיא ית כל | פתגמיה | די תעבדון: |
| 190 | | Dt32:46 | שוון לבביכון לכל | פתגמיה | די אנה משהד בכון יומא |
| 191 | | Dt17:19 | ייי אלהיה למטור ית כל | פתגמיה | האליין וית קיימיה |
| 192 | | Nu14:39 | ומליל משה ית | פתגמיה | האלין עם כל בני ישראל |
| 193 | | Nu30:03 | קיים לשמא דייי לא יבטל | פתגמיה | כל די יפוק מן פמה יעבד: |

| | | | | | |
|---|---|---|---|---|---|
| 194 | פתגמיי | Nu12:06M | מיליי /שמועו כען | פתגמיי#2/ | אין יהווי ביניכון |
| 195 | | Ex24:04 | וכתב משה ית כל | פתגמיי | דייי ואקדם בצפרא ובנה |
| 196 | פתגמיי' | Ex24:08 | דקיים ייי עמכון ית כל | פתגמיי' | האליין: |
| 197 | פתגמייא | Dt28:14 | <ולא> תסטון מן כל | פתגמייא | די אנה מפקד יתכון יומא |
| 198 | | Dt32:45 | ואשלם משה למללה ית כל | פתגמייא | האיליין עם כל ישראל: |
| 199 | | Dt 4:30M | יתכון כל | עקייה/פתגמייא#2/ | האליין בסוף עקב |
| 200 | | Ex 9:05 | למימר מחר יעבד ייי | פתגמייא | הדין בארעא: |
| 201 | פתגמייה | Dt 1:01 | אלין | פתגמייה | די מלל משה עם כל בני |
| 202 | | Dt12:28 | טורו ושמעו ית כל | פתגמייה | האיליין די אנה מפקד |
| 203 | | Dt 5:22M | ית | דביריה/פתגמייה#2/ | האליין מלל ייי עם |
| 204 | | Dt 6:06 | ויהוון | פתגמייה | האליין די אנה מפקד יתכון |
| 205 | | Dt11:18 | ותשוון ית | פתגמייה | האליין תדירין על לבביכון |
| 206 | כפיתגמי' | Ex 8:27M | /מימרי' דייי | כפיתגמי'#2/ | דמשה ועבר ערברובא |
| 207 | כפתגמיא | Gn39:19 | דמללת עמיה למימר | כפתגמיא | האילין עבד לי עבדך ותקף |
| 208 | | Gn39:17 | ומלילת עמיה | כפתגמיא | האילן למימר על לוותי |
| 209 | כפתגמייא | Gn44:06M | \ית | פתגמיא/כפתגמייא#2/ | האיליין: |
| 210 | כפתגמיך | Ex 8:06M | ואמר למחר ואמר | כמיליך/כפתגמיך#2/ | מן בגלל דתידע ארום |
| 211 | כפתגמך | Gn30:34M | לווי#2/ יהוי | כמליך/כפתגמך#2/: | |
| 212 | לפתגמוי | Ex 9:21 | ומן די לא שוי לבא | לפתגמוי | דייי ושבק ית עבדוי וית |
| 213 | לפתגמייא | Dt13:04M | דנבייא שקרא ההוא | /לפתגמייא | דנבייא ההר#2/ או |

## פתור *n.* table [454]

| | | | | | |
|---|---|---|---|---|---|
| 001 | פתר s ab/cn | Gn23:16M | אתר מתקבלין בכל /לכל | פתר | ומתקבלין לכל#2/ פרקמטיא: |
| 002 | פתורא s em/sf | Ex25:27 | לאתרין לאריחי למטען ית | פתורא: | |
| 003 | | Ex25:23 | ותעבד | פתורא | אעין דשטין תרתין אמין |
| 004 | | Ex26:35 | ותשוי ית | פתורא | לבר מן פרכתא וית מנרתא |
| 005 | | Ex25:30 | ותתן על | פתורא | סידור לחם אפיא קדמוי |
| 006 | פתורה | Ex25:28 | דהב למטען בהון ית | פתורה: | |
| 007 | | Ex37:14 | אתרין לאריחיה למטען ית | פתורה: | |
| 008 | | Ex37:10 | ועבד ית | פתורה | אעין דשטין תרתין אמין |
| 009 | | Ex40:22 | ויהב ית | פתורה | במשכן זימנא על שפולוי |
| 010 | | Lv24:06 | חלין בכל סדור על | פתורה | דכייה קדם ייי: |
| 011 | | Nu 4:07 | ועל | פתורה | דלחם אפיה יפרשון |
| 012 | | Ex30:27 | ית | פתורה | וית כל מנוי וית מנורתא |
| 013 | | Ex31:08 | וית | פתורה | וית מנוי וית מנרתה דכיתה |
| 014 | | Ex35:13 | ית | פתורה | וית אריחוי וית כל מנוי |
| 015 | | Ex39:36 | ית | פתורה | וית כל מנוי וית סדור לחם |
| 016 | | Ex40:04 | ותעל ית | פתורה | ותסדר ית סידרה ותעל ית |
| 017 | | Ex26:35 | פרכתא וית מנרתא לקבל | פתורה | על סטר' דמשכנה לדרומה |
| 018 | | Ex40:24 | מנרתה במשכן זימנא לקבל | פתורה | על שפולוי דמשכנא מן |
| 019 | פתורי | Nu28:02 | ית קרבני לחמי לחם סדור | פתורי | מה די אתון מקרבין קדמיי |
| 020 | פתרה | Ex37:15 | יתהון דהב למטען ית | פתרה: | |
| 021 | | Ex37:16 | ועבד ית מניה די על | פתרה | ית פילוותא וית בזיקי וית |
| 022 | ופתורא | Ex26:35 | על סטר' דמשכנה לדרומה | ופתורא | תתן על צפונה סטרה צפונה: |
| 023 | ופתורה | Nu 3:31 | ומטרתהון ארונה | ופתורה | ומנרתה ומדבחה ומני |

## פתור 2# *n.* dream interpreter [454]

| | | | | | |
|---|---|---|---|---|---|
| 001 | פתור s ab/cn | Dt23:05M | ית בלעם בר בעור | חלמיא/פתור | חלמיה#2/ דמן |
| 002 | ופתיר | Gn41:15 | ואמר פרעה חלם חלמית | ופתיר | לית ליה ואנה שמעית עלך |
| 003 | פתורה s em/sf | Nu22:05 | לוות בלעם בר בעור | פתורה | חלמייה די על גף נהרא ארע |

See also: פתר *vb.*

## פתח *vb.* to open [454]

| | | | | | |
|---|---|---|---|---|---|
| 001 | פתח peal | Ex13:15M | /לשמה דייי כל קדמי | פתח | ול#2/ דכרייא וכל |
| 002 | | Gn30:22 | דכן כתבא מפרש ואמר | פתח | ידך ומשביע לכל חיי דאית |
| 003 | | Gn30:22 | כתבה ומפרש ואמר הא אנא | פתח | ית קבריכון ואסיק יתי' |
| 004 | | Gn49:21M | חקל כפילתא כד הוא | פתח | פומי' בכנישותא יעקב |
| 005 | פתחו | Ex15:18 | ביני גלליא בההיא שעתא | פתחו | פומיהון כחדא ואמרין דייי |
| 006 | פתחת | Nu17:27M | יתהון אשתה ואית מנן די | פתחת | ארעא ית פומה ובלעת יתהון |
| 007 | | Dt11:06 | דאליאב בר ראובן די | פתחת | ארעא ית פמה ובלעת יתהון |
| 008 | | Gn 4:11 | תהווי קין מן ארעא די | פתחת | ית פומי־ה#2־ למקבלה ית |
| 009 | פתיח | Nu19:15 | וכל מן דחסף | פתיח | די לית גופה דשיע מקפה עלוי |
| 010 | יפתח | Ex21:33 | וארום | יפתח | גבר גוב או ארום יחפר גבר |
| 011 | | Gn30:22 | וכן כתבא ומפר«ש» ואמר | יפתח | ייי לכון ית אוצרא טבא מן |
| 012 | | Dt28:12 | | יפתח | ייי לכון ית אוצריה טבה ית |
| 013 | תפתחון | Dt15:08 | ארום מפתח | תפתחון | ית ידיכון לה ומזבדה |
| 014 | | Dt15:11 | יומא הדין למימר מפתח | תפתחון | ית ידיכון לאחיכון |
| 015 | מפתוח | Dt15:08M | ארום | מפתח/מפתוח#2/ | תפתחון ית ידיכון לה |
| 016 | | Dt15:11M | /דין#2/ למימר | מפתח/מפתוח#2/ | תפתחון ית ידיכון |
| 017 | מפתח | Dt15:08 | ארום | מפתח | תפתחון ית ידיכון לה ומזבדה |
| 018 | | Dt15:11 | יתכון יומא הדין למימר | מפתח | תפתחון ית ידיכון לאחיכון |
| 019 | ופתח | Gn41:56 | הוה על כל אפי ארעא | ופתח | יוסף כל אוצריה דבהון זבן |
| 020 | | Gn 8:06 | והוה לסוף ארבעין יומין | ופתח | נח ית תרעא דתיבותא די |
| 021 | | Gn42:27 | | ופתח | חד מינהון ית שקיה למיתן |
| 022 | | Nu22:28 | | ופתח | ייי פמה דאתנתה ואמר לבלעם |
| 023 | | Nu22:31M | \וגל' ייי ית עייני | /ופתח | מימריה דייי ית עייניה#2/ |
| 024 | ופתחו | Gn44:11 | גבר ית טעוניה על ארעא | ופתחו | גבר טעוניה: |
| 025 | | Dt27:15M | \ואמרין בריך | /ופתחו | פומהון בברכה#2/ יהווי |
| 026 | ופתחנן | Gn43:21 | עלינן לבית אב<ת>ותה | ופתחנן | ית טעונינן והא כספא דגבר |
| 027 | ופתחת | Ex15:12 | יתהון מנה לעלמא דאתי | ופתחת | ארעא ית פומא ובלעה יתהון: |
| 028 | | Nu16:32 | | ופתחת | ארעא ית פמה ובלעת יתהון |
| 029 | | Ex 2:06 | | ופתחת | וחמת ית טליא והא טליא בכי |
| 030 | ותפתוח | Nu16:30M | חדתה יברא ייי | ותפתח/ותפתוח#2/ | ארעא ית פמה ותבלע |
| 031 | | Dt20:11M | יתכון \ותפתח לכון | /ותפתוח | לכון פילוותה#2/ ויהווי |
| 032 | ותפתח | Nu16:30M | ואין לא תתברי כדון | ותפתח | |
| 033 | | Nu16:30 | ברייה חדתה יברא ייי | ותפתח | ארעא ית פמה ותבלע יתהון |
| 034 | | Nu26:10 | | ותפתח | ארעא ית פמה ובלעת יתהון |
| 035 | | Dt20:11 | אין שלם תענה יתכון | ותפתח | לכון ויהווי כל עמא די |
| 036 | אתפתחו etpeel | Gn 7:11 | תהומא רבה וכווי שמיא | אתפתחו: | |
| 037 | דאתפתח | Gn49:01 | ליה רזא אתכסי מנה ומן | דאתפתח | ליה תרעא אטרד מנה ענה |
| 038 | ואיתפתחון | Gn 3:07 | | ואיתפת«חון» | עייני תריהון וידעו |
| 039 | ואפתחו | Gn 3:07M | | ואיתפת«חון»/ואפתחו#2/ | עייני תריהון |
| 040 | ואתפתחת | Nu16:31 | כל פיתגמיה האיליין | ואתפתחת | ארעא די תחותיהו{ת}«ן»: |
| 041 | ויתפתחן | Gn 3:05 | ביומא די תאכלון מינה | ויתפתחן | עיינכון ותהון כמלאכין |

## פתח *n.* one who opens [454]

| | | | | | |
|---|---|---|---|---|---|
| 001 | פתחי p const | Ex34:19M | \פתחיי וולדה /קדמיי | פתחי | ול#2/ דתורא ודאמרא: |
| 002 | | Ex34:20M | וולדה /וכל קדמי | פתחי | ול#2/ דחמרא תפרקון |
| 003 | | Ex34:19M | פתחי שרוי וולדא /קדמי | פתחי | וולד#2/ לשמי אינון וכל |
| 004 | | Nu 3:12M | שירוי וולדה /קדמי | פתחי | וולד#2/ דבני ישראל |
| 005 | | Ex13:13 | וכל | פתחי | וולדא דחמרא תפרקון באמר |
| 006 | | Ex13:15 | אנן מקרבין קדם ייי כל | פתחי | וולדא דכרייא וכל |
| 007 | | Ex13:12 | וולדה לשמה דייי וכל | פתחי | וולדא דבעירא די יהוון לכון |
| 008 | | Ex13:12 | ותפרשון כל שרוי | פתחי | וולדה לשמה דייי וכל פתחי |
| 009 | | Gn20:18 | מטרוד טרד ייי בעד כל | פתחי | ילדה לביתה דאבימלך על עסק |
| 010 | | Ex13:02 | אקדש לשמי כל בכורייא | פתחי | כל וולד מעייה בבני ישראל |

|  |  |  |  |  |  |  |
|---|---|---|---|---|---|---|
| 011 | | | Nu 8:16 | לי מן גו בני ישראל חלף | פתחי | כל וולדה בכרי כל מן ולדה |
| 012 | | | Nu 3:12 | ישראל חלף כל בוכריה | פתחי | שירוי וולדה דבני ישראל |
| 013 | | | Ex34:19 | כל | פתחי | שרוי וולדא לשמי אינון וכל |
| 014 | | | Nu18:15 | כל | פתחי | שרוי וולדה לכל בשרה די |
| 015 | פתחי | | Ex34:19 | וכל בעירכון דיכרייה | פתחי | וולדה דתורא ודאמרא: |
| 016 | פתיחי | | Ex13:02M | /כל בכורייא קדמוי | פתיחי | וולד' בב'#2#/ ישראל |
| 017 | ופתחי | | Ex34:20 | | ופתח{ן}<י> | וולדה דחמרא תפרקון באמר |
| 018 | פתחוי | p em/sf | Ex13:12M | ותפרשון כל \שרוי פתחי | /פתחוי | שרוי#2#/ וולדה לשמה דייי |

## to be wide *vb.* פתי [455]

|  |  |  |  |  |  |  |
|---|---|---|---|---|---|---|
| 001 | אפתי | afel | Gn26:22 | רחובות ואמר ארום כען | אפתי | ייי לן ותקפינן בארעא: |
| 002 | יפת | | Gn 9:27 | | יפת | ייי תחומא דיפת וישרי יקר |
| 003 | יפתה | | Dt12:20 | ארום | יפתה | ייי אלהכון ית תחומיכון |
| 004 | יפתי | | Dt19:08 | ואין | יפתי | ייי אלהכון ית תחומיכון |
| 005 | דאפתי | | Dt33:20 | דייי ואמר בריך מן | דאפתי | תחומה דגד נייח ושרי בגו |
| 006 | ואפתי | | Ex34:24 | אומיא מן קדמיכון | ואפתי | ית תחומכון ולא יתחמ«ד» |

## broad *adj.* פתי [455]

|  |  |  |  |  |  |  |
|---|---|---|---|---|---|---|
| 001 | פתיא | s ab/cn | Gn34:21 | ויתגרון בה וארעא הא | פתיא | היא בתחומה קדמיהון ית |
| 002 | ופתיא | | Ex 3:08 | מן ארעא הדא לארעא טבא | ופתיא | לארעא עבדא פירין טבין |

## breadth *n.* פתי [455]

|  |  |  |  |  |  |  |
|---|---|---|---|---|---|---|
| 001 | ופתיי | s ab/cn | Ex36:09M | באומתה#2#/ | ופתיא/`ופר'#2#/`ופתיי#2#/ | ארבע אמין |
| 002 | פר' | s em/sf | Ex36:21M | אמה/אומ'#2#/ | פתייה/פר'#2#/ | דלוחה חדה |
| 003 | | | Ex37:25M | ואמה/ואומה#2#/ | פתיה/פר'#2#/ | מרבע ותרתין אמין משחת |
| 004 | | | Ex38:01M | ארכה וחמש אמין | פתיא/פר'#2#/ | מרבע ותלת אמין משחת |
| 005 | פותיא | | Ex25:10 | ופלג ארכה ואמתא ופלג | פותיא | ואמתא ופלג משחת רומיה: |
| 006 | פותיה | | Ex36:15 | אמין באמתא וארבע אמין | פותיה | דיריעתה חדה משחה חדה |
| 007 | פת' | | Ex36:15M | אמין/אומין#2#/ | פותיה/פת'#2#/ | דיריעתה חדה |
| 008 | פתיא | | Ex25:17 | ופלג ארכה ואמה ופלג | פתיא: | |
| 009 | | | Ex28:16 | כפל פשך ארכה ופשך | פתיא: | |
| 010 | | | Ex26:16 | ארכה דלוחא ואמה ופלגא | פתיא | דלוחא חדתא: |
| 011 | | | Ex25:23 | תרתין אמין ארכן ואמתא | פתיא | ואמה ופלג משחת רומה: |
| 012 | | | Ex27:01 | אמין {ארך וחמש אמין} | פתיא | מרבע יהי מדבחא ותלת אמין |
| 013 | | | Ex30:02 | אמה ארכה ואמה | פתיא | מרבע יהוי ותרתין אמין משחת |
| 014 | | | Ex38:01 | חמש אמין ארכה וחמש אמין | פתיא | מרבע ותלת אמין משחת רומה: |
| 015 | פתיה | | Ex37:06 | ופלג ארכה ואמה ופלג | פתיה: | |
| 016 | | | Ex37:01 | ופלג ארכיה ואמה ופלג | פתיה | ואמה ופלג משחת רומיה: |
| 017 | | | Ex37:10 | תרתין אמין ארכה ואמה | פתיה | ואמה ופלג משחת רומה: |
| 018 | | | Gn 6:15 | דתיבותא חמשין אמין | פתיה | ותלתין משחת רומ': |
| 019 | | | Ex39:09 | ית חושנא זרת ארכה וזרת | פתיה | כפול: |
| 020 | | | Ex37:25 | דשטין אמה ארכה ואמה | פתיה | מרבע ותרתין אמין משחת רומא |
| 021 | פתייה | | Dt 3:11 | אמין ארכה וארבע אמין | פתייה | באמתיה דמלכא: |
| 022 | | | Ex36:21 | דלוחיה ואמה ופלגת אמה | פתייה | דלוחה חדה: |
| 023 | בפתוי | | Ex38:18M | /אומין ארך ומשחת רום | בפתוי | חמ'#2#/ אמין לקבל וילון |
| 024 | ופר' | | Ex36:09M | באומתה#2#/ | ופתיא/`ופר'#2#/`ופתיי#2#/ | ארבע אמין |
| 025 | ופותיא | | Ex27:12 | | ופותיא | דדרת«א» לסיטרה מערביה |
| 026 | | | Ex27:13 | | ופותיא | דרתה לסיטרא מדנחא מן |
| 027 | ופותיה | | Ex38:18 | ועשרין אמין ארך וקומה | ופותיה | חמש אמין לקבל וילון דרתה: |
| 028 | ופתוי | | Ex26:02M | /אומין באומתייא | ופתוי#2#/ | ארבע אמין באמתא |
| 029 | ופתיא | | Ex26:02 | אמין די יריעתה חדתא | ופתיא | ארבע אמין באמתא דיריעתה |
| 030 | | | Ex26:08 | חדתה תלתין אמין באמתא | ופתיא | ארבע אמין באמתא משח«א» |
| 031 | | | Ex36:09 | ותמני אמין באמתה | ופתיא | ארבע אמין יריעתה חדא משחת |
| 032 | ופתיה | | Ex27:18 | דדרתה מאה אמין באמתה | ופתיה | חמשין על חמשין ומשחת רומה |
| 033 | ולפתייה | | Gn13:17 | קום הלך בארעא לארכה | ולפתייה | ארום לך אתן יתה: |

## seeing *adj.* פתיח [455]

|  |  |  |  |  |  |  |
|---|---|---|---|---|---|---|
| 001 | פתיחין | p abs | Ex 4:11 | שוי אלמין או חרשין או | פתיחין | או סמין ארום אלהן אנה |

## perverter *n.* פתלתן [456]

|  |  |  |  |  |  |  |
|---|---|---|---|---|---|---|
| 001 | ופתלתנה | s em/sf | Dt32:05 | בהון דרא עקמנה | ופתלתנה | דרה דשני עבדוי אוף סדר |

## snake *n.* פתמן [456 s.v. פתן]

|  |  |  |  |  |  |  |
|---|---|---|---|---|---|---|
| 001 | פתמנייה | p em/sf | Dt32:33 | מדמי לראשי חווייה | פתמנייה | כזוראי: |

## to interpret, to explain *vb.* פתר [456]

|  |  |  |  |  |  |  |
|---|---|---|---|---|---|---|
| 001 | פתר | peal | Gn41:12 | לן ית חלמינן גבר כחלמיה | פתר: | |
| 002 | | | Gn40:16 | רב נחתומ<י>א ארום טבית | פתר | ואמר ליוסף אף אנה בחלמי |
| 003 | דפתר | | Gn40:22 | רב נחתומיה צלב היך מה | דפתר | להון יוסף: |
| 004 | | | Gn41:13 | והוה היך מה | דפתר | לן כדין הוות יתי חזר |
| 005 | ופתר | | Gn40:12 | דחלמא לא הוה יוסף אמר | ופתר | ליה יוסף היך מה דהוה שפר |
| 006 | | | Gn40:18 | דחלמא לא אמר יוסף | ופת{ח}<ר> | ליה יוסף היך מה דהוה |
| 007 | | | Gn40:08 | ואמרין ליה חלם חלמנן | ופתר | לית ליה ואמר להון יוסף |
| 008 | | | Gn40:08M | \חלמנן ופתר /חלמן | ופתר#2#/ | לית ליה ואמר להון יוסף |
| 009 | | | Gn41:12 | אספקלטורייה ותנינן לה | ופתר | לן ית חלמינן גבר כחלמיה |
| 010 | כמפתר | | Gn49:01M | חזר וברך יתה<ו>ן גבר | כמפתר | ברכתיה |
| 011 | למפתר | | Gn41:15 | עלך למימר תשמע חלמא | למפתר | יתיה: |

See also: *n.* 2# פתור

## פתר *n.* ⇐ פתור

## interpretation *n.* פתרון [456]

|  |  |  |  |  |  |  |
|---|---|---|---|---|---|---|
| 001 | כפתרון | s ab/cn | Gn41:11 | בלילי חד אנה והוא גבר | כפתרון | חלמא חלמנן: |
| 002 | | | Gn40:05 | גבר חלמא בלילי חד גבר | כפתרון | חלמה רב מזוגיי«א» ורב |
| 003 | פתרונ' | s em/sf | Gn40:12M | יוסף דין פתרוניה/הוא | פתרונ' | חלמא#2#/ תלתי שרביטיה |
| 004 | פתרונה | | Gn40:18 | וענה יוסף ואמר דן | פתרונה | דחלמא תלתי סליה תלתיה |
| 005 | פתרוני' | | Gn40:18M | \דן פתרונה /דין | פתרוני'#2#/ | דחלמא תלתי סליה תלתיה |
| 006 | פתרוניה | | Gn40:12 | חלמא טבא הדין ברם | פתרוניה | דחלמא לא הוה יוסף אמר |
| 007 | | | Gn40:12 | ואמר ליה יוסף דין | פתרוניה | תלתא שרביטא תלתא יומין |
| 008 | | | Gn40:18 | ואמר ליה יוסף דין | פתרוניה | תלתא סליא תלתה יומין |
| 009 | | | Gn40:12 | ואמר ליה יוסף דין | פתרוניה | תלתי שרביטיה תלתי אבהת |
| 010 | ופתרוניה | | Gn40:18 | ביש דחלמת חלמא הדין | ופתרוניה | דחלמא לא אמר יוסף |
| 011 | פתרוניא | p em/sf | Gn40:08 | יוסף הלא מן קדם ייי | פתרוניא | תנון כען לי: |

## Pathrusian *adj.* פתרוסיי [456]

|  |  |  |  |  |  |  |
|---|---|---|---|---|---|---|
| 001 | פתרוסיא | p em/sf | Gn10:14 | וית | פתרוסיא | וית כסלוחיא די נפקו מן |

## lean *adj.* פתרן [456]

|  |  |  |  |  |  |  |
|---|---|---|---|---|---|---|
| 001 | פתרנין | p abs | Nu13:20M | אפתרין /פירהא אם | פתרנין#2#/ | הא אית בה אילנין |

# צ

## [צב] *n.* turtle or lizard [Heb.] [!!]

| | | | |
|---|---|---|---|
| 001 | צבי p abs | Nu 7:03M | שית עגלן מזווגן/סעינן צבי כד הנון מחפיין/#2# |

## צבח *vb.* ⇐ צוות

## צבחה *n.* ⇐ צווחה

## צבי *vb.* to desire [457]

| | | | |
|---|---|---|---|
| 001 | צבא peal | Dt 2:30 | ולא צבא סיחון מלכא דחשבון דלא |
| 002 | | Dt23:06 | ולא צבא ייי אלהכון למשמע ללווטוי |
| 003 | | Dt25:07 | לאחוי שם בישראל לא צבא למייבמה יתי: |
| 004 | | Ex10:27 | ותקף ייי ית לביה ולא צבא למשלחה יתהון: |
| 005 | | Dt 7:07M | {דבנ}<זכו>ותכון צבא מימריה דייי בכון ואיתרעי |
| 006 | צבה | Dt25:09 | י{ד}<ת>עבד לגברא די לא צבה למיבני ית בייתה דאחוי: |
| 007 | צבו | Gn14:14M | מרבייניי בייתיה ולא צבו למהלכה עימיה ואיתבחר |
| 008 | צבי | Ex10:28 | מאילן מלייה קשייתא ברם צבי אנה לממות ולא למהוי שמע |
| 009 | צביתון | Dt 1:26 | ולא צביתון למיסק וסרבתון על פם גזירת |
| 010 | תיצבון | Lv26:23M | ממרי ותהלכון/אין לא תיצבון למשמוע לאולפן אורייתי |
| 011 | תצבון | Dt13:09 | לא תצבון לה ולא תשמעון למילוי ולא |
| 012 | | Lv19:31 | אוב' ומסקי דכורן לא תצבון למסתאבה בהון אמר ייי |
| 013 | | Lv26:27M | אליין מרדוותה לא תצבון למשמוע לא/#2# אורייתי |
| 014 | | Lv26:21 | תהלכו קדמי בקשיו ולא תצבון למשמע לאולפן אורייתי |
| 015 | תצבוני | Lv26:18M | לא \תשמעון לאולפן /תצבוני למשמע לאול/#2# |
| 016 | תצבי | Gn24:05 | ליה עבדא מה דלמה לא תצבי אתתא למיתי בתרי לארעא הדא |
| 017 | | Gn24:08 | ואין לא תצבי אתתא למיתיה בתרך ותזדכי מן |

## צבע *vb.* to moisten [457]

| | | | |
|---|---|---|---|
| 001 | וצבע peal | Lv 9:09 | דאהרן ית אדמה לוותה וצבע אצבעיה באדמה ויהב על קרנתה |
| 002 | וצבעו | Gn37:31 | ונכסו צפיר בר עזין וצבעו ית פרגודה באדמה: |
| 003 | ויצבוע | Nu19:18M | ויסב אזוב ויצבע/ויצבוע/#2# במיא גבר דכי וידי |
| 004 | | Lv14:06M | סבתה וית אזובה ויצבע/ויצבוע/#2# יתהון וית צפרה |
| 005 | | Lv14:51M | ויצבע/דבחיין ויצבוע/#2# יתהון באדמה/בדם/#2# |
| 006 | | Lv 4:06M | ויצבע/ויצבוע/#2# כהנא ית אצבעיה |
| 007 | | Lv 4:17M | כהנא ית אצבעיה ויצבוע/ כהנא אצבעה/#2# מן אדמ' |
| 008 | | Lv14:16M | ויצבע/ויצבוע/#2# כהנא ית אצבעיה |
| 009 | ויצבע | Nu19:18 | ויסב אזוב ויצבע במיא גבר דכי וידי על |
| 010 | | Lv14:06 | סבתה וית אזובה ויצבע יתהון וית צפרה חייתה |
| 011 | | Lv14:51 | וית צפרה דחייתה ויצבע יתהון באדמה דצפרה נכיסתה |
| 012 | | Lv16:23M | לגו בית קדשה ויצנע/ויצבע/#2# יתהון תמן \לעלמי' |
| 013 | | Lv 4:06 | ויצבע כהנא ית אצבעיה באדמה וידי |
| 014 | | Lv 4:17 | ויצבע כהנא ית אצבעיה מן אדמ' |
| 015 | | Lv14:16 | ויצבע כהנא ית אצבעיה דימינה מן |
| 016 | ותצבעון | Ex12:22 | ותסבון מיסרא דאיזוב ותצבעון באדמה די במנה ואתון |
| 017 | ואצבעת afel | Gn38:25 | פרגודה דיוסף אחי ואצבעת יתיה בדמא דצפירא ואמרית |

## צבע *n.* color [457]

| | | | |
|---|---|---|---|
| 001 | צבע s ab/cn | Ex28:05 | תכלתה וית ארגוונא וית צבע זהוריתא סבתא וית בוצא: |
| 002 | | Ex35:25 | ית תכלתה וית ארגוונא וית צבע זהוריתא סבתה וית בוצא: |
| 003 | | Lv14:06 | יתה וית קיסה דארזא וית צבע זהוריתה סבתה וית אזובה |

| | | | |
|---|---|---|---|
| 004 | | Lv14:51 | קיסה דארזה וית אזוב וית צבע זהוריתה וית צפרה דחייתה |
| 005 | | Ex39:03 | תכלתה ובגו ארגוונא ובגו צבע זיהוריתה סבתה ובגו בוצה |
| 006 | דצבע | Nu 4:08 | ויפרשון עליהון לבוש דצבע זהורי סבה ויכסון יתיה |
| 007 | וצבע | Ex26:36 | לתרע משכנה תכלה וארגוון וצבע דזהורי סבא ובוץ שזיר עובד |
| 008 | | Ex27:16 | אמין תכלא וארגוון וצבע דזהורי סבא ובוץ שזיר עובד |
| 009 | | Ex28:15 | יתיה דהב תכלה וארגוון וצבע דזהורי סבא ובוץ שזיר תעבד |
| 010 | | Ex28:33 | רמנין תכלה וארגוון וצבע דזהורי סבא על שפולוי |
| 011 | | Ex39:02 | אפדה דהב תכלה וארגוון וצבע דזהורי סבא ובוץ שזיר: |
| 012 | | Ex39:05 | כעבדא דהב תכלה וארגוון וצבע דזהורי סב{ת}א ובוץ שזיר |
| 013 | | Ex39:29 | בוץ שזיר תכלה וארגוון וצבע דזהורי סבא עובד צייר |
| 014 | | Lv14:49 | תרתין צפרין וקיס דארז וצבע דזהורי סבה ואזובה: |
| 015 | | Ex39:01 | ומן תכלתה וארגוונה וצבע דזהוריתה סבתה עבדו ית |
| 016 | | Ex36:08 | בוץ שזיר תכלה וארגוון וצבע דזהורי סבא ציירין עובד |
| 017 | | Ex36:35 | ית פרוכתה תכלה וארגוון וצבע דזהורי סבא ובוץ שזיר עובד |
| 018 | | Ex36:37 | משכנה תכלה וארגוון וצבע דזהורי סבא ובוץ שזיר עבד |
| 019 | | Ex38:18 | ציור ותכל«ה» וארגוון וצבע דזהורי סבה ובוץ שזיר |
| 020 | | Ex39:08 | דאפדה דהב תכלה וארגוון וצבע דזהורי סבא {ובוץ} זרת |
| 021 | | Ex39:24 | רמונין תכלה וארגוון וצבע דזהורי סבה בוץ שזיר: |
| 022 | | Lv14:04 | חיין דכיין וקייס דארז וצבע דזהורי סבא ואזוב: |
| 023 | | Ex35:23 | לוותיה תכלה וארגוון וצבע די זיהורי סבא ובוץ שזיר |
| 024 | | Ex25:04 | ותכלה {וארגמן} וארגוון וצבע זהורי סבא ובוץ ומעזי: |
| 025 | | Ex26:01 | בוץ שזיר ותכלה וארגוון וצבע זהורי סבא ציורין עבד אומן |
| 026 | | Ex28:06 | דהב תכל«א» וארגוון וצבע זהורי סבא ובוץ שזיר עובד |
| 027 | | Ex28:08 | יהוי דהב תכלה וארגוון וצבע זהורי סבא ובוץ שזיר: |
| 028 | | Nu19:06 | כהנא קיס דארז ואזוב וצבע זהורי סבה ויקלק ויטלק לגו |
| 029 | | Ex26:31 | פרכתא תכלה וארגונא וצבע זיהורי סבא ובוץ שזיר עובד |
| 030 | | Ex35:06 | ותכלא וארגוון וצבע זיהורי סבא ובוץ {ומעזי |
| 031 | ובצבע | Ex38:23 | ובצבע ובצבע זהוריתה סבתה ובבוצה: וצייר בתכלה ובארגוון |
| 032 | | Lv14:52 | ובקיסה דארזא ובאזובא ובצבע זחוריתה סבתה: |
| 033 | | Ex35:35 | וצייר בתכלא ובארגוונא ובצבע זיהורי סב{ת}ה ובבוץ |
| 034 | ובאצבען p abs | Ex38:23M | ובארגוון ובצבע/ובאצבען/#2# זהוריתה סבתה |

## צדו *n.* desolation [458]

| | | | |
|---|---|---|---|
| 001 | לצדו s ab/cn | Dt28:37 | ותיהוי לצדו למתלין ולתנויין בכל אומייה |

## צדי *vb.* to be desolate [458]

| | | | |
|---|---|---|---|
| 001 | ויצדון peal | Lv26:22 | בעירכון ותזער יתכון ויצדון ארחתכון: |
| 002 | | Lv26:32 | ואצדי אוף אנה ית ארעא ויצדון עליה בעלי דבביכון די |
| 003 | ויצדיין | Lv26:32M | אנה ית ארעא ויצדון/ויצדיין/#2# עליה בעלי דבביכון |
| 004 | וצדיין | Nu21:30 | ושלטון מן דיבון וצדיין ארחתיה עד כרכה דנפחיה |
| 005 | ואצדי afel | Lv26:32 | ואצדי אוף אנה ית ארעא ויצדון |
| 006 | | Lv26:30 | ואצדי ית במסיכון ואשיצי ית |
| 007 | | Lv26:31 | ואצדי ית בית מקדשיכון ולא אקבל קורייכון חרבה |

## צדי *adj.* deserted [458 צדי n.]

| | | | |
|---|---|---|---|
| 001 | וצדיה s ab/cn | Gn 1:02M | הוות תהיא ובהיא וצדי/וצדיה/#2# מן בר נש ומן בעיר |

## צדי *n.* desolation [458]

| | | | |
|---|---|---|---|
| 001 | צדא s ab/cn | Ex23:29M | דלא תהוי ארעא צדי/<צ>דא/#2# \דלא תסגי/ותיסגי/#2# |
| 002 | צדי | Gn44:18M | נעבד כל ארעיה דמצרי' צדי |
| 003 | | Ex23:29 | בשתא חדא דלא תהוי ארעא צדי דלא תסגי עליכון חיות ברא: |
| 004 | | Lv16:22M | כל חוביהון לארע מפסקה/צדי/#2# וישלח ית צפירה |

|  |  |  |  |  |  |  |
|---|---|---|---|---|---|---|
| 005 | | | Lv26:33 | שלפי חרב ותיהוי ארעכון | צדי | וקורייכון יהוון חריבן: |
| 006 | | | Dt13:17 | קדם ייי אלהכון ותיהוי | צדי | לעולם לא תתבני תוב: |
| 007 | | | Gn44:18 | דנעבד כל ארעא דמצרים | צדי | מן דיור מנך אנה משרי ומן |
| 008 | | | Lv26:34 | ית שמטה כל יומין דהיא | צדי | מנכון ואתון גלין בארע |
| 009 | | | Lv26:35 | כל יומין דהיא | צדי | מנכון תשמט ית מה דלא אשמטת |
| 010 | וצדי | | Gn 1:02 | וארעא הוות תהיא ובהיא | וצדי | מן בר נש ומן בעיר וריקנא |

## צדי 3# *n.* owl [458]

|  |  |  |  |  |  |  |
|---|---|---|---|---|---|---|
| 001 | צדיה | s em/sf | Lv11:17 | וית | צדיה | וית שלוי נוניה וית קיפופה: |
| 002 | צידה | | Lv11:17M | וית | צדיה/צידה#2#/ | וית שלוי נוניה וית |
| 003 | | | Dt14:16 | וית | צידה | וית קפופה ואותייה: |

## צדיו *n.* desolation [458]

|  |  |  |  |  |  |  |
|---|---|---|---|---|---|---|
| 001 | ובצדיותה | s em/sf | Dt32:10M | בארע דמדברה | ובצללתה/ובצדיותה#2#/ | יליל ישימון דבר |

See also: צללה *n.*

## צדיק *adj.* righteous [458]

|  |  |  |  |  |  |  |
|---|---|---|---|---|---|---|
| 001 | צדיק | s ab/cn | Gn 6:08 | ונח על דלא הוה בדרה | צדיק | ^ההוא#2#^ אשכח חן וחסד קדם |
| 002 | | | Gn 7:01 | לתיבותא ארום יתך חמי׳ | צדיק | קדמי בדרה הדין: |
| 003 | | | Gn 6:09 | תלדוותיה דנח נח גבר | צדיק | שלם בעבדה טבא הוו בדרוי |
| 004 | צדיק׳ | s em/sf | Gn24:60M | אזלה מזדווגה בההי | צדיק׳ | יהי רעווא דמניך יפקו׳ |
| 005 | צדיקא | | Gn35:09 | אבליה מן אבונן יעקב | צדיקא | אורחיה דעלמא ארעת לדבורא |
| 006 | | | Ex 9:27M | ייי \הוא צדיקיא | /צדיקא | הוא#2#/ ופרעה ועמא |
| 007 | | | Gn29:17 | בצלו בעיא למיסבא יעקב | צדיקא | ורחל הוות יאיה |
| 008 | | | Gn35:09 | בישיא מן אבונן אברהם | צדיקא | כד אתגליתא עלוי במשרה |
| 009 | | | Gn35:09M | אבליה מן אבונן יעקב | צדיקא | כד איתגליון עלוי במתייה |
| 010 | | | Gn20:16M | "עיינוי ...": אברהם | צדיקא | לילי חד ועל כל מה דאית |
| 011 | | | Gn13:07M | למימר לא תנטון | /צדיקא | למ׳ לא ת<ה>כון#2#/ |
| 012 | | | Gn15:01 | מן קדם ייי על אבר׳ | צדיקא | למימר לא תדחל אברם |
| 013 | | | Gn18:01M | ייי לוות אברהם | צדיק{י}א | למימר |
| 014 | | | Gn 9:20 | ושרי נח גבר | צדיקא | למפלח בארעא ונצב כרם: |
| 015 | צדיקה | | Gn15:01M | משריין חשב אברם | \צדיקה#2#/ | בלבה ואמר ווי כען עלי |
| 016 | | | Gn20:16 | הוינה כמסת דידע אברהם | צדיקה | דלא חכמת יתך: |
| 017 | | | Dt32:04 | שעין מפרנס כל עלמא | צדיקה | דלית קדמוי שקר ארום כל |
| 018 | | | Gn15:11M | דאברם וזכותא דאברם | צדיקה | משיזבה להון |
| 019 | דצדיקא | | Gn20:16 | אתכסית ברם מן עיינוי | דצדיקא | ליליא חד ולכל מאן דהוה |
| 020 | צדיקין | p abs | Gn17:04 | לקהל כנשת אומין | צדי«קין»: | |
| 021 | | | Gn24:60M | אלפין ורבבן אוכלסין | צדיקין | |
| 022 | | | Gn28:03 | לקהל כנישתא אומין | צדיקין: | |
| 023 | | | Gn38:25 | ואנה מקיימה לך תלתא | צדיקין | בבקעת דורא חנניה מישאל |
| 024 | | | Gn18:26M | בסדם חמשין | זכיין/צדיקין#2#/ | בגו קרתא ואשרי |
| 025 | | | Gn 4:10 | קלא אדמהון דאוכלוסין | צדיקין | דהון עתידין למיקום מן |
| 026 | | | Gn48:04 | לקהל כנישת אומין | צדיקין | ואתן ית ארעא הדא לבניך |
| 027 | | | Nu16:03M | דכ#2#/ כולהון | קדישין/צדיקין#2#/ | וביניכון שריא \ |
| 028 | | | Gn24:60M | ורבב{י}<ן> דמלאכ<י>ן | צדיקין | וירתון זרעיית בניך ית |
| 029 | | | Gn35:11 | אמה וקהל כנישת אומין | צדיקין | יקומון מינך ומלכין דשלטין |
| 030 | | | Gn22:10M | "דבעלמי ... ודמתנכס": | צדיקין | לעלמא חד נכיס וחד מתנכיס |
| 031 | | | Gn40:12M | תלתא פרנסין | מהמנין/צדיקין | מהמנין#2#/ משה |
| 032 | | | Gn17:05 | ארום לקהל כנשת אומין | צדיקין | שוית יתך: |
| 033 | צדקין | | Gn21:12M | יתקרי לך זרע דבנין | \צדקין#2#/: | |
| 034 | וצדיקין | | Gn15:17M | דנטרו ... כל כדין": | וצדיקין | די קיימו אורייתא מן |
| 035 | צדיקיא | p em/sf | Gn38:25 | ולא נבהת קדם אבהתי | צדיקיא | בעלמא דאתי וקבילו מיני |
| 036 | | | Ex20:06 | לאלפין דדרין לרחמוי | צדיקיא | ולנטורי פיקודיא: |
| 037 | | | Ex 9:27 | חטית הדא זמנא ייי הוא | צדיקיא | ופרעה ועמא חייב«י»א: |
| 038 | צדיקיה | | Nu23:09 | ואתיין בזכות אבהתה | צדיקיה | דמתילין בטווריה אברהם |
| 039 | | | Dt 5:10 | ד{ר}<ד>רין לרחמיי | צדיקיה | ולנטרי מצוותה דאורייתי: |
| 040 | | | Nu23:23 | במתל נבותה טוביכון | צדיקיה | מה אגר טב מתקן לכון קדם |
| 041 | צדיקייא | | Ex17:12 | מדכרא הימנות אבהתא | צדיקייא | אברהם יצחק ויעקב |
| 042 | | | Gn18:24M | \זכיי די בגווה | /צדיקייא | דאית בגווה#2#/: |
| 043 | | | Ex17:12 | הימנות אמ{ה}התא | {צדיקייא} | צדיקתה שרה רבקה רחל |
| 044 | צדיקייה | | Dt32:43 | ארום עולבן ודם עבדוי | צדיקייה | הוא תבע ונקמתה יחזר |
| 045 | | | Dt 7:09 | קיימה וחסדה לרחמוי | צדיקייה | ולנטרי מצוותה דאורייתה |
| 046 | צדיקתא | | Ex38:08 | דנחש במחזיין דנשייא | צדיקתא | דהוון מצליין בתרע משכן |
| 047 | צדיקתה | | Ex17:12 | אמ{ה}התא {צדיקייא} | צדיקתה | שרה רבקה רחל ולאה עד |
| 048 | | | Nu23:09 | ויעק׳ ובזכות אמהתה | צדיקתה | דמתילן בגלמתה שרה רבקה |
| 049 | דצדיקיה | | Dt32:35 | די תימוט רגליהון | דצדיקיה | ארום קריב הוא יום תברהון |
| 050 | | | Dt32:36 | ועל עלבון עבדוי | דצדיקיה | הוא מתנחם ארום גלי קדמוי |
| 051 | | | Dt32:36 | ארום מטת ידיהון | דצדיקיה | ואנון שביקין ורטישין |
| 052 | | | Nu24:23 | רשיעיה למיתן אגרהון | דצדיקיה | ובזמ{ז}נה די יגרה מלכותה |
| 053 | דצדקייא | | Gn49:01 | גניזייא מתן אגריהון | דצדקייא | ופורענתהון דרשיעיא |
| 054 | וצדיקיא | | Gn15:17 | בחייהון בעלמ׳ הדין | וצדיקיא | על דנטרו יתה מן עקתא |
| 055 | וצדיקייא | | Gn15:17M | ולא קיימו פקודייה | וצדיקייא | מן דינה אישתיזבו על די |
| 056 | לצדיקיא | | Gn 3:24 | אתקן גנת עדן | לצדיקיא | דייכלון ויתפרנקון מן פרי |
| 057 | | | Gn 4:08 | ואית מתן אגר טב | לצדיקיא | ואית מתפרעה מן רשעי׳ |
| 058 | | | Gn 3:24 | אוריתא אתקן גנת עדן | לצדיקיא | וגהינם לרשיעיא אתקן גנת |
| 059 | | | Gn 4:08 | חורן לית מתן אגר טב | לצדיקיא | ולית מתפרעה מן רשיעיא |

## צדיקו *n.* righteousness [458]

|  |  |  |  |  |  |  |
|---|---|---|---|---|---|---|
| 001 | וצדיקותך | s em/sf | Gn35:09 | ענוותונתיך וישרותך | וצדיקותך | ותוקפך והדרך {והדרך} לא |

## צדקה *n.* charity [458]

|  |  |  |  |  |  |  |
|---|---|---|---|---|---|---|
| 001 | צדקתה | s em/sf | Gn18:19 | אורחא דייי למעבד | צדקתה | ודינא מן בגלל די ייתי |

## צהו *n.* thirst [459]

|  |  |  |  |  |  |  |
|---|---|---|---|---|---|---|
| 001 | וצהו | s ab/cn | Dt 8:15 | חיווין שרפין ועקרבין | וצהו | די לית מיין די אפיק לכון |
| 002 | ובצהו | | Dt28:48 | די יגרי ייי בכון בכפן | ובצהו | ובערטליין ובחסרון כל מדעם |
| 003 | בצהותא | s em/sf | Ex17:03 | וית בנינן וית בעירן | בצהותא: | |

## צואר *n.* neck [460 צוור]

|  |  |  |  |  |  |  |
|---|---|---|---|---|---|---|
| 001 | צואריה | s em/sf | Gn22:10 | לא מעכב ודמתנכס פשט | צואריה: | |
| 002 | | | Gn33:04M | הוה בכי על שעיעות | צואריה | |
| 003 | | | Gn41:42 | ושוי מניכא דדהבא על | צואריה: | |
| 004 | | | Gn45:14 | ובכא ובנימן בכה על | צואריה: | |
| 005 | | | Gn46:29 | וחמה יתיה ואתרכן על | צואריה | ובכה על צואריה תוב: |
| 006 | | | Gn27:40M | "מטולהון ...": שעבדה על | צואריה | וכד ימנעון גרמיהון בנוי |
| 007 | | | Gn46:29 | על צואריה ובכה על | צואריה | תוב: |
| 008 | צוארך | | Gn27:40M | ניר שעבודהו׳ מעלווי | צוארך | |
| 009 | | | Gn27:40 | משויין ניר מטולהון על | צוארך | ויהווי כד ישבקון בנוי |
| 010 | צווארי׳ | | Lv22:27M | על גבי מדבחה ופשט | צווארי׳ | בגין שמך שמייא מכו |
| 011 | צוואריה | | Gn50:01 | יוסף ^בכין#2#^ על | צוואריה | דאבוי ובכא עלוי יוסף |
| 012 | צווריה | | Gn33:04 | וגפף יתיה ואתרכן על | צווריה | ונשק יתה ובכו: |
| 013 | צוארי | p const | Dt33:29 | פיקודייה על פרקת | צוארי | מלכיהון תהוון דרסין: |
| 014 | צווארי | | Gn45:14 | ואתרכן על | צווארי | דבנימן אחוי ובכא ובנימן |
| 015 | צוא׳ | p em/sf | Gn27:16M | | ציוריה/^צוא׳#2#^/צוריה#2#/: | |

| | | | | |
|---|---|---|---|---|
| 016 | צואריהון | | Nu31:50 | אדנ«י»הון שישלין מן צואריהון קטלין מן אדרעיהון שירין |
| 017 | צואריך | | Gn27:40 | ניר שעבודא מעלוי צואריך: |
| 018 | צואריכון | | Dt28:48 | וישוי נירה דפרזלה על צואריכון עד זמן די ישיצון יתכון: |
| 019 | ציוריה | | Gn27:16M | ועל שעשוע«ו»ת ציוריה/צוריה#2#/: |
| 020 | ציוריה | | Gn27:16 | ועל שעש{ו}<י>ע«ו»ת ציוריה: |

## to hunt *vb.* צוד [459]

| | | | | |
|---|---|---|---|---|
| 001 | צד | peal | Gn27:33M | כדון \הוא דצד /דן די צד#2#/ צייד ואייתי לי ואכלת מן |
| 002 | יצוד | | Lv17:13 | דמתגיירין ביניהון די יצוד צייד דחיה או עוף די יתאכל |
| 003 | דצד | | Gn27:33 | לחדה ואמר מן כדון הוא דצד צייד ואייתי לי ואכלת מן |
| 004 | וצוד | | Gn27:03 | וקשתיך ופק לאפיה ברא וצוד לי צ{ו}<י>ד: |
| 005 | למצוד | | Gn27:05 | ואזל עשו לאפיה ארעא למצוד צייד למייתי«י»ה: |

## to shout *vb.* צווח [459]

| | | | | |
|---|---|---|---|---|
| 001 | צבחת | peal | Gn39:15M | /ארעימת#2#/ קלי וצווחת/צבחת#2#/ ושבק לבושוי עמי |
| 002 | צווח | | Ex20:02M | וכן הוי' צווח ואמר וכל ישראל חזין יתיה |
| 003 | | | Ex20:02 | חזיין יתיה בכן הוה צווח ואמר עמי בני ישראל אנה |
| 004 | | | Ex20:03 | חזיין יתיה וכן הוון צווח ואמר עמי בני ישראל לא |
| 005 | | | Lv13:45 | עוטם והוא מצרעה יהיה צווח ואמר רחוקו מן מסאבה דלא |
| 006 | | | Dt 5:07 | על לווחי קיימה וכן הוה צווח ואמר עמי בני ישראל לא |
| 007 | | | Gn35:09 | עלוי באורחיה ויתב ליה צווח ובכה ומ<י>לל ו{אמך}<מספד> |
| 008 | | | Gn35:09M | ויתב ליה אבונן יעקב צווח ומיילל ומספד ובכי ואת |
| 009 | צווחין | | Ex 5:08 | אינון בגין כדן אינון צווחין למימר ניזל ונקריב קדם |
| 010 | | | Gn 4:10 | למיקום מן הבל אחוך צווחין עלך קדמי מן ארעא: |
| 011 | צוח | | Ex20:02M | חזין יתיה כד הוה צוח ואמר עמי בני ישרא' |
| 012 | | | Ex20:02M | וכן הוה צוח ואמר וכל ישרא' חזיין |
| 013 | | | Dt 5:06 | על לווחי קיימה וכן הוה צוח ואמר עמי בני ישראל אנה |
| 014 | יצווח | | Ex22:22 | ויהווי ארום מצווח יצווח עליך קדמי ואשמע ית קל |
| 015 | | | Dt24:15M | הוא סבל לך ית נפ' דלא יצווח עליכון קדם ייי אזדהרו |
| 016 | | | Ex22:26 | במה הוא דמך ויהוי ארום יצווח עלך קדמי ואשמע ית קל |
| 017 | | | Ex22:22M | חנן": ארום {י}<מ>צוח יצווח קדמוי משמע אשמע בקל |
| 018 | יצוח | | Dt15:09 | מסכינה ולא תתן לה ולא יצוח עלך קדם ייי דלא יהווי בך |
| 019 | | | Dt24:15 | ית נפשיה אזדהר לך דלא יצוח עלך קדם ייי דלא יהווי בתרך |
| 020 | | | Ex22:26M | "יצווח": יצוח קדמוי משמע אשמע בקל |
| 021 | מצווח | | Ex22:22 | יתהון ויהווי ארום מצווח יצווח עליך קדמי ואשמע ית |
| 022 | מצוח | | Ex22:22M | "ארום ... חנן": ארום {י}<מ>צוח יצווח קדמוי משמע אשמע |
| 023 | וצבח | | Gn27:34M | דאבוי \וצוח צווחה /וצבח צבחה#2#/ רבה תקיפא |
| 024 | וצווחו | | Ex14:10M | /ודחילה#2#/ לחדא וצלון/וצווחו#2#/ בני ישראל קדם ייי: |
| 025 | | | Ex 2:23 | בני ישראל מן פולחנא וצווחו וסלקת קבלתהון קדם ייי מן |
| 026 | | | Gn41:55 | וכפנת כל ארעא דמצרים וצווחו עמא קדם פרעה על עיסק לחמא |
| 027 | | | Nu11:02 | וצו«ו»חו עמה קדם משה וצלי משה |
| 028 | | | Ex 5:15 | סרכיהון דבני ישרא' וצווחו קדם פרעה למימר למה כען |
| 029 | וצווחת | | Gn39:15 | שמע ארום ארימת קלי וצווחת ושבק לבושוי עמי וערק ונפק |
| 030 | | | Gn39:18 | והוה כד ארימת קלי וצווחת ושבק לבושוי בידי וערק |
| 031 | וצוח | | Gn27:34 | שמע עשו ית מלוי דאבוי וצוח צווחה רבה תקיפא ומרירא עד |
| 032 | וצווחית | | Gn39:14 | על לוותי למשמשא עמי וצווחית בקל רם: |
| 033 | ויצבוח | | Dt15:09M | דלא תתנון לה ויצבוח עליכון |

## shout *n.* צווחה [459]

| | | | | |
|---|---|---|---|---|
| 001 | צבחה | s ab/cn | Gn27:34M | \וצוח צווחה /וצבח צבחה#2#/ רבה תקיפא ומרירא עד |
| 002 | צווחה | | Gn27:34 | ית מלוי דאבוי וצוח צווחה רבה תקיפא ומרירא עד לחדא |
| 003 | | | Ex11:06M | והווה/והוות#2#/ צווחתה/צווחה#2#/ רבה בכל ארעא |

| | | | | |
|---|---|---|---|---|
| 004 | צווחת | | Dt22:24 | ית רביתה על עסק די לא צווחת בקרתה וית גברא על עסק די |
| 005 | | | Ex12:30 | וכל מצריי והות צוו{ת}חת רבה במצרים ארום לא הוה |
| 006 | | | Dt22:27 | ארום באפי ברא אשכח יתה צווחת רביתה דמארשא ולית מן |
| 007 | צווחתה | s em/sf | Ex11:06 | והווה צווחתה רבה בכל ארעא דמצרים די |

## to fast *vb.* צום [460]

| | | | | |
|---|---|---|---|---|
| 001 | צומון | peal | Lv16:31M | לכון ותצומון/^צומון#2#/^ותצימון#2#/ ביה ית |
| 002 | ציימה | | Lv23:29 | די תאכל למצום ולא «ציימה» כזמן יום צומה דכיפורייה |
| 003 | צימין | | Lv23:32 | מן רמשה ועד רמשה תהון צימין צומיכון ושבתין שביכון |
| 004 | תצום | | Lv23:29M | ולא ציימה": בר נש דלא תצום |
| 005 | תצומון | | Lv16:29M | יומין לירחא דתשרי תצומון ותענון ית נפשתכון ממיכל |
| 006 | למ' | | Lv23:29M | "די ... למצום": <די> כמסת למ' |
| 007 | למצום | | Lv23:29 | ארום כל נפש די תאכל למצום ולא «ציימה» כזמן יום |
| 008 | תצומון | afel | Lv16:29 | בעשרה יומין לירחה תצומון ית נפשתכון וכל עבידה לא |
| 009 | ותצומון | | Lv23:27 | קדיש יהווי לכון ותצומון בה ית נפשתכון ותקרבון |
| 010 | | | Lv16:31 | שבת שבתה היא לכון ותצומון ביה ית נפשתכון קיים עלם: |
| 011 | | | Nu29:07 | קדיש יהווי לכון ותצ«ו»מון ביה ית נפשתכון כל |
| 012 | ותצימון | | Lv23:32 | שבת שבתה היא לכון ותצימון בה ית נפשתכון בתשעה |
| 013 | | | Lv16:31M | לכון ותצומון/^צומון#2#/^ותצימון#2#/ ביה ית |
| 014 | | | Nu29:07M | לכון ותצ«ו»מון/<ות>צים<ון>#2#/ ביה ית |

## fast *n.* צום [460]

| | | | | |
|---|---|---|---|---|
| 001 | צום | s ab/cn | Lv23:27M | \צומה דכיפוריה/יום צום דכפורייה#2#/ הוא יום טב |
| 002 | | | Lv25:09M | ביום \צומא דכיפוריה /צום כיפור#2#/ תעברון שיפורה |
| 003 | | | Lv23:30M | ואישיצי ית נפשה /ביום צום כיפורייה ותישתיצי נפש#2# |
| 004 | | | Lv23:29M | צומה דכיפורייה /ביום צום כפר#2#/ ותשתיצא מן גו |
| 005 | צומא | s em/sf | Lv25:09 | בעשרה יומין לירחה ביום צומא דכיפוריה תעברון שיפורה בכל |
| 006 | צומה | | Lv23:27 | יומין לירחא שביעייה הדן צומה דכיפורייה הוא יום טב וארוע |
| 007 | | | Lv23:28 | יומא הדין ארום יום צומה דכיפורייה הוא לכפרה עליכון |
| 008 | | | Lv23:29 | ולא «ציימה» כזמן יום צומה דכיפורייה ותשתיצא מן גו |
| 009 | צומיכון | p em/sf | Lv23:32 | ועד רמשה תהון צימין צומיכון ושבתין שביכון ועבדין |

## to flood *vb.* צוף [460]

| | | | | |
|---|---|---|---|---|
| 001 | אציף | afel | Dt11:04 | ולארתכיהון די אציף ית מוי דימה דסוף על |

## pinnacle *n.* צוק [460]

| | | | | |
|---|---|---|---|---|
| 001 | צוק | s ab/cn | Lv16:08M | ועדב חד למפטור למדבר צוק לעזול |

## distress *n.* צוקה [461]

| | | | | |
|---|---|---|---|---|
| 001 | ובצוקה | s ab/cn | Dt28:53 | ייי אלהכון לכון בצער ובצוקה די יעיקון לכון |
| 002 | | | Dt28:55 | לה כל מדעם בצער ובצוקה די יעיקון יתכון |
| 003 | | | Dt28:57 | כל מדעם בטומרה בצער ובצוקה די יעיקון לכון |
| 004 | ובצוקין | p abs | Dt28:55M | לה כל מנדעם בעקין ובצוקין |
| 005 | | | Dt28:53M | ובצוקה /בעקין ובצוקין#2#/ די יעיקון לכון |
| 006 | | | Dt28:57M | ובצוקה /בעקין ובצוקין#2#/ די יעיקון לכון |

## to depict *vb.* צור [461]

| | | | | |
|---|---|---|---|---|
| 001 | מצוירין | pael | Ex25:33M | תלתא כלידין משקעין/מצוירין#2#/ בקנה חד חזר ושושן |
| 002 | מצייר | | Gn37:03 | הוה ליה ועביד לי פרגוד מצייר: |
| 003 | מציירה | | Gn37:32 | ושלחו ית פרגודה מציירה דיוסף ואייתון לוות |

004 Gn37:23 אחוי ואשלחו ית פרגודא מצירה די עלוי:

## צור 2# vb. to beseige, to shut [461]

001 peal ציירה Dt20:19M לאיטמרה מן קדמך בכרכה ציירה

## צור n. ⇐ צואר

## צורה n. image [461]

001 s ab/cn וצורא Dt 4:16 ותעבדון לכון {{צלם וצורא}} וכל דמו דכר או נקבה:
002 Dt 4:23 ותעבדון לכון {{צלם וצורא}} וכל דמו די פקד מימרה
003 Dt 4:25 ותעבדון לכון {{צלם וצורא}} וכל דמו ותעבדון מה דסני
004 וצורה Ex20:04 לא תעבדון לכון {{צלם וצורה}} וכל דמות די בשמייא מלעיל
005 Dt 5:08 לא תעבדון לכון {{צלם וצורה}} וכל דמו די בשמייא
006 Dt27:15 גברא דלא יעבד {{צלם וצורה}} וכל דמו מה דסני ומרחק
007 Dt27:15 גברא די יעבד {{צלם וצורה}} וכל דמו מה דסני ומרחק

## צורך n. need [461]

001 s ab/cn צורך Dt25:02M <אין> צורך חייבה למלקי וירב'
002 s em/sf דצורכה Dt23:25 דחברך ותאכל ענבים דצורכה ותשבע ולגו מניך לית איפשר
003 p const צרכי Dt24:06M ריחייה ורכבה ארום צרכי הוא נפשא הוא ממשכן ולא
004 p em/sf צורכיה Ex12:16 לחוד מה די יתעביד לכל צורכיה דנפשה הוא לבלחודוי יתעבד

## צות vb. to listen [462]

001 afel אצית Dt 1:45 שמע ייי בקל בכותכון ולא אצית למליכון:
002 אציתו Dt32:01 מן ארעא אמר לשמיא אציתו ולארעא שמעו ברם ישעיה
003 Dt32:01 מן שמיא אמר לארעא אציתו ולשמייא שמעו ותריהון על
004 Dt27:09 עם כל ישראל למימר אציתו ושמעו ישראל יומא הדין
005 Nu21:06 חמון כל ברייתה ואתון אציתו כל בני בשרא לסית חויה מן
006 Dt32:01 נבייא דייי ואזרן ואמר אציתו שמיה ואמלל ותשמע ארעא
007 אציתן Gn 4:23 בקלי נשוהי דלמך א{נ}<צ>יתן למימריה דפומי ארום לא
008 אצת Nu23:18 ואמר קום בלק ושמע אצת כען למלי ברה דצפור:
009 מצית Gn18:10 וישמעאל הוה קיים מצית מן בתרה:
010 ואציתו Nu21:06M אציתו כל /בני אנשא ואציתו ושמועו כל#2# בני בשרא
011 ותציתון Ex15:26 ודשפיר באפוי תעבדון ותציתון למצוות ותטרון כל קיימוי

## צחי 3# vb. to be thirsty [459 s.v. צהי]

001 peal וצחון Ex17:03 וצחון תמן עמא למייא ואתרעמו עמא

## ציד 3# n. side [!!]

001 p em/sf צידוי Ex36:24M חדה לתרין סטרוי/צירוי#2#^צידוי#2#^/:

## צידה n. ⇐ צדי 3#

## ציור n. drawing, embroidery [463]

001 s ab/cn ציור Ex26:36 טבא ובוץ שזיר עובד ציור:
002 Ex38:18 ופרס תרע דרתה עובד ציור ותכל«ה» וארגוון וצבע
003 ציוור Ex28:39M תעבד עובד צייר/ציוור#2#:/
004 צייר Ex28:39 דבוץ והמיין תעבד עובד צייר:
005 Ex36:37 טבא ובוץ שזיר עבד צייר:
006 Ex39:29 וצבע דזהורי טבא עובד צייר היך מה די פקד ייי ית משה:
007 Ex27:16 טבא ובוץ שזיר עובד צייר עמודיהון ארבעה וחומריהון
008 p abs ציוורין Ex36:35 עובד אומן עבד יתה ציוורין:
009 ציורין Ex26:31 עובד אומן יעבד יתה ציורין:
010 Ex25:18M ותעבד תרין כרובין/ציורין#2#/ דדהב נגידין
011 Ex26:01 וארגון וצבע זהורי טבא ציורין עבד אומן תעבד יתהון:
012 ציירין Ex37:07M ועבד תרתין כרובין/צייורין#2#/ דדהב נגידין עבד
013 Ex36:08 וצבע דזיהורי טבא צייורין עובד אומן עבד יתהון:
See also: n. צואר

## צייד n. game [463]

001 s ab/cn צ' Gn27:03M לי צ{ו}<י>ד/מן תמן צ'#2#:/
002 ציד Gn27:03 לאפיה ברא וצוד לי צ{ו}<י>ד:
003 Lv17:13 ביניהון די יצוד ציד דחיה או עוף די יתאכל
004 Gn27:33 ואמר מן כדון הוא דצד ציד ואייתי לי ואכלת מן כולה
005 Gn27:07 אייתי לי ציד ועבד לי תבשילין ואיכול
006 Gn27:05 עשו לאפיה ארעא למצוד ציד למייתיי«ה»:
007 s em/sf צידה Gn25:27 טליא והוה עשו גבר ידע צידה גבר מרי חקלין ויעקב הוה
008 צידיה Gn25:28 יצחק ית עשו ארום מן צידיה הוה אכיל ורבקה רחמת ית
009 צידהה Gn27:25 ואמר אקרב לי ואכל מן צידהה דברי מן בגלל די תברך יתך
010 צידי Gn27:19 עמי קום כען תב ואכל מן צידי מן בגלל תברך יתי נפשך:
011 ציידיה Gn27:30 אבוי ועשו אחוי על מן ציידיה:
012 Gn27:31 יקום אבא ויאכל מן ציידיה דברה מן בגלל תברך נפשך
013 Gn25:27M גבר רמאי הוה ומן ציידיה הוה טעים ליה בפימיה

## ציידניי adj. Sidonian [463]

001 p em/sf צידוניי Dt 3:09 צידוניי הוון קריין לטור תלגה
002 ציידנאי Dt 3:09M צידוניי/ציידנאי#2#/ הוון קריין לטור

## צייר n. painter, embroiderer(??) [463]

001 s ab/cn וצייר Ex35:35 כל עבידה דנגר ואומן וצייר בתכלא ובארגוונא ובצבע
002 Ex38:23 דבנוי דדן נגר ואומן וצייר בתכלה ובארגוון ובצבע

## ציץ n. high priest's headplate [464]

001 s ab/cn ציץ Ex39:30M ועבדו ית ציצה/ציץ#2#/ כליל בית קודשה דהב
002 s em/sf ציצא Ex28:36 ותעבד ציצא דהב דכי ותגליף עלוי גליף
003 ציצה Lv 8:09 מן כל קבל אפוהי ית ציצה דדהבה כליל בית קדשה היך מה
004 Ex39:30 ועבדו ית ציצה כליל בית קודשה דהב דכי

## ציצי n. fringe [464]

001 s ab/cn דציצית Dt22:12M "צניפן": גדילן דציצית
002 p abs ציצין Nu15:38 לדריהון וישוון על^^ ציצין דצניף גולתה שיע תכלתה:
003 Dt14:09M \סנפרין וקשקשין /ציצין/ וחרספין#2#/ <....>
004 Nu15:38 להון^^ויעבדון להון ציצין על צנפת גיליהון לדריהון
005 לציציין Nu15:39M /והווי לכון לציציין#2#/ ותחמון יתיה
006 p em/sf וציצייתה Dt22:12M תעבדון לכון/צניפן וציצייתה תעבד לך#2#/ על ארבעתי

## ציר n. hinge, pivot [464]

001 p abs צירין Ex26:17 תרין צירין ללוחא חדתא משלוושין דא
002 Ex36:22 תרין צירין ללוחה «חדה» משלוושין דן

|  |  |  |  |  |  |  |
|---|---|---|---|---|---|---|
| 003 | צירוי | p em/sf | Ex26:19 | תחות לוחה חדתה לתרין | צירוי: | |
| 004 | | | Ex36:24M | חדה לתרין | סטרוי/צירוי#2#/^צידוי#2#^/: | |
| 005 | | | Ex26:19 | תחות לוחה חדתה לתרין | צירוי | ותרין חומרין תחות לוחה |
| 006 | | | Ex36:24M | /חתה#2#/ לתרין | סטרוי/צירוי#2#/ | ותרין חומרין תחות |

## צלב *vb.* to impale [464]

|  |  |  |  |  |  |  |
|---|---|---|---|---|---|---|
| 001 | צלב | peal | Gn40:22 | וית רב נחתומיה | צלב | היך מה דפתר להון יוסף: |
| 002 | | | Gn41:13 | יתי חזר לשמושי ויתיה | צלב | על צליבא: |
| 003 | אצלב | | Dt21:23M | /בזיו יקר שכינתיה דייי | אצלב | ולא תס#2#/ ית ארעכון |
| 004 | יצלבון | | Nu25:04 | כל מן דמתחייב קטלה | יצלבון | יתיה על צליבה וקברין ית |
| 005 | דצליב | | Dt21:23 | ארום ליט קדם ייי כל | דצליב | ולא תסאבון ית ארעכון דייי |
| 006 | ויצלב | | Gn40:19 | פרעה ית ראשך מעילוך | ויצלב | יתך על צליבה ויאכל עופא |
| 007 | וצלבין | | Nu25:04M | קטלה/למת#2#/ | יצלבון/וצלבין#2#/ | יתיה על צליבה |
| 008 | ותצלבון | | Dt21:22 | דין דקטולין ויתקטל | ותצלבון | יתיה על קיסה: |

## צלהב *vb.* to redden, to burnish [464]

|  |  |  |  |  |  |  |
|---|---|---|---|---|---|---|
| 001 | מצלהב | quadr. | Lv13:30 | מכיך מן משכה ובה שער | מצלהב | דקיק ויסאב יתיה כהנא נתקה |
| 002 | | | Lv13:32 | ולא הוה בה שער | מצלהב | וחזווה דניתקא לית הוא מכיך |
| 003 | מצלהבה | | Nu 3:10M | למשמשה יתקטל /באשתה | מצלהבה | מן קדם ייי#2#/: |
| 004 | | | Lv13:36 | לא יפשפש כהנא לשערה | מצלהבה | מסאב הוא: |

## צלו *n.* prayer [464]

|  |  |  |  |  |  |  |
|---|---|---|---|---|---|---|
| 001 | בצלו | s ab/cn | Ex20:24 | אתרא די תדכרון ית שמי | בצלו | אתגלי בממריה עליכון ואברך |
| 002 | | | Gn29:17 | דלאה הויין זקיפן | בצלו | בעיא למיסבא יעקב צדיקא |
| 003 | | | Ex17:11 | הוה משה זקף ית ידוי | בצלו | הוון דבית ישראל מתגברין |
| 004 | | | Ex 5:22M | וחזר משה קדם ייי | \\בצלו#2#/ | ואמר בבעו ברחמין |
| 005 | | | Nu10:35M | הוה משה קאים ידוי | בצלו | ואמר קום כען מימריה בתקוף |
| 006 | | | Nu10:36M | הוה משה זקיף ידוי | בצלו | ואמ[ר] תוו כען ממריה דייי |
| 007 | | | Dt 9:18 | ואשתטחית | בצלו | ובעית רחמין מן קדם <ייי> |
| 008 | | | Dt 9:25 | ואשתטחית | בצלו | ובעית רחמין מן קדם ייי |
| 009 | | | Ex17:12 | וידוי דמשה הויין זקיפן | בצלו | ונסבו אבן ושוון תחותוי |
| 010 | | | Ex17:12 | ידוי דמשה זקיפן | בצלו | מדכרא הימנות אבהתא צדיקייא |
| 011 | | | Gn17:03M | על /ואתרכן אברם | בצלו | על#2#/ אפוי ומליל עמה |
| 012 | | | Lv 9:22 | וזקף אהרן ית ידוהי | בצלו | על עמה וברך יתהון ונחת מן |
| 013 | | | Lv 9:24M | /וש{כ}<ב>חו ואתרכינו | בצלו | על#2#/ אפיהון: |
| 014 | | | Nu16:04M | משה ואשתטח/ואתרכן | בצלו#2#/ | על אפוי: |
| 015 | | | Nu17:10M | /ואתרכינו | בצלו#2#/ | על אפיהון: |
| 016 | | | Nu20:06M | /ואיתרכינו | בצלו#2#/ | על אפיהון וא«ת»גלית |
| 017 | | | Gn19:27M | דקם \\וצלי תמן/תמן | בצלו#2#/ | קדם ייי: |
| 018 | | | Ex19:08 | משה ית מליהון דעמא | בצלו | קדם ייי: |
| 019 | דצלו | | Gn28:17 | ייי והדן תרעא תרעא | דצלו | מזומן עד צי«ת» שמיא: |
| 020 | צלותא | s em/sf | Ex22:22M | קדמוי משמע אשמע בקל | צלותא | ארום אלה חנן |
| 021 | צלותה | | Ex22:22 | עליך קדמי ואשמע ית קל | צלותה | ארום חנן ורחמן אנה: |
| 022 | | | Dt33:07 | ואמר שמע מימריה בקל | צלותה | דיהודה ולוות עמיה תשלם |
| 023 | | | Gn30:17 | ושמע ייי בקל | צלותה | דלאה ועב{רי}<יר>ת וילידת |
| 024 | | | Gn30:22 | ית רחל ושמע ייי ית קל | צלותה | דרחל ואמר במימריה למיתן |
| 025 | | | Gn38:25 | קדישא ומיד שמע ייי קל | צלותה | ואמר למיכאל חות הב יתהון |
| 026 | צלותהון | | Nu20:29M | עליך אהרן אחי עמוד | צלותהון | דבני ישראל דהוית מכפר |
| 027 | | | Nu21:03 | ושמע ייי בקל | צלותהון | דישראל ומסר בידיהון ית |
| 028 | | | Ex14:15M | הא צלותך קדמיי ברם | צלותהון | \\דבני ישראל קדמא /דעמי |
| 029 | | | Gn22:14 | אבוהון ושמע בקל | צלותהון | ועני יתהון ומשיזב יתהון |
| 030 | צלותי | | Dt 9:19 | יתכון ושמע ייי בקל | צלותי | אמר משה לחוד בזמנה ההוא: |
| 031 | | | Dt10:10 | ושמע קל ממרה דייי בקל | צלותי | אמר משה לחוד בזמנה ההיא |
| 032 | | | Dt 3:26 | מן בגללכון ולא שמע בקל | צלותי | ואמר ייי לי אמר משה סגין |
| 033 | | | Gn25:21M | /ושמע ממרי' דייי בקל | צלו<ת>י | ועב'#2#/ רבקה אתתיה: |
| 034 | צלותיה | | Ex22:26 | עלך קדמי ואשמע ית קל | צלותיה | ארום חנן ורחמן אנה: |
| 035 | | | Ex22:26M | קדמוי משמע אשמע בקל | צלותיה | ארום אלה חנן |
| 036 | | | Gn21:17 | ארום שמע ייי בקל | צלותיה | דטליא באתרא דהוא ביה: |
| 037 | צלותך | | Gn17:20 | ולישמעאל שמעית לקל | צלותך | הא ברכת יתה ותוקפת יתיה |
| 038 | | | Ex14:15M | מצלי' קדמיי שמיע הא | צלותך | קדמיי ברם צלותהון דבני |
| 039 | צלותכון | | Dt 4:30M | דייי /ותשמע בקל | צלותכון#2#/: | |
| 040 | צלותן | | Lv22:27 | יתן בהדה שעתה ושמע בקל | צלותן | ואדכר לן עקידתיה דיצחק |
| 041 | | | Dt26:07 | אבהתן ושמיע קדם ייי קל | צלותן | וגלי קדמוי ית צערן וית |
| 042 | | | Nu20:16 | וצלינן קדם ייי ושמע בקל | צלותן | ושלח <מלאכה> דרחמין |
| 043 | בצלותא | | Gn30:08 | ואמרת רחל | בצלותא | די צלית קדם ייי דיתן לי |
| 044 | | | Gn27:22M | כד משתמע קלא דיעקב | בצלותא | לית רשו לעשו למנזקיה |

## צלוחי *n.* flask [465]

|  |  |  |  |  |  |  |
|---|---|---|---|---|---|---|
| 001 | צלוחי | s ab/cn | Ex16:33 | ואמר משה לאהרן סב | צלוחי | חדא והב בגווה מלא עמרא |
| 002 | וצלוחית | | Nu29:31 | חד בר מעלת תמידה | וצלוחית | מיא דהוות מתקרבה ביומא |

## צלח *vb.* to prosper [465]

|  |  |  |  |  |  |  |
|---|---|---|---|---|---|---|
| 001 | אצלח | afel | Gn24:21 | בה שתק למידע הא אן | אצלח | ייי אורחה או לא: |
| 002 | יצלח | | Lv26:04 | עללתה ואילנייה דאפי ברה | יצלח | בפירוי: |
| 003 | | | Lv26:20 | ואילנה דאפי ברה לא | יצלח | בפירוי: |
| 004 | יצלחון | | Nu24:18 | לבעלי דבבוי וישראל | יצלחון | בנכסין סגין: |
| 005 | יצלחן | | Dt28:29 | סמייה בהבלייה ולא | יצלחן | אורחתכון ותהוון להוד |
| 006 | תצלח | | Nu14:41 | מימרה דייי והיא לא | תצלח: | |
| 007 | תצליחון | | Dt28:29M | /בקבילה#2#/ ולא | יצלחן/תצליחון | ית#2#/ אורחתכון |
| 008 | מצלח | | Gn39:02 | ייי ית יוסף והוה גבר | מצלח | בעבדא טבא והוה רב ושליט |
| 009 | | | Gn39:03 | וכל מה דהוה עבד הוה ייי | מצלח | על ידוי: |
| 010 | | | Gn39:23 | וכלמה דהוה עבד הוה ייי | מצלח | על ידוי: |
| 011 | דתצלחון | | Dt29:08 | יתהון מן בגלל | דתצלחון | ית כל מה די תעבדון: |
| 012 | הצלח | | Gn24:56 | לא תשהון יתי וייי | הצל«ח» | באורחי שלחו יתי ואיזיל |
| 013 | והצלחו | | Dt32:15 | ועתרו ופחזו פגשו | והצלחו | וקנון להון נכסין סגין |
| 014 | ויצלח | | Gn24:40 | ישלח מלאכיה קדמיך | ויצלח | ארחך ותסב אתה לברי מן |
| 015 | למצלחה | | Gn24:42 | אברהם אם ברעות קדמך | למצלחה | ארחי דאנא מהלך עלה: |

## צלי *vb.* to pray [465]

|  |  |  |  |  |  |  |
|---|---|---|---|---|---|---|
| 001 | צלון | pael | Gn21:33M | אבונן אברהם ואמ' להון | צלון | קדם אבוכון דבשמיא דמן |
| 002 | | | Ex 8:04 | פרעה למשה ולאהרן ואמר | צלון | קדם ייי ויעדון אר{ע}דעניא |
| 003 | | | Ex 9:28 | | צלון | קדם ייי וימנע מן למהוי קלי |
| 004 | צלי | | Nu12:12 | ארעא למה היא מתמנעה מנן | צלי | על בשרה מיתה דבה ויחי למה |
| 005 | | | Nu21:07 | ממרה דייי ועליך אתרעמנן | צלי | קדם ייי ויעבר מעילוון ית |
| 006 | | | Gn13:04M | וצלי /מן שירויה ופלח | צלי#2#/ | תמן אברם בשם ממרה |
| 007 | | | Gn13:04M | בנה תמן /לאתר מדבחה די | צלי | תמן#2#/ \\בקדמיתא וצלי /מן |
| 008 | צליית | | Dt 9:25 | וית ארבעין לילוותה די | צליית | ארום אמר ייי למשיציה |
| 009 | | | Gn30:08M | רחל בצלותא די | צלית/צליית#2#/ | קדם ייי דיתן |
| 010 | צלין | | Ex 8:24 | רחקה לא תרחקון למיזל | צלין | אף עלי: |
| 011 | צלית | | Gn30:08 | ואמרת רחל בצלותא די | צלית | קדם ייי דיתן לי בנין |
| 012 | אצלי | | Ex 8:05 | ואתרחיץ עלי עד אימתי | אצלי | עליך ולשלטוניך ולעמך |
| 013 | תצלון | | Dt10:20M | קדם ייי אלהכון | תצלון | ויתיה תפלחון בקרבנה |
| 014 | מצלי | | Nu10:35 | ארונה ואמר והוה משה | מצלי | ואמר קום בבעו ייי ויתבדרון |
| 015 | | | Nu10:36 | וכד הוה שרי הוה משה | מצלי | ואמר חזור כען ייי מן תקוף |

016 Dt32:03 ארום בשמה קדישא אנה מצלי ואתון עמי בני ישראל הבו
017 Ex10:29M דהוה לך רחמין הוינא מצלי עליך ומחתא
018 Ex10:29 עלך מן קדם ייי הווינא מצלי עלך ומחתא מתכליה מנך ומחתה
019 Ex14:15M קיים/קאים#2#/ תהווי מצלי קדמיי שמיע הא צלותך
020 מצליין Lv26:02 תסרון ובית מקדשי תהוון מצליין בדחלה אנ{י}<ה> ייי:
021 Ex38:08 דנשייא צדיקתא דהוון מצליין בתרע משכן זימנא:
022 Lv22:27 טבייה וזמן בנוי למהוי מצליין ואמרין דידהון בשעת אננקי
023 Dt10:20 דחלין וקדמוי תהוון מצליין ובאולפן אורייתה
024 Ex 1:19 חייתא לוותהון אינון מצליין קדם אבוהון בשמ«י»א והוא
025 Dt 4:07 דייי אלהן בכל זמן דאנן מצליין קדמוי הוא עני יתן:
026 מצלין Lv19:30 ובבית מקדשי תהוון מצלין בדחל«ה» אמר ייי:
027 וצלון Ex14:10 בתריהון ודחלו לחדא וצלון בני ישראל קדם ייי:
028 Ex10:17 לחוד בזמנא הדין וצלון קדם ייי אלהכון ויעבר
029 וצלי Gn20:17 וצלי אברהם קדם ייי ואסי ייי ית
030 Gn25:21 וצלי יצחק קדם ייי על עסקי
031 Ex 8:08 ואהרן מן לוות פרעה וצלי משה קדם ייי על עסק
032 Ex15:25 וצלי <משה> קדם ייי וחוי ליה
033 Ex17:04 וצלי משה קדם ייי למימר מה אעבד
034 Ex32:11 וצלי משה קדם ייי אלהיה ואמר
035 Ex34:06 ועברת איקר שכינתיה דייי וצלי משה ואמר ייי ייי אלהה
036 Nu11:02 וצו«ו»חו עמה קדם משה וצלי משה קדם ייי ואתבלעת אשתה:
037 Nu12:13 וצלי משה קדם ייי ואמ' בבעו
038 Nu21:07 ויעבר מעילוון ית חיויא וצלי משה על ידיהון דעמא:
039 Gn28:11 וצלי באתרא ובת תמן ארום טמעת
040 Gn21:33 שבחא למרי עלמא ופלח וצלי בשם ממרי דייי אלהה דעלמא:
041 Gn22:14 ופלח אברהם וצלי בשם ממריה דייי ואמר בבעו
042 Gn26:25 ובנה תמן מדבח וצלי בשם ממרי דייי ופרס תמן
043 Ex 8:26 ונפק משה מן לוות פרעה וצלי קדם ייי:
044 Ex10:18 ונפק מן קדם פרעה וצלי קדם ייי:
045 Gn12:08 לש' ממריה דייי ופלח וצלי תמן בשם ממריה דייי:
046 Gn13:04 די בנה תמן בקדמיתא וצלי תמן אברם בשם ממרה דייי:
047 Gn19:27 אברהם בצפרא לאתרא דקם וצלי תמן קדם ייי:
048 Gn33:20 ואקם תמן מדב«ח» וצלי תמן בשם ייי אלהא דישראל:
049 Gn35:07M "וקרא": ופלח וצלי תמן בשם ממריה דייי אלהא
050 Ex17:15 ובנה משה מדבח וצלי תמן בשם מימרי דייי דעבד
051 Ex34:05 ואתעתד לוותיה תמן וצלי תמן בשם מימריה דייי:
052 וצליית Gn16:13 וצליית בשם ממריה דייי דאתגלו
053 Dt 3:23M ובעיתי /וצלית ובעית#2#/וצליית ובעיית#2#/ רחמין
054 Dt 9:20 עליכון למישצייה יתיה וצליית ובעית רחמין לחוד על עסק
055 Dt 9:25M \ואשטתחית בצלו ובעית /וצליית ובעית#2#/ רחמין מן קדם
056 Dt 9:26 וצליית ובעית קדם ייי ואמרית בבעו
057 Gn24:48 ושבחת לשמה דייי וצלי«י»ת קדם אלהה דריבוני אברהם
058 Dt 9:18M "ואשתטחית ... כקדמיתה": וצליית קודם ייי כזמנה קדמייה
059 וצלינן Nu20:16 וצלינן קדם ייי ושמע בקל צלותן
060 Dt26:07 וצלינן קדם ייי אלה אבהתן ושמיע
061 וצלית Dt 3:23M \וצליתי ובעיתי /וצלית ובעית#2#/וצליית
062 וצליתי Dt 3:23 וצליתי ובעיתי רחמין מן קדם ייי
063 ויצלי Gn20:07 דגברא ארום נביא הוא ויצלי עליך ותחי ואית לית את
064 Dt24:13 שמשה וידמוך בלבושיה ויצלי עלך ולכון תיהווי זכו קדם
065 ונצלי Gn22:05 ורביה נמטי עד הכא ונצלי ונחזור לוותכון:
066 ונצליה Ex 8:25 הא אנא נפק מן לוותך ונצליה קדם ייי ויעבר ית ערבובא
067 ונצלייה Gn22:05M נמטי עד הכא ונצל/ונצלייה#2# ונחזור לוותכון:
068 Ex 8:25M ונצליה/גבך ונצלייה#2# קדם ייי ויעבר
069 ותי' Ex12:32M /ואזל#2#/ ותצלון/ותי#2#/ לחוד/להוד#2#/ עלי:
070 ותצלון Ex 8:24M למיזל \צלין אף עלי /ותצלון לחוד עלי#2#/:
071 Ex12:32 <....> ותיזלון ותצלון לחוד עלי:
072 Dt 4:29 ותצלון מן {קדם} תמן <קדם> ייי
073 Ex24:01 ושבעין חכימיא דישראל ותצלון מן רחיק:
074 ומ' Ex14:15M תיהוי קיים ומ' <קדמיי>
075 ומצליי' Gn25:22M דשם רבא בעייא ומצליי' קדם ייי
076 ומצלייה Gn29:17M על דהוות בכייא ומצלייה דלא תסוק במזליה דעשו
077 ומצליין Ex33:10 משכנה וקיימין כל עמא ומצליין גבר בתרע משכניה:
078 למצלוייה Gn24:63 ונפק יצחק למצלוייה באפיה ברא
079 למצלייה Ex17:11 וכד הוה מנע ידוי מן למצלייה הוון דבית עמלק מתגברין
080 לצלוי' Ex20:24M אתר דאת קאים לצלוי' בשמי קדיש' מימרי' אתגלי

## צלי 2# *vb.* to roast [465]

001 צלי peal Ex12:08 ית בשרא בליליה פסחא צלי בנורא פטירין {עם מרירין}
002 Ex12:09 מבשל במיא ארום אלהן צלי בנורא ראש עם רגלוי ועם

## צליב *n.* stake, cross [465]

001 צליבא s em/sf Gn41:13 לשמושי ויתיה צלב על צליבא:
002 צליבה Gn40:19 מעילוך ויצלב יתך על צליבה ויאכל עופא ית בשרך מעלווי
003 Nu25:04 קטלה יצלבון יתיה על צליבה וקברין ית נבלתהון עם

## צללה *n.* clattering (??) [466]

001 ובצללתה s em/sf Dt32:10 שרין בארע דמדברה ובצללתה יליל ישימון דבר יתהון

Such a word does occur in Syriac, but here we should surely read בצדיותה with the margin. See s.v. **צדיו**.

## צלם *n.* image [465 צלים]

001 צלם s ab/cn Dt 4:16 עובדיכון ותעבדון לכון {{צלם וצורא}} וכל דמו דכר או
002 Dt 4:23 עמכון ותעבדון לכון {{צלם וצורא}} וכל דמו די פקד
003 Dt 4:25 עובדיכון ותעבדון לכון {{צלם וצורא}} וכל דמו ותעבדון
004 Ex20:04 לא תעבדון לכון {{צלם וצורה}} וכל דמות די
005 Dt 5:08 לא תעבדון לכון {{צלם וצורה}} וכל דמו די בשמייא
006 Dt27:15 יהווי גברא דלא יעבד {{צלם וצורה}} וכל דמו מה דסני
007 Dt27:15 ליט יהווי גברא די יעבד {{צלם וצורה}} וכל דמו מה דסני
008 Dt 4:25M וצורא}} וכל דמו /{{צלם}} דמו כל מן דעם#2#/
009 וצלם Lv26:01 לא תעבדון לכון טעוון {{וצלם}} וקיימה לא תקימון לכון
010 צלמין p abs Gn34:31 בתולן ופלח{ו}<י> {{צלמין}} לברתיה דיעקב ברם יאי
011 Gn34:31 על עסק בתולה {{ופלחי צלמין}} על די סאבו לדינה ברתיה
012 צילמי p const Dt 7:25 {{צילמי}} טעוותהון תוקדון בנורא
013 צלמי Gn31:19M ענה וגנבת רחל ית צלמייה/צלמי טעוותא#2#/ די לאבוה:
014 Gn31:30M גנבת ית דחלתי {{....}}/צלמי טעוות#2#/:
015 Nu33:52 ית כל טעוותהון וית כל {{צלמי}} מתכתהון תסיפון וית כל
016 וצלמי Dt 7:05 ואשרתהון תקצצון {{וצלמי}} טעוותהון תוקדון בנורא:
017 Dt12:03 תוקדון בנורא {{וצלמי}} טעוותהון תקצצון ותסיפון
018 צלמיה p em/sf Gn31:35 כל משכנא ולא אשכח ית צלמיה:
019 צלמייה Gn31:19 ית ענה וגנבת רחל ית צלמייה די לאבוה:
020 וצלמ' Dt 7:05M תתברון ואשרתהון/וצלמ#2#/ תקצצון {{וצלמי}}

## צמח *vb.* to sprout forth [466]

001 צמח peal *Lv13:37* בחזוה קם נתקא ושער אוכם צמח בה אתאסי נתקא דכי הוא
002 צמחין *Gn41:06* ושדיפן רוח דקדים צמחין בתריהון:
003 צמחן *Gn41:23* דקיקין שדיפן רוח דקדים צמחן בתריהון:
004 יצמח *Gn 2:05* עשביא דבאפי ברא עד לא יצמח ארום לא אמטר ייי אלהים מטר
005 תצמח *Dt29:22* כל ארעא לא תזדרע ולא תצמח ולא יסק בה כל מן דעשב
006 דצמחין *Ex10:05* ויכול ית כל אילנייא דצמחין לכון מן אפי ברא:
007 דמצמחין pael *Ex10:05M* ית כל אילנייא דצמחין/דמצמחין#2#/ לכון מן אפי ברא:

## צמח *n.* plant shoot [466]

001 צמחה s em/sf *Dt32:02* מלקוש דסלקין ומרווין צמחה דארעא בירחה דניסן:
002 וצמחה *Gn19:25M* וצמחוי /קרייתה וצמחה#2#/ דארעא:
003 צמחין p abs *Lv26:19* היך נחשה מלמרביה לכון צמחין:
004 *Gn 1:02* בעיר וריקנא מן כל פלחן צמחין ומן אילנין וחשוכא פריס
005 וצמחין *Lv26:19M* דלא למסקה לכון דתין וצמחין
006 *Dt28:23* מן למרביה לכון דתין וצמחין:
007 *Dt28:23M* למסקה לכון דתין וצמחין
008 צמחיה p em/sf *Dt33:13* מן לרע דסלקין ומרווין צמחיה דארעא:
009 וצמחוי *Gn19:25* וית כל דיירי קרתא וצמחוי דארעא:

## צמי *vb.* to clip [466]

001 ותצמי peal *Dt21:12* ביתך ותספר ית ראשה ותצמי ית טופרייה:

## צמצם *vb.* to make tight [466]

001 ואתצמצמת quad/t *Gn24:65M* רדידה ואתכסיית/^ואתצמצמת#2#^/ואתעטפת#2#/ ביה:

## צנה *n.* cold [463 צינה]

001 וצנתה s em/sf *Gn 8:22M* זרעין וחצדין וקריר/וצנתה#2#/ וחמים וקיט

## צנים *adj.* thin [467]

001 צנימן p abs *Gn41:23* והא שבע שבלין צני{נ}<מ>ן דקיקין שדיפן רוח דקדים

## צניע *adj.* modest [467]

001 צניען p abs *Ex38:08M* צניעתה דהוויין צניען בתרע#2#/ משכן זימנא:
002 צניעתה p em/sf *Ex38:08M* בתרע /בחזיון <ד>נשייה צניעתה דהוויין צניען בתרע#2#/

## צניף *n.* border, fringe [467]

001 דצניף s ab/cn *Nu15:38* וישוון על^ ציצין דצניף גולתהא שיע תכלתה:
002 צניפן p abs *Dt22:12M* \צניפן תעבדון לכון צניפן/ וציצייתה תעבד לך#2#/ על
003 *Dt22:12* צניפן תעבדון לכון על ארבעתי

## צנע *vb.* to lay aside [467]

001 אצניעון afel *Ex16:23* וית כל מה דמשתייר אצניעון לכון למטרה עד צפרא:
002 אצנעא *Ex16:23M* אצניעון /מותרא אצנעא#2#/ לכון למטרה עד צפרא:
003 אצנעון *Gn42:33* היימנין אתון חד מנכון אצנעון לוותי וית כפנים בתיכון
004 ואצנע *Nu17:22* משה ית חוטריה קדם ייי ואצנע
005 *Ex16:33* בגווה מלא עמרא מנה ואצנע יתה קדם ייי לשהדותא למטרה
006 *Nu17:19* ואצנע יתהון במשכן זמנה קדם
007 *Gn 2:15M* ממריה דייי ית אדם ואצנע יתיה בגינתה למהווי#2#/
008 *Ex16:34* דפקד ייי ית משה ואצנע יתיה אהרן קדם שהדותא
009 ואצנעו *Lv24:12* רבהון אמר לא שמעית ואצנעו יתה במטרתה עד זמן דיתפרש
010 *Nu15:34* רבן ואמ' לא שמעת ואצנעו יתה במטרה עד זמן דיתפרש
011 *Dt26:10M* יהבת לן ייי ותצנעון/ואצנע{ן}<ו> יתה#2#/ קדם ייי
012 *Gn19:16* ייי עלוי ואפקו יתה ואצנעו יתיה לבר מן קרתא:
013 ואצנעו' *Nu15:34M* רבן אמר לא שמעית ואצנעו'
014 ואצנעון *Ex16:24* ואצנעון יתיה עד צפרא היך מה דפקד
015 ואצנעון *Ex16:24M* ואצנעון/ואצנעון#2#/ יתיה עד צפרא
016 וצנעת *Gn39:16* וצנעת לבושי בידה עד זמן דאתא
017 ויצנע *Nu19:09* דכי ית קטמה דתורתה ויצנע יתה לבר מן משריתה באתר
018 *Lv16:23* במעלה לגו בית קדשה ויצנע יתהון תמן:
019 *Dt26:04* דביכוריה מן ידיכון ויצנע יתיה קדם מדבחה דייי
020 ויצנעון *Ex16:05* ויהוי ביומא שתיתא ויצנעון ית מה דייתון ויהוי
021 ותצ' *Nu17:19M* ואצנע/ותצ'#2#/ יתהון במשכן זמנה קדם
022 ותצנעון *Dt14:28* שנת מעשר מסכינייה ותצנעון יתיה בקורייכון:
023 *Dt26:10* מן מה די יהבת לן ייי ותצנעון קדם ייי אלהכון <....>:

## צנף *vb.* to gird oneself [468]

001 יצטנף etpeel *Lv16:04M* ובמצנפן דבוץ יטכס/יצטנף#2#/ לבושי/לבושוי#2#/

## צנפה *n.* border, edge [468]

002 צניפת p const *Dt22:12M* לך#2#/ על ארבעתי זבית/צניפת#2#/ גוליכון די תתעטפון
002 צנפת *Nu15:38* ^ויעבדון להון ציצין על צנפת גיליהון לדריהון וישוון
003 *Nu15:38M* "צנפת ... תכלתה": צנפת גוליהון שזיר דתכלה

## צער *vb.* to suffer [468]

001 צעורין peal *Gn34:25* ביומא תליתיא כד הוון צעורין מן גזרתהון ונסבו תרין
002 צער *Gn35:09* חזווה ועד כען הווה צער מן גזרתא ועוד אלפתא יתן
003 צער pael *Dt22:24* וית גברא על עסק די צער ית אתתה דחברה ותבערון עבדי
004 *Dt22:29* וליה תהוי לאתה חלף די צער יתה ולית הוא רשיי למשבקה
005 תצער *Gn31:50* אין תצער ית בנתי ואין תסב נשין על
006 תצערון *Ex22:21* כל ארמלה ויתמין לא תצערון:
007 *Ex22:20M* תדחקון יתהון ולא תצערון יתהון#2#/ ארום
008 *Dt23:17M* דשפר לה לא תונון/תצער«ו»ן#2#/ יתיה:
009 תצערין *Ex22:22* אין מצערה תצערין יתהון ויהווי ארום מצווח
010 וצע' *Gn16:06M* ד{פ}ש<פ>ר ותקן קודמך וצע'
011 מצערה *Ex22:22* אין מצערה תצערין יתהון ויהווי ארום
012 מצערין *Ex 1:12* וכל דהוון מצערין יתהון בכדן הוון סגיין
013 וצער *Gn34:02* ונסב יתה ושמש עמה וצער ית«ה»:
014 *Dt 8:03* וצער יתכון ואכפן יתכון ואייכל
015 וצערו *Dt26:06* ואבאישו לן מצריי וצערו יתן ושוון עלינן פלחן קשי:
016 וצערת *Gn16:06* לה מה דשפיר באפיך וצ{רע}<ער>ת יתה שר{ה}«י» וערקת
017 ויצערון *Gn15:13* וישעבדון יתהון ויצערון יתהון ארבע מאה שנין:
018 *Nu24:24* וישעבדון אתורייה ויצערון עבר נהרא וסופיהון לאבדן
019 למצערה *Dt 8:02* שנין במדברה מן בגלל למצערה יתכון <למנסייה יתכון>
020 *Dt 8:16* חכמו אבהתכון מן בגלל למצערה יתכון ומן בגלל למנסייה
021 למצערן *Ex 1:11* מפלחנן מן בגלל למצערן יתהון בפולחניה«ון»
022 לצ' *Dt 8:16M* אבהתכון מן בגלל למצערה/לצ'#2#/ יתכון ומן בגלל
023 לצערה *Dt 8:02M* במדברה מן בגלל למצערה/לצערה#2#/ יתכון <למנסייה
024 ואצער afel *Dt 8:03M* וצער/ואצער#2#/ יתכון ואכפן יתכון
025 איצט ערת etpaal *Nu12:12M* במיעה הלא מרים אחתן איצט ערת עימנה וכד{י}<ו> מטת
026 ואצטערי *Gn16:09* חזרי לוות רבונתיך ואצטערי תחות ידה:

## pain, sorrow *n.* צער [468]

|  |  |  |  |  |  |  |
|---|---|---|---|---|---|---|
| 001 | בצער | s ab/cn | Dt28:53 | די יהב ייי אלהכון לכון | בצער | ובצוקה די יעיקון לכון |
| 002 | | | Dt28:55 | דלא ישתייר לה כל מדעים | בצער | ובצוקה די יעיקון יתכון |
| 003 | | | Dt28:57 | בחסרון כל מדעם בטומרה | בצער | ובצוקה די יעיקון לכון |
| 004 | | | Gn 3:17 | תהוי ארעא מן בגללך | בצער | תיכל פירי עללייתה כל יומי |
| 005 | | | Gn 3:16 | אסגיא צעריך ועדוניך | בצער | תלדין בנין ולוות בעליך |
| 006 | | | Gn 3:16M | תלדין /ועידו{ד}ן<נ>ייך | בצער | תלידי#2#/ בנין ולוות |
| 007 | דצער | | Dt16:03 | תיכלון עלוי פטירין לחם | דצער | ארום בבהילו נפקתון פריקין |
| 008 | | | Nu30:14 | כל נדר וכל שבועה לקיום | דצער | נפש בעלה יקיים יתהון ובעלה |
| 009 | לצער | | Nu30:14M | דצער נפש /דקיים | ל{ר}צע<ר> | נפ'#2#/ בעלה יקיים |
| 010 | צערא | s em/sf | Gn25:22M | אכ הוא | צערא | דילדותא למה דין אנא |
| 011 | צערהון | | Gn25:22 | ואמרת אן כדין היא | צערהון | דבניא למה כען לי בנין |
| 012 | | | Ex 3:07 | ואמר ייי מחמי חמית ית | צערהון | דעמי דבמצרים וית קבלתהון |
| 013 | צערון | | Ex 4:31 | אדכר} גלי קדמוי ית | צערון | ועקדו ואודן ושבחן: |
| 014 | צערי | | Gn41:52 | ארום תקף יתי ייי בארעא | צערי: | |
| 015 | | | Gn29:32 | ארום גלי קדם ייי ית | צערי | ארום כדון ירחם יתי בעלי: |
| 016 | | | Gn35:18 | מיתה הוה וקרא שמה בר | צערי | ואבוי ^הוה#2#^ קרי ליה |
| 017 | | | Gn31:42 | כדון ריקן שלחת יתי ית | צערי | וית לוותי דידי גלי קדם ייי |
| 018 | | | Gn49:03 | בוכרי את חיילי ושרוי | צערי | חמי הויית מסב תלתא חולקין |
| 019 | | | Gn16:05 | ועל בני מחוסי ושרוי | צערי | מסיר בידך שבקית ארעי ובית |
| 020 | | | Gn22:10M | "נבעוט ...": בשעת | צערי | נפרכס ונערבבה וישתכח |
| 021 | צעריה | | Dt21:17 | ליה ארום הוא שרוי | צעריה | דידיה הוא סדר דינה |
| 022 | צעריהון | | Ex 3:07M | גלי קדמיי ית | שעבודהון/צעריהון#2#/: | |
| 023 | | | Ex 3:17M | יתכון מן | שעבודהון/צעריהון#2#/ | דמצריי לארעהון |
| 024 | | | Ex 4:31M | גלי קדמוי ית | צערון/צעריהון#2#/ | ועקדו ואודן |
| 025 | צעריך | | Gn16:11 | ארום שמיע קדם ייי ית | צעריך: | |
| 026 | | | Gn 3:16 | ולאתתה אמר מסגיא אסגיא | צעריך | ועדוניך בצער תלדין בנין |
| 027 | צערן | | Dt26:07 | קל צלותן וגלי קדמוי ית | צערן | וית שעבודן וית דוחקן: |

## north *n.* צפון [468]

|  |  |  |  |  |  |  |
|---|---|---|---|---|---|---|
| 001 | צפון | s ab/cn | Gn14:15 | יתהון עד חובה די מן | צפון | לדרמשק: |
| 002 | | | Nu34:15M | עיינוותה דדרמסק ומן | צפון | נפק להון תחומה לדיוקסס |
| 003 | | | Nu34:15M | תחומה לחובה די מן | צפון | עיינוותה דדרמסק ומן צפון |
| 004 | דצפון | | Ex14:11M | למקטלה יתן במדברא | ^\דצפון#2#/ | \מה היא דא דעבדת /מה |
| 005 | | | Ex14:03M | טרד עליהון טעותא | דצפון | {נגהו} <נגדוי> דמדברא |
| 006 | דמצפון | | Nu34:15 | תלגא לתחומה לבנון | דמצפון | עיינוות{{י}}יה דדרמשק |
| 007 | ומצפון | | Nu34:15 | דדרמשק | ומצפון | עיינוותיה דדרמשק נפק |
| 008 | צפ' | s em/sf | Gn13:14M | ומערבה /די את בגווה | צפ' | ומדנחה ודרום' ומערבה#2#/: |
| 009 | צפונא | | Ex26:20 | תניינ«א» לסיטרא | צפונא | עשרין לוחין: |
| 010 | צפונה | | Ex26:35 | תתן על צפונה סטרה | צפונה: | |
| 011 | | | Nu 3:35 | סטרוי דמשכנה ישרון מן | צפונה: | |
| 012 | | | Nu34:09 | די יהוון לכון תחום | צפונה: | |
| 013 | | | Ex40:22M | דמשכנא לצפונא/מן | צפונה#2#/ | לבר מן פרוכתה: |
| 014 | | | Nu 2:25 | שבטה דבנוי דדן מן | צפונה | לחיילוותהון ורבה דהוה |
| 015 | | | Nu34:07 | ודן יהווי לכון תחום | צפונה | מן ימה רבה תכוונון לכון |
| 016 | | | Ex26:35 | לדרומה ופתורא תתן על | צפונה | סטרה צפונה: |
| 017 | | | Ex36:25M | /מן סטרה#2#/ | צפונייה/צפונה#2#/ | עבד עשרין לוחין: |
| 018 | | | Lv 1:11 | על שפולי דמדבחה מן | צפונה | קדם ייי ויזרקון בנוי |
| 019 | | | Nu35:05 | אלפין באומתה וית סיטרה | צפונה | תרין אלפין באמתה וית |
| 020 | וצפונא | | Gn28:14 | דארעא ותתקף מערבא | וצפונא | ודרומא ומדנחא ויתברכון |
| 021 | ולציפונא | | Dt 3:27 | וטול עיינך למערבה | ולציפונא | ולדרומה ולמדנחה וחמי |
| 022 | לצפונא | | Ex40:22 | על שפולי דמשכנא | לצפונא | לבר מן פרוכתה: |
| 023 | לצפונה | | Gn13:09 | אן את לדרומה ואנה | לצפונה: | |
| 024 | | | Dt 2:03 | הדין כוונו לכון | לצפונה: | |
| 025 | | | Gn13:09 | כען מעלוי אן את | <לצפונה> | אנא לדרומה אן את לדרומה |
| 026 | | | Gn13:14 | וחמי מן אתרא דאת תמן | לצפונה | ולדרומה ומדנחה ומערבה: |

## northern *adj.* צפוניי [468]

|  |  |  |  |  |  |  |
|---|---|---|---|---|---|---|
| 001 | צפוניה | s em/sf | Ex27:11 | וכדן לסיטרה | צפוניה | באורך ווילון מאה אמין ארך |
| 002 | | | Ex38:11 | ולסיטרה | צפוניה | מאה אמין באמתה עמודיהון |
| 003 | צפונייה | | Nu34:09M | לכון תחום | צפונה/צפונייה#2#/: | |
| 004 | | | Ex36:25 | דמשכנה תניינה לסטרה | צפונייה | עבד עשרין לוחין: |
| 005 | | | Nu35:05M | וית סיטרה | צפונה/צפונייה#2#/ | תרין אלפין באמתה |

## to watch *vb.* צפי [468]

|  |  |  |  |  |  |  |
|---|---|---|---|---|---|---|
| 001 | דמצפיה | pael | Nu23:28 | בלעם ריש סעוותה פעור | דמצפיה | מן {על} <כל> קבל |
| 002 | מצ' | etpaal | Nu21:20I | דמואבאי והא היא | מצ' | |
| 003 | מצטייפה | | Nu21:20M | רמתה והא היא | מצטפייה/מצטייפה#2#/ | מן כל קבל |
| 004 | מצטפייה | | Nu21:20 | ריש רמתה והא היא | מצטפייה | מן כל קבל בית ישימון: |

## watchman *n.* צפי [468]

|  |  |  |  |  |  |  |
|---|---|---|---|---|---|---|
| 001 | צפייה | s em/sf | Nu23:14M | ודבר יתיה לחקל | סכייה/צפייה#2#/ | ריש רמתה ובנה שבעה |

## watchtower *n.* צפי #2 [468]

|  |  |  |  |  |  |  |
|---|---|---|---|---|---|---|
| 001 | וצפיתה | s em/sf | Gn31:49 | | וצפיתה | די אמר יתגלי ייי וידון |

## he-goat *n.* צפיר [469]

|  |  |  |  |  |  |  |
|---|---|---|---|---|---|---|
| 001 | צפיר | s ab/cn | Gn37:31 | ית פרגודא דיוסף ונכסו | צפיר | בר עזין וצבעו ית פרגודה |
| 002 | | | Lv 4:23 | עלה וייתי ית קרבניה | צפיר | בר עזין דכר שלם מן מום: |
| 003 | | | Lv 9:03 | ישראל תמליל למימר סבו | צפיר | בר עזין לחטאתה ועגל ואמר |
| 004 | | | Lv23:19 | ותקרבון | צפיר | בר עזין חד לחטאתה ותרין |
| 005 | | | Nu 7:16 | | צפיר | בר עזין חד קרב יתה לחטאתה |
| 006 | | | Nu 7:22 | | צפיר | בר עזין חד קרב יתיה לחטאתה |
| 007 | | | Nu 7:28 | | צפיר | בר עזין חד קרב לחטאתה |
| 008 | | | Nu 7:34 | | צפיר | בר עזין חד קרב לחטאתה |
| 009 | | | Nu 7:40 | | צפיר | בר עזין חד קרב יתיה לחטאתה |
| 010 | | | Nu 7:52 | | צפיר | בר עזין חד קרב יתה לחטאתה |
| 011 | | | Nu 7:58 | | צפיר | בר עזין חד קרב יתיה לחטאתה |
| 012 | | | Nu 7:64 | | צפיר | בר עזין חד קרב יתיה לחטאתה |
| 013 | | | Nu 7:70 | | צפיר | בר עזין חד קרב יתיה לחטאתה |
| 014 | | | Nu 7:76 | | צפיר | בר עזין חד קרב יתיה לחטאתה |
| 015 | | | Nu 7:82 | | צפיר | בר עזין חד קרב יתיה |
| 016 | | | Nu28:30 | | צפיר | בר עזין חד למכפרה עליכון: |
| 017 | | | Nu 7:46 | | צפיר | עזין בר עזין חד קרב יתה לחטאתה |
| 018 | וצ' | | Nu28:30M | | צפיר/וצ'#2#/ | בר עזין חד למכפרה |
| 019 | וצפיר | | Nu15:24 | ונס«ו»כוי כסדר דינה | וצפיר | בר עזין חד לחטאתה: |
| 020 | | | Nu28:15 | | וצפיר | בר עזין תקרבון יתה לחטאתה |
| 021 | | | Nu29:05 | | וצפיר | בר עזין חד קרב יתיה |
| 022 | | | Nu29:11 | | וצפיר | בר עזין חד קרב יתיה |
| 023 | | | Nu29:16 | | וצפיר | בר עזין חד קרב יתיה |
| 024 | | | Nu29:19 | | וצפיר | בר עזין חד קרב יתיה |
| 025 | | | Nu29:22 | | וצפיר | בר עזין לחטאתה חד {מן} |
| 026 | | | Nu29:25 | | וצפיר | בר עזין חד קרב יתיה |
| 027 | | | Nu29:28 | | וצפיר | בר עזין לחטאתה חד בר מעלת |
| 028 | | | Nu29:31 | | וצפיר | לחטאת חד בר מעלת תמידה |

|  |  |  |  |
|---|---|---|---|
| 029 | | Nu28:22 | וצפיר לחטאתה חד למכפרה עליכון: |
| 030 | | Nu29:34 | וצפיר לחטאתה חד בר מעלת תמידה |
| 031 | | Nu29:38 | וצפיר לחטאתה חד בר מעלת תמידה |
| 032 | צפ׳ s em/sf | Lv 4:24M | על ראשה/ריש#2#/ דצפירה/צפ׳#2#/ ויכוס י{ד}<ת>יה |
| 033 | צפירה | Lv16:22 | לארע מפסקה וישלח ית צפירה במדברה: |
| 034 | | Lv 5:06 | נקבה מן ענה אמרה או צפירה ברת עיזין לחטאתה ויכפר |
| 035 | | Lv16:20 | וית מדבחה ויקרב ית צפירה דבחיין: |
| 036 | | Lv10:16 | וית צפירה דחטא׳ מתבע תבע משה והא |
| 037 | | Lv 9:15 | קרבניהון דעמה ונסב ית צפירה לחטאתה דמן עמה ונכס יתה |
| 038 | | Lv16:15 | ויכוס ית צפירה לחטאתה דמן עמא וייתי ית |
| 039 | | Lv16:27 | וית תורה דחטאתה וית צפירה דחטאתה די אתועל אדמהון |
| 040 | | Lv16:09 | ויקרב אהרן ית צפירה די סלק עלוהי עדוה לשם |
| 041 | | Lv14:05 | ויפקד כהנא ויכוס ית צפירה חדתה {לבד}<לגו> מן דחסף |
| 042 | | Lv14:50 | ויכוס ית צפירה חדתה לגו מן דחסף על מיין |
| 043 | | Lv16:26 | ומן דמשלח ית צפירה לעזאזל יחוור לבושוי |
| 044 | | Lv16:22 | ויקבל צפירה עלוי ית כל חוביהון לארע |
| 045 | צפרה | Lv14:05M | כהנא ויכוס ית צפירה/צפרה#2#/ חדתה/חדא#2#/ |
| 046 | דצפירא | Gn38:25 | אחי ואצבעת יתיה בדמא דצפירא ואמרית ליעקב {אבר} <אבה> |
| 047 | דצפירה | Lv16:21 | ידוי על ראשה דצפירה דבחיין ויתודי עלוי ית כל |
| 048 | | Lv 4:24 | ויסמוך ידיה על ראשה דצפירה ויכוס י{ד}<ת>יה באתרה די |
| 049 | | Lv16:21 | ויתן יתהון על רישיה דצפירה וישלח ביד גבר מזמן |
| 050 | | Lv16:18 | אדמה דתורא ומן אדמה דצפירה ויתן על קרנתה דמדבחה |
| 051 | | Nu 7:16 | ולשלון למכפרה באדמה דצפירה על חובוי ועל חובי שלות |
| 052 | | Nu 7:22 | למכפרה באדמה דצפ«י»רה על חובוי ועל חובי שלות |
| 053 | | Nu 7:28 | ולשלון למכפרה באדמה דצפירה על חובוי ועל חובי שלות |
| 054 | | Nu 7:34 | ולשלון למכפרה באדמה דצפירה על חובוי ועל חובי שלות |
| 055 | | Nu 7:40 | ולשלון למכפרה באדמה דצפירה על חובוי ועל חובי שלות |
| 056 | | Nu 7:46 | לשלון למכפרה באדמה דצפירה על חובוי ועל חובי שלות |
| 057 | | Nu 7:52 | ולשלון למכפרה באדמה דצפירה על חובוי ועל חובי שלות |
| 058 | | Nu 7:58 | ולשלון למכפרה באדמה דצפירה על חובוי ועל חובי שלות |
| 059 | | Nu 7:64 | ולשלון למכפרה באדמה דצפירה על חובוי ועל חובי שלות |
| 060 | | Nu 7:70 | ולשלון למכפרה באדמה דצפירה על חובוי ועל חובי שלות |
| 061 | | Nu 7:76 | ולשלון למכפרה באדמה דצפירה על חובוי ועל חובי שלות |
| 062 | | Nu 7:82 | ולשלון לכפרה באדמה דצפירה על חובוי ועל חובי שלות |
| 063 | וצפירה | Lv16:10 | וצפירה די סלק עלוי עדוה לעזאזל |
| 064 | צפירי p abs | Lv16:05M | תרין \צפירין דעיזין /צפירי בני עיז#2#/ לחטאתה ודכר |
| 065 | צפירי | Nu 7:87M | דעזין תרין עשר /צפירי בר עיזין תרי ע׳#2#/ |
| 066 | צפירין | Lv16:05 | דבני ישראל יסב תרין צפירין דעיזין לחטאתה ודכר חד |
| 067 | וצפירין | Nu 7:87 | תרין עשר ומנחתהון וצפירין דעזין תרין עשר לחטאתה: |
| 068 | צפיריה p em/sf | Lv16:07 | ויסב ית תרין צפיריה ויקים יתהון קדם ייי לתרע |
| 069 | | Lv16:08 | ויתן אהרן על תרין צפיריה עדוין עדיו חד לשם ממרי׳ |

## צפירה *n.* she-goat [469]

|  |  |  |  |
|---|---|---|---|
| 001 | צפירה s ab/cn | Lv 4:28M | ית קרבניה צפירת/<צפי>רה#2#/ בר/<בר>ת#2#/ עזין |
| 002 | צפירת | Lv 4:28 | אתחייב וייתי ית קרבניה צפירת בר עזין שלמה על חובתיה די |
| 003 | | Lv 5:06M | מן ענה אמרה או צפירה/צפירת#2#/ ברת עיזין לחטאתה |

## צפר *n.* morning [469]

|  |  |  |  |
|---|---|---|---|
| 001 | צפר s ab/cn | Lv 6:05 | עליה כהנא קיסין בכל צפר צפר ויסדר עליה עלתה ויסדר עליה |
| 002 | | Ex16:21 | ולקטו יתיה בכל צפר וצפר גבר כפם מיכליה וכד |
| 003 | | Ex30:07 | קטרת בוסמנין טבין בכל צפר וצפר בסדרותה ית בוציניתה |
| 004 | | Ex36:03 | לוותה תוב נדבה בכל צפר וצפר: |
| 005 | | Gn 1:05 | קרא לליא והוא רמש והוה צפר סדר עבד בראשית יום קדמאיי: |
| 006 | | Gn 1:08 | שמיא והוה רמש והוה צפר סדר עבד בראשית יום תניין: |
| 007 | | Gn 1:13 | והוה רמש והוה צפר סדר עבד בראשית יום תליתאי: |
| 008 | | Gn 1:19 | והוה רמש והוה צפר סדר עבד בראשית יום רביעאי: |
| 009 | | Gn 1:23 | והוה רמש והוה צפר סדר עבד בראשית יום חמישי: |
| 010 | | Gn 1:31 | ותקן לחדא והוה רמש והוה צפר סדר עבד בראשית יום שתיתיי: |
| 011 | | Lv 6:05 | עליה כהנא קיסין בכל צפר צפר ויסדר עליה עלתה ויסדר |
| 012 | וצפר | Ex36:03 | תוב נדבה בכל צפר וצפר: |
| 013 | | Ex30:07 | בוסמנין טבין בכל צפר וצפר בסדרותה ית בוציניתה יסדר |
| 014 | | Ex16:21 | ולקטו יתיה בכל צפר וצפר גבר כפם מיכליה וכד הוה |
| 015 | צפרא s em/sf | Ex12:22 | גבר מן תרע ביתיה עד צפרא: |
| 016 | | Ex16:19 | גבר לא ישייר מנה עד צפרא: |
| 017 | | Ex16:23 | אצניעון לכון למטרה עד צפרא: |
| 018 | | Ex23:18M | דפסחא מן רמשא עד צפרא |
| 019 | | Ex23:18 | יבית מן חלבי חגי עד צפרא: |
| 020 | | Ex34:25M | דפסחה מן רמשה ועד צפרא |
| 021 | | Lv 7:15 | יתאכל לא ישתייר מנה עד צפרא: |
| 022 | | Lv19:13 | אגרה דאגירה עמך עד צפרא: |
| 023 | | Nu19:07M | מן קדשיה עד רמשה/צפרא#2#/: |
| 024 | | Gn44:03 | צפרא אנהר וגבריא אשתלחו אינון |
| 025 | | Ex12:10 | ומה דמשייר מיניה עד צפרא בנורא תוקדון: |
| 026 | | Ex10:13 | כל יומא ההוא וכל ליליא צפרא הוה ורוח קדומא טען ית |
| 027 | | Ex16:24 | ואצנעון יתיה עד צפרא היך מה דפקד משה ולא אסרח |
| 028 | | Ex14:24 | והוה בעדוני צפרא ואדיק ייי ברוגז על |
| 029 | | Lv 6:02 | מדבח׳ כל ליליה עד צפרא ואשתה על גבי מדבחה תהוי |
| 030 | | Ex19:16 | והוה ביומא תליתיא לעדוני צפרא והווה קלין וברקן וענן תקיף |
| 031 | | Gn40:06M | בצפרא /ועל בעדנ׳ צפרא#2#/ וחמה יתהון והא אפיהון |
| 032 | | Ex12:10 | ולא תשתיירון מניה עד צפרא ומה דמשייר מיניה עד צפרא |
| 033 | | Ex16:20 | ושיירו מניה גברין עד צפרא ועבד תולעין ואסרח ורגז |
| 034 | | Ex29:34 | דאשלמותא ומן לחמה עד צפרא ותיקד מה דאשתייר בנורא לא |
| 035 | | Lv22:30 | יתאכל לא תשיירון מנה עד צפרא כדן אמר ייי: |
| 036 | | Ex14:27 | ימא ואחזור ימא לעדוני צפרא לתקפה ומצריי ערקון |
| 037 | | Dt28:67 | אמרין מן יתן דייתי צפרא מן פחדא דלבביכון די |
| 038 | | Ex18:13 | וקמו עמא קדם משה מן צפרא עד רמשא: |
| 039 | | Ex18:14 | וכל עמא קיימין עלויך מן צפרא עד רמשא: |
| 040 | | Ex27:21 | אהרן ובנוי מן רמשא עד צפרא קדם ייי קיים עלם לדריהון |
| 041 | | Lv24:03 | יתיה אהרן מן רמשה ועד צפרא קדם ייי בתדירה קיים עלם |
| 042 | צפרה | Nu 9:15 | על משכנ׳ כחזיו אשתה עד צפרה: |
| 043 | | Dt16:04 | קדמייה דפסחה עד צפרה: |
| 044 | | Nu 9:12 | לא ישיירון מניה עד צפרה וגרם לא יתברון ביה ככל |
| 045 | | Nu 9:21 | עננה מן רמשא ועד צפרה ויסתלק עננה בצפרא ויטלון |
| 046 | בצ׳ | Lv 6:13M | /תיהוי מתקרבה בצ׳#2#/ ופלגותה תהוון מקרבין |
| 047 | בצפר׳ | Ex16:08M | "למיכל ...:" למיכל ומזון בצפר׳ למשב{עו}<וע> דגלי קדם |
| 048 | בצפרא | Ex 7:15 | <איזל לוות> פרעה בצפרא הא הוא נפק מת{ו}ק<ו>רדה |
| 049 | | Gn41:08 | והוה בצפרא ואטרפת רוחיה דפרעה ושלח |
| 050 | | Nu22:13 | וקם בלעם בצפרא ואמר לרברבנוי דבלק |
| 051 | | Gn24:54 | עמי«ה» וביתו וקמו בצפרא ואמרו שלחו יתי לוות |
| 052 | | Gn22:14 | אלא מן יד אקדמית בצפרא ואקדמית ועבדית מימריך |
| 053 | | Gn28:10 | אסדי רישיה כיון דקדם בצפרא ואשכח כולהון לאבן חדא היא |
| 054 | | Gn26:31 | ואקדימו בצפרא ואשתבעו גבר לאחוי ושלח |
| 055 | | Ex 8:16M | ייי למשה אקדם לצפרא/בצפרא#2#/ ואתעתד קדם פרעה הא |
| 056 | | Ex 9:13 | ואמר ייי למשה אקדם בצפרא ואתעתד קדם פרעה ותימר ליה |
| 057 | | Ex24:04 | כל פתגמיי דייי ואקדם בצפרא ובנה מדבח בשפולא דטורא |
| 058 | | Nu22:41 | והוה בצפרא ודבר בלק ית בלעם ואסק |
| 059 | | Gn29:25 | והוה בצפרא והא ה«י»א לא׳ ואמר |

|  |  |  |  |  |  |  |
|---|---|---|---|---|---|---|
| 060 | | | Gn40:06 | ואתא לוותהון יוסף | בצפרא | וחמה יתהון והא אפיהון |
| 061 | | | Nu 9:21 | ועד צפרה ויסתלק עננה | בצפרא | ויטלון או יומם ולילי |
| 062 | | | Ex29:39 | ית חד מן אמריה תקרבון | בצפרא | וית אמרא תנינא תקרבון |
| 063 | | | Nu28:04 | ית חד מן אמריה תקרבון | בצפרא | וית אמרא תנינא תקרבון |
| 064 | | | Gn21:14 | ואקדם אברהם | בצפרא | ונסב לחם וזיק דמיין ויהיב |
| 065 | | | Gn28:18 | ואקדם יעקב | בצפרא | ונסב ית אבנא די שוי אסדי |
| 066 | | | Gn32:01 | ואקדם לבן | בצפרא | ונשק לבנוי ולבנתיה וברך |
| 067 | | | Ex34:04 | כקדמיי ואקדם משה | בצפרא | וסלק לטורא דסיני היך מה |
| 068 | | | Lv 6:13 | פלוגתה תהוון מקרבין | בצפרא | ופלגותה תהוון מקרבין ביני |
| 069 | | | Gn20:08 | ואקדם אבימלך | בצפרא | וקרא לכל שלטוי ומלל ית |
| 070 | | | Gn22:03 | ואקדם אברהם | בצפרא | ושווי ית חמרה ודבר ית |
| 071 | | | Nu22:21 | וקם בלעם | בצפרא | ושוי ית אתנתה ואזל עם |
| 072 | | | Gn19:02M | רגליכון ותקדמון | ותזלון/בצפרא | ותזלון בשלום |
| 073 | | | Dt16:07 | אלהכון ביה ותקדמון | בצפרא | ותזלון למשכניכון: |
| 074 | | | Gn49:27 | תשרי איקר שכינתא דייי | בצפרא | יהוון כהנייא מקרבין אימר |
| 075 | | | Gn19:27 | ואקדם אברהם | בצפרא | לאתרא דקם וצלי תמן קדם |
| 076 | | | Ex34:02 | ותהוי מזמן לצפרא ותסק | בצפרא | לטורא דסיני ותתעתד לוותי |
| 077 | | | Ex16:08 | ברמשא בשר למיכל ולחם | בצפרא | למשבע כד שמיע קדם ייי ית |
| 078 | | | Ex34:25 | נכסת קדשיי ולא יבית | בצפרא | נכסת חגא דפסחא: |
| 079 | | | Dt28:67 | | בצפרא | תיהוון אמרין לווי מן יתן |
| 080 | בצפרה | | Nu16:05 | ועם כל כנשתה למימר | בצפרה | וידע ייי מן דמן דידה וית |
| 081 | | | Nu14:40 | ואקדימו | בצפרה | וסליקו לריש טורא למימר הא |
| 082 | דצפרא | | Nu28:08 | שמשתה כמנחתה דאמר | דצפרא | וכנסוכוי כדן תקרבון יתיה |
| 083 | | | Ex29:41 | שמשתה כמנחתה דאמר | דצפרא | וכנסכה תקרבון יתיה לריח |
| 084 | דצפרה | | Lv 9:17 | מדבחה בר מן עלתה | דצפרה: | |
| 085 | | | Nu28:23 | בר מן עלתה | דצפרה | די לעלתה דתמידה תקרבון ית |
| 086 | ובצפרא | | Ex16:13 | סלוי וכסית ית משריותא | ובצפרא | הוות ענניית טלא חזור חזור |
| 087 | | | Ex16:07 | | ובצפרא | יתחמון איקר שכינתה דייי |
| 088 | | | Ex16:12 | ביני שמשתה תיכלון בשר | ובצפרא | תשבעון לחם ותידעון ארום |
| 089 | לצ' | | Ex34:25M | קדשיי ולא יבית | בצפרא/לצ'#2#/ | נכסת חגא דפסחא: |
| 090 | לצפרא | | Ex 8:16 | ואמר ייי למשה אקדם | לצפרא | ואתעתד קדם פרעה הא הוא |
| 091 | | | Ex34:02 | ותהוי מזמן | לצפרא | ותסק בצפרא לטורא דסיני |

## צפר 3# *n.* bird

[463 ציפר]

|  |  |  |  |  |  |  |
|---|---|---|---|---|---|---|
| 001 | צפור | s ab/cn | Dt 4:17M | דטייס באויר שמייא | צפור/ | דטאס די יטוס בש'#2#/: |
| 002 | צפר | | Dt14:11 | עמי בני ישראל כל | צפר | דדכיה תאכלון: |
| 003 | | | Gn 7:14M | וכל \דפרח וכל דטייס | צפר/ | דטייס#2#/: |
| 004 | | | Lv11:16 | נעמיתה וית חטפיתה וית | צפר | שחפה וית בר נצצא למינה: |
| 005 | | | Dt14:15 | נעמיתה וית חטפיתה וית | צפר | שחפה וית בר נצצה למינה: |
| 006 | ציפורא | s em/sf | Lv14:53M | ויפטור ית | ציפורא | חייתה למברא לקרתה לאפי |
| 007 | ציפורה | | Lv14:53M | בצרעתה ת{ו}<י>יבבה | ציפורה | לוותיה ויכפר כהנא על |
| 008 | צפרה | | Lv14:51 | וית צבע זהוריתה וית | צפרה | דחייתה ויצבע יתהון באדמה |
| 009 | | | Lv14:06 | ית | צפרה | חייתה יסב יתה וית קיסה |
| 010 | | | Lv14:06 | אזובה ויצבע יתהון וית | צפרה | חייתה באדמה דצפרה דנכיסתה |
| 011 | | | Lv14:07 | וידכי יתיה וישלח ית | צפרה | חייתה לאפי ברא: |
| 012 | | | Lv14:53 | וישלח ית | צפרה | חייתה לבר מן קרתה לאפי ברה |
| 013 | דצפרה | | Lv14:06 | וית צפרה חייתה באדמה | דצפרה | דנכיסתה על מיא דמבועיא: |
| 014 | | | Lv14:52 | וידכי ית ביתה באדמה | דצפרה | ובמיא דמבועא ובצפרה חייתה |
| 015 | | | Lv14:51 | ויצבע יתהון באדמה | דצפרה | נכיסתה ובמיא דמבועה ויידי |
| 016 | ובצפרה | | Lv14:52 | דצפרה ובמיא דמבועא | ובצפרה | חייתה ובקיסה דארזא |
| 017 | צפירין | p abs | Lv14:04 | ויסב למן דמדכה תרתין | צפירין | חיין דכיין וקייס דארז |
| 018 | צפרין | | Lv14:49 | למדכי<ה> ית ביתה תרתין | צפרין | וקיס דארז וצבע דזהורי טבה |
| 019 | דצפרין | | Dt22:06 | ארום יארע קן | דצפרין | קדמיכון בארחה בכל אילן או |

## צפרה *n.* a type of bird

[464 ציפרה]

|  |  |  |  |  |  |  |
|---|---|---|---|---|---|---|
| 001 | צפורתה | s em/sf | Lv14:53M | וישלח ית \צפרה חייתה | צפורתה/ | דבחיין#2#/ לבר מן קרתה |
| 002 | צפרתה | | Lv14:06M | "צפרה חייתה ... דמבועיא": | צפרתה | דבחיין באדמה צפרתה |
| 003 | | | Lv14:06M | צפרתה דבחיין באדמה | צפרתה | דנכיסה על מיין דמבוע |
| 004 | | | Lv14:51M | /בדם#2#/ \דצפרה נכיסתה | צפרתה/ | דנכיסה#2#/ ובמיא דמבועה |
| 005 | | | Lv14:05M | "צפירה חדתה": | צפרתה | חתה |
| 006 | ובצפרתה | | Lv14:52M | חייתה ובקיסה | ובצפרתה/ | דבחיין וב'#2#/ דארזא |

## צרי *vb.* to split

[!!]

|  |  |  |  |  |  |  |
|---|---|---|---|---|---|---|
| 001 | ותצרי | peal | Gn15:17M | מן כורסי יקרא יתוקיד | ותצרי | כל מלכותא אילין חזויא |

## צריך *adj.* poor

[469]

|  |  |  |  |  |  |  |
|---|---|---|---|---|---|---|
| 001 | צריכה | s ab/cn | Ex23:06 | תסטי דינא {הצרוכה} <די | צריכה> | בדינה: |
| 002 | וצריכה | s em/sf | Dt24:14 | אגריה דאגירה דמסכינה | וצריכה | מן אחיכון או מן גיוריכון |
| 003 | צריכין | p abs | Ex23:19 | ונ{כ}בשל עבוריכון | צריכין | דגנה וקשה מערבין כחדא: |
| 004 | | | Dt 2:06 | ולהוד מיין לית אתון | צריכין | מזבון מן לוותהון דבירה |
| 005 | | | Dt 2:06 | מזון לית אתון | צריכין | מזבון מן לוותהון בכסף |
| 006 | ולצריכייה | p em/sf | Dt15:11M | למסכינייה | ולצריכיכון/ולצריכייה | דאית#2#/ בארעכון: |
| 007 | ולצריכיכון | | Dt15:11 | לאחיכון למסכינייה | ולצריכיכון | בארעכון: |

## צריר *n.* handful

[470]

|  |  |  |  |  |  |  |
|---|---|---|---|---|---|---|
| 001 | צריר | s ab/cn | Ex12:34M | שייורי פטיר' ומרורי | צ{י}<ר>יר | בכסותהון טענ' על |
| 002 | | | Lv 2:16M | ויסדר כהנא ית | אדכרתה/צרי{ד}<ר> | לבונתה#2#/ מן גרשה |
| 003 | | | Lv 5:12M | מלא קומציה ית | אדכרתה/צריר | לבונתה#2#/ ויסדר |

## צרך *vb.* to be in need

[470]

|  |  |  |  |  |  |  |
|---|---|---|---|---|---|---|
| 001 | צרכו | peal | Nu20:10 | עמה דמלפין מלפניהון די | צרכו | למילף הא מן כיפה הדין נפק |
| 002 | ניצרוך | | Gn16:05M | ולא#2#/ \נצרך לבניה | ניצרוך/ | מן בני#2#/ דהגר |
| 003 | נצרך | | Gn16:05 | ותתמלא ארעא מינן ולא | נצרך | לבניה דהגר מצרייתה דהיא |
| 004 | תצרכון | | Dt28:12 | סגין ואתון עמי לא | תצרכון: | |
| 005 | | | Dt15:06 | סגין ואתון עמי לא | תצרכון | למיזף ותשלטון באומין סגין |
| 006 | | | Dt28:12M | בני ישראל לא | תצרכון | למיזף ותשלטון באומין |
| 007 | ותצרכון | afel | Dt28:12 | ית כל עבד ידיכון | ותצרכון | לאומין סגין ואתון עמי לא |

## צרע *vb.* to be leprous

[470]

|  |  |  |  |  |  |  |
|---|---|---|---|---|---|---|
| 001 | מצרעה | pael | Lv13:45 | שפמה יהווי עוטם והוא | מצרעה | יהיה צווח ואמר רחוקו מן |
| 002 | | | Ex 4:06 | ואפיק יתה והא ידיה | מצרעה | כתלגא: |
| 003 | מצרעתה | | Nu12:16M | דאתסיית נביאת{י}ה מן | מצרעתה | מן בתר כן |
| 004 | דמצטרעה | etpaal | Nu12:12M | אחתן כאיתתה מעברה | דמצטרעה | בעיבורה וכד מטה זימנא |
| 005 | למצטרעה | | Nu12:16 | מרים נבייתה | למצטרעה | אית אולפן סגי לחיכימי |

## צרעה *n.* leprosy

[470]

|  |  |  |  |  |  |  |
|---|---|---|---|---|---|---|
| 001 | צרעא | s ab/cn | Lv13:12M | תפרח/תפרוח#2#/ | צרעתה/<צר>עא#2#/ | במשכה ותכסי צרעתה |
| 002 | | | Lv13:12M | במשכה ותכסי | צרעתה/<צר>עא#2#/ | ית כל משכא דמכתשה |
| 003 | | | Lv13:13M | כהנא והא כסית | צרעתה/<צר>עא#2#/ | ית כל בשרה וידכי ית |
| 004 | | | Lv14:03M | /איתאסי#2#/ מכתש | צרעתה/<צר>עא#2#/ | מן מצרעה |
| 005 | | | Lv13:30M | כהנא נתקה הוא | צרעתה/<צר>עא#2#/ | ראשה/דרישא#2#/ או |
| 006 | צרעאה | | Lv13:59M | /חוויית מכ'#2#/ | צרעתה/<צר>עאה#2#/ | בלבוש דעמר או |
| 007 | צרעה | | Lv13:09 | מכתש | צרעה | ארום תיהווי בבר נשא וייתי |
| 008 | | | Lv14:34 | לכון אחסנה ואשוי מכתש | צרעה | בבית ארעא אחסנתכון: |
| 009 | | | Lv13:47 | ולבוש ארום יהוי ביה מכתש | צרעה | בלבוש דעמר או בלבוש דכתן: |

|  |  |  |  |  |  |  |
|---|---|---|---|---|---|---|
| 010 | | | Lv14:32 | גזירת דמן דבה מכתש | צרעה | די לא ארעת ידה למייתיה |
| 011 | | | Lv13:15M | חיה מסאב הוא | צרעת/צרעה#2#/ | הוא: |
| 012 | | | Lv13:27 | ויסאב כהנא יתיה מכתש | צרעה | הוא: |
| 013 | | | Lv13:49 | או בכל מן דמשך מכתש | צרעה | הוא ויתחמי לכהנא: |
| 014 | | | Lv13:03 | מן משך בשרה מכת«ש» | צרעה | היא ויחמי יתיה כהנא ויסאב |
| 015 | | | Lv13:20 | לחוור וי' ית' כהנא מכתש | צרעה | היא בשחנה הלכת: |
| 016 | | | Lv13:25 | וחזוה מכיך מן משכה | צרעה | היא בכוותיה הלכת ויסאב |
| 017 | | | Lv13:25 | הלכת ויסאב יתיה כהנא | צרעה | היא: |
| 018 | | | Lv13:02 | ויהוי במשך בשריה למכתש | צרעה | וייתי לוות אהרן כהנא |
| 019 | | | Lv13:42 | בגלושנתה מכתש חוור סמוק | צרעה | מהלכה היא בקרחתה או |
| 020 | | | Lv13:51 | מה די יתעבד משכה לעבידה | צרעה | מחלס«א» מכתשה מסאב הוא: |
| 021 | | | Lv13:52 | די יהוי ביה מכתשה ארום | צרעה | מחלטה היא בנורא תתוקד: |
| 022 | | | Lv14:44 | והא הלך מכתשה בביתה | צרעה | מחלטה היא בביתה מסאב הוא: |
| 023 | | | Lv13:11 | | ^צרע{ת}<ה>#2#^ | מחלפה היא במשך בשריה |
| 024 | | | Lv13:43M | כחזיו | צרעת/צרעה#2#/ | משך בשרה: |
| 025 | | | Lv13:42M | צרעה מהלכה היא /סמקה | צרעה | פרחה היא#2#/ בקרחתה או |
| 026 | צרעת | | Lv13:15 | יתה בשרה חיה מסאב הוא | צרעת | הוא: |
| 027 | | | Lv13:43 | או בגלשנותיה כחזיו | צרעת | משך בשרה: |
| 028 | דצרעה | | Lv14:57 | דכיה דא גיזרת אוריתה | דצרעה: | |
| 029 | צרעתה | s em/sf | Lv13:59 | דא גזרת אוריתה דמכתש | צרעתה | בלבוש דעמר או בכתן או |
| 030 | | | Lv13:12 | ואין מפרח תפרח | צרעתה | במשכה ותכסי צרעתה ית כל |
| 031 | | | Lv13:27M | כהנא יתיה מכתש | צרעה/צרעתה#2#/ | הוא: |
| 032 | | | Lv13:03M | בשרה מכת«ש» | צרעה/צרעתה#2#/ | היא ויחמי יתיה כהנא |
| 033 | | | Lv13:25M | ויסאב יתיה כהנא | צרעה/צרעתה#2#/ | היא: |
| 034 | | | Lv14:54 | אוריתא לכל מכתש | צרעתה | ולנתקה: |
| 035 | | | Lv13:02M | למכתש\צרעה וייתי | /צרעתה | ותיעול#2#/ לוות אהרן |
| 036 | | | Lv13:12 | תפרח צרעתה במשכה ותכסי | צרעתה | ית כל משכא דמכתשה מן ראשה |
| 037 | | | Lv13:13 | ויחמי כהנא והא כסית | צרעתה | ית כל בשרה וידכי ית מכתשא |
| 038 | | | Dt24:08 | אזדהרו במכתש | צרעתה | למיטור לחדה ולמעבד ככל מה |
| 039 | | | Dt17:08 | לדיני נפשן בין מכתש | צרעתה | למכתש נתקה מילי דיונין |
| 040 | | | Lv14:03 | כהנא והא איתסי מכתש | צרעתה | מן מצרעה: |
| 041 | | | Nu12:16 | מרים נביאתה מן | צרעתה | נטלו עמה מן חצרות ושרון |
| 042 | | | Lv13:30 | יתיה כהנא נתקה הוא | צרעתה | ראשה או דדקנה הוא: |
| 043 | | | Lv14:07 | וידכי על מן דמדכי מן | צרעתה | שובעה זמנין וידכי יתיה |
| 044 | בצורעתה | | Nu12:10M | ^^כתלגה /לקת | בצורעתה | חוורה הי כת{ג}ל<ג>ה#2#/ |
| 045 | בצרעתה | | Lv14:53M | הוא למלקי תוב | בצרעתה | ת{ו}<י>יבבה ציפורה |
| 046 | ולצרעתה | | Lv14:55 | | ולצרעתה | דלבושה ולביתה: |
| 047 | מצרעתה | | Nu12:16M | "מן צרעתה נטלו": | מצרעתה | ומן בתר דאתסיית |

## צרף *vb.* to refine, to attach [471]

|  |  |  |  |  |  |  |
|---|---|---|---|---|---|---|
| 001 | ויצרפון | pael | Gn15:01M | דקטיליי' האיליין | ויצרפון | עמהון ליגיונין ויתון |
| 002 | ותצרפון | | Dt14:25M | בכסף | ותצורון/ותצרפון#2#/ | כספא/כספה#2#/ |
| 003 | דמצטרפין | etpaal | Gn15:01 | תדחל אברם ואף על גב | דמצטרפין | לגיונין סגין ואתין עלך |
| 004 | ויסט' | | Nu24:24M | דהיא <....> | ויצטרפון/ויסט'#2#/ | עמהון לגיונין סגין |
| 005 | ויצטרפון | | Gn15:01 | בכרכיהון ובמדינתהון | ויצטרפון | עמהון לגיונין סגין |
| 006 | | | Nu24:24 | איטליא דהיא <....> | ויצטרפון | עמהון לגיונין סגין מן |

## צרר *vb.* to bind together [471]

|  |  |  |  |  |  |  |
|---|---|---|---|---|---|---|
| 001 | צרירין | peal | Ex34:26 | רוגזי ונבשל עבריכון | צרירין | דגנא וקשה מערבין כחדא: |
| 002 | | | Dt14:21 | רוגזי ונבשל עבוריכון | צרירין | דגנה וקשה מערבין כחדה: |
| 003 | | | Ex15:08 | מיי' ערמן ערמן קמו | צרירין | היך זיקיא דמיא נזליא קפון |
| 004 | | | Ex15:08M | היך זיקיא /וקמו להו' | צרירין | כזקיי#2#/ דמיא נזליא |
| 005 | צרירן | | Ex12:34 | עדלא אתחמע אצבתהון | צרירן | בשושפיהון ^יהיבין#2#^ על |

|  |  |  |  |  |  |  |
|---|---|---|---|---|---|---|
| 006 | ותצורון | | Dt14:25 | ת{מ}<ני>נה בכסף | ותצורון | כספא בידיכון ותיזלון |

## צררה *n.* money bag [471]

|  |  |  |  |  |  |  |
|---|---|---|---|---|---|---|
| 001 | צררא | s ab/cn | Gn42:35 | מפנין שקיהון והא גבר | צררא | דכספא בסקיה וחמון ית |
| 002 | צרריהון | p em/sf | Gn42:35 | דכספא בסקיה וחמון ית | צרריהון | דכספיהון אינון ואבוהון |

# ק

## standing one *adj.* קאים [472]

001 קאמיה s em/sf Dt11:06 וית משכניהון וית כל קאמיה דהווה ברגליהון בגו עמא

## קבילה ⇐ *n.* קבולה

## place of burial, grave *n.* קבורה [472, 474 s.v. קברה]

001 בקבורה s ab/cn Nu19:16M בגרם דבר נש או בקבורה/<בק>בורה#2#/ יסתאב שבעה יומין:
002 בקברה s ab/cn Nu19:18 או בקטיל או במית או בקברה:
003 Nu19:16 או בגרם דבר נש או בקברה יסתאב שבעה יומין:
004 דקבורה Gn23:09 לי ביניכון לאחסנו דקבור«ה»:
005 Gn49:30 עפרון חתייה לאחסנו דקבורה:
006 Gn23:11 יתה לי ביניכון לאחסנו דקבורה דחת וענה עפרון חתייה עם
007 Gn50:13 אברהם ית חקלא לאחסנא דקבורה מן לוות עפרון חתייה קדם
008 Gn23:20 דביה לאברהם לאחסנות דקבורה מן לות בנו«י» דחת:
009 Gn23:04 עמכון הבו לי אחסנו דקבורה עמכון ואקבר מתי מן קדמיי:
010 קבורת' s em/sf Gn35:20 ואקם יעקב קיימא על קבורת' היא קיימת קבורתא דרחל
011 קבורתא Gn35:20 על קבורת' היא קיימת קבורתא דרחל עד זמן יומא הדין:
012 קבורתיה Dt34:06 פעור ולא חכם גבר ית קבורתיה עד זמן יומא הדין:
013 בקבורותיהון p em/sf Gn47:30 מצריים ותקבר יתי בקבורותיהון ואמר הא אנא עבד כמליך:

## קובל ⇐ *prep.* קביל

## complaint, accusation *n.* קבילה [472]

001 קבילת s ab/cn Gn18:20M \קבילתהון דעמא דסדם /קבילת סדם#2#/ ועמרה ארום סגת
002 Gn 6:13 ואמר ייי לנח קבילת כל בשרא סלקת קדמוי ארו'
003 קבולתהון s em/sf Ex 2:25M קדם ייי ית שעבודהון/קבולתהון#2#/ דבני ישראל ואמר
004 קבילתהון Gn18:20 ואמר ייי קבילתהון דעמא דסדם ועמרה ארום
005 קבלתהון Ex 3:09 וכדון הא קבלתהון דבני ישראל סלקת לוותי
006 Ex 6:05 ולחוד אנא שמעת ית קבלתהון דבני ישראל דמצרייה
007 Ex 2:24 ושמיע קדם ייי ית קבלתהון ואדכר ייי ברחמוי טבייא
008 Gn19:13 הדין ארום סגת קבלתהון קדם ייי ושלח יתן למשיציא
009 Ex 2:23 פולחנא וצווחו וסלקת קבלתהון קדם ייי מן פולחנא:
010 Ex 3:07 דעמי דבמצרים וית קבלתהון שמעית מן דחקהון ארום גלי
011 קוולתהון Ex 3:09M וכדון הא קבלתהון/קוולתהון#2#/ דבני ישראל סלקת
012 Ex 2:24M קדם ייי ית קבלתהון/קוולתהון#2#/ ואדכר ייי ברחמוי
013 Ex 3:07M במצ#2#/ וית קבלתהון/קוולתהון#2#/ שמעית מן דחקהון
014 כקבילתיה Gn18:21 אתגלי כען ואחמי הא כקבילתיה דסלקת קדמיי כלייה עבדו

## vb. קבע ⇐ *adj.* קביע

## to receive *vb.* קבל [472]

001 קביל pael Ex 7:22M \ולא שמע להון /ולא קביל מנהון#2#/ היך מה דמלל
002 קבילו Nu 1:02 קבילו ית ריש סכומיהון דכל כנשתא
003 Nu26:02 קבילו ית ראש סכומיהון דכל כנשתה
004 Nu31:49 ואמרין למש' עבדך קבילו ית סכום עמא ע{מ}<ב>די
005 Dt33:02 לא תהוון קטולין לא קבילו יתה והופיע ביקרה למתן
006 Dt33:02 לא תהוון גנבין לא קבילו יתה חזר ואתגלי על טורה
007 Gn38:25 אחי ואינשי בייתי דאבא קבילו מיני טב לי יקד בעלמא הדין
008 Gn23:08 למקבר ית מתי מן קדמי' קבילו מני ובעון לי מן עפרון בר
009 Gn23:11 למיקבר ית מתי קדמ«י» קבילו מני ובעון לי מן עפרון בר
010 Ex 6:12M והיכדין ישמע מני /קבילו מני ואיך יקבל מני#2#/
011 Ex19:25 עמא ואמר להון קרובו קבילו עשירתא דבירייא:
012 קבל Gn40:12M דחלמת חלמא טבא הדין /קבל אגר טב בחלמא דחלמת#2#/
013 Gn 4:05 ולקין ולקרבניה לא קבל ברעווא ובאש לקין לחדה
014 Gn32:21M דלמה \דיסב לי אפין /די קבל ית סבר אפוי#2#/:
015 Nu 3:50 בכוריה דבני ישראל קבל ית כספה אלף ותלת מאוון
016 Nu 4:02 קבל ית סכומיהון דבנוי דקהת
017 Nu 4:22 קבל ית ריש סכומיה דבנוי
018 Nu31:26 קבל ית עדיתה דשביתה בבני אנשא
019 Gn33:11 קבל כען ית ברכתי די אייתת לך
020 Nu 7:05 קבל מלוותהון ויהוון למפלח ית
021 Ex 8:15M \ולא שמע להון /ולא קבל מנהון#2#/ היך מה דמלל
022 Gn23:11 קרתיה למימר: לא רבוני קבל מני חקלא יהבית לך ומערתא
023 Gn23:11 לא רבוני קבל מני חקלא יהבית לך ומערתא
024 Gn23:13 מני הא יהבית כספא דחקלא קבל מני ונקבר ית מתי תמן:
025 Gn23:13M דחקלא \קבל מני /בבעותי קבל מני יתיה#2#/ ונקבר
026 Gn23:15 רבוני קבל מני ארעא דארבע מאה סלעין
027 Gn23:06 קבל מנן רבונן רב מן קדם ייי את
028 Lv10:20M אלף יתי' לי ועל דאשפל קבל עלה אגר סגי ושמע משה
029 Lv 9:22M על דוכנה וזקף ידוי קבל עמה ובריכינון ופסק מלמעבד
030 Ex15:12M דן דייני' ימא [...] קבל קטילך [...] ימא לא הוי בעה
031 Ex 8:11M ותקף ית לביה ולא שמע/קבל#2#/ להון/מנהון#2#/ היך מה
032 קבלו Nu34:14 ופלגות שבטה דמנשה קבלו אחסנתהון:
033 Nu34:15 ופלגות שבטה דמנשה קבלו אחסנתהון מן עבר לירדנה
034 Ex35:05 קבלו מן לוותכון אפרשו לשמה דייי
035 קבלי Ex15:12 ימא הוה אמר לארעא קבלי בניך וארעא הוות אמרה לימא
036 Ex15:12 וארעא הוות אמרה לימא קבלי קטולי«ך» לא ימא הוה בעה
037 קבלנן Nu32:19 עבר לירדנה ולהל ארום קבלנן אחסנתן לוותן מן עבר ירדנה
038 קבלת Lv 7:34 וית שקה דאפרשו«תה» קבלת מן לוות בני ישראל מן נכסת
039 Ex 7:16M במדברא והא לא שמעת/קבלת#2#/ עד כדון:
040 אקבל Lv26:31 ית בית מקדשיכון ולא אקבל ברעווה בריח קרבניכון:
041 יקבל Lv20:09M אבוי ואמי' בזי חובוי יקבל
042 Lv20:17 עריתה דאחתה בזי חובוי יקבל:
043 Lv20:19M יקבלון /חובוי יקבל#2#/:
044 Lv19:08 ומה דיאכל יתה חובוי יקבל ארום ית קרבנוי דייי אפס
045 Nu 9:13 לא קרב בזימניה חובוי יקבל גברא ההוא:
046 Lv 5:01 או די ידע אין לא יתני יקבל חובוי:
047 Lv24:15 יפריש שמה דאלה בגדפין יקבל חובוי:
048 Dt21:18M יתיה ולא \ישמע להון /יקבל מנהון#2#/:
049 Ex 6:12M מני /קבילו מני ואיך יקבל מני#2#/ פרעה ואנה חגר
050 Ex 6:30 אנה חגר ממלל והכדין יקבל מני פרעה:
051 Ex 7:04 ולא יקבל מנכון פרעה ואשווי ית מחית
052 Ex11:09 ואמר ייי למשה לא יקבל מנכון פרעה מן בגלל למסגי
053 יקבלון Lv20:19 בשריה בזי חוביהון יקבלון:
054 Lv20:20 דחביבתה בזי חוביהון יקבלון דלא בנין ימותון:
055 Ex28:43 בגו בית ק<ו>ד{י}ש דלא יקבלון חובין דלא ימותון קיים עלם
056 Ex28:05 ואינון יקבלון ית דהבא וית תכלתה וית
057 Nu18:23 פלחן משכן זימנה ואינון יקבלון ית חוביהון קיים עלם
058 Lv22:09 ויטרון ית מטרתי ולא יקבלון עלוי חוב«י»ן וימותון
059 תקי' Nu 1:49M לא תקבל /ראשיהון לא תקי'#2#/ בגו בני ישראל:
060 תקבל Lv 7:18 די {י}תאכל מנה חובוי תקבל:
061 Nu15:31 תישתצי נפשה חובא תקבל:
062 Gn40:18 גלי אף את רב נחתומי' תקבל אגר ביש דחלמת חלמא הדין

|  |  |  |  |  |  |
| --- | --- | --- | --- | --- | --- |
| 063 | | Nu 1:49 | וית ריש סכומיהון לא | תקבל | בגו בני ישראל: |
| 064 | | Nu16:15 | לחדה ואמר קדם ייי לא | תקבל | ברעווה ית קרבנהון לא חמרא |
| 065 | | Dt33:11 | דבנוי דלוי וקרבן ידוי | תקבל» | ברעווה תבר חרצה דשנאוי |
| 066 | | Ex30:12 | ארום | תקבל | ית ראש |
| 067 | | Nu 5:31 | גברא מן חובה ואתתה ההיא | תקבל | ית חובה: |
| 068 | | Lv25:36 | לא | תקבל | מן לווּתיה שערין ורביין |
| 069 | | Lv19:17 | מוכחה תוכח ית חברך ולא | תקבל | עלוי חובין: |
| 070 | תקבלון | Ex23:08 | ושחד לא | תקבלון | ארום שוחדא יסמ{ו}<י> |
| 071 | | Ex25:02 | גבר די ידוב יתיה לביה | תקבלון | ית אפרשותיה: |
| 072 | | Nu14:34 | בכל שנה יום חד בכל שנה | תקבלון | ית חוביכון ארבעין שנין |
| 073 | | Nu18:01 | את ובנך ואנשי ביתך עמך | תקבלון | ית חובי <....> כהונתכון: |
| 074 | | Nu35:31 | ולא | תקבלון | ממון על נפש דקטול דהוא |
| 075 | | Nu35:32 | ולא | תקבלון | ממון למערקה לקורי שיזבותה |
| 076 | | Nu18:26 | תמלל ותימר להון ארום | תקבלון | מן לו«ו»ת בני ישראל ית |
| 077 | | Nu18:28 | דייי מכל מעשריכון די | תקבלון | מן לוות בני ישראל ותתנון |
| 078 | | Ex25:03 | ודא אפרשתא די | תקבלון | מן לוותהון דהב וכסף ונחש: |
| 079 | | Nu18:32 | ולא | תקבלון | עלוי ח«ו»בין באפרשותכון |
| 080 | | Ex23:01 | לא | תקבלון | שהדי שקרא לא תשותף ידך עם |
| 081 | | Dt16:19 | תסבון אפין בדינה ולא | תקבלון | שחוד דממון ארום שוחדה |
| 082 | מקבל | Ex22:14M | אגיר הוא \אתקבל באגרא | /מקבל | אגרא#2#/: |
| 083 | | Gn23:13 | למימר לחוד אן לווי את | מקבל | מני הא יהבית כספא דחקלא |
| 084 | | Nu11:26M | בין נון דהוא שמשא | מקבל | נביתה מן בתרה והא אנון מן |
| 085 | | Nu12:16 | זעירה דאנש עבד הוא | מקבל | עילוי אגר סגיא לפם דקמת לה |
| 086 | | Dt10:17 | לא נסיב אפין בדינה ולא | מקבל | שחוד דממון: |
| 087 | מקבלה | Gn44:18 | עמן מן שבטיא ולא | מקבלה | עמן אחסנייה על חד כמה |
| 088 | מקבלין | Dt33:03 | ולא בנוי דישמעאל | מקבלין | אוריתה אלא כל כדן למחבבה |
| 089 | | Dt25:18M | ודבית עמלק | קטלין/מקבלין | יתה ומקטלין#2#/ יתיה |
| 090 | מקבלן | Gn26:35 | נוכראה {{היון}} ולא | מקבלן | אולפן לא מן יצחק ולא מן |
| 091 | דקבלית | Gn15:01M | כען עלי דלמא | איתקבלת/דקבלית#2#/ | אגר מצוותה בעלמא |
| 092 | דקבלת | Lv21:07M | ואתה \משב«קה» מן | /דקבלת | גיטא בלא תנאה מן#2#/ |
| 093 | דמקבל | Dt27:25M | שחוד למקטול נפיש | /דמקבל | שחוד דממון למקטול נפש#2# |
| 094 | וקבילו | Gn38:25 | צדיקיא בעלמא דאתי | וקבילו | מיני אחי ובית אבא במכלותא |
| 095 | וקבל | Lv 8:28 | | וקבל | משה יתהון מעילוי כפי |
| 096 | | Gn 4:04 | ענה ומן שמיני«הון» | וקבל | ייי ברעווא ית הבל וית |
| 097 | | Gn 8:21 | | וקבל | ייי ברעווה ית קרבניה דנח |
| 098 | | Nu 3:40 | ישראל מן בר ירח ולעיל | וקבל | ית מניין שמהתהון: |
| 099 | | Nu17:17 | מליל עם בני ישראל | וקבל | מלוותהון חטר חטר לבית אבה |
| 100 | | Ex32:04 | | וקבל | מן ידיהון ורמה יתה בטופסא |
| 101 | | Lv10:03 | עמא איתיקר ושתק אהרן | וקבל | עלוהי מכלת דינה: |
| 102 | ויקבל | Ex28:12 | דדוכרן טב לבני ישראל | ויקבל | אהרן ית שמהתהון קדם ייי |
| 103 | | Lv24:15M | <יפריש> ובזי אלהיה | ויקבל | |
| 104 | | Lv17:16M | ויקבל לחובוי /ישזג | ויקבל | חו׳#2#/: |
| 105 | | Lv 5:17 | ולא ידע ואתחייב | ויקבל | חובוי: |
| 106 | | Gn33:14M | יקדם כען רבוני | ויקבל | חולקיה ואגר בירכתא |
| 107 | | Nu30:16 | בעלה מן בתר די ישמע | ויקבל | ית חובה: |
| 108 | | Dt26:04 | | ויקבל | כהנא סלא דביכוריה מן |
| 109 | | Lv17:16 | ובשרה לא יסחי במיא | ויקבל | לחובוי: |
| 110 | | Dt30:03 | | ויקבל | מימרה דייי אלהכון ית |
| 111 | | Ex22:10 | ידיה במקמתא דחבריה | ויקבל | מריה ולא ישלם: |
| 112 | | Lv16:22 | | ויקבל | צפירה עלוי ית כל חוביהון |
| 113 | ויקבלון | Gn49:22 | מנש«ה» ואפרים | ויקבלון | חולק ואחסנון עם אחיהון |
| 114 | | Nu14:33 | במדברה ארבעין שנין | ויקבלון | ית מרחקתכון עד די |
| 115 | | Lv22:16 | | ויקבלון | יתהון חובי אשמה כד יהוון |
| 116 | ותקבל | Gn33:10 | אשכחית חן וחסד באפך | ותקבל | דורון דידי מנ{ו}<י> ארום |
| 117 | | Gn33:10M | ותקבל דורון /קדמיך | ותקבל | ית דורון#2#/ דידי |
| 118 | | Ex30:16 | | ותקבל | ית כסף פורקניה מן לוות |
| 119 | | Ex29:25 | | ותקבל | יתהון מן ידיהון ותסדר |
| 120 | ומקבל | Gn44:18 | מתמני עמין מן שבטיא | ומקבל | חולק ואחסנא עמן בפלוג |
| 121 | למק׳ | Ex33:03M | ארום עם קשי קדל | למק#2#/ | אולפן אינון דלא אשיצא |
| 122 | למקבלה | Gn30:33 | הדן ודמחר ארום תיעול | למקבלה | אגרי קדמיך כל די לית הוא |
| 123 | | Ex32:09M | לקבלה /קשה קדל | למקבלה#2#/ | אולפן אינון/הנון#2#/: |
| 124 | | Ex33:03 | מביניכון ארום עם קשין | למקבלה | אולפן אינון דלא אשיצא |
| 125 | | Ex33:05 | ישרא׳ אתון עם קשין | למקבלה | אולפן כקליל זעיר אין אסלק |
| 126 | | Ex34:09 | בינינן ארום עם קשין | למקבלה | אולפן אינון ותשרי ותשבוק |
| 127 | | Dt 9:06 | יתה ארום עם קשין קדל | למקבלה | אולפן אתון: |
| 128 | | Dt 9:13 | והא עם קשיין קדל מן | למקבלה | אולפן אינון: |
| 129 | | Gn 4:11 | די פתחת ית פומי˜ה#2#˜ | למקבלה | ית אדמה דאחוך מן ידיך: |
| 130 | | Lv22:27 | לאבוי ו<ז>כה | למקבלה | ית סדר ברכתה אלין תלתי |
| 131 | | Lv22:27M | וחמר אשקי יתיה וזכה | למקבלה | סדר ברכתה מן יצחק אבוי |
| 132 | לק׳ | Lv22:27M | לאבוי ו<ז>כה | למקבלה/לק#2#/ | ית סדר ברכתה אלין |
| 133 | לקבלא | Ex15:12 | לא ימא הוה בעה | לקבלא | יתהון ולא ארעא הוות בעה |
| 134 | לקבלה | Ex32:09 | האליין והא עם קשיין | לקבלה | אולפן אינון: |
| 135 | etpaal איתקבל | Gn 4:08 | אית בדינא מן בגלל מה | איתקבל | קרבנך ברעוא וקרבני מני לא |
| 136 | איתקבלת | Gn15:01 | ואמר ווי כען עלי דלמא | איתקבלת | אגר מצוותה בעלמא הדין |
| 137 | אתקב׳ | Gn 4:08 | ברעוא וקרבני מני לא | אתקב׳ | ברעוא: ענה הבל ואמר |
| 138 | אתקביל | Gn 4:08M | וקדמין לדידך | אתקביל | ברעוא קרבני וקרב׳ |
| 139 | | Gn 4:08 | ברעוא קרבנך מינך לא | אתקביל | ברעוא ענה קין ואמר להבל |
| 140 | | Gn 4:08 | עובדיי טבין מן דידך | אתקביל | קרבני מני ברעוא קרבנך |
| 141 | אתקבל | Ex22:14 | לא ישלם אין אגיר הוא | אתקבל | באגרא: |
| 142 | אתקבלת | Gn43:23 | סימן בטעוניכון כספכון | אתקבלת | ואפק לוותהון ית שמעון: |
| 143 | יתקבל | Ex29:41 | דרעוה קרבן קדם ייי | יתקבל: | |
| 144 | | Lv 7:18 | קדשיה ביומ׳ תליתיה לא | יתקבל | ברעוה מן דמקרב יתיה לא |
| 145 | | Lv19:07 | תליתיה פסיל הוא לא | יתקבל | ברעווה: |
| 146 | | Lv22:23 | תפרשון יתיה ולנדר לא | יתקבל | ברעווה: |
| 147 | יתקבלון | Lv22:25 | ארום חבוליהון בהון לא | יתקבלון | ברעווה לכון: |
| 148 | | Lv 2:12 | ייי ועל גבי מדבחה לא | יתקבלון | לריח דרעוה: |
| 149 | מתקבל | Nu28:06 | דרעווה קרבן קדם ייי | מתקבל: | |
| 150 | | Nu28:13 | ריח דרעוה קרבן קדם ייי | מתקבל: | |
| 151 | | Nu29:06 | לריח דרעוה קדם ייי | מתקבל: | |
| 152 | | Nu15:14 | לדריכון ויקרב קרבן | מתקבל | בלריח דרעוה קדם ייי |
| 153 | | Lv 2:09 | על גבי מדבחה קרבן | מתקבל | ברעוה לריח קדם ייי: |
| 154 | | Nu28:24 | שבעתי יומיא לחם קרבן | מתקבל | ברעוה קדם ייי סמיך לעלת |
| 155 | | Ex29:18M | קדם ייי הוא /קרבן | מתקבל | הוא לשמה דייי#2#/: |
| 156 | | Lv 8:21M | לריח דרעוה \קרבן | הוא/מתקבל | הוא לשמיה דייי#2#/ |
| 157 | | Lv 8:28M | קרבן \הוא קדם ייי | /מתקבל | הוא לשמה דייי#2#/: |
| 158 | | Lv 1:13 | מדבחא עלה הוא קרבן | מתק«ב»ל | לריח דרעוא קדם ייי: |
| 159 | | Lv 1:17 | על אשתה עלה הוא קרבן | מתקבל | לריח דרעוה קדם ייי: |
| 160 | | Lv 2:02 | על גבי מדבחה קרבן | מתקבל | לריח דרעוה קדם ייי: |
| 161 | | Lv 3:05 | קיסיה די על אשתה קרבן | מתקבל | לריח דרעוה קדם ייי: |
| 162 | | Lv23:13 | סלת פילה במשח קרבן | מתקבל | לריח דרעוה לשמה דייי |
| 163 | | Nu15:10 | לניסוך פלגות הינה קרבן | מתקבל | לריח דרעוה קדם ייי: |
| 164 | | Nu15:13 | ית אלין למקרבה קרבן | מתקבל | לריח דרעוה קדם ייי: |
| 165 | | Nu18:17 | וית תרביהון תסדר קרבן | מתקבל | לריח דרעוה לשמה דייי: |
| 166 | | Nu28:08 | כדן תקרבון יתיה קרבן | מתקבל | לריח דרעוה קדם ייי: |
| 167 | | Nu29:06M | \קדם ייי מתקבל /קרבן | מתקבל | לריח דרעוה לשמה דייי#2# |
| 168 | | Nu29:13 | ותקרבון עלה קרבן | מתקבל | לריח דרעוה קדם ייי תורין |
| 169 | | Nu29:36 | ותקרבון עלה קרבן | מתקבל | לריח דרעוה קדם ייי תור חד |
| 170 | | Ex29:25M | ייי קרבן \הוא קדם ייי | /מתקבל | לשמה דייי#2#/: |

|  |  |  |  |  |
|---|---|---|---|---|
| 171 | | | Ex29:41M | קרבן \קדם ייי יתקבל /מתקבל לשמה דייי#2#/: |
| 172 | | | Lv 2:16M | לבונתה קרבן \קדם ייי /מתקבל לשמה דייי#2#/: |
| 173 | | | Lv 3:09M | לקבל שורתה ועבד יתה /מתקבל לשמה דייי תרבה וניעה |
| 174 | | | Lv 7:05M | מדבחה קרבן \קדם ייי /מתקבל לשמה דייי#2#/ אשמה הוא: |
| 175 | | | Lv24:07M | מזונה לאדכרה קרבן/ מתקבל לשמה דייי#2#/: |
| 176 | | | Nu28:06M | קרבן \קדם ייי מתקבל/ /מתקבל לשמה דייי#2#/: |
| 177 | | | Nu28:08M | ייי /לריח דרעוה קרבן מתקבל לשמה דייי#2#/: |
| 178 | | | Nu28:02 | היא דאכלה יתיה והיא מתקבל מנכון קדמי לריח דרעוה עמי |
| 179 | מתקבלין | | Gn23:16 | דכסף עברין בכל אתר מתקבלין בכל פרקמטיא: |
| 180 | דאתקבלון | | Ex24:11 | חדיין על קרבניהון דאתקבלון היך אכלון והיך שתין: |
| 181 | דמ׳ | | Nu15:14M | ויקרב קרבן מתקבל/דמ׳#2#/ בלריח דרעוה קדם ייי |
| 182 | דמתקבל | | Lv 1:09 | על גבי מדבחא עלה קרבן דמתקבל לריח דרעוא קדם ייי: |
| 183 | | | Lv23:18 | ומנחתהון ונסכהון קרבן דמתקבל לריח דרעוה קדם ייי: |
| 184 | ויתקבל | | Dt32:02 | אולפני על בני ישראל ויתקבל כטלא עליהון ית מימר פומי |
| 185 | ומתקבלין | | Gn23:16M | בכל /לכל פתר ומתקבלין לכל#2#/ פרקמטיא: |

## קבל #2 *vb.* to bring suit, to complain [473]

|  |  |  |  |  |
|---|---|---|---|---|
| 001 | יקבול | peal | Dt15:09M | ולא תתן לה ולא יצוח/יקבול#2#/ עלך קדם ייי דלא |
| 002 | דיקבול | | Dt24:15M | אזדהר לך \דלא יצוח/דיקבול#2#/ עלך קדם ייי דלא |

## קבל #3 *vb.* to become dark [!!]

|  |  |  |  |  |
|---|---|---|---|---|
| 001 | ואתקבלת | etpaal | Ex10:15M | חזוה דכל ארעא וחשכת/ואתקבלת#2#/ ארעא ואכל ית כל |

## קבל *n.* darkness [472]

|  |  |  |  |  |
|---|---|---|---|---|
| 001 | קביל | s ab/cn | Ex10:22M | \חשוך דקבל /חשוך קביל#2#/ בכל ארעא דמצרים תלתא |
| 002 | דקבל | | Ex10:22 | ית ידא לשמיא והוה חשוך דקבל בכל ארעא דמצרים תלתא |
| 003 | קיבלא | s em/sf | Gn15:12M | אימתא דא היא בבל קיבלא דא היא מידי סגיא{ת}<ה> |
| 004 | בקבילה | | Dt28:29M | דממשש סמייה בהבלייה/בקבילה#2#/ ולא יצלחן/תצליחון |
| 005 | וקבלה | | Dt28:66M | בלילייה ובאיממה /וקבלה ותתברון ליליה ויממה#2#/ |

## קבע *vb.* to set in [473]

|  |  |  |  |  |
|---|---|---|---|---|
| 001 | קביע | peal | Dt29:17 | בחטא׳ דהוא מדמי לשריש קביע בארעא ארום ראשיא דחטה חלי |
| 002 | | | Ex20:24 | מדבח קביע על ארעא תבנון לשמי ותקרבון |
| 003 | קביעא | | Gn28:12 | חסידא דאיקונין דידיה קביעא בכורסיה איקרא דהויתון |
| 004 | קביען | | Dt23:14 | וסכיין יהוון קביען במא{ז}ני זיינכון והווי |
| 005 | קבע | | Gn28:12 | וחלם והא סלם קבע בארעא וראשה מטי עד צית |
| 006 | קבעה | | Dt23:14M | יהוון /וסכינה תהווי קבעה לכון#2#/ קביען במא{ז}ני |
| 007 | יקבע | | Nu24:23M | \כד ישווי ייי /די יקבע ייי ית כרסיה למ׳ |
| 008 | ותקבון | | Dt11:20M | על מזוזיין ות{ט}<ק>בעון/ותקבון#2#/ יתהון בתרעי |
| 009 | ותקבעון | | Dt 6:09 | יתהון בגו מזוזיין ותקבעון יתהון בתרעי בתיכון |
| 010 | | | Dt11:20 | יתהון על מזוזיין ות{ט}<ק>בעון יתהון בתרעי בתיכון |
| 011 | למקבע | | Dt28:56 | די לא אנסת כפה דרגלה למקבע יתה על ארעא מן חטוייה ומן |
| 012 | מקבעא | pael | Gn50:01 | דשנדפין מחפיא דהב מ{בק}<קב>עא מרגליין מליא ומחזקא |
| 013 | מקבען | | Dt33:21 | לבית קבורה ליה תמן מקב<ע>ן אבנין טבן ומרגליין ארום |
| 014 | ומקבעין | | Gn50:01M | <דהב > טב ומקבעין באבנין טבין ומרגלין |
| 015 | למקבעא | | Ex25:07 | טבין ואבנין דאשלמן למקבעא באפודא ובחשנא: |
| 016 | למקבעה | | Ex35:09 | טבין ואבנין דאשלמו{י} למקבעה יתהון באפדא ובחשנה: |

## קבר *vb.* to bury [473]

|  |  |  |  |  |
|---|---|---|---|---|
| 001 | קב׳ | peal | Gn23:06M | קברינן קבר/בקבר טוב קב׳#2#/ ית מתך: |
| 002 | קבור | | Dt33:21 | נבייא סופריהון דישראל קבור ויהווי היך מה דהוה עליל |
| 003 | קבר | | Gn23:19 | קבר אברהם ית שרה אתתיה |
| 004 | | | Gn23:10M | בני עמא אתן יתה לך אזל קבר |
| 005 | | | Gn23:15 | מה היא חשיב וית מתך קבר: |
| 006 | | | Nu 6:11M | דחב על בר נשא דמית די קבר |
| 007 | | | Gn23:11 | דביה לך אתן יתה לך קבר ביתך לקבל יהבית לך קבר מתך |
| 008 | | | Gn23:06 | בינינן בבית שפר קברינן קבר ית מתך: |
| 009 | | | Gn23:11 | לקבל בנוי דעמא יהבית לך קבר מתך: |
| 010 | | | Gn23:11 | קבר ביתך לקבל יהבית לך קבר מתך למיקבר ית מתי קדמ«י» |
| 011 | | | Gn23:11M | בני עמא אתן יתה לך אזל קבר מתך#1#/: גבר מנן ית קבריה |
| 012 | | | Gn23:04M | דקבורה /אחסנות קבר#2#/ עמכון ואקבר מתי |
| 013 | קברו | | Gn49:31 | תמן קברו ית אברהם וית שרה אתתיה |
| 014 | | | Gn49:31 | וית שרה אתתיה תמן קברו ית יצחק וית רבקה |
| 015 | | | Nu11:34 | קברי שאלתה ארום תמן קברו ית עמא דהוון מתחמדין: |
| 016 | | | Gn49:29 | להון הא אנא מתכנש לעמי קברו יתי גב אבהתי במערת«א» |
| 017 | קברין | | Nu33:04 | ומצריי הוון קברין ית מה די קטל ייי בהון כל |
| 018 | קברית | | Gn49:31 | רבקה אתתי«ה» ותמן קברית ית לאה: |
| 019 | מקבור | | Dt21:23M | על קיסה ארום מקבר/מקבור#2#/ תקברון יתיה ביומה |
| 020 | מקבר | | Dt21:23 | נבלתיה על קיסה ארום מקבר תקברון יתיה ביומה ההוא |
| 021 | תקבורו | | Gn50:05M | דכנען תמן תקבר/תקבורו#2#/ יתי וכדון אסוק כען |
| 022 | תקבר | | Gn15:15 | תתכנש לות אבהתך בשלם תקבר בשיבו טבא: |
| 023 | | | Gn47:29 | עמי חסד וטבו לא כען תקבר יתי במצרים: |
| 024 | | | Gn50:05 | לי בארעא דכנען תמן תקבר יתי וכדון אסוק כען ואקבור |
| 025 | תקברון | | Dt21:23 | על קיסה ארום מקבר תקברון יתיה ביומה ההוא ארום ליט |
| 026 | דקבר | | Gn50:14 | עמיה למקבר ית אבוי בתר דקבר ית אבוי: |
| 027 | | | Gn35:09M | מיתיא מרבנא משה דקבר יתיה רבון עלמיא ייי והיא |
| 028 | וקבור | | Gn50:06 | ואמר פרעה סק וקבור ית אבוך היך מה דאשבע יתך: |
| 029 | וקברו | | Gn25:09 | וקברו יתיה יצחק ו{ו}<י>שמעל |
| 030 | | | Gn35:29 | עמיה סאב ושבע יומין וקברו יתיה עשו ויעקב בנוי: |
| 031 | | | Gn50:13 | בנוי לארעא דכנען וקברו יתיה במערת חקל כפילא די |
| 032 | | | Dt34:06 | וקברו יתיה בחילת׳ בארעהון |
| 033 | וקברין | | Nu25:04 | יצלבון יתיה על צליבה וקברין ית נבלתהון עם מטמעי שמשא |
| 034 | וקברת | | Gn48:07 | דארעא למיתא לאפרתה וקברת יתה תמן בארחא דאפרת היא |
| 035 | ותקבר | | Gn47:30 | ותסב יתי מן מצריים ותקבר יתי בקבורתיהון ואמר הא |
| 036 | ואקבור | | Gn23:13M | מני יתיה#2#/ ונקבר/ואקבור#2#/ ית מתי תמן: |
| 037 | | | Gn50:05 | יתי וכדון אסוק כען ואקבור ית אבא ואחזור: |
| 038 | ואקבר | | Gn23:04 | לי אחסנו דקבורה עמכון ואקבר מתי מן קדמיי: |
| 039 | ונקבר | | Gn23:13 | כספא דחקלא קבל מני ונקבר ית מתי תמן: |
| 040 | למיקבר | | Gn23:11 | לקבל יהבית לך קבר מתך למיקבר ית מתי קדמ«י» קבילו מני |
| 041 | | | Gn35:09M | ועוד אלפתא יתן למיקבר מיתיא מרבנא משה דקבר |
| 042 | למקבור | | Gn50:14M | דסלקו#2#/ עמיה למקבר/למקבור#2#/ ית אבוי בתר דקבר ית |
| 043 | למקבר | | Gn23:08 | למימר אם ברעות נפשכון למקבר ית מתי מן קדמי קבילו מני |
| 044 | | | Gn23:11M | אם ברעות נפשכון למיקבר/למקבר#2#/ ית מתי קדמ«י» |
| 045 | | | Gn50:07 | וסליק יוסף למקבר ית אבוי וסלקו עמיה כל |
| 046 | | | Gn50:14 | וכל מן דסלק עמיה למקבר ית אבוי בתר דקבר ית אבוי: |
| 047 | מלמקבר | | Gn23:11M | קבריה לא יכלה ממך מל<מ>קבר מתך: וקם אברהם ושאל |
| 048 | אתקבר | etpeel | Gn25:10 | מלוות בנוי דחת תמן אתקבר אברהם ושרה אתתיה: |
| 049 | תתק׳ | | Gn15:15M | לות אבהתך בשלם תקבר/תתק׳#2#/ בשיבה/בשיבי#2#/ טבא: |
| 050 | ואתקבר | | Dt10:06 | תמן אתכנש אהרן ואתקבר תמן ושמש אלעזר בריה |
| 051 | ואתקברת | | Gn35:19 | ומיתת רחל ואתקברת בארחא דאפרתה היא |
| 052 | | | Gn35:08 | דברה מינקתה דרבקה ואתקברת מן תחות בלוטה וקרא שמיה |
| 053 | | | Nu20:01 | ומיתה תמן מרים ואתקברת תמן: |

## קבר *n.* grave

[473]

|  |  |  |  |  |  |  |
|---|---|---|---|---|---|---|
| 001 | קבר | s ab/cn | Gn23:20M | תחומא חזור חזור לאחסנת | קבר | |
| 002 | | | Gn23:11M | דקבורה /לאחסנת | קבר#2#/: | ועפרון הוי שרי בגו |
| 003 | | | Gn23:11M | עמי אתן יתי לך אזל | קבר#1#/ | מתך: |
| 004 | בקבר | | Nu19:18M | או במית או | בקברה/בקבר#2#/: | |
| 005 | | | Gn23:06M | \בבית שפר קברינן | קבר/בקבר | טוב קב׳#2#/ ית מתך: |
| 006 | קבריה | s em/sf | Gn30:22M | דקבריה ...": מופתח | קבריה | ומופתח עקרתה |
| 007 | | | Gn23:11M | מתך#1#/: גבר מנן ית | קבריה | לא יכלה ממך מל<מ>קבר |
| 008 | בקברי | | Gn50:05 | יתי למימר הא אנה מאית | בקברי | די חפרת לי בארעא דכנען |
| 009 | דקברא | | Gn30:22M | דפרנסתא מפתחיא | דקברא{ה} | ומפתחיא דעקרתא |
| 010 | קב׳ | p abs | Ex14:11M | "... קברין": לא הוי לן | קב׳ | |
| 011 | קברין | | Ex14:11 | הא מן בל{ו}<י> דלית | קברין | במצרים דברת יתן למקטלה |
| 012 | קברי | p const | Nu11:34 | וקרא שמה דאתרה ההוא | קברי | שאלתה ארום תמן קברו ית עמא |
| 013 | | | Nu33:17 | ונטלו מן | קברי | תוחמדתה ושרון בחצרות: |
| 014 | | | Nu11:35 | מן | קברי | תחמודתה נטלו עמה בחצרות |
| 015 | בקברי | | Nu33:16 | ממדברה דסיני ושרון | בקברי | שאלי שאלתה: |
| 016 | ובקברי | | Dt 9:22M | שאלתה /ובמי מצותה | ובקברי | שאלת תחמדתה#2#/ מרגזין |
| 017 | | | Dt 9:22 | ובבית יקידתה ובניסיונה | ובקברי | שאלתה מרגזין הוויתון קדם |
| 018 | קב׳ | p em/sf | Gn30:22M | \מפתחא דקבריה /מיפתח | קב׳#2#/ | דכן כתבה ומפרש ואמר הא |
| 019 | קבריכון | | Gn30:22 | ואמר הא אנא פתח ית | קבריכון | ואסיק יתי׳ מקבריכ«ון» |
| 020 | קברינן | | Gn23:06 | ייי את בינינן בבית שפר | קברינן | קבר ית מתך: |
| 021 | דקבריה | | Gn30:22 | דאית בהון רעוא מפתחא | דקבריה | דכן כתבה ומפרש ואמר הא |
| 022 | | | Gn30:22 | דפרנסתא ומפת«חי» | דקבריה | ומפתחא דעקרתא <...> וכן |
| 023 | מקבריכון | | Gn30:22 | קבריכון ואסיק יתי׳ | מקבריכ«ון» | עמי מפתח דעקרתא דכן |

## קבורה ⇐ *n.* קברה

## קדום *n.* east (wind)

[474]

|  |  |  |  |  |  |  |
|---|---|---|---|---|---|---|
| 001 | קדום | s ab/cn | Gn41:27 | שבליה דקיקתה שדיפן רוח | קדום | יהוין שבע שנין דכפן: |
| 002 | | | Ex14:21 | ודבר ייי ית ימא ברוח | קדום | תקיף כל ליליא ושוי ית ימא |
| 003 | קדים | | Ex10:13M | רוח | דקדים/^קדים#2#^/מ{נד}<דנ>חיי#2#/ | בארעא כל |
| 004 | דקדים | | Ex10:13 | דמצרים וייי דבר רוח | דקדים | בארעא כל יומא ההוא וכל |
| 005 | | | Gn41:06 | דקיקין ושדיפן רוח | דקדים | צמחין בתריהון: |
| 006 | | | Gn41:23 | דקיקין שדיפן רוח | דקדים | צמחן בתריהון: |
| 007 | קדומא | s em/sf | Ex10:13 | ליליא צפרא הוה ורוח | קדומא | טען ית גובא: |

## קדוש *n.* holiness

[489 קידוש]

|  |  |  |  |  |  |  |
|---|---|---|---|---|---|---|
| 001 | קדוש | s ab/cn | Lv 1:01 | ייי משכן זמנא דקדושיה | קדוש | עלם ורבויה רבוי עלם בדינא |
| 002 | | | Lv 1:01M | רבוי עלם וקדושיה | קדוש | עלם דינ׳#2#/ הוא דלא |
| 003 | | | Lv 1:01 | טורה דסיני דהוה קדושי׳ | קדוש | שעה חדה ורבויה רבוי שעה |
| 004 | | | Lv 1:01M | ריבוי שעה וקדושיה | קדוש | שעה לא סלי׳ |
| 005 | לקדוש | | Ex30:18 | דנחש ובסיס דידה דנחש | לקדוש | ותשווי יתיה בין משכן זמנא |
| 006 | לקידוש | | Ex40:30 | מדבחה ויהב תמן מיין | לקידוש: | |
| 007 | | | Ex31:11 | וית קטרת בסמניה | לקידוש | כל מה די פקדית יתך |
| 008 | קדושי׳ | s em/sf | Lv 1:01 | ואמר טורה דסיני דהוה | קדושי׳ | קדוש שעה חדה ורבויה רבוי |
| 009 | בקדושה | | Ex15:11 | ייי מן כוותך הדור | בקדושה | דחיל תושבחן כל עלמיא עבד |
| 010 | דקדושיה | | Lv 1:01 | מן קדם ייי משכן זמנא | דקדושיה | קדוש עלם ורבויה רבוי עלם |
| 011 | וקדושיה | | Lv 1:01M | /דרבוייה רבוי עלם | וקדושיה | קדוש עלם דינ׳#2#/ הוא |
| 012 | | | Lv 1:01M | דריבוייה ריבוי שעה | וקדושיה | קדוש שעה לא סלי׳ |

## קדחי *n.* fever

[474]

|  |  |  |  |  |  |  |
|---|---|---|---|---|---|---|
| 001 | קדחיתה | s em/sf | Lv26:16 | בביהילו ית שחפיתה וית | קדחיתה | מסיפה עיינין ומדיבה נפש |
| 002 | ובקדחיתה | | Dt28:22 | ייי יתכון בשחפיתה | «ובקדחיתה | ובדלקיתה וב<הר>הור לבה |

## קדום ⇐ *n.* קדים

## קדיש *adj.* holy

[474]

|  |  |  |  |  |  |  |
|---|---|---|---|---|---|---|
| 001 | קדיש | s ab/cn | Ex29:31 | ות{ת}בשל ית בישרא באתר | קדיש: | |
| 002 | | | Ex29:37 | די יקרב במדבחא יהווי | קד«י»ש: | |
| 003 | | | Ex30:29 | כל דקרב בהון יהוי | קדיש: | |
| 004 | | | Lv 6:11 | כל דיקרו׳ בהון יהוי | קדיש: | |
| 005 | | | Lv 6:20 | די ידי עלוי תחוור באת׳ | קדיש: | |
| 006 | | | Lv23:24 | ויבבו יום טב וארוע | קדיש: | |
| 007 | | | Lv23:39 | תמנייה יום טב וארוע | קדיש: | |
| 008 | | | Lv27:09 | מינה לשמה דייי יהוי | קדיש: | |
| 009 | | | Lv27:10 | הוא ופרוגיה יהווי | קדיש: | |
| 010 | | | Ex12:16 | קדמייה יום טב וארוע | קדיש | <....> יהווי לכון כל עבידא |
| 011 | | | Lv 6:20 | כל די יקרוב בבשרה יהווי | קדיש | <....> וית די ידי עלוי |
| 012 | | | Lv23:02 | {ואירעון} ואירעון | קדיש | אלין אינון זמן סדרי |
| 013 | | | Lv11:45 | פרוק ותהוון קדישין ארום | קדיש | אנא: |
| 014 | | | Lv11:44 | ותהון קדישין ארום | קדיש | אנה ולא תסתאבון ית |
| 015 | | | Lv19:02 | ליהון קדישין תהוון ארום | קדיש | אנה בממרי כדן אמר ייי |
| 016 | | | Lv20:07M | ארום \אנה ייי אלהכון | /קדיש | אנה בממרי כדין אמר |
| 017 | | | Lv20:26 | ותהוון לשמי קדישין ארום | קדיש | אנה ייי ואפרשית יתכון מן |
| 018 | | | Lv21:08 | קדישין יהוון לכון ארום | קדיש | אנה ייי דקדשת יתכון: |
| 019 | | | Lv10:13 | ותיכלון יתה באתר | קדיש | ארום חולקך וחולקהון דבניך |
| 020 | | | Lv10:17 | אכלתון ית חטאתה באתר | קדיש | ארום קודש קדשין היא ויתה |
| 021 | | | Lv14:13 | ית חטאתה וית עלתה באתר | קדיש | ארום כחטאתה אשמה הוא לכהנא |
| 022 | | | Lv24:09 | ולבנוי ויאכלון יתה באתר | קדיש | ארום קדש קדשין הוא לה מן |
| 023 | | | Lv 6:09 | ובנוי פטירין תתאכל בתר | קדיש | בדרת משכן ז«י»מנא יאכלון |
| 024 | | | Ex 3:05 | די את קאים עלוי אתר | קדיש | הוא: |
| 025 | | | Lv23:39 | קדמייה יום טב וארוע | קדיש | ^וביומא#1#^ תמנייה יום טב |
| 026 | | | Lv16:24 | ויסחי ית בשרה במיא באתר | קדיש | וילבש ית לבושוי ויפוק |
| 027 | | | Lv21:08M | יהוון לכון /הוא מקרב | קדיש | יהווי לכון#2#/ ארום קדיש |
| 028 | | | Lv23:07 | קדמייה יומא טבא ואירוע | קדיש | יהווי לכון כל עבידה דפלחן |
| 029 | | | Lv23:21 | יומא הדין יום טב וארוע | קדיש | יהווי לכון כל עבידה דפלחן |
| 030 | | | Lv23:27 | הוא יום טב וארוע | קדיש | יהווי לכון ותצומון בה ית |
| 031 | | | Lv23:36 | <....> יום טב ואירוע | קדיש | יהווי לכון ותקרבון קרבנין |
| 032 | | | Nu 6:05 | יומיא די יתנזר קדם ייי | קדיש | יהווי יתרבי פרע שער רישיה: |
| 033 | | | Nu 6:08 | כל יומי נזירותיה | קדיש | יהווי קדם ייי: |
| 034 | | | Nu28:25 | שביעיה יום טב וארוע | קדיש | יהווי לכון כל עבידה דפלחן |
| 035 | | | Nu28:26 | שבועיכון יום טב וארוע | קדיש | יהווי לכון כל עבידה דפלחן |
| 036 | | | Nu29:01 | בחד לירחא יום טב וארוע | קדיש | יהווי לכון כל עבידה דפולחן |
| 037 | | | Nu29:07 | הדין יום טב וארוע | קדיש | יהווי לכון ותצ«ו»מון ביה |
| 038 | | | Nu29:12 | שביעיה יום טב וארוע | קדיש | יהווי לכון כל עבידה דפלחן |
| 039 | | | Lv 7:06 | בכהניא ייכול ייתה באתר | קדיש | יתאכל קודש קדשין הוא: |
| 040 | | | Lv23:03 | שבת שבתה יום וארוע | קדיש | כל עבידה לא תעבדון שבי |
| 041 | | | Lv23:08 | יומין ביומא קדמיה ארוע | קדיש | כל עבידה דפלחן לא תעבדון: |
| 042 | | | Nu28:18 | ביומא קדמיה יום טב וארוע | קדיש | כל עבידה דפלחן לא תעבדון: |
| 043 | | | Lv27:33 | הוא ופירוגיה יהווי | קדיש | לא יתפרק: |
| 044 | | | Ex39:30 | עלוי כתב גליף חקיק | קדיש | לשמה דייי: |
| 045 | | | Lv27:32 | יעבר שרביטה עשיריה יהוי | קדיש | לשמה דייי: |
| 046 | | | Lv 6:10 | יהבית יתה מן קרבנוי | קדיש | קדישין הוא כחטאת׳ כאשמה: |
| 047 | | | Lv 6:19 | דמרבי יתה ייכול יתה בתר | קדיש | תתאכל בדרת משכן זימנא: |

|  |  |  |  |  |  |
|---|---|---|---|---|---|
| 048 | | Nu16:07M | /מימריה דייי הוא | קדיש#2#/ | אסגיתון/סג{ו} י#2#/ לכון |
| 049 | קדישא | Ex19:06 | לשמי מלכין וכהנין ואמה | קדישא | אליין פתגמיא די תמלל עם |
| 050 | | Ex 6:07M | \לעם קדישין /לאומה | קדישא#2#/ | ויהווי מימרי לכון לאלה |
| 051 | קדיש' s em/sf | Ex20:24M | דאת קאים לצלוי' בשמי | קדיש' | מימרי' אתגלי עליכו' |
| 052 | | Dt32:03 | משה דלא למדכרה ית שמה | קדיש' | עד זמן דהוה מחנך פמיה |
| 053 | קדישא | Dt32:03 | משה נבייא ארום בשמה | קדישא | אנה מצלי ואתון עמי בני |
| 054 | | Nu16:07 | גברא די יתרעי ביה ייי | קדישא | אסגיתון לכון בנוי דלוי: |
| 055 | | Ex23:21 | על מלוי ארום שמי | קדישא | אתקרי עלוי ארום לא שרי |
| 056 | | Ex23:21 | ושבק לחוביכון ארום שמי | קדישא | אתקרי עלוי: |
| 057 | | Nu15:34M | וב<מ>חרפה דחרף שמא | קדישא | בגדפין הווה משה מתין |
| 058 | | Ex 9:16 | ומן בגלל דתתניה ית שמי | קדישא | בכל ארעא: |
| 059 | | Ex28:38 | ויטען אהרן ית חובי | קדישא | די יקדישו בני ישראל לכל |
| 060 | | Lv22:02 | ולא יפסון ית שמי | קדישא | די אנון מקדשין <לשמי אנה> |
| 061 | | Gn28:11M | אבנין מן אבני אתרא | קדישא | ההוא ושוינון איסדוהי |
| 062 | | Dt18:05 | למשמשה בשם מימרה דייי | קדישא | הוא ובנוי כל יומיה: |
| 063 | | Gn38:25 | יקידתא ומקדשין שמך | קדישא | ומיד שמע ייי קל צלותה |
| 064 | | Nu 6:27M | וישוון ית שמי \ית | ממרי/קדישא#2#/ | על בני ישראל ואנה |
| 065 | קדישה | Dt28:10 | דארעא ארום שמיה דייי | קדישה | איתקרי עליכון וידחלון |
| 066 | | Lv24:12M | זריז במחרפה דחרף שמה | קדישה | בגדפין ובמקושה דחליל |
| 067 | | Lv24:12 | ובמחרפה דפרש שמיה | קדישה | בגדפין הוה משה מתין |
| 068 | | Nu 9:08M | ומחרפה דחרף שמה | קדישה | בגדפין ובמקושה דחלל |
| 069 | | Nu 9:08 | ובמחרפה דפרש שמה | קדישה | בגדפין הוה משה ממתין |
| 070 | | Nu15:34 | ובמחרפה דפרש שמה | קדישה | בגדפין הוה משה מתין |
| 071 | | Nu27:05 | בזדנו ובמחרף דפרש שמה | קדישה | בגדפין הוה משה מתין |
| 072 | | Dt32:03 | לר{שיע'}דמדכרין שמה | קדישה | בגידופין ברם לית איפשר |
| 073 | | Dt28:58M | /הדה למידחול ית שמה | קדישה | ודחילה הדין מן קדם |
| 074 | | Lv24:11 | בגדפין ^ית שמה | קדישה#2#^ | וחרף ואייתון יתיה לוות |
| 075 | | Lv22:32 | ולא תפסון ית שמי | קדישה | ויתקדש שמי מייקר«ה» בגו |
| 076 | | Dt 9:23 | בשם מימרה דייי | קדישה | ולא שמעתון בקל מימרה: |
| 077 | | Dt21:05 | ולמברכה בשם ממריה דייי | קדישה | ועל מימר פומהון יהווי כל |
| 078 | | Dt10:08 | קדמוי ולמברכה בשם ממרה | קדישה | עד זמן יומא הדין: |
| 079 | | Dt32:03 | שירותה למדכרה ית שמה | קדישה | עד זמן דאינון דישראל |
| 080 | | Dt 5:11 | מן די יסב ית שמה דייי | קדישה | על מגן: |
| 081 | | Dt32:01 | על דהוו דחילין מן לשמה | קדישה | קמו למסהדה בישראל בגין |
| 082 | | Dt10:20 | ת{ת}<ד>בקון ובשמיה | קדישה | תהוון משתבעין ומקיימין: |
| 083 | קדישין p abs | Lv21:06 | אינון מקריבין ויהוון | קדישין: | |
| 084 | | Lv26:12 | ואתון תהוון לשמי לעם | קדישין: | |
| 085 | | Lv23:02M | וארועין | קדישין | אליין הנון סד' |
| 086 | | Lv23:02M | קדיש/וארעין | קדישין#2#/ | אלין אינון זמן סדרי |
| 087 | | Dt33:02 | ר«י»בוון דמלאכין | קדישין | אמרין בני ישראל ית כל מה |
| 088 | | Lv21:07 | מן בעלה לא יסבון ארום | קדישין | אנון קדם אלההון: |
| 089 | | Lv11:44 | אלהכון ותתקדשון ותהוון | קדישין | ארום קדיש אנה ולא תסתאבון |
| 090 | | Lv11:45 | לכון לאלה פרוק ותהוון | קדישין | ארום קדיש אנא: |
| 091 | | Lv20:07 | ותתקדשון ותהוון | קדישין | ארום אנה ייי אלהכון: |
| 092 | | Lv20:26 | ותהוון לשמי | קדישין | ארום קדיש אנה ייי ואפרשית |
| 093 | | Dt 7:06 | ארום עם | קדישין | אתון קדם ייי אלהכון בכון |
| 094 | | Dt14:02 | ארום עם | קדישין | אתון קדם ייי אלהכון ובכון |
| 095 | | Dt14:21 | לבני עממיא ארום עם | קדישין | אתון קדם ייי אלהכון עמי |
| 096 | | Dt33:03 | נחית ריבוון דמלאכין | קדישין | דאפעלגב דהוא מייתי עליהון |
| 097 | | Lv23:04 | יומין טבין ואירועין | קדישין | די תארעון יתהון בזמניהון: |
| 098 | | Lv 6:10 | יתה מן קרבנוי קדיש | קדישין | הוא כחטאת' כאשמה: |
| 099 | | Dt28:09 | יתכון ייי לשמיה לעם | קדישין | היך מה די קיים לכון ארום |
| 100 | | Nu16:03 | ארום כל כנישתה כולהון | קדישין | וביניכון שריא שכינתה דייי |
| 101 | | Dt29:12 | הדין לשמה דייי לעם | קדישין | והוא יהווי לכון לאלה פרוק |
| 102 | | Ex 6:07 | ואפרש יתכון לשמי לעם | קדישין | ויהווי מימרי לכון לאלה |
| 103 | | Dt23:15 | ויהוויין משירייתכון | קדישין | ולא יחמי בכון עריה דמילה |
| 104 | | Lv21:06 | | קדישין | יהוון קדם אלההון ולא |
| 105 | | Lv21:08 | לחם אלהכון אנון מקרבין | קדישין | יהוון לכון ארום קדיש אנה |
| 106 | | Nu15:40M | קדם ייי אלהכון /עם | קדישין | לאל'#2#/: |
| 107 | | Nu 5:17M | /מיים#2#/ \דכין לגו | /קדישין | לגו#2#/ מן דחסף ומן |
| 108 | | Lv23:37 | יומין טבין ואירועין | קדישין | למקרבה קרבנין קדם ייי |
| 109 | | Lv22:27M | ולמקמה תרי עשר שיבטין | קדישין | לשמך הא בכין פרש משה |
| 110 | | Nu15:40 | ית כל פיקודיי ותהוון | קדישין | קדם ייי אלהכון: |
| 111 | | Dt26:19 | ולמהווי ל{י}שמיה לעם | קדישין | קדם ייי אלהכון היך מה די |
| 112 | | Dt27:09M | לאומה /תהוון עם | קדישין#2#/ | קדם ייי אלהכון: |
| 113 | | Ex22:30 | ועם | קדישין | תהוון לשמי ובשר תליש מן |
| 114 | | Lv19:02 | ישראל ותימר ליהון | קדישין | תהוון ארום קדיש אנה במימרי |
| 115 | 'שן | Dt23:15M | משירייתכון | קדישין'/שן#2#/ | ולא יחמי'/יהווי#2#/ |
| 116 | קדישוי p em/sf | Nu16:05 | ייי מן דמן דידה וית | קדישוי | ויקרב לוותיה וית מן |

## [474] neck *n.* קדל

|  |  |  |  |  |  |
|---|---|---|---|---|---|
| 001 | קדל s ab/cn | Ex23:27 | קדמיכון תבירי | קדל: | |
| 002 | | Lv26:08M | קדמיכון קטילי | חרב/קדל#2#/: | |
| 003 | | Dt28:25M | מימריה דייי תיבירי | קדל#2#/ | בעלי דבביכון באורח חדא |
| 004 | | Ex33:03M | קדמיכון ארום עם קשי | קדל | למק'#2#/ אולפן אינון דלא |
| 005 | | Ex32:09M | עם \קשיין לקבלה /קשה | קדל | למקבלה#2#/ אולפן אינון |
| 006 | | Ex33:05M | אתון עם קשין/קשי | קדל#2#/ | למקבלה אולפן /\הא#2#/ |
| 007 | | Ex34:09M | ארום עם קשין/קשי | קדל#2#/ | למקבלה אולפן אינון |
| 008 | | Dt 9:06 | למירת יתה ארום עם קשין | קדל | למקבלה אולפן אתון: |
| 009 | | Dt 9:13 | האליין והא עם קשיין | קדל | מן למקבלה אולפן אינון: |
| 010 | | Dt28:07 | למ{אב}באשה בכון תבירי | קדל | קדמיכון בואורחה חדה יפקון |
| 011 | קדליה s em/sf | Lv 5:08 | ית ראשה מן כל קבל | קדליה | ולא יפרש: |
| 012 | קדלכון | Dt31:27 | ית תורעמנותכון וית | קדלכון | קשייא הא עד דאנה בחיין |
| 013 | וקדליכון p em/sf | Dt10:16 | ערלת טפשות לבביכון | וקדליכון | ק{י}שייא לא תתקפון תוב: |

## [475] to come before *vb.* קדם

|  |  |  |  |  |  |
|---|---|---|---|---|---|
| 001 | קדמא peal | Ex14:15M | צלותהון \דבני ישראל | קדמא | /דעמי קדמת#2#/ לדידך מלל |
| 002 | קדמת | Ex14:15M | ישראל קדמא /דעמי | קדמת#2#/ | לדידך מלל עם בני ישראל |
| 003 | יקדם | Dt21:17M | /<דס>נייתא#2#/ | יקרב/יקדם | ישתמודע#2#/ למיתן |
| 004 | | Gn33:14M | "יעבר ... לגבלה": | יקדם | כען רבוני ויקבל חולקיה |
| 005 | דקדם | Gn28:10 | תחות אסדי רישיה כיון | דקדם | בצפרא ואשכח כולהון לאבן |
| 006 | וקדמין | Gn 4:08M | "אתקביל ... קרבנכ": | וקדמין | לדידך אתקביל ברעוא קרבני |
| 007 | אקד' afel | Gn22:14M | ברך קדמוי ובמניין | אקד' | |
| 008 | אקדימו | Dt23:05 | על עסיק די לא | אקדימו | יתכון בלחמא ובמיא באורחא |
| 009 | אקדם | Ex 9:13 | ואמר ייי למשה | אקדם | בצפרא ואתעתד קדם פרעה |
| 010 | | Ex 8:16 | ואמר ייי למשה | אקדם | לצפרא ואתעתד קדם פרעה הא |
| 011 | אקדמית | Gn22:14 | וקטם קדמיך אלא מן יד | אקדמית | בצפרא ואקדמית ועבדית |
| 012 | מקדמין | Gn27:29 | כל בניה דקטור' יהוון | מקדמין | ושאלין בשלמך כל בנוי |
| 013 | | Gn49:08 | לך מן בעלי דבביך יהוון | מקדמין | ושאלין בשלמך כל בנוי |
| 014 | דאקדם | Gn28:10M | רישיה כיון | דקדם/דאקדם#2#/ | בצפרא ואשכח |
| 015 | ואקדימו | Gn26:31 | | ואקדימו | בצפרא ואשתבעו גבר לאחוי |
| 016 | | Nu14:40 | | ואקדימו | בצפרה וסליקו לריש טורא |
| 017 | ואקדם | Gn20:08 | | ואקדם | אבימלך בצפרא וקרא לכל |
| 018 | | Gn19:27 | | ואקדם | אברהם בצפרא לאתרא דקם |
| 019 | | Gn21:14 | | ואקדם | אברהם בצפרא ונסב לחם |
| 020 | | Gn22:03 | | ואקדם | אברהם בצפרא ושווי ית |
| 021 | | Gn28:18 | | ואקדם | יעקב בצפרא ונסב ית אבנא |

|  |  |  |  |  |  |
|---|---|---|---|---|---|
| 022 | | Gn32:01 | | ואקדם | לבן בצפרא ונשק לבנוי |
| 023 | | Ex34:04 | לווחין דאבנין כקדמיי | ואקדם | משה בצפרא וסלק לטורא |
| 024 | | Ex24:04 | ית כל פתגמיי דייי | ואקדם | בצפרא ובנה מדבח בשפולא |
| 025 | ואקדמו | Ex32:06 | | ואקדמו | מן יומא דבתרא וסדרון |
| 026 | ואקדמית | Gn22:14 | מן יד אקדמית בצפרא | ואקדמית | ועבדית מימריך בחדוה |
| 027 | ותקדמון | Dt16:07 | יתרעי ייי אלהכון ביה | ותקדמון | בצפרא ותזלון למשכניכון: |
| 028 | | Gn19:02 | ואסחון רגליכון | ותקדמון | ותזלון לארחכון ואמרין |
| 029 | למקדמה | Dt21:16 | יהווי לה לית הוא רשיי | למקדמה | ית ברא דרחימתה קדם ברה |

## קדם *prep.* before [קודם 478]

|  |  |  |  |  |  |
|---|---|---|---|---|---|
| 001 | ק' | Lv10:19M | אפשר ד{פ}ש<פ>ר ותקן | ק' | |
| 002 | | Dt23:19M | מן דסני ומרחק | ק' | |
| 003 | | Nu16:16M | /יהוון#2#/ \קדם/מזמנין | ק'#2#/ | ייי את «ואינון» |
| 004 | קד' | Gn 3:05 | ארום גלי וידיע | קד' | ייי ארום ביומא די תאכלון |
| 005 | | Ex32:14M | מן קדם /והוות תוהו | קד'#2#/ | ייי על בישתא די אמר |
| 006 | | Nu 6:08M | יהווי קדם /קודש הוא | קד'#2#/ | ייי: |
| 007 | קדם | Nu 3:06 | ית שבטה דלוי ותקם יתיה | קדם | אהרן כהנה ויש<מ>שון יתיה: |
| 008 | | Nu 8:13 | ו«ת»קים ית ליויי | קדם | אהרן וקדם בנוי ותניף |
| 009 | | Nu 8:22 | ית פלחניהון במשכן זימנא | קדם | אהרן וקדם בנוי היך מה די |
| 010 | | Nu27:19 | ותקים י{ד}<ת>יה | קדם | אלעזר כהנא וקדם רברבניה |
| 011 | | Nu27:22 | ית יהושע ואקים יתיה | קדם | אלעזר כהנא וקדם כל עם |
| 012 | | Gn43:15 | וקמו ונחתו למצרים וקמו | קדם | יוסף: |
| 013 | | Gn14:04 | תרתין עשרה שינין פלחו | קדם | כדר לעמר ובתלת עשרי שנין |
| 014 | | Gn23:17 | דעפרון די בכפילה די | קדם | מימרא חקלא ומערתא דביה |
| 015 | | Gn50:13 | מן לוות עפרון חתייה | קדם | ממרא: |
| 016 | | Ex 9:11 | ולא יכלו חרשיא למיקם | קדם | משה מן קדם שיחנא ארום |
| 017 | | Ex18:13 | למדן ית עמא וקמו עמא | קדם | משה מן צפרא עד רמשא: |
| 018 | | Lv24:12 | חד מן ארבעה דינין דקמו | קדם | משה וסכם יתכון בדעתיה |
| 019 | | Nu 9:08 | חד מן ארבעה דינין דקמו | קדם | משה בתרין מנהון הוה משה |
| 020 | | Nu11:02 | וצו«ו»חו עמה | קדם | משה וצלי משה קדם ייי |
| 021 | | Nu13:30 | ושתק כלב ית עמה | קדם | משה ואמר מסוק ניסוק ונירת |
| 022 | | Nu15:34 | חד מן ארבעה דינין דקמו | קדם | משה רבן בתרין מנהון הוה |
| 023 | | Nu16:02 | וקמו | קדם | משה וגבריה מן בני ישראל |
| 024 | | Nu27:02 | וקיימן | קדם | משה וקדם אלעזר כהנה וקדם |
| 025 | | Nu27:05 | חד מן ארבעה דינין דקמו | קדם | משה בתרין מנהון הוה משה |
| 026 | | Nu36:01 | בנוי דיוסף ומללו | קדם | משה וקדם רברבני ראשי |
| 027 | | Ex 5:21M | /יתכון די אסרי' ית רחן | קדם | פרעה וקדם עבדוי למיתן#2# |
| 028 | | Ex 5:23M | לוות פרעה /שעתא דעלית | קדם | פרעה#2#/ לממללה בשם ממרך |
| 029 | | Nu13:22 | וחברון שבע שנין אתבנית | קדם | טניס מצרים: |
| 030 | | Nu33:07 | לטעותה צפון ושרון | קדם | מגדול: |
| 031 | | Nu33:47 | ושרון בטורא עברייה | קדם | נבו: |
| 032 | | Gn38:25 | עלם עבו{ד}<ר> ולא נבהת | קדם | אבהתי צדיקיא בעלמא דאתי |
| 033 | | Ex 1:19 | לוותהון אינון מצליין | קדם | אבוהון בשמ«י»א והוא עני |
| 034 | | Gn21:33M | אברהם ואמ' להון צלון | קדם | אבוכון דבשמיא דמן דידיה |
| 035 | | Gn31:06 | ארום בכל חיילי פלחית | קדם | אבוכון: |
| 036 | | Dt 4:06M | ובינתכון | לעיינ/קדם#2#/ | אומייה די ישמעון ית |
| 037 | | Gn31:32M | ימות}} \קביל אחינן חכם | /קדם | אחיך חכים#2#/ לך מה עמי |
| 038 | | Dt 3:18 | יתה מזיינין תעברון | קדם | אחיכון בני ישראל כל בני |
| 039 | | Gn14:18 | כהן משמש בכהנת' רבתה | קדם | אלהא עלאה: |
| 040 | | Gn14:19 | ואמר בריך הוא אברם | קדם | אלהא עילאה דבמימריה קנה |
| 041 | | Gn24:48 | לשמה דייי וצלי«י»ת | קדם | אלהה דריבוני אברהם דדבר |
| 042 | | Lv21:06 | קדישין יהוון | קדם | אלההון ולא יפסון שמה |
| 043 | | Lv21:07 | יסבון ארום קדישין אנון | קדם | אלההון: |
| 044 | | Gn39:09 | בישתא רבתא הדא ואחטי | קדם | אלהי: |
| 045 | | Ex23:15M | אתון רשיהין למתחמיי' | קדם | אלהיכון ריקונין מן כל |
| 046 | | Lv25:17M | /ית חב'#2#/ ותדחלון | מן/קדם#2#/ | אלהכון ארום אנה \ |
| 047 | | Nu10:10 | ויהוין לכון לדוכרן טב | קדם | אלהכון אנה ייי אלהכון: |
| 048 | | Ex 5:08 | למימר ניזל ונקריב | קדם | אלהן: |
| 049 | | Ex40:05 | ית מדבחא דדהבא לקטרה | קדם | ארונה דסהדותה ותשווי ית |
| 050 | | Nu21:28 | דהו{ן}<ו>ן מדבחין | קדם | במתה דארנונה: |
| 051 | | Gn23:11M | {לעמיה} לעמא דארעא | קדם | בנוי דחת#2#/: ומליל |
| 052 | | Dt 9:02 | שמעתון מן יכיל למיקם | קדם | בנוי דענק גיבריה: |
| 053 | | Gn23:10M | | קדם | בני עמא אתן יתה לך אזל |
| 054 | | Gn23:11M | בנוי דעמא יהבית לך קבר | /קדם | בני עמי אתן יתי לך אזל |
| 055 | | Gn23:11M | \לקבל יהבית לך קבר מתך | /קדם | בני עמא אתן יתה לך אזל |
| 056 | | Nu13:32 | טיבה דארעא די ילילו יתה | קדם | בני ישראל למימר ארעא די |
| 057 | | Nu32:17 | ואנן נעבר מזיינין | קדם | בני ישראל עד זמן די נעל |
| 058 | | Dt32:01 | אין מסהד אנה בהון | קדם | בני נש דמייתין וטעמין כסא |
| 059 | | Lv18:23 | למסתאב' בה ואתה לא תקום | קדם | בעיר למשמשה עמה מרחקה היא: |
| 060 | | Lv26:17 | רוגזי בכון ותתנגפון | קדם | בעלי דבביכון וישלטון בכון |
| 061 | | Lv26:37 | ולא תיהוי לכון תקומה | קדם | בעלי דבביכון: |
| 062 | | Nu14:42 | שרי עליכון דלא תתברון | קדם | בעלי דבביכון: |
| 063 | | Dt 1:42 | ביניכון ולא תתנגפון | קדם | בעלי דבביכון: |
| 064 | | Dt28:25 | ימסור יתכון ייי מתנגפין | קדם | בעלי דבביכון באורח חדא |
| 065 | | Dt28:48 | ותעבדון | קדם | בעלי דבביכון די יגרי ייי |
| 066 | | Dt21:16 | למקדמה ית ברא דרחימתה | קדם | ברה דסניתה בכורא: |
| 067 | | Ex12:42M | הוא לילי פסחא | לשמה/קדם#2#/ | דייי לילי נטיר |
| 068 | | Lv 7:11M | קודשיה די יקרב | לשמה/קדם#2#/ | דייי: |
| 069 | | Dt25:01 | גברין ויקרבון לדינה | קדם | דייניה ו«י»דונון יתהון |
| 070 | | Gn34:30 | לי למיסבא שמי ביש | קדם | דיירי ארעא בכנעניי |
| 071 | | Nu11:23M | "הא ... מחסור": האיפשר | {קדם} | דקדם ייי אית חוסרנה |
| 072 | | Lv10:19 | חטאתה יומא הדין הא שפר | {קדם} | הווה <קדם> ייי: |
| 073 | | Gn25:23 | תתקף ורבה יהווי משעבד | קדם | זעירא: |
| 074 | | Dt22:15M | \דרביתה לוות /דטליתה | קדם#2#/ | חכימי קרתה לתרע |
| 075 | | Dt22:17 | דברתי ויפרשון שושיפה | קדם | חכימי קרתה: |
| 076 | | Dt25:09M | /ותקרוב יבמתה לוותיה | קדם | חכימייה ותשלוף#2#/ סנדלה |
| 077 | | Dt 7:04 | מן בתר מימרי דלא יפלחון | קדם | {טדם ט} <טעוון> אחרניין די |
| 078 | | Gn49:02 | על אחוי למיזל למפלח | קדם | טעוון אחרניין עניין תרין |
| 079 | | Ex22:19 | מאן דמדבח | קדם | טעוון אחרניין ישתיצא ארום |
| 080 | | Dt11:16 | לבביכון ותסטון ותפלחון | קדם | טעוון אחרני«י»ן ותסגדון |
| 081 | | Dt13:14 | למימר ניזיל ונפלח | קדם | טעוון אחרניין די לא |
| 082 | | Dt17:03 | ואזל ופלח | קדם | טעוון אחרניין וסגד להון |
| 083 | | Dt28:64M | ארעא ותפלחון תמן | \קדם#2#/ | טעוון אחרניין דלא |
| 084 | | Dt29:25 | ואזלו | קדם | טעוון אחרניין ואשטתחו להון |
| 085 | | Dt30:17 | תשמעון ותתבדרון ותסגדון | קדם | טעוון אחרניין ותפלחון |
| 086 | | Dt32:17 | דבחו | קדם | טעוות שדיה דלית בהון ממש |
| 087 | | Ex14:09 | סמיך לפונדקי חירתה | קדם | טעוותה צפון: |
| 088 | | Nu21:29 | עמא דהוון מדבחין | קדם | טעוותה כמוש מסר בניהון |
| 089 | | Dt 7:16 | עליהון ולא תפלחון | קדם | טעוותהון ארום תוקלה אינון |
| 090 | | Dt29:17 | דייי אלהכון למיזל למפלח | קדם | טעוותהון {{דאומייה}} |
| 091 | | Ex14:02 | בין מגדול ובין ימא | קדם | טעותה צפון מכוונין תשרון |
| 092 | | Ex23:33 | יתכון קדמיי ארום תפלחון | קדם | טעיותיהון ארום יהוון לכון |
| 093 | | Gn 1:04 | וגלי | קדם | ייי ית נהורא ארום טב הוא |
| 094 | | Gn 1:10 | מיא קרא יממא וגלי | קדם | ייי ארום שפ{ן}<ר> ותקן: |
| 095 | | Gn 1:12 | מנה ובה למינה וגלי | קדם | ייי ארום שפר ותקן: |
| 096 | | Gn 1:18 | נהורא ובין חשוכא וגלי | קדם | ייי ארום שפר ותקן: |
| 097 | | Gn 1:21 | עופא דפרח למיניה וגלי | קדם | ייי ארום שפר ותקן: |
| 098 | | Gn 1:25 | דארעא למינהון וגלי | קדם | ייי ארו' שפר ותקין: |

099 Gn 1:31 וגלי קדם ייי ית כל מה דעבד והא שפר
100 Gn 3:05M \גלי וידיע קד׳ /גלי קדם#2/# ייי ארום ביומא די
101 Gn 4:01 ואמרת הא יתיהב לי בר מן קדם ייי:
102 Gn 4:03M דורון \לשמה דייי /קדם ייי#2/#:
103 Gn 4:13 ואמר קין קדם ייי סגין אינון חוביי
104 Gn 5:24 ופלח חנוך בקושטא קדם ייי ולית ידיע אן הוא <....>
105 Gn 6:05 וגלי קדם ייי ארום סגת בישתהון
106 Gn 6:08 ^ההוא#2#^ אשכח חן וחסד קדם ייי:
107 Gn 6:09 שלם בעבדה טבא הוו בדרוי קדם ייי פלח נח בקושטא:
108 Gn 6:11 דיירי ארעא עובדיהון קדם ייי ואתמליאת ארעא חמסין
109 Gn 6:11M קדם /ואתחבלת ארעא קדם#2/# ייי ואתמליאת ארעא
110 Gn 6:12 וגלי קדם ייי ית ארע׳ והא איתחבלת
111 Gn10:08M גיבר באר׳/בחטאה ולמרדה קדם ייי בא׳#2/#:
112 Gn10:09 כנמרוד גיבר בחטאה קדם ייי:
113 Gn10:09 הוא הוה גיבר בחטאה קדם ייי בגין כדין יתאמר
114 Gn11:05M שכינתיה דייי /וגלי קדם ייי#2/# למחמי ית קרתא וית
115 Gn12:07M מדבח \לשם ממרי׳ דייי /קדם ייי#2/# דאתגלי עלוי:
116 Gn12:08M מדבח \לש׳ ממריה דייי /קדם ייי#2/# ופלח וצלי תמן בשם
117 Gn13:13 אדמייה ובפלחנא נכרייה קדם ייי לחדה:
118 Gn14:22 הא זקפי׳ ידי בשבועה קדם ייי אלהא עליא דבממריה קנה
119 Gn16:11 שמה ישמעל ארום שמיע קדם ייי ית צעריך:
120 Gn17:18 ואמר אברהם קדם ייי אלווי ישמע«אל» יחי
121 Gn18:14M ייי פתגם לעידנא /דאית קדם ייי מחסור לזמנא#2/# אחזור
122 Gn18:27 הא כען שריית למלל«א» קדם ייי ואנה עפר וקטם:
123 Gn18:31 ואמר הא כען שרית למללה קדם ייי מה דילמה דישתכחון תמן
124 Gn19:13 הדין ארום סגת קבלתהון קדם ייי ושלח יתן למשיציא יתה:
125 Gn19:27 לאתרא דקם וצלי תמן קדם ייי:
126 Gn20:17 וצלי אברהם קדם ייי ואסי ייי ית אבימלך
127 Gn24:26M ואודי ושבח \לשמא דייי /קדם ייי#2/#:
128 Gn24:48M ואקדת ואודית ושבחת קדם ייי וברכת ית ייי אלה׳
129 Gn25:21 וצלי יצחק קדם ייי על עסקי רבקה אתתיה
130 Gn25:22M דשם רבא בעייא ומצליי׳ קדם ייי
131 Gn27:07 ואיכול ואברך יתך קדם ייי עד לא אמות:
132 Gn27:10 מן בגלל די יברך יתך קדם ייי עד לא ימות:
133 Gn29:31 וגלי קדם ייי ארום שניא הוות לאה
134 Gn29:32 ארום אמרת ארום גלי קדם ייי ית צערי ארום כדון ירחם
135 Gn29:33 בר ואמרת ארום {...} שמיע קדם ייי ארום שניא אנא ויהב לי
136 Gn29:35 הדה זמנה נודי ונשבח קדם ייי בגין כדין קראת שמה
137 Gn30:02 הא אנא ואת ניזל ונבעי קדם ייי די «מנע» מניך פירי
138 Gn30:08 רחל בצלותא די צלית קדם ייי דיתן לי בנין היך מה
139 Gn31:42 צערי וית לוותי דידי גלי קדם ייי ואוכח ברמש«א»:
140 Gn38:07 עבד עובדין בישין קדם ייי ומית במימר מן קדם ייי:
141 Gn38:10 ובאש קדם י{ת}<יי> מה דעבד ומית אף הוא
142 Gn50:19 בישתא דעבדתון לי הלא קדם ייי אינון גלייא מחשבתיהון
143 Ex 1:19M והוא עני יתהון /קדם ייי ועני יתהון דילדתן#2/#
144 Ex 2:23 וצווחו וסלקת קבלתהון קדם ייי מן פולחנא:
145 Ex 2:24 ושמיע קדם ייי ית קבלתהון ואדכר ייי
146 Ex 2:25 וגלי קדם ייי ית שעבודהון דבני
147 Ex 3:04 וגלי קדם ייי ארום סטה משה למחמי
148 Ex 3:06M \באיקר שכינתה דייי /קדם ייי#2/#:
149 Ex 3:11 ואמר משה קדם ייי מן אנה ארום אזל לוות
150 Ex 3:12 ית עמא ממצרים תפלחון קדם ייי על טורא הדין:
151 Ex 3:13 ואמר <משה> קדם ייי הא אנה אזל לוות בני
152 Ex 3:18 תלתא יומין במדברא ונקרב קדם ייי אלהן:

153 Ex 4:10 ואמר משה קדם ייי בבעו ברחמין מן קדמיך
154 Ex 5:03 תלתא יומין במדברא ונקרב קדם ייי אלהן דלא יערע יתן
155 Ex 5:17 אתון אמרין ניזיל ונקריב קדם ייי:
156 Ex 5:22 וחזר משה קדם ייי ואמר בבעו ברחמין
157 Ex 6:12 ומלל משה קדם ייי למימר הא בני ישראל לא
158 Ex 6:30 ואמר משה קדם ייי ^הא#2#^ אנה חגר ממלל
159 Ex 8:04 ואשלח ית עמא ויקרבון קדם ייי:
160 Ex 8:04 למשה ולאהרן ואמר צלון קדם ייי ויעדון ער{ע}דעניא מני
161 Ex 8:08 מן לוות פרעה וצלי משה קדם ייי על עסק ערדעניא די שווי
162 Ex 8:21 ולאהרן ואמר אזלו קרבו קדם ייי אלהכון בארעא דמצרים:
163 Ex 8:22 מנהון נסב למקרב«א» קדם ייי אלהן הא אין מקרבן אנן
164 Ex 8:22M מנהון נסב ונקרבה קדם#2/# ייי אלהן הא אין מקרבן
165 Ex 8:23 יומין נהלך במדברא ונקרב קדם ייי אלה{ו}ן היך מה דאמר
166 Ex 8:24 אנא משלח יתכון ותקרבון קדם ייי אלהכון במדברא לחוד
167 Ex 8:25 אנא נפק מן לוותך ונצליה קדם ייי ויעבר ית ערבובא מן
168 Ex 8:25 למשלחא ית עמא די יקרבון קדם ייי:
169 Ex 8:26 משה מן לוות פרעה וצלי קדם ייי:
170 Ex 9:28 צלון קדם ייי וימנע מן למהוי קלי
171 Ex 9:29 ית קרתא אפרש ית כפי ידי קדם ייי קלייא ותמנעון וברדא לא
172 Ex 9:33 ית קרתא ופרס כף ידוי קדם ייי ואתמנעו קליא וברדא
173 Ex10:03 עד אמת את מסרב למתכנעה קדם ייי שלח ית עמי ויפלחו
174 Ex10:07 שלח ית עמא ויפלחון קדם ייי אלההון קדם עד לא תדע
175 Ex10:09 ניזל ארו«ם» חגא קדם ייי לן:
176 Ex10:11 אזלו כען גברייא ופלחו קדם ייי ארום יתה אתון תבעון
177 Ex10:16 למשה ולאהרן ואמר חטית קדם ייי אלהיכון ולכון:
178 Ex10:17 לחוד בזמנא הדין וצלון קדם ייי אלהכון ויעבר מעלוי
179 Ex10:18 ונפק מן קדם פרעה וצלי קדם ייי:
180 Ex10:24 ולאהרן ואמר אזילו פלחו קדם ייי לחוד עניכון ותוריכון
181 Ex10:25 נכסין ועל{י}<ו>ן ונקרב קדם ייי אלהן:
182 Ex10:26 ארום מנהון נסב למקרבא קדם ייי אלהן ואנן לית אנן
183 Ex10:26 לית אנן ידעין כמה נפלח קדם ייי עד זמן דניעול לתמן:
184 Ex10:26M "כמה ... לתמן": מה נקרבה קדם ייי עד מעלן תמן
185 Ex12:11 בבהילו מאכס פסחא הוא קדם ייי:
186 Ex12:14 טב ותחגון יתיה חגא קדם ייי לדריכון קיים עלם תחגון
187 Ex12:27 ותימרון מכס פסחא הוא קדם ייי די פסח ויגן על בתיהון
188 Ex12:31 בני ישראל ואזלו פלחו קדם ייי היך מה דמללתון:
189 Ex12:42M אפקותיהון /לפורקן הוא קדם ייי באפקותא#2/# דבני
190 Ex12:48 עמכון דייר ויעבד פיסחא קדם ייי במגזר ליה כל דכורא
191 Ex13:06 וביומא שביעיה חגא קדם ייי:
192 Ex13:15 בגין כדון אנן מקרבין קדם ייי כל פתחי וולדא דכרייא
193 Ex14:10 לחדא וצלון בני ישראל קדם ייי:
194 Ex15:01 ית שירת תושבחתה הדה קדם ייי ואמרין למימר נודי
195 Ex15:01 ואמרין למימר נודי ונשבח קדם ייי דכל מן דמתגאי קדמוי
196 Ex15:21 להון מרים נודה ונשבח קדם ייי גיותנה דמתגאה על
197 Ex15:21M לה׳ מרים נודה ונשבחה קדם ייי "כי" הוא רם על
198 Ex15:25 וצלי <משה> קדם ייי וחוי ליה ייי אילן ונסב
199 Ex16:03 אלווי "מי יתן" מותנו קדם ייי בארעא דמצרים כד
200 Ex16:07 דייי ושמיע ית תורעמתכון קדם ייי ואנן מה אנן חשיבין
201 Ex16:08 בצפרא למשבע כד שמיע קדם ייי ית תורעמתכון דאתון
202 Ex16:08 תורעמתכון ארום אלא קדם ייי:
203 Ex16:08M למשב{עו}<וע> דגלי קדם ייי תורעמנתכון דאתון
204 Ex16:09 קרבו קדם ייי ארום שמיע קדם ייי ית תורעמתכון:
205 Ex16:09 כנישתא דבני ישראל קרבו קדם ייי ארום שמיע קדם ייי ית
206 Ex16:23 די מלל ייי שבת שבתא קדש קדם ייי למחר ית מה די תאפון

| | | | | |
|---|---|---|---|---|
| 207 | Ex16:25 | דין ארום שבתא יומא הדין | קדם | ייי יומא הדין לא תשכחון |
| 208 | Ex16:33 | מלא עמרא מנה ואצנע יתה | קדם | ייי לשהדותא למטרה לדריכון: |
| 209 | Ex16:33M | ייי לשהדותא /לשהדותא | קדם | ייי#2#/ למטרה לדריכון: |
| 210 | Ex17:02 | עמי {מנ} מה אתון מנסון | קדם | ייי: |
| 211 | Ex17:04 | וצלי משה | קדם | ייי למימר מה אעבד לעמא |
| 212 | Ex17:07 | בני ישראל ועל די נסון | קדם | ייי למימר הא מן קושטא איקר |
| 213 | Ex17:09 | די אתעבד ביה נסין | קדם | ייי בידי: |
| 214 | Ex18:12 | לחמא עם חמוי דמשה | קדם | ייי: |
| 215 | Ex18:19 | ייי ותיתי את פיתגמיא | קדם | ייי: |
| 216 | Ex19:08 | ית מליהון דעמא בצלו | קדם | ייי: |
| 217 | Ex19:09 | משה ית מליהו«ן» דעמא | קדם | ייי: |
| 218 | Ex19:21 | אסהיד בעמא דלא ידחקון | קדם | ייי למיחמיה ויפל מנהון |
| 219 | Ex19:22 | כהניא דקיימין ומשמשין | קדם | ייי יתקדשון דלא יהוי בהון |
| 220 | Ex19:24 | ועמא לא ידחקון למיסק | קדם | ייי דלא יהוי בהון רגוז: |
| 221 | Ex20:10 | ויומא שביעיא שבא וניח | קדם | ייי אלהכון לא תעבדון כל |
| 222 | Ex22:19 | ישתיצא ארום אלהן | קדם | ייי לבלחודוי: |
| 223 | Ex23:25 | ותפלחון | קדם | ייי אלהכון ויברך ית לחמכון |
| 224 | Ex24:02 | ויקרב משה לבלחודוי | קדם | ייי ואינון לא יקרבון ועמא |
| 225 | Ex24:05 | וקריבו נכסת קודשין | קדם | ייי תורין: |
| 226 | Ex27:21 | ובנוי מן רמשא עד צפרא | קדם | ייי קיים עלם לדריהון |
| 227 | Ex28:12 | ויקבל אהרן ית שמהתהון | קדם | ייי על תרתין כתפתה {דאפודה |
| 228 | Ex28:29 | לגו בית קודשא לדוכרן טב | קדם | ייי בתדירא: |
| 229 | Ex28:30 | דבני ישראל על ליביה~ | קדם | ייי תדירא: |
| 230 | Ex28:35 | קליה במיעליה לבית קודשא | קדם | ייי ובמפקיה ולא ימות: |
| 231 | Ex28:36M | קדש \לשמה דייי | /קדם | ייי#2#/: |
| 232 | Ex28:38 | בתדירא לרעוא עליהון | קדם | ייי: |
| 233 | Ex29:11 | ותיכוס ית תורא | קדם | ייי בתרע משכן זימנא: |
| 234 | Ex29:18 | דייי לריח דרעוא קרבן | קדם | ייי הוא: |
| 235 | Ex29:23 | די פטירי {{מן}} «די» | קדם | ייי: |
| 236 | Ex29:24 | דבנוי ותניף יתהון אנפו | קדם | ייי: |
| 237 | Ex29:25 | על עלתה לריח דרעוא | קדם | ייי קרבן הוא קדם ייי: |
| 238 | Ex29:25 | דרעוא קדם ייי קרבן הוא | קדם | ייי: |
| 239 | Ex29:26 | ותניף ית{הון}<יה> אנפו | קדם | ייי ויהוי לך לחולק: |
| 240 | Ex29:28M | \לשמה דייי | /קדם | ייי#2#/: |
| 241 | Ex29:41 | יתיה לריח דרעוה קרבן | קדם | ייי יתקבל: |
| 242 | Ex29:42 | לדריכון בתרע משכן זימנא | קדם | ייי דאזמן לכון תמן לממללה |
| 243 | Ex30:08 | יסדר יתיה קטרת בתדירא | קדם | ייי לדריכון: |
| 244 | Ex30:16 | לבני ישראל לדכרן טב | קדם | ייי לכפרה על נפשתכון: |
| 245 | Ex30:20 | למשמשא למסדרה קרבנין | קדם | ייי: |
| 246 | Ex31:15 | שבעיה שבת שבית«ה» קדש | קדם | ייי כל די יעבד עבידה |
| 247 | Ex31:17 | שביעיה הוה שבה וניח | קדם | ייי: |
| 248 | Ex32:05M | נכסא בי כחגה מן רשיעיה | קדם | ייי מחר |
| 249 | Ex32:05 | ואכרז אהרן ואמר חגא | קדם | ייי למח«ר»: |
| 250 | Ex32:11 | וצלי משה | קדם | ייי אלהיה ואמר למה ה' |
| 251 | Ex32:29 | ידיכון יומא הדין | קדם | ייי ארום נגעתן גבר בברה |
| 252 | Ex32:31M | /וחזר משה | קדם | ייי#2#/ ואמר בבעו חטון |
| 253 | Ex33:12 | ואמר משה | קדם | ייי חמי די את אמר לי אסק |
| 254 | Ex33:18M | כען לי ית איקרך /משה | קדם | ייי חווי לי כען ית זיו |
| 255 | Ex34:24 | במיסק לכון למתחמייה | קדם | ייי אלהכון תלתא זמנין |
| 256 | Ex34:34 | וכד הוה משה עליל | קדם | ייי למללה עמה הוה מעבר ית |
| 257 | Ex35:02 | יהוי לכון קדש שבת שבתה | קדם | ייי כל די יעבד בה עבידה |
| 258 | Ex39:30M | לשמה דייי /דחתים קדש | קדם | ייי#2#/: |
| 259 | Ex40:23 | וסדר עלוי סדור לחם אפיה | קדם | ייי היך מה די פקד ייי ית |
| 260 | Ex40:25 | ואעל בוציניה | קדם | ייי היך מה דפקד ייי ית |

| | | | | |
|---|---|---|---|---|
| 261 | Lv 1:02 | ארום יקרב מנכון קרבן | קדם | ייי מן בעירא מן תורייה ומן |
| 262 | Lv 1:03 | יקרב יתיה לרעוה עלוי | קדם | ייי: |
| 263 | Lv 1:05 | ויכוס {ו}<י>ת בר תורייה | קדם | ייי ויקרבון בנוי דאהרן |
| 264 | Lv 1:09 | קרבן דמתקבל לריח דרעוא | קדם | ייי: |
| 265 | Lv 1:11 | שפולי דמדבחה מן צפונה | קדם | ייי ויזרקון בנוי דאהרן |
| 266 | Lv 1:13 | מתק«ב»ל לריח דרעוא | קדם | ייי: |
| 267 | Lv 1:17 | קרבן מתקבל לריח דרעוה | קדם | ייי: |
| 268 | Lv 2:02 | קרבן מתקבל לריח דרעוה | קדם | ייי: |
| 269 | Lv 2:09 | קרבן מתקבל ברעוה לריח | קדם | ייי: |
| 270 | Lv 2:11 | לא תקרבון מניה קרבן | קדם | ייי: |
| 271 | Lv 2:12 | שירויכון תקרבון יתהון | קדם | ייי ועל גבי מדבחה לא |
| 272 | Lv 2:14M | ביכורהון | קדם | ייי דכיך קלי בנורא |
| 273 | Lv 2:16 | טובה על כל לבונתה קרבן | קדם | ייי: |
| 274 | Lv 3:01 | שלם מן מו' יקרב יתיה | קדם | ייי: |
| 275 | Lv 3:03 | ויקרב מן נכסת קדשיה קרבן | קדם | ייי ית תרבא דחפי ית כרסה |
| 276 | Lv 3:05 | קרבן מתקבל לריח דרעוה | קדם | ייי: |
| 277 | Lv 3:07 | ית קרבניה ויקרב יתיה | קדם | ייי: |
| 278 | Lv 3:09 | ויקרב מנכסת קדשיה קרבן | קדם | ייי תרב{ת}ה אליתה שלמתה |
| 279 | Lv 3:12 | עיזין קרבניה ויקרב יתיה | קדם | ייי: |
| 280 | Lv 3:14 | ויקרב מניה קרבניה קרבן | קדם | ייי ית תרבה דח{כ}<פ>י ית |
| 281 | Lv 4:03M | מום \לשמה דייי לחטאת | /קדם | ייי לחטאתה#2#/: |
| 282 | Lv 4:04 | ית תורא לתרע משכן זימנ' | קדם | ייי ויסמוך ית ידיה על ראשה |
| 283 | Lv 4:04 | דתורא ויכוס ית תורא | קדם | ייי: |
| 284 | Lv 4:06 | מן {מ}דמא שבע זמנין | קדם | ייי ית אפי פרוכתה |
| 285 | Lv 4:07 | דמדבחה דקטרת בוסמנייה | קדם | ייי די במשכן זימנא וית כל |
| 286 | Lv 4:15 | קדם ייי ויכוס ית תורא | קדם | ייי: |
| 287 | Lv 4:15M | ויכוס ית תורא קדם ייי | /קדם | ייי ויכוס ית תורה קדם ייי |
| 288 | Lv 4:15M | /קדם ייי ויכוס ית תורה | קדם | ייי לתרע מש'#2#/: |
| 289 | Lv 4:15 | ית ידיהון על ראשה דתורא | קדם | ייי ויכוס ית תורא קדם ייי: |
| 290 | Lv 4:17 | אדמ' וידי שבעה [זמנין] | קדם | ייי ית אפי פרוכתה: |
| 291 | Lv 4:18 | על קרנותיה דמדבחה די | קדם | ייי די במשכ' זימנא וית כל |
| 292 | Lv 4:24 | באתרה די יכוס ית עלתה | קדם | ייי חטאתה היא: |
| 293 | Lv 5:06 | וייתי ית אשמיה | קדם | ייי על חובתיה די אתחייב |
| 294 | Lv 5:15 | דייי וייתי ית אשמיה | קדם | ייי דכר שלם מן מום מן ענה |
| 295 | Lv 5:19M | ייי /אשמה {ו}<י>יתי | קדם | ייי באשמה יתכפר לה#2#/: |
| 296 | Lv 5:19 | די אתחייב אשמה ייתי | קדם | ייי: |
| 297 | Lv 5:26 | ויכפר עלוי כהנא | קדם | ייי וישתבק ליה על חדא מן |
| 298 | Lv 6:07 | יקרבו יתה בנוי דאהרן | קדם | ייי על גבי מדבחה: |
| 299 | Lv 6:13 | דאהרן ודבנוי די יקרבון | קדם | ייי ביומא דירבי יתהון |
| 300 | Lv 6:14 | דקצוין תקריב לריח דרעוה | קדם | ייי: |
| 301 | Lv 6:15 | בנוי יקרב יתה קיים עלם | קדם | ייי גמירה תסתדר: |
| 302 | Lv 6:18 | עלתא תת{כ}נ<כ>ס חטאתה | קדם | ייי קדש קדשין הוא: |
| 303 | Lv 7:05 | כהנא על גבי מדבחה קרבן | קדם | ייי אשמה הוא: |
| 304 | Lv 7:21M | /בשר נכיסת קודשה דאית | קדם | ייי#2#/ ותשתיצי נפש' ההיא |
| 305 | Lv 7:25 | בעירה די יקרב מנה קרבן | קדם | ייי ותשתצא נפשה די תיכול |
| 306 | Lv 7:29M | דייי ייתי ית קרבניה | לייי/קדם | ייי#2#/ מן נכסת |
| 307 | Lv 7:30 | ניאה יתיה אנפ{ג}<ו> | קדם | ייי: |
| 308 | Lv 7:31 | ויסדר כהנא ית תרבה | קדם | ייי ויהוי ניעה לאהרן |
| 309 | Lv 7:35 | למשמשה בכהונתה רבתה | קדם | ייי: |
| 310 | Lv 7:38 | למקרבה ית קרבניהון | קדם | ייי במדברא דסיני: |
| 311 | Lv 8:27 | דבנוי ואניף יתהון אנפו | קדם | ייי: |
| 312 | Lv 8:28M | לריח דרעוה קרבן \הוא | קדם | ייי /מתקבל הוא לשמה |
| 313 | Lv 8:29 | ית ניעה ואניף יתה אנפו | קדם | ייי מן דיכרה דא«ש»למותה |
| 314 | Lv 9:02 | לעלתה שלמים מן מום וקרב | קדם | ייי: |

|  |  | | | |
|---|---|---|---|---|
| 315 | Lv 9:04 | ודכר לנכסת קדשיה למקרבה | קדם | ייי ומנחה פילה במשח ארום |
| 316 | Lv 9:05 | וקריבו עם כל כנשתה וקמו | קדם | ייי: |
| 317 | Lv 9:21 | דימינה אניף אהרן אנפו | קדם | ייי היך מה דפקד ^ייי |
| 318 | Lv10:01 | עליהון קוטרא וקריבו | קדם | ייי אשא בריה דלא פקד |
| 319 | Lv10:02 | ייי ואכלת יתהון ומיתו | קדם | ייי: |
| 320 | Lv10:15 | תרביה ייתון למנפה אנפו | קדם | ייי ויהוי לך ולבניך עמך |
| 321 | Lv10:17 | עם כנשתה למכפרה עליכון | קדם | ייי: |
| 322 | Lv10:19 | ית חטאתהון וית עלתהון | קדם | ייי ואת מלף יתן דחטאתה |
| 323 | Lv10:19 | הדין הא שפר {קדם} הווה | <קדם> | ייי: |
| 324 | Lv12:07 | ויקרב יתיה | קדם | ייי ויכפר עלה ותדכי מן |
| 325 | Lv14:11 | ית גברא דמדכי ויתהון | קדם | ייי בתרע משכן זמנא: |
| 326 | Lv14:12 | דמשחה ויניף יתהון אנפו | קדם | ייי: |
| 327 | Lv14:16 | בא<צ>בעה שבעה זימנין | קדם | ייי: |
| 328 | Lv14:18 | דמדכי ויכפר עלוהי כהנא | קדם | ייי: |
| 329 | Lv14:23 | כהנא לתרע משכן זימנא | קדם | ייי: |
| 330 | Lv14:24 | ויניף יתהון כהנא אנפו | קדם | ייי: |
| 331 | Lv14:27 | דשמאלה שבעה זימנין | קדם | ייי: |
| 332 | Lv14:29 | דמן דמדכי למכפר׳ עלוי | קדם | ייי: |
| 333 | Lv14:31 | ויכפר כהנא על מן דמדכי | קדם | ייי: |
| 334 | Lv15:14 | גוזלין בני יוון וייתי | קדם | ייי לתרע משכן זימנא ויתן |
| 335 | Lv15:30 | חד עלתה ויכפר עליה כהנא | קדם | ייי מן דוב סא«ב»תה: |
| 336 | Lv16:01M | קרבן יתיר \דלא בזמנה | /קדם | ייי דילא בזמנא#2#/ קדם |
| 337 | Lv16:01 | קרבן יתיר דלא בזמנה | קדם | ייי די לא אתפקדו ומיתו: |
| 338 | Lv16:01M | אשה ברייה | קדם | ייי מה די לא |
| 339 | Lv16:07 | תרין צפיריה ויקים יתהון | קדם | ייי לתרע משכן זימנא: |
| 340 | Lv16:10 | לעזאזל יקים יתה לחיים | קדם | ייי למכפרה עלוי למשלחה |
| 341 | Lv16:13 | ויתן ית קטרתה על אשתה | קדם | ייי ויכסי תננה דקטרתה ית |
| 342 | Lv16:18 | ויפק למדבחה די | קדם | ייי ויכפר עלוי ויסב מן |
| 343 | Lv16:30 | יתכון מן כל חוביכון | קדם | ייי תדכון: |
| 344 | Lv17:04 | יתיה למקרבה יתיה קרבן | קדם | ייי קדם משכנה דייי אדם |
| 345 | Lv17:05 | באפי ברא וייתון יתהון | קדם | ייי לתרע משכן זמנה לוות |
| 346 | Lv17:05 | משכן זמנה לוות כהנה | קדם | ייי ויכסון נכסת קדשין קדם |
| 347 | Lv17:05 | ייי ויכסון נכסת קדשין | קדם | ייי יתהון: |
| 348 | Lv17:09 | לא ייתי יתיה לקרבה יתיה | קדם | ייי וישתיצי גברא ההוא |
| 349 | Lv19:22 | ויכפר עלוי בדכרה דאשמא | קדם | ייי על חובתיה די אתחייב |
| 350 | Lv22:03M | בני ישראל \לשמה דייי | /קדם | ייי#2#/ וסאבתיה עלוי |
| 351 | Lv22:15M | לשמה דייי /דתפרשון | קדם | ייי#2#/: |
| 352 | Lv22:22 | חזזיין לא תקרבון אליין | קדם | ייי וקרבן לא תתנון מנהון |
| 353 | Lv22:22M | מדבחה \לשמה דייי | /קדם | ייי#2#/: |
| 354 | Lv22:24M | תקרבון אלין \לשמה דייי | /קדם | ייי#2#/ ובארעכון לא |
| 355 | Lv22:27 | יהוי כשר למקרבה יתיה | קדם | ייי: |
| 356 | Lv23:03 | לא תעבדון שבי ונייח הוא | קדם | ייי בכל אתר מד«ו»ריכון: |
| 357 | Lv23:05 | ביני שמשתה נכיסת פסחה | קדם | ייי: |
| 358 | Lv23:06 | יומין לירחה חגא דפטיריה | קדם | ייי שבעה יומין פטירין |
| 359 | Lv23:11 | ויניף ית עומרא | קדם | ייי לרעוה עליכון מן בתר |
| 360 | Lv23:16 | ותקרבון מנחה מן חדתה | קדם | ייי: |
| 361 | Lv23:18 | קרבן דמתקבל לריח דרעוה | קדם | ייי: |
| 362 | Lv23:20 | לחמה דבכוריה אנפ{ן}<ו> | קדם | ייי על תרין אמריה קדש |
| 363 | Lv23:25 | תעבדון ותקרבון קרבנין | קדם | ייי: |
| 364 | Lv23:27 | נפשתכון ותקרבון קרבנין | קדם | ייי: |
| 365 | Lv23:28 | הוא לכפרה עליכון | קדם | ייי אלהכון: |
| 366 | Lv23:34 | חגה דמטליה שבעה יומין | קדם | ייי: |
| 367 | Lv23:36 | לכון ותקרבון קרבנין | קדם | ייי כניסת חדווה היא כל |
| 368 | Lv23:37 | קדישין למקרבה קרבנין | קדם | ייי עלוון ומנחוון דבחין |
| 369 | Lv23:39 | דארעא תחגון יתה חגה | קדם | ייי שבעה יומין ביומא |
| 370 | Lv23:40 | והדס וערבה דנחלה ותחדון | קדם | ייי אלהכון שבעה יומין: |
| 371 | Lv23:41 | ותחגון יתיה חגה | קדם | ייי שבעה יומין בכל שנה |
| 372 | Lv24:03 | אהרן מן רמשה ועד צפרא | קדם | ייי בתדירה קיים עלם |
| 373 | Lv24:04 | דכיתה יסדר ית בוציניה | ^קדם | ייי#2#^ בתדירה: |
| 374 | Lv24:06 | בכל סדור על פתורה דכייה | קדם | ייי: |
| 375 | Lv24:07 | ברירה ותהוי ללחם לאדכרה | קדם | ייי: |
| 376 | Lv24:08 | ביומא דשובתה יסדר יתה | קדם | ייי בתדירה מן לוות בני |
| 377 | Lv25:02M | לשמה דייי /שבה ונייח | קדם | ייי#2#/: |
| 378 | Lv25:04 | שבתה יהוי לארעא שמטתה | קדם | ייי חקליכון לא תזרעון |
| 379 | Lv27:09 | בעיר די יקרבון מנה קרבן | קדם | ייי כל מה די יפרש מינה |
| 380 | Lv27:11 | מסאב די לא יקרב מנה | קדם | ייי קרבן ויקים ית בעירה |
| 381 | Lv27:26M | /יפרש#2#/ \לשמה דייי | /קדם | ייי#2#/ בבעירה לא יקדש |
| 382 | Nu 3:04 | בקרבותהון אשא בריה | קדם | ייי במדברה דסיני ובנין לא |
| 383 | Nu 5:16 | ויקרב יתה כהנה ויקים יתה | קדם | ייי: |
| 384 | Nu 5:18 | ויקים כהנה ית אתתה | קדם | ייי ויפרע ית רישא דאתתה |
| 385 | Nu 5:25 | דאקנתה ויניף ית מנחתה | קדם | ייי ויקרב יתה על גבי |
| 386 | Nu 5:30 | ית אתתיה ויקים ית אתתא | קדם | ייי ויעבד לה כהנה ית כל |
| 387 | Nu 6:02 | נדר ד{ג}<נ>זירו למתנזרה | קדם | ייי: |
| 388 | Nu 6:05 | די שלמין יומיא די יתנזר | קדם | ייי קדיש יהווי יתרבי פרע |
| 389 | Nu 6:08 | נזירותיה קדיש יהווי | קדם | ייי: |
| 390 | Nu 6:12 | ויתנזר | קדם | ייי ית יומי נזירותיה וייתי |
| 391 | Nu 6:14 | ויקרב ית קורבניה | קדם | ייי אמר בר שתה שלם מן מום |
| 392 | Nu 6:16 | ויקרב כהנא | קדם | ייי ויקרב ית חטאתה וית |
| 393 | Nu 6:17 | דיכרה יקרב לניכסת קדשיה | קדם | ייי על סלה דפטיריה ויקרב |
| 394 | Nu 6:20 | וירים יתהון כהנא אנפו | קדם | ייי קדש אינון לכהנא על |
| 395 | Nu 6:21 | דנזירה די ידר קרבני<ה> | קדם | ייי על נזירותיה בר מן מה |
| 396 | Nu 7:03 | מן דכל חד ואקרבו יתהון | קדם | {ייי} <מ>שכנה: |
| 397 | Nu 7:03 | ואייתון ית קרבניהון | קדם | ייי שית עגלן מזווגן |
| 398 | Nu 8:10 | ותקרב ית ליויי | קדם | ייי ויסמכון בני ישראל ית |
| 399 | Nu 8:11M | לווי/ליוואי#2#/: אנפו | קדם | ייי מן בני ישראל ויהוון |
| 400 | Nu 8:12 | לחט«א»תה וית חד לעלתה | קדם | ייי למכפרה על ליויי: |
| 401 | Nu 8:13 | בנוי ותניף יתהון אנפו | קדם | ייי% {למכפרה על ליויי: |
| 402 | Nu 8:21M | /ויני׳#2#/ \\יתהון אנפו | קדם | ייי וכפר#1#/ויכ׳#2#/ \ |
| 403 | Nu 9:10 | או לדרכון ויעבד פיסחה | קדם | ייי: |
| 404 | Nu 9:14 | גי{זל}<ור> ויעבד פסחה | קדם | ייי כקיימוי דפסח וכסדרי |
| 405 | Nu10:09 | בחצוצרת׳ ותתדכרון | קדם | ייי אלהכון ותתפ«ר»קון מן |
| 406 | Nu11:01 | ביש במשמעה דייי ושמע | קדם | ייי ותקף רוגזה ובערת בהון |
| 407 | Nu11:02 | עמה קדם משה וצלי משה | קדם | ייי ואתבלעת אשתה: |
| 408 | Nu11:11 | ואמר משה | קדם | ייי למה כען אבאשת לעבדך |
| 409 | Nu11:23 | ואמר ייי למשה הא אית | קדם | ייי מחסור כדון תחמון אן |
| 410 | Nu12:02 | הלא אוף עמן מלל ושמיע | קדם | ייי: |
| 411 | Nu12:02M | לחוד בן מלל וגלי וידיע | קדם | <ייי |
| 412 | Nu12:13 | וצלי משה | קדם | ייי ואמ׳ בבעו ברחמין |
| 413 | Nu14:13 | ואמר משה | קדם | ייי וישמעון מצריי ארום |
| 414 | Nu14:16 | על דלית יכלה | קדם | ייי למיעלה ית עמא האליין |
| 415 | Nu14:37 | טבה ביש על ארעא במגפתה | קדם | ייי: |
| 416 | Nu15:03 | למקרבה לריח דרעוה | קדם | ייי מן תוריה או מן ענה: |
| 417 | Nu15:03 | ותקרבון קרבן | קדם | ייי עלה או נ{ס}כ<ס>ה |
| 418 | Nu15:04 | ויקרב מן דמקרב קרבניה | קדם | ייי מנחה עשרון מכלתה סלת |
| 419 | Nu15:07 | הינה תקרבון לריח דרעוה | קדם | ייי: |
| 420 | Nu15:10 | קרבן מתקבל לריח דרעוה | קדם | ייי: |
| 421 | Nu15:13 | קרבן מתקבל לריח דרעוה | קדם | ייי: |
| 422 | Nu15:14 | קרבן מתקבל בלריח דרעוה | קדם | ייי היך מה די תעבדון כדן |

423 Nu15:15 כוותכון גיורה יהוי קדם ייי:
424 Nu15:24M דרעוה \לשמה דייי /קדם ייי#2#/ ומנחתיה
425 Nu15:25 אייתון ית קרבניהון קדם ייי וחובתהון קדם ייי על
426 Nu15:25 קדם ייי וחובתהון קדם ייי על שלותהון:
427 Nu15:28 דאשתלת בחובתה בשלותה קדם ייי למכפרה עלוי וישתבק לה:
428 Nu15:28M דאשתליית דחטת בשלו קדם ייי ויכפר עלוי וישתרי
429 Nu15:30 גלי ביציבייה ובגיוריה קדם ייי הוא מחרף ותישתצא נפשא
430 Nu15:34 עד זמן דיתפרש להון קדם ייי מה יתעבד לה:
431 Nu15:40 פיקודיי ותהוון קדישין קדם ייי אלהכון:
432 Nu16:07 אשא ושוון עליהון קטרה קדם ייי למחר ויהוי גברא די
433 Nu16:11 וכל עם כנישתך דאזדמנתון קדם ייי ואהרן מה הוא חשיב
434 Nu16:15 ובאיש למשה לחדה ואמר קדם ייי לא תקבל ברעווה ית
435 Nu16:16 את וכל עם כנישתך הוון קדם ייי את «ואינון» ואהרן
436 Nu16:17 עליהון קטרה ותקרבון קדם ייי גבר מחתיתיה תרתין
437 Nu16:30 ארגיזו גברייה איליין קדם ייי:
438 Nu17:03 למדבחה ארום קרבו יתהון קדם ייי אתקדשו ויהויין לסימן
439 Nu17:05 דאהרן הוא למסדרה קטרה קדם ייי ולא יהווי כקרח
440 Nu17:22 ואצנע משה ית חוטריה קדם ייי במשכנה דסהדותה:
441 Nu18:19 עלם קיים מלח עלם הוא קדם <ייי> לך ולבנך בתרך:
442 Nu20:03 היך מה דמיתו אחונן קדם ייי:
443 Nu20:13 די אדיינו בני ישראל קדם ייי וקדש שמה בהון:
444 Nu20:16 וצלינן קדם ייי ושמע בקל צלותן ושלח
445 Nu21:02M ונדרו ישראל נדר לייי/קדם ייי#2#/ ואמרין אן ממסור
446 Nu21:07 דייי ועליך אתרעמנן צלי קדם ייי ויעבר מעילוון ית חיויא
447 Nu22:10 ואמר בלעם קדם ייי בלק בר צפור מלכהון
448 Nu23:23 מה אגר טב מתקן לכון קדם ייי לעלמא דאתי:
449 Nu25:04 ואקים יתהון בסנהדרין קדם ייי ויהוון דיינין כל מן
450 Nu26:09 מזמני כנשתה די פלגו קדם ייי על משה ועל אהרן
451 Nu26:09 דקרח בזמנה די פלגו קדם ייי:
452 Nu26:61 בקרבותהון אשא בריה קדם ייי:
453 Nu27:03 בגו עם כנשתה דאתרעמו קדם ייי בעצתה דקרח ארום
454 Nu27:05 משה ית סדר דיניהון קדם ייי:
455 Nu27:21 לה בסדר דינהון דאוריתה קדם ייי על גזירת פמה יפקון ועל
456 Nu28:03 דן סדר קרבנה די תקרבון קדם ייי אמרין בני שתהון שלמין
457 Nu28:06 דסיני לריח דרעווה קרבן קדם ייי מתקבל:
458 Nu28:08 קרבן מתקבל לריח דרעוה קדם ייי:
459 Nu28:11 ירח«י»כון תקרבון עלה קדם ייי תורין בני שתהון תורין
460 Nu28:13 חתתה עלה ריח דרעוה קרבן קדם ייי מתקבל:
461 Nu28:15 עזין תקרבון יתה לחטאתה קדם ייי סמיך לעלת תמידה יתקרב
462 Nu28:16 יומין לירחא נכסת פסחא קדם ייי:
463 Nu28:19 ותקרבון קרבנין עלוון קדם ייי תורין ^תרין#2#^ בני
464 Nu28:24 לחם קרבן מתקבל ברעוה קדם ייי סמיך לעלת תמידה יתקרב
465 Nu28:26 בקרבותכון מנחה מן חדתה קדם ייי בזמן {ב}<ד>חגי
466 Nu28:27 ותקרבון עלה לריח דרעוה קדם ייי תורין בני תורין תרין
467 Nu29:02 ותקרבון עלה לריח דרעוה קדם ייי תור בר תורין חד דכר חד
468 Nu29:06 כסדר דיניהון לריח דרעוה קדם ייי מתקבל:
469 Nu29:08 ותקרבון עלה קדם ייי לריח דרעווה תור בר
470 Nu29:12 תעבדון ותחגון יתה חגה קדם ייי שבעה יומין:
471 Nu29:13 קרבן מתקבל לריח דרעוה קדם ייי תורין בני תורין
472 Nu29:36 קרבן מתקבל לריח דרעוה קדם ייי תור חד דכר חד אמרין
473 Nu29:39 כהדן סידרא תהוון מקרבין קדם ייי במועדיכון בר מן
474 Nu29:39M איליין תקרבון קדם ייי בזמן חגי מועדי"
475 Nu30:04 ואתתה ארום תדר נדר קדם ייי ותקיים קיים בביתה
476 Nu31:50 רבה למכפרה על נפשתן קדם ייי:

477 Nu31:54 דכרן טב לבני ישראל קדם ייי:
478 Nu32:13 די עבד מה דשני ומרחק קדם ייי:
479 Nu32:20 פתגמה הדין אן תזיינון קדם ייי לחיל קרבה:
480 Nu32:21 לכון כל דמזיין ית ירדנה קדם ייי עד זמן די ישיצי ית
481 Nu32:22 ארעא חדה לכון אחסנה קדם ייי:
482 Nu32:22 ותתכבש ארעא קדם ייי ומן בתר כדן תחזרון
483 Nu32:23 כדין הא אתחייבתון קדם ייי די יארעון יתכון:
484 Nu32:27 כל דמזיין לחיל קרבה קדם ייי לסדרי קרבה היך מה
485 Nu32:29 כל דמזיין לחיל קרבה קדם ייי ותתכ{נ}<ב>ש ארעא
486 Nu32:32 אנן נעבר מזיינ{י}ין קדם ייי בארעא דכנען ועמן
487 Dt 1:17 מלך ושליט ארום דינה קדם ייי הוא מתבע ופתגמה די
488 Dt 1:41 ועניתון ואמרתון לי סרחנן קדם ייי אנן נסוק ונסדר קרבה
489 Dt 1:45 וחזרתון ובכיתון קדם ייי ולא שמע ייי בקל
490 Dt 3:23M רחמין \מן קדם ייי /קדם ייי אמר משה#2#/ בשעתה
491 Dt 4:10 יומא די קמתון קדם ייי אלהכון בטורא דחורב
492 Dt 4:25 ותעבדון מה דסני ומרחק קדם ייי אלהכון למכעס
493 Dt 4:29 ותצלון מן {קדם} תמן <קדם> ייי אלהכון ותשכחון ארום
494 Dt 4:30 בסוף עקב יומיא ותתובון קדם ייי אלהכון ותשמעון בקל
495 Dt 5:14 וביומא שביעיה שבה ונייח קדם ייי אלהכון לא תעבדון על
496 Dt 6:18 ותעבד דשפר ותקן קדם ייי מן בגלל דייטב לכון
497 Dt 6:25 למעבד ית כל מצוותה הדה קדם ייי אלהן היך מה די פקד
498 Dt 7:06 ארום עם קדישין אתון קדם ייי אלהכון בכון אתרעי ייי
499 Dt 7:25 בהון ארום סני ומרחק קדם ייי אלהכון הוא:
500 Dt 9:07 עד אתרה מסרבין הוויתון קדם ייי:
501 Dt 9:08 ובחרב ארגזתון קדם ייי ותקף רוגזיה דייי בכון
502 Dt 9:16 וחמית והא אתחייבתון קדם ייי אלהכון עבדתון לכון עגל
503 Dt 9:18 למעבד מה דסני ומרחק קדם ייי למכעסה קדמוי:
504 Dt 9:22 שאלתה מרגזין הוויתון קדם ייי:
505 Dt 9:24 מסרבין הויתון קדם ייי מן יומא די חכמית
506 Dt 9:26 וצליית ובעית קדם ייי ואמרית בבעו ברחמין
507 Dt10:08 ארון קיימה דייי למקום קדם ייי למשמשה קדמוי ולמברכה
508 Dt10:11 אמר משה קום אזיל למטלן קדם {ייי} <עמא> וייעלון
509 Dt10:12 ית אולפן אורייתא ולמפלח קדם ייי אלהכון בכל לבביכון
510 Dt10:14M \הא לייי /הא קדם ייי#2#/ אלהכון שמייא ושמי
511 Dt10:20M "מן קדם ... ומקיימין": קדם ייי אלהכון תצלון ויתיה
512 Dt12:04 לא תעבדון כדן קדם ייי אלהכון:
513 Dt12:07 ותיכלון תמן קדם ייי אלהכון ותחדון בכל
514 Dt12:12 ותחדון קדם ייי אלהכון אתון ובניכון
515 Dt12:18 ארום אלהן קדם ייי אלהכון תיכלון יתיה
516 Dt12:18 די בקורייכון ותחדון קדם ייי אלהכון בכל אושטות
517 Dt12:25 ארום תעבד דשפר ותקן קדם ייי:
518 Dt12:28 תעבדון מה דשפר ותקן קדם ייי אלהכון:
519 Dt12:31 אלהכון ארום כל דמרחק קדם ייי די סני ורחיק עבדו
520 Dt12:31 לא תעבד כדן קדם ייי אלהכון ארום כל דמרחק
521 Dt13:06 ארום מלל מילין דשקריין קדם ייי אלהכון דאפק יתכון
522 Dt13:17 קרתא וית על עדיתה גמיר קדם ייי אלהכון ותיהוי צדי
523 Dt13:19 למיעבד מה דשפר ותקן קדם ייי אלהכון:
524 Dt14:01 חביבין אתון קדם ייי אלהכון לא תעבדון חבורן
525 Dt14:02 ארום עם קדישין אתון קדם ייי אלהכון ובכון אתרעי ייי
526 Dt14:21 ארום עם קדישין אתון קדם ייי אלהכון עמי בני ישראל
527 Dt14:23 ותאכלון קדם ייי אלהכון באתרה די יתרעי
528 Dt14:26 נפשיכון ותאכלון תמן קדם ייי אלהכון ותחדון עמי אתון
529 Dt15:02 אחוי ארום איתקרית שמטה קדם ייי:
530 Dt15:09 ולא תתן לה ולא יצוח עלך קדם ייי דלא יהווי בך חובה:

|  |  | | | |
|---|---|---|---|---|
| 531 | Dt15:20 | | קדם | ייי אלהכון תיכלון יתיה שתה |
| 532 | Dt15:21 | מום ביש לא תקרבון יתיה | קדם | ייי אלהכון: |
| 533 | Dt16:01 | דאביבה ותעבדון פסחא | קדם | ייי אלהכון ארום בזמן ירחה |
| 534 | Dt16:02 | ותיכסון נכסת פסחא | קדם | ייי אלהכון ען ותורין באתרה |
| 535 | Dt16:08 | שביעיה כנישת חדוה | קדם | ייי אלהכון לא תעבדון |
| 536 | Dt16:10 | חגה דשבועיה היא עצרתה | קדם | ייי אלהכון כמסת אושטות |
| 537 | Dt16:11 | ותחדון | קדם | ייי אלהכון אתון ובניכון |
| 538 | Dt16:15 | שובעת יומין תחגון | קדם | ייי אלהכון באתרה די יתרעי |
| 539 | Dt16:16 | לית אתון רשיין למתחמיא | קדם | ייי אלהכון ריקנין מן כל |
| 540 | Dt16:22 | לכון קיימה די סני ורחיק | קדם | ייי אלהכון: |
| 541 | Dt17:01 | לא תקרבון | קדם | ייי אלהכון תור ואמר די |
| 542 | Dt17:01 | ארום מה דסני ומרחק | קדם | ייי אלהכון אינון: |
| 543 | Dt17:02 | די יעבד מה דסני ומרחק | קדם | ייי אלהכון למעברה בקיימיה: |
| 544 | Dt17:12 | דקיים מעתד למשמשא תמן | קדם | ייי אלהכון או לדינה ויתקטל |
| 545 | Dt18:07 | דקיימין ומשמשין תמן | קדם | ייי: |
| 546 | Dt18:12 | ארום סני ומרחק | קדם | ייי כל דעבד אלין ובגלל |
| 547 | Dt19:17 | גברייה דאית להון דינה | קדם | ייי לקדם כהנייה ודייניה די |
| 548 | Dt20:18 | לסעוותהון דלא תתחייבון | קדם | ייי «א»להכון: |
| 549 | Dt21:09 | ^אדמה#2#^ מה דשפר ותקן | קדם | ייי: |
| 550 | Dt21:23 | ביומה ההוא ארום ליט | קדם | ייי כל דצליב ולא תסאבון ית |
| 551 | Dt22:05 | דאתה ארום סני ומרחק | קדם | ייי אלהכון כל דעביד אלין: |
| 552 | Dt23:19 | ~לכל נדר ארום מרחקה | קדם | ייי אלהכון#2#~ לחוד |
| 553 | Dt23:22 | ארום תפרשון פרוש דנדר | קדם | ייי אלהכון לא תשהון למשלמא |
| 554 | Dt23:24M | למיעבד היך מה דתנדרתון | קדם | ייי אלהכון נדיבה היך מה |
| 555 | Dt23:24 | ותעבדון היך מה דנדרתון | קדם | ייי אלהכון נדבה די מללתון |
| 556 | Dt24:04 | אחרן ארום מרחקה הוא | קדם | ייי ולא תחייבון ית ארעא |
| 557 | Dt24:13 | עלך ולכון תיהווי זכו | קדם | ייי אל«ה»כון: |
| 558 | Dt24:15M | נפ' דלא יצווח עליכון | קדם | ייי אזדהרו דלא יהווי בכון |
| 559 | Dt24:15 | אזדהר לך דלא יצוח עלך | קדם | ייי דלא יהוי בתרך חובה: |
| 560 | Dt25:16 | ארום סני ומרחק | קדם | ייי אלהכון כל דעבד אלין כל |
| 561 | Dt26:03 | הדין ושבחין יומא הדין | קדם | ייי אלהן ארום עלינן לארעא |
| 562 | Dt26:05 | ותענון ותימרון | קדם | ייי אלהכון לבן ארמייה סבר |
| 563 | Dt26:07 | וצלינן | קדם | ייי אלה אבהתן ושמיע קדם |
| 564 | Dt26:07 | קדם ייי אלה אבהתן ושמיע | קדם | ייי קל צלותן וגלי קדמוי ית |
| 565 | Dt26:10 | די יהבת לן ייי ותצנעון | קדם | ייי אלהכון <....>: |
| 566 | Dt26:13 | ותימרון | קדם | ייי אלהכון אפרישנין ית |
| 567 | Dt26:19 | ל{י}שמיה לעם קדישין | קדם | ייי אלהכון היך מה די מלל: |
| 568 | Dt27:05 | ותבנון מדבח | קדם | ייי אלהכון מדבח דאבנין לא |
| 569 | Dt27:06 | ותסדרון עלוי עלוון | קדם | ייי אלהכון: |
| 570 | Dt27:07 | ותיכלון תמן ותחדון | קדם | ייי אלהכון: |
| 571 | Dt27:09 | הדין איתמניתון לאומה | קדם | ייי אלהכון: |
| 572 | Dt27:15 | וכל דמו מה דסני ומרחק | קדם | ייי עבד ידי אומן ולא ישווי |
| 573 | Dt27:15 | וכל דמו מה דסני ומרחק | קדם | ייי עובד ידי אומן וישוי |
| 574 | Dt28:31 | ולית לכון עבדין טבין | קדם | ייי אלהכון די ישיזיב יתכון |
| 575 | Dt28:47 | חלף די לא פלחתון | קדם | ייי אלהכון בחדו ובלבב טב מן |
| 576 | Dt29:09 | מעתדין כולכון יומא הדין | קדם | ייי אלהכון רישיכון שבטיכון |
| 577 | Dt29:14 | קיימין הכה יומא הדין | קדם | ייי אלהן וית כל דרייה |
| 578 | Dt29:14M | עמנא קיימין יומא הדין | קדם | ייי אלהנא וית כל דריה |
| 579 | Dt29:17M | "בתר ... טעוותהון": | קדם | ייי אלה למיזל ולמפלח ית |
| 580 | Dt29:28 | טמירתה גליין אינון | קדם | ייי אלהן וגלייתיה לן |
| 581 | Dt30:10 | אורייתה הדה ארום תחזרון | קדם | ייי אלהכון בכל לבביכון |
| 582 | Dt31:11 | דכל ישראל למחמייה | קדם | ייי אלהכון באתרה די יתרעי |
| 583 | Dt31:29 | תעבדון מה דלא שפר ותקן | קדם | ייי למכעסה יתיה בעבד |
| 584 | Dt32:19 | וגלי | קדם | ייי ארום הוה רגוז מן כעסה |
| 585 | Lv27:08 | הוא מן עלויה ויקים יתיה | קדם | כהנה ויעלי יתיה על פם די |
| 586 | Lv27:11 | ייי קרבן ויקים ית בעירה | קדם | כהנה: |
| 587 | Nu20:10 | משה ואהרן ית קהלה | קדם | כיפה ואמר להון שמעו כען |
| 588 | Ex34:10M | הא אנה מקיים קיים | לקבל/קדם#2#/ | כל עמך אעבד נסין |
| 589 | Dt31:07 | משה ליהושע ואמר ליה | קדם | כל ישראל אתוקף ואזדרז |
| 590 | Nu14:05 | משה ואהרן על אפיהון | קדם | כנישתה דבני ישראל: |
| 591 | Nu16:09 | משכן זימנא דייי ולמיקם | קדם | כנישתה למשמשה יתהון: |
| 592 | Nu32:04 | ארעא דכבש ייי | קדם | כנישתה דישראל ארע |
| 593 | Gn29:26M | למ'#2#/ זעירתא | קדמיי/קדם#2#/ | לרב{בר}<רב>נתא |
| 594 | Nu 7:10 | רברבני ית קרבניהון | קדם | מדבחה: |
| 595 | Dt26:04 | מן ידיכון ויצנע יתיה | קדם | מדבחה דייי אלהכון: |
| 596 | Nu21:11 | במגזת עבריה במדברה די | קדם | מואביי מן מדנח שמשה: |
| 597 | Gn16:05 | עמך בהימנו עלית עמך | קדם | מלכי דארעא קדם פרעה מלכא |
| 598 | Lv26:23 | מרדוותה לא תתדרון | קדם | ממרי ותהלכון קדמיי בקשיו: |
| 599 | Ex14:12 | למימר ארפי מינן ונפלח | קדם | מצריי ארום טב הוה לן פלחין |
| 600 | Ex14:12 | ארום טב הוה לן פלחין | קדם | מצריי מן למקטליה יתן |
| 601 | Ex29:10 | ותקרב ית תורא | קדם | משכן זימנא ויסמך אהרן |
| 602 | Lv 3:08 | ריש קרבניה ויכוס יתיה | קדם | משכן זימנ' ויזרקון בנוי |
| 603 | Lv 3:13 | על רישיה ויכוס יתיה | קדם | משכן זימנא ויזרקון בנוי |
| 604 | Lv 4:14M | לחטאתה וייתון יתה | לתרע/קדם#2#/ | משכן זימנא: |
| 605 | Nu 3:07 | מטרת כל עם כנ«י»שתה | קדם | משכן זימנא למיפלח ית פלחן |
| 606 | Nu 3:38 | ודשריין קדם משכנה קדמיין | קדם | משכן זימנא מן מדנחה משה |
| 607 | Nu 8:09 | ותקרב ית ליוויי | קדם | משכן זימנא ותכנש ית כל |
| 608 | Nu17:08 | ועל משה ואהרן | קדם | משכן זימנה: |
| 609 | Lv17:04 | יתיה קרבן קדם ייי | קדם | משכנה דייי אדם יתחשב לגברה |
| 610 | Nu 3:38 | ודשריין | קדם | משכנה קדמיין קדם משכן |
| 611 | Nu18:02 | יתך ואת ובניך עמך | קדם | משכנה דסהדותא: |
| 612 | Ex14:19 | דייי דהוי עתיד למהלך | קדם | משריתיהון דישראל |
| 613 | Nu17:19 | ואצנע יתהון במשכן זמנה | קדם | סהדותא די אזדמן ממרי לכון |
| 614 | Nu17:25 | חזר ית חוטרה דאהרן | קדם | סהדותא למטרה לסימן |
| 615 | Gn33:14 | יעבר כען רבוני | קדם | עבדה ואנא אדבר יתהון להוני |
| 616 | Gn33:14M | דברכיה אבא בעלמא הדין | קדם | עבדיה ואנא אדבר לבלחודוי |
| 617 | Nu35:12 | קטולא עד זמן די יקום | קדם | עם כנישתה בדינה: |
| 618 | Gn23:12 | ואשתטח אברה«ם» | קדם | עמא דארעא: |
| 619 | Ex13:22 | מדברין ומעתדין ומנהרין | קדם | עמא: |
| 620 | Dt 3:28 | יתיה ארום הוא יעבר | קדם | עמא האלין והוא יחסן יתהון |
| 621 | Dt 4:44 | אורייתה די סדר משה | קדם | עמא בני ישראל: |
| 622 | Lv20:17M | בזי /כן ואשיצי יתיה | קדם | עמהון עריתיה דחתה בזי#2#/ |
| 623 | Gn30:41 | ושוי יעקב ית חוטריא | קדם | ענה במו{ד}<ר>כותא למחמא |
| 624 | Ex14:02 | ישראל ויחזרון וישרון | קדם | פונדקי חירתה בין מגדול |
| 625 | Lv18:21 | לא תתן למתעברה בנורא | קדם | פלחנה נכרייה ולא תפסו ית |
| 626 | Lv20:02 | די יתין מן בנוי למעברה | קדם | פלחנה נכרייה מתקטל יתקטל |
| 627 | Lv20:03 | בנוי יהב למעברה בנורא | קדם | פלחנה נכריה מן בגלל למסאבה |
| 628 | Lv20:04 | זרעית בנוי למעברה בנורא | קדם | פלחנה נכריה דלא למקטול |
| 629 | Ex40:26 | מדבחה דדהבה במשכן זימנא | קדם | פרוכתה: |
| 630 | Ex30:06 | ותתן יתיה | קדם | פרכתא די על ארונא דשהדותא |
| 631 | Gn12:15 | רברבנוי דפרעה ושבחו יתה | קדם | פרעה ואד{כ}<ב>רת אתתה |
| 632 | Gn16:05 | עלית עמך קדם מלכי דארעא | קדם | פרעה מלכא דמצרים וקדם |
| 633 | Gn40:14M | ותדכר יתי | לוות/קדם#2#/ | פרעה ותיפוק/ותפק#2#/ |
| 634 | Gn41:46 | תלתין שנין הווה כד קם | קדם | פרעה מלכא דמצרים ונפק |
| 635 | Gn41:55 | ארעא דמצרים וצווחו עמא | קדם | פרעה על עיסק לחמא ואמר |
| 636 | Gn47:02 | גברי«ן» ואקם יתהון | קדם | פרעה: |
| 637 | Gn47:07 | יעקב אבוי ואקים יתיה | קדם | פרעה וברך יעקב ית פרעה: |
| 638 | Gn49:23 | רבונהון ואכלו קרצוהי | קדם | פרעה מלכא דמצרים מן בגלל |

|  |  |  |  |  |  |
|---|---|---|---|---|---|
| 639 | | Ex 4:21 | די שווית בידך ותעבדינון | קדם | פרעה ואנה אתוקף ית לביה |
| 640 | | Ex 4:21M | /קדמיך ותעבד יתהון | קדם#2#/ | פרעה ואנה אתוקף ית לביה |
| 641 | | Ex 4:30M | ועבד נסייא \לעיני עמא | /קדם | פרעה#2#/: |
| 642 | | Ex 5:15 | דבני ישרא' וצווחו | קדם | פרעה למימר למה כען תעבד |
| 643 | | Ex 7:09 | סב ית חטרך וטלק יתיה | קדם | פרעה ויהווי לחיויא: |
| 644 | | Ex 7:10 | וטלק אהרן ית חוטריה | קדם | פרעה וקדם עבדוי והווה |
| 645 | | Ex 7:20 | ומחה ית מיא די בנהרא | קדם | פרעה וקדם שליטוי ואתהפכו |
| 646 | | Ex 8:16 | למשה אקדם לצפרא ואתעתד | קדם | פרעה הא הוא נפק למתקוררה |
| 647 | | Ex 9:08 | ויזרוק יתיה משה לשמיא | קדם | פרעה: |
| 648 | | Ex 9:10 | ונסבו ית קטם אתונא וקמו | קדם | פרעה וזרק יתיה משה לשמיא |
| 649 | | Ex 9:13 | למשה אקדם בצפרא ואתעתד | קדם | פרעה ותימר ליה כדין אמר |
| 650 | | Ex10:03M | משה ואהרן | לוות/קדם#2#/ | פרעה ואמרין ליה כדון |
| 651 | | Gn33:18 | במיתייא מפדן ארם ושרא | קדם | קרתא: |
| 652 | | Ex23:17 | כל דכוריכון תבעין אולפן | קדם | רבון כל עלמיא ייי: |
| 653 | | Ex34:23 | יתחמיר' כל דוכריכון | קדם | רבון כל עלמיא ייי אלהה |
| 654 | | Dt16:16 | שתה יתחמי כל דכוריכון | קדם | רבון כל עלמיא ייי אלהכון |
| 655 | | Gn49:23 | וחכימיהון אמרו בישתא | קדם | רבונהון ואכלו קרצוהי קדם |
| 656 | | Gn33:08M | די ארעת ואמר למשכחא | \קדם | רבוני#2#/ חן וחסד באפך: |
| 657 | | Gn33:15M | חן וחסד \באפוי דרבוני | /קדם | רבוני#2#/: |
| 658 | | Gn47:18M | לות רבונן לא אשתייר | קדם | רבונן ברם אלא הן גופיהון |
| 659 | | Ex10:08 | ואמרו להון איזילו פלחו | קדם | {ר̇}ייי אלהכון מן ומן אנון |
| 660 | | Ex16:34 | משה ואצנע יתיה אהרן | קדם | שהדותא למטרה: |
| 661 | | Ex30:36 | ותשחק מנה ותידק ותתן מנה | קדם | שהדותא במשכן זמנא דאזמן |
| 662 | | Gn43:14 | {ו}<י>שוי לכון רחמין | קדם | שליטיא וישלח לכון ית |
| 663 | | Dt 4:26 | הא אסהדית בכון יומא הדין | קדם | שמיא וקדם ארעא ארום |
| 664 | | Dt32:01 | ^הא#2#^ אנה מסהד בהון | קדם | שמייא וקדם ארעא דלא מייתין |
| 665 | | Dt 4:29 | ותצלון מן | {קדם} | תמן <קדם> ייי אלהכון |
| 666 | | Ex40:06 | ותתן ית מדבחא דעלתה | קדם | תרע משכנה משכן זימנא: |
| 667 | קודם | Lv23:12M | /של' דכר בר שתה לעולה | קודם#2#/ | דייי: |
| 668 | | Ex34:23M | כל דכורכון תבעין אלפן | קודם | ייי אלהיה |
| 669 | | Ex35:05M | אפרשו \לשמה דייי | /קודם | <ייי#2#/ כל די ידוב יתה |
| 670 | | Lv 7:20M | \דמפרש לשמה דייי /דאית | קודם | ייי#2#/ וסאובתיה |
| 671 | | Lv22:29M | נכיסת הודייה | קודם | ייי לר' |
| 672 | | Lv27:11M | \קדם ייי קרבן /קרבנה | קודם | ייי#2#/ ויקים ית בעירה |
| 673 | | Nu 6:06M | \לשמה דייי על נפש | /קודם | ייי לטמא נפש#2#/ דמית לא |
| 674 | | Nu11:01M | קדם /קודם ייי וגלי | קודם#2#/ | ייי ותקף רוגזה ובערת |
| 675 | | Nu11:01M | במשמעה \דייי ושמע קדם | /קודם | ייי וגלי קודם#2#/ ייי |
| 676 | | Nu32:13M | ומרחק קדם /בישתה | קודם#2#/ | ייי: |
| 677 | | Dt 9:18M | "... כקדמיתה": וצליית | קודם | ייי כזמנה קדמייה |
| 678 | | Lv22:18M | יקרבון/דק'#2#/ | לשמה/קודם#2#/ | {יקרבון לשמה} דייי |
| 679 | | Nu33:03M | פריקין בראש גלי | לעיני/קודם#2#/ | כל מצריי/<מצר>אי#2# |
| 680 | | Lv 9:05M | /דיפקד#2#/ משה | לתרע/קודם#2#/ | משכן זימנה וקריבו |
| 681 | | Nu16:09M | /משכן זמנא ולמקום | קודם | עמא דכנשתא#2#/ למשמשה |
| 682 | | Ex11:10 | עבדו ית כל נסייה האלין | קודם | פרעה ותוקף ייי ית לביה |
| 683 | דקדם | Nu11:23M | האיפשר {קדם} | דקדם | ייי אית חוסרנה |
| 684 | וקדם | Gn16:05 | קדם פרעה מלכא דמצרים | וקדם | אבימל' מלכא דגרר ואמרת |
| 685 | | Nu27:02 | וקיימן קדם משה | וקדם | אלעזר כהנה וקדם רברבניה |
| 686 | | Nu27:21 | | וקדם | אלעזר כהנא יקום וישאול לה |
| 687 | | Gn27:40 | ועל חרבך תחי | וקדם | אחוך תהוי פלח ומשועבד |
| 688 | | Dt 4:26 | יומא הדין קדם שמיא | וקדם | ארעא ארום מיסתיפא תסתיפון |
| 689 | | Dt32:01 | מסהד בהון קדם שמייא | וקדם | ארעא דלא מייתין לעולם ולא |
| 690 | | Nu 8:13 | ית ליויי קדם אהרן | וקדם | בנוי ותניף יתהון אנפו קדם |
| 691 | | Nu 8:22 | במשכן זימנא קדם אהרן | וקדם | בנוי היך מה די פקד ייי ית |
| 692 | | Dt19:17M | /מצו#2#/ קדם ייי | לקדם/וקדם#2#/ | כהנייה ודייניה די |
| 693 | | Gn16:12 | וידי כלא ישלטון ביה | וקדם | כל אומי ישרי: |
| 694 | | Gn25:18 | מצרים מעלך לאתור | וקדם | כל אחוי שרה: |
| 695 | | Lv10:03M | אתקדש/יתקדש#2#/ | ובאפי/וקדם#2#/ | כל עמא איתיקר ושתק |
| 696 | | Nu27:02 | כהנה וקדם רברבניה | וקדם | כל עם כנשתה בתרע משכן זמנא |
| 697 | | Nu27:19 | כהנא וקדם רברבניה | וקדם | כל עם כנישתה ותפקד יתיה |
| 698 | | Nu27:22 | יתיה קדם אלעזר כהנא | וקדם | כל עם כנשתה: |
| 699 | | Ex30:06 | די על ארונא דשהדותא | וקדם | כפרתה דעל שהדותא דאזמן לך |
| 700 | | Lv16:14 | על אפי כפרתה מן מדנחה | וקדם | כפרתה ידי{ה} שבעה זמנין מן |
| 701 | | Lv19:14 | לא תלו' ית מה דלא שמע | וקדם | מן דלא חמי לא תתן תקלה |
| 702 | | Ex 5:21M | אסרי' ית רחן קדם פרעה | וקדם | עבדוי למיתן#2#/ חרבא |
| 703 | | Ex 7:10 | ית חוטריה קדם פרעה | וקדם | עבדוי והווה לחיוא: |
| 704 | | Nu36:01 | דיוסף ומללו קדם משה | וקדם | רברבני ראשי אבהתה דבני |
| 705 | | Nu27:02 | משה וקדם אלעזר כהנה | וקדם | רברבניה וקדם כל עם כנשתה |
| 706 | | Nu27:19 | קדם אלעזר כהנא | וקדם | רברבניה וקדם כל עם כנישתה |
| 707 | | Ex 7:20 | מיא די בנהרא קדם פרעה | וקדם | שליטוי ואתהפכו כל מיא נהרא |
| 708 | ק' | Nu34:06M | בגווה הנון מיה בראשית | ק'#2#/ | דין יהווי לכון תחום ימא |
| 709 | קדמ' | Gn48:07 | במייתוי מפדן דארם מיתת | קדמ' | רחל בארעא דכנען בארחא |
| 710 | | Dt 1:21M | /יהב ייי אלהן | קדמ'#2#/ | ית ארעא סוקו/סק#2#/ |
| 711 | | Ex10:28 | מעלוי לא תוסיף לממללה | קדמ' | תוב חד מאילן מלייה קשייתא |
| 712 | קדמאי | Ex 5:01 | שלח ית עמא ויחגון | קדמא<י> | במדברא: |
| 713 | קדמה | Lv26:01 | לא תתנון בארעכון למסגד | קדמה | ארום אנה ייי אלהכון: |
| 714 | קדמו | Gn 4:16 | להבל חזרת למהוי מרביה | קדמו | כו{כ}<ב>ין ודרדרין: |
| 715 | קדמוהי | Gn15:01 | קרבא לקבל אברם ונפלו | קדמוהי | וקטל מניהון ארבעה מלכין |
| 716 | | Gn 2:03 | בה הוא שבה שבה וניח | קדמוהי | מן כל עיבידתיה די ברה |
| 717 | קדמוי | Gn27:20 | ואמר ארום זמן ייי אלהך | קדמוי: | |
| 718 | | Gn40:09 | ואמר ליה בחלמי והא גפן | קדמוי: | |
| 719 | | Ex 7:26M | ית עמא ויפלחון | קדמיי/קדמוי#2#/: | |
| 720 | | Ex 8:16M | עמי ויפלחון | קדמיי/<קד>מוי#2#/: | |
| 721 | | Ex 9:13M | ית עמא ויפלחון | קדמיי/<קד>מוי#2#/: | |
| 722 | | Ex31:17M | שבה וניח \קדם | ייי/קדמוי#2#/: | |
| 723 | | Dt 4:25 | ייי אלהכון למכעס | ק{{ו}}דמוי: | |
| 724 | | Dt 9:18 | ומרחק קדם ייי למכעסה | קדמוי: | |
| 725 | | Dt28:09 | ותהלכון באורחן דתקנן | קדמוי: | |
| 726 | | Dt32:43 | קלסו | קדמוי | אומייה שבחו יתיה עמיה בית |
| 727 | | Ex33:15 | ואמר | קדמוי | אין לית איקר שכינתך |
| 728 | | Gn 6:13 | קבילת כל בשרא סלקת | קדמוי | ארו' אתמליאת ארעא חמסין |
| 729 | | Dt24:01 | אין לא אשכחת חן וחסד | קדמוי | ארום אשכח בה עריה דמלה |
| 730 | | Dt32:36 | הוא מתנחם ארום גלי | קדמוי | ארום מטת ידיהון דצדיקיה |
| 731 | | Dt32:31 | על דחטינן וארגזן | קדמוי | אתעבדון |
| 732 | | Dt 1:02 | על דחטיתון וארגזתון | קדמוי | אתעכבתון ועב<ר>תון בהון |
| 733 | | Gn 2:02 | די ברא והוה שבא ונייח | קדמוי | ביומא שביעיא מן כל עבדתיה |
| 734 | | Ex20:11 | דבהון והוה שבא ונייח | קדמוי | ביומא שביעיא בגין כדין |
| 735 | | Ex28:01 | בני ישראל למשמשא | קדמוי | בכהונתא רבתא אהרן נדב |
| 736 | | Ex29:01 | למקדשה יתהון למשמשה | קדמוי | בכהונתא רבתה סב תור חד בר |
| 737 | | Ex28:03 | למקדשא יתיה למשמשה | קדמוי | בכהונתה רבתא: |
| 738 | | Ex28:41 | ותקדש יתהון וישמשון | קדמוי | בכהונתה רבתה: |
| 739 | | Ex30:30M | יתהון למשמשה | קדמיי/קדמוי#2#/ | בכהונתה רבתה: |
| 740 | | Ex28:04 | אחוך ולבנוי למשמשא | קדמוי | בכהנתה רבתה: |
| 741 | | Dt11:13 | דייי אלהכון ולמפלח | קדמוי | בכל לבביכון ובכל נפשתכון: |
| 742 | | Ex 7:16M | ית עמי ויפלחון | קדמיי/קדמוי#2#/ | במדברא והא לא שמעת |
| 743 | | Dt 6:16 | אלהכון היך מה דניסיתון | קדמוי | בניסיונה: |
| 744 | | Gn24:40 | לי «ייי» די פלחת | קדמוי | בקושטא ישלח מלאכיה קדמיך |
| 745 | | Gn48:15 | ואמר ייי די הלכו אבהתי | קדמוי | בקושטא אברהם ויצחק ייי |
| 746 | | Ex25:30 | פתורא סידור לחם אפיא | קדמוי | בתדיריא: |

| | | | | | |
|---|---|---|---|---|---|
| 747 | | Ex 9:28M | ויפסוק | קדמוי | דייי זכאה |
| 748 | | Dt33:03 | הלא גלי וידוע | קדמוי | דלא בנוי דעשו ולא בנוי |
| 749 | | Ex15:01 | קדם ייי דכל מן דמתגאי | קדמוי | הוא במימרי מתפרע מיניה |
| 750 | | Dt 4:07 | בכל זמן דאנן מצליין | קדמוי | הוא עני יתן: |
| 751 | | Dt 2:07 | ארום ייי אלהכון גלי | קדמוי | הלכותכון ית מדברה רבה דנה |
| 752 | | Ex32:05 | קדמוי ודחל ובנה מדבח | קדמוי | ואכרז אהרן ואמר חגא קדם |
| 753 | | Gn50:18 | ואזלו אף אחוי ונפלו | קדמוי | ואמרו הא אנן לך לעבדין: |
| 754 | | Gn44:19M | ואתבהל \וארתת /מן | קדמוי | וארתת#2/ יוסף מן קדמוה |
| 755 | | Gn28:10 | למזל לחרן קפצת ארעא | קדמוי | ואשתכח יתיב בחרן וניסא |
| 756 | | Gn22:14M | ... מן יד אקדמית": ברך | קדמוי | ובמניין אקד' |
| 757 | | Ex32:05M | אהרן ית חור נכיס | קדמוי#2/ | ודחל ובנה מדבח קדמוי |
| 758 | | Ex32:05 | וחמא אהרן ית חור נביא | קדמוי | ודחל ובנה מדבח קדמוי |
| 759 | | Gn32:22 | ועברת דורון | קדמוי | והוא אבית בליליא ההוא |
| 760 | | Dt10:08 | למקום קדם ייי למשמשה | קדמוי | ולמברכה בשם ממרה קדישה |
| 761 | | Dt21:05 | ייי אלהכון למשמשה | קדמוי | ולמברכה בשם ממריה דייי |
| 762 | | Dt11:22 | למהלכה בכל אורחן דתקנן | קדמוי | ולמד<ב>קה באולפן אורייתה: |
| 763 | | Dt26:17 | למהלכה באורחן דתקנן | קדמוי | ולמטור קיימוי ומצוותיה |
| 764 | | Dt30:16 | ולמהלכה באורחן דתקנן | קדמוי | ולמטור מצוותה וקיימוי |
| 765 | | Dt10:12 | ולמהלכה בכל ארחן דתקנן | קדמוי | ולמרחום ית אולפן אורייתא |
| 766 | | Gn32:17 | ואמר לעבדוי עברו | קדמוי | ונפי«ש» תשוון בין עדר |
| 767 | | Dt25:09 | מעילווי רגלה ותירוק | קדמוי | ותיעני ותימר כהדן סידרא |
| 768 | | Dt32:05 | ב{(י)}ניה חביביה לא | קדמוי | חבלו אלה להון מומה דאשתכח |
| 769 | | Gn24:12 | אברהם יזדמן לי כען | קדמוי | יומא הדין ועבד חסד עם |
| 770 | | Gn41:43 | דידיה והוון מקלסין | קדמוי | יחי אבוי דמלכא דרב בחכמתא |
| 771 | | Dt32:38 | ניסוכיהון דהוון מנסכין | קדמוי | יקום כען ויפרוק יתהון |
| 772 | | Gn15:10 | וקרב | קדמוי | ית כל אלין ופסג יתהון |
| 773 | | Ex 4:31 | {ושמעו ארום אדכר} גלי | קדמוי | ית צערון ועקדו ואודן |
| 774 | | Nu19:05 | ויוקד ית תורתה | קדמוי | ית משכ{נ}ה וית בשרה |
| 775 | | Dt 5:28M | אמר משה שמעית/גלי | קדמוי#2/ | ית קל מליהון דעמא |
| 776 | | Dt26:07 | קדם ייי קל צלותן וגלי | קדמוי | ית צערן וית שעבודן וית |
| 777 | | Dt25:02 | יתיה דיינה וימחי יתיה | קדמוי | כמסת חובתיה במניין: |
| 778 | | Gn32:04 | ושלח יעקב שליחין | קדמוי | {לוות} לוות עשו אחוי |
| 779 | | Gn46:28 | וית יהודה שלח | קדמוי | לוות יוסף למתקנה ליה אתר |
| 780 | | Gn24:33 | ושוון | קדמוי | למיכל ואמר לית אנה אכל |
| 781 | | Gn27:37 | לך וית כל אחוי שויתי | קדמוי | לעבדין ועבור וחמר סמכ<'> |
| 782 | | Nu21:15 | דידע מה בלבביה וגלי | קדמוי | מה בכוליתה רמז לטוריה |
| 783 | | Ex22:22M | ארום {י}<מ>צוח יצווח | קדמוי | משמע אשמע בקל צלותא ארום |
| 784 | | Ex22:26M | "יצווח": יצוח | קדמוי | משמע אשמע בקל צלותיה |
| 785 | | Gn 6:03 | דמבולא הלא מחתם הוא | קדמוי | סדר דינא דדר' דמבולא |
| 786 | | Dt32:04 | וקשוט אלהה היימנה דלית | קדמוי | עוולה זכיי וקשוט בדינה |
| 787 | | Gn44:14M | הוה יהיב תמן ואשטטחו | קדמוי | על ארעא#2/: |
| 788 | | Gn48:12 | יתהון {ואר} ואשתטחו | קדמוי | על ארעא: |
| 789 | | Ex13:12M | דייי וכל \פתחי וולדה | /קדמוי | פלחי וול'#2/ דבעירא די |
| 790 | | Ex13:02M | בבני /כל בכורייא | קדמוי | פתיחי וולד' בב'#2/ |
| 791 | | Gn43:33 | וארבע יתהון | קדמוי | רבה כרביותיה וזעירא |
| 792 | | Gn43:33M | יתהון קדמוי /ויתבו | קדמוי#2/ | רבה כרביותיה/כרבותי'#2 |
| 793 | | Dt32:04 | כל עלמא צדיקה דלית | קדמוי | שקר ארום כל ארחתיה דינין |
| 794 | | Dt32:30 | על דחטון וארגיזו | קדמוי | תקיפה שבק יתהון ומימרה |
| 795 | | Dt32:38 | די הוון מקרבין | קדמוי | תרבי נכסי קורבניהון וחמר |
| 796 | קדמויי | Nu34:06 | וספינתה עם מי«י»א | קדמויי | די בגווה דין יהווי לכון |
| 797 | | Dt19:09 | ולמהלכה באורחן דתקנן | קדמויי | כל יומיא ותוספון לכון תוב |
| 798 | קדמי | Lv25:23 | דגיורין ותותבין אתון | קדמי: | |
| 799 | | Lv26:18M | חד לשבעה על דחטיתון | קדמי#2/: | |
| 800 | | Lv26:24M | חד שבעה מה דחטיתון | קדמי#2/: | |
| 801 | | Lv26:28M | חד שובעה על דחטיתון | קדמי | |
| 802 | | Gn 6:07 | עוף שמיא ארום הוה תהו | קדמי | ארום בראת יתהון: |
| 803 | | Gn 3:09 | קדמי ואת חשב דלא גלי | קדמי | אתר דאת בגויה אן היא מצותה |
| 804 | | Gn20:06 | אף אנא יתך מלמחטי | קדמי | בגין כדון לא יהבית לך רשו |
| 805 | | Lv22:27 | על חטאינן תורה אתבחר | קדמי | בגין למדכרה קדמיי זכותיה |
| 806 | | Lv22:27M | עדרי ענינן תורה איתבחר | קדמי | בגין למדכרה סבייה דמדנחה |
| 807 | | Gn 7:01 | ארום יתך חמי' צדיק | קדמי | בדרה הדין: |
| 808 | | Ex23:14M | קדמיי בשתא /תחגון | קדמי | בכל שנה#2/: |
| 809 | | Gn17:01 | לה אנא אלהא שמיא פלח | קדמי | בקשטא והוה שלם בעבדא טבא: |
| 810 | | Lv26:21 | ואן תהלכו | קדמי | בקשיו ולא תצבון למשמע |
| 811 | | Lv26:40 | קדמי ולהוד די הליכו | קדמי | בקשיו: |
| 812 | | Gn18:21 | עבדיהון בישייא גליין | קדמי | הא אינון קדמי כדלא ידעת: |
| 813 | | Ex22:22 | ארום מצווח יצווח עליך | קדמי | ואשמע ית קל צלותה ארום חנן |
| 814 | | Ex22:26 | ויהוי ארום יצווח עלך | קדמי | ואשמע ית קל צלותיה ארום |
| 815 | | Gn 3:09 | קדמי חשוכה ונהורה גלי | קדמי | ואת חשב דלא גלי קדמי אתר |
| 816 | | Dt31:20 | ויפלחון קדמיהון וירגיזו | קדמי | וישבקו יתי ויפסון ית |
| 817 | | Ex32:10 | מן למבעי רחמין עליהון | קדמי | ויתקוף רוגזי בהון ואשיצא |
| 818 | | Lv26:40 | בשקריהון די שקרו | קדמי | ולהוד די הליכו קדמי בקשיו: |
| 819 | | Gn33:14M | \די בידי /דאית | קדמי#2/ | ולרגל טלייא עד זמן די |
| 820 | | Gn30:29M | \די הוון ניכסיך רעיין | קדמי#2/ | ותק«י»ף וסגה: |
| 821 | | Gn 3:09 | הא כל עלמא דברית גלי | קדמי | חשוכה ונהורה גלי קדמי ואת |
| 822 | | Dt31:21 | זרעיית בניהון ארום גלי | קדמי | יצרהון בישה דאינון עבדין |
| 823 | | Ex 3:07M | ית /מימריה דייי גלי | קדמי | ית#2/ צערהון דעמי |
| 824 | | Ex 6:05M | \אנא שמעת ית /גלי | קדמי | ית#2/ קבלתהון דבני |
| 825 | | Nu14:27 | קדמיי עלויי שמיע | קדמי | ית תורעמות בני ישראל די |
| 826 | | Dt 9:13 | לי אמר משה למימר גלי | קדמי | ית קשיותהון דעמא האליין |
| 827 | | Gn18:21 | גליין קדמי הא אינון | קדמי | כדלא ידעת: |
| 828 | | Nu14:23 | לאבהתהון וכל דארגזו | קדמי | לא יחמון יתה: |
| 829 | | Dt 9:14 | מן לרע שמייא ויוכלה היא | קדמי | לממנייה יתך לאומה רבה |
| 830 | | Nu28:02 | יתיה והיא מתקבל מנכון | קדמי | לריח דרעוה עמי בני ישראל |
| 831 | | Gn 4:10 | מן הבל אחוך צווחין עלך | קדמי | מן ארעא: |
| 832 | | Ex33:19M | כל כיתי מלאכיה דמשמשין | קדמי | על אפי#2/ ואחוס על מן |
| 833 | | Nu14:11 | למשה עד אמתי ירגזון | קדמי | עמא האלין ועד אימתי לא |
| 834 | | Nu18:15M | כל \פתחי שרוי וולדה | /קדמי | פלחי וול'#2/ לכל בשרה |
| 835 | | Ex13:15M | וולדא /לשמה דייי כל | קדמי | פתח וול'#2/ דכרייא וכל |
| 836 | | Ex34:19M | \כל פתחי שרוי וולדא | /קדמי | פתחי וולד'#2/ לשמי |
| 837 | | Ex34:20M | \ופתח{ן}<י> וולדה /וכל | /קדמי | פתחי וול'#2/ דחמרא |
| 838 | | Nu 3:12M | \פתחי שירוי וולדה | /קדמי | פתחי וולד'#2/ דבני |
| 839 | | Gn23:11 | קבר מתך למיקבר ית מתי | קדמ«י» | קבילו מני ובעון לי מן |
| 840 | | Dt 3:26 | סגין לך לא תוסיף למללה | קדמי | תוב בפתגמא הדין: |
| 841 | קדמיהון | Gn42:24 | ית שמעון וחבש יתיה | קדמיהון: | |
| 842 | | Ex21:01 | ואילין דינייא די תשווי | קדמיהון: | |
| 843 | | Nu27:19 | עם כנישתה ותפקד יתיה | קדמיהון: | |
| 844 | | Dt13:03 | לא חכמתון יתהון ונפלח | קדמיהון: | |
| 845 | | Dt28:14 | טעוון אחרניין למפלח | קדמיהון: | |
| 846 | | Dt30:17 | טעוון אחרניין ותפלחון | קדמיהון: | |
| 847 | | Ex20:05 | להון ולא תפלחון | קדמיהון | ארום אנה ייי אלהכון אלה |
| 848 | | Dt 5:09 | להון ולא תפלחון | קדמיהון | ארום אנה הוא ייי אלהכון |
| 849 | | Ex13:21 | דייי הוה מדבר | קדמיהון | באימאמא בעמודא דעננא |
| 850 | | Dt 4:19 | ותסגדון להון ותפלחון | קדמיהון | די פליג ייי אלהכון יתהון |
| 851 | | Nu27:17 | די יפוק | קדמיהון | ודי יעול קדמיהון ודי יפק |
| 852 | | Nu27:17 | יפוק קדמיהון ודי יעול | קדמיהון | ודי יפק יתהון לסדרי קרבא |
| 853 | | Gn18:08 | ובר תוריה די עבד ושוי | קדמיהון | והוא הוה קיים עליהון |
| 854 | | Dt31:20 | טעוון אחרניין ויפלחון | קדמיהון | וירגיזו קדמי וישבקו יתי |

855 Ex23:24 לסעוותהון ולא תפלחון קדמיהון ולא תעבדון כעובדיהון
856 Gn33:03 והוא עבר קדמיהון ושאל בשלומהון בנימוס
857 Dt 9:03 יתהון והוא יכנע יתהון קדמיהון ותירתון יתהון ותסופון
858 Dt 8:19 טעוון אחרניין ותפלחון קדמיהון ותסגדון להון הא אסהידית
859 Nu14:43M קדמיכון/דלא תפלחון קדמיהון#2#/ ותפלון בחרבה ארום
860 Gn34:21 הא פתיא היא בתחומה קדמיהון ית בנתהון נסב לן לנשין
861 Gn49:19 ית ירדנא ואנון יכבשון קדמיהון ית ארעא ובתר כדן יחזרון
862 Ex19:07 וקרא לחכימי עמא וסדר קדמיהון ית כל פתגמיא האיליין די
863 Ex 8:22 ית טעוותהון דמצריי קדמיהון לית אפשר דלא ירגמון יתן:
864 Dt28:25 בעורח חדא תפקון קדמיהון לסדרי קרבה ובשבע אורחן
865 Nu20:08 אחוך ותמללון עם כיפה קדמיהון לעייניהון ויתן מוי ותפק
866 Nu22:30 ובזכוותהון הוא מדכר קדמיהון מה את יכיל למילט יתהון
867 Nu27:14 עם כנישתה למקדשה שמי קדמיהון על עסק מיא אינון מי

קדמיי

868 Gn38:28 זיהוריה למימר דין נפק קדמיי:
869 Gn40:09M גפן קדמוי/שתילה קדמ{ו}<י>#2#/:
870 Ex 7:26 ייי שלח ית עמא ויפלחון קדמיי:
871 Ex 8:16 ייי שלח עמי ויפלחון קדמיי:
872 Ex 9:01 שלח ית עמי ויפלחון קדמיי:
873 Ex 9:13 שלח ית עמא ויפלחון קדמיי:
874 Ex10:03 ייי שלח ית עמי ויפלחו קדמיי:
875 Ex33:12 ולחוד אשכחת חן וחסד קדמיי:
876 Nu14:29 שנין ולעיל די אתרעמתון קדמיי:
877 Ex32:33 ואמר ייי למשה מן דחטא קדמיי אמחק יתיה מן ספר אריית:
878 Gn33:13 וענא ותורייא מיינקין קדמיי אן דחקין עליהון יום חד
879 Gn20:06 דייי בחלמא אף אנא גלי קדמיי ארום בתמימות לבך עבדת דא
880 Ex23:33 דלא יחייבון יתכון קדמיי ארום תפלחון קדם טעיותיהון
881 Ex29:01M יתהון למשמשה קדמוי/<קד>מיי#2#/ בכהונתא רבתא סב
882 Ex28:41M יתהון וישמשון קדמוי/<קד>מיי#2#/ בכהונתה רבתה:
883 Ex29:44 וית בנוי אקדש למשמשא קדמיי בכהונתה רבתא:
884 Ex30:30 ותקדש יתהון למשמשה קדמיי בכהונתה רבתה:
885 Ex40:13 יתיה ותקדש יתיה וישמש קדמיי בכהונתה רבתה:
886 Ex40:15 ית אבוהון וישמשון קדמיי בכהונתה רבתה ותהוי למהווי
887 Ex 7:16 שלח ית עמי ויפלחון קדמיי במדברא והא לא שמעת עד
888 Nu14:35 בישתה הדה די אתרעמו קדמי«י» במדברה הדה יספון ותמן
889 Lv26:23 קדם ממרי ותהלכון קדמיי בקשיין:
890 Ex14:15M קדמיי שמיע הא צלותך קדמיי ברם צלותהון דבני ישראל
891 Ex23:14 תלתא זמנין תחוגון קדמיי בשתא:
892 Nu22:33 וחמת יתי אתנתה וסטת קדמיי דנה תלתה זמנין אילו לא
893 Ex12:02 ניסן לכון ריש ירחין קדמיי הוא לכון {הוא לכון} ולכל
894 Nu28:02 מה די אתון מקרבין קדמיי הלא אשתא היא דאכלה יתיה
895 Dt 5:31 «ואת» הכה אתעתד קדמיי ואמלל עמך ית כל מצוותה
896 Gn30:28 ואמר קוץ כען אגרך קדמיי ואתן:
897 Gn15:01 בזימנא קדמיה דנפלו קדמיי ואתקימן עלי או דלמא דלא
898 Gn15:01 דקטיליה האילין די נפלו קדמיי ויהוון בכרכיהון
899 Gn33:14M לאולפן אוריתא די קדמיי ולסוברה בזכותיה ית בני
900 Gn32:21 בדורון דמהלכה קדמיי ומן בתר כדון אחמי
901 Ex 4:23 לך שלח ית ברי ויפלח קדמיי וסרבת למשלחא יתיה הא אנה
902 Ex 4:23M יתיה /ברי דפלחון קדמיי וסרבת דלא לאשתלחא
903 Ex33:23 מלאכיה דקיימין ומשמשין קדמיי ותחמי ית דברא דיקר שכינתי
904 Gn30:29 וית מה דהוה בעירך קדמיי ותק«י»ף וסגה:
905 Gn30:30 ארום קליל בעיר דהוה לך קדמיי ותקף וסגה וברך ייי יתך
906 Lv22:27 אתבחר קדמי בגין למדכרה קדמיי זכותיה דגברה מדנחייה
907 Ex23:07 תקטלון ארום לא יזכון קדמיי חייבא:
908 Ex20:23 לא תעבדון קדמיי טעון דכסף וטעוון דדהב לא
909 Gn31:12 ומקדקדין ארום גלי קדמיי ית כל מה דלבן עבד לך:
910 Ex 3:07 מן דחקהון ארום גלי קדמיי ית שעבודהון:
911 Ex 3:09 סלקת לוותי ואף גלי קדמיי ית דוחקיה דמצרים דחקין
912 Ex16:12 שמיע קדמיי ית תורעמתהון דבני ישראל
913 Ex32:09 ואמר ייי למשה גלי קדמיי ית עמא האליין והא עם
914 Gn18:21 הא כקבילתיה דסלקת קדמיי כלייה עבדו גמירא אינון
915 Nu14:12 ואשצי יתהון ואית יכלה קדמיי לממניה יתך לאומא רבה
916 Ex32:10 ואשיצא יתהון ואית יכלה קדמיי לממנייה רבה ותקיפא מנהון:
917 Dt31:21 ותענה שבח שירתה הדה קדמיי לסהדו ארום לא תנשה מן פם
918 Gn15:01 עובדיך טביא מתקנין לך קדמיי לעלמא דאתי:
919 Gn29:15 אחי את לית אפשר למפלח קדמיי מגן תנה לי כען מה הוא
920 Gn18:19 ארום גלי הוא קדמיי מן בגלל די יפקד ית בנוי
921 Gn15:09 ואמר ליה קרב קדמיי עגלה ברת תלת שנין ועז בר
922 Nu21:06 ימא וחזרו עמי למתרעמא קדמיי על עסק מנה דמיכלי קליל
923 Nu14:27 הדה די אינון מתרעמין קדמיי עלויי שמיע קדמי ˆˆית
924 Ex34:19M דיכרייה\פתחיי וולדה /קדמיי פתחי וול'#2#/ דתורא
925 Ex23:15 ממצרים ולא תתחמון קדמיי ריקם:
926 Ex34:20 תפרקון ולא יתחמן קדמיי ריקנין מן כל מצוה:
927 Ex14:15M /קאים#2#/ תהווי מצלי/ קדמיי שמיע הא צלותך קדמיי ברם

קדמיי'

928 Gn25:30M סדור#2#/ אפיא קדמוי/קדמיי'#2#/ בתדיריא:

קדמיך

929 Gn17:18 ישמע«אל» יחי קד{מך}ˆמיך#2#ˆ:
930 Gn32:18 אזל ולמן אלין אנון די קדמיך:
931 Dt25:03 מחה רבה ויתבזי אחוך קדמיך:
932 Ex33:13 אין כען אשכחית חן וחסד קדמיך אודע יתי כען ית אורחתך
933 Gn27:29M יפלחון קדמך/<קד>מיך#2#/ אומיא כל בנוי דעשו
934 Gn22:14 ברי למעבד יתה עפר וקטם קדמיך אלא מן יד אקדמית בצפרא
935 Ex33:16 ארום אשכחת חן וחסד קדמיך אנה ועמך הלא בדברות איקר
936 Gn30:26 נשי וית בני די פלחית קדמיך בהן ואזיל ארום את ידעת
937 Gn15:01 דמסרית בעלי דבבך קדמיך בעלמא הדין אגר עובדיך
938 Gn24:51 הא רבקה קדמיך דבר ואזל ותהוי אתא לבריה
939 Gn22:14 ייי כולא גלי וידיע קדמיך דלא הווה בלבי פלגו בזמנא
940 Gn47:06 ארעא דמצרים קדמיך היא בבית שפר ארעא אשרי ית
941 Ex33:19 מעבר ית כל מכלת טובי קדמיך ואחוס על מן דחמי למחוס
942 Gn24:40 בקושטא ישלח מלאכיה קדמיך ויצלח ארחך ותסב אתה לברי
943 Ex 4:21M \בידך ותעבדינון קדם /קדמיך ותעבד יתהון קדם#2#/ פרעה
944 Gn33:10M \באפך ותקבל דורון /קדמיך ותקבל ית דורון#2#/ דידי
945 Gn49:22 דפרעה והוון מקלסין קדמיך יחי אבוי דמלכא דרב בחכמתא
946 Ex34:09 אין כען אשכחת חן וחסד קדמיך ייי ידבר איקרך ייי בינינן
947 Gn30:33 ארום תיעול למקבלה אגרי קדמיך כל די לית הוא קרח ונמר
948 Gn18:03M אשכחת חן וחסד באפיך/קדמיך#2#/ לא \תסלק איקר /בבעו
949 Gn47:19 למה נמות קדמיך לחוד אנן לחוד ארען קנה
950 Gn20:15 ואמר אבימלך הא ארעי קדמיך מה דשפר באפך שרי:
951 Gn47:29M אשכחת חן וחסד באפיך/קדמיך#2#/ שוי כען ידך תחות
952 Gn49:22 מן חרכייא והוון מזרקן קדמיך שירין עזקין קטלין מעוכין
953 Dt15:18 בכפלה אגריה דאגירה פלח קדמיך שית שנין דיומין ויברך
954 Gn30:27M אשכחית חן וחסד באנפיך/קדמיך#2#/ נסיית/אטיירת#2#/

קדמיכון

955 Dt20:11 למסקי מסין ויפלחון קדמיכון:
956 Ex33:03M /לית מימרי מדבר קדמיכון ארום עם קשי קדל למק#2#
957 Dt 9:03 דאיקר שכינתיה מדברה קדמיכון אשה אכלה מתאכלה הוא
958 Dt28:07 בכון תבירי קדל קדמיכון באורחה חדה יפקון
959 Dt 7:24M ושלטן /רב ושליט קדמיכון#2#/ באפיכון עד זמן די
960 Dt 1:33 דדבר קדמיכון בארחא למתקנה לכון אתר
961 Dt22:06 ארום יארע קן דצפרין קדמיכון בארחה בכל אילן או על
962 Dt29:01M די עבד ייי לעייניכון/קדמיכון#2#/ בארעא דמצרים

|  |  |  |  |  |  |
|---|---|---|---|---|---|
| 963 | | Dt 1:30 | באיקר שכינתיה מדבר | קדמיכון | הוא יעבד לכון נצחני |
| 964 | | Dt 1:38M | משמש קדמך /דמעבר | קדמיכון#2#/ | הוא ייעול לתמן יתיה |
| 965 | | Dt31:03 | דאיקר שכינתיה מדברה | קדמיכון | הוא ישיצי ית אומיה |
| 966 | | Dt31:03 | יתהון יהושע הוא דעבר | קדמיכון | היך מה די מלל ייי: |
| 967 | | Lv18:27 | עבדו עמה דארעה דמן | קדמיכון | ואסתאבת ארעא: |
| 968 | | Ex23:27 | ית אימתי אשלח | קדמיכון | ואערבב ית כל עמיא די |
| 969 | | Dt23:15 | ולמסור בעלי דבביכון | קדמיכון | ויהוויין משירייתכון |
| 970 | | Ex23:23 | ארום ידבר מלאכי | קדמיכון | ויעל יתכון לארעהון |
| 971 | | Dt 7:23 | יתהון ייי אלהכון | קדמיכון | ויערב{ו}ב יתהון ערבוב רב |
| 972 | | Dt28:31 | תוריכון נכיסין | קדמיכון | ולית אתון רשיין למאכל |
| 973 | | Dt31:05 | וימסור יתהון ייי | קדמיכון | ותעבדון להון ככל מצוותה |
| 974 | | Nu14:43 | עמלקיי וכנענייי תמן | קדמיכון | ותפלון בחרבה ארום בגין |
| 975 | | Dt 7:02 | יתהון ייי אלהכון | קדמיכון | ותקטלון יתהון משיציה |
| 976 | | Dt30:01 | וחילופיהון די סדרית | קדמיכון | ותתחזרון עם לבביכון בכל |
| 977 | | Nu32:29 | ייי ותתכ{נ}<ב>ש ארעא | קדמיכון | ותתנון להון ית ארעא |
| 978 | | Dt 4:08 | אוריתה הדה די אנה סדר | קדמיכון | יומא הדין: |
| 979 | | Dt11:26 | חמון דהא אנה כען סדר | קדמיכון | יומא הדין סדר ברכתה |
| 980 | | Dt11:32 | דינייה די אנה סדר | קדמיכון | יומא הדין: |
| 981 | | Dt30:15 | חמון די סדרית | קדמיכון | יומא הדין ית סדר חייה |
| 982 | | Dt 1:01 | על ימא דסוף אתבזע | קדמיכון | ימא ואתעבד תרתין עשרי |
| 983 | | Dt 1:08 | חמון דמסרית | קדמיכון | ית דיירי דארעא עולו |
| 984 | | Dt 1:21 | דהא מסר ייי אלהיכון | קדמ«י»כון | ית ארעא סוקו וירתו |
| 985 | | Dt 2:31M | קדמך /למסור | קדמיכון#2#/ | ית סיחון וית ארעיה |
| 986 | | Dt31:06 | דאיקר שכינתיה מדברה | קדמיכון | לא מרפה יתכון ולא שבק |
| 987 | | Dt20:04M | למסדרה /דמדבר | קדמיכון#2#/ | לכון סדרי קרביכון עם |
| 988 | | Dt 4:32 | ליומיא קדמייה די הוון | קדמיכון | למן יומא די ברא ייי |
| 989 | | Ex23:20 | הא אנה משלח מלאך דרחמן | קדמיכון | למנטרא יתכון בארעא לאעלא |
| 990 | | Dt 4:38 | רברבין ותקיפין מנכון | קדמיכון | למעלה יתכון למתן לכון ית |
| 991 | | Gn45:07 | ושלחני ייי | קדמיכון | למשויא לכון שיזבא בארעא |
| 992 | | Lv26:07 | בעלי דבביכון ויפלון | קדמיכון | קטילי חרב: |
| 993 | | Lv26:08 | ויפלון בעלי דבביכון | קדמיכון | קטילי חרב: |
| 994 | | Gn34:10 | ועמן תשרון וארעא תהוי | קדמיכון | שרון ואתגרו בה ואחסנו |
| 995 | | Ex23:27 | ית כל בעלי דבביכון | קדמיכון | תבירי קדל: |
| 996 | קדמינן | Dt 2:36 | ית כלא מסר ייי אלהן | קדמינן: | |
| 997 | | Dt 1:22 | ואמרתון נשלח גברין | קדמינן | וילילו לנא ית ארעא |
| 998 | | Gn42:21 | נפשיה כד הוה מפרפר | קדמינן | ולא שמעינן בגין כך אתת |
| 999 | | Dt 2:33 | ומסר יתיה ייי אלהן | קדמינן | וקטל{י}נן יתיה וית |
| 1000 | | Dt29:14 | ארום כל דרייה דקמו | קדמינן | מן עלמא ועד כדון עמן אנון |
| 1001 | קדמך | Gn30:26 | את ידעת פלחני די פלחית | קדמך: | |
| 1002 | | Gn49:09M | לקובלך /למיקר' | קדמך#2#/: | |
| 1003 | | Lv25:53 | ישתעבד בה בקשי{ן}<ו> | קדמך: | |
| 1004 | | Dt 9:03M | שכינת יקריה עבר | קדמך | |
| 1005 | | Dt15:16 | ארום טב לה פלח | קדמך: | |
| 1006 | | Gn27:29 | יפלחון | קדמך | אומיא כל בנוי דעשו |
| 1007 | | Gn31:41 | שנין בגו בייתך פלחית | קדמך | ארבע עשרה שנין בתרתין בנתך |
| 1008 | | Gn13:09 | הלא כל ארעא | קדמך | אתפר' כען מעלוי אן את |
| 1009 | | Dt 1:38 | בר נון דקיים משמש | קדמך | הוא ייעול לתמן יתיה אתוקף |
| 1010 | | Dt31:08 | א«י»קר שכינתיה מדברה | קדמך | הוא יהווי בסעדך לא מרפה |
| 1011 | | Ex32:34 | מללת לך הא מלאכי ידבר | קדמך | וביומא דאדכר יתהון אדכר |
| 1012 | | Ex21:02 | עבד עבריי שית שנין יפלח | קדמך | ובשתא שביעייתא תשלח יתיה |
| 1013 | | Gn14:20 | עליא די תבר בעלי דבבך | קדמך | ויהב לה חד מן עשרה מן כלה: |
| 1014 | | Gn30:29 | את ידע ית מה די פלחת | קדמ{ת}<ך> | וית מה דהוה בעירך קדמיי |
| 1015 | | Gn19:19 | הא כען אשכח עבדך חן וחסד | קדמך | ותוקפת חסדך די עבדת עמי |
| 1016 | | Gn24:07 | הוא ישלח מלאכא דרחמין | קדמך | ותיסב אתה לברי מן תמן: |
| 1017 | | Dt 2:31 | חמי דהא שריית לממסר | קדמך | ית סיחון וית ארעיה שרון |
| 1018 | | Dt24:15 | הוא ולאגר פעליה הוא מסר | קדמך | ית נפשיה אזדהר לך דלא יצוח |
| 1019 | | Lv22:27M | דהבינן מקרבי{נ}ן | קדמך | כל שנה ושנה והוו{ינ}ן |
| 1020 | | Gn15:02 | ייי סגין יהבת לי וסגין | קדמך | למיתן לי ואנה אזל מן עלמא |
| 1021 | | Gn24:42 | דריבוני אברהם אם ברעות | קדמך | למצלחה ארחי דאנא מהלך עלה: |
| 1022 | | Gn 4:13 | למסבול ברם אית יכלה | קדמך | למשרי ולמשבק: |
| 1023 | | Ex33:02 | ואשלח | קדמך | מלאך ואטרוד ית כנעניי |
| 1024 | | Gn44:18 | יתי לוותיך ואקמית יתיה | קדמך | נהוי מרחק מן שאלת שלמה |
| 1025 | | Ex32:12 | מן תקף רוגזך ויהוי תהו | קדמך | על בישתא די אמרת למיתי על |
| 1026 | | Gn29:18 | יעקב ית רחל ואמר אפלח | קדמך | שבע שנין ברחל ברתך |
| 1027 | | Dt15:12 | או אחתכון עברייתה ויפלח | קדמך | שית שנין ובשתה שביעיתה |
| 1028 | קדמכון | Gn45:05 | לשיזבא שלח יתי ייי | קדמכון: | |
| 1029 | קדמנן | Ex14:05 | ית ישראל מן למפלח | קדמנן: | |
| 1030 | קוד' | Gn24:52M | ואודי ושבח | לשמה/קוד'#2#/ | ייי כנימוס ארעא: |
| 1031 | קודמוי | Gn23:04M | ואקבר מתי | מן קדמיי/קודמוי#2#/: | |
| 1032 | | Ex 9:01M | ית עמי ויפלחון | קדמיי/קודמוי#2#/: | |
| 1033 | | Nu19:03 | משריתה ויכוס יתה | קודמוי: | |
| 1034 | | Gn15:01M | בזמנ' קדמיא די נפלו | קודמוי | או דלמא די לא ישתכח לי |
| 1035 | | Dt32:05 | חבלו | קודמוי | ב{י}{י}ניה חביביה לא קדמוי |
| 1036 | | Ex29:44M | אקדש למשמשא | קדמיי/קודמוי#2#/ | בכהונתה רבתא: |
| 1037 | | Ex35:19M | לבושי בנוי למשמשה | /קודמוי | בכהונתה רבתה#2#/: |
| 1038 | | Gn 4:16 | להבל הוות ארעא מרבייה | קודמוי | היך פירי גנתא דעדן ומן |
| 1039 | | Ex33:17M | ומניית יתן בשם דרבן | /קודמוי | ואודעת יתך בשם טב#2#/: |
| 1040 | | Lv 5:08 | ויקרב ית די לחטאתה | קודמוי | ויעזום ית ראשה מן כל קבל |
| 1041 | | Ex34:06M | שכינתיה דייי | /קודמוי#2#/ | וצלי משה ואמר ייי |
| 1042 | | Gn18:02M | "קיימין עלוי": קיימין | קודמוי | חד מניהון הוה אזל למבשרא |
| 1043 | | Ex16:12M | ית תורעמתהון /גלי | קודמוי | ית תורעמכון#2#/ דבני |
| 1044 | | Ex31:10M | לבושי בנוי למשמשה | /קודמוי | כהנתה רבתה#2#/: |
| 1045 | | Ex10:14 | דמצרים תקיף לחדא | קודמוי | לא הוה כדן גוב כוותיה |
| 1046 | | Gn50:04M | כען \במשמעיה | דפרעה/קודמוי#2#/ | למימר: |
| 1047 | | Nu11:13 | עמא האלין ארום יבכון | קודמוי | למימר הב לן בשר ונאכל: |
| 1048 | | Nu11:20 | שריה ביניכון ובכיתון | קודמוי | למימר למה כען נפקינן מן |
| 1049 | | Gn15:01M | ועבדך טבייה מתקנין לך | קודמוי | לעלמא דאתי |
| 1050 | | Dt 1:01 | לכל שבט ארגיתון | קודמוי | על ימא וסרבתון על ימא |
| 1051 | | Ex15:26M | תעבדון /ומה דשפר | קודמוי | תעבד#2#/ ותציתון למצוות |
| 1052 | קודמי | Gn20:06M | מן למיחטי | קודמי | מן בגין כן לא שבקית יתך |
| 1053 | קודמיה | Gn16:06M | וערקת | מן קדמה/קודמיה#2#/: | |
| 1054 | קודמיהון | Nu14:14 | ובעמודה דעננה את מהלך | קודמיהון | ביממא ובעמודה דאשתא |
| 1055 | קודמיי | Gn 3:09M | את סביר דלית גלי | קודמ{ו}<י>' | אתרא די את בגווה היך |
| 1056 | | Nu11:13M | יבכון | קודמוי/'<קוד>מיי#2#/ | עלוי#2#/ למימר הב לן |
| 1057 | קודמיך | Gn32:06M | למשכחה חן וחסד | באפיך/קודמיך#2#/: | |
| 1058 | | Nu22:34M | כדו אין בעש | קודמיך | אחזור לא' |
| 1059 | | Gn15:08M | בבעו ברחמין | מן קדמיך/קודמיך#2#/ | במה כען |
| 1060 | | Ex33:13M | למשכחה חן וחסד | קודמיך | וחמי#2#/ ארום עמך \ |
| 1061 | | Nu11:15M | חין וחסד | באפ«י»ך/קודמיך#2#/ | ולא אחמי בשתהון |
| 1062 | | Gn20:04M | עמם זכיי בדינא אתקטל | /קודמיך | ייי הוא לה למיזכי בדינא |
| 1063 | | Nu32:05M | חן וחסד | באפך/קודמיך#2#/ | יתיהב ית ארעא הדה |
| 1064 | | Gn15:02M | "וסגין ... לי": וסגין | קודמיך | למ' לי ברם |
| 1065 | | Nu11:11M | \חסד באפך/חן וחסד | קודמיך#2#/ | למשויה ית מטולהון דכל |
| 1066 | | Ex17:06M | מתע{דת}<תד>/מעתד | קודמיך#2#/ | על טינרא בחרב ותמחי |
| 1067 | קודמיכון | Dt 1:30M | \ועיניכון | חמיין/קודמיכון#2#/: | |
| 1068 | | Dt 9:17M | ותברית יתהון | לעיינכון/קודמיכון#2#/: | |
| 1069 | | Dt11:25M | ישווי /רב ושליט | קודמיכון | אמתכון ודחלתכון נתן#2#/ |
| 1070 | | Dt 9:03M | הוא דמעבר | קודמיכון | אשא דאכלא אש' |

| | | | | | |
|---|---|---|---|---|---|
| 1071 | | Ex23:28 | ואשלח ית אורעיתא | קודמיכון | ותטרד ית חיויי וית |
| 1072 | | Dt 4:34M | ככל מה די עבד | לכון/קודמיכון#2#/ | ייי אלהכון במצרים |
| 1073 | | Ex34:11M | "קדמיך ... ויבוסיי": | קודמיכון | ית אימוראי וכנענאי |
| 1074 | | Gn19:08M | לחוד לגבריא /ותקן | קודמיכון | לחוד לגובררייה#2#/ אלין |
| 1075 | | Ex33:02M | ואשלח | קדמך/קודמיכון#2#/ | מלאך ואטרוד ית |
| 1076 | קודמינן | Dt 6:22M | \ועיינינן | חמיין/קודמינן#2#/: | |
| 1077 | קודמך | Ex32:34M | /מלאך דרחמין ילך ידבר | קודמך | וביום דוכרני ואדכר#2#/ |
| 1078 | | Gn16:06M | מה ד{פ}ש<פ>ר ותקן | קודמך | וצע' |
| 1079 | קודמכון | Dt20:19M | /למערוק#2#/ | מן קדמיך/קודמכון#2#/ | בשעת עקתיה: |
| 1080 | דקדמך | Gn32:18M | אלין אנון די | קדמיך/דקדמך#2#/: | |
| 1081 | וקדמוי | Dt10:20 | אלהכון תהוון דחלין | וקדמוי | תהוון מצליין ובאולפן |
| 1082 | | Dt10:20M | "דחלין ...": תדחלון | וקדמוי | תפלחון ובשים ממר' |
| 1083 | | Dt13:05 | ובקל ממריה תשמעון | וקדמוי | תפלחון בלבה שלמה ובאולפן |
| 1084 | וקודמוי | Dt13:05M | תטרון /תתהלכון | וקודמוי | תפלחון וית פיקודוי |
| | לקדם *prep.* | See also: | | | |
| | מן קדם *prep.* | See also: | | | |

## קדם עד לא *conj.* **before** [קודם 478]

| | | | | | |
|---|---|---|---|---|---|
| 001 | קדם עד לא | Gn45:28 | כען ואיחמי יתיה | קדם עד לא | אימות: |
| 002 | | Gn27:04 | די תברך יתך נפשי | קדם עד לא | אמות: |
| 003 | | Dt31:21 | עבדין יומא הדין | קדם עד לא | אעל יתהון לארעא די |
| 004 | | Gn24:15 | והוה הוא | קדם עד לא | אשלם לממללא והא רבקה |
| 005 | | Gn24:45 | אנא | קדם עד לא | אשלמת לממללה עם לבי והא |
| 006 | | Nu11:33 | כען הוה ביני שיניהון | קדם עד לא | אשתצי ורוגזה דייי תקוף |
| 007 | | Ex12:34M | עדלא אתחמע /לשהון | קדם עד לא | אתחמע#2#/ אצבתהון |
| 008 | | Lv24:12M | \עד זמן דיתפרש | /קדם עד לא | אתפרש#2#/ להון מן קדם |
| 009 | | Lv24:12M | "עד זמן דיתפרש": | קדם עד לא | אתפרש |
| 010 | | Gn19:04 | | קדם עד לא | דמכו ועמא דקרתא עמא |
| 011 | | Ex12:39 | מצרים חוררן דפטירין | קדם עד לא | חמע ארום אטרדו מן |
| 012 | | Gn 2:05 | וכל אילניא דבאפי ברא | קדם עד לא | יהוי בארעא וכל עשביא |
| 013 | | Gn13:10M | כלה אתר בית משקוי | קדם עד לא | יחבל ממריה דייי ית |
| 014 | | Gn50:16 | למימר לה אבוך פקיד | קדם עד לא | ימות למימר: |
| 015 | | Dt33:01 | דייי ית בני ישראל | קדם עד לא | ימות: |
| 016 | | Gn36:31 | מלכו בארעהון דאדומיי | קדם עד לא | ימלך מלך לבני ישראל: |
| 017 | | Ex 1:10 | דינין נזער יתהון | קדם עד לא | יסגון ויהווי ארום יערע |
| 018 | | Lv14:36 | כהנא ויפנון ית ביתיה | קדם עד לא | יעול כהנא למחמי ית |
| 019 | | Gn 3:22 | יתיה מן גנתה דעדן | קדם עד לא | יפשוט ידיה ויסב מן פירי |
| 020 | | Nu13:22M | מצרים /הוות בנייה | קדם עד לא | יתבני טנוס דמצ'#2#/: |
| 021 | | Gn11:04 | לקבליה סדרי קרבא | קדם עד לא | נדרי על אפי כל ארעא: |
| 022 | | Gn13:10 | ארום כלה בית שקה | קדם עד לא | שיציא ייי ית סדום וית |
| 023 | | Ex10:07 | קדם ייי אלההון | קדם עד לא | תדע ארום מישתייציא היא |
| 024 | | Gn27:33 | לי ואכלת מן כולה | קדם עד לא | תייתי וברכת יתה |
| 025 | | Gn41:50 | אתיליד תרין בנין | קדם עד לא | תיתי שתא דכפנא מה די |
| 026 | קדם על לא | Gn 3:24 | מן בני תרין כרוביה | קדם על לא | יברא עלמא תרין אלפין |
| 027 | וקדם עד לא | Gn37:18 | וחמון יתיה מרחיק | וקדם עד לא | קרב לוותהון ואתחשבו |
| 028 | על דקדם | Ex 9:30 | ושלטונך ידע אנה ארום | על דקדם | אתון דחלין מן קדם ייי |

## קדמו *n.* ⇐ לקדמות *prep.*

## קדמיי *adj.* **first** [475]

| | | | | | |
|---|---|---|---|---|---|
| 001 | s ab/cn קדמאי | Ex12:42M | \קדמיא לילי תנינא | /קדמאי | ליליא תי'#2#/ כד אתגלי |
| 002 | קדמאיי | Gn 1:05 | סדר עבד בראשית יום | קדמאיי: | |
| 003 | קדמיי | Gn48:22 | על אחך לבושיה דאדם | קדמיי | נסב יתיה אברהם אבוי דאבה |
| 004 | s em/sf קדמא | Gn44:18M | בבעו רבנן הא בזמנא | קדמא | דאתינא אמרת לן מן קדם |
| 005 | קדמאה | Gn44:18 | הא כען רבונן הא בזמנא | קדמאה | דאתינא אמרת לן מן קדם ייי |
| 006 | | Nu20:01 | מדברה דצין בירחה | קדמאה | ושרון עמה ברקם ומיתה תמן |
| 007 | | Ex12:16M | ביומא/ביום#2#/ | קדמייה/<קדמ>אה#2#/ | יום טב וארוע קדיש |
| 008 | | Gn18:01 | יתיר מן חדה מילה מלאכא | קדמאה | ישתלח למבשרא לאבו«נן» |
| 009 | | Ex12:15M | ישראל מן יומא | קדמייה/<קדמ>אה#2#/ | עד יומא שביעיא |
| 010 | | Ex12:15 | תיכלון לחוד ביומא | קדמאה | תבטלון חמירא מן בתיכון |
| 011 | קדמה | Gn25:25 | ונפק | קדמה | סמק{מין}<ריי> כו<ליה כ>כלן |
| 012 | קדמיא | Gn28:10 | למיזל לחרן נסא | קדמיא | אתקצרו שע{י}<ו>י דיומא |
| 013 | | Gn 8:13 | מאה וחדה שנין בירחא | קדמיא | בחד לירחא נגבו מיא מעלוי |
| 014 | | Ex40:17 | והוה בירחא | קדמיא | בשתא תנייתא בחד לירחא |
| 015 | | Gn22:14 | הווה בלבי פלגו בזמנא | קדמיא | דאמרת לי למקרבא ית יצחק |
| 016 | | Ex20:02 | דבורייא | קדמיא | דהוה נפיק מן פום קודשא |
| 017 | | Gn 2:08 | ושוי תמן ית אדם | קדמיא | די ברא: |
| 018 | | Gn15:01M | דאשכח לי זכו בזמנ' | קדמיא | די נפלו קודמוי או דלמא |
| 019 | | Ex12:42 | בספר דוכרניא ליליא | קדמיא | כד אתגלי ייי על עלמא |
| 020 | | Ex12:42 | ונהר וקרא יתה לילי | קדמיא | לילי תנינא כד אתגלי ייי |
| 021 | | Nu 9:01 | ארעא דמצ«ר»ים בירחא | קדמיא | למימר: |
| 022 | קדמיה | Lv23:35 | ביומא | קדמיה | <....>: |
| 023 | | Lv23:08 | דייי שבעה יומין ביומא | קדמיה | ארוע קדיש כל עבידה דפלחן |
| 024 | | Nu 9:05 | ועבדו ית פיסחא בירחה | קדמיה | בארבעת עשר יומין לירחה |
| 025 | | Nu28:16 | ובירחא | קדמיה | בארבעת עשר יומין לירחא |
| 026 | | Ex40:02 | ביום ירחא | קדמיה | בחד לירחא תקים ית משכנה |
| 027 | | Nu33:03 | ונטלו מן פילוסין בירחא | קדמיה | בחמש עשר יומין לירחא |
| 028 | | Gn 3:22 | ואמר ייי אלהים הא אדם | קדמיה | דברית יתיה יחידיי בעלמא |
| 029 | | Gn40:13 | ידיה דפרעה כסדר דינא | קדמיה | די הוות מזיג ליה: |
| 030 | | Gn15:01 | קלילן דהוה בידי בזימנא | קדמיה | דנפלו קדמיי ואתקימן עלי |
| 031 | | Lv23:15 | ותמנון מן בתר יומא טבא | קדמיה | דפיסחא מן יומא דתייתון ית |
| 032 | | Lv23:16 | להוד מן בתר יומא טבה | קדמיה | דפיסחא תמנון חמישין יומין |
| 033 | | Nu33:03 | קדמיה מן בתר יומא טבא | קדמיה | דפיסחא נפקו בני ישראל |
| 034 | | Ex 4:08 | לך ולא ישמעון לקל נסיה | קדמיה | ויהימנון לקל נסה אחריה: |
| 035 | | Lv 4:21 | היך מה דאוקד ית תורה | קדמיה | חטאתה דקהלה הוא: |
| 036 | | Nu28:18 | ביומא | קדמיה | יום טב וארוע קדיש כל |
| 037 | | Nu 7:12 | והוה מן דמקרב ביומא | קדמיה | ית קרבניה נחשון בר |
| 038 | | Dt 5:06 | דב«י»רה | קדמיה | כד הוה נפק מן פם קודשא |
| 039 | | Gn32:18 | ופקיד ית | קדמיה | למימר ארום יערע יתך עשו |
| 040 | | Ex17:16 | איקרי דרבון כל עלמא | קדמיה | {מאה} <מלכה> דעתיד למיקם |
| 041 | | Nu33:03 | בחמש עשר יומין לירחא | קדמיה | מן בתר יומא טבא קדמיה |
| 042 | | Ex28:17 | דאבן טבא סדרא | קדמיה | סמקתה וירקתה וברקתה טורא |
| 043 | | Ex39:10 | סדרין דאבן טבה סדרה | קדמ<י>ה | סמקתה ירקתה וברקתה סדרה |
| 044 | | Dt 4:32 | די ברא ייי אלהים אדם | קדמיה | על ארעא ולמן סייפי שמייא |
| 045 | | Lv23:40 | ותסבון לכון ביומא טבה | קדמיה | פירי אילן משבח תרוגין |
| 046 | קדמיי' | Ex23:18M | תכסון בלילי ימא טבא | קדמיי' | דפסחא מן רמשא עד צפרא |
| 047 | קדמייא | Gn44:18 | בעבדך הלא מן זמנא | קדמייא | דאתינן לוותך הויית אמר |
| 048 | | Lv23:11 | עליכון מן בתר יומא טבה | קדמייא | דפיסחא יניף יתה כהנא: |
| 049 | קדמייה | Dt 9:18M | וצליית קודם ייי כזמנה | קדמייה | |
| 050 | | Ex12:18 | ביירחא | קדמייה | בארבעת עשר יומין לירחא |
| 051 | | Lv23:05 | בירחה | קדמייה | בארבע«ת» עשר יומין |
| 052 | | Ex10:29M | <מבשר> אנא מן זמנא | קדמייה | די הווינא יהיב במדין לא |
| 053 | | Dt24:04 | לית הוא רשיי בעלה | קדמייה | די שבוק יתה למיחזור למיסב |
| 054 | | Gn26:01 | כפנא בארעא בר מן כפנא | קדמייה | דיהווה ביומוי דאברהם |
| 055 | | Dt16:04 | תכסון בלילי יומא טבה | קדמייה | דפסחה עד צפרה: |
| 056 | | Lv 5:08M | ויעזום /דן ד«ח»טאתה | קדמייה | ויע'#2#/ ית ראשה מן |
| 057 | | Ex12:16 | ביומא | קדמייה | יום טב וארוע קדיש <....> |

|  |  | |  | | | |
|---|---|---|---|---|---|---|
| 058 | | | Lv23:39 | ייי שבעה יומין ביומא | קדמייה | יום טב וארוע קדיש |
| 059 | | | Lv23:07 | ביומ«א» | קדמייה | יומא טבא ואירוע קדיש |
| 060 | | | Dt10:04 | וכתב על לווחיה ככתבה | קדמייה | ית עשרתי דביריה די מלל |
| 061 | | | Dt26:12 | מסכינייה ותתנון מעשרה | קדמייה | לליוויי ומעשרה ומעשרה |
| 062 | | | Dt26:13 | ולהוד יהבנן מעשרה | קדמייה | לליוויי ומעשר מסכינייה |
| 063 | | | Ex12:15 | ההוא מן ישראל מן יומא | קדמייה | עד יומא שביעיא: |
| 064 | קדמייתא | | Gn26:01M | בר מן כפנא | קדמייה/קדמייתא#2#/ | דיהווה ביומי |
| 065 | קדמיתה | | Ex39:10M | דאבן טבא סדרה | קדמ<י>ה/קדמ<י>תה#2#/ | סמקתה ירקתה |
| 066 | כקדמיה | | Lv 9:15 | ונכס יתה ודכי יתה | כקדמיה: | |
| 067 | כקדמיתה | | Dt 9:18 | רחמין מן קדם <ייי> | כקדמיתה | ארבעין יומין וארבעין |
| 068 | קדמאין | p abs | Nu 2:09M | קדמיין הוון נטלין\ | /קדמאין | יטלון#2#/: |
| 069 | קדמיין | | Nu 6:12 | בר שתה לאשמה ויומין | קדמיין | בטלון ארום יסתאב כליל |
| 070 | | | Nu 2:09 | מאוון לחיילוותהון | קדמיין | הוון נטלין: |
| 071 | | | Gn33:02 | ית לחינתה וית בניהון | קדמיין | וית לאה ובניה אחריין |
| 072 | כקדמאין | | Ex34:04M | לווחין דאבנין | כקדמיי/כקדמאין#2#/ | ואקדם משה בצפרא |
| 073 | | | Ex34:01M | \כקדמיי ואכתוב | /כקדמאין | ותכתוב#2#/ על לוחיא ית |
| 074 | כקדמיין | | Dt10:01M | דאבנין \כקדמייה וסק | /כקדמיין | וסוק#2#/ לוותי לטורא |
| 075 | | | Dt10:03M | לווחין דאבנין | כקדמייה/כקדמיין#2#/ | וסליקית לטורא |
| 076 | קדמאי | p em/sf | Dt10:10M | כי{ז}<ו>מייה | קדמייה/קדמאי#2#/ | ארבעין יומין |
| 077 | | | Dt19:14M | /די תחם יתיה | קדמאי | באחסנתוכון#2#/ די |
| 078 | | | Nu 6:12M | קדמיין /ויומ<י>א | קדמאי#2#/ | בטלון ארום יסתאב כליל |
| 079 | | | Ex34:01M | על לוחיא | קדמי/קדמאי#2#/ | די תברת: |
| 080 | | | Dt 2:14M | וימיא | /קדמאי#2#/\ | די הלכנן מן רקם |
| 081 | | | Dt 4:32M | כען ליומיא | קדמייה/קדמאי#2#/ | די הוון קדמיכון למן |
| 082 | | | Lv26:45M | עם\קדמי ודי אפקת | /קדמאי | דפרקית ואפקית#2#/ יתהון |
| 083 | | | Dt 1:46M | | /קדמאי#2#/\ | ושריתון ברקם יומין |
| 084 | | | Lv20:17M | קדמיי למבני עלמא ברם\ | /קדמאי | מן בגלל דיתמלי עלמא |
| 085 | קדמי | | Lv26:45 | להון קיימה די קיימת עם | קדמי | ודי אפקת יתהון פריקין מן |
| 086 | קדמיי | | Ex34:01 | דבריא דהוון על לוחיא | קדמיי | די תברת: |
| 087 | | | Lv20:17 | חסד הוה דעבדת עם | קדמיי | למבני עלמא ברם מן כדון כל |
| 088 | קדמייה | | Dt10:10 | בטורה כי{ז}<ו>מייה | קדמייה | ארבעין יומין וארבעין |
| 089 | | | Dt19:14 | תחומא דחברך מה דאתקינו | קדמייה | באחסנתכון די תאחסנון |
| 090 | | | Nu34:06M | קדמויי די בגווה\ | /קדמייה | דאית בגווה הנון מיה |
| 091 | | | Dt 4:32 | ארום שאילו כען ליומיא | קדמייה | די הוון קדמיכון למן יומא |
| 092 | | | Dt10:02 | די הוון על לווחייה | קדמייה | די תברת ותשוי יתהון |
| 093 | | | Nu21:26 | עם מלכיהון דמואביי | קדמייה | ונסב ית כל ארעא מניה עד |
| 094 | קדמייתא | | Gn41:20 | ובישתא ית שבעתי תוריא | קדמייתא | בריאתה: |
| 095 | כקדמיה | | Dt10:03 | תרין לווחין דאבנין | כקדמיה | וסליקית לטורא ותרין לווחי |
| 096 | כקדמיי | | Ex34:01 | לך תרין לווחין דאבנין | כקדמיי | ואכתוב על לווחיא ית דבריא |
| 097 | | | Ex34:04 | תרין לווחין דאבנין | כקדמיי | ואקדם משה בצפרא וסלק |
| 098 | כקדמייה | | Dt10:01 | תרין לווחין דאבנין | כקדמייה | וסק לוותי לטורא ותעביד |

See also: *adv.* בקדמיתה

## קדמיי ל־ *prep.* before
[476 קדמיי(ן) ל־]

|  |  |  | | | |
|---|---|---|---|---|---|
| 001 | קדמיי | Dt 5:09 | רביעיי כד משלמין בחטא | קדמיי | לשנאיי: |
| 002 | | Gn29:26 | בארענא למיתן זעירתא | קדמיי | לרב{בר}<רב>נתא: |

## קדמיין *adv.* eastward
[!! cf. 476 קדמיי(ן) מן prep.]

|  |  |  | | | |
|---|---|---|---|---|---|
| 001 | קדמאין | Nu 2:03M | ודשריין | קדמיין/קד<מאי>ן#2#/ | מן מדנחה סכס |
| 002 | | Nu34:15M | מעבר יורדנה דיריחו | קדמאין | מן מדנחה מן מישר ימה |
| 003 | קדמיין | Nu 2:03 | ודשריין | קדמיין | מן מדנחה סכס משרית שבטה |
| 004 | | Nu 3:38 | ודשריין קדם משכנה | קדמיין | קדם משכן זימנא מן מדנחה |
| 005 | קדמין | Nu34:15 | מן עבר לירדנה דיריחו | קדמין | מן מדנחה נפק להון תחומה |

## קדמיין ל־ *prep.* before
[476 קדמיי(ן) ל־]

|  |  |  | | | |
|---|---|---|---|---|---|
| 001 | קדמיין | Gn25:06 | בריה עד הווה בחיין | קדמיין | לארעא מדינחא: |

## קדקד *vb.* to speckle
[476]

|  |  | |  | | | |
|---|---|---|---|---|---|---|
| 001 | ומקדקדין | quadr. | Gn30:39 | ענה קרוחין נמורין | ומקדקדין: | |
| 002 | | | Gn31:10 | ענא קרוחין נמורין | ומקדקדין: | |
| 003 | | | Gn31:12 | על ענה קרוחין נמורין | ומקדקדין | ארום גלי קדמיי ית כל מה |

## קדר *n.* pot
[476]

|  |  | |  | | | |
|---|---|---|---|---|---|---|
| 001 | בקידירה | s em/sf | Nu11:08M | במדוכתה ומבשלין | בקידירה | ועבדין#1#/ ועבדין יתיה |

## קדרינון *n.* cedar tree
[476]

|  |  | |  | | | |
|---|---|---|---|---|---|---|
| 001 | קדרר' | s ab/cn | Gn 6:14M | דקדרינ«י»ן/דקסין | קדרר'#2#/ | כמדורונין/מדורין#2#/ |
| 002 | דקדרינין | | Gn 6:14 | עבד לך תבו אעין | דקדרינ«י»ן | כמדורונין תעבד ית |

## קדש *vb.* to sanctify
[477]

|  |  | |  | | | |
|---|---|---|---|---|---|---|
| 001 | קדשתון | pael | Dt32:51 | במדברה דצין על די לא | קדשתון | יתי בגו בני ישראל: |
| 002 | אקדש | | Ex29:44 | וית אהרן וית בנוי | אקדש | למשמשא קדמיי בכהונתה רבתא: |
| 003 | יקדשון | | Ex40:32M | על גבי מדבחה | יתקדשון/יקדשון#2#/ | היך מה די פקד ייי |
| 004 | מקד' | | Lv21:08M | /במימרי אנה ייי דבמימרי | מקד' | יתכון#2#/: |
| 005 | מקדש | | Ex31:13M | דקדשית יתכון /דמימרי | מקדש | ית'#2#/: |
| 006 | | | Lv20:08M | ·יתכון/ הוא ייי דבמימרי | מקדש | ית'#2#/: |
| 007 | | | Lv22:09M | /הוא ייי דבמימריה | מקדש | יתהון#2#/: |
| 008 | | | Lv22:16M | אנה הוא ייי ובמימרי | מקדש | יתהון |
| 009 | | | Lv21:15M | יתהון /הוא ייי דבמימרי | מקדש | יתיה#2#/: |
| 010 | | | Lv21:23M | יתהון /הוא ייי דבמימרי | מקדש | יתיה#2#/: |
| 011 | מקדשין | | Lv22:02 | ית שמי קדישא די אנון | מקדשין | <לשמי אנה ייי: |
| 012 | דקדשית | | Lv22:16 | קדשיהון ארום אנה ייי | דקדשית | יתהון: |
| 013 | | | Ex31:13 | למדע ארום אנה הוא ייי | דקדשית | יתכון: |
| 014 | | | Lv22:09 | אפיסו יתיה אנה ייי | דקדשית | יתכון: |
| 015 | | | Lv22:32 | ישראל אנה הוא ייי | דקדשית | יתכון: |
| 016 | דקדשת | | Lv21:15 | בעמה ארום אנה ייי | דקדשת | יתהון: |
| 017 | | | Lv21:23 | ארום אנה ייי | דקדשת | יתהון: |
| 018 | | | Lv20:08 | ותעבדון יתהון אנה ייי | דקדשת | יתכון: |
| 019 | | | Lv21:08 | ארום קדיש אנה ייי | דקדשת | יתכון: |
| 020 | וקד' | | Gn 2:03 | דייי ית יומא שביעיא | וקד' | יתיה ארום בה הוא שבה שבה |
| 021 | וקדיש | | Nu 7:01 | ית משכנה ורבי יתיה | וקדיש | יתיה וית כל מנוי <....> |
| 022 | וקדש | | Nu20:13 | בני ישראל קדם ייי | וקדש | שמה בהון: |
| 023 | | | Ex19:14 | משה מן טורא לוות עמא | וקדש | ית עמא וחוורו לבושיהון: |
| 024 | | | Lv 8:30 | ועל לבושי בנוי עמה | וקדש | ית אהרן וית לבושוי וית |
| 025 | | | Lv 8:06 | משה ית אהרן וית בנוי | וקדש | יתהון במיא: |
| 026 | | | Lv 8:10 | כל מנוי וית כל מה דביה | וקדש | יתהון: |
| 027 | | | Nu 7:01 | ורבי יתהון במשח רבותה | וקדש | יתהון: |
| 028 | | | Ex19:23 | בן למימר תחם ית טורא | וקדש | יתיה: |
| 029 | | | Ex20:11 | ברך ייי ית יומא דשבתא | וקדש | יתיה: |
| 030 | | | Lv 1:01 | ית משכנה ורבי יתיה | וקדש | יתיה וית כל מנוי וית מדבחה |
| 031 | | | Lv 8:15 | אריק על יסודוי דמדבחה | וקדש | יתיה למכפרה עלוי: |
| 032 | ואקדש | | Ex29:44 | | ואקדש | ית משכן זימנא וית מדבחא |
| 033 | ויקדש | | Nu 6:11 | על מה די חטא על נפשה | ויקדש | ית ראשה ביומא ההוא: |
| 034 | | | Lv16:19 | שבעה זמנין וידכי יתיה | ויקדש | יתיה מן סאובתהון דבני |
| 035 | ויקדשון | | Ex30:19 | | ויקדשון | אהרן ובנוי מנה ית |
| 036 | | | Ex30:21 | | ויקדשון | ידיהון ורגליהון ולא |

|  |  |  |  |  |  |
|---|---|---|---|---|---|
| 037 | | Ex40:31 | | ויקדשון | מנה משה אהרן ובנוי ית |
| 038 | ותקדש | Ex29:27 | | ותקדש | ית נעה דאנפותה וית שקה |
| 039 | | Ex40:10 | ׳עלתה וית כל מנוי | ותקדש | ית מדבחה ויהוי מדבחה קדש |
| 040 | | Ex19:10 | למשה איזל לוות עמא | ותקדש | יתהון יומא הדין ולמחר |
| 041 | | Ex28:41 | ותשלם ית קרבן ידיהון | ותקדש | יתהון וישמשון קדמוי |
| 042 | | Ex29:04 | תקרב לתרע משכן זימנא | ותקדש | יתהון במיא: |
| 043 | | Ex30:29 | | ותקדש | יתהון ויהון קדש קדשין כל |
| 044 | | Ex30:30 | אהרן וית בנוי תרבי | ותקדש | יתהון למשמשה קדמיי |
| 045 | | Ex40:12 | בנוי לתרע משכן זימנה | ותקדש | יתהון במיא: |
| 046 | | Ex40:09 | משכנה וית כל מה דביה | ותקדש | יתי׳ וכל מנוי ויהוי קדש: |
| 047 | | Ex40:13M | רבתה /ותרבי יתיה | ותקדש | יתי׳ וישמש ית׳#2#/: |
| 048 | | Ex29:37 | תכפר על גבי מדבחה | ותקדש | יתיה ויהוי מדבחא קדש |
| 049 | | Ex40:11 | ית כיורה וית בסיסיה | ותקדש | יתיה: |
| 050 | | Ex40:13 | ותרבי יתיה | ותקדש | יתיה וישמש קדמיי בכהונתה |
| 051 | ותקדשון | Lv25:10 | | ותקדשון | ית שנת חמישתי שנייה |
| 052 | | Lv21:08 | | ותקדשון | יתיה ארום ית לחם אלהכון |
| 053 | ומקדשין | Gn38:25 | נחתין בנורא יקידתא | ומקדשין | שמך קדישא ומיד שמע ייי |
| 054 | ולמקדש׳ | Gn 1:14 | ויהוון לאתין ולזמנין | ולמקדש׳ | בהון עבור שהרין ירחין: |
| 055 | למקדשא | Ex29:33 | למשלמה ית קרבן ידיהון | למקדשא | יתהון וחילוניי לא יאכל |
| 056 | | Ex20:08 | ית יומא דשבתא | למקד<ש>א | יתיה: |
| 057 | | Ex28:03 | ית לבושי דאהרן | למקדשא | יתיה למשמשה קדמוי בכהונתה |
| 058 | | Ex29:36 | עלוי ותרבי יתיה | למקדשא | יתיה: |
| 059 | למקדשה | Ex29:01 | פתגמא ד<י>תעבד להון | למקדשה | יתהון למשמשה קדמוי |
| 060 | | Lv 8:11 | כיורה וית בסיס דידיה | למקדשה | יתיה: |
| 061 | | Lv 8:12 | ריש דאהרן ורבי יתיה | למקדשה | יתיה: |
| 062 | | Dt 5:12 | טורו ית יומא דשבתה | למקדשה | יתיה היך מה די פקד יתכון |
| 063 | | Nu20:12 | הימנתון לי בשם מימרי | למקדשה | שמי לעיני בני ישראל |
| 064 | | Nu27:14 | במי דייני עם כנישתה | למקדשה | שמי קדמיהון על עסק מיא |
| 065 | אקדש afel | Ex13:02 | | אקדש | לשמי כל בכורייא פתחי כל |
| 066 | אקדשית | Nu 8:17 | בכוריה בארעא דמצרים | «אקדשית» | יתהון לשמי: |
| 067 | אקדשת | Nu 3:13 | בוכריה בארעא דמצרים | אקדשת | לשמי כל ב{ו}כ«ו»ריה |
| 068 | יקדישו | Ex28:38 | אהרן ית חובי קדישא די | יקדישו | בני ישראל לכל מתנת |
| 069 | יקדישון | Lv22:03 | כל בניכון לקדשיה די | יקדישון | בני ישראל לשמה דייי |
| 070 | יקדש | Lv27:16 | ואין מחקל אחסנתיה | יקדש | גבר לשמה דייי ויהווי עלויה |
| 071 | | Lv27:26 | לשמה דייי בבעירה לא | יקדש | גבר יתיה אין תור אין אימר |
| 072 | | Lv27:17 | אן מן שתה דיובילה | יקדש | חקלה בעלויה יקום: |
| 073 | | Lv27:18 | ואן בתר יובילה | יקדש | חקליה ויחשב לה כהנה ית |
| 074 | | Lv27:14 | וגבר ארום | יקדש | ית ביתה קדש לשמה דייי |
| 075 | | Lv27:22 | די לא מן חקל אחסנתיה | יקדש | לשמה דייי: |
| 076 | יקדשון | Ex28:38M | ^/דקדשו#2#^/<די> | יקדשון#2#/ | בני ישראל לכל מתנת |
| 077 | תקדשון | Dt15:19 | ובעניכון דיכרייה | תקדשון | לשמה דייי אלהכון עמי בני |
| 078 | | Ex22:28 | בוכרי בניכון די דכריא | תקדשון | לשמי: |
| 079 | | Dt22:09M | דלא \תאבדון מליתה | /תק<ד>שון | עללתה#2#/ דזרעא די |
| 080 | דקדשו׳ | Ex28:38M | קדישא די | יקדישו/^דקדשו׳#2#^/ | בני ישראל |
| 081 | דיק׳ | Lv22:03M | בניכון מן קדשיה | דיק׳#2#/ | בני ישראל לשמה דייי |
| 082 | דמקדש | Lv27:15 | ואן מן | דמקדש | יפרוק ית בייתיה ויוסף |
| 083 | | Lv27:19 | יפרוק ית חקלה מן | דמקדש | יתה ויסף חמש כסף עלויה |
| 084 | אתקדש etpaal | Lv10:03 | למימר במן דמקרב לוותי | אתקדש | ובאפי כל עמא איתיקר ושתק |
| 085 | אתקדשו | Nu17:02 | אשתה ידרי להל ארום | אתקדשו: | |
| 086 | | Nu17:03 | קרבו יתהון קדם ייי | אתקדשו | ויהויין לסימן לבני |
| 087 | | Nu11:18 | ולעמא תאמר | אתקדשו | למחר ותיכלון בשר ארום |
| 088 | ית׳ | Nu17:03M | יתהון קדם ייי | אתקדשו/ית׳#2#/ | ויהויין לסימן לבני |
| 089 | יתקדש | Ex29:37M | /דיקריב על גבי מדבחה | יתקדש#2#/: | |
| 090 | | Ex30:29M | קדיש /דקריב בהון | יתקדש#2#/: | |
| 091 | | Lv 6:20M | ידי /מן דידי#2#/ עלוי | /יתקדש | ודי ידי מן אדמה על לבוש |
| 092 | | Lv10:03M | במן דמקרב לוותי | אתקדש/יתקדש#2#/ | ובאפי/וקדם#2#/ כל |
| 093 | יתקדשון | Ex30:20 | במעליהון למשכן זימנא | יתקדשון | במיא דלא ימותון או |
| 094 | | Ex19:22 | ומשמשין קדם ייי | יתקדשון | דלא יהוי בהון רגוז |
| 095 | | Ex40:32 | על גבי מדבחה | יתקדשון | היך מה די פקד ייי ית |
| 096 | | Nu11:18M | ולעמא תאמר | אתקדשו/ית<קדשו>#2#/ | למחר ותיכלון בשר |
| 097 | תתקדשון | Nu11:18M | ולוות עמא תאמ׳ | תתקדשון | |
| 098 | וא׳ | Ex29:43M | בני#2#/ ישראל | ויתקדש/וא׳#2#/ | בגו איקרי: |
| 099 | ויתקדש | Ex29:43 | ממרי תמן לבני ישראל | ויתקדש | בגו איקרי: |
| 100 | | Ex29:21 | ועל לבושי בנוי עמי | ויתקדש | הוא ולבושי ובנוי ולבושי |
| 101 | | Lv22:32 | ולא תפסון ית שמי קדישה | ויתקדש | שמי מייקר«ה» בגו עמי |
| 102 | | Nu20:13M | ייי \וקדש שמה בהון | /ויתקדש | שמי מייקרא בייי#2#/: |
| 103 | ותתקדשון | Lv20:07 | | ותתקדשון | ותהוון קדישין ארום אנה |
| 104 | | Lv11:44 | אנה הוא ייי אלהכון | ותתקדשון | ותהוון קדישין ארום קדיש |

## holiness *n.* קדש

[476]

|  |  |  |  |  |  |
|---|---|---|---|---|---|
| 001 | קדש s ab/cn | Ex40:09 | יתי׳ וכל מנוי ויהוי | קדש: | |
| 002 | | Lv22:10 | בר עממין ואגירה לא יאכל | קדש: | |
| 003 | | Ex29:33 | וחילוניי לא יאכל ארי | קדש | אינון: |
| 004 | | Nu 6:20 | יתהון כהנא אנפו קדם ייי | קדש | אינון לכהנא על {מעא}<ניעא> |
| 005 | | Nu18:17 | בני עזייה לא תפרקון | קדש | אינון ית אדמהון תזרוק |
| 006 | | Lv22:14 | וגבר ארום יאכל | קדש | בשלו וי˘ר˘סף חומשה עלוי |
| 007 | | Ex29:34 | בנורא לא יתאכל ארום | קדש | הוא: |
| 008 | | Ex30:32 | לא תעבדון כוותיה לכון | קדש | הוא קדש יהוי לכון: |
| 009 | | Ex31:14 | ותטרון ית יום שבתה ארום | קדש | הוא לכון מן דמפ{ם}<ס> יתיה |
| 010 | | Nu18:17M | עיזייה לא תפרוק | קדש | הנון וית |
| 011 | | Ex37:29 | ועבד ית משחה דרבותה | קדש | וית קטרת בוסמניה דכי עבד |
| 012 | | Lv23:20 | קדם ייי על תרין אמריה | קדש | יהוון לשמה דייי מתנה לכהנא |
| 013 | | Ex30:32 | כוותיה לכון קדש הוא | קדש | יהוי לכון: |
| 014 | | Nu18:10 | יתיה כל דכורה יאכל יתיה | קדש | יהוי להון: |
| 015 | | Ex28:02 | ותעבד לבושי | קדש | לאהרן אחוך לאיקר ולתשבחא: |
| 016 | | Lv12:04M | לא תקרב /אדם דכי בכל | קדש | לא תקרב#2#/ ולבי׳ מקדש׳ |
| 017 | | Lv27:30 | אילנה לשמה דייי הוא | קדש | לשמא דייי: |
| 018 | | Ex28:36 | ותגליף עלוי גליף חקיק | קדש | לשמה דייי: |
| 019 | | Lv27:14 | וגבר ארום יקדש ית ביתה | קדש | לשמה דייי ויעלי יתה כהנה |
| 020 | | Lv27:21 | חקלה במפקה דיובילה | קדש | לשמה דייי כחקל אפרשו לכהנה |
| 021 | | Lv27:23 | ית עלויה ביומא ההוא | קדש | לשמה דייי: |
| 022 | | Nu27:18 | יהושע בר נון גבר דרוח | קדש | מן קדם ייי שרייה עלוי |
| 023 | | Lv19:24 | רביעתה יהוון כל פרי{ו} | קדש | פרקן לשמה דייי: |
| 024 | | Ex16:23 | די מלל ייי שבת שבתא | קדש | קדם ייי למחר ית מה די |
| 025 | | Ex31:15 | שביעיה שבת שבית«ה» | קדש | קדם ייי כל די יעבד עבידה |
| 026 | | Ex39:30M | קדיש לשמה דייי /דחתים | קדש | קדם ייי#2#/: |
| 027 | | Ex26:34 | דסהדותה בגו בית{א} | קדש | קדשיה: |
| 028 | | Lv21:22 | לחם אלהיה מן | קדש | קדשיה ומן קדשיה יאכל: |
| 029 | | Ex26:33 | לכון בין קדשא ובין | קדש | קדשים: |
| 030 | | Ex30:10 | על קרנת«ה» לדריכון | קדש | קדשים הוא לשמה דייי: |
| 031 | | Ex30:36 | זמנא דאזמן ממרי לך תמן | קדש | קדשים תהוי לכון: |
| 032 | | Lv 2:03 | מן מנחתה לאהרן ולבנוהי | קדש | קדשים מן קרבנוי דייי: |
| 033 | | Lv 2:10 | מן מנחתה לאהרן ולבנוי | קדש | קדשים מן קרבנוי דייי: |
| 034 | | Ex29:37 | ותקדש יתיה ויהוי מדבחא | קדש | קדשין כל די יקרב במדבחא |
| 035 | | Ex30:29 | ותקדש יתהון ויהון | קדש | קדשין כל דקרב בהון יהוי |
| 036 | | Ex40:10 | ית מדבחה ויהוי מדבחה | קדש | קדשין: |
| 037 | | Lv 6:18 | חטאתה קדם ייי | קדש | קדשין הוא: |
| 038 | | Lv 6:22 | דכורה בכהניא ייכול יתה | קדש | קדשין הוא: |

|  |  |  |  |  |  |
|---|---|---|---|---|---|
| 039 | | Lv 7:01 | ודא גזירת אורית' דאשמה | קדש | קדשין הוא: |
| 040 | | Lv10:12 | פטירין סמיך למדבחה ארום | קדש | קדשין היא: |
| 041 | | Lv14:13 | כחטאתה אשמה הוא לכהנא | קדש | קדשין הוא: |
| 042 | | Lv24:09 | יתה באתר קדיש ארום | קדש | קדשין הוא לה מן קרבנוי |
| 043 | | Lv27:28 | ולא יתפרק כל אפרשו | קדש | קדשין ^הוא#2#^ לשמה דייי: |
| 044 | | Nu18:09 | די יחזרון לשם ממרי | קדש | קדשין הוא לך ולבנך: |
| 045 | | Ex35:02 | וביומא שביעיא יהוי לכון | קדש | שבת שבתה קדם ייי כל די |
| 046 | | Ex30:37 | בדמותה לא תעבדון לכון | קדש | תהווי לכון לשמה דייי: |
| 047 | | Lv22:10 | וכל חילוני לא יא^כ^ל | קדש | תותב בר עממין ואגירה לא |
| 048 | | Lv25:12 | ארום יובלה היא | קדש | תיהווי לכון מן אפי ברה |
| 049 | קר' | Nu 7:79M | סלעין בסלעי | בית קדשה/קר'#2#/ | הוות מתקליה מזרק חד |
| 050 | | Nu 7:61M | סלעין בסלעי | בית קדשה/קר'#2#/ | הוות/הווה#2#/ |
| 051 | קודש | Lv21:06M | מקריבין ויהוון | קדישין/קודש#2#/: | |
| 052 | | Nu 6:08M | \קדיש יהווי קדם | /קודש | הוא קד'#2#/ ייי: |
| 053 | | Ex30:31M | משח \דרבו דקדש /רבו | קודש#2#/ | יהווי דין לי לדריכון: |
| 054 | | Nu 6:05M | קדם ייי | קדיש/קודש#2#/ | יהווי יתרבי |
| 055 | | Ex30:25M | משח \דרבו דקדש /עובד | קודש#2#/ | פטום מפטם עובד/עבד#2#/ |
| 056 | | Lv 7:06 | ייתה באתר קדיש יתאכל | קודש | קדשין הוא: |
| 057 | | Lv10:17 | ית חטאתה באתר קדיש ארום | קודש | קדשין היא ויתה יהב לכון |
| 058 | | Nu18:09M | \לשם ממרי קדש /לשמי | קודש#2#/ | קדשין \הוא לך ולבנך /לך |
| 059 | בקדש | Nu18:10M | קדשיה תאכל יתיה | /בקדש | קדשיה תיכל יתיה#2#/ כל |
| 060 | דקדש | Ex30:35 | עובד בסם ממזג דכי | דקדש: | |
| 061 | | Lv16:04 | כתנן דבוץ | דקדש | {ו}<י>לבש ומכנסין דבוץ |
| 062 | | Ex30:31 | תמלל למימר משח דרבו | דקדש | יהווי דין לי לדריכון: |
| 063 | | Ex30:25 | מפטם עובד בשם משח דרבו | דקדש | יהוי: |
| 064 | | Ex28:02M | \לבושי קדש /לבושין | דקדש#2#/ | לאהרן אחוך לאיקר |
| 065 | | Ex28:04 | והמיין ויעבדון לבושי | דקדש | לאהרן אחוך ולבנוי למשמשא |
| 066 | | Gn41:38 | כוות דין גבר די רוח | דקדש | מן קדם ייי שרייה עלוי: |
| 067 | | Ex31:03 | עמיה רוח דנב{י}<ו> קרב | דקדש | מן קדם ייי בחכמה |
| 068 | | Ex35:31 | ואשלמ{ת} עמה רוח | דקדש | מן קדם ייי בחכמה ובסכלתנו |
| 069 | | Nu24:02 | לטכסיהון והוה עלוי רוח | דקדש | מן קדם ייי: |
| 070 | | Nu14:24 | כלב חלף די הוות רוח | דקדש | עמה ואשלם בתר ממרי ואעל |
| 071 | | Ex30:25 | ותעבד יתה משח דרבו | דקדש | פטום מפטם עובד בשם משח |
| 072 | קדשא s em/sf | Lv20:03 | ולמפס' ית שמי | קדשא: | |
| 073 | | Lv16:04 | ובמצנפן דבוץ יסכס לבושי | קדשא | אינון ויסחי במיא ית בשריה |
| 074 | | Nu 4:20M | מכסן כהנייא ית מאני | קדשא#2#/ | דלא ימותון: |
| 075 | | Ex26:33 | ותפרש פרכתא לכון בין | קדשא | ובין קדש קדשים: |
| 076 | | Gn24:30 | והוי כדי חמה ית | קדשא | וית שיריא על ידה אחת{ת}<ה> |
| 077 | קדשה | Ex39:01 | ועבדו ית לבושי | קדש{י}<ה>^^ | די לאהרן היך מה דפקד |
| 078 | | Nu11:17 | עמך תמן וארבי מן רוח | קדשה | די עמך ואשוי עליהון |
| 079 | | Lv 5:15M | בשלו מן | קדשוי/קדשה#2#/ | דייי וייתי ית אשמיה |
| 080 | | Dt15:22M | יתיה דמרחק מן | קדשיה/קדשה#2#/ | ודדכי כחדה תאכלון |
| 081 | | Lv16:20 | וישלם מן למכפרה ית | קדשה | וית משכן זימנא וית מדבחה |
| 082 | | Dt 5:07 | תנינה כד הוא נפק מן פם | קדשה | יהי{ה} שמיה מברך היך זיקין |
| 083 | קדשהון | Ex28:38 | בני ישראל לכל מתנת | קדשהון | ויהווי על בית אפוי בתדירא |
| 084 | קר' | Nu 3:50M | סלעין בסלעי | בית ק«ו»דשה/קר'#2#/: | |
| 085 | | Nu 7:13M | סלעין בסלעי | בית קודשא/קר'#2#/ | הוה מתקלה מזרק חד |
| 086 | | Nu 7:31M | סלעין בסלעי | בית קודשה/קר'#2#/ | הוות מתקלה מזרק חד |
| 087 | | Dt 5:31M | "ואת ... ואמלל": וכדו הכא | קר' | עמ' ואמ' |
| 088 | | Lv27:25M | /הוא#2#/ בסלעי | בית קודש'/קר'#2#/ | עשרין מעין יהווי |
| 089 | | Nu 3:47M | בסלעי | בית קדשה/קר'#2#/ | תיסב עשרין מעין הוא |
| 090 | | Nu 7:43M | שובעין בסלעי | בית קודשה/קר'#2#/ | תרין מנייה האלין |
| 091 | | Nu 7:61M | סלעין בסלעי | בית קדשה/קר'#2#/ | תרין מנייה האלין |
| 092 | | Nu 7:31M | סלעין בסלעי | בית קודשה/קר'#2#/ | תרין/תריין#2#/ |
| 093 | קוד' | Nu 7:85M | סלעין בסלעי | בית קודשה/קוד'#2#/: | |
| 094 | | Nu 7:49M | סלעין בסלעי | בית קודשה/קוד'#2#/ | הוות מתקליה מזרק |
| 095 | | Nu 7:86M | בזיכה בסלעי | בית קודשה/קוד'#2#/ | כל דהבין/דהב#2#/ |
| 096 | | Ex30:13M | סלעא בסלעי | בית קודש«א»/קוד'#2#/ | עשרין מעין הוא |
| 097 | | Nu18:16M | סלעין בסלעי | בית קודשה/קוד'#2#/ | עשרין מעין היא |
| 098 | | Nu 7:19M | סלעין בסלעי | בית קודשא/קוד'#2#/ | תרין מנייה האלין |
| 099 | | Nu 7:25M | סלעין בסלעי | בית קודשה/קוד'#2#/ | תרין מנייה האלין |
| 100 | | Nu 7:49M | בסלעי | בית קודשה/קוד'#2#/ | תרין מנייה האלין |
| 101 | | Nu 7:79M | שובעין בסלעי | בית קודשה/קוד'#2#/ | תרין מנייה האלין |
| 102 | | Nu 7:37M | סלעין בסלעי | בית קודשה/קוד'#2#/ | הוות/הוה#2#/ |
| 103 | | Nu 7:43M | סלעין בסלעי | בית קודשה/קוד'#2#/ | הוות/הוה#2#/ |
| 104 | | Nu 7:25M | סלעין בסלעי | בית קודשה/קוד'#2#/ | הוות/הווה#2#/ |
| 105 | | Nu 7:19M | סלעין בסלעי | בית קודשא/קוד'#2#/ | הות/הוה#2#/ מתקלה |
| 106 | קודשא | Ex35:21 | ולכל פולחנא וללבושי | קודשא: | |
| 107 | | Lv27:10M | \יהווי קדיש /יהי | קודשא#2#/: | |
| 108 | | Gn42:01 | וחמא יעקב ברוח | קודשא | ארום אית עיבור מזדבן |
| 109 | | Dt 3:02M | בגין כן אמתין ליה | קודשא | בריך הוא והוא שמיה משבח |
| 110 | | Ex 2:12M | משה ברוח | קודשא | בתרין עלמיא וחמא והא לית |
| 111 | | Ex29:29 | ולבושי | קודשא | די לאהרן יהווי לבנוי |
| 112 | | Gn31:21M | "גלעדה": ארום חמא ברוח | קודשא | דתמן עתיד למיהוי |
| 113 | | Gn31:11M | /ענה יעקוב ואמ' בלשון | קודשא | ואמר הנני#2#/: |
| 114 | | Ex20:02 | קדמיא דהוה נפיק מן פום | קודשא | יהא שמה מבורך היך זיקין |
| 115 | | Ex20:03 | כד הוה נפק מן פום | קודשא | יהא שמה מברך היך זקין |
| 116 | | Dt 5:06 | קדמיה כד הוה נפק מן פם | קודשא | יהא שמיה מברך היך זיקין |
| 117 | | Ex31:10 | וית לבושי ^בית#2#^ | קודשא | לאהרן כהנא וית לבושי |
| 118 | | Ex35:19 | שמושי למשמשה ית לבושי | קודשא | לאהרן כהנא וית לבושי |
| 119 | קודשה | Nu11:26 | מידד ושרת עליהון רוח | קודשה | אלדד הוה מתנבא ואמר הא |
| 120 | | Lv22:14M | ויתן לכהנה ית | קדשיה/קודשה#2#/: | |
| 121 | | Nu11:28 | משה מנע מנהון רוח | קודשה: | |
| 122 | | Lv 7:21M | מן קדם ייי /בשר נכיסת | קודשה | דאית קדם ייי#2#/ ותשתיצי |
| 123 | | Nu11:25 | ומלל עמה ורבי מן רוח | קודשה | די עלוי ויהב על שבעתי |
| 124 | | Lv10:04 | ית אחיכון מן לוות אפי | קודשה | ואפקו יתהון לבר מן |
| 125 | | Nu11:25 | והוה כד שרת עליהון רוח | קודשה | והוון מתנבאין ולא פסקין: |
| 126 | | Nu18:29M | טובה מנה /טוביה ית | קודשה | מנה#2#/: |
| 127 | | Nu11:29 | ארום ישור' ייי ית רוח | קודשה | עליהון: |
| 128 | | Nu 7:59 | ולנכסת | קודשה | קרב תורין תרין דכרין חמשה |
| 129 | קודשך | Ex15:13 | בתקפך למדור בית שכינת | קודשך: | |
| 130 | | Ex15:17M | במדור בית שכינת | קודשך | ייי דזמנית לך ייי |
| 131 | | Dt26:15M | מן מדור בית שכינת | קודשך#2#/ | מן שמיא וברך ית עמך ית |
| 132 | בקודשא | Lv10:18 | מ«י»כל תאכלון יתה | בקודשא | היך מה דפקדת: |
| 133 | דק' | Nu27:18M | \דרוח קדש /דירוח | דק'#2#/ | מן קדם ייי שרייה עלוי |
| 134 | לקודש' | Lv16:03M | אהרן ביומא דכיפורי | לקודש' | |
| 135 | קדשים p abs | Ex26:33 | לכון בין קדשא ובין קדש | קדשים: | |
| 136 | | Ex30:10 | קרנת«ה» לדריכון קדש | קדשים | הוא לשמה דייי: |
| 137 | | Lv 2:03 | לאהרן ולבנוהי קדש | קדשים | מן קרבנוי דייי: |
| 138 | | Lv 2:10 | לאהרן ולבנוי קדש | קדשים | מן קרבנוי דייי: |
| 139 | | Ex30:36 | דאזמן ממרי לך תמן קדש | קדשים | תהוי לכון: |
| 140 | קדשין | Ex40:10 | מדבחה ויהוי מדבחה קדש | קדשין: | |
| 141 | | Lv 6:05 | ויסדר עליה תרבי נכיסת | קדשין: | |
| 142 | | Lv 6:18 | חטאתה קדם ייי קדש | קדשין | הוא: |
| 143 | | Lv 6:22 | בכהניא ייכול יתה קדש | קדשין | הוא: |
| 144 | | Lv 7:01 | גזירת אורית' דאשמה קדש | קדשין | הוא: |
| 145 | | Lv 7:06 | באתר קדיש יתאכל קודש | קדשין | הוא: |
| 146 | | Lv14:13 | אשמה הוא לכהנא קדש | קדשין | הוא: |

|  |  |  |  |  |  |
|---|---|---|---|---|---|
| 147 | | Lv24:09 | יתה באתר קדיש ארום קדש | קדשין | הוא לה מן קרבנוי דייי |
| 148 | | Lv27:28 | ולא יתפרק כל אפרשו קדש | קדשין | ^הוא#2#^ לשמה דייי: |
| 149 | | Nu18:09 | די יחזרון לשם ממרי קדש | קדשין | הוא לך ולבנך: |
| 150 | | Lv10:12 | סמיך למדבחה ארום קדש | קדשין | היא: |
| 151 | | Lv10:17 | באתר קדיש ארום קודש | קדשין | היא ויתה יהב לכון למטעון |
| 152 | | Ex29:37 | יתיה ויהוי מדבחא קדש | קדשין | כל די יקרב במדבחא יהווי |
| 153 | | Ex30:29 | ותקדש יתהון ויהון קדש | קדשין | כל דקרב בהון יהוי קדיש: |
| 154 | | Lv12:04 | תטר על אדם דדכי בכל | קדשין | לא תקרב ולבי' מקדש' לא |
| 155 | | Lv19:05 | וארום תכסון נכסת | קדשין | לשמה דייי לרעוה עליכון |
| 156 | | Lv22:02M | אנה> ייי /הנון מן | קדשין | לשמי כדין אמ' ייי#2#/: |
| 157 | | Lv17:05 | קדם ייי ויכסון נכסת | קדשין | קדם ייי יתהון: |
| 158 | קדשן | Gn11:01M | חדה#2#/ ובלשן | בית קדשה/קדשן#2#/ | הוון משתעין דבה |
| 159 | קודשין | Lv27:29M | אלהן בעלוון ונכסת | קודשין | ובמבעי רחמין מן קדם ייי |
| 160 | | Ex32:06 | עליהן עלוון וקרבו נכסת | קודשין | ויתבו עמ«א» למיכל |
| 161 | | Ex23:18M | קדשי /{מ}<נ>כיסת | קודשין#2#/ | ולא יבית מן חלבי חגי |
| 162 | | Dt27:07 | ותכסון נכסת | קודשין | ותיכלון תמן ותחדון קדם |
| 163 | | Nu15:05M | קודש«י»ה /לנכיסת | קודשין#2#/ | לאמרה חדתה/^חדה#2#^ |
| 164 | | Lv22:21 | וגבר ארו«ם» יקרב נכסת | קודשין | לשמה דייי לפרש נדר או |
| 165 | | Nu15:08 | בפירוש נדר או לנכסת | קודשין | לשמה דייי: |
| 166 | | Ex18:12 | חמוי דמשה עלוון ונכסת | קודשין | לשמיה דייי ואתא אהרן וכל |
| 167 | | Ex24:05 | עליון וקריבו נכסת | קודשין | קדם ייי תורין: |
| 168 | | Nu 6:17M | יקרב \לניכסת | קדשיה/קודשין#2#/ | קדם ייי על סלה |
| 169 | | Lv 3:01 | ואין נכסת | קודשין | קרבניה אין מן תוריה הוא |
| 170 | קודשי p const | Lv10:14M | דבני /אתיהבו מן נכיסת | קודשי | בני#2#/ ישראל: |
| 171 | קדשוי p em/sf | Nu 5:10 | וגבר ית | קדשוי | דידיה יהוון גבר די יתן |
| 172 | | Lv 5:15 | תשקר שקר ותחטא בשלו מן | קדשוי | דייי וייתי ית אשמיה קדם |
| 173 | | Lv23:38M | בר מן מתנוותכון /שבי | קדשוי | דייי בר מן מת'#2#/ בר מן |
| 174 | | Lv23:38 | די אתון מקרבין בשובי | קדשוי | דייי בר מן מתנוותכון |
| 175 | קדשי | Ex23:18 | תכסון על חמיע אדם נכסת | קדשי | ולא יבית מן חלבי חגי עד |
| 176 | | Ex31:13 | למימר לחוד ית שובי | קדשי | תטרון ארום סימן הוא ביני |
| 177 | קדשי' | Lv 4:31 | דעבד תרבה מעלוי נכיסת | קדשי' | ויסדר כהנא על גבי מדבחה |
| 178 | קדשיא | Ex32:03 | ופרקו כל עמא ית | קדשיא | דדהבא «די» באדניהון |
| 179 | | Gn35:04 | נכריה די בידיהון וית | קדשיא | די באדנהון וטמר יתהון |
| 180 | | Lv 4:26 | מדבחה כתרבה דנכיסת | קדשיא | ויכפר עלוי כהנא מן חובתיה |
| 181 | קדשיה | Ex26:34 | דסהדותה בגו בית{א} קדש | קדשיה: | |
| 182 | | Lv 6:05M | נכיסת/נכס'#2#/ | קדשין/<קד>שיה#2#/: | |
| 183 | | Lv 7:37 | ולאשלמותה ולנכסת | קדשיה: | |
| 184 | | Lv22:14 | עלוי ויתן לכהנה ית | קדשיה: | |
| 185 | | Nu 4:19 | לבית קודש | קדשיה | אהרן ובנוי ייעלון וישרון |
| 186 | | Lv22:06 | עד רמשה ולא יאכל מן | קדשיה | ארום אלהן אסחי בשרה במיא: |
| 187 | | Lv22:07 | ומן בתר כדן יאכל מן | קדשיה | ארום לחמיה הוא: |
| 188 | | Lv 7:18 | יתאכל מן בשרה דנכסת | קדשיה | ביומ' תליתיה לא יתקבל |
| 189 | | Lv 7:17 | מן בשרה דנכסת | קדשי«ה» | ביומא תליתיה בנורא |
| 190 | | Nu 4:15 | ית קדשיה וית כל מני | קדשיה | במטלית דמשריתה ומן בתר |
| 191 | | Nu18:19 | כל אפרשות | קדשיה | די יפרשון בני ישראל לשמה |
| 192 | | Lv 7:14 | לכהנא דזרק ית אדם נכסת | קדשיה | דידיה יהווי: |
| 193 | | Lv22:03M | /זרעית בניכון מן | קדשיה | דיק'#2#/ בני ישראל |
| 194 | | Lv 9:18 | ית תורה וית דכרה נכסת | קדשיה | דמן עמה וזמינו בנוי |
| 195 | | Lv 7:20 | די תיכול בשרה מן נכסת | קדשיה | דמפרש לשמה דייי וסאובתיה |
| 196 | | Lv10:10 | ולמפרשה בין | קדשיה | ובין חוליה ובין מסאבה |
| 197 | | Dt15:22 | תיכלון יתיה דמרחק מן | קדשיה | ודדכי כחדה תאכלון יתיה |
| 198 | | Lv 4:35 | תרבה דאמרה מעילוי נכסת | קדשיה | ויסדר כהנא יתהון על גבי |
| 199 | | Lv16:33 | ויכפר ית בית קדש | קדשיה | וית משכן זימנה וית מדבחה |
| 200 | | Nu 4:15 | אהרן ובנוי למכסיה ית | קדשיה | וית כל מני קדשיה במטלית |
| 201 | | Lv21:22 | לחם אלהיה מן קדש | קדשיה | ומן קדשיה יאכל: |
| 202 | | Lv 7:12 | יתיה ויקרב על נכסת | קדשיה | חלין פטירין פילין במשח |
| 203 | | Lv21:22 | אלהיה מן קדש קדשיה ומן | קדשיה | יאכל: |
| 204 | | Lv 5:16 | וית מה די אתחייב מן | קדשיה | ישלם וית חומשי' יוסף עלוי |
| 205 | | Lv 9:04 | ותור ודכר לנכסת | קדשיה | למקרבה קדם ייי ומנחה פילה |
| 206 | | Nu18:09 | דן יהווי לך מן בית קדש | קדשיה | מן אשתא כל קרבנהון לכל |
| 207 | | Nu19:07 | כהנא מסאב ומרחק מן | קדשיה | עד רמשה: |
| 208 | | Nu 6:17 | וית דיכרה יקרב לניכסת | קדשיה | קדם ייי על סלה דפטיריה |
| 209 | | Lv 3:03 | ויקרב מן נכסת | קדשיה | קרבן קדם ייי ית תרבא דחפי |
| 210 | | Lv 3:09 | ויקרב מנכסת | קדשיה | קרבן קדם ייי תרב{ת}ה |
| 211 | | Nu18:10 | בבית קדש | קדשיה | תאכל יתיה כל דכורה יאכל |
| 212 | | Nu18:10M | קדשיה תאכל יתיה /בקדש | קדשיה | תיכל יתיה#2#/ כל דכורה |
| 213 | קדשיהון | Lv22:16M | בזמן די יאכולון ית | קדשיהון | ארום אנה הוא ייי ובממרי |
| 214 | | Lv22:16 | כד יהוון אכלין ית | קדשיהון | ארום אנה ייי דקדשית |
| 215 | | Nu18:32 | ית טובה מניה וית | קדשיהון | בני ישראל לא תפסון ולא |
| 216 | | Lv10:14 | אתייהבון מן נכסת | קדשיהון | דבני ישראל: |
| 217 | | Lv22:02 | ועם בנוי ויזדהרון מן | קדשיהון | דבני ישראל ולא יפסון ית |
| 218 | | Lv22:15 | ולא יפסון ית | קדשיהון | דבני ישראל ית מה די |
| 219 | | Nu 5:09 | וכל אפרשו לכל | קדש«י»הון | דבני ישראל די יקרבון |
| 220 | | Nu18:08 | ית מטרת אפרשותי לכל | קדשיהון | דבני ישראל לך יהבית |
| 221 | קדשיי | Ex34:25 | תכסון על חמיע אדם נכסת | קדשיי | ולא יבית בצפרא נכסת חגא |
| 222 | | Lv19:03 | תהוון זהירין וית שבת | קדשיי | <תטרון> כדן אמר ייי |
| 223 | | Lv19:30 | ית שובי | קדשיי | תטרון ובבית מקדשי תהוון |
| 224 | קדשייא | Ex32:02 | ואמר להון אהרן פכרו | קדשייא | דדהבא די באדני נשיכון |
| 225 | קדשייה | Ex26:34M | בגו בית{א} קדש | קדשיה/קדשייה#2#/: | |
| 226 | | Lv22:04M | \בקדשייה לא ייכול /מן | קדשייה | לא יאכל#2#/ עד זמן די |
| 227 | | Lv22:12 | חילוני היא באפרשות | קדשייה | לא תאכל: |
| 228 | קדשיכון | Lv 7:32 | אפרשו לכהנא מן נכסת | קדשיכון: | |
| 229 | | Nu10:10 | על עלוותיכון ועל נכסי | קדשיכון | ויהוין לכון לדוכרן טב |
| 230 | קוד' | Lv 4:10M | /דאתפרש מן תור נכיסת | קוד'#2#/ | ויסדר יתהון כהנא על |
| 231 | קודשוהי | Lv 7:33 | מן דמקרב ית נכסת | קודשוהי | וית תרבה מן בנוי דאהרן |
| 232 | קודשוי | Lv 7:13 | קרבני' על נכסת אודיית | קודשוי: | |
| 233 | | Lv 7:29 | קרבניה לייי מן נכסת | קודשוי: | |
| 234 | | Lv 7:15 | ובשר נכסת אודיית | קודשוי | ^ביום#2#^ <די> יקרב |
| 235 | | Lv 7:18M | | קדשיה/קודשוי#2#/ | ביומ' תליתיה לא |
| 236 | | Lv19:08M | יקבל ארום ית | קרבנוי/קודשוי#2#/ | דייי אפס ותשתיצי |
| 237 | | Lv 7:29 | למימר מן דמקרב ית נכסת | קודשוי | לשמה דייי ייתי ית קרבניה |
| 238 | | Lv21:22M | לחם אלהיה מן | קדש/קודשוי#2#/ | קדשיה ומן קדשיה |
| 239 | | Lv26:02 | ית שובי | קודשוי | תטרון ובית מקדשי תהוון |
| 240 | קודשיא | Nu 6:14 | חד שלם מן מום לנכסת | קודשיא: | |
| 241 | | Lv16:16M | על | קודשיה/^<קוד>שיא#2#^/בית קוד#2#/ | מן |
| 242 | | Nu 7:17 | ולנכסת | קודשיא | קרב תורין תרין דכרין חמשה |
| 243 | קודשיה | Lv 9:22 | חטאתה ועלתה ונכסת | קודשיה: | |
| 244 | | Lv23:19 | בני שתיהון לנכסת | קודשיה: | |
| 245 | | Nu 6:18 | על אשתא די תחות נכסת | קו<ד>שיה: | |
| 246 | | Lv 7:11 | ודא גיזירת אוריתה דנכסת | קודשיה | די יקרב לשמה דייי: |
| 247 | | Lv 4:10 | דיתפרש מתורה דנכסת | קודשיה | ויסדר יתהון כהנא על מדבחה |
| 248 | | Dt12:15 | מן קודשייה ודדכי מן | קודשיה | כחדה יאכלון יתיה כבשרה |
| 249 | | Nu15:05 | על עלתה או לנכסת | קודש«י»ה | לאמרה חדתה: |
| 250 | | Lv 3:06 | מן ענה קרבניה לנכיסת | קודשיה | לשמה דייי דכר או נקבה שלם |
| 251 | | Nu15:08M | או לנכסת | קודשין/<קוד>שיה#2#/ | לשמה דייי: |
| 252 | | Lv16:16 | ויכפר על | קודשיה | מן סואבותהון דבני ישראל |
| 253 | | Dt26:13 | ייי אלהכון אפרישנן ית | קודשיה | מן בתינן ולהוד יהבנן |
| 254 | | Lv 7:21 | ויאכל מן בשרה דנכסת | קודשיה | מן קדם ייי ותשתיצי נפש' |

|  |  |  |  |  |  |
|---|---|---|---|---|---|
| 255 | | Nu 7:23 | ולנכסת | קודשיה | קרב תורין תרין דכרין חמשה |
| 256 | | Nu 7:29 | ולנכסת | קודשיה | קרב תורין תרין דכרין חמשה |
| 257 | | Nu 7:35 | ולנכסת | קודשיה | קרב תורין תרין דכרין חמשה |
| 258 | | Nu 7:41 | ולנכסת | קודשיה | קרב תורין תרין דכרין חמשה |
| 259 | | Nu 7:47 | ולנכסת | קודשיה | קרב תורין תרין דכרין חמשה |
| 260 | | Nu 7:53 | ולנכסת | קודשיה | קרב תורין תרין דכרין חמשה |
| 261 | | Nu 7:65 | ולנכסת | קודשיה | קרב תורין <....> בני שתהון |
| 262 | | Nu 7:71 | ולנכסת | קודשיה | קרב תורין תרין דכרין חמשה |
| 263 | | Nu 7:77 | ולנכסת | קודשיה | קרב תורין תרין דכרין חמשה |
| 264 | | Nu 7:83 | ולנכסת | קודשיה | קרב תורין תרין דכרין חמשה |
| 265 | קודשיהון | Nu29:39 | ולנסכיהון ולנכסת | קודשיהון: | |
| 266 | | Ex29:28M | מנכסת | קודשיכון/<קודשי>הון#2#/ | אפרשותכון |
| 267 | | Lv22:02M | /ויתאפרשון מן | קודשיהון#2#/ | דבני ישראל ולא יפסון |
| 268 | | Lv 7:34 | בני ישראל מן נכסת | קודשיהון | ויהבת יתהון לאהרן כהנא |
| 269 | קודשיה | Dt12:15 | בכל קורייכון דמרחק מן | קודשיה | ודדכי מן קודשיה כחדה |
| 270 | | Dt12:22 | תיכלון יתיה דמרחק מן | קודשיה | ודדכי מן קודשיה כחדה |
| 271 | | Dt12:22 | מן קודשיה ודדכי מן | קודשיה | כחדה ייכלון יתיה: |
| 272 | | Nu 7:88 | וכל תוריה דנכסת | קודשיה | עשרין וארבעה תורין דכרין |
| 273 | קודשיכון | Nu29:39M | ולנכסת | קודשיהון/<קודשי>כון#2#/: | |
| 274 | | Ex29:28 | בני ישראל מנכסת | קודשיכון | אפרשותכון לשמה דייי: |
| 275 | | Dt12:26 | לחוד | קודשיכון | די יהוון לכון ונדריכון |
| 276 | | Dt12:06 | ית עלוותכון ונכסת | קודשיכון | וית מעשרכון וית אפרשות |
| 277 | | Dt12:27 | דייי אלהכון ודם נכסת | קודשיכון | ישתפך על מדבחה דייי |
| 278 | | Dt12:11 | יתכון עלוותכון ונכסת | קודשיכון | מעשרכון ואפרשות ידיכון |
| 279 | קודשכון | Ex20:24 | ית עלוותכון וית נכסת | קודשכון | ית עניכון וית תוריכון |
| 280 | בקדשייה | Lv22:04 | והוא מצרע או דייב | בקדשייה | לא ייכול עד זמן די ידכי |
| 281 | וקדשיה | Nu31:50M | קירויה דדהב' <...> | וקדשיה | <...> ועזקיה מן אצבעתיהון |
| 282 | לקדשיה | Lv22:03 | די יקרוב מן כל בניכון | לקדשיה | די יקדישון בני ישראל |

## קדש 2# *n.* ear-, nose-ring [478 קודש]

|  |  |  |  |  |  |
|---|---|---|---|---|---|
| 001 | קדשה s ab/cn | Gn24:47 | די ילדת לה מלכה ושוית | קדשה | על בית אפיה ושריה על ידה: |
| 002 | קודש | Gn24:22 | גמליא למשתי ונסב גברא | קודש | דדהב טבע מתקלה ותרין שרין |
| 003 | קדישין p abs | Nu31:50 | דדהבה מן ראשיהון | קדישין | מן אדנ«י»הון שישלין מן |
| 004 | וקדשין | Ex35:22 | אייתי{ן}<ו> קטלין | וקדשין | ועזקין וזמרגדין וכל מני |

## קהי *vb.* to be numb, to be blunt [477]

|  |  |  |  |  |  |
|---|---|---|---|---|---|
| 001 | דקהין peal | Gn33:04M | עשו הוה בכי עד | דק{ר}<ה>ין | שניו ויעקב הוה |
| 002 | וקהת | Gn32:26 | ליה וקרב בכף ירכיה | {י}<ו>קהת | כף ירכיה דיעקב |

## קהל *n.* congregation [477]

|  |  |  |  |  |  |
|---|---|---|---|---|---|
| 001 | קהל s ab/cn | Gn50:20M | היך זמן יומ׳ הדין | קהל | אוכלוסין סגין |
| 002 | | Nu 1:53M | רגוז על\עם | כנישתה/קהל#2#/ | דבני ישראל ויטרון |
| 003 | | Nu14:07M | לכל כנישתה/עם | קהל#2#/ | דבני ישראל למימר ארעא |
| 004 | | Nu16:21M | \מן גו עם כנשתה/ביני | קהל | כניש#2#/ ואישצי יתהון |
| 005 | | Ex12:06 | הדין ויכסון יתיה כל | קהל | כנישתא דבני ישראל ביני |
| 006 | | Lv16:17 | אנשי ביתיה ועל ידי כל | קהל | כנישתה דבני ישראל: |
| 007 | | Nu13:26M | \כנישתה דבני ישראל | /קהל | כנישתה דישראל#2#/ למדברה |
| 008 | | Nu16:03 | מה אתון מתרברבין על | קהל | כנישתה דייי: |
| 009 | | Nu32:04M | ארעא דכבש ייי קדם | \קהל#2#/ | כנישתה דישראל ארעא |
| 010 | | Nu16:09M | דישראל יתכון מן | \קהל#2#/ | כנשתה דישראל למקרבה |
| 011 | | Nu 8:09M | זימנא ותכנש ית כל | כנשתה/קהל | עם כנשתה#2#/ דבני |
| 012 | | Nu14:05M | על אפיהון קדם | כנישתה/קהל | עם#2#/ דבני ישראל: |
| 013 | | Nu20:04 | <כ>ען אייתית{י}<ו><ן> ית | קהל | ^עם#2#^ כנישתה דייי למדברה |
| 014 | בקהל | Dt23:03 | עשיריי לא יתחשב להון | בקהל | כנישתה דייי: |
| 015 | | Dt23:09 | דר תליתי יתחשב להון | בקהל | כנישתה דייי: |
| 016 | | Dt23:02 | לא ייעול דפסיק ודמסרס | בקהל | כנשתה דייי: |
| 017 | | Dt23:03 | לא ייעול ממזר | בקהל | כנשתה דייי לחוד דר עשיריי |
| 018 | | Dt23:04 | דר עשריי לא יתחשב להון | בקהל | כנשתה דייי עד לעולם: |
| 019 | | Dt23:04 | עמוניי ומואביי | בקהל | כנשתה דייי לחוד דר עשריי |
| 020 | וקהל | Gn35:11 | אלה שמיא תקף וסגי אמה | וקהל | כנישת אומין צדיקין יקומון |
| 021 | לקהל | Gn48:04 | יתך ומסגי יתך ותהווי | לקהל | כנישת אומין צדיקין ואתן ית |
| 022 | | Gn28:03 | יתך ויסגי יתך ותהוי | לקהל | כנישתא אומין צדיקין: |
| 023 | | Gn17:04 | אנה הא קיימי עמך ותהוי | לקהל | כנשת אומין צדי«קין»: |
| 024 | | Gn17:05 | ויהוי שמך אברהם ארום | לקהל | כנשת אומין צדיקין שוית |
| 025 | | Dt33:10 | יעקב וגזירת אוריתך | לקהל | שבטיה דבני ישראל משוין |
| 026 | | Dt33:04 | יהב יתה ירתו ואחסנה | לקהל | שבטייה דבית יעקב: |
| 027 | קהלא s em/sf | Nu22:04M | מדיינאי כדן ילחכון | קהלא | |
| 028 | | Nu15:15 | | קהלא | גזרת דאור«י»תיא לכון |
| 029 | | Ex16:03 | הדין למקטלא ית כל | קהלא | הדין בכפנא: |
| 030 | | Nu22:04 | מדייניי כדון ישצון | קהלא | הדין ית כל קירויא די |
| 031 | | Nu25:08 | בתר גברא בר ישראל לגו | קהלא | ודקר ית תריהון ית גברא בר |
| 032 | | Nu17:12 | דמלל משה ורהט לגו | קהלא | והא שרי מחבלה מחבל בעמא |
| 033 | | Dt10:04 | להבי אשתה ביום כנשות | קהלא | ויהב יתהון לי אמר משה: |
| 034 | | Lv 4:13 | ויתכסי פתגם מן עייני | קהלא | ויעבדון חדא מן כל מצוותה |
| 035 | | Lv16:33 | ועל כהנייה ועל כל עם | קהלא | יכפר: |
| 036 | | Lv 4:14 | די אתחייבו עלה ויקרבון | קהלא | תור בר תורין לחטאתה וייתון |
| 037 | | Nu10:07 | ובאתכנשון ית | קהלא | תתקעון ולא תתייבבון: |
| 038 | קהלה | Nu16:33 | ארעא ואשתיצון מן גו | קהלה: | |
| 039 | | Dt 9:10 | להבי אשתה ביום כנשות | קהלה: | |
| 040 | | Nu19:20 | ותשתיצי נפשה ההיא מן גו | קהלה | ארום ית בית מקדשא דייי סאב |
| 041 | | Nu20:06 | ואתה משה ואהרן מן קדם | קהלה | בתרע משכן זימנה ואשתטחו על |
| 042 | | Nu16:02 | רברבני כנ«י»שתה מזמני | קהלה | גברין מפרשין בשמהן: |
| 043 | | Dt31:30 | ומלל משה במשמעהון דכל | קהלה | דישראל ית מלי שירתה הדה |
| 044 | | Nu20:12 | בגין כדן לא תיעלון ית | קהלה | הדין לאתרא די יהבית להון: |
| 045 | | Lv 4:21M | \חטאתה דקהלה /חטאת | קהלה#2#/ | הוא: |
| 046 | | Dt18:16 | דחורב ביום התכנשות | קהלה | למימר לא אוסף למשמע ית קל |
| 047 | | Nu17:07M | עם כנישתה /בכנשות | קהלה#2#/ | על משה ועל אהרן |
| 048 | | Nu20:10 | וכנשו משה ואהרן ית | קהלה | קדם כיפה ואמר להון שמעו |
| 049 | | Nu20:04M | ית קהל /אעלתון ית | קהלה#2#/ | ^עם#2#^ כנישתה דייי |
| 050 | קהלכון | Dt 5:22 | האליין מלל ייי עם כל | קהלכון | בטורא מן גו להבי <אשתה> |
| 051 | דקהלה | Lv 4:21 | ית תורה קדמיה חטאתה | דקהלה | הוא: |
| 052 | לק׳ | Nu20:06M | ואהרן \מן קדם | קהלה/לק׳#2#/ | בתרע/לתר׳#2#/ משכן |

## קהתיי *adj.* Kehatite [477]

|  |  |  |  |  |  |
|---|---|---|---|---|---|
| 001 | דקהתי s ab/cn | Nu 3:27 | אינון זרעייתה דבנוי | דקהתי: | |
| 002 | | Nu 3:30 | ורב בית אבה דבנוי | דקהתי | אליצפן בר עזיאל: |
| 003 | | Nu 4:37 | סכומי זרעיתה דבנוי | דקהתי | כל די פלח במשכן זמנה די |
| 004 | | Nu26:57 | זרעייתה דבנוי | דקהתי | למררי זרעייתה דבנוי |
| 005 | | Nu 4:34 | עם כנשתה ית בנוי | דקהתי | לזרעייתהון לבית אבהתהון: |
| 006 | | Nu 4:18 | ית שבט זרעייתה דבנוי | דקהתי | מן גו ליוויי: |
| 007 | דקהתים p abs | Nu10:21 | ונטלין בנוי | דקהתים | טעני מקדשה ומקימין ית |

## קובל prep. corresponding to [477]

001 קביל Gn31:32 תשכח ית {{טעותך ימות}} קביל אחינן חכם לך מה עמי וסב לך
002 קובל Ex36:16M ית חמישתי יריען לחוד קובל חמישתי סיפרי אורייתה וית
003 Ex36:16M וית שית יריען לחוד קובל שיתה סידורי משנה
004 מקובליה Gn21:16M לה מן כל קובליה/מקובליה#2#/ רחיק כמרמי
כלוקבל prep. See also:
לקבל prep. See also:

## קובע n. head covering [478]

001 p abs קו׳ Lv 8:13M וטכ׳ לה#2#/ כובעין/קו׳#2#/ היך מה די פקד ייי ית
002 כובעין Lv 8:13 המיינ׳ ושוי להון כובעין היך מה די פקד ייי ית
003 p em/sf קובעיה Ex39:28M /דבוצה וית תושבחה עבד קובעיה בוץ וית אברקסין דבוץ
004 Ex39:28 מצנפתה דבוץ וית כליליה קובעיה דבוץ וית מכנסי בוצה בוץ

## קודקד n. head, skull [478]

001 s em/sf קדקדא Gn49:26 דרבו על ריש יוסף ולגו קדקדא דגברא חסידא דרב ושליט על
002 קודקדה Dt33:16 על רישא דיוסף ולגו קודקדה דגברא ^יוסף#2#^
003 ולקדקדא Gn49:26M יוסף \ולגו קדקדא/ולקדקדא#2#/ דגברא חסידא דרב
004 p const קדקדי Dt28:35 מן כף רגליכון ועד קדקדי ראשיכון:

## קולה n. ⇐ קבילה

## קוטט vb. to quarrel [478]

001 etpolel ואיתקוטטו Nu16:01M ונסיבו עיצה בישתה ואיתקוטטו קרח

## קוטן n. ⇐ קטון

## קולה n. pitcher [479]

001 s em/sf קו׳ Gn24:20M קולתה /וזרזת ואחתת קו׳#2#/ לגו מורכיון ורהטת תוב
002 קולתה Gn24:16 יתה ונחתת לעיינה ומלת קולתה וסלקתו:
003 Gn24:20 ואוחיית ופנית קולתה לגו מורכיון ורהטת תוב
004 Gn24:46 ואוחיית ואחתת קולתה מעלוה ואמרת שתה ואף
005 Gn24:18 רבוני ואוחיית ואחתת קולתה על ידה ואשקיית יתה:
006 קולתיך Gn24:17M \מן קלתיך /מים מן קולתיך#2#/:
007 Gn24:43 יתי קליל מיין מן קולתיך:
008 Gn24:14 א«י»מר לה ארכיני כען קולתיך ואשתי ותימר שתי ואף
009 קלתיך Gn24:17 ואמר אשקיין יתי כען מן קלתיך:
010 וקולתה Gn24:15 דנחור אחוי דאברהם וקולתה על כתפה:
011 Gn24:45 עם לבי והא רבקה נפקת וקולתה על כתפה ונחתת לעיינה

## קולר n. neck-iron [479]

001 s ab/cn בקולר Nu21:29M ב{י}ניכון כפיתין בקולר#2#/ שלילן בקולריא ובנתהון
002 p em/sf בקולריא Nu21:29 מסר בניהון שלילן בקולריא ובנתהון בשבייתה למלכיהון

## קום vb. to rise [479]

001 peal קאי׳ Dt 5:05M הוינה מעתד בין /הא אנא קאי׳ בין#2#/ ממריה דייי
002 Ex17:09M הא אנה קיים /מחר אנה קאי׳#2#/ מעתד על ריש רמתא וחוטרא
003 קאים Gn50:01 מן בנוי דקטור«ה» תמן קאים יהודה ארייה גוברין דאחוי
004 Gn50:01M מן דבית יעקב תמן קאים אריה ... תמן הוו שפכן
005 Lv13:05 ביומא שביעיה והא מכתשה קאים בחזויה לא הלך מכתשה במשכה
006 Ex22:26M הוא דמך /במה הוא קאים#2#/ ויהוי ארום יצווח עלך
007 Nu10:35M ארונה נטל הוה משה קאים ידוי בצלו ואמר קום כען
008 Ex20:24M "אתרא ... יתכון": אתר דאת קאים לצלוי׳ בשמי קדיש׳ מימרי׳
009 Nu14:14M איקר שכינתך הווה עליהון/קאים מעילה#2#/ ובעמודה
010 Nu22:31M ית מלאכה דייי קים/קאים#2#/ מתעתד באורחה וחרביה
011 Ex 3:05 רגליך ארום אתרא די את קאים עלוי אתר קדיש הוא:
012 Ex14:15M למשה עד אימת את קיים/קאים#2#/ תהווי מצלי׳ קדמיי
013 קאם Gn18:22 ואברהם עד כען הוה קאם בעי רחמין מן קדם ייי:
014 Ex33:10M ית עמודא דעננא דקיים/קאם#2#/ בתרע משכנה וקיימין
015 Gn18:10M מצית מן בתרה/מבת׳#2#/ /קאם מן בתרוי׳#2#/:
016 Gn18:08M והוא הוה \קיים עליהון /קאם מעלוויהון#2#/ תחות אילנא
017 Nu22:34M /כדו לחוד ית#2#/ קיים/קאם#2#/ מתעתד/מעת׳#2#/
018 קאמין Gn50:01M מדבית עשו תמן הוו קאמין גיברין מדבית יעקב מדבי׳
019 קום Nu23:18 ונטל במתל נבותה ואמר קום בלק ושמע אצת כען למלי ברה
020 Dt10:11 ואמר ייי לי אמר משה קום אזיל למטלן קדם {ייי} <עמא>
021 Gn28:02 קום אזל לפדן ארם לבייתיה
022 Nu22:20 אין למקרא לך אתו גבריא קום אזל עמהון ולחוד ית פתגמא
023 Nu10:35 והוה משה מצלי ואמר קום בבעו ייי ויתבדרון
024 Gn19:15 מלאכיא בלוט למימר קום דבר ית אתתך וית תרתין בנתך
025 Gn13:17 קום הלך בארעא לארכה ולפתייה
026 Dt 9:12 ואמר ייי לי אמר משה קום חות בופריע מן הכה ארום
027 Gn27:19 עבדת היך מה דמללת עמי קום כען תב ואכל מן ציידי
028 Nu10:35M קאים ידוי בצלו ואמר קום כען מימריה בתקוף חיילך
029 Gn35:01 ואמר ייי ליעקב קום סוק לביתאל ושרי תמן ובני
030 Gn31:13 די נדרת לי תמן נדר כדון קום פוק מן ארעא הדא וחזור
031 Gn44:04 אפיטרופוס על בייתיה קום רדף בתר גבריא ותארע יתהון
032 קומו Dt 2:13 כדון קומו ועברו ית נחלה דזרד ועברנן
033 Dt 2:24 קומו טלו ועברו ית נחלה דארנונה
034 Nu 9:08M <ואמר> משה קומו כען ואשמע יתכון מה דתקן
035 Nu 9:08 לא שמעתה ואמר להון משה קומו כען ואשמע יתכון מה דתקן
036 Gn19:14 חתנוי נסבי בנתיה ואמר קומו פוקו מן א{רת}<תר>א הדין
037 Ex12:31 ולאהרן בליליא ואמר קומו פוקו מן גו עמי לחוד אתון
038 קומי Gn21:18 קומי טולי ית טליא ותוקפו ית
039 קומן Ex14:14 אמר להון משה לא תדחלון קומן שתוקו {י}<ו>הבו איקר
040 קיים Gn42:23 היך תרגומן הוה מנשה קיים ביניהו«ן»:
041 Dt22:26 דקטולין ארום היך מה די קיים גבר על חבריה ויקטול יתיה
042 Ex14:15M "קיים תהווי מצלי": תיהוי קיים ומ׳
043 Gn24:31 בריכה דייי למה כען את קיים לברא והא אנא פניית ביתה מן
044 Gn24:13 הא אנא קיים מעתד על עניא דמיא ובנתהון
045 Gn24:43 הא אנא קיים מעתד על עיינא דמיא והא
046 Ex17:09 דבית עמלק למחר הא אנה קיים מעתד על ריש רמתא וחוטרא די
047 Gn18:10 משכנא וישמעאל הווה קיים מצית מן בתרה:
048 Ex17:06 הא ממרי קיים מתע{דת}<תד> על טינרא בחרב
049 Nu22:34 ארום לא ידעת ארום את קיים מתעתד לקדמותי באורחא וכדון
050 Gn24:30 ואתא לוות גברא והא הוא קיים על גמליא על עיינא:
051 Gn41:01 ופרעה חלם והא הוא קיים על גוף נהרא:
052 Gn41:17 עם יוסף בחלמי והא אנא קיים על גיף {תוריין} נהרא:
053 Gn28:13 והא ייי קיים עלוי ואמר אנה ייי אלהה
054 Gn45:01 למסוברא לכל מאן דהוה קיים עלוי ואכרז ואמר אפקו כל
055 Ex16:21 כפם מיכליה וכד הוה שמשא קיים עלוי הוה שיח:
056 Gn18:08 ושוי קדמיהון והוא הוה קיים עליהון תחות אילנא והוון
057 Ex14:15 ייי למשה עד אימת את קיים תהווי לדידך מלל עם בני
058 קיימא Gn15:12 אברם חזי ארבעה מלכוון קיימא עלוהי "אימה" דא היא בבל
059 Gn19:26 דבייתיה דאבוה והא היא קיימא עמוד דמלח עד זמן דייחון

|  |  |  |  |  |  |
|---|---|---|---|---|---|
| 060 | קיימה | Dt29:14M | מן בתרן עמן | קיימין/קיימה#2/ | הכה יומא הדין: |
| 061 | קיימין | Ex26:15 | למשכנא אעין דשטין | קיימין: | |
| 062 | | Ex36:20 | למשכניה אעין דשטין | קיימין: | |
| 063 | | Gn50:01M | מדבי' ישמאל הוון | קיימין | אריה |
| 064 | | Gn24:31M | עבידן קשיין דהוון | קיימין | בגווה מן פולחנא נכראה |
| 065 | | Gn50:01M | ותמן מוקדן ותמן הוון | קיימין | בוסמנין עבין תמן הוון |
| 066 | | Gn22:14 | וכדון כד יהוון בנוי | קיימין | בשעת עקתא תהווי מדכר |
| 067 | | Gn50:01M | חמד נ' ריחנין תמן | קיימין | גיברין מן דבית עשו תמן |
| 068 | | Ex15:16 | גבורתך תקיפא יהוון | קיימין | דמימין כאבנייא עד זמן |
| 069 | | Dt29:14 | עלמא ועד כדון עמן אנון | קיימין | הכה יומא הדין קדם ייי |
| 070 | | Dt29:14 | למקום מן בתרן עמן | קיימין | הכה יומא הדין: |
| 071 | | Lv19:32 | מנכון באורייתה תהוון | קיימין | ותייקרון אפוי דרבה |
| 072 | | Dt29:14M | דקיימין הכא עמנא | קיימין | יומא הדין קדם ייי אלהנא |
| 073 | | Ex33:08 | כד הוה משה נפק למשכנה | קיימין | כל עמא ומתעתדין גבר בתרע |
| 074 | | Ex33:08M | יפוק משה למשכנה הוון | קיימין | כל עמא ומעתדין |
| 075 | | Ex 5:20 | וארעו ית משה וית אהרן | קיימין | לקדמותיהון באפקותיהון |
| 076 | | Gn50:01M | בוסמנין עבין תמן הוון | קיימין | מדבית עשו תמן הוו קאמין |
| 077 | | Dt29:09 | אתון | קיימין | מעתדין כולכון יומא הדין |
| 078 | | Ex14:13 | בני ישראל בזמנא דהוון | קיימין | על ימא דסוף חדא הוות |
| 079 | | Ex40:20M | ליה בחורב והוון | קיימין | על את בבית אולפנה הנון |
| 080 | | Nu21:14 | ייי עם ישראל כד הוון | קיימין | על ימא דסוף וגבורתה דעבד |
| 081 | | Nu21:34 | מדמיין לאלנין יאין | קיימין | על מבועין דמיין ברם פירין |
| 082 | | Dt 1:01 | בני ישראל כד הויתון | קיימין | על ימא דסוף אתבזע |
| 083 | | Gn18:02 | מלאכין בדמות גברין | קיימין | עלוי וחמא ורהט לקדמותהון |
| 084 | | Ex18:14 | את יתב לבלחודך וכל עמא | קיימין | עלויך מן צפרא עד רמשא: |
| 085 | | Dt29:14M | אתבריו עד כדון כולהון | קיימין | עמנא יומא דין |
| 086 | | Gn18:02M | "קיימין עלוי": | קיימין | קודמוי חד מניהון הוה אזל |
| 087 | | Gn50:01M | מן דבית עשו תמן | קיימין | שליטין מן דבית יעקב תמן |
| 088 | | Gn50:01 | מן בנוי דישמעל | קיימין | תמן שולטנין מן בנוי דעשו |
| 089 | | Gn50:01 | שולטנין מן בנוי דעשו | קיימין | תמן שולטנין מן בנוי |
| 090 | קיימן | Gn15:12M | אברם והא ארב' מלכוון | קיימן | למשעבדא ית בנוי אימתא דא |
| 091 | | Gn50:01 | מוקדן תמן בוסמנין סבין | קיימן | תמן מלכוון ושולטנן מן |
| 092 | קים | Nu22:31 | וחמא ית מלאכה דייי | קים | מתעתד באורחה וחרביה שליפה |
| 093 | קם | Gn38:25 | יתי מן דינא רבא הדין מיד | קם | יהודה על רגלוי ואמר בבעו |
| 094 | | Gn45:01 | אפקו כל גבר מעלוי ולא | קם | גבר לוותיה כד אתחכם יוסף |
| 095 | | Dt32:01 | למסהדה בישראל בגין כדין | קם | ליה משה נבייא דייי ואזרז |
| 096 | | Gn49:02 | בנוי דקטורה ויצחק אבה | קם | מיניה פסולה עשו אחוי ואנה |
| 097 | | Dt 6:04 | להון אברהם אבוי דאבה | קם | מיניה פסילה ישמעאל וכל |
| 098 | | Dt 6:04 | דקטורה ויצחק אבה | קם | מיניה פסילה עשו אחי דלמה |
| 099 | | Gn49:02 | להון אברהם אבוי דאבה | קם | מניה פסול ישמעל וכל בנוי |
| 100 | | Gn28:13M | מלאך דרחמי מן קדם ייי | קם | מעתד מעילווי |
| 101 | | Dt34:10 | ולא | קם | נבייא עוד בישראל כמשה די |
| 102 | | Lv13:37 | ואן בחזווה | קם | נתקא ושער אוכם צמח בה אתאסי |
| 103 | | Gn41:46 | בר תלתין שנין הווה כד | קם | קדם פרעה מלכא דמצרים ונפק |
| 104 | קמו | Gn50:01M | עד ארעית תהום' מנה | קמו | בישראל תריסר שבטין מיני' |
| 105 | | Ex10:23 | לא חמון גבר ית אחוי ולא | קמו | גבר מן אתריה תלתא יומין |
| 106 | | Nu16:27 | ו{ת}<ד>תן ואבירם | קמו | להון מעתדין בתרע משכניהון |
| 107 | | Gn50:01M | לקרבא קרבנ' ומני' | קמו | ליואי במחלוקתיהון לזמרא |
| 108 | | Gn11:01M | /ממללין בעיצתא חדא | קמו | למירדי#2/: |
| 109 | | Dt32:01 | דחילין מן לשמה קדישה | קמו | למסהדה בישראל בגין כדין |
| 110 | | Dt32:01 | חדתה ארום תריין נביין | קמו | למסהדה בישראל משה נבייה |
| 111 | | Dt27:15M | ואשתה שבטין | קמו | על טורה דעיבל וארונה |
| 112 | | Dt27:15M | לטורה /אשתה שבטין | קמו | על טורה#2/ דגריזים ושתה |
| 113 | | Ex15:08 | אתעבדו מיי' ערמן ערמן | קמו | צרירין היך זיקיא דמיא |
| 114 | קמית | Dt10:10 | ואנה | קמית | בטורה כי{ז}<ו>מייה קדמייה |
| 115 | קמת | Gn37:07 | כורכוון בגו חקלא והא | קמת | כורכותי ולחוד אזדקפת והא |
| 116 | | Gn30:09 | וחמת לאה ארום | קמת | לה מן למילד ונסבת ית זלפה |
| 117 | קמתון | Nu32:14 | והא | קמת{ת}<ון> | חלף אבהתכון תרבו דגברין |
| 118 | | Dt 4:10 | יומא די | קמתון | קדם ייי אלהכון בטורא |
| 119 | יקום | Lv27:14 | די יעלי יתיה כהנה כדן | יקום: | |
| 120 | | Lv27:17 | יקדש חקלה בעלויה | יקום: | |
| 121 | | Nu30:05 | קיים די קיימת על נפשה | יקום: | |
| 122 | | Nu30:12 | קיימה די קיימת על נפשה | יקום: | |
| 123 | | Gn27:31 | ואייתי לאבוי ואמר לאבוי | יקום | אבא ויאכל מן צידיה דברה |
| 124 | | Dt 1:17M | לאלהה הוא ופתגמא די | יקום | באפכון תק' |
| 125 | | Dt13:02 | ארום | יקום | ביניהון נביא שקר או חלם |
| 126 | | Nu30:13 | לנדרא ולקיום נפשה לא | יקום | בעלה בטל{ת} יתהון ומן קדם |
| 127 | | Ex10:24 | לחוד עניכון ותוריכון | יקום | הכא אף טפליכון ייזיל |
| 128 | | Ex21:19 | אין | יקום | ויהלך בשוקא על מרדניתא |
| 129 | | Nu27:21 | וקדם אלעזר כהנא | יקום | וישאול לה בסדר דינהון |
| 130 | | Nu30:06 | די קיימת על נפשה לא | יקום | ומן קדם ייי ישתבק לה ארום |
| 131 | | Dt32:38 | דהוון מנסכין קדמוי | יקום | כען ויפרוק יתהון ויהווי |
| 132 | | Ex21:21 | אן יום חד או תרין יומין | יקום | לא יתפרע מיניה ארום זבינת |
| 133 | | Dt 7:24 | ית שמהן מן תחות שמיא לא | יקום | מלך ושלטן באפיכון עד זמן |
| 134 | | Dt11:25 | לא | יקום | מלך ושולטן באפיכון פחדכון |
| 135 | | Nu24:07 | | יקום | מלכיהון מן ביניהון |
| 136 | | Gn49:22 | מן עלמא בגין כדין | יקום | מנך תרין שבטין מנש«ה» |
| 137 | | Dt19:15 | לא | יקום | סהד בגבר לכל חובה ולכל |
| 138 | | Dt25:06 | ויהווי בכורה די תולד | <יקום> | על שמה דאחוי מיתה ולא |
| 139 | | Nu30:10 | כל מה דקיימה על נפשה | יקום | עלה: |
| 140 | | Gn49:16 | מן דבית דן | יקום | פורקן ודיין כחדא ישתמעון |
| 141 | | Dt19:15 | או על פם תלתה סהדין | יקום | פתגמא: |
| 142 | | Nu35:12 | ימות קטולא עד זמן די | יקום | קדם עם כנישתה בדינה: |
| 143 | | Dt19:16 | ארום | יקום | שהד דשקר בגבר למסהדה עלוי |
| 144 | יקומון | Gn17:16 | דשלטין באומיא מנה | יקומון: | |
| 145 | | Nu30:05M | קיימת על נפשה | יקום/יקומון#2/: | |
| 146 | | Nu30:08 | די קיימת על נפשה | «יקומון»: | |
| 147 | | Gn24:60 | לגברא חסידא ומניך | יקומון | אלפין וריבוון וירתון בניך |
| 148 | | Dt 5:20M | שהדין דשקר דלא | יקומון | בניהון מן בתריהון וילפון |
| 149 | | Ex20:13 | דישראל עם קטולין דלא | יקומון | בניכון מן בתריכון וילפון |
| 150 | | Ex20:14 | דישראל עם גיורין דלא | יקומון | בניכון מן בתריכון וילפון |
| 151 | | Ex20:15 | דישראל עם גנבין דלא | יקומון | בניכון מן בתריכון וילפון |
| 152 | | Ex20:16 | עם סהדי שיקרא דלא | יקומון | בניכון מן בתריכון וילפון |
| 153 | | Ex20:17 | דישרא' עם חמודין דלא | יקומון | בניכון מן בתריכון וילפון |
| 154 | | Dt 5:17 | דישראל עם קטולין דלא | יקומון | בניכון מן בתריכון וילפון |
| 155 | | Dt 5:18 | עם גיורין <....> דלא | יקומון | בניכון מן בתריכון וילפון |
| 156 | | Dt 5:19 | דישראל עם גנבין דלא | יקומון | בניכון מן בתריכון וילפון |
| 157 | | Dt 5:20 | יתחבר עם משהדי שקר דלא | יקומון | בניכון מן בתריכון |
| 158 | | Dt 5:21 | ולא שותפין לחמודיה דלא | יקומון | בניכון מן בתריכון וילפון |
| 159 | | Nu30:13M | נפשה לא | יקום/יקומון#2/ | בעלה בטל{ת} יתהון |
| 160 | | Nu30:06M | ומן קדם ייי ישתבק/לא | יקומון | וממריה דייי ישתרי |
| 161 | | Dt27:12 | אילין | יקומון | למברכה ית עמא על טורה |
| 162 | | Gn35:11 | כנישת אומין צדיקין | יקומון | מינך ומלכין דשלטין באמיא |
| 163 | | Dt29:21 | דרה אחרייה בניכון די | יקומון | מן בתרכון ובר עממיה דייתי |
| 164 | | Dt27:13 | ואילין | יקומון | על לווטייה בטורא דעיבל |
| 165 | | Nu 1:05 | ואילן שמהת גבריא די | יקומון | עמכון מן שבטה דבנוי |
| 166 | נקום | Gn 3:18 | למיכ' עשבא דבאפי ברא | נקום | כען ונלעי ומן לעות ידי |
| 167 | תיקום | Lv13:23 | ואין באתרה | תיקום | בהקיתה לא הלכת שומה שחנה |

|  |  |  |  |  |  |
|---|---|---|---|---|---|
| 168 | | Nu31:50 | בגיהינם בעלמא דאתי דא | תיקום | לן ביום דינה רבה למכפרה |
| 169 | | Nu31:50M | לעלמא דאתי היא | תיקום | לן |
| 170 | | Lv19:16 | בעלי דינה לא תשתוק לא | תיקום | על אדם קטולוי דחברך בזמנה |
| 171 | תקום | Gn 3:22 | סגיאין למקום מנה ומנה | תקום | אומ' חדא דידעה למפרשה בין |
| 172 | | Lv13:28 | ואם באתרה | תקום | בהקיתה לא הלכת במשכה והיא |
| 173 | | Gn19:17 | נפשך לא תסתכל לבתרך ולא | תקום | בכל משרא לטורא אשתיזב דלא |
| 174 | | Dt24:11 | לברה | תקום | וגברא די את מוזף לה יפיק |
| 175 | | Lv18:23 | למסתאב' בה ואתה לא | תקום | קדם בעיר למשמשה עמה מרחקה |
| 176 | דיקומון | Gn22:14 | עקא דעתידין דריא | דיקומ«ון» | מבתרה למיהוי אמרין |
| 177 | דליקום | Nu24:17M | מלך \למקום מן | דבית/דליקום | מד'#2# יעקב ופרוק |
| 178 | דמיקום | Gn22:14M | דעתידין דריא | דיקומ«ון»/דמיקום#2#/ | מבתרה למיהוי |
| 179 | דקאים | Ex21:14 | אין הוא כהנא רבה | דקאים | ומשמש {על גב} על גבי |
| 180 | | Dt17:12M | \דקיים מעתד למשמשא | /דקאים | למשמשה#2#/ תמן קדם ייי |
| 181 | דקיים | Ex33:10 | כל עמא ית עמודא דעננא | דקיים | בתרע משכנה וקיימין כל עמא |
| 182 | | Ex29:30 | יומין ילבש יתהון כהנא | דקיים | מן בתר{א}<ה> די יעול |
| 183 | | Dt17:12 | דלא למשמע למלוי דכהנא | דקיים | מעתד למשמשא תמן קדם ייי |
| 184 | | Dt 1:38 | יהושע בר נון | דקיים | משמש קדמך הוא ייעול לתמן |
| 185 | דקיימין | Lv24:12 | ובגין למלפה לדייניה | דקיימין | בתר משה דיהוון זריזין |
| 186 | | Nu 9:08 | למלפה לדייניה | דקי«י»מין | בתר משה די הווין |
| 187 | | Nu15:34 | נפשן למלפה לדייניה | דקיימין | בתר משה די הוון זריזין |
| 188 | | Nu27:05 | נפש למלפה לדייניה | דקיימין | בתריה די הוון זריזין |
| 189 | | Dt29:14M | "דקמו ... הדין": | דקיימין | הכא עמנא קיימין יומא |
| 190 | | Nu 7:02M | רברבני דישראל הנון | דקיימין | וממנין על מנייניה |
| 191 | | Ex19:22 | ולחוד כהניא | דקיימין | ומשמשין קדם ייי יתקדשון |
| 192 | | Ex20:26 | כהנייא בנוי דאהרן | דקיימין | ומשמשין על גבי מדבחי לא |
| 193 | | Ex33:23 | ואעבר ית כיתי מלאכיה | דקיימין | ומשמשין קדמיי ותחמי ית |
| 194 | | Dt18:07 | ככל אחוי ליוויי | דקיימין | ומשמשין תמן קדם ייי: |
| 195 | | Dt28:07 | ייי ית בעלי דבביכון | דקיימין | עילוו«י»כון למ{אב} באשה |
| 196 | דקם | Gn19:27 | אברהם בצפרא לאתרא | דקם | וצלי תמן קדם ייי: |
| 197 | | Dt32:01 | שמעו ברם ישעיה נבייה | דקם | מן בתרה בגין דהוה קרב |
| 198 | דקמו | Dt29:14M | קיימין הכה יומא הדין | /דקמו | מן יומת עלמא#2#/ קדם ייי |
| 199 | | Lv24:12 | דן חד מן ארבעה דינין | דקמו | קדם משה וסכם יתכון בדעתיה |
| 200 | | Nu 9:08 | דן חד מן ארבעה דינין | דקמו | קדם משה בתרין מנהון הוה |
| 201 | | Nu15:34 | דן חד מן ארבעה דינין | דקמו | קדם משה רבן בתרין מנהון |
| 202 | | Nu27:05 | דן חד מן ארבעה דינין | דקמו | קדם משה בתרין מנהון הוה |
| 203 | | Dt29:14 | ארום כל דרייה | דקמו | קדמינן מן עלמא ועד כדון |
| 204 | דקמת | Nu12:16 | עילוי אגר סגיא לפם | דקמת | לה מרים על גיף נהרא למידע |
| 205 | דת' | Nu31:50M | בעלמא דאתי \דא | תיקום/דת'#2#/ | לן ביום דינה רבה |
| 206 | דתיקום | Gn49:07 | כחדא לית אומה ומלכה | דתיקום | לקבליהון אפלג חולקיה |
| 207 | | Gn49:09 | ולית אומה ומלכו | דתיקום | לקובלך: |
| 208 | דתקום | Nu24:09 | ולית אומה ומלכו | דתקום | לקב' מן דמברך יתהון יהווי |
| 209 | | Dt33:20 | לית אומה ומלכו | דתקום | לקובליה קטילוי חכימין בני |
| 210 | וקאם | Ex33:09M | עמודא דעננא | וקיי«ם»/וקאם#2#/ | בתרע משכנה ומלל עם |
| 211 | | Gn 3:19 | ומן עפרא את עתיד חזר | וקאם | ויהב דין וחושבן על כל מה |
| 212 | וקום | Gn27:43 | וכדון ברי שמע בקלי | וקום | אזל{{ך}} לך לוות לבן אחי |
| 213 | וקיים | Ex33:09 | נחת עמודא דעננא | וקיי«ם» | בתרע משכנה ומלל עם |
| 214 | וקיימין | Ex33:10 | דקיים בתרע משכנה | וקיימין | כל עמא ומצליין גבר בתרע |
| 215 | | Dt31:16 | מתכנש בשלם עם אבהתך | וקיימין | עמה האיליין וטעיין בתר |
| 216 | וקיימן | Nu27:02 | | וקיימן | קדם משה וקדם אלעזר כהנה |
| 217 | וקם | Gn21:32 | וקיימו קיים בבאר שבע | וקם | אבימלך ופיכל רב חילוותה |
| 218 | | Gn23:03 | | וקם | אברהם מעלווי אפי מיתה |
| 219 | | Gn23:07 | | וקם | אברהם ושאל בשלמיהון |
| 220 | | Gn23:11M | ממך מל<מ>קבר מתך: | וקם | אברהם ושאל בשלמהון |
| 221 | | Lv 9:22M | "וזקף ... מן דקרב": | וקם | אהרן על דוכנה וזקף ידוי |
| 222 | | Nu22:13 | | וקם | בלעם בצפרא ואמר לרברבנוי |
| 223 | | Nu22:21 | | וקם | בלעם בצפרא ושוי ית אתנתה |
| 224 | | Nu24:25 | | וקם | בלעם ואזל וחזר לאתרה ואף |
| 225 | | Gn31:17 | | וקם | יעקב וטען ית בנוי וית |
| 226 | | Gn46:05 | | וקם | יעקב מן באר שבע וטענו |
| 227 | | Ex 2:17 | ואתון רעייא וטרדו יתהון | וקם | משה ושזיב יתהון ואשקי ית |
| 228 | | Ex24:13 | | וקם | משה ויהושע שמשוי וסלק |
| 229 | | Nu16:25 | | וקם | משה ואזל לוות דתן |
| 230 | | Gn 4:08 | מדיינין באפי ברא | וקם | קין אל הבל אחוי וקטל |
| 231 | | Gn32:23 | | וקם | בלילה ההוא ודבר ית תרתין |
| 232 | | Dt33:08 | חסידה די נפית יתיה | וקם | בנסיונה ובדקת יתיה במי |
| 233 | | Gn22:03 | בריה ופצע קיסין לעלה | וקם | ואזל לאתרא די אמר לה ייי: |
| 234 | | Gn24:10 | דייתיקא דריבוניה עמיה | וקם | ואזל לארעא נהרים לקרתא |
| 235 | | Gn25:34 | דטלופחין ואכל ושתה | וקם | ואזל ליה ובזי עשו ית |
| 236 | | Gn31:21 | וערק הוא וכל מה די לה | וקם | ועבר ית נהרא ושוי ית אפוי |
| 237 | | Nu12:05 | דייי בעמודה דעננה | וקם | לה בתרע משכנה וקרא אהרן |
| 238 | | Dt31:15 | במשכנה בעמודה דעננה | וקם | לה עמודה דעננה בתרע משכן |
| 239 | | Ex14:19 | דישראל מן קדמיהון | וקם | ליה מן בתריהון ונטל עמודא |
| 240 | | Ex14:19 | עמודא דעננא מן קדמיהון | וקם | ליה מן בתריהון: |
| 241 | | Ex32:26 | | וקם | ליה משה בתרע משריתה ואמר |
| 242 | | Nu17:13 | | וקם | ליה ביני מיתיה בעי רחמין |
| 243 | | Nu22:24 | | וקם | ליה מלאכה דייי ביני סייגי |
| 244 | | Nu22:26 | ואוסף מלאכה דייי למעבר | וקם | ליה באתר דחיק די לא הווה |
| 245 | | Ex 1:08 | | וקם | מלך חדת על מצרים די לא |
| 246 | | Nu25:07 | אלעזר בר אהרן כהנה | וקם | מן גו כנישתה ונסב רמחא |
| 247 | | Ex20:21 | | וקם | עמא מן רחיק ומשה קרב |
| 248 | | Nu11:32 | | וקם | עמא כל יומא ההוא וכל ליליא |
| 249 | | Ex12:30 | | וקם | פרעה בליליה הוא וכל |
| 250 | | Gn 4:08M | ונפוק תרינן באפי ברא | וקם | קין על הבל אחוי וקטל |
| 251 | וקמו | Nu16:27M | נפקו במילי חרופין | וקמו | |
| 252 | | Nu16:02M | \וקמו קדם | /וקמו | בחוצפא דאפי#2#/ משה |
| 253 | | Gn24:54 | די עמי«ה» וביתו | וקמו | בצפרא ואמרו שלחו יתי לוות |
| 254 | | Nu16:18 | אשא ושוו עליהון קטרה | וקמו | בתרע משכן זמנא ומשה |
| 255 | | Gn22:19 | אברהם לוות עולימוי | וקמ{ן}<ו> | ואזלו כחדא לבאר שבע |
| 256 | | Gn43:15 | בידיהון וית בנימן | וקמו | ונחתו למצרים וקמו קדם |
| 257 | | Gn37:35 | | <וקמו> | כל בנוי וכל בנתיה למנחמה |
| 258 | | Ex33:10M | בתרע משכנה | וקיימין/וקמו#2#/ | כל עמא ומצליין |
| 259 | | Ex15:08M | צרידין היך זיקיא | /וקמו | להו' צרירין כזקיי#2#/ |
| 260 | | Gn41:03 | למיחמי וחסין בבשריהון | וקמו | להון בסטר תורייא |
| 261 | | Ex20:18 | תנן וחמון עמא ואודעזעו | וקמו | להון מן רחיק: |
| 262 | | Ex32:06 | עמ«א» למיכל ולמישתי | וקמו | למגחכה בפלחנא נכריה: |
| 263 | | Gn18:16 | | וקמו | מתמן מתמן גובריה ודיקו |
| 264 | | Ex18:13 | ויתב משה למדן ית עמא | וקמו | עמא קדם משה מן צפרא עד |
| 265 | | Ex20:21M | | וקם/וקמו#2#/ | עמא מן רחיק ומשה קרב |
| 266 | | Gn29:22M | {ו}שב<ע> שנין אוחראין | וקמו | עמה בארעא |
| 267 | | Gn43:15 | וקמו ונחתו למצרים | וקמו | קדם יוסף: |
| 268 | | Ex 9:10 | ונסבו ית קטם אתונא | וקמו | קדם פרעה וזרק יתיה משה |
| 269 | | Lv 9:05 | וקריבו עם כל כנשתה | וקמו | קדם ייי: |
| 270 | | Nu16:02 | | וקמו | קדם משה וגבריה מן בני |
| 271 | | Nu22:14 | | וקמו | רברבני מואביי ואתון לוות |
| 272 | וקמת | Gn24:61 | | וקמת | רבקה ורביתה ורכבין על |
| 273 | | Gn38:19 | | וקמת | ואזלת ועברת רדידה מעילווה |
| 274 | | Gn19:35 | ההוא ית אבוהון חמר | וקמת | זעירתא ושמשת עמה ולא ידע |
| 275 | | Gn23:20 | | וקמת | חקלא ומערתא דביה לאברהם |

|  |  |  |  |  |  |
|---|---|---|---|---|---|
| 276 | | Gn23:17 | | וקמת | חקלת דעפרון די בכפילה די |
| 277 | | Ex 2:04M | | ואתעתדת/וקמת | ליה#2#/ אחתיה מרחוק |
| 278 | | Gn29:35 | כדין קראת שמה יהודה | וקמת | מן למילד: |
| 279 | וקמתה | Gn19:35M | /<אבו>הן#2#/ חמר | וקמת/וקמתה#2#/ | זעיראתא ושמשת עמה |
| 280 | וקמתון | Dt 4:11 | וקרבתון | וקמתון | בשיפולי טורה וטורה הוה |
| 281 | וייקום | Dt25:08 | ו«י»מללון עמיה | וייקום | ויימר לא אתרעיית למיסב |
| 282 | ויקום | Lv25:30 | די תשלם לה שנה שלימה | ויקום | ביתה די בקרתה דלה שור |
| 283 | | Dt33:05 | | ויקום | מלך מן דבית יעקב ככנש ית |
| 284 | | Dt19:11 | סני לחבריה ויכמן לה | ויקום | עלוי ויקטול יתיה ויתחייב |
| 285 | ויקומון | Nu30:05 | נפשה וישתוק לה אבוה | ויקומון | כל נדרה וכל קיים די |
| 286 | | Nu30:12 | וישתוק לה לא בטל יתה | ויקומון | כל נדרה וכל קיימה די |
| 287 | | Nu30:08 | די ישמע וישתוק לה | ויקומון | נדריה וקיומא די קיימת על |
| 288 | | Gn41:30 | | ויקומון | שבעתי שנין כפנא בתריהון |
| 289 | | Dt19:17 | | ויקומון | תרין גברייה דאית להון |
| 290 | ונקום | Gn43:08 | אבוי שלח טליא עמי | ונקום | ונזל ונחיה ולא נמות לחוד |
| 291 | | Gn35:03 | | ונקום | ונסק לבית אל ואבנה תמן |
| 292 | ותקום | Lv27:19 | חמש כסף עלויה עלוי | ותקום | לה: |
| 293 | ותקומון | Dt17:08 | דיונין בקורייכון | ותקומון | ותסקון לאתרה די יתרעי |
| 294 | ובמקמה | Gn19:33 | אבוה ולא ידע בדמכה | ובמקמה: | |
| 295 | | Gn19:35 | עמה ולא ידע במדמכה | ובמקמה: | |
| 296 | ובמקמכון | Dt 6:07M | /וב<ד>מכון | ובמקמכון#2#/: | |
| 297 | | Dt11:19M | ובדמכון | ובקומכון/ובמקמכון#2#/: | |
| 298 | ולמיקם | Nu16:09 | פלחן משכן זמנא דייי | ולמיקם | קדם כנישתה למשמשה יתהון: |
| 299 | ולמקום | Nu16:09M | כנישתה /משכן זמנא | ולמקום | קודם עמא דכנשתא#2#/ |
| 300 | למיקר' | Gn49:09M | \דתיקום לקובלך | /למיקר' | קדמך#2#/: |
| 301 | למיקום | Dt33:11 | מן קדמוי לא יכלין | למיקום: | |
| 302 | | Dt10:08M | ארון קיימה דייי | למקום/למיקום | למפלוח#2#/ קדם ייי |
| 303 | | Gn 4:10 | צדיקין דהוון עתידין | למיקום | מן הבל אחוך צווחין עלך |
| 304 | למיקם | Ex 9:28 | יתכון ולא תוספון | למיקם: | |
| 305 | | Ex18:23M | מימרי' דייי ותיכול | למיקם#2#/ | ולחו«ד» כל עמא האלין |
| 306 | | Ex18:23 | ויפקד יתך ייי ותיכל | למיקם | ולחו«ד» כל עמא האלין |
| 307 | | Gn49:11 | הוא מלכא משיחא דעתיד | למיקם | מן מדבית יהודה אסר חרציה |
| 308 | | Gn49:12M | הוא מלכא משיח' דעתיד | למיקם | מן דבית יהוד' עיינו' |
| 309 | | Gn49:17 | יהווי דן פירוקא דעתיד | למיקם | מן דבית דן יתקף יתגאה על |
| 310 | | Ex17:16 | {מאה} <מלכה> דעתיד | למיקם | מן שבטא דבנימין הוא יהוי |
| 311 | | Gn31:35 | דריבוני ארום לא אכיל | למיקם | מן קדמיך ארום ארח |
| 312 | | Ex 9:11 | ולא יכלו חרשיא | למיקם | קדם משה מן קדם שיחנא |
| 313 | | Dt 9:02 | ואתון שמעתון מן יכיל | למיקם | קדם בנוי דענק גיבריה: |
| 314 | למקום | Lv24:12M | למלפה דייניה דעתידין | למקום | בתר משה למהוון מתינין |
| 315 | | Nu 9:08M | למלפה דיינייה דעתיד | למקום | בתר משה למהוון זריזין |
| 316 | | Nu15:34M | למלפה דייניה דעתידין | למקום | בתר משה למהוון מתינין |
| 317 | | Gn15:12M | מלכוותה דעתידי' | למקום | ומשעבדה בבנוי אימה חשכה |
| 318 | | Gn 6:03 | כל דריה דעתידין | למקום | כסדר דינא דדריה דמבולא |
| 319 | | Gn22:14M | הינון דריא ועתידין | למקום | למהוון אמרין |
| 320 | | Dt18:05 | אלהכון מן כל שבטיכון | למקום | למשמשה בשם מימרה דייי |
| 321 | | Gn49:11M | משיחא דעתיד | למיקם/למקום#2#/ | מן מדבית יהודה אסר |
| 322 | | Ex 2:12M | והא לית גיורא עתיד | למקום | מן ההוא מצראה ומחא ית |
| 323 | | Nu24:17 | היא קריבה עתיד מלך | למקום | מן דבית יעקב ופרוק ושליט |
| 324 | | Nu24:19 | עתיד מלך | למקום | מן דבית יעקב וישיצי מן |
| 325 | | Dt29:14 | וית כל דרייה דעתידין | למקום | מן בתרן עמן קיימין הכה |
| 326 | | Gn 3:22 | עתידין אומין סגיאין | למקום | מנה ומנה תקום אומ' חדא |
| 327 | | Dt 9:02M | שמעתון מן יכיל | למיקם/למקום#2#/ | קדם בנוי דענק |
| 328 | | Dt10:08 | ית ארון קיימה דייי | למקום | קדם ייי למשמשה קדמוי |
| 329 | pael קיים | Gn15:18 | ^ביומא ההוא#2#^ | קיים | ייי עם אברם קיים למימ' |
| 330 | | Ex13:05 | ואמריי וחויי ויבוסיי די | קיים | ייי לאבהתכון למתן לכון |
| 331 | | Nu21:34 | פירין לא עבדין בגין כדן | קיים | ייי יתיה עד זמן דחמא |
| 332 | | Dt 2:14 | מן משריתה היך מן די | קיים | ייי להון: |
| 333 | | Dt 5:03 | לא עם אבהתן | קיים | ייי ית קיימה הדין ארום |
| 334 | | Dt 6:18 | ותירתון ית ארעא טבתה די | קיים | ייי לאבהתכון: |
| 335 | | Dt 8:01 | ותתרתון ית ארעא די | קיים | ייי לאבהתכון: |
| 336 | | Dt 9:05 | למקיימה ית פתגם די | קיים | ייי לאבהתכון לאברהם |
| 337 | | Dt 9:09 | אבנייה לווחי קיימה די | קיים | ייי עמכון ושרית בטורה |
| 338 | | Dt11:09 | תארכון יומין על ארעא די | קיים | ייי לאבהתכון למיתן להון |
| 339 | | Dt26:03 | ארום עלינן לארעא די | קיים | ייי לאבהתן למיתן לן: |
| 340 | | Dt28:11 | ובפרי ארעכון על ארעא די | קיים | ייי לאבהתכון למיתן לכון: |
| 341 | | Dt31:07 | ית עמה האליין לארעא די | קיים | ייי לאבהתהון «למיתן |
| 342 | | Nu30:15 | או ית כל קיומא די עלה | קיים | יתהון ארום שתק לה ביומא די |
| 343 | | Gn50:24 | מן ארעא הדא לארעא די | קיים | לאברהם ליצחק וליעקב: |
| 344 | | Dt 6:10 | ייי אלהכון לארעא די | קיים | לאבהתכון לאברהם ליצחק |
| 345 | | Dt 7:08 | ומן די נטר ית שבועתה די | קיים | לאבהתכון אפק יתכון פריקין |
| 346 | | Dt 7:12 | קיימייה וית חסדייה די | קיים | לאבהתכון: |
| 347 | | Dt 7:13 | ועדרי עניכון על ארעא די | קיים | לאבהתכון למיתן להון: |
| 348 | | Dt 8:18 | למקיימה ית קיימיה די | קיים | לאבהתכון כיומא הדין: |
| 349 | | Dt19:08 | ית תחומיכון היך מה די | קיים | לאבהתכון ויתן לכון ית כל |
| 350 | | Dt 6:23 | יתן למתן לן ית ארעא די | קיים | לאבהתן: |
| 351 | | Dt 4:31 | מנשי ית קיים אבהתכון די | קיים | להון: |
| 352 | | Gn21:23M | "וכדון ... דעבדת": וכדו | קיים | לי בשבועה בשם ממריה דייי |
| 353 | | Gn25:33M | "אשתבע לי": | קיים | לי בשבועא |
| 354 | | Gn47:31M | "אשתבע ...": | קיים | לי בשבועה וקיים ליה |
| 355 | | Ex13:11 | דכנעניי היך מה די | קיים | לך ולאבהתכון ויהב יתה |
| 356 | | Dt28:09 | לעם קדישין היך מה די | קיים | לכון ארום תטרון ית מצוותיה |
| 357 | | Dt11:21 | בניכון על <ארעא> די | קיים | ממרא דייי לאבהתכון למיתן |
| 358 | | Ex 2:24 | טבייא ית קיימא די | קיים | עם אברה«ם» עם יצחק |
| 359 | | Dt 1:01 | דאדכר לכון קיימה די | קיים | עם אבהתכון עם אברהם עם |
| 360 | | Dt28:69 | דמואב בר מן קיימה די | קיים | עמהון בטורה דחורב: |
| 361 | | Dt29:24 | דייי אלה אבהת{כ}הון די | קיים | עמהון באפקותיה יתהון |
| 362 | | Gn24:07 | תלדוותי ודי מלל עמי ודי | קיים | עמי למימר לבניך אתן ית |
| 363 | | Dt 4:23 | מימרה דייי אלהכון די | קיים | עמכון ותעבדון לכון {{צלם |
| 364 | | Dt 5:02 | ייי אלהן | קיים | עמן קיים בטורה דחורב: |
| 365 | | Gn 3:22 | נטר מצותיה דאוריתא ולא | קיים | פקודה הא ניטרו' יתיה מן |
| 366 | קיימ' | Nu30:05 | אבוה ית נדרה וקיימה די | קיימ' | על נפשה וישתוק לה אבוה |
| 367 | קיימו | Gn15:17M | וצדיקין די | קיימו | אוריתא מן עקתא אשתיזבו |
| 368 | | Nu31:18 | דלא חכמין תשמיש דכורא | קיימו | לכון: |
| 369 | | Gn15:17M | בעלמא הדין ולא | קיימו | פקודייה וצדיקייא מן דינה |
| 370 | | Gn21:31 | ההוא באר שבע ארום תמן | קיימו | תריהון קיים: |
| 371 | קיימית | Gn 9:17 | לנח דן סימן קימא די | קיימית | בין ממרי ובין כל בשרא די |
| 372 | | Ex34:27 | על מימר פתגמיא האליין | קיימית | עמך קיים ועם ישראל: |
| 373 | קיימת | Nu22:33 | כדון יתך קטלת ויתה | קיימת: | |
| 374 | | Dt31:21 | אעל יתהון לארעא די | קיימת: | |
| 375 | | Gn22:16 | ואמר בשם ממריה | קיימת | אמר ייי ארום חלף דעבדת ית |
| 376 | | Ex 6:04 | ולחוד | קיימת | ית קימי עמי עמהון למתן |
| 377 | | Ex 9:16 | עד כדון אלא מן בגלל דא | קיימת | יתך עד כדון מן בגלל |
| 378 | | Ex 9:16 | לא מן בגלל דייטב לך | קיימת | יתך עד כדון אלא מן בגלל |
| 379 | | Gn47:25 | ואמרין | קיימת | יתן נשכח חן וחסד באפוי |
| 380 | | Ex33:01 | ארעא דמצרים לארעא די | קיימת | לאברהם ליצחק וליעקב |
| 381 | | Nu32:11 | שנין ולעיל ית ארעא די | קיימת | לאברהם ליצחק וליעקב |
| 382 | | Nu11:12 | ית יונקא על ארעא {די} | קיימת | לאבהתהון: |
| 383 | | Nu14:23 | אן יחמון ית ארע' די | קיימת | לאבהתהון וכל דארגזו קדמוי |

|  |  |  |  |
|---|---|---|---|
| 384 | | Dt10:11 | ויירתון ית ארעא די קיימת לאבהתהון למתן להון: |
| 385 | | Dt31:20 | אעיל יתהון לארעא די קיימת לאבהתהון ארע דעבדה פרין |
| 386 | | Dt 6:10M | לארעא די קיים/קיימת#2#/ לאבהתכון לאברהם |
| 387 | | Ex32:13 | ולישראל עבדיך די קיימת להון בשם מימרך ומללת |
| 388 | | Dt31:23 | ית בני ישראל לארעא די קיימת להון ואנה בממרי אהוי |
| 389 | | Nu30:05 | כל נדרה וכל קיים די קיימת על נפשה יקום: |
| 390 | | Nu30:05M | נדרה וקיימה די קיים'/קיימת#2#/ על נפשה וישתוק לה |
| 391 | | Nu30:06 | דשמע כל נדרה וקיימה די קיימת על נפשה לא יקום ומן קדם |
| 392 | | Nu30:07 | או פירוש סיפוותה די קיימת על נפשה: |
| 393 | | Nu30:08 | נדריה וקיומא די קיימת על נפשה «יקומון»: |
| 394 | | Nu30:09 | וית פירוש שפוותה די קיימת על נפשה~ ומן קדם ייי |
| 395 | | Nu30:12 | כל נדרה וכל קיימה די קיימת על נפשה יקום: |
| 396 | | Lv26:45 | ואדכר להון קיימה די קיימת עם קדמי ודי אפקת יתהון |
| 397 | | Nu30:11 | ואין בבית דבעלה נדרת או קיימת קיים על נפשה בשבועה: |
| 398 | קיימתון | Nu31:15 | ואמר להון משה הא קיימתון כל נקבה: |
| 399 | קים | Lv27:19M | עלויה עלוי ותקום/^קים#2#^/ויהוי#2#/ לה: |
| 400 | | Ex 2:24M | /קיימיה#2#/ די קיים/קים#2#/ עם אברה«ם» עַם |
| 401 | אקיים | Gn17:21M | וית קיימי אקים/אקיים#2#/ עם יצחק די תלד לך |
| 402 | יקיים | Nu30:14 | לקיום דצער נפש בעלה יקיים יתהון ובעלה יבטל יתהון: |
| 403 | יקיימון | Gn12:12 | היא דא ויקט' יתי ויתך יקיימון: |
| 404 | יקים | Nu30:14M | נפ'#2#/ בעלה יקיים/יקים#2#/ יתהון ובעלה יבטל |
| 405 | תקיים | Ex34:12 | אזדהר לך דלא תקיים קיים עם דיירי ארעא די |
| 406 | תקיימון | Ex 1:22 | יתיה וכל ברא נוקבא תקיימון: |
| 407 | | Ex22:17 | כל חרש וחרשה לא תקיימון: |
| 408 | | Dt20:16 | יהב לכון אחסנה לא תקיימון מנהון כל נישמה: |
| 409 | | Dt 7:02 | ותישיצון יתהון לא תקיימון עמהון קיים ולא תחוסון |
| 410 | | Ex34:12M | /איזדהרו לכון דלא תקיימון קי'#2#/ עם דיירי |
| 411 | | Ex34:15 | לא תקיימון קיים עם דיירי ארעא |
| 412 | מקיים | Gn 9:09 | ואנ' הא אנא מקיים ית קיימי עמכון ועם בניכון |
| 413 | | Dt29:13 | לבלחודיכון אנה כען מקיים ית קיימה הדין וית שבועתה |
| 414 | | Dt29:11 | ובשבועתה דייי אלהכון מקיים עמכון יומא הדין: |
| 415 | | Dt 5:02M | ייי אלהן קיים/מקיים#2#/ עמן קיים בטורה |
| 416 | | Ex34:10 | ואמר הא אנה מקיים קיים לקבל כל עמך אעבד |
| 417 | מקיימה | Gn38:25 | לי תלתא סהד«י» ואנה מקיימה לך תלתא צדיקין בבקעת |
| 418 | מקיימין | Nu23:19 | ולא עבדין גזרין ולא מקיימין וחזרין וכפרין במיליהון |
| 419 | מקים | Dt27:26M | ית פתגמי אוריתה הדה /מקים ית מילי שבח אורייתה |
| 420 | דאקיים | Gn28:10M | חדא היא אבנא דאקים/דאקיים#2#/ קיימא ואריק משח על |
| 421 | דיקיימית | Gn26:03 | ואקים ית שבועתה דיקיימית לאברהם אבוך: |
| 422 | דקיים | Ex24:08 | עמא ואמר הא אדם קיימא דקיים ייי עמכון ית כל פתגמיי' |
| 423 | | Dt 1:08 | עולו וירתו ית ארעא דקיים ייי לאבהתכון לאברהם |
| 424 | | Dt30:20 | יומיכון על ארעא דקיים ייי לאבהתכון לאברהם |
| 425 | | Dt13:18 | ויסגי יתכון היך מה דקיים לאבהתכון: |
| 426 | | Dt29:12 | לכון והיך מה» דקיים לאבהתכון לאברהם ליצחק |
| 427 | | Nu14:16 | ית עמא האליין לארעא דקיים להון ונכס יתהון במדברה: |
| 428 | | Nu30:14M | שבועה \לקיום דצער נפש /דקיים ל{ר}צע<ר> נפ'#2#/ בעלה |
| 429 | דקיימה | Nu30:10 | ארמלא ומשבקה כל מה דקיימה על נפשה יקום עלה: |
| 430 | דקיימת | Dt34:04 | לי אמר משה דא ארעא דקיימת לאברהם ליצחק וליעקב |
| 431 | | Dt32:27 | דאדכר להון קיימה דקיימת לאבהתהון אברהם יצחק |
| 432 | | Dt26:15 | די יהבת לן היך מה דקיימת לאבהתן ארע עבדה פירין |
| 433 | | Dt 1:35 | הדין ית ארעא טבתה דקיימת למיתן לאבהתכון: |
| 434 | | Dt31:16 | יתיה ומפסין ית קיימי דקיימת עמהון: |
| 435 | דקימ' | Dt34:04M | משה דא ארעא דקיימת/דקימ'#2#/ לאברהם ליצחק |
| 436 | וקיים | Dt 1:34M | רוגזיה \ואמר בשבועה /וקיים בממריה#2#/ למימר: |
| 437 | | Nu32:10 | דייי ביומא ההוא וקיים בשבועה למימר: |
| 438 | | Dt 4:21 | הוה רגז עלי על מליכון וקיים בשבועה דלא למעבר יתי ית |
| 439 | | Gn25:33M | ואמר יעקב אשתבע/וקיים#2#/ לי כיומא הדין |
| 440 | | Gn24:09M | "ואשבע ליה": וקיים ליה בשבועה |
| 441 | | Gn47:31M | קיים לי בשבועה וקיים ליה בשבועה ואודי ומן |
| 442 | | Gn 3:24M | בעלמא הדין הוי חי וקיים מאילן חייא לפלחייא |
| 443 | | Gn 3:22 | נטר מצותה דאוריתא וקיים פקודה אית הוה חי וקיים |
| 444 | וקיימו | Gn26:31M | ואקדימו בצפרא ואשתבעו/וקיימו בשבוע'#2#/ גבר לאחוי |
| 445 | | Gn15:17M | בחייהון בעלמא הדין וקיימו פיקודייה ובזכותהון עתיד |
| 446 | | Gn 3:24 | דאורייתא בעלמא הדין וקיימו פקודיה אתקן גהינם לרשיעיא |
| 447 | | Gn21:32 | וקיימו קיים בבאר שבע וקם |
| 448 | | Gn21:27 | ותורין ויהב לאבימלך וקיימו תריהון קיים: |
| 449 | וקיימון | Ex 1:17 | עמהון מלכא דמצרים וקיימון ית טליא: |
| 450 | וקיימית | Gn22:14 | ועבדית מימריך בחדוה וקיימית ית גזרתך וכדון כד יהוון |
| 451 | וקיימת | Nu30:04M | נדר קדם ייי ותקיים/וקיימת#2#/ קיים בביתה דאבוה |
| 452 | וקיימתון | Ex 1:18 | מה עבדתון פתגמא הדין וקיימתון טליא: |
| 453 | ואקיים | Gn21:28M | ואקים/ואקיים#2#/ אברהם ית שבעתי |
| 454 | | Gn35:20M | ואקם/ואקיים#2#/ יעקב קיימא על |
| 455 | | Gn21:24 | אברהם הא אנא אשתבע ואקיים בשבועה: |
| 456 | | Gn 6:18 | ואקיים ית קיימי עמך ותיעול |
| 457 | | Gn17:07 | ואקיים ית קיימי ביני ובינך ובין |
| 458 | | Gn17:19M | ית שמו יצחק ואקים/ואקיים#2#/ ית קיימי עמה לקיים |
| 459 | | Gn30:38M | ואקם/ואקיים#2#/ ית חוטריא די פצל |
| 460 | | Gn28:18M | יסודי#2#/ ראשה ושוי/ואקיים#2#/ יתה קיימא ואריק משח |
| 461 | | Gn31:45M | ונסב יעקב אבן ואקם/ואקיים#2#/ יתה קיימא: |
| 462 | ויקיים | Nu 5:30M | ויקנא ית אתתיה ויקים/ויקיים#2#/ ית אתתא קדם ייי |
| 463 | | Nu30:15 | לה בעלה יום בתר יום ויקיים ית כל נדרה או ית כל קיומא |
| 464 | ויקים | Nu30:15M | יום בתר יום ויקיים/ויקים#2#/ ית כל נדרה או ית כל |
| 465 | ונקיים | Gn19:34 | הדין ועולי ושמש עמה ונקיים מן אבונן בני«ן»: |
| 466 | | Gn26:28 | שבועה בינינן ובינך ונקיים קיים עמך: |
| 467 | | Gn31:44 | וכדון אתא ונקיים קיים אנא ואת ויהוי לסימן |
| 468 | ונקיימה | Gn19:34M | מן /אזדמני לוותה ונקיימה מן#2#/ אבונן בני«ן»: |
| 469 | | Gn26:28M | בינינן ובינך ונקיים/ונקיימה#2#/ קיים עמך: |
| 470 | | Gn31:44M | וכדון אתא ונקיים/ונקיימה#2#/ קיים אנא ואת ויהוי |
| 471 | ותקיים | Nu30:04 | ארום תדר נדר קדם ייי ותקיים קיים בביתה דאבוה ברביותה: |
| 472 | ותקיימון | Ex 1:16M | /ברת#2#/ נקבה היא ותיחי/ותקיימון יתיה#2#/: |
| 473 | | Dt27:02M | יהיב לכון ותקימון/ותקיימון#2#/ לכון אבנין רברבן |
| 474 | ומקיים | Gn21:24M | ואקיים /אנא משתבע ומקיים#2#/ בשבועה: |
| 475 | | Nu23:19 | ברם אלהה אמר ועבד גזר ומקיים ופתגמי נבואתה קיימין |
| 476 | ומקיימין | Dt 6:13 | <....> משתבע{ו}<י>ן ומקיימין: |
| 477 | | Dt10:20 | קדישה תהוון משתבעין ומקיימין: |
| 478 | ולמקיימ' | Gn45:07M | \ולמתקימה לכון /ולמקיימ' יתכון#2#/ לפילטן |
| 479 | למיקיימיה | Gn45:05M | יתי ייי /מן בגלל למיקיימיה אוכלוסין סגי שלח יתי |
| 480 | למקיימ' | Gn50:20M | "מן בגלל ... סגן": למקיימ' היך זמן יומ' הדין קהל |
| 481 | למקיימא | Gn 7:03 | שבעא שבעה דכר ונקבה למקיימא בנין על אפי ארעא: |
| 482 | | Ex12:42 | על בכוריהון דישראל למקיימא מה דאמר כתבא בני בוכרי |
| 483 | למקיימה | Gn 6:20 | מן כול' יעלון לוותך למקיימה: |
| 484 | | Dt 8:18 | למקני נכסין מן בגלל למקיימה ית קיימיה די קיים |
| 485 | | Dt 9:05 | מן קדמיכון ומן בגלל למקיימה ית פתגם די קיים ייי |
| 486 | | Dt29:12M | מן בגלל למקמה/למקיימה#2#/ יתכון יומא הדין |
| 487 | | Dt30:06 | ובכל נפשתכון בגלל למקיימה יתכון: |
| 488 | | Dt 6:24 | למייטבה לן כל יומייא למקיימה יתן הכזמן יומא הדין: |
| 489 | | Dt28:69 | די פקד ייי ית משה למקיימה עם בני ישראל בארעה |
| 490 | | Gn 6:19 | תעיל לתיבותה למקיימה עמך דכר ונקבה יהוון: |
| 491 | | Nu30:03 | דייי או ישתבע שבועה למקיימה קיים לשמא דייי לא יבטל |

|  |  |  |  |  |  |
|---|---|---|---|---|---|
| 492 | למקימה | Gn19:19 | חסדך די עבדת עמי | למקימה | ית נפשי ואנא לית אוכל |
| 493 | | Ex12:42 | אתתיה ברת תשעין שנין | למקימה | מה דאמר כתבא הא אברם בר |
| 494 | לק' | Dt 8:18M | /חיל בג'#2#/ | למקימה/לק'#2#/ | ית קיימיה די קיים |
| 495 | | Nu30:03M | איש'#2#/ שבועה | למקימה/לק'#2#/ | קיים לשמא דייי לא |
| 496 | לקיימא | Gn50:20 | מן בגלל ביומא הדין | לקיימא | עם סגון: |
| 497 | לקיימה | Gn19:19M | די עבדת עמי | למקימה/לקיימה#2#/ | ית נפשי ואנא לית |
| 498 | afel אק' | Nu 9:15M | וביומא דאקים/די | אק'#2#/ | משה ית משכנה כסי ענננה |
| 499 | אקים | Ex40:02M | קדמיה בחד לירחא | תקים/אקים | משה#2#/ ית משכנה משכן |
| 500 | | Ex40:17 | בשתא תנייתא בחד לירחא | אקים | משה ית משכנה: |
| 501 | | Gn33:15M | ואמר עשו | אשבוק/אקים#2#/ | כען עמך מן עמא די |
| 502 | | Dt18:18 | נביא | אקים | להון מן גו אחיהון כוותך |
| 503 | | Gn17:21 | וית קיימי | אקים | עם יצחק די תלד לך שרה |
| 504 | אקימית | Gn31:51 | הדין והא קיימתא הדא די | אקימית | ביני ובינך: |
| 505 | אקימת | Gn28:22M | ואבנא הדא | דישווית/^דשוית#2#^/אקימת#2#/ | קיימא יהווי |
| 506 | | Dt32:08 | לישני בני אנשא | אקימת | תחומין לאומיה למניין |
| 507 | יקים | Dt27:26 | ליט יהווי גברא די לא | יקים | ית פתגמי אוריתה הדה למעבד |
| 508 | | Lv16:10 | סלק עלוי עדבה לעזאזל | יקים | יתה לחיים קדם ייי למכפרה |
| 509 | | Nu30:15M | קיים /אסרה דאית עליה | יקים#2#/ | יתהון ארום שתק לה ביומא |
| 510 | | Dt28:09 | | יקים | יתכון ייי לשמיה לעם קדישין |
| 511 | | Dt18:15 | מן אחיכון כוותי | יקים | לכון ייי אלהכון למלוי |
| 512 | יקימון | Nu 1:51 | ליוויי וכד שרי משכנה | יקימון | יתה לויי וחלוניי דקרב |
| 513 | תקים | Ex40:02 | ירחא קדמיה בחד לירחא | תקים | ית משכנה משכן זימנא: |
| 514 | | Dt16:22M | "תקימון לכון קיימה:" | תקים | לך קיימה כל אילן סמיך |
| 515 | תקימון | Ex 1:22M | \נוקבא תקימון /נקבה | תקימון | יתיה#2#/: |
| 516 | | Ex23:32 | לא | תקימון | להון ולטעוותהון קיים: |
| 517 | | Lv26:01 | {{וצלם}} וקיימה לא | תקימון | לכון ואבן דמתכה לא תתנון |
| 518 | | Dt16:22 | ולא | תקימון | לכון קיימה די סני ורחיק |
| 519 | | Dt28:36 | יתכון וית מלכיכון די | תקימון | עליכון לאומה די לא חכמתון |
| 520 | מקמא | Gn38:09 | מחבל עובדוי על ארעא דלא | מקמא | בנין לשמה דאחוי: |
| 521 | דאקים | Nu 9:15 | וביומא | דאקים | משה ית משכנה כסי ענננה ית |
| 522 | | Gn28:10 | לאבן חדא היא אבנא | דאקים | קיימא ואריק משח על ראשה |
| 523 | דאקימת | Gn21:29 | בלחודיהון}} «האילן» | דאקימת | לבלחודיהון: |
| 524 | ואק' | Dt 6:04M | קרא לתרין עשרתי בנוי | ואק' | |
| 525 | ואקים | Gn21:28 | | ואקים | אברהם ית שבעתי אמריא |
| 526 | | Ex40:18 | | ואקים | משה ית משכנה ויהיב ית |
| 527 | | Nu24:25 | ואף בלק חזר לאתריה | ואקים | בנתיה על פרה רבה: |
| 528 | | Gn38:08 | אתתיה דאחוך ויבם יתה | ואקים | זרע דבנין לשמה דאחוך: |
| 529 | | Gn 9:11 | | ואקים | ית קיימי עמכון ולא ישתצי |
| 530 | | Gn17:19 | בר ותקרי ית שמו יצחק | ואקים | ית קיימי עמה לקיים עלם |
| 531 | | Gn26:03 | אתן ית כל ארעתא האלין | ואקים | ית שבועתה דיקיימית |
| 532 | | Ex40:18 | לוחוי ויהב ית נגרוי | ואקים | ית עמודוי: |
| 533 | | Ex40:33 | | ואקים | ית דרתה חזור חזור למשכנה |
| 534 | | Lv26:09 | יתכון ואסגי יתכון | ואקים | ית קיימי עמכון: |
| 535 | | Nu11:24 | מן גברי חכימי עמא | ואקים | יתהון חזור חזור למשכנה: |
| 536 | | Nu25:04 | דבר ית כל ראשי עמא | ואקים | יתהון בסנהדרין קדם ייי |
| 537 | | Dt 6:04 | תרין עשרתי שבטייה | ואקים | יתהון חזור חזור לדרגשיה |
| 538 | | Gn47:07 | יוסף ית יעקב אבוי | ואקים | יתיה קדם פרעה וברך יעקב |
| 539 | | Nu27:22 | יתיה ודבר ית יהושע | ואקים | יתיה קדם אלעזר כהנא וקדם |
| 540 | ואקם | Gn35:20 | | ואקם | יעקב קיימא על קבורת' היא |
| 541 | | Gn30:38 | | ואקם | ית חוטריא די פצל |
| 542 | | Gn31:45 | ונסב יעקב אבן | ואקם | יתה קיימא: |
| 543 | | Gn47:02 | נסב חמשה גברי«ן» | ואקם | יתהון קדם פרעה: |
| 544 | | Gn33:20 | | ואקם | תמן מדב«ח» וצלי תמן בשם |
| 545 | ואקמית | Gn43:09 | לא אייתי יתיה לוותך | ואקמית | יתיה ניהוי מרחק מן שאלת |
| 546 | | Gn44:18 | לא אייתת יתי לוותיך | ואקמית | יתיה קדמך נהוי מרחק מן |
| 547 | ויקים | Lv25:30M | לה שנה שלימה | ויקום/ויקים#2#/ | ביתה די/דאית#2#/ |
| 548 | | Lv27:11 | יקרב מנה קדם ייי קרבן | ויקים | ית בעירה קדם כהנה: |
| 549 | | Nu 5:30 | דקנא ויקנא ית אתתיה | ויקים | ית אתתא קדם ייי ויעבד לה |
| 550 | | Nu 5:16 | ויקרב יתה כהנה | ויקים | יתה קדם ייי: |
| 551 | | Lv16:07 | ויסב ית תרין צפיריה | ויקים | יתהון קדם ייי לתרע משכן |
| 552 | | Lv27:08 | מסכן הוא מן עלויה | ויקים | יתיה קדם כהנה ויעלי יתיה |
| 553 | | Lv14:11 | | ויקים | כהנא דמדכי ית גברא דמדכי |
| 554 | | Nu 5:18 | | ויקים | כהנה ית אתתה קדם ייי |
| 555 | ונקים | Gn19:32 | אבונן חמר ונשמש עמה | ונקים | מן אבונן בנין: |
| 556 | ותקים | Nu27:19 | | ותקים | י{ד}<ת>יה קדם אלעזר כהנא |
| 557 | | Ex26:30 | | ותקים | ית משכנה כסדר דינא די |
| 558 | | Nu 8:13 | | ו«ת»קים | ית ליויי קדם אהרן וקדם |
| 559 | | Nu 8:13 | {למכפרה על ליויי: | ותקים | ית ליויי} |
| 560 | ותקימון | Dt27:04 | במעברכון ית ירדנה | ותקימון | ית אבנייה האליין די אנא |
| 561 | | Dt27:02 | אלהכון יהיב לכון | ותקימון | לכון אבנין רברבן ותשועון |
| 562 | ותקם | Nu 3:06 | אקרב ית שבטה דלוי | ותקם | יתיה קדם אהרן כהנה |
| 563 | ומקימין | Nu10:21 | דקהתים טעני מקדשה | ומקימין | ית משכנה עד מעליהון: |
| 564 | ולמקמה | Lv22:27M | ברכתה מן יצחק אבוי | ולמקמה | תרי עשר שיבטין קדישין |
| 565 | למוק' | Nu 7:01M | דאשלם משה | ל{א}«מ»קמה/למוק'#2#/ | ית משכנה ורבי |
| 566 | למקמה | Lv 1:01 | והוה כד אשלם משה | למקמה | ית משכנה ורבי יתיה וקדש |
| 567 | | Nu 7:01 | ביומא דאשלם משה | ל{א}«מ»קמה | ית משכנה ורבי יתיה |
| 568 | | Dt29:12 | מן בגלל | למקמה | יתכון יומא הדין לשמה דייי |
| 569 | | Dt25:07 | ותימר סרב יבמי | למקמה | לאחוי שם בישראל לא צבא |
| 570 | | Gn42:36 | ואנון סכימין עלוי | למקמה | תרין עשרתי שבטיא: |
| 571 | etpaal יתקיים | Gn33:09 | עשו אית לי סגין אחי | יתקיים | לך כל מה דילך: |
| 572 | ואתקימן | Gn15:01 | קדמיה דנפלו קדמיי | ואתקימן | עלי או דלמא דלא אשתכח |
| 573 | ותתקיים | Gn12:13 | דייטיב לי בגללך | ותתקיים | נפשי בזכוותך: |
| 574 | | Gn19:20 | לתמן הלא זעירא היא | ותתקיים | נפשי: |
| 575 | ותתקמה | Gn12:13M | /למייטבה לי בזכות' | ותתקמה | לי נפשי מן בגללך#2#/: |
| 576 | ולמתקימה | Gn45:07 | לכון שיזבא בארעא | ולמתקימה | לכון לפילטן רברבן: |
| 577 | למתקיימה | Nu24:04 | בחרבא וסוף נבואתיה | למתקיימה: | |
| 578 | | Nu24:16 | בחרבה וסוף נבואתיה | למתקיימה: | |

See also: קאים *n.*

## קום *v.n.* arising [481]

|  |  |  |  |  |  |
|---|---|---|---|---|---|
| 001 | s em/sf ובקומיכון | Dt 6:07 | באורחה ובמדמכון | ובקומיכון: | |
| 002 | ובקומכון | Dt11:19 | באורחה ובדמכון | ובקומכון: | |

## קומה *n.* stature [481]

|  |  |  |  |  |  |
|---|---|---|---|---|---|
| 001 | s ab/cn בקומה | Lv26:13 | פרזלה ודברית יתכון | <בקומה> | זקיפה: |
| 002 | | Lv26:13M | פרזלה ודברית יתכון | בקומה | זקיפה ובראש גלי |
| 003 | וקומה | Ex38:18 | שזיר ועשרין אמין ארך | וקומה | ופותיה חמש אמין לקבל |

## קומי *n.* a gentile hair style [!!]

|  |  |  |  |  |  |
|---|---|---|---|---|---|
| 001 | s ab/cn קומי | Lv19:27M | \א{ר}<ו>מנה דראשיכון | /קומי | ראשי'#2#/ ולא תחבלון ית |

## קומי *prep.* before [481]

|  |  |  |  |  |  |
|---|---|---|---|---|---|
| 001 | קומי | Lv 8:34M | ייי למעבד שבעה יומין | קומי | יומא דכיפורי מטול לכפרה |
| 002 | קיימ' | Ex10:10M | בישתא כל קביל | אפיכון/קיימ' | אפיכון#2#/: |

## [482] royal court *n.* קומיטטון

| | | | | | | |
|---|---|---|---|---|---|---|
| 001 | קומיטטון s ab/cn | Nu12:07M | הוא /עבדי משה בכל | קומיטטון | דידי היימן הוא#2#:/ |

## [482] fist *n.* קומץ

| | | | | | |
|---|---|---|---|---|---|
| 001 | קומציה s em/sf | Lv 5:12 | ויקמוץ כהנא מניה מלא | קומציה | ית אדכרתה ויסדר על גבי |
| 002 | | Lv 2:02 | כהניא ויקמץ מתמן מלא | קומציה | מן סלתה ומן טובה על כל |
| 003 | בקמציה | Lv 6:08 | וירים מנה | בקמציה | מן סלתה דמנחתה ומן טוב' |

## [483] carrying pole *n.* קוף #2

| | | | | | |
|---|---|---|---|---|---|
| 001 | קופה s em/sf | Nu 4:10 | משך דססגון ויתנון על | קופה: | |
| 002 | | Nu 4:12 | בחפוי משך דססגון על | קופה: | |
| 003 | בקופה | Nu13:23 | דענבין חד וטענו יתיה | בקופה | בתרין וכן מן רמונייה וכן |

## [483] hatchet *n.* קופץ

| | | | | | |
|---|---|---|---|---|---|
| 001 | בקופץ s ab/cn | Ex13:13M | יתיה /ותקטלנה | בקופץ#2#/ | וכל בכורי בני אנש«א» |

## [483] thorn *n.* קוץ

| | | | | | |
|---|---|---|---|---|---|
| 001 | קוצין p abs | Ex22:05M | תפק אשא ותשכח | כובין/קוצין#2#/ | ותיכל גדישין או |

## [484] baldness *n.* קורחה

| | | | | | |
|---|---|---|---|---|---|
| 001 | קרחה s ab/cn | Dt14:01M | נכרייה ולא תשוון | רשום/קרחה#2#/ | על/לטמא#2#/ |

## [484] craw, crop *n.* קורקבן

| | | | | | |
|---|---|---|---|---|---|
| 001 | קורקבני s em/sf | Lv 1:16M | בלקטה וי{ק}טל<ק> | /קורקבני | ב{ג}<ו>ש{נ}<ט>יה |

## קורש *n.* ⇐ חורש

## [484] honest *n.* קושטן

| | | | | | |
|---|---|---|---|---|---|
| 001 | קושטנין p abs | Gn42:16 | ויבדקון מליכון הא | קושטנין | אתון אן לא חיי רישיה |
| 002 | | Ex18:21 | מן קדם ייי גברין | קושטנין | סניין ממונא {{דשיקרא}} |

## [!! cf. 487 s.v. קטע] to cut down *vb.* קטב

| | | | | | |
|---|---|---|---|---|---|
| 001 | למקטב peal | Dt19:05 | עם חבריה ב{ק}<ח>ורשא | למקטב | קיסין ו{יז}<ת>דחף י{ת}דיה |

## [484] cucumber *n.* קטו #2

| | | | | | |
|---|---|---|---|---|---|
| 001 | קטייה s em/sf | Nu11:05M | וית בטיחיה | /קטייה | מלפפונייה וית כרת#2#/ |

## קטול *adj.* ⇐ קטיל

## [485] murderer *n.* קטול

| | | | | | |
|---|---|---|---|---|---|
| 001 | קטול s ab/cn | Dt21:01M | ארום ישתכח | קטיל/קטול#2#/ | בארעא דייי אלהכון |
| 002 | | Nu35:17 | ימות בה מחת יתיה ומית | קטול | הוא מתקטלה יתקטל קטולה: |
| 003 | | Nu35:18 | ימות בה מחה יתיה ומית | קטול | הוא מתקטלה יתקטל קטולה: |
| 004 | | Gn27:41 | יעקב אח{ו}י ואנא מתקרי | קטול | וירות: |
| 005 | | Gn27:41M | יעקב אחי ואנא משתכח | קטול | וירית |
| 006 | | Nu35:21M | מתקטלה יתקטיל קטולה | הוא/קטול | #2#<"ייי" /#2#תבוע/תביע#2# |
| 007 | | Lv27:29M | מן קדם ייי מטול דדין | קטול | מתחייב איתקטלא איתקטיל |
| 008 | דקטול | Nu35:31 | ולא תקבלון ממון על נפש | דקטול | דהוא חייב למתקטלה ארום |
| 009 | ודקטול | Lv24:18M | \ומן די | קטל/ודקטול#2#/ | נפש דבעיר ישלם יתה |
| 010 | קטולא s em/sf | Dt19:04 | ודן עסיק | קטולא | די יערק תמן ויחי די יקטול |
| 011 | | Nu35:24 | וידונון עם כנישתה בין | קטולא | ובין תבוע אדמא עם עסק |
| 012 | | Nu35:26 | ואן מפק יפוק | קטולא | ית תחום קרי שזבותה די |
| 013 | | Dt17:06M | \מן דמתחייב להתקטלה | /קטולא | לאית#2#/ לא יתקטל |
| 014 | | Nu35:25 | וישזבון עם כנישתה ית | קטולא | מן ידוי דתבע אדמא ויחזרון |
| 015 | | Nu35:12 | מן תבוע אדמא ולא ימות | קטולא | עד זמן די יקום קדם עם |
| 016 | קטולה | Nu35:16 | ומית קטיל מתקטלה יתקטל | קטולה: | |
| 017 | | Nu35:17 | קטול הוא מתקטלה יתקטל | קטולה: | |
| 018 | | Nu35:18 | קטול הוא מתקטלה יתקטל | קטולה: | |
| 019 | | Dt19:06 | דלא ירדוף תבע אדמה בתר | קטולה | ארום יזדעזע לבביה ויארע |
| 020 | | Nu35:19 | תבוע אדמא הוא יקטול ית | קטולה | בזמנה די יארע יתיה הוא |
| 021 | | Nu35:21 | הוא תבוע אדמה יקטול ית | קטולה | בזמנה די יארע יתיה: |
| 022 | | Dt 4:42 | למערק לתמן | קטולה | די יקטול ית חברי{ת}<ה> |
| 023 | | Nu35:21 | ומית מתקטלה יתקטיל | קטולה | הוא תבוע אדמה יקטול ית |
| 024 | | Nu35:30 | נפש לפם סהדין יתקטל | קטולה | וסהד חד לא יענה על נפש |
| 025 | | Nu35:11 | לכון די יעירוק תמן | קטולה | כל די יקטול נפש בשלו: |
| 026 | | Nu35:28 | די ימות כהנא רבה יחזור | קטולה | לארע אחסנתיה: |
| 027 | | Nu35:27 | ויקטול תבוע אדמא ית | קטולה | לית לי{ת}<ה> חובת שפיכות |
| 028 | דקטולה | Dt22:26M | ביש לית לטליתה חובה | דקטולה | |
| 029 | קטולין p abs | Ex20:13 | לחוד אינון למהוי עם | קטולין | ארום בחובי קטוליא חרבא |
| 030 | | Dt 5:17 | לחוד אינון למיהווי עם | קטולין | ארום בחובי קטוליה חרבה |
| 031 | | Dt 5:17M | עם קטולין /אוף הנון | קטולין#2#/ | ארום בחובי קטוליה חרבה |
| 032 | | Nu15:34 | בדיני נפשן דלא יהיוון | קטולין | בפריע ית מן דחמי ליה |
| 033 | | Ex20:13 | בכנישתיהון דישראל עם | קטולין | דלא יקומון בניכון |
| 034 | | Ex20:13M | דלא /דבני ישראל | קטולין | דלא#2#/ יקומון בניכון |
| 035 | | Dt 5:17 | בכנישתהון דישראל עם | קטולין | דלא יקומון בניכון |
| 036 | | Dt 5:17 | חברין ולא שותפין עם | קטולין | ולא יתחמי בכנישתהון |
| 037 | | Dt 5:17 | עמי בני ישראל לא תהוון | קטולין | ולא חברין ולא שותפין עם |
| 038 | | Ex20:13 | עמי בני ישראל לא תהוון | קטולין | לא חברין ולא שותפין עם |
| 039 | | Dt33:02 | כתיב בגווה לא תהוון | קטולין | לא קבילו יתה והופיע ביקרה |
| 040 | קטלי' | Ex20:13M | עם קטולין /אוף הנון | קטלי'#2#/ | ארום בחובי קטוליא חרבא |
| 041 | קטוליא p em/sf | Ex20:13 | לא חברין ולא שותפין עם | קטוליא | ולא יתחמי בכנישתיהון |
| 042 | | Ex20:13 | עם קטולין ארום בחובי | קטוליא | חרבא נפיק על עלמא: |
| 043 | קטוליה | Dt 5:17 | עם קטולין ארום בחובי | קטוליה | חרבה נפק על עלמא: |
| 044 | קטולייה | Dt 5:17M | \עם קטולין/^לקטוליה#2#/^לקטולייה#2#/ | | ולא יתחמי |
| 045 | | Nu35:06 | דתתנון די יערקון תמן | קטולייה | ועליהון תוספון ארבעין |
| 046 | לקטוליה | Dt 5:17M | \עם קטולין/^לקטוליה#2#/^לקטולייה#2#/ | | ולא יתחמי |

## [485] murder *n.* קטולין

| | | | | | |
|---|---|---|---|---|---|
| 001 | קטולין p abs | Nu11:15 | את עבד לי קטול יתי כען | קטולין | אין כען אשכחת חין וחסד |
| 002 | | Gn37:33 | חיוה בישא אכלת יתה | קטולין | אתקטל יוסף: |
| 003 | | Gn44:28 | מן לוותי ואמרת לחוד | קטולין | אתקטל ולא חמית יתיה עד |
| 004 | דקטולין | Dt19:06 | ולה לית סדר דין | דקטולין | ארום ל{ה}<א> הוה סני |
| 005 | | Dt22:26 | לית לרביתה סדר דין | דקטולין | ארום היך מה די קיים גבר |
| 006 | | Dt17:08 | דבתול{ו}<י>ן לאדם | דקטולין | בין דיני ממון לדיני נפשן |
| 007 | | Dt21:22 | בגברא סדר חובת דין | דקטולין | ויתקטל ותצלבון יתיה על |
| 008 | | Gn37:22 | הדין די במדברא וידא | דקטולין | לא תפש<ט>ון ביה מן בגלל |
| 009 | | Dt17:08M | לסדר דדין בין אדם | דקטולין | לבין אדם דבתולין בין |
| 010 | קטולוי p em/sf | Gn49:09 | ברי לגור בר אריוון מן | קטולוי | דיוסף ברי את הויית משיזב |
| 011 | | Lv19:16 | תשתוק לא תיקום על אדם | קטולוי | דחברך בזמנה דאת ידע ליה |

See also: *adj.* קטיל

## קטון *n.* tail [485]

|  |  |  |  |  |  |  |
|---|---|---|---|---|---|---|
| 001 | בקוטניה | s em/sf | Ex 4:04 | פשט ית ידך ואתיקף | בקוטניה | ופשט ידיה ואתוקף ביה |

## קטוע *n.* hewer [485]

|  |  |  |  |  |  |  |
|---|---|---|---|---|---|---|
| 001 | קטועי | p const | Dt29:10M | משירייתכון מן | קצוצי/קטועי#2#/ | קיסיכון ועד מליי |

## קטור *n.* smoke [485]

|  |  |  |  |  |  |  |
|---|---|---|---|---|---|---|
| 001 | כקטור | s ab/cn | Ex19:18M | דאנשא וסלק תננא | כקטו{ן}<ר> | תנן אתונה וזעו כל עמא |
| 002 | קוטרא | s em/sf | Ex19:18M | וסלק קוטרי' היך | ק{ל}<ו>טרא | דאתונ' |
| 003 | קוטרי' | | Ex19:18M | יקר שכינתיה דייי וסלק | קוטרי' | היך ק{ל}<ו>טרא דאתונ' |

See also: קיטור *n.*

## קטורה *n.* incense [485]

|  |  |  |  |  |  |  |
|---|---|---|---|---|---|---|
| 001 | קוטרא | s ab/cn | Lv10:01 | בהון אשא ושוון עליהון | קוטרא | וקריבו קדם ייי אשא בריה |
| 002 | קטורה | | Nu 7:26M | עשרה דדהב מלייה | קטורה | |
| 003 | | | Nu 7:74M | עשרה סלעין דדהב מלייה | קטורה | |
| 004 | קטורת | | Ex35:15 | וית משחה דרבותה וית | קטורת | בוסמנייה וית פרסה דתרעא |
| 005 | | | Nu 7:38 | קרב יתה מלייה ראשי | ^קטורת#2#^ | בוסמנין טבין מפטמין |
| 006 | | | Nu16:35M | קטרתה /מ<ס>ק{ס}י{נ}ין | קטורת | בוסמנין#2#/: |
| 007 | קטרא | | Lv10:01M | עליהון | קוטרא/^קטרא#2#^/^קטורן#2#^/ | וקריבו קדם |
| 008 | קטרה | | Nu 7:38M | עשרה דדהב מלייה | קטרה | |
| 009 | | | Nu 7:44M | עשרה דדהב מלייה | קטרה | |
| 010 | | | Nu 7:56M | עשרה דדהב מלייה | קטרה#2#/: | |
| 011 | | | Nu 7:62M | מתקלה עשרה דדהב מלייה | קטרה | |
| 012 | | | Nu 7:68M | מתקלה עשרה דדהב מלייה | קטרה | |
| 013 | | | Nu 7:80M | עשרה דדהב מלייה | קטרה#2#/ | בוסמנין טבין מפטמין |
| 014 | | | Nu17:11 | אשא מעלוי מדבחה ושוי | קטרה | והובל בפריע לגו עם כנישתה |
| 015 | | | Nu16:18 | עליהון אשא ושוו עליהון | קטרה | וקמו בתרע משכן זמנא ומשה |
| 016 | | | Nu16:17 | ותתנון עליהון | קטרה | ותקרבון קדם ייי גבר |
| 017 | | | Nu 7:86 | דדהב תרתין עשרי מליין | קטרה | מן עשרה עשרה בזיכה בסלעי |
| 018 | | | Nu16:07 | בהון אשא ושוון עליהון | קטרה | קדם ייי למחר ויהוי גברא די |
| 019 | | | Nu17:05 | בנוי דאהרן הוא למסדרה | קטרה | קדם ייי ולא יהווי כקרח |
| 020 | קטרת | | Ex37:29 | ית משחה דרבותה קדש וית | קטרת | בוסמניה דכי עבד בסם: |
| 021 | | | Ex30:07 | ויסדר עלוי אהרן | קטרת | בוסמנין טבין בכל צפר וצפר |
| 022 | | | Nu 7:14 | דדהב קרב יתה מלייה ראשי | קטרת | בוסמנין בטבין מפטמין |
| 023 | | | Nu 7:20 | דדהב קרב יתה מלייה ראשי | קטרת | בוסמנין טבין מפטמין ודכיין |
| 024 | | | Nu 7:32 | דדהב קרב יתה מלייה ראשי | קטרת | בוסמנין טבין מפטמין ודכיין |
| 025 | | | Nu 7:44 | דדהב קרב יתה מלייה רישי | קטרת | בוסמנין טבין מפטמין ודכיין |
| 026 | | | Nu 7:50 | דדהב קרב יתה מלייה ראשי | קטרת | בוסמנין טבין מפטמין ודכיין |
| 027 | | | Nu 7:56 | דדהב קרב יתה מלייה ראשי | קטרת | בוסמנין טבין מפטמין ודכיין |
| 028 | | | Nu 7:62 | דדהב קרב יתה מלייה ראשי | קטרת | בוסמנין טבין מפטמין ודכיין |
| 029 | | | Nu 7:68 | דדהב קרב יתה מלייה ראשי | קטרת | בוסמנין טבין מפטמין ודכיין |
| 030 | | | Nu 7:74 | דדהב קרב יתה מלייה ראשי | קטרת | בוסמנין טבין מפטמין ודכיין |
| 031 | | | Nu 7:80 | דדהב קרב יתה מלייה ראשי | קטרת | בוסמנין טבין מפטמין ודכיין |
| 032 | | | Dt33:10 | שבטיה דבני ישראל משוין | קטרת | בוסמנין טבין וכליין רוגזך |
| 033 | | | Gn27:27 | חמון ריחה דברי כריח | קטרת | בסמניה טביה דעתיד למתקרבא |
| 034 | | | Ex31:11 | וית משחא דרבותא וית | קטרת | בסמניה לקידוש כל מה די |
| 035 | | | Ex39:38 | משחה דרב{י}<ו>תה וית | קטרת | בסמניה וית פרס תרע משכנה: |
| 036 | | | Ex40:27 | וסדר עלוי | קטרת | בסמנין טבין היך מה די פקד |
| 037 | | | Lv16:12 | מן קדם ייי ומלו חופנוי | קטרת | בסמנין דקיקה ויעל לגו מן |
| 038 | | | Ex30:08 | שמשתה {ית} יסדר יתיה | קטרת | בתדירא קדם ייי לדריכון: |
| 039 | | | Nu16:17M | עליהון | קטרה/^<קט>רת#2#^/קטורן#2#/ | ותקרבון קדם |
| 040 | | | Ex30:09 | לא תסדרון עלוי | קטרת | נכרייה ועלוון ומנחוון |
| 041 | | | Ex30:35 | ותעבד יתה | קטרת | פס{י}<ו>ם עובד בסם ממזג |
| 042 | דקטרת | | Ex31:08 | כל מניה וית מדבחיה | דקטרת: | |
| 043 | | | Lv 4:07 | אדמה על קרנתיה דמדבחה | דקטרת | בוסמנייה קדם ייי די במשכן |
| 044 | וקטרת | | Nu 4:16 | רבה משחה דאנהרותה | וקטרת | בוסמנייה ומנחה תדירה |
| 045 | ולקטרת | | Ex35:08 | ובשמנין למשחה דרבותא | ולקטרת | בוסמניה: |
| 046 | | | Ex35:28 | ולמשחה דרבותה | ולקטרת | בושמיה: |
| 047 | | | Ex25:06 | בסמנין למשחא דרבותא | ולקטרת | בסמניה: |
| 048 | לקטורת | | Nu 7:26M | מפטמין ודכיין | לקטרתה/לקטורת | בוס#2#/: |
| 049 | | | Nu 7:44M | מפטמין ודכיין | לקטרתה/לקטורת | בוס#2#/: |
| 050 | | | Nu 7:14M | מפטמין ודכיין | לקטרתה/לקטורת | בוסמנייה#2#/: |
| 051 | | | Nu 7:20M | מפטמין ודכיין | לקטרתה/לקטורת | בוסמנייה#2#/: |
| 052 | | | Nu 7:38M | מפטמין ודכיין | לקטרתה/לקטורת | בוסמנייה#2#/: |
| 053 | | | Nu 7:68M | מפטמין ודכיין | לקטרתה/לקטורת | בוסמנייה#2#/: |
| 054 | | | Nu 7:74M | מפטמין ודכיין | לקטרתה/לקטורת | בוסמנייה#2#/: |
| 055 | | | Ex40:05M | ית מדבחא דדהבא | לקטרתה/לקטורת#2#/ | קדם ארונה דסהדותה |
| 056 | לקטרה | | Ex40:05 | ותתן ית מדבחא דדהבא | לקטרה | קדם ארונה דסהדותה ותשווי |
| 057 | קט' | s em/sf | Lv16:13M | \תננה דקטרתה /ענן | קט'#2#/ | ית כפרתה די/דאית#2#/ על |
| 058 | קטרתה | | Nu 7:20M | מתקלה עשרה דדהב מלייה | קטרתה | |
| 059 | | | Nu16:35 | וחמשין גברין מסדרי | קטרתה: | |
| 060 | | | Ex30:01 | ותעבד מדבחה מסדר | קטרתה | אעין שטין תעבד יתיה: |
| 061 | | | Nu17:12 | מחבל בעמא ויהב ית | קטרתה | וכפר על עמא: |
| 062 | | | Lv16:13 | ויתן ית | קטרתה | על אשתה קדם ייי ויכסי |
| 063 | דקטורתה | | Ex31:08M | וית מדבחיה | דקטרת/דקטורתה#2#/: | |
| 064 | דקטרתא | | Ex30:27 | מניה וית מדבחא | דקטר{ט}«ת»א | |
| 065 | דקטרתה | | Ex37:25 | ועבד ית מדבחה | דקטרתה | אעין דשטין אמה ארכה ואמה |
| 066 | | | Ex30:27M | וית מדבחה | דקטרתה | וית מדבחה דעלתה הוות כל |
| 067 | | | Ex35:15 | ^^וית מדבחה | דקטרתה | וית אריחוי וית משחה |
| 068 | | | Lv16:13 | קדם ייי ויכסי תננה | דקטרתה | ית כפרתה די על סהדותה ולא |
| 069 | וקטרתה | | Ex30:37 | | וקטרתה | דתעבד בדמותה לא תעבדון |
| 070 | לקטרתה | | Nu 7:14 | בטבין מפטמין ודכיין | לקטרתה: | |
| 071 | | | Nu 7:20 | טבין מפטמין ודכיין | לקטרתה: | |
| 072 | | | Nu 7:26 | טבין מפטמין ודכיין | לקטרתה: | |
| 073 | | | Nu 7:32 | טבין מפטמין ודכיין | לקטרתה: | |
| 074 | | | Nu 7:38 | טבין מפטמין ודכיין | לקטרתה: | |
| 075 | | | Nu 7:44 | טבין מפטמין ודכיין | לקטרתה: | |
| 076 | | | Nu 7:50 | טבין מפטמין ודכיין | לקטרתה: | |
| 077 | | | Nu 7:56 | טבין מפטמין ודכיין | לקטרתה: | |
| 078 | | | Nu 7:62 | טבין מפטמין ודכיין | לקטרתה: | |
| 079 | | | Nu 7:62 | טבין מפטמין ודכיין | לקטרתה: | |
| 080 | | | Nu 7:68 | טבין מפטמין ודכיין | לקטרתה: | |
| 081 | | | Nu 7:74 | טבין מפטמין ודכיין | לקטרתה: | |
| 082 | | | Nu 7:80 | טבין מפטמין ודכיין | לקטרתה: | |
| 083 | קטורן | p abs | Ex30:01M | קטרתה אעין שטין /מדבח | קטורן | אעין דשת#2#/ תעבד יתיה: |
| 084 | | | Ex30:07M | עלוי אהרן | קטרת/קטורן#2#/ | בוסמנין טבין בכל צפר |
| 085 | | | Nu 7:86M | תרתי עשרה מליין | קטורן | בוסמנין טבין מן ע' |
| 086 | | | Lv 4:07M | בוסמנייה /קרנתה מדבח' | קטורן | בסמנין#2#/ קדם ייי די |
| 087 | | | Ex30:09M | "קטרת ... תנסכון": | קטורן | ברייה עלוון ומנחה |
| 088 | | | Nu17:11M | "קטרה ... וכפר": | קטורן | ואזל בפריע לוות עמא |
| 089 | | | Nu16:18M | /ושוון#2#/ עליהון | קטרה/קטורן#2#/ | וקמו בתרע משכן זמנא |
| 090 | | | Lv10:01M | עליהון | קוטרא/^קטרא#2#^/^קטורן#2#^/ | וקריבו קדם |
| 091 | | | Nu16:17M | עליהון | קטרה/^<קט>רת#2#^/קטורן#2#/ | ותקרבון קדם |
| 092 | | | Nu16:07M | עליהון | קטרה/קטורן#2#/ | קדם ייי למחר/מחר#2#/ |
| 093 | | | Nu17:05M | הוא למסדרה | קטרה/קטורן#2#/ | קדם ייי ולא יהווי |
| 094 | קטירן | | Ex30:35M | ותעבד יתה | קטרת/קטירן#2#/ | פס{י}<ו>ם עובד בסם |

|  |  |  |  |  |
|---|---|---|---|---|
| 095 | קטרן | | Ex30:23 | ואת סב לך ראשי קטרן בסימנין טבין מר בחיר תקל |
| 096 | | | Ex30:34 | ייי למשה סב לך ראשי קטרן בסמנין טבין קטף שבלה מרייא |
| 097 | | | Ex30:09M | לא תסדרון עלוי קטרת/קטרן#2/ נכרייה/<נכר>אה#2/ |

## קטיל *adj.* murdered, killed [485]

|  |  |  |  |  |
|---|---|---|---|---|
| 001 | קטיל | s ab/cn | Dt21:01 | ארום ישתכח קטיל בארעא דייי אלהכון יהב לכון |
| 002 | בקט' | | Nu19:16M | באפי ברא דקטיל/בקט'#2/ דחרב או במית או בגרם |
| 003 | בקטול | | Nu31:19 | דקטל נפש וכל דיקרוב בקטול תדכון ביומא תליתיה וביומא |
| 004 | בקטיל | | Nu19:18 | ועל כל דיקרוב בגרם או בקטיל או במית או בקברה: |
| 005 | דקטיל | | Nu19:16 | וכל די יקרוב באפי ברא דקטיל דחרב או במית או בגרם |
| 006 | קטילה | s em/sf | Nu25:14 | ושמה דגברא בר ישראל קטילה מה די אתקטל עם מדיניתה |
| 007 | קטילך | | Ex15:12M | דייני' ימא [...] קבל קטילך [...] ימא לא הוי בעה |
| 008 | קטילתה | | Nu25:15 | ושמה דא«י»תתה קטילתה מידיניתה כזבי ברת צור |
| 009 | דק' | | Dt21:02M | חזור חזור לקטילה/דק'#2/: |
| 010 | דקטילה | | Gn27:41M | "על שמיה": <על שמיה> דקטילה ארום ממתן עד זמן יקרב' |
| 011 | לקטילה | | Dt21:02 | די מן חזור חזור לקטילה: |
| 012 | | | Dt21:03 | ותהוי קרתה די קריבה לק«ט»ילה ויסבון חכימי קרתה ההיא |
| 013 | | | Dt21:06 | קרתה ההיא דקריבין לקטילה יסחון ית ידיהון על עגלתה |
| 014 | קטילין | p abs | Gn44:18M | דימלו כל ארעא דמצרים קטילין |
| 015 | | | Gn44:18 | ימלי כל ארעא דמצרים קטילין לית אנה מחזר יתה לתיקה |
| 016 | | | Dt33:20 | קטילוי חכימין בני קטילין פרק ראשא עם אדרעא: |
| 017 | קטולי | p const | Lv19:26M | /לא תוורון על אדם קטול{ו}<י> סנ'#2/ ולא תהוון |
| 018 | קטילי | | Lv26:07 | ויפלון קדמיכון קטילי חרב: |
| 019 | | | Lv26:08 | בעלי דבביכון קדמיכון קטילי חרב: |
| 020 | | | Lv19:26M | /לא תיכלון על דם קטילי סנהדרין /לא תוורון על |
| 021 | קטולהון | p em/sf | Nu21:15M | מדם קטולהון והוו ישראל מהלכין על |
| 022 | קטוליהון | | Nu23:24 | וישפכון אדם קטוליהון כמייא: |
| 023 | קטוליך | | Ex15:12 | הוות אמרה לימא קבלי קטולי«ך» לא ימא הוה בעה לקבלא |
| 024 | קטילוי | | Dt33:20 | ומלכו דתקום לקובליה קטילוי חכימין בני קטילין פרק |
| 025 | קטיליא | | Gn34:27 | בנוי דיעקב עלו על קטיליא ובזון קרתא די סאבו |
| 026 | קטיליהון | | Dt32:42 | תתכל בבשרהון מן אדם קטיליהון דעמי ושבייהון מן ראשי |
| 027 | | | Gn49:11 | מסמק טורייא מדם קטיליהון ומחוור גלמתא מתרבי |
| 028 | דקטיליה | | Gn15:01 | אחיהון או קריביהון דקטיליה האילין די נפלו קדמיי |
| 029 | דקטיליי' | | Gn15:01M | אחיהון וקריבהון דקטיליי' האיליין ויצרפון עמהון |

See also: *n.* קטולין

## קטילה *n.* terefa [486]

|  |  |  |  |  |
|---|---|---|---|---|
| 001 | קטילא | s ab/cn | Ex22:30 | לשמי ובשר תליש מן חווה באפי ברא קטילא לא תיכלון לכלבא |
| 002 | | | Gn31:39 | קטילא לא אייתית לוותך כל חדא |
| 003 | | | Ex22:12 | {ו}יטרף ייתון סהדין קטילא לא ישלם: |
| 004 | דקטילה | | Lv 7:24 | ותרב דנבלה ותרב דקטילה יתעבד לכל עבידה ומיכול לא |
| 005 | וקטילה | | Lv17:15 | וכל נפש די תאכל נבילה וקטילה ביציבייא ובגיורא ויחוור |
| 006 | | | Lv22:08 | נבילה וקטילה לא ייכול למסתאבה בה אמר |

## קטל *vb.* to kill [486]

|  |  |  |  |  |
|---|---|---|---|---|
| 001 | קט' | peal | Nu31:17M | קטלו /גבר תשמיש דזרע קט'#2/: |
| 002 | קטול | | Lv24:21 | ומן די קטול בעיר ישלם יתה ומה דיקטול |
| 003 | | | Nu25:05M | לדיניה דישראל קט«ו»לו/קטול#2/ גבר אנשי עמיה |
| 004 | | | Nu11:15 | ואין כדין את עבד לי קטול יתי כען קטולין אין כען |
| 005 | קטולו | | Nu25:05 | משה לדיניה דישראל קט«ו»לו גבר אנשי עמיה דאתחברן |
| 006 | | | Nu31:17 | וכדון קטולו כל דכורא בטפליה וכל אתה |
| 007 | קטיל | | Dt21:01 | יהב לכון למירת יתה קטיל ומטלק באפי ברה לא אתודע מן |
| 008 | | | Nu35:16 | די פרזל מחה יתה ומית קטיל מתקטלה יתקטל קטולה: |
| 009 | קטילין | | Lv24:12 | בדיני נפשתה דלא יהוון קטילין בפריע ית מן דחמי ליה |
| 010 | קטל | | Nu34:15 | מלכא דבותניין מה די קטל משה נביא דייי נפק לרפיון |
| 011 | | | Dt21:01M | לית אנן ידעין מן קטל |
| 012 | | | Nu33:04 | הוון קברין ית מה די קטל ייי בהון כל בכוריה |
| 013 | | | Gn27:41M | דמיתת אבא ובכן אנא קטל ית יעקב אחי ואנא משתכח |
| 014 | | | Ex 4:23 | למשלחא יתיה הא אנה קטל ית ברך בוכרך: |
| 015 | | | Dt 1:04 | בתר די קטל ית עוג מלכיהון דאמוריי |
| 016 | | | Gn 4:25M | זרע אוחרן חולף הבל די קטל יתה קין אחוי |
| 017 | | | Gn 4:25 | בר חורן חלף הבל ארו' קטל יתיה קין: |
| 018 | | | Dt21:01M | /יתיידע#2/ מן קטיל/קטל#2/ יתיה: |
| 019 | | | Gn 4:16 | מדנח לעדן והוה עד לא קטל להבל הוות ארעא מרבייה |
| 020 | | | Gn27:41 | עבד היך מה דעבד קין די קטל להבל בחיובי דאבוי וחזר |
| 021 | | | Lv24:18 | ומן די קטל נפש דבעיר ישלם יתה נפש |
| 022 | | | Nu35:15 | לשיזבה דיערוק תמן כל די קטל נפש בשלו: |
| 023 | קטלו | | Nu31:17 | לגבר בתשמיש דכורא קטלו: |
| 024 | | | Nu31:08 | וית בלעם בר בעור קטלו בחרבה: |
| 025 | | | Gn34:26 | וית חמור וית שכם בריה קטלו לפ<ת>גם דחרב ונסבו ית |
| 026 | | | Nu31:08 | וית מלכיהון דמדייניי קטלו על קטליהון ית אוי וית |
| 027 | קטלין | | Nu 9:08 | בדיני נפשתה דלא יהוון קטלין בפריע ית מן דחמי לה |
| 028 | | | Nu27:05 | בדיניה נפשן דלא יהוון קטלין בפריע ית מן דחמי ליה |
| 029 | | | Nu23:10 | בלעם במתל נבותה אן קטלין יתיה ישראל בחרבה מבשר |
| 030 | | | Dt25:18 | ית«»ה ודבית עמלק קטלין יתיה ואתון עמי בני ישראל |
| 031 | קטלת | | Gn 4:23 | דפומי ארום לא גבר קטלת דאתקטל מן בגללה ולא עולם |
| 032 | | | Nu22:33 | מן קדמיי ארום כדון יתך קטלת ויתה קיימת: |
| 033 | | | Nu22:29 | הווה בידי חרב ארום כדון קטלת יתיך: |
| 034 | | | Nu 3:13 | ביומא די קטלת כל בוכריה בארעא דמצרים |
| 035 | אקטול | | Nu14:12 | אקטול יתהון במותנא ואשצי יתהון |
| 036 | יקטול | | Nu35:19 | תבוע אדמא הוא יקטול ית קטולה בזמנה די יארע |
| 037 | | | Nu35:21 | קטולה הוא תבוע אדמה יקטול ית קטולה בזמנה די יארע |
| 038 | | | Dt 4:42 | למערק לתמן קטולה די יקטול ית חברי{ח}<ה> בתקוף בדלא |
| 039 | | | Dt19:04 | די יערק תמן ויחי די יקטול ית חבריה בלא ידע והוא לא |
| 040 | | | Gn 4:15 | ייי לקין סימן דלא יקטול יתיה כל מן די יארע יתיה: |
| 041 | | | Nu35:19 | בזמנה די יארע יתיה הוא יקטול יתיה: |
| 042 | | | Lv24:17 | וגבר ארום יקטול כל נפש דגבר מתקטלה יתקטל: |
| 043 | | | Nu35:11 | יעירוק תמן קטולה כל די יקטול נפש בשלו: |
| 044 | | | Nu35:30 | כל די יקטול נפש לפם סהדין יתקטל קטולה |
| 045 | יקטיל | | Gn 4:14 | ויהוי כל די יארע יתה יקטיל יתיה: |
| 046 | יקטל | | Dt27:24 | ~ליט יהווי גברא די יקטל לחבריה בטומרה ויאמרון כל |
| 047 | יקטלון | | Nu24:08 | בעלי דבביהון וגוברהון יקטלון וקורייהון יטלון ויפלגון: |
| 048 | | | Gn26:07 | למימר אתתיה היא דלא יקטלון יתיה עמא דארעא על רבקה |
| 049 | | | Gn16:05 | אחי הוא מן בגלל דלא יקטלון יתך וחמית דלא הויינה ילדה |
| 050 | נקטול | | Gn37:26 | ממון אנן מתהניין ארום נקטול ית אחונן ונכסי ית אדמיה: |
| 051 | | | Gn37:21 | יתיה מן ידיהון ואמר לא נקטול יתיה ונתחייב בנפשיה: |
| 052 | תקט' | | Nu11:15M | כדין את עבד לי קטול/תקט'#2/ יתי כען קטולין אין |
| 053 | תקטול | | Gn42:37 | למימר ית תרין בניי תקטול אין לא אייתית יתיה לוותך |
| 054 | תקטלון | | Lv20:15 | יתקטל וית בעירה תקטלון: |
| 055 | | | Ex23:07 | וכל מן דמזכי בדינא לא תקטלון ארום לא יזכון קדמיי |
| 056 | | | Dt13:16 | מקטל תקטלון ית דיירי קרתה ההיא לפתגם |
| 057 | | | Ex34:20 | ואין לא תפרקון יתה תקטלון יתה וכל בכורי בניכון |
| 058 | | | Ex 1:16 | מתברייא אן בר דכר הוא תקטלון יתיה ואן ברא נקבה היא |
| 059 | | | Ex13:13 | אין לא תפרקון יתיה תקטלון יתיה וכל בכורי |
| 060 | | | Dt13:10 | ארום מקטל תקטלון יתיה ידיכון ישלטון ביה |
| 061 | מקטול | | Dt13:10M | ארום מקטל/מקטול#2/ תקטלון יתיה ידיכון |

|  |  |  |  |
|---|---|---|---|
| 062 | | Dt13:16M | מקטל/מקטול#2#/ תקטלון ית דיירי |
| 063 | מקטל | Ex 2:14 | לגבר רב ושליט עלינן הא מקטל יתי את אמר היך מה דקטלת ית |
| 064 | | Dt13:10 | ארום מקטל תקטלון יתיה ידיכון ישלטון |
| 065 | | Dt13:16 | מקטל תקטלון ית דיירי קרתה ההיא |
| 066 | דקטיל | Gn44:18 | אתיבנא לגווה עד זמן דקטיל אנה כל מצראי מינך אנה |
| 067 | | Dt19:03 | לכון למערק לתמן כל דקטיל בשלו: |
| 068 | | Dt22:26M | גבר על חבריה ויקטול/דקטיל#2#/ יתיה ומ«ת»חייב |
| 069 | דקטילה | Dt21:06 | ית ידיהון על עגלתה דקטילה בנחלה: |
| 070 | דקטל | Gn44:18M | אתביניה לגווה עד זמן דקטל אנה כל מצראי מנך אנה משרי |
| 071 | | Lv24:21M | ומן \די קטול/^דקטל#2#^/ויתקטל#2#/ בעיר ישלם יתה |
| 072 | | Dt19:03M | למיערוק תמן כל דקטל#2#/ בשלו: |
| 073 | | Gn14:17 | מן בתר די חזר מן דקטל ית כדר לעמ' וית מלכייא |
| 074 | | Gn 4:24 | ארום קין דקטל להבל שבעה דרין איתלי לי |
| 075 | | Gn 4:24M | \דקטל להבל עד/ על דקטל להבל |
| 076 | | Nu31:19 | משריתה שבעה יומין כל דקטל נפש וכל דיקרוב בקטול תדכון |
| 077 | | Nu35:30M | כל \די יקטול/דקטל#2#/ נפש \לפם סהדין /על |
| 078 | דקטלין | Nu23:24 | ולא ש{כ}ד<כ>ין עד דקטלין בעלי «ד»בביכון וישפכון |
| 079 | דקטלת | Ex 2:14 | יתי את אמר היך מה דקטלת ית מצריה ודחל משה ואמר |
| 080 | ואקטול | Gn27:41 | יומי אבלא דאבא ואקטול ית יעקב אח{ו}י ואנא |
| 081 | | Ex 3:20 | ואשלח ית מחת פורענתי ואקטול ית מצראיי בכל {פרישות |
| 082 | דיק' | Dt19:03M | למערק לתמן כל דקטיל/^דיק#2#^/ ויהוי למיערוק תמן |
| 083 | דיקטול | Gn 4:15 | ואמר ליה ייי בשבועה כל דיקטול קין עד שובעה דרין יתלי |
| 084 | | Lv24:21 | בעיר ישלם יתה ומה דיקטול בר נש יתקטל: |
| 085 | | Nu35:15M | תמן כל \די קטל/דיקטול#2#/ נפש בשלו: |
| 086 | דיקטלון | Nu23:24M | ש{כ}ד<כ>ין עד דקטלין/דיקטלון#2#/ בעלי «ד»בביכון |
| 087 | וקטולו | Dt 1:44M | זיבורייתה#2#/ וכתיתו/וקטולו#2#/ יתכון בגבלה עד |
| 088 | וקטל | Ex13:15 | אקשי פרעה למשלחה יתן וקטל ייי כל בכוריה בארעא |
| 089 | | Ex 2:12 | ארום לא הווה תמן גבר וקטל ית מצרייה וטמריה בחלא: |
| 090 | | Gn 4:08M | וקם קין על הבל אחוי וקטל יתיה |
| 091 | | Gn 4:08 | וקם קין אל הבל אחוי וקטל יתיה: |
| 092 | | Nu35:16M | די פרזל מחה יתה ומית/וקטל יתיה#2#/ קטיל מתקטלה |
| 093 | | Nu35:17M | בה#2#/ מחת יתיה ומית/וקטל יתיה#2#/ קטול הוא |
| 094 | | Nu35:18M | לממות#2#/ מחה יתיה ומית/וקטל יתיה#2#/ קטול הוא |
| 095 | | Nu35:20M | או טלק עלוי בכמנה ומית/וקטל יתיה#2#/: |
| 096 | | Nu35:21M | מחה יתה בידיה ומית/וקטל יתיה#2#/ מתקטלה יתקטיל |
| 097 | | Nu35:23M | חמה יתיה ואפל עלוי ומית/וקטל יתיה#2#/ והוא לא הוה |
| 098 | | Gn 4:16 | גנתא דעדן ומן דחטא וקטל להבל חזרת למהוי מרביה |
| 099 | | Gn15:01 | אברם ונפלו קדמוהי וקטל מניהון ארבעה מלכין וחזר |
| 100 | וקטלין | Gn20:11 | דייי יהיבה באתרא הדין וקטלין יתי על עסק שרה אתתי: |
| 101 | | Gn 3:15 | לך ומחיי יתך לראשך וקטלין יתך וכד יהוון שבקין פקודי |
| 102 | וקטלנן | Dt 2:33 | ייי אלהן קדמינן וקטל{{י}}נן יתיה וית <בנוי> וית כל |
| 103 | | Dt 3:03 | דבותנין וית כל עמיה וקטלנן יתיה עד די לא אישתייר ליה |
| 104 | ויקט' | Gn12:12 | וימרון אתתיה היא דא ויקט' יתי ויתך יקיימון: |
| 105 | ויקטול | Gn32:12 | דחל אנא מנה דלא ייתי ויקטול יתי וישיצי אמה עם בניא: |
| 106 | | Gn32:09 | עשו לחדא משריתא ויקטו«ל» יתיה ותהוי משריתה |
| 107 | | Dt19:06M | יתיה ויתחייב בנפשה /ויקטול יתיה נפש#2#/ ולה לית |
| 108 | | Dt19:11 | ויכמן לה ויקום עלוי ויקטול יתיה ויתחייב בנפשיה |
| 109 | | Dt22:26 | די קיים גבר על חבריה ויקטול יתיה ומ«ת»חייב בנפשיה |
| 110 | | Ex17:16 | קרבא עם בית עמלק ויקטול מלכין עם שלטונין ומה |
| 111 | | Nu35:27 | תחום קורי שיזבותה ויקטול תבוע אדמא ית קטולה לית |
| 112 | ויקטל | Dt19:05 | קיסה ויארע ית חבריה ויקטל יתיה הוא יעריק לחדה |
| 113 | | Dt19:06 | תסגי ל{א}<ה> אורחא ויקטל יתיה ויתחייב בנפשה ולה |
| 114 | | Dt19:12 | יתיה בידוי דתבע אדמא ויקטל יתיה: |
| 115 | ויקטלו | Dt21:04 | אתפלח ביה ולא יזדרע ויקטלו תמן ית עגלתה בנחלה: |
| 116 | ויקטלון | Gn34:30M | /עלי ויקטלון ויקטלון אותי וישיצי אמהתא עם |
| 117 | | Dt22:21 | עמא דקרתה באבנייה ויקטלון יתה ארום עבדת מרחקתה הדה |
| 118 | | Gn15:01 | סגין וייתון עליי ויקטלון יתי או דלמא מצון קלילן |
| 119 | | Gn20:11M | באתרא הדין וקטלין/ויקטלון#2#/ יתי על עסק שרה |
| 120 | | Dt21:21M | \וימות ותבערון עבדי /ויקטלון יתיה ותשצון עב'#2#/ |
| 121 | | Ex10:28 | דעמא דהון תבעין נפשך ויקטלון יתך: |
| 122 | | Dt21:04M | יזדרע ויקטלו/^ויקטלון#2#^/ויקטרון#2#/ תמן ית |
| 123 | ונקטול | Gn37:20 | וכדון אתו ונקטול יתיה ונטלק יתיה בחד מן |
| 124 | ותק' | Ex 1:16M | אן בר דכר הוא תקטלון/ותק#2#/ יתיה ואן ברא/ברת#2# |
| 125 | ותקטלון | Lv20:16 | כל בעיר למשמשה עמה ותקטלון ית אתתה וית בעירה מתקטלה |
| 126 | | Ex21:14 | מן תמן תסבון יתיה ותקטלון יתיה: |
| 127 | ותקטלוניה | Ex34:20M | תפרקון יתה תקטלון/<ותקטל>וני<ה>#2#/ יתה וכל בכורי |
| 128 | למיקטול | Gn32:03M | דאמה אתיין מן בתרי למיקטול או דילמה דמשיריין דייי |
| 129 | | Gn32:03M | אחי אתיין לקדמותי למיקטול יתי או דלמה דמשריתיה |
| 130 | | Ex 5:21M | חרבא בידיהון למקטליה/למיקטול#2#/ יתן: |
| 131 | למיקטל | Ex 2:14M | ושליט עלינן הא מקטל/למיקטל#2#/ יתי את אמר היך מה |
| 132 | | Dt17:07 | יפשטן ביה בקדמיתה למיקטל יתיה וידי כל עמא באחרייתה |
| 133 | למקטול | Lv20:04 | קדם פלחנה נכריה דלא למקטול יתיה: |
| 134 | | Dt26:05M | ובעה לבן ארמייה למקטול יתיה וערק ונחת למצריימה |
| 135 | | Gn27:42M | \עלך למקטל /עליך למקטול#2#/ יתך: |
| 136 | | Ex10:28M | די תבעו יתך נפשך למקטול יתך |
| 137 | | Dt27:25 | גברה די נסיב שחוד למקטול נפיש אדם זכיי ויאמרון כל |
| 138 | | Dt27:25M | /דמקבל שחוד דממון למקטול נפש#2#/ אדם/דם#2#/ זכיי |
| 139 | למקטל | Ex12:13M | למזיק באיתגלאיותי למקטל בוכרייה |
| 140 | | Ex 2:15 | ית פתגמא הדין ובעה למקטל ית משה וערק משה מן קדם |
| 141 | | Ex 4:24 | מן קדם ייי ובעה למקטל יתיה: |
| 142 | | Ex21:14 | יתחשב> גבר על חבריה למקטל יתיה בכמנא אפילו אין הוא |
| 143 | | Gn27:42 | עשו אחוך מתחשב עלך למקטל יתך: |
| 144 | | Ex 4:19M | /די תבעו ית נפשך למקטל יתך#2#/: |
| 145 | | Gn15:01 | סגין ואתין עלך למקטל ממרי תרום לך דהוה הוה מגן |
| 146 | למקטליה | Gn37:18 | לוותהון ואתחשבו עלוי למקטליה: |
| 147 | pael קטיל | Dt 4:46 | דהווא שרי בחשבון מה די קטיל משה ובני ישראל באפקותהון |
| 148 | | Dt21:01 | באפי ברה לא אתודע מן קטיל יתיה: |
| 149 | קטילו | Nu21:28 | שיצון לחוות מואביי {{קטילו כומריה}} דהו{{ן}}<ו>ן |
| 150 | | Gn34:26M | וית שכם בריה קטל/קטילו#2#/ לפ<ת>גם דחרב ונסבו |
| 151 | | Gn49:06 | על איקרי ארום ברוגזהון קטילו מלכין וברעותיהון פגרו |
| 152 | קטל | Gn 4:24 | לי ולמך בר ברה די לא קטל בדינא הוא דיתלי ליה עד |
| 153 | | Gn36:35 | בתרה הדד בן בדד די קטל ית מדייני בתחומייהון |
| 154 | | Ex12:29 | בפלגא דליליי«א» וייי קטל ית כל בכוריא בארעא דמצרים |
| 155 | | Ex12:29M | ליליא וממריה דייי קטל#2#/ ית כל בכוריא/בכרא#2#/ |
| 156 | קטלתון | Nu17:06 | ועל אהרן למימר אתון קטלתון ית עם כנישתה דייי: |
| 157 | אקטל | Nu14:12M | אקטול/<אק>טל#2#/ יתהון במותנא ואשצי |
| 158 | מקטלא | Gn14:17M | די חזר \מן דקטל/מקטלא#2#/ ית כדר לעמ' וית |
| 159 | מקטלה | Ex12:42 | בפלגות לליא הוה ידיה מקטלה בכוריהון דמצריי וימיניה |
| 160 | מקטלין | Dt25:18 | יתכון באורחא והוון מקטלין בכון כל דהוה לביה מהרהר |
| 161 | | Lv24:12 | מן קדם ייי בהידין דינא מקטלין יתיה: |
| 162 | בקטלותה | Ex12:27 | דבני ישראל במצרים בקטלותה ית מצרים וית בתינן שזיב |
| 163 | דקטל | Dt33:17 | דאפרים ואינון אלפיה דקטל גדעון בר יואש מן מדייניי |
| 164 | | Dt33:17 | שולטנין אינון ריבבתה דקטל יהושע בר נון מן אימוראי |
| 165 | | Dt 4:46M | בחשבון מה \די קטיל/דקטל#2#/ משה ובני ישראל |
| 166 | דקטלת | Nu 8:17 | ובבעירה ביומא דקטלת כל בכוריה בארעא דמצרים |
| 167 | דיתקטלון | Dt22:24M | יתהון באבנייה וימותון/דיתקטלון יתהון#2#/ ית רביתה |
| 168 | וקטילו | Gn14:05 | ומלכיא דהוון עמה וקטילו ית גיברייה בעשתרתא |
| 169 | | Nu21:35M | ושצון/וקטילו#2#/ יתיה וית בנוי וית |

|  |  |  |  |
|---|---|---|---|
| 170 | וקטל | Gn14:15 | לליא הוא ושלטנוי וקטל יתהון ורדף יתהון עד חובה |
| 171 | וקטלה | Gn44:18M | דשכם דעלו בגווה וקטלה בה כל דכור' מן בגלל |
| 172 | וקטלו | Gn44:18 | דשכם דעלו בגווה וקטלו בה כל דכורא מן בגלל |
| 173 | | Ex32:27 | מן תרע לתרע במשריתא וקטלו גבר ית אחוי וגבר ית חבריה |
| 174 | | Gn14:07 | לעין דינא היא רקם וקטלו ית כל תחומהון דעמלקיא ואף |
| 175 | | Nu14:45M | ומחון יתהון וכתתו/וקטלו#2/ יתהון עד שציו: |
| 176 | | Gn34:25 | ועלו לקרתא לרוחצן וקטלו כל דכוריא: |
| 177 | | Gn44:18 | בשלווה ועלו בגווה וקטלו כל דכורא לפתגם דחרב על די |
| 178 | | Nu31:07 | די פקד ייי ית משה וקטלו כל דכורא: |
| 179 | | Nu21:24M | ושיצ/וקטלו#2/ יתיה ישראל לפתגם |
| 180 | וקטלון | Dt29:06 | לסדרי קרבה וקטל{ן}«ו»ן יתהון: |
| 181 | ואקטל | Ex22:23 | דלא יתקף רוגזי ואקטל יתכון בחרבא דלא יהוויי |
| 182 | | Ex11:05M | ואתקטל/ואקטל#2/ כל בכוריה/בכריה#2/ |
| 183 | | Ex12:12 | בלילי פסחא הדין ואקטל כל בכוריה בארעא דמצרים |
| 184 | ויקטי' | Ex21:29M | ינטרון יתיה ויתקטל/ויקטי'#2/ גבר או אתה תורא |
| 185 | ויקטל | Nu24:17 | ושליט מן דבית ישראל ויקטל תקיפי מואביי וישיצי כל |
| 186 | ותקטל | Nu14:15 | ו«ת»קטל ית עמא האליין כגבר חד |
| 187 | ותקטלון | Dt20:13 | ייי אלהכון בידיכון ותקטלון ית כל דכורה לפתגם דחרב: |
| 188 | | Dt22:25 | בה גברא וישמש עמא ~ותקטלון ית גברא דשמש עמה~ |
| 189 | | Nu25:17 | אקף ית מדייניי ותקטלון יתהון: |
| 190 | | Dt 7:02 | ייי אלהכון קדמיכון ותקטלון יתהון משיציה ותישיצון |
| 191 | ותקטלנה | Ex13:13M | יתיה \תקטלון יתיה /ותקטלנה בקופיץ#2/ וכל בכורי |
| 192 | ומקטל | Gn49:11 | ונפק לקרבא על שנאוי ומקטל מלכין עם שלטונין מסמק |
| 193 | | Gn49:17 | נפק לקרבא לקבל שנאוי ומקטל מלכין עם שלטונין: |
| 194 | ומקטלין | Nu21:15 | אנן נפקין לקבליהון ומקטלין יתהון ורמז רבון כל עלמא |
| 195 | | Dt25:18M | קטלין/מקבלין יתה ומקטלין#2/ יתיה ואתון עמי בני |
| 196 | | Nu21:15M | ומשיציין יתהון ומקטלין מלכין עם שלטנין בה<הי>א |
| 197 | | Dt33:17 | ולקבל שנאיהון ומקטלין מלכין עם שולטנין אינון |
| 198 | למקטלא | Ex16:03 | יתן למדברא הדין למקטלא ית כל קהלא הדין בכפנא: |
| 199 | למקטלה | Ex32:12M | יתהון אפיק יתהון למקטלה יתהון בטורייה ולמישיציה |
| 200 | | Dt 9:28 | יתהון <אפיק יתהון> למקטלה יתהון במדברה: |
| 201 | | Dt13:10 | ישלטון ביה בקדמיתה למקטלה יתיה וידיהון דכל עמא |
| 202 | | Ex14:11 | במצרים דברת יתן למקטלה יתן במדברא מה היא דא |
| 203 | | Ex17:03 | כען אסקת יתן ממצרים למקטלה יתן וית בנינן וית בעירן |
| 204 | | Nu16:13 | כחלבה וחליין כדבשה למקטלה יתן במדברה ארום אתרברבת |
| 205 | | Nu21:05 | אסקתון יתן מן מצרים למקטלה יתן במדברא ארום לית לן |
| 206 | למקטליה | Ex 5:21 | למתן חרבא בידיהון למקטליה יתן: |
| 207 | | Ex14:12 | פלחין קדם מצריי מן למקטליה יתן במדברא: |
| 208 | לק' | Nu21:05M | יתן מן מצרים למקטלה/לק'#2/ יתן/יתהון#2/ במדברא |
| 209 | etpeel איתקטיל | Lv27:29M | קטול מתחייב איתקטלא איתקטיל |
| 210 | איתקטלא | Lv27:29M | דדין קטול מתחייב איתקטלא איתקטיל |
| 211 | אתקטל | Gn37:33 | בישא אכלת יתה קטולין אתקטל יוסף: |
| 212 | | Gn20:04 | לחוד עמם זכיי בדינא אתקטל: |
| 213 | | Gn44:28 | ואמרת לחוד קטולין אתקטל ולא חמית יתיה עד כדון: |
| 214 | | Nu25:14 | בר ישראל קטילה מה די אתקטל עם מדיניתה זמרי בן סלוא |
| 215 | אתקטלה | Lv20:10 | עם אתתיה דחבריה אתקטלה יתקטל גיורה וגיירתה: |
| 216 | אתקטלו | Gn34:31 | ובבית מדרשהון ערלין אתקטלו על עסק בתולה{(ופלחי |
| 217 | אתקטלת | Nu25:18 | דמדין אחתהון מה די אתקטלת ביום מגפתה על עסק טעותה |
| 218 | יתי' | Ex35:02M | יתקטל/מתקטלה <יתי'>#2/: |
| 219 | יתק' | Nu 1:51M | יתקטל /די יקרוב יתק'#2/: |
| 220 | יתקטיל | Ex19:12 | דיקרב לטורא יתקטל יתקט«י»ל: |
| 221 | | Ex21:12 | לגבר וימות מתקטלא יתקטיל: |
| 222 | | Ex21:15 | לאבוי ולאמה מתקטלה יתקטיל: |
| 223 | | Ex21:16 | וישתכח בידיה מתקטלא יתקטיל: |
| 224 | | Ex22:18 | דמשמש עם בעיר מתקטלה יתקטיל: |
| 225 | | Nu18:07 | די יקרב למשמשה יתקט«י»ל: |
| 226 | | Dt24:16M | ימות /בחובוי יתקטיל#2/: |
| 227 | | Nu35:21 | יתה בידיה ומית מתקטלה יתקטיל קטולה הוא תבוע אדמה יקטול |
| 228 | יתקטל | Gn26:11 | הדין ובאיתתיה מתקטל יתקטל: |
| 229 | | Ex21:29 | תורא יתרגם ואף מריה יתקטל: |
| 230 | | Ex31:15 | ~ביום שבתה~ יתקטלה יתקטל: |
| 231 | | Ex35:02 | כל די יעבד בה עבידה יתקטל: |
| 232 | | Lv24:16 | שמה דאלהה בגידופין יתקטל: |
| 233 | | Lv24:17 | כל נפש דגבר מתקטלה יתקטל: |
| 234 | | Lv24:21 | יתה ומה דיקטול בר נש יתקטל: |
| 235 | | Lv27:29M | לא יתפרק מתקטלה יתקטל |
| 236 | | Nu 1:51 | וחלוניי דקרב למשמשה יתקטל: |
| 237 | | Nu 3:10 | די יקרוב למשמשה יתקטל: |
| 238 | | Nu 3:38 | די יקרוב למשמשה יתקטל: |
| 239 | | Nu35:31 | למתקטלה ארום מתקטלה יתקטל: |
| 240 | | Lv20:09M | אבוי וית אימה מתקטלה יתקטל אבוי ואמי' בזי חובוי |
| 241 | | Ex31:14 | דמפ{ס}<ס> יתיה מתקטלה יתקטל ארום כל מה די יעבד בה |
| 242 | | Dt13:06 | או חלם חלמייה ההוא יתקטל ארום מלל מילין דשקריין |
| 243 | | Lv20:27M | זכורון מתקטלה יתקטלון/יתקטל#2/ באבניה ירגמון |
| 244 | | Nu15:35M | \מימות ימות /מתקטלה יתקטל#2/ גברא ירגמון יתה באבניה |
| 245 | | Lv20:10 | עם אתתיה דחבריה אתקטלה יתקטל גיורה וגיירתה: |
| 246 | | Nu17:28 | למקרבה למשכנה דייי יתקטל ה<ו>א ספנן הא אשתיצינן: |
| 247 | | Gn44:09 | ישתכח לוותיה מן עבדך יתקטל ואף אנן נהוי לריבוני |
| 248 | | Lv20:15 | תשמישיה בבעיר מתקטלה יתקטל וית בעירה תקטלון: |
| 249 | | Ex22:12M | ייתון סהדין /מתקטלה יתקטל יתיה ליה מן אברוי שהד#2 |
| 250 | | Ex19:12 | בשפולוי כל דיקרב לטורא יתקטל יתקט«י»ל: |
| 251 | | Dt17:06 | או על פם תלתה סהדין יתקטל מן דמתחייב להתקטלה לא |
| 252 | | Lv24:16 | דייי בגדפין מתקטלה יתקטל מרגם ירגמון יתיה כל עם |
| 253 | | Dt17:06 | מן דמתחייב להתקטלה לא יתקטל על פם סהד חד: |
| 254 | | Lv20:02 | קדם פלחנה נכרייה מתקטל יתקטל עמה דארעא ירגמון יתה |
| 255 | | Nu35:16 | יתה ומית קטיל מתקטלה יתקטל קטולה: |
| 256 | | Nu35:17 | ומית קטול הוא מתקטלה יתקטל קטולה: |
| 257 | | Nu35:18 | ומית קטול הוא מתקטלה יתקטל קטולה: |
| 258 | | Nu35:30 | די יקטול נפש לפם סהדין יתקטל קטולה וסהד חד לא יענה על |
| 259 | | Lv20:11 | עם אתתה דאבוי מתקטלה יתקטל תריהון חובת אדמהון בהון: |
| 260 | יתקטלה | Ex31:15 | עמיה}} ~ביום שבתה~ יתקטלה יתקטל: |
| 261 | | Gn26:09M | ארי אמרית דלא אמות/יתקטלה#2/ מן בגללה: |
| 262 | יתקטלו' | Lv20:16 | אתתה וית בעירה מתקטלה יתקטלו' חובת אדמהון בהון: |
| 263 | יתקטלון | Lv19:20M | חייבין לא ימותון/יתקטלון#2/ ארום לא נפקת |
| 264 | | Lv20:27 | או מסקי זכורון מתקטלה יתקטלון באבניה ירגמון יתהון חובת |
| 265 | | Lv20:13 | תריהון מתקט«לה» יתקטלון חובת אדמהון בהון: |
| 266 | | Lv20:12 | עם אתתה דברה מתקטלה יתקטלון מרחקה עבדו חובת אדמהון |
| 267 | תתקטלון | Ex 1:22M | ליהודייא בנהרא תטלקון/תתקטלון#2/ יתיה וכל ברא |
| 268 | | Ex13:13M | תתפרקון יתיה תתקטלון יתיה |
| 269 | מת' | Lv20:15M | /ישווי מדמכה בבעירה מת'#2/ יתקטל וית בעירה תקטלון: |
| 270 | מתק' | Lv24:16M | ודמבזה שם מימריה דייי מתק' |
| 271 | מתקטיל | Gn20:04M | למיזכי בדינא {ה} מתקטיל#2/: |
| 272 | מתקטל | Gn44:28M | ואמרת לחוד קטולין/מתקטל#2/ אתקטל ולא חמית יתיה |
| 273 | | Nu14:15M | ו«ת»קטל/מתקטל#2/ ית עמא האליין |
| 274 | | Ex19:12M | יתקטל /דיקרב בטור מתקטל#2/ יתקט«י»ל: |
| 275 | | Gn26:11 | בגברא הדין ובאיתתיה מתקטל יתקטל: |
| 276 | | Lv20:02 | קדם פלחנה נכרייה מתקטל יתקטל עמה דארעא ירגמון |
| 277 | מתקטלא | Ex21:12 | מן ד ימחי לגבר וימות מתקטלא יתקטיל: |

|  |  |  |  |  |  |
|---|---|---|---|---|---|
| 278 | | Ex21:16 | יתיה וישתכח בידיה | מתקטלא | יתקטיל: |
| 279 | מתקטלה | Nu 9:08 | בפריע ית מן דחמי לה | מתקטלה | בדינה ולא יהוון בהתין |
| 280 | | Ex35:02M | בה עבידה/עי'#2#/ | יתקטל/מתקטלה | <ית'>#2#/: |
| 281 | | Ex21:15 | ומן דימחי לאבוי ולאמה | מתקטלה | יתקטיל: |
| 282 | | Ex22:18 | כל דמשמש עם בעיר | מתקטלה | יתקטיל: |
| 283 | | Nu35:21 | מחה יתה בידיה ומית | מתקטלה | יתקטיל קטולה הוא תבוע |
| 284 | | Ex22:12M | {ו} יטרף ייתון סהדין | /מתקטלה | יתקטל יתיה ליה מן אברוי |
| 285 | | Ex31:14 | לכון מן דמפ{ם}<ס> יתיה | מתקטלה | יתקטל ארום כל מה די יעבד |
| 286 | | Lv20:09M | יבזי ית אבוי וית אימה | מתקטלה | יתקטל אבוי ואמ׳ בזי |
| 287 | | Lv20:11 | די ישמש עם אתתה דאבוי | מתקטלה | יתקטל תריהון חובת אדמהון |
| 288 | | Lv20:15 | די יתן תשמישיה בבעיר | מתקטלה | יתקטל וית בעירה תקטלון: |
| 289 | | Lv24:16 | יפרש שמיה דייי בגדפין | מתקטלה | יתקטל מרגם ירגמון יתיה כל |
| 290 | | Lv24:17 | ארום יקטול כל נפש דגבר | מתקטלה | יתקטל: |
| 291 | | Lv27:29M | בני אנשא לא יתפרק | מתקטלה | יתקטל |
| 292 | | Nu15:35M | למשה \מימות ימות | /מתקטלה | יתקטל#2#/ גברא ירגמון |
| 293 | | Nu35:16 | פרזל מחה יתה ומית קטיל | מתקטלה | יתקטל קטולה: |
| 294 | | Nu35:17 | מחת יתיה ומית קטול הוא | מתקטלה | יתקטל קטולה: |
| 295 | | Nu35:18 | מחה יתיה ומית קטול הוא | מתקטלה | יתקטל קטולה: |
| 296 | | Nu35:31 | דהוא חייב למתקטלה ארום | מתקטלה | יתקטל: |
| 297 | | Lv20:16 | ית אתתה וית בעירה | מתקטלה | יתקטל׳ חובת אדמהון בהון: |
| 298 | | Lv20:12 | די ישמש עם אתתה דברה | מתקטלה | יתקטלון מרחקה עבדו חובת |
| 299 | | Lv20:13 | מרחקה עבדו תריהון | מתקט«לה» | יתקטלון חובת אדמהון |
| 300 | | Lv20:27 | אובה או מסקי זכורון | מתקטלה | יתקטלון באבניה ירגמון |
| 301 | דאתקטל | Gn 4:23 | ארום לא גבר קטלת | דאתקטל | מן בגללה ולא עולם חבלת |
| 302 | דית׳ | Nu25:18M | אחתהון מה \די | אתקטלת/דית#2#/ | ביום מגפתה על עסק |
| 303 | דנתקטלה | Gn 4:23M | מן בגללה ולא | /דנתקטלה | תחותוי לא#2#/ עולם חבלת |
| 304 | ואתקטל | Ex11:05 | | ואתקטל | כל בכוריה בארעא דמצרים |
| 305 | ויתקטל | Dt19:12M | /דמ׳#2#/ \ויקטל | יתיה/ויתקטל#2#/: | |
| 306 | | Lv24:21M | ומן \די | קטול/^דקטל#2#^/ויתקטל#2#/ | בעיר ישלם יתה |
| 307 | | Ex21:29 | במרוי ולא ינטרון יתיה | ויתקטל | גבר או אתה תורא יתרגם ואף |
| 308 | | Dt17:12 | ייי אלהכון או לדינה | ויתקטל | גברא ההוא ותבערון עבדי |
| 309 | | Dt24:07 | בה ויזבן יתיה | ויתקטל | גנבה ההוא ותבערון עבדי |
| 310 | | Dt21:22 | סדר חובת דין דקטולין | ויתקטל | ותצלבון יתיה על קיסה: |
| 311 | | Dt22:25M | וישמש עמא ^ | ותקטלון/ויתקטל#2#^/ | ית גברא דשמש |
| 312 | | Dt18:20 | בשום טעוון אחרניין | ויתקטל | נבייא ההוא: |
| 313 | ויתקטלון | Dt22:22M | גבר | וימותון/ויתקטלון#2#/ | לחוד/<ל>הוד#2#/ |
| 314 | לאית׳ | Dt17:06M | להתקטלה /קטולא | לאית׳#2#/ | לא יתקטל על פם סהד |
| 315 | להתקטלה | Dt17:06 | יתקטל מן דמתחייב | להתקטלה | לא יתקטל על פם סהד חד: |
| 316 | למת׳ | Nu25:04M | כל מן דמתחייב | קטלה/למת׳#2#/ | יצלבון/וצלבין#2#/ |
| 317 | למתקטלה | Nu35:30 | חד לא יענה על נפש | למתקטלה: | |
| 318 | | Nu35:31 | נפש דקטול דהוא חייב | למתקטלה | ארום מתקטלה יתקטל: |
| 319 | | Lv24:12 | בפריע ית מן דחמי ליה | למתקטלה | בדינה ^או#2#^ דילמה |
| 320 | | Nu15:34 | בפריע ית מן דחמי ליה | למתקטלה | בדינה דלא יהיון |
| 321 | | Nu27:05 | בפריע ית מן דחמי ליה | למתקטלה | בדינה ולא יהוון בהתין |

See also: *adj.* קטיל
See also: *n.* קטילה

## קטל *n.* chain [486]

|  |  |  |  |  |  |
|---|---|---|---|---|---|
| 001 | קטלין p abs | Gn49:22M | מטלקין עלך שירין | קטלין | ומעוכין דלמ׳ תתלי אפך |
| 002 | | Ex35:22 | יתיה לביה אייתי{ן}<ו> | קטלין | וקדשין ועזקין ומרגדין |
| 003 | | Nu31:50 | שישלין מן צואריהון | קטלין | מן אדרעיהון שירין מן |
| 004 | | Gn49:22 | קדמיך שירין עזקין | קטלין | מעוכין וכל מיני דהב סברין |

## קטל #2 *n.* killing, execution [!!]

|  |  |  |  |  |  |
|---|---|---|---|---|---|
| 001 | קטלא s em/sf | Ex17:13M | עמיה לפתגם/שמת׳ דייי | קטלא | ומחיי לפתגם#2#/ דחרב: |
| 002 | קטליהון p em/sf | Nu31:08 | דמדייניי קטלו על | קטליהון | ית אוי וית רקם וית |

This is a good Aramaic word, but these two examples may belong rather to קטלה n. and קטיל adj. respectively.

## קטלה *n.* killing, execution [487]

|  |  |  |  |  |  |
|---|---|---|---|---|---|
| 001 | קטלה s ab/cn | Nu25:04 | דיינין כל מן דמתחייב | קטלה | יצלבון יתיה על צליבה |

## קטלו *v.n.* killing [487]

|  |  |  |  |  |  |
|---|---|---|---|---|---|
| 001 | בקטלותי s em/sf | Ex12:13 | יהווי בכון מותא מחבל | בקטלותי | כל בכוריא בארעא דמצרים: |
| 002 | לקטלותהון | Ex32:12 | אפק{ו}<י>תהון | לקטלותהון | בטווריה ולמשיצא יתהון |

## קטם *vb.* to break off [487]

|  |  |  |  |  |  |
|---|---|---|---|---|---|
| 001 | קטים peal | Gn 8:11 | רמשא והא עלה דזי׳ | קטים | בפומה וידע נח ארום קלו |

## קטם *n.* ash [487]

|  |  |  |  |  |  |
|---|---|---|---|---|---|
| 001 | קטם s ab/cn | Ex 9:10 | ונסבו ית | קטם | אתונא וקמו קדם פרעה וזרק |
| 002 | | Ex 9:08 | סבו לכון מלא כפיכון | קטם | דאתון ויזרוק יתיה משה |
| 003 | | Nu19:06M | ויקלק ויטלק לגו | יקידת/קטם | יקידה#2#/ תורתה: |
| 004 | | Nu19:09M | דכי ית \קטמה דתורתה | /קטם | יקידת תור#2#/ ויצנע יתה |
| 005 | וקטם | Gn18:27 | קדם ייי ואנה עפר | וקטם: | |
| 006 | | Gn22:14 | ברי למעבד יתה עפר | וקטם | קדמיך אלא מן יד אקדמית |
| 007 | קטמא s em/sf | Lv 1:16 | מדנחה באתר בית שפיכות | קטמא: | |
| 008 | | Lv 6:03 | ילבש על בשריה וירים ית | קטמא | די {י}תאכל אשתה ית עלתה |
| 009 | | Nu19:10 | ויחוור מן דמכנש ית | קטמא | דתורתה ית לבושוי ויהווי |
| 010 | | Lv 4:12 | באשתא בתר בית שפיכות | קטמא | יתוקד: |
| 011 | קטמה | Nu19:17 | ויסבון למסאבה מן | קטמה | די יקדת תורתה ויתן עלוי |
| 012 | | Nu19:09 | ויכנש גבר דכי ית | קטמה | דתורתה ויצנע יתה לבר מן |
| 013 | | Lv 6:04 | לבושין אוחרנין ויפק ית | קטמה | לבר מן משריתה לאתר דכי: |
| 014 | קיטמא | Dt 4:49M | רמתה /בית שפיכות | קיטמא#2#/: | |
| 015 | | Lv 4:12 | דכי לאתר בית שפיכות | קיטמא | ויוקד יתיה על קיסי׳ באשתא |
| 016 | | Dt 3:17M | /בית שפיכות | קיטמא#2#/ | מין מדנחה: |
| 017 | וקטמה | Nu20:29M | טורא מאנוי בזיעין | וקטמה | בראשה והווה בכי ואמ׳ ווי |

## קטע *vb.* to cut off [487]

|  |  |  |  |  |  |
|---|---|---|---|---|---|
| 001 | קטעו peal | Nu13:24M | על עסק סגולה די | לקטו/קטעו#2#/ | מן תמן בני ישראל: |
| 002 | וקטעו | Gn22:03M | וית יצחק בריה | ופצע/וקטעו#2#/ | קיסין לעלה וקם ואזל |
| 003 | וקטעו | Ex39:03 | ורדידו ית טסי דדהבא | וקטעו | יתהון שיזרין למעבד בגו |
| 004 | | Nu13:23M | עד נחל סגולה | ולקטו/וקטעו#2#/ | מן תמן עוברה וסגולה |
| 005 | למיקטוע | Dt19:05M | קיסא וישמט פרולא | /למיקטוע | קיסין וישמוט בורזלה#2#/ |
| 006 | למקטוע | Dt19:05M | ב{ק}<ח>ורשא | למקטב/למקטוע#2#/ | קיסין ו{יז}<ת>דחף |
| 007 | וקיטעו pael | Ex39:03M | דדהבא | וקטעו/^וק<טי>ע#2#^/וקציצו#2#/ | יתהון |

## קטף *vb.* to pluck [488]

|  |  |  |  |  |  |
|---|---|---|---|---|---|
| 001 | תקטפון peal | Lv25:04M | וכרמיכון לא | תזברון/תקטפון#2#/: | |
| 002 | | Lv25:11 | תחצדון ית כהותיכון ולא | תקטפון | ית שבקיכון: |
| 003 | | Lv25:03M | שנין תזברון/דיומין | תקטפון#2#/ | כרמיכון ותכנשון ית |
| 004 | | Dt24:21 | ארום | תקטפון | כרמיכון לא תבערון עוללה |
| 005 | | Lv25:05 | וית ענבי שבקיכון לא | תקטפון | שבת שבתה יהווי לארעא: |
| 006 | ותקטוף | Dt23:26 | בקיימתיה דחברך | ותקטוף | פירוכין בידיך ומגל דחצד |

## קטף n. balsam, resin [488]

| | | | | | | |
|---|---|---|---|---|---|---|
| 001 | קטף | s ab/cn | Gn43:11 | ואחתו דורון קליל | קטף | וקליל דבש שעוה משח דבוטנין |
| 002 | | | Ex30:34 | ראשי קטרן בסמנין טבין | קטף | שבלה מרייא וחלבנה ולבונה |
| 003 | וקטף | | Gn37:25 | וגמלהון טעונין שעווה | וקטף | ולטום אזלין לנחתה למצרים: |

## קטף 2# n. plucker [488]

| | | | | | | |
|---|---|---|---|---|---|---|
| 001 | קטפה | s em/sf | Lv26:05 | ויארע לכון דרכה ית | קטפה | וקטפה יארע ית זרעה ותאכלון |
| 002 | וקטפה | | Lv26:05 | לכון דרכה ית קטפה | וקטפה | יארע ית זרעה ותאכלון |

## קטר vb. to bind [488]

| | | | | | | |
|---|---|---|---|---|---|---|
| 001 | קטירא | peal | Gn25:01M | "קטורה": היא הגר דהות | קטירא | ליה מלקדמין |
| 002 | קטירין | | Dt22:10 | בתור ובחמר תריהון | קטירין | כחדה: |
| 003 | דקטירה | | Dt21:06M | על עגלתה | דקטילה/דקט{ו}<י>רה#2#/ | בנחלה: |
| 004 | ויקטרון | | Dt21:04M | ולא יזדרע | ויקטלו/ויקטרון#2#/ | תמן ית עגלתה |
| 005 | וקטרת | | Gn38:28 | ית ידה ונסבת חייתא | וקטרת | על ידיה זיהוריה למימר דין |
| 006 | ותקטרון | | Dt 6:08 | | ותקטרון | יתהון לסימן על אדרעיכון |
| 007 | | | Dt11:18 | לבביכון ועל נפשתכון | ותקטרון | יתהון לסימן על אדרעיכון |

## קטרת n. ⇐ קטורה

## קיום n. oath, (statute!) [489]

| | | | | | | |
|---|---|---|---|---|---|---|
| 001 | קיום | s ab/cn | Nu30:05M | כל נדרה וכל | קיים/קיום#2#/ | די קיימת על נפשה |
| 002 | ולקיום | | Nu30:13 | כל פירוש ספוותה לנדרא | ולקיום | נפשה לא יקום בעלה בטל{ת} |
| 003 | ולקיום | | Nu30:13M | /למנדור#2#/ | ולקיום/ולקיימים#2#/ | נפשה לא יקום |
| 004 | לקיום | | Nu30:14 | כל נדר וכל שבועה | לקיום | דצער נפש בעלה יקיים יתהון |
| 005 | קיומא | s em/sf | Nu30:15 | ית כל נדרה או ית כל | קיומא | די עלה קיים יתהון ארום |
| 006 | וקיומא | | Nu30:08 | לה ויקומון נדריה | וקיומא | די קיימת על נפשה |
| 007 | קיומי | p em/sf | Lv20:08M | ותטרון ית | קימ'/קיומי#2#/ | ותעבדון יתהון אנה |
| 008 | קייומי | | Dt26:17M | ד«י»נוי ולמשמע בקל | קייומי | ופיקודוי וסדרי דינוי |

## קיטון n. room [489]

| | | | | | | |
|---|---|---|---|---|---|---|
| 001 | לקיטונא | s em/sf | Gn43:30 | אחוי ובעא למבכי ועל | לקיטונא | ובכא תמן: |
| 002 | קיטו' | p const | Dt32:25M | חרבה ובקיטוני/ומן | קיטו'#2#/ | מדמכיהון אימתיה דמותה |
| 003 | בקיטוני | | Nu31:50 | בבתיהון דמדייניי | בקיטוני | מלכיהון והוינן |
| 004 | ובקיטוני | | Nu31:50M | דמלכייה מדיינאי | ובקיטוני | מדמכיהון והוינן חמיין |
| 005 | | | Dt32:25 | תתכל יתהון חרבה | ובקיטוני | מדמכיהון אימתיה דמותה |
| 006 | | | Ex 7:28 | ויסקון ויעלון בביתך | ובקיטוני | מדמכך על עריסתך ובבתי |

## קיטור n. smoke [490]

| | | | | | | |
|---|---|---|---|---|---|---|
| 001 | כקיטור | s ab/cn | Gn19:28 | והא סליק קיטורא דארעא | כקיטור | תננא דאתונא: |
| 002 | קיטורא | s em/sf | Gn19:28 | משרה וחמה והא סליק | קיטורא | דארעא כקיטור תננא דאתונא: |

**See also:** n. קטור

The existence of two separate words, קיטור and קטור, as maintained by *DJPA*, is doubtful. In any case, both forms mean only 'smoke', not 'smoke, incense'.

## קייט n. summer [490]

| | | | | | | |
|---|---|---|---|---|---|---|
| 001 | וקיט | s ab/cn | Gn 8:22 | וחצדין וקריר וחמים | וקיט | ו{תס}<סת>ב ואימא ולילי לא |
| 002 | וקייטא | s em/sf | Gn 8:22M | "... יפסקון": ושורבא | וקייטא | וסתווה ויממא ויילילייה |

## קיים adj. enduring [490]

| | | | | | | |
|---|---|---|---|---|---|---|
| 001 | קיים | s ab/cn | Nu24:04M | וסוף נבואתיה | למתקיימה/קיים#2#/: | |
| 002 | | | Gn45:28M | ומן דעד כדון יוסף ברי | קיים | איזיל |
| 003 | | | Gn43:07 | למימר הא כען אבוכון | קיים | הא אית לכון אחוי ותנינן |
| 004 | | | Gn16:13 | דאתגלו עליה את הוא אלהא | קיים | כל עלמייא ארום אמרת הא אף |
| 005 | | | Gn16:14 | לבארה באר' דאתגלי עלה | קיים | כל עלמייא הא היא בין רקם |
| 006 | | | Gn24:62 | רבה לבארה דאתגלי עלי | קיים | כל עלמא והוא הוה שרי בארעא |
| 007 | | | Gn25:11 | יצחק בבארה דאתגלי עלה | קיים | כל עלמיא: |
| 008 | וקיים | | Nu14:21 | וברם חי | וקיים | אנה במימרי לעלם ותתמלא |
| 009 | | | Nu14:28 | אמר חי | וקיים | אנה במימרי אמר ייי אין לא |
| 010 | | | Dt32:40 | לשמיא ואמרית חי | וקיים | אנה בממרי לעולם: |
| 011 | | | Gn 3:24 | בה ונטר פקודיה הוי חי | וקיים | כאילן חייא לעלמא דאתי טבא |
| 012 | | | Gn 3:22 | פקודה אית הוה חי | וקיים | כאלן חייא עד לעלמין וכדון |
| 013 | | | Gn27:27 | טורא ברך יתיה חי | וקיים | כל עלמי«א»: |
| 014 | קיימין | p abs | Nu23:19 | ומקיים ופתגמי נבואתה | קיימין | לעלם: |
| 015 | וקיימין | | Dt 5:03 | הכה יומה הדין חיין | וקיימין: | |
| 016 | | | Lv23:21 | ותארעון חיין | וקיימין | הכזמן יומא הדין יום טב |
| 017 | | | Dt 1:10 | יתכון והא אתון סגין | וקיימין | יומא הדין ככוכבי שמיא |
| 018 | | | Dt 4:04 | אלהכון הא אתון חיין | וקיימין | כולכון יומא הדין: |
| 019 | | | Nu24:06 | יהוון ישראל חיין | וקיימין | לעולם יאין ומשבחין |
| 020 | | | Dt 4:10 | כל יומיא דאינון חיין | וקיימין | על ארעא וית בניהון |
| 021 | | | Dt12:01 | יומיא די אתון חיין | וקיימין | על ארעא: |
| 022 | | | Dt31:13 | יומיה די אתון חיין | וקיימין | על ארעא די אתון {חיין |
| 023 | | | Dt31:13 | ארעא די אתון {חיין | וקיימין | על ארעא די אתון} עברין |

## קיים n. covenant [490]

| | | | | | | |
|---|---|---|---|---|---|---|
| 001 | קי' | s ab/cn | Ex34:12M | לכון דלא תקיימון | קי'#2#/ | \עם דיירי/לדייראה#2#/ |
| 002 | קיים | | Gn21:27 | לאבימלך וקיימו תריהון | קיים: | |
| 003 | | | Gn21:31 | ארום תמן קיימו תריהון | קיים: | |
| 004 | | | Ex23:32 | תקימון להון ולטעוותהון | קיים: | |
| 005 | | | Dt17:02M | למעברה בקיימיה/על | קיים#2#/: | |
| 006 | | | Dt 4:31 | מחבל יתכון ולא מנשי ית | קיים | אבהתכון די קיים להון: |
| 007 | | | Lv 2:13 | תמלחון ולא תבטלון מלח | קיים | אלהכון מעילוי מנחתכון על |
| 008 | | | Gn31:44 | וכדון אתא ונקיים | קיים | אנא ואת ויהוי לסימן ביני |
| 009 | | | Gn21:32 | וקיימו | קיים | בבאר שבע וקם אבימלך |
| 010 | | | Nu30:04 | תדר נדר קדם ייי ותקיים | קיים | בביתה דאבוה ברביותה: |
| 011 | | | Dt 5:02 | ייי אלהן קיים עמן | קיים | בטורה דחורב: |
| 012 | | | Gn17:11 | ערלתכו' ויהווי לסימן | קיים | בין ממרי וביניכון: |
| 013 | | | Nu30:05 | ויקומון כל נדרה וכל | קיים | די קיימת על נפשה יקום: |
| 014 | | | Ex30:21M | בניהון ולדריהון | /קיים | דלעלם להון עד לעלם#2#/: |
| 015 | | | Ex28:43M | יסבלון חובין וימותון | קיים | דעלם לה ולזרעיית בנוי |
| 016 | | | Lv23:31 | כל עבידה לא תעבדון | קיים | דעלם לדריכון בכל אתר |
| 017 | | | Lv23:41 | ייי שבעה יומין בכל שנה | קיים | דעלם לדריכון בירחא שביעיה |
| 018 | | | Dt17:19M | שבח אורייתה הדה וית | קיים#2#/ | האיליין למעבד יתהון: |
| 019 | | | Dt 7:09M | "קיימה ... דאורייתה" | קיים | וחסד לרחמוי ולנטרי |
| 020 | | | Dt 7:02 | יתהון לא תקיימון עמהון | קיים | ולא תחוסון עליהון: |
| 021 | | | Ex34:27 | האליין קיימית עמך | קיים | ועם ישראל: |
| 022 | | | Gn15:18 | קיים ייי עם אברם | קיים | למימ' לבניך אתן ית ארעא |
| 023 | | | Ex34:10 | ואמר הא אנה מקיים | קיים | לקבל כל עמך אעבד נסין |
| 024 | | | Nu30:03 | או ישתבע שבועה למקיימה | קיים | לשמא דייי לא יבטל פתגמיה |
| 025 | | | Dt 4:23 | אזדהרו לכון דלא תנשון ית | קיים | מימרה דייי אלהכון די קיים |
| 026 | | | Nu18:19 | ולבנתך עמך לקיים עלם | קיים | מלח עלם הוא קדם <ייי> לך |
| 027 | | | Nu30:11 | דבעלה נדרת או קיימת | קיים | על נפשה בשבועה: |
| 028 | | | Gn 9:16 | בעננא ואחמי יתה למדכרה | קיים | עלם בין מימרא דייי ובין כל |

|  |  |  |  |  |  |
|---|---|---|---|---|---|
| 029 | | Gn 9:16M | \למדכרה קיים /ואדכר | קיים#2#/ | עלם בין מימרא דייי ובין |
| 030 | | Ex12:14 | חגא קדם ייי לדריכון | קיים | עלם תחגון יתיה: |
| 031 | | Ex27:21 | מן רמשא עד צפרא קדם ייי | קיים | עלם לדריהון מן לוות בני |
| 032 | | Ex28:43 | יקבלון חובין דלא ימותון | קיים | עלם להון ולבניהון בתריהון: |
| 033 | | Lv 3:17 | | קיים | עלם לדריכון בכל אתר |
| 034 | | Lv 6:11 | בבנוי דאהרן ייכלון יתה | קיים | עלם לדריכון מן קרבנוי כל |
| 035 | | Lv 6:15 | מן בנוי יקרב יתה | קיים | עלם קדם ייי גמירה תסתדר: |
| 036 | | Lv 7:34 | לאהרן כהנא ולבנוי | קיים | עלם מן לוות בני ישראל: |
| 037 | | Lv 7:36 | מן לוות בני ישראל | קיים | עלם לדריהון: |
| 038 | | Lv10:09 | במשכן זימנא דלא תמותון | קיים | עלם לדריכו׳: |
| 039 | | Lv16:31 | ותצומון ביה ית נפשתכון | קיים | עלם: |
| 040 | | Lv17:07 | די אנון טעיין בתרהון | קיים | עלם תיהווי דא להון |
| 041 | | Lv23:14 | ית קורבנה דאלהכון | קיים | עלם לדריכון בכל אתר |
| 042 | | Lv24:03 | ועד צפרא קדם ייי בתדירה | קיים | עלם לדריכון: |
| 043 | | Lv24:08 | מן לוות בני ישראל | קיים | עלם: |
| 044 | | Nu15:15 | לכון ולגיוריה דמתגיירין | קיים | עלם לדריכון כוותכון גיורה |
| 045 | | Nu18:23 | יקבלון ית חוביהון | קיים | עלם לדריהון ובגו בני |
| 046 | | Ex34:12 | אזדהר לך דלא תקיים | קיים | עם דיירי ארעא די אתון עלין |
| 047 | | Ex34:15 | לא תקיימון | קיים | עם דיירי ארעא ויטעון בתר |
| 048 | | Gn26:28 | בינינן ובינך ונקיים | קיים | עמך: |
| 049 | קים | Gn 9:13 | בעננא ותהי לסימן | קים | בין ממרי ובין ארעא: |
| 050 | | Lv23:21 | עבידה דפלחן לא תעבדון | קים | דלעלם בכל אתר בית מדוריכון |
| 051 | | Nu25:13 | ליה ולזרעית מן בתריה | קים | כהנא לעלם חלף דקני לשמה |
| 052 | לקיים | Lv 7:34M | ולבנוי \קיים עלם | /לקיים | דע׳#2#/ מן לוות בני |
| 053 | | Ex29:09M | לקיים עלם /שימוש | לקיים | דעלם#2#/ ותשלם קרבן ידוי |
| 054 | | Nu27:11 | ותיהווי לבני ישראל | לקיים | דרין היך מה די פקד ייי ית |
| 055 | | Nu35:29 | ויהוון אילין לכון | לקיים | דרין לדריכון בכל אתר |
| 056 | | Ex12:24 | ותיטרון ית פתגמא הדין | לקיים | לכון ולבניכון עד לעלם: |
| 057 | | Gn47:26M | ושוי יתה יוסף | לסימן/לקיים#2#/ | עד יומא הדין על |
| 058 | | Nu19:10 | דמתגיירין ביניכון | לקיים | עולם: |
| 059 | | Gn17:07 | בניך מן בתרך לדריהון | לקיים | עלם למהווי במימרי לך לאלה |
| 060 | | Gn17:13 | ויהוי קיימי בבשרכון | לקיים | עלם: |
| 061 | | Gn17:19 | ואקים ית קיימי עמה | לקיים | עלם ולבנוהי מן בתרה: |
| 062 | | Ex12:17 | ית יומא הדין לדריכון | לקיים | עלם: |
| 063 | | Ex29:09 | להון <....> כהונתה | לקיים | עלם ותשלם קרבן ידוי |
| 064 | | Ex29:28 | ויהוי לאהרן ולבנוי | לקיים | עלם מן לוות בני ישראל |
| 065 | | Ex30:21 | ולא ימותון ותהוי להון | לקיים | עלם להון ולזרעיי«ת» |
| 066 | | Ex31:16 | ית יום שבתא לדריהון | לקיים | עלם: |
| 067 | | Lv10:15 | ויהוי לך ולבניך עמך | לקיים | עלם היך מה דפקד ייי: |
| 068 | | Lv16:29 | ותהי לכון | לקיים | עלם בירחה שביעיה בעשרה |
| 069 | | Lv24:09 | הוא לה מן קרבנוי דייי | לקיים | עלם: |
| 070 | | Nu18:08 | לך יהבית לרבו ולבנך | לקיים | עלם: |
| 071 | | Nu18:11 | ולבנך ולבנתך עמך | לקיים | עלם כל דדכי באינשי ביתך |
| 072 | | Nu18:19 | לך ולבניך ולבנתך עמך | לקיים | עלם קיים מלח עלם הוא קדם |
| 073 | | Nu19:21 | ותיהוי להון | לקיים | עלם ומן דמדי מי אדיה |
| 074 | לקים | Lv16:34 | ותיהוי דא לכון | לקים | עלם למכפר׳ על בני ישראל |
| 075 | | Nu10:08 | בחצוצרת׳ ויהויין לכון | לקים | עלם לדריכון: |
| 076 | קיימ׳ s em/sf | Gn 9:12 | ואמר ייי דין סימן | קיימ׳ | די אנה משוי בין ממרי |
| 077 | | Ex20:02M | ומתחקק על תרין לוחי | קיימ׳ | ואמר עמי בני ישראל |
| 078 | קיימא | Gn14:13 | דענר ואנון הוון מרי | קיימא | דאברם: |
| 079 | | Gn31:13 | בבית אל די רבית תמן | קיימא | די נדרת לי תמן נדר כדון |
| 080 | | Ex 2:24 | ייי ברחמוי טבייא ית | קיימא | די קיים עם אברה«ם» עׄם |
| 081 | | Nu14:44 | למסוק לריש טורא וארון | קיימא | דייי ומשה לא זעו מן |
| 082 | | Dt 1:01 | די עבדתון לשמיה וארון | קיימא | דייי די אעלתון בגווה |
| 083 | | Dt31:09M | דטענין ית ארון | דקיימייה/קיימא#2#/ | דייי וית חכימייה |
| 084 | | Ex24:08 | על עמא ואמר הא אדם | קיימא | דקיים ייי עמכון ית כל |
| 085 | | Ex20:02 | ומתחקק על תרין לוחי | קיימא | ואמר עמא בני <ישראל> |
| 086 | | Ex20:03 | ומתחקק על תרין לוחי | קיימא | ואמר עמי בני <ישראל> |
| 087 | | Ex18:20 | ותזהר יתהון ית | קיימא | וית גזירת אורייתא ותודע |
| 088 | | Ex20:02 | וחזר ומתחקק על לוחי | קיימא | וכל ישראל חזיין יתיה בכן |
| 089 | | Ex20:03 | וחזר ומתחקק על לוחי | קיימא | וכל ישראל חזיין יתיה וכן |
| 090 | | Ex24:07 | ונסב ספר | קיימא | וקרא כשמעון דעמא ואמרין |
| 091 | | Ex34:28 | וכתב על לווחי ית מילי | קיימא | עשירתי דביריה: |
| 092 | קיימה | Dt 9:11 | תרין לוחי אבנייה לווחי | קיימה: | |
| 093 | | Lv26:45 | ואדכר להון | קיימה | די קיימת עם קדמי ודי אפקת |
| 094 | | Nu30:12 | ויקומון כל נדרה וכל | קיימה | די קיימת על נפשה יקום: |
| 095 | | Dt 1:01 | יתכון אלולי דאדכר לכון | קיימה | די קיים עם אבהתכון עם |
| 096 | | Dt 4:13 | ותני לכון ית | קיימה | די פקד יתכון למעבד עשרתי |
| 097 | | Dt 9:09 | לווחי אבנייה לווחי | קיימה | די קיים ייי עמכון ושרית |
| 098 | | Dt16:22 | ולא תקימון לכון | קיימה | די סני ורחיק קדם ייי |
| 099 | | Dt28:69 | בארעה דמואב בר מן | קיימה | די קיים עמהון בטורה |
| 100 | | Dt 4:23M | ית \קיים מימרה | דייי/קיימה | דייי#2#/ אלהכון די |
| 101 | | Dt10:08 | דלוי למסבול ית ארון | קיימה | דייי למקום קדם ייי למשמשה |
| 102 | | Dt29:24 | וייאמרון על די שבקו ית | קיימה | דייי אלה אבהת{כ}הון די |
| 103 | | Dt31:25 | ית ליוויי טעני ארון | קיימה | דייי למימר: |
| 104 | | Dt31:26 | ותשוון יתה מן סטר ארון | קיימה | דייי אלהכון ויהוי תמן |
| 105 | | Dt29:20 | דישראל ככל לווטיה | קיימה | דכתיבין בספר אורייתה |
| 106 | | Dt32:27 | תקף ואילולי דאדכר להון | קיימה | דקיימת לאבהתהון אברהם |
| 107 | | Dt29:08 | ותיטרון ית מילי | קיימה | הדה ותעבדון יתהון מן בגלל |
| 108 | | Ex13:10M | "קיימיה ... יומין": | קיימה | הדין בזימנא למיהון עבדין |
| 109 | | Dt 5:03 | לא עם אבהתן קיים ייי ית | קיימה | הדין ארום אלהן עמן הא אנן |
| 110 | | Dt29:13 | אנה כען מקיים ית | קיימה | הדין וית שבועתה הדה: |
| 111 | | Gn24:09 | ושווי עבדה ית ידה תחות | קיימה | {ו}<ד>אברה׳ רבוניה ואשבע |
| 112 | | Dt 7:09 | הוא אלה אלה היימנה נטר | קיימה | וחסדה לרחמוי צדיקייה |
| 113 | | Dt 5:06 | ומ{חת}<תח>קק על לוחי | קיימה | וכן הוה צוח ואמר עמי בני |
| 114 | | Dt 5:07 | וחזר ומתחקק על לווחי | קיימה | וכן הוה צווח ואמר עמי בני |
| 115 | | Dt 9:15 | בער באשתה ותרין לוחי | קיימה | יהיבין על תרתין ידיי: |
| 116 | | Dt16:22M | תקים לך | קיימה | כל אילן סמיך למדבחה דייי |
| 117 | | Ex40:20M | בבית אולפנה הנון לוחי | קיימה | לוחי סהדותה בארונה |
| 118 | קיימי | Ex 6:05 | בהון ואדכרית ברחמין ית | קיימי: | |
| 119 | | Dt31:20 | וישבקו יתי ויפסון ית | קיימי: | |
| 120 | | Gn17:14 | נפשא ההיא מן גו עמה ית | קיימי | אפס: |
| 121 | | Gn17:21 | וית | קיימי | אקים עם יצחק די תלד לך |
| 122 | | Gn17:13 | וזביני כספכון ויהוי | קיימי | בבשרכון לקיים עלם: |
| 123 | | Gn 9:15 | ואדכר ית | קיימי | בין ממרי וביניכון ובין כל |
| 124 | | Gn17:02 | ואשוי | קיימי | ביני ובינך ואתוקף |
| 125 | | Gn17:07 | ואקיים ית | קיימי | ביני ובינך ובין בניך |
| 126 | | Lv18:04 | סדרי דינייי תעבדון וית | קיימי | דאורייתי תטרון למהלכה |
| 127 | | Nu 9:12M | לא יבטלון מניה ככל | קיימי | דפס׳#2#/ יעבדון |
| 128 | | Dt31:16 | ושבקין יתיה ומפסין ית | קיימי | דקיימת עמהון: |
| 129 | | Ex19:05 | בקל ממרי ותטרון ית | קיימי | ותהוון לשמי לעם חביבין |
| 130 | | Gn47:29 | באפיך שוי כען ידך תחות | קיימי | ותעבד עמי חסד וטבו לא כען |
| 131 | | Gn17:19 | ית שמו יצחק ואקים ית | קיימי | עמה לקיים עלם ולבנוהי |
| 132 | | Gn 6:18 | ואקיים ית | קיימי | עמך ותיעול לתיבותה את |
| 133 | | Gn17:04 | אנה הא | קיימי | עמך ותהוי לקהל כנשת אומין |
| 134 | | Gn 9:09 | ואנ׳ הא אנא מקיים ית | קיימי | עמכון ועם בניכון בתריכון: |
| 135 | | Gn 9:11 | ואקים ית | קיימי | עמכון ולא ישתצי כל בשרא |
| 136 | | Lv26:09 | ואסגי יתכון ואקים ית | קיימי | עמכון: |

137 Nu25:12 אמר הא אנה יהב לה ית קיימי שלם:
138 Gn17:09 ואמר ייי לאברהם ואת ית קיימי תטר את ובניך
139 קיימה Ex 2:24M ברחמוי טבייא ית קיימא/קיימיה#2/ די קיים/קים#2/ עם
140 Dt 8:18 מן בגלל למקיימה ית קיימיה די קיים לאבהתכון כיומא
141 קיימיי Lv26:15 כל פיקודי במפסכון ית קיימיי:
142 קימא Gn 9:17 ואמר ייי לנח דן סימן קימא די קיימית בין ממרי ובין כל
143 קימה Lv19:19 ית קימה <ד>א{ד}ורייתי תטרון בערכון
144 קימי Gn17:10 דא קימי די תטרון ביני וביניכו'
145 Ex 6:04 ולחוד קיימת ית קימי עמי עמהון למתן להון ית
146 בקיימה Dt29:11 למעברכון בקיימה דייי אלהכון ובשבועתה דייי
147 בקיימיה Dt17:02 ייי אלהכון למעברה בקיימיה:
148 בקימה Lv26:03 אן בקימה דאורייתי תהלכון וית
149 דקיים Dt10:01M ותעביד לך ארון דקיים/דקים#2/:
150 דקיימה Dt28:69 אילין מילין דקיימה די פקד ייי ית משה
151 דקים Dt10:01 לטורא ותעביד לך ארון דקים:
152 וקיימא Ex24:12 לווחי אבניא ואורייתא וקיימא די כתבית למלפא יתהון:
153 וקיימה Nu30:05 וישמע אבוה ית נדרה וקיימה די קיים' על נפשה וישתוק
154 Nu30:06 ביומא דשמע כל נדרה וקיימה די קיימת על נפשה לא יקום
155 Dt 5:31M /פיקודייה#2/ וקיימיה/<וקיי>מה#2/ וסדרי דינייה די
156 כקיימה Nu 9:14M פסחה קדם ייי כקיימוי/כקיימה#2/ דפסח וכסדרי דינוי
157 p abs קיימין Ex15:25 מיא תמן שוי ליה קיימין וסדרי דינין ותמן נסי
158 Dt 4:05 חמון דהא אלפית יתכון קיימין וסדרי דינין היך מה די פקד
159 Dt 4:08 אומה ומלכו דאית לה קיימין וסדרי דינין זכיין ככל
160 Dt 4:14 בשעתה ההיא למלפה יתכון קיימין וסדרי דינין די תעבדון
161 Ex24:04 דטורא ותרתי עשרי קיימין לתרין עשרתי שבטייה דבני
162 p const קימי Lv19:19M ית קימה/<קי>מי#2/ <ד>א{ד}ורייתי תטרון
163 בקיימי Lv20:23M /תהכון#2/ בנימוס/בקיימי#2/ אומייה די אנה משלח
164 Lv26:03M אן \בקימה דאורייתי /בקיימי אור"#2/ תהלכון וית
165 Lv26:15 ואן בקיימי דאורייתי תעיקון ואן סדרי
166 p em/sf קיימוי Dt10:13 ית מצוותה דייי וית קיימוי די אנה מפקד יתכון יומא
167 Dt27:10 ותעבדון ית מצוותה וית קיימוי דיאנה מפקד יתכון יומא
168 Ex18:16 חבריה ואודע יתהון ית קיימוי דייי וית גזרת אורייתא:
169 Nu 9:12 וגרם לא יתברון ביה ככל קיימוי דפסחה {יעבד«ו»ן}
170 Dt 4:40 ותטרון ית קיימוי וית מצוותה דאורייתה די
171 Nu 9:03 תעבדון יתיה בזמניה ככל קיימוי וככל סידרי דינוי תעבדון
172 Dt26:17 דתקנן קדמוי ולמטור קיימוי ומצוותיה וסדרי ד«י»נוי
173 Dt 6:02 אלהכון ולמיטור ית כל קיימוי ומצוותה דאורייתה די אנה
174 Dt28:45M \מיצוותיה וקיימוי /קיימוי ופיקודוי{י}#2/ די פקד
175 Ex15:26 למצוות ותטרון כל קיימוי כל מכתשיה בישיה דאייתת
176 קיימי Lv18:05 ותטרון ית קיימי וית סדרי די{י}ני די יעבד
177 Lv18:26 ותטרון אתון ית קיימי וית סדרי דיניי ולא תעבדון
178 Lv20:22 ותטרון ית כל קיימי וית כל סדרי דיניי ותעבדון
179 Lv25:18 ותעבדון ית קיימי וית סדרי דיניי תטרון
180 Lv26:46 אלין קיימי וסדרי דינייה וגזירת
181 קיימיה Ex13:10 ותטרון ית קיימיה דאורייתא הדה בזימנא מן
182 Nu 5:30 ויעבד לה כהנה ית כל קיימיה דאוריתה האלין:
183 Lv10:11 ית כל בני ישראל ית כל קיימיה די מלל ייי עמהון על ידוי
184 Nu30:17 אלין קיימיה די פקד ייי ית משה בין
185 Dt 6:24 יתן ייי למעבד ית כל קיימיה האליין למדחול מן קדם ייי
186 Dt16:12 ותטרון ותעבדון ית קיימיה האיליין:
187 Dt17:19 כל פתגמיה האיליין וית קיימיה האיליין למעבד יתהון:
188 Dt26:16 מפקד יתכון למעבד ית קיימיה האיליין וית סדרי דיניה
189 Dt 6:25M נטרין אנן למעבד ית כל קיימיה האיליין
190 Dt 4:06 אומייה די ישמעון ית כל קיימיה האליין ויימרון לחוד עם
191 Dt 5:01 להון שמעו ישראל ית קיימיה וית סדרי דינייה די אנה
192 Dt11:32 ותטרון למיעבד ית כל קיימיה וית סדרי דינייה די אנה
193 Dt12:01 אלין קיימיה וסדרי דינייה די תטרון
194 קיימיי Lv19:37 ותטרון ית כל קיימיי וית כל סדרי דיניי ותעבדון
195 Lv26:25 מנכון על די פרעתון ית קיימיי ותתכ«נ»שון לקרויכון
196 קיימייה Dt 7:11 ותיטרון מצוותה וית קיימייה וית סדרי דינייה די אנה
197 Dt 7:12 ייי אלהכון לכון ית קיימייה וית חסדייה די קיים
198 Dt11:32M למיעבד ית כל קיימיה/קיימייה#2/ וית סדרי דינייה די
199 Lv26:46M אלין קיימי/קיימייה#2/ וסדרי דינייה
200 קימי Lv20:08 ותטרון ית קימי ותעבדון יתהון אנה ייי
201 בקיימיהון Lv18:03M לא תעבדון ובנימוסיהון/בקיימיהון#2/ לא תהלכון:
202 דקיימייה Dt31:09 דלוי דטענין ית ארון דקיימייה דייי וית חכימייה
203 וקיימוי Dt 6:17 דייי אלהכון וסהדותיה וקיימוי די פקד יתכון:
204 Dt 8:11 מצוותה וסדרי דינוי וקיימוי די אנה מפקד יתכון יומא
205 Dt28:15 למיעבד ית כל מצוותה וקיימוי די אנה מפקד יתכון יומא
206 Dt28:45 למיטור מיצוותיה וקיימוי די פקד יתכון:
207 Dt30:10 אלהכון למיטור מצוותה וקיימוי דכתיב בספר אורייתה הדה
208 Dt11:01 ותטר{ת}ון מטרתיה וקיימוי וסדרי דינוי ומצוותה כל
209 Dt30:16 קדמוי ולמטור מצוותה וקיימוי וסדרי דינוי ותיחון
210 וקיימי Gn26:05 ונטר מטרתי מצותי וקיימי וסדרי דייני:
211 וקיימיה Dt 5:31 עמך ית כל מצוותה וקיימיה וסדרי דינייה די תליף
212 Dt 6:01 ודא מצוותה וקיימיה וסדרי דינייה די פקד ייי
213 Dt 6:20 למימר מה סהדוותה וקיימיה וסדרי דינייה די פקד ייי
214 Dt 4:45 אלין סהדוותה וקיימיה וסדרי{ה} דינייה די מלל
215 כקיימוי Nu 9:14 ויעבד פסחה קדם ייי כקיימוי דפסח וכסדרי דינוי כדן
216 לקיימיה Dt 4:01 וכדון ישראל שמעו לקיימיה ולסדר דינ{נ}<י>יה די אנה

See also: קיימה *n.*

## קיים ⇐ *prep.* קומי

## [490] monument *n.* קיימה

001 s ab/cn קיימא Gn31:45 ונסב יעקב אבן ואקם יתה קיימא:
002 Gn35:14 <....> קיימא דאבן ונסך עלה נסוכין
003 Gn28:10 חדא היא אבנא דאקים קיימא ואריק משח על ראשה וניסא
004 Gn28:18 שוי אסדי ראשה ושוי יתה קיימא ואריק משח על ראשה:
005 Gn28:22 ואבנא הדא דישוית קיימא יהווי בית מקדשיא לשמה
006 Gn35:20 ואקם יעקב קיימא על קבורת' היא קיימת
007 קיימת Gn35:20 קיימא על קבורת' היא קיימת קבורתא דרחל עד זמן יומא
008 וקיימה Lv26:01 לכון טעוון {{וצלם}} וקיימה לא תקימון לכון ואבן דמתכה
009 s em/sf קיים' Dt23:26M ומגל לא תשווי על קיים'#2/ דחברך:
010 קיימת' Ex22:05M ותיכל גדישין או קמתא/קיימת'#2/ או חקלא משלמא ישלם
011 קיימתא Gn31:51 הא איגרא הדין והא קיימתא הדא די אקימית ביני ובינך:
012 Gn31:52 איגרא הדין <....> וית קיימתא הדא למבאשא:
013 Gn31:52 סהד אגרא הדין וסהדא היא קיימתא הדה אן אנא לא אעבור
014 קיימתה Dt23:26 ומגל דחצד לא תעבר על קיימתה דחברך:
015 בקיימתיה Dt23:26 ארום תיעול {ב}<כ>אריס בקיימתיה דחברך ותקטוף פירוכין
016 p em/sf קיימתהון Ex23:24 ומתברא תתברון ית קיימתהון:
017 Dt12:03 מדבחיהון ותתברון ית קיימתהון וטעותהון תוקדון בנורא
018 Ex34:13 תפגרון וית קיימתהו«ן» תתברון וית אשרתהון
019 קיימתכון Lv26:30M /ואפקר ית פגריכון קיימתכון#2/ ואשיצי ית טעוותכון
020 וקיימתהון Dt 7:05 מדבחיהון תסתרון וקיימתהון תתברון ואשרתהון תקצצון

## קינה *n.* dirge [491]

|  |  |  |  |  |
|---|---|---|---|---|
| 001 | קיניין | p abs | Gn 4:22 | קין הות נעמה בדיה קיניין וזמרין: |
| 002 | קינין | | Gn 4:22M | /היא הות בידייה קינין#2#/ וזמרין: |

## קיס *n.* wood [491]

|  |  |  |  |  |
|---|---|---|---|---|
| 001 | קיס | s ab/cn | Nu19:06 | ויסב כהנא קיס דארז ואזוב וצבע זהורי טבה |
| 002 | בקיס | | Nu35:18 | או בקי{מ}<ס> מלא ידה די ימות בה מחה |
| 003 | דקייס | | Lv11:32 | יסתאב מן כל {מה} <מן> דקייס או לבוש או משך או סק כל |
| 004 | דקיס | | Dt28:36 | אוחרניין טעוון דקי{ם}<ס> וטעוון דאבן: |
| 005 | | | Dt28:64 | אתון ואבהתכון טעוון דקיס וטעוון דאבן: |
| 006 | | | Dt29:16M | וית מרחקתהון טעוון דקיס וטעוון דאבן טעוון דכסף |
| 007 | | | Dt 4:28 | עובד ידי בר נש טעוון דקיס טעוון דאבן די לא חזיין ולא |
| 008 | | | Lv15:12 | ביה דיבה יתבר וכל מן דקיס יתמרק וישתטף במיא: |
| 009 | | | Nu31:20 | וכל עבד דמעזי וכל מן דקיס תדכון: |
| 010 | וקייס | | Lv14:04 | צפירין חיין דכיין וקייס דארז וצבע דזיהורי טבא |
| 011 | וקיס | | Lv14:49 | ית ביתה תרתין צפרין וקיס דארז וצבע דזהורי טבה |
| 012 | קייסה | s em/sf | Ex31:05M | דאשלמותה ובנגרות קייסה למיעבד כל עבידה |
| 013 | קיסא | | Dt19:05 | י{ת} דיה בסיקורא למיקוץ קיסא וישמט פרזלא מן קיסה ויארע |
| 014 | | | Ex31:05 | טבתא לאשלמתא ובנגרות קיסא למעבד בכל עבידא: |
| 015 | קיסה | | Dt21:22 | ויתקטל ותצלבון יתיה על קיסה: |
| 016 | | | Dt21:23 | לא תבית נבלתיה על קיסה ארום מקבר תקברון יתיה |
| 017 | | | Lv14:06 | צפרה חייתה יסב יתה וית קיסה דארזא וית צבע זהוריתה טבתה |
| 018 | | | Lv14:51 | ויסב ית קיסה דארזה וית אזוב וית צבע |
| 019 | | | Gn40:19M | ויצלב יתך על צליבה/קיסה#2#/ ויאכל עופא ית בשרך |
| 020 | | | Dt19:05 | קיסא וישמט פרזלא מן קיסה ויארע ית חבריה ויקטל יתיה |
| 021 | | | Ex35:33 | טבתה לאשלמותה ובנגרות קיסה למעבד בכל עבידת באומנות: |
| 022 | דקיסה | | Dt29:16M | טעוון דדהב טעוותה דקיסה ודאבנה הוון מטלקין יתהון |
| 023 | | | Dt29:16 | טעוותהון וית טעוותה דקיסה ודאבנייה <....> יהיבן |
| 024 | וב' | | Lv14:52M | /ובצפרתה דבחיין וב'#2#/ דארזא ובאזובא ובצבע |
| 025 | ובקיסה | | Lv14:52 | דמבועא ובצפרה חייתה ובקיסה דארזא ובאזובא ובצבע |
| 026 | קיסין | p abs | Nu15:32 | במדברה ואשכחו גבר מגבב קיסין ביומא דשבתה: |
| 027 | | | Lv 6:05 | תטפי ויוקד עליה כהנא קיסין בכל צפר צפר ויסדר עליה |
| 028 | | | Dt19:05 | ב{ק}<ח>ורשא למקטב קיסין ו{יז}<ת>דחף י{ת} דיה |
| 029 | | | Dt19:05M | וישמט פרזלא /למיקטוע קיסין וישמוט ברוזלה#2#/ מן |
| 030 | | | Nu15:33 | מן דאשכחו יתיה מגבב קיסין לוות משה ולוות אהרן |
| 031 | | | Gn22:03 | וית יצחק בריה ופצע קיסין לעלה וקם ואזל לאתרא די |
| 032 | | | Lv 1:07 | על גבי מדבחא ויסדרון קיסין על אשתא: |
| 033 | דקסין | | Gn 6:14M | עבד לך תבו אעין דקדרינ«י»/דקסין קדרו#2#/ |
| 034 | וקיסי | | Ex14:25 | נגדין בגלג«לי» וקיסי חזרו למהוי נגדין כמולותיה |
| 035 | קיסוי | p em/sf | Lv14:45 | ית ביתה ית אבנא וית קיסוי וית כל עפרא דבייתה ויפק |
| 036 | קיסי' | | Lv 4:12 | קיטמא ויוקד יתיה על קיסי' באשתא בתר בית שפיכות קטמא |
| 037 | קיסיא | | Gn22:06 | ונסב אברהם ית קיסיא דעלתא ושוי על יצחק בריה |
| 038 | קיסיה | | Lv 1:08 | ית ראשה וית גופה על קיסיה די על אשתה די על גבי |
| 039 | | | Lv 1:12 | ויסדר כהנא יתהון על קיסיה די על אשתה די על גבי |
| 040 | | | Lv 1:17 | יתיה על גבי מדבחה על קיסיה די על אשתה עלה הוא קרבן |
| 041 | | | Lv 3:05 | מדבחא על עלתה די על קיסיה די על אשתה קרבן מתקבל |
| 042 | קיסייא | | Gn22:09 | מדבחא לעיל מן קיסייא: |
| 043 | | | Gn22:09 | ית מדבחא וסדר ית קיסייא ועקד ית יצחק ברה ושוי |
| 044 | קיסיכון | | Dt29:10 | משירייתכון מן קצוצי קיסיכון ועד מליי מייכון: |
| 045 | קסייא | | Gn22:09M | מן קיסייא /מעילווי קסייא#2#/: |
| 046 | בקיסיא | | Ex 7:19 | אדמה בכל ארעא דמצרים בקיסיא ובאבניא: |
| 047 | וקיסייא | | Gn22:07 | ברי ואמר הא אשתא וקיסייא ואן הוא אמרה לעלת«ה»: |
| 048 | ובסיקיא | | Ex 7:19M | דמצרים בקיסיא/ובסיקיא#2#/ ובאבניא: |

## קיפוף *n.* large owl [491]

|  |  |  |  |  |
|---|---|---|---|---|
| 001 | קיפופה | s em/sf | Lv11:17 | וית שלוי נוניה וית קיפופה: |
| 002 | קפופה | | Dt14:16 | וית צידה וית קפופה ואותייה: |
| 003 | קפיפה | | Lv11:17M | שלוי נוניה וית קיפופה/קפיפה#2#/: |

## קיריס *n.* the Lord [492]

|  |  |  |  |  |
|---|---|---|---|---|
| 001 | דקיריס | s ab/cn | Dt32:01 | עלמא ולא אסהדית בבנוי דקיריס אין מסהד אנה בהון קדם |

## קישואין *n.* cucumbers [492]

|  |  |  |  |  |
|---|---|---|---|---|
| 001 | קישואם | p abs | Nu11:05M | מגן ית \קישואיה/^<קישו>אם#2#^/ וית בטיחיה |
| 002 | קישואיה | p em/sf | Nu11:05 | אכלין במצרים מגן ית קישואיה וית בטיחיה וית כרתיה וית |

## קל *n.* voice [492]

|  |  |  |  |  |
|---|---|---|---|---|
| 001 | קול | s ab/cn | Dt 4:12 | עמכון מן גו להבי אשתה קול דבירי אתון שמעין ודמו לית |
| 002 | קל | | Ex32:18 | ואמר לא קל גברין דנצחין בקרבא אנה שמע |
| 003 | | | Nu 7:89 | לממללה עמיה הוא שמע ית קל דבירה ממלל עמיה מעלוי כפורת |
| 004 | | | Ex24:03 | סדרי דינא וענון כל עמא קל חד ואמרין כל פתגמיא די מליל |
| 005 | | | Ex32:18 | דנצחין בקרבא אנה שמע ולא קל חלשין דמתנצחין בקרבא אנה |
| 006 | | | Dt 5:24 | די יקריה וית תוקפיה וית קל מימרה שמעינן מן גו להבי |
| 007 | | | Dt 5:25 | אין מוספין אנן למשמע ית קל מימרה דייי אלהן תוב ומייתין |
| 008 | | | Dt 5:26 | היידין כל בשרא די שמע ית קל מימרה דאלה חייה ממלל מן גו |
| 009 | | | Dt 4:36 | מן שמיא אשמע יתכון ית קל מימריה למרדי יתכון ועל ארעא |
| 010 | | | Dt 5:28 | לי אמר משה שמעית ית קל מליהון דעמא האליין די מלילו |
| 011 | | | Dt 1:34 | ושמע ייי ית קל מליכון ותקף רוגזיה ואמר |
| 012 | | | Dt 5:28 | ושמע מימרה דייי ית קל מליכון בזמנה דמללתון עמי |
| 013 | | | Gn 3:08 | ושמעו ית קל ממרה דייי אלהים מהלך בגו' |
| 014 | | | Dt 5:23 | והווה כד שמעתון ית קל ממרה מן גו חשוכה וטורה בעיר |
| 015 | | | Dt10:10 | וארבעין לילוון ושמע קל ממרה דייי בקל צלותי אמר |
| 016 | | | Dt18:16 | למימר לא אוסף למשמע ית קל ממרה דייי אלהן וית אשתה |
| 017 | | | Dt 4:12 | לית אתון חמיין ארום אלהן קל ממריה: |
| 018 | | | Gn 3:10 | ואמר ית קל ממרך שמעת בגנתה ודחלית ארום |
| 019 | | | Ex32:18 | דמתנצחין בקרבא אנה שמע קל מקלסין בפלחנא נכריה אנה שמע |
| 020 | | | Ex32:18 | בפלחנא נכריה אנה שמע קל מקלסין: |
| 021 | | | Ex32:17 | דעמא בייכין ואמר למשה קל סדרי קרבא במשריתא: |
| 022 | | | Lv26:36 | בארע בעלי דבביכון וירדוף קל עליה דשף עם חבר ונתר |
| 023 | | | Gn30:22 | טביא ית רחל ושמע ייי ית קל צלותה דרחל ואמר במימריה |
| 024 | | | Gn38:25 | שמך קדישא ומיד שמע ייי קל צלותה ואמר למיכאל חות הב |
| 025 | | | Ex22:22 | יצווח עליך קדמי ואשמע ית קל צלותה ארום חנן ורחמן אנה: |
| 026 | | | Ex22:26 | יצווח עלך קדמי ואשמע ית קל צלותיה ארום חנן ורחמן אנה: |
| 027 | | | Dt26:07 | אלה אבהתן ושמיע קדם ייי קל צלותן וגלי קדמוי ית צערן |
| 028 | | | Dt 5:22 | להבי <אשתה> עננה וערפלה קל רב ולא פסיק וכתב יתהון על |
| 029 | | | Lv 5:01 | ונפש ארום תחטא ותשמע קל שבועה דחרוף והוא שהד או די |
| 030 | | | Dt27:14 | לכל עמה בני ישראל קל תלי: |
| 031 | | | Dt 4:12M | מן גו להבי אשתה קול/קל#2#/ דבירי/דבירין#2#/ אתון |
| 032 | בק' | | Dt26:07M | ושמיע קדם ייי קל/בק'#2#/ צלותן וגלי קדמוי ית |
| 033 | בקול | | Ex19:19 | לחדא משה הוה ממלל בקול נעים ומן קדם ייי הוה מתענה |
| 034 | בקל | | Ex19:19 | ייי הוה מתענה ליה בקל: |
| 035 | | | Dt 8:20M | חולף די לא שמעתון בקל |
| 036 | | | Dt 1:45 | קדם ייי ולא שמע ייי בקל בכותכון ולא אצית למליכון: |
| 037 | | | Dt 9:23 | דייי קדישה ולא שמעתון בקל מימרה: |
| 038 | | | Dt28:01 | ויהווי אין משמע תשמעון בקל מימרה דייי אלהכון למיטר |
| 039 | | | Dt28:45 | ארום לא שמעתון בקל מימרה דייי אלהכון למיטור |
| 040 | | | Dt30:20 | דייי אלהכון ולמשמע בקל מימרה ולמדבקה ביה ארום היא |

|  |  |  |  |
|---|---|---|---|
| 041 | | Gn26:05 | חלף די שמע אברהם בקל מ״#2#^מרי ונטר מטרתי |
| 042 | | Nu14:22M | זמנין ולא שמעו בקלי/בקל מימרי#2#/: |
| 043 | | Dt 4:30 | קדם ייי אלהכון ותשמעון בקל מימריה דייי: |
| 044 | | Dt 4:33 | אומה ומלכו די שמעו בקל מימריה דאלה חייה ממלל |
| 045 | | Dt26:14 | על נפש דמית שמענן בקל מימריה דייי אלה{כון}<נן> |
| 046 | | Dt26:17 | וסדרי ד«י»נוי ולמשמע בקל מימריה: |
| 047 | | Dt26:17M | דינוי ול<מ>שמוע בקל#2#/ מימריה: |
| 048 | | Dt27:10 | ותשמעון בקל מימריה דייי אלהכון ותעבדון |
| 049 | | Dt28:02 | יתכון ארום תשמעון בקל מימריה דייי אלהכון: |
| 050 | | Dt28:15 | ויהוי אין לא תשמעון בקל מימריה דייי אלהכון למיטור |
| 051 | | Dt30:02 | דייי אלהכון ותשמעון בקל מימריה ככל מה די אנה כען |
| 052 | | Dt30:08 | ואתון תחזרון ותשמעון בקל מימריה דייי אלהכון ותעבדון |
| 053 | | Dt 8:20 | חלף אין לא תשמעון בקל ממרה דייי אלהכון: |
| 054 | | Dt13:19 | ארום תשמעון בקל ממרה דייי אלהכון למיטר ית |
| 055 | | Dt15:05 | לחוד אין משמע תשמעון בקל ממרה דייי אלהכון למטור |
| 056 | | Dt28:62 | לסוגי ארום לא שמעתון בקל ממרה דייי אלהכון: |
| 057 | | Dt30:10 | ארום תשמעון בקל ממרה דייי אלהכון למיטור |
| 058 | | Ex23:21M | ושמעו \בקלי לא תסרבון בקל/ ממרי׳ לא תסרבון#2#/ על |
| 059 | | Ex19:05 | {אם} אין משמע תשמעון בקל ממרי ותטרון ית קיימי |
| 060 | | Ex23:22 | ארון אן משמע תשמעון בקל ממרי ותעבד כל מה די ימלל |
| 061 | | Gn22:18 | חלף די שמעת בקל ממריה: |
| 062 | | Ex15:26 | ואמר איו משמע תשמע׳ בקל ממריה דייי אלהכון ודשפיר |
| 063 | | Ex22:22M | יצווח קדמוי משמע אשמע בקל צלותא ארום אלה חנן |
| 064 | | Gn30:17 | ושמע ייי בקל צלותה דלאה ועב{רי}<יר>ת |
| 065 | | Dt33:07 | ואמר שמע מימריה בקל צלותה דיהודה ולוות עמיה |
| 066 | | Gn22:14 | דיצחק אבוהון ושמע בקל צלותהון ועני יתהון ומשיזב |
| 067 | | Nu21:03 | ושמע ייי בקל צלותהון דישראל ומסר |
| 068 | | Gn25:21M | /ושמע ממרי׳ דייי בקל צלו<ת>י ועב#2#/ רבקה |
| 069 | | Dt 3:26 | בי מן בגללכון ולא שמע בקל צלותי ואמר ייי לי אמר משה |
| 070 | | Dt 9:19 | לשיצי יתכון ושמע ייי בקל צלותי אמר משה לחוד בזמנה |
| 071 | | Dt10:10 | ושמע קל ממרה דייי בקל צלותי אמר משה לחוד בזמנה |
| 072 | | Gn21:17 | לא תדחלין ארום שמע ייי בקל צלותיה דטליא באתרא דהוא |
| 073 | | Ex22:26M | יצוח קדמוי משמע אשמע בקל צלותיה ארום אלה חנן |
| 074 | | Dt 4:30M | דייי \ותשמע בקל צלותכון#2#/: |
| 075 | | Lv22:27 | עני יתן בהדה שעתה ושמע בקל צלותן ואדכר לן עקידתיה |
| 076 | | Nu20:16 | וצלינן קדם ייי ושמע בקל צלותן ושלח <מלאכה> דרחמין |
| 077 | | Gn39:14 | למשמשא עמי וצוחית בקל רם: |
| 078 | | Dt27:14M | ישראל/דיש׳#2#/ קל/בקל#2#/ תלי: |
| 079 | וקל | Dt 4:36 | יתכון ית אשתיה רבתה וקל דבירוי שמעתון מן גו להבי |
| 080 | ובקל | Dt13:05 | וית מצוותיה תטרון ובקל מימריה תשמעון וקדמוי תפלחון |
| 081 | לק׳ | Dt13:19M | ארום תשמעון בקל/לק׳#2#/ ממרה דייי אלהכון |
| 082 | לקל | Ex 3:18M | וישמעון \לקלך ותיתי את /לקל מיליך ותיעול את#2#/: |
| 083 | | Dt 9:23M | קדישה ולא שמעתון בקל/לקל#2#/ מימרה: |
| 084 | | Ex18:24M | ושמע משה לקלה/לקל מלוי#2#/ דחמוי ועבד כל |
| 085 | | Ex 4:08 | נסיה קדמיה ויהימנון לקל נסה אחריה: |
| 086 | | Ex 4:08 | יהימנון לך ולא ישמעון לקל נסיה קדמיה ויהימנון לקל |
| 087 | | Gn17:20 | ולישמעאל שמעית לקל צלותך הא ברכית יתה ותוקפת |
| 088 | קלא s em/sf | Gn 4:10 | ואמר מה היא דא דעבדת קלא אדמהון דאוכלוסין צדיקין |
| 089 | | Gn27:22M | הא ... דעשו": כד משתמע קלא דיעקב בצלותא לית רשו |
| 090 | | Gn27:06 | ברה למימר הא שמעית ית קלא דאבוך ממלל עם עשו אחוך |
| 091 | | Ex19:04 | אתון חמיתון ית קלא דעבדית למצריי וטענית יתכון |
| 092 | | Ex20:18 | קליה וית למפדיי׳ וית קלא דשיפור׳ וית טורא תנן וחמון |
| 093 | | Ex19:19 | והוה קלא דשיפורא אזל ותקף לחדא משה |
| 094 | | Gn21:16 | לה מן כל קבליה ונטלת ית קלא ובכת: |
| 095 | | Dt 5:26M | אומה ומלכו די שמע קלא לאלהה חייה ממ׳ |
| 096 | | Dt 4:36M | \קל מימריה למרדי יתכון /קלא למייסרה יתכון#2#/ ועל |
| 097 | | Dt 4:33M | די \שמעו בקל /שמעת קלא#2#/ מימריה דאלה חייה ממלל |
| 098 | קלה | Gn27:22 | ומשש יתה ואמר הא קלה קלה דיעקב ומוש ידיה מוש ידוי |
| 099 | | Nu 7:89M | הוא שמע ית \קל דבירה /קלה דדבירה#2#/ ממלל עמיה |
| 100 | | Dt 4:12M | \אלהן קל /אלה הן קלה#2#/ ממריה: |
| 101 | | Dt 5:23M | ית \קל ממרה/קלה#2#/ מן גו חשוכה/להבי |
| 102 | | Gn27:22 | אבוי ומשש יתה ואמר הא קלה קלה דיעקב ומוש ידיה מוש |
| 103 | קלהון | Ex32:17 | ושמע יהושע ית קלהון דעמא בייבין ואמר למשה קל |
| 104 | | Nu11:10 | ושמע משה ית קלהון דעמה בכיין לזרעייהון גבר |
| 105 | | Nu14:01 | עם כנישתה ושוון ית קלהון ובכון עמא בליליה הוא: |
| 106 | קלי | Gn39:15 | והוי כדי שמע ארום ארימת קלי וצווחת ושבק לבושוי עמי |
| 107 | | Gn39:18 | והוה כד ארימת קלי וצווחת ושבק לבושוי בידי |
| 108 | | Ex 9:28 | קדם ייי וימנע מן למהוי קלי מן קדם ייי וברד ואשלח |
| 109 | | Gn 4:23M | \שמעו בקלי /שמען קלי#2#/ נשוהי דלמך א{נ}<צ>יתן |
| 110 | קליה | Gn45:02 | ושוי ית קליה בבכיה ושמעו מצראי ואשתמע |
| 111 | | Ex28:35 | על אהרן למשמשה וישתמע קליה במיעליה לבית קודשא קדם ייי |
| 112 | | Gn45:02M | מצראי ואשתמע בפלטורין/קליה בפלטין#2#/ דפרעה: |
| 113 | | Nu21:06 | נפקת מן גו ארעא ואישתמע קליה ברומה אתון חמון כל ברייתה |
| 114 | | Gn21:17 | ושמיע ייי ית קליה דטליא וקרא מלאכא דייי |
| 115 | | Nu11:10M | ושמע משה ית קלהון/קליה#2#/ דעמה בכיין לזרעייהון |
| 116 | | Gn27:38 | אף אנה אבא ונטל עשו קליה ובכה: |
| 117 | | Gn29:11 | ונשק יעקב לרחל ונטל ית קליה ובכה: |
| 118 | בקלא | Gn21:17M | דטליא /מימריה דייי בקלא דטלא#2#/ באתרא דהוא ביה |
| 119 | בקלה | Gn21:12 | מה דתימר לך שרה שמע בקלה ארום ביצחק יתקרי לך זרע |
| 120 | | Dt21:18 | ומורוון לית הוא שמע בקלה דאבוי ובקלה דאימיה וירדון |
| 121 | בקלי | Nu14:22 | עשרה זמנין ולא שמעו בקלי: |
| 122 | | Ex18:19 | כדון שמע בקלי איעץ יתך עצה ויהווי ייי |
| 123 | | Ex 4:01 | יהימנון לי ולא ישמעון בקלי ארום יאמרו לא אתגלי עלך |
| 124 | | Gn27:08 | וכדון ברי שמע בקלי ואזל לאן דאנה מפקדה יתך: |
| 125 | | Gn27:13 | לווטך ברי לחוד שמע בקלי ואזל אייתי לי: |
| 126 | | Gn30:06 | דן יתי ייי ואף שמע בקלי ויהב לי בר בגין כדן |
| 127 | | Gn21:06M | לי ממריה דייי כל דשמע בקלי {ו}<י>חדי לי{יתי} ויחדי |
| 128 | | Gn27:43 | וכדון ברי שמע בקלי וקום אזל{{ך}} לך לוות לבן |
| 129 | | Ex23:21 | אזדהרון מן קדמוי ושמעו בקלי לא תסרבון על מלוי ארום שמי |
| 130 | | Gn 4:23 | נשוהי עדה וצלה שמעו בקלי נשוהי דלמך א{נ}<צ>יתן |
| 131 | בקליה | Ex 5:02 | ^הוא#2#^ ייי די אשמע בקליה למשלחיה ית ישראל לית |
| 132 | בקלך | Gn17:20M | /ועל עסק ישמעאל שמעית בקלך הא#2#/ ברכת יתה ותוקפת |
| 133 | בקלכון | Dt 1:45M | /מימריה דייי בקלכון#2#/ ולא אצית למליכון: |
| 134 | בקלן | Dt21:20 | ומורוון לית הוא שמע בקלן אכל בבשרה ושתי בחמר: |
| 135 | וקלה | Gn45:16 | וקלה אשתמע בפלטורין דפרעה למימר |
| 136 | ובקלה | Dt21:18 | הוא שמע בקלה דאבוי ובקלה דאימיה וירדון יתיה ולא |
| 137 | לקלה | Gn16:02 | אנה על ידה ושמע אברם לקלה דשרי: |
| 138 | | Gn 3:17 | ולאדם אמר ארום שמעת לקלה דאתתך ואכלת מן אילנ׳ די |
| 139 | | Ex18:24 | ושמע משה לקלה דחמוי ועבד כל מה דאמר: |
| 140 | לקלהון | Nu16:34 | חזור חזור להון ערקו לקלהון ארום אמרו דלא תבלע יתהון |
| 141 | לקלך | Ex 3:18 | וישמעון לקלך ותיתי את וחכימיה דישראל |
| 142 | | Ex 4:09 | האליין ולא ישמעון לקלך ות{ת}<ס>ב מן מוי דנהרא |
| 143 | קלין p abs | Ex 9:23 | חוטריה לשמיא וייי יהב קלין וברד והלכת אשתא בגו ארעא |
| 144 | | Ex19:16 | לעדוני צפרא והווה קלין וברקין ועננ תקיף על טורא |
| 145 | קליא p em/sf | Ex 9:33 | כף ידוי קדם ייי ואתמנעו קליא וברדא ומטר לא נחת לארעא: |
| 146 | קליה | Ex 9:34 | וחמא פרעה ארום אתמנעו קליה ומטרא וברדא ואוס«ף» |
| 147 | קליהון | Nu14:01M | ושוון ית קלהון/קלי{י}<הו>ן#2#/ ובכון עמא בלליה |
| 148 | קליי׳ | Ex20:18M | /לפיד׳#2#/ וית קלא/קליי׳#2#/ דשיפור׳ וית טורא תנן |

149 קלייא Ex 9:29 ית כפי ידי קדם ייי קלייא ותמנעון וברדא לא יהוי תוב
150 קלייה Ex20:18 וכל עמא חמיין ית קלייה וית למפדיי׳ וית קלא
151 וקללייה Ex 9:34M פסק מטרא וברדא וקלייה

## קלווה *n.* ⇐ אונקלי

## קלופי *n.* strip [493]

001 קלופייתא p em/sf Gn30:37M חוורין מן קלופיתא/קלופייתא#2/# חוורתא די/דאית#2#
002 קלופיתא Gn30:37 בהון קלפין חוורין מן קלופיתא חוורתא די על חוטרתא:

## קלוקבל *prep.* ⇐ כלוקבל

## קלטר *n.* ⇐ קטור

## קלי *vb.* to roast [493]

001 קלי peal Lv 2:14M ביכורהון קדם ייי דכיך קלי בנורא קמ{ה}<ח> דפירוכיין
002 Lv 2:14 לשמה דייי מהבהב קלי בנורא גרש פריחין תקרב ית

## קלי *n.* parched grain [493]

001 קלי s ab/cn Lv23:14 ולחם חדת וקמח קלי ופירוכיין לא תיכלון עד זמן

## קלייה *n.* ⇐ אונקלי

## קליל *adj.* light [493]

001 קליל s ab/cn Nu21:05 בלחמה הדין דמיכליה קליל:
002 Ex23:30 קליל קליל אטרוד יתהון מן קדמיכון
003 Gn26:10M \בקליל זעיר /בזעיר קליל#2/# אילו שמש חד מן טליא עם
004 Nu21:06M בלחמה הדין דמכלי{י}ה קליל בגין כן ייתי#2/# חויה דלא
005 Gn30:30 ארום קליל בעיר דהוה לך קדמיי ותקף
006 Dt 1:01 בלחמה הדין דמיכליה קליל ובחצרות נפלו פיגריכון
007 Ex17:04 מה אעבד לעמא הדין עוד קליל ורגמ<י>ן יתי:
008 Gn19:18 לוט להון אמתינו כען קליל זעיר עד זמן דנבעי רחמין
009 Nu21:06 קדמיי על עסק מנה דמיכלי קליל ייתי חויה דלא אתרעם על
010 Dt 7:22 האיליין מן קדמיכון קליל לית אתון יכלין למישיציה
011 Nu14:09 דארעא ארום היך מה דלחמא קליל לן למיכל כדן אינון קלילין
012 Gn49:21 נפתלי אזגד קליל מבשר בשורן טבן דהוא בשר
013 Gn18:05 ואסב קליל מזון וסעדו לבביכון ומן בתר
014 Gn44:25 אבה חזרו זבנ{ן}<ו> לן קליל מזון:
015 Gn18:04 אסב כען קליל מיא ואסחון רגלכון ואתקררו
016 Gn24:43 ואמרת לה אשקיין יתי קליל מיין מן קולתיך:
017 Ex17:04M יתי /לעמ׳ האליין הא קליל צעיר והינון רגמין יתיה#2#
018 Gn43:11 במניכון ואחתו דורון קליל קטף וקליל דבש שעוה משח
019 Ex23:30 קליל קליל אטרוד יתהון
020 קלל Lv25:52 ואן קלל זער אשתייר בשנייה עד שתה
021 כליל Ex 2:20M גברא קרין ליה וייכל \כליל#2/# מזון:
022 בקליל Gn26:10 היא דא דעבדית לנא הא בקליל זעיר אילו שמש חד מן טליא
023 וקליל Gn43:11 ואחתו דורון קליל קטף וקליל דבש שעוה משח דבוטנין
024 Dt28:38 ותזרעון באפי ברה וקליל תכנשון ארום יקרסם יתיה
025 כקליל Ex33:05 עם קשין למקבלה אולפן כקליל זעיר אין אסלק איקר שכינתי
026 Nu16:21 הדה ואישצי יתהון כקליל זעיר:
027 Nu17:10 הדה ואשיצי יתהון כקליל זעיר ואש{טת}<תט>חו על

028 קלילין p abs Nu13:18 אינון או חלשין הא עם קלילין אינון או מסגיין:
029 Nu14:09 לן למיכל כדן אינון קלילין באפינן למשיציא יתהון עבר
030 Ex19:04M וסבלית יתכון על עננין קלילין היך על כנפי נשרין
031 Gn47:09 מאה ותלתין שנין קלילין ובישין הוון יומי שני חיי
032 Ex19:04 שכינתי על כנפי נשירין קלילין וקרבית יתכון לאולפן
033 Gn29:20 והוון באפוי כיומין קליל«י»ן מן רחמתא דהוה רחם יתה:
034 Dt 7:07 ייי בכון ארום אתון עם קלילין מן כל אומייה:
035 Gn 7:04M אנה מחת מטר /ליומין קלילין שבעה אנה מחת מטרא#2/# על
036 קלילן Dt 7:10M לסנאוי אגר מצוון קלילן דאיתי בידיה בעלמא הדין
037 Dt 7:10M ‹ומשלם› אגר מצוותה קלילן דאתי׳ בידיהון
038 Gn15:01 יתי או דלמא מצוון קלילן דהוה בידי בזימנא קדמיה
039 Dt 7:10 משלם להון אגר מצוון קליל{י}ן דהוי בידיהון:
040 Gn47:09M מאה ותלתין שנין קלילין/קלילן#2/# ובישין הוון יומי
041 Gn27:44 ותשרי עמיה יומין קלילן עד זמן די תשתדך כליתיה

## קליעה *n.* cordage [494]

001 קליעה s ab/cn Ex28:22 חושנא שישלא מתחמן עובד קליעה דהב דכי:
002 Ex39:15 שלשלת מתאמין עובד קליעה דהב דכי:
003 Ex28:14 מתחמן תעבד יתהון עובד קליעה ותתן ית שישלתה דקליעתה על
004 קליעתה p em/sf Ex28:24 ותתן ית תרתין קליעתה דדהבא על תרתין עזקיא לגו
005 Ex39:17 ויהבו תרתין קליעתה דדהבא על תרתין עזקיה על
006 Ex39:18 תר{ת}ין סטרי{ה} תרתין קליעתה יהבו על תרתין מאחדתה
007 Ex28:25 וית תרין סטרי תרתין קליעתה תתן על תרתין מאחדתה ותתן
008 דקליעתה Ex28:14 קליעה ותתן ית שישלתה דקליעתה על מאחדתה:

## קלל *vb.* to be light [494]

001 קלו peal Gn 8:11 בפומה וידע נח ארום קלו מיא מעלוי ארעא:
002 קלון Ex 9:32M וחטיה וכונתיה לא לקיין/קלון#2/# ארום לקישין הוון:
003 ויקל Ex18:22 פתגם זער ידונון אינון ויקל מעלווך ויסעונן עמך:
004 אתקלילו etpeel Gn 8:08 מן לוותה למחמי הא א{וק}^תקלי#2^לו מיא מעילוי אפיה
005 Gn 8:08M /אין אתקלילו#2/# מיא מעילוי אפיה
006 Gn 8:11M וידע נח ארום קלו/אתקלילו#2/# מיא מעלוי ארעא:
007 ויתקולל etpoel Ex18:22M ידונון הינון ו{תו}<ית>קולל מעלווך ויסבלון

## קללה *n.* curse [494]

001 קללה s ab/cn Dt23:06 והפך ייי אלהכון לכון ית קללה לברכה ארום רחמכון ייי
002 הק׳ Dt23:06M אלהכון לכון ית \קללה/^הק#2^/ לברכה /לווטייה

## קלס *vb.* to praise [494]

001 קלסו pael Dt32:43 קלסו קדמוי אומייה שבחו יתיה
002 מקלסין Ex32:18 נכריה אנה שמע קל מקלסין:
003 Ex32:18 בקרבא אנה שמע קל מקלסין בפלחנא נכריה אנה שמע קל
004 Gn41:43 תניינתא דידיה והוון מקלסין קדמוי יחי אבוי דמלכא דרב
005 Gn49:22 תיניינתא דפרעה והוון מקלסין קדמיך יחי אבוי דמלכא דרב

## קלע 2# *vb.* to throw [495]

001 ואקלע afel Ex10:19 לחדא וטען ית גובא ואקלע יתה ימא דסוף לא אשתייר

## קלף *vb.* to peel [495]

| | | | | |
|---|---|---|---|---|
| 001 | pael קליפו | Lv14:41M | לבר מן קרתה לאת' /#2#קליפו/קליפו יקלפון | ית עפרא די |
| 002 | קלף | Gn30:38M | במו{ד}<ר>כוותא בשקיא /#2#פצל/קלף | ית חוטריא די |
| 003 | | Lv14:43M | ית ביתיה ומן באתר דאתטש /#2#קלף/די | אבניא ובתר דקליף |
| 004 | יקלף | Lv14:41 | מן לגו מן חזור חזור | ית ביתה יקלף |
| 005 | יקלפון | Lv14:41 | לבר מן קרתה לאת' מסאב: | וישפכון ית עפרא די יקלפון |
| 006 | | Lv14:41M | מן לגו מן חזור חזור /#2#יקלף/יקלפון | וית ביתה |
| 007 | דקליף | Lv14:43 | ית ביתיה ומן באתר דאתטש: | די שמט ית אבניה ובתר דקליף |
| 008 | וקלף | Gn30:37 | בהון קלפין חוורין מן | דלבן רטיב ודלוז ודלוב וקלף |

## קלף *n.* streak [495]

| | | | | |
|---|---|---|---|---|
| 001 | p abs קלופיין | Gn30:37M | חוורין מן קלופיתא /#2#קלפין/קלופיין | וקלף בהון |
| 002 | קלפין | Gn30:37 | קלפין חוורין מן קלופיתא חוורתא | ודלוז ודלוב וקלף בהון |

## קלפה *n.* scab [495]

| | | | | |
|---|---|---|---|---|
| 001 | s ab/cn קלפה | Lv13:02 | קלפה או בהקי ויהוי במשך בשריה | במשך «בשריה» שומה או |
| 002 | | Lv13:06 | קלפה היא ויחוור לבושוי וידכי: | במשכא וידכי יתיה כהנא |
| 003 | s em/sf קליפתה | Lv13:08M | במשכה ויסאב יתיה /#2#קלפתה/קליפתה | כהנא והא הלכת |
| 004 | קלפתה | Lv13:07 | קלפתה במשכה מן בתר דאתחזי לוות | ואן מהלכ«ה» תהלך |
| 005 | | Lv13:08 | קלפתה במשכה ויסאב יתיה כהנה: | ויחמי כהנא והא הלכת |
| 006 | וקלפיתה | Lv14:56M | ולבהקיתה: /#2#ה<וקלפתה/<וקל>פית | ולשומתה |
| 007 | וקלפתה | Lv14:56 | ולבהקיתה: | ולשומתה ולקלפתה |

## קלק *vb.* to throw down [495]

| | | | | |
|---|---|---|---|---|
| 001 | pael קלק | Ex 4:03M | ית{א}<ה> לארעא וטלק /#2#טלק/קלק | ואמר |
| 002 | ויקלק | Nu19:06 | ויטלק לגו יקידת תורתה: | ואזוב וצבע זהורי טבה ויקלק |
| 003 | וקלק | Ex15:25M | בגו מייא ואת#2#/ מיא תמן | /<אילן> הארדופני וקלק |
| 004 | | Ex 4:03M | יתיה לארעא והוי לחוי /#2#וטלק/וקלק | יח{א}<ה> לארעא |
| 005 | | Ex 7:09M | יתיה קדם פרעה ויהווי /#2#וטלק/וקלק | סב ית חטרך |
| 006 | וקלקו | Ex 7:12M | גבר חוטריה והוון /#2#וטלקו/וקלקו | |

## קלקיי *adj.* Cilician [!!]

| | | | | |
|---|---|---|---|---|
| 001 | p em/sf דקלקאי | Nu34:08M | /#2#דקלקאי' | /בתחומה דאל' |

## קלקל *vb.* to ruin [495]

| | | | | |
|---|---|---|---|---|
| 001 | pael ומקלקל | Ex23:08M | מיליה' דזכאי בשעת | בדינ' ומערבב ומקלקל |
| 002 | | Dt16:19M | מליהון דזכאי בשעת דינהון | חכימייה ומערבב ומקלקל |

## קלש *n.* frost [496]

| | | | | |
|---|---|---|---|---|
| 001 | s em/sf וקלשא | Gn31:40 | בליל«א» ואתנדדת שנתי | באיממא אכל יתי שרבא וקלשא |

## קמה *n.* standing crop [496]

| | | | | |
|---|---|---|---|---|
| 001 | s em/sf קמתא | Ex22:05 | או חקלא משלמא ישלם מן | כובין ותיכל גדישין או קמתא |

## קמח *n.* flour [496]

| | | | | |
|---|---|---|---|---|
| 001 | s ab/cn קמח | Gn18:06 | דסלת לושי ועבידי פטירין: | ואמר אוחי וסבי תלת סאין קמח |
| 002 | | Lv 2:14M | דפירוכיין תקרבון ית מנ' | ייי דכיך קלי בנורא קמ{ה}<ח> |
| 003 | | Nu 5:15 | דשערין לא יריק <משחה ולא | קרבנה עלה עשרון מכלתה קמח |
| 004 | וקמח | Lv23:14 | קלי ופירוכיין לא תיכלון | ולחם חדת וקמח |

## קמטתי ⇐ *n.* חמוט

## קמץ *vb.* to take a handful [496]

| | | | | |
|---|---|---|---|---|
| 001 | peal ויקמוץ | Lv 5:12 | ויקמוץ כהנא מניה מלא קומציה ית | וייתי יתיה לות כהנא |
| 002 | | Nu 5:26 | ויקמוץ כהנה מן מנחתה ית אדכרתה | |
| 003 | ויקמץ | Lv 2:02 | ויקמץ מתמן מלא קומציה מן סלתה | לות בנוי דאהרן כהניא |

## קמץ *n.* locust [496]

| | | | | |
|---|---|---|---|---|
| 001 | p em/sf כקמציה | Nu13:33 | כקמציה וכך הוינן באפיהון: | גיברייה והוונן באפנה |

*n.* קומץ See also:

## קן *n.* nest [496]

| | | | | |
|---|---|---|---|---|
| 001 | s ab/cn קן | Dt22:06 | קן דצפרין קדמיכון בארחה בכל | ארום יארע |
| 002 | s em/sf קנה | Dt32:11 | קנה על גוזלוי מרחף פרס כנפוי | כנשרה דמעורר |
| 003 | p em/sf קינייה | Lv 1:14M | יונה/קינייה#2#/ ית קרבניה: | מן גוזליה בני |

## קנאה *n.* jealousy [497 קנה #2]

| | | | | |
|---|---|---|---|---|
| 001 | s ab/cn קנאה | Nu 5:14 | קנאה ויקנא ית אתתיה והיא לא | או יעבור עלוי רוח |
| 002 | בקנא | Dt 4:24 | בקנא: | הוא אלה קניי ופורען |
| 003 | | Ex34:14 | בקנא הוא: | אלה קניי ופורען מתפרע |
| 004 | | Dt 4:24M | הוא#2#/: | בקנא /קנאן ומתפרע בקנא |
| 005 | | Ex20:05 | מן רשיעיא על בנין מרדין על | ו{כ}<פ>ורען דמתפרע בקנא |
| 006 | בקנא' | Dt 5:09M | בקנא' מן רשיעיה | "בקנאה ... רשיען": |
| 007 | בקנאה | Dt 5:09 | בקנאה מדכר חובי אבהן רשיען על | אלה קניי ופורען מתפרע |
| 008 | בקנה | Dt 5:09M | בקנאה/בקנה#2#/ מדכר חובי אבהן רשיען | ופורען מתפרע |
| 009 | דקנא | Nu 5:30 | דקנא ויקנא ית אתתיה ויקים ית | או גבר די תעבר עלוי רוח |
| 010 | דקנאה | Nu 5:15 | דקנאה היא מנחה דדכרה מדכרה | עלוי לבונה ארום מנחתה |
| 011 | | Nu 5:14 | דק{ב}<נ>אה ויקנא ית אתתיה והיא | ויעבור עלוי רוח |
| 012 | | Nu 5:30M | דקנא/דקנאה#2#/ ויקנא ית אתתיה ויקים | די תעבר עלוי רוח |
| 013 | s em/sf קנאתי | Nu25:11 | קנאתי ביניהון ולא שיציתי ית בני | בני ישראל על דקני ית |
| 014 | קנתה | Nu 5:18M | קנתה היא ובי{ו}די דכהנה יהוון | דוכרנה {וית} מנחת |
| 015 | | Nu 5:25M | דאקנתה/קנתה#2#/ ויניף ית מנחתה קדם | דאתתה ית מנחתה |
| 016 | | Nu 5:29M | קנתה#2#/ תסטה אתתה | דקנאתה /אחוויות |
| 017 | בקנאתי | Nu25:11 | בקנאתי: | שיציתי ית בני ישראל |
| 018 | דקנאותה | Nu 5:18 | דקנאותה היא ובידוי דכהנא יהוון | מנחתה דדכרונה מנחת |
| 019 | דקנאתה | Nu 5:29 | דקנאתה תסטה אתתה בר מן בעלה | דא גזרת אוריתה |
| 020 | וקנאתיה | Dt29:19 | וקנאתיה בגברא ההוא וידבקון בה כל | יתקוף רוגזיה דייי |

## קנאן *adj.* jealous [496]

| | | | | |
|---|---|---|---|---|
| 001 | s ab/cn קנאן | Dt 4:24M | /קנאן ומתפרע בקנא הוא#2#/: | אלה \קניי ופורען בקנא |
| 002 | | Dt 5:09M | קניי/קנאן#2#/ ופורען מתפרע בקנאה | ייי אלהכון אלה |
| 003 | | Dt 6:15M | קניי/קנאן#2#/ ופורען הוא אלהכון | ארום אלה |

## קנה *n.* reed [496]

| | | | | |
|---|---|---|---|---|
| 001 | s ab/cn בקנה | Gn41:05 | בקנה חד בריין וטבן: | והא שבע שבלין סלקן |
| 002 | | Gn41:22 | בקנה חד מלין וטבן: | והא שבע שבלין סלקן |
| 003 | | Ex25:33 | בקנה חד חזר ושושן כן לשתי קנין | תלתא כלידין משקעין |
| 004 | | Ex37:19 | בקנה חד חזור ושושן כדן לשתי | תלתה כלידין משקעין |
| 005 | וקנה | Ex30:23 | וקנה דבשם תקל תרתי מאה וחמשין: | מתקל תרתי מאה וחמשין |
| 006 | s em/sf קני' | Ex25:35M | קנייה#2#/^ל{ש}שתי קנייה דנפקין | קנין /לשתי קניי'/#2# |
| 007 | p abs קנין | Ex25:35 | קנין דמנה לשתי קנין דנפקין מן | מנה וחזור תחות תרין |

|  |  |  |  |  |  |  |
|---|---|---|---|---|---|---|
| 008 | | | Ex25:33 | חד חזור ושושן כן לשתי | קנין | דנפקין מן מנרתה: |
| 009 | | | Ex25:35 | תרין קנין דמנה לשתי | קנין | דנפקין מן מנרתה: |
| 010 | | | Ex37:21 | תחות תרין קנין מנה לשתי | קנין | דנפקין מניה: |
| 011 | | | Ex25:35 | וחזור תחות תרין | קנין | מנה וחזור תחות תרין קנין |
| 012 | | | Ex37:21 | וחזור תחות תרין | קנין | מנה וחזור תחות תרין קנין |
| 013 | | | Ex37:21 | מנה וחזור תחות תרין | קנין | מנה לשתי קנין דנפקין מניה: |
| 014 | | | Ex25:32 | ושתא | קנין | נפקין מן סטריה תלתא קני{ם} |
| 015 | | | Ex37:18 | ושתה | קנין | נפקין מן סטרה תלתא קני |
| 016 | p const | קני | Ex25:32 | מן סטרא חדתא ותלתא | קני | מנרתא מן סטרא {חדתא ותלתא |
| 017 | | | Ex25:32 | מן סטרא {חדתא ותלתא | קני | מנרתא מן סטרא} תניינא: |
| 018 | | | Ex25:32 | נפקין מן סטריה תלתא | קני{ם} | מנרתה מן סטרא חדתא ותלתא |
| 019 | | | Ex37:18 | מן סיטרא חדתה ותלתה | קני | מנרתה מן סטרה תניינא: |
| 020 | | | Ex37:18 | קנין נפקין מן סטרה תלתא | קני | מנרתה מן סיטרא חדתה ותלתא |
| 021 | p em/sf | קניה | Ex37:19 | חד חזור ושושן כדן לשתי | קניה | דנפקין מן מנרתה: |
| 022 | | קנייה | Ex25:35M | קני#2#/^ל{ש}שתי | קנייה#2#/^ | דנפקין מן מנרתה: |
| 023 | | | Ex37:21M | \לשתי קנין /לשתתי | קנייה#2#/ | דנפקין מניה: |
| 024 | | | Ex25:35M | דמנה \לשתי קנין /לשתי | קניה | קני#2#/^ל{ש}שתי |
| 025 | | וקניה | Ex25:31 | מנרתה בסי{ם}<ס> דידה | וקניה | כלידיא חזוריה ושושניה מנה |
| 026 | | | Ex37:17 | עבד מנרתה בסיס דידה | וקניה | כלידיה חזוריה ושושניה מנה |
| 027 | | וקניהון | Ex25:36 | חזוריהם | וקניהון | מנה יהוון כלה נגידא חדה |
| 028 | | | Ex37:22 | חזוריהון | וקניהון | מנה הוון כלה נגידה חדא |
| 029 | | וקניתהון | Ex37:22M | חזוריהון | וקניהון/וקניתהון#2#/ | מנה הוון/ובה |

## קנטינר *n.* centenarius [491 קינטינר]

|  |  |  |  |  |  |  |
|---|---|---|---|---|---|---|
| 001 | s ab/cn | קנטינר | Ex37:24M | | קנטר/קנטינר#2#/ | דהב דכי עבד יתה וית |
| 002 | | קנטר | Ex25:39 | | קנטר | דהב דכי יעבד יתה ית כל |
| 003 | | | Ex37:24 | | קנטר | דהב דכי עבד יתה וית כל |
| 004 | | קניטר | Ex25:39M | | קנטר/קניטר#2#/ | דהב דכי יעבד יתה ית |
| 005 | p abs | קינטרין | Ex38:27M | למתכה /והוה מאה | קינטרין | דכסף למתכ#2#/ ית חומרי |
| 006 | | | Ex38:24M | עשרין ותשעה | ככרין/קינטרין#2#/ | ושבע מאוון/מאה#2#/ |
| 007 | | | Ex38:27M | חומרין למאה | ככרין/קינטרין#2#/ | ככר לכל חומר |
| 008 | | קנטנרין | Ex38:29M | דאנפותה שבעין | ככרין/קנטנרין#2#/ | ותרין אלפין וארבע |

## קני *vb.* to acquire [497]

|  |  |  |  |  |  |  |
|---|---|---|---|---|---|---|
| 001 | peal | קנה | Gn31:18 | קנה נכסוי וקניינוי די | קנה | בפדן ארם למיזל לוות |
| 002 | | | Gn36:06 | וית כל קניינוי די | קנה | בארעא דכנען ואזל לארעא |
| 003 | | | Gn31:01 | כל מה דאבונן ומן דאבונן | קנה | ית כל נכסיא האלין: |
| 004 | | | Dt32:06 | חכימייה הלא הוא אבוך די | קנה | יתכון ודי ברה יתכון ושכלל |
| 005 | | | Gn47:19 | לחוד אנן לחוד ארען | קנה | יתן וית ארעאן בלחמא ונהווי |
| 006 | | | Gn31:18 | בעירא וית כל ממוניה די | קנה | נכסוי וקניינוי די קנה |
| 007 | | | Dt33:09 | דעגלה ועל בנוי לא | קנה | רחמין בעובדה דזמרי ארום |
| 008 | | | Gn14:22 | ייי אלהא עליא דבממריה | קנה | שמיא וארעא: |
| 009 | | | Gn14:19 | קדם אלהא עילאה דבמימריה | קנה | שמים וארעא: |
| 010 | | קנון | Gn46:06 | קנינהון וית ממוניהון די | קנון | בארעא דכנען ואתון מצרימה |
| 011 | | | Ex32:25 | לא שמעו למילוי דאהרן | קנון | להון שם ביש לדרי דרין: |
| 012 | | | Dt 8:17 | חיילן ותקוף ידינן | קנון | לן ית נכסייה האליין: |
| 013 | | קניין | Dt 8:17M | ותקוף ידינן | קנון/קניין#2#/ | לן ית נכסייה האליין: |
| 014 | | קנין | Ex32:25M | למילוי דאהרן | קנון/קנין#2#/ | להון שם/שום#2#/ ביש |
| 015 | | יקנה | Lv22:11 | וכהן ארום | יקנה | נפש קניין כספיה הוא יאכל |
| 016 | | תקנון | Lv25:45 | ביניכון מנהון | תקנון | ומן זרעייתהון די עמכון די |
| 017 | | דיקנין | Gn12:05 | אחוי וית כל ממונהון | דיקנין | וית נפשתה די גיירו ונפק |
| 018 | | דקנית | Ex15:16M | דיעברון עמה האליין | דקנית | לשמך#2#/: |
| 019 | | | Ex15:16M | דיעברון עמה האליין | דקנית | לשמך |

|  |  |  |  |  |  |  |
|---|---|---|---|---|---|---|
| 020 | | וקנה | Gn36:39 | כל ימוי חיוי ועתר | וקנה | נכסין וידע מה הוא כספא ומה |
| 021 | | וקנון | Ex 1:21 | חייתא מן קדם ייי | וקנון | להון שם טב בגו בית ישראל |
| 022 | | | Dt32:15 | ופחזו פגשו והצלחו | וקנון | להון נכסין סגין ואנשון ית |
| 023 | | וקנין | Ex 1:21M | מן קדם ייי | וקנון/וקנין#2#/ | להון שם טב בגו בית |
| 024 | | למקני | Dt 8:18 | הוא די יהב לכון חיילה | למקני | נכסין מן בגלל למקיימה ית |

## קני #2 *vb.* to be jealous [497]

|  |  |  |  |  |  |  |
|---|---|---|---|---|---|---|
| 001 | pael | מקנא | Nu11:29 | ואמר ליה משה הא | מקנא | את לי אלווי מן יתן כל עם |
| 002 | | מקנה | Nu11:29M | הא \מקנא את לי /את | מקנה | לי#2#/ אלווי מן יתן כל עם |
| 003 | | דקני | Nu25:11 | מעילווי בני ישראל על | דקני | ית קנאתי ביניהון ולא |
| 004 | | | Nu25:13 | קים כהנא לעלם חלף | דקני | לשמה דאלה«י»ה וכפר על |
| 005 | | וקנון | Gn37:11 | | וקנון | ביה אחוי ואבוי הוי מנטר |
| 006 | | וקניית | Gn30:01 | לא הוות ילדה ליעקב | וקניית | רחל באחת«ה» ואמרת |
| 007 | | וקנין | Gn26:14 | דתורין ועבדא מסגיא | וקנין | ביה פלישתאי: |
| 008 | | ויקנא | Nu 5:14 | יעבור עלוי רוח קנאה | ויקנא | ית אתתיה והיא לא איסתאבת: |
| 009 | | | Nu 5:14 | עלוי רוח דק{ב}<נ>אה | ויקנא | ית אתתיה והיא אסתאבת או |
| 010 | | | Nu 5:30 | די תעבר עלוי רוח דקנא | ויקנא | ית אתתיה ויקים ית אתתא |
| 011 | afel | אקנון | Dt32:16 | | אקנון | יתה במרחקתהון ובטעוותהון |
| 012 | | | Dt32:21 | אינון | אקנון | יתי באלה דלא אלה ואכעסו |
| 013 | | אקני | Dt32:21 | יתי במרחקתהון ואנה | אקני | יתהון באמה דלא אמה באמה |
| 014 | | אקניין | Dt32:16M | | אקנון/אקניין#2#/ | יתה במרחקתהון |
| 015 | | אקנת | Dt32:21M | /ברח#2#/ ואנה | אקני/<אק>נת#2#/ | יתהון באמה דלא אמה |

## קניזיי *adj.* Kenizite [497]

|  |  |  |  |  |  |  |
|---|---|---|---|---|---|---|
| 001 | s em/sf | קניזייה | Nu32:12 | אלהן כלב בר יפונה | קניזייה | ויהושע בר נון ארום |
| 002 | p em/sf | קניזאי | Gn15:19 | וית שלמאי וית | קניזאי | וית מדינחאי: |

## קניי *adj.* jealous, vengeful [497]

|  |  |  |  |  |  |  |
|---|---|---|---|---|---|---|
| 001 | s ab/cn | קנא | Ex34:14 | לאלה חורן ארום ייי | קנא | שמיה אלה קניי ופורען מתפרע |
| 002 | | קניי | Ex20:05 | ארום אנה ייי אלהכון אלה | קניי | ו{כ}<פ>ורען דמתפרע בקנא מן |
| 003 | | | Ex34:14 | ארום ייי קנא שמיה אלה | קניי | ופורען מתפרע בקנא הוא: |
| 004 | | | Dt 4:24 | אשא אכלה אשא הוא אלה | קניי | ופורען בקנא: |
| 005 | | | Dt 5:09 | אנה הוא ייי אלהכון אלה | קניי | ופורען מתפרע בקנאה מדכר |
| 006 | | | Dt 6:15 | ארום אלה | קניי | ופורען הוא אלהכון דאיקר |

## קניין *n.* possessions [497]

|  |  |  |  |  |  |  |
|---|---|---|---|---|---|---|
| 001 | s ab/cn | קניין | Gn26:14 | והוה ליה | קניין | דען וקנין דתורין ועבדא |
| 002 | | | Gn49:32 | | קניין | חקלא ומערתא דביה מן בנוי |
| 003 | | | Lv22:11 | וכהן ארום יקנה נפש | קניין | כספיה הוא יאכל מניה |
| 004 | | וקניין | Gn 4:20 | הוא אבוהון דדרי משכנא | וקניין | בעיר: |
| 005 | | | Dt32:15M | "וקנון ... ואנשון": | וקניין | נכסין ושבקו |
| 006 | | וקנין | Gn26:14 | והוה ליה קניין דען | וקנין | דתורין ועבדא מסגיא וקנין |
| 007 | | ובקנין | Gn47:17 | מזון ב{ט}<ס>וסוותא | ובקנין | ען ובקנין תורייה ובחמריא |
| 008 | | | Gn47:17 | ובקנין ען | ובקנין | תורייה ובחמריא ודבר יתהון |
| 009 | | לקנין | Gn23:18 | לאברהם | לקנין | לקבל בנוי דחת לכל עללי |
| 010 | s em/sf | קניינהון | Nu35:03 | ולממונהון ולכל | קניינהון: | |
| 011 | | | Nu31:09 | וית בעירהון וית כל | קניינהון | וית כל ממונהון בזזו: |
| 012 | | קניינן | Gn47:06 | ותשווי יתהון רברבני | קניינן | על כל מה דלי: |
| 013 | | קנינהון | Gn46:06 | ונסבו ית | קנינהון | וית ממוניהון די קנון |
| 014 | | | Gn34:23 | | קנינהון | וממוניהון וכל בעירהון |
| 015 | | קנינן | Nu32:26 | טפלינן נשינן | קנינן | וכל בעירן יהויין תמן |
| 016 | p em/sf | קניינוי | Gn36:06 | וית כל בעיריה וית כל | קניינוי | די קנה בארעא דכנען ואזל |

| | | | | |
|---|---|---|---|---|
| 017 | קנינוי | | Gn31:18M | /סגולה די סגל נכסי קנינוי די סגל#2/ בפדן ארם |
| 018 | וקנינוי | | Gn31:18 | ממוניה די קנה נכסוי וקניינוי די קנה בפדן ארם למיזל |
| 019 | וקניניהון | | Gn34:23M | /נכסיהון וקניניהון#2/ וכל בעירהון הלא דידן |

## קנמון n. cinnamon [497]

| | | | | |
|---|---|---|---|---|
| 001 | וקנמון | s ab/cn | Ex30:23 | תקל חמש מאה סלעין וקנמון דבש«ם» פלגותא מתקל תרתי |

## קנס vb. to punish [498]

| | | | | |
|---|---|---|---|---|
| 001 | ויקנסון | peal | Dt22:19 | ויקנסון יתיה מאה סלעין דכסף |
| 002 | יתקנס | etpeel | Ex22:16M | כסף מאתן יתקנס היך מוהר' בתולת' |
| 003 | | | Ex21:22 | ולא יהוי סקל מתקנסא יתקנס היך מה די ישוי עלוי בעלה |
| 004 | | | Ex21:20M | ידיה מתפרע/בקנסא יתקנס#2/ מיניה: |
| 005 | מתקנסא | | Ex21:22 | ולדה ולא יהוי סקל מתקנסא יתקנס היך מה די ישוי עלוי |

## קנס n. fine, penalty [497]

| | | | | |
|---|---|---|---|---|
| 001 | קנס | s ab/cn | Ex21:30 | אין קנס דממון ישתוי עלוי ויתן |
| 002 | בקנסא | s em/sf | Ex21:20M | ומית תחות ידיה מתפרע/בקנסא יתקנס#2/ מיניה: |

## קנקל n. latticed grating [498]

| | | | | |
|---|---|---|---|---|
| 001 | קנקל | s ab/cn | Ex27:04 | ותעבד לו קנקל עובד מצדה דנחש ותעבד על |
| 002 | | | Ex38:04 | ועבד למדבחה קנקל עובד מצדה דנחש תחות סוביבה |
| 003 | קנקילה | s em/sf | Ex38:30 | וית מדבחה דנחשה וית קנקילה דנחשה דידיה וית כל מני |
| 004 | קנקלא | | Ex35:16 | וית מדבחה דעלתה וית קנקלא דנחשא דידה וית אריחוי וית |
| 005 | קנקלה | | Ex27:05M | ותתן יתה תחות סובבה/קנקלה#2/ דמדבחא מן לרע ותהוי |
| 006 | | | Ex39:39 | ית מדבחה דנחשה וית קנקלה דנחשה דידיה וית אריחוי |
| 007 | | | Ex38:04M | מצדה דנחש תחות סוביבה/קנקלה#2/ מן לרע עד פלגותיה: |
| 008 | לקנקילה | | Ex38:05 | עזקין בארבעתי זויתה לקנקילה דנחשה אתרין לאריחיה: |

## קסטרה n. fortress [498]

| | | | | |
|---|---|---|---|---|
| 001 | ובקסטרוותהון | p em/sf | Gn25:16M | בכופרניהון ובטירתהון/ובקסטרוותהון#2/ תרין עשר |

## קסיטר n. tin [498]

| | | | | |
|---|---|---|---|---|
| 001 | קס' | s em/sf | Nu31:22M | וית בעצה וית כסיטרא/קס'#2/ וית איברה: |
| 002 | כסיטרא | | Nu31:22 | וית פרזלה וית בעצה וית כסיטרא וית איברה: |

## קסם vb. to divine [499]

| | | | | |
|---|---|---|---|---|
| 001 | יקסם | peal | Gn44:05 | רבוני ביה והוא מקסם יקסם ביה באבאשתון דעבדתון: |
| 002 | | | Gn44:15 | הלא ידעתון ארום מקסם יקסם רב ושלט {די} דכוותי: |
| 003 | מקסם | | Gn44:05 | די ישתי רבוני ביה והוא מקסם יקסם ביה באבאשתון דעבדתון: |
| 004 | | | Gn44:15 | עבדתון הלא ידעתון ארום מקסם יקסם רב ושלט {די} דכוותי: |

## קסם n. magic [498]

| | | | | |
|---|---|---|---|---|
| 001 | קסמהון | s em/sf | Ex34:13 | ארום ית {כ}<ק>סמהון תפגרון וית |
| 002 | קסמין | p abs | Dt18:14 | לחדודי עיינין ולקסמי קסמין א«י»{א}נון שמעין ואתון |
| 003 | | | Nu23:23 | בדבית יעקב ולא קסמי קסמין בדבית ישראל בע{(י)}דנא |
| 004 | | | Dt18:10 | וברתיה בנורא לא קסמי קסמין ולא חדודי עינין ולא נטורי |
| 005 | דקסמין | | Nu22:07 | ורברבני מדייני וגרין דקסמין חתימין בידהון ואתון לוות |
| 006 | קסומייה | p em/sf | Dt18:14M | ולקסמי קסמין/קסומייה#2/ א«י»{א}נון שמעין |
| 007 | קסמיה | | Nu24:01 | למשאליה בדכריה לקדמות קסמיה ואזל ושוי למדברה אפוי |

## קסם 2# n. diviner [499]

| | | | | |
|---|---|---|---|---|
| 001 | קסמי | p const | Nu23:23 | נחשין בדבית יעקב ולא קסמי קסמין בדבית ישראל |
| 002 | | | Dt18:10 | בריה וברתיה בנורא לא קסמי קסמין ולא חדודי עינין ולא |
| 003 | ולקסמי | | Dt18:14 | יתהון לחדודי עיינין ולקסמי קסמין א«י»{א}נון שמעין |

## קסקסה n. scale (of fish) [499]

| | | | | |
|---|---|---|---|---|
| 001 | וקסקסיין | p abs | Lv11:10M | ליה סנפירין וקסקסין/וקסקסיין#2/ בימיא ובנחליא מן |
| 002 | | | Lv11:09M | לה סנפירין וקסקסין/וקסקסיין#2/ במיא בימיא |
| 003 | | | Lv11:12M | ליה סנפירין וקשקסין/וקסקסיין#2/ במיא שקץ הוא |
| 004 | וקסקסין | | Lv11:10 | די לית ליה סנפירין וקסקסין בימיא ובנחליא מן כל שרצא |
| 005 | | | Lv11:09 | כל דאית לה סנפירין וקסקסין במיא בימיא ובנחליא יתהון |
| 006 | וקשקסין | | Lv11:12 | כל דלית ליה סנפירין וקשקסין במיא שקץ הוא לכון: |
| 007 | וקשקשין | | Dt14:09 | כל דאית ליה סנפרין וקשקשין :<....> |

## קפודקיי adj. Cappadocian [499]

| | | | | |
|---|---|---|---|---|
| 001 | קפודקייא | p em/sf | Gn10:14 | מן תמן פלישתייא וית קפודקייא: |
| 002 | קפוטקייה | | Dt 2:23 | בכופרנייה עד עזה קפוטקייה די נפקו מן |

## קפח vb. to rob [499]

| | | | | |
|---|---|---|---|---|
| 001 | ומקפח | pael | Gn25:27M | גבר ליסטים גבר נפק ומקפח עבוריי' ותואביי הוא |

## קפי vb. to congeal [499]

| | | | | |
|---|---|---|---|---|
| 001 | קפון | peal | Ex15:08 | היך זיקיא דמיא נזליא קפון תהומיא בפלגות דימא רבא: |

## קפידה n. annoyance [499]

| | | | | |
|---|---|---|---|---|
| 001 | כפיתות | s ab/cn | Ex 6:09M | מקפדות /למושה מן כפיתות#2/ רוח ומפולחן קשה: |
| 002 | מקפדות | | Ex 6:09 | ולא שמעו למילוי דמשה מקפדות רוח ומפולחן קשה: |

## קפץ vb. to jump [500]

| | | | | |
|---|---|---|---|---|
| 001 | מקפצא | pael | Ex 9:23M | ייי ברדא /והוי אשתא מקפצא בגו ברדא ואמטר ממרי' |
| 002 | מקפצה | | Ex 9:24 | תקי«ף» ואשתא הוה מקפצה בגו ברדה תקיף לחדא די לא |
| 003 | למקפצה | | Lv11:21 | קרסולין לעיל מן רגלוי למקפצה בהון על ארע': |

## קפץ 2# vb. to contract [500]

| | | | | |
|---|---|---|---|---|
| 001 | קפצת | peal | Gn28:10 | יעקב רגלוי למזל לחרן קפצת ארעא קדמוי ואשתכח יתיב |
| 002 | תקפצון | | Dt15:07 | תתוקפון ית לבביכון ולא תקפצון ית ידיכון מן אחיכון |
| 003 | אתקפצת | etpaal | Gn28:10M | למזל לחרן קפצת/אתקפצת#2/ ארעא קדמוי ואשתכח |

## קץ n. appointed time [500]

| | | | | |
|---|---|---|---|---|
| 001 | קץ | s ab/cn | Gn49:01M | בעא לאיתנ' להון קץ ברכתא וניחמתא ואתכסי מיניה |
| 002 | | | Gn49:01 | לי קיצא ולא <א>יתני להון קץ ברכתא וניחמתא מן דאתגלי ליה |
| 003 | | | Gn49:01 | סברין דהוא מתני להון קץ פורקנא ונחמתא מן דאתגלי ליה |
| 004 | קיצא | s em/sf | Gn49:01 | בגווייה מן דאתגלי לי קיצא ולא <א>יתני להון קץ ברכתא |
| 005 | | | Gn40:23 | ואנשי יתיה עד זמן דמטא קיצא למתפרקא: |
| 006 | | | Gn49:01 | וניחמתא מן דאתגלי ליה קיצא רזא אתכסא מינה סברין דהוא |
| 007 | קצא | | Ex12:42M | /עלמא קציה\ /אשלם#2/ קצא/ דעלמ'#2/ למתפרקא נידי |
| 008 | קצה | | Dt32:01 | כיוון דמטה קצה דמשה נבייא למתכנשה בשלם |
| 009 | | | Dt 6:04 | כיון דמטה קצה דאבונן יעקב למתכנש בשלם |
| 010 | | | Nu12:12 | בשעבודן וכיון דמטה קצה למחסנה ית ארעא למה היא |

|  |  |  |  |  |  |  |
|---|---|---|---|---|---|---|
| 011 | | | Nu12:12 | מתנוז וכיון {מ} דמטא | קצה | למפ{י}<ו>ק לגו עלמ' אתאכל |
| 012 | קציה | | Gn40:23M | יתיה עד זמן דמטא | קיצא/קיצה#2#/ | למתפרקא: |
| 013 | קצה | | Ex12:42 | רביעיא כד ישלם עלמא | קציה | למתפרקא נירי פרזלא יתברון |
| 014 | קצן | | Nu12:12M | "קצה ... למה": | קצן | למיעול לארעא דישראל |
| 015 | קיצייה | p em/sf | Gn49:01 | לכון רזייא סתימייא | קיצייה | גניזייא מתן אגריהון |

## hewer *n.* קצוץ [500]

|  |  |  |  |  |  |  |
|---|---|---|---|---|---|---|
| 001 | קצוצי | p const | Dt29:10 | די ביני משירייתכון מן | קצוצי | קיסיכון ועד מליי מייכון: |

## to break into pieces *vb.* קצי [501]

|  |  |  |  |  |  |  |
|---|---|---|---|---|---|---|
| 001 | מקצי' | peal | Lv 2:06 | | מקצי' | תקצי' יתה קצוין ותריק עלה |
| 002 | תקצי | | Lv 2:06 | מקצי' | תקצי | יתה קצוין ותריק עלה משח |

## morsel *n.* קצי [501]

|  |  |  |  |  |  |  |
|---|---|---|---|---|---|---|
| 001 | קצוין | p abs | Lv 2:06 | מקצי' תקצי יתה | קצוין | ותריק עלה משח מנחתה היא: |
| 002 | דקצוין | | Lv 6:14 | ייתי יתה תופיני מנחה | דקצוין | תקריב לריח דרעוה קדם ייי: |
| 003 | דקציין | | Lv 6:14M | תופיני מנחה | דקצוין/<דקצ>יין#2#/ | תקריב לריח דרעוה |

## cassia *n.* קציעה [501]

|  |  |  |  |  |  |  |
|---|---|---|---|---|---|---|
| 001 | וקציעה | s ab/cn | Ex30:24 | | וקציעה | תקל חמש מאה סלעין בסלעי |

## name of a reptile *n.* קציץ [501]

|  |  |  |  |  |  |  |
|---|---|---|---|---|---|---|
| 001 | וקצוצה | s ab/cn | Lv11:30M | \וקציצה וחולדה | /וקצוצה | וסרמנד"#2#/: |
| 002 | וקציצה | s em/sf | Lv11:30 | וכחה וסממתה | וקציצה | וחולדה: |

## to make angry (??) *vb.* קצף [!! cf. 501 קצפון n.]

|  |  |  |  |  |  |  |
|---|---|---|---|---|---|---|
| 001 | תקצפון | pael | Dt15:07M | ית לבביכון ולא | תקפצון/תקצפון#2#/ | ית ידיכון מן |

## to cut short *vb.* קצץ [501]

|  |  |  |  |  |  |  |
|---|---|---|---|---|---|---|
| 001 | קוץ | peal | Gn30:28 | ואמר | קוץ | כען אגרך קדמיי ואתן: |
| 002 | תקצון | | Dt20:19 | מניה תאכלון ויתיה לא | תקצון | ארום לא היך דבר נשה אילנה |
| 003 | ותקצון | | Dt20:20 | פירין הוא יתיה תחבלון | ותקצון | ותבנון כרכומין על קרתה |
| 004 | | | Dt25:12 | | ותקצון | ית כף י{ת}<ד>ה לא יחוסן |
| 005 | ותקצץ | | Dt21:12M | ותספר ית ראשה | ותצמ/ותקצץ#2#/ | ית טופרייה |
| 006 | למיקוץ | | Dt19:05 | י{ת} דיה בסיקורא | למיקוץ | קיסא וישמט פרזלא מן קיסה |
| 007 | תקצצון | pael | Ex34:13 | תתברון וית אשרתהון | תקצצון: | |
| 008 | | | Dt 7:05 | תתברון ואשרתהון | תקצצון | {{וצלמי'}} טעוותהון תוקדון |
| 009 | | | Dt12:03 | {{וצלמי'}} טעוותהון | תקצצון | ותסיפון ית שמהן מן אתרה |
| 010 | וקציצו | | Ex39:03M | דדהבא | וקטעו/^<וק>טיעו#2#/^/וקיצצו#2#/ | יתהון |
| 011 | ותקצצון | | Dt25:12M | | ותקצון/ותקצצון#2#/ | ית כף י{ת}<ד>ה לא |

## to reap *vb.* קצר [501]

|  |  |  |  |  |  |  |
|---|---|---|---|---|---|---|
| 001 | אתקצרו | etpaal | Gn28:10 | למיזל לחרן נסא קדמיא | אתקצרו | שע{י}<ו>י' דיומא |

## pelican *n.* קק [501]

|  |  |  |  |  |  |  |
|---|---|---|---|---|---|---|
| 001 | קקא | s em/sf | Lv11:18M | וית קקה וית שרקרית' | /קקא | וית שרקריתה וית |
| 002 | קקה | | Lv11:18 | וית איתיה וית | קקה | וית שרקרית': |
| 003 | וקקה | | Dt14:17 | | וקקה | וית שרקרקה וית שלינוניה: |

## fine bread *n.* קקבטון [502]

|  |  |  |  |  |  |  |
|---|---|---|---|---|---|---|
| 001 | קקבטין | s ab/cn | Gn40:16M | תלתא סלין דפיתא | נקיתא/קקבטין#2#/ | על ראשי |

## to come near *vb.* קרב [502]

|  |  |  |  |  |  |  |
|---|---|---|---|---|---|---|
| 001 | קרב | peal | Dt 5:27 | | קרב | את ושמע ית כל מה די יאמר |
| 002 | | | Gn32:33 | עד זמן יומא הדין ארום | קרב | בכף ירכיה דיעקב בגידא |
| 003 | | | Nu19:11 | כל די | קרב | במית כל טמא נפש דבר נש |
| 004 | | | Ex14:10 | ופרעה | קרב | ונטלו בני ישראל ית |
| 005 | | | Gn27:21 | ואמר יצחק ליעקב | קרב | כען ואמשש יתך ברי הא את |
| 006 | | | Gn27:26 | ואמר ליה יצחק אבוי | קרב | כען ושק יתי ברי: |
| 007 | | | Gn19:09 | ואמרין | קרב | להל ואמרין האחד אתא |
| 008 | | | Gn33:03 | שבעה זמנין עד זמן די | קרב | לוות אחיו: |
| 009 | | | Gn20:04 | ואבימלך לא | קרב | לוותה ואמר בבעו ברחמין |
| 010 | | | Gn37:18 | יתיה מרחיק וקדם עד לא | קרב | לוותהון ואתחשבו עלוי |
| 011 | | | Gn12:11 | והוה כדי | קרב | למיעו' למצרים ואמר לשרי |
| 012 | | | Ex20:21 | וקם עמא מן רחיק ומשה | קרב | לערפלא דתמן שרי איקר |
| 013 | | | Lv 9:07 | ואמר משה לאהרן | קרב | על גבי מדבחה וקרב חטאתך |
| 014 | קרב' | | Dt20:03M | כען ישראל אתון | קריבין/קרב'#2#/ | יומא הדין/דין#2#/ |
| 015 | קרבו | | Ex14:20 | לישראל כל ליליא ולא | קרבו | אליין לאליין לסדר קרבא כל |
| 016 | | | Dt31:14 | ייי למשה למימר ה«א» | קרבו | יומי חייך למתכנשה בשלם |
| 017 | | | Ex34:32 | ומן בתר כדין | קרבו | כל בני ישראל ופקד יתהון |
| 018 | | | Gn45:04 | ואמר יוסף לאחוי | קרבו | כען לוותי וקרבו ואמר אנה |
| 019 | | | Lv10:04 | חביבה דאהרן ואמר להון | קרבו | סבו ית אחיכון מן לוות אפי |
| 020 | | | Ex 8:21 | למשה ולאהרן ואמר אזלו | קרבו | קדם ייי אלהכון בארעא |
| 021 | | | Ex16:09 | לכל כנישתא דבני ישראל | קרבו | קדם ייי ארום שמיע קדם ייי |
| 022 | קרבנן | | Dt 2:37 | דבני עמונייה לא | קרבנן | כל דסמיך לנחל יבקא וקורי |
| 023 | קרבת | | Gn20:16M | דלא חכמת יתך | ^/קרבת | ליך#2#/^: |
| 024 | | | Dt15:09 | בתר לבכון זידנה למימר | קרבת | שתה שביעייתה שנת שמטתה |
| 025 | קרוב | | Dt 5:27M | | קרב/קרוב#2#/ | את ושמע/ושמוע#2#/ ית |
| 026 | | | Gn27:21M | ואמר יצחק ליעקב | קרב/קרוב#2#/ | כען ואמשש/ואמשמש#2#/ |
| 027 | | | Gn27:26M | אבוי \קרב כען ושק | /קרוב | כען ונשוק#2#/ יתי ברי: |
| 028 | | | Gn48:09M | לי ייי הכא ואמר | דבר/קרוב#2#/ | כען יתהון לוותי ואברך |
| 029 | | | Lv 9:07M | ואמר משה לאהרן | קרב/קרוב#2#/ | על גבי מדבחה וקרב |
| 030 | קרובו | | Lv10:04M | ואמר להון \קרבו סבו | /קרובו | טעונו#2#/ ית אחיכון |
| 031 | | | Ex19:25 | לוות עמא ואמר להון | קרובו | קבילו עשירתא דבירייא: |
| 032 | קריב | | Ex32:19 | והוה כדי | קריב | למשריתיה וירא את העגל |
| 033 | קריבו | | Ex14:20M | ישראל אנהר ליליא לא | קריבו | משרה אל משרה ברם מלאכי |
| 034 | קריבין | | Dt20:03 | שמעון כען ישראל אתון | קריבין | יומא הדין לסדרי קרבה על |
| 035 | קריבנן | | Gn26:29 | עמן בישא היך מה דלא | קריבנן | לך והיך מה דעבדנן עמך טבן |
| 036 | יקרב | | Lv21:23 | ייעול ועל גבי מדבחה לא | יקרב | ארום מומא בה ולא יפס ית |
| 037 | | | Lv15:07 | ומן די | יקרב | בבשרה דדיבה יחוור לבושוי |
| 038 | | | Lv11:26 | מסאב' אינון לכון כל די | יקרב | בהון יסתאב: |
| 039 | | | Lv11:31 | לכון בכל שרצה כל די | יקרב | בהון במיתתהון יהוי מסאב עד |
| 040 | | | Lv15:12 | ומן דחסף די | יקרב | ביה דיבה יתבר וכל מן דקיס |
| 041 | | | Lv 7:19 | ובשרא די | יקרב | בכל סואבה {לא} לא יתאכל |
| 042 | | | Lv15:05 | וגבר די | יקרב | במדמכיה יחוור לבושוי ויסחי |
| 043 | | | Nu19:13 | כל די | יקרב | במית בטמא נפש דבר נש די |
| 044 | | | Lv11:39 | יהוי לכון למיכל מן די | יקרב | בנבלתה יסתאב עד רמשא: |
| 045 | | | Lv11:24 | ולאלין תסתאבון כל די | יקרב | בנבלתהו' יהוי מסאב עד |
| 046 | | | Lv11:27 | אינון לכון כ{י}<ל> די | יקרב | בנבלתהון יהוי מסאב עד |
| 047 | | | Lv11:36 | מיין יהווי דכי ומן די | יקרב | בנבלתהון יסתאב: |
| 048 | | | Lv 5:03 | או ארום | יקרב | בסאבה דבר נש לכל סאבתיה די |
| 049 | | | Nu17:05 | ישראל מן בגלל די לא | יקרב | גבר חילוניי די לא מן בנוי |
| 050 | | | Ex24:14 | מן דאית עסק דין דמלין | יקרב | לוותהון: |

051 Nu18:04 מטרת פלחנה וחילוניי לא יקרב לוותכון:
052 Lv21:17 די יהוי ביה מום לא יקרב למקרבה לחם אלהיה:
053 Lv21:18 כל גבר דאית ביה מום לא יקרב למקרבה גבר סימי או חגיר או
054 Lv21:21 מן בנוי דאהרן כהנא לא יקרב למקרבה לחם אלהיה מום בה ית
055 Lv21:21 מום בה ית לחם אלהיה לא יקרב למקרבה:
056 Nu17:28 כל די יקרב למקרבה למשכנה דייי יתקטל
057 Nu18:07 אתן כהנתכון וחילוניי די יקרב למשמשה יתקט«י»ל:
058 Ex19:15 מזמנין לתלתא יומין לא יקרב מנכון גבר לתשמיש דערס:
059 יקרב' Gn27:41M ארום ממתן עד זמן יקרב' "סא" דהבל ברם מתעכב אנא
060 יקרבון Nu18:03 ועל {נ}<ג>בי מדבחה לא יקרבון ולא ימותון להוד אינון
061 Ex24:02 קדם ייי ואינון לא יקרבון ועמא לא יסקון עמה:
062 Nu 4:15 דקהת למטען במשכן ולא יקרבון לבית קודשה ולא ימותון
063 Nu18:22 ולא יקרבון תוב בני ישראל למשכן
064 יקרוב Nu19:16 וכל די יקרוב באפי ברא דקטיל דחרב או
065 Lv 6:20 כל די יקרוב בבשרה יהווי קדיש <....>
066 Lv15:19 בריחוק נדתה וכל די יקרוב בה יסתא' עד רמשא:
067 Lv15:23 מנה דהיא יתבה עלוי כד יקרוב בה יהוי מסאב עד רמשא:
068 Lv15:27 כל די יקרוב בהון יסתאב ויחור לבושוי
069 Lv15:11 וכל די יקרוב ביה דיבה וידוי לא שזיג
070 Nu19:22 וכל די יקרוב ביה מסאבה יסתאב ונפשה די
071 Lv 7:19M ובשרא די יקרב/יקרוב#2#/ בכל סואבה/מסאב#2#/
072 Lv15:22 וכל מן די יקרוב בכל מן די תתב עלוי יחוור
073 Lv22:04 עד זמן די ידכי ומן די יקרוב בכל טמא נפש בר נש או גבר
074 Lv22:05 או גבר די יקרוב בכל שרץ די יסתאב ליה או
075 Lv15:21 וכל די יקרוב במדמוכה {ו}<י>חוור לבושוי
076 Lv15:05M וגבר די יקרב/יקרוב#2#/ במדמכיה יחוור לבושוי
077 Nu19:21 יחוור לבושוי ומן די יקרוב במי אדיה יהווי מסאב עד
078 Lv11:27M לכון כן{י}<ל> די יקרב/יקרוב#2#/ בנבלתהון יהוי מסאב
079 Lv21:18M מום לא \יקרב למקרבה /יקרוב גב'#2#/ גבר סימי או
080 Nu 1:51M למשמשה יתקטל/די יקרוב יתק#2#/:
081 Lv21:17M יהווי ביה מום לא יקרב/יקרוב#2#/ למקרבה לחם אלהיה:
082 Lv21:21M ית לחם אלהיה לא יקרב/יקרוב#2#/ למקרבה:
083 Lv21:21M "יקרב .. בה": יקרוב למקרבה ית קרבנה דייי מום
084 Nu 3:10 כהונתהון וחילוניי די יקרוב למשמשה יתקטל:
085 Nu 3:38 בני ישראל וחלוניי די יקרוב למשמשה יתקטל:
086 Lv22:03 להון לדריכון כל גבר די יקרוב מן כל בניכון לקדשיה די
087 Nu18:07M וחילוניי די יקרב/<י>קרוב#2#/ למשמשה/לשמ#2#/
088 תקרב Lv15:23M יקרוב /בזמנה די תקר{י}ב#2#/ בה יהוי מסאב עד רמשא:
089 Lv22:06 נפש די תקרב בה תיהווי מסאבה עד רמשה
090 Ex19:13 לא תקרב ביה ידא דאנש ארום מתרגמ'
091 Nu19:22M יסתאב ונפשה די תקרוב/<תק>רב#2#/ ביה תיהווי מסאבה
092 Lv 5:02 או נפש די תקרב בכל מילה מסאבה או בנבלה
093 Lv 7:21 ונפשא די תקרב בכל סואבה בסאבותא דברנש או
094 Lv12:04 אדם דדכי בכל קדשין לא תקרב ולבי' מקדש' לא תיעול
095 Lv12:04M /אדם דכי בכל קדש לא תקרבא#2#/ ולבי' מקדש' לא תיעול
096 Lv18:14 דאבוך לא תבזי ולאתתה לא תקרב חביבתך היא:
097 Ex 3:05 ואמר לא תקרב להכא שלח מסניך מעלוי רגליך
098 Lv20:16 ואתה די תקרב לוות כל בעיר למשמשה עמה
099 תקרבון Gn 3:03 ייי לא תאכלון מנה ולא תקרבון ביה ולא תמותון:
100 Nu16:26 חייבייה האליין ולא תקרבון בכל מה דלהון דלא תשיצון
101 Lv18:06 לוות כל קריב בשריה לא תקרבון למגלייה ערייה כדן אמר
102 Dt20:02 ויהוי כד תקרבון לסדרי קרבא ויקרב כהנה
103 Dt20:02M \כד תקרבון /בזמן די תקרבון#2#/ לסדרי קרבא ויקרב
104 Dt20:10 ארום תקרבון לקריה למסדרה לקובלה סדרי
105 Ex19:15M לתלתא יומין לא יקרב/תקרבון#2#/ מנכון גבר לתשמיש
106 תקרוב Lv22:06M \תקרב בה תיהווי מסאבה /תקרוב ביה ויסתאב#2#/ עד רמשה
107 Nu19:22 מסאבה יסתאב ונפשה די תקרוב ביה תיהווי מסאבה עד רמשא:
108 Lv 5:02M נפש \די תקרב /ארום תקרוב#2#/ בכל מילה/מלא#2#/ מסאבה
109 Lv 7:21M דברנש /ונפש ארום תקרוב בכל מסאב בסאביתה
110 Lv18:19M אתתה בריחוק נדתה לא תקרוב למבזיה עריתה
111 דק' Lv 6:20M כל \די יקרוב/דק'#2#/ בבשרה יהווי קדיש
112 דקר' Lv15:22M וכל מן \די יקרוב/דקר'#2#/ בכל מן די תתב עלוי
113 Gn12:11M והוה כדי קרב/כיוון דקר'#2#/ למיעו' למצרים
114 דקרב Nu19:16M וכל \די יקרוב/דקרב#2#/ באפי ברא דקטיל
115 Ex30:29 ויהון קדש קדשין כל דקרב בהון יהוי קדיש:
116 Lv11:26M לכון#2#/ כל \די יקרב/דקרב#2#/ בהון יסתאב:
117 Lv15:27M כל \די יקרב/דקרב#2#/ בהון יסתאב ויחור
118 Lv15:11M וכל \די יקרוב/דקרב#2#^/דיקרוב#2#/ ביה דיבה
119 Nu19:22M וכל \די יקרוב/דקרב#2#/ ביה מסאבה יסתאב
120 Lv15:10M וכל דיקרב/^דקרב#2#^/דיקרוב#2#/ בכל מן די
121 Lv22:04M ומן \די יקרוב/^דקרב#2#^/ודקרוב#2#/ בכל טמא נפש
122 Lv15:21M וכל \די יקרוב/דקרב#2#/ במדמוכה {ו}<י>חוור
123 דיקרב Gn26:11 ית כל עמא למימר מן דיקרב בגברא הדין ובאיתתיה מתקטל
124 Gn26:11M \מן דיקרב /כל דיקרב#2#/ בגברא הדין ובאיתתיה
125 Nu19:18M \דיהוון תמן כל דיקרב#2#/ בגרם או בקטיל או במית
126 Ex19:12M \דיקרב לטורא יתקטל /דיקרב בטור מתקטל#2#/
127 Lv15:10 וכל דיקרב בכל מן די יהווי תחותוי
128 Ex19:12 ודלא למקרב בשפולוי כל דיקרב לטורא יתקטל יתקט«י»ל:
129 דיקרבון Gn27:41 הא אנה ממתין עד זמן דיקרבון יומי אבלא דאבא ואקטול ית
130 דיקרו' Lv 6:11 לדריכון מן קרבנוי כל דיקרו' בהון יהוי קדיש:
131 דיקרוב Nu19:18 דהוון תמן ועל כל דיקרוב בגרם או בקטיל או במית או
132 Lv15:11M וכל \די יקרוב/^דקרב#2#^/דיקרוב#2#/ ביה דיבה
133 Lv15:10M וכל דיקרב/^דקרב#2#^/דיקרוב#2#/ בכל מן די
134 Nu19:21M אדיה יהווי מסאב /כל דיקרוב במי הדיה יסתאב#2#/ עד
135 Nu19:13M כל \די יקרב/דיקרוב#2#/ במית בטמא נפש
136 Nu31:19 יומין כל דקטל נפש וכל דיקרוב בקטול תדכון ביומא תליתיה
137 Nu17:28M יקרב למקרבה למשכנה /דיקרוב למקרבה במש'#2#/ דייי
138 דקרב Nu 1:51 יתה לווי וחלוניי דקרב למשמשה יתקטל:
139 Nu 3:38M וחלוניי \די יקרוב/דקרב#2#/ למשמשה יתקטל:
140 Ex32:19M \כדי קריב /כיוון דקרב#2#/ למשריתה וירא את העגל
141 דקרבין Ex19:22M ולחוד כהניא דקיימין/דקרבין#2#/ ומשמשין קדם ייי
142 דקריב Lv15:19M נדתה וכל \די יקרוב/דקריב#2#/ בה יסתא' עד רמשא:
143 וקרב Gn18:23 וקרב אברהם ואמר הא ברגז את
144 Lv 9:08 וקרב אהרן על גבי מדבחה
145 Gn27:22 וקרב יעקב לוות יצחק אבוי ומשש
146 Gn29:10 ענה דלבן אחוי דאמה וקרב יעקב וגלי ית אבנא מעלוי
147 Gn32:26 ארום לא הוה יכיל ליה וקרב בכף ירכיה {י}<ו>קהת כף
148 Gn27:27 וקרב לוותיה ונשק יתה ואריח ית
149 Gn44:18 וקרב לוותיה יהודה זעף במלין
150 Gn48:13 מן ימיניה דישראל וקרב לוותיה:
151 Nu16:05 וית מן די«י»תרעי ליה וקרב לוותיה:
152 Gn27:25 די תברך יתך נפשי וקרב ליה ואכל ואייתי ליה חמר
153 וקרבו Gn45:04 לאחוי קרבו כען לוותי וקרבו ואמר אנה יוסף אחוכון די
154 Lv10:05 {וקרבו} וקרבו וטענו יתהון בכתנותהון
155 Lv10:05 {וקרבו} וקרבו וטענו יתהון
156 Gn47:29 וקרבו יומוי דישראל למימת וקרא
157 Gn43:19 וקרבו לוות גברא דהוה ממני על
158 Nu31:48 וקרבו לוות משה סכומיה דהוון

|  |  |  |  |  |  |
|---|---|---|---|---|---|
| 159 | | Gn19:09 | בגובריא בלוט לחדה | וקרבו | למתבר תרעא: |
| 160 | | Lv 9:05M | משכן זימנה | וקריבו/‹וק›רבו#2#/ | עם כל כנשתה וקמו \ |
| 161 | | Nu36:01 | | וקרבו | ראשי שיבטייה לזרעיית בנוי |
| 162 | וקרבין | Nu27:01 | | וקרבין | בנתה דצלפחד בר חפר בר |
| 163 | | Nu32:16 | | וקרבין | לוותיה ואמרין דירין דען |
| 164 | וקרבית | Dt22:14 | ית אתתה הדה נסבית | וקרבית | לוותה ולא אשכחית לה |
| 165 | וקרבן | Nu27:01M | | וקרבין/‹וקר›בן#2#/ | בנתה דצלפחד בר |
| 166 | וקרבת | Dt22:14M | אתתה הדה נסבית | וקרבית/וקרבת#2#/ | לוותה ולא אשכחית לה |
| 167 | | Gn33:07 | | וקרבת | לחוד לאה ובנהה |
| 168 | | Ex 4:25 | וגזרת ית ערלתא דברא | וקרבת | לרגלוי דמחבלה ואמרת ארום |
| 169 | וקרבתון | Dt 4:11 | | וקרבתון | וקמתון בשיפולי טורה |
| 170 | | Dt 5:23 | וטורה בעיר באשתא | וקרבתון | לוותי כל ראשי שבטיכון |
| 171 | | Dt 1:22 | | וקרבתון | ל{ת}‹וו›תי כלכון ואמרתון |
| 172 | וקריבו | Gn33:06M | אינין ובניהון ושאלין | /וקריבו | אמהתא הנין ובניהן |
| 173 | | Lv 9:05 | משה לתרע משכן זימנה | וקריבו | עם כל כנשתה וקמו קדם ייי: |
| 174 | וקריבן | Gn33:06 | | וקריבן | לחינתה אינין ובניהן |
| 175 | ויק' | Dt25:11M | כחדה גבר ואחוי | ותקרוב/ויק#2#/ | אתתה דחד מנהון |
| 176 | ויקרב | Ex24:02 | | ויקרב | משה לבלחודוי קדם ייי |
| 177 | | Dt20:02 | כד תקרבון לסדרי קרבא | ויקרב | כהנה וימלל לעמא: |
| 178 | | Nu16:05 | דמן דידה וית קדישוי | ויקרב | לוותיה וית מן די«י»תרעי |
| 179 | | Ex22:07 | אן לא ישתכח גנבא | ויקרב | מרה דביתא לוות דייניא אין |
| 180 | ויקרבון | Dt21:05 | | ויקרבון | כהנייה בנוי דלוי ארום |
| 181 | | Dt25:01 | דינין ביני גברין | ויקרבון | לדינה קדם דיינייה |
| 182 | ויקרוב | Lv16:06M | | ויקרב/ויקרוב#2#/ | אהרן ית תורא |
| 183 | | Lv15:15M | | ויקרב/ויקרוב#2#/ | יתהון כהנא חד |
| 184 | | Dt20:02M | לסדרי קרבא | ויקרב/‹ויק›רוב#2#/ | כהנה וימלל לעמא |
| 185 | ותקרב | Dt25:09 | | ותקרב | יבומתיה לוותיה לעיני |
| 186 | ותקרבון | Dt 2:19 | | ותקרבון | סמוך לתחומיהון דבני |
| 187 | ותקרוב | Dt25:11 | גבריה כחדה גבר ואחוי | ותקרוב | אתתה דחד מנהון למשיזבה ית |
| 188 | | Dt25:09M | לעיני חכימיה ותשלף | /ותקרוב | יבמתה לוותיה קדם |
| 189 | ודיקרוב | Lv11:36M | דמיי יהוון דכיין | ודיקרוב | |
| 190 | | Lv15:07M | \ומן די | יקרב/ודיקרוב#2#/ | בבשרה דדיבה/דדוב#2# |
| 191 | | Nu19:11M | \כל די | קרב/ודיקרוב#2#/ | במית כל טמא |
| 192 | | Lv11:39M | יקרב בנבלתה יסתאב | /ודיקרוב | בנבלתהון יסתאב#2#/ עד |
| 193 | ודקרוב | Lv22:04M | ומן \די | יקרוב/^דקרב#2#^/ודקרוב#2#/ | בכל טמא נפש |
| 194 | למקרב | Ex19:12M | \למקרב בשפולוי | /‹ל›מקרב | בסייפי#2#/ כל דיקרב |
| 195 | | Ex19:12 | דלא למיסק לטורא ודלא | למקרב | בשפולוי כל דיקרב לטורא |
| 196 | | Gn20:06 | כדון לא יהבית לך רשו | למקרב | לוותה: |
| 197 | למקרוב | Ex36:02M | כל די רברב לביה | למק{ור}‹רו›ב | לעבידתה ולמעבד יתה |
| 198 | מלק' | Ex34:30M | ודחלו מלמקרב /ודחלו | מלק#2#/ | לוותיה: |
| 199 | מלמקרב | Dt24:06M | אסרין חתנין וכלתין | מלמקרב | ארום כאשדיות אדם זכיי |
| 200 | | Ex34:30 | דאפוי דמשה ודחלו | מלמקרב | לוותיה: |
| 201 | קרב pael | Nu 9:13 | עמה ארום קרבנה דייי לא | קרב | בזימניה חובוי יקבל גברא |
| 202 | | Nu 7:60 | דחנוכת רבותה דמדבחה | קרב | בר שבטה דבנוי דבנימן |
| 203 | | Gn22:14M | /בשעתא דא#2#/ לי | למקרבא/קרבא#2#/ | ית יצחק ברי למעבד |
| 204 | | Nu 7:19 | | קרב | ית קרבניה פיילי דכסף חדה |
| 205 | | Nu 7:25M | \קרבניה די קרב | /קרב | ית קורבני#2#/ פיילי דכסף |
| 206 | | Nu 7:31M | \קרבניה די קרב | /קרב | ית קורבני#2#/ פיילי |
| 207 | | Nu 7:37M | \קרבניה די | קרב/קרב | ית קורבנה#2#/ פיילי |
| 208 | | Nu 7:43M | \קרבניה די קרב פיילי | /קרב | ית קרבניה פיילה#2#/ דכסף |
| 209 | | Nu 7:49M | \קרבניה דיקרב | /קרב | ית קרבניה#2#/ פיילי דכסף |
| 210 | | Nu 7:61M | \קרבניה די קרב פיילי | /קרב | ית קרבניה פיילה#2#/ דכסף |
| 211 | | Nu 7:67M | \קרבני‹ה› די קרב | /קרב | ית קרבניה#2#/ פיילי דכסף |
| 212 | | Nu 7:79M | "קרבניה ... פיילי": | קרב | ית קרבניה פיילה |
| 213 | | Nu 7:14 | עבידה והיא הוות דדהב | קרב | יתה מלייה ראשי קטרת |
| 214 | | Nu 7:16 | צפיר בר עזין חד | קרב | יתה לחטאתה לשבקות חובין |
| 215 | | Nu 7:20 | עבידה והיא הוות דדהב | קרב | יתה מלייה ראשי קטרת |
| 216 | | Nu 7:26 | עבידה והיא הוות דדהב | קרב | יתה מלייה ראשי בוסמנין |
| 217 | | Nu 7:32 | עבידה והיא הוות דדהב | קרב | יתה מלייה ראשי קטרת |
| 218 | | Nu 7:33 | ואמר חד בר שתה תלתיהון | קרב | ^יתה#2#^ לעלה: |
| 219 | | Nu 7:38 | עבידה והיא הוות דדהב | קרב | יתה מלייה ראשי ^קטורת#2#^ |
| 220 | | Nu 7:44 | עבידה והיא הוות דדהב | קרב | יתה מלייה רישי קטרת |
| 221 | | Nu 7:46 | צפיר עזין בר חד | קרב | יתה לחטאתה לשבקות חובין |
| 222 | | Nu 7:50 | עבידה והיא הוות דדהב | קרב | יתה מלייה ראשי קטרת |
| 223 | | Nu 7:52 | צפיר בר עזין חד | קרב | יתה לחטאתה לשבקות חובין |
| 224 | | Nu 7:56 | עבידה והיא הוות דדהב | קרב | יתה מלייה ראשי קטרת |
| 225 | | Nu 7:62 | עבידה והיא הוות דדהב | קרב | יתה מלייה ראשי קטרת |
| 226 | | Nu 7:68 | עבידה והיא הוות דדהב | קרב | יתה מלייה ראשי קטרת |
| 227 | | Nu 7:74 | עבידה והיא הות דדהב | קרב | יתה מלייה ראשי קטרת |
| 228 | | Nu 7:80 | עבידה והיא הוות דדהב | קרב | יתה מלייה ראשי קטרת |
| 229 | | Nu 7:13 | תרין מ{י}ניה האלין | קרב | יתהון מליין פייליתא ומזרקה |
| 230 | | Nu 7:19 | תרין מנייה האלין | קרב | יתהון מליין פייליתה |
| 231 | | Nu 7:25 | תרין מנייה האלין | קרב | יתהון פייליתה מליין |
| 232 | | Nu 7:31 | תרין מנייא האלין | קרב | יתהון מליין פייליתה |
| 233 | | Nu 7:37 | תרין מנייה האלין | קרב | יתהון מליין פייליתה |
| 234 | | Nu 7:43 | תרין מנייה האלין | קרב | יתהון מליין פייליתה |
| 235 | | Nu 7:49 | תרין מנייה האלין | קרב | יתהון מליין פייליתה |
| 236 | | Nu 7:55 | תרין מנייה האלין | קרב | יתהון מליין פייליתה |
| 237 | | Nu 7:61 | תרין מנייה האלין | קרב | יתהון מליין פייליתה |
| 238 | | Nu 7:67 | תרין מנייה האלין | קרב | יתהון מליין פלייתה ומזרקתה |
| 239 | | Nu 7:73 | תרין מנייה האלין | קרב | יתהון מליין פלייתה |
| 240 | | Nu 7:79 | תרין מנייה האלין | קרב | יתהון מליין פייליתה |
| 241 | | Nu 7:22 | צפיר בר עזין חד | קרב | יתיה לחטאתה לשבקות חובין |
| 242 | | Nu 7:40 | צפיר בר עזין חד | קרב | יתיה לחטאתה לשבקות חובין |
| 243 | | Nu 7:58 | צפיר בר עזין חד | קרב | יתיה לחטאתה לשבקות חובין |
| 244 | | Nu 7:64 | צפיר בר עזין חד | קרב | יתיה לחטאתה לשבקות חובין |
| 245 | | Nu 7:70 | צפיר בר עזין חד | קרב | יתיה לחטאתה לשבקות חובין |
| 246 | | Nu 7:76 | צפיר בר עזין חד | קרב | יתיה לחטאתה לשבקות חובין |
| 247 | | Nu 7:82 | צפיר בר עזין חד | קרב | יתיה לחט«א»תה לשבקות |
| 248 | | Nu29:05 | וצפיר בר עיזין חד | קרב | יתיה לחטאת למכפרה עליכון: |
| 249 | | Nu29:11 | וצפיר בר עזין חד | קרב | יתיה לחטאתה בר מן חטאתה |
| 250 | | Nu29:16 | וצפיר בר עזין חד | קרב | יתיה לחטאתה בר מן עלתה |
| 251 | | Nu29:19 | וצפיר בר עזין חד | קרב | יתיה לחטאתה בר מן עלת |
| 252 | | Nu29:25 | וצפיר בר עזין חד | קרב | יתיה לחטאתה בר מעלת תמידה |
| 253 | | Nu 7:28 | צפיר בר עזין חד | קרב | לחטאתה לשבקות חובין |
| 254 | | Nu 7:34 | צפיר בר עזין חד | קרב | לחטאתה לשבקות חובין |
| 255 | | Nu 7:15 | ואמר חד בר שתה תלתיהון | קרב | לעלה: |
| 256 | | Nu 7:21 | ואמר חד בר שתה תלתיהון | קרב | לעלה: |
| 257 | | Nu 7:27 | ואמר חד בר שתה תלתיהון | קרב | לעלה: |
| 258 | | Nu 7:39 | ואמר חד בר שתה תלתיהון | קרב | לעלה: |
| 259 | | Nu 7:45 | ואמר חד בר שתה תלתיהון | קרב | לעלה: |
| 260 | | Nu 7:51 | ואמר חד בר שתה תלתיהון | קרב | לעלה: |
| 261 | | Nu 7:57 | ואמר חד בר שתה תלתיהון | קרב | לעלה: |
| 262 | | Nu 7:63 | ואמר חד בר שתה תלתיהון | קרב | לעלה: |
| 263 | | Nu 7:69 | ואמ' חד בר שתה תלתיהון | קרב | לעלה: |
| 264 | | Nu 7:75 | ואמר חד בר שתה תלתיהון | קרב | לעלה: |
| 265 | | Nu 7:81 | ואמר חד בר שתה תלתיהון | קרב | לעלה: |
| 266 | | Lv22:27M | דמדנחה פטיר{כ}‹ב›ולי | קרב | לשמך בר תורין ורהט |

|  |  |  |  |  |  |
|---|---|---|---|---|---|
| 267 | | Nu 7:79M | מליין /מאנייה האליין | קרב | מ#2#/ פייליתה ומזרקתה |
| 268 | | Nu 7:49M | \קרב יתהון מליין | /קרב | מליין#2#/ פייליתה ומזרקתה |
| 269 | | Nu 7:61M | יתהון /מאנייה האליין | קרב#2#/ | מליין פייליתה ומזרקתה |
| 270 | | Nu 7:73M | יתהון /מאנייה האליין | קרב#2#/ | מליין פלייתה |
| 271 | | Ex14:10M | \ופרעה קרב /ופרעה | קרב | נכסין לבעיל צפון#2#/ |
| 272 | | Nu 7:13 | וקרבניה די | קרב | פיילי דכסף חדא מאה ותלתין |
| 273 | | Nu 7:25 | קרבניה די | קרב | פיילי דכסף חדה מאה ותלתין |
| 274 | | Nu 7:31 | קרבניה די | קרב | פיילי דכסף חדה מאה ותלתין |
| 275 | | Nu 7:37 | קרבניה די | קרב | פיילי דכסף חדה מאה ותלתין |
| 276 | | Nu 7:43 | קרבניה די | קרב | פיילי דכסף חדה מאה ותלתין |
| 277 | | Nu 7:55 | קרבניה די | קרב | פיילי דכסף חדה מאה ותלתין |
| 278 | | Nu 7:61 | קרבניה די | קרב | פיילי דכסף חדה מאה ותלתין |
| 279 | | Nu 7:67 | קרבני<ה> די | קרב | פיילי דכסף חדה מאה ותלתין |
| 280 | | Nu 7:73 | קרבניה די | קרב | פיילי דכסף חדה מאה ותלתין |
| 281 | | Nu 7:79 | קרבניה די | קרב | פיילי דכסף חדה מאה ותלתין |
| 282 | | Gn15:09 | ואמר ליה | קרב | קדמיי עגלה ברת תלת שנין |
| 283 | | Nu 7:18 | דחנוכת רבותה דמדבחה | קרב | רב שבטה דבנוי דישכר |
| 284 | | Nu 7:30 | דחנוכת רבותה דמדבחה | קרב | רב שבטה דבנוי דראובן |
| 285 | | Nu 7:34M | "קרב לחטאתה": | קרב | רב שבטה לחטאתה |
| 286 | | Nu 7:36 | דחנוכת רבותה דמדבחה | קרב | רב שבטה דבנוי דשמעון |
| 287 | | Nu 7:42 | דחנוכת רבותה דמדבחה | קרב | רב שבטה דבנוי דג{ת}<ד> |
| 288 | | Nu 7:48 | דחנוכת רבותה דמדבחה | קרב | רב שבטה דבנוי דאפר' |
| 289 | | Nu 7:54 | דחנוכת רבותה דמדבחה | קרב | רב שבטה דבנוי דמנשה |
| 290 | | Nu 7:64M | בר עזין חד \קרב יתיה | /קרב | רב שבטה#2#/ לחטאתה לשבקות |
| 291 | | Nu 7:66 | דחנוכת רבותה דמדבחה | קרב | רב שבטה דבנוי דדן אחיעזר |
| 292 | | Nu 7:72 | דחנוכת רבותה דמדבחה | קרב | רב שבטה דבנוי דאשר |
| 293 | | Nu 7:78 | דחנכת מדבחה דרבותה | קרב | רב שבטה דבנוי דנפתלי |
| 294 | | Nu 7:24 | דחנוכת רבותה דמדבחה | קרב | שבטה דבנוי דזבולן אליאב |
| 295 | | Nu 7:17 | ולנכסת קודשיא | קרב | תורין תרין דכרין חמשה |
| 296 | | Nu 7:23 | ולנכסת קודשיה | קרב | תורין תרין דכרין חמשה |
| 297 | | Nu 7:29 | ולנכסת קודשיה | קרב | תורין תרין דכרין חמשה |
| 298 | | Nu 7:35 | ולנכסת קודשיה | קרב | תורין תרין דכרין חמשה |
| 299 | | Nu 7:41 | ולנכסת קודשיה | קרב | תורין תרין דכרין חמשה |
| 300 | | Nu 7:47 | ולנכסת קודשיה | קרב | תורין תרין דכרין חמשה |
| 301 | | Nu 7:53 | ולנכסת קודשיה | קרב | תורין תרין דכרין חמשה |
| 302 | | Nu 7:59 | ולנכסת קודשה | קרב | תורין תרין דכרין חמשה |
| 303 | | Nu 7:65 | ולנכסת קודשיה | קרב | תורין <....> בני שתהון חמשה |
| 304 | | Nu 7:71 | ולנכסת קודשיה | קרב | תורין תרין דכרין חמשה |
| 305 | | Nu 7:77 | ולנכסת קודשיה | קרב | תורין תרין דכרין חמשה |
| 306 | | Nu 7:83 | ולנכסת קודשיה | קרב | תורין תרין דכרין חמשה |
| 307 | קרבו | Lv10:19 | עם משה הא יומא הדן | קרבו | ית חטאתהון וית עלתהון קדם |
| 308 | | Nu17:03 | מרדדין חפיי למדבחה ארום | קרבו | יתהון קדם ייי אתקדשו |
| 309 | קריבו | Nu17:04 | ית מחתיתה דנחשה די | קריבו | יקידיה ורדידו יתהון חפיי |
| 310 | יקרב | Ex29:37 | מדבחא קדש קדשין כל די | יקרב | במדבחא יהווי קד«י»ש: |
| 311 | | Lv 7:16 | נכסת קרבניה ביומא די | יקרב | ית קורבנה יתאכל וביומא |
| 312 | | Lv 6:15 | דמתרבי מן בתרה מן בנוי | יקרב | יתה קיים עלם קדם ייי גמירה |
| 313 | | Lv 7:35M | אקריב/דיק#2#/<די> | יקרב#2#/ | יתהון למשמשה בכהונתה |
| 314 | | Lv 1:03 | דייי דכר שלם מן מום | יקרב | יתיה לרעוה עלוי קדם ייי: |
| 315 | | Lv 1:10 | לעלא דכר שלם מן מום | יקרב | יתיה: |
| 316 | | Lv 3:01 | אין נוקבה שלם מן מו' | יקרב | יתיה קדם ייי: |
| 317 | | Lv 3:06 | דכר או נקבה שלם מן מום | יקרב | יתיה: |
| 318 | | Lv 5:10 | וית תנינא | יקרב | ^יתיה#2#^ עליה כסדר דינא |
| 319 | | Lv 7:12 | אן על אודיה | יקרב | יתיה ויקרב על נכסת קדשיה |
| 320 | | Lv 7:08 | עלתה דגבר משכה דעלתה די | יקרב | לכהנא דידיה יהווי: |
| 321 | | Dt21:17 | ארום ית בכורא ברה דסניתה | יקרב | למיתן ^לה#2#^ חולק בכופלה |
| 322 | | Nu 6:17 | וית דיכרה | יקרב | לניכסת קדשיה קדם ייי על |
| 323 | | Lv 7:11 | אוריתה דנכסת קודשיה די | יקרב | לשמה דייי: |
| 324 | | Lv 7:03 | וית כל תרבה | יקרב | מנה ית אליתה ^וית תרבה |
| 325 | | Lv 7:25 | ייכול תרב מן בעירה די | יקרב | מנה קרבן קדם ייי ותשתצא |
| 326 | | Lv27:09M | \יקרבון מנה קרבן קדם | /יקרב | מנה קרבן לשמ'#2#/ ייי כל |
| 327 | | Lv27:11 | ואן כל בעיר מסאב די לא | יקרב | מנה קדם ייי קרבן ויקים ית |
| 328 | | Lv 1:02 | ותימר ליהון בר נש ארום | יקרב | מנכון קרבן קדם ייי מן |
| 329 | | Lv22:21 | וגבר ארו«ם» | יקרב | נכסת קודשין לשמה דייי לפרש |
| 330 | | Lv17:08 | די יתגיירון ביניכון די | יקרב | עלה או נכיסן: |
| 331 | | Lv 7:13 | על חלין לחם דחמיע | יקרב | קרבני' על נכסת אודיית |
| 332 | | Lv 7:15 | קודשוי ^ביום#2#^ <די> | יקרב | קרבניה יתאכל לא ישתייר מנה |
| 333 | | Lv22:18 | גיוריה די בישראל די | יקרב | קרבניה לכל נדריהון ולכל |
| 334 | יקרבו | Lv 6:07 | ודא גזירת אוריתא דמנחתה | יקרבו | יתה בנוי דאהרן קדם ייי |
| 335 | יקרבון | Nu 7:11 | יום רב שבט חד בכל יום | יקרבון | ית קרבנהון לחנוכת רבותה |
| 336 | | Lv 6:07M | אוריתא דמנחתה | יקרב/<יקר>בון#2#/ | יתה בנוי דאהרן |
| 337 | | Nu 5:09 | דבני ישראל די | יקרבון | לכהנה דידיה יהוי: |
| 338 | | Lv 2:12M | מדבחה לא | יתקבלון/יקרבון#2#/ | לריח דרעוה: |
| 339 | | Lv22:18 | ולכל נסיבתהון די | יקרבון | לשמה {יקרבון לשמה} דייי |
| 340 | | Lv22:18 | די יקרבון לשמה { | יקרבון | לשמה} דייי לעלה: |
| 341 | | Nu18:15 | שרוי וולדה לכל בשרה די | יקרבון | לשמה דייי בבני אנשא |
| 342 | | Lv27:09 | ואן בעיר די | יקרבון | מנה קרבן קדם ייי כל מה די |
| 343 | | Lv17:08M | ביניכון די | יקרב/יקרבון#2#/ | עלה או נכיסן: |
| 344 | | Ex 8:25 | דלא למשלחא ית עמא די | יקרבון | קדם ייי: |
| 345 | | Lv 6:13 | קרבנה דאהרן ודבנוי די | יקרבון | קדם ייי ביומא דירבי יתהון |
| 346 | | Dt33:19 | יזדמנון ותמן | יקרבון | קרבנין דקשוט ארום תוגרת |
| 347 | נקרבה | Lv22:27M | חוביה ולית לן מה | נקרבה | מן עדרי ענינן תורה |
| 348 | | Ex 5:17M | ניזיל | ונקריב/^ונדבח#2#^/נקרבה#2#/ | קדם ייי: |
| 349 | | Ex10:26M | "כמה ... לתמן": מה | נקרבה | קדם ייי עד מעלן תמן |
| 350 | תק' | Dt 1:17M | ופתגמא די יקום באפכון | תק' | |
| 351 | | Ex29:41M | תקרבון /וכנסוכי כן | תק'#2#/ | יתיה לריח דרעוה קרבן |
| 352 | | Ex29:40M | חמר \כהדן סדרא | תקרבון/תק'#2#/ | עם אמרא חדתה/חד#2#/: |
| 353 | תקרב | Ex29:39M | תקרבון /וית אמרה חדה | תקרב#2#/ | בצפרא וית אמרא תנינא |
| 354 | | Lv 2:14 | קלי בנורא גרש פריחין | תקרב | ית מנחת בכוריכון: |
| 355 | | Nu15:10 | וחמר | תקרב | לניסוך פלגות הינה קרבן |
| 356 | | Lv 2:14 | ואם | תקרב | מנחת דביכורין לשמה דייי |
| 357 | | Lv 2:01 | ונפש ארום | תקרב | קרבן מנחה לשמה דייי סלת |
| 358 | | Lv 2:04 | וארו' | תקרב | קרבן מנחה אפיה בתנורא סלת |
| 359 | תקרבון | Nu28:12 | במשח עם דכרה חדתה | תקרבון: | |
| 360 | | Nu28:20 | במשח תלתה עשרונין | תקרבון: | |
| 361 | | Nu28:28 | עשרונין עם דכרא חדתה | תקרבון: | |
| 362 | | Nu29:03 | תרין עשרונין עם דכרא | תקרבון: | |
| 363 | | Nu29:09 | עשרונין עם דכרה חדתה | תקרבון: | |
| 364 | | Dt14:08 | תיכלון ובנבלתהון לא | תקרבון: | |
| 365 | | Lv22:22 | נסיס או דמלי חזזיין לא | תקרבון | אליין קדם ייי וקרבן לא |
| 366 | | Lv22:24 | ונתיק ודמר<י>ס לא | תקרבון | אלין לשמה דייי ובארעכון |
| 367 | | Ex29:36 | ותור לחטאת | תקרבון | בכל יום על כפורא ותרבי ית |
| 368 | | Nu28:24 | כהדן סדרא | תקרבון | בכל יום שבעתי יומיא לחם |
| 369 | | Ex29:39 | ית חד מן אמריה | תקרבון | בצפרא וית אמרא תנינא |
| 370 | | Nu28:04 | ית חד מן אמריה | תקרבון | בצפרא וית אמרא תנינא |
| 371 | | Nu15:08 | וארום | תקרבון | בר תורין עלה או נכסה |
| 372 | | Lv 1:02 | מן תורייה ומן ענה | תקרבון | ית קרבניכון: |
| 373 | | Lv 2:14M | קמ{ה}<ח> דפירוכיין | תקרבון | ית מנ' |
| 374 | | Nu28:23 | דצפרה די לעלתה דתמידה | תקרבון | ית אילין: |

|  |  |  |  |  |  |
|---|---|---|---|---|---|
| 375 | | Nu28:29 | עם אמרא חדתה כהדן סדרא | תקרבון | ית שבעתי אמריה: |
| 376 | | Ex29:41 | וית אמרא תניינא | תקרבון | יתה ביני שמשתה כמנחתה |
| 377 | | Nu28:15 | וצפיר בר עזין | תקרבון | יתה לחטאתה קדם ייי סמיך |
| 378 | | Lv 2:12 | קרבן שירויכון | תקרבון | יתהון קדם ייי ועל גבי |
| 379 | | Dt 1:17 | ופתגמה די יקשי מינכון | תקרבון | יתי לוותי ואשמע יתיה: |
| 380 | | Ex29:39 | בצפרא וית אמרא תנינא | תקרבון | יתיה ביני שמשתא: |
| 381 | | Ex29:41 | דאמר דצפרא וכנסכה | תקרבון | יתיה לריח דרעוה קרבן קדם |
| 382 | | Nu28:04 | בצפרא וית אמרא תנינא | תקרבון | יתיה ביני שמשתה: |
| 383 | | Nu28:08 | דצפרא וכנסוכוי כדן | תקרבון | יתיה קרבן מתקבל לריח |
| 384 | | Nu28:08 | וית אמרא תנינא | תקרבון | יתיה <ביני> שמשתה כמנחתה |
| 385 | | Nu28:10 | עלתה דשבתה ביום שבתה | תקרבון | יתיה סמיכה לעולת תמידה |
| 386 | | Dt15:21 | או סמי כל מום ביש לא | תקרבון | יתיה קדם ייי אלהכון: |
| 387 | | Lv22:25 | {{ומן יד בר עממין}} לא | תקרבון | לחם אלהכון מן כל אלין |
| 388 | | Nu15:10M | וחמר \תקרב לניסוך | /תקרבון | לניסוכיך#2#/ פלגות הינה |
| 389 | | Lv 6:14M | יתה מרסקה מנחת רסוקין | תקרבון | לריח דרעוה לשמה דייי |
| 390 | | Nu15:07 | וחמר לניסוך תלתות הינה | תקרבון | לריח דרעוה קדם ייי: |
| 391 | | Lv 2:13M | \תהוון | מקרבין/תקרבון#2#/ | מלח: |
| 392 | | Nu15:06 | או עם דכרה | תקרבון | מנחה סלת תרין עשרנין פילה |
| 393 | | Lv 2:11 | כל דמחמע וכל דמדבש לא | תקרבון | מניה קרבן קדם ייי: |
| 394 | | Lv11:08 | לא תאכלון ובנבלתהן לא | תקרבון | מסאבין אינון לכון: |
| 395 | | Ex29:38M | וכהדין סידרא די/ | תקרבון | על#2#/ מדבחא אמרין בני |
| 396 | | Nu15:05 | וחמר לנסוך רביעות הינא | תקרבון | על עלתה או לנכסת |
| 397 | | Nu28:11 | ובראשי ירח«י»כון | תקרבון | עלה קדם ייי תורין בני |
| 398 | | Dt12:13 | אזדהרו לכון דלא | תקרבון | עלוותכון בכל היידין אתר |
| 399 | | Dt12:14 | בחר מן שבטיכון תמן | תקרבון | עלוותכון ותמן תעבדון ית |
| 400 | | Ex29:40 | הנה חמר כהדן סדרא | תקרבון | עם אמרא חדתה: |
| 401 | | Nu15:11 | כהדן סידרה | תקרבון | עם תורה חדתה או עם דכרה |
| 402 | | Nu15:12 | די תעבדון כהדין סדרא | תקרבון | עם כל חד כמניינהון: |
| 403 | | Nu28:07 | ונסוכוי חמר רביעות הינה | תקרבון | עם אמרא חדתה במני |
| 404 | | Nu28:12M | במשח \לתור חד ותרין | /תקרבון | עם תורה חתה ותרין#2#/ |
| 405 | | Nu28:13 | סלת מנחה פילה במשח | תקרבון | עם אמרא חתתה עלה ריח |
| 406 | | Nu28:14 | עם תורא ותלתות הינא | תקרבון | עם דכרא ורבעות הינא |
| 407 | | Nu28:14 | עם דכרא ורבעות הינא | תקרבון | עם אמרא חמר דא עלתה די |
| 408 | | Nu28:14 | עמהון פלגות הינא | תקרבון | עם תורא ותלתות הינא |
| 409 | | Nu28:21 | עשרון עשרון מכלתה | תקרבון | עם אמרא חדתה כהדין סדרא |
| 410 | | Nu28:21 | אמרא חדתה כהדין סדרא | תקרבון | עם שבעתיה אמריה: |
| 411 | | Nu28:28 | פילה במשח תלתה עשרונין | תקרבון | עם תורה חדתה תרין עשרונין |
| 412 | | Nu28:29 | עשרון עשרון מכלתה | תקרבון | עם אמרא חדתה כהדין סדרא |
| 413 | | Nu29:03 | במשח תלתה עשרונין | תקרבון | עם תורה תרין עשרונין עם |
| 414 | | Nu29:04 | אמרא חדתה כהדין סדרא | תקרבון | עם שבעתי{ה} אמריה: |
| 415 | | Nu29:04 | ועשרון מכלתה חד | תקרבון | עם אמרא חדתה כהדין סדרא |
| 416 | | Nu29:09 | פילה במשח תלתה עשרונין | תקרבון | עם תורה תרין עשרונין עם |
| 417 | | Nu29:10 | עשרון עשרון מכלתה | תקרבון | עם אמרה חדתה כהדין סידרא |
| 418 | | Nu29:10 | אמרה חדתה כהדין סידרא | תקרבון | עם שבעתי אמריה: |
| 419 | | Nu29:14 | תורה חדתה כהדין סידרא | תקרבון | עם תלת עשרתי תורייא תרין |
| 420 | | Nu29:14 | תורייא תרין עשרונין | תקרבון | עם דכרא חדתא כהדין סידרא |
| 421 | | Nu29:14 | דכרא חדתא כהדין סידרא | תקרבון | עם תרין דכריה: |
| 422 | | Nu29:14 | פילה במשח תלתה עשרונין | תקרבון | עם תורה חדתה כהדין סידרא |
| 423 | | Nu29:15 | ועשרון עשרון מכלתה | תקרבון | עם אמרא חדתא כהדין סידרא |
| 424 | | Nu29:15 | אמרא חדתא כהדין סידרא | תקרבון | עם ארבעת עשרתי <אמרייה>: |
| 425 | | Nu28:03 | להון דן סדר קרבנה די | תקרבון | קדם ייי אמרין בני שתהון |
| 426 | | Nu29:39M | "... במועדיכון": אליין | תקרבון | קדם ייי בזמן חגי מועדי' |
| 427 | | Dt17:01 | לא | תקרבון | קדם ייי אלהכון תור ואמר |
| 428 | | Nu28:31 | עלתה דתמידה ומנחתה | תקרבון | שלמין מן מום יהוון לכון |
| 429 | | Nu29:17 | תנינא דחגא דמטליא | תקרבון | תורין אמרין בני שתהון |
| 430 | | Nu29:20 | תליתיה דחגה דמטלייה | תקרבון | תורין חד עשר דכרין תרין |
| 431 | | Nu29:23 | רביעייה דחגה דמטלייה | תקרבון | תורין עשרה דכרין תרין |
| 432 | | Nu29:26 | חמישייה דחגה דמטלייה | תקרבון | תורין תשעה דכרין תרין |
| 433 | | Nu29:29 | שתיתיה דחגה דמטלייה | תקרבון | תורין תמניה דכרין תרין |
| 434 | | Nu29:32 | שביעיה דחגה דמטלייה | תקרבון | תורין שבעה דכרין תרין |
| 435 | | Nu28:09 | וביומא שבתה | תקרבון | תרין אמרין בני שתהון |
| 436 | תקריב | Lv 6:14 | יתה תופיני מנחה דקצוין | תקריב | לריח דרעוה קדם ייי: |
| 437 | מקרב | Lv 3:01 | קרבניה אין מן תוריה הוא | מקרב | אין דכר אין נוקבה שלם מן |
| 438 | | Lv 3:07 | אין אמ' הוא | מקרב | ית קרבניה ויקרב יתיה קדם |
| 439 | | Nu 7:15M | תלתהון הוה רב שבטה | מקרב | לעולה#2#/: |
| 440 | | Nu 7:33M | "קרב לעלה": הוה רב שבטה | מקרב | לעולה |
| 441 | | Nu 7:51M | "קרב לעלה": הוה רב שבטה | מקרב | לעולה |
| 442 | | Nu 7:21M | "קרב לעלה": הוה רב שבטה | מקרב | לעל' |
| 443 | | Nu 7:21M | \קרב לעלה /הוה רב שבטה | מקרב | לעל'#2#/: |
| 444 | | Nu 7:27M | "קרב לעלה": הוה רב שבטה | מקרב | לעלה |
| 445 | | Nu 7:57M | \קרב לעלה /הוה רב שבטה | מקרב | לעלה#2#/: |
| 446 | | Nu 7:69M | \קרב לעלה /הוה רב שבטה | מקרב | לעלה#2#/% לעלה#2#/: |
| 447 | | Nu 7:75M | לעלה /הווה רב שבטה | מקרב | לעלה#2#/: |
| 448 | | Nu 7:81M | \קרב לעלה /הוה רב שבטה | מקרב | לעלה#2#/: |
| 449 | | Lv21:08M | קדישין יהוון לכון /הוא | מקרב | קדיש יהווי לכון#2#/ ארום |
| 450 | מקרבה | Nu28:14 | חמר דא עלתה די תהווי | מקרבה | בכל ריש ירח וירח |
| 451 | מקרבין | Gn49:27 | בצפרא יהוון כהנייא | מקרבין | אימר תמידא ובמנחתא וביני |
| 452 | | Gn49:27 | שמשייא יהוון מקרבין | {מקרבין} | אימר תמידא ובמנחתא |
| 453 | | Lv 6:13 | בצפרא ופלגותה תהוון | מקרבין | ביני שמשתה: |
| 454 | | Lv 6:13 | בתדירה פלוגתה תהוון | מקרבין | בצפרא ופלגותה תהוון |
| 455 | | Lv23:38 | קרבניה דייי די אתון | מקרבין | בשובי קדשוי דייי בר מן |
| 456 | | Nu28:21M | עם שבעתיה /תהוון | מקרבין | למניין שב'#2#/ אמריה |
| 457 | | Nu28:29M | ית שבעתי /תהוון | מקרבין | למניין שב'#2#/ אמריה: |
| 458 | | Lv 2:13 | על כל קרבניכון תהוון | מקרבין | מלח: |
| 459 | | Gn49:27 | וביני שמשייא יהוון | מקרבין | {מקרבין} אימר תמידא |
| 460 | | Ex29:38 | כהדן סדר' תהוון | מקרבין | על גבי מדבחא אמרין בני |
| 461 | | Nu29:27 | ונסוכיהון מה די תהוון | מקרבין | עם תורייה עם אמרייה ועם |
| 462 | | Nu28:14 | ונסוכיהון מה די תהוון | מקרבין | עמהון פלגות הינא תקרבון |
| 463 | | Nu28:14 | כהדין סדרא תהוון | מקרבין | עמי בכל ראשי ירחי שתא: |
| 464 | | Lv21:08 | ית לחם אלהכון אנון | מקרבין | קדישין יהוון לכון ארום |
| 465 | | Ex13:15 | בעירא בגין כדון אנן | מקרבין | קדם ייי כל פתחי וולדא |
| 466 | | Nu29:39 | כהדן סידרא תהוון | מקרבין | קדם ייי במועדיכון בר מן |
| 467 | | Dt32:38M | /נסי'#2#/ דהוון | מנסכין/מקרבין#2#/ | קדמוי יקום כען |
| 468 | | Dt32:38 | די הוון | מקרבין | קדמוי תרבי נכסי קורבניהון |
| 469 | | Nu28:02 | סדור פתורי מה די אתון | מקרבין | קדמיי הלא אשתא היא דאכלה |
| 470 | | Lv22:27M | ופטרין": דהבינן | מקרבי{נ}ן | קדמך כל שנה ושנה |
| 471 | מקרבן | Ex 8:22 | קדם ייי אלהן הא אין | מקרבן | אנן ית טעוותהון דמצריי |
| 472 | מקריבין | Lv21:06 | דייי לחם אלההון אינון | מקריבין | ויהוון קדישין: |
| 473 | | Lv22:27 | מה דהוויין | מקריבין | ומתכפר על חובינן וכדון |
| 474 | | Nu29:04M | עם שבעתי{ה} /תהוון | מקריבין | למניין ש'#2#/ אמריה: |
| 475 | | Nu29:10M | עם שבעת/תהוון | מקריבין | למניין ש'#2#/ אמריה: |
| 476 | | Nu29:15M | <אמרייה> /תהוון | מקריבין | למניין ארבעת עשרתי |
| 477 | | Nu29:18 | ניסוכיהון מה דיתהוון | מקריבין | עמהון עם תורייה עם |
| 478 | | Nu29:21 | מה די תהוון | מקריבין | עמהון עם תורייה עם |
| 479 | | Nu29:24 | וניסוכיהון די תהוון | מקריבין | עמהון עם תורייה עם |
| 480 | | Nu29:30M | /וחימר מה די תהוון | מקריב«י»ן | עמהון עם תורייה עם |
| 481 | | Nu29:33 | ונסוכיהון מה די תהוון | מקריבין | עמהון עם תוריה עם דכרייה |
| 482 | | Nu29:37 | מה די תהוון | מקריבין | עמהון עם תוריה ועם |

|  |  |  | | | |
|---|---|---|---|---|---|
| 483 | דק' | Lv 7:08M | משכה דעלתה \די | יקרב/דק#2#/ | לכהנא דידיה יהווי: |
| 484 | | Lv22:18M | די בישראל \די | יקרב/דק#2#/ | קרבניה לכל נדריהון |
| 485 | | Lv22:18M | נסיבתהון \די | יקרבון/דק#2#/ | לשמה/קודם#2#/ |
| 486 | דקר' | Nu 7:12M | והוה מן/דן#2#/ | דמקרב/דקר#2#/ | ביומא קדמיה ית |
| 487 | דקרב | Gn22:14 | אמרין בטור מקדשא דייי | דקרב | אברהם ית יצחק ברה ובטורא |
| 488 | | Lv 9:22 | עמה וברך יתהון ונחת מן | דקרב | חטאתה ועלתה ונכסת קודשיה: |
| 489 | | Lv 7:08M | וכהנא | דיתקרב/דקרב#2#/ | ית עלתה דגבר משכה |
| 490 | | Lv 7:16M | קרבניה ביומא \די | יקרב/דקרב#2#/ | ית קורבנה/דבחה#2#/ |
| 491 | | Lv 7:18M | יתקבל ברעוה מן | דמקרב/דקרב#2#/ | יתיה לא יתחשב לה |
| 492 | דיקרב | Nu 7:49 | קרבניה | דיקרב | פיילי דכסף חדה מאה ותלתין |
| 493 | דיקרבון | Lv 2:11 | כל מנחתה | דיקרבון | לשמה דייי לא תתקרב חמיע |
| 494 | דיקריב | Ex29:37M | יהווי קד«י»ש | /דיקריב | על גבי מדבחה יתקדש#2#/: |
| 495 | דמקרב | Nu 7:12 | והוה מן | דמקרב | ביומא קדמיה ית קרבניה |
| 496 | | Lv 7:29 | בני ישראל למימר מן | דמקרב | ית נכסת קודשוי לשמה דייי |
| 497 | | Lv 7:33 | מן | דמקרב | ית נכסת קודשוהי וית תרבה |
| 498 | | Lv 7:09 | ועל מסרייתה לכהנה | דמקרב | יתה לה יהווי: |
| 499 | | Lv 7:18 | לא יתקבל ברעוה מן | דמקרב | יתיה לא יתחשב לה פסיל |
| 500 | | Lv10:03 | די מליל ייי למימר במן | דמקרב | לוותי אתקדש ובאפי כל עמא |
| 501 | | Nu15:04 | ויקרב מן | דמקרב | קרבניה קדם ייי מנחה עשרון |
| 502 | וקרב | Nu23:02 | בלק היך מה דמלל בלעם | וקרב | בלק ובלעם תור ודכר על כל |
| 503 | | Nu27:05 | רבהון אמר לא שמעית | וקרב | משה ית סדר דיניהון קדם |
| 504 | | Lv 9:07 | קרב על גבי מדבחה | וקרב | חטאתך וית עלתך וכפר על ידך |
| 505 | | Lv 8:18 | | וקרב | ית דכרה דעלתה וסמכו אהרן |
| 506 | | Lv 8:22 | | וקרב | ית דכרה תנינא דכרה |
| 507 | | Lv 8:24 | | וקרב | ית בנוי דאהרן ונסב משה |
| 508 | | Lv 9:07 | על ידך ועל ידיהון דעמא | וקרב | ית קרבניהון דעמא וכפר |
| 509 | | Lv 9:15 | | וקרב | ית קרבניהון דעמה ונסב ית |
| 510 | | Lv 9:16 | | וקרב | ית עלתה וקרב יתיה כסדר |
| 511 | | Lv 9:17 | | וקרב | ית מנחתה ומלא כף ידיה מנה |
| 512 | | Nu 7:19M | | קרב/וקרב#2#/ | ית קרבניה פיילי דכסף |
| 513 | | Nu 8:12 | ידיהון על ראשי תורייה | וקרב | ית חד לחט«א»תה וית חד |
| 514 | | Gn22:02 | לך לארע טור מוריה | וקרב | יתה תמן לעלה על חד טוריה |
| 515 | | Gn22:13 | אברהם ונסב ית דכרא | וקרב | יתה לעלה תחות בריה: |
| 516 | | Lv 9:16 | וקרב ית עלתה | וקרב | יתיה כסדר דינה: |
| 517 | | Nu 7:23 | חמשה דן קרבנה דאיתנדב | וקרב | מן נכסיה גרמיה רב שבטה |
| 518 | | Nu 7:29 | חמשה דן קרבנה די אתנדב | וקרב | מן נכסי גרמיה רב שבטה |
| 519 | | Nu 7:35 | דן קרבניה די אתנדב | וקרב | מן נכסי גרמיה רב שבטה |
| 520 | | Nu 7:41 | חמשה דן קרבנה די אתנדב | וקרב | מן נכסי גרמיה רב שבטה |
| 521 | | Nu 7:47 | חמשה דן קרבנה די אתנדב | וקרב | מן נכסיה גרמיה רב שבטה |
| 522 | | Nu 7:53 | חמשה דן קרבנה די אתנדב | וקרב | מן נ«כ»סיה גרמיה רב |
| 523 | | Nu 7:59 | חמשה דן קרבנה די אתנדב | וקרב | מן נכסיה גרמיה רב שבטה |
| 524 | | Nu 7:65 | חמשה דן קרבנה די אתנדב | וקרב | מן נכסיה גרמיה רב שבטה |
| 525 | | Nu 7:71 | דן קורבנה די אתנדב | וקרב | מן נכסיה גרמיה רב שבטה |
| 526 | | Nu 7:77 | דין קרבנה די אתנדב | וקרב | מן נכסיה גרמיה רב שבטה |
| 527 | | Nu 7:83 | חמשה דן קרבנה די אתנדב | וקרב | מן נכסיה גרמיה רב שבטה |
| 528 | | Nu 7:17 | חמשה דן קרבנה די אתנדב | וקרב | מנכסי גרמי{ר}<ה> רב שבטה |
| 529 | | Lv 9:02 | לעלתה שלמים מן מום | וקרב | קדם ייי: |
| 530 | | Gn15:10 | | וקרב | קדמוי ית כל אלין ופסג |
| 531 | | Nu23:14 | רמתה ובנה שבעה מדבחין | וקרב | תור ודכר על כל מדבח: |
| 532 | | Nu23:30 | בלק היך מה דאמר בלעם | וקרב | תור ודבר על כל מדבח: |
| 533 | וקרבו | Lv 9:09 | | וקרבו | בנוי דאהרן ית אדמה לוותה |
| 534 | | Ex32:06 | וסדרון עליהן עלוון | וקרבו | נכסת קודשין ויתבו עמ«א» |
| 535 | | Nu 7:10 | | וקרבו | רברבני ית חנכת מדבחה |
| 536 | וקרבית | Ex19:04 | על כנפי נשירין קלילין | וקרבית | יתכון לאולפן אורייתי: |
| 537 | וקרבנן | Nu31:50 | | וקרבנן | ית קרבנה דייי גבר |
| 538 | וקרבת | Nu23:04 | ית שבעתי מדבחיה סדרת | וקרבת | תור ודכר על כל מדבח: |
| 539 | וקריב | Gn15:10M | \וקרב קדמוי ית | /וקריב | ליה ית#2#/ כל אלין |
| 540 | וקריבו | Nu 7:03M | מן דכל חד | ואקרבו/וקריבו#2#/ | יתהון קדם {ייי} |
| 541 | | Ex24:05 | ישראל וסדרו עליון | וקריבו | נכסת קודשין קדם ייי |
| 542 | | Ex32:06M | \וסדרון עליהן עלוון | /וקריבו | על#2#/ וקרבו נכסת |
| 543 | | Lv10:01 | ושוון עליהון קוטרא | וקריבו | קדם ייי אשא בריה דלא פקד |
| 544 | | Nu 7:02 | | וקריבו | רברבני שבטיה אינון דהוו |
| 545 | | Nu 7:10 | מדבחה ביומא דרבי יתיה | וקריבו | רברבני ית קרבניהון קדם |
| 546 | ויקרב | Lv16:06 | | ויקרב | אהרן ית תורא דחטאתה דמן |
| 547 | | Lv16:09 | | ויקרב | אהרן ית צפירה די סלק |
| 548 | | Lv16:11 | | ויקרב | אהרן ית תורה דחטאתה דמן |
| 549 | | Lv 5:08 | וייתי יתהון לות כהנא | ויקרב | ית די לחטאתה קודמוי |
| 550 | | Lv 8:24M | | וקרב/ויקרב#2#/ | ית בנוי דאהרן ונסב |
| 551 | | Lv14:30 | | ויקרב | ית חד מן שפניניה או מן |
| 552 | | Lv16:20 | משכן זימנא וית מדבחה | ויקרב | ית צפירה דבחיין: |
| 553 | | Lv16:24 | וילבש ית לבושוי ויפוק | ויקרב | ית עלתה וית עלתהון דעמא |
| 554 | | Nu 6:14 | | ויקרב | ית קורבניה קדם ייי אמר בר |
| 555 | | Nu 6:16 | ויקרב כהנא קדם ייי | ויקרב | ית חטאתה וית עלתה: |
| 556 | | Nu 8:12M | /ראש#2#/ תורייה | וקרב/ויקרב#2#/ | ית חד לחט«א»תה |
| 557 | | Lv 2:08 | מן אלין לשמה דייי | ויקרב | יתה לות כהנא ויסדר יתה |
| 558 | | Lv16:09 | עדוה לשם ממריה דייי | ויקרב | יתה לחטאתה: |
| 559 | | Nu 5:16 | | ויקרב | יתה כהנה ויקים יתה קדם |
| 560 | | Nu 5:25 | ית מנחתה קדם ייי | ויקרב | יתה על גבי מדבחה: |
| 561 | | Lv15:15 | | ויקרב | יתהון כהנא חד לחטאתה וחד |
| 562 | | Ex21:06 | רבוני לוות דייניה | ויקרב | יתיה לתרעא או למזוזית' |
| 563 | | Lv 1:15 | | ויקרב | יתיה כהנא על גבי מדבחה |
| 564 | | Lv 3:07 | הוא מקרב ית קרבניה | ויקרב | יתיה קדם ייי: |
| 565 | | Lv 3:12 | גדי בר עיזין קרבניה | ויקרב | יתיה קדם ייי: |
| 566 | | Lv12:07 | | ויקרב | יתיה קדם ייי ויכפר עלה |
| 567 | | Lv14:12 | ויסב כהנא ית אמרה חדתה | ויקרב | יתיה לאשמה וית לוגה דמשחה |
| 568 | | Lv 1:13 | ורגלוי ישיג במיא | ויקרב | כהנא ית כלה ויסדר על גבי |
| 569 | | Lv14:20M | | ויסדר/ויקרב#2#/ | כהנא ית עלתה וית |
| 570 | | Lv15:30 | | ויקרב | כהנא ית חד חטאת' וית חד |
| 571 | | Nu 6:17 | ייי על סלה דפטיריה | ויקרב | כהנא ית מנחתיה וית נסכיה: |
| 572 | | Nu 6:11 | | ויקרב | כהנה חד לחטאתה וחד לעלתה |
| 573 | | Lv 1:14 | עלה קרבנה לשמה דייי | ויקרב | מן שפניניה {או} או מן |
| 574 | | Lv 3:03 | | ויקרב | מן נכסת קדשיה קרבן קדם |
| 575 | | Nu15:04 | | ויקרב | מן דמקרב קרבניה קדם ייי |
| 576 | | Lv 7:14 | | ויקרב | מנה חד מן כל קרבן אפרשו |
| 577 | | Lv 3:14 | | ויקרב | מניה קרבניה קרבן קדם ייי |
| 578 | | Lv 3:09 | | ויקרב | מנכסת קדשיה קרבן קדם ייי |
| 579 | | Lv 4:03 | יתחייב לחובתהון דעמא | ויקרב | על חובתיה די אתחייב תור |
| 580 | | Lv 7:12 | אן על אודיה יקרב יתיה | ויקרב | על נכסת קדשיה חלין פטירין |
| 581 | | Nu15:09 | | ויקרב | עם בר תוריה מנחה סלת תלתה |
| 582 | | Nu15:14 | מה די ביניכון לדריכון | ויקרב | קרבן מתקבל בלריח דרעוה |
| 583 | ויקרבון | Lv 1:05 | בר תורייה קדם ייי | ויקרבון | בנוי דאהרן כהניא ית דמא |
| 584 | | Nu15:24 | כנישתה אתעבדת לשלו | ויקרבון | כל עם כנישתה תור בר |
| 585 | | Ex 8:04 | ומן עמי ואשלח ית עמא | ויקרבון | קדם ייי: |
| 586 | | Lv 4:14 | חובתה די אתחייבו עלה | ויקרבון | קהלא תור בר תורין לחטאתה |
| 587 | ונקרב | Ex 3:18 | תלתא יומין במדברא | ונקרב | קדם ייי אלהן: |
| 588 | | Ex 5:03 | תלתא יומין במדברא | ונקרב | קדם ייי אלהן דלא יערע יתן |
| 589 | | Ex 8:23 | יומין נהלך במדברא | ונקרב | קדם ייי אלה{ו}ן היך מה |
| 590 | | Ex10:25 | בידן נכסין ועל{י}<ו>ן | ונקרב | קדם ייי אלהן: |

|  |  |  |  |
|---|---|---|---|
| 591 | ונקרבא | Ex 3:18M | יומין במדברא ונקרב/ונקרבא#2#/ קדם ייי אלהן: |
| 592 | ונקרבה | Ex 5:03M | יומין במדברא ונקרב/ונקרבה#2#/ קדם ייי אלהן דלא |
| 593 | | Ex 5:08M | למימר ניזיל ונקריב/ונקרבה#2#/ קדם אלהן: |
| 594 | | Ex 8:22M | דמצראי מנהון נסב ונקרבה קדם#2#/ ייי אלהן הא אין |
| 595 | | Ex 8:23M | במדברא ונקרב/<ונקרב>ה#2#/ קדם ייי אלה{ו}ן |
| 596 | | Ex10:25M | ועל{י}<ו>ן ונקרב/ונקרבה#2#/ קדם ייי אלהן: |
| 597 | ונקריב | Ex 5:08 | צווחין למימר ניזיל ונקריב קדם אלהן: |
| 598 | | Ex 5:17 | כדון אתון אמרין ניזיל ונקריב קדם ייי: |
| 599 | ותקרב | Ex29:10 | ותקרב ית תורא קדם משכן זימנא |
| 600 | | Ex29:03 | ותתן יתהון ~לגו סל חד ותקרב יתהון~ בסלא וית תורא וית |
| 601 | | Nu15:27 | ואן נפש חד תתחייב ותקרב עז בר שתה לחטאתה: |
| 602 | ותקרבון | Lv23:12 | ותעבדון ותקרבון ביומא די תניפ{י}<ו>ן ית |
| 603 | | Lv23:16 | תמנון חמישין יומין ותקרבון מנחה מן חדתה קדם ייי: |
| 604 | | Lv23:18 | ותקרבון על לחמה שבעה אמרין בני |
| 605 | | Nu28:27 | ותקרבון עלה לריח דרעוה קדם ייי |
| 606 | | Nu29:02 | ותקרבון עלה לריח דרעוה קדם ייי |
| 607 | | Nu29:08 | ותקרבון עלה קדם ייי לריח דרעוה |
| 608 | | Nu29:13 | ותקרבון עלה קרבן מתקבל לריח |
| 609 | | Nu29:36 | ותקרבון עלה קרבן מתקבל לריח |
| 610 | | Dt12:27 | ותקרבון עלוותכון בשר ודם על |
| 611 | | Ex20:24 | על ארעא תבנון לשמי ותקרבון עלוי ית עלוותכון וית |
| 612 | | Lv23:19 | ותקרבון צפיר בר עזין חד לחטאתה |
| 613 | | Ex 8:24 | הא אנא משלח יתכון ותקרבון קדם ייי אלהכון במדברא |
| 614 | | Nu16:17 | ותתנון עליהון קטרה ותקרבון קדם ייי גבר מחתיתיה |
| 615 | | Nu15:03 | ותקרבון קרבן קדם ייי עלה או |
| 616 | | Lv23:08 | ותקרבון קרבנה לשמה דייי שבעה |
| 617 | | Lv23:25 | דפלחן לא תעבדון ותקרבון קרבנין קדם ייי: |
| 618 | | Lv23:27 | בה ית נפשתכון ותקרבון קרבנין קדם ייי: |
| 619 | | Lv23:36 | קדיש יהווי לכון ותקרבון קרבנין קדם ייי כניסת |
| 620 | | Nu28:19 | ותקרבון קרבנין עלוון קדם ייי |
| 621 | למ' | Lv17:09M | /יעל#2#/ יתיה לקרבה/למ'#2#/ יתיה קדם ייי וישתיצי |
| 622 | למקרבא | Gn22:14 | בזמנא קדמיא דאמרת לי למקרבא ית יצחק ברי למעבד יתה |
| 623 | | Ex 8:22 | דמצריי מנהון נסב למקרב«א» קדם ייי אלהן הא אין |
| 624 | | Ex10:26 | רגל ארום מנהון נסב למקרבא קדם ייי אלהן ואנן לית אנן |
| 625 | למקרבה | Lv21:21 | ית לחם אלהיה לא יקרב למקרבה: |
| 626 | | Nu17:28M | למשכנה /דיקרוב למקרבה במש'#2#/ דייי יתקטל |
| 627 | | Lv21:18 | דאית ביה מום לא יקרב למקרבה גבר סימי או חגיר או פחוס |
| 628 | | Lv 9:22M | ונחת מן \דקרב חטאתה /למקרבה חט'#2#/ ועלתה ונכסת |
| 629 | | Lv 7:38 | די פקד ית בני ישראל למקרבה ית קרבניהון קדם ייי |
| 630 | | Lv21:21M | "יקרב .. בה": יקרוב למקרבה ית קרבנה דייי מום ביה |
| 631 | | Nu 9:07 | דבר נש למה נתמנע דלא למקרבה ית קרבנה דייי בזימניה בגו |
| 632 | | Lv17:04 | זמנה לא אייתי יתיה למקרבה יתיה קרבן קדם ייי קדם |
| 633 | | Lv22:27 | ולהל«ן» יהוי כשר למקרבה יתיה קדם ייי: |
| 634 | | Nu28:02 | ישראל הוון זהירין למקרבה יתיה בזמניה: |
| 635 | | Nu16:09 | מן כנשתה דישראל למקרבה יתכון לוותיה למפלח ית |
| 636 | | Lv21:17 | יהווי ביה מום לא יקרב למקרבה לחם אלהיה: |
| 637 | | Lv21:21 | דאהרן כהנא לא יקרב למקרבה לחם אלהיה מום בה ית לחם |
| 638 | | Nu18:22 | ישראל למשכן זימנה למקרבה למסבול חובין דלא ימותון: |
| 639 | | Nu17:28 | כל די יקרב למקרבה למשכנה דייי יתקטל ה<ו>א |
| 640 | | Ex36:02 | כל די נדב יתיה לבה למקרבה לעבידתה למיעבד יתה: |
| 641 | | Nu15:03 | או בזמני מועדיכון למקרבה לריח דרעוה קדם ייי מן |
| 642 | | Lv22:27 | וכדון דלית לן למקרב{י}ה מן עדרי ענינן יתכפר על |
| 643 | | Lv 9:04 | ותור ודכר לנכסת קדשיה למקרבה קדם ייי ומנחה פילה במשח |
| 644 | | Nu15:13 | יעבד כדן ית אלין למקרבה קרבן מתקבל לריח דרעוה קדם |

|  |  |  |  |
|---|---|---|---|
| 645 | | Lv23:37 | ואירועין קדישין למקרבה קרבנין קדם ייי עלוון |
| 646 | לקרבא | Gn50:01M | תריסר שבטין מיני' לקרבא קרבנ' ומני' קמו ליואי |
| 647 | לקרבה | Lv17:09 | זימנה לא ייתי יתיה לקרבה יתיה קדם ייי וישתיצי גברא |
| 648 | אק' afel | Dt 2:37M | /עמונאי#2#/ לא קרבנ/אק'#2#/ כל \דסמיך לנחל /תחום |
| 649 | אקרב | Nu 3:06 | אקרב ית שבטה דלוי ותקם יתיה |
| 650 | | Ex28:01M | ואת הקרב/אקרב#2#/ לוותך ית אהרן אחוך |
| 651 | | Nu18:02 | שבטה דלוי שבטה דאבוך אקרב לוותך ויזדמנון לוותך |
| 652 | | Gn27:25 | ואמר אקרב לי ואכל מן ציידה דברי |
| 653 | אקריב | Lv 7:35 | קרבנוי דייי ביומא די אקריב יתהון למשמשה בכהונתה רבתה |
| 654 | אקריבו | Lv 6:07M | אחווית מנחתה אקריבו ית' |
| 655 | תקרב | Ex29:08 | וית בנוי תקרב ותלבש יתהון כתנן: |
| 656 | | Ex40:14 | וית בנוי תקרב ותלבש יתהון כתנון: |
| 657 | | Ex29:04 | וית אהרן וית בנוי תקרב לתרע משכן זימנא ותקדש |
| 658 | דיק' | Lv 7:35M | דייי ביומא \די אקריב/דיק'#2#/<די> יקרב#2#/ יתהון |
| 659 | הקרב | Ex28:01 | ואת הקרב לוותך ית אהרן אחוך וית |
| 660 | ואקרב | Lv 8:06 | ואקרב משה ית אהרן וית בנוי |
| 661 | | Lv 8:13 | ואקרב משה ית בנוי דאהרן ואלבש |
| 662 | | Gn48:13M | דישראל \וקרב לוותיה /ואקרב ית' לר'#2#/: |
| 663 | | Lv 8:14 | ואקרב ית תורה דחטאתה וסמך אהרן |
| 664 | | Lv 8:18M | וקרב/ואקרב#2#/ ית דכרה דעלתה וסמכו |
| 665 | | Lv 8:22M | וקרב/ואקרב#2#/ ית דכרה תנינא דכרה |
| 666 | | Lv 9:15M | וקרב/ואקרב#2#/ ית קרבניהון |
| 667 | | Lv 9:16M | וקרב/ואקרב#2#/ ית עלתה וקרב יתיה |
| 668 | | Lv 9:17M | וקרב/ואקרב#2#/ ית מנחתה ומלא כף |
| 669 | | Nu16:10 | ואקרב יתך וית כל אחיכון בנוי |
| 670 | | Nu25:06 | גבר מן בני ישראל אתי ואקרב לוות אחוי ית מדיניתה |
| 671 | | Gn27:25M | יתך נפשי \וקרב ליה /ואקרב לוותה#2#/ ואכל ואייתי |
| 672 | ואקרבו | Nu 7:03 | ותור מן דכל חד ואקרבו יתהון קדם {ייי} <מ>שכנה: |
| 673 | | Nu15:33 | ואקרבו יתיה מן דאשכחו יתיה מגבב |
| 674 | ואקריב | Gn48:10 | ולא הוה יכיל למיחמי ואקריב יתהון לוותיה וגפף יתהון |
| 675 | ואקריבו | Lv 9:09M | וקרבו/ואקריבו#2#/ בנוי דאהרן ית |
| 676 | | Lv 9:12M | ונכס ית עלתה וזמינו/ואקריבו#2#/ בנוי דאהרן לוותיה |
| 677 | | Lv 9:18M | /דאית לעמה#2#/ וזמינו/ואקריבו#2#/ בנוי דאהרן ית |
| 678 | ויקרב | Nu 6:16 | ויקרב כהנא קדם ייי ויקרב ית |
| 679 | ונקרב | Ex21:06 | ונקרב יתיה רבוני לוות דייניה |
| 680 | | Ex40:12 | ותקרב ית אהרן וית בנוי לתרע |
| 681 | | Nu 8:09 | ותקרב ית ליוויי קדם משכן זימנא |
| 682 | | Nu 8:10 | ותקרב ית ליוויי קדם ייי ויסמכון |
| 683 | אתק' etpaal | Ex12:42M | שנין הוה ישחק בזמן די אתק' |
| 684 | אתקרב | Ex12:42 | בר תלתין ושבע שנין כד אתקרב על גבי מדבחא שמיא אתמככו |
| 685 | ית' | Ex12:42M | ושבע שנין כד אתקרב/ית'#2#/ על גבי מדבחא שמיא |
| 686 | יתקרב | Nu28:24 | ייי סמיך לעלת תמידה יתקרב ונסוכוי: |
| 687 | | Nu28:15 | ייי סמיך לעלת תמידה יתקרב ונסכוי: |
| 688 | | Lv 2:08 | ותיתי ית מנחתא די יתקרב מן אלין לשמה דייי ויקרב |
| 689 | תתקרב | Lv 2:07 | קרבנך סלת פילה במשח תתקרב: |
| 690 | | Nu28:10 | יתיה סמיכה לעולת תמידה תתקרב ונסוכה: |
| 691 | | Lv 2:11 | דיקרבון לשמה דייי לא תתקרב חמיע ארום כל דמחמע וכל |
| 692 | | Lv 6:14 | על מסריתה במשח תתקרב מרתחה ייתי יתה תופיני |
| 693 | מתקרבה | Nu29:31 | וצלוחית מיא דהוות מתקרבה ביומא שתיתיה על גבי מדבחה |
| 694 | | Nu28:14M | עלתה די תהווי מקרבה/מתקרבה#2#/ בכל ריש ירח וירח |
| 695 | | Lv 6:13M | מקרבין בצפרא /תיהווי מתקרבה בצ'#2#/ ופלגותה תהוון |
| 696 | | Lv 6:13M | ביני שמשתה /תיהווי מתקרבה ברמשה#2#/: |
| 697 | מתקרבת | Nu28:06M | דאתקרבת/דהוות מתקרבת#2#/ על טורא דסיני לריח |
| 698 | דאתקרבת | Nu28:06 | עלה תדירה היך מה דאתקרבת על טורא דסיני לריח |

|  |  |  | | | |
|---|---|---|---|---|---|
| 699 | דיתקר' | Lv 7:08 | וכהנא | דיתקר' | ית עלתה דגבר משכה דעלתה |
| 700 | למתקרבא | Gn27:27 | בסמניה טביה דעתיד | למתקרבא | עלגבי מדבחא בטור |
| 701 | למתקרבה | Gn27:27M | בסמנין טבין עתידין | למתקרבה | בטור בית מקדשה די ברך |

See also: *vb.* קרי

## קרב *n.* war

[502]

|  |  |  | | | |
|---|---|---|---|---|---|
| 001 | ק' s ab/cn | Dt33:07M | בשלם/בשלם מסדרי | <ק'>#2# | ידוי יתפרען |
| 002 | קרב | Dt 2:24 | ותתגרון לקבלהון סדרי | קרב: | |
| 003 | | Ex13:17M | סדרי \קרבא ויחזרון | /קרב | ויחזרו#2# למצרים: |
| 004 | | Ex 1:10M | מן ארעא /לקובלן סדרי | קרב | ויתרך יתן וניסוק מן |
| 005 | | Nu21:28 | נפקו מן חשבון עבדי | קרב | כשלהביתה נפקו מן קרתא |
| 006 | | Gn49:05 | מרי זיינה שנינה עבדי | קרב | מן טליותיהון בארע |
| 007 | קר' s em/sf | Nu21:33M | קרבה /למסדרה סדרי | קר'#2#/ | לאדרע/באדרעא#2#/: |
| 008 | קרב' | Dt 1:42M | קרבה/לקובליהון סדרי | קרב'#2#/ | ארום לית איקר שכינתי |
| 009 | | Ex20:25M | מינה את<ע>בדו | קרב' | מותא לכולא אסטמר דלא תריק |
| 010 | | Ex 1:10M | /כען ונעוץ יתן סתרי | קרב'#2#/ | עליהון עצן בישן ידון |
| 011 | קרבא | Nu 1:24 | שנין ולעיל כל נפקי | קרבא: | |
| 012 | | Nu 1:26 | שנין ולעיל כל נפקי | קרבא: | |
| 013 | | Nu31:14 | מאויתה דעלו מן חיל | קרבא: | |
| 014 | | Ex14:14 | אמרה נסדר לקבליהון סדרי | קרבא | אמר להון משה לא תדחלון |
| 015 | | Nu 1:03 | שנין ולעל כל נפקי חיל | קרבא | בישראל תיסכמון יתהון |
| 016 | | Nu10:09 | וארום תעלון לסדרי | קרבא | בארעכון על בעלי דבביכון על |
| 017 | | Gn14:08 | וסדרו לקבלתהון סדרי | קרבא | במישר פרדסייא: |
| 018 | | Ex32:17 | ואמר למשה קל סדרי | קרבא | במשריתא: |
| 019 | | Nu27:17 | ודי יעל יתהון מן סדרי | קרבא | בשלם דלא תיהווי כנשתה דייי |
| 020 | | Nu31:21 | עבדי קרבא דעלו מן חיל | קרבא | דא גזירת אוריתה די פקד ייי |
| 021 | | Ex14:06 | ית ארתכוי וית עמא עבדי | קרבא | דבר עמה: |
| 022 | | Nu31:21 | אלעזר כהנא לעמא עבדי | קרבא | דעלו מן חיל קרבא דא גזירת |
| 023 | | Gn49:09 | זכיי נייח ושרי בגו | קרבא | היך אריה וכאריות«א» ולית |
| 024 | | Nu32:06 | האחיכון יעלון לסדרי | קרבא | ואתון תשרון הכה: |
| 025 | | Nu31:27 | תפשי קרבה דנפקין לחיל | קרבא | ובין כל עם כנישתה: |
| 026 | | Dt20:06 | לבייתיה דלא ימות בסדרי | קרבא | וגבר אחרן יפ«ר»ק יתיה: |
| 027 | | Nu27:17 | ודי יפק יתהון לסדרי | קרבא | ודי יעל יתהון מן סדרי קרבא |
| 028 | | Ex13:17 | דעמא כד יחמון סדרי | קרבא | ויחזרון למצרים: |
| 029 | | Dt20:02 | ויהוי כד תקרבון לסדרי | קרבא | ויקרב כהנה וימלל לעמא: |
| 030 | | Ex 1:10 | ויהווי ארום יערע סדרי | קרבא | ויתוספון אינון אף על |
| 031 | | Ex15:09 | אפלג שביתה לעמי עבדי | קרבא | וכד תתמלי מנהון נפשי |
| 032 | | Dt20:19M | עליה סודריה | קרבא | ולמתפוס |
| 033 | | Ex14:20 | קרבו איליין לאליין לסדר | קרבא | כל ליליא: |
| 034 | | Ex14:20M | קרבא /למסדרה סדרי | קרבא#2#/ | כל ליליא: |
| 035 | | Nu21:28M | חשבון וליגיונין עבדי | קרבא | כשלהובית גהינם נפקו מן |
| 036 | | Gn14:09 | ארבעה מלכין סדרו | קרבא | לקבל חמשה ויכלו להון: |
| 037 | | Gn15:01 | כל מלכוותה דארעא ונפלו | קרבא | לקבל אברם ונפלו קדמוהי |
| 038 | | Ex 1:10 | אף על שונאינון ויסדרן | קרבא | לקובלן וישון עליהון מלך |
| 039 | | Gn14:02 | סדרו | קרבא | עם ברע מלכא דסדום ועם |
| 040 | | Ex17:08 | רברבני עמלק וסדרו סדרי | קרבא | עם ישראל ברפידים: |
| 041 | | Ex17:09 | גיברין ופוק וסדר סדרי | קרבא | עם דבית עמלק למחר הא אנה |
| 042 | | Ex17:10 | משה רביה למסדרא סדרי | קרבא | עם דבית עמלק ומשה ואהרן |
| 043 | | Ex17:16 | שאול בר קיש הוא יסדר | קרבא | עם בית עמלק ויקטול מלכין |
| 044 | | Nu31:32 | בזותה די בזזו עמא עבדי | קרבא | ענא שיתין ושבע רבבן וחמשין |
| 045 | | Gn11:04 | עבד' לקבליה סדרי | קרבא | קדם עד לא נדרי על אפי כל |
| 046 | קרבה | Ex32:18M | דנפקין ונצחין לסדרי | קרבה | |
| 047 | | Nu 1:20 | שנין ולעיל כל נפקי | קרבה: | |
| 048 | | Nu 1:22 | שנין ולעיל כל נפקי | קרבה: | |
| 049 | | Nu 1:28 | שנין ולעיל כל נפקי | קרבה: | |
| 050 | | Nu 1:30 | שנין ולעיל כל נפקי | קרבה: | |
| 051 | | Nu 1:32 | שנין ולעיל כל נפקי | קרבה: | |
| 052 | | Nu 1:34 | שנין ולעיל כל נפקי | קרבה: | |
| 053 | | Nu 1:36 | שנין ולעיל כל נפקי | קרבה: | |
| 054 | | Nu 1:38 | שנין ולעיל כל נפקי | קרבה: | |
| 055 | | Nu 1:40 | שנין ולעיל כל נפקי | קרבה: | |
| 056 | | Nu 1:42 | שנין ולעיל כל נפקי | קרבה: | |
| 057 | | Nu 1:45 | <שנין> ולעיל כל נפקי | קרבה: | |
| 058 | | Nu20:21 | לסדרה לקבליהון סדרי | קרבה: | |
| 059 | | Nu31:04 | דישראל תשלחון לחיל | קרבה: | |
| 060 | | Nu31:05 | תרין עשר אלפין מזייני | קרבה: | |
| 061 | | Nu31:42M | גבררייה דאתחילו/לחיל | קרבה#2#/: | |
| 062 | | Nu32:20 | תזיינון קדם ייי לחיל | קרבה: | |
| 063 | | Dt 2:24M | /בהון#2#/ סדרי | קרב/קרבה#2#/: | |
| 064 | | Nu24:20M | {איגחי} <אגח> בהון | קרבה | שאול בר קיש וגמר יתהון |
| 065 | | Nu31:28M | \עמא עבדי /דסדרי | קרבה | אליין דנפקו לחיל#2#/ קרבה |
| 066 | | Ex32:18M | דנצחין בקרבא/בסדרי | קרבה#2#/ | אנה שמע ולא קל חלשין |
| 067 | | Dt 1:42 | לא תסקון ולא תסדרון | קרבה | ארום לית איקר שכינתי מדברה |
| 068 | | Dt 2:05 | לא תתגרון בהון סדרי | קרבה | ארום לא אתן לכון מן ארעהון |
| 069 | | Dt 2:09 | תסדרון לקבליהון סדרי | קרבה | ארום לא אתן לכון מן ארעהון |
| 070 | | Dt 2:19 | תתגרון לקבליהון סדרי | קרבה | ארום לא אתן מן ארעהון דבני |
| 071 | | Nu21:01M | עני ואמ' לעמא עבדי | קרבה | אתון וניפוק נסדרה סדרי |
| 072 | | Nu26:02 | לבית אבהתהון כל נפקי | קרבה | בישראל: |
| 073 | | Gn33:14M | אעול לות רבוני לאגחא | קרבה | בגבולא |
| 074 | | Nu24:20M | מלכייה ואומייה דאגחו | קרבה | בדבית ישראל הוו דבית |
| 075 | | Nu31:53 | עבדי | קרבה | בזזו גבר לנפשיה: |
| 076 | | Nu31:53M | גבר לנפשיה /עמה דחיל | קרבה | בזזו גבר חבריה#2#/: |
| 077 | | Dt33:07 | עמיה תשלם יתיה מן סדרי | קרבה | בשלם ידוי יתפרען לה מן |
| 078 | | Nu31:49M | ראש סכומיהון עמה דחיל | קרבה | דאית בידינן לא אתפקד מינן |
| 079 | | Nu31:49 | ית סכום עמא ע{מ}<ב>די | קרבה | דבידן ולא אסתכם מינהון |
| 080 | | Nu31:27 | ית עדיתה {מ}<בי>ן תפשי | קרבה | דנפקין לחיל קרבא ובין כל |
| 081 | | Nu31:28 | דייי מן לות עמא עבדי | קרבה | דנפקין לחיל קרבה חדא נפש |
| 082 | | Nu24:09M | וכאריוותה ולית /בגו | קרבה | היך אריה והיך אריותה#2#/ |
| 083 | | Dt33:20 | דגד נייח ושרי בגו | קרבה | היך אריא והיך אריוותה לית |
| 084 | | Nu32:27 | לחיל קרבה קדם ייי לסדרי | קרבה | היך מה דרבוני ממלל: |
| 085 | | Nu22:06M | דניכל נסדרה לקובליהון | קרבה | ואטרוד |
| 086 | | Dt 4:34 | באתין ובפרישן ובסדרי | קרבה | וביד תקיפה ובאדרע מנטלה |
| 087 | | Dt28:07 | יפקון לקובליכון לסדרי | קרבה | ובשבע אורחן יערקון |
| 088 | | Dt28:25 | חדא תפקון קדמיהון לסדרי | קרבה | ובשבע אורחן תערקון |
| 089 | | Dt20:05 | לבייתיה דלא ימות בסדרי | קרבה | וגבר אחרן ישכליל יתיה: |
| 090 | | Dt20:07 | לבייתיה דלא ימות בסדרי | קרבה | וגבר אחרן יסב יתה: |
| 091 | | Ex14:13 | אמרה נסדר לקבליהון סדרי | קרבה | וחדא הוות אמרה נלולי |
| 092 | | Nu31:03 | מן לוותכון גברין לחיל | קרבה | ויהוון על מדין למשויא |
| 093 | | Dt24:05 | אתה כשירוי לא יפוק לחיל | קרבה | ולא יעבר עלוי כל מן דעם |
| 094 | | Nu31:06 | בר» אלעזר כהנא לסדרי | קרבה | ומני בית קודשא וחצוצרתה |
| 095 | | Nu24:20 | מסדרה לקבליהון סדרי | קרבה | וסופיהון לאבדן יהווי |
| 096 | | Dt29:06 | דבותנין לקדמותן לסדרי | קרבה | וקטל{נ}«ו»ן יתהון: |
| 097 | | Dt20:10 | למסדרה לקובלה סדרי | קרבה | ותכרזון עלווה מילין דשלם: |
| 098 | | Dt20:12 | ותסדר לקבליכון סדרי | קרבה | ותקפון עליה: |
| 099 | | Nu31:28 | עבדי קרבה דנפקין לחיל | קרבה | חדא נפש מן חמש מאוון מן |
| 100 | | Nu22:11M | למסדרה לקובליהון | קרבה#2#/ | יתהון: |
| 101 | | Nu31:06 | משה אלף מן כל שבט לחיל | קרבה | יתהון וית «פנחס בר» |
| 102 | | Dt 1:41 | קדם ייי אנן נסוק ונסדר | קרבה | ככל מה די פקד יתן ייי אלהן |

|  |  | |  | | | |
|---|---|---|---|---|---|---|
| 103 | | | Nu21:01M | אתון וניפוק נסדרה סדרי | קרבה | כל וקבל {ר}<ד>בית ישראל |
| 104 | | | Nu21:01M | בה ולילייה ונסדרא סדרי | קרבה | כל וקבל דבית ישראל |
| 105 | | | Nu21:28M | מן חשבון עבדי | קרב/<קר>בה#2#/ | כשלהביתה |
| 106 | | | Nu21:33 | הוא וכל עמיה לסדרי | קרבה | לאדרעי: |
| 107 | | | Dt 3:01 | הוא וכל עמיה לסדרי | קרבה | לאדרעי: |
| 108 | | | Dt 2:32 | הוא וכל עמיה לסדרי | קרבה | ליהצה: |
| 109 | | | Nu 8:25 | חמשין שנין יחזור מן חיל | קרבה | לא יפלח עוד: |
| 110 | | | Dt20:19 | סגין למסדרה לקובלה סדרי | קרבה | למכבוש יתה לא תחבלון ית |
| 111 | | | Dt 2:16 | והוה כד די ספו עמא עבדי | קרבה | לממות מן גו עמא: |
| 112 | | | Nu 4:03 | שנין כל דיעול לחיל | קרבה | למעבד עב{ו}<י>דה במשכן |
| 113 | | | Nu 4:23 | יתהון כל די יעול לחיל | קרבה | למפלח פולחן במשכן זימנא: |
| 114 | | | Nu 4:30 | יתהון כל דייעול לחיל | קרבה | למפלח ית פלחן משכן זמנה: |
| 115 | | | Nu 4:35 | <שנין> כל דייעול לחיל | קרבה | למפלח במשכן זמנה: |
| 116 | | | Nu 4:39 | שנין כל די יעול לחיל | קרבה | למפלח משכן זימנה: |
| 117 | | | Nu 4:43 | שנין כל די«י»עול לחיל | קרבה | למפלח במשכון זימנה: |
| 118 | | | Nu 8:24 | שנין ולעיל ייעול לחיל | קרבה | למפלח במשכון זימנא: |
| 119 | | | Nu22:11 | {י}<ד>איכול למסדרה | קרבה | לקבליהון ואטרוד יתהון: |
| 120 | | | Dt 2:14 | עד דסף כל דרא עמא עבדי | קרבה | מן משריתה היך מן די קיים |
| 121 | | | Nu31:36 | חלקהון דעמא דנפקין לחיל | קרבה | מנין ען תלתין ותלת רבוון |
| 122 | | | Dt20:20 | דהיא עבדה עמכון סדרי | קרבה | עד זמן דתכ{נ}<ב>שון יתיה: |
| 123 | | | Dt20:01 | ארום תפקון לסדרי | קרבה | על בעלי דבביכון ותחמון |
| 124 | | | Dt20:03 | קריבין יומא הדין לסדרי | קרבה | על בעלי דבביכון לא יתבר |
| 125 | | | Dt21:10 | ארום תפקון לסדרי | קרבה | על בעלי דבביכון וימסר |
| 126 | | | Dt23:10M | תפקון מישרי/לסדרי | קרבה#2#/ | על בעלי דבביכון |
| 127 | | | Nu21:01 | די סליקו בה ילליה וסדרו | קרבה | עם ישראל ושבון מנהון |
| 128 | | | Nu21:23 | ואתה ליהצה וסדרו | קרבה | עם ישראל: |
| 129 | | | Nu21:26 | דאמוריי הוות והוא סדר | קרבה | עם מלכיהון דמואביי קדמייה |
| 130 | | | Nu24:20 | ואמר שרוי אומיה דסדרו | <קרבה> | עם ישראל עמלקיי ובעקבה |
| 131 | | | Nu32:27 | יעברו כל דמזיין לחיל | קרבה | קדם ייי לסדרי קרבה היך מה |
| 132 | | | Nu32:29 | ית ירדנה כל דמזיין לחיל | קרבה | קדם ייי ותתכ{נ}<ב>ש ארעא |
| 133 | | | Nu31:48M | /דאית [ל]אלפייה דחיל | קרבה#2#/ | רברבני אלפי ורברבני |
| 134 | | | Nu31:06M | /<כהנא> רבה לחיל | קרבה#2#/ | ומני/ומאני#2#/ |
| 135 | קרבי | | Ex15:09M | לעמי עבדי | קרבא/קרבי#2#/ | וכד תתמלי מנהון נפשי |
| 136 | בקרבא | | Ex32:18 | ולא קל חלשין דמתנצחין | בקרבא | אנה שמע קל מקלסין בפלחנא |
| 137 | | | Ex32:18 | לא קל גברין דנצחין | בקרבא | אנה שמע ולא קל חלשין |
| 138 | לקרבא | | Gn49:17 | ודחלתו על שנאוי נפק | לקרבא | לקבל שנאוי ומקטל מלכין עם |
| 139 | | | Gn49:11 | יהודה אסר חרציה ונפק | לקרבא | על שנאוי ומקטל מלכין עם |
| 140 | לקרבה | | Dt33:17 | כל אומייה דארעא נפקין | לקרבה | לקבל בעלי דבביהון ולקבל |
| 141 | קרבוי | p em/sf | Nu34:15 | פרת דעלוי סדר נצחני | קרבוי | דייי מדעבדין ומנהרא רובא |
| 142 | קרביא | | Ex15:03 | ייי גוברא עבד | קרביא | ייי שמיה כשמיה כן גבורתיה |
| 143 | | | Gn40:23 | דייי דמתילא בספר | קרביא | לייט יהוי בר נשא די תרחץ |
| 144 | קרביהון | | Gn49:05 | עבדו נצחנן | קרביהון: | |
| 145 | | | Ex14:25 | עתיד למעבד להון נצחני | קרביהון} | אוף על ימא דסוף: |
| 146 | | | Ex14:25 | דהוה עבד להון נצחני | קרביהון | עד אינון יהיבין במצרים |
| 147 | | | Ex14:25 | עתיד למעבד להון נצחני | קרביהון | {עד אינון יהיבין במצרים |
| 148 | קרבייה | | Nu21:14 | דייי דמתילה בספר | קרבייה | נסייה ^וגבורתא#2#^ דעבד |
| 149 | קרביכון | | Dt 3:22 | דעבד לכון סדר נצחני | קרביכון: | |
| 150 | | | Ex14:14 | הוא עבד לכון נצחני | קרביכון | וכיתא דהוות אמרה גלוולי |
| 151 | | | Dt 1:30 | הוא יעבד לכון נצחני | קרביכון | ככל מה די עבד ייי עמכון |
| 152 | | | Dt20:04 | למסדרה לכון סדרי | קרביכון | עם בעלי דבביכון למשיזבה |
| 153 | קרבינן | | Ex13:08 | עבד ייי לן נצחני | קרבינן | באפקותן פריקין מן מצרים: |

## קרבה *n.* waterskin [503]

|  |  | |  | | | |
|---|---|---|---|---|---|---|
| 001 | וקרבה | s ab/cn | Gn21:14M | להגר שווי על /מזון | וקרבה | דמים ויהב להגר שיוי |
| 002 | קרבתא | s em/sf | Gn21:19M | ומלת ית \זיקא מיא | /קרבתא | מים#2#/ ואשקיית ית טליא: |
| 003 | קרבתיה | | Gn21:15M | מיא מן | זיקא/קרבתיה#2#/ | וטלקת ית טליא תחות |

## קרבו *v.n.* bringing near [503]

|  |  | |  | | | |
|---|---|---|---|---|---|---|
| 001 | בקרבות׳ | s em/sf | Ex30:20M | ימותון או | בקרובותהון/בקרבות׳#2#/ | על גבי מדבחא |
| 002 | בקרבותהון | | Nu 3:04 | ומית נדב ואביהוא | בקרבותהון | אשא בריה קדם ייי במדברה |
| 003 | | | Nu26:61 | ומית נדב ואביהוא | בקרבותהון | אשא בריה קדם ייי: |
| 004 | | | Nu 8:19M | ישראל /מות מחבל | בקרבותהון | בני יש׳#2#/ |
| 005 | | | Nu 8:19 | בבני ישראל רגוז | בקרבותהון | דבני ישראל לבית קודשה: |
| 006 | | | Nu 4:19 | ולא ימותון | בקרב{תו}<ות>הון | לבית קודש קדשיה |
| 007 | | | Ex28:43 | למשכן זימנא א{ן}<ו> | בקרבותהון | על גב מדבחא למשמשא בגו |
| 008 | | | Lv16:01 | דאהרן כהנא רבה | בקרבותהון | קרבן יתיר דלא בזמנה קדם |
| 009 | בקרבותכון | | Nu28:26 | וביומא דביכורייא | בקרבותכון | מנחה מן חדתה קדם ייי |
| 010 | בקרובותהון | | Ex30:20 | במיא דלא ימותון או | בקרובותהון | על גבי מדבחא למשמשא |
| 011 | ובקרבותיהון | | Ex40:32 | למשכן זימנא | ובקרבותיהון | על גבי מדבחה יתקדשון |

## קרבן *n.* sacrifice [קורבן 484]

|  |  | |  | | | |
|---|---|---|---|---|---|---|
| 001 | קרבן | s ab/cn | Lv 6:13M | דאהרן ודבנוי די | /קרבן | אהרן ובנוי די#2#/ |
| 002 | | | Lv 7:14 | ויקרב מנה חד מן כל | קרבן | אפרשו לשמה דייי לכהנא דזרק |
| 003 | | | Lv14:32 | די לא ארעת ידה למייתיה | קרבן | ביום דכותיה: |
| 004 | | | Lv 1:09 | ית כלה על גבי מדבחא עלה | קרבן | דמתקבל לריח דרעוא קדם ייי: |
| 005 | | | Lv23:18 | דייי ומנחתהון ונסכהון | קרבן | דמתקבל לריח דרעוה קדם ייי: |
| 006 | | | Lv 9:15M | /ואקרב#2#/ ית | קרבניהון/<קר>בן#2#/ | דעמה ונסב ית |
| 007 | | | Ex29:25 | עלתה לריח דרעוא קדם ייי | קרבן | הוא קדם ייי: |
| 008 | | | Lv 8:21 | עלה הוא לריח דרעוה | קרבן | הוא היך מה פקד ייי ית |
| 009 | | | Lv 8:28M | הני{ף}<ן> לריח דרעוה | קרבן | \הוא קדם ייי /מתקבל הוא |
| 010 | | | Lv27:11 | די לא יקרב מנה קדם ייי | קרבן | ויקים ית בעירה קדם כהנה: |
| 011 | | | Ex29:09 | כהונתה לקיים עלם ותשלם | קרבן | ידוי דאהרן וקרבן ידיהון |
| 012 | | | Lv16:32 | יתיה ודי ישלם ית | קרבן | ידוי למשמשה בכהונתה רבתה |
| 013 | | | Lv21:10 | דרבותה וישל«ם» ית | קרבן | ידוי למלבש ית לבושיה ית |
| 014 | | | Ex28:41 | ותרבי{ה} יתהון ותשלם ית | קרבן | ידיהון ותקדש יתהון וישמשון |
| 015 | | | Ex29:29 | בהון ולמשלמה בהון ית | קרבן | ידיהון: |
| 016 | | | Ex29:33 | די יכפר בהון למשלמה ית | קרבן | ידיהון למקדשא יתהון |
| 017 | | | Ex29:35 | שבעה יומין תשלמון ית | קרבן | ידיהון: |
| 018 | | | Ex29:35M | ית קרבן /תשלם | קרבן#2#/ | ידיהון: |
| 019 | | | Nu 3:03 | כהניה די מרבין די אשלמו | קרבן | ידיהון למשמשה בכהנתה רבתה: |
| 020 | | | Ex32:29 | ואמר משה אשלימו | קרב{ו}<ן> | ידיכון יומא הדין קדם |
| 021 | | | Lv 8:33 | ארום שבעה יומין ישלם ית | קרבן | ידיכון: |
| 022 | | | Lv16:01 | כהנא רבה בקרבותהון | קרבן | יתיר דלא בזמנה קדם ייי די |
| 023 | | | Lv 3:16 | כהנא על גבי מדבחה לחם | קרבן | לריח דרעוה כל תרבה לשמה |
| 024 | | | Lv27:09M | מנה קרבן קדם /יקרב מנה | קרבן | לשמ׳#2#/ ייי כל מה די |
| 025 | | | Lv 3:11 | כהנא על גבי מדבחה לחם | קרבן | לשמה דייי: |
| 026 | | | Lv 2:01 | ונפש ארום תקרב | קרבן | מנחה לשמה דייי סלת יהוי |
| 027 | | | Lv 2:04 | וארו׳ תקרב | קרבן | מנחה אפיה בתנורא סלת חלין |
| 028 | | | Lv 2:13 | וכל | קרבן | מנחתיכון במלח תמלחון ולא |
| 029 | | | Ex29:18M | \קרבן קדם ייי הוא | /קרבן | מתקבל הוא לשמה דייי#2#/: |
| 030 | | | Lv 1:13 | על גבי מדבחא עלה הוא | קרבן | מתק«ב»ל לריח דרעוא קדם |
| 031 | | | Lv 1:17 | די על אשתה עלה הוא | קרבן | מתקבל לריח דרעוה קדם ייי: |
| 032 | | | Lv 2:02 | ית אדכרתה על גבי מדבחה | קרבן | מתקבל לריח דרעוה קדם ייי: |
| 033 | | | Lv 2:09 | ויסדר על גבי מדבחה | קרבן | מתקבל ברעוה לריח קדם ייי: |
| 034 | | | Lv 3:05 | די על קיסיה די על אשתה | קרבן | מתקבל לריח דרעוה קדם ייי: |

|  |  |  |  |
|---|---|---|---|
| 035 | | Lv23:13 | עשרונין סלת פילה במשח קרבן מתקבל לריח דרועה לשמה דייי |
| 036 | | Lv24:07M | קדם ייי /מזונה לאדכרה קרבן מתקבל לשמה דייי#2/: |
| 037 | | Nu15:10 | תקרב לניסוך פלגות הינה קרבן מתקבל לריח דרועה קדם ייי: |
| 038 | | Nu15:13 | יעבד כדן ית אלין למקרבה קרבן מתקבל לריח דרועה קדם ייי: |
| 039 | | Nu15:14 | ביניכון לדריכון ויקרב קרבן מתקבל בלריח דרועה קדם ייי |
| 040 | | Nu18:17 | מדבחה וית תרביהון תסדר קרבן מתקבל לריח דרועה לשמה |
| 041 | | Nu28:08 | כדן תקרבון יתיה קרבן מתקבל לריח דרועה קדם ייי: |
| 042 | | Nu28:08M | קדם ייי /לריח דרועה קרבן מתקבל לשמה דייי#2/: |
| 043 | | Nu28:24 | בכל יום שבעתי יומיא לחם קרבן מתקבל ברעוה קדם ייי סמיך |
| 044 | | Nu29:06M | דרועה \קדם ייי מתקבל /קרבן/ מתקבל לריח דרועה לשמה |
| 045 | | Nu29:13 | ותקרבון עלה קרבן מתקבל לריח דרועה קדם ייי |
| 046 | | Nu29:36 | ותקרבון עלה קרבן מתקבל לריח דרועה קדם ייי |
| 047 | | Nu28:19M | ותקרבון \קרבנין עלוון /קרבן/ עולה#2/ קדם ייי תורין |
| 048 | | Ex29:18 | לשמה דייי לריח דרעוא קרבן קדם ייי הוא: |
| 049 | | Ex29:41 | תקרבון יתיה לריח דרעוה קרבן קדם ייי יתקבל: |
| 050 | | Lv 1:02 | בר נש ארום יקרב מנכון קרבן קדם ייי מן בעירא מן תורייה |
| 051 | | Lv 2:11 | דמדבש לא תקרבון מניה קרבן קדם ייי: |
| 052 | | Lv 2:16 | ומן טובה על כל לבונתה קרבן קדם ייי: |
| 053 | | Lv 3:03 | ויקרב מן נכסת קדשיה קרבן קדם ייי ית תרבא דחפי ית |
| 054 | | Lv 3:09 | ויקרב מנכסת קדשיה קרבן קדם ייי תרב{ת}ה אליתה |
| 055 | | Lv 3:14 | ויקרב מניה קרבניה קרבן קדם ייי ית תרבה דח{כ}<פ>י |
| 056 | | Lv 7:05 | יתהון כהנא על גבי מדבחה קרבן קדם ייי אשמה הוא: |
| 057 | | Lv 7:25 | מן בעירה די יקרב מנה קרבן קדם ייי ותשתצא נפשה די |
| 058 | | Lv17:04 | אייתי יתיה למקרבה יתיה קרבן קדם ייי קדם משכנה דייי אדם |
| 059 | | Lv27:09 | ואן בעיר די יקרבון מנה קרבן קדם ייי כל מה די יפרש מינה |
| 060 | | Nu15:03 | ותקרבון קרבן קדם ייי עלה או נ{ס}כ<ס>ה |
| 061 | | Nu28:06 | טורא דסיני לריח דרעווה קרבן קדם ייי מתקבל: |
| 062 | | Nu28:13 | אמרא חתתה עלה ריח דרועה קרבן קדם ייי מתקבל: |
| 063 | | Lv 2:12 | קרבן שירויכון תקרבון יתהון קדם |
| 064 | דקור' | Lv 3:11M | על גבי מדבחה לחם קרבן/דקור'#2/ לשמה דייי: |
| 065 | וקרבן | Dt33:10 | טבין וכליין רוגזך וקרבן גמיר «ברעווה על גבי |
| 066 | | Dt33:11 | שבטה דבנוי דלוי וקרבן ידוי תקבל» ברעווה תבר |
| 067 | | Ex29:09 | קרבן ידוי דאהרן וקרבן ידיהון דבנוי: |
| 068 | | Lv22:22 | תקרבון אליין קדם ייי וקרבן לא תתנון מנהון על גבי |
| 069 | לקרבן | Lv 4:33M | יתה/ית חטאתה#2/ לחטאתה/לקרבן דחטאתה#2/ באתרה די |
| 070 | קורבנה s em/sf | Lv23:14 | עד זמן דתייתון ית קורבנה דאלהכון קיים עלם לדריכון |
| 071 | | Nu 7:71 | בני שתהון חמשה דן קורבנה די אתנדב וקרב מן נכסיה |
| 072 | | Lv 7:16 | ביומא די יקרב ית קורבנה יתאכל וביומא דבתרה ומה |
| 073 | קורבנה' | Nu 7:37M | די קרב/קרב ית קורבנה'#2/ פיילי דכסף חדה מאה |
| 074 | קורבני' | Nu 7:25M | די קרב /קרב ית קורבני'#2/ פיילי דכסף חדה מאה |
| 075 | | Nu 7:31M | די קרב /קרב ית קורבני'#2/ פייל/פיילה#2/ דכסף |
| 076 | קורבניה | Nu 6:14 | ויקרב ית קורבניה קדם ייי אמר בר שתה שלם |
| 077 | קר' | Lv 3:12M | "גדי ... קרבניה": מן עז קר' |
| 078 | קרבנ' | Gn50:01M | שבטין מיני' לקרבא קרבנ' ומני' קמו ליואי |
| 079 | קרבנא | Lv 7:30M | ית קרבנו/^<קרב>נא#2#^/קרבנה#2/ ית תרבה על |
| 080 | קרבנה | Lv 6:13 | דין קרבנה דאהרן ודבנוי די יקרבון |
| 081 | | Nu 7:23 | בני שתהון חמשה דן קרבנה דאיתנדב וקרב מן נכסיה |
| 082 | | Nu 7:17 | בני שתהון חמשה דן קרבנה די אתנדב וקרב מנכסי |
| 083 | | Nu 7:29 | בני שתהון חמשה דן קרבנה די אתנדב וקרב מן נכסי |
| 084 | | Nu 7:41 | בני שתהון חמשה דן קרבנה די אתנדב וקרב מן נכסי |
| 085 | | Nu 7:47 | בני שתהון חמשה דן קרבנה די אתנדב וקרב מן נכסיה |
| 086 | | Nu 7:53 | בני שתהון חמשה דן קרבנה די אתנדב וקרב מן |
| 087 | | Nu 7:59 | בני שתהון חמשה דן קרבנה די אתנדב וקרב מן נכסיה |
| 088 | | Nu 7:65 | בני שתהון חמשה דן קרבנה די אתנדב וקרב מן נכסיה |
| 089 | | Nu 7:77 | בני שתהון חמשה דין קרבנה די אתנדב וקרב מן נכסיה |
| 090 | | Nu 7:83 | בני שתהון חמשה דן קרבנה די אתנדב וקרב מן נכסיה |
| 091 | | Nu28:03 | ותימר להון דן סדר קרבנה די תקרבון קדם ייי אמרין |
| 092 | | Lv21:21M | יקרוב למקרבה ית קרבנה דייי מום ביה |
| 093 | | Nu 9:07 | נתמנע דלא למקרבה ית קרבנה דייי בזימניה בגו בני |
| 094 | | Nu 9:13 | ההוא מן גו עמה ארום קרבנה דייי לא קרב בזימניה חובוי |
| 095 | | Nu31:50 | וקרבנן ית קרבנה דייי גבר מידהווינן עללין |
| 096 | | Lv 7:30M | ית קרבנו/^<קרב>נא#2#^/קרבנה#2/ ית תרבה על |
| 097 | | Lv 1:03 | אן עלה קרבנה לשמה דייי דכר שלם מן מום |
| 098 | | Lv 1:14 | ואם מן עופא עלה קרבנה לשמה דייי ויקרב מן |
| 099 | | Lv23:08 | ותקרבון קרבנה לשמה דייי שבעה יומין |
| 100 | | Nu 5:15 | לוות כהנה וייתי ית קרבנה עלה עשרון מכלתה קמח |
| 101 | | Lv27:11M | מנה \קדם ייי קרבן /קרבנה/ קודם ייי#2/ ויקים ית |
| 102 | קרבנהון | Nu16:15 | ייי לא תקבל ברעווה ית קרבנהון לא חמרא דחד מנהון אטענת |
| 103 | | Nu 7:11 | חד בכל יום יקרבון ית קרבנהון לחנוכת רבותה דמדבחה: |
| 104 | | Nu18:09 | קדשיה מן אשתא כל קרבנהון לכל מנחתהון ולכל חטאתהון |
| 105 | קרבני | Gn 4:08M | לדידך אתקביל ברעוא קרבני וקרב' |
| 106 | | Nu28:02 | ישראל ותימר להון ית קרבני לחמי לחם סדור פתורי מה די |
| 107 | | Gn 4:08 | טבין מן דידך אתקביל קרבני מני ברעוא קרבנך מינך לא |
| 108 | קרבני' | Lv 1:10 | ואם מן ענה קרבני' מן אמריה או מן גדיא דבני |
| 109 | | Lv 7:13 | על חלין לחם דחמיע יקרב קרבני' על נכסת אודיית קודשוי: |
| 110 | קרבניה | Nu 7:12 | דמקרב ביומא קדמיה ית קרבניה נחשון בר עמינדב מן שבטה |
| 111 | | Gn 4:04 | ברעווא ית הבל וית קרבניה: |
| 112 | | Lv 1:14 | מן גוזליה בני יונה ית קרבניה: |
| 113 | | Lv 3:01 | ואין נכסת קודשין קרבניה אין מן תוריה הוא מקרב אין |
| 114 | | Lv 7:16 | ואין נדר או נדבה נכסת קרבניה ביומא די יקרב ית קורבנה |
| 115 | | Gn 8:21 | וקבל ייי ברעווה ית קרבניה דנח ואמר ייי במחשבת לבה |
| 116 | | Lv 5:11 | בני יון וייתי ית קרבניה די אתחייב עשרין מכלתה סלת |
| 117 | | Nu 7:25 | קרבניה די קרב פיילי דכסף חדה מאה |
| 118 | | Nu 7:31 | קרבניה די קרב פיילי דכסף חדה מאה |
| 119 | | Nu 7:35 | בני שתהון חמשה דן קרבניה די אתנדב וקרב מן נכסי |
| 120 | | Nu 7:37 | קרבניה די קרב פיילי דכסף חדה מאה |
| 121 | | Nu 7:43 | קרבניה די קרב פיילי דכסף חדה מאה |
| 122 | | Nu 7:55 | קרבניה די קרב פיילי דכסף חדה מאה |
| 123 | | Nu 7:61 | קרבניה די קרב פיילי דכסף חדה מאה |
| 124 | | Nu 7:67 | קרבני<ה> די קרב פיילי דכסף חדה |
| 125 | | Nu 7:73 | קרבניה די קרב פיילי דכסף חדה מאה |
| 126 | | Nu 7:79 | קרבניה די קרב פיילי דכסף חדה מאה |
| 127 | | Lv23:38 | בר מן קרבניה דייי די אתון מקרבין בשובי |
| 128 | | Nu 7:49 | קרבניה דיקרב פיילי דכסף חדה מאה |
| 129 | | Lv 3:02 | ויסמוך ידיה על ראש קרבניה ויכוס יתיה בתרע משכן זמנא |
| 130 | | Lv 3:08 | ית ידיה על ריש קרבניה ויכוס יתיה קדם משכן זימנ' |
| 131 | | Lv 3:07 | אין אמ' הוא מקרב ית קרבניה ויקרב יתיה קדם ייי: |
| 132 | | Lv 3:12 | ואין גדי בר עיזין קרבניה ויקרב יתיה קדם ייי: |
| 133 | | Lv 2:01 | לשמה דייי סלת יהוי קרבניה ויריק עליה משח ויתן עליה |
| 134 | | Lv 7:15 | ^ביום#2#^ <די> יקרב קרבניה יתאכל לא ישתייר מנה עד |
| 135 | | Lv 4:32 | ואין אימר ייתי קרבניה לחטאתה נקבה שלמה מן מום |
| 136 | | Lv 7:29 | לשמה דייי ייתי ית קרבניה לייי מן נכסת קודשוי: |
| 137 | | Lv22:18 | די בישראל די יקרב קרבניה לכל נדריהון ולכל נסיבתהון |
| 138 | | Lv 3:06 | ואין מה מן ענה קרבניה לנכיסת קודשיה לשמה דייי |
| 139 | | Nu 7:43M | די קרב פיילי /קרב ית קרבניה פיילה#2/ דכסף חדה מאה |
| 140 | | Nu 7:61M | די קרב פיילי /קרב ית קרבניה פיילה#2/ דכסף חדה מאה |
| 141 | | Nu 7:79M | קרב ית קרבניה פיילה |
| 142 | | Nu 7:19 | קרב ית קרבניה פיילי דכסף חדה מאה ותלתין |

|  |  |  |  |  |  |  |
|---|---|---|---|---|---|---|
| 143 | | | Nu 7:49M | דיקרב /קרב ית | קרבניה#2#/ | פיילי דכסף חדה מאה |
| 144 | | | Nu 7:67M | די קרב /קרב ית | קרבניה#2#/ | פיילי דכסף חדה מאה |
| 145 | | | Lv 4:23 | דאתחייב עלה וייתי ית | קרבניה | צפיר בר עזין דכר שלם מן |
| 146 | | | Lv 4:28 | די אתחייב וייתי ית | קרבניה | צפירת בר עזין שלמה על |
| 147 | | | Nu 6:21 | אוריתה דנזירה די ידר | קרבני<ה> | קדם ייי על נזירותיה |
| 148 | | | Nu15:04 | ויקרב מן דמקרב | קרבניה | קדם ייי מנחה עשרון מכלתה |
| 149 | | | Lv 3:14 | ויקרב מניה | קרבניה | קרבן קדם ייי ית תרבה |
| 150 | קרבנך | | Gn 4:08 | מן בגלל מה איתקבל | קרבנך | ברעוא וקרבני מני לא אתקב' |
| 151 | | | Gn 4:08 | אתקביל קרבני מני ברעוא | קרבנך | מינך לא אתקביל ברעוא ענה |
| 152 | | | Gn22:10 | דלא נבעוט יתך ויתפסיל | קרבנך | מנך ונדחי לגובה דחבלא |
| 153 | | | Lv 2:05 | ואין מנח{ח}<ה> על מסרת' | קרבנך | סלת פילן במשח פטיר תהוי: |
| 154 | | | Lv 2:07 | ואם מנחת מרתחה | קרבנך | סלת פילה במשח תתקרב: |
| 155 | קרבנן | | Gn22:10M | נפרכס ונערבבה וישתכח | קרבנן | פסיל ונהוי חייב מות בידי |
| 156 | בקרבנה | | Dt10:20M | תצלון ויתיה תפלחון | בקרבנה | ובמימרה תדבקון ובשמיה |
| 157 | וקרב' | | Gn 4:08M | אתקביל ברעוא קרבני | וקרב' | |
| 158 | וקרבני | | Gn 4:08 | מה איתקבל קרבנך ברעוא | וקרבני | מני לא אתקב' ברעוא: ענה |
| 159 | וקרבניה | | Nu 7:13 | | וקרבניה | די קרב פיילי דכסף חדא |
| 160 | ולקרבניה | | Gn 4:05 | ולקין | ולקרבניה | לא קבל ברעווא ובאש לקין |
| 161 | קרבנין | p abs | Dt33:19 | יזדמנון ותמן יקרבון | קרבנין | דקשוט ארום תוגרת ימייא |
| 162 | | | Lv23:08M | ותקרבון | קרבנה/קרבנין#2#/ | לשמה דייי שבעה |
| 163 | | | Nu28:19 | ותקרבון | קרבנין | עלוון קדם ייי תורין |
| 164 | | | Ex30:20 | מדבחא למשמשא למסדרה | קרבנין | קדם ייי: |
| 165 | | | Lv23:25 | לא תעבדון ותקרבון | קרבנין | קדם ייי: |
| 166 | | | Lv23:27 | בה ית נפשתכון ותקרבון | קרבנין | קדם ייי: |
| 167 | | | Lv23:36 | יהווי לכון ותקרבון | קרבנין | קדם ייי כניסת חדווה היא |
| 168 | | | Lv23:37 | ואירועין קדישין למקרבה | קרבנין | קדם ייי עלוון ומנחוון |
| 169 | קרבני | p const | Lv22:27 | ברכתה אלין תלתי קרבני | קרבני | תלתי אבהת עלמא אינון |
| 170 | | | Lv10:15 | וניעה דאנפותה על | קרבני | תרביה ייתון למנפה אנפו |
| 171 | קורבנוי | p em/sf | Dt18:08 | ויכלון בר מן מותרי | קורבנוי | די אחסינו להון אבהתהון: |
| 172 | | | Dt18:01 | חולק ואחסנה עם ישראל | קורבנוי | דייי ואחסנותיה יאכלון: |
| 173 | קורבניא | | Dt18:01M | עם ישראל | קורבנוי/קורבניא#2#/ | דייי ואחסנותיה |
| 174 | קורבניהון | | Dt32:38 | קדמוי תרבי נכסי | קורבניהון | וחמר ניסוכיהון דהוון |
| 175 | קורבנינן | | Lv22:27M | שנה ושנה והוו{ינ}ן | קורבנינן | מכפרין לן על חובינן |
| 176 | קרבנוי | | Lv 2:03 | ולבנוהי קדש קדשים מן | קרבנוי | דייי: |
| 177 | | | Lv 2:10 | ולבנוי קדש קדשים מן | קרבנוי | דייי: |
| 178 | | | Lv 4:35 | יתהון על גבי מדבחה על | קרבנוי | דייי ויכפר עלוי כהנא על |
| 179 | | | Lv 5:12 | ויסדר על גבי מדבחא על | קרבנוי | דייי חטאתה היא: |
| 180 | | | Lv 7:35 | ורבותהר' דבנוי מן | קרבנוי | דייי ביומא די אקריב יתהון |
| 181 | | | Lv10:12 | ית מנחתה די אשתיירת מן | קרבנוי | דייי ואכלו יתה פטירין |
| 182 | | | Lv10:13 | וחולקהון דבניך היא מן | קרבנוי | דייי ארום כדן אתפקדית: |
| 183 | | | Lv19:08 | יתה חובוי יקבל ארום ית | קרבנוי | דייי אפס ותשתיצי נפשה |
| 184 | | | Lv21:06 | שמה דאלההון ארום ית | קרבנוי | דייי לחם אלההון אינון |
| 185 | | | Lv24:09 | קדש קדשין הוא לה מן | קרבנוי | דייי לקיים עלם: |
| 186 | | | Dt10:09 | חלק ואחסנה עם אחוי | קרבנוי | דייי אינון אחסנתיה היך מה |
| 187 | | | Dt18:02 | לא יהווי ליה ביני אחוי | קרבנוי | דייי אנון אחסנותיה היך מה |
| 188 | | | Lv 7:30 | ידי{י}ו<י> יתון ית | קרבנוי | ית תרבה על ניעה ייתי יתיה |
| 189 | | | Lv 6:11 | קיים עלם לדריכון מן | קרבנוי | כל דיקרב' בהון יהוי קדיש: |
| 190 | | | Lv 6:10 | חלקהר' יהבית יתה מן | קרבנוי | קדיש קדישין הוא כחטאת' |
| 191 | קרבני | | Lv22:27 | ית סדר ברכתה אלין תלתי | קרבני | קרבני תלתי אבהת עלמא |
| 192 | קרבניה | | Gn49:27 | יהוון מפלגין מותרו | קרבניה | דבני ישראל: |
| 193 | קרבניהון | | Ex24:11 | דייי והוון חדיין על | קרבניהון | דאתקבלון היך אכלון והיך |
| 194 | | | Lv 9:07 | דעמא וקרב ית | קרבניהון | דעמא וכפר על ידיהון |
| 195 | | | Lv 9:15 | וקרב ית | קרבניהון | דעמה ונסב ית צפירה |
| 196 | | | Lv 7:38 | בני ישראל למקרבה ית | קרבניהון | קדם ייי במדברא דסיני: |
| 197 | | | Nu 7:03 | ואייתון ית | קרבניהון | קדם ייי שית עגלן מזווגן |
| 198 | | | Nu 7:10 | יתיה וקריבו רברבני ית | קרבניהון | קדם מדבחה: |
| 199 | | | Nu15:25 | הווה ואינון אייתון ית | קרבניהון | קדם ייי וחובתהון קדם ייי |
| 200 | קרבנייה | | Nu 7:12M | קדמיה ית | קרבניה/<קרב>נייה#2#/ | נחשון בר עמינדב |
| 201 | | | Gn 8:21M | ייי ברעווה ית | קרבניה/קרבנייה#2#/ | דנח ואמר ייי |
| 202 | | | Lv 7:13M | יקרב \קרבני' על נכסת | /קרבנייה | על נכיסת#2#/ אודיית |
| 203 | קרבניכון | | Lv 1:02 | ומן ענה תקרבון ית | קרבניכון: | |
| 204 | | | Lv26:31 | ולא אקבל ברעווה בריח | קרבניכון: | |
| 205 | | | Lv 2:13 | מעילוי מנחתכון על כל | קרבניכון | תהוון מקרבין מלח: |
| 206 | קרבנינן | | Lv22:27 | עידן דתדכר לן | קרב«נ»ינן | מה דהוויין מקריבין |

## קרוח *adj.* white-spotted [503]

|  |  |  |  |  |  |  |
|---|---|---|---|---|---|---|
| 001 | קרוח | s ab/cn | Gn30:32M | תמן כל אמר \קרח ונמר | /קרוח | ונמור#2#/ וכל אמר לחוש |
| 002 | | | Gn30:33M | די לית הוא \קרח ונמר | /קרוח | ונמור#2#/ בעיזייא ולחוש |
| 003 | קרח | | Lv13:40 | ארום יתמרט שער רישיה | קרח | הוא דכי הוא: |
| 004 | | | Gn30:32 | הדן אפרש מן תמן כל אמר | קרח | ונמר וכל אמר לחוש באמרייא |
| 005 | | | Gn30:33 | קדמיך כל די לית הוא | קרח | ונמר בעיזייא ולחוש באימריא |
| 006 | וקרח | | Gn30:32 | אמר לחוש באמרייא ונמר | וקרח | בעזייא ויהוי אגרי: |
| 007 | קרוחא | s em/sf | Gn30:35M | וית כל עזיא | קרוחתא/קרוחא#2#/ | ונמורתא כל דאית ביה |
| 008 | קרוחין | p abs | Gn31:08M | כדין הוה אמר | קרחין/קרוחין#2#/ | יהוי אגריך הוות |
| 009 | | | Gn30:39 | ענה על חסריא וילדת ענה | קרוחין | נמורין ומקדדין: |
| 010 | | | Gn31:10 | והא גדיא דסלקין על ענא | קרוחין | נמורין ומקדדין: |
| 011 | | | Gn31:12 | כל גדיא דסלקין על ענה | קרוחין | נמורין ומקדדין ארום גלי |
| 012 | קרחין | | Gn31:08 | אן כדין הוה אמר | קרחין | יהוי אגריך הוות ילדה כל |
| 013 | קרוחי | p em/sf | Gn30:35 | ביומא ההוא ית תישיא | קרוחי | ונמוריה וית כל עזיא |
| 014 | קרוחיא | | Gn30:40 | ושוי אפי ענה לקבל | קרוחיא | וכל לחוש בעניה דלבן |
| 015 | קרוחייא | | Gn30:40M | /קלוקביל#2#/ | קרוחיא/קרוחייא#2#/ | וכל לחוש בעניה |
| 016 | | | Gn30:35M | ההוא ית תישיא | קרוחי/קרוחייא#2#/ | ונמוריה וית כל |
| 017 | קרוחתא | | Gn30:35 | ונמוריה וית כל עזיא | קרוחתא | ונמורתא כל דאית ביה שומה |

## קרוש *n.* cold, frost [492 s.v. קירוש]

|  |  |  |  |  |  |  |
|---|---|---|---|---|---|---|
| 001 | וקרושא | s em/sf | Gn31:40M | \וקלשא בלילי«א» | וקרושא/ | בליל#2#/ ואתנדדת שנתי |

## קרח *adj.* ⇐ קרוח

## קרחה *n.* bald spot [504]

|  |  |  |  |  |  |  |
|---|---|---|---|---|---|---|
| 001 | בקורחתה | s em/sf | Lv13:55M | /בחדתו>תא#2#/ | /בקורחתה | או בגלשלשנותה#2#/: |
| 002 | בקרחותיה | | Lv13:43 | מכתשה חוורה וסמוקה | בקרחו«תיה» | או בגלשנותיה כחזיו |
| 003 | בקרחתה | | Lv13:42 | סמוק צרעה מהלכה היא | בקרחתה | או בגלשונתה: |
| 004 | | | Lv13:42 | וארום יהוי | בקרחתה | או בגלושנתה מכתש חוור |

## קרי *vb.* to call [504]

|  |  |  |  |  |  |  |
|---|---|---|---|---|---|---|
| 001 | קרא | peal | Gn41:52 | וית שמה דתניינא | קרא | אפרים ארום תקף יתי ייי |
| 002 | | | Lv 9:01 | לסוף שבעתי יומי אשלמותה | קרא | משה לאהרן ולבנוי ולחכימי |
| 003 | | | Lv 1:01 | עמיה מן קדם ייי בכן | קרא | דבירה למשה ומליל ייי עמיה |
| 004 | | | Gn 1:10 | ארעא ולבית כנישות מיא | קרא | יממא וגלי קדם ייי ארום |
| 005 | | | Dt31:14 | למתכנשה בשלם מן גו עלמא | קרא | ית יהושע ואתעתדו במשכן |
| 006 | | | Gn16:14 | בגין כדן | קרא | לבארה באר' דאתגלי עלה קיים |
| 007 | | | Gn26:18 | וקרא להן שמהן כשמהתא די | קרא | להון אבוי: |
| 008 | | | Gn31:47 | לבן איגר שהדותא ויעקב | קרא | ליה בלשון בית קדשא גלעד: |
| 009 | | | Gn 2:19 | לות אדם למחמי מה הוא | קרא | ליהון וכל מה דהווה אדם קרי |
| 010 | | | Gn 1:05 | לנהורא אימם' ולחשוכא | קרא | לליא והוא רמש והוה צפר סדר |

| | | | | | |
|---|---|---|---|---|---|
| 011 | | Dt 6:04M | "כניש ... ואקים": | קרא | לתרין עשרתי בנוי ואק' |
| 012 | | Nu13:24 | לאתרה ההוא | קרא | נחל סגולה על עסק סגולה די |
| 013 | | Gn11:09 | בגין כדן | קרא | שמה ב{כ}<ב>ל ארו' כדן |
| 014 | | Gn19:22 | דתיעול לתמן בגין כדין | קרא | שמה דקרתא זער: |
| 015 | | Gn21:31 | על כן | קרא | שמה דאתרה ההוא באר שבע |
| 016 | | Gn25:30 | משלהי אנה בגין כדין | קרא | שמה אדום: |
| 017 | | Gn31:48 | יומא הדין בגין כדין | קרא | שמה גלעד: |
| 018 | | Gn33:17 | עבד מטלין בגין כדין | קרא | שמה דאתרא סכות: |
| 019 | | Gn50:11 | תקיף הוא למצראי בגין כן | קרא | שמה אבל מצרים די בעבר |
| 020 | | Ex15:23 | מרירין אינון בגין כדן | קרא | שמה מרה: |
| 021 | | Gn25:23M | מיניה לעלמי עלמין בגין | קרא | שמיה יעקב |
| 022 | | Gn29:34 | ליה תלתא בנין בגין כדן | קרא | שמיה ול{ו}<י>: |
| 023 | | Gn32:03 | מן ידי תריהון בגין כן | קרא | שמיה דאתרא ההוא מחנים: |
| 024 | | Ex20:05 | בתר אבהתהן להון אנה | קרא | שנאיי: |
| 025 | קראין | Dt 2:11M | הוון | קריין/קראין#2#/ | להון אומתנייה |
| 026 | | Dt 2:20M | הוון | קר{ו}<י>ן/קרא{ו}<י>ן#2#/ | להון זמתנייה |
| 027 | קראת | Gn29:35 | ונשבח קדם ייי בגין כדין | קראת | שמה יהודה וקמת מן למילד: |
| 028 | | Gn30:06 | ויהב לי בר בגין כדן | קראת{{י}} | שמ«ה» דן: |
| 029 | קרון | Gn26:33M | באר שבע /מן בגין | קרון | שמ' דקרתא בארה דשבע#2#/ |
| 030 | קרי | Dt17:19M | \ותיהווי עמיה ויהוי | קרי | ביה כל יומוי חיויי |
| 031 | | Ex31:03 | עמיה רוח דנב{י}<ו> | קר{ב}<י> | דקדש מן קדם ייי בחכמה |
| 032 | | Gn31:46M | לבנוהי דהוה | קרי | להון בלשון בית קודשא אחוי |
| 033 | | Gn 2:19 | ליהון וכל מה דהוה אדם | קרי | ליה בלשן בית קדשה נפש החיה |
| 034 | | Gn35:18 | בר צערי ואבוי ^הוה#2#^ | קרי | ליה בלשון בית קדשה |
| 035 | | Ex33:07 | רחיק מן משריתא והוי | קרי | ליה משכן זימנא והוה כל מן |
| 036 | | Ex33:07M | מן משריתא \והוי | קרי/קרי#2#/ | ליה משכן זימנא והוה |
| 037 | קריין | Dt 3:09 | פירוי ואמוריי הוון | קריין | יתיה שניר: |
| 038 | | Gn47:21M | מן בגלל דלא יהוון | קריין | לאחוי מטלטליא וג{י}לוליא |
| 039 | | Lv13:45M | מסאבה מסאבה יהווין | קריין | לה ולא עני יתהון רחוק מן |
| 040 | | Dt 4:07M | כל שעה דאנן | קריין | לה הוא עניין |
| 041 | | Gn47:21M | {ל}<א>חו<י> דיוסף דלא | קריין | להון אכסניי גלוליי |
| 042 | | Dt 2:11 | גובריי ומואביי הוון | קריין | להון אומתנייה: |
| 043 | | Dt 3:09 | צידוניי הוון | קריין | לטור תלגה טורא דמסרי |
| 044 | קרין | Nu22:20M | לך אתו גבריא /אין | קרין | להון ית{ה}ון גוב'#2#/ קום |
| 045 | | Dt 2:20 | ועמוניי הוון | קר{ו}<י>ן | להון זמתנייה: |
| 046 | | Ex 2:20 | למה כען שבקתון ית גברא | קרין | ליה וייכל מזון: |
| 047 | קרת | Gn30:11M | משתודהון לאומה | וקראת/קרת#2#/ | ית שמיה גד: |
| 048 | | Gn30:06M | /ביר בגין כן | קרת#2#/ | שמ«ה» דן: |
| 049 | יקרא | Gn46:33 | ויהוי ארום | יקרא | לכון פרעה ויאמר מה היא |
| 050 | נקרי | Gn24:57 | ואמרו | נקרי | לרביתה ונשאל ית פמה: |
| 051 | תקרא | Dt31:11 | אלהכון באתרה די יתרעי | תקרא | ית אורייתה הדה לקבל כל |
| 052 | תקרי | Gn17:15 | לאברהם שרי אתתך לא | תקרי | ית שמה שרי ארום שרה שמה: |
| 053 | דקרא | Gn26:33 | יתיה שבעה בגין כדן שמה | דקרא | לבארה באר שבע עד זמן יומא |
| 054 | וקר' | Gn 5:29 | | וקר' | ית שמיה נח למימר דן ינחם |
| 055 | וקרא | Gn20:09 | | וקרא | אבימלך לאברהם ואמ' ליה |
| 056 | | Gn26:09 | | וקרא | אבימלך ליצחק ואמר לחוד |
| 057 | | Gn21:03 | | וקרא | אברהם ית שם בריה דאתיליד |
| 058 | | Gn16:15 | וילידת הגר לאברם בן | וקרא | אברם שמה דברה {{ישמעאל}} |
| 059 | | Ex32:05M | ובנה מדבח קדמוי | ואכרז/וקרא#2#/ | אהרן ואמר חגא קדם |
| 060 | | Nu12:05 | וקם לה בתרע משכנה | וקרא | אהרן ומרים ונפקו |
| 061 | | Gn41:51 | | וקרא | יוסף ית שמה דבכורה מנשה |
| 062 | | Gn32:31 | | וקרא | יעקב שמה דאתרא ^ההוא#2#^ |
| 063 | | Gn35:15 | | וקרא | יעקב ית שמה דאתרא די מלל |
| 064 | | Gn49:01 | | וקרא | יעקב לבנוי ואמר להון |
| 065 | | Gn28:01 | | וקרא | יצחק ליעקב וברך יתה ופקד |
| 066 | | Ex12:21 | | וקרא | משה לכל חכמיה דישראל |
| 067 | | Ex36:02 | | וקרא | משה לבצלאל ולאהליאב |
| 068 | | Lv10:04 | | וקרא | משה למישאל ולאלצפן |
| 069 | | Nu11:03 | | וקרא | משה שמה דאתרה ההוא |
| 070 | | Nu13:16 | למיללה ית ארעא דכנען | וקרא | משה להושע בר נון |
| 071 | | Dt 5:01 | | וקרא | משה לכל ישראל ואמר להון |
| 072 | | Dt29:01 | | וקרא | משה לכל ישראל ואמר להון |
| 073 | | Dt31:07 | | וקרא | משה ליהושע ואמר ליה קדם |
| 074 | | Ex 8:21 | | וקרא | פרע' למשה ולאהרן ואמר |
| 075 | | Gn 2:20 | | וקרא | אדם שמהן לכל בעירא ולעופא |
| 076 | | Ex35:30M | הא רבי מימריה ייי | וקרא | בשם טב בצ' |
| 077 | | Lv 1:01M | ייי \בכן קרא דבירה | /וקרא | דב"#2/ למשה ומליל ייי |
| 078 | | Gn 3:20 | | וקרא | האדם שמה איתתיה חוה ארום |
| 079 | | Gn 3:09 | | וקרא | ייי אלהים לאדם ואמר ליה הא |
| 080 | | Gn 4:26 | ולשת אף הוא אתיליד בר | וקרא | ית שמיה אנוש בכדין שרו |
| 081 | | Gn 5:03 | בדמותיה כד נפק בה | וקרא | ית שמה שת: |
| 082 | | Gn27:01 | עיינו«י» מן למחמי | וקרא | ית עשו בריה רבא ואמר ליה |
| 083 | | Gn27:41 | וחזר ואוליד ית שת | וקרא | ית שמיה על שמיה הא אנה |
| 084 | | Gn28:19 | | וקרא | ית שמה דאתרא ההוא ביתאל |
| 085 | | Gn35:10 | אלהן ישראל יהוי שמך | וקרא | ית שמיה ישראל:» |
| 086 | | Gn41:08 | רוחיה דפרעה ושלח | וקרא | ית כל חרישיהון דמיצראי וית |
| 087 | | Gn41:14 | ושלח פרעה | וקרא | ית יוסף וארהטו יתיה מן |
| 088 | | Ex12:42 | דייי והוה נהורא ונהר | וקרא | יתה לילי קדמיא לילי תנינא |
| 089 | | Nu32:41 | אזל וכבש ית כפרניהון | וקרא | יתהון כופרני דיאיר: |
| 090 | | Dt 3:14 | גשורייה {{ואפיקירוס}} | וקרא | יתהון על שמה ית |
| 091 | | Gn26:33 | | וקרא | יתיה שבעה בגין כדן שמה |
| 092 | | Ex12:42 | עיינוי על שכלוליהון | וקרא | יתיה ליל תנינא ליליא |
| 093 | | Ex12:42 | בני בוכרי אינון ישראל | וקרא | יתיה לילי תליתיא לילי |
| 094 | | Ex12:42M | בוכרה הנון ישראל | וקרא | יתיה לילין תנין ליליא תלת |
| 095 | | Ex24:07 | ונסב ספר קיימא | וקרא | כשמעון דעמא ואמרין כל מה |
| 096 | | Ex 9:27 | ושלח פרעה | וקרא | למשה ולאהרן ואמר להון |
| 097 | | Ex12:31 | | וקרא | למשה ולאהרן בליליא ואמר |
| 098 | | Ex24:16 | יתיה ענגא שיתא יומין | וקרא | למשה ביומא שביעיא מן גו |
| 099 | | Gn31:04 | ושלח יעקב | וקרא | לרחל וללאה לאפי ברא לוות |
| 100 | | Gn31:54 | ונכס יעקב נכסין בטורא | וקרא | לאחוי למיכל לחם ואכלו לחם |
| 101 | | Gn35:07 | ובנה תמן מדבח | וקרא | לאתרא דאתגלי עלוי תמן |
| 102 | | Gn47:29 | יומוי דישראל למימת | וקרא | לבנוי ליוסף ואמר ליה אן |
| 103 | | Gn31:47 | | וקרא | לה לבן איגר שהדותא ויעקב |
| 104 | | Nu32:42 | ית קנת וית כופרניה | וקרא | לה נבח בשמה: |
| 105 | | Ex34:31 | | וקרא | להון משה וחזרו לוותיה |
| 106 | | Gn26:18 | מן בתר דמית אברהם | וקרא | להן שמהן בשמהתא די קרא |
| 107 | | Ex 7:11 | | וקרא | לחוד פרעה לחכימיא ולחרשיא |
| 108 | | Ex19:07 | ואתא משה | וקרא | לחכימי עמא וסדר קדמיהון ית |
| 109 | | Gn22:11 | | וקרא | ליה מלאכא דייי מן שמיא |
| 110 | | Ex 3:04 | ארום סטה משה למחמי | וקרא | ליה ממריה דייי מן גו סניה |
| 111 | | Ex19:03 | למתבע אולפן מן קדם ייי | וקרא | ליה דבירה דייי מן טורא |
| 112 | | Gn20:08 | ואקדם אבימלך בצפרא | וקרא | לכל שלטוי ומלל ית «כל» |
| 113 | | Ex19:20 | דסיני על ריש טורא | וקרא | מימריה דייי למשה מן טורא |
| 114 | | Gn21:17 | ושמיע ייי ית קליה דטליא | וקרא | מלאכא דייי להגר מן שמיא |
| 115 | | Gn22:15 | | וקרא | מלאכה דייי לאברהם זמן |
| 116 | | Ex 1:18 | | וקרא | מלכא דמצרים לחייתא ואמר |
| 117 | | Gn 1:05 | | וקרא | ממרא דייי לנהורא אימ' |
| 118 | | Gn 1:08 | | וקרא | ממרא דייי לרקיעא שמיא והוה |

|  |  |  |  |  |  |
|---|---|---|---|---|---|
| 119 | | Gn 1:10 | | וקרא | ממרא דייי ליבשת׳ ארעא |
| 120 | | Gn12:18 | | וקרא | פרעה לאברם ואמר מה הי׳ דא |
| 121 | | Gn41:45 | | וקרא | פרעה שמ׳ דיוסף גברא |
| 122 | | Ex 8:04 | | וקרא | פרעה למשה ולאהרן ואמר |
| 123 | | Ex10:24 | | וקרא | פרעה למשה ולאהרן ואמר |
| 124 | | Gn 4:17 | ית חנוך והוה בני קריה | וקרא | שמה דקרתה כשמיה דבריה |
| 125 | | Gn26:20 | למימר דינן אנן מיא | וקרא | שמה דבארה עשק ארום אתעשקו |
| 126 | | Gn26:21 | באר חורי ואדינו אף עלה | וקרא | שמה שטנה: |
| 127 | | Gn26:22 | חורי ולא אדינו עליה | וקרא | שמה רחובות ואמר ארום כען |
| 128 | | Gn35:18 | דנפשה ארום מיתה הוה | וקרא | שמה בר צערי ואבוי ^הוה#2#^ |
| 129 | | Gn38:30 | די על ידיה זהוריתא | וקרא | שמה זרח: |
| 130 | | Ex17:07 | | וקרא | שמה דאתרא נסיוניה |
| 131 | | Nu11:34 | | וקרא | שמה דאתרה ההוא קברי שאלתה |
| 132 | | Nu21:03M | וקרון /קורייהון | וקרא#2#/ | שמה דאתרה \ההוא#2#/ |
| 133 | | Gn35:08 | ואתקברת מן תחות בלותה | וקרא | שמיה דבלוט בכיתה: |
| 134 | | Gn38:29 | תקפת ועתיד למתקף ברי | וקרא | שמיה פרץ: |
| 135 | וקרא׳ | Gn 4:25 | עוד ית אתתיה וילדת בר | וקרא׳ | ית שמיה שת ארום שוי לי |
| 136 | וקראן | Gn24:58 | | וקראן | לרבקה ואמרן לה הא תזלין |
| 137 | וקראת | Ex31:02 | חמי משה דמנית | וקראת | בשם טב דרבן בצלאל בר |
| 138 | | Gn19:38 | אף היא ילידת בר | וקראת | ^ית#2#^ שמה בר עמי הוא |
| 139 | | Gn30:11 | למגדעא משתודהון לאומה | וקראת | ית שמיה גד: |
| 140 | | Gn30:13 | ישראל בבתי כנישותא | וקראת | ית שמה אשר: |
| 141 | | Ex 2:08 | אזלי ואזלת רביתיה | וקראת | ית אמיה דטליא: |
| 142 | | Gn30:08 | לאחתי לחוד אשתמעת | וקראת | שמה נפתלי: |
| 143 | | Gn30:20 | ילדית לי שתא בנין | וקראת | שמה זבולן: |
| 144 | | Gn29:32 | ועברת לאה וילדת בר | וקראת | שמיה ראובן ארום אמרת |
| 145 | | Gn29:33 | אנא ויהב לי אף ית דין | וקראת | שמיה שמעון: |
| 146 | | Gn30:18 | די יהבת אמתי לבעלי | וקראת | שמיה יששכר: |
| 147 | וקרה | Gn 5:02 | ברה יתהון וברך יתהון | וקרה | ית שמון אדם ביומא דברא {ד} |
| 148 | וקרון | Ex16:31 | | וקרון | בני ישראל ית שמיה מנה |
| 149 | | Nu32:38 | שורין רמין וית שבמה | וקרון | בשמהן ית שמהת דקוריין |
| 150 | | Gn19:05 | | וקרון | ללוט ואמרין ליה אן אנון |
| 151 | | Gn25:25 | כו<ליה כ>כלן דשער | וקרון | שמה <...>: |
| 152 | | Nu21:03 | יתהון וית קריהון | וקרון | שמה דאתרה חרמה: |
| 153 | וקריית | Ex31:02M | "דמנית ... טב": דדכרית | וקריית | בשום טב מן יומי עלמא |
| 154 | | Ex31:02M | וקראת /הא רביית | וקריית#2#/ | בשם טב דרבן בצלאל בר |
| 155 | וקרין | Nu25:02 | | וקרין | לעמא לדבחי טעוותהון ואכלו |
| 156 | וקרת | Gn30:13M | בבתי מדרשייה | וקרת#2#/ | ית שמה אשר: |
| 157 | | Gn30:21 | ילדת ברתה נקבה | וקרת | ית שמה דינה: |
| 158 | | Gn30:24 | | וקרת | ית שמ«ה» יוסף למימר יסף |
| 159 | | Gn38:03 | ועברת וילדת בר | וקרת | ית שמיה ער: |
| 160 | | Gn38:04 | ועברת תוב וילדת בר | וקרת | ית שמיה אונן: |
| 161 | | Gn38:05 | ואוספת תוב וילדת בר | וקרת | ית שמה שלה והוה דפסקת מן |
| 162 | | Ex 2:22 | וילדת בר | וקרת | ית שמה גרשום ארום אמר |
| 163 | | Gn27:42 | דעשו ברה רבה ושלחת | וקרת | ליעקב ברה זעירא ואמרת לה |
| 164 | | Gn39:14 | | <וקרת> | לאנשי בייתה ואמרת להון |
| 165 | | Gn19:37 | וילידת רבתא בר | וקרת | שמה מואב הוא אבי אבוהון |
| 166 | | Ex 2:10 | דפרעה והוה לה לבר | וקרת | שמה משה ואמרת ארום מן מיא |
| 167 | ואיקרי | Ex 2:07 | דפרעה ה{ו}א אזיל | ואיקרי | ליך אתה מיינקא מן עברייתא |
| 168 | ויקראון | Dt25:08 | | ויקראון | ליה חכימי קרתיה |
| 169 | ויקרון | Dt25:08M | | ויקראון/ויקרון#2#/ | ליה חכימי קרתיה |
| 170 | | Ex34:15 | וידבחון לטעוותיהון | ויקרון | לכון ותאכלון מן דבחיהון: |
| 171 | ותיקרי | Gn16:11 | הא את מתעברה וילדת בר | ותיקרי | שמה ישמעאל ארום שמיע קדם |
| 172 | ותקרא | Gn16:11M | שמה /וילדת ביר | ותקרא | ית שמה#2#/ ישמעאל |
| 173 | ותקרון | Lv25:10M | \ותכרזון חירו לארעא | /ותקרון | חיר{ן}<ו> באר#2#/ לכל |
| 174 | | Dt20:10M | קרבה \ותכרזון עלווה | /ותקרון | עליה#2#/ מילין דשלם: |
| 175 | ותקרי | Gn17:19 | אתתך שרה ילדת לך בר | ותקרי | ית שמו יצחק ואקים ית |
| 176 | למיקרי | Nu22:05 | נהרא ארע בני עמיה | למיקרי | ליה למימר הא עם סגין נפקו |
| 177 | | Nu22:37 | משלח{ת}<ה> שלחת לוותך | למיקרי | לך למה כען לא אתית לוותי |
| 178 | למקרא | Nu22:20 | בליליה ואמר לה אין | למקרא | לך אתו גבריא קום אזל |
| 179 | למקרי | Nu16:12 | ושלח משה | למקרי | לדתן ולאבירם בנוי |
| 180 | | Ex10:16 | ואוחי פרעה | למקרי | למשה ולאהרן ואמר חטית |
| 181 | אית׳ etpeel | Gn25:30M | אנה בגין כדין | קרא/אית׳#2#/ | שמה אדום: |
| 182 | איתקרי | Dt28:10 | ארום שמיה דייי קדישה | איתקרי | עליכון וידחלון מנכון: |
| 183 | | Gn27:36 | ואמר הא מן קושטא | איתקרי | שמה יעקב והא עקב יתי דנה |
| 184 | איתקרית | Dt15:02 | חבריה וית אחוי ארום | איתקרית | שמטה קדם ייי: |
| 185 | אתקרי | Ex23:21 | על מלוי ארום שמי קדישא | אתקרי | עלוי ארום לא שרי ושבק |
| 186 | | Ex23:21 | ארום שמי קדישא | אתקרי | עלוי: |
| 187 | ית׳ | Dt28:10M | דייי קדישה | איתקרי/ית׳#2#/ | עליכון וידחלון |
| 188 | יתקרון | Gn48:06 | {על} על שם אחיהון | יתקרון | באחסנתיהון: |
| 189 | | Gn38:09 | אונן ארום לא לשמיה | יתקרון | בניה והוה כד הוה עליל |
| 190 | | Gn49:08 | לך יודון אחך ולשמך | יתקרון | כל יהודים ידיך יתפרעון לך |
| 191 | יתקרי | Dt 3:13 | לכל בותנין לאתרה ההוא | יתקרי | ארעהון דג{ו}<י>ברייה: |
| 192 | | Gn21:12 | שמע בקלה ארום ביצחק | יתקרי | לך זרע דבנין: |
| 193 | | Gn32:29 | ואמר לא יעקב | יתקרי | עוד שמך ארום אלהן ישראל |
| 194 | | Gn35:10 | ליה ייי שמך יעקב ולא | יתקרי | שמך תוב יעקב ארום אלהן |
| 195 | | Gn17:05 | ולא | יתקרי | תוב ית שמך אבר׳ ויהוי |
| 196 | יתקרית | Dt15:02M | וית אחוי ארום | איתקרית/יתקרית#2#/ | שמטה/שמיטתה#2#/ |
| 197 | מיתקרי | Ex23:21M | עלוי /שם מימרי | מי{י}<ת>קרי | עלוי#2#/ ארום לא שרי |
| 198 | מתקרי | Gn27:41 | ית יעקב אח{ו}י ואנא | מתקרי | קטול וירות: |
| 199 | דאתקרי | Gn49:15M | שירויא /בית מקדש׳ | דאתקרי | בית מנוח#2#/ ארום טב |
| 200 | דמתקרי | Dt12:09M | לבית מוקדשה | דמתקרי | בית נייחה ולארעא דישראל |
| 201 | דמתקריי | Dt12:09M | ולארעא דישראל | דמתקריי | אחסנתה |
| 202 | ויתקרי | Gn48:16 | כל עקא יברך ית טליא | ויתקרי | בהון שמי ושם אבהתי אברהם |
| 203 | | Dt25:10 | | ויתקרי | שמיה בישראל בייתה דשלפי |
| 204 | ומתקרא | Dt27:08 | כתיב חקיק ומפרש יאות | ומתקרא | ו«מ»תרגם בשבעים לשן: |
| 205 | למתקריה | Gn 2:23 | מן בשרי להדא יאי | למתקריה | «אתה» ארום מן גבר |

## קרי *n.* nocturnal emission [504]

|  |  |  |  |  |  |
|---|---|---|---|---|---|
| 001 | s ab/cn קראי | Dt23:11M | דכי מן \קרי דליליה | /קראי | ל#2#/ ויפוק מן לבר מן |
| 002 | קרי | Dt23:11 | גבר די לא יהווי דכי מן | קרי | דליליה ויפוק מן לבר מן |

## קרי 3# *n.* town [504]

|  |  |  |  |  |  |
|---|---|---|---|---|---|
| 001 | s ab/cn קרי | Gn47:21M | וית עמא טלטל יתהון מן | קרי | לקרי מן בגלל דלא יהוון |
| 002 | לקרי | Gn47:21M | עמא טלטל יתהון מן קרי | לקרי | מן בגלל דלא יהוון קריין |

See also: קרייה *n.*

## קריב *adj.* near [505]

|  |  |  |  |  |  |
|---|---|---|---|---|---|
| 001 | s ab/cn קרב | Gn37:27 | לא נפשט ביה ארום אחונן | קרב | בשרן הוא ושמען ליה אחוי: |
| 002 | | Dt32:35M | דצדיקיה ארום | קריב/קרב#2#/ | הוא יום תברהון |
| 003 | | Dt32:01 | דקם מן בתרה בגין דהוה | קרב | לארעא ורחיק מן שמיא אמר |
| 004 | קריב | Gn29:14 | ואמר ליה לבן לחוד היך | קריב | בשרי את ושרי עמיה ירח |
| 005 | | Lv18:06 | גבר גבר לוות כל | קריב | בשריה לא תקרבון למגלייה |
| 006 | | Lv20:19M | ארום \ית | קריבת/קריבות#2#/^קריב#2#/^ | בשריה בזי |
| 007 | | Lv25:49 | דאבוי יפרוק יתיה או מן | קריב | בשריה מן זרעיתה יפרוק יתיה |
| 008 | | Dt22:02M | "לית קריב לאחוך": לא | קריב | הוא אחוך |

|  |  | |  |  |  |  |
|---|---|---|---|---|---|---|
| 009 | | | Dt32:35 | רגליהון דצדיקיה ארום | קריב | הוא יום תברהון דרשיעיה |
| 010 | | | Dt30:14 | ארום | קריב | היא לוותכון פתגמא לחדה |
| 011 | | | Dt22:02 | ואין לית | קריב | {ל}אחוך לוותך ולית את חכים |
| 012 | | | Gn45:10 | בארעא דגושן ותיהוי | קריב | לוותי את ובניך ובני בניך |
| 013 | | | Dt 4:07 | אומה ומלכו דאית ליה אלה | קריב | לוותיה כוות ממרה דייי אלהן |
| 014 | | | Gn15:12M | "והוות שמשה": והוה שמשה | קריב | למטמוע ושנתא עמיקתא |
| 015 | | | Dt32:01 | נבייא משה בגין דהוה | קריב | לשמיא ורחיק מן ארעא אמר |
| 016 | | | Dt33:29 | מן כוותכון עם דפרקניה' | קריב | מן קדם ייי מגין סעדיכון |
| 017 | קריב' | | Lv18:13 | דאמך לא תבזי ארום | קריב' | בשרה דאמך היא: |
| 018 | קריבה | | Gn19:20 | קריבה למערק לתמן והיא | קריבה | אשתיזב כען לתמן הלא זעירא |
| 019 | | | Ex13:17 | ארעהון דפלישתיי ארום | קריבה | הוא ארום אמר ייי דלא יתבר |
| 020 | | | Gn19:20 | הא כען קרתא הדה | קריבה | למערק לתמן והיא קריבה |
| 021 | | | Dt21:03 | ותהווי קרתה די | קריבה | לק«ט»ילה ויסבון חכימי |
| 022 | | | Nu24:17 | מסתכל אנה ביה ולית היא | קריבה | עתיד מלך למקום מן דבית |
| 023 | קריבת | | Lv18:06M | כל קריב בשריה /לכל | קריבת | בש"#2/ לא תקרבון |
| 024 | | | Lv25:49M | יפרוק יתיה או מן | קריב{ה}<ת> | בש' |
| 025 | | | Lv18:17 | לא תסב למגליה עריתהון | קריבת | בשר אינון זנו היא: |
| 026 | | | Lv18:12 | דאחתה דאבוך לא תבזי | קריבת | בשרה דאבוך היא: |
| 027 | | | Lv20:19 | דאבוך לא תבזי ארום ית | קריבת | בשריה בזי חוביהון יקבלון: |
| 028 | | | Ex 3:22 | ותשאל אתה מן מגירתה ומן | קריבת | תותבת ביתה מנין דכסף |
| 029 | דק' | | Dt 4:07M | דאית ליה אלה | קריב/דק'#2/ | לוותיה כוות ממרה דייי |
| 030 | דקריב | | Ex30:29M | \דקרב בהון יהוי קדיש | /דקריב | בהון יתקדש#2/: |
| 031 | | | Lv25:25 | אחסנתיה וייתי קריביה | דקריב | לוותה ויפרוק ית מה דזבן |
| 032 | | | Ex12:04 | ויסב הוא ומגורי«ה» | דקריב | לוותיה כמנין נפשין גבר |
| 033 | | | Lv21:02 | ארום אלהן לקריב בשרי' | דקריב | לוותיה לאמיה ולאבוי |
| 034 | | | Lv21:02M | לקריבות בשריה | דקר{ו}<י>ב#2/ | לוותיה לאמיה ולאבוי |
| 035 | | | Nu27:11 | אחסנתיה לקריבות בשריה | דקריב | לוותיה מן זרעיתיה וירת |
| 036 | | | Dt13:08M | לכון \דקריבין לכון | /דקריב | לוותכון#2/ או דרחיקין |
| 037 | דקריבה | | Lv21:03 | ולאחתה בתולתה | דקריבה | לוותיה די לא אתנסבה לגבר |
| 038 | וקריב | | Ex34:06 | אריך רוח ורחיק רגז | וקריב | רחמין ומסגי למעבד חסד |
| 039 | | | Nu14:18 | ייי אריך רוח ורחיק רגז | וקריב | רחמין ומסגי למעבד חסד שרי |
| 040 | לקריב | | Lv21:02 | ארום אלהן | לקריב | בשרי' דקריב לוותיה לאמיה |
| 041 | קריביה | s em/sf | Ex32:27 | וגבר ית חבריה וגבר ית | קריביה: | |
| 042 | | | Lv25:25 | ויזבן מן אחסנתיה וייתי | קריביה | דקריב לוותה ויפרוק ית מה |
| 043 | וקריבהון | | Gn15:01M | דיזלון אחיהון | וקריבהון | דקטילי' האיליין |
| 044 | דקריבין | p abs | Dt13:08 | די חזור חזור לכון | דקריבין | לכון או דרחיקין |
| 045 | | | Dt21:06 | וכל חכימי קרתה ההיא | דקריבין | לקטילה יסחון ית ידיהון |
| 046 | קריביהון | p em/sf | Gn15:01 | דיזלון אחיהון או | קריביהון | דקטיליה האילין די נפלו |

## קריבו *n.* relationship [505]

|  |  | |  |  |  |  |
|---|---|---|---|---|---|---|
| 001 | קרי' | s ab/cn | Lv18:17M | קריבת /למבזי עריתהה | קרי'#2/ | בשר אינון/הינון#2/ זנו |
| 002 | קריבות | | Lv18:12M | דאבוך לא תבזי | קריבת/קריבות#2/ | בשרה דאבוך היא: |
| 003 | | | Lv18:13M | לא תבזי ארום | קריב'/קריבות#2/ | בשרה דאמך היא: |
| 004 | | | Gn29:14M | לבן לחוד היך | קריב'/קריבות#2/ | בשרי את ושרי עמיה |
| 005 | | | Lv20:19M | ארום \ית | קריבת/קריבות#2/^קריב#2/^ | בשריה בזי |
| 006 | לקריבות | | Lv21:02M | בשרי' דקריב /אלא הן | לקריבות | בשריה דקר{ו}<י>ב#2/ |
| 007 | | | Nu27:11 | ותתנון ית אחסנתיה | לקריבות | בשריה דקריב לוותיה מן |

## קרייה *n.* city [505]

|  |  | |  |  |  |  |
|---|---|---|---|---|---|---|
| 001 | קריה | s ab/cn | Dt 3:04 | בשעתה ההיא לא הוות | קריה | די לא נסבנן יתהון |
| 002 | | | Gn11:04 | ואמרון אתון ונבנה לן | קריה | ומגדל וראשה מטי עד צית |
| 003 | | | Gn 4:17 | וילדת ית חנוך והוה בני | קריה | וקרא שמה דקרתה כשמיה דבריה |
| 004 | | | Dt20:19 | ארום תקפון על | קריה | יומין סגין למסדרה לקובלה |
| 005 | | | Nu31:50 | ומפרנקתה והווינן שרין | קריה | כליליה דדהבה מן ראשיהון |
| 006 | | | Lv25:29 | ארום יזבן אתר בית משרוי | קריה | מקפה שור ותיהוי פרקוניה עד |
| 007 | קריוא | | Nu35:14 | תתנון בארעא דכנען | קריוא | יהוויי לכון: |
| 008 | קרייה | | Dt 2:36 | ועד גלעדה לא הוות | קרייה | די אשתזבת מינן ית כלא מסר |
| 009 | | | Gn47:21 | יתהון וטלטל יתהון מן | קרייה | לקריה ומן סיפא תחומיהון |
| 010 | וקורייה | | Lv25:32M | \וקרייה ליוויא | /וקורייה | ליוואי#2/ בתי קריי |
| 011 | לק' | | Dt20:19M | ארום תקפון \על | קריה/לק'#2/ | יומין סגין למסדרה |
| 012 | לקריה | | Gn47:21 | וטלטל יתהון מן קרייה | לקריה | ומן סיפא תחומיהון דמיצראי |
| 013 | | | Dt20:10 | ארום תקרבון | לקריה | למסדרה לקובלה סדרי קרבה |
| 014 | לקרייה | | Nu32:33 | מלכא דמותנין ארעא | לקרייה | בתחומה קרייה דארעא |
| 015 | קרייתה | s em/sf | Gn19:25M | דיריה \דקרתא וצמחוי | /קרייתה | וצמחה#2/ דארעא: |
| 016 | קרתא | | Gn11:08 | ארעא ואתמנעו מן למבני | קרתא: | |
| 017 | | | Gn19:15M | דלא תסתפי בחובי | קרתא#2/: | |
| 018 | | | Gn19:16 | יתה ואצנעו יתיה לבר מן | קרתא: | |
| 019 | | | Gn33:18 | מפדן ארם ושרא קדם | קרתא: | |
| 020 | | | Ex 9:29 | ואמר ליה משה במפקי ית | קרתא | אפרש ית כפי ידי קדם ייי |
| 021 | | | Nu21:28 | קרב כשלהביתה נפקו מן | קרתא | דסיחון שיצון לחוות |
| 022 | | | Dt 3:16M | "ארנונה אמצע נחלה ות": | קרתא | דהא מתבנייה בימצע נחלא |
| 023 | | | Gn19:21 | לפתגמא הדין דלא מיפך ית | קרתא | די מללתא: |
| 024 | | | Gn34:27 | עלו על קטיליא ובזון | קרתא | די סאבו אחתהון: |
| 025 | | | Gn18:24 | חמשין זכיין בגו | קרתא | הא ברגז את משיצא ולא את |
| 026 | | | Gn19:20 | הא כען | קרתא | הדה קריבה למערק לתמן והיא |
| 027 | | | Gn18:28 | את בגלל חמשה ית כל | קרתא | ואמר לא אשיצא אם אשכח תמן |
| 028 | | | Gn18:26 | בסדם חמשין זכיין בגו | קרתא | ואשרי ואשבוק לכל חייבוי |
| 029 | | | Gn19:14 | הדין ארום מחבל ייי ית | קרתא | והוה כמגחך באפיה חתנוי: |
| 030 | | | Gn10:11M | וית הדיף /פלטייוות | קרתא | וית חדיי{ת}<ב>#2/: |
| 031 | | | Gn11:05 | שכינתיה דייי למחמי ית | קרתא | וית מגדלא דבנו בני אנשה: |
| 032 | | | Dt13:17 | פלטיה ותיקדון בנורא ית | קרתא | וית על עדיתה גמיר קדם ייי |
| 033 | | | Ex 9:33 | משה מן לוות פרעה ית | קרתא | ופרס כף ידוי קדם ייי |
| 034 | | | Ex 9:33M | \ית קרתא /לבר מן | קרתא#2/ | ופרס \כף ידוי/כפוי#2/ |
| 035 | | | Gn44:04 | אנון נפקו ית | קרתא | לא ארחקו ויוסף אמר למן |
| 036 | | | Gn19:02M | דקרתא נבית /בפלטיות | קרתא | נבית#2/: |
| 037 | | | Gn24:11 | וארבע גמליא לבר מן | קרת«א» | על בארא דמיא לעדוני רמשא |
| 038 | | | Gn10:12 | נינוה ובין הדיף היא | קרתא | רבתא: |
| 039 | קרתה | | Nu21:15M | מן אדמהון ולחיית | קרתה | |
| 040 | | | Nu21:15M | בנחלי ארנון ולחיית | קרתה | |
| 041 | | | Dt22:17 | שושיפה קדם חכימי | קרתה: | |
| 042 | | | Gn33:18M | \לכרכה דשכם די בארעא | /קרתה | שכם דאית בארעה#2/ |
| 043 | | | Dt21:20 | ויימרון לחכימי | קרתה | בנן דין סורוון ומורוון לית |
| 044 | | | Nu21:28M | כשלהובית גהינם נפקו מן | קרתה | דס' לחיית מואבאי |
| 045 | | | Nu21:26 | ארום חשבון | קרתה | דסיחון מלכהון דאמוריי |
| 046 | | | Nu21:27 | לחשבון תתבני ותשתכלל | קרתה | דסיחון: |
| 047 | | | Nu20:16 | מן מצרים והא אנן ברקם | קרתה | דבסיפי תחומך: |
| 048 | | | Dt20:20 | ותבנון כרכומין על | קרתה | דהיא עבדה עמכון סדרי קרבה |
| 049 | | | Nu21:15 | להון לאתריהון לחוות | קרתה | די לא הוות בעצתהון |
| 050 | | | Dt21:03 | ותהווי | קרתה | די קריבה לק«ט»ילה ויסבון |
| 051 | | | Nu32:38M | "מקפן שורין רמין": | קרתה | דמקפן מגדליהא חזור חזור |
| 052 | | | Lv25:29M | בית משרוי \קריה מקפה | /קרתה | דמ<ק>פ{ק}ה#2/ שור |
| 053 | | | Dt34:03 | מישרה בבקעתיה דיריחו | קרתה | דעבדה תומרין היא זער: |
| 054 | | | Nu35:27M | /קירוי#2/ שיזבותה | /קרתה | דשיזבו#2/ ויקטול תבוע |
| 055 | | | Dt22:18 | ויסבון חכימי | קרתה | ההוא ית גברא וירדון יתיה: |
| 056 | | | Dt13:16 | מקטל תקטלון ית דיירי | קרתה | ההיא לפתגם דחרב תשיצון יתה |
| 057 | | | Dt21:03 | לק«ט»ילה ויסבון חכימי | קרתה | ההיא עגלת ברת תורין די לא |
| 058 | | | Dt21:04 | ויחותון חכימי | קרתה | ההיא ית עגלתה לנחיל דביר |

|  |  |  |  |
|---|---|---|---|
| 059 | | Dt21:06 | וכל חכימי קרתה ההיא דקריבין לקטילה יסחון |
| 060 | | Dt22:24 | ותפקון ית תריהון לתרע קרתה ההיא ותרגמון יתהון באבנייה |
| 061 | | Dt25:08M | /ו<ימל>לו#2#/ עמיה /קרתה וימללון עמה#2#/ וייקום |
| 062 | | Dt19:12M | חכימי קרייתה/^קור#2#^/קרתה#2#/ ויסבון |
| 063 | | Dt21:19 | ויפקון יתיה לוות חכימי קרתה ולתרע בית דינה: |
| 064 | | Nu35:05 | ותמשחון לבר מן קרתה ית סטרא מדנחייה תרין אלפין |
| 065 | | Lv14:53 | ית צפרה חייתה לבר מן קרתה לאפי ברה ויכפר על ביתיה |
| 066 | | Lv14:41 | עפרא די יקלפון לבר מן קרתה לאת׳ מסאב: |
| 067 | | Lv14:40 | ויטלקון יתהון לבר מן קרתה לאתר מסאב: |
| 068 | | Lv14:45 | עפרא דבייתה ויפק לבר מן קרתה לאתר מסאב: |
| 069 | | Dt22:15 | דרביתה לוות חכימי קרתה לתרע בית דינה: |
| 070 | | Nu21:30M | עד כרכה דנפחיה /קרתה עד שוקא דנפ׳#2#/ דסמיך |
| 071 | קרתהון | Gn35:27 | לוות יצחק אבוי ממרא קרתהון דגיבריא היא חברון דאתותב |
| 072 | | Dt13:14 | ואטעון ית דיירי קרת{י}הון למימר ניזיל ונפלח קדם |
| 073 | קרתיה | Gn23:18 | בנוי דחת לכל עללי תרע קרתיה: |
| 074 | | Gn34:24 | כל דכורא כל נפקי תרע קרתיה: |
| 075 | | Gn34:24 | בריה כל נפקי תרע קרתיה וגזרו כל דכורא כל נפקי |
| 076 | | Dt25:08 | ויקראון ליה חכימי קרתיה ו«י»מללון עמיה וייקום |
| 077 | | Gn23:10 | דחת לכל עללי תרע קרתיה למימר: |
| 078 | | Gn23:11 | דחת לכל עללי תרע קרתיה למימר: לא רבוני קבל מני |
| 079 | קרתיהון | Gn34:20 | חמור ושכם ברה לתרע קרתיהון ומלילו עם אנשי קרתיהון |
| 080 | | Gn34:20 | ומלילו עם אנשי קרתיהון למימר: |
| 081 | בקרתא | Gn19:12 | וכל מה דאית לך בקרתא אפק מן א{רת}<תר>ה: |
| 082 | | Gn34:28 | <....> וית מה די בקרתא וית מה די באפי ברא נסבו: |
| 083 | בקרתה | Lv25:30 | שלימה ויקום ביתה די בקרתה דלה שור לחלטו למן דזבן |
| 084 | | Nu35:28M | ^/בקרי#2#^ שיזבותיה /בקרתה דשיזבותה#2#/ ישרי עד זמן |
| 085 | | Dt22:23 | לגבר וישכח יתה גבר בקרתה וישמש עמה: |
| 086 | | Dt22:24 | על עסק די לא צווחת בקרתה וית גברא על עסק די צער ית |
| 087 | | Dt20:14 | וכל מה די יהווי בקרתה וכל {עתידה}<עדיתה> תבזון |
| 088 | | Dt28:16M | באפי ברה /ליט תיהוון בקרתה וליטין תהוון באפי ברה#2# |
| 089 | בקרתהון | Gn23:02 | ומיתת שרה בקרתהון דארבעתי אבהתא היא חברון |
| 090 | דק׳ | Nu35:04M | /לליוואי מן שורה דק׳#2#/ לברה אלף אמין/דאומין#2# |
| 091 | דקרתא | Gn19:15 | דלא תשתיצא בחובי דקרתא: |
| 092 | | Gn26:33M | /מן בגין קרון שמ׳ דקרתא בארה דשבע#2#/ עד זמן |
| 093 | | Gn36:32 | בלע בר בעור ושמיה דקרתא דנהבה: |
| 094 | | Gn19:22 | בגין כדין קרא שמה דקרתא זער: |
| 095 | | Gn36:39 | ומלך בתרה הדד ושמה דקרתא פעו ושמה דאתתה מהיטבאל |
| 096 | | Gn28:19 | וברם לוז הוה שמה דקרתא בקדמיתא: |
| 097 | | Gn14:02 | מלכא דצבוי׳ ומלכא דקרתא דבלעת דיירי היא זער: |
| 098 | | Gn41:48 | בקרויא מזון תחומה דקרתא די חזר חזור לה יהב בגוה: |
| 099 | | Gn24:13M | דעמא \דארעא נפקין /דקרתא דנפקין#2#/ לממלי מיא: |
| 100 | | Gn10:11 | ית נינוה וית פלטיותא דקרתא וית הדיף: |
| 101 | | Gn19:25 | כל משרה וית כל דייריה דקרתא וצמחוי דארעא: |
| 102 | | Gn34:20M | \אנשי קרתיהון /עמא דקרתא#2#/ למימר: |
| 103 | | Gn19:02 | ליה לא ארום ברחובא דקרתא נבית: |
| 104 | | Gn19:04 | קדם עד לא דמכו ועמא דקרתא עמא דסדם אקיפו על ביתיה |
| 105 | דקרתה | Gn14:05 | דהוון שריין בגווה דקרתה: |
| 106 | | Dt21:21 | ויגמון יתיה כל עמא דקרתה באבנייה וימות ותבערון |
| 107 | | Dt22:21 | דאבוה ויגמון יתה עמא דקרתה באבנייה ויקטלון יתה ארום |
| 108 | | Gn14:08 | ומלכא דצבוים ומלכה דקרת<ה> דבלעת דיירה היא זער |
| 109 | | Gn 4:17 | בני קריה וקרא שמה דקרתה כשמיה דבריה חנוך: |
| 110 | | Nu35:04 | תתנון לליוואי מכותלה דקרתה לברה אלף אמין |
| 111 | דקרתיה | Gn36:35 | דמואבאי ושמה דקרתיה עוית: |
| 112 | וקרתה | Nu35:05 | תרין אלפין באומתה וקרתה במצעה אלין יהוון לכון |
| 113 | | Dt 2:36 | די על נחל ארנונה וקרתה די בנחלה ועד גלעדה לא |
| 114 | | Lv25:33 | ויפוק זבונה דביתה וקרתה לאחסנתה ביובילה ארום בתי |
| 115 | לקרתא | Gn44:13 | גבר על חמריה וחזרו לקרתא: |
| 116 | | Gn24:10 | וקם ואזל לארעא נהרים לקרתא דנחור: |
| 117 | | Nu22:36M | "לארעהון ... בסייפי": לקרתא דמואב דאית כל וקביל |
| 118 | | Gn34:25 | דינה גבר חרביה ועלו לקרתא לרוחצן וקטלו כל דכוריא: |
| 119 | לקרתה | Gn18:26M | /הא אנה שרי ושבק לקרתה בזכוותהון#2#/: |
| 120 | | Lv14:40M | דבהון מכתשה למברה לקרתה דאיהוא בנה ביתה באונס׳ |
| 121 | | Nu22:39M | היא מרישה/ואתון לקרתה דבתרין שוקה היא |
| 122 | | Nu35:32M | דממון למערוק לקרתה דשזבה#2#/ למחזור למשרי |
| 123 | | Nu35:25M | \לקורי שזבותה /לקרתה דשיזבו#2#/ די ערק תמן |
| 124 | | Lv14:53M | ציפורא חייתה למברא לקרתה לאפי ברא ויהי אין |
| 125 | | Gn18:24M | ושבק \לחובין דאתרא/לקרתה#2#/ מן בגלל חמישיתי |
| 126 | קורין p abs | Nu35:14M | ית תלת קוריין/קורין#2#/ תתנון מן עבר |
| 127 | קוריאן | Nu35:06 | תוספון ארבעין ותרתין קוריאן: |
| 128 | | Nu35:12 | ויהוון לכון קוריאן לשיזבו מן תבוע אדמא ולא |
| 129 | | Nu35:14 | מן עבר לירדנה וית תלת קוריאן תתנון בארעא דכנען קריוא |
| 130 | קוריין | Nu35:07 | כל קוריין די תתנון לליוויי ארבעין |
| 131 | | Dt19:09M | עוד תלת קוריין דשיז׳ |
| 132 | | Nu35:11M | יהוון לכון די יעירוק /קוריין דשיזבו יהוויין לכון |
| 133 | | Nu35:13M | {ו}<י>הוויין לכון /{ו}קוריין דשיזבו יהווי לכון#2#/: |
| 134 | | Nu35:14M | "קר<וי>א ... לכון": קוריין דשיזבו יהוון לכון |
| 135 | | Dt19:02M | תלת קרוין/קוריין#2#/ דשיזבו תפרשון |
| 136 | | Dt 3:04M | \שיתין קריין /אשתין קוריין#2#/ כל תחום טרכונה |
| 137 | | Nu35:03 | ויהוון קוריין להון למשריהון ופרוריהון |
| 138 | | Nu35:02 | מן ירתות אחסנתהון קוריין למישרי ופרוירין לקרוין די |
| 139 | | Nu35:11 | ותזמנון לכון קוריין קירוי שיזבו יהוון לכון די |
| 140 | | Dt 6:10M | למיתן לכון קירוין/קוריין#2#/ רברבן וטבן די לא |
| 141 | | Dt19:07M | יתכון למימר תלת קור׳/קוריין#2#/ שיזבו תפרשון לכון: |
| 142 | | Ex 1:11M | ובנון קרין/קוריין#2#/ תלילן לפרעה ית טנס |
| 143 | | Nu32:36M | וית בית רמתה קר׳/קוריין#2#/ תלילן ודירין |
| 144 | | Dt 3:05M | \אלין קריין /אליין קוריין#2#/ תלילן מקיפן/מקפין#2#/ |
| 145 | | Nu35:14 | ית תלת קוריין תתנון מן עבר לירדנה וית |
| 146 | קירוין | Dt 6:10 | וליעקב למיתן לכון קירוין רברבן וטבן די לא בניתון: |
| 147 | קר׳ | Nu35:14M | וית תלת קוריאן/קר׳#2#/ תתנון בארעא דכנען |
| 148 | קרווין | Dt 9:01M | מנכון וקרויין/קרווין#2#/ רברבן ותלילן |
| 149 | קרוין | Dt19:02 | תלת קרוין דשיזבו תפרשון ל{גוו}ך בגו |
| 150 | קרי | Nu32:36 | בית נמרה וית בית רמתה קרי תלילן ודירין דען: |
| 151 | קריאן | Nu35:07 | לליוויי ארבעין ותמני קריאן יתהון וית פרויריהון: |
| 152 | קריין | Nu35:07M | כל קוריין/קריין#2#/^קורייתה#2#^/ די תתנון |
| 153 | | Nu35:07M | ארבעין ותמני קריאן/קריין#2#/ יתהון וית פרויריהון |
| 154 | | Dt 3:04 | מלוות{כ}<ה>ון שיתין קריין כל תחום טרכונה |
| 155 | | Nu32:24 | בנון לכון קריין לטפליכון ודרין לעניכון |
| 156 | | Dt 1:28 | עם רברבין וסגין מינן קריין רברבן ותלילן עד צית שמיא |
| 157 | | Dt 3:05 | כל אלין קריין תלילן מקיפן שורין רמין |
| 158 | קרין | Nu35:06 | תתנון לליוויי ית שת קרין דשיזבות דתתנון די יערקון |
| 159 | | Gn 4:17M | חנוך והוה בני קריה/קרין#2#/ וקרא שמה דקרתה כשמיה |
| 160 | | Ex 1:11 | בפולחניה«ון» ובנון קרין תלילן לפרעה ית טנס וית |
| 161 | בקר׳ | Nu32:17M | וישרון טפלינן בקריין/בקר׳#2#/ תלי{נ}<לי>ן מן קדם |
| 162 | בקריין | Nu32:17 | וישרון טפלינן בקריין תלי{נ}<לי>ן מן קדם דיירייה |
| 163 | דקוריין | Nu32:38 | וקרון בשמהן ית שמהת דקוריין דבנו: |
| 164 | דקרו׳ | Nu32:38M | ית שמהת דקוריין/דקרו׳#2#/ דבנו/די בנון#2#/: |
| 165 | וקוריאן | Nu35:08 | וקוריאן די תתנון מן אחסנותהון |
| 166 | וקוריין | Nu32:16M | הכה וקרוין/וקוריין#2#/ לטפלינן: |

|  |  |  |  |  |
|---|---|---|---|---|
| 167 | | | Dt 9:01 | רברבין ותקיפין מנכון   וקוריין   רברבן ותלילן עד צית |
| 168 | וקרוין | | Nu32:16 | דען נבנה לבעירן הכה   וקרוין   לטפלינן: |
| 169 | | | Nu13:28 | עמה די שריין בארעא   וקרו{וה}<ין>   תקיפן רברבן לחדה ואוף |
| 170 | וקריין | | Nu35:08M | וקוריאן/וקריין#2#/^וקורייתה#2#^/   די תתנון |
| 171 | לקרוין | | Nu35:02 | למישרי ופרוידין   לקרוין   די חזור חזור יתהון תתנון |
| 172 | קורוי | p const | Gn24:60M | וירתון זרעיית בניך ית   קורוי   <בעלי דבביהון> |
| 173 | קורי | | Dt 3:10 | ואדרעה   קורי   בית מלכותה דעוג בבותנין: |
| 174 | | | Dt 3:05 | תרעין ונגרין לבר מן   קורי   מבדרתה סגין להדה: |
| 175 | | | Dt 3:10 | כל   ק«ו»רי   מישרה וכל גלעדה וכל |
| 176 | | | Dt19:07 | מפקד יתכון למימר תלת   קורי   שיזבו תפרשון לכון: |
| 177 | | | Dt19:09 | ותוספון לכון תוב תלת   קורי   שיזבו על תלתי קרייתה |
| 178 | | | Nu35:27 | תבוע אדמה לבר מן תחום   קורי   שיזבותה ויקטול תבוע אדמא |
| 179 | | | Dt 2:34 | ההיא ושיצינן ית כל   קורי   תלילתה ונשייה וטפלייה לא |
| 180 | קוריי | | Lv25:32M | ליוואי#2#/ בתי   קריי/קוריי#2#/   אחסנתהון פרקון לעלם |
| 181 | | | Lv25:33M | ארום בתי \קרוי ליוויי   /קוריי   ליוואי#2#/ היא |
| 182 | | | Gn19:29M | דייי#2#/ ית   קרוי/^קרי#2#^/קוריי#2#/   משרה ואדכר ייי |
| 183 | קירוי | | Nu35:11 | ותזמנון לכון קוריין   קירוי   שיזבו יהוון לכון די |
| 184 | | | Nu35:27M | לבר מן תחום   \קורי/קירוי#2#/   שיזבותה /קרתה |
| 185 | קירי | | Gn22:17 | ימא וירתון בניך ית   קירי   בעלי דבביהון: |
| 186 | קרווי | | Nu21:25 | ושרון ישראל בכל   קרווי   אמוריי בחשבון ובכל |
| 187 | קרוי | | Dt 3:10M | קורי/^קרוי#2#^/קורייתה#2#/   בית מלכותה |
| 188 | | | Dt 3:04M | ית כל   קורייוי/^קרוי#2#^/קורייתה#2#/   בשעתה ההיא |
| 189 | | | Lv25:33 | ביובילה ארום בתי   קרוי   ליוויי היא אחסנת{כ}<ה>ון |
| 190 | | | Nu35:08 | די יאחסנון יתן מן   קרוי   לליוויי: |
| 191 | | | Dt 3:05M | ונגרין לבר מן   \קורי/^קרוי#2#^/   מבדרתה סגין |
| 192 | | | Gn19:29 | והווה כד שיציא ייי ית   קרוי   משרה ואדכר ייי ברחמוי טביא |
| 193 | | | Nu35:26M | קטולא ית תחום   קרי/קרוי#2#/   שזבותה די יערוק |
| 194 | קרי | | Dt20:15 | מנכון לחדה די לא מן   קרי   אומייה האליין אנון: |
| 195 | | | Gn24:60 | וריבוון וירתון בניך ית   קרי   בעלי דבביהון: |
| 196 | | | Nu13:19 | אינון שריין בגויהין הא   קרי   כפרנין אינון או תלילן: |
| 197 | | | Gn19:29M | דייי#2#/ ית   קרוי/^קרי#2#^/קוריי#2#/   משרה ואדכר ייי |
| 198 | | | Dt 4:41 | יפריש משה <תלת>   קרי   שזבו בעבר ירדנה מן מדנח |
| 199 | | | Nu35:26 | מפק יפוק קטולא ית תחום   קרי   שזבותה די יערוק תמן: |
| 200 | | | Ex21:13 | על ידוי ואשווי לכון אתר   קרי   שיזבה די יערק לתמן: |
| 201 | קריי | | Lv25:32 | וקרייה ליווייא בתי   קריי   אחסנתהון פרקון לעלם תיהוי |
| 202 | | | Dt19:09M | לכון תוב תלת   קורי/קריי#2#/   שיזבו על תלתי קרייתה |
| 203 | | | Nu35:13 | וקוריתה די תתנון שת   קריי   שיזבו{ן} {ו}<י>הוויין |
| 204 | בקירי | | Gn13:12M | דכנען ולט שרה   בקרי/בקירי#2#/   משרה ופרס משכניה עד |
| 205 | בקרוי | | Nu32:26M | תמן   בקריי/<בקר>וי#2#/^בקורייה#2#^/   גלעדה: |
| 206 | | | Nu35:28 | ארום   בקרוי   שיזבותיה ישרי עד זמן די |
| 207 | בקרי | | Gn13:12 | בארעא דכנען ולט שרה   בקרי   משרה ופרס משכניה עד סדום: |
| 208 | | | Nu35:28M | ארום   \בקרוי/^בקרי#2#^/   שיזבותיה /בקרתה |
| 209 | בקריי | | Nu32:26 | וכל בעירן יהויין תמן   בקריי   גלעדה: |
| 210 | וקורי | | Dt 2:37 | כל דסמיך לנחל יבקא   וקורי   טורה וכל מה די פקד ייי |
| 211 | וקוריי | | Dt 2:37M | יבקא   וקורי/^וקרוי#2#^/וקוריי{ה}#2#/   טורה וכל מה |
| 212 | וקרוי | | Dt 2:37M | יבקא   וקורי/^וקרוי#2#^/וקוריי{ה}#2#/   טורה וכל מה |
| 213 | לקורי | | Nu35:25 | ויחזרון יתה עם כנישתה   לקורי   שזבותה די ערק תמן וישרי |
| 214 | | | Nu35:32 | ולא תקבלון ממון למערקה   לקורי   שיזבותה למחזור למשרי |
| 215 | קור' | p em/sf | Nu35:05M | יהווי לכון פרווילי   קור'#2#/: |
| 216 | | | Dt19:12M | חכימי   קרייתה/^קור'#2#^/קרתה#2#/   ויסבון |
| 217 | קורוי | | Dt 2:34M | ית כל   קורייוי/^קורוי#2#^/קורייתה#2#/   בשעתה ההיא |
| 218 | קורויה | | Nu35:08M | \יתן מן   קרוי/^קורויה#2#^/   לליוויי /יתן מן |
| 219 | קורי | | Dt 3:06 | מלכא דחשבון שיצינן כל   קורי   תלי{ת}<ל>תה ונשיה וטפלייה: |
| 220 | קורי' | | Dt11:20M | /על תרע בתיכון ועל   קורי'#2#/: |
| 221 | קורייה | | Dt20:16M | \קורייתהון דאומייא   /קורייה   אומ'#2#/ האליין דייי |
| 222 | | | Dt20:15M | לחדה די לא מן   קרי/קורייה#2#/   אומייה האליין אנון |
| 223 | | | Dt 3:10M | כל   ק«ו»רי/קורייה#2#/   מישרה וכל גלעדה |
| 224 | קורייהון | | Nu21:02M | יתהון וית   קורייהון#2#/: |
| 225 | | | Nu31:10 | וית כל   קורייהון   במדוריהון וית כל |
| 226 | | | Nu21:25M | בכל \קרווי אמוריי   /קורייהון   דא'#2#/ בחשבון ובכל |
| 227 | | | Nu21:03M | וית \קריהון וקרון   /קורייהון   וקרא#2#/ שמה דאתרה \ |
| 228 | | | Nu24:06 | דמיין כדן יהוון   קורייהון   מפקן חכימין ובני אורייה |
| 229 | קורייוי | | Dt 2:34 | וכבשינן ית כל   קורייוי   בשעתה ההיא ושיצינן ית כל |
| 230 | | | Dt 3:04 | וכבשנן ית כל   קורייוי   בשעתה ההיא לא הות קריה |
| 231 | קורייכון | | Dt 6:09 | בתרעי בתיכון ובסייפי   קורייכון: |
| 232 | | | Dt11:20 | בתרעי בתיכון ובסיפי   קורייכון: |
| 233 | | | Dt28:55 | בעלי דבביכון בכל   קורייכון: |
| 234 | | | Dt15:07 | חד מן אחיכון בחדה מן   קורייכון   בארעכון דייי אלהכון יהב |
| 235 | | | Dt28:52 | ויעיקון לכון בכל   קורייכון   בכל ארעכון די יהב ייי |
| 236 | | | Dt13:13 | ארום תשמעון בחדה מן   קורייכון   דייי אלהכון יהב לכון |
| 237 | | | Dt16:05 | ית נכסת פסחא בחדה מן   קורייכון   דייי אלהכון יהב לכון: |
| 238 | | | Dt16:18 | וסרכין תמנון לכון בכל   קורייכון   דייי אלהכון יהב לכון |
| 239 | | | Dt17:02 | ישתכח ביניכון בחדה מן   קורייכון   דייי אלהכון יהב לכון גבר |
| 240 | | | Dt12:15 | אלהכון יהב לכון בכל   קורייכון   דמרחק מן קודשייה ודדכי |
| 241 | | | Lv26:31 | ואשוי ית {פיגריכון}   קורייכון   חרבה ואצדי ית |
| 242 | | | Dt17:05 | פתגמא בישה הדין לגו   קורייכון   ית גוברא או ית אתתה |
| 243 | | | Lv25:34M | /פרווילי   קורייכון#2#/   לא יזדבן ארום אחסנת |
| 244 | | | Dt13:14M | /דיסטון ית יתבי   קורייכון#2#/   למימר ניזיל ונפלח |
| 245 | | | Dt18:06 | ליוויי מן חדא מן   קורייכון   מן כל ישראל מן אתרא די |
| 246 | | | Dt28:52 | ויעיקון לכון בכל   קורייכון   עד זמן דיכבשון שורייה |
| 247 | קורייתה | | Dt 3:10M | קורי/^קרוי#2#^/קורייתה#2#/   בית מלכותה |
| 248 | | | Dt 2:34M | ית כל   קורייוי/^קורוי#2#^/קורייתה#2#/   בשעתה ההיא |
| 249 | | | Dt 3:04M | ית כל   קורייוי/^קרוי#2#^/קורייתה#2#/   בשעתה ההיא |
| 250 | | | Nu13:19M | ומה \קרייתה די אינון   /קורייתה   די הנון#2#/ שריין |
| 251 | | | Nu35:07M | כל   קוריין/קריין#2#/^קורייתה#2#^/   די תתנון |
| 252 | | | Dt 3:05M | מבדרתה סגין   /קורייתה   דפריזאי סגי#2#/ להדה: |
| 253 | | | Dt20:15M | תעבד לכל   קרייתה/קורייתה#2#/   דרחיקן מנכון לחדה |
| 254 | | | Dt19:09M | שיזבו על תלתי   קרייתה/קורייתה#2#/   האיליין: |
| 255 | | | Nu21:25 | ונסבו ישראל ית כל   קורייתה   האליין ושרון ישראל בכל |
| 256 | | | Dt19:05M | לחדה מיקרייתה/<מן>   קורייתה#2#/   האליין וייחי: |
| 257 | | | Dt 3:12M | גלעדה   וקרווייי/^וקרוי#2#^/קורייתה#2#/   יהבית |
| 258 | | | Nu35:03M | ויהוון   קוריין/<קור>ייתה#2#/   להון למשריהון |
| 259 | | | Nu35:08M | לליוויי /יתן מן   קורייתה   ללוואי#2#/: |
| 260 | | | Nu35:12M | לשיזבו /ויהווי לכון   קורייתה   לשיזבו#2#/ מן תבוע אדמא |
| 261 | | | Dt 3:06M | תלי{ת}<ל>תה ונשיה   /קורייתה   משזבה נש'#2#/ וטפלייה: |
| 262 | קורייתהון | | Nu31:10M | \קורייהון במדוריהון   /קורייתהון   במש{רי}<יר>יית'#2#/ |
| 263 | | | Dt20:16 | לחוד מן   קורייתהון   דאומייא האליין דייי |
| 264 | קוריתה | | Dt 1:22 | ארחא די נסוק בה וית   קו{ח}<ר>יתה   די נעול בגוויהון: |
| 265 | קירוויכון | | Dt16:18M | בכל   קורייכון/קירוויכון#2#/   דייי אלהכון יהב |
| 266 | קירויא | | Nu22:04 | ישצון קהלא הדין ית כל   קירויא   די חזור חזור היך מה דלחך |
| 267 | קירויה | | Nu31:50M | והווינן מפרקין מנהון   קירויה   דדהב' <...> וקדשיה <...> |
| 268 | קירויכון | | Dt11:20I | "קורייכון":   קירויכון |
| 269 | קר' | | Nu21:25M | ישראל ית כל   קורייתה/קר'#2#/   האליין ושרון ישראל |
| 270 | קרו' | | Nu35:14M | בארעא דכנען   קרויא/קרו'#2#/   ^דשיזבו#2#/ יהוויי |
| 271 | קרוי | | Dt 3:06M | שיצינן כל   \קורי/קרוי#2#/   תלי{ת}<ל>תה ונשיה |
| 272 | קרויא | | Nu35:12M | \ויהוון לכון   קוריאן/קרויא#2#/   לשיזבו /ויהווי לכון |
| 273 | קרויהון | | Lv25:34 | וחקל פרוידי   קרוי{כ}<ה>ון   לא יזדבן ארום אחסנת |
| 274 | קרויכון | | Dt12:15M | לכון בכל   קורייכון/קרויכון#2#/   דמרחק מן קודשייה |

|  |  | |  |  |  |  |
|---|---|---|---|---|---|---|
| 275 | קריהון | | Nu21:02 | בידינן ואשיצי ית | קריהון: | |
| 276 | | | Nu21:03 | כנעניי ושיצי יתהון וית | קריהון | וקרון שמה דאתרה חרמה: |
| 277 | קריי׳ | | Dt17:05M | לגו/בגו#2#/ | קורייכון/קריי׳#2#/ | ית גוברא או ית |
| 278 | | | Lv26:31M | ית {פיגריכון} | קורייכון/קריי׳#2#/ | חרבה/חריבן#2#/ |
| 279 | קרייה | | Nu32:33 | ארעא לקרייה בתחומה | קרייה | דארעא מן חזור חזור: |
| 280 | קרייכ׳ | | Dt18:06M | בהדה#2#/ מן | קורייכון/קרייכ׳#2#/ | מן כל ישראל מן |
| 281 | קרייכון | | Dt23:17 | די יתרעי בחדה מן | קרייכון | לאן דשפר לה לא תונון |
| 282 | קרייתא | | Dt21:02M | \לקרייתה די מן /ית | קרייתא | דאית#2#/ חזור חזור |
| 283 | | | Gn19:29 | הפכתא כדי הפך ית | קרייתא | די שרא בהון לוט: |
| 284 | | | Gn35:05 | והוות דחלתא דייי על | קרייתא | די חזור חזור יתהון ולא |
| 285 | | | Gn19:25 | והפך ית | קרייתא | האילין וית כל משרה וית כל |
| 286 | קרייתה | | Gn14:05M | שריין בגווה | דקרתה/קרייתה#2#/: | |
| 287 | | | Nu13:19 | הא טבה היא או בישה ומה | קרייתה | די אינון שריין בגויהין הא |
| 288 | | | Nu35:04 | ופרוירי | קרייתה | די תתנון לליוויי מכותלה |
| 289 | | | Nu35:06 | וית | קרייתה | די {ד«י»} תתנון לליוויי |
| 290 | | | Dt20:15 | כדן תעבד לכל | קרייתה | דרחיקן מנכון לחדה די לא |
| 291 | | | Dt19:09 | תלת קורי שיזבו על תלתי | קרייתה | האיליין: |
| 292 | | | Dt 4:42 | דקדמוי ויערק לחדה מן | קרייתה | האליין וייחי: |
| 293 | | | Nu35:15 | די ביניהון יהוויין שת | קרייתה | האלין לשיזבה דיערוק תמן |
| 294 | | | Dt19:12 | וישלחון חכימי | קרייתה | ויסבון ית«י»ה מן תמן |
| 295 | קריתה | | Nu35:05 | אלין יהוון לכון פרוירי | קריתה: | |
| 296 | | | Dt19:11 | ויערוק {מן} לחדה מן | קריתה | האיליין: |
| 297 | בקורייה | | Nu32:26M | תמן | בקריי/<בקר>וי#2#/^בקורייה#2#^/ | גלעדה: |
| 298 | בקורייהון | | Gn49:26M | \על | ארעא/^בארעא#2#^/בקורייהון#2#/ | דמצרים |
| 299 | | | Dt19:01M | יתהון ותשרון | בארעהון/בקורייהון#2#/ | ובבתיהון: |
| 300 | בקורייכון | | Dt28:03 | במה דאית לכון | בקורייכון | <....>: |
| 301 | | | Dt 5:14M | וגייורייה דאית | בקורייכון | |
| 302 | | | Dt14:28 | ותצנעון יתיה | בקורייכון: | |
| 303 | | | Dt16:14 | וגיורייה וארמלתה די | בקורייכון: | |
| 304 | | | Dt24:14 | גיוריכון די בארעכון | בקורייכון: | |
| 305 | | | Dt28:57 | לכון בעלי דבביכון | בקורייכון: | |
| 306 | | | Dt12:12 | ואמהתכון וליווי די | בקורייכון | ארום לית להון חלק |
| 307 | | | Dt12:21 | פקדית יתכון ותאכלון | בקורייכון | בכל תוחמדת נפשיכון: |
| 308 | | | Dt 3:19 | סגין אית לכון ישרון | בקורייכון | די יהב«י»ת לכון: |
| 309 | | | Dt16:11 | וליוויי ^דאית | בקורייכון#2#^ | וגייורייה ויתמייה |
| 310 | | | Dt26:12 | ולארמלתה וייכלון | בקורייכון | וישבעון: |
| 311 | | | Dt28:16 | תהוון במה דאית לכון | בקורייכון | וליטין תהוון במה דאית |
| 312 | | | Dt12:18 | ואמהתכון וליווי די | בקורייכון | ותחדון קדם ייי אלהכון |
| 313 | | | Dt17:08 | נתקה מילי דיונין | בקורייכון | ותקומון ותסקון לאתרה די |
| 314 | | | Dt14:27 | וליויי די | בקורייכון | לא תשבקון יתהון ארום |
| 315 | | | Dt12:17 | לית אתון רשיין למיכל | בקורייכון | מעשר תיניין עיבוריכון |
| 316 | | | Dt15:22 | | בקורייכון | תיכלון יתיה דמרחק מן |
| 317 | | | Dt14:21 | מן בני עממיא די | בקורייכון | תתנון יתה ויכלון יתה או |
| 318 | בקורייתא | | Gn47:21M | וית עמא דהוון שריין | בקורייתא | אעבר במדינתא דלא יהוו |
| 319 | | | Gn47:21M | שרין במדינתא אעבר | בקורייתא | וית עמא דהוון שריין |
| 320 | בקירוויכון | | Dt12:18M | דאית#2#/ | בקורייכון/<ב>קירוויכון#2#/ | ותחדון קדם ייי |
| 321 | בקירויכון | | Ex20:10 | וגיוריכון די | בקירויכון: | |
| 322 | | | Dt 5:14 | בעירכון וגיורכון די | בקירויכון | מן בגלל די תניחון עבדך |
| 323 | בקירי׳ | | Ex20:10M | וגיוריכון די | בקירויכון/בקירי׳#2#/: | |
| 324 | בקר׳ | | Dt14:29M | דבקורייכון/דאית | בקר׳#2#/ | ויאכלון וישבעון מן בגלל |
| 325 | בקרויא | | Gn41:48 | דמצרי׳ ושוי מזון | בקרויא | מזון תחומה דקרתא די |
| 326 | בקרויכון | | Dt 3:19M | ישרון | בקורייכון/בקר<ו>י{ו}כון#2#/ | די יהב«י»ת |
| 327 | בקרייתא | | Gn47:21 | ועמא דמדינתא אשרי | בקרייתא | מן סייפי דארעא דמצרים |
| 328 | בקריתא | | Gn41:35 | תחות רשותא דפרעה מזון | בקריתא | ויטרון: |
| 329 | דקורייתה | | Dt 2:35 | | דקורייתה | די כבשינן: |
| 330 | דקירויתה | | Dt 2:35M | | דקורייתה/דקירויתה#2#/ | די כבשינן/כבש#2# |
| 331 | דבקורייכון | | Dt14:29 | ואיתמיה וארמלתה | דבקורייכון | ויאכלון וישבעון מן בגלל |
| 332 | דבקירויכון | | Dt14:27M | וליויי \די | בקורייכון/דבקירויכון#2#/ | לא תשבקון יתהון |
| 333 | דבקריית׳ | | Gn47:21 | ועד סייפא ועמא | דבקריית׳ | אשרי במדינתא ועמא |
| 334 | וכר׳ | | Lv26:33M | ארעכון צדי | וקורייכון/וכר׳#2#/ | יהוון/יהוויין#2#/ |
| 335 | וקורוויהון | | Nu24:08M | יטלון ויפלגון | /וקורוויהון | יפלג{י}<ו>ן וגבריהון |
| 336 | וקורייהון | | Nu24:08 | וגוברהון יקטלון | וקורייהון | יטלון ויפלגון: |
| 337 | וקורייכ׳ | | Dt 6:09M | יתהון על תרע בתיכון | וקורייכ׳ | |
| 338 | וקורייכון | | Lv26:33 | ותיהוי ארעכון צדי | וקורייכון | יהוון חריבן: |
| 339 | וקורייתה | | Dt 3:07 | | וקורייתה | בזזן לן: |
| 340 | | | Nu35:08M | | וקוריאן/וקריין#2#/^וקורייתה#2#^/ | די תתנון |
| 341 | וקורייתיה | | Nu13:28M | תקיפן | /וקורייתיה | תליל|#2#/ רברבן לחדה |
| 342 | וקוריתה | | Nu35:13 | | וקוריתה | די תתנון שת קריי |
| 343 | וקרוייוי | | Dt 3:12 | ופלגות טור גלעדה | וקרוייוי | יהבית לשבטה דבנוי |
| 344 | וקריוי | | Dt 3:12M | גלעדה | וקרוייוי/^וקריוי#2#^/קורייתה#2#/ | יהבית |
| 345 | וקרייה | | Lv25:32 | | וקרייה | ליווייא בתי קריי אחסנתהון |
| 346 | לקורייכון | | Lv26:25M | ותתכ«נ»שון | לקרויכון/לקורייכון#2#/ | ואגרי מותנה בכון |
| 347 | לקורייתה | | Nu35:02M | חזור חזור /ופרוילי | לקורייתה | דח׳#2#/ יתהון/להון#2#/ |
| 348 | לקרויכון | | Lv26:25 | קיימיי ותתכ«נ»שון | לקרויכון | ואגרי מותנה בכון |
| 349 | לקרייתה | | Dt21:02 | ודייניכון וימשחון | לקרייתה | די מן חזור חזור לקטילה: |
| 350 | מיקרייתה | | Dt19:05 | יתיה הוא יעריק לחדה | מיקרייתה | האליין וייחי: |

See also: קרי#3 *n.*

## קריצה *n.* daybreak [506]

|  | |  |  |  |  |  |
|---|---|---|---|---|---|---|
| 001 | s em/sf | קריצתא | Gn32:25M | עמוד שחרא /עד מיסק | קריצתא#2#/: | |

## קריר *adj.* cold [506]

|  | |  |  |  |  |  |
|---|---|---|---|---|---|---|
| 001 | s ab/cn | וקריר | Gn 8:22 | דארעא זרעין וחצדין | וקריר | וחמים וקיט ו{תס}<סת>ב |

## קרן *n.* horn [506]

|  | |  |  |  |  |  |
|---|---|---|---|---|---|---|
| 001 | s ab/cn | קרן | Ex19:13M | לא יחי במתקע | שופרא/קר{ו}<ן>#2#/ | משה ואהרן אינון |
| 002 | | לקרן | Nu34:15 | פרת נפק להון תחומא | לקרן | זווי דברתיה וכל טרכון |
| 003 | s em/sf | קרנה | Lv 4:25M | באצבעיה ויתן על | קרנתיה/קרנה#2#/ | דמדבחה דעלתה וית כל |
| 004 | | בקרנא | Lv 5:24 | עלוהי לשק׳ וישלם יתה | בקרנא | וחומשוי יוסף עלוי למן הוא |
| 005 | | בקרנה | Nu 5:07 | דעבדו וחזרו ית אשמה | בקרנה | וח«ו»משה יוסף עלוי ויתן |
| 006 | p const | קרנת | Lv 4:34M | באצבעיה ויתן על | קרנתיה/קרנת#2#/ | דמדבחה דעלתה וית כל |
| 007 | | | Lv16:18M | דצפירה ויתן על | קרנתה/<קר>נת#2#/ | דמדבחה |
| 008 | | | Lv 8:15M | ויהב על | קרנתיה/<קר>נת#2#/ | «ד»מדבחה/מדב׳#2# |
| 009 | | בקרני | Dt33:17 | תורייה ולא למשתעבדה | בקרני | רימנה כדין לית אפשר לבנוי |
| 010 | p em/sf | קרנותיה | Lv 4:18 | ומן אדמה יתן על | קרנותיה | דמדבחה די קדם ייי די |
| 011 | | קרנת׳ | Ex27:02M | מיני׳ וביה יהוון | קרנת׳#2#/ | ותחפי יתה נחשא: |
| 012 | | קרנתא | Ex37:25 | משחת רומא <מניה> הוון | קרנתא: | |
| 013 | | קרנתה | Ex30:02 | רומיה מנה יהוויין רומה | קרנתה: | |
| 014 | | | Ex29:12 | ותסב מן אדמא ותתן על | קרנתה | דמדבחא באצבעך וית כל אדמה |
| 015 | | | Lv 9:09 | אצבעיה באדמה ויהב על | קרנתה | דמדבחה וית כל דמה אריק על |
| 016 | | | Lv16:18 | אדמה דצפירה ויתן על | קרנתה | דמדבחה מן חזור חזור: |
| 017 | | | Ex38:02 | משחת רומה <מניה> הוון | קרנתה | וחפי ית׳ נחש: |
| 018 | | | Ex27:02 | משחת רומא מנה יהוויין | קרנתה | ותחפי יתה נחשא: |
| 019 | | | Ex30:10 | <ויכפר> אהרן עלוי על | קרנתה | חדא זמן בשתא מן אדם חטאתה |
| 020 | | | Ex30:10 | בשתא יכפר עלוי על | קרנת«ה» | לדריכון קדש קדשים הוא |
| 021 | | | Lv 4:07M | דמדבחה דקטרת בוסמנייה | /קרנתה | מדבח׳ קטורן בסמנין#2#/ |

| | | | | |
|---|---|---|---|---|
| 022 | | | Ex27:02 | ותעבד קרנתה על ארבעתי זביתא מן משחת |
| 023 | קרנתיה | | Lv 4:30 | אדמה באצבעיה ויתן על קרנתיה דמדבחא דעלתה וית כל אדמה |
| 024 | | | Lv 4:07 | ויתן כהנא מן אדמה על קרנתיה דמדבחה דקטרת בוסמנייה קדם |
| 025 | | | Lv 4:25 | דחטאתה באצבעיה ויתן על קרנתיה דמדבחה דעלתה וית כל אדמה |
| 026 | | | Lv 4:34 | דחטאתה באצבעיה ויתן על קרנתיה דמדבחה דעלתה וית כל אדמיה |
| 027 | | | Lv 8:15 | משה ית אדמה ויהב על קרנתיה «ד»מדבחה מן חזור חזור |
| 028 | | | Ex30:03 | כתלוי מן חזור חזור וית קרנתיה ותעבד ליה כליל דדהב חזור |
| 029 | | | Ex38:02 | ועבד קרנתיה על ארבעתי זווייתה מן משחת |
| 030 | בקרנוי | | Gn22:13 | והא דכר חד באילנא בקרנוי ואזל אברהם ונסב ית דכרא |

## קרסול *n.* bending leg [506]

| | | | | |
|---|---|---|---|---|
| 001 | קרסולין | p abs | Lv11:21 | על ארבע כל דאית ליה קרסולין לעיל מן רגלוי למקפצה |

## קרסם *vb.* to gnaw [506]

| | | | | |
|---|---|---|---|---|
| 001 | יקרסימיניה | quadr. | Dt28:38M | \יקרסם יתיה/יקרסי{פו}<מי>ניה#2#/ גובה: |
| 002 | יקרסם | | Dt28:38 | ברה וקליל תכנשון ארום יקרסם יתיה גובה: |

## קרצין *n.* w. אכל: to slander! [507 קרץ]

| | | | | |
|---|---|---|---|---|
| 001 | קרצוהי | p em/sf | Gn49:23 | קדם רבונהון ואכלו קרצוהי קדם פרעה מלכא דמצרים |
| 002 | קרציה' | | Gn49:23M | דפרעה דהוה קשיא/קרציה'#2#/ עלוי מן גירייא: |

## קרר *vb.* to cool oneself off (etpol) [507]

| | | | | |
|---|---|---|---|---|
| 001 | ואתקררו | etpaal | Gn18:04 | מיא ואסחון רגלכון ואתקררו תחות אילנא: |
| 002 | למתקררא | | Ex 2:05 | ונחתת ברתה דפרעה למתקררא על נהרא ורביתה מהלכין |
| 003 | מתקוררה | etpolel | Ex 7:15 | בצפרא הא הוא נפק מת{ו}ק<ו>ררה על נהרא ותתעתד |
| 004 | למתקוררה | | Ex 8:16 | קדם פרעה הא הוא נפק למתקוררה על נהרא ותימר ליה כדן |

## קרת *n.* ⇐ קרייה

## קשווה *n.* vessel for libation [509]

| | | | | |
|---|---|---|---|---|
| 001 | קשוות | p const | Nu 4:07 | בזכיה וית מנקיתה וית קשוות נסוכה ולחם בתדירה עלוי |
| 002 | קשוותא | p em/sf | Ex37:16 | בזיקי וית מנקיתא וית קשוותא די ישתמש בהון דהב דכי: |
| 003 | קשוותה | | Nu 4:07M | וית \קשוות נסוכה /קשוותה דנס'#2#/ ולחם בתדירה |
| 004 | וקשוותה | | Ex25:29 | ותעבד פילוותה ובזיכוי וקשוותה ומנקותה די ישתמש בהון דהב |

## קש *n.* straw [507]

| | | | | |
|---|---|---|---|---|
| 001 | קש | s ab/cn | Ex 5:12 | בכל ארעא דמצרים למגבא קש לתבן: |
| 002 | בקשא | s em/sf | Ex15:07 | היך מה דנורא בער בקשא: |
| 003 | וקשה | | Ex23:19 | עבוריכון צריכין דגנה וקשה מערבין כחדא: |
| 004 | | | Ex34:26 | עבריכון צרירין דגנא וקשה מערבין כחדא: |
| 005 | | | Dt14:21 | עבוריכון צרירין דגנה וקשה מערבין כחדה: |

## קשוט *n.* honesty [507]

| | | | | |
|---|---|---|---|---|
| 001 | קשוט | s ab/cn | Dt22:20 | ואין קשוט הוה פתגמא הדין לא אשתכחו |
| 002 | | | Gn40:14M | כען עמי חסד וטיבו/קשוט#2#/ ותדכר יתי לוות |
| 003 | בקשוט | | Dt 1:16M | אחיכון ותדונון יתהון בקשוט |
| 004 | דקש' | | Lv19:36 | מוזנין דקשט מכלן דקש' והינין דקשט ומתקלין דקשט |
| 005 | דקשוט | | Dt16:18M | ית עמא דינין דקשט/<דק>שוט#2#/: |
| 006 | | | Dt33:19 | ותמן יקרבון קרבנין דקשוט ארום תוגרת ימייא ייכלון |
| 007 | | | Dt 1:16M | יתהון דינין דקשט/<דק>שוט#2#/ בין/לבין#2#/ גבר |
| 008 | דקשט | | Dt16:18 | וידונון ית עמא דינין דקשט: |
| 009 | | | Dt 1:16 | ודיינין יתהון דינין דקשט בין גבר ובין אחוי ובין |
| 010 | | | Lv19:36 | דקשט מכלן דקש' והינין דקשט ומתקלין דקשט יהוי לכון אמר |
| 011 | | | Lv19:36 | והינין דקשט ומתקלין דקשט יהוי לכון אמר ייי אלהכון |
| 012 | | | Lv19:36 | מוזנין דקשט מכלן דקש' והינין דקשט |
| 013 | וקשוט | | Ex34:06 | רחמין ומסגי למעבד חסד וקשוט: |
| 014 | | | Dt32:04 | ארום כל ארחתיה דינין וקשוט אלהה היימנה דלית קדמוי |
| 015 | | | Ex23:07M | דמזכי בדינא /וזכאי וקשוט בד'#2#/ לא תקטלון ארום |
| 016 | | | Dt32:04 | דלית קדמוי עוולה זכיי וקשוט בדינה הוא: |
| 017 | | | Nu14:18M | על חטאין ומזכייה /וקשוט ומזכייה#2#/ לא מזכי |
| 018 | | | Gn24:12M | חסד /ותעבד חסד וקשוט#2#/ עם רבוני אברה«ם»: |
| 019 | | | Gn24:49M | אין אתון עבדין חסד וקשוט#2#/ עם רבוני תנון לי ואן |
| 020 | וקשט | | Gn47:29M | ותעבד עמי חסד וטבו/וקשט#2#/ לא כען/בבעו#2#/ תקבר |
| 021 | | | Gn24:14M | אדע ארום עבדת חסד \/וקשט#2#/ עם רבוני: |
| 022 | קושט' | s em/sf | Dt16:20 | קושטא קושט' תהוון רדפין מן בגלל |
| 023 | קושטא | | Dt17:04 | ותתבעון יאות והא מן קושטא אתכוון פתגמא אתעבדת |
| 024 | | | Gn32:11 | מן כל חסדיא ומן כל קושטא די עבדת עם עבדך ארום |
| 025 | | | Dt16:20 | קושטא קושט' תהוון רדפין מן בגלל |
| 026 | קושטה | | Dt22:20M | ואין/ואם#2#/ קשוט/קושטה#2#/ הוה פתגמא הדין לא |
| 027 | בקושט' | | Dt10:20M | תדבקון ובשמיה תימון בקושט' |
| 028 | בקושטא | | Gn48:15 | די הלכו אבהתי קדמוי בקושטא אברהם ויצחק ייי דדבר |
| 029 | | | Gn 6:09 | קדם ייי פלח נח בקושטא: |
| 030 | | | Gn17:01M | שמיא פלח קדמי בקשטא/בקושטא#2#/ והוה שלם בעבדא טבא: |
| 031 | | | Gn24:40 | די פלחת קדמוי בקושטא ישלח מלאכיה קדמיך ויצלח |
| 032 | | | Gn 5:22 | ופלח חנוך בקושטא מן קדם ייי מן בתר דאולד |
| 033 | | | Gn 5:24 | ופלח חנוך בקושטא קדם ייי ולית ידיע אן הוא |
| 034 | | | Lv19:15 | ולא תוקרון אפוי דרבה בקושטא תהוו«ן» דיינין ית |
| 035 | בקשטא | | Gn17:01 | אלהא שמיא פלח קדמי בקשטא והוה שלם בעבדא טבא: |
| 036 | דקושטא | | Gn21:23M | ולא בבר ברי כחסדא דקושטא |
| 037 | | | Gn24:48 | דדבר יתי באורחא דקושטא למסבה ית ברת אחוי דריבוני |
| 038 | דקושטה | | Dt32:41 | חרבי ותתוקף בדינה {ב}<ד>קושטה יד ימיני אחוז נקמתה |
| 039 | וקושטא | | Ex10:29 | ואמר משה ליה יאות וקושטא מללת מבשר הווינא עד דאנא |
| 040 | וקושטה | | Gn24:27 | אברהם דלא שבק חסדה וקושטה עם ריבוני אנא באורחא דבר |
| 041 | קושטין | p abs | Dt17:04M | והא מן \קושטא אתכוון /קושטין אזדמן#2#/ פתגמא אתעבדת |

See also: מן קושטא *adv.*

See also: מן קושטין *adv.*

## קשט *vb.* to shoot an arrow [508]

| | | | | |
|---|---|---|---|---|
| 001 | קשת | peal | Ex15:04 | ארתכוי דפרעה וחיילוותיה קשת עליהון גירין דאשא בימא |
| 002 | יתקשטין | etpeel | Ex19:13M | יגרו \יזדרקון ביה /יתקשטין ביה#2#/ אן בעיר אין גבר |

## קשי *vb.* to be difficult [508]

| | | | | |
|---|---|---|---|---|
| 001 | יקשי | peal | Dt 1:17 | ייי הוא מתבע ופתגמה די יקשי מינכון תקרבון יתי לוותי |
| 002 | אקשא | afel | Dt 2:30M | יתן בתחומיה ארום אקשי/אקשא#2#/ ייי אלהכון/אלהן#2#/ |
| 003 | אקשה | | Ex 7:03M | ואנה אתוקף/אקשה#2#/ ית לבא דפרעה ואסגי |
| 004 | אקשי | | Dt 2:30 | למעברה יתן בתחומיה ארום אקשי ייי אלהכון ית רוחיה ותקף |
| 005 | | | Ex13:15 | והוה ארום אקשי פרעה למשלחה יתן וקטל ייי |
| 006 | תקשון | | Dt10:16M | \לא תתקפון תוב /לא תקשון עוד#2#/: |
| 007 | אתקשיית | etpaal | Gn35:17 | והוה כדי אתקשיית במילדה ואמרת לה חייתא לא |
| 008 | ואתקשיית | | Gn35:16 | לאפרתה וילדת רחל ואתקשיית במילדה: |

## hard *adj.* קשי [508]

|  |  |  |  |  |  |  |
|---|---|---|---|---|---|---|
| 001 | קש׳ | s ab/cn | Lv19:18 | בתר לישנא תליתייה דהוא | קש׳ | כחרבא מחי מן תרין סטרוי |
| 002 | קשה | | Ex 1:13M | ישראל בקשיו/בפולחן | קשה#2#/: | |
| 003 | | | Ex 6:09 | מקפדות רוח ומפולחן | קשה: | |
| 004 | | | Gn44:18 | ועל חד כמה וכמה דאנה | קשה | מינהון ועד חד כמה דחילי |
| 005 | | | Ex32:09M | והא עם\קשיין לקבלה | /קשה | קדל למקבלה#2#/ אולפן |
| 006 | קשי | | Dt26:06 | יתן ושוון עלינן פלחן | קשי: | |
| 007 | | | Ex 1:14 | ומררו ית חייהון בפלחן | קשי | בטינא ובלבני ובכל פולחן |
| 008 | | | Ex 6:12M | מני#2#/ פרעה ואנה | חגר/קשי#2#/ | ממלל: |
| 009 | | | Ex 6:30M | אנה/האנה#2#/ | חגר/קשי#2#/ | ממלל והכדין/והיך#2#/ |
| 010 | | | Gn44:18 | מינהון ועד חד כמה דחילי | קשי | מן דידהון וערבת ית טליא |
| 011 | | | Lv26:13 | דמצריי מעילוויכון דהווה | קשי | עליכון היך ניר פרזלה |
| 012 | | | Ex33:03M | מדבר קדמיכון ארום עם | קשי | קדל למק#2#/ אולפן אינון |
| 013 | | | Dt 9:06M | יתה ארום עם | קשין/קשי#2#/ | קדל למקבלה אולפן |
| 014 | קשיא | | Gn49:07 | רוגזיהון ואימתהון ארום | קשיא | הוות אמר אבונן יעקב אן |
| 015 | | | Gn49:23 | בפליטורין דפרעה דהוה | קשיא | עלוי מן גירייא: |
| 016 | וקשי | | Ex 4:10M | ארום חגר פ{ס}<ם> | חגר/וקשי#2#/ | ממלל אנה: |
| 017 | קשיא | s em/sf | Ex 1:14M | \בפלחן קשי /בפולחנא | קשיא#2#/ | בטינא ובלבני/ובלבניא#2# |
| 018 | | | Ex18:26 | ית עמא בכל שעה ית פתגמא | קשיא | ייתון לוות משה וית פתגמ׳ |
| 019 | קשייא | | Dt31:27 | תורעמנותכון וית קדלכון | קשייא | הא עד דאנה בחיין עמכון |
| 020 | | | Dt10:16 | לבביכון וקדליכון | ק{י}שייא | לא תתקפון תוב: |
| 021 | קשיין | p abs | Lv26:29 | אי מה | קשיין | אינון חובייה ותקיפין |
| 022 | | | Gn24:31M | מן תלת אתקנית עבידן | קשיין | דהוון קיימין בגווה מן |
| 023 | | | Gn40:18M | תלתיה שעבודיא | תקיפיה/קשיין#2#/ | דעתידין ישראל |
| 024 | | | Gn42:30 | רבוני דארעא עמין מלין | קשיין | ושוי יתן כמילילין ית |
| 025 | | | Ex32:09 | ית עמא האליין והא עם | קשיין | לקבלה אולפן אינון: |
| 026 | | | Dt 9:13 | דעמא האליין והא עם | קשיין | קדל מן למקבלה אולפן |
| 027 | | | Ex10:28M | /מן אי׳ מילין | קשיין#2#/ | ברם/האי<ל>ין#2#/ צבי |
| 028 | קשין | | Gn42:07 | עליהון ומלל עמהון מלין | קשין | ואמר להון מן אן |
| 029 | | | Ex33:03 | שכינתי מביניכון ארום עם | קשין | למקבלה אולפן אינון דלא |
| 030 | | | Ex33:05 | לבני ישרא׳ אתון עם | קשין | למקבלה אולפן כקליל זעיר |
| 031 | | | Ex34:09 | ייי בינינן ארום עם | קשין | למקבלה אולפן אינון ותשרי |
| 032 | | | Dt 9:06 | הדה למירת יתה ארום עם | קשין | קדל למקבלה אולפן אתון: |
| 033 | קשי | p const | Ex33:05M | לבני ישרא׳ אתון עם | קשין/קשי | קדל#2#/ למקבלה אולפן \ |
| 034 | | | Ex34:09M | בינינן ארום עם | קשין/קשי | קדל#2#/ למקבלה אולפן |
| 035 | קשייתא | p em/sf | Ex10:28 | תוב חד מאילן מלייה | קשייתא | ברם צבי אנה לממות ולא |
| 036 | | | Ex10:28M | אזדהר למימ׳ דלא מלייא | קשייתא | האלן דאת אמ׳ לי ברם בעי |

## hardness *n.* קשיו [509]

|  |  |  |  |  |  |  |
|---|---|---|---|---|---|---|
| 001 | קשיות | s ab/cn | Dt10:16M | \ערלת טפשות לבביכון | /קשיות | לבביכון#2#/ וקדליכון |
| 002 | קשיותהון | s em/sf | Dt 9:13 | למימר גלי קדמי ית | קשיותהון | דעמא האליין והא עם קשיין |
| 003 | בק׳ | | Dt 9:27M | תסתכל | לקשיותהון/^בק׳#2#/^<לקשיו>תיה#2#/ | דעמא |
| 004 | לקשיותהון | | Dt 9:27 | וליעקב לא תסתכל | לקשיותהון | דעמא האליין ולא |
| 005 | לקשיותיה | | Dt 9:27M | תסתכל | לקשיותהון/^בק׳#2#/^<לקשיו>תיה#2#/ | דעמא |

See also: *adv.* בקשיו

## honest *adj.* קשיט [509]

|  |  |  |  |  |  |  |
|---|---|---|---|---|---|---|
| 001 | קשיט | s ab/cn | Lv19:16M | דחברך בזמן דאת ידע בה | קשיט | בדינה כדין אמר ייי |
| 002 | קשיטין | p abs | Dt 4:08M | וסדרי דינין | זכיין/קשיטין#2#/ | ככל גזירת אוריתה |
| 003 | | | Nu23:10 | ^הוא#2#^ בלעם מותין | קשיטין | לוויי תיהוי סופיה אלווי |
| 004 | | | Ex18:21M | ייי גברין | קושטנין/קשיטין#2#/ | סניין ממונא |
| 005 | וקשיטין | | Dt28:59M | וקשיטן ובושין בישין | וקשיטין | |
| 006 | | | Dt25:15 | מתקלין שלמין | וקשיטין | יהווי לכון מכלן שלמן |
| 007 | וקשיטן | | Dt28:59M | <...> מחן רברבן | וקשיטן | ובושין בישין וקשיטין |
| 008 | | | Dt25:15 | יהווי לכון מכלן שלמן | וקשיטן | יהווי לכון מן בגלל די |

## honesty *n.* קשיטו [509]

|  |  |  |  |  |  |  |
|---|---|---|---|---|---|---|
| 001 | קשיטות | s ab/cn | Gn31:42M | וית\לוותי דידי גלי | /קשיטות | כף ידי גלי#2#/ קדם ייי |
| 002 | בקשיטות | | Dt29:18 | שלם יהווי לי ארום | בקשיטות | ליבי איזיל מן בגלל |
| 003 | ובקשיטות | | Gn20:05 | אחי הוא בתמימות לבי | ובקשיטות | כפי ידי עבדת דא: |
| 004 | | | Dt 9:05 | לא בזכוותכון | ובקשיטות | לבביכון אתון עללין למירת |

## קשקש *n.* ⇐ קסקסה

## קשת *vb.* ⇐ קשט

## bow *n.* קשת [509]

|  |  |  |  |  |  |  |
|---|---|---|---|---|---|---|
| 001 | קשתא | s em/sf | Gn 9:14 | פרסין על ארעא ותתחמי | קשתא | בעננא: |
| 002 | | | Gn 9:16 | ותהוי | קשתא | בעננא ואחמי יתה למדכרה |
| 003 | קשתי | | Gn48:22M | טבין לי מן חרבי ומן | קשתי | |
| 004 | | | Gn 9:13 | ית | קשתי | ^א#2#^שוי בעננא ותהי לסימן |
| 005 | | | Gn48:22 | טבין לי מן חרבי ומן | קשתי | ועוד יהבית לך חולק חד יתיר |
| 006 | בקשתא | | Gn21:20 | והוי מן מתילף מרמי | בקשתא: | |
| 007 | | | Gn21:20M | רמי#2#/ בקשתא/נגיד | בקשתא#2#/: | |
| 008 | | | Gn21:16 | רחיק כמרמי | בקשתא | ארום אמרת לא אחמי במותא |
| 009 | בקשתי | | Gn48:22 | אחוי לא בחרבי ולא | בקשתי | ארום אלהן בזכוותי |
| 010 | וקשתי | | Gn48:22 | דטבין לי מן חרבי | וקשתי: | |
| 011 | וקשתיך | | Gn27:03 | זינך בית ג{ו}<י>ריך | וקשתיך | ופק לאפיה ברא וצוד לי |

ר



# head *n.* ראש

|  |  |  |  |
|---|---|---|---|
| 001 | ראש s ab/cn | Gn49:26M | כליל דרבו על ריש/ראש#2#/ יוסף ולגו קדקדא |
| 002 | | Nu 7:32M | \ראשי קטרת בוסמנין /ראש בו׳#2#/ טבין מפטמין |
| 003 | | Nu 7:20M | \ראשי קטרת בוסמנין /ראש בוס׳#2#/ טבין מפטמין |
| 004 | | Nu 7:26M | מלייה \ראשי בוסמנין /ראש בוס׳#2#/ טבין מפטמין |
| 005 | | Nu 7:44M | \רישי קטרת בוסמנין /ראש בוס׳#2#/ טבין מפטמין |
| 006 | | Nu 7:50M | \ראשי קטרת בוסמנין /ראש בוסמ׳#2#/ טבין מפטמין |
| 007 | | Nu 7:56M | \ראשי קטרת בוסמנין ^/ראש בוסמניי׳#2#/^ טבין |
| 008 | | Nu 7:74M | \ראשי קטרת בוסמנין /ראש בוסמנין#2#/ טבין מפטמין |
| 009 | | Lv 4:33M | ידיה על ראשה/^רישא#2#/^ראש#2#/ דחטאת׳ ויכוס |
| 010 | | Nu22:30 | דבגללהון אתברי עלמא מן ראש ובזכוותהון הוא מדכר |
| 011 | | Ex34:02 | ותתעתד לוותי תמן על ראש טורא: |
| 012 | | Nu20:29M | משה נחת מן ראש טורא מאנוי בזיעין וקטמה |
| 013 | | Nu 1:04 | גבר גבר מכל שבט גבר ראש לבית אבהתהה הוא: |
| 014 | | Nu 1:44 | תרי עשר גברין גבר ראש לבית אבהתהון הוו: |
| 015 | | Ex34:02M | /ותתעבר תמן גבי על ראש לטורא#2#/: |
| 016 | | Nu 6:18M | נזירותיה \ויסב ית שער ראש נזירותיה#2#/ ויתן על אשתא |
| 017 | | Nu26:02 | קבילו ית ראש סכומיהון דכל כנשתה מן בר |
| 018 | | Nu31:49M | נטלו יתה ראש סכומיהון עמה דחיל קרבה |
| 019 | | Ex30:12 | ארום תקבל ית ראש ס{מ}«כ»ו{כ}«מ»יהון |
| 020 | | Ex12:09 | ארום אלהן צלי בנורא ראש עם רגלוי ועם בני גווה: |
| 021 | | Lv 3:02 | ויסמוך ידיה על ראש קרבניה ויכוס יתיה בתרע |
| 022 | | Dt34:01 | משרה דמאב לטורה דנבו ראש רמתה דאית לוקבל יריחו |
| 023 | | Lv 8:14 | ובנוי ית ידיהון על ראש תורה דחטאתה: |
| 024 | | Nu 8:12M | ית ידיהון על ראש/ראש#2#/ תורייה וקרב/ויקרב#2#/ |
| 025 | רי׳ | Nu14:44M | /וזריזו#2#/ למסוק לריש/רי׳#2#/ טורא וארון קיימא דייי |
| 026 | ריש | Gn49:26 | יתעבדון כליל דרבו על ריש יוסף ולגו קדקדא דגברא |
| 027 | | Nu25:15 | מידיניתה כזבי ברת צור ריש אומין לבית אבה במדין הוא: |
| 028 | | Lv 8:12 | ואריק מן משחה דרבותה על ריש דאהרן ורבי יתיה למקדשה |
| 029 | | Lv 8:22 | ובנוי ית ידיהון על ריש דדכרה: |
| 030 | | Lv16:21M | ידוי על ראשה/ריש#2#/ דצפירה דבחיין ויתודי |
| 031 | | Gn47:31 | ואודי ושבח ישראל על ריש דרגשא: |
| 032 | | Gn48:02 | ישראל ויתב ליה על ריש דרגשה: |
| 033 | | Lv 4:04M | ויסמוך ית ידיה על ראשה/ריש#2#/ דתורא ויכוס ית תורא |
| 034 | | Ex19:20 | דייי על טורא דסיני על ריש טורא וקרא מימריה דייי |
| 035 | | Nu23:28 | ודבר בלק ית בלעם ריש טעוותה פעור דמצפיה מן {על} |
| 036 | | Nu28:14 | עלתה די תהווי מקרבה בכל ריש ירח וירח בהתחדתותיה כהדין |
| 037 | | Ex12:02 | ירחא הדין ניסן לכון ריש ירחין קדמיי הוא לכון {הוא |
| 038 | | Nu 1:02M | כנשתא דבני /טולו ית ריש כל עם כנישתה דב׳#2#/ |
| 039 | | Gn32:27 | למשבחא ואנ«א» {ואנה} ריש למשבחא ואמר לא אשלח יתך |
| 040 | | Nu24:20M | "שרוי ... עד לעולם": ריש מלכייה ואומייה דאגחו קרבה |
| 041 | | Nu 6:12M | כליל נזירותיה /סאב ריש נז׳#2#/: |
| 042 | | Nu 6:09 | בתכיף דלא ידע ויסאב ריש נזירותיה ויספר רישיה ביום |
| 043 | | Nu 6:18 | בתרע משכן זימנא ית ריש נזירותיה ויתן על אשתא די |
| 044 | | Nu 4:22 | קבל ית ריש סכומיה דבנוי דגרשון אוף |
| 045 | | Nu 1:02 | קבילו ית ריש סכומיהון דכל כנשתא דבני |
| 046 | | Nu 1:49 | שבטה דלוי לא תסכום וית ריש סכומיהון לא תקבל בגו בני |
| 047 | | Ex30:23M | ואת סב לך ראש/ריש#2#/ קטרן בסימנין/בוס׳#2#/ |
| 048 | | Lv 3:08 | ית ידיה על ריש קרבניה ויכוס יתיה קדם משכן |
| 049 | | Ex17:09 | הא אנה קיים מעתד על ריש רמתא וחוטרא די אתעבד ביה |
| 050 | | Nu21:20 | דבתחומיהון דמואביי ריש רמתה והא היא מצטפייה מן |
| 051 | | Nu21:20M | דאית בתחומיהון דמואבאי ריש רמתה דמצטייפה כל וקבל |
| 052 | | Nu23:14 | ודבר יתיה לחקל סכייה ריש רמתה ובנה שבעה מדבחין וקרב |
| 053 | | Dt 4:49 | ועד ימא דמלחה תחות ריש רמתה: |
| 054 | | Ex29:10 | ובנוי ית ידיהון על ריש תורא: |
| 055 | | Ex29:19 | ובנוי ית ידיהון על ריש תורא: |
| 056 | | Lv 4:24M | ויסמוך ידיה על ראשה/ריש#2#/ דצפירה/צפ׳#2#/ ויכוס |
| 057 | | Lv 4:15M | ית ידיהון על ראשה/ריש#2#/ דתורא/ת׳#2#/ קדם ייי |
| 058 | בראש | Nu33:03 | נפקו בני ישראל פריקין בראש גלי לעיני כל מצריי: |
| 059 | בריש | Gn40:18 | ישראל יפקון פריקין בריש גלי אף את רב נחתומי׳ תקבל |
| 060 | | Ex14:08 | ישראל נפקו פריקין בריש גלי: |
| 061 | | Nu15:30 | ונפש די תעבד בריש גלי ביציבייה ובגיוריה קדם |
| 062 | | Ex24:17 | כאשתא אכלה אשא מתכלה בריש די טורא לעיני בני ישראל: |
| 063 | | Nu20:28 | בריה ומית אהרן תמן בריש טורה ונחת משה ואלעזר מן |
| 064 | | Ex12:42 | מדברא <....> דן ידבר בריש ענא ודין ידבר בריש ענה |
| 065 | | Ex12:42 | בריש ענא ודין ידבר בריש ענה ומימריה מדבר ביני |
| 066 | | Nu21:20I | "בחלתה ... מצ׳": בריש רמתה די בתחומיהון דמואבאי |
| 067 | ובראש | Lv26:13M | יתכון בקומה זקיפה ובראש גלי |
| 068 | לריש | Nu17:18 | חוטרה דלוי ארום חטר לריש בית אבהתהון: |
| 069 | | Nu14:40 | ואקדימו בצפרה וסליקו לריש טורא למימר הא אנן וניסוק |
| 070 | | Nu14:44 | וכמנו למסוק לריש טורא וארון קיימא דייי |
| 071 | | Nu21:19 | חזרת למהווי סלקה עמהון לריש טוריה ונחתה עמהון לחלתה |
| 072 | | Ex17:10 | ואהרן וחור סליקו לריש רמתא: |
| 073 | | Dt 3:27 | סוק לריש רמתה וטול עייניך למערבה |
| 074 | ראש׳ s em/sf | Lv13:40M | ארום יתמרט שער רישיה/ראש׳#2#/ קרח הוא דכי הוא: |
| 075 | ראשא | Dt33:20 | חכימין בני קטילין פרק ראשא עם אדרעא: |
| 076 | ראשה | Gn28:18 | יתה קיימא ואריק משח על ראשה: |
| 077 | | Ex29:17 | ותתן על פסגוי ועל ראשה: |
| 078 | | Lv13:30 | כהנא נתקה הוא צרעתה ראשה או דדקנה הוא: |
| 079 | | Nu 6:11 | די חטא על נפשה ויקדש ית ראשה ביומא ההוא: |
| 080 | | Ex28:32 | ויהווי פם ראשה במיצעה שפמה יהווי לפמה |
| 081 | | Lv13:41 | כל קבל אפוי יתמרט שער ראשה גלש לישן הוא דכי הוא: |
| 082 | | Gn48:14 | ית ימינה ופשט ושווי על ראשה דאפרים והוא זעירא וית |
| 083 | | Ex29:15 | ובנוי ית ידיהון על ראשה דדיכרא: |
| 084 | | Lv 8:18 | ובנוי ית ידיהון על ראשה דדכרה: |
| 085 | | Lv 4:33 | ויסמוך ^ית#2#^ ידיה על ראשה דחטאת׳ ויכוס יתה לחטאתה |
| 086 | | Lv 4:29 | ויסמוך ית ידיה על ראשה דחטאתא ויכוס ית חטאתא |
| 087 | | Lv14:29 | די על ידוי דכהנא יתן על ראשה דמן דמדכי למכפר׳ עלוי קדם |
| 088 | | Lv 1:04 | ויסמוך ידוי על ראשה דעלתא ויתרעי ליה למכפרה |
| 089 | | Lv 4:24 | ויסמוך ידיה על ראשה דצפירה ויכוס י{ד}<ת>יה |
| 090 | | Lv16:21M | /אהרן#2#/ על רישיה/ראשה#2#/ דצפירה וישלח ביד גבר |
| 091 | | Lv16:21 | ית ^תרתין#2#^ ידוי על ראשה דצפירה דבחיין ויתודי עלוי |
| 092 | | Gn40:20 | שלטנוי ו{ח}<רו>מם ית ראשה דרב מזוגיה ואריס ית |
| 093 | | Gn40:20 | דרב מזוגיה ואריס ית ראש«ה» דרב נחתומיא בגו שלטנוי: |
| 094 | | Dt11:12 | אלהכון בה מסתכלין בה מן ראשה דשתה ועד סופה דשתה: |
| 095 | | Lv 4:04 | ייי ויסמוך ית ידיה על ראשה דתורא ויכוס ית תורא קדם |
| 096 | | Lv 4:15 | עם כנשתא ית ידיהון על ראשה דתורא קדם ייי ויכוס ית |
| 097 | | Gn28:11 | דאתרא ושוי תחות אסדי ראשה ודמך לה באתרא ההוא: |
| 098 | | Lv 1:15 | על גבי מדבחא ויעזם ית ראשה ויסדר על גבי מדבחה וימציא |
| 099 | | Lv24:14 | י{ד}<ת> ידיהון על ראשה וירגמון יתיה כל עמה |
| 100 | | Lv 1:08 | כהניא ית פסגי׳ ית ראשה וית גופה על קיסיה די על |
| 101 | | Lv 8:20 | פסג לפסגוי וסדר משה ית ראשה וית פסגיה וית גופה: |
| 102 | | Gn28:10 | קיימא ואריק משח על ראשה וניסא תליתאה כיון דנטל |
| 103 | | Lv 9:13M | לוותה לפיסגה וית רישיה/ראשה#2#/ וסדר על גבי מדבח׳: |
| 104 | | Lv13:12 | ית כל משכא דמכתשה מן ראשה ועד רגלוי לכל חזיו עיני |
| 105 | | Gn28:18 | ית אבנא די שוי אסדי ראשה ושוי יתה קיימא ואריק משח |

|  |  |  |  |
|---|---|---|---|
| 106 | | Lv 8:09 | ושוי ית מצנפתה על ראשה ושוי על מצנפתה מן כל קבל |
| 107 | | Dt21:12 | יתה לגו ביתך ותספר ית ראשה ותצמי ית טופרייה: |
| 108 | | Ex29:06 | ותשווי ית מצנפתה על ראשה ותתן ית כליל בית קודשא על |
| 109 | | Ex36:29 | וכחדה הוון מתאמין על ראשה לגו עזקתה חדא כדון עבד |
| 110 | | Lv 5:08 | לחטאתה קודמוי ויעזום ית ראשה מן כל קבל קדליה ולא יפרש: |
| 111 | | Lv21:10 | מן אחוי די יתארק על ראשה מן משחה דרבותה וישל«ס» |
| 112 | | Ex29:10M | על \ריש תורא/^ראשה#2#/^ראשי דתו'#2#/: |
| 113 | ראשי | Gn40:16 | סלין דפיתא נקיתא על ראשי: |
| 114 | | Gn40:17 | אכל יתהון מן סלה מעלוי ראשי: |
| 115 | | Ex29:10M | על \ריש תורא/^ראשה#2#/^ראשי דתור#2#/: |
| 116 | ראשיה | Lv14:18 | כף ידוהי דכהנא יתן על ראשיה דמן דמדכי ויכפר עלוהי |
| 117 | | Lv14:09 | יספר ית כל שעריה ית ראשיה וית דקנה וית גביני עייני |
| 118 | | Ex29:07 | משחא דרבותה ותריק על ראשיה ותרבי יתיה: |
| 119 | | Lv21:10 | למלבש ית לבושיה ית ראשיה לא יכסה ולבושו לא יבזע: |
| 120 | ראשך | Gn40:19 | עופא ית בשרך מעלווי ראשך: |
| 121 | | Gn40:13 | ירומם פרעה ית ראשך {ראשך} ויחזור יתך לשימושך ותשוי |
| 122 | | Gn40:19 | תלתא יומין ירים פרעה ית ראשך מעילוך ויצלב יתך על צליבה |
| 123 | | Gn40:13 | יומין ירומם פרעה ית {ראשך} ראשך ויחזור יתך לשימושך |
| 124 | ריש' | Ex29:15M | ית ידיהון על ראשה/ריש'#2#/ דדיכרא: |
| 125 | רישא | Dt33:16 | ויתעבדן כליל דרבו על רישא דיוסף ולגו קודקדה דגברא |
| 126 | | Gn48:17 | מעילוי רישה דאפרים על רישא דמנשה: |
| 127 | | Nu 5:18 | אתתה קדם ייי ויפרע ית רישא דאתתא ויתן על כף ידה ית |
| 128 | | Ex29:19M | ידיהון על \ריש תורא /רישא דדכר#2#/: |
| 129 | | Lv 4:33M | ידיה על ראשה/^רישא#2#/^ראש#2#/ דחטאת' ויכוס |
| 130 | | Lv 4:29M | ויסמוך ית ידיה על ראשה/רישא#2#/ דחטאתא ויכוס ית |
| 131 | | Lv14:29M | דכהנא יתן על ראשה/רישא#2#/ דמן דמדכי למכפר' |
| 132 | | Lv 1:04M | ויסמוך ידוי על ראשה/רישא#2#/ דעלתא ויתרעי ליה |
| 133 | | Ex26:24 | וכחדא יהוון מכוונין על רישא לגו עזקתא חדא כדן יהוי |
| 134 | | Ex36:29M | \על ראשה /על רישא#2#/ לגו עזקתה חדא |
| 135 | רישאה | Lv 8:12M | משחה דרבותה על ריש/<ריש>אה#2#/ דאהרן ורבי יתיה |
| 136 | רישה | Gn48:17 | דאבוי למחזרה יתה מעילוי רישה דאפרים על רישא דמנשה: |
| 137 | | Gn48:17 | שוי אבוי ית ימיניה על רישה דאפרים והוא לא שפר באפוי |
| 138 | | Lv14:18M | דכהנא יתן על ראשיה/רישה#2#/ דמן דמדכי ויכפר |
| 139 | | Lv 8:20M | וסדר משה ית ראשה/רישה#2#/ וית פסגיה וית גופה: |
| 140 | רישיה | Gn48:18 | דין בכורה שוי ימינך על רישיה: |
| 141 | | Nu 6:05 | יהווי יתרבי פרע שער רישיה: |
| 142 | | Nu 6:07 | ארום כליל אלהיה על רישיה: |
| 143 | | Nu 6:09 | ריש נזירותיה ויספר רישיה ביום דכיותיה ביומא |
| 144 | | Gn48:14 | זעירא וית שמאליה על רישיה דמנשה שלחף ית ידו«י» |
| 145 | | Gn44:18 | את משתבע אנה לך בחיי רישיה דאבא היך מה דאת משתבע |
| 146 | | Gn42:15 | בדא תבדקון חיי רישיה דפרעה אן תפקון מן הכה |
| 147 | | Gn42:16 | קושטנין אתון אן לא חיי רישיה דפרעה ארום ילילין אתון: |
| 148 | | Gn44:18 | היך מה דאת משתבע בחיי רישיה דפרעה רבך דאן שלף אנה |
| 149 | | Lv16:21 | חוביהון ויתן יתהון על רישיה דצפירה וישלח ביד גבר מזמן |
| 150 | | Lv 3:13 | ויסמוך ית ידיה על רישיה ויכוס יתיה קדם משכן זימנא |
| 151 | | Lv 1:12 | ופיסג יתה לפיסגוי ית רישיה וית גופיה ויסדר כהנא |
| 152 | | Lv 9:13 | זמינו לוותה לפיסגה וית רישיה וסדר על גבי מדבח: |
| 153 | | Lv 4:11 | דתורא וית כל בשרה על רישיה ועל רגלוי ובני גוויה |
| 154 | | Gn28:10 | ושוי יתהון תחות אסדי רישיה כיון דקדם בצפרא ואשכח |
| 155 | | Nu 6:05 | גלב לא יעלה על רישיה עד די שלמין יומיא די |
| 156 | | Lv13:40 | וגבר ארום יתמרט שער רישיה קרח הוא דכי הוא: |
| 157 | בראשה | Lv13:29 | ארום יהוי ביה מכתש בראשה או בדיקנה: |
| 158 | | Nu20:29M | מאנוי בזיען וקטמה בראשה והווה בכי ואמ' ווי לי |
| 159 | | Nu 5:07M | וח«ו»משה יוסף /בראשה וחמשין דמוי יס'#2#/ עלוי |
| 160 | | Lv13:44 | יסא«ב» יתיה כהנא בראשה מכתשה: |
| 161 | בראשיה | Gn11:04 | עד צית שמיא ונעבד לן בראשיה סגדה ונתן חרבא בידיה |
| 162 | דרישא | Lv13:30M | צרעתה/<צר>עא#2#/ ראשה/דרישא#2#/ או דדקנה הוא: |
| 163 | דרישה | Gn11:04M | לן קריה ומגדל וראשה/דרישה#2#/ מטי עד צית שמיא |
| 164 | וראשה | Gn11:04 | ונבנה לן קריה ומגדל וראשה מטי עד צית שמיא ונעבד לן |
| 165 | | Gn28:12 | וחלם והא סלם קבע בארעא וראשה מטי עד צית שמיא והא |
| 166 | וראשיה | Lv13:45 | היך דמבזעין על אבילה וראשיה יהווי מכסי ועל שפמה יהווי |
| 167 | לראשך | Gn 3:15 | לך ומחיי' יתך לראשך וקטלין יתך וכד יהוון |
| 168 | לרישיה | Gn50:01 | נבני לאבונן ארזא רמא לרישיה מטי עד צית שמיא ושרשוי |
| 169 | ראשין p abs | Ex18:25 | כל ישראל ושוי יתהון ראשין על עמא רבבני אלפין |
| 170 | | Dt 1:13M | /ואש{ר}<ו>י יתכון ראשין ע<ליכון>#2#/: |
| 171 | ראשי p const | Nu36:01 | קדם משה וקדם רבבני ראשי אבהתה דבני ישראל: |
| 172 | | Nu10:04 | לוותך ^כל#2#^ רבבני ראשי אלפייה דישראל: |
| 173 | | Nu 7:26 | הוות דדהב קרב יתה מליה ראשי בוסמנין טבין מפטמין ודכיין |
| 174 | | Nu 7:02M | רברבי#2#/ \דישראל/ ראשי בית אבהתהון אנון |
| 175 | | Dt32:42 | דעמי ושבייהון מן ראשי גיבריהון פולימרכיהון |
| 176 | | Gn 8:05M | בחד יום לירחא אתחמין/ ראשי טוריא#2#/: |
| 177 | | Ex12:02 | לכון {הוא לכון} ולכל ראשי ירחי שתא: |
| 178 | | Nu28:14 | תהוון מקרבין עמי בכל ראשי ירחי שתא: |
| 179 | | Gn 2:10 | מתפרש וחזור והוה לארבעה ראשי נהרין רברבין: |
| 180 | | Nu25:04 | ואמר ייי למשה דבר ית כל ראשי עמא ואקים יתהון בסנהדרין |
| 181 | | Dt33:05 | מן דבית יעקב ככנש ית ראשי עמא כחדא ישתמעון לה כל |
| 182 | | Nu 7:38 | הוות דדהב קרב יתה מליה ראשי ^קטורת#2#^ בוסמנין טבין |
| 183 | | Ex30:23 | ואת סב לך ראשי קטרן בסימנין טבין מר בחיר |
| 184 | | Ex30:34 | ואמר ייי למשה סב לך ראשי קטרן בסמנין טבין קטף שבלה |
| 185 | | Nu 7:14 | הוות דדהב קרב יתה מליה ראשי קטרת בוסמנין בטבין מפטמין |
| 186 | | Nu 7:20 | הוות דדהב קרב יתה מליה ראשי קטרת בוסמנין טבין מפטמין |
| 187 | | Nu 7:32 | הוות דדהב קרב יתה מליה ראשי קטרת בוסמנין טבין מפטמין |
| 188 | | Nu 7:50 | הוות דדהב קרב יתה מליה ראשי קטרת בוסמנין טבין מפטמין |
| 189 | | Nu 7:56 | הוות דדהב קרב יתה מליה ראשי קטרת בוסמנין טבין מפטמין |
| 190 | | Nu 7:62 | הוות דדהב קרב יתה מליה ראשי קטרת בוסמנין טבין מפטמין |
| 191 | | Nu 7:68 | הוות דדהב קרב יתה מליה ראשי קטרת בוסמנין טבין מפטמין |
| 192 | | Nu 7:74 | הות דדהב קרב יתה מליה ראשי קטרת בוסמנין טבין מפטמין |
| 193 | | Nu 7:80 | הוות דדהב קרב יתה מליה ראשי קטרת בוסמנין טבין מפטמין |
| 194 | | Nu30:02 | ומליל משה עם ראשי שבטיה דבני ישראל למימר |
| 195 | | Dt 1:15 | ונסבת ית ראשי שבטיכון גברין חכימין |
| 196 | | Dt 5:23 | באשתא וקרבתון לוותי כל ראשי שבטיכון וחכימיכון: |
| 197 | | Nu36:01 | וקרבו ראשי שיבטייה לזרעיית בנוי |
| 198 | | Nu 8:12 | יסמכון ית ידיהון על ראשי תורייה וקרב ית חד |
| 199 | ראשיה | Nu32:28 | וית יהושע בר נון וית ראשיה אבהת שבטיה דבני ישראל: |
| 200 | רישי | Ex 6:25 | ליה ית פינחס אליין רישי{ה} אבהת לוויה לזרעיותיהון: |
| 201 | | Nu 1:16 | רברבני שבטי אבהתהון רישי אלפי דבני ישראל אינון: |
| 202 | | Ex 6:14 | אליין רישי{ה} בית אבהתהון בנוי דראובן |
| 203 | | Nu21:15 | אלין לאלין ורציצו רישי גיבריהון ושפכו נחליה מן |
| 204 | | Gn 8:05 | בחד לירחא אתגלון רישי טוריא: |
| 205 | | Nu21:15M | והוו ישראל מהלכין על רישי טורייה מלעיל ולא ידעו |
| 206 | | Gn 1:14M | עבור \שהרין ירחין /רישי ירחין ושנין#2#/: |
| 207 | | Nu 7:44 | הוות דדהב קרב יתה מליה רישי קטרת בוסמנין טבין מפטמין |
| 208 | בראשי | Dt33:21 | היך מה דהוה עליל ונפק בראשי עמא בעלמא הדין כדין יהווי |
| 209 | | Dt33:21 | כדין יהווי עליל ונפק בראשי עמא בעלמא דאתי זכותה דייי |
| 210 | ברישי | Dt20:09 | רברבניה חיילוון ברישי עמא: |
| 211 | וראשי | Nu31:26 | אתה ואלעזר כהנה וראשי אבהת כנישתה: |
| 212 | | Gn25:03 | הוון תגרן ואמופרין וראשי אומין: |
| 213 | ובראשי | Nu28:11 | ובראשי ירח«י»כון תקרבון עלה |

214 ובר ישי Nu10:10 ובזמני מעדיכון ובר ישי ירחיכון ותתקעון בחצוצרתא
215 לראשי Dt32:33 שתיין ורוגזיהון מדמי לראשי חווייה פתמנייה כזוראי:
216 Dt 2:06 דבירה דמיא סלקא עמכון לראשי טוריה ולחל{ת}תה עמיקתה:
217 Nu21:20M למהוי סלקה עמהון לראשי טורייה ונחתה עמהון
218 Nu21:19M /<סל>קת#2#/ עמהון לריש/לראשי#2#/ טוריה ונחתה עמהון
219 Nu21:19M עמהון {לא} לראשי טורייה ונחתה עמהון
220 Nu21:20 ומן דהוות סלקה עמהון לראשי טורייה רמתה ונחת עמהון
221 ראשי' p em/sf Lv19:27M דראשיכון /קומי ראשי#2#/ ולא תחבלון ית שומת
222 ראשיא Dt29:17 לשריש קביע בארעא ארום ראשיא דחטה חלי כדבשה ברם סופיה
223 ראשיהון Nu21:15M ייי לטוורייה ואקפו ראשי<הון>
224 Nu13:03 דייי כולהון גברין ראשיהון דבני ישראל אינון:
225 Ex36:38 וית קליותהון וחפי ראשיהון וכבושיהון דהב וחומריהון
226 Ex38:19 ונקלוותהון כסף וחפוי ראשיהון וכבושיהון כסף:
227 Nu 1:49M סכומיהון לא תקבל /ראשיהון לא תק#2#/ בגו בני
228 Nu31:50 קריה כליליה דדהבה מן ראשיהון קדישין מן אדנ«י»הון
229 ראשיכון Dt28:35 כף רגליכון ועד קדקדי ראשיכון:
230 Lv10:06 ולאיתמר בנוי ראשיכון לא תכסון
231 רישיהון Nu21:15 רמז לטוריה ואקפו רישיהון אלין לאלין ורציצו רישי
232 Ex38:28 אונקלוון לעמודי וחפי רישיהון וכבש יתהון:
233 Ex38:17 וכבושיהון כסף וחפוי רישיהון כסף ואינון מכבשין כסף כל
234 רישיכון Dt29:09 הדין קדם ייי אלהכון רישיכון שבטיכון חכימיכון
235 בראשיהון Lv20:13M אדמהון/דמ'#2#/ בהון/בראשיהון#2#/:
236 Lv20:16M אדמהון/דמ'#2#/ בהון/בראשיהון#2#/:
237 Lv21:05 לא ירשמון רושם בראשי«הון» ושומת דקניהון לא
238 ברישיהון Ex32:25 כלילא דדהבא דהוה ברישיהון דהוה שמה מפרשה חקיק
239 דראשיכון Lv19:27 לא תקפון א{ר}<ו>מנה דראשיכון ולא תחבלון ית שומת

## רב adj. great

[511 רב adj. n.]

001 רב s ab/cn Gn15:14M ומן בתר כן יפקון בסגול רב
002 Dt 1:17M \מלך ושליט /גבר רב#2#/ ארום דינה קדם ייי הוא
003 Dt26:03M ממני \כהנא רבא /כהן רב#2#/ ביומיה האינון ותימרון לה
004 Dt29:27 בתקוף רגוז ובכליתה ובכעס רב וטלק יתהון לארע אחרני כיומא
005 Dt 5:22 <אשתה> עננה וערפלה קל רב ולא פסיק וכתב יתהון על תרין
006 Dt25:13 יהווי לכון בכיסיכון מתקל רב ומתקל זעיר מתקל רב למהווי
007 Gn50:10 ירדנא ואספדו תמן הספד רב ותקיף לחדא ונטר על אבוי אבל
008 Dt 7:23 ויערב{ו}ב יתהון ערבוב רב זמן די ישיצי יתהון:
009 Ex18:22 בכל שעה ויהוי כל פתגם רב ייתון יתה לוותך וכל פתגם
010 Gn27:33 ואזדעזע יצחק זועע רב לחדה ואמר מן כדון הוא דצד
011 Dt25:13 מתקל רב ומתקל זעיר מתקל רב למהווי נסב בה ומתקל זעיר
012 Gn41:40 עמי לחוד כרסי מלכותי אנה רב מנך:
013 רבא Gn26:10M \חובין רברבין /חובא רבא#2#/:
014 Ex15:09 רבה ואבוז מנהון בזה רבא אפלג שביתה לעמי עבדי קרבא
015 Gn21:08 ואתחסל ועבד אברהם שרו רבא ביומא דאתחסל ית יצחק ברה
016 רבה Gn17:20 יולד ואשוי יתה לאחסנה רבה:
017 Ex32:21M \חובין רברבין /חובה רבה#2#/:
018 Nu22:18M אלהי למעבד זעירה או רבתה/רבה#2#/:
019 Gn46:03 מיחות מצרים ארום לאומה רבה אישוי יתך תמן:
020 Gn21:18 יד«י»ך ביה ארום לאומה רבה אשוי יתיה:
021 Gn21:13 ואף ית ברה דאמתה לאומה רבה אשויניה ארום ברך הוא:
022 Gn21:06 ואמרת שרה חדו רבה אתעבד לי מן קדם ייי כל
023 Ex12:30 וכל מצריי והות צוו{ת}חת רבה במצרים ארום לא הוה תמן
024 Ex11:06 והווה צווחתה רבה בכל ארעא דמצרים די כוותה
025 Ex15:09 ימא אשבי מנהון שבי<ה> רבה ואבוז מנהון בזה רבא אפלג
026 Gn12:02 ואמנא יתך לאמא רבה ואבר' יתך ואתוקף ית שמך

027 Ex32:31M \חובין רברבין /חובה רבה#2#/ ויעשו להם אלהי זהב
028 Dt25:03 לממחי יתיה על אלין מחה רבה ויתבזי אחוך קדמיך:
029 Dt25:14 יהווי לכון בבתיכון מכלה רבה ומכלה זעי{ו}רה מכלה רבה
030 Dt 4:08M והלא היידה אומה \רבה#2#/ ומלכו דאית לה קיימין
031 Ex32:10 ואית יכלה קדמיי לממנייה רבה ותקיפא מנהון:
032 Gn18:18 ואברהם מהוה יהוה לאמא רבה ותקיפה ויתברכון בזכוותא כל
033 Nu14:12 קדמיי לממניה יתך לאומא רבה ותקיפה מנהון:
034 Dt26:05 ואיתברך והוה תמן לאומה רבה ותקיפה ומסגייה:
035 Gn30:13 ואמרת לאה תשבחה רבה ישבחון יתי בנת ישראל
036 Lv10:19M "אונ' ...": אבילה רבה כדין יומא
037 Dt25:14M מכלן ומכלן מכלה רבה למיהווי זבן בה ומכלה
038 Dt25:14 רבה ומכלה זעי{ו}רה מכלה רבה למיהווי נסב בה ומכלה זעירה
039 Nu14:15M /שמעו#2#/ ית שמעך \רבה#2#/ למימר:
040 Gn21:06M חדו ... יחדי עמי": חדה רבה עבד לי ממריה דייי כל דשמע
041 Gn27:34 מלוי דאבוי וצוח צווחה רבה תקיפא ומרירא עד לחדא ואמר
042 Dt 4:07M אומה/אומייה#2#/ \רבה#2#/ ומלכו/<ומלכ>ות#2#/
043 Gn20:09M \חובין רברבין /חובה רבה#2#/ עבדין/^עובדין#2#^/ דלא
044 דרב Gn41:43 קדמוי יחי אבוי דמלכא דרב בחכמתא וזעיר בשפר ורכיך
045 Gn49:22 קדמיך יחי אבוי דמלכא דרב בחכמתא וזעירא בשנייא והוון
046 דרבא Gn29:16 תרת«י»ן בנן שמא {דרבא} דרבתא לאה ושמה דזעירתא
047 רבא s em/sf Ex15:08 קפון תהומיא בפלגות דימא רבא:
048 Ex23:31 ומן מדברא עד נהרא רבא ארום אמסר{א} בידיכון ית כל
049 Dt26:03 כהנא די הווי ממני כהנא רבא ביומיה האינון ותימרון לה
050 Gn25:22M לבית מדרשא דשם רבא בעייא ומצליי' קדם ייי
051 Nu35:25 בגווה עד די ימות כהנה רבא <ד>רבי יתיה במשחה
052 Gn38:25 הדה ויפרוק יתי מן דינא רבא הדין מיד קם יהודה על
053 Ex 3:03 אסטי כען ואחמי ית חזיא רבא הדין מן בגלל לא יקד סנייה:
054 Gn27:01 למחמי וקרא ית עשו בריה רבא ואמר ליה ברי ואמר ליה הא
055 Dt 4:36M אשתיה/<אש>תה#2#/ רבתה/רבא#2#/ וקל דבירוי שמעתון
056 Dt 9:02M \עם רברבין ותקיפין /עמא רבא ותקיפא#2#/ בנוי דענק
057 Ex20:07 לא מזכי ייי ביום דינא רבא ית מן די יסב שמה דייי
058 Nu17:04M ונסב אלעזר כהנא \רבא#2#/ ית מחתיתה דנחשה די
059 Gn44:19 דבית אבה היא ודן חיילא רבא על דהוא מן עילעא דאבה אין
060 Gn29:02 ההוא ישקון עדריא ואבנא רבא על פימ«ה» דבארה:
061 רבה Gn10:21 בני עבריא אחוי דיפת רבה:
062 Gn25:22M ייי בבית מדרשא של שם רבה
063 Ex38:21 דאתמר בר אהרן כהנא ^רבה#2#^:
064 Nu 4:28 דאיתמ' ברה דאהרן כהנה רבה:
065 Nu 4:33 דאיתמר ברה דאהרן כהנה רבה:
066 Nu 7:08M /בר אה'#2#/ כהנה \רבה#2#/:
067 Nu18:28M דייי לאהרן כהנה \רבה#2#/:
068 Nu21:01M ונשב{ן}<י> מנהון שבייה רבה
069 Nu35:32 עד זמן די ימות כהנא רבה:
070 Dt32:34 חתום באוצרי ליום דינה רבה:
071 Nu34:06 ותחום ימה רבה אוקיינוס אינון מי בראשית
072 Nu11:22M ענה ותורייה <...> דימה רבה אין מתכנשין להון הא כולא
073 Lv21:04M בעמיה לאפסה כהונתה רבה אמטול ליה
074 Gn14:18M דירושלם הוא שם רובה/רבה#2#/ אפק לחם וחמר והוא הוה
075 Lv21:13M "והו' ... יסב": וכהנא רבה אתה בתולה יסב
076 Gn 9:02 על ארעא ובכל נוני דימא רבה בידכון מסרת:
077 Lv16:01 תרין בנוי דאהרן כהנא רבה בקרבותהון קרבן יתיר דלא
078 Dt10:17 על כל ריבונייה אלה» רבה גיברה ודחילה די לא נסיב
079 Lv21:01 נפש דמית לא יסתאב כהנא רבה די בעמה:
080 Ex15:12 הוות ארעא מן דינא יומא רבה דלא יתבע יתהון מנה לעלמא

|  |  |  |  |  |  |
|---|---|---|---|---|---|
| 081 | | Dt 2:07 | קדמוי הלכותכון ית מדברה | רבה | דנה ארבעין שנין ייי אלהכון |
| 082 | | Gn 2:14 | ונהרא רביעיא הוא נהרא | רבה | דנהרא פרת: |
| 083 | | Nu34:15M | נפק להון תחומה לנהרה | רבה | דפרת דעלוי סד׳ |
| 084 | | Ex21:14 | אפילו אין הוא כהנא | רבה | דקאים ומשמש {על גב} על גבי |
| 085 | | Dt29:23 | הדה מה תקיף הוא רוגזיה | רבה | הדין: |
| 086 | | Dt 4:32 | שמיא הא אן הוה כפתגמא | רבה | הדן או אין אשתמע כוותיה: |
| 087 | | Dt30:13 | ולא מן עבר לימה | רבה | היא אוריתה למימר לווי הוה |
| 088 | | Dt30:13M | ייעיבר לנא מעיבר לימה | רבה | היך יונא נבייא#2#/ ויסק |
| 089 | | Nu34:17M | ית ארעא אלעזר כהנא | ∧רבה#2#/ | ויהושע בר נון: |
| 090 | | Lv21:04M | <לא> יסתאב כהנה | רבה | ואפילו בעמיה לאפסה כהונתה |
| 091 | | Ex32:11 | ארעא דמצרים בחיל«ך» | רבה | ובאדרעך מנטלתה: |
| 092 | | Dt 9:29 | די אפקת פריקין בחילך | רבה | ובאדרעך מנטלתה: |
| 093 | | Ex28:20 | רביעיה כרום {ו}<י>מה | רבה | ובדלחא ומרגליתה וכתיב |
| 094 | | Ex39:13 | וסדרה רביעיה כרום ימה | רבה | ובדלחה ומרגליתה וכתיב |
| 095 | | Nu35:28 | עד זמן די ימות כהנה | רבה | ובתר די ימות כהנא רבה |
| 096 | | Dt 1:19 | והלכנן ית כל מדברה | רבה | ודחילה ההוא די חמיתון אורח |
| 097 | | Dt 7:21 | מדברה ביניכון אלה | רבה | ודחילה: |
| 098 | | Dt 8:15 | די דבר יתכון במדברה | רבה | ודחילה ארע בית חיווין |
| 099 | | Gn 9:27M | /בבית מדרשוי דשם | רבה | ויהווי#2#/ כנען עבד |
| 100 | | Dt30:13 | די יחות לעמקי דימה | רבה | ויסק יתה לן וישמע לן |
| 101 | | Nu19:03M | ית׳ לאלעזר כהנא | ∧רבה#2#/ | ויפק יתה לבר מן משריתה |
| 102 | | Nu17:02 | לאלעזר בר אהרן כהנה | רבה | וירים ית מחתיתה מן ביני |
| 103 | | Lv14:26M | משח רבותה יסב כהנא | רבה | ויריק על ידא דידיה דשמאלה |
| 104 | | Gn 7:11 | אתבזעו כל מבועי תהומא | רבה | וכווי שמיא אתפתחו: |
| 105 | | Gn27:42 | ית מלוי דעשו ברה | רבה | ושלחת וקרת ליעקב ברה |
| 106 | | Ex15:10M | במיא תקיפ«י»א /ימא | רבה | ושקעו כאיברא במיא |
| 107 | | Dt 9:14 | קדמי לממנייה יתך לאומה | רבה | ותקיפה ומסגייה מנהון: |
| 108 | | Nu25:11 | אלעזר ברה דאהרן כהנה | רבה | חזר ית חמתיה מעילווי בני |
| 109 | | Gn 4:07 | בעלמא הדין ליום דינא | רבה | חטאך נטיר ועל תרע לבה חטאך |
| 110 | | Lv10:19 | ואנא דארע יתי א«ו»נסה | רבה | יומא הדין {ו}<ד>מיתו תרין |
| 111 | | Nu35:28 | רבה ובתר די ימות כהנא | רבה | יחזור קטולה לארע אחסנתיה: |
| 112 | | Gn49:13 | זבולן על סייפי דימא | רבה | ישרי והוא יהווי שליט |
| 113 | | Nu 4:20 | למיחמי כד משקע כהנה | רבה | ית כל מני בית קודשה דלא |
| 114 | | Dt 5:11 | לא יזכי ייי ביום דינה | רבה | ית מן די יסב ית שמה דייי |
| 115 | | Gn43:33 | וארבע יתהון קדמוי | רבה | כרבויתה וזעירא כזעירותה |
| 116 | | Gn24:62 | אתי מן בית מקדשא דשם | רבה | לבארה דאתגלי עלי קיים כל |
| 117 | | Nu31:06M | לסדרי קרבה /<כהנא> | רבה | לחיל קרבה#2#/ ומני |
| 118 | | Gn 1:16 | נהוריא רברביא ית נהורא | רבה | למהוי שליט באיממא וית |
| 119 | | Nu26:01 | ברה דאהרן כהנא | רבה | למימר: |
| 120 | | Nu31:50 | דא תיקום לן ביום דינה | רבה | למכפרה על נפשתן קדם ייי: |
| 121 | | Gn25:22 | ואזלת לבית מדרשא דשם | רבה | למתבע רחמין מן קדם ייי: |
| 122 | | Ex34:07 | לא מזכי{ה} ביום דינא | רבה | מדכר חובי אבהן רשיעין על |
| 123 | | Nu14:18 | לא מזכי ביום דינה | רבה | מדכר חובי אבהן רשיען על |
| 124 | | Dt 4:37 | פריקין בתוקפיה בחיילה | רבה | מן מצרים: |
| 125 | | Gn27:15 | ית לבושי דעשו ברה | רבה | משבחיין דהווה בגו בייתה |
| 126 | | Nu 4:16 | אלעזר ברה דאהרן כהנה | רבה | משחה דאנהרותה וקטרת |
| 127 | | Dt11:24 | וטור בית מקדשה מן נהרא | רבה | נהרא דפרת ועד ימה אחרנייה |
| 128 | | Gn15:18 | מנילוס דמצרים עד נהרא | רבה | נהרה פרת: |
| 129 | | Dt 1:07 | וטור בית מוקדשה עד נהרה | רבה | נהרה דפרת: |
| 130 | | Nu34:07 | לכון תחום צפונה מן ימה | רבה | תכוונון לכון |
| 131 | רבתא | Gn10:12 | ובין הדיך היא קרתא | רבתא: | |
| 132 | | Gn29:26M | /קדם#2#/ | לרב{בר}<רב>נתא/רבתא#2#/: | |
| 133 | | Ex28:03 | למשמשה קדמוי בכהונתה | רבתא: | |
| 134 | | Ex29:44 | למשמשא קדמיי בכהונתה | רבתא: | |
| 135 | | Ex28:01 | למשמשא קדמוי בכהונתא | רבתא | אהרן נדב ואביהו אלעזר |
| 136 | | Gn19:37 | וילידת | רבתא | בר וקרת שמה מואב הוא אבי |
| 137 | | Ex 1:21M | "בייתה": בתי כהונתא | רב«ת»א | בתי נביאת׳ ו{מ}בתי |
| 138 | | Gn39:09 | והיכדין אעבד בישתא | רבתא | הדא ואחטי קדם אלהי: |
| 139 | | Gn19:33 | חמר בליליא הוא ועלת | רבתא | ושמישת עם אבוה ולא ידע |
| 140 | | Gn19:34 | מן יומא דבתר<׳> ואמרת | רבתא | לזעירתא הא שמשת ברמשא עם |
| 141 | | Gn19:31 | ואמרת | רבתא | לזעירתא אבונן סב וגבר לית |
| 142 | | Gn49:03 | דידך היא ומלכותא וכהנתא | רבתא | לך הוויין חמיין על דחטית |
| 143 | | Gn49:03 | ומלכותא ליהודה וכהונתא | רבתא | לשבטוי דלוי: |
| 144 | | Gn48:19M | בנוהי יתבון בסנהדרין | רבתא | שבעין חכמין כמיניין |
| 145 | רבתה | Ex 1:21 | נסבת כליל כהונת«ה» | רבתה: | |
| 146 | | Ex28:04 | למשמשא קדמוי בכהנתה | רבתה: | |
| 147 | | Ex28:41 | וישמשון קדמוי בכהונתה | רבתה: | |
| 148 | | Ex30:30 | למשמשה קדמיי בכהונתה | רבתה: | |
| 149 | | Ex31:10M | ∧קודמוי כהנתה | רבתה#2#/: | |
| 150 | | Ex35:19M | ∧קודמוי בכהונתה | רבתה#2#/: | |
| 151 | | Ex40:13 | וישמש קדמיי בכהונתה | רבתה: | |
| 152 | | Nu 3:03 | ידיהון למשמשה בכהונתה | רבתה: | |
| 153 | | Nu16:10 | בעיין למיסב אוף כהנתה | רבתה: | |
| 154 | | Nu22:18 | אלהי למעבד זעירה או | רבתה: | |
| 155 | | Nu 3:04 | הווה להון ושמש בכהונתה | רבתה | אלעזר ואיתמר בחיוי |
| 156 | | Ex 1:21 | דמלכותא וביתא דכהונתה | רבתה | מרים נסבת כליל מלכותא |
| 157 | | Lv16:32 | ידוי למשמשה בכהונתה | רבתה | בתר אבוי וילבוש ית לבושי |
| 158 | | Ex33:13 | וחמי ארום עמך אומתא | רבתה | הדא: |
| 159 | | Gn42:21 | בגין כך אתת עלינן עקתה | רבתה | הדה: |
| 160 | | Dt 5:25 | נמות ארום תאכל יתן אשתה | רבתה | הדה אין מוספין אנן למשמע |
| 161 | | Dt18:16 | ממרה דייי אלהן וית אשתה | רבתה | הדה לא אחמי תוב ולא אמות: |
| 162 | | Dt 4:06 | חכימין וסוכלתנין אומתה | רבתה | ההיא: |
| 163 | | Dt 4:36 | ארעא חוי יתכון ית אשתיה | רבתה | וקל דבירוי שמעתון מן גו |
| 164 | | Ex40:15 | וישמשון קדמיי בכהונתה | רבתה | ותהוי למהווי להון רבותהון |
| 165 | | Dt10:06 | אלעזר בריה בכהונתה | רבתה | מן בתריה: |
| 166 | | Ex29:01 | למשמשה קדמוי בכהונתא | רבתה | סב תור חד בר תורין ודכרין |
| 167 | | Gn14:18 | הוה כהן משמש בכהנת׳ | רבתה | קדם אלהא עלאה: |
| 168 | | Lv 7:35 | יתהון למשמשה בכהונתה | רבתה | קדם ייי: |
| 169 | רובא | Nu34:15 | נפק להון תחומא לנהרא | רובא | נהרא פרת דעלוי סדר נצחני |
| 170 | | Nu34:15 | דייי מדעבדין ומנהרא | רובא | נהרא פרת נפק להון תחומא |
| 171 | רובה | Gn14:18 | מלכא דירושלם הוא שם | רובה | אפק לחם וחמר והוא הוה כהן |
| 172 | ברבה | Gn44:12 | ופשפש | ברבה | שרי ובזעירא סייף ואשתכח |
| 173 | דרבא | Dt 1:17M | "כמלוי ... תהוון": כדינה | דרבא | כדינא דזעירא תה׳ |
| 174 | דרבה | Lv19:15 | למסכנה ולא תוקרון אפוי | דרבה | בקושטא תהוו«ן» דיינין ית |
| 175 | | Lv19:32 | קיימין ותייקרון אפוי | דרבה | ותדחלון מן קדם אלהכון אמר |
| 176 | | Dt 1:17 | כמלוי דזעירה וכמילוי | דרבה | תהוון שמעין ולא תדחלון |
| 177 | דרבתא | Gn29:16 | בנן שמא {דרבא} | דרבתא | לאה ושמה דזעירתא רחל: |
| 178 | ורבה | Ex22:27 | דייניכון לא תבזון | ורבה | דבעמכון לא תלוטון: |
| 179 | | Gn25:23 | ומלכו ממלכו תתקף | ורבה | יהווי משעבד קדם זעירא: |
| 180 | רבן p abs | Dt25:15M | לכון מכלן | שלמ/רבן#2#/ | וקשיטן יהוי/יהוון#2# |
| 181 | רברבין | Gn 2:10 | לארבעה ראשי נהרין | רברבין: | |
| 182 | | Gn15:14 | כדן יפקון בנכסין | רברבין: | |
| 183 | | Gn26:10 | מייתי עלינן חובין | רברבין: | |
| 184 | | Ex 6:06 | תקיפא ובסדרי דינין | רברבין: | |
| 185 | | Ex 7:04 | דמצרים בסדרי דינין | רברבין: | |
| 186 | | Ex32:21 | אייתית עליהון חובין | רברבין: | |
| 187 | | Gn12:17M | רברבן /מכת{נ}שין | רברבין#2#/ | \ובאנשי בייתיה/ועל |
| 188 | | Dt26:08M | מנטלה ובחזוין | רברבן/<רבר>בין#2#/ | ובאתין ובפרישן: |

189 Dt 6:22 דייי אתין וסימנין רברבין ובישין במצרים בפרעה ובכל
190 Ex32:31 חטון עמא האליין חובין רברבין ויעשו להם אלהי זהב:
191 Ex32:30 לעמא אתון חטיתון חובין רברבין וכדון אסוק אבעי רחמין
192 Dt 1:28 ית לבבינן למימר עם רברבין וסגין מינן קריין רברבן
193 Dt 2:10 שרון בגווה עם רברבין וסגין ותקיפין כגנברי דענק
194 Dt 2:21 עם רברבין וסגין ותקיפין כגנברי דענק
195 Gn12:20 ופקד עלוי פרעה גוברין רברבין ושלחו יתיה וית אתתיה וית
196 Nu22:15M אלין /למשלחה שליחין רברבין ותקיפין מן אליין#2#/:
197 Dt 4:38 למטרוד אומין רברבין ותקיפין מנכון קדמיכון
198 Dt 7:01M אומין \רברבן ותקיפין /<רבר>בין <ותקי>פין#2#/ מנכון:
199 Dt 9:01 למיעול למירת אומין רברבין ותקיפין מנכון וקוריין
200 Dt 9:02 עם רברבין ותקיפין בנוי דענק גיבריה
201 Dt11:23 ותירתון אומין רברבין ותקיפין מנכון:
202 Dt27:02M לכון אבנין רברבן/<רבר>בין#2#/ ותשועון יתהון
203 Gn17:20 לחדא לחדא תרין עשר רברבין יולד ואשוי יתה לאחסנה
204 Dt 4:34 מנטלה ובחזו{ז}<ו>ן רברבין ככל מה די עבד לכון ייי
205 Dt 4:34M /ובח{ו}<ז>ויין רברבין#2#/ ככל מה די עבד לכון
206 Dt25:13M מתקלין ומתקלין מתקלין רברבין למיהווי זבן בהון ומתקלין
207 Lv19:32 מן קדם חכימין רברבין מנכון באורייתה תהוון
208 Gn20:09 עלי ועל מלכותי חובין רברבין עבדין דלא כשרין למתעבדא
209 Dt 1:15M ושווית יתהון רברבין#2#/ עליכון רברבני אלפין
210 Dt 1:15 ומניית יתהון רברב{נ}ין עליכון רברבני אלפין
211 רברבן Gn32:11M אנה לתרתין משריין /\רברבן#2#/:
212 Gn45:07 ולמתקימה לכון לפילטון רברבן:
213 Gn12:17 וגרי ייי בפרעה מכתשין רברבן ובאנשי בייתיה על עסק שרי
214 Dt26:08 ובאדרע מנטלה ובחזוין רברבן ובאתין ובפרישן:
215 Dt 6:10 למיתן לכון קירוין רברבן וטבן די לא בניתון:
216 Dt28:59M מחת זרעית <...> מחן רברבן וקשיטן ובושין בישין
217 Dt 1:28 וסגין מינן קריין רברבן ותלילן עד צית שמיא ולחוד
218 Dt 9:01 ותקיפין מנכון וקוריין רברבן ותלילן עד צית שמיא:
219 Dt 9:01M אומין רברבין/<רבר>בן#2#/ ותקיפין
220 Dt 7:01 ויבוסייה שבעה אומין רברבן ותקיפן מנכון:
221 Dt27:02 ותקימון לכון אבנין רברבן ותשועון יתהון בגירה:
222 Nu13:28 וקרו{וה}<ין> תקיפן רברבן לחדה ואוף בנוי דענק
223 דרברבין Dt32:07 דר ודר שאלו לאבהתכון דרברבין מנכון באורית' ויתנון
224 ורבין Gn33:14M עד זמן דיסופון גלותא ורבין אעול לות רבוני לאגחא
225 רברביא p em/sf Gn 1:21 וברא ייי ית תרין תניניא רברביא וית כל נפש דחיא דרחשא די
226 Gn15:17M כל מלכותא אילין חזויא רברביא חזא אברם בזמן דעבר בן
227 Gn 1:16 דייי ית תרין נהוריא רברביא נהורא רבה למהוי שליט
228 רברביה Dt11:07 חמיין ית כל עבדוי דייי רברביה די עבד:
229 רברבייה Dt 7:19 נסייה רברבייה די חמין עייניכון ואתייה
230 Dt29:02 נסייה רברבייה די חמון עייניכון אתייה
231 Dt34:12 תקיפתה ולכל חזווייה רברבייה די עבד משה חמיין כל
232 Dt29:02 אתייה ופרישתה רברבייה האינון:
233 Dt10:21M עבד עמכון ית רברבתה/רברבייה#2#/ וית דחילתה האליין
234 רברבתא Gn33:14M חולקיה ואגר בירכתא רברבתא דברכיה אבא בעלמא הדין
235 רברבתה Dt10:21 אלהכון די עבד עמכון ית רברבתה וית דחילתה האליין די
236 לרברבנתא Gn29:26 זעירתא קדמיי לרב{בר}<רב>נתא:

## רב *n.* chief [511 רב adj. n.]

001 רב s ab/cn Gn40:04 ומני רב אספקלטוריה ית יוסף עליהון
002 Gn39:01 יתיה פוטיפר שליטא דפרעה רב אספקלטוריה גבר מצראי מן
003 Nu25:14 מדיניתה זמרי בן סלוא רב בית אבה דבנוי דשמעוני:
004 Gn39:23 לית רב בית חבושיא חמי ית כל מן דעם
005 Gn39:21 חן וחסד ושוי חנו באפי רב בית חבושיה:
006 Gn39:22 ושוי רב בית חבושיה תחות רשותא
007 Gn44:15 ידעתון ארום מקסם יקסם רב ושלט {די} דכוותי:
008 Gn23:06M קבל מנן רבונן רב/הא רב ושליט#2#/ מן קדם ייי את
009 Gn27:29 כל בנוי דישמעל הווי רב ושליט על אחך כל בניה
010 Gn27:37 ואתיב יצחק ואמר לעשו הא רב ושליט שויתי יתה לך וית כל
011 Gn39:02 גבר מצלח בעבדא טבא והוה רב ושליט בביתיה דרבוניה
012 Gn39:09 לית רב ושליט בביתה הדין מני ולא
013 Gn41:41 ליוסף חמי דמניית יתך רב ושליט על כל ארעא דמצרים:
014 Gn41:43 ורכיב בשנייה ומני יתה רב ושליט על כל ארעא דמצרים:
015 Ex 2:14 <ואמר> מן שוי יתך לגבר רב ושליט עלינן הא מקטל יתי את
016 Ex 7:01 ייי למשה חמי דמניית יתך רב ושליט לפרעה ואהרן אחוך
017 Dt 7:24M לא יקום \מלך ושלטן /רב ושליט קדמיכון#2#/ באפיכון
018 Dt11:25M פחדכון ודחלתכון ישווי /רב ושליט קודמיכון אמתכון
019 Nu34:18 ורב חד רב חד מן כל שבט תסבון לאחסנה
020 Nu 7:53 וקרב מן נ«כ»סיה גרמיה רב לשבטה דבנוי דאפרים אלישמע
021 Gn40:12M עתיד למשתי בעקבה אף את רב מזוגי
022 Gn40:02 פרעה על תרין שליטוי על רב מזוגיא ועל רב נחתומיה:
023 Gn40:09 ותני רב מזוגיא {ל}ית חלמיה ליוסף
024 Gn40:12 עתיד למשתי בסופא ואת רב מזוגיא לא מובדין אגרין
025 Gn41:09 ומלל רב מזוגיא עם פרעה למימר ית
026 Gn40:21 וחזר ית רב מזוגיה לשמושה ושוי כסא בכף
027 Gn40:23 בגין כן לא אדכר {רב} רב מזוגיה ית יוסף ואנשי יתיה
028 Gn40:01 בתר פתגמיא האלין סרחו רב מזוגייא דמלכא דמצרים ורב
029 Gn40:05 בלילי חד גבר כפתרון חלמה רב מזוגיי«א» ורב נחתומיא די
030 Gn23:06 קבל מנן רבונן רב מן קדם ייי את בינינן
031 Gn40:18 פריקין בריש גלי אף את רב נחתומי' תקבל אגר ביש דחלמת
032 Gn40:16 וחמא רב נחתומ<י>א ארום טבית פתר
033 Gn40:02 שליטוי על רב מזוגיא ועל רב נחתומיה:
034 Gn40:22 וית רב נחתומיה צלב היך מה דפתר
035 Gn41:10 דרב אספקלטוריא יתי וית רב נחתומיה:
036 Gn37:36 לפוטיפר שליטא דפרעה רב ספקליטוריה:
037 Gn40:23 רוחצנא בגין כן לא אדכר {רב} רב מזוגיה ית יוסף ואנשי
038 Nu 7:11 ואמר ייי למשה רב שבט חד בכל יום רב שבט חד
039 Nu 7:11 למשה רב שבט חד בכל יום רב שבט חד בכל יום יקרבון ית
040 Nu34:18M מן כל שבט /<ורב> שבט חד רב שבט חד#2#/ תסבון לאחסנה
041 Nu 7:15M לעלה /שתיה תלתיהון הוה רב שבטה מקרב לעולה#2#/:
042 Nu 7:16M בר עזין חד קרב יתה לחטאתה/רב שבטה לחטאתה#2#/ לשבקות
043 Nu 7:17 וקרב מנכסי גרמי{ר}<ה> רב שבטה דבנוי דיהודה נחשון
044 Nu 7:18 דחנוכת רבותה דמדבחה קרב רב שבטה דבנוי דישכר נתנאל בר
045 Nu 7:21M שתה "קרב לעלה": הוה רב שבטה מקרב לעל'
046 Nu 7:21M תלתיהון \קרב לעלה/הוה רב שבטה מקרב לעל'#2#/:
047 Nu 7:22M חד קרב \יתיה לחטאתה /רב שבטה לחטאתה#2#/ לשבקות
048 Nu 7:23 וקרב מן נכסיה גרמיה רב שבטה דבנוי דישכר נתנאל
049 Nu 7:27M "קרב לעלה": הוה רב שבטה מקרב לעלה
050 Nu 7:29 אתנדב וקרב מן נכסי גרמיה רב שבטה דבנוי דזבולן אליאב
051 Nu 7:30 דחנוכת רבותה דמדבחה קרב רב שבטה דבנוי דראובן אליצור
052 Nu 7:33M "קרב לעלה": הוה רב שבטה מקרב לעולה
053 Nu 7:34M "קרב לחטאתה": קרב רב שבטה לחטאתה
054 Nu 7:35 אתנדב וקרב מן נכסי גרמיה רב שבטה דבנוי דראובן אליצור
055 Nu 7:36 דחנוכת רבותה דמדבחה קרב רב שבטה דבנוי דשמעון שלמיאל
056 Nu 7:39M שתה תלתיהון \קרב לעלה /רב שבטה לחטאתה#2#/:
057 Nu 7:40M חד קרב \יתיה לחטאתה /רב שבטה לחטאתה#2#/ לשבקות
058 Nu 7:41 אתנדב וקרב מן נכסי גרמיה רב שבטה דשמעון שלמיאל בר

|  |  |  |  |  |  |
|---|---|---|---|---|---|
| 059 | | Nu 7:42 | דחנוכת רבותה דמדבחה קרב | רב | שבטה דבנוי דג{ת}<ד> אליסף |
| 060 | | Nu 7:47 | וקרב מן נכסיה גרמיה | רב | שבטה דבנוי דג{ת}<ד> אליסף |
| 061 | | Nu 7:48 | דחנוכת רבותה דמדבחה קרב | רב | שבטה דבנוי דאפר' אלישמע |
| 062 | | Nu 7:51M | "קרב לעלה": הוה | רב | שבטה מקרב לעולה |
| 063 | | Nu 7:54 | דחנוכת רבותה דמדבחה קרב | רב | שבטה דבנוי דמנשה גמליאל |
| 064 | | Nu 7:57M | תלתיהון \קרב לעלה /הוה | רב | שבטה מקרב לעלה#2/: |
| 065 | | Nu 7:59 | וקרב מן נכסיה גרמיה | רב | שבטה דבנוי דמנשה גמליאל |
| 066 | | Nu 7:64M | עזין חד \קרב יתיה /קרב | רב | שבטה#2/ לחטאתה לשבקות |
| 067 | | Nu 7:65 | וקרב מן נכסיה גרמיה | רב | שבטה דבנוי דבנימן אבידן |
| 068 | | Nu 7:66 | דחנוכת רבותה דמדבחה קרב | רב | שבטה דבנוי דדן אחיעזר בר |
| 069 | | Nu 7:69M | תלתיהון \קרב לעלה /הוה | רב | שבטה מקרב לעלה#2/: |
| 070 | | Nu 7:70M | בר עזין חד קרב יתיה | \רב | שבטה#2/ לחטאתה לשבקות |
| 071 | | Nu 7:71 | וקרב מן נכסיה גרמיה | רב | שבטה דבנוי דדן אחיעזר בר |
| 072 | | Nu 7:72 | דחנוכת רבותה דמדבחה קרב | רב | שבטה דבנוי דאשר פגעיאל בר |
| 073 | | Nu 7:75M | תלתיהון \קרב לעלה /הווה | רב | שבטה מקרב לעלה#2/: |
| 074 | | Nu 7:76M | בר עזין חד קרב יתיה | \רב | שבטה#2/ לחטאתה לשבקות |
| 075 | | Nu 7:77 | וקרב מן נכסיה גרמיה | רב | שבטה דבנוי דאשר פעגיאל בר |
| 076 | | Nu 7:78 | דחנוכת מדבחה דרבותה קרב | רב | שבטה דבנוי דנפתלי אחירע |
| 077 | | Nu 7:81M | תלתיהון \קרב לעלה /הוה | רב | שבטה מקרב לעלה#2/: |
| 078 | | Nu 7:83 | וקרב מן נכסיה גרמיה | רב | שבטה דבנוי דנפתלי אחירע |
| 079 | ברב | Gn40:23 | מן בייתה דאבוי ואתרחיץ | ברב | מזוגיה בבשר עביר בבשר |
| 080 | דרב | Gn41:10 | ושוי יתי במטרא בבייתה | דרב | אספקלטוריא יתי וית רב |
| 081 | | Gn40:03 | יתהון במטרא בביתיה | דרב | אספקלטוריה בבית חבושיה |
| 082 | | Gn49:26 | ולגו קדקדא דגברא חסידא | דרב | ושליט על ארעא דמצרים |
| 083 | | Gn40:20 | ו{ח}<רו>מם ית ראשה | דרב | מזוגיה וארים ית ראש«ה» |
| 084 | | Gn40:20 | וארים ית ראש«ה» | דרב | נחתומיא בגו שלטנוי: |
| 085 | ורב | Nu 3:24 | | ורב | בית אבא דשבטה דבנוי |
| 086 | | Nu 3:30 | | ורב | בית אבה דבנוי דקהתי |
| 087 | | Nu 3:35 | | ורב | בית אבה זרעייתה דבנוי |
| 088 | | Gn45:08M | לכל אנשי בייתי' | ושליט/ורב#2/ | בכל ארעא דמצרים: |
| 089 | | Nu34:18 | | ורב | חד רב חד מן כל שבט תסבון |
| 090 | | Gn40:05 | חלמה רב מזוגיי«א» | ורב | נחתומיא די למלכא דמצרים |
| 091 | | Gn40:01 | למלכא דמצרים% | {{ורב | נחתומייא}}: |
| 092 | | Gn40:01 | מזוגייא דמלכא דמצרים | ורב | נחתומייא לרבוניהון למלכא |
| 093 | | Nu34:18M | חד רב חד מן כל שבט | /<ורב> | שבט חד רב שבט חד#2/ |
| 094 | | Nu 2:03 | דיהודה לחיילוותהון | ורב | שבטה דבנוי דיהודה נחשון |
| 095 | | Nu 2:05 | לה שבטה דבנוי דיששכר | ורב | שבטה דבנוי דיששכר נתנאל |
| 096 | לרב | Gn41:12 | ותמן עמן טלי עברי עבד | לרב | אספקלטורייה ותנינן לה ופתר |
| 097 | | Nu17:21 | ליה כל רברבניהון חטר | לרב | חד חטר לרב חד לבית אבהתהון |
| 098 | | Nu17:21 | חטר לרב חד חטר | לרב | חד לבית אבהתהון תרין עשר |
| 099 | | Nu17:21M | \חטר לרב חד /חוטר | לרב | שבט חד#2/ חטר לרב חד |
| 100 | | Nu17:21M | "חטר לרב חד": חוטר | לרב | שבט חד |
| 101 | רבה s em/sf | Gn36:15 | בכוריה דעשו רבה תימן | רבה | אומר רב{ו}<ה> צפו רבה |
| 102 | | Nu34:27 | ומן שבטה דבנוי דאשר | רבה | אחיהוד בר שלמי: |
| 103 | | Nu34:25 | ומן שבטה דבנוי דאפרים | רבה | אליצפן בר פרנך: |
| 104 | | Nu34:22 | ומן שבטה דבנוי דדן | רבה | <בקי> בן יגלי: |
| 105 | | Gn36:16 | רבה קרח | רבה | געתם רבה עמלק אלין |
| 106 | | Gn36:17 | בר«ה» דעשו רבה נחת | רבה | זרח רבה שמה רבה מזה |
| 107 | | Nu34:23 | מן שבטה דבנוי דמנשה | רבה | חניאל בן אפוד: |
| 108 | | Gn36:18 | דאהליבמה אתתה דעשו | רבה | יעוש רבה יעלם רבה קרח |
| 109 | | Gn36:18 | אתתה דעשו רבה יעוש | רבה | יעלם רבה קרח אלין |
| 110 | | Gn36:40 | רבה תמנע רבה עלוה | רבה | יתת: |
| 111 | | Gn36:42 | רבה קנז רבה תימן | רבה | מבצר: |
| 112 | | Gn36:43 | | רבה | מגדיאל רבה עירם אלין |

|  |  |  |  |  |  |
|---|---|---|---|---|---|
| 113 | | Gn36:17 | נחת רבה זרח רבה שמה | רבה | מזה אלין רברבנוי דרעואל |
| 114 | | Gn36:17 | דרעואל בר«ה» דעשו | רבה | נחת רבה זרח רבה שמה רבה |
| 115 | | Gn36:43 | רבה מגדיאל | רבה | עירם אלין רברבני{י}{} |
| 116 | | Gn36:40 | בשמתיהון רבה תמנע | רבה | עלוה רבה יתת: |
| 117 | | Gn36:16 | רבה קרח רבה געתם | רבה | עמלק אלין רברבנוי דאליפז |
| 118 | | Nu34:28 | ומן שבטה דבנוי דנפתלי | רבה | פדהאל בר עמיהוד: |
| 119 | | Nu34:26 | ומן שבטה דבנוי דיששכר | רבה | פלטיאל בר עזן: |
| 120 | | Gn36:15 | רבה תימן רבה אומר | רב{ו}<ה> | צפו רבה קנז: |
| 121 | | Nu34:24 | ולשבטה דבנוי דאפרי' | רבה | קמואל בן שפטן: |
| 122 | | Gn36:15 | רבה אומר רב{ו}<ה> צפו | רבה | קנז: |
| 123 | | Gn36:42 | | רבה | קנז רבה תימן רבה מבצר: |
| 124 | | Gn36:16 | | רבה | קרח רבה געתם רבה עמלק |
| 125 | | Gn36:18 | רבה יעוש רבה יעלם | רבה | קרח אלין רברבניה |
| 126 | | Gn36:17 | דעשו רבה נחת רבה זרח | רבה | שמה רבה מזה אלין רברבנוי |
| 127 | | Gn36:15 | דאליפז בכוריה דעשו | רבה | תימן רבה אומר רב{ו}<ה> |
| 128 | | Gn36:42 | רבה קנז | רבה | תימן רבה מבצר: |
| 129 | | Gn36:40 | לאתריהון בשמתיהון | רבה | תמנע רבה עלוה רבה יתת: |
| 130 | | Gn46:20 | ליה אסנת ברת פוטיפרע | רבה | דאון ית מנשה וית אפרים: |
| 131 | | Gn41:45 | ית אסנת ברת פוטיפרע | רבה | דטנס ליה לאתתה ונפק יוסף |
| 132 | | Gn41:50 | לה אסנת ברת פוטיפרע | רבה | דטנס: |
| 133 | | Ex18:01 | ושמע יתרו | רבה | דמדין חמוי דמשה ית כל מה |
| 134 | | Nu25:18 | דפעור ועל עסק כזבי ברת | רבה | דמדין אחתהון מה די אתקטלת |
| 135 | | Gn34:02 | שכם בר חמור חיוויה | רבה | דארעא ונסב יתה ושמש עמה |
| 136 | | Nu 2:27 | ודשריין סמיכין לה | רבה | דבנוי דאשר ורבה דהוה ממני |
| 137 | | Lv21:04 | לא יסתאב | רבה | דבעמה דלא יפס ית כהנתא: |
| 138 | רבהון | Lv24:12 | לא שמענן דמשה | רבהון | אמר לא שמעית ואצנעו יתה |
| 139 | | Nu27:05 | למימר לא שמענן דמשה | רבהון | אמר לא שמעית וקרב משה ית |
| 140 | | Nu26:11M | בתר אולפנה דמשה | רבהון | לא מיתו במותנה ולא לקו |
| 141 | רביה | Ex17:10 | היך מה דאמר ליה משה | רביה | למסדרא סדרי קרבא עם דבית |
| 142 | רבך | Gn44:18M | "ובפרעה רבך ...": ובפרעה | רבך | אנה מסיי' הלא לא אשתמע |
| 143 | | Gn44:18 | מינך אנה משרי ובפרעה | רבך | אנה מסיים ארום יקיר אנה |
| 144 | | Gn44:18 | וא{נ}<ב>ה כוות פרעה | רבך | ארום דאת ימה מה משתבע {ימ} |
| 145 | | Gn44:18 | משתבע בחיי רישיה דפרעה | רבך | דאן שלף אנה חרבי מן גווה |
| 146 | | Gn44:18 | מנך אנה משרי ומן פרעה | רבך | דאת ימי ביה אנה מחסל |
| 147 | | Gn44:18 | מדמיין לדינוי דפרעה | רבך: | ואמר הא כען רבונן הא בזמנא |
| 148 | | Gn44:18 | דכנען היך מה דאת ופרעה | רבך | שליטין בארעא דמצרים כן |
| 149 | רבן | Nu 9:08M | לא שמעינן ברם משה | רבן | אמ' |
| 150 | | Lv24:12M | לא שמעין ברם משה | רבן | אמר לא שמע' |
| 151 | | Nu 9:08 | למימר לא שמענן דמשה | רבן | אמר לא שמעתה ואמר להון |
| 152 | | Nu15:34M | לא שמעינן דמשה | רבן | אמר לא שמעית ואצנעו' |
| 153 | | Nu 9:08M | די עלו לקדם משה | רבן | בתריין מנ' |
| 154 | | Lv24:12M | דלעיל בתרין מנהון | /רבן | בתרין מנהון#2/ הוה משה |
| 155 | | Nu15:34 | דינין דקמו קדם משה | רבן | בתרין מנהון הוה משה זריז |
| 156 | | Nu15:34 | למימר לא שמענן דמשה | רבן | ואמ' לא שמעת ואצנעו יתה |
| 157 | | Nu31:50M | בית תדיהון חס לן משה | רבן | לא אסתכל חד מנן בחדה |
| 158 | רבנן | Gn44:18M | "ואמר ...": ואמר בבעו | רבנן | הא בזמנא קדמא דאתינא |
| 159 | דרבן | Ex31:02 | דמנית וקראת בשם טב | דרבן | בצלאל בר אורי בר חור מן |
| 160 | | Ex35:30 | חמו דמני ייי בשם | דרבן | בצלאל בן אור בר חור מן |
| 161 | | Ex33:17 | באפי ומניית יתך בשם | דרבן: | |
| 162 | | Ex33:12 | חמי דמניית יתך בשם | דרבן | ולחוד אשכחת חן וחסד קדמיי: |
| 163 | דרבנן | Gn44:18M | "ורבוני לא": במשמועה | דרבנן | ולא <יתקוף> |
| 164 | ורבה | Nu 3:30M | \ורב בית אבה דבנוי | /ורבה | דבית מן זרעייתיה |
| 165 | | Nu 3:35M | "ורב אבה דזרעייתה": | ורבה | דבית מן זרע' |
| 166 | | Nu 3:24M | \ורב בית אבא דשבטה | /ורבה | דבית אבה מן שב'#2/ |

167 Nu 2:03M "ורב שבטה דבנוי": ורבה <ד>הוה ממני על חיילות
168 Nu 2:07 ושבטה דבנוי דזבולן ~ורבה דהוה ממני על משרית שבטה
169 Nu 2:10 דרומה לחיילותהון ורבה דהוה ממני על שבטה דבנוי
170 Nu 2:12 ליה שבטה דבנוי דשמעון ורבה דהוה ממני על משרית שבטה
171 Nu 2:14 ושבטה דבנוי דגד ורבה דהוה ממני על משריית שבטה
172 Nu 2:18 לחיילוותהון מן מערבה ורבה דהוה ממני על משרית שבטה
173 Nu 2:20 עלוי שבטה דמנשה ורבה דהוה ממני על משרית שבטה
174 Nu 2:22 ושבטה דבנוי דבנימין ורבה דהוה ממני על משרית שבטה
175 Nu 2:25 מן צפונה לחיילותהון ורבה דהוה ממני על משרית שבטה
176 Nu 2:27 לה רבה דבנוי דאשר ורבה דהוה ממני על משרית שבטה
177 Nu 2:29 ושבטה דנפתלי ורבה דהוה ממני על משרית דשבטה
178 Nu 3:32 ורבה דהוה ממני על רברבני ליוויי
179 Nu10:14 בקדמיתה לחיילותהון ורבה דהוה ממני על חיילות שבטה
180 Nu10:18 דראובן לחיילותהון ורבה דהוה ממני על חיילותיה
181 Nu10:22 דאפרים לחילותהון ורבה דהוה ממני על חילות שבטה
182 Nu10:25 לכל משריתה לחיילותהון ורבה דהוה ממני על חיילותיה
183 Nu10:16M ועל/ורבה דהווה ממני על"#2#
184 Nu10:19M "ועל חיילות": ורבה דהווה ממני על חילו'
185 Nu10:20M "ועל חיילות": ורבה דהווה ממני על חיילות
186 Nu10:23M \ועל חילות ורבה/ דהווה ממני על חיילות#2#
187 Nu10:26M "ועל חיילות{י}": ורבה דהווה ממני על חיילות
188 ורבתהון Dt10:17M אלהא אלההון דאלהיה ורבתהון דרבוניה
189 ולרבה Ex 2:16 ולרבה דמדין שבע בנן ואתין
190 מרבנא Gn35:09M יתן למיקבר מיתיא מרבנא משה דקבר יתיה רבון
191 p abs רבבנין Gn25:16 ובטירתהון תרין עשר רבבנין לאומיהון:
192 רברבנין Nu 7:03 תורין עגלה על תרין רברבנין ותור מן דכל חד ואקרבו
193 Ex 1:11 ושוון עליהון רברבנין מפלחנן מן בגלל למצערן
194 Dt 1:13 לשבטכון ואמני יתהון רברבנין עליכון:
195 ורברבן Ex18:25 על עמא רברבני אלפין ורברבן מאוון ורברבני חמשין
196 ורברבנין Ex14:07 וכל ארתיכוהון דמצריי ורברבנין הוון ממנין על כולהון:
197 p const רברבני Nu22:35 יתה תמלל ואזל בלעם עם רברבני בלק:
198 רברבני Ex17:08 ואתון רברבני עמלק וסדרו סדרי קרבא עם
199 Ex15:15 בכדן אתבהלו רברבני אדומאי תקיפי מואביי אחדת
200 Gn36:43 רבה עירם אלין רברבני{(י)} אדומיי למדוריהון לארעא
201 Nu31:48 ממנין על סכומי חילותה רברבני אלפי ורברבני מאוותה:
202 Nu31:52 וחמשין סלעין מן לוות רברבני אלפי ומן לוות רברבני
203 Nu31:14 משה על סכומי חילותה רברבני אלפיה ורברבני מאויתה דעלו
204 Nu31:54 כהנא ית דהבה מן לוות רברבני אלפיה ומאוותה ואייתון
205 Ex18:21 ותשוי עליהון רברבני אלפין ורברבני מאוון
206 Ex18:25 יתהון ראשין על עמא רברבני אלפין ורברבן מאוון
207 Dt 1:15 יתהון רברב{נ}ין עליכון רברבני אלפין רברבני מאוון
208 Gn12:15M וחמון יתה רברבנוי/רברבני#2# דפרעה ושבחו יתה
209 Dt20:09M חיילוון/וימנון רברבני חילוותה#2# ברישי עמא:
210 Ex16:22 לכל גולגלא ואתון כל רברבני כנישתא ותנון למשה:
211 Nu16:02 מאתין וחמש«י»ן רברבני כנ«י»שתה מזמני קהלה
212 Nu31:13 משה ואלעזר כהנא וכל רברבני כנישתה לקדמותהון לבר מן
213 Nu 3:32 ורבה דהוה ממני על רברבני ליוויי אלעזר בר אהרן
214 Dt 1:15 עליכון רברבני אלפין רברבני מאוון ורברבני חמשין
215 Nu31:52 רברבני אלפי ומן לוות רברבני מאוותה:
216 Nu22:07 ואזלו רברבני מואביי ורברבני מדייניי
217 Nu22:08 מן קדם ייי עמי ושרון רברבני מואביי עם בלעם:
218 Nu22:14 וקמו רברבני מואביי ואתון לוות בלק
219 Nu22:21 ושוי ית אתנתה ואזל עם רברבני מואביי:
220 Nu23:06 אתעתד על עלתה הוא וכל רברבני מואביי:
221 Gn49:26 ויצחק דלהון אתחמדון רברבני עלמא מן שרויה עשו
222 Nu21:18 בירא דחפרו ית<ה> רברבני עלמא מן שרויה אברהם
223 Gn47:06 גברי חיל ותשווי יתהון רברבני קניינן על כל מה דלי:
224 Nu10:04 ויזדמנון לוותך ^כל#2#^ רברבני ראשי אלפייה דישראל:
225 Nu36:01 ומללו קדם משה וקדם רברבני ראשי אבהתה דבני ישראל:
226 Nu 1:16 אלין מזמני עם כנשתא רברבני שבטי אבהתהון רישי אלפי
227 Nu 7:02 וקריבו רברבני שבטיה אינון דהוו ממנין על
228 Nu 7:02M בית אבהתהון אנון רברבני#2#/ שבטיה אינון דהוו ממנין
229 ורברבני Nu 4:46 די סכם משה ואהרן ורברבני ישראל ית ליויי
230 Ex18:25 אלפין ורברבן מאוון ורברבני חמשין ורברבני עשרה:
231 Dt 1:15 אלפין רברבני מאוון ורברבני חמשין ורב{כ}<ר>בני עשרין
232 Ex18:21 אלפין ורברבני מאוון ורברבני חמשן ורברבני עשרה:
233 Ex18:21 עליהון רברבני אלפין ורברבני מאוון ורברבני חמשן
234 Nu31:48 חילוותה רברבני אלפי ורברבני מאוותה:
235 Nu31:52M \ומן לוות רברבני/ורברבני#2# מאוותה:
236 Nu31:14 חילוותה רברבני אלפיה ורברבני מאויתה דעלו מן חיל קרבא:
237 Nu22:07 ואזלו רברבני מואביי ורברבני מדייניי וגרין דקסמין
238 Nu23:17 הוא מתעתד על עלתה ורברבני מואביי עימיה ואמר ליה
239 Nu 4:34 וסכם משה ואהרן ורברבני עם כנשתה ית בנוי דקהתי
240 Ex18:21 מאוון ורברבני חמשן ורברבני עשרה:
241 Ex18:25 מאוון ורברבני חמשין ורברבני עשרה:
242 Dt 1:15 ורברבני חמשין ורב{כ}<ר>בני עשרין וסרכין לשבטיכון:
243 ולרברבני Nu32:02 למשה ולאלעזר כהנה ולרברבני עם כנישתה למימר:
244 p em/sf רברבי Nu 7:02M וקריבו רברבנ/רברב#2# /\דישראל ראשי
245 רברביה Nu13:02 אבהתהון תשלחון כל רברביה דבהון:
246 רברבנהא Nu32:38M חזור חזור דילה ושמהת רברבנהא וגיברהא חקיקן בהון
247 רברבנוי Nu22:35M ואזל בלעם עם רברבנ/<רברב>נוי#2# בלק:
248 Gn10:05M מן אלין אתפרשו נס/רברבנוי#2# אומיא בארעותהון
249 Gn36:16 געתם רבה עמלק אלין רברבנוי דאליפז בארעהון דאדומיי
250 Gn36:40 ואלין שמהת רברבנוי דעשו לזרעיתהון לאתריהון
251 Gn36:17 שמה רבה מזה אלין רברבנוי דרעואל בארעהון דאדומיי
252 Gn36:15 «אלין» רברבנוי דבנוי דעשו בנוי דאליפז
253 Gn12:15 וחמון יתה רברבנוי דפרעה ושבחו יתה קדם פרעה
254 Nu22:21M אתנתה ואזל עם רברבני/רברבנוי#2# מואביי:
255 Ex34:31 וחזרו לוותיה אהרן וכל רברבני בכנישתה ומלל משה עמהון:
256 Nu 7:02M רברבני ... סכומיה": הנון רברבני דישראל הנון דקיימין
257 Nu22:08M דייי לוותי ויתבו רברבני דמואב עם
258 Nu 7:84 ביומא דרבי יתיה מלוות רברבני דבני ישראל פילוון דכסף
259 Nu 7:10 וקרבו רברבני ית חנכת מדבחה ביומא דרבי
260 Nu 7:10 ביומא דרבי יתיה וקריבו רברבני ית קרבניהון קדם מדבחה:
261 רברבניה Gn36:18 יעלם רבה קרח אלין רברבניה דאהליבמה ברת ענה אתתיה
262 Nu13:02M תשלחון כל רברביה/רברבניה#2# דבהון:
263 Nu27:02 וקדם אלעזר כהנה וקדם רברבניה וקדם כל עם כנשתה בתרע
264 Nu27:19 קדם אלעזר כהנא וקדם רברבניה וקדם כל עם כנישתה ותפקד
265 Gn36:21 ואצר ודישן אלין רברבניה חוורני' «בנוי דגבלה
266 Dt20:09 לממללה עם עמא וימנון רברבניה חיילוון ברישי עמא:
267 רברבניהון Gn36:19 אלין בנוי דעשו ואלין רברבניהון הוא אדום:
268 Nu17:21 ישראל ויהבו ליה כל רברבניהון חטר לרב חד חטר לרב חד
269 Nu17:17 לבית אבא מן לוות כל רברבניהון לבית אבהתהון תרין עשר
270 רברבניי' Ex24:11M ולוות עולימיהון/רברבניי#2# דבני ישראל לא
271 רברבנייה Dt29:02M נסייה רברבייה/רברבנייה#2# די חמון עייניכון
272 ורברבני Ex35:27 ורברבני אייתון ית אבני סבתה וית
273 ורברבניה Nu 4:46M \ורברבני ישראל /<ורברב>ניה דיש#2# ית ליויי
274 Nu 1:44 די סכם משה ואהרן ורברבניה דישראל תרי עשר גברין

| | | | | |
|---|---|---|---|---|
| 275 | ולרברבנוי | | Nu22:40 | ועין ושלח לבלעם ולרברבנוי דעמיה: |
| 276 | ולרברבנייה | | Nu22:40M | \ולרברבנוי דעמיה/ולרברבנייה דאית עמיה#2/: |
| 277 | לרברבנוי | | Nu22:13 | וקם בלעם בצפרא ואמר לרברבנוי דבלק איזילו לארעכון |
| 278 | לרברבניהון | | Gn36:21 | בארעהון דאדומיי» לרברבניהון בארעא דגבלא: |

## רבה ⇐ *n.* רב

## רב חיל *n.* general [512 רב חיילוותה]

| | | | | |
|---|---|---|---|---|
| 001 | רב חיילותיה | s em/sf | Gn26:26 | וסיעא מן רחמוי ופיכל רב חיילותיה: |
| 002 | רב חילוותה | | Gn21:32 | וקם אבימלך ופיכל רב חילוותה וחזרו לארעהון |
| 003 | רב חילוותיה | | Gn21:22 | ואמר אבימלך ופיכל רב חילוותיה לאברהם לממר ייי |

## רבו *n.* anointment [513]

| | | | | |
|---|---|---|---|---|
| 001 | רבו | s ab/cn | Ex30:31M | למימר משח \דרבו דקדש /רבו קודש#2/ יהווי דין לי |
| 002 | | | Lv 1:01M | שעה חדה ורבויה רבוי/רבו#2/ שעה חדה לא סלקית ליה |
| 003 | רבות | | Lv21:12M | \רבותה דאלהה עלוי אמר /רבות אלהיה עלוי כדין אמ#2/ |
| 004 | דרבו | | Ex30:25 | פטום מפטם עובד בשם משח דרבו דקדש יהוי: |
| 005 | | | Ex30:25 | ותעבד יתה משח דרבו דקדש פטום מפטם עובד בשם |
| 006 | | | Ex30:31 | ישראל תמלל למימר משח דרבו דקדש יהווי דין לי לדריכון: |
| 007 | לרבו | | Nu18:08 | דבני ישראל לך יהבית לרבו ולבנך לקיים עלם: |
| 008 | רב' | s em/sf | Ex29:21M | מדבחא ומן משח דרבותא/רב#2/ ותדי על אהרן ועל |
| 009 | רבו' | | Ex29:07M | משחא/מש'#2/ דרבותה/רבו'#2/ ותריק על ראשיה |
| 010 | רבותא | | Lv 7:35 | דא רבותא דאהרן ורבותהו' דבנוי מן |
| 011 | רבותה | | Nu35:25M | דבית קודשה /במשח רבותה#2/: |
| 012 | | | Lv21:12 | דאלהה ארום כליל משה רבותה דאלהה עלוי אמר ייי: |
| 013 | | | Nu 7:10M | רברבני ית חנכת מדבחה /רבותה דמ'#2/ ביומא דרבי יתיה |
| 014 | | | Nu 7:11 | ית קרבנהון לחנוכת רבותה דמדבחה: |
| 015 | | | Nu 7:18 | ביומא תנינא דחנוכת רבותה דמדבחה קרב רב שבטה דבנוי |
| 016 | | | Nu 7:24 | ביומא תליתיא דחנוכת רבותה דמדבחה קרב שבטה דבנוי |
| 017 | | | Nu 7:30 | ביומא רביעיה דחנוכת רבותה דמדבחה קרב רב שבטה דבנוי |
| 018 | | | Nu 7:36 | ביומא חמישיה דחנוכת רבותה דמדבחה קרב רב שבטה דבנוי |
| 019 | | | Nu 7:42 | ביומא שתיתיה דחנוכת רבותה דמדבחה קרב רב שבטה דבנוי |
| 020 | | | Nu 7:48 | יומא שביעיה דחנוכת רבותה דמדבחה קרב רב שבטה דבנוי |
| 021 | | | Nu 7:54 | ביומא תמיניה דחנוכת רבותה דמדבחה קרב רב שבטה דבנוי |
| 022 | | | Nu 7:60 | ביומא תשיעיה דחנוכת רבותה דמדבחה קרב בר שבטה דבנוי |
| 023 | | | Nu 7:66 | ביומא עשיריה דחנוכת רבותה דמדבחה קרב רב שבטה דבנוי |
| 024 | | | Nu 7:72 | חד עשר יומין דחנוכת רבותה דמדבחה קרב רב שבטה דבנוי |
| 025 | | | Nu 7:84 | דא חנוכת רבותה דמדבחה ביומא דרבי יתיה |
| 026 | | | Nu 7:88 | שתהון אשתין דא חנוכת רבותה דמדבחה מן בתר דרבי יתיה: |
| 027 | | | Nu 7:01 | <....> ורבי יתהון במשח רבותה וקדש יתהון: |
| 028 | | | Ex40:09M | \משחה דרבותה /משח רבותה#2/ ותרבי ית משכנה וית כל |
| 029 | | | Lv14:26M | "משחה ... דשמאלה": משח רבותה יסב כהנא רבה ויריק על |
| 030 | רבותהון | | Ex40:15 | ותהוי למהווי להון רבותהון לכהנא לעלם לדריהון: |
| 031 | דרבותא | | Ex31:11 | וית משחא דרבותא וית קטרת בסמניה לקידוש כל |
| 032 | | | Ex25:06 | לאנהרותא בסמנין למשחא דרבותא ולקטרת בסמניה: |
| 033 | | | Ex35:08 | ובשמנין למשחה דרבותא ולקטרת בוסמניה: |
| 034 | | | Ex29:21 | על גבי מדבחא ומן משח דרבותא ותדי על אהרן ועל לבושי' |
| 035 | דרבותה | | Lv10:07 | ולא תמותון ארום משח דרבותה דייי עליכון ועבדו כמלוי |
| 036 | | | Lv21:10 | יתארק על ראשה מן משחה דרבותה וישל«ם» ית קרבן ידוי |
| 037 | | | Ex35:15 | וית אריחוי וית משחה דרבותה וית קטורת בוסמנייה וית |
| 038 | | | Ex39:38 | דדהבא וית משחה דרב{י}<ו>תה וית קטרת בסמניה וית |
| 039 | | | Lv 8:02 | וית לבושיה וית משחה דרבותה וית תור' דחטאתה וית תרין |
| 040 | | | Ex35:28 | משחה לאנהרותא ולמשחה דרבותה ולקטרת בושמיה: |
| 041 | | | Lv 8:30 | ונסב משה מן משחה דרבותה ומן אדמ' די על גבי מדבחה |
| 042 | | | Lv 8:10 | ונסב משה ית משחה דרבותה ורבי ית משכנה וית כל מנוי |
| 043 | | | Ex40:09 | ותסב ית משחה דרבותה ותרבי ית משכנה וית כל מה |
| 044 | | | Ex29:07 | ותיסב ית משחא דרבותה ותריק על ראשיה ותרבי |
| 045 | | | Nu 4:16 | ומנחה תדירה ומשחה דרבותה סכום כל משכנה וכל מה דביה |
| 046 | | | Lv 8:12 | ואריק מן משחה דרבותה על ריש דאהרן ורבי יתיה |
| 047 | | | Ex37:29 | ועבד ית משחה דרבותה קדש וית קטרת בוסמניה דכי |
| 048 | | | Nu 7:78 | יומין דחנכת מדבחה דרבותה קרב רב שבטה דבנוי דנפתלי |
| 049 | ורבותהו' | | Lv 7:35 | דא רבותא דאהרן ורבותהו' דבנוי מן קרבנוי דייי |
| 050 | לרבותה | | Ex35:08M | בוסמנין משח לרבותה |

## רבו #2 *n.* greatness [513]

| | | | | |
|---|---|---|---|---|
| 001 | דרבו | s ab/cn | Gn49:26 | האליין יתעבדון כליל דרבו על ריש יוסף ולגו לקדקדא |
| 002 | | | Dt33:16 | ברכייתה ויתעבדן כליל דרבו על רישא דיוסף ולגו קודקדה |
| 003 | רבותא | s em/sf | Gn49:23 | מן בגלל למחתי מן רבותא ולמעבריה יתיה מן כורסיה |
| 004 | רבותהון | | Gn49:26M | ולא שני {ע}<כלי>ל/ רבותהון דאחוי#2/: |
| 005 | רבותך | | Nu27:20 | ותתן ית מן רבותך עלוי מן בגלל די ישמעון כל |
| 006 | כרבותי' | | Gn43:33M | קדמוי#2/ רבה כרביותה/כרבותי'#2/ וזעירא כזעירותה |
| 007 | כרביותה | | Gn43:33 | וארבע יתהון קדמוי רבה כרביותה וזעירא כזעירותה ותמהו |

## רבו *num.* ten thousand [513]

| | | | | |
|---|---|---|---|---|
| 001 | רבבה | s em/sf | Dt32:30 | רדף אלף ותרין מנהון רבבה רבותה מערקין על דחטון |
| 002 | רבותה | | Dt32:30 | אלף ותרין מנהון רבבה רבותה מערקין על דחטון וארגיזו |
| 003 | רבבוון | p abs | Ex12:37 | פילוסין סכותה כשתין רבבוון דגברין רגליין לבר מן |
| 004 | רבבן | | Nu31:32 | קרבא ענא שיתין ושבע רבבן וחמשין אלפין: |
| 005 | | | Ex38:26M | אלפין ותלתה /לאשתין רבבן ותלת#2/ אלפין וחמש מאה |
| 006 | רבוון | | Nu 2:16 | דבנוי דראובן חמש עשרה רבוון אלף וארבע מאוון וחמשין |
| 007 | | | Nu12:16 | הוון ישראל אשתין רבוון דאנון {פמום}<סכום> |
| 008 | | | Nu11:21M | "אשתין ... עמא": כאשתין רבוון דרגלין עמה |
| 009 | | | Nu26:51 | דבני ישראל אשתין רבוון ואלפא ושבע מאוון ותלתין: |
| 010 | | | Nu 2:09 | דיהודה תמני עשרה רבוון ואשתה אלפין וארבע מאוון |
| 011 | | | Nu31:43 | מן ען{מ}<נ>ה תלתין ותלת רבוון ושבעה אלפין וחמש מאה: |
| 012 | | | Nu31:36 | מנין ען תלתין ותלת רבוון ושבעת אלפין וחמש מאוון: |
| 013 | | | Nu 2:32 | וחיילותיה«ו»ן אשתין רבוון ותלתה אלפין וחמש מאה |
| 014 | | | Nu11:21 | ואמר משה אשתין רבוון רגליין גברין עמא די אנה |
| 015 | | | Nu 2:24 | דבנוי דאפרים עשרה רבוון תמנייה אלפין ומאה |
| 016 | ריבבן | | Nu31:32M | /אישתה#2/ ושבע רבבן/ריבבן#2/ וחמשין אלפין: |
| 017 | ריבוון | | Dt33:02 | טורה דסיני ועימיה ר«י»בוון דמלאכין קדישין אמרין |
| 018 | | | Dt33:03 | עמא בני ישראל נחית ריבוון דמלאכין קדישין דאפעלגב |
| 019 | | | Nu 2:31 | דבנוי דדן חמש עשרה ריבוון ושבעת אלפין ושית מאוון |
| 020 | | | Nu 1:46 | והוון כל סכומיה שתין ריבוון ותלתה אלפין וחמש מאוון |
| 021 | ורבבן | | Gn24:60M | דמניך יפקו' אלפין ורבבן אוכלסין צדיקין |
| 022 | וריבוון | | Gn24:60 | ומניך יקומון אלפין וריבוון וירתון בניך ית קרי |
| 023 | ורבבי | p const | Gn24:60M | "וריבוון ... בעלי": ורבבי דמלאכ<י>ן צדיקין |
| 024 | רבוותה | p em/sf | Nu10:36M | מן תקוף רוגזך ובריך רבוותה ואסגי אלפייה דבני ישראל |
| 025 | | | Nu10:36 | אלפיה ורבוותה יסגון רבוותה וברך אלפי דבני ישראל: |
| 026 | | | Lv26:08 | מאתה ומאתה מנכון ר«ב»וותה יערקון ויפלון |
| 027 | ריבבתה | | Dt33:17 | מלכין עם שולטנין אינון ריבבתה דקטל יהושע בר נון מן |
| 028 | ריבוותה | | Dt33:17M | שולטנין אינון ריבבתה/ריבוותה#2/ דקטל יהושע בר |
| 029 | ורבוותה | | Nu10:36 | שכינתך בגו אלפיה ורבוותה יסגון רבוותה וברך אלפי |

|  |  |  |  |  |  |
|---|---|---|---|---|---|
| 001 | רבון s ab/cn | Gn30:22 | מפתחן דאינון מסירין ביד | רבון | כל עלמ«י»א ייי ולא מסרן |
| 002 | | Gn35:09M | ומיילל ומספד ובכי ואת | רבון | כל עלמיא ייי במכלת רחמיך |
| 003 | | Gn49:18M | לפורקנך סכיית ואודיקת | רבון | כל עלמיא דפורקנך פורקן |
| 004 | | Ex23:17 | תבעין אולפן קדם | רבון | כל עלמיא ייי: |
| 005 | | Ex34:23 | יתחמיו' כל דוכריכון קדם | רבון | כל עלמיא ייי אלהה דישראל: |
| 006 | | Nu21:15 | ומקטלין יתהון ורמז | רבון | כל עלמא ייי דידע מה בלבביה |
| 007 | | Dt16:16 | יתחמי כל דכוריכון קדם | רבון | כל עלמיא ייי אלהכון באתרא |
| 008 | | Gn35:09M | מרבנא משה דקבר יתיה | רבון | עלמיא ייי והיא שמיה מברך |
| 009 | דרבון | Ex17:16 | מן תחות כורסי איקרי | דרבון | כל עלמא קדמיה {מאה} |
| 010 | ורבון | Ex18:11 | הוא ייי מן אלהייא | ורבון | על כל רבוניא ארום |
| 011 | | Dt10:17 | «אלהא> «על כל אלה | ורבון | על כל ריבונייה אלה» רבה |
| 012 | ולרבון | Gn45:08 | יתיה לאבא {לא} לפרעה | ולרבון | לכל אנשי בייתי' ושליט בכל |
| 013 | לרבון | Dt32:04 | משה נבייא אנה חמית | לרבון | כל עלמייה ייי מפלג יומא |
| 014 | | Ex 7:01M | לפרעה /הא שויית יתך | לרבון | לפרעה#2#/ ואהרן אחוך |
| 015 | לריבון | Gn45:09 | ברך יוסף שוי יתי ייי | לריבון | לכל מצראי חות לוותי ולא |
| 016 | רב' s em/sf | Gn24:27M | \עם ריבוני' /מן לוות | רב'#2#/ | אנא באורחא דבר יתי ייי |
| 017 | רבונה | Gn39:16 | בידה עד זמן דאתא | רבונה | לביתיה: |
| 018 | רבונהון | Gn49:23 | אמרו בישתא קדם | רבונהון | ואכלו קרצוהי קדם פרעה |
| 019 | רבוני | Gn24:12 | יומא הדין ועבד חסד עם | רבוני | אברה«ם»: |
| 020 | | Gn24:14 | אדע ארום עבדת חסד עם | רבוני: | |
| 021 | | Gn24:54 | ואמרו שלחו יתי לוות | רבוני: | |
| 022 | | Gn33:15M | \באפוי דרבוני /קדם | רבוני#2#/: | |
| 023 | | Gn47:18 | לרבוני ולא נשאר מן | רבוני | אלהן בלהודי גופינן |
| 024 | | Gn44:05 | הלא דן די ישתי | רבוני | ביה והוא מקסם יקסם ביה |
| 025 | | Gn24:18 | ואמרת שתה | רבוני | ואוחיית ואחתת קולתה |
| 026 | | Gn33:14M | יקדם כען | רבוני | ויקבל חולקיה ואגר בירכתא |
| 027 | | Gn42:10 | ואמרין ליה <לא> | רבוני | ועבדיך אתון למזבן מזון: |
| 028 | | Gn33:08M | ואמר למשכחא \קדם | רבוני#2#/ | חן וחסד באפך: |
| 029 | | Gn33:13 | ואמר ליה | רבוני | ידע ארום טלייא מחטין וענא |
| 030 | | Gn44:18 | כאריה ואמר בבעו מינך | רבוני | ימלל כען עבדך פתגם ורבוני |
| 031 | | Gn33:14 | עד זמן די אזל לוות | רבוני | לגבלה: |
| 032 | | Gn39:08 | ואמר לאתתיה דרבוניה הא | רבוני | לא ידע מן בתריה <....> |
| 033 | | Nu12:11 | אהרן למשה בבעו מנך | רבוני | לא כען תשווי עלינן חובה |
| 034 | | Gn33:14M | גלותא ורבין אעול לוות | רבוני | לאגחא קרבה בגבולא |
| 035 | | Ex21:06 | ונקרב יתיה | רבוני | לוות דייניה ויקרב יתיה |
| 036 | | Gn43:20 | ואמרין בבעו מנך | רבוני | מחת נחתין בקדמיתא למזבן |
| 037 | | Nu36:02 | ואמרין ית | רבוני | פקד ייי למיתן ית ארעא |
| 038 | | Gn44:07 | ליה למה כען ימליל | רבוני | פתגמיא האליין <...>: |
| 039 | | Gn23:11 | לא | רבוני | קבל מני חקלא יהבית לך |
| 040 | | Gn23:11 | תרע קרתיה למימר: לא | רבוני | קבל מני חקלא יהבית לך |
| 041 | | Gn23:15 | | רבוני | קבל מני ארעא דארבע מאה |
| 042 | | Gn33:14 | יעבר כען | רבוני | קדם עבדה ואנא אדבר יתהון |
| 043 | | Gn44:19 | ואמר מילין מכיכן | רבוני | שאל ית עבדוי למימר הא אית |
| 044 | | Gn24:49 | למעבד חסד וטבו עם | רבוני | תנון לי ואן לא תנון לי |
| 045 | רבוני' | Ex21:06M | "וירצע ... לעלם": ויברז | רבוני' | ית אוזנ<יה> ימינ' |
| 046 | רבוניה | Dt23:16 | ישתיזב לוותך מן לוות | רבוניה: | |
| 047 | | Gn39:03 | וחמא | רבוניה | ארום ייי הווה עמיה וכל מה |
| 048 | | Gn42:33 | ואמר לן גברא | רבוניה | דארעא בדא אדע ארום |
| 049 | | Gn24:09 | קיימה {ו}<ד>אברה' | רבוניה | ואשבע ליה על עסק פתגמא |
| 050 | | Ex21:04 | אם | רבוניה | יסב יתיה אתה ותלד ליה |
| 051 | | Gn39:19 | והוה כד שמע | רבוניה | ית מליא דאתתיה דמללת עמיה |
| 052 | | Ex21:06 | או למזויית' וירצע | רבוניה | ית אדניה במרצעא ויהוי ליה |
| 053 | רבוניהו' | Gn13:07 | רעווי דאברם מן אברם | רבוניהו' | למימר לא תנטון לכנעניא |
| 054 | רבונן | Gn47:18M | לא נשקר מרבוני'/מן | רבונן#2#/ | ארום \אלהן שלם /אין |
| 055 | | Gn47:18M | רבונן לא אשתייר קדם | רבונן | ברם אלא הן גופיהון |
| 056 | | Gn44:18 | דפרעה רבך: ואמר הא כען | רבונן | הא בזמנא קדמאה דאתינא |
| 057 | | Gn47:18M | ונכסי בעירה לוות | רבונן | לא אשתייר קדם רבונן ברם |
| 058 | | Gn23:06 | קבל מנן | רבונן | רב מן קדם ייי את בינינן |
| 059 | רבני | Ex21:05 | מימר ימר עבדא רחמית ית | רבני | ית אתתי וית בני לית אנה |
| 060 | ריבוני | Nu11:28 | דמשה מן רוביותיה ואמ' | ריבוני | משה מנע מנהון רוח קודשה: |
| 061 | | Gn24:56 | שלחו יתי ואיזיל לוות | ריבוני: | |
| 062 | | Gn24:27 | דלא שבק חסדה וקושטה עם | ריבוני | אנא באורחא דבר יתי ייי |
| 063 | | Gn24:35 | וייי ברך ית | ריבוני | לחדא ותקף ויהב לה ען |
| 064 | | Gn24:37 | ואשבע ית | ריבוני | למימר לא תסב אתה לברי מן |
| 065 | ריבוניה | Gn24:65 | לקדמותן ואמר עבדא הוא | ריבוניה | ונסיבת רדידה ואתכסיית |
| 066 | ריבונך | Gn16:08 | את אשכחה כביתיה דאברם | ריבונך | ואמרת מן קדם שרי |
| 067 | דרבו' | Gn31:35M | /יתקוף רוגזה | דרבו'#2#/ | ארום \לא אכיל /לית אנה |
| 068 | דרבונא | Gn39:21M | חסד ושווי חסדא באפיה | דרבונא | בית חבישא |
| 069 | דרבונה | Gn40:07 | דעמיה במטרא בבייתיה | דרבונה | למימר מן בגלל מן אפיכון |
| 070 | דרבוני | Gn24:12 | ואמר ייי אלהה | דרבוני | אברהם יזדמן לי כען קדמוי |
| 071 | | Gn24:27 | ייי בבייתיה דאחוי | דרבוני: | |
| 072 | | Gn33:15 | אשכח חן וחסד באפוי | דרבוני: | |
| 073 | | Gn24:28 | רביתה בבייתה דאחוי | דרבוני | דאמה ותניית ית כל פתגמיא |
| 074 | | Gn47:25 | נשכח חן וחסד באפוי | דרבוני | ונהוי עבדין לפרעה: |
| 075 | | Gn39:07 | האלין ונטלת אתתיה | דרבוני | ית עיינה לוות יוסף ואמרת |
| 076 | | Nu32:27 | ייי לסדרי קרבה היך מה | דרבוני | ממלל: |
| 077 | | Nu32:25 | עבדך יעבדון היך מה | דרבוני | מפקד: |
| 078 | דרבוניה | Gn39:08 | וסרב ואמר לאתתיה | דרבוניה | הא רבוני לא ידע מן בתריה |
| 079 | | Gn24:10 | עשרה גמלין מן גמלוי | דרבוניה | וכל שפר דייתיקא דריבוניה |
| 080 | | Gn39:02 | והוה רב ושליט בביתיה | דרבוניה | מצרייה: |
| 081 | דרבונך | Gn44:08 | נגנב מן ביתה | דרבונך | כסף או דהב: |
| 082 | דרבונן | Nu32:27M | קרבה היך מה | דרבוני/<דרבו>נן#2#/ | ממלל: |
| 083 | | Nu32:25M | יעבדון היך מה | דרבוני/<דרבו>נן#2#/ | מפקד: |
| 084 | | Gn47:25M | דרבוני /באפי | דרבונן#2#/ | ונהוי/וניהווי#2#/ |
| 085 | דריב' | Gn24:10M | וכל שפר טוב אפותיקי | דריב' | |
| 086 | דריבוני | Gn24:27 | בריך הוא ייי אלהא | דריבוני | אברהם דלא שבק חסדה |
| 087 | | Gn24:42 | מן קדמיך ייי אלהא | דריבוני | אברהם אם ברעות קדמך |
| 088 | | Gn24:48 | וצלי«י»ת קדם אלהה | דריבוני | אברהם דדבר יתי באורחא |
| 089 | | Gn24:44 | אתתא די זמן ייי לברה | דריבוני: | |
| 090 | | Gn44:24 | ותנינן ליה ית מלוי | דריבוני: | |
| 091 | | Gn31:35 | לאבוה לא יבאש באפוי | דריבוני | ארום לא אכיל למיקם |
| 092 | | Ex32:22 | לא יתקף רוגזא | דריבו{ת}<נ>י | את חכם ית עמא ארום |
| 093 | | Gn24:36 | וילדת שרה אתתיה | דריבוני | בר לריבוני מן בתר דיסאב |
| 094 | | Gn24:51 | ואזל ותהוי אתא לבריה | דריבוני | היך מה דמלל ייי: |
| 095 | | Gn24:48 | למסבה ית ברת אחוי | דריבוני | לברה: |
| 096 | דריבוניה | Ex21:08 | אין באיש באפוי | דריבוניה | דלא זמן יתה ופרק יתה |
| 097 | | Gn24:10 | וכל שפר דייתיקא | דריבוניה | עמיה וקם ואזל לארעא |
| 098 | דריבונן | Gn44:24M | ליה ית מלוי | דריבוני/דריבונן#2#/: | |
| 099 | ורבוני | Gn18:12 | ולמהווי לי עדויין | ורבוני | אברהם סאב: |
| 100 | | Nu36:02 | בעדיון לבני ישראל | ורבוני | אתפקד מן קדם ייי למיתן ית |
| 101 | | Gn44:18 | ימלל כען עבדך פתגם | ורבוני | לא יתקוף רוגזך בעבדך הלא |
| 102 | וריבונן | Nu36:02M | לבני ישראל | ורבוני/וריבונן#2#/ | אתפקד מן קדם ייי |
| 103 | לרבוני | Gn47:18 | שלם כספא וענה ובעירא | לרבוני | ולא נשאר מן רבוני אלהן |
| 104 | | Gn32:05 | למימר כדן תאמרון | לרבוני | לעשו כדן אמר עבדך יעקב |
| 105 | | Gn44:16 | ואמר יהודה מה נאמר | לרבוני | מה נמליל ומה נזדכי מן קדם |
| 106 | לרבוניהון | Gn40:01 | ורב נחתומיא | לרבוניהון | למלכא דמצרים: {{ורב |
| 107 | לרבונן | Gn44:16M | יהודה מה נאמר | לרבוני/לרבונן#2#/ | מה נמליל ומה נזדכי |
| 108 | לריבונה | Dt23:16M | לא תמסור עבדה | למריה/לריבונה#2#/ | די ישתיזב לוותך |

|  |  |  |  |  |  |  |
|---|---|---|---|---|---|---|
| 109 | | | Ex21:04 | בנן אתתא ובניה תהוי | לריבונה | והוא יפוק לבלחודוי: |
| 110 | לריבוני | | Gn21:07M | הווה בישריה די בשר | לריבוני | אברהם מן שרוייה ואמ׳ |
| 111 | | | Gn44:20 | ואמרנן | לריבוני | אית לן אבונן סב וטלי בר |
| 112 | | | Gn44:33 | עבדך תחות טליא עבד | לריבוני | וטליא יסק עם אחוי: |
| 113 | | | Gn32:19 | דורון היא ואשלחת | לריבוני | לעשו והא אף מן בתרן: |
| 114 | | | Gn44:22 | ואמרנן | לריבוני | לא יכל טליא למשבק{ת}<ה> |
| 115 | | | Gn44:16 | דעבדך הא אנן עבדין | לריבוני | לחוד אנן לחוד מן דאשתכח |
| 116 | | | Gn32:06 | ואמהן ושלחת למתנייה | לריבוני | למשכחה חן וחסד באפיך: |
| 117 | | | Gn44:09 | יתקטל ואף אנן נהוי | לריבוני | לעבדין: |
| 118 | | | Gn24:39 | ואמרת | לריבוני | מה דלמא דלא תיתי אתתא |
| 119 | | | Gn24:36 | אתתיה דריבוני בר | לריבוני | מן בתר דיסאב ויהב לה ית |
| 120 | לריבוניה | | Ex21:32 | תלתי«ן» סלעין יתן | לריבוניה | ותורא יתרגם: |
| 121 | לריבונן | | Gn44:09M | אנן נהוי | לריבוני/לריבונן#2#/ | לעבדין: |
| 122 | מרבוני | | Gn47:18 | ואמרין ליה לא נשקר | מרבוני | ארום אלהן שלם כספא ועגנה |
| 123 | רבוני | p const | Gn42:30 | מלל גברא | רבוני | דארעא עמין מלין קשיין |
| 124 | רבוניא | p em/sf | Ex18:11 | מן אלהייא ורבון על כל | רבוניא | ארום בפתגמ«א» דחשיבו |
| 125 | רבוניי | | Gn19:02 | ואמר בבעו מנכון | רבוניי | מטון כען לביתיה דעבדכון |
| 126 | ריבונייה | | Dt10:17 | כל אלה ורבון על כל | ריבונייה | אלה» רבה גיברה ודחילה |
| 127 | דרבונייה | | Dt10:17M | דאלהיה ורבתהון | דרבונייה#2#/ | אלה» רבה גיברה |

## רבונה *n.* mistress [513]

|  |  |  |  |  |  |  |
|---|---|---|---|---|---|---|
| 001 | רבונתי | s em/sf | Gn16:13 | מן בתר דאתגלי על שרי | רבונתי: | |
| 002 | רבונתיך | | Gn16:09 | מלאכה דייי חזרי לוות | רבונתיך | ואצטערי תחות ידה: |
| 003 | ריבונתה | | Gn16:04M | דריבוניתה/ובזיית | ריבונתה#2#/ | באפה: |
| 004 | ריבונתי | | Gn16:08 | ואמרת מן קדם שרי | ריבונ«ת»י | אנה ערקה: |
| 005 | דריבוניתה | | Gn16:04 | עברת וזל איקרה | דריבוניתה | באפה: |

## רבי *vb.* to grow [514]

|  |  |  |  |  |  |  |
|---|---|---|---|---|---|---|
| 001 | רבה | peal | Gn38:14 | תמנתה ארום חמת ארום | רבה | שלה והיא לא אתנס«י»בת |
| 002 | דרבית | | Gn49:22 | ברי | דרבית | יוסף ברי דרבית ותקפית |
| 003 | | | Gn49:22 | ברי דרבית יוסף ברי | דרבית | ותקפית ותוב הוי חמי לך |
| 004 | דירבה | | Lv 4:22M | "אין ... ויעבד" | דירבה | יתחייב ויע׳ |
| 005 | ורבא | | Gn21:08 | | ורבא | טליא ואתחסל ועבד אברהם |
| 006 | ורבה | | Ex 2:11 | והוה ביומ<י>א האינון | ורבה | משה ונפק לוות אחוי וחמא |
| 007 | | | Gn21:20 | והוה ייי עם טליא | ורבה | ושרא במדברא והוי מן מתילף |
| 008 | | | Ex 2:10 | | ורבה | טליא ואיתת יתיה לברתיה |
| 009 | ורבו | | Gn25:27 | | ורבו | טליא והוה עשו גבר ידע |
| 010 | ארבי | pael | Gn16:02M | אף אנה /תלד ואנה | ארבי | אוף אנה#2#/ על ידה ושמע |
| 011 | | | Gn16:05 | ואמרית היא תלד ואנה | ארבי | דילמא דאתבני אף אנה על ידה |
| 012 | | | Gn30:03 | לוותה {לוותה} ותלד ואנה | ארבי | מה דלמה דאתבני אף אנה |
| 013 | ירבי | | Lv21:10M | לבושיה ית ראשיה לא | יכסה/ירבי | פרע#2#/ ולבושו לא |
| 014 | תרבי | | Gn 3:18 | וכו{כ}<ב>ין ודרדרין | תרבי | לך ותיכל ית עשבא דבאפי ברא |
| 015 | תרבון | | Lv10:06M | בנוי ראשיכון לא | תכסון/תרבון#2#/ | ולבושי{כ}<ה»ון לא |
| 016 | מרבי | | Nu 6:05M | יהווי | יתרבי^ורבי#2#^/מרבי#2#/ | פרע שער רישיה: |
| 017 | מרביה | | Gn 4:16 | וקטל להבל חזרת למהוי | מרביה | קדמו כו{כ}<ב>ין ודרדרין: |
| 018 | מרבייה | | Gn49:20M | פירי ארעכון \והא תהוי | מרבייה | על«ת» \וארעא תהוי |
| 019 | | | Gn 4:16 | קטל להבל הוות ארעא | מרבייה | קודמוי היך פירי גנתא |
| 020 | מלמרביה | | Lv26:19 | חסימה היך נחשה | מלמרביה | לכון צמחין: |
| 021 | ורבי | | Gn43:34 | מן קדמוי ופלג להון | ורבי | חולקא דבנימן מן חולקיהון |
| 022 | | | Gn 2:09 | | ורבי | ייי אלהים מן אדמתא כל אילן |
| 023 | | | Nu11:25 | דייי בעננא ומלל עמה | ורבי | מן רוח קודשה די עלוי ויהב |
| 024 | | | Nu 6:05M | יהווי | יתרבי^ורבי#2#^/מרבי#2#/ | פרע שער רישיה: |
| 025 | למרביה | | Ex29:29M | יהוון לבנוי מן בתרה | למרביה | בה |
| 026 | | | Dt28:23 | ברירה היך פרזלה מן | למרביה | לכון דתין וצמחין: |
| 027 | יתרבי | etpaal | Nu 6:05 | קדם ייי קדיש יהווי | יתרבי | פרע שער רישיה: |
| 028 | מתרבי | | Ex22:29 | שבעה יומין יהווה | מתרבי | בתר אמה וביומא תמינייא |
| 029 | | | Ex33:11M | \לא יזייע מגו משריתא | /מתרבי | לא עדי מגו משכן |
| 030 | | | Gn37:02 | אחוי בענה והוא הוה טלי | מתרבי | עם בנוי דבלהה ועם בנוי |
| 031 | | | Lv22:27 | או גדי ארום יתילד יהוי | מתרבי | שבעה יומין בתר אמיה ומן |
| 032 | דיתרבי | | Gn38:11 | בבייתיה דאבוך עד זמן | דיתרבי | שלה ברי ארום אמר דלא |

See also: רוי *vb.*

## רבי #2 *vb.* to anoint [514]

|  |  |  |  |  |  |  |
|---|---|---|---|---|---|---|
| 001 | רבי | pael | Lv16:32 | ויכפר כהנא די {דכי}^ | רבי#2#^ | יתיה ודי ישלם ית קרבן |
| 002 | | | Nu 7:84M | "דרבי יתיה ...": די | רבי | יתיה מן לוות |
| 003 | | | Nu 7:88M | מן בתר דרבי/די | רבי#2#/ | יתיה: |
| 004 | | | Ex35:30M | "חמו ... בצלאל": חמון הא | רבי | מימריה ייי וקרא בשם טב |
| 005 | רביית | | Ex31:02M | משה \דמנית וקראת /הא | רביית | וקריית#2#/ בשם טב דרבן |
| 006 | רבית | | Gn31:13 | דאתגלית עלך בבית אל די | רבית | תמן קיימא די נדרת לי תמן |
| 007 | תרבי | | Ex30:30 | וית אהרן וית בנוי | תרבי | ותקדש יתהון למשמשה קדמיי |
| 008 | מרבין | | Nu 3:03 | בנוי דאהרן כהניה די | מרבין | די אשלמו קרבן ידיהון |
| 009 | דירבי | | Lv 6:13 | יקרבון קדם ייי ביומא | דירבי | יתהון עשרין מכלתה סלת |
| 010 | דמרבי | | Lv 6:19 | כהנא | דמרבי | יתה ייכול יתה בתר קדיש |
| 011 | דרבה | | Lv 4:22M | דמתרבי יחטא /בזמן | דרבה | יחוב#2#/ ויעבד חדא מן כל |
| 012 | דרבי | | Lv 7:36 | ייי למיתן להון ביומא | דרבי | יתהון מן לוות בני ישראל |
| 013 | | | Nu 7:10 | ית חנכת מדבחה ביומא | דרבי | יתיה וקריבו רברבני ית |
| 014 | | | Nu 7:84 | רבותה דמדבחה ביומא | דרבי | יתיה מלוות רברבני דבני |
| 015 | | | Nu 7:88 | רבותה דמדבחה מן בתר | דרבי | יתיה: |
| 016 | | | Nu35:25 | עד די ימות כהנה רבא | <ד>רבי | יתיה במשחה דבית קודשה: |
| 017 | | | Nu35:25M | ימות כהנה רבא | <ד>רבי/דרבי#2#/ | יתיה במשחה |
| 018 | דרביתה | | Ex40:15 | ותרבי יתהון היך מה | דרביתה | ית אבוהון וישמשון קדמיי |
| 019 | דרביתיה | | Nu 7:84M | ביומא \דרבי | יתיה/דרביתיה#2#/ | מלוות רברבני דבני |
| 020 | ורבי | | Lv 8:10 | משה ית משחה דרבותה | ורבי | ית משכנה וית כל מנוי וית |
| 021 | | | Lv 8:11 | על מדבחה שבעה זימנין | ורבי | ית מדבחה וית כל מנוי וית |
| 022 | | | Lv 8:15 | מן חזור חזור באצבעה | ורבי | ית מדבחה וית אדמה אריק על |
| 023 | | | Nu 7:01 | יתיה וית כל מנוי <....> | ורבי | יתהון במשח רבותה וקדש |
| 024 | | | Lv 1:01 | משה למקמה ית משכנה | ורבי | יתיה וקדש יתיה וית כל מנוי |
| 025 | | | Lv 8:12 | דרבותה על ריש דאהרן | ורבי | יתיה למקדשה יתיה: |
| 026 | | | Nu 7:01 | ל{א}«מ»קמה ית משכנה | ורבי | יתיה וקדיש יתיה וית כל |
| 027 | וארבי | | Nu11:17 | בממרי ואמלל עמך תמן | וארבי | מן רוח קדשה די עמך ואשוי |
| 028 | ותרבי | | Ex30:26 | | ותרבי | ביה ית משכן זימנא וית |
| 029 | | | Ex29:36 | בכל יום על כפורא | ותרבי | ית מדבחה בכפרותך עלוי |
| 030 | | | Ex40:09 | ותסב ית משחה דרבותה | ותרבי | ית משכנה וית כל מה דביה |
| 031 | | | Ex40:10 | | ותרבי | ית מדבחה דעלתה וית כל |
| 032 | | | Ex40:11 | | ^ותרבי^ | ית כיורה וית בסיסיה |
| 033 | | | Ex28:41 | אחוך וית בנוי עמיה | ותרבי{ה} | יתהון ותשלם ית קרבן |
| 034 | | | Ex40:15 | | ותרבי | יתהון היך מה דרביתה ית |
| 035 | | | Ex29:07 | דרבותה ותריק על ראשיה | ותרבי | יתיה: |
| 036 | | | Ex29:36 | ית מדבחה בכפרותך עלוי | ותרבי | יתיה למקדשא יתיה: |
| 037 | | | Ex40:13M | קדמיי בכהונתה רבתה | /ותרבי | יתיה ותקדש יתי וישמש |
| 038 | | | Ex40:13 | ית לבושי בית קודשה^ | ותרבי^ | יתיה ותקדש יתיה וישמש |
| 039 | דאתרבין | etpaal | Nu 3:03M | כהניה די | מרבין/דאתרבין#2#/ | די אשלמו קרבן |
| 040 | דמתרבא | | Lv21:10M | וכהנא | דמתרב/<דמתר>בא#2#/ | מן אחוי די יתארק |
| 041 | דמתרבה | | Lv 4:03M | "דמתרבה ... דעמא": | דמתרבה | {ו}<י>תחייב לחובתהון דע׳ |
| 042 | | | Lv 4:03 | אין כהנא | דמתרבה | יתחייב לחובתהון דעמא ויקרב |
| 043 | דמתרבי | | Lv 4:22 | א{ו}<י>ן כהנא | דמתרבי | יחטא ויעבד חדא מן כל |
| 044 | | | Lv 4:05 | ויסב כהנא | דמתרבי | מן ^מדמה#2#^ דתורא ויעל |

| | | | | | | |
|---|---|---|---|---|---|---|
| 045 | | | Lv 4:16 | וייתי כהנא | דמתרבי | מן אדמה דתורא למשכן זמנא: |
| 046 | | | Lv21:10 | וכהנא | דמתרבי | מן אחוי די יתארק על ראשה |
| 047 | | | Lv 6:15 | וכהנא | דמתרבי | מן בתרה מן בנוי יקרב יתה |
| 048 | למתרבא | | Ex29:29M | לבנוי בתרוי | למתרבי/<למתר>בא#2#/ | בהון ולמשלמה בהון |
| 049 | למתרבי | | Ex29:29 | יהווי לבנוי בתרוי | למתרבי | בהון ולמשלמה בהון ית קרבן |

## רבי n. interest [513]

| | | | | | | |
|---|---|---|---|---|---|---|
| 001 | רבי | s ab/cn | Lv25:36M | שערין ורביין/ולא | רבי#2#/ | ותדחלון מן אלהכון ויחי |
| 002 | רבין | p abs | Ex22:24M | עליהון ולא שערין ולא | רבין | |
| 003 | ורביין | | Lv25:36 | תקבל מן לוותיה שערין | ורביין | ותדחלון מן אלהכון ויחי |
| 004 | ורבין | | Ex22:24 | ולא תשוון עלוי שערין | ורבין: | |
| 005 | וברביין | | Lv25:37 | לא תתן ליה בשערין | וברביין | לא תתן מזונך: |

## רבי 3# n. young man [514]

| | | | | | | |
|---|---|---|---|---|---|---|
| 001 | רביא | s em/sf | Gn34:19 | ולא אשתהי | רביא | למעבד פתגמא ארום אתרעיית |
| 002 | רבייה | | Lv22:27M | ויהב יתה לרבייה ואוחי | רבייה | למעבד יתיה |
| 003 | ברביה | | Gn22:12 | ואמר לא תפשוט ידך | ברביה | ולא תעבד ליה כל מן מדעם |
| 004 | ורביה | | Gn22:05 | לכון הכא גב חמרא ואנא | ורביה | נמטי עד הכא ונצלי ונחזור |
| 005 | לרביה | | Gn18:07 | תורין רכיך וטב ויהב | לרביה | ואוחי למעבד יתיה: |
| 006 | | | Lv22:27 | תורין שמין וטב ויהב | לרביה | ואוחי למעבד יתיה ופטירין |
| 007 | לרבייה | | Lv22:27M | רכיך וטב ויהב יתה | לרבייה | ואוחי רבייה למעבד יתיה |

## רבי 4# n. young girl [513]

| | | | | | | |
|---|---|---|---|---|---|---|
| 001 | רבי | s ab/cn | Dt22:23 | ארום יהווי | רבי | בתולה מארסה לגבר וישכח יתה |
| 002 | | | Dt22:28 | ארום ישכח גבר | רבי | בתולה די לא אתארסת ויתפוש |
| 003 | רביה | s em/sf | Gn24:39M | תיתי אתתא בתריי/דלמא | רביה | אית למיתי/ מן בת#2#/: |
| 004 | רבית' | | Gn24:59M | וית עבדא/וית | רבית' | פדגוגתא וית אליעזר |
| 005 | רביתא | | Gn24:43 | מעתד על עיינא דמיא והא | רביתא | דנפקי לממלי ואמרת לה |
| 006 | | | Gn34:03 | ברת יעקב ורחם ית | רביתא | ומליל עם לבה {ו}<ד>רביתה |
| 007 | רביתה | | Gn24:28 | ורהטת | רביתה | בבייתה דאחוי דרבוני דאמה |
| 008 | | | Gn24:14 | ותהוי | רביתה | די «י»מר לה ארכיני כען |
| 009 | | | Dt22:25 | באפי ברה ישכח גברה ית | רביתה | דמארסה ויתקוף בה גברא |
| 010 | | | Dt22:27 | ברא אשכח יתה צווחת | רביתה | דמארשא ולית מן דמשיזיב |
| 011 | | | Gn34:04 | אבוי למימר אסב ית | רביתה | הדא לאתה: |
| 012 | | | Gn34:12 | תאמרון לי ואסבו לי ית | רביתה | לאתה: |
| 013 | | | Dt22:21 | ויפקון ית | רביתה | לתרע בייתה דאבוה וירגמון |
| 014 | | | Dt22:24 | באבנייה וימותון ית | רביתה | על עסק די לא צווחת בקרתה |
| 015 | רביתי | | Gn24:55 | ואמר אחוה ואמה תשרי | רביתי | עמן תרין יומין או עשרה |
| 016 | רביתיה | | Ex 2:08 | ברתה דפרע' אזלי ואזלת | רביתיה | וקראת ית אמיה דטליא: |
| 017 | דרביתה | | Dt22:19 | דכסף ויתנון לאבוה | דרביתה | ארום אפיק שום ביש על |
| 018 | | | Dt22:15 | ויסב אבוה | דרביתה | ואמה ויפקון ית סהדוותה |
| 019 | | | Dt22:29 | גברא דמשמש עמה לאבוה | דרביתה | חמשין סלעין דכסף וליה |
| 020 | | | Dt22:15 | ויפקון ית סהדוותה | דרביתה | לוות חכימי קרתה לתרע |
| 021 | | | Dt22:16 | ויימר אבוה | דרביתה | לחכימייה ית ברתי יהבית |
| 022 | | | Gn34:03 | רביתא ומליל עם לבה {ו}<ד>רביתה | | מלל דשלם: |
| 023 | ורביתה | | Gn24:16 | | ורביתה | שפירת חיזו לחדא בתולה |
| 024 | ולרביתה | | Dt22:26 | | ולרביתה | לא תעבדון כל מן דעם ביש |
| 025 | לרביתה | | Dt22:20 | לא אשתכחו סהדוון | לרביתה: | |
| 026 | | | Gn24:57 | ואמרו נקרי | לרביתה | ונשאל ית פמה: |
| 027 | | | Dt22:26 | כל מן דעם ביש לית | לרביתה | סדר דין דקטולין ארום |
| 028 | ורביתה | p em/sf | Gn24:61 | וקמת רבקה | ורביתה | ורכבין על גמלי«א» |
| 029 | | | Ex 2:05 | דפרעה למתקררא על נהרא | ורביתה | מהלכין על גוף נהרא וחמא |

## רביו n. youth [514]

| | | | | | | |
|---|---|---|---|---|---|---|
| 001 | רוביותיה | s em/sf | Nu11:28 | נון משמשה דמשה מן | רוביותיה | ואמ' ריבוני משה מנע |
| 002 | ברביותה | | Nu30:04 | קיים בביתה דאבוה | ברביותה: | |
| 003 | | | Nu30:17 | לאתתיה בין אב לברתה | ברביותה | בביתה דאבוה: |
| 004 | כרביותה | | Lv22:13 | ותחזור לביתה דאבוה | כרביותה | מן לחמה דאבוה תאכל וכל |

רבו 2# *n.* See also:

## רביעה n. first rain [514]

| | | | | | | |
|---|---|---|---|---|---|---|
| 001 | לרביעות | s ab/cn | Nu29:31 | על גבי מדבחה דכרן טב | לרביעות | מטרה וניסוכה וניסוך מיא: |

## רביעו n. ⇐ רביעה

## רביעו n. ⇐ רבעו

## רביעיי num. fourth [514]

| | | | | | | |
|---|---|---|---|---|---|---|
| 001 | רביעאי | s ab/cn | Gn 1:19 | סדר עבד בראשית יום | רביעאי: | |
| 002 | רביעי | | Gn15:16 | ודר | רביעי | יחזרון להכ' ארום לא שלימו |
| 003 | רביעיא | | Ex12:42 | יתיה ליל' תליתיא ליל' | רביעיא | כד ישלם עלמא קציה למתפרקא |
| 004 | רביעיאי | | Ex20:05 | על דר תליתיא ועל דר | רביעיאי | לשנאי כד יהוון |
| 005 | רביעיי | | Nu14:18 | על דר תליתיי ועל דר | רביעיי: | |
| 006 | | | Dt 5:09 | על דר תליתיי ועל דר | רביעיי | כד משלמין בחטא קדמיי |
| 007 | רבעיי | | Ex34:07 | על דר תליתיי ועל דר | רבעיי: | |
| 008 | רביעאה | s em/sf | Gn28:10 | יתיב בחרן וניסא | רביעאה | אבנא דהוון כל רעיא |
| 009 | | | Ex12:42M | רביעיא /ליליה | <רבי>עאה#2#/ | כד ישלם/אשלם#2#/ |
| 010 | רביעיא | | Gn 2:14 | מן מדנח אתוריה ונהרא | רביעיא | הוא נהרא רבה דנהרא פרת: |
| 011 | רביעיה | | Nu 7:30 | ביומא | רביעיה | דחנוכת רבותה דמדבחה קרב |
| 012 | | | Ex28:20 | וסדרה | רביעיה | כרום {ו}<י>מה רבה ובדלחא |
| 013 | | | Ex39:13 | וסדרה | רביעיה | כרום ימה רבה ובדלחה |
| 014 | רביעייה | | Nu29:23 | וביומא | רביעייה | דחגה דמטלייה תקרבון |
| 015 | רביעיתה | | Lv19:24M | ובשתה \רביעתה יהוון | רביעיתה/ | יהווי#2#/ כל פרי{ו} קדש |
| 016 | רביעתה | | Lv19:24 | ובשתה | רביעתה | יהוון כל פרי{ו} קדש פרקן |

## רבן n. ⇐ רב

## רבנו n. dominion, rule [514]

| | | | | | | |
|---|---|---|---|---|---|---|
| 001 | רבנותה | p em/sf | Nu16:07M | סגי לכון | רבנותה | |

## רבע vb. to lie down [514]

| | | | | | | |
|---|---|---|---|---|---|---|
| 001 | רביע | peal | Gn49:01 | דדהבא דהוה אבונן יעקב | רביע | בגווה מן דאתגלי לי קיצא |
| 002 | | | Gn49:02 | דדהבא דאבונן יעקב | רביע | בגווה סברין דהווה גלי |
| 003 | | | Gn49:14 | יששכר שבט תקיף | רביע | ביני תרין תחומיי: |
| 004 | | | Gn 4:07 | נטיר ועל תרע לבה חטאך | רביע | ובידך מסרת רשות{(ה)}«א» |
| 005 | | | Ex23:05 | ארום תחמי חמרא דשנאך | רביע | תחות טעוניה ותתמנע מלמפרק |
| 006 | רביעה | | Dt22:06 | גוזלין או בעיין ואמהון | רביעה | על גוזלייה או על בעייה לא |
| 007 | רביעין | | Gn29:02 | והא תמן תלתא עדרי דען | רביעין | עלה ארום מן בארה ההוא |
| 008 | דרבוע | | Gn49:17 | יהווי מדמי לחיוויא | דרבוע | בארעא ולעורמנא דכמין |
| 009 | דרביע | | Gn49:17M | מדמי לחיוויא | דרבוע/דרביע#2#/ | בארעא ולעורמנא |
| 010 | דרבעת | | Gn49:25 | דינקת מנהון ומעיה | דרבעת | בגוויהון: |
| 011 | ורבעת | | Nu22:27 | אתנתה ית מלאכה דייי | ורבעת | לה תחות בלעם ומחת ית |
| 012 | תרבעון | afel | Lv19:19 | תשרון בערכון לא | תרבעון | כלאים חקלכון לא תזרעון |
| 013 | וארבע | | Gn50:01 | ובכה עלוי ונשק ליה | וארבע | יוסף ית אבוי בערס |

|  |  |  |  |  |  |  |
|---|---|---|---|---|---|---|
| 014 | | | Gn24:11 | | וארבע | גמליא לבר מן קרת«א» על |
| 015 | | | Gn43:33 | | וארבע | יתהון קדמוי רבה כרבויתה |
| 016 | וירב' | | Dt25:02M | צורך חייבה למלקי | וירב' | |
| 017 | וירבע | | Dt25:02 | אתחייב למלקה חייבה | וירבע | יתיה דיינה וימחי יתיה |

## רבע 2# *vb.* to make square [515]

|  |  |  |  |  |  |  |
|---|---|---|---|---|---|---|
| 001 | מרבע | pael | Ex39:09 | | מרבע | הווה כפול עבדו ית חושנא |
| 002 | | | Ex38:01 | ארכה וחמש אמין פתיא | מרבע | ותלת אמין משחת רומה: |
| 003 | | | Ex37:25 | אמה ארכה ואמה פתיה | מרבע | ותרתין אמין משחת רומא |
| 004 | | | Ex28:16 | | מרבע | יהוי כפל פשך ארכה ופשך |
| 005 | | | Ex30:02 | אמה ארכה ואמה פתיא | מרבע | יהוי ותרתין אמין משחת |
| 006 | | | Ex27:01 | ארך וחמש אמין} פתיא | מרבע | יהי מדבחא ותלת אמין משחת |

## רבעו *n.* fourth part [515]

|  |  |  |  |  |  |  |
|---|---|---|---|---|---|---|
| 001 | רביעות | s ab/cn | Nu15:05 | וחמר לניסוך | רביעות | הינא משח וחמר לנסוך |
| 002 | | | Nu15:05 | הינא משח וחמר לנסוך | רביעות | הינא תקרבון על עלתה או |
| 003 | | | Nu28:07 | ונסוכי חמר | רביעות | הינה תקרבון עם אמרא חדתה |
| 004 | | | Ex29:40M | הנא ונסוך | רביעת/<רביע>ו<ת#>/#2#/ | הנה חמר כהדן |
| 005 | רביעת | | Lv23:13M | ונסוכי חמר | רבעות/רביעת#2#/ | הינה: |
| 006 | | | Ex29:40 | סלת פילה במשח כתיש | רביעת | הנא ונסוך רביעת הנה חמר |
| 007 | | | Ex29:40 | כתיש רביעת הנא ונסוך | רביעת | הנה חמר כהדן סדרא תקרבון |
| 008 | רבעות | | Lv23:13 | לשמה דייי ונסוכי חמר | רבעות | הינה: |
| 009 | רבעית | | Nu15:04M | /עשרון פילה במשח כתש | רבעית | הינה#2#/: |
| 010 | | | Nu28:05 | למנחתה פילת במשח כתית | רבעית | הינה: |
| 011 | ברביעית | | Nu15:04 | עשרון מכלתה סלת פילה | ברביעית | הינה משח: |
| 012 | ורבעות | | Nu28:14 | הינא תקרבון עם דכרא | ורבעות | הינא תקרבון עם אמרא חמר |

## רברב *vb.* to make superior [515]

|  |  |  |  |  |  |  |
|---|---|---|---|---|---|---|
| 001 | רברב | quadr. | Ex36:02M | דייי חכמה בלבה כל די | רברב | לביה למק{ור}<רו>ב לעבידתה |
| 002 | אתרברבת | quad/t | Gn32:29 | ארום אלהין ישראל ארום | {אתרבבת} | אתרברבת עם מלאכין מן קדם |
| 003 | אתרברבת | | Nu16:13 | אתרברבת «עלינן להוד | אתרברבת»: | |
| 004 | | | Nu16:13 | יתן במדברה ארום | אתרברבת | «עלינן להוד אתרברבת»: |
| 005 | | | Gn32:29 | ישראל ארום {אתרבבת} | אתרברבת | עם מלאכין מן קדם ייי ועם |
| 006 | יתרברב | | Ex35:21M | ואתון כל גבר די | נדב/יתרברב#2#/ | יתיה לביה וכל די |
| 007 | | | Ex35:26M | וכל נשיא די | נדב/יתרברב#2#/ | לבהון יתהון |
| 008 | | | Ex35:29M | יתהון למייתיה/<די> | יתרברב | לבהון למ'#2#/ לכל עבידתה |
| 009 | | | Dt17:20M | דלא \יתקף ליבביה | /יתרברב | ליביה#2#/ מן אחוי ודלא |
| 010 | תתרברב | | Nu16:13M | במדברה ארום | אתרברבת/תתרברב#2#/ | «עלינן להוד |
| 011 | מתרברב | | Ex 9:17 | הא עד כדון את | מתרברב | בעמי דלא למשלחא יתהון: |
| 012 | | | Gn14:23M | /דאית לך ולא תהווי | מתרברב | ואמר אנה#2#/ עתרית ית |
| 013 | מתרברבין | | Nu16:03 | דייי ומן בגלל מה אתון | מתרברבין | על קהל כנישתה דייי: |
| 014 | ויתרברב | | Dt29:18M | ליביה /לווטה הדין | ויתרברב | בלביה#2#/ למימר שלם |
| 015 | לאתרברבה | | Nu16:13M | /ואוף אף בעי | לאתרברבה#2#/: | |
| 016 | למתרברבא | | Gn43:18 | בקדמיתא אנן מתעלין | למתרברבא | עלינא ולמתעקפא עלינן |

## רגוז *n.* wrath [515]

|  |  |  |  |  |  |  |
|---|---|---|---|---|---|---|
| 001 | רגוז | s ab/cn | Ex19:22M | {ו}<י>תקוף בהן | רג{זו}<וז> | |
| 002 | | | Ex19:24 | קדם ייי דלא יהוי בהון | רגוז: | |
| 003 | | | Nu16:22 | יחטא ועל כנישתה יהוי | רגוז: | |
| 004 | | | Nu 8:19 | ולא יהוי בבני ישראל | רגוז | בקרבותהון דבני ישראל |
| 005 | | | Lv10:06M | /עמה דכנישתה הווי | רגוז#2#/ | ואחיכון כל בית ישראל |
| 006 | | | Dt29:27 | ייי מעלוי ארעהון בתקוף | רגוז | ובכליתה ובכעס רב וטלק |
| 007 | | | Dt32:19 | וגלי קדם ייי ארום הוה | רגוז | מן כעסה די אכעסו יתיה עמה |
| 008 | | | Ex19:22 | יתקדשון דלא יהוי בהון | רגוז | מן קדם ייי: |
| 009 | | | Nu17:11M | עליהון ארום נפק | רוגזה/רגוז#2#/ | מן קדם ייי ^והא#2#^ |
| 010 | | | Dt 1:37 | לחוד עלי הוה | רגוז | מן קדם ייי מן בגללכון |
| 011 | | | Nu 1:53 | דסהדותה ולא יהווי | רגוז | על עם כנישתה דבני ישראל |
| 012 | | | Nu18:05 | מטרת מדבחה ולא יהווי | רגוז | ^תוב#2#^ על בני ישראל: |
| 013 | | | Dt 4:21M | ומן קדם ייי הוה | רגז/רגוז#2#/ | עלי/בי#2#/ על מליכון |
| 014 | רגז | | Ex11:08 | ונפק מן קדם פרעה בתקף | רגז: | |
| 015 | | | Ex34:06 | ורחמנא אריך רוח ורחיק | רגז | וקריב רחמין ומסגי למעבד |
| 016 | | | Nu14:18 | ייי אריך רוח ורחיק | רגז | וקריב רחמין ומסגי למעבד |
| 017 | | | Dt32:19M | קדם ייי ארום הוה | רגוז/רגז#2#/ | מן כעסה די אכעסו יתיה |
| 018 | | | Lv10:16M | /יתר'#2#/ ורגז/והוה | רגז#2#/ | על אלעזר ועל איתמר |
| 019 | רגיז | | Nu14:18M | /ארך#2#/ רוח ורחיק | רגז/רגיז#2#/ | וקריב רחמין ומסגי |
| 020 | ריגז | | Lv10:06 | ועל כל עם כנשתא יהוי | ריגז | ואחיכון כל בית ישראל |
| 021 | ברגוז | | Gn18:23M | אברהם ואמר הא | ברגז/ברגוז#2#/ | את משיצייא/משצי#2#/ |
| 022 | | | Gn18:24M | בגו קרתא הא | ברגז/ברגוז#2#/ | את משיצא/<משי>ציא#2# |
| 023 | | | Ex14:24M | מימרי' דייי#2#/ | ברוגז/ברגוז#2#/ | על משרייותיהון |
| 024 | ברגז | | Gn18:23 | וקרב אברהם ואמר הא | ברגז | את משיצייא זכייא עם חייבא: |
| 025 | | | Gn18:24 | זכיין בגו קרתא הא | ברגז | את משיצא ולא את שרי ושבק |
| 026 | ברוגז | | Ex14:24 | בעדוני צפרא ואדיק ייי | ברוגז | על משרייותיהון דמצריי |
| 027 | דרגוז | | Dt28:65M | ייי לכון תמן לב | רוגזן/דרגוז#2#/ | וסייף דעיינין ודייב |
| 028 | רגזי | s em/sf | Lv20:05 | ואשוי אנה ית תקוף | רגזי | בגברה ההוא ובזרעייתיה |
| 029 | | | Lv20:06 | בתריהון ואשוי תקוף | רגזי | בנפש' ההוא וא{ציש}<שיצ>י |
| 030 | רוג' | | Ex32:10M | וכדו ארפה מנך ואתקוף | רוג' | |
| 031 | רוגז' | | Gn18:32 | ואמר לא כען {א}<י>תקף | רוגז' | דייי ואמלל לחוד זמנא הדין |
| 032 | | | Dt29:23M | הוא רוגזיה /בתקוף | רוגז#2#/ | רבה הדין: |
| 033 | רוגזא | | Gn18:30 | ואמר לא כען יתקף | רוגזא | דייי ואמלל מה דילמה אם |
| 034 | | | Ex 4:14 | ותקף | רוגזא | דייי במשה ואמר הלא אהרן |
| 035 | | | Nu32:10 | ותקיף | רוג«ז»א | דייי ביומא ההוא וקיים |
| 036 | | | Ex32:22 | אהרן למשה לא יתקף | רוגזא | דריבו{ת}<נ>י את חכם ית |
| 037 | | | Ex10:17M | /להוד#2#/ ית | מותנא/רוגזא#2#/ | הדין: |
| 038 | רוגזה | | Nu24:10 | ותקיף | רוגזה | דבלק על בלעם וטפח בכף |
| 039 | | | Gn30:02 | ותקף | רוגזה | דיעקב ברחל ואמר הא מני |
| 040 | | | Ex32:19 | את העגל ומחלות ותקף | רוגזה | דמשה וטלק מן ידוי ית |
| 041 | | | Nu11:10 | גבר בתרע משכנה ותקף | רוגזה | דייי לחדה ובאפוי דמשה |
| 042 | | | Nu11:33M | דייי תקוף בעמה /ותקף | רוגזה | דייי בעמה#2#/ ומחה סגין |
| 043 | | | Nu12:09 | ותקף | רוגזה | דייי בהון ואזל: |
| 044 | | | Nu22:22 | ותקף | רוגזה | דייי ארום אזל הוא |
| 045 | | | Nu25:03 | לטעוותה דפעור ותקף | רוגזה | דייי בישראל: |
| 046 | | | Nu25:04 | שמשא בכדן יחזור תקוף | רוגזה | דייי מן ישראל: |
| 047 | | | Nu32:13 | ותקף | רוגזה | דייי בישראל וטלטל יתהון |
| 048 | | | Nu32:14 | למוספה תוב על תקוף | רוגזה | דייי על ישראל: |
| 049 | | | Dt 1:37M | מן קדם ייי /בי תקוף | רוגזה | דייי#2#/ מן בגללכון |
| 050 | | | Dt 3:26M | ותקף | רוגזיה/<רוג>זה#2#/ | דייי בי מן בגללכון |
| 051 | | | Dt 6:15 | ביניכון דלא יתקוף | רוגזה | דייי אלהך בך וישיצי יתכון |
| 052 | | | Dt 7:04M | רוגזיה /ויתקוף | רוגזה#2#/ | דייי בכון דלא ישיצי |
| 053 | | | Dt 9:20M | \רגז ממרה דייי /תקף | רוגזה | דייי#2#/ עליכון למישצייה |
| 054 | | | Dt11:17 | דלא יתקף | רוגזה | דייי בכון ויעצור ית שמייא |
| 055 | | | Dt29:26 | ותקיף | רוגזה | דייי בארעא ההיא למייתיה |
| 056 | | | Gn31:36M | ∧ותקף | רוגזה | דיעקוב#2#/ ואדיין בלבן |
| 057 | | | Gn31:35M | באפוי דריבוני /יתקוף | רוגזה | דרבו'#2#/ ארום לא אכיל |
| 058 | | | Nu11:01 | דייי ושמע קדם ייי ותקף | רוגזה | ובערת בהון אשא מן קדם ייי |
| 059 | | | Dt 9:19 | ארום דחלית מן קדם | רוגזה | וכליתה די רגז מימרה דייי |
| 060 | | | Nu17:11 | וכפר עליהון ארום נפק | רוגזה | מן קדם ייי ^והא#2#^ שרי |

|  |  |  |  |  |
|---|---|---|---|---|
| 061 | רגזי | | Lv20:06M | בתריהון ואחל רוגזי בבר נשא ההוא {{ואישיצי}} |
| 062 | | | Lv20:05M | תקוף רגזי בגברה/אפי רוגזי בג׳#2# ההוא ובזרעייתיה |
| 063 | | | Lv20:03 | ואנה אשוי ית תקוף רוגזי בגברה ההוא ואשצא יתיה מגו |
| 064 | | | Ex32:10 | עליהון קדמי ויתקוף רוגזי בהון ואשיצא יתהון ואית |
| 065 | | | Dt31:17 | ויתקוף רוגזי בהון ביומא ההוא ואשבוק |
| 066 | | | Ex10:28M | אזדהר לך דלא יתקוף רוגזי בך ואמסור יתך בין ידיהון |
| 067 | | | Ex10:28 | מליך אזדהר לך דלא יתקף רוגזי בך ואמסר יתך בידיהון דעמא |
| 068 | | | Lv26:17 | ואשוי ית אפי תקוף רוגזי בכון ותתנגפון קדם |
| 069 | | | Lv17:10M | כל אדם ואשווי תקוף רוגזי בנפש׳ די תאוכל ית א׳ |
| 070 | | | Lv20:06M | \תקוף רגזי/אפי רוגזי#2# בנפש׳ ההוא |
| 071 | | | Lv17:10M | יכול כל אדם ואשר׳ אפי רוגזי בנפשה דאכלה ית אדמ׳ |
| 072 | | | Ex22:23 | דלא יתקף רוגזי ואקטל יתכון בחרבא דלא |
| 073 | | | Ex34:26 | כחדא דלא יתקו«ף» רוגזי ונבשל עבריכון צרירין דגנא |
| 074 | | | Dt14:21 | מערבין כחדה דלא יתקף רוגזי ונבשל עבוריכון צרירין |
| 075 | | | Ex23:19 | מערבין כחדא דלא יתקף רוגזי עליכון ונ{כ}בשל עבוריכון |
| 076 | רוגזיה | | Gn39:19 | עבד לי עבדך ותקף רוגזיה: |
| 077 | | | Gn27:45 | עד דיחזור תקוף רוגזיה דאחוך מנך וינשי ית מה |
| 078 | | | Dt 3:26 | ותקף רוגזיה דייי בי מן בגללכון ולא |
| 079 | | | Dt 7:04 | אחרניין די יתקוף רוגזיה דייי בכון דלא ישיצי יתכון |
| 080 | | | Dt 9:08 | ארגזתון קדם ייי ותקף רוגזיה דייי בכון למשיציה יתכון: |
| 081 | | | Dt29:19 | לה ארום בכדן יתקוף רוגזיה דייי וקנאתיה בגברא ההוא |
| 082 | | | Dt 1:34 | ייי ית קל מליכון ותקף רוגזיה ואמר בשבועה למימר: |
| 083 | | | Dt13:18 | ממרה דייי מן תקוף רוגזיה ויתן לכון רחמין וירחם |
| 084 | | | Nu24:23 | כד ישווי ייי תקוף רוגזיה למתפרעה מן רשיעיה למיתן |
| 085 | | | Dt29:23 | לארעה הדה מה תקיף הוא רוגזיה רבה הדין: |
| 086 | רוגזיהון | | Gn49:07 | ברוגזיהון ארום תקיף רוגזיהון ואימתהון ארום קשיא הוות |
| 087 | רוגזך | | Gn44:18 | פתגם ורבוני לא יתקוף רוגזך בעבדך הלא מן זמנא קדמייא |
| 088 | | | Ex32:11 | ואמר למה ה׳ יתקוף רוגזך בעמך די אפקת פריקין מן |
| 089 | | | Nu10:36M | ממריה דייי מן תקוף רוגזך ובריך רבוותה ואסגי |
| 090 | | | Ex32:12 | דארעא חזור כען מן תקף רוגזך ויהוי תהו קדמך על בישתא |
| 091 | | | Dt33:10 | בוסמנין טבין וכליין רוגזך וקרבן גמיר «ברעווה |
| 092 | | | Nu10:36 | חזור כען ייי מן תקוף רוג{ד}<ז>ך ותוב עלינן ברחמיך סבייה |
| 093 | | | Ex15:07 | דעמך תשלח בהון תקוף רוגזך תתכל יתהון היך מה דנורא |
| 094 | ברוגזהון | | Gn49:06 | לא חסו על איקרי ארום ברוגזהון קטילו מלכין וברעותיהון |
| 095 | ברוגזיה | | Dt29:22 | די הפך ממרה דייי ברוגזיה ובכליתה: |
| 096 | ברוגזיהון | | Gn49:07 | ולוי למחרבה יתה ברוגזיהון ארום תקיף רוגזיהון |
| 097 | דרוגזיה | | Gn40:12M | פליתי׳ דרוגזי<ה> דפרעה עתיד למשתי |
| 098 | ורוגזה | | Nu11:33 | קדם עד לא אשתצי ורוגזה דייי תקוף בעמה ומחה סגין |
| 099 | ורוגזיהון | | Dt32:33 | בזמנה דאנון שתיין ורוגזיהון מדמי לראשי חווייה |

[515]

## רגז *vb.* to be angry

|  |  |  |  |  |
|---|---|---|---|---|
| 001 | רגז | peal | Dt 9:19 | מן קדם רוגזה וכליתה די רגז מימרה דייי עליכון לשיצי |
| 002 | | | Dt 9:20 | ובאהרן רגז ממרה דייי עליכון למשיציה |
| 003 | | | Gn41:10 | פרעה רגז על {פ}<ש>ליטוי ושוי יתי |
| 004 | | | Dt 4:21 | ומן קדם ייי הוה רגז עלי על מליכון וקיים בשבועה |
| 005 | תרגזון | | Gn45:05 | וכדון לא תרגזון ולא יבאש באפיכון ארום |
| 006 | ורגז | | Nu31:14 | ורגז משה על סכומי חילוותה |
| 007 | | | Lv10:16 | תבע משה והא אתוקד ורגז על אלעזר ועל איתמר בנוי |
| 008 | | | Ex16:20 | צפרא ועבד תולעין ואסרח ורגז עליהון משה: |
| 009 | | | Gn40:02 | ורגז פרעה על תרין שליטוי על רב |
| 010 | וירגזון | | Dt 2:25 | די ישמעון שמעיכון וירגזון ויבהלון מן קדמיכון: |
| 011 | ארגזו | afel | Dt32:16M | ובטעוותהון אכעו{ו}<י>סו/ארגזו#2# יתיה: |
| 012 | ארגזתון | | Dt 9:08 | ובחרב ארגזתון קדם ייי ותקף רוגזיה דייי |
| 013 | ארגיזו | | Nu16:30 | חיין לשאול ותדעון ארום ארגיזו גברייה אליין קדם ייי: |
| 014 | ארגיזתון | | Dt 1:01 | אסרט ^חדה#2# לכל שבט ארגיזתון קודמוי על ימא וסרבתון על |
| 015 | ירגזון | | Nu14:11 | ואמ׳ ייי למשה עד אמתי ירגזון קדמי עמא האלין ועד אימתי |
| 016 | מרגזין | | Dt 9:22 | ובניסיונה ובקברי שאלתה מרגזין הוויתון קדם ייי: |
| 017 | דארגזו | | Nu14:23 | די קיימת לאבהתהון וכל דארגזו קדמי לא יחמון יתה: |
| 018 | דארגזתון | | Dt 9:07 | אדכרו לא תנשון ית מה דארגזתון ית מימרה דייי אלהכון |
| 019 | דארגיזו | | Nu14:23M | \אליין#2# דארגזו/<דאר>גיזו#2# קדמי לא יחמון |
| 020 | דיא׳ | | Dt 9:07M | לא תנשון ית מה דארגזתון/דיא׳#2# ית מימרה דייי |
| 021 | וארגזון | | Dt32:31 | דאומייה על דחסינן וארגזון קדמוי אתעבדון |
| 022 | וארגזתון | | Dt 1:02 | דגיעה על דחסיתון וארגזתון קדמוי אתעכבתון ועב<ר>תון |
| 023 | וארגיזו | | Dt32:30 | מערקין על דחטון וארגיזו קדמוי תקיפה שבק יתהון |
| 024 | וירגיזו | | Dt31:20 | ויפלחון קדמיהון וירגיזו קדמוי וישבקו יתי ויפסון |
| 025 | אתרגזו | etpeel | Ex15:14 | שמעו אומיא אתרגזו רתיתא אחדת לדיירי דארעא |
| 026 | אתרגזית | | Dt 2:15 | ולהוד מחוון מן קדם ייי אתרגזית בהון למישציה יתהון מן גו |
| 027 | תתרגזון | | Gn45:24 | ואזלו ואמר להון לא תתרגזון בארחא: |
| 028 | ואתרגזו | | Gn34:07 | מן אפי ברה כדי שמעו ואתרגזו גבריא ובאש להון לחדא |
| 029 | ויתרגזון | | Dt 2:25M | ויבהלון מן קדמיכון/ ויתרגזון ויבהלון מנכון#2#/: |

[516]

## רגל *n.* foot

|  |  |  |  |  |
|---|---|---|---|---|
| 001 | רגל | s ab/cn | Ex21:24 | יד תשלומי יד רגל תשלומי רגל: |
| 002 | | | Dt19:21 | תשלומי יד> רגל תשלומי רגל: |
| 003 | | | Ex10:26 | עמן לא תשתייר פרסת רגל ארום מנהון נסב למקרבא קדם |
| 004 | | | Ex21:24 | תשלומי שן יד תשלומי יד רגל תשלומי רגל: |
| 005 | | | Dt19:21 | שן <יד תשלומי יד> רגל תשלומי רגל: |
| 006 | רגלה | s em/sf | Nu22:25 | ואדחקת לכותלה ודחקת ית רגלה דבלעם לכותלה ואוסף לממחי |
| 007 | | | Lv 8:23 | ידיה דימינה על אליון רגלה דימינה: |
| 008 | | | Gn 8:09 | ולא אשכחת יוונה נייח לכף רגלה וחזרת לוותה לתיבותה ארום |
| 009 | | | Dt25:09 | ותשלף סנדלה מעילווי רגלה ותירוק קדמוי ותיעני ותימר |
| 010 | | | Gn41:44 | ית ידיה למיסר זונה וית רגלה למרכב סוסא בכל ארעא |
| 011 | | | Lv 8:21 | וית בני גווה וית רגלה שזג במיא וסדר משה ית כל |
| 012 | רגליה | | Lv14:17 | ידיה דימינ׳ ועל אליון רגליה דימינה על אדמה דאשמה: |
| 013 | | | Lv14:25 | ידיה דימינה ועל אליון רגליה דימינה: |
| 014 | | | Lv14:28 | ידוי דימינה ועל אליון רגליה דימינה על אתר אדמה דאשמה: |
| 015 | | | Lv 9:14 | ושזג ית בני גווה וית רגליה וסדר על עלתה על גבי |
| 016 | | | Lv14:14 | ידיה דימינה ועל אליון רגליה ימינה: |
| 017 | | | Dt25:09M | רגלה"" ותטלק סנדליה רגליה ימינה |
| 018 | רגליהון | | Dt32:35 | דמשלם לעדן די תימוט רגליהון דצדיקיה ארום קריב הוא |
| 019 | ברגליה | | Gn44:19 | יוסף למנשה ברה וטפח ברגליה על פלטין ואזדעזע כל פלטין |
| 020 | דרגלה | | Dt 2:05 | מן ארעהון עד מדרס כפה דרגלה ארום ירתו לעשו יהבית ית |
| 021 | | | Dt28:56 | די לא אנסת כפה דרגלה למקבע יתה על ארעא מן |
| 022 | ורגליה | | Lv 1:13M | ובני גווה ורגלו/ורגליה#2# ישיג במיא ויקרב |
| 023 | רגליין | d abs | Lv11:42M | "ברגלוי ... יתהון ארום" רגליין [...] יתאכלון אר׳ |
| 024 | רגלין | | Lv11:23 | דעופה דאית ליה ארבע רגלין שקץ הוא לכון: |
| 025 | ריגלין | | Lv11:42M | דמסגי עד מאה ריגלין#2# \כל{ד}שרצה/לכל |
| 026 | ברגליין | | Dt 2:28M | להוד לית פתגם ביש ברגליין |
| 027 | דרגלין | | Nu11:21M | כאשתין רבוון דרגלין עמה |
| 028 | ורגלי | d const | Gn24:32 | ומיין למסחיה רגלוי ורגלי גבריא דעמיה: |
| 029 | רגלוי | d em/sf | Ex25:26 | זוויתא די לארבעתי רגלוי: |
| 030 | | | Ex37:13 | זווייתה די לארבעתי רגלוי: |
| 031 | | | Dt33:24 | במייא ומסחי במשחה רגלוי: |
| 032 | | | Lv14:25M | ועל אליון רגליה/רגלוי#2# דימינה: |
| 033 | | | Lv14:28M | ועל אליון רגליה/רגלוי#2# דימינה על אתר אדמה |
| 034 | | | Ex 4:25M | /ו{ת}<ט>לקת תחות רגלוי#2# דמחבלה ואמרת ארום חתנא |
| 035 | | | Gn29:01 | ונטל יעקב רגלוי ואזל לארעא בני מדינחא: |
| 036 | | | Gn38:25 | הדין מיד קם יהודה על רגלוי ואמר בבעו מנכון אחיי |

| | | | | | |
|---|---|---|---|---|---|
| 037 | | Lv 4:11 | כל בשרה על רישיה ועל | רגלוי | ובני גוויה ורעייה: |
| 038 | | Ex12:09 | אלהן צלי בנורא ראש עם | רגלוי | ועם בני גווה: |
| 039 | | Gn24:32 | לגמליא ומיין למסחיה | רגלוי | ורגלי גבריא דעמיה: |
| 040 | | Gn49:33 | למפקדא ית בנוי וכנש | רגלוי | לגו דרגשה וסאף ומית |
| 041 | | Lv13:12 | דמכתשה מן ראשה ועד | רגלוי | לכל חזיו עיני כהנא: |
| 042 | | Gn28:10 | כיון דנטל אבונן יעקב | רגלוי | למזל לחרן קפצת ארעא |
| 043 | | Lv11:21 | ליה קרסולין לעיל מן | רגלוי | למקפצה בהון על ארע': |
| 044 | רגליהו' | Lv 8:24 | דימינה ועל אליון | רגליהו' | דימינה וזרק משה ית אדמה |
| 045 | רגליהון | Ex30:19 | מנה ית ידיהון וית | רגליהון: | |
| 046 | | Ex40:31 | ובנוי ית ידיהון וית | רגליהון: | |
| 047 | | Ex29:20 | דימינא ועל אליון | רגליהון | דימינא ותזרק ית אדמה |
| 048 | | Gn43:24 | ויהב להון מיא ואסחון | רגליהון | ויהב כסא לחמריהו«ן»: |
| 049 | רגלייה | Lv 8:21M | וית בני גווה וית | רגלה/רגלייה#2/ | שזג במיא וסדר משה |
| 050 | רגליך | Ex 3:05 | להכא שלח מסניך מעלוי | רגליך | ארום אתרא די את קאים עלוי |
| 051 | רגליכון | Dt28:65M | "לכפה דרגליכון": לכף | רגליכון | |
| 052 | | Dt29:04 | לא בלון מעילווי | רגליכון: | |
| 053 | | Dt11:24 | כל אתר דתדרס כף | רגליכון | בה לכון יהוי מן מדברה |
| 054 | | Dt28:35 | תיכלון למתאסייה מן כף | רגליכון | ועד קדקדי ראשיכון: |
| 055 | | Gn19:02 | ואביתון ואסחון | רגליכון | ותקדמון ותזלון לארחכון |
| 056 | רגלכון | Gn18:04 | אסב כען קליל מיא ואסחון | רגלכון | ואתקררו תחות אילנא: |
| 057 | ברגלוי | Lv11:42 | על ארבע עד כל דמסגי | ברגלוי | כל {ד} שרצה דשרץ על ארעא |
| 058 | ברגליהון | Dt11:06 | וית כל קאמיה דהווה | ברגליהון | בגו עמא בני ישראל: |
| 059 | ברגליכון | Ex12:11 | אסירין מסניכון | ברגליכון | וחוטריכון בידיכון |
| 060 | | Dt11:10 | ותשקון ^יתה#2^ | ברגליכון | כגנתה דירקא: |
| 061 | ברגלינן | Nu20:19 | לחוד לית מלא בישה | ברגלינן | אנן עברין: |
| 062 | | Dt 2:28 | חסרין מן כל מן דעם | ברגלינן | אנן עברין: |
| 063 | דרגלוי | Ex24:10 | דייי ותחות אפיפודן | דרגלוי | כעובד לבן דסנפרינון |
| 064 | דרגליכון | Dt28:65 | ולא יהווי נייח לכפה | דרגליכון | ויתן ייי לכון תמן לב |
| 065 | ורגלוי | Ex29:17 | ותשזג בני גווה | ורגלוי | ותתן על פסגוי ועל ראשה: |
| 066 | | Lv 1:09 | ובני גויה | ורגלוי | ישיג במיא ויסדר כהנא ית |
| 067 | | Lv 1:13 | ובני גווה | ורגלוי | ישיג במיא ויקרב כהנא ית |
| 068 | ורגליהון | Ex30:21 | ויקדשון ידיהון | ורגליהון | ולא ימותון ותהוי להון |
| 069 | ורגליכון | Dt 8:04 | לא בלון מעילויכון | ורגליכון | לא הליכו חפיין דנה |
| 070 | לרגלוי | Ex 4:25 | ית ערלתא דברא וקרבת | לרגלוי | דמחבלה ואמרת ארום חתנא |

## רגליי *adj.* foot-soldier [516 רגליי n.]

| | | | | | |
|---|---|---|---|---|---|
| 001 | p abs רגליין | Nu11:21 | ואמר משה אשתין רבוון | רגליין | גברין עמא די אנה שרי |
| 002 | | Ex12:37 | כשתין רבבוון דגברין | רגליין | לבר מן טפליא: |
| 003 | רגלין | Gn33:01 | ועמה ארבע מאה דגוברין | רגלין | ופלג ית טליא על לאה ועל |

## רגם *vb.* to stone [516]

| | | | | | |
|---|---|---|---|---|---|
| 001 | peal רגמין | Ex17:04M | הא קליל צעיר והינון | רגמין | יתיה#2/: |
| 002 | ירגמון | Lv20:02 | מתקטל יתקטל עמה דארעא | ירגמון | יתה באבניה: |
| 003 | | Nu15:35 | למשה מימות ימות גברא | ירגמון | יתה באבניה כל עם כנישתה |
| 004 | | Lv20:27 | מתקטלה יתקטלון באבניה | ירגמון | יתהון חובת אדמיהון בהון: |
| 005 | | Lv24:16 | מתקטלה יתקטל מרגם | ירגמון | יתיה כל עם כנשתה כגיורייה |
| 006 | | Ex 8:22 | קדמיהון לית אפשר דלא | ירגמון | יתן: |
| 007 | מרגום | Nu14:10 | ואמרין כל עם כנישתה | מרגום | יתהון באבניא ואיקר שכינתה |
| 008 | מרגם | Lv24:16 | בגדפין מתקטלה יתקטל | מרגם | ירגמון יתיה כל עם כנשתה |
| 009 | ורגמו | Lv24:23 | דחרף לבר מן משריתה | ורגמו | יתיה באבנייה ובני ישראל |
| 010 | | Nu15:36 | כנשתה לבר מן משריתה | ורגמו | יתיה באבנייה ומית היך מה |
| 011 | ורגמין | Ex17:04 | לעמא הדין עוד קליל | ורגמ<י>ן | יתי: |
| 012 | וירגמון | Dt22:21 | לתרע בייתה דאבוה | וירגמון | יתה עמא דקרתה באבנייה |
| 013 | | Lv24:14 | ידיהון על ראשה | וירגמון | יתיה כל עמה דכנשתה: |
| 014 | | Dt21:21 | | וירגמון | יתיה כל עמא דקרתה |
| 015 | ותירגמון | Dt13:11 | | ותירגמון | יתיה באבניה וימות ארום |
| 016 | ותרגמון | Dt17:05 | ית גוברא או ית אתתה | ותרגמון | יתהון באבנייא וימותון: |
| 017 | | Dt22:24 | לתרע קרתה ההיא | ותרגמון | יתהון באבנייה וימותון ית |
| 018 | למרגם | Nu14:10M | מרגום /עמא דכנשתה | למרגם#2/ | יתהון באבניא ואיקר |
| 019 | pael מרגמה | Lv24:16M | מתקטלה יתקטל | מרגם/מרגמה#2/ | ירגמון יתיה כל עם |
| 020 | etpeel יתרגם | Ex21:32 | יתן לריבוניה ותורא | יתרגם: | |
| 021 | | Ex19:13 | ידא דאנש ארום מתרגמ' | יתרגם | או גירין דאשה יגרו̇ |
| 022 | | Ex21:29 | ויתקטל גבר או אתה תורא | יתרגם | ואף מריה יתקטל: |
| 023 | | Ex21:28 | או ית אתה וימות מתרגמא | יתרגם | תורא ולא יתאכיל ית בשריה |
| 024 | מתרגמ' | Ex19:13 | תקרב ביה ידא דאנש ארום | מתרגמ' | יתרגם או גירין דאשה יגרו̇ |
| 025 | מתרגמא | Ex21:28 | ית גבר או ית אתה וימות | מתרגמא | יתרגם תורא ולא יתאכיל ית |

## רגע *n.* moment [516]

| | | | | | |
|---|---|---|---|---|---|
| 001 | s em/sf דריגעה | Gn49:18M | מודי' דפורקנא פורק' | דריגעה | לפורקנך סכיית ואודיקת |

## רגף *vb.* to shake [516]

| | | | | | |
|---|---|---|---|---|---|
| 001 | etpeel אתרגיף | Ex19:18M | "דאתזונא ...": | אתרגיף | ואתמלי מזיו יקר שכינתיה |

## רדד *vb.* to stamp, to beat [516]

| | | | | | |
|---|---|---|---|---|---|
| 001 | pael מרדדין | Nu17:03 | ויעבדון יתהון טסין | מרדדין | חפיי למדבחה ארום קרבו |
| 002 | וירדדון | Ex28:28 | | וירדדון | ית חושנא מן עזקוי לגו |
| 003 | ורדידו | Ex39:03 | | ורדידו | ית טסי דדהבא וקטעו יתהון |
| 004 | | Nu17:04 | דנחשה די קריבו יקידיה | ורדידו | יתהון חפיי למדבחה: |

## רדי *vb.* to chastise, to plow [517 רדי, רדי#2]

| | | | | | |
|---|---|---|---|---|---|
| 001 | peal רדי | Dt 8:05 | גבר ית בריה ייי אלהכון | רדי | יתכון: |
| 002 | תרדון | Dt22:10 | עמי בני ישראל לא | תרדון | בתור ובחמר תריהון קטירין |
| 003 | דרדי | Dt 8:05 | עם לבביכון ארום היך מה | דרדי | גבר ית בריה ייי אלהכון רדי |
| 004 | וירדון | Dt21:18 | דאבוי ובקלה דאימיה | וירדון | יתיה ולא ישמע להון: |
| 005 | | Dt22:18 | קרתה ההוא ית גברא | וירדון | יתיה: |
| 006 | למירדי | Gn11:01M | בעיצתא חדא קמו | למירדי#2/: | |
| 007 | למרדי | Lv26:18 | אוריית«י»ה ואוסף | למרדי | יתכון שבעה על דחטיתון: |
| 008 | | Dt 4:36 | יתכון ית קל מימריה | למרדי | יתכון ועל ארעא חוי יתכון |
| 009 | etpeel תתרדון | Lv26:23 | ואן באילין מרדוותה לא | תתרדון | קדם ממרי ותהלכון קדמיי |

## רדי *n.* plowing [517]

| | | | | | |
|---|---|---|---|---|---|
| 001 | s em/sf ברדיא | Ex34:21M | "בחגא ... תתנחון": | ברדיא | ובחצדה תתניחון |

## רדיד *n.* veil [517]

| | | | | | |
|---|---|---|---|---|---|
| 001 | s em/sf רדידה | Gn24:65 | הוא ריבוניה ונסיבת | רדידה | ואתכסיית ביה: |
| 002 | | Gn38:19 | וקמת ואזלת ועברת | רדידה | מעילווה ולבשת לבושי |
| 003 | ברדידה | Gn38:14 | מעילווה וכסיית | ברדידה | ואתעטפת בה ויתבת לה |
| 004 | p const רדידי | Nu17:03M | מרדדין /ועבדו יתהון | רד{ו}<י>די | טסין ח#2/ חפיי |

## רדף *vb.* to pursue [517]

| | | | | | |
|---|---|---|---|---|---|
| 001 | peal רדף | Dt32:30 | פיקודיה הוה חד מנהון | רדף | אלף ותרין מנהון רבבה רבותה |
| 002 | | Gn44:04 | אפיטרופוס על בייתיה קום | רדף | בתר גבריא ותארע יתהון |
| 003 | רדפו | Gn35:05 | די חזור חזור יתהון ולא | רדפו | בתר בנוי דיעקב: |

| | | | | | | |
|---|---|---|---|---|---|---|
| 004 | | | Dt11:04 | על אפיהון בזמנה די | רדפו | בתריכון ושיצי יתהון ממרה |
| 005 | | | Dt30:07 | ועל שנאיכון די | רדפו | יתכון: |
| 006 | רדפין | | Dt16:20 | קושטא קושט' תהוון | רדפין | מן בגלל דתיחון ותירתון ית |
| 007 | רדפת | | Gn31:36 | מה חובתי ומה סרחני ארום | רדפת | בתריי: |
| 008 | ארדוף | | Ex15:09 | רשיעא שנאה ובעיל דבבא | ארדוף | בתר עמא בני ישראל וארע |
| 009 | ירדוף | | Dt19:06 | דלא | ירדוף | תבע אדמה בתר קטולה ארום |
| 010 | ירדף | | Dt19:06M | דלא \ירדוף תבע | /ירדף | תבוע#2#/ אדמה/דמא#2#/ |
| 011 | דרדף | | Lv26:36 | חרבה ויפלון ולית | דר«ד»ף: | |
| 012 | | | Lv26:17 | סנאיכון ותערקון ולית | דרדף | יתכון: |
| 013 | דרדפן | | Dt 1:44 | ורדפו יתכון היך מה | דרדפן | א{ז}<ו>רעייתא דדברייתה |
| 014 | ורדף | | Ex14:08 | לבה דפרעה מלכא דמצרים | ורדף | בתר בני ישראל ובני ישראל |
| 015 | | | Gn14:14 | ביתיה תלת מאה עשר | ורדף | בתריהון עד קיסריון: |
| 016 | | | Gn31:23 | ודבר את אחוי עמיה | ורדף | בתרי{ת}<ה> ארח מהלך שבעה |
| 017 | | | Lv26:37 | כמן קדם שלפי חרבה | ורדף | דלית ולא תיהוי לכון תקומה |
| 018 | | | Gn14:15 | הוא ושלטנוי וקטל יתהון | ורדף | יתהון עד חובה די מן צפון |
| 019 | ורדפו | | Ex14:23 | | ורדפו | מצרים ועלו בתריהון כל |
| 020 | | | Ex15:01 | על די אתגאון | ורדפו | בתר עמא בני ישראל רמא |
| 021 | | | Ex15:21 | ורוכביהון על דאתגאו | ורדפו | בתר עמא בני ישרא' רמא |
| 022 | | | Dt 1:44 | בטורא ההוא לקדמותכון | ורדפו | יתכון היך מה דרדפן |
| 023 | | | Ex14:09 | | ורדפו | מצריי בתריהון וארעו יתהון |
| 024 | וירדוף | | Ex14:04 | ואתוקף ית לבה דפרעה | וירדוף | בתריהון ואתיקר <ב>פרעה |
| 025 | | | Ex14:04M | ואתיקר <ב>פרעה | /וירדוף | מן <בתריהון> ואייקר |
| 026 | | | Lv26:36 | בארע בעלי דבביכון | וירדוף | קל עליה דשף עם חבר ונתר |
| 027 | וירדפון | | Dt28:22 | ובשדפונה ובירקונה | וירדפון | יתכון עד זמן די יסופון |
| 028 | | | Dt28:45 | כל לווטייה האליין | וירדפון | יתכון ויארעון יתכון |
| 029 | | | Lv26:08 | | וירדפון | מנכון חמשה מאתה ומאתה |
| 030 | ותרדפון | | Lv26:07 | | ותרדפון | ית בעלי דבביכון ויפלון |
| 031 | למרדף | | Gn32:03 | אחוי דאמה אינון דחזר | למרדף | בתרי{או משרין דעשו אחי |

## רהט *vb.* to run [517]

| | | | | | | |
|---|---|---|---|---|---|---|
| 001 | רהט | peal | Gn18:07 | ולבקורתה | רהט | אברהם ונסב בר תורין רכיך |
| 002 | רהטין | | Dt16:20M | קושט' תהוון | רדפין/רהטין#2#/ | מן בגלל דתיחון |
| 003 | ורהט | | Gn24:29 | {אחוי} ושמה לבן | ורהט | לבן לוות גברא לברה |
| 004 | | | Gn33:04 | | ורהט | עשו לקדמותה וגפף יתיה |
| 005 | | | Nu11:27M | | וזריז/ורהט#2#/ | טל«י»ה ותני למשה |
| 006 | | | Lv22:27M | קרב לשמך בר תורין | ורהט | לבקורתה ונסב בר תורין |
| 007 | | | Lv22:27 | דבסיבותיה אתברך בכולה | ורהט | לבקרותיה ואייתי בת תורין |
| 008 | | | Nu17:12 | אהרן היך מה דמלל משה | ורהט | לגו קהלא והא שרי מחבלה |
| 009 | | | Gn18:02 | גברין קיימין עלוי וחמא | ורהט | לקדמותהון מן תרע משכנה |
| 010 | | | Gn19:01 | ו{ת}<ח>מא יתהון לוט | ורהט | לקדמותהון ושאיל בשלמהון |
| 011 | | | Gn29:13 | ית שמעה דיעקב בר אחתה | ורהט | לקדמותיה וגפף יתה ונשק יתה |
| 012 | | | Gn24:17 | | ורהט | עבדא לקדמותה ואמר אשקיין |
| 013 | ורהטת | | Gn29:12 | וארום בר רבקה הוא | ורהטת | ותניית לאבוה: |
| 014 | | | Gn24:28 | | ורהטת | רביתה בבייתה דאחוי דרבוני |
| 015 | | | Gn24:20 | קולתה לגו מורכיון | ורהטת | תוב לבאירה למימלי ומלת |
| 016 | וארהטו | afel | Gn41:14 | פרעה וקרא ית יוסף | וארהטו | יתיה מן בית חבושיא וספר |

## רוב *n.* large number [517]

| | | | | | | |
|---|---|---|---|---|---|---|
| 001 | ורוב | s ab/cn | Ex15:02 | תוקפן | ורוב | תושבחתן דחיל כל עלמיא ייי |

## רוגזן *adj.* quarrelsome [518]

| | | | | | | |
|---|---|---|---|---|---|---|
| 001 | רוגזן | s ab/cn | Dt28:65 | ויתן ייי לכון תמן לב | רוגזן | וסייף דעיינין ודייב דנפש: |
| 002 | ברגזן | | Lv26:28 | ואהלך אף אנה עמכון | ברגזן | בקשיו ואמחי יתכון אף אנה |

## רוו *n.* ⇐ ריו

## רוח *vb.* to be possessed by spirits (pa. pass.) [518]

| | | | | | | |
|---|---|---|---|---|---|---|
| 001 | ומרווחי | pael | Dt32:24 | מן פחי כפן ואכילי גוב | ומרווחי | רווחן בישן ושן ארבעתי |

## רוח *n.* wind, spirit [518]

| | | | | | | |
|---|---|---|---|---|---|---|
| 001 | רוח | s ab/cn | Ex10:19 | והפך ייי | רוח | בימא תקיף לחדא וטען ית |
| 002 | | | Nu14:24M | חולף דהוות | רוח | דחכמה שרייה עלוי ואש' |
| 003 | | | Dt34:09 | ויהושע בר נון מלא | רוח | דחכמה ארום סמך משה ית |
| 004 | | | Ex31:03 | ואשלמת עמיה | רוח | דנב{י}<ו> קרב דקדש מן קדם |
| 005 | | | Nu 5:14 | ויעבור עלוי | רוח | דק{ב}<נ>אה ויקנא ית אתתיה |
| 006 | | | Gn41:06 | שבע שבלין דקיקין ושדיפן | רוח | דקדים צמחין בתריהון: |
| 007 | | | Gn41:23 | צני{נ}<מ>ן דקיקין שדיפן | רוח | דקדים צמחן בתריהון: |
| 008 | | | Ex10:13 | ארעא דמצרים וייי דבר | רוח | דקדים בארעא כל יומא ההוא |
| 009 | | | Gn41:38 | משכחין כוות דין גבר די | רוח | דקדש מן קדם ייי שרייה |
| 010 | | | Ex35:31 | ואשלמ{ת} עמה | רוח | דקדש מן קדם ייי בחכמה |
| 011 | | | Nu14:24 | ועבדי כלב חלף די הוות | רוח | דקדש עמה ואשלם בתר ממרי |
| 012 | | | Nu24:02 | לטכסיהון והוה עלוי | רוח | דקדש מן קדם ייי: |
| 013 | | | Nu 5:30 | או גבר די תעבר עלוי | רוח | דקנא ויקנא ית אתתיה ויקים |
| 014 | | | Gn 8:01 | די עמה בתיבותא ועבר ייי | רוח | דרחמין על ארעא ושדכו מיא: |
| 015 | | | Gn26:35 | והוון סורבנין ומפחן | רוח | ומגחכן בפולחנא נוכראה |
| 016 | | | Ex 6:09 | למילוי דמשה מקפדות | רוח | ומפולחן קשה: |
| 017 | | | Ex34:06 | אלהה חננא ורחמנא אריך | רוח | ורחיק רגז וקריב רחמין |
| 018 | | | Nu14:18 | ייי אריך | רוח | ורחיק רגז וקריב רחמין |
| 019 | | | Ex28:03 | ליבא די אשלמית עמהון | רוח | חכמה ויעבדון ית לבושי |
| 020 | | | Ex10:19M | בימא תקיף /ממריה דייי | רוח | מערב תקיף#2#/ לחדא וטען |
| 021 | | | Gn26:35M | מקבלן /סרהוונין ומפחת | רוח | פלחן בפולחנא נכרייה#2#/ |
| 022 | | | Gn41:27 | שבליה דקיקתה שדיפן | רוח | קדום יהוין שבע שנין דכפן: |
| 023 | | | Nu11:17 | ואמלל עמך תמן וארבי מן | רוח | קדשה די עמך ואשוי עליהון |
| 024 | | | Nu11:25 | והוה כד שרת עליהון | רוח | קודשה והוון מתנבאין ולא |
| 025 | | | Nu11:25 | בעננא ומלל עמה ורבי מן | רוח | קודשה די עלוי ויהב על |
| 026 | | | Nu11:26 | מידד ושרת עליהון | רוח | קודשה אלדד הוה מתנבא ואמר |
| 027 | | | Nu11:28 | ריבוני משה מנע מנהון | רוח | קודשה: |
| 028 | | | Nu11:29 | נביין ארום ישוי' ייי ית | רוח | קודשה עליהון: |
| 029 | | | Nu 5:14 | אסתאבת או יעבור עלוי | רוח | קנאה ויקנא ית אתתיה והיא |
| 030 | ברוח | | Ex15:10 | אשפת | ברוח | מן קדמיך ייי כסון עליהון |
| 031 | | | Ex 2:12M | "להכא ... בחלא": | ברוח | נבואה בעלמא הדין ובעלמא |
| 032 | | | Ex14:21 | על ימא ודבר ייי ית ימא | ברוח | קדום תקיף כל ליליא ושוי ית |
| 033 | | | Gn31:21M | "גלעדה": ארום חמא | ברוח | קודשא דתמן עתיד למיהוי |
| 034 | | | Gn42:01 | וחמא יעקב | ברוח | קודשא ארום אית עיבור מזדבן |
| 035 | | | Ex 2:12M | "להכא ... בחלא": משה | ברוח | קודשא בתרין עלמיא וחמא |
| 036 | דירוח | | Nu27:18M | נון גבר \דרוח קדש | /דירוח | דק#2#/ מן קדם ייי שרייה |
| 037 | דרוח | | Ex 8:11 | פרעה ארום הוות שעת | דרוח | ותקף ית לביה ולא שמע להון |
| 038 | | | Gn 7:22 | כל די נשמה | דרוח | חיין בנחירוי מן כל מה די |
| 039 | | | Nu27:18 | ית יהושע בר נון גבר | דרוח | קדש מן קדם ייי שרייה עלוי |
| 040 | ורוח | | Gn 6:17M | \ביה נשומא /בארעא | ורוח#2#/ | דחיין מן תחות שמיא כל |
| 041 | | | Gn 1:02 | פריס על אפי תהומא | ורוח | דרחמין מן קדם ייי הוה |
| 042 | | | Ex10:13M | צפרא הוה ורוח | קדומא/ורוח | מדנחייה#2#/ טען ית |
| 043 | | | Nu11:31 | | ורוח | נטל מן קדם ייי ואגיז |

|  |  |  |  |  |  |  |
|---|---|---|---|---|---|---|
| 044 | | | Ex10:13 | וכל ליליא צפרא הוה | ורוח | קדומא טען ית גובא: |
| 045 | רוחה | s em/sf | Ex35:21 | יתיה לביה וכל די נדבת | רוחה | יתיה אייתון ית אפרשותא |
| 046 | רוחי | | Gn 6:03M | ולמשתציה מחה גמירא הלא | רוחי | יהבי' בבני אנשא דיעבדון |
| 047 | | | Gn 6:03 | מן גוא עלמא הא | רוחי | יהבית בבני אנשא מן בגלל |
| 048 | רוחיה | | Gn45:27 | יוסף למטען יתיה ונחת | רוחיה | דיעקב אבוהון: |
| 049 | | | Gn41:08 | והוה בצפרא ואטרפת | רוחיה | דפרעה ושלח וקרא ית כל |
| 050 | | | Dt 2:30 | אקשי ייי אלהכון ית | רוחיה | ותקף ית לבביה מן בגלל |
| 051 | | | Ex35:21M | ית אפרשותא /ידוב | רוחיה | עלוי ייתון די אפ'#2#/ |
| 052 | רוחך | | Ex15:10M | ברוח מן קדמיך /נשפת | רוחך#2#/ | ייי כסון עליהון מוי |
| 053 | רווחן | p abs | Dt32:24 | כפן ואכילי גוב ומרווחי | רווחן | בישן ושן ארבעתי מלכוותה |
| 054 | רוחן | | Dt32:24M | גוב ומרווחי | רווחן/רוחן#2#/ | בישן ושן ארבעתי |
| 055 | כרוחייה | p em/sf | Dt32:02 | עליהון ית מימר פומי | כרוחייה | דמנשבין על דתי עשביה |

## רוחצה *n.* security, faith [518]

|  |  |  |  |  |  |  |
|---|---|---|---|---|---|---|
| 001 | לרוחצה | s ab/cn | Dt12:10M | ותשרון | לרוחצן/לרוחצה#2#/: | |
| 002 | | | Gn34:25M | ועלו לקרתא | לרוחצן/לרוחצה#2#/ | וקטלו כל דכוריא: |
| 003 | לרחצה | s em/sf | Lv25:18M | \על ארעא לרחצן | /לרחצה | על ארעא#2#/: |

## רוחצן *n.* security, reliance [518]

|  |  |  |  |  |  |  |
|---|---|---|---|---|---|---|
| 001 | לרוחצן | s ab/cn | Dt12:10 | מן חזור חזור ותשרון | לרוחצן: | |
| 002 | | | Lv26:05 | לחמכון ותשבעון ותשרון | לרוחצן | בארעכון: |
| 003 | | | Gn34:25 | גבר חרביה ועלו לקרתא | לרוחצן | וקטלו כל דכוריא: |
| 004 | | | Dt33:28 | ושרון ישראל | לרוחצן | לבלחודיהון מעין ברכתה |
| 005 | | | Lv25:19 | ותשבעון ותשרון | לרוחצן | עלה: |
| 006 | לרחצן | | Lv25:18 | יתהון ותשרון על ארעא | לרחצן: | |
| 007 | | | Dt33:12 | ואמר רחימה דייי ישרי | לרחצן | עלוי יהווי מגן עלוי כל |
| 008 | רוחצנא | s em/sf | Gn40:23 | בבשרא די ישוי בשרא | רוחצנא | בגין כן לא אדכר {רב} רב |
| 009 | רוחצניה | | Gn49:24 | ואשרי בתקיפה | רוחצניה | פשט ידוי ואדרעוי למבעיה |
| 010 | רוחצניהון | | Dt32:31 | ארום לא כרוחצינן | רוחצניהון | דאומייה על דחטינן |
| 011 | רחצניה | | Gn40:23M | דייי וישווי ממרה דייי | רחצניה | |
| 012 | כרוחצינן | | Dt32:31 | ארום לא | כרוחצינן | רוחצניהון דאומייה על |
| 013 | כרוחצנן | | Dt32:31M | ארום לא | כרוחצינן/<כרוח>צנן#2#/ | רוחצניהון |

See also: רחצון *n.*

## רוחקה *n.* far distance [518]

|  |  |  |  |  |  |  |
|---|---|---|---|---|---|---|
| 001 | רוחקה | s ab/cn | Dt28:49 | ישא ייי עליכון אומה מן | רוחקה | מסייפי ארעא היך מה דטייס |
| 002 | רח' | | Dt28:49M | רוחקה /<מן> רחיק מן | רח'#2#/ | מסייפי ארעא היך מה |
| 003 | מרחו' | | Ex24:01M | דישראל ותצלון | מן רחיק/מרחו'#2#/: | |

## רוטב *n.* juice, moisture [519]

|  |  |  |  |  |  |  |
|---|---|---|---|---|---|---|
| 001 | רוטבה | s em/sf | Nu11:08M | בדבש /כשישיין | רוטבה | דשומנה#2#/: |

## רוי *vb.* to be saturated, to be intoxicated [519]

|  |  |  |  |  |  |  |
|---|---|---|---|---|---|---|
| 001 | ורבה | peal | Gn 9:21M | מן חמרא/יינא#2#/ | ורווה/ורבה#2#/ | ואתגלי/ואתרשל#2#/ |
| 002 | ורבון | | Gn43:34M | חולקין ושתון | ורוון/ורבון#2#/ | עמיה: |
| 003 | ורווה | | Gn 9:21 | ושתה מן חמרא | ורווה | ואתגלי בגו משכנה: |
| 004 | ורוון | | Gn43:34 | חמשה חולקין ושתון | ורוון | עמיה: |
| 005 | ארווי | afel | Dt32:42 | | ארווי | גיריין מן אדמהון וחרבי |
| 006 | ומרווין | | Dt32:02 | וכרסיסי מלקוש דסלקין | ומרווין | צמחה דארעא בירחה דניסן: |
| 007 | | | Dt33:13 | מבועי מן לרע דסלקין | ומרווין | צמחיה דארעא: |

## רום *vb.* to be high [519]

|  |  |  |  |  |  |  |
|---|---|---|---|---|---|---|
| 001 | תרום | peal | Gn15:01 | ואתין עלך למקטל ממרי | תרום | לך דהוה הוה מגן לך בעלמא |
| 002 | ורמת | | Gn 7:17 | מיא וטענו ית תיבותא | ורמת | מעלוי ארעא: |
| 003 | ארים | afel | Gn28:10 | דאתא אבונן יעק«ב» | ארים | יתה בחדא ידא ואשקי ית ענא |
| 004 | ארימת | | Gn39:15 | והוי כדי שמע ארום | ארימת | קלי וצווחת ושבק לבושוי |
| 005 | | | Gn39:18 | והוה כד | ארימת | קלי וצווחת ושבק לבושוי |
| 006 | ארעימית | | Ex 6:08M | \דזקפית ידי /די | ארעימית | ית ידי#2#/ בשבועה למתן |
| 007 | ארעימת | | Gn39:15M | דשמע#2#/ ארום | ארימת/ארעימת#2#/ | קלי וצווחת/צבחת#2#/ |
| 008 | | | Gn39:18M | והוה כד | ארימת/ארעימת#2#/ | קלי וצווחת ושבק |
| 009 | ארעם | | Ex 9:22M | "ארכן:" | ארעם | ידך על שמיא |
| 010 | | | Ex10:21M | /ואמ' מימרי' דייי | ארעם | ידך על שמיא#2#/ ויהוי |
| 011 | | | Ex14:16 | ואת | ארעם | ית חוטרך וארכן ית ידך על |
| 012 | ארעמית | | Nu14:30M | לארעא די \זקפית ידי | /ארעמית | ית ידיי#2#/ בשבועה |
| 013 | ירים | | Lv 4:19 | וית כל תרבה | ירים | מנה ויסדר כהנא על גבי |
| 014 | | | Lv 4:08 | כל תרבה דתורה דחטאתה | ירים | מניה ית תרבה דחפי על כרסה |
| 015 | | | Gn40:19 | לסוף תלתא יומין | ירים | פרעה ית ראשך מעילוך ויצלב |
| 016 | דארים | | Gn28:10 | וניסא חמישאה כיון | דארים | אבונן יעקב ית אבנא מעלוי |
| 017 | וארים | | Nu20:11 | | וארים | משה ית חוטרה ומחה ית |
| 018 | | | Ex 7:20 | היך מה דפקיד ייי | וארים | חוטריה ומחה ית מיא די |
| 019 | | | Gn40:20 | ית ראשה דרב מזוגיה | וארים | ית ראש«ה» דרב נחתומיא |
| 020 | וארעם | | Ex 9:23M | | וארכן/וארעם#2#/ | משה ית חוטריה |
| 021 | | | Ex10:22M | | וארכן/וארעם#2#/ | משה ית ידא לשמיא |
| 022 | | | Nu20:11M | | וארים/וארעם#2#/ | משה ית חוטרה |
| 023 | | | Gn27:38M | /לחוד#2#/ אנה אבא | ונטל/וארעם#2#/ | עשו קליה ובכה: |
| 024 | | | Gn29:11M | ונשק יעקב לרחל | ונטל/וארעם#2#/ | ית קליה ובכה: |
| 025 | | | Ex 9:22M | ואמר ייי למשה | ארכן/וארעם#2#/ | ית <ידך> לשמיא ויהוי |
| 026 | וארעמן | | Nu14:01M | \ונטלו עם כנישתה | /וארעמן | כל עמה דכנשתה#2#/ ושוון |
| 027 | וארעמת | | Gn21:16M | לה מן כל קבליה | ונטלת/וארעמת#2#/ | ית קלא ובכת: |
| 028 | וירים | | Lv 6:03 | דבוץ ילבש על בשריה | וירים | ית קטמא די {י}תאכל אשתה |
| 029 | | | Nu17:02 | בר אהרן כהנה רבה | וירים | ית מחתיתה מן ביני יקידיה |
| 030 | | | Nu 6:20 | | וירים | יתהון כהנא אנפו קדם ייי |
| 031 | | | Lv 2:09 | | וירים | כהנא ית מנחתה ית אדכרתה |
| 032 | | | Lv 6:08 | | וירים | מנה בקמציה מן סלתה דמנחתה |
| 033 | ומרים | | Dt32:04 | זוגין בין גבר לאתתה | ומרים | וממך ותלת שעין מפרנס כל |
| 034 | אתרעמת | etpeel | Gn14:22M | דסדם \הא זקפי' ידי | /אתרעמת | כף ידי#2#/ בשבועה קדם |

See also: רומם *vb.*

## רום *n.* height [519]

|  |  |  |  |  |  |  |
|---|---|---|---|---|---|---|
| 001 | רום | s ab/cn | Lv 8:23 | משה מן אדמה ויהב על | רום | אדנה דאהרן דימינה ועל |
| 002 | | | Lv14:14 | אדמה דאשמה ויתן כהנא על | רום | אדנה דמן דמדכי דימינה ועל |
| 003 | | | Lv14:17 | כף ידיה יתן כהנא «על | רום | אדנה» דמן דמדכי דימינה |
| 004 | | | Lv14:28 | משחה די על כף ידיה על | רום | אדנה דמן דמדכי דימינה ועל |
| 005 | | | Lv14:25 | מן אדמה~ דאשמה ויתן על | רום | אדניה דמן דמדכ' דימינה ועל |
| 006 | | | Lv 8:24 | ונסב משה מן אדמה על | רום | אדניהון דימינה ועל אליון |
| 007 | | | Ex29:20 | ותסב מן אדמיה ותתן על | רום | אודנה דאהרן ועל רום |
| 008 | | | Ex29:20 | על רום אודנה דאהרן ועל | רום | אודניהון דבנוי דימינא ועל |
| 009 | | | Gn 6:15M | \משחת רומ' /ועל | רום | אמה#2#/: |
| 010 | | | Ex38:18M | חמש /אומין ארך ומשחת | רום | בפתוי חמ'#2#/ אמין לקבל |
| 011 | | | Nu21:08M | "אל אתר:" על | רום | ויהווי כל דמנכית בחוויה |
| 012 | | | Nu11:31 | וכתרין אומ(ו){<'>}ן | רום | על אפיה דארעא: |
| 013 | וכרום | | Nu11:31M | אומ(ו){<'>}ן רום | /וכרום | תרתין הווה {טל}<על>#2#/ |
| 014 | רומ' | s em/sf | Gn 6:15 | אמין פתיה ותלתין משחת | רומ': | |
| 015 | רומא | | Ex27:02 | על ארבעתי זויתא מן משחת | רומא | מנה יהוויין קרנתה ותחפי |
| 016 | | | Ex37:25 | מרבע ותרתין אמין משחת | רומא | <מניה> הוון קרנתא: |

|  |  |  |  |  |  |  |
|---|---|---|---|---|---|---|
| 017 | רומה | | Ex25:23 | פתיא ואמה ופלג משחת | רומה: | |
| 018 | | | Ex27:01 | מדבחא ותלת אמין משחת | רומה: | |
| 019 | | | Ex37:10 | פתיה ואמה ופלג משחת | רומה: | |
| 020 | | | Ex38:01 | מרבע ותלת אמין משחת | רומה: | |
| 021 | | | Ex27:18 | חמשין על חמשין ומשחת | רומה | חמש אמין בוץ שזיר |
| 022 | | | Ex38:02 | ארבעתי זווייתה מן משחת | רומה | <מניה> הוון קרנתה וחפי ית' |
| 023 | | | Ex30:02 | משחת רומיה מנה יהוויין | רומה | קרנתה: |
| 024 | רומיה | | Ex25:10 | פותיא ואמתא ופלג משחת | רומיה: | |
| 025 | | | Ex37:01 | פתיה ואמה ופלג משחת | רומיה: | |
| 026 | | | Ex30:02 | יהוי ותרתין אמין משחת | רומיה | מנה יהוויין רומה קרנתה: |
| 027 | ברומה | | Nu21:06 | ארעא ואישתמע קליה | ברומה | אתון חמון כל ברייתה ואתון |
| 028 | לרומה | | Gn49:22 | ועוברתא שלחת | לרומה | וכבשת כל אילנייא כן כבשת |

See also: רומם *n.*

## רומם *vb.* to exalt [519 s.v. רום]

|  |  |  |  |  |  |  |
|---|---|---|---|---|---|---|
| 001 | ירומם | polel | Gn40:13 | לסוף תלתא יומין | ירומם | פרעה ית ראשך {ראשך} |
| 002 | ורומם | | Gn40:20 | שרוי לכל שלטנוי | ו{ח}<רו>מם | ית ראשה דרב מזוגיה |
| 003 | ונרוממה | | Ex15:02M | אלה אבותהון | ונרוממה | יתיה |
| 004 | ונרוממנה | | Ex15:02 | ונשבחיניה אלה אבהתן | ונרוממנה: | |
| 005 | ויתרומם | etpolel | Nu24:07 | אגג מלכיהון דעמלקיי | ויתרומם | מלכותיה דמלכא משיחא: |

## רומם *n.* height [520]

|  |  |  |  |  |  |  |
|---|---|---|---|---|---|---|
| 001 | ברוממייה | p em/sf | Nu21:06M | ואישתמע קליה | ברומה/ברוממייה#2#/ | אתון חמון כל |

## רוממו *n.* sovereignty, majesty [520]

|  |  |  |  |  |  |  |
|---|---|---|---|---|---|---|
| 001 | ורוממו | s ab/cn | Dt32:03 | הבו איקר ותושבחה | ורוממו | לאלהכון: |
| 002 | | | Ex14:14 | איקר ותושבחא | ורוממו | לאלהן: |
| 003 | ולרוממי | | Dt26:19 | ברא ליקרה ולתושבחה | ולרוממי | ולמהווי ל{י} שמיה לעם |
| 004 | ורוממותה | s em/sf | Nu23:22 | די תוקפא ותושבחתה | ורוממותה | דידה אינון: |
| 005 | | | Nu24:08 | תקפה ותושבחתה | ורוממות{{י}}ה | די{ה}<ד>ה אינון |
| 006 | ורוממותיה | | Nu24:08M | | ורוממות{{י}}ה/<ורוממו>תיה#2#/ | די{ה}<ד>ה |

רוממי *n.* ⇐ רוממו

## רוקן *vb.* to empty [520]

|  |  |  |  |  |  |  |
|---|---|---|---|---|---|---|
| 001 | וירוקן | quadr. | Nu24:17 | וישיצי כל בנוי דשת | וירוקן | מרי נכסייה: |
| 002 | ורוקינו | | Ex33:06M | | ופרקו/ורוקינו#2#/ואיתרוקנו#2#/ | בני ישראל |
| 003 | ורוקן | | Gn31:09 | | ורוקן | ייי ית נכסוי דאבוכון |
| 004 | ורוקנן | | Ex12:36 | דמצריי ושאלו להון | ורוקנן | בני ישראל ית מצריי מן |
| 005 | ותרוקנון | | Ex 3:22 | על בניכון ועל בנתכון | ותרוקנון | ית מצריי: |
| 006 | ואיתרוקנו | quad/t | Ex33:06M | | ופרקו/ורוקינו#2#/ואיתרוקנו#2#/ | בני ישראל |

## רושם *n.* incision, mark [520]

|  |  |  |  |  |  |  |
|---|---|---|---|---|---|---|
| 001 | רושם | s ab/cn | Ex21:25 | פדעה רושם תשלומי | רושם: | |
| 002 | | | Lv21:05 | לא ירשמון | רושם | בראשי«הון» ושומת דקניהון |
| 003 | | | Ex21:25 | כויה פדעא תשלומי פדעה | רושם | תשלומי רושם: |
| 004 | רשום | | Dt14:01 | נכרייה ולא תשוון | רשום | על בית אפיכון על נפש דמית: |
| 005 | ורושם | | Lv13:10 | והיא אתהפכת לשער חוור | ורושם | דבשרא חי בשומתה: |

## רז *n.* secret [520]

|  |  |  |  |  |  |  |
|---|---|---|---|---|---|---|
| 001 | רזא | s em/sf | Gn49:01M | מן דאתגלי לה{ו} | רזא | אתגנז מיניה חזר וברך |
| 002 | | | Gn49:01 | מן דאתגלי ליה קיצא | רזא | אתכסא מינה סברין דהוא מתני |
| 003 | | | Gn49:01 | ונחמתא מן דאתגלי ליה | רזא | אתכסי מנה ומן דאתפתח ליה |
| 004 | ורזי | p const | Nu24:04 | חזי הוה משתטח על אפוי | ורזי | נבואת מתגלין לה והוה מתנבא |
| 005 | | | Nu24:16 | בעי הווה משתטח על אפוי | ורזי | נבואתיה מתגליין ליה {והוה} |
| 006 | רזיי' | p em/sf | Gn49:01M | לכון ניסייא גניזיי' | רזיי' | טמירת' |
| 007 | רזייא | | Gn49:01 | להון אתכנשו וחווי לכון | רזייא | סתימייא קיצייה גניזייא |

## רחוב *n.* open place [520]

|  |  |  |  |  |  |  |
|---|---|---|---|---|---|---|
| 001 | ברחובא | s em/sf | Gn19:02 | ואמרין ליה לא ארום | ברחובא | דקרתא נבית: |

## רחי *n.* millstone, mill [520]

|  |  |  |  |  |  |  |
|---|---|---|---|---|---|---|
| 001 | רחיא | p em/sf | Ex11:05 | די טחנה בתרא מן | רחיא | וכל בכורא «ד»בעירא: |
| 002 | ריחייה | | Dt24:06 | וכלין ולא תמשכנון | ריחייה | ארום כל דעבד כדן בחובי |
| 003 | | | Dt24:06M | רשיין למיסב משכונה | ריחייה | ורכבה {ג}<ב>רם לית אתון |
| 004 | | | Dt24:06M | לא תמשכנון | ריחייה | ורכבה ארום צרכי הוא |
| 005 | ברחיה | | Nu11:08 | עמה ולקטין וטחנין | ^ברחיה#2#^ | ועבדין יתיה חוררן והוה |

## רחיל *n.* sheep [520]

|  |  |  |  |  |  |  |
|---|---|---|---|---|---|---|
| 001 | רחילא | s em/sf | Lv22:28 | עמי בני ישראל תורתא או | רחילא | לא תכסון <....>: |
| 002 | רחלה | | Lv22:28M | או רחילא /ותורתה או | רחלה | או עיזה#2#/ ^יתה וית |
| 003 | רחלין | p abs | Gn32:15 | ותיישים עשרי«ם» | רחלין | תרתין מאוותן ודכרין |
| 004 | רחליך | p em/sf | Gn31:38 | עשרי«ן» שנין אנה עמך | רחליך | ועזיך לא אתכלו ואמריי |

## רחים *adj.* beloved [520 רחים n.]

|  |  |  |  |  |  |  |
|---|---|---|---|---|---|---|
| 001 | רחימא | s ab/cn | Gn29:31M | לאה /לא הות לאה | רחימא | באפי בעלה#2#/ ואמר |
| 002 | | | Gn29:33M | אף ית דין /לא הוינא | רחימא | באפי בעלי ויהב לי לחוד |
| 003 | | | Dt21:15 | לגבר תרתין נשין חדה | רחימא | וחדא סנייא וילדן לה בנין |
| 004 | רחימה | s em/sf | Dt33:12 | משה נבייא דייי ואמר | רחימה | דייי ישרי לרחצן עלוי |
| 005 | רחימתה | | Dt21:15 | סנייא וילדן לה בנין | רחימתה | ושניתה ויהווי ברא בכורא |
| 006 | דרחימתה | | Dt21:16 | רשיי למקדמה ית ברא | דרחימתה | קדם ברה דסניתה בכורא: |

## רחיק *adj.* distant [520]

|  |  |  |  |  |  |  |
|---|---|---|---|---|---|---|
| 001 | רחיק | s ab/cn | Gn21:16 | ויתבת לה מן כל קובליה | רחיק | כמרמי בקשתא ארום אמרת לא |
| 002 | | | Gn35:21 | ונטל ישראל ופרס משכוניה | רחיק | מן מגדלא לעדר: |
| 003 | | | Ex33:07 | ופרס יתיה לבר מן משרית' | רחיק | מן משריתא והוי קרי ליה |
| 004 | רחיקה | | Dt30:11 | לא כסייה היא מנכון ולא | רחיקה | היא: |
| 005 | | | Dt29:21 | ובר עממיה דייתי מן ארע | רחיקה | ויחמון ית מחוותה דארעא |
| 006 | | | Nu 9:13 | די יהווי דכי ובארח | ר«חי»קה | ל«א» «י»הווי |
| 007 | | | Nu 9:10 | נפש דבר נש או בארח | רחיקה | לכון או לדרכון ויעבד |
| 008 | ורחיק | | Dt32:01 | בגין דהוה קריב לשמיא | ורחיק | מן ארעא אמר לשמיא אציתו |
| 009 | | | Dt32:01 | בגין דהוה קרב לארעא | ורחיק | מן שמיא אמר לארעא אציתו |
| 010 | | | Dt12:31 | דמרחק קדם ייי די סני | ורחיק | עבדו לטעוותהון ארום לחוד |
| 011 | | | Dt16:22 | לכון קיימה די סני | ורחיק | קדם ייי אלהכון: |
| 012 | | | Ex34:06 | חננא ורחמנא אריך רוח | ורחיק | רגז וקריב רחמין ומסגי |
| 013 | | | Nu14:18 | ייי אריך רוח | ורחיק | רגז וקריב רחמין ומסגי |
| 014 | דרחיקין | p abs | Dt13:08 | לכון דקריבין לכון או | דרחיקין | {ל}<מנ>כון מן סייפי ארעא |
| 015 | דרחיקן | | Dt20:15 | כדן תעבד לכל קרייתה | דרחיקן | מנכון לחדה די לא מן קרי |

### רחם *vb.* to love [521]

|  |  | |  |  |  |  |
|---|---|---|---|---|---|---|
| 001 | רח' | peal | Dt 7:08M | רחמתה \די רחם /מה די | רח'#2#/ | ייי יתכון ומן די נטר |
| 002 | רחים | | Gn27:09 | לאבוך היך מה דהוא | רחים: | |
| 003 | | | Gn37:04 | וחמון אחוי ארום יתיה הוה | רחים | אבוהון מן כל אחוי וסנין |
| 004 | | | Gn27:14M | \דרחם אבו{ת}י /דהוה | רחים | אבוי#2#/: |
| 005 | | | Gn37:03 | וישראל הוה | רחים | ית יוסף מן כל בנוי ארום |
| 006 | | | Gn44:20 | הוא בלחודוי לאמיה ואבוי | רחים | יתיה: |
| 007 | רחימת | | Gn25:27M | ליה בפימיה ורבקה | רחימת | ית יעקב מן בגלל |
| 008 | רחם | | Dt 7:08 | ארום מן רחמתה די | רחם | ייי יתכון ומן די נטר ית |
| 009 | | | Dt 4:37 | וחלף ארום | רחם | ית אבהתכון ויתרעי בבניהון |
| 010 | | | Gn29:20 | מן רחמתא דהוה | רחם | יתה: |
| 011 | | | Dt23:06M | לברכך#2#/ ארום | רחמכון/רחם | יתכון#2#/ ייי |
| 012 | רחמין | | Dt13:04 | יתכון למדע הא אית | רחמין | ית אולפן אורייתה דייי |
| 013 | רחמית | | Ex21:05 | ואם מימר ימר עבדא | רחמית | ית רבני ית אתתי וית בני |
| 014 | | | Dt15:16M | /מן גב{ר}<ך> ארום | רחמית#2#/ | יתך וית אנשי בייתך |
| 015 | רחמכון | | Dt23:06 | ית קללה לברכה ארום | רחמכון | ייי אל«ה»כון: |
| 016 | רחמת | | Gn22:02 | כען ית ברך ית יחידך די | רחמת | ית יצחק ואזל לך לארע טור |
| 017 | | | Gn25:28 | צידיה הוה אכיל ורבקה | רחמת | ית יעקב: |
| 018 | ירחום | | Gn29:32M | צערי ארום כדון | ירחם/ירחום#2#/ | יתי בעלי: |
| 019 | ירחם | | Gn29:32 | ייי ית צערי ארום כדון | ירחם | יתי בעלי: |
| 020 | | | Dt15:16 | לחירותה מן לוותך ארום | ירחם | יתך וית אנשי בייתך ארום טב |
| 021 | דר' | | Dt13:07M | או {עובך} <חברך> | דר'#2#/ | או חברך רחמך דחביב עליך |
| 022 | דרחם | | Gn27:14 | אמיה תבשילין היך מה | דרחם | אבו{ת}י: |
| 023 | דרחמת | | Gn27:04 | ועבד לי תבשילין היך מה | דרחמת | ואייתי לי ואכול מן בגלל |
| 024 | ורחם | | Gn29:18 | | ורחם | יעקב ית רחל ואמר אפלח |
| 025 | | | Gn25:28 | | ורחם | יצחק ית עשו ארום מן |
| 026 | | | Gn29:30 | ועל אף לוות רחל | ורחם | אף ית רחל מלאה ופלח עמיה |
| 027 | | | Dt10:18 | דיתמיה ודארמלתה | ורחם | גיורה למתן ליה מזון |
| 028 | | | Gn34:03 | נפשה בדינה ברת יעקב | ורחם | ית רביתא ומליל עם לבה |
| 029 | | | Gn24:67 | ית רבקה והות לה לאתה | ורחם | יתה ואנחם יצחק מן בתר |
| 030 | וירחום | | Dt 7:13 | | וירחום | יתכון ויברך יתכון ויסגי |
| 031 | ותרחמון | | Dt 6:05 | | ותרחמ{י}<ו>ן | ית אולפן אורייתה דייי |
| 032 | | | Dt10:19 | | ותרחמון | ית גיורה ארום גיורין |
| 033 | | | Dt11:01 | | ותרחמון | ית אולפן אורייתה דייי |
| 034 | | | Lv19:34 | דמתגייר ביניכון | ותרחמון | יתיה כוותכון ארום גיורין |
| 035 | | | Lv19:18 | ית חוב{כ}<ר>כון | ותרחמון | לחברכון כוותכון כדן אמר |
| 036 | | | Lv19:18M | נטרין עם בני עמכון | ותרחמון | לרחמכון דכוותכון כדין |
| 037 | ולמרחום | | Dt10:12 | בכל ארחן דתקנן קדמוי | ולמרחום | ית אולפן אורייתא ולמפלח |
| 038 | למירחום | | Dt11:13M | יומא הדין | למירחם/למירחום#2#/ | ית אולפן אוריתה |
| 039 | למירחם | | Dt11:13 | מפקד יתכון יומא הדין | למירחם | ית אולפן אוריתה דייי |
| 040 | | | Dt30:06 | וית לבבי זרעיכון | למירחם | ית אולפן אוריתה דייי |
| 041 | למרחום | | Dt11:22M | יתכון למעבד יתה | למרחם/למרחום#2#/ | ית אולפן אורייתה |
| 042 | | | Dt19:09M | הדין/דין#2#/ | למרחם/למרחום#2#/ | ית אולפן אורייתה |
| 043 | | | Dt30:16 | מפקד יתכון יומא הדין | למרחום | ית אולפן אורייתה דייי |
| 044 | | | Dt30:20 | | למרחום | ית אולפן אוריתה דייי |
| 045 | | | Dt10:15M | ממרה דייי | למרחמ«ו»ה/למרחום#2#/ | יתהון ובחר |
| 046 | למרחם | | Dt11:22 | מפקד יתכון למעבד יתה | למרחם | ית אולפן אורייתה דייי |
| 047 | | | Dt19:09 | מפקד יתכון יומא הדין | למרחם | ית אולפן אורייתה דייי |
| 048 | | | Dt30:16M | הדין/דין#2#/ | למרחום/<למר>חם#2#/ | ית אולפן אורייתה |
| 049 | | | Dt30:20M | | למרחום/<למר>חם#2#/ | ית אולפן אוריתה |
| 050 | רחם | pael | Nu24:07 | סגין יתקף מן שאול | {רחם} | <דחס> על אגג מלכיהון |
| 051 | וארחם | | Ex33:19 | על מן דחמי למחוס | וארחם | על מן דחמי למרחמה: |
| 052 | וירחם | | Dt30:03 | אלהכון ית תותבתכון | וירחם | יתכון ויחזור ויכנש יתכון |
| 053 | | | Dt13:18 | ויתן לכון רחמין | וירחם | עליכון ויסגי יתכון היך מה |
| 054 | למרחמה | | Ex33:19 | וארחם על מן דחמי | למרחמה: | |
| 055 | למרחמוה | | Dt10:15 | אתרעי ממרה דייי | למרחמ«ו»ה | יתהון ובחר בבניהון |
| 056 | ותתרחמון | etpaal | Dt11:01M | | ותרחמון/ותתרחמון#2#/ | ית אולפן אורייתה |
| 057 | למתרחמה | | Ex33:19M | דחמי למרחמה/לה | למתרחמה#2#/: | |

### רחם *n.* friend [521]

|  |  | |  |  |  |  |
|---|---|---|---|---|---|---|
| 001 | רחמה | s em/sf | Gn38:20 | ית גדייה בר עזייא ביד | רחמה | עדולמייה למיסב ית ערבוניה |
| 002 | רחמי | | Gn18:17 | מכס{ם}<ה> אנה מאברהם | רחמי | ית מה די עבד אנה הואיל |
| 003 | רחמיה | | Gn38:12 | גזזי ענה הוא וחירה | רחמיה | עדולמיי לתמנתה: |
| 004 | רחמך | | Dt13:07 | את{ה}<ת> חובך או חברך | רחמך | דחביב עליך כנפשך בטומרה |
| 005 | לרחמכון | | Lv19:18M | בני עמכון ותרחמון | לרחמכון | דכוותכון כדין אמר ייי |
| 006 | רחמוי | p em/sf | Gn26:26 | מן גרר וסיעא מן | רחמוי | ופיכל רב חיילותיה: |
| 007 | לרחמוי | | Dt 7:09M | קיים וחסד | לרחמוי | ולנטרי פיקודוי |
| 008 | | | Ex20:06 | וטיבו לאלפין דדרין | לרחמוי | צדיקיא ולנטורי פיקודיא: |
| 009 | | | Dt 5:10M | ד{ר}<ד>רין | לרחמיי/לרחמוי#2#/ | צדיקיה ולנטרי |
| 010 | | | Dt 7:09 | נטר קיימה וחסדה | לרחמוי | צדיקייה ולנטרי מצוותה |
| 011 | לרחמיי | | Dt 5:10 | לאלפין ד{ר}<ד>רין | לרחמיי | צדיקיה ולנטרי מצוותה |

### רחמה *n.* love [521]

|  |  | |  |  |  |  |
|---|---|---|---|---|---|---|
| 001 | רחמתא | s em/sf | Gn29:20 | כיומין קליל«י»ן מן | רחמתא | דהוה רחם יתה: |
| 002 | רחמתה | | Dt 7:08 | ארום מן | רחמתה | די רחם ייי יתכון ומן די |

### רחמין *n.* mercy [521]

|  |  | |  |  |  |  |
|---|---|---|---|---|---|---|
| 001 | רחמין | p abs | Dt 9:18M | /מן קודם ייי ובעית | רחמין#2#/ | ארבעין יומין וארבעין |
| 002 | | | Dt33:09 | דעגלה ועל בנוי לא קנה | רחמין | בעובדה דזמרי ארום נטרו |
| 003 | | | Ex10:29M | לא מן סוף דהוה לך | רחמין | הוינא מצלי עליך ומחתא |
| 004 | | | Dt 9:14 | מן למבעי עליהון | רחמין | ואישיצי יתהון ואמחוק ית |
| 005 | | | Dt13:18 | תקוף רוגזיה ויתן לכון | רחמין | וירחם עליכון ויסגי יתכון |
| 006 | | | Ex34:06 | רוח ורחיק רגז וקריב | רחמין | ומסגי למעבד חסד וקשוט: |
| 007 | | | Nu14:18 | רוח ורחיק רגז וקריב | רחמין | ומסגי למעבד חסד שרי ושביק |
| 008 | | | Gn30:02M | אנה ואת ונזיל ונבעי | רחמין#2#/ | ייי די «מנע» מניך |
| 009 | | | Dt 9:20 | יתיה וצליית ובעית | רחמין | לחוד על עסק אהרן בשעתה |
| 010 | | | Gn49:24 | ידוי ואדרעוי למבעיה | רחמין | מן תקיפא דאבוי יעקב |
| 011 | | | Gn18:22 | עד כען הוה קאם בעי | רחמין | מן קדם ייי: |
| 012 | | | Gn19:18 | קליל זעיר עד זמן דנבעי | רחמין | מן קדם ייי: |
| 013 | | | Gn25:22 | דשם רבה למתבע | רחמין | מן קדם ייי: |
| 014 | | | Gn25:22M | לי בנין ואזלת למתבוע | רחמין | מן קדם ייי בבית מדרשא של |
| 015 | | | Ex32:11M | ייי /ושרי משה למתבוע | רחמין | מן קדם ייי#2#/ אלהיה |
| 016 | | | Ex32:30 | רברבין וכדון אסוק אבעי | רחמין | מן קדם ייי: |
| 017 | | | Lv27:29M | ונכסת קודשין ובמבעי | רחמין | מן קדם ייי מטול דדין |
| 018 | | | Dt 3:23 | וצליתי ובעיתי | רחמין | מן קדם ייי בשעתה ההיא |
| 019 | | | Dt 9:18 | ואשתטחית בצלו ובעית | רחמין | מן קדם <ייי> כקדמיתה |
| 020 | | | Dt 9:25 | ואשטתחית בצלו ובעית | רחמין | מן קדם ייי ארבעין יומייא |
| 021 | | | Nu17:13 | וקם ליה ביני מיתיה בעי | רחמין | על חייא ואתכליית מגפתה: |
| 022 | | | Ex32:10 | וכען מנע גרמך מן למבעי | רחמין | עליהון קדמי ויתקוף רוגזי |
| 023 | | | Gn43:14 | שמיא {ו}<י>שוי לכון | רחמין | קדם שליטיא וישלח לכון ית |
| 024 | | | Dt 9:26M | וצליית ובעית | \רחמין#2#/ | קדם ייי ואמרית בבעו |
| 025 | ברחמ' | | Gn 4:08M | "אנא ...": אפעלגב די | ברחמ' | אתברי עלמא כפרי עובדין |
| 026 | ברחמי' | | Gn 4:08 | להבל מסתכל אנה דלא | ברחמי' | איתברי עלמא ולא על פירי |
| 027 | ברחמין | | Gn 4:08 | לקין מסתכל אנא די | ברחמין | איתברי עלמא ועל פירי |
| 028 | | | Ex 6:05 | משעבדין בהון ואדכרית | ברחמין | ית קיימי: |
| 029 | | | Dt 9:26 | קדם ייי ואמרית בבעו | ברחמין | מן קדמייך ייי אלהים לא |
| 030 | | | Gn15:08 | ואמר {{ליה}} בבעו | ברחמין | מן קדמיך במה כען |

|  |  |  |  |  |  |  |
|---|---|---|---|---|---|---|
| 031 | | | Gn22:14M | בבעו | ברחמין | מן קדמיך ייי אלקים כד |
| 032 | | | Gn22:14 | ממריה דייי ואמר בבעו | ברחמין | מן קדמיך ייי כולא גלי |
| 033 | | | Gn24:42 | דין לעינא ואמרית בבעו | ברחמין | מן קדמיך ייי אלהא דריבוני |
| 034 | | | Gn38:25 | ואמרת בבע«ו» | ברחמין | מן קדמיך ייי את הוא דעני |
| 035 | | | Ex 4:10 | ואמר משה קדם ייי בבעו | ברחמין | מן קדמיך ייי לא גבר מרי |
| 036 | | | Ex 4:13 | ואמר בבעו | ברחמין | מן קדמיך ייי שלח כען ביד |
| 037 | | | Ex 5:22 | קדם ייי ואמר בבעו | ברחמין | מן קדמי«ך» ייי למה כען |
| 038 | | | Nu12:13 | קדם ייי ואמ׳ בבעו | ברחמין | מן קדמיך ייי אלהה חננה |
| 039 | | | Dt 3:24 | ייי בבעו | ברחמין | מן קדמיך ייי את שרית |
| 040 | | | Gn 3:18 | ברא עני אדם ואמר בבעו | ברחמין | מן קדמך ייי לא נתחשב |
| 041 | | | Gn15:02 | ואמר אברם בבעו | ברחמין | מן קדמך ייי סגין יהבת לי |
| 042 | | | Gn20:04 | קרב לוותה ואמר בבעו | ברחמין | מן קדמך ייי לחוד עמם זכיי |
| 043 | | | Ex32:31M | \חטון עמא האליין | /ברחמין | מן קודמיך ייי אתחייבו |
| 044 | דרחמין | | Nu20:16 | צלותן ושלח <מלאכה> | דרחמין | וש«י»ז{{ו}}ב יתן מן |
| 045 | | | Ex32:34M | וביומא דאדכר /מלאך | דרחמין | ילך ידבר קודמך וביום |
| 046 | | | Gn 1:02 | על אפי תהומא ורוח | דרחמין | מן קדם ייי הוה מנשבא |
| 047 | | | Gn 8:01 | בתיבותא ועבר ייי רוח | דרחמין | על ארעא ושדכו מיא: |
| 048 | | | Ex23:23M | ידבר מלאכי/מלאך | דרחמין#2#/ | קדמיכון ויעל יתכון |
| 049 | | | Gn24:07 | הדא הוא ישלח מלאכא | דרחמין | קדמך ותיסב אתה לברי מן |
| 050 | דרחמן | | Ex23:20 | הא אנה משלח מלאך | דרחמן | קדמיכון למנטרא יתכון |
| 051 | דברחמין | | Gn 4:08M | מסתכל אנה \דלא | ברחמי׳/דברחמין#2#/ | איתברי עלמא ולא על |
| 052 | רחמוי | p em/sf | Gn43:30M | \גלו מעוי /אתגללו | רחמוי#2#/ | על אחוי ובעא למבכי ועל |
| 053 | רחמיך | | Gn35:09M | כל עלמא ייי במכלת | רחמיך | טבייה איתגליית עלוי |
| 054 | ברח׳ | | Lv22:27M | יתיה וברחמוי/והווה | ברח׳#2#/ | טבייה וזמן בנוי למהוי |
| 055 | ברחמוי | | Ex 3:16M | יתכון /אתכרית יתכון | ברחמוי | טבי׳#2#/ וית מה די עבדו |
| 056 | | | Gn 8:01 | ואדכר ייי | ברחמוי | טביא ית נח וית בנוהי וית |
| 057 | | | Gn19:29 | קרוי משרה ואדכר ייי | ברחמוי | טביא ית אברהם ושלח ית |
| 058 | | | Gn30:22 | ומפרש ואמר ואדכר ייי | ברחמוי | טביא ית רחל ושמע ייי ית |
| 059 | | | Gn50:24 | וייי מדכרה ידכר יתכון | ברחמוי | טביא ויסק יתכו«ן» מן |
| 060 | | | Ex13:19 | מדכרא ידכר ייי יתכון | ברחמוי | טביה ותסקון ית גרמיי מן |
| 061 | | | Gn50:25 | מדכרה ידכר ייי יתכון | ברחמוי | טבייא ותסקון ית גרמוי מן |
| 062 | | | Ex 2:24 | ית קבלתהון ואדכר ייי | ברחמוי | טבייא ית קיימא די קיים עם |
| 063 | | | Gn 7:16 | ייי יתיה ואגן ייי | ברחמוי | טבייה עלוי: |
| 064 | | | Ex 4:31 | ושמעו ארום אדכר ייי | ברחמוי | טבייה ית בני ישראל וארום |
| 065 | | | Dt32:36 | ארום דאין הוא ייי | ברחמ{יו}<וי> | טבייה ית דיניהון דעמיה |
| 066 | | | Gn21:01 | וייי אדכר | ברחמוי | טיביא ית שרה היך מה דאמ׳ |
| 067 | ברחמיך | | Dt26:15 | אדיק כען | ברחמיך | טביה מן מדור איקר שכינתך |
| 068 | | | Nu10:36 | רוג{ד}<ז>ך ותוב עלינן | ברחמיך | טבייה ואשרי איקר שכינתך |
| 069 | | | Dt 9:27 | אדכר | ברחמיך | טבייה ^לעבדיך#2#^ לאברהם |
| 070 | ברחמך | | Gn35:09 | ו{אמך}<מספד> ואת | ברחמך | טביא אתגליתא עלוי וברכת |
| 071 | | | Ex32:13 | אדכר | ברחמך | טביה לאברהם ליצחק |
| 072 | דרחמי | | Gn28:13M | "ייי קיים עלוי": מלאך | דרחמי | מן קדם ייי קם מעתד |
| 073 | וברחמוי | | Dt32:43 | עמא ארעא לקייא | וברחמוי | טביה הוא מכפר על ארעא |
| 074 | | | Lv22:27 | מדבחה ופדה יתיה | וברחמוי | טבייה וזמן בנוי למהוי |

## רחמן *n./adj.* **merciful one** [522]

|  |  |  |  |  |  |  |
|---|---|---|---|---|---|---|
| 001 | ורחמן | s ab/cn | Ex22:22 | ית קל צלותה ארום חנן | ורחמן | אנה: |
| 002 | | | Ex22:26 | ית קל צלותיה ארום חנן | ורחמן | אנה: |
| 003 | | | Dt 4:31 | ארום אלה חנן | ורחמן | ייי אלהכון לא מרפי יתכון |
| 004 | רחמנה | s em/sf | Ex34:06M | ייי אלהה \חננא ורחמנא | /רחמנה | וחננה#2#/ אריך רוח ורחיק |
| 005 | ורחמנא | | Ex34:06 | ייי ייי אלהה חננא | ורחמנא | אריך רוח ורחיק רגז וקריב |
| 006 | ורחמנה | | Nu12:13 | ייי אלהה חננה | ורחמנה | אסי יתה: |

## רחף *vb.* **to hover** [522]

|  |  |  |  |  |  |  |
|---|---|---|---|---|---|---|
| 001 | מרחף | pael | Dt32:11 | דמעורר קנה על גוזלוי | מרחף | פרס כנפוי וסבל יתהון וטען |

## רחץ *vb.* **to trust, to rely** [522]

|  |  |  |  |  |  |  |
|---|---|---|---|---|---|---|
| 001 | רחיצין | peal | Dt28:52 | ותליל«י»ה דאתון | רחיצין | בהון בכל ארעכון ויעיקון |
| 002 | יתרחיץ | etpeel | Gn40:23M | ובריך יהוי גברא די | יתרחיץ | בשם ממרי׳ דייי וישווי |
| 003 | דאתרחצו | | Dt32:37 | אלהא דישראל תקיפה | דאתרחצו | ביה: |
| 004 | די תרחץ | | Gn40:23 | לייט יהוי בר נשא | די תרחץ | בבשרא די ישוי בשרא |
| 005 | ואתרחיץ | | Gn40:23 | יתיה מן בייתה דאבוי | ואתרחיץ | ברב מזוגיה בבשר עביר |
| 006 | | | Ex 8:05 | לפרעה הב לי סימן | ואתרחיץ | עלי עד אימתי אצלי עליך |

## רחצון *n.* **reliance** [!! cf. 518 רוחצן]

|  |  |  |  |  |  |  |
|---|---|---|---|---|---|---|
| 001 | רחצונא | s em/sf | Gn40:23M | וישוי בשרא | רחצונא | ובריך יהוי גברא די |
| 002 | רחצונך | | Gn 3:16M | והוא יהוי רשותה עליך | /רחצונך | והוא יהוי שליט עלך#2#/ |

See also: רוחצן *n.*

## רחק *vb.* **to be(come) distant** [522]

|  |  |  |  |  |  |  |
|---|---|---|---|---|---|---|
| 001 | רחוקו | peal | Lv13:45 | מצרעה יהיה צווח ואמר | רחוקו | מן מסאבה דלא תסתאבון: |
| 002 | רחקו | | Gn44:04M | נפקו ית קרתא לא | ארחקו/רחקו#2#/ | ויוסף אמר למן דהוה |
| 003 | רחקין | | Ex23:07 | מן מלין דשקרין תהוון | רחקין | וכל מן דמזכי בדינא לא |
| 004 | יירחוק | | Dt12:21 | ארום | יירחוק | מנכון אתרה די יתרעי ייי |
| 005 | ירחוק | | Dt14:24M | תניינה ארום | ירחק/ירחוק#2#/ | מנכון אתרה די יתרעי |
| 006 | ירחק | | Dt14:24 | מעשרה תניינה ארום | ירחק | מנכון אתרה די יתרעי ייי |
| 007 | מרחוק | | Ex 8:24M | /להוד#2#/ | רחקה/^מרחקה#2#^/מרחוק#2#/ | לא תרחקון |
| 008 | רחקה | pael | Ex 8:24 | ייי אלהכון במדברא לחוד | רחקה | לא תרחקון למיזל צלין אף |
| 009 | תרחק | | Lv26:11 | איקר שכינתי ביניכון ולא | תרחק | נפשי יתכון: |
| 010 | | | Lv26:15 | תעיקון ואן סדרי דיניי | תרחק | נפשכון דלא למעבד ית כל |
| 011 | תרחקון | | Dt23:08 | לא | תרחקון | אדומיי ארום אחיכון אנון |
| 012 | | | Dt 7:26 | תשקצון יתהון ומרחקה | תרחקון | יתהון ארום מרחקין אינון: |
| 013 | | | Dt23:08 | ארום אחיכון אנון לא | תרחקון | מצריי ארום דיורין הוויתון |
| 014 | מרחק | | Gn43:09 | לוותך ואקמית יתיה ניהוי | מרחק | מן שאלת בשלמך כל יומיא: |
| 015 | | | Gn44:18 | ואקמית יתיה קדמך נהוי | מרחק | מן שאלת שלמה דאבה כל |
| 016 | | | Gn44:32 | אייתת יתה לוותך ניהווי | מרחק | מן שאלת שלמה דאבה כל |
| 017 | ברח׳ | | Dt32:21M | אלה ואכעסו יתי | במרחקתהון/ברח׳#2#/ | ואנה אקני |
| 018 | ותרחק | | Lv26:30 | על פגרי מרחקתכון | ותרחק | נפשי יתכון: |
| 019 | ומרחק | | Nu19:07 | ויהוי כהנא מסאב | ומרחק | מן קדשיה עד רמשה: |
| 020 | ומרחקה | | Dt 7:26 | משקצה תשקצון יתהון | ומרחקה | תרחקון יתהון ארום מרחקין |
| 021 | ארחקו | afel | Gn44:04 | אנון נפקו ית קרתא לא | ארחקו | ויוסף אמר למן דהוה |
| 022 | תרחקון | | Ex 8:24 | במדברא לחוד רחקה לא | תרחקון | למיזל צלין אף עלי: |
| 023 | תתרחק | etpaal | Nu12:12M | בנחמותה לא כדון | תתרחק | דא |

## רחש *vb.* **to creep** [522]

|  |  |  |  |  |  |  |
|---|---|---|---|---|---|---|
| 001 | תרחש | peal | Gn 9:02 | כל עופא דשמיא בכל מה די | תרחש | על ארעא ובכל נוני דימא |
| 002 | דרחיש | | Gn 7:08 | היא דכיה ומן עופא וכל | דרחיש | על ארעא: |
| 003 | דרחש | | Dt 4:18 | דמו כל | דרחש | בארעא דמו כל נונייא די |
| 004 | | | Gn 1:26 | ובכל ארעא ובכל רחשא | דרחש | על ארעא: |
| 005 | | | Gn 1:30 | ולכל עופא דשמיא ולכל | דרחש | על ארעא דאית ביה נפש דחיא |
| 006 | | | Gn 7:14 | בעירה למינה וכל רחשא | דרחש | על ארעא למינהו וכל עופה |
| 007 | | | Gn 7:21 | ובכל חיתא ובכל רחשא | דרחש | על ארעא וכל בני אנשא: |
| 008 | | | Gn 7:21 | וסאף כל בשרא | דרחש | על ארעא בעופא ובבעירה ובכל |
| 009 | | | Gn 8:17 | ובבעירא ובכל רחשא | דרחש | על ארעא אפק עמך ויתלדון |
| 010 | | | Gn 8:19 | כל רחשא וכל עופה וכל | דרחש | על ארעא לזרעיתהון נפקו מן |

|  |  |  |  |  |  |  |
|---|---|---|---|---|---|---|
| 011 | | | Lv11:44 | ית נפשתיכון בכל שרצה | דרחש | על ארעא: |
| 012 | דרחשא | | Lv11:46 | ועופה וכל נפש חיתה | דרחשא | במיא ולכל שרצה דשרץ על |
| 013 | | | Gn 1:21 | וית כל נפש דחיא | דרחשא | די שרצו מיי׳ למינהון וית |
| 014 | | | Gn 1:28 | דשמיא ובכל חייתא | דרחשא | על ארעא: |
| 015 | תרחש | afel | Lv20:25 | ובעופה ובכל מה די | תרחש | ארעא די אפרשית לכון |

## רחש 2# vb. to mutilate, to crush [!!]

|  |  |  |  |  |  |  |
|---|---|---|---|---|---|---|
| 001 | דמרחש | pael | Lv21:20 | או דחזווי חשיך או | דמרחש | אשכתיה: |

## רחש n. reptile [521 רחיש]

|  |  |  |  |  |  |  |
|---|---|---|---|---|---|---|
| 001 | רחש | s ab/cn | Gn 9:03 | כל | רחש | דאית ביה נשמה דחיין לכון |
| 002 | ורחש | | Gn 1:24 | נפ׳ דחיא למינה בעיר | ורחש | וחייתא דארעא למינה והוה כן |
| 003 | רחשא | s em/sf | Gn 6:20 | ומן בעירא למינה ומן כל | רחשא | דארעא למינה תרין מן כול׳ |
| 004 | | | Gn 1:26 | ובבעירא ובכל ארעא ובכל | רחשא | דרחש על ארעא: |
| 005 | | | Gn 7:14 | וכל בעירה למינה וכל | רחשא | דרחש על ארעא למינהו וכל |
| 006 | | | Gn 7:21 | ובבעירה ובכל חיתא ובכל | רחשא | דרחש על ארעא וכל בני אנשא: |
| 007 | | | Gn 8:17 | בשרא בעופא ובבעירא ובכל | רחשא | דרחש על ארעא אפק עמך |
| 008 | | | Gn 8:19 | כל חייתה כל | רחשא | וכל עופה וכל דרחש על ארעא |
| 009 | | | Gn 6:07 | בני אנשא עד בעירא: עד | רחשא | ועד עוף שמיא ארום הוה תהו |
| 010 | ריחשא | | Gn 1:25 | וית בעירה למינה וית כל | ריחשא | דארעא למינהון וגלי קדם |
| 011 | | | Gn 7:23 | בני אנשא עד בעירה עד | ריחשא | עד עוף שמיא ואשתצון מן |
| 012 | רחשין | p abs | Dt18:11M | חוון ועקרבין וכל מיני | רחשין | |

## רטב vb. to be moist! [522]

|  |  |  |  |  |  |  |
|---|---|---|---|---|---|---|
| 001 | ירטב | afel | Nu17:20 | די אתרעי ביה חוטריה | ירטב | ואבטל מעילווי ית |

## רטיב adj. moist [522]

|  |  |  |  |  |  |  |
|---|---|---|---|---|---|---|
| 001 | רטיב | s ab/cn | Gn30:37 | ונסב לי׳ יעקב חטרא דלבן | רטיב | ודלוז ודלוב וקלף בהון |
| 002 | רטיבין | p abs | Nu 6:03 | לא ישתי וענבין | רטיבין | ויבשין לא יאכל: |
| 003 | רטיבן | | Nu 6:03M | וענבין \רטיבין ויבשין | /רטיבן | ויבישן#2#/ לא יאכל |

## רטש vb. to oppress(??) [522]

|  |  |  |  |  |  |  |
|---|---|---|---|---|---|---|
| 001 | ורטישין | peal | Dt32:36 | דצדיקיה ואנון שביקין | ורטישין | ולית להון דסעד וסמך: |

## ריבווד ⇐ ריו n.

## ריבוי n. anointing [522]

|  |  |  |  |  |  |  |
|---|---|---|---|---|---|---|
| 001 | רבוי | s ab/cn | Lv 1:01 | דקדושיה קדוש עלם ורבויה | רבוי | עלם בדינא הוא דלא ניעול |
| 002 | | | Lv 1:01M | עלם בדינא /דרבוייה | רבוי | עלם וקדושיה קדוש עלם |
| 003 | | | Lv 1:01 | קדוש שעה חדה ורבויה | רבוי | שעה חדה לא סלקית ליה |
| 004 | ריבוי | | Lv 1:01M | "דהוה ... לא": דריבוייה | ריבוי | שעה וקדושיה קדוש שעה לא |
| 005 | רבוייה | s em/sf | Lv 7:35M | דא \רבותא דאהרן | /רבוייה | דא׳#2#/ ורבותהו׳ |
| 006 | דרבוייה | | Lv 1:01M | רבוי עלם בדינא | /דרבוייה | רבוי עלם וקדושיה קדוש |
| 007 | דריבוייה | | Lv 1:01M | "דהוה ... חדה לא": | דריבוייה | ריבוי שעה וקדושיה קדוש |
| 008 | ורבויה | | Lv 1:01 | קדושי׳ קדוש שעה חדה | ורבויה | רבוי שעה חדה לא סלקית ליה |
| 009 | | | Lv 1:01 | זמנא דקדושיה קדוש עלם | ורבויה | רבוי עלם בדינא הוא דלא |
| 010 | ורבוייה | | Lv 7:35M | /רבוייה דא׳#2#/ | ורבותהו׳/ורבוייה | דב׳#2#/ דבנוי מן |

## רידווה n. a type of chariot [523]

|  |  |  |  |  |  |  |
|---|---|---|---|---|---|---|
| 001 | רידוותיה | p em/sf | Ex14:25 | ופרק ית גלגלי | רידוותיה | והוו מדברין יתהון גרירן |
| 002 | ריתוותהון | | Ex14:25M | ... דמולוותה": | ריתוותהון | דהן מדברן גרירי׳ |
| 003 | לרידוותא | | Ex14:25M | לגלגלי חזרן גלגלי | לרידוותא | למיהון נגדן למולוותא׳ |

## ריו n. appearance [523]

|  |  |  |  |  |  |  |
|---|---|---|---|---|---|---|
| 001 | ברווה | s em/sf | Gn39:06 | אכל והוה יוסף יאי | ברווה | ושפיר בחזיו: |
| 002 | ברווהון | | Gn41:18 | בריין בבשרהון ויאיין | ברווהון | והוויין רעיין באגמא: |
| 003 | בריבוותה | | Gn29:17 | ורחל הוות יאיה | בריבוו{ד}<ת>ה | ושפיר«א» בחזוה: |
| 004 | בריוה | | Nu12:01 | אתתה דמשה יאיה | בריוה | ושפירה בחיזוה ושנייה |
| 005 | בריוייה | p em/sf | Nu12:01M | דמשה יאיה | בריוה/<בריו>ייה#2#/ | ושפירה בחיזוה |

## ריח vb. to smell [523]

|  |  |  |  |  |  |  |
|---|---|---|---|---|---|---|
| 001 | מריחין | afel | Dt 4:28 | שמעין ולא אכלין ולא | מריחין: | |
| 002 | ואריח | | Gn27:27 | וקרב לוותיה ונשק יתה | ואריח | ית ריח לבושוי וברך יתיה |

## ריח n. smell [523]

|  |  |  |  |  |  |  |
|---|---|---|---|---|---|---|
| 001 | ריח | s ab/cn | Lv 6:08 | ויסדר על ^גבי#2#^ מדבח׳ | ריח | דרעוה אדכרתה לשמה דייי: |
| 002 | | | Nu15:07M | תלתות הינה תקרבון | לריח/ריח#2#/ | דרעוה קדם ייי: |
| 003 | | | Nu28:13 | תקרבון עם אמרא חתתה עלה | ריח | דרעוה קרבן קדם ייי מתקבל: |
| 004 | | | Nu29:08M | עלה קדם ייי | לריח/ריח#2#/ | דרעוה תור בר תורין חד |
| 005 | | | Gn27:27 | ונשק יתה ואריח ית | ריח | לבושוי וברך יתיה ואמר חמון |
| 006 | | | Lv26:31M | ולא אקבל ברעווה | בריח/ריח#2#/ | קרבניכון: |
| 007 | בריח | | Lv26:31 | ולא אקבל ברעווה | בריח | קרבניכון: |
| 008 | בלריח | | Nu15:14 | ויקרב קרבן מתקבל | בלריח | דרעוה קדם ייי היך מה די |
| 009 | כריח | | Gn27:27 | ואמר חמון ריחה דברי | כריח | קטרת בסמניה טביה דעתיד |
| 010 | לריח | | Ex29:18 | עלה הוא לשמה דייי | לריח | דרעוא קרבן קדם ייי הוא: |
| 011 | | | Ex29:25 | על גבי מדבחה על עלתה | לריח | דרעוא קדם ייי קרבן הוא קדם |
| 012 | | | Lv 1:09 | מדבחא עלה קרבן דמתקבל | לריח | דרעוא קדם ייי: |
| 013 | | | Lv 1:13 | עלה הוא קרבן מתק«ב»ל | לריח | דרעוא קדם ייי: |
| 014 | | | Ex29:41 | וכנסכה תקרבון יתיה | לריח | דרעוה קרבן קדם ייי יתקבל: |
| 015 | | | Lv 1:17 | עלה הוא קרבן מתקבל | לריח | דרעוה קדם ייי: |
| 016 | | | Lv 2:02 | מדבחה קרבן מתקבל | לריח | דרעוה קדם ייי: |
| 017 | | | Lv 2:12 | מדבחה לא יתקבלון | לריח | דרעוה: |
| 018 | | | Lv 3:05 | די על אשתה קרבן מתקבל | לריח | דרעוה קדם ייי: |
| 019 | | | Lv 3:16 | על גבי מדבחה לחם קרבן | לריח | דרעוה כל תרבה לשמה דייי: |
| 020 | | | Lv 4:31 | כהנא על גבי מדבחה | לריח | דרעוה לשמ׳ דייי ויכפר עלוי |
| 021 | | | Lv 6:14 | מנחה דקצוין תקריב | לריח | דרעוה קדם ייי: |
| 022 | | | Lv 6:14M | מנחת רסוקין תקרבון | לריח | דרעוה לשמה דייי |
| 023 | | | Lv 8:21 | על גבי מדבחה עלה הוא | לריח | דרעוה קרבן הוא היך מה פקד |
| 024 | | | Lv 8:28M | /אשלמוון הני{ף}<ן> | לריח | דרעוה קרבן הוא קדם ייי |
| 025 | | | Lv17:06 | משכן זמנא ויסדר תרבה | לריח | דרעוה לשמה דייי: |
| 026 | | | Lv23:13 | פילה במשח קרבן מתקבל | לריח | דרעוה לשמה דייי ונסוכוי |
| 027 | | | Lv23:18 | ונסכהון קרבן דמתקבל | לריח | דרעוה קדם ייי: |
| 028 | | | Nu15:03 | בזמני מועדיכון למקרבה | לריח | דרעוה קדם ייי מן תוריה או |
| 029 | | | Nu15:07 | תלתות הינה תקרבון | לריח | דרעוה קדם ייי: |
| 030 | | | Nu15:10 | פלגות הינה קרבן מתקבל | לריח | דרעוה קדם ייי: |
| 031 | | | Nu15:13 | אלין למקרבה קרבן מתקבל | לריח | דרעוה קדם ייי: |
| 032 | | | Nu18:17 | תסדר קרבן מתקבל | לריח | דרעוה לשמה דייי: |
| 033 | | | Nu28:02 | והיא מתקבל מנכון קדמי | לריח | דרעוה עמי בני ישראל הוון |
| 034 | | | Nu28:08 | תקרבון יתיה קרבן מתקבל | לריח | דרעוה קדם ייי: |
| 035 | | | Nu28:08M | לריח דרעוה קדם ייי | /לריח | דרעוה קרבן מתקבל לשמה |
| 036 | | | Nu28:24M | לחם קרבן מתקבל | ברעוה/לריח | דרעווה#2#/ קדם ייי סמיך |

037 Nu28:27 ותקרבון עלה לריח דרעוה קדם ייי תורין בני
038 Nu29:02 ותקרבון עלה לריח דרעוה קדם ייי תור בר תורין
039 Nu29:06 ונסוכיהון כסדר דיניהון לריח דרעוה קדם ייי מתקבל:
040 Nu29:06M ייי מתקבל /קרבן מתקבל לריח דרעוה לשמה דייי#2/:
041 Nu29:08 ותקרבון עלה קדם ייי לריח דרעוה תור בר תורין חד דכר
042 Nu29:13 ותקרבון עלה קרבן מתקבל לריח דרעוה קדם ייי תורין בני
043 Nu29:36 ותקרבון עלה קרבן מתקבל לריח דרעוה קדם ייי תור חד דכר
044 Nu28:06 דאתקרבת על טורא דסיני לריח דרעוה קרבן קדם ייי מתקבל:
045 Nu15:24 תור בר תורין חד לעלה לריח {ניחו} דרעוה לשמה דייי
046 Lv 2:09 מדבחה קרבן מתקבל ברעוה לריח קדם ייי:
047 רחן s em/sf Ex 5:21M /יתכון די אסרי' ית רחן קדם פרעה וקדם עבדוי
048 ריחה Gn27:27 וברך יתיה ואמר חמון ריחה דברי כריח קטרת בסמניה טביה
049 כריחה Gn27:27M "כריח קטורת ...": כריחה דגינתא די נציבא בחקלא

## ריחוק n. uncleanness [523]

001 רחוק s ab/cn Lv13:45M קריין לה ולא עני יתהון רחוק מן מסאבה דלא תסתאבון מסאב
002 Lv12:02 ותסתאב שבעה יומין כיומי רחוק נדתה תסתאב:
003 ריחוק Lv19:23 תלת שנין יהוי לכון ריחוק לא יתאכל:
004 Lv15:26M דהיא דייבה כמדמו' ריחוק נד#2/ יהוי לה וכל מן
005 Lv15:24M יזדמן גבר עמה ותהווי ריחוק נדתה עלוי יסתאב שובעה
006 Lv15:25 דוב סאבתה כיומי ריחוק נדתה תהוי מסאבה היא:
007 Lv15:26 עלוי מסאב יהווי כסואבת ריחוק נדתה:
008 ברחוק Lv15:20 וכל די תדמוך עלוי ברחוק נדתה יסתאב וכל מן די תתב
009 בריחוק Lv15:19 שבעה יומין תיהוי בריחוק נדתה וכל די יקרוב בה
010 Lv15:33M דובה ודדייב /ודייבה בריחוק נדתה ודאיבה#2/ ית דובה
011 Lv18:19M ולוות אתתה בריחוק נדתה לא תקרוב למבזיה
012 כרחוק Lv12:05 ארבעה עש' יומין כרחוק נדתה ושתין ושתה יומין תתב
013 לריחוק Nu11:20 מנחיריכון ויהוי לכון לריחוק חלף די סרבתון על פם גזרת
014 Dt28:25 מן קדמיהון ותהוון לריחוק לכל מלכוותה דארעא:

## ריחן n. aromatic spice [523]

001 ריחנין p abs Gn50:01M תמן שפכן חמד נ' ריחנין תמן קיימין גיברין מן
002 וריחנין Gn50:01 שפיכין תמן חמדנין וריחנין טבין מוקדן תמן בוסמנין

## רימה n. worm [523]

001 רימה s ab/cn Ex16:24M בגויה /אסרי(') ואוף רימה לא שלט ביה#2/:
002 ורמה Ex16:24 דפקד משה ולא אסרח ורמה לא הוות בגויה:

## רימן n. wild ox [523]

001 רימנה s em/sf Dt33:17 ולא למשתעבדה בקרני רימנה כדין לית אפשר לבנוי
002 ורימאנין p abs Dt14:05 ודייצין ותורי בר ורימאנין:

## ריק vb. to pour out [523]

001 אריק afel Lv 8:15 ורבי ית מדבחה וית אדמה אריק על יסודוי דמדבחה וקדש יתיה
002 Lv 9:09 קרנתה דמדבחה וית כל דמה אריק על יסודוי דמדבחה:
003 יריק Lv14:26 ומן משחה יריק כהנא על כף ידיה דכהנה
004 Nu 5:15 מכלתה קמח דשערין לא יריק <משחה ולא יתן> עלוי לבונה
005 תריק Ex20:25M מותא לכולא אסתמר דלא תריק סייפך עלי ולא תפיס יתיה
006 ואריק Lv 8:12 מן משחה דרבותה על ריש
007 Gn28:10 היא אבנא דאקים קיימא ואריק משח על ראשה וניסא תליתאה
008 Gn28:18 ראשה ושוי יתה קיימא ואריק משח על ראשה:

009 Gn35:14 דאבן ונסך עלה נסוכין ואריק עלה משח:
010 ויריק Lv14:15 כהנא מן לוגה דמשחא וי«י»ריק על כף ידיה דכהנ'
011 Lv14:26M רבותה יסב כהנא רבה ויריק על ידא דידיה דשמאלה
012 Lv 2:01 דייי סלת יהוי קרבניה ויריק עליה משח ויתן עליה לבונה:
013 ותר' Lv 2:06M יתה {דסל}<רסו>קין ותר'
014 ותריק Ex29:07 ותיסב ית משחא דרבותה ותריק על ראשיה ותרבי יתיה:
015 ותריק Lv 2:06 מקצי' תקצי יתה קצוין ותריק עלה משח מנחתה היא:
016 יתארק ettafal Lv21:10 וכהנא דמתרבי מן אחוי די יתארק על ראשה מן משחה דרבותה
See also: דון vb.

## ריקן adj. empty [523]

001 ריקם s ab/cn Ex23:15 ולא תתחמון קדמיי ריקם:
002 ריקן Dt15:13 מן לוותך לא תשלח יתיה ריקן:
003 Dt32:47 ארום לא פתגם ריקן הוא מנכון ארום הוא חייכון
004 Gn37:24 לגובא וגובא הווה ריק«ן» לית ביה מיין:
005 Gn31:42 הו{ת}<ה> לי ארום כדון ריקן שלחת יתי ית צערי וית לוותי
006 ריקנה Nu11:06 וכדון נפשן ריקנה לית לן כל מן דעם ארום
007 וריקנא Gn 1:02 מן בר נש ומן בעיר וריקנא מן כל פלחן צמחין ומן
008 ריקונין p abs Ex23:15M למתחמיי' קדם אלהיכון ריקונין מן כל מצוה
009 ריקנין Ex 3:21 תיזלון <לא תיזלון> ריקנין:
010 Ex34:20 תפרקון ולא יתחמן קדמיי ריקנין מן כל מצוה:
011 Dt16:16 למתחמיא קדם ייי אלהכון ריקנין מן כל מצוה:

## [ריר] n. saliva [Heb.] [!!]

001 ריר s ab/cn Lv15:03 ודא תיהווי סאובתה בדוביה ריר בשריה מן ^ריר#2^ דוביה או
002 Lv15:03 בדוביה ריר בשריה מן ^ריר#2^ דוביה או אתחת' בשרה מן

## ריש ⇐ n. ראש

## רישעה n. evil [!! cf. 530 רשע n.]

001 לרישעתיהן p em/sf Dt 9:27M האיליין ולא לחוביהון/לרישעתיהן#2/ ולא לסורחניהון

## ריתווה ⇐ n. רידווה

## רכב vb. to mount [524]

001 רכ' peal Nu22:30M הלא אנא היא אתנ[א] די רכ'
002 רכבת Nu22:30 היא הלא אנה אתנתך די רכבת עליי מן טליותך עד יומא
003 רכיב Nu22:22 בארחה למסטן לה והוא רכיב על אתנתיה ותרין עולימוי
004 ירכו' Lv15:09 וכל מרכוב די ירכו' עלוי דיבה יסתאב:
005 ורכבי Gn24:61M ורכבין על /וטלייתא ורכבי על#2/ גמלי«א» והלכין
006 ורכבין Gn24:61 וקמת רבקה ורביתה ורכבין על גמלי«א» והלכין בתר
007 למרכב Gn41:44 למיסר זונה וית רגלה למרכב סוסא בכל ארעא דמצרים:
008 ארכב afel Dt32:13 ארכב יתהון על במסיה דארעא
009 ארכבו Gn49:22 וית כל חכימיהון כד ארכבו יתך בארתכא תיניינתא דפרעה
010 וארכב Ex 4:20 ית אתתיה וית בנוי וארכב יתהון על חמרא וחזר לארעא
011 Gn41:43 וארכב יתיה בארתכא תניינתא דידיה

## רכב n. rider [524]

001 רכבה s em/sf Gn49:17 בעקבי ומן אימתה מסתחר רכבה ומתהפך לאחורי הוא שמשון
002 רכבי' Gn49:17M יתי' ומן אמתי' מתהפך רכבי' ונפל לאחורי'
003 ורכבין p abs Dt20:01M ותתחמון סוסוון ורוכביהון/ורכבין#2/ עם סגין מנכון לא

|  |  |  |  |  |  |  |
|---|---|---|---|---|---|---|
| 004 | ורוכביהון | p em/sf | Ex15:01 | מתפרע מיניה סוסון | ורוכביהון | על די אתגאון ורדפו בתר |
| 005 | | | Ex15:21 | על מנטליא סוסוון | ורוכביהון | על דאתגאו ורדפו בתר עמא |
| 006 | | | Dt20:01 | ותחמון סוסוון | ורוכביהון | עם סגין מנכון לא תדחלון |

## upper millstone *n.* רכב #2 [524]

|  |  |  |  |  |  |  |
|---|---|---|---|---|---|---|
| 001 | ורכבה | s em/sf | Dt24:06M | לא תמשכנון ריחייה | ורכבה | ארום צרכי הוא נפשא הוא |
| 002 | | | Dt24:06M | למיסב משכונה ריחייה | ורכבה | {ג}<ב>רם לית אתון רשאין |

## soft *adj.* רכיך [524]

|  |  |  |  |  |  |  |
|---|---|---|---|---|---|---|
| 001 | רכיך | s ab/cn | Gn18:07 | אברהם ונסב בר תורין | רכיך | וטב ויהב לרביה ואוחי למעבד |
| 002 | | | Lv22:27M | לבקורתה ונסב בר תורין | רכיך | וטב ויהב יתה לרבייה ואוחי |
| 003 | ורכיך | | Gn49:22M | דרב בחכמתא וזעירא/ורכיך#2# | | בשנייא והוון בנתהון |
| 004 | | | Gn41:43 | דרב בחכמתא וזעיר בשפר | ורכיך | בשנייה ומני יתה רב ושליט |
| 005 | רכיכן | s em/sf | Gn29:17M | "זקיפן ...": | רכיכן | על דהוות בכייא ומצלייה |
| 006 | רכיכי | p const | Dt32:14M | שמיני/רכיכי#2# | | תורין ורכיכי |
| 007 | ורכיכי | | Dt32:14 | שמיני תורין | ורכיכי | ען עם טוב דפטימין ודכרין |

## to bend down *vb.* רכן [525]

|  |  |  |  |  |  |  |
|---|---|---|---|---|---|---|
| 001 | ארכיני | afel | Gn24:14 | רביתה די א«י»מר לה | ארכיני | כען קולתיך ואשתי ותימר |
| 002 | ארכן | | Ex10:12 | ואמר ייי למשה | ארכן | ידך על ארעא דמצרים בגובא |
| 003 | | | Ex10:21 | ואמר ייי | ארכן | ידך לשמיא ויהוי חשוכא על |
| 004 | | | Ex 8:01 | ייי למשה אמר לאהרן | ארכן | ית ידך בחוטרך על נהריא ועל |
| 005 | | | Ex 9:22 | ואמר ייי למשה | ארכן | ית <ידך> לשמיא ויהוי ברדא |
| 006 | | | Ex14:26 | ואמר ייי למשה | ארכן | ית ידך על ימא ויחזרון מיא |
| 007 | ארכנת | | Ex15:12 | מנה לעלמא דאתי מן יד | ארכנת | ימינך ייי על ארעא בשבועה |
| 008 | | | Ex15:12M | יתהון ובמימ׳ מן קודמך | ארכנת | ית ידך בשבועה ואשתבע |
| 009 | וארכן | | Ex 8:02 | | וארכן | אהרן ית ידיה על מימיהון |
| 010 | | | Ex 8:13 | ועבדו כן | וארכן | אהרן ית ידא בחוטרא ומחה |
| 011 | | | Ex 9:23 | | וארכן | משה ית חוטריה לשמיא וייי |
| 012 | | | Ex10:13 | | וארכן | משה ית חוטריה על ארעא |
| 013 | | | Ex10:22 | | וארכן | משה ית ידא לשמיא והוה |
| 014 | | | Ex14:21 | | וארכן | משה ית ידיה על ימא ודבר |
| 015 | | | Ex14:27 | | וארכן | משה ית ידיה על ימא |
| 016 | | | Ex 7:19 | אמור לאהרן סב חוטרך | וארכן | ידיך על מימהון דמצריי על |
| 017 | | | Ex14:16 | ואת ארעם ית חוטרך | וארכן | ית ידך על ימא ובזע יתיה |
| 018 | | | Gn49:15 | ארום שמינין פרי«ה» | וארכן | כתפה לאולפן אורייתא והוון |
| 019 | אתרכן | etpeel | Gn50:01M | אתרכן /ובכין אתר{פף}<כין>#2#/ | | יוסף ^בכין#2#^ על |
| 020 | | | Gn50:01M | לזמרא הא בכין | אתרכין | |
| 021 | אתרכן | | Gn50:01 | ולוייא בכינוריהון בכדן | אתרכן | יוסף ^בכין#2#^ על |
| 022 | ואיתרכינו | | Nu20:06M | זימנה ואשתטחו/ויישת#2#^/ואיתרכינו בצלו#2#/ | | על |
| 023 | | | Nu16:22M | ואישתטחו/ואיתרכינו#2#/ | | על אפיהון ואמרין |
| 024 | | | Gn50:18M | אחוי ונפלו/ואיתר{ק}<כ>ינו#2#/ | | קדמוי ואמרו הא |
| 025 | ואתרכינו | | Lv 9:24M | על /וש{כ}<ב>חו ואתרכינו בצלו על#2#/ | | אפיהון: |
| 026 | | | Nu17:10M | כקליל זעיר ואש{טת}<תס>חו/ואתרכינו בצלו#2#/ | | על |
| 027 | ואתרכן | | Gn17:17M | ואשתטחו/ואתרכן#2#/ | | אברהם על אפוי |
| 028 | | | Gn17:03M | \ואשתטח אברם על /ואתרכן אברם בצלו על#2#/ | | אפוי |
| 029 | | | Nu14:05M | ואשתטחו/ואתרכן#2#/ | | משה ואהרן על |
| 030 | | | Nu16:04M | ושמע משה ואשתטח/ואתרכן בצלו#2#/ | | על אפוי: |
| 031 | | | Gn33:04 | לקדמותה וגפף יתיה | ואתרכן | על צווריה ונשק יתה ובכו: |
| 032 | | | Gn45:14 | | ואתרכן | על צוורי דבנימן אחוי |
| 033 | | | Gn46:29 | אבוי לגשנה וחמה יתיה | ואתרכן | על צואריה ובכה על צואריה |
| 034 | ואתרכנת | | Gn24:64 | עיינה וחמת ית יצחק | ואתרכנת | מעלוי גמלא: |
| 035 | ומתרכין | | Dt32:25 | לחוד בתולין ינקין | ומתרכין | עם גברין סבין: |

## high *adj.* רם [525]

|  |  |  |  |  |  |  |
|---|---|---|---|---|---|---|
| 001 | רם | s ab/cn | Gn39:14 | למשמשא עמי וצוחית בקל | רם: | |
| 002 | | | Ex15:01M | \דכל מן דמתגאי /דהוא | רם | על רמיא ומתגאה על גוותניה |
| 003 | | | Ex15:21M | קדם ייי "כי" הוא | רם | על רמיא |
| 004 | רמה | | Nu15:30M | ובגיוריה קדם ייי /ביד | רמה | מן יציבייה ומן גייורייה |
| 005 | רמא | s em/sf | Gn50:01 | איתון נבני לאבונן ארזא | רמא | לרישיה מטי עד צית שמיא |
| 006 | רמין | p abs | Nu32:38 | בעל מעון מקפן שורין | רמין | וית שבמה וקרון בשמהן ית |
| 007 | | | Nu24:06M | "ישראל חיין ...": | רמין | ומנטלין על כל אומייא יאין |
| 008 | | | Nu24:06M | יאין ומשבחין כארזייה | רמין | ומנטלין |
| 009 | | | Dt26:19 | ולמשויה יתכון | רמין | ומנטלין על כל אומייה די |
| 010 | | | Dt28:01 | הדין וישווי ייי אלהכון | רמין | ומנטלין על כל אומי ארעא: |
| 011 | | | Dt33:17 | דיוסף למשתעבדה ויהוון | רמין | ומנטלין ועליין על כל |
| 012 | | | Dt28:13 | ותהוון «לחוד» | רמין | לעיל ולא נחתין לרע ארום |
| 013 | | | Dt28:43 | גיורה די ביניכון יהוון | רמין | עליכון לעיל לעיל ואתון |
| 014 | | | Dt26:19M | יתכון \רמין ומנטלין | /רמין | עליין#2#/ על כל אומייה די |
| 015 | | | Dt 3:05 | קריין תלילן מקיפן שורין | רמין | תרעין ונגרין לבר מן קורי |
| 016 | ורמין | | Ex14:25M | נגדן למולוותא׳ | ורמין | על ימא עניין מצראי |
| 017 | רמיא | p em/sf | Ex15:21M | "כי" הוא רם על | רמיא | |
| 018 | | | Ex15:01M | מן דמתגאי /דהוא רם על | רמיא | ומתגאה על גוותניה וכל מה |
| 019 | רמיה | | Gn 7:19 | ארעא ואתכסון כל טוריא | רמיה | די תחות כל שמיא: |
| 020 | רמייה | | Dt12:02 | טעוותהון ^על#2#^ טוריה | רמייה | ועל גלמתה ותחות כל אילן |
| 021 | | | Dt28:52 | עד זמן דיכבשון שורייה | רמייה | ותליל«י»ה דאתון רחיצין |
| 022 | רמתה | | Nu21:20 | סלקה עמהון לראשי טורייה | רמתה | ונחת עמהון לחלתה עמיקתה |

## hill *n.* רמה [525]

|  |  |  |  |  |  |  |
|---|---|---|---|---|---|---|
| 001 | רמתא | s em/sf | Ex17:10 | וחור סליקו לריש | רמתא: | |
| 002 | | | Ex17:09 | הא אנה קיים מעתד על ריש | רמתא | וחוטרא די אתעבד ביה נסין |
| 003 | רמתה | | Dt 4:49 | ועד ימא דמלחה תחות ריש | רמתה: | |
| 004 | | | Dt34:01 | דמאב לטורה דנבו ראש | רמתה | דאית לוקבל יריחו וחווי |
| 005 | | | Nu21:20I | "בחלתה ... מצ": בריש | רמתה | די בתחומיהון דמואבאי והא |
| 006 | | | Nu21:20M | בתחומיהון דמואבאי ריש | רמתה | דמצטייפה כל וקבל דבית |
| 007 | | | Nu23:14 | ודבר יתיה לחקל סכייה ריש | רמתה | ובנה שבעה מדבחין וקרב תור |
| 008 | | | Nu21:20 | דבתחומיהון דמואביי ריש | רמתה | והא היא מצטפייה מן כל קבל |
| 009 | | | Dt 3:27 | סוק לריש | רמתה | וטול עיינך למערבה |

See also: *n.* רימה

## pomegranate *n.* רמון [525]

|  |  |  |  |  |  |  |
|---|---|---|---|---|---|---|
| 001 | ורמון | s ab/cn | Ex28:34 | זוגין דדהב | ורמון | זוגין דדהב ורמון על |
| 002 | | | Ex28:34 | דדהב ורמון זוגין דדהב | ורמון | על שיפולוי דמעילה |
| 003 | | | Ex39:26M | זוג/זגון#2#/ ורמן/<ורמ>ו<ן>#2#/ | | על שפולוי דמעילה |
| 004 | ורמן | | Ex39:26 | זוג | ורמן | זוג ורמן על שפולוי דמעילה |
| 005 | | | Ex39:26 | זוג ורמן זוג | ורמן | על שפולוי דמעילה |
| 006 | רימונין | p abs | Nu20:05 | תינין ולא גופנין ולא | רימונין | אוף לא מיין לית לן |
| 007 | רמונין | | Ex39:24 | ועבדו על שפולוי דמעילה | רמונין | תכלה וארגוון וצבע דזיהורי |
| 008 | רמנין | | Ex28:33 | ותעבד על שפלוי מן חזור | רמנין | תכלה וארגוון וצבע דזהורי |
| 009 | ורימונין | | Dt 8:08 | וגופנין ותאנין | ורימונין | ארע דמן זייתה עבדין משח |
| 010 | רמוני | p const | Ex39:24M | שפולוי דמעילה | רמונין/רמוני#2#/ | תכלה וארגוון וצבע |
| 011 | | | Ex39:25 | דכי ויהבו ית זוגיא בגו | רמוני | על שפולוי דמעילה |
| 012 | רמונייה | p em/sf | Nu13:23 | בקופה בתרין וכן מן | רמונייה | וכן מן תאינייה: |
| 013 | רמניה | | Ex39:25 | מן חזור חזור בגו | רמניה: | |

## רמז *vb.* to signal [525]

|  |  |  |  |  |
|---|---|---|---|---|
| 001 | רמז | peal | *Nu21:15M* | שלטנין בה<הי>א שעתה רמ{ה}<ז> ייי לטווריה ואקפו ראשי |
| 002 | | | *Gn44:19M* | דחמא יוסף דסלקית <...> רמז למנשה |
| 003 | | | *Nu21:15* | וגלי קדמוי מה בכוליתה רמז לטוריה ואקפו רישיהון אלין |
| 004 | ורמז | | *Gn44:19* | יוסף מן קדמוה דיהודה ורמז יוסף למנשה ברה וטפח |
| 005 | | | *Nu21:15* | לקבליהון ומקטלין יתהון ורמז רבון כל עלמא ייי דידע מה |

## רמח *n.* lance [525]

|  |  |  |  |  |
|---|---|---|---|---|
| 001 | רמחא | s em/sf | *Nu25:07* | וקם מן גו כנישתה ונסב רמחא בידיה: |
| 002 | ולרומחין | p abs | *Nu33:55M* | בעיניכון ולרמחים/ולרומחין#2#/ בסטריכון ויעיקון |
| 003 | ולרמחים | | *Nu33:55* | לסיכין בעיניכון ולרמחים בסטריכון ויעיקון לכון על |

## רמי *vb.* to throw [525]

|  |  |  |  |  |
|---|---|---|---|---|
| 001 | רמא | peal | *Ex15:01* | בתר עמא בני ישראל רמא וטבע יתהון בימא דסוף: |
| 002 | | | *Ex15:04* | ושפר עולימו גברוי דפרעה רמא וטמע יתהון בימא דסוף: |
| 003 | | | *Ex15:21* | בתר עמא בני ישרא׳ רמא וטמע יתהון בימא דסוף: |
| 004 | רמי | | *Gn21:20M* | מן \מתילף מרמי /ילף רמי#2#/ בקשתא/נגיד בקשתא#2#/: |
| 005 | רמיו | | *Gn15:17M* | ספסלין אתעתדו וכרסוון רמיו וגהינם דמתילה באתונה |
| 006 | | | *Gn15:17* | סאבסלין אסתדרו וכורסוון רמיו והא גהינם דמתילה באתונה |
| 007 | רמיין | | *Ex14:30* | ישראל ית מצריי מייתין רמיין על ג{ו}<י>ף: |
| 008 | מרמי | | *Gn21:20* | במדברא והוי מן מתילף מרמי בקשתא: |
| 009 | ורמה | | *Gn 2:21* | ורמה ייי אלהים שנה עמ«י»קה על |
| 010 | | | *Ex32:04* | וקבל מן ידיהון ורמה יתה בטופסא ויעשהו עגל מסכה |
| 011 | | | *Nu11:31M* | סלויין מן ימא ˆˆורפש/ורמה#2#/ על משריתה כארח |
| 012 | | | *Ex14:24* | על משרייותיהון דמצריי ורמה עליהון נפטה ואישתא ואבני |
| 013 | ורמי | | *Gn40:18* | גזרן בישא על ישראל ורמי בניהון לנהרא ברם פרעה יאבד |
| 014 | ורמין | | *Ex14:25* | למהוי נגדין כמולותיה ורמין יתהון לימא כד חמון מצריי |
| 015 | וארמי | | *Dt 9:21* | טבאות עד די עבד עפרה וארמי ית עפרה לוות {נורא} |
| 016 | כמרמי | | *Gn21:16* | לה מן כל קובליה רחיק כמרמי בקשתא ארום אמרת לא אחמי |
| 017 | למרמא | | *Ex18:11* | מצריי על ישרא׳ למרמא בניהון לנהר«א» בה |
| 018 | איתרמיית | etpeel | *Gn15:12M* | למטמוע ושנתא עמיקתא איתרמיית על אברם והא ארב׳ |
| 019 | יתרמון | | *Lv14:40M* | ביתה באונס׳ וטלומא יתרמון לאתר מסאב |

See also: רמז *vb.*

## רמי #2 *vb.* to deceive [526]

|  |  |  |  |  |
|---|---|---|---|---|
| 001 | רמית | pael | *Gn29:25* | ברחל פלחת עמך ולמה כען רמית בי: |

## רמיו *n.* deceit [526]

|  |  |  |  |  |
|---|---|---|---|---|
| 001 | דרמיו | s ab/cn | *Gn29:22M* | עצה \דרמיו למסבה יתה /דרמיו ואסיבו לה#2#/ ללאה חלף |
| 002 | | | *Gn29:22* | שבע שנין ויהבו לה עצה דרמיו למסבה יתה ללאה חלף רחל: |

## רמיי *n.* deceiver [526]

|  |  |  |  |  |
|---|---|---|---|---|
| 001 | רמאי | s ab/cn | *Gn25:27M* | גבר ...": גביר גבר רמאי הוה ומן ציידיה הוה טעים |

## רמן *n.* ⇐ רמון

## רמס *vb.* to creep, to crawl [526]

|  |  |  |  |  |
|---|---|---|---|---|
| 001 | רמשא | peal | *Gn 1:28M* | דשמיא ובכל חייתא דרחשא/רמשא#2#/ על ארעא: |
| 002 | ירמוס | | *Lv20:25M* | ובכל מה די תרחש/ירמוס#2#/ ארעא די אפרשית לכון |
| 003 | תרמוס | | *Gn 9:02M* | דשמיא בכל מה די תרחש/תרמוס#2#/ על ארעא ובכל נונוי |
| 004 | תרמס | | *Gn 7:08M* | עופא וכל דרחיש/די תרמס#2#/ על ארעא: |
| 005 | דרמס | | *Dt 4:18M* | דמו כל דרחש/דרמס#2#/ בארעא/על א׳#2#/ דמו |
| 006 | | | *Gn 7:14M* | \רחשא דרחש /רמסא דרמס#2#/ על ארעא למינהו וכל עופה |
| 007 | | | *Gn 7:21M* | כל בשרא דרחש/דרמס#2#/ על ארעא בעופא |
| 008 | | | *Gn 8:17M* | \רחשא דרחש /רמסא דרמס#2#/ על ארעא אפק עמך ויתלדון |
| 009 | | | *Gn 8:19M* | עופה וכל דרחש/וכל דרמס#2#/ על ארעא לזרעיתהון |
| 010 | דרמסה | | *Lv11:46M* | במיא /נפשן דחייה דרמסה במ׳#2#/ ולכל/וכ׳#2#/ |
| 011 | דרמש | | *Gn 1:26M* | רחשא/רמשא#2#/ דרחש/דרמש#2#/ על ארעא: |
| 012 | | | *Gn 1:30M* | עופא דשמיא ולכל דרחש/דרמש#2#/ על ארעא דאית ביה נפש |

## רמס *n.* creeping thing [526]

|  |  |  |  |  |
|---|---|---|---|---|
| 001 | רמס | s ab/cn | *Gn 9:03M* | נשמה דחיין לכון /כל רמס דבחיין לכון#2#/ יהווי |
| 002 | ורמש | | *Gn 1:24M* | דחיא למינה בעיר ורחש/ורמש#2#/ וחייתא דארעא למינה |
| 003 | רמסא | s em/sf | *Gn 7:14M* | למינה וכל \רחשא דרחש /רמסא דרמס#2#/ על ארעא למינהו |
| 004 | | | *Gn 8:17M* | ובכל \רחשא דרחש /רמסא דרמס#2#/ על ארעא אפק עמך |
| 005 | | | *Gn 8:19M* | כל חייתה כל רחשא/וכל רמסא#2#/ וכל עופה וכל דרחש/וכל |
| 006 | | | *Gn 7:23M* | עד בעירה עד ריחשא/רמסא#2#/ עד עוף שמיא ואשתצון |
| 007 | רמסה | | *Gn 6:20M* | דארעא למינה תרין /רמסה דארעא למינהון תריין#2#/ |
| 008 | | | *Gn 6:07M* | עד \רחשא ועד עוף שמיא /רמסה ועד עופא דשמ׳#2#/ ארום |
| 009 | רמשא | | *Gn 1:25M* | למינה וית כל ריחשא/רמשא#2#/ דארעא למינהון וגלי |
| 010 | | | *Gn 1:26M* | ובכל ארעא ובכל רחשא/רמשא#2#/ דרחש/דרמש#2#/ על |

## רמש *n.* evening [526]

|  |  |  |  |  |
|---|---|---|---|---|
| 001 | רמש | s ab/cn | *Gn 1:05* | ולחשוכא קרא לליא והוא רמש והוה צפר סדר עבד בראשית |
| 002 | | | *Gn 1:08* | דייי לרקיעא שמיא והוה רמש והוה צפר סדר עבד בראשית |
| 003 | | | *Gn 1:13* | והוה רמש והוה צפר סדר עבד בראשית |
| 004 | | | *Gn 1:19* | והוה רמש והוה צפר סדר עבד בראשית |
| 005 | | | *Gn 1:23* | והוה רמש והוה צפר סדר עבד בראשית |
| 006 | | | *Gn 1:31* | והא שפר ותקן לחדא והוה רמש והוה צפר סדר עבד בראשית |
| 007 | רמש׳ | s em/sf | *Lv11:25* | לבושי ויהוי מסאב עד רמש׳: |
| 008 | | | *Lv11:28* | לבושוי ויהוי מסאב עד רמש׳ מסאבין אינון לכון: |
| 009 | רמשא | | *Ex18:13* | קדם משה מן צפרא עד רמשא: |
| 010 | | | *Ex18:14* | עלויך מן צפרא עד רמשא: |
| 011 | | | *Lv11:24* | בנבלתהו׳ יהוי מסאב עד רמשא: |
| 012 | | | *Lv11:27* | בנבלתהון יהוי מסאב עד רמשא: |
| 013 | | | *Lv11:31* | במיתתהון יהוי מסאב עד רמשא: |
| 014 | | | *Lv11:39* | יקרב בנבלתה יסתאב עד רמשא: |
| 015 | | | *Lv14:46* | יתיה יהוי מסאב עד רמשא: |
| 016 | | | *Lv15:05* | במיא ויהוי מסאב עד רמשא: |
| 017 | | | *Lv15:07* | במיא ויהווי מסאב עד רמשא: |
| 018 | | | *Lv15:08* | ויסחי במיא ויסתאב עד רמשא: |
| 019 | | | *Lv15:10* | ויסחי במיא ויסתאב עד רמשא: |
| 020 | | | *Lv15:11* | ויסחי במיא ויסתאב עד רמשא: |
| 021 | | | *Lv15:16* | ית כל בשריה ויסתאב עד רמשא: |
| 022 | | | *Lv15:17* | ויחוור במיא ויסתאב עד רמשא: |
| 023 | | | *Lv15:18* | במיא ויסתאבון עד רמשא: |
| 024 | | | *Lv15:19* | די יקרוב בה יסתא׳ עד רמשא: |
| 025 | | | *Lv15:21* | ויסחי במיא ויסתאב עד רמשא: |
| 026 | | | *Lv15:22* | ויסחי במיא ויסתאב עד רמשא: |
| 027 | | | *Lv15:23* | יקרוב בה יהוי מסאב עד רמשא: |
| 028 | | | *Lv15:27* | במיא ויהוי מסאב עד רמשא: |
| 029 | | | *Nu19:08* | במיא ויהוי מסאב עד רמשא: |
| 030 | | | *Nu19:22* | ביה תיהווי מסאבה עד רמשא: |

|  |  |  |  |  |  |
|---|---|---|---|---|---|
| 031 | | Lv11:40 | לבושוי ויהווי מסאב עד | רמשא | <....>: |
| 032 | | Gn24:11 | על בארא דמיא לעדוני | רמשא | בשעתא דנפקן מלוותא: |
| 033 | | Gn 8:11 | ותב לותה יונה לעדוני | רמשא | והא עלה דזי' קטים בפומה |
| 034 | | Lv11:32 | במיא יתעל ויהוי מסאב עד | רמשא | וידכא: |
| 035 | | Lv11:32M | /יתועלון ויסתאבון עד | רמשא | וידכון#2#/: |
| 036 | | Lv17:15 | במיא ויהווי מסאב עד | רמשא | וידכי: |
| 037 | | Lv15:10 | די יהווי תחתוי יסתאב עד | רמשא | ויטעון «יתהון» יחוור |
| 038 | | Gn24:63 | ברא {{ב}}«ל»עדוני | רמשא | ונטל עיינוי וחמה והא גמלין |
| 039 | | Gn30:16M | ברא ברמשא/לעידוני | רמשא#2#/ | ונפקת לאה לקדמותיה |
| 040 | | Nu 9:21 | זימנין די הווי עננה מן | רמשא | ועד צפרה ויסתלק עננה בצפרא |
| 041 | | Ex23:18M | טבא קדמיי' דפסחא מן | רמשא | עד צפרא |
| 042 | | Ex27:21 | יתיה אהרן ובנוי מן | רמשא | עד צפרא קדם ייי קיים עלם |
| 043 | רמשה | Lv15:06 | במיא ויהוי מסאב עד | רמשה: | |
| 044 | | Nu19:07 | מסאב ומרחק מן קדשיה עד | רמשה: | |
| 045 | | Nu19:21 | במי אדיה יהווי מסאב עד | רמשה: | |
| 046 | | Dt28:67 | אמרין לווי מן יתן וייתי | רמשה | וברמשה תהוון אמרין מן יתן |
| 047 | | Nu19:10 | לבושוי ויהווי מסאב עד | רמשה | ויהווי לבני ישראל |
| 048 | | Lv22:06 | תקרב בה תיהווי מסאבה עד | רמשה | ולא יאכל מן קדשיה ארום |
| 049 | | Ex34:25M | יומא טבא דפסחה מן | רמשה | ועד צפרא |
| 050 | | Lv23:32 | בתשעה יומין לירחה מן | רמשה | ועד רמשה תהון צימין |
| 051 | | Lv24:03 | זמנה יסדר יתיה אהרן מן | רמשה | ועד צפרא קדם ייי בתדירה |
| 052 | | Dt23:12 | ~ויהווי לעידוני | רמשה | יסחי במיה וכמטמעי שמשה |
| 053 | | Lv23:32 | יומין לירחה מן רמשה ועד | רמשה | תהון צימין צומיכון ושבתין |
| 054 | ברמשא | Gn31:42 | גלי קדם ייי ואוכח | ברמש«א»: | |
| 055 | | Ex12:18 | חד ועשרין יום לירחא | ברמשא: | |
| 056 | | Nu19:19 | ויסחי במיא וידכי | ברמשא: | |
| 057 | | Gn31:29 | לכון ואלה דאבוכון | ברמשא | אמר לי למימר אזדהר לך מן |
| 058 | | Ex12:18 | יומין לירחא | ברמשא | ביני שמשתא תאכלון פטירין |
| 059 | | Dt16:06 | תמן תיכסון נכסת פסחא | ברמשא | במטמעי שמשא בזמן אפקותהון |
| 060 | | Ex16:08 | משה כד יתן ייי לכון | ברמשא | בשר למיכל ולחם בצפרא |
| 061 | | Gn19:01 | ועלו תרין מלאכיה לסדם | ברמשא | ולוט הוה יתיב בתרעא |
| 062 | | Gn29:23 | והוה | ברמשא | ונסב ית לאה ברתה ואייתי |
| 063 | | Gn30:16 | ואתא יעקב מן אפי ברא | ברמשא | ונפקת לאה לקדמותיה ואמרת |
| 064 | | Ex16:13M | "והוה ... סלוי": והוה | ברמשא | וסליקו פיסיוניוון |
| 065 | | Ex16:13 | והוה | ברמשא | וסלקת סלוי וכסית ית |
| 066 | | Ex16:06 | ואהרן לכל בני ישראל | ברמשא | ותדעון ארום ייי אפיק |
| 067 | | Gn19:34 | רבתא לזעירתא הא שמשת | ברמשא | עם אבא נשקי יתיה חמר אף |
| 068 | ברמשה | Gn31:42M | /והוכח יתה | ברמ<ש>ה#2#/: | |
| 069 | | Lv 6:13M | /תיהווי מתקרבה | ברמשה#2#/: | |
| 070 | וברמשא | Nu 9:15 | משכנא משכנה דסהדותה | וברמשא | יהווי על משכנ' כחזיו אשתה |
| 071 | | Gn49:27 | אימר תמידא ובמנחתא | וברמשא | יהוון מפלגין מותרו קרבניה |
| 072 | וברמשה | Dt28:67 | מן יתן וייתי רמשה | וברמשה | תהוון אמרין מן יתן דייתי |

## רסוק #2 *n.* piece, crumb [ריסוק 523]

|  |  |  |  |  |  |
|---|---|---|---|---|---|
| 001 | רסוקין p abs | Lv 2:06M | ותרסק יתה {דסל}<רסו>קין | | ותר' |
| 002 | | Lv 6:14M | תעיל יתה מרסקה מנחת | רסוקין | תקרבון לריח דרעוה לשמה |

## רסיסין *n.* fine rain [527]

|  |  |  |  |  |  |
|---|---|---|---|---|---|
| 001 | וכרסיסי p const | Dt32:02 | דמנשבין על דתי עשביה | וכרסיסי | מלקוש דסלקין ומרווין |

## רסק *vb.* to crush [527]

|  |  |  |  |  |  |
|---|---|---|---|---|---|
| 001 | מרסקה pael | Lv 6:14M | "יית' ...": תעיל יתה | מרסקה | מנחת רסוקין תקרבון לריח |
| 002 | ותרסק | Lv 2:06M | "מקצי' תקצי ...": | ותרסק | יתה {דסל}<רסו>קין ותר' |

## רעווה *n.* will, pleasure [527]

|  |  |  |  |  |  |
|---|---|---|---|---|---|
| 001 | רעוא s ab/cn | Gn30:22 | לכל חיי דאית בהון | רעוא | מפתחא דקבריה דכן כתבה |
| 002 | רעוה | Ex32:05M | ואכרז אהרן ואמר יהא | רעוה | דיהי נכסא בי כחגה מן |
| 003 | | Nu22:13 | איזילו לארעכון ארום לית | רעוה | מן קדם ייי משבק יתי אתי |
| 004 | רעווא | Gn24:60M | בההי צדיק' יהי | רעווא | דמניך יפקו' אלפין ורבבן |
| 005 | | Gn47:10M | ואמ' ליה יהא | רעווא | מן קדם ייי דאיסקון מיא |
| 006 | רעווה | Dt33:23 | דייי ואמר נפתלי שביע | רעווה | ומלי ברכן מן קדם ייי מערב |
| 007 | | Ex39:43M | "תשרי ... ידיכון:" יהא | רעווה | מן קדם ייי לאשראה |
| 008 | | Nu23:27 | אחרן מה דילמה דיהווי | רעווה | מן קדם ייי ותלוט יתהון לי |
| 009 | | Dt10:10 | בזמנה ההיא ולא הווה | רעווה | מן קדם ייי למחבלה יתכון: |
| 010 | | Dt28:63 | ויהווי היך מה דהווה | רעווה | מן קדם ייי עליכון למייטבה |
| 011 | | Dt29:19 | לא יהווי | רעווה | מן קדם ייי למישרי ולמשבק |
| 012 | ברעוא | Gn 4:08 | מה איתקבל קרבנך | ברעוא | וקרבני מני לא אתקב' |
| 013 | | Gn 4:08 | וקרבני מני לא אתקב' | ברעוא: | ענה הבל ואמר לקין מסתכל |
| 014 | | Gn 4:08 | קרבנך מינך לא אתקביל | ברעוא | ענה קין ואמר להבל לית |
| 015 | | Gn 4:08M | וקדמין לדידך אתקביל | ברעוא | קרבני וקרב' |
| 016 | | Gn 4:08 | דידך אתקביל קרבני מני | ברעוא | קרבנך מינך לא אתקביל |
| 017 | ברעוה | Lv 2:09 | מדבחה קרבן מתקבל | ברעוה | לריח קדם ייי: |
| 018 | | Lv 7:18 | ביומ' תליתיה לא יתקבל | ברעוה | מן דמקרב יתיה לא יתחשב לה |
| 019 | | Nu28:24 | יומיא לחם קרבן מתקבל | ברעוה | קדם ייי סמיך לעלת תמידה |
| 020 | ברעווא | Gn 4:05 | ולקין ולקרבניה לא קבל | ברעווא | ובאש לקין לחדה ואישתני |
| 021 | | Gn 4:04 | שמיני«הון» וקבל ייי | ברעווא | ית הבל וית קרבניה: |
| 022 | ברעווה | Lv19:07 | פסיל הוא לא יתקבל | ברעווה: | |
| 023 | | Lv22:23 | יתיה ולנדר לא יתקבל | ברעווה: | |
| 024 | | Lv26:31 | בית מקדשיכון ולא אקבל | ברעווה | בריח קרבניכון: |
| 025 | | Gn 8:21 | וקבל ייי | ברעווה | ית קרבניה דנח ואמר ייי |
| 026 | | Nu16:15 | ואמר קדם ייי לא תקבל | ברעווה | ית קרבנהון לא חמרא דחד |
| 027 | | Lv22:21 | בתורין או בען שלם יהי | ברעווה | כל <מומה> לא יהווי ביה: |
| 028 | | Lv22:25 | בהון לא יתקבלון | ברעווה | לכון: |
| 029 | | Dt33:10 | רוגזך וקרבן גמיר | «ברעווה | על גבי מדבחך»: |
| 030 | | Dt33:11 | וקרבן ידוי תקבל» | ברעווה | תבר חרצה דשנאוי |
| 031 | ברעות | Gn23:08 | ומליל עמהון למימר אם | ברעות | נפשכון למקבר ית מתי |
| 032 | | Gn23:11M | ומליל עמהון למימר אם | ברעות | נפשכון למיקבר/למקבר#2#/ |
| 033 | | Gn24:42 | דריבוני אברהם אם | ברעות | קדמך למצלחה ארחי דאנא |
| 034 | דרעוא | Ex29:25 | מדבחה על עלתה לריח | דרעוא | קדם ייי קרבן הוא קדם ייי: |
| 035 | | Lv 1:09 | עלה קרבן דמתקבל לריח | דרעוא | קדם ייי: |
| 036 | | Lv 1:13 | קרבן מתק«ב»ל לריח | דרעוא | קדם ייי: |
| 037 | | Ex29:18 | הוא לשמה דייי לריח | דרעוא | קרבן קדם ייי הוא: |
| 038 | דרעוה | Lv 2:12 | מדבחה לא יתקבלון לריח | דרעוה: | |
| 039 | | Lv 6:08 | על ^גבי#2#^ מדבח' ריח | דרעוה | אדכרתה לשמה דייי: |
| 040 | | Lv 3:16 | מדבחה לחם קרבן לריח | דרעוה | כל תרבה לשמה דייי: |
| 041 | | Lv 4:31 | על גבי מדבחה לריח | דרעוה | לשמ' דייי ויכפר עלוי כהנא |
| 042 | | Lv 6:14M | רסוקין תקרבון לריח | דרעוה | לשמה דייי |
| 043 | | Lv17:06 | זמנא ויסדר תרבה לריח | דרעוה | לשמה דייי: |
| 044 | | Lv23:13 | במשח קרבן מתקבל לריח | דרעוה | לשמה דייי ונסוכוי חמר |
| 045 | | Nu15:24 | חד לעלה לריח {ניחו} | דרעוה | לשמה דייי ומנחתיה |
| 046 | | Nu18:17 | תסדר קרבן מתקבל לריח | דרעוה | לשמה דייי: |
| 047 | | Nu29:06M | /קרבן מתקבל לריח | דרעוה | לשמה דייי#2#/: |
| 048 | | Nu28:02 | מתקבל מנכון קדמי לריח | דרעוה | עמי בני ישראל הוון |
| 049 | | Lv 1:17 | הוא קרבן מתקבל לריח | דרעוה | קדם ייי: |

| | | | | |
|---|---|---|---|---|
| 012 | | | Gn46:32 | וגבריא רען ען ארום מרי בעירא אנ«ו»ן |
| 013 | | | Gn47:03 | עבידתכון ואמרין לפרעה רען ען אנון עבדך להוד אנון |
| 014 | ארעי | | Gn30:31 | תעבד לי פתגמא הדן אחזור ארעי ענך אנטר יתיה: |
| 015 | ירעוך | | Ex34:03 | להוד ענה ותורא לא ירעו{ן}<ך> כל קביל {ת} טורא ההוא: |
| 016 | דרעי | | Gn46:34 | ^היא#2#^ למצרא«י» כל דרעי ען: |
| 017 | ורעון | | Gn29:07M | אשקון ענא ואזלו ורעון |
| 018 | למרע | | Gn37:12 | ואזלון אחוי למרע ית ענא דאבוהון בשכם: |

## רעי #2 *vb.* to desire [527]

| | | | | |
|---|---|---|---|---|
| 001 | רעה | peal | Gn34:19M | פתגמא ארום אתרעיית/רעה#2#/ נפשיה בברתיה דיעקב |
| 002 | רעי | | Nu14:08 | אם רעי הוא בן ייי וייתי יתן לארעא |
| 003 | תרעה | | Lv26:34 | בכדן תרעה ארעא ית שמטה כל יומין דהיא |
| 004 | ארע' | pael | Gn33:10 | מן ידוי ארום מן בגין כן ארע' היך חמי סבר אפי מלאכין |
| 005 | ארעי | | Gn32:21 | יעקב אתי בתרן ארום אמר ארעי «סבר» אפוי בדורון דמהלכה |
| 006 | ירעון | | Lv26:41 | יתבר לבהון זידנה ובכדן ירעון ית חוביהון: |
| 007 | ותרעי | | Lv26:34 | בכדן תשמט ארעא ותרעי ית שמטיה: |
| 008 | איתרעי | etpeel | Nu14:08M | יתן לארעא הדה ויתן /איתרעי בן מימריה דייי ויעל |
| 009 | | | Dt12:26M | לאתר#2#/ די יתרעי/איתרעי#2#/ ייי: |
| 010 | איתרעית | | Dt21:14M | ויהווי אין לא תתרעי/איתרעית#2#/ בה/יתה#2#/ ותשלח |
| 011 | אתרעי | | Nu17:20 | ויהוי גברא די אתרעי ביה חוטריה ירטב ואבטל |
| 012 | | | Dt 7:06 | קדם ייי אלהכון בכון אתרעי ייי אלהכון למהוי לשמיה |
| 013 | | | Dt 7:07 | יתכון מן כל אומייה אתרעי ייי בכון ארום אתון עם |
| 014 | | | Dt14:02 | קדם ייי אלהכון ובכון אתרעי ייי למהוי לשמיה לעם |
| 015 | | | Dt18:05 | ארום בהון אתרעי ייי אלהכון מן כל שבטיכון |
| 016 | | | Dt21:05 | בנוי דלוי ארום בהון אתרעי ייי אלהכון למשמשה קדמוי |
| 017 | | | Dt10:15 | לחוד באב<ה>תכון אתרעי ממרה דייי למרחמ«ו»ה |
| 018 | אתרעיית | | Dt25:08 | עמיה וייקום ויימר לא אתרעיית למיסב יתה: |
| 019 | | | Gn34:08 | עמהון למימר שכם ברי אתרעיית נפשה בברתכון אסבו יתה |
| 020 | | | Gn49:06 | בכנישתיהון בעצתיהון לא אתרעיית נפשי בכנישתיהון לכרכה |
| 021 | | | Gn34:19 | רביא למעבד פתגמא ארום אתרעיית נפשיה בברתיה דיעקב והוא |
| 022 | ית' | | Dt 7:06M | ייי אלהכון בכון אתרע'/ית'#2#/ ייי אלהכון למהוי |
| 023 | | | Dt14:02M | ובכון/ובכן#2#/ אתרע'/ית'#2#/ ייי למהוי לשמיה |
| 024 | | | Dt21:05M | דלוי ארום בהון אתרע'/ית'#2#/ ייי אלהכון למשמשה |
| 025 | | | Dt10:15M | /לא'#2#/ אתרע'/ית'#2#/ ממרה דייי |
| 026 | יתר' | | Dt 7:07M | מן כל אומייה אתרע'/יתר'#2#/ ייי בכון ארום אתון |
| 027 | יתרע' | | Dt18:05M | בהון/לייי#2#/ אתרע'/יתרע'#2#/ ייי אלהכון מן כל |
| 028 | יתרעי | | Dt16:16 | ייי אלהכון באתרא די יתרעי בחגה דפטירייה |
| 029 | | | Dt23:17 | ישרי ביניכון באתרא די יתרעי בחדה מן קרייכון לאן דשפר |
| 030 | | | Nu16:07 | ייי למחר ויהוי גברא די יתרעי ביה ייי קדישא אסגיתון |
| 031 | | | Dt25:07 | ואין לא יתרעי גברא למיסב ית יבומתיה |
| 032 | | | Dt12:05 | ארום אלהן לארעא די יתרעי ייי אלהכון מן כל שבטיכון |
| 033 | | | Dt12:11 | ויהווי אתרא די יתרעי ייי אלהכון ביה למשרייה |
| 034 | | | Dt12:18 | תיכלון יתיה באתרה די יתרעי ייי אלהכון בה אתון |
| 035 | | | Dt12:21 | יירחוק מנכון אתרה די יתרעי ייי אלהכון למשרייה איקר |
| 036 | | | Dt12:26 | ותייתון לאתרה די יתרעי ייי: |
| 037 | | | Dt14:24 | ירחק מנכון אתרה די יתרעי ייי אלהכון למשרייה ייקר |
| 038 | | | Dt14:25 | ותיזלון לאתרה די יתרעי ייי אלהכון בה: |
| 039 | | | Dt15:20 | יתיה שתה בשתה באתרה די יתרעי ייי אלהכון אתון |
| 040 | | | Dt16:02 | ען ותורין באתרה די יתרעי ייי למשריה איקר שכינתיה |
| 041 | | | Dt16:06 | אלהן לאתרא די יתרעי ייי אלהכון למשרייה איקר |
| 042 | | | Dt16:07 | ותיכלון באתרה די יתרעי ייי אלהכון ביה ותקדמון |
| 043 | | | Dt16:11 | די ביניכון באתרא די יתרעי ייי אלהכון למשרייה איקר |
| 044 | | | Dt16:15 | ייי אלהכון באתרה די יתרעי ייי ארום יברך יתכון ייי |
| 045 | | | Dt17:08 | ותסקון לאתרה די יתרעי ייי אלהכון ביה: |



| | | | | |
|---|---|---|---|---|
| 050 | | | Lv 2:02 | מדבחה קרבן מתקבל לריח דרעוה קדם ייי: |
| 051 | | | Lv 3:05 | אשתה קרבן מתקבל לריח דרעוה קדם ייי: |
| 052 | | | Lv 6:14 | דקצוין תקריב לריח דרעוה קדם ייי: |
| 053 | | | Lv23:18 | קרבן דמתקבל לריח דרעוה קדם ייי: |
| 054 | | | Nu15:03 | מועדיכון למקרבה לריח דרעוה קדם ייי מן תוריה או מן |
| 055 | | | Nu15:07 | הינה תקרבון לריח דרעוה קדם ייי: |
| 056 | | | Nu15:10 | הינה קרבן מתקבל לריח דרעוה קדם ייי: |
| 057 | | | Nu15:13 | קרבן מתקבל לריח דרעוה קדם ייי: |
| 058 | | | Nu15:14 | קרבן מתקבל בלריח דרעוה קדם ייי היך מה די תעבדון |
| 059 | | | Nu28:08 | יתיה קרבן מתקבל לריח דרעוה קדם ייי: |
| 060 | | | Nu28:24M | מתקבל ברעוה/לריח דרעוה#2#/ קדם ייי סמיך לעלת |
| 061 | | | Nu28:27 | ותקרבון עלה לריח דרעוה קדם ייי תורין בני תורין |
| 062 | | | Nu29:02 | ותקרבון עלה לריח דרעוה קדם ייי תור בר תורין חד |
| 063 | | | Nu29:06 | כסדר דיניהון לריח דרעוה קדם ייי מתקבל: |
| 064 | | | Nu29:13 | עלה קרבן מתקבל לריח דרעוה קדם ייי תורין בני תורין |
| 065 | | | Nu29:36 | עלה קרבן מתקבל לריח דרעוה קדם ייי תור חד דכר חד |
| 066 | | | Ex29:41 | תקרבון יתיה לריח דרעוה קרבן קדם ייי יתקבל: |
| 067 | | | Lv 8:21 | מדבחה עלה הוא לריח דרעוה קרבן הוא היך מה פקד ייי |
| 068 | | | Lv 8:28M | הני{ף}<ן> לריח דרעוה קרבן\הוא קדם ייי /מתקבל |
| 069 | | | Nu28:08M | דרעוה קדם ייי /לריח דרעוה קרבן מתקבל לשמה דייי#2# |
| 070 | | | Nu28:13 | עם אמרא חתתה עלה ריח דרעוה קרבן קדם ייי מתקבל: |
| 071 | | | Nu29:08 | עלה קדם ייי לריח דרעוה תור בר תורין חד דכר חד |
| 072 | דרעווה | | Nu28:06 | על טורא דסיני לריח דרעווה קרבן קדם ייי מתקבל: |
| 073 | לר' | | Lv22:29M | נכיסת הודייה קודם ייי לר' |
| 074 | לרעוא | | Ex28:38 | על בית אפוי בתדירא לרעוא עליהון קדם ייי: |
| 075 | לרעוה | | Lv22:20 | כל מה דאית ביה מום לא לרעוה יהווי לכון: |
| 076 | | | Lv 1:03 | שלם מן מום יקרב יתיה לרעוה עלוי קדם ייי: |
| 077 | | | Lv19:05 | נכסת קדשין לשמה דייי לרעוה עליכון תיכסון יתיה: |
| 078 | | | Lv22:29 | נכסת אודיה לשמה דייי לרעוה עליכון תכסון יתיה: |
| 079 | | | Lv23:11 | ויניף ית עומרא קדם ייי לרעוה עליכון מן בתר יומא טבה |
| 080 | לרעווה | | Lv22:21M | שלמין מן מום יהוון לרעווה#2#/ כל <מומה> לא יהווי |
| 081 | | | Lv22:19 | לרעוה עליכון דכר שלם מן «מום» |
| 082 | רעותה | s em/sf | Dt33:16 | ארעא ומלאיה ודעבד רעותה מן דאשרי איקר שכינתיה |
| 083 | רעותי | | Dt31:18 | בממרי מטמרה אסמר אפי ביומ' ההוא על כל בישתה די |
| 084 | | | Lv26:09M | בכון /וא{נ}פ<נ>י אפי רעותי לוותכון#2#/ ואתוקף יתכון |
| 085 | | | Dt31:17 | יתהון ואהפוך אפי רעותי מנהון ויהוויין למזון |
| 086 | | | Dt32:20 | ואמר אהפוך אפי רעותי מנהון אחמי מה יהווי בסוף |
| 087 | רעותי' | | Ex33:14M | לכון בית משרוי /אפי רעותי' ידבר יתך ואניי{ך}<ח> |
| 088 | ברעותך | | Gn43:04 | אן ברעותך משלחה ית אחונן עמן נחות |
| 089 | ברעתכון | | Gn24:49 | וכדון אן ברעתכון למעבד חסד וטבו עם רבוני |
| 090 | וברעותיהון | | Gn49:06 | קטילו מלכין וברעותיהון פגרו שורי בעלי דבביהון: |

## רעי *vb.* to feed, to graze [527]

| | | | | |
|---|---|---|---|---|
| 001 | רעון | peal | Gn29:07 | בעירא אשקו ענא ואזלו רעון: |
| 002 | רעי | | Gn30:36 | בינה ובין יעקב ויעקב רעי ית ענא דלבן דאשתיירת: |
| 003 | | | Ex 3:01 | ומש«ה» הווה רעי ית ענה <....> בתר מדברא |
| 004 | | | Gn37:02 | בר שבע עשרה שנה הוה רעי עם אחוי בענה והוא הוה טלי |
| 005 | רעיין | | Gn41:18 | ויאיין ברוהון והוויין רעיין באגמא: |
| 006 | | | Gn46:32M | רען /וגובריא רעיין#2#/ ען ארום מרי בעירא |
| 007 | | | Gn47:03M | ואמרין לפרעה רען/רעיין#2#/ ען אנון עבדך להוד |
| 008 | | | Gn30:29M | קדמיי /די הוון ניכסיך רעיין קדמי#2#/ ותק«י»ף וסגה: |
| 009 | רעין | | Gn37:13 | ישראל ליוסף הלא אחיך רעין בשכם אתא ואשלח יתך |
| 010 | | | Gn41:02 | ובריין בבשריהון והויו רעין באגמין: |
| 011 | רען | | Gn37:16 | בעי תני לי כען אן אנון רען: |

|  | |  |  | | | |
|---|---|---|---|---|---|---|
| 046 | | | Dt18:06 | תוחמדת נפשיה לאתרא די | יתרעי | ייי: |
| 047 | | | Dt26:02 | בסלה ותזלון לאתרא די | יתרעי | ייי אלהכון למשרייה איקר |
| 048 | | | Dt14:23 | ייי אלהכון באתרה די | יתרעי | למשרי יקר שכינתיה תמן |
| 049 | | | Dt12:14 | ארום אלהן באתרא די | יתרעי | ממרא דייי בחר מן שבטיכון |
| 050 | | | Dt17:10 | לכון מן אתרא ההוא די | יתרעי | ממריה דייי ותתטרון למעבד |
| 051 | | | Dt31:11 | ייי אלהכון באתרה די | יתרעי | תקרא ית אורייתה הדה לקבל |
| 052 | | תתרעי | Dt21:14 | ויהווי אין לא | תתרעי | בה ותשלח יתה ברשות נפשה |
| 053 | | דאת' | Dt12:05M | לארעא \די | יתרעי/דאת'#2#/ | ייי אלהכון מן כל |
| 054 | | דאתרעית | Gn33:10 | מלאכין מן קדם ייי | דאתרעית: | |
| 055 | | דייתרעי | Nu16:05 | לוותיה וית מן | די«י»תרעי | ליה וקרב לוותיה: |
| 056 | | דית' | Nu17:20M | ויהוי גברא \די | אתרעי/דית'#2#/ | ביה חוטריה ירטב |
| 057 | | ואיתרעי | Dt 7:07M | מימריה דייי בכון | ואיתרעי | בכון ארום מן בגלל דאתון |
| 058 | | ואתרעיית | Gn34:03 | | ואתרעיית | נפשה בדינה ברת יעקב |
| 059 | | ויתרעי | Dt 4:37 | ארום רחם ית אבהתכון | ויתרעי | בבניהון מן בתריהון ופרק |
| 060 | | | Lv 1:04 | ידוי על ראשה דעלתא | ויתרעי | ליה למכפרה עלוי: |
| 061 | | ותתרעי | Dt21:11 | איתה שפירת חזוון | ותתרעי | בה ותיסב יתה לך לאיתה: |

## רעי *n.* shepherd [527]

|  | |  |  | | | |
|---|---|---|---|---|---|---|
| 001 | s ab/cn | רעי | Nu27:17 | דייי כעין די לית ליה | רעי: | |
| 002 | | | Gn 4:02 | אחוי ית הבל והוה הבל | רעי | ען וקין הוה פלח בארעא: |
| 003 | p em/sf | רעווי | Gn13:07 | ברם {ברם} מפקדים הוון | רעווי | דאברם מן אברם רבוניהו' |
| 004 | | רעוי | Gn13:07 | ובין רעוי דבעירה דלוט | רעוי | דאברם הוון זממין בעירהון |
| 005 | | | Gn26:20 | ואדיינו רעויי דגרר עם | רעוי | דיצחק למימר דינן אנן מיא |
| 006 | | | Gn31:22 | והוה כיון דאזלו | רעוי | דלבן למשקיה ענה מן בארה |
| 007 | | | Gn13:07 | והוו דיינין בין | רעוי | דבעירא דאברם ובין רעוי |
| 008 | | | Gn13:07 | רעוי דבעירא דאברם ובין | רעוי | דבעירה דלוט רעוי דאברם |
| 009 | | רעויי | Gn26:20 | ואדיינו | רעויי | דגרר עם רעוי דיצחק |
| 010 | | רעיא | Gn28:10 | רביעאה אבנא דהוון כל | רעיא | מתכנשין למג{ז}«ו»ללה יתה |
| 011 | | רעיי | Gn13:08 | דיינין ביני ובינך ובין | רעיי | ובין רעיך ארום היך גוברין |
| 012 | | רעייא | Ex 2:17 | ואתון | רעייא | וטרדו יתהון וקם משה |
| 013 | | רעיך | Gn13:08 | ובינך ובין רעיי ובין | רעיך | ארום היך גוברין אחין אנא: |
| 014 | | דרעייא | Ex 2:19 | שיזב יתן מן ידיהון | דרעייא | ואף מדלי דלה לן ואשקי ית |
| 015 | | ורעוי | Gn13:07 | דהוון מטין לבית: | ורעוי | דלוט לא הוון זממין |

## רעי #2 *n.* excrement [527]

|  | |  |  | | | |
|---|---|---|---|---|---|---|
| 001 | s em/sf | רעיה | Lv 8:17 | וית משכה וית בשר' וית | רעיה | אוקיד בנורא לבר מן משריתה |
| 002 | | | Ex29:14 | בשרה דתורא וית משכא וית | רעיה | תוקד בנורא לבר מן משריתה |
| 003 | | רעיהון | Lv16:27 | וית בשריהון וית | רעיהון: | |
| 004 | | רעייה | Nu19:05 | בשרה וי{א}<ת> אדמה עם | רעייה | יוקד יתה: |
| 005 | | ורעייה | Lv 4:11 | ועל רגלוי ובני גוויה | ורעייה: | |
| 006 | p em/sf | ריעייך | Dt23:14M | ותכסי ית | מפקניך/ריעייך#2#/: | |

## רעייה *n.* shepherdess [528]

|  | |  |  | | | |
|---|---|---|---|---|---|---|
| 001 | s ab/cn | רעיא | Gn29:09 | עם ענה די לאבוהי ארום | {{רעיא}} | רעייה הוות: |
| 002 | | רעייה | Gn29:09 | לאבוהי ארום {{רעיא}} | רעייה | הוות: |

## רעם *vb.* to complain [528]

|  | |  |  | | | |
|---|---|---|---|---|---|---|
| 001 | peal | ורעמו | Nu14:36 | ית ארעא וחזרו | ורעמו | עלוי כל כנשתה למפקה טבה |
| 002 | afel | דארעמתון | Nu16:11 | ואהרן מה הוא חשיב | דארעמתון | עלוי: |
| 003 | | וארעמתון | Dt 1:27 | | וארעמתון | במשכנכון ואמרתון על מה |
| 004 | etpaal | אתרעם | Nu21:06M | מארעא דמצרים /ולא | אתרעם | על מזונה אפקית עמי |
| 005 | | | Nu21:06 | קליל ייתי חויה דלא | אתרעם | על מזונה וישלט בעמא |
| 006 | | אתרעמו | Nu21:05 | בתר ממרה דייי ועל משה | אתרעמו | למה כען אסקתון יתן מן |
| 007 | | | Nu14:35 | כנשתה בישתה הדה די | אתרעמו | קדמי«י» במדברה הדה |
| 008 | | אתרעמנן | Nu21:07 | בתר ממרה דייי ועליך | אתרעמנן | צלי קדם ייי ויעבר |
| 009 | | אתרעמתון | Nu14:29 | עשרין שנין ולעיל די | אתרעמתון | קדמיי: |
| 010 | | ית' | Nu21:06M | חויה דלא | אתרעם/ית'#2#/ | על מזונה וישלט בעמא |
| 011 | | תתרעמתון | Ex16:07 | מה אנן חשיבין ארום | תתרעמתון | עלינן: |
| 012 | | מת' | Nu21:06M | ימא וחזרו עמי | למתרעמא/מת'#2#/ | קדמיי על עסק מנה |
| 013 | | מתרעמין | Ex16:08M | ייי תורעמנתכון דאתון | מתרעמין | לא עלינן |
| 014 | | | Nu14:27 | בני ישראל די אנון | מתרעמין | עלווי˜: |
| 015 | | | Ex16:08 | ית תורעמתכון דאתון | מתרעמין | עלוי ואנן מה אנן חשיבין |
| 016 | | | Nu17:20 | דבני ישראל דאינון | מתרעמין | עליכון: |
| 017 | | | Nu14:27 | בישתה הדה די אינון | מתרעמין | קדמיי עלויי שמיע קדמי |
| 018 | | דאתר' | Nu21:06M | וינכת לעמה אליין | דאתר' | |
| 019 | | דאתרעמו | Nu21:06M | וינכת לעמה אליין | דאתר<עמו> | |
| 020 | | | Nu16:11M | עמא דכנשתך אליין | דאתרעמו | על יקר שכינתה דייי |
| 021 | | | Nu21:06 | מזונה וישלט בעמא | דא«ת»רעמו | על מזוניהון בגין כדן |
| 022 | | | Nu27:03 | לא הוה בגו עם כנשתה | דאתרעמו | קדם ייי בעצתה דקרח ארום |
| 023 | | דית' | Nu27:03M | בגו עם כנשתה | דאתרעמו/דית'#2#/ | קדם ייי בעצתה דקרח |
| 024 | | ואתרעמו | Ex16:02 | | ואתרעמו | כל עדת כנישתא דבני |
| 025 | | | Nu17:06 | | ואתרעמו | כל עם כנשתה דבני ישראל |
| 026 | | | Nu14:02 | | ואתרעמו | על משה ועל אהרן כל בני |
| 027 | | | Nu14:36M | ית ארעא וחזרו | ורעמו/ואתרעמו#2#/ | עלוי כל כנשתה |
| 028 | | | Ex15:24 | | ואתרעמו | עמא על משה למימר מה הן |
| 029 | | | Ex17:03 | וצחון תמן עמא למייא | ואתרעמו | עמא עם משה ואמרין ליה |
| 030 | | וית' | Dt 1:27M | | וארעמתון/וית'#2#/ | במשכנכון ואמרתון |
| 031 | | ויתרעמו | Ex16:02M | | ואתרעמו/ויתרעמו#2#/ | כל עדת כנישתא |
| 032 | | | Ex17:03M | למייא | ואתרעמו/^ויתרעמו#2#^/ודיינו#2#/ | עמא עם משה |
| 033 | | כמתרעמין | Nu11:01 | והוה עמה | כמתרעמין | הגין ביש במשמעה דייי |
| 034 | | למתרעמא | Nu21:06 | מן ימא וחזרו עמי | למתרעמא | קדמיי על עסק מנה דמיכלי |

רום *vb.* See also:

## רעע *vb.* to do evil [528]

|  | |  |  | | | |
|---|---|---|---|---|---|---|
| 001 | afel | למרעיה | Lv19:16 | בתר לישנה תליתיה | למרעיה | וית בעלי דינה לא תשתוק לא |

## רפוס *n.* treader [528]

|  | |  |  | | | |
|---|---|---|---|---|---|---|
| 001 | s ab/cn | לרפוס | Gn49:11 | מעגעגין בדמא מדמי | לרפוס | ענבים: |

## רפי *vb.* to let alone (af.) [528]

|  | |  |  | | | |
|---|---|---|---|---|---|---|
| 001 | afel | ארפה | Ex32:10M | "וכען ... רוגזי": וכדו | ארפה | מנך ואתקוף רוג' |
| 002 | | ארפי | Ex14:12 | עמך במצרים למימר | ארפי | מינן ונפלח קדם מצריי ארום |
| 003 | | | Dt 9:14M | \מנע גרמך מן קדמיי | /ארפי | מני#2#/ מן למבעי עליהון |
| 004 | | מרפה | Dt31:08 | קדמך הוא יהווי בסעדך לא | מרפה | יתך ולא שבק יתך לא תדחל |
| 005 | | | Dt31:06 | מדברה קדמיכון לא | מרפה | יתכון ולא שבק יתכון: |
| 006 | | מרפי | Dt 4:31 | חנן ורחמן ייי אלהכון לא | מרפי | יתכון ולא מחבל יתכון ולא |
| 007 | | וארפי | Ex 4:26 | | וארפי | מיניה מלאכא בכדן שבחת |

## רפי *adj.* weak, loose [528]

|  | |  |  | | | |
|---|---|---|---|---|---|---|
| 001 | p abs | רפ' | Nu13:18M | אינון או/אם#2#/ | חלשין/רפ'#2#/ | הא עם קלילין אינון |
| 002 | | רפיין | Nu13:18M | אינון או מסגיין | /רפיין | הא זעירין הנון או |

רפף *vb.* ⇐ רכן

## רפש *vb.* to stamp [528]

001 וירפשון peal Ex21:22 וארום יתנצון גברין וירפשון אתה מעבר{ת}ה ויפוק ולדה
002 וירפשון Ex21:22M יתנצון גברין וירפשון/וירפשון#2/ אתה מעבר{ת}ה

## רפש *vb.* to be spread over [822!]

001 ורפש peal Nu11:31 ואגיז סלויין מן ימא ^^ורפש על משריתה כארח מהלך יום

## רצועה *n.* strap [528]

001 רצועה s ab/cn Gn14:23 אם מן חוט רצועה דמסן א«י»ן אסב מן כל

## רצע *vb.* to bore through the ear [529]

001 וירצע peal Ex21:06 לתרעא או למזוזית' וירצע רבוניה ית אדניה במרצעא
002 ותרצע Dt15:17M \ותתן באדניה ובתרע ותרצע/ יתיה באדנה#2/ בית דינה

## רצץ *vb.* to crush [529]

001 ורציצין peal Dt28:33 יתה ותהוון לחוד עצן ורציצין כל יומיה:
002 דרצצת pael Ex15:06M היא בחיילא ימינך ייי דרצצת ומרצצת שור בעלי דבביהון
003 ורציצו Nu21:15 רישיהון אלין לאלין ורציצו רישי גיבריהון ושטפו נחליה
004 ומרצצת Ex15:06M ימינך ייי דרצצת ומרצצת שור בעלי דבביהון דעמך

## רקי *n.* stomach of a ruminant [529]

001 ורקיתה s em/sf Dt18:03 אדרעא ולחייה ארעייה ורקיתה:

## רקיע *n.* sky [529]

001 רקיע s ab/cn Gn 1:20 על ארעא על אפי אויר רקיע שמיא:
002 ברקיע Gn 1:15 ויהוון מנהרין ברקיע שמייא למנהרא על ארעא והו'
003 לרקיע Gn 1:07M ובין מיא די מלעיל לרקיעא/לרקיע שמיא#2/ והוה כן
004 רקיעא s em/sf Gn 1:06 ואמר ממרא דייי יהוי רקיעא במציעות מיא ויהוי מפרש
005 Gn 1:07 וברא ייי ית רקיעא ואפרש בין מיא די מן תחות
006 Gn 1:07 בין מיא די מן תחות רקיעא ובין מיא די מלעיל לרקיעא
007 ברקיעא Gn 1:14 ואמ' ייי יהוון נהורין ברקיעא דשמיא למפרשא בין איממא
008 Gn 1:17 ושוי יתהון איקרי' דייי ברקיעא שמיא למנהרא על ארעא:
009 לרקיעא Gn 1:07 ובין מיא די מלעיל לרקיעא והוה כן כמימריה:
010 Gn 1:08 וקרא ממרא דייי לרקיעא שמיא והוה רמש והוה צפר

## רקיעה *n.* mantle [529]

001 רקיעתא s em/sf Ex22:26 לבלחודוי היא רקיעתא למשך בשרה במה הוא דמך

## רקן ⇐ *vb.* רכן

## רקק *vb.* to spit [530]

001 ירק peal Lv15:08 וארום ירק דיבה {בדיביה} <בדכיה>
002 ותירוק Dt25:09 סנדלה מעילווי רגלה ותירוק קדמוי ותיעני ותימר כהדן

## רשו *n.* control [530]

001 רשו s ab/cn Gn27:22M קלא דיעקב בצלותא לית רשו לעשו למנזקיה וכד מתרשל
002 Gn31:07 עשרה זמנין ולא יהב ייי רשו{י} למבאשא לי:
003 Ex12:23 דבני ישראל ולא יתן רשו למחבלא למיעול לגו בתיכון
004 Dt22:03M למכסייה עיינך מניה/לך רשו למטמרה יתיה#2/:
005 Ex12:13M ולא יהא רשו למלאכיא מחבלא דממני על
006 Gn20:06 בגין כדון לא יהבית לך רשו למקרב לוותה:
007 רשות Lv26:06M "רשותהון ... מן": רשות חיותה בישתה מן
008 ברשות Dt21:14 לא תתרעי בה ותשלח יתה ברשות נפשה ומזבנה לא תזבן יתה
009 רשותא s em/sf Gn39:06 ושבק כל מה דיליה תחות רשותא דיוסף ולא הו«ה» ידע
010 Gn39:22 ושוי רב בית חבושיה תחות רשותא דיוסף ית כל חבושיה די
011 Gn 4:07 רביע ובידך מסרת רשות{(ה)}«א» דיצרה בישא ואת תהוי
012 Gn41:35 ויכנשון עיבור תחות רשותא דפרעה מזון בקריתא ויטרון:
013 Ex21:08 למזבנה ית' חלף די יהב רשותא עליה:
014 רשותה Gn16:09M ואצטערי תחות ידה/רשותה#2/:
015 Nu 5:20M דומכה בר מן רשותה דבעל'
016 Nu 5:19 לא סטית סאבה בר מן רשותה דבעליך תידכי מימיא מרירה
017 Nu 5:20 ואת ארום סטית בר מן רשותה דבעליך וארום אסתאבת ויהב
018 Lv26:06M יתכון ואבטל רשותהון/<רשו>תה#2/ דמלכוותה דמתילן
019 Nu 5:19M סטיית סאיבה תחות רשותה לבעליך דזתכי מן
020 Gn 3:16 יהוי מתביך והוא יהוי רשותה עליך בין למזכה ובין
021 רשותהון Lv26:06 דמניט יתכון ואבטל רשותהון דמלכוותה דמתילן בחיוות
022 רשותי Gn39:08 מה דליה מסר תחות רשות«י»:
023 רשותיה Gn39:04 ועל מה דליה מסר תחות רשותיה:
024 רשותך Dt21:14 תתגר עלה חלף די יהבת רשותך עלה:

## רשון *n.* a type of locust [530]

001 רשונה s em/sf Lv11:22M כרזבה למינה וית רשונה למינה וית נפילה למינה
002 Lv11:22 ית גובא למינה וית רשונה למינהו וית נעלה למינהו

## רשי #2 *vb.* to empower [530 רשי]

001 ירשי afel Ex12:23M "יתן רשו למחבלא": ירשי מלאכא מחבלא

## רשיי *adj.* permitted [530]

001 ראשי s ab/cn Lv22:11M כספיה הא בכן יהווי ראשי למיכל מינה ומרבביני'
002 ראשי Ex21:08M יהווי רשיי/לית הוא ראשי#2/ למזבנה ית' חלף די יהב
003 רשי Dt23:21 לבר עממיה את רשי למיזף ולאחוך לית את רשי
004 Dt23:21 רשי למיזף ולאחוך לית את רשי למיזף מן בגלל די יברך
005 רשיי Dt24:04 לית הוא רשיי בעלה קדמייה די שבוק יתה
006 Dt15:03 ית בר עממיא את רשיי למדחק יתיה דיהווי לך גב
007 Ex21:08 לגבר בר עממין לא יהווי רשיי למזבנה ית' חלף די יהב
008 Dt22:03 מניה ותשכח יתיה לית רשיי למכסייה עיינך מניה:
009 Dt21:16 מה די יהווי לה לית הוא רשיי למקדמה ית ברא דרחימתה קדם
010 Dt22:19 תיהווי לאתה לית הוא רשיי למשבקה יתה כל יומוי חיוי:
011 Dt22:29 חלף די צער יתה ולית הוא רשיי למשבקה יתה כל יומי חיוי:
012 ראשין p abs Ex23:19M לית אתון ראשין למבשל' ולמיכל בשר'
013 Dt24:06M {ג}<ב>רם לית אתון ראשין למיהווי אסרין חתנין
014 Dt14:22M בני ישראל לית אתון ראשין למעשרה מן פרי שנה עד פרי
015 Dt15:19M בביכורי' /לית אתון ראשין למפלוחה#2/ תוריכון ולא
016 רשיהין Ex23:15M בני ישראל לית אתון רשיהין למתחמיי' קדם אלהיכון
017 רשיין Ex34:26M לית אתון רשיין לא למבשלה ולא למיכל בשר
018 Dt14:21M לית אתון רשיין לבשלה ולמיכול בשר בחלב
019 Dt28:31 קדמיכון ולית אתון רשיין למאכל מנהון חמריכון
020 Dt12:17 לית אתון רשיין למיכל בקורייכון מעשר
021 Dt16:05 עמי בני ישראל לית אתון רשיין למיכס ית נכסת פסחא בחדה
022 Dt24:06M "לא תהוון": לית אתון רשיין למיסב משכונה ריחייה

023 Ex19:13 ואהרן אינון יהוון רשיין למיסק לטורא:
024 Dt17:15 מלך <....> לית אתון רשיין למשוייה עליכון גבר
025 Dt16:16 בני ישראל לית אתון רשיין למתחמיא קדם ייי אלהכון

## רשיע *adj.* wicked [530]

001 רשיעא s em/sf Gn12:03M אלוט כבלעם רשיע{י}א
002 Dt 3:02M אמ׳ הלא הוא דן עוג רשיעא דהווה מחסר לאבהתן אברהם
003 Gn15:12 עלוהי דא {{היא אדום רשיעא דעתידא למיפל ולא תהוי ליה
004 Gn48:22 דאבה מן ידוי דנמרוד רשיעא ויהב יתיה ליצחק אבה
005 Dt 3:02M כיוון דחמה משה עוג רשיעא זע ואירתת מן קודמיה אמ׳
006 Nu22:30 להן את אזל בלעם רשיעא חסיר דעתה מה אן אנה דאנה
007 Ex12:42 נירי פרזלא יתברון ודרי רשיעא ישתיצון ומשה יסוק מן גו
008 Ex15:09 אמר פרעה רשיעא שנאה ובעיל דבבא ארדוף בתר
009 רשיעה Dt25:02M מין דינה למלקי רשיעה ויכפתיניה
010 Nu21:34M דחמה משה עוג ^רשיעה#2^ זע וארתת מן קדמוי#2#/
011 רשיעין p abs Ex34:07 רבה מדכר חובי אבהן רשיעין על בנין ועל בני בנין
012 Dt 5:09M מדכר חובי אבהן רשיעין/רשיעין#2#/ על בנין מרודין על
013 רשיען Nu14:18 רבה מדכר חובי אבהן רשיען על בנין מרודין על דר
014 Dt 5:09 בקנאה מדכר חובי אבהן רשיען על בנין מרדין על דר
015 רשיעין Gn15:17M דאשיה ובגי׳ רשיעין די כפרו באוריתא
016 רשיעי׳ p em/sf Gn15:17 דאשה דבגוה נפלו רשיעי׳ על דמרדו רשיעיא על
017 רשיעיא Ex12:42M "נירי ... ישתיצון": אברי רשיעיא ונירי פרזלא ישתיצון
018 Gn15:17 נפלו רשיעי׳ על דמרדו רשיעיא על אורייתא בחייהון בעלמ׳
019 Ex20:05 דמתפרע בקנא מן רשיעיא על בנין מרדין על דר
020 Gn 4:08 לצדיקיא ולית מתפרעה מן רשיעיא עני הבל ואמר לקין אית
021 רשיעיה Dt 5:09M בקנא׳ מן רשיעיה
022 Dt30:15M וית מותה דמייתין בה רשיעיה וית בישותה דגיהינם
023 Nu24:23 תקוף רוגזיה למתפרעה מן רשיעיה למיתן אגרהון דצדיקיה
024 Dt33:06 תניינה דביה מייתין רשיעיה לעלמא דאתי ויהוון עולימוי
025 Ex32:05M דיהי נכסא בי כהגה מן רשיעיה קדם ייי מחר
026 רשעי׳ Gn 4:08 לצדיקיא ואית מתפרעה מן רשעי׳ לעלמא דאתי על עסק פתגמא
027 דרשיעיא Gn49:01 דצדקייא ופורענתהון דרשיעיא ושלוותה דעדן מה היא
028 דרשיעיה Dt32:35 קריב הוא יום תברהון דרשיעיה ואשת׳ דגהינם מעתדה להון
029 ורשיעי׳ Gn15:17M דאשתה ומסקה תננה ורשיעי׳ לגווה אתמריין על די
030 ורשיעיה Ex12:42M יתברון \ודרי רשיעא/ורשיעיה#2#/ ישתיצון ומשה יסוק
031 לרשיע׳ Dt32:03 לרשיעיה וויי להון לר{{שיע׳}} דמדכרין שמה קדישה
032 לרשיעיא Gn 3:24 עדן לצדיקיא וגהינם לרשיעיא אתקן גנת עדן לצדיקיא
033 Gn 3:24 פקודיה אתקן גהינם לרשיעיא דהיא מדמיה לחרב שנונה
034 Gn 3:24 דנור וגומרין מבערן לרשיעיא למתפרעה מנהון לעלמא דאתי
035 Gn15:17M באתונה דמעתדא לרשיעיא לעלמא דאתי על די לא
036 לרשיעיה Dt32:03 אמר משה נבייה לרשיעיה וויי להון לר{{שיע׳}}
037 Dt32:34 ממזג ומתקן ומעתד לרשיעיה חתום באוצרי ליום דינה

## רשל *vb.* to be slack [530]

001 מתרשל etpaal Gn27:22M רשו לעשו למנזקיה וכד מתרשל בפתגמי אוריתא שלטין ביה
002 ואתרשל Gn 9:21M ורווה/ורבה#2#/ ואתגלי/ואתרשל#2#/ בגו משכנה:

## רשם *vb.* to mark [530]

001 ירשמון peal Lv21:05 לא ירשמון רושם בראשי«הון» ושומת

## רשע *vb.* to be evil [531]

001 וארשעתון afel Dt 1:43M ולא שמעתון וסרבתון/וארשעתון#2#/ על פם גזירת מימרה

## רתח *vb.* to be hot [530]

001 מרתחה afel Lv 7:12 פילין במשח וסלת מרתחה חלין פילין במשח:
002 Lv 6:14 על מסריתה במשח תתקרב מרתחה ייתי יתה תופיני מנחה

## רתחן *adj.* effervescent, fermenting [530]

001 רתחנין p abs Gn50:01M הוו שפכן {ת}<ח>מרין רתחנין ותמן מוקדן ותמן הוון

## רתיתה *n.* trembling [530]

001 רתית s ab/cn Ex15:15M "מואביי ...": מואב רתית אחזת יתהון אמסון בלבהון
002 רתיתא Ex15:14 שמעו אומיא אתרגזו רתיתא אחדת לדיירי דארעא דפלשת:
003 Ex15:15 מואביי אחדת יתהון רתיתא אתמסי לבהון בגויהון כל

## רתע #2 *vb.* to be excited [530]

001 ירתע peal Dt19:06M בתר קטולה ארום יזדעזע/ירתע#2#/ לבביה ויארע

## רתת *vb.* to tremble [530]

001 ואירתת peal Dt 3:02M משה עוג רשיעא זע ואירתת מן קודמיה אמ׳ הלא הוא דן
002 וארתת Gn44:19 בההיא שעתא ואתבהל וארתת יוסף מן קדמוה דיהודה
003 Gn44:19M \וארתת/מן קדמוי וארתת#2#/ יוסף מן קדמוה דיהודה
004 Nu21:34M עוג ^רשיעה#2^ זע וארתת מן קדמוי#2#/ הלא דין
005 Nu21:34 מלכא דבותנין דחל וארתת מן קדמוי ואמר הלא דין הוא

# ש

## שבע *vb.* to be satisfied [570]

| | | | | |
|---|---|---|---|---|
| 001 | תשבעון | peal | Lv26:26 | במתקל ותיאכלון ולא תשבעון: |
| 002 | | | Ex16:12 | תיכלון בשר ובצפרא תשבעון לחם ותידעון ארום אנה הוא |
| 003 | שביע | | Dt33:23 | נבייא דייי ואמר נפתלי שביע רעווה ומלי ברכן מן קדם ייי |
| 004 | שביעין | | Gn42:01 | לבנוי למה כען תתחמון שביעין ביני כפנין: |
| 005 | ושביעו | | Gn25:08 | בשיבו {ס}<ט>בא סב ושביעו ואתכנש לוות עמיה: |
| 006 | ושבעין | | Ex16:03 | דודבת בישרא אכלין לחם ושבעין ארום אפקתון יתן למדברא |
| 007 | וישבעון | | Dt26:12 | וייכלון בקורייכון וישבעון: |
| 008 | | | Dt31:20 | כדבשה וייאכלון וישבעון ויתפרנקון ויסטון בתר |
| 009 | | | Dt14:29 | דבקורייכון ויאכלון וישבעון מן בגלל די יברך יתכון |
| 010 | ותשבע | | Dt23:25 | ותאכל ענבים דצורכה ותשבע ולגו מניך לית איפשר לך |
| 011 | | | Dt23:25M | ענבין מה דנפשך בעייה ותשבע ולמאניך לא תשווי |
| 012 | ותשבעון | | Dt 6:11 | נצבתון ות«א»כלון ותשבעון: |
| 013 | | | Dt11:15 | לבעיריכון ותיכלון ותשבעון: |
| 014 | | | Dt 8:12 | דלא תיכלון ותשבעון ובתין ס{ו}בין תבנון |
| 015 | | | Dt 8:10 | ותאכלון ותשבעון ותברכון ית ממרה דייי |
| 016 | | | Lv25:19 | פירי עללתה ותאכלון ותשבעון ותשרון לרוחצן עלה: |
| 017 | | | Lv26:05 | זרעה ותאכלון לחמכון ותשבעון ותשרון לרוחצן בארעכון: |
| 018 | למישבע | | Lv26:05M | ותשבעון /מזונכון למישבע#2#/ ותשרון לרוחצן בארעכון: |
| 019 | למשבוע | | Ex16:08M | למיכל ומזון בצפר' למשב{עו}<וע> דגלי קדם ייי |
| 020 | למשבע | | Ex16:08 | בשר למיכל ולחם בצפרא למשבע כד שמיע קדם ייי ית |
| 021 | וישבעון | afel | Nu 4:13 | וישבעון ית מדבחה ויפרשון עלוי |
| 022 | ומשביע | | Gn30:22 | מפרש ואמר פתח ידך ומשביע לכל חיי דאית בהון רעוא |

## שבע *n.* plenty [570]

| | | | | |
|---|---|---|---|---|
| 001 | שבעה | s em/sf | Gn41:34 | דמצרים בשבעתי שני שבעה: |
| 002 | | | Gn41:30 | כפנא בתריהון ותתנשי כל שבעה בארעא דמצרים וישיצא כפנא |
| 003 | | | Gn41:31 | ולא יתוודע שבעה בארעא מן קדם כפנא ההוא בתר |
| 004 | | | Gn41:47 | ועבדת ארעא בשבעתי שני שבעה ויתמלון אוצריא: |

## שבען *n.* plenty [570]

| | | | | |
|---|---|---|---|---|
| 001 | שבענא | s em/sf | Gn41:53 | ושלמון שבעתי שני שבענא די הוין במצרים: |

## שהד *vb.* ⇐ סהד

## שהדו *n.* ⇐ סהדו

## שומה *v.n.* putting on [571]

| | | | | |
|---|---|---|---|---|
| 001 | ושומת | s ab/cn | Lv16:29M | מבבינה וסיכותה ושומת סנדלה ותשמי' מיטה |

## שטם *vb.* ⇐ סטם

## שיבה *n.* old age [571]

| | | | | |
|---|---|---|---|---|
| 001 | שיבת | s ab/cn | Gn44:31M | ית \שיביתיה דעבדך /שיבת עבדך#2#/ אבונן בדווי |
| 002 | משיבה | | Gn48:10 | ועייני דישראל כהון משיבה ולא הוה יכיל למיחמי |
| 003 | סיבתא | s em/sf | Gn24:36M | \מן בתר דיסאב /בתר סיבתא#2#/ ויהב לה ית כל מה דיליה |
| 004 | סיבתי | | Gn44:29 | יתיה סקול ותחתון ית סיבתי בביש לשאול: |
| 005 | שיביתיה | | Gn44:31 | הוא ויחתון עבדך ית שיביתיה דעבדך אבונן בדווי |
| 006 | שיבתי | | Gn42:38 | תהלכון בה ותחתון ית שיבתי בדווי לשאול: |

## שיבו *n.* ⇐ סיבו

## שלויי *n.* ⇐ סלויי

## שמאל *n.* left hand [571]

| | | | | |
|---|---|---|---|---|
| 001 | שמיל | s ab/cn | Dt17:11M | לשמאלה /לימין ולא שמיל#2#/: |
| 002 | ליסמאל | | Dt 5:32M | לשמאלה /לימין ולא ליסמאל#2#/: |
| 003 | ליסמיל | | Dt28:14M | לשמאלה /לימין ולא ליסמיל#2#/ למיזל בתר טעוון |
| 004 | | | Nu20:17M | /לא לימין ולא ליסמיל#2#/ עד זמן די תחומך נעבר |
| 005 | לישמיל | | Dt 2:27M | לא נסטי לא לימין ולא לישמיל |
| 006 | לשמאל | | Nu22:26M | לשמאלה/לימין ולא לשמאל#2#/: |
| 007 | לשמיל | | Dt17:20M | לא לימין ולא לשמיל#2#/ מן בגלל די יאריך יומין |
| 008 | שמאלא | s em/sf | Gn25:27M | דהוה נחשא בירכא שמאלא בדמות סייפא והוה ליה |
| 009 | שמאלה | | Gn48:13 | ית אפרים בימיניה מן שמאלה דישראל וית מנשה בשמאליה |
| 010 | | | Ex20:03 | מן ימינה ולמפד דאשא מן שמאלה פרח וטייס באויר שמיא וחזר |
| 011 | שמאליה | | Gn48:14 | דאפרים והוא זעירא וית שמאליה על רישיה דמנשה שלחף ית |
| 012 | | | Ex20:02 | ימיניה ולמפד דאשא מן שמאליה פרח וטייס באויר שמייא |
| 013 | | | Dt 5:06 | ימיניה ולמפד דאשה מן שמאליה פרח וטייס באויר שמיא וחזר |
| 014 | | | Dt 5:07 | (ומל ול) ולמפד דאשה מן שמאליה פרח וטייס באויר שמייא |
| 015 | שמלאהון | | Ex14:22 | דמיין מן ימינהון ומן שמלאהון: |
| 016 | שמלהון | | Ex14:29 | דמין מן ימינהון ומן שמלהון: |
| 017 | בשמאליה | | Gn48:13 | דישראל וית מנשה בשמאליה מן ימיניה דישראל וקרב |
| 018 | דשמאלה | | Lv14:15 | על כף ידיה דכהנ' דשמאלה: |
| 019 | | | Lv14:26M | ויריק על ידא דידיה דשמאלה |
| 020 | | | Lv14:26 | על כף ידיה דכהנה דשמאלה: |
| 021 | | | Lv14:16 | מש{כ}<ח>ה דעל כף ידיה דשמאלה וידי מן משחה בא<צ>בעה |
| 022 | | | Lv14:27 | די על כף ידה דכהנא דשמאלה שבעה זמנין קדם ייי: |
| 023 | לשמאלה | | Gn24:49 | לי ואסטי לימינא או לשמאלה: |
| 024 | | | Nu22:26 | למסטי לא לימינה ולא לשמאלה: |
| 025 | | | Dt 2:27 | אסטי לא לימינה ולא לשמאלה: |
| 026 | | | Dt 5:32 | תסטון לא לימינה ולא לשמאלה: |
| 027 | | | Dt17:11 | לכון לא לימינה ולא לשמאלה: |
| 028 | | | Dt28:14 | הדין לא לימינה ולא לשמאלה למיזל בתר טעוון אחרניין |
| 029 | | | Dt17:20 | דאוריתה לא לימינה ולא לשמאלה מן בגלל די יאריך יומין על |
| 030 | | | Nu20:17 | לא נסטי לא לימינה ולא לשמאלה עד זמן די תחומך נעבר: |

There appears to be a legitimate colloquial form יסמיל (formed by analogy to ימין) preserved in the marginalia, which has given rise to several dubious mixed forms as well (1,6,7). For convenience all such forms are listed here.

## שנא *n.* enemy [571]

| | | | | |
|---|---|---|---|---|
| 001 | דשני | s ab/cn | Lv26:06 | ברא מן ארעא וחרב דשני לא תעבר בארעכון: |
| 002 | סנאה | s em/sf | Nu10:09 | על בעלי דבביכון על סנאה דמעיק לכון ותתקעון |
| 003 | | | Nu10:09M | <על> סנאה דמ<ת>ע{ת}יק לכון |
| 004 | שנאה | | Ex15:09 | אמר פרעה רשיעא שנאה ובעיל דבבא ארדוף בתר עמא |
| 005 | | | Ex15:06 | ימינך ייי תברת פרעה שנאה ובעל דבבה: |
| 006 | דשנאה | | Dt32:27 | אילולי כעסן דשנאה די תקף ואילולי דאדכר להון |
| 007 | דשנאך | | Ex23:04 | ארום תערע תורא דשנאך או חמריה טעון מחזרא תחזר |
| 008 | | | Ex23:05 | ארום תחמי חמרא דשנאך רביע תחות טעוניה ותתמנע |
| 009 | סנאיך | p em/sf | Nu10:35 | בעלי דבבך ויערקון סנאיך מן קדמך: |
| 010 | סנאיכון | | Lv26:17 | וישלטון בכון סנאיכון ותערקון ולית דרדף יתכון: |
| 011 | שונאינון | | Ex 1:10 | ויתוספון אינון אף על שונאינון ויסדרון קרבא לקובלן |

| | | | | | | |
|---|---|---|---|---|---|---|
| 012 | שנאוי | | Gn49:11 | חרציה ונפק לקרבא על | שנאוי | ומקטל מלכין עם שלטונין |
| 013 | | | Gn49:17 | שנאוי נפק לקרבא לקבל | שנאוי | ומקטל מלכין עם שלטונין: |
| 014 | | | Gn49:17 | ודחלתו על | שנאוי | נפק לקרבא לקבל שנאוי |
| 015 | | | Dt33:07 | וסעד וסמך מן | שנאוי | תיהוי ליה: |
| 016 | שנאיהון | | Dt32:27 | ודי לא ייאמרון | שנאיהון | בעלי דבביהון ידינן |
| 017 | | | Dt33:17 | בעלי דבביהון ולקבל | שנאיהון | ומקטלין מלכין עם שולטנין |
| 018 | שנאיי | | Ex20:05 | אבהתהן להון אנה קרא | שנאיי: | |
| 019 | שנאיכון | | Dt 7:15 | בכון וישוי יתהון בכל | שנאיכון: | |
| 020 | | | Dt30:07 | על בעלי דבביכון ועל | שנאיכון | די רדפו יתכון: |
| 021 | דשנאוי | | Dt33:11 | ברעווה תבר חרצה | דשנאוי | ובעלי דבבוי מן קדמוי לא |
| 022 | לסנאוי | | Dt 7:10M | ולא משהי למשל{ו}<'> | לסנאוי | אגר מצוון קלילן דאיתי |
| 023 | לסנאי | | Nu14:18M | ועל דר רביעיי | ∧לסנאי#2#/: | |
| 024 | | | Dt 5:09M | בחטא קדמיי | לשנאיי/לסנאי#2#/: | |
| 025 | לשנאוי | | Dt 7:10 | ומשלם | לשנאוי | בעלמא הדין אגר עובדהון |
| 026 | | | Dt32:41 | יד ימיני אחוד נקמתה | לשנאוי | ולבעלי דבביהון דעמי אשלם |
| 027 | | | Dt 7:10 | דאתי ולא משהי אגר טב | לשנאוי | עד אנון יהיבין בעלמא הדין |
| 028 | לשנאי | | Ex20:05 | תליתיא ועל דר רביעיאי | לשנאי | כד יהוון ב{מ}<נ>ייא |
| 029 | לשנאיי | | Dt 5:09 | כד משלמין בחטא קדמיי | לשנאיי: | |

See also: *pron.* אנה

## שׂנאה ⇐ *n.* סנאה

## goat [Heb.] *n.* [שׂעיר] [571]

| | | | | | | |
|---|---|---|---|---|---|---|
| 001 | שעירה | s em/sf | Lv10:16M | "צפירה ... תבע": | שעירה | דחטא' מתבוע תב' |

## hair *n.* שׂער [571]

| | | | | | | |
|---|---|---|---|---|---|---|
| 001 | שיער | s ab/cn | Lv13:41M | אפוי יתמרט | שער/שיער#2#/ | ראשה גלש לישן |
| 002 | שער | | Lv21:20 | על עייניה או דלית ליה | שער | בגיבינוי או גביע או ננס או |
| 003 | | | Lv13:21 | יתיה כהנא והא לית בה | שער | חוור ומכיכה לית היא מן |
| 004 | | | Lv13:25 | יתיה כהנא והא אתהפך | שער | חוור בבה{י}ק<י>תה וחזוה |
| 005 | | | Lv13:26 | כהנא והא לית בבהקיתה | שער | חוור ומכיכה לית היא מן |
| 006 | | | Lv13:30 | חזוה מכיך מן משכה ובה | שער | מצלהב דקיק ויסאב יתיה כהנא |
| 007 | | | Lv13:32 | נ{ק}ת<ק>ה ולא הוה בה | שער | מצלהב וחזוה דניתקא לית הוא |
| 008 | | | Nu 6:18M | ריש נזירותיה∧ויסב ית | שער | ראש נזירותיה#2#/ ויתן על |
| 009 | | | Lv13:41 | ואן מן כל קבל אפוי יתמרט | שער | ראשה גלש לישן הוא דכי הוא: |
| 010 | | | Lv13:40 | וגבר ארום יתמרט | שער | רישיה קרח הוא דכי הוא: |
| 011 | | | Nu 6:05 | קדיש יהוי יתרבי פרע | שער | רישיה: |
| 012 | | | Lv13:10M | אתהפכת/ית#2#/ | לשער/שער#2#/ | חוור/חיוור#2#/ ורושם |
| 013 | דשער | | Gn25:25 | כו<ליה כ>כלן | דשער | וקרון שמה <...>: |
| 014 | ושער | | Lv13:37 | ואן בחזוה קם נתקא | ושער | אוכם צמח בה אתאסי נתקא דכי |
| 015 | | | Lv13:31 | לית חזוה מכיך מן משכה | ושער | אוכ{ס}<ם> לית בה ויטרוד |
| 016 | | | Lv13:03 | ית מכתשא במשך בשריה | ושער | במכתשה אתהפי' לחוור וחזווי |
| 017 | לשער | | Lv13:10 | במשכה והיא אתהפכת | לשער | חוור ורושם דבשרא חי |
| 018 | שערה | s em/sf | Lv14:09 | וית גביני עייני וית כל | שערה | יספר ויחוור ^ית#2#^ לבושוי |
| 019 | שעריה | | Lv14:08 | לבו«שוי» ויספר ית כל | שעריה | ויסחי במיא וידכי ובתר כן |
| 020 | | | Lv14:09 | שביעיה יספר ית כל | שעריה | ית ראשיה וית דקנה וית |
| 021 | וסערה | | Lv13:20 | והא חזוה מכיך מן משכה | וסערה | אתהפך לחוור וי' ית' כהנא |
| 022 | ושעורה | | Lv13:04 | לית חזוה מן משכה | ושעורה | לא אתהפך לחוור ויטרוד |
| 023 | לשערה | | Lv13:36 | במשכא לא יפשפש כהנא | לשערה | מצלהבה מסאב הוא: |
| 024 | שערתיה | p em/sf | Gn44:19 | אחוי ועוד חמא דנפקין | שערתיה | מלביה ובזעו לבושיה בההיא |

## barley *n.* שׂערה [572]

| | | | | | | |
|---|---|---|---|---|---|---|
| 001 | דשערין | p abs | Lv27:16 | לפם זרעה זרע כור | דשערין | בחמשין סלעין דכסף: |
| 002 | | | Nu 5:15 | עלה עשרון מכלתה קמח | דשערין | לא יריק <משחה ולא יתן> |
| 003 | ושערין | | Dt 8:08 | ארע דחיטין | ושערין | וגופנין ותאנין ורימונין |
| 004 | | | Dt 8:08M | /דעבדה חיטין | ושערין#2#/ | וגופנין ותאנין |
| 005 | שערייה | p em/sf | Ex 9:31 | ושערייה לקיין ארום | שערייה | הון בכירן וכתנה הוות |
| 006 | ושערייה | | Ex 9:31 | ו{פ}<כ>תנה | ושערייה | לקיין ארום שערייה הון |

## hairy person *adj.* שׂערן [572]

| | | | | | | |
|---|---|---|---|---|---|---|
| 001 | שערין | s ab/cn | Gn27:11 | אמיה הא עשו אחי גבר | שערין | ואנה גבר שעשיע: |

## hairy *adj.* שׂערניי [572]

| | | | | | | |
|---|---|---|---|---|---|---|
| 001 | שערניין | p abs | Gn27:23 | ידוי כידוי דעשו אחוי | שערניין | וברך יתיה: |

## שׂערתיין ⇐ *n.* סערתיין

## hairy *adj.* שׂערתן [!!]

| | | | | | | |
|---|---|---|---|---|---|---|
| 001 | שערתן | s ab/cn | Gn27:11M | הא עשו אחי גבר | שעריו/שערתן#2#/ | ואנה גבר שעשיע: |

## border of a garment *n.* שׂפמה [572]

| | | | | | | |
|---|---|---|---|---|---|---|
| 001 | סיפמה | s ab/cn | Ex28:26 | סיטרוי דחושנא על | סי{מפ}<פמ>ה | די מן סיטרא דאפודה |
| 002 | שפמה | | Ex28:32 | ויהווי פם ראשה במיצעה | שפמה | יהווי לפמה מן חזור חזור |
| 003 | | | Lv13:45 | וראשיה יהווי מכסי ועל | שפמה | יהווי עוטם והוא מצרעה יהיה |
| 004 | | | Ex39:23 | מעילה במיצעה כפם סירה | שפמה | לפמה מן חזור חזור ולא |

## sack *n.* שׂק [572]

| | | | | | | |
|---|---|---|---|---|---|---|
| 001 | סק | s ab/cn | Lv11:32 | דקייס או לבוש או משך או | סק | כל מן די יתעבד עבידה בהון |
| 002 | שוקה | s em/sf | Lv10:15 | | שוקה | דאפרשות' וניעה דאנפותה על |
| 003 | | | Lv 7:33 | דאהרן דידיה תיהווי | שוקה | דימינה לחולק: |
| 004 | | | Nu22:39M | /ואתון לקרתה דבתרין | שוקה | היא בית דיב#2#/: |
| 005 | שקא | | Nu 6:20 | דא«נ»פותה ועל | שקא | דאפרשותה ומן בתר כדין ישתה |
| 006 | | | Gn37:34 | ובזע יעקב לבושוי ושוי | שקא | תחתוי ואתאבל על בריה יומין |
| 007 | שקה | | Lv10:14 | וית ניעה דאנפותה וית | שקה | דאפרשות' תאכלון באתר דכי |
| 008 | | | Lv10:15M | | שוקה/שקה#2#/ | דאפרשות' וניעה |
| 009 | | | Ex29:27 | ותקדש ית נעה דאנפותה וית | שקה | דאפרשותא די אתנף ודי אתפרש |
| 010 | | | Lv 7:34 | ני{ש}<ע>ה דאנפותה וית | שקה | דאפרשו«תה» קבלת מן לוות |
| 011 | | | Ex29:22 | וית תרבא די עליהון וית | שקה | דימינא ארום דכרא דאשלמותא |
| 012 | | | Lv 7:32 | וית | שקה | דימינה תתנון אפרשו לכהנא |
| 013 | | | Lv 8:25 | כליתה וית תרביהון וית | שקה | דימינה: |
| 014 | | | Lv 8:26 | חד ושוי על תרביה ועל | שקה | דימינה: |
| 015 | | | Lv 9:21 | וית ניעיה וית | שקה | דימינה אניף אהרן אנפו קדם |
| 016 | שקיה | | Gn42:27 | ופתח חד מינהון ית | שקיה | למיתן כסה לחמריה בבית |
| 017 | בסקיה | | Gn42:35 | והא גבר צררא דכספא | בסקיה | וחמון ית צרריהון דכספיהון |
| 018 | וכשקה | | Nu18:18 | לך כניעה דאנפותה | וכשקה | דימינה דידך יהוון: |
| 019 | לשקיה | | Gn42:25 | ולמחזרה כספהון גבר | לשקיה | ולמיתן להון זבדין לארחא |
| 020 | שקיהון | p em/sf | Gn42:35 | והוו אינון מפנין | שקיהון | והא גבר צררא דכספא בסקיה |
| 021 | שקייה | | Dt28:35 | בישה על ברכייה ועל | שקייה | די לא תיכלון למתאסייה מן |

## שׂרט *vb.* to scratch [572]

| | | | | | | |
|---|---|---|---|---|---|---|
| *001* | peal | ישרטו' | *Lv21:05* | לא יספרון ובבשרהון לא | ישרטו' | שרטת: |

## שׂרטה *n.* scratch [572]

| | | | | | | |
|---|---|---|---|---|---|---|
| *001* | s ab/cn | סורטה | *Lv21:05M* | לא ישרטו' | שרטת/^<שר>טא#2#^/סורטה#2#/: | |
| *002* | | שרטא | *Lv21:05M* | לא ישרטו' | שרטת/^<שר>טא#2#^/סורטה#2#/: | |
| *003* | | שרטת | *Lv21:05* | ובבשרהון לא ישרטו' | שרטת: | |
| *004* | | ושרט' | *Lv19:28* | | ושרט' | על נפש דמית לא תתנון |

## שׂרף *adj.* venemous [572]

| | | | | | | |
|---|---|---|---|---|---|---|
| *001* | p abs | שרפין | *Dt 8:15* | ודחילה ארע בית חיוין | שרפין | ועקרבין וצהו די לית מיין |
| *002* | p em/sf | שרפיתה | *Nu21:06* | ייי בעמא ית חויה | שרפיתה | ונכתו ית עמא ומיתו עם |

## שׂרף *n.* seraph [573]

| | | | | | | |
|---|---|---|---|---|---|---|
| *001* | s ab/cn | לשרף | *Gn30:22M* | מסירין לא למלאך ולא | לשרף | מפתחיא דמיטר' מפתחיא |
| *002* | | | *Gn30:22* | ולא מסרן לא למלאכא ולא | לשרף | מפתחא דמטרא ומפתחא דפרנסתא |

# ש

## שאול *n.* netherworld [532]

001 שאול s ab/cn *Dt32:22* נפקת מן קדמיי ואוקדת עד שאול ארעייתה ותכלת ארעא ועללתה
002 *Nu16:33* וכל מה דהוה להון חיין שאול וכסיית עליהון ארעא
003 שייול *Dt32:22M* ואוקדת עד שאול/שייול#2#/ ארעייתה ותכלת ארעא
004 לשאול *Gn42:38* ותחתון ית שיבתי בדוי לשאול:
005 *Gn44:29* ותחתון ית סיבתי בביש לשאול:
006 *Gn44:31* דעבדך אבונן בדוויי לשאול:
007 *Nu16:30* מה דלהון ויחתון חיין לשאול ותדעון ארום ארגיזו גברייה
008 לשאולה *Gn44:29M* /אזוי#2#/ בביש לשאול/לשאולה#2#/:
009 *Gn44:31M* אבונן בדוויי לשאול/לשאולה#2#/:
010 *Nu16:33M* דאית להון בחיין לשאולה
011 *Gn37:35* ואמר ארום אחות על ברי לשאולה ובכה יתיה אבוי:
012 לשיול *Nu16:30M* לשאול/בחיין לשי{לו}<ול>#2#/ ותדעון ארום ארגיזו

## שאל *vb.* to ask [532]

001 שאולי peal *Dt 4:32M* ארום שאילו/שאולי#2#/ כען ליומיא קדמייה
002 שאי *Nu22:30M* הדא אתנתה דידי שאלה/שאי#2#/ היא הלא אנה אתנתך די
003 שאיל *Gn32:30* כען שמך ואמר למה כען את שאיל לשמי וברך יתי תמן:
004 שאילו *Dt 4:32* ארום שאילו כען ליומיא קדמייה די הוון
005 שאל *Gn43:07* ואמרן משאל שאל גברא לנא ולתלדותן למימר הא
006 *Gn44:19* ואמר מילין מכיכן רבוני שאל ית עבדוי למימר הא אית לכון
007 *Dt10:12* ישראל מה ייי אלהכון שאל מן לוותכון ארום אלהן
008 שאלה *Nu22:30* לית הדא אתנתה דידי שאלה היא הלא אנה אתנתך די רכבת
009 שאלו *Dt32:07* בשנוי דכל דר ודר שאלו לאבהתכון דרברבין מנכון
010 שאלי *Lv19:31M* /תסטון#2#/ בתר שואל/שאלי#2#/ אוב׳ ומסקי דכורן
011 *Lv20:06* ונפש׳ די תסטי בתר שאלי אובה ומסקי זכורן {{למטעי}}
012 *Lv20:27* או אתה די יהווי בהון שאלי אובה או מסקי זכורון מתקטלה
013 *Nu33:16* דסיני ושרון בקברי שאלי שאלתה:
014 שאלין *Gn37:09* וזהרא וחד עשר כוכבין שאלין בשלמי:
015 שאלת *Gn43:09* יתיה ניהוי מרחק מן שאלת בשלמך כל יומיא:
016 שאלתון *Dt18:16* ככל מה די שאלתון מן קדם ייי אלהכון בטורא
017 שואלי *Lv19:31* לא תטון בתר שואלי אוב׳ ומסקי דכורן לא תצבון
018 ישאול *Ex22:13M* וארום ישאל/ישאול#2#/ גבר מלות חבריה ויתבר
019 ישאל *Ex22:13* וארום ישאל גבר מלות חבריה ויתבר או
020 *Dt 6:20M* ארום ישאלון/ישאלו#2#/ יתכון בניכון למחר
021 ישאלון *Ex13:14* ויהוי ארום ישאלון בניכון למחר למימר מה הא
022 *Dt 6:20* ארום ישאלון יתכון בניכון למחר למימר
023 תשאול *Dt14:26M* וכל#2#/ מה די תשאל/תשאול#2#/ יתכון נפשיכון
024 תשאל *Dt14:26* חדת ובעתיק ובכל מה די תשאל יתכון נפשיכון ותאכלון תמן
025 *Gn32:30M* ואמר למה כען את שאיל/תשאל#2#/ לשמי וברך יתי תמן:
026 תשאלון *Dt18:16M* ככל מה די שאלתון/תשאלון#2#/ מן קדם ייי אלהכון
027 משאל *Gn43:07* ואמרן משאל שאל גברא לנא ולתלדותן
028 ושאיל *Gn19:01* לוט ורהט לקדמותהון ושאיל בשלמהון בנימוס ארעא:
029 ושאילו *Ex12:36M* ושאלו/<ד>מצראי ושאילו#2#/ להון ורוקנן בני ישראל
030 *Ex12:35* עבדו כמלוי דמשה ושאילו מן מצריי מנין דכסף ומנין
031 ושאל *Gn32:30* ושאל יעקב ואמר תני כען שמך
032 *Gn33:03* והוא עבר קדמיהון ושאל בשלומהון בנימוס ארעא שבעה
033 *Gn18:02* לקדמותהון מן תרע משכנה ושאל בשלמהון כנימוס ארעא:
034 *Gn23:11M* מתך: וקם אברהם ושאל בשלמהון בנימוס ארעא דבני
035 *Ex18:07* ונפק משה לקדמות חמוי ושאל בשלמיה ונשק יתיה ושאלו גבר
036 *Gn23:07* וקם אברהם ושאל בשלמיהון בנימוס ארעא דבני
037 *Gn38:21* ושאל ית עמא דאתרא למימר אן היא
038 *Gn40:07* ושאל ית שליטוי דפרעה דעמיה
039 *Gn37:15* גבר והא הוא טעי בחקלא ושאל יתיה גברא למימר מה את בעי:
040 *Gn43:27* ושאל להון בשלם ואמר הא שלם הוא
041 ושאלו *Gn37:07* והא מתכנשין כורכותכון ושאלו בשלמה דכורכותי:
042 *Gn48:12M* ארעא /מן לוות ברכוי ושאלו בשלמה כנימוס ארעא#2#/:
043 *Gn42:06* ואתון אחוי דיוסף ושאלו בשלמיה כנימוס ארעא:
044 *Gn43:26M* לפלטורין ושאלון/ושאלו#2#/ בשלמיה בנימוס ארעא:
045 *Gn44:14* והוא כען הווה תמן ושאלו בשלמיה כנימוס ארעא:
046 *Ex18:07* ושאל בשלמיה ונשק יתיה ושאלו גבר לחבריה מלין דשלם ועלו
047 *Ex12:35M* ומנין דדהב ולבושין ושאלו/ מן מצראי מאני כסף ומאני
048 ושאלון *Gn43:26* די בידיהון לפלטורין ושאלון בשלמיה בנימוס ארעא:
049 *Gn26:07* ושאלון עמא דאתרא על אתתיה ואמרו
050 ושאלי *Dt18:11* וחברי חבורין בישן ושאלי אובה ומסקי זכורון ותבעין
051 ושאלין *Gn33:06* לחינתה אינין ובניהון ושאלין בשלמיה:
052 *Gn33:07* לחוד לאה ובנהה ושאל«ין» בשלמיה <....>:
053 *Gn27:29* דקטור׳ ויהוון מקדמין ושאלין בשלמך כל בנוי דלבן דהוא
054 *Gn49:08* יהוון מקדמין ושאלין בשלמך כל בנוי דאבוך:
055 ושאלית *Gn24:47* ושאלית יתה ואמרת לה ברת מן את
056 וישאול *Nu27:21* וקדם אלעזר כהנא יקום וישאול לה בסדר דינהון דאוריתה
057 וישאל *Nu27:21M* כהנא יקום וישאול/<ויש>אל#2#/ לה בסדר דינהון
058 וישאלון *Ex11:08* כל עבדיך אלין לוותי וישאלון בשלמי למימר פוק את וכל
059 *Ex11:02* מלל כען במשמעהון דעמא וישאלון גבר מן חבריה ואתתא
060 וישאלונך *Gn32:18* יערע יתך עשו אחוי וישאלונך למימר מן את אתי ולאן את
061 ונשאל *Gn24:57* ואמרו נקרי לרביתה ונשאל ית פמה:
062 ותשאל *Ex 3:22* ותשאל אתה מן מגירתה ומן קריבת
063 ותשאלון *Dt13:15* ותתבעון ותחקרון ותשאלון יאות והא מן קושטא אתכוון
064 למשאול *Gn44:32M* מרחק מן \שאלת שלמה /למשאול בשלמ#2#/ דאבה כל
065 למשאל *Gn44:18M* נהוי מרחק \מן שאלת /למשאל בשלמא#2#/ שלמה דאבה כל
066 *Gn37:10* ניתי אנא ואמך ואחך למשאל בשלמך בנימוס ארעא:
067 למשאליה *Nu24:01* דהוה אזל בכל זמן למשאליה בדכריה לקדמות קסמיה ואזל
068 למשיל *Nu24:01M* בכל זמן \למשאליה בדכריה/למשיל ברכיה#2#/ברכיא#2#/
069 דמשילי pael *Nu33:16M* בקברי\שאלי שאלתה /דמשילי ביסרא#2#/:
070 ואשאלו afel *Ex12:36* דעמא באפיהון דמצריי ואשאלו להון ורוקנן בני ישראל ית
071 ישתאלון etpeel *Lv 4:13* ואין כל כנשת׳ דישראל ישתאלון ויתכסי פתגם מן עייני
072 ישתלון *Lv 4:13M* כנשת׳ דישראל ישתאלון/ישתלון#2#/ ויתכסי פתגם מן

See also: שלי *vb.*

## שאלה *n.* question [532 שאילה]

001 שאלת s ab/cn *Gn44:18* יתיה קדמך נהוי מרחק מן שאלת שלמה דאבה כל יומייא או
002 *Gn44:32* לוותך ניהווי מרחק מן שאלת שלמה דאבה כל יומיא:
003 *Dt 9:22M* /ובמי מצותה ובקברי שאלת תחמדתה#2#/ מרגזין הוויתון
004 שאלתה s em/sf *Nu33:16* ושרון בקברי שאלי שאלתה:
005 *Nu11:34* שמה דאתרה ההוא קברי שאלתה ארום תמן קברו ית עמא
006 *Dt 9:22* ובניסיונה ובקברי שאלתה מרגזין הוויתון קדם ייי:

שאמום *n.* ⇐ שעמום

שאר *vb.* ⇐ שייר

## remainder *n.* שאר [533]

|  |  |  |  |  |
|---|---|---|---|---|
| 001 | שאר | s ab/cn | Lv26:26 | כד אתבר לכון שא<ר> מזונה וייפון עשר נשין |
| 002 | ושאר | | Dt 3:13 | ושאר גלעדה וכל בותנין |

## Sabbath, rest *n.* שבה [539 שובה]

|  |  |  |  |  |
|---|---|---|---|---|
| 001 | שבא | s ab/cn | Ex20:10 | ויומא שביעיא שבא וניח קדם ייי אלהכון לא |
| 002 | | | Gn 2:02 | עיבידתיה די ברא והוה שבא ונייח קדמוי ביומא שביעיא |
| 003 | | | Ex20:11 | וית כל מה דבהון והוה שבא ונייח קדמוי ביומא שביעיא |
| 004 | שבה | | Gn 2:03 | יתיה ארום בה הוא שבה וניח קדמוהי מן כל עיבידתיה |
| 005 | | | Ex31:17 | ארעא וביומא שביעיה הוה שבה וניח קדם ייי: |
| 006 | | | Lv23:03M | עבידה לא תעבדון שב/שבה#2/ ונייח הוא קדם ייי בכל |
| 007 | | | Lv25:02M | ארעא \שמטה לשמה דייי /שבה וניח קדם ייי#2/: |
| 008 | | | Lv25:04M | שבתה יהוי לארעא שמטתה/שבה ונייח#2/ קדם ייי |
| 009 | | | Dt 5:14 | וביומא שביעיה שבה ונייח קדם ייי אלהכון לא |
| 010 | שבת | | Lv19:03 | תהוון זהירין וית שבת קדשיי <תתרון> כדן אמר ייי |
| 011 | | | Ex31:15 | עבידה וביומה שבעיה שבת שבית«ה» קדש קדם ייי כל |
| 012 | | | Ex16:23 | הוא פתגמא די מלל ייי שבת שבתא קדש קדם ייי למחר ית |
| 013 | | | Ex35:02 | שביעיא יהוי לכון קדש שבת שבתה קדם ייי כל די יעבד בה |
| 014 | | | Lv16:31 | שבת שבתה היא לכון ותצומון ביה |
| 015 | | | Lv23:03 | תעבד עבידה וביומא שבעיה שבת שבתה יום וארוע קדיש כל |
| 016 | | | Lv23:24 | יומא לירחא יהווי לכון שבת שבתה דכרן טב תקיעה ויבבו |
| 017 | | | Lv23:32 | שבת שבתה היא לכון ותצימון בה |
| 018 | | | Lv23:39M | וארוע קדיש ^וביומא#1^ /שבת שבתה וביום#2/ תמנייה |
| 019 | | | Lv23:39M | \יום טב וארוע קדיש /שבת שבתה#2/: |
| 020 | | | Lv25:04 | ובשתה שביעיתה שבת שבתה יהוי לארעא שמטתה קדם |
| 021 | | | Lv25:05 | ענבי שבקיכון לא תקטפון שבת שבתה יהווי לארעא: |
| 022 | שובה | | Dt 5:14M | וביומא שביעיא שבה/שובה#2/ ונייח קדם ייי אלהכון |
| 023 | שב' | s em/sf | Ex31:14M | ותטרון ית \יום שבתה/שב#2/ ארום קדש הוא לכון מן |
| 024 | | | Nu 3:24M | ורבה דבית אבה מן/ שב#2/ דבנוי דגרשני אליסף בר |
| 025 | שביתה | | Ex31:15 | וביומה שבעיה שבת שבית«ה» קדש קדם ייי כל די יעבד |
| 026 | שבתא | | Ex35:03 | אתר בית מדוריכון ביום שבתא: |
| 027 | | | Ex16:25 | אכלו יתיה יומא דין ארום שבתא יומא הדין קדם ייי יומא |
| 028 | | | Ex16:26 | יתיה וביומא שביעיא שבתא לא יהוי ביה מניה: |
| 029 | | | Ex31:16 | יומא דשבתא למעבד ית יום שבתא לדריהון לקיים עלם: |
| 030 | | | Ex31:17 | בני ישראל סימן היא שבתא לעלם ארום שתה יומין ברא |
| 031 | | | Ex16:23 | פתגמא די מלל ייי שבת שבתא קדש קדם ייי למחר ית מה די |
| 032 | שבתה | | Lv23:39M | וארוע קדיש /שבת שבתה#2/: |
| 033 | | | Ex31:14 | ותטרון ית יום שבתה ארום קדש הוא לכון מן |
| 034 | | | Nu27:05 | דיני ממון במקושהה דחליל שבתה בזדנו ובמחרף דפרש שמה |
| 035 | | | Nu 9:08 | דיני ממון במקושהה דחליל שבתה בזידנו ובמחרפה דפרש שמה |
| 036 | | | Lv23:24 | לירחא יהווי לכון שבת שבתה דכרן טב תקיעה ויבבו יום טב |
| 037 | | | Lv16:31 | שבת שבתה היא לכון ותצומון ביה ית |
| 038 | | | Lv23:32 | שבת שבתה היא לכון ותצימון בה ית |
| 039 | | | Lv23:39M | קדיש ^וביומא#1^ /שבת שבתה וביום#2/ תמנייה יום טב |
| 040 | | | Lv25:05 | שבקיכון לא תקטפון שבת שבתה יהווי לארעא: |
| 041 | | | Lv25:04 | ובשתה שביעיתה שבת שבתה יהוי לארעא שמטתה קדם ייי |
| 042 | | | Lv23:03 | עבידה וביומא שבעיה שבת שבתה יום וארוע קדיש כל עבידה לא |
| 043 | | | Ex31:15 | ההיא מגו עמיה{ } ^ביום שבתה^ יתקטלה יתקטל: |
| 044 | | | Ex35:02 | יהוי לכון קדש שבת שבתה קדם ייי כל די יעבד בה |
| 045 | | | Ex31:15M | שבעיה שבת שבית«ה»/שבתה#2/ קדש \קדם ייי /לשמה |
| 046 | | | Lv23:16 | עד מן בתר שבתה שביעיתה מן דתמנון להוד |
| 047 | | | Nu28:09 | וביומא שבתה תקרבון תרין אמרין בני |
| 048 | | | Nu28:10 | עלתה דשבתה ביום שבתה תקרבון יתיה סמיכה לעולת |
| 049 | שוב' | | Nu15:32M | \ביומא דשבתה /ביום שוב#2/: |
| 050 | שובתא | | Ex16:29 | חמון ארום ייי יהב לכון שובתא בגין כדין הוא יהב לכון |
| 051 | שובתה | | Lv24:12 | דיני ממון במקושהה דחליל שובתה בזידנו ובמחרפה דפרש שמיה |
| 052 | | | Lv24:12M | בגדפין ובמקושהה דחליל שובתה בזידנו הוה משה מתי{י}ן |
| 053 | | | Nu 9:08M | ובמקושהה דחליל ש«ו»בתה בזידנו הווה <משה> |
| 054 | | | Nu15:34 | ממון ובמקושהה דחלל ש«ו»בתה בזידנו ובמחרפה דפרש שמה |
| 055 | | | Nu15:34M | זריז במקושהה דחלל שובתה בזידנו וב<מ>חרפה דחרך |
| 056 | | | Ex31:13M | "סימן הוא ביני": שוב{ר}<ת>ה בין מימרי ובן |
| 057 | | | Lv25:06M | ותיהווי שמיטתה/שובתה#2/ דארעא לכון למיכל לך |
| 058 | דשב' | | Lv24:08M | ביומא דשובתה/דשב#2/ ביומא דשובתה יסדר |
| 059 | | | Ex31:16M | עבדין ית יומא דשב#2/ לדריהון לקיים עלם |
| 060 | דשבתא | | Ex20:11 | כדין ברך ייי ית יומא דשבתא וקדש יתיה: |
| 061 | | | Ex31:16 | בני ישראל ית יומא דשבתא למעבד ית יום שבתא לדריהון |
| 062 | | | Ex20:08 | דכירי«ן» ית יומא דשבתא למקד<ש>א יתיה: |
| 063 | דשבתה | | Nu15:32 | גבר מגבב קיסין ביומא דשבתה: |
| 064 | | | Dt 5:15 | אלהכון למעבד ית יומא דשבתה: |
| 065 | | | Nu28:10 | עלתה דשבתה ביום שבתה תקרבון יתיה |
| 066 | | | Dt 5:12 | ישראל טורו ית יומא דשבתה למקדשה יתיה היך מה די פקד |
| 067 | דשובתא | | Dt 5:12M | הוון זהירין ית יומא דשובתא |
| 068 | דשובתה | | Ex35:03M | \ביום שבתא /ביומא דשובתה#2/: |
| 069 | | | Lv24:08 | ביומא דשובתה ביומא דשובתה יסדר יתה קדם |
| 070 | | | Lv24:08 | ביומא דשובתה ביומא דשובתה יסדר יתה קדם ייי בתדירה |
| 071 | שבי | p abs | Lv23:03 | קדיש כל עבידה לא תעבדון שבי ונייח הוא קדם ייי בכל אתר |
| 072 | שבין | | Lv23:15 | עומרה דאנפות«ה» שבע שבין שלמין יהוויין: |
| 073 | שובין | | Lv25:08M | "זמנין מן שובעה ...": שובין דשנין שבע {שנין} זבנין |
| 074 | שבי | p const | Lv23:38M | דייי בר מן מתנוותכון /שבי קדשוי דייי בר מן מת#2/ |
| 075 | שובי | | Ex31:13 | ישראל למימר לחוד ית שובי קדשי תטרון ארום סימן הוא |
| 076 | | | Lv19:30 | ית שובי קדשוי תטרון ובבית מקדשי |
| 077 | | | Lv26:02 | ית שובי קודשוי תטרון ובית מקדשי |
| 078 | | | Lv26:34M | ארעא ותרעי ית שמטיה/שובי שמטה#2/: |
| 079 | | | Lv25:08M | ויהוון לכון יומי שבעתי שובי שנייה ארב' |
| 080 | בשבי | | Lv26:35M | בשמיט<י>כון /אתניחת בשבי שמטי#2/ כד הוויתון |
| 081 | בשובי | | Lv23:38 | דייי די אתון מקרבין בשובי קדשוי דייי בר מן |
| 082 | שביכון | p em/sf | Lv23:32 | צימין צומיכון ושבתין שביכון ועבדין זמני מועדיכון |

## praise *n.* שבוח [533]

|  |  |  |  |  |
|---|---|---|---|---|
| 001 | שבוחה | s em/sf | Gn30:13M | בבתי כנישותא וקראת /שבוחה די שבחו יתי בנתהון |

## week *n.* שבוע [533]

|  |  |  |  |  |
|---|---|---|---|---|
| 001 | שבועין | p abs | Lv12:05M | יומין/תרין שבועין דיומא#2/ כרחוק נדתה |
| 002 | | | Dt16:09 | תשרון למממני שובעה שבועין דיומין: |
| 003 | | | Dt16:09 | עמי בני ישראל שובעה שבועין דיומין תמנון לכון מ' די |

## oath *n.* שבועה [533]

|  |  |  |  |  |
|---|---|---|---|---|
| 001 | שבועה | s ab/cn | Gn26:28 | עמך ואמרינן יהווי כען שבועה בינינן ובינך ונקיים קיים |
| 002 | | | Lv 5:01 | ארום תחטא ותשמע קל שבועה דחרוף והוא שהד או די חמה |
| 003 | | | Nu30:03 | נדר לשמה דייי או ישתבע שבועה למקיימה קיים לשמא דייי לא |
| 004 | | | Nu30:14 | כל נדר וכל שבועה לקיום דצער נפש בעלה יקיים |
| 005 | | | Ex17:16 | ואמר שבועה נפקת מן תחות כורסי איקרי |
| 006 | בשבוע' | | Gn26:31M | ואשתבעו/וקיימו בשבוע#2/ גבר לאחוי/לחברה#2/ |
| 007 | בשבועא | | Gn25:33M | "אשתבע לי": קיים לי בשבועא |
| 008 | בשבועה | | Gn21:24 | הא אנא אשתבע ואקיים בשבועה: |
| 009 | | | Gn24:09M | "ואשבע ליה": וקיים ליה בשבועה |

|  |  |  |  |
|---|---|---|---|
| 010 | | Nu30:11 | קיימת קיים על נפשה בשבועה: |
| 011 | | Ex 6:06 | בשבועה אמר לבני ישראל אנה |
| 012 | | Nu25:12 | בשבועה אמר הא אנה יהב לה ית |
| 013 | | Nu16:11 | בשבועה את וכל עם כנישתך |
| 014 | | Nu16:11M | לכן בשבועה את קרח וכל עמא דכנשתך |
| 015 | | Nu20:12 | שמי לעיני בני ישראל בשבועה בגין כדן לא תיעלון ית |
| 016 | | Gn21:23M | וכדו קיים לי בשבועה בשם ממריה דייי הכא דלית |
| 017 | | Dt 4:21 | עלי על מליכון וקיים בשבועה דלא למעבר יתי ית ירדנה |
| 018 | | Ex15:12 | ימינך ייי על ארעא בשבועה דלית את תבע יתהון מנה |
| 019 | | Gn47:31M | לי בשבועה וקיים ליה בשבועה ואודי ומן דאתגלי איקר |
| 020 | | Ex15:12M | ארכנת ית ידך בשבועה ואשתבע לארעא דלית |
| 021 | | Lv 5:04 | מה די יפרש ליה בר נשה בשבועה ויתכסי מניה והוא <ידע> |
| 022 | | Gn47:31M | "אשתבע ...": קיים לי בשבועה וקיים ליה בשבועה ואודי |
| 023 | | Gn 4:15 | ואמר ליה ייי בשבועה כל דיקטול קין עד שובעה |
| 024 | | Gn24:07M | עמי ודי קיים עמי \בשבועה#2#/ למימר לבניך אתן ית |
| 025 | | Nu32:10 | דייי ביומא ההוא וקיים בשבועה למימר: |
| 026 | | Dt 1:34 | ותקף רוגזיה ואמר בשבועה למימר: |
| 027 | | Nu14:30 | לארעא די זקפית ידי בשבועה למשריה יתכון בה אלהן כלב |
| 028 | | Ex 6:08 | לארעא דזקפית ידי בשבועה למתן יתה לאברהם ליצחק |
| 029 | | Dt32:40 | ארום זקפת ית ידיי בשבועה לשמיא ואמרית חי וקיים אנה |
| 030 | | Gn14:22 | דסדם הא זקפי' ידי בשבועה קדם ייי אלהא עליא דבממריה |
| 031 | ובשבועה | Dt29:11M | דייי אלהכון ובשבועתה/<ובשבו>עה#2#/ דייי אלהכון |
| 032 | ולשבועה | Nu 5:21 | ישווי ייי יתיך ללוט ולשבועה בגו עמך כד ישוי ייי ית |
| 033 | שבועתא s em/sf | Ex22:10 | שבועתא דייי תהי בין תריהון אין |
| 034 | שבועתה | Dt 7:08 | יתכון ומן די נטר ית שבועתה די קיים לאבהתכון אפק |
| 035 | | Gn26:03 | ארעתא האלין ואקים ית שבועתה דיקיימית לאברהם אבוך: |
| 036 | | Dt29:13 | ית קיימה הדין וית שבועתה הדה: |
| 037 | שבועתי | Gn24:41 | לך ותהוי זכיי מן שבועתי: |
| 038 | | Gn24:08 | למיתיה בתרך ותזדכי מן שבועתי הדה לחוד ית ברי לא תחזור |
| 039 | בשבועת' | Ex15:12M | ייי \על ארעא בשבועה /בשבועת' על ארע#2#/ דלית את תבע |
| 040 | בשבועתא | Gn44:18 | חילהון דשמעון ולוי בשבועתא אם אשלוף סייפי מן תייקא |
| 041 | | Gn44:18M | דשמעון ולוי בשבועתא אם אשלוף סייפי מן תייק' |
| 042 | | Gn30:15M | {{ד}}«י»ברוחוי /בשבועתא יזדמן לותיך ליליא הדין |
| 043 | בשבועתה | Nu 5:21 | וישבע כהנה ית אתתה בשבועתה דלווטה ויאמר כהנה לאתתה |
| 044 | ובשבועתה | Dt29:11 | בקיימה דייי אלהכון ובשבועתה דייי אלהכון מקיים עמכון |
| 045 | משבועתי | Gn24:41 | בכדן תזדכה משבועתי ארום תיתי לוות לזרעייתי |

## שבועייה *n.* Shavout [534]

|  |  |  |  |
|---|---|---|---|
| 001 | שבועיכון p em/sf | Nu28:26 | ייי בזמן {ב}<ד>חגי שבועיכון יום טב וארוע קדיש יהווי |
| 002 | דשבועיא | Ex34:22 | וחגא דשבועיא היא עצרתא תעבדון לכון |
| 003 | דשבועיה | Dt16:10 | ותעבדון חגה דשבועיה היא עצרתה קדם ייי אלהכון |
| 004 | דשביעיא | Ex34:22M | וחגא דשבועיא/<דש>בי<עיא>#2#/ היא עצרתא |

## שבח *vb.* to praise [534]

|  |  |  |  |
|---|---|---|---|
| 001 | ושבחין peal | Dt26:03 | ושבחינן יומא הדין ושבחין יומא הדין קדם ייי אלהן |
| 002 | שבח pael | Ex15:01 | בכדו שבח משה ובני ישרא<'> ית שירת |
| 003 | | Ex 4:26M | /מלאכא מחבלה הא בכן שבח#2#/ צפרה ואמרת מה חביב דם |
| 004 | שבחו | Nu21:17 | בכן שבחו ישראל ית שירת תושבחתה הדה |
| 005 | | Ex34:30M | זיו איקרהון דאפוי /שבחו זווהון באפ#2#/ דמשה |
| 006 | | Ex34:35M | זיו איקרהון דאפוי /שבחו זיוו באפוי#2#/ דמשה |
| 007 | | Ex34:29M | זיו איקרהון דאפוי /שבחו זיווהון דאפ#2#/ |
| 008 | | Gn30:13M | וקראת /שבוחה די שבחו יתי בנתהון דישראל |
| 009 | | Dt32:43 | קלסו קדמוי אומייה שבחו יתיה עמיה בית ישראל ארום |
| 010 | שבחת | Ex 4:26 | וארפי מיניה מלאכא בכדן שבחת צפרה ואמרת מה חביב דם |
| 011 | ישבחון | Gn30:13 | ואמרת לאה תשבחה רבה ישבחון יתי בנת ישראל |
| 012 | משבח | Dt12:02 | גלמתה ותחות כל אילן משבח: |
| 013 | | Dt 3:02M | בריך הוא והוא שמיה משבח שנין סגיאין מן בגלל |
| 014 | | Lv23:40 | קדמיה פירי אילן משבח תרוגין ולולבין והדס וערבה |
| 015 | משבחיין | Gn27:15 | לבושוי דעשו ברה רבה משבחיין דהווה בגו בייתה ואלבשת |
| 016 | ושבח | Gn47:31 | לי ואשתבע ליה ואודי ושבח ישראל על ריש דרגשא: |
| 017 | | Ex34:08 | משה ועקד לארעא ואודי ושבח: |
| 018 | | Gn23:07M | ארעא דבני חת /ואודי ושבח לעמיה דארעא#2#/: |
| 019 | | Gn24:26 | ועקד גברא ואודי ושבח לשמא דייי: |
| 020 | | Gn24:52M | דאברהם מליהון ואודי ושבח לשמה/קוד'#2#/ ייי כנימוס |
| 021 | ושבחו | Gn43:28 | הוא בחיין ועקדו ואודו ושבחו: |
| 022 | | Ex12:27 | שזיב ועקדו עמא ואודו ושבחו: |
| 023 | | Lv 9:24M | \וחדון ואשתטחו על /וש{כ}<ב>חו ואתרכינו בצלו על#2#/ |
| 024 | | Gn12:15 | יתה רברבנוי דפרעה ושבחו יתה קדם פרעה ואד{כ}<ב>רת |
| 025 | ושבחינן | Dt26:03 | ותימרון לה אודינן ושבחינן יומא הדין ושבחין יומא |
| 026 | ושבחן | Ex 4:31 | ית צערון ועקדו ואודן ושבחן: |
| 027 | ושבחת | Gn24:48 | ועקדת ואודת ושבחת לשמה דייי וצלי«י»ת קדם |
| 028 | | Gn24:48M | "ועקדת": ואקדת ואודית ושבחת קדם ייי וברכת ית ייי |
| 029 | ונשבח | Gn29:35 | ואמרת הדה זמנה נודי ונשבח קדם ייי בגין כדין קראת |
| 030 | | Ex15:01 | ייי ואמרין למימר נודי ונשבח קדם ייי דכל מן דמתגאי |
| 031 | | Ex15:21 | וענת להון מרים נודה ונשבח קדם ייי גיותנה דמתגאה על |
| 032 | ונשבחה | Ex15:02M | לאלין דן הוא אלהן ונשבחה יתיה אלה אבותהון |
| 033 | | Gn29:35M | זמנה נודי ונשבח/ונשבח{ת}<ה>#2#/ קדם ייי בגין |
| 034 | | Ex15:21M | מען' לה' מרים נודה ונשבחה קדם ייי "כי" הוא רם |
| 035 | ונשבחיניה | Ex15:02 | ישראל דן הוא אלהן ונשבחיניה אלה אבהתן ונרוממנה: |
| 036 | ומשבחין | Nu24:06 | כארזייה דמיין ומשבחין ומנטלין בבריותה: |
| 037 | | Nu24:06M | על כל אומייא יאין ומשבחין כארזייה רמין ומנטלין |
| 038 | | Nu24:06 | וקיימין לעולם יאין ומשבחין כארזייה דמיין ומשבחין |
| 039 | למשבחא | Gn32:27 | זמניהון דמלאכי מרומא למשבחא ואנ«א» {ואנה} ריש |
| 040 | למשבחיא | Gn32:27 | ואנ«א» {ואנה} ריש למשבחיא ואמר לא אשלח יתך ארום |

## שבח *n.* praise [534]

|  |  |  |  |
|---|---|---|---|
| 001 | שבח s ab/cn | Nu 5:30M | \קיימיה דאוריתה האלין% /שבח אוריתה הדה#2#/: |
| 002 | | Dt 1:05M | משה למפרשה ית ספר/שבח#2#/ אורייתה הדה למימר: |
| 003 | | Dt17:19M | וית קיימיה/פתגמי /שבח אורייתה הדה וית קיים#2#/ |
| 004 | | Dt27:26M | הדה/מקים ית מילי /שבח אורייתה הדה#2#/ למעבד |
| 005 | | Dt29:08M | ית מילי \קיימה הדה /שבח אורייתה הדה#2#/ ותעבדון |
| 006 | | Dt17:18M | ויכתוב לה ית תני/שבח#2#/ אוריתה הדה בגו ספר |
| 007 | | Dt27:03M | עליהון ית כל פתגמי \שבח#2#/ אוריתה הדה/הדין#2#/ |
| 008 | | Dt27:08M | כל פתגמי אוריתה/מלי שבח אוריתה#2#/ הדה כתיב |
| 009 | | Dt28:58M | ית \כל פתגמי/מילי שבח#2#/ אוריתה הדה דכתבין בספר |
| 010 | | Dt32:46 | למטור ולמעבד ית כל מילי שבח אוריתה: |
| 011 | | Ex20:01 | ומלל ייי ית כל שבח דיביריא האלין למימר: |
| 012 | | Ex15:01M | ית \שירת תושבחתה /שבח שירתא הדא#2#/ הדה קדם ייי |
| 013 | | Nu21:17M | ית \שירת תושבחתה הדה /שבח שירתה חדה#2#/ סוקי בירא |
| 014 | | Dt31:19 | מן בגלל דתהווי לי שבח שירתה הדה לסהדו בבני |
| 015 | | Dt31:19 | וכדון כתבו לכון ית שבח שירתה הדה ואלף יתה ית בני |
| 016 | | Dt31:21 | בישן סגין ועקין ותענה שבח שירתה הדה קדמיי לסהדו ארום |
| 017 | | Dt31:22 | וכתב משה ית שבח שירתה הדה ביומא ההוא ואלף |
| 018 | | Dt32:44 | משה ומלל ית ^כל#2#^ שבח שירתה הדה במשמעהון דעמא |
| 019 | שבחא s em/sf | Gn21:33 | יתהון ומילף יתהון למיתן שבחא למרי עלמא ופלח וצלי בשם |
| 020 | שבחכון | Dt10:21M | הוא תשבחתכון/שבחכון#2#/ והוא אלהכון די |

|  |  |  |  |  |  |
|---|---|---|---|---|---|
| 001 | שבט s ab/cn | Dt 1:23 | גברין גבר חד מן כל | שבט: | |
| 002 | | Nu32:33M | ולפלגות \שבטה דמנשה | /<שב>ט | מנ'#2#/ בר יוסף ית |
| 003 | | Nu36:08 | ישראל לבר מן זרעיית | שבט | אבהתה ייהויין לאתה |
| 004 | | Nu 1:16M | רברבני | שבטי/שבט#2#/ | אבהתהון רישי אלפי |
| 005 | | Nu36:06 | לנשין להוד לזרעיית | שבט | אבהתהון יהויין לנשין: |
| 006 | | Nu36:07 | לשבט ארום גבר באחסנות | שבט | אבהתיה ידבקון בני ישראל: |
| 007 | | Nu36:04 | יהוויין להון ומן אחסנות | שבט | אבהתן יתמנע אחסנתהון: |
| 008 | | Nu36:08M | /לחד מן זרעייתה | שבט | אביה תיהווי#2#/ לאתה |
| 009 | | Nu36:12 | והוות אחסנתהון {כ}<ע>ל | שבט | אחסנות אבוהון: |
| 010 | | Nu31:04 | אלף מן כל | שבט | אלף מן כל שבטיהון דישראל |
| 011 | | Dt 1:01 | אסרט ^חדה#2#^ לכל | שבט | ארגיזתון קודמוי על ימא |
| 012 | | Dt29:07M | \שבטה דבית מנשי | /שבט | בנוי דמנשה#2#/: |
| 013 | | Nu 1:04 | ועמהון יהוון גבר גבר מכל | שבט | גבר ראש לבית אבהתה הוא: |
| 014 | | Dt29:17 | גבר או אתה או זרעי או | שבט | דליביה סטי עלוי יומא הדין |
| 015 | | Nu 4:18 | לא תשיצון ית | שבט | זרעייתה דבנוי דקהתי מן גו |
| 016 | | Nu 7:11 | ואמר ייי למשה רב | שבט | חד בכל יום רב שבט חד בכל |
| 017 | | Nu 7:11 | רב שבט חד בכל יום רב | שבט | חד בכל יום יקרבון ית |
| 018 | | Nu17:21M | \חטר לרב חד /חוטר לרב | שבט | חד#2#/ חטר לרב חד |
| 019 | | Nu17:21M | "חטר לרב חד": חוטר לרב | שבט | חד |
| 020 | | Nu34:18M | שבט /<ורב> שבט חד רב | שבט | חד#2#/ תסבון לאחסנה |
| 021 | | Nu34:18M | רב חד מן כל שבט /<ורב> | שבט | חד רב שבט חד#2#/ תסבון |
| 022 | | Nu31:06 | יתהון משה אלף מן כל | שבט | לחיל קרבה יתהון וית |
| 023 | | Nu36:07 | אחסנה לבני ישראל מן | שבט | לשבט ארום גבר באחסנות שבט |
| 024 | | Nu36:09 | ולא תקף אחסנה מן | שבט | לשבט אחרן ארום גבר |
| 025 | | Nu34:18 | ורב חד רב חד מן כל | שבט | תסבון לאחסנה ית ארעא: |
| 026 | | Gn49:14 | יששכר | שבט | תקיף רביע ביני תרין |
| 027 | | Gn49:27 | בנימן | שבט | תקיף בתחומיה יתבניה |
| 028 | | Nu31:05 | אלפיה דישראל אלף מן כל | שבט | תרין עשר אלפין מזייני |
| 029 | ולש' | Nu34:22M | \ומן | שבטה/ולש'#2#/ | דבנוי דדן רבה |
| 030 | | Nu34:27M | \ומן | שבטה/ולש'#2#/ | דבנוי דאשר רבה |
| 031 | | Nu34:28M | \ומן | שבטה/ולש'#2#/ | דבנוי דנפתלי רבה |
| 032 | לשבט | Nu13:02 | יהב לבני ישראל גבר חד | לשבט | אבהתהון תשלחון כל רברביה |
| 033 | | Nu33:54M | /לה#2#/ יהווי | לשבטיה/<לש>בט#2#/ | אבהתכון תאחסנון |
| 034 | | Nu36:09 | ולא תקף אחסנה מן שבט | לשבט | אחרן ארום גבר באחסנתיה |
| 035 | | Nu36:07 | לבני ישראל מן שבט | לשבט | ארום גבר באחסנות שבט |
| 036 | | Dt 4:43M | וית גרם בגלעדה | לשבטה/לשבט#2#/ | דבית גדי וית דברה |
| 037 | ש' s em/sf | Nu 1:27M | לשבטה/^דש'#2#^/מן | ש'#2#/ | דיהודה שובעין וארבעה |
| 038 | | Nu 1:25M | לשבטה/^דש'#2#^/מן | ש'#2#/ | דבנוי דגד ארבעין וחמשה |
| 039 | | Nu 1:29M | לשבטה/^דש'#2#^/מן | ש'#2#/ | דבנוי דיששכר חמשין |
| 040 | | Nu10:18M | שבטה /חלוות | ש'#2#/ | דבנוי דראובן אליצור בר |
| 041 | | Nu 1:31M | לשבטה/^דש'#2#^/מן | ש'#2#/ | דבני זבולן חמשין ושבעה |
| 042 | שב' | Ex38:22M | בר חור לשבטא/מן | שב'#2#/ | דבנוי דיהודה |
| 043 | | Nu 1:23M | לשבטה/^דש'#2#^/מן | שב'#2#/ | דבנוי דשמעון חמשין |
| 044 | | Nu 1:35M | דשבטה/לש'#2#/מן | שב'#2#/ | דבנוי דמנשה תלתין |
| 045 | | Nu 1:39M | דשבטה/לש'#2#/מן | שב'#2#/ | דבנוי דדן אשתין ותרין |
| 046 | | Nu 2:22M | ושבטה/ומן | שב'#2#/ | דבנוי דבנימין ורבה |
| 047 | | Nu34:24M | ולשבטה/ומן | שב'#2#/ | דבנוי דאפרי' רבה |
| 048 | | Nu 1:33M | דשבטה/לש'#2#/מן | שב'#2#/ | \דבנוי#2#/ דאפרים |
| 049 | | Nu 2:20M | /<עלי>הם#2#/ שבטה/מן | שב'#2#/ | \דבנוי#2#/ דמנשה ורבה |
| 050 | שבט' | Ex16:17M | "מן דאסגו ומן דזער": | שבט' | דאסגי ושבט' דאצער דן ודן |
| 051 | | Nu 2:07M | ושבטה/מן | שבט'#2#/ | דבנוי דזבולן ^ורבה |
| 052 | | Nu 2:14M | ושבטה/מן | שבט'#2#/ | דבנוי דגד ורבה דהוה |
| 053 | שבטא | Ex16:18M | בעמרא ולא שייר | מן/שבטא#2#/ | דאסגי ומן דאזער לא |
| 054 | | Ex31:06 | אהליאב ברה דאחיסמך מן | שבטא | ד{ב}ג<ב>רי דן ובלבי דכל |
| 055 | | Ex31:02 | בר אורי בר חור מן | שבטא | דבנוי דיהודה: |
| 056 | | Dt 4:43M | גוולן במותניין מן | שבטא | דבנוי דמנשה |
| 057 | | Ex17:16 | <מלכה> דעתיד למיקם מן | שבטא | דבנימין הוא יהוי שאול בר |
| 058 | שבטה | Nu 7:16 | על חובוי ועל חובי שלות | שבטה: | |
| 059 | | Nu 7:22 | על חובוי ועל חובי שלות | שבטה: | |
| 060 | | Nu 7:28 | על חובוי ועל חובי שלות | שבטה: | |
| 061 | | Nu 7:34 | על חובוי ועל חובי שלות | שבטה: | |
| 062 | | Nu 7:40 | על חובוי ועל חובי שלות | שבטה: | |
| 063 | | Nu 7:46 | על חובוי ועל חובי שלות | שבטה: | |
| 064 | | Nu 7:52 | על חובוי ועל חובי שלות | שבטה: | |
| 065 | | Nu 7:58 | על חובוי ועל חובי שלות | שבטה: | |
| 066 | | Nu 7:64 | על חובוי ועל חובי שלות | שבטה: | |
| 067 | | Nu 7:70 | על חובוי ועל חובי שלות | שבטה: | |
| 068 | | Nu 7:76 | על חובוי ועל חובי שלות | שבטה: | |
| 069 | | Nu 7:82 | על חובוי ועל חובי שלות | שבטה: | |
| 070 | | Nu34:13 | לתישעתי שבטייה ופלגו | שבטה: | |
| 071 | | Nu34:15 | דתרין שבטיה ופלגות | שבטה: | |
| 072 | | Nu 2:22 | ורבה דהוה ממני על משרית | שבטה | דבנימן אבידן בר גדעוני: |
| 073 | | Nu 2:07 | דהוה ממני על משרית | שבטה | דזבולן^^ אליאב בר חילן: |
| 074 | | Ex32:28M | ועבדו \בנוי דלוי /בני | שבטה | דלוי#2#/ כמלוי דמשה |
| 075 | | Nu 1:49 | לחוד ית | שבטה | דלוי לא תסכום וית ריש |
| 076 | | Nu 3:06 | אקרב ית | שבטה | דלוי ותקם יתיה קדם אהרן |
| 077 | | Nu18:02 | ואוף ית אחך | שבטה | דלוי שבטה דאבוך אקרב |
| 078 | | Dt10:08 | ההיא אפריש ייי ית בנוי | שבטה | דלוי למסבול ית ארון קיימה |
| 079 | | Dt18:01 | לכהנייא לליוויי כל בני | שבטה | דלוי חולק ואחסנה עם |
| 080 | | Dt31:09 | הדה ויהב יתה לכהניה בני | שבטה | דלוי דטענין ית ארון |
| 081 | | Dt33:09 | דאמיר על | שבטה | דלוי לאבוי ולאימיה לא נסב |
| 082 | | Nu 2:20 | ורבה דהוה ממני על משרית | שבטה | דמנשה גמליאל בר |
| 083 | | Nu 2:20 | ודסמיכין עלוי | שבטה | דמנשה ורבה דהוה ממני על |
| 084 | | Nu32:33 | ולבנוי דראובן ולפלגות | שבטה | דמנשה בר יוסף ית מלכותא |
| 085 | | Nu34:14 | לבית אבהתהון ופלגות | שבטה | דמנשה קבלו אחסנתהון: |
| 086 | | Nu34:15 | תרין שבטייה ופלגות | שבטה | דמנשה קבלו אחסנתהון מן |
| 087 | | Dt 3:13 | דעוג יהבית לפלגות | שבטה | דמנשה כל תחום תרכונה לכל |
| 088 | | Nu 7:41 | וקרב מן נכסי גרמיה רב | שבטה | דשמעון שלמיאל בר |
| 089 | | Nu18:02 | ואוף ית אחך שבטה דלוי | שבטה | דאבוך אקרב לוותך ויזדמנון |
| 090 | | Nu 2:03M | <ד>הוה ממני על חיילות | שבטה | דב' |
| 091 | | Nu 1:10 | לבנוי דיוסף הוא | שבטה | דבית אפרים אלישמע בר |
| 092 | | Nu 1:32 | לבנוי דיוסף הוא | שבטה | דבית אפרים יחוסיהון |
| 093 | | Dt29:07 | דבית דגדי ולפלגות | שבטה | דבית מנשי: |
| 094 | | Ex35:30 | בן אור בר חור מן | שבטה | דבנוי דיהודה: |
| 095 | | Ex35:34 | ואהליאב בר אחיסמך מן | שבטה | דבנוי דדן: |
| 096 | | Nu 1:05 | די יקומון עמכון מן | שבטה | דבנוי דראובן אליצור בר |
| 097 | | Nu 1:06 | מן | שבטה | דבנוי דשמעון שלמיאל בר |
| 098 | | Nu 1:07 | מן | שבטה | דבנוי דיהודה נחשון בר |
| 099 | | Nu 1:08 | מן | שבטה | דבנוי דיששכר נתנאל בן |
| 100 | | Nu 1:08M | דבנוי דיוסף דהוא מן | שבטה | דבנוי דאפ'#2#/ נתנאל בן |
| 101 | | Nu 1:08M | דיששכר /ליששכר מן | שבטה | דבנוי דיוסף דהוא מן שבטה |
| 102 | | Nu 1:09 | מן | שבטה | דבנוי דזבולן אליאב בר |
| 103 | | Nu 1:10M | דבנוי דיוסף דהוא מן | שבטה | דבנוי דא'#2#/ אלישמע בר |
| 104 | | Nu 1:10 | אלישמע בר עמיהוד מן | שבטה | דבנוי דמנשה גמליאל בר |
| 105 | | Nu 1:10M | שבטה דבית אפרים /מן | שבטה | דבנוי דיוסף דהוא מן שבטה |
| 106 | | Nu 1:11 | מן | שבטה | דבנוי דבנימן אבידן בר |
| 107 | | Nu 1:12 | מן | שבטה | דבנוי דדן אחיעזר בר |
| 108 | | Nu 1:13 | מן | שבטה | דבנוי דאשר פגעיאל בר |

|  |  | | | |
|---|---|---|---|---|
| 109 | Nu 1:14 | מן | שבטה | דבנוי דגד אליסף בר |
| 110 | Nu 1:15 | מן | שבטה | דבנוי דנפתלי אחירע בר |
| 111 | Nu 1:32M | מן | שבטה | דבנוי דיוסף דהוא מן שבטה |
| 112 | Nu 1:32M | דבנוי דיוסף דהוא מן | שבטה | דבנוי דאפרים תולדוותהון |
| 113 | Nu 2:03 | דיהודה לחיילוותהון ורב | שבטה | דבנוי דיהודה נחשון בר |
| 114 | Nu 2:03 | מן מדנחה סכס משרית | שבטה | דבנוי דיהודה לחיילוותהון |
| 115 | Nu 2:05 | ודשריין סמיכין לה | שבטה | דבנוי דיששכר ורב שבטה |
| 116 | Nu 2:05 | שבטה דבנוי דיששכר ורב | שבטה | דבנוי דיששכר נתנאל בר |
| 117 | Nu 2:09 | כל סכומיה דמשרית | שבטה | דבנוי דיהודה תמני עשרה |
| 118 | Nu 2:10 | ורבה דהוה ממני על | שבטה | דבנוי דראובן אליצור בר |
| 119 | Nu 2:10M | ממני על שבטה/חיילוות | שבטה#2#/ | דבנוי דראובן אליצור |
| 120 | Nu 2:10 | סקס משרית | שבטה | דבנוי דראובן דרומה |
| 121 | Nu 2:12 | ורבה דהוה ממני על משרית | שבטה | דבנוי דשמעון שלמיאל בר |
| 122 | Nu 2:12 | ודשריין סמיכין ליה | שבטה | דבנוי דשמעון ורבה דהוה |
| 123 | Nu 2:14 | דהוה ממני על משרית | שבטה | דבנוי דגד אליסף בר |
| 124 | Nu 2:16 | כל סכומייה דמשרית | שבטה | דבנוי דראובן חמש עשרה |
| 125 | Nu 2:18 | ורבה דהוה ממני על משרית | שבטה | דבנוי דאפרים אלישמע בר |
| 126 | Nu 2:18 | סכס משרית | שבטה | דבנוי דאפרים לחיילוותהון |
| 127 | Nu 2:24 | כל סכומי«י»ה דמשרית | שבטה | דבנוי דאפרים עשרה רבוון |
| 128 | Nu 2:25 | ורבה דהוה ממני על משרית | שבטה | דבנוי דדן אחיעזר בר |
| 129 | Nu 2:25 | «סכס» משרית | שבטה | דבנוי דדן מן צפונה |
| 130 | Nu 2:27 | ורבה דהוה ממני על משרית | שבטה | דבנוי דאשר פגעיאל בר |
| 131 | Nu 2:31 | כל סכומייה דמשרית | שבטה | דבנוי דדן חמש עשרה ריבוון |
| 132 | Nu 7:12 | נחשון בר עמינדב מן | שבטה | דבנוי דיהודה: |
| 133 | Nu 7:17 | מנכסי גרמי{ר}<ה> רב | שבטה | דבנוי דיהודה נחשון בר |
| 134 | Nu 7:18 | רבותה דמדבחה קרב רב | שבטה | דבנוי דיששכר נתנאל בר |
| 135 | Nu 7:23 | וקרב מן נכסיה גרמיה רב | שבטה | דבנוי דיששכר נתנאל בר |
| 136 | Nu 7:24 | דחנוכת רבותה דמדבחה קרב | שבטה | דבנוי דזבולן אליאב בר |
| 137 | Nu 7:29 | וקרב מן נכסי גרמיה רב | שבטה | דבנוי דזבולן אליאב בר |
| 138 | Nu 7:30 | רבותה דמדבחה קרב רב | שבטה | דבנוי דראובן אליצור בר |
| 139 | Nu 7:35 | וקרב מן נכסי גרמיה רב | שבטה | דבנוי דראובן אליצור בר |
| 140 | Nu 7:36 | רבותה דמדבחה קרב רב | שבטה | דבנוי דשמעון שלמיאל בר |
| 141 | Nu 7:42 | רבותה דמדבחה קרב רב | שבטה | דבנוי דג{ת}<ד> אליסף בר |
| 142 | Nu 7:47 | וקרב מן נכסיה גרמיה רב | שבטה | דבנוי דג{ת}<ד> אליסף בר |
| 143 | Nu 7:48 | רבותה דמדבחה קרב רב | שבטה | דבנוי דאפר' אלישמע בר |
| 144 | Nu 7:54 | רבותה דמדבחה קרב רב | שבטה | דבנוי דמנשה גמליאל בר |
| 145 | Nu 7:59 | וקרב מן נכסיה גרמיה רב | שבטה | דבנוי דמנשה גמליאל בר |
| 146 | Nu 7:60 | רבותה דמדבחה קרב בר | שבטה | דבנוי דבנימן אבידן בר |
| 147 | Nu 7:65 | וקרב מן נכסיה גרמיה רב | שבטה | דבנוי דבנימן אבידן בר |
| 148 | Nu 7:66 | רבותה דמדבחה קרב רב | שבטה | דבנוי דדן אחיעזר בר |
| 149 | Nu 7:71 | וקרב מן נכסיה גרמיה רב | שבטה | דבנוי דדן אחיעזר בר |
| 150 | Nu 7:72 | רבותה דמדבחה קרב רב | שבטה | דבנוי דאשר פגעיאל בר |
| 151 | Nu 7:77 | וקרב מן נכסיה גרמיה רב | שבטה | דבנוי דאשר פעגיאל בר |
| 152 | Nu 7:78 | מדבחה דרבותה קרב רב | שבטה | דבנוי דנפתלי אחירע בר |
| 153 | Nu 7:83 | וקרב מן נכסיה גרמיה רב | שבטה | דבנוי דנפתלי אחירע בר |
| 154 | Nu10:14 | דהוה ממני על חיילוות | שבטה | דבנוי דיהודה נחשון בר |
| 155 | Nu10:15 | ועל חיילוות | שבטה | דבנוי דיששכר נתנאל |
| 156 | Nu10:16 | ועל חיילוות | שבטה | דבנוי דזבולן אליא' בר |
| 157 | Nu10:18 | דהוה ממני על חיילוותיה | שבטה | דבנוי דראובן אליצור בר |
| 158 | Nu10:18 | ונטל סכס משרית | שבטה | דבנוי דראובן לחילוותהון |
| 159 | Nu10:19 | ועל חיילוות | שבטה | דבנוי דשמעון שלמיאל בר |
| 160 | Nu10:20 | ועל חיילוות | שבטה | דבנוי דג{ת}<ד> אליסף בר |
| 161 | Nu10:22 | דהוה ממני על חילוות | שבטה | דבנוי דאפרים אלישמע בר |
| 162 | Nu10:22 | ונטל סכס משרית | שבטה | ד<ב>נוי דאפרים לחילוותהון |
| 163 | Nu10:23 | ועל חילוות | שבטה | דבנוי דמנשה גמליאל בר |
| 164 | Nu10:24 | ועל "צבא" | שבטה | דבנוי דבנימן אבידן בר |
| 165 | Nu10:25M | /^חל"#2#^/חיילוות | שבטה | דבנוי דדן#2#/ אחיעזר בר |
| 166 | Nu10:26 | ועל חילוותי | שבטה | דבנוי דאשר פגעיאל בר |
| 167 | Nu10:27 | ועל חילוות | שבטה | דבנוי דנפתלי אחירע בר |
| 168 | Nu13:04 | ואלה שמהתהון מן | שבטה | דבנוי דראובן שמוע בר |
| 169 | Nu13:05 | מן | שבטה | דבנוי דשמעון שפ{ד}<ס> בר |
| 170 | Nu13:06 | מן | שבטה | דבנוי דיהודה כלב בר |
| 171 | Nu13:07 | מן | שבטה | דבנוי דיששכר יגאל בר |
| 172 | Nu13:08 | מן | שבטה | דבנוי דאפרים הושע בר |
| 173 | Nu13:09 | מן | שבטה | דבנוי דבנימין פלטי בר |
| 174 | Nu13:10 | מן | שבטה | דבנוי דזבולן גדיאל בר |
| 175 | Nu13:11 | מן | שבטה | דבנוי דיוסף דמנש' גדי |
| 176 | Nu13:11M | גדי בר סוסי /דהוא מן | שבטה | דבנוי דמנשה#2#/: |
| 177 | Nu13:12 | מן | שבטה | דבנוי דדן עמיאל בר |
| 178 | Nu13:13 | מן | שבטה | דבנוי דאשר סתור בר |
| 179 | Nu13:14 | מן | שבטה | דבנוי דנפתלי נחבי בר |
| 180 | Nu13:15 | מן | שבטה | דבנוי דג{ת}<ד> גאואל בר |
| 181 | Nu16:01M | ואבירם בנוי/מן | שבטה | דבנוי#2#/ דאליאב ואון |
| 182 | Nu34:14 | ארום נסבו | שבטה | דבנוי דראובן לבית אבהתהון |
| 183 | Nu34:19 | ואלין שמהת גברייה מן | שבטה | דבנוי דיהודה כלב בר |
| 184 | Nu34:20 | ומן | שבטה | דבנוי דשמעו' שמואל בר |
| 185 | Nu34:21 | ומן | שבטה | דבנוי דבינמן אלידד בן |
| 186 | Nu34:22 | ומן | שבטה | דבנוי דדן רבה <בקי> בן |
| 187 | Nu34:23 | ולבנוי דיוסף מן | שבטה | דבנוי דמנשה רבה חניאל בן |
| 188 | Nu34:23M | "ולבנוי ... דמנשה": מן | שבטה | דבנוי דיוסף דהוא שבטה |
| 189 | Nu34:23M | שבטה דבנוי דיוסף דהוא | שבטה | דבנוי דמ' |
| 190 | Nu34:25 | ומן | שבטה | דבנוי דאפרים רבה אליצפן |
| 191 | Nu34:26 | ומן | שבטה | דבנוי דיששכר רבה פלטיאל |
| 192 | Nu34:27 | ומן | שבטה | דבנוי דאשר רבה אחיהוד בר |
| 193 | Nu34:28 | ומן | שבטה | דבנוי דנפתלי רבה פדהאל |
| 194 | Dt 4:43M | "לשבטה ... דמנשה": מן | שבטה | דבנוי דגדי וית גולן |
| 195 | Dt 4:43M | דבית ראובני/מן | שבטה | דבנוי דראובני#2#/ וית |
| 196 | Dt33:11 | «ברך ייי חיילוות | שבטה | דבנוי דלוי וקרבן ידוי |
| 197 | Dt33:17 | נון מן אימוראי דהוא מן | שבטה | דבנוי דאפרים ואינון אלפיה |
| 198 | Dt33:17 | מן מדייניי דהוא מן | שבטה | דבנוי דמנשה: |
| 199 | Gn49:07 | ואסגי אחסנתיה דלוי בגו | שבטה | דבני ישראל: |
| 200 | Nu36:05 | ממרה דייי למימר יאות | שבטה | דבני יוסף תבעין: |
| 201 | Nu36:03 | אבהתן ותתוסף על אחסנות | שבטה | די יהוון להון ומעד<י>ו{י} |
| 202 | Nu36:04 | אחסנתהון על אחסנות | שבטה | די יהוויין להון ומן אחסנות |
| 203 | Nu26:56 | תתפלג אחסנתיה בין | שבטה | דעמא סגין ובין שבטה דעמא |
| 204 | Nu26:56 | בין שבטה דעמא סגין ובין | שבטה | דעמא זעירין: |
| 205 | Nu35:08 | סגין תסגון ומן לוות | שבטה | דעמא זעירין תזערון גבר כפם |
| 206 | Nu35:08M | /סגי תסגי אחסנתיה ומן | שבטה#2#/ | דעמא זעירין תזערון גבר |
| 207 | Nu35:08 | דבני ישראל מן לוות | שבטה | דעמא סגין תסגון ומן לוות |
| 208 | Nu 7:16M | חד קרב יתה לחטאתה/רב | שבטה | לחטאתה#2#/ לשבקות חובין |
| 209 | Nu 7:22M | קרב \יתיה לחטאתה /רב | שבטה | לחטאתה#2#/ לשבקות חובין |
| 210 | Nu 7:34M | "קרב לחטאתה": קרב רב | שבטה | לחטאתה |
| 211 | Nu 7:39M | תלתיהון \קרב לעלה /רב | שבטה | לחטאתה#2#/: |
| 212 | Nu 7:40M | קרב \יתיה לחטאתה /רב | שבטה | לחטאתה#2#/ לשבקות חובין |
| 213 | Nu 7:64M | חד \קרב יתיה /קרב רב | שבטה#2#/ | לחטאתה לשבקות חובין |
| 214 | Nu 7:70M | חד קרב יתיה /\רב | שבטה#2#/ | לחטאתה לשבקות חובין |
| 215 | Nu 7:76M | חד קרב יתיה /\רב | שבטה#2#/ | לחטאתה לשבקות חובין |
| 216 | Nu 7:15M | /שתייה תלתהון הוה רב | שבטה | מקרב לעולה#2#/: |

| | | | |
|---|---|---|---|
| 217 | | Nu 7:21M | "קרב לעלה": הוה רב שבטה מקרב לעל' |
| 218 | | Nu 7:21M | \קרב לעלה /הוה רב שבטה מקרב לעל'#2#/: |
| 219 | | Nu 7:27M | "קרב לעלה": הוה רב שבטה מקרב לעלה |
| 220 | | Nu 7:33M | "קרב לעלה": הוה רב שבטה מקרב לעולה |
| 221 | | Nu 7:51M | "קרב לעלה": הוה רב שבטה מקרב לעולה |
| 222 | | Nu 7:57M | \קרב לעלה /הוה רב שבטה מקרב לעלה#2#/: |
| 223 | | Nu 7:69M | \קרב לעלה /הוה רב שבטה מקרב לעלה#2#% לעלה#2#/: |
| 224 | | Nu 7:75M | \קרב לעלה /הוה רב שבטה מקרב לעלה#2#/: |
| 225 | | Nu 7:81M | \קרב לעלה /הוה רב שבטה מקרב לעלה#2#/: |
| 226 | שבטיה | Nu32:28 | בר נון וית ראישיה אבהת שבטיה דבני ישראל: |
| 227 | | Nu36:03 | ויהוון לחד מבני שבטיה דבני ישראל לנשים ותתמנע |
| 228 | שיבטא | Ex38:23 | אהליאב בר אחיסמך מן שיבטא דבנוי דדן נגר ואומן |
| 229 | שיבטהון | Nu36:08 | ברתה דירתה אחסנה מן שיבטהון דבני ישראל לבר מן |
| 230 | דש' | Nu 1:21M | סכומיהון לשבטה/דש'#2#/ דבנוי דראובן ארבעין |
| 231 | | Nu10:18M | /ויטלון טכס משריית דש'#2#/ דבנוי דראובן |
| 232 | | Nu 1:25M | סכומיהון לשבטה^דש'#2#^/מן ש'#2#/ דבנוי דגד |
| 233 | | Nu 1:27M | סכומיהון לשבטה^דש'#2#^/מן ש'#2#/ דיהודה |
| 234 | | Nu 1:29M | סכומ«י»הון לשבטה^דש'#2#^/מן ש'#2#/ דבנוי |
| 235 | | Nu 1:31M | סכומיהון לשבטה^דש'#2#^/מן ש'#2#/ דבני זבולן |
| 236 | | Nu 1:23M | סכומיכון לשבטה^דש'#2#^/מן שב'#2#/ דבנוי |
| 237 | דשב' | Nu 3:21M | דג'#2#/ זרעייתה \דשב'#2#/ דבנוי דלבני וזרעייתה |
| 238 | דשבטה | Nu 1:33 | סכומיהון דשבטה דאפרים ארבעין אלפין וחמש |
| 239 | | Nu 1:35 | סכומיהון דשבטה דבנוי דמנשה תלתין ותרין |
| 240 | | Nu 1:37 | סכומיהון דשבטה דבנוי דבנימן תלתין וחמשה |
| 241 | | Nu 1:39 | סכומיהון דשבטה דבנוי דדן אשתין ותרין |
| 242 | | Nu 1:41 | סכומיהון דשבטה דבנוי דאשר ארבעין וחד |
| 243 | | Nu 1:43 | סכומיהון דשבטה דבנוי דנפתלי חמשין ותלתה |
| 244 | | Nu 2:29 | דהוה ממני על משרית דשבטה דבנוי דנפתלי אחירע בר |
| 245 | | Nu 3:24 | ורב בית אבא דשבטה דבנוי דגרשני אליסף בר |
| 246 | ושבט' | Ex16:17M | שבט' דאסגי ושבט' דאצער דן ודן <דן דא'> |
| 247 | ושבטה | Nu 2:29 | ושבטה דנפתלי ורבה דהוה ממני על |
| 248 | | Nu 2:07 | ושבטה דבנוי דזבולן ~ורבה דהוה |
| 249 | | Nu 2:14 | ושבטה דבנוי דגד ורבה דהוה ממני |
| 250 | | Nu 2:22 | ושבטה דבנוי דבנימין ורבה דהוה |
| 251 | | Nu34:14 | דראובן לבית אבהתהון ושבטה דבנוי דגד לבית אבהתהון |
| 252 | ולש' | Nu34:20M | \ומן שבטה/ולש'#2#/ דבנוי דשמער' שמואל |
| 253 | | Nu34:21M | \ומן שבטה/ולש'#2#/ דבנוי דבינמן אלידד |
| 254 | | Nu34:25M | \ומן שבטה/ולש'#2#/ דבנוי דאפרים רבה |
| 255 | | Nu34:26M | \ומן שבטה/ולש'#2#/ דבנוי דישׂשכר רבה |
| 256 | ולשבטא | Nu26:54 | סגין תסגון אחסנתיה ולשבטא דעמא זעירין תזערון |
| 257 | ולשבטה | Dt33:24 | ולשבטה דאשר ברך משה נבייא דייי |
| 258 | | Dt33:12 | ולשבטה דבנימן ברך משה נבייא |
| 259 | | Dt33:20 | ולשבטה דגד ברך משה נביא דייי |
| 260 | | Dt33:22 | ולשבטה דדן ברך משה נבייא דייי |
| 261 | | Dt33:18 | ולשבטה דזבולן ברך משה נבייא |
| 262 | | Dt33:13 | ולשבטה דיוסף ברך משה נבייא |
| 263 | | Dt33:08 | ולשבטה דלוי ברך משה נביא דייי |
| 264 | | Dt33:23 | ולשבטה דנפתלי ברך משה נבייא |
| 265 | | Dt29:07 | לשבטה דבית ראובן ולשבטה דבית דגדי ולפלגות שבטה |
| 266 | | Nu34:24 | ולשבטה דבנוי דאפרי' רבה קמואל |
| 267 | | Dt 3:12 | לשבטה דבנוי דראובני ולשבטה דבנוי דגדי: |
| 268 | | Dt 3:16 | ולשבטה דבנוי דראובני ודבנוי |
| 269 | | Nu33:54 | סגין תסגון אחסנתיה ולשבטה דעמיה זעירין תזער אחסנתיה |
| 270 | לש' | Nu 1:41M | סכומיהון דשבטה/לש'#2#/ דבנוי דאשר ארבעין |
| 271 | | Nu34:19M | שמהת גברייה \מן שבטה/לש'#2#/ דבנוי דיהודה כלב בר |
| 272 | | Nu34:23M | ולבנוי דיוסף \מן שבטה/לש'#2#/ דבנוי דמנשה רבה |
| 273 | | Nu 1:33M | סכומיהון דשבטה/לש'#2#/מן שב'#2#/ \דבנוי#2# |
| 274 | | Nu 1:35M | סכומיהון דשבטה/לש'#2#/מן שב'#2#/ דבנוי |
| 275 | | Nu 1:39M | סכומיהון דשבטה/לש'#2#/מן שב'#2#/ דבנוי דדן |
| 276 | לשב' | Nu 1:43M | סכומיהון דשבטה/לשב'#2#/ דבנוי דנפתלי חמשין |
| 277 | לשבט' | Gn49:03M | וכהונתא רבתא לשבטוי/לשבט'#2#/ דלוי: |
| 278 | לשבטא | Ex38:22 | בן אור בר חור לשבטא דיהודה עבד ית כל |
| 279 | | Ex19:03 | לדבית יעקב ותתני לשבטא דבני ישראל: |
| 280 | | Nu26:54 | לשבטא דעמא סגין תסגון אחסנתיה |
| 281 | לשבטה | Nu 1:27 | סכומיהון לשבטה דיהודה שובעין וארבעה |
| 282 | | Dt33:07 | ברך משה נבייא דייי לשבטה דיהודה ואמר שמע מימריה |
| 283 | | Dt10:09 | בגין כדין לא הווה לשבטה דלוי חלק ואחסנה עם אחוי |
| 284 | | Nu 1:47 | וליויי לשבטה דאבהתהון לא אסתכמו |
| 285 | | Dt 4:43 | וית גרם בגלעדה לשבטה דבית גדי וית דברה |
| 286 | | Dt 4:43 | במדברה בארע מישרה לשבטה דבית ראובני וית גרם |
| 287 | | Dt29:07 | ויהבנן יתה לאחסנה לשבטה דבית ראובן ולשבטה דבית |
| 288 | | Lv24:11 | שלמית ברת דברי לשבטה דבנוי דדן: |
| 289 | | Nu 1:21 | סכומיהון לשבטה דבנוי דראובן ארבעין ושתה |
| 290 | | Nu 1:23 | סכומיכון לשבטה דבנוי דשמעון חמשין ותשעה |
| 291 | | Nu 1:25 | סכומיהון לשבטה דבנוי דגד ארבעין וחמשה |
| 292 | | Nu 1:29 | סכום«י»הון לשבטה דבנוי דישׂשכר חמשין |
| 293 | | Nu 7:53 | מן נ«כ»סיה גרמיה רב לשבטה דבנוי דאפרים אלישמע בר |
| 294 | | Dt 3:12 | גלעדה וקרווייי יהבית לשבטה דבנוי דראובני ולשבטה |
| 295 | | Dt 4:43 | וית דברה בבותנין לשבטה דבנוי דמנשה: |
| 296 | | Nu 1:31 | סכומיהון לשבטה דבני זבולן חמשין ושבעה |
| 297 | | Nu33:54 | בעדיון לזרעייתכון לשבטה דעמיה סגין תסגון אחסנתיה |
| 298 | לשבטכון | Dt 1:13 | וסכלתנין וחכמין לשבטכון ואמני יתהון רברבנין |
| 299 | משבט' | Ex 2:01M | דלוי /גבר ליואי משבט' דלוי'#2#/ ונסב ית ברתא |
| 300 | משבטה | Ex38:23M | \מן שיבטא דבנוי דדן /משבטה דדן'#2#/ נגר ואומן וצייר |
| 301 | שבטין p abs | Ex28:20 | ומפרש עליהון שם תלתא שבטין אשר יוסף ובנימן מאחדן |
| 302 | | Ex39:13 | ומפרש עליהון שם תלתה שבטין אשר יוסף ובנימן מקפן |
| 303 | | Ex28:19 | ומפרש עליהון שם תלתא שבטין דן ונפתלי גד {ואשר}: |
| 304 | | Ex39:12 | ומפרש עליהון שם תלתה שבטין דן ונפתלי וגד: |
| 305 | | Ex28:18 | ומפרש עליהון שם תלתא שבטין יהודה ישׂשכר זבולן: |
| 306 | | Ex39:11 | ומפרש עליהון שם תלתה שבטין יהודה ישׂשכר זבולן: |
| 307 | | Gn49:22 | כדין יקום מנך תרין שבטין מנש«ה» ואפרים ויקבלון |
| 308 | | Ex28:17 | ומפרש עליהון שם תלתא שבטין ראובן שמעון לוי: |
| 309 | | Ex39:10 | ומפרש עלייהון שם תלתא שבטין ראובן שמעון לוי: |
| 310 | | Nu33:09M | דמיין כל וקבל תריסר שבטין |
| 311 | | Gn50:01M | מנה קמו בישראל תריסר שבטין מינ' לקרבא קרבנ' ומני' |
| 312 | | Dt27:15 | שתה שבטין סליקו לטורה דגריזים ושתה |
| 313 | | Dt27:15 | לטורה דגריזים ושתה שבטין סליקו לטורה דעיבל |
| 314 | | Dt27:15M | "ושתה... במצעה": ואשתה שבטין קמו על טורה דעיבל |
| 315 | | Dt27:15M | סליקו לטורה /אשתה שבטין קמו על טורה#2#/ דגריזים |
| 316 | שיבטין | Lv22:27M | אבוי ולמקמה תרי עשר שיבטין קדישין לשמך הא בכין פרש |
| 317 | שבטי p const | Ex15:27 | דמיין כל קבל תרין עשר שבטי ישראל ושובעין דקלין |
| 318 | | Nu 1:16 | מזמני עם כנשתא רברבני שבטי אבהתהון רישי אלפי דבני |
| 319 | | Nu26:55 | תתפלג ארעא בשמ{ת}<ה>ת שבטי אבהתהון יחסנון: |
| 320 | שבטוי p em/sf | Gn49:02 | מן דאתכנשו תרין עשר שבטוי דיעקב ואפיקו שבטוי |
| 321 | | Gn49:02 | שבטוי דיעקב ואפיקו שבטוי דיעקב כחדא ואמרין שמע |
| 322 | | Dt 6:04 | פלחין עניין תרין עשרתי שבטוי דיעקב כחדה בלבה שלמה |
| 323 | | Nu 1:12M | מן שבטה/מן שבטוי#2#/ דבנוי דדן אחיעזר בר |
| 324 | | Nu 2:03M | לחיילוותהון ורב שבטה/שבטוי#2#/ דבנוי דיהודה נחשון |

|  |  |  |  |  |  |
|---|---|---|---|---|---|
| 325 | שבטי | Ex32:26 | לוותי ואתכנשו לוותיה כל | שבטי | דלוי: |
| 326 | | Gn49:16 | כחדא ישתמעון לה כל | שבטי | דבני ישראל: |
| 327 | שבטי׳ | Gn50:16 | ופקידו | שבטי׳ | ית בלהה למרביתה דיוסף |
| 328 | שבטיא | Gn42:36 | עלוי למקמה תרין עשרתי | שבטיא: | |
| 329 | | Gn49:24 | גבורתיה מתפרנסין כל | שבטיא | דישראל: |
| 330 | | Gn49:28 | כל אלין | שבטיא | דישראל תרין עשר ודא |
| 331 | | Gn50:01 | די נפקו מיניה תרי עשר | שבטיא | דבני ישראל די נפקו מיניה |
| 332 | | Gn44:18 | הור׳ מתמניי׳ עמן מן | שבטיא | ולא מקבלה עמן אחסנייה על |
| 333 | | Gn44:18 | אחתן דלית היא ממנין | שבטיא | ולית ל{ך}<ה> חולקא ואחסנא |
| 334 | | Gn44:18 | דהוא מתמני עמין מן | שבטיא | ומקבל חולק ואחסנא עמן |
| 335 | שבטיה | Ex28:21 | לתרין {עשרתין} עשרתי | שבטיה: | |
| 336 | | Ex39:14 | על שמיה לתרין עשרתי | שבטיה: | |
| 337 | | Nu34:13M | שבטייה ופלגו | שבטה/<שב>טיה#2#/: | |
| 338 | | Nu 7:02 | וקריבו רברבני | שבטיה | אינון דהוו ממנין על |
| 339 | | Nu33:09 | דמיין כל קבל תרי עשרתי | שבטיה | דישראל ושבעין דקלין |
| 340 | | Dt29:20 | יתיה ייי לבישתה מן כל | שבטיה | דישראל ככל לווטיה קיימה |
| 341 | | Nu30:02 | ומליל משה עם ראשי | שבטיה | דבני ישראל למימר דין |
| 342 | | Dt33:10 | וגזירת אוריתך לקהל | שבטיה | דבני ישראל משוין קטרת |
| 343 | | Dt33:27 | אדרע גבורתה מדברין | שבטיה | דבני ישראל הוא יטרוד |
| 344 | | Nu26:56M | סגין ובין | שבטה/<שב>טיה#2#/ | דעמא זעירין: |
| 345 | | Nu34:15 | דין הוא תחומא דתרין | שבטיה | ופלגות שבטה: |
| 346 | | Nu26:53 | לאלין | שבטיה | תתפלג ארעא באחסנה במניין |
| 347 | | Nu26:56M | אחסנתיה בין | שבטה/<שב>טיה#2#/ | דעמא/<דע>מיה#2#/ |
| 348 | שבטיהון | Nu31:04 | מן כל שבט אלף מן כל | שבטיהון | דישראל תשלחון לחיל |
| 349 | | Nu36:09 | גבר באחסנתיה ידבקון | שבטיהון | דבני ישראל: |
| 350 | שבטיי׳ | Gn44:18M | אחונ׳ דהא ממנין | שבטיי׳ | ואית ליה חולק ואחסנא |
| 351 | שבטייא | Gn44:18 | אחונן דהוא ממניין | שבטייא | ואית ליה חולק ואחסנא |
| 352 | | Gn44:18M | אחתן דלית היא ממנין | שבטייא | ולית לה חולק ואחסנא |
| 353 | | Gn49:01 | כחדא מתכנשין תרי עשר | שבטייא | ומקפן לדרגש«ה» דדהבא |
| 354 | שבטייה | Lv24:11M | \לשבטה דבנוי /מן | שבטייה | בנוי#2#/ דדן: |
| 355 | | Dt 1:15M | ונסבת ית ראשי | שבטיכון/שבטייה#2#/ | גברין חכימין |
| 356 | | Ex28:21M | יוהין תרי שסתרי | שבטייה | דישראל |
| 357 | | Dt33:04 | יתה ירתו ואחסנה לקהל | שבטייה | דבית יעקב: |
| 358 | | Ex24:04 | קיימין לתרין עשרתי | שבטייה | דבני ישראל: |
| 359 | | Nu36:08M | דירתה אחסנה מן | שיבטהון/שבטייה#2#/ | דבני ישראל |
| 360 | | Nu36:09M | ידבקון | שבטיהון/שבטייה#2#/ | דבני ישראל: |
| 361 | | Dt32:08 | תחומין לאומיה למניין | שבטייה | דבני ישראל: |
| 362 | | Dt33:05 | כחדא ישתמעון לה כל | שבטייה | דבני ישראל: |
| 363 | | Nu34:29M | ישראל בארעא /אליין | שבטייה | די פקד ייי למאחס׳ ית |
| 364 | | Dt 6:04 | עלמא כניש תרין עשרתי | שבטייה | ואקים יתהון חזור חזור |
| 365 | | Nu34:13 | פקד ייי למיתן לתישעתי | שבטייה | ופלגו שבטה: |
| 366 | | Nu34:15 | תרין | שבטייה | ופלגות שבטה דמנשה קבלו |
| 367 | שבטיכון | Dt 1:15 | ונסבת ית ראשי | שבטיכון | גברין חכימין וסכלתנין |
| 368 | | Dt31:28 | כנשו לוותי ית כל חכימי | שבטיכון | דייניכון וסרכיכון ואמלל |
| 369 | | Dt 5:23 | וקרבתון לוותי כל ראשי | שבטיכון | וחכימיכון: |
| 370 | | Dt29:09 | ייי אלהכון רישיכון | שבטיכון | חכימיכון וסרכיכון כל עמא |
| 371 | | Dt12:05 | ייי אלהכון מן כל | שבטיכון | למישרייה ית איקר שכינתיה |
| 372 | | Dt18:05 | ייי אלהכון מן כל | שבטיכון | למקום למשמשה בשם מימרה |
| 373 | | Dt12:14 | ממרא דייי בחר מן | שבטיכון | תמן תקרבון עלוותכון ותמן |
| 374 | שיבטייה | Nu36:01 | וקרבו ראשי | שיבטייה | לזרעיית בנוי דגלעד בר |
| 375 | בשבטיה | Dt33:24 | מן בניא יהווי מרעיה | {בשבטיה} | <בשמיטה> בין אחוי לבין |
| 376 | לשבטוי | Gn49:03 | ליהודה וכהונתא רבתא | לשבטוי | דלוי: |
| 377 | לשבטיה | Nu33:54 | תמן עדווה דידיה יהווי | לשבטיה | אבהתכון תאחסנון: |
| 378 | לשבטיכון | Dt 1:15 | עשרין וסרכין | לשבטיכון: | |
| 379 | | Dt16:18M | תמנון לכון | \לשבטיכון#2#/ | בכל קורייכון |
| 380 | | Dt16:18 | דייי אלהכון יהב לכון | לשבטיכון | וידונון ית עמא דינין |

## שבי *vb.* to take captive [534]

|  |  |  |  |  |  |  |
|---|---|---|---|---|---|---|
| 001 | peal | שבו | Gn34:29 | כל ספליהון וית נשיהון | שבו | ובזו וית כל מה דהווה בגו |
| 002 | | שבון | Gn34:29M | וית נשיהון \שבו ובזו | /שבון | ובזזו#2#/ וית כל מה |
| 003 | | אשבי | Ex15:09 | יתהון שריין על גוף ימא | אשבי | מנהון שבי<ה> רבה ואבוז |
| 004 | | ושבון | Nu31:09 | | ושבון | בני ישראל ית נשיהון |
| 005 | | | Nu21:01 | וסדרו קרבה עם ישראל | ושבון | מנהון שביה: |
| 006 | | ונשבי | Nu21:01M | דבית ישראל | ונשב{ן}<י> | מנהון שבייה רבה |
| 007 | | ותשבון | Dt21:10 | ייי אלהכון בידיכון | ותשבון | מנהון שבייה: |
| 008 | afel | משבי | Nu24:22 | לביזה עד כען אשוריי | משבי | יתך: |
| 009 | etpeel | אשתבאי | Ex22:09M | או יתבר או | ישתביי/אשתבאי#2#/ | ולית דחמי יתיה: |
| 010 | | אשתבי | Gn14:14 | ושמע אברם ארום | אשתבי | לוט בר אחוי וזאין ית |
| 011 | | ישתביי | Ex22:09 | יתיה וימות או יתבר או | ישתביי | ולית דחמי יתיה: |

## שבי 2# *vb.* to rest on the Sabbath [535]

|  |  |  |  |  |  |  |
|---|---|---|---|---|---|---|
| 001 | peal | שבה | Gn 2:03 | וקד׳ יתיה ארום בה הוא | שבה | שבה וניח קדמוהי מן כל |

## שבי *n.* captivity [534]

|  |  |  |  |  |  |  |
|---|---|---|---|---|---|---|
| 001 | p abs | שביין | Dt21:10M | ותשבון מנהון | שבייה/שביין#2#/: | |
| 002 | | | Gn31:26M | ודברת ית בנתי היך | שביין | דערקין מן קדם שלפי חרבא |
| 003 | p em/sf | ושבייהון | Dt32:42 | מן אדם קטיליהון דעמי | ושבייהון | מן ראשי גיבריהון |

## שביב *n.* spark [535]

|  |  |  |  |  |  |  |
|---|---|---|---|---|---|---|
| 001 | p abs | שביבין | Gn15:17 | באתונה בתנורא מקפה | שביבין | דינור שלה{ין}<בין#2#> |
| 002 | | בשביבין | Gn15:17M | גהינם דבערה כאתונה | בשביבין | דינור וגומרין דאשתה |

## שבייה *n.* captivity [535]

|  |  |  |  |  |  |  |
|---|---|---|---|---|---|---|
| 001 | s ab/cn | שביה | Nu21:01 | עם ישראל ושבון מנהון | שביה: | |
| 002 | | | Ex15:09 | על גוף ימא אשבי מנהון | שבי<ה> | רבה ואבוז מנהון בזה רבא |
| 003 | | שבייה | Dt21:10 | בידיכון ותשבון מנהון | שבייה: | |
| 004 | | | Nu21:01M | ונשב{ן}<י> מנהון | שבייה | רבה |
| 005 | s em/sf | שביתה | Nu31:12 | כנישתה דבני ישראל ית | שביתה~ | וית בזתא למשריתא במישריה |
| 006 | | | Ex15:09 | מנהון בזה רבא אפלג | שביתה | לעמי עבדי קרבא וכד תתמלי |
| 007 | | | Dt21:13 | ותעבר ית לבושיה | שביתה | מן עלווה ותיתב בגו בייתיך |
| 008 | | בשבייתה | Dt28:41 | לכון ארום ייזלון | בשבייתה: | |
| 009 | | | Nu21:29 | בקולריא ובנתהון | בשבייתה | למלכיהון דאמוריי סיחון: |
| 010 | | בשביתה | Dt21:11 | ותחמי | בשביתה | איתה שפירת חזוון ותתרעי |
| 011 | | דשביתא | Ex12:29 | מלכוותא עד בכורא | דשביתא | די בבית חבוש«ה» וכל |
| 012 | | דשביתה | Nu31:26 | קבל ית עדיתה | דשביתה | בבני אנשא ובבעירה אתה |
| 013 | | ושביתכון | Nu31:19 | וביומא שביעיה אתון | ושביתכון: | |

## שביעיי *num.* seventh [535]

|  |  |  |  |  |  |  |
|---|---|---|---|---|---|---|
| 001 | s em/sf | שביעא | Ex23:12 | תעבדון עבידתך וביומא | שביעא | תתנחון מן בגלל דתנח תורך |
| 002 | | שביעאה | Ex12:15M | עד יומא | שביעיא/<שביע>אה#2#/: | |
| 003 | | | Nu 7:48M | יומא | שביעיה/שביעאה#2#/ | דחנוכת רבותה |
| 004 | | | Gn 2:03M | דייי ית יומא | שביעיא/שביעאה#2#/ | וקד׳ יתיה ארום בה |
| 005 | | | Ex12:16M | /<יום> טב וארוע וביומה | שביעאה | י׳ ט׳#2#/ יהווי לכון כל |
| 006 | | | Gn 2:02M | עבד ואיתניח ביומא | שביעאה | מכל עבדתיה די עבד |

|  |  |  |  |  |  |
|---|---|---|---|---|---|
| 007 | | Gn 2:02M | דייי ביומ' | שביעיא/שביעאה#2#/ | עיבידתיה די ברא |
| 008 | שביעיא | Ex12:15 | יומא קדמיה עד יומא | שביעיא: | |
| 009 | | Ex16:29 | גבר מן אתריה ביומא | שביעיא: | |
| 010 | | Ex20:11 | שבא ונייח קדמוי ביומא | שביעיא | בגין כדין ברך ייי ית יומא |
| 011 | | Gn 8:04 | ושתדכת תיבותה בירחא | שביעיא | בשבעת עשר יומין לירחא על |
| 012 | | Gn 2:03 | איקריה דייי ית יומא | שביעיא | וקד' יתיה ארום בה הוא שבה |
| 013 | | Ex35:02 | תעבד עבידא וביומא | שביעיא | יהוי לכון קדש שבת שבתה |
| 014 | | Gn 2:02 | שבא ונייח קדמוי ביומא | שביעיא | מן כל עבדתיה די ברא: |
| 015 | | Ex24:16 | יומין וקרא למשה ביומא | שביעיא | מן גו ענגא: |
| 016 | | Ex16:27 | והוה ביומא | שביעיא | נפקו מן עמא למלקטא ולא |
| 017 | | Gn 2:02 | ואשלם ממריה דייי ביומ' | שביעיא | עיבידתיה די ברא והוה שבא |
| 018 | | Ex20:10 | ויומא | שביעיא | שבא ונייח קדם ייי אלהכון |
| 019 | | Ex16:26 | תלקטון יתיה וביומא | שביעיא | שבתא לא יהוי ביה מניה: |
| 020 | שביעיה | Lv13:27 | ויחמי יתיה כהנא ביומא | שביעיה | אין מהלכה תהלך במשכה |
| 021 | | Lv13:51 | ביומא <....> | שביעיה | ארום הלך מכתשה בלבוש או |
| 022 | | Nu31:19 | ביומא תליתיה וביומא | שביעיה | אתון ושביתכון: |
| 023 | | Nu29:01 | ובירחה | שביעיה | בחד לירחא יום טב וארוע |
| 024 | | Lv23:39 | בחמישת עשר יומין לירחה | שביעיה | בכנשתכון ית עללתה דארעא |
| 025 | | Lv16:29 | לכון לקיים עלם בירחה | שביעיה | בעשרה יומין לירחה תצומון |
| 026 | | Nu29:32 | וביומא | שביעיה | דחגה דמטלייה תקרבון תורין |
| 027 | | Nu 7:48 | יומא | שביעיה | דחנוכת רבותה דמדבחה קרב |
| 028 | | Lv23:34 | בחמשת עשר יומין לירחא | שביעיה | הדין חגה דמטליה שבעה |
| 029 | | Nu29:07 | ובעשרה יומין לירחא | שביעיה | הדין יום טב וארוע קדיש |
| 030 | | Ex31:17 | שמיא וית ארעא וביומא | שביעיה | הוה שבה ונייח קדם ייי: |
| 031 | | Nu19:12 | ביומא תליתיה וביומא | שביעיה | ואדכי ואין לא יתדי עלוי |
| 032 | | Lv13:05 | ויחמי יתיה כהנא ביומא | שביעיה | והא מכתשה קאים בחזויה לא |
| 033 | | Lv13:32 | כהנא ית מכתשה ביומא | שביעיה | והא לא הלך נ{ק}ת<ק>ה ולא |
| 034 | | Lv13:34 | כהנא ית נתקה ביומא | שביעיה | והא ל{ף}<א> הלך ניתקא |
| 035 | | Nu19:19 | שביעיה ויתדכי ביומא | שביעיה | ויחוור לבושוי ויסחי במיא |
| 036 | | Lv14:39 | ויחזור כהנא ביומא | שביעיה | ויחמי והא הלך מכתשה |
| 037 | | Nu19:19 | ביומא תליתיה וביומא | שביעיה | ויתדכי ביומא שביעיה |
| 038 | | Lv13:06 | ויחמי כהנא יתיה ביומא | שביעיה | זמן תנינות והא כהה מכתשה |
| 039 | | Ex13:06 | תיכלון פטירין וביומא | שביעיה | חגא קדם ייי: |
| 040 | | Nu28:25 | וביומא | שביעיה | יום טב וארוע קדיש יהווי |
| 041 | | Nu29:12 | ובחמשת עשר יומין לירחא | שביעיה | יום טב וארוע קדיש יהווי |
| 042 | | Lv14:09 | ויהוי ביומא | שביעיה | יספר ית כל שעריה ית ראשיה |
| 043 | | Nu 6:09 | ביום דכיותיה ביומא | שביעי«ה» | יספר יתיה: |
| 044 | | Dt16:08 | תאכלון פטירין וביומא | שביעיה | כנישת חדוה קדם ייי אלהכון |
| 045 | | Nu19:12 | ביומא תליתיה וביומא | שביעיה | לא ידכי: |
| 046 | | Dt 5:14 | וביומא | שביעיה | שבה ונייח קדם ייי אלהכון |
| 047 | | Lv23:41 | דעלם לדריכון בירחא | שביעיה | תחגון יתיה: |
| 048 | | Ex34:21 | שתא יומין תפלחון וביומא | שביעיה | תתנוחון בחגא דאכנשותא |
| 049 | שביעייה | Lv23:24 | בירחא <...> | שביעייה | בחד יומא לירחא יהווי |
| 050 | | Lv23:27 | בעשורה יומין לירחא | שביעייה | הדין צומה דכיפוריה הוא |
| 051 | | Lv23:08M | ביומא \קדמיה | ארוע/שביעייה | יום ס{ו}ב וארוע#2#/ |
| 052 | שביעייתה | Lv25:20M | מה נאכל בשתה | שביעייתה/שביעייתה#2#/ | הא לית אנן זרעין |
| 053 | | Dt15:09 | זידנה למימר קרבת שתה | שביעייתה | שנת שמטתה ויבאש |
| 054 | שביעיתא | Ex23:11 | ובשתא | שביעיתא | תשמטון יתה ותבקרון יתה |
| 055 | שביעיתה | Lv25:20 | תאמרון מה נאכל בשתה | שביעיתה | הא לית אנן זרעין ולא |
| 056 | | Lv23:16 | עד מן בתר שבתה | שביעיתה | מן דתמנון להוד מן בתר |
| 057 | | Lv25:04 | ובשתה | שביעיתה | שבת שבתה יהוי לארעא |
| 058 | | Dt15:12 | קדמך שית שנין ובשתה | שביעיתה | <תשלח> יתיה לחירותה |
| 059 | שביעת' | Lv23:16M | עד מן בתר שבתה | שביעיתה/שביעת'#2#/ | מן דתמנון להוד |
| 060 | שבעיה | Ex16:30 | ואתנחו עמא ביומא | שבעיה: | |
| 061 | | Lv25:09 | שיפור יבבו בירחה | שבעיה | בעשרה יומין לירחה ביום |
| 062 | | Ex31:15 | יתעבד עבידה וביומה | שבעיה | שבת שבית«ה» קדש קדם ייי |
| 063 | | Lv23:03 | תעבד עבידה וביומא | שבעיה | שבת שבתה יום וארוע קדיש |
| 064 | שבעיי' | Ex23:11M | ובשתא שביעיתא /ושתא | שבעיי'#2#/ | תשמטון יתה ותבקרון יתה |
| 065 | שבעייה | Nu31:24 | ותחוורון לבושיכון ביומא | שבעייה | ותידכון ומן בתר כדין |
| 066 | | Ex24:16M | שביעיא /למשה ביומ' | שבעייה | על טורא#2#/ מן גו ענגא: |
| 067 | שבעייתא | Ex21:02 | שנין יפלח קדמך ובשתא | שבעייתא | תשלח יתיה לחירותה מגן: |

## שבלה *n.* ear of grain [539 שובלה]

|  |  |  |  |  |  |
|---|---|---|---|---|---|
| 001 | שבלה s ab/cn | Ex30:34 | קטרן בסמנין טבין קטף | שבלה | מרייא וחלבנה ולבונה ברירא |
| 002 | שבלין p abs | Gn41:06 | והא שבע | שבלין | דקיקין ושדיפן רוח דקדים |
| 003 | | Gn41:05 | זמן תניינות והא שבע | שבלין | סלקן בקנה חד בריין וטבן: |
| 004 | | Gn41:22 | וחמת בחלמי והא שבע | שבלין | סלקן בקנה חד מלין וטבן: |
| 005 | | Gn41:23 | והא שבע | שבלין | צני{נ}<מ>ן דקיקין שדיפן |
| 006 | שובולין | Dt23:26M | לא תעבר על קיימתה | /שובולין | מלא ידך ומגל לא תשוי |
| 007 | שבליא p em/sf | Gn41:24 | ובלען | שבליא | <....> טביא ואמרית |
| 008 | | Gn41:07 | שובליא דקיקתה ית שבעתי | שבליא | ברייתא ומלייתא ואיתעיר |
| 009 | | Gn41:26 | שבע שנין אינון ושבעתי | שבליא | טבתא שבע שנין אינון חלמא |
| 010 | שבליה | Gn41:27 | שבע שנין אינון ושבעתי | שבליה | דקיקתה שדיפן רוח קדום |
| 011 | שובליא | Gn41:07 | ובלעון | שובליא | דקיקתה ית שבעתי שבליא |

## שבע *vb.* to cause to take an oath (af.) [535]

|  |  |  |  |  |  |
|---|---|---|---|---|---|
| 001 | אשבע afel | Gn50:05 | אבא | אשבע | יתי למימר הא אנה מאית |
| 002 | משבע | Ex13:19M | עמיה ארום | משתבע«א»/משבע#2#/ | אשתבע ית בני |
| 003 | תשבע | Lv 5:04 | או נפש ארום | תשבע | למפרשה בסיפתן למבאשה או |
| 004 | תשבעון | Lv19:12 | ולא | תשבעון | בשמי לשקר ולא תפסון ית |
| 005 | דאשבע | Gn50:06 | וקבור ית אבוך היך מה | דאשבע | יתך: |
| 006 | ואשבע | Gn50:25 | | ואשבע | יוסף ית בני ישראל למימר |
| 007 | | Gn24:37 | | ואשבע | ית ריבוני למימר לא תסב |
| 008 | | Gn24:03 | | ואשבע | יתך בשם ממריה דייי אלהא |
| 009 | | Gn24:09 | {ו}<ד>אברה' רבוניה | ואשבע | ליה על עסק פתגמא הדן: |
| 010 | וישבע | Nu 5:19 | | וישבע | יתה כהנה ויימר לאתתה אן |
| 011 | | Nu 5:21 | | וישבע | כהנה ית אתתה בשבועתה |
| 012 | איש' etpeel | Nu30:03M | דייי \או ישתבע /אן | איש'#2#/ | שבועה למקיימה/לק'#2#/ |
| 013 | אשתבע | Gn21:24 | ואמר אברהם הא אנא | אשתבע | ואקיים בשבועה: |
| 014 | | Ex13:19 | עמיה ארום משתבע«א» | אשתבע | ית בני ישראל למימר מדכרא |
| 015 | | Gn21:23 | וכדון | אשתבע | לי בשמה דייי הכה אם תשקר |
| 016 | | Gn25:33 | ואמר יעקב | אשתבע | לי כיומא הדין ואשתבע לי' |
| 017 | | Gn47:31 | ואמר | אשתבע | לי ואשתבע ליה ואודי ושבח |
| 018 | ישתב' | Ex23:01M | עמי בני ישרא' לא | ישתב' | חד מנכון בשי' ממרי' דייי |
| 019 | ישתבע | Ex20:07M | "יסב ... דינא": | ישתבע | חד מנכון בשם ממריה דייי |
| 020 | | Nu30:03 | ידר נדר לשמה דייי או | ישתבע | שבועה למקיימה קיים לשמא |
| 021 | משתבע | Gn44:18 | מה משתבע {ימ} בה את | משתבע | אנה לך בחיי רישיה דאבא |
| 022 | | Gn44:18 | רישיה דאבא היך מה דאת | משתבע | בחיי רישיה דפרעה רבך דאן |
| 023 | | Ex20:07M | דייי אלהיה על מגן /די | משתבע | בשמי' לשקר#2#/: |
| 024 | | Gn21:24M | אנא אשתבע ואקיים/אנא | משתבע | ומקיים#2#/ בשבועה: |
| 025 | | Gn44:18 | רבך ארום דאת ימה מה | משתבע | {ימ} בה את משתבע אנה לך |
| 026 | משתבעא | Ex13:19 | דיוסף עמיה ארום | משתבע«א» | אשתבע ית בני ישראל |
| 027 | משתבעין | Dt 6:13 | אלהכון תהוון <....> | משתבע{ו}<י>ן | ומקיימין: |
| 028 | | Dt10:20 | ובשמיה קדישה תהוון | משתבעין | ומקיימין: |
| 029 | תשתבע | Lv 5:04M | למפרשה בסיפתן למבאשה | /תשתבע | בפירוש ספוון למבעשה#2#/ |
| 030 | תשתבעון | Dt 5:11M | "לא יסב ... על מגן": לא | תשתבעון | בשם ממריה דייי אלהכון |
| 031 | | Lv19:12M | ולא | תשבעון/תשתבעון#2#/ | בשמי לשקר ולא |

|  |  |  |  |  |  |
|---|---|---|---|---|---|
| 032 | דאש׳ | Lv 5:24M | או מכל מה | דיש{בת}<תב>ע/דאש#2#/ | עלוהי לשק׳ וישלם |
| 033 | דישתבע | Lv 5:24 | או מכל מה | דיש{בת}<תב>ע | עלוהי לשק׳ וישלם יתה |
| 034 | דמשתבע | Dt 5:11M | "רבה ... על מגן": למן | דמשתבע | בשקר בשמה ומשקר |
| 035 | ואשתבע | Gn31:53 | בינינן אלהה דאבוהון | ואשתבע | יעקב בתקיפה דאבוי |
| 036 | | Ex15:12M | ארכנת ית ידך בשבועה | ואשתבע | לארעא דלית |
| 037 | | Gn25:33 | אשתבע לי כיומא הדין | ואשתבע | לי׳ וזבין ית בכורתיה |
| 038 | | Gn24:09M | רבוניה | ואשבע/ואשתבע#2#/ | ליה על עסק פתגמא |
| 039 | | Gn47:31 | ואמר אשתבע לי | ואשתבע | ליה ואודי ושבח ישראל על |
| 040 | ואשתבעו | Gn26:31 | ואקדימו בצפרא | ואשתבעו | גבר לאחוי ושלח יתהון |
| 041 | וישת׳ | Lv 5:22M | יבידה וישקר בה | וישת׳#2#/ | על שקר על חדא מן כל מה |
| 042 | וישתבע | Lv 5:22 | או אשכח אביד׳ ויכפר בה | וישתבע | על שקר על חדא מן כל מה די |

## שבע *num.* seven [535]

|  |  |  |  |  |  |
|---|---|---|---|---|---|
| 001 | ש׳ ab/cn | Nu29:04M | /תהוון מקריבין למניין | ש׳#2#/ | אמריה: |
| 002 | | Nu29:10M | /תהוון מקריבין למניין | ש׳#2#/ | אמריה: |
| 003 | שב׳ | Nu28:29M | /תהוון מקרבין למניין | שב׳#2#/ | אמריה: |
| 004 | | Gn 8:10M | שבעה /לממני עוד | שב׳#2#/ | יומין אחרינין ואוסף |
| 005 | | Gn 8:12M | שבעה /לממני עוד | שב׳#2#/ | יומין חרינין/אחרנין#2#/ |
| 006 | | Nu19:11M | מסאב שבעה /יסתאב | שב׳#2#/ | יומין: |
| 007 | | Nu19:14M | /דאית במשכנה יסתאב | שב׳#2#/ | יומין: |
| 008 | | Nu28:21M | /תהוון מקרבין למניין | שב׳#2#/ | אמריה/<אם>רין#2#/: |
| 009 | שבע | Ex 2:16 | ולרבה דמדין | שבע | בנן ואתין ודלין ומליין ית |
| 010 | | Lv14:07M | דמדכי מן צרעתה | שובעה/שבע#2#/ | זימנין וידכי יתיה |
| 011 | | Lv14:16M | מן משחה בא<צ>בעה | שבעה/שבע#2#/ | זימנין קדם ייי: |
| 012 | | Lv14:27M | ידה דכהנא דשמאלה | שבעה/שבע#2#/ | זימנין קדם ייי: |
| 013 | | Lv 4:06 | באדמה וידי מן{מ}דמא | שבע | זמנין קדם ייי ית אפי |
| 014 | | Lv 4:17M | וידי \שבעה [זמנין]/שבע | זמנין#2#/ | קדם ייי ית |
| 015 | | Lv25:08M | לכון שבע שמיטין | שובעה/שבע#2#/ | זמנין מן שובעה שנין |
| 016 | | Gn29:27M | אשלם \שבעתי יומי | /שבע | יומי#2#/ משתותא דא |
| 017 | | Gn29:28M | "שבעתי יומי משתותא דא": | שבע | יומי משתיא דדא |
| 018 | | Gn 5:26 | מן בתר דאולד ית למך | שבע | מא׳ ותמנין ותרתין שנין |
| 019 | | Gn 5:31 | והוון כל יומוי דלמך | שבע | מאה ושבעין ושבע שנין ומית |
| 020 | | Gn46:25 | ית אלין ליעקב כל נפשתא | שבע | נפשין: |
| 021 | | Lv23:15 | ית עומרה דאנפות«ה» | שבע | שבין שלמין יהוויין: |
| 022 | | Gn41:05 | וחלם זמן תניינות והא | שבע | שבלין סלקן בקנה חד בריין |
| 023 | | Gn41:06 | והא | שבע | שבלין דקיקין ושדיפן רוח |
| 024 | | Gn41:22 | וחמת בחלמי והא | שבע | שבלין סלקן בקנה חד מלין |
| 025 | | Gn41:23 | והא | שבע | שבלין צני{נ}<מ>ן דקיקין |
| 026 | | Lv25:08 | שנין ויהווי לכון יומי | <שבע> | שמיטי שנייה ארבעין ותשע |
| 027 | | Lv25:08 | ותמנון לכון | שבע | שמיטין שובעה זמנין מן |
| 028 | | Gn41:54 | ושריין | שבע | שני כפנא למיתי כמה דאמר |
| 029 | | Gn29:18 | ית רחל ואמר אפלח קדמך | שבע | שנין ברחל ברתך זעירתא: |
| 030 | | Gn29:20 | ופלח יעקב ברחל | שבע | שנין והוון באפוי כיומין |
| 031 | | Gn29:22 | ענה לבן ואמר להון הא | שבע | שנין גברא חסידא הדין שרי |
| 032 | | Gn29:22M | מה נעבד בה וישרי גבן | {ו}שב<ע> | שנין אוחראין וקמו עמה |
| 033 | | Gn29:22 | יתה בינינן הכה עוד | שבע | שנין ויהבו לה עצה דרמיו |
| 034 | | Gn29:22M | גברא הדין שרי בינינן | שבע | שנין דיומין מבועינן |
| 035 | | Gn29:27 | בפולחנא די תפלח עד תוב | <שבע> | שנין אחרינניין: |
| 036 | | Gn29:27M | <שבע> /תפלוח גבי עוד | שבע#2#/ | שנין אחרינניין: |
| 037 | | Gn29:30 | מלאה ופלח עמיה עוד תוב | שבע | שנין אחרניי«ן»: |
| 038 | | Gn29:30M | עוד תוב שבע /גבה עוד | שבע#2#/ | שנין אחרניי«ן»: |
| 039 | | Gn41:26 | שבעתי תורייה טבתה | שבע | שנין אינון ושבעתי שבליא |
| 040 | | Gn41:26 | אינון ושבעתי שבליא טבתא | שבע | שנין אינון חלמא חד הוא: |
| 041 | | Gn41:27 | שדיפן רוח קדום יהוין | שבע | שנין דכפן: |
| 042 | | Gn41:27 | ובאישתא דסלקן בתריהון | שבע | שנין אינון ושבעתי שבליה |
| 043 | | Gn41:29 | הא | שבע | שנין אתיין שבע תקף בכל |
| 044 | | Lv25:08M | שובין דשנין | שבע | {שנין} זבנין ויהוון לכון |
| 045 | | Nu13:22 | דענק ג«י»ברא וחברון | שבע | שנין אתבנית קדם טניס |
| 046 | | Dt15:01 | עמי בני ישראל לסוף | שבע | שנין דיומין תעבדון שמטה: |
| 047 | | Dt31:10 | משה יתהון למימר לסוף | שבע | שנין דיומין באשון שתה |
| 048 | | Gn41:18 | והא מן נהרא סלקן | שבע | תוריין בריין בבשרהון |
| 049 | | Gn41:02 | והא מן נהרא סלקין | שבע | תורין יאיין למחמי ובריין |
| 050 | | Gn41:03 | והא | שבע | תורין אחרנין סלקין בתריהון |
| 051 | | Gn41:19 | והא | שבע | תורין אחרנין סלקן בתרהון |
| 052 | | Gn41:29 | הא שבע שנין אתיין | שבע | תקף בכל ארעא דמצרים: |
| 053 | שבע׳ | Lv13:05 | במשכה ויטרוד יתיה כהנא | שבע׳ | יומין זמן תנינות: |
| 054 | שבעא | Nu23:04M | ואמר ליה ית | שבעתי/<שב>עא#2#/ | מדבחיה סדרת וקרבת |
| 055 | | Gn 7:03 | אף מן עוף שמיא | שבעא | שבעה דכר ונקבה למקיימא |
| 056 | שבעה | Dt 7:01 | וחיויי ויבוסייה | שבעה | אומין רברבן ותקיפן מנכון: |
| 057 | | Nu 3:22 | מן בר ירח ולעל סכומיהון | שבעה | אלפין וחמש מאה: |
| 058 | | Lv23:18 | ותקרבון על לחמה | שבעה | אמרין בני שתיהון שלמין מן |
| 059 | | Nu28:27 | בני תורין תרין ודכר חד | שבעה | אמרין בני שתהון: |
| 060 | | Gn 7:04M | מחת מטר /ליומין קלילין | שבעה | אנה מחת מטרא#2#/ על ארעא |
| 061 | | Gn26:33 | וקרא יתיה | שבעה | בגין כדן שמה דקרא לבארה |
| 062 | | Gn 7:02 | בעירא דכיא תסב לך שבעה | שבעה | דכר ונקב׳ ומן בעירא די לא |
| 063 | | Gn 7:03 | אף מן עוף שמיא שבעא | שבעה | דכר ונקבה למקיימא בנין |
| 064 | | Nu29:32 | דמטלייה תקרבון תורין | שבעה | דכרין תרין אמרין בני שתהון |
| 065 | | Gn 4:24 | ארום קין דקטל להבל | שבעה | דרין איתלי לי ולמך בר ברה |
| 066 | | Ex37:23 | ועבד ית בוצינא | שבעה | ומלקטה ומחתיתה דהב דכי: |
| 067 | | Ex25:37 | ותעבד ית בוציניה | שבעה | ותסדר ית בוציניה למנהרא |
| 068 | | Lv 8:11 | ואדי מניה על מדבחה | שבעה | זימנין ורבי ית מדבחה וית |
| 069 | | Lv14:16 | וידי מן משחה בא<צ>בעה | שבעה | זימנין קדם ייי: |
| 070 | | Lv14:27 | על כף ידה דכהנא דשמאלה | שבעה | זימנין קדם ייי: |
| 071 | | Gn33:03 | בשלומהון בנימוס ארעא | שבעה | זמנין עד זמן די קרב לוות |
| 072 | | Lv 4:17 | ית אצבעיה מן אדמ׳ וידי | שבעה | [זמנין] קדם ייי ית אפי |
| 073 | | Lv14:51 | דמבועה ויידי על ביתה | שבעה | זמנין: |
| 074 | | Lv16:14 | מדנחה וקדם כפרתה ידי{ה} | שבעה | זמנין מן אדמה באצבעיה: |
| 075 | | Lv16:19 | וידי עלוי מן אדמה באצבעה | שבעה | זמנין וידכי יתיה ויקדש |
| 076 | | Gn 7:04 | ארום בתר | שבעה | יומין הא אנה מחת מטר על |
| 077 | | Gn 8:10 | ושרי תוב לממני | שבעה | יומין אחרינין ואוסף למשלחה |
| 078 | | Gn 8:12 | ושרי תוב לממני | שבעה | יומין חרינין ושלח ית יוונה |
| 079 | | Gn31:23 | בתרי{ת}<ה> ארח מהלך | שבעה | יומין וארע יתיה בטור |
| 080 | | Gn50:10 | לחדא ונטר על אבוי אבל | שבעה | יומין: |
| 081 | | Ex12:15 | | שבעה | יומין פטירי׳ תיכלון לחוד |
| 082 | | Ex12:19 | | שבעה | יומין חמיר לא ישתכח בגו |
| 083 | | Ex13:06 | | שבעה | יומין תיכלון פטירין וביומא |
| 084 | | Ex22:29 | תעבדון לתוריכון לעניכון | שבעה | יומין יהווה מתרבי בתר אמה |
| 085 | | Ex23:15 | ית חגא דפטירייה תטרון | שבעה | יומין תיכלון פטירין היך מה |
| 086 | | Ex29:30 | | שבעה | יומין ילבש יתהון כהנא |
| 087 | | Ex29:35 | כדן כל מה דפקדית יתך | שבעה | יומין תשלמון ית קרבן |
| 088 | | Ex29:37 | | שבעה | יומין תכפר על גבי מדבחא |
| 089 | | Ex34:18 | ית חגה דפטיריה תטרון | שבעה | יומין תאכלון פטירין היך מה |
| 090 | | Lv 8:33 | יומי אשלמותכון ארום | שבעה | יומין ישלם ית קרבן ידיכון: |
| 091 | | Lv 8:33 | תרע משכן זמנה לא תפקון | שבעה | יומין עד די תשלמון יומי |
| 092 | | Lv 8:34M | הכדין פקד ייי למעבד | שבעה | יומין קומי יומא דכיפורי |
| 093 | | Lv 8:35 | תישרון באימט׳ ובלילה | שבעה | יומין ותטרון ית מטרתה דייי |
| 094 | | Lv12:02 | ותלד בר דכר ותסתאב | שבעה | יומין כיומי רחוק נדתה |
| 095 | | Lv13:04 | ויטרוד כהנא ית מכתשה | שבעה | יומין: |

|  |  |  |  |  |  |
|---|---|---|---|---|---|
| 096 | | Lv13:21 | כהיה ויטרוד יתיה כהנא | שבעה | יומין: |
| 097 | | Lv13:26 | כהיה ויטרוד יתיה כהנה | שבעה | יומין: |
| 098 | | Lv13:31 | ית «מכתשה» דנ{ק}ת<ק>ה | שבעה | יומין: |
| 099 | | Lv13:54 | דביה מכתש» ויטרוד יתה | שבעה | יומין זמן תניינות: |
| 100 | | Lv14:08 | וישרי לבר מן משרית' | שבעה | יומין: |
| 101 | | Lv14:38 | בייתה ויטרוד ית בייתה | שבעה | יומין: |
| 102 | | Lv15:13 | דיבה מן דובה וימני ליה | שבעה | יומין לדכאותיה ויחוור |
| 103 | | Lv15:19 | דם תיהוי דובה בבשרה | שבעה | יומין תיהוי בריחוק נדתה |
| 104 | | Lv15:24 | נדתה עלוי יהוי מסאב | שבעה | יומין וכל מדמוך די ידמוך |
| 105 | | Lv15:28 | מן דובה ותמני ליה | שבעה | יומין ומן בתר כדין תדכי: |
| 106 | | Lv22:27 | ארום יתילד יהוי מתרבי | שבעה | יומין בתר אמיה ומן יומא |
| 107 | | Lv23:06 | חגא דפטיריה קדם ייי | שבעה | יומין פטירין תיכלון: |
| 108 | | Lv23:08 | ותקרבון קרבנה לשמה דייי | שבעה | יומין ביומא קדמיה ארוע |
| 109 | | Lv23:34 | שביעיה הדין חגה דמטליה | שבעה | יומין קדם ייי: |
| 110 | | Lv23:39 | תחגון יתה חגה קדם ייי | שבעה | יומין ביומא קדמייה יום טב |
| 111 | | Lv23:40 | ותחדון קדם ייי אלהכון | שבעה | יומין: |
| 112 | | Lv23:41 | ותחגון יתיה חגה קדם ייי | שבעה | יומין בכל שנה קיים דעלם |
| 113 | | Lv23:42 | במטלין תשרון | שבעה | יומין כל יציביה בישראל |
| 114 | | Nu12:14 | הוא תתכנע מן קדמוי | שבעה | יומין תטרד שבעה יומין |
| 115 | | Nu12:14 | שבעה יומין תטרד | שבעה | יומין לבר מן משריתה |
| 116 | | Nu12:15 | מרים לבר מן משריתה | שבעה | יומין ועמה לא נטלו עד זמן |
| 117 | | Nu12:16M | עלמא ומשכנה וכל ישראל | שבעה | יומין |
| 118 | | Nu19:11 | נפש דבר נש יהוי מסאב | שבעה | יומין: |
| 119 | | Nu19:14 | יהיב במשכנה יהוי מסאב | שבעה | יומין: |
| 120 | | Nu19:16 | דבר נש או בקברה יסתאב | שבעה | יומין: |
| 121 | | Nu28:17 | יומין לירחא הדן חגה | שבעה | יומין פטירין תאכלון: |
| 122 | | Nu29:12 | ותחגון יתה חגה קדם ייי | שבעה | יומין: |
| 123 | | Nu31:19 | שרון לבר מן משריתה | שבעה | יומין כל דקטל נפש וכל |
| 124 | | Dt16:13 | חגה דמטליה תעבדון לכון | שבעה | יומין במכנשיכון עבורה מן |
| 125 | | Lv26:21 | ואוסף עליכון מחוון | שבעה | כמה דחטיתון: |
| 126 | | Nu23:14 | סכייה ריש רמתה ובנה | שבעה | מדבחין וקרב תור ודכר על כל |
| 127 | | Nu23:29 | בלעם לבלק בנה לי הכה | שבעה | מדבחין ואתקן לי הכה שבעה |
| 128 | | Lv26:24M | על דחטיתון /על חד | שבעה | מה דחטיתון קדמי#2#/: |
| 129 | | Gn46:25M | ליעקב כל נפשתא | שבע/שבעה#2#/ | נפשין: |
| 130 | | Lv26:18 | ואוסף למרדי יתכון | שבעה | על דחטיתון: |
| 131 | | Lv26:24 | ואמחי יתכון אוף אנה | שבעה | על דחטיתון: |
| 132 | | Lv26:28 | ואמחי יתכון אף אנה | שבעה | על דחביתון: |
| 133 | | Gn 7:02 | מן כל בעירא דכיא תסב לך | שבעה | שבעה דכר ונקב' ומן בעירא |
| 134 | | Nu28:11 | חד אמרין בני שתהון | <שבעה> | שלמין מן מום: |
| 135 | | Nu29:02 | דכר חד אמרין בני שתהון | שבעה | שלמין מן מום: |
| 136 | | Nu29:08 | דכר חד אמרין בני שתהון | שבעה | שלמין מן מום יהווי לכון: |
| 137 | | Nu29:36 | דכר חד אמרין בני שתהון | שבעה | שלמין מן מום: |
| 138 | | Nu23:01 | מדבחין ותקן לי הכה | שבעה | תורין ושבעה דכרין: |
| 139 | | Nu23:01 | בלעם לבלק בנה לי הכה | שבעה | תורין מדבחין ותקן לי הכה |
| 140 | | Nu23:29 | מדבחין ואתקן לי הכה | שבעה | תורין ושבעה דכרין: |
| 141 | שבעת | Gn 7:10 | והוה לסוף | שבעת | יומי אבלא דמתושלח ומוי |
| 142 | | Ex 7:25 | ושלמו | שבעת | יומין מן בתר דמחה ייי ית |
| 143 | שוב' | Lv 8:35M | תתבון יומא ולליה | שוב' | |
| 144 | שובעה | Gn 4:15 | כל דיקטול קין עד | שובעה | דרין יתלי ליה ושוי ייי |
| 145 | | Lv14:07 | על מן דמדכי מן צרעתה | שובעה | זימנין וידכי יתיה וישלח |
| 146 | | Lv 4:06M | וידי מן {מ}דמא | שבע/שובעה#2#/ | זמנין קדם ייי ית |
| 147 | | Lv16:14M | כפרתה ידי{ה} | שבעה/שובעה#2#/ | זמנין מן אדמה |
| 148 | | Lv25:08 | ותמנון לכון שבע שמיטין | שובעה | זמנין מן שובעה שנין |
| 149 | | Nu19:04 | אפי משכן זימנה מן אדמה | שובעה | זמנין: |
| 150 | | Ex 7:25M | ושלמו | שבעת/שובעה#2#/ | יומין מן בתר דמחה |
| 151 | | Lv12:02M | דכר ותסתאב | שבעה/שובעה#2#/ | יומין כיומי רחוק |
| 152 | | Lv13:33 | ויטרוד כהנא ית ניתקה | שובעה | יומין זמן תנינות: |
| 153 | | Lv15:24M | ריחוק נדתה עלוי יסתאב | שובעה | יומין וכל בית מד{ב}<מ>וך |
| 154 | | Nu12:14M | מן קדמייה | שובעה | יומין דטרד שובעה יומין |
| 155 | | Nu12:14M | שובעה יומין דטרד | שובעה | יומין |
| 156 | | Nu28:24M | בכל יום \שבעתי יומיא | /שובעה | יומין#2#/ לחם קרבן מתקבל |
| 157 | | Dt16:03 | לא תיכלון עלוי חמיע | שובעה | יומין תיכלון עלוי פטירין |
| 158 | | Dt16:04 | לכון חמיר בכל תחומיכון | שובעה | יומין ולא יבית מן בשרא מה |
| 159 | | Lv26:28M | לממחי יתכון מחה חד | שובעה | על דחטיתון קדמי |
| 160 | | Dt16:09 | דאנפותה תשרון לממני | שובעה | שבועין דיומין: |
| 161 | | Dt16:09 | עמי בני ישראל | שובעה | שבועין דיומין תמנון לכון |
| 162 | | Lv25:08 | שמיטין שובעה זמנין מן | שובעה | שנין ויהוון לכון יומי |
| 163 | שובעת | Ex12:19M | | שבעה/שובעת#2#/ | יומין חמיר לא ישתכח |
| 164 | | Dt16:15 | | שובעת | יומין תחגון קדם ייי |
| 165 | ושבע | Gn35:29 | ואתכנש לוות עמיה סאב | ושבע | יומין וקברו יתיה עשו |
| 166 | | Ex38:28M | אלפא \ושבעתי מאותה | /ושבע | מאה#2#/ ושבעין וחמשה עבד |
| 167 | | Nu17:14 | ארבעת עשר אלפין | ושבע | מאה בר מן דהוון על עצתה |
| 168 | | Nu26:07 | ארבעין ותלתה אלפין | ושבע | מאה ותלתין: |
| 169 | | Nu31:52 | לשמה דייי שת עשר אלפין | ושבע | מאה וחמשין סלעין מן לוות |
| 170 | | Ex38:24 | עשרין ותשעה ככרין | ושבע | מאוון ותלתין סלעין בסלע |
| 171 | | Ex38:25 | כנישתה מאה ככרין ואלף | ושבע | מאוון ושבעין וחמש סלעין |
| 172 | | Nu 1:39 | דדן אשתין ותרין אלפין | ושבע | מאוון: |
| 173 | | Nu 2:26 | אשתין ותרין אלפין | ושבע | מאוון: |
| 174 | | Nu 4:36 | לזרעייתהון תרין אלפין | ושבע | מאוון וחמשין: |
| 175 | | Nu26:34 | חמשין ותרין אלפין | ושבע | מאוון: |
| 176 | | Nu26:51 | אשתין רבוון ואלפא | ושבע | מאוון ותלתין: |
| 177 | | Nu31:32 | עבדי קרבא ענא שיתין | ושבע | רבבן וחמשין אלפין: |
| 178 | | Gn 5:07 | ית אנוש תמני מאה | ושבע | שנין ובהן בשניה הוה מולד |
| 179 | | Gn 5:31 | דלמך שבע מאה ושבעין | ושבע | שנין ומית ואתכניש מן גוא |
| 180 | | Gn11:21 | ית שרוג תרתין מאוון | ושבע | שנין ובהן בשניה הוה מולד |
| 181 | | Gn23:01 | חייה דשרה מאה ועשרין | ושבע | שנין שני חייה דשרה: |
| 182 | | Gn25:17 | דישמעאל מאה ותלתין | ושבע | שנין וסף ומית ואתכנש |
| 183 | | Gn47:28 | שני חיוי מאה וארבעין | ושבע | שנין: |
| 184 | | Ex 6:16 | חיוי דלוי מאה ותלתין | ושבע | שנין: |
| 185 | | Ex 6:20 | חיוי דעמרם מאה ותלתין | ושבע | שנין: |
| 186 | | Ex12:42 | ויצחק הוה בר תלתין | ושבע | שנין כד אתקרב על גבי מדבחא |
| 187 | | Ex12:42M | הא בר תלתין | ושבע | שנין הוה ישחק בזמן די |
| 188 | | Nu11:26 | משיחה אינון נפלין | ושבע | שנין ידלקון בני ישראל מן |
| 189 | ושבעה | Nu 1:31 | דבני זבולן חמשין | ושבעה | אלפין וארבע מאה: |
| 190 | | Nu 2:08 | וסכומוי חמשין | ושבעה | אלפין וארבע מאוון: |
| 191 | | Nu31:43 | תלתין ותלת רבוון | ושבעה | אלפין וחמש מאה: |
| 192 | | Nu28:19 | תורין <....> ודכר חד | ושבעה | אמרין בני שתהון שלמים מן |
| 193 | | Nu23:01 | לי הכה שבעה תורין | ושבעה | דכרין: |
| 194 | | Nu23:29 | לי הכה שבעה תורין | ושבעה | דכרין: |
| 195 | | Gn 4:24 | דיתלי ליה עד שבעין | ושבעה | דרין יתלי ליה: |
| 196 | | Gn 8:14 | בירחא תניינא בעשרין | ושבעה | לירחא יבשת ארעא: |
| 197 | ושבעת | Nu 2:31 | דדן חמש עשרה ריבוון | ושבעת | אלפין ושית מאוון אחריין |
| 198 | | Nu31:36 | ען תלתין ותלת רבוון | ושבעת | אלפין וחמש מאוון: |
| 199 | ושובעה | Gn 8:14M | לירחא יבשת ארעא | /ושובעה | יומין בירחא יבשה אר'#2# |
| 200 | ובשבע | Dt28:07 | לקוביליכון לסדרי קרבה | ובשבע | אורחן יערקון מן קדמיכון: |
| 201 | | Dt28:25 | קדמיהון לסדרי קרבה | ובשבע | אורחן תערקון מן קדמיהון |
| 202 | לשבעה | Lv26:18M | /לממחי יתכון חד | לשבעה | על דחטיתון קדמי#2#/: |
| 203 | שבעתי em/sf | Gn21:28 | ואקים אברהם ית | שבעתי | אמריא דענא בלחודיהון: |

|  |  | |  | | | |
|---|---|---|---|---|---|---|
| 204 | | | Nu28:29 | כהדן סדרא תקרבון ית | שבעתי | אמריה: |
| 205 | | | Nu29:04 | כהדין סדרא תקרבון עם | שבעתי{ה} | אמריה: |
| 206 | | | Nu29:10 | כהדן סידרא תקרבון עם | שבעתי | אמריה: |
| 207 | | | Gn21:29 | לאברהם מה אינון | שבעתי | אמרתא {{דענא בלחודיהון}} |
| 208 | | | Gn21:30 | ואמר ארום ית | שבעתי | אמרתא תסב מן יד{ו}<י> |
| 209 | | | Nu 8:02 | אפ«י»ה מנרתה ינהרון | שבעתי | בוציניה: |
| 210 | | | Nu11:25 | קודשה די עלוי ויהב על | שבעתי | גובריה חכימיה והוה כד שרת |
| 211 | | | Gn29:27 | אשלם | שבעתי | יומי משתותא דא ואתן לך אף |
| 212 | | | Gn29:28 | ועבד יעקב כן ואשלם | שבעתי | יומי משתותא דא ואסיב לה |
| 213 | | | Lv 9:01 | תמיניה{ון} {לסוף} לסוף | שבעתי | יומי אשלמותה קרא משה |
| 214 | | | Ex13:07 | פטירין יתאכל ית | שבעתי | יומיא ולא יתחמי לכון חמיע |
| 215 | | | Nu28:24 | סדרא תקרבון בכל יום | שבעתי | יומיא לחם קרבן מתקבל |
| 216 | | | Gn 7:10M | אבלא דמתושלח ומוי | /שבעתי | יומייא ומוי#2#/ דמבולא |
| 217 | | | Nu23:04 | על בלעם ואמר ליה ית | שבעתי | מדבחיה סדרת וקרבת תור |
| 218 | | | Gn41:07 | ובלעון שובליא דקיקתה ית | שבעתי | שבליא ברייתא ומלייתא |
| 219 | | | Lv25:08M | ויהוון לכון יומי | שבעתי | שובי שנייה ארב' |
| 220 | | | Gn41:53 | ושלמון | שבעתי | שני שבענא די הוין |
| 221 | | | Gn41:35 | ויכנשון ית כל מזון | שבעתי | שניא טבתא עללתא האיליין |
| 222 | | | Gn41:48 | וכנש ית כל מזון | שבעתי | שנייה דיהוון בארעא |
| 223 | | | Gn41:30 | ויקומון | שבעתי | שנין כפנא בתריהון ותתנשי |
| 224 | | | Gn41:20 | תוריא חסיתא ובישתא ית | שבעתי | תוריא קדמייתא בריאתה: |
| 225 | | | Gn41:04 | וחסין בבשריהון ית | שבעתי | תורייא יאיין למחמי |
| 226 | | | Gn41:26 | | שבעתי | תורייה טבתה שבע שנין |
| 227 | שבעתיה | | Nu28:21 | כהדין סדרא תקרבון עם | שבעתיה | אמריה: |
| 228 | בשבעתי | | Gn41:34 | דעללתה דארעא דמצרים | בשבעתי | שני שבעה: |
| 229 | | | Gn41:47 | ועבדת ארעא | בשבעתי | שני שבעה ויתמלון אוצריא: |
| 230 | ושבעתי | | Ex38:28 | וית אלפא | ושבעתי | מאותה ושבעין וחמשה עבד |
| 231 | | | Gn41:26 | טבתה שבע שנין אינון | ושבעתי | שבליא טבתא שבע שנין אינון |
| 232 | | | Gn41:27 | שבע שנין אינון | ושבעתי | שבליה דקיקתה שדיפן רוח |
| 233 | | | Gn41:27 | | ושבעתי | תורייה חסיתה ובאישתא |
| 234 | לשבעתי | | Gn41:36 | מזונא לדכרן טב לארעא | לשבעתי | שני כפנא די יהוויין |

## שבע עשׂר *num.* **seventeen** [535]

|  |  | |  | | | |
|---|---|---|---|---|---|---|
| 001 | שבע עשרה | ab/cn | Gn37:02 | דיעקב יוסף בר | שבע עשרה | שנה הוה רעי עם אחוי בענה |
| 002 | | | Gn47:28 | יעקב בארעא דמצרים | שבע עשרה | שנין והוון יומין חיוי |
| 003 | שובע עשר | | Nu31:52M | לשמה דייי | שת עשר/שובע עשר#2#/ | אלפין ושבע מאה |
| 004 | בשבעה עשר | | Gn 7:11 | ביר{ת}<ח>ה תניינא | בשבעה עשר | יומין לירחא היך זמן |
| 005 | בשבעת עשר | | Gn 8:04 | תיבותה בירחא שביעיא | בשבעת עשר | יומין לירחא על טורי |

## שבעין *num.* **seventy** [535 s.v. **שבע**]

|  |  | |  | | | |
|---|---|---|---|---|---|---|
| 001 | שבעין | ab/cn | Gn46:27 | די עלו מצרימה | שבעין: | |
| 002 | | | Nu 2:04 | וחיילוותה וסכומיהון | שבעין | וארבעה אלפין ושית מאוון: |
| 003 | | | Gn12:04 | עמה לוט ואברם בר | שבעין | וחמש שנין הוה בזמנה די |
| 004 | | | Gn 4:24 | בדינא הוא דיתלי ליה עד | שבעין | ושבעה דרין יתלי ליה: |
| 005 | | | Nu26:22 | דיהודה לסכומיכון | שבעין | ושתה אלפין וחמש מאוון: |
| 006 | | | Nu31:33 | ותורין | שבעין | ותרין אלפין: |
| 007 | | | Nu11:26M | ואינון הוון מן | שבעתי/<שב>עין#2#/ | חכימיה דמתפרשין |
| 008 | | | Nu11:26M | ולא נפקו | שבעתי/<שב>עין#2#/ | חכימיה מן משריתה |
| 009 | | | Gn48:19M | יתבון בסנהדרין רבתא | שבעין | חכמין כמיניין עלמייא |
| 010 | | | Gn50:03 | ובכון יתיה מצראי | שבעין | יומין: |
| 011 | | | Ex38:29 | ונחשה דאנפותה | שבעין | ככרין ותרין אלפין וארבע |
| 012 | | | Ex 1:05 | נפקי חלציה דיעקב | שבעין | נפשן ויוסף דהוה במצרים: |
| 013 | | | Ex15:27 | דקלין דתמרין כל קבל | שבעין | <סביא> סנהדרין דישראל |
| 014 | | | Nu 7:19 | מתקלה מזרק חד דכסף תקל | שבעין | סלעין בסלעי בית קודשא |
| 015 | | | Nu 7:25 | מתקלה מזרק חד דכסף תקל | שבעין | סלעין בסלעי בית קודשה |
| 016 | | | Gn 5:12 | וחיה קינן | שבעין | שנין ואולד ית מהללאל: |
| 017 | | | Gn11:26 | וחיה תרח | שבעין | שנין ואולד ית אברהם ית |
| 018 | | | Nu33:09M | דתמרין כל קבל | שבעתי/<שב>עין#2#/ | חכימי דבני |
| 019 | שובעין | | Nu 7:43 | מזרק חד דכסף תקל | שובעין | בסלעי בית קודשה תרין |
| 020 | | | Nu 7:73 | מזרק חד דכסף תקל | שובעין | בסלעי בית קודשה תרין |
| 021 | | | Nu 7:79 | מזרק חד דכסף תקל | שובעין | בסלעי בית קודשה תרין |
| 022 | | | Nu11:16 | ואמר ייי למשה כנש לי | שובעין | גברין מן חכימי ישראל די |
| 023 | | | Nu11:24 | ית כל פתגמוי דייי וכנש | שובעין | גברין מן גברי חכימי עמא |
| 024 | | | Nu 1:27 | סכומיהון לשבטה דיהודה | שובעין | וארבעה אלפין ושית מאה: |
| 025 | | | Gn12:04M | לוט ואברם בר | שבעין/שובעין#2#/ | וחמש שנין הוה בזמנה |
| 026 | | | Nu31:38M | ותרין /ואפרשותה דייי | שובעין | ותריין#2#/ תורין: |
| 027 | | | Nu31:38 | ואפרשותהון לשמה דייי | שובעין | ותרין תורין: |
| 028 | | | Nu21:18M | /סוכלתני עלמא | שובעין#2#/ | חכימי דמפרשין משחו |
| 029 | | | Nu 7:13 | מזרק חד דכסף תקל | שובעין | סלעין בסלעי בית קודשא |
| 030 | | | Nu 7:31 | מזרק חד דכסף תקל | שובעין | סלעין בסלעי בית קודשה |
| 031 | | | Nu 7:37 | מזרק חד דכסף תקל | שובעין | סלעין בסלעי בית קודשא |
| 032 | | | Nu 7:49 | מזרק חד דכסף תקל | שובעין | ^סלעין#2#^ בסלעי |
| 033 | | | Nu 7:55 | מזרק חד דכסף תקל | שובעין | סלעין בסלעי בית קודשה |
| 034 | | | Nu 7:61 | מזרק חד דכסף תקל | שובעין | סלעין בסלעי בית קדשה תרין |
| 035 | | | Nu 7:67 | מזרק חד דכסף תקל | שובעין | סלעין בסלעי בית קודשה |
| 036 | | | Gn11:26M | וחיה תרח | שבעין/שובעין#2#/ | שנין ואולד ית |
| 037 | בשבעים | | Dt27:08 | ומתקרא ו«מ»תרגם | בשבעים | לשן: |
| 038 | בשובעין | | Dt10:22 | | בשובעין | נפשן נחתון אבהתכון |
| 039 | ושבעין | | Nu 7:85 | פיילתה חד«ת»ה דכסף | ושבעין | דמזרקה חדה כל כסף מניא |
| 040 | | | Nu33:09 | שבטיה דישראל | ושבעין | דקלין דתמרין כל קבל שבעתי |
| 041 | | | Gn25:07 | אברהם די חייה מאה | ושבעין | וחמש שנין: |
| 042 | | | Ex38:25 | ואלף ושבע מאוון | ושבעין | וחמש סלעין בסלעי |
| 043 | | | Nu31:37 | דייי מן ענה שת מאוון | ^^ושבעין | וחמש: |
| 044 | | | Ex38:28 | וית אלפא ושבעתי מאותה | ושבעין | וחמשה עבד אונקלוון לעמודי |
| 045 | | | Nu 2:31M | דבנוי דדן מאה | ושבעין | וחמשה אלפין ושית#2#/ |
| 046 | | | Gn 5:31 | יומוי דלמך שבע מאה | ושבעין | ושבע שנין ומית ואתכניש |
| 047 | | | Nu 3:46 | פרקוניה דתרתין מאוון | ושבעין | ותלתה דאישתיירו על ליויי |
| 048 | | | Ex24:01 | ואהרן נדב ואביהוא | ושבעין | חכימיא דישראל ותצלון |
| 049 | | | Ex24:09 | ואהרן נדב ואביהוא | ושבעין | מן חכימי ישראל: |
| 050 | ושובעי' | | Ex24:01M | נדב ואביהוא | ושבעין/ושובעי'#2#/ | חכימיא דישראל |
| 051 | ושובעין | | Nu31:36M | אלפין ותלתין אלפין | ושובעין | אלפין וחמש מאוון |
| 052 | | | Ex15:27 | תרין עשר שבטי ישראל | ושובעין | דקלין דתמרין כל קבל |
| 053 | | | Nu31:32M | אשתין אלפין | ושובעין | וחמשה אלפין |
| 054 | | | Nu 3:43 | אלפין ותרתין מאוון | ושובעין | ותלתה: |
| 055 | שבעתי | em/sf | Nu33:09 | דקלין דתמרין כל קבל | שבעתי | חכימי דבני ישראל ושרון |
| 056 | | | Nu11:26 | יפקון ואינון הוון מן | שבעתי | חכימיה דמתפרשין ולא נפקו |
| 057 | | | Nu11:26 | דמתפרשין ולא נפקו | שבעתי | חכימיה מן משריתה עד אלדד |
| 058 | שוביתי | | Nu21:18 | יתה סכלתניהון דעמא | שוביתי | חכימי דמפרשין משחו יתה |
| 059 | | | Ex15:27M | שבעין /כלוקבל | שוביתי | סביא#2#/ <סביא> סנהדרין |
| 060 | שובעתי | | Nu11:26M | והא אנון מן | {ס}<ש>ובעתי | סבייה די אתפרשו בשמהן |
| 061 | | | Nu11:26M | בשמהן ולא נפקי | שובע{ית}<תי> | סבייה מן גו משריתה עד |

## שבק *vb.* **to leave** [536]

|  |  | |  | | | |
|---|---|---|---|---|---|---|
| 001 | שב' | peal | Gn16:05M | שבקית /מסירין בידי' | שב'#2#/ | ארעי ובית תלדוותי |
| 002 | שבוק | | Dt24:04 | הוא רשיי בעלה קדמייה די | שבוק | יתה למיחזור למיסב יתה לה |
| 003 | שבוקו | | Ex10:24M | הכא אף טפליכון ייזיל | /שבוקו | לחוד טפלכון סיבו#2#/ |
| 004 | שביקין | | Dt32:36 | ידיהון דצדיקיה ואנון | שביקין | ורטישין ולית להון דסעד |

|  |  |  |  |  |  |  |
|---|---|---|---|---|---|---|
| 005 | שבק | | Gn40:23 | | שבק | יוסף חסדא דלעל וחסדא דלרע |
| 006 | | | Nu21:23 | ולא | שבק | סיחן ית ישראל עברין |
| 007 | | | Gn24:27 | אלהא דריבוני אברהם דלא | שבק | חסדה וקושטה עם ריבוני אנא |
| 008 | | | Gn44:22 | למשבק{ת}<ה> ית אבוי אן | שבק | טליא ית אבוי מית הוא: |
| 009 | | | Ex18:02M | \מן בתר דשבק /בתר די | שבק#2#/ | יתה: |
| 010 | | | Dt32:30 | וארגיזו קדמוי תקיפה | שבק | יתהון ומימרה דייי מסר |
| 011 | | | Gn31:07M | ייי רשו{י} למבאשא לי | /שבק | יתיה מימריה דייי למבאשה |
| 012 | | | Ex 4:25 | בעא למגזור וחמוי לא | שבק | יתיה וכפר כען אדם גזירתה |
| 013 | | | Dt31:08 | בסעדך לא מרפה יתך ולא | שבק | יתך לא תדחל ולא תתרע: |
| 014 | | | Dt31:06 | לא מרפה יתכון ולא | שבק | יתכון: |
| 015 | שבקו | | Gn50:08 | טפלהון ועניהון ותוריהון | שבקו | בארעא דגשן: |
| 016 | | | Dt29:24 | וייאמרון על די | שבקו | ית קיימה דייי אלה |
| 017 | שבקין | | Dt15:11M | בכון מסכינין ברם אין | שבקין | הנון מצוותה דאורייתא |
| 018 | | | Gn 3:15 | וקטלין יתך וכד יהוון | שבקין | פקודי דאוריתא תהוי מתכוין |
| 019 | שבקית | | Gn16:05 | ושרוי צערי מסיר בידך | שבקית | ארעי ובית תלדוותי ובייתי׳ |
| 020 | | | Gn20:06M | קודמי מן בגין כן לא | שבקית | יתך למזדמנא |
| 021 | שבקת | | Dt28:20M | \שבקתון אולפן אורייתי | /שבקת | יתיה#2#/: |
| 022 | | | Gn27:36 | נסב ברכתי ואמר הא לא | שבקת | לי חדא ברכה: |
| 023 | שבקתון | | Dt28:20 | עובדיכון בישיה די | שבקתון | אולפן אורייתי: |
| 024 | | | Dt32:18 | תקיפה די ברה יתכון | שבקתון | ואשיתון ית ממר אלהה די |
| 025 | | | Ex 2:20 | לבנתיה ואן הוא למה כען | שבקתון | ית גברא קרין ליה וייכל |
| 026 | שבקתי | | Gn31:28 | ולא | שבקתי | יתי למנשקיה לבני ולבנתי |
| 027 | אשבוק | | Gn33:15 | ואמר עשו | אשבוק | כען עמך מן עמא די עמי |
| 028 | ישבוק | | Ex 3:19 | ואנה ידעת ארום לא | ישבו«ק» | יתכון מלכא דמצרים |
| 029 | | | Gn28:15 | לארעא הדא ארום לא | ישבוק | מימרי עמך עד דאעבד ית |
| 030 | ישבקון | | Gn27:40 | על צוארך ויהווי כד | ישבקון | בנוי <ד>יעקב פקודיא |
| 031 | תשבוק | | Dt22:04 | עיינך מנהון משבוק | תשבוק | מה דבלבך עלוי ומפרוק |
| 032 | תשבק | | Nu10:31 | ואמר ליה לא כען | תשבק | יתן ארום בגין כדן דאת ידע |
| 033 | | | Ex23:05 | מלמפרק עמיה משבק | תשבק | כל מה דבלבך על חברך ומפרק |
| 034 | | | Dt22:04M | /<מש>בק#2#/ | תשבוק/<תש>בק#2#/ | \מה דבלבך /ית מה |
| 035 | תשבקון | | Dt12:19 | אזדהרו לכון דלא | תשבקון | ית ליווי כל יומיכון על |
| 036 | | | Lv19:10 | למסכיניה ולגיוריה | תשבקון | יתהון כדן אמר ייי אלהכון: |
| 037 | | | Lv23:22 | למסכיניה ולגיוריה | תשבקון | יתהון כדן אמר ייי |
| 038 | | | Dt14:27 | וליויי די בקורייכון לא | תשבקון | יתהון ארום לית להון חלק |
| 039 | משבוק | | Dt22:04 | ותכסי עיינך מנהון | משבוק | תשבוק מה דבלבך עלוי |
| 040 | משבק | | Nu22:13 | לית רעוה מן קדם ייי | משבק | יתי אתי עמכון: |
| 041 | | | Ex23:05 | ותתמנע מלמפרק עמיה | משבק | תשבק כל מה דבלבך על חברך |
| 042 | | | Dt22:04M | נפשך#2#/ מנהון | משבוק/<מש>בק#2#/ | תשבוק/<תש>בק#2#/ |
| 043 | דשבק | | Ex18:02 | אתתא דמשה מן בתר | דשבק | יתה: |
| 044 | | | Dt24:04M | בעלה קדמייה \די | שבוק/דשבק#2#/ | יתה למיחזור למיסב |
| 045 | ושבוק | | Nu14:19M | כען ושבוק לחוביהון | /ושבוק | כען לחר#2#/ {ו}<ד>עמא |
| 046 | | | Gn50:17M | לסרחניהון דאחך | /ושבוק | לחוביה עבדי#2#/ |
| 047 | | | Ex10:17M | וכדון \שרי כען לחוביי | /ושבוק | לחוביה#2#/ לחוד/להוד#2# |
| 048 | | | Nu14:19 | שרי כען | ושבוק | לחוביהון {ו}<ד>עמא האליין |
| 049 | | | Gn50:17 | יתך וכדון שרי כען | ושבוק | למרדיהון דעבדוי די אלהה |
| 050 | | | Gn50:17 | ליוסף בבעו שרי כען | ושבוק | לסרחניהון דאחך ולחוביהון |
| 051 | ושביק | | Ex34:07 | וטיבו לאלפין דרין שרי | ושביק | לחובין ומעבר על מרדין |
| 052 | | | Nu14:18 | ומסגי למעבד חסד שרי | ושביק | לחובין ומעבר על מרודין |
| 053 | ושבק | | Ex14:27 | ומצריי ערקון לקדמותיה | ושבק | ייי ית מצריי בגו ימא: |
| 054 | | | Ex 9:21 | שוי לבא לפתגמוי דייי | ושבק | ית עבדוי וית בעיריה באפי |
| 055 | | | Gn39:06 | | ושבק | כל מה דיליה תחות רשותא |
| 056 | | | Gn39:12 | בלבושוי למימר שמש עמי | ושבק | לבושוי עמה וערק ונפק ונפק |
| 057 | | | Gn39:15 | ארום ארימת קלי וצווחת | ושבק | לבושוי עמי וערק ונפק |
| 058 | | | Gn39:18 | כד ארימת קלי וצווחת | ושבק | לבושוי בידי וערק לשוק׳: |
| 059 | | | Gn22:14M | דיצחק אבוהון ושרי | ושבק | לחוביהון ומשזיב יתהון מן |
| 060 | | | Ex23:21 | אתקרי עלוי ארום לא שרי | ושבק | לחוביכון ארום שמי קדישא |
| 061 | | | Gn18:24 | את משיצא ולא את שרי | ושבק | לחובין דאתרא מן בגלל |
| 062 | | | Gn18:26M | בגללהון /הא אנה שרי | ושבק | לקרתה בזכוותהון#2#/: |
| 063 | ושבקו | | Dt32:15M | וקניין נכסין | ושבקו | |
| 064 | | | Dt32:15M | להון נכסין סגין | ואנשון/ושבקו#2#/ | ית מימר אלהה די ברה |
| 065 | ושבקין | | Dt31:16 | עללין לתמן ביניהון | ושבקין | יתיה ומפסין ית קיימי |
| 066 | ושבקת | | Nu14:20 | ואמר ייי הא שרית | ושבקת | כמה דמללת: |
| 067 | ואשבוק | | Dt31:17 | רוגזי בהון ביומא ההוא | ואשבוק | יתהון ואהפוך אפי רעותי |
| 068 | | | Gn18:26 | זכיין בגו קרתא ואשרי | ואשבוק | לכל חייבוי דאתרה בגללהון: |
| 069 | וישבקו | | Dt31:20 | קדמיהון וירגיזו קדמי | וישבקו | יתי ויפסון ית קיימי: |
| 070 | ותשבוק | | Ex32:32 | וכדון אין תשרי | ותשבוק | לחוביהון ואם לא מחק יתי |
| 071 | | | Ex34:09 | אולפן אינון ותשרי | ותשבוק | לחובינן ולחטאינן ותאחסן |
| 072 | ולמשבוק | | Dt29:19M | ייי למישרי | ולמשבק/<ולמש>בוק#2#/ | לה ארום בכדן |
| 073 | | | Gn 4:13M | יכלה קדמך למשרי | ולמשבק/ולמשבוק | לי#2#/: |
| 074 | ולמשבק | | Gn 4:13 | אית יכלה קדמך למשרי | ולמשבק: | |
| 075 | | | Dt29:19 | מן קדם ייי למישרי | ולמשבק | לה ארום בכדן יתקוף רוגזיה |
| 076 | למשבוק | | Nu20:21M | /וסרב אדומאי דלא | למשבוק#2#/ | ית ישראל עברין בתחומה |
| 077 | | | Nu22:13M | /סרב מימריה דייי דלא | למשבוק | יתי למיתי ע׳#2#/: |
| 078 | למשבק | | Nu20:21 | וסרבו אדומיי מן | למשבק | ית ישראל עברין בתחומה |
| 079 | משבק | pael | Dt 4:31M | מרפי יתכון ולא | מחבל/משבק#2#/ | יתכון ולא מנשי ית |
| 080 | למשבקה | | Gn44:22 | לא יכל טליא | למשבק{ת}<ה> | ית אבוי אן שבק טליא ית |
| 081 | | | Dt22:19 | לאתה לית הוא רשיי | למשבקה | יתה כל יומוי חיוי: |
| 082 | | | Dt22:29 | צער יתה ולית הוא רשיי | למשבקה | יתה כל יומי חיוי: |
| 083 | אשתבק | etpeel | Gn27:36M | \שבקת לי חדא ברכה | /אשתבק | לעשו ברכה#2#/: |
| 084 | ישתבק | | Nu30:06 | לא יקום ומן קדם ייי | ישתבק | לה ארום בטל אבוה יתה: |
| 085 | | | Nu30:09 | על נפשה״ ומן קדם ייי | ישתבק | לה: |
| 086 | | | Nu30:13 | יתהון ומן קדם ייי | ישתבק | לה: |
| 087 | וישת׳ | | Nu30:06M | וממריה דייי ישתרי | וישת׳#2#/ | לה ארום בטל אבוה יתה: |
| 088 | | | Nu30:13M | ומימריה דייי ישתרי | וישת׳#2#/ | לה: |
| 089 | | | Nu15:25M | וישתבק/וישתרי | וישת׳#2#/ | להון ארום שלו הווה |
| 090 | | | Nu15:26M | וישתבק/וישתרי | וישת׳#2#/ | לכל ^עם#2#/ כנישתה |
| 091 | וישתביק | | Lv 4:26 | עלוי כהנא מן חובתיה | ויש<ת>ביק | ליה: |
| 092 | | | Lv 4:35 | על חובתיה די אתחייב | וישתביק | ליה: |
| 093 | | | Lv 5:13 | חדא מן אלין וישתרי | וישתביק | ליה ותיהוי לכהנא כמנחתה: |
| 094 | | | Lv 5:18 | הוה ידע וישת«רי» | וישתביק | ליה: |
| 095 | וישתבק | | Nu15:28 | קדם ייי למכפרה עלוי | וישתבק | לה: |
| 096 | | | Nu30:09M | /ומימריה ישתרי | וישתבק#2#/ | לה: |
| 097 | | | Lv 4:20 | עליהון כהנא וישתרי | וישתבק | להון: |
| 098 | | | Nu15:25 | כל כנישתה דבני ישראל | וישתבק | להון ארום שלו הווה ואינון |
| 099 | | | Nu15:28M | ויכפר עלוי וישתרי | וישתבק | להון |
| 100 | | | Lv 4:31 | עלוי כהנא וישתרי | וישתבק | ליה: |
| 101 | | | Lv 5:10 | די אתחייב וישתרי | וישתבק | ליה: |
| 102 | | | Lv 5:16 | בדיכרה דאשמה וישתרי | וישתבק | ליה: |
| 103 | | | Lv 5:26 | עלוי כהנא קדם ייי | וישתבק | ליה על חדא מן כל מה די |
| 104 | | | Lv19:22 | די אתחייב וישתרי | וישתבק | ליה מן חובתיה די אתחיי׳: |
| 105 | | | Gn 4:07 | בעלמא הדין ישתרי | וישתבק | לך בעלמ׳ דאתי ואין לא |
| 106 | | | Gn49:04 | ועל ד{ט}חטית תשתרי | וישתבק | לך: כי משכבי אבוך אז חללת |
| 107 | | | Nu15:26 | | וישתבק | לכל כנישתה דבני ישראל |

See also: משבקה *n.*

## שבק *n.* undressed vine [536]

|  |  |  |  |  |  |  |
|---|---|---|---|---|---|---|
| 001 | שבקיכון | p em/sf | Lv25:11 | ולא תקטפון ית | שבקיכון: | |
| 002 | | | Lv25:05 | לא תחצדון וית ענבי | שבקיכון | לא תקטפון שבת שבתה יהווי |

## שבקו (*v.*)*n.* pardoning [537]

|  |  |  |  |  |  |  |
|---|---|---|---|---|---|---|
| 001 | לשבקות | s ab/cn | Nu 7:82 | קרב יתיה לחט«א»תה | לשבקות | {ב}<ח>ובין ולשלוון לכפרה |
| 002 | | | Nu 7:16 | חד קרב יתה לחטאתה | לשבקות | חובין ולשלוון למכפרה |
| 003 | | | Nu 7:22 | חד קרב יתיה לחטאתה | לשבקות | חובין ולשלוון למכפרה |
| 004 | | | Nu 7:28 | בר עזין חד קרב לחטאתה | לשבקות | חובין ולשלוון למכפרה |
| 005 | | | Nu 7:34 | בר עזין חד קרב לחטאתה | לשבקות | חובין ולשלוון למכפרה |
| 006 | | | Nu 7:40 | חד קרב יתיה לחטאתה | לשבקות | חובין ולשלוון למכפרה |
| 007 | | | Nu 7:46 | בר חד קרב יתה לחטאתה | לשבקות | חובין לשלוון למכפרה באדמה |
| 008 | | | Nu 7:52 | חד קרב יתה לחטאתה | לשבקות | חובין ולשלוון למכפרה |
| 009 | | | Nu 7:58 | חד קרב יתיה לחטאתה | לשבקות | חובין ולשלוון למכפרה |
| 010 | | | Nu 7:64 | חד קרב יתיה לחטאתה | לשבקות | חובין ולשלוון למכפרה באדמה |
| 011 | | | Nu 7:70 | חד קרב יתיה לחטאתה | לשבקות | חובין ולשלוון למכפרה |
| 012 | | | Nu 7:76 | חד קרב יתיה לחטאתה | לשבקות | חובין ולשלוון למכפרה |

## שבת *vb.* to observe the Sabbath [537]

|  |  |  |  |  |  |  |
|---|---|---|---|---|---|---|
| 001 | ושבתין | peal | Lv23:32 | תהון צימין צומיכון | ושבתין | שביכון ועבדין זמני |

## שגי ⇐ *n.* שקי

## שגע *vb.* to become insane [537]

|  |  |  |  |  |  |  |
|---|---|---|---|---|---|---|
| 001 | משגעין | pael | Dt28:34 | ותהוון | משגעין | מן חזיו עייניכון די |

## שגע *n.* insanity [537]

|  |  |  |  |  |  |  |
|---|---|---|---|---|---|---|
| 001 | בשגע' | s em/sf | Dt28:28M | ימחי יתכון ייי | בטפשותה/בשגע'#2#/ | ובס{יי}מ<יי>ותה |

## שד *n.* demon [538]

|  |  |  |  |  |  |  |
|---|---|---|---|---|---|---|
| 001 | שדיה | p em/sf | Dt32:17 | דבחו קדם טעוות | שדיה | דלית בהון ממש טעוון די לא |
| 002 | לשדי' | | Dt32:17M | דבחו \קדם טעוות | שדיה/לשדי'#2#/ | דלית בהון/להר'#2#/ |
| 003 | לשדיה | | Lv17:07 | ידבחון עוד ית דבחיהון | לשדיה | די אנון טעיין בתרהון קיים |

## שדי *vb.* to throw [538]

|  |  |  |  |  |  |  |
|---|---|---|---|---|---|---|
| 001 | ואשתדי | etpeel | Gn32:25M | "ואתפגש ...": | ואשתדי | עמה מלאך בדמות גבר עד |

## שדך *vb.* to be at ease [538]

|  |  |  |  |  |  |  |
|---|---|---|---|---|---|---|
| 001 | שדכין | peal | Dt33:03 | סגין לא נייחין ולא | שדכין | מן אולפן אורייתה והא |
| 002 | | | Nu23:24 | האליין לא נייחין ולא | ש{כ}ד<כ>ין | עד דקטלין |
| 003 | ושדכו | | Gn 8:01 | רוח דרחמין על ארעא | ושדכו | מיא: |
| 004 | תשתדך | etpeel | Gn27:44 | יומין קלילן עד זמן די | תשתדך | כליתיה דאחוך: |
| 005 | ואשתדכו | | Gn 8:01M | דרחמין על ארעא | ושדכו/ואשתדכו#2#/ | מיא: |
| 006 | ושתדכת | | Gn 8:04 | | ושתדכת | תיבותה בירחא שביעיא |

## שדף *vb.* to blast with hot wind [!! omitted by error]

|  |  |  |  |  |  |  |
|---|---|---|---|---|---|---|
| 001 | שדיפן | peal | Gn41:23 | צני{נ}<מ>ן דקיקין | שדיפן | רוח דקדים צמחן בתריהון: |
| 002 | | | Gn41:27 | ושבעתי שבליה דקיקתה | שדיפן | רוח קדום יהוין שבע שנין |
| 003 | ושדיפן | | Gn41:06 | והא שבע שבלין דקיקין | ושדיפן | רוח דקדים צמחין בתריהון: |

## שדפן *n.* blast of heat [538]

|  |  |  |  |  |  |  |
|---|---|---|---|---|---|---|
| 001 | ובשדפונה | s em/sf | Dt28:22 | לבה ובחרבה» | ובשדפונה | ובירקונה וירדפון יתכון |
| 002 | ובשדפנה | | Dt28:22M | לבה ובחרבה» | ובשדפונה/ובשדפנה#2#/ | ובירקונה וירדפון |

## שדר *vb.* to send [538]

|  |  |  |  |  |  |  |
|---|---|---|---|---|---|---|
| 001 | ושדר | pael | Ex24:05M | "ושלח ... וסדרו": | ושדר | ית בוכרי' בני ישראל ארום |
| 002 | ואשתדר | etpaal | Gn32:25M | יעקב לבלחדוי | ואתפגש/ואשתדר#2#/ | מלאך שריאל בדמות |

## שדרו *v.n.* striving [538]

|  |  |  |  |  |  |  |
|---|---|---|---|---|---|---|
| 001 | בשדרותא | s em/sf | Gn32:26M | דיעקב | באתפגשותא/בש{ת}ד<ר>ותא#2#/ | עמה: |

## שהי *vb.* to tarry [538]

|  |  |  |  |  |  |  |
|---|---|---|---|---|---|---|
| 001 | שהין | peal | Ex12:33 | מן ארעא ארום אמרו אן | שהין | אנון ישראל הכה אוף שעה |
| 002 | שוהי | | Nu 9:22 | או ירח או יומין סגין כד | שוהי | עננה על משכנה למשרי עלוי |
| 003 | שהי | pael | Ex32:01M | עמא ארום | אשתהי/^יש'#2#^/ש{ת}<ה>י#2#/ | משה למיחת מן |
| 004 | תשהו' | | Lv19:29 | לא | תשהו' | ית בנתכון מן למסבה יתהון |
| 005 | תשהון | | Gn24:56 | ואמר להון לא | תשהון | יתי וייי הצל«ח» באורחי |
| 006 | | | Ex22:28 | מעשרתכון ודמעכון לא | תשהון | למיפקה בוכרי בניכון די |
| 007 | | | Dt23:22 | דנדר קדם ייי אלהכון לא | תשהון | למשלמא יתיה ארום מתבע |
| 008 | משהי | | Dt 7:10 | מנהון לעלמא דאתי ולא | משהי | אגר טב לשנאוי עד אנון |
| 009 | | | Dt 7:10M | יתהון לעלמא דאתי ולא | משהי | למשל{ו}<'> לסנאוי אגר |
| 010 | ושהית | | Gn32:05M | \ואשתהיית כדון | /ושהית | למיתי עד כדו#2#/: |
| 011 | למשההייה | | Ex12:39M | "למסוברא ... להון": | למשההייה | ולחוד זווד' לאורחה לא |
| 012 | אשתהי | etpaal | Ex32:01 | וחמון עמא ארום | אשתהי | משה למיחת מן טורא |
| 013 | | | Gn34:19 | ולא | אשתהי | רביא למעבד פתגמא ארום |
| 014 | יש' | | Ex32:01M | עמא ארום | אשתהי/^יש'#2#^/ש{ת}<ה>י#2#/ | משה למיחת מן |
| 015 | תשתהי | | Gn45:09 | מצראי חות לוותי ולא | תשתהי: | |
| 016 | דאשתהינון | | Gn43:10 | ארום אלולי | דאשתהינון | ארום כדון חזרנון ואתינן |
| 017 | ואשתהי | | Gn43:31M | אפוי ונפק | ואזדרז/ואשתהי#2#/ | ואמר שוון לחם |
| 018 | | | Gn19:16 | | ואשתהי | ואתוקפו גבריא בידוהי |
| 019 | ואשתהיית | | Gn32:05 | יעקב עם לבן אתותבת | ואשתהיית | כדון: |

## שהי *v.n.* remaining [539]

|  |  |  |  |  |  |  |
|---|---|---|---|---|---|---|
| 001 | ובשהיא | s em/sf | Nu 9:19 | | ובשהיא | עננה ˆˆעל משכנה יומין |

## שוברה ⇐ *n.* שבה

## שוג *vb.* to wash [539]

|  |  |  |  |  |  |  |
|---|---|---|---|---|---|---|
| 001 | ישיג | afel | Lv 1:09 | ובני גויה ורגלוי | ישיג | במיא ויסדר כהנא ית כלה |
| 002 | | | Lv 1:13 | ובני גווה ורגלוי | ישיג | במיא ויקרב כהנא ית כלה |

## שוי *vb.* to be equal, to place [540]

|  |  |  |  |  |  |  |
|---|---|---|---|---|---|---|
| 001 | שווי | pael | Lv26:46 | דינייה וגזירת אוריתה די | שווי | ייי בין מימריה ובין בני |
| 002 | | | Dt10:22 | אבהתכון במצרים וכדון | שווי | יתכון ייי אלהכון ככוכבי |
| 003 | | | Gn31:37M | ויוכיחן /מאני זינך | שווי | כען בין אחי ובין אחיך |
| 004 | | | Dt22:17 | והא הוא | שווי | לה עלילן דמילין למימר לא |
| 005 | | | Ex 8:08 | ייי על עסק ארדעניא די | שווי | לפרעה: |
| 006 | | | Ex36:02M | כל גבר חכימי לבה די | שווי | מימרי' דייי חכמה בלבה כל |
| 007 | | | Gn21:14 | וזיק דמיין ויהיב להגר | שווי | על כתפה וית טליא ושלח יתה |
| 008 | | | Ex 9:23M | חוטריה לשמיא וייי | יהב/שווי#2#/ | קלין וברד והלכת אשתא |

|  |  |  |  |  |  |
|---|---|---|---|---|---|
| 009 | | Ex40:29 | וית מדבחא דעלתה | שוי | תרע משכנא משכן זימנא וסדר |
| 010 | שויית | Ex 7:01M | רב ושליט לפרעה /הא | שויית | יתך לרבון לפרעה#2#/ |
| 011 | שוית | Ex 4:21 | למצרים חמי כל נסי די | שוית | בידך ותעבדינון קדם פרעה |
| 012 | | Gn 9:13M | ית קשתי ^א#2#^שוי/שווית#2#/ | | בעננא ותהי לסימן |
| 013 | שוון | Ex32:27 | אמר ייי אלהה דישראל | שוון | גבר חרביה על ירכיה עברו |
| 014 | | Ex33:04 | בישא הדין ואתאבלון ולא | שוון | גבר מני זייני«ה» עלוי: |
| 015 | | Gn40:15 | לא עבדת כל מאן דעם ארום | שוון | יתי בבית חבושא: |
| 016 | | Dt32:46 | ואמר {א}להון | שוון | לבביכון לכל פתגמיה די אנה |
| 017 | | Gn43:31 | אפוי ונפק ואזדרז ואמר | שוון | לחם: |
| 018 | | Ex 5:14 | סרכיהון דבני ישראל די | שוון | עליהון דחקוי דפרעה למימר |
| 019 | שוי | Dt 4:44M | אורייתה די | סדר/שוי#2#/ | משה קדם עמא בני |
| 020 | | Gn48:17 | וחמא יוסף ארום | שוי | אבוי ית ימיניה על רישה |
| 021 | | Ex 4:11 | שוי <פם> לבר נשא או מן | שוי | אלמין או חרשין או פתיחין |
| 022 | | Gn28:18 | בצפרא ונסב ית אבנא די | שוי | אסדי ראשה ושוי יתה קיימא |
| 023 | | Gn31:37 | מה אשכחת מן כל מני ביתך | שוי | הכה לקבל אחי ואחיך ויוכיחן |
| 024 | | Ex36:01 | וכל גבר דחכים בלביה די | שוי | ייי חכמה וסכלתנו בהון |
| 025 | | Gn48:18 | כדן אבה ארום דין בכורה | שוי | ימינך על רישיה: |
| 026 | | Ex12:36 | וייי | שוי | ית חניהון דעמא באפיהון |
| 027 | | Gn45:09 | ליה כדן אמר ברך יוסף | שוי | יתי ייי לריבון לכל מצראי |
| 028 | | Ex 2:14 | <ואמר> מן | שוי | יתך לגבר רב ושליט עלינן הא |
| 029 | | Gn43:22 | למזבן מזון לא ידעינן מן | שוי | כספא בטעוננא: |
| 030 | | Gn24:02 | דתפיס בכל מה דליה | שוי | כען ידך תחות ירכי: |
| 031 | | Gn47:29 | כען אשכחת חן וחסד באפיך | שוי | כען ידך תחות קיימי ותעבד |
| 032 | | Ex 9:21 | ומן די לא | שוי | לבא לפתגמוי דייי ושבק ית |
| 033 | | Ex 7:23 | פרעה ועל לגו בייתו ולא | שוי | לביה אף לדא מח«ו»תה: |
| 034 | | Ex 9:21M | דייי /ובלעם דלא | שוי | לביה לפתגמ' דייי#2#/ ושבק |
| 035 | | Gn 4:25 | וקרא' ית שמיה שת ארום | שוי | לי «ייי» בר חורן חלף |
| 036 | | Gn 4:25M | "שוי ...קין": אמרית ארום | שוי | לי ממריה דייי זרע אוחרן |
| 037 | | Ex15:25 | לגו מיא ואתחלון מיא תמן | שוי | ליה קיימין וסדרי דינין |
| 038 | | Ex 4:11 | ואמר ייי למשה מן | שוי | <פם> לבר נשא או מן שוי |
| 039 | שויית | Ex31:06 | ואנה הא | שויית | עמיה ית אהליאב ברה |
| 040 | שוית | Ex10:02 | שנקת במצריי וית נסיי די | שוית | בהון ותדעון ארום אנה |
| 041 | | Ex31:06 | דן ובלבי דכל חכימי לבי | שוית | חכמה ויעבדון ית כל מה די |
| 042 | | Gn27:37M | רב ושליט | שויתי/^שוית#2#^/יהבית#2#/ | יתה לך וית כל |
| 043 | | Gn17:05 | לקהל כנשת אומין צדיקין | שוית | יתך: |
| 044 | | Gn 3:12 | ואמר אדם אתתה די | שוית | עמי היא יהבת לי מן |
| 045 | | Gn27:37M | כל אחוי | שויתי/^שוית#2#^/יהבית#2#/ | קדמוי לעבדין |
| 046 | שויתי | Gn27:37 | ואמר לעשו הא רב ושליט | שויתי | יתה לך וית כל אחוי שויתי |
| 047 | | Gn27:37 | יתה לך וית כל אחוי | שויתי | קדמוי לעבדין ועבור וחמר |
| 048 | שיוון | Ex 7:09M | עמכון פרעה למימר | הב/שיוון#2#/ | לכון סימן ותימר |
| 049 | שיוי | Gn21:14M | וקרבה דמים ויהב להגר | שיוי | על#2#/ כתפה וית טליא ושלח |
| 050 | אישוי | Gn46:03 | מצרים ארום לאומה רבה | אישוי | יתך תמן: |
| 051 | אשווי | Ex 7:05 | אנה ^הוא#2#^ ייי כד | אשווי | ית מחת פורענתי על מצרים |
| 052 | | Dt11:29M | ית ברכתה /למירות יתה | אשווי | ית בר'#2#/ על טורא |
| 053 | אשוי | Gn 3:15 | ובעל דבבו | אשוי | בינך ובין איתתה ובין בניך |
| 054 | | Gn 9:13 | ית קשתי ^א#2#^שוי | | בעננא ותהי לסימן קים |
| 055 | | Lv20:03 | ואנה | אשוי | ית תקיף רוגזי בגברה ההוא |
| 056 | | Gn21:13M | לאומה רבה | אשויניה/אשוי | יתה#2#/ ארום ברך |
| 057 | | Ex15:26 | בישיה דאייתת למצרייה לא | אשוי | יתהון עליכון ארום אנה הוא |
| 058 | | Gn21:18 | ביה ארום לאומה רבה | אשוי | יתיה: |
| 059 | | Gn17:05M | \צדיקין שוית /סגין | אשוי#2#/ | יתך: |
| 060 | אשויניה | Gn21:13 | ברה דאמתה לאומה רבה | אשויניה | ארום ברך הוא: |
| 061 | ישוי' | Nu11:29 | כל עם דייי נביין ארום | ישוי' | ייי ית רוח קודשה עליהון: |
| 062 | ישווי | Dt27:15M | <ידי> בר נש ודי לא | ישווי | בטומרא מל{י}<ו>טייה |

|  |  |  |  |  |  |
|---|---|---|---|---|---|
| 063 | | Dt27:15M | "ואמרין": ברנש ודי | ישווי | בטומרה הוון עניין כל עמא |
| 064 | | Nu 5:21 | ויאמר כהנה לאתתה | ישווי | ייי יתיך ללוט ולשבועה בגו |
| 065 | | Nu24:23 | ייחי ביומיא האינון כד | ישווי | ייי תקוף רוגזיה למתפרעה |
| 066 | | Dt11:25 | פחדכון ודחלתכון | ישווי | ייי אלהכון על אפי כל ארעא |
| 067 | | Dt28:07M | | ימסור/ישווי#2#/ | ייי ית בעלי דבביכון |
| 068 | | Dt28:24 | | ישווי | ^ייי#2#^ ית מטרה דארעכון |
| 069 | | Dt27:15 | ייי עבד ידי אומן ולא | ישווי | יתיה בטמרה ומלווטייה הוון |
| 070 | | Dt28:25M | יתכון ייי מתנגפין קדם | /ישווי | יתכון מימריה דייי תיבירי |
| 071 | | Lv20:15M | \תשמישיה בבעיר מתקטלה | /ישווי | מדמכה בבעירה מת'#2#/ |
| 072 | | Nu23:12 | וענה ואמר הלא מה די | ישווי | מימריה בפמי יתיה אטר |
| 073 | | Lv 5:11 | מכלתה סלת לחטאת לא | ישווי | עליה מש' ולא יתן עליה |
| 074 | | Dt28:61M | די ישיצון יתכון | /ישווי | עליכון מימריה דייי |
| 075 | ישוי | Gn40:23 | בר נשא די תרחץ בבשרא די | ישוי | בשרא רוחצנא בגין כן לא |
| 076 | | Gn46:04 | יתך לחוד מסוק ויוסף | ישוי | ידי«ה» על עיינך: |
| 077 | | Nu 5:21 | ללוט ולשבועה בגו עמך כד | ישוי | ייי ית ירכ«י»ך מסיא וית |
| 078 | | Nu22:38 | כל מן דעם פתגמה די | ישוי | ייי בפמי יתה אמלל: |
| 079 | | Dt 7:15 | בישייא די חכמתון לא | ישוי | יתהון בכון וישוי יתהון בכל |
| 080 | | Gn48:20 | יתברכון ישראל למימר | ישוי | יתך ייי כאפרים וכמנשה |
| 081 | | Gn43:14 | ואלה שמיא {ו}<י>שוי | | לכון רחמין קדם שליטיא |
| 082 | | Ex21:22 | מתקנסא יתקנס היך מה די | ישוי | עלוי בעלה ויתן על פום |
| 083 | נשווייה | Dt17:14M | בגווה ותימרון | אמני/נשווייה#2#/ | עלינן מלך ככל |
| 084 | נשוי | Nu14:04 | ואמרין גבר לחברי' | נשוי | עלינן מלך ונחז«ו»רו |
| 085 | תשווי | Dt23:25M | ותשבע ולמאניך לא | תשווי | |
| 086 | | Dt22:08 | ותעבד סייג לאגרך ולא | תשווי | חובת שפיכות אדם זכיי לגו |
| 087 | | Lv18:20M | לא \תתן שמושך לזרע | /תשווי | מדמ{ת}<כ>ך לתשמיש |
| 088 | | Dt23:26M | מלא ידך ומגל לא | תשווי | על קיימ'#2#/ דחברך: |
| 089 | | Nu12:11 | בבעו מנך רבוני לא כען | תשווי | עלינן חובה די אשתלינן ודי |
| 090 | | Ex21:01 | ואילין דינייא די | תשווי | קדמיהון: |
| 091 | תשוון | Gn32:17 | עברו קדמוי ונפי«ש» | תשוון | בין עדר ובין עדר: |
| 092 | | Lv19:28 | בבשרכון וכתב חקיק לא | תשוון | בכון אמר ייי: |
| 093 | | Ex23:01M | דייי אלהכון לשקר ולא | תשוון | ידיכו' עם חי' עמי בני |
| 094 | | Ex22:24 | ליה כמרי חוב דחק ולא | תשוון | עלוי שערין ורבין: |
| 095 | | Ex 5:08 | היך דאיתמל והיך דקדמוי | תשוון | עליהון לא תמנעון מנהון |
| 096 | | Ex22:24M | מ{י}רי חוב דחיק ולא | תשוון | עליהון ולא שערין ולא |
| 097 | | Dt17:15M | תמנון /משווייה | תשוון#2#/ | עליכון מלך <....> לית |
| 098 | | Dt14:01 | בפולחנה נכרייה ולא | תשוון | רשום על בית אפיכון על נפש |
| 099 | | Lv19:14M | אכסנייה דדמי לסמיא לא | תשוון | תקלה |
| 100 | | Lv19:14M | דהוא מדמי לסמייה לא | תשוון | <ת>קל{ל}ה |
| 101 | תשוי | Gn44:02 | וית כלידי כלידא דכספא | תשוי | בפום טעוניה דזעירא וית כסף |
| 102 | | Dt21:08 | ישראל די פרקת ייי ולא | תשוי | חובת שפיכות אדם זכיי בגו |
| 103 | | Gn 6:16 | ותרעא דתיבותא בסיטרא | תשוי | מדורין ארעיין תנינין |
| 104 | משווייה | Dt17:15M | \ממני<ה> תמנון | /משווייה | תשוון#2#/ עליכון מלך |
| 105 | משוי | Gn 9:12 | דין סימן קיימ' די אנה | משוי | בין ממרי וביניכון ובין כל |
| 106 | | Gn30:42 | ובלקישי ענה לא הוי | משוי | והווה ליה ען סגין לקישיא |
| 107 | משויין | Gn27:40 | ומנטרין פיקודיא יהוון | משויין | ניר מטולהון על צוארך |
| 108 | משוין | Dt33:10 | לקהל שבטיה דבני ישראל | משוין | קטרת בוסמנין טבין וכליין |
| 109 | דשויית | Ex10:02M | וית ניסי פרישתי | דשויית | ביניכון#2#/ ותדעון |
| 110 | דשווית | Ex15:26M | מכתשיה בישיה | דאייתת/דשווית#2#/ | למצרייה/על |
| 111 | דשוי | Ex36:02 | ולכל די חכים לבה | דשוי | ייי חכמה בלבה כל די נדב |
| 112 | דשויתי | Gn28:22M | ואבנא הדא | דישווית/^דשויתי#2#^/אקימת#2#/ | קיימא יהווי |
| 113 | דישווה | Dt13:18M | רוגזיה \ויתן לכון | /דישווה | עליכון#2#/ רחמין וירחם |
| 114 | דישווית | Gn28:22 | ואבנא הדא | דישווית | קיימא יהווי בית מקדשיא |
| 115 | ושוו | Nu16:18 | ויהבו עליהון אשא | ושוו | עליהון קטרה וקמו בתרע משכן |
| 116 | ושווי | Gn15:10M | לקבל חבריה /לפסגין | ושווי | גבר פסגייה לקדמות חב'#2# |

|  |  |  |  |  |  |
|---|---|---|---|---|---|
| 117 | | Gn39:21M | והטה לוותה חסד | ושוי | חסדא באפיה דרבונא |
| 118 | | Ex11:03 | | ושוי | ייי חניהון דעמא באפהון |
| 119 | | Gn22:03 | ואקדם אברהם בצפרא | ושוי | ית חמרה ודבר ית תרין |
| 120 | | Ex40:05M | ארונה דסהדותה | ותשווי/ושווי#2/ | ית פרסה דתרעה |
| 121 | | Ex40:08M | | ותשווי/ושווי#2/ | ית דרתה |
| 122 | | Ex40:18 | משכנה ויהיב ית חומרוי | ושוי | ית לוחוי ויהב ית נגרוי |
| 123 | | Ex40:19 | ופרס ית פרסה על משכנה | ושוי | ית חפיא דמשכנא עלוי |
| 124 | | Ex40:20 | ית סהדותה לגו ארונה | ושוי | ית אריחיה על ארונה |
| 125 | | Ex40:21 | ארונ«ה» לגו משכנה | ושוי | ית פרוכתה דפרסה |
| 126 | | Ex40:26 | | ושוי | ית מדבחה דדהבה במשכן |
| 127 | | Ex40:28 | | ושוי | ית פרסה דתרעא למשכנא: |
| 128 | | Ex40:30 | | ושוי | ית כיורה בין משכן זימנא |
| 129 | | Ex40:33 | למשכנה ולמדבחה | ושוי | ית פרס תרע דרתה ואשלם |
| 130 | | Gn40:03 | | ושוי | יתהון במטרא בביתיה דרב |
| 131 | | Ex39:07 | | ושוי | יתהון על כתפתה דאפודה |
| 132 | | Dt10:02M | תברת/תברית#2/ | ותשווי/ושווי#2/ | יתהון בארונה: |
| 133 | | Nu21:09M | "חוי ... חיי": חווי דנחש | ושוי | יתיה והווה כל מן דהווה |
| 134 | | Nu23:05 | | ושוי | מימרה דייי פתגם בפומיה |
| 135 | | Gn24:09 | | ושוי | עבדה ית ידה תחות קיימה |
| 136 | | Gn48:14 | ישראל ית ימינה ופשט | ושוי | על ראשה דאפרים והוא |
| 137 | | Ex40:30M | מדבחה \ויהב תמן מיין | /ושוי | תמן מים#2/ לקידוש: |
| 138 | ושווית | Gn40:11M | \ושוית כסא בכף | /ושווית | ית כסא על כף#2/ ידיה |
| 139 | | Dt10:05 | וכוונית ונחתית מן טורה | ושווית | ית לוחייה בארונה די |
| 140 | | Dt 1:15M | רברב{נ}ין /וידיעין | ושווית | יתהון רברבין#2/ עליכון |
| 141 | ושוון | Gn44:13 | ובזעו לבושיהון | ושוון | גבר על חמריה וחזרו לקרתא: |
| 142 | | Lv 9:20 | | ושוון | ית תרבי' על ניעיה וסדר |
| 143 | | Nu14:01 | ונטלו עם כנישתה | ושוון | ית קלהון ובכון עמא בלליה |
| 144 | | Ex39:20 | ועבדו תרתין עזקין דדהב | ושוון | יתהון על תרתין כתפת«ה» |
| 145 | | Gn50:26 | ועשר שנין וחנטו יתיה | ושוון | יתיה בארונא במצרים: |
| 146 | | Gn43:32 | | ושוון | ליה לבלחודוי ולהן |
| 147 | | Gn 9:23 | שם ויפת ית אסטליתה | ושוון | על כתף תריהון והוון |
| 148 | | Ex39:19 | ועבדו תרתין עזקין דדהב | ושוון | על תרין סטרוי דחושנה על |
| 149 | | Ex 1:11 | | ושוון | עליהון רברבנין מפלחנן |
| 150 | | Lv10:01 | ויהבו בהון אשא | ושוון | עליהון קוטרא וקריבו קדם |
| 151 | | Nu16:07 | והבו בהון אשא | ושוון | עליהון קטרה קדם ייי למחר |
| 152 | | Nu16:18M | /בהון#2/ אשא | ושוו/ושוון#2/ | עליהון קטרה/קטורן#2/ |
| 153 | | Dt26:06 | לן מצריי וצערו יתן | ושוון | עלינן פלחן קשי: |
| 154 | | Gn24:33 | | ושוון | קדמוי למיכל ואמר לית אנה |
| 155 | | Ex17:12 | זקיפן בצלו ונסבו אבן | ושוון | תחותוי ויתב עליה ואהרן |
| 156 | ושוי | Gn30:41 | בכל דאתיחמת ענה בכירתה | ושוי | יעקב ית חוטריא קדם ענה |
| 157 | | Gn30:40 | ואמריא אפרש יעקב | ושוי | אפי ענה לקבל קרוחיא וכל |
| 158 | | Gn30:36 | | ושוי | ארח מהלך תלתא יומין בינה |
| 159 | | Gn30:35 | חיורא וכל לחוש באמריא | ושוי | ביד בנוה«י»: |
| 160 | | Gn32:17 | | ושוי | ביד עבדוי עדר עדר לבלחודוי |
| 161 | | Ex17:14 | כתב דא דוכרן טב בספרא | ושוי | במשמעה ויהושע ארום משיציא |
| 162 | | Ex24:06 | ונסב משה פלגא דדמא | ושוי | בספלא ופלגא דדמ«א» זרק |
| 163 | | Gn 2:21 | {עלא} אלעא מן אלעוי | ושוי | בשר תחותה: |
| 164 | | Gn39:21 | ושוי עלוי חן וחסד | ושוי | חנו באפי רב בית חבושיה: |
| 165 | | Gn 4:15 | עד שובעה דרין יתלי ליה | ושוי | ייי לקין סימן דלא יקטול |
| 166 | | Ex 9:05 | | ושוי | ייי זמן למימר מחר יעבד ייי |
| 167 | | Gn31:21 | די לה וקם ועבר ית נהרא | ושוי | ית אפוי לטור גלעדה: |
| 168 | | Gn33:02 | | ושוי | ית לחינתה וית בניהון |
| 169 | | Gn45:02 | | ושוי | ית קליה בבכיה ושמעו מצראי |
| 170 | | Gn48:20 | ייי כאפרים וכמנשה | ושוי | ית ברכתיה דמנשה: |
| 171 | | Ex14:21 | קדום תקיף כל ליליא | ושוי | ית ימא ליבש{בש}תא ואתבזעו |
| 172 | | Ex40:24 | | ושוי | ית מנרתה במשכן זימנא לקבל |
| 173 | | Lv 8:09 | | ושוי | ית מצנפתה על ראשה ושוי על |
| 174 | | Nu22:21 | וקם בלעם בצפרא | ושוי | ית אתנתה ואזל עם רברבני |
| 175 | | Gn28:18 | אבנא די שוי אסדי ראשה | ושוי | יתה קיימא ואריק משח על |
| 176 | | Gn47:26 | | ושוי | יתה יוסף לסימן עד יומא |
| 177 | | Dt31:19 | ואלף יתה ית בני ישראל | ושוי | יתה בפמהון מן בגלל דתהווי |
| 178 | | Gn 1:17 | | ושוי | יתהון איקרי' דייי ברקיעא |
| 179 | | Gn28:10 | אבניא דנסב אבונן יעקב | ושוי | יתהון תחות אסדי רישיה כיון |
| 180 | | Ex18:25 | גברי חיל מן כל ישראל | ושוי | יתהון ראשין על עמא רברבני |
| 181 | | Gn41:10 | פרעה רגז על {פ}<ש>ליטוי | ושוי | יתי במטרא בבייתה דרב |
| 182 | | Nu21:08 | למשה עבד לך חיוי דנחש | ושוי | יתי אל אתר תלי: |
| 183 | | Gn22:09 | ועקד ית יצחק ברה | ושוי | יתיה על ^גב#1^ מדבחא |
| 184 | | Gn39:20 | ונסב אדוניה דיוסף יתיה | ושוי | יתיה בבית חבושי' באתרא |
| 185 | | Gn45:08 | יתי להכא ארום אלהן ייי | ושוי | יתיה לאבא {לא} לפרעה |
| 186 | | Ex30:18M | לקדוש | ותשווי/^{י}<ו>שוי#2/^ותתן#2/ | יתיה בין |
| 187 | | Gn42:30 | דארעא עמין מלין קשיין | ושוי | יתן כמילילין ית ארעא: |
| 188 | | Gn15:10 | אלין ופסג יתהון במציעה | ושוי | כל חד פסגה לקבל חבריה וית |
| 189 | | Gn40:21 | ית רב מזוגיה לשמושה | ושוי | כסא בכף ידא דפרעה: |
| 190 | | Gn44:01 | היך מה דייכלון למטען | ושוי | כספא דגבר בפום טעוניה: |
| 191 | | Lv 8:13 | ואסר יתהון המיני' | ושוי | להון כובעין היך מה די פקד |
| 192 | | Nu24:01 | לקדמות קסמיה ואזל | ושוי | למדברה אפוי והוה מדכר להון |
| 193 | | Gn41:48 | דיהוון בארעא דמצרי' | ושוי | מזון בקרויא מזון תחומה |
| 194 | | Dt 6:22 | | ושוי | מימרה דייי אתין וסימנין |
| 195 | | Gn41:42 | יתיה {{ל}}לבושין דבוץ | ושוי | מניכא דדהבא על צואריה: |
| 196 | | Gn22:06 | אברהם ית קיסיא דעלתא | ושוי | על יצחק בריה ונסב |
| 197 | | Lv 8:09 | ושוי ית מצנפתה על ראשה | ושוי | על מצנפתה מן כל קבל אפוהי |
| 198 | | Lv 8:26 | במשח חדה ועריך חד | ושוי | על תרביה ועל שקה דימינה: |
| 199 | | Gn39:21 | והוה ייי עם יוסף | ושוי | עלוי חן וחסד ושוי חנו באפי |
| 200 | | Lv 8:08 | | ושוי | עלוי ית חושנה ויהב לגו |
| 201 | | Nu23:16 | מימריה דייי על בלעם | ושוי | פתגם בפמיה ואמר ח{ו}<ז>ר |
| 202 | | Gn18:08 | וחלב ובר תוריה די עבד | ושוי | קדמיהון והוא הוה קיים |
| 203 | | Nu17:11 | עלה אשא מעלוי מדבחה | ושוי | קטרה והובל בפריע לגו עם |
| 204 | | Gn39:22 | | ושוי | רב בית חבושיה תחות רשותא |
| 205 | | Gn37:34 | ובזע יעקב לבושוי | ושוי | שקא תחתוי ואתאבל על בריה |
| 206 | | Gn28:11 | ונסב מן אבנוי דאתרא | ושוי | תחות אסדי ראשה ודמך לה |
| 207 | | Gn 2:08 | גנא בעדן מן לקדמין | ושוי | תמן ית אדם קדמיא די ברא: |
| 208 | ושויית | Ex 2:03 | יתיה בחימרא ובזיפתא | ושויית | בה ית טליא ושויית יתיה |
| 209 | | Ex 2:03 | ושויית בה ית טליא | ושויית | יתיה באפרה על גב נהרא: |
| 210 | ושוינון | Gn28:11M | אתרא קדישא ההוא | ושוינון | איסדוהי ואתעבדן לאבנ' |
| 211 | ושוית | Nu24:21 | מה תקיף הוא משרויך | ושוית | בניקרא דכיפה ית מדורך: |
| 212 | | Gn31:34 | נסבת ית {{סעותא}} | ושוית | יתהון בעביטא דגמלא ויתבת |
| 213 | | Gn40:11 | יתהון בכסה דפרעה | ושוית | כסא בכף ידיה דפרעה: |
| 214 | | Gn40:12 | יתהון בכסא דפרעה | ושוי«ת» | כסא בידוי דפרעה היא כסא |
| 215 | | Gn24:47 | די ילדת לה מלכה | ושוית | קדשה על בית אפיה ושריה |
| 216 | ואישווי | Dt18:18 | מן גו אחיהון כוותך | ואישווי | דבירוי בפומיה וימלל להון |
| 217 | | Dt11:14M | \ואתן מטרה | /ואישווי | מטר#2/ דארעכון בזמניה |
| 218 | ואשוי' | Lv17:10M | יכול כל אדם | ואשוי' | אפי רוגזי בנפשה דאכלה ית |
| 219 | ואשווי | Gn13:16 | | ואשווי | ית בניך כעפרא דארעא ארום |
| 220 | | Ex 7:04 | ולא יקבל מנכון פרעה | ואשווי | ית מחית פורענתי במצרים |
| 221 | | Ex21:13 | חובתה מיתי על ידוי | ואשווי | לכון אתר קרי שיזבה די |
| 222 | | Lv26:04 | | ואשווי | מטר ארעכון בזמנה ותתן |
| 223 | | Dt28:48M | נירה דפרזלה /מנדע' | ואשווי | ניר פורזלה#2/ על |
| 224 | | Ex 8:19 | | ואשווי | פורקן בין עמי ובין עמך |

|  |  |  |  |  |  |
|---|---|---|---|---|---|
| 225 | | Lv17:10M | "יאכל ...": כל אדם | ואשוי | תקוף רוגזי בנפש׳ די |
| 226 | ואשוי | Ex23:27M | עמא דתעלון לוותהון | ואשו{ו}<י> | |
| 227 | | Lv20:05 | | ואשוי | אנה ית תקוף רגזי בגברה |
| 228 | | Lv26:11M | \ואשרי איקר | /ואשוי | יקר#2/ שכינתי ביניכון |
| 229 | | Gn32:13 | אמרת מייטבה אייטב לך | ואשוי | ית בניך כחלא דימא די לא |
| 230 | | Ex23:27 | די תיעלון ביניהון | ואשוי | ית כל בעלי דבביכון |
| 231 | | Ex23:31 | | ואשוי | ית תחומיכון מן ימא דסוף |
| 232 | | Lv26:17 | | ואשוי | ית אפי תקוף רוגזי בכון |
| 233 | | Lv26:19 | דהיא תקוף חיילכון | ואשוי | ית שמייה די עלויכון |
| 234 | | Lv26:19M | דן הוא בית מוקדשה | ואשוי | ית שמייא דאית מעילוויכון |
| 235 | | Lv26:30 | ואשיצי ית טעוותכון | ואשוי | ית פגריכון על פגרי |
| 236 | | Lv26:31 | | ואשוי | ית {פיגריכון} קורייכון |
| 237 | | Gn17:20 | תרין עשר רברבין יולד | ואשוי | יתה לאחסנה רבה: |
| 238 | | Gn17:06 | ואתוקף יתך לחד׳ לחדה | ואשוי | יתך לאומין מלכין דשלטין |
| 239 | | Ex33:22 | כמעיבר איקר שכינתי | ואשוי | יתך בנקרה דטינרא ואפרוש |
| 240 | | Dt 1:13M | רברבנין עליכון | /ואש{ר}<י> | יתכון ראשין |
| 241 | | Lv14:34 | די אנה יהב לכון אחסנה | ואשוי | מכתש צרעה בבית ארעא |
| 242 | | Gn44:21 | אחותן יתיה לוותי | ואשוי | עיני עלוי: |
| 243 | | Nu11:17 | מן רוח קדשה די עמך | ואשוי | עליהון ויטענון עמך |
| 244 | | Dt18:18M | בפומיה /דכוותך | ואשוי | פתגמי בפומיה#2/ וימלל |
| 245 | | Gn17:02 | | ואשוי | קיימי ביני ובינך ואתוקף |
| 246 | | Lv20:06 | {{למטעי}} בתריהון | ואשוי | תקוף רגזי בנפש׳ ההוא |
| 247 | וישוי | Dt24:03 | לה אגרא דשיבוקין | וישוי | בידה ויטרוד יתה מן בייתיה |
| 248 | | Lv 6:03 | ית עלתה על גבי מדבחה | וישוי | י{ד}<ת>יה סמיך למדבחה: |
| 249 | | Dt28:01 | מפקד יתכון יומא הדין | וישוי | ייי אלהכון רמין ומנטלין |
| 250 | | Dt30:07 | | וישוי | ייי אלהכון ית כל לווטייה |
| 251 | | Nu17:12M | מחבלה מחבל בעמא | ויהב/וישוי#2/ | ית קטרתה וכפר |
| 252 | | Dt28:13 | | וישוי | יתכון ייי למלכין ולא |
| 253 | | Gn40:23M | בשם ממרי׳ דייי | וישוי | ממרה דייי רחצניה |
| 254 | | Dt22:14 | | וישוי | עלה עלילן דמילין ויפק עלה |
| 255 | | Nu24:23M | ייי ית כרסייה למ׳ | וישוי#2/ | תקוף רוגזיה למתפרעה מן |
| 256 | וישוון | Nu 4:06 | גמר דתכלה מן לעיל | וישוון | אריחוי: |
| 257 | | Nu 4:14 | עלוי חפוי משך דססגון | וישוון | אריחוי: |
| 258 | | Nu 4:08 | יתיה בחפוי משך דססגון | וישוון | ית אריחוי: |
| 259 | | Nu 4:19M | ובנוי ייעלון | וישרון/וישוון#2/ | יתהון גבר גבר על |
| 260 | | Nu 4:11M | משך דססגון | ויכסון/וישוון#2/ | יתי אריחוי: |
| 261 | | Nu15:38 | צנפת גיליהון לדריהון | וישוון | על~ ציצין דצניף גולתה |
| 262 | | Ex 1:10 | ויסדרן קרבא לקובלן | וישוון | עליהון מלך ויסקון להון מן |
| 263 | | Nu16:07M | /בהן#2/ אשא | ושוון/וישוון#2/ | עליהון קטרה |
| 264 | וישוי | Dt24:01 | ויכתב לה אגרת שיבוקין | וישוי | בידה וישלח יתה מן בייתה: |
| 265 | | Gn40:23M | בשרא ... בגין כן": | וישוי | בשרא רחצונא ובריך יהוי |
| 266 | | Nu 5:20M | אסתאבת/יסת׳#2/ | ויהב/וישוי#2/ | גבר ביך ית תשמישה |
| 267 | | Dt 7:15 | לא ישוי יתהון בכון | וישוי | יתהון בכל שנאיכון: |
| 268 | | Gn41:33 | פרעה גבר סכלתן וחכים | וישוי | יתיה על ארעא דמצרים: |
| 269 | | Dt27:15 | קדם ייי עובד ידי אומן | וישוי | יתיה בטמרה ועניין כל עמא |
| 270 | | Dt28:48 | ובחסרון כל מדעם | וישוי | נירה דפרזלה על צווריכון |
| 271 | וישון | Nu 6:27 | | וישון | ית שמי ית ממרי על בני |
| 272 | ותשווי | Ex29:06 | | ותשווי | ית מצנפתה על ראשה ותתן ית |
| 273 | | Ex40:05 | קדם ארונה דסהדותה | ותשווי | ית פרסה דתרעה למשכנה: |
| 274 | | Ex40:08 | | ותשווי | ית דרתה מן חזור חזור ותתן |
| 275 | | Gn47:06 | בהון גברין גברי חיל | ותשווי | יתהון רברבני קניינן על כל |
| 276 | | Lv24:06 | | ותשווי | יתהון תרין סדורין שתה |
| 277 | | Ex28:37 | | ותשווי | יתיה על שזר תכלה ויהווי |
| 278 | | Ex30:18 | ובסיס דידה דנחש לקדוש | ותשווי | יתיה בין משכן זמנא ובין |
| 279 | | Ex29:09 | המיינין אהרן ובנוי | ותשווי | להון <....> כהונתה לקיים |
| 280 | | Ex40:03 | | ותשווי | תמן ית ארונה דסהדותה ותטל |
| 281 | ותשוון | Dt26:02 | דייי אלהכון יהב לכון | ותשוון | בסלה ותזלון לאתרא די |
| 282 | | Dt11:18 | | ותשוון | ית פתגמייה האליין תדירין |
| 283 | | Dt31:26 | סבו ית ספר אוריתה הדין | ותשוון | יתה מן סטר ארון קיימה |
| 284 | | Ex 3:22 | ומנין דדהב ולבושין | ותשוון | על בניכון ועל בנתכון |
| 285 | ותשוי | Ex 4:15 | ותמלל עמיה | ותשוי | ית פתגמיא בפומיה ואנה |
| 286 | | Ex26:35 | | ותשוי | ית פתורא לבר מן פרכתא וית |
| 287 | | Ex28:12 | | ותשוי | ית תרתין אבניה על כתפתה |
| 288 | | Ex28:26 | ותעבד תרתין עזקין דדהב | ותשוי | יתהון על תרין סיטרוי |
| 289 | | Dt10:02 | קדמייה די תברת | ותשוי | יתהון בארונה: |
| 290 | | Ex29:24 | | ותשוי | כל{י}<א> על כפי ידיהון |
| 291 | | Gn40:13 | ויחזור יתך לשימושך | ותשוי | כסא בכף ידיה דפרעה כסדר |
| 292 | | Lv 2:15 | ותתן עלה משח | ותשוי | עליה לבונ׳ מנחתה היא: |
| 293 | | Ex18:21 | ממונא {{דשיקרא}} | ותשוי | עליהון רברבני אלפין |
| 294 | ולמשויה | Dt26:19 | | ולמשויה | יתכון רמין ומנטלין על כל |
| 295 | | Ex32:29 | גבר בברה ובאחוי | ולמשויה | עליכון יומא הדין ברכן |
| 296 | למשוויה | Ex10:01 | דשליטוי מן בגלל | למשוויה | ניסיא איליין ביניהון: |
| 297 | למשווייה | Dt17:15 | <....> לית אתון רשיין | למשווייה | עליכון גבר בר עממין די |
| 298 | למשויא | Gn45:07 | ושלחני ייי קדמיכון | למשויא | לכון שיזבא בארעא ולמתקימה |
| 299 | | Nu31:03 | קרבה ויהוון על מדין | למשויא | נקמתה דייי במדין: |
| 300 | למשויה | Nu11:11 | כען לא אשכחת חסד באפך | למשויה | ית מטולהון דכל עמה האלין |
| 301 | ישתוי etpaal | Ex21:30 | פרקון נפשיה בכל מה די | ישתוי | עלוי: |
| 302 | | Ex21:30 | אין קנס דממון | ישתוי | עליי ויתן פרקון נפשיה בכל |

## שווי *adj.* ⇐ שפי

## שוח *vb.* to become liquid [540]

|  |  |  |  |  |  |
|---|---|---|---|---|---|
| 001 | שיח peal | Ex16:21 | הוה שמשא קיים עלוי הוה | שיח: | |

## שוט *vb.* to go about [540]

|  |  |  |  |  |  |
|---|---|---|---|---|---|
| 001 | שטין peal | Nu11:08M | הוון | שטין | עמא ומלקטין |
| 002 | משוטטן polel | Dt11:12M | בה \מסתכלין בה | /משוטטן | בה#2/ מן ראשה דשתה ועד |
| 003 | | Gn22:10 | ועיינוי דיצחק הוויין | משוטטן | במלאכי מרומא אברהם לא |

## שולטן *n.* rule [540]

|  |  |  |  |  |  |
|---|---|---|---|---|---|
| 001 | ושולטן s ab/cn | Dt11:25 | לא יקום מלך | ושולטן | באפיכון פחדכון ודחלתכון |
| 002 | ושלטן | Dt 7:24 | שמיא לא יקום מלך | ושלטן | באפיכון עד זמן די ישיצי |
| 003 | שולטנך s em/sf | Ex 7:28 | ובבתי שלטנך ובעמך ובכל | שולטנך | ובתנורך ובאצותך: |
| 004 | שלטנך | Ex 7:29 | ובך ובעמך ובכל | שלטנך | יסקון ארדעניא: |
| 005 | ושולטנה | Dt 4:39 | שריה בשמיה מן לעיל | ושולטנה | על ארעא מן לרע לית אלה |
| 006 | שולטנין p abs | Dt33:17 | ומקטלין מלכין עם | שולטנין | אינון ריבבתה דקטל יהושע |
| 007 | | Gn50:01 | דישמעל קיימין תמן | שולטנין | מן בנוי דעשו קיימין תמן |
| 008 | | Gn50:01 | בנוי דעשו קיימין תמן | שולטנין | מן בנוי דקטור«ה» תמן |
| 009 | ושולטנן | Gn50:01 | קיימן תמן מלכוון | ושולטנן | מן בנוי דישמעל קיימין |
| 010 | שולטנוי p em/sf | Gn45:16M | עבדוי /ובאפי כל | שולטנוי#2/: | |
| 011 | | Ex 7:20M | קדם פרעה וקדם | שליטוי/שולטנוי#2/ | ואתהפכו כל מיא |
| 012 | | Dt29:01 | דמצרים לפרעה ולכל | שולטנוי | ולכל ארעיה: |
| 013 | שלטנוי | Gn40:20 | דרב נחתומיא בגו | שלטנוי: | |
| 014 | | Gn41:37 | באפוי דפרעה ובאפוי כל | שלטנוי: | |
| 015 | | Gn40:20 | דפרעה ועבד שרוי לכל | שלטנוי | ו{ח}<רו>מם ית ראשה דרב |
| 016 | ודשלטנוי | Ex14:05 | עמא ואתהפך לבה דפרעה | ודשלטנוי | לוות עמא ואמרין מה היא |

|  |  |  |  |  |  |  |
|---|---|---|---|---|---|---|
| 017 | ושולטנייא | | Gn49:22 | בנתהון דמלכייא | ושולטנייא | אמרין אלין לאלין ארום |
| 018 | ושלטנוי | | Gn14:15 | ופלג עליהון ליליא הוא | ושלטנוי | וקטל יתהון ורדף יתהון עד |
| 019 | ושלטנייא | | Gn49:22 | והוון בנתהון דמלכייא | ושלטנייא | מדיקין עליך על כוותיה |
| 020 | ושלטניך | | Dt 3:24 | שרייא בשמייא מן לעיל | ושלטניך | על ארעא מן לרע די יעבד |
| 021 | לשלטנוי | | Gn41:38 | ואמר פרעה | לשלטנוי | אן אנן משכחין כוות דין |

See also: שלטון *n.*

## sore *n.* שומה [541]

|  |  |  |  |  |  |  |
|---|---|---|---|---|---|---|
| 001 | שומא | s ab/cn | Lv19:27M | ולא תחבלון ית | שומת/שומא#2#/ | דקניכון: |
| 002 | | | Lv13:19 | ויהוי בתר שיחנא | שומא | חוורה או בהקי חוורה וסמוקה |
| 003 | | | Lv13:28M | יתיה כהנא ארום | שומת/<שו>מא#2#/ | כוותיה היא: |
| 004 | | | Lv13:28M | במשכה והיא כהיה | שומת/<שו>מא#2#/ | כוותיה/כהיתה#2#/ |
| 005 | שומה | | Lv13:02 | במשך «בשריה» | שומה | או קלפה או בהקי ויהוי במשך |
| 006 | | | Lv13:10 | ויחמי כהנא והא | שומה | חוור' במשכה והיא אתהפכת |
| 007 | | | Gn30:35 | ונמורתא כל דאית ביה | שומה | חיורא וכל לחוש באמריא ושוי |
| 008 | | | Lv13:23 | תיקום בהקיתה לא הלכת | שומה | שחנה היא וידכי יתיה כהנא: |
| 009 | שומת | | Lv13:28 | וידכי יתיה כהנא ארום | שומת | כוותיה היא: |
| 010 | | | Lv13:28 | לא הלכת במשכה והיא כהיה | שומת | כוותיה היא וידכי יתיה כהנא |
| 011 | | | Lv13:43 | ויחמי יתה כהנא והא | שומת | מכתשה חוורה וסמוקה |
| 012 | בשומא | | Lv13:10M | דבשרא חי | בשומתה/<בשו>מא#2#/: | |
| 013 | בשומ' | s em/sf | Lv13:10M | ואחיות בשרה חייה | בשומ' | |
| 014 | בשומתה | | Lv13:10 | חוור ורושם דבשרא חי | בשומתה: | |
| 015 | ולשומתה | | Lv14:56 | | ולשומתה | ולקלפתה ולבהקיתה: |
| 016 | שומת | p const | Lv19:27 | דראשיכון ולא תחבלון ית | שומת | דקניכון: |
| 017 | ושומת | | Lv21:05 | רושם בראשי«הון» | ושומת | דקניהון לא יספרון |

## fatness *n.* שומן [541]

|  |  |  |  |  |  |  |
|---|---|---|---|---|---|---|
| 001 | שומניהון | s em/sf | Dt32:14 | בתניי וגדיין עם טוב | שומניהון | דחטייא אמר משה נבייה |
| 002 | דשומנה | | Nu11:08M | /כשישיין רוטבה | דשומנה#2#/: | |

## to plaster *vb.* שוע [541]

|  |  |  |  |  |  |  |
|---|---|---|---|---|---|---|
| 001 | וישוע | peal | Lv14:42 | אבניה ועפר אחרן יסב | וישוע | ית ביתה: |
| 002 | ותשוע | | Gn 6:14 | תעבד ית תבותה | ותשוע | ית' מלגוא ומן לבר בחמרא: |
| 003 | ותשועון | | Dt27:02 | לכון אבנין רברבן | ותשועון | יתהון בגירה: |
| 004 | | | Dt27:04 | הדין בטורא דעיבל | ותשועון | יתהון בגירא: |
| 005 | ותשעון | | Dt27:04M | בטורא דעיבל | ותשועון/ותשעון#2#/ | יתהון בגירא: |
| 006 | ישיע | afel | Lv14:43M | ביתיה ומן באתר | דאתטש/ישי{ב}<ע> | יתיה#2#/: |
| 007 | משעא | | Nu19:15M | מקפה עלוי /פומה | משע{ת}<א> | ע'#2#/ מסאב הוא: |

## to rub against *vb.* שוף [541]

|  |  |  |  |  |  |  |
|---|---|---|---|---|---|---|
| 001 | דשף | peal | Lv26:36 | וירדוף קל עליה | דשף | עם חבר ונתר ויערקון כמקדם |

## shofar *n.* שופר [541]

|  |  |  |  |  |  |  |
|---|---|---|---|---|---|---|
| 001 | שופר | s ab/cn | Lv25:09M | ותעברון \שיפור יבבו | /שופר | דייבבו#2#/ בירחה שבעיה |
| 002 | דשופר | | Nu29:01 | לא תעבדון יום תקועה | דשופר | ויבבו יהווי לכון: |
| 003 | שופרא | s em/sf | Ex19:13 | אין גבר לא יחי במתקע | שופרא | משה ואהרן אינון יהוון |
| 004 | ושופרא | | Ex19:16 | וענן תקיף על טורא | ושופרא | {ו}תקף לחדא ואזדעזעו כל |

See also: שיפור *n.*

## street *n.* שוק [542]

|  |  |  |  |  |  |  |
|---|---|---|---|---|---|---|
| 001 | שוק | s ab/cn | Nu34:04 | טירת אדרייה ויעבר בתחום | שוק | מסיי בקסם: |
| 002 | ולשוק | | Nu34:15 | נביא דייי נפק לרפיון | ולשוק | מזיי ולמערת עין גדי |
| 003 | | | Nu34:15M | דבותנן נפק לרפיח | ולשוק | מזיי עד מטי |
| 004 | שוקא | s em/sf | Nu21:30M | כרכה דנפחיה /קרתה עד | שוקא | דנפ'#2#/ דסמיך/סמ'#2#/ |
| 005 | בשוק' | | Gn 9:22 | דאבוי ותני לתרין אחוי | בשוק': | |
| 006 | בשוקא | | Ex21:19 | אין יקום ויהלך | בשוקא | על מרדניתא ויזדכי{ה} מן |
| 007 | בשוקה | | Dt24:11M | לוותך ית משכונה | לברה/בשוקה#2#/: | |
| 008 | | | Dt24:11M | \לברה תקום | /בשוקה | תעמוד#2#/ וגברא די את |
| 009 | לשוק' | | Gn39:15 | לבושוי עמי וערק ונפק | לשוק': | |
| 010 | | | Gn39:18 | ושבק לבושוי בידי וערק | לשוק': | |
| 011 | לשוקא | | Gn39:12 | עמה וערק ונפק ונפק | לשוקא: | |
| 012 | בשוקייה | p em/sf | Dt29:16M | הוון מטלקין יתהון | בשוקייה | וטעוותה דכספה ודדהבה |

## wall *n.* שור [542]

|  |  |  |  |  |  |  |
|---|---|---|---|---|---|---|
| 001 | שור | s ab/cn | Ex15:06M | ימינך ייי דרצצת ומרצצת | שור | בעלי דבביהון דעמך |
| 002 | | | Lv25:29 | אתר בית משרוי קריה מקפה | שור | ותיהוי פרקוניה עד דתשלם |
| 003 | | | Lv25:31M | שורין מן חזור חזור /לה | שור | חז'#2#/ על תחומיה דארעא |
| 004 | | | Lv25:30 | ויקום ביתה די בקרתה דלה | שור | לחלטו למן דזבן יתיה לדרוי |
| 005 | | | Dt20:20M | ותבנון כרכומין/קר'#2#/שור | | מקף#2#/ על קרתה |
| 006 | שורה | s em/sf | Nu35:04M | דקרתה /לליוואי מן | שורה | דק'#2#/ לברה אלף אמין |
| 007 | שורין | p abs | Ex14:29M | להון \שורין דמין /היך | שורין | דמייא#2#/ מן ימינהון ומן |
| 008 | | | Ex14:22 | ביבשתא ומיא הוון להון | שורין | דמיין מן ימינהון ומן |
| 009 | | | Ex14:29 | בגו ימא ומיא הוון להון | שורין | דמין מן ימינהון ומן |
| 010 | | | Lv25:31 | כופרנייה די לית להון | שורין | מן חזור חזור על תחומיה |
| 011 | | | Nu32:38 | וית בעל מעון מקפן | שורין | רמין וית שבמה וקרון |
| 012 | | | Dt 3:05 | אלין קריין תלילן מקיפן | שורין | רמין תרעין ונגרין לבר מן |
| 013 | שורי | p const | Ex15:06M | ובסוגי תוקפך תברת | שורי | בעלי |
| 014 | | | Gn49:06 | מלכין וברעותיהון פגרו | שורי | בעלי דבביהון: |
| 015 | | | Ex15:07M | גיוותנותך תפגר/תברת | שורי#2#/ | בעלי דבביהון דעמך תשלח |
| 016 | שורייה | p em/sf | Dt28:52 | עד זמן דיכבשון | שורייה | רמייה ותליליי«י»ה דאתון |

## flower *n.* שושן [543]

|  |  |  |  |  |  |  |
|---|---|---|---|---|---|---|
| 001 | ושושן | s ab/cn | Ex37:19 | משקעין בקנה חד חזור | ושושן | כדן לשתי קניה דנפקין מן |
| 002 | | | Ex25:33 | משקעין בקנה חד חזר | ושושן | כן לשתי קנין דנפקין מן |
| 003 | שושנה | s em/sf | Nu 8:04M | בסיס דידה ועד | שושניה/<שוש>נה#2#/ | נגידה היא כחזוה די |
| 004 | ושושנה | | Ex37:20M | ושושניה /חזורה | ושושנה#2#/: | |
| 005 | | | Ex37:17M | {י}הוון /כלידה חזורה | ושושנה | מנה ובה יהוון#2#/: |
| 006 | שושניה | p em/sf | Nu 8:04 | דהב עד בסיס דידה ועד | שושניה | נגידה היא כחזווה די חזה |
| 007 | ושושנ' | | Ex25:34M | ושושניה /חזורא | ושושנ'#2#/: | |
| 008 | ושושניה | | Ex25:34 | כלידין משקעין חזוריה | ושושניה: | |
| 009 | | | Ex37:20 | כלידין משקעין חזוריה | ושושניה: | |
| 010 | | | Ex25:31 | וקניה כלידיא חזוריה | ושושניה | מנה יהוון: |
| 011 | | | Ex37:17 | וקניה כלידיה חזוריה | ושושניה | מנה {י}הוון: |

## cloak *n.* שושף [543]

|  |  |  |  |  |  |  |
|---|---|---|---|---|---|---|
| 001 | שושיפה | s em/sf | Dt22:17 | סהדוותה דברתי ויפרשון | שושיפה | קדם חכימי קרתה: |
| 002 | ושושפא | | Gn38:25 | דמן אינון עזקתה | ושו{ת}<ש>פא | וחוטרא האילין מיניה |
| 003 | ושושפך | | Gn38:18 | ליך ואמרת עזקתך | ושו{ת}<ש>פך | וחוטרך די בידך ויהב |
| 004 | בשושפיהון | p em/sf | Ex12:34 | אתחמע אצבתהון צרירן | בשושפיהון | ^יהיבין#2#^ על כתפיהון: |

## שותף *vb.* to participate [543]

|  |  |  |  |  |  |  |
|---|---|---|---|---|---|---|
| 001 | תשותף | quadr. | Ex23:01 | לא תקבלון שהדי שקרא לא | תשותף | ידך עם חייבה למהווי ליה |

## שותף *n.* associate [543]

|  |  |  |  |  |  |  |
|---|---|---|---|---|---|---|
| 001 | שותף | s ab/cn | Nu31:50M | עם חד מנהין דלא נהווי | שותף | עמא בגיהינם לעלמא |
| 002 | | | Gn49:22M | דלא תיהווי {שתוף} | שותף | עמה בגיהנם לעלמ' דאתי |
| 003 | שתוף | | Gn49:22M | דלא תיהווי | {שתוף} | שותף עמה בגיהנם לעלמ' |
| 004 | שותפין | p abs | Dt 5:21 | חמודין ולא חברין ולא | שותפין | לחמודיה דלא יקומון בניכון |
| 005 | | | Dt 5:20 | שהדי דשקר לא חברין ולא | שותפין | לשהדי שקרא ולא יתחבר עם |
| 006 | | | Ex20:13 | קטולין לא חברין ולא | שותפין | עם קטוליא ולא יתחמי |
| 007 | | | Ex20:14 | גיורין לא חברין ולא | שותפין | עם גיורין ולא יתחמי |
| 008 | | | Ex20:15 | גנבין לא חברין ולא | שותפין | עם גנבין ולא יתחמי |
| 009 | | | Ex20:16 | שקר לא חברין ולא | שותפין | עם סהדי שקרא ולא יתחמי |
| 010 | | | Ex20:17 | חמודין לא חברין ולא | שותפין | עם חמודין ולא יתחמי |
| 011 | | | Dt 5:17 | קטולין ולא חברין ולא | שותפין | עם קטולין ולא יתחמי |
| 012 | | | Dt 5:18 | גיורין ולא חברין ולא | שותפין | עם גיורין <....> דלא |
| 013 | | | Dt 5:19 | גנבין ולא חברין ולא | שותפין | עם גנבין ולא יתחמי |

**See also:** שוסף *n.*

## שזג *vb.* to wash [543]

|  |  |  |  |  |  |  |
|---|---|---|---|---|---|---|
| 001 | שזג | pael | Lv 8:21 | וית בני גווה וית רגלה | שזג | במיא וסדר משה ית כל דכרה |
| 002 | שזיג | | Lv15:11 | יקרוב ביה דיבה וידוי לא | שזיג | במיא יחוור לבושוי ויסחי |
| 003 | ישזג | | Lv17:16M | במיא ויקבל לחובוי | /ישזג | ויקבל חו׳#2#/: |
| 004 | ישזגון | | Dt21:06M | דקריבין לקטילה | יסחון/ישזגון#2#/ | ית ידיהון על עגלתה |
| 005 | ושגג | | Gn43:31 | | ושגג | אפוי ונפק ואזדרז ואמר שוון |
| 006 | ושזג | | Gn43:31M | | ושגג/ושזג#2#/ | אפוי ונפק ואזדרז |
| 007 | | | Lv 9:14 | | ושזג | ית בני גווה וית רגליה וסדר |
| 008 | ושזיגו | | Gn18:04M | \מיא ואסחון /מים | ושזיגו#2#/ | רגלכון ואתקררו תחות |
| 009 | וישזגון | | Lv15:18 | גבר עמה תשמיש דזרע | וישזגון | במיא ויסתאבון עד רמשא: |
| 010 | ותשזג | | Ex29:17 | דיכרא תפסג לפסג<ו>י | ותשזג | בני גווה ורגלוי ותתן על |

## שזוג *n.* rinse water [543]

|  |  |  |  |  |  |  |
|---|---|---|---|---|---|---|
| 001 | שזוג | s ab/cn | Nu 6:03M | \עצורה דע{ג}<נ>בין | /שזוג | דענבי#2#/ לא ישתי וענבין |

שזיר *adj.* ⇐ שזר *vb.*

## שזר *vb.* to twist [543]

|  |  |  |  |  |  |  |
|---|---|---|---|---|---|---|
| 001 | שזיר | peal | Ex28:08 | וצבע זהורי טבא ובוץ | שזיר: | |
| 002 | | | Ex38:16 | דרתה מן חזור חזור בוץ | שזיר: | |
| 003 | | | Ex39:02 | וצבע דזהורי טבא ובוץ | שזיר: | |
| 004 | | | Ex39:08 | טבא {ובוץ} זרת ובוץ | שזיר: | |
| 005 | | | Ex39:24 | וצבע דזיהורי טבה בוץ | שזיר: | |
| 006 | | | Ex39:28 | וית מכנסי בוצה בוץ | שזיר: | |
| 007 | | | Ex39:05 | וצבע דזהורי טב{ת}א ובוץ | שזיר | היך מה די פקד ייי ית משה: |
| 008 | | | Ex27:18 | ומשחת רומה חמש אמין בוץ | שזיר | וחומריהון נחש: |
| 009 | | | Ex35:06 | טבא ובוץ {ומעזי שעיר} | <שזיר | ומעזי>: |
| 010 | | | Ex35:23 | וצבע די זיהורי טבא ובוץ | שזיר | ומעזי ומשכין דדכרין מסמקין |
| 011 | | | Ex38:18 | וצבע דזיהורי טבה ובוץ | שזיר | ועשרין אמין ארך וקומה |
| 012 | | | Ex26:01 | תעבד עשר יריען בוץ | שזיר | ותכלה וארגון וצבע זהורי |
| 013 | | | Ex27:09 | ווילון לדרתא בוץ | שזיר | מאה אמין באמתא ארך לסיטרא |
| 014 | | | Ex38:09 | ווילון לדרתה בוץ | שזי«ר» | מאה אמין באמתה: |
| 015 | | | Ex36:37 | וצבע דזיהורי טבא ובוץ | שזיר | עבד צייר: |
| 016 | | | Ex26:31 | וצבע זיהורי טבא ובוץ | שזיר | עובד אומן יעבד יתה ציורין: |
| 017 | | | Ex26:36 | וצבע דזהורי טבא ובוץ | שזיר | עובד ציור: |
| 018 | | | Ex27:16 | וצבע דזהורי טבא ובוץ | שזיר | עובד צייר עמודיהון ארבעה |
| 019 | | | Ex28:06 | וצבע זהורי טבא ובוץ | שזיר | עובד אומן: |
| 020 | | | Ex36:35 | וצבע דזיהורי טבא ובוץ | שזיר | עובד אומן עבד יתה ציוורין: |
| 021 | | | Ex36:08 | ית משכנה עשר יריען בוץ | שזיר | תכלה וארגוון וצבע דזיהורי |
| 022 | | | Ex39:22M | עובד גרדי{ו}י | גמיר/שזיר#2#/ | תכלה: |
| 023 | | | Ex39:29 | וית המיינה בוץ | שזיר | תכלה וארגוון וצבע דזהורי |
| 024 | | | Ex28:15 | וצבע דזהורי טבא ובוץ | שזיר | תעבד יתיה: |

**See also:** שזר *n.*

## שזר *n.* twisted thread, cord [543]

|  |  |  |  |  |  |  |
|---|---|---|---|---|---|---|
| 001 | שזיר | s ab/cn | Ex28:31M | אפר׳#2#/ \גמיר דתכלה | /שזיר | דתוכלה#2#/: |
| 002 | | | Ex39:31 | ויהבו עלוי | שזיר | דתכלה למתן על מצנפתה |
| 003 | | | Nu15:38M | צנפת גוליהון | שזיר | דתכלה |
| 004 | שזר | | Ex28:37 | ותשווי יתיה על | שזר | תכלה ויהווי על מצנפתה לקבל |
| 005 | בשזר | | Ex28:28 | עזקוי לגו עיזקא דאפודה | בשזר | דתכלה למיהוה על המיינה |
| 006 | דשזיר | | Nu 4:06M | לבוש \גמר דתכלה | /דשזיר | דתכ׳#2#/ מן לעיל וישוון |
| 007 | שיזורי | p abs | Ex39:03M | יתהון | שיזרין/שיזורי#2#/ | למעבד בגו תכלתה |
| 008 | שיזרין | | Ex39:03 | טסי דדהבא וקטעו יתהון | שיזרין | למעבד בגו תכלתה ובגו |

**See also:** שזר *vb.*

## שזרה *n.* backbone [543]

|  |  |  |  |  |  |  |
|---|---|---|---|---|---|---|
| 001 | שזרתה | s em/sf | Lv 3:09 | אליתה שלמתה לקבל | שזרתה | ועבד יתה ית תרבה דחפי ית |

## שחוד *n.* bribe [544]

|  |  |  |  |  |  |  |
|---|---|---|---|---|---|---|
| 001 | שוחד | s ab/cn | Dt16:19M | ... דממון": ולא תסבון | שוחד | דממון |
| 002 | שחוד | | Nu35:32M | שיזבותה /תסבון | ש{ה}<ח>וד | דממון למערוק לקרתה |
| 003 | | | Dt10:17 | אפין בדינה ולא מקבל | שחוד | דממון: |
| 004 | | | Dt16:19 | אפין בדינה ולא תקבלון | שחוד | דממון ארום שוחדה מסמי |
| 005 | | | Dt27:25M | למקטול נפיש /דמקבל | שחוד | דממון למקטול נפש#2#/ אדם |
| 006 | | | Dt27:25 | ליט יהווי גברה די נסיב | שחוד | למקטול נפיש אדם זכיי |
| 007 | ושחד | | Ex23:08M | \ושחד לא תקבלון | /ושחד | דממון לא תסביה#2#/ ארום |
| 008 | | | Ex23:08 | | ושחד | לא תקבלון ארום שוחדא |
| 009 | שוחדא | s em/sf | Ex23:08 | ושחד לא תקבלון ארום | שוחדא | יסמ{ו}<י> עיינ{ו}<י> |
| 010 | שוחדה | | Dt16:19 | תקבלון שחוד דממון ארום | שוחדה | מסמי עייני {נ}סבוי ומטלטל |

## שחין *n.* boil [544]

|  |  |  |  |  |  |  |
|---|---|---|---|---|---|---|
| 001 | שחין | s ab/cn | Ex 9:10M | עבד {טפל}<שלפ>וקין | /שחין | שלבוקיין#2#/ פרח |
| 002 | לשחין | | Ex 9:09 | בני אינשא ועל בעירא | לשחין | פרח עבד שלפוקין בכל ארעא |
| 003 | שחנא | s em/sf | Ex 9:11 | מן קדם שיחנא ארום הווה | שחנא | בחרשיא ובכל מצריי: |
| 004 | שחנה | | Lv13:23 | בהקיתה לא הלכת שומה | שחנה | היא וידכי יתיה כהנא: |
| 005 | | | Lv13:18 | ארום יהוי בה במשכיה | שחנה | ויתאסי: |
| 006 | שיחנא | | Ex 9:11 | למיקם קדם משה מן קדם | שיחנא | ארום הווה שחנא בחרשיא |
| 007 | | | Ex 9:10 | יתיה משה לשמיא והווה | שיחנא | עבד {טפל}<שלפ>וקין פרח |
| 008 | | | Lv13:19 | ויהוי בתר | שיחנא | שומא חוורה או בהקי חוורה |
| 009 | בשוח' | | Dt28:27M | דמצריי /מימריה דייי | בשוח' | דמצרים#2#/ ובטחוריה |
| 010 | בשוחנה | | Dt28:35M | יתכון ^ייי#2#^ | בשחנה/בשוחנה#2#/ | בישה על ברכייה ועל |
| 011 | בשחנה | | Dt28:35 | ימחי יתכון ^ייי#2#^ | בשחנה | בישה על ברכייה ועל שקייה |
| 012 | | | Dt28:27 | ימחי יתכון ייי | בשחנה | דמצריי ובטחוריה ובחרבנה |
| 013 | | | Lv13:20 | כהנא מכתש צרעה היא | בשחנה | הלכת: |

## שחיפה *n.* consumption [544]

001 s ab/cn בשחיפה *Dt28:22M* ימחי ייי יתכון בשחיפתה/בשחיפה#2#/ «ובקדחיתה

## שחיקו *n.* worn condition [544]

001 s em/sf בשחיקותיה *Lv13:42M* "בקרחותיה ...": בשחיקותיה או בחדתותי׳
002 *Lv13:43M* "בקרחותיה ...": בשחיקותיה או בחדתותי׳

## שחן *n.* ⇐ שחין

## שחף *vb.* to crawl [544]

001 peal שחף *Gn 3:14* דעל אפי ברה על מעך תהוי שחף ועפר יהוי מזונך כל יומי
002 דשחף *Lv11:27M* וכל \דמהלך על כפי ידוי /דשחף על מעוי#2#/ בכל חייתה
003 *Lv11:42M* כל דמהלך/דשחף#2#/ על מעוי וכל דמהלך על

## שחף *n.* an unclean bird [544]

001 s em/sf שחפה *Lv11:16* וית חטפיתה וית צפר שחפה וית בר נצצא למינה:
002 *Dt14:15* וית חטפיתה וית צפר שחפה וית בר נצצה למינה:

## שחפי *n.* consumption [544]

001 s em/sf שחפיתה *Lv26:16* עליכון בביהילו ית שחפיתה וית קדחיתה מסיפה עיינין
002 בשחפיתה *Dt28:22* ימחי ייי יתכון בשחפיתה «ובקדחיתה ובדלקיתה

## שחק *vb.* to grind [544]

001 peal שחקין *Nu11:08M* ˆברחיה#2#ˆ \או שחקין במדוכתה ומבשלין בקידירה
002 ותשחק *Ex30:36* ותשחק מנה ותידק ותתן מנה קדם

## שחקין *n.* sky [545]

001 p em/sf בשחקיה *Dt33:26* בשמיא וגיוותה בשחקיה:

## שחר *n.* early morning [545]

001 s em/sf שחרא *Gn32:25* עד זמן די סליק עמוד שחרא:
002 *Gn19:15* וכאשון מסק עמוד שחרא ואתוקפו מלאכיא בלוט למימר
003 דשחרא *Gn32:27* ארום מטא סלק עמודא דשחרא ארום מטא זמניהון דמלאכי

## שטה *n.* accacia [547 שיטה]

001 p abs שט׳ *Ex25:13M* \אעין דשטין /אעי שט#2#/ ותחפי יתהון דהב:
002 שטין *Ex35:07* ומשכין דססגונין ואעי שטין:
003 *Ex35:24* מן די אשתכח לוותיה אעי שטין לכל עבידת פולחנא אייתון:
004 *Ex30:01* מדבחה מסדר קטרתה אעין שטין תעבד יתיה:
005 *Ex37:04M* \אעין דשטין /דאעי שטין#2#/ וחפא/<וח>פי#2#/ יתהון
006 שיט׳ *Ex36:31M* \אעין דשטין /אעי שיט#2#/ חמשה ללוחי סטרה
007 שיטין *Ex37:01M* \אעין דשטין /דאעי שיטין#2#/ תרתין אמין/אומין#2#/
008 דש׳ *Ex35:07M* \ואעי שטין /<וא>עין דש#2#/:
009 דשט׳ *Ex35:24M* \אעי שטין /<א>עין דשט#2#/ לכל עבידת פולחנא
010 דשטין *Ex25:05* ומשכין דססגונין ואעין דשטין:
011 *Ex37:25* ית מדבחה דקטרתה אעין דשטין אמה ארכה ואמה פתיה מרבע
012 *Ex37:04* ועבד אריחין אעין דשטין וחפא יתהון דהב:
013 *Ex36:36* ועבד לה ארבעה עמודין דשטין וחפי יתהון דהב וקליותהון
014 *Ex37:15* ועבד ית אריחיה אעין דשטין וחפי יתהון דהב למטען ית
015 *Ex37:28* ית אריחי«ה» אעין דשטין וחפי יתהון דהב:
016 *Ex38:06* ועבד ית אריחיה אעין דשטין וחפי יתהון נחש:
017 *Ex25:13* ותעבד אריחין אעין דשטין ותחפי יתהון דהב:
018 *Ex25:28* ית אריח{ו}<י>ה אעין דשטי«ן» <ותחפי> יתהון דהב למטען
019 *Ex26:37* לפרסה חמשא עמודין דשטין ותחפי יתהון דהב
020 *Ex30:05* ותעבד ית אריחיה אעין דשטין ותחפי יתהון דהב:
021 *Ex27:06* אריחין למדבחא אעין דשטין ותחפי{ה} יתהון נחש:
022 *Ex27:01* {דעאין} <דאעין> דשטי«ן» חמש אמין ארך וחמש אמין
023 *Ex38:01* ית מדבחה דעלתה אעין דשטין חמש אמין ארכה וחמש אמין
024 *Ex36:31* ועבד נגרין אעין דשטין חמשה ללוחי סטרה
025 *Ex26:26M* ותעבד נגרין אעין דשתין/דשטין#2#/ חמשין ללוחיה סיטריה
026 *Ex26:32* יתה על ארבעה עמודין דשטין מחפין דהב וקלוותהון דהב
027 *Ex26:15* ית לווחיה למשכנא אעין דשטין קיימין:
028 *Ex36:20* לווחיה למשכניה אעין דשטין קיימין:
029 *Ex25:10* ארונה אעה {דשתא} דשטין תרתין אמין ופלג ארכה
030 *Ex25:23* ותעבד פתורא אעין דשטין תרתין אמין ארכן ואמתא
031 *Ex37:01* בצלאל ית ארונה אעין דשטין תרתין אמין ופלג ארכיה
032 *Ex37:10* ועבד ית פתורה אעין דשטין תרתין אמין ארכה ואמה פתיה
033 דשיטין *Dt10:03* ועבדית ארון אעין דשיטין וחצבית תרין לווחין דאבנין
034 דשתין *Ex26:26* ותעבד נגרין אעין דשתין חמשין ללוחיה סיטריה

## שטח *vb.* to spread out [545]

001 peal שטח *Lv14:48M* מן בתר דאתטש/די שטח#2#/ ית ביתה וידכי כהנא ית
002 ושטחו *Nu11:32* דזער אסף עשרה כורוון ושטחו להון שטחין חזור חזור
003 etpaal מש׳ *Nu24:16M* בעי הווה משתטח /הווה מש#2#/ על אפוי ורזי נבואתיה
004 משתטח *Nu24:04* חז׳ וכד הוה חזי הוה משתטח על אפוי ורזי נבואת מתגלין
005 *Nu24:16* חזי וכד הווה בעי הווה משתטח על אפוי ורזי נבואתיה
006 ואישתטח *Gn33:03M* בנימוס ארעא /ואישתטח על ארעה#2#/ שבעה זמנין
007 ואישתטחו *Nu16:22* ואישתטחו על אפיהון ואמרין אלהה
008 ואשטטחו *Gn44:14M* /עד כדון הוה יהיב תמן ואשטטחו קדמוי על ארעא#2#/:
009 ואשטתח *Nu14:05* ואשטתח משה ואהרן על אפיהון קדם
010 ואשטתחו *Dt29:25* קדם טעוון אחרניין ואשטתחו להון טעוון די לא חכמו
011 ואשטתחית *Dt 9:25* ואשטתחית בצלו ובעית רחמין מן קדם
012 ואשתטח *Gn17:17* ואשתטח אברהם על אפוי ותמה ואמר
013 *Gn23:12* ואשתטח אברה«ם» קדם עמא דארעא:
014 *Gn17:03* ואשתטח אברם על אפוי ומליל עמה
015 *Nu16:04* ושמע משה ואשתטח על אפוי:
016 *Nu22:31* שליפה בידיה ועקד ואשתטח על אפוי:
017 ואשתטחו *Lv 9:24* וחמון כל עמא וחדון ואשתטחו על אפיהון:
018 *Nu17:10* יתהון כקליל זעיר ואש{טת}<תט>חו על אפיהון:
019 *Nu20:06* קהלה בתרע משכן זימנה ואשתטחו על אפיהון וא«ת»גלית
020 *Gn48:12* מן דברך יתהון {ואר} ואשתטחו קדמוי על ארעא:
021 ואשתטחית *Dt 9:18* ואשתטחית בצלו ובעית רחמין מן קדם
022 ויש׳ *Dt29:25M* טעוון אחרניין ואשטתחו/ויש#2#/ להון טעוון די לא
023 וישת׳ *Nu20:06M* זימנה ואשתטחו/ˆוישת#2#ˆ/ואיתרכינו בצלו#2#/ על

## שטח *n.* surface [545]

001 s em/sf שטחין *Nu11:32* עשרה כורוון ושטחו להון שטחין חזור חזור למשריתה:

## שטי *adj.* foolish [545]

001 s em/sf שטייה *Nu33:49M* \אבל שיטין במישריה /שטייה במישרי#2#/ דמואב:
*GN* **See also:**

## שטף *vb.* to be awash [545]

|  |  |  |  |  |  |  |
|---|---|---|---|---|---|---|
| 001 | peal | שטף | *Lv15:11M* | /דוב#2#/ וידוי לא | שזיג/שטף#2#/ | במיא יחוור לבושי |
| 002 | | שטפין | *Nu21:19M* | "להון ... עמיקתא": נחלין | שטפין | חזרת למהוי נחתה |
| 003 | | שטפן | *Gn49:04* | דעלו בגווי נחלין דמיין | שטפן | ולא יכלת למסובריה יתהון |
| 004 | | ושטפו | *Nu21:15* | ורציצו רישי גיבריהון | ושטפו | נחליה מן אדמיהון ולא הוון |
| 005 | etpaal | וישטתף | *Lv15:12M* | מן דקיס יתמרק | וישתטף/<ויש>טתף#2#/ | במיא: |
| 006 | | וישתטף | *Lv 6:21* | דנחש אתבשל ויתמרק | וישתט«ף» | במיא: |
| 007 | | | *Lv15:12* | וכל מן דקיס יתמרק | וישתטף | במיא: |

## שיבוקין *n.* divorce [546]

|  |  |  |  |  |  |  |
|---|---|---|---|---|---|---|
| 001 | p abs | שיבוק׳ | *Dt24:03M* | דשיבוקין /<אג>רת | שיבוק׳#2#/ | וישווי בידה ויטרוד |
| 002 | | שיבוקין | *Dt24:01* | דמלה ויכתב לה אגרת | שיבוקין | וישוי בידה וישלח יתה מן |
| 003 | | דשיבוקין | *Dt24:03* | ויכתוב לה אגרא | דשיבוקין | וישווי בידה ויטרוד יתה |

## שיור *n.* remainder [546]

|  |  |  |  |  |  |  |
|---|---|---|---|---|---|---|
| 001 | s ab/cn | שיור | *Ex10:05M* | ית ארעא ויכול ית | שייר/שיור#2#/ | פליטתה |
| 002 | | ובשיור | *Dt28:54* | ובאתת חובה טליותיה | ובשיור | בנוי די ישייר: |
| 003 | p const | שייורי | *Ex12:34M* | "אצבעתהון ... כתפיהון": | שייורי | פטיר׳ ומרורי צ{י}<ר>יר |

## שיזב *vb.* to save [546]

|  |  |  |  |  |  |  |
|---|---|---|---|---|---|---|
| 001 | quadr. | שזבת | *Ex 2:10* | משה ואמרת ארום מן מיא | שזבת | יתיה: |
| 002 | | שזיב | *Ex12:27* | ית מצרים וית בתינן | שזיב | ועקדו עמא ואודו ושבחו: |
| 003 | | שיזב | *Ex18:09* | די עבד ייי לישראל די | שיזב | יתהון מן ידיהון דמצריי: |
| 004 | | | *Gn32:12* | | שיזב | יתי כען מן ידוי דאחי מן |
| 005 | | | *Ex18:10* | ואמר יתרו בריך ייי די | שיזב | יתכון מן ידיהון דמצריי ומן |
| 006 | | | *Ex 2:19* | ואמרין גבר מצרייה | שיזב | יתן מן ידיהון דרעייא ואף |
| 007 | | שיזבן | *Ex 2:19M* | גבר מצרייה \שיזב | יתן/שיזבן#2#/ | מן ידיהון דרעייא ואף |
| 008 | | שיזבת | *Ex 5:23M* | לא{ו} | פרקית/שיזבת#2#/ | ית עמך: |
| 009 | | ישיזיב | *Dt28:31* | טבין קדם ייי אלהכון די | ישיזיב | יתכון מן יד בעלי דבביכון: |
| 010 | | משזבה | *Dt 2:34M* | קורי \תלילתה ונשייה | /משזבה | נש׳#2#/ וטפלייה לא |
| 011 | | | *Dt 3:06M* | ונשיה /קורייתה | משזבה | נש׳#2#/ וטפלייה: |
| 012 | | משיזב | *Gn49:09* | דיוסף ברי את הויית | משיזב | מן דינה דתמר ברי את |
| 013 | | | *Gn49:09M* | ברי את הויי׳ | זכיי/משיזב#2#/ | נייח ושרי בגו קרבא |
| 014 | | משיזבא | *Gn14:13* | ואתא | משיזבא | ותני לאברם עברייא והוא |
| 015 | | משיזבה | *Gn15:11M* | וזכותא דאברם צדיקה | משיזבה | להון |
| 016 | | | *Gn15:11* | בזכוותיה דאברם אבוהון | משיזבה | להון: |
| 017 | | דשזבה | *Nu35:32M* | דממון למערוק לקרתה | דשזבה#2#/ | למחזור למשרי בארעא |
| 018 | | דשזיב | *Ex18:10M* | ומן ידוי דפרעה | דשיזב/דשזיב#2#/ | ית עמא מן תחות ניר |
| 019 | | דשיזב | *Ex18:10* | דמצריי ומן ידוי דפרעה | דשיזב | ית עמא מן תחות ניר |
| 020 | | | *Dt22:27M* | דמארשא ולית מן | דמשיזיב/דשיזב#2#/ | יתיה: |
| 021 | | | *Ex 4:26* | דם ^גזירתא#2#^ הדא | דשיזב | לחתניה הדין מידא דמלאך |
| 022 | | דמישיזיב | *Dt32:39* | ואנה הוא דמסי ולית | דמישיזיב | מן ידיי: |
| 023 | | דמשיזיב | *Dt28:29* | כל יומייה ולית מן | דמשיזיב: | |
| 024 | | | *Dt28:31M* | די ישיזיב יתכון | /דמשיזיב | יתהון#2#/ מן יד |
| 025 | | | *Dt22:27* | רביתה דמארשא ולית מן | דמשיזיב | יתיה: |
| 026 | | וש׳ | *Gn22:14M* | ועני יתהון | ומשיזב/וש׳#2#/ | יתהון מן כל עקא |
| 027 | | ושזיב | *Ex 2:17* | וטרדו יתהון וקם משה | ושזיב | יתהון ואשקי ית ענהון: |
| 028 | | | *Ex18:08* | די ארען יתהון באורחא | ושזיב | יתהון ייי: |
| 029 | | | *Gn37:21* | ושמע ראובן | ושזיב | יתיה מן ידיהון ואמר לא |
| 030 | | ושיז׳ | *Ex14:30* | ופרק | ושיז׳ | ממריה דייי ביומא ההוא ית |
| 031 | | ושיזב | *Ex18:04* | מימר אלהה דאבא בסעדי | ושיזב | יתי מחרבא דפרעה: |
| 032 | | | *Nu20:16* | <מלאכה> דרחמין | וש«י»ז{{ו}}ב | יתן מן מצרים והא אנן |
| 033 | | ושיזבת | *Dt26:05* | יעקב מן שירויה | ושיזבת | יתיה מן ידיה ונחת למצרים |
| 034 | | ואשיזב | *Ex 6:06* | ניר שעבודהון דמצריי | ואשיזב | יתכון מן פולחניהון |
| 035 | | וישזבון | *Nu35:25* | | וישזבון | עם כנישתה ית קטולא מן |
| 036 | | ותשזבון | *Nu10:09M* | \ותתפ«ר»קון מן | /ותשזבון | מן יד#2#/ בעלי דבביכון: |
| 037 | | ומשזיב | *Gn22:14M* | ושרי ושבק לחוביהון | ומשזיב | יתהון מן כל עקא ברם |
| 038 | | ומשיזב | *Gn22:14* | צלותהון ועני יתהון | ומשיזב | יתהון מן כל עקא דעתידין |
| 039 | | ומשיזבא | *Ex 5:23M* | לעמא האלין | ומפרק/ומשיזבא#2#/ | לא{ו} פרקית |
| 040 | | לש׳ | *Dt25:11M* | אתתה דחד מנהון | למשיזבה/לש׳#2#/ | ית בעלה מן ידוי |
| 041 | | לשיזב׳ | *Gn32:03M* | דמשיריין דייי אתיין | לשיזב׳ | יתי |
| 042 | | לשיזבה | *Gn18:01M* | תניינה אשתלח | למשיזבה/לשיזבה#2#/ | ללוט מגו/מן ג׳#2# |
| 043 | | למישזבא | *Gn18:02M* | וחד מניהון הוה אזל | למישזבא | ית לוט מן גוא הפוכתא |
| 044 | | למשזבה | *Dt23:15* | מדברה בגו משירייתכון | למשזבה | יתכון ולמסור בעלי דבביכון |
| 045 | | למשיזבא | *Ex 3:08* | ואתגלית בממרי | למשיזבא | יתהון מן ידיהון דמצרייה |
| 046 | | | *Gn32:03* | מן קדם ייי אתין | למשיזבא | יתי מן ידי תריהון בגין |
| 047 | | | *Gn37:22* | תפש<ט>ון ביה מן בגלל | למשיזבא | יתיה מן ידיהון למחזרה |
| 048 | | | *Gn19:19M* | לית אוכל | למשתיזבא/למשיזבא#2#/ | לטורא דלא תארע |
| 049 | | למשיזבה | *Dt25:11* | אתתה דחד מנהון | למשיזבה | ית בעלה מן ידוי דדין |
| 050 | | | *Dt20:04* | עם בעלי דבביכון | למשיזבה | יתכון: |
| 051 | | | *Gn18:01* | ומלאכה תניינה אשתלח | למשיזבה | ללוט מגו הפכתא ומלאכה |
| 052 | quad/t | אישתזיבת | *Nu21:15M* | הוות בעצתהון | אשתיזיבת/אישתזיבת | להון#2#/ והא היא |
| 053 | | אישתיזבו | *Gn15:17M* | וצדיקייא מן דינה | אישתיזבו | על די פלחו בחייהון |
| 054 | | אשתזבת | *Dt 2:36* | לא הוות קרייה די | אשתזבת | מינן ית כלא מסר ייי אלהן |
| 055 | | אשתיזב | *Gn19:17* | תקום בכל משרא לטורא | אשתיזב | דלא תסתפי: |
| 056 | | | *Gn19:20* | למערק לתמן והיא קריבה | אשתיזב | כען לתמן הלא זעירא היא |
| 057 | | | *Gn19:22* | אוחי | אשתיזב | לתמן ארום לא אוכל למעבד |
| 058 | | | *Gn19:17* | אפקו יתהון לברא ואמר | אשתיזב | על נפשך לא תסתכל לבתרך |
| 059 | | אשתיזבו | *Gn15:17M* | אורייתא מן עקתא | אשתיזבו | כל כדן |
| 060 | | אשתיזבון | *Gn15:17* | על דנטרו יתה מן עקתא | אשתיזבון | כל כדין אתחוי לאברם כד |
| 061 | | אשתיזיבת | *Nu21:15* | די לא הוות בעצתהון | אשתיזיבת | והא היא סמיכה לתחומיהון |
| 062 | | ישתיזב | *Dt23:16* | לא תמסור עבדה למריה די | ישתיזב | לוותך מן לוות רבוניה: |
| 063 | | ואשתיזבת | *Gn32:31* | אפין כל קביל אפין | ואשתיזבת | נפשי: |
| 064 | | למשתיזבא | *Gn19:19* | נפשי ואנא לית אוכל | למשתיזבא | לטורא דלא תארע יתי בישתא |

## שיזבה *n.* deliverance [546]

|  |  |  |  |  |  |  |
|---|---|---|---|---|---|---|
| 001 | s ab/cn | שזבא | *Nu21:35* | עמיה עד די לא שיירו לה | שזבא | וירתו ית ארעיא: |
| 002 | | שזבה | *Dt 2:34M* | לא שיירנן | ל{א}שזבו/שזבה#2#/: | |
| 003 | | שיזבא | *Gn45:07* | קדמיכון למשויא לכון | שיזבא | בארעא ולמתקימה לכון |
| 004 | | שיזבה | *Ex21:13* | ואשווי לכון אתר קרי | שיזבה | די יערק לתמן: |
| 005 | | לשיזבא | *Gn45:05* | זבנתון יתי הכא ארום | לשיזבא | שלח יתי ייי קדמכון: |
| 006 | | לשיזבה | *Gn32:09* | משריתה דמשת{ר}יי<ר>ה | לשיזבה: | |
| 007 | | | *Nu35:15* | שת קרייתה האלין | לשיזבה | דיערוק תמן כל די קטל נפש |

## שיזבו *n.* refuge [546]

|  |  |  |  |  |  |  |
|---|---|---|---|---|---|---|
| 001 | s ab/cn | שזבו | *Dt 4:41* | יפריש משה <תלת> קרי | שזבו | בעבר ירדנה מן מדנח שמשה: |
| 002 | | | *Nu21:35M* | שזבא /אשתייר לה | שזבו#2#/ | וירתו ית ארעיא: |
| 003 | | שיזבו | *Dt 3:03* | עד די לא אישתייר ליה | שיזבו: | |
| 004 | | | *Gn45:07M* | למשויא לכון | שיזבא/שיזבו#2#/ | בארעא ולמתקימה |
| 005 | | | *Nu35:13* | די תתנון שת קריי | שיזבו{ן} | {ו}<י>הוויין לכון: |
| 006 | | | *Nu35:11* | לכון קוריין קירוי | שיזבו | יהוון לכון די יעירוק תמן |
| 007 | | | *Dt19:09* | לכון תוב תלת קורי | שיזבו | על תלתי קרייתה האיליין: |
| 008 | | | *Dt19:07* | יתכון למימר תלת קורי | שיזבו | תפרשון לכון: |
| 009 | | דשיז׳ | *Dt19:09M* | עוד תלת קוריין | דשיז׳ | |
| 010 | | דשיזבו | *Nu35:25M* | שזבותה /לקרתה | דשיזבו#2#/ | די ערק תמן וישרי בגווה |
| 011 | | | *Nu35:27M* | שיזבותה /קרתה | דשיזבו#2#/ | ויקטול תבוע אדמא |

| | | | |
|---|---|---|---|
| 012 | | Nu35:13M | לכון /{ו}קוריין דשיזבו יהווי לכון#2#:/ |
| 013 | | Nu35:14M | קריוא/קרו#2#/ \דשיזבו#2#/ יהווי לכון: |
| 014 | | Nu35:11M | די יעירוק/קוריין דשיזבו יהוויין לכון וייעירוק#2# |
| 015 | | Nu35:14M | קוריין דשיזבו יהוון לכון |
| 016 | | Dt19:02 | תלת קרוין דשיזבו תפרשון ל{גוו}ך בגו ארעכון |
| 017 | | Nu35:14M | מן עבר לירדנה /דשיזבו תתנון בארעא מעבר |
| 018 | דשיזבות | Nu35:06 | לליוויי ית שת קרין דשיזבות דתתנון די יערקון תמן |
| 019 | לשזבו | Dt 2:34 | וטפלייה לא שיירנן ל{א} שזבו: |
| 020 | לשיזבו | Nu35:12 | ויהוון לכון קוריאן לשיזבו מן תבוע אדמא ולא ימות |
| 021 | | Nu35:12M | לכון קורייתה לשיזבו#2#/ מן תבוע אדמא/דמא#2# |
| 022 | שזבותה s em/sf | Nu35:25 | יתה עם כנישתה לקורי שזבותה די ערק תמן וישרי בגווה עד |
| 023 | | Nu35:26 | יפוק קטולא ית תחום קרי שזבותה די יערוק תמן: |
| 024 | שיזבותא | Gn31:21M | עתיד למיהוי ש{ה}<יז>ב{י}<ו>תא לישראל ביומי |
| 025 | שיזבותה | Nu35:27 | אדמה לבר מן תחום קורי שיזבותה ויקטול תבוע אדמא ית |
| 026 | | Nu35:32 | ממון למערקה לקורי שיזבותה למחזור למשרי בארעא |
| 027 | שיזבותיה | Nu35:28 | ארום בקרוי שיזבותיה ישרי עד זמן די ימות כהנה |
| 028 | דשיזבותה | Nu35:28M | שיזבותיה /בקרתה דשיזבותה#2#/ ישרי עד זמן די ימות |

[547]

## שייר *vb.* to remain

| | | | |
|---|---|---|---|
| 001 | שייר pael | Ex10:15 | וית כל פרי אילנא די שייר ברדא ולא אשתייר כל טרף |
| 002 | | Ex10:12 | עשבא וארעא ית כל מה די שייר ברדה: |
| 003 | | Dt 3:03M | יתיה עד די לא אישתייר/שייר#2#/ ליה שיזבו: |
| 004 | | Ex16:18 | ואכילו בעמרא ולא שייר מן דאסגי ומן דאזער לא חסר |
| 005 | שיירו | Nu21:35 | וית כל עמיה עד די לא שיירו לה שזבא וירתו ית ארעיא: |
| 006 | שיירנן | Dt 2:34 | ונשייה וטפלייה לא שיירנן ל{א}שזבו: |
| 007 | אשייר' | Lv10:12M | איתמר בנוי דאשתיירו/אשייר'#2#/ סבו ית מנחתה \ |
| 008 | ישייר | Dt28:54 | טליותיה ובשיור בנוי די ישייר: |
| 009 | | Dt28:55M | "מן בלי ... ובצוקה": דלא ישייר לה כל מנדעם בעקין |
| 010 | | Ex16:19 | ואמר משה להון גבר לא ישייר מנה עד צפרא: |
| 011 | ישיירון | Dt28:51 | די תשתיצון די לא ישיירון לכון עבור או חמר ומשח |
| 012 | | Nu 9:12 | לא ישיירון מניה עד צפרה וגרם לא |
| 013 | תשיירון | Lv22:30 | ביומא ההוא יתאכל לא תשיירון מנה עד צפרא כדן אמר ייי· |
| 014 | | Nu33:55 | ויהווי ית כל מה די תשיירון מנהון לסיכין בעיניכון |
| 015 | | Ex12:10M | ולא תשתיירון/תשיירון#2#/ מניה עד צפרא ומה |
| 016 | תשיירין | Lv22:30M | יתאכל לא תשיירון/<תשיי>רין#2#/ מנה עד צפרא כדן |
| 017 | דמשייר | Ex12:10 | מניה עד צפרא ומה דמשייר מיניה עד צפרא בנורא |
| 018 | | Lv 3:15M | כסליה וית מה דמשתייר/דמשייר#2#/ מן חצר כבדה על \ |
| 019 | | Nu33:55M | ית כל מה \די תשיירון/דמשייר#2#/ מנהון לסיכין |
| 020 | | Lv 3:10M | כסליה וית מה דמשתייר/דמשייר#2#/ על/מן#2#/ חצר כבדה |
| 021 | וישייר | Dt28:11 | וישייר יתכון ייי אלהכון לטבתה |
| 022 | | Dt30:09 | וישייר יתכון ייי אלהכון בכל עבד |
| 023 | ושיירו | Ex36:07 | למעבד יתה ועבדו ושיירו: |
| 024 | | Ex16:20 | ולא שמעו למשה ושיירו מניה גברין עד צפרא ועבד |
| 025 | איש' etpaal | Ex29:34M | ואין ישתייר/איש'#2#/ מבשרה דאשלמותא ומן |
| 026 | אישתייר | Dt 3:03 | וקטלנן יתיה עד די לא אישתייר ליה שיזבו: |
| 027 | | Ex10:05M | ית מותר פליטתא די אישתייר לכון |
| 028 | אשתייר | Ex 8:27 | ומן שליטוי ומעמיה לא אשתייר אף לא חד: |
| 029 | | Ex14:28 | דעלו בתריהון בימא לא אשתייר בהון אף לא חד: |
| 030 | | Lv25:52 | ואן קלל זער אשתייר בשנייה עד שתה דיובילה |
| 031 | | Ex10:19 | ואקלע יתה ימא דסוף לא אשתייר גוב חד בכל תחומיהון |
| 032 | | Gn42:38 | אחוי מית והוא בלחודוי אשתייר ויארע יתיה סקול באורחא |
| 033 | | Ex10:15 | אילנא די שייר ברדא ולא אשתייר כל טרף באילן ובעשבא דאפי |
| 034 | | Nu21:35M | לה/ביה#2#/ שזבא /אשתייר לה שזבו#2#/ וירתו ית |
| 035 | | Dt 3:11 | עוג מלכא דבותנין אשתייר מן שייר גברייא והא ערסיה |
| 036 | | Nu26:65 | ממת ימותון במדברה ולא אשתייר מנהון גבר א{ל}<ר>ום אלהן |
| 037 | | Gn47:18M | בעירה לות רבונן לא אשתייר קדם רבונן ברם אלא הן |
| 038 | אשתיירו | Dt 7:20 | די יסופון מה די אשתיירו ומה די אטמרו מן קדמיכון: |
| 039 | אשתיירת | Lv10:12 | סבו ית מנחתה די אשתיירת מן קרבנוי דייי ואכלו יתה |
| 040 | ישי' | Dt 3:11M | מלכא דבותנין אשתייר/יש'#2#/ מן שייר/מותרי#2#/ |
| 041 | ישתייר | Dt28:55 | די יאכל מן בלי דלא ישתייר לה כל מדעים בצער ובצוקה |
| 042 | | Dt28:51M | די לא ישיירון/ישתייר#2#/ לכון עבור או חמר |
| 043 | | Ex29:34 | ואין ישתייר מבשרה דאשלמותא ומן לחמה |
| 044 | | Lv 7:15 | יקרב קרבניה יתאכל לא ישתייר מנה עד צפרא: |
| 045 | ישתיירון | Ex 8:05 | לחוד דבנהרא ישתיירון: |
| 046 | | Ex 8:07 | ומן עמך לחוד דבנהרא ישתיירון: |
| 047 | ישתיירן | Ex 8:05M | /בנהרא#2#/ ישתיירון/<ישתיי>רן#2#/: |
| 048 | | Ex 8:07M | /בנהרא#2#/ ישתיירון/<ישתיי>רן#2#/: |
| 049 | משתייר | Lv 3:04 | די על כסליה וית מה די משתייר מן חצר כבדה על כליתה יעבד |
| 050 | תשתייר | Ex10:26 | בעירן ייזיל עמן לא תשתייר פרסת רגל ארום מנהון נסב |
| 051 | תשתיירון | Ex12:10 | ולא תשתיירון מניה עד צפרא ומה דמשייר |
| 052 | דאישתייר | Nu 3:49 | ית כסף פרקוניה מן מה דאישתייר על פרקוניהון דליוויי: |
| 053 | דאישתיירו | Nu 3:46 | מאוון ושבעין ותלתה דאישתיירו על ליויי מן בכוריה דבני |
| 054 | דאישתירו | Gn30:36M | דאשתיירת/מה דאישתירו#2#/: |
| 055 | דאשתייר | Ex29:34 | עד צפרא ותיקד מה דאשתייר בנורא לא יתאכל ארום קדש |
| 056 | | Gn14:10M | /בגווהון ומה דאשתייר#2#/ לטורא ערקו: |
| 057 | | Lv14:17M | "ומן ... על": ומה דאשתייר מן משחה דאית על |
| 058 | דאשתיירו | Nu 3:48 | ולבנוי פרקונייה דאשתיירו בהון: |
| 059 | | Dt 7:20M | אטמרו /ישיצון אליין דאשתיירו דאטמ'#2#/ מן קדמיכון: |
| 060 | | Dt19:20 | ומה דאשתיירו ישמעון וידחלון ולא |
| 061 | | Gn14:10 | ונפלו תמן ומה דאשתיי«רו» לטורא ערקו: |
| 062 | | Lv10:16 | בנוי דאהרן ^מה#2#^ דאשתיירו למימר: |
| 063 | | Lv10:12 | ועם איתמר בנוי דאשתיירו סבו ית מנחתה די אשתיירת |
| 064 | דאשתיירן | Lv27:18 | כספה על פם שנייה דאשת«יירן» עד שתה דיובילה ויתמנע |
| 065 | | Ex28:10 | חדתה}} וית שמהת שתתה דאשתיירן על אבנא תניינ{ו}תא |
| 066 | דאשתיירת | Gn30:36 | רעי ית ענא דלבן דאשתיירת: |
| 067 | | Ex10:05 | ית שייר פליטתה דאשת{ריי}<ייר>ת לכון מן ברדא ויכול |
| 068 | | Ex26:12 | דמשכנא פלגא דריעתא דאשתיירת תשפ«ע» על שיפולוי |
| 069 | דיש' | Ex29:34M | צפרא ותיקד מה דאשתייר/דיש'#2#/ בנורא לא יתאכל ארום |
| 070 | דישתייר | Ex28:10M | שתתה/שית#2#/ דאשתיירן/דישתייר#2#/ על אבנא |
| 071 | דמשתייר | Ex16:23 | בשלו וית כל מה דמשתייר אצניעון לכון למטרה עד |
| 072 | | Lv 5:09 | על כתלא דמדבחא ומה דמשתייר באדמה ימצה על יסודוי |
| 073 | | Lv 8:32 | ומה דמשתייר בבשרא ובלחמה בנורה |
| 074 | | Ex17:16 | מלכין עם שלטונין ומה דמשתייר בהון ישיצון יתהון מרדכי |
| 075 | | Lv26:36 | ומה דמשתייר בכון ואעל תברה בלבביכון |
| 076 | | Lv26:39 | ומה דמשתייר בכון יתמסון בחוביהון |
| 077 | | Lv14:18 | ומה דמשתייר די על כף ידוהי דכהנא יתן |
| 078 | | Dt19:20M | ומה דאשתיירו/דמשתייר#2#/ ישמעון וידחלון |
| 079 | | Lv25:27 | זבוניה ויחזר ית מה דמשתייר לגברה דיזבן ליה ויחזור |
| 080 | | Ex29:13 | דחפי ית כרסה וית מה דמשתייר מחצר כבדה וית תרתין |
| 081 | | Ex29:22 | דחפי ית כרסה וית מה דמשתייר מן חצר כבדה וית תרתין |
| 082 | | Lv 2:03 | ומה דמשתייר מן מנחתה לאהרן ולבנוהי |
| 083 | | Lv 2:10 | ומה דמשתייר מן מנחתה לאהרן ולבנוי |
| 084 | | Lv 3:15 | דעל כסליה וית מה דמשתייר מן חצר כבדה על כליתה |
| 085 | | Lv 4:09 | די על כסליה וית מה דמשתייר מן חצר כבדה על כוליתה |
| 086 | | Lv 7:17 | ומה דמשתייר מן בשרה דנכסת קדשי«ה» |
| 087 | | Lv 8:16 | על בני גווה וית מה דמשתייר מן חצר כבדה וית תרתין |
| 088 | | Lv 8:25 | די על בני גוה וית מה דמשתייר מן חצר כבדה וית תרתין |
| 089 | | Lv 9:10 | וית כלייתה וית מה דמשתייר מן חצר כבדה מן חטא«תה» |

|  |  |  |  |
|---|---|---|---|
| 090 | | Lv 9:19 | כרסה וכלייתה ומה דמשתייר מן חצר כבדה: |
| 091 | | Lv14:29 | ומן דמשתייר מן משחא די על ידוי דכהנא |
| 092 | | Lv 7:16 | וביומא דבתרה ומה דמשתייר מנה יתאכ׳: |
| 093 | | Nu33:55M | "מה די ... מנהון": מה דמשתייר מנהון |
| 094 | | Lv 6:09 | ומה דמשתייר מניה יכלון אהרן ובנוי |
| 095 | | Lv19:06 | וביומ׳ תליתייה ומה דמשתייר עד יומא תליתייה בנורא |
| 096 | | Lv 3:10 | די על כסליה וית מה דמשתייר על חצר כבדה על כליתה |
| 097 | | Lv 7:04 | די על כסליה וית מה דמשתייר על חצר כבדה על כליתה |
| 098 | | Ex23:11 | מסכיניה די עמך ומה דמשתייר תיכול חיית ברא כדין |
| 099 | דמשתיירה | Gn32:09 | יתיה ותהוי משריתה דמשת{ר}יי<ר>ה לשיזבה: |
| 100 | דמשתיירין | Ex14:03M | לדתן ואבירם דמשתיירין במצרים על עסק בני |
| 101 | דמשתיירן | Lv27:18M | /אגב שנייה דמשתיירן#2/# עד שתה דיובילה ויתמנע |
| 102 | ואשתייר | Gn32:25 | יעקב לבלחדוי ואתפגש ואשתייר |
| 103 | | Gn44:20 | סיבו זעיר ואחוי מית ואשתייר הוא בלחודוי לאמיה ואבוי |
| 104 | ואשתיירו | Nu11:26 | ואשתיירו תרין גברין במשריתה שמה |
| 105 | ואשתיר | Gn 7:23 | שמיא ואשתצון מן ארעא ואשתיר לחוד נח ומן דהוה עמיה |
| 106 | ותשתיירון | Dt 4:27 | ייי יתכון באומייה ותשתיירון עם דמניין באומייה די |
| 107 | | Dt28:62 | ותשתיירון עם במניין חלף די |
| 108 | ותשתיירן | Dt 4:27M | באומייה ותשתיירון/<ותשתיי>רן#2/# עם דמניין |
| 109 | ודאשתייר | Ex23:11M | די עמך \ומה דמשתייר/ודאשתייר#2/# תיכול חיית ברא |
| 110 | ודמשתייר | Ex17:16M | \ומה דמשתייר בהון /ודמשתייר מנהון#2/# ישיצון יתהון |
| 111 | נשאר nifal! | Gn47:18 | וענה ובעירא לרבוני ולא "נשאר" מן רבוני אלהן בלהודי |

## שייר *n.* remnant [547]

|  |  |  |  |
|---|---|---|---|
| 001 | שייר s ab/cn | Nu31:32 | והוה עדיתה שייר בזתה די בזזו עמא עבדי קרבא |
| 002 | | Dt 3:11 | מלכא דבותנין אשתייר מן שייר גבריא והא ערסיה ערס דפרזל |
| 003 | | Ex10:05 | ית ארעא ויכול ית שייר פליטתה דאשת{ריי}<ייר>ת |

## שיע *n.* plaster [548]

|  |  |  |  |
|---|---|---|---|
| 001 | דשיע s ab/cn | Nu19:15 | דחסף פתיח די לית גופה דשיע מקפה עלוי מסאב הוא: |
| 002 | לשיע | Gn11:03 | וחמרא הווה להון לשיע: |

## שיע#2 *n.* cord [548]

|  |  |  |  |
|---|---|---|---|
| 001 | שוע s ab/cn | Nu15:38M | ציצין דצניף גולתה שיע/שוע#2/# תכלתה: |
| 002 | שיע | Nu15:38 | על^ ציצין דצניף גולתה שיע תכלתה: |

## שיעור *n.* size [548]

|  |  |  |  |
|---|---|---|---|
| 001 | שיעורא s em/sf | Ex30:13M | "כהדן ...": דין שיעורא דסילעה איתחמי למשה |
| 002 | שעורא | Gn 6:15M | \וכהדן סדרא תעבד /ודין שעורא דתע#2/# יתיה תלת מאה |

## שיפור *n.* shofar [548]

|  |  |  |  |
|---|---|---|---|
| 001 | שיפור s ab/cn | Lv25:09 | ותעברון שיפור יבבו בירחה שביעיה בעשרה |
| 002 | שיפורה s em/sf | Lv25:09 | צומא דכיפוריה תעברון שיפורה בכל ארעכון |
| 003 | דשופירא | Ex19:13M | במתקעה דשופירא הנון יסקו{ל}<ן> |
| 004 | דשיפור׳ | Ex20:18 | וית למפדיי׳ וית קלא דשיפור׳ וית טורא תנן וחמון עמא |
| 005 | דשיפורא | Ex19:19 | והוה קלא דשיפורא אזל ותקף לחדא משה הוה |

See also: שופר *n.*

## שיצי *vb.* to destroy [548]

|  |  |  |  |
|---|---|---|---|
| 001 | שיצון quadr. | Nu21:28 | נפקו מן קרתא דסיחון שיצון לחוות מואביי{{קטילו |
| 002 | | Dt 2:22 | דעשו דשריין בגבלה די שיצון ית חורונייה מן קדמיהון |
| 003 | | Dt13:16M | ההיא לפתגם דחרב תשיצון/שיצון#2/# יתה וית כל מה דאית |
| 004 | | Dt 2:23 | מן קפו{קד}<דק>ייא שיצון יתהון ושרון באתרהון: |
| 005 | שיצי | Ex 9:25 | כל עשבא דבאפי בר{ד}א שיצי ברדא וית כל {עשבא} אילנייא |
| 006 | | Dt 4:03 | בפלחי טעוותה פעור <...> שיצי יתיה ייי אלהכון מבינֵיכון: |
| 007 | שיציא | Gn13:10 | כלה בית שקה קדם עד לא שיציא ייי ית סדום וית עמרה |
| 008 | | Gn19:29 | והוה כד שיציא ייי ית קרוי משרה ואדכר |
| 009 | שיצינן | Dt 3:06 | לסיחון מלכא דחשבון שיצינן כל קורי תלי{ת}<ל>תה ונשיה |
| 010 | שיציתי | Nu25:11 | ית קנאתי ביניהון ולא שיציתי ית בני ישראל בקנאתי: |
| 011 | אשיצא | Gn18:28 | ית כל קרתא ואמר לא אשיצא אם אשכח תמן ארבעי«ן» |
| 012 | | Gn18:30 | תמן תלתי«ן» ואמר לא אשיצא אן אשכחת תמן תלתין: |
| 013 | | Gn18:29 | תמן ארבעין ואמר לא אשיצא בגלל ארבעין זכיין: |
| 014 | | Gn18:31 | {תל} עשרין ו{י}אמר לא אשיצא בגלל עשרין זכיין: |
| 015 | | Gn18:32 | תמן עשרה ואמר לא אשיצא בגלל עשרה: |
| 016 | | Ex33:03 | למקבלה אולפן אינון דלא אשיצא יתכון באורחא: |
| 017 | | Ex33:05 | איקר שכינתי מן בניכון אשיצא יתכון וכדון אחתו גבר מני |
| 018 | אשיצה | Gn 6:07 | ואמר ייי אשיצה ית אדם די ברית מעלוי אפי |
| 019 | אשיצי | Ex34:24 | ארום אשיצי אומיא מן קדמיכון ואפתי ית |
| 020 | | Dt32:26 | אמרת במֵמרי אשיצי יתהון אבטל מן בני אנשא |
| 021 | אשיציא | Ex17:14 | ויהושע ארום משיציא אשיציא ית דכרניה דעמלק מן תחות |
| 022 | ישיצון | Nu24:08M | וגבריהון ישיצון#2/#: |
| 023 | | Dt 7:20M | אשתיירו ומה די אטמרו /ישיצון אליין דאשתיירו דאטמ#2/# |
| 024 | | Ex17:16 | ומה דמשתייר בהון ישיצון יתהון מרדכי ואסתר וייי |
| 025 | | Dt28:42 | כל אילנכון ופרי ארעכון ישיצון יתהון מסיקייה ישיצי יתהון |
| 026 | | Dt28:45M | דתש«ת»יצון/די ישיצון יתהון#2/# ארום לא שמעתון |
| 027 | | Dt28:51M | ארעכון עד זמן די תשתיצון/ישיצון יתהון#2/# די לא |
| 028 | | Dt28:22M | עד זמן די יסופון/ישיצון#2/# יתכון: |
| 029 | | Dt28:48 | על צווריכון עד זמן די ישיצון יתכון: |
| 030 | | Dt28:51M | עד זמן די יסופון/ישיצון#2/# יתכון: |
| 031 | | Dt28:61 | ייי עליכון עד זמן די ישיצון יתכון: |
| 032 | ישיצי | Dt12:29 | ארום ישיצי ייי אלהכון ית אומייה די |
| 033 | | Dt19:01 | ארום ישיצי ייי אלהכון ית אומיא דייי |
| 034 | | Nu32:21 | קדם ייי עד זמן די ישיצי ית בעלי דבבוי מן קדמוי: |
| 035 | | Dt31:03 | מדברה קדמיכון הוא ישיצי ית אומיה האליין |
| 036 | | Dt 7:23 | יתהון ערבוב רב עד זמן די ישיצי יתהון: |
| 037 | | Dt 7:24 | באפיכון עד זמן די ישיצי יתהון: |
| 038 | | Dt 9:03 | אשה אכלה מתאכלה הוא ישיצי יתהון והוא יכנע יתהון |
| 039 | | Dt28:42 | ישיצון יתהון מסיקייה ישיצי יתהון חלזונה: |
| 040 | | Dt31:04 | ולארעהון די ישיצי יתהון: |
| 041 | | Dt 7:04 | רוגזיה דייי בכון דלא ישיצי יתכון בפריע: |
| 042 | | Dt28:20M | תעבדון עד זמן די תשתצון/ישיצי יתכון#2/# ועד זמן די |
| 043 | | Dt28:24 | עליכון עד זמן די ישיצי יתכון: |
| 044 | | Dt 9:04 | בלבביכון בזמנה די ישיצי מימרה דייי אלהכון יתהון |
| 045 | ישצון | Nu22:04 | לחכימי מדייניי כדון ישצון קהלא הדין ית כל קירויא די |
| 046 | ישצי | Dt28:21 | בכון ית מותנה עד זמן די ישצי יתכון מעילווי ארעא דאתון |
| 047 | תשיצון | Ex34:13M | תקצצון/טעוותהון תשיצון#2/#: |
| 048 | | Nu33:52 | וית כל בימסיהון תשיצון: |
| 049 | | Lv19:09 | ית חצדא דארעכון לא תשיצון אומנה אחריה דחקלכון למחצד |
| 050 | | Lv23:22 | ^חצדה#1^ דארעכון לא תשיצון אומנה אחריה דאית בחקליכון |
| 051 | | Nu16:26 | בכל מה דלהון דלא תשיצון בכל חוביהון: |
| 052 | | Dt20:17 | ארום משיצייה תשיצון חתיי ואימוריי כנעניי |
| 053 | | Ex17:14M | \אשיציא ית דכרניה /תשיצון ית דוכרניה#2/# דעמלק |
| 054 | | Nu 4:18 | לא תשיצון ית שבט זרעייתה דבנוי |

|  |  |  |  |
|---|---|---|---|
| 055 | | Nu33:55 | ואין לא תשיצון ית דיירי «ד»ארעא |
| 056 | | Dt12:02M | תסייפון /משיצייה תשיצון ית#2#/ ית כל אתרייה |
| 057 | | Dt25:19 | לכון אחסנה למירת יתה תשיצון ית דוכרנייה דעמלק |
| 058 | | Dt13:16 | קרתה ההיא לפתגם דחרב תשיצון יתה וית כל מה דאית בה וית |
| 059 | | Dt 7:24M | עד זמן \די ישיצי/תשיצון#2#/ יתהון: |
| 060 | תשצון | Dt20:19M | תאכלון ויתיה לא תקצון/תשצון#2#/ ארום לא היך דבר נשה |
| 061 | משיצא | Gn18:28 | חמשתי זכיי חמשה הא משיצא את בגלל חמשה ית כל קרתא |
| 062 | | Gn18:24 | בגו קרתא הא ברגז את משיצא ולא את שרי ושבק לחובין |
| 063 | | Ex 7:27 | ^דלא#2#^ למשלחה הא אנה משיצא ית כל תחומך בארדעניא: |
| 064 | משיצי | Dt 8:20M | דמימרה דייי מסיף/משיצי#2#/ מן קדמיכון כדן |
| 065 | משיציא | Ex17:14 | במשמעה ויהושע ארום משיציא אשיציא ית דכרניה דעמלק |
| 066 | | Gn18:24M | /ברגוז#2#/ את משיצא/<משי>ציא#2#/ ולא את שרי ושבק |
| 067 | משיציה | Dt 7:02 | קדמיכון ותקטלון יתהון משיציה ותישיצון יתהון לא תקיימון |
| 068 | משיצייא | Gn18:23 | ואמר הא ברגז את משיצייא זכייא עם חייבא: |
| 069 | משיצייה | Dt12:02M | \מיספה תסייפון /משיצייה תשיצון ית#2#/ ית כל |
| 070 | | Dt20:17 | ארום משיצייה תשיצון חתיי ואימוריי |
| 071 | | Dt 4:26M | "מיסתיפא תסתיפון": משיצייה תשתיצון |
| 072 | משיציין | Dt12:02 | תמן אומייה די אתון משיציין יתהון ית טעוותהון |
| 073 | משצי | Gn18:23M | /ברגוז#2#/ את משיצייא/משצי#2#/ זכייא עם חייבא: |
| 074 | | Dt18:14 | אומייה האיליין די אתון משצי יתהון לחדודי עיינין ולקסמי |
| 075 | משצייה | Dt 8:19M | הדין ארום מסתפה/מספא#2#/משצייה תשתיצון#2#/ |
| 076 | דישיצי | Dt12:30M | מן בתריהון בתר דישתיצון/דישיצי יתהון#2#/ |
| 077 | דש' | Dt31:04M | ולארעהון די ישיצי/דש'#2#/ יתהון: |
| 078 | ושיצא | Ex23:23 | וחיויי ויבוסיי ושיצא יתהון: |
| 079 | ושיצון | Nu21:32 | ית יעזר וכבשו כפרניה ושיצון ית אמוריי דהוון שרין תמן: |
| 080 | | Nu32:39M | וכבשו יתה וישיצון/ושיצון#2#/ ית אימוריי דהוון |
| 081 | | Nu14:45M | יתהון וכתתו/וקטלו#2#/^ושיצון#2#^/ יתהון עד |
| 082 | | Dt 2:12 | דעשו ירתו יתהון ושיצון יתהון מן קדמיהון ושרון |
| 083 | ושיצי | Gn 7:23 | ושיצי ית כל ברייתא די על אפי |
| 084 | | Nu21:03 | בידיהון ית כנעניי ושיצי יתהון וית קריהון וקרון |
| 085 | | Dt 2:21 | כבנוי דענק גיברייא ושיצי יתהון ייי מן קדמיהון |
| 086 | | Dt11:04 | בזמנה די רדפו בתריכון ושיצי יתהון ממרה דייי עד זמן |
| 087 | | Nu21:24 | ושיצי יתיה ישראל לפתגם דחרב |
| 088 | ושיציא | Ex17:13 | ושיציא יהושע ית עמלק וית עמיה |
| 089 | | Ex 9:25 | ושיציא ברדא בכל ארעא דמצרים ית |
| 090 | | Dt 2:21M | /גיברא#2#/ ושיצי/<ושי>ציא#2#/ יתהון ייי |
| 091 | ושיצינן | Dt 2:34 | קורייוי בשעתה ההיא ושיצינן ית כל קורי תלילתה ונשייה |
| 092 | | Dt 3:06 | ושיצינן יתהון היך מה די עבדנן |
| 093 | ושיצית | Ex 9:15 | שלחת ית מחות פורענתי ושיצית יתך וית עמך במותאנא |
| 094 | ושצון | Nu21:35 | ושצון יתיה וית בנוי וית כל עמיה |
| 095 | דשיצון | Dt 7:24M | עד זמן \די ישיצי^דשיצון#2#^/ יתהון: |
| 096 | ואישיצא | Lv17:10 | <....> ית אדמה ואישיצא יתה מן גו עמה: |
| 097 | ואישיצי | Lv23:30 | הכזמן יומא הדין ואישיצי ית נפשה ההיא מן גו עמא: |
| 098 | | Dt 9:14 | למבעי עליהון רחמין ואישיצי יתהון ואמחוק ית שמהן |
| 099 | | Lv20:05 | ההוא ובזרעייתיה ואישיצי}} יתיה וית כל {{דטעין}} |
| 100 | | Lv20:06M | בבר נשא ההוא {{ואישיצי}} יתיה מן חיי עלמא דאתי |
| 101 | ואישיצינון | Nu21:02M | ית קריהון /ואישיצ<ינ>ון יתהון וית |
| 102 | ואישצון | Nu21:03M | ושיצי /כנענאי ואישצון#2#/ יתהון וית קריהון |
| 103 | ואישצי | Gn 7:04 | יממין וארבעין לילון ואישצי ית כל ברייתיה די ברית |
| 104 | | Nu16:21 | מן גו עם כנשתה הדה ואישצי יתהון כקליל זעיר: |
| 105 | ואשיצא | Ex32:10 | ויתקוף רוגזי בהון ואשיצא יתהון ואית יכלה קדמיי |
| 106 | ואשיצי | Ex23:27M | "ואערבב ... ואשוי": ואשיצי ית כל עמא דתעלון לוותהון |
| 107 | | Lv26:30 | ואצדי ית במסיכון ואשיצי ית טעוותכון ואשוי ית |
| 108 | | Nu21:02 | ית עמא האליין בידינן ואשיצי ית קריהון: |
| 109 | | Ex15:09M | אשלוף ית חרבי ותשיצי/ואשיצי#2#/ יתהו' יד ימיני: |
| 110 | | Ex23:23M | וחיואי ויבוסאי ואשיצי#2#/ יתהון: |
| 111 | | Nu17:10 | מן גו עם כנישתה הדה ואשיצי יתהון כקליל זעיר |
| 112 | | Lv20:06 | רגזי בנפש' ההוא וא{ציש}<שיצ>י יתיה מן גו עמיה: |
| 113 | | Lv20:17M | עריתה דאחתה בזי /כן ואשיצי יתיה קדם עמהון עריתה |
| 114 | | Ex22:23M | דלא יתקף רוגזי ואקטל/ואשיצי#2#/ יתכון בחרבא דלא |
| 115 | ואשצא | Lv20:03 | תקיף רוגזי בגברה ההוא ואשצא יתיה מגו עמה ארום מן בנוי |
| 116 | ואשצי | Nu14:12 | אקטול יתהון במותנא ואשצי יתהון ואית יכלה קדמיי |
| 117 | וישיצא | Gn41:30 | כל שבעה בארעא דמצרים וישיצא כפנא ית ארעא: |
| 118 | וישיצון | Nu32:39 | לגלעדה וכבשו יתה וישיצון ית אימוריי דהוון שריין |
| 119 | | Gn34:30 | למניין ויתכנשו לוותי וישיצון יתי ולאינשי בייתי: |
| 120 | וישיצי | Gn32:12 | דלא ייתי ויקטול יתי וישיצי אמה עם בניא: |
| 121 | | Gn34:30M | ויקטלון ויקטלון אותי וישיצי אמהתא עם בנייה#2#/: |
| 122 | | Dt 6:15 | רוגזה דייי אלהך בך וישיצי יתכון מיעילוי אפי ארעא: |
| 123 | | Nu24:17 | ויקטל תקיפי מואביי וישיצי כל בנוי דשת וירוקן מרי |
| 124 | | Dt11:23M | ויטרוד/וישיצי#2#/ ממרה דייי ית כל |
| 125 | | Nu24:19 | למקום מן דבית יעקב וישיצי מן דמתחייב מן כרכה חייבא |
| 126 | | Dt 7:04M | דייי בכון \דלא ישיצי/וישיצי#2#/ יתכון/<ית>הון#2#/ |
| 127 | ותישיצון | Dt20:20M | יתיה תחבלון ותקצון/ותישיצון#2#/ ותבנון כרכומין |
| 128 | | Nu33:53 | ותישיצון ית דיירי ארעא ותשרון |
| 129 | | Dt 7:24M | בידיכון ות{ו}ס<ו>פון/ותישיצון#2#/ ית שמהן |
| 130 | | Dt 7:02M | /בידיכון#2#/ ותקטלון/ותישיצון#2#/ יתהון משיציה |
| 131 | | Dt 7:02 | ותקטלון יתהון משיציה ותישיצון יתהון לא תקיימון עמהון |
| 132 | | Dt 9:03M | ותירתון יתהון ותסופון/ותישיצון#2#/ יתהון בפריע |
| 133 | | Dt17:12M | גברא ההוא ותבערון/ותישיצון#2#/ עבדי בישתא |
| 134 | | Dt22:21M | דאבוה ותבערון/ותישיצון#2#/ עבדי בישתה |
| 135 | | Dt22:22M | /אתה#2#/ ואתתה ותבערון/ותישיצון#2#/ עבדי בישתה מן |
| 136 | | Dt22:24M | ית אתתה דחברה ותבערון/ותישיצון#2#/ עבדי בישתה |
| 137 | ותשיצון | Dt19:13M | שפוכי אדמה זכייה /ותשיצון חובת שפיכות אדמה |
| 138 | | Nu33:52 | ותשיצון ית כל דיירי ארעא |
| 139 | | Dt17:07M | כל עמא בסופא ותשיצון#2#/ עבדי בישתה |
| 140 | ותשיצי | Lv26:22 | דאפי ברה ותתכל יתכון ותשיצי ית בעירכון ותזער יתכון |
| 141 | | Ex15:09 | כדן אשלוף ית חרבי ותשיצי יתהו' יד ימיני: |
| 142 | ותשצון | Dt21:21M | עבדי /ויקטלון יתיה ותשצון עב'#2#/ בישתה מן ביניכון |
| 143 | ומשיציין | Nu21:15M | לקדמותהון ומשיציין יתהון ומקטלין מלכין עם |
| 144 | ולמישיציה | Ex32:12M | יתהון בטורייה ולמישיציה יתהון |
| 145 | | Gn 6:03 | דדר' דמבולא למובדה ולמישיציה מן גוא עלמא הא רוחי |
| 146 | ולמשיצא | Ex32:12 | לקטלותהון בטוריה ולמשיצא יתהון מעיל«וי» אפי |
| 147 | ולמשיצייה | Dt28:63M | /למסייפה יתכון ולמשיצייה יתכון#2#/ ותתעקרון |
| 148 | למישיצי | Dt 1:01 | אמר ייי במימרה למישיצי יתכון אלולי דאדכר לכון |
| 149 | | Dt 9:19M | דייי עליכון לשיצי/למישיצי#2#/ יתכון ושמע ייי בקל |
| 150 | | Dt 1:27 | יתן בידיהון דאמוריי למישיצי יתן: |
| 151 | למישיציה | Dt 7:10M | בעלמ' הדין מן בגלל למישיציה יתהון לעלמא דאתי ולא |
| 152 | | Dt 7:22 | קליל לית אתון יכלין למישיציה יתהון בפריע דלא תסגון |
| 153 | | Dt 9:19M | "לשיצי ... אמר": למישיציה מנכון ושמע מימריה דייי |
| 154 | למישיצייה | Dt 7:17 | מנן אייכדין איכל למישיצייה יתהון: |
| 155 | למישציה | Dt 2:15 | ייי אתרגזית בהון למישציה יתהון מן גו משריתה |
| 156 | | Dt33:27 | ואמר במימריה למישציה יתהון: |
| 157 | למישצייה | Dt 9:20 | רגז ממרה דייי עליכון למישצייה יתיה וצליית ובעית רחמין |
| 158 | למשיצא | Gn19:13M | למחבלה#2#/ למשיציא/^<למשי>צא#2#^/ יתה: |
| 159 | למשיציא | Ex 8:05 | עליך ולשלטוניך ולעמך למשיציא ארדעניא מנך ומן |
| 160 | | Gn 8:21 | ולא אוסף תוב למשיציא ית כל חייא היך מה די |
| 161 | | Ex12:23 | איקר שכינתיה דייי למשיציא ית מצריי ויחמ{ו}<י> ית |
| 162 | | Ex17:16 | וייי אמר במימריה למשיציא ית דוכרנא דעמלק לדרי |

163 Gn19:13 קדם ײי ושלח יתן למשיציא יתה:
164 Nu14:09 אינון קלילין באפינן למשיציא יתהון עבר {ע}<ט>ליהון
165 למשיציה Dt 9:08 רוגזיה דײי בכון למשיציה יתכון:
166 Dt 9:25 צליית ארום אמר ײי למשיציה יתכון:
167 למשיצייה Gn18:25M פתגמא הדין לממתה/למשיצייה#2#/ זכייה עם חייבא
168 Dt 6:19M למידחוף/למשיצייה#2#/<למיד>חף#2#/ ית כל
169 למשציא Nu22:06 מנן מה דלמה דאכול למשצ«י»א יתהון ואטרוד יתהון מן
170 לשיצי Dt 9:19 רגז מימרה דײי עליכון לשיצי יתכון ושמע ײי בקל צלותי
171 Dt 9:25M ארום אמר ײי למשיציה/לשיצי#2#/ יתכון:
172 לשיצי׳ Dt 7:17M היכדין <אי>כול לשיצי׳
173 quad/t אישתציית Ex10:07M ארום מישתייציא/אישתציית#2#/ היא מצרים:
174 אישתצינן Nu17:27M יבדנן כולן אישתצינן אית מנן דמיתו במגפתה
175 אשתיצון Nu21:29 וי לכון מואביי ספון אשתיצון עמא דהוון מדבחין קדם
176 אשתיצינן Nu17:28 יתקטל ה<ו>א ספנן הא אשתיצינן:
177 Nu17:27 למימר הא ספינן אשתיצינן כלן אבדנן מינן מיתו
178 אשתצי Nu11:33 ביני שיניהון קדם עד לא אשתצי ורוגזה דײי תקוף בעמה
179 Gn18:28M קרתא ואמר \לא אשיצא/אשתצי#2#/ /לית אנה מחבל#2#/
180 יש׳ Nu11:33M קדם עד לא אשתצי/יש׳#2#/ ורוגזה דײי תקוף
181 ישת׳ Nu17:28M ה<ו>א ספנן הא אשתיצינן/ישת׳#2#/:
182 Dt 4:26M ארום מישתיציה תשתיצון/ישת׳#2#/:
183 Nu21:29M /מואבאי#2#/ ספון אשתיצון/ישת׳#2#/ עמא דהוון מדבחין
184 ישתיצא Lv17:14 הוא כל דיאכל יתיה ישתיצא:
185 Ex22:19 קדם טעוון אחרניין ישתיצא ארום אלהן קדם ײי
186 ישתיצון Ex12:42 יתברון ודרי רשיעא ישתיצון ומשה יסוק מן גו מדברא
187 Ex12:42M רשיעיא ונירי פרזלא ישתיצון מיש׳
188 Nu22:04M מדייניי כדון ישצון/ישתיצון#2#/ קהלא הדין ית כל
189 ישתיצי Gn 6:17 שמיא כל מה די בארע׳ ישתיצי:
190 Ex22:19M ארום אלהן /כל טעוותי׳ ישתיצי בדא אלה{ו}<י>ן#2#/ קדם
191 ישתצון Gn40:18 פרעה יאבד וחיילותיה ישתצון ובני ישראל יפקון פריקין
192 ישתצי Gn 9:11 ית קיימי עמכון ולא ישתצי כל בשרא תוב מן מוי דמבולא
193 Gn17:14 יגזר ית בשרא דערלתיה ישתצי נפשא ההיא מן גו עמה ית
194 תישתיצון Nu 4:18M לא תשיצון/תישתיצון#2#/ ית שבט זרעייתה
195 תישתצון Dt 8:20M "כדן ... בקל": כן תישתצון חולף די לא שמעתון בקל
196 תישתצי Nu15:31 מצוותה אפס משתיציא תישתצי נפשה חובא תקבל:
197 תשתיצא Gn45:11 כדון חמש שנין דכפן ולא תשתיצא את ואנשי ביתך:
198 Gn19:15 תרתין בנתך דאשכחן דלא תשתיצא בחובי דקרתא:
199 תשתיצון Dt 4:26M תסתיפון": משיצייה תשתיצון
200 Dt 4:26 עלה ארום מישתיציה תשתיצון:
201 Dt28:51 ופרי ארעכון עד זמן די תשתיצון די לא ישיירון לכון עבור
202 Dt 8:19M /מספא#2#/משצייה תשתיצון#2#/ תספון:
203 תשתיצי Gn41:36 די יהוויין במצרים ולא תשתיצי ארעא בכפנא:
204 תשתצון Dt28:20 די תעבדון עד זמן די תשתצון ועד זמן די תסתופון בופריע
205 מישתייציא Ex10:07 קדם עד לא תדע ארום מישתייציא היא מצרים:
206 מישתיציה Dt 4:26 תארכון יומין עלה ארום מישתיציה תשתיצון:
207 משתיציא Nu15:31 בזי וית מצוותה אפס משתיציא תישתצי נפשה חובא תקבל:
208 דישתיצון Dt12:30 מן בתריהון בתר דישתיצון מן קדמיכון דלא תתבעון
209 דתשתיצון Dt28:61M {עליכון} עד זמן דתשתיצון#2#/:
210 Dt28:45 יתכון עד זמן דתש«ת»יצון ארום לא שמעתון בקל
211 ואשתיצון Nu16:33 וכסיית עליהון ארעא ואשתיצון מן גו קהלה:
212 ואשתיצית Ex 9:15M עמך במותאנא ותשתיצי/ואש<ת>יצית#2#/ פרעה מן ארעא:
213 ואשתצון Gn 7:23 עד ריחשא עד עוף שמיא ואשתצון מן ארעא ואשתיר לחוד נח
214 ויש׳ Ex31:14M עבידה ותשתיצי/{י}<ו>יש׳#2#/ נפשה/אנשא#2#/
215 וישתי׳ Nu19:20M ולא יתדי עלוי ותשתיצי/וישתי׳#2#/ נפשה ההיא מן גו
216 וישתיצ׳ Nu15:30M הוא מחרף ותישתצא/וישתיצ׳#2#/ נפשא ההוא מן גו
217 וישתיצון Lv18:29 כל מרחקתה האליין וישתי«צון» נפשתה דעבדן מן גו
218 Lv20:18 בזיית ית מבוע אדמה וישתיצון תריהון מן גו עמיהון:
219 וישתיצי Lv17:09 לקרבה יתיה קדם ײי וישתיצי גברא ההוא מן גו עמה:
220 Nu 9:13 ויתמנע מלמעבד פיסחא וישתיצי נפשה ההוא מן גו עמה ארום
221 וישתצון Lv20:17 כדון כל די עבד כדן וישתצון לעיני בני עמהון עריתה
222 וישתצי Lv17:04 כילו אדם זכיי שפך וישתצי גברא ההוא מן גו עמיה:
223 Ex30:38 כוותיה למתהנייה ביה וישתצי מגו עמיה:
224 Ex30:33 ודי יתן מנה על חלוניי וישתצי מן גו עמיה:
225 Ex12:15M "ותשתיצי ... מן ישראל": וישתצי נפשא ההיא מישראל
226 Ex12:19M כל די אכל חמיע ותשתיצי/וישתצי#2#/ נפשא ההיא/הוא#2#/
227 Lv 7:25M מן גוא /לשמיה דײי וישתצי נפשה ההיא מן#2#/ עמה:
228 Lv 7:27M כל אדם/דם#2#/ ותשתיצא/וישתצי#2#/ נפשה ההיא מן גו
229 ות׳ Nu 9:13M פיסחא/<פ>סח#2#/ וישתיצי/ות׳#2#/ נפשה ההוא מן גו עמה
230 ותישתיצי Lv23:30M /ביום צום כיפורייה ותישתיצי נפש׳#2#/ ההיא מן גו
231 ותישתצא Nu15:30 קדם ײי הוא מחרף ותישתצא נפשא ההוא מן גו עמא:
232 ותישתצון Dt11:17M /ית עללתה#2#/ ותסופון/ותי<ש>תצון#2#/ בופריע/בפ׳#2#/
233 ותשתיצא Lv23:29 יום צומה דכיפורייה ותשתיצא מן גו עמא:
234 Lv 7:20 דײי וסאובתיה עלוי ותשתיצא נפשה ההיא מן גו עמיה:
235 Lv 7:27 כל נפש די תאכל כל אדם ותשתיצא נפשה ההיא מן גו עמיה:
236 Nu19:13 ית משכנה דײי סאב ותשתיצא נפשה ההיא מישראל ארום
237 ותשתיצי Ex12:15 כל דייכול חמ«י»ע ותשתיצי אנשא ההוא מן ישראל מן
238 Lv 7:21 קודשיה מן קדם ײי ותשתיצי נפש׳ ההיא מן גוא עמיה:
239 Ex12:19 ארום כל די אכל חמיע ותשתיצי נפשא ההיא מן כנישתא
240 Ex31:14 מה די יעבד בה עבידה ותשתיצי נפשה ההיא מגו עמיה:
241 Ex31:15 כל די יעבד עבידה {{ותשתיצי נפשה ההיא מגו עמיה}}
242 Lv19:08 ית קרבנוי דײי אפס ותשתיצי נפשה מן גו עמה:
243 Lv22:03 דײי וסאבתיה עלוי ותשתיצי נפשה ההיא מן קדמוי אמר
244 Nu19:20 יסתאב ולא יתדי עלוי ותשתיצי נפשה ההיא מן גו קהלה
245 Ex 9:15 יתך וית עמך במותאנא ותשתיצי פרעה מן ארעא:
246 ותשתצא Lv 7:25 יקרב מנה קרבן קדם ײי ותשתצא נפשה די תיכול מן גוא עמה:
247 ולמשתציה Gn 6:03M דדרה דמבולא למבד ולמשתציה מחה גמירא הלא רוחי

## שיציו n. destruction [548]

001 s ab/cn שיציו Dt 1:44 וכתיתו יתכון בגבלה עד שיציו:
002 שציו Nu14:45 יתהון וכתתו יתהון עד שציו:

## שיר n. song [548]

001 p abs בשירין Gn31:27 לי שלחת יתך בחדון בשירין בתופין ובכינרין:

See also: שירו n.

## שיר #2 n. bracelet [548""]

001 p abs שירין Ex35:22M אייתי{ן}<ו> קטלין/ש{רי}<יר>ין#2#/ וקדשין ועזקין
002 Nu31:50 קטלין מן אדרעיהון שירין מן ידיהון עזקין מן
003 Gn49:22 והוון מזרקן קדמיך שירין עזקין קטלין מעוכין וכל
004 Gn49:22M והוון מטלקין עלך שירין קטלין ומעוכין דלמ׳ תתלי
005 שרין Gn24:22 דדהב טבע מתקלה ותרין שרין על ידה מן עשרה דדהב
006 p em/sf שיריא Gn24:30 כדי חמה ית קדשא וית שיריא על ידה אחת{ת}<ה> וכדי שמע
007 ושריה Gn24:47 קדשה על בית אפיה ושריה על ידה:

## song *n.* שירה [548]

|  |  |  |  | | | |
|---|---|---|---|---|---|---|
| 001 | שירת | s ab/cn | Ex15:01 | משה ובני ישראל<'> ית | שירת | תושבחתה הדה קדם ייי ואמרין |
| 002 | | | Nu21:17 | בכן שבחו ישראל ית | שירת | תושבחתה הדה סוקי בירא הוון |
| 003 | שירתא | s em/sf | Ex15:01M | ית \שירת תושבחתה /שבח | שירתא | הדא#2#/ הדה קדם ייי |
| 004 | | | Ex14:20M | מלאכי שירותא לא אמרו | שירתא | כל ליליא |
| 005 | שירתה | | Dt31:19 | מן בגלל דתהווי לי שבח | שירתה | הדה לסהדו בבני ישראל: |
| 006 | | | Dt31:19 | וכדון כתבו לכון ית שבח | שירתה | הדה ואלף יתה ית בני |
| 007 | | | Dt31:21 | סגין ועקין ותענה שבח | שירתה | הדה קדמיי לסהדו ארום לא |
| 008 | | | Dt31:22 | וכתב משה ית שבח | שירתה | הדה ביומא ההוא ואלף יתה |
| 009 | | | Dt31:30 | קהלה דישראל ית מלי | שירתה | הדה עד זמן דאשלם יתהון: |
| 010 | | | Dt32:44 | ומלל ית ^כל#2#^ שבח | שירתה | הדה במשמעהון דעמא הוא |
| 011 | | | Nu21:17M | תושבחתה הדה /שבח | שירתה | חדה#2#/ סוקי \בירא/באירה |

## meal *n.* שירו [549]

|  |  |  |  | | | |
|---|---|---|---|---|---|---|
| 001 | שירא | s ab/cn | Gn26:30 | ועבד להון | שירא | ואכלו ושתון: |
| 002 | שירו | | Gn19:03M | ועבד להון | שירו | והנון מתחמיין היך אכלין |
| 003 | | | Gn29:22 | ית כל עמה דאתרא ועבד | שירו | ענה לבן ואמר להון הא שבע |
| 004 | שרו | | Gn19:03 | ועלו לגו ביתה ועבד להון | שרו | ופטירין אפה ואכלו: |
| 005 | | | Gn21:08 | טליא ואתחסל ועבד אברהם | שרו | רבא ביומא דאתחסל ית יצחק |
| 006 | שרוי | | Gn40:20 | יום גניסיא דפרעה ועבד | שרוי | לכל שלטנוי ו{ח}<רו>מם ית |
| 007 | שורותא | s em/sf | Gn18:05 | בגין כדין באיש{ת}ון | שורותא | עברתון על עבדכון ואמרין |
| 008 | שירותא | | Gn43:16 | יאכלון גבריא באשון | שירותא: | |
| 009 | | | Ex14:20M | אל משרה ברם מלאכי | שירותא | לא אמרו שירתא כל ליליא |
| 010 | שרותא | | Gn43:25 | דאתא יוסף באשון | שרותא | ארום שמעו ארום תמן ייכלון |
| 011 | שירון | p abs | Gn26:30M | ועבד להון | שירא/<שי>רון#2#/ | ואכלו ושתון |

## beginning (*v.*)*n.* שירוי [549]

|  |  |  |  | | | |
|---|---|---|---|---|---|---|
| 001 | שירוי | s ab/cn | Dt26:02 | ותיסבון מן | שירוי | בוכרת כל פירי ארעא די |
| 002 | | | Nu 3:12 | חלף כל בוכריה פתחי | שירוי | וולדה דבני ישראל ויהוון |
| 003 | | | Dt24:05M | גבר אתה כשירוי/מן | שירוי#2#/ | לא יפוק/<י>פק#2#/ לחיל |
| 004 | שרוי | | Nu24:20 | ונטל במתל נבותה ואמר | שרוי | אומיה דסדרו <קרבה> עם |
| 005 | | | Nu15:20 | | שרוי | אצוותכון חלה תפרשון אפרשו |
| 006 | | | Nu15:21 | מן | שרוי | אצוותכון תפרשון לשמה דייי |
| 007 | | | Dt26:10 | וכדון הא אייתינן ית | שרוי | בוכרת כל פירי ארעא מן מה |
| 008 | | | Ex34:26 | | שרוי | בכורת ארעכון תייתון |
| 009 | | | Ex23:19 | | שרוי | בכרית פירי עללתכון תייתון |
| 010 | | | Nu18:12 | דמשח וכל טוב דעבור וחמר | שרוי | ברתהון די יפרשון לשמה דייי |
| 011 | | | Ex34:19 | כל פתחי | שרוי | וולדא לשמי אינון וכל |
| 012 | | | Ex13:12M | כל \שרוי פתחי /פתחוי | שרוי#2#/ | וולדה לשמה דייי וכל |
| 013 | | | Nu18:15 | כל פתחי | שרוי | וולדה לכל בשרה די יקרבון |
| 014 | | | Lv23:10 | חצדה ותייתון ית עומרה | שרוי | חצדכון לוות כהנא: |
| 015 | | | Gn10:10 | והווה | שרוי | מלכותיה ב{כ}<ב>ל |
| 016 | | | Dt18:04 | | שרוי | עבוריכון חמרכון ומשחיכון |
| 017 | | | Gn 6:04 | להון אינון גיבריא די מן | שרוי | עלמא גיברין מפרשין בשמהן: |
| 018 | | | Ex13:12 | ותפרשון כל | שרוי | פתחי וולדה לשמה דייי וכל |
| 019 | | | Dt21:17 | די ישתכח ליה ארום הוא | שרוי | צעריה דידיה הוא סדר דינה |
| 020 | ושירוי | | Dt18:04 | חמרכון ומשחיכון | ושירוי | גזזי עניכון תתנון להון: |
| 021 | ושרוי | | Gn16:05 | דיני ועל בני מחוסי | ושרוי | צערי מסיר בידך שבקית ארעי |
| 022 | | | Gn49:03 | ראובן בוכרי את חיילי | ושרוי | צערי חמי הויית מסב תלתא |
| 023 | כשירוי | | Dt24:05 | ארום יסב גבר אתה | כשירוי | לא יפוק לחיל קרבה ולא |
| 024 | | | Lv 2:12M | קרבן | שירויכון/כשירוי#2#/ | תקרבון יתהון קדם |
| 025 | שירויאה | s em/sf | Gn49:22M | חרכיי' ומסתכל בך מן | שירויאה | והוון מטלקין עלך שירין |
| 026 | שירויא | | Gn49:15 | וחמא מן | שירויא | ארום טב הוה וית ארעא |
| 027 | שירויה | | Gn25:01M | הגר דהות אסירה לה מן | שירויה | |
| 028 | | | Dt33:21 | וחמא מן | שירויה | ארום אתר מזומן הוא |
| 029 | | | Gn13:03M | משכניה בקדמיתא/מן | שירויה#2#/ | בין ביתאל ובין עייה: |
| 030 | | | Gn49:21 | בשר לאבונן יעקב מן | שירויה | דעד כדון יוסף בחיין והוא |
| 031 | | | Gn13:04M | \בקדמיתא וצלי /מן | שירויה | ופלח צלי#2#/ תמן אברם |
| 032 | | | Dt26:05 | למובדה לאבונן יעקב מן | שירויה | ושיזבת יתיה מן ידיה ונחת |
| 033 | שירוייה | | Dt26:05M | פלח אבונן יעקב מן | שירוייה | ובעה לבן ארמייה למקטול |
| 034 | | | Nu10:14M | לחיילוותהון /מן | שירוייה | לחיילוותהה#2#/ ורבה דהווה |
| 035 | | | Nu10:13M | ונטלו בקדמיתה/מן | שירוייה#2#/ | על פם/<על >פום#2#/ |
| 036 | שירויכון | | Lv 2:12 | קרבן | שירויכון | תקרבון יתהון קדם ייי |
| 037 | שרויא | | Ex 3:14 | מן דאמר והוה עלמא מן | שרויא | ועתיד למימר ליה הווי |
| 038 | שרויה | | Nu21:18 | ית<ה> רברבני עלמא מן | שרויה | אברהם יצחק ויעקב |
| 039 | | | Gn49:26 | אתחמדון רברבני עלמא מן | שרויה | עשו וישמעאל יתין כל |
| 040 | | | Gn11:01 | דבה אתברי עלמא מן | שרויה: | |
| 041 | | | Nu21:06 | בני בשרא לטית חויה מן | שרויה | ואמרית ליה עפרא יהווי |
| 042 | שרוייה | | Gn28:19M | דקרתא בקדמיתא/מן | שרוייה#2#/: | |
| 043 | | | Gn21:07M | בשר לריבוני אברהם מן | שרוייה | ואמ' עתידה היא למיינקה |
| 044 | שורייהון | p em/sf | Nu18:12M | וכל טוב חמר ומשח | שורייהון | די יתנון לשמה |

## service *n.* שירות [549]

|  |  |  |  | | | |
|---|---|---|---|---|---|---|
| 001 | שירותה | s em/sf | Dt32:03 | לית איפשר לחד ממלאכי | שירותה | למדכרה ית שמה קדישה |

## chain *n.* שישלה [549]

|  |  |  |  | | | |
|---|---|---|---|---|---|---|
| 001 | שיישלון | p abs | Ex39:15M | \שלשלת מתאמין | /שיישל{י}<ו>ן | מתחמין#2#/ עובד |
| 002 | שישלין | | Nu31:50 | קדישין מן אדנ«י»הון | שישלין | מן צואריהון קטלין מן |
| 003 | שישלן | | Ex28:14 | ותרתין | שישלן | דדהב דכי מתחמן תעבד יתהון |
| 004 | שישלא | p em/sf | Ex28:22 | ותעבד על חושנא | שישלא | מתחמן עובד קליעה דהב דכי: |
| 005 | שישלתה | | Ex28:14 | עובד קליעה ותתן ית | שישלתה | דקליעתה על מאחדתה: |

## to lie down *vb.* שכב [549]

|  |  |  |  | | | |
|---|---|---|---|---|---|---|
| 001 | ישכבון | peal | Gn19:04M | קדם עד לא | דמכו/ישכבון#2#/ | ועמא דקרתא עמא |
| 002 | דשכב | | Lv15:18M | די/ארום#2#/ | ישמש/דשכב#2#/ | גבר עמה תשמיש דזרע |
| 003 | וישכב | | Gn35:22 | ההיא ואזל ראובן | וישכב | ית בלהה ושמע ישראל |
| 004 | ושכיב | | Gn28:11M | משיריין ויהון לעם חד | ושכיב | באתרא ההוא |

## שכד *vb.* ⇐ שדך

## neighborhood *n.* שכונה [549]

|  |  |  |  | | | |
|---|---|---|---|---|---|---|
| 001 | בשכוני' | p abs | Gn25:03M | /משיריין ויתבין | בשכוני' | ובנ#2#/: |

## to find *vb.* שכח [549]

|  |  |  |  | | | |
|---|---|---|---|---|---|---|
| 001 | אש' | afel | Ex33:13M | וכדו אין בבעו | אש' | |
| 002 | אשכח | | Gn31:34 | לבן ית כל משכנה ולא | אשכח: | |
| 003 | | | Lv 5:23 | לוותי' או ית אבדתה די | אשכח: | |
| 004 | | | Lv 5:22 | או | אשכח | אביד' ויכפר בה וישתבע על |
| 005 | | | Gn18:26 | ואמר ייי אם אשכח הא | אשכח | בסדם חמשין זכיין בגו קרתא |
| 006 | | | Dt24:01 | חן וחסד קדמוי ארום | אשכח | בה עריה דמלה ויכתב לה אגרת |
| 007 | | | Gn18:26 | ואמר ייי אם | אשכח | הא אשכח בסדם חמשין זכיין |
| 008 | | | Gn31:33 | דתרתין לחינת«א» ולא | אשכח | ונפק מן משכנא דלאה ועל |
| 009 | | | Gn 6:08 | הוה בדרה צדיק ^ההוא#2#^ | אשכח | חן וחסד קדם ייי: |
| 010 | | | Gn33:15 | עמא די עמי ואמר למה כען | אשכח | חן וחסד באפוי דרבוני: |

|  |  |  |  |  |  |
|---|---|---|---|---|---|
| 011 | | Gn34:11 | ואמר שכם לאבוה ולאחיה | אשכח | חן וחסד באפיכון וית מה די |
| 012 | | Lv 5:22M | ויכפר בה וישתבע /די | אשכח | יבידה וישקר בה וישת׳#2#/ |
| 013 | | Gn31:35 | לבן ית כל משכנא ולא | אשכח | ית צלמיה: |
| 014 | | Gn38:20 | מן ידא דאתתא ולא | אשכח | יתה: |
| 015 | | Dt22:27 | ארום באפי ברא | אשכח | יתה צווחת רביתה דמארשא |
| 016 | | Gn 2:20 | חיתא דאפי ברא ולאדם לא | אשכח | ליה זוג כד נפק ביה: |
| 017 | | Gn19:19 | הא כען | אשכח | עבדך חן וחסד קדמך ותוקפת |
| 018 | | Gn18:28 | קרתא ואמר לא אשיצא אם | אשכח | תמן ארבעי«ן» וחמשה: |
| 019 | אשכחה | Gn16:08 | את אזלה ואן בית את | אשכחה | כביתיה דאברם ריבונך |
| 020 | אשכחו | Ex16:27 | נפקו מן עמא למלקטא ולא | אשכחו: | |
| 021 | | Dt33:02 | לבנוי דעשו וכיוון די | אשכחו | כתיב בגווה לא תהוון |
| 022 | | Gn31:22M | "בארה ...": ולא | אשכחו | מיא ואמתינו תלתא יומין |
| 023 | | Ex15:22 | תלתא יומין במדברא ולא | אשכחו | מיין: |
| 024 | אשכחון | Dt22:20M | הדין לא | אשתכחו/^יש#2#^/אשכחון#2#/ | סהדוון לרביתה |
| 025 | אשכחית | Gn30:27 | ואמר ליה לבן אן כען | אשכחית | חן וחסד באנפיך נסיית וברך |
| 026 | | Gn33:10 | יעקב לא כען אן כען | אשכחית | חן וחסד באפך ותקבל דורון |
| 027 | | Gn50:04 | דפרעה למימר אן | אשכחית | חן וחסד באפיכון מלילו כען |
| 028 | | Ex33:13 | וכען אין כען | אשכחית | חן וחסד קדמיך אודע יתי |
| 029 | | Gn38:22 | לוות יהודה ואמר לא | אשכחית | יתה ולחוד עמה דאתרא אמרו |
| 030 | | Gn38:23 | גדייה הדין והא כדון לא | אשכחית | יתה: |
| 031 | | Dt22:17 | עלילן דמילין למימר לא | אשכחית | לברתך סהדוותה ואלין אנון |
| 032 | | Dt22:14 | נסבית וקרבית לוותה ולא | אשכחית | לה סהדוון: |
| 033 | אשכחן | Nu32:05M | ואמרין אן | אשכחנן/אשכחן#2#/ | חן וחסד באפך |
| 034 | אשכחנן | Gn37:32 | לוות אבוהון ואמרין דא | אשכחנן | חכם כען אן פרגודה דבריך |
| 035 | | Nu32:05 | ואמרין אן | אשכחנן | חן וחסד באפך יתיהב ית |
| 036 | | Gn26:32 | דבאירה דחפרו ואמרן לה | אשכחנן | מיין: |
| 037 | אשכחת | Nu11:15 | יתי כען קטולין אין כען | אשכחת | חין וחסד באפ«י»ך ולא |
| 038 | | Gn18:03 | מן קדמך ייי אן כען | אשכחת | חן וחסד באפיך לא תסלק |
| 039 | | Gn47:29 | ליוסף ואמר ליה אן כען | אשכחת | חן וחסד באפיך שוי כען ידך |
| 040 | | Ex33:12 | יתך בשם דרבן ולחוד | אשכחת | חן וחסד קדמיי: |
| 041 | | Ex33:13 | מן בגלל די | אשכחת | חן וחסד באפיך וחמי ארום |
| 042 | | Ex33:16 | ובמה יתודע כדון ארום | אשכחת | חן וחסד קדמיך אנה ועמך |
| 043 | | Ex33:17 | די {מ}מללת אעבד ארום | אשכחת | חן וחסד באפי ומניית יתן |
| 044 | | Ex34:09 | ואמר אין כען | אשכחת | חן וחסד קדמיך ייי ידבר |
| 045 | | Dt24:01 | לוותה ויהווי אין לא | אשכחת | חן וחסד קדמוי ארום אשכח |
| 046 | | Nu11:11 | לעבדך ולמה כען לא | אשכחת | חסד באפך למשויה ית |
| 047 | | Gn 8:09 | ולא | אשכחת | יוונה נייח לכף רגלה וחזרת |
| 048 | | Gn38:25 | ובעת תלתא סהדי ולא | אשכחת | יתהון תלת עייני במרומיא |
| 049 | | Gn31:37 | פשפשת ית כל מניי מה | אשכחת | מן כל מני ביתך שוי הכה |
| 050 | | Gn18:30 | ואמר לא אשיצא אן | אשכחת | תמן תלתין: |
| 051 | ישכח | Dt22:28 | ארום | ישכח | גבר רבי בתולה די לא אתארסת |
| 052 | | Dt22:25 | ואין באפי ברה | ישכח | גברה ית רביתה דמארסה |
| 053 | ישכחו | Ex15:22M | ולא \אשכחו מיין | /ישכחו | מי׳#2#/: |
| 054 | נשכח | Gn47:25 | ואמרין קיימת יתן | נשכח | חן וחסד באפוי דרבוני ונהוי |
| 055 | נשכחה | Gn33:15M | עמי ואמר למה כען | אשכח/נשכחה#2#/ | חן וחסד באפוי |
| 056 | | Gn34:11M | לאבוה ולאחיה | אשכח/נשכחה#2#/ | חן וחסד באפיכון וית |
| 057 | | Gn47:25M | קיימת יתן | נשכח/נשכחה#2#/ | חן וחסד באפוי |
| 058 | תשכח | Gn31:32 | גב מן די | תשכח | ית {{טעותך ימות}} קביל |
| 059 | תשכחון | Dt12:13 | בכל היידין אתר די | תשכחון: | |
| 060 | | Ex 5:11 | סבו לכון תבן מן אן די | תשכחון | ארום לא מתמנע מן |
| 061 | | Ex16:25 | קדם ייי יומא הדין לא | תשכחון | יתיה באפי ברא: |
| 062 | משכ׳ | Lv25:28M | ידיה /יארע בין ידוי | משכ׳#2#/ | כמסת למחזרה לה ויהווי |
| 063 | משכח | Gn28:10M | דקדם בצפרא | ואשכח/מש<כח>#2#/ | כולהון לאבן חדא היא |
| 064 | משכחא | Gn19:11 | עד סביהון והוון לעין | משכחא | תרע ביתה ולא משכחין תרעא: |
| 065 | משכחין | Gn41:38 | פרעה לשלטנוי אן אנן | משכחין | כוות דין גבר די רוח דקדש |
| 066 | | Gn19:11 | משכחא תרע ביתה ולא | משכחין | תרעא: |
| 067 | דאשכח | Gn15:01M | או דלמא | דאשכח | לי זכו בזמנ׳ קדמיא די |
| 068 | דאשכחו | Dt33:02 | לבנוי דישמעאל וכיוון | דאשכחו | בנוי דישמעאל דכתיב בגווה |
| 069 | | Nu15:33 | ואקרבו יתיה מן | דאשכחו | יתיה מגבב קיסין לוות משה |
| 070 | דאשכחן | Gn19:15 | אתתך וית תרתין בנתך | דאשכחן | דלא תשתיצא בחובי דקרתא: |
| 071 | | Gn19:15M | בחובי דקרתא /אילין | דאשכחן | דלא תסתפי בחובי קרתא#2# |
| 072 | דאשכחנן | Gn44:08 | הא כספ«א» | דאשכחנן | בפום טעונינן חזרנן יתיה |
| 073 | דישכחון | Gn18:30M | לא אשיצא אן | אשכחת/דישכחון#2#/ | תמן תלתין: |
| 074 | ואשכח | Gn39:04 | | ואשכח | יוסף חן וחסד באפוי ושמש |
| 075 | | Gn26:12 | וזרע יצחק בארעא ההיא | ואשכח | בשתא ההיא מאה שערין דגנין |
| 076 | | Gn30:14 | ביומי חצדא דחטיא | ואשכח | יברוחין באפי ברא ואייתי |
| 077 | | Gn28:10 | רישיה כיון דקדם בצפרא | ואשכח | כולהון לאבן חדא היא אבנא |
| 078 | ואשכחו | Gn11:02 | והווה כד אסעו לבבהון | ואשכחו | בקעה בארעא דבבל ושרון |
| 079 | | Nu15:32 | בני ישראל במדברה | ואשכחו | גבר מגבב קיסין ביומא |
| 080 | | Gn26:19 | עבדוי דיצחק בנחלה | ואשכחו | תמן בא<׳> מיין דמבוע: |
| 081 | ויש׳ | Lv25:26M | פרוק \ותארע ידיה | ותשכח/ויש׳#2#/ | /יארע בין ידוי |
| 082 | וישכ׳ | Lv25:26M | /יארע בין ידוי | וישכ׳#2#/ | כמסת פרקונה: |
| 083 | | Dt22:28M | יתה וישמש עמה | וישתכחון/וישכ׳#2#/ | תריהון: |
| 084 | וישכח | Dt22:23 | רבי בתולה מארסה לגבר | וישכח | יתה גבר בקרתה וישמש עמה: |
| 085 | ותשכח | Dt22:03 | אבידתה די יאבד מניה | ותשכח | יתיה לית רשיי למכסייה |
| 086 | | Ex22:05 | ארום תפק אשא | ותשכח | כובין ותיכל גדישין או |
| 087 | | Lv25:26 | ליה פרוק ותארע ידיה | ותשכח | כמסת פרקונה: |
| 088 | ותשכחון | Dt 4:29 | תמן <קדם> ייי אלהכון | ותשכחון | ארום תתבעון יתיה בכל |
| 089 | למשכחא | Gn33:08 | הדא די ארעת ואמר | למשכחא | חן וחסד באפך: |
| 090 | למשכחה | Gn32:06 | ושלחת למתנייה לריבוני | למשכחה | חן וחסד באפיך: |
| 091 | | Ex33:13M | ואודע יתך מן בגלל | למשכחה | חן וחסד קודמיך וחמי׳#2#/ |
| 092 | | Gn19:11M | משכחא תרע /ולעין | למשכחה | תרעא#2#/ ביתה ולא משכחין |
| 093 | למשכחי | Gn27:20 | לברה מה כען אוחת | למשכחי | ברי ואמר ארום זמן ייי |
| 094 | etpeel אישתכח | Gn18:32M | לית אנה מחבל אין | אישתכח | תמן עשרה |
| 095 | אשתכח | Gn15:01 | עלי או דלמא דלא | אשתכח | בידי מצוה בזמנא תניינא |
| 096 | | Ex35:23 | וכל גבר די | אשתכח | לוותיה תכלה וארגוון וצבע |
| 097 | | Ex35:24 | אפרשותה דייי וכל מן די | אשתכח | לוותיה אעי שטין לכל עבידת |
| 098 | | Gn18:28M | \אם אשכח /אין | אשתכח#2#/ | תמן ארבעי«ן» וחמשה: |
| 099 | אשתכחו | Dt22:20 | הוה פתגמא הדין לא | אשתכחו | סהדוון לרביתה: |
| 100 | יאשתכח | Ex22:06M | ביתא דגברא אין | ישתכח/יאשתכח#2#/ | גברא גנבא ישלם |
| 101 | | Ex22:07M | אן לא | ישתכח/יאשתכח#2#/ | גנבא ויקרב מרה |
| 102 | יש׳ | Ex35:24M | דייי וכל מן די | אשתכח/יש׳#2#/ | לוותיה אעי שטין |
| 103 | | Dt22:20M | הדין לא | אשתכחו/^יש׳#2#^/אשכחון#2#/ | סהדוון לרביתה |
| 104 | | Ex35:23M | וכל גבר די | אשתכח/יש׳#2#/ | לוותיה תכלה וארגוון |
| 105 | ישתכח | Ex12:19 | שבעה יומין חמיר לא | ישתכח | בגו בתיכון ארום כל די אכל |
| 106 | | Dt17:02 | ארום | ישתכח | ביניכון בחדה מן קורייכון |
| 107 | | Dt18:10 | לא | ישתכח | ביניכון גבר מעבר בריה |
| 108 | | Ex22:03M | תשתכח בידיה /מתאשכחא | ישתכח | גבה#2#/ גנבתה מן תורא עד |
| 109 | | Dt22:22 | ארום | ישתכח | גבר משמש עם אתה נסיבת גבר |
| 110 | | Dt24:07 | ארום | ישתכח | גבר ג{ב}<נ>ב נפשא מן אחוי |
| 111 | | Ex22:06 | מן ביתא דגברא אין | ישתכח | גברא גנבא ישלם בכפלא: |
| 112 | | Ex22:01 | אם בחת<ר>תא | ישתכח | גנבא וילקי וימות לית ליה |
| 113 | | Ex22:07 | אן לא | ישתכח | גנבא ויקרב מרה דביתא לוות |
| 114 | | Gn44:10 | כן הוא ית מן די | ישתכח | לוותה יהווי לי עבד ואתון |
| 115 | | Gn44:09 | ית מן די | ישתכח | לוותיה מן עבדך יתקטל ואף |
| 116 | | Gn15:01M | קודמוי או דלמא די לא | ישתכח | לי זכו בזמנה תניינא |
| 117 | | Dt21:17 | חולק בכופלה בכל מה די | ישתכח | ליה ארום הוא שרוי צעריה |
| 118 | | Dt21:01 | ארום | ישתכח | קטיל בארעא דייי אלהכון |

|  |  |  |  |  |  |
|---|---|---|---|---|---|
| 119 | ישתכחון | Dt20:11 | לכון ויהווי כל עמא די | ישתכחון | בגווה יהווי לכון למסקי |
| 120 | | Gn18:30 | ואמלל מה דילמה אם | ישתכחון | תמן תלתי«ן» ואמר לא |
| 121 | | Gn18:32 | זמנא הדין מה דילמה | ישתכחון | תמן עשרה ואמר לא אשיצא |
| 122 | תשתכח | Ex22:03 | אן {משכת} <משתכחא> | תשתכח | בידיה גנבתה מן תורא עד |
| 123 | משתכח | Gn27:41M | קטל יח יעקב אחי ואנא | משתכח | קטול וירית |
| 124 | משתכחא | Ex22:03 | אן {משכת} | <משתכחא> | תשתכח בידיה גנבתה מן |
| 125 | דאשתאכח | Gn44:16M | \מן דאשתכח /דן | דאשתאכח#2#/ | כלידא בידיה: |
| 126 | דאשתכח | Gn47:14 | וכנש יוסף ית כל כספא | דאשתכח | בארעא דמצרים ובארעא |
| 127 | | Dt32:05 | חבלו אלה להון מומה | דאשתכח | בהון דרא עקמנה ופתלתנה |
| 128 | | Ex 9:19 | כל אינשא ובעיר«א» | דאשתכח | בחקלא ולא יתכנש לגו ביתא |
| 129 | | Gn44:16 | לחוד אנן לחוד מן | דאשתכח | כלידא בידיה: |
| 130 | | Gn44:17 | מן למעבד דא גברא | דאשתכח | כלידא בידיה הו יהוי לי |
| 131 | | Gn44:09M | ית מן \די | ישתכח/דאשתכח#2#/ | לוותיה/גבי#2#/ מן |
| 132 | דיש' | Gn18:30M | מה דילמה אם | ישתכחון/דיש'#2#/ | תמן תלתי«ן» ואמר |
| 133 | דישתכח | Lv24:12 | בדינה ^אר#2#^ דילמה | דישתכח | לה זכו מן זוי ח«ו»רי |
| 134 | דישתכחון | Gn18:29 | עימיה ואמר מה דילמא | דישתכחון | תמן ארבעין ואמר לא אשיצא |
| 135 | | Gn18:31 | קדם ייי מה דילמה | דישתכחון | תמן {תל} עשרין ו{י}אמר |
| 136 | דמשתכחין | Dt20:11M | בגווה יהווי | /דמשתכחין | בה יהוון#2#/ לכון |
| 137 | ואשתכח | Gn28:10 | לחרן קפצת ארעא קדמוי | ואשתכח | יתיב בחרן וניסא רביעאה |
| 138 | | Gn44:12 | ברבה שרי ובזעירא סייף | ואשתכח | כלידא בטעוני' דבנימן: |
| 139 | | Dt33:08 | יתיה במי דייניה | ואשתכח | מהימן: |
| 140 | וישתכח | Ex21:16 | יגנב גבר ויזבן יתיה | וישתכח | בידיה מתקטלא יתקטיל: |
| 141 | | Gn22:10M | צערי נפרכס ונערבבה | וישתכח | קרבנן פסיל ונהוי חייב |
| 142 | וישתכחון | Dt22:28 | ויתפוש יתה וישמש עמה | וישתכחון | תריהון: |
| 143 | ettafal יתאשכח | Ex22:01M | אם בחת<ר>תא | ישתכח/יתאשכח#2#/ | גנבא וילקי וימות |
| 144 | מתאשכחא | Ex22:03M | תשתכח בידיה | /מתאשכחא | ישתכח גבה#2#/ גנבתה מן |
| 145 | דאתאשכח | Gn47:14M | ית כל כספא | דאשתכח/דאתאשכח#2#/ | בארעא דמצרים |

## שכינה *n.* Divine Presence [550]

|  |  |  |  |  |  |
|---|---|---|---|---|---|
| 001 | שכינה s ab/cn | Gn28:16 | ואמר הא מן קושטא איקר | שכינה | דייי דשריה באתרה הדין |
| 002 | | Ex 8:18M | הוא ייי דממר'/דיקר | שכינה | שריא#2#/ שרי בגו ארעא: |
| 003 | שכינת | Gn35:13M | ואסתלקת \איקר שכינתה | /שכינת | יקרא#2#/ דייי מעילוי |
| 004 | | Dt 9:03M | "דאיקר ... קדמיכון": | שכינת | יקריה עבר קדמך |
| 005 | שכינת' s em/sf | Ex19:18 | דאתגליית עלוי איקר | שכינת' | דייי באשתא וסלק{ת} תננא |
| 006 | | Ex14:13M | <די> ביקר | שכינת' | הוא דעבד |
| 007 | שכינתא | Gn49:27 | ובאחסנתיה תשרי איקר | שכינתא | דייי בצפרא יהוון כהנייא |
| 008 | | Ex18:05 | שרי תמן דתמן שריא איקר | שכינתא | דייי: |
| 009 | | Ex19:11 | תליתייא תתגלי איקר | שכינתא | דייי לעיני כל עמא על טורא |
| 010 | | Ex19:17 | ית עמא לקדמות איקר | שכינתא | דייי מן משריתא ואתעתדו |
| 011 | | Ex19:20 | ואתגליית איקר | שכינתא | דייי על טורא דסיני על |
| 012 | | Ex40:38 | ארום ענן איקר | שכינתא | דייי על משכנא באיממא |
| 013 | שכינתה | Ex39:43 | משה ואמר להון תשרי | שכינתה | בעבד ידיכון: |
| 014 | | Dt33:27 | מדור איקר | שכינתה | דאלהא מלקדמין דמן תחות |
| 015 | | Gn35:13 | ואסתלקת איקר | שכינתה | דייי מעילוי באתרא די מלל |
| 016 | | Ex 3:01 | דאיתגלית עלוי איק' | שכינתה | דייי חורב: |
| 017 | | Ex 3:06 | דחל מן למסתכלא באיקר | שכינתה | דייי: |
| 018 | | Ex16:07 | ובצפרא יתחמון איקר | שכינתה | דייי ושמיע ית תורעמתכון |
| 019 | | Ex16:10 | למדברא והא איקר | שכינתה | דייי אתגליית בעננא: |
| 020 | | Ex17:07 | למימר הא מן קושטא איקר | שכינתה | דייי שרייא {ביניהון} |
| 021 | | Ex24:10 | וחמון ית איקר | שכינתה | דייי ותחות אפיפודן דרגלוי |
| 022 | | Ex24:11 | פשט ידיה וחמון ית איקר | שכינתה | דייי והוון חדיין על |
| 023 | | Ex24:13 | דאתגליית עלוי איקר | שכינתה | דייי: |
| 024 | | Ex40:34 | ית משכן זימנא ואיקר | שכינתה | דייי מלת ית משכנה: |
| 025 | | Ex40:35 | ארום אשרי עלוי איקר | שכינתה | דייי ואיקר שכינתה דייי |
| 026 | | Ex40:35 | איקר שכינתה דייי ואיקר | שכינתה | דייי מלא משכנה: |
| 027 | | Ex40:35M | דייי מלא /עננה וביקר | שכינתה | דייי מלא#2#/ משכנה: |
| 028 | | Lv 9:06M | יתגלי לכון איקר | שכינתה | דייי |
| 029 | | Lv 9:23 | ית עמה ואתגלית איקר | שכינתה | דייי על כל עמא: |
| 030 | | Nu10:34 | וענן איקר | שכינתה | דייי הוה מגן באיממה |
| 031 | | Nu11:20M | חולף די מאסתון יקר | שכינתה | דייי דאית ביניכון |
| 032 | | Nu11:25 | ואיתגליית איקר | שכינתה | דייי בעננא ומלל עמה ורבי |
| 033 | | Nu14:09 | לחוד באיקר | שכינתה | דייי לא תמרדון ואתון לא |
| 034 | | Nu14:10 | יתהון באבניא ואיקר | שכינתה | דייי אתגליית במשכן זימנא |
| 035 | | Nu14:21 | לעלם ותתמלא איקר | שכינתה | דייי ית כל ארעא: |
| 036 | | Nu14:42 | לא תסקון ארום לית איקר | שכינתה | דייי שרי עליכון דלא |
| 037 | | Nu16:03 | קדישין וביניכון שריא | שכינתה | דייי ומן בגלל מה אתון |
| 038 | | Nu16:11M | אליין דאתרעמו על יקר | שכינתה | דייי |
| 039 | | Nu16:19 | זמנא ואיתגלית איקר | שכינתה | דייי על כל עם כנישתה: |
| 040 | | Nu17:07 | ואת{ל}«ג»<ל>יית איקר | שכינתה | דייי: |
| 041 | | Dt 6:13 | ית איקר | שכינתה | דייי אלהכון תהוון <....> |
| 042 | | Dt 6:16 | לא תנסון ית איקר | שכינתה | דייי אלהכון היך מה |
| 043 | | Dt31:17 | הלא על די לית איקר | שכינתה | דייי שריה בינינן ארען |
| 044 | | Nu12:16M | שעה חדה אמתינת לה | שכינתה | דמרי עלמא ומשכנה וכל |
| 045 | שכינתי | Ex17:02M | מנסון קדם ייי/יקר | שכינתי#2#/: | |
| 046 | | Ex29:45 | ואשרי ^איקר#2#^ | שכינתי | בגו בני ישראל ויהווי |
| 047 | | Nu35:34 | הוא ייי דאשריית איקר | שכינתי | בגו בני ישראל: |
| 048 | | Lv23:43 | דריכון ארום בענני איקר | שכינתי | בדמות מטלין אשרית בני |
| 049 | | Lv26:12M | ביניכון /ואדבר יקר | שכינתי | בי#2#/ ויהווי מימרי |
| 050 | | Ex29:45M | \שכינתי בגו בני /יקר | שכינתי | ביני ב{י}ני#2#/ ישראל |
| 051 | | Ex25:08 | ואשרי איקר | שכינתי | ביניהון: |
| 052 | | Ex29:46 | דמצרים למשריה איקר | שכינתי | ביניהון אנה ייי אלההון: |
| 053 | | Lv26:11 | ואשרי איקר | שכינתי | ביניכון ולא תרחק נפשי |
| 054 | | Ex33:23 | ותחמי ית דברא דיקר | שכינתי | ואפי איקר שכינתי לית |
| 055 | | Ex33:22 | ויהוי כמעיבר איקר | שכינתי | ואשוי יתך בנקרה דטינרא |
| 056 | | Ex33:23 | דיקר שכינתי ואפי איקר | שכינתי | לית איפשר דתחמי: |
| 057 | | Ex33:03 | ארום לא אסלק איקר | שכינתי | מביניכון ארום עם קשין |
| 058 | | Ex33:14 | ואמר איקר | שכינתי | מדברה ביניכון ואתק{ו}<י>ן |
| 059 | | Dt 1:42 | קרבה ארום לית איקר | שכינתי | מדברה ביניכון ולא תתנגפון |
| 060 | | Lv16:02 | ימות ארום בענני איקר | שכינתי | ממרי איתגלי על כפרתה: |
| 061 | | Ex33:05 | זעיר אין אסלק איקר | שכינתי | מן בניכון אשיצא יתכון |
| 062 | | Ex19:04 | יתכון בענני איקר | שכינתי | על כנפי נשירין קלילין |
| 063 | | Nu35:34 | די אתון שרין בה דאיקר | שכינתי | שריה בגווה ארום אנא הוא |
| 064 | | Nu 5:03M | ית משיריתכון די יקר | שכינתי | שרייה ביניכון |
| 065 | | Nu35:34M | שכינתי בגו בני /דיקר | שכינתי | שרייה ביני ב{י}ני#2#/ |
| 066 | שכינתי' | Gn 9:27 | תחומא דיפת וישרי יקר | שכינתי' | בגו משכוני דשם ויהווי |
| 067 | | Gn24:62M | /דאתגליית עלוי יקר | שכינתי' | דייי והוא#2#/ הוה שרי |
| 068 | | Gn47:31M | ומן דאתגלי איקר | שכינתי' | דייי וסגיד ישראל |
| 069 | | Ex34:05 | ואתגליי«ת» איקר | שכינתי' | דייי בעננא ואתעתד לוותיה |
| 070 | שכינתיה | Dt32:10 | יתהון חזור חזור לאיקר | שכינתיה | אלף יתהון עשרתי דביריה |
| 071 | | Lv16:16 | זמנא די שרי איקר | שכינתיה | בגו סואביהון: |
| 072 | | Dt 6:15 | הוא אלהכון דאיקר | שכינתיה | ביניכון דלא יתקוף רוגזה |
| 073 | | Dt33:16 | רעותה מן דאשרי איקר | שכינתיה | בסנייה ייתין כל אליין |
| 074 | | Ex39:43M | מן קדם ייי לאשראה | שכינתיה | בעובדי ידיכון ולא |
| 075 | | Dt33:26 | דישראל דאשרי איקר | שכינתיה | בשמיא וגיוותה בשחקיה: |
| 076 | | Gn11:05 | ואתגלית איקר | שכינתיה | דייי למחמי ית קרתא וית |
| 077 | | Gn16:14M | /דאיתגליית עלוי יקר | שכינתיה | דייי הא הוא בן#2#/ רקם |
| 078 | | Gn17:22 | עמה ואסתלק' איקר | שכינתיה | דייי מעלוי אברהם: |
| 079 | | Gn18:33 | ואסתלקת איקר | שכינ«תיה» | דייי כד אשלם לממללא עם |

080 Gn22:14 אתגלי«ית» עלוי איקר שכינתיה דייי:
081 Gn25:11M כל עלמיא /עלוי יקר שכינתיה דייי#2#/:
082 Gn26:02M ואתגלי עלוי ייי/יקר שכינתיה דייי#2#/ ואמר לא תיחות
083 Gn35:07M תמן אתגליית עלוי יקר שכינתיה דייי בזמן דערק מן קדם
084 Ex 3:02M יתיה יקר שכינתיה דייי עלוי בשלהבן אשה
085 Ex12:23 ותעבר איקר שכינתיה דייי למשיציא ית מצריי
086 Ex19:18M ואתמלי מזיו יקר שכינתיה דייי וסלק קוטרי' היך
087 Ex20:20 אתגליית עליכון איקר שכינתיה דייי ומן בגלל דתיהוי
088 Ex20:21 לערפלא דתמן שרי איקר שכינתיה דייי:
089 Ex24:16 ושרת אי{י}קר שכינתיה דייי על טורא דסיני וכסי
090 Ex24:17 וחיזו איקר שכינתיה דייי כאשתא אכלה אשא
091 Ex34:06 ועברת איקר שכינתיה דייי וצלי משה ואמר ייי
092 Ex34:09M ייי /יעבור כען יקר שכינתיה דייי#2#/ בינינן ארום עם
093 Lv 9:06 ותתגלי עליכו' איקר שכינתיה דייי:
094 Nu12:05 ואיתגלי איקר שכינתיה דייי בעמודה דעננה וקם לה
095 Nu20:06 וא«ת»גלית איקר שכינתיה דייי עליהון:
096 Dt21:23M ולא תסאבון /בזיו יקר שכינתיה דייי אצלב ולא תס#2#/
097 Dt33:12 ובאחסנתיה תשרי איקר שכינתיה דייי:
098 Dt 1:30 ייי אלהכון הוא באיקר שכינתיה מדבר קדמיכון הוא יעבד
099 Dt 7:21 ארום ייי אלהכון דאיקר שכינתיה מדברה ביניכון אלה רבה
100 Dt 9:03 ארום ייי אלהכון דאיקר שכינתיה מדברה קדמיכון אשה אכלה
101 Dt20:04 ארום ייי אלהכון דאיקר שכינתיה מדברה ביניכון למסדרה
102 Dt23:15 ארום ייי אלהכון דאיקר שכינתיה מדברה בגו משירייתכון
103 Dt31:03 ייי אלהכון דאיקר שכינתיה מדברה קדמיכון הוא ישיצי
104 Dt31:06 ארום ייי אלהכון דאיקר שכינתיה מדברה קדמיכון לא מרפה
105 Dt31:08 דייי די א«י»קר שכינתיה מדברה קדמך הוא יהווי
106 Gn 3:24 וטרד ית אדם ואשרי יקר שכינתיה {מן} מלקדמין מן מדנ'
107 Dt23:15 דמילה ולא יחזר איקר שכינתיה מן בתריכון:
108 Lv15:31 ית בית מקדשי דאיקר שכינתיה שריה בניהון:
109 Nu11:20 גזרת ממרה דייי די איקר שכינתיה שריה ביניכון ובכיתון
110 Dt 4:39 ייי הוא אלה דאיקר שכינתיה שריה בשמיה מן לעיל
111 Lv16:16M "די ... סואביהון": דיקר שכינתיה שרייה בגו סאיביהון
112 Dt12:05 למשרייה ית איקר שכינתיה תמן לבית מוקדשה תתבעון
113 Dt12:11 ביה למשרייה איקר שכינתיה תמן תמן תיתון ית כל מה
114 Dt12:21 אלהכון למשרייה איקר שכינתיה תמן ותיכסון מן תוריכון
115 Dt14:23 די יתרעי למשרי יקר שכינתיה תמן מעשר תניין עבוריכון
116 Dt14:24 אלהכון למשרייה ייקר שכינתיה תמן ארום יברך יתכון ייי
117 Dt16:02 ייי למשריה איקר שכינתיה תמן:
118 Dt16:06 אלהכון למשרייה איקר שכינתיה תמן תיכסון נכסת פסחא
119 Dt16:11 אלהכון למשרייה איקר שכינתיה תמן:
120 Dt26:02 אלהכון למשרייה איקר שכינתיה תמן:
121 שכינתך Nu10:36 טבייה ואשרי איקר שכינתך בגו אלפיה ורבוותה יסגון
122 Nu14:14 שמעו ארום את הוא דאיקר שכינתך בגו עמא האליין ארום חזיו
123 Ex33:15 ואמר קדמוי אין לית איקר שכינתך בינינן לא תסק יתן מן הכה:
124 Nu14:14 במימרך ייי וענן איקר שכינתך הווה עליהון ובעמודה דעננה
125 Dt26:15 טביה מן מדור איקר שכינתך מן שמיא וברך ית עמך ית
126 Gn18:03 באפיך לא תסלק איקר שכינתך מעילווי עבדך:
127 Ex33:16 ועמך הלא בדברות איקר שכינת«ך» עמן ויתעבד עמן נסין
128 Dt 3:24 די מן אלה כוותך דאיקר שכינתך שרייא בשמייא מן לעיל

## form *n.* שכלול [550]

001 שכלוליהון p em/sf Lv22:27M ונחתו וחמא יצחק ית שכלוליהון וכהיין עיינוי מן
002 Ex12:42 ונחתו וחמא יצחק ית שכלוליהון וכהן עיינוי על
003 Ex12:42 וכהן עיינוי על שכלוליהון וקרא יתיה ליל תנינא

## to complete *vb.* שכלל [550]

001 שכליל quadr. Dt20:05 גברא דבנה בית חדת ולא שכליל יתיה {ו}<י>יזיל ויחזור
002 שכלילו Nu21:18 אברהם יצחק ויעקב שכלילו יתה סכלתניהון דעמא
003 שכלל Gn 1:01 מלקדמין בחכמה ברא דייי שכלל ית שמיא וית ארעא:
004 Dt32:18 ואשיתון ית ממר אלהה די שכלל יתכון ועבד יתכון מחילין
005 שכללי Ex15:17 ייי תרתין ידך שכללי יתיה:
006 שכלליין Ex15:17M ייי תרתין ידיך שכלליין יתיה
007 ישכליל Dt20:05 בסדרי קרבה וגבר אחרן ישכליל יתיה:
008 תשכלל Gn 6:16 לתיבותא ובמשח' אמה תשכלל יתה מן לעיל ותרעא דתיבותא
009 ושכלל Gn 2:22 ושכלל ייי אלהים ית אלעא די נסב
010 Gn 1:01M ברא ייי#2#/ שכלל/ושכלל#2#/ ית שמיא וית ארעא:
011 Dt32:06 יתכון ודי ברה יתכון ושכלל יתכון:
012 Nu24:06M שמיי דמתח{ייה} ייי ושכלל לבית שכינה ליה כן
013 Ex20:11M /אשתא#2#/ יומין ברא /ושכלל מימרי' דייי#2#/ ייי שמיא
014 Ex31:17M יומין ברא ייי/ושכלל מימריה דייי#2#/ ית
015 דאשתכללת quad/t Ex 9:18M למן יומא דאוזמנת/דאשתכללת#2#/ ועד כדון:
016 ותשתכלל Nu21:27 עלו לחשבון תתבני ותשתכלל קרתה דסיחון:

## to nest *vb.* שכן [550]

001 שכין peal Gn15:11 כד נחת טייסא הווה שכין על פסגיי' היידין הוא טייסא

## eyelid *n.* שכן [550]

001 שיכנה s em/sf Dt32:10 ונטר יתהון היך מה דנטר שיכנה בבה דעיינה:

## pustule *n.* שלבוקי [551]

001 שלבוקיין p abs Ex 9:10M /שחין שלבוקיין#2#/ פרח בבני אינשא
002 שלפוקין Ex 9:09 בעירא לשחין פרח עבד שלפוקין בכל ארעא דמצרים:
003 Ex 9:10 והוה שיחנא עבד {טפל}<שלפ>וקין פרח בבני אינשא
004 סלבוקיין Ex 9:09M עבד שלפוקין /פורח סלבוקיין#2#/ בכל ארעא דמצרים:

## to bolt *vb.* שלבש [551]

001 משלבש quadr. Ex36:33 מציעי<ה> {משמש} <משלבש> בגו לוחי מן דן סטר{י}<ה>
002 Ex26:28 מציעייה בגו לוחי מש{מ}<לב>ש מן דן סטרא לגו דן
003 Ex26:28M מש{מ}<לב>ש /לוחי' משלבש#2#/ מן דן סטרא לגו דן
004 משלבשן Ex26:17M דא לקבל דא /חתה משלבשן חדא לוקבל חדא#2#/ כדין
005 משלושין Ex26:17 תרין צירין ללוחא חדתא משלושין דא לקבל דא כדין תעבד לכל
006 משלושן Ex36:22 צירין ללוחה «חדה» משלושן דן לקבל דן כדין עבד לכל

## to inflame *vb.* שלהב [551]

001 משלהבה pael Nu18:07M יתקט«י»ל /באשא משלהבה מן קדם ייי#2#/:

## flame *n.* שלהבי [551]

001 בשלהבי s ab/cn Ex 3:02M \בשלהובי אשא מן גו /בשלהבי דאשא מגו#2#/ סניא
002 בשלהובי Ex 3:02 מלאכא דייי עלוי בשלהובי אשא מן גו סניא וחמא והא
003 כשלהובית Nu21:28M וליגיונין עבדי קרבא כשלהובית גהינם נפקו מן קרתה דס'
004 בשלהובא s em/sf Ex19:18M "באשתא ... לחדא": בשלהובא דאנשא וסלק תננא
005 כשלהבייתה Nu21:28M כשלהביתה/^<כשל>הו<ביתה>#2#/^{ב}<כ>שלהבייתה#2#/
006 כשלהביתה Nu21:28 מן חשבון עבדי קרב כשלהביתה נפקו מן קרתא דסיחון
007 כשלהוביתה Nu21:28M כשלהביתה/^<כשל>הו<ביתה>#2#/^{ב}<כ>שלהבייתה#2#/
008 שלהבין p abs Gn15:17 מקפה שביבין דינור שלה{ין}<בין>#2#/ דאשה דבגוה נפלו
009 בשלהבן Ex 3:02M שכינתיה דייי עלוי בשלהבן אשה

## שלהי *vb.* to weaken [551]

|  |  |  |  |  |  |  |
|---|---|---|---|---|---|---|
| 001 | משלהי | quadr. | Gn25:29 | עשו מן אפי ברא והוא | משלהי: | |
| 002 | | | Gn25:30 | תבשילא סמוקא הדין ארום | משלהי | אנה בגין כדין קרא שמה |
| 003 | ומשלהיין | | Dt25:18 | ישראל הויתון לעיין | ומשלהיין | ולא דחילו דבית עמלק |
| 004 | ואשתלהון | quad/t | Gn47:13 | ארום תקף כפנא לחדא | ואשתלהון | דיירי ארעא דמצרים וארעא |
| 005 | ואשתלהן | | Gn47:13M | /כופ'#2#/ לחדא | ואשתלהון/ואשתלהן#2#/ | דיירי ארעא |
| 006 | וישתלהון | | Ex 7:18 | ימותון ויסרח נהרא | וישתלהון | מצריי למשתי מיא מנהרא: |

## שלו *n.* inadvertent act [551]

|  |  |  |  |  |  |  |
|---|---|---|---|---|---|---|
| 001 | שלו | s ab/cn | Nu15:25 | ישראל וישתבק להון ארום | שלו | הווה ואינון אייתון ית |
| 002 | | | Gn43:12 | תחזרון בידכון דילמא | שלו | הות: |
| 003 | שלות | | Nu 7:16 | על חובוי ועל חובי | שלות | שבטה: |
| 004 | | | Nu 7:22 | על חובוי ועל חובי | שלות | שבטה: |
| 005 | | | Nu 7:28 | על חובוי ועל חובי | שלות | שבטה: |
| 006 | | | Nu 7:34 | על חובוי ועל חובי | שלות | שבטה: |
| 007 | | | Nu 7:40 | על חובוי ועל חובי | שלות | שבטה: |
| 008 | | | Nu 7:46 | על חובוי ועל חובי | שלות | שבטה: |
| 009 | | | Nu 7:52 | על חובוי ועל חובי | שלות | שבטה: |
| 010 | | | Nu 7:58 | על חובוי ועל חובי | שלות | שבטה: |
| 011 | | | Nu 7:64 | על חובוי ועל חובי | שלות | שבטה: |
| 012 | | | Nu 7:70 | על חובוי ועל חובי | שלות | שבטה: |
| 013 | | | Nu 7:76 | על חובוי ועל חובי | שלות | שבטה: |
| 014 | | | Nu 7:82 | על חובוי ועל חובי | שלות | שבטה: |
| 015 | בשלו | | Nu15:26M | /<עמא> דכנישתה הוות | בשלו#2#/: | |
| 016 | | | Nu15:29 | לכו{ל}«ן» מן דעבד | בשלו: | |
| 017 | | | Nu35:11 | קטולה כל די יקטול נפש | בשלו: | |
| 018 | | | Nu35:15 | תמן כל די קטל נפש | בשלו: | |
| 019 | | | Dt19:03 | למערק לתמן כל דקטיל | בשלו: | |
| 020 | | | Lv22:14 | וגבר ארום יאכל קדש | בשלו | וי־ר־סף חומשה עלוי ויתן |
| 021 | | | Nu15:24M | אתעבדת | לשלו/בשלו#2#/ | ויקרבון כל עם |
| 022 | | | Lv 4:22 | אלהה דלא כשרין למתעבדה | בשלו | ויתחייב: |
| 023 | | | Lv 5:15 | נפש ארום תשקר שקר ותחטא | בשלו | מן קדשוי דייי וייתי ית |
| 024 | | | Lv 4:27 | ואין נפש חדה תחטא | בשלו | מעמא דארעא במעבדה חדה מן |
| 025 | | | Nu15:28M | דאשתליית דחטת | בשלו | קדם ייי ויכפר עלוי וישתרי |
| 026 | בשלוה | | Lv 4:02 | למימר נפש ארום תחטא | בשלוה | מן כל מצותה דייי די לא |
| 027 | לשלו | | Nu15:24 | אם מעיני כנישתה אתעבדת | לשלו | ויקרבון כל עם כנישתה תור |
| 028 | שלותה | s em/sf | Dt29:18 | מן בגלל למוספה חובי | שלותה | על חובי זדנתה: |
| 029 | שלותהון | | Nu15:25 | וחובתהון קדם ייי על | שלותהון: | |
| 030 | שלותיה | | Lv 5:18 | ויכפר עלוי כהנא על | שלותיה | די אשתלי והוא לא הוה ידע |
| 031 | בשלותה | | Nu15:28 | נפשה דאשתלת בחובתה | בשלותה | קדם ייי למכפרה עלוי |
| 032 | ולשלוון | p abs | Nu 7:82 | לשבקות {ב}<ח>ובין | ולשלוון | לכפרה באדמה דצפירה על |
| 033 | | | Nu 7:16 | לחטאתה לשבקות חובין | ולשלוון | למכפרה באדמה דצפירה על |
| 034 | | | Nu 7:22 | לחטאתה לשבקות חובין | ולשלוון | למכפרה באדמה דצפ«י»רה |
| 035 | | | Nu 7:28 | לחטאתה לשבקות חובין | ולשלוון | למכפרה באדמה דצפירה על |
| 036 | | | Nu 7:34 | לחטאתה לשבקות חובין | ולשלוון | למכפרה באדמה דצפירה על |
| 037 | | | Nu 7:40 | לחטאתה לשבקות חובין | ולשלוון | למכפרה באדמה דצפירה על |
| 038 | | | Nu 7:52 | לחטאתה לשבקות חובין | ולשלוון | למכפרה באדמה דצפירה על |
| 039 | | | Nu 7:58 | לחטאתה לשבקות חובין | ולשלוון | למכפרה באדמה דצפירה על |
| 040 | | | Nu 7:70 | לחטאתה לשבקות חובין | ולשלוון | למכפרה באדמה דצפירה על |
| 041 | | | Nu 7:76 | לחטאתה לשבקות חובין | ולשלוון | למכפרה באדמה דצפירה על |
| 042 | ולשלון | | Nu 7:64 | לחטאתה לשבקות חובין | ולשלון | למכפרה באדמה דצפירה על |
| 043 | לשלוון | | Nu 7:46 | לחטאתה לשבקות חובין | לשלוון | למכפרה באדמה דצפירה על |

## שלווה *n.* security, ease [551]

|  |  |  |  |  |  |  |
|---|---|---|---|---|---|---|
| 001 | בשלווה | s ab/cn | Gn44:18 | בכרכא דשכם דהוו | בשלווה | ועלו בגווה וקטלו כל דכורא |
| 002 | ושלוותה | s em/sf | Gn49:01 | ופורענתהון דרשיעיא | ושלוותה | דעדן מה היא כחדא |

## שלווש *vb.* ⇐ שלבש

## שלוח #2 *n.* messenger [!!]

|  |  |  |  |  |  |  |
|---|---|---|---|---|---|---|
| 001 | לשלוחך | s em/sf | Nu24:12M | להוד/לחוד#2#/ | לשליחך/<לש>לוחך#2#/ | די שלחת לוותי |
| 002 | שלוחין | p abs | Dt 2:26 | ושלחית | שלוחין | מן מדברה דקדמות לוות |

## שלוף *n.* drawer, remover [551]

|  |  |  |  |  |  |  |
|---|---|---|---|---|---|---|
| 001 | שלופי | p const | Lv26:25M | שלפי חרב /עליכון | שלופי | חרבה#2#/ למתפרעה מנכון |
| 002 | | | Lv26:33M | בתרכון \שלפי חרב | /שלופי | חרבה#2#/ ותיהוי ארעכון |
| 003 | | | Nu20:18M | לית את עבר בתחומי דלא | שלופי | חרבה |
| 004 | | | Dt25:10M | בישראל בייתה | דשלפי/שלופי#2#/ | סנדלה ומבטלה מצוות |
| 005 | ושלופי | | Lv26:06M | מן ארעא \וחרב דשני | /ושלופי | חרב#2#/ לא תעבר |

## שלח *vb.* to send [551]

|  |  |  |  |  |  |  |
|---|---|---|---|---|---|---|
| 001 | שלח | pael | Gn42:04 | בנימין אחוי דיוסף לא | שלח | יעקב עם אחוי ארום אמר דלא |
| 002 | | | Nu13:16 | אלין שמהת גבריה די | שלח | משה למיללה ית ארעא |
| 003 | | | Nu14:36 | וגובריה די | שלח | משה למ{ר}«יי»ללה ית |
| 004 | | | Ex 3:14M | תימ' לבני ישראל אהיה | שלח | |
| 005 | | | Gn43:08 | ואמר יהודה לישראל אבוי | שלח | טליא עמי ונקום ונזל ונחיה |
| 006 | | | Ex22:07 | לוות דייניא אין לא | שלח | ידי' במקמתא דחבריה: |
| 007 | | | Ex 4:23 | ואמרית לך | שלח | ית ברי ויפלח קדמיי וסרבת |
| 008 | | | Ex 5:01 | אמר ייי אלהה דישראל | שלח | ית עמא ויחגון קדמא<י> |
| 009 | | | Ex 7:16 | שלח יתי לוותך למימר | שלח | ית עמי ויפלחון קדמיי |
| 010 | | | Ex 7:26 | ותימר ליה כדון אמר ייי | שלח | ית עמא ויפלחון קדמיי: |
| 011 | | | Ex 8:28 | לבה לחוד בזמנא הדא ולא | שלח | ית עמא: |
| 012 | | | Ex 9:01 | ייי אלההון דיהו{י}דיי | שלח | ית עמי ויפלחון קדמיי: |
| 013 | | | Ex 9:07 | ואתוקף ליבא דפרעה ולא | שלח | ית עמא: |
| 014 | | | Ex 9:13 | אמר ייי אלההון דיהודיי | שלח | ית עמא ויפלחון קדמיי: |
| 015 | | | Ex 9:35 | ואתוקף לבא דפרעה ולא | שלח | ית בני ישראל היך מה |
| 016 | | | Ex10:03 | את מסרב למתכנעה קדם ייי | שלח | ית עמי ויפלחו קדמיי: |
| 017 | | | Ex10:07 | אימת יהווי דין לן לתקלה | שלח | ית עמא ויפלחון קדם ייי |
| 018 | | | Ex10:20 | ייי ית לביה דפרעה ולא | שלח | ית בני ישראל: |
| 019 | | | Ex11:10 | ייי ית לביה דפרעה ולא | שלח | ית בני ישראל מן ארע{א}יה: |
| 020 | | | Gn30:25 | יוסף ואמר יעקב ללבן | שלח | יתי כען ואזיל לאתרי{{ה}} |
| 021 | | | Gn32:27 | ואמר | שלח | יתי ארום מטא סלק עמודא |
| 022 | | | Gn45:05 | יתי הכא ארום לשיזבא | שלח | יתי ייי קדמכון: |
| 023 | | | Gn45:05M | למיקיימיה אוכלוסין סגי | שלח | יתי ממריה דייי#2#/ |
| 024 | | | Ex 3:13 | ואמר להון אלה אבהתכון | שלח | יתי לוותכון ויאמרו ל{ו}<י> |
| 025 | | | Ex 3:14 | ליה הווי ויהווי הוא | שלח | יתי לוותכון: |
| 026 | | | Ex 3:15M | ואלהיה דיעקב | שלחני/שלח | יתי#2#/ לוותכון דן שמי |
| 027 | | | Ex 7:16 | ליה ייי אלההון דעבריין | שלח | יתי לוותך למימר שלח ית עמי |
| 028 | | | Nu16:28M | אשתלחת /מימריה דייי | שלח | יתי#2#/ למעבד ית כל |
| 029 | | | Nu16:29M | /לא מימריה דייי | שלח | יתי#2#/: |
| 030 | | | Dt34:11 | אתייה וניסי פרישתה די | שלח | יתיה מימריה דייי למיעבד |
| 031 | | | Ex 3:12 | יהווי לך סימן ארום ממרי | שלח | יתך באפקותך ית עמא ממצרים |
| 032 | | | Gn45:23 | ולאבוי | שלח | כדורון דא עשרה חמרין |
| 033 | | | Ex 9:19 | וכדון | שלח | כנש ית בעירך וית כל מה |
| 034 | | | Ex 4:13 | ברחמין מן קדמיך ייי | שלח | כען ביד דן דחמי ליה |

|  |  |  |  |  |  |
|---|---|---|---|---|---|
| 035 | | Nu22:10 | בר צפור מלכהון דמואבי | שלח | לוותי: |
| 036 | | Nu13:02 | | שלח | לך גברין ויללון ית ארעא |
| 037 | | Dt 9:23 | וכד | שלח | מימרה דייי יתכון מן רקם |
| 038 | | Ex 3:05 | ואמר לא תקרב להכא | שלח | מסניך מעלוי רגליך ארום |
| 039 | | Ex 8:16 | ותימר ליה כדן אמר ייי | שלח | עמי ויפלחון קדמיי: |
| 040 | | Ex10:03M | שלח ית עמי /מן קדמוי | שלח | עמי#2/ ויפלחו קדמיי: |
| 041 | | Gn46:05 | וית נשיהון בעגלתה די | שלח | פרעה למטען יתיה: |
| 042 | | Ex13:17 | והוה כד | שלח | פרעה ית עמא ולא דבר יתהון |
| 043 | | Gn46:28 | וית יהודה | שלח | קדמוי לוות יוסף למתקנה |
| 044 | שלחו | Gn24:54 | וביתו וקמו בצפרא ואמרו | שלחו | יתי לוות רבוני: |
| 045 | | Gn24:56 | ויייי הצל«ח» באורחי | שלחו | יתי ואיזיל לוות ריבוני: |
| 046 | | Gn42:16 | | שלחו | מנכון חד וייתי ית אחוכון |
| 047 | שלחית | Gn38:23 | דלא נהווי לביזיון הא | שלחית | גדייה הדין והא כדון לא |
| 048 | | Ex 3:12M | יתך באפקותך ית /אנא | שלחית | יתך כד תפוק ית#2/ עמא |
| 049 | שלחני | Ex 3:15 | דיצחק ואלהיה דיעקב | שלחני | לוותכון דן שמי לעלם ודן |
| 050 | שלחנן | Ex14:05 | מה היא דא דעבדנן ארום | שלחנן | ית ישראל מן למפלח קדמנן: |
| 051 | שלחת | Ex 9:15 | ארום כדון | שלחת | ית מחות פורענתי ושיצית יתך |
| 052 | | Nu32:08 | כדן עבדו אבהתכון כד | שלחת | יתהון מן רקם דגיעה |
| 053 | | Gn31:42 | לי ארום כדון ריקן | שלחת | יתי ית צערי וית לוותי דידי |
| 054 | | Ex 5:22 | לעמא האליין ולמה כען | שלחת | יתי: |
| 055 | | Gn31:27 | ולא תנית לי אילו תנית לי | שלחת | יתך בחדון בשירין בתופין |
| 056 | | Nu13:27 | ואמרין עלינן לארעא די | שלחת | יתן ולהוד ארע עבדה פירין |
| 057 | | Nu24:12 | הלא להוד לשליחך די | שלחת | לוותי מללת למימר: |
| 058 | | Nu22:37 | לבלעם הלא משלח{ת}<ה> | שלחת | לוותך למיקרי לך למה כען לא |
| 059 | | Gn49:22 | כל {ס}<כ>יפי ועוברתא | שלחת | לרומה וכבשת כל אילנייא כן |
| 060 | שלחתון | Gn45:08 | וכען לא אתון | שלחתון | יתי להכא ארום אלהן ייי |
| 061 | | Dt 1:01 | ועל עסק יליליה די | שלחתון | מן מדברה דפראן למיללה ית |
| 062 | אשלח | Gn38:17 | ואמר הא אנה | אשלח | גדי בר עזין מן ענה ואמרת |
| 063 | | Gn32:27 | ריש למשבחיא ואמר לא | אשלח | יתך ארום {ארום} אלה{ו}<י>ן |
| 064 | | Ex10:10 | מימריה דייי עמכון כד | אשלח | יתכון וית טפלכון חמון ארום |
| 065 | | Ex11:01M | יתכון מן הכא כד | ישלח/אשלח#2/ | יתכון בפריעה |
| 066 | | Ex23:27 | ית אימתי | אשלח | קדמיכון ואערבב ית כל עמיא |
| 067 | ישלח | Ex 4:21 | ואנה אתוקף ית לביה ולא | ישלח | ית עמא: |
| 068 | | Ex21:26 | ויחבול יתיה לחירותא | ישלח | יתה תחות עיניה: |
| 069 | | Ex 6:01 | לפרעה ארום בידא תקיפא | ישלח | יתהון ובידא תקיפא יטרוד |
| 070 | | Ex21:27 | או שן אמהתיה יתר לחירות | ישלח | יתיה חלף שניה: |
| 071 | | Ex 3:20 | ביניהון ומן בתר כדון | ישלח | יתכון: |
| 072 | | Ex11:01 | ועל מצריי ומן בתר כדון | ישלח | יתכון מן הכא כד ישלח יתכון |
| 073 | | Ex11:01 | ישלח יתכון מן הכא כד | ישלח | יתכון בפריעה מטרוד יטרוד |
| 074 | | Dt 9:23M | וכד | שלח/ישלח#2/ | מימרה דייי יתכון מן |
| 075 | | Gn24:07 | אתן ית ארעא הדא הוא | ישלח | מלאכא דרחמין קדמך ותיסב |
| 076 | | Gn24:40 | די פלחת קדמוי בקושטא | ישלח | מלאכיה קדמיך ויצלח ארחך |
| 077 | נשלח | Dt 1:22 | כלכון ואמרתון | נשלח | גברין קדמינן וילילו לנא ית |
| 078 | נשלחה | Dt 1:22M | כלכון ואמרתון | נשלח/נשלחה#2/ | גברין קדמינן וילילו |
| 079 | תשלח | Ex15:07 | תפגר בעלי דבביהון דעמך | תשלח | בהון תקוף רוגזך תתכל יתהון |
| 080 | | Dt22:07M | משלחה | תשלחון/תשלח#2/ | ית אמהתה וית בניה |
| 081 | | Ex21:02 | קדמך ובשתא שביעייתא | תשלח | יתיה לחירותה מגן: |
| 082 | | Dt15:12 | שנין ובשתה שביעיתה | <תשלח> | יתיה לחירותה מן לוותך: |
| 083 | | Dt15:13 | וארום | תשלח | יתיה לחירותה מן לוותך לא |
| 084 | | Dt15:13 | לחירותה מן לוותך לא | תשלח | יתיה ריקן: |
| 085 | | Dt15:18 | לא יבאש באפך בזמנה די | תשלח | יתיה לחירותה מן לוותך ארום |
| 086 | תשלחון | Dt22:07 | משלחה | תשלחון | ית אמהתה וית בניה תסבון |
| 087 | | Nu 5:03 | תשלחון לבר מן משריתה | תשלחון | יתהון ולא יסאבון ית |
| 088 | | Nu13:02 | גבר חד לשבט אבהתהון | תשלחון | כל רברביה דבהון: |
| 089 | | Nu 5:03 | מדכר עד נקבה | תשלחון | לבר מן משריתה תשלחון |
| 090 | | Nu31:04 | מן כל שבטיהון דישראל | תשלחון | לחיל קרבה: |
| 091 | משלח | Ex 5:02 | ייי וית ישראל לית אנה | משלח: | |
| 092 | | Ex 8:17M | ית עמי הא אנא | מגרי/משלח#2/ | בך ובשלטונך |
| 093 | | Ex 8:17 | ארום אן ליתך | משלח | ית עמי הא אנא מגרי בך |
| 094 | | Ex 9:14 | ארום בזמנא הדא הא אנה | משלח | ית כל מחוותיי על לבך |
| 095 | | Gn32:27M | ואמר לא אשלח/אנא | משלח#2/ | יתך ארום {ארום} |
| 096 | | Ex 8:24 | ואמר <פרעה> הא אנא | משלח | יתכון ותקרבון קדם ייי |
| 097 | | Gn43:05 | ואן לית את | משלח | לא נחות ארום גברא אמר לן |
| 098 | | Ex23:20 | הא אנה | משלח | מלאך דרחמין קדמיכון למנטרא |
| 099 | | Lv20:23 | בנימוסי אומייה די אנה | משלח | מן קדמיכון ארו' ית כל |
| 100 | משלחה | Gn43:04 | אן ברעותך | משלחה | ית אחונן עמן נחות ונזבון |
| 101 | | Nu22:37 | ואמר בלק לבלעם הלא | משלח{ת}<ה> | שלחת לוותך למיקרי לך |
| 102 | | Dt22:07 | | משלחה | תשלחון ית אמהתה וית בניה |
| 103 | דמשלח | Lv16:26 | ומן | דמשלח | ית צפירה לעזאזל יחוור |
| 104 | דשלח | Gn45:27 | עמהון וחמה ית עגלתא | דשלח | יוסף למטען יתיה ונחת |
| 105 | | Ex 4:28 | ית כל פתגמיא דייי | דשלח | יתיה ייי <....>: |
| 106 | | Ex13:17M | והוה \כד שלח \בזמן | דשלח#2/ | פרעה ית עמא ולא דבר |
| 107 | דשלחת | Gn42:36 | יתי תכלתון יוסף מן | דשלחת | יתיה לוותכון לדותינא לית |
| 108 | דתשלח | Gn38:17 | אן תתן ערבון עד זמן | דתשלח: | |
| 109 | | Ex33:12 | לא אודעת יתי ית מה | דתשלח | עמי ואת אמרת חמי דמניית |
| 110 | וש' | Gn26:29M | ושלחנן /לחוד טב | וש'#2/ | יתך בשלם את הוא מן כדון |
| 111 | ושלח | Gn20:02 | אתתיה אחתי{(ה)} היא | ושלח | אבימלך מלכא דגרר ודבר ית |
| 112 | | Gn38:20 | | ושלח | יהודה ית גדייה בר עזייא |
| 113 | | Gn31:04 | | ושלח | יעקב וקרא לרחל וללאה |
| 114 | | Gn32:04 | | ושלח | יעקב שליחין קדמוי {לוות} |
| 115 | | Gn28:05 | | ושלח | יצחק ית יעקב ואזל |
| 116 | | Nu21:21 | | ושלח | ישראל שליחין לוות סיחון |
| 117 | | Ex18:27 | | ושלח | משה ית חמוי ואזל ליה |
| 118 | | Nu16:12 | | ושלח | משה למקרי לדתן ולאבירם |
| 119 | | Nu20:14 | | ושלח | משה שליחין מן רקם לוות |
| 120 | | Nu21:32 | | ושלח | משה למיילה ית יעזר |
| 121 | | Gn41:08 | ואטרפת רוחיה דפרעה | ושלח | וקרא ית כל חרישיהון |
| 122 | | Nu21:06M | \ברת קלא נפקת | /ושלח | ייי ברת קל#2/ מן גו |
| 123 | | Gn 8:07 | | ושלח | ית עורבא והוה נפק וחזר נפק |
| 124 | | Gn 8:08 | | ושלח | ית יוונה מן לוותה למחמי הא |
| 125 | | Gn 8:12 | שבעה יומין חרינין | ושלח | ית יוונה ולא אוספת למחזר |
| 126 | | Gn19:29 | ברחמוי טביא ית אברהם | ושלח | ית לוט מן גוא הפכתא כדי |
| 127 | | Gn45:24 | | ושלח | ית אחו«י» ואזלו ואמר |
| 128 | | Ex24:05 | | ושלח | ית עולמיהון דבני ישראל |
| 129 | | Gn21:14 | שווי על כתפה וית טליא | ושלח | יתה ואזלת וטעת במדברא |
| 130 | | Gn25:06 | יהב אברהם דורון | ושלח | יתהון מעלוי יצחק בריה עד |
| 131 | | Gn26:31 | ואשתבעו גבר לאחוי | ושלח | יתהון יצחק ואזלו |
| 132 | | Nu13:03 | | ושלח | יתהון מן מדברה על פם גזרת |
| 133 | | Nu13:17 | | ושלח | יתהון משה למיילה ית ארעא |
| 134 | | Nu31:06 | | ושלח | יתהון משה אלף מן כל שבט |
| 135 | | Gn28:06 | ברך יצחק ית יעקב | ושלח | יתיה פדן ארם למסבה ליה מן |
| 136 | | Gn37:14 | דענא ואתיב יתי פתגם | ושלח | יתיה מן מישרא דחברון ואתא |
| 137 | | Gn19:13 | סגת קבלתהון קדם ייי | ושלח | יתן למשיציא יתה: |
| 138 | | Nu22:40 | ונכס בלק תורין ועאן | ושלח | לבלעם ולרברבנוי דעמיה: |
| 139 | | Nu20:16 | קדם ייי ושמע בקל צלותן | ושלח | <מלאכה> דרחמין |
| 140 | | Gn41:14 | | ושלח | פרעה וקרא ית יוסף וארהטו |
| 141 | | Ex 9:07 | | ושלח | פרעה והא לא מית מן |
| 142 | | Ex 9:27 | | ושלח | פרעה וקרא למשה ולאהרן |

|  |  |  |  |  |  |  |
|---|---|---|---|---|---|---|
| 143 | | | Nu22:05 | | ושלח | שליחין לוות בלעם בר בעור |
| 144 | | | Nu22:15 | ואוסיף עוד בלק | ושלח | שליחין סגין ומ«י»קרין מן |
| 145 | ושלחו | | Gn24:59 | | ושלחו | ית רבקה אחתהון וית |
| 146 | | | Gn37:32 | | ושלחו | ית פרגודה מציירה דיוסף |
| 147 | | | Nu 5:04 | ועבדו כדן בני ישראל | ושלחו | יתהון לבר מן משריתה |
| 148 | | | Gn12:20 | גוברין רברבין | ושלחו | יתיה וית אתתיה וית כל מה |
| 149 | ושלחית | | Dt 2:26 | | ושלחית | שלוחין מן מדברה דקדמות |
| 150 | ושלחני | | Gn45:07 | | ושלחני | ייי קדמיכון למשויא לכון |
| 151 | ושלחנן | | Gn26:29 | דעבדנן עמך טבן | ושלחנן | יתך בשלם את הוא מן כדון |
| 152 | ושלחת | | Gn27:42 | ית מלוי דעשו ברה רבה | ושלחת | וקרת ליעקב ברה זעירא |
| 153 | | | Ex 2:05 | ית תיבתה בגו אפרה | ושלחת | ית אמהתה ונסבת יתה: |
| 154 | | | Gn32:06 | וחמרין ועבדין ואמהן | ושלחת | למתנייה לריבוני למשכחה חן |
| 155 | | | Gn49:22 | שתילה על מבועין דמיין | ושלחת | שרשי׳ לארעא ופגרת שיני כל |
| 156 | ושלחתון | | Gn26:27 | ואתון שנאתון יתי | ושלחתון | יתי מן לוותכון: |
| 157 | ואשלח | | Gn27:45 | מנך וינשי ית מה דעבדת | ואשלח | ואדב«ו»ר יתך מן תמן למה |
| 158 | | | Ex 3:20 | | ואשלח | ית מחת פורענתי ואקטול ית |
| 159 | | | Ex 8:04 | מני ומן עמי | ואשלח | ית עמא ויקרבון קדם ייי: |
| 160 | | | Ex23:28 | | ואשלח | ית אורעיתא קודמיכון ותטרד |
| 161 | | | Gn37:13 | אחיך רעין בשכם אתא | ואשלח | יתך לוותהון ואמר ליה הא |
| 162 | | | Ex 3:10 | וכדון אתא | ואשלח | יתך לפרעה ותפק ית עמי בני |
| 163 | | | Ex 9:28 | קלי מן קדם ייי וברד | ואשלח | יתכון ולא תוספון למיקם: |
| 164 | | | Ex33:02 | | ואשלח | קדמך מלאך ואטרוד ית |
| 165 | וישלח | | Lv16:21 | יתהון על רישיה דצפירה | וישלח | ביד גבר מזמן למדבר׳: |
| 166 | | | Ex22:04 | ייקד גבר חקל או כרם | וישלח | יקידתא ויוקד בחקלא דחורן |
| 167 | | | Ex 6:11 | עם פרעה מלכא דמצרים | וישלח | ית בני ישראל מן ארעיה: |
| 168 | | | Ex 7:02 | אחוך ימלל עם פרעה | וישלח | ית בני ישראל מארעיה: |
| 169 | | | Lv 1:06 | | וישלח | ית עלתה ויפסג יתיה |
| 170 | | | Lv14:07 | זמנין וידכי יתיה | וישלח | ית צפרה חייתה לאפי ברא: |
| 171 | | | Lv14:53 | | וישלח | ית צפרה חייתה לבר מן קרתה |
| 172 | | | Lv16:22 | כל חוביהון לארע מפסקה | וישלח | ית צפירה במדברה: |
| 173 | | | Dt24:01 | שיבוקין וישוי בידה | וישלח | יתה מן בייתה: |
| 174 | | | Dt24:03M | וישוי בידה | ויטרוד/וישלח#2#/ | יתה מן בייתיה ארום |
| 175 | | | Gn43:14 | לכון רחמין קדם שליטיא | וישלח | לכון ית אחוכון חרנא וית |
| 176 | וישלחון | | Dt19:12 | | וישלחון | חכימי קרייתה ויסבון |
| 177 | | | Nu 5:02 | פקד ית בני ישראל | וישלחון | מן משריתה כל דמצרע וכל |
| 178 | ותשלח | | Dt21:14 | ויהווי אין לא תתרעי בה | ותשלח | יתה ברשות נפשה ומזבנה לא |
| 179 | ודישלח | | Lv 1:06M | | וישלח/ודישלח#2#/ | ית עלתה ויפסג יתיה |
| 180 | ודמ׳ | | Lv16:26M | \ומן | דמשלח/ודמ׳#2#/ | ית צפירה לעזאזל |
| 181 | למ׳ | | Ex 7:14M | \מן למשלחיה /דלא | למ׳#2#/ | \ית עמא/לעמיה#2#/: |
| 182 | למישלחא | | Gn32:27M | {ואנה} ריש | למשבחיא/למישלחא#2#/ | ואמר לא אשלח/אנא |
| 183 | | | Gn32:27M | דמלאכי מרומא | למשבחא/למישלחא#2#/ | ואנ«א» {ואנה} |
| 184 | למשלחא | | Ex 9:02 | ארי מסרב את | למשלחא | ועד כדון את מתוקף בהון: |
| 185 | | | Ex 8:25 | יסף פרעה למשקרה דלא | למשלחא | ית עמא די יקרבון קדם ייי: |
| 186 | | | Ex 9:17 | את מתרברב בעמי דלא | למשלחא | יתהון: |
| 187 | | | Ex 4:23 | ברי ויפלח קדמיי וסרבת | למשלחא | יתיה הא אנה קטל ית ברך |
| 188 | למשלחה | | Ex 7:27 | ארום מסרב את ^דלא#2#^ | למשלחה | הא אנה משיצא ית כל תחומך |
| 189 | | | Gn 8:10 | יומין אחרינין ואוסף | למשלחה | ית «י»וונה מן |
| 190 | | | Ex10:04 | ארום אין מסרב את | למשלחה | ית עמי הא אנא מייתי למחר |
| 191 | | | Ex10:27 | ייי ית לביה ולא צבא | למשלחה | יתהון: |
| 192 | | | Ex12:33 | מצריי על עמא למזורזא | למשלחה | יתהון מן ארעא ארום אמרו |
| 193 | | | Lv16:10 | קדם ייי למכפרה עלוי | למשלחה | יתיה לעזאזל למדברה: |
| 194 | | | Ex13:15 | והוה ארום אקשי פרעה | למשלחה | יתן וקטל ייי כל בכוריה |
| 195 | | | Nu22:15M | ומ«י»קרין מן אלין | /למשלחה | שליחין רברבין ותקיפין |
| 196 | למשלחיה | | Ex 5:02 | ייי די אשמע בקליה | למשלחיה | ית ישראל לית פרעה ידע |
| 197 | | | Ex 7:14 | לבא דפרעה סרב מן | למשלחיה | ית עמא: |
| 198 | אשתלח | etpaal | Gn18:01M | מלאכא קדמאה | ישתלח/אשתלח#2#/ | למבשרא לאבו«נן» |
| 199 | | | Gn18:01 | הפכתא ומלאכה תליתאה | אשתלח | למיפך סדם ועמורה אדמה |
| 200 | | | Gn18:01 | ית יצחק ומלאכה תניינה | אשתלח | למשיזבה ללוט מגו הפכתא |
| 201 | אשתלחו | | Gn44:03 | צפרא אנהר וגבריא | אשתלחו | אינון וחמריהון: |
| 202 | | | Gn18:01 | תלתא מלאכין | אש<ת>לחו | לוות אבונן אברהם בזימנא |
| 203 | | | Gn18:01 | ית בשר ערלתה ותלתיהו׳ | אשתלחו | לתלת מילין ארום לית אפשר |
| 204 | אשתלחית | | Nu16:29 | אילין לא מן קדם ייי | אשתלח«י»ת: | |
| 205 | אשתלחת | | Nu16:28 | תדעון ארום מן קדם ייי | אשתלחת | למעבד ית כל עיבידה האליין |
| 206 | ישתלח | | Gn18:01 | לחד ממלאכי מרומא די | ישתלח | בידה יתיר מן חדה מילה |
| 207 | | | Gn18:01 | חדה מילה מלאכא קדמאה | ישתלח | למבשרא לאבו«נן» אברהם |
| 208 | דאשתלחו | | Dt 1:01M | יליליה \די | שלחתון/דאשתלחו#2#/ | מן מדברה דפראן |
| 209 | ואישתלחון | | Gn47:04 | ארום תקף כפנא לחדא | ואישתלחון | בארעא דכנען וכדון |
| 210 | ואשתלחת | | Gn32:19 | ליעקב דורון היא | ואש<ת>לחת | לריבוני לעשו והא אף |
| 211 | לאשתלחא | | Ex 4:13M | דן דחמי ליה | למשתלחא/לאשתלחא#2#/: | |
| 212 | | | Ex 4:23M | קדמיי וסרבת דלא | לאשתלחא | יתהון#2#/ הא אנה קטל ית |
| 213 | למשתלחא | | Ex 4:13 | כען ביד דן דחמי ליה | למשתלחא: | |
| 214 | למשתלחה | | Gn18:01M | מרומא די | ישתלח/למשתלחה#2#/ | בידה יתיר מן חדה |

## שלח #2 *vb.* to strip off [552]

|  |  |  |  |  |  |  |
|---|---|---|---|---|---|---|
| 001 | וישלח | peal | Lv 6:04 | | וישלח | ית לבושוי וילבש לבושין |
| 002 | | | Lv16:23 | ויעל אהרן למשכן זימנה | וישלח | ית לבושי בוצא די לבש |
| 003 | ואשלח | afel | Nu20:26 | | ואשלח | אהרן ית לבושוי ותלבש |
| 004 | | | Nu20:28 | | ואשלח | <משה ית> אהרן ית לבושוי |
| 005 | ואשלחו | | Gn37:23 | אתא יוסף לוות אחוי | ואשלחו | ית פרגודא מציירה די עלוי: |
| 006 | ותשלח | | Nu20:26M | | ואשלח/<ו>תשלח#2#/ | אהרן ית לבושוי |

## שלחף *vb.* to exchange [552]

|  |  |  |  |  |  |  |
|---|---|---|---|---|---|---|
| 001 | שלחף | quadr. | Gn48:14 | שמאליה על רישיה דמנשה | שלחף | ית ידו«י» ארום מנשה הוה |
| 002 | ישלחיפיניה | | Lv27:10M | לא | ישל<ח>ף/יחלף#2#/ישלחיפיניה | ולא יפרג#2#/ |
| 003 | ישלחף | | Lv27:10 | לא | ישל<ח>ף | יתיה טב בביש או ביש בטב |
| 004 | ושלחף | | Gn31:07 | ואבוכון שקר בי | ושלחף | ית אגרי עשרה זמנין ולא |
| 005 | ושלחפת | | Gn31:41 | בנתך ושית שנין בענך | ושלחפת | ית אגרי עשרה זמנין: |

## שלט *vb.* to rule [552]

|  |  |  |  |  |  |  |
|---|---|---|---|---|---|---|
| 001 | שלט | peal | Gn 4:07 | דיצרה בישא ואת תהוי | שלט | בה בין לימזכי ובין למחטי: |
| 002 | | | Ex16:24M | /אסרי{׳} ואוף רימה לא | שלט | ביה#2#/: |
| 003 | שלטה | | Ex32:22M | דברא בישה שלטה {בישה | שלטה} | ביה והוא גרם ליה למעבד |
| 004 | | | Ex32:22M | ארום דברא בישה | שלטה | {בישה שלטה} ביה והוא גרם |
| 005 | שלטין | | Gn27:22M | מתרשל בפתגמי אוריתא | שלטין | ביה ידוי דעשו |
| 006 | ישלוט | | Gn49:13M | ישרי והוא \יהווי | שליט/ישלוט#2#/ | במחוזוי ספינתה |
| 007 | ישלטון | | Dt15:06 | סגין ואינון בכון לא | ישלטון: | |
| 008 | | | Dt28:12M | סגין והנון בכון לא | ישלטון | |
| 009 | | | Nu24:07 | בעלי דבביהון ובנוי | ישלטון | באומין סגין יתקף מן שאול |
| 010 | | | Gn16:12 | ישלטון בכלא וידי כלא | ישלטון | ביה וקדם כל אומי ישרי: |
| 011 | | | Dt13:10 | תקטלון יתיה ידיכון | ישלטון | ביה בקדמיתה למקטלה יתיה |
| 012 | | | Gn16:12 | לערד בבני אנשא ידוהי | ישלטון | בכלא וידי כלא ישלטון ביה |
| 013 | | | Ex39:43M | בעובדי ידיכון ולא | ישלטון | עממייה בעובדי ידיכון |
| 014 | ישלטן | | Gn16:12M | \ידוהי ישלטון /ידוי | ישלטן#2#/ | בכלא וידי כלא ישלטון |
| 015 | תשלט | | Gn27:40 | גרמיהון מלמלעי באורייתא | תשלט | ביה ותפרוק ניר שעבודא |
| 016 | | | Gn37:08 | תמלך עלנא אן משלט | תשלט | בן ואוספו תוב משנא יתיה על |
| 017 | משלוט | | Nu24:14 | אינון עמא האליין | משלוט | בעמך סוף עקב יומיא: |

018 משלט Gn37:08 הא ממלך תמלך עלנא אן משלט תשלט בן ואוספו תוב משנא
019 דשלטין Gn17:16 ותהווי לאומין ומלכין דשלטין באומיא מנה יקומון:
020 Gn17:06 יתך לאומין ומלכין דשלטין באמיא מן חלציך יפקון:
021 Gn35:11 יקומון מינך ומלכין דשלטין באומיא מן חלציך יפקון:
022 ושלוטו Gn 1:28 ית ארעא וכבישו יתה ושלוטו בנוני דימא ובעופא דשמיא
023 ושלטו Nu21:30M מלכו מן חשבון ושלטון/‹ושל›טו#2#/ מן דיבון וצדיין
024 וישלט Nu21:06 דלא אתרעם על מזונה וישלט בעמא דא«ת»רעמו על
025 וישלטון Lv26:17 קדם בעלי דבביכון וישלטון בכון סנאיכון ותערקון
026 Gn 1:26 כד נפק {כ}‹ב›ן וישלטון בנוניא דימא ובעופ׳ דשמיא
027 ותשלטון Dt15:06 עמי לא תצרכון למיזף ותשלטון באומין סגין ואינון בכון
028 Dt28:12M לא תצרכון למיזף ותשלטון באומין סגין והנון בכון
See also: adj. שליט

## rule, ruler *n.* שלטון [552]

001 ושלטון s ab/cn Nu21:30 ופסקת מלכו מן חשבון ושלטון מן דיבון וצדיין ארחתיה עד
002 שלטונך s em/sf Ex10:06 ויתמלון בתיך ובתי כל שלטונך ובתיהון דכל מצראי די לא
003 Ex 8:07 מנך ומן אנשי ביתך ומן שלטונך ומן עמך לחוד דבנהרא
004 שלטנך Ex 7:28 מדמכך על עריסתך ובבתי שלטנך ובעמך ובכל שולטנך ובתנורך
005 ושלטונך Ex 9:30 ואת ושלטונך ידע אנה ארום על דקדם
006 ובשלטונך Ex 8:17 עמי הא אנא מגרי בך ובשלטונך ובעמך ובאנשי ביתך ית
007 Ex 9:14 ית כל מחוותיי על לבך ובשלטונך ובעמך מן בגלל די תדע
008 שלטונין p abs Gn49:17 שנאוי ומקטל מלכין עם שלטונין:
009 Ex17:16 עמלק ויקטול מלכין עם שלטונין ומה דמשתייר בהון ישיצון
010 Gn49:11 שנאוי ומקטל מלכין עם שלטונין מסמק טורייא מדם קטיליהון
011 שלטונן Gn49:11M ומקטל מלכין עם שלטונין/שלטונן#2#/ מסמק טורייא מדם
012 שלטנין Nu21:15M ומקטלין מלכין עם שלטנין בה‹הי›א שעתה רמ{ה}‹ז› ייי
013 שלטוני p const Gn15:01M "דארעא": וכל שלטוני מדינתה
014 שילטניו p em/sf Ex 7:10M קדם פרעה וקדם עבדוי/שילטניו#2#/ והווה לחיוא
015 שלטנוי Ex12:30 פרעה בליליה הוא וכל שלטנוי וכל מצריי והות צווו{ת}חת
016 ולשלטוניך Ex 8:05 עד אימתי אצלי עליך ולשלטוניך ולעמך למשיציא ארדעניא
See also: n. שולטן

## שלטן ⇐ *n.* שולטן

## שלטן ⇐ *n.* שלטון

## rule *n.* שלטנו [552]

001 ושלטנו s ab/cn Nu21:30M ‹מן› דבית חשבון ושלטנו מן דבית דיבון

## to err *vb.* שלי [553]

001 תשאלון peal Nu15:22 וארום תשאלון ולא תעבדון ית כל מצוותה
002 תשלון Nu15:22M וארום תשאלון^תשלון#2#^/תשתלון#2#/ ולא תעבדון
003 אשלי afel Gn 3:13 עבדית ואמרת אתתא חויה אשלי יתיה ואכלת:
004 אשתלי etpeel Lv 5:18 עלוי כהנא על שלותיה די אשתלי והוא לא הוה ידע
005 אשתלינן Nu12:11 תשוי עלינן חובה די אשתלינן ודי חטינן:
006 תשתלון Nu15:22M וארום תשאלון^תשלון#2#^/תשתלון#2#/ ולא תעבדון
007 דאשתלון Nu15:26 ביניהון ארום לכל עמא דאשתלון:
008 דאשתליית Nu15:28M "דאשתלת ... לה": דאשתליית דחטת בשלו קדם ייי ויכפר
009 דאשתלת Nu15:28 ויכפר כהנא על נפשה דאשתלת בחובתה בשלותה קדם ייי

## messenger *n.* שליח [553]

001 לשליחך s em/sf Nu24:12 בלעם לבלק הלא להוד לשליחך די שלחת לוותי מללת למימר:
002 שליחין p abs Nu21:21 ושלח ישראל שליחין לוות סיחון מלכיהון
003 Nu22:05 ושלח שליחין לוות בלעם בר בעור פתורה
004 Nu20:14 ושלח משה שליחין מן רקם לוות מלכיהון
005 Dt 2:26M ושלחית שלוחין/שליחין#2#/ מן מדברה דקדמות
006 Nu22:15 ואוסיף עוד בלק ושלח שליחין סגין ומ«י»קרין מן אלין:
007 Gn32:04 ושלח יעקב שליחין קדמוי {לוות} לוות עשו
008 Nu22:15M מן אלין /למשלחה שליחין רברבין ותקיפין מן
See also: n. 2# שלוח

## ruling, having power *adj.* שליט [553 שליט n.]

001 שליט s ab/cn Gn 1:16 ית נהורא רבה למהוי שליט באיממא וית נהורא זעירא
002 Gn 1:18 ולמהוי שליט באיממא ובליליא ולמפרש׳ בין
003 Nu24:14 לא לי{א}‹ת› את יכיל שליט בהון ברם עתידין אינון עמא
004 Gn24:02M "דתפיס ... דלית": דהוה שליט בכל מה דאית ליה
005 Gn45:26 יוסף בחיין וארום הוא שליט בכל ארעא דמצרים ואתפלג
006 Gn 1:16 וית נהורא זעירא למהוי שליט בליליא וית סדור כוכביא:
007 Gn49:13 רבה ישרי והוא יהוי שליט במחוזי ספינתה ותחומה יהוי
008 Gn42:06 ויוסף הוא הוה שליט על ארעא והוא הוה מזבן לכל
009 Gn 3:16M עליך /רחצונך והוא יהוי שליט עלך#2#/ בין למזכה ובין
010 שליטא Gn24:02M סבא דביתיה דתפיס/{ט}‹ש›לי{ש}‹ט›א#2#/ בכל מה דליה
011 דשליט Nu16:22 על אפיהון ואמרין אלהה דשליט בנשמת כל בשרה הא גבר יחטא
012 Nu27:16 ימני ייי אלהה דשליט בנשמת כל בשרא גבר מהימן
013 Gn24:03 אלהא דשמיא הוא אלהא דשליט על ארעא דלא תסב אתא לברי
014 ושלט Gn44:15 ארום מקסם יקסם רב ושלט {די} דכוותי:
015 ושליט Dt 1:17 ולא תדחלון מן קדם מלך ושליט ארום דינה קדם ייי הוא
016 Dt33:16 דה{א}‹ו›א מלך ושליט בארעא דמצרים וזהיר
017 Gn39:09 לית רב ושליט בביתה הדין מני ולא חסך
018 Gn39:02 בעבדא טבא והוה רב ושליט בביתיה דרבוניה מצרייה:
019 Gn45:08 לכל אנשי בייתי׳ ושליט בכל ארעא דמצרים:
020 Ex34:24 ולא יתחמ«ד» גבר מלך ושליט ית ארעכון במיסק לכון
021 Ex 7:01 חמי דמניית יתך רב ושליט לפרעה ואהרן אחוך יהווי
022 Nu24:17 מן דבית יעקב ופרוק ושליט מן דבית ישראל ויקטל
023 Gn23:06M מנן רבונן רב/הא רב ושליט#2#/ מן קדם ייי את בינינן
024 Gn27:29 בנוי דישמעל הווי רב ושליט על אחך כל בניה דקטור׳
025 Gn41:41 חמי דמניית יתך רב ושליט על כל ארעא דמצרים:
026 Gn41:43 בשנייה ומני יתה רב ושליט על כל ארעא דמצרים:
027 Gn49:26 קדקדא דגברא חסידא דרב ושליט על ארעא דמצרים וזהיר
028 Ex 2:14 מן שוי יתך לגבר רב ושליט עלינן הא מקטל יתי את אמר
029 Dt 7:24M יקום \מלך ושלטן /רב ושליט קדמיכון#2#/ באפיכון
030 Dt11:25M ודחלתכון ישווי /רב ושליט קודמיכון אמתכון ודחלתכון
031 Gn27:37 ואמר לעשו הא רב ושליט שויתי יתה לך וית כל אחוי
032 שליטא s em/sf Gn37:36 יתיה למצראי לפוטיפר שליטא דפרעה רב ספקליטוריה:
033 Gn39:01 וזבין יתיה פוטיפר שליטא דפרעה רב אספקלטריה גבר
034 שליטה Gn40:07M ושאל ית שליטוי/שליטה#2#/ דפרעה דעמיה במטרא
035 שליטין p abs Gn48:19 יתקף מנה ובנוי יהוון שליטין באמיא:
036 Gn44:18 היך מה דאת ופרעה רבך שליטין בארעא דמצרים כן אנה
037 Gn44:18 כן אנה ויעקב אבה שליטין בארעא דכנען:
038 Gn50:01M דבית עשו תמן קיימין שליטין מן דבית יעקב תמן קאים
039 ושליטין Gn44:18 ארום ^אוף#2#^ מלכין ושליטין אנן כוותך בארעא דכנען
040 שלטוי p em/sf Gn20:08 אבימלך בצפרא וקרא לכל שלטוי ומלל ית «כל» פתגמי«א»
041 שליטוי Gn40:07 ושאל ית שליטוי דפרעה דעמיה במטרא בבייתיה
042 Gn50:07 ית אבוי וסלקו עמיה כל שליטוי דפרעה אפיטרופוי ארעא

|  |  |  |  |  |  |
|---|---|---|---|---|---|
| 043 | | Ex 9:20 | מן דחל מן קדם ייי מן | שליטוי | דפרעה ערק ית עבדוי וית |
| 044 | | Ex11:03 | בארעא דמצרים באפיה | שליטוי | דפרעה ובאפי עמא: |
| 045 | | Ex 7:20 | די בנהרא קדם פרעה וקדם | שליטוי | ואתהפכו כל מיא נהרא לדמא: |
| 046 | | Ex 8:20 | בפלטורין דפרעה ובבתי | שליטוי | ובכל ארעא דמצרים אתחבלת |
| 047 | | Ex 8:25 | ית ערברובא מן פרעה ומן | שליטוי | ומן עמא למחר לחוד לא יוסף |
| 048 | | Ex 8:27 | ועבר ערברובא מפרעה ומן | שליטוי | ומעממא לא אשתייר אף לא |
| 049 | | Gn41:10 | פרעה רגז על | {פ}<ש>ליטוי | ושוי יתי במטרא בבייתה |
| 050 | | Ex 5:21 | ביש באפי פרעה ובאפי | שליטוי | למתן חרבא בידיהון למקטליה |
| 051 | | Gn40:02 | ורגז פרעה על תרין | שליטוי | על רב מזוגיא ועל רב |
| 052 | שליטיא | Gn43:14 | לכון רחמין קדם | שליטיא | וישלח לכון ית אחוכון חרנא |
| 053 | דשליטוי | Ex10:01 | ית לביה וית לביהון | דשליטוי | מן בגלל למשוייה ניסיא |
| 054 | ושליטוי | Ex 9:34 | ואתוקף לביה הוא | ושליט«וי»: | |

## שליל adj. chained [553 s.v. שלל vb.]

|  |  |  |  |  |  |
|---|---|---|---|---|---|
| 001 | שלילן p abs | Nu21:29 | כמוש מסר בניהון | שלילן | בקולריא ובנתהון בשבייתה |

## שלינונין n. pelican [553]

|  |  |  |  |  |  |
|---|---|---|---|---|---|
| 001 | שלינוניה s em/sf | Dt14:17 | וקקה וית שרקרקה וית | שלינוניה: | |
| 002 | שלוי נוניה | Lv11:17 | וית צדיה וית | שלוי נוניה | וית קיפופה: |

## שלל vb. ⇐ שליל adj.

## שלם vb. to be complete [554]

|  |  |  |  |  |  |
|---|---|---|---|---|---|
| 001 | שלימו peal | Gn15:16 | יחזרון להכ׳ ארום לא | שלימו | חוביהון דאמוראי עד כען: |
| 002 | שלם | Nu 6:13M | ית יומי /ביומא די | שלם | יומא#2#/ נזירותיה ייתי |
| 003 | | Gn47:15 | ולמה נמות כלקבלך ארום | שלם | כספא: |
| 004 | | Gn47:16 | ואתן לכון בבעירכון אן | שלם | כספא: |
| 005 | | Gn47:18 | נשקר מרבוני ארום אלהן | שלם | כספא ועגה ובעירא לרבוני |
| 006 | שלמין | Nu 6:05 | לא יעלה על רישיה עד די | שלמין | יומיא די יתנזר קדם ייי |
| 007 | ישל׳ | Lv 8:33M | יומין עד די | תשלמון/ישל׳#2#/ | יומי אשלמותכון |
| 008 | ישלם | Lv25:30M | יתפרק עד זמן די | תשלם/ישלם#2#/ | לה שנה שלימה ויקום |
| 009 | | Ex12:42 | תליתיא לילי רביעיא כד | ישלם | עלמא קציה למתפרקא נירי |
| 010 | ישלמון | Gn50:03 | ארבעין יומין ארום כדין | ישלמון | יומי חנוטיה ובכון יתיה |
| 011 | | Lv12:06 | וכד | ישלמון | יומי דכותה לבר דכר או |
| 012 | | Dt20:12M | ואן לא \תשלם לכון | /ישלמון | עמכון#2#/ ותסדר |
| 013 | תשלם | Lv25:30 | ואן לא יתפרק עד זמן די | תשלם | לה שנה שלימה ויקום ביתה די |
| 014 | | Ex29:35M | יומין \תשלמון ית קרבן | /תשלם | קרבן#2#/ ידיהון: |
| 015 | תשלמון | Ex23:26 | בארעך ית מניין יומכון | תשלמון | בשלם: |
| 016 | | Lv 8:33 | תפקון שבעה יומין עד די | תשלמון | יומי אשלמותכון ארום שבעה |
| 017 | דשלמון | Nu 6:13 | דנז«י»רה ביומא | דשלמון | ית יומי נזירותיה ייתי |
| 018 | דישלימון | Lv12:04 | לא תיעול עד זמן | דישלימון | יומי דכיתה: |
| 019 | דישלמו | Nu 6:05M | על רישיה עד \די | שלמין/דישלמו#2#/ | יומיא די יתנזר |
| 020 | דתשלם | Lv25:29 | שור ותיהוי פרקוניה עד | דתשלם | שנת זבוניה יומין במניין |
| 021 | ושלימו | Gn21:15 | | ושלימו | מיא מן זיקא וטלקת ית טליא |
| 022 | ושלם | Gn47:15 | | ושלם | כספא מן ארעא דמצרים ומן |
| 023 | ושלמו | Gn50:03 | | ושלמו | לה ארבעין יומין ארום כדין |
| 024 | | Ex 7:25 | | ושלמו | שבעת יומין מן בתר דמחה |
| 025 | ושלמון | Gn41:53 | | ושלמון | שבעתי שני שבענא די הוין |
| 026 | ושלמת | Ex39:32 | | ושלמת | כל עבדת משכנה משכן זימנא |
| 027 | | Gn47:18 | | ושלמת | שתא ההיא ואתן לוותיה בשתה |
| 028 | וישלם | Lv16:20 | | וישלם | מן למכפרה ית קדשה וית |
| 029 | שלמא pael | Ex22:02 | חובת שפיכות אדם זכיי | שלמא | ישלם אן לית ליה ויזדבן |
| 030 | שלמתון | Gn44:04 | ותימר להון למה כען | שלמתון | בישן חלף טבן: |
| 031 | אשלם | Dt32:41 | ולבעלי דבביהון דעמי | אשלם | להון גמלין בישין: |
| 032 | ישלם | Ex22:03 | א«י»מר בחיין בכפלא | ישלם: | |
| 033 | | Ex22:04 | חקליה ובית שפר כרמא | ישלם: | |
| 034 | | Ex22:10 | דחבריה ויקבל מריה ולא | ישלם: | |
| 035 | | Ex22:12 | ייתון סהדין קטילא לא | ישלם: | |
| 036 | | Ex22:12M | חיבא דתבירא ולא | ישלם#2#/: | |
| 037 | | Ex22:13 | מרה לית עמיה משלמא | ישלם: | |
| 038 | | Ex22:14 | אם מריה עמי׳ לא | ישלם | אין אגיר הוא אתקבל באגרא: |
| 039 | | Ex22:02 | שפיכות אדם זכיי שלמא | ישלם | אן לית ליה ויזדבן בגנבתה: |
| 040 | | Ex22:06 | אין ישתכח גברא גנבא | ישלם | בכפלא: |
| 041 | | Ex22:08 | ית מן די יחייבון דייניא | ישלם | בכפלא לחבריה: |
| 042 | | Lv 5:16 | מה די אתחייב מן קדשיה | ישלם | וית חומשי׳ יוסף עלוי ויתן |
| 043 | | Lv24:18 | ומן די קטל נפש דבעיר | ישלם | יתה נפש תשלומי נפש: |
| 044 | | Lv24:21 | ומן די קטול בעיר | ישלם | יתה ומה דיקטול בר נש |
| 045 | | Ex21:34 | מרא דגובא | ישלם | כסף יחזר למרוי והדא דמיתה |
| 046 | | Ex22:11M | ישלם למריה /מן גב׳ | ישלם | למרוי#2#/: |
| 047 | | Ex22:11 | ואין גנוב יתגנב מניה | ישלם | למריה: |
| 048 | | Ex22:05 | או קמתא או חקלא משלמא | ישלם | מן דמוקד ית יקדתיה: |
| 049 | | Ex21:36 | ולא ינטר יתה מריה משלמא | ישלם | תור תחות תור והנייתה דמיתא |
| 050 | | Ex21:37 | או יזבן יתיה חמשה תורין | ישלם | תחות תורא וארבע ען תחות |
| 051 | משלם | Gn31:39 | מן מניינה אנה הוינא | משלם | יתה מני את תבע יתה מה |
| 052 | | Gn31:39 | מתכלא בליליא אנה הוינא | משלם | יתהון: |
| 053 | | Dt 7:10 | אנון יהיבין בעלמא הדין | משלם | להון אגר מצוון קליל{י}ן |
| 054 | משלמא | Ex21:36 | ולא ינטר יתה מריה | משלמא | ישלם תור תחות תור והנייתה |
| 055 | | Ex22:05 | גדישין או קמתא או חקלא | משלמא | ישלם מן דמוקד ית יקדתיה: |
| 056 | | Ex22:13 | או ימות מרה לית עמיה | משלמא | ישלם: |
| 057 | משלמה | Gn50:19 | לא תדחלון ארום מני הוא | משלמה | לכון בישתא דעבדתון לי הלא |
| 058 | דמשלם | Dt32:35 | היא נקמתה ואנה הוא | דמשלם | לעדן די תימוט רגליהון |
| 059 | וישלם | Lv 5:24 | עלוהי לשקר | וישלם | יתה בקרנא וחומשוי יוסף |
| 060 | | Lv 5:24M | לשק׳ וישלם/לשלם | וישלם#2#/ | יתה בקרנא וחומשוי |
| 061 | ומשלם | Dt 7:10 | | ומשלם | לשנאוי בעלמא הדין אגר |
| 062 | למשל׳ | Dt 7:10M | דאתי ולא משהי | למשל{ו}<ם> | לסנאוי אגר מצוון קלילן |
| 063 | למשלמא | Dt23:22 | ייי אלהכון לא תשהון | למשלמא | יתיה ארום מתבע יתבע יתיה |
| 064 | אש׳ afel | Gn15:16M | להכ׳ ארום לא | שלימו/אש#2#/ | חוביהון דאמוראי עד |
| 065 | אשלימו | Gn24:22 | והוה כד | אשלימו | גמליא למשתי ונסב גברא |
| 066 | | Ex36:06M | בית קודשא | ואתכלון/אשלימו#2#/ | עמא מן למיתה |
| 067 | | Ex32:29 | ואמר משה | אשלימו | קרב{ו}<ן> ידיכון יומא |
| 068 | אשלימני | Gn29:21 | הב לי ית אתתי «ארי | אשלימני» | יומי פלחני ואיעול |
| 069 | אשלם | Gn27:30 | והוי כד | אשלם | יצחק למברכה ליעקב והוה |
| 070 | | Lv 1:01 | והוה כד | אשלם | משה למקמה ית משכנה ורבי |
| 071 | | Dt31:24 | והוה כד | אשלם | משה למכתב ית ׳כל#2#׳ מילי |
| 072 | | Dt31:24 | הדה בגו ספר עד זמן די | אשלם | יתהון: |
| 073 | | Dt 1:36 | די דרס בה ולבנוי חלף די | אשלם | למימר טב בתר מימרה דייי: |
| 074 | | Nu16:31 | והוה כד | אשלם | למללא ית כל פיתגמיה |
| 075 | | Ex31:18 | ויהב למשה כד | אשלם | למללה עמיה בטור׳ דסיני |
| 076 | | Gn18:33 | שכינ«תיה» דייי כד | אשלם | לממללא עם אברהם ואברהם |
| 077 | | Gn24:15 | והוה הוא קדם עד לא | אשלם | לממללא והא רבקה נפקת די |
| 078 | | Ex12:42M | <רבי׳ עאה#2#/ כד | ישלם/אשלם#2#/ | \עלמא קציה/קצא |
| 079 | | Ex35:35 | | אשלם | עמהון חכמה בלבהון למעבד כל |
| 080 | | Gn29:27 | | אשלם | שבעתי יומי משתותא דא ואתן |
| 081 | אשלמו | Nu32:12 | ויהושע בר נון ארום | אשלמו | בתר ממרה דייי: |
| 082 | | Gn43:02 | והוי כדי | אשלמו | למיכל ית עיבורא די אייתון |
| 083 | | Ex 5:13 | ודחקו דחקין למימר | אשלמו | עבידתכון סכום יום ביומא |

|  |  |  |  |  |  |
|---|---|---|---|---|---|
| 084 | | Nu 3:03 | כהניה די מרבין די | אשלמו | קרבן ידיהון למשמשה בכהנתה |
| 085 | אשלמית | Ex28:03 | עם כל חכימא ליבא די | אשלמית | עמהון רוח חכמה ויעבדון ית |
| 086 | אשלמת | Gn24:45 | אנא קדם עד לא | אשלמת | למללה עם לבי והא רבקה |
| 087 | אשלמתון | Ex 5:14 | למימר מן בגלל מה לא | אשלמתון | סכומכון למלבן לא היך |
| 088 | ישלם | Lv 8:33 | ארום שבעה יומין | ישלם | ית קרבן ידיכון: |
| 089 | | Lv16:32 | {דכי} ^רבי#2#^ יתיה ודי | ישלם | ית קרבן ידוי למשמשה |
| 090 | ישלמון | Lv 8:33M | ארום שבעה יומין | ישלם/ישלמון#2#/ | ית קרבן ידיכון: |
| 091 | | Nu 6:13M | \ביומא דשלמון/^די | ישלמון#2#^/ | ית יומי /ביומא די שלם |
| 092 | | Gn24:19 | אף לגמלך אמלא עד זמן | ישלמון | למישתי: |
| 093 | | Dt20:09 | ויהון כד | ישלמון | סרכייה לממללה עם עמא |
| 094 | תשלם | Dt33:07 | דיהודה ולוות עמיה | תשלם | יתיה מן סדרי קרבה בשלם |
| 095 | | Dt20:12 | ואן לא | תשלם | לכון ותסדר לקבליכון סדרי |
| 096 | תשלמון | Ex29:35 | דפקדית יתך שבעה יומין | תשלמון | ית קרבן ידיהון: |
| 097 | | Dt26:12 | ארום | תשלמון | למעשרה ית כל מעשר |
| 098 | משלמין | Dt 5:09 | ועל דר רביעיי כד | משלמין | בחטא קדמיי לשנאיי: |
| 099 | | Ex20:05 | כד יהוון בן{מ}<נ>ייא | משלמין | בחטאה בתר אבהתהון להון אנה |
| 100 | דא' | Dt 1:36M | /לזרעיית בנוי אלף | דא'#2#/ | למימר טב בתר מימרה |
| 101 | דאש' | Lv 1:01M | והוה \כד אשלם /כיון | דאש'#2#/ | משה למקמה ית משכנה |
| 102 | | Ex31:18M | \כד אשלם /כיון | דאש'#2#/ | למללה עמיה בטור/מן |
| 103 | דאשלימו | Nu16:31M | \כד אשלם /כיון | דאשלימו#2#/ | למללא ית כל פיתגמיה |
| 104 | דאשלם | Nu 7:01 | והוה ביומא | דאשלם | משה ל{א}«מ»קמה ית |
| 105 | | Dt31:30 | מלי שירתה הדה עד זמן | דאשלם | יתהון: |
| 106 | ואש' | Nu14:24M | רוח דחכמה שרייה עלוי | ואש' | |
| 107 | ואשלימו | Ex39:10 | | ואשלימו | בה ארבעה סדרין דאבן טבה |
| 108 | | Gn25:24 | | ואשלימו | יומההא למילד והא תאומין |
| 109 | | Dt34:08 | דמואב תלתין יומין | ואשלימו | יומי בכיתה אבלה דמש': |
| 110 | ואשלם | Gn49:33 | | ואשלם | יעקב למפקדא ית בנוי וכנש |
| 111 | | Ex34:33 | | ואשלם | משה מן למללה עמהון ויהב |
| 112 | | Ex40:33 | ושווי ית פרס תרע דרתה | ואשלם | משה ית עבדתה: |
| 113 | | Dt32:45 | | ואשלם | משה למללה ית כל פתגמייא |
| 114 | | Nu14:24 | די הוות רוח דקדש עמה | ואשלם | בתר ממרי ואעל יתה לארעא |
| 115 | | Gn 2:02 | | ואשלם | ממריה דייי ביום' שביעיא |
| 116 | | Gn17:22 | | ואשלם | מן למללה עמה ואסתלק' איקר |
| 117 | | Gn29:28 | ועבד יעקב כן | ואשלם | שבעתי יומי משתותא דא |
| 118 | ואשלמ | Ex35:31 | | ואשלמ{ת} | עמה רוח דקדש מן קדם ייי |
| 119 | ואשלמ' | Gn24:19 | | ואשלמ' | למשקייה יתה ואמרת אף |
| 120 | ואשלמו | Gn 2:01 | | ואשלמו | ברית שמ«י»א וארעא וכל |
| 121 | ואשלמת | Ex31:03 | | ואשלמת | עמיה רוח דנב{י}<ו> קרב |
| 122 | וישלם | Nu 4:15 | | וישלם | אהרן ובנוי למכסיה ית |
| 123 | | Lv21:10 | ראשה מן משחה דרבותה | וישל«ם» | ית קרבן ידוי למלבש ית |
| 124 | ותשלם | Ex28:17 | | ותשלם | ביה אשלמיה דאבן ארבעה |
| 125 | | Ex28:41 | עמיה ותרבי{ה} יתהון | ותשלם | ית קרבן ידיהון ותקדש |
| 126 | | Ex29:09 | כהונתה לקיים עלם | ותשלם | קרבן ידוי דאהרן וקרבן |
| 127 | ולמשלמה | Ex29:29 | בתרוי למתרבי בהון | ולמשלמה | בהון ית קרבן ידיהון: |
| 128 | למשלמה | Ex29:33 | יתהון די יכפר בהון | למשלמה | ית קרבן ידיהון למקדשא |

## שלם *adj.* whole [554]

|  |  |  |  |  |  |
|---|---|---|---|---|---|
| 001 | של' s ab/cn | Lv23:12M | שלם מן מום לעלה לשמה | /של' | דכר בר שתה לעולה קודם#2#/ |
| 002 | שלים | Gn23:09 | די בסייפיה חקליה בכסף | שלים | יזבן יתה לי ביניכון לאחסנו |
| 003 | | Gn23:11 | די בסייפי' חקליה בכסף | שלים | יזבן יתה לי ביניכון לאחסנו |
| 004 | שלימה | Lv25:30 | עד זמן די תשלם לה שנה | שלימה | ויקום ביתה די בקרתה דלה |
| 005 | שלם | Gn17:01 | פלח קדמי בקשטא והוה | שלם | בעבדא טבא: |
| 006 | | Gn25:27 | חקלין ויעקב הוה גבר | שלם | בעבדא טבא יתיב בבתי מדרשא: |
| 007 | | Gn33:18 | ואתא יעקב | שלם | בעבדא טבא לכרכה דשכם די |
| 008 | | Gn 6:09 | דנח נח גבר צדיק | שלם | בעבדה טבא הוו בדרוי קדם |
| 009 | | Gn25:27M | חרבך תחיה ויעקב גבר | שלם | בעובדא טבא יתיב ומשמש |
| 010 | | Gn43:27 | ושאל להון בשלם ואמר הא | שלם | הוא אבוכון סבא דאמריתון הא |
| 011 | | Lv22:21 | או נסיבה בתורין או בען | שלם | יהי ברעווה כל <מומה> לא |
| 012 | | Ex12:05 | אמר | שלם | מן מום דכר בר שתא יהווי |
| 013 | | Lv 1:03 | עלה קרבנה לשמה דייי דכר | שלם | מן מום יקרב יתיה לרעוה |
| 014 | | Lv 1:10 | גדיא דבני עזיה לעלא דכר | שלם | מן מום יקרב יתיה: |
| 015 | | Lv 3:01 | מקרב אין דכר אין נוקבה | שלם | מן מו' יקרב יתיה קדם ייי: |
| 016 | | Lv 3:06 | לשמה דייי דכר או נקבה | שלם | מן מום יקרב יתיה: |
| 017 | | Lv 4:03 | די אתחייב תור בר תורין | שלם | מן מום לשמה דייי לחטאת: |
| 018 | | Lv 4:23 | קרבניה צפיר בר עזין דכר | שלם | מן מום: |
| 019 | | Lv 5:15 | ית אשמיה קדם ייי דכר | שלם | מן מום מן ענה ב«ע»לויה |
| 020 | | Lv 5:18 | וייתי אמר דכר | שלם | מן מום מן ענה בעלויה לאשמה |
| 021 | | Lv 5:25 | אשמה ייתי לשמה דייי דכר | שלם | מן מום מן ענה בעלויה לאשמה |
| 022 | | Lv22:19 | לרעווה עליכון דכר | שלם | מן «מום» בתורייה באמרייה |
| 023 | | Lv23:12 | ית עומרה אמר בר שתיה | שלם | מן מום לעלה לשמה דייי: |
| 024 | | Nu 6:14 | לעלה ואימרה חדה ברת שתה | שלם | מן מום לחטאתה ודכר חד שלם |
| 025 | | Nu 6:14 | מן מום לחטאתה ודכר חד | שלם | מן מום לנכסת קודשיא: |
| 026 | | Nu 6:14 | קדם ייי אמר בר שתה | שלם | מן מום חד לעלה ואימרה חדה |
| 027 | שלמא | Gn24:55M | או עשרה יומין /דשתא | שלמא | או עשר ירחי' יומין#2#/ |
| 028 | שלמה | Nu19:02 | וייתון לוותך תורא סמוקה | שלמה | די לית בה מום די לא סלק |
| 029 | | Lv 3:09M | לשמה דייי תרבה וניעה | שלמה | לוקבל עצייה {ו}<י>עבד |
| 030 | | Lv 4:32 | ייתי קרבניה לחטאתה נקבה | שלמה | מן מום ייתי יתה: |
| 031 | | Lv14:10 | מום ואמרה חדה ברת שת' | שלמה | מן מום ותלתה עשרנין סלת |
| 032 | | Lv 4:28 | ית קרבניה צפירת בר עזין | שלמה | על חובתיה די אתחייב: |
| 033 | שלמא s em/sf | Ex24:03M | חד ואמרין /כחדא בלבא | שלמא | ואמ'#2#/ כל פתגמיא די |
| 034 | | Ex19:08 | וענון כל עמא כחדא בלבא | שלמא | ואמרי' כל מה דמלל ייי נעבד |
| 035 | שלמה | Gn22:06 | ואזלו תריהון כחדא בלבה | שלמה: | |
| 036 | | Gn22:08 | ואזלו תריהון כחדא בלבה | שלמה: | |
| 037 | | Dt 5:29 | לווי מן יתן ויהוי לבה | שלמה | ^הדין#2#^ להון למדחול |
| 038 | | Dt 6:04 | שבטוי דיעקב כחדה בלבה | שלמה | ואמרין שמע מנן ישראל |
| 039 | | Dt13:05 | וקדמוי תפלחון בלבה | שלמה | ובאולפן אורייתה תדבקון: |
| 040 | שלמתה | Lv 3:09 | קדם ייי תרב{ת}ה אליתה | שלמתה | לקבל שזרתה ועבד יתה ית |
| 041 | שלמים p abs | Lv 9:02 | תורין לחטתה ודכר לעלתה | שלמים | מן מום וקרב קדם ייי: |
| 042 | | Lv 9:03 | ועגל ואמר בני שת{י}הון | שלמים | מן מ' לעלה: |
| 043 | | Nu28:19 | ושבעה אמרין בני שתהון | שלמים | מן מום יהוון לכון: |
| 044 | | Dt18:13M | עמי בני ישראל | שלמין/שלמים#2#/ | תהוון בעבדה טבה עם |
| 045 | שלמין | Gn34:21 | גבריא האילין | שלמין | בעבדא טבא עמן וישרון |
| 046 | | Dt25:15 | מתקלין | שלמין | וקשיטין יהווי לכון מכלן |
| 047 | | Lv23:15 | דאנפות«ה» שבע שבין | שלמין | יהווין: |
| 048 | | Ex29:01 | בר תורין ודכרין תרין | שלמין | מן מו«ם»: |
| 049 | | Lv 3:06M | דייי דכר או נקבה | שלם/שלמין#2#/ | מן מום יקרב יתיה: |
| 050 | | Lv14:10 | תמניא יסב תרין אמרין | שלמין | מן מום ואמרה חדה ברת שת' |
| 051 | | Lv22:21M | שלם יהי ברעווה /בענא | שלמין | מן מום יהוון לרעווה#2#/ |
| 052 | | Lv23:18 | שבעה אמרין בני שתיהון | שלמין | מן מום ותור בר תורין חד |
| 053 | | Nu28:03 | ייי אמרין בני שתהון | שלמין | מן מום תרין בכל יום |
| 054 | | Nu28:09 | תרין אמרין בני שתהון | שלמין | מן מום ותרין עשרונין סלת |
| 055 | | Nu28:11 | אמרין בני שתהון <שבעה> | שלמין | מן מום: |
| 056 | | Nu28:31 | דתמידה ומנחתה תקרבון | שלמין | מן מום יהוון לכון |
| 057 | | Nu29:02 | אמרין בני שתהון שבעה | שלמין | מן מום: |
| 058 | | Nu29:08 | אמרין בני שתהון שבעה | שלמין | מן מום יהווי לכון: |
| 059 | | Nu29:13 | בני שתהון ארבעת עשר | שלמין | מן מום יהוון: |
| 060 | | Nu29:17 | בני שתהון ארבעת עשר | שלמין | מן מום: |
| 061 | | Nu29:20 | בני שתהון ארבעת עשר | שלמין | מן מום: |

|  |  |  |  |  |  |
|---|---|---|---|---|---|
| 062 | | Nu29:23 | בני שתהון ארבעת עשר | שלמין | מן מום: |
| 063 | | Nu29:26 | בני שתהון ארבעת עשר | שלמין | מן מום: |
| 064 | | Nu29:29 | בני שתהון ארבעת עשר | שלמין | מן מום: |
| 065 | | Nu29:32 | בני שתהון ארבע עשר | שלמין | מן מום: |
| 066 | | Nu29:36 | אמרין בני שתהון שבעה | שלמין | מן מום: |
| 067 | | Dt18:13 | עמי בני ישראל | שלמין | תהוון בעבדה טבה עם ייי |
| 068 | שלמן | Dt27:06M | \טבין שלמן מן מום | /שלמן | וטבן#2#/ תבנון ית מדבחה |
| 069 | | Dt25:15 | וקשיטין יהווי לכון מכלן | שלמן | וקשיטין יהווי לכון מן בגלל |
| 070 | | Dt27:06 | אבנין טבין | שלמן | מן מום תבנון ית מדבחה דייי |

## peace *n.* שלם [554]

|  |  |  |  |  |  |
|---|---|---|---|---|---|
| 001 | שלם s ab/cn | Ex23:02 | ואמר מן בתר סגיא דינא | שלם: | |
| 002 | | Nu25:12 | הא אנה יהב לה ית קיימי | שלם: | |
| 003 | | Gn29:06 | להון הא שלם ליה ואמרין | שלם | והא רחל ברתיה אתייא עם |
| 004 | | Dt29:18 | במחשבת ליביה למימר | שלם | יהווי לי ארום בקשיטות ליבי |
| 005 | | Gn29:06 | ואמר להון הא | שלם | ליה ואמרין שלם והא רחל |
| 006 | | Gn43:23 | ואמר | שלם | לכון לא תדחלון אלה{ת}כון |
| 007 | | Gn43:28 | ואמרין | שלם | לעבדך אבונן הא הוא בחיין |
| 008 | | Dt20:11 | ויהווי אין | שלם | תענה יתכון ותפתח לכון |
| 009 | בשלום | Gn19:02M | ותזלון/בצפרא ותזלון | בשלום | למשכניכון#2#/ לארחכון |
| 010 | בשלים | Gn25:08M | ומית אברהם | בשיבו/בשלים#2#/ | {ס}<ט>בא סב ושביע |
| 011 | בשלם | Dt32:50 | לוות עמך היך מה דאתכנש | בשלם | אהרן אחוך בהור טורא |
| 012 | | Gn26:31 | יצחק ואזלו מן לוותיה | בשלם: | |
| 013 | | Ex 4:18 | ואמר יתרו למשה אזל | בשלם: | |
| 014 | | Ex18:23 | האלין לאתריהון יעלון | בשלם: | |
| 015 | | Ex23:26 | מניין יומכון תשלמון | בשלם: | |
| 016 | | Gn26:29 | עמך טבן ושלחנן יתך | בשלם | את הוא מן כדון בריכה דייי: |
| 017 | | Dt32:50 | ותתכנש | בשלם | בטורא דאת עליל לתמן ותתכנש |
| 018 | | Nu27:17 | יעל יתהון מן סדרי קרבא | בשלם | דלא תיהווי כנשתה דייי כעין |
| 019 | | Gn43:27 | ושאל להון | בשלם | ואמר הא שלם הוא אבוכון סבא |
| 020 | | Dt33:07 | תשלם יתיה מן סדרי קרבה | בשלם | ידוי יתפרען לה מן |
| 021 | | Gn28:21 | ואחזר | בשלם | לביתיה דאבה ויהווה ייי לי |
| 022 | | Gn44:17 | יהוי לי עבד ואתון סקון | בשלם | לוות אבוכון: |
| 023 | | Dt32:50 | אחוך בהור טורא ואתכנש | בשלם | לוות עמיה: |
| 024 | | Dt32:50 | דאת עליל לתמן ותתכנש | בשלם | לוות עמך היך מה דאתכנש |
| 025 | | Gn49:19M | ומן בתר כן יחזרון | בשלם | למשכניהון |
| 026 | | Dt 5:30 | ואמור להון חזורו לכון | בשלם | למשכניכון: |
| 027 | | Dt 6:04 | דאבונן יעקב למתכנש | בשלם | מן גו עלמא כניש תרין עשרתי |
| 028 | | Dt31:14 | קרבו יומי חייך למתכנשה | בשלם | מן גו עלמא קרא ית יהושע |
| 029 | | Dt32:01 | דמשה נבייא למתכנשה | בשלם | מן גו עלמא חשב משה בליביה |
| 030 | | Dt33:07M | יתיה \מן סדרי קרבה | בשלם/בשלם | מסדרי <ק'>#2#/ ידוי |
| 031 | | Dt31:16 | ייי למשה הא את מתכנש | בשלם | עם אבהתך וקיימין עמה |
| 032 | | Gn15:15 | ואת תתכנש לות אבהתך | בשלם | תקבר בשיבו טבא: |
| 033 | דשלם | Gn34:03 | לבה {ו}<ד>רביתה מלל | דשלם: | |
| 034 | | Gn37:04 | לממללה עמיה מלין | דשלם: | |
| 035 | | Gn50:21 | ומליל על לבביהון מלין | דשלם: | |
| 036 | | Dt20:10 | ותכרזון עלווה מילין | דשלם: | |
| 037 | | Gn43:27M | ושאל להון בשלם/מלין | דשלם#2#/ | ואמר הא שלם הוא אבוכון |
| 038 | | Ex18:07 | ושאלו גבר לחבריה מלין | דשלם | ועלו למשכנה: |
| 039 | | Gn17:07M | לדריהון לקיים\עלם | /דשלם | לכון ל'#2#/ למהווי |
| 040 | | Dt 2:26 | מלכא דחשבון מלין | דשלם | למימר: |
| 041 | | Gn34:03M | {ו}<ד>רביתה/מילין | דשלם | על לבה דטליתא#2#/ מלל |
| 042 | | Dt20:11M | אין \שלם תענה /מילין | דשלם | תעני#2#/ יתכון ותפתח |
| 043 | לש' | Ex 4:18M | יתרו למשה אזל | בשלם/לש'#2#/: | |

|  |  |  |  |  |  |
|---|---|---|---|---|---|
| 044 | לשלם | Lv 5:24M | עלוהי לשק' | וישלם/לשלם | וישלם#2#/ יתה בקרנא |
| 045 | שלמא s em/sf | Gn37:14 | ית שלמיהון דאחיך וית | שלמא | דענא ואתיב יתי פתגם ושלח |
| 046 | | Gn41:16 | מן קדם ייי יתענה ית | שלמא | דפרעה: |
| 047 | שלמה | Lv26:06 | ואתן | שלמה | בארעא ות{ת}<ד>מכון ולית |
| 048 | | Gn16:05 | וידון ביני ובינך ויפרוס | שלמה | ביני ובינך ותתמלא ארעא |
| 049 | | Gn44:18 | קדמך נהוי מרחק מן שאלת | שלמה | דאבה כל יומייא או דלמא דלא |
| 050 | | Gn44:32 | ניהווי מרחק מן שאלת | שלמה | דאבה כל יומיא: |
| 051 | בשלומהון | Gn33:03 | והוא עבר קדמיהון ושאל | בשלומהון | בנימוס ארעא שבעה זמנין |
| 052 | בשלמ' | Gn44:32M | \שאלת שלמה /למשאול | בשלמ'#2#/ | דאבה כל יומיא: |
| 053 | בשלמא | Gn44:18M | \מן שאלת /למשאל | בשלמא#2#/ | שלמה דאבה כל יומייא או |
| 054 | בשלמה | Gn37:07 | כורכותכון ושאלו | בשלמה | דכורכותי: |
| 055 | | Gn48:12M | /מן לוות ברכוי ושאלו | בשלמה | כנימוס ארעא#2#/: |
| 056 | בשלמהון | Gn19:01 | ורהט לקדמותהון ושאיל | בשלמהון | בנימוס ארעא: |
| 057 | | Gn23:11M | וקם אברהם ושאל | בשלמהון | בנימוס ארעא דבני חת |
| 058 | | Gn18:02 | מן תרע משכנה ושאל | בשלמהון | כנימוס ארעא: |
| 059 | בשלמי | Ex11:08 | אלין לוותי וישאלון | בשלמי | למימר פוק את וכל עמא דעמך |
| 060 | בשלמיה | Gn33:07 | לאה ובנהה ושאל«ין» | בשלמיה | <....>: |
| 061 | | Gn33:06 | אינין ובניהון ושאלין | בשלמיה: | |
| 062 | | Gn43:26 | לפלטורין ושאלון | בשלמיה | בנימוס ארעא: |
| 063 | | Ex18:07 | משה לקדמות חמוי ושאל | בשלמיה | ונשק יתיה ושאלו גבר |
| 064 | | Gn42:06 | אחוי דיוסף ושאלו | בשלמיה | כנימוס ארעא: |
| 065 | | Gn44:14 | כען הווה תמן ושאלו | בשלמיה | כנימוס ארעא: |
| 066 | בשלמך | Gn37:10 | אנא ואמך ואחך למשאל | בשלמך | בנימוס ארעא: |
| 067 | | Gn27:29 | ויהוון מקדמין ושאלין | בשלמך | כל בנוי דלבן דהוא אחוי |
| 068 | | Gn43:09 | ניהוי מרחק מן שאלת | בשלמך | כל יומיא: |
| 069 | | Gn49:08 | יהוון מקדמין ושאלין | בשלמך | כל בנוי דאבוך: |
| 070 | שלמיהון p em/sf | Gn37:14 | לו אזל כען וחמי ית | שלמיהון | דאחיך וית שלמא דענא |
| 071 | | Dt23:07 | לא תתבעון | שלמיהון | ולא לטבותהון כל יומי |
| 072 | בשלמיהון | Gn23:07 | וקם אברהם ושאל | בשלמיהון | בנימוס ארעא דבני חת: |
| 073 | בשלמיי | Gn37:09 | וחד עשר כוכבין שאלין | בשלמיי: | |

## Shalmite *adj.* שלמיי [555]

|  |  |  |  |  |  |
|---|---|---|---|---|---|
| 001 | שלמיה s em/sf | Nu24:22 | ארום אן יהווי | שלמיה | לביזה עד כען אשוריי משבי |
| 002 | שלמייה | Nu24:21 | וחמה ית | שלמייה | ונטל במתל נבותה ואמר מה |
| 003 | שלמאי p em/sf | Gn15:19 | וית | שלמאי | וית קניזאי וית מדינחאי: |

## to draw out *vb.* שלף [555]

|  |  |  |  |  |  |
|---|---|---|---|---|---|
| 001 | שלוף peal | Ex 3:05M | שלח מסניך מעלוי/למיתי | שלוף | סנדלך מעליו#2#/ רגליך |
| 002 | שליפה | Nu22:31 | מתעתד באורחה וחרביה | שליפה | בידיה ועקד ואשתטח על |
| 003 | | Nu22:23 | דייי מעתד בארחהו וחרבה | שליפה | בי{ה}<ד>יה וסטת אתנתה מן |
| 004 | שלף | Gn44:18 | רישיה דפרעה רבך דאן | שלף | אנה חרבי מן גווה תיקא לית |
| 005 | שלפי | Lv26:25 | ואגרי בתרכון | שלפי | חרב למתפרעה מנכון על די |
| 006 | | Lv26:33 | באומיה ואגרי בתרכון | שלפי | חרב ותיהוי ארעכון צדי |
| 007 | | Gn31:26M | שביין דערקין מן קדם | שלפי | חרבא |
| 008 | | Lv26:36 | חבר ונתר ויערקון כמקדם | שלפי | חרבה ויפלון ולית דר«ד»ף: |
| 009 | | Lv26:37 | גבר באחוי כמן קדם | שלפי | חרבה ורדף דלית ולא תיהוי |
| 010 | אשלוף | Ex15:09 | מנהון נפשי ומן בתר כדן | אשלוף | ית חרבי ותשיצי יתהו' יד |
| 011 | | Gn44:18 | ולוי בשבועתא אם | אשלוף | סייפי מן תייקא לא אתיבנא |
| 012 | | Gn44:18M | ולוי בשבועתא אם | אשלוף | סייפי מן תייק' לא |
| 013 | דשלפי | Dt25:10 | שמיה בישראל בייתה | דשלפי | סנדלה ומבטלה מצוות יבומה: |
| 014 | ותשלוף | Dt25:09M | לוותיה קדם חכימייה | ותשלוף#2#/ | סנדלה מעילווי רגלה |
| 015 | ותשלף | Dt25:09 | לוותיה לעיני חכימיה | ותשלף | סנדלה מעילווי רגלה ותירוק |

## to boil *vb.* שלק [555]

|  |  |  |  |  |  |
|---|---|---|---|---|---|
| 001 | שליק peal | Ex12:09 | מיניה מהבהב ואף לא | שליק | מבשל במיא ארום אלהן צלי |

## chain *n.* שלשלה [555]

|  |  |  |  |  |  |
|---|---|---|---|---|---|
| 001 | שלשלת s ab/cn | Ex39:15 | ועבדו על חושנה | שלשלת | מתאמין עובד קליעה דהב |

## name *n.* שם [555]

|  |  |  |  |  |  |
|---|---|---|---|---|---|
| 001 | שום s ab/cn | Ex32:25M | קנון/קנין#2/ להון | שם/שום#2/ | ביש לדרי/דרין#2/ |
| 002 | | Dt22:19 | לאבוה דרביתה ארום אפיק | שום | ביש על בתולתה ברת ישראל |
| 003 | | Nu26:46M | \ושמה דברתה | /שום | בר'#2/ דאשר סרח: |
| 004 | שם | Nu27:04 | למה כען יתמנע | שם | אבונן מן גו זרעיתיה ארום |
| 005 | | Gn48:06 | לשמך יהוון {על} על | שם | אחיהון יתקרון באחסנתיהון: |
| 006 | | Lv21:06M | ולא יפסון \שמה דאלההון | /שם | אל'#2/ ארום ית קרבנוי |
| 007 | | Lv24:16M | בפרשותיה \שמה דאלהה | /שם | אל'#2/ בגידופין יתקטל: |
| 008 | | Lv24:15M | ארום יפריש \שמה דאלה | /שם | אלה#2/ בגדפין יקבל |
| 009 | | Lv19:12M | כדן אמר ייי /יתפסון ית | שם | אלהכון כדין אמר ייי |
| 010 | | Dt25:07 | סרב יבמי למקמה לאחוי | שם | בישראל לא צבא למייבמה יתי: |
| 011 | | Ex32:25 | למילוי דאהרן קנון להון | שם | ביש לדרי דרין: |
| 012 | | Dt22:14 | עלילן דמילין ויפק עלה | שם | בישן ויימר ית אתתה הדה |
| 013 | | Gn21:03 | וקרא אברהם ית | שם | בריה דאתיליד ליה די ילדת לה |
| 014 | | Gn15:01M | תניינא ויתחלל בי | שמא/שם#2/ | דשמיי' מן בגין כדין |
| 015 | | Ex 1:21 | מן קדם ייי וקנון להון | שם | טב בגו בית ישראל ועבד להון |
| 016 | | Lv24:16M | ומן די יפרש \שמיה דייי | /שם | ייי#2/ בגדפין מתקטלה |
| 017 | | Ex23:21M | \שמי קדישא אתקרי עלוי | /שם | מימרי מין{י}<ת>קרי עלוי#2/ |
| 018 | | Lv24:16M | ודמבזה | שם | מימריה דייי מתק' |
| 019 | | Ex28:17 | חדתה וכתיב ומפרש עליהון | שם | תלתא שבטין ראובן שמעון |
| 020 | | Ex28:18 | וכתיב ומפרש עליהון | שם | תלתא שבטין יהודה יששכר |
| 021 | | Ex28:19 | וכתיב ומפרש עליהון | שם | תלתא שבטין דן ונפתלי גד |
| 022 | | Ex28:20 | וכתיב ומפרש עליהון | שם | תלתא שבטין אשר יוסף |
| 023 | | Ex39:10 | חדה וכתיב ומפרש עליהון | שם | תלתא שבטין ראובן שמעון |
| 024 | | Ex39:11 | וכתיב ומפרש עליהון | שם | תלתה שבטין יהודה יששכר |
| 025 | | Ex39:12 | וכתב ומפרש עליהון | שם | תלתה שבטין דן ונפתלי |
| 026 | | Ex39:13 | וכתיב ומפרש עליהון | שם | תלתה שבטין אשר יוסף |
| 027 | בש' | Gn 4:26 | טעון ומכניין יתהון | בש' | ממרה דייי: |
| 028 | בשום | Ex31:02M | דדכרית וקריית | בשום | טב מן יומי עלמא |
| 029 | | Dt18:20 | יתיה לממללא ודי ימלל | בשום | טעוון אחרניין ויתקטל נבייא |
| 030 | בש' | Ex23:01M | לא ישתב' חד מנכון | בש' | ממרי' דייי אלהכון לשקר |
| 031 | בשם | Ex33:12 | אמרת חמי דמניית יתך | בשם | דרבן ולחוד אשכחת חן וחסד |
| 032 | | Ex33:17 | וחסד באפי ומניית יתן | בשם | דרבן: |
| 033 | | Ex35:30 | ישראל חמו דמני ייי | בשם | דרבן בצלאל בן אור בר |
| 034 | | Ex31:02 | חמי משה דמנית וקראת | בשם | טב דרבן בצלאל בר אורי בר |
| 035 | | Ex33:12M | אמרתי חכמית יתך | בשם | טב ולהוד |
| 036 | | Ex33:17M | /קודמוי ואודעת יתך | בשם | טב#2/: |
| 037 | | Ex35:30M | רבי מימריה ייי וקרא | בשם | טב בצ' |
| 038 | | Gn33:20 | תמן מדב«ח» וצלי תמן | בשם | ייי אלהא דישראל: |
| 039 | | Dt 9:23 | אלהכון ולא היימנתון | בשם | מימרה דייי קדישה ולא |
| 040 | | Dt18:05 | שבטיכון למקום למשמשה | בשם | מימרה דייי קדישא הוא ובנוי |
| 041 | | Dt18:07 | וישמש | בשם | מימרה דייי אלהיה ככל אחוי |
| 042 | | Ex17:15 | ובנה משה מדבח וצלי תמן | בשם | מימרי דייי דעבד ליה ניסין: |
| 043 | | Nu20:12 | חלף די לא היימנתון לי | בשם | מימרי למקדשה שמי לעיני בני |
| 044 | | Ex34:05 | לוותיה תמן וצלי תמן | בשם | מימריה דייי: |
| 045 | | Nu21:05M | למה /ואשתעי{ן}<ו> עמא | בשם | מימריה דייי ובמשה למ'#2/ |
| 046 | | Dt11:22M | ית \אולפן אורייתה | /בשם | מימריה#2/ דייי אלהכון |
| 047 | | Ex32:13 | עבדיך די קיימת להון | בשם | מימרך ומללת עמהון אסגי ית |
| 048 | | Gn15:06 | והיימן אברם | בשם | ממרא דייי ואתחשבת ליה |
| 049 | | Gn 4:26M | נוכראה ולמכניה יתיה | בשם | ממ<רה דייי> |
| 050 | | Gn13:04 | בקדמיתא וצלי תמן אברם | בשם | ממרה דייי: |
| 051 | | Nu21:07M | חטינן ארום מללנן | בתר/בשם#2/ | ממרה דייי ועליך |
| 052 | | Dt 1:32 | הדין לית אתון מהימנין | בשם | ממרה דייי אלהכון: |
| 053 | | Dt10:08 | למשמשה קדמוי ולמברכה | בשם | ממרה קדישה עד זמן יומא |
| 054 | | Dt18:22 | די יימלל נבייא | בשם | ממרה דייי ולא יהווי פתגמא |
| 055 | | Gn40:23M | יהוי גברא די יתרחיץ | בשם | ממרי' דייי וישווי ממרה |
| 056 | | Gn21:33 | למרי עלמא ופלח וצלי | בשם | ממרי דייי אלהה דעלמא: |
| 057 | | Gn26:25 | ובנה תמן מדבח וצלי | בשם | ממרי דייי ופרס תמן משכניה |
| 058 | | Nu14:11 | אימתי לא יה«יי»מנון | בשם | ממרי בכל ניסי פרישתי די |
| 059 | | Dt18:19 | ישמע לדיברוי די ימלל | בשם | ממרי אנה במימרי מתפרע |
| 060 | | Dt18:20 | די יזיד לממללא פתגם | בשם | ממרי מת מה די לא פקדית |
| 061 | | Dt32:51 | על די סרבתון | בשם | ממרי בגו בני ישראל במי |
| 062 | | Gn12:08 | דייי ופלח וצלי תמן | בשם | ממריה דייי: |
| 063 | | Gn13:18 | בחברו' ובנה תמן מדבח | בשם | ממריה דייי: |
| 064 | | Gn16:13 | וצליית | בשם | ממריה דייי דאתגלו עליה את |
| 065 | | Gn21:23M | וכדו קיים לי בשבועה | בשם | ממריה דייי הכא דלית את |
| 066 | | Gn21:33M | תמן דהווה מגייר יתהון | בשם | ממריה |
| 067 | | Gn22:14 | ופלח אברהם וצלי | בשם | ממריה דייי ואמר בבעו |
| 068 | | Gn22:16 | ואמר | בשם | ממריה קיימת אמר ייי ארום |
| 069 | | Gn24:03 | ואשבע יתך | בשם | ממריה דייי אלהא דשמיא הוא |
| 070 | | Gn35:07M | "וקרא": ופלח וצלי תמן | בשם | ממריה דייי אלהא די אתגלי |
| 071 | | Ex 4:31 | והימנו עמא | בשם | ממריה דייי ושמעו ארום אדכר |
| 072 | | Ex14:31 | עמא מן קדם ייי והימנו | בשם | ממריה דייי ובנבואתיה דמשה |
| 073 | | Ex20:07M | ישתבע חד מנכון | בשם | ממריה דייי אלהיכון לשקר |
| 074 | | Lv 5:21M | "בשמה ... די": | בשם | ממריה דייי וישקר בחברה |
| 075 | | Dt 4:04M | \באולפן אורייתה דייי | /בשם | ממ<ריה דייי#2/ אלהכון |
| 076 | | Dt 5:11M | לא תשתבעון | בשם | ממריה ייי אלהכון לשקרא |
| 077 | | Dt21:05 | למשמשה קדמוי ולמברכה | בשם | ממריה דייי קדישה ועל מימר |
| 078 | | Ex 5:23 | דאתית לוות פרעה לממללה | בשם | ממרך אבאש לעמא האלין ומפרק |
| 079 | | Gn15:01M | תניינא ויתחלל בי | בשם | שמיא |
| 080 | דשום | Ex18:03M | בנוי/בני#2/ \די | שמיה/דשום#2/ | דחד/דחדה#2/ מנהון |
| 081 | ושום | Gn10:06M | "וכנען": | ושום | אפרכייותהון ערביא |
| 082 | | Gn10:07M | "ודדן": | ושום | אפרכייותהון סינירא' |
| 083 | | Nu26:33 | ליה בנין ארום אלהן בנן | ושום | בנתיה דצלפחד מחלה ונעה |
| 084 | | Ex23:13 | אמרת לכון תהוון זהירין | ושום | טע{י}<ו>ן אחרניין לא |
| 085 | ושם | Gn48:16 | טליא ויתקרי בהון שמי | ושם | אבהתי אברהם ויצחק ויסגון |
| 086 | | Gn10:02 | ותובל ומשך ותירס | ושם | אפרכיותהון אפריקי |
| 087 | | Gn10:03 | וריפת ותוגרמה: | ושם | אפרכיותהון אסיה |
| 088 | | Gn10:04 | כתים ודודנים: | ושם | אפרכיותהון אלס וטרסס |
| 089 | ובשים | Dt10:20M | תדחלון וקדמוי תפלחון | ובשים | ממר' |
| 090 | ובשם | Dt13:05M | אורייתה תדבקון | /ובשם | ממריה תדב'#2/: |
| 091 | ולשם | Dt26:19M | "ליקרה ... לעם": ליקר | ולשם | ולתושבחתה ולמהוון עם |
| 092 | לש' | Gn12:08 | מן מדנחה ובנא תמן מדבח | לש' | ממריה דייי ופלח וצלי תמן |
| 093 | לשם | Gn 8:20 | ובנה נח מדבח | לשם | ממרה דייי ונסב מן כל בעירה |
| 094 | | Gn12:07 | ארעא הדה ובנה תמן מדבח | לשם | ממרי' דייי דאתגלי עלוי: |
| 095 | | Lv16:08 | צפיריה עדוין עדיו חד | לשם | ממרי' דייי ועדיו חד |
| 096 | | Gn35:01 | ושרי תמן ובני תמן מדבח | לשם | ממרי דייי דאתגלי עלך |
| 097 | | Nu18:09 | ולכל אשמיהון די יחזרון | לשם | ממרי קדש קדשין הוא לך |
| 098 | | Lv16:09 | די סלק עלוהי עדוה | לשם | ממריה דייי ויקרב יתה |

|  |  |  |  |  |  |
|---|---|---|---|---|---|
| 099 | שמ' s em/sf | Gn41:45 | וקרא פרעה | שמ' | דיוסף גברא דטמירתא גליו |
| 100 | | Gn26:33M | באר שבע /מן בגין קרון | שמ' | דקרתא בארה דשבע#2/ |
| 101 | | Dt 6:04M | /ענה יעקב אמ' בריך | שמ'#2#/ | לעלמי עלמין: |
| 102 | שמא | Nu17:18 | וית | שמא | דאהרן תכתב {ר}<ע>ל חוטרה |
| 103 | | Lv19:12 | בשמי לשקר ולא תפסון ית | שמא | דאלהכון כדן אמר ייי: |
| 104 | | Gn29:16 | וללבן תרת«י» בנן | שמא | {דרבא} דרבתא לאה ושמה |
| 105 | | Gn15:01 | בזמנא תניינא ויתחלל בי | שמא | דשמיי' מן בגין כדין הוה |
| 106 | | Ex15:25M | אילן דארדופני וכתב ביה | שמא | מפרשא וטלק במיא |
| 107 | | Nu15:34M | בזידנו וב<מ>חרפה דחרף | שמא | קדישא בגדפין הווה משה |
| 108 | שמה | Gn25:25 | כו<ליה כ>כלן דשער וקרון | שמה | <...>: |
| 109 | | Gn25:30 | משלהי אנה בגין כדין קרא | שמה | אדום: |
| 110 | | Gn30:13 | בבתי כנישותא וקראת ית | שמה | אשר: |
| 111 | | Ex 2:22 | וילדת בר וקרת ית | שמה | גרשום ארום אמר דייר ותותב |
| 112 | | Gn30:21 | ילדת ברתה נקבה וקרת ית | שמה | דינה: |
| 113 | | Gn30:06 | בר בגין כדן קראת{(י)} | שמ«ה» | דן: |
| 114 | | Gn30:20 | ילדית לי שתא בנין וקראת | שמה | זבולן: |
| 115 | | Gn38:30 | די על ידיה זהוריתא וקרא | שמה | זרח: |
| 116 | | Gn29:35 | קדם ייי בגין כדין קראת | שמה | יהודה וקמת מן למילד: |
| 117 | | Gn30:24 | וקרת ית | שמ«ה» | יוסף למימר יסף ייי לי |
| 118 | | Gn27:36 | ואמר הא מן קושטא איתקרי | שמה | יעקב והא עקב יתי דנה תרין |
| 119 | | Gn16:11 | מתעברה וילדת בר ותיקרי | שמה | ישמעאל ארום שמיע קדם ייי |
| 120 | | Gn19:37 | וילידת רבתא בר וקרת | שמה | מואב הוא אבי אבוהון |
| 121 | | Ex 2:10 | דפרעה והוה לה לבר וקרת | שמה | משה ואמרת ארום מן מיא |
| 122 | | Gn30:08 | לחוד אשתמעת וקראת | שמה | נפתלי: |
| 123 | | Gn38:05 | תוב וילדת בר וקרת ית | שמה | שלה והוה דפסקת מן דילדת |
| 124 | | Gn17:15 | שרי אתתך לא תקרי ית | שמה | שרי ארום שרה שמה: |
| 125 | | Gn 5:03 | כד נפק בה וקרא ית | שמה | שת: |
| 126 | | Gn17:15 | ית שמה שרי ארום שרה | שמה: | |
| 127 | | Gn11:09 | בגין כדן קרא | שמה | ב{כ}<ב>ל ארו' כדן ערבב |
| 128 | | Gn31:48 | יומא הדין בגין כדין קרא | שמה | גלעד: |
| 129 | | Ex15:23 | אינון בגין כדן קרא | שמה | מרה: |
| 130 | | Gn26:22 | ולא אדינו עליה וקרא | שמה | רחובות ואמר ארום כען אפתי |
| 131 | | Gn26:21 | חורי ואדינו אף עלה וקרא | שמה | שטנה: |
| 132 | | Gn50:11 | הוא למצראי בגין כן קרא | שמה | אבל מצרים די בעבר ירדנה: |
| 133 | | Lv24:16M | בזמן דהוא מחרף | שמה | בגדפין |
| 134 | | Gn19:38 | ילידת בר וקראת ^ית#2#^ | שמה | בר עמי הוא אבוהון דבני |
| 135 | | Gn35:18 | ארום מיתה הוה וקרא | שמה | בר צערי ואבוי ^הוה#2#^ קרי |
| 136 | | Dt25:06 | בכורה די תולד <יקום> על | שמה | דאחוי מיתה ולא יתמחק שמיה |
| 137 | | Gn 3:20 | וקרא האדם | שמה | דאיתתיה חוה ארום היא הוות |
| 138 | | Lv24:15 | {גבב} גבר ארום יפריש | שמה | דאלה בגדפין יקבל חובוי: |
| 139 | | Lv24:16 | כיציבייה בפרשותיה | שמה | דאלהה בגידופין יתקטל: |
| 140 | | Lv21:06 | קדם אלההון ולא יפסון | שמה | דאלההון ארום ית קרבנוי |
| 141 | | Lv18:21 | נכרייה ולא תפסו ית | שמה | דאלהכון אמר ייי: |
| 142 | | Gn28:19 | וקרא ית | שמה | דאתרא ההוא ביתאל וברם |
| 143 | | Gn32:31 | וקרא יעקב | שמה | דאתרא ^ההוא#2#^ פניאל |
| 144 | | Gn33:17 | עבד מטלין בגין כדין קרא | שמה | דאתרא סכות: |
| 145 | | Gn35:15 | וקרא יעקב ית | שמה | דאתרא די מלל עמיה תמן ייי |
| 146 | | Ex17:07 | וקרא | שמה | דאתרא נסייוניה ודיינוותיה |
| 147 | | Gn21:31 | על כן קרא | שמה | דאתרה ההוא באר שבע ארום |
| 148 | | Nu11:03 | וקרא משה | שמה | דאתרה ההוא בית יקידתה ארום |
| 149 | | Nu11:34 | וקרא | שמה | דאתרה ההוא קברי שאלתה ארום |
| 150 | | Nu21:03 | יתהון וית קריהון וקרון | שמה | דאתרה חרמה: |
| 151 | | Gn11:29 | אברם ונחור להון נשין | שמה | דאתתיה דנחור מלכה ברת |
| 152 | | Gn11:29M | /\דאיתתה דאברם שרי | שמה#2#/ | דאתתיה דנחור מלכה ברת |
| 153 | | Gn26:20 | למימר דינן אנן מיא וקרא | שמה | דבארה עשק ארום אתעשקו |
| 154 | | Gn41:51 | וקרא יוסף ית | שמה | דבכורה מנשה ארום נשי יתיה |
| 155 | | Gn16:15 | לאברם בן וקרא אברם | שמה | דברה {{ישמעאל}} דילי<ד>ת |
| 156 | | Gn 2:11 | | שמה | דחד מינהון פישון הוא דחזור |
| 157 | | Gn10:25 | ולעבר אתילד תרין בנין | שמה | דחד מנהון פלג ארום ביומוי |
| 158 | | Nu11:26 | תרין גברין במשריתה | שמה | דחד אלדד ושמה דתניינה |
| 159 | | Ex 1:15 | לחייתא עברייתא די | שמה | דחדא מנהון שפרה ושמה |
| 160 | | Gn 4:19 | ונסב ליה למך תרתין נשין | שמה | דחדה מינהון עדה ושמה |
| 161 | | Ex20:07 | דינא רבא ית מן די יסב | שמה | דייי אלהיה על מגן: |
| 162 | | Ex20:07 | לא יסב גבר מנכון ית | שמה | דייי אלהיה על מגן ארום לא |
| 163 | | Dt 5:11 | רבה ית מן די יסב | שמה | דייי קדישה על מגן: |
| 164 | | Dt 5:11 | יסב אנש ^חד#2#^ מנכון | שמה | דייי אלהכון על מגן ארום לא |
| 165 | | Dt28:10M | דארעא ארום | שמיה/שמה#2#/ | דייי קדישה איתקרי |
| 166 | | Gn26:33 | וקרא יתיה שבעה בגין כדן | שמה | דקרא לבארה באר שבע עד זמן |
| 167 | | Gn19:22 | לתמן בגין כדין קרא | שמה | דקרתא זער: |
| 168 | | Gn28:19 | ביתאל וברם לוז הוה | שמה | דקרתא בקדמיתא: |
| 169 | | Gn 4:17 | והוה בני קריה וקרא | שמה | דקרתה כשמיה דבריה חנוך: |
| 170 | | Gn41:52 | וית | שמה | דתניינא קרא אפרים ארום |
| 171 | | Dt 3:14 | וקרא יתהון על | שמה | ית בותנ«י»ין כופרנוי |
| 172 | | Ex20:02 | נפיק מן פום קודשא יהא | שמה | מבורך היך זיקין והיך ברקין |
| 173 | | Ex20:03 | נפק מן פום קודשא יהא | שמה | מברך היך זקין והיך ברקין |
| 174 | | Ex32:25 | דהוה ברישיהון דהוה | שמה | מפרשה חקיק עליהון על די לא |
| 175 | | Ex33:06 | זייניהון מעילויהון דהוה | שמה | מפרשה חקיק עליהון מן טורא |
| 176 | | Dt32:03 | ילף משה דלא למדכרה ית | שמה | קדיש' עד זמן דהוה מחנך |
| 177 | | Lv24:11 | ישראליתה בגדפין ^ית | שמה | קדישה#2#^ וחרף ואייתון |
| 178 | | Lv24:12M | זדין במחרפה דחרף | שמה | קדישה בגדפין ובמקושה |
| 179 | | Nu 9:08M | <ממון> ומחרפה דחרף | שמה | קדישה בגדפין ובמקושה |
| 180 | | Nu 9:08 | בזידנו ובמחרפה דפרש | שמה | קדישה בגדפין הוה משה |
| 181 | | Nu15:34 | בזידנו ובמחרפה דפרש | שמה | קדישה בגדפין הוה משה מתין |
| 182 | | Nu27:05 | שבתה בזדנו ובמחרף דפרש | שמה | קדישה בגדפין הווה משה |
| 183 | | Dt28:58M | ייי /הדה למידחול ית | שמה | קדישה ודחילה הדין מן קדם |
| 184 | | Dt32:03 | ממלאכי שירותה למדכרה ית | שמה | קדישה עד זמן דאינון |
| 185 | | Dt32:03 | להון לר{{שיע}} דמדכרין | שמה | קדישה בגידופין ברם לית |
| 186 | | Nu17:17 | תרין עשר חוטרין גבר ית | שמה | תכתוב על חוטרה: |
| 187 | | Gn16:11M | /וילדת ביר ותקרא ית | שמה#2#/ | ישמעאל/<ישמ>עאל#2#/ |
| 188 | שמהון | Gn 5:02M | יתהון וקרה ית | שמון/שמהון#2#/ | אדם ביומא דברא/די |
| 189 | | Gn26:18M | וקרא להן | שמהן/שמהון#2#/ | בשמהתא די /\הווה#2#/ |
| 190 | | Dt 9:14M | יתהון ואמחוק ית | שמהן/שמהון#2#/ | \מן לרע שמייא /תחות |
| 191 | שמו | Gn17:19 | ילדת לך בר ותקרי ית | שמו | יצחק ואקים ית קיימי עמה |
| 192 | שמון | Gn 5:02 | וברך יתהון וקרה ית | שמון | אדם ביומא דברא {ד} יתהון: |
| 193 | שמי | Ex 9:16M | למתנייה {א}<י>ת | שמי | |
| 194 | | Gn34:30 | אבאשתון לי למיסבא | שמי | ביש קדם דיירי ארעא בכנעניי |
| 195 | | Ex20:24 | בכל אתרא די תדכרון ית | שמי | בצלו אתגלי בממריה עליכון |
| 196 | | Dt 5:30 | אזל משה מן | שמי | ואמור להון חזורו לכון בשלם |
| 197 | | Nu 6:23 | בני ישראל אזל משה מן | שמי | ואמר להון: |
| 198 | | Gn48:16 | ית טליא ויתקרי בהון | שמי | ושם אבהתי אברהם ויצחק |
| 199 | | Nu 6:27 | וישון ית | שמי | ית ממרי על בני ישראל ואנה |
| 200 | | Nu20:12 | לי בשם מימרי למקדשה | שמי | לעיני בני ישראל בשבועה |
| 201 | | Ex 3:15 | דיעקב שלחני לוותכון דן | שמי | לעלם ודן דכרני לדרי דרין: |
| 202 | | Nu20:13M | שמה בהון /ויתקדש | שמי | מייקרא בייי#2#/: |
| 203 | | Lv22:32 | ית שמי קדישה ויתקדש | שמי | מייקר«ה» בגו עמי ישראל |
| 204 | | Lv19:12M | בני ישראל לא תומון | שמי | על מגן |
| 205 | | Ex 9:16 | ומן בגלל דתתניה ית | שמי | קדישא בכל ארעא: |
| 206 | | Ex23:21 | לא תסרבון על מלוי ארום | שמי | קדישא אתקרי עלוי ארום לא |

|  |  |  |  |  |  |
|---|---|---|---|---|---|
| 207 | | Ex23:21 | שרי ושבק לחוביכון ארום | שמי | קדישא אתקרי עלוי: |
| 208 | | Lv22:02 | ישראל ולא יפסון ית | שמי | קדישא די אנון מקדשין <לשמי |
| 209 | | Lv22:32 | ולא תפסון ית | שמי | קדישה ויתקדש שמי |
| 210 | | Nu27:14 | דייני עם כנישתה למקדשה | שמי | קדמיהון על עסק מיא אינון |
| 211 | | Lv20:03 | ית בית מקדשי ולמפס' ית | שמי | קדשא: |
| 212 | | Ex 6:03 | ועל יעקב באלה שמיא ברם | שמי | תקיפא ייי לא אודעת להון: |
| 213 | שמיה | Gn38:04 | תוב וילדת בר וקרת ית | שמיה | אונן: |
| 214 | | Gn 4:26 | הוא אתיליד בר וקרא ית | שמיה | אנוש בכדין שרו בני אנשא |
| 215 | | Gn30:11 | משתודהון לאומה וקראת ית | שמיה | גד: |
| 216 | | Gn29:34 | תלתא בנין בגין כדן קרא | שמיה | ול{ו}<י>: |
| 217 | | Gn25:23M | לעלמי עלמין בגין קרא | שמיה | יעקב |
| 218 | | Gn35:10 | ישראל יהוי שמך וקרא ית | שמיה | ישראל:» |
| 219 | | Gn30:18 | יהבת אמתי לבעלי וקראת | שמיה | יששכר: |
| 220 | | Gn 5:29 | וקר' ית | שמיה | נח למימר דן ינחם יתן מן |
| 221 | | Gn38:03 | ועברת וילדת בר וקרת ית | שמיה | ער: |
| 222 | | Gn38:29 | ועתיד למתקף ברי וקרא | שמיה | פרץ: |
| 223 | | Gn29:32 | לאה וילדת בר וקראת | שמיה | ראובן ארום אמרת ארום גלי |
| 224 | | Gn29:33 | ויהב לי אף ית דין וקראת | שמיה | שמעון: |
| 225 | | Gn 4:25 | אתתיה וילדת בר וקרא' ית | שמיה | שת ארום שוי לי «ייי» בר |
| 226 | | Gn 2:19 | בית קדשה נפש החיה הוא | שמיה: | |
| 227 | | Ex34:14 | לאלה חורן ארום ייי קנא | שמיה | אלה קניי ופורען מתפרע בקנא |
| 228 | | Dt25:10 | ויתקרי | שמיה | בישראל בייתה דשלפי סנדלה |
| 229 | | Gn32:03 | ידי תריהון בגין כן קרא | שמיה | דאתרא ההוא מחנים: |
| 230 | | Gn35:08 | מן תחות בלוטה וקרא | שמיה | דבלוט בכיתה: |
| 231 | | Ex18:03 | וית תרין בנוי די | שמיה | דחד מנהון גרשם ארום אמר |
| 232 | | Lv24:16 | ומן די יפרש | שמיה | דייי בגדפין מתקטלה יתקטל |
| 233 | | Dt28:10 | כל אומייה דארעא ארום | שמיה | דייי קדישה איתקרי עליכון |
| 234 | | Gn27:41 | ית שת וקרא ית שמיה על | שמיה | הא אנה ממתין עד זמן |
| 235 | | Ex28:21 | על שמהתהון גליף חקיק על | שמיה | יהוויין לתרין {עשרתין} |
| 236 | | Dt28:58 | הדין למדחל מן קדם | שמיה | יקירה ודחילה הדין מן קדם |
| 237 | | Gn49:02 | חד ענה יעקב ואמר ברוך | שמיה | כבודיה דמלכותיה לעלמי |
| 238 | | Ex15:03 | ייי גוברא עבד קרביא ייי | שמיה | כשמיה כן גבורתיה יהא שמיה |
| 239 | | Ex39:14 | גליף חקיק גבר על | שמיה | לתרין עשרתי שבטיה: |
| 240 | | Dt25:06 | דאחוי מיתה ולא יתמחק | שמיה | מישראל: |
| 241 | | Gn35:09 | אלהא דעלמא יהא | שמיה | מבורך לעלם ולעלמי עלמין |
| 242 | | Ex15:03 | כשמיה כן גבורתיה יהא | שמיה | מבורך לעלמי עלמין: |
| 243 | | Gn35:09M | רבון עלמיא ייי והיא | שמיה | מברך לעלמיא |
| 244 | | Dt 5:06 | הוה נפק מן פם קודשא יהא | שמיה | מברך היך זיקין והיך ברקין |
| 245 | | Dt 5:07 | נפק מן פם קדשה יהי{ה} | שמיה | מברך היך זיקין והיך ברקין |
| 246 | | Dt 6:04 | ייי אלהן ייי חד הוא יהא | שמיה | מברך לעלמי עלמין: |
| 247 | | Dt32:12M | ייי \בממרה | אמר/שמיה | מברך אמ'#2#/ לבלחודהון |
| 248 | | Ex 3:13 | ויאמרו ל{ו}<י> מה | שמיה | מה אימר להון: |
| 249 | | Dt29:19 | הדין וימחוק ייי ית | שמיה | «מן תחות שמיא»: |
| 250 | | Ex16:31 | וקרון בני ישראל ית | שמיה | מנה והוא כזרע דכסבר חיור |
| 251 | | Dt 3:02M | קודשא בריך הוא והוא | שמיה | משבח שנין סגיאין מן בגלל |
| 252 | | Gn27:41 | ואוליד ית שת וקרא ית | שמיה | על שמיה הא אנה ממתין |
| 253 | | Lv24:12 | בזידנו ובמחרפה דפרש | שמיה | קדישה בגדפין הוה משה מתין |
| 254 | שמיהון | Dt 7:24M | /ותישיצון#2#/ ית | שמהן/שמיהון#2#/ | מן תחות שמיא לא |
| 255 | שמך | Gn17:05 | ולא יתקרי תוב ית | שמך | אבר' ויהוי שמך אברהם |
| 256 | | Gn17:05 | תוב ית שמך אבר' ויהוי | שמך | אברהם ארום לקהל כנשת |
| 257 | | Gn35:10 | ואמר ליה ייי | שמך | יעקב ולא יתקרי שמך תוב |
| 258 | | Gn32:29 | ואמר לא יעקב יתקרי עוד | שמך | ארום אלהן ישראל ארום |
| 259 | | Gn32:28 | ואמר ליה מה | שמך | ^הוא#2#^ ואמר יעקב: |
| 260 | | Gn32:30 | ושאל יעקב ואמר תני כען | שמך | ואמר למה כען את שאיל לשמי |
| 261 | | Gn35:10 | ארום אלהן ישראל יהוי | שמך | וקרא ית שמיה ישראל:» |
| 262 | | Gn12:02 | רבה ואבר' יתך ואתוקף ית | שמך | ותהוי לברכן: |
| 263 | | Gn38:25 | בנורא יקידתא ומקדשין | שמך | קדישא ומיד שמע ייי קל |
| 264 | | Lv22:27M | ופשט צווארי' בגין | שמך | שמייא מכו ונחתו וחמא |
| 265 | | Gn35:10 | ייי שמך יעקב ולא יתקרי | שמך | תוב יעקב ארום אלהן ישראל |
| 266 | שמן | Ex 5:21 | וידון די אסבתון ית | שמן | ביש באפי פרעה ובאפוי |
| 267 | בשמה | Nu32:42 | כופרניה וקרא לה נבח | בשמה: | |
| 268 | | Gn21:23 | וכדון אשתבע לי | בשמה | דייי הכה אם תשקר בי ובברי |
| 269 | | Lv 5:21 | ארום תחטא ותשקר שקר | בשמה | דייי ויי{ח}<כ>פר בחברה |
| 270 | | Nu 5:06 | דבר נשא למשקרי שקר | בשמה | דייי ותתחוב נפשה ההוא: |
| 271 | | Nu31:16 | דבלעם למשקרה שקר | בשמה | דייי על עסק טעוותה דפעור |
| 272 | | Dt 5:11M | מגן": למן דמשתבע בשקר | בשמה | ומשקר |
| 273 | | Dt32:03 | אמר משה נבייא ארום | בשמה | קדישא אנה מצלי ואתון עמי |
| 274 | בשמי | Lv19:12 | ולא תשבעון | בשמי | לשקר ולא תפסון ית שמא |
| 275 | | Ex20:24M | אתר דאת קאים לצלוי' | בשמי | קדיש' מימרי' אתגלי עליכר' |
| 276 | בשמי' | Ex20:07M | על מגן /די משתבע | בשמי' | לשקר#2#/: |
| 277 | ושמה | Gn16:01 | לה ולה אמתה מצרייא | ושמה | הגר: |
| 278 | | Gn38:01 | וסטה לוות גבר עדולמיי | ושמה | חירה: |
| 279 | | Gn24:29 | ולרבקה {אחוי} | ושמה | לבן ורהט לבן לוות גברא |
| 280 | | Gn25:01 | ואוסף אברהם ונסב אתה | ושמה | קטורה: |
| 281 | | Gn22:24 | ולחינתיה | ושמה | ראומה וילידת אף היא ית |
| 282 | | Gn38:06 | יהודה אתה לער בוכריה | ושמה | תמר: |
| 283 | | Gn 4:21 | | ושמה | דאחוי יובל הוא הוה אבוהון |
| 284 | | Gn10:25 | אתפלגו דיירי ארעא | ושמה | דאחוי יקטן: |
| 285 | | Ex18:04 | | ושמה | דאחרינא אליעזר ארום מימר |
| 286 | | Nu25:15 | | ושמה | דא«י»תתה קטילתה מידיניתה |
| 287 | | Gn36:39 | הדד ושמה דקרתא פעו | ושמה | דאתתה מהיטבאל ברתיה דגברא |
| 288 | | Lv24:11 | ואייתון יתיה לוות משה | ושמה | דאתתה שלמית ברת דברי |
| 289 | | Nu26:59 | | ושמה | דאתתה דעמרם יוכבד ברת |
| 290 | | Nu26:46 | | ושמה | דברתה דאשר סרח: |
| 291 | | Nu25:14 | | ושמה | דגברא בר ישראל קטילה מה |
| 292 | | Gn29:16 | שמא {דרבא} דרבתא לאה | ושמה | דזעירתא רחל: |
| 293 | | Gn 2:13 | | ושמה | דנהרא תיניינא גיחון הוא |
| 294 | | Gn 2:14 | | ושמה | דנהרא תליתיא דקלת הוא |
| 295 | | Gn36:39 | עכבור ומלך בתרה הדד | ושמה | דקרתא פעו ושמה דאתתה |
| 296 | | Gn36:35 | בתחומייהון דמואבאי | ושמה | דקרתיה עוית: |
| 297 | | Gn 4:19 | שמה דחדה מינהון עדה | ושמה | דתינייתא צלה: |
| 298 | | Ex 1:15M | היא הוות יוכבד | ושמה | דתנייאתא פועה היא הוות |
| 299 | | Nu11:26 | במשריתה שמה דחד אלדד | ושמה | דתניינה מידד ושרת עליהון |
| 300 | | Ex 1:15 | שמה דחדא מנהון שפרה | ושמה | דתנייתא פועה: |
| 301 | ושמיה | Gn38:02 | ברתה דגבר כנענ{ע}אי | ושמיה | שוע ונסב יתה ועל |
| 302 | | Gn36:32 | באדום בלע בר בעור | ושמיה | דקרתא דנהבה: |
| 303 | ובשמיה | Dt10:20 | אורייתה ת{ת}<ד>בקון | ובשמיה | קדישה תהוון משתבעין |
| 304 | | Dt10:20M | ובמימרה תדבקון | ובשמיה | תימון בקושט' |
| 305 | ולשמך | Gn49:08 | יהודה לך יודון אחך | ולשמך | יתקרון כל יהודים ידיך |
| 306 | כשמיה | Gn 4:17 | קריה וקרא שמה דקרתה | כשמיה | דבריה חנוך: |
| 307 | | Ex15:03 | עבד קרביא ייי שמיה | כשמיה | כן גבורתיה יהא שמיה מבורך |
| 308 | לשמ' | Lv 4:31 | מדבחה לריח דרעוה | לשמ' | דייי ויכפר עלוי כהנא |
| 309 | | Lv27:09M | קדם /יקרב מנה קרבן | לשמ'#2#/ | ייי כל מה די יפרש מינה |
| 310 | | Dt21:05M | ייי אלהכון | למשמשה/לשמ'#2#/ | קדמוי/יתיה#2#/ |
| 311 | לשמא | Gn24:26 | ועקד גברא ואודי ושבח | לשמא | דייי: |
| 312 | | Lv27:30 | לשמה דייי הוא קדש | לשמא | דייי: |
| 313 | | Nu30:03 | שבועה למקיימה קיים | לשמא | דייי לא יבטל פתגמיה כל די |
| 314 | | Dt26:18 | יתכון יומא הדין למהווי | לשמא | לעם חביבין היך סגולה |

לשמה

|  |  | | | |
|---|---|---|---|---|
| 315 | Nu18:12M | די יתנון | לשמה | |
| 316 | Gn38:09 | על ארעא דלא מקמא בנין | לשמה | דאחוי: |
| 317 | Gn38:08 | יתה ואקים זרע דבנין | לשמה | דאחוך: |
| 318 | Nu25:13 | קים כהנא לעלם חלף דקני | לשמה | דאלה«י»ה וכפר על בני |
| 319 | Gn 4:03 | מן פירי ארעא דורון | לשמה | דייי: |
| 320 | Gn24:48 | ועקדת ואודת ושבחת | לשמה | דייי וצלי«י»ת קדם אלהה |
| 321 | Gn28:22 | קיימא יהווי בית מקדשיא | לשמה | דייי וכל מה דתתן לי חד מן |
| 322 | Gn35:03 | ואבנה תמן מדבח | לשמה | דייי דענה יתי בשעת עקתי |
| 323 | Ex12:42 | כחדא הוא לילי פסחא | לשמה | דייי לילי נטיר ומזומן הוא |
| 324 | Ex12:42 | נטיר ומזומן הוא לפורקן | לשמה | דייי בזמן אפקותיהון דבני |
| 325 | Ex13:12 | די יהוון לכון דכרייא | לשמה | דייי: |
| 326 | Ex13:12 | כל שרוי פתחי וולדה | לשמה | דייי וכל פתחי וולדה דבעירא |
| 327 | Ex13:15M | ייי כל פתחי וולדא | /לשמה | דייי כל קדמי פתח וול#2# |
| 328 | Ex19:05M | ארום \דידי היא כל | /לשמה | דייי היא כל#2/ ארעא: |
| 329 | Ex28:36 | עלוי גליף חקיק קדש | לשמה | דייי: |
| 330 | Ex29:18M | הוא /קרבן מתקבל הוא | לשמה | דייי#2/: |
| 331 | Ex29:18 | על גבי מדבחא עלה הוא | לשמה | דייי לריח דרעוא קרבן קדם |
| 332 | Ex29:25M | \הוא קדם ייי /מתקבל | לשמה | דייי#2/: |
| 333 | Ex29:28 | קודשיכון אפרשותכון | לשמה | דייי: |
| 334 | Ex29:41M | \קדם ייי יתקבל /מתקבל | לשמה | דייי#2/: |
| 335 | Ex30:10 | לדריכון קדש קדשים הוא | לשמה | דייי: |
| 336 | Ex30:12 | גבר פרק{י}<ו>ן נפשה | לשמה | דייי כד תהוי מני יתהון דלא |
| 337 | Ex30:13 | סלעא פלגא סלעא אפרשו | לשמה | דייי: |
| 338 | Ex30:14 | שנין ולעילא יתן אפרשו | לשמה | דייי: |
| 339 | Ex30:37 | לכון קדש תהווי לכון | לשמה | דייי: |
| 340 | Ex31:15M | קדש \קדם ייי | /לשמה | דייי#2/ כל די יעבד |
| 341 | Ex35:05 | קבלו מן לוותכון אפרשו | לשמה | דייי כל די ידוב יתה לבה |
| 342 | Ex35:22 | די אניף אנפו{י} דדהב | לשמה | דייי: |
| 343 | Ex35:29 | אייתון בני ישראל נדבה | לשמה | דייי: |
| 344 | Ex39:30 | כתב גליף חקיק קדיש | לשמה | דייי: |
| 345 | Lv 1:03 | אן עלה קרבנה | לשמה | דייי דכר שלם מן מום יקרב |
| 346 | Lv 1:14 | ואם מן עופא עלה קרבנה | לשמה | דייי ויקרב מן שפניניה {או} |
| 347 | Lv 2:01 | ארום תקרב קרבן מנחה | לשמה | דייי סלת יהוי קרבניה ויריק |
| 348 | Lv 2:08 | מנחתא די יתקרב מן אלין | לשמה | דייי ויקרב יתה לות כהנא |
| 349 | Lv 2:11 | כל מנחתה דיקרבון | לשמה | דייי לא תתקרב חמיע ארום כל |
| 350 | Lv 2:14 | ואם תקרב מנחת דביכורין | לשמה | דייי מהבהב קלי בנורא גרש |
| 351 | Lv 2:16M | קרבן \קדם ייי /מתקבל | לשמה | דייי#2/: |
| 352 | Lv 3:09M | שזרתה ועבד יתה /מתקבל | לשמה | דייי תרבה וניעה שלמה |
| 353 | Lv 3:16 | לריח דרעוה כל תרבה | לשמה | דייי: |
| 354 | Lv 4:03 | בר תורין שלם מן מום | לשמה | דייי לחטאת: |
| 355 | Lv 5:07 | או תרין גוזלין בני יון | לשמה | דייי חד לחטאת' וחד לעלתה: |
| 356 | Lv 5:25 | וית אשמה ייתי | לשמה | דייי דכר שלם מן מום מן ענה |
| 357 | Lv 6:08 | מדבח' ריח דרעוה אדכרתה | לשמה | דייי: |
| 358 | Lv 6:14M | תקרבון לריח דרעוה | לשמה | דייי |
| 359 | Lv 7:05M | קרבן \קדם ייי /מתקבל | לשמה | דייי#2/ אשמה הוא: |
| 360 | Lv 7:11 | דנכסת קודשיה די יקרב | לשמה | דייי: |
| 361 | Lv 7:14 | חד מן כל קרבן אפרשו | לשמה | דייי לכהנא דזרק ית אדם |
| 362 | Lv 7:20 | מן נכסת קדשיה דמפרש | לשמה | דייי וסאובתיה עלוי ותשתיצא |
| 363 | Lv 7:29 | דמקרב ית נכסת קודשוי | לשמה | דייי ייתי ית קרבניה לייי |
| 364 | Lv 8:28M | קדם ייי /מתקבל הוא | לשמה | דייי#2/: |
| 365 | Lv16:08M | "עדיו ...": עדב חד | לשמה | דייי לכפרה על עמא ועדב חד |
| 366 | Lv17:06 | ויסדר תרבה לריח דרעוה | לשמה | דייי: |
| 367 | Lv19:05 | וארום תכסון נכסת קדשין | לשמה | דייי לרעוה עליכון תיכסון |
| 368 | Lv19:21 | וייתי ית אשמה | לשמה | דייי לתרע משכן זימנא דכר |
| 369 | Lv19:24 | כל פרי{ו} קדש פרקן | לשמה | דייי: |
| 370 | Lv22:03 | די יקדישון בני ישראל | לשמה | דייי וסאבתיה עלוי ותשתיצי |
| 371 | Lv22:15 | ישראל ית מה די יפרשון | לשמה | דייי: |
| 372 | Lv22:18 | יקרבון לשמה {יקרבון | לשמה} | דייי לעלה: |
| 373 | Lv22:21 | יקרב נכסת קודשין | לשמה | דייי לפרש נדר או נסיבה |
| 374 | Lv22:22 | מנהון על גבי מדבחה | לשמה | דייי: |
| 375 | Lv22:24 | לא תקרבון אלין | לשמה | דייי ובארעכון לא תעבדון: |
| 376 | Lv22:27M | למקרבה יתיה \קדם ייי | /לשמה | דייי#2/: |
| 377 | Lv22:29 | נכסת אודיה <....> | לשמה | דייי לרעוה עליכון תכסון |
| 378 | Lv23:05M | פסחה \קדם ייי /הוא | לשמה | דייי#2/: |
| 379 | Lv23:08 | ותקרבון קרבנה | לשמה | דייי שבעה יומין ביומא |
| 380 | Lv23:12 | שתיה שלם מן מום לעלה | לשמה | דייי: |
| 381 | Lv23:13 | קרבן מתקבל לריח דרעוה | לשמה | דייי ונסוכוי חמר רבעות |
| 382 | Lv23:17 | חמיע יתאפיין בכוריה | לשמה | דייי: |
| 383 | Lv23:18 | ודכרין תרין יהוון עלה | לשמה | דייי ומנחתהון ונסכהון קרבן |
| 384 | Lv23:20 | תרין אמריה קדש יהוון | לשמה | דייי מתנה לכהנא יתיהבון: |
| 385 | Lv23:25M | קרבנין \קדם ייי | /לשמה | דייי#2/: |
| 386 | Lv23:38 | כל נסיבתכון די תפרשון | לשמה | דייי: |
| 387 | Lv24:07M | לאדכרה קרבן מתקבל | לשמה | דייי#2/: |
| 388 | Lv25:02 | לכון ותשמט ארעא שמטה | לשמה | דייי: |
| 389 | Lv25:23M | לחלטין ארום | לשמה | דייי היא כל ארעא ארום |
| 390 | Lv27:02 | יפרש נדר בעלויה נפשן | לשמה | דייי: |
| 391 | Lv27:09 | ייי כל מה די יפרש מינה | לשמה | דייי יהוי קדיש: |
| 392 | Lv27:14 | ארום יקדש ית ביתה קדש | לשמה | דייי ויעלי יתה כהנה בין טב |
| 393 | Lv27:16 | מחקל אחסנתיה יקדש גבר | לשמה | דייי ויהווי עלויה לפם זרעה |
| 394 | Lv27:21 | חקלה במפקה דיובילה קדש | לשמה | דייי כחקל אפרשו לכהנה |
| 395 | Lv27:22 | לא מן חקל אחסנתיה יקדש | לשמה | דייי: |
| 396 | Lv27:23 | עלויה ביומא ההוא קדש | לשמה | דייי: |
| 397 | Lv27:26 | יתיה אין תור אין אימר | לשמה | דייי הוא: |
| 398 | Lv27:26 | להוד בוכרה די יתאפרש | לשמה | דייי בבעירה לא יקדש גבר |
| 399 | Lv27:28 | קדש קדשין ^הוא#2#^ | לשמה | דייי: |
| 400 | Lv27:28 | כל אפרשו די יפרש גבר | לשמה | דייי מן כל מה דלה מן |
| 401 | Lv27:30 | דארעא מן פירי אילנה | לשמה | דייי הוא קדש לשמא דייי: |
| 402 | Lv27:32 | עשיריה יהוי קדיש | לשמה | דייי: |
| 403 | Nu 5:08M | \דמתחזר לייי /דאתחזר | לשמה | דייי#2/ לכהנה בר מן |
| 404 | Nu 6:06 | כל יומי נזירותיה | לשמה | דייי על נפש דמית לא יעול: |
| 405 | Nu15:08 | נדר או לנכסת קודשין | לשמה | דייי: |
| 406 | Nu15:10M | לריח דרעוה \קדם ייי | /לשמה | דייי#2/: |
| 407 | Nu15:13M | לריח דרעוה \קדם ייי | /לשמה | דייי#2/: |
| 408 | Nu15:14M | ייי היך מה די תעבדון | /לשמה | דייי תעבדון#2/ כדן |
| 409 | Nu15:19 | דארעא תפרשון אפרשו | לשמה | דייי: |
| 410 | Nu15:21 | מן שרוי אצוותכון תפרשון | לשמה | דייי אפרשו לדריכון: |
| 411 | Nu15:24 | לעלה לריח {ניחו} דרעוה | לשמה | דייי ומנחתיה ונס«ו»כוי |
| 412 | Nu18:06 | לכון מתנה אינון יהיבין | לשמה | דייי למפלח ית פלחן משכן |
| 413 | Nu18:12 | שרוי ברתהון די יפרשון | לשמה | דייי לך יהבית יתהון: |
| 414 | Nu18:13 | מה די בארעהון די ייתון | לשמה | דייי דידך יהווי כל דידכי |
| 415 | Nu18:15 | לכל בשרה די יקרבון | לשמה | דייי בבני אנשא ובבעירא |
| 416 | Nu18:17 | קרבן מתקבל לריח דרעוה | לשמה | דייי: |
| 417 | Nu18:19 | די יפרשון בני ישראל | לשמה | דייי יהבית לך ולבניך |
| 418 | Nu18:24 | דבני ישראל די יפרשון | לשמה | דייי אפרשו יהבית ללוויי |
| 419 | Nu28:06M | \קדם ייי מתקבל /מתקבל | לשמה | דייי#2/: |
| 420 | Nu28:07 | יתנסך ניסוך חמר בחיר | לשמה | דייי: |
| 421 | Nu28:08M | \לריח דרעוה קרבן מתקבל | לשמה | דייי#2/: |
| 422 | Nu28:13M | ייי מתקבל/מתאכל#2/ | \לשמה | דייי#2/: |

|  |  |  |  |  |  |
|---|---|---|---|---|---|
| 423 | | Nu29:06M | \קרבן מתקבל לריח דרעוה | לשמה | דייי#2/: |
| 424 | | Nu30:03 | גבר ארום ידר נדר | לשמה | דייי או ישתבע שבועה |
| 425 | | Nu31:28 | ותפרשון אפרשו | לשמה | דייי מן לות עמא עבדי קרבה |
| 426 | | Nu31:37 | והוות אפרשותה | לשמה | דייי מן ענה שת מאוון |
| 427 | | Nu31:38 | ושתה אלפין ואפרשותהון | לשמה | דייי שובעין ותרין תורין: |
| 428 | | Nu31:39 | וחמש מאוון ואפרשותהון | לשמה | דייי אשתין וחד חמרין: |
| 429 | | Nu31:40 | אלפין ואפרשותהון | לשמה | דייי תלתין ותרתין נפשן: |
| 430 | | Nu31:52 | דהבה דאפרשותה די אפרשו | לשמה | דייי שת עשר אלפין ושבע מאה |
| 431 | | Dt 4:20 | מן מצרים למהווי | לשמה | דייי לעם אחסנה כיומא הדין: |
| 432 | | Dt12:11 | שפר נדריכון די תדרון | לשמה | דייי: |
| 433 | | Dt15:19 | דיכרייה תקדשון | לשמה | דייי אלהכון עמי בני ישראל |
| 434 | | Dt29:12 | למקמה יתכון יומא הדין | לשמה | דייי לעם קדישין והוא יהווי |
| 435 | | Gn24:52 | והוה כד שמע | לשמה | ייי כנימוס ארעא: |
| 436 | | Lv 1:09M | דמתקבל לריח דרעוא | קדם/לשמה#2/ | ייי: |
| 437 | | Lv 5:15M | וייתי ית אשמיה | קדם/לשמה#2/ | ייי דכר שלם מן מום מן |
| 438 | | Lv23:16M | מנחה מן חדתה | קדם/לשמה#2/ | ייי: |
| 439 | | Lv23:18M | דמתקבל לריח דרעוה | קדם/לשמה#2/ | ייי: |
| 440 | | Lv23:27M | ותקרבון קרבנין | קדם/לשמה#2/ | ייי: |
| 441 | | Lv23:37M | למקרבה קרבנין | קדם/לשמה#2/ | ייי עלוון ומנחוון |
| 442 | | Lv22:18 | נסיבתהון די יקרבון | לשמה | {יקרבון לשמה} דייי לעלה: |
| 443 | | Dt32:01 | על דהוו דחילין מן | לשמה | קדישה קמו למסהדה בישראל |
| 444 | לשמי | Gn48:05 | כראובן ושמעון יהוון | לשמי: | |
| 445 | | Ex22:28 | די דכריא תקדשון | לשמי: | |
| 446 | | Ex22:29 | תמינייא יפרשון יתיה | לשמי: | |
| 447 | | Lv20:26 | מן אומייה למהווי | לשמי: | |
| 448 | | Nu 8:16 | ישראל אפרשת יתהון | לשמי: | |
| 449 | | Nu 8:17 | «אקדשית» יתהון | לשמי: | |
| 450 | | Gn48:05 | מייתוי לוותיך מצרימה | לשמי | אינון אפרים ומנשה |
| 451 | | Ex13:02 | בבני אנשא ובבעירה | לשמי | אינון: |
| 452 | | Ex34:19 | כל פתחי שרוי וולדא | לשמי | אינון וכל בעירכון דיכרייה |
| 453 | | Lv25:55 | ארום | לשמי | אינון בני ישראל עבדין |
| 454 | | Nu 3:41 | ותפרש ית ליוויי | לשמי | אמר ייי חלף כל בוכרה דבני |
| 455 | | Lv22:02 | קדישא די אינון מקדשין | <לשמי | אנה> ייי: |
| 456 | | Nu 3:13 | ארום | לשמי | אינון כל ב{{ו}}כ«ו»ריה |
| 457 | | Ex25:02 | עם בני ישראל ויפרשון | לשמי | אפרשן מן לוות כל גבר די |
| 458 | | Ex25:08 | ויבנו | לשמי | בית מוקדש«א» ואשרי איקר |
| 459 | | Gn32:30 | ואמר למה כען את שאיל | לשמי | וברך יתי תמן: |
| 460 | | Ex22:30 | ועם קדישין תהוון | לשמי | ובשר תליש מן חווה קטילא |
| 461 | | Ex20:24 | מדבח קביע על ארעא תבנון | לשמי | ותקרבון עלוי ית עלוותכון |
| 462 | | Nu 3:13 | מן בני אנשא ועד בעירה | לשמי | יהוון אמר ייי: |
| 463 | | Lv22:02M | ייי /הנון מן קדשין | לשמי | כדין אמ' ייי#2/: |
| 464 | | Nu 3:41M | לשמי אמר /ליואי | לשמי | כדין אמ'#2/ ייי חלף כל |
| 465 | | Ex13:02 | אקדש | לשמי | כל בכורייא פתחי כל וולד |
| 466 | | Nu 3:13 | בארעא דמצרים אקדשת | לשמי | כל ב{{ו}}כ«ו»ריה בישראל |
| 467 | | Nu 8:17 | ארום | לשמי | כל בכוריה דבני ישראל |
| 468 | | Ex20:25 | ואם מדבח דאבנין תבנון | לשמי | לא תבנון יתהון חציבין ארום |
| 469 | | Nu 8:14 | בני ישראל ויהוון | לשמי | לוויי: |
| 470 | | Nu 3:12 | דבני ישראל ויהוון | לשמי | לוויי: |
| 471 | | Nu 3:45 | חלף בעיריהון ויהוון | לשמי | ליווי אנה ייי: |
| 472 | | Ex 6:07 | ואפרש יתכון | לשמי | לעם קדישין ויהווי מימרי |
| 473 | | Ex19:05 | ותטרון ית קיימי ותהוון | לשמי | לעם חביבין היך סגלה מן כל |
| 474 | | Lv26:12 | לאלה פרוק ואתון תהוון | לשמי | לעם קדישין: |
| 475 | | Ex19:06 | ואתון תהוון | לשמי | מלכין וכהנין ואמה קדישא |
| 476 | | Lv20:26 | ותהוון | לשמי | קדישין ארום קדיש אנה ייי |
| 477 | | Nu18:09M | יחזרון \לשם ממרי קדש | /לשמי | קודש#2/ קדשין הוא לך |
| 478 | לשמיה | Ex18:12 | עלוון ונכסת קודשין | לשמיה | דייי ואתא אהרן וכל |
| 479 | | Lv 7:25M | נפשה די תיכול מן גוא | /לשמיה | דייי וישתצי נפשה ההיא |
| 480 | | Lv 8:21M | \קרבן הוא/מתקבל הוא | לשמיה | דייי#2/ היך מה פקד ייי |
| 481 | | Dt 1:01 | ומשכן זימנא די עבדתון | לשמיה | וארון קיימא דייי די |
| 482 | | Gn38:09 | וידע אונן ארום לא | לשמיה | יתקרון בניה והוה כד הוה |
| 483 | | Dt 7:06 | ייי אלהכון למהוי | לשמיה | לעם חביבין היך סגולה מן |
| 484 | | Dt14:02 | ובכון אתרעי ייי למהוי | לשמיה | לעם חביבין היך סגולה מן |
| 485 | | Dt26:19 | ולרוממי ולמהווי | ל{י}שמיה | לעם קדישין קדם ייי |
| 486 | | Dt28:09 | יקים יתכון ייי | לשמיה | לעם קדישין היך מה די קיים |
| 487 | לשמך | Gn28:22 | מן עשרה אפרש יתהון | לשמ«ך»: | |
| 488 | | Ex15:16M | עמה האליין דקנית | לשמך | |
| 489 | | Ex15:16M | עמה האליין דקנית | לשמך#2/: | |
| 490 | | Lv22:27M | פטיר {כ}<ב>ולי קרב | לשמך | בר תורין ורהט לבקורתה |
| 491 | | Lv22:27M | תרי עשר שיבטין קדישין | לשמך | הא בכין פרש משה נבייה |
| 492 | | Gn48:06 | ותולדתך דאולידת בתריהון | לשמך | יהוון {על} על שם אחיהון |
| 493 | שמהן p abs | Nu26:53 | ארעא באחסנה במניין | שמהן: | |
| 494 | | Gn26:18 | דמית אברהם וקרא להן | שמהן | בשמהתא די קרא להון אבוי: |
| 495 | | Nu32:38M | וית שבמה וקרון | בשמהן/<שמ>הן#2/ | ית שמהת דקוריין |
| 496 | | Nu 1:02 | לבית אבהתהון במניין | שמהן | כל דוכרא לגולגלתהון: |
| 497 | | Nu 1:20 | לבית אבהתהון במניין | שמהן | לגולגלתהון כל דכורא מן בר |
| 498 | | Nu 1:22 | סכומי במניין | שמהן | לגולגלתהון כל דכורא מן בר |
| 499 | | Gn 2:20 | וקרא אדם | שמהן | לכל בעירא ולעופא דשמיא |
| 500 | | Nu 1:18 | לבית אבהתהון במניין | שמהן | מן בר עשרין שנין ולעיל |
| 501 | | Nu 1:24 | לבית אבהתהון במניין | שמהן | מן בר עשרין שנין ולעיל כל |
| 502 | | Nu 1:26 | לבית אבהתהון במניין | שמהן | מן בר עשרין שנין ולעיל כל |
| 503 | | Nu 1:28 | לבית אבהתהון במניין | שמהן | מן בר עשרין שנין ולעיל כל |
| 504 | | Nu 1:30 | לבית אבהתהון במניין | שמהן | מן בר עשרין שנין ולעיל כל |
| 505 | | Nu 1:32 | לבית אבהתהון «במניין | שמהן» | מן בר עשרין שנין ולעיל כל |
| 506 | | Nu 1:34 | לבית אבהתהון במניין | שמהן | מן בר עשרין שנין ולעיל כל |
| 507 | | Nu 1:36 | לבית אבהתהון במניין | שמהן | מן בר עשרין שנין ולעיל כל |
| 508 | | Nu 1:38 | לבית אבהתהון במניין | שמהן | מן בר עשרין שנין ולעיל כל |
| 509 | | Nu 1:40 | לבית אבהתהון במניין | שמהן | מן בר עשרין שנין ולעיל כל |
| 510 | | Nu 1:42 | לבית אבהתהון במניין | שמהן | מן בר עשרין שנין ולעיל כל |
| 511 | | Dt12:03 | תקצצון ותסיפון ית | שמהן | מן אתרה ההוא: |
| 512 | | Dt 9:14 | ואישיצי יתהון ואמחוק ית | שמהן | מן לרע שמייא ויוכלה היא |
| 513 | | Dt 7:24 | בידיכון ותנ{ו}ס<ו>פון ית | שמהן | מן תחות שמיא לא יקום מלך |
| 514 | בשמהן | Gn 6:04 | עלמא גיברין מפרשין | בשמהן: | |
| 515 | | Nu 1:17 | גבריא האילן די אתפרשו | בשמהן: | |
| 516 | | Nu16:02 | קהלה גברין מפרשין | בשמהן: | |
| 517 | | Nu11:26M | סבייה די אתפרשו | בשמהן | ולא נפקי שובע{ית}<תי> |
| 518 | | Nu32:38 | רמין וית שבמה וקרון | בשמהן | ית שמהת דקוריין דבנו: |
| 519 | ובשמהן | Nu 4:32 | מניהון ולכל פלחנהון | ובשמהן | תסכמון ית מני מטרת |
| 520 | שמהת p const | Gn25:13 | ואלין | שמהת | בנוי דישמעאל בשמתיהון |
| 521 | | Gn36:10 | אלן | שמהת | בנוי דעשו אליפז ברא |
| 522 | | Ex 6:16 | ואליין ^הנ^#2/ | שמהת | בנוי דלוי ליחוסיהון |
| 523 | | Nu 3:02 | ואילן | שמהת | בנוי דארן בכורה נדב |
| 524 | | Nu 3:03 | ואלין | שמהת | בנוי דאהרן כהניה די מרבין |
| 525 | | Gn46:08 | ואילן | שמהת | בני ישראל די עלו למצרים |
| 526 | | Ex 1:01 | ואליין | שמהת | בני ישראל די עלו למצרים |
| 527 | | Ex28:09 | אבניה טבתא ותגלף עליהון | שמהת | בני ישראל: |
| 528 | | Ex28:10 | על אבנא חדתה {{וית | שמהת | בני ישראל ששה אשתה מן |
| 529 | | Ex28:11 | תגלף ית תרין אבניה על | שמהת | בני ישראל מקפן מאחדן דהב |
| 530 | | Ex28:21 | <אבניה יהוויין> על | שמהת | בני ישראל תרתין עשרי על |

|  |  |  |  |  |
|---|---|---|---|---|
| 531 | | | Ex28:29 | ויטעון אהרן ית שמה{ה}ת בני ישראל בחושנה דדינה |
| 532 | | | Ex39:06 | דהב מגלפן גלף חקק על שמהת בני ישרא': |
| 533 | | | Ex39:14 | ואבניה על שמהת בני ישראל אינין תרתין |
| 534 | | | Nu 3:18 | ואלין שמהת בני לוי לזרעייתהון לבני |
| 535 | | | Nu27:01 | מנשה בר יוסף ואלין שמהת בנתיה מחלה נעה חגלה |
| 536 | | | Nu 1:05 | ואילן שמהת גבריא די יקומון עמכון מן |
| 537 | | | Nu13:16 | אלין שמהת גבריה די שלח משה למיללה |
| 538 | | | Nu34:17 | אילין שמהת גברייה די יאחסנון לכון ית |
| 539 | | | Nu34:19 | ואלין שמהת גברייה מן שבטה דבנוי |
| 540 | | | Nu32:38 | שבמה וקרון בשמהן ית שמהת דקוריין דבנו: |
| 541 | | | Nu 1:24M | \במניין שמהן /במניין שמהת#2#/ מן בר עשרין שנין ולעיל |
| 542 | | | Nu 1:26M | במניין שמהן/שמהת#2#/ מן בר עשרין שנין |
| 543 | | | Nu 1:28M | במניין שמהן/שמהת#2#/ מן בר עשרין שנין |
| 544 | | | Nu 1:30M | במניין שמהן/שמהת#2#/ מן בר עשרין שנין |
| 545 | | | Nu 1:34M | במניין שמהן/שמהת#2#/ מן בר עשרין שנין |
| 546 | | | Nu 1:36M | במניין שמהן/שמהת#2#/ מן בר עשרין שנין |
| 547 | | | Nu 1:38M | במניין שמהן/שמהת#2#/ מן בר עשרין שנין |
| 548 | | | Nu 1:40M | במניין שמהן/שמהת#2#/ מן בר עשרין שנין |
| 549 | | | Nu 1:42M | במניין שמהן/שמהת#2#/ מן בר עשרין שנין |
| 550 | | | Gn36:40 | ואלין שמהת רברבנוי דעשו לזרעיתהון |
| 551 | | | Ex28:10 | על אבנא חדתה}} וית שמהת שתתה דאשתיירן על אבנא |
| 552 | בשמהת | | Nu26:55 | תתפלג ארעא בשמ{ת}<ה>ת שבטי אבהתהון יחסנון: |
| 553 | ושמהת | | Nu32:38M | חזור חזור דילה ושמהת רברבנהא וגיברהא חקיקן |
| 554 | שמהתהון | p em/sf | Nu 3:40 | ולעיל וקבל ית מניין שמהתהון: |
| 555 | | | Gn25:16 | בנוי דישמעאל ואלין שמהתהון בכופרניהון ובטירתהון |
| 556 | | | Ex39:06M | על שמהת /דחתים על שמהתהון#2#/ בני ישרא': |
| 557 | | | Ex28:21 | ישראל תרתין עשרי על שמהתהון גליף חקיק על שמיה |
| 558 | | | Ex39:14 | אינין תרתין עשרה על שמהתהון גליף חקיק גבר על שמיה |
| 559 | | | Nu 3:43 | כל בכוריה דכרי במניין שמהתהון מבר ירח ולעיל לסכומיהון |
| 560 | | | Nu13:04 | ואלה שמהתהון מן שבטה דבנוי דראובן |
| 561 | | | Ex28:10 | ישראל ששה אשתה מן שמהתהון על אבנא חדתה}} וית שמהת |
| 562 | | | Ex28:10 | אשתה מן שמ<ה>תהון על אבנא חדתה {{וית שמהת |
| 563 | | | Ex28:12 | ישראל ויקבל אהרן ית שמהתהון קדם ייי על תרתין כתפתה |
| 564 | שמהתהן | | Nu 3:43M | דכרי במניין שמהתהו{/שמהת>הן#2#/ מבר ירח ולעיל |
| 565 | בשמהתא | | Gn26:18 | אברהם וקרא להן שמהן בשמהתא די קרא להון אבוי: |
| 566 | בשמהתהון | | Nu 3:17 | והוון אלין בנוי דלוי בשמהתהון גרשון וקהת ומררי: |
| 567 | בשמתיהון | | Gn25:13 | שמהת בנוי דישמעאל בשמתיהון לתולדותהון בכורה |
| 568 | | | Gn36:40 | לזרעיתהון לאתריהון בשמתיהון רבה תמנע רבה עלוה רבה |

## שמוש *n.* service [547 שימוש]

|  |  |  |  |  |
|---|---|---|---|---|
| 001 | שימוש | s ab/cn | Ex29:09M | \כהונתה לקיים עלם /שימוש לקיים דעלם#2#/ ותשלם |
| 002 | שמוש | | Ex39:01 | טבתה עבדו ית לבושי שמוש ^^למשמשה בית קודשה ועבדו |
| 003 | לשימוש | | Ex40:15M | רבותהון \לכהנא לעלם /לשימוש על'#2#/ לדריהון: |
| 004 | שימושה | s em/sf | Ex39:01M | עבדו ית לבושי שמוש/שימושה#2#/ ^^למשמשה בית קודשה |
| 005 | שמו' | | Ex31:10M | וית לבושי שמשה/שמו'#2#/ וית לבושי ^בית#2#^ |
| 006 | שמושה | | Nu 4:09 | מחתת«ה» וית כל מני שמושה די ישמשון יתיה בהון: |
| 007 | | | Nu 4:12 | ויסבון ית כל מני שמושה די ישמשון בהון בגו |
| 008 | | | Ex39:41 | ית לבושי שמושה למשמשה בגו בית קדשה וית |
| 009 | שמושהון | | Nu 3:10M | ויטרון ית כהונתהון/שמושהון#2#/ וחילוניי די יקרוב |
| 010 | שמושי | | Ex35:19 | ית לבושי שמושי למשמשה ית לבושי קודשא |
| 011 | שמושך | | Lv18:20 | ולוות אתתה דחברך לא תתן שמושך לזרע למסתאבה בה: |
| 012 | שמושכון | | Nu18:01M | חובי <....> כהונתכון/שמושכון#2#/: |
| 013 | לשימושך | | Gn40:13 | {ראשך} ויחזור יתך לשימושך ותשוי כסא בכף ידיה דפרעה |
| 014 | לשמושה | | Gn40:21 | וחזר ית רב מזוגיה לשמושה ושוי כסא בכף ידא דפרעה: |
| 015 | לשמושי | | Gn41:13 | לן כדין הוות יתי חזר לשמושי ויתיה צלב על צליבא: |
| 016 | שמושיכון | p em/sf | Nu18:07M | פלחן מתנה אתן כהנתכון/שמושיכון#2#/ וחילוניי די יקרב |
| 017 | | | Nu18:07M | עמך תטרון ית כהנתכון/שמושיכון#2#/ לכל עסק מדבחה |

## שמט *vb.* to loosen, to remit a debt [556]

|  |  |  |  |  |
|---|---|---|---|---|
| 001 | שמט | peal | Lv14:43 | ויהלך בביתה מן בתר די שמט ית אבניה ובתר דקליף ית |
| 002 | תשמט | | Lv26:34 | בארע בעלי דבביכון בכדן תשמט ארעא ותרעי ית שמטיה: |
| 003 | תשמטון | | Dt24:20 | ארום תשמטון זיתיכון לא תיכלון עוללתה |
| 004 | | | Ex23:11 | ובשתא שביעיתא תשמטון יתה ותבקרון יתה וייכלון |
| 005 | וישמוט | | Dt19:05M | פרזלא /למיקטוע קיסין וישמוט בורזלה#2#/ מן קיסה ויארע |
| 006 | וישמט | | Dt19:05 | בסיקורא למיקוץ קיסא וישמט פרזלא מן קיסה ויארע ית |
| 007 | וישמטון | | Lv14:40 | ויפקד כהנא וישמטון ית אבניה די בהן מכתשה |
| 008 | ותשמט | | Lv25:02 | לארעא די אנה יהב לכון ותשמט ארעא שמטה לשמה דייי: |
| 009 | אשמט | afel | Dt15:02M | ושמטתה /פסק שמיטתה אשמט#2#/ ישמט כל גבר מרי חוב ית |
| 010 | אשמטת | | Lv26:35 | מנכון תשמט ית מה דלא אשמטת בשמיט<י>כון כד הוויתון |
| 011 | ישמט | | Dt15:02 | סדר דינה ושמטתה ישמט כל גבר מרי חוב ית ידיה |
| 012 | תשמט | | Dt15:03 | לך גב אחוך עברייה תשמט ידך: |
| 013 | | | Lv26:35 | כל יומין דהיא צדי מנכון תשמט ית מה דלא אשמטת |

## שמיטה *n.* sabbatical year [557]

|  |  |  |  |  |
|---|---|---|---|---|
| 001 | שמטה | s ab/cn | Lv25:11M | ית שבקיכון/ענבי שמטה#2#/: |
| 002 | | | Lv26:34M | ותרעי ית שמטיה/שובי שמטה#2#/: |
| 003 | | | Dt15:01 | שבע שנין דיומין תעבדון שמטה: |
| 004 | | | Lv26:34 | בכדן תרעה ארעא ית שמטה כל יומין דהיא צדי מנכון |
| 005 | | | Lv25:02 | אנה יהב לכון ותשמט ארעא שמטה לשמה דייי: |
| 006 | | | Dt15:02 | וית אחוי ארום איתקרית שמטה קדם ייי: |
| 007 | בשמיטה | | Dt33:24 | יהווי מרעיה {בשבטה} <בשמיטה> בין אחוי לבין אבוהון |
| 008 | דשמיטת | | Dt15:09M | שביעייתה שנת שמטתה/דשמיטת#2#/ ויבאש באפ{ו}<י>ך |
| 009 | שמטתה | s em/sf | Dt15:09 | קרבת שתה שביעייתה שנת שמטתה ויבאש באפ{ו}<י>ך באחוך |
| 010 | | | Lv25:04 | שבת שבתה יהוי לארעא שמטתה קדם ייי חקליכון לא תזרעון |
| 011 | שמיטתה | | Dt15:01M | דיומין תעבדון שמטה/שמיטתה#2#/: |
| 012 | | | Dt15:02M | \סדר דינה ושמטתה /פסק שמיטתה אשמט#2#/ ישמט כל גבר מרי |
| 013 | | | Lv25:06 | ותיהווי שמיטתה דארעא לכון למיכל לך |
| 014 | | | Dt15:02M | /יתקרית#2#/ שמטה/שמיטתה#2#/ קדם ייי: |
| 015 | דשמיטתה | | Dt31:10 | דיומין באשון שתה דשמי«ט»תה בחגה דמטלייה: |
| 016 | ושמטתה | | Dt15:02 | ודן ^הוא#2#^ סדר דינה ושמטתה ישמט כל גבר מרי חוב ית |
| 017 | שמיטין | p abs | Lv25:08 | ותמנון לכון שבע שמיטין שובעה זמנין מן שובעה שנין |
| 018 | שמיטי | p const | Lv25:08 | ויהווי לכון יומי <שבע> שמיטי שנייה ארבעין ותשע שנין: |
| 019 | שמטי' | p em/sf | Lv26:35M | /אתניחת בשבי שמטי'#2#/ כד הוויתון שריין עלה: |
| 020 | שמטיה | | Lv26:34 | תשמט ארעא ותרעי ית שמטיה: |
| 021 | שמטיכון | | Lv25:05M | וית ענבי שבקיכון/שמטיכון#2#/ לא תקטפון שבת |
| 022 | בשמיטיכון | | Lv26:35 | ית מה דלא אשמטת בשמיט<י>כון כד הוויתון שריין עלה: |

## שמיין *n.* heaven [557]

|  |  |  |  |  |
|---|---|---|---|---|
| 001 | שמיין | p abs | Dt32:01M | מלרע ארום שמייא/<שמ>יין#2#/ כתננה ימסון וארעא |
| 002 | שמים | | Gn14:19 | אלהא עילאה דבמימריה קנה שמים וארעא: |
| 003 | בשמי | p const | Gn 3:22 | היך מה דאנא יחידיי בשמי מרומא עתידין אומין סגיאין |
| 004 | ושמי | | Dt10:14 | הא לייי אלהכון שמייא ושמי שמייא ארעא וכל מה דאית בה: |
| 005 | שמיא | p em/sf | Gn 1:20 | ארעא על אפי אויר רקיע שמיא: |
| 006 | | | Gn 7:19 | טוריא רמיה די תחות כל שמיא: |
| 007 | | | Gn 8:02M | שמיא וכל אמטרא מן שמיא |
| 008 | | | Gn 8:02 | מטרא דמבולא מן תחות שמיא: |

|  |  |  | | | |
|---|---|---|---|---|---|
| 009 | | Gn15:01M | תניינא ויתחלל בי בשם | שמיא | |
| 010 | | Gn19:24 | ואשא מן קדם ייי מן | שמיא: | |
| 011 | | Gn22:15 | לאברהם זמן תניינות מן | שמיא: | |
| 012 | | Gn28:17 | דצלו מזומן עד צי«ת» | שמיא: | |
| 013 | | Ex 9:22M | "ארכן:" ארעם ידך על | שמיא | |
| 014 | | Ex17:14 | דכרניה דעמלק מן תחות | שמיא: | |
| 015 | | Dt 4:19 | לכול אומייה די תחות כל | שמיא: | |
| 016 | | Dt 9:01 | רברבן ותלילן עד צית | שמיא: | |
| 017 | | Dt29:19 | ייי ית שמיה «מן תחות | שמיא»: | |
| 018 | | Nu23:10 | יהוון מסגין ככוכבי | שמיא | אמר בלעם במתל נבותה אן |
| 019 | | Dt32:01 | דהוה קרב לארעא ורחיק מן | שמיא | אמר לארעא אציתו ולשמייא |
| 020 | | Dt32:10 | במדברה אחת להון מנה מן | שמיא | אסק להון באר' מן תהומה |
| 021 | | Gn 6:07 | בעירא: עד רחשא ועד עוף | שמיא | ארום הוה תהו קדמי ארום |
| 022 | | Dt 4:36 | מן | שמיא | אשמע יתכון ית קל מימריה |
| 023 | | Gn48:03 | ואמר יעקב ליוסף אלה | שמיא | אתגלי עלי בלוז בארעא |
| 024 | | Ex12:42 | כד אתקרב על גבי מדבחא | שמיא | אתמככו ונחתו וחמא יצחק ית |
| 025 | | Gn 7:11 | מבועי תהומא רבה וכווי | שמיא | אתפתחו: |
| 026 | | Ex 6:03 | על יצחק ועל יעקב באלה | שמיא | ברם שמי תקיפא ייי לא אודעת |
| 027 | | Dt 2:25 | אומייא די תחות כל | שמיא | די ישמעון שמעיכון וירגזון |
| 028 | | Dt28:23 | ויהוון | שמיא | די עלוויכון חסימין היך |
| 029 | | Dt33:28 | עבדה עיבור וחמר לחוד | שמיא | דעילוויהון יהוון מחתין |
| 030 | | Dt 4:32 | שמייא ועד סייפי{ה} | שמיא | הא אן הוה כפתגמא רבה הדן |
| 031 | | Gn 8:02 | מבועי תהומא וכווי | שמיא | ואיתמנע מטרא דמבולא |
| 032 | | Gn21:17 | מלאכא דייי להגר מן | שמיא | ואמר לה מה ליך הגר לא |
| 033 | | Gn22:11 | וקרא ליה מלאכא דייי מן | שמיא | ואמר אברהם אברהם ואמר |
| 034 | | Gn27:33 | יתה וברת קול נפקת מן | שמיא | ואמרת לחוד בריך יהוי: |
| 035 | | Gn 2:01 | ואשלמו ברית | שמ«י»א | וארעא וכל חלוותהון: |
| 036 | | Gn 2:04 | ביומא דברא ייי אלהים | שמיא | וארעא: |
| 037 | | Gn 2:04 | אילין יחוס תולדת | שמיא | וארעא באיתבריותהון ביומא |
| 038 | | Gn14:22 | אלהא עליא דבממריה קנה | שמיא | וארעא: |
| 039 | | Gn 7:23 | בעירה עד ריחשא עד עוף | שמיא | ואשתצון מן ארעא ואשתיר |
| 040 | | Gn26:04 | ואסגי יתך ככוכבי | שמיא | ואתן לבניך ית כל ארעתא |
| 041 | | Dt26:15 | מן מדור איקר שכינתך מן | שמיא | וברך ית עמך ית ישראל וית |
| 042 | | Gn28:12 | בארעא וראשה מטי עד צית | שמיא | והא מלאכיה דילוון יתיה מן |
| 043 | | Gn 1:07M | מלעיל לרקיעא/לרקיע | שמיא#2#/ | והוה כן כמימריה: |
| 044 | | Gn 1:08 | וקרא ממרא דייי לרקיעא | שמיא | והוה רמש והוה צפר סדר עבד |
| 045 | | Ex20:03 | שמאלה פרח וטייס באויר | שמיא | וחזר וכל ישראל חמיין יתיה |
| 046 | | Dt 5:06 | שמאליה פרח וטייס באויר | שמיא | וחזר ומקף על משיריתהון |
| 047 | | Ex10:21M | דייי ארעם ידך על | שמיא#2#/ | ויהוי חשוכא/חושכא#2#/ |
| 048 | | Ex16:04 | הא אנה מחית לכון לחם מן | שמיא | ויפקון עמא וילקטו סכום יום |
| 049 | | Gn43:14 | ואלה | שמיא | {ו}<י>שוי לכון רחמין קדם |
| 050 | | Gn 1:01 | בחכמה ברא דייי שכלל ית | שמיא | וית ארעא: |
| 051 | | Ex20:11 | ארום לשתא יומין ברא ייי | שמיא | וית ארעא ית ימיה וית כל מה |
| 052 | | Ex31:17 | שתה יומין ברא ייי ית | שמיא | וית ארעא וביומא שביעיה הוה |
| 053 | | Dt30:19 | בכון יומא הדין ית | שמיא | וית ארעא ית אורחה דחיי וית |
| 054 | | Dt31:28 | האליין ואסהד בהון ית | שמיא | וית ארעא: |
| 055 | | Gn22:17 | אסגי ית בנך ככוכבי | שמיא | וכחלא די על גף ימא וירתון |
| 056 | | Gn 8:02M | עינות תהומא וחרכי | שמיא | וכל אמטרא מן שמיא |
| 057 | | Ex32:13 | אסגי ית בניכון ככוכבי | שמיא | וכל ארעא הדא דאמרת אתן |
| 058 | | Dt 2:06 | בכסף דמנה נחית לכון מן | שמיא | ולהוד מיין לית אתון צריכין |
| 059 | | Dt 1:28 | רברבן ותלילן עד צית | שמיא | ולחוד בנוי דענק גוברא |
| 060 | | Gn11:04 | ומגדל וראשה מטי עד צית | שמיא | ונעבד לן בראשיה סגדה ונתן |
| 061 | | Dt 4:26 | בכון יומא הדין קדם | שמיא | וקדם ארעא ארום מיסתיפא |
| 062 | | Gn50:01 | רמא לרישיה מטי עד צית | שמיא | ושרשוי מטיין עד דרי עלמא |
| 063 | | Dt 4:19 | סידור כוכביה כל חיילות | שמיא | {{ותטעון}} ותסגדון להון |
| 064 | | Dt 4:11 | הוה בעיר באשתה עד צית | שמיא | חשוכה ענגה וערפלה: |
| 065 | | Dt32:01 | ברם עתיד הוא ייי למברה | שמיא | {חת}<חד>תין וארעא חדתה |
| 066 | | Gn49:25 | דאבוך יהווי בסעדך ואלה | שמיא | יברך יתך מן טוב טלה ומטרא |
| 067 | | Ex24:10 | לבן דסנפרינון וכחזוי | שמיא | כד אינון נקיין מן עננא: |
| 068 | | Gn 6:17 | ביה נשומא דחיין מן תחות | שמיא | כל מה די בארע' ישתיצי: |
| 069 | | Dt 7:24 | ית שמהן מן תחות | שמיא | לא יקום מלך ושלטן באפיכון |
| 070 | | Gn 1:09 | יתכנשון מיא מן תחות | שמיא | לאתר חד ותתחמי יבשתא והוה |
| 071 | | Dt28:12 | לכון ית אוצריה טבה ית | שמיא | למיתן מטרה דארעכון בזמנה |
| 072 | | Gn 1:17 | איקרי' דייי ברקיעא | שמיא | למנהרא על ארעא: |
| 073 | | Dt 1:10 | יומא הדין ככוכבי | שמיא | לסוגי: |
| 074 | | Dt10:22 | יתכון ייי אלהכון ככוכבי | שמיא | לסוגי: |
| 075 | | Ex20:22 | אתון חמיתון ארום מן | שמיא | מללית עמכון: |
| 076 | | Dt30:04 | יהוון מבדריכון עד סייפי | שמיא | מן תמן יכנש יתכון ייי |
| 077 | | Gn27:39 | ומן טוב טלא דנחת מן | שמיא | מן לעיל: |
| 078 | | Dt33:13 | דיוסף מן טוב אוצרי | שמיא | מן לעיל דמחתין טלין ומטרין |
| 079 | | Gn38:25 | דזנו בר{ם}<ת> קלא מן | שמיא | נפקת ואמרת תריכון זכיין |
| 080 | | Gn17:01 | אברם ואמר לה אנא אלהא | שמיא | פלח קדמי בקשטא והוה שלם |
| 081 | | Ex 9:08M | יתיה משה לשמיא/כלפי | שמיא#2#/ | קדם פרעה: |
| 082 | | Gn 7:03 | אף מן עוף | שמיא | שבעא שבעה דכר ונקבה |
| 083 | | Gn27:28 | לך ייי מטוב טלא דנחת מן | שמיא | שפר ומן טובא דארעא וסגי |
| 084 | | Gn35:11 | ואמר ליה ייי אנה אלה | שמיא | תקף וסגי אמה וקהל כנישת |
| 085 | שמיה | Dt32:01 | דייי ואזדז ואמר אציתו | שמיה | ואמלל ותשמע ארעא במימר |
| 086 | שמיי | Nu24:06M | ומלפי אורייתה היך | שמיי | דמתח{ייה} ייי ושכלל |
| 087 | שמייא | Gn22:10M | ונהוי חייב מות בידי | שמייא | |
| 088 | | Dt 4:17 | עוף דפרח דטייס באויר | שמייא: | |
| 089 | | Dt10:14 | לייי אלהכון שמייא ושמי | שמייא | ארעא וכל מה דאית בה: |
| 090 | | Lv26:19M | בית מוקדשה ואשוי ית | שמייא | דאית מעילוויכון ברירין |
| 091 | | Dt17:03 | או לסהרא או לכל חילוות | שמייא | די לא פקדית: |
| 092 | | Dt11:11 | מן מטרה דנחית מן | שמייא | היא שתייה מייה: |
| 093 | | Gn22:10 | בשעתא נפקת בת קול מן | שמייא | ואמרת אתון חמון תרתין |
| 094 | | Nu21:06 | ואחתת להון מנא מן | שמייא | ואסקת להון בירא מן תהומא |
| 095 | | Ex20:02 | שמאליה פרח וטייס באויר | שמייא | וחזר וכל ישראל חמיין |
| 096 | | Dt 5:07 | שמאליה פרח וטייס באויר | שמייא | וחזר ומקף על משירייתהון |
| 097 | | Dt 9:14 | ואמחוק ית שמהן מן לרע | שמייא | ויוכלה היא קדמי לממנייה |
| 098 | | Dt 9:14M | \מן לרע שמייא /תחות | שמייא#2#/ | ויוכלה היא קדמי |
| 099 | | Dt28:24 | דארעכון אבק ועפר מן | שמייא | וייחות עליכון עד זמן די |
| 100 | | Dt11:17 | דייי בכון ויעצור ית | שמייא | ולא יהוי מטר וארעא לא תתן |
| 101 | | Dt 4:32 | על ארעא ולמן סייפי | שמייא | ועד סייפי{ה} שמיא הא אן |
| 102 | | Dt32:01 | אנה מסהד בהון קדם | שמייא | וקדם ארעא דלא מייתין |
| 103 | | Dt10:14 | הא לייי אלהכון | שמייא | ושמי שמייא ארעא וכל מה |
| 104 | | Gn28:03 | ואלה | שמייא | יברך יתך ויתקף יתך ויסגי |
| 105 | | Dt32:01 | בארעא מלרע ארום | שמייא | כתננה ימסון וארעא כלבוש' |
| 106 | | Gn 1:15 | ויהוון מנהרין ברקיע | שמייא | למנהרא על ארעא והו' כן |
| 107 | | Dt28:62 | חלף די הוויתון ככוכבי | שמייא | לסוגי ארום לא שמעתון בקל |
| 108 | | Lv22:27M | ופשט צווארי' בגין שמך | שמייא | מכו ונחתו וחמא יצחק ית |
| 109 | | Gn49:25 | טלה ומטרא דנחתין מן | שמייא | מן לעיל ומן ברכת מבועי |
| 110 | | Gn30:22 | לכון ית אוצרא טבא מן | שמי«יא» | מפתחא דפרנסתא דכן כתבא |
| 111 | | Gn16:05M | עלית /בהיימנות | שמייא | על'#2#/ עמך קדם מלכי |
| 112 | | Dt11:21 | למיתן לכון כיומי | שמייא | על ארעא: |
| 113 | | Dt25:19 | דעמלק מן תחות | שמייא | עמי בני ישראל לא תנשון |
| 114 | שמייה | Lv26:19 | תקוף חיילכון ואשוי ית | שמייה | די עלויכון ברירין היך |
| 115 | בש' | Dt 4:17M | /צפור דטאס די יטוס | בש'#2#/: | |
| 116 | בשמיא | Dt30:12 | לא | בשמיא | היא אוריתה למימר לווי הוה |

| | | | | | | |
|---|---|---|---|---|---|---|
| 117 | | | Dt33:26 | דאשרי איקר שכינתיה | בשמיא | וגיוותה בשחקיה: |
| 118 | | | Ex 1:19 | מצליין קדם אבוהון | בשמ«י»א | והוא עני יתהון ואינון |
| 119 | בשמיה | | Dt 4:39 | דאיקר שכינתיה שריה | בשמיה | מן לעיל ושולטנה על ארעא |
| 120 | בשמייא | | Dt 3:24M | על ארעא מן לרע | /בשמייא | ובארעא#2#/ די יעבד |
| 121 | | | Gn28:17M | תרע בית מקדשא די | בשמייא | ולית דין אתרה אתר הדיוט |
| 122 | | | Ex20:04 | וצורה}} וכל דמות די | בשמייא | מלעיל ודי בארעא מן לרע |
| 123 | | | Dt 3:24 | דאיקר שכינתך שרייא | בשמייא | מן לעיל ושלטניך על ארעא |
| 124 | | | Dt 5:08 | וצורה}} וכל דמו די | בשמייא | מן לעיל ודי בארעא מן לרע |
| 125 | דבשמיא | | Nu20:21 | מפקדין מן אבוהון | דבשמיא | דלא לסדרה לקבליהון סדרי |
| 126 | | | Gn21:33M | להון צלון קדם אבוכון | דבשמיא | דמן דידיה אכלתון ומן |
| 127 | דבשמייא | | Dt33:24 | בין אחוי לבין אבוהון | דבשמייא | וארעא תיהוי מש{י}<ח> |
| 128 | דשמ' | | Gn 6:07M | שמיא /רמסה ועד עופא | דשמ'#2#/ | ארום הוה תהו קדמי ארום |
| 129 | דשמיא | | Gn 9:02 | דארעא ועל כל עופא | דשמיא | בכל מה די תרחש על ארעא |
| 130 | | | Gn24:07 | ייי אלהא | דשמיא | די דבר יתי מן בייתא דאבא |
| 131 | | | Gn24:03 | בשם ממריה דייי אלהא | דשמיא | הוא אלהא דשליט על ארעא |
| 132 | | | Gn 2:19 | דאפי ברא וית כל עופה | דשמיא | ואיתי יתהון לות אדם למחמי |
| 133 | | | Gn 1:26 | בנוניא דימא ובעופ' | דשמיא | ובבעירא ובכל ארעא ובכל |
| 134 | | | Gn 1:28 | בנוני דימא ובעופא | דשמיא | ובכל חייתא דרחשא על ארעא: |
| 135 | | | Gn 1:30 | חיתא דארעא ולכל עופא | דשמיא | ולכל דרחש על ארעא דאית |
| 136 | | | Gn 2:20 | שמהן לכל בעירא ולעופא | דשמיא | ולכל חיתא דאפי ברא ולאדם |
| 137 | | | Gn 1:14 | יהוון נהורין ברקיעא | דשמיא | למפרשא בין איממא ובין |
| 138 | דשמי' | | Gn15:01 | תניינא ויתחלל בי שמא | דשמי' | מן בגין כדין הוה פתגם |
| 139 | דשמייא | | Dt28:26 | למזון לכל עופה | דשמייא | ולחייתיה דארעא ולית דמניט: |
| 140 | ושמ' | | Ex12:42M | על גבי מדבחא | שמיא/ושמ'#2#/ | אתמככו/ית#2#/ ונחתו |
| 141 | ולשמייא | | Dt32:01 | שמיא אמר לארעא אציתו | ולשמייא | שמעו ותריהון על דהוו |
| 142 | כשומייה | | Nu24:06 | חכימין ובני אורייה | כשומ<יי>ה | {דמתחזי} <דמתח ייי> |
| 143 | לשמיא | | Dt32:01 | ורחיק מן ארעא אמר | לשמיא | אציתו ולארעא שמעו ברם |
| 144 | | | Dt30:12M | "לווי ...": מן יסק לן | לשמיא | |
| 145 | | | Dt32:40 | זקפת ית ידיי בשבועה | לשמיא | ואמרית חי וקיים אנה במימרי |
| 146 | | | Ex 9:10 | פרעה וזרק יתיה משה | לשמיא | והוה שיחנא עבד |
| 147 | | | Ex10:22 | וארכן משה ית ידא | לשמיא | והוה חשוך דקבל בכל ארעא |
| 148 | | | Ex 9:22 | למשה ארכן ית <ידך> | לשמיא | ויהוי ברדא בכל ארעא |
| 149 | | | Ex10:21 | ואמר ייי ארכן ידך | לשמיא | ויהוי חשוכא על ארעא |
| 150 | | | Ex 9:23 | וארכן משה ית חוטריה | לשמיא | וייי יהב קלין וברד והלכת |
| 151 | | | Dt30:12 | כמשה נבייא די יסוק | לשמיא | ויסב יתה לן וישמע יתן |
| 152 | | | Gn15:05 | לברה ואמר אסתכל כען | לשמיא | ומנה ית כוכביא אן תיכל |
| 153 | | | Dt32:01 | משה בגין דהוה קריב | לשמיא | ורחיק מן ארעא אמר לשמיא |
| 154 | | | Dt32:01 | נבייא פירש ואמר טולו | לשמיא | עייניכון ואסתכלו בארעא |
| 155 | | | Ex 9:08 | ויזרוק יתיה משה | לשמיא | קדם פרעה: |
| 156 | לשמייא | | Dt 4:19 | דלא תתלון עייניכון | לשמייא | ותיחמון ית שמשה וית זהרא |

## שמין *adj.* fat [557]

| | | | | | | |
|---|---|---|---|---|---|---|
| 001 | שמין | s ab/cn | Lv22:27 | ואייתי בת תורין | שמין | וטב ויהב לרביה ואוחי למעבד |
| 002 | שמינין | p abs | Gn49:20M | /טובוי ד'#2#/ אשר מה | /שמינין | אינון פירי ארעכון והא |
| 003 | השמינין | | Nu13:20 | ומה ארעא | השמינין | אינון פריה או אפתרין הא |
| 004 | | | Gn49:15 | וית ארעא דישראל ארום | שמינין | פרי«ה» וארכן כתפה |
| 005 | שמנין | | Gn49:15M | ארום \שמינין פרי«ה» | /שמנין | הנן פריה#2#/ וארכן כתפה |
| 006 | שמיני | p const | Dt32:14 | | שמיני | תורין ורכיכי עין עם טוב |
| 007 | ושמיני | | Dt32:14M | תורין | ורכיכי/ושמיני#2#/ | עין עם טוב דפטימין |
| 008 | שמיניהון | p em/sf | Gn 4:04 | מן בכירי ענה ומן | שמיני«הון» | וקבל ייי ברעווא ית |

## שמיר *n.* flint [557]

| | | | | | | |
|---|---|---|---|---|---|---|
| 001 | שמיר | s ab/cn | Ex15:02M | כיפ' ומשה יתן משח מן | שמיר | טינרא עניין בני ישרא' |
| 002 | | | Dt32:13 | יתהון <משח> מן כיף | שמיר | טינרה: |
| 003 | | | Dt 8:15 | אפיק לכון מיין מן כיף | שמיר | טנרה: |

## שמע *vb.* to hear [558]

| | | | | | | |
|---|---|---|---|---|---|---|
| 001 | שומעת | peal | Gn27:05 | ורבקה | שומעת | כד מלל יצחק עם עשו בריה |
| 002 | שמוע | | Dt 6:04M | בלבה שלמה ואמרין | שמע/שמוע | כען#2#/ מנן ישראל |
| 003 | שמועו | | Nu12:06M | ואמר \שמעו כען מיליי | /שמועו | כען פתגמיי#2#/ אין יהווי |
| 004 | | | Dt 5:01M | ישראל ואמר להון | שמעו/שמועו | כען#2#/ ישראל ית |
| 005 | | | Dt 9:01M | | שמע/שמוע#2#/ | כען ישראל אתון |
| 006 | | | Dt 4:01M | וכדון ישראל | שמע/שמוע#2#/ | לקיימיה ולסדר |
| 007 | | | Dt 1:16M | "תהוון שמעין ... דקשט": | שמועו | מן אחיכון ותדונון יתהון |
| 008 | שמיע | | Ex14:15M | תהווי מצלי/ קדמיי | שמיע | הא צלותך קדמיי ברם |
| 009 | | | Ex16:07M | תורעמתכון קדם ייי /כד | שמיע | ית תורעמנותיכון#2#/ ואנן |
| 010 | | | Gn16:11 | ותיקרי שמה ישמעאל ארום | שמיע | קדם ייי ית צעריך: |
| 011 | | | Gn29:33 | בר ואמרת ארום {...} | שמיע | קדם ייי ארום שניא אנא ויהב |
| 012 | | | Ex16:08 | ולחם בצפרא למשבע כד | שמיע | קדם ייי ית תורעמתכון דאתון |
| 013 | | | Ex16:09 | קרבו קדם ייי ארום | שמיע | קדם ייי ית תורעמתכון: |
| 014 | | | Nu14:27 | מתרעמין קדמיי עלויי | שמיע | קדמי ־־ית תורעמות בני |
| 015 | | | Ex16:12 | | שמיע | קדמיי ית תורעמתהון דבני |
| 016 | שמע | | Nu30:15 | ארום שתק לה ביומא די | שמע: | |
| 017 | | | Gn26:05 | חלף די | שמע | אברהם בקל מ־י#2#^מרי ונטר |
| 018 | | | Gn29:13 | והוי כדי | שמע | לבן ית שמעה דיעקב בר |
| 019 | | | Gn27:34 | כד | שמע | עשו ית מלוי דאבוי וצווח |
| 020 | | | Gn39:10 | יוסף יום בתר יום ולא | שמע | אליה למשמשה עמה בעלמ' הדין |
| 021 | | | Gn34:05 | ויעקב | שמע | ארום סאב ית דינה ברתה |
| 022 | | | Gn39:15 | והוי כדי | שמע | ארום ארימת קלי וצווחת ושבק |
| 023 | | | Ex32:17M | קל סדרי קרבא /אנא | שמע#2#/ | במשריתא: |
| 024 | | | Dt 3:26 | דייי בי מן בגללכון ולא | שמע | בקל צלותי ואמר ייי לי אמר |
| 025 | | | Gn21:12 | כל מה דתימר לך שרה | שמע | בקלה ארום ביצחק יתקרי לך |
| 026 | | | Dt21:18 | סורוון ומורוון לית הוא | שמע | בקלה דאבוי ובקלה דאימיה |
| 027 | | | Gn27:08 | וכדון ברי | שמע | בקלי ואזל לאן דאנה מפקדה |
| 028 | | | Gn27:13 | אינון לווטך ברי לחוד | שמע | בקלי ואזל אייתי לי: |
| 029 | | | Gn27:43 | וכדון ברי | שמע | בקלי וקום אזל{{ך}} לך לוות |
| 030 | | | Gn30:06 | רחל דן יתי ייי ואף | שמע | בקלי ויהב לי בר בגין כדן |
| 031 | | | Ex18:19 | כדון | שמע | בקלי איעץ יתך עצה ויהווי |
| 032 | | | Dt21:20 | סורוון ומורוון לית הוא | שמע | בקלן אכל בבשרה ושתי בחמר: |
| 033 | | | Nu30:16M | מן בתר \די ישמע/די | שמע#2#/ | ויקבל ית חובה/חובוי#2# |
| 034 | | | Ex32:18 | גברין דנצחין בקרבא אנה | שמע | ולא קל חלשין דמתנצחין |
| 035 | | | Lv19:14 | לא תלו' ית מה דלא | שמע | וקדם מן דלא חמי לא תתן |
| 036 | | | Gn21:17 | ליך הגר לא תדחלין ארום | שמע | ייי בקל צלותיה דטליא באתרא |
| 037 | | | Gn38:25 | ומקדשין שמך קדישא ומיד | שמע | ייי קל צלותה ואמר למיכאל |
| 038 | | | Dt 1:45 | ובכיתון קדם ייי ולא | שמע | ייי בקל בכותכון ולא אצית |
| 039 | | | Gn24:30 | על ידה אחת{ת}<ה> וכדי | שמע | ית מילי דרבקה אחתה למימר |
| 040 | | | Nu 7:89 | זימנא לממללה עמיה הוא | שמע | ית קל דבירה ממלל עמיה |
| 041 | | | Dt 5:26 | ארום היידין כל בשרא די | שמע | ית קל מימרה דאלה חייה ממלל |
| 042 | | | Dt29:18 | ויהווי כדי | שמע | ית מילי לווטיה הדין |
| 043 | | | Ex 7:13 | ואתוקף לבא דפרעה ולא | שמע | להון היך מה דמלל ייי: |
| 044 | | | Ex 7:22 | ואתוקף לבא דפרעה ולא | שמע | להון היך מה דמלל ייי: |
| 045 | | | Ex 8:11 | דרוח ותקף ית לביה ולא | שמע | להון היך מה דמלל ייי: |
| 046 | | | Ex 8:15 | ואתוקף לבה דפרעה ולא | שמע | להון היך מה דמלל ייי: |
| 047 | | | Ex 9:12 | ותקף ייי לבא דפרעה ולא | שמע | להון היך מה די מלל ייי עם |
| 048 | | | Ex10:28M | אנא למימות ולא למיהווי | שמע | למיליך אזדהר לך דלא יתקוף |

|  | |  | | | |
|---|---|---|---|---|---|
| 049 | | Lv19:14M | תלוטון חרשה בגין דלא | שמע | לקדם אכסנייה דהוא מדמי |
| 050 | | Gn24:52 | והוה כד | שמע | לשמה ייי כנימוס ארעא: |
| 051 | | Ex10:28 | צבי אנה לממות ולא למהוי | שמע | {מי} מליך אזדהר לך דלא |
| 052 | | Dt33:07 | דייי לשבטה דיהודה ואמר | שמע | מימריה בקל צלותה דיהודה |
| 053 | | Gn16:11M | ארום \שמיע קדם ייי | /שמע | ממריה דייי#2#/ ית צעריך: |
| 054 | | Gn49:02 | דיעקב כחדא ואמרין | שמע | מנן ישראל אבונן ייי אלהן |
| 055 | | Dt 6:04 | כחדה בלבה שלמה ואמרין | שמע | מנן ישראל אבונן ייי אלהן |
| 056 | | Ex32:18 | דמתנצחין בקרבא אנה | שמע | קל מקלסין בפלחנא נכריה אנה |
| 057 | | Ex32:18 | מקלסין בפלחנא נכריה אנה | שמע | קל מקלסין: |
| 058 | | Dt 5:26M | היידה אומה ומלכו די | שמע | קלא לאלהה חייה ממ' |
| 059 | | Gn39:19 | והוה כד | שמע | רבוניה ית מליא דאתתיה |
| 060 | שמע' | Lv24:12M | ברם משה רבן אמר לא | שמע' | |
| 061 | שמעה | Gn18:10 | אתתך ושר{ת}<ה> הוות | שמעה | בתרע משכנא וישמעאל הווה |
| 062 | שמעו | Dt 5:01 | לכל ישראל ואמר להון | שמעו | ישראל ית קיימיה וית סדרי |
| 063 | | Ex15:14 | | שמעו | אומיא אתרגזו רתיתא אחדת |
| 064 | | Gn43:25 | יוסף באשון שרותא ארום | שמעו | ארום תמן ייכלון לחם: |
| 065 | | Nu14:14 | ואמרין לדיירי ארעא הדה | שמעו | ארום את הוא דאיקר שכינתך |
| 066 | | Dt 4:33 | היידה אומה ומלכו די | שמעו | בקל מימריה דאלה חייה ממלל |
| 067 | | Gn 4:23 | לתרתין נשוהי עדה וצלה | שמעו | בקלי נשוהי דלמך |
| 068 | | Nu14:22 | יתה דנה עשרה זמנין ולא | שמעו | בקלי: |
| 069 | | Dt32:01 | אמר לשמיא אציתו ולארעא | שמעו | ברם ישעיה נבייה דקס |
| 070 | | Gn34:07 | עלו מן אפי ברה כדי | שמעו | ואתרגזו גבריא ובאש להון |
| 071 | | Dt32:01 | אמר לארעא אציתו ולשמייא | שמעו | ותריהון על דהוו דחילין מן |
| 072 | | Nu14:15M | אומייה די | ישמעון/שמעו#2#/ | ית שמעך \רבה#2#/ |
| 073 | | Gn37:06 | ואמר להון | שמעו | כען חלמא הדין די חלמית: |
| 074 | | Nu12:06 | ואמר | שמעו | כען מיליי אין יהווי |
| 075 | | Nu16:08 | ואמר משה {לכון} <לקרח> | שמעו | כען בנוי דלוי: |
| 076 | | Nu20:10 | קהלה קדם כיפה ואמר להון | שמעו | כען עמה דמלפין מלפניהון די |
| 077 | | Dt 9:01 | | שמעו | כען ישראל אתון עברין |
| 078 | | Ex16:20 | ולא | שמעו | למשה ושיירו מניה גברין עד |
| 079 | | Ex 6:09 | כדין עם בני ישראל ולא | שמעו | למילוי דמשה מקפדות רוח |
| 080 | | Ex 6:12 | למימר הא בני ישראל לא | שמעו | למילוי והיכדין ישמע מני |
| 081 | | Ex32:25 | חקיק עליהון על די לא | שמעו | למילוי דאהרן קנון להון שם |
| 082 | | Dt 4:01 | וכדון ישראל | שמעו | לקיימיה ולסדר דינ{נ}<י>יה |
| 083 | שמעון | Dt20:03 | ויאמר להון | שמעון | כען ישראל אתון קריבין |
| 084 | שמעין | Dt18:15 | ייי אלהכון למלוי תהוון | שמעין: | |
| 085 | | Dt 1:16 | בשעתה ההיא למימר תהוון | שמעין | בני אחיכון ודיינין יתהון |
| 086 | | Lv24:12M | דלא יבהתון למימר לא | שמעין | ברם משה רבן אמר לא שמע' |
| 087 | | Dt18:14 | קסמין א«י»{א}נון | שמעין | ואתון עמי בני ישראל לא |
| 088 | | Dt 4:12 | אשתה קול דבירי אתון | שמעין | ודמו לית אתון חמיין ארום |
| 089 | | Dt 1:17 | וכמילוי דרבה תהוון | שמעין | ולא תדחלון מן קדם מלך |
| 090 | | Dt 4:28 | דאבן די לא חזיין ולא | שמעין | ולא אכלין ולא מריחין: |
| 091 | | Dt 5:27M | \ונשמע ונעבד | /שמעין | ועבדין#2#/: |
| 092 | | Nu14:13M | \וישמעון מצריי /הא | שמעין | מצראי#2#/ ארום אסקית |
| 093 | שמעינון | Nu14:14M | שמעו /דיירי דארעה | שמעינון#2#/ | ארום את הוא דאיקר |
| 094 | שמעינן | Gn42:21 | הוה מפרפר קדמינן ולא | שמעינן | בגין כך אתת עלינן עקתה |
| 095 | | Nu 9:08M | יבהתון למימר לא | שמעינן | ברם משה רבן אמ' |
| 096 | | Nu15:34M | דלא יבהתון למימר לא | שמעינן | ברם משה רבן אמר לא |
| 097 | | Dt 5:24 | תוקפיה וית קל מימרה | שמעינן | מן גו להבי אשתה יומא הדין |
| 098 | שמעית | Gn42:02 | ואמר הא | שמעית | ארו«ם» עיבור מזדבן |
| 099 | | Lv24:12 | באליין ובאילין אמר לא | שמעית | במסאבין דלא יכלו למעבד |
| 100 | | Nu27:05 | ובאילין ובאילין אמר לא | שמעית | במסאבין דלא יכלו מעבד |
| 101 | | Gn17:20M | הא /ועל עסק ישמעאל | שמעית | בקלך הא#2#/ ברכת יתה |
| 102 | | Nu15:34M | ברם משה רבן אמר לא | שמעית | ואצנעו' |
| 103 | | Lv24:12 | דמשה רבהון אמר לא | שמעית | ואצנעו יתה במטרתה עד זמן |
| 104 | | Nu27:05 | דמשה רבהון אמר לא | שמעית | וקרב משה ית סדר דיניהון |
| 105 | | Gn27:06 | ליעקב ברה למימר הא | שמעית | ית קלא דאבוך ממלל עם עשו |
| 106 | | Dt 5:28 | מימרה דייי לי אמר משה | שמעית | ית קל מליהון דעמא האליין |
| 107 | | Lv24:12M | ובאליין אמר לא | שמעית | למלפה דייניה דעתידין |
| 108 | | Nu 9:08M | ובאליין אמר לא | שמעית | למלפה דיינייה דעתיד |
| 109 | | Nu15:34M | ובאליין אמ' לא | שמעית | למלפה דייניה דעתידין |
| 110 | | Gn17:20 | ולישמעאל | שמעית | לקל צלותך הא ברכת יתה |
| 111 | | Ex 3:07 | דבמצרים וית קבלתהון | שמעית | מן דחקהון ארום גלי קדמיי |
| 112 | | Gn41:15 | ופתיר לית ליה ואנה | שמעית | עלך למימר תשמע חלמא למפתר |
| 113 | שמען | Gn 4:23M | עדה וצלה \שמעו בקלי | /שמען | קלי#2#/ נשוהי דלמך |
| 114 | שמענן | Dt26:14 | ותכריכין על נפש דמית | שמענן | בקל מימריה דייי |
| 115 | | Lv24:12 | בהתין למ{מ}י<מ>ר לא | שמענן | דמשה רבהון אמר לא שמעית |
| 116 | | Nu 9:08 | יהוון בהתין למימר לא | שמענן | דמשה רבן אמר לא שמעתה |
| 117 | | Nu15:34 | בה{ד}<ת>ין למימר לא | שמענן | דמשה רבן ואמ' לא שמעת |
| 118 | | Nu27:05 | יהוון בהתין למימר לא | שמענן | דמשה רבהון אמר לא שמעית |
| 119 | שמעת | Gn21:26 | לא תנית לי ולחוד אנא לא | שמעת | ארום אלהי{ם}<ן> יומא הדין: |
| 120 | | Gn 3:10 | ואמר ית קל ממרך | שמעת | בגנתה ודחלית ארום ערטלאי |
| 121 | | Nu15:34 | ובאלין ובאלין אמר לא | שמעת | במסאבין דלא יכלו מעבד |
| 122 | | Gn22:18 | ד{ערא}<אר>עא חלף די | שמעת | בקל ממריה: |
| 123 | | Nu15:34 | שמענן דמשה רבן ואמ' לא | שמעת | ואצנעו יתה במטרה עד זמן |
| 124 | | Ex 6:05 | ולחוד אנא | שמעת | ית קבלתהון דבני ישראל |
| 125 | | Gn37:17 | גברא נטלו מן הכא ארום | שמעת | יתהון אמרין ניזיל לדותינה |
| 126 | | Gn 3:17 | ולאדם אמר ארום | שמעת | לקלה דאתתך ואכלת מן אילנ' |
| 127 | | Gn 3:10M | דברך | שמעת | מטייל בגו גנתה#2#/ ודחלית |
| 128 | | Ex 7:16 | קדמיי במדברא והא לא | שמעת | עד כדון: |
| 129 | | Dt 4:33M | ומלכו די \שמעו בקל | /שמעת | קלא#2#/ מימריה דאלה חייה |
| 130 | שמעתה | Nu 9:08 | שמענן דמשה רבן אמר לא | שמעתה | ואמר להון משה קומו כען |
| 131 | שמעתון | Dt 4:33 | להבי אשתה היך מה די | שמעתון | אתון וחייתון: |
| 132 | | Dt 8:20M | כן תישתצון חולף די לא | שמעתון | בקל |
| 133 | | Dt 9:23 | מימרה דייי קדישה ולא | שמעתון | בקל מימרה: |
| 134 | | Dt28:45 | דתש«ת»יצון ארום לא | שמעתון | בקל מימרה דייי אלהכון |
| 135 | | Dt28:62 | שמייא לסוגי ארום לא | שמעתון | בקל ממרה דייי אלהכון: |
| 136 | | Gn42:22 | לא תחטון בטלייא ולא | שמעתון | ולחוד דמיה הא מתבע: |
| 137 | | Dt 1:43 | ומללית יתכון ולא | שמעתון | וסרבתון על פם גזירת מימרה |
| 138 | | Dt 5:23 | והוה כד | שמעתון | ית קל ממרה מן גו חשוכה |
| 139 | | Dt28:49M | \תיכלון למישמע לשניה | /שמעתון | לשנה#2#/: |
| 140 | | Dt 9:02 | די אתון חכמתון ואתון | שמעתון | מן יכיל למיקם קדם בנוי |
| 141 | | Dt 4:36 | אשתיה רבתה וקל דבירוי | שמעתון | מן גו להבי אשתה: |
| 142 | שמעתיה | Nu 9:08M | רבן אמר לא | שמעתה/<שמע>תיה#2#/ | ואמר להון משה |
| 143 | אשמע | Ex22:22M | יצווח קדמוי משמע | אשמע | בקל צלותא ארום אלה חנן |
| 144 | | Ex22:26M | "יצווח": יצווח קדמוי משמע | אשמע | בקל צלותיה ארום אלה חנן |
| 145 | | Ex 5:02 | פרעה מן ^הוא#2#^ ייי די | אשמע | בקליה למשלחיה ית ישראל |
| 146 | ישמ' | Dt 8:20M | חלף אין לא | תשמעון/ישמ'#2#/ | בקל ממרה דייי |
| 147 | ישמע | Nu30:09 | ^^ואין ביומא די | ישמע | בעלה יבטל יתה ויבטל ית |
| 148 | | Nu30:16 | יתהון בעלה מן בתר די | ישמע | ויקבל ית חובה: |
| 149 | | Nu30:08 | וישמע בעלה ביומא די | ישמע | וישתוק לה ויקומון נדריה |
| 150 | | Nu30:13 | יתהון בעלה ביומא די | ישמע | כל פירוש ספוותה לנדרא |
| 151 | | Dt18:19 | ויהוי גברא די לא | ישמע | לדיבירוי די ימלל בשם ממרי |
| 152 | | Dt21:18 | דאימיה וירדון יתיה ולא | ישמע | להון: |
| 153 | | Ex 6:12 | לא שמעו למילוי והיכדין | ישמע | מני פרעה ואנה חגר ממלל: |
| 154 | ישמעון | Ex 4:01 | ואין לא יהימנון לי ולא | ישמעון | בקלי ארום יאמרו לא אתגלי |
| 155 | | Gn11:07 | ואתגלי תמן לשניהון דלא | ישמעון | גבר לשנה דחבריה: |
| 156 | | Dt13:12 | וכל ישראל | ישמעון | וידחלון ולא יוספון למעבד |

|  | |  |  |
|---|---|---|---|
| 157 | | Dt17:13 | וכל עמא ישמעון וידחלון ולא יזידון תוב: |
| 158 | | Dt19:20 | ומה דאשתיירו ישמעון וידחלון ולא יוספון למעבד |
| 159 | | Dt21:21 | מן ביניכון וכל ישראל ישמעון וידחלון: |
| 160 | | Dt31:13 | ובניהון די לא חכמו ישמעון וילפון למדחל מן קדם ייי |
| 161 | | Dt31:12 | בארעכון מן בגלל די ישמעון ומן בגלל דילפון וידחלון |
| 162 | | Nu14:15 | חד ו{א}ימרון אומייה די ישמעון ית שמעך למימר: |
| 163 | | Dt 4:06 | לעייני אומייה די ישמעון ית כל קיימיה האליין |
| 164 | | Nu27:20 | רבותך עלוי מן בגלל די ישמעון כל כנישתה ^דבני |
| 165 | | Ex 4:08 | אין לא יהימנון לך ולא ישמעון לקל נסיה קדמיה ויהימנון |
| 166 | | Ex 4:09 | לתרין נסייא האליין ולא ישמעון לקלך ות{ת}<ס>ב מן מוי |
| 167 | | Dt 2:25 | די תחות כל שמיא די ישמעון שמעיכון וירגזון ויבהלון |
| 168 | תשמע | Gn41:15 | ואנה שמעית עלך למימר תשמע חלמא למפתר יתיה: |
| 169 | תשמע' | Ex15:26 | ואמר אין משמע תשמע' בקל ממריה דייי אלהכון |
| 170 | תשמעון | Dt18:15M | תהוון שמעין /למ' תשמעון#2#/: |
| 171 | | Dt13:13 | ארום תשמעון בחדה מן קורייכון דייי |
| 172 | | Ex19:05 | וכדון {אם} אין משמע תשמעון בקל ממרי ותטרון ית קיימי |
| 173 | | Ex23:22 | ארון אן משמע תשמעון בקל ממרי ותעבד כל מה די |
| 174 | | Dt 8:20 | כדן תסופון חלף אין לא תשמעון בקל ממרה דייי אלהכון: |
| 175 | | Dt13:19 | ארום תשמעון בקל ממרה דייי אלהכון |
| 176 | | Dt15:05 | לחוד אין משמע תשמעון בקל ממרה דייי אלהכון |
| 177 | | Dt28:01 | ויהוי אין משמע תשמעון בקל מימרה דייי אלהכון |
| 178 | | Dt28:02 | ויארעון יתכון ארום תשמעון בקל מימרה דייי אלהכון: |
| 179 | | Dt28:15 | ויהוי אין לא תשמעון בקל מימריה דייי אלהכון |
| 180 | | Dt30:10 | ארום תשמעון בקל ממרה דייי אלהכון |
| 181 | | Dt13:05 | תטרון ובקל ממריה תשמעון וקדמוי תפלחון בלבה שלמה |
| 182 | | Dt30:17 | ואן יסטון לבביכון ולא תשמעון ותתבדרון ותסגדון קדם |
| 183 | | Dt 7:12 | ויהוי חלף די תשמעון ית סדרי דינייה האליין |
| 184 | | Lv26:14 | ואן לא תשמעון לאולפן אורייתי ולא תעבדון |
| 185 | | Lv26:18 | ואן עד אילין מרדוותה לא תשמעון לאולפן אוריית«י»ה ואוסף |
| 186 | | Lv26:27 | ואן בדה לא תשמעון לאולפן אורייתי ותהלכו עמי |
| 187 | | Dt13:04 | לא תשמעון למילוי דנבייא שקרא ההוא |
| 188 | | Dt13:09 | לא תצבון לה ולא תשמעון למילוי ולא יחוסון |
| 189 | | Dt11:13 | ויהוי אין משמע תשמעון למצוותה דאוריתא די אנה |
| 190 | | Dt11:27 | ית ברכתה די תשמעון למצוותה דייי אלהכון די |
| 191 | | Dt11:28 | ולווטיה אין לא תשמעון למצוותה דייי אלהכון |
| 192 | | Dt28:13 | ולא נחתין לרע ארום תשמעון למצוותה דייי אלהכון די |
| 193 | | Gn34:17 | ואן לא תשמעון לן למגזר ונסב ית ברתן |
| 194 | משמוע | Ex15:26M | ואמר אין משמע/משמוע#2#/ תשמע' בקל ממריה |
| 195 | | Dt11:13M | ויהוי אין משמע/משמוע#2#/ תשמעון למצוותה |
| 196 | | Dt15:05M | לחוד/להוד#2#/ אין משמע/משמוע#2#/ תשמעון בקל ממרה דייי |
| 197 | | Dt28:01M | ויהוי אין משמע/<מש>מוע#2#/ תשמעון בקל מימרה |
| 198 | משמע | Ex22:22M | {י}<מ>צוח יצווח קדמוי משמע אשמע בקל צלותא ארום אלה |
| 199 | | Ex22:26M | "יצווח" יצווח קדמוי משמע אשמע בקל צלותיה ארום אלה |
| 200 | | Ex15:26 | ואמר אין משמע תשמע' בקל ממריה דייי |
| 201 | | Ex19:05 | וכדון {אם} אין משמע תשמעון בקל ממרי ותטרון ית |
| 202 | | Ex23:22 | ארון אן משמע תשמעון בקל ממרי ותעבד כל |
| 203 | | Dt11:13 | ויהוי אין משמע תשמעון למצוותה דאוריתא די |
| 204 | | Dt15:05 | לחוד אין משמע תשמעון בקל ממרה דייי |
| 205 | | Dt28:01 | ויהוי אין משמע תשמעון בקל מימרה דייי |
| 206 | די שמוע | Nu30:06M | ביומא דשמע/^דישמעון#2#^/די שמוע#2#/ כל נדרה |
| 207 | דישמעון | Nu30:06M | ביומא דשמע/^דישמעון#2#^/די שמוע#2#/ כל נדרה |
| 208 | | Ex19:09 | בתקפא דעננא מן בגלל דישמעון עמא במללותי עמך ואף |
| 209 | דשמוע | Lv24:14M | \ית מן דשמעון\/^<דש>מוע#2#^/ י{ד}<ת> /כל |
| 210 | דשמע | Gn29:13M | והוי \כדי שמע /כיון דשמע#2#/ לבן ית שמעה דיעקב בר |
| 211 | | Gn39:15M | והוי \כדי שמע/כיון דשמע#2#/ ארום ארימת/ארעימת#2#/ |
| 212 | | Gn21:06M | עבד לי ממריה דייי כל דשמע בקלי {ו}<י>חדי לי{יתי} |
| 213 | | Gn21:06 | אתעבד לי מן קדם ייי כל דשמע יחדי עמי: |
| 214 | | Nu30:06 | ואין בטל אבוה יתה ביומא דשמע כל נדרה וקיימה די קיימת על |
| 215 | | Nu24:04 | אימר דשמע מימר מן קדם ייי עליה די |
| 216 | | Nu24:16 | אמר דשמע מימר מן קדם ייי וידע דיעה |
| 217 | | Gn24:52M | והוה \כד שמע/כיון דשמע#2#/ /עבדא דאברהם מליהון |
| 218 | | Gn39:19M | והוה \כד שמע/כיון דשמע#2#/ רבוניה ית מליא דאתתיה |
| 219 | דשמעו | Lv24:14M | י{ד}<ת> /כל אליין דשמעו ית#2#/ ידיהון על ראשה |
| 220 | דשמעון | Lv24:14 | משריתה ויסמכון ית מן דשמעון י{ד}<ת> ידיהון על ראשה |
| 221 | דשמעתון | Dt 5:23M | \כד שמעתון /כיון דשמעתון#2#/ ית \קל ממרה/קלה#2#/ |
| 222 | ושמ' | Nu30:08M | וישמע/^ושמ'#2#^/וישמוע#2#/ בעלה ביומא די |
| 223 | ושמוע | Dt 5:27M | קרב/קרוב#2#/ את ושמע/ושמוע#2#/ ית כל מה די יאמר |
| 224 | ושמועו | Dt27:09M | למימר אציתו ושמעו/ושמועו#2#/ ישראל יומא הדין |
| 225 | | Dt12:28M | טורו ושמעו/ושמועו#2#/ ית כל פתגמייה |
| 226 | | Nu21:06M | כל /בני אנשא ואציתו ושמועו כל#2#/ בני בשרא לטית |
| 227 | ושמיע | Gn21:17 | ושמיע ייי ית קליה דטליא וקרא |
| 228 | | Ex16:07 | איקר שכינתה דייי ושמיע ית תורעמתכון קדם ייי ואנן |
| 229 | | Ex 2:24 | ושמיע קדם ייי ית קבלתהון ואדכר |
| 230 | | Nu12:02 | ייי הלא אוף עמן מלל ושמיע קדם ייי: |
| 231 | | Dt26:07 | קדם ייי אלה אבהתן ושמיע קדם ייי קל צלותן וגלי |
| 232 | ושמע | Gn23:16 | ושמע אברהם לעפרון ותקל אברם |
| 233 | | Gn14:14 | ושמע אברם ארום אשתבי לוט בר |
| 234 | | Gn16:02 | דאתבני אף אנה על ידה ושמע אברם לקלה דשרי: |
| 235 | | Nu22:36 | ושמע בלק ארום אתה בלעם ונפק |
| 236 | | Ex32:17 | ושמע יהושע ית קלהון דעמא |
| 237 | | Gn28:07 | ושמע יעקב לאבוי ולאמה ואזל |
| 238 | | Gn35:22 | ראובן וישכב ית בלהה ושמע ישראל והוון בנוי דיעקב |
| 239 | | Ex18:01 | ושמע יתרו רבה דמדין חמוי |
| 240 | | Ex18:24 | ושמע משה לקלה דחמוי ועבד כל מה |
| 241 | | Lv10:20 | ושמע משה ית מילוי דאהרן ושפר |
| 242 | | Lv10:20M | דאשפל קבל עלה אגר סגי ושמע משה ושפר פתגמי באפוי |
| 243 | | Nu11:10 | ושמע משה ית קלהון דעמה בכיין |
| 244 | | Nu16:04 | ושמע משה ואשתטח על אפוי: |
| 245 | | Gn37:21 | ושמע ראובן ושזיב יתיה מן |
| 246 | | Nu30:05M | וישמע/ושמע#2#/ אבוה ית נדרה וקיימה |
| 247 | | Nu23:18 | נבותה ואמר קום בלק ושמע אצת כען למלי ברה צפור: |
| 248 | | Gn22:14 | עקדתיה דיצחק אבוהון ושמע בקל צלותהון ועני יתהון |
| 249 | | Lv22:27 | עני יתן בהדה שעתה ושמע בקל צלותן ואדכר לן עקידתיה |
| 250 | | Nu20:16 | וצלינן קדם ייי ושמע בקל צלותן ושלח <מלאכה> |
| 251 | | Gn30:17 | ושמע ייי בקל צלותה דלאה |
| 252 | | Gn30:22 | ברחמוי טביא ית רחל ושמע ייי ית קל צלותה דרחל ואמר |
| 253 | | Nu21:03 | ושמע ייי בקל צלותהון דישראל |
| 254 | | Dt 1:34 | ושמע ייי ית קל מליכון ותקף |
| 255 | | Dt 9:19 | עליכון לשיצי יתכון ושמע ייי בקל צלותי אמר משה |
| 256 | | Gn31:01 | ושמע ית מלוי דבנוי דלבן למימר |
| 257 | | Dt 5:27 | קרב את ושמע ית כל מה די יאמר ייי אלהן |
| 258 | | Nu33:40 | ושמע כנענא' מלכא דערד ארום הוא |
| 259 | | Nu21:01 | ושמע כנענאה מלכא דערד דהוה שרי |
| 260 | | Dt 5:28 | ושמע מימרה דייי ית קל מליכון |
| 261 | | Dt 9:19M | למישיציה מנכון ושמע מימריה דייי לי אמר |
| 262 | | Gn25:21M | \וענה יתיה ייי ועברת /ושמע ממרי' דייי בקל צלו<ת>י' |
| 263 | | Ex 2:15 | ושמע פרעה ית פתגמא הדין ובעה |
| 264 | | Nu11:01 | הגין ביש במשמעה דייי ושמע קדם ייי ותקף רוגזה ובערת |

|  |  |  | | | |
|---|---|---|---|---|---|
| 265 | | Dt10:10 | יומין וארבעין לילוון | ושמעו | קל ממרה דייי בקל צלותי אמר |
| 266 | ושמעו | Dt27:09 | כל ישראל למימר אציתו | ושמעו | ישראל יומא הדין |
| 267 | | Ex 4:31 | ית בני ישראל וארום | (ושמעו | ארום אדכר} גלי קדמוי ית |
| 268 | | Ex 4:31 | עמא בשם ממריה דייי | ושמעו | ארום אדכר ייי ברחמוי |
| 269 | | Ex23:21 | אזדהרון מן קדמוי | ושמעו | בקלי לא תסרבון על מלוי |
| 270 | | Gn 3:08 | | ושמעו | ית קל ממרה דייי אלהים |
| 271 | | Dt12:28 | טורו | ושמעו | ית כל פתגמייה האיליין די |
| 272 | | Gn34:24 | | ושמעו | לחמור ולשכם בריה כל |
| 273 | | Dt34:09 | סמך משה ית ידוי עלוי | ושמעו | ליה בני ישראל ועבדו |
| 274 | | Gn45:02 | ושוי ית קליה בבכיה | ושמעו | מצראי ואשתמע בפלטורין |
| 275 | | Ex33:04 | | ושמעו{ן}<ו> | עמא ית פתגמא בישא הדין |
| 276 | ושמעון | Gn37:27 | אחונן קרב בשרן הוא | ושמעון | ליה אחוי: |
| 277 | ואשמע | Ex22:22 | מצווח יצווח עליך קדמי | ואשמע | ית קל צלותה ארום חנן |
| 278 | | Ex22:26 | ארום יצווח עלך קדמי | ואשמע | ית קל צלותיה ארום חנן |
| 279 | | Dt 1:17 | תקרבון יתי לוותי | ואשמע | יתיה: |
| 280 | וישמוע | Nu30:08M | | וישמע/^ושמ#2#^/וישמוע#2#/ | בעלה ביומא די |
| 281 | | Nu30:12M | | וישמע/וישמוע#2#/ | בעלה וישתוק לה לא |
| 282 | וישמע | Nu30:05 | | וישמע | אבוה ית נדרה וקיימה די |
| 283 | | Nu30:08 | | וישמע | בעלה ביומא די ישמע וישתוק |
| 284 | | Nu30:12 | | וישמע | בעלה וישתוק לה לא בטל יתה |
| 285 | וישמעון | Ex 3:18 | | וישמעון | לקלך ותיתי את וחכימיה |
| 286 | | Nu14:13 | ואמר משה קדם ייי | וישמעון | מצריי ארום אסקית בחילך |
| 287 | ונשמע | Ex24:07 | כל מה די מלל ייי נעבד | ונשמע: | |
| 288 | | Ex20:19 | למשה מלל את עמן | ונשמע | ולא יתמלל עמן מן קדם ייי |
| 289 | | Dt 5:27 | די ימלל ייי אלהך עמך | ונשמע | ונעבד: |
| 290 | | Dt33:02 | מימרה דייי נעבד | ונשמע | ופשט ימיניה מן גו להבי |
| 291 | ותשמוע | Lv 5:01M | תחטא/תתחייב#2#/ | ותשמע/ותשמוע#2#/ | קל שבועה דחרוף |
| 292 | ותשמע | Dt32:01 | ואמר אציתו שמיה ואמלל | ותשמע | ארעא במימר פומי: |
| 293 | | Dt 4:30M | /<מימ>רה#2#/ דייי | /ותשמע | בקל צלותכון#2#/: |
| 294 | | Lv 5:01 | ונפש ארום תחטא | ותשמע | קל שבועה דחרוף והוא שהד |
| 295 | ותשמעון | Dt 6:03 | | ותשמעון | ישראל ותיטרון למעבד |
| 296 | | Dt 4:30 | קדם ייי אלהכון | ותשמעון | בקל מימריה דייי: |
| 297 | | Dt27:10 | | ותשמעון | בקל מימריה דייי אלהכון |
| 298 | | Dt30:02 | אורייתה דייי אלהכון | ותשמעון | בקל מימריה ככל מה די אנה |
| 299 | | Dt30:08 | ואתון תחזרון | ותשמעון | בקל מימריה דייי אלהכון |
| 300 | | Dt17:04 | ויתני לכון | ותשמעון | ותתבעון יאות והא מן |
| 301 | ולמשמוע | Dt26:17M | וסדרי דינוי | ול<מ>שמוע | בקל#2#/ מימריה: |
| 302 | ולמשמע | Dt26:17 | וסדרי ד«י»נוי | ולמשמע | בקל מימריה: |
| 303 | | Dt30:20 | אורייתה דייי אלהכון | ולמשמע | בקל מימרה ולמדבקה ביה |
| 304 | כשמעון | Ex24:07 | ונסב ספר קיימא וקרא | כשמעון | דעמא ואמרין כל מה די מלל |
| 305 | למישמוע | Dt 5:25M | אין מוספין אנן | למשמע/למישמוע#2#/ | ית קל מימרה דייי |
| 306 | למישמע | Dt28:49 | אומה די לא תיכלון | למישמע | לשניה: |
| 307 | למשמוע | Gn11:07M | גבר /די לא יכלון | למשמע | בי#2#/ לשנה דחבריה: |
| 308 | | Dt18:16M | למימר לא אוסף | למשמע/למשמוע#2#/ | ית קל ממרה דייי |
| 309 | | Lv26:27M | מרדוותה לא תצבון | למשמוע | לא#2#/ אורייתי ותהלכו |
| 310 | | Lv26:23M | /אין לא תיצבון | למשמוע | לאולפן אורייתי ותהל#2#/ |
| 311 | | Dt23:06M | צבא ייי אלהכון | למשמע/<למש>מוע#2#/ | ללווטי דבלעם |
| 312 | | Dt17:12M | יעבד בזידנו דלא | למשמע/למשמוע#2#/ | למלוי דכהנא דקיים |
| 313 | | Dt29:03M | למחמי ואדנין | למשמע/למשמוע#2#/ | עד יומא הדין: |
| 314 | למשמע | Dt 5:25 | הדה אין מוספין אנן | למשמע | ית קל מימרה דייי אלהן תוב |
| 315 | | Dt18:16 | קהלה למימר לא אוסף | למשמע | ית קל ממרה דייי אלהן וית |
| 316 | | Lv26:18M | לאולפן /תצבוני | למשמע | לאול#2#/ אוריית«י»ה |
| 317 | | Lv26:21 | קדמי בקשיו ולא תצבון | למשמע | לאולפן אורייתי ואוסף |
| 318 | | Dt23:06 | ולא צבא ייי אלהכון | למשמע | ללווטוי דבלעם והפך ייי |
| 319 | | Dt17:12 | די יעבד בזידנו דלא | למשמע | למלוי דכהנא דקיים מעתד |
| 320 | | Dt29:03 | ועיינין למחמי ואדנין | למשמע | עד יומא הדין: |
| 321 | afel אשמע | Dt 4:36 | מן שמיא | אשמע | יתכון ית קל מימריה למרדי |
| 322 | ואשמע | Dt 4:10 | משה כנש לי ית עמא | ואשמע | יתהון ית דברי די ילפון |
| 323 | | Nu 9:08M | <ואמר> משה קומו כען | ואשמע | יתכון מה דתקן מן קדם ייי |
| 324 | | Nu 9:08 | להון משה קומו כען | ואשמע | יתכון מה דתקן מן קדם ייי |
| 325 | וישמע | Dt30:12 | לשמיא ויסב יתה לן | וישמע | יתן פקודייה ונעבד יתהון: |
| 326 | | Dt30:13 | דימה רבה ויסק יתה לן | וישמע | לן פיקודייה ונעבד יתהון: |
| 327 | etpeel אשתמע | Gn44:18M | רבך אנה מסיי' הלא לא | אשתמע | |
| 328 | | Gn45:16 | וקלה | אשתמע | בפלטורין דפרעה למימר אתון |
| 329 | | Dt 4:32 | כפתגמא רבה הדן או אין | אשתמע | כוותיה: |
| 330 | | Gn44:18 | {על} כורחיה דאבא הא לא | אשתמע | לך ולא אתני לך מה עבדו |
| 331 | | Gn44:18M | אתמר לך או דילמא לא | אשתמע | לך מה דעבדו שמעון ולוי |
| 332 | | Gn44:18 | כל יומייא או דלמא דלא | אשתמע | לך ולא אתני לך ארום |
| 333 | | Gn44:18 | אתאמר לך או דילמא לא | אשתמע | לך מה דעבדו שמעון ולוי |
| 334 | אשתמעת | Gn30:08 | היך מה דיהב לאחתי לחוד | אשתמעת | וקראת שמה נפתלי: |
| 335 | ישתמע | Ex23:13 | אחרניין לא תדכרון ולא | ישתמע | על פומיכון: |
| 336 | ישתמעון | Gn49:16 | יקום פורקן ודיין כחדא | ישתמעון | לה כל שבטי דבני ישראל: |
| 337 | | Dt33:05 | בכנש ית ראשי עמא כחדא | ישתמעון | לה כל שבטייה דבני |
| 338 | משתמע | Gn27:22M | "הא קלה ... דעשו": כד | משתמע | קלא דיעקב בצלותא לית |
| 339 | ואישתמע | Nu21:06 | נפקת מן גו ארעא | ואישתמע | קליה ברומה אתון חמון כל |
| 340 | ואשתמע | Gn45:02 | בבכיה ושמעו מצראי | ואשתמע | בפלטורין דפרעה: |
| 341 | וישתמע | Ex28:35 | ויהווי על אהרן למשמשה | וישתמע | קליה במיעליה לבית קודשא |

vb. טמע See also:

## שמע *n.* report [557]

|  |  |  | | | |
|---|---|---|---|---|---|
| 001 | s em/sf שמעה | Gn29:13 | והוי כדי שמע לבן ית | שמעה | דיעקב בר אחתה ורהט |
| 002 | שמעך | Nu14:15 | אומייה די ישמעון ית | שמעך | למימר: |
| 003 | p em/sf שמעיכון | Dt 2:25 | כל שמיא די ישמעון | שמעיכון | וירגזון ויבהלון |

## שמש *vb.* to serve [559]

|  |  |  | | | |
|---|---|---|---|---|---|
| 001 | pael שמש | Nu 5:19 | כהנה ויימר לאתתה אן לא | שמש | גבר עימך ואין לא סטית סאבה |
| 002 | | Gn26:10 | לנא הא בקליל זעיר אילו | שמש | חד מן טליא עם אתתך והוות |
| 003 | | Dt22:29M | ויתן גברא דמשמש/די | שמש#2#/ | עמה לאבוה דרביתה |
| 004 | | Gn39:07 | לוות יוסף ואמרת לה | שמש | עמי: |
| 005 | | Gn39:12 | ותפשת יתה בלבושוי למימר | שמש | עמי ושבק לבושוי עמה וערק |
| 006 | שמשת | Gn19:34 | ואמרת רבתא לזעירתא הא | שמשת | ברמשא עם אבא נשקי יתיה חמר |
| 007 | ישמש | Lv15:18 | ואתתה די | ישמש | גבר עמה תשמיש דזרע וישזגון |
| 008 | | Lv15:24 | ואם משמשה | ישמש | גבר עמה ותהי נדתה עלוי |
| 009 | | Lv15:33 | לדכר או לנקבה ולגבר די | ישמש | עם אתה מסאבה: |
| 010 | | Lv19:20 | וגבר {כ}<ד>י | ישמש | עם אתתה תשמי' דזרע והיא |
| 011 | | Lv20:10 | וגבר די | ישמש | עם אתתה דגבר ודי יג«י»ר» |
| 012 | | Lv20:10M | אתתה דגבר ודי | יג«י»ר»/ישמש#2#/ | עם אתתיה דחבריה |
| 013 | | Lv20:11 | וגבר די | ישמש | עם אתתה דאבוי מתקטלה יתקטל |
| 014 | | Lv20:12 | וגבר די | ישמש | עם אתתה דברה מתקטלה |
| 015 | | Lv20:13 | וגבר די | ישמש | עם דכורה תשמיש דאתה מרחקה |
| 016 | | Lv20:18 | וגבר די | ישמש | עם אתה דוה ויבזי ית עריתה |
| 017 | | Lv20:20 | וגבר די | ישמש | עם חביבתה עריתה דחביבתה |
| 018 | | Dt27:20 | ליט יהווי גברה די | ישמש | עם אתת אבוי ארום בזי עריתה |
| 019 | | Dt27:21 | ליט יהווי גברה די | ישמש | עם כל בעיר ויאמרון כל עמא |
| 020 | | Dt27:22 | ליט יהווי גברה די | ישמש | עם אחתיה ברת אבוי או ברת |
| 021 | | Dt27:23 | ליט יהווי גברה די | ישמש | עם חתנתיה ויאמרון כל עמא |
| 022 | | Dt28:30M | \יסב יתה בתין תבנון | /ישמש | עמה בייתין דבנין#2#/ ולא |

|  |  |  |  |  |  |
|---|---|---|---|---|---|
| 023 | | Gn30:15 | ואמרת רחל בגין כדין | ישמש | עמ«י»ך בליליא הדין תחות |
| 024 | ישמשו | Nu 4:14 | עלוי ית כל מנוי די | ישמשו | עלוי בהון ית מחתיתה וית |
| 025 | ישמשון | Nu 3:31 | ומני בית קודשה די | ישמשון | בהון ופרסה וכל פולחנה: |
| 026 | | Nu 4:12 | ית כל מני שמושה די | ישמשון | בהון בגו בית קודשה ויתנון |
| 027 | | Nu 1:50 | וית כל מנוי ואינון | ישמשון | יתיה וחזור חזור למשכנה |
| 028 | | Nu 4:09 | וית כל מני שמושה די | ישמשון | יתיה בהון: |
| 029 | | Nu 4:14M | \די | ישמשו/^דש#2#^/<ישמ>שון#2#/ | עלוי בהון ית |
| 030 | משמש | Gn14:18 | לחם וחמר והוא הוה כהן | משמש | בכהנת' רבתה קדם אלהא עלאה: |
| 031 | | Gn40:04M | עליהון ושמש/והוה | משמש#2#/ | יתהון והוה יומין במטרא: |
| 032 | | Ex36:33 | ית נגר{י}<ה> מציעי<ה> | {משמש} | <משלבש> בגו לוחי מן דן |
| 033 | | Nu11:26 | משריתה ויהושע בר נון | משמש | נשיותיה בתריה ותרויהון |
| 034 | | Dt22:22 | ארום ישתכח גבר | משמש | עם אתה נסיבת גבר וימותון |
| 035 | | Dt 1:38 | יהושע בר נון דקיים | משמש | קדמך הוא ייעול לתמן יתיה |
| 036 | משמשה | Lv15:24 | ואם | משמשה | ישמש גבר עמה ותהי נדתה |
| 037 | תשמש | Lv18:22 | ועם דכר לא | תשמש | תשמיש דאתה מרחקה היא: |
| 038 | דיש' | Dt22:22M | תריהון גברה | דמשמש/דיש'#2#/ | עם אתתה/אתה#2#/ |
| 039 | דישמש | Lv20:02M | טלי{או} או גבר סיב | דישמש | עם איתתה מבנת עממיא |
| 040 | דמשמש | Ex22:18 | כל | דמשמש | עם בעיר מתקטלה יתקטיל: |
| 041 | | Dt22:22 | לחוד תריהון גברה | דמשמש | עם אתתה ואתתה ותבערון |
| 042 | | Dt27:20M | \די ישמש עם אתת אבוי | /דמשמש | עם אתתה דאבוי#2#/ ארום |
| 043 | | Dt27:21M | גברה/גבר#2#/ \די | ישמש/דמשמש#2#/ | עם כל בעיר ויאמרון |
| 044 | | Dt22:29 | ויתן גברא | דמשמש | עמה לאבוה דרביתה חמשין |
| 045 | דמשמשין | Ex33:19M | אעבד כל כיתי מלאכיה | דמשמשין | קדמי על אפי#2#/ ואחוס |
| 046 | דש' | Nu 4:14M | \די | ישמשו/^דש'#2#^/<ישמ>שון#2#/ | עלוי בהון ית |
| 047 | דשמ' | Nu 4:12M | שמושה \די | ישמשון/דשמ'#2#/ | בהון בגו בית קודשה |
| 048 | דשמיש | Nu24:05 | ב{ית}<תי> מדרשייה | דשמיש | בהון ישראל אבוכון מה יאי |
| 049 | דשמש | Dt22:25 | עמא ^^ותקטלון ית גברא | דשמש | עמה^^ לבלחודוי: |
| 050 | וישמש | Dt18:07 | | וישמש | בשם מימרה דייי אלהיה ככל |
| 051 | | Nu 5:13 | | וישמש | גבר עמה תשמיש דזרע ויתכסי |
| 052 | | Ex40:13M | /ותרבי יתיה ותקדש יתי | וישמש | ית'#2#/: |
| 053 | | Nu 8:26 | | וישמש | ית אחוי במשכן זימנה למיטר |
| 054 | | Dt22:25 | דמארסה ויתקוף בה גברא | וישמש | עמא ^^ותקטלון ית גברא |
| 055 | | Ex22:15 | גבר בתולה דלא מארסה | וישמש | עמה מפר{ז}<נ>ה יפרן יתה |
| 056 | | Dt22:23 | וישכח יתה גבר בקרתה | וישמש | עמה: |
| 057 | | Dt22:28 | לא אתארסת ויתפוש יתה | וישמש | עמה וישתכחון תריהון: |
| 058 | | Dt24:01M | \ויפרין ויזדמן לוותה | /וישמש | עמה#2#/ ויהווי אין לא |
| 059 | | Ex40:13 | ותרבי יתיה ותקדש יתיה | וישמש | קדמיי בכהונתה רבתה: |
| 060 | וישמשון | Nu 3:06 | יתיה קדם אהרן כהנה | ויש<מ>שון | יתיה: |
| 061 | | Nu18:02 | לוותך ויזדמנון לוותך | וישמשון | יתך ואת ובניך עמך קדם |
| 062 | | Ex28:41 | ידיהון ותקדש יתהון | וישמשון | קדמוי בכהונתה רבתה: |
| 063 | | Ex40:15 | דרביתה ית אבוהון | וישמשון | קדמיי בכהונתה רבתה ותהוי |
| 064 | ומשמש | Gn25:27M | שלם בעובדא טבא יתיב | ומשמש | בבית מדרשא דשם ועבר |
| 065 | | Gn25:27M | דעינוות{א}<ן> הוא | ומשמש | בבית מדרשא אולפן |
| 066 | | Lv16:03M | "לשמשה ... משריתא": | ומשמש | לבית קדשה |
| 067 | | Ex21:14 | הוא כהנא רבה דקאים | ומשמש | {על גב} על גבי מדבחי מן |
| 068 | ומשמשין | Ex20:26 | בנוי דאהרן דקיימין | ומשמשין | על גבי מדבחי לא תסקון |
| 069 | | Ex19:22 | ולחוד כהניא דקיימין | ומשמשין | קדם ייי יתקדשון דלא יהוי |
| 070 | | Ex33:23 | כיתי מלאכיה דקיימין | ומשמשין | קדמיי ותחמי ית דברא דיקר |
| 071 | | Dt18:07 | אחוי ליוויי דקיימין | ומשמשין | תמן קדם ייי: |
| 072 | ונשמש | Gn19:32 | ונשקי ית אבונן חמר | ונשמש | עמה ונקים מן אבונן בנין: |
| 073 | ושמישת | Gn19:33 | בליליא הוא ועלת רבתא | ושמישת | עם אבוה ולא ידע בדמכה |
| 074 | ושמש | Dt10:06 | אתכנש אהרן ואתקבר תמן | ושמש | אלעזר בריה בכהונתה רבתה |
| 075 | | Nu 3:04 | ובנין לא הווה להון | ושמש | בכהונתה רבתה אלעזר |
| 076 | | Gn40:04 | ית יוסף עליהון | ושמש | יתהון והוה יומין במטרא: |
| 077 | | Gn39:04 | יוסף חן וחסד באפוי | ושמש | יתיה ומיני יתיה אפיטרופוס |
| 078 | | Gn19:34 | אף ליליא הדין ועולי | ושמש | עמה ונקיים מן אבונן |
| 079 | | Gn30:16 | ב«י»ברוחוי דבר{ו}י | ושמש | עמה בלילי' הו«א»: |
| 080 | | Gn34:02 | רבה דארעא ונסב יתה | ושמש | עמה וצער ית«ה»: |
| 081 | ושמשת | Gn19:35 | חמר וקמת זעיראתא | ושמשת | עמה ולא ידע במדמכה |
| 082 | למש' | Lv16:03M | יהוי אהרן עלל | לשמשה/למש'#2#/ | לגו בית משריתא בתור |
| 083 | למשמשא | Ex28:43 | בקרבותהון על גב מדבחא | למשמשא | בגו בית ק<ו>ד{י}שא דלא |
| 084 | | Ex30:20 | על גבי מדבחא | למשמשא | למסדרה קרבנין קדם ייי: |
| 085 | | Gn39:14 | {למגחכה} בן על לוותי | למשמשא | עמי וצוחית בקל רם: |
| 086 | | Ex28:01 | מן לוות בני ישראל | למשמשא | קדמוי בכהונתא רבתא אהרן |
| 087 | | Ex28:04 | לאהרן אחוך ולבנוי | למשמשא | קדמוי בכהנתה רבתה: |
| 088 | | Ex29:44 | אהרן וית בנוי אקדש | למשמשא | קדמיי בכהונתה רבתא: |
| 089 | | Dt17:12 | דכהנא דקיים מעתד | למשמשא | תמן קדם ייי אלהכון או |
| 090 | למשמשה | Ex31:10 | כהנא וית לבושי בנוי | למשמשה: | |
| 091 | | Ex35:19 | כהנא וית לבושי בנוי | למשמשה: | |
| 092 | | Ex39:41 | וית לבושי{ה} בנוי | למשמשה: | |
| 093 | | Ex29:30 | די יעול למשכן זימנא | למשמשה | בגו בית קודשא: |
| 094 | | Ex39:41 | ית לבושי שמושה | למשמשה | בגו בית קדשה וית לבושי |
| 095 | | Ex39:01 | עבדו ית לבושי שמוש | ^^למשמשה | בית קודשה ועבדו ית לבושי |
| 096 | | Lv 7:35 | ביומא די אקריב יתהון | למשמשה | בכהונתה רבתה קדם ייי: |
| 097 | | Lv16:32 | ודי ישלם ית קרבן ידוי | למשמשה | בכהונתה רבתה בתר אבוי |
| 098 | | Nu 3:03 | די אשלמו קרבן ידיהון | למשמשה | בכהנתה רבתה: |
| 099 | | Dt18:05 | מן כל שבטיכון למקום | למשמשה | בשם מימרה דייי קדישא הוא |
| 100 | | Ex39:26 | דמעילה מן חזור חזור | למשמשה | היך מה דפקד ייי ית משה: |
| 101 | | Ex28:35 | ויהווי על אהרן | למשמשה | וישתמע קליה במיעליה |
| 102 | | Ex35:19 | ית לבושי שמושי | למשמשה | ית לבושי קודשא לאהרן |
| 103 | | Nu16:09 | ולמיקם קדם כנישתה | למשמשה | יתהון: |
| 104 | | Nu18:07 | וחילוניי די יקרב | למשמשה | יתקט«י»ל: |
| 105 | | Nu 1:51 | יתה לויי וחלוניי דקרב | למשמשה | יתקטל: |
| 106 | | Nu 3:10 | וחילוניי די יקרוב | למשמשה | יתקטל: |
| 107 | | Nu 3:38 | וחלוניי די יקרוב | למשמשה | יתקטל: |
| 108 | | Gn34:07 | מרחקא עבד בישראל | למשמשה | עם ברתה דיעקב וכדן לא |
| 109 | | Gn39:10 | בתר יום ולא שמע אליה | למשמשה | עמה בעלמ' הדין דלהא למהוי |
| 110 | | Lv18:23 | ואתה לא תקום קדם בעיר | למשמשה | עמה מרחקה היא: |
| 111 | | Lv20:16 | די תקרב לוות כל בעיר | למשמשה | עמה ותקטלון ית אתתה וית |
| 112 | | Ex28:03 | דאהרן למקדשא יתיה | למשמשה | קדמוי בכהונתה רבתא: |
| 113 | | Ex29:01 | להון למקדשה יתהון | למשמשה | קדמוי בכהונתא רבתה סב תור |
| 114 | | Dt10:08 | דייי למקום קדם ייי | למשמשה | קדמוי ולמברכה בשם ממרה |
| 115 | | Dt21:05 | בהון אתרעי ייי אלהכון | למשמשה | קדמוי ולמברכה בשם ממריה |
| 116 | | Ex30:30 | בנוי תרבי ותקדש יתהון | למשמשה | קדמיי בכהונתה רבתה: |
| 117 | | Dt17:12M | למשמשא /דקאים | למשמשה#2#/ | תמן קדם ייי אלהכון או |
| 118 | לש' | Dt18:05M | כל שבטיכון למקום | למשמשה/לש'#2#/ | בשם מימרה דייי קדישא |
| 119 | לשמ' | Lv16:32M | ית קרבן ידוי | למשמשה/לשמ'#2#/ | בכהונתה רבתה בתר |
| 120 | | Nu18:07M | /קרוב#2#<י>/ | למשמשה/לשמ'#2#/ | יתקט«י»ל/\באשא |
| 121 | | Lv18:23M | תקום קדם בעיר | למשמשה/לשמ'#2#/ | עמה מרחקה היא: |
| 122 | לשמשה | Lv16:03 | סדרא יהוי אהרן עלל | לשמשה | לגו בית משריתא בתור בר |
| 123 | etpaal ישתמש | Ex25:29 | וקשותה ומנקותה די | ישתמש | בהון דהב דכי תעבד יתהון: |
| 124 | | Ex37:16 | מנקיתא וית קשוותא די | ישתמש | בהון דהב דכי: |

vb. שלבש See also:

## שמש *n.* sun [558]

|  |  |  |  |  |  |
|---|---|---|---|---|---|
| 001 | s em/sf שמשא | Ex17:12 | רחל ולאה עד מטמעי | שמשא: | |
| 002 | | Dt24:15M | "יטמע עלוי שמשא": יטמוע | שמשא | |
| 003 | | Gn15:17M | "והא שמשא": והוות | שמשא | אזלה למיסוק |

|  |  |  |  |  |  |  |
|---|---|---|---|---|---|---|
| 004 | | | Ex22:02 | אן דנחת עלוי | שמש{ו}א | אית ליה חובת שפיכות אדם |
| 005 | | | Dt24:15 | תתן אגריה ולא יטמע עלוי | שמשא | ארום מסכן הוא ולאגר פעליה |
| 006 | | | Dt16:06 | נכסת פסחא ברמשא במטמעי | שמשא | בזמן אפקותהון פריקין מן |
| 007 | | | Nu25:04 | ית נבלתהון עם מטמעי | שמשא | בכדן יחזור תקוף רוגזה דייי |
| 008 | | | Gn28:10 | דיומא ו{ש}<ט>מעת | שמשא | דלא באשונא מן בגלל דהוה |
| 009 | | | Gn37:09 | הא חלמת חלם תוב והא | שמשא | וזהרא וחד עשר כוכבין שאלין |
| 010 | | | Dt24:13M | משכונה במעליה | שמשא | וידמוך באיסטליתא ויברך |
| 011 | | | Dt33:14 | פרין מן טוב עללת | שמשא | ומבכ{כ}<ר>ה פירי מגדנין |
| 012 | | | Gn15:17 | והא | שמשא | טמע וחומטה הווה והא אברם |
| 013 | | | Gn15:17M | עבר ביני בתרייא האליין | שמשא | טמעה וחומטא הוות הוה |
| 014 | | | Gn32:32 | ודנחת ליה | שמשא | כד עבר ית פניאל והוא הווה |
| 015 | | | Nu11:26M | ויהושע בין נון דהוא | שמשא | מקבל נביתה מן בתרה והא |
| 016 | | | Gn19:23 | | שמשא | נחת על ארעא ולוט על |
| 017 | | | Ex22:02M | אן דנחת \עלוי שמש{ו}א | /שמשא | עלוי#2#/ אית ליה חובת |
| 018 | | | Ex16:21 | גבר כפם מיכליה וכד הוה | שמשא | קיים עלוי הוה שיח: |
| 019 | | | Ex22:25 | לבושא דחברך עד מטמעא | שמשא | תחזר יתי' ליה: |
| 020 | | | Gn28:11 | ובת תמן ארום טמעת ליה | שמשא | תמן ונסב מן אבנוי דאתרא |
| 021 | שמשה | | Nu21:11 | די קדם מואביי מן מדנח | שמשה: | |
| 022 | | | Dt 4:41 | בעבר ירדנה מן מדנח | שמשה: | |
| 023 | | | Dt 4:47 | די בעבר ירדנה מן מדנח | שמשה: | |
| 024 | | | Gn15:12 | והוות | שמשה | אישון למטמע ושנה בסימה |
| 025 | | | Dt11:30M | יורדנה בתר אורח מיעלי | שמשה | בארעהון דכנענאי דיתבין |
| 026 | | | Dt11:30 | ירדנה מן בתר ארח מטמעי | שמשה | בארעהון דכנעניי דשריין |
| 027 | | | Lv22:07 | ויטמע | שמשה | וידכי ומן בתר כדן יאכל מן |
| 028 | | | Dt24:13 | לה ית משכוניה עם מטמעי | שמשה | וידמוך בלבושיה ויצלי עלך |
| 029 | | | Dt 4:19 | לשמייא ותיחמון ית | שמשה | וית זהרא וית סידור כוכביה |
| 030 | | | Gn28:11M | ובת תמן ארום טמע | שמשה | ונסיב ארב' אבנין מן אבני |
| 031 | | | Lv22:07M | שמשה וידכי /ועם מעלי | שמשה | ידכי#2#/ ומן בתר כדן יאכל |
| 032 | | | Dt23:12 | רמשה יסחי במיה וכמטמעי | שמשה | ייעול לגו משריתה#2#^^: |
| 033 | | | Gn15:12M | "והוות שמשה": והוה | שמשה | קריב למטמוע ושנתא עמיקתא |
| 034 | ולשמשא | | Dt17:03 | אחרניין וסגד להון | ולשמשא | או לסהרא או לכל חילוות |
| 035 | שמשותא | p em/sf | Ex12:06 | דבני ישראל ביני | שמשותא: | |
| 036 | שמשיא | | Nu28:04M | יתיה ביני | שמשתה/<שמ>שיא#2#/: | |
| 037 | | | Nu28:08M | יתיה <ביני> | שמשתה/<שמ>שיא#2#/ | כמנחתה דאמר דצפרא |
| 038 | שמשיה | | Lv23:05M | /ביר'#2#/ ביני | שמשתה/<שמ>שיה#2#/ | נכיסת/מכס#2#/ פסחה |
| 039 | שמשייא | | Gn49:27 | תמידא ובמנחתא וביני | שמשייא | יהוון מקרבין {מקרבין} |
| 040 | שמשתא | | Ex29:39 | תנינא תקרבון יתיה ביני | שמשתא: | |
| 041 | | | Gn49:27M | ובמנחתא וביני | שמשייא/שמשתא#2#/ | יהוון מקרבין |
| 042 | | | Ex12:18 | יומין לירחא ברמשא ביני | שמשתא | תאכלון פטירין עד יום חד |
| 043 | שמשתה | | Lv 6:13 | תהוון מקרבין ביני | שמשתה: | |
| 044 | | | Nu28:04 | תנינא תקרבון יתיה ביני | שמשתה: | |
| 045 | | | Nu 9:05 | יומין לירחה ביני | שמשתה | במדברה דסיני כל מה די |
| 046 | | | Nu 9:11 | בארבעת עשר יומין ביני | שמשתה | יעבדון יתיה על פטירין ועם |
| 047 | | | Ex30:08 | ית בוציניי«ה» ביני | שמשתה | {ית} יסדר יתיה קטרת |
| 048 | | | Ex29:41 | תניינא תקרבון יתה ביני | שמשתה | כמנחתה דאמר דצפרא וכנסכה |
| 049 | | | Nu28:08 | תקרבון יתיה <ביני> | שמשתה | כמנחתה דאמר דצפרא |
| 050 | | | Lv23:05 | יומין לירחא ביני | שמשתה | נכיסת פסחה קדם ייי: |
| 051 | | | Ex16:12 | עמהון למימר ביני | שמשתה | תיכלון בשר ובצפרא תשבעון |
| 052 | | | Nu 9:03 | יומין לירחה הדין ביני | שמשתה | תעבדון יתיה בזמניה ככל |

## שמש #2 *n.* servant [559]

|  |  |  |  |  |  |  |
|---|---|---|---|---|---|---|
| 001 | שמש' | s em/sf | Nu11:28M | יהושע בר נון | משמשה/שמש'#2#/ | דמשה מן רוביותיה |
| 002 | שמשה | | Ex24:13M | וקם משה ויהושע | שמשוי/שמשה#2#/ | וסלק משה לטור«א» |
| 003 | ושמשיה | | Ex33:11 | עם חבריה וחזר למשריתה | ושמשיה | יהושע בן נון טלי לא |
| 004 | שמשוי | p em/sf | Ex24:13 | וקם משה ויהושע | שמשוי | וסלק משה לטור«א» |

## שמש #3 *n.* ministration [559]

|  |  |  |  |  |  |  |
|---|---|---|---|---|---|---|
| 001 | שמשה | s em/sf | Ex31:10 | וית לבושי | שמשה | וית לבושי ^בית#2#^ קודשא |

## שמת *n.* excommunication, ban [!!]

|  |  |  |  |  |  |  |
|---|---|---|---|---|---|---|
| 001 | שמת' | s em/sf | Ex17:13M | ית עמלק וית עמיה | לפתגם/שמת' | דייי קטלא ומחיי |

## שן *n.* tooth [559]

|  |  |  |  |  |  |  |
|---|---|---|---|---|---|---|
| 001 | שן | s ab/cn | Ex21:27 | ואין שן עבדיה או | שן | אמהתיה יתר לחירות ישלח יתיה |
| 002 | | | Lv24:20 | עין תשלומי עין שן תשלומי | שן | היך מה דיתיהב מום בבר נשא |
| 003 | | | Ex21:24 | עין תשלום' עין שן תשלומי | שן | יד תשלומי יד רגל תשלומי |
| 004 | | | Dt19:21 | עין תשלומי עין שן תשלומי | שן | <יד תשלומי יד> רגל תשלומי |
| 005 | | | Ex21:27 | ואין | שן | עבדיה או שן אמהתיה יתר |
| 006 | | | Ex21:24 | עין תשלום' עין | שן | תשלומי שן יד תשלומי יד רגל |
| 007 | | | Lv24:20 | ד{ג}<ת>בר עין תשלומי עין | שן | תשלומי שן היך מה דיתיהב מום |
| 008 | | | Dt19:21 | נפש עין תשלומי עין | שן | תשלומי שן <יד תשלומי יד> |
| 009 | ושן | | Dt32:24 | גוב ומרווחי רווחן בישן | ושן | ארבעתי מלכוותה דמתילן |
| 010 | שיני | p const | Gn49:22 | ושלחת שרשי' לארעא ופגרת | שיני | כל {ס}<כ>יפי ועוברתא שלחת |
| 011 | שני | | Gn49:22M | \ופגרת שיני כל /ופכרת | שני | כל#2#/ {ס}<כ>יפי ועוברתא |
| 012 | שיניהון | p em/sf | Nu11:33 | בשרה עד כען הוה ביני | שיניהון | קדם עד לא אשתצי ורוגזה |
| 013 | שנוי | | Gn49:12 | מלמשפך בהון דם זכיי | שנוי | נקיין מחל{{א}}בא מלמיכל |
| 014 | שניו | | Gn33:04M | בכי עד דק{ר}<ה>ין | שניו | ויעקב הוה בכי על |
| 015 | שניי' | | Ex21:27M | ואין \שן עבדיה | /שניי' | דעבד#2#/ית שנה <ע'>#2#/ |

## שנדפין *n.* ivory [שן דפיל/ן 559]

|  |  |  |  |  |  |  |
|---|---|---|---|---|---|---|
| 001 | דשינד פין | s ab/cn | Gn50:01M | ית אבוי בערס | דשנדפין/דשינד פין#2#/ | מחפיא דהב |
| 002 | דשנדפין | | Gn50:01 | יוסף ית אבוי בערס | דשנדפין | מחפיא דהב מ{בק}<קב>עא |

## שנה *n.* year [559]

|  |  |  |  |  |  |  |
|---|---|---|---|---|---|---|
| 001 | שנה | s ab/cn | Ex23:14M | בשתא /תחגון קדמי בכל | שנה#2#/: | |
| 002 | | | Ex34:24M | תלתא זמנין בשתא/בכל | שנה#2#/: | |
| 003 | | | Nu28:27M | שבעה אמרין בני | שתהון/שנה#2#/: | |
| 004 | | | Dt14:22M | מן פרי שנה עד פרי | שנה | |
| 005 | | | Nu20:29M | מכפר עליהון חד זמן בכל | שנה | בהיא שעתה היימינו בני |
| 006 | | | Lv25:53 | כאגיר | שנה | בשנה יהוי עמה לא ישתעבד בה |
| 007 | | | Gn37:02 | יוסף בר שבע עשרה | שנה | הוה רעי עם אחוי בענה והוא |
| 008 | | | Lv22:27M | מקרבי{נ}ן קדמך כל | שנה | ושנה והוו{ינ}ן קורבנינן |
| 009 | | | Dt15:20M | יתיה \שתה בשתה /בכל | שנה | ושנה#2#/ באתרה די יתרעי |
| 010 | | | Nu14:34 | ארבעין יומין יום חד בכל | שנה | יום חד בכל שנה תקבלון ית |
| 011 | | | Ex30:10M | כיפורייה יזדמן בכל | שנה | יכ' |
| 012 | | | Dt16:16M | תלתא זמנין בכל | שתה/שנה#2#/ | יתחמי כל דכוריכון |
| 013 | | | Gn17:17M | /הא אברהם בר מאה | שנה | מולד#2#/ בנין ואן שרה הא |
| 014 | | | Ex30:10M | "חדא ... יכפר": יזדמן בכל | שנה | מן אדם חטאת כיפורייה |
| 015 | | | Ex21:27M | /שניי' דעבד#2#/ית | שנה | <ע'>#2#/ או שן אמהתיה יתר |
| 016 | | | Dt14:22M | רשאין למעשרה מן פרי | שנה | עד פרי שנה |
| 017 | | | Gn 2:21M | שנה /ואעל ממריה דייי | שנה#2#/ | עמ«י»קה על אדם ודמך |
| 018 | | | Lv23:41 | קדם ייי שבעה יומין בכל | שנה | קיים דעלם לדריכון בירחא |
| 019 | | | Nu28:11M | חד אמרין בני | שתהון/שנה#2#/ | <שבעה> שלמין מן מום |
| 020 | | | Nu29:02M | דכר חד אמרין בני | שתהון/שנה#2#/ | שבעה שלמין מן מום: |
| 021 | | | Lv25:30 | יתפרק עד זמן די תשלם לה | שנה | שלימה ויקום ביתה די בקרתה |

|  |  |  |  |  |  |
|---|---|---|---|---|---|
| 022 | | Nu14:34 | חד בכל שנה יום חד בכל | שנה | תקבלון ית חוביכון ארבעין |
| 023 | | Lv23:19M | אמרין בני שתיהון/שתה#2/ | שנה#2/ | לנכסת/לנכי״#2/ |
| 024 | שנת | Lv25:29 | ותיהוי פרקוניה עד דתשלם | שנת | זבוניה יומין במניין תיהוי |
| 025 | | Lv25:10 | ותקדשון ית | שנת | חמישתי שנייה ותכרזון חירו |
| 026 | | Lv25:11 | יובל היא | שנת | חמישתי שנייה תיהווי לכון |
| 027 | | Dt14:28 | בשתה תליתיתה דהוא | שנת | מעשר מסכינייה ותצנעון יתיה |
| 028 | | Dt26:12 | בשתה תליתייה דהיא | שנת | מעשר מסכינייה ותתנון מעשרה |
| 029 | | Dt15:09 | למימר קרבת שתה שביעייתה | שנת | שמטתה ויבאש באפ{ו}<י>ך |
| 030 | בשנה | Lv25:53 | כאגיר שנה | בשנה | יהוי עמה לא ישתעבד בה |
| 031 | ושנה | Dt15:20M | \שתה בשתה /בכל שנה | ושנה#2/ | באתרה די יתרעי ייי |
| 032 | | Lv22:27M | מקרבי{נ}ן קדמך כל שנה | ושנה | והוו{ינ}ן קורבנינן מכפרין |
| 033 | שת' s em/sf | Lv14:10 | מן מום ואמרה חדה ברת | שת' | שלמה מן מום ותלתה עשרנין |
| 034 | שתא | Ex12:02 | לכון} ולכל ראשי ירחי | שתא: | |
| 035 | | Nu28:14 | עמי בכל ראשי ירחי | שתא: | |
| 036 | | Ex21:06M | ויהוי פלח עמא עד | שתא | דיובלי' |
| 037 | | Gn41:50 | בנין קדם עד לא תיתי | שתא | דכפנא מה די ילדת לה אסנת |
| 038 | | Gn47:18 | ושלמת | שתא | ההיא ואתן לוותיה בשתה |
| 039 | | Ex12:05 | אמר שלם מן מום דכר בר | שתא | יהווי לכון מן אמריא ומן |
| 040 | | Ex23:17 | תלתא זמנין בכל | שתא | יתחמון כל דכוריכון תבעין |
| 041 | | Lv 9:03M | ועגל ואמר בני | שת{י}הון/שתא#2/ | שלמים מן מר' לעלה |
| 042 | שתה | Dt15:20 | ייי אלהכון תיכלון יתיה | שתה | בשתה באתרה די יתרעי ייי |
| 043 | | Lv25:50 | ויחשב עם מן דזבן יתיה מן | שתה | דאזדבן לה עד שתה דיובילה |
| 044 | | Lv25:40 | כאגיר כתותב יהוי עמך עד | שתה | דיובילה יפלח עמך: |
| 045 | | Lv25:50 | מן שתה דאזדבן לה עד | שתה | דיובילה ויהווי כסף זבוניה |
| 046 | | Lv25:52 | זער אשתייר בשנייה עד | שתה | דיובילה ויחשב לה כפם שנוי |
| 047 | | Lv27:17 | אן מן | שתה | דיובילה יקדש חקלה בעלויה |
| 048 | | Lv27:18 | שנייה דאשת«יירן» עד | שתה | דיובילה ויתמנע מן עלויה: |
| 049 | | Lv27:23 | כהנה ית מיסת עלויה עד | שתה | דיובילה ויתן ית עלויה |
| 050 | | Lv25:28 | ביד מן דזבן יתיה עד | שתה | דיובלה ויפוק ביובילה |
| 051 | | Dt31:10 | שבע שנין דיומין באשון | שתה | דשמי«ט»תה בחגה דמטלייה: |
| 052 | | Lv16:34M | זמן בשתה /חד זמן בכל | שתה#2/ | ועבד היך מה די פקד ייי |
| 053 | | Dt14:22 | ברה ומכנשין עללתה דכל | שתה | ושתה: |
| 054 | | Dt24:05 | זכיי מזמן יהווי לבייתיה | שתה | חדא ויחדי ית אתתיה די נסב: |
| 055 | | Ex34:23M | ישראל תלתה זמנין בכל | שתה | יתחמי כל דכורכון תבעין |
| 056 | | Dt16:16 | תלתא זמנין בכל | שתה | יתחמי כל דכוריכון קדם רבון |
| 057 | | Nu 6:12 | נזירותיה וייתי אמר בר | שתה | לאשמה ויומין קדמיין בטלון |
| 058 | | Nu15:27 | חד תתחייב ותקרב עז בר | שתה | לחטאתה: |
| 059 | | Lv23:12M | לעלה לשמה /של' דכר בר | שתה | לעולה קודם#2/ דייי: |
| 060 | | Lv12:06 | לברה נקבה תייתי אמר בר | שתה | לעל«ה» וגוזל בר יון או |
| 061 | | Nu 7:21M | דכר חד אמר חד בר | שתה | לעלה |
| 062 | | Nu 7:27M | לעלה /דכר חד אמר חד בר | שתה | לעלה#2/: |
| 063 | | Nu 7:45M | לעלה /דכר חד אמר חד בר | שתה | לעלה#2/: |
| 064 | | Nu 7:51M | דכר חד אמר חד בר | שתה | <לעלה> |
| 065 | | Nu 7:57M | דכר חד אמר חד בר | שתה | לעלה |
| 066 | | Nu 7:69M | דכר חד אימר <חד> בר | שתה | לעלה |
| 067 | | Nu 7:75M | דכר חד אימר <חד> בר | שתה | לעלה |
| 068 | | Nu 7:81M | דכר חד אימר <חד> בר | שתה | לעלה |
| 069 | | Nu 7:33M | דכר חד אמר חד בר | שתה | לעלתה |
| 070 | | Nu 7:39M | דכר חד אמר חד בר | שתה | לעלתה |
| 071 | | Dt15:09 | לבכון זידנה למימר קרבת | שתה | שביעייתה שנת שמטתה ויבאש |
| 072 | | Nu 6:14 | חד לעלה ואימרה חדה ברת | שתה | שלם מן מום לחטאתה ודכר חד |
| 073 | | Nu 6:14 | קורבניה קדם ייי אמר בר | שתה | שלם מן מום חד לעלה ואימרה |
| 074 | | Lv23:18M | שבעה אמרין בני | שתיהון/שתה#2/ | שלמין מן מום ותור בר |
| 075 | | Nu 7:15 | חד בר תרתין ואמר חד בר | שתה | תלתיהון קרב לעלה: |
| 076 | | Nu 7:21 | חד בר תרתין ואמר חד בר | שתה | תלתיהון קרב לעלה: |
| 077 | | Nu 7:27 | תרתין {ואמר} ואמר חד בר | שתה | תלתיהון קרב לעלה: |
| 078 | | Nu 7:33 | חד בר תרתין ואמר חד בר | שתה | תלתיהון קרב ˆיתה#2ˆ לעלה: |
| 079 | | Nu 7:39 | חד בר תרתין ואמר חד בר | שתה | תלתיהון קרב לעלה: |
| 080 | | Nu 7:45 | חד בר תרתין ואמר חד בר | שתה | תלתיהון קרב לעלה: |
| 081 | | Nu 7:51 | חד בר תרתין ואמר חד בר | שתה | תלתיהון קרב לעלה: |
| 082 | | Nu 7:57 | דכר חד תרתין ואמר חד בר | שתה | תלתיהון קרב לעלה: |
| 083 | | Nu 7:63 | חד בר תרתין ואמר חד בר | שתה | תלתיהון קרב לעלה: |
| 084 | | Nu 7:69 | חד בר תרתין ואמ' חד בר | שתה | תלתיהון קרב לעלה: |
| 085 | | Nu 7:75 | חד בר תרתין ואמר חד בר | שתה | תלתיהון קרב לעלה: |
| 086 | | Nu 7:81 | חד בר תרתין ואמר חד בר | שתה | תלתיהון קרב לעלה: |
| 087 | | Lv25:22 | ותיזרעון ית | שתה | תמיניתה ותאכלון מן עללתה |
| 088 | | Ex29:38M | מדבחא אמרין בני | שתהון/שתה#2/ | תרין בכל יומא |
| 089 | | Lv25:22 | מן עללתה עתיקה עד | שתה | תשיעיתה עד זמן דיעלון פירי |
| 090 | | Lv23:19M | אמרין בני | שתיהון/שתה#2/שנה#2/ | לנכסת/לנכי״#2/ |
| 091 | שתהון | Nu28:27 | ודכר חד שבעה אמרין בני | שתהון: | |
| 092 | | Nu29:32 | דכרין תרין אמרין בני | שתהון | ארבע עשר שלמין מן מום: |
| 093 | | Nu29:13 | דכרין תרין אמרין בני | שתהון | ארבעת עשר שלמין מן מום |
| 094 | | Nu29:17 | תקרבון תורין אמרין בני | שתהון | ארבעת עשר שלמין מן מום: |
| 095 | | Nu29:20 | דכרין תרין אמרין בני | שתהון | ארבעת עשר שלמין מן מום: |
| 096 | | Nu29:23 | דכרין תרין אמרין בני | שתהון | ארבעת עשר שלמין מן מום: |
| 097 | | Nu29:26 | דכרין תרין אמרין בני | שתהון | ארבעת עשר שלמין מן מום: |
| 098 | | Nu29:29 | דכרין תרין אמרין בני | שתהון | ארבעת עשר שלמין מן מום: |
| 099 | | Nu 7:88 | גדיין אשיתין אמרין בני | שתהון | אשתין דא חנוכת רבותה |
| 100 | | Nu 7:17 | גדיין חמשה אמרין בני | שתהון | חמשה דן קרבנה די אתנדב |
| 101 | | Nu 7:23 | גדיין חמשה אמרין בני | שתהון | חמשה דן קרבנה דאיתנדב |
| 102 | | Nu 7:29 | גדיין חמשה אמרין בני | שתהון | חמשה דן קרבנה די אתנדב |
| 103 | | Nu 7:35 | גדיין חמשה אמרין בני | שתהון | חמשה דן קרבניה די אתנדב |
| 104 | | Nu 7:41 | גדיין חמשה אמרין בני | שתהון | חמשה דן קרבנה די אתנדב |
| 105 | | Nu 7:47 | גדיין חמשה תורין בני | שתהון | חמשה דן קרבנה די אתנדב |
| 106 | | Nu 7:53 | גדיין חמשה תורין בני | שתהון | חמשה דן קרבנה די אתנדב |
| 107 | | Nu 7:59 | גדיין חמשה תורין בני | שתהון | חמשה דן קרבנה די אתנדב |
| 108 | | Nu 7:65 | קרב תורין <....> בני | שתהון | חמשה דן קרבנה די אתנדב |
| 109 | | Nu 7:71 | גדיין חמשה תורין בני | שתהון | חמשה דן קורבנה די אתנדב |
| 110 | | Nu 7:77 | גדיין חמשה תורין בני | שתהון | חמשה דין קרבנה די אתנדב |
| 111 | | Nu 7:83 | גדיין חמשה תורין בני | שתהון | חמשה דן קרבנה די אתנדב |
| 112 | | Nu28:11 | תרין ודכר חד אמרין בני | שתהון | <שבעה> שלמין מן מום: |
| 113 | | Nu29:02 | חד דכר חד אמרין בני | שתהון | שבעה שלמין מן מום: |
| 114 | | Nu29:08 | חד דכר חד אמרין בני | שתהון | שבעה שלמין מן מום יהווי |
| 115 | | Nu29:36 | חד דכר חד אמרין בני | שתהון | שבעה שלמין מן מום: |
| 116 | | Lv 9:03 | לחטאתה ועגל ואמר בני | שת{י}הון | שלמים מן מר' לעלה: |
| 117 | | Nu28:19 | חד ושבעה אמרין בני | שתהון | שלמים מן מום יהוון לכון: |
| 118 | | Nu28:03 | קדם ייי אמרין בני | שתהון | שלמין מן מום תרין בכל יום |
| 119 | | Nu28:09 | תקרבון תרין אמרין בני | שתהון | שלמין מן מום ותרין |
| 120 | | Nu28:11 | עלה קדם ייי תורין בני | שתהון | תורין <בני תורין> תרין |
| 121 | | Ex29:38 | על גבי מדבחא אמרין בני | שתהון | תרין בכל יומא בתדירא: |
| 122 | | Nu 7:87 | תרין עשר אמרין בני | שתהון | תרין עשר ומנחתהון וצפירין |
| 123 | שתיה | Lv23:12 | ית עומרה אמר בר | שתיה | שלם מן מום לעלה לשמה דייי: |
| 124 | שתיהון | Lv23:19 | לחטאתה ותרין אמרין בני | שתיהון | לנכסת קודשיה: |
| 125 | | Lv23:18 | על לחמה שבעה אמרין בני | שתיהון | שלמין מן מום ותור בר |
| 126 | שתייה | Nu 7:45M | ואמר חד בר | שתה/ˆשתייה#2/ˆ | תלתיהון קרב לעלה |
| 127 | | Nu 7:51M | תרתין ואמר חד בר | שתה/שתייה#2/ | תלתיהון קרב לעלה: |
| 128 | | Nu 7:57M | ואמר חד בר | שתה/שתייה#2/ | תלתיהון קרב לעלה |
| 129 | | Nu 7:63M | ואמר חד בר | שתה/שתייה#2/ | תלתיהון קרב לעלה: |

|  |  |  |  |  |  |
|---|---|---|---|---|---|
| 130 | | Nu 7:69M | ואמ׳ חד בר | שתה/שתייה#2/ | תלתיהון קרב לעלה |
| 131 | | Nu 7:81M | תרתין ואמר חד בר | שתה/שתייה#2/ | תלתיהון קרב לעלה |
| 132 | בשתא | Ex23:14 | זמנין תחוגון קדמיי | בשתא: | |
| 133 | | Ex34:24 | ייי אלהכון תלתא זמנין | בשתא: | |
| 134 | | Gn26:12 | יצחק בארעא ההיא ואשכח | בשתא | ההיא מאה שערין דגנין וברך |
| 135 | | Gn47:17 | בלחמא בכל בעירהון | בשתא | הה«י»א: |
| 136 | | Ex23:29 | אטרד יתהון מן קדמיכון | בשתא | חדא דלא תהוי ארעא צדי דלא |
| 137 | | Ex30:10 | חטאתה דכיפוריה חדא זמן | בשתא | יכפר עלוי על קרנת«ה» |
| 138 | | Ex34:23 | תלתא זמנין | בשתא | יתחמיו׳ כל דוכריכון קדם |
| 139 | | Ex30:10 | עלוי על קרנתה חדא זמן | בשתא | מן אדם חטאתה דכיפוריה חדא |
| 140 | | Nu 1:01 | זמנא בחד לירחא תנינא | בשתא | תניינא בזמן אפקותהון דבני |
| 141 | | Ex40:17 | והוה בירחא קדמיא | בשתא | תנייתא בחד לירחא אקים משה |
| 142 | בשתה | Gn17:21 | תלד לך שרה לעדנה הדן | בשתה | אחרי«תה»: |
| 143 | | Dt15:20 | אלהכון תיכלון יתיה שתה | בשתה | באתרה די יתרעי ייי אלהכון |
| 144 | | Lv16:34M | "חדא ...": <חדא> זמנה | בשתה | בעשרתי יומין לירח תשרי |
| 145 | | Lv25:54 | לא יתפרק באלין ויפוק | בשתה | דיובילה הוא ובנוי עמיה: |
| 146 | | Lv27:24 | | בשתה | דיובילה תחזור חקלה למן |
| 147 | | Lv25:13 | | בשתה | דיובלה הדה תחזרון גבר |
| 148 | | Lv16:34 | מן כל חוביהון חדא זמן | בשתה | ועבד היך מה די פקד ייי ית |
| 149 | | Lv25:20 | וארום תאמרון מה נאכל | בשתה | שביעיתה הא לית אנן זרעין |
| 150 | | Lv25:21 | ואפקד ית ברכתי לכון | בשתה | שתיתיה ותעבד ארעא פירי |
| 151 | | Gn47:18 | שתא ההיא ואתן לוותיה | בשתה | תיניינתה ואמרין ליה לא |
| 152 | | Dt26:12 | ית כל מעשר עללת<כ>ון | בשתה | תליתייה דהיא שנת מעשר |
| 153 | | Dt14:28 | ית מעשר עללתכון | בשתה | תליתיתה דהוא שנת מעשר |
| 154 | | Nu10:11 | והוה | בשתה | תניינתה בעשרין לירחה |
| 155 | | Nu 9:01 | עם משה במדברה דסיני | בשתה | תנינתא בזמן אפקותהון דבני |
| 156 | דשת׳ | Ex30:01M | /מדבח קטורן אעין | דשת׳#2/ | תעבד יתיה: |
| 157 | דשתא | Ex34:22 | וחגא דאכנשותא במפקא | דשתא: | |
| 158 | | Ex23:16 | וחגא דאכנשותא במיפקה | דשתא | במכנשכון ית עבד ידיכון |
| 159 | | Gn24:55M | יומין או עשרה יומין | /דשתא | שלמא או עשר ירחי׳ |
| 160 | דשתה | Dt11:12 | מן ראשה דשתה ועד סופה | דשתה: | |
| 161 | | Dt11:12 | בה מסתכלין בה מן ראשה | דשתה | ועד סופה דשתה: |
| 162 | ושתא | Ex23:11M | \ובשתא שביעיתא | /ושתא | שבעיי׳#2/ תשמטון יתה |
| 163 | ושתה | Dt14:22 | ומכנשין עללתה דכל שתה | ושתה: | |
| 164 | ובשתא | Ex23:11 | | ובשתא | שביעיתא תשמטון יתה |
| 165 | | Ex21:02 | שית שנין יפלח קדמך | ובשתא | שבעייתא תשלח יתיה לחירותה |
| 166 | ובשתה | Lv19:25 | | ובשתה | חמישיתה תיכלון ית פירוי |
| 167 | | Lv19:24 | | ובשתה | רביעתה יהוון כל פרי{ו} |
| 168 | | Lv25:04 | | ובשתה | שביעיתה שבת שבתה יהוי |
| 169 | | Dt15:12 | ויפלח קדמך שית שנין | ובשתה | שביעיתה <תשלח> יתיה |
| 170 | שינין p abs | Gn14:04 | תרתין עשרה | שינין | פלחו קדם כדר לעמר ובתלת |
| 171 | שני׳ | Gn11:13 | ית שלח ארבע מאה ותלתין | שני׳ | ובהן בשניה הוה מוליד בנין |
| 172 | שנין | Gn 5:23 | תלת מאה ושתין וחמש | שנין: | |
| 173 | | Gn 9:28 | תלת מאה וחמ«שין» | שנין: | |
| 174 | | Gn15:13 | ויצערון יתהון ארבע מאה | שנין: | |
| 175 | | Gn25:07 | חייה מאה ושבעין וחמש | שנין: | |
| 176 | | Gn31:22M | מ{יא}<ן> על בירא עשרין | שנין | |
| 177 | | Gn35:28 | ימוי דיצחק מאה ותמנין | שנין: | |
| 178 | | Gn47:28 | חיוי מאה וארבעין ושבע | שנין: | |
| 179 | | Gn50:22 | יוסף מאה ועשר | שנין: | |
| 180 | | Ex 6:16 | דלוי מאה ותלתין ושבע | שנין: | |
| 181 | | Ex 6:18 | דקהת מאה ותלתין ותלת | שנין: | |
| 182 | | Ex12:40 | ארבע מאה ותלתין | שנין: | |
| 183 | | Lv25:08 | שנייה ארבעין ותשע | שנין: | |
| 184 | | Lv25:21 | ארעא פירי עללתה לתלת | שנין: | |
| 185 | | Nu33:04 | עבד ייי דינין | שנין: | |
| 186 | | Dt 1:02 | בהון מהלכין ארבעין | שנין: | |
| 187 | | Dt 8:04 | הליכו חפיין דנה ארבעין | שנין: | |
| 188 | | Gn29:22M | בה וישרי גבן {ו}שב<ע> | שנין | אוחראין וקמו עמה בארעא |
| 189 | | Ex12:42 | כתבא הא אברם בר מאה | שנין | אולד ושרה אתתיה ברת תשעין |
| 190 | | Gn29:27 | די תפלח עד תוב <שבע> | שנין | אחריניין: |
| 191 | | Gn29:30 | ופלח עמיה עוד תוב שבע | שנין | אחרניי«ן»: |
| 192 | | Gn41:26 | ושבעתי שבליא טבתא שבע | שנין | אינון חלמא חד הוא: |
| 193 | | Gn41:26 | שבעתי תורייה טבתה שבע | שנין | אינון ושבעתי שבליא טבתא |
| 194 | | Gn41:27 | דסלקן בתריהון שבע | שנין | אינון ושבעתי שבליה דקיקתה |
| 195 | | Ex12:12 | דמצריי אעבד דינין | שנין | אמר ייי: |
| 196 | | Gn31:38 | דנה עשרי«ן» | שנין | אנה עמך רחליך ועזיך לא |
| 197 | | Dt31:02 | ואמר להון בר מאה ועשרין | שנין | אנה כען יומא הדין לית אנה |
| 198 | | Gn17:17 | ואמר בליביה הא בר מאה | שנין | אפשר לי למולדה בנין ואן |
| 199 | | Gn17:17 | ואן שרה הא ברת תשעין | שנין | אפשר לה למילד: |
| 200 | | Gn14:05 | ובא{{בר}}«רב»עה עשרי | שנין | אתא כדר לעומר ומלכיא דהוו |
| 201 | | Nu13:22 | ג«י»ברא וחברון שבע | שנין | אתבנית קדם טניס מצרים: |
| 202 | | Gn41:29 | הא שבע | שנין | אתיין שבע תקף בכל ארעא |
| 203 | | Gn29:18 | רחל ואמר אפלח קדמך שבע | שנין | ברחל ברתך זעירתא: |
| 204 | | Gn31:41 | דנה לי עשרים | שנין | בגו בייתך פלחית קדמך |
| 205 | | Nu33:38 | ומית תמן בסוף ארבעין | שנין | בזמן אפקותהון דבני ישראל |
| 206 | | Dt34:07 | ומשה בר מאה ועשרין | שנין | בזמנה דאתכנש לא כהיין |
| 207 | | Dt 1:03 | והוה בסוף ארבעין | שנין | בחד עשר ירחין בחד יום |
| 208 | | Gn 8:13 | והוה לסוף שית מאה וחדה | שנין | בירחא קדמיא בחד לירחא נגבו |
| 209 | | Gn17:24 | ואברהם בר תשעין ותשע | שנין | במגזר ליה בשר ערלתיה: |
| 210 | | Gn17:25 | בריה בר תלת עשרה | שנין | במגזר ליה ית בשר ערלתה: |
| 211 | | Dt 8:02 | ייי אלהכון דנה ארבעין | שנין | במדברה מן בגלל למצערה |
| 212 | | Dt29:04 | ודברית יתכון ארבעין | שנין | במדברה לא בלון לבושיכון |
| 213 | | Dt32:10 | דבר יתהון ארבעין | שנין | במדברה אחת להון מנה מן |
| 214 | | Ex 7:07 | ואהרן בר תמנין ותלת | שנין | במללותיהון עם פרעה: |
| 215 | | Gn31:41 | שנין בתרתין בנתך ושית | שנין | בענך ושלחפת ית אגרי עשרה |
| 216 | | Gn11:10 | ואולד ית ארפכש׳ תרתין | שנין | בתר מבולא: |
| 217 | | Lv25:15 | במניין | שנין | בתר יובלה תזבון מן לוות |
| 218 | | Gn31:41 | פלחית קדמך ארבע עשרה | שנין | בתרתין בנתך ושית שנין בענך |
| 219 | | Gn29:22 | לבן ואמר להון הא שבע | שנין | גברא חסידא הדין שרי בינינן |
| 220 | | Gn29:22M | הדין שרי בינינן שבע | שנין | דיומין מבועינן אתברכו |
| 221 | | Gn41:01 | והווה לסוף תרתין | שנין | דיומין ופרעה חלם והא הוא |
| 222 | | Dt14:28 | לסוף תלת | שנין | דיומין ת{נ}<פ>קון ית מעשר |
| 223 | | Dt15:01 | עמי בני ישראל לסוף שבע | שנין | דיומין תעבדון שמטה: |
| 224 | | Dt15:18 | דאגירה פלח קדמיך שית | שנין | דיומין ויברך יתכון ייי |
| 225 | | Dt31:10 | יתהון למימר לסוף שבע | שנין | דיומין באשון שתה |
| 226 | | Gn 6:03 | לכון ארכא מאה ועשרין | שנין | דילמא די יעבדון תתובה ולא |
| 227 | | Gn41:27 | רוח קדום יהוין שבע | שנין | דכפן: |
| 228 | | Gn45:11 | תמן ארום עד כדון חמש | שנין | דכפן ולא תשתיצא את |
| 229 | | Nu 7:15 | חד בר תורין ב{ת}<ר> תלת | שנין | דכר חד בר תרתין ואמר חד בר |
| 230 | | Nu 7:21 | תור חד בר תורין בר תלת | שנין | דכר חד בר תרתין ואמר חד בר |
| 231 | | Nu 7:27 | בר תורין בר תלת | שנין | דכר חד בר תרתין {ואמר} |
| 232 | | Nu 7:33 | תור חד בר תורין בר תלת | שנין | דכר חד בר תרתין ואמר חד בר |
| 233 | | Nu 7:39 | תור חד בר תורין בר תלת | שנין | דכר חד בר תרתין ואמר חד בר |
| 234 | | Nu 7:45 | תור חד בר תורין בר תלת | שנין | דכר חד בר תרתין ואמר חד בר |
| 235 | | Nu 7:51 | חד בר תוריה«ן» בר תלת | שנין | דכר חד בר תרתין ואמר חד בר |
| 236 | | Nu 7:57 | תור חד בר תורין בר תלת | שנין | דכר חד תרתין ואמר חד בר |
| 237 | | Nu 7:63 | תור חד בר תורין בר תלת | שנין | דכר חד בר תרתין ואמר חד בר |

238 Nu 7:69 תור חד בר תורין בר תלת שנין דכר חד בר תרתין ואמ׳ חד בר
239 Nu 7:75 תור חד בר תורין בר תלת שנין דכר חד בר תרתין ואמר חד בר
240 Nu 7:81 תור חד בר תורין בר תלת שנין דכר חד בר תרתין ואמר חד בר
241 Gn45:06 בגו ארעא ועד כדון חמש שנין דלא זרעין ולא חצדין:
242 Lv25:15 מן לוות חברך במניין שנין דעל{ת}<ל>תה יזבן לך:
243 Gn11:10 דשם שם בר מאה שנין הוה ואולד ית ארפכש׳ תרתין
244 Gn12:04 ואברם בר שבעין וחמש שנין הוה בזמנה די נפק מחרן:
245 Gn21:05 ואברהם בר מאה שנין הוה בזמנה דאתילד לה ית
246 Ex 7:07 ומשה בר תמנין שנין הוה ואהרן בר תמנין ותלת
247 Ex12:42M הא בר תלתין ושבע שנין הוה ישחק בזמן די אתק׳
248 Nu33:39 בר מאה ועשרין ותלת שנין הוה בזמנה דמית בהר טורא:
249 Gn 7:06 ונח בר שית מאה שנין הווה ומבולא הוה מיא על
250 Gn16:16 ואברם בר תמנין ושת שנין הווה בזמנה די ילידת הגר
251 Gn25:26 יעקב ויצחק בר שתין שנין הווה בזמנא דאוליד יתהון:
252 Gn41:46 ויוסף בר תלתין שנין הווה כד קם קדם פרעה מלכא
253 Gn11:24 וחיה עשרין ותשע שנין ואול׳ ית תרח:
254 Gn 5:03 וחיה אדם מאה ותלתי׳ שנין ואולד בדמותיה כד נפק בה
255 Gn 5:09 וחיה אנוש תשעי׳ שנין ואולד ית קינן:
256 Gn 5:12 וחיה קינן שבעין שנין ואולד ית מהללאל:
257 Gn 5:15 וחיה מהללאל שתין וחמ׳ שנין ואולד ית ירד:
258 Gn 5:25 וחיה מתושלח מא׳ ותמנין שנין ואולד ית למך:
259 Gn 5:28 למך מאה ותמנין ותרתין שנין ואולד בר:
260 Gn 5:32 והוה נח בר חמש מאה שנין ואולד נח ית שם ית חם ית
261 Gn11:12 וארפכשד חיה תלתין וחמש שנין ואולד ית שלח:
262 Gn11:14 ושלח חיה תלתין שנין ואולד ית עבר:
263 Gn11:16 וחיה עבר תלתין וארבע שנין ואולד ית פלג:
264 Gn11:18 וחיה פלג תלתין שנין ואולד ית רעו:
265 Gn11:20 וחיה רעו תלתין ותרתין שנין ואולד ית שרוג:
266 Gn11:22 וחיה שרוג תלתין שנין ואולד ית נחור:
267 Gn11:26 וחיה תרח שבעין שנין ואולד ית אברהם ית נחו׳
268 Gn 5:06 וחיה שת מאה וחמש שנין ואוליד ית אנוש:
269 Gn 5:18 ירד מאה ושתין ותרתין שנין ואוליד ית חנוך:
270 Gn 5:21 וחיה חנוך שתין וחמש שנין ואוליד ית מתושלח:
271 Gn17:01 והוה אברם בר תשעין ותשע שנין ואתגלי {{ייי על}} ממריה
272 Gn 5:13 תמני מאה וארבעין שנין ובה בשנייה הווה מוליד בנין
273 Gn11:25 ית תרח מאה ותשע עשרה שנין ובהין בשניה הוה מולד בנין
274 Gn 5:04 ^ית#2^ שת תמני מאה שנין ובהן בשניה הוה מולד בנין
275 Gn 5:07 ית אנוש תמני מאה ושבע שנין ובהן בשניה הוה מולד בנין
276 Gn 5:10 תמני מאה וחמש עשר׳ שנין ובהן בשנייה הוה מולד בנין
277 Gn 5:16 ית ירד תמני מאה ותלתין שנין ובהן בשנייה הוה מוליד בנין
278 Gn 5:19 דאולד ית חנוך תמני מאה שנין ובהן בשני׳ הוה מולד בנין
279 Gn 5:22 ית מתושל׳ תלת מאה שנין ובהן בשנייה הוה מולד בנין
280 Gn 5:26 שבע מא׳ ותמנין ותרתין שנין ובהן בשניה הוה מלד בנין
281 Gn 5:30 נח חמש מאה ותשעין וחמש שנין ובהן בשניי׳ הוה מולד בנין
282 Gn11:11 ית ארפכשד חמש מאה שנין ובהן בשניה הוה מוליד בנין
283 Gn11:15 ית עבר ארבע מאה ותלת שנין ובהן בשניה הוה מוליד בנין
284 Gn11:17 ית פלג ארבע מאה ותלתין שנין ובהן בשניה הוה מוליד בנין
285 Gn11:19 רעו תרתין מאון ותשע שנין ובהן בשניה הוה מולד בנין
286 Gn11:21 שרוג תרתין מאון ושבע שנין ובהן בשניה הוה מולד בנין
287 Gn11:23 ית נחור תרתין מאון שנין ובהן בשניה הוה מוליד בנין
288 Ex 6:20 דעמרם מאה ותלתין ושבע שנין:
289 Dt15:12 עברייתה ויפלח קדמך שית שנין ובשתה שביעיתה <תשלח> יתיה
290 Gn15:09 ברת תלת שנין ועז בר תלת שנין ודכר בר תלת שנין ושפנין
291 Ex12:41 מסוף ארבע מאה ותלתין שנין והוה היך זמן יומא הדין

292 Gn29:20 ופלח יעקב ברחל שבע שנין והוון באפוי כיומין
293 Gn47:28 בארעא דמצרים שבע עשרה שנין והוון יומין חיוי דיעקב
294 Gn50:26 ומית יוסף בר מאה ועשר שנין וחנטו יתיה ושוון יתיה
295 Gn29:22 יתה בינינן הכה עוד שבע שנין ויהבו לה עצה דרמיו למסבה
296 Lv25:08 שובעה זמנין מן שובעה שנין ויהוי לכון יומי <שבע>
297 Lv27:03 מן בר עשרין ועד בר שתין שנין ויהוי עלויה חמשין סלעין
298 Lv27:05 שנין ועד בר עשרין ^שנין#2^ ויהוי עלויה דדיכרה
299 Lv27:06 ואן מן ירח ועד בר חמש שנין ויהוי עלויה דדכרה חמש
300 Nu14:33 טעיין במדברה ארבעין שנין ויקבלון ית מרחקתכון עד די:
301 Lv27:07 ואן מן בר אשתין שנין ולעיל אין דכר ויהוי עלויה
302 Nu 1:18 במניין שמהן מן בר עשרין שנין ולעיל לגולגלתהון:
303 Nu 1:20 כל דכורא מן בר עשרין שנין ולעיל כל נפקי קרבה:
304 Nu 1:22 כל דכורא מן בר עשרין שנין ולעיל כל נפקי קרבה:
305 Nu 1:24 במניין שמהן מן בר עשרין שנין ולעיל כל נפקי קרבא:
306 Nu 1:26 במניין שמהן מן בר עשרין שנין ולעיל כל נפקי קרבא:
307 Nu 1:28 במניין שמהן מן בר עשרין שנין ולעיל כל נפקי קרבה:
308 Nu 1:30 במניין שמהן מן בר עשרין שנין ולעיל כל נפקי קרבה:
309 Nu 1:32 שמהן» מן בר עשרין שנין ולעיל כל נפקי קרבה:
310 Nu 1:34 במניין שמהן מן בר עשרין שנין ולעיל כל נפקי קרבה:
311 Nu 1:36 במניין שמהן מן בר עשרין שנין ולעיל כל נפקי קרבה:
312 Nu 1:38 במניין שמהן מן בר עשרין שנין ולעיל כל נפקי קרבה:
313 Nu 1:40 במניין שמהן מן בר עשרין שנין ולעיל כל נפקי קרבה:
314 Nu 1:42 במניין שמהן מן בר עשרין שנין ולעיל כל נפקי קרבה:
315 Nu 1:45 מן בר עשרין <שנין> ולעיל כל נפקי קרבה:
316 Nu 4:03 מן בר תלתין שנין ולעיל ועד בר חמשין שנין כל
317 Nu 4:23 מבר תלתין שנין ולעיל ועד בר חמשין שנין
318 Nu 4:30 מן בר תלתין שנין ולעיל ועד בר חמשין שנין
319 Nu 4:35 מן בר תלתין שנין <ולעיל> ועד בר חמשין
320 Nu 4:39 מן בר תלתין שנין ולעיל ועד בר חמשין שנין כל
321 Nu 4:43 מן בר תלתין שנין ולעיל ועד בר חמשין שנין כל
322 Nu 4:47 מן בר תלתין שנין ולעיל ועד בר חמשין שנין כל
323 Nu 8:24 תעבד ללווי מן בר עשרין שנין ולעיל ייעול לחיל קרבה
324 Nu14:29 מנייניכון מן בר עשרין שנין ולעיל די אתרעמתון קדמיי:
325 Nu26:02 דכל כנשתה מן בר עשרין שנין ולעיל לבית אבהתהון כל נפקי
326 Nu26:04 מן בר עשרין שנין ולעיל היך מה די פקד ייי ית
327 Nu32:11 מן מצרים מן בר עשרין שנין ולעיל ית ארעא די קיימת
328 Ex30:14 מנייניה מ«ן» בר עשרין שנין ולעילא יתן אפרשו לשמה
329 Ex38:26 על מנייניה מבר עשרין שנין ולעל לשתי מאה אלפין ותלתה
330 Nu 1:03 מן בר עשרין שנין ולעל כל נפקי חיל קרבא
331 Gn 5:05 דאדם תשע מאה ותלתין שנין ומית ואתכנ׳ מן גוא עלמא:
332 Gn 5:08 תשע מאה ותרתין עשרה שנין ומית ואתכנש מן גוא עלמא:
333 Gn 5:11 דאנוש תשע מאה וחמש שנין ומית ואתכניש מן גוא עלמא:
334 Gn 5:14 דקינן תשע מאה ועשר שנין ומית ואתכניש מן גוא עלמא:
335 Gn 5:17 תמני מאה ותשעין וחמש שנין ומית ואתכנש מן גוא עלמ׳:
336 Gn 5:20 תשע מאה ושתין ותרתין שנין ומית ואכניש מן גוא עלמא:
337 Gn 5:27 תשע מאה ושתין ותשע שנין ומית ואיתכנש מן גוא עלמא:
338 Gn 5:31 שבע מאה ושבעין ושבע שנין ומית ואתכניש מן גוא עלמא:
339 Gn 9:29 דנח תשע מא׳ וחמשין שנין ומית ואתכנש מן גוא עלמא:
340 Gn11:32 חוי דתרח מאון וחמש שנין ומית תרח בחרן:
341 Gn26:34 והוה עשו בר ארבעין שנין ונסב אתה ית יהודית ברת
342 Gn25:17 מאה ותלתין ושבע שנין וסף ומית ואתכנש לעמיה:
343 Lv27:05 ואן מן בר חמש שנין ועד בר עשרין ^שנין#2^
344 Gn15:09 קרב קדמיי עגלה ברת תלת שנין ועז בר תלת שנין ודכר בר
345 Gn15:09 בר תלת שנין ודכר בר תלת שנין ושפנין וגוזל בר יון:

|  |  |  |  |  |  |
|---|---|---|---|---|---|
| 346 | | Nu14:34 | ית חוביכון ארבעין | שנין | ותדעון ית תורעמנותי: |
| 347 | | Lv25:27 | ויחשב ית | שנין | זבוניה ויחזר ית מה דמשתייר |
| 348 | | Lv25:08M | שובין דשנין שבע | {שנין} | זבנין ויהוון לכון יומי |
| 349 | | Gn25:17M | ואלין | שני/שנין#2/# | חיוי דישמעאל מאה |
| 350 | | Nu11:26 | משיחה אינון נפלין ושבע | שנין | ידלקון בני ישראל מן מני |
| 351 | | Lv19:23 | ערלתיה ית פריו תלת | שנין | יהוי לכון ריחוק לא יתאכל: |
| 352 | | Nu 8:25 | ומן בר חמשין | שנין | יחזור מן חיל קרבה לא יפלח |
| 353 | | Dt 2:07 | ית מדברה רבה דנה ארבעין | שנין | ייי אלהכון בסעדכון לא |
| 354 | | Ex21:02 | ארום תזבן עבד עבריי שית | שנין | יפלח קדמך ובשתא שביעיתא |
| 355 | | Gn25:20 | והוה יצחק בר ארבעין | שנין | כד {נסבת} נסב ית רבקה ברת |
| 356 | | Ex12:42 | הוה בר תלתין ושבע | שנין | כד אתקרב על גבי מדבחא שמיא |
| 357 | | Lv25:50 | כסף זבוניה במניין | שנין | כיומי אגיר יהווי עימיה: |
| 358 | | Gn28:10 | באפוי והוות טייפה עשרין | שנין | כל יומין דהוה שרי בחרן |
| 359 | | Nu 4:03 | שנין ולעיל ועד בר חמשין | שנין | כל דייעול לחיל קרבה למעבד |
| 360 | | Nu 4:35 | <ולעיל> ועד בר חמשין | <שנין> | כל דייעול לחיל קרבה למפלח |
| 361 | | Nu 4:39 | שנין ולעיל ועד בר חמשין | שנין | כל די יעול לחיל קרבה למפלח |
| 362 | | Nu 4:43 | שנין ולעיל ועד בר חמשין | שנין | כל די«י»עול לחיל קרבה |
| 363 | | Nu 4:47 | שנין ולעיל ועד בר חמשין | שנין | כל די יעול למפלח פלחן |
| 364 | | Gn41:30 | ויקומון שבעתי | שנין | כפנא בתריהון ותתנשי כל |
| 365 | | Gn45:06 | ארום דנה תרתין | שנין | כפנא בגו ארעא ועד כדון חמש |
| 366 | | Gn 7:11 | בסוף שית מאה | שנין | לחיוהי דנח ביר{ת}<ח>ה |
| 367 | | Ex12:42 | ושרה אתתיה ברת תשעין | שנין | למקימה מה דאמר כתבא הא |
| 368 | | Gn 6:03M | לכון ארכא מא' ועשרין | שנין | מין בגלל די יעבדו' |
| 369 | | Gn14:04 | כדר לעמר ובתלת עשרי | שנין | מרדו ביה: |
| 370 | | Dt 3:02M | הוא והוא שמיה משבח | שנין | סגיאין מן בגלל למחווייה |
| 371 | | Ex16:35 | אכלו ית מנה ארבעין | שנין | עד מיעליהון לארעא |
| 372 | | Nu32:13 | יתהון במדברה ארבעין | שנין | עד סף כל דרה די עבד מה |
| 373 | | Dt 2:14 | נחלה דזרד תלתין ותמניא | שנין | עד דסף כל דרא עמא עבדי |
| 374 | | Gn16:03 | הגר מצריתה אמתה לסוף | שנין | עשר דיומין די שרא אברם |
| 375 | | Gn47:09 | שני תותבותי מאה ותלתין | שנין | קלילין ובישין הוון יומי |
| 376 | | Gn23:01 | דשרה מאה ועשרין ושבע | שנין | שני חייה דשרה: |
| 377 | | Lv25:03 | תזרע חקלי{ק}<כ>ון ושית | שנין | תזברון כרמיכון ותכנשון ית |
| 378 | | Lv25:03 | שית | שנין | תזרע חקלי{ק}<כ>ון ושית |
| 379 | | Ex23:10 | ושית | שנין | תזרעון ית ארע{א}כון |
| 380 | | Ex12:42 | ושרה אתתיה ברת תשעין | שנין | תלד ויצחק הוה בר תלתין |
| 381 | | Lv25:16 | לפם סגי | שנין | תסגי כסף זבוניה ולפם זעיר |
| 382 | | Nu 4:23 | שנין ולעיל ועד בר חמשין | שנין | תסכום יתהון כל די יעול |
| 383 | | Nu 4:30 | שנין ולעיל ועד בר חמשין | שנין | תסכום יתהון כל דייעול לחיל |
| 384 | דשנ' | Gn11:23M | תרתין מאוון | שנין/דשנ#2/# | ובהן בשניה הוה מוליד |
| 385 | דשנין | Gn 3:24 | יברא עלמא תרין אלפין | דשנין | ברא אוריתא אתקן גנת עדן |
| 386 | | Gn 5:22M | \מאה שנין /מאוון | דשנין#2/# | ובהן בשנייה הוה מולד |
| 387 | | Gn 7:11M | /לסוף שת מאוון | דשנין | להוי#2/# דנח ביר{ת}<ח>ה |
| 388 | | Lv25:08M | שובין | דשנין | שבע {שנין} זבנין ויהוון |
| 389 | ושנין | Gn 1:14M | ירחין /רישי ירחין | ושנין#2/#:/ | |
| 390 | שני p const | Gn25:17 | ואלין | שני | חיוי דישמעאל מאה ותלתין |
| 391 | | Gn47:28 | והוון יומין חיוי דיעקב | שני | חיוי מאה וארבעין ושבע |
| 392 | | Gn47:09 | קלילין ובישין הוון יומי | שני | חיי ולא ארעו ית יומי שני |
| 393 | | Gn47:09 | חיי ולא ארעו ית יומי | שני | חיי אבהתי ביומי |
| 394 | | Gn25:07 | <ואלין יומי> | שני | חייא אברהם די חייה מאה |
| 395 | | Gn23:01 | מאה ועשרין ושבע שנין | שני | חייה דשרה: |
| 396 | | Gn47:08 | ליעקב כמה אינון יומי | שני | חייך: |
| 397 | | Gn41:36 | לדכרן טב לארעא לשבעתי | שני | כפנא די יהוויין במצרים |
| 398 | | Gn41:54 | ושריין שבע | שני | כפנא למיתי כמה דאמר יוסף |
| 399 | | Lv25:15M | יזבן /חבריכון במניין | שני | עללן יז#2/# לך: |
| 400 | | Gn41:34 | דארעא דמצרים בשבעתי | שני | שבעה: |
| 401 | | Gn41:47 | ועבדת ארעא בשבעתי | שני | שבעה ויתמלון אוצריא: |
| 402 | | Gn41:53 | ושלמון שבעתי | שני | שבענא די הוין במצרים: |
| 403 | | Gn47:09 | ואמר יעקב לפרעה יומי | שני | תותבותי מאה ותלתין שנין |
| 404 | | Lv25:27M | ויחשב ית | שנין/שני#2/# | זבוניה/זבי#2/# ויחזר |
| 405 | ושני | Ex 6:16M | וקהת ומררי | ושנוי/ושני#2/# | חיוי דלוי מאה |
| 406 | | Ex 6:18 | וחברון ועזיאל | ושני' | חיוי דקהת מאה ותלתין |
| 407 | | Ex 6:21 | ית אהרן וית משה | ושני | חיוי דעמרם מאה ותלתין |
| 408 | שנוי p em/sf | Lv25:52 | דיובילה ויחשב לה כפם | שנוי | יחזר ית פרקונה: |
| 409 | שניא | Gn41:35 | ויכנשון ית כל מזון שבעתי | שניא | טבתא עללתא האיליין ויכנשון |
| 410 | שניה | Ex21:27 | לחירות ישלח יתיה חלף | שניה: | |
| 411 | שנייה | Lv25:08M | לכון יומי שבעתי שובי | שנייה | ארב' |
| 412 | | Lv25:08 | לכון יומי <שבע> שמיטי | שנייה | ארבעין ותשע שנין: |
| 413 | | Lv27:18 | לה כהנה ית כספה על פם | שנייה | דאשת«יירן» עד שתה |
| 414 | | Gn41:48 | וכנש ית כל מזון שבעתי | שנייה | דיהוון בארעא דמצרי' ושוי |
| 415 | | Lv27:18M | דאשת«יירן» /אגב | שנייה | דמשתיירן#2/# עד שתה |
| 416 | | Lv25:10 | ותקדשון ית שנת חמישתי | שנייה | ותכרזון חירו לארעא לכל |
| 417 | | Lv25:51 | עד כדון סגי בשניה לפום | שנייה | יחזור פרקוניה מן זבונה: |
| 418 | | Lv25:16 | כסף זבוניה ולפם זעיר | שנייה | תזער כסף זבונה ארום מניין |
| 419 | | Lv25:11 | יובל היא שנת חמישתי | שנייה | תיהווי לכון לא תזרעון ולא |
| 420 | בשנוי | Dt32:07 | מן יומת עלמא אתבוננו | בשנוי | דכל דר ודר שאלו לאבהתכון |
| 421 | בשני' | Gn 5:19 | תמני מאה שנין ובהן | בשני' | הוה מולד בנין ובנן: |
| 422 | בשניה | Gn 5:04 | תמני מאה שנין ובהן | בשניה | הוה מולד בנין ובנן: |
| 423 | | Gn 5:07 | מאה ושבע שנין ובהן | בשניה | הוה מולד בנין ובנן: |
| 424 | | Gn 5:26 | ותרתין שנין ובהן | בשניה | הוה מלד בנין ובנן: |
| 425 | | Gn11:11 | חמש מאה שנין ובהן | בשניה | הוה מוליד בנין ובנן: |
| 426 | | Gn11:13 | מאה ותלתין שני' ובהן | בשניה | הוה מוליד בנין ובנן: |
| 427 | | Gn11:15 | מאה ותלת שנין ובהן | בשניה | הוה מוליד בנין ובנן: |
| 428 | | Gn11:17 | מאה ותלתין שנין ובהן | בשניה | הוה מוליד בנין ובנן: |
| 429 | | Gn11:19 | מאון ותשע שנין ובהן | בשניה | הוה מולד בנין ובנן: |
| 430 | | Gn11:21 | מאוון ושבע שנין ובהן | בשניה | הוה מולד בנין ובנן: |
| 431 | | Gn11:23 | תרתין מאוון שנין ובהן | בשניה | הוה מוליד בנין ובנן: |
| 432 | | Gn11:25 | ותשע עשרה שנין ובהין | בשניה | הוה מולד בנין ובנן: |
| 433 | | Lv25:51 | אן עד כדון סגי | בשניה | לפום שנייה יחזור פרקוניה |
| 434 | בשניי' | Gn 5:30 | ותשעין וחמש שנין ובהן | בשניי' | הוה מולד בנין ובנן: |
| 435 | בשנייא | Gn49:22 | דרב בחכמתא וזעירא | בשנייא | והוון בנתהון דמלכייא |
| 436 | בשנייה | Gn 5:10 | וחמש עשר' שנין ובהן | בשנייה | הוה מוליד בנין ובנן: |
| 437 | | Gn 5:16 | מאה ותלתין שנין ובהן | בשנייה | הוה מוליד בנין ובנן: |
| 438 | | Gn 5:22 | תלת מאה שנין ובהן | בשנייה | הוה מולד בנין ובנן: |
| 439 | | Gn 5:13 | מאה וארבעין שנין ובה | בשנייה | הווה מוליד בנין ובנן: |
| 440 | | Gn41:43 | וזעיר בשפר ורכיך | בשנייה | ומני יתה רב ושליט על כל |
| 441 | | Lv25:52 | ואן קלל זער אשתייר | בשנייה | עד שתה דיובילה ויחשב לה |
| 442 | ושנוי | Ex 6:16 | גרשום וקהת ומררי | ושנוי | חיוי דלוי מאה ותלתין |

## שנה #2 *n.* sleep [560]

|  |  |  |  |  |  |
|---|---|---|---|---|---|
| 001 | שנה s ab/cn | Gn 2:21 | ורמה ייי אלהים | שנה | עמ«י»קה על אדם ודמך לה |
| 002 | ושנה | Gn15:12 | והוות שמשה אישון למטמע | ושנה | בסימה נפלת על אברם והא |
| 003 | שנתי s em/sf | Gn31:40 | בליל«א» ואתנדדת | שנתי | מן עייני: |
| 004 | שנתיה | Gn28:16 | ואתער יעקב מן | שנתיה | ואמר הא מן קושטא איקר |
| 005 | ושנתא | Gn15:12M | שמשה קריב למטמע | ושנתא | עמיקתא איתרמיית על אברם |

## שנון *adj.* ⇐ שנין

## שני *vb.* to be different [560]

|  |  |  |  |  |  |  |
|---|---|---|---|---|---|---|
| 001 | peal | שני | Nu12:01 | דמשה אלא היך מה דכושיה | שני | בגופה מן כל ברייתה כדין |
| 002 | | ושנייה | Nu12:01 | בריוה ושפירה בחיזוה | ושנייה | בעובדי' טבי«י»ה מן כל |
| 003 | pael | שני | Gn49:26M | \ובאיקרהון דאחוי /ולא | שני | {ע}<כלי>ל רבותהון |
| 004 | | משני | Nu12:01M | בגופה /דהדין כושייה | משני | בשרה#2#/ מן כל ברייתה |
| 005 | | דשני | Dt32:05 | דרא עקמנה ופתלתנה דרה | דשני | עבדוי אוף סדר דינוי דעלמא |
| 006 | | דמשני | Dt27:17M | גברה די יארע/^דירע#2#^/דמשני#2#/ | | תחומה דגברא |
| 007 | | ומשנייה | Nu12:01M | בעובדי' טבי«י»ה /ומשנייה | | בעבדה טבה#2#/ מן כל |
| 008 | etpaal | אשתנון | Gn 4:06M | בעש לך ולמה כען | אשתני/אשתנון#2#/ | זיוהן דאפיך: |
| 009 | | אשתני | Gn 4:06 | כען בעש לך ולמה כען | אשתני | זיוהן דאפיך: |
| 010 | | | Dt32:05 | אוף סדר דינוי דעלמא | אשתני | עלוי: |
| 011 | | אשתנייו | Dt34:07 | לא כהיין עיינוי ולא | אשתנייו | זיווהון דאפוי: |
| 012 | | יש' | Dt32:05M | סדר דינוי דעלמא | אשתני/יש'#2#/ | עלוי: |
| 013 | | ואישתני | Gn 4:05 | ובאש לקין לחדה | ואישתני | זיווהון דאפוי: |

*adj.* שני ⇐ *vb.* שני

## שנין *adj.* sharp [560]

|  |  |  |  |  |  |  |
|---|---|---|---|---|---|---|
| 001 | s ab/cn | שנונה | Gn 3:24 | דהיא מדמיה לחרב | שנונה | אכלה מן תרין סיטריה אתקן |
| 002 | s em/sf | שנינה | Gn49:05 | אחין תלימין מרי זיינה | שנינה | עבדי קרב מן טליותיהון |

## שנן *vb.* to sharpen [560]

|  |  |  |  |  |  |  |
|---|---|---|---|---|---|---|
| 001 | pael | אשננה | Dt32:41 | אין | אשננה | כברקה חרבי ותתוקף בדינה |

## שנק *vb.* to trouble, to confound [561]

|  |  |  |  |  |  |  |
|---|---|---|---|---|---|---|
| 001 | pael | שנקת | Ex10:02 | ובני בניכון מה די | שנקת | במצריי וית נסיי די שוית |
| 002 | | ושנק | Ex14:27M | הוו ערקן לקדמותיהון | ושנק | מימרי' דייי ית מצריי' בגו |

**See also:** *vb.* שרנק

## שעבד *vb.* to enslave [561]

|  |  |  |  |  |  |  |
|---|---|---|---|---|---|---|
| 001 | quadr. | ישעבדון | Gn15:14 | ולחוד ית אמתא די | ישעבדון | יתהון מתפרעה אנה מנה |
| 002 | | משוע' | Dt24:18M | ארום עבדין | משעבדין/מש{י}<ו>ע'#2#/ | הוויתון במצרים |
| 003 | | | Dt24:22M | ארום עבדין | משעבדין/<מ>שו<ע'>#2#/ | הוויתון בארעא/מן |
| 004 | | משועבדין | Dt16:12M | ארום עבדין | משעבדין/משועבדין#2#/ | הוויתון בארעא |
| 005 | | משעבד | Gn27:40M | /יהודייא תהוי | משעבד#2#/ | ויהוי כד יהוון בנוי |
| 006 | | | Dt15:17 | בית דינה ויהווי לך עבד | משעבד | ע{ו}ד לעולם ולחוד לאמהתך |
| 007 | | | Gn25:23 | ממלכו תתקף ורבה יהווי | משעבד | קדם זעירא: |
| 008 | | משעבדה | Gn15:11M | מלכוותא דעתידין | משעבדה | לבנוי דאברם וזכותא |
| 009 | | | Lv19:20 | תשמי' דזרע והיא אמתה | משעבדה | לגבר ומפרק לא אתפרקת או |
| 010 | | משעבדין | Ex 6:05 | דבני ישראל דמצרייה | משעבדין | בהון ואדכרית ברחמין ית |
| 011 | | | Dt15:15 | ארום עבדין | משעבדין | הוויתון בארעא דמצרים |
| 012 | | | Dt16:12 | ותדכרון ארום עבדין | משעבדין | הוויתון בארעא דמצרים |
| 013 | | | Dt24:18 | ותדכרון ארום עבדין | משעבדין | הוויתון במצרים ופרק |
| 014 | | | Dt24:22 | ארום עבדין | משעבדין | הוויתון בארעא דמצרים |
| 015 | | | Dt 6:21 | ל{{י}}בניכון עבדין | משעבדין | הוינן לפרעה במצרים ופרק |
| 016 | | | Dt 5:15 | ותידכרון ארום עבדין | משעבדין | הויתון בארעא דמצרים |
| 017 | | | Lv26:13 | מן למיהוי להון עבדין | משעבדין | ותברית ניר שעבודיהון |
| 018 | | ושעבידו | Ex 1:13 | | ושעבידו | מצרייא ית בני ישראל |
| 019 | | וישעבדון | Nu24:24 | סגין מן <....> | וישעבדון | אתורייה ויצערון עבר נהרא |
| 020 | | | Gn15:13 | בארעא דלא דידהון | וישעבדון | יתהון ויצערון יתהון ארבע |
| 021 | | | Nu24:24M | מן מדינת איטליה | וישעבדון | לאתוראה ויסופון ליתבי |
| 022 | | ומשועבד | Gn27:40 | וקדם אחוך תהוי פלח | ומשועבד | ויהוי כד יהוון בנוי |
| 023 | | ומשעבדה | Gn15:12M | דעתידי' למקום | ומשעבדה | בבנוי אימה חשכה |
| 024 | | למשעבדא | Gn15:12M | ארב' מלכוון קיימן | למשעבדא | ית בנוי אימתא דא היא |
| 025 | quad/t | ישתעבד | Lv25:53 | שנה בשנה יהוי עמה לא | ישתעבד | בה בקשי{ן}<ו> קדמך: |
| 026 | | ישתעבדון | Gn15:14M | "אמתא ...": אומייא די | ישתעבדון | יתהון דאין אנה ומן בתר |
| 027 | | | Gn49:10 | היא מלכותא וליה | ישתעבדון | כל מלכוותא: |
| 028 | | | Gn27:29 | אומיא כל בנוי דעשו | ישתעבדון | לך מלכוותא כל בנוי |
| 029 | | תשתעבד | Lv25:39 | אחוך ויזדבן לך לא | תשתעבד | בה כנימוסי עבדייה: |
| 030 | | | Lv25:43 | לא | תשתעבד | בה בקשיו ותדחלון מן |
| 031 | | | Lv25:46 | ישראל גבר באחוי לא | תשתעבד | בה בקשיו: |
| 032 | | מש' | Gn 9:27M | במדרשי' דשם והי כנען | מש' | להון |
| 033 | | משתעב' | Gn 9:25 | יהוי כנען עבד | משתעב' | יהווי לאחוי: |
| 034 | | משתעבד | Gn 9:26 | דשם ויהווי כנען עבד | משתעבד | להון: |
| 035 | | | Gn 9:27 | דשם ויהווי כנען עבד | משתעבד | להון: |
| 036 | | | Ex21:21M | זבינת כספא הוא /דהוא | משתעבד | ליה ולברי' ולבר ברי'#2# |
| 037 | | | Ex21:06 | במרצעא ויהוי ליה עבד | משתעבד | לעלם: |
| 038 | | משתעבדין | Nu12:12 | בשריה כדין כד הוינא | משתעבדין | במצרים וחזרין ומטרפין |
| 039 | | | Gn40:18M | ישראל | למשתעבדא/משתעבדין#2#/ | בארעא דמצרים |
| 040 | | | Gn40:12M | עתידין | למשתעבדא/משתעבדין#2#/ | בשעבודא דארעא |
| 041 | | וישתעבדון | Gn15:13M | דלא דידהון | וישעבדון/וישתעבדון#2#/ | יתהון ויצערון |
| 042 | | למשתעבדא | Gn40:18 | דעתידין ישראל | למשתעבדא | בארעא דמצרים בטינא |
| 043 | | | Gn40:12 | בני בניהון עתידין | למשתעבדא | בשעבודא דארעא דמצרים |
| 044 | | למשתעבדה | Dt33:17 | בבכורי תורייה ולא | למשתעבדה | בקרני רימנה כדין לית |
| 045 | | | Dt33:17 | אפשר לבנוי דיוסף | למשתעבדה | ויהוון רמין ומנטלין |

## שעבוד *n.* enslavement, servitude [561]

|  |  |  |  |  |  |  |
|---|---|---|---|---|---|---|
| 001 | s ab/cn | שעבוד | Ex 6:06M | ניר שעבודהון /מן | שעבוד#2#/ | דמצריי ואשיזב יתכון מן |
| 002 | | | Nu19:02 | בה מום די לא סלק עליה | שעבוד | דניר: |
| 003 | | | Dt21:03 | בה די לא סלק עליה | שעבוד | דניר: |
| 004 | | בשעבוד | Ex14:13 | למיחמיה יתהון תוב | בשעבוד | ע{ל}<ד> לעלם: |
| 005 | s em/sf | שעבדה | Gn27:40M | "מטולהון ...": | שעבדה | על צואריה וכד ימנעון |
| 006 | | שעבודא | Gn27:40 | תשלט ביה ותפרוק ניר | שעבודא | מעלוי צווארך: |
| 007 | | שעבודה | Dt 7:08M | \בית שעבוד עבדיה ומן | /שעבודה | מן#2#/ ידוי דפרעה מלכא |
| 008 | | שעבודה' | Gn27:40M | הא בכן תהוי פרק ניר | שעבודה' | מעלווי צוארך |
| 009 | | שעבודהון | Ex 3:07 | ארום גלי קדמיי ית | שעבודהון: | |
| 010 | | | Ex 5:05M | יתהון מן | פולחניהון/שעבודהון#2#/: | |
| 011 | | | Ex 2:25 | וגלי קדם ייי ית | שעבודהון | דבני ישראל ואמר בממריה |
| 012 | | | Ex 3:17 | בממריה לאסקא יתכון מן | שעבודהון | דמצריי לארעהון דכנענאיי |
| 013 | | | Ex 6:06 | פריקין מן תחות ניר | שעבודהון | דמצריי ואשיזב יתכון מן |
| 014 | | | Ex 6:07 | יתכון מן תחות ניר | שעבודהון | דמצריי: |
| 015 | | | Ex18:10 | ית עמא מן תחות ניר | שעבודהון | דמצריי: |
| 016 | | שעבודיהון | Lv26:13 | משעבדין ותברית ניר | שעבודיהון | דמצריי מעילוויכון דהוה |
| 017 | | שעבודן | Dt26:07 | וגלי קדמוי ית צערן וית | שעבודן | וית דוחקן: |
| 018 | | שעיבודה | Dt13:06M | {{למיטעי}} יתכון | /שעיבודה | למיסטי יתכון#2#/ מן |
| 019 | | בשיעבדיהון | Ex 2:11M | אחוי וחמא | בפולחניהון/בשיעבדיהון#2#/ | וחמא גבר מצריי |
| 020 | | בשעבודא | Gn40:12 | עתידין למשתעבדא | בשעבודא | דארעא דמצרים ועתידין |
| 021 | | בשעבודהון | Ex 1:11M | יתהון | בפולחניה«ון»/בשעבודהון#2#/ | ובנון קרין |
| 022 | | בשעבודן | Nu12:12 | הוות אחתן חמייה | בשעבודן | וכיון דמטה קצה למחסנה ית |
| 023 | p em/sf | שעבודיא | Gn40:18 | תלתי סליה תלתיה | שעבודיא | תקיפיה דעתידין ישראל |

## שעה *n.* moment of time, hour [561]

|  |  |  |  |  |  |  |
|---|---|---|---|---|---|---|
| 001 | s ab/cn | שעה | Dt32:15M | בשעת עקתהון \ובכל | שעה#2#/: | |
| 002 | | | Dt 4:07M | "בכל ... עני": כל | שעה | דאנן קריין לה הוא עניין |
| 003 | | | Ex 8:11M | פרעה ארום הוות | שעת/שעה#2#/ | דרוח ותקף ית לביה ולא |

|  |  |  |  |  |  |  |
|---|---|---|---|---|---|---|
| 004 | | | Ex18:22 | וידינון ית עמא בכל | שעה | ויהוי כל פתגם רב ייתון יתה |
| 005 | | | Gn49:18 | סכיית נפשי דהוא פורקן | שעה | ולא לפורקניה דשמשון בר |
| 006 | | | Lv 1:01M | דריבוייה ריבוי | שעה | וקדושיה קדוש שעה לא סל' |
| 007 | | | Ex12:33 | אנון ישראל הכה אוף | שעה | חדא הא כל מצריי מייתין: |
| 008 | | | Ex12:33M | /האנון הכה בני ישראל | שעה#2# | חדא הא כל מצריי |
| 009 | | | Lv 1:01 | דסיני דהוה קדושי' קדוש | שעה | חדה ורבויה רבוי שעה חדה לא |
| 010 | | | Lv 1:01 | שעה חדה ורבויה רבוי | שעה | חדה לא סלקית ליה עד זמן די |
| 011 | | | Nu12:16M | מרים למשה על נהרה | שעה | חדה אמתינת לה שכינתה דמרי |
| 012 | | | Ex18:26 | דיינ{ו}<י>ן ית עמא בכל | שעה | ית פתגמא קשיא ייתון לוות |
| 013 | | | Lv 1:01M | ריבוי שעה וקדושיה קדוש | שעה | לא סל' |
| 014 | | | Lv16:02M | יהווי <עליל> בכל | זמן/שעה#2# | לבית מקדשה לגו מן |
| 015 | שעת | | Gn38:25 | עני יתי בשעתא הדה דהיא | שעת | אנבקי אלהא דעני לאניגקי |
| 016 | | | Ex 8:11 | וחמא פרעה ארום הוות | שעת | דרוח ותקף ית לביה ולא שמע |
| 017 | בשע' | | Ex23:07M | /מזכי ייי ית חייבא | בשע' | דינא#2#:/ |
| 018 | | | Gn35:03M | לאלהא די ענה יתי | בשע'#2#/ | עקתי והווה בסעדי באורחא |
| 019 | בשעה | | Ex23:06M | סדר דינא דמסכינא | בשעה | דינ'#2#:/ |
| 020 | | | Gn28:10M | ואשתכח יתיב בחרן | /בשעה | זעירא#2#/ וניסא רביעאה |
| 021 | בשעת | | Gn22:14M | בנוי דיצחק עלין | בשעת | אנבקי תהווי מדכר להון |
| 022 | | | Lv22:27 | מצליין ואמרין דידהון | בשעת | אנבקי דדהון עני יתן בהדה |
| 023 | | | Dt16:19M | ומקלקל מליהון דזכאי | בשעת | דינהון |
| 024 | | | Ex23:08M | ומקלקל מיליה' דזכאי | בשעת | דיניהון#2#:/ |
| 025 | | | Dt25:04M | לא תזמון תורה | בדרכיה/בשעת | דרכייה#2#:/ |
| 026 | | | Gn31:10M | דאת«י»חמת ענא | /בשעת | יחמות ענה#2#/ ונסל«ת» |
| 027 | | | Gn47:24M | ויהווי | באשון/בשעת#2#/ | עללתא ותתנון חד {מ}ן |
| 028 | | | Gn22:14 | כד יהוון בנוי קיימין | בשעת | עקתא תהווי מדכר עקדתיה |
| 029 | | | Gn38:25 | ייי את הוא דעני לעיקי | בשעת | עקתהון עני יתי בשעתא הדה |
| 030 | | | Dt32:15 | דתקיפה דהוה פרק יתהון | בשעת | עקתהון: |
| 031 | | | Gn35:03 | לשמה דייי דענה יתי | בשעת | עקתי והווה בסעדי באורחא |
| 032 | | | Dt20:19 | ברא למעירק מן קדמיך | בשעת | עקתיה: |
| 033 | | | Gn22:10M | "נבעוס ...": | בשעת | צערי נפרכס ונערבבה וישתכח |
| 034 | שעתא | s em/sf | Ex 9:24M | דמצרי«ם» מן | זמנא/שעתא#2# | די הות אומה ומלכו: |
| 035 | | | Ex 5:23M | \זמנא דאתית לוות פרעה | /שעתא | דעלית קדם פרעה#2#/ |
| 036 | | | Ex24:05M | ישראל ארום עד ההי' | שעתא | הוות פולחנא בבוכרייא דעד |
| 037 | | | Gn44:19 | ובזעו לבושיה בההיא | שעתא | ואתבהל וארתת יוסף |
| 038 | | | Ex15:18 | ביני גלליא בההיא | שעתא | פתחו פומיהון כחדא ואמרין |
| 039 | שעתה | | Nu20:29M | חד זמן בכל שנה בהיא | שעתה | היימינו בני ישראל ארום |
| 040 | | | Lv22:27 | דדהון עני יתן בהדה | שעתה | ושמע בקל צלותן ואדכר לן |
| 041 | | | Nu21:15M | עם שלטנין בה<י>א | שעתה | רמ{ה}<ז> ייי לטוריה |
| 042 | בשעתא | | Gn18:10 | ואמר מחזר אחזור לוותך | בשעתא | הדא והא בר דכר לשרה אתתך |
| 043 | | | Gn18:14 | לעידנא אחזור לוותך | בשעתא | הדא ולשרה בר דכר: |
| 044 | | | Gn38:25 | בליביה למיחמי יתהון | בשעתא | הדה ויפרוק יתי מן דינא |
| 045 | | | Gn38:25 | בשעת עקתהון עני יתי | בשעתא | הדה דהיא שעת אנבקי אלהא |
| 046 | | | Gn21:22 | והווה | בשעתא | ההיא ואמר אבימלך ופיכל |
| 047 | | | Gn38:01 | והווה | בשעתא | ההיא ונחית יהודה מן לוות |
| 048 | | | Gn49:21 | אזדרז ונחת למצרים | בשעתא | זעירת ואייתי אוניתא דחקלא |
| 049 | | | Gn22:10 | לא הוה חמא יתהון בה | בשעתא | נפקת בת קול מן שמייא |
| 050 | בשעתה | | Nu22:04 | צפור הוה מלך למואביי | בשעתה | ההיא: |
| 051 | | | Dt 1:09 | ואמרת לכון | בשעתה | ההיא למימר לית אנה יכיל |
| 052 | | | Dt 1:16 | ופקדית ית דייניכון | בשעתה | ההיא למימר תהוון שמעין |
| 053 | | | Dt 1:18 | ופקדית יתכון | בשעתה | ההיא ית כל פתגמיה די |
| 054 | | | Dt 2:34 | וכבשינן ית כל קורייוי | בשעתה | ההיא ושיצינן ית כל קורי |
| 055 | | | Dt 3:04 | וכבשנן ית כל קורייוי | בשעתה | ההיא לא הות קריה די לא |
| 056 | | | Dt 3:08 | ונסבנן | בשעתה | ההיא ית ארעא מן ^יד#2#^ |
| 057 | | | Dt 3:12 | וית ארעא הדא ירתינן | בשעתה | ההיא מן לחיית די על גיף |
| 058 | | | Dt 3:18 | ופקדת יתכון | בשעתה | ההיא למימר ייי אלהכון יהב |
| 059 | | | Dt 3:21 | וית יהושע פקדית | בשעתה | ההיא למימר עיינך חמיין ית |
| 060 | | | Dt 3:23 | רחמין מן קדם ייי | בשעתה | ההיא למימר: |
| 061 | | | Dt 4:14 | ויתי פקד ממריה דייי | בשעתה | ההיא למלפה יתכון קיימין |
| 062 | | | Dt 5:05 | ממריה דייי וביניכון | בשעתה | ההיא למתנייה לכון ית |
| 063 | | | Dt 9:20 | לחוד על עסק אהרן | בשעתה | ההיא: |
| 064 | | | Dt10:01 | | בשעתה | ההיא אמר ייי לי אמר משה |
| 065 | | | Dt10:08 | | בשעתה | ההיא אפריש ייי ית בנוי |
| 066 | | | Ex 9:18 | הא אנה מחית | בשעתה | למחר ברד תקיף לחדא די לא |
| 067 | דשעתא | | Gn49:18M | מסכי דפורקניה פורקן | דשעתא | ולא אנה מודי' דפורקנא |
| 068 | משעתא | | Ex 4:10M | /להוד#2#/ \מן | זמנא/משעתא#2# | די {מ}מללת עם עבדך |
| 069 | שעין | p abs | Dt32:04 | שעין לעי' באוריתה ותלת | שעין | יתב בדינה ותלת שעין מזווג |
| 070 | | | Dt32:04 | יתה לארבע חלקין תלת | שעין | לעי' באוריתה ותלת שעין יתב |
| 071 | | | Dt32:04 | שעין יתב בדינה ותלת | שעין | מזווג זוגין בין גבר לאתתה |
| 072 | | | Dt32:04 | לאתתה ומרים וממך ותלת | שעין | מפרנס כל עלמא צדיקה דלית |
| 073 | שעוי | p em/sf | Gn28:10 | נסא קדמיא אתקצרו | שעו{י}<ו>י | דיומא ו{ש}<ס>מעת שמשא |

## שעווה #2 *n.* storax [561 שעבה]

|  |  |  |  |  |  |  |
|---|---|---|---|---|---|---|
| 001 | שעוה | s ab/cn | Gn43:11 | קליל קטף וקליל דבש | שעוה | משח דבוטנין ודלוזין: |
| 002 | שעווה | | Gn37:25 | גלעדה וגמלהון סעונין | שעווה | וקטף ולטום אזלין לנחתה |

## שעטנז *n.* shatnez [562]

|  |  |  |  |  |  |  |
|---|---|---|---|---|---|---|
| 001 | שעטנז | s ab/cn | Lv19:19 | {עלאר}<עמר> וכתן | שעטנז | לא יסוק עליכון: |
| 002 | | | Dt22:11 | לא תלבשון | שעטנז | עמר וכ{ד}<ת>ן מערבין |

## שעי *vb.* to smooth over [562]

|  |  |  |  |  |  |  |
|---|---|---|---|---|---|---|
| 001 | ואשעה | pael | Ex 2:03M | ליה תיבו דגמי | ושעיית/ואשעה#2# | יתיה בחימרא ובזיפתא |
| 002 | ושעיית | | Ex 2:03 | ונסבת ליה תיבו דגמי | ושעיית | יתיה בחימרא ובזיפתא |
| 003 | משתעין | etpaal | Gn11:01 | חד ובלשן בית קדשה הוון | משתעין | דבה אתבריו עלמא מן שרויה: |
| 004 | דישתעי | | Dt27:24M | | דישתעי | על חבריה לישן תליתאי |
| 005 | ואשתעיו | | Nu21:05M | משה אתרעמו למה | /ואשתעי{ן}<ו> | עמא בשם מימריה דייי |

## שעיע *n.* smoothness [562]

|  |  |  |  |  |  |  |
|---|---|---|---|---|---|---|
| 001 | שעיעות | s ab/cn | Gn33:04M | ויעקב הוה בכי על | שעיעות | צואריה |

## שעמום *n.* stupefaction [562]

|  |  |  |  |  |  |  |
|---|---|---|---|---|---|---|
| 001 | לשאמום | s ab/cn | Dt28:37M | לצדו למתלין /ותיהוון | לשאמום | למתלין#2#/ ולתנויין בכל |
| 002 | שעמומא | s em/sf | Dt28:20 | ייי בכון ית מאירתה וית | שעמומא | וית מזופתה בכל אושטות |

## שעימו (*v.*)*n.* confusion [562]

|  |  |  |  |  |  |  |
|---|---|---|---|---|---|---|
| 001 | ובאשמימות | s ab/cn | Dt28:28M | /וב<ס>מיותה | ובאשמימות#2#/ | לבה: |
| 002 | ובשעמימות | | Dt28:28 | ובס{יי}מ<יי>ותה | ובשעמימות | לבה: |

## שער *n.* estimate, [562]

|  |  |  |  |  |  |  |
|---|---|---|---|---|---|---|
| 001 | שערין | p abs | Gn26:12 | ואשכח בשתא ההיא מאה | שערין | דגנין וברך יתיה ייי: |
| 002 | | | Ex22:24M | ולא תשוון עליהון ולא | שערין | ולא רבין |
| 003 | | | Lv25:36 | לא תקבל מן לוותיה | שערין | ורביין ותדחלון מן אלהכון |
| 004 | | | Ex22:24 | חוב דחק ולא תשוון עלוי | שערין | ורבין: |
| 005 | בשערין | | Lv25:37 | ית כספך לא תתן ליה | בשערין | וברביין לא תתן מזונך: |
| 006 | שערי | p const | Lv26:26M | אתבור לכון | שע{ד}<ר>' | מזוניכון וייפיין ע' |

## שעשיע *adj.* smooth [562]

| | | | | |
|---|---|---|---|---|
| 001 | שעשיע | s ab/cn | Gn27:11 | גבר שערין ואנה גבר שעשיע: |

## שעשיעו *n.* smoothness [562]

| | | | | |
|---|---|---|---|---|
| 001 | שעשיעות | s ab/cn | Gn27:16 | אלבשת על ידוי ועל שעש{ו}<י>ע«ו»ת ציוריה: |

## שפוך *n.* spiller [562]

| | | | | |
|---|---|---|---|---|
| 001 | שפוכי | p const | Dt19:13 | עייניכון עלוי ותבערון שפוכי אדמה זכייה מן ישראל וטב |

## שפולין *n.* skirts [562]

| | | | | |
|---|---|---|---|---|
| 001 | בשפולא | s em/sf | Ex24:04 | ואקדם בצפרא ובנה מדבח בשפולא דטורא ותרתי עשרי קיימין |
| 002 | בשיפולי | p const | Dt 4:11 | וקרבתון וקמתון בשיפולי טורה וטורה הוה בעיר |
| 003 | שיפולוי | p em/sf | Ex28:34 | זוגין דדהב ורמון על שיפולוי דמעילה מן חזור חזור: |
| 004 | | | Nu 3:23M | דבנוי דגרשני בשפלוי/שיפולוי#2#/ דמשכנה ישרון מן |
| 005 | | | Nu 3:29 | דבנוי דקהת ישרון על שיפולוי דמשכנה מן דרומה: |
| 006 | | | Ex26:12 | דאשתיירת תשפ«ע» על שיפולוי {ימא} דמשכנא <ימא>: |
| 007 | שיפילוי | | Ex26:12M | תשפ«ע» על שיפולוי/שיפילוי#2#/ {ימא} דמשכנא |
| 008 | שפולוי | | Lv 5:09M | דחטאת׳ על כתלא/שפולוי#2#/ דמדבחא ומה דמשתייר |
| 009 | | | Ex39:24 | ועבדו על שפולוי דמעילה רמונין תכלה |
| 010 | | | Ex39:25 | ית זוגיא בגו רמוני על שפולוי דמעילה מן חזור חזור בגו |
| 011 | | | Ex39:26 | זוג ורמן זוג ורמן על שפולוי דמעילה מן חזור חזור |
| 012 | | | Ex40:22 | פתורה במשכן זימנא על שפולוי דמשכנא לצפונא לבר מן |
| 013 | | | Ex40:24 | זימנא לקבל פתורה על שפולוי דמשכנא מן דרומא: |
| 014 | | | Ex28:33 | וצבע דזהורי טבא על שפולוי מן חזור וזוגין דדהב |
| 015 | שפולי | | Lv 1:15M | /דמיה#2#/ על כותלה/שפולי#2#/ דמדבח׳: |
| 016 | | | Lv 1:11 | ויכוס יתיה על שפולי דמדבחה מן צפונה קדם ייי |
| 017 | שפילוי | | Nu 3:29M | דקהת ישרון על שיפולוי/שפילוי#2#/ דמשכנה מן דרומה: |
| 018 | | | Nu 3:35M | בר אביחיל על סטרוי/שפילוי#2#/ דמשכנה ישרון מן |
| 019 | בשיפולוי | | Ex36:32M | בשיפולייה/^<בשיפו>לוי#2#^/בשפועיה#2#/ מן |
| 020 | בשיפולי | | Ex26:23 | תעבד לסיטרוי דמשכנה בשיפולי: |
| 021 | | | Nu 5:17 | ומן עפרה די יהווי בשיפולי דמשכנה יסב כהנא ויתן לגו |
| 022 | בשיפולייה | | Ex36:32 | ללוחי סטרה דמשכנה בשיפולייה מן מערבה: |
| 023 | בשפולוי | | Ex19:12 | לטורא ודלא למקרב בשפולוי כל דיקרב לטורא יתקטל |
| 024 | בשפולייה | | Ex26:27 | ללוחי סטרין דמשכנה בשפולייה מן מערבה: |
| 025 | בשפילוי | | Nu 5:17M | עפרה די יהווי בשיפולי/בשפילוי#2#/ דמשכנה יסב כהנא |
| 026 | ולשיפולוי | | Ex26:22 | ולשיפולוי דמשכנה מן מערבה תעבד |

See also: שפלין *n.*

## שפוע *n.* incline [548 שיפוע]

| | | | | |
|---|---|---|---|---|
| 001 | שפוע | s ab/cn | Dt 3:17 | דמישרה ימא דמ«י»לחה שפוע בית רמתה מין מדנחה: |
| 002 | שפע | | Dt 3:17M | ימא דמ«י»לחה \שפוע/^שפע#2#^/ בית רמתה |
| 003 | בשיפועייה | p em/sf | Ex36:28M | לסטרוי דמשכנא בשפלייה/בשיפועייה מן מערבה#2#/: |
| 004 | בשפועיה | | Ex36:32M | בשיפולייה/^<בשיפו>לוי#2#^/בשפועיה#2#/ מן |

## שפי *adj.* pleasant [563]

| | | | | |
|---|---|---|---|---|
| 001 | שפי | s ab/cn | Gn22:06M | כחדא \בלבה שלמה/בלב שפי#2#/: |
| 002 | | | Gn22:08M | כחדא \בלבה שלמה/בלב שפי#2#/: |
| 003 | | | Nu23:03 | לך ואזל בלעם בלב יחידי שפי למילוט ית ישראל: |
| 004 | שווין | p abs | Gn31:05M | שפין לקבלי /אנין שווין לקובלי#2#/ לא היך דאתמל |
| 005 | | | Gn31:02M | אינון \שיפין לקבליה /שווין לקובליה#2#/ לא הך דאתמל |
| 006 | שיפין | | Gn31:02 | דלבן והא לית אינון שיפין לקבליה לא הך דאתמל ולא |
| 007 | שפין | | Gn31:05 | דאבוכון והא לית אנון שפין לקבלי לא היך דאתמל ולא היך |

## שפיו *(v.)n.* appeasement [563]

| | | | | |
|---|---|---|---|---|
| 001 | שפ׳ | s em/sf | Gn 3:15M | הנון אלין ואלין למעבד שפ׳ |
| 002 | שפיותיה | | Gn 3:15 | דעתידין אינון מעבד שפיותיה בעוקבה ביומא דמלכא |

## שפיכה *(v.)n.* spilling [563]

| | | | | |
|---|---|---|---|---|
| 001 | שפיכות | s ab/cn | Ex22:02 | שמש{ו}א אית ליה חובת שפיכות אדם זכיי שלמא ישלם אן לית |
| 002 | | | Dt19:10 | דלא יהווי עליכון חובת שפיכות אדם זכיי: |
| 003 | | | Dt21:08 | פרקת ייי ולא תשוי חובת שפיכות אדם זכיי בגו עמך ישראל |
| 004 | | | Dt22:08 | לאגרך ולא תשווי חובת שפיכות אדם זכיי לגו בייתך דלא |
| 005 | | | Dt19:13M | זכייה /ותשיצון חובת שפיכות אדמה זכייה#2#/ מן ישראל |
| 006 | | | Gn24:31M | ומן גלוי עריתא ומן שפיכות דם זכאי ואתרא אתקינת |
| 007 | שפיכת | | Ex22:01 | וימות לית ליה חובת שפיכת אדם זכיי: |
| 008 | ובשפיכות | | Gn13:13 | וחייבין בגילוי עריתה ובשפיכות אדמייה ובפלחנא נכרייה |

## שפיכו *(v.)n.* spilling [563 s.v. שפיכה]

| | | | | |
|---|---|---|---|---|
| 001 | שפיכות | s ab/cn | Nu35:27 | לית לי{ת}<ה> חובת שפיכות אדם זכיי: |

## שפיע *adj.* abundant, overflowing [563 שפיע n.]

| | | | | |
|---|---|---|---|---|
| 001 | שפיעה | s ab/cn | Ex26:13 | דיריעתא דמשכנא יהווי שפיעה על סטרה דמשכנא מן הכה ומן |
| 002 | ושפיע | | Ex26:12 | ושפיע מותריא בירעת«א» דמשכנא |
| 003 | ושפעיה | s em/sf | Ex26:12M | \ושפיע מותריא /ושפעיה מותרה#2#/ ביריעת«א» |

## שפיר *adj.* beautiful [563]

| | | | | |
|---|---|---|---|---|
| 001 | שפירא | s ab/cn | Gn26:07M | רבקה ארום שפירת/^שפירה#2#^/<ש>פירא֯ חיזו#2#/ היא |
| 002 | שפירה | | Gn26:07M | רבקה ארום שפירת/^שפירה#2#^/<ש>פירא֯ חיזו#2#/ היא |
| 003 | שפירת | | Gn12:14 | מצריה ית אתתיה ארום שפירת היא לחדא: |
| 004 | | | Gn26:07 | דארעא על רבקה ארום שפירת היא לחדה: |
| 005 | | | Dt21:11 | ותחמי בשביתה איתה שפירת חזוון ותתרעי בה ותיסב יתה |
| 006 | | | Gn12:11 | הא כען ידע אנא ארום את שפירת חזי׳ את: |
| 007 | | | Gn24:16 | ורביתה שפירת חיזו לחדא בתולה וגבר לא |
| 008 | דשפיר | | Gn16:06 | אמתיך בידך עבדי לה מה דשפיר באפיך וצ{רע}<ער>ת יתה |
| 009 | ודשפיר | | Ex15:26 | בקל ממריה דייי אלהכון ודשפיר באפוי תעבדון ותציתון |
| 010 | ושפיר | | Gn39:06 | והוה יוסף יאי ברווה ושפיר בחזיו: |
| 011 | ושפירא | | Gn29:17 | יאיה בריבוו{ד}<ת>ה ושפיר«א» בחזוה: |
| 012 | ושפירה | | Nu12:01 | אתתה דמשה יאיה בריוה ושפירה בחיזוה ושנייה בעובדי׳ |
| 013 | ושפירתה | s em/sf | Nu31:50 | בנתהון יאתה ושפירתה מחסיתה ומפרנקתה והווינן |
| 014 | שפורין | p abs | Gn 6:02 | בנתהון דבני אנשא ארום שפורין חיזו אנון ונסבו להון |
| 015 | שפירות | p const | Gn 6:02M | חיזו אנון ונסבו /שפירות חזיו הנין ונ׳#2#/ להון |
| 016 | שפיריא | p em/sf | Ex24:11M | ואביהו עולמייא שפיריא דהוון מתמנן על בני |

## שפך *vb.* to pour out, to spill [563]

| | | | | |
|---|---|---|---|---|
| 001 | שפיכין | peal | Gn50:01 | בועה בוצה וארגוונא שפיכין תמן חמדנין וריחנין טבין |
| 002 | שפך | | Lv17:04 | ההוא כילו אדם זכיי שפך וישתצי גברא ההוא מן גו |
| 003 | שפכו | | Dt21:07M | ויאמרון ידינן לא שפכן/שפכו#2#/ ית אדמא/דמא#2#/ הדין |
| 004 | שפכן | | Gn50:01M | דבר׳ וארגוונה תמן שפכן חמד נ׳ ריחנין תמן קיימין |
| 005 | | | Dt21:07 | ויענון ויאמרון ידינן לא שפכן ית אדמא הדין ועינינן לא |
| 006 | | | Gn50:01M | קאים אריה ... תמן הוו שפכן {ת}<ח>מרין רתחנין ותמן |
| 007 | ישפוך | | Lv 4:07 | זימנא וית כל דמה דתורא ישפוך על יסודי דמדבחה דעלתא די |

|  |  |  |  |  |  |  |
|---|---|---|---|---|---|---|
| 008 | | | Lv 4:18 | זימנא וית כל אדמה | ישפוך | על יסודי דמדבחה דעלתה די |
| 009 | | | Lv 4:25 | דעלתה וית כל אדמה | ישפוך | על יסודי מדבחה דעלתה: |
| 010 | | | Lv 4:30 | דעלתה וית כל אדמה | ישפוך | על יסודי דמדבחא: |
| 011 | | | Lv 4:34 | דעלתה וית כל אדמיה | ישפוך | על יסודי דמדבחה: |
| 012 | תשפך | | Ex29:12 | באצבעך וית כל אדמה | תשפך | על יסודוי דמדבחא: |
| 013 | תשפכון | | Gn37:22 | ואמר להון ראובן לא | תשפכון | אדם זכיי טלקו יתיה לגובא |
| 014 | | | Dt12:24 | לא תאכלון יתיה על ארעא | תשפכון | יתיה כמיא: |
| 015 | | | Dt15:23 | אדמא לא תיכלון על ארעא | תשפכון | יתיה כמיא: |
| 016 | | | Dt12:16 | דמה לא תאכלון על ארעא | תשפכון | כמיא: |
| 017 | דשפך | | Gn 9:06 | מן | דשפך | אדמיה דבר נש על ידי בר נש |
| 018 | | | Nu35:33 | ארום אלהין באדמה דמן | דשפך | יתיה: |
| 019 | | | Dt21:07M | "חמון יתיה": דידן | דשפך | יתיה |
| 020 | וישפוך | | Lv17:13 | דחיה או עוף די יתאכל | וישפוך | ית אדמיה ויכסי יתיה |
| 021 | וישפכון | | Nu23:24 | בעלי «ד»בביכון | וישפכון | אדם קטוליהון כמייא: |
| 022 | | | Lv14:41 | מן לגו מן חזור חזור | וישפכון | ית עפרא די יקלפון לבר מן |
| 023 | ושפכו | | Nu21:15M | רישי גיבריהון | ושטפו/ושפכו#2#/ | נחליה מן אדמיהון |
| 024 | ותשפוך | | Ex 4:09 | מן מוי דנהרא | ותשפוך | ביבשתא ויהוון מיין די תסב |
| 025 | למשפך | | Gn49:12M | ודי לא חמון בהון | למשפך | אדם |
| 026 | מלמשפך | | Gn49:12 | בהון גילוי עריין | מלמשפך | בהון דם זכיי שנוי נקיין |
| 027 | ישתפך | etpeel | Dt19:10 | ולא | ישתפך | אדם זכיי בגו ארעכון דייי |
| 028 | | | Gn 9:06 | דבר נש על ידי בר נש | ישתפך | אדמיה ארום בדמו מן קדם |
| 029 | | | Dt12:27 | ודם נכסת קודשיכון | ישתפך | על מדבחה דייי אלהכון |
| 030 | משתפך | | Gn 9:06M | אדמיה ארום /אדמיה | משתפך | אר"#2#/ בדמו מן קדם ייי |
| 031 | תשתפכון | | Dt12:24M | יתיה על ארעא | תשפכון/תשתפכון#2#/ | יתיה כמיא: |
| 032 | דיאשתפך | | Nu35:33 | ולארעא לא יכפר באדמה | דיאשתפך | בה ארום אלהין באדמה דמן |

## שפל *vb.* to be low [564]

|  |  |  |  |  |  |  |
|---|---|---|---|---|---|---|
| 001 | דאשפל | peal | Lv10:20M | אחי אלף יתי׳ לי ועל | דאשפל | קבל עלה אגר סגי ושמע |

## שפלה *n.* lowland [564]

|  |  |  |  |  |  |  |
|---|---|---|---|---|---|---|
| 001 | בשפלתה | s em/sf | Dt 1:07 | כופרנוי במשרה בטורה | בשפלתה | ובדרומה ובחוף ימא ארעהון |
| 002 | וב׳ | | Dt 1:07M | במשרה בטורה | בשפלתה/וב׳#2#/ | ובדרומה ובחוף ימא |

## שפלין *n.* lower part [564]

|  |  |  |  |  |  |  |
|---|---|---|---|---|---|---|
| 001 | שפלוי | p em/sf | Ex28:33 | ותעבד על | שפלוי | מן חזור רמנין תכלה |
| 002 | בשיפלוי | | Ex32:19 | ית לוחיא ותבר יתהון | בשיפלוי | דטורא: |
| 003 | בשפלוי | | Ex19:17 | מן משריתא ואתעתדו | בשפלוי | דטורא: |
| 004 | | | Nu 3:23 | זרעייתה דבנוי דגרשני | בשפלוי | דמשכנה ישרון מן מערבה: |
| 005 | בשפלייה | | Ex36:28 | עבד לסטרוי דמשכנא | בשפלייה: | |
| 006 | ולשפלוי | | Ex36:27 | | ולשפלוי | דמשכנה מן מערבה עבד שתה |

See also: שפולין *n.*

## שפן *vb.* ⇐ שפר

## שפנין *n.* turtle-dove [564]

|  |  |  |  |  |  |  |
|---|---|---|---|---|---|---|
| 001 | שופנין | s ab/cn | Lv12:08M | אמר ותסב תרין | שפנינין/שופנין#2#/ | או תרין גוזלין בר |
| 002 | | | Lv12:06M | וגוזל בר יון או | שפנין/שופנין#2#/ | לחטאתה/<לחט>את#2#/ |
| 003 | שפנין | | Lv12:06 | וגוזל בר יון או | שפנין | לחטאתה לתרע משכן זימנה |
| 004 | ושפנין | | Gn15:09 | שנין ודכר בר תלת שנין | ושפנין | וגוזל בר יון: |
| 005 | שופ׳ | s em/sf | Lv 1:14M | דייי ויקרב מן | שפניניה/שופ׳#2#/ | {או} או מן גוזליה |
| 006 | | | Lv15:14M | תריך/תריין#2#/ | שפנינין/שופ׳#2#/ | או תרין גוזלין בני |
| 007 | שופנינין | p abs | Nu 6:10 | תמיניה ייתי תרין | שופנינין | או תרין גוזלין בני יון |
| 008 | שפ׳ | | Nu 6:10M | /וייתי תרי#2#/ | שופנינין/שפ׳#2#/ | או תרין/תריין#2#/ |
| 009 | שפנונין | | Lv15:29 | תמיניה תסב לה תרין | שפנונין | או תרין גוזלין בני יוון |
| 010 | שפנינין | | Lv 5:07 | ית אשמיה דאתחייב תרין | שפנינין | או תרין גוזלין בני יון |
| 011 | | | Lv 5:11 | ואין לא תרע ידיה לתרין | שפנינין | או לתרין גוזלין בני יון |
| 012 | | | Lv12:08 | אמר ותסב תרין | שפנינין | או תרין גוזלין בר יון חד |
| 013 | | | Lv14:22 | ותרין | שפנינין | או תרין גוזלין בני יון |
| 014 | | | Lv15:14 | תמיניה יסב ליה תרין | שפנינין | או תרין גוזלין בני יוון |
| 015 | שפניניה | p em/sf | Lv 1:14 | לשמה דייי ויקרב מן | שפניניה | {או} או מן גוזליה בני |
| 016 | שפנינייה | | Lv14:30 | ויקרב ית חד מן | שפנינייה | או מן גוזלייה בני יווניה |

## שפע *vb.* to hang down, to be abundant [564]

|  |  |  |  |  |  |  |
|---|---|---|---|---|---|---|
| 001 | תשפע | peal | Ex26:12 | פלגא דריעתא דאשתיירת | תשפ«ע» | על שיפולוי {ימא} דמשכנא |
| 002 | משפע | pael | Ex26:13M | סטרה /יריעתה חתה יהווי | משפע | על סטר"#2#/ דמשכנא מן |

## שפר *vb.* to be beautiful [564]

|  |  |  |  |  |  |  |
|---|---|---|---|---|---|---|
| 001 | שפר | peal | Gn40:12 | ליה יוסף היך מה דהוה | שפר | באפוי ואמר ליה יוסף דין |
| 002 | | | Gn48:17 | על רישה דאפרים והוא לא | שפר | באפוי ואתוקף בידה דאבוי |
| 003 | | | Nu24:01 | וחמה בלעם ארום | שפר | הוה מן קדם ייי למברכה ית |
| 004 | | | Gn 1:25 | וגלי קדם ייי ארו׳ | שפר | ותקין: |
| 005 | | | Gn 1:10 | וגלי קדם ייי ארום | שפ{ן}<ר> | ותקן: |
| 006 | | | Gn 1:12 | למינה וגלי קדם ייי ארום | שפר | ותקן: |
| 007 | | | Gn 1:18 | חשוכא וגלי קדם ייי ארום | שפר | ותקן: |
| 008 | | | Gn 1:21 | וגלי קדם ייי ארום | שפר | ותקן: |
| 009 | | | Gn 1:31 | ייי ית כל מה דעבד והא | שפר | ותקן לחדא והוה רמש והוה |
| 010 | | | Dt 5:28 | האליין די מלילו עמך הא | שפר | ותקן אייטיבו כל מה די |
| 011 | | | Dt18:17 | ואמר ייי לי משה הא | שפר | ותקן כל מה די מלילו: |
| 012 | | | Dt31:29 | ארום תעבדון מה דלא | שפר | ותקן קדם ייי למכעסה יתיה |
| 013 | | | Nu20:05 | לאתרה בישה הדין לא אתר | שפר | לבית זרע ולא <ל>מצב {ו}לא |
| 014 | | | Nu32:01 | וית ארע גלעד והא אתרה | שפר | לבית מרעי: |
| 015 | | | Gn 2:18M | /ממריה דייי לא | שפר | למהווי אדם לבלחודוי#2#/ |
| 016 | | | Dt 1:14 | יתי ואמרתון ^הא#2#^ | שפר | פתגמא די מללת למעבד: |
| 017 | | | Lv10:19 | מן חטאתה יומא הדין הא | שפר | {קדם} הווה <קדם> ייי: |
| 018 | דשפר | | Nu36:06 | דצלפחד למימ׳ למן | דשפר | באפהון יהוויין לנשין להוד |
| 019 | | | Gn19:08 | לוותכון ועבדו להון מה | דשפר | באפיכון לחוד לגבריא אלין |
| 020 | | | Gn20:15 | הא ארעי קדמיך מה | דשפר | באפך שרי: |
| 021 | | | Gn16:06M | עבידי מה | ד{פ}ש<פ>ר | ותקן קודמך וצע׳ |
| 022 | | | Lv10:19M | הווה קדם": אית אפשר | ד{פ}ש<פ>ר | ותקן ק׳ |
| 023 | | | Dt 6:18 | ותעבד | דשפר | ותקן קדם ייי מן בגלל דייטב |
| 024 | | | Dt 6:18M | דשפר /ותעבדון מה | דשפר#2#/ | ותקן קדם ייי מן בגלל |
| 025 | | | Dt12:08 | הכה יומא הדין גבר כל | דשפר | ותקן באפוי: |
| 026 | | | Dt12:25 | מן בתריכון ארום תעבד | דשפר | ותקן קדם ייי: |
| 027 | | | Dt12:25M | /תעבדון#2#/ דשפר/מה | דשפר#2#/ | ותקן קדם ייי: |
| 028 | | | Dt12:28 | עד לעלם ארום תעבדון מה | דשפר | ותקן קדם ייי אלהכון: |
| 029 | | | Dt13:19 | יומא הדין למיעבד מה | דשפר | ותקן קדם ייי אלהכון: |
| 030 | | | Dt21:09 | תבערון ^אדמה#2#^ מה | דשפר | ותקן קדם ייי: |
| 031 | | | Dt23:17 | בחדה מן קרייכון לאן | דשפר | לה לא תונון יתיה: |
| 032 | | | Nu20:05M | <ל>מצב {ו}לא תינין | /דשפר | למזדרעה הוא לא למנצוב |
| 033 | | | Dt12:11M | ידיכון וכל שפר/מה | דשפר#2#/ | נדריכון די תדרון לשמה |
| 034 | | | Ex15:26M | באפוי תעבדון /ומה | דשפר | קודמוי תעבד#2#/ ותציתון |
| 035 | ושפר | | Gn45:16 | למימר אתון אחוי דיוסף | ושפר | באפוי דפרעה ובאפוי עבדוי: |
| 036 | | | Lv10:20 | משה ית מילוי דאהרן | ושפר | באפוי דמשה: |
| 037 | | | Dt 1:23 | | ושפר | באפי פתגמא ונסבית מנכון |
| 038 | | | Gn41:37 | | ושפר | פתגמא באפוי דפרעה ובאפוי |

|  |  |  |  |  |
|---|---|---|---|---|
| 039 | | | Lv10:20M | עלה אגר סגי ושמע משה ושפר פתגמי באפוי |
| 040 | ושפרו | | Gn34:18 | ושפרו מיליהון באפוי דחמור |

## שפר *n.* beauty, choice part [564]

|  |  |  |  |  |
|---|---|---|---|---|
| 001 | שפר | s ab/cn | Ex22:04M | דחורן /בחקל אוחרי מן שפר דחורן#2/ בית שפר חקליה |
| 002 | | | Gn24:10 | מן גמלוי דרבוניה וכל שפר דייתיקא דריבוניה עמיה וקם |
| 003 | | | Gn27:28 | מטוב טלא דנחת מן שמיא שפר ומן טובא דארעא וסגי עבור |
| 004 | | | Gn24:10M | ... דריבוניה": ואזיל וכל שפר טוב אפותיקי דריב' |
| 005 | | | Dt12:11 | ואפרשות ידיכון וכל שפר נדריכון די תדרון לשמה |
| 006 | בשפר | | Gn41:43 | דמלכא דרב בחכמתא וזעיר בשפר ורכיך בשנייה ומני יתה רב |
| 007 | | | Gn47:06M | היא \בבית שפר ארעא /בשפר טוב ארעא#2/ אשרי ית |
| 008 | ושפר | | Ex15:04 | עליהון גירין דאשא בימא ושפר עולימו גברוי דפרעה רמא |

## שקוע *n.* cavity [548 שיקוע]

|  |  |  |  |  |
|---|---|---|---|---|
| 001 | ושיקועיהון | p em/sf | Ex38:19M | ראשיהון וכבושיהון/ושיקועיהון#2/ כסף: |
| 002 | ושקועיהון | | Ex36:38M | ראשיהון וכבושיהון/ושקועיהון#2/ דהב וחומריהון |
| 003 | | | Ex38:10M | עמודיה וכבושיהון/ושקועיהון#2/ כסף: |
| 004 | | | Ex38:12M | <וכבושיהון/>ושקועיהון#2/ כסף: |
| 005 | | | Ex38:17M | ואנקלוות עמ' ושקו{י}<ו>עיהון#2/ כסף וחפוי |
| 006 | ושקיעווייהון | | Ex27:11M | עמודיה וכבושיהון/ושקיעווייהון#2/ כסף: |

## שקוף *n.* lintel [564]

|  |  |  |  |  |
|---|---|---|---|---|
| 001 | שקופא | s em/sf | Ex12:22 | במנה ואתון ותתנון על שקופא ועל תרתין מזוזתייא מן |
| 002 | | | Ex12:23 | ויחמ{ו}<י> ית אדמה על שקופא ועל תרתין מזוזיתא ויפסח |
| 003 | | | Ex12:07 | על תרתין מזוזייתא ועל שקופא על בתי די יאכלון ית פיסחא |
| 004 | שקופה | | Ex12:22M | ותתנון על שקופה ועל תרתין מזוזיתא מן |

## שקי *vb.* to offer drink [564]

|  |  |  |  |  |
|---|---|---|---|---|
| 001 | אשק' | afel | Gn24:44M | אמלא היא /ולחוד לגמלך אשק' היא#2/ אתתא די זמן ייי |
| 002 | אשקו | | Gn29:07 | תלי לא אשון מכנש בעירא אשקו ענא ואזלו רעון: |
| 003 | אשקון | | Gn29:07M | אשון למכנשה עדרייה אשקון ענא ואזלו ורעון |
| 004 | אשקי | | Gn24:46 | ואמרת שתה ואף לגמליך אשקי ושתית ואף גמליא אשקיית: |
| 005 | | | Gn24:14 | ותימר שתי ואף לגמליך אשקי יתה זמנת לעבדך ליצחק ובה |
| 006 | | | Lv22:27M | לאבוי מן תבשילוי וחמר אשקי יתיה וזכה למקבלה סדר |
| 007 | | | Gn24:19M | /לחוד#2/ לגמלך אמלא/אשקי#2/ עד זמן \/די#2/ |
| 008 | אשקיי | | Gn24:17M | לקדמותה ואמר אשקיין/אשקיי#2/ יתי כען מן קלתיך |
| 009 | אשקיין | | Gn24:45 | ומלא«ת» ואמרת לה אשקיין יתי כען: |
| 010 | | | Gn24:17 | ורהט עבדא לקדמותה ואמר אשקיין יתי כען מן קלתיך: |
| 011 | | | Gn24:43 | דנפקי למימלי ואמרת לה אשקיין יתי קליל מיין מן קולתיך: |
| 012 | אשקיית | | Gn24:46 | אשקי ושתית ואף גמליא אשקיית: |
| 013 | ישקון | | Gn29:02 | עלה ארום מן בארה ההוא ישקון עדריא ואבנא רבא |
| 014 | ישקי | | Nu 5:26 | מדבחה ומן בתר כדין ישקי ית אתתה ית מיא: |
| 015 | נשקי | | Gn19:34 | הא שמשת ברמשא עם אבא נשקי יתיה חמר אף ליליא הדין |
| 016 | משקה | | Gn40:13M | די הוות \מזיג ליה /משקה יתי#2/: |
| 017 | משקייה | | Gn24:14M | לגמליך \אשקי יתה /אנה משקייה יתה#2/ זמנת/^זמן#2^ |
| 018 | ואשקי | | Gn28:10 | ארים יתה בחדא ידא ואשקי ית ענא דלבן אחוי דאמה |
| 019 | | | Gn29:10 | אבנא מעלוי פימא דבארה ואשקי ית ענה דלבן אחוי דאמה: |
| 020 | | | Ex 2:17 | וקם משה ושזיב יתהון ואשקי ית ענהון: |
| 021 | | | Ex 2:19 | ואף מדלי דלה לן ואשקי ית ענן: |
| 022 | ואשקיין | | Gn19:35 | ואשקיין אף בליליא ההוא ית אבוהון |
| 023 | | | Gn19:33 | ואשקיין ית אבוהון חמר בליליא הוא |
| 024 | ואשקיית | | Gn21:19 | ומלת ית זיקא מיא ואשקיית ית טליא: |
| 025 | | | Gn24:18 | ואחתת קולתה על ידה ואשקיית יתה: |
| 026 | | | Gn24:20M | לבאירה למימלי ומלת/ואשקיית#2/ לכל גמלוי: |
| 027 | ואשקן | | Gn19:33M | ואשקיין/ואשקן#2/ ית אבוהון חמר |
| 028 | וישקון | | Gn29:03M | פמא דבארה ומשקין/וישקון#2/ ית ענא ומחזירין |
| 029 | | | Gn29:08M | מעלוי פמה דבארה ונשקי/וישקון#2/ ית ענא: |
| 030 | | | Gn47:10M | דאיסקון מיא דנילוס וישקון ית כל ארעא דמצרים ויעדי |
| 031 | וישקי | | Nu 5:24 | וישקי ית אתתה ית מיא מריריה |
| 032 | | | Nu 5:27 | וישקי יתה ית מיא ותיהוי אין |
| 033 | ונשקי | | Gn19:32 | אתוי ונשקי ית אבונן חמר ונשמש עמה |
| 034 | | | Gn29:08 | אבנא מעלוי פמה דבארה ונשקי ית ענא: |
| 035 | ותשקון | | Dt11:10 | די תזרעון ית זרעיכון ותשקון ^יתה#2^ ברגליכון כגנתה |
| 036 | ותשקי | | Nu20:08 | להון מיין מן כיפה ותשקי ית עם כנישתה וית בעירהון: |
| 037 | ומשקי | | Gn 2:06 | וענן הוה סלק מן ארעא ומשקי ית כל אפי ארעא: |
| 038 | ומשקין | | Gn29:03 | אבנא מעילוי פמא דבארה ומשקין ית ענא ומחזירין ית אבנא |
| 039 | למשקה | | Ex 2:16M | /מורכייוותה#2/ למשקייה/למשקה#2/ ית ענה דאבוהון: |
| 040 | למשקי | | Gn 2:10M | נפק מן עדן למשקייה/למשקי#2/ ית גנתא ומן תמן |
| 041 | למשקיה | | Gn31:22 | כיון דאזלו רעוי דלבן למשקיה ענה מן בארה ולא יכלו |
| 042 | למשקייה | | Gn 2:10 | ונהר הוה נפק מן עדן למשקייה ית גנתא ומן תמן הוה |
| 043 | | | Ex 2:16 | ומליין ית מור{נ}<כ>תה למשקייה ית ענה דאבוהון: |
| 044 | | | Gn24:19 | ואשלמ' למשקייה יתה ואמרת אף לגמלך אמלא |

## שקי *n.* watering trough [564]

|  |  |  |  |  |
|---|---|---|---|---|
| 001 | שגייהון | p em/sf | Ex 7:19M | על נהרייא ועל מבועיהון/שגייהון#2/ ועל ביציהון ועל |
| 002 | שקיא | | Ex 8:01 | ידך בחוטרך על נהריא ועל שקיא ועל ביציה ואסק ית ארדעניא |
| 003 | בשקיא | | Gn30:38 | די פצל במו{ד}<ר>כוותא בשקיא דמיא דתיעול ענה למשתי |

## שקע *vb.* to sink [565]

|  |  |  |  |  |
|---|---|---|---|---|
| 001 | ושקעו | peal | Ex15:05 | כסון עליהון נחתו ושקעו במצולתיה דמיא אדמון |
| 002 | | | Ex15:10 | עליהון מוי דימא נחיתו ושקעו היך איברא במיא |
| 003 | | | Ex15:10M | תקיפ«»א /ימא רבה ושקעו כאיברא במיא |
| 004 | ושקעת | | Nu11:02M | משה קדם ייי ואתבלעת/ושקעת#2/ אשתה: |
| 005 | משקע | pael | Nu 4:20 | ולא ייעלון למיחמי כד משקע כהנה רבה ית כל מני |
| 006 | משקעה | | Ex28:25M | תתן על תרתין מאחדתה/משקעה#2/ ותתן על כתפתה |
| 007 | משקעין | | Ex25:33 | תלתא כלידין משקעין בקנה חד חזור ושושן כן לשתי |
| 008 | | | Ex37:19 | תלתה כלידין משקעין בקנה חד חזור ושושן כדן |
| 009 | | | Ex25:34 | ובמנרתא ארבעה כלידין משקעין חזוריה ושושניה: |
| 010 | | | Ex37:20 | ובמנרתה ארבעה כלידין משקעין חזוריה ושושניה: |
| 011 | | | Ex38:17M | דרת«ה» /והנון משקעי{י}ן כסף כל עמודה דדר#2/: |
| 012 | | | Nu 4:20M | <כד> יהון כהנייא משקעין מאני בית קודשא דלא ימו' |
| 013 | משקען | | Ex28:13M | ותעבד מאחדן/משקען#2/ דהב: |
| 014 | | | Ex28:20M | יוסף ובנימן מאחדן/משקען#2/ דהב יהוויין |
| 015 | | | Ex39:06M | טבת{ן}<ה> מקפן מאחדן/משקען#2/ דהב מגלפן גלף חקק |
| 016 | | | Ex39:13M | ובנימן מקפן מאחדן/משקען#2/ דהב באשלמותהון |
| 017 | | | Ex28:11M | שמהת בני ישראל מקפן/משקען#2/ מאחדן דהב תעבד |
| 018 | משקעתה | | Ex28:14M | מאחדתה/מתחמתה על משקעתה#2/: |
| 019 | | | Ex39:18M | ויהבו ית תרתין משקעתה |
| 020 | | | Ex39:16M | תרתי <מאחדן> דדהב /משקעתה דדהבה#2/ ותרתין עזקין |
| 021 | | | Ex39:18M | תרתין מאחדתה/^<מא>חדה#2^/משקעתה#2/ ויהבו יתהון |
| 022 | ושקע | | Ex38:28M | רישיהון וכבש/ושקע#2/ יתהון: |
| 023 | ותשקע | | Ex28:39M | \ותאחד כתנא דבוץ/ ותשקע כותנוון דבוץ#2/ ותעבד |
| 024 | למשקעה | | Ex35:09M | יתהון באפדא ובחשנה /למשקעה בהון אפודה וחשנה#2/: |
| 025 | | | Ex35:27M | ולחשנה /דאשלמ{י}וותה למשקעה בהון ואפדה וחשנה#2/: |
| 026 | | | Ex25:07M | באפודא ובחשנא /למשקעה בהין אפדא וחושנא#2/: |

## cavity *n.* שקעה

[565]

|  |  |  |  |  |  |  |
|---|---|---|---|---|---|---|
| 001 | שקען | p abs | Lv14:37 | והא מכתשה בכותלי דבייתה | שקען | ירקן או סמקן וחיזויהון |

## to detest *vb.* שקץ

[565]

|  |  |  |  |  |  |  |
|---|---|---|---|---|---|---|
| 001 | משקצה | pael | Dt 7:26 | תהוון מרחקין כוותהון | משקצה | תשקצון יתהון ומרחקה |
| 002 | תשקצון | | Lv11:11 | לא תיכלון וית נבלתהון | תשקצון: | |
| 003 | | | Lv11:43 | לא | תשקצון | ית נפשתכון בכל שרצא דשרץ |
| 004 | | | Lv20:25 | עופא מסאבה לדכיי' ולא | תשקצון | ית נפשתכון בבעירה ובעופה |
| 005 | | | Dt 7:26 | מרחקין כוותהון משקצה | תשקצון | יתהון ומרחקה תרחקון יתהון |
| 006 | | | Lv11:13 | וית אליין | תשקצון | מן עופא לא יתאכלון ארום |

## abomination *n.* שקץ

[565]

|  |  |  |  |  |  |  |
|---|---|---|---|---|---|---|
| 001 | שקץ | s ab/cn | Lv11:13 | מן עופא לא יתאכלון ארום | שקץ | אינו' ית נשרא וית ברגזה |
| 002 | | | Lv11:42 | לא תאכלון יתהון ארום | שקץ | אינון: |
| 003 | | | Lv11:12 | סנפירין וקשקסין במיא | שקץ | הוא לכון: |
| 004 | | | Lv11:20 | דעופה דמהלך על ארבע | שקץ | הוא לכון: |
| 005 | | | Lv11:23 | דאית ליה ארבע רגלין | שקץ | הוא לכון: |
| 006 | | | Lv11:41 | וכל שרצא דשרץ על ארעה | שקץ | הוא לא יתאכל: |
| 007 | | | Lv11:10M | דחייה דאית במיא | שקץ | הנון לכון |
| 008 | | | Lv 7:21M | בבעיר מסאב או בכל | שרץ/שקץ#2#/ | מסאב ויאכל |
| 009 | ושקץ | | Lv11:11M | | ושקצא/ושקץ#2#/ | יהוון לכון מן בשרהון |
| 010 | ושקצא | s em/sf | Lv11:11 | | ושקצא | יהוון לכון מן בשרהון לא |

## to lie *vb.* שקר

[566]

|  |  |  |  |  |  |  |
|---|---|---|---|---|---|---|
| 001 | שקר | pael | Gn31:07 | ואבוכון | שקר | בי ושלחף ית אגרי עשרה |
| 002 | | | Gn31:07M | ית אגרי עשרה /ואבוכון | שקר | בי ופרג אבוכן ית אגרי דנה |
| 003 | שקרו | | Nu25:18 | אינון לכון בשקריהון די | שקרו | לכון על עסק טעותה דפעור |
| 004 | | | Lv26:40 | אבהתהון בשקריהון די | שקרו | קדמי ולהוד די הליכו קדמי |
| 005 | שקרת | | Nu22:29 | ואמר בלעם לאתנתה ארום | שקרת | בי אילו הווה בידי חרב ארום |
| 006 | נשקר | | Gn47:18 | תיניינתה ואמרין ליה לא | נשקר | מרבוני ארום אלהן שלם כספא |
| 007 | תשקר | | Gn21:23 | לי בשמה דייי הכה אם | תשקר | בי ובברי ובבר ברי כחסדא די |
| 008 | | | Lv 5:15 | נפש ארום | תשקר | שקר ותחטא בשלו מן קדשוי |
| 009 | תשקרון | | Lv19:11 | גנבין לא תכפרון ולא | תשקרון | גבר בחברה: |
| 010 | משקר | | Gn21:23M | ממריה דייי הכא דלית את | משקר | לי בברי ולא בבר ברי כחסדא |
| 011 | וישקר | | Lv 5:22M | /די אשכח יבידה | וישקר | בה וישת'#2#/ על שקר על |
| 012 | | | Lv 5:21M | בשם ממריה דייי | וישקר | בחברה בפקדונה או באושטות |
| 013 | | | Lv 5:21M | תחטא/תתחייב#2#/ | ותשקר/וישקר#2#/ | שקר בשמה דייי |
| 014 | ותשקר | | Nu 5:12 | ארום ת{ו}<י>סטי אתתה | ותשקר | ביה שקר: |
| 015 | | | Lv 5:21 | אנש ארום תחטא | ותשקר | שקר בשמה דייי וי{ח}<כ>פר |
| 016 | | | Nu 5:27 | ותיהוי אין איסתאבת | ותשקר | שקר בבעלה וייעלון בה מיא |
| 017 | ומשקר | | Dt 5:11M | למן דמשתבע בשקר בשמה | ומשקר | |
| 018 | למשקרה | | Ex 8:25 | למחר לחוד לא יסף פרעה | למשקרה | דלא למשלחא ית עמא די |
| 019 | | | Nu31:16 | ישראל בעצתיה דבלעם | למשקרה | שקר בשמה דייי על עסק |
| 020 | למשקרי | | Nu 5:06 | מן כל חובוי דבר נשא | למשקרי | שקר בשמה דייי ותתחוב נפשה |
| 007 | | | Nu 5:27 | אין איסתאבת ותשקר | שקר | בבעלה וייעלון בה מיא |
| 008 | | | Nu23:21 | לית אנה חמי עבדי | שקר | בדבית יעקב ולא עבדי פלחן |
| 009 | | | Lv19:15 | לא תעבדון | שקר | בדינה לא תיסב אפין למסכנה |
| 010 | | | Lv19:35 | לא תעבדון | שקר | בדינה במתקלה במכלתה |
| 011 | | | Lv 5:21 | אנש ארום תחטא ותשקר | שקר | בשמה דייי וי{ח}<כ>פר בחברה |
| 012 | | | Nu 5:06 | כל חובוי דבר נשא למשקרי | שקר | בשמה דייי ותתחוב נפשה |
| 013 | | | Nu31:16 | בעצתיה דבלעם למשקרה | שקר | בשמה דייי על עסק טעוותה |
| 014 | | | Dt 5:20 | שקרא ולא יתחבר עם משהדי | שקר | דלא יקומון בניכון |
| 015 | | | Lv 5:15 | נפש ארום תשקר | שקר | ותחטא בשלו מן קדשוי דייי |
| 016 | | | Ex20:16 | ישראל לא תהוון סהדין{ן} | שקר | לא חברין ולא שותפין עם |
| 017 | | | Dt 5:20M | שהדי דשקר /שהדין די | שקר#2#/ | לא חברין ולא שותפין |
| 018 | | | Lv 5:22 | ויכפר בה וישתבע על | שקר | על חדא מן כל מה די עבד |
| 019 | | | Dt13:06M | ארום מלל \מילין | דשקריין/שקר#2#/ | קדם ייי אלהכון דאפק |
| 020 | בשקר | | Dt 5:11M | למן דמשתבע | בשקר | בשמה ומשקר |
| 021 | דשקר | | Ex 5:09M | במלין | דשקרין/דשקר#2#/: | |
| 022 | | | Dt19:16 | בגבר למסהדה עלוי סהדי | דשקר: | |
| 023 | | | Dt19:18M | שהדה שקר אסהיד /שהדו | דשקר | אסיד שהדו דשקר אסיד#2#/ |
| 024 | | | Dt19:18M | שהדו דשקר אסיד שהדו/ | דשקר | אסיד#2#/ באחוי: |
| 025 | | | Ex20:16M | אוף הנון לסהדי/ | דשקר#2#/ | ארום בחובי סהדי שקרא |
| 026 | | | Dt 5:20M | וילפון אוף הנון שהדין | דשקר | ארום בחובי שהדי שיקרא |
| 027 | | | Dt 5:20 | למהוי מסהדין{מ}<ס>הדי | דשקר | ארום בחובי סהדי שקרא חיות |
| 028 | | | Dt19:16 | ארום יקום שהד | דשקר | בגבר למסהדה עלוי סהדי |
| 029 | | | Ex20:16M | סהדי שיקרא /לסהדא | דשקר#2#/ | דלא יקומון בניכון |
| 030 | | | Dt 5:20M | דישראל שהדין | דשקר | דלא יקומון בניהון |
| 031 | | | Dt19:18 | דייניה יאות והא שהד | דשקר | הוא שהדה שקר אסהיד באחוי: |
| 032 | | | Dt 5:20 | לא תהוון משהדין שהדי | דשקר | לא חברין ולא שותפין לשהדי |
| 033 | | | Ex23:07M | מן מלין | דשקרין/דשקר#2#/ | תהוון רחקין וכל מן |
| 034 | לשק' | | Lv 5:24 | מה דיש{בת}<תב>ע עלוהי | לשק' | וישלם יתה בקרנא וחומשוי |
| 035 | לשקר | | Ex20:07M | /די משתבע בשמי' | לשקר#2#/: | |
| 036 | | | Ex20:07M | ממריה דייי אלהיכון | לשקר | ארום לא מזכי ייי ית |
| 037 | | | Ex23:01M | ממרי' דייי אלהכון | לשקר | ולא תשוון ידיכו' עם חי' |
| 038 | | | Lv19:12 | ולא תשבעון בשמי | לשקר | ולא תפסון ית שמא דאלהכון |
| 039 | שיקרא | s em/sf | Ex20:16 | דישראל עם סהדי | שיקרא | דלא יקומון בניכון |
| 040 | | | Dt 5:20M | דשקר ארום בחובי שהדי | שיקרא | ענגין מסתלקין ומטר דלא |
| 041 | שקרא | | Dt 5:20M | למהוי עם משהדי | שקרא | |
| 042 | | | Ex20:16 | אינון למהוי עם סהדי | שקרא | ארום בחובי סהדי שקרא חיות |
| 043 | | | Dt13:04 | לא תשמעון למילוי דנבייא | שקרא | ההוא או לחלם{ל}חלמייא |
| 044 | | | Dt13:06 | ונביא | שקרא | ההוא או חלם חלמייה ההוא |
| 045 | | | Ex20:16 | ולא שותפין עם סהדי | שקרא | ולא יתחמי בכנישתהון |
| 046 | | | Dt 5:20 | חברין ולא שותפין לשהדי | שקרא | ולא יתחבר עם משהדי שקר דלא |
| 047 | | | Ex20:16 | שקרא ארום בחובי סהדי | שקרא | חיות ברא מתכלה בבני אינשא: |
| 048 | | | Dt 5:20 | דשקר ארום בחובי סהדי | שקרא | חיות ברא מיתגריה |
| 049 | | | Ex23:01 | לא תקבלון שהדי | שקרא | לא תשותף ידך עם חייבה |
| 050 | דשיקרא | | Ex18:21 | קושטנין סניין ממונא | {{דשיקרא}} | ותשוי עליהון רבנני |
| 051 | דשקרא | | Ex20:16M | שקר /סהדין | דשקרא#2#/ | לא חברין ולא שותפין עם |
| 052 | לשקרא | | Dt 5:11M | בשם ממריה ייי אלהכון | לשקרא | |
| 053 | דשקריין | p abs | Dt13:06 | יתקטל ארום מלל מילין | דשקריין | קדם ייי אלהכון דאפק |
| 054 | דשקרין | | Ex 5:09 | בה ולא יתעסקון במלין | דשקרין: | |
| 055 | | | Ex23:07 | מן מלין | דשקרין | תהוון רחקין וכל מן דמזכי |
| 056 | בשקריהון | p em/sf | Lv26:40 | וית חובי אבהתהון | בשקריהון | די שקרו קדמי ולהוד די |
| 057 | | | Nu25:18 | מעיקין אינון לכון | בשקריהון | די שקרו לכון על עסק |

## lie *n.* שקר

[565]

|  |  |  |  |  |  |  |
|---|---|---|---|---|---|---|
| 001 | שקר | s ab/cn | Ex23:01 | עם חייבה למהווי ליה סהד | שקר: | |
| 002 | | | Nu 5:12 | אתתה ותשקר ביה | שקר: | |
| 003 | | | Dt25:16 | כל דעבד אלין כל דעביד | שקר: | |
| 004 | | | Dt13:02 | ארום יקום ביניהון נביא | שקר | או חלם חלמין ויתנון לכון |
| 005 | | | Dt19:18 | והא שהד דשקר הוא שהדה | שקר | אסהיד באחוי: |
| 006 | | | Dt32:04 | עלמא צדיקה דלית קדמוי | שקר | ארום כל ארחתיה דינין וקשוט |

## שרב *n.* heat [566]

|  |  |  |  |  |  |  |
|---|---|---|---|---|---|---|
| 001 | שורבא | s em/sf | Gn31:40M | באיממא אכל יתי | שרבא/שורבא#2#/ | וקלשא בלילי«א» |
| 002 | שרבא | | Gn31:40 | הוינא באיממא אכל יתי | שרבא | וקלשא בלילי«א» ואתנדדת |
| 003 | ושורבא | | Gn 8:22M | "וחמים ... יפסקון": | ושורבא | וקייטא וסתווה ויממא |

## שרביט *n.* staff [566]

|  |  |  |  |  |  |  |
|---|---|---|---|---|---|---|
| 001 | שרביטא | s em/sf | Gn40:12 | יוסף דין פתרוניה תלתא | שרביטא | תלתא יומין אנון: |
| 002 | שרביטה | | Lv27:32 | וען כל מה די יעבר | שרביטה | עשיריה יהוי קדיש לשמה |
| 003 | בשרביטה | | Ex21:20 | עבדיה או ית אמהתיה | בשרביטה | ומית תחות ידיה מתפרע |
| 004 | שרביטין | p abs | Gn40:10 | ובגפנא תלתא | שרביטין | והיא אפרחת אסקת |
| 005 | שרביטיה | p em/sf | Gn40:12 | דין פתרוניה תלתי | שרביטיה | תלתי אבהת עלמא אנון |

## שרגג *vb.* to entice [566]

|  |  |  |  |  |  |  |
|---|---|---|---|---|---|---|
| 001 | ישרגג | quadr. | Ex22:15M | וארום | יתפס/ישרגג#2#/ | גבר בתולה דלא מארסה |
| 002 | נשרגגה | | Nu20:17M | "לא ... נהלך": <לא> | נשרגגה | בתולן ולא ני{כ}<נ>וס נשי |
| 003 | | | Nu20:17M | נאנוס א{ני}<רו>סן ולא | נשרגגה | בתולן ולא נבע{י}<ול> נשי |

## שרו *n.* ⇐ שירו

## שרוי *n.* encampment [566]

|  |  |  |  |  |  |  |
|---|---|---|---|---|---|---|
| 001 | שרוייה | s em/sf | Nu21:12M | ושרון בנחלה | דזרד/שרוייה#2#/: | |
| 002 | שרוייה | | Dt13:10M | /יפשטון#2#/ ביה | בקדמיתה/שרוייה#2#/ | למקטלה יתיה |
| 003 | שרויך | | Nu24:21M | מה תקיף הוא | משרויך/שרויך#2#/ | ושוית בניקרא דכיפה |
| 004 | לשיר' | | Dt 1:33M | לכון אתר | \לשרוייכון/^לשיר'#2#^/ | בעמודה דאשתה |
| 005 | לשרוייכון | | Dt 1:33 | למתקנה לכון אתר | לשרוייכון | בעמודה דאשתה בלילה |

## שרי *vb.* to untie, to reside [566]

|  |  |  |  |  |  |  |
|---|---|---|---|---|---|---|
| 001 | שרא | peal | Gn16:03 | לסוף שנין עשר דיומין די | שרא | אברם בארעא דכנען ויהבת |
| 002 | | | Gn35:22M | \כדי שרו«ן» /כד | שרא#2#/ | ישראל בארעא ההיא ואזל |
| 003 | | | Gn19:29 | כדי הפך ית קרייתא די | שרא | בהון לוט: |
| 004 | | | Gn24:03 | בנתהון דכנענאי די אנא | שרא | ביניהון: |
| 005 | שרה | | Gn25:18 | לאתור וקדם כל אחוי | שרה: | |
| 006 | | | Gn13:12 | אברם | שרה | בארעא דכנען ולט שרה בקרי |
| 007 | | | Dt 1:44M | אמורייה דשריין/דהוה | שרה#2#/ | בטורא ההוא לקדמותכון |
| 008 | | | Gn13:12 | שרה בארעא דכנען ולט | שרה | בקרי משרה ופרס משכניה עד |
| 009 | | | Ex40:35M | למשכני זימנא ארום | אשרי/שרה#2#/ | עלוי איקר שכינתה |
| 010 | שרון | | Gn35:22 | והוי כדי | שרו«ן» | ישראל בארעא ההיא ואזל |
| 011 | | | Ex12:40 | די בני ישראל די | שרון | במצרים ארבע מאה ותלתין |
| 012 | | | Dt 2:10 | אומתנייה מן לקדמין | שרון | בגווה עם רברבין וסגין |
| 013 | | | Dt 2:20 | תתחשב לחוד היא גיברין | שרון | בגווה מן לקדמין ועמוניי |
| 014 | | | Gn 6:01 | והוה ארום | שרון | בני אנשא למסגי על אפי ארעא |
| 015 | | | Ex16:29 | ביומא שתיתיא לחם בכפלא | שרון | גבר באתריה לא יפוק גבר מן |
| 016 | | | Gn34:10 | וארעא תהוי קדמיכון | שרון | ואתגרו בה ואחסנו יתה: |
| 017 | | | Dt 2:12M | /ובטורא דגבלא | שרון | חוורנאה#2#/ מן לקדמין |
| 018 | | | Dt 2:12 | ובגבלה | שרון | חוורנייה מן לקדמין ובנוי |
| 019 | | | Nu31:19 | ואתון | שרון | לבר מן משריתה שבעה יומין |
| 020 | | | Nu 2:34 | די פקד ייי ית משה כדן | שרון | לטכסיהון וכן נטלו גבר |
| 021 | | | Gn 4:26M | "בכדין": הא בכדין | שרון | למפלח בפולחנא נוכראה |
| 022 | | | Nu11:08 | | שרון | עמה ולקטין וטחנין |
| 023 | שרי | | Gn20:15 | ארעי קדמיך מה דשפר באפך | שרי: | |
| 024 | | | Ex20:21 | ומשה קרב לערפלא דתמן | שרי | איקר שכינתיה דייי: |
| 025 | | | Lv16:16 | וכן יעביד למשכן זמנא די | שרי | איקר שכינתיה בגו סואביהון: |
| 026 | | | Gn28:10 | שנין כל יומין דהוה | שרי | בחרן אלין חמישיתי נסיא |
| 027 | | | Nu21:34 | דאימוריי די הווה | שרי | בחשבון: |
| 028 | | | Dt 1:04 | מלכיהון דאמוריי דהווה | שרי | בחשבון וית עוג מלכא |
| 029 | | | Dt 3:02 | מלכהון דאמוריי דהווה | שרי | בחשבון: |
| 030 | | | Dt 4:46 | מלכהון דאמוריי דהווא | שרי | בחשבון מה די קטיל משה |
| 031 | | | Gn14:12 | דאברם ואזלו והוא הוה | שרי | בסדום: |
| 032 | | | Dt 1:04 | מלכא דבותנין דהווה | שרי | בעשת{ה}<ר>תה באדרעא: |
| 033 | | | Gn24:62 | קיים כל עלמא והוא הוה | שרי | בארעא דרומה: |
| 034 | | | Gn26:02 | ואמר לא תיחות מצרימה | שרי | בארעא די אמר לך: |
| 035 | | | Gn24:37 | בנתהון דכנענאי די אנא | שרי | בארעהון: |
| 036 | | | Gn23:10 | ועפרון הוי | שרי | בגו בנוי דחת וענה עפרון |
| 037 | | | Gn23:11M | קבר#2#/: ועפרון הוי | שרי | \בגו בנוי /בתחומהון |
| 038 | | | Ex 8:18 | ארום אנה הוא ייי דממרי | שרי | בגו ארעא: |
| 039 | | | Nu33:40 | מלכא דערד ארום הוא הוה | שרי | בדרומ' בארעא דכנען בזמנה |
| 040 | | | Nu21:01 | כנענאה מלכא דערד דהווה | שרי | בדרומה ארום אסתלק אהרן |
| 041 | | | Gn19:29M | ית קרייתא די שרא/הוה | שרי#2#/ | בהון לוט: |
| 042 | | | Ex34:10 | אמיא ויחמי כל עמא די את | שרי | ביניהון ית עובדוי דייי |
| 043 | | | Nu 5:03 | ית משיריתהון די אנה | שרי | ביניהון: |
| 044 | | | Nu11:21 | רגליין גברין עמא די אנה | שרי | ביניהון ואת במימרך אמרת |
| 045 | | | Gn29:22 | שנין גברא חסידא הדין | שרי | בינינן באר«י»נן לא חסרו |
| 046 | | | Gn29:22M | גברא הדין | שרי | בינינן שבע שנין דיומין |
| 047 | | | Gn14:13 | ותני לאברם עברייא והוא | שרי | במשרי חזוה דממר' |
| 048 | | | Nu10:36 | וכד הוה | שרי | הוה משה מצלי ואמר חזור |
| 049 | | | Nu10:36M | וכד הווה ארונה | שרי | הוה משה זקיף ידוי בצלו |
| 050 | | | Ex34:07 | חסד וטיבו לאלפין דרין | שרי | ושביק לחובין ומעבר על |
| 051 | | | Nu14:18 | רחמין ומסגי למעבד חסד | שרי | ושביק לחובין ומעבר על |
| 052 | | | Gn18:24 | הא ברגז את משיצא ולא את | שרי | ושבק לחובין דאתרא מן בגלל |
| 053 | | | Gn18:26M | דאתרה בגללהון /הא אנה | שרי | ושבק לקרתה בזכוותהון#2#/: |
| 054 | | | Ex23:21 | אתקרי עלוי ארום לא | שרי | ושבק לחוביכון ארום שמי |
| 055 | | | Gn50:17 | בישן גמלו יתך וכדון | שרי | כען ושבוק למרדיהון דעבדוי |
| 056 | | | Gn50:17 | כדן תימרון ליוסף בבעו | שרי | כען ושבוק לסרחניהון דאחך |
| 057 | | | Ex10:17 | וכדון | שרי | כען לחוביי לחוד בזמנא הדין |
| 058 | | | Nu14:19 | | שרי | כען ושבוק לחוביהון |
| 059 | | | Gn18:27M | שריית /למימר הא אנה | שרי#2#/ | למלל«א» קדם ייי ואנה |
| 060 | | | Nu 1:51 | יפרקון יתיה ליוויי וכד | שרי | משכנה יקימון יתה לויי |
| 061 | | | Nu14:42 | לית איקר שכינתה דייי | שרי | עליכון דלא תתברון קדם |
| 062 | | | Gn29:19 | מן למסבה יתה לגבר חורן | שרי | עמי: |
| 063 | | | Nu 9:18 | דייי ישרון כל יומין די | שרי | עננה על משכנה ישרון: |
| 064 | | | Ex18:05 | לוות משה למדברא דהוא | שרי | תמן דתמן שריא איקר שכינתא |
| 065 | שריא | | Ex18:05 | דהוא שרי תמן דתמן | שריא | איקר שכינתא דייי: |
| 066 | | | Nu16:03 | כולהון קדישין וביניכון | שריא | שכינתה דייי ומן בגלל מה |
| 067 | | | Ex 8:18M | ייי דממרי/דיקר שכינה | שריא#2#/ | שרי בגו ארעא: |
| 068 | שריה | | Dt23:15M | /דיק'#2#/ שכינתיה | מדברה/שריה#2#/ | בגו משירייתכון |
| 069 | | | Nu35:34 | שרין בה דאיקר שכינתי | שריה | בגווה ארום אנא הוא ייי |
| 070 | | | Nu11:20 | דייי די אקר שכינתיה | שריה | ביניכון ובכיתון קודמוי |
| 071 | | | Lv15:31 | בית מקדשי דאיקר שכינתיה | שריה | בניהון: |
| 072 | | | Dt 4:39 | הוא אלה דאיקר שכינתיה | שריה | בשמיה מן לעיל ושולטנה על |
| 073 | שרייא | | Ex17:07 | איקר שכינתה דייי | שרייא | {ביניהון} בינינן אי לא: |
| 074 | | | Dt 3:24 | אלה כוותך דאיקר שכינתך | שרייא | בשמייא מן לעיל ושלטניך על |
| 075 | שרייה | | Lv16:16M | דיקר שכינתיה | שרייה | בגו סאיביהון |
| 076 | | | Nu35:34M | שכינתי \שריה בגווה | /שר{ו}<י>יה | בה#2#/ ארום אנא הוא |
| 077 | | | Nu35:34M | בגו בני /דיקר שכינתי | שרייה | ביני ב{י}ני#2#/ ישראל: |
| 078 | | | Nu 5:03M | די יקר שכינתי | שרייה | ביניכון |
| 079 | | | Dt 7:21M | יקר#2#/ שכינתיה | מדברה/שרייה#2#/ | ביניכון אלה רבה |

|  |  |  |  |  |  |
|---|---|---|---|---|---|
| 080 | | Dt31:17 | לית איקר שכינתה דייי | שריה | בינינן ארען יתן בישתה |
| 081 | | Gn41:38 | די רוח דקדש מן קדם ייי | שריה | עלוי: |
| 082 | | Nu14:24M | חולף דהוות רוח דחכמה | שריה | עלוי ואש' |
| 083 | | Nu27:18 | דרוח קדש מן קדם ייי | שריה | עלוי ותסמוך ית ידך עלוי: |
| 084 | שריין | Gn49:07 | אמר אבונן יעקב אן | שריין | שמעון ולוי כחדא לית |
| 085 | | Ex 8:17M | "די ... בה": די הינון | שריין | |
| 086 | | Gn14:07 | ואף ית אמורי' דהוון | שריין | בעין גדי תמריא: |
| 087 | | Nu13:29M | \שרין בארעא /הוון | שריין | בארע#2#/ דרומה וחתאי |
| 088 | | Gn 6:04M | גיברין הוון | שריין | בארעא ביומי' האינון ולחד |
| 089 | | Gn12:06 | וכנעניא עד כען הוון | שריין | בארעא: |
| 090 | | Gn13:07 | ופריזיא עד כען אנון | שריין | בארעא: |
| 091 | | Nu13:28 | חציפין אינון עמה די | שריין | בארעא וקרו{וה}<ין> תקיפן |
| 092 | | Gn14:05 | דבהון וית אמתניה דהוון | שריין | בגווה דקרתה: |
| 093 | | Nu32:39 | ית אימוריי דהוון | שריין | בגווה: |
| 094 | | Nu13:19 | ומה קרייתה די אינון | שריין | בגויהין הא קרי כפרנין |
| 095 | | Ex 8:17 | וית ארעא די אנון | שריין | בה: |
| 096 | | Lv26:32 | עליה בעלי דבביכון די | שריין | בה: |
| 097 | | Nu13:19 | ומה ארעא דאינון | שריין | בה הא טבה היא או בישה ומה |
| 098 | | Gn14:06 | וית חורייא דהוון | שריין | בטורא דגבלא עד דגבולא |
| 099 | | Gn14:06M | שריין /חורנאי אלין | שריין#2#/ | בטורא דגבלא עד דגבולא |
| 100 | | Nu13:29 | וחתאי ויבוסאי ואמוריי | שריין | בטורא וכנענאי שריין על |
| 101 | | Nu14:25 | ועמלקיי וכנעניי | שריין | במשרה למחר כוינו ונטולו |
| 102 | | Gn47:21M | וית עמא דהוון | שריין | בקורייתא אעבר במדינתא |
| 103 | | Lv25:23M | גיורין ותותבין אתון | שריין | גבי |
| 104 | | Dt 8:09 | מן דעם בה ארע דאבניה | שריין | ובירין היך פרזלה ומן |
| 105 | | Nu23:24 | הא עמא כאריה | שריין | וכאריוותה מתנטלין ארום |
| 106 | | Nu 2:17 | משריתה היך מה דהוון | שריין | כדן הוון נטלין גבר לאתריה |
| 107 | | Nu23:09 | ולאה הא עמא האליין | שריין | לבלחודיהון ובנימוס אומיה |
| 108 | | Nu 2:34M | לטכסיהון /כן הוון | שריין | לטכ#2#/ וכן נטלו/הוון |
| 109 | | Ex10:06M | מן יומא די הוון | \שריין#2#/ | על ארעא עד יומא הדין |
| 110 | | Ex14:09 | בתריהון וארעו יתהון | שריין | על ימא כל סוסוותה ארתכוי |
| 111 | | Nu13:29 | שריין בטורא וכנענאי | שריין | על ימא ועל מגיזתה דירדנה: |
| 112 | | Ex15:09 | בני ישראל וארע יתהון | שריין | על גוף ימא אשבי מנהון |
| 113 | | Ex 8:18 | עם ארעא דגשן די עמי | שריין | עלה די לא למהווי תמן |
| 114 | | Lv26:35 | בשמיט<י>כון כד הוויתון | שריין | עלה: |
| 115 | | Ex12:13 | לסימן על בתייה די אנון | שריין | תמן ואחמי ית אדמיה ואפסח |
| 116 | שרין | Dt32:10 | ארע יתהון | שרין | בארע דמדברה ובצללתה יליל |
| 117 | | Nu13:29 | עמלקאי | שרין | בארעא דרומה וחתאי ויבוסאי |
| 118 | | Nu33:55 | לכון על ארעא די אתון | שרין | בה: |
| 119 | | Nu35:33 | תחייבון ית ארעא די אתון | שרין | בה ארום דמא הוא יחייב ית |
| 120 | | Nu35:34 | תסאבון ית ארעא די אתון | שרין | בה דאיקר שכינתי שריה בגווה |
| 121 | | Nu14:45 | ונחתו עמלקיי וכנעניי די | שרין | בטורה ההוא ומחון יתהון |
| 122 | | Gn47:21M | סופיה וית עמא דהוון | שרין | במדינתא אעבר בקורייתא וית |
| 123 | | Nu10:31 | אתר {דחזינן} <דהוינן> | שרין | ונטלין במדברה ותיהוי לן |
| 124 | | Nu24:02 | וחמה ית ישראל | שר{ו}<י>ן | לטכסיהון והוה עלוי רוח |
| 125 | | Nu22:05 | חזווה דארעא והא אינון | שרין | מן כל קבלי: |
| 126 | | Nu31:50 | מחטיתה ומפרנקתה והוינן | שרין | קריה כליליה דדהבה מן |
| 127 | | Ex 9:26 | לחוד בארעא דגשן די | שרין | תמן בני ישראל לא הוה |
| 128 | | Nu21:32 | ושיצון ית אמוריי דהוון | שרין | תמן: |
| 129 | שרינן | Dt29:15 | ארום ידעתון ית מה די | שרינן | בארעא דמצרים וית מה די |
| 130 | שרית | Nu14:20 | ואמר ייי הא | שרית | ושבקת כמה דמללת: |
| 131 | שריתון | Dt 1:46 | יומין סגין כיומיא די | שריתון: | |
| 132 | | Lv18:03 | דיירי דארעא דמצרים די | שריתון | בגווה לא תעבדון וכעובדי |
| 133 | שרן | Nu24:02M | ישראל \שר{ו}<י>ן | לטכסיהון/שרן | לטקסיהון#2#/ והוה |
| 134 | שרת | Nu11:25 | גובריה חכימיה והוה כד | שרת | עליהון רוח קודשה והוון |
| 135 | ישרון | Nu 1:50 | יתיה וחזור חזור למשכנה | ישרון: | |
| 136 | | Nu 2:02 | חזור חזור למשכן זימנא | ישרון: | |
| 137 | | Nu 9:18 | די שרי עננה על משכנה | ישרון: | |
| 138 | | Dt25:05 | ארום | ישרון | אחין כחדא וימות חד מנהון |
| 139 | | Gn47:06 | אשרי ית אבוך וית אחך | ישרון | בארעא דגשן ואן את ידע |
| 140 | | Ex23:33 | ולא | ישרון | בארעכון דלא יחייבון יתכון |
| 141 | | Gn 9:27M | וכד מתגיירין בנוי | ישרון | במדרשי' דשם והי כנען |
| 142 | | Lv23:42 | כל יציביה בישראל | ישרון | במטלין: |
| 143 | | Nu 2:02 | באתיין לבית אבהתהון | ישרון | בני ישראל מן כל קבל |
| 144 | | Nu 9:17 | די ישרי תמן משכנה תמן | ישרון | בני ישראל: |
| 145 | | Nu 9:22 | על משכנה למשרי עלוי | ישרון | בני ישראל ולא יטלון |
| 146 | | Dt 3:19 | בעיר סגין אית לכון | ישרון | בקורייכון די יהב<י>ת |
| 147 | | Nu 9:20 | על פם גזירת מימריה | ישרון | ועל פם גזירת מימרה דייי |
| 148 | | Nu 9:23 | על פם גזירת מימרה דייי | ישרון | ועל פם גזירת מימרה דייי |
| 149 | | Nu 1:53 | ולווי | ישרון | חזור חזור למשכנה דסהדותה |
| 150 | | Nu 9:18 | גזירת מ<י>מרה דייי | ישרון | כל יומין די שרי עננה על |
| 151 | | Gn47:04 | בארעא דכנען וכדון | ישרון | כען עבדך בארעא דגשן: |
| 152 | | Nu 3:23 | דגרשני בשפלוי דמשכנה | ישרון | מן מערבה: |
| 153 | | Nu 3:35 | על סטרוי דמשכנה | ישרון | מן צפונה: |
| 154 | | Nu 3:29 | זרעיתה דבנוי דקהת | ישרון | על שיפולוי דמשכנה מן |
| 155 | | Dt32:12 | ייי בממרה אמר לבלחודהון | ישרון | עמא בני ישראל ולא הווי |
| 156 | ישרי | Gn16:12 | ביה וקדם כל אומי | ישרי: | |
| 157 | | Dt23:17 | עמכון | ישרי | ביניכון באתרא די יתרעי |
| 158 | | Gn49:13 | זבולן על סייפי דימא רבה | ישרי | והוא יהווי שליט במחוזי |
| 159 | | Lv13:46 | יסתאב מסאב הוא לבלחודוי | ישרי | לבר מן משריתה משרויה: |
| 160 | | Dt33:12 | דייי ואמר רחימה דייי | ישרי | לרחצן עלוי יהווי מגן עלוי |
| 161 | | Nu35:28 | ארום בקרוי שיזבותיה | ישרי | עד זמן די ימות כהנה רבה |
| 162 | | Nu 9:17 | בני ישראל ובאתרה די | ישרי | תמן משכנה תמן ישרון בני |
| 163 | תישרון | Lv 8:35 | ובתרע משכן זימנה | תישרון | באימט' ובלילה שבעה יומין |
| 164 | תשרון | Dt28:30 | יסב יתה בתין תבנון ולא | תשרון | בגוויהון כרמין ת{ז}<צ>בון |
| 165 | | Nu32:06 | יעלון לסדרי קרבא ואתון | תשרון | הכה: |
| 166 | | Gn34:10 | ועמן | תשרון | וארעא תהוי קדמיכון שרון |
| 167 | | Ex14:02 | טעותה צפון מכוונין | תשרון | על ימא: |
| 168 | | Lv23:42 | במטלין | תשרון | שבעה יומין כל יציביה |
| 169 | תשרי | Gn49:27 | בית מקדשה ובאחסנתיה | תשרי | איקר שכינתא דייי בצפרא |
| 170 | | Dt33:12 | בית מוקדשה ובאחסנתיה | תשרי | איקר שכינתיה דייי: |
| 171 | | Ex32:32 | וכדון אין | תשרי | ותשבוק לחוביהון ואם לא מחק |
| 172 | | Gn24:55 | ואמר אחוה ואמה | תשרי | רביתי עמן תרין יומין או |
| 173 | | Ex39:43 | יתהון משה ואמר להון | תשרי | שכינתה בעבד ידיכון: |
| 174 | דישריין | Nu13:18 | ארעא מה היא וית עמא | דישריין | בגווה הא תקיפין אינון או |
| 175 | דש' | Nu13:28M | הנון עמא אליין | דש'#2#/ | בארעא וקרווה תקיפן |
| 176 | | Nu21:32M | \דהוון | שרין/דש'#2#/ | תמן: |
| 177 | דשרון | Dt 2:23 | ועווייא | דשרון | בכופרנייה עד עזה |
| 178 | | Nu10:05M | משריתה | דשרין/<דש>רון#2#/ | מן מדנחה: |
| 179 | | Nu10:06M | ויטלון משריתה | דשרין/<דש>רון#2#/ | מן דרומא יבבון |
| 180 | | Nu14:45M | וכנעניי \די | שרין/דשרון#2#/ | /עמלקאי וכנענאי אלין |
| 181 | דשרי | Nu24:05 | מה יאי הוא משכן זימנא | דשרי | ביניכון דדבית יעקב |
| 182 | דשריה | Gn28:16 | איקר שכינה דייי | דשריה | באתרה הדין ואנה לית אנה |
| 183 | דשריין | Dt 2:04 | אחיכון בנוי דעשו | דשריין | בגבלה וידחלון מנכון |
| 184 | | Dt 2:08 | בנוי דעשו ^אליין#2#^ | דשריין | בגבלה מן אורח משרה מן |
| 185 | | Dt 2:22 | די עבד לבנוי דעשו | דשריין | בגבלה די שיצון ית |
| 186 | | Dt 2:29 | די עבדו לן בנוי דעשו | דשריין | בגבלה ומואביי דשריין |
| 187 | | Dt 2:29 | דשריין בגבלה ומואביי | דשריין | בלחיית עד זמן די נעבר ית |

|  | |  | | | |
|---|---|---|---|---|---|
| 188 | | Lv26:32M | \די שריין /אלין | דשריין#2#/ | בה: |
| 189 | | Dt 1:44 | ונפקו אמורייה | דשריין | בטורא ההוא לקדמותכון |
| 190 | | Dt 2:22M | "דשריין בגבלה": | דשריין | בטורא דגבלה |
| 191 | | Nu14:45M | וכנענאי אלין | דשריין#2#/ | בטורה ההוא ומחון יתהון |
| 192 | | Gn 4:20M | בעיר /אביהון כל | דשריין | במשכנין ומרי נכסין#2#/: |
| 193 | | Dt11:30 | שמשה בארעהון דכנעניי | דשריין | במשרה כל קבל גלגלה סמיך |
| 194 | | Nu13:18M | עמא דישריין/אליין | דשריין | עליה#2#/ בגווה הא תקיפין |
| 195 | דשרין | Nu10:05 | יבבו ויטלון משריתה | דשרין | מן מדנחה: |
| 196 | | Nu10:06 | תניינות ויטלון משריתה | דשרין | מן דרומא יבבון יתקעון |
| 197 | דשרן | Gn14:07M | ית אמוראי אלין | דשרן#2#/ | בעין גדי תמריא |
| 198 | דתישרון | Gn46:34 | אנן להוד מן בגלל | דתישרון | בארעא דגשן ארום מרחקי |
| 199 | ושרא | Gn22:19 | ואזלו כחדא לבאר שבע | ושרא | אברהם בבאר שבע: |
| 200 | | Gn50:22 | | ושרא | יוסף במצרים הוא |
| 201 | | Gn37:01 | | ושרא | יעקב בארעא תותבותיה דאבוי |
| 202 | | Gn36:08 | | ושרא | עשו בטורא דגבלא עשו הוא |
| 203 | | Gn 4:16 | ונפק קין מן קדם ייי | ושרא | בארעא גלי ומטלטל מן מדנח |
| 204 | | Gn20:01 | תמן אברהם לארעא דרומא | ושרא | בין רקם ובין חלוצה |
| 205 | | Ex10:14 | על כל ארעא דמצרים | ושרא | בכל תחומיהון דמצרים תקיף |
| 206 | | Gn21:20 | והוה ייי עם טליא ורבה | ושרא | במדברא והוי מן מתילף מרמי |
| 207 | | Gn21:21 | | ושרא | במדברא דפארן ונסבת ליה |
| 208 | | Gn13:18 | ופרס אברם משכניה ואתא | ושרא | במישריה חזוה די בחברו' |
| 209 | | Gn19:30 | וסלק לוט מן זער | ושרא | במערתא הוא ותרתין בנתה |
| 210 | | Gn24:32 | ועל גברא לגו ביתא | ושרא | ^זממי#2#^ גמליא ויהב תבן |
| 211 | | Gn33:18 | במיתייא מפדן ארם | ושרא | קדם קרתא: |
| 212 | ושרה | Ex 2:15 | וערק משה מן קדם פרעה | ושרה | בארעא דמדין ויתב לה על |
| 213 | | Nu32:40 | גלעד למכיר בר מנשה | ושרה | בגווה: |
| 214 | | Gn19:30 | ארום דחל למשרי בזער | ושרה | במערתא הוא ותרתין בנתה: |
| 215 | | Gn26:17 | ואזל מתמן יצחק | ושרה | בנחלה דגרר ויתב תמן: |
| 216 | | Gn 4:16M | מדנח לעדן /גלי בארעא | ושרה | מן מדנחה דעדן#2#/ והוה |
| 217 | | Nu10:12 | מן מדברה דסיני | ושרה | עננא במדברה דפראן: |
| 218 | ושרון | Gn47:27 | | ושרון | ישראל בארעא דמצרים |
| 219 | | Nu21:25 | ית כל קורייתה האליין | ושרון | ישראל בכל קרווי אמוריי |
| 220 | | Nu21:31 | | ושרון | ישראל בארעהון דאמריי: |
| 221 | | Dt33:28 | | ושרון | ישראל לרוחצן לבלחודיהון |
| 222 | | Nu33:43 | ונטלו מפונון | ושרון | באבות: |
| 223 | | Nu21:10 | <ונטלו> בני ישראל | ושרון | באובות: |
| 224 | | Ex13:20 | ונטלו מסכות | ושרון | באיתם בסיפה מדברה: |
| 225 | | Nu33:06 | ונטלו מן סכות | ושרון | באיתם די בסיפי מדברה: |
| 226 | | Nu33:13 | ונטלו מן דפקה | ושרון | באלוש: |
| 227 | | Nu33:31 | ונטלו ממסרות | ושרון | בבני יעקן: |
| 228 | | Nu33:45 | ונטלו מן עיין | ושרון | בדיבון גד: |
| 229 | | Nu33:12 | ונטלו ממדברה דסין | ושרון | בדפקה: |
| 230 | | Nu33:32 | ונטלו מבני יעקן | ושרון | בהר הגדגדה: |
| 231 | | Nu33:23 | ונטלו מקהלת' | ושרון | בהר שפר: |
| 232 | | Nu11:35M | /מן חצ#2#/ | והוון/ושרון#2#/ | בחצירות: |
| 233 | | Nu33:17 | ונטלו מן קברי תוחמדתה | ושרון | בחצרות: |
| 234 | | Nu33:24 | ונטלו מהר שפר | ושרון | בחרדה: |
| 235 | | Nu33:29 | ונטלו ממתקה | ושרון | בחשמנה: |
| 236 | | Nu33:33 | ונטלו מהר הג' | ושרון | ביטב': |
| 237 | | Nu33:20 | ונטלו מרמן פרץ | ושרון | בלבנה: |
| 238 | | Nu33:30 | ונטלו מחשמונה | ושרון | במוסרות: |
| 239 | | Nu33:25 | ונטלו מחרדה | ושרון | במקהלות: |
| 240 | | Nu33:08 | בגו ימא במדברה דאיתם | ושרון | במרה: |
| 241 | | Nu33:28 | ונטלו מתרח | ושרון | במתקה: |
| 242 | | Nu33:05 | מן פילוס{ופ}ין | ושרון | בסוכות: |
| 243 | | Nu33:34 | ונטלו מיט' | ושרון | בעברונה: |
| 244 | | Nu33:46 | ונטלו מדיבון גד | ושרון | בעלמון דבלתימה: |
| 245 | | Nu33:42 | ונטלו מן צלמונה | ושרון | בפונון: |
| 246 | | Nu33:41 | ונטלו מהור טורא | ושרון | בצלמונה: |
| 247 | | Nu33:22 | ונטלו מרסה | <ושרון> | בקהלתה: |
| 248 | | Nu33:19 | ונטלו מרתמה | ושרון | ברמן פרץ: |
| 249 | | Nu33:21 | ונטלו מלב' | ושרון | ברסה: |
| 250 | | Ex17:01 | גזירת מימריה דייי | ושרון | ברפידים ולא הוה להון מיא |
| 251 | | Nu33:14 | ונטלו מאלוש | ושרון | ברפידים ולא הוה תמן מין |
| 252 | | Nu33:18 | ונטלו מחצרות | ושרון | ברתמה: |
| 253 | | Nu33:26 | ונטלו ממקהלות | ושרון | בתחת: |
| 254 | | Nu33:27 | ונטלו מת' | ושרון | בתרח: |
| 255 | | Dt 2:23 | שיצון יתהון | ושרון | באתרהון: |
| 256 | | Dt 2:12 | יתהון מן קדמיהון | ושרון | באתריהון היך מה די עבדו |
| 257 | | Dt 2:21 | וירתו יתהון | ושרון | באתריהון: |
| 258 | | Dt 2:22 | וי{ה}<י>תון יתהון | ושרון | באתריהון עד זמן יומא |
| 259 | | Nu33:37 | ונטלו ממדברה דרקם | ושרון | בהר טורא בסיפי ארעהון |
| 260 | | Nu33:47 | ונטלו מעלמון דבלתימה | ושרון | בטורא עברייה קדם נבו: |
| 261 | | Nu33:35 | ונטלו מעברו' | «ושרון» | בכרך תרנוגלה: |
| 262 | | Nu33:44 | ונטלו מאבות | ושרון | במגזיה עברייה בתחומה |
| 263 | | Nu21:11 | ונטלו מאובות | ושרון | במגזת עבריה במדברה די קדם |
| 264 | | Ex19:02 | ואתון למדברא דסיני | ושרון | במדברא וכוונו תמן ישראל |
| 265 | | Nu12:16 | נטלו עמה מן חצרות | ושרון | במדברה דפארן: |
| 266 | | Nu33:11 | ונטלו מימא דסוף | ושרון | במדברה דסין: |
| 267 | | Nu33:15 | ונטלו מרפידים | ושרון | במדברה דסיני: |
| 268 | | Nu33:36 | ונטלו מכרך תרנוגלה | ושרון | במדברה דצין היא רקם: |
| 269 | | Nu22:01 | ונטלו בני ישראל | ושרון | במישרה דמואב במעבר |
| 270 | | Nu33:48 | ונטלו מן טורי עברייה | ושרון | במישרייה דמואב סמיך |
| 271 | | Nu21:12 | מן תמן נטלו | ושרון | בנחלה דזרד: |
| 272 | | Nu25:01 | | ושרון | ^בני#2#^ ישראל בשטים |
| 273 | | Nu33:07 | <ונטלו> מאתם | ושרון | בפונדקי חירתה דסמיך |
| 274 | | Nu33:16 | ונטלו ממדברה דסיני | ושרון | בקברי שאלי שאלתה: |
| 275 | | Gn25:18 | | ושרון | מן הנדין עד הלוצה די |
| 276 | | Nu21:13 | מן תמן נטלו | ושרון | מן עבר ארנונה די במדברה |
| 277 | | Nu33:10 | ונטלו מאילם | ושרון | על ימא דסוף: |
| 278 | | Nu33:49 | | ושרון | על ירדנה מיבת ישימות עד |
| 279 | | Nu20:01 | דצין בירחה קדמאה | ושרון | עמה ברקם ומיתה תמן מרים |
| 280 | | Nu33:07 | דסמיך לטעותה צפון | ושרון | קדם מגדול: |
| 281 | | Nu22:08 | אתמלל מן קדם ייי עמי | ושרון | רברבני מואביי עם בלעם: |
| 282 | | Gn11:02 | בקעה בארעא דבבל | ושרון | תמן: |
| 283 | | Ex15:27 | סנהדרין דישראל | ושרון | תמן על מיא: |
| 284 | | Ex19:02M | ושרון במדברא | וכוונו/ושרון#2#/ | תמן ישראל כל קבל |
| 285 | | Nu33:09 | חכימי דבני ישראל | ושרון | תמן: |
| 286 | ושרי | Gn26:06 | | ושרי | יצחק בגרר: |
| 287 | | Gn49:09 | ברי את הוי' זכיי נייח | ושרי | בגו קרבא היך אריה |
| 288 | | Dt33:20 | דאפתי תחומה דגד נייח | ושרי | בגו קרבה היך אריא והיך |
| 289 | | Gn22:14M | עקידתא דיצחק אבוהן | ושרי | ושבק לחוביהון ומשזיב |
| 290 | | Gn29:14 | לחוד היך קריב בשרי את | ושרי | עמיה ירח דיומין: |
| 291 | | Gn35:01 | ליעקב קום סוק לביתאל | ושרי | תמן ובני תמן מדבח לשם ממרי |
| 292 | ושריין | Dt33:03 | לרגל עננוי ונטלין | ושריין | על פם דבירוי: |
| 293 | ושרין | Nu24:09 | ניחין | ושרין | כאריה וכאריוותה ולית אומה |
| 294 | ושרינן | Dt 3:29 | | ושרינן | בחלתה בכיין על חובינן |
| 295 | | Nu20:15 | ונחתו אבהתן מצרימה | ושרינן | במצרים יומין סגין ואבאשו |

|  |  |  |  |  |  |
|---|---|---|---|---|---|
| 296 | ושרית | Dt 9:09 | די קיים ייי עמכון | ושרית | בטורה ארבעין יומין |
| 297 | ושריתון | Dt 1:46 | | ושריתון | ברקם יומין סגין כיומיא |
| 298 | ושרן | Gn11:31 | דכנען ומטון עד חרן | ושרן | תמן: |
| 299 | ושרת | Ex24:16 | | ושרת | א{י}קר שכינתיה דייי על |
| 300 | | Nu11:26 | ושמה דתניינא מידד | ושרת | עליהון רוח קודשה אלדד הוה |
| 301 | ואשרי | Gn18:26 | חמשין זכיין בגו קרתא | ואשרי | ואשבוק לכל חייבוי דאתרה |
| 302 | וישירי | Lv 5:16M | בדיכרה דאשמה | וישתר/וישירי#2/ | וישתבק ליה: |
| 303 | וישרון | Gn34:21 | שלמין בעבדא טבא עמן | וישרון | בארעא ויתגרון בה וארעא הא |
| 304 | | Nu 1:52 | | וישרון | בני ישראל גבר על |
| 305 | | Nu32:17 | די נעל יתהון לאתריהון | וישרון | טפלינן בקריין תלי{נ}<לי>ן |
| 306 | | Gn34:23 | לחוד נתערב להון | ו{{נ}}«י»שרון | עמן: |
| 307 | | Ex14:02M | קדם פונדקי חירתה | /וישרון | פנדיקי חירותא#2/ בין |
| 308 | | Ex14:02 | עם בני ישראל ויחזרון | וישרון | קדם פונדקי חירתה בין |
| 309 | וישרי | Nu35:25 | שזבותה די ערק תמן | וישרי | בגווה עד די ימות כהנה רבא |
| 310 | | Gn29:22M | לי עצה מה נעבד בה | וישרי | גבן {ו}שב<ע> שנין |
| 311 | | Lv14:08 | כן ייעול לגו משריתה | וישרי | לבר מן משרית' שבעה יומין: |
| 312 | ונשרי | Gn34:16 | וית בנתכון נסב לון | ונשרי | עמכון וניהווי {כולה} כולן |
| 313 | ותשרון | Dt 8:12 | ובתין ט{ו}בין תבנון | ותשרון: | |
| 314 | | Dt12:10 | ותעברון ית ירדנה | ותשרון | בארעא דייי אלהכון מחסן |
| 315 | | Dt19:01 | ארעהון ותירתון יתהון | ותשרון | בארעהון ובבתיהון: |
| 316 | | Nu33:53 | ותישיצון ית דיירי ארעא | ותשרון | בגווה ארום לכון יהבית ית |
| 317 | | Dt11:31 | יהב לכון ותרתון יתה | ותשרון | בגווה: |
| 318 | | Dt17:14 | יהב לכון ותירתון יתה | ותשרון | בגווה ותימרון אמני עלינן |
| 319 | | Dt26:01 | לכון אחסנה ותרתון יתה | ותשרון | בגווה: |
| 320 | | Lv25:19 | עללתה ותאכלון ותשבעון | ותשרון | לרוחצן עלה: |
| 321 | | Lv26:05 | לחמכון ותשבעון | ותשרון | לרוחצן בארעכון: |
| 322 | | Dt12:10 | מן חזור חזור | ותשרון | לרוחצן: |
| 323 | | Lv25:18 | ותעבד«ו»ן יתהון | ותשרון | על ארעא לרחצן: |
| 324 | ותשרי | Gn45:10 | | ותשרי | בארעא דגושן ותיהוי קריב |
| 325 | | Ex34:09 | למקבלה אולפן אינון | ותשרי | ותשבוק לחובינן ולחטאינן |
| 326 | | Gn27:44 | | ותשרי | עמיה יומין קלילין עד זמן |
| 327 | ובמשרויה | Nu 1:51M | שרי משכנה /ליוואי | ובמשרויה | מ#2/ יקימון יתה לויי |
| 328 | ודשרון | Nu 3:38M | | ודשריין/<ודש>רון#2/ | קדם משכנה קדמיין |
| 329 | ודשריין | Nu 2:05 | | ודשריין | סמיכין לה שבטה דבנוי |
| 330 | | Nu 2:12 | | ודשריין | סמיכין ליה שבטה דבנוי |
| 331 | | Nu 2:27 | | ודשריין | סמיכין לה רבה דבנוי |
| 332 | | Nu 3:38 | | ודשריין | קדם משכנה קדמיין קדם |
| 333 | | Nu 2:03 | | ודשריין | קדמיין מן מדנחה סכס |
| 334 | למישרי | Dt 1:06 | למימר סגין לכון | למישרי | בטורא הדין: |
| 335 | | Dt29:19 | רעווה מן קדם ייי | למישרי | ולמשבק לה ארום בכדן יתקוף |
| 336 | | Nu35:02 | ירתות אחסנתהון קוריין | למישרי | ופרוירין לקרוין די |
| 337 | | Gn36:07 | הוה ממוניהון סגיא מן | למישרי | כחדא ולא יכלית ארעא |
| 338 | למש' | Gn13:06M | /סגיא ולא יכלו | למש'#2/ | כחדא: |
| 339 | למשרי | Gn19:30 | בנתה עמיה ארום דחל | למשרי | בזער ושרה במערתא הוא |
| 340 | | Nu35:32 | לקורי שיזבותה למחזור | למשרי | בארעא עד זמן די ימות כהנא |
| 341 | | Lv20:22 | די אנה מעל יתכו' לתמן | למשרי | בגווה: |
| 342 | | Gn 4:13 | ברם אית יכלה קדמך | למשרי | ולמשבק: |
| 343 | | Dt14:23 | אלהכון באתרה די יתרעי | למשרי | יקר שכינתיה תמן מעשר |
| 344 | | Gn13:06 | סגין ולא הוון יכלין | למשרי | כחדא: |
| 345 | | Gn13:06 | ולא אסתנ' יתהון ארעא | למשרי | כחדה ארום הוה ממוניהון |
| 346 | | Ex 2:21 | ושרי משה | למשרי | לוות גברא ואסב ליה ית |
| 347 | | Nu 9:22 | כד שוהי ענננה על משכנה | למשרי | עלוי ישרון בני ישראל ולא |
| 348 | | Gn34:22 | בדה אתערבו לנא גברייא | למשרי | עמן למהוי לאומא חדא במגזר |
| 349 | | Dt13:13 | דייי אלהכון יהב לכון | למשרי | תמן למימר: |
| 350 | שורי pael | Nu17:12M | ורהט לגו קהלא והא | שרי/שורי#2/ | מחבלה מחבל בעמא ויהב |
| 351 | שורית | Dt 3:24M | מן קדמיך ייי את | שרית/שורית#2/ | למחווייה ית עבדך |
| 352 | שרו | Gn 4:26 | ית שמיה אנוש בכדין | שרו | בני אנשא למהוי עבדין להון |
| 353 | שרון | Dt 2:24 | אמורייה וית ארעיה | שרון | למירת ותתגרון לקבלהון סדרי |
| 354 | | Dt 2:31 | ית סיחון וית ארעיה | שרון | למירת למחסנה ית ארעיה: |
| 355 | | Dt16:09M | בעומרא דאנפותה | תשרון/שרון#2/ | לממני שובעה שבועין |
| 356 | | Gn11:06 | חד לכולהון והא כדון | שרון | למעבד וכדון לא יתמנע מנהון |
| 357 | שרי | Gn44:19 | למעבד כדין מן בגין כדן | שרי | יהודה ממכמך במילוי ואמר |
| 358 | | Dt 1:05 | דירדנה בארעהון דמואביי | שרי | משה למפרשה ית ספר אורייתה |
| 359 | | Gn44:12 | ופשפש ברבה | שרי | ובזעירא סייף ואשתכח כלידא |
| 360 | | Nu17:11 | מן קדם ייי ^והא#2^ | שרי | חבלה מחבל בעמא: |
| 361 | | Gn10:08 | וכוש אולד ית נמרוד הוא | שרי | למהוי גיבר באר': |
| 362 | | Nu17:12 | משה ורהט לגו קהלא והא | שרי | מחבלה מחבל בעמא ויהב ית |
| 363 | שריית | Gn18:27 | וענה אברהם ואמר הא כען | שריית | למלל«א» קדם ייי ואנה |
| 364 | | Gn18:31M | ואמר הא כען שרית/אנה | שריית#2/ | למללה קדם ייי מה/הא#2/ |
| 365 | | Dt 2:31 | לי אמר משה חמי דהא | שריית | לממסר קדמך ית סיחון וית |
| 366 | שרית | Dt 3:24 | ברחמין מן קדמיך ייי את | שרית | למחווייה ית עבדך ית תקפך |
| 367 | | Gn18:31 | ואמר הא כען | שרית | למללה קדם ייי מה דילמה |
| 368 | אשרי | Dt 2:25 | יומא הדין | אשרי | למיתן פחדכון ודחלתכון |
| 369 | ישרי | Ex10:29 | לפרעה מן בכוריה דפרעה | ישרי: | ואמר משה לפרעה יאות |
| 370 | תשרון | Dt 2:25M | יומא הדין | אשרי/תשרון#2/ | למיתן פחדכון |
| 371 | | Dt16:09 | למחצד בעומרא דאנפותה | תשרון | לממני שובעה שבועין |
| 372 | תשרי | Lv21:09M | "טעוה ...": | תשרי | למזנייה ית כליל כהונתה |
| 373 | | Dt16:09M | משרי מגלה דחצדה למחצד | /תשרי | מגלה לחצדה למחצוד#2/ |
| 374 | משרי | Gn44:18M | אנה כל מצראי מנך אנה | משרי | |
| 375 | | Gn44:18 | אנה כל מצראי מינך אנה | משרי | ובפרעה רבך אנה מסיים ארום |
| 376 | | Gn44:18 | צדי מן דיור מנך אנה | משרי | ומן פרעה רבך דאת ימי ביה |
| 377 | | Dt16:09 | תמנון לכון מ' די את | משרי | מגלה דחצדה למחצד בעומרא |
| 378 | ושרי | Ex 2:21 | | ושרי | משה למשרי לוות גברא ואסב |
| 379 | | Ex32:11M | \וצלי משה קדם ייי | /ושרי | משה למתבוע רחמין מן קדם |
| 380 | | Gn 9:20 | | ושרי | נח גבר צדיקא למפלח בארעא |
| 381 | | Nu25:01 | ^בני#2^ ישראל בשטים | ושרי | עמא למזניה עם בנתהון |
| 382 | | Gn 8:10 | | ושרי | תוב לממני שבעה יומין |
| 383 | | Gn 8:12 | | ושרי | תוב לממני שבעה יומין |
| 384 | ושריין | Gn41:54 | | ושריין | שבע שני כפנא למיתי כמה |
| 385 | אשרי afel | Gn47:21 | ועד סייפא ועמא דבקריית' | אשרי | במדינתא ועמא דמדינתא אשרי |
| 386 | | Gn47:21 | במדינתא ועמא דמדינתא | אשרי | בקרייתא מן סייפי דארעא |
| 387 | | Gn31:25 | ית משכניה בטורא ולבן | אשרי | ית אחוי בטורא {ולבן אשרי |
| 388 | | Gn31:25 | ית אחוי בטורא {ולבן | אשרי | ית אחוי בטורא} גלעדה: |
| 389 | | Gn47:06 | קדמיך היא בבית שפר ארעא | אשרי | ית אבוך וית אחך ישרון |
| 390 | | Dt32:10 | ואגיז להון סלוי מן ימה | אשרי | יתהון חזור חזור לאיקר |
| 391 | | Ex40:35 | למיעל למשכני זימנא ארום | אשרי | עלוי איקר שכינתה דייי |
| 392 | אשריית | Lv23:43M | /בעננין היך מטילין | אשריית | ית בני#2/ ישראל בזמן |
| 393 | אשרית | Lv23:43 | שכינתי בדמות מטלין | אשרית | בני ישראל בזמן אפקותהון |
| 394 | דאשרי | Lv16:16M | למשכן זמנא \די | שרי/דאשרי#2/ | איקר שכינתיה בגו |
| 395 | | Dt33:16 | ומלאיה ודעבד רעותה מן | דאשרי | איקר שכינתיה בסנייה ייתין |
| 396 | | Dt33:26 | לית כאלהא דישראל | דאשרי | איקר שכינתיה בשמיא |
| 397 | דאשריית | Nu35:34 | ארום אנא הוא ייי | דאשריית | איקר שכינתי בגו בני |
| 398 | ואשרי | Gn47:11 | | ואשרי | יוסף ית אבוי וית אחוי |
| 399 | | Ex25:08 | לשמי בית מוקדש«א» | ואשרי | איקר שכינתי ביניהון: |
| 400 | | Ex29:45 | | ואשרי | ^איקר#2^ שכינתי בגו בני |
| 401 | | Lv26:11 | | ואשרי | איקר שכינתי ביניכון ולא |
| 402 | | Nu10:36 | עלינן ברחמיך טבייה | ואשרי | איקר שכינתך בגו אלפיה |
| 403 | | Gn49:24 | | ואשרי | בתקיפה רוחצניה פשט ידוי |

|  |  |  |  |
|---|---|---|---|
| 404 | | Gn 3:24 | וטרד ית אדם ואשרי יקר שכינתיה {מן} מלקדמין |
| 405 | | Gn 2:15 | ונסיב ייי אלהים ית אדם ואשרי יתיה בגנתא דעדן למהוי |
| 406 | וישרון | Nu 4:19 | אהרן ובנוי ייעלון וישרון יתהון גבר גבר על פולחניה |
| 407 | וישרי | Gn 9:27 | יפת תחומא דיפת וישרי יקר שכינתי׳ בגו משכוני |
| 408 | ונישרי | Gn29:22 | מה אתון יהבין עצה ונישרי יתה בינינן הכה עוד שבע |
| 409 | לאשראה | Ex39:43M | יהא רעווה מן קדם ייי לאשראה שכינתיה בעובדי ידיכון |
| 410 | למישריה | Dt16:02 | באתרה די יתרעי ייי למישריה איקר שכינתיה תמן: |
| 411 | למישרייה | Dt12:05 | אלהכון מן כל שבטיכון למישרייה ית איקר שכינתיה תמן |
| 412 | למשריה | Ex29:46 | יתהון מארעא דמצרים למשריה איקר שכינתי ביניהון אנה |
| 413 | | Nu14:30 | די זקפית ידי בשבועה למשריה יתכון בה אלהן כלב בר |
| 414 | למשרייה | Dt12:11 | יתרעי ייי אלהכון ביה למשרייה איקר שכינתיה תמן תמן |
| 415 | | Dt12:21 | די יתרעי ייי אלהכון למשרייה איקר שכינתיה תמן ותיכסון |
| 416 | | Dt16:06 | די יתרעי ייי אלהכון למשרייה איקר שכינתיה תמן תיכסון |
| 417 | | Dt16:11 | די יתרעי ייי אלהכון למשרייה איקר שכינתיה תמן: |
| 418 | | Dt26:02 | די יתרעי ייי אלהכון למשרייה איקר שכינתיה תמן: |
| 419 | | Dt14:24 | די יתרעי ייי אלהכון למשרייה ייקר שכינתיה תמן ארום |
| 420 | | Dt 1:33M | בעמודה דאשתה /למשרייה יתכון ב׳#2#/ בלילה |
| 421 | | Dt13:13M | יהב לכון למשרי׳/למשרייה#2#/ תמן למימר: |
| 422 | ישתרי etpeel | Nu30:06M | /לא יקומון וממריה דייי ישתרי וישת׳#2#/ לה ארום בטל |
| 423 | | Nu30:13M | יתהון ומימריה דייי ישתרי ויש׳#2#/ לה: |
| 424 | | Gn 4:07 | תסיב עובדך בעלמא הדין ישתרי וישתבק לך בעלמ׳ דאתי ואין |
| 425 | | Nu30:09M | ייי ישתבק /ומימריה ישתרי וישתבק#2#/ לה: |
| 426 | תשתרי | Gn49:04 | תוב ברי ועל ד{ט}חטית תשתרי וישתבק לך: כי משכבי אבוך |
| 427 | דאישתרי | Gn15:17M | ובזכותהון עתיד דאישתרי בסוף יומיא גומרא די נור |
| 428 | וישתרי | Nu15:25M | דבני ישראל וישתבק/וישתרי ויש׳ת#2#/ להון ארום |
| 429 | | Nu15:26M | וישתבק/וישתרי ויש׳ת#2#/ לכל \ |
| 430 | | Lv 5:13 | אתחייב מן חדא מן אלין וישתרי וישתביק ליה ותיהוי לכהנא |
| 431 | | Lv 5:18 | והוא לא הוה ידע ויש׳ת«רי» וישתביק ליה: |
| 432 | | Lv 4:20 | ליה ויכפר עליהון כהנא וישתרי וישתבק להון: |
| 433 | | Lv 4:31 | דייי ויכפר עלוי כהנא וישתרי וישתבק ליה: |
| 434 | | Lv 5:10 | מן חובתיה די אתחייב וישתרי וישתבק ליה: |
| 435 | | Lv 5:16 | עלוהי בדיכרה דאשמה וישתרי וישתבק ליה: |
| 436 | | Lv19:22 | על חובתיה די אתחייב וישתרי וישתבק ליה מן חובתיה די |
| 437 | | Nu15:28M | קדם ייי ויכפר עלוי וישתרי וישתבק להון |
| 438 | | Lv 4:26M | מן חובתיה ויש<ת>ביק/וישתרי#2#/ ליה: |

## שרי *n.* beam [566]

|  |  |  |  |
|---|---|---|---|
| 001 | שריתי s em/sf | Gn19:08 | בגין אתון למיבתא בטל שריתי: |

## שריר *n.* ⇐ שיר#2

## שרנק *vb.* to confound [!! cf. שנק]

|  |  |  |  |
|---|---|---|---|
| 001 | ושרניק pael | Ex14:27M | ערקון לקדמותיה ושבק/ושרניק#2#/ ייי ית מצריי בגו |

## שרץ *vb.* to swarm with [568]

|  |  |  |  |
|---|---|---|---|
| 001 | שרוצו peal | Gn 9:07M | תקופו וסגון ואתילדון/שרוצו#2#/ בארעא וסגון בגווה |
| 002 | שרצו | Gn 1:21 | כל נפש דחיא דרחשא די שרצו מיי׳ למינהון וית כל עופא |
| 003 | ישרצון | Gn 1:20 | ואמר ממרא דייי ישרצון מיא שרץ נפש דחיא ועופא |
| 004 | דשרץ | Gn 7:21M | ובכל שרצה דשרץ על ארעא ובכל |
| 005 | | Lv11:29 | יהווי לכון מסאב בשרצא דשרץ על ארעא כבושתה ועכברה |
| 006 | | Lv11:41 | וכל שרצא דשרץ על ארעה שקץ הוא לא יתאכל: |
| 007 | | Lv11:42 | ברגלוי כל {ד} שרצה דשרץ על ארעא לא תאכלון יתהון |
| 008 | | Lv11:43 | ית נפשתכון בכל שרצא דשרץ על ארעא ולא תסתאבון בהון |
| 009 | | Lv11:46 | דרחשא במיא ולכל שרצה דשרץ על ארעה: |
| 010 | ויצרוץ | Ex 7:28M | וישרץ/ויצרוץ#2#/ נהרא ארדעניין |
| 011 | וישרץ | Ex 7:28 | וישרץ נהרא ארדעניין ויסקון |
| 012 | ושרצון | Gn 8:17M | ויתלדון/ושרצון#2#/ בארעא ויתקפון ארעא אפק עמך |

## שרץ *n.* reptile [568]

|  |  |  |  |
|---|---|---|---|
| 001 | שרץ s ab/cn | Lv22:05 | או גבר די יקרוב בכל שרץ די יסתאב ליה או בר נש די |
| 002 | | Lv 5:02M | \בנבלה דשרץ /בנבילת שרץ#2#/ מסאב ויתכסי מנה והוא |
| 003 | | Lv 7:21 | או בבעיר מסאב או בכל שרץ מסאב ויאכל מן בשרה דנכסת |
| 004 | | Gn 1:20 | ממרא דייי ישרצון מיא שרץ נפש דחיא ועופא דפרח על |
| 005 | | Dt14:19 | וכל שרץ עופא מסאב הוא לכון לא |
| 006 | דשרץ | Lv 5:02 | דבעיר מסאב או בנבלה דשרץ מסאב ויתכסי מנה והוא מסא׳ |
| 007 | שרצא s em/sf | Lv11:10 | בימיא ובנחליא מן כל שרצא דמיא ומן כל נפש חיתה די |
| 008 | | Dt14:19M | וכל \שרץ עופא /שרצא דעוף#2#/ מסאב הוא לכון |
| 009 | | Lv11:20 | וכל שרצא דעופה דמהלך על ארבע שקץ |
| 010 | | Lv11:21 | להוד ית דין תאכלון מכל שרצא דעופה דמהלך על ארבע כל |
| 011 | | Lv11:41 | וכל שרצא דשרץ על ארעה שקץ הוא לא |
| 012 | | Lv11:43 | לא תשקצון ית נפשתכון בכל שרצא דשרץ על ארעא ולא תסתאבון |
| 013 | שרצה | Lv11:23 | וכל שרצה דעופה דאית ליה ארבע רגלין |
| 014 | | Lv11:44 | תסתאבון ית נפשתיכון בכל שרצה דרחש על ארעא: |
| 015 | | Gn 7:21M | "ובכל רחשא ...": ובכל שרצה דשרץ על ארעא ובכל |
| 016 | | Lv11:42 | עד כל דמסגי ברגלוי כל {ד} שרצה דשרץ על ארעא לא תאכלון |
| 017 | | Lv11:42M | \כל {ד} שרצה /לכל שרצה#2#/ דשרץ על ארעא לא תאכלון |
| 018 | | Lv11:46 | חיתה דרחשא במיא ולכל שרצה דשרץ על ארעה: |
| 019 | | Lv11:31 | אליין דמסאבין לכון בכל שרצה כל די יקרב בהון במיתתהון |
| 020 | בשרצא | Lv11:29 | ודין יהווי לכון מסאב בשרצא דשרץ על ארעא כבושתה |
| 021 | דשרצה | Lv11:46M | על ארעה /נפש בשר דשרצה על ארעא#2#/: |

## שרקרק *n.* bee-eater [568]

|  |  |  |  |
|---|---|---|---|
| 001 | שרקרית׳ s em/sf | Lv11:18 | וית איתיה וית קקה וית שרקרית׳: |
| 002 | שרקריתה | Lv11:18M | וית שרקרית׳ /קקא וית שרקריתה וית בר דיריה#2#/: |
| 003 | | Dt14:17M | וקקה וית שרקרקה/שרקריתה#2#/ וית שלינוניה: |
| 004 | שרקרקה | Dt14:17 | וקקה וית שרקרקה וית שלינוניה: |

## שרש *n.* root [568]

|  |  |  |  |
|---|---|---|---|
| 001 | לשריש s ab/cn | Dt29:17 | מהרהר בחטא׳ דהוא מדמי לשריש קביע בארעא ארום ראשיא |
| 002 | שרשי׳ p em/sf | Gn49:22 | על מבועין דמיין ושלחת שרשי׳ לארעא ופגרת שיני כל |
| 003 | ושרשוי | Gn50:01M | על כל דיירי ארעא ושרשוי מטיין עד ארעית תהומ׳ מנה |
| 004 | | Gn50:01 | מטי עד צית שמיא ושרשוי מטיין עד דרי עלמא די נפקו |

## שש *num.* ⇐ שת

## ששי *n.* type of cake [568]

|  |  |  |  |
|---|---|---|---|
| 001 | ששיין p abs | Nu11:08 | והוה טעמיה כטעם ששי«י»ן בדבש: |
| 002 | כשישיין | Nu11:08M | ששי«י»ן בדבש /כשישיין רוטבה דשומנה#2#/: |
| 003 | כשישין | Ex16:31 | דכסבר חיור וטעמיה כשישין בדבש: |

|  |  | |  |  |
|---|---|---|---|---|
| 001 | שית | ab/cn | Ex26:09 | יריען לבלחודיהון וית שית יריען לבלחודיהון ותכפל ית |
| 002 | | | Ex36:16M | סיפרי אורייתה וית שית יריען לחוד קובל שיתה |
| 003 | | | Ex36:16 | יריען לבלחודיהון ^וית שית יריען לבלחודיהון#2#^: |
| 004 | | | Ex26:22M | תעבד שתה/^שית#2#^/אישתה#2#/ לוחין: |
| 005 | | | Gn 7:06 | ונח בר שית מאה שנין הווה ומבולא הוה |
| 006 | | | Gn 7:11 | בסוף שית מאה שנין לחיוהי דנח |
| 007 | | | Gn 8:13 | והוה לסוף שית מאה וחדה שנין בירחא קדמיא |
| 008 | | | Ex14:07 | ונסיב שית מאה ארתכין וכל ארתיכוהון |
| 009 | | | Nu 7:03 | ית קרבניהון קדם ייי שית עגלן מזווגן ותרין עשר |
| 010 | | | Ex21:02 | ארום תזבן עבד עבריי שית שנין יפלח קדמך ובשתא |
| 011 | | | Lv25:03 | שית שנין תזרע חקלי{ק}<כ>ון |
| 012 | | | Dt15:12 | עברייתה ויפלח קדמך שית שנין ובשתה שביעיתה <תשלח> |
| 013 | | | Dt15:18 | אגריה דאגירה פלח קדמיך שית שנין דיומין ויברך יתכון |
| 014 | שית' | | Ex28:10M | וית שמהת שתתה/שית'#2#/ דאשתיירן/דישתייר#2#/ |
| 015 | שיתא | | Ex16:26 | שיתא יומין תלקטון יתיה וביומא |
| 016 | | | Ex20:09 | שיתא יומין תפלחון {י}<ו>תעבדון |
| 017 | | | Ex23:12 | שיתא יומין תעבדון עבידתך וביומא |
| 018 | | | Ex24:16 | דסיני וכסי יתיה עננא שיתא יומין וקרא למשה ביומא |
| 019 | | | Ex35:02 | שיתא יומין תעבד עבידא וביומא |
| 020 | שיתה | | Dt 5:13 | שיתה יומין תפלחון ותעבדון כל |
| 021 | | | Dt16:08 | שיתה יומין תאכלון פטירין וביומא |
| 022 | | | Ex36:16M | שית יריען לחוד קובל שיתה סידורי משנה |
| 023 | שש | | Nu 1:25M | "ארבעין ... וחמשין": שש מאוון וארבעין וחמשה אלפין |
| 024 | ששה | | Ex28:10 | {{וית שמהת בני ישראל ששה אשתה מן שמהתהון על אבנא |
| 025 | שת | | Gn 7:11M | מאה שנין לחיוהי /לסוף שת מאוון דשנין להוי#2#/ דנח |
| 026 | | | Nu31:37 | אפרשותה לשמה דייי מן ענה שת מאוון ^ושבעין וחמש: |
| 027 | | | Nu35:13 | וקוריתה די תתנון שת קריי שיזבו{ן} {ו}<י>הוויין |
| 028 | | | Nu35:15 | די ביניהון יהוויין שת קרייתה האלין לשיזבה דיערוק |
| 029 | | | Nu35:06 | תתנון לליוויי ית שת קרין דשיזבות דתתנון די |
| 030 | | | Dt15:12M | ויפלח \קדמך שית /גבך שת#2#/ שנין /\דיומין#2#/ ובשתה |
| 031 | שתא | | Gn30:20 | יתי בעלי ארום ילדית לי שתא בנין וקראת שמה זבולן: |
| 032 | | | Ex34:21 | שתא יומין תפלחון וביומא שביעיה |
| 033 | | | Lv23:03 | שתא יומין תעבד עבידה וביומא |
| 034 | שתה | | Nu 3:34 | דכורא מן <בר> ירח ולעיל שתה אלפין ותרתין מאוון: |
| 035 | | | Ex31:15 | שתה יומין יתעבד עבידה וביומה |
| 036 | | | Ex31:17 | סימן היא שבתא לעלם ארום שתה יומין ברא ייי ית שמיא וית |
| 037 | | | Ex26:22 | דמשכנה מן מערבה תעבד שתה לוחין: |
| 038 | | | Ex36:27 | דמשכנה מן מערבה עבד שתה לוחין: |
| 039 | | | Ex28:10M | אשתה/שתה#2#/ מן שמ<ה>תהון על אבנא |
| 040 | | | Lv24:06 | ותשווי יתהון תרין סדורין שתה סדורין חלין בכל סדור על |
| 041 | | | Dt27:15 | שתה שבטין סליקו לטורה דגריזים |
| 042 | שתתה | | Ex28:10 | על אבנא חדתה}} וית שמהת שתתה דאשתיירן על אבנא |
| 043 | אישתא | | Ex16:26M | שיתא/אישתא#2#/ יומין תלקטון יתיה |
| 044 | | | Ex23:12M | שיתא/אישתא#2#/ יומין תעבדון עבידתך |
| 045 | אישתה | | Nu31:32M | קרבא ענא/ען#2#/ שיתין/אישתה#2#/ ושבע רבבן/ריבבן#2#/ |
| 046 | | | Ex31:15M | שתה/אישתה#2#/ יומין יתעבד/תע'#2#/ |
| 047 | | | Ex31:17M | שבתא לעלם ארום שתה/אישתה#2#/ יומין ברא ייי/ושכלל |
| 048 | | | Ex34:21M | שתא/אישתה#2#/ יומין תפלחון וביומא |
| 049 | | | Ex35:02M | שיתא/אישתה#2#/ יומין תעבד עבידא |
| 050 | | | Ex26:22M | תעבד שתה/^שית#2#^/אישתה#2#/ לוחין: |
| 051 | אשתא | | Nu 3:34M | מן <בר> ירח ולעיל שתה/אשתא#2#/ אלפין ותרתין מאוון |
| 052 | | | Ex20:11M | ארום לשתא/אשתא#2#/ יומין ברא /ושכלל |
| 053 | אשתה | | Gn30:20M | ארום#2#/ ילדית לי שתא/אשתה#2#/ בנין וקראת שמה |
| 054 | | | Lv23:03M | שתא/אשתה#2#/ יומין תעבד |
| 055 | | | Ex28:10 | אשתה מן שמ<ה>תהון על אבנא חדתה |
| 056 | | | Ex28:10 | שמהת בני ישראל ששה אשתה מן שמהתהון על אבנא חדתה}} |
| 057 | | | Lv24:06M | /תריין#2#/ סדורין שתה/אשתה#2#/ סדורין חלין בכל סדור |
| 058 | | | Dt27:15M | \שתה שבטין סליקו לטורה /אשתה שבטין קמו על טורה#2#/ |
| 059 | באשת' | | Ex20:09M | שיתא/באשת'#2#/ יומין תפלחון |
| 060 | דשתא | | Ex25:10 | ויעבדון ארונה אעה {דשתא} דשטין תרתין אמין ופלג |
| 061 | וא' | | Nu 2:09M | /וש'#2#/ /מאה ותמניי וא'#2#/ אלפין וארבע מאוון |
| 062 | ואישתה | | Nu 1:21M | דראובן ארבעין ושתה/ואישתה#2#/ אלפין וחמש מאה |
| 063 | ואשת' | | Lv12:05M | ושתה /ואשתין ואשת'#2#/ יומין תתב תטר על אדם |
| 064 | ואשתא | | Ex25:32M | ושתא/ואשתא#2#/ קנין נפקין מן סטריה |
| 065 | ואשתה | | Nu 2:09 | תמני עשרה רבוון ואשתה אלפין וארבע מאוון |
| 066 | | | Nu 2:11 | וסכומוי ארבעין ואשתה אלפין וחמש מאוון: |
| 067 | | | Nu31:38M | ותורין~ תלתין ושתה/ואשתה#2#/ אלפין ואפרשותהון |
| 068 | | | Nu31:44M | ותורין תלתין ושתה/ואשתה#2#/ אלפין: |
| 069 | וש' | | Nu 2:11M | וסכומוי ארבעין ואשתה/וש'#2#/ אלפין וחמש מאוון |
| 070 | | | Nu 2:09M | \תמני עשרה רבוון ואשתה/וש'#2#/ /מאה ותמניי וא'#2#/ |
| 071 | ושית | | Gn46:26 | דיעקב כל נפשתא שתין ושית: |
| 072 | | | Nu 1:25 | ארבעין וחמשה אלפין ושית מאה וחמשין: |
| 073 | | | Nu 1:27 | שובעין וארבעה אלפין ושית מאה: |
| 074 | | | Nu 2:04 | שבעין וארבעה אלפין ושית מאוון: |
| 075 | | | Nu 2:31 | ריבוון ושבעת אלפין ושית מאוון אחריין הוון נטלין |
| 076 | | | Nu 3:28 | ולע«י»ל תמניה אלפין ושית מאוון נטרי מטרת בית קודשא: |
| 077 | | | Nu 4:40 | תרין אלפין ושית מאוון ותלתין: |
| 078 | | | Nu26:41M | ארבעין וחמשה אלפין ושית מאוון: |
| 079 | | | Gn31:41 | שנין בתרתין בנתך ושית שנין בענך ושלחפת ית אגרי |
| 080 | | | Ex23:10 | ושית שנין תזרעון ית ארע{א}כון |
| 081 | | | Lv25:03 | שנין תזרע חקלי{ק}<כ>ון ושית שנין תזברון כרמיכון |
| 082 | | | Nu 2:31M | ושבעין וחמשה אלפין ושית#2#/ מאוון/מאה#2#/ אחריין |
| 083 | וששה | | Ex37:18 | וששה קנין נפקין מן סטרה תלתא |
| 084 | ושת | | Nu 2:15 | ארבעין וחמשה אלפין ושת מאוון וחמשין: |
| 085 | | | Gn16:16 | ואברם בר תמנין ושת שנין הווה בזמנה די ילידת |
| 086 | | | Nu31:45M | וחמרין תלתין אלפין וחמש/ושת#2#/ מאוון/מאה#2#/: |
| 087 | ושתא | | Ex25:32 | ושתא קנין נפקין מן סטריה תלתא |
| 088 | ושתה | | Nu 1:21 | דבנוי דראובן ארבעין ושתה אלפין וחמש מאה: |
| 089 | | | Nu26:22 | לסכומיכון שבעין ושתה אלפין וחמש מאוון: |
| 090 | | | Nu31:38 | ותורין~ תלתין ושתה אלפין ואפרשותהון לשמה דייי |
| 091 | | | Nu31:44 | ותורין תלתין ושתה אלפין: |
| 092 | | | Lv12:05 | יומין כרחוק נדתה ושתין ושתה יומין תתב תטר על אדם דכי: |
| 093 | | | Dt27:15 | סליקו לטורה דגריזים ושתה שבטין סליקו לטורה דעיבל |
| 094 | לשתא | | Ex20:11 | ארום לשתא יומין ברא ייי שמיא וית |
| 095 | אישתתי | em/sf | Ex36:16M | ^וית \שית יריען /אישתתי יריעתה#2#/ |
| 096 | | | Ex28:10M | "שתתה דאשתיירן": אישתתי מותרייה |
| 097 | לשתי | | Ex38:26 | מבר עשרין שנין ולעל לשתי מאה אלפין ותלתה אלפין וחמש |
| 098 | | | Ex37:19 | בקנה חד חזור ושושן כדן לשתי קניה דנפקין מן מנרתה: |
| 099 | | | Ex25:35M | קנין דמנה \לשתי קנין /לשתי קנייה קני'#2#/^ל{ש}שתי |
| 100 | | | Ex25:35M | /לשתי קנייה קני'#2#/^ל{ש}שתי קנייה#2#^/ דנפקין |
| 101 | | | Ex25:33 | בקנה חד חזר ושושן כן לשתי קנין דנפקין מן מנרתה: |
| 102 | | | Ex25:35 | תחות תרין קנין דמנה לשתי קנין דנפקין מן מנרתה: |
| 103 | | | Ex37:21 | תחות תרין קנין מנה לשתי קנין דנפקין מניה: |
| 104 | לשתתי | | Ex37:19M | ושושן כדן/כן#2#/ לשתי/לשתתי#2#/ קניה דנפקין מן |
| 105 | | | Ex37:21M | קנין מנה \לשתי קנין /לשתתי קנייה#2#/ דנפקין מניה: |

## שת עשר *num.* sixteen [568]

| | | | | |
|---|---|---|---|---|
| 001 | שית עשר ab/cn | Ex36:30 | לוחין וחומריהון כסף **שית עשר** חומרין תרתין חומרין תחות |
| 002 | שית עשרי | Ex36:30M | וחומריהון כסף **שית עשר/<עש>רי#2/** חומרין תרתין |
| 003 | שיתה עשר | Nu31:46 | ונפש דבר נש **שיתה עשר** עשר אלפין: |
| 004 | שת עשר | Nu31:40 | ונפש דבר נש **שת עשר** אלפין ואפרשותהון לשמה |
| 005 | | Nu31:52 | די אפרשו לשמה דייי **שת עשר** אלפין ושבע מאה וחמשין |
| 006 | | Nu31:46M | /דבני נש#2/ **שיתה עשר/שת< עשר>#2/** עשר אלפין: |
| 007 | שת עשרה | Ex26:25 | לוחין וחמריהון כסף **שת עשרה** חומרין תרתין חומרין תחות |
| 008 | | Gn46:18 | וילדת ית אלין ליעקב **שת עשרה** נפשן: |

## שתדו *n.* ⇐ שדרו

## שתי *vb.* to drink [569]

| | | | |
|---|---|---|---|
| 001 | שתה peal | Gn24:46 | קולתה מעלוה ואמרת **שתה** ואף לגמליך אשקי ושתית ואף |
| 002 | | Ex34:28 | ל«א» אכל ומיין לא **שתה** וכתב על לוחי ית מילי |
| 003 | | Gn24:18 | ואמרת **שתה** רבוני ואוחיית ואחתת קולתה |
| 004 | שתי | Gn24:14 | כען קולתיך ואשתי ותימר **שתי** ואף לגמליך אשקי יתה זמנת |
| 005 | | Gn24:44 | ותימר לי אף את **שתי** ואף לגמליך אמלא היא אתתא |
| 006 | | Gn24:21 | וגבר הוה **שתי** ומסתכל בה שתק למידע הא אן |
| 007 | | Gn44:05M | דן \די ישתי /די הוה **שתי#2/** רבוני ביה והוא מקסם |
| 008 | שתייה | Dt11:11 | דנחית מן שמייא היא **שתייה** מייה: |
| 009 | | Dt33:22 | בר אריוון וארעא תיהווי **שתייה** מן מבועיה דנפקין מן |
| 010 | | Nu 7:15M | שתה \תלתיהון קרב לעלה **/שתייה/** תלתהון הוה רב שבטה מקרב |
| 011 | שתיין | Gn19:03M | היך אכלין והיך **שתיין** |
| 012 | | Ex15:24 | משה למימר מה הן אנן **שתיין**: |
| 013 | | Dt32:33 | דתניניה בזמנה דאנון **שתיין** ורוגזיהון מדמי לראשי |
| 014 | | Dt32:14 | מן ענבה חדה יהוון **שתיין** כור דחמר: |
| 015 | שתין | Gn18:08 | מתחמין היך אכלין והיך **שתין**: |
| 016 | | Ex24:11 | היך אכלון והיך **שתין**: |
| 017 | שתית | Dt 9:09 | לא אכלת ואוף מיין לא **שתית**: |
| 018 | | Dt 9:18 | לא אכלית ואוף מיין לא **שתית** על כל חוביכון די חטיתון |
| 019 | שתיתון | Dt29:05 | וחמר חדת ועתיק לא **שתיתון** מן בגלל דתדעון ארום אנה |
| 020 | שתתון | Gn21:33M | אכלתון ומן דידיה **שתתון** לא הוון זייעין מן תמן |
| 021 | אשתון | Gn24:54M | ואכלו ושתו/^**אשתון#2/**^/ושתון#2/ הוא וגובריא די |
| 022 | ישתה | Nu 6:20 | דאפרשותה ומן בתר כדין **ישתה** נזירה חמר: |
| 023 | ישתי | Nu 6:03 | חדת וחלד חמר עתיק לא **ישתי** וכל עצורה דע{ג}<נ>בין לא |
| 024 | | Nu 6:03 | עצורה דע{ג}<נ>בין לא **ישתי** וענבין רטיבין ויבשין לא |
| 025 | | Nu 6:03 | חן{ת}«ד»ת ועתיק לא **ישתי** חלד חמר חדת וחלד חמר עתיק |
| 026 | | Gn44:05 | הלא דן די **ישתי** רבוני ביה והוא מקסם יקסם |
| 027 | נשתה | Ex15:24M | למימר מה הן אנן **שתיין/נשתה#2/**: |
| 028 | | Nu20:19 | ארח מלכא נסוק ואין מימך **נשתה** אנן ובעירנן נתן כסף |
| 029 | נשתי | Nu20:17 | נעבר בחקלין ובכרמין ולא **נשתי** מי גובין ארח מלכא נהלך לא |
| 030 | | Nu21:22 | נסטי בחקלין ובכרמין ולא **נשתי** מי גובין בארח מלכא נהלך |
| 031 | תשתון | Lv10:09 | חמר חדת וחמר עתיק לא **תשתון** את ובניך עמך במעלכון |
| 032 | | Dt28:39 | תצבון ותפלחון וחמר לא **תשתון** ולא תמגורון ארום תאכל יתה |
| 033 | | Dt11:11M | שמייא \היא שתייה מייה **/תשתון** מים#2/: |
| 034 | תשתי | Lv10:09M | חדת וחמר עתיק לא **תשתון/תשתי#2/** את ובניך עמך במעלכון |
| 035 | דשתון | Ex17:01 | ולא הוה להון מיא **דשתון** עמא: |
| 036 | ושתה | Gn25:34 | ותבשיל דטלופחין ואכל **ושתה** וקם ואזל ליה ובזי עשו ית |
| 037 | | Gn 9:21 | **ושתה** מן חמרא ורווה ואתגלי בגו |
| 038 | ושתו | Gn26:30M | ואכלו **ושתון/<וש>תו#2/**: |
| 039 | | Gn24:54 | ואכלו **ושתו** הוא וגובריא די עמי«ה» |
| 040 | | Gn21:33 | ליה אדמי מה די אכלו **ושתו** והוה אמר להון מן דאמר והוה |
| 041 | | Nu20:11 | ונפקו מניה מיין סגין **ושתו** עם כנישתה ובעיריהון: |
| 042 | ושתון | Gn26:30 | ועבד להון שירא ואכלו **ושתון**: |
| 043 | | Gn24:54M | ואכלו ושתו/^אשתון#2/^**/ושתון#2/** הוא וגובריא די |
| 044 | | Gn43:34 | דכולן חמשה חולקין **ושתון** ורוון עמיה: |
| 045 | ושתי | Gn27:25 | ואכל ואייתי ליה חמר **ושתי**: |
| 046 | | Nu23:24 | דמך עד זמן דאכיל פשוט **ושתי** {ארום} <אדם> כדן עמא |
| 047 | | Dt21:20 | הוא שמע בקלן אכל בבשרה **ושתי** בחמר: |
| 048 | | Dt21:20M | ושתי בחמר /דבשר **ושתי** דחמר#2/: |
| 049 | ושתיין | Gn21:33M | ומן דהוון אכלין **ושתיין** הוו בעין למיתן לה טימי |
| 050 | ושתין | Gn21:33 | והווה כד אכילין **ושתין** הוון בעין למיתן ליה אדמי |
| 051 | | Nu20:11M | עם כנישתה /מין סגי **ושתין** עמה דכ#2/ ובעיריהון: |
| 052 | | Gn21:33M | לה טימי מה דאכלו **ושתין** עני אבונן אברהם ואמ' |
| 053 | ושתית | Gn24:46 | שתה ואף לגמליך אשקי **ושתית** ואף גמליא אשקיית: |
| 054 | ואשתי | Gn24:14 | לה ארכיני כען קולתיך **ואשתי** ותימר שתי ואף לגמליך אשקי |
| 055 | וישתון | Ex17:06 | ונפקון מינה מייא **וישתון** עמא ועבד כדין משה לעיני |
| 056 | ונשתון | Dt 2:28M | "ונשתי ... ברגלינן:" **ונשתון** להוד לית פתגם ביש |
| 057 | ונשתי | Ex17:02 | ואמרין הב לן מיין **ונשתי** ואמר להון משה מה אתון |
| 058 | | Dt 2:28 | ומים בכסף תתנון לן **ונשתי** לחוד לית אנן חסרין מן כל |
| 059 | ותשתון | Dt 2:06M | מן לוותהון בכסף **ותשתון** |
| 060 | ולמישתי | Ex32:06 | ויתבו עמ«א» למיכל **ולמישתי** וקמו למגחכה בפלחנא |
| 061 | למישתי | Ex 7:24M | לנהרא /מיא **למישתי#2/** <....> למשתי מן מוי |
| 062 | | Gn24:19 | אמלא עד זמן ישלמון **למישתי**: |
| 063 | | Nu33:14 | ולא הוה תמן מין לעמא **למישתי**: |
| 064 | | Nu21:05 | לן לחם למיכל ולא מיין **למישתי** ונפשן אתיעקת בלחמה הדין |
| 065 | למשתי | Gn30:38 | בשקיא דמיא דתיעול ענה **למשתי** <....>: |
| 066 | | Nu20:05 | אוף לא מיין לית לן **למשתי**: |
| 067 | | Gn40:12 | דפורענתא דפרעה עתיד **למשתי** בסופא ואת רב מזוגיא לא |
| 068 | | Gn40:12M | דפרעה עתיד **למשתי** בעקבה אף את רב מזוגי |
| 069 | | Gn24:22 | והוה כד אשלימו גמליא **למשתי** ונסב גברא קודש דדהב טבע |
| 070 | | Ex 7:18 | נהרא וישתלהון מצריי **למשתי** מיא מנהרא: |
| 071 | | Ex 7:21 | נהרא ולא יכילו מצריי **למשתי** מיא מן נהרא והות אדמה בכל |
| 072 | | Ex15:23 | ואתו למרתא ולא יכלו **למשתי** מיא מן מרה ארום מרירין |
| 073 | | Ex 7:24 | חזור חזור לנהרא <....> **למשתי** מן מוי דנהרא: |
| 074 | למשתי' | Ex17:01M | \מיא דשתון /מים **למשתי'#2/** עמא: |
| 075 | ישתתון etpeel | Lv11:34 | יסתאב וכל משקין די **ישתתון** בכל מן יסתאב: |
| 076 | ישתתי | Lv11:34M | די ישתתון /משקי די **ישתתי#2/** בכל מן יסתאב: |

## שתי *n.* warp [569]

| | | | |
|---|---|---|---|
| 001 | שתיה s em/sf | Lv13:52 | ויוקד ית לבושה או ית **שתיה** או ית ערבה בעמר או בכיתן |
| 002 | | Lv13:56 | לבושיה או מן משך או מן **שתיה** או מן ערבה: |
| 003 | | Lv13:58 | ולבושא או **שתיה** או ערבה או כל מן דמשך די |
| 004 | בשתיא | Lv13:57 | תתחזי תוב בלבושה או **בשתיא** או בערבה או בכל מן דמשך |
| 005 | | Lv13:59 | בלבוש דעמר או בכתן או **בשתיא** או בערבא או בכל מן משך |
| 006 | בשתיה | Lv13:48 | או **בשתיה** או בערבה לכתנא או לעמרא |
| 007 | | Lv13:49 | סמוק בלבוש או במשך או **בשתיה** או בעור«בא» או בכל מן |
| 008 | | Lv13:51 | הלך מכתשה בלבוש או **בשתיה** או בערבה או במשך לכל מה |
| 009 | | Lv13:53 | לא הלך מכתשה בלבוש או **בשתיה** או בערבה או בכל מן דמשך: |
| 010 | דשתייה | Lv13:59M | בערבא /דכ{נ}ת<נ>ה או **דשתייה** או דערבה#2/ או בכל מן |
| 011 | לש' | Lv13:49M | בלבושה או במשכה או **לש'#2/** או בעור«בא» או בכל מן |

## שתין *num.* sixty [568 s.v. שת]

| | | | |
|---|---|---|---|
| 001 | ש' ab/cn | Nu 7:88M | **/ש'#2/** גדיין אשיתין/ש'#2/ אמרין בני שתהון |
| 002 | | Nu 7:88M | תורין דכרין **אשתין/ש'#2/** גדיין אשיתין/ש'#2/ |
| 003 | שיתין | Nu31:34M | וחמרין **אשתין/שיתין#2/** וחד אלפין: |

|  |  | |  | | | |
|---|---|---|---|---|---|---|
| 004 | | | Nu31:39M | לשמה דייי | אשתין/שיתין#2#/ | וחד חמרין: |
| 005 | | | Nu31:32 | בזוז עמא עבדי קרבא ענא | שיתין | ושבע רבבן וחמשין אלפין: |
| 006 | | | Nu 2:26M | וסכומוי#2#/ | אשתין/שיתין#2#/ | ותרין אלפין ושבע |
| 007 | | | Nu11:21M | רגליין גברין עמא | /שיתין | מאה אלפין#2#/ די אנה שרי |
| 008 | | | Dt 3:04 | יתהון מלוות{כ}<ה>ון | שיתין | קריין כל תחום טרכונה |
| 009 | | | Nu 2:32M | לחיילוותהון#2#/ | אשתין/שיתין#2#/ | רבוון ותלתה אלפין |
| 010 | | | Lv27:07M | ואן מן בר | אשתין/שיתין#2#/ | שנין ולעיל אין דכר |
| 011 | שת' | | Nu26:43M | לסכומיהון | אשתין/שת'#2#/ | וארבעה אלפין וארבע |
| 012 | | | Nu12:16M | הוון ישראל | אשתין/שת'#2#/ | רבוון דאנון/דהנון#2# |
| 013 | | | Nu26:51M | דבני ישראל | אשתין/שת'#2#/ | רבוון ואלפא ושבע |
| 014 | שתין | | Gn 5:15 | וחיה מהללאל | שתין | וחמ' שנין ואולד ית ירד: |
| 015 | | | Gn 5:21 | וחיה חנוך | שתין | וחמש שנין ואוליד ית |
| 016 | | | Gn46:26 | דבנוי דיעקב כל נפשתא | שתין | ושית: |
| 017 | | | Nu 1:46 | והוון כל סכומיה | שתין | ריבוון ותלתה אלפין וחמש |
| 018 | | | Gn25:26 | <....> יעקב ויצחק בר | שתין | שנין הווה בזמנא דאוליד |
| 019 | | | Lv27:03 | מן בר עשרין ועד בר | שתין | שנין ויהווי עלויה חמשין |
| 020 | אש' | | Nu 1:46M | והוון כל סכומיה | שתין/אש'#2#/ | ריבוון ותלתה אלפין |
| 021 | | | Lv27:03M | בר עשרין ועד בר | שתין/אש'#2#/ | שנין ויהווי עלויה |
| 022 | אשיתין | | Nu 7:88 | דכרין אשתין גדיין | אשיתין | אמרין בני שתהון אשתין דא |
| 023 | אשתין | | Nu26:27 | לסכומיהון | אשתין | אלפין וחמש מאוון: |
| 024 | | | Nu31:32M | "שיתין ... אלפין": | אשתין | אלפין ושובעין וחמשה |
| 025 | | | Nu 7:88 | וארבעה תורין דכרין | אשתין | גדיין אשיתין אמרין בני |
| 026 | | | Nu 7:88 | אשיתין אמרין בני שתהון | אשתין | דא חנוכת רבותה דמדבחה |
| 027 | | | Nu26:25 | דיששכר לסכומיהון | אשתין | וארבעה אלפין ותלת מאוון: |
| 028 | | | Nu26:43 | דשוחמי לסכומיהון | אשתין | וארבעה אלפין וארבע מאה: |
| 029 | | | Nu31:34 | וחמרין | אשתין | וחד אלפין: |
| 030 | | | Nu31:39M | ואפרשותה דייי | אשתין | וחד |
| 031 | | | Nu31:39 | ואפרשותהון לשמה דייי | אשתין | וחד חמרין: |
| 032 | | | Gn46:26M | דיעקב כל נפשתא | שתין/אשתין#2#/ | ושית: |
| 033 | | | Nu 1:39 | דשבטה דבנוי דדן | אשתין | ותרין אלפין ושבע מאוון: |
| 034 | | | Nu 2:26 | וחיילוותהון וסכומיהון | אשתין | ותרין אלפין ושבע מאוון: |
| 035 | | | Dt 3:04M | \שיתין קריין | /אשתין | קוריין#2#/ כל תחום |
| 036 | | | Nu 2:32 | משריתה וחיילותיה«ו»ן | אשתין | רבוון ותלתה אלפין וחמש |
| 037 | | | Nu11:21 | ואמר משה | אשתין | רבוון רגליין גברין עמא די |
| 038 | | | Nu12:16 | דמשה הוון ישראל | אשתין | רבוון דאנון {פּמום}<סכום> |
| 039 | | | Nu26:51 | סכומיהון דבני ישראל | אשתין | רבוון ואלפא ושבע מאוון |
| 040 | | | Gn25:26M | יעקב ויצחק בר | שתין/אשתין#2#/ | שנין הווה בזמנא |
| 041 | | | Lv27:07 | ואן מן בר | אשתין | שנין ולעיל אין דכר ויהוי |
| 042 | ואישתין | | Gn 5:20M | מאה/מאוון#2#/ | ושתין/ואישתין#2#/ | ותרתין שנין ומית |
| 043 | ואשתין | | Lv12:05M | נדתה \ושתין ושתה | /ואשתין | ואשת'#2#/ יומין תתב |
| 044 | | | Nu 3:50 | כספה אלף ותלת מאוון | ואשתין | וחמש סלעין בסלעי |
| 045 | | | Gn 5:18M | וחיה ירד מאה | ושתין/ואשתין#2#/ | ותרתין שנין ואוליד |
| 046 | | | Gn 5:27M | מאה/מאוון#2#/ | ושתין/ואשתין#2#/ | ותשע שנין ומית |
| 047 | ושיתין | | Nu 3:50M | מאוון/מאה#2#/ | ואשתין/ושיתין#2#/ | וחמש/<וחמ>שה#2#/ |
| 048 | ושתין | | Gn 5:23 | חיוי דחנוך תלת מאה | ושתין | וחמש שנין: |
| 049 | | | Lv12:05 | יומין כרחוק נדתה | ושתין | ושתה יומין תתב תטר על אדם |
| 050 | | | Gn 5:18 | וחיה ירד מאה | ושתין | ותרתין שנין ואוליד ית |
| 051 | | | Gn 5:20 | חיוי דירד תשע מאה | ושתין | ותרתין שנין ומית ואכניש |
| 052 | | | Gn 5:27 | חיוי דמתושלח תשע מאה | ושתין | ותשע שנין ומית ואיתכנש |
| 053 | כאישתין | | Ex12:37M | כשתין /לסוכותה | כאישתין#2#/ | רבבוון דגברין רגליין |
| 054 | כאשתין | | Nu11:21M | "אשתין ... עמא": | כאשתין | רבוון דרגלין עמה |
| 055 | כשתין | | Ex12:37 | מן פילוסין סכותה | כשתין | רבבוון דגברין רגליין |
| 056 | לאשתין | | Ex38:26M | מאה אלפין ותלתה | /לאשתין | רבבן ותלת#2#/ אלפין |

See also: *n.* שטה

## שתיתיי *num.* sixth [569]

|  |  | |  | | | |
|---|---|---|---|---|---|---|
| 001 | שתיתיי | s ab/cn | Gn 1:31 | סדר עבד בראשית יום | שתיתיי: | |
| 002 | שתיי' | s em/sf | Ex20:13M | /דביר' | שתיי'#2#/ | עמי בני ישראל לא |
| 003 | שתיתא | | Ex16:05 | ויהוי ביומא | שתיתא | ויצנעון ית מה דייתון |
| 004 | שתיתאה | | Nu 7:42M | ביומא | שתיתיה/שתיתאה#2#/ | דחנוכת רבותה |
| 005 | שתיתיא | | Ex16:29 | הוא יהב לכון ביומא | שתיתיא | לחם בכפלא שרון גבר באתריה |
| 006 | שתיתיאתה | | Ex26:09 | ותכפל ית יריעתא | שתיתיאתה | לקבל אפי{ה} משכנה: |
| 007 | שתיתיה | | Nu29:29 | וביומא | שתיתיה | דחגה דמטלייה תקרבון תורין |
| 008 | | | Nu 7:42 | ביומא | שתיתיה | דחנוכת רבותה דמדבחה קרב |
| 009 | | | Lv25:21 | ית ברכתי לכון בשתה | שתיתיה | ותעבד ארעא פירי עללתה |
| 010 | | | Ex16:22 | והוה ביומא | שתיתיה | לקטו לחם בכיפלא תרין |
| 011 | | | Nu29:31 | מיא דהוות מתקרבה ביומא | שתיתיה | על גבי מדבחה דכרן טב |
| 012 | שתיתייא | | Gn30:19 | תוב לאה וילדת בר | שתיתייא | ליעקב: |
| 013 | שתיתייתה | | Ex26:09M | ית יריעתא | שתיתיאתה/<שתי>תיי<תה>#2#/ | לקבל/לוקבל#2#/ |
| 014 | שתיתיתה | | Lv25:21M | לכון בשתה | שתיתיה/שתיתיתה#2#/ | ותעבד ארעא פירי |
| 015 | אישתיתי | | Ex26:09M | לבלחודיהון וית | שית/אישתיתי#2#/ | יריען לבלחודיהון |

## שתל *vb.* to plant [569]

|  |  | |  | | | |
|---|---|---|---|---|---|---|
| 001 | שתילה | peal | Gn49:22 | אנה לך יוסף ברי לגפן | שתילה | על מבועין דמיין ושלחת |
| 002 | | | Gn40:09M | ליה בחלמי והא גפן | קדמוי/שתילה | קדמ{ו}<י>י#2#/: |
| 003 | שתילין | | Nu21:34M | אתון מדמיין | שתילין | על מבוע' |
| 004 | | | Nu24:06 | על בעלי דבביכון כגינין | שתילין | על מבועין דמיין כדן יהוון |
| 005 | | | Dt 3:02M | אתון מדמין לאלנין | שתילין | על מבועין דמיין ברם |

## שתק *vb.* to be silent [569]

|  |  | |  | | | |
|---|---|---|---|---|---|---|
| 001 | שתוקו | peal | Ex14:14 | משה לא תדחלון קומן | שתוקו | {י}<ו>הבו איקר ותושבחא |
| 002 | שתק | | Nu30:15 | די עלה קיים יתהון ארום | שתק | לה ביומא די שמע: |
| 003 | | | Gn24:21 | וגבר הוה שתי ומסתכל בה | שתק | למידע הא אן אצלח ייי אורחה |
| 004 | ישתוק | | Nu30:15 | ואין משתק | ישתוק | לה בעלה יום בתר יום |
| 005 | תשתוק | | Lv19:16M | עלה חבריכון ולא | תשתוק | אדמה דחברך בזמן דאת ידע |
| 006 | | | Lv19:16 | וית בעלי דינה לא | תשתוק | לא תיקום על אדם קטולוי |
| 007 | משתק | | Nu30:15 | ואין | משתק | ישתוק לה בעלה יום בתר יום |
| 008 | ושתק | | Lv10:03 | ובאפי כל עמא איתיקר | ושתק | אהרן וקבל עלוהי מכלת |
| 009 | | | Gn34:05 | עם בעירה באפיה ברא | ושתק | יעקב עד זמן דאתון: |
| 010 | וישתוק | | Nu30:05 | די קיימ' על נפשה | וישתוק | לה אבוה ויקומון כל נדרה |
| 011 | | | Nu30:08 | בעלה ביומא די ישמע | וישתוק | לה ויקומון נדריה וקיומא |
| 012 | | | Nu30:12 | וישמע בעלה | וישתוק | לה לא בטל יתה ויקומון כל |
| 013 | | | Nu13:30 | | ושתק | כלב ית עמה קדם משה ואמר |

# ת

## תאוב *n.* one who returns [574]

|  |  |  |  |  |  |  |
|---|---|---|---|---|---|---|
| 001 | ותואביי | p em/sf | Gn25:27M | נפק ומקפח עבוריי׳ | ותואביי | הוא ומטול הכנא ברכיה |
| 002 | ולתהובייא | | Gn21:33M | ומשקה לעבורייה | ולתהו{מ}<ב>ייא | ומן דהוון אכלין |

## תאום ⇐ *n.* תום #2

## תאם *vb.* to fit together [574]

|  |  |  |  |  |  |  |
|---|---|---|---|---|---|---|
| 001 | מתאמין | afel | Ex36:29 | והוון | מתאמין | מן לרע וכחדה הוון מתאמין |
| 002 | | | Ex39:15 | ועבדו על חושנה שלשלת | מתאמין | עובד קליעה דהב דכי: |
| 003 | | | Ex36:29 | מן לרע וכחדה הוון | מתאמין | על ראשה לגו עזקתה חדא |
| 004 | | | Ex39:15 | עובד קליעה דהב דכי% | {מתאמין}: | |

## תאנה ⇐ *n.* תינה

## תבוע *n.* claimant, avenger [574]

|  |  |  |  |  |  |  |
|---|---|---|---|---|---|---|
| 001 | תבוע | s ab/cn | Gn34:31M | <דלית לה> | תבוע | אדם ולא תבוע עלבן כן הוה |
| 002 | | | Nu35:12 | לכון קוריאן לשיזבו מן | תבוע | אדמא ולא ימות קטולא עד זמן |
| 003 | | | Nu35:19 | | תבוע | אדמא הוא יקטול ית קטולה |
| 004 | | | Nu35:24 | כנישתה בין קטולא ובין | תבוע | אדמא עם עסק דיניא האילין: |
| 005 | | | Nu35:27 | קורי שיזובתה ויקטול | תבוע | אדמא ית קטולה לית לי{ת}<ה> |
| 006 | | | Nu35:21 | יתקטיל קטולה הוא | תבוע | אדמה יקטול ית קטולה בזמנה |
| 007 | | | Nu35:27 | ויערע יתיה | תבוע | אדמה לבר מן תחום קורי |
| 008 | | | Gn34:31M | נפקת ברא דלית ליה | תב{י}<ו>ע | איתעביד בדינה אחתי |
| 009 | | | Dt22:02M | עד זמן די | יתבע/תבוע#2#/ | יתיה אחוך ותחזר יתיה |
| 010 | | | Gn34:31M | <דלית לה> תבוע אדם ולא | תבוע | עלבן כן הוה לדינה ברתיה |
| 011 | | | Dt19:06M | דלא \ירדוף תבע /ירדף | תבוע#2#/ | אדמה/דמא#2#/ בתר קטולה |
| 012 | | | Dt19:06 | דלא ירדוף | תבע | אדמה בתר קטולה ארום יזדעזע |
| 013 | דתבוע | | Dt19:12M | יתיה בידוי | דתבע/דתבוע#2#/ | אדמא/דמ״#2#/ ויקטל |

## תביר *adj.* broken [574]

|  |  |  |  |  |  |  |
|---|---|---|---|---|---|---|
| 001 | תביר | s ab/cn | Dt20:08 | דדחל מן חובוי וליביה | תביר | על עבידתיה יזיל ויחזור |
| 002 | ותביר | | Dt20:08M | מן גברא דדחלה | ותביר | ליבה מן חובה די בידיה |
| 003 | דתבירא | | Ex22:12M | /ימטינ׳ עד גושמת חיבא | דתבירא | ולא ישלם#2#/: |
| 004 | תבירי | p const | Ex23:27 | בעלי דבביכון קדמיכון | תבירי | קדל: |
| 005 | | | Dt28:07 | למ{אב} באשה בכון | תבירי | קדל קדמיכון באורחה חדה |
| 006 | תיבירי | | Dt28:25M | יתכון מימריה דייי | תיבירי | קדל#2#/ בעלי דבביכון |

## תבן *n.* straw [574]

|  |  |  |  |  |  |  |
|---|---|---|---|---|---|---|
| 001 | תבן | s ab/cn | Ex5:07 | אינון יזלון ויגבון להון | תבן: | |
| 002 | | | Ex5:10 | פרעה לית אנה יהב לכון | תבן: | |
| 003 | | | Ex5:13 | היך מה דהוה מתיהב לכון | תבן: | |
| 004 | | | Gn24:25 | ואמרת לה אף | תבן | אף כסה סגין עמן ואף אתר |
| 005 | | | Gn24:32 | ^זממי#2#^ גמליא ויהב | תבן | וכסה לגמליא ומיין למסחיה |
| 006 | | | Ex5:16 | | תבן | לית מתיהב לעבדך ולבנין את |
| 007 | | | Ex5:07 | לא תוספון למיתן | תבן | לעמא למלבן לבנין לא היך |
| 008 | | | Ex5:11 | אתון אזלו סבו לכון | תבן | מן אן די תשכחון ארום לא |
| 009 | ותבן | | Ex5:18 | וכדון אזלו פלחו | ותבן | לא אתיה«ב» <לכון> וסכום |
| 010 | לתבן | | Ex5:12 | ארעא דמצרים למגבא קש | לתבן: | |
| 011 | תבנא | s em/sf | Ex5:12M | קש לתבן /למיגבה | תבנא#2#/: | |

## תבע *vb.* to seek, to inquire [574]

|  |  |  |  |  |  |  |
|---|---|---|---|---|---|---|
| 001 | תב׳ | peal | Lv10:16M | שעירה דחטא׳ מתבוע | תב׳ | |
| 002 | תביע | | Nu35:19M | | תבוע/<ת>ביע#2#/ | אדמא/דמה#2#/ הוא |
| 003 | | | Nu35:21M | /קטול <ייי>#2#/ | תבוע/תביע#2#/ | אדמה/דמה#2#/ יקטול |
| 004 | תבע | | Lv10:16 | וית צפירה דחטא׳ מתבע | תבע | משה והא אתוקד ורגז על |
| 005 | | | Ex24:01 | ולמשה אמר סוק | תבע | אולפן מן קדם ייי את ואהרן |
| 006 | | | Ex34:28 | והוה תמן | תבע | אולפן מן קדם ייי ארבעין |
| 007 | | | Nu35:23 | והוא לא הוה שני ליה ולא | תבע | בשתה דנפשיה: |
| 008 | | | Dt32:43 | ודם עבדוי צדיקייה הוא | תבע | ונקמתה יחזר לבעלי דבביכון |
| 009 | | | Gn31:39 | הוינא משלם יתה מני את | תבע | יתה מה דהוון גנביא גנבין |
| 010 | | | Gn43:09 | אנה ערב יתיה מנ{ו}<י> את | תבע | יתה אם לא אייתי יתיה לוותך |
| 011 | | | Dt11:12 | ארעא דייי אלהכון | תבע | יתה בתדירה עייני דייי |
| 012 | | | Ex15:12 | על ארעא בשבועה דלית את | תבע | יתהון מנה לעלמא דאתי ופתחת |
| 013 | | | Dt13:11M | יתכון מן בתר ממרה דייי | /תבע | למסטייה יתכון מעילווי |
| 014 | | | Dt10:12M | מה ייי אלהכון | שאל/תבע#2#/ | מן לוותכון ארום אלהן |
| 015 | | | Gn34:31 | באתה דלית לה בר נש | תבע | עלבנה כדון אתעבד לדינא |
| 016 | | | Ex10:29 | נפשך ולא מן סוף דהוינא | תבע | עלך מן קדם ייי הווינא מצלי |
| 017 | תבעו | | Ex4:19M | ית בישתא דנפשך /די | תבעו | ית נפשך למקטל יתך#2#/: |
| 018 | | | Ex10:28M | ידיהון דעמה אליין די | תבעו | יתך נפשך למקטול יתך |
| 019 | תבעין | | Nu36:05 | יאות שבטה דבני יוסף | תבעין: | |
| 020 | | | Ex23:17 | שתא יתחמון כל דכוריכון | תבעין | אולפן קדם רבון כל עלמיא |
| 021 | | | Dt16:16M | /שנה#2#/ יתחמי כל | דכוריכון/תבעין | אולפן#2#/ ∧עמי בני |
| 022 | | | Ex34:23M | שתה יתחמי כל דכורכון | תבעין | אלפן קודם ייי אלהיה |
| 023 | | | Dt12:05M | עלין /מקדשה תהוון | תבעין | ותעלון לתמן#2#/ בדחלה: |
| 024 | | | Ex4:19 | מיתו כל גובריא דהוון | תבעין | ית בישתא דנפשך: |
| 025 | | | Ex10:29 | מיתו כל גברייא דהוון | תבעין | ית נפשך ולא מן סוף דהוינא |
| 026 | | | Ex10:28 | יתך בידיהון דעמא דהוון | תבעין | נפשך ויקטלון יתך: |
| 027 | תתבעון | | Dt12:05 | תמן לבית מוקדשה | תתבעון | ותהוון עלין בדחלה: |
| 028 | | | Dt4:29 | אלהכון ותשכחון ארום | תתבעון | יתיה בכל לבביכון ובכל |
| 029 | | | Dt12:30 | מן קדמיכון דלא | תתבעון | לטעוותהון למימר היך הוון |
| 030 | | | Lv19:31M | זכורין לא | תתבעון | למ׳ |
| 031 | | | Dt23:07 | לא | תתבעון | שלמיהון ולא לטבותהון כל |
| 032 | אתבוע | | Gn9:05M | אתבוע מן לוות חייתא | אתב{י}<ו>ע | יתיה מן לוות בני אנשא |
| 033 | | | Gn9:05M | | אתבוע | מן לוות חייתא אתב{י}<ו>ע |
| 034 | אתבע | | Gn9:05 | ומלוות אחוי דבר נשא | אתבע | ית נפשה דבר נשה: |
| 035 | | | Gn9:05M | מן לוות גבר ואחוי | אתבע | יתיה |
| 036 | | | Gn9:05 | אתבע מלות כל חיא | אתבע | יתיה ומלות בר נשא ומלוות |
| 037 | | | Gn9:05 | ולחוד ית אדם נפשתכון | אתבע | מלות כל חיא אתבע יתיה |
| 038 | יתבוע | | Dt23:22M | \מתבע יתבע /מתבוע | יתבוע#2#/ | יתיה ייי אלהכון |
| 039 | יתבע | | Ex15:12 | מן דינא יומא רבה דלא | יתבע | יתהון מנה לעלמא דאתי מן יד |
| 040 | | | Dt22:02 | ויהווי עמך עד זמן די | יתבע | יתיה אחוך ותחזר יתיה לה: |
| 041 | | | Dt23:22 | למשלמא יתיה ארום מתבע | יתבע | יתיה ייי אלהכון מן לוותכון |
| 042 | מתבוע | | Dt23:22M | יתיה ארום \מתבע יתבע | /מתבוע | יתבוע#2#/ יתיה ייי |
| 043 | | | Lv10:16M | שעירה דחטא׳ | מתבוע | תב׳ |
| 044 | מתבע | | Dt23:22 | תשהון למשלמא יתיה ארום | מתבע | יתבע יתיה ייי אלהכון |
| 045 | | | Lv10:16 | וית צפירה דחטא׳ | מתבע | תבע משה והא אתוקד ורגז על |
| 046 | דתביע | | Nu35:25M | קטולא מן ידוי | דתבע/<דת>ביע#2#/ | אדמא/דמה#2#/ |
| 047 | דתבע | | Nu35:25 | ית קטולא מן ידוי | דתבע | אדמא ויחזרון יתה עם כנישתה |
| 048 | | | Dt19:12 | תמן וימסרון יתיה בידוי | דתבע | אדמא ויקטל יתיה: |
| 049 | | | Ex33:07 | משכן זימנא והוה כל מן | דתבע | אולפן מן קדם ייי נפק למשכן |
| 050 | ותבע | | Gn25:27M | בבית מדרשא דשם ועבר | ותבע | אולפן מן קדם ייי |
| 051 | ותבעין | | Dt18:11 | אובה ומסקי זכורון | ותבעין | אולפן מן מיתייה: |
| 052 | ויתבעון | | Dt19:18 | | ויתבעון | דייניה יאות והא שהד דשקר |
| 053 | ותתבעון | | Dt17:09 | ממני ביומיא האינון | ותתבעון | ויתנון לכון ית עסק דינה: |
| 054 | | | Dt13:15 | | ותתבעון | ותחקרון ותשאלון יאות והא |

|  | |  |  |  |
|---|---|---|---|---|
| 055 | | | Dt17:04 | ויתני לכון ותשמעון ותתבעון יאות והא מן קושטא אתכוון |
| 056 | | | Dt 4:29M | ותצלון/ותתבעון#2#/ מן {קדם} תמן <קדם> |
| 057 | | כתבע | Ex18:19 | ייי עמך הוי את לעמא כ{מ}תבע אולפן מן קדם ייי ותיתי |
| 058 | | | Ex18:19M | עמך הוי את לעמא כ{מ}תבע/כתבע#2#/ אולפן מן קדם ייי |
| 059 | | למתבוע | Ex19:03M | ומשה סלק למתבע/למתבוע#2#/ אולפן מן קדם ייי |
| 060 | | | Gn25:22M | למהוי לי בנין ואזלת למתבוע רחמין מן קדם ייי |
| 061 | | | Ex32:11M | קדם ייי /ושרי משה למתבוע רחמין מן קדם ייי#2#/ |
| 062 | | למתבע | Ex18:15 | ארום אתון לוותי עמא למתבע אולפן מן קדם ייי: |
| 063 | | | Ex19:03 | ומשה סלק למתבע אולפן מן קדם ייי וקרא ליה |
| 064 | | | Gn25:22 | לבית מדרשא דשם רבה למתבע רחמין מן קדם ייי: |
| 065 | | לתבע | Ex 4:16 | לתורגמן ואת תהוי ליה לתבע אולפן מן קדם ייי: |
| 066 | etpeel | מתבע | Gn42:22 | שמעתון ולחוד דמיה הא מתבע: |
| 067 | | | Dt 1:17 | ארום דינה קדם ייי הוא מתבע ופתגמה די יקשי מינכון |

*n.* תבוע **See also:**

## תבר *vb.* to break [575]

|  | |  |  |  |
|---|---|---|---|---|
| 001 | peal | תבור | Dt33:11M | תקבל» ברעווה תבר/תבור#2#/ חרצה/חרץ#2#/ דשנאוי |
| 002 | | תבר | Ex 9:25 | אילנייא דבאפי ברא תבר: |
| 003 | | | Gn14:20 | וברוך הוא אלהא עליא די תבר בעלי דבבך קדמך ויהב לה חד |
| 004 | | | Dt33:11 | ידוי תקבל» ברעווה תבר חרצה דשנאוי ובעלי דבבוי |
| 005 | | | Nu24:20M | ישראל הוו דבית עמלק תבר יתהון יהושע בר נון |
| 006 | | | Dt28:67M | דלבביכון די תתפחדון /תבר לבבכון די תתברון#2#/ ומן |
| 007 | | תברו | Dt 1:28M | אחינן אמסון/^אמסיו#2#^/תברו#2#/ ית לבבינן |
| 008 | | תברית | Dt10:02M | קדמייה די תברת/תברית#2#/ ותשוי/ושווי#2#/ |
| 009 | | תברת | Ex34:01 | על לוחיא קדמיי די תברת: |
| 010 | | | Dt10:02 | על לווחייה קדמייה די תברת ותשוי יתהון בארונה: |
| 011 | | | Ex15:06 | היא בחילא ימינך ייי תברת פרעה שנאה ובעל דבבה: |
| 012 | | | Ex15:07M | ובסגי גיוותנותך תפגר/תברת שורי#2#/ בעלי דבביהון |
| 013 | | אתבור | Lv26:26M | "אתבר לכון ... עשר": אתבור לכון שע{ד}<ר>י מזוניכון |
| 014 | | אתבר | Lv26:26 | כד אתבר לכון שא מזונה וייפון עשר |
| 015 | | יתברון | Nu 9:12 | מניה עד צפרה וגרם לא יתברון ביה ככל קיימוי דפסחה |
| 016 | | תתברון | Lv11:33 | מה דביה יסתאב ויתיה תתברון: |
| 017 | | | Ex12:46 | מן בשרה לברה וגרמא לא תתברון ביה: |
| 018 | | | Dt 7:05 | תסתרון וקיימתהון תתברון ואשרתהון תקצצון {{וצלמי}} |
| 019 | | | Ex34:13 | וית קיימתהו«ן» תתברון וית אשרתהון תקצצון: |
| 020 | | | Dt28:67M | /תבר לבבכון די תתברון#2#/ ומן חזווי/חזיו#2#/ |
| 021 | | | Nu32:07 | ולמה כען תתברון ית לבהון דבני ישראל |
| 022 | | דתביר | Lv22:22 | דסמי או דתביר או דגבייה או נסיס או דמלי |
| 023 | | ותבר | Ex32:19 | וטלק מן ידוי ית לוחיא ותבר יתהון בשיפלוי דטורא: |
| 024 | | ותברו | Nu32:09 | סגולה וחמון ית ארעא ותברו ית לבהון דבני ישראל דלא |
| 025 | | ותברין | Dt33:29 | ותקיף גיווי סבריכון ותברין בעלי דבביכון מן קדמיכון |
| 026 | | ותברית | Dt 9:17 | מעילווי תרתין ידיי ותברית יתהון לעיינכון: |
| 027 | | | Lv26:13 | להון עבדין משעבדין ותברית ניר שעבודיהון דמצריי |
| 028 | | ויתבר | Dt20:08 | לבייתיה ולא יימסי ויתבר ית לבהון דאחוי כלבביה: |
| 029 | | ותתברון | Dt12:03 | ית מדבחיהון ותתברון ית קיימתהון וטעותהון |
| 030 | | למתבור | Gn19:09M | לחדה וקרבו למתבר/למתבור#2#/ תרעא: |
| 031 | | למתבר | Gn19:09 | בלוט לחדה וקרבו למתבר תרעא: |
| 032 | pael | תברת | Ex15:06M | ובסוגי תוקפך תברת שורי בעלי |
| 033 | | תתברון | Ex23:24 | יתהון ומתברא תתברון ית קיימתהון: |
| 034 | | ואיתבר | Lv26:19M | "ואחרב ... צמחין": ואיתבר ית תקוף חייליכון דן הוא |
| 035 | | ומתברא | Ex23:24 | תפגר{א}<ון> יתהון ומתברא תתברון ית קיימתהון: |
| 036 | | לתברא | Dt20:08M | ולא יגרום לאחוי לתברא לבהון היך לביה |
| 037 | etpeel | תתברון | Dt 7:21 | לא תתברון מן קדמיהון ארום ייי |
| 038 | | | Dt20:03 | תדחלון ולא תפחדון ולא תתברון מן קדמיהון: |

|  | |  |  |  |
|---|---|---|---|---|
| 039 | | | Nu14:42 | דייי שרי עליכון דלא תתברון קדם בעלי דבביכון: |
| 040 | | יתבר | Ex22:09 | למנטרה יתיה וימות או יתבר או ישתביי ולית דחמי יתיה: |
| 041 | | | Lv 6:21M | דחסף די תתבשל/יתבשל יתבר#2#/ בה יתבר ואין במן דנחש |
| 042 | | | Lv 6:21 | ומן דחסף די תתבשל בה יתבר ואין במן דנחש אתבשל ויתמרק |
| 043 | | | Lv15:12 | דחסף די יקרב ביה דיבה יתבר וכל מן דקיס יתמרק וישתטף |
| 044 | | | Dt20:03 | קרבה על בעלי דבביכון לא יתבר לבביכון לא תדחלון ולא |
| 045 | | | Ex13:17 | הוא ארום אמר ייי דלא יתבר לבהון דעמא כד יחמון סדרי |
| 046 | | | Lv26:41 | בעלי דבביהון או דלמה יתבר לבהון זידנה ובכדן ירעון ית |
| 047 | | יתברון | Ex12:42 | למתפרקא נירי פרזלא יתברון ודרי רשיעא ישתיצון ומשה |
| 048 | | ויתבר | Ex22:13 | ישאל גבר מלות חבריה ויתבר או ימות מרה לית עמיה |
| 049 | | ותתברון | Dt28:66M | ובאימה /וקבלה ותתברון ליליה ויממה#2#/ ולא |

## תבר *n.* break [575]

|  | |  |  |  |
|---|---|---|---|---|
| 001 | s ab/cn | תבר | Lv24:20 | תבר תשלומי {דג}<ת>בר עין |
| 002 | | | Lv24:20 | תבר תשלומי {דג}<ת>בר עין תשלומי עין שן |
| 003 | s em/sf | תברה | Lv26:36 | ומה דמשתייר בכון ואעל תברה בלבביכון בארע בעלי דבביכון |
| 004 | | תברהון | Dt32:35 | ארום קריב הוא יום תברהון דרשיעיה ואשת' דגהינם |
| 005 | | תבריהון | Dt32:35M | הוא יום תברהון/<תב>ריהון#2#/ דרשיעיה ואשת' |

## תבשיל *n.* cooked dish [575]

|  | |  |  |  |
|---|---|---|---|---|
| 001 | s ab/cn | תבשיל | Gn25:29 | ובשל יעקב תבשיל דטלופחין {ואתא עשו מן} |
| 002 | | ותבשיל | Gn25:34 | ויעקב יהב לעשו לחם ותבשיל דטלופחין ואכל ושתה וקם |
| 003 | | ותפש' | Gn25:34M | יהב לעשו לחם ותבשיל/ותפש'#2#/ דטלופחין ואכל ושתה |
| 004 | s em/sf | תבשילא | Gn25:30 | ליעקב איכל יתי כען מן תבשילא סמוקא הדין ארום משלהי אנה |
| 005 | p abs | תבשילין | Gn27:04 | ועבד לי תבשילין היך מה דרחמת ואייתי לי |
| 006 | | | Gn27:14 | לאימיה ועבדת אמיה תבשילין היך מה דרחם אבו{ת}י: |
| 007 | | | Gn27:31 | ועבד אף הוא תבשילין ואייתי לאבוי ואמר לאבוי |
| 008 | | | Lv22:27M | משכין דגדיין ועבד תבשילין ואייתי לאבוי ואייכל |
| 009 | | | Gn27:07 | אייתי לי ציד ועבד לי תבשילין ואיכול ואברך יתך קדם ייי |
| 010 | | | Gn27:09 | טבין ואעביד יתהון תבשילין לאבוך היך מה דהוא רחים: |
| 011 | | תפש' | Gn27:04M | ועבד לי תבשילין/תפש'#2#/ היך מה דרחמת ואייתי |
| 012 | | תפשי' | Gn27:14M | ועבדת אמיה תבשילין/תפשי'#2#/ היך מה דרחם |
| 013 | | תפשילין | Gn27:07M | לי \תבשילין ואיכול /תפשילין וניכול#2#/ ואברך יתך |
| 014 | | | Gn27:09M | ואעביד יתהון תבשילין/תפשילין#2#/ לאבוך היך מה דהוא |
| 015 | | ותבשילין | Lv22:27 | דגדיין בני עזין ותבשילין עבד ואייכ{ו}ל לאבוי |
| 016 | p em/sf | תבשילוי | Lv22:27M | ואייכל לאבוי מן תבשילוי וחמר אשקי יתיה וזכה |
| 017 | | תבשילייה | Gn27:17 | ויהבת ית תבשילייה וית לחמה דעבדת ביד יעקב |
| 018 | | תפשי' | Gn27:17M | ויהבת ית תבשילייה/תפשי'#2#/ וית לחמה דעבדת |

תואב *n.* ⇐ תאוב

## תגר *vb.* to trade with [575]

|  | |  |  |  |
|---|---|---|---|---|
| 001 | etpaal | תתגר | Dt21:14 | לא תזבן יתה בכסף לא תתגר עלה חלף די יהבת רשותך עלה: |
| 002 | | ואתגרו | Gn34:10 | תהוי קדמיכון שרון ואתגרו בה ואחסנו יתה: |
| 003 | | ויתגר | Dt24:07 | אחוי מן בני <ישראל> ויתג{ב}ר בה ויזבן יתיה ויתקטל |
| 004 | | ויתגרון | Gn34:21 | טבא עמן וישרון בארעא ויתגרון בה וארעא הא פתיא היא |

## תגר *n.* merchant [575]

|  | |  |  |  |
|---|---|---|---|---|
| 001 | p abs | תגרין | Gn37:28 | ועברו גברין מדיינין תגרין ודלון ואפקון ית יוסף מן |
| 002 | | תגרן | Gn25:03 | דדן ובנוי דדן הוון תגרן ואמופרין וראשי אומין: |

## breast *n.* תד [575]

| | | | | | | |
|---|---|---|---|---|---|---|
| 001 | תדי | d const | *Ex15:02M* | "אמרין": מן | ת{ר}<ד>י | אמהתא הוון ינקיא |

## regular *adj.* תדיר [576]

| | | | | | | |
|---|---|---|---|---|---|---|
| 001 | ת' | s em/sf | *Lv24:03* | ועד צפרא קדם ייי | בתדירה/ת'#2#/ | קיים עלם לדריכון: |
| 002 | תד' | | *Ex28:38M* | על בית אפוי | בתדירא/תד'#2#/ | לרעוא עליהון/להון#2# |
| 003 | תדירא | | *Ex28:30* | על לביה~ קדם ייי | תדירא: | |
| 004 | | | *Ex20:20M* | בית אפיכון ולא תיחטון | /תדירא | בפמ' מן בגלל דל' |
| 005 | | | *Ex13:09* | דתיהוי אוריתא דייי | תדירא | בפמיכון ארום ביד תקיפא |
| 006 | | | *Ex29:42* | עלה | תדירא | לדריכון בתרע משכן זימנא |
| 007 | תדירה | | *Nu28:03* | תרין בכל יום על{ם}<ה> | תדירה: | |
| 008 | | | *Nu28:06* | עלה | תדירה | היך מה דאתקרבת על טורא |
| 009 | | | *Nu 4:16* | וקטרת בוסמנייה ומנחה | תדירה | ומשחה דרבותה סכום כל |
| 010 | | | *Lv 6:06M* | אשה | בתדירה/תדירה#2#/ | תיהווי יקד' עלוי |
| 011 | תדירין | p abs | *Dt 6:06* | מפקד יתכון יומא הדין | תדירין | על לבבכון: |
| 012 | | | *Dt11:18* | ית פתגמייה האליין | תדירין | על לבביכון ועל נפשתכון |

## similar form *n.* תדמי [!!]

| | | | | | | |
|---|---|---|---|---|---|---|
| 001 | ותדמיתה | s em/sf | *Ex30:32M* | לא יתמשח | ובדמותה/ותדמיתה#2#/ | לא תעבדון כוותיה |

## regret *n.* תהו [576]

| | | | | | | |
|---|---|---|---|---|---|---|
| 001 | תהו | s ab/cn | *Gn 6:06* | והוות | תהו | מן קדם ייי ארום ברא ית אדם |
| 002 | | | *Ex32:14* | והוה | תהו | מן קדם ייי על בישתא די אמר |
| 003 | | | *Gn 6:07* | ועד עוף שמיא ארום הוה | תהו | קדמי ארום בראת יתהון: |
| 004 | | | *Ex32:12* | כען מן תקף רוגזך ויהוי | תהו | קדמך על בישתא די אמרת |
| 005 | תוהו | | *Gn 6:07M* | קדמי ארום בראת יתהון | /תוהו | ארום ברית יתהון#2#/: |
| 006 | | | *Gn 6:06M* | והוות | תהה/תוהה#2#/ | מן קדם ייי ארום ברא |
| 007 | | | *Ex32:14M* | \והוה תהו מן קדם /והוות | תוהו | קד'#2#/ ייי על בישתא די |

See also: תהי *adj.*

## abyss *n.* תהום [576]

| | | | | | | |
|---|---|---|---|---|---|---|
| 001 | תיהום | s ab/cn | *Gn 7:11M* | תהומא /עיינות | תיהום#2#/ | רבה וכווי/וחרכי#2#/ |
| 002 | תהומ' | s em/sf | *Gn50:01M* | ושרשוי מטיין עד ארעית | תהומ' | מנה קמו בישראל תריסר |
| 003 | תהומא | | *Nu21:06M* | אסקית להון באירא מן | תהומא | |
| 004 | | | *Gn49:25* | מן לעיל ומן ברכת מבועי | תהומא | דסלקין מן ארעא מן לרע |
| 005 | | | *Nu21:06* | ואסקת להון בירא מן | תהומא | ואגיזת להון סלווי מן ימא |
| 006 | | | *Gn 8:02M* | ואסתכרו עינות | תהומא | וחרכי שמיא וכל אמטרא מן |
| 007 | | | *Gn 8:02* | ואסתתמו מבועי | תהומא | וכווי שמיא ואיתמנע מטרא |
| 008 | | | *Ex12:42* | וחשוכא פריס על אפי | תהומא | וממריה דייי והוה נהורא |
| 009 | | | *Gn 1:02* | וחשוכא פריס על אפי | תהומא | ורוח דרחמין מן קדם ייי |
| 010 | | | *Gn 7:11* | הדין אתבזעו כל מבועי | תהומא | רבה וכווי שמיא אתפתחו: |
| 011 | תהומה | | *Dt32:10* | שמיא אסק להון באר' מן | תהומה | ואגיז להון סלוי מן ימה |
| 012 | ותהומין | p abs | *Dt 8:07* | דמיין מבועין | ותהומין | נפקין בבקעתה ובטורה: |
| 013 | תהומיא | p em/sf | *Ex15:08* | זיקיא דמיא נזליא קפון | תהומיא | בפלגות דימא רבא: |
| 014 | | | *Ex15:05* | | תהומ«י»א | כסון עליהון נחתו ושקעו |

See also: תאוב *n.*

## desolate *adj.* תהי [576 s.v. תהי vb.]

| | | | | | | |
|---|---|---|---|---|---|---|
| 001 | תהו | s ab/cn | *Ex12:42* | למבריה יתיה הוה עלמא | תהו | ובהו וחשוכא פריס על אפי |
| 002 | תהי | | *Ex12:42M* | עלמא \תהו ובהו וחשוכא | /תהי | ובהו וחשוכא#2#/ פריס |
| 003 | תהיא | | *Gn 1:02* | וארעא הוות | תהיא | ובהיא וצדי מן בר נש ומן |

## perverse person *n.* תהפכן [576]

| | | | | | | |
|---|---|---|---|---|---|---|
| 001 | תהפכנין | p abs | *Dt32:20* | אחריותהון ארום דר | תהפכנין | אנון בנין דלית להון |

## to return *vb.* תוב [576]

| | | | | | | |
|---|---|---|---|---|---|---|
| 001 | תוו | peal | *Nu10:36M* | זקיף ידוי בצלו ואמ[ר] | תוו | כען ממריה דייי מן תקוף |
| 002 | תייב | | *Nu23:20M* | לית אנה | מנע/תייב#2#/ | מנהון: |
| 003 | ותב | | *Gn22:19* | | ותב | אברהם לוות עולימוי |
| 004 | | | *Ex 4:18* | ואזל משה | ותב | ליתרו חמוי ואמר ליה איזל |
| 005 | | | *Gn 8:11* | | ותב | לותה יונה לעדוני רמשא והא |
| 006 | ותוב | | *Nu10:36* | ייי מן תקוף רוג{ד}<ז>ך | ותוב | עלינן ברחמיך טבייה ואשרי |
| 007 | ותתובון | | *Dt 4:39* | ותדעון יומא הדין | ותתובון | על לבבכון ארום ייי הוא |
| 008 | | | *Dt 4:30* | בסוף עקב יומיא | ותתובון | קדם ייי אלהכון ותשמעון |
| 009 | אתביניה | afel | *Gn44:18M* | סייפי מן תייק' לא | אתביניה | לגוה עד זמן דקטל אנה כל |
| 010 | אתיבנא | | *Gn44:18* | סייפי מן תייקא לא | אתיבנא | לגווה עד זמן דקטיל אנה כל |
| 011 | ואיתיבו | | *Nu13:26* | למדברה דפארן לרקם | ואיתיבו | יתהון פתגם ולכל עם |
| 012 | ואתבך | | *Gn40:13M* | {ראשך} \ויחזור | יתך/ואתבך#2#/ | לשימושך ותשוי כסא |
| 013 | ואתיב | | *Gn27:37* | | ואתיב | יצחק ואמר לעשו הא רב |
| 014 | | | *Gn37:14* | דאחיך וית שלמא דענא | ואתיב | יתי פתגם ושלח יתיה מן |
| 015 | | | *Nu22:08* | הכה יומא הדין ולליא | ואתיב | יתכון פתגם היך מה די |
| 016 | וית' | | *Nu13:26M* | דפארן לרקם | ואיתיבו/וית'#2#/ | יתהון פתגם |
| 017 | ויתיבון | | *Dt 1:22* | ויללו לנא ית ארעא | ויתיבון | יתן פתגמא ית ארחא די |

## again *adv.* תוב [576]

| | | | | | | |
|---|---|---|---|---|---|---|
| 001 | תוב | | *Gn 8:12* | ולא אוספת למחזר לוותה | תוב: | |
| 002 | | | *Gn46:29* | צואריה ובכה על צואריה | תוב: | |
| 003 | | | *Dt10:16* | ק{י}שייא לא תתקפון | תוב: | |
| 004 | | | *Dt13:17* | צדי לעולם לא תתבני | תוב: | |
| 005 | | | *Dt17:13* | וידחלון ולא יזידון | תוב: | |
| 006 | | | *Nu22:15M* | ואוסיף | עוד/תוב#2#/ | בלק ושלח שליחין |
| 007 | | | *Gn35:10* | שמך יעקב ולא יתקרי שמך | תוב | יעקב ארום אלהן ישראל |
| 008 | | | *Gn30:19* | ועברת | תוב | לאה וילדת בר שתיתייא |
| 009 | | | *Ex 4:06* | ואמר ליה | תוב | אעל כען ידך בחובך ואעל |
| 010 | | | *Lv13:57* | ואין תתחזי | תוב | בלבושה או בשתיא או בערבה |
| 011 | | | *Nu18:22* | ולא יקרבון | תוב | בני ישראל למשכן זימנה |
| 012 | | | *Dt 3:26* | לך לא תוסף למללה קדמי | תוב | בפתגמא הדין: |
| 013 | | | *Lv14:53M* | יטי{ני}<מ>וס הוא למלקי | תוב | בצרעתה ת{ו}<י>יבבה ציפורה |
| 014 | | | *Gn49:04* | ולא תוסיף למחטי | תוב | ברי ועל ד{ט}חטית תשתרי |
| 015 | | | *Ex14:13* | לא תוספון למיחמיה יתהון | תוב | בשעבוד ע{ל}<ד> לעלם: |
| 016 | | | *Gn37:09* | לאחוי ואמר הא חלמת חלם | תוב | והא שמשא וזהרא וחד עשר |
| 017 | | | *Gn29:34* | ועברת | תוב | וילדת בר ואמרת כדון בהדא |
| 018 | | | *Gn30:07* | ועברת | תוב | וילדת בלהה אמה{ה}תה דרחל |
| 019 | | | *Gn38:04* | ועברת | תוב | וילדת בר וקרת ית שמיה |
| 020 | | | *Gn38:05* | ואוספת | תוב | וילדת בר וקרת ית שמה שלה |
| 021 | | | *Gn29:33* | ועברת עוד | תוב | וילידת בר ואמרת ארום {...} |
| 022 | | | *Gn29:35* | ועברת | תוב | וילידת בר ואמרת הדה זמנה |
| 023 | | | *Dt18:16* | אשתה רבתה הדה לא אחמי | תוב | ולא אמות: |
| 024 | | | *Dt 5:25* | ית קל מימרה דייי אלהן | תוב | ומייתין אנן: |
| 025 | | | *Gn37:09* | וחלם | תוב | זמן תניינות ותני יתיה |
| 026 | | | *Ex10:28* | לא תוסיף לממללה קדמ' | תוב | חד מאילן מלייה קשייתא ברם |
| 027 | | | *Ex 3:15* | ואמר | תוב | ייי למשה כדין תאמר לבני |
| 028 | | | *Gn 8:21* | במחשבת לבה לא אוסף למלט | תוב | ית ארעא בגלל בר נשא ארום |
| 029 | | | *Gn17:05* | ולא יתקרי | תוב | ית שמך אבר' ויהוי שמך |
| 030 | | | *Dt19:20* | ולא יוספון למעבד | תוב | כפתגמא בישה הדין ביניכון: |

| | | | | |
|---|---|---|---|---|
| 031 | | | Gn24:20 | קולתה לגו מורכיון והרהטת תוב לבאירה למימלי ומלת לכל |
| 032 | | | Gn38:26 | יתה לשלה ברי ולא אוסף תוב למחכם יתה: |
| 033 | | | Gn45:28M | ניחמותא לא סברית {ס}<ת>וב למחמי ומן לדעד כדון |
| 034 | | | Dt28:68 | די אמרת לכון לא תוספון תוב למחמי יתה ותזדבנון תמן |
| 035 | | | Nu32:15 | מן בתר ממרה ויוסף תוב למטלטלה יתכון במדברה |
| 036 | | | Ex 2:03 | ולא יכלת תוב למטמרה יתיה ונסבת ליה תיבו |
| 037 | | | Ex10:29 | מללת לא אוסף תוב למיחמי סבר אפך: |
| 038 | | | Gn37:05 | חלם ותני לאחוי ואוסיפו תוב למ«י»סני: |
| 039 | | | Dt31:02 | יומא הדין לית אנה יכיל תוב למיפוק ולמיעול וממרה דייי |
| 040 | | | Gn 8:10 | ושרי תוב לממני שבעה יומין אחרינין |
| 041 | | | Gn 8:12 | ושרי תוב לממני שבעה יומין חרינין |
| 042 | | | Gn 8:21 | מן טליותיהון ולא אוסף תוב למשיצא ית כל חייא היך מה |
| 043 | | | Gn18:29 | ואוסף תוב למתמללה עימיה ואמר מה |
| 044 | | | Gn 9:11 | מן מוי דמבולא ולא יהבי תוב מבול למחבלא ארעא: |
| 045 | | | Gn 9:15 | חיה בכל בשרא ולא יהוי תוב מיא למבולא לחבלא כל בשרא: |
| 046 | | | Gn 9:11 | עמכון ולא ישתצי כל בשרא תוב מן מוי דמבולא ולא יהבי תוב |
| 047 | | | Ex 9:29 | ותמנעון וברדא לא יהוי תוב מן בגלל דתדע ארום דייי |
| 048 | | | Gn37:08 | אן משלט תשלט בן ואוספו תוב משנא יתיה על חלמוי ועל |
| 049 | | | Ex36:03 | יתה ואנון אייתון לוותה תוב נדבה בכל צפר וצפר: |
| 050 | | | Ex36:06 | גבר ואתה לא יעבדון תוב עבידה לאפרשות בית קודשא |
| 051 | | | Dt17:16 | למחזור באורחא הדין תוב עד לעלם: |
| 052 | | | Nu18:05 | מדבחה ולא יהווי רגוז ^תוב#2# ^ על בני ישראל: |
| 053 | | | Nu32:14 | דגברין חייבין למוספה תוב על תקוף רוגזה דייי על |
| 054 | | | Gn29:27 | דא בפולחנא די תפלח עד תוב <שבע> שנין אחרינין: |
| 055 | | | Gn29:30 | מלאה ופלח עמיה עוד תוב שבע שנין אחרניי«ן»: |
| 056 | | | Dt19:09 | כל יומיא ותוספון לכון תוב תלת קורי שיזבו על תלתי |
| 057 | ותוב | | Gn49:22 | יוסף ברי דרבית ותקפית ותוב הוי חמי לך למתקף מדמי אנה |

תובן *adv.* See also:

## תובן *adv.* again

[576 s.v. תוב adv.]

| | | | | |
|---|---|---|---|---|
| 001 | ותובן | | Lv22:27M | תמן אמר תחותוי לעלתה ותובן תליתיי גדי בר עיזין בגין |

## תוגרה *n.* plenty, multitude

[577]

| | | | | |
|---|---|---|---|---|
| 001 | תוגרת | s ab/cn | Dt33:19 | קרבנין דקשוט ארום תוגרת ימייא ייכלון וסימן דטמירן |

## תוחמדה *n.* desire, delight

[577]

| | | | | |
|---|---|---|---|---|
| 001 | תוח' | s ab/cn | Dt18:06M | /די הנון תמן וייתה כל תוח#2# / נפשיה לאתרא די יתרעי |
| 002 | תוחמדת | | Dt18:06 | איתותב לתמן וייתי בכל תוחמדת נפשיה לאתרא די יתרעי ייי: |
| 003 | | | Dt12:20 | נפשכון למיכל בשר בכל תוחמדת נפשיכון תיכלון בשר: |
| 004 | | | Dt12:21 | ותאכלון בקורייכון בכל תוחמדת נפשיכון: |
| 005 | | | Dt12:15 | לחוד בכל תוחמדת נפשתכון תכסון ותיכלון בשר |
| 006 | תוחמודה | | Nu11:04 | די ביניהון איתחמדו תוחמודה וחזרו ובכון לחוד בני |
| 007 | תחמדא | | Gn 3:06 | טב אילנא למיכל וארום תחמדא הוא לעייניה ויאי אילנא |
| 008 | תוחמדתה | s em/sf | Nu33:17 | ונטלו מן קברי תוחמדתה ושרון בחצרות: |
| 009 | תחמדתה | | Dt 9:22M | מצותה ובקברי שאלת תחמדתה#2# / מרגזין הוויתון קדם |

*n.* תחמודה See also:

## תוחמדו *n.* coveting

[577]

| | | | | |
|---|---|---|---|---|
| 001 | תחמדו | s ab/cn | Nu11:04M | איתחמדו תוחמודה/תחמדו#2# / וחזרו ובכון לחוד |

## תוחמדן *adj.* desirable

[577]

| | | | | |
|---|---|---|---|---|
| 001 | תחמדנה | s em/sf | Nu11:34M | דאתרה ההוא קברי שאלתה/תחמדנה#2# / ארום תמן קברו ית |
| 002 | תוחמדנייא | p em/sf | Gn27:15M | דעשו ברה רבה משבחיין/תוחמדנייא די הוון גבה |
| 003 | תוחמדנייה | | Nu11:34M | ית עמא דהוון מתחמדין/תוחמדנייה#2# /: |
| 004 | | | Nu11:35M | מן קברי תחמודתה/תוחמדנייה#2# / נטלו עמה בחצרות |

## תולדה *n.* generation

[!! cf. 582 תלדו note]

| | | | | |
|---|---|---|---|---|
| 001 | תולדה | s ab/cn | Gn48:06M | ותולדתך/ובית תולדה#2# / דאולידת בתריהון לשמך |
| 002 | תולדת | | Gn 2:04 | אילין יחוס תולדת שמיא וארעא באיתבריותהון |
| 003 | ותולדתך | s em/sf | Gn48:06 | ותולדתך דאולידת בתריהון לשמך |

*n.* תלדו See also:

## תולעה *n.* worm

[577]

| | | | | |
|---|---|---|---|---|
| 001 | תולעתה | s em/sf | Dt28:39 | תמגורון ארום תאכל יתה תולעתה: |
| 002 | תולעין | p abs | Ex16:20 | גברין עד צפרא ועבד תולעין ואסרח ורגז עליהון משה: |

## תום *n.* garlic

[577]

| | | | | |
|---|---|---|---|---|
| 001 | תומה | s em/sf | Nu11:05M | וית בצליה וית תומיה/תומה#2# /: |
| 002 | תומיה | p em/sf | Nu11:05 | כרתיה וית בצליה וית תומיה: |

## תום 2# *n.* twin

[577 תומיין]

| | | | | |
|---|---|---|---|---|
| 001 | תאומין | d abs | Gn25:24 | יומהא למילד והא תאומין בגו מעיה: |
| 002 | תומיין | | Gn38:27 | והווה בשעתה דילדת והא תומיין בגו מעייה: |

## תומין *n.* Tummim

[577]

| | | | | |
|---|---|---|---|---|
| 001 | תומי' | p em/sf | Ex28:30 | דדינה ית אוריה וית תומי' ויהוון על לביה ^^ויטעון |
| 002 | תומייא | | Dt33:08 | משה נביא דייי ואמר תומייא ואורייא אלבישת לאהרן |
| 003 | תמיה | | Lv 8:08 | לגו חושנה ית אוריה וית תמיה: |

## תומרה *n.* date palm

[577]

| | | | | |
|---|---|---|---|---|
| 001 | תומרין | p abs | Dt34:03 | דיריחו קרתה דעבדה תומרין היא זער: |
| 002 | דתמרין | | Ex15:27 | ישראל ושובעין דקלין דתמרין כל קבל שבעין <סביא> |
| 003 | | | Nu33:09 | דישראל ושבעין דקלין דתמרין כל קבל שבעתי חכימי דבני |
| 004 | תומר' | p em/sf | Gn14:07M | בעין גדי תמריא/תומר'#2# /: |
| 005 | תומרייה | | Dt 8:08M | ומן תומרייה עבדין דובשא |
| 006 | תמריא | | Gn14:07 | דהוון שריין בעין גדי תמריא: |
| 007 | ותומרייה | | Dt 8:08 | דמן זייתה עבדין משח ותומרייה חליין כדבשה: |

*n.* חמר See also:

## תוף *n.* drum

[578]

| | | | | |
|---|---|---|---|---|
| 001 | בתופין | p abs | Gn31:27 | שלחת יתך בחדון בשירין בתופין ובכינרין: |
| 002 | תופי | p em/sf | Ex15:20 | נביאתה אחתה דאהרן ית תופי בידה ונפקו כל נשיא בתרה |
| 003 | בתופיא | | Ex15:20 | ונפקו כל נשיא בתרה בתופיא הוון חיילן: |

## תופין *n.* type of pastry

[578]

| | | | | |
|---|---|---|---|---|
| 001 | תופיני | p const | Lv 6:14 | תתקרב מרתחה ייתי יתה תופיני מנחה דקצוין תקריב לריח |

## תוקלה *n.* stumbling-block [578]

|  |  | |  |  |  |  |
|---|---|---|---|---|---|---|
| 001 | תוק' | s ab/cn | *Nu31:16M* | \הא אינון הוויין | תקלה/תוק#2/ | /הנין דהוון תקלה#2/ |
| 002 | תוקלה | | *Dt 7:16* | קדם טעוותהון ארום | תוקלה | אינון לכון: |
| 003 | תקל' | | *Dt 7:16M* | טעוותהון ארום | תוקלה/תקל#2/ | אינון/הנון#2/ לכון: |
| 004 | תקלה | | *Lv19:14M* | לסמייה לא תשוון | <ת>קל{ל}ה | |
| 005 | | | *Lv19:14M* | דדמי לסמיא לא תשוון | תקלה | |
| 006 | | | *Lv19:14* | וקדם מן דלא חמי לא תתן | תקלה | ותדחלון מן אלהכון כדן אמר |
| 007 | | | *Nu11:26M* | "ויה[ו]י ...": ויהווי | תקלה | לבני ישראל ומידד הוה |
| 008 | | | *Nu31:16* | הא אינון הוויין | תקלה | לבני ישראל בעצתיה דבלעם |
| 009 | | | *Nu31:16M* | /תוק#2/ /הנין דהוון | תקלה#2/ | לבני ישראל בעצתיה |
| 010 | לתוקלה | | *Ex34:12* | עלין בגווה דלא יהוון | לתוקלה | ביניכון: |
| 011 | | | *Ex10:07M* | יהווי דין לן | לתקלה/לתוקלה#2/ | שלח ית עמא |
| 012 | לתקלה | | *Ex23:33* | ארום יהוון לכון | לתקלה: | |
| 013 | | | *Nu11:26* | מן ימא ויהוי לישראל | לתקלה | ומידד הוה מתנבא ואמר הא |
| 014 | | | *Ex10:07* | עד אימת יהווי דין לן | לתקלה | שלח ית עמא ויפלחון קדם |

## תוקפה *n.* powerful deed [578 but cf. תקוף n.]

|  |  | |  |  |  |  |
|---|---|---|---|---|---|---|
| 001 | דתוקפתא | s em/sf | *Nu23:22M* | דמצרים \די | תוקפא/דתוקפתא#2/ | ותושבחתה ורוממותה |

See also: תקוף *n.*

See also: תקיף *adj.*

## תור *n.* ox [578]

|  |  | |  |  |  |  |
|---|---|---|---|---|---|---|
| 001 | תור | s ab/cn | *Ex21:33* | ולא יכסה יתיה ויפל תמן | תור | או חמור: |
| 002 | | | *Ex21:37* | וארום יגנב | תור | או אימר ויכס יתיה או יזבן |
| 003 | | | *Ex22:09* | יתן גבר לחבריה חמר או | תור | או אימר וכל בעיר למנטרה |
| 004 | | | *Lv22:27M* | ואמר עמי בני ישראל | תור | או אמר |
| 005 | | | *Lv27:26* | לא יקדש גבר יתיה אין | תור | אין אימר לשמה דייי הוא: |
| 006 | | | *Dt18:03* | נכסי נכסתה אין | תור | אין אימר ויתן לכהנה אדרעא |
| 007 | | | *Lv17:03* | גבר מבית ישראל די יכוס | תור | אמר או גדי בר עזין במשריתה |
| 008 | | | *Lv22:27* | ומפרש בספר אוריית' דייי | תור | אמר או גדי ארום יתילד יהוי |
| 009 | | | *Dt14:04* | דא בעיר די תאכלון | תור | אמר באמריה וגדי בעיזיה: |
| 010 | | | *Lv 4:03* | על חובתיה די אתחייב | תור | בר תורין שלם מן מום לשמה |
| 011 | | | *Lv 4:14* | עלה ויקרבון קהלא | תור | בר תורין לחטאתה וייתון יתה |
| 012 | | | *Nu 8:08* | ויסבון | תור | בר תורין ומנחתה סולת פילה |
| 013 | | | *Nu15:24* | ויקרבון כל עם כנישתה | תור | בר תורין חד לעלה לריח |
| 014 | | | *Nu29:02* | עלה לריח דרעוה קדם ייי | תור | בר תורין חד דכר חד אמרין |
| 015 | | | *Nu29:08* | עלה קדם ייי לריח דרעוה | תור | בר תורין חד דכר חד אמרין |
| 016 | | | *Lv 7:23* | בני ישראל למימר כל תרב | תור | ואמר וגדי בר עזין לא |
| 017 | | | *Dt17:01* | לא תקרבון קדם ייי אלהכון | תור | ואמר די יהווי ביה מום כל |
| 018 | | | *Nu23:30* | היך מה דאמר בלעם וקרב | תור | ודכר על כל מדבח: |
| 019 | | | *Nu23:02* | בלעם וקרב בלק ובלעם | תור | ודכר על כל מדבח: |
| 020 | | | *Nu23:04* | שבעתי מדבחיה סדרת וקרבת | תור | ודכר על כל מדבח: |
| 021 | | | *Nu23:14* | ובנה שבעה מדבחין וקרב | תור | ודכר על כל מדבח: |
| 022 | | | *Ex21:36* | משלמא ישלם תור תחות | תור | והנייתה דמיתא תהוי דידיה: |
| 023 | | | *Ex29:01* | קדמוי בכהונתא רבתה סב | תור | חד בר תורין ודכרין תרין |
| 024 | | | *Nu 7:15* | | תור | חד בר תורין ב{ת}<ר> תלת |
| 025 | | | *Nu 7:21* | | תור | חד בר תורין בר תלת שנין |
| 026 | | | *Nu 7:33* | | תור | חד בר תורין בר תלת שנין |
| 027 | | | *Nu 7:39* | | תור | חד בר תורין בר תלת שנין |
| 028 | | | *Nu 7:45* | | תור | חד בר תורין בר תלת שנין |
| 029 | | | *Nu 7:51* | | תור | חד בר תוריה«ן» בר תלת |
| 030 | | | *Nu 7:57* | | תור | חד בר תורין בר תלת שנין |
| 031 | | | *Nu 7:63* | | תור | חד בר תורין בר תלת שנין |
| 032 | | | *Nu 7:69* | | תור | חד בר תורין בר תלת שנין |
| 033 | | | *Nu 7:75* | | תור | חד בר תורין בר תלת שנין |
| 034 | | | *Nu 7:81* | | תור | חד בר תורין בר תלת שנין |
| 035 | | | *Nu29:36* | לריח דרעוה קדם ייי | תור | חד דכר חד אמרין בני שתהון |
| 036 | | | *Ex21:29* | ואין | תור | נגשן הוא מן דאתמל ומן |
| 037 | | | *Ex21:36* | אין אתודע ארום | תור | נגשן הוא מן דאתמל ומן |
| 038 | | | *Lv 4:10M* | קודשיה /דאתפרש מן | תור | נכיסת קוד#2/ ויסדר |
| 039 | | | *Ex22:08* | על כל פתגם דחטיא על | תור | על חמרא על אמר ועל לבוש |
| 040 | | | *Ex21:36* | יתה מריה משלמא ישלם | תור | תחות תור והנייתה דמיתא |
| 041 | בתור | | *Lv16:03* | לשמשה לגו בית משריתא | בתור | בר תורין לחטאתה ודכר |
| 042 | | | *Dt22:10* | עמי בני ישראל לא תרדון | בתור | ובחמר תריהון קטירין כחדה: |
| 043 | ותור | | *Lv22:23* | | ותור | או אמר דחסיר אבר או יתיר |
| 044 | | | *Lv23:18* | שתיהון שלמין מן מום | ותור | בר תורין חד ודכרין תרין |
| 045 | | | *Lv 9:04* | | ותור | ודכר לנכסת קדשיה למקרבה |
| 046 | | | *Ex29:36* | | ותור | לחטאת תקרבון בכל יום על |
| 047 | | | *Nu 7:03* | עגלה על תרין רברבנין | ותור | מן דכל חד ואקרבו יתהון קדם |
| 048 | | | *Nu 8:08* | ומנחתה סולת פילה במשח | ותור | תניין בר תורין תסב לחטאתה: |
| 049 | | | *Dt14:05M* | | ותורי/ותור#2/`/ותורין#2/ | בר/ברא#2/ |
| 050 | לתור | | *Nu28:12* | סולת מנחה פילה במשח | לתור | חד ותרין עשרונין סלת מנחה |
| 051 | ת' | s em/sf | *Lv 4:15M* | על ראשה/ריש#2/ | דתורא/ת#2/ | קדם ייי ויכוס ית |
| 052 | תר' | | *Lv 4:08M* | כל \תרבה דתורה /תרב | תר#2/ | דחטאתה ירים/יפרש#2/ |
| 053 | תור' | | *Lv 8:02* | וית משחה דרבותה וית | תור' | דחטאתה וית תרין דכריה וית |
| 054 | תורא | | *Ex29:10* | ובנוי ית ידיהון על ריש | תורא: | |
| 055 | | | *Ex29:19* | ובנוי ית ידיהון על ריש | תורא: | |
| 056 | | | *Ex21:32* | אין עבד יגש | תורא | אין אמתא כסף תלתי«ן» |
| 057 | | | *Nu22:04* | חזור חזור היך מה דלחך | תורא | בלשניה ית עשבה דאפי ברא |
| 058 | | | *Lv 4:03M* | חובתיה די אתחייב | תור/תורא#2/ | בר תורין שלם מן מום |
| 059 | | | *Dt22:01* | לא תחמי ית | תורא | דאחוך או ית אמריה טעיין |
| 060 | | | *Ex21:35* | וארום יגש | תורא | דגבר ית תורא דחבריה וימות |
| 061 | | | *Ex21:35* | וארום יגש תורא דגבר ית | תורא | דחבריה וימות ויזבנון ית |
| 062 | | | *Lv16:06* | ויקרב אהרן ית | תורא | דחטאתה דמן דידיה ויכפר |
| 063 | | | *Ex23:04* | ארום תערע | תורא | דשנאך או חמריה טעון מחזרה |
| 064 | | | *Ex21:37* | חמשה תורין ישלם תחות | תורא | וארבע ען תחות אמרא: |
| 065 | | | *Ex29:03* | ותקרב יתהון` בסלא וית | תורא | וית תרין דכריהו: |
| 066 | | | *Ex21:28* | אתה וימות מתרגמא יתרגם | תורא | ולא יתאכיל ית בשריה ומריה |
| 067 | | | *Nu28:14* | פלגות הינא תקרבון עם | תורא | ותלתות הינא תקרבון עם דכרא |
| 068 | | | *Ex21:35* | דחבריה וימות ויזבנון ית | תורא | חייה ויפלגון ית כספיה ואף |
| 069 | | | *Ex21:28* | וארום יגש | תורא | ית גבר או ית אתה וימות |
| 070 | | | *Ex21:29* | יתיה ויתקטל גבר או אתה | תורא | יתרגם ואף מריה יתקטל: |
| 071 | | | *Lv 4:12* | ויפק ית כל | תורא | לבר מן משריתה לאתר דכי |
| 072 | | | *Lv 4:04* | וייתי ית | תורא | לתרע משכן זימנ' קדם ייי |
| 073 | | | *Nu19:02* | ויסבון וייתון לוותך | תורא | סמוקה שלמה די לית בה מום |
| 074 | | | *Ex22:03* | תשתכח בידיה גנבתה מן | תורא | עד חמר«א» עד א«י»מר |
| 075 | | | *Ex29:10* | ותקרב ית | תורא | קדם משכן זימנא ויסמך אהרן |
| 076 | | | *Ex29:11* | ותיכוס ית | תורא | קדם ייי בתרע משכן זימנא: |
| 077 | | | *Lv 1:05M* | {ו}<י>ת בר | תוריה/תורא#2/ | קדם ייי ויקרבון |
| 078 | | | *Lv 4:04* | על ראשה דתורא ויכוס ית | תורא | קדם ייי: |
| 079 | | | *Lv 4:15* | דתורא קדם ייי ויכוס ית | תורא | קדם ייי: |
| 080 | תורה | | *Nu18:17M* | אמריה או בכוריה /בכור | תורה | [או ב]כור [אמ]רא [או |
| 081 | | | *Lv22:27M* | מה נקרבה מן עדרי ענינן | תורה | איתבחר קדמי בגין למדכרה |
| 082 | | | *Lv22:27* | ענינן יתכפר על חטאינן | תורה | אתבחר קדמי בגין למדכרה |
| 083 | | | *Dt25:04* | עמי בני ישראל לא תזמון | תורה | בדרכיה: |
| 084 | | | *Dt22:04* | לא תחמי ית חמריה או | תורה | «דאחוך» מטלקין באורחא |
| 085 | | | *Lv 8:14* | ובנוי ית ידיהון על ראש | תורה | דחטאתה: |

| | | | | | |
|---|---|---|---|---|---|
| 086 | | Lv 8:14 | ואקרב ית | תורה | דחטאתה וסמך אהרן ובנוי ית |
| 087 | | Lv16:11 | אנשי ביתיה ויכוס ית | תורה | דחטאתה דמן דידיה: |
| 088 | | Lv16:11 | ויקרב אהרן ית | תורה | דחטאתה דמן דידיה ויכפר |
| 089 | | Lv16:27 | וית | תורה | דחטאתה וית צפירה דחטאתה די |
| 090 | | Lv 8:17 | וית | תורה | וית משכה וית בשר' וית רעיה |
| 091 | | Lv 9:18 | ונכס ית | תורה | וית דכרה נכסת קדשיה דמן |
| 092 | | Lv 9:19 | וית תרביה מן | תורה | ומן דכרה אלייתה וחפיי כרסה |
| 093 | | Nu28:20M | במשח תלתה עשרונין ^/עם | תורה | ותרין עשרונין עם דכרא#2#/ |
| 094 | | Nu15:11 | כהדן סידרה תקרבון עם | תורה | חדתה או עם דכרה חדתה או עם |
| 095 | | Nu28:28 | תלתה עשרונין תקרבון עם | תורה | חדתה תרין עשרונין עם דכרא |
| 096 | | Nu29:14 | תלתה עשרונין תקרבון עם | תורה | חדתה כהדין סידרא תקרבון עם |
| 097 | | Nu28:12M | חד ותרין /תקרבון עם | תורה | חתה ותרין#2#/ עשרונין סלת |
| 098 | | Lv 4:21 | ויפק ית | תורה | לבר מן משריתה ויוקד יתה |
| 099 | | Lv 4:04M | /ויעל ית דתורה ויכוס ית | תורה | לתר'#2#/ משכן זימנ' קדם |
| 100 | | Lv 4:15M | ייי /קדם ייי ויכוס ית | תורה | קדם ייי לתרע מש'#2#/: |
| 101 | | Lv 4:21 | יתה היך מה דאוקד ית | תורה | קדמיה חטאתה דקהלה הוא: |
| 102 | | Nu29:03 | תלתה עשרונין תקרבון עם | תורה | תרין עשרונין עם דכרא |
| 103 | | Nu29:09 | תלתה עשרונין תקרבון עם | תורה | תרין עשרונין עם דכרה חדתה |
| 104 | תורי | Ex20:17 | ולא עבדיה ולא אמהתי ולא | תורי | ולא חמריה ולא כל מה די |
| 105 | תוריה | Dt 5:21 | עבדה ולא אמהתיה ולא | תוריה | ולא חמריה ולא כל מה די |
| 106 | תורך | Ex23:12 | תתנחון מן בגלל דתנח | תורך | וחמרך ויתניח ברא דאמתך |
| 107 | תורכון | Dt12:17M | ובכורי | תוריכון/תורכון#2#/ | ועניכון וכל |
| 108 | דתר' | Ex29:10M | ^/ראשה#2#^/ראשי | דתר'#2#/: | |
| 109 | דתורא | Lv 7:23M | בר עזין לא תיכלון | /דתורא{י} | דאמר ודעז לא תאכלון#2#/ |
| 110 | | Ex34:19 | דיכרייה פתחיי וולדה | דתורא | ודאמרא: |
| 111 | | Lv 4:04 | ית ידיה על ראשה | דתורא | ויכוס ית תורא קדם ייי: |
| 112 | | Lv 4:05 | דמתרבי מן ^מדמה#2#^ | דתורא | ויעל {ל}יתיה למשכן זימנא: |
| 113 | | Ex29:14 | וית בשרה | דתורא | וית משכא וית רעיה תוקד |
| 114 | | Lv 4:11 | וית משכא | דתורא | וית כל בשרה על רישיה ועל |
| 115 | | Lv16:18 | עלוי ויסב מן אדמה | דתורא | ומן אדמה דצפירה ויתן על |
| 116 | | Ex21:28 | יתאכיל ית בשריה ומריה | דתורא | יהוי זכיי: |
| 117 | | Lv 4:07 | זימנא וית כל דמה | דתורא | ישפוך על יסודי דמדבחה |
| 118 | | Lv 4:16 | כהנא דמתרבי מן אדמה | דתורא | למשכן זמנא: |
| 119 | | Lv 4:15 | ית ידיהון על ראשה | דתורא | קדם ייי ויכוס ית תורא קדם |
| 120 | דתורה | Lv 4:08 | וית כל תרבה | דתורה | דחטאתה ירים מניה ית תרבה |
| 121 | | Lv27:32M | וכל מעשרה \תורין וען | /דתורה | ודענה#2#/ כל מה די יעבר |
| 122 | | Lv16:15 | היך מה דעבד לאדמה | דתורה | וידי יתיה על כפרתה ולקבל |
| 123 | | Lv 4:04M | תורא לתרע /ויעל ית | דתורה | ויכוס ית תורה לתר'#2#/ |
| 124 | ותורא | Ex21:32 | סלעין יתן לריבוניה | ותורא | יתרגם: |
| 125 | | Ex34:03 | בכל טורא להוד ענה | ותורא | לא ירעו{ן}<ך> כל קביל {ת} |
| 126 | לתורא | Lv 4:20 | ויעבד | לתורא | היך מה דעבד לתורה דחטאתה |
| 127 | | Nu15:11M | "עם תורה ... בעזיה" | לתורא | חדא או לדיכרא חדא או |
| 128 | לתורה | Lv 4:20 | לתורא היך מה דעבד | לתורה | דחטאתה כן יתעבד ליה ויכפר |
| 129 | לתוריה | Dt 5:21M | לעבדיה ולא לאמתא ולא | לתוריה | ולא לביערה ולא לכל מה |
| 130 | מתורא | Lv 1:02M | מן בעירא \מן | תורייה/מתורא#2#/ | \ומן ענה/ומענא#2#/ |
| 131 | מתורה | Lv 4:10 | היך מה דיתפרש | מתורה | דנכסת קודשיה ויסדר יתהון |
| 132 | תורין p abs | Ex24:05 | נכסת קודשין קדם ייי | תורין: | |
| 133 | | Nu31:38 | לשמה דייי שובעין ותרין | תורין: | |
| 134 | | Nu 7:65 | ולנכסת קודשיה קרב | תורין | <....> בני שתהון חמשה דן |
| 135 | | Nu28:19 | תורין ^תרין#2#^ בני | תורין | <....> ודכר חד ושבעה אמרין |
| 136 | | Gn41:03 | והא שבע | תורין | אחרנין סלקין בתריהון |
| 137 | | Gn41:19 | והא שבע | תורין | אחרנין סלקן בתרהון דלילן |
| 138 | | Nu29:17 | דחגא דמטליא תקרבון | תורין | אמרין בני שתהון ארבעת עשר |
| 139 | | Ex21:37M | ען תחות אמרא /תשלומי | תורין | ארבע' אמרין תשלומי |

| | | | | |
|---|---|---|---|---|
| 140 | Nu 7:47 | דכרין חמשה גדיין חמשה | תורין | בני שתהון חמשה דן קרבנה |
| 141 | Nu 7:53 | דכרין חמשה גדיין חמשה | תורין | בני שתהון חמשה דן קרבנה |
| 142 | Nu 7:59 | דכרין חמשה גדיין חמשה | תורין | בני שתהון חמשה דן קרבנה |
| 143 | Nu 7:71 | דכרין חמשה גדיין חמשה | תורין | בני שתהון חמשה דן קורבנה |
| 144 | Nu 7:77 | דכרין חמשה גדיין חמשה | תורין | בני שתהון חמשה דין קרבנה |
| 145 | Nu 7:83 | דכרין חמשה גדיין חמשה | תורין | בני שתהון חמשה דן קרבנה |
| 146 | Nu28:11 | תקרבון עלה קדם ייי | תורין | בני שתהון תורין <בני |
| 147 | Nu28:11 | ייי תורין בני שתהון | תורין | <בני תורין> תרין ודכר חד |
| 148 | Nu28:27 | עלה לריח דרעוה קדם ייי | תורין | בני תורין תרין ודכר חד |
| 149 | Nu29:13 | לריח דרעוה קדם ייי | תורין | בני תורין תלת עשר דכרין |
| 150 | Nu 7:21 | תור חד בר | תורין | בר תלת שנין דכר חד בר |
| 151 | Nu 7:27 | בר | תורין | בר תלת שנין דכר חד בר |
| 152 | Nu 7:33 | תור חד בר | תורין | בר תלת שנין דכר חד בר |
| 153 | Nu 7:39 | תור חד בר | תורין | בר תלת שנין דכר חד בר |
| 154 | Nu 7:45 | תור חד בר | תורין | בר תלת שנין דכר חד בר |
| 155 | Nu 7:57 | תור חד בר | תורין | בר תלת שנין דכר חד תרתין |
| 156 | Nu 7:63 | תור חד בר | תורין | בר תלת שנין דכר חד בר |
| 157 | Nu 7:69 | תור חד בר | תורין | בר תלת שנין דכר חד בר |
| 158 | Nu 7:75 | תור חד בר | תורין | בר תלת שנין דכר חד בר |
| 159 | Nu 7:81 | תור חד בר | תורין | בר תלת שנין דכר חד בר |
| 160 | Nu 7:15 | תור חד בר | תורין | ב{ת}<ר> תלת שנין דכר חד |
| 161 | Dt21:03 | קרתה ההיא עגלת ברת | תורין | די לא אתפלח בה די לא סלק |
| 162 | Nu 7:87 | כל תורי לעלתה תרין עשר | תורין | דכרין תרין עשר אמרין בני |
| 163 | Nu 7:88 | קודשייה עשרין וארבעה | תורין | דכרין אשתין גדיין אשיתין |
| 164 | Ex29:01 | רבתה סב תור חד בר | תורין | ודכרין תרין שלמין מן |
| 165 | Gn32:06 | והוה לי | תורין | וחמרין ועבדין ואמהן ושלחת |
| 166 | Nu 8:08 | ויסבון תור בר | תורין | ומנחתה סולת פילה במשח |
| 167 | Lv27:32 | וכל מעשרה | תורין | וען כל מה די יעבר שרביטה |
| 168 | Nu22:40 | ונכס בלק | תורין | וען ושלח לבלעם ולרברבנוי |
| 169 | Lv22:27M | קרב לשמך בר | תורין | ורהט לבקורתה ונסב בר |
| 170 | Dt32:14 | שמיני | תורין | ורכיבי ען עם טוב דפטימין |
| 171 | Nu23:01 | ותקן לי הכה שבעה | תורין | ושבעה דכרין: |
| 172 | Nu23:29 | ואתקן לי הכה שבעה | תורין | ושבעה דכרין: |
| 173 | Lv23:18 | שלמין מן מום ותור בר | תורין | חד ודכרין תרין יהוון עלה |
| 174 | Nu15:24 | כל עם כנישתה תור בר | תורין | חד לעלה לריח {ניחו} דרעוה |
| 175 | Nu29:02 | דרעוה קדם ייי תור בר | תורין | חד דכר חד אמרין בני שתהון |
| 176 | Nu29:08 | ייי לריח דרעוה תור בר | תורין | חד דכר חד אמרין בני שתהון |
| 177 | Nu29:20 | דחגה דמטלייה תקרבון | תורין | חד עשר דכרין תרין אמרין |
| 178 | Gn41:02 | והא מן נהרא סלקין שבע | תורין | יאיין למחמי ובריין |
| 179 | Nu 7:07 | תרתין עיגלן וית ארבעה | תורין | יהב משה לבנוי דגרשון |
| 180 | Ex21:37 | יתיה או יזבן יתיה חמשה | תורין | ישלם תחות תורא וארבע ען |
| 181 | Lv 4:14 | ויקרבון קהלא תור בר | תורין | לחטאתה וייתון יתה לתרע |
| 182 | Lv16:03 | לגו בית משריתא בתור בר | תורין | לחטאתה ודכר לעלתה: |
| 183 | Lv 9:02 | לאהרן סב לך עגל בר | תורין | לחטתה ודכר לעלתה שלמים מן |
| 184 | Nu23:01 | לבלק בנה לי הכה שבעה | תורין | מדבחין ותקן לי הכה שבעה |
| 185 | Gn32:16 | מיינקין ובניהן תלתין | תורין | נקבן ארבעין ותורין דכרין |
| 186 | Nu 7:03 | עגלן מזווגן ותרין עשר | תורין | עגלה על תרין ברבנין ותור |
| 187 | Nu15:08 | וארום תקרבון בר | תורין | עלה או נכסה בפירוש נדר או |
| 188 | Nu29:23 | דחגה דמטלייה תקרבון | תורין | עשרה דכרין תרין אמרין בני |
| 189 | Gn18:07 | רהט אברהם ונסב בר | תורין | רכיך וטב ויהב לרביה ואוחי |
| 190 | Lv22:27M | ורהט לבקורתה ונסב בר | תורין | רכיך וטב ויהב יתה לרבייה |
| 191 | Nu29:32 | דחגה דמטלייה תקרבון | תורין | שבעה דכרין תרין אמרין בני |
| 192 | Lv 4:03 | די אתחייב תור בר | תורין | שלם מן מום לשמה דייי |
| 193 | Lv22:27 | לבקרותיה ואייתי בת | תורין | שמין וטב ויהב לרביה ואוחי |

|  |  |  |  |  |  |
|---|---|---|---|---|---|
| 194 | | Nu29:13 | קדם ייי תורין בני | תורין | תלת עשר דכרין תרין אמרין |
| 195 | | Nu29:29 | דחגה דמטלייה תקרבון | תורין | תמניה דכרין תרין אמרין |
| 196 | | Nu 8:08 | במשח ותור תניין בר | תורין | תסב לחטאתה: |
| 197 | | Nu29:17M | תקרבון תורין /\בני | תורין | תרי עשר דכרין תרין#2#/ |
| 198 | | Nu 7:17 | ולנכסת קודשיא קרב | תורין | תרין דכרין חמשה גדיין |
| 199 | | Nu 7:23 | ולנכסת קודשיה קרב | תורין | תרין דכרין חמשה גדיין |
| 200 | | Nu 7:29 | ולנכסת קודשיה קרב | תורין | תרין דכרין חמשה גדיין |
| 201 | | Nu 7:35 | ולנכסת קודשיה קרב | תורין | תרין דכרין חמשה גדיין |
| 202 | | Nu 7:41 | ולנכסת קודשיה קרב | תורין | תרין דכרין חמשה גדיין |
| 203 | | Nu 7:47 | ולנכסת קודשיה קרב | תורין | תרין דכרין חמשה גדיין |
| 204 | | Nu 7:53 | ולנכסת קודשיה קרב | תורין | תרין דכרין חמשה גדיין |
| 205 | | Nu 7:59 | ולנכסת קודשה קרב | תורין | תרין דכרין חמשה גדיין |
| 206 | | Nu 7:71 | ולנכסת קודשיה קרב | תורין | תרין דכרין חמשה גדיין |
| 207 | | Nu 7:77 | ולנכסת קודשיה קרב | תורין | תרין דכרין חמשה גדיין |
| 208 | | Nu 7:83 | ולנכסת קודשיה קרב | תורין | תרין דכרין חמשה גדיין |
| 209 | | Nu28:11 | בני שתהון תורין <בני | תורין> | תרין ודכר חד אמרין בני |
| 210 | | Nu28:19 | קרבנין עלוון קדם ייי | תורין | ^תרין#2#^ בני תורין <....> |
| 211 | | Nu28:27 | קדם ייי תורין בני | תורין | תרין ודכר חד שבעה אמרין |
| 212 | | Nu29:26 | דחגה דמטלייה תקרבון | תורין | תשעה דכרין תרין אמרין בני |
| 213 | בתורין | Lv22:21 | לפרש נדר או נסיבה | בתורין | או בען שלם יהי ברעווה כל |
| 214 | | Dt14:26 | מה די תתחמד נפשיכון | בתורין | ובען ובחמר חדת ובעתיק |
| 215 | דתורין | Gn26:14 | ליה קניין דען וקנין | דתורין | ועבדא מסגיא וקנין ביה |
| 216 | ותורי | Dt14:05 | ואלין ודייצין | ותורי | בר ורימאנין: |
| 217 | ותורין | Dt16:02 | קדם ייי אלהכון ען | ותורין | באתרה די יתרעי ייי |
| 218 | | Ex12:38 | סגין סלקו עמהון וען | ותורין | בעיר תקיף לחדא: |
| 219 | | Gn32:16 | תורין נקבן ארבעין | ותורין | דכרין עשרה אתנין עשרין |
| 220 | | Gn12:16 | מן בגללה והוה ליה ען | ותורין | וחמרין ועבדין ואמהן |
| 221 | | Gn21:27 | ונסב אברהם ען | ותורין | ויהב לאבימלך וקיימו |
| 222 | | Gn24:35 | לחדא ותקף ויהב לה ען | ותורין | וכסף ודהב ועבדין ואמהן |
| 223 | | Gn13:05 | אזל עם אברם הוה ען | ותורין | ומשכינין: |
| 224 | | Gn20:14 | ונסב אבימלך ען | ותורין | ועבדין ואמהן ויהב לאברהם |
| 225 | | Nu31:33 | | ותורין | שבעין ותרין אלפין: |
| 226 | | Nu31:38 | | ותורין^ | תלתין ושתה אלפין: |
| 227 | | Nu31:44 | | ותורין | תלתין ושתה אלפין: |
| 228 | | Dt14:05M | | ותורי^/ותורי#2#^/ותורין#2#/ | בר/ברא#2#/ |
| 229 | תר' p em/sf | Gn47:17M | /ובנכסי ענה ובנכסי | תור'#2#/ | ובחמריא ודבר יתהון |
| 230 | | Nu 7:08M | עגלה וית תימנתה | תור'#2#/ | יהב משה לבנוי דמררי |
| 231 | תורי | Nu 7:87 | כל | תורי | לעלתה תרין עשר תורין דכרין |
| 232 | תוריא | Gn41:20 | ואכלין | תוריא | חסיתא ובישתא ית שבעתי |
| 233 | | Gn41:20 | חסיתא ובישתא ית שבעתי | תוריא | קדמייתא בריאתה: |
| 234 | תוריה | Nu15:03 | לריח דרעוה קדם ייי מן | תוריה | או מן ענה: |
| 235 | | Nu18:17 | להוד בכורי | תוריה | או בכורי אמריה או בכוריה |
| 236 | | Nu 7:09 | לא מן עגלתה ולא מן | תוריה | ארום פלחן בית קדשא הווה |
| 237 | | Gn18:08 | ונסב ליבא וחלב ובר | תוריה | די עבד ושוי קדמיהון והוא |
| 238 | | Lv 3:01 | קודשין קרבניה אין מן | תוריה | הוא מקרב אין דכר אין |
| 239 | | Nu 7:06 | ונסב משה ית עגלתה וית | תוריה | ויהב יתהון לילווא«י»י: |
| 240 | | Nu31:28 | מאוון מן בני אנשא מן | תוריה | ומן חמריה ומן ענא: |
| 241 | | Nu31:30 | מן חמשין מן אנשא ומן | תוריה | ומן חמריא ומן ענה ומן כל |
| 242 | | Nu29:37 | תהוון מקריבין עמהון עם | תוריה | ועם דכרייה ועם אמריה |
| 243 | | Nu 7:08 | ארבע עגלין וית תמניה | תוריה | יהב משה לבנוי דמררי |
| 244 | | Nu15:09 | ויקרב עם בר | תוריה | מנחה סלת תלתה עשרונין פיל |
| 245 | | Nu29:33 | תהוון מקריבין עמהון עם | תוריה | עם דכרייה עם אמרייה |
| 246 | תוריהון | Gn34:28 | וית עניהון וית | תוריהון | <....> וית מה די בקרתא |
| 247 | תוריהן | Nu 7:51 | תור חד בר | תוריה«ן» | בר תלת שנין דכר חד בר |

|  |  |  |  |  |  |
|---|---|---|---|---|---|
| 248 | תורייא | Gn41:04 | ואכלין | תורייא | דבישין למיחמי וחסין |
| 249 | | Gn41:04 | בבשריהון ית שבעתי | תורייא | יאיין למחמי ובריתא ואתער |
| 250 | | Gn41:03 | וקמו להון בסטר | תורייא | על כ^#2#^ף נהרא: |
| 251 | | Nu29:14 | תקרבון עם תלת עשרתי | תורייא | תרין עשרונין תקרבון עם |
| 252 | תורייה | Lv 1:03M | לשמה דייי /\מן | תורייה#2#/ | דכר שלם מן מום יקרב |
| 253 | | Nu 7:88 | וכל | תורייה | דנכסת קודשיה עשרין |
| 254 | | Gn47:17 | ובקנין ען ובקנין | תורייה | ובחמריא ודבר יתהון בלחמא |
| 255 | | Dt33:17 | דלית אפשר למפלח בבכורי | תורייה | ולא למשתעבדה בקרני רימנה |
| 256 | | Lv 1:02 | קדם ייי מן בעירא מן | תורייה | ומן ענה תקרבון ית |
| 257 | | Nu 8:12 | ית ידיהון על ראשי | תורייה | וקרב ית חד לחט«א»תה וית |
| 258 | | Gn41:27 | ושבעתי | תורייה | חסיתה ובאישתא דסלקן |
| 259 | | Gn41:26 | שבעתי | תורייה | טבתה שבע שנין אינון |
| 260 | | Nu 7:07M | תורין/ארבעתי | תורייה#2#/ | יהב משה לבנוי דגרשון |
| 261 | | Lv22:19M | ובעזייה /דכר מן | תורייה | מן אמרייה ומן גדי |
| 262 | | Nu29:18 | מקריבין עמהון עם | תורייה | עם דכריא עם אמרייא |
| 263 | | Nu29:21 | תהוון מקריבין עמהון עם | תורייה | עם דכרייה עם אמרייה |
| 264 | | Nu29:24 | תהוון מקריבין עמהון עם | תורייה | עם אמרייה ועם דכרייה |
| 265 | | Nu29:27 | מה די תהוון מקרבין עם | תורייה | עם אמרייה ועם אמרייה |
| 266 | | Nu29:30M | מקריב«י»ן עמהון עם | תורייה | עם דכרייה ועם אמרייה |
| 267 | | Lv 1:05 | ויכוס {ו}<י>ת בר | תורייה | קדם ייי ויקרבון בנוי |
| 268 | | Gn18:07M | ולבקרותה/ולבקרת | תורייה#2#/ | רהט אברהם ונסב בר |
| 269 | | Nu29:14M | /למניין תלת עשרתי | תורייה#2#/ | תרין עשרונין תקרבון עם |
| 270 | תוריכון | Ex20:24 | קודשכון ית עניכון וית | תוריכון | בכל אתרא די תדכרון ית |
| 271 | | Dt12:06 | ונדב{ד}<ת>יכון ובכורי | תוריכון | ודע{י}ניכון: |
| 272 | | Dt14:23 | ומשחכון ובכורי«י» | תוריכון | ודעניכון מן בגלל דתלפון |
| 273 | | Dt 5:14 | ואמהת«י»כון | תוריכון | וחמריכון וכל בעירכון |
| 274 | | Ex23:12M | תורך /דיתנחון | תוריכון#2#/ | וחמרך ויתניח ברא |
| 275 | | Dt15:19 | לא תפלחון בביכורי | תוריכון | ולא תגזון בכורי עניכון: |
| 276 | | Dt12:21 | תמן ותיכסון מן | תוריכון | ומן עניכון די יהב ייי |
| 277 | | Dt 7:13 | חמריכון ומשחכון בקרת | תוריכון | ועדרי עניכון על ארעא די |
| 278 | | Dt28:04 | ובפירי בעיריכון בקרת | תוריכון | ועדרי עניכון: |
| 279 | | Dt28:18 | ובפרי ארעכון בקרת | תוריכון | ועדרי עניכון: |
| 280 | | Dt28:51 | עבור או חמר ומשח בקרת | תוריכון | ועדרי עניכון עד זמן די |
| 281 | | Dt12:17 | ומשחיכון ובכורי | תוריכון | ועניכון וכל נדריכון ^די |
| 282 | | Dt28:31 | | תוריכון | נכיסין קדמיכון ולית אתון |
| 283 | בתוריא | Ex 9:03 | ובחמיריא בגמליא | בתוריא | ובענה מותא תקף לחדא: |
| 284 | בתורייה | Lv22:19 | דכר שלם מן «מום» | בתורייה | באמרייה ובעזייה: |
| 285 | בתוריכון | Dt15:19 | כל בכורייה די יתילדון | בתוריכון | ובעניכון דיכרייה תקדשון |
| 286 | ובתורינן | Ex10:09 | בב<נ>ינן ובבנתן בענן | ובתורינן | ניזל ארו«ם» חגא קדם |
| 287 | ותוריהון | Gn46:32 | אנ«ו»ן ועניהון | ותוריהון | וכל מה דלהון אייתון: |
| 288 | | Gn47:01 | אבה ואחיי ועניהון | ותוריהון | וכל מה דלהו«ן» אתון מן |
| 289 | | Gn50:08 | לחוד טפלהון ועניהון | ותוריהון | שבקו בארעא דגשן: |
| 290 | ותורייא | Gn33:13 | טלייא מחטין וענא | ותורייא | מיינקין קדמיי אן דחקין |
| 291 | ותורייה | Nu11:22M | אין ענה | ותורייה | <...> דימה רבה אין |
| 292 | | Nu11:22 | הא ע{מ}<נ>יה | ותורייה | אין מתנכס להון הא ספק |
| 293 | | Ex34:03M | \ענה ותורא/עניייה | ותורייה#2#/ | לא ירעון{ן}<ך> כל קביל |
| 294 | ותוריך | Gn45:10 | ובניך ובני בניך וענך | ותוריך | וכל דילך: |
| 295 | ותוריכון | Dt 8:13 | | ותוריכון | ועניכון יסגון וכסף ודהב |
| 296 | | Ex10:24 | קדם ייי לחוד עניכון | ותוריכון | יקום הכא אף טפליכון |
| 297 | לתוריכון | Ex22:29 | כדון תעבדון | לתוריכון | לעניכון שבעה יומין יהווה |

**תורבבה** *n.* ⇐ **תרבו**

## interpreter *n.* תורגמן [578]

|  |  |  |  |  |  |  |
|---|---|---|---|---|---|---|
| 001 | s ab/cn | תרגומן | Gn42:23 | ידעין ארום <....> היך | תרגומן | הוה מנשה קיים |
| 002 | | בתורגמן | Gn45:12M | פומיה/היך | בתורגמן | פומי#2#/ ממלל עמכון: |
| 003 | | לתורגמן | Ex 4:16 | ויהווי הוא יהווי לך | לתורגמן | ואת תהוי ליה לתבע אולפן |
| 004 | s em/sf | תור' | Ex 7:01M | אחוך יהווי | תרגמנך/תור'#2#/: | |
| 005 | | תרגמנך | Ex 7:01 | ואהרן אחוך יהווי | תרגמנך: | |

## cow *n.* תורה [578]

|  |  |  |  |  |  |  |
|---|---|---|---|---|---|---|
| 001 | s em/sf | תור' | Nu19:09M | דתורתה/קסם יקידת | תור'#2#/ | ויצנע יתה לבר מן משריתה |
| 002 | | תורתא | Lv22:28 | עמי בני ישראל | תורתא | או רחילא לא תכסון <....>: |
| 003 | | תורתה | Nu19:06 | ויקלק ויטלק לגו יקידת | תורתה: | |
| 004 | | | Nu19:17 | למסאבה מן קטמה די יקדת | תורתה | ויתן עלוי מין דמבוע דכין |
| 005 | | | Nu19:05 | ויוקד ית | תורתה | קדמוי ית משכ{נ}ה וית בשרה |
| 006 | | דתורתה | Nu19:09 | ויכנש גבר דכי ית קטמה | דתורתה | ויצנע יתה לבר מן משריתה |
| 007 | | | Nu19:10 | מן דמכנש ית קטמא | דתורתה | ית לבושוי ויהווי מסאב עד |
| 008 | | ותורתה | Lv22:28M | \תורתא או רחילא | ותורתה/ | או רחלה או עיזה#2#/ \ |
| 009 | p abs | תוריין | Gn41:18 | והא מן נהרא סלקן שבע | תוריין | בריין בבשרהון ויאיין |
| 010 | | | Gn41:17 | והא אנא קיים על גיף | {תוריין} | נהרא: |

## complaint *n.* תורעמה [578]

|  |  |  |  |  |  |  |
|---|---|---|---|---|---|---|
| 001 | s em/sf | תורעומהון | Nu17:20 | ואבטל מעילווי ית | תורע«ו»מהון | דבני ישראל דאינון |
| 002 | | תורעמכון | Ex16:12M | גלי קודמוי ית/ | תורעמכון#2#/ | דבני ישראל מליל{י} |
| 003 | | תורעמתהון | Ex16:12 | שמיע קדמיי ית | תורעמתהון | דבני ישראל מליל{י} |
| 004 | | תורעמתכון | Ex16:09 | ארום שמיע קדם ייי ית | תורעמתכון: | |
| 005 | | | Ex16:08 | חשיבין לא עלינ«ן» | תורעמתכון | ארום אלא קדם ייי: |
| 006 | | | Ex16:08 | כד שמיע קדם ייי ית | תורעמתכון | דאתון מתרעמין עלוי ואנן |
| 007 | | | Ex16:07 | שכינתה דייי ושמיע ית | תורעמתכון | קדם ייי ואנן מה אנן |
| 008 | p const | תורעמות | Nu14:27 | עלווי שמיע קדמי ־־ית | תורעמות | בני ישראל די אנון |
| 009 | p em/sf | תורעמות' | Nu17:20M | תורע«ו»מהון/תורעמנותהון#2#/^<תור>עמות'#2#/^ | | דבני |

## commotion, anger *n.* תורעמנו [578]

|  |  |  |  |  |  |  |
|---|---|---|---|---|---|---|
| 001 | s em/sf | תורעמנותהון | Nu17:20M | תורע«ו»מהון/תורעמנותהון#2#/^<תור>עמות'#2#/^ | | דבני |
| 002 | | | Nu17:25 | סורבניה ויסופון | תורעמנותהון | מעילווי ולא ימותון: |
| 003 | | תורעמנותי | Nu14:34 | שנין ותדעון ית | תורעמנותי: | |
| 004 | | תורעמנותיכון | Ex16:08M | לא עלינן | תורעמנותיכון#2#/ | |
| 005 | | | Ex16:07M | ייי/כד שמיע ית | תורעמנותיכון#2#/ | ואנן מה אנן חשיבין |
| 006 | | תורעמנותכון | Dt31:27 | הא אנה כען ידעת ית | תורעמנותכון | וית קדלכון קשייא הא עד |
| 007 | | תורעמנתכון | Ex16:08M | דגלי קדם ייי | תורעמנתכון | דאתון מתרעמין לא עלינן |

## תורף ⇐ *n.* בית תורף

## praise *n.* תושבחה [578]

|  |  |  |  |  |  |  |
|---|---|---|---|---|---|---|
| 001 | s ab/cn | תושבחה | Ex39:28M | בוצה בוץ /דבוצה וית | תושבחה | עבד קובעיה בוץ וית |
| 002 | | תשבחה | Gn30:13 | ואמרת לאה | תשבחה | רבה ישבחון יתי בנת ישראל |
| 003 | | ותושבחא | Ex14:14 | שתוקו {י}<ו>הבו איקר | ותושבחא | ורוממו לאלהן: |
| 004 | | ותושבחה | Dt32:03 | בני ישראל הבו איקר | ותושבחה | ורוממו לאלהכון: |
| 005 | | ולתושבחא | Ex28:40 | תעבד להון לאיקר | ולתושבחא: | |
| 006 | | ולתושבחה | Dt26:19 | אומיה די ברא ליקרה | ולתושבחה | ולרוממי ולמהווי ל{י} שמיה |
| 007 | | ולתשבחא | Ex28:02 | לאהרן אחוך לאיקר | ולתשבחא: | |
| 008 | s em/sf | תושבחתא | Ex14:25 | לימא כד חמון מצריי | תושבחתא | הדין אמרין אלין לאלין |
| 009 | | תושבחתה | Ex15:01 | ובני ישרא<׳> ית שירת | תושבחתה | הדה קדם ייי ואמרין למימר |
| 010 | | | Nu21:17 | שבחו ישראל ית שירת | תושבחתה | הדה סוקי בירא הוון |
| 011 | | תושבחתן | Ex15:02 | תוקפן ורוב | תושבחתן | דחיל כל עלמיא ייי אמר |
| 012 | | תשבחתכון | Dt10:21 | הוא | תשבחתכון | והוא אלהכון די עבד עמכון |
| 013 | | ותושבחתה | Nu23:22 | דמצרים די תוקפא | ותושבחתה | ורוממותה דידה אינון: |
| 014 | | | Nu24:08 | מן מצרים תקפה | ותושבחתה | ורוממות{{י}}ה די{ה}<ד>ה |
| 015 | | ותשבחתיה | Nu24:08M | /תק>פיה#2#/ | ותושבחתה/<ותשבחת>תיה#2#/ | ורוממות{{י}}ה |
| 016 | | ולתושבחתה | Dt26:19M | ליקר ולשם | ולתושבחתה | ולמהוון עם |
| 017 | p abs | תושבחן | Ex15:11 | כוותך הדור בקדושה דחיל | תושבחן | כל עלמיא עבד נסין ופלאין |

## resident *n.* תותב [579]

|  |  |  |  |  |  |  |
|---|---|---|---|---|---|---|
| 001 | s ab/cn | תותב | Ex12:45 | עמי בני ישראל | תותב | בר עממין לאגירא לא ייכול |
| 002 | | | Lv22:10 | וכל חילוני לא יא־כ־ל קדש | תותב | בר עממין ואגירה לא יאכל |
| 003 | | | Ex12:45M | "תותב ... מנה": | תותב | דגבר אגירא כד הוא |
| 004 | | | Ex12:45M | ישראל\תותב בר עממין | תותב/ | ואגירא בר עממי'#2#/ |
| 005 | | ותותב | Ex 2:22 | גרשום ארום אמר דייר | ותותב | אנא בארע נוכראה: |
| 006 | | | Gn23:04 | אנה דייר | ותותב | אנה עמכון הבו לי אחסנו |
| 007 | | | Ex18:03 | גרשם ארום אמר גיור | ותותב | הוינא בארעא נכריה: |
| 008 | | | Lv25:35 | עמך ותתוקף בה גיור | ותותב | וייחי עמך: |
| 009 | | | Lv25:47 | אחוך עמך ויזדבן לגיור | ותותב | עמך או לעקר זרעית גיור: |
| 010 | | | Lv25:47 | וארום תארע יד גיור | ותותב | עמך ויתמסכן אחוך עמך |
| 011 | | כתותב | Lv25:40 | כאגיר | כתותב | יהווי עמך עד שתה דיובילה |
| 012 | s em/sf | ולתותבך | Lv25:06 | ולאמהתך ולאגירך | ולתותבך | ולגיורה דמתגיירין |
| 013 | p abs | תותבין | Dt18:06M | בכל תוחמדת/די הנון | תותבין | וייתה כל תוח'#2#/ נפשיה |
| 014 | | ותותבין | Lv25:23M | כל ארעא ארום גיורין | ותותבין | אתון שריין גבי |
| 015 | | | Lv25:23 | ארעא ארום דגיורין | ותותבין | אתון קדמי: |
| 016 | | | Gn15:13 | מדע תדע ארו' גיורין | ותותבין | יהוון זרעיית בניך בארעא |
| 017 | p em/sf | תותביה | Dt 1:16 | גבר ובין אחוי ובין | תותביה: | |
| 018 | | | Lv25:45 | ולהוד מן בני | תותביה | דמתגיירין ביניכון מנהון |
| 019 | | תותבייה | Dt 1:16M | אחוי ובין | תותביה/תותבייה#2#/: | |
| 020 | | ולתותבייה | Nu35:15 | ישראל ולגיורייה | ולתותבייה | די ביניהון יהווין שת |
| 021 | | ולתותביכון | Lv25:06M | ולאגיריכון | ולתותביכון | אליין דמתגיירין עמכון |
| 022 | | לתותבייה | Dt14:21 | לא תאכלון כל נבלה | לתותבייה | מן בני עממיא די |

## resident (f.) *n.* תותבה [579]

|  |  |  |  |  |  |  |
|---|---|---|---|---|---|---|
| 001 | s ab/cn | תותבה | Lv22:10M | ואגירה לא יאכל | תותבה/ | דכהנה ואגירא כד הוא |
| 002 | | תותבת | Ex 3:22 | מן מגירתה ומן קריבת | תותבת | ביתה מנין דכסף ומנין דדהב |

See also: *n.* תתובה

## settlement, sojourn *n.* תותבו [579]

|  |  |  |  |  |  |  |
|---|---|---|---|---|---|---|
| 001 | s ab/cn | תותבות | Ex 3:22M | ומן קריבת | תותבת/תותבות#2#/ | ביתה מנין/מני'#2#/ |
| 002 | s em/sf | תות' | Gn17:08M | תותבותך/ארע בית | תות'#2#/ | ית כל ארעא דכנען |
| 003 | | תותבותהון | Dt 2:12 | די עבדו ישראל לארע | תותבותהון | די יהב ייי להון: |
| 004 | | | Gn36:07 | כחדא ולא יכלית ארעא | תותבותהון | למסחנא יתהון מן קדם |
| 005 | | תותבותי | Gn47:09 | יעקב לפרעה יומי שני | תותבותי | מאה ותלתין שנין קלילין |
| 006 | | תותבותיה | Gn37:01 | ושרא יעקב בארעא | תותבותיה | דאבוי בארעא דכנען: |
| 007 | | תותבותיהון | Gn47:09 | שני חייי אבהתי ביומי | תותבותיהון: | |
| 008 | | | Ex 6:04 | ארעא דכנען ית ארעא | תותבותיהון | די אתותבו בה: |
| 009 | | | Gn36:43 | למדוריהון לארעא | תותבותיהון | הוא עשו אבוהון |
| 010 | | | Ex16:35 | עד מיעליהון לארעא | תותבותיהון | ית מנא אכלו עד מיעליהון |
| 011 | | תותבותך | Gn28:04 | עמך למירתך ית ארעא | תותבותך | דיהב ייי לאברהם: |
| 012 | | | Gn17:08 | מן בתרך ית ארעא | תותבותך | ית כל ארעא דכנען לאחסנת |

## תחולי ⇐ *n.* צלוחי

[579]

## border *n.* תחום

|  |  |  |  |  |  |  |
|---|---|---|---|---|---|---|
| 001 | תחום | s ab/cn | Dt 3:04 | שיתין קריין כל | תחום | טרכונה בית מלכותה דעוג |
| 002 | | | Gn47:21M | כן טלטילינון מן סוף | תחום | מצרים ועד סופיה וית עמא |
| 003 | | | Dt 3:13 | לפלגות שבטה דמנשה כל | תחום | תרכונה לכל בותנין לאתרה |
| 004 | | | Dt 3:14 | יאיר בר מנשה נסב ית כל | תחום | תרכונה עד תחום גשורייה |
| 005 | | | Dt19:03 | לכון אורחא ותתלתון ית | תחום | ארעכון די יאחסן יתכון ייי |
| 006 | | | Dt 3:14 | ית כל תחום תרכונה עד | תחום | גשורייה {{ואפיקירוס}} |
| 007 | | | Nu34:03 | דאדומיי ויהווי לכון | תחום | דרומה מן סייפי ימה דמלחה |
| 008 | | | Nu34:06 | די בגווה דין יהווי לכון | תחום | ימא: |
| 009 | | | Nu13:29M | \ועל מגיזתה דירדנה /עד | תחום | ירד"#2#/: |
| 010 | | | Dt 2:37M | כל \דסמיך לנחל | /תחום | נ"#2#/ יבקא וקורי |
| 011 | | | Nu34:07 | ודן יהווי לכון | תחום | צפונה מן ימה רבה תכוונון |
| 012 | | | Nu34:09 | ע<נ>בתה די יהוון לכון | תחום | צפונה: |
| 013 | | | Nu35:27 | יתיה תבוע אדמה לבר מן | תחום | קורי שיזבותה ויקטול תבוע |
| 014 | | | Nu35:26 | ואן מפק יפוק קטולא ית | תחום | קרי שזבותה די יערוק תמן: |
| 015 | | | Ex10:19M | גוב חד בכל | תחומיהון/תחום#2#/ | דמצריי/דמצראי#2#/: |
| 016 | בתחום | | Dt 2:04 | פקד למימר אתון עברין | בתחום | אחיכון בנוי דעשו דשריין |
| 017 | | | Nu34:04 | טירת אדרייה ויעבר | בתחום | שוק מסיי בקסם: |
| 018 | ותחום | | Nu34:06 | | ותחום | ימה רבה אוקיינוס אינון מי |
| 019 | לתחום | | Nu22:36M | דמואביי דסמיך | לגבול/לתחום#2#/ | ארנונה די בסייפי |
| 020 | | | Nu34:10 | ותכוונון לכון | לתחום | מדינחה מן טירת ענוותה |
| 021 | תח' | s em/sf | Nu20:17M | תחומך נעבר /דנעבר | <תח'>#2#/: | |
| 022 | תחומ' | | Gn47:21M | "סיפא": סיפא | תחומ' | דמצריים עד תחומא סיפא |
| 023 | תחומא | | Gn 9:27 | יפת ייי | תחומא | דיפת וישרי יקר שכינתי' |
| 024 | | | Dt19:14 | לא תׄארע | תחומא | דחברך מה דאתקינו קדמייה |
| 025 | | | Gn33:19 | וזבן ית | תחומא | דחקלא די פרס תמן משכניה |
| 026 | | | Gn47:21M | סיפא/סייפא#2#/ | תחומיהון/תחומא#2#/ | דמיצראי ועד סייפא |
| 027 | | | Nu34:15 | ימא דמ«י»לחא דין הוא | תחומא | דתרין שבטיה ופלגות שבטה: |
| 028 | | | Gn23:20M | דאית בחקלא דאית בכל | תחומא | חזור חזור לאחסנת קבר |
| 029 | | | Nu34:15 | ימא דבית ירח נפק להון | תחומא | לדיוקיא ומידיוקיסוס |
| 030 | | | Nu34:15 | דדרמשק נפק להון | תחומא | לנהרא רובא נהרא פרת דעלוי |
| 031 | | | Nu34:15 | רובא נהרא פרת נפק להון | תחומא | לקרן זווי דברתיה וכל |
| 032 | | | Gn23:17 | די באפיה ברא די בכל | תחומא | {מן} מן חזר חזור: |
| 033 | | | Nu34:03 | ויהווי לכון | תחומא | מן דרומה מן מדברה דצין |
| 034 | | | Gn47:21M | תחומ' דמצריים עד | תחומא | סיפא מן בגלל |
| 035 | תחומה | | Nu22:36 | ארנונה די בסייפי | תחומה: | |
| 036 | | | Dt 3:16M | בימצע נחלא והוא | תחומה | |
| 037 | | | Dt33:20 | ואמר בריך מן דאפתי | תחומה | דגד נייח ושרי בגו קרבה |
| 038 | | | Dt27:17 | ליט יהווי גברא די יארע | תחומה | דגברא ויאמרון כל עמא אמן: |
| 039 | | | Gn41:48 | ושוי מזון בקרויא מזון | תחומה | דקרתא די חזר חזור לה יהב |
| 040 | | | Nu34:11M | ויחות | תחומה | וימטי סמיך לימה |
| 041 | | | Nu34:11 | לעיינה ונחת | תחומה | ומקף על סיפווי ימה |
| 042 | | | Nu34:15M | ומן צפון נפק להון | תחומה | לדיוקסס תורנגלה |
| 043 | | | Nu34:09 | ונפק | תחומה | לזפירין ויהוון |
| 044 | | | Nu34:15M | דלבנן נפק להון | תחומה | לחובה די מן צפון |
| 045 | | | Nu34:15 | מדנחה נפק להון | תחומה | לכנרת כרך מלכיהון |
| 046 | | | Nu34:15M | ימה דמלחא נפק להון | תחומה | לכנרת כרך דמלכותהון |
| 047 | | | Nu34:15M | דאימוראי נפק להון | תחומה | לטור תלגה ולחומתה |
| 048 | | | Nu34:15 | מערבה דדן נפק להון | תחומה | לטור תלגא לתחומה לבנון |
| 049 | | | Nu34:12M | לירדנה /ויחות {תתות} | <תחומה> | לירדנה#2#/ ויהוון |
| 050 | | | Nu34:12 | ונחת | תחומה | לירדנה ויהוון מפקנוי ימא |
| 051 | | | Nu34:15 | דאמוריי נפק להון | תחומה | לכרכא דעיון דמן מדנח |
| 052 | | | Nu34:15M | דן נפק להון | תחומה | לנהרה רבה דפרת דעלוי סד' |
| 053 | | | Nu34:04 | ומקף לכון | תחומה | מן דרומא מן מסקייתה |
| 054 | | | Nu34:05 | ומקף | תחומה | מן לקסם לנילוס דמצריי |
| 055 | | | Nu34:11 | ונחת | תחומה | מן אפמיה לדפני מן |
| 056 | | | Nu34:06M | יהווי לכון \תחום ימא | /תחומה | מערבייה#2#/: |
| 057 | תחומהון | | Gn10:19 | והוה | תחומהון | דכנעיא מן צידון מעלך |
| 058 | | | Gn14:07 | היא רקם וקטלו ית כל | תחומהון | דעמלקיא ואף ית אמורי' |
| 059 | תחומיה | | Nu 2:17M | לטכסיהון /גבר על | תחומיה | לטכ'#2#/: |
| 060 | תחומך | | Nu20:16 | אנן ברקם קרתה דבסיפי | תחומך: | |
| 061 | | | Nu21:22 | מלכא נהלך עד זמן דנעבר | תחומך: | |
| 062 | | | Ex 7:27 | הא אנה משיצא ית כל | תחומך | בארדעניא: |
| 063 | | | Nu20:17 | ולא לשמאלה עד זמן די | תחומך | נעבר: |
| 064 | תחומכון | | Dt11:24 | ועד ימה אחרנייה יהווי | תחומכון: | |
| 065 | | | Dt19:08M | אלהכון ית | תחומיכון/<תחו>מכון#2#/ | היך מה די קיים |
| 066 | | | Ex34:24 | מן קדמיכון ואפתי ית | תחומכון | ולא יתחמ«ד» גבר מלך |
| 067 | | | Gn47:24 | יהווי לכון למזרע | תחומכון | ולמזוניכון ולתפניק |
| 068 | בת' | | Nu34:02M | ארעא דכנען | לתחום/בת'#2#/: | |
| 069 | בתחומה | | Nu34:08M | לאוולס דקילקי' | /בתחומה | דאל' דקלקאי#2#/: |
| 070 | | | Nu33:44 | ושרון במגזיה עבריה | בתחומה | דמואביי: |
| 071 | | | Nu21:23 | סיחון ית ישראל עברין | בתחומה | וכנש סיחון ית כל עמיה |
| 072 | | | Nu20:21 | למשבק ית ישראל עברין | בתחומה | וסטון ישראל מעילוויהון |
| 073 | | | Gn34:21 | בה וארעא הא פתיא היא | בתחומה | קדמיהון ית בנתהון נסב לן |
| 074 | | | Nu32:33 | דמותנין ארעא לקרייה | בתחומה | קרייה דארעא מן חזור חזור: |
| 075 | בתחומהון | | Gn23:11M | הוי שרי \בגו בנוי | /בתחומהון | דבנוי#2#/ דחת וענה |
| 076 | בתחומי | | Nu20:18M | אדומייה לית את עבר | בתחומי | דלא שלופי חרבה |
| 077 | בתחומיה | | Dt 2:30 | דלא למעברה יתן | בתחומיה | ארום אקשי ייי אלהכון ית |
| 078 | | | Gn49:27 | בנימן שבט תקיף | בתחומיה | יתבניה בית מקדשה |
| 079 | בתחומך | | Ex10:04 | אנא מייתי למחר גובא | בתחומך: | |
| 080 | דתחומה | | Nu34:08 | ויהוון מפ<ק>נו{ק}י | דתחומה | לאוולס דקילקי: |
| 081 | ובתחומיה | | Dt33:12 | מגן עלוי כל יומיא | ובתחומיה | יתבני בית מוקדשה |
| 082 | ותחומה | | Dt 3:16 | נחל ארנונה אמצע נחלה | ותחומה | ועד נחל יבקה תחומיהון |
| 083 | | | Gn49:13 | שליט במחוזוי ספינתה | ותחומה | יהוי מטי עד צידן: |
| 084 | | | Dt 3:17 | ומ«י»שרה וירדנה | ותחומה | מן ימא דגניסר ועד ימא |
| 085 | לתחומ' | | Nu34:02 | לאחסנו ארעא דכנען | לתחומ': | |
| 086 | לתחומה | | Nu34:15 | להון תחומה לטור תלגא | לתחומה | לבנון דמצפון |
| 087 | | | Nu34:12 | דא תיהווי לכון ארעא | לתחומה | מן חזור חזור: |
| 088 | | | Nu34:10M | טירת ענוותה לאפמיה | /לתחומה | מערבית בין דיירת |
| 089 | לתחומהון | | Gn32:04 | עשו אחוי לארע גבלא | לתחומהון | דאדומאי: |
| 090 | תחומין | p abs | Dt32:08 | לישני בני אנשא אקימת | תחומין | לאומיה למניין שבטייה דבני |
| 091 | בתחומין | | Nu20:18M | דאדומיי לא תעברו | בתחומין | דלא בחרבה אפוק |
| 092 | תחומיה | p em/sf | Lv25:31 | שורין מן חזור חזור על | תחומיה | דארעא יתחשב פרקון תיהוי |
| 093 | תחומיהון | | Ex10:14 | ארעא דמצרים ושרא בכל | תחומיהון | דמצרים תקיף לחדא קודמוי |
| 094 | | | Nu34:03 | מן מדברה דצין עד | תחומיהון | דאדומיי ויהווי לכון תחום |
| 095 | | | Nu21:13 | די במדברה דנפק מן | תחומיהון | דאימוראי ארום ארנונה |
| 096 | | | Nu21:24 | ארנונה עד יבקה עד | תחומיהון | דבני עמון ארום תקיף |
| 097 | | | Nu21:24 | ארום תקיף ^הווה#2#/ | תחומיהון | דבני עמוניי: |
| 098 | | | Dt 3:16 | ותחומה ועד נחל יבקה | תחומיהון | דבני עמוניי: |
| 099 | | | Nu21:13 | דאימוראי ארום ארנונה | תחומיהון | דמואביי בין מו{ב}<א>ביי |
| 100 | | | Dt 2:18 | עברין יומא הדין ית | תחומיהון | דמואביי ית לחיית: |
| 101 | | | Gn47:21 | קרייה לקריה ומן סיפא | תחומיהון | דמיצראי ועד סייפא ועמא |
| 102 | | | Ex10:19 | לא אשתייר גוב חד בכל | תחומיהון | דמצריי: |
| 103 | תחומיי | | Gn49:14 | תקיף רביע ביני תרין | תחומיי: | |
| 104 | תחומיכון | | Ex13:07 | יתחמי {ב} דמחמע בכל | תחומיכון: | |
| 105 | | | Dt12:20 | יפתה ייי אלהכון ית | תחומיכון | היך מה די מלל ^לכון#2# |
| 106 | | | Dt19:08 | יפתי ייי אלהכון ית | תחומיכון | היך מה די קיים לאבהתכון |
| 107 | | | Dt28:40 | זייתין יהוון לכון בכל | תחומיכון | ומשח לא תטושון ארום ייתר |
| 108 | | | Ex23:31 | ואשוי ית | תחומיכון | מן ימא דסוף עד ימ{א}הון |

|  |  |  |  |  |  |
|---|---|---|---|---|---|
| 109 | | Dt16:04 | יתחמי לכון חמיר בכל | תחומיכון | שובעה יומין ולא יבית מן |
| 110 | בתחומיהון | Dt 2:04M | \בתחום אחיכון בנוי | דאחיהון דב'#2#/ | דעשו |
| 111 | | Gn23:10M | "בגו בנוי: | בתחומיהון | דבנוי |
| 112 | | Gn23:10M | הוי שרי \בגו בנוי | /בתחומיהון | דבנוי#2#/ דחת וענה |
| 113 | | Nu21:20M | מנהון באירה דאית | בתחומיהון | דמואבאי ריש רמתה |
| 114 | | Nu21:20I | בריש רמתה די | בתחומיהון | דמואבאי והא היא מצ' |
| 115 | | Nu33:44M | \בתחומה דמואביי | /בתחומיהון | דמואביי#2#/: |
| 116 | בתחומייהון | Gn36:35 | די קטל ית מדייני | בתחומייהון | דמואבאי ושמה דקרתיה |
| 117 | דבתחומיהון | Nu21:20 | יתגנזת מנהון בחלתה | דבתחומיהון | דמואביי ריש רמתה והא |
| 118 | ותחומי' | Gn49:14M | שבט תקיף \רביע ביני | /ותחומי' | יהודי ממצע#2#/ תרין |
| 119 | לתחומיהון | Nu20:23 | בהר טורה סמיך | לתחומיהון | דאדומיי למימר: |
| 120 | | Dt 2:19 | ותקרבון סמוך | לתחומיהון | דבני עמונייה לא תעיקון |
| 121 | | Nu21:15 | והא היא סמיכה | לתחומיהון | דמואביי: |

## תחות *prep.* **under** [579]

|  |  |  |  |  |  |
|---|---|---|---|---|---|
| 001 | תחות | Nu22:27 | ית מלאכה דייי ורבעת לה | תחות | בלעם ומחת ית אתנתה |
| 002 | | Lv14:42 | אחרניין ויעלון יתהון | תחות | אבניה ועפר אחרן יסב וישוע |
| 003 | | Gn18:04 | ואסחון רגלכון ואתקררו | תחות | אילנא: |
| 004 | | Gn18:08 | והוא הוה קיים עליהון | תחות | אילנא והוון מתחמין היך |
| 005 | | Ex21:37 | ישלם תחות תורא וארבע ען | תחות | אמרא: |
| 006 | | Gn28:10 | אבונן יעקב ושוי יתהון | תחות | אסדי רישיה כיון דקדם בצפרא |
| 007 | | Gn28:11 | מן אבנוי דאתרא ושוי | תחות | אסדי ראשה ודמך לה באתרא |
| 008 | | Gn35:04 | וטמר יתהון יעקב | תחות | בלוטה דסמיך לשכם: |
| 009 | | Nu 5:20M | ביך ית תשמישה | בר מן/תחות#2#/ | בעליך: |
| 010 | | Gn22:13 | ית דכרא וקרב יתה לעלה | תחות | בריה: |
| 011 | | Gn30:15 | עמ«י»ך בליליא הדין | {ד}«י»תחות | ברוחוי דבריך: |
| 012 | | Gn21:15 | מן זיקא וטלקת ית טליא | תחות | חד מן אילניא: |
| 013 | | Dt 4:11M | וקמתון \בשיפולי טורה | /תחות | טור#2#/ וטורה הוה בעיר |
| 014 | | Ex32:19M | יתהון \בשיפלוי דטורא | /תחות | טורא#2#/: |
| 015 | | Gn44:33 | וכדון יתיב כען עבדך | תחות | טליא עבד לריבוני וטליא יסק |
| 016 | | Ex23:05 | תחמי חמרא דשנאך רביע | תחות | טעוניה ותתמנע מלמפרק עמיה |
| 017 | | Dt 6:21M | \הוינן לפרעה /הוינה | תחות | ידא דפ'#2#/ במצרים ופרק |
| 018 | | Gn16:09 | לוות רבונתיך ואצטערי | תחות | ידה: |
| 019 | | Ex21:20 | ית אמהתיה בשרביטה ומית | תחות | ידיה מתפרע מיניה: |
| 020 | | Gn28:18M | ית אבנא די שוי | אסדי/תחות | יסודי#2#/ ראשה ושוי |
| 021 | | Gn24:02 | מה דליה שוי כען ידך | תחות | ירכי: |
| 022 | | Gn 7:19 | כל טוריא רמיה די | תחות | כל שמיא: |
| 023 | | Dt 2:25 | על אפי אומייא די | תחות | כל שמיא די ישמעון שמעיכון |
| 024 | | Dt 4:19 | יתהון לכול אומייה די | תחות | כל שמיא: |
| 025 | | Ex26:19 | עשרין לוחה תרין חומרין | תחות | לוחה חדתה לתרין צירוי |
| 026 | | Ex26:19 | צירוי ותרין חומרין | תחות | לוחה חדתה לתרין צירוי: |
| 027 | | Ex26:21 | לוחה חדתה ותרתין חמרין | תחות | לוחה חדת«ה»: |
| 028 | | Ex26:21 | דכסף תרתין חמרין | תחות | לוחה חדתה ותרתין חמרין |
| 029 | | Ex26:25 | לוחה חדא ותרתין חומרין | תחות | לוחה חדה: |
| 030 | | Ex26:25 | חומרין תרתין חומרין | תחות | לוחה חדא ותרתין חומרין |
| 031 | | Ex36:24 | סטרוי ותרין חומרין | תחות | לוחה חדה לתרין סטרוי: |
| 032 | | Ex36:24 | לוחייא תרתין חומרין | תחות | לוחה חדה לתרין סטרוי ותרין |
| 033 | | Ex36:26 | לוחה חדה ותרין חומרין | תחות | לוחה חדה: |
| 034 | | Ex36:26 | דכסף תרין חומרין | תחות | לוחה חדה ותרין חומרין תחות |
| 035 | | Ex36:30 | חומרין תרתין חומרין | תחות | לוחה חדתה: |
| 036 | | Nu 6:18 | ויתן על אשתא די | תחות | נכסת קו<ד>שיה: |
| 037 | | Ex27:05 | ותתן יתה | תחות | סובבה דמדבחא מן לרע ותהוי |
| 038 | | Ex38:04 | קנקל עובד מצדה דנחש | תחות | סוביבה מן לרע עד פלגותיה: |
| 039 | | Ex21:26 | יתיה לחירותא ישלח יתה | תחות | עיניה: |
| 040 | | Ex26:19 | וארבעין חומרין דכסף תעבד | תחות | עשרין לוחיא תרין חומרין |
| 041 | | Ex26:19 | עשרין לוחיא תרין חומרין | תחות | עשרין לוחה תרין חומרין |
| 042 | | Ex36:24 | וארבעין חומרין דכסף עבד | תחות | עשרין לוחייא תרתין חומרין |
| 043 | | Ex26:33 | ותתן ית פרכתא | תחות | פורפיא ותעל תמן לגו מן |
| 044 | | Gn24:09 | ושווי עבדה ית ידה | תחות | קיימה {ו}<ד>אברה' רבוניה |
| 045 | | Gn47:29 | וחסד באפיך שוי כען ידך | תחות | קיימי ותעבד עמי חסד וטבו |
| 046 | | Ex 4:25M | לרגלוי/ו{ת}<ס>לקת | תחות | רגלוי#2#/ דמחבלה ואמרת |
| 047 | | Dt 4:49 | מן מדנחה ועד ימא דמלחה | תחות | ריש רמתה: |
| 048 | | Gn39:06 | ושבק כל מה דיליה | תחות | רשותא דיוסף ולא הו«ה» |
| 049 | | Gn39:22 | ושוי רב בית חבושיה | תחות | רשותא דיוסף ית כל חבושיה |
| 050 | | Gn41:35 | האיליין ויכנשון עיבור | תחות | רשותא דפרעה מזון בקריתא |
| 051 | | Nu 5:19M | סטיית סאיבה | תחות | רשותה לבעליך דזתכי |
| 052 | | Nu 5:20M | ואת ארום סטית | בר מן/תחות#2#/ | רשותה דבעליך וארום |
| 053 | | Gn39:08 | מה דליה מסר <....> | תחות | רשות«י»: |
| 054 | | Gn39:04 | ביתיה ועל מה דליה מסר | תחות | רשותיה: |
| 055 | | Dt 9:14M | \מן לרע שמייא | /תחות | שמייא#2#/ ויוכלה היא |
| 056 | | Ex21:36 | יתה מריה משלמא ישלם תור | תחות | תור והנייתה דמיתא תהוי |
| 057 | | Ex21:37 | יתיה חמשה תורין ישלם | תחות | תורא וארבע ען תחות אמרא: |
| 058 | | Ex25:35 | וחזור | תחות | תרין קנין מנה וחזור תחות |
| 059 | | Ex25:35 | תרין קנין מנה וחזור | תחות | תרין קנין דמנה לשתי קנין |
| 060 | | Ex37:21 | וחזור | תחות | תרין קנין מנה וחזור תחות |
| 061 | | Ex37:21 | תרין קנין מנה וחזור | תחות | תרין קנין מנה לשתי קנין |
| 062 | דתחות | Nu 5:17M | ומן עפרה | דתחות | טבלה דבאיסודי משכנה |
| 063 | ותחות | Ex24:10 | ית איקר שכינתה דייי | ותחות | אפיפודן דרגלוי כעובד לבן |
| 064 | | Dt12:02 | טוריה רמייה ועל גלמתה | ותחות | כל אילן משבח: |
| 065 | תוחת' | Lv15:10M | די יהווי | תחתוי/תחות#2#/^תוחת' | יסתאב עד רמשא |
| 066 | תחות' | Lv15:10M | די יהווי | תחתוי/^תחות#2#/^תוחת' | יסתאב עד רמשא |
| 067 | תחותה | Gn 2:21 | אלעא מן אלעוי ושוי בשר | תחותה: | |
| 068 | תחותוי | Gn 4:23M | זרעיתי /דנתחבלה | תחותוי | ויבדן זרעיתי#2#/ |
| 069 | | Ex17:12 | בצלו ונסבו אבן ושוון | תחותוי | ויתב עליה ואהרן וחור |
| 070 | | Gn 4:23M | מן בגללה ולא /דנתקטלה | תחותוי | לא#2#/ עולם חבלת |
| 071 | | Lv22:27M | זכה ואזדמן לה תמן אמר | תחותוי | לעלתה ותובן תליתיי גדי |
| 072 | תחותיהון | Nu16:31 | ואתפתחת ארעא די | תחותיהו{ת}«ן»: | |
| 073 | תחותיכון | Dt28:23 | טלא ומטרה וארעא די | תחותיכון | ברירה היך פרזלה מן |
| 074 | | Lv26:19M | מטר וית ארעא דאית | ת<ח>ותיכון | חסימה כנחשה דלא למסקה |
| 075 | תחתוי | Gn37:34 | יעקב לבושוי ושוי שקא | תחתוי | ואתאבל על בריה יומין |
| 076 | | Lv15:10 | דיקרב בכל מן די יהווי | תחתוי | יסתאב עד רמשא ויסעון |
| 077 | תחתכון | Lv26:19 | ומטרין וית ארעא די | תחתכון | חסימה היך נחשה מלמרביה |
| 078 | תוחתיכון | Dt28:23M | מטר וית ארעא דאית | תוחתיכון | חסימה כנחשה {ו}<ד>לא |
| 079 | דתחותיכון | Lv26:19M | וית ארעא \די | תחתכון/דתחותיכון#2#/ | חסימה היך נחשה |

## תחייה *n.* **resurrection** [579]

|  |  |  |  |  |  |
|---|---|---|---|---|---|
| 001 | תחיית s ab/cn | Gn19:26M | דמלח עד זמן | דייחון/תחיית#2#/ | מיתייא: |
| 002 | | Gn25:34 | עשו ית בכורותיה ועל | תחיית | מיתייה וכפר בחיוי דעלמא |
| 003 | בתחי' | Gn25:34M | תחיית מיתייה /וכפר | בתחי' | מיתיי#2#/ וכפר בחיוי |

## תחם *vb.* **to mark limits** [579]

|  |  |  |  |  |  |
|---|---|---|---|---|---|
| 001 | תחם pael | Ex19:23 | ארום את אסהדת בן למימר | תחם | ית טורא וקדש יתיה: |
| 002 | | Dt19:14M | קדמייה באחסנתכון /די | תחם | יתיה קדמאי באחסנותכון#2#/ |
| 003 | מתחמן | Ex28:22 | ותעבד על חושנא שישלא | מתחמן | עובד קליעה דהב דכי: |
| 004 | | Ex28:14 | ותרתין שישלן דדהב דכי | מתחמן | תעבד יתהון עובד קליעה |
| 005 | מתחמתה | Ex28:14M | \דקליעתה על מאחדתה | /מתחמתה | על משקעתה#2#/: |
| 006 | ותתחם | Ex19:12 | | ותתחם | ית עמא חזור חזור למימר |

## תחמדה *n.* ⇐ תוחמדה

## תחמודה *n.* desire, delight

[577 s.v. תוחמדה]

| | | | | |
|---|---|---|---|---|
| 001 | תחמו' s ab/cn | Nu33:17M | ונטלו מן קברי תוחמדתה/תחמו'#2#/ ושרון בחצרות: | |
| 002 | תחמודתה s em/sf | Nu11:35 | מן קברי תחמודתה נטלו עמה בחצרות והוון | |
| | *n.* תוחמדה | See also: | | |

## תיבו *n.* ark

[580]

| | | | | | |
|---|---|---|---|---|---|
| 001 | תבו s ab/cn | Gn 6:14 | עבד לך | תבו | אעין דקדרינ«י»ן |
| 002 | תיבו | Ex 2:03 | למסמרה יתיה ונסבת ליה | תיבו | דגמי ושעיית יתיה בחימרא |
| 003 | תבותא s em/sf | Gn 8:19 | ארעא לזרעיתהון נפקו מן | תבותא: | |
| 004 | | Gn 8:16 | פוק מן | תבותא | את ואתתך ובניך ונשי בניך |
| 005 | | Gn 9:10 | דארעא עמכון מכל נפקי | תבותא | לכל חיתא דארעא: |
| 006 | תבותה | Gn 6:14 | כמדורונין תעבד ית | תבותה | ותשוע ית' מלגוא ומן לבר |
| 007 | תיבותא | Gn 9:18 | בני נח די נפקו מן | תיבותא | שם וחם ויפת וחם הוא |
| 008 | | Gn 8:10 | ית «י»ונה מן | ת«י»{ת}בותא: | |
| 009 | | Gn 7:17 | וסגון מיא וטענו ית | תיבותא | ורמת מעלוי ארעא: |
| 010 | | Gn 7:18 | לחדה על ארעא והלכת | תיבותא | על אפי מיא: |
| 011 | תיבותה | Gn 8:04 | ושתדכת | תיבותה | בירחא שביעיא בשבעת עשר |
| 012 | תיבתה | Ex 2:05 | על גוף נהרא וחמא ית | תיבתה | בגו אפרה ושלחת ית אמהתה |
| 013 | בתיבותא | Gn 8:01 | וית כל בעירה די עמה | בתיבותא | ועבר ייי רוח דרחמין על |
| 014 | בתיבותה | Gn 7:23 | נח ומן דהוה עמיה | בתיבותה: | |
| 015 | דתיבותא | Gn 6:16 | יתה מן לעיל ותרעא | דתיבותא | בסיטרא תשוי מדורין |
| 016 | | Gn 8:06 | ופתח נח ית תרעא | דתיבותא | די עבד: |
| 017 | | Gn 8:13 | ועבר נח ית חפייה | דתיבותא | וחמא והא נגבו אפיה |
| 018 | | Gn 6:15 | תלת מאה אמין אורכ' | דתיבותא | חמשין אמין פתיה ותלתין |
| 019 | לתיבותא | Gn 7:01 | עול את וכל אנשי ביתך | לתיבותא | ארום יתך חמי' צדיק קדמי |
| 020 | | Gn 7:09 | תרין תרין עלו עם נח | לתיבותא | דכר וזוגה היך מה די פקד |
| 021 | | Gn 6:16 | בית נהור תעביד | לתיבותא | ובמשח' אמה תשכלל יתה |
| 022 | | Gn 7:07 | ונשי בנוהי עמה | לתיבותא | מן קדם מוי דמבולא: |
| 023 | | Gn 7:15 | ועלו עם נח | לתיבותא | תרין תרין מן כל בשרא |
| 024 | לתיבותה | Gn 7:13 | נשי בנוהי עמהו' | לתיבותה: | |
| 025 | | Gn 8:09 | יתה ואעל יתה לוותה | לתיבותה: | |
| 026 | | Gn 8:09 | לכף רגלה וחזרת לוותה | לתיבותה | ארום מיא הוון על אפיה |
| 027 | | Gn 6:18 | ית קיימי עמך ותיעול | לתיבותה | את ובניך ואתתך ונשי בניך |
| 028 | | Gn 6:19 | מן כול«א» תעיל | לתיבותה | למקיימה עמך דכר ונקבה |

## תייש *n.* he-goat

[580]

| | | | | | |
|---|---|---|---|---|---|
| 001 | ותיישים p abs | Gn32:15 | תרתין מא{תוו}<וות>ן | ותיישים | עשרי«ם» רחלין תרתין |
| 002 | תישיא p em/sf | Gn31:10M | דסלקין /בחזוי והא | תישיא | דסל'#2#/ על ענא קרוחין |
| 003 | | Gn30:35 | ואפרש ביומא ההוא ית | תישיא | קרוחי ונמוריה וית כל עזיא |

## תינה *n.* fig

[580]

| | | | | | |
|---|---|---|---|---|---|
| 001 | דתאנה s ab/cn | Gn 3:07M | להון אזרין /טרפין | דתאנה | ועבדו להון איסטלון#2#/: |
| 002 | דתינה | Gn 3:07 | וחייטו להון עלין | דתינה | ועבדו להון אזרין: |
| 003 | תאינין p abs | Nu20:05M | לא למנצוב ביה לא | תאינין#2#/ | ולא גופנין ולא רימונין |
| 004 | תינין | Nu20:05 | ולא <ל>מצב{ו}לא | תינין | ולא גופנין ולא רימונין |
| 005 | ותאנין | Dt 8:08 | דחיטין ושערין וגופנין | ותאנין | ורימונין ארע דמן זייתה |
| 006 | ותינין | Dt 8:08M | וגופנין | ותאנין/ותינין#2#/ | ורימונין ארע דמן |
| 007 | תאינייה p em/sf | Nu13:23 | וכן מן רמונייה וכן מן | תאינייה: | |

## תיק *n.* sheath

[581]

| | | | | | |
|---|---|---|---|---|---|
| 001 | תייק' s em/sf | Gn44:18M | אם אשלוף סייפי מן | תייק' | לא אתביניה לגוה עד זמן |
| 002 | תייקא | Gn44:18 | אם אשלוף סייפי מן | תייקא | לא אתיבנא לגווה עד זמן |
| 003 | תיקא | Gn44:18 | שלף אנה חרבי מן גווה | תיקא | לית אנה מחזר יתה לתיקה |
| 004 | לתיקה | Gn44:18 | תיקא לית אנה מחזר יתה | לתיקה | עד זמן די ימלי כל ארעא |
| 005 | | Gn44:18 | לית אנה מחזר יתה | לתיקה | עד זמן דנעבד כל ארעא |

## תכיך *adv.* ⇐ בתכיך

## תכל *vb.* to be childless

[581]

| | | | | | |
|---|---|---|---|---|---|
| 001 | תכלת peal | Gn43:14 | בנימן ואנה היך מה דלא | תכלת | על יוסף ברי לא אוסף |
| 002 | אתכל | Gn27:45 | יתך מן תמן למה כען | אתכל | ית תריכון יום חד: |
| 003 | תכלת pael | Nu26:10 | דמיתו עם כנישתה כד | תכלת | אשתה ית מאתיין וחמישית |
| 004 | | Nu17:27M | במגפתה ואית מנן די | תכלת | יתהון אשתה ואית מנן די |
| 005 | תכלתון | Gn42:36 | להון יעקב אבוהון יתי | תכלתון | יוסף מן דשלחת יתיה |
| 006 | תתכל | Dt32:42 | גירין מן אדמהון וחרבי | תתכל | בבשרהון מן אדם קטיליהון |
| 007 | | Ex15:07 | תשלח בהון תקוף רוגזך | תתכל | יתהון היך מה דנורא בער |
| 008 | | Dt32:25 | מן לברה | תתכל | יתהון חרבה ובקיטוני |
| 009 | מתכלא | Gn31:39 | גנבין באימא וחיות ברא | מתכלא | בליליא אנה הוינא משלם |
| 010 | מתכלה | Ex20:16 | סהדי שקרא חיות ברא | מתכלה | בבני אינשא: |
| 011 | | Ex24:17 | דייי כאשתא אכלה אשא | מתכלה | בריש די טורא לעיני בני |
| 012 | ותכלת | Dt32:22 | עד שאול ארעייתה | ותכלת | ארעא ועללתה ולהטה יסודי |
| 013 | | Nu11:01 | בהון אשא מן קדם ייי | ותכלת | בסייפי משריתה: |
| 014 | ותתכל | Lv26:22 | ית חיוותה דאפי ברה | ותתכל | יתכון ותשיצי ית בעירכון |
| 015 | אתכלו etpeel | Gn31:38 | אנה עמך רחליך ועזיך לא | אתכלו | ואמריי דכרי ענך לא אכלית: |
| 016 | למתכלה | Gn43:14 | על יוסף ברי לא אוסף | למתכלה | על בנימן: |

## תכלה *n.* purple wool

[581]

| | | | | | |
|---|---|---|---|---|---|
| 001 | תכלא s ab/cn | Ex27:16 | דרתה פרס עשרין אמין | תכלא | וארגוון וצבע דזהורי טבא |
| 002 | | Ex28:06 | ויעבדון ית אפודה דהב | תכל«א» | וארגון וצבע זהורי טבא |
| 003 | תכלה | Ex39:22 | עובד גרדי{ו}י גמיר | תכלה: | |
| 004 | | Ex28:33 | על שפלוי מן חזור רמנין | תכלה | וארגוון וצבע דזהורי טבא על |
| 005 | | Ex35:23 | וכל גבר די אשתכח לוותיה | תכלה | וארגוון וצבע די זיהורי טבא |
| 006 | | Ex36:08 | עשר יריען בוץ שזיר | תכלה | וארגוון וצבע דזיהורי טבא |
| 007 | | Ex36:35 | ועבד ית פרוכתה | תכלה | וארגוון וצבע דזיהורי טבא |
| 008 | | Ex36:37 | ועבד פרס לתרע משכנה | תכלה | וארגוון וצבע דזיהורי טבא |
| 009 | | Ex39:02 | ועבד ית אפדה דהב | תכלה | וארגוון וצבע דזהורי טבא |
| 010 | | Ex39:05 | עלוי מנה הוא כעבדא דהב | תכלה | וארגוון וצבע דזהורי טב{ת}א |
| 011 | | Ex39:08 | אומן כעבדה דאפדה דהב | תכלה | וארגוון וצבע דזיהורי טבא |
| 012 | | Ex39:24 | על שפולוי דמעילה רמונין | תכלה | וארגוון וצבע דזיהורי טבה |
| 013 | | Ex39:29 | וית המיינה בוץ שזיר | תכלה | וארגוון וצבע דזיהורי טבא |
| 014 | | Ex26:36 | ותעבד פרס לתרע משכנה | תכלה | וארגוון וצבע דזהורי טבא |
| 015 | | Ex28:08 | כעבדא מנה יהוי דהב | תכלה | וארגוון וצבע זהורי טבא ובוץ |
| 016 | | Ex28:15 | דאפדה תעבד יתיה דהב | תכלה | וארגוון וצבע דזהורי טבא |
| 017 | | Ex26:31 | ותעבד פרכתא | תכלה | וארגוונא וצבע זיהורי טבא |
| 018 | | Ex39:03M | למעבד בגו | תכלתה/<תכ>לה#2#/ | ובגו ארגוונא |
| 019 | | Ex28:37 | ותשווי יתיה על שזר | תכלה | ויהווי על מצנפתה לקבל אפי |
| 020 | | Nu 4:09 | ויסבון לבוש | תכלה | ויכסון ית מנרתה דאנהורותה |
| 021 | | Nu 4:12M | ויתנון /\לגו לבוש | תכלה | ויכסון יתהון בחפוי |
| 022 | בתכלא | Ex35:35 | דנגר ואומן וצייר | בתכלא | ובארגוונא ובצבע זיהורי |
| 023 | בתכלה | Ex38:23 | דדן נגר ואומן וצייר | בתכלה | ובארגוון ובצבע זהוריתה |
| 024 | דתו' | Ex28:37M | יתיה על שזר | תכלה/דתו'#2#/ | ויהווי על מצנפתה |
| 025 | דתוכלה | Ex28:31M | \גמיר דתכלה /שזיר | דתוכלה#2#/: | |

| | | | | |
|---|---|---|---|---|
| 026 | דתי' | | *Nu 4:09M* | ויסבון לבוש תכלה/דתי'#2#/ ויכסון ית מנרתה |
| 027 | דתכ' | | *Nu 4:06M* | \גמר דתכלה /דשזיר דתכ'#2#/ מן לעיל וישוון אריחוי: |
| 028 | דתכלה | | *Ex28:31* | ית מעילה דאפודה גמיר דתכלה: |
| 029 | | | *Nu15:38M* | צנפת גוליהון שזיר דתכלה |
| 030 | | | *Nu 4:11* | דדהבה יפרשון לבוש {ח}<ד>תכלה ויכסון יתיה בחפוי משך |
| 031 | | | *Nu 4:07* | אפיה יפרשון {ד}<ל>בוש דתכלה ויתנון עלוי ית פיאלוותה |
| 032 | | | *Ex28:28* | לגו עיזקא דאפודה בשזר דתכלה למיהוה על המיינה דאפודה |
| 033 | | | *Ex39:31* | ויהבו עלוי שזיר דתכלה למתן על מצנפתה מן לעיל |
| 034 | | | *Nu 4:06* | ויפרשון לבוש גמר דתכלה מן לעיל וישוון אריחוי: |
| 035 | | | *Ex26:04* | ותעבד עונבין דתכלה על סטרא דיריעתה חדתה |
| 036 | | | *Ex36:11* | ועבד ענבין דתכלה על סטרא דיריעתה חדה בריתה |
| 037 | ות' | | *Ex39:29M* | המיינה בוץ שזיר תכלה/ות'#2#/ וארגוון וצבע דזהורי |
| 038 | ותכ' | | *Ex36:08M* | /דבוץ#2#/ שזיר תכלה/ותכ'#2#/ וארגוון וצבע דזיהורי |
| 039 | ותכלא | | *Ex35:06* | ותכלא וארגוון וצבע זיהורי טבא |
| 040 | ותכלה | | *Ex38:18* | תרע דרתה עובד ציור ותכל«ה> וארגוון וצבע דזיהורי טבה |
| 041 | | | *Ex26:01* | עשר יריען בוץ שזיר ותכלה וארגון וצבע זהורי טבא |
| 042 | | | *Ex25:04* | ותכלה {וארגמן} וארגוון וצבע |
| 043 | תכלתה | s em/sf | *Nu15:38* | ציצין דצניף גולתה שיע תכלתה: |
| 044 | | | *Ex39:01* | ומן תכלתה וארגוונה וצבע דזהוריתה |
| 045 | | | *Ex39:03* | יתהון שיזרין למעבד בגו תכלתה ובגו ארגוונא ובגו צבע |
| 046 | | | *Ex28:05* | יקבלון ית דהבא וית תכלתה וית ארגוונא וית צבע |
| 047 | | | *Ex35:25* | לבה בידה הוות עזלה ית תכלתה וית ארגונא וית צבע |
| 048 | בתכלתה | | *Ex38:23M* | נגר ואומן וצייר בתכלה/בתכלתה#2#/ ובארגוון ובצבע |

## תכסי *n.* garment [581]

| | | | | |
|---|---|---|---|---|
| 001 | תכסותיה | s em/sf | *Ex22:26* | ארום ה«י»א תכסותי«ה» לבלחודוי היא רקיעתא |
| 002 | ותכסיתה | | *Ex21:10* | אן חורי יסב לה מזונה ותכסיתה ומעלה ומפקה לוותה לא |

## תכף *adv.* ⇐ בתכיף

## תכריכין *n.* shrouds [581]

| | | | | |
|---|---|---|---|---|
| 001 | ותכריכין | p abs | *Dt26:14* | ולא יהבנן מיניה ארון ותכריכין על נפש דמית שמענן בקל |

## תכשיט *n.* clothing [581]

| | | | | |
|---|---|---|---|---|
| 001 | תכשיט' | s em/sf | *Ex21:10M* | ותכסיתה/עליה מזונ' תכשיט' מאני'#2#/ ומעלה ומפקה |

## תל *n.* tell [581]

| | | | | |
|---|---|---|---|---|
| 001 | תל | s ab/cn | *Dt13:17M* | ייי אלהכון ותיהוי צדי/תל#2#/ לעולם לא תתבני תוב |

## תלג *n.* snow [581]

| | | | | |
|---|---|---|---|---|
| 001 | תלגא | s em/sf | *Nu34:15* | נפק להון תחומה לטור תלגא לתחומה לבנון דמצפון |
| 002 | תלגה | | *Dt 3:08* | נחלה דארנונה עד טור תלגה: |
| 003 | | | *Dt 4:48* | טורה דסיאון הוא טור תלגה: |
| 004 | | | *Nu34:15M* | נפק להון תחומה לטור תלגה ולחומתה דלבנן ומן טור |
| 005 | | | *Nu34:15M* | דלבנן ומן טור תלגה ולחומתה דלבנן נפק להון |
| 006 | | | *Dt 3:09* | צידוניי הוון קריין לטור תלגה טורא דמסרי פירוי ואמוריי |
| 007 | כתלגא | | *Ex 4:06* | יתה והא ידיה מצרעה כתלגא: |
| 008 | כתלגה | | *Nu12:10M* | בצורעתה חוורה הי כת{ג}ל<ג>ה#2#/ ואסתכל אהרן במריים |
| 009 | | | *Nu12:10* | והא מרים מצרעתה ^^כתלגה ואסתכל אהרן במריים והא |

## תלדו *n.* homeland [582]

| | | | | |
|---|---|---|---|---|
| 001 | ולתולדותך | s em/sf | *Gn32:10* | דאמר לי חזור לארעך ולתולדותך ואוטב לך: |
| 002 | ולתלדותי | | *Nu10:30* | ארום אלהן לארעי ולתלדותי אזל: |
| 003 | ולתלדותן | | *Gn43:07* | משאל שאל גברא לנא ולתלדותן למימר הא כען אבוכון קיים |
| 004 | תולדוות' | p const | *Gn10:01* | ואלין תולדוות' בנוי דנח שם וחם ויפת |
| 005 | תלדוות | | *Nu 3:01M* | דאהרן ודמשה /תלדוות אהרן ומשה#2#/ ביומא |
| 006 | | | *Gn 6:09M* | יחוס \תלדוותיה דנח /תלדוות נח#2#/ נח גבר צדיק |
| 007 | | | *Gn11:10M* | \תלדו«תה» דשם /תלדוות שם#2#/ שם בר מאה שנין |
| 008 | תולדוות' | p em/sf | *Gn25:19M* | דיצחק /ואיל' יחוס תולדוות' דיצחק#2#/ בריה דאברהם |
| 009 | תולדוותהון | | *Nu 1:20M* | לזרעייתהון /תולדוותהון זרעייוותהון#2#/ |
| 010 | | | *Nu 1:30M* | לזרעייתהון /תולדוותהון לזרעיוותהון#2#/ |
| 011 | | | *Nu 1:32M* | לזרעייתהון /תולדוותהון לזרעיוותהון#2#/ |
| 012 | | | *Nu 1:26M* | לזרעייתהון /תולדוותהון לזרעייוותהון#2#/ |
| 013 | | | *Nu 1:28M* | לבנוי ישסכר יחוסיהון/תולדוותהון לזרעייוותהון#2#/ |
| 014 | | | *Nu 1:32M* | שבטה דבנוי דאפרים תולדוותהון לזרעייותהון |
| 015 | | | *Nu 1:34M* | לזרעייתהון /תולדוותהון לזרעייותהון#2#/ |
| 016 | | | *Nu 1:36M* | לזרעייתהון /תולדוותהון לזרעייותהון#2#/ |
| 017 | | | *Nu 1:38M* | לזרעייתהון /תולדוותהון לזרעייותהון#2#/ |
| 018 | | | *Nu 1:40M* | לזרעייתהון /תולדוותהון לזרעייותהון#2#/ |
| 019 | | | *Nu 1:42M* | לזרעייתהון /תולדוותהון לזרעייתהון#2#/ |
| 020 | תולדוותיה | | *Gn36:01* | ואלי«ן» יחוס תולדוותיה{ון} דעשו הוא אדום: |
| 021 | תולדות' | | *Gn25:12M* | ואלין תלדותא/תולדות'#2#/ דישמעל בר אברהם |
| 022 | תולדותא | | *Gn25:19* | ואלין תולדותא דיצחק בריה דאברהם |
| 023 | תולדותיה | | *Gn37:02* | אלין ייחוס תולדותיה דיעקב יוסף בר שבע עשרה |
| 024 | תלדוות | | *Gn11:27M* | /ואליין תלדוות#2#/ דתרח תרח אולד ית |
| 025 | תלדוותא | | *Gn36:09* | ואלין יחוס «תלדוותא» דעשו אבוהון דאדומיי |
| 026 | תלדוותה | | *Nu 3:01* | ואילן תלדוותה דאהרן ודמשה ביומא די |
| 027 | | | *Gn 5:01* | דין ספר יחוס תלדוותה דאדם ביומא די ברא ייי ית |
| 028 | תלדוותי | | *Gn16:05* | בידך שבקית ארעי ובית תלדוותי ובייתי' דאבה ואתית יתיה |
| 029 | | | *Gn24:07* | בייתא דאבא ומן ארעא תלדוותי ודי מלל עמי ודי קיים עמי |
| 030 | תלדוותיה | | *Gn11:28* | דתרח אבוהי בארע תלדוותיה באתון נורהון דכשדאי: |
| 031 | | | *Gn 6:09* | אילין יחוס תלדוותיה דנח נח גבר צדיק שלם |
| 032 | | | *Gn11:27* | ואלין תל«ד»ווּתיה דתרח תרח אולד ית |
| 033 | תלדוותך | | *Gn31:13* | ארעא הדא וחזור לארעא תלדוותך: |
| 034 | | | *Gn12:01* | לך מן ארעך ומן תל{{וד}}<דו>ותך ומן בייתי דאבוך |
| 035 | תלדותא | | *Gn25:12* | ואלין תלדותא דישמעל בר אברהם די |
| 036 | תלדותה | | *Gn11:10* | אל«י»ן יחוס תלדו«תה» דשם שם בר מאה שנין |
| 037 | תלוודתיה | | *Gn10:01M* | ואלין תולדוות'/יחוס תלוודתיה#2#/ בנוי דנח שם וחם |
| 038 | ולתלוודתי | | *Gn24:04M* | אלהן לארעי ולילדות'/ולתלוודתי#2#/ תזיל ותיסב אתה |
| 039 | כתלדוותהון | | *Ex28:10M* | כיחוסיה«ו»ן/כתלדוותהון#2#/: |
| 040 | לתולדותהון | | *Gn25:13* | דישמעאל בשמתיהון לתולדותהון בכורה דישמעאל |
| 041 | לתלדוותהון | | *Ex 6:16M* | בנוי דלוי ליחוסיהון/לתלדוותהון#2#/ גרשום וקהת |
| 042 | | | *Ex 6:19M* | /זרעייוות ליוואי לתלדוותהון#2#/: |
| 043 | | | *Gn10:32* | זרעית בנוי דנח לתל<ד>וותהון באומיהון ומן אלין |
| 044 | לתלדוותך | | *Gn31:03* | חזור לארע אבהתך לתלדוותך ואהוי בממרי עמך: |

*n.* תולדה **See also:**

## תלי *vb.* to suspend [582]

| | | | | |
|---|---|---|---|---|
| 001 | תלאין | peal | *Dt28:66* | ו«י»הוון חייכון תלאין לכון מן כל קבל ותתפחדון |
| 002 | תליין | | *Nu11:06* | אלהין <...> דעיינינן תליין בה: |
| 003 | תליית | | *Gn49:22* | חס לך יוסף ברי ולא תליית עיינך ואסתכלת בחד' מנהון |
| 004 | | | *Gn49:22* | וכל מיני דהב סברין דאת תליית עיינך ומסתכלין בחדא מנהון |
| 005 | תלת | | *Gn38:25* | סהדי ולא אשכחת יתהון תלת עייני במרומיא ואמרת |
| 006 | תתלון | | *Dt 4:19* | דלא תתלון עיינכון לשמייא ותיחמון |

|  |  |  |  |  |  |  |
|---|---|---|---|---|---|---|
| 007 | תתלי | | Gn49:22M | קטלין ומעוכין דלמ׳ | תתלי | אפך ותסתכל בחד׳ מנהון |
| 008 | איתלי | etpeel | Gn 4:24 | דקטל להבל שבעה דרין | איתלי | לי ולמך בר ברה די לא קטל |
| 009 | יתלי | | Gn 4:15 | קין עד שובעה דרין | יתלי | ליה ושוי ייי לקין סימן |
| 010 | | | Gn 4:24 | ליה עד שבעין ושבעה דרין | יתלי | ליה: |
| 011 | דיתלי | | Gn 4:24 | די לא קטל בדינא הוא | דיתלי | ליה עד שבעין ושבעה דרין |
| 012 | ואתליית | | Gn 7:17M | וטענו ית תיבותא | ורמת/ואתליית#2#/ | מעלוי ארעא: |

## תלי *adj.* high [582]

|  |  |  |  |  |  |  |
|---|---|---|---|---|---|---|
| 001 | תלי | s ab/cn | Nu21:08 | דנחש ושוי יתי אל אתר | תלי: | |
| 002 | | | Dt27:14 | לכל עמה בני ישראל קל | תלי: | |
| 003 | | | Nu21:09M | דנחש ויהב יתה על אתר | תלי#2#/ | והוה אין נכ«י»ת |
| 004 | | | Gn29:07 | ואמר הא עד כדון יומא | תלי | לא אשון מכנש בעירא אשקו |

## תליל *adj.* fortified [582]

|  |  |  |  |  |  |  |
|---|---|---|---|---|---|---|
| 001 | תלילין | p abs | Nu32:17 | טפלינן בקריין | תלי{נ}<לי>ן | מן קדם דיירי דארעא: |
| 002 | תלילן | | Nu13:19 | הא קרי כפרנין אינון או | תלילן: | |
| 003 | | | Nu32:36 | וית בית רמתה קרי | תלילן | ודירין דען: |
| 004 | | | Ex 1:11 | ובנון קרין | תלילן | לפרעה ית טנס וית |
| 005 | | | Dt 3:05 | כל אלין קריין | תלילן | מקיפן שורין רמין תרעין |
| 006 | | | Nu13:28M | תקיפן /וקורייתיה | תלילן#2#/ | רברבן לחדה ואוף בנוי |
| 007 | ותלילן | | Dt 1:28 | מינן קריין רברבן | ותלילן | עד צית שמיא ולחוד בנוי |
| 008 | | | Dt 9:01 | מנכון וקוריין רברבן | ותלילן | עד צית שמיא: |
| 009 | תלילתה | p em/sf | Dt 3:06 | שיצינן כל קורי | תלי{ת}<ל>תה | ונשיה וטפלייה: |
| 010 | | | Dt 2:34 | ושיצינן ית כל קורי | תלילתה | ונשייה וטפלייה לא שיירנן |
| 011 | ותליליה | | Dt28:52 | שורייה רמייה | ותלילי«י»ה | דאתון רחיצין בהון בכל |

## תלים *n.* (twin) brother [582]

|  |  |  |  |  |  |  |
|---|---|---|---|---|---|---|
| 001 | תלימין | p abs | Gn49:05 | <שמעון ולוי> אחין | תלימין | מרי זיינה שנינה עבדי קרב |

## תליש *n.* fraction, portion [582]

|  |  |  |  |  |  |  |
|---|---|---|---|---|---|---|
| 001 | תליש | s ab/cn | Nu31:47 | פלגותהון דבני ישראל ית | תליש | חד מן חמשין מן בני אנשא |
| 002 | | | Nu31:30 | דבני ישראל תסב חד | תליש | מן חמשין מן אנשא ומן תוריה |
| 003 | תלש | | Nu31:41 | ויהב משה ית | תלש | אפרשותה דייי לאלעזר כהנא |

## תליתיי *num.* third (ord.) [582]

|  |  |  |  |  |  |  |
|---|---|---|---|---|---|---|
| 001 | תליתאי | s ab/cn | Gn 1:13 | סדר עבד בראשית יום | תליתאי: | |
| 002 | | | Dt27:24M | דישתעי על חבריה לישן | תליתאי | |
| 003 | | | Gn50:23 | לאפרים בנין דר | תליתאי | אף בנוי דמכיר בר מנשה |
| 004 | תליתי | | Dt23:09 | מה די יתיילדו להון דר | תליתי | יתחשב להון בקהל כנישתה |
| 005 | תליתיא | | Ex20:05 | על בנין מרדין על דר | תליתיא | ועל דר רביעיאי לשנאי כד |
| 006 | | | Ex12:42 | ישראל וקרא יתיה לילי | תליתיא | לילי רביעיא כד ישלם עלמא |
| 007 | תליתיי | | Gn49:23 | מלכותא אמרו עלוי לשן | תליתיי | בפליטורין דפרעה דהוה קשיא |
| 008 | | | Lv22:27M | תחותוי לעלתה ותובן | תליתיי | גדי בר עיזין בגין למדכרה |
| 009 | | | Ex34:07 | בני בנין מרודין על דר | תליתיי | ועל דר רבעיי: |
| 010 | | | Nu14:18 | על בנין מרודין על דר | תליתיי | ועל דר רביעיי: |
| 011 | | | Dt 5:09 | על בנין מרודין על דר | תליתיי | ועל דר רביעיי כד משלמין |
| 012 | תליתא | s em/sf | Gn42:18 | ואמר להון יוסף ביומא | תליתא | דא עבדו וחיון מן קדם ייי |
| 013 | | | Gn40:20 | והוה ביומא | תליתא | יום גניסיא דפרעה ועבד |
| 014 | תליתאה | | Gn31:22M | טפת ובכן אתנו ביומא | תליתאה | ארום אזל יעקב חסידא |
| 015 | | | Gn31:22M | ואתני ללבן ביומא | תליתאה | ארום ערק יעקב |
| 016 | | | Gn18:01 | ללוט מגו הפכתא ומלאכה | תליתאה | אשתלח למיפך סדם ועמורה |
| 017 | | | Gn28:10 | משח על ראשה וניסא | תליתאה | כיון דנטל אבונן יעקב |
| 018 | תליתיא | | Gn 2:14 | ושמה דנהרא | תליתיא | דקלת הוא דחזר ומקף מן |
| 019 | | | Gn32:20 | ופקד אף ית תנינא אף ית | תליתיא | אף ית דמהלך בתר עדריא |
| 020 | | | Ex19:01 | בירחא | תליתיא | בזמן אפיקתהון דבני ישראל |
| 021 | | | Nu 7:24 | ביומא | תליתיא | דחנוכת רבותה דמדבחה קרב |
| 022 | | | Gn34:25 | והוה ביומא | תליתיא | כד הוון צעורין מן גזרתהון |
| 023 | | | Ex12:42 | יתיה ליל תנינא ליליא | תליתיא | כד אתגלי ייי על מצריי |
| 024 | | | Ex19:16 | והוה ביומא | תליתיא | לעדוני צפרא והווה קלין |
| 025 | | | Ex28:19 | וסדרא | תליתיא | לשם זוזין וברולין |
| 026 | תליתיה | | Lv 7:17 | דנכסת קדשי«ה» ביומא | תליתיה | בנורא יתוקד: |
| 027 | | | Nu29:20 | וביומא | תליתיה | דחגה דמטלייה תקרבון תורין |
| 028 | | | Nu19:12 | לא יתדי עלוי ביומא | תליתיה | וביומא שביעיה לא ידכי: |
| 029 | | | Nu19:12 | הוא יתדי עלוי ביומא | תליתיה | וביומא שביעיה ואדכי ואין |
| 030 | | | Nu19:19 | דכיה על מסאבה ביומא | תליתיה | וביומא שביעיה ויתדכי |
| 031 | | | Nu31:19 | בקטול תדכון ביומא | תליתיה | וביומא שביעיה אתון |
| 032 | | | Gn22:04 | ביומא | תליתיה | ונטל אברהם ית עיינוי |
| 033 | | | Lv 7:18 | בשרה דנכסת קדשיה ביומ׳ | תליתיה | לא יתקבל ברעוה מן דמקרב |
| 034 | | | Lv19:16 | לא תיז{ו}<י>ל בתר לישנה | תליתיה | למרעיה וית בעלי דינה לא |
| 035 | | | Ex39:12 | וסדרה | תליתיה | לשם זוזין וירולין |
| 036 | | | Lv19:07 | ואם מתאכלה יתאכל ביומא | תליתיה | פסיל הוא לא יתקבל ברעווה: |
| 037 | תליתייא | | Gn31:22 | בכדן אתני ללבן ביומא | תליתייא | ארום ערק יעקב: |
| 038 | | | Ex19:11 | ויהוון מזומנים ליומא | תליתייא | ארום ביומא תליתייא תתגלי |
| 039 | | | Ex19:11 | תליתייא ארום ביומא | תליתייא | תתגלי איקר שכינתא דייי |
| 040 | תליתייה | | Gn18:01M | ומלאכה | תליתאה/תליתייה#2#/ | אשתלח למיפך |
| 041 | | | Lv19:06 | ומה דמשתייר עד יומא | תליתייה | בנורא יתוקד: |
| 042 | | | Lv19:18 | תהוון אזלין בתר לישנא | תליתייה | דהוא קש׳ כחרבא מחי מן |
| 043 | | | Dt26:12 | מעשר עללת<כ>ון בשתה | תליתייה | דהיא שנת מעשר מסכינייה |
| 044 | | | Lv19:06 | יתיה יתאכל וביומ׳ | תליתייה | ומה דמשתייר עד יומא |
| 045 | תליתייתה | | Dt26:12M | בשתה | תליתייה/תליתייתה#2#/ | דהיא שנת מעשר |
| 046 | תליתיתה | | Dt14:28 | ית מעשר עללתכון בשתה | תליתיתה | דהוא שנת מעשר מסכינייה |
| 047 | תליתיתיה | | Dt14:28M | עללתכון בשתה | תליתיתה/<תליתי>תיה#2#/ | דהוא שנת מעשר |
| 048 | תליתיין | p abs | Nu 2:24M | לחיילוותהון | ותלתין/תליתיין#2#/ | הוו נטלין: |
| 049 | ותליתאין | | Gn 6:16 | מדורין ארעיין תנינין | ותליתאין | תעבד יתה: |

## תלמיד *n.* student [583]

|  |  |  |  |  |  |  |
|---|---|---|---|---|---|---|
| 001 | ותלמידייהא | p em/sf | Dt 8:09M | תקיפין הי כפרזלא | ותלמידייהא | חסינין הי כנחשה |

## תלע *vb.* to tear apart [583]

|  |  |  |  |  |  |  |
|---|---|---|---|---|---|---|
| 001 | ויתלע | peal | Lv 1:17 | | ויתלע | יתיה בכנפוי לא יפרש ויסדר |

## תלש *vb.* to tear out [583]

|  |  |  |  |  |  |  |
|---|---|---|---|---|---|---|
| 001 | תליש | peal | Ex22:30 | קדישין תהוון לשמי ובשר | תליש | מן חווה קטילא באפי ברא לא |
| 002 | ותלש | | Dt29:27 | | ותלש | יתהון ייי מעלוי ארעהון |

## תליש ⇐ *n.* תלש

## תלת *vb.* to triple, to divide in three [583]

|  |  |  |  |  |  |  |
|---|---|---|---|---|---|---|
| 001 | ותתלתון | pael | Dt19:03 | תכוונון לכון אורחא | ותתלתון | ית תחום ארעכון די יאחסן |

|  |  |  |  |  |  |
|---|---|---|---|---|---|
| 001 | תלת ab/cn | Ex12:42M | יתיה לילין תנין ליליא | תלת | |
| 002 | | Gn24:31M | פניית יתʼ {לפל} מן | תלת | אתקנית עבידן קשיין דהוון |
| 003 | | Gn 5:22 | מן בתר דאולד ית מתושלʼ | תלת | מאה שנין ובהן בשנייה הוה |
| 004 | | Gn 5:23 | כל ימוי חיוי דחנוך | תלת | מאה ושתין וחמש שנין: |
| 005 | | Gn 6:15 | וכהדן סדרא תעבד יתיה | תלת | מאה אמין אורכʼ דתיבותא |
| 006 | | Gn 9:28 | וחיה נח בתר מבולא | תלת | מאה וחמ«שין» שנין: |
| 007 | | Gn14:14 | ית עלמוי תורבוות ביתיה | תלת | מאה עשר ורדף בתריהון עד |
| 008 | | Gn45:22 | ולבוש ולבנימן יהב | תלת | מאה סלעין דכסף וחמש אסטלון |
| 009 | | Nu31:36M | "ען תלתין .. מאוון": ענה | תלת | מאה אלפין ותלתין אלפין |
| 010 | | Gn18:06 | לות שרה ואמר אוחי וסבי | תלת | סאין קמח דסלת לושי ועבידי |
| 011 | | Lv27:06 | דכסף ולנקבתה עלויה | תלת | סלעין דכסף: |
| 012 | | Dt19:07 | אנה מפקד יתכון למימר | תלת | קורי שיזבו תפרשון לכון: |
| 013 | | Dt19:09 | יומיא ותוספון לכון תוב | תלת | קורי שיזבו על תלתי קרייתה |
| 014 | | Nu35:14 | תתנון מן עבר לירדנה וית | תלת | קוריאן תתנון בארעא דכנען |
| 015 | | Nu35:14 | ית | תלת | קוריין תתנון מן עבר לירדנה |
| 016 | | Dt19:09M | "תוב ... שיזבו": עוד | תלת | קוריין דשיזʼ |
| 017 | | Dt19:02 | | תלת | קרוין דשיזבו תפרשון |
| 018 | | Dt 4:41 | בכ{ו}<י>ן יפריש משה | <תלת> | קרי שזבו בעבר ירדנה מן |
| 019 | | Gn15:09 | ברת תלת שנין ועז בר | תלת | שנין ודכר בר תלת שנין |
| 020 | | Gn15:09 | ועז בר תלת שנין ודכר בר | תלת | שנין ושפנין וגוזל בר יון: |
| 021 | | Gn15:09 | ליה קרב קדמיי עגלה ברת | תלת | שנין ועז בר תלת שנין ודכר |
| 022 | | Lv19:23 | ותפרקון ערלתיה ית פריו | תלת | שנין יהוי לכון ריחוק לא |
| 023 | | Nu 7:15 | תור חד בר תורין ב{ת}<ר> | תלת | שנין דכר חד בר תרתין ואמר |
| 024 | | Nu 7:21 | תור חד בר תורין בר | תלת | שנין דכר חד בר תרתין ואמר |
| 025 | | Nu 7:27 | בר תורין בר | תלת | שנין דכר חד בר תרתין |
| 026 | | Nu 7:33 | תור חד בר תורין בר | תלת | שנין דכר חד בר תרתין ואמר |
| 027 | | Nu 7:39 | תור חד בר תורין בר | תלת | שנין דכר חד בר תרתין ואמר |
| 028 | | Nu 7:45 | תור חד בר תורין בר | תלת | שנין דכר חד בר תרתין ואמר |
| 029 | | Nu 7:51 | תור חד בר תוריה«ן» בר | תלת | שנין דכר חד בר תרתין ואמר |
| 030 | | Nu 7:57 | תור חד בר תורין בר | תלת | שנין דכר חד תרתין ואמר חד |
| 031 | | Nu 7:63 | תור חד בר תורין בר | תלת | שנין דכר חד בר תרתין ואמר |
| 032 | | Nu 7:69 | תור חד בר תורין בר | תלת | שנין דכר חד בר תרתין ואמʼ |
| 033 | | Nu 7:75 | תור חד בר תורין בר | תלת | שנין דכר חד בר תרתין ואמר |
| 034 | | Nu 7:81 | תור חד בר תורין בר | תלת | שנין דכר חד בר תרתין ואמר |
| 035 | | Dt14:28 | לסוף | תלת | שנין דיומין ת{נ}<פ>קון ית |
| 036 | | Dt32:04 | ועבד יתה לארבע חלקין | תלת | שעין לעי באוריתה ותלת שעין |
| 037 | תלתא | Ex27:14 | תלתא וחומריהון | תלתא: | |
| 038 | | Ex38:14 | תלתא וחומריהון | תלת«א»: | |
| 039 | | Gn 9:19 | | תלתא | אינון אלין בנוי דנח |
| 040 | | Gn 6:10 | ואולד נח | תלתא | בנין ית שם ית חם וית |
| 041 | | Gn29:34 | בעלי ארום ילדת ליה | תלתא | בנין בגין כדן קרא שמיה |
| 042 | | Ex27:14 | ווילון לסיטרא עמודיהון | תלתא | וחומריהון תלתא: |
| 043 | | Ex27:15 | ווילון עמודיהון | תלתא | וחומריהון תלתה: |
| 044 | | Ex38:14 | אמין לסיטרה עמודיהון | תלתא | וחומריהון תלת«א»: |
| 045 | | Ex23:14 | | תלתא | זמנין תחוגון קדמיי בשתא: |
| 046 | | Ex23:17 | | תלתא | זמנין בכל שתא יתחמון כל |
| 047 | | Ex34:23 | | תלתא | זמנין בשתא יתחמירʼ כל |
| 048 | | Ex34:24 | למתחמייה קדם ייי אלהכון | תלתא | זמנין בשתא: |
| 049 | | Nu22:32 | על מה מחית ית אתנתך דנה | תלתא | זמנין הא אנה נפקת למסטן לך |
| 050 | | Dt16:16 | | תלתא | זמנין בכל שתה יתחמי כל |
| 051 | | Gn49:03 | צערי חמי הויית מסב | תלתא | חולקין יתיר על אחך בכורותא |
| 052 | | Gn30:36 | ושוי ארח מהלך | תלתא | יומין בינה ובין יעקב |
| 053 | | Gn31:22 | ולא יכלו ואמתינו תרין | תלתא | יומין סברין דלמה דהיא |
| 054 | | Gn31:22M | ולא אשכחו מיא ואמתינו | תלתא | יומין דלמה יהא טיפה ולא |
| 055 | | Gn40:12 | דין פתרוניה תלתא שרביטא | תלתא | יומין אנון: |
| 056 | | Gn40:13 | לסוף | תלתא | יומין ירומם פרעה ית ראשך |
| 057 | | Gn40:19 | לסוף | תלתא | יומין ירים פרעה ית ראשך |
| 058 | | Gn42:17 | וחבש יתהון במטרא | תלתא | יומין: |
| 059 | | Ex 3:18 | וכדו נזיל כען ארח מהלך | תלתא | יומין במדברא ונקרב קדם ייי |
| 060 | | Ex 5:03 | נזיל כען אורח מהלך | תלתא | יומין במדברא ונקרב קדם ייי |
| 061 | | Ex 8:23 | ארח מהלך | תלתא | יומין נהלך במדברא ונקרב |
| 062 | | Ex10:22 | דקבל בכל ארעא דמצרים | תלתא | יומין: |
| 063 | | Ex10:23 | ולא קמו גבר מן אתריה | תלתא | יומין ולכל בני ישראל הוה |
| 064 | | Ex15:22 | דחלוצה והלכו ארח מהלך | תלתא | יומין במדברא ולא אשכחו |
| 065 | | Gn38:24 | והוה היך בתר | תלתא | ירחין ואתני ליהודה למימר |
| 066 | | Ex 2:02 | ארום טב הוא וטמרת יתה | תלתא | ירחין: |
| 067 | | Ex25:33 | | תלתא | כלידין משקעין בקנה חד חזר |
| 068 | | Gn18:01 | | תלתא | מלאכין אש<ת>לחו לוות אבונן |
| 069 | | Gn18:02 | ונטל עיינוהי וחמא והא | תלתא | מלאכין בדמות גברין קיימין |
| 070 | | Gn38:25 | ואנהר עייני והב לי | תלתא | סהד«י» ואנה מקיימה לך |
| 071 | | Gn38:25 | נפקת למתוקדה בנורא ובעת | תלתא | סהדי ולא אשכחת יתהון תלת |
| 072 | | Gn40:18 | ליה יוסף דין פתרוניה | תלתא | סליא תלתה יומין אינון: |
| 073 | | Gn40:16 | ליוסף אף אנה בחלמי והא | תלתא | סלין דפיתא נקיתא על ראשי: |
| 074 | | Gn29:02 | בארה באפיה ברה והא תמן | תלתא | עדרי דען רביעין עלה ארום |
| 075 | | Gn40:12 | ועתידין למתפרקא על ידי | תלתא | פרנסין מהמנין משה ואהרן |
| 076 | | Gn38:25 | סהד«י» ואנה מקיימה לך | תלתא | צדיקין בבקעת דורא חנניה |
| 077 | | Ex37:18 | ושתה קנין נפקין מן סטרה | תלתא | קני מנרתה מן סיטרא חדתה |
| 078 | | Ex25:32 | ושתא קנין נפקין מן סטריה | תלתא | קנ{ם} מנרתה מן סטרא חדתא |
| 079 | | Ex28:17 | וכתיב ומפרש עליהון שם | תלתא | שבטין ראובן שמעון לוי: |
| 080 | | Ex28:18 | וכתיב ומפרש עליהון שם | תלתא | שבטין יהודה יששכר |
| 081 | | Ex28:19 | וכתיב ומפרש עליהון שם | תלתא | שבטין דן ונפתלי גד |
| 082 | | Ex28:20 | וכתיב ומפרש עליהון שם | תלתא | שבטין אשר יוסף ובנימן |
| 083 | | Ex39:10 | וכתיב ומפרש עליהון שם | תלתא | שבטין ראובן שמעון לוי: |
| 084 | | Gn38:25 | למיכאל חות הב יתהון לה | תלתא | שהדוי ואנהרון עיינה וחמת |
| 085 | | Gn40:12 | ליה יוסף דין פתרוניה | תלתא | שרביטא תלתא יומין אנון: |
| 086 | | Gn40:10 | ובגפנא | תלתא | שרביטין והיא אפרחת אסקת |
| 087 | תלתה | Ex27:15 | תלתא וחומריהון | תלתה: | |
| 088 | | Ex38:15 | תלתה וחומריהון | תלתה: | |
| 089 | | Nu 4:44 | סכומיהון לזרעייתהון | תלתה | אלפין וחמש מאוון: |
| 090 | | Ex38:15 | חמש עשרה אמין עמודיהון | תלתה | וחומריהון תלתה: |
| 091 | | Dt32:03 | דישראל אמרין קקק | תלתה | זימנין מנהון ילף משה דלא |
| 092 | | Ex34:23M | עמי בני ישראל | תלתה | זמנין בכל שתה יתחמי כל |
| 093 | | Nu22:28 | לך ארום מחית יתי דנה | תלתה | זמנין: |
| 094 | | Nu22:33 | אתנתה וסטת קדמיי דנה | תלתה | זמנין אילו לא סטת מן קדמיי |
| 095 | | Nu24:10 | מברכה ברכת יתהון דנא | תלתה | זמנין: |
| 096 | | Gn40:18 | דין פתרוניה תלתא סליא | תלתה | יומין אינון: |
| 097 | | Nu10:33 | דייי אורח <....> מהלך | תלתה | יומין למתקנה להון אתר |
| 098 | | Nu33:08M | /\ואזלו אורח מהלך | תלתה | יומין במדברה#2#/ דאיתם |
| 099 | | Ex37:19 | | תלתה | כלידין משקעין בקנה חד חזור |
| 100 | | Dt17:06 | תרין סהדין או על פם | תלתה | סהדין יתקטל מן דמתחייב |
| 101 | | Dt19:15 | תרין סהדין או על פם | תלתה | סהדין יקום פתגמא: |
| 102 | | Lv27:06M | ולנקבתה עלויה | תלת/<תל>תה#2#/ | סלעין דכסף: |
| 103 | | Nu15:09 | עם בר תוריה מנחה סלת | תלתה | עשרונין פיל במשח פלגות |
| 104 | | Nu28:20 | ומנחתהון סלת פילה במשח | תלתה | עשרונין תקרבון: |
| 105 | | Nu28:28 | ומנחתהון סולת פילה במשח | תלתה | עשרונין תקרבון עם תורה |
| 106 | | Nu29:03 | סלת פ«י»לה במשח | תלתה | עשרונין תקרבון עם תורה |
| 107 | | Nu29:09 | ומנחתהון סלת פילה במשח | תלתה | עשרונין תקרבון עם תורה |
| 108 | | Nu29:14 | ומנחתהון סלת פילה במשח | תלתה | עשרונין תקרבון עם תורה |

|  |  |  |  |  |  |  |
|---|---|---|---|---|---|---|
| 109 | | | Ex39:11 | וכתיב ומפרש עליהון שם | תלתה | שבטין יהודה יששכר |
| 110 | | | Ex39:12 | וכתב ומפרש עליהון שם | תלתה | שבטין דן ונפתלי וגד: |
| 111 | | | Ex39:13 | וכתיב ומפרש עליהון שם | תלתה | שבטין אשר יוסף ובנימן |
| 112 | דתלת | | Ex16:36 | ועמרה חד מן עשרה | דתלת | סאין הוא: |
| 113 | ותלת | | Gn46:15 | בנוי ובנתיה תלתין | ותלת: | |
| 114 | | | Ex38:26M | ותלתה/לאשתין רבבן | ותלת#2#/ | אלפין וחמש מאה/מאוון#2# |
| 115 | | | Ex27:01 | פתיא מרבע יהי מדבחא | ותלת | אמין משחת רומה: |
| 116 | | | Ex38:01 | וחמש אמין פתיא מרבע | ותלת | אמין משחת רומה: |
| 117 | | | Nu 1:23 | חמשין ותשעה אלפין | ותלת | מאה: |
| 118 | | | Nu 2:13 | חמשין ותשעה אלפין | ותלת | מאוון: |
| 119 | | | Nu 3:50 | ישראל קבל ית כספה אלף | ותלת | מאוון ואשתין וחמש סלעין |
| 120 | | | Nu26:25 | אשתין וארבעה אלפין | ותלת | מאוון: |
| 121 | | | Nu31:36 | קרבה מנין ען תלתין | ותלת | רבוון ושבעת אלפין וחמש |
| 122 | | | Nu31:43 | מן ע{מ}<נ>ה תלתין | ותלת | רבוון ושבעה אלפין וחמש |
| 123 | | | Gn11:15 | דאולד ית עבר ארבע מאה | ותלת | שנין ובהן בשניה הוה מוליד |
| 124 | | | Ex 6:18 | חיוי דקהת מאה ותלתין | ותלת | שנין: |
| 125 | | | Ex 7:07 | הוה ואהרן בר תמנין | ותלת | שנין במללותיהון עם פרעה: |
| 126 | | | Nu33:39 | ואהרן בר מאה ועשרין | ותלת | שנין הוה בזמנה דמית בהר |
| 127 | | | Dt32:04 | תלת שעין לעי באוריתה | ותלת | שעין יתב בדינה ותלת שעין |
| 128 | | | Dt32:04 | ותלת שעין יתב בדינה | ותלת | שעין מזווג זוגין בין גבר |
| 129 | | | Dt32:04 | גבר לאתתה ומרים וממך | ותלת | שעין מפרנס כל עלמא צדיקה |
| 130 | ותלתא | | Ex25:32 | מנרתה מן סטרא חדתא | ותלתא | קני מנרתא מן סטרא {חדתא |
| 131 | | | Ex25:32 | מנרתא מן סטרא {חדתא | ותלתא | קני מנרתא מן סטרא} |
| 132 | | | Ex37:18 | מנרתה מן סיטרא חדתה | ותלתא | קני מנרתה מן סטרה תניינא: |
| 133 | ותלתה | | Nu 3:43 | ותרתין מאוון ושובעין | ותלתה: | |
| 134 | | | Ex38:26 | ולעל לשתי מאה אלפין | ותלתה | אלפין וחמש מאה וחמשין: |
| 135 | | | Nu 1:43 | דבנוי דנפתלי חמשין | ותלתה | אלפין וארבע מאוון: |
| 136 | | | Nu 1:46 | כל סכומיה שתין ריבוון | ותלתה | אלפין וחמש מאוון וחמשין: |
| 137 | | | Nu 2:30 | וסכומיהון חמשין | ותלתה | אלפין וארבע מאוון: |
| 138 | | | Nu 2:32 | אשתין רבוון | ותלתה | אלפין וחמש מאה וחמשין: |
| 139 | | | Nu26:07 | והוון סכומיהון ארבעין | ותלתה | אלפין ושבע מאה ותלתין: |
| 140 | | | Nu26:47 | דאשר לסכומיהון חמשין | ותלתה | אלפין וארבע מאוון: |
| 141 | | | Nu26:62 | והוון סכומיהון עשרין | ותלתה | אלפין כל דכורה מן בר ירח |
| 142 | | | Nu 3:46 | דתרתין מאוון ושבעין | ותלתה | דאישתיירו על ליויי מן |
| 143 | | | Lv12:04 | ותלתין | ותלתה | יומין תתב תטר על אדם דדכי |
| 144 | | | Nu28:12 | | ותלתה | עשרונין סולת מנחה פילה |
| 145 | | | Lv14:10 | ברת שת' שלמה מן מום | ותלתה | עשרונין סלת מנחה פילה במשח |
| 146 | כתלתא | | Ex32:28 | מן עמא ביומא ההוא | כתלתא | אלפין דגברין: |
| 147 | לתלת | | Gn18:01 | ערלתה ותלתיהו' אשתלחו | לתלת | מילין ארום לית אפשר לחד |
| 148 | | | Lv25:21 | ותעבד ארעא פירי עללתה | לתלת | שנין: |
| 149 | לתלתא | | Ex19:15 | ואמר לעמ' הוון מזמנין | לתלתא | יומין לא יקרב מנכון גבר |
| 150 | תלתהון | em/sf | Nu 7:15M | קרב לעלה/שתייה | תלתהון | הוה רב שבטה מקרב |
| 151 | תלתי | | Gn40:12 | פתרוניה תלתי שרביטיה | תלתי | אבהת עלמא אנון אברהם |
| 152 | | | Lv22:27 | אלין תלתי קרבני קרבני | תלתי | אבהת עלמא אינון אברהם |
| 153 | | | Ex21:11 | ואן | תלתי | מלייא האיליין לא יעבד לה |
| 154 | | | Gn40:18 | ואמר דן פתרונה דחלמא | תלתי | סליה תלתיה שעבודיא תקיפיה |
| 155 | | | Lv22:27 | ית סדר ברכתה אלין | תלתי | קרבני קרבני תלתי אבהת עלמא |
| 156 | | | Dt19:09 | תוב תלת קורי שיזבו על | תלתי | קרייתה האיליין: |
| 157 | | | Gn40:12 | ליה יוסף דין פתרוניה | תלתי | שרביטיה תלתי אבהת עלמא |
| 158 | תלתיה | | Gn40:18 | פתרונה דחלמא תלתי סליה | תלתיה | שעבודיא תקיפיה דעתידין |
| 159 | תלתיהון | | Nu12:04 | ולאהרן <....> ונפקו | תלתיהון: | |
| 160 | | | Nu 7:15 | תרתין ואמר חד בר שתה | תלתיהון | קרב לעלה: |
| 161 | | | Nu 7:21 | תרתין ואמר חד בר שתה | תלתיהון | קרב לעלה: |
| 162 | | | Nu 7:27 | תרתין {ואמר} ואמר חד בר שתה | תלתיהון | קרב לעלה: |
| 163 | | | Nu 7:33 | תרתין ואמר חד בר שתה | תלתיהון | קרב ^יתה#2#^ לעלה: |
| 164 | | | Nu 7:39 | תרתין ואמר חד בר שתה | תלתיהון | קרב לעלה: |
| 165 | | | Nu 7:45 | תרתין ואמר חד בר שתה | תלתיהון | קרב לעלה: |
| 166 | | | Nu 7:51 | תרתין ואמר חד בר שתה | תלתיהון | קרב לעלה: |
| 167 | | | Nu 7:57 | תרתין ואמר חד בר שתה | תלתיהון | קרב לעלה: |
| 168 | | | Nu 7:63 | תרתין ואמר חד בר שתה | תלתיהון | קרב לעלה: |
| 169 | | | Nu 7:69 | תרתין ואמ' חד בר שתה | תלתיהון | קרב לעלה: |
| 170 | | | Nu 7:75 | תרתין ואמר חד בר שתה | תלתיהון | קרב לעלה: |
| 171 | | | Nu 7:81 | תרתין ואמר חד בר שתה | תלתיהון | קרב לעלה: |
| 172 | ותלתי | | Gn 7:13 | בנוי דנח ואתתיה דנח | ותלתי | נשי בנוהי עמהו' לתיבותה: |
| 173 | ותלתי' | | Gn 5:03 | וחיה אדם מאה | ותלתי' | שנין ואולד בדמותיה כד נפק |
| 174 | ותלתיהו' | | Gn18:01 | די גזר ית בשר ערלתה | ותלתיהו' | אשתלחו לתלת מילין ארום |

## תלת #2 *num.* third (??) [583??]

|  |  |  |  |  |  |  |
|---|---|---|---|---|---|---|
| 001 | ותלתין | p abs | Nu 2:24 | ומאה לחיילוותהון | ותלתין | הוו נטלין: |

## תלת עשר *num.* thirteen [582]

|  |  |  |  |  |  |  |
|---|---|---|---|---|---|---|
| 001 | תלת עשר | ab/cn | Nu29:13 | ייי תורין בני תורין | תלת עשר | דכרין תרין אמרין בני |
| 002 | תלת עשרה | | Gn17:25 | וישמעאל בריה בר | תלת עשרה | שנין במגזר ליה ית בשר |
| 003 | תלת עשרתי | | Nu29:14M | תורייא/למניין | תלת עשרתי | תורייה#2#/ תרין |
| 004 | ותלת עשרי | | Gn14:04M | קדם כדר לעמר | ובתלת/ותלת#2#/ | עשרי שנין מרדו ביה: |
| 005 | ובתלת עשרי | | Gn14:04 | פלחו קדם כדר לעמר | ובתלת | עשרי שנין מרדו ביה: |
| 006 | תלת עשרתי | s em/sf | Nu29:14 | סידרא תקרבון עם | תלת עשרתי | תורייא תרין עשרונין |

## תלתו *num.* third part [583]

|  |  |  |  |  |  |  |
|---|---|---|---|---|---|---|
| 001 | תלתות | s em/sf | Nu15:06 | תרין עשרנין פילה במשח | תלתות | הינא: |
| 002 | | | Nu15:07 | וחמר לניסוך | תלתות | הינה תקרבון לריח דרעוה |
| 003 | ותלתות | | Nu28:14 | הינא תקרבון עם תורא | ותלתות | הינא תקרבון עם דכרא |

## תלתין *num.* thirty [583 s.v. תלת num.]

|  |  |  |  |  |  |  |
|---|---|---|---|---|---|---|
| 001 | תלתין | | Gn18:30 | לא אשיצא אן אשכחת תמן | תלתין: | |
| 002 | | | Nu31:39 | וחמרין | תלתין | אלפין וחמש מאוון |
| 003 | | | Nu31:45 | וחמרין | תלתין | אלפין וחמש מאוון: |
| 004 | | | Ex26:08 | ארכה דיריעתא חדתה | תלתין | אמין באמתא ופתיא ארבע |
| 005 | | | Ex36:15 | ארכה די יריעתה חדא | תלתין | אמין באמתא וארבע אמין |
| 006 | | | Gn18:30 | דילמה אם ישתכחון תמן | תלתי«ן» | ואמר לא אשיצא אן אשכחת |
| 007 | | | Gn18:31 | מה דילמה דישתכחון תמן | {תל} | עשרין ו{י}אמר לא אשיצא |
| 008 | | | Gn11:16 | וחיה עבר | תלתין | וארבע שנין ואולד ית פלג: |
| 009 | | | Gn11:12 | וארפכשד חיה | תלתין | וחמש שנין ואולד ית שלח: |
| 010 | | | Nu 1:37 | דשבטה דבנוי דבנימן | תלתין | וחמשה אלפין וארבע מאוון: |
| 011 | | | Nu 2:21 | וחיילוותיה וסכומיהון | תלתין | וחמשה אלפין וארבע מאה: |
| 012 | | | Nu 2:23 | וחיילוותיה וסכומיה | תלתין | וחמשה אלפין וארבע מאוון: |
| 013 | | | Nu 7:85M | \מאה ותלתין | /תלתין | ומאה#2#/ סלעין מתקלה |
| 014 | | | Ex12:42 | שנין תלד ויצחק הוה בר | תלתין | ושבע שנין כד אתקרב על גבי |
| 015 | | | Ex12:42M | "ויצחק ... אתקרב": הא בר | תלתין | ושבע שנין הוה ישחק בזמן |
| 016 | | | Nu31:38 | ותורין^ | תלתין | ושתה אלפין ואפרשותהון |
| 017 | | | Nu31:44 | ותורין | תלתין | ושתה אלפין: |
| 018 | | | Gn46:15 | כל נפשתה בנוי ובנתיה | תלתין | ותלת: |
| 019 | | | Nu31:36 | לחיל קרבה מנין ען | תלתין | ותלת רבוון ושבעת אלפין |
| 020 | | | Nu31:43 | דעם כנשתה מן ע{מ}<נ>ה | תלתין | ותלת רבוון ושבעה אלפין |
| 021 | | | Dt 2:14 | די עברנן ית נחלה דזרד | תלתין | ותמניא שנין עד דסף כל דרא |
| 022 | | | Nu 1:35 | דשבטה דבנוי דמנשה | תלתין | ותרין אלפין ותרין מאה: |

|  |  |  |  |  |  |
|---|---|---|---|---|---|
| 023 | Nu26:37 | | דאפרים לסכומיהון | תלתין | ותרין אלפין וחמש מאוון |
| 024 | Nu31:35 | | תשמיש דכורא כל נפשתה | תלתין | ותרין אלפין: |
| 025 | Gn11:20 | | וחיה רעו | תלתין | ותרתין שנין ואולד ית |
| 026 | Nu31:40 | | ואפרשותהון לשמה דייי | תלתין | ותרתין נפשן: |
| 027 | Nu20:29 | | אהרן ובכון ית אהרן | תלתין | יומין כל בית ישראל: |
| 028 | Dt34:08 | | ית משה במישרה דמואב | תלתין | יומין ואשלימו יומי בכיתה |
| 029 | Ex21:32 | | תורא אין אמתא כסף | תלתי«ן» | סלעין יתן לריבוניה |
| 030 | Lv27:04 | | נקבה היא ויהוי עלויה | תלתין | סלעין: |
| 031 | Gn11:14 | | ושלח חיה | תלתין | שנין ואולד ית עבר: |
| 032 | Gn11:18 | | וחיה פלג | תלתין | שנין ואולד ית רעו: |
| 033 | Gn11:22 | | וחיה שרוג | תלתין | שנין ואולד ית נחור: |
| 034 | Gn41:46 | | ויוסף בר | תלתין | שנין הווה כד קם קדם פרעה |
| 035 | Nu 4:03 | | מן בר | תלתין | שנין ולעיל ועד בר חמשין |
| 036 | Nu 4:23 | | מבר | תלתין | שנין ולעיל ועד בר חמשין |
| 037 | Nu 4:30 | | מן בר | תלתין | שנין ולעיל ועד בר חמשין |
| 038 | Nu 4:35 | | מן בר | תלתין | שנין <ולעיל> ועד בר חמשין |
| 039 | Nu 4:39 | | מן בר | תלתין | שנין ולעיל ועד בר חמשין |
| 040 | Nu 4:43 | | מן בר | תלתין | שנין ולעיל ועד בר חמשין |
| 041 | Nu 4:47 | | מן בר | תלתין | שנין ולעיל ועד בר חמשין |
| 042 | Gn32:16 | | גמלים מיינקין ובניהן | תלתין | תורין נקבן ארבעין ותורין |
| 043 | Nu 4:40 | ותלתין | אלפין ושית מאוון | ותלתין: | |
| 044 | Nu26:07 | | ותלתה אלפין ושבע מאה | ותלתין: | |
| 045 | Nu26:51 | | ואלפא ושבע מאוון | ותלתין: | |
| 046 | Nu31:36M | | ענה תלת מאה אלפין | ותלתין | אלפין ושובעין אלפין וחמש |
| 047 | Gn25:17 | | שני חיוי דישמעאל מאה | ותלתין | ושבע שנין וסף ומית ואתכנש |
| 048 | Ex 6:16 | | ושנוי חיוי דלוי מאה | ותלתין | ושבע שנין: |
| 049 | Ex 6:21 | | ושני חיוי דעמרם מאה | ותלתין | ושבע שנין: ובנוי דיצהר |
| 050 | Ex 6:18 | | ושני׳ חיוי דקהת מאה | ותלתין | ותלת שנין: |
| 051 | Lv12:04 | | | ותלתין | ותלתה יומין תתב תטר על |
| 052 | Gn 6:15 | | חמשין אמין פתיה | ותלתין | משחת רומ׳: |
| 053 | Ex38:24 | | ככרין ושבע מאוון | ותלתין | סלעין בסלע בית קודשא: |
| 054 | Nu 7:13 | | פיילי דכסף חדא מאה | ותלתין | סלעין בסלעי בית קודשא הוה |
| 055 | Nu 7:19 | | פיילי דכסף חדה מאה | ותלתין | סלעין בסלעי בית קודשא הות |
| 056 | Nu 7:25 | | פיילי דכסף חדה מאה | ותלתין | סלעין בסלעי בית קודשה |
| 057 | Nu 7:31 | | פיילי דכסף חדה מאה | ותלתין | סלעין בסלעי בית קודשה |
| 058 | Nu 7:37 | | פיילי דכסף חדה מאה | ותלתין | סלעין בסלעי בית קודשה |
| 059 | Nu 7:43 | | פיילי דכסף חדה מאה | ותלתין | סלעין בסלעי בית קודשה |
| 060 | Nu 7:49 | | פיילי דכסף חדה מאה | ותלתין | סלעין בסלעי בית קודשה |
| 061 | Nu 7:55 | | פיילי דכסף חדה מאה | ותלתין | סלעין בסלעי בית קדשה הוות |
| 062 | Nu 7:61 | | פיילי דכסף חדה מאה | ותלתין | סלעין בסלעי בית קדשה הוות |
| 063 | Nu 7:67 | | פיילי דכסף חדה מאה | ותלתין | סלעין בסלעי בית קודשה |
| 064 | Nu 7:73 | | פיילי דכסף חדה מאה | ותלתין | סלעין בסלעי בית קודשה |
| 065 | Nu 7:79 | | פיילי דכסף חדה מאה | ותלתין | סלעין בסלעי בית קדשה הוות |
| 066 | Nu 7:85 | | מאה | ותלתין | סלעין מתקלה פיילתה |
| 067 | Gn11:13 | | ית שלח ארבע מאה | ותלתין | שני׳ ובהן בשניה הוה מוליד |
| 068 | Gn 5:05 | | חיוי דאדם תשע מאה | ותלתין | שנין ומית ואתכנ׳ מן גוא |
| 069 | Gn 5:16 | | ית ירד תמני מאה | ותלתין | שנין ובהן בשניה הוה |
| 070 | Gn11:17 | | ית פלג ארבע מאה | ותלתין | שנין ובהן בשניה הוה מוליד |
| 071 | Gn47:09 | | יומי שני תותבותי מאה | ותלתין | שנין קלילין ובישין הוון |
| 072 | Ex12:40 | | שרון במצרים ארבע מאה | ותלתין | שנין: |
| 073 | Ex12:41 | | והוה מסוף ארבע מאה | ותלתין | שנין והוה היך זמן יומא |

## תמה *vb.* to wonder at [584]

|  |  |  |  |  |  |
|---|---|---|---|---|---|
| 001 peal | ותמה | Gn17:17 | ואשתטח אברהם על אפוי | ותמה | ואמר בליביה הא בר מאה שנין |
| 002 | ותמהו | Gn43:33 | וזעירא כזעירותה | ותמהו | גברייא גבר לקבל חבריה: |
| 003 | ותמהת | Gn18:12 | | ותמהת | שרה בלבה למימר בתר |
| 004 | ותמיה | Gn17:17M | אברהם על אפוי | ותמה/ותמיה#2#/ | ואמר בליביה הא בר |

## תמי *vb.* ⇐ חמי

## תמה *n.* amazement, wonder [!! cf. תמיהה]

|  |  |  |  |  |  |
|---|---|---|---|---|---|
| 001 s em/sf | תימה | Ex 7:03M | פרישתי/אתיי וית | נסוי#2#/^תימה | דייי#2#^/ בארעא |

## תמיד *n.* daily burnt offering [584]

|  |  |  |  |  |  |
|---|---|---|---|---|---|
| 001 s em/sf | תמ׳ | Nu29:06M | דתמידה/דמנחתה ועולת | תמ׳#2#/ | ומנחתה ונסוכיהון כסדר |
| 002 | | Nu29:11M | /חטאת כפוריה ועולת | תמ׳#2#/ | ומנחתה/<ומנח>תהון#2#/ |
| 003 | תמידא | Gn49:27 | כהנייא מקרבין אימר | תמידא | ובמנחתא וביני שמשייא |
| 004 | | Gn49:27 | מקרבין {מקרבין} אימר | תמידא | ובמנחתא וברמשא יהוון |
| 005 | תמידה | Nu 4:16M | תדירה ומשחה/ומנחת | תמידה | ומ׳#2#/ דרבותה סכום |
| 006 | | Nu29:28 | עזין לחטאתה חד בר מעלת | תמידה | ומנחת ונסוכה: |
| 007 | | Nu29:19 | יתיה לחטאתה בר מן עלת | תמידה | ומנחתה וניסוכיהון: |
| 008 | | Nu29:22 | חד {מן} בר< מן> עלת | תמידה | ומנחתה ונסוכה: |
| 009 | | Nu29:25 | יתיה לחטאתה בר מעלת | תמידה | ומנחתה ונסוכה: |
| 010 | | Nu29:34M | חד לחטאתה בר מן לעלת | תמידה | ומנחתה וניסוכיהון |
| 011 | | Nu29:38 | לחטאתה חד בר מעלת | תמידה | ומנחתה ונסוכה: |
| 012 | | Nu29:31M | "מעלת ... מיא": לעלת | תמידה | ומנחתהון ונסוכיהון |
| 013 | | Nu29:31 | וצפיר לחטאת חד בר מעלת | תמידה | וצלוחית מיא דהוות מתקרבה |
| 014 | | Nu28:15 | קדם ייי סמיך לעלת | תמידה | יתקרב ונסכוי: |
| 015 | | Nu28:24 | קדם ייי סמיך לעלת | תמידה | יתקרב ונסוכוי: |
| 016 | | Nu29:16M | \עלתה דתמידה/עולת | תמידה#2#/ | מנחתה ונסכה: |
| 017 | | Nu29:34 | לחטאתה חד בר מעלת | תמידה | מנחתה ונסכה: |
| 018 | | Nu28:10 | יתיה סמיכה לעולת | תמידה | תתקרב ונסוכה: |
| 019 | דתמידה | Nu28:31 | בר מן עלתה | דתמידה | ומנחתה תקרבון שלמין מן |
| 020 | | Nu29:06 | דירחא ומנחתה ועלתה | דתמידה | ומנחתה ונסוכיהון כסדר |
| 021 | | Nu29:11 | חטאתה דכפוריה ועלתה | דתמידה | ומנחתה ונסוכיהון: |
| 022 | | Ex29:42M | תדירא לדריכון/עולתה | דתמידה | לד׳#2#/ בתרע משכן זימנא |
| 023 | | Nu29:16 | לחטאתה בר מן עלתה | דתמידה | מנחתה ונסכה: |
| 024 | | Nu28:23 | עלתה דצפרה די לעלתה | דתמידה | תקרבון ית אילין: |

## תמים *adj.* perfect [584]

|  |  |  |  |  |  |
|---|---|---|---|---|---|
| 001 s em/sf | תמימא | Lv22:27 | למדכרה זכותי׳ דגברא | תמימא | דלבש בגו{י} ידוי משכין |
| 002 | תמימה | Lv10:19M | חמ<י>רא/חמירא | תמי<מה>#2#/ | מן מעשרה תנינה ולית |
| 003 | דתמימה | Lv22:27M | בגין למדכרה זכותי׳ | דתמימה | דלבש משכין דגדיין ועבד |

## תמימו *n.* perfection, sincerity [584]

|  |  |  |  |  |  |
|---|---|---|---|---|---|
| 001 s ab/cn | בתמימות | Gn20:05 | והיא אמרת אחי הוא | בתמימות | לבי ובקשיטות כפי ידי |
| 002 | | Gn20:06 | אנא גלי קדמיי ארום | בתמימות | לבך עבדת דא ואתחס{ב}<כ>ת |

## תמיניי *num.* eighth [584]

|  |  |  |  |  |  |
|---|---|---|---|---|---|
| 001 s em/sf | תמיניה | Nu 7:54 | ביומא | תמיניה | דחנוכת רבותה דמדבחה קרב |
| 002 | | Nu 6:10 | וביומא | תמיניה | ייתי תרין שופנינין או |
| 003 | | Lv15:14 | וביומא | תמיניה | יסב ליה תרין שפנינין או |
| 004 | | Nu29:35M | "תמיניה": | תמיניה | כניש{ו}<י>ן תהוון |

|  |  |  |  |
|---|---|---|---|
| 005 | | Nu29:35 | וביומא תמיניה כנישין תהוון מן מטליכון |
| 006 | | Lv14:23 | וייתי יתהון ביומא תמיניה לדכאותיה לוות כהנא לתרע |
| 007 | | Lv 9:01 | והוה ביומא תמיניה{ון} {לסוף} לסוף שבעתי יומי |
| 008 | | Lv12:03 | וביומא תמיניה תגזרון בש«ר» ערלתיה: |
| 009 | | Lv15:29 | וביומא תמיניה תסב לה תרין שפנונין או |
| 010 | תמינייא | Ex22:29 | מתרבי בתר אמה וביומא תמינייא יפרשון יתיה לשמי: |
| 011 | תמינייה | Lv22:27 | בתר אמיה מן יומא תמינייה ולהל«ן» יהוי כשר |
| 012 | | Lv25:22M | ית שתה תמיניתה/תמינ{ו}<י>יה#2#/ ותאכלון מן |
| 013 | תמיניתה | Lv25:22 | ותיזרעון ית שתה תמיניתה ותאכלון מן עללתה עתיקה |
| 014 | תמניא | Lv14:10 | וביומא תמניא יסב תרין אמרין שלמין מן |
| 015 | תמנייה | Lv23:39 | וארוע קדיש ^וביומא#1#^ תמנייה יום טב וארוע קדיש: |

## תמן *adv.* there [584]

|  |  |  |  |
|---|---|---|---|
| 001 | תמ' | Dt11:11M | די אתון עברין לתמן/תמ'#2#/ למירת/למירות#2#/ יתה |
| 002 | תמן | Gn 3:23 | ית ארעא די אתברי מן תמן: |
| 003 | | Gn11:02 | בקעה בארעא דבבל ושרון תמן: |
| 004 | | Gn11:31 | ומטון עד חרן ושרן תמן: |
| 005 | | Gn21:17M | באתרא דהוא ביה/תמן#2#/: |
| 006 | | Gn23:13 | קבל מני ונקבר ית מתי תמן: |
| 007 | | Gn24:05 | ית ברך לארעא דנפקת מן תמן: |
| 008 | | Gn24:06 | לך דלא תחזר ית ברי תמן: |
| 009 | | Gn24:07 | קדמך ותיסב אתה לברי מן תמן: |
| 010 | | Gn24:59M | אנשוי/גוביר' דהוו תמן#2#/: |
| 011 | | Gn26:17 | ושרה בנחלה דגרר ויתב תמן: |
| 012 | | Gn32:30 | את שאיל לשמי וברך יתי תמן: |
| 013 | | Gn40:03 | אתרא די יוסף חביש תמן: |
| 014 | | Gn42:26 | על חמריהון ואזלו מן תמן: |
| 015 | | Gn43:30 | למבכי ועל לקיטונא ובכא תמן: |
| 016 | | Gn46:03 | לאומה רבה אישוי יתך תמן: |
| 017 | | Ex10:26M | נקרבה קדם ייי עד מעלן תמן |
| 018 | | Ex21:13M | שיזבה די יערק לתמן/תמן#2#/: |
| 019 | | Ex29:42 | לכון תמן לממללה עמך תמן: |
| 020 | | Ex30:06 | שהדותא דאזמן לך ממרי תמן: |
| 021 | | Lv16:23 | בית קדשה ויצנע יתהון תמן: |
| 022 | | Nu13:28 | בנוי דענק גיברה חמינן תמן: |
| 023 | | Nu17:19 | די אזדמן ממרי לכון תמן: |
| 024 | | Nu20:01 | ומיתה תמן מרים ואתקברת תמן: |
| 025 | | Nu20:26 | ברה ואהרן יתכנש וימות תמן: |
| 026 | | Nu21:32 | ית אמוריי דהוון שרין תמן: |
| 027 | | Nu23:13 | תחמי ותלוט יתהון לי מן תמן: |
| 028 | | Nu23:27 | ייי ותלוט יתהון לי מן תמן: |
| 029 | | Nu32:39M | בגווה/אימוראי דהוון תמן#2#/: |
| 030 | | Nu33:09 | חכימי דבני ישראל ושרון תמן: |
| 031 | | Nu35:26 | קרי שזבותה די יערוק תמן: |
| 032 | | Dt 1:28 | בנוי דענק גוברא חמינן תמן: |
| 033 | | Dt 3:21 | מלכוותה די אתון עברין תמן: |
| 034 | | Dt16:02 | למשריה איקר שכינתיה תמן: |
| 035 | | Dt16:11 | למשרייה איקר שכינתיה תמן: |
| 036 | | Dt26:02 | למשרייה איקר שכינתיה תמן: |
| 037 | | Gn20:01 | ונטל מן תמן אברהם לארעא דרומא ושרא |
| 038 | | Gn22:09 | די אמר ליה ייי ובנה תמן אברהם ית מדבחא וסדר ית |
| 039 | | Gn35:27 | היא חברון דאתותב תמן אברהם ויצחק: |
| 040 | | Gn13:04 | די בנה תמן בקדמיתא וצלי תמן אברם בשם ממרה דייי: |
| 041 | | Gn38:02 | וחמה תמן יהודה ברתה דגבר כנענ{ע}אי |
| 042 | | Ex19:02 | ושרון במדברא וכוונו תמן ישראל כל קבל {תוס} טורא: |
| 043 | | Nu20:01 | ושרון עמה ברקם ומיתה תמן מרים ואתקברת תמן: |
| 044 | | Dt33:21 | אבנין טבן ומרגליין ארום תמן משה נבייא ספריהון |
| 045 | | Dt34:05 | ומית תמן <משה> עבדה דייי בארעהון |
| 046 | | Gn25:21M | בטור פולחנא אתר דכפתיה תמן אבוי על עסקי את' |
| 047 | | Dt12:02 | ית כל אתרייה די פלחו תמן אומייה די אתון משיציין |
| 048 | | Nu22:26 | באתר דחיק די לא הוה תמן אורח למסטי לא לימינה ולא |
| 049 | | Lv22:27M | כן זכה ואזדמן לה תמן אמר תחותוי לעלתה ותובן |
| 050 | | Nu20:04 | דייי למדברה הדין לממות תמן אנן ובעירנן: |
| 051 | | Gn18:28 | ואמר לא אשיצא אם אשכח תמן ארבעי«ן» וחמשה: |
| 052 | | Gn18:29 | ואמר מה דילמא דישתכחון תמן ארבעין ואמר לא אשיצא בגלל |
| 053 | | Gn12:10 | אברם למצרים למתותבה תמן ארום תקף כפנא בארעא: |
| 054 | | Gn28:11 | וצלי באתרא ובת תמן ארום טמעת ליה שמשא תמן |
| 055 | | Gn28:11M | וערע בית מקדש' ובת תמן ארום טמע שמשה ונסיב ארב' |
| 056 | | Gn45:11 | ואכלכל יתך תמן ארום עד כדון חמש שנין דכפן |
| 057 | | Dt14:24 | למשרייה ייקר שכינתיה תמן ארום יברך יתכון ייי |
| 058 | | Gn35:07 | ייי בית אל ארום תמן אתגלי עלוי ייי במערקיה |
| 059 | | Gn35:07M | עלוי בבית אל ארום תמן אתגליית עלוי יקר שכינתיה |
| 060 | | Gn28:02 | אבוי דאמך וסב לך מן תמן אתה מן בנתיה דלבן אחוי |
| 061 | | Gn28:06 | פדן ארם למסבה ליה מן תמן אתה כד ברך יתה ופקד עלוי |
| 062 | | Nu21:16 | ומן תמן אתיהבת להון בירה היא בירא |
| 063 | | Dt10:06 | מן בירייה דיעקן למוסרה תמן אתכנש אהרן ואתקבר תמן |
| 064 | | Gn25:10 | אברהם מלוות בנוי דחת תמן אתקבר אברהם ושרה אתתיה: |
| 065 | | Gn26:19 | דיצחק בנחלה ואשכחו תמן בא<'> מיין דמבוע: |
| 066 | | Gn48:07 | למיתא לאפרתה וקברת יתה תמן באורחא דאפרת היא |
| 067 | | Gn39:20 | דמלכא חבושין והוה תמן בבית חבושא: |
| 068 | | Gn39:11 | הוה גבר מן עמיה דביתיה תמן בביתה: |
| 069 | | Ex30:18 | זמנא ובין מדבחא ותתן תמן בגווה מיין: |
| 070 | | Ex40:07M | מדבחא ותתן \בגווה מייה /תמן בגווה מים#2#/: |
| 071 | | Dt24:18 | יתכון ^ייי אלהכון מן תמן בגין כדין אנה מפקד |
| 072 | | Gn 2:12 | ודהבא דארעא ההיא טב מן תמן בדלחא נפק ואבניא טבתה |
| 073 | | Gn50:01 | וריחנין טבין מוקדן תמן בוסמנין טבין קיימן תמן |
| 074 | | Dt 5:15 | ייי אלהכון פריקין מן תמן בידה תקיפה ובאדרע מנטלה |
| 075 | | Ex12:30 | רבה במצרים ארום לא הוה תמן בית די לא הוה תמן מיתין: |
| 076 | | Gn32:14 | ואבית תמן בליליה ההוא ונסב מן מה |
| 077 | | Ex 9:26 | לחוד בארעא דגשן די שרין תמן בני ישראל לא הוה ברדא: |
| 078 | | Nu13:24 | על עסק סגולה די לקטו מן תמן בני ישראל: |
| 079 | | Nu31:50M | מדמכיהון והוינן חמיין תמן בנתהון דמלכי<יה> מדיינאי |
| 080 | | Nu33:38 | גזירת ממרה דייי ומית תמן בסוף ארבעין שנין בזמן |
| 081 | | Dt26:05 | ונחת למצרים ואתותב תמן בעם זעיר ואיתברך והוה תמן |
| 082 | | Nu11:03 | ההוא בית יקידתה ארום תמן בערת בהון אשא מן קדם ייי: |
| 083 | | Gn19:27M | לאתרא דקם \וצלי תמן/תמן בצלו#2#/ קדם ייי: |
| 084 | | Gn13:04M | /לאתר מדבחה די צלי תמן#2#/ \בקדמיתא וצלי /מן |
| 085 | | Gn13:04 | עד אתר מדבחה די בנה תמן בקדמיתא וצלי תמן אברם בשם |
| 086 | | Nu32:26 | קנינן וכל בעירן יהויין תמן בקריי גלעדה: |
| 087 | | Nu20:28 | אלעזר בריה ומית אהרן תמן בריש טורה ונחת משה |
| 088 | | Gn12:08 | ממריה דייי ופלח וצלי תמן בשם ממריה דייי: |
| 089 | | Gn33:20 | ואקם תמן מדב«ח» וצלי תמן בשם ייי אלהא דישראל: |
| 090 | | Gn35:07M | "וקרא": ופלח וצלי תמן בשם ממריה דייי אלהא די |
| 091 | | Ex17:15 | ובנה משה מדבח וצלי תמן בשם מימרי דייי דעבד ליה |
| 092 | | Ex34:05 | ואתעתד לוותיה תמן וצלי תמן בשם מימריה דייי: |
| 093 | | Ex34:02M | על ראש טורא /ותתעבר תמן גבי על ראש לטורא#2#/: |
| 094 | | Ex 2:12 | ולהכא וחמא ארום לא הווה תמן גבר וקטל ית מצרייה וטמריה |
| 095 | | Gn18:16M | /מן מתמן/מן מתמן/מן תמן#2#/ גובריה ודיקו כלפי |

096 Nu 9:06M דהוון מסאבין /והוון תמן גוברין די הוון מסא#2#/
097 Gn 2:11 ית כל ארעא דהנדקי דמן תמן דהבא נפק:
098 Gn21:33M לא הוון זייעין מן תמן דהווה מגייר יתהון בשם
099 Dt11:10 היא די נפקתון מן תמן די תזרעון ית זרעיכון
100 Gn11:09 לשני כל דאירי ארעא ומן תמן דרי יתהון ייי על אפי כל
101 Ex18:05 משה למדברא דהוא שרי תמן דתמן שריא איקר שכינתא
102 Gn39:22 וית כל מה דהוון עבדין תמן הוא הוה עבד:
103 Gn 2:10 למשקייה ית גנתא ומן תמן הוה מתפרש וחזר והוה לארבעה
104 Nu 7:89 מן ביני תרין כרוביה מן תמן הוה דבירה ממלל עמיה:
105 Gn50:01M יעקב תמן קאים אריה ... תמן הוו שפכן {ת}<ח>מרין
106 Gn50:01M הוון קיימין מדבית עשו תמן הוון קאמין גיברין מדבית
107 Gn50:01M קיימין בוסמנין עבין תמן הוון קיימין מדבית עשו
108 Dt10:05 בארונה די עבדית והוון תמן היך מה די פקד יתיה ממרה
109 Gn50:10 די בעבר ירדנא ואספדו תמן הספד רב ותקיף לחדא ונטר על
110 Ex12:13 על בתייה די אנון שריין תמן ואחמי ית אדמיה ואפסח ואגן
111 Ex25:22 ואזמן ממרי לך תמן ואמלל עמך מעילוי כפורתא די
112 Nu11:17 ואתגלי בממרי ואמלל עמך תמן וארבי מן רוח קדשה די עמך
113 Gn44:14M ארעא /עד כדון הוה יהיב תמן ואשטחו קדמוי על ארעא#2#
114 Ex24:12 סוק לוותי לטורא והוי תמן ואתן לך ית לווחי אבניא
115 Gn35:01 קום סוק לביתאל ושרי תמן ובני תמן מדבח לשם ממרי
116 Gn26:22 ואסתלק מן תמן וחפר באר חורי ולא אדינו
117 Dt19:04 ודן עסיק קטולא די יערק תמן ויחי די יקטול ית חבריה בלא
118 Dt18:06M בכל תוחמדת /די הגון תמן וייתה כל תוח#2#/ נפשיה
119 Dt19:12 ויסבון ית«י»ה מן תמן וימסרון יתיה בידוי דתבע
120 Nu35:25 לקורי שזבותה די ערק תמן וישרי בגווה עד די ימות
121 Gn14:10 דסדם ודעמרה ונפלו תמן ומה דאשתיי«רו» לטורא
122 Gn28:11 תמן ארום טמעת ליה שמשא תמן ונסב מן אבנוי דאתרא ושוי
123 Gn11:04M סגדה/סע{י}<ו>ת ונשוי תמן#2#/ ונתן חרבא בידיה
124 Nu19:18 מנייה ועל נפשתה דהוון תמן ועל כל דיקרוב בגרם או
125 Ex34:05 בעננא ואתעתד לוותיה תמן וצלי תמן בשם מימריה דייי:
126 Gn44:14 דיוסף והוא כען הווה תמן ושאלו בשלמיה כנימוס ארעא:
127 Dt10:06 תמן אתכנש אהרן ואתקבר תמן ושמש אלעזר בריה בכהונתה
128 Dt27:07 נכסת קודשין ותיכלון תמן ותחדון קדם ייי אלהכון:
129 Dt12:21 למשרייה איקר שכינתיה תמן ותיכסון מן תוריכון ומן
130 Gn50:01 בוצה וארגוונא שפיכין תמן חמדנין וריחנין טבין מוקדן
131 Dt 4:28 ותפלחון תמן טעוון עובד ידי בר נש טעוון
132 Dt28:36 אתון ואבהתכון ותפלחון תמן טעוון אוחרניין טעוון
133 Dt28:64 ועד סייפי ארעא ותפלחון תמן טעוון אחרניין דלא חכמתון
134 Gn26:08 והוה ארום סגו לי׳ תמן יומיא ואדיק אבימלך מלכא
135 Gn35:07 וקרא לאתרא דאתגלי עלוי {«ייי»} ייי בית אל ארום
136 Gn35:15 שמה דאתרא די מלל עמיה תמן ייי בית אל:
137 Gn43:25 שרותא ארום שמעו ארום תמן ייכלון לחם:
138 Dt30:04 עד סייפי שמיא מן תמן יכנש יתכון ייי אלהכון ומן
139 Dt30:04 יתכון ייי אלהכון ומן תמן יסב יתכון:
140 Nu 9:17 די ישרי תמן משכנה תמן ישרון בני ישראל:
141 Gn 2:08 בעדן מן לקדמין ושוי תמן ית אדם קדמיא די ברא:
142 Ex40:03 ותשווי תמן ית ארונה דסהדותה ותטל על
143 Dt21:04 ביה ולא יזדרע ויקטלו תמן ית עגלתה בנחלה:
144 Gn29:03 ומתכנשין תמן כל עדריא ומגלין ית אבנא
145 Gn30:32 ענך יומא הדין אפרש מן תמן כל אמר קרח ונמר וכל אמר
146 Nu19:18M ועל כל דיקרוב /דיהוון תמן כל דיקרב#2#/ בגרם או
147 Nu35:15 האלין לשיזבא דיערוק תמן כל די קטל נפש בשלו:
148 Dt19:03M /ויהוי למיערוק תמן כל דקטל#2#/ בשלו:
149 Gn26:23 ואסתלק מן תמן לבאר שבע:

150 Dt26:05 בעם זעיר ואיתברך והוה תמן לאומה רבה ותקיפה ומסגייה:
151 Dt28:65 דרגליכון ויתן ייי לכון תמן לב רוגזן וסיף דעיינין
152 Dt12:05 ית איקר שכינתיה תמן לבית מוקדשה תתבעון ותהוון
153 Ex29:43 ואזמן ממרי תמן לבני ישראל ויתקדש בגו
154 Dt28:68 תוב למחמי יתה ותזדבנון תמן לבעלי דבביכון לעבדין
155 Dt23:13 לבר מן משריתה ותפקון תמן לברה:
156 Ex26:33 פרכתא תחות פורפיא ותעל תמן לגו מן פרכתא ית ארונה
157 Nu23:13 אוחרן די תחמי יתהון מן תמן להוד מן קצת עמה תחמי
158 Gn12:08 ואסתלק מן תמן לטורא מן מדנח לביתאל ופרס
159 Dt31:26 קיימה דייי אלהכון ויהוי תמן לכון לסהד:
160 Gn27:45 ואשלח ואדב«ו»ר יתך מן תמן למה כען אתכל ית תריכון יום
161 Dt13:13 אלהכון יהב לכון למשרי תמן למימר:
162 Dt 4:26 די אתון עברין ית ירדנה תמן למירת יתה לא תארכון יומין
163 Dt32:47 די אתון עברין ית ירדנה תמן למירת יתה:
164 Ex29:42 קדם ייי דאזמן לכון תמן לממללה עמך תמן:
165 Gn22:02 טור מוריה וקרב יתה תמן לעלה על חד טוריה דאמר לך:
166 Gn13:14 עיניך וחמי מן אתרא דאת תמן לצפונה ולדרומה ומדנחה
167 Gn11:07 אתון כען ואתגלי תמן לשניהון דלא ישמעון גבר
168 Gn12:07 אתן ית ארעא הדה ובנה תמן מדבח לשם ממרי׳ דייי דאתגלי
169 Gn12:08 ועיה מן מדנחה ובנא תמן מדבח לש׳ ממריה דייי ופלח
170 Gn13:18 חזוה די בחברו׳ ובנה תמן מדבח בשם ממריה דייי:
171 Gn26:25 ובנה תמן מדבח וצלי בשם ממרי דייי
172 Gn33:20 ואקם תמן מדב«ח» וצלי תמן בשם ייי
173 Gn35:01 לביתאל ושרי תמן ובני תמן מדבח לשם ממרי דייי דאתגלי
174 Gn35:03 ונסק לבית אל ואבנה תמן מדבח לשמה דייי דענה יתי
175 Gn35:07 ובנה תמן מדבח וקרא לאתרא דאתגלי
176 Ex40:30 זימנא ובין מדבחה ויהב תמן מיין לקידוש:
177 Ex40:30M \ויהב תמן מיין /ושווי תמן מים#2#/ לקידוש:
178 Nu33:14 ושרון ברפידים ולא הוה תמן מין לעמא למישתי:
179 Ex12:30 הוה תמן בית די לא הוה תמן מיתין:
180 Gn50:01 תמן בוסמנין טבין קיימן תמן מלכוון ושולטנן מן בנוי
181 Dt 6:23 ויתן אפק פריקין מן תמן מן בגלל למעלה יתן למתן לן
182 Nu22:41 לבמתה דבעלה וחמא מן תמן מן קצת עמא:
183 Dt14:23 יתרעי למשרי יקר שכינתיה תמן מעשר תניין עבוריכון חמרכון
184 Dt33:21 הוא לבית קבורה ליה תמן מקב<ע>ן אבנין טבן ומרגליין
185 Nu13:32M עיינן /דהווינן חמיין תמן מרי עי׳#2#/ בישה
186 Nu 9:17 ישראל ובאתרה די ישרי תמן משכנה תמן ישרון בני
187 Gn13:03 ביתאל עד אתרא די פרס תמן משכניה בקדמיתא בין ביתאל
188 Gn26:25 וצלי בשם ממרי דייי ופרס תמן משכניה וחפרו תמן עבדוי
189 Gn33:19 ית תחומא דחקלא די פרס תמן משכניה מלוות בנוי די חמור
190 Gn18:22M וכיוונו/וכוונו#2#/ \מן תמן/ /מתמן#2#/ גבריא
191 Gn31:13 תמן קיימא די נדרת לי תמן נדר כדון קום פוק מן ארעא
192 Nu21:12 מן תמן נטלו ושרון בנחלה דזרד:
193 Nu21:13 מן תמן נטלו ושרון מן עבר ארנונה
194 Dt10:07 מן תמן נטלו לגדגדה ומן גדגדה
195 Gn26:25 ופרס תמן משכניה וחפרו תמן עבדוי דיצחק באר:
196 Nu35:25M די ערק תמן וישרי בגווה/תמן#2# \עד די /עד זמן די#2#
197 Gn21:33 אכלין ולא הוון זעיין מן תמן עד זמן דהוה מגייר יתהון
198 Nu33:54 לכל מן די יפוק לה תמן עדווה דידיה יהווי לשבטיה
199 Nu13:23 עד נחל סגולה ולקטו מן תמן עוברה וסגולה דענבין חד
200 Gn31:46 אבנין ועבדו אוגר ואכלו תמן על איגרא:
201 Ex15:27 סנהדרין דישראל ושרון תמן על מיא:
202 Ex34:02 דסיני ותתעתד לוותי תמן על ראש טורא:
203 Dt 9:28 די אפקת יתן פריקין מן תמן על דלא הוות יוכלא מן קדם

|  | |  | | | |
|---|---|---|---|---|---|
| 204 | | Gn11:08 | ודרי ייי יתהון מן | תמן | על אפי כל ארעא ואתמנעו מן |
| 205 | | Ex17:03 | וצחון | תמן | עמא למייא ואתרעמו עמא עם |
| 206 | | Nu11:16 | למשכן זימנא ויתעתדון | תמן | עמך: |
| 207 | | Gn11:09M | ב{כ}<ב>ל ארו׳ | כדן/תמן#2#/ | ערבב ייי לשני כל |
| 208 | | Ex 8:18 | שריין עלה די לא למהווי | תמן | ערב{ו}<ר>ובא מן בגלל דתדע |
| 209 | | Gn18:32 | הדין מה דילמה ישתכחון | תמן | עשרה ואמר לא אשיצא בגלל |
| 210 | | Gn18:32M | אנה מחבל אין אישתכח | תמן | עשרה |
| 211 | | Gn10:14 | וית כסלוחיא די נפקו מן | תמן | פלישתייא וית קפודקייא: |
| 212 | | Gn27:03M | וצוד לי צ{ו}<י>ד/מן | תמן | צ׳#2#/: |
| 213 | | Gn50:01M | שליטין מן דבית יעקב | תמן | קאים אריה ... תמן הוו שפכן |
| 214 | | Gn50:01 | מן בנוי דקטור«ה» | תמן | קאים יהודה ארייה גוברין |
| 215 | | Gn49:31 | | תמן | קברו ית אברהם וית שרה |
| 216 | | Gn49:31 | אברהם וית שרה אתתיה | תמן | קברו ית יצחק וית רבקה |
| 217 | | Nu11:34 | ההוא קברי שאלתה ארום | תמן | קברו ית עמא דהוון מתחמדין: |
| 218 | | Gn19:27 | בצפרא לאתרא דקם וצלי | תמן | קדם ייי: |
| 219 | | Dt 4:29 | ותצלון מן {קדם} | תמן | <קדם> ייי אלהכון ותשכחון |
| 220 | | Dt12:07 | ותיכלון | תמן | קדם ייי אלהכון ותחדון בכל |
| 221 | | Dt14:26 | יתכון נפשיכון ותאכלון | תמן | קדם ייי אלהכון ותחדון עמי |
| 222 | | Dt17:12 | דכהנא דקיים מעתד למשמשא | תמן | קדם ייי אלהכון או לדינה |
| 223 | | Dt18:07 | ליוויי דקיימין ומשמשין | תמן | קדם ייי: |
| 224 | | Nu14:43 | ארום עמלקיי וכנעניי | תמן | קדמיכון ותפלון בחרבה ארום |
| 225 | | Ex30:36 | זמנא דאזמן ממרי לך | תמן | קדש קדשים תהוי לכון: |
| 226 | | Nu35:11 | יהוון לכון די יעירוק | תמן | קטולה כל די יקטול נפש |
| 227 | | Nu35:06 | דתתנון די יערקון | תמן | קטולייה ועליהון תוספון |
| 228 | | Gn31:13 | עלך בבית אל די רבית | תמן | קיימא די נדרת לי תמן נדר |
| 229 | | Gn21:31 | ההוא באר שבע ארום | תמן | קיימו תריהון קיים: |
| 230 | | Gn50:01M | שפכן חמד ני׳ ריחנין | תמן | קיימין גיברין מן דבית |
| 231 | | Gn50:01M | גיברין מן דבית עשו | תמן | קיימין שליטין מן דבית |
| 232 | | Ex15:25 | לגו מיא ואתחלון מיא | תמן | שוי ליה קיימין וסדרי דינין |
| 233 | | Gn50:01 | מן בנוי דישמעל קיימין | תמן | שולטנין מן בנוי דעשו |
| 234 | | Gn50:01 | מן בנוי דעשו קיימין | תמן | שולטנין מן בנוי |
| 235 | | Gn50:01M | באבנ׳ דבר׳ וארגוונה | תמן | שפכן חמד ני׳ ריחנין תמן |
| 236 | | Ex34:28 | והוה | תמן | תבע אולפן מן קדם ייי |
| 237 | | Ex21:33 | גוב ולא יכסה יתיה ויפל | תמן | תור או חמור: |
| 238 | | Dt16:06 | למשרייה איקר שכינתיה | תמן | תיכסון נכסת פסחא ברמשא |
| 239 | | Dt12:11 | איקר שכינתיה תמן | תמן | תיתון ית כל מה די אנה מפקד |
| 240 | | Gn18:31 | ייי מה דילמה דישתכחון | תמן | {תל} עשרין ו{י}אמר לא |
| 241 | | Gn29:02 | והא בארה באפיה ברה והא | תמן | תלתא עדרי דען רביעין עלה |
| 242 | | Gn18:30 | מה דילמה אם ישתכחון | תמן | תלתי«ן» ואמר לא אשיצא אן |
| 243 | | Gn18:30 | ואמר לא אשיצא אן אשכחת | תמן | תלתין: |
| 244 | | Dt12:11 | למשרייה איקר שכינתיה | תמן | תמן תיתון ית כל מה די אנה |
| 245 | | Ex21:14 | {על גב} על גבי מדבחי מן | תמן | תסבון יתיה ותקטלון יתיה: |
| 246 | | Gn50:05 | די חפרת לי בארעא דכנען | תמן | תקבר יתי וכדון אסוק כען |
| 247 | | Dt12:14 | דייי בחר מן שבטיכון | תמן | תקרבון עלוותכון ותמן |
| 248 | | Gn27:09 | לוות ענה ואייתי לי מן | תמן | תרין גדיין דעזין טבין |
| 249 | דתמן | Gn22:02M | לך לארע טור מוריה | ∧דתמן | עתיד די יתבני |
| 250 | | Gn31:21M | ארום חמא ברוח קודשא | דתמן | עתיד למיהוי |
| 251 | | Ex20:21 | ומשה קרב לערפלא | דתמן | שרי איקר שכינתיה דייי: |
| 252 | | Ex18:05 | למדברא דהוא שרי תמן | דתמן | שריא איקר שכינתא דייי: |
| 253 | ותמן | Nu13:22 | ומטה כלב עד חברון | ותמן | אחימן ששי ותלמי בנוי |
| 254 | | Gn50:01M | רתחנין ותמן מוקדן | ותמן | הוון קיימין בוסמנין עבין |
| 255 | | Nu13:33 | | ותמן | חמינן ית גיברי«י»ה בנוי |
| 256 | | Nu14:35 | במדברה הדה יספון | ותמן | ימותון: |
| 257 | | Dt33:19 | בית מוקדשא יזדמנון | ותמן | יקרבון קרבנין דקשוט ארום |
| 258 | | Dt32:52 | כל קבלה תחמי ית ארעא | ותמן | לא תיעול לארעא די אנה יהב |
| 259 | | Dt34:04 | בניך אתן יתה חמי יתה | ותמן | לית את עבר: |
| 260 | | Gn50:01M | {ת}<ח>מרין רתחנין | ותמן | מוקדן ותמן הוון קיימין |
| 261 | | Ex15:25 | ליה קיימין וסדרי דינין | ותמן | נסי יתי«ה»: |
| 262 | | Gn41:12 | | ותמן | עמן טלי עברי עבד לרב |
| 263 | | Gn49:31 | וית רבקה אתתי«ה» | ותמן | קברית ית לאה: |
| 264 | | Lv 8:31 | בשרה בתרע משכן זימנה | ותמן | תאכלון יתיה וית לחמה די |
| 265 | | Dt12:14 | תמן תקרבון עלוותכון | ותמן | תעבדון ית כל מה די אנה |
| 266 | | Ex15:27 | ואתון לאלימה | ותמן | תרתין עשרין פיגין דמיין |
| 267 | לתמן | Gn24:06M | דלא תחזר ית ברי | תמן/לתמן#2#/: | |
| 268 | | Gn24:08 | לחוד ית ברי לא תחזור | לתמן: | |
| 269 | | Gn39:01 | דסרקיי די אוחתו יתיה | לתמן: | |
| 270 | | Ex10:26 | קדם ייי עד זמן דניעול | לתמן: | |
| 271 | | Ex21:13 | אתר קרי שיזבה די יערק | לתמן: | |
| 272 | | Nu15:18 | די אנה מעל יתכון | לתמן: | |
| 273 | | Dt 1:37 | להוד את לא תיעול | «ל»תמן: | |
| 274 | | Dt 3:21M | די אתון עברין | תמן/לתמן#2#/: | |
| 275 | | Dt 4:27 | די יגלי ייי יתכון | לתמן: | |
| 276 | | Dt28:37 | די יגלי יתכון ייי | לתמן: | |
| 277 | | Dt30:01 | סדר יתכון ייי אלהכון | לתמן: | |
| 278 | | Dt30:03 | בדר יתכון ייי אלהכון | לתמן: | |
| 279 | | Gn20:13 | עמי לכל אתר די נעול | לתמן | אמרי כען עלי אחי הוא: |
| 280 | | Gn19:22 | אוחי אשתיזב | לתמן | ארום לא אוכל למעבד פתגם |
| 281 | | Gn19:22 | פתגם עד זמן דתיעול | לתמן | בגין כדין קרא שמה דקרתא |
| 282 | | Dt12:05M | תהוון תבעין ותעלון | לתמן#2#/ | בדחלה: |
| 283 | | Dt31:16 | בארעא די אינון עללין | לתמן | ביניהון ושבקין יתיה ומפסין |
| 284 | | Gn19:20 | והיא קריבה אשתיזב כען | לתמן | הלא זעירא היא ותתקיים |
| 285 | | Nu14:24 | ואעל יתה לארעא די על | לתמן | ובנוי ירתון יתה: |
| 286 | | Gn19:20 | קרתא הדה קריבה למערק | לתמן | והיא קריבה אשתיזב כען לתמן |
| 287 | | Gn42:02 | מזדבן במצרים חותו | לתמן | וזבונן לן מתמן ונחי ולא |
| 288 | | Dt18:06 | מן אתרא די איתותב | לתמן | וייתי בכל תוחמדת נפשיה |
| 289 | | Dt 1:39 | טב לביש אינון ייעלון | לתמן | ולהו{ד}<ן> אתן יתה ואינון |
| 290 | | Dt32:50 | בשלם בטורא דאת עליל | לתמן | ותתכנש בשלם לוות עמך |
| 291 | | Dt12:06 | ותיתון | לתמן | ית עלוותכון ונכסת קודשיכון |
| 292 | | Dt 1:38 | משמש קדמך הוא ייעול | לתמן | יתיה אתוקף ארום הוא יחסן |
| 293 | | Dt19:03 | ויהוויין לכון למערק | לתמן | כל דקטיל בשלו: |
| 294 | | Lv18:03 | די אנה מעל יתכון | לתמן | לא תעבדון ובנימוסיהון לא |
| 295 | | Ex26:33M | תחות פורפיא ותעל | תמן/לתמן#2#/ | לגו מן פרכתא ית ארונה |
| 296 | | Dt12:29 | ית אומייה די אתון עלין | לתמן | למטרד יתהון מן קדמיכון |
| 297 | | Dt 4:05 | בגו ארעא די אתון עללין | לתמן | למירות יתה: |
| 298 | | Dt 4:14 | בארעא די אתון עברין | לתמן | למירת יתה: |
| 299 | | Dt 6:01 | בארעא די אתון עברין | לתמן | למירת יתה: |
| 300 | | Dt 7:01 | לארעא די אתון עללין | לתמן | למירת יתה ויטרוד אומין |
| 301 | | Dt11:10 | ארעא די אתון עלי{ך}<ן> | לתמן | למירת יתה לא כארעא דמצרים |
| 302 | | Dt11:11 | וארעא די אתון עברין | לתמן | למירת יתה ארע דטוורין |
| 303 | | Dt11:29 | לארעא די אתון עלין | לתמן | למירת יתה ותתנון ית ברכתה |
| 304 | | Dt23:21 | על ארעא די אתון עלין | לתמן | למירת יתה: |
| 305 | | Dt28:21 | ארעא דאתון עלין | לתמן | למירת יתה: |
| 306 | | Dt28:63 | ארעא די אתון עלין | לתמן | למירת יתה: |
| 307 | | Dt30:16 | בארעא די אתון עללין | לתמן | למירת יתה: |
| 308 | | Dt30:18 | עברין ית ירדנה למיעול | לתמן | למירת יתה: |
| 309 | | Dt31:13 | אתון} עברין ית ירדנה | לתמן | למירת יתה: |
| 310 | | Dt11:08 | ית ארעא די אתון עברין | לתמן | למרת יתה: |
| 311 | | Lv20:22 | ארעא די אנה מעל יתכו׳ | לתמן | למשרי בגווה: |

| | | | | |
|---|---|---|---|---|
| 312 | | | Dt 4:42 | למערק לתמן קטולה די יקטול ית |
| 313 | | | Dt 4:26M | ירדנה/יורדנא#2#/ תמן/לתמן#2#/ למירת/למירות#2#/ יתה |
| 314 | מתמן | | Gn26:17 | ואזל מתמן יצחק ושרה בנחלה דגרר |
| 315 | | | Gn18:16 | וקמו מתמן מתמן גובריה ודיקו כלפי סדום |
| 316 | | | Gn42:02 | חותו לתמן וזבונן לן מתמן ונחי ולא נמות: |
| 317 | | | Lv 2:02 | בנוי דאהרן כהניא ויקמץ מתמן מלא קומציה מן סלתה ומן |
| 318 | | | Gn18:22M | \מן תמן/ /מתמן#2#/ גבריא/גובריא#2#/ |

## תמני *num.* eight [584]

| | | | | |
|---|---|---|---|---|
| 001 | תמיניה | ab/cn | Nu 3:28M | ירח ולע«י»ל #2#/ תמניה/תמיניה אלפין ושית מאוון |
| 002 | תמני | | Gn 5:04 | דאולד ^ית#2#^ שת תמני מאה שנין ובהן בשניה הוה |
| 003 | | | Gn 5:07 | מן בתר דאולד ית אנוש תמני מאה ושבע שנין ובהן בשניה |
| 004 | | | Gn 5:10 | מן בתר דאולד ית קינן תמני מאה וחמש עשר' שנין ובהן |
| 005 | | | Gn 5:13 | מן בתר דאולד ית מהללאל תמני מאה וארבעין שנין ובה |
| 006 | | | Gn 5:16 | מן בתר דאולד ית ירד תמני מאה ותלתין שנין ובהן |
| 007 | | | Gn 5:17 | כל יומי חיוי דמהללאל תמני מאה ותשעין וחמש שנין ומית |
| 008 | | | Gn 5:19 | מן בתר דאולד ית חנוך תמני מאה שנין ובהן בשני' הוה |
| 009 | | | Ex 7:07M | ומשה בר תמנין/תמני#2#/ שנין הוה ואהרן בר |
| 010 | תמניא | | Gn22:23 | ובתואל אוליד ית רבקה תמניא אלין ילד«ת» מלכה |
| 011 | | | Ex26:25 | ויהוון תמניא לוחין וחמריהון כסף |
| 012 | תמניה | | Nu 3:28 | מן בר ירח ולע«י»ל תמניה אלפין ושית מאוון נטרי |
| 013 | | | Nu 4:48 | והוון סכומיהון תמניה אלפין וחמש מאוון ותמנין: |
| 014 | | | Nu29:29 | דמטלייה תקרבון תורין תמניה דכרין תרין אמרין בני |
| 015 | | | Gn17:12 | ובר תמניה יומין יתגזר לכון כל דכורא |
| 016 | | | Gn21:04 | ית יצחק בריה בר תמניה יומין היך מה דפקד יתיה |
| 017 | | | Nu 7:08 | וית ארבע עגלין וית תמניה תוריה יהב משה לבנוי |
| 018 | תמנייא | | Ex36:30 | והוון תמנייא לוחין וחומריהון כסף |
| 019 | תמנייה | | Nu 2:24 | דאפרים עשרה רבוון תמנייה אלפין ומאה לחיילוותהון |
| 020 | ותמני | | Ex36:09 | ארכה דיריעתה חדא עשרין ותמני אמין באמתה ופתיא ארבע |
| 021 | | | Nu35:07 | תתנון לליוויי ארבעין ותמני קריאן יתהון וית |
| 022 | ותמניא | | Dt 2:14 | ית נחלה דזרד תלתין ותמניא שנין עד דסף כל דרא עמא |
| 023 | ותמניי | | Nu 2:09M | ואשתה/וש#2#/ /מאה ותמניי וא#2#/ אלפין וארבע |
| 024 | ותמנייה | | Nu 2:24M | אלפין ומאה/ /מאה ותמנייה אלפין ומאה#2#/ |
| 025 | ותמנין | | Ex26:02 | דיריעתה חדתה עשרין ותמנין אמין די יריעתה חדתא ופתיא |
| 026 | | | Gn 5:28 | וחיה למך מאה ותמנין ותרתין שנין ואולד בר: |
| 027 | תימנתה | em/sf | Nu 7:08M | /ארבעתיה עגלה וית תימנתה תר#2#/ יהב משה לבנוי |

## תמני עשר *num.* eighteen [584]

| | | | | |
|---|---|---|---|---|
| 001 | תמני עשרה | s ab/cn | Nu 2:09 | שבטה דבנוי דיהודה תמני עשרה רבוון ואשתה אלפין וארבע |

## תמנין *num.* eighty [584 s.v. תמני]

| | | | | |
|---|---|---|---|---|
| 001 | תמנייה | ab/cn | Nu12:16M | {פמום}<סכום> תמניין/<תמ>נייה#2#/ ליגיונין ועינני |
| 002 | תמניין | | Dt32:03 | וחדה מילין דאנון תמניין וחמשה אתין וכן הוא מפרש |
| 003 | | | Gn16:16M | ואברם בר תמנין/תמניין#2#/ ושת שנין הוה בזמנה |
| 004 | | | Nu12:16 | דאנון {פמום}<סכום> תמניין ליגיונין ועינני איקרה |
| 005 | תמנין | | Gn16:16 | ואברם בר תמנין ושת שנין הוה בזמנה די |
| 006 | | | Ex 7:07 | שנין הוה ואהרן בר תמנין ותלת שנין במללותיהון עם |
| 007 | | | Ex 7:07 | ומשה בר תמנין שנין הוה ואהרן בר תמנין |
| 008 | ותמנין | | Nu 4:48 | אלפין וחמש מאוון ותמנין: |
| 009 | | | Gn 5:26 | דאולד ית למך שבע מא' ותמנין ותרתין שנין ובהן בשניה |
| 010 | | | Gn 5:25 | וחיה מתושלח מא' ותמנין שנין ואולד ית למך: |
| 011 | | | Gn35:28 | והוון יומי דיצחק מאה ותמנין שנין: |

## תמר ⇐ *n.* חמר

## תמרה ⇐ *n.* תומרה

## תנוי *n.* story, narration [580 תינוי]

| | | | | |
|---|---|---|---|---|
| 001 | ולתנויין | p abs | Dt28:37 | ותיהוי לצדו למתלין ולתנויין בכל אומייה די יגלי יתכון |

## תנור *n.* oven [585]

| | | | | |
|---|---|---|---|---|
| 001 | תנור | s ab/cn | Lv11:35 | יפל מנבלתהון עלוי יסתאב תנור או תפיין יסתתרון מסאבין |
| 002 | בתנור | | Lv26:26 | נשין לחמיכון במתק' בתנור חד ויהוויין מחזרן לכון |
| 003 | תנור' | s em/sf | Lv 2:04M | אפיה בתנורא/^<בתנור>ה#2#^/תנור'#2#/ סלת חלין |
| 004 | בתנורא | | Lv 7:09 | וכל מנחתה דמתאפית בתנורא וכל נעבד במרתחה ועל |
| 005 | | | Gn15:17 | גהינם דמתילה באתונה בתנורא מקפה שביבין דינור |
| 006 | | | Lv 2:04 | תקרב קרבן מנחה אפיה בתנורא סלת חלין פטירין פילן במשח |
| 007 | בתנורה | | Lv 2:04M | אפיה בתנורא/^<בתנור>ה#2#^/תנור'#2#/ סלת חלין |
| 008 | ובתנורך | | Ex 7:28 | ובעמך ובכל שולטנך ובתנורך ובאצוותך: |
| 009 | בתנורין | p abs | Lv11:35M | עלוי יסתאב תנור/בתנורין#2#/ או תפיין יסתתרון |
| 010 | ובתנורי | p const | Dt28:05 | בסלי ביכוריכון ובתנורי אצוותכון: |
| 011 | | | Dt28:17 | תהוון בסלי בכוריכון ובתנורי אצוותכון: |

## תני *vb.* to repeat, to teach [585]

| | | | | |
|---|---|---|---|---|
| 001 | תנה | pael | Gn29:15 | אפשר למפלח קדמיי מגן תנה לי כען מה הוא אגרך: |
| 002 | תנון | | Gn40:08 | הלא מן קדם ייי פתרוניא תנון כען לי: |
| 003 | | | Gn24:49 | למעבד חסד וטבו עם רבוני תנון לי ואן לא תנון לי ואסטי |
| 004 | | | Gn24:49 | עם רבוני תנון לי ואן לא תנון לי ואסטי לימינא או לשמאלה: |
| 005 | תני | | Gn32:30 | ושאל יעקב ואמר תני כען שמך ואמר למה כען את |
| 006 | | | Gn31:20 | דעתא דלבן ארמאה על דלא תני לה ארום ערק הוא: |
| 007 | | | Gn37:16 | ואמר ית אחי אנא בעי תני לי כען אן אנון רען: |
| 008 | | | Gn 3:11 | ואמר מאן תני לך ארום ערטיליי את הא מן |
| 009 | תניין | | Gn24:23 | ואמר ברת מן את תניין כען לי האית בביתה |
| 010 | תניית | | Dt30:18 | הא תניית לכון יומא הדין ארום מסף |
| 011 | תנית | | Gn12:18 | דא דעבדת לי למה כען לא תנית לי ארום אתתך היא: |
| 012 | | | Gn21:26 | ית פתגמא הדין ואף את לא תנית לי ולחוד אנא לא שמעת ארום |
| 013 | | | Gn31:27 | ולא תנית לי אילו תנית לי שלחת יתך |
| 014 | | | Gn31:27 | ולא תנית לי אילו תנית לי שלחת יתך בחדון בשירין |
| 015 | איתני | | Gn49:01 | מן דאתגלי לי קיצא ולא <א>יתני להון קץ ברכתא וניחמתא מן |
| 016 | אתני | | Nu23:03 | ופתגמא די יחווי ייי אתני לך ואזל בלעם בלב יחידי |
| 017 | יתני | | Lv 5:01 | די חמה או די ידע אין לא יתני יקבל חובוי: |
| 018 | מתני | | Gn49:01M | ס{י} ברון דהוי מתני להון כל מה דאתערע דיערא |
| 019 | | | Gn49:01 | אתכסא מינה סברין דהוא מתני להון קץ פורקנא ונחמתא מן |
| 020 | דתתנון | | Ex10:02 | בגלל דתתנון במשמעין דבניכון ובני |
| 021 | דתתניה | | Ex 9:16 | ית תקף חיילי ומן בגלל דתתניה ית שמי קדישא בכל ארעא: |
| 022 | ותנון | | Ex14:05M | ותנון אקטרין דמטיילין עם |
| 023 | | | Ex16:22 | כל רברבני כנישתא ותנון למשה: |
| 024 | | | Gn42:29 | אבוהון לארעא דכנען ותנון לה ית כל מה די יערע יתהון |
| 025 | | | Gn26:32M | עבדוי דיצחק ותניאו/ותנון#2#/ ליה על עסק דבאירה |
| 026 | | | Gn45:26 | ותנון ליה למימר עד כדון יוסף |
| 027 | | | Nu13:27 | ותנון ליה ואמרין עלינן לארעא די |
| 028 | ותני | | Gn29:12 | ותני יעקב לרחל ארום אחוי |
| 029 | | | Ex 4:28M | וחווי/ותני#2#/ משה לאהרן ית כל |
| 030 | | | Ex18:08 | ותני משה לחמוי ית כל מה דעבד |
| 031 | | | Ex19:09 | משה עבדי יהמנון לעלם ותני משה ית מליהו«ן» דעמא |
| 032 | | | Gn21:07 | ואמרת אלווי מן ייזיל ותני בבייתיה דנחור אחוי |

|  |  |  |  |  |  |
|---|---|---|---|---|---|
| 033 | | Gn37:09 | וחלם תוב זמן תניינות | ותני | יתיה לאחוי ואמר הא חלמת |
| 034 | | Gn14:13 | ואתא משיזבא | ותני | לאברם עברייא והוא שרי |
| 035 | | Gn29:13 | ואעיל יתה לגו בייתיה | ותני | ללבן ית כל פתגמ<י>א |
| 036 | | Nu11:27 | וזריז טל«י»ה | ותני | למשה ואמר אלדד ומדד |
| 037 | | Gn47:01 | ואתא יוסף | ותני | לפרע«ה» ואמר אבא ואחיי |
| 038 | | Gn37:10 | | ותני | לאבוי ולאחוי ו{ט}<נז>ף בה |
| 039 | | Gn37:05 | וחלם יוסף חלם | ותני | לאחוי ואוסיפו תוב |
| 040 | | Dt 4:13 | | ותני | לכון ית קיימה די פקד יתכון |
| 041 | | Ex24:03 | ואתא משה | ותני | לעמא ית כל פתגמיא דייי וית |
| 042 | | Gn 9:22 | דכנענאי ית עריתה דאבוי | ותני | לתרין אחוי בשוק: |
| 043 | | Gn24:66 | | ותני | עבדא ליצחק ית כל פתגמא |
| 044 | | Gn41:08 | וית כל חכימיהון | ותני | פרעה להון ית חלמוי ולית |
| 045 | | Gn40:09 | | ותני | רב מזוגיא {ל}ית חלמיה |
| 046 | ותניאו | Gn26:32 | ואתון עבדוי דיצחק | ותניאו | ליה על עסק דבאירה דחפרו |
| 047 | ותניית | Gn24:28 | דאחוי דרבוני דאמה | ותניית | ית כל פתגמיא האלין: |
| 048 | | Gn29:12 | בר רבקה הוא ורהטת | ותניית | לאבוהי: |
| 049 | ותנינן | Gn41:12 | עבד לרב אספקלטורייה | ותנינן | לה ופתר לן ית חלמינן גבר |
| 050 | | Gn43:07 | קיים הא אית לכון אחוי | ותנינן | ליה על פום פתגמיא האליין |
| 051 | | Gn44:24 | סלקנן לוות עבדך אבה | ותנינן | ליה ית מלוי דריבוני: |
| 052 | ותנית | Gn24:28M | דרבוני דאמה | ותניית/ותנית#2#/ | ית כל פתגמיא האלין |
| 053 | ואתני | Gn46:31 | דאבוי אסוק כען | ואתני | לפרעה ואמר ליה אחוי |
| 054 | ויתנון | Dt17:04M | | ויתני/ויתנון#2#/ | לכון ותשמעון |
| 055 | | Dt17:09 | ביומיא האינון ותתבעון | ויתנון | לכון ית עסק דינה: |
| 056 | | Dt32:07 | דרברבין מנכון באורית׳ | ויתנון | לכון חכימיכון ויימרון |
| 057 | ויתני | Lv14:35 | וייתי מריה דבייתה | ויתני | לכהנא למימר כמכתש אתחזי |
| 058 | ותתנון | Dt 6:07 | | ותתנון | יתהון לבניכון ותהוון |
| 059 | | Dt 6:09M | "ובמדמכון ובקומיכון": | ותתנון | יתהון על תרע בתיכון |
| 060 | | Gn45:13 | | ותתנון | לאבא ית כל אקרי במצרי׳ |
| 061 | | Ex13:08 | | ותתנון | לבניכון ביומא ההוא למימר |
| 062 | ותתני | Ex19:03M | לנשיא דבית יעקב | ותתני | לגברי דבית ישראל |
| 063 | | Ex19:03 | כדין תימר לדבית יעקב | ותתני | לשבטא דבני ישראל: |
| 064 | למיתנייה | Ex10:02M | במשמעין דבניכון / | למיתנייה | במש׳ בניכון#2#/ ובני |
| 065 | למתנייא | Gn43:06 | למה אבישתון לי | למתנייא | לגברא הא כען אית לכון |
| 066 | למתנייה | Ex 9:16M | חייליה ומן בגלל | למתנייה | {א}<י>ת שמי |
| 067 | | Dt 5:05 | וביניכון בשעתה ההיא | למתנייה | לכון ית דבירוי דייי ארום |
| 068 | | Gn32:06 | ועבדין ואמהן ושלחת | למתנייה | לריבוני למשכחה חן וחסד |
| 069 | אתנו etpaal | Gn31:22M | יהא טיפה ולא ספת ובכן | אתנו | ביומא תליתאה ארום אזל |
| 070 | אתני | Gn31:22 | דהיא טייפה ולא טפת בכדן | אתני | ללבן ביומא תליתייא ארום |
| 071 | | Gn44:18 | הא לא אשתמע לך ולא | אתני | לך מה עבדו תרין אחיי |
| 072 | | Gn44:18 | דלמא דלא אשתמע לך ולא | אתני | לך ארום ˆאוף#2#ˆ מלכין |
| 073 | | Gn41:25 | חד הוא ית מה דייי עבד | אתני | לפרעה: |
| 074 | | Gn41:28 | עם פרעה ית מה דייי עבד | אתני | לפרעה: |
| 075 | דאתני | Gn41:32 | ועל | דאתני | חלמא לפרעה תרתין זמנין |
| 076 | ואתנו | Gn49:01M | "וחווי לכון ... מתן": | ואתנו | לכון ניסייא גניזיי׳ |
| 077 | ואתני | Gn22:20 | והווה בתר פתגמיא האלין | ואתני | לאברהם למימר הא ילדת |
| 078 | | Gn38:24 | היך בתר תלתא ירחין | ואתני | ליהודה למימר זניית תמר |
| 079 | | Gn48:02 | | ואתני | ליעקב ואמר הא ברך יוסף |
| 080 | | Gn31:22M | "והוה כיון ...": | ואתני | ללבן ביומא תליתאה ארום |
| 081 | | Gn27:42 | | ואתני | לרבקה ית מלוי דעשו ברה |
| 082 | | Ex14:05 | | ואתני | למלכא דמצרים ארום ערקו |
| 083 | ואתניה | Gn38:13 | | ואתניה | לתמר למימר הא חמוך סלק |
| 084 | ויתני | Dt17:04 | | ויתני | לכון ותשמעון ותתבעון יאות |
| 085 | לאיתנ׳ | Gn49:01M | "ולאיתני ... טבייא": בעא | לאיתנ׳ | להון קץ ברכתא וניחמתא |

## תניי *n.* stipulated condition [586]

|  |  |  |  |  |  |
|---|---|---|---|---|---|
| 001 | תנאה s em/sf | Lv21:07M | מן /דקבלת גיטא בלא | תנאה | מן#2#/ בעלה לא יסבון ארום |
| 002 | תניי p const | Dt17:18 | מלכותיה ויכתוב לה ית | תניי | אוריתה הדה בגו ספר מן קדם |

## תניין *num.* second [586]

|  |  |  |  |  |  |
|---|---|---|---|---|---|
| 001 | תיניין s ab/cn | Dt12:17 | למיכל בקורייכון מעשר | תיניין | עיבוריכון חמרכון ומשחיכון |
| 002 | תינין | Nu24:20M | בר נון מדבית אפרים | תינין | {איגחי}<אגח> בהון קרבה |
| 003 | תינן | Ex12:42M | \ליל תנינא /לילי | תינן#2#/ | ליליא תליתיא כד אתגלי |
| 004 | תיניין | Gn 1:08 | צפר סדר עבד בראשית יום | תיניין: | |
| 005 | | Lv22:27M | ליצחק אמרה אתבחר | תניין | בגין למדכרה זכותה דישר׳ |
| 006 | | Nu 8:08 | סולת פילה במשח ותור | תניין | בר תורין תסב לחטאתה: |
| 007 | | Gn30:07 | אמה{ה}תה דרחל בר | תניין | לייעקב: |
| 008 | | Gn30:12 | זלפה אמהתה דלאה בר | תניין | לייעקב: |
| 009 | | Dt14:23 | יקר שכינתיה תמן מעשר | תניין | עבוריכון חמרכון ומשחכון |
| 010 | תנין | Ex12:42M | ישראל וקרא יתיה ליליין | תנין | לילייא תלת |
| 011 | | Nu20:11 | ומחה ית כיפה בחטריה | {תנין} | תרין זמנין ונפקו מניה |
| 012 | ת׳ s em/sf | Ex12:42M | תנינא /קדמאי ליליא | ת׳#2#/ | כד אתגלי/ית#2#/ ייי על |
| 013 | תיניינא | Gn 2:13 | ושמה דנהרא | תיניינא | גיחון הוא דחזר ומקף ית |
| 014 | תיניינתא | Gn49:22 | כד ארכבו יתך בארתכא | תיניינתא | דפרעה והוון מקלסין קדמיך |
| 015 | תיניינתה | Nu 1:01M | /יום#2#/ לירחא | תנינא/תיניינתה#2#/ | בשתא תניינא בזמן |
| 016 | | Gn47:18 | ההיא ואתן לוותיה בשתה | תיניינתה | ואמרין ליה לא נשקר |
| 017 | תניינא | Ex25:12 | ותרתין עזקין על סטריה | תניינא: | |
| 018 | | Ex25:32 | קני מנרתא מן סטרא} | תניינא: | |
| 019 | | Ex26:04 | בריתה בבית דבוקה | תניינא: | |
| 020 | | Ex26:10 | דיריעתא בבית דבוקה | תניינא: | |
| 021 | | Ex36:11 | בריתה בבית דבוקה | תניינא: | |
| 022 | | Ex36:17 | דיריעתה בבית דבוקה | תניינא: | |
| 023 | | Ex37:03 | חד ותרין עזקן על סטרא | תניינא: | |
| 024 | | Ex37:18 | קני מנרתה מן סטרה | תניינא: | |
| 025 | | Nu 1:01 | בחד לירחא תנינא בשתא | תניינא | בזמן אפקותהון דבני ישראל |
| 026 | | Gn 8:14 | בירחא | תניינא | בעשרין ושבעה לירחא יבשת |
| 027 | | Gn 7:11 | לחיוהי דנח ביר{ת}<ח>ה | תניינא | בשבעה עשר יומין לירחא |
| 028 | | Ex 2:13 | ונפק ביומא | תניינא | והא תרין גברין עבריין |
| 029 | | Ex26:27 | ללוחי סטרא דמשכנה | תניינא | וחמשה נגרין ללוחי סטרין |
| 030 | | Ex29:19 | ותיסב ית דכרא | תניינא | ויסמוך אהרן ובנוי ית |
| 031 | | Gn15:01M | לא ישתכח לי זכו בזמנה | תניינא | ויתחלל בי בשם שמיא |
| 032 | | Gn15:01 | אשתכח בידי מצוה בזמנא | תניינא | ויתחלל בי שמא דשמיי׳ |
| 033 | | Ex27:15 | ולסטרא | תניינא | חמש עשרי ווילון עמודיהון |
| 034 | | Ex39:11 | וסדרה | תניינא | כדכדינה וספרינה ועין עגלה |
| 035 | | Ex26:20 | ולסיטרא דמשכנא | תניינ«א» | לסיטרא צפונא עשרין |
| 036 | | Ex26:05 | דיריעתא דבבית דבוקה | תניינא | מכוונן יהוון ענביה חדא |
| 037 | | Ex29:41 | וית אמרא | תניינא | תקרבון יתה ביני שמשתה |
| 038 | תנינה | Ex37:18M | מנרתה מן סטרה | תניינא/<תניי>נה#2#/: | |
| 039 | | Dt14:24 | למס«ו»ברה מעשרה | תניינה | ארום ירחק מנכון אתרה די |
| 040 | | Gn18:01 | לה ית יצחק ומלאכה | תניינה | אשתלח למשיזבה ללוט מגו |
| 041 | | Ex40:17M | קדמיא בשתא | תנייתא/<תנ>יינה#2#/ | בחד לירחא אקים |
| 042 | | Dt33:06 | הדין ולא ימות במותנה | תניינה | דביה מייתין רשיעיה לעלמא |
| 043 | | Ex36:32 | ללוחי סיטרה דמשכנה | תניינה | וחמשה נגרין ללוחי סטרה |
| 044 | | Ex28:18 | וסדרה | תניינה | כדכדינה וספרינה ועין עגלה |
| 045 | | Ex28:10M | על אבנא | תניינ{ו}תא/<תניי>נה#2#/ | כיחוסיה«ו»ן |
| 046 | | Ex36:25 | ולסטרה דמשכנה | תניינה | לסטרה צפונייה עבד עשרין |
| 047 | | Ex36:12 | דיריעתה די בבית דיבוקה | תניינה | מכוונן הוון ענבי חדא לקבל |
| 048 | | Ex38:15 | ולסטרה | תניינה | מן הכה ומן הכא לתרע דרתה |
| 049 | | Ex26:28 | ונגרה | תניינה | מציעייה בגו לוחי |

050 תניינתא Gn41:43 וארכב יתיה בארתכא תניינתא דידיה והוון מקלסין קדמוי
051 Ex28:10 דאשתיירן על אבנא תניין{ו}תא כיחוסיה«ו»ן:
052 תניינתה Ex40:17M "תנייתא ... לירחא:" תניינתה בחד יום ליר׳
053 Nu10:11 והוה בשתה תניינתה בעשרין לירחה איסתלק
054 תנייתא Ex40:17 והוה בירחא קדמיא בשתא תנייתא בחד לירחא אקים משה ית
055 תנינא Gn28:10 {ליה} עמיה וניסא תנינא אבניא דנסב אבונן יעקב
056 Gn32:20 ופקד אף ית תנינא אף ית תליתיא אף ית דמהלך
057 Nu 1:01 במשכן זמנא בחד לירחא תנינא בשתא תניינא בזמן אפקותהון
058 Dt33:06M /במו>תה#2# תניינה/<תנ>ינא#2# דביה מייתין רשיעיה
059 Nu29:17 וביומא תנינא דחגא דמטליא תקרבון תורין
060 Nu 7:18 ביומא תנינא דחנוכת רבותה דמדבחה קרב
061 Lv 8:22 וקרב ית דכרה תנינא דכרה דאשלמותה וסמכו אהרן
062 Nu 1:18 בחד ^יום#2#^ לירחא תנינא ואתייחסו על זרעייתהון
063 Lv 5:10 וית תנינא יקרב ^יתיה#2#^ עליה כסדר
064 Ex12:42 יתה לילי קדמיא לילי תנינא כד אתגלי ייי על אברם בר
065 Ex20:03 דבירא תנינא כד הוה נפק מן פום קודשא
066 Ex16:01 בחמשת עשר יומין לירחא תנינא לאפקותהון מארעא דמצרים:
067 Ex12:42 וקרא יתיה ליל תנינא ליליא תליתיא כד אתגלי ייי
068 Ex29:39 תקרבון בצפרא וית אמרא תנינא תקרבון יתיה ביני שמשתא:
069 Nu28:04 תקרבון בצפרא וית אמרא תנינא תקרבון יתיה ביני שמשתה:
070 Nu28:08 וית אמרא תנינא תקרבון יתיה <ביני> שמשתה
071 תנינה Nu 9:11 בירחה תנינה בארבעת עשר יומין ביני
072 Dt14:25 ותפרקון מעשרה ת{מ}<ני>נה בכסף ותצורון כספא
073 Lv10:19 חמ<י>רא מן מעשרה תנינה ולית אפשר מיכל מיניה ואנא
074 Dt 5:07 דבירה תנינה כד הוא נפק מן פם קדשה
075 תנינתא Nu 9:01 במדברה דסיני בשתה תנינתא בזמן אפקותהון דבני ישראל
076 תניתא Gn47:18M לוותיה בשתה תיניינתה/תניתא#2#/ ואמרין ליה לא נשקר
077 דתינייתא Gn 4:19 מינהון עדה ושמה דתינייתא צלה:
078 דתנייאתא Ex 1:15M הוות יוכבד ושמה דתנייאתא פועה היא הוות מרים
079 דתניינא Gn41:52 וית שמה דתניינא קרא אפרים ארום תקף יתי
080 דתניינה Nu11:26 שמה דחד אלדד ושמה דתניינה מידד ושרת עליהון רוח
081 דתנייתא Ex 1:15 מנהון שפרה ושמה דתנייתא פועה:
082 תניינן p abs Nu 2:16 וחמשין לחיילוותהון תניינן «הוון» נטלין:
083 תנינין Gn33:02M וית לאה ובניה אחריין/תנינין#2#/ <....>
084 Gn 6:16 תשוי מדורין ארעיין תנינין ותליתאין תעבד יתה:

## תניינות *adv.* a second time [587]

001 תניינות Gn46:29M על צואריה תוב/זמן תניינות#2#/:
002 Lv13:54 יתה שבעה יומין זמן תניינות:
003 Gn41:05 ודמך ליה וחלם זמן תניינות והא שבע שבלין סלקן בקנה
004 Nu10:06 ותתקעון יבבו זמן תניינות ויטלון משריתה דשרין מן
005 Gn37:09 וחלם תוב זמן תניינות ותני יתיה לאחוי ואמר הא
006 Ex 3:15M /מימריה דייי למשה כדין#2# תניינות תאמר לבני
007 Lv13:07 לדכותה ויתחמי זמן תניינות לכהנא:
008 Gn22:15 דייי לאברהם זמן תניינות מן שמיא:
009 תנינות Lv13:05 כהנא שבע׳ יומין זמן תנינות:
010 Lv13:33 ניתקה שובעה יומין זמן תנינות:
011 Gn35:09 ייי על יעקב זמן תנינות במיתייה מן פדן ארם וברך
012 Lv13:06 יתיה ביומא שביעיה זמן תנינות והא כהה מכתשא ולא הלך
013 Lv13:58 מכתשה ויתחוור זמן תנינות וידכי:

## תנין *n.* sea serpent [587]

001 בתנינין p abs Dt32:33M חווייה\פתמנייה כזורא/בתנינין אכזריין#2#/:
002 תניניא p em/sf Gn 1:21 וברא ייי ית תרין תניניא רברביא וית כל נפש דחיא
003 דתניניא Dt32:24 בהון עם חמת{ה}הון דתניניא וזחלוי דעפרה:
004 דתניניה Dt32:33 מדמייא לחמתהון דתניניה בזמנה דאנון שתיין

## תנן *vb.* to be smoky [587]

001 תנן peal Ex20:18 קלא דשיפור׳ וית טורא תנן וחמון עמא ואזדעזען וקמו
002 Ex19:18 וטורא דסיני הו«ה» תנן כוליה מן בגלל דאתגליית

## תנן *n.* smoke [587]

001 תנן s ab/cn Gn19:28M כקיטור\תננא דאתונא /תנן אתונה#2#/:
002 Ex19:18M וסלק תננא כקטו{ן}<ר> תנן אתונה וזעו כל עמא דאית
003 תננא s em/sf Gn19:28 קיטורא דארעא כקיטור תננא דאתונא:
004 Ex19:18M בשלהובא דאנשא וסלק תננא כקטו{ן}<ר> תנן אתונה וזעו
005 Ex19:18 דייי באשתא וסלק{ת} תננא כתננא דאתונא ואזדעזע כל
006 תננה Gn19:28M וחמה והא סליק קיטורא/תננה#2#/ דארעא כקיטור תננא
007 Lv16:13 על אשתה קדם ייי ויכסי תננה דקטרתה ית כפרתה די על
008 Gn15:17M וגומרין דאשתה ומסקה תננה ודשיעי׳ לגווה אתמריין על
009 כתננא Ex19:18 באשתא וסלק{ת} תננא כתננא דאתונא ואזדעזע כל טורא
010 כתננה Dt32:01 בארעא מלרע ארום שמייא כתננה ימסון וארעא כלבוש׳ תתכלי

## תסב ⇐ *n.* סתו

## תעב *vb.* to defile (??) [!!]

001 למתעב peal Ex11:05M עתיד \למיתב על כורסי /למתעב {כ}<ע>ל כורסייה#2#/

## תפי *n.* hearth [588]

001 תפיין p abs Lv11:35 עלוי יסתאב תנור או תפיין יסתתרון מסאבין אנון
002 תפין Lv10:01M /בהן אשתא בריה מן תפין מה דלא אתפקד להון#2#/:
003 וספיין Lv11:35M \או תפיין יסתתרון /וספיין יסתתרון#2#/ מסאבין אנון

## תפילה *n.* phylactery [588]

001 תפלים p abs Ex13:16M ויהווי לסימן/לאתין#2#/תפלים#2#/ על אדרעיכון
002 לתפילין Dt 6:08 על אדרעיכון ויהוון לתפילין על בית אפיכון:
003 Dt11:18 על אדרעיכון ויהוון לתפילין על בית אפיכון:

## תפנוקין *n.* enjoyment [588]

001 תפנוקי p const Gn49:20 טוביכון דבית אשר מה תפנוקי מלכייא דבני ישראל:
002 Dt32:13 ואייכל יתהון עללת תפנוקי מלכין ואיינק יתהון דבשה

## תפניק *(v.)n.* feeding, support [588]

001 ולתפניק s ab/cn Gn47:24 תחומכון ולמזוניכון ולתפניק בתיכון ולמזון לטפליכון:

## תפשיל ⇐ *n.* תבשיל

## תפס *vb.* to grab, to hold [588]

|  |  |  |  |  |  |  |
|---|---|---|---|---|---|---|
| 001 | תפשי | peal | Gn 4:21M | תפשי כנורא ואבובא /כל | תפשי | כינרא ועוגבא#2#/: |
| 002 | | | Gn 4:21 | הוא הוה אבוהון דכל | תפשי | כנורא ואבובא: |
| 003 | | | Nu31:27 | ופלג ית עדיתה {מ}<בי>ן | תפשי | קרבה דנפקין לחיל קרבא ובין |
| 004 | יתפס | | Ex22:15 | וארום | יתפס | גבר בתולה דלא מארסה וישמש |
| 005 | יתפסון | | Lv19:12M | דאלהכון כדן אמר ייי | /יתפסון | ית שם אלהכון כדין אמר |
| 006 | דתפיס | | Gn24:02 | לעבדיה סבא דביתיה | דתפיס | בכל מה דליה שוי כען ידך |
| 007 | ותפשית | | Dt 9:17 | | ותפשית | בתרין לווח{ו}<י>ה וטלקית |
| 008 | ותפשת | | Gn39:12 | | ותפשת | יתה בלבושוי למימר שמש עמי |
| 009 | ויתפוש | | Dt22:28 | בתולה די לא אתארסת | ויתפוש | יתה וישמש עמה וישתכחון |
| 010 | ויתפשון | | Dt21:19 | | ויתפשון | ביה אבוי ואימיה ויפקון |
| 011 | ולמתפוס | | Dt20:19M | עליה סודריה קרבא | ולמתפוס | |
| 012 | אתפשת | etpeel | Nu 5:13 | וסהד דלית בה והיא לה | אתפשת: | |

## תקומה *n.* revival, restoration [588]

|  |  |  |  |  |  |  |
|---|---|---|---|---|---|---|
| 001 | תקומה | s ab/cn | Gn15:12 | למיפל ולא תהוי ליה | תקומה}}: | |
| 002 | | | Lv26:37 | דלית ולא תיהוי לכון | תקומה | קדם בעלי דבביכון: |

## תקוף *n.* strength [589]

|  |  |  |  |  |  |  |
|---|---|---|---|---|---|---|
| 001 | תקוף | s ab/cn | Dt32:11 | יתהון וטען יתהון על | תקוף | אברוי: |
| 002 | | | Ex14:31M | "ידא ... והימנו": | תקוף | אדרע גבורת' די עבד בה |
| 003 | | | Ex 9:16M | למחווייה יתך מן | תקוף | חייליה ומן בגלל למתנייה |
| 004 | | | Lv26:19M | ואיתבר ית | תקוף | חייליכון דן הוא |
| 005 | | | Lv26:19 | ואחרב ית בית מקדשי דהיא | תקוף | חיילכון ואשוי ית שמייה די |
| 006 | | | Ex12:38M | וען ותורין \בעיר | תקיף/תקוף#2#/ | לחדא/נכסי' סגי |
| 007 | | | Lv20:05 | ואשוי אנה ית | תקוף | רגזי בגברה ההוא ובזרעייתיה |
| 008 | | | Lv20:06 | {{למטעי}} בתריהון ואשוי | תקוף | רגזי בנפש' ההוא |
| 009 | | | Nu10:36 | ואמר חזור כען ייי מן | תקוף | רוג{ד}<ז>ך ותוב עלינן |
| 010 | | | Nu25:04 | מסמעי שמשא בכדן יחזור | תקוף | רוגזה דייי מן ישראל: |
| 011 | | | Nu32:14 | חייבין למוספה תוב על | תקוף | רוגזה דייי על ישראל: |
| 012 | | | Dt 1:37M | רגוז מן קדם ייי /בי | תקוף | רוגזה דייי#2#/ מן בגללכון |
| 013 | | | Lv17:10M | כל אדם ואשווי | תקוף | רוגזי בנפש' די תאוכל ית |
| 014 | | | Lv26:17 | ואשוי ית אפי | תקוף | רוגזי בכון ותתנגפון קדם |
| 015 | | | Gn27:45 | עד דיחזור | תקוף | רוגזיה דאחוך מנך וינשי ית |
| 016 | | | Nu24:23 | האינון כד ישווי ייי | תקוף | רוגזיה למתפרעה מן רשיעיה |
| 017 | | | Dt13:18 | דיחזור ממרה דייי מן | תקוף | רוגזיה ויתן לכון רחמין |
| 018 | | | Ex15:07 | דעמך תשלח בהון | תקוף | רוגזך תתכל יתהון היך מה |
| 019 | | | Nu10:36M | תוו כען ממריה דייי מן | תקוף | רוגזך ובריך רבוותה ואסגי |
| 020 | תקיף | | Lv20:03 | ואנה אשוי ית | תקיף | רוגזי בגברה ההוא ואשצא |
| 021 | תקף | | Ex 9:16 | מן בגלל למחויה יתך ית | תקף | חיילי ומן בגלל דתתניה ית |
| 022 | | | Dt 9:20M | ובאהרן \רגז ממרה דייי | /תקף | רוגזה דייי#2#/ עליכון |
| 023 | | | Ex32:12 | אפי דארעא חזור כען מן | תקף | רוגזך ויהוי תהו קדמך על |
| 024 | בת' | | Nu14:19M | {ו}<ד>עמא האליין | כתקוף/בת'#2#/ | חסדך והיך מה די |
| 025 | בתק' | | Ex15:16M | /אימתי דמות' ותברא | בתק'#2#/ | אדרע גבורתך תקיפא יהוון |
| 026 | בתקוף | | Ex15:16 | תפל עליהון אימתך ופחדך | בתקוף | אדרע גבורתך תקיפא יהוון |
| 027 | | | Nu10:35M | ואמר קום כען מימריה | בתקוף | חיילך וית' |
| 028 | | | Dt29:18M | יהווי לי ארום | בקשיטות/בתקוף#2#/ | ליבי איזיל מן בגלל |
| 029 | | | Dt29:27 | ייי מעלוי ארעהון | בתקוף | רגוז ובכליתה ובכעס רב |
| 030 | | | Dt29:23M | \מה תקיף הוא רוגזיה | /בתקוף | רוגז'#2#/ רבה הדין: |
| 031 | בתקף | | Ex11:08 | אפוק ונפק מן קדם פרעה | בתקף | רגז: |
| 032 | ותקוף | | Dt 8:17 | ותאמרון בלבביכון חיילן | ותקוף | ידינן קנון לן ית נכסייה |
| 033 | | | Dt 2:30M | רוחיה \ותקף ית לבביה | /ותקוף | ית ליביה#2#/ מן בגלל |
| 034 | כתקוף | | Nu14:19 | {ו}<ד>עמא האליין | כתקוף | חסדך והיך מה די סובלת |
| 035 | תוקפא | s em/sf | Nu23:22 | מן ארעא דמצרים די | תוקפא | ותושבחתה ורוממותה דידה |
| 036 | תוקפה | | Dt11:02M | "ית ... תקיפתה": וית | תוקפה | וית ידה תוק' |
| 037 | תוקפיה | | Dt 5:24 | דייי אלהן די יקריה וית | תוקפיה | וית קל מימרה שמעינן מן גו |
| 038 | | | Dt11:02 | אורייתה דייי אלהכון ית | תוקפיה | וית ידיה תקיפתה ואדרעיה |
| 039 | תוקפך | | Ex15:06M | ובסוגי | תוקפך | תברת שורי בעלי |
| 040 | תוקפן | | Ex15:02 | | תוקפן | ורוב תושבחתן דחיל כל |
| 041 | תקפה | | Dt32:13M | ארכב יתהון על | במסיה/תקפה#2#/ | דארעא ואייכל יתהון |
| 042 | | | Nu24:08 | יתהון פריקין מן מצרים | תקפה | ותושבחתה ורוממות{{י}}ה |
| 043 | תקפיה | | Nu24:08M | מן מצרים | תקפה/<תק>פיה#2#/ | ותושבחתה |
| 044 | תקפך | | Dt 3:24 | למחווייה ית עבדך ית | תקפך | וית גבורת ידך תקיפתה די מן |
| 045 | בתוקפא | | Gn29:07M | "כדון ...": כדו יומא | בתוקפא | לית אשון למכנשה עדרייה |
| 046 | בתוקפיה | | Dt 4:37 | ואפק יתכון פריקין | בתוקפיה | בחיילה רבה מן מצרים: |
| 047 | בתוקפך | | Dt 9:26 | עמך ואחסנותך די פרקת | בתוקפך | די אפקת מן מצרים ביד |
| 048 | בתקפא | | Ex19:09 | הא ממרי מתגלי עלך | בתקפא | דעננא מן בגלל דישמעון עמא |
| 049 | בתקפה | | Gn18:01 | הווה יתיב בתרע משכניה | בתקפה | דיומא מתחמם מן אדם |
| 050 | בתקפך | | Ex15:13 | די פרקת תדבר יתהון | בתקפך | למדור בית שכינת קודשך: |
| 051 | ותוקפך | | Gn35:09 | וישרותך וצדיקותך | ותוקפך | והדרך {והדרך} לא פסקין |
| 052 | ותקופה | | Gn31:42M | אלהא דאברהם | ותקיפא/ותקופה#2#/ | דיצחק הו{ת}<ה> לי |
| 053 | לתוקפה | | Gn18:01M | במיח' יומא /גזורתיה | לתוקפה | דיומא#2#/: |
| 054 | לתוקפי' | | Gn 3:08M | /מטיי' בגווא גנתה | לתוקפי' | דיומא#2#/ ואטמר אדם |
| 055 | לתקפה | | Ex14:27 | ימא לעדוני צפרא | לתקפה | ומצריי ערקון לקדמותיה |

תקיף *adj.* See also:
בתכיף *adv.* See also:

## תקין *adj.* firm, stable [!!]

|  |  |  |  |  |  |  |
|---|---|---|---|---|---|---|
| 001 | תקין | s ab/cn | Ex18:17 | ואמר חמוי דמשה ליה לא | תקין | פתגמא די את עבד: |
| 002 | ותקין | | Gn 1:25 | וגלי קדם ייי ארו' שפר | ותקין: | |

## תקיעה *n.* blowing of shofar [589]

|  |  |  |  |  |  |  |
|---|---|---|---|---|---|---|
| 001 | תקועה | s ab/cn | Nu29:01 | דפולחן לא תעבדון יום | תקועה | דשופר ויבבו יהווי לכון: |
| 002 | תקיעה | | Lv23:24 | לכון שבת שבתה דכרן טב | תקיעה | ויבבו יום טב וארוע קדיש: |

## תקיף *adj.* strong [589]

|  |  |  |  |  |  |  |
|---|---|---|---|---|---|---|
| 001 | תקוף | s ab/cn | Ex18:11 | ידעת וגלי הוא לי ארום | תקוף | הוא ייי מן אלהייא ורבון על |
| 002 | תקיף | | Gn43:01 | וכפנא | תקיף | בארעא: |
| 003 | | | Gn49:27 | בנימן שבט | תקיף | בתחומיה יתבניה בית מקדשה |
| 004 | | | Gn41:31 | כפנא ההוא בתר כדן ארום | תקיף | הוא לחדא: |
| 005 | | | Gn50:11 | באדר אטדה ואמרין אבל | תקיף | הוא למצראי בגין כן קרא שמה |
| 006 | | | Nu24:21 | ונטל במתל נבותה ואמר מה | תקיף | הוא משרויך ושוית בניקרא |
| 007 | | | Dt29:23 | כדן עבד לארעה הדה מה | תקיף | הוא רוגזיה רבה הדין: |
| 008 | | | Nu21:24 | דבני עמון ארום | תקיף | ^הווה#2#^ תחומיהון דבני |
| 009 | | | Ex 9:24 | והוה ברדה | תקי«ף» | ואשתא הוה מקפצה בגו ברדה |
| 010 | | | Nu20:20M | ובאדרע מנט לא /בעם | תקיף | וביד תקיפה#2#/: |
| 011 | | | Ex14:21 | ייי ית ימא ברוח קדום | תקיף | כל ליליא ושוי ית ימא |
| 012 | | | Gn50:09M | והוות משרייתא | סגיא/תקיף#2#/ | לחדא: |
| 013 | | | Ex 9:18 | אנה מחית בשעתה למחר ברד | תקיף | לחדא די לא הוי כוותה |
| 014 | | | Ex 9:24 | הוה מקפצה בגו ברדה | תקיף | לחדא די לא הוות כוותיה בכל |
| 015 | | | Ex10:14 | בכל תחומיהון דמצרים | תקיף | לחדא קודמוי לא הוה כדן גוב |
| 016 | | | Ex10:19 | והפך ייי רוח בימא | תקיף | לחדא וטען ית גובא ואקלע |
| 017 | | | Ex10:19M | /ממריה דייי רוח מערב | תקיף#2#/ | לחדא וטען ית גובא |
| 018 | | | Ex11:03 | דמצריי לחוד גברא משה | תקיף | לחדא בארעא דמצרים באפיה |
| 019 | | | Ex12:38 | עמהון וען ותורין בעיר | תקיף | לחדא: |

|  |  |  |  |  |  |  |
|---|---|---|---|---|---|---|
| 020 | | | Nu32:01 | דראובן ולבנוי דגד | תקיף | לחדה וחמון ית ארע |
| 021 | | | Gn44:18 | בפילוג ארעא ואנא חילי | תקיף | מן חילהון דשמעון ולוי |
| 022 | | | Gn44:18M | בפילוג ואנה חילי | תקיף | מן חיליהון דשמעון ולוי |
| 023 | | | Ex19:16 | והווה קלין וברקן ועגן | תקיף | על טורא ושופרא {ו}תקף לחדא |
| 024 | | | Gn49:14 | יששכר שבט | תקיף | רביע ביני תרין תחומיי: |
| 025 | | | Gn49:07 | יתה ברוגזיהון ארום | תקיף | רוגזיהון ואימתהון ארום |
| 026 | תקיף' | | Dt 7:08M | תקיפה ופרק/ייי באיד | תקיף' | ופרק#2#/ יתכון מן |
| 027 | תקיפא | | Ex 3:19 | למיזל ולא מן ידא דהיא | תקיפא: | |
| 028 | | | Ex 3:19M | /ארום אלהא ביד | תקיפא#2#/: | |
| 029 | | | Ex13:09 | תדירא בפמיכון ארום ביד | תקיפא | אפיק יתכון ייי פריקין מן |
| 030 | | | Ex13:14 | מה הא דא ותימר ליה ביד | תקיפא | אפיק יתן ייי פריקין מן |
| 031 | | | Ex13:16 | על בית אפיכון ארום ביד | תקיפא | אפק יתן ייי פריקין מן |
| 032 | | | Ex 6:06 | ואפרו«ק» יתכון ביד | תקיפא | ובסדרי דינין רברבין: |
| 033 | | | Gn27:34 | דאבוי וצוח צווחה רבה | תקיפא | ומרירא עד לחדא ואמר לאבוי |
| 034 | תקיפה | | Nu20:20M | /בעם תקיף וביד | תקיפה#2#/: | |
| 035 | | | Dt 6:21 | פריקין מן מצרים ביד | תקיפה: | |
| 036 | | | Dt 9:26 | די אפקת מן מצרים ביד | תקיפה: | |
| 037 | | | Dt 4:34 | ובסדרי קרבה וביד | תקיפה | ובאדרע מנטלה ובחזו{ז}<ו>ן |
| 038 | | | Dt 7:08 | אפק יתכון פריקין ביד | תקיפה | ופרק יתכון מן בית שעבוד |
| 039 | תקף | | Gn41:29 | הא שבע שנין אתיין שבע | תקף | בכל ארעא דמצרים: |
| 040 | | | Ex 8:20 | ועבד ייי כדן ואתא ערבוב | תקף | בפלטורין דפרעה ובבתי |
| 041 | | | Dt 5:22M | וערפלה קל\רב ולא פסיק | /תקף | ולא פסק#2#/ וכתב יתהון על |
| 042 | | | Ex 9:03 | בתוריא ובענה מותא | תקף | לחדא: |
| 043 | דתקיף | | Dt32:27M | דשנאה\די | תקף/דתקיף#2#/ | ואילולי דאדכר להון |
| 044 | ותקיף | | Gn50:10 | ואספדו תמן הספד רב | ותקיף | לחדא ונטר על אבוי אבל |
| 045 | | | Nu32:10 | | ותקיף | רוג«ז»א דייי ביומא ההוא |
| 046 | | | Nu24:10 | | ותקיף | רוגזה דבלק על בלעם וטפח |
| 047 | ותקיפא | | Ex32:10 | קדמיי לממנייה רבה | ותקיפא | מנהון: |
| 048 | ותקיפה | | Gn18:18 | מהוה יהוה לאמא רבה | ותקיפה | ויתברכון בזכוותא כל אומיא |
| 049 | | | Dt 9:14 | לממנייה יתך לאומה רבה | ותקיפה | ומסגייה מנהון: |
| 050 | | | Dt26:05 | והוה תמן לאומה רבה | ותקיפה | ומסגייה: |
| 051 | | | Nu14:12 | לממניה יתך לאומא רבה | ותקיפה | מנהון: |
| 052 | תוק' | s em/sf | Dt11:02M | וית תוקפה וית ידה | תוק' | |
| 053 | תקיפא | | Ex13:03 | בית שעבודא ארום בידא | תקיפא | אפיק ייי יתכון פריקין מן |
| 054 | | | Gn49:24 | למבעיה רחמין מן | תקיפא | דאבוי יעקב מן תחות אדרע |
| 055 | | | Ex15:16 | בתקוף אדרע גבורתך | תקיפא | יהוון קימין דמימין |
| 056 | | | Ex 6:01 | תקיפא ישלח יתהון ובידא | תקיפא | יטרוד יתהון מן ארעא: |
| 057 | | | Ex 6:03 | באלה שמיא ברם שמי | תקיפא | ייי לא אודעת להון: |
| 058 | | | Ex 6:01 | אעבד לפרעה ארום בידא | תקיפא | ישלח יתהון ובידא תקיפא |
| 059 | תקיפה | | Dt32:37 | למימר אן אלהא דישראל | תקיפה | דאתרחצו ביה: |
| 060 | | | Dt32:18 | | תקיפה | די ברה יתכון שבקתון |
| 061 | | | Nu20:20 | אדומיי לקדמותהון בעמא | תקיפה | ובאדרע מנט לא: |
| 062 | | | Dt 5:15 | פריקין מן תמן בידה | תקיפה | ובאדרע מנטלה בגין כדן פקד |
| 063 | | | Dt26:08 | פריקין מן מצרים בידה | תקיפה | ובאדרע מנטלה ובחזוין |
| 064 | | | Dt32:30 | על דחטון וארגיזו קדמוי | תקיפה | שבק יתהון ומימרה דייי מסר |
| 065 | תקיפתא | | Ex14:31 | וחמון ישראל ית ידא | תקיפתא | די עבד ייי במצרים ודחילו |
| 066 | תקיפתה | | Dt 3:24 | ית תקפך וית גבורת ידך | תקיפתה | די מן אלה כוותך דאיקר |
| 067 | | | Dt 7:19 | ואתייה ופרישתה וידה | תקיפתה | ואדרעה מנטלתה די אפיק |
| 068 | | | Dt11:02 | ית תוקפיה וית ידיה | תקיפתה | ואדרעיה מנטלתה: |
| 069 | | | Dt34:12 | ולכל ידה | תקיפתה | ולכל חזווייה רברבייה די |
| 070 | תקפתא | | Dt 7:08M | "ביד תקיפה": בידא | תקפתא | |
| 071 | בתקיפה | | Gn31:53 | דאבוהון ואשתבע יעקב | בתקיפה | דאבוי ייצחק: |
| 072 | | | Gn49:24 | ואשרי | בתקיפה | רוחצניה פשט ידוי ואדרעוי |
| 073 | דתקיפה | | Dt32:15 | יתהון וכפרו בדחלתיה | דתקיפה | דהוה פרק יתהון בשעת |
| 074 | ותקיפא | | Dt 9:02M | ותקיפין/עמא רבא | ותקיפא#2#/ | בנוי דענק גיבריה |
| 075 | | | Gn31:42 | דאבא אלהא דאברהם | ותקיפא | דיצחק הו{ת}<ה> לי ארום |
| 076 | תקיפין | p abs | Ex34:10M | /עב'#2#/ דייי | דחילין/תקיפין#2#/ | אינון די אנה אעבד |
| 077 | | | Nu11:14 | דכל עמא האלין ארום | תקיפין | אינון מני: |
| 078 | | | Nu13:18 | עמא דישריין בגווה הא | תקיפין | אינון או חלשין הא עם |
| 079 | | | Nu13:31 | מסוק לוות עמא ארום | תקיפין | אינון מנן: |
| 080 | | | Nu13:31 | מסוק לוות עמא ארום | תקיפין | אינון מנן}: |
| 081 | | | Nu22:03 | מן קדם עמא לחדה ארום | תקיפין | אינון ועיקון מואביי |
| 082 | | | Nu22:06 | לי ית עמא האליין ארום | תקיפין | אינון מנן מה דלמה דאכול |
| 083 | | | Dt 8:09M | דחכימיאה | תקיפין | הי כפרזלא ותלמידייהא |
| 084 | | | Nu13:28M | אינון עמה די שריין | /תקיפין | הנון עמא אליין דש#2#/ |
| 085 | | | Ex 1:12 | הוון סגיין ובכדן הוון | תקיפין | ואעיקו מצראי מן קדם עמא |
| 086 | תקיפן | | Nu13:28 | בארעא וקרו{ה}<ין> | תקיפן | רברבן לחדה ואוף בנוי |
| 087 | ותקיפין | | Dt 9:02 | עם רברבין | ותקיפין | בנוי דענק גיבריה די |
| 088 | | | Lv26:29 | קשיין אינון חובייה | ותקיפין | חטאיה דגרמו לאבהתן |
| 089 | | | Dt 2:10 | עם רברבין וסגין | ותקיפין | כבנוי דענק גוברייה: |
| 090 | | | Dt 2:21 | עם רברבין וסגין | ותקיפין | כבנוי דענק גיברייא |
| 091 | | | Dt 1:28M | עם רברבין | וסגין/ותקיפין#2#/ | מינן קריין רברבן |
| 092 | | | Nu22:15M | שליחין רברבין | ותקיפין | מן אליין#2#/: |
| 093 | | | Dt 4:38 | למטרוד אומין רברבין | ותקיפין | מנכון קדמיכון למעלה |
| 094 | | | Dt 7:01M | ותקיפן/<רבר>בין | <ותקי>פין#2#/ | מנכון: |
| 095 | | | Dt 9:01 | למירת אומין רברבין | ותקיפין | מנכון וקוריין רברבן |
| 096 | | | Dt11:23M | אומין רברבין | ותקיפן/<ותקי>פין#2#/ | מנכון: |
| 097 | | | Ex 1:09 | עמא בני ישראל סגין | ותקיפין | מנן: |
| 098 | ותקיפן | | Dt 7:01 | שבעה אומין רברבן | ותקיפן | מנכון: |
| 099 | | | Dt 9:01M | /<רבר>בן#2#/ | ותקיפין/<ותקי>פן#2#/ | מנכון וקוריין |
| 100 | | | Dt11:23 | ותירתון אומין רברבין | ותקיפן | מנכון: |
| 101 | תקיפי | p const | Ex15:15 | אתבהלו רברבני אדומאי | תקיפי | מואביי אחדת יתהון רתיתא |
| 102 | | | Nu24:17 | מן דבית ישראל ויקטל | תקיפי | מואביי וישיצי כל בנוי |
| 103 | תקיפיא | p em/sf | Ex15:10 | היך איברא במיא | תקיפ«י»א: | |
| 104 | תקיפיה | | Gn40:18 | סליה תלתיה שעבודיא | תקיפיה | דעתידין ישראל למשתעבדא |
| 105 | תקיפיהון | | Dt32:30M | וארגיזו קדמוי | תקיפה/תקיפיהון#2#/ | שבק יתהון ומימרה |

## תקל *vb.* **to weigh** [589]

|  |  |  |  |  |  |  |
|---|---|---|---|---|---|---|
| 001 | תקל | peal | Ex30:23 | בסימנין טבין מר בחיר | תקל | חמש מאה סלעין וקנמון |
| 002 | | | Ex30:24 | וקציעה | תקל | חמש מאה סלעין בסלעי |
| 003 | | | Nu 7:19 | הוות מתקלה מזרק חד דכסף | תקל | שבעין סלעין בסלעי |
| 004 | | | Nu 7:25 | הוות מתקלה מזרק חד דכסף | תקל | שבעין סלעין בסלעי |
| 005 | | | Nu 7:13 | הוה מתקלה מזרק חד דכסף | תקל | שובעין סלעין בסלעי |
| 006 | | | Nu 7:31 | הוות מתקלה מזרק חד דכסף | תקל | שובעין סלעין בסלעי |
| 007 | | | Nu 7:37 | מתקליה מזרק חד דכסף | תקל | שובעין סלעין בסלעי |
| 008 | | | Nu 7:43 | מתקליה מזרק חד דכסף | תקל | שובעין בסלעי בית קודשה |
| 009 | | | Nu 7:49 | מתקליה מזרק חד דכסף | תקל | שובעין ^סלעין#2#^ בסלעי |
| 010 | | | Nu 7:55 | מתקליה מזרק חד דכסף | תקל | שובעין סלעין בסלעי |
| 011 | | | Nu 7:61 | מתקליה מזרק חד דכסף | תקל | שובעין סלעין בסלעי |
| 012 | | | Nu 7:67 | מתקליה מזרק חד דכסף | תקל | שובעין סלעין בסלעי |
| 013 | | | Nu 7:73 | מתקליה מזרק חד דכסף | תקל | שובעין בסלעי בית קודשה |
| 014 | | | Nu 7:79 | מתקליה מזרק חד דכסף | תקל | שובעין בסלעי בית קודשה |
| 015 | | | Ex30:23M | דבש«ם» פלגותא | מתקל/תקל#2#/ | \תרתי מאה/מאה |
| 016 | | | Ex30:23 | מאה וחמשין וקנה דבשם | תקל | תרתי מאה וחמשין: |
| 017 | יתקל | | Ex22:16 | אבוה למסבה יתה ליה כסף | יתקל | כנימוס פרני בתולתא: |
| 018 | ותקל | | Gn23:16 | ושמע אברהם לעפרון | ותקל | אברם ^לעפרון#2#^ ית כספא |

## תקל #2 *vb.* to stumble [589]

|  |  |  |  |  |  |  |
|---|---|---|---|---|---|---|
| 001 | etpeel | תתקלון | Dt 7:25 | עליהון ותסבון לכון דלא | תתקלון | בהון ארום סני ומרחק קדם |
| 002 | | | Dt12:30 | אזדהרו לכון דלא | תתקלון | מן בתריהון בתר דישתיצון |
| 003 | | ויתקלון | Lv26:37 | | ויתקלון | גבר באחוי כמן קדם שלפי |

## תקלה *n.* ⇐ תוקלה

## תקן *vb.* to be proper [589]

|  |  |  |  |  |  |  |
|---|---|---|---|---|---|---|
| 001 | peal | תקן | Gn 2:18 | ואמר ייי אלהים לא | תקן | יהוי בר נשא לבלחודוי אעבד |
| 002 | | | Ex 8:22 | ואמר משה לא | תקן | למעבד כדן ארום מרחקא אינון |
| 003 | | | Gn29:19 | ואמר לבן | תקן | מסבה יתה לך מן למסבה יתה |
| 004 | | דתקן | Nu 9:08M | כען ואשמע יתכון מה | דתקן | מן קדם ייי מעבד לכון דן |
| 005 | | | Nu 9:08 | כען ואשמע יתכון מה | דתקן | מן קדם ייי מעבד לכון: |
| 006 | | דתקנן | Dt10:12 | ולמהלכה בכל ארחן | דתקנן | קדמוי ולמרחום ית אולפן |
| 007 | | | Dt11:22 | למהלכה בכל אורחן | דתקנן | קדמוי ולמד<ב>קה באולפן |
| 008 | | | Dt26:17 | פרוק למהלכה באורחן | דתקנן | קדמוי ולמטור קיימוי |
| 009 | | | Dt28:09 | אלהכון ותהלכון באורחן | דתקנן | קדמוי: |
| 010 | | | Dt30:16 | אלהכון ולמהלכה באורחן | דתקנן | קדמוי ולמטור מצוותה |
| 011 | | | Dt19:09 | אלהכון ולמהלכה באורחן | דתקנן | קדמויי כל יומיא ותוספון |
| 012 | | ותקן | Gn 1:10 | קדם ייי ארום שפ{ן}<ר> | ותקן: | |
| 013 | | | Gn 1:12 | וגלי קדם ייי ארום שפר | ותקן: | |
| 014 | | | Gn 1:18 | וגלי קדם ייי ארום שפר | ותקן: | |
| 015 | | | Gn 1:21 | וגלי קדם ייי ארום שפר | ותקן: | |
| 016 | | | Dt 5:28 | די מלילו עמך הא שפר | ותקן | אייטיבו כל מה די מלילו: |
| 017 | | | Dt12:08 | יומא הדין גבר כל דשפר | ותקן | באפוי: |
| 018 | | | Dt18:17 | ואמר ייי לי משה הא שפר | ותקן | כל מה די מלילו: |
| 019 | | | Gn 1:31 | ית כל מה דעבד והא שפר | ותקן | לחדא והוה רמש והוה צפר סדר |
| 020 | | | Nu23:29M | הכה שבעה מדבחין | ואתקן/ותקן#2#/ | לי הכה שבעה תורין |
| 021 | | | Lv10:19M | אית אפשר ד{פ}ש<פ>ר | ותקן | ק' |
| 022 | | | Dt 6:18 | ותעבד דשפר | ותקן | קדם ייי מן בגלל דייטב לכון |
| 023 | | | Dt12:25 | ארום תעבד דשפר | ותקן | קדם ייי: |
| 024 | | | Dt12:28 | ארום תעבדון מה דשפר | ותקן | קדם ייי אלהכון: |
| 025 | | | Dt13:19 | הדין למיעבד מה דשפר | ותקן | קדם ייי אלהכון: |
| 026 | | | Dt21:09 | ^אדמה#2#^ מה דשפר | ותקן | קדם ייי: |
| 027 | | | Dt31:29 | ארום תעבדון מה דלא שפר | ותקן | קדם ייי למכעסה יתיה בעבד |
| 028 | | | Gn19:08M | \באפיכון לחוד לגבריא | ותקן/ | קודמיכון לחוד |
| 029 | | | Gn16:06M | עבידי מה ד{פ}ש<פ>ר | ותקן | קודמך וצע' |
| 030 | pael | לת' | Dt 1:33M | בארחא | למתקנה/^לת'#2#^למחווייה#2#/ | לכון אתר |
| 031 | afel | אתקינת | Gn24:31M | שפיכות דם זכאי ואתרא | אתקינת | לגמליא |
| 032 | | אתקן | Gn 3:24 | אכלה מן תרין סיטריה | אתקן | בגוה זיקוקין דנור וגומרין |
| 033 | | | Gn 3:24 | הדין וקיימו פקודיה | אתקן | גהינם לרשיעיא דהיא מדמיה |
| 034 | | | Gn 3:24 | אלפין דשנין ברא אוריתא | אתקן | גנת עדן לצדיקיא וגהינם |
| 035 | | | Gn 3:24 | לצדיקיא וגהינם לרשיעיא | אתקן | גנת עדן לצדיקיא דייכלון |
| 036 | | | Dt32:08M | לישני בני אנשא | אקימת/אתקן#2#/ | תחומין לאומיה למניין |
| 037 | | אתקנית | Gn50:05M | מאית בקברי די | חפרת/אתקנית#2#/ | לי בארעא דכנען תמן |
| 038 | | | Gn24:31M | יתי' {לפל} מן תלת | אתקנית | עבידן קשיין דהוון קיימין |
| 039 | | אתקנת | Ex23:20 | יתכו<ן> באתרא די | אתקנת: | |
| 040 | | | Ex15:17 | אתר מוזמן בית שכינה לך | אתקנת | ייי בית מוקדשך ייי תרתין |
| 041 | | מתקן | Nu23:23 | צדיקיה מה אגר טב | מתקן | לכון קדם ייי לעלמא דאתי: |
| 042 | | מתקנין | Gn15:01 | הדין אגר עובדיך טביא | מתקנין | לך קדמיי לעלמא דאתי: |
| 043 | | | Gn15:01M | ברם אגריך ועבדך טבייה | מתקנין | לך קודמוי לעלמא דאתי |
| 044 | | דאתקינו | Dt19:14 | תארע תחומא דחברך מה | דאתקינו | קדמייה באחסנתכון די |
| 045 | | ותקן | Nu23:01 | הכה שבעה תורין מדבחין | ותקן | לי הכה שבעה תורין ושבעה |
| 046 | | ואתקין | Ex33:14 | מדברה ביניכון | ואתק{ו}<י>ן | לכון בית משרוי: |
| 047 | | ואתקן | Gn43:16 | לפלטורין ונכוס נכסון | ואתקן | ארום עמדי יאכלון גבריא |
| 048 | | | Gn21:33M | בבאירה דשבע | ואתקן | בגוה מאכל ומשקה לעבורייה |
| 049 | | | Nu23:01M | תורין מדבחין | ותקן/ואתקן#2#/ | לי הכה שבעה תורין |
| 050 | | | Nu23:29 | לי הכה שבעה מדבחין | ואתקן | לי הכה שבעה תורין ושבעה |
| 051 | | ואתקנו | Gn43:25 | | ואתקנו | ית דורון עד זמן דאתא |
| 052 | | ויתקנו' | Ex16:05M | ביומא שתיתא | ויצנעון/ויתקנו'#2#/ | ית מה דייתון |
| 053 | | ומתקן | Dt32:34 | דן כסא דפורענותה ממזג | ומתקן | ומעתד לרשיעיה חתום באוצרי |
| 054 | | למתקנה | Nu10:33 | מהלך תלתה יומין <....> | למתקנה | להון אתר בית משרוי: |
| 055 | | | Gn46:28 | שלח קדמוי לוות יוסף | למתקנה | ליה אתר בית משרוי בגשנה |
| 056 | | | Dt 1:33 | דדבר קדמיכון בארחא | למתקנה | לכון אתר לשרוייכון בעמודה |

## תקנה *n.* legal remedy [590]

|  |  |  |  |  |  |  |
|---|---|---|---|---|---|---|
| 001 | s em/sf | תקנתה | Nu 4:19M | ודא \עבדו להון | /תקנתה | עיבידו להון די יזוחון |

## תקע *vb.* to blow the shofar [590]

|  |  |  |  |  |  |  |
|---|---|---|---|---|---|---|
| 001 | peal | תתקעון | Nu10:07 | ובאתכנשון ית קהלא | תתקעון | ולא תתייבבון: |
| 002 | | יתקעון | Nu10:08 | ובנוי דאהרן כהנ{א}<י>א | יתקעון | בחצוצרת' ויהויין לכון |
| 003 | | | Nu10:04 | ואין בחדה | יתקעון | ויזדמנון לוותך ^כל#2#^ |
| 004 | | | Nu10:06 | דשרין מן דרומא יבבון | יתקעון | למטלניהון: |
| 005 | | יתקען | Nu10:06M | מן דרומא יבבון | יתקעון/<יתק>ען#2#/ | למטלניהון: |
| 006 | | במתקע | Ex19:13 | בעיר אין גבר לא יחי | במתקע | שופרא משה ואהרן אינון |
| 007 | | במתקעה | Ex19:13M | "במתקע ... לטורא" | במתקעה | דשופירא הנון |
| 008 | | ויתקעון | Nu10:03 | | ויתקעון | בהון ויזדמנון לוותך כל |
| 009 | | ותתקעון | Nu10:09 | על סנאה דמעיק לכון | ותתקעון | בחצוצרת' ותתדכרון קדם |
| 010 | | | Nu10:10 | ובירישי ירחיכון | ותתקעון | בחצוצרתה על עלוותיכון |
| 011 | | | Nu10:05 | | ותתקעון | יבבו ויטלון משריתה דשרין |
| 012 | | | Nu10:06 | | ותתקעון | יבבו זמן תניינות ויטלון |

## תקף *vb.* to be strong [590]

|  |  |  |  |  |  |  |
|---|---|---|---|---|---|---|
| 001 | peal | תיקפון | Dt15:07M | יהב לכון לא | תתוקפון/תיקפון#2#/ | ית לבביכון ולא |
| 002 | | תק' | Ex19:16M | על טורא ושופרא | {ו}תקף/תק'#2#/ | לחדא ואזדעזעו כל עמא |
| 003 | | | Nu24:07M | באומין סגין | יתקף^תק'#2#^ויתקף#2#/ | מן שאול {רחם} |
| 004 | | תקוף | Nu11:33 | אשתצי ורוגזה דייי | תקוף | בעמה ומחה סגין לחדה: |
| 005 | | תקופו | Gn 1:28 | ואמר ליהון ממרה דייי | תקופו | וסגון ומלון ית ארעא |
| 006 | | | Gn 9:01 | נח וית בנוי ואמר להון | תקופו | וסגון ומלון ית ארעא: |
| 007 | | | Gn 9:07 | ואתון | תקופו | וסגון ואתילדון בארעא |
| 008 | | | Gn35:09M | ואמ' להון מימריה דייי | תקופו | וסגון ומלון ית ארעא |
| 009 | | תקיפו | Gn 1:22 | יתהון ממרא דייי למימר | תקיפו | וסגון ומלון ית מיא בימיי' |
| 010 | | תקף | Ex18:18 | «די» {לחוד} עמך ארום | תקף | «הוא» מנך פתגמא לית את |
| 011 | | | Dt32:27 | אילולי כעסן דשנאה די | תקף | ואילולי דאדכר להון קיימה |
| 012 | | | Gn35:11 | ליה ייי אנה אלה שמייא | תקף | וסגי אמה וקהל כנישת אומין |
| 013 | | | Gn12:10 | למתותבה תמן ארום | תקף | כפנא בארעא: |
| 014 | | | Gn41:57 | עיבור מן יוסף ארום | תקף | כפנא בכל ארעא: |
| 015 | | | Gn47:04 | מרעה לענה דילעבדך ארום | תקף | כפנא לחדא ואישתלהון בארעא |
| 016 | | | Gn47:13 | ולחם דלית בכל ארעא ארום | תקף | כפנא לחדא ואשתלהון דיירי |
| 017 | | | Gn13:02 | ואברהם | תקף | לחדא בבעירה בכספא ובדהבא: |
| 018 | | | Gn26:13 | אזל ותקף עד זמן די | תקף | לחדא: |
| 019 | | | Ex19:16 | תקיף על טורא ושופרא | {ו}תקף | לחדא ואזדעזעו כל עמא די |
| 020 | | | Gn47:20 | מצראי גבר חקליה ארום | תקף | עליהון כפנא והוות ארעא |
| 021 | | תקפו | Ex 1:07 | ובנוי דישראל | תקפו | ואתילדו וסגון: |
| 022 | | | Gn18:20M | ארום | תקפת/תקפו#2#/ | לחדה: |
| 023 | | | Gn48:10M | \כהון משיבה ולא | /תקפו | מן שיבו לא#2# הוה יכיל |

024 תקפת Gn38:29 והא נפק אחוי ואמרת מה תקפת ועתיד למתקף ברי וקרא שמיה
025 Gn18:20 ארום סגת וחובתהון ארום תקפת לחדה:
026 Gn26:16 אזל מן לוותן ארו«ם» תקפת מנן לחדא:
027 ית' Dt 8:14M ויתקוף/דלא ית#2#/ לבביכון ותנשון ית אולפן
028 יתקוף Ex19:22M ייי יתקדשון דלא יהוי/יתקוף#2#/ בהון רגוז מן קדם
029 Ex19:22M "יהוי בהון רגוז": {ו}<י>תקוף בהן רג{זו}<וז>
030 Nu14:17 וכדון יתקוף כען חילך ייי היך מה
031 Gn18:30M כען יתקף/לא בבעו יתקוף#2#/ רוגזא דייי ואמלל מה
032 Gn31:35M \יבאש באפוי דריבוני /יתקוף רוגזה דרבר#2#/ ארום לא
033 Dt 6:15 שכינתיה ביניכון דלא יתקוף רוגזה דייי אלהך בך וישיצי
034 Ex10:28M למיליך אזדהר לך דלא יתקוף רוגזי בך ואמסור יתך בין
035 Ex34:26 וחלב מערבין כחדא דלא יתקו«ף» רוגזי ונבשל עבריכון
036 Dt 7:04 <טעוון> אחרניין די יתקוף רוגזיה דייי בכון דלא
037 Dt29:19 ולמשבק לה ארום בכדן יתקוף רוגזה דייי וקנאתיה בגברא
038 Gn44:18 עבדך פתגם ורבוני לא יתקוף רוגזך בעבדך הלא מן זמנא
039 Ex32:11 ייי אלהיה ואמר למה ה' יתקוף רוגזך בעמך די אפקת פריקין
040 יתקף Gn48:19 הוא יהווי לאמה ואף הוא יתקף וברם אחוי זעירא יתקף מנה
041 Gn49:17 דעתיד למיקם מן דבית דן יתקף יתגאה על כל אמיה יהווי
042 Dt17:20 דלא יתקף ליבביה מן אחוי ודלא יסטי
043 Nu24:07 ישלטון באומין סגין יתקף מן שאול (רחם) <דחס> על
044 Gn48:19 יתקף וברם אחוי זעירא יתקף מנה ובנוי יהוון שליטין
045 Gn18:32 ואמר לא כען {א}<י>תקף רוגז' דייי ואמלל לחוד
046 Gn18:30 ואמר לא כען יתקף רוגזא דייי ואמלל מה דילמה
047 Ex32:22 ואמר אהרן למשה לא יתקף רוגזא דריבו{ת}<נ>י את חכם
048 Dt11:17 דלא יתקף רוגזה דייי בכון ויעצור ית
049 Ex10:28 {מי} מליך אזדהר לך דלא יתקף רוגזי בך ואמסר יתך בידיהון
050 Ex22:23 דלא יתקף רוגזי ואקטל יתכון בחרבא
051 Ex23:19 בחלב מערבין כחדא דלא יתקף רוגזי עליכון ונ{כ}בשל
052 Dt14:21 וחלב מערבין כחדה דלא יתקף רוגזי ונבשל עבוריכון
053 תתקוף Ex 5:09M תתקף/תתקוף#2#/ עבידתא/עבד#2#/ על
054 תתקף Gn25:23 יתפרשון ומלכו ממלכו תתקף ורבה יהווי משעבד קדם
055 Ex 5:09 תתקף עבידתא על גובריא ויעבדון
056 דתתקפון Dt11:08 יומא הדין מן בגלל דתתקפון ותיעלון ותירתון ית ארעא
057 ותקיף Dt33:29 וסדיד זייניכון ותקיף גיוור סבריכון ותברין
058 Gn30:29 מה דהוה בעירך קדמיי ותק«י»ף וסגה:
059 Dt29:26 ותקיף רוגזה דייי בארעא ההיא
060 ותקף Gn26:13 ותקף גברא והווה אזל ותקף עד זמן
061 Gn30:43 ותקף גברא לחדא לחדא והוי ליה ען
062 Gn24:35 וייי ברך ית ריבוני לחדא ותקף ויהב לה ען ותורין וכסף
063 Gn30:30 בעיר דהוה לך קדמיי ותקף וסגה וברך ייי יתך בזכוותי
064 Gn41:56 דבהון וזבן למצרים ותקף כפנא בארעא דמצרים:
065 Ex19:19 והוה קלא דשיפורא אזל ותקף לחדא משה הוה ממלל בקול
066 Gn26:13 ותקף גברא והווה אזל ותקף עד זמן די תקף לחדא:
067 Ex 4:14 ותקף רוגזא דייי במשה ואמר הלא
068 Gn30:02 ותקף רוגזה דיעקב ברחל ואמר הא
069 Gn31:36M \ותקף/ רוגזה דיעקוב#2#/ ואדיין
070 Ex32:19 ויריא את העגל ומחלות ותקף רוגזה דמשה וטלק מן ידוי
071 Nu11:01 דייי ושמע קדם ייי ותקף רוגזה ובערת בהון אשא
072 Nu11:10 גבר בתרע משכנה ותקף רוגזה דייי לחדה ובאפוי
073 Nu11:33M דייי תקוף בעמה ותקף/ רוגזה דייי בעמה#2#/ ומחה
074 Nu12:09 ותקף רוגזה דייי בהון ואזל:
075 Nu22:22 ותקף רוגזה דייי ארום אזל הוא
076 Nu25:03 ישראל לטעוותה דפעור ותקף רוגזה דייי בישראל:
077 Nu32:13 ותקף רוגזה דייי בישראל וטלטל

078 Gn39:19 האילין עבד לי עבדך ותקף רוגזיה:
079 Dt 1:34 ושמע ייי ית קל מליכון ותקף רוגזיה ואמר בשבועה למימר:
080 Dt 3:26 ותקף רוגזיה דייי בי מן בגללכון
081 Dt 9:08 ובחרב ארגזתון קדם ייי ותקף רוגזיה דייי בכון למשיציה
082 ותקפו Gn47:27 דגרשן ואחסנו בה ותקפו וסגן לחדא:
083 ותקפון Dt20:12 לקבליכון סדרי קרבה ותקפון עליה:
084 ותקפינן Gn26:22 ארום כען אפתי ייי לן ותקפינן בארעא:
085 ותקפית Gn49:22 דרבית יוסף ברי דרבית ותקפית ותוב הוי חמי לך למתקף
086 ואתקוף Ex32:10M וכדו ארפה מנך ואתקוף רוג'
087 ויתקוף Dt22:25 גברה ית רביתה דמארסה ויתקוף בה גברא וישמש עמא
088 Dt19:05M קיסין ו{יז}<ת>דחף/ויתקוף#2#/ י{ת}דיה בסיקורא
089 Dt 8:14 ויתקוף לבביכון ותנשון ית אולפן
090 Dt 7:04M \די יתקוף רוגזיה /ויתקוף רוגזה#2#/ דייי בכון
091 Ex32:10 רחמין עליהון קדמי ויתקוף רוגזי בהון ואשיצא יתהון
092 Dt31:17 ויתקוף רוגזי בהון ביומא ההוא
093 ויתקף Nu24:07M באומין סגין יתקף^תק#2#^/ויתקף#2#/ מן שאול {רחם}
094 ויתקפון Gn 8:17 עמך ויתלדון בארעא ויתקפון ויסגון על ארעא:
095 ותתקף Gn28:14 בניך כעפרא דארעא ותתקף מערבא וצפונא ודרומא
096 למתקף Gn38:29 ואמרת מה תקפת ועתיד למתקף ברי וקרא שמיה פרץ:
097 Gn49:22 ותוב הוי חמי לך למתקף מדמי אנה לך יוסף ברי
098 תקף pael Gn31:01M {מן} <מה> דאית לאבונן תקף ית#2#/ כל נכסיא האלין
099 Gn41:52 דתניינא קרא אפרים ארום תקף יתי ייי בארעא צערי:
100 תקפית Ex10:01 לוות פרעה ארום אנה תקפ«י»ת ית לביה וית לביהון
101 תתקפון Dt10:16 וקדליכון ק{י}שייא לא תתקפון תוב:
102 מתקף Gn48:04M ואמר לי הא אנה מתוקף/מתקף#2#/ יתך ומסגי יתך ותהווי
103 ותקף Ex 9:12 ותקף ייי לבא דפרעה ולא שמע להון
104 Ex10:27 ותקף ייי ית לביה ולא צבא למשלחה
105 Ex 8:11 ארום הוות שעת דרוח ותקף ית לביה ולא שמע להון
106 Dt 2:30 ייי אלהכון ית רוחיה ותקף ית לבביה מן בגלל למסור
107 Dt 3:28M ופקד ית יהושע ותוקף/ותקף#2#/ יתיה וזריז/וחייל#2#/
108 Ex 8:28 ותקף פרעה ית לבה לחוד בזמנא הדא
109 ואתקף Gn17:06M ואתוקף/ואתקף#2#/ יתך לחד/חדה#2#/
110 ויתקף Gn28:03 ואלה שמייא יברך יתך ויתקף יתך ויסגי יתך ותהוי לקהל
111 ותתקף Dt25:11M \ויפשט#2#/ ידה ותתוקף/<ות>תקף#2#/ בבית בהתתיה
112 ותתק' etpaal Nu13:20M אילנין או לא ותתוקפו/<ות>תק#2#/ ותסבון מן פירי
113 תוק' poel Ex10:01M ארום אנה תקפ«י»ת/^תוק#2#^/אתוקף#2#/ ית לביה וית
114 תתוקפון Dt15:07 אלהכון יהב לכון לא תתוקפון ית לבביכון ולא תקפצון ית
115 אתוקף Ex 4:21 קדם פרעה ואנה אתוקף ית לביה ולא ישלח ית עמא:
116 Ex 7:03 ואנה אתוקף ית לבא דפרעה ואסגי ית
117 Ex10:01M ארום אנה תקפ«י»ת/^תוק#2#^/אתוקף#2#/ ית לביה וית
118 Ex 7:14 ואמר ייי למשה אתוקף לבא דפרעה סרב מן למשלחיה
119 מתוקף Ex 9:02 את למשלחא ועד כדון את מתוקף בהון:
120 Ex14:17 ואנה הא מתוקף ית לבהון דמצריי ויעלון
121 Gn48:04 ואמר לי הא אנה מתוקף יתך ומסגי יתך ותהווי לקהל
122 ותוקיפי Gn21:18M יה טליא ותוקפו/ותוקיפי#2#/ ית יד«י»ך/ידך#2#
123 ותוקף Gn19:19M קדמך/בעינך#2#/ ותוקפה/ותוקף#2#/ חסדך די עבדת עמי
124 Ex10:20 ותוקף ייי ית לביה דפרעה ולא שלח
125 Ex11:10 נסייה האלין קודם פרעה ותוקף ייי ית לביה דפרעה ולא שלח
126 Ex14:08 ותוקף ייי ית לבה דפרעה מלכא
127 Dt 3:28 ופקד ית יהושע ותוקף יתיה וזריז יתיה ארום הוא
128 ותוקפו Gn21:18 קומי טולי ית טליא ותוקפו ית יד«י»ך ביה ארום
129 ותוקפת Gn19:19 עבדך חן וחסד קדמך ותוקפת חסדך די עבדת עמי למקימה
130 Gn17:20 לקל צלותך הא ברכת יתה ותוקפת יתיה וסגית יתיה לחדא לחדא
131 ואתוקף Gn12:02 לאמא רבה ואבר' יתך ואתוקף ית שמך ותהוי לברכן:

|  |  |  |  |  |  |  |
|---|---|---|---|---|---|---|
| 132 | | | Ex14:04 | | ואתוקף | ית לבה דפרעה וירדוף |
| 133 | | | Gn17:06 | | ואתוקף | יתך לחד׳ לחדה ואשוי יתך |
| 134 | | | Lv26:09 | מימרי מייטבה בכון | ואתוקף | יתכון ואסגי יתכון ואקים |
| 135 | | | Gn17:02 | ואשוי קיימי ביני ובינך | ואתוקף | ית{ן}<ך> לחדה לחדה: |
| 136 | ותתוקף | | Dt25:11 | דמחי יתה ותפשוט ידה | ותתוקף | בבית בהתתיה: |
| 137 | | | Dt32:41 | אין אשננה כברקה חרבי | ותתוקף | בדינה {ב}<ד>קושטה יד |
| 138 | | | Lv25:35 | אחוך ותמוט ידה עמך | ותתוקף | בה גיור ותותב וייחי עמך: |
| 139 | ותתוקפון | | Nu13:20 | אית בה אילנין או לא | ותתוקפון | ותסבון מן פירי דארעא |
| 140 | אתוקיפו | etpoel | Dt31:06 | | אתוקיפו | ואזדרזו לא תדחלון ולא |
| 141 | אתוקף | | Dt 1:38 | הוא ייעול לתמן יתיה | אתוקף | ארום הוא יחסן יתה ית |
| 142 | | | Dt31:07 | ואמר ליה קדם כל ישראל | אתוקף | ואזדרז ארום את תיעל ית |
| 143 | | | Dt31:23 | ית יהושע בר נון ואמר | אתוקף | וא«ז»דרז ארום את תעיל |
| 144 | אתוקפו | | Dt12:23 | לחוד | אתוקפו | דלא למיכל אדמה ארום אדמה |
| 145 | ואתוקף | | Gn48:02M | אתי לוותך | ואזדרז/ואתוקף#2#/ | ישראל ויתב ליה על |
| 146 | | | Gn48:17 | והוא לא שפר באפוי | ואתוקף | בידה דאבוי למחזרה יתה |
| 147 | | | Ex 4:04 | בקוטניה ופשט ידיה | ואתוקף | ביה והוה לחטר בכף ידה: |
| 148 | | | Ex10:20M | | ותקוף/ואתוקף#2#/ | ייי ית לביה דפרעה |
| 149 | | | Ex 7:13 | | ואתוקף | לבא דפרעה ולא שמע להון |
| 150 | | | Ex 7:22 | דמצראי בחרשיהון | ואתוקף | לבא דפרעה ולא שמע להון |
| 151 | | | Ex 9:35 | | ואתוקף | לבא דפרעה ולא שלח ית בני |
| 152 | | | Ex 8:15 | דגבורה מן קדם ייי היא | ואתוקף | לבה דפרעה ולא שמע להון |
| 153 | | | Ex 9:34 | וברדא ואוס«ף» למחטי | ואתוקף | ליביה הוא ושליט«וי»: |
| 154 | | | Ex 9:07 | דישראל עד לא חד | ואתוקף | ליבא דפרעה ולא שלח ית |
| 155 | ואתוקפו | | Gn19:16 | ואשתהי | ואתוקפו | גבריא בידוהי ובידיה |
| 156 | | | Ex 1:20 | ייי לחייתה וסגון עמא | ואתוקפו | לחדא: |
| 157 | | | Gn19:15 | וכאשון מסק עמוד שחרא | ואתוקפו | מלאכיא בלוט למימר קום |
| 158 | | | Ex12:33 | | ואתוקפו | מצריי על עמא למזורזא |
| 159 | ואתיקף | | Gn48:17M | /ובאש באפוי#2#/ | ואתוקף/ואתיקף#2#/ | בידה דאבוי למחזרה |
| 160 | | | Ex 4:04 | ייי למשה פשט ית ידך | ואתיקף | בקוטניה ופשט ידיה ואתוקף |
| 161 | ויתוקף | | Dt22:25M | דמארסה | ויתקוף/ויתוקף#2#/ | בה גברא וישמש עמא |

## תקף ⇐ *n.* תקוף

[590]

## fat *n.* תרב

|  |  |  |  |  |  |  |
|---|---|---|---|---|---|---|
| 001 | תרב | s ab/cn | Lv 7:25 | ארום כל די ייכול | תרב | מן בעירה די יקרב מנה קרבן |
| 002 | | | Lv 4:08M | וית כל \תרבה דתורה | /תרב | תר#2#/ דחטאתה ירים |
| 003 | | | Lv 7:23 | עם בני ישראל למימר כל | תרב | תור ואמר וגדי בר עזין לא |
| 004 | ותרב | | Lv 7:24 | | ותרב | דנבלה ותרב דקטילה יתעבד |
| 005 | | | Lv 7:24 | ותרב דנבלה | ותרב | דקטילה יתעבד לכל עבידה |
| 006 | כתרב | | Lv 4:26M | מדבחה \כתרבה דנכיסת | /כתרב | נכי#2#/ קדשיא ויכפר |
| 007 | תורביה | s em/sf | Lv10:15M | על קרבני | תרביה/תורביה#2#/ | ייתון למנפה אנפו |
| 008 | תרבא | | Lv 3:03 | קדשיה קרבן קדם ייי ית | תרבא | דחפי ית כרסה וית כל תרבה |
| 009 | | | Ex29:13 | וית תרתין כליתה וית | תרבא | די עליהון ותסדר על גבי |
| 010 | | | Ex29:22 | וית תרתין כליתה וית | תרבא | די עליהון וית שקה דימינא |
| 011 | | | Lv 8:16 | ונסב ית כל | תרבא | די על בני גווה וית מה |
| 012 | | | Ex29:22 | ותסב מן דכרא | תרבא | ואליתה וית תרבה דחפי ית |
| 013 | תרבה | | Lv 3:09M | קרבן \קדם ייי | תרב{ת}ה/^<תר>בה#2#/^ | אליתה שלמתה לקבל |
| 014 | | | Lv 3:09 | קדשיה קרבן קדם ייי | תרב{ת}ה | אליתה שלמתה לקבל שזרתה |
| 015 | | | Lv 4:35 | יעבד היך מה די יעבד | תרבה | דאמרה מעילוי נכסת קדשיה |
| 016 | | | Lv16:25 | וית | תרבה | דחטאתה יסדר על גבי מדבחה: |
| 017 | | | Lv 3:14 | קרבניה קרבן קדם ייי ית | תרבה | דח{כ}<פ>׳ ית כרסא וית כל |
| 018 | | | Ex29:13 | ותסב כל | תרבה | דחפי ית כרסה וית מה |
| 019 | | | Ex29:22 | מן דכרא תרבא ואליתה וית | תרבה | דחפי ית כרסה וית מה |
| 020 | | | Lv 3:09 | לקבל שזרתה ועבד יתה ית | תרבה | דחפי ית כרסה וית כל תרבה |
| 021 | | | Lv 4:08 | דחטאתה ירים מניה ית | תרבה | דחפי על כרסה וית כל תרבה |
| 022 | | | Lv 7:03 | יקרב מנה ית אליתה ״וית | תרבה | דחפי ית כרסה: |
| 023 | | | Lv 3:03 | דחפי ית כרסה וית כל | תרבה | די על בני גווה: |
| 024 | | | Lv 3:04 | וית תרתין כולייתיה וית | תרבה | די עליהון די על כסליה וית |
| 025 | | | Lv 3:09 | דחפי ית כרסה וית כל | תרבה | די על בני גווה: |
| 026 | | | Lv 3:10 | וית תרתין כליתה וית | תרבה | די עליהן די על כסליה וית |
| 027 | | | Lv 3:14 | ית כרסא וית כל | תרבה | די על בני גוה: |
| 028 | | | Lv 3:15 | וית תרתין כליתה וית | תרבה | די עליהן דעל כסליה וית מה |
| 029 | | | Lv 4:08 | דחפי על כרסה וית כל | תרבה | די על בני גווה: |
| 030 | | | Lv 4:09 | וית תרתין כלייתה וית | תרבה | די עליהן די על כסליה וית |
| 031 | | | Lv 7:04 | וית תרתין כלייתה״ וית | תרבה | די עליהון די על כסליה וית |
| 032 | | | Lv 8:25 | תרבה וית אליתה וית כל | תרבה | די על בני גוה וית מה |
| 033 | | | Lv 4:08 | וית כל | תרבה | דתורה דחטאתה ירים מניה ית |
| 034 | | | Lv 8:25 | ונסב ית | תרבה | וית אליתה וית כל תרבה די |
| 035 | | | Lv 9:10 | וית | תרבה | וית כלייתה וית מה דמשתייר |
| 036 | | | Lv 3:17 | בכל אתר בית מדוריכון כל | תרבה | וכל אדם לא תיכלון: |
| 037 | | | Lv 3:09M | יתה /מתקבל לשמה דייי | תרבה | וניעה שלמה לוקבל עצייה |
| 038 | | | Lv 4:31 | וית כל | תרבה | יעבד היך מה דעבד תרבה |
| 039 | | | Lv 4:35 | וית כל | תרבה | יעבד היך מה די יעבד תרבה |
| 040 | | | Lv 7:03 | וית כל | תרבה | יקרב מנה ית אליתה ״וית |
| 041 | | | Lv 4:19 | וית כל | תרבה | ירים מנה ויסדר כהנא על גבי |
| 042 | | | Nu18:29 | כל אפרשותה דייי מן כל | תרבה | ית טובה מנה: |
| 043 | | | Lv17:06 | בתרע משכן זמנא ויסדר | תרבה | לריח דרעוה לשמה דייי: |
| 044 | | | Lv 3:16 | לחם קרבן לריח דרעוה כל | תרבה | לשמה דייי: |
| 045 | | | Lv 7:33 | ית נכסת קודשוהי וית | תרבה | מן בנוי דאהרן דידיה |
| 046 | | | Lv 4:31 | תרבה יעבד היך מה דעבד | תרבה | מעלוי נכיסת קדשי׳ ויסדר |
| 047 | | | Lv 7:30 | יתון ית קרבנוי ית | תרבה | על ניעה ייתי יתיה ית ניעה |
| 048 | | | Lv 7:31 | ויסדר כהנא ית | תרבה | קדם ייי ויהוי ניעה לאהרן |
| 049 | כתרבה | | Lv 4:26 | יסדר על גבי מדבחה | כתרבה | דנכיסת קדשיא ויכפר עלוי |
| 050 | תרבי | p const | Lv 6:05 | עליה עלתה ויסדר עליה | תרבי | נכיסת קדשין: |
| 051 | | | Dt32:38 | די הוון מקרבין קדמוי | תרבי | נכסי קורבניהון וחמר |
| 052 | מתרבי | | Gn49:11 | קטיליהון ומחוור גלמתא | מתרבי | גובריהון לבושי מעגעגין |
| 053 | תרבי׳ | p em/sf | Lv 9:20 | ושוון ית | תרבי׳ | על ניעיה וסדר תרביה |
| 054 | תרביה | | Lv 9:24 | מדבחה ית עלתה וית | תרביה | וחמון כל עמא וחדון |
| 055 | | | Lv 8:26 | חדה ועריך חד ושוי על | תרביה | ועל שקה דימינה: |
| 056 | | | Lv10:15 | וניעה דאנפותה על קרבני | תרביה | ייתון למנפה קדם ייי |
| 057 | | | Lv 4:26 | וית כל | תרביה | יסדר על גבי מדבחה כתרבה |
| 058 | | | Lv 9:19 | וית | תרביה | מן תורה ומן דכרה אליתה |
| 059 | | | Lv 9:20 | ית תרבי׳ על ניעיה וסדר | תרביה | על גבי מדבחה: |
| 060 | תרביהון | | Lv 8:25 | וית תרתין כליתה וית | תרביהון | וית שקה דימינה: |
| 061 | | | Lv 8:16 | וית תרתין כולייתה וית | תרביהון | וסדר משה על גבי מדבחה: |
| 062 | | | Nu18:17 | על גבי מדבחה וית | תרביהון | תסדר קרבן מתקבל לריח |
| 063 | תרביהן | | Lv 8:25M | כליתה וית | תרביהון/<תרבי>הן#2#/ | וית שקה דימינה: |

[590]

## group *n.* תרבו

|  |  |  |  |  |  |  |
|---|---|---|---|---|---|---|
| 001 | תרבו | s ab/cn | Nu32:14 | קמת{ת}<ון> חלף אבהתכון | תרבו | דגברין חייבין למוספה תוב |
| 002 | תרבות | | Gn14:14M | תורבוות ביתיה /עולמוי | תרבות | בינתה#2#/ תלת מאה עשר |
| 003 | תור׳ | p const | Gn17:23M | ברה וית כל | תרבבת/תור#2#/ | ביתיה וית כל זביני |
| 004 | תורבבת | | Gn17:12 | לכון כל דכורא לדריכון | תורבבת | בתיכון וזביני כספכון מן |
| 005 | תורבוות | | Gn14:14 | אחוי וזאין ית עלמוי | תורבוות | ביתיה תלת מאה עשר ורדף |
| 006 | תרבבת | | Gn17:27 | בייתיה <....> | תרבבת | בייתיה זבינת כספא מן לוות |
| 007 | | | Gn17:23 | ית ישמעאל ברה וית כל | תרבבת | ביתה וית כל זביני כספא כל |
| 008 | | | Gn17:13 | מגזר תגזור | תר{ת}<ר>בבת | בתיכון וזביני כספכון |
| 009 | ותרבבת | | Lv22:11 | כספיה הוא יאכל מניה | ותרבבת | אנשי ביתיה אנון יאכלון |

## תרגם *vb.* to translate [591]

001 ומתרגם quad/t Dt27:08 ומפרש יאות ומתקרא ו«מ»תרגם בשבעים לשן:

## תרגמן ⇐ *n.* תורגמן

## תרוג *n.* ethrog [591]

001 תרוגין p abs Lv23:40 קדמיה פירי אילן משבח תרוגין ולולבין והדס וערבה דנחלה

## תרוכין *n.* release [591]

001 תרוכין s ab/cn Lv19:20M כתב \חרותה לא יתיהבת /תרוכין לא את#2#׳ לה מרדו אנון

## תרי ⇐ *n.* תד

## תריין *num.* two [591]

001 תורין ab/cn Lv23:13M ומנחתיה תרין/תורין#2#/ עשרונין סלת פילה
002 תורתין Nu 7:15M שנין דכר חד בר תרתין/תורתין#2#/ ואמר חד בר שתה
003 תרי Ex25:22M תרין כרובייא /מן ביני תרי כרובייא דאית על ארונ׳
004 Nu 6:10M \ייתי תרין /וייתי תרי#2#/ שפנינין/שפ#2#׳ או
005 תרי׳ Ex21:21M \ברם בתר יום או בתר תרי׳ יומין#2#/ יקום לא יתפרע
006 תריין Dt19:15M חובה דאיתחייב על מימר תריין
007 Dt25:01M ביני גברין /מצו ביני תריין גוברין#2#/ ויקרבון
008 Lv14:22M שפנינין או תרין/תריין#2#/ גוזלין בני יון מן
009 Lv15:29M תרין שפנונין או תרין/תריין#2#/ גוזלין בני יון ותתי
010 Nu 6:10M \שפ׳#2#/ או תרין/תריין#2#/ גוזלין בני יון לוות
011 Gn 7:02M \תרין דכר ונקבה» /תריין דכר וזוגה#2#/:
012 Nu 7:69M שנין דכר חד בר תרתין/תריין#2#/ ואמ׳ חד בר שתה
013 Nu 7:21M שנין דכר חד בר תרתין/תריין#2#/ ואמר חד בר שתה
014 Nu 7:33M שנין דכר חד בר תרתין/תריין#2#/ ואמר חד בר שתה
015 Nu 7:39M שנין דכר חד בר תרתין/תריין#2#/ ואמר חד בר שתה
016 Nu 7:57M תלת שנין דכר חד תרתין/תריין#2#/ ואמר חד בר שתה
017 Nu 7:63M שנין דכר חד בר תרתין/תריין#2#/ ואמר חד בר שתה
018 Gn27:36M והא עקב יתי דנה תרין/תריין#2#/ זמנין ית בכורת{ו}<י>
019 Dt21:17M ^לה#2#^ \חולק בכופלה /תריין חולקין#2#/ בכל מה די
020 Lv23:18M תורין חד ודכרין תרתין/תריין#2#/ יהוון עלה לשמה דייי
021 Gn 6:19M חייא מן כל בשרא תרין/תריין#2#/ מן כול«א» תעיל
022 Gn 6:20M \רמסה דארעא למינהון תריין#2#/ מן כול׳ יעלון לוותך
023 Gn 7:15M \תרין תרין /תריין תריין#2#/ מן כל בשרא דאית בה
024 Nu 7:31M \קר׳#2#/ תרין/תריין#2#/ \מנייא האלין/מאנייה
025 Dt32:01 וארעא חדתה ארום תריין נביין קמו למסהדה בישראל
026 Lv24:06M ותשוי יתהון תרין/תריין#2#/ סדורין שתה/אשתה#2#/
027 Gn 7:09M \תרין תרין /תריין תריין#2#/ עלו עם/לוות#2#/ נח
028 Lv23:17M \חליין#2#/ מן תרין/תריין#2#/ עשרונין סלת יהוויין
029 Lv24:05M \תרתי#2#/ חלין תרין/תריין#2#/ עשרונין יהווי בכל
030 Ex25:35M וחזור תחות תרין/תריין#2#/ קנין מנה וחזור תחות
031 Ex37:21M וחזור תחות תרין/תריין#2#/ קנין מנה וחזור תחות
032 Lv 5:07M דאתחייב/דית#2#׳ תרין/תריין#2#/ שפנינין או תרין
033 Gn 7:09M \תרין תרין /תריין תריין#2#/ עלו עם
034 Gn 7:15M לתיבותא \תרין תרין /תריין תריין#2#/ מן כל בשרא
035 Lv15:14M תמיניה יסב ליה תרין/תריין#2#/ שפנינין/שופ#2#׳ או
036 תרין Lv10:19 יומא הדין {ו}<ד>מיתו תרין נדב ואביהוא ואנה אבל
037 Ex28:09 ותסב ית תרין אבניה טבתא ותגלף עליהון
038 Ex28:11 אבניה גליף חקיק תגלף ית תרין אבניה על שמהת בני ישראל
039 Gn25:23 ואמר ייי לה תרין אומין במיעך ותרי«ן»
040 Gn44:18 לך ולא אתני לך מה עבדו תרין אחיי שמעון ולוי בכרכא
041 Gn44:18M מה דעבדו שמעון ולוי תרין אחיי בכרכה דשכם דעלו
042 Gn44:18 מה דעבדו שמעון ולוי תרין אחיי בכרכה דשכם דעלו
043 Gn 3:24 קדם על לא יברא עלמא תרין אלפין דשנין ברא אוריתא
044 Nu 4:36 סכומיהון לזרעייתהון תרין אלפין ושבע מאוון וחמשין:
045 Nu 4:40 לזרעייתהון לבית אבהתהון תרין אלפין ושית מאוון ותלתין:
046 Nu 7:85M \מניא תרתין /מאנייה תרין#2#/ אלפין וארבע מאה
047 Nu35:05 וית סיטרה מערבייה תרין אלפין באומתה וית סיטרה
048 Nu35:05 באומתה וית סיטרה צפונה תרין אלפין באמתה וית סיטרה
049 Nu35:05 באמתה וית סיטרה דרומה תרין אלפין באומתה וקרתה במצעה
050 Nu35:05 קרתה ית סטרא מדנחייה תרין אלפין ^אמין#2#^ באומתה וית
051 Lv23:20 אנפ{ן}<ו> קדם ייי על תרין אמריה קדש יהוון לשמה דייי
052 Lv14:10 וביומא תמניא יסב תרין אמרין שלמין מן מום ואמרה
053 Nu28:09 וביומא שבתה תקרבון תרין אמרין בני שתהון שלמין מן
054 Nu29:13 בני תורין תלת עשר דכרין תרין אמרין בני שתהון ארבעת עשר
055 Nu29:17M תורין תרי עשר דכרין תרין#2#/ אמרין בני שתהון
056 Nu29:20 תורין חד עשר דכרין תרין אמרין בני שתהון ארבעת עשר
057 Nu29:23 תקרבון תורין עשרה דכרין תרין אמרין בני שתהון ארבעת עשר
058 Nu29:26 תקרבון תורין תשעה דכרין תרין אמרין בני שתהון ארבעת עשר
059 Nu29:29 תורין תמניה דכרין תרין אמרין בני שתהון ארבעת עשר
060 Nu29:32 תקרבון תורין שבעה דכרין תרין אמרין בני שתהון ארבע עשר
061 Ex29:38 מדבחא אמרין בני שתהון תרין בכל יומא בתדירא:
062 Nu28:03 בני שתהון שלמין מן מום תרין בכל יום על{ם}<ה> תדירה:
063 Gn48:01 הא אבוך ביש ודבר ית תרין בנוהי עמיה ית מנשה וית
064 Gn34:25 צעורין מן גזרתהון ונסבו תרין בנוי דיעקב שמעון ולוי
065 Gn34:31 עניין תרין בנוי דיעקב שמעון ולוי
066 Ex18:03 וית תרין בנוי די שמיה דחד מנהון
067 Lv16:01 עם משה מן בתר דמיתו תרין בנוי דאהרן כהנא רבה
068 Nu28:19 עלוון קדם ייי תורין ^תרין#2#^ בני תורין <....> ודכר חד
069 Gn42:37 ראובן לאבוי למימר ית תרין בניי תקטול אין לא אייתית
070 Gn48:05 וכדון תרין בניך דאתילדו לך בארעא
071 Gn10:25 ולעבר אתיליד תרין בנין שמה דחד מנהון פלג
072 Gn41:50 וליוסף אתיליד תרין בנין קדם עד לא תיתי שתא
073 Gn44:27 אבה לן אתון ידעתון ארום תרין בנין ילידת לי רחל אתתי:
074 Dt19:17 ויקומון תרין גבריה דאית להון דינה קדם
075 Ex 2:13 ונפק ביומא תניינא והא תרין גברין עבריין מתנצין ואמר
076 Nu11:26 ואשתיירו תרין גברין במשריתה שמה דחד
077 Gn27:09 ענה ואייתי לי מן תמן תרין גדיין דעזין טבין ואעביד
078 Nu13:23M באסלה#2#/ בתרין/ביני תרין גוברין#2#/ וכן מן רמונייה
079 Lv 5:07 דאתחייב תרין שפנינין או תרין גוזלין בני יון לשמה דייי
080 Lv12:08 ותסב תרין שפנינין או תרין גוזלין בר יון חד לחטאתה
081 Lv14:22 ותרין שפנינין או תרין גוזלין בני יון מן מה די
082 Lv15:14 יסב ליה תרין שפנינין או תרין גוזלין בני יון וייתי קדם
083 Lv15:29 תסב לה תרין שפנונין או תרין גוזלין בני יון ותתי יתהון
084 Nu 6:10 ייתי תרין שופנינין או תרין גוזלין בני יון לוות כהנה
085 Gn 7:02 די לא דכיא הו{ה}{ו}«א» תרין דכר ונקבה«»:
086 Lv 8:02 וית תור׳ דחטאתה וית תרין דכריה וית סלה דפטיריה:
087 Nu29:14 כהדין סידרא תקרבון עם תרין דכריה:
088 Nu29:14M עם תרין/למניין תרין#2#/ דכריה:
089 Ex29:03 בסלא וית תורא וית תרין דכריהו:
090 Nu 7:17 ולנכסת קודשיא קרב תורין תרין דכרין חמשה גדיין חמשה
091 Nu 7:23 ולנכסת קודשיה קרב תורין תרין דכרין חמשה גדיין חמשה
092 Nu 7:29 ולנכסת קודשיה קרב תורין תרין דכרין חמשה גדיין חמשה

|  |  | | | |
|---|---|---|---|---|
| 093 | Nu 7:35 | ולנכסת קודשיה קרב תורין | תרין | דכרין חמשה גדיין חמשה |
| 094 | Nu 7:41 | ולנכסת קודשיה קרב תורין | תרין | דכרין חמשה גדיין חמשה |
| 095 | Nu 7:47 | ולנכסת קודשיה קרב תורין | תרין | דכרין חמשה גדיין חמשה |
| 096 | Nu 7:53 | ולנכסת קודשיה קרב תורין | תרין | דכרין חמשה גדיין חמשה |
| 097 | Nu 7:59 | ולנכסת קודשה קרב תורין | תרין | דכרין חמשה גדיין חמשה |
| 098 | Nu 7:71 | ולנכסת קודשיה קרב תורין | תרין | דכרין חמשה גדיין חמשה |
| 099 | Nu 7:77 | ולנכסת קודשיה קרב תורין | תרין | דכרין חמשה גדיין חמשה |
| 100 | Nu 7:83 | ולנכסת קודשיה קרב תורין | תרין | דכרין חמשה גדיין חמשה |
| 101 | Nu28:11 | שתהון תורין <בני תורין> | תרין | ודכר חד אמרין בני שתהון |
| 102 | Nu28:27 | קדם ייי תורין בני תורין | תרין | ודכר חד שבעה אמרין בני |
| 103 | Gn27:36 | יעקב והא עקב יתי דנה | תרין | זמנין ית בכורת{ו}<י> נסב |
| 104 | Gn43:10 | כדון חזרנון ואתינן דנה | תרין | זמנין: |
| 105 | Nu20:11 | ית כיפה בחטריה {תנין} | תרין | זמנין ונפקו מניה מיין סגין |
| 106 | Ex26:19 | חומרין תחות עשרין לוחה | תרין | חומרין תחות לוחה חדתה |
| 107 | Ex26:19 | תעבד תחות עשרין לוחיא | תרין | חומרין תחות עשרין לוחה |
| 108 | Ex36:26 | וארבעין חומריהון דכסף | תרין | חומרין תחות לוחה חדה ותרין |
| 109 | Ex36:30M | חומרין | תרתין/תרין#2/ | חומרין תחות לוחה |
| 110 | Lv19:18 | מחי מן תרין סטרוי דמן | תרין | חורפוי למעקה בה ית חברך |
| 111 | Lv23:18 | ותור בר תורין חד ודכרין | תרין | יהוון עלה לשמה דייי |
| 112 | Gn24:55 | ואמה תשרי רביתי עמן | תרין | יומין או עשרה יומין |
| 113 | Ex16:29M | \לחם בכפלא שרון/מזון/ | תרין | יומין תיבו גבר#2/ גבר |
| 114 | Ex21:21 | לחוד אן יום חד או | תרין | יומין יקום לא יתפרע מיניה |
| 115 | Nu 9:22 | או | תרין | יומין או ירח או יומין סגין |
| 116 | Nu11:19 | לא יומא חד תאכלון ולא | תרין | יומין ולא חמשה יומין ולא |
| 117 | Gn22:10M | ואמרת אתון חמון | תרתין/תרין#2/ | יחידיין דבעלמי חד |
| 118 | Lv 4:09M | וית | תרתין/תרין#2/ | כלייתה וית תרבה די |
| 119 | Gn 3:24 | מדנ' לגנתה דעדן מן בני | תרין | כרוביה קדם על לא יברא עלמא |
| 120 | Nu 7:89 | ארונה דסהדותה מן ביני | תרין | כרוביה מן תמן הוה דבירה |
| 121 | Ex25:22 | ארונא דסהדותא מן ביני | תרין | כרובייא ית כל מה דאפקד יתך |
| 122 | Ex25:18 | ותעבד | תרין | כרובין דדהב נגידין תעביד |
| 123 | Dt 9:10 | ויהב ייי לי אמר משה ית | תרין | לוחי אבנייה כתיבין באצבע |
| 124 | Ex31:18 | למללה עמיה בטור' דסיני | תרין | לוחין סהדותא לווחין דאבן |
| 125 | Ex34:04 | וחצב | תרין | לוחין דאבנין כקדמיי ואקדם |
| 126 | Ex34:04 | דפקד יתיה ונסב בידיה | תרין | לווחין דאבנין: |
| 127 | Dt 5:22 | ולא פסיק וכתב יתהון על | תרין | לווחין דאבנין ויהב יתהון |
| 128 | Dt10:01 | ייי לי אמר משה חצוב לך | תרין | לווחין דאבנין כקדמייה וסק |
| 129 | Dt10:03 | ארון אעין דשיטין וחצבית | תרין | לווחין דאבנין כקדמיה |
| 130 | Ex20:02M | והוה חזר ומתחקק על | תרין | לוחי קיימ' ואמר עמי בני |
| 131 | Ex20:02 | והוה חזר ומתחקק על | תרין | לוחי קיימא ואמר עמא בני |
| 132 | Ex20:03 | והוה חזר ומתחקק על | תרין | לוחי קיימא ואמר עמי בני |
| 133 | Ex40:20M | ונסב משה ית | תרין | לוחי אבנייה דאיתיהיבו ליה |
| 134 | Dt 4:13 | דביריה וכתב יתהון על | תרין | לוחי אבנייה: |
| 135 | Dt 9:11 | יהב ייי לי אמר משה ית | תרין | לוחי אבנייה לווחי קיימה: |
| 136 | Ex34:01 | ואמר ייי למשה חצב לך | תרין | לווחין דאבנין כקדמיי ואכתוב |
| 137 | Nu 7:13 | סלעין בסלעי בית קודשא | תרין | מ{{י}}ניה האלין קרב יתהון |
| 138 | Gn19:01 | ועלו | תרין | מלאכיה לסדם ברמשא ולוט |
| 139 | Nu 7:19M | "תרין ... פייליתה": | תרין | מליין פייליה |
| 140 | Dt 3:08 | ההיא ית ארעא מן ^יד#2^ | תרין | מלכיהון דאמוריי די בעבר |
| 141 | Dt 4:47 | ארע עוג מלכא דבותניין | תרין | מלכיהון דאמוריי די בעבר |
| 142 | Gn 6:19 | מן כל חייא מן כל בשרא | תרין | מן כול«א» תעיל לתיבותה |
| 143 | Gn 6:20 | ומן כל רחשא דארעא למינה | תרין | מן כול' יעלון לוותך |
| 144 | Gn 7:15 | ועלו עם נח לתיבותא תרין | תרין | מן כל בשרא דאית בה נשמה |
| 145 | Nu 7:31 | סלעין בסלעי בית קודשה | תרין | מנייא האלין קרב יתהון |
| 146 | Nu 7:19 | סלעין בסלעי בית קודשא | תרין | מנייה האלין קרב יתהון |
| 147 | Nu 7:25 | סלעין בסלעי בית קודשה | תרין | מנייה האלין קרב יתהון |
| 148 | Nu 7:37 | סלעין בסלעי בית קודשא | תרין | מנייה האלין קרב יתהון |
| 149 | Nu 7:43 | שובעין בסלעי בית קודשה | תרין | מנייה האלין קרב יתהון |
| 150 | Nu 7:49 | בסלעי בית קודשה | תרין | מנייה האלין קרב יתהון |
| 151 | Nu 7:55 | סלעין בסלעי בית קודשה | תרין | מנייה האלין קרב יתהון |
| 152 | Nu 7:61 | סלעין בסלעי בית קדשה | תרין | מנייה האלין קרב יתהון |
| 153 | Nu 7:67 | סלעין בסלעי בית קודשה | תרין | מנייה האלין קרב יתהון |
| 154 | Nu 7:73 | שובעין בסלעי בית קודשה | תרין | מנייה האלין קרב יתהון |
| 155 | Nu 7:79 | שובעין בסלעי בית קודשה | תרין | מנייה האלין קרב יתהון |
| 156 | Gn 1:16 | וברא ממרא דייי ית | תרין | נהוריא רברביא ית נהורא רבה |
| 157 | Lv24:06 | ותשווי יתהון | תרין | סדורין שתה סדורין חלין בכל |
| 158 | Dt17:06 | על פם מימר | תרין | סהדין או על פם תלתה סהדין |
| 159 | Dt19:15 | סרחון די יתחייב על פם | תרין | סהדין או על פם תלתה סהדין |
| 160 | Nu21:18M | \ספריהון דישראל | /תרין/ | סופרייה דישראל#2/ משה |
| 161 | Ex25:19 | ית כרובייא על סטרוי | תרין | סטרוי: |
| 162 | Ex28:07 | מדבקן יהויין ליה מן | תרין | סטרוי וידבק: |
| 163 | Ex30:04 | על תרתין זויתא תעבד על | תרין | סטרוי ויהווי לאתרין |
| 164 | Ex37:08 | כפרתה עבד ית כרוביה מן | תרין | סטרוי: |
| 165 | Ex37:27 | על תרתין זויתה על | תרין | סטרוי לאתרין לאריחיה למטען |
| 166 | Ex39:04 | כתפן עבדו ליה מדבקן מן | תרין | סטרוי אדבק: |
| 167 | Ex39:16 | ויהבו ית תרין עזקין על | תרין | סטרוי דחשנה: |
| 168 | Ex39:19 | עזקין דדהב ושוון על | תרין | סטרוי דחושנה על סיפוותה די |
| 169 | Lv19:18 | דהוא קש' כחרבא מחי מן | תרין | סטרוי דמן תרין חורפוי |
| 170 | Ex28:25 | וית | תרין | סטרי תרתין קליעתה תתן על |
| 171 | Ex25:18 | נגידין תעביד יתהון מן | תרין | סטריה דכפרתה: |
| 172 | Ex27:07 | בעזקיא ויהוון אריחיא על | תרין | סטריה דמדבחא למטען יתה: |
| 173 | Ex37:07 | נגידין עבד יתהון מן | תרין | סטריה דכפרתה: |
| 174 | Ex39:18 | וית | תר{ת}ין | סטרי{ה} תרתין קליעתה |
| 175 | Ex32:15 | בידי לווחין כתיבין מן | תרין | סטריהון מן דן סיטרא ומן דן |
| 176 | Ex28:23 | ותתן ית תרתין עזקיא על | תרין | סיטרוי דחושנא: |
| 177 | Ex28:26 | דדהב ותשוי יתהון על | תרין | סיטרוי דחושנא על |
| 178 | Gn 3:24 | לחרב שנונה אכלה מן | תרין | סיטריה אתקן בגוה זיקוקין |
| 179 | Gn22:03 | ושווי ית חמרה ודבר ית | תרין | עולימוהי עמיה וית יצחק |
| 180 | Ex39:16 | עזקין דדהב ויהבו ית | תרין | עזקין על תרין סטרוי דחשנה: |
| 181 | Gn 7:09 | תרין | תרין | עלו עם נח לתיבותא דכר |
| 182 | Ex16:22 | שתיתיה לקטו לחם בכיפלא | תרין | עמרין לכל גולגלא ואתון כל |
| 183 | Lv23:13 | ומנחתיה | תרין | עשרונין סלת פילה במשח קרבן |
| 184 | Lv23:17 | לחם דאנפו תרתין חלין מן | תרין | עשרונין סלת יהוויין חמיע |
| 185 | Nu28:28 | תקרבון עם תורה חדתה | תרין | עשרונין עם דכרא חדתה |
| 186 | Nu29:03 | עשרונין תקרבון עם תורה | תרין | עשרונין עם דכרא תקרבון: |
| 187 | Nu29:09 | עשרונין תקרבון עם תורה | תרין | עשרונין עם דכרה חדתה |
| 188 | Nu29:14 | עם תלת עשרתי תורייא | תרין | עשרונין תקרבון עם דכרא |
| 189 | Lv24:05 | יתה תרתין עשרה חלין | תרין | עשרנין יהווי בכל חלה חדתה: |
| 190 | Nu15:06 | עם דכרה תקרבון מנחה סלת | תרין | עשרנין פילה במשח תלתות |
| 191 | Gn49:02 | טעוון אחרניין עניין | תרין | עשר שבטוי דיעקב כחדא |
| 192 | Ex26:17 | | תרין | צירין ללוחא חדתא משלוושין |
| 193 | Ex36:22 | | תרין | צירין ללוחה «חדה« |
| 194 | Lv16:07 | ויסב ית | תרין | צפיריה ויקים יתהון קדם ייי |
| 195 | Lv16:08 | ויתן אהרן על | תרין | צפיריה עדוין עדיו חד לשם |
| 196 | Lv16:05 | כנשתה דבני ישראל יסב | תרין | צפירין דעיזין לחטאתה ודכר |
| 197 | Ex25:35 | וחזור תחות | תרין | קנין מנה וחזור תחות תרין |
| 198 | Ex25:35 | וחזור תחות | תרין | קנין דמנה לשתי קנין דנפקין |
| 199 | Ex37:21 | וחזור תחות | תרין | קנין מנה וחזור תחות תרין |
| 200 | Ex37:21 | וחזור תחות | תרין | קנין מנה לשתי קנין דנפקין |

|  |  | | | |  |
|---|---|---|---|---|---|
| 201 | Nu 7:03 | ותרין עשר תורין עגלה על | תרין | רברבנין ותור מן דכל חד | |
| 202 | Lv12:05M | \ארבעה עש' יומין | /תרין | שבועין דיומא#2/ כרחוק | |
| 203 | Nu34:15 | | תרין | שבטייה ופלגות שבטה דמנשה | |
| 204 | Gn49:22 | עלמא בגין כדין יקום מנך | תרין | שבטין מנש«ה» ואפרים | |
| 205 | Nu 6:10 | וביומא תמיניה ייתי | תרין | שופנינין או תרין גוזלין | |
| 206 | Gn40:02 | ורגז פרעה על | תרין | שליטוי על רב מזוגיא ועל רב | |
| 207 | Ex29:01 | תור חד בר תורין ודכרין | תרין | שלמין מן מו«ם»: | |
| 208 | Lv15:29 | וביומא תמיניה תסב לה | תרין | שפנונין או תרין גוזלין בני | |
| 209 | Lv 5:07 | וייתי ית אשמיה דאתחייב | תרין | שפנינין או תרין גוזלין בני | |
| 210 | Lv12:08 | כמסת למייתייה אמר ותסב | תרין | שפנינין או תרין גוזלין בר | |
| 211 | Lv15:14 | וביומא תמיניה יסב ליה | תרין | שפנינין או תרין גוזלין בני | |
| 212 | Gn49:14 | שבט תקיף רביע ביני | תרין | תחומיי: | |
| 213 | Gn31:22 | בארה ולא יכלו ואמתינו | תרין | תלתא יומין סברין דלמה דהיא | |
| 214 | Gn 1:21 | וברא ייי ית | תרין | תניניא רברביא וית כל נפש | |
| 215 | Gn 7:09 | | תרין | תרין עלו עם נח לתיבותא | |
| 216 | Gn 7:15 | ועלו עם נח לתיבותא | תרין | תרין מן כל בשרא דאית בה | |
| 217 | Ex39:16 | ועבדו | תרתי: | | תרתי |
| 218 | Lv 8:25M | מן חצר כבדה וית | תרתין/תרת#2/ | כליתה וית תרביהון | |
| 219 | Ex30:23 | דבש«ם» פלגותא מתקל | תרתי | מאה וחמשין וקנה דבשם תקל | |
| 220 | Ex30:23 | וחמשין וקנה דבשם תקל | תרתי | מאה וחמשין: | |
| 221 | Ex28:12 | ותשוי ית | תרתין | אבניה על כתפתה דאפודה | תרתין |
| 222 | Nu 7:85 | דמזרקה חדה כל כסף מניא | תרתין | אלפין וארבע מאה סלעין | |
| 223 | Ex25:10 | ארונה אעה {דשתא} דשטין | תרתין | אמין ופלג ארכה ואמתא ופלג | |
| 224 | Ex25:17 | ותעבד כפרתה דדהב דכי | תרתין | אמין ופלג ארכה ואמה ופלג | |
| 225 | Ex25:23 | ותעבד פתורא אעין דשטין | תרתין | אמין ארכן ואמתא פתיא ואמה | |
| 226 | Ex37:01 | ית ארונה אעין דשטין | תרתין | אמין ופלג ארכיה ואמה ופלג | |
| 227 | Ex37:06 | ועבד כפורתה דהב דכי | תרתין | אמין ופלג ארכה ואמה ופלג | |
| 228 | Ex37:10 | ית פתורה אעין דשטין | תרתין | אמין ארכה ואמה פתיה ואמה | |
| 229 | Gn19:08 | הא כען לי | תרתין | בנן דלא חכמן גב«ר» אפיק | |
| 230 | Gn29:16 | וללבן | תרת«י»ן | בנן שמא {דרבא} דרבתא | |
| 231 | Gn19:16 | ובידיה דאיתתיה וביד | תרתין | בנתיה במחוס מן קדם ייי | |
| 232 | Gn19:36 | ועברין | תרתין | בנתיה דלוט מן אבוהון: | |
| 233 | Gn19:15 | קום דבר ית אתתך וית | תרתין | בנתך דאשכחן דלא תשתיצא | |
| 234 | Nu11:31M | אומ{ו}<י'>ן רום /וכרום | תרתין | הווה {סל}<על#2/ | |
| 235 | Nu 7:69 | בר תלת שנין דכר חד בר | תרתין | ואמ' חד בר שתה תלתיהון | |
| 236 | Nu 7:15 | תלת שנין דכר חד בר | תרתין | ואמר חד בר שתה תלתיהון | |
| 237 | Nu 7:21 | בר תלת שנין דכר חד בר | תרתין | ואמר חד בר שתה תלתיהון | |
| 238 | Nu 7:27 | בר תלת שנין דכר חד בר | תרתין | {ואמר} ואמר חד בר שתה | |
| 239 | Nu 7:33 | בר תלת שנין דכר חד בר | תרתין | ואמר חד בר שתה תלתיהון | |
| 240 | Nu 7:39 | בר תלת שנין דכר חד בר | תרתין | ואמר חד בר שתה תלתיהון | |
| 241 | Nu 7:45 | בר תלת שנין דכר חד בר | תרתין | ואמר חד בר שתה תלתיהון | |
| 242 | Nu 7:51 | בר תלת שנין דכר חד בר | תרתין | ואמר חד בר שתה תלתיהון | |
| 243 | Nu 7:57 | בר תלת שנין דכר חד | תרתין | ואמר חד בר שתה תלתיהון | |
| 244 | Nu 7:63 | בר תלת שנין דכר חד בר | תרתין | ואמר חד בר שתה תלתיהון | |
| 245 | Nu 7:75 | בר תלת שנין דכר חד בר | תרתין | ואמר חד בר שתה תלתיהון | |
| 246 | Nu 7:81 | בר תלת שנין דכר חד בר | תרתין | ואמר חד בר שתה תלתיהון | |
| 247 | Ex30:23M | \תרתי מאה /מאה | תרתין#2/ | וחמשין וקנה דבשם תקל | |
| 248 | Ex30:23M | מאה /מאה | תרתין#2/^מאתיין#2/^ | וחמשין: | |
| 249 | Ex30:04 | ליה מן תחות לכלילה על | תרתין | זויתא תעבד על תרין סטרוי | |
| 250 | Ex37:27 | ליה מן תחות לכלילה על | תרתין | זויתה על תרין סטרוי | |
| 251 | Gn41:32 | ועל דאתני חלמא לפרעה | תרתין | זמנין ארום אזדמן פתגמא | |
| 252 | Ex26:25 | כסף שת עשרה חומרין | תרתין | חומרין תחות לוחה חדא | |
| 253 | Ex36:24 | עבד תחות עשרין לוחייא | תרתין | חומרין תחות לוחה חדה | |
| 254 | Ex36:30 | כסף שית עשר חומרין | תרתין | חומרין תחות לוחה חדתה: | |
| 255 | Lv23:17 | תייתון לחם דאנפו | תרתין | חלין מן תרין עשרונין סלת | |
| 256 | Ex26:21 | וארבעין חמריהון דכסף | תרתין | חמרין תחות לוחה חדתה | |
| 257 | Nu10:02 | עבד לך | תרתין | חצוצרין דכסף נגידן תעבד | |
| 258 | Lv16:21 | ויסמוך אהרן ית | ^תרתין#2/^ | ידוי על ראשה דצפירה | |
| 259 | Dt 9:15 | לוחי קיימה יהיבין על | תרתין | ידיי: | |
| 260 | Dt 9:17 | וטלקית יתהון מעילווי | תרתין | ידיי ותברית יתהון | |
| 261 | Ex15:17M | לך ייי בית מקדשך ייי | תרתין | ידיך שכלליין יתיה | |
| 262 | Ex15:17 | ייי בית מוקדשך ייי | תרתין | ידך שכללי יתיה: | |
| 263 | Gn22:10 | שמייא ואמרת אתון חמון | תרתין | יחידיין דבעלמי חד נכס וחד | |
| 264 | Lv 8:16 | מן חצר כבדה וית | תרתין | כוליתיה וית תרביהון וסדר | |
| 265 | Lv 3:04 | וית | תרתין | כולייתיה וית תרבה די | |
| 266 | Lv 4:09 | וית | תרתין | כלייתה וית תרבה די עליהן | |
| 267 | Lv 7:04 | וית | תרתין | כליתה^ וית תרבה די | |
| 268 | Ex29:13 | דמשתייר מחצר כבדה וית | תרתין | כליתה וית תרבא די עליהון | |
| 269 | Ex29:22 | מן חצר כבדה וית | תרתין | כליתה וית תרבא די עליהון | |
| 270 | Lv 3:10 | וית | תרתין | כליתה וית תרבה די עליהן | |
| 271 | Lv 3:15 | וית | תרתין | כליתה וית תרבה די עליהן | |
| 272 | Lv 3:15M | מן חצר כבדה על | \תרתין#2/ | כליתה יעבד יתה: | |
| 273 | Lv 7:04M | על חצר כבדה על | \תרתין#2/ | כליתה יעבד יתה: | |
| 274 | Lv 8:25 | מן חצר כבדה וית | תרתין | כליתה וית תרביהון וית שקה | |
| 275 | Ex37:07 | ועבד | תרתין | כרובין דדהב נגידין עבד | |
| 276 | Ex28:07 | | תרתין | כתפן מדבקן יהוין ליה מן | |
| 277 | Ex28:12 | ית שמהתהון קדם ייי על | תרתין | כתפתה {דאפודה אבנין | |
| 278 | Ex28:27 | דדהב ותתן יתהון על | תרתין | כתפתה דאפודא מן לרע | |
| 279 | Ex39:20 | דדהב ושוון יתהון על | תרתין | כתפת«ה» דאפדה מן לרע מן | |
| 280 | Gn33:01 | על לאה ועל רחל ועל | תרתין | לחינתה: | |
| 281 | Gn32:23 | ודבר ית תרתין נשוי וית | תרתין | לחינתיה וית חד עשרתי בנוי | |
| 282 | Gn11:21 | מן בתר דאולד ית שרוג | תרתין | מאוון ושבע שנין ובהן | |
| 283 | Gn11:23 | מן בתר דאולד ית נחור | תרתין | מאוון שנין ובהן בשניה הוה | |
| 284 | Nu16:17 | קדם ייי גבר מחתיתיה | תרתין | מאוון וחמשין מחתיוון ואת | |
| 285 | Gn32:15 | עשרי«ם» רחלין | תרתין | מאוותן ודכרין עשרין: | |
| 286 | Gn11:19 | פלג מן בתר דאולד רעו | תרתין | מאון ותשע שנין ובהן בשניה | |
| 287 | Ex28:25 | תרתין קליעתה תתן על | תרתין | מאחדתה ותתן על כתפתה | |
| 288 | Ex39:18 | תרתין קליעתה יהבו על | תרתין | מאחדתה ויהבו יתהון על | |
| 289 | Gn32:15 | עזין | תרתין | מא{תוו}<ות>ן ותיישים | |
| 290 | Ex12:07 | מן אדמה ויתנון על | תרתין | מזוזייתא ועל שקופא על בתי | |
| 291 | Ex12:23 | ית אדמה על שקופא ועל | תרתין | מזוזייתא ויפסח ויגן | |
| 292 | Ex12:22M | ותתנון על שקופה ועל | תרתין | מזוזיתא מן אדמה די במנא | |
| 293 | Ex12:22 | ותתנון על שקופא ועל | תרתין | מזוזתייא מן אדמא די במנה | |
| 294 | Ex39:18M | ויהבו ית | תרתין | משקעתה | |
| 295 | Gn46:27 | די אתיילדו לה במצרים | תרתין | נפשן כל נפשתא | |
| 296 | Gn32:23 | וקם בלילה ההוא ודבר ית | תרתין | נשוי וית תרתין לחינתיה | |
| 297 | Gn 4:19 | ונסב ליה למך | תרתין | נשין שמה דחדה מינהון עדה | |
| 298 | Dt21:15 | ארום ייהווין לגבר | תרתין | נשין חדה רחימא וחדא סנייא | |
| 299 | Ex28:23 | עזקין דדהב ותתן ית | תרתין | עזקיא על תרין סיטרוי | |
| 300 | Ex28:24 | תרתין קליעתה דדהבא על | תרתין | עזקיא לגו סיטרוי דחושנא: | |
| 301 | Ex39:17 | תרתין קליעתה דדהבא על | תרתין | עזקיה על סיטרוי דחשנה: | |
| 302 | Ex28:23 | ותעבד על חושנה | תרתין | עזקין דדהב ותתן ית תרתין | |
| 303 | Ex28:26 | ותעבד | תרתין | עזקין דדהב ותשוי יתהון על | |
| 304 | Ex28:27 | ותעבד | תרתין | עזקין דדהב ותתן יתהון על | |
| 305 | Ex39:19 | ועבדו | תרתין | עזקין דדהב ושוון על תרין | |
| 306 | Ex39:20 | ועבדו | תרתין | עזקין דדהב ושוון יתהון על | |
| 307 | Nu 7:07 | ית | תרתין | עיגלן וית ארבעה תורין יהב | |
| 308 | Ex39:14 | שמהת בני ישראל אינין | תרתין | עשרה על שמהתהון גליף חקיק | |

|  |  |  |  |
|---|---|---|---|
| 309 | | Dt14:06M | טלפין ופרסתה סדיקה תרתין פרסן מסקה גרא#2#/ בבעירה |
| 310 | | Lv11:03 | טלפין וסיתקתי׳ סתיקה תרתין פרסתה מסק גררה בבעירה יתה |
| 311 | | Lv14:04 | כהנא ויסב למן דמדכה תרתין צפירין חיין דכיין וקיים |
| 312 | | Lv14:49 | ויסב למדכי<ה> ית ביתה תרתין צפרין וקיס דארז וצבע |
| 313 | | Ex28:24 | ותתן ית תרתין קליעתה דדהבא על תרתין |
| 314 | | Ex28:25 | וית תרין סטרי תרתין קליעתה תתן על תרתין |
| 315 | | Ex39:17 | ויהבו תרתין קליעתה דדהבא על תרתין |
| 316 | | Ex39:18 | וית תר{ת}ין סטרי{ה} תרתין קליעתה יהבו על תרתין |
| 317 | | Gn11:10 | הוה ואולד ית ארפכש׳ תרתין שנין בתר מבולא: |
| 318 | | Gn41:01 | והוה לסוף תרתין שנין דיומין ופרעה חלם והא |
| 319 | | Gn45:06 | ארום דנה תרתין שנין כפנא בגו ארעא ועד |
| 320 | | Nu 2:21M | וחמשה אלפין וארבע/תרתין#2#/ מאה/מאוון#2#/: |
| 321 | בתריין | Nu 9:08M | די עלו לקדם משה רבן בתריין מנ׳ |
| 322 | בתרין | Nu13:23 | חד וטענו יתיה בקופה בתרין וכן מן רמונייה וכן מן |
| 323 | | Dt 9:17 | ותפשית בתרין לווח{ו}<י>ה וסלקית יתהון |
| 324 | | Lv24:12 | יתכון בדעתיה דלעיל בתרין מנהון הוה משה זריז |
| 325 | | Lv24:12M | בתרין מנהון /רבן בתרין מנהון#2#/ הוה משה זריז |
| 326 | | Nu 9:08 | דינין דקמו קדם משה בתרין מנהון הוה משה זריז |
| 327 | | Nu15:34 | דקמו קדם משה רבן בתרין מנהון הוה משה זריז |
| 328 | | Nu27:05 | דינין דקמו קדם משה בתרין מנהון הוה משה זריז |
| 329 | | Ex 2:12M | משה ברוח קודשא בתרין עלמיא וחמא והא לית גיורא |
| 330 | בתרתי | Ex17:12M | וחור הוון אחידין בידוי/בתרתי ידוי#2#/ חד מן דא |
| 331 | בתרתין | Gn31:41 | קדמך ארבע עשרה שנין בתרתין בנתך ושית שנין בענך |
| 332 | | Dt14:06 | סדיקה ומטליף טלפין בתרתין פרסתה מסיק גררה בבעירה |
| 333 | דבתרין | Nu22:39M | מרישה /ואתון לקרתה דבתרין שוקה היא בית דיב׳#2#/: |
| 334 | דת׳ | Dt 3:08M | תרין /<מן> ידיהון דת׳#2#/ מלכיהון דאמוריי די בעבר |
| 335 | דתרין | Nu34:15 | דין הוא תחומא דתרין שבטיה ופלגות שבטה: |
| 336 | | Nu34:15M | /הדין{חלה} חלקהון דתרין#2#/ שבטיה ופלגות שבטה: |
| 337 | דתרתין | Gn31:33 | ובמשכנא דלאה ובמשכנא דתרתין לחינת«א» ולא אשכח ונפק |
| 338 | | Nu 3:46 | וית פרקוניה דתרתין מאוון ושבעין ותלתה |
| 339 | ות׳ | Nu29:03M | עם תורה תרין/חדה ות׳#2#/ עשרונין עם דכרא \ |
| 340 | ותריהון | Dt32:01 | אציתו ולשמייא שמעו ותריהון על דהוו דחילין מן לשמה |
| 341 | ותריין | Lv14:22M | ותרין/ותריין#2#/ שפנינין או תרין |
| 342 | | Nu31:38M | דייי שובעין ותריין#2#/ תורין: |
| 343 | ותרין | Ex38:29 | דאנפותה שבעין ככרין ותרין אלפין וארבע מאוון דסלעין |
| 344 | | Nu 1:35 | דבנוי דמנשה תלתין ותרין אלפין ותרין מאה: |
| 345 | | Nu 1:39 | דבנוי דדן אשתין ותרין אלפין ושבע מאוון: |
| 346 | | Nu 2:26 | וסכומיהון אשתין ותרין אלפין ושבע מאוון: |
| 347 | | Nu 3:39 | בר ירח{ה} ולעיל עשרין ותרין אלפין: |
| 348 | | Nu 3:43 | ולעיל לסכומיהון עשרין ותרין אלפין ותרתין מאוון |
| 349 | | Nu26:14 | זרעיתה דשמעוני עשרין ותרין אלפין ותרתין מאוון: |
| 350 | | Nu26:34 | דמנשה סכומיהון חמשין ותרין אלפין ושבע מאוון: |
| 351 | | Nu26:37 | לסכומיהון תלתין ותרין אלפין וחמש מאוון אלין |
| 352 | | Nu31:33 | ותורין שבעין ותרין אלפין: |
| 353 | | Nu31:35 | דכורא כל נפשתה תלתין ותרין אלפין: |
| 354 | | Lv23:19 | בר עזין חד לחטאתה ותרין אמרין בני שתיהון לנכסת |
| 355 | | Ex18:06 | יתרו אתי לוותך ואתתך ותרין בניה עמיה: |
| 356 | | Ex26:19 | לוחה חדתה לתרין צירוי ותרין חומרין תחות לוחה חדתה |
| 357 | | Ex36:24 | לוחה חדה לתרין סטרוי ותרין חומרין תחות לוחה חדה |
| 358 | | Ex36:26 | חומרין תחות לוחה חדה ותרין חומרין תחות לוחה חדה: |
| 359 | | Dt10:03 | כקדמיה וסליקית לטורא ותרין לווחי בידי: |
| 360 | | Ex26:23 | ל«ו»וחין תעבד לסיטרוי ותרין |
| 361 | | Ex32:15 | ונחת משה מן טורא ותרין לוחי בידי לווחין כתיבין |
| 362 | | Dt 9:15 | טורא וטורא בער באשתה ותרין לוחי קיימה יהיבין על |

|  |  |  |  |
|---|---|---|---|
| 363 | | Ex34:29 | משה מן טורא דסיני ותרין לוחי{ה} סהדותא בידוי |
| 364 | | Ex36:28 | ותרין לוחין עבד לסטרוי דמשכנא |
| 365 | | Nu 1:35 | תלתין ותרין אלפין ותרין מאה: |
| 366 | | Gn25:23 | תרין אומין במיעיך ותרי«ן» מלכוון ממעיך יתפרשון |
| 367 | | Dt32:30 | הוה חד מנהון רדף אלף ותרין מנהון רבבה רבותה מערקין |
| 368 | | Nu22:22 | והוא רכיב על אתנתיה ותרין עולימוי עמיה: |
| 369 | | Ex37:03 | עזקין על סטריה חד ותרין עזקן על סטרא תניינא: |
| 370 | | Nu28:09 | שתהון שלמין מן מום ותרין עשרונין סלת מנחה פילה |
| 371 | | Nu28:12M | /תקרבון עם תורה חתה ותרין#2#/ עשרונין סלת מנחה פילה |
| 372 | | Nu28:12 | פילה במשח לתור חד ותרין עשרונין סלת מנחה פילה |
| 373 | | Nu28:20M | עשרונין\/עם תורה ותרין עשרונין עם דכרא#2#/ |
| 374 | | Nu35:06M | תוספון ארבעין ותרתין/ותרין#2#/ קוריאן: |
| 375 | | Gn11:20M | וחיה רעו תלתין ותרתין/ותרין#2#/ שנין ואולד ית |
| 376 | | Lv14:22 | ותרין שפנינין או תרין גוזלין |
| 377 | | Gn24:22 | קודש דדהב טבע מתקלה ותרין שרין על ידה מן עשרה דדהב |
| 378 | | Nu31:38 | לשמה דייי שובעין ותרין תורין: |
| 379 | ותרתין | Ex30:02 | ואמה פתיא מרבע יהוי ותרתין אמין משחת רומיה מנה |
| 380 | | Ex37:25 | ארכה ואמה פתיה מרבע ותרתין אמין משחת רומא <מניה> |
| 381 | | Gn19:30 | בזער ושרה במערתא הוא ותרתין בנתה: |
| 382 | | Gn19:30 | זער ושרא במערתא הוא ותרתין בנתה עמיה ארום דחל למשרי |
| 383 | | Ex26:25 | חומרין תחות לוחה חדא ותרתין חומרין תחות לוחה חדה: |
| 384 | | Ex36:26M | /חתה#2#/ ותרין/ותרתין#2#/ חומרין תחות לוחה |
| 385 | | Ex26:21 | חמרין תחות לוחה חדתה ותרתין חמרין תחות לוחה חדת«ה»: |
| 386 | | Nu 3:34 | ירח ולעיל שתה אלפין ותרתין מאוון: |
| 387 | | Nu 3:43 | עשרין ותרין אלפין ותרתין מאוון ושובעין ותלתה: |
| 388 | | Nu26:14 | עשרין ותרין אלפין ותרתין מאוון: |
| 389 | | Nu31:40 | לשמה דייי תלתין ותרתין נפשן: |
| 390 | | Ex25:12 | עזקין על סטריה חדתא ותרתין עזקין על סטריה תניינא: |
| 391 | | Ex25:12 | ותתן על ארבעתי זוויתא ותרתין עזקין על סטריה חדתא |
| 392 | | Ex30:04 | ותרתין עזקין דדהב תעבד ליה |
| 393 | | Ex37:03 | דדהב על ארבעתי זויתיה ותרתין עזקין על סטריה חד ותרין |
| 394 | | Ex37:27 | ותרתין עזקין דדהב עבד ליה |
| 395 | | Ex39:16 | תרתי: <מאחדן> דדהב ותרתין עזקין דדהב ויהבו ית תרין |
| 396 | | Ex37:03M | \חד ותרין עזקן/חתתה ותרתין <עז>קן#2#/ על סטרא |
| 397 | | Nu35:06 | ועליהון תוספון ארבעין ותרתין קוריאן: |
| 398 | | Ex28:14 | ותרתין שישלן דדהב דכי מתחמן תעבד |
| 399 | | Gn 5:18 | וחיה ירד מאה ושתין ותרתין שנין ואוליד ית חנוך: |
| 400 | | Gn 5:20 | דירד תשע מאה ושתין ותרתין שנין ומית ואכניש מן גוא |
| 401 | | Gn 5:26 | למך שבע מא׳ ותמנין ותרתין שנין ובהן בשניה הוה מלד |
| 402 | | Gn 5:28 | וחיה למך מאה ותמנין ותרתין שנין ואולד בר: |
| 403 | | Gn11:20 | וחיה רעו תלתין ותרתין שנין ואולד ית שרוג: |
| 404 | | Nu 4:44M | תלתה אלפין וחמש/ותרתין#2#/ מאוון/מאה#2#/: |
| 405 | ובתרין | Nu15:34 | פיסחא{פסחא} בזמנה ובתרין בנתה דצלפחד הוה משה |
| 406 | | Nu27:05 | מעבד פסחא בז<י>מניה ובתרין בנתיה דצלפחד הוה זריז |
| 407 | | Lv24:12 | מנהון הוה משה זריז ובתרין מנהון הוה משה מתין |
| 408 | | Nu 9:08 | מנהון הוה משה זריז ובתרין מנהון הוה משה ממתין |
| 409 | | Nu15:34 | מנהון הוה משה זריז ובתרין מנהון הוה משה מתין |
| 410 | | Nu27:05 | מנהון הוה משה זריז ובתרין מנהון הוה משה מתין |
| 411 | וכתרין | Nu11:31 | הכה חזור חזור למשריתה וכתרין אומ{ו}<י>ן רום על אפיה |
| 412 | ומתרין | Lv10:02M | ואתפליגת לתרין חוטין ומתרין לארבעה ועלת באפהון ומיתו |
| 413 | לתריין | Lv 5:11M | שפנינין או לתרין/לתריין#2#/ גוזלין בני יון |
| 414 | | Lv 5:11M | /תארע בין ידוי לתריין#2#/ שפנינין או לתרין |
| 415 | לתרין | Gn 9:22 | ית עריתיה דאבוי ותני לתרין אחוי בשוק: |
| 416 | | Lv 5:11 | ידיה לתרין שפנינין או לתרין גוזלין בני יון וייתי ית |

|  |  |  |  |  |  |
|---|---|---|---|---|---|
| 417 | | Lv10:02M | מן קדם ייי ואתפליגת | לתרין | חוטין ומתרין לארבעה ועלת |
| 418 | | Dt 3:21 | מה די עבד ייי אלהכון | לתרין | מלכייה האליין כדן יעבד |
| 419 | | Ex 4:09 | אין לא יהימנון להוד | לתרין | נסייא האליין ולא ישמעון |
| 420 | | Ex36:24 | חומרין תחות לוחה חדה | לתרין | סטרוי ותרין חומרין תחות |
| 421 | | Ex36:24 | חומרין תחות לוחה חדה | לתרין | סטרוי: |
| 422 | | Ex36:29 | חדא כדון עבד לתריהון | לתרין | סטרוי: |
| 423 | | Ex26:24 | חדא כדן יהוי לתריהון | לתרין | סטרין יהוון: |
| 424 | | Gn22:05M | <ואמר> אברהם | לעולימוי/לתרין | עולמוי#2#/ תבו לכון |
| 425 | | Ex26:19 | חומרין תחות לוחה חדתה | לתרין | צירוי ותרין חומרין תחות |
| 426 | | Ex26:19 | חומרין תחות לוחה חדתה | לתרין | צירוי: |
| 427 | | Lv 5:11 | ואין לא תרע ידיה | לתרין | שפנינין או לתרין גוזלין |
| 428 | לתרתין | Gn32:11 | הדין וכדון הא אנה | לתרתין | משיריין: |
| 429 | | Gn32:08 | ענה וית תוריא וגמליא | לתרתין | משריין: |
| 430 | | Gn 4:23 | ואמר למך | לתרתין | נשוהי עדה וצלה שמעו |
| 431 | תרויהו' em/sf | Ex22:10M | מומתא דייי תהוי על | תרויהו' | |
| 432 | תרויהון | Dt22:24 | ותפקון ית | תרויהון | לתרע קרתה ההיא ותרגמון |
| 433 | תריהו' | Gn 2:24 | וידבק באתתיה ויהוון | תריהו' | לבשר חד: |
| 434 | | Gn 4:08 | על עסק פתגמא הדין הוון | תריהו' | מדיינין באפי ברא וקם קין |
| 435 | תריהון | Dt22:28 | וישמש עמה וישתכחון | תריהון: | |
| 436 | | Dt23:19 | ייי אלהכון#2#^ לחוד | תריהון: | |
| 437 | | Ex22:10 | שבועתא דייי תהי בין | תריהון | אין לא פשט ידיה במקמתא |
| 438 | | Gn 4:08 | ברא והוה כיון דנפקו | תריהון | באפי ברא ענה קין ואמר |
| 439 | | Gn32:03 | למשיזבא יתי מן ידי | תריהון | בגין כן קרא שמיה דאתרא |
| 440 | | Gn40:05 | וחלמו חלם | תריהון | גבר חלמא בלילי חד גבר |
| 441 | | Dt22:22 | נסיבת גבר וימותון לחוד | תריהון | גברה דמשמש עם אתתה ואתתה |
| 442 | | Ex12:42 | ענה ומימריה מדבר ביני | תריהון | ואנה ואינון מדברי' כחדא |
| 443 | | Gn 9:23 | אסטליתה ושוון על כתף | תריהון | והוון מהלכין לבתרהון |
| 444 | | Gn 3:07 | ואיתפת«חון» עייני | תריהון | וידעו ארום ערטליין אינון |
| 445 | | Lv20:14 | בנורא תוקדון יתיה וית | תריהון | ולא תהוי זנו בניכון: |
| 446 | | Lv20:11 | דאבוי מתקטלה יתקטל | תריהון | חובת אדמהון בהון: |
| 447 | | Gn48:13 | ודבר יוסף ית | תריהון | ית אפרים בימיניה מן |
| 448 | | Ex22:08 | דייניא יעלא מלי | תריהון | ית מן די יחייבון דייניא |
| 449 | | Nu25:08 | לגו קהלא ודקר ית | תריהון | ית גברא בר ישראל וית |
| 450 | | Gn22:06 | אשתא וית סכינא ואזלו | תריהון | כחדא בלבה שלמה: |
| 451 | | Gn22:08 | הוא אמרא דעלתא ואזלו | תריהון | כחדא בלבה שלמה: |
| 452 | | Ex15:12 | ימא וארעא הוון מדיינין | תריהון | כחדא ואמרין ימא הוה אמר |
| 453 | | Lv20:18 | ית מבוע אדמה וישתיצון | תריהון | מן גו עמיהון: |
| 454 | | Lv20:13 | תשמיש דאתה מרחקה עבדו | תריהון | מתקט«לה» יתקטלון חובת |
| 455 | | Gn 2:25 | והוו | תריהון | ערטלין אדם ואתתיה ועד |
| 456 | | Dt22:10 | לא תרדון בתור ובחמר | תריהון | קטירין כחדה: |
| 457 | | Gn21:27 | ויהב לאבימלך וקיימו | תריהון | קיים: |
| 458 | | Gn21:31 | ארום תמן קיימו | תריהון | קיים: |
| 459 | תריכון | Gn38:25 | מן שמיא נפקת ואמרת | תריכון | זכיין מן קדם ייי הוה |
| 460 | | Gn27:45 | מן תמן למה כען אתכל ית | תריכון | יום חד: |
| 461 | תרינן | Gn31:37 | אחי ואחיך ויוכיחן מן | תרינן: | |
| 462 | | Gn 4:08M | "... וקטל יתיה": ונפוק | תרינן | באפי ברא וקם קין על הבל |
| 463 | | Gn 4:08 | להבל אחוי איתה ונפק | תרינן | לאפי ברא והוה כיון דנפקו |
| 464 | תרתיהון | Nu12:05 | אהרן ומרים ונפקו | תרתיהון: | |
| 465 | ותרויהון | Nu11:26 | משמש נשיותיה בתריה | ותרויהון | מתנביין כחדא ואמרין בסוף |
| 466 | לתריהון | Ex26:24 | עזקתא חדא כדן יהוי | לתריהון | לתרין סטרין יהוון: |
| 467 | | Ex36:29 | עזקתה חדא כדון עבד | לתריהון | לתרין סטרוי: |



## תרין עשר *num.* **twelve**

|  |  |  |  |  |  |
|---|---|---|---|---|---|
| 001 | תרי ע' ab/cn | Nu 7:87M | /צפירי בר עיזין | תרי ע'#2#/ | לחטאתה: |
| 002 | | Nu17:17M | לבית אבהתהון | תרין עשר/תרי< ע'>#2#/ | חוטרין/חט'#2#/ |
| 003 | תרי עשר | Nu17:21M | לבית אבהתהון | תרין עשר/תרי< עשר>#2#/ | חטרין וחטרה |
| 004 | תרי עשר | Nu 7:87M | תורין דכרין | תרין עשר/תרי< עשר>#2#/ | אמרין בני שתהון |
| 005 | | Nu 1:44 | ורברבניה דישראל | תרי עשר | גברין גבר ראש |
| 006 | | Dt 1:23M | ונסבית מנכון | תרין עשר/תרי< עשר>#2#/ | גברין גבר חד מן |
| 007 | | Nu29:17M | תורין /\בני תורין | תרי עשר | דכרין תרין#2#/ אמרין |
| 008 | | Nu29:26M | תקרבון תורין | תשעה/תרי עשר#2#/ | דכרין תרין אמרין |
| 009 | | Nu29:29M | תורין /\תמניה דכרין | /תרי עשר | ודכ'#2#/ תרין אמרין בני |
| 010 | | Nu 7:78M | תרין עשר /ביומא | תרי< עשר>#2#/ | יומין דחנכת/לח'#2#/ |
| 011 | | Nu 7:86M | דדהב | תרתין עשרי/תרי עשר#2#/ | מליין קטרה מן |
| 012 | | Gn50:01 | עלמא די נפקו מיניה | תרי עשר | שבטיא דבני ישראל די |
| 013 | | Nu33:09M | תרי עשרת/תרתי< עשרה>#2#^/ | תרי< עשר>#2#^/ | שבטיה |
| 014 | | Gn49:01 | מה היא כחדא מתכנשין | תרי עשר | שבטייא ומקפן לדרגש«ה» |
| 015 | | Lv22:27M | מן יצחק אבוי ולמקמה | תרי עשר | שיבטין קדישין לשמך הא |
| 016 | | Nu 7:03M | מחפיין#2#/ | ותרין עשר/תרי< עשר>#2#/ | תורין עגלה על |
| 017 | | Nu 7:87M | כל תורי לעלתה | תרין עשר/תרי< עשר>#2#/ | תורין דכרין |
| 018 | תרי עשרי | Nu33:09M | פיגיין דמיין כל קבל | /תרי עשרי | עיינוון דמיין |
| 019 | תרין עשר | Gn35:22 | והוון בנוי דיעקב | תרין עשר: | |
| 020 | | Nu31:05 | דישראל אלף מן כל שבט | תרין עשר | אלפין מזייני קרבה: |
| 021 | | Nu 7:87 | תרין עשר תורין דכרין | תרין עשר | אמרין בני שתהון תרין עשר |
| 022 | | Gn42:32 | | תרין עשר | אנן אחין בנוי דאבונן חד |
| 023 | | Nu 7:84 | תרתי עשרי מזרקין דכסף | תרין עשר | בזיכין דכסף תרתי עשרי: |
| 024 | | Dt 1:23 | פתגמא ונסבית מנכון | תרין עשר | גברין גבר חד מן כל שבט: |
| 025 | | Gn49:28 | כל אלין שבטיא דישראל | תרין עשר | ודא ברכתא די ברך יתהון |
| 026 | | Nu 7:87 | אמרין בני שתהון | תרין עשר | ומנחתהון וצפירין דעזין |
| 027 | | Nu17:17 | לבית אבהתהון | תרין עשר | חוטרין גבר ית שמה תכתוב |
| 028 | | Nu17:21 | לרב חד לבית אבהתהון | תרין עשר | חטרין וחטרה דאהרן בגו |
| 029 | | Nu 7:78 | ביום | תרין עשר | יומין דחנכת מדבחה דרבותה |
| 030 | | Nu 7:87 | וצפירין דעזין | תרין עשר | לחטאתה: |
| 031 | | Gn42:13 | ואמרין | תרין עשר | עבדך אחין אנן בנוי דגבר |
| 032 | | Gn25:16 | בכופרניהון ובטירתהון | תרין עשר | רבבנין לאומיהון: |
| 033 | | Gn17:20 | וסגית יתיה לחדא לחדא | תרין עשר | רברבין יולד ואשוי יתה |
| 034 | | Gn49:02 | מן דאתכנשו | תרין עשר | שבטוי דיעקב {ואפיקו} |
| 035 | | Ex15:27 | פיגין דמיין כל קבל | תרין עשר | שבטי ישראל ושובעין |
| 036 | | Nu 7:87 | כל תורי לעלתה | תרין עשר | תורין דכרין תרין עשר |
| 037 | תריסר | Nu33:09M | "תרתין ...": | תריסר | מבועין דמיין כל וקבל |
| 038 | | Gn50:01M | תהומ' מנה קמו בישראל | תריסר | שבטין מיני' לקרבא קרבנ' |
| 039 | | Nu33:09M | מבועין דמיין כל וקבל | תריסר | שבטין |
| 040 | תרתי ע' | Gn14:04M | | תרתין עשרה/תרתי< ע'>#2#/ | שנינן פלחו קדם |
| 041 | תרתי עשרה | Nu 7:86M | "תרתין ... עשרה": | תרתי עשרה | מליין קטורן בוסמנין |
| 042 | | Nu33:09M | תרי עשרת/תרתי< עשרה>#2#^/ | תרי< עשר>#2#^/ | שבטיה |
| 043 | | Ex39:14M | \אינין תרתין /הנין | תרתי#2#/ | עשרה על שמהתהון גליף |
| 044 | | Lv24:05M | סלת ותיפי יתה | תרתין עשרה/תרתי#2#/ | חלין תרין |
| 045 | תרתי עשרי | Nu 7:84 | תרין עשר בזיכין דכסף | תרתי עשרי: | |
| 046 | | Nu 7:84 | ישראל פילוון דכסף | תרתי עשרי | מזרקין דכסף תרין עשר |
| 047 | תרתין עשרה | Lv24:05 | ותיסב סלת ותיפי יתה | תרתין עשרה | חלין תרין עשרנין יהווי |
| 048 | | Gn14:04 | | תרתין עשרה | שנינן פלחו קדם |
| 049 | תרתין עשרי | Dt 1:01 | קדמיכון ימא ואתעבד | תרתין עשרי | איסרטין אסרט^חדה#2#^ |
| 050 | | Nu 7:86 | בזיכין דדהב | תרתין עשרי | מליין קטרה מן עשרה עשרה |
| 051 | | Ex28:21 | על שמהת בני ישראל | תרתין עשרי | על שמהתהון גליף חקיק על |
| 052 | | Nu33:09 | ואתון לאילם ובאילם | תרתין עשרי | פיגיין דמיין כל קבל |
| 053 | תרתין עשרין | Ex15:27 | ואתון לאלימה ותמן | תרתין עשרין | פיגין דמיין כל קבל |
| 054 | ותרין עשר | Nu 7:03 | שית עגלן מזווגן | ותרין עשר | תורין עגלה על תרין |

|  |  |  |  |  |
|---|---|---|---|---|
| 055 | ותרתי עשרי | | Ex24:04 | מדבח בשפולא דטורא ותרתי עשרי קיימין לתרין עשרתי |
| 056 | ותרתין עשרה | | Gn 5:08 | חיוי דשת תשע מאה ותרתין עשרה שנין ומית ואתכנש |
| 057 | תרי עשרתי | em/sf | Ex15:27M | תרין עשר /כלוקבל תרי עשרת#2#/ שבטי ישראל ושובעין |
| 058 | | | Nu33:09 | פיגיין דמיין כל קבל תרי עשרתי שבטיה דישראל ושבעין |
| 059 | תרי שסתרי | | Ex28:21M | שבטיה": יוהין תרי שסתרי שבטייה דישראל |
| 060 | תרין עשרתי | | Dt 6:04 | אתון פלחין עניין תרין עשרתי שבטוי דיעקב כחדה בלבה |
| 061 | | | Gn42:36 | סכימין עלוי למקמה תרין עשרתי שבטיא: |
| 062 | | | Dt 6:04 | בשלם מן גו עלמא כניש תרין עשרתי שבטייה ואקים יתהון |
| 063 | לתרי | | Ex28:21M | /יהוון#2#/ לתרין/<לת>רי#2#/ {עשרתין} עשרתי |
| 064 | לתרין עשרתי | | Dt 6:04M | "כניש ... ואקים": קרא לתרין עשרתי בנוי ואק' |
| 065 | | | Ex28:21 | חקיק על שמיה יהוויין לתרין {עשרתין} עשרתי שבטיה: |
| 066 | | | Ex39:14 | חקיק גבר על שמיה לתרין עשרתי שבטיה: |
| 067 | | | Ex24:04 | ותרתי עשרי קיימין לתרין עשרתי שבטייה דבני ישראל: |
| 068 | לתרתי עשר' | | Ex39:14M | על שמיה לתרין עשרתי/לתרתי עשר#2#/ שבטיה: |

## תריס *n.* shield [592]

|  |  |  |  |  |
|---|---|---|---|---|
| 001 | תריס | s ab/cn | Gn15:01M | ויתון עלי' ממרי {פ}<ת>ריס לך בעלמא הדין ומגן עלך |
| 002 | ותריס | | Dt33:29 | ייי מגין סעדיכון ותריס חייליכון וסדיד זייניכון |

## תרך *vb.* to chase away [592]

|  |  |  |  |  |
|---|---|---|---|---|
| 001 | ויתרך | pael | Ex 1:10M | /לקובלן סדרי קרב ויתרך יתן וניסוק מן ארעה#2#/: |

## תרנגל *n.* rooster [592]

|  |  |  |  |  |
|---|---|---|---|---|
| 001 | תרנגיל | s ab/cn | Nu34:15 | ומידיוקיסוס תרנגיל קסריון דממדנח מערבה דדן |
| 002 | תורנגלה | s em/sf | Nu34:15M | להון תחומה לדיוקסס תורנגלה דקיס{ס}רי{י}<ו>ן די מן |
| 003 | תרנגולה | | Dt 2:08 | משרה מן אילת ומן כרך תרנגולה וכווינן ועברינן ארח |
| 004 | תרנוגלה | | Nu33:35 | «ושרון» בכרך תרנוגלה: |
| 005 | | | Nu33:36 | ונטלו מכרך תרנוגלה ושרון במדברה דצין היא |

## תרע *vb.* to be broken (etpe.) [593]

|  |  |  |  |  |
|---|---|---|---|---|
| 001 | תתרע | etpeel | Dt31:08 | שבק יתך לא תדחל ולא תתרע: |
| 002 | תתרעון | | Dt31:06 | ואזדרזו לא תדחלון ולא תתרעון מן קדמיהון ארום ייי |
| 003 | אתרעת | | Gn49:04 | ואתרעת מן קדמיהון כדן ראובן ברי בחכמתך ומן |
| 004 | ואתרע | | Ex 9:31M | הוות גבעולין ואתרת/ואתרע#2#/ נצה: |
| 005 | ואתרעת | | Gn49:04 | יכלת למסובריה יתהון ואתרעת מן קדמיהון כדן אתרעת |

## תרע *n.* gate [592]

|  |  |  |  |  |
|---|---|---|---|---|
| 001 | תר' | s ab/cn | Lv 3:02M | קרבניה ויכוס יתיה בתרע/תר'#2#/ משכן/משכנה#2#/ זמנא |
| 002 | תרע | | Ex12:23 | ויגן מימריה דייי על תרע אבהתה דבני ישראל ולא יתן |
| 003 | | | Dt22:21M | /ויפקון ית טליתה מן תרע בית#2#/ דאבוה וירגמון יתה |
| 004 | | | Gn28:17M | דייי ודין היכלא מכוון תרע בית מקדשא די בשמייא ולית |
| 005 | | | Gn19:11 | סביהון והוון לעין משכחא תרע ביתה ולא משכחין תרעא: |
| 006 | | | Ex12:22 | ואתון לא תיפקון גבר מן תרע ביתיה עד צפרא: |
| 007 | | | Dt 6:09M | ותתנון יתהון על תרע בתיכון וקורייכ' |
| 008 | | | Dt11:20M | ובסיפי קורייכון/על תרע בתיכון ועל קורי'#2#/: |
| 009 | | | Ex35:17 | וית חומרוי וית פרש תרע דרתה: |
| 010 | | | Ex38:18 | ופרס תרע דרתה עובד ציור ותכל<ה> |
| 011 | | | Ex38:31 | מן חזור חזור וית חומרי תרע דרתה ˆˆוית כל סכוי |
| 012 | | | Ex40:08 | ותתן ית פרס תרע דרתה: |
| 013 | | | Ex40:33 | ולמדבחה ושווי ית פרס תרע דרתה ואשלם משה ית עבדתה: |
| 014 | | | Nu 3:26 | ואילוות דרתה וית פרס תרע דרתה די על משכנה ועל גבי |
| 015 | | | Nu 4:26 | אילוותה דרתה וית חפוי תרע דרתה די על משכנה ועל מדבחה |
| 016 | | | Gn 4:07 | דינא רבה חטאך נטיר ועל תרע לבה חטאך רביע ובידך מסרת |
| 017 | | | Ex32:27 | על ירכיה עברו וחזרו מן תרע לתרע במשריתא וקטלו גבר ית |
| 018 | | | Ex38:30 | <ועבד בה> ית חומרי תרע משכן זימנה וית מדבחה דנחשה |
| 019 | | | Lv 1:05 | מדבחא מן חזור חזור די תרע משכן ז«י»מנא: |
| 020 | | | Lv 8:33 | ומן תרע משכן זמנה לא תפקון שבעה |
| 021 | | | Lv17:09 | ואל תרע משכן זימנה לא ייתי יתיה |
| 022 | | | Nu 3:25 | ופרסה וחפויה וחפוי תרע משכן זימנה: |
| 023 | | | Nu25:06 | ישראל ואינון בכיין תרע משכן זימנה: |
| 024 | | | Ex40:29 | וית מדבחא דעלתה שווי תרע משכנא משכן זימנא וסדר עלוי |
| 025 | | | Gn18:02 | וחמא ורהט לקדמותהון מן תרע משכנה ושאל בשלמהון כנימוס |
| 026 | | | Ex39:38 | וית קטרת בסמניה וית פרס תרע משכנה: |
| 027 | | | Ex40:06 | ותתן ית מדבחא דעלתה קדם תרע משכנה משכן זימנא: |
| 028 | | | Gn23:10 | דבנוי דחת לכל עללי תרע קרתיה למימר: |
| 029 | | | Gn23:11 | דבנוי דחת לכל עללי תרע קרתיה למימר: לא רבוני קבל |
| 030 | | | Gn23:18 | לקבל בנוי דחת לכל עללי תרע קרתיה: |
| 031 | | | Gn34:24 | וגזרו כל דכורא כל נפקי תרע קרתיה: |
| 032 | | | Gn34:24 | ולשכם בריה כל נפקי תרע קרתיה וגזרו כל דכורא כל |
| 033 | בת' | | Nu 3:25M | \וחפוי תרע /וחפיי בת'#2#/ משכן זימנה: |
| 034 | | | Nu10:03M | /עמא דכנ'#2#/ לתרע/בת'#2#/ משכן זימנא: |
| 035 | בתר' | | Ex40:29M | שווי \תרע משכנא /בתר' למש'#2#/ משכן זימנא וסדר |
| 036 | בתרע | | Gn19:11 | וית גובריא די בתרע ביתה מחון בסידוריה |
| 037 | | | Ex29:11 | ותיכוס ית תורא קדם ייי בתרע משכן זימנא: |
| 038 | | | Ex29:32 | דדכרא וית לחמה די בסלא בתרע משכן זימנא: |
| 039 | | | Ex29:42 | עלה תדירא לדריכון בתרע משכן זימנא קדם ייי דאזמן |
| 040 | | | Ex38:08 | צדיקתא דהוון מצליין בתרע משכן זימנא: |
| 041 | | | Ex38:08M | דהוויין צניען בתרע#2#/ משכן זימנא: |
| 042 | | | Lv 3:02 | ראש קרבניה ויכוס יתיה בתרע משכן זמנא ויזרקון בנוהי |
| 043 | | | Lv 4:07 | יסודי דמדבחה דעלתא די בתרע משכן זמנה: |
| 044 | | | Lv 4:18 | יסודי דמדבחה דעלתה די בתרע משכן זמנא: |
| 045 | | | Lv 8:31 | ולבנוי בשלו ית בשרה בתרע משכן זימנה ותמן תאכלון |
| 046 | | | Lv14:11 | דמדכי ויתהון קדם ייי בתרע משכן זמנא: |
| 047 | | | Lv17:06 | ית אדמה על מדבחה דייי בתרע משכן זמנא ויסדר תרבה לריח |
| 048 | | | Nu 6:10 | בני יון לוות כהנה בתרע משכן זימנא: |
| 049 | | | Nu 6:18 | ויספר נזירה בתרע משכן זימנא ית ריש נזירותיה |
| 050 | | | Nu16:18 | ושוו עליהון קטרה וקמו בתרע משכן זמנא ומשה ואהרן: |
| 051 | | | Nu20:06 | ואהרן מן קדם קהלה בתרע משכן זימנה ואשתטחו על |
| 052 | | | Nu27:02 | וקדם כל עם כנשתה בתרע משכן זמנא למימר: |
| 053 | | | Dt31:15 | וקם לה עמודה דעננה בתרע משכן זמנה: |
| 054 | | | Gn18:10 | ושר{ת}<ה> הוות שמעה בתרע משכנא וישמעאל הווה קיים |
| 055 | | | Ex33:09 | עמודא דעננא וקיי«ם» בתרע משכנה וממלל עם משה: |
| 056 | | | Ex33:10 | ית עמודא דעננא דקיים בתרע משכנה וקיימין כל עמא |
| 057 | | | Nu11:10 | בכיין לזרעייהון גבר בתרע משכנה ותקף רוגזה דייי לחדה |
| 058 | | | Nu12:05 | בעמודה דעננה וקם לה בתרע משכנה וקרא אהרן ומרים |
| 059 | | | Gn18:01 | חזוה והוא הווה יתיב בתרע משכניה בתקפה דיומא מתחמם |
| 060 | | | Gn35:09M | עורלתיה ויתב ליה בתרע משכניה כמחום יומא |
| 061 | | | Ex33:08 | כל עמא ומתעתדין גבר בתרע משכניה ומסתכלין בתר משה |
| 062 | | | Ex33:10 | כל עמא ומצליין גבר בתרע משכניה: |
| 063 | | | Nu16:27 | קמו להון מעתדין בתרע משכניהון ונשיהון ובניהון |
| 064 | | | Ex32:26 | וקם ליה משה בתרע משריתה ואמר מן דדחל מן קדם |
| 065 | דתרע | | Nu 4:25 | מן לעיל וית חפוי ˆˆ דתרע משכן זימנא: |
| 066 | ובתרע | | Dt15:17 | ית מרצעה ותתן באדניה ובתרע בית דינה ויהווי לך עבד |
| 067 | | | Lv 8:35 | ובתרע משכן זימנה תישרון באיממ' |
| 068 | ולתרע | | Dt21:19 | יתיה לוות חכימי קרתה ולתרע בית דינה: |

|  |  |  |  |  |  |  |
|---|---|---|---|---|---|---|
| 069 | | | Ex27:16 | | ולתרע | דרתה פרס עשרין אמין תכלא |
| 070 | | | Lv17:04 | | ולתרע | משכן זמנה לא אייתי יתיה |
| 071 | ומתרע | | Lv10:07 | | ומתרע | משכן זימנא לא תפקון ולא |
| 072 | לת' | | Ex38:15M | /דן סטרה ומן דן סטרה | לת'/#2# | דרתה וולונין/ווילון/#2# |
| 073 | | | Nu 6:10M | כהנה/לכ'/#2# | בתרע/לת'/#2# | משכן זימנא: |
| 074 | | | Nu11:10M | גבר | בתרע/לת'/#2# | משכנה ותקף רוגזה דייי |
| 075 | לתר' | | Lv 4:04M | דתורה ויכוס ית תורה | לתר'/#2# | משכן זימנ' קדם ייי |
| 076 | | | Nu20:06M | קהלה/לק'/#2# | בתרע/לתר'/#2# | משכן זימנה ואשתטחו |
| 077 | לתרע | | Lv14:38 | ויפוק כהנא מן ביתה | לתרע | בייתה ויטרוד ית בייתה שבעה |
| 078 | | | Dt22:21 | ויפקון ית רביתה | לתרע | בייתה דאבוה ויגמון יתה |
| 079 | | | Ex21:06M | \לתרעא או למזוזיית' | /לתרע | בית דינ' או לחד מן |
| 080 | | | Dt22:15 | דרביתה לוות חכימי קרתה | לתרע | בית דינה: |
| 081 | | | Dt25:07 | ית יבומתיה ותסק יבמתיה | לתרע | בית דינה לחכימיה ותימר סרב |
| 082 | | | Ex32:27 | עברו וחזרו מן תרע | לתרע | במשריתא וקטלו גבר ית אחוי |
| 083 | | | Ex35:17M | וית פרש | תרע/לתרע/#2# | דרתה: |
| 084 | | | Ex38:15 | תניינה מן הכה ומן הכא | לתרע | דרתה ולונין חמש עשרה אמין |
| 085 | | | Ex39:40 | וית חמרה וית פרסה | לתרע | דרתה וית מתחיהון וית |
| 086 | | | Ex40:05M | למשכנה /פרס לתרעה | לתרע | מש'#2#/: |
| 087 | | | Lv 4:15M | ויכוס ית תורה קדם ייי | לתרע | מש'#2#/: |
| 088 | | | Ex29:04 | וית אהרן וית בנוי תקרב | לתרע | משכן זימנא ותקדש יתהון |
| 089 | | | Ex40:12 | ותקרב ית אהרן וית בנוי | לתרע | משכן זימנה ותקדש יתהון |
| 090 | | | Lv 4:04 | וייתי ית תורא | לתרע | משכן זמנ' קדם ייי ויסמוך |
| 091 | | | Lv 4:14 | לחטאתה וייתון יתה | לתרע | משכן זימנא: |
| 092 | | | Lv 8:03 | וית כל עם כנישתה כנש | לתרע | משכן זימנא: |
| 093 | | | Lv 8:04 | יתה ויתכנשו עם כנשתה | לתרע | משכן זימנא: |
| 094 | | | Lv 9:05 | ונסבו ית מה דפקד משה | לתרע | משכן זימנה וקריבו עם כל |
| 095 | | | Lv12:06 | בר יון או שפנין לחטאתה | לתרע | משכן זימנה לוות כהנא: |
| 096 | | | Lv14:23 | לדכאותיה לוות כהנא | לתרע | משכן זימנא קדם ייי: |
| 097 | | | Lv15:14 | בני יוון וייתי קדם ייי | לתרע | משכן זימנא ויתן יתהון לוות |
| 098 | | | Lv15:29 | ותתי יתהון לוות כהנא | לתרע | משכן זימנא: |
| 099 | | | Lv16:07 | ויקים יתהון קדם ייי | לתרע | משכן זימנא: |
| 100 | | | Lv17:05 | וייתון יתהון קדם ייי | לתרע | משכן זמנה לוות כהנה קדם |
| 101 | | | Lv19:21 | וייתי ית אשמה לשמה דייי | לתרע | משכן זימנא דכר לאשמה: |
| 102 | | | Nu 6:13 | נזירותיה ייתי יתיה | לתרע | משכן זימנה: |
| 103 | | | Nu10:03 | לוותך כל עם כנישתה | לתרע | משכן זימנא: |
| 104 | | | Nu16:19 | קרח ית כל עם כנישתה | לתרע | משכן זמנא ואיתגלית איקר |
| 105 | | | Nu17:15 | וחזר אהרן לוות משה | לתרע | משכן זימנה ומגפתה אתכליית: |
| 106 | | | Ex26:36 | ותעבד פרס | לתרע | משכנה תכלה וארגון וצבע |
| 107 | | | Ex33:09 | והוה כד הוה עליל משה | לתרע | משכנה נחת עמודא דעננא |
| 108 | | | Ex35:15 | וית פרסה דתרעא | לתרע | משכנה^^: |
| 109 | | | Ex36:37 | ועבד פרס | לתרע | משכנה תכלה וארגוון וצבע |
| 110 | | | Dt22:24 | ותפקון ית תרויהון | לתרע | קרתה ההיא ותרגמון יתהון |
| 111 | | | Gn34:20 | ואתא חמור ושכם ברה | לתרע | קרתיהון ומלילו עם אנשי |
| 112 | תרעא | s em/sf | Gn19:09 | בלוט לחדה וקרבו למתבר | תרעא: | |
| 113 | | | Gn19:11 | תרע ביתה ולא משכחין | תרעא: | |
| 114 | | | Gn49:01 | מנה ומן דאתפתח ליה | תרעא | אטרד מנה ענה אבונן יעקב |
| 115 | | | Gn19:11M | תרע /ולעין למשכחה | תרעא/#2# | ביתה ולא משכחין תרעא: |
| 116 | | | Gn28:17M | מזמן לבית צלו הוא והדן | תרעא | דמכוון עד <צית |
| 117 | | | Gn28:17 | מן קדם ייי והדן תרעא | תרעא | דצלו מזומן עד צי«ת» |
| 118 | | | Gn 8:06 | יומין ופתח נח ית | תרעא | דתיבותא די עבד: |
| 119 | | | Gn19:06M | לוותהון לברא /\מן | תרעא/#2# | ותרעא טרד /\מן/#2# |
| 120 | | | Gn19:10 | לוט לוותהון לביתה וית | תרעא | טרדו: |
| 121 | | | Gn28:17 | מזומן מן קדם ייי והדן | תרעא | תרעא דצלו מזומן עד צי«ת» |
| 122 | בתרעא | | Gn19:01 | ברמשא ולוט הוה יתיב | בתרעא | דסדם ו{ת}<ח>מא יתהון |
| 123 | | | Gn43:19 | דיוסף ומללון עמיה | בתרע«א» | פלטורין: |
| 124 | דתרעא | | Ex40:28 | ושווי ית פרסה | דתרעא | למשכנא: |
| 125 | | | Ex35:15 | בוסמנייה וית פרסה | דתרעא | לתרע משכנה^^: |
| 126 | דתרעה | | Ex40:05 | ותשווי ית פרסה | דתרעה | למשכנה: |
| 127 | ותרעא | | Gn 6:16 | אמה תשכלל יתה מן לעיל | ותרעא | דתיבותא בסיטרא תשוי |
| 128 | | | Gn19:06 | ונפק לוותהון לברא | ותרעא | טרד בתרה: |
| 129 | לתרעא | | Ex21:06 | דייניה ויקרב יתיה | לתרעא | או למזוזיית' וירצע רבוניה |
| 130 | לתרעה | | Ex40:05M | דתרעה למשכנה/פרס | לתרעה | לתרע מש'#2#/: |
| 131 | תרעין | p abs | Dt 3:05 | תלילן מקיפן שורין רמין | תרעין | ונגרין לבר מן קורי מבדרתה |
| 132 | בתרעי | p const | Dt 6:09 | מזוזיין ותקבעון יתהון | בתרעי | בתיכון ובסייפי קורייכון: |
| 133 | | | Dt11:20 | ות{ט}<ק>בעון יתהון | בתרעי | בתיכון ובסיפי קורייכון: |

## תשיעיי *num.* ninth [593]

|  |  |  |  |  |  |  |
|---|---|---|---|---|---|---|
| 001 | תשיעיה | s em/sf | Nu 7:60 | ביומא | תשיעיה | דחנוכת רבותה דמדבחה קרב |
| 002 | תשיעיתה | | Lv25:22 | מן עללתה עתיקה עד שתה | תשיעיתה | עד זמן דיעלון פירי עללתה |

## תשלומין *n.* payment [593 תשלום]

|  |  |  |  |  |  |  |
|---|---|---|---|---|---|---|
| 001 | תשלומ' | p const | Ex21:24 | עין | תשלומ' | עין שן תשלומי שן יד |
| 002 | תשלומי | | Ex21:37M | תורין ארבע' אמרין | תשלומי | אמרה/#2#: |
| 003 | | | Lv24:20 | תבר | תשלומי | ד{ג}<ת>בר עין תשלומי עין |
| 004 | | | Ex21:24 | עין שן תשלומי שן יד | תשלומי | יד רגל תשלומי רגל: |
| 005 | | | Dt19:21 | עין שן תשלומי שן <יד | תשלומי | יד> רגל תשלומי רגל: |
| 006 | | | Ex21:25 | כויה | תשלומי | כויה פדעא תשלומי פדעה |
| 007 | | | Ex21:23 | ויתן ^דינר#2#^ נפש | תשלומי | נפש: |
| 008 | | | Lv24:18 | נפש דבעיר ישלם יתה נפש | תשלומי | נפש: |
| 009 | | | Dt19:21 | ולא ייחוסן עייניכון נפש | תשלומי | נפש עין תשלומי עין שן |
| 010 | | | Lv24:20 | תשלומי ד{ג}<ת>בר עין | תשלומי | עין שן תשלומי שן היך מה |
| 011 | | | Dt19:21 | נפש תשלומי נפש עין | תשלומי | עין שן תשלומי שן <יד |
| 012 | | | Ex21:25 | כויה תשלומי כויה פדעא | תשלומי | פדעה רושם תשלומי רושם: |
| 013 | | | Ex21:24 | שן יד תשלומי יד רגל | תשלומי | רגל: |
| 014 | | | Dt19:21 | שן <יד תשלומי יד> רגל | תשלומי | רגל: |
| 015 | | | Ex21:25 | פדעא תשלומי פדעה רושם | תשלומי | רושם: |
| 016 | | | Ex21:24 | עין תשלומ' עין שן | תשלומי | שן יד תשלומי יד רגל |
| 017 | | | Lv24:20 | עין תשלומי עין שן | תשלומי | שן היך מה דיתיהב מום |
| 018 | | | Dt19:21 | נפש עין תשלומי עין שן | תשלומי | שן <יד תשלומי יד> רגל |
| 019 | | | Ex21:36M | משלמא ישלם תור | תחות/תשלומי#2#/ | תור והנייתה דמיתא |
| 020 | | | Ex21:37M | וארבע ען תחות אמרא | /תשלומי | תורין ארבע' אמרין |

## תשמיש *n.* sexual relations [593]

|  |  |  |  |  |  |  |
|---|---|---|---|---|---|---|
| 001 | תשמי' | s ab/cn | Lv19:20 | {כ}<ד>י ישמש עם אתה | תשמי' | דזרע והיא אמתה משעבדה |
| 002 | תשמיש | | Lv18:22 | ועם דכר לא תשמש | תשמיש | דאתה מרחקה היא: |
| 003 | | | Lv20:13 | וגבר די ישמש עם דכורה | תשמיש | דאתה מרחקה עבדו תריהון |
| 004 | | | Gn19:08M | /אית די לא חכימן | תשמיש | דגבר#2#/ אפיק כען יתהון |
| 005 | | | Lv15:16 | וגבר ארום יפוק מיניה | תשמיש | דזרע ויסחי במיא ית כל |
| 006 | | | Lv15:17 | מן דמשך די יהוו עלוי | תשמיש | דזרע ויחוור במיא ויסתאב |
| 007 | | | Lv15:18 | ואתתה די ישמש גבר עמה | תשמיש | דזרע וישזגון במיא |
| 008 | | | Lv15:32 | וית מה די תפוק מיניה | תשמיש | דזרע למסתאבה בה: |
| 009 | | | Lv22:04 | או גבר די תפוק מנה | תשמי{ע}<ש> | דזרע: |
| 010 | | | Nu 5:13 | וישמש גבר עמה | תשמיש | דזרע ויתכסי מן עיני |
| 011 | | | Nu31:17M | דכורא קטלו /גבר | תשמיש | דזרע קט'#2#/: |
| 012 | | | Nu31:18 | טפליה דנשייה דלא חכמין | תשמיש | דכורא קיימו לכון: |
| 013 | | | Nu31:35 | מן נשייה די לא חכמן | תשמיש | דכורא כל נפשתה תלתין |

|  |  |  |  |  |  |  |
|---|---|---|---|---|---|---|
| 014 | בתשמיש | | Nu31:17 | וכל אתה דחכמה לגבר | בתשמיש | דכורא קטלו: |
| 015 | דתשמיש | | Lv15:32M | דזרע /שכבת זרע | דתשמיש#2#/ | למסתאבה בה: |
| 016 | ותשמי׳ | | Lv16:29M | וסיכותה ושומת סנדלה | ותשמי׳ | מיטה |
| 017 | לתשמיש | | Lv18:20M | /תשוי מדמ{ת}<כ>ך | לתשמיש | דזרע#2#/ למסתאבה בה: |
| 018 | | | Ex19:15 | לא יקרב מנכון גבר | לתשמיש | דערס: |
| 019 | תשמישה | s em/sf | Nu 5:20 | אסתאבת ויהב גבר ביך ית | תשמישה | בר מן בעליך: |
| 020 | תשמישיה | | Lv20:15 | וגבר די יתן | תשמישיה | בבעיר מתקטלה יתקטל וית |
| 021 | תשמישך | | Lv18:23 | ובכל בעיר לא תתן | תשמישך | למסתאב׳ בה ואתה לא תקום |

## תשע *num.* nine [593]

|  |  |  |  |  |  |  |
|---|---|---|---|---|---|---|
| 001 | תשע | ab/cn | Dt 3:11 | יהיבא ברבת דבני עמוניי | תשע | אמין ארכה וארבע אמין פתייה |
| 002 | | | Gn 9:29 | והוון כל יומי חיוי דנח | תשע | מא׳ וחמשין שנין ומית |
| 003 | | | Gn 5:05 | והוון כל יומי חיוי דאדם | תשע | מאה ותלתין שנין ומית |
| 004 | | | Gn 5:08 | והוון כל יומי חיוי דשת | תשע | מאה ותרתין עשרה שנין ומית |
| 005 | | | Gn 5:11 | כל יומי חיוי דאנוש | תשע | מאה וחמש שנין ומית ואתכניש |
| 006 | | | Gn 5:14 | והוה כל יומי חיוי דקינן | תשע | מאה ועשר שנין ומית ואתכניש |
| 007 | | | Gn 5:20 | והוון כל יומי חיוי דירד | תשע | מאה ושתין ותרתין שנין ומית |
| 008 | | | Gn 5:27 | כל יומי חיוי דמתושלח | תשע | מאה ושתין ותשע שנין ומית |
| 009 | | | Gn15:01 | מניהון ארבעה מלכין וחזר | תשע | משריין חשב אברם בלבה ואמר |
| 010 | תשעה | | Nu29:26 | דמטלייה תקרבון תורין | תשעה | דכרין תרין אמרין בני שתהון |
| 011 | | | Nu12:12 | לוולדה דעבד במעיה דאמיה | תשעה | ירחין במיא ובאשתא ולא |
| 012 | תשע׳ | | Gn 5:09 | וחיה אנוש | תשע׳ | שנין ואולד ית קינן: |
| 013 | בתשעה | | Lv23:32 | ותצימון בה ית נפשתכון | בתשעה | יומין לירחה מן רמשה ועד |
| 014 | ותשע | | Nu 1:23M | דשמעון חמשין | ותשעה/ותשע#2#/ | אלפין ותלת מאה |
| 015 | | | Nu 2:13M | חמשין | ותשעה/<ות>שע#2#/ | אלפין ותלת מאוון |
| 016 | | | Gn 5:27 | דמתושלח תשע מאה ושתין | ותשע | שנין ומית ואיתכנש מן גוא |
| 017 | | | Gn11:19 | דאולד רעו תרתין מאון | ותשע | שנין ובהן בשניה הוה מולד |
| 018 | | | Gn11:24 | וחיה עשרין | ותשע | שנין ואול׳ ית תרח: |
| 019 | | | Gn17:01 | והוה אברם בר תשעין | ותשע | שנין ואתגלי {{ייי על}} |
| 020 | | | Gn17:24 | ואברהם בר תשעין | ותשע | שנין במגזר ליה בשר ערלתיה: |
| 021 | | | Lv25:08 | שמיטי שנייה ארבעין | ותשע | שנין: |
| 022 | ותשעה | | Nu 1:23 | דבנוי דשמעון חמשין | ותשעה | אלפין ותלת מאה: |
| 023 | | | Nu 2:13 | וסכומיהון חמשין | ותשעה | אלפין ותלת מאוון: |
| 024 | | | Ex38:24 | דהבא דאנפותא עשרין | ותשעה | ככרין ושבע מאוון ותלתין |
| 025 | לתשעה | | Nu34:13M | פקד ייי למיתן | לתישעתי/לתשעה#2#/ | שבטייה ופלגו שבטה |
| 026 | לתישעתי | em/sf | Nu34:13 | די פקד ייי למיתן | לתישעתי | שבטייה ופלגו שבטה: |

## תשע עשר *num.* nineteen [594]

|  |  |  |  |  |  |  |
|---|---|---|---|---|---|---|
| 001 | ותשע עשרה | ab/cn | Gn11:25 | דאולד ית תרח מאה | ותשע עשרה | שנין ובהין בשניה הוה |

## תשעין *num.* ninety [593 s.v. תשע]

|  |  |  |  |  |  |  |
|---|---|---|---|---|---|---|
| 001 | תשעין | ab/cn | Gn17:01 | והוה אברם בר | תשעין | ותשע שנין ואתגלי {{ייי |
| 002 | | | Gn17:24 | ואברהם בר | תשעין | ותשע שנין במגזר ליה בשר |
| 003 | | | Gn17:17 | בנין ואן שרה הא ברת | תשעין | שנין אפשר לה למילד: |
| 004 | | | Ex12:42 | בר מאה ושרה אתתיה ברת | תשעין | שנין למקימה מה דאמר כתבא |
| 005 | | | Ex12:42 | אולד ושרה אתתיה ברת | תשעין | שנין תלד ויצחק הוה בר |
| 006 | ותשעין | | Gn 5:17 | דמהללאל תמני מאה | ותשעין | וחמש שנין ומית ואתכנש |
| 007 | | | Gn 5:30 | דאול׳ ית נח חמש מאה | ותשעין | וחמש שנין ובהן בשניי׳ הוה |

## תשרי *n.* Tishri [594]

|  |  |  |  |  |  |  |
|---|---|---|---|---|---|---|
| 001 | תשרי | s ab/cn | Lv16:34M | בשתה בעשרתי יומין לירחה | תשרי | |
| 002 | בתשרי | | Gn 8:13M | בירחא קדמיא | \בניסן#2#/בתשרי#2#/ | בחד לירחא נגבו |
| 003 | דתשרי | | Lv16:29M | בעש<ר>תי יומין לירחא | דתשרי | תצומון ותענון ית נפשתכון |

## תתבו ⇐ *n.* תרבו

## תתובה *n.* repentance [594]

|  |  |  |  |  |  |  |
|---|---|---|---|---|---|---|
| 001 | תתובה | s ab/cn | Gn 6:03 | שנין דילמא די יעבדון | תתובה | ולא עבדו: |
| 002 | | | Gn18:21 | חייבין ואין בעון מעבד | תתובה | ומסכיין אינון בנפשתהון |
| 003 | תותבתכון | s em/sf | Dt30:03 | מימרה דייי אלהכון ית | תותבתכון | וירחם יתכון ויחזור ויכנש |
| 004 | בתתובכון | | Dt 4:30M | /ותחזרון | בת{ו}ת<ו>בכון#2#/ | קדם ייי אלהכון |

## תתות *n.* ⇐ תחום

# PART TWO

# PROPER NOUNS

# PROPER NOUNS

## אבות GN

|  |  |  |  |
|---|---|---|---|
| 001 | באבות | Nu33:43 | ונטלו מפונון ושרון באבות: |
| 002 | מאבות | Nu33:44 | ונטלו מאבות ושרון במגזיה עברייה |

## אביאסף PN

|  |  |  |  |
|---|---|---|---|
| 001 | ואביאסף | Ex 6:24 | דקרח אסיר ואלקנה ואביאסף אליין אינון זרעייותיהון |

## אבידן PN

|  |  |  |  |
|---|---|---|---|
| 001 | אבידן | Nu 1:11 | מן שבטה דבנוי דבנימן אבידן בר גדעוני: |
| 002 | | Nu 2:22 | על משרית שבטה דבנימן אבידן בר גדעוני: |
| 003 | | Nu 7:60 | בר שבטה דבנוי דבנימן אבידן בר גדעוני: |
| 004 | | Nu 7:65 | רב שבטה דבנוי דבנימן אבידן בר גדעוני: |
| 005 | | Nu10:24 | שבטה דבנוי דבנימן אבידן בר גידעוני: |

## אבידע PN

|  |  |  |  |
|---|---|---|---|
| 001 | ואבידע | Gn25:04 | עיפה ועפר וחנוך ואבידע ואלדעה כל אלין בנוי |

## אביהוא PN

|  |  |  |  |
|---|---|---|---|
| 001 | אביהוא | Ex 6:23 | וילדת ליה ית נדב וית אביהוא וית אלעזר וית |
| 002 | | Nu26:60 | לאהרן ית נדב וית אביהוא ית אלעזר וית איתמר: |
| 003 | ואביהו | Ex28:01 | רבתא אהרן נדב ואביהו אלעזר ואיתמר בנוי |
| 004 | | Ex24:11M | ולנדב ואביהו עולמייא שפיריא דהוון |
| 005 | ואביהוא | Nu 3:02 | דארן בכורה נדב ואביהוא אלעזר ואיתמר: |
| 006 | | Nu 9:06M | ודטעינו בנדב ואביהוא בנוי דאהרן ולית אפשר |
| 007 | | Nu 3:04 | ומית נדב ואביהוא בקרבותהון אשא בריה קדם |
| 008 | | Nu26:61 | ומית נדב ואביהוא בקרבותהון אשא בריה קדם |
| 009 | | Lv10:01 | בנוי דאהרן נדב ואביהוא גבר מחתיתיה ויהבו בהון |
| 010 | | Lv10:19 | {ו}<ד>מיתו תרין נדב ואביהוא ואנה אבל עליהון הא אילו |
| 011 | | Ex24:01 | ייי את ואהרן נדב ואביהוא ושבעין חכימיא דישראל |
| 012 | | Ex24:09 | וסלק משה ואהרן נדב ואביהוא ושבעין מן חכימי ישראל: |

## אביחיל PN

|  |  |  |  |
|---|---|---|---|
| 001 | אביחיל | Nu 3:35 | דמררי צוריאל בר אביחיל על סטרוי דמשכנה ישרון מן |

## אבימאל PN

|  |  |  |  |
|---|---|---|---|
| 001 | אבימאל | Gn10:28 | וית עובל וית אבימאל וית שבא: |

## אבימלך PN

|  |  |  |  |
|---|---|---|---|
| 001 | אבימ' | Gn16:05 | מלכא דמצרים וקדם אבימ' מלכא דגרר ואמרת אחי הוא |
| 002 | אבימלך | Gn20:03 | מימריה דייי על אבימלך בחלמא בליליא ואמר ליה הא |
| 003 | | Gn20:08 | ואקדם אבימלך בצפרא וקרא לכל שלטוי |
| 004 | | Gn20:15 | ואמר אבימלך הא ארעי קדמיך מה דשפר |
| 005 | | Gn21:22 | והוה בשעתא ההיא ואמר אבימלך ופיכל רב חילוותיה |
| 006 | | Gn21:32 | קיים בבאר שבע וקם אבימלך ופיכל רב חילוותה וחזרו |
| 007 | | Gn20:17 | קדם ייי ואסי ייי ית אבימלך וית אתתי«ה» ואמהתא |
| 008 | | Gn20:07 | יתה דע ארום ממת תמות אבימלך וכל מה דיליה: |
| 009 | | Gn26:11 | ופקד אבימלך ית כל עמא למימר מן דיקרב |
| 010 | | Gn20:09 | וקרא אבימלך לאברהם ואמ' ליה מה עבדת |
| 011 | | Gn20:10 | ואמר אבימלך לאברהם מה חמית ארום |
| 012 | | Gn21:29 | ואמר אבימלך לאברהם מה אינון שבעתי |
| 013 | | Gn26:09 | וקרא אבימלך ליצחק ואמר לחוד הא אתתך |
| 014 | | Gn26:16 | ואמר אבימלך ליצחק אזל מן לוותן |
| 015 | | Gn21:26 | ואמר אבימלך לא ידעית מן עבד ית פתגמא |
| 016 | | Gn26:10 | ואמר אבימלך מה היא דא דעבדית לנא הא |
| 017 | | Gn20:02 | אחתי{{ה}} היא ושלח אבימלך מלכא דגרר ודבר ית שרה: |
| 018 | | Gn26:08 | לי' תמן יומיא ואדיק אבימלך מלכא דפלישתאי על חרכא |
| 019 | | Gn26:01 | ואזיל יצחק לוות אבימלך מלכאהון דפלשתא«י» |
| 020 | | Gn21:25 | ואוכח אברהם ית אבימלך על עיסק בירא דמיא דגזלו |
| 021 | | Gn20:14 | ונסב אבימלך ען ותורין ועבדין ואמהן |
| 022 | דאבימלך | Gn21:25 | דמיא דגזלו עבדוי דאבימלך: |
| 023 | | Gn20:18 | כל פתחי ילדה לביתה דאבימלך על עסק שרה אתתה |
| 024 | ואבימלך | Gn26:26 | ואבימלך אתיה לוותיה מן גרר |
| 025 | | Gn20:04 | ואבימלך לא קרב לוותה ואמר בבעו |
| 026 | לאבימלך | Gn21:27 | ען ותורין ויהב לאבימלך וקיימו תריהון קיים: |

## אבירם PN

|  |  |  |  |
|---|---|---|---|
| 001 | ואביר' | Ex 2:13M | עבריין מתנצין/דתן ואביר' גברין יהודאי' נצין#2#/ |
| 002 | ואבירם | Nu16:24 | למשכנה דקרח דתן ואבירם: |
| 003 | | Nu16:01 | בר לוי {רת}<ד>תן ואבירם בנוי דאליאב ואון בר |
| 004 | | Ex16:20M | /גוברין דתן {דתן} ואבירם גברייא חייבין#2#/ עד |
| 005 | | Ex14:03M | דיימר פרעה לדתן ואבירם דמשתיירין במצרים |
| 006 | | Nu26:09 | דאליאב נמואל ודתן ואבירם הוא דתן ואבירם מזמני |
| 007 | | Nu16:25 | משה ואזל לוות דתן ואבירם ואזלו בתריה חכימוי |
| 008 | | Nu26:09 | ואבירם הוא דתן ואבירם מזמני כנשתה די פלגו קדם |
| 009 | | Nu16:27 | משכנה דקרח דתן ואבירם מן חזור חזור ו{ת}<ד>תן |
| 010 | | Nu16:27 | ו{ת}<ד>תן ואבירם קמו להון מעתדין בתרע |
| 011 | ולאבירם | Nu16:12 | ושלח משה למקרי לדתן ולאבירם בנוי דאליאב ואמרין לית |
| 012 | | Dt11:06 | ודי עבד לדתן ולאבירם בנוי דאליאב בר ראובן |

## אבל שיטין GN

|  |  |  |  |
|---|---|---|---|
| 001 | אבל שיטין | Nu33:49 | מיבת ישימות עד אבל שיטין במישריה דמואב: |

## אברהם PN

|  |  |  |  |
|---|---|---|---|
| 001 | אברה' | Gn22:01 | בית קודשא ואמר ליה אברה' הנני: |
| 002 | | Gn23:05 | בנו«י» דחתאה ית אברה' למימר ליה: |
| 003 | אברהם | Gn17:22 | שכינתיה דייי מעלוי אברהם: |
| 004 | | Gn24:12 | ועבד חסד עם רבוני אברה«ם»: |
| 005 | | Gn22:11 | דייי מן שמיא ואמר אברהם אברהם ואמר הנני: |
| 006 | | Gn40:12 | תלתי אבהת עלמא אנון אברהם יצחק ויעקב דמן בני |
| 007 | | Ex17:12 | הימנות אבהתא צדיקייא אברהם יצחק ויעקב ומדכר הימנות |
| 008 | | Lv22:27 | תלתי אבהת עלמא אינון אברהם יצחק ויעקב בגין כדן |
| 009 | | Nu21:18 | רברבני עלמא מן שרויה אברהם יצחק ויעקב שכלילו יתה |
| 010 | | Nu23:09 | צדיקיה דמתילין בטווריה אברהם יצחק ויעק' ובזכות אמהתה |
| 011 | | Dt32:27 | קיימה דקיימת לאבהתהון אברהם יצחק ויעקב דלא יתגברון |
| 012 | | Dt33:15 | דמתילין בטוורייא אברהם יצחק ויעקב ובזכות |
| 013 | | Dt 3:02M | דהווה מחסר לאבהתן אברהם שרה ואמר להון אתון |
| 014 | | Gn48:22 | דאדם קדמייה נסב יתיה אברהם אבוי דאבה מן ידוי דנמרוד |
| 015 | | Gn49:02 | אבונן יעקב ואמר להון אברהם אבוי דאבה קם מניה פסול |
| 016 | | Dt 6:04 | אבונן יעקב ואמר להון אברהם אבוי דאבה קם מיניה פסילה |
| 017 | | Gn25:19 | דיצחק בריה דאברהם אברהם אולד ית יצחק: |
| 018 | | Gn24:06 | ואמר ליה <אברהם> אזדהר לך דלא תחזר ית ברי |
| 019 | | Gn24:42 | ייי אלהא דריבוני אברהם אם ברעות קדמך למצלחה ארחי |

|  |  |  |  |  | |
|---|---|---|---|---|---|
| 020 | Gn17:05 | ית שמך אבר׳ ויהוי שמך | אברהם | ארום לקהל כנשת אומין | |
| 021 | Gn20:11 | ואמר | אברהם | ארום אמרית לחוד לית דחלתה | |
| 022 | Gn22:19 | כחדא לבאר שבע ושרא | אברהם | בבאר שבע: | |
| 023 | Gn21:34 | ואיתותב | אברהם | בארעהון דפלשתאי יומין | |
| 024 | Gn18:01 | אש<ת>לחו לוות אבונן | אברהם | בזימנא די גזר ית בשר | |
| 025 | Gn24:01 | וממריה דייי ברך ית | אברהם | בכל«א»: | |
| 026 | Gn22:01 | ואמר ליה אברהם עני | אברהם | בלשן בית קודשא ואמר ליה | |
| 027 | Gn22:11M | אברהם ואמר /ענה | אברהם | בלשן בית קדשא ואמ׳#2#/ | |
| 028 | Gn23:10 | וענה עפרון חתייה עם | אברהם | במשמעהון דבנוי דחת לכל | |
| 029 | Gn23:11 | וענה עפרון חתייה עם | אברהם | במשמעהון דבנוי דחת לכל | |
| 030 | Gn18:01 | ואתגלי ממרי׳ דייי על | אברהם | במשרי חזוה והוא הווה יתיב | |
| 031 | Gn22:01 | האלין וייי נסי ית | אברהם | בנסיונה עשיריה ואמר ליה | |
| 032 | Gn19:27 | ואקדם | אברהם | בצפרא לאתרא דקם וצלי תמן | |
| 033 | Gn21:14 | ואקדם | אברהם | בצפרא ונסב לחם וזיק דמיין | |
| 034 | Gn22:03 | ואקדם | אברהם | בצפרא ושווי ית חמרה ודבר | |
| 035 | Gn26:05 | חלף די שמע | אברהם | בקל מ׳״#2#^מרי ונטר מטרתי | |
| 036 | Gn17:17M | אפשר לי למולדה /הא | אברהם | בר מאה שנה מולד#2#/ בנין | |
| 037 | Gn25:08 | וסאף ומית | אברהם | בשיבו {ס}<ט>בא סב ושביעו | |
| 038 | Gn17:26 | בזמן יומא דין גזר | אברהם | בשר ערלתה וישמעאל בריה: | |
| 039 | Gn24:48 | קדם אלהה דריבוני | אברהם | דדבר יתי באורחא דקושטא | |
| 040 | Gn25:06 | לחינתי די לאברהם יהב | אברהם | דורון ושלח יתהון מעלוי | |
| 041 | Gn18:01 | למבשרא לאבו«נן» | אברהם | די שרה ילדה לה ית יצחק | |
| 042 | Gn25:07 | <ואלין יומי> שני חייא | אברהם | די חייה מאה ושבעין וחמש | |
| 043 | Gn25:12 | ואלין תלדותא דישמעל בר | אברהם | די ילידת הגר מצריתא אמתא | |
| 044 | Gn24:27 | הוא ייי אלהא דריבוני | אברהם | דלא שבק חסדה וקושטה עם | |
| 045 | Gn21:24 | ואמר | אברהם | הא אנא אשתבע ואקיים | |
| 046 | Gn18:33 | דייי כד אשלם לממללא עם | אברהם | ואברהם חזר לאתריה: | |
| 047 | Gn35:27 | היא חברון דאתותב תמן | אברהם | ויצחק: | |
| 048 | Gn48:15 | אבהתי קדמוי בקושטא | אברהם | ויצחק ייי דדבר יתי מן | |
| 049 | Gn48:16 | בהון שמי ושם אבהתי | אברהם | ויצחק ויסגון בארעא היך | |
| 050 | Gn49:26 | די ברכו יתי אבהתי | אברהם | ויצחק דלהון אתחמדון | |
| 051 | Gn25:10 | בנוי דחת תמן אתקבר | אברהם | ושרה אתתיה: | |
| 052 | Nu21:34M | לאברהם/לאבהתן | אברהם#2#/ | ושרה ואמר להון אברהם | |
| 053 | Nu21:34 | ושרה ואמר להון | אברהם | ושרה מדמיין לאלנין יאין | |
| 054 | Gn18:06 | ואוחי | אברהם | ואזיל למשכנא לות שרה | |
| 055 | Gn21:33M | דאכלו ושתין עני אבונן | אברהם | ואמ׳ להון צלון קדם | |
| 056 | Gn18:23 | וקרב | אברהם | ואמר הא ברגז את משיציא | |
| 057 | Gn18:27 | וענה | אברהם | ואמר הא כען שריית | |
| 058 | Gn22:11 | מן שמיא ואמר אברהם | אברהם | ואמר הנני: | |
| 059 | Gn25:11 | והוה מן בתר דמית | אברהם | וברך ייי ית יצחק ברה | |
| 060 | Gn49:31 | תמן קברו ית | אברהם | וית שרה אתתיה תמן קברו | |
| 061 | Gn18:07 | ולבקרותה רהט | אברהם | ונסב בר תורין רכיך וטב | |
| 062 | Gn22:13 | חד באילנא בקרנוי ואזל | אברהם | ונסב ית דכרא וקרב יתה | |
| 063 | Gn25:01 | ואוסף | אברהם | ונסב אתה ושמה קטורה: | |
| 064 | Dt 6:10M | "לאב׳ ... וליעקב": עם | אברהם | ועם יצחק ועם יעקב | |
| 065 | Dt 9:05M | ממריה דיי׳ עם | אברהם | ועם יצ׳ ועם יע׳ | |
| 066 | Gn22:14 | ופלח | אברהם | וצלי בשם ממריה דייי ואמר | |
| 067 | Gn26:18 | פלישתאי מן בתר דמית | אברהם | וקרא להן שמהן כשמהתא די | |
| 068 | Gn23:07 | וקם | אברהם | ושאל בשלמיהון בנימוס ארעא | |
| 069 | Gn23:11M | מלקבר מתך: וקם | אברהם | ושאל בשלמהון בנימוס | |
| 070 | Gn19:29 | ייי ברחמוי טביא ית | אברהם | ושלח ית לוט מן גוא הפכתא | |
| 071 | Gn24:12 | ואמר ייי אלהה דרבוני | אברהם | יזדמן לי כען קדמוי יומא | |
| 072 | Gn11:26 | שבעין שנין ואולד ית | אברהם | ית נחו׳ וית הרן: | |
| 073 | Gn17:23 | ונסב | אברהם | ית ישמעאל ברה וית כל | |
| 074 | Gn18:19 | די ייתי ממריה דייי על | אברהם | ית מה דימלל עמה: | |
| 075 | Gn21:03 | וקרא | אברהם | ית שם בריה דאתיליד ליה די | |
| 076 | Gn21:04 | וגזר | אברהם | ית יצחק בריה בר תמניה | |
| 077 | Gn21:25 | ואוכח | אברהם | ית אבימלך על עיסק בירא | |
| 078 | Gn21:28 | ואקים | אברהם | ית שבעתי אמריא דענא | |
| 079 | Gn22:04 | ביומא תליתיה ונטל | אברהם | ית עיינוי וחמה ית אתרה | |
| 080 | Gn22:06 | ונסב | אברהם | ית קיסיא דעלתא ושוי על | |
| 081 | Gn22:09 | אמר ליה ייי ובנה תמן | אברהם | ית מדבחא וסדר ית קיסייא | |
| 082 | Gn22:10 | ופשט | אברהם | ית ידיה ונסב ית סכינא | |
| 083 | Gn22:13 | ונטל | אברהם | ית עינוי וחמה והא דכר חד | |
| 084 | Gn22:14 | בטור מקדשא דייי דקרב | אברהם | ית יצחק ברה ובטורא הדין | |
| 085 | Gn23:19 | קבר | אברהם | ית שרה אתתיה במערתי חקל | |
| 086 | Gn25:05 | ויהב | אברהם | ית כל מה דיליה ליצחק: | |
| 087 | Gn49:30 | ממרא דכנען די זבן | אברהם | ית חקלה מן לוות עפרון | |
| 088 | Gn50:13 | במערת חקל כפילא די זבן | אברהם | ית חקלא לאחסנא דקבורה | |
| 089 | Gn23:16 | ושמע | אברהם | לעפרון ותקל אברם | |
| 090 | Gn22:10 | משוסטן במלאכי מרומא | אברהם | לא הוה חמא יתהון בה בשעתא | |
| 091 | Gn20:01 | ונטל מן תמן | אברהם | לארעא דרומא ושרא בין רקם | |
| 092 | Gn22:19 | ותב | אברהם | לוות עולימוי וקמ{ן}<ו> | |
| 093 | Gn23:14 | וענה עפרון ית | אברהם | למימר ליה: | |
| 094 | Gn23:02 | בארעא דכנען ואתה | אברהם | למספדא לשרה ולמבכי עלה: | |
| 095 | Gn24:02 | ואמר | אברהם | לעבדיה סבא דביתיה דתפיס | |
| 096 | Gn22:05 | <ואמר> | אברהם | לעולימוי תבו לכון הכא גב | |
| 097 | Gn25:10 | חקלא די זכי | אברהם | מלוות בנוי דחת תמן אתקבר | |
| 098 | Gn21:07M | בישריה די בשר לריבוני | אברהם | מן שרוייה ואמ׳ עתידה היא | |
| 099 | Gn22:08 | ואמר | אברהם | מן קדם ייי אזדמן לה אמר | |
| 100 | Gn23:03 | וקם | אברהם | מעלווי אפי מיתה ומליל עם | |
| 101 | Gn18:12 | לי עדויין ורבוני | אברהם | סאב: | |
| 102 | Gn17:17 | ואשתטח | אברהם | על אפוי ותמה ואמר בליביה | |
| 103 | Ex 6:03 | ואיתגלית במימרי על | אברהם | על יצחק ועל יעקב באלה | |
| 104 | Gn20:02 | ואמר | אברהם | על עסק שרה אתתיה | |
| 105 | Ex 2:24 | ית קיימא די קיים עם | אברה«ם» | עם יצחק ועם יעקב: | |
| 106 | Dt 1:01 | די קיים עם אבהתכון עם | אברהם | עם יצחק ועם יעקב ומשכן | |
| 107 | Gn21:27 | ונסב | אברהם | ען ותורין ויהב לאבימלך | |
| 108 | Gn22:01 | עשיריה ואמר ליה | אברהם | עני אברהם בלשן בית קודשא | |
| 109 | Gn21:33 | ונצב | אברהם | פרדס בבאר שב«ע» ויהב | |
| 110 | Gn20:16M | "עייני ...": | אברהם | צדיקא לילי חד ועל כל מה | |
| 111 | Gn35:09 | ית בישיא מן אבונן | אברהם | צדיקא כד אתגליתא עלוי | |
| 112 | Gn20:16 | לא הוינה כמסת דידע | אברהם | צדיקה דלא חכמת יתך: | |
| 113 | Gn18:01M | דנבו מן קדם ייי לוות | אברהם | צדיק{י}א למימר | |
| 114 | Gn17:18 | ואמר | אברהם | קדם ייי אלווי ישמע«אל» | |
| 115 | Gn20:17 | וצלי | אברהם | קדם ייי ואסי ייי ית | |
| 116 | Gn23:12 | ואשתטח | אברה«ם» | קדם עמא דארעא: | |
| 117 | Gn21:08 | ורבא טליא ואתחסל ועבד | אברהם | שרו רבא ביומא דאתחסל ית | |
| 118 | Gn24:09 | ית ידה תחות קיימה | {ו}<ד>אברה׳ | רבוניה ואשבע ליה | דאברה׳ |
| 119 | Gn20:18 | על עסק שרה אתתה | דאברהם: | | דאברהם |
| 120 | Gn22:23 | מלכה לנחור אחוי | דאברהם: | | |
| 121 | Gn25:19 | תולדותא דיצחק בריה | דאברהם | אברהם אולד ית יצחק: | |
| 122 | Ex 3:16 | אתגלי עלי אלה«ה» | דאברהם | יצחק ויעקב למימר מדכרה | |
| 123 | Gn32:10 | ואמר יעקב אלהה | דאברהם | אבה ואלהה דיצחק אבה ייי | |
| 124 | Gn26:18 | דמיא די חפרו בימוי | דאברהם | אבוי וסתמו יתהון פלישתאי | |
| 125 | Gn26:24 | ואמר <אנה> הוא אלה׳ | דאברהם | אבוך לא תדחל ארום עמך | |
| 126 | Gn28:13 | ואמר אנה ייי אלהה | דאברהם | אבוך ואלהה דיצחק ארעא | |
| 127 | Gn28:09 | ברת ישמעאל בריה | דאברהם | אחתה דנביות על נשוי לה | |

|  |  |  |  |  |  |
|---|---|---|---|---|---|
| 128 | | Gn21:07 | בבייתיה דנחור אחוי | דאברהם | אייניקת בנין שרה ארום |
| 129 | | Ex 3:06 | הוא אלהה דאבוך אלהה | דאברהם | אלהה דיצחק ואלהה |
| 130 | | Ex 3:15 | אלהה אבהתכון אלהה | דאברהם | אלהה דיצחק ואלהיה |
| 131 | | Ex 4:05 | ייי אלה אבהתהון אלהה | דאברהם | אלהה דיצחק ואלהה |
| 132 | | Gn24:34 | ואמר עבדא | דאברהם | אנה: |
| 133 | | Nu22:30 | על אחת כמה וכמה בנוי | דאברהם | דיצחק ויעקב דבגללהון |
| 134 | | Gn22:10 | בעלמא דאתי עייני | דאברהם | הוויין בעייני דיצחק |
| 135 | | Gn26:01 | קדמייה דיהוה ביומוי | דאברהם | ואזיל יצחק לוות אבימלך |
| 136 | | Gn31:53 | אלהא | דאברהם | ואלהא דנחור ידינון |
| 137 | | Gn17:23 | כל דכורה באנשי ביתיה | דאברהם | וגזר ית בשר ערלתהון בזמן |
| 138 | | Gn24:59 | וית מיינקתה וית עבדא | דאברהם | וית אנשוי: |
| 139 | | Gn24:15 | אתתא דנחור אחוי | דאברהם | וקולתה על כתפה: |
| 140 | | Gn31:42 | אלולי אלהיה דאבא אלהא | דאברהם | ותקיפא דיצחק הו{ת}<ה> |
| 141 | | Gn28:04 | ויתן לך ית ברכתה | דאברהם | לך ולבנך עמך למירתך ית |
| 142 | | Gn15:11M | דישראל והות זכותא | דאברהם | מגנא עליהון |
| 143 | | Gn24:52M | /כיון דשמע/ #2#/עבדא | דאברהם | מליהון ואודי ושבח לשמה |
| 144 | | Gn26:24 | וסגית ית בנך בזכוותא | דאברהם | עבדי: |
| 145 | | Gn21:11 | ובאש פתגמא לחדא באפוי | דאברהם | על עסק ישמעאל ברה: |
| 146 | | Dt 6:04 | לטעוות דהוה אבוי | דאברהם | פלח אתון פלחין או דלמה |
| 147 | ואברהם | Gn18:16 | ודיקו כלפי סדום | ואברהם | אזל עמהון למלוויה יתהון: |
| 148 | | Gn17:24 | | ואברהם | בר תשעין ותשע שנין במגזר |
| 149 | | Gn21:05 | | ואברהם | בר מאה שנין הוה בזמנה |
| 150 | | Gn18:11 | | ואברהם | ושרה סאיבו ועלו ביומיא |
| 151 | | Gn18:33 | למללא עם אברהם | ואברהם | חזר לאתריה: |
| 152 | | Gn18:18 | | ואברהם | מהוה יהוה לאמא רבה |
| 153 | | Gn24:01 | | ואברהם | סאב ועל ביומיא וממריה |
| 154 | | Gn18:22 | מן גבריא ואזלו לסדם | ואברהם | עד כען הוה קאם בעי רחמין |
| 155 | | Gn13:02 | | ואברהם | תקף לחדא בבעירה בכספא |
| 156 | לאברהם | Gn17:15 | ואמר ייי | לאברהם | שרי אתתך לא תקרי ית שמה |
| 157 | | Gn25:12 | מצריתא אמתא דשרה | לאברהם: | |
| 158 | | Gn28:04 | תותבותך דיהב ייי | לאברהם: | |
| 159 | | Gn22:07 | ואמר יצחק | לאברהם | אבוהי ואמר אבא ואמר הנני |
| 160 | | Gn22:10 | בריה ענה יצחק ואמר | לאברהם | אבוהי אבא כפות יתי יאות |
| 161 | | Gn26:03 | ית שבועתה דיקיימית | לאברהם | אבוך: |
| 162 | | Gn21:02 | ועברת וילדת שרה | לאברהם | בר לאשון סיבותה לעדנא |
| 163 | | Gn17:19 | ואמר ייי | לאברהם | ברם הא אתתך שרה ילדת לך |
| 164 | | Gn16:02 | ואמר שרי | לאברהם | הא כען מנע יתי ייי מן |
| 165 | | Nu21:34 | הוא עוג דהוה מחסד | לאברהם | ושרה ואמר להון אברהם |
| 166 | | Gn20:09 | וקרא אבימלך | לאברהם | ואמ' ליה מה עבדת לנא ומה |
| 167 | | Gn17:09 | ואמר ייי | לאברהם | ואת ית קיימי תטר את |
| 168 | | Gn20:14 | ועבדין ואמהן ויהב | לאברהם | וחוי לה ית שרה אתתיה: |
| 169 | | Gn35:12 | וית ארעא די יהבת | לאברהם | וליצחק לך אתננה ולבניך |
| 170 | | Gn22:15 | וקרא מלאכה דייי | לאברהם | זמן תניינות מן שמיא: |
| 171 | | Gn21:10 | ואמרת | לאברה«ם» | טרוד ית אמתא הדה וית |
| 172 | | Gn25:06 | ולבנוי לחינתי די | לאברהם | יהב אברהם דורון ושלח |
| 173 | | Gn18:13 | ואמר ייי | לאברהם | כען גחכת שרה למימר הא |
| 174 | | Gn50:24 | הדא לארעא די קיים | לאברהם | ליצחק וליעקב: |
| 175 | | Ex 6:08 | ידי בשבועה למתן יתה | לאברהם | ליצחק וליעקב ואתן יתיה |
| 176 | | Ex32:13 | אדכר ברחמך טביה | לאברהם | ליצחק ולישראל עבדיך די |
| 177 | | Ex33:01 | לארעא די קיימת | לאברהם | ליצחק וליעקב למימר |
| 178 | | Nu32:11 | ית ארעא די קיימת | לאברהם | ליצחק וליעקב ארום |
| 179 | | Dt 1:08 | דקיים ייי לאבהתכון | לאברהם | ליצחק וליעקב למתן להון |
| 180 | | Dt 6:10 | די קיים לאבהתכון | לאברהם | ליצחק וליעקב למיתן |
| 181 | | Dt 9:05 | די קיים ייי לאבהתכון | לאברהם | ליצחק וליעקב: |
| 182 | | Dt 9:27 | טבייה ^לעבדיך#2#^ | לאברהם | ליצחק וליעקב לא תסתכל |
| 183 | | Dt29:12 | דקיים לאבהתכון | לאברהם | ליצחק וליעקב: |
| 184 | | Dt30:20 | דקיים ייי לאבהתכון | לאברהם | ליצחק וליעקב למיתן |
| 185 | | Dt34:04 | משה דא ארעא דקיימת | לאברהם | ליצחק וליעקב למימר |
| 186 | | Gn21:12 | ואמ«ר» ייי | לאברהם | לא יבאש באפיך על טליה |
| 187 | | Gn23:20 | וקמת חקלא ומערתא דביה | לאברהם | לאחסנות דקבורה מן לות |
| 188 | | Gn22:20 | פתגמיא האלין ואתני | לאברהם | למימר הא ילדת מלכא אף |
| 189 | | Gn21:22 | ופיכל רב חילוותיה | לאברהם | לממר ייי עמך בכל מה דאת |
| 190 | | Gn23:18 | | לאברהם | לקנין לקבל בנוי דחת לכל |
| 191 | | Gn20:10 | ואמר אבימלך | לאברהם | מה חמית ארום עבדת ית |
| 192 | | Gn21:29 | ואמר אבימלך | לאברהם | מה אינון שבעתי אמרתא |
| 193 | | Gn21:08 | מצר«י»תא די ילדת | לאברהם | עבד עובדין די לא כשרין |
| 194 | | Gn21:09 | דהגר מצריתא די ילדת | לאברהם | עבד עובדין די לא כשרין: |
| 195 | מאברהם | Gn18:17 | הא מכס{ם}<ה> אנה | מאברהם | רחמי ית מה די עבד אנה |

## אברם PN

|  |  |  |  |  |  |
|---|---|---|---|---|---|
| 001 | אבר' | Gn17:05 | ולא יתקרי תוב ית שמך | אבר' | ויהוי שמך אברהם ארום |
| 002 | | Gn13:08 | ואמר | אבר' | ללוט לא כען יהוון דיינין |
| 003 | | Gn15:01 | דנבו מן קדם ייי על | אבר' | צדיקא למימר לא תדחל אברם |
| 004 | אברם | Gn14:23 | ותימר אנא עתרית ית | אברם: | |
| 005 | | Gn12:14 | והוה כד על | אברם | מצרימה וחמון מצריה ית |
| 006 | | Gn12:09 | ונטל | אברם | אזל ונטל לדרומה: |
| 007 | | Gn14:14 | ושמע | אברם | ארום אשתבי לוט בר אחוי |
| 008 | | Gn16:03 | שנין עשר דיומין די שרא | אברם | בארעא דכנען ויהבת יתה |
| 009 | | Gn15:02 | ואמר | אברם | בבעו ברחמין מן קדמך ייי |
| 010 | | Gn15:17M | חזויא רברביא חזא | אברם | בזמן דעבר בן פסגייא |
| 011 | | Gn15:01 | וחזר תשע משריין חשב | אברם | בלבה ואמר ווי כען עלי |
| 012 | | Gn17:03M | אברם על /ואתרכן | אברם | בצלו על#2#/ אפוי ומליל |
| 013 | | Gn17:01 | והוה | אברם | בר תשעין ותשע שנין ואתגלי |
| 014 | | Ex12:42 | תנינא כד אתגלי ייי על | אברם | בר מאה ושרה אתתיה ברת |
| 015 | | Ex12:42 | למקימה מה דאמר כתבא הא | אברם | בר מאה שנין אולד ושרה |
| 016 | | Gn11:31 | ונסב תרח ית | אברם | בריה וית לוט בר ברה וית |
| 017 | | Gn13:04 | תמן בקדמיתא וצלי תמן | אברם | בשם ממרה דייי: |
| 018 | | Gn15:06 | והיימן | אברם | בשם ממרא דייי ואתחשבת ליה |
| 019 | | Gn16:05 | ואמרת שרי לות | אברם | דיני ועל בני מחוסי ושרוי |
| 020 | | Gn15:03 | ואמר | אברם | הא לי לא יהבת בנין והא בר |
| 021 | | Gn13:05 | ולחוד ללוט דהוה אזל עם | אברם | הוה עאן ותורין ומשכינין: |
| 022 | | Gn12:04 | ואזל | אברם | היך מה דמלי' עמה ייי ואזל |
| 023 | | Gn11:29 | ונסב | אברם | ונחור להון נשין שמה |
| 024 | | Gn12:07 | ואתגלי ממרה דייי על | אברם | ואמר ליה לבניך אתן ית |
| 025 | | Gn17:01 | על}} ממריה דייי על | אברם | ואמר לה אנא אלהא שמיא פלח |
| 026 | | Gn15:01 | צדיקא למימר לא תדחל | אברם | ואף על גב דמצטרפין |
| 027 | | Gn13:18M | משכניה ואתא /ונטל | אברם | ואתא#2#/ ושרא במישריה |
| 028 | | Gn15:12M | עמיקתא איתרמיית על | אברם | והא ארב' מלכוון קיימן |
| 029 | | Gn15:12 | ושנה בסימה נפלת על | אברם | והא אברם חזי ארבעה |
| 030 | | Gn15:17M | טמעה וחומטא הוות הוה | אברם | והא גהינם דבערה כאתונה |
| 031 | | Gn15:01 | דארעא וסדרו קרבא לקבל | אברם | ונפלו קדמוהי וקטל מניהון |
| 032 | | Gn15:17M | הוות והא | אברם | חז{ו}<י> על די ספסלין |
| 033 | | Gn15:12 | נפלת על אברם והא | אברם | חזי ארבעה מלכוון קיימא |
| 034 | | Gn15:17M | הוה כל כדן הווה | אברם | חזי כד הוה אברם עבר |
| 035 | | Gn15:17 | טמע וחומטה הווה והא | אברם | חזי עד די סאבלין אסתדרו |
| 036 | | Gn11:27 | דתרח תרח אולד ית | אברם | ית נחור וית הרן והרן |
| 037 | | Gn12:05 | ונסב | אברם | ית שרי אתתיה וית לוט בר |
| 038 | | Gn23:16 | אברהם לעפרון ותקל | אברם | ^לעפרון#2#^ ית כספא דמלל |

| | | | | | |
|---|---|---|---|---|---|
| 039 | | Gn16:06 | ואמר | אברם | לשרי הא אמתיך בידך עבדי |
| 040 | | Gn12:10 | והוה כפנא בארע' ונחת | אברם | למצרים למתותבה תמן ארום |
| 041 | | Gn12:14M | מצרימה /כוון דעל | אברם | למצרים#2#/ וחמון מצריה |
| 042 | | Gn12:02M | \ותהוי לברכן /ויהווי | אברם | לברכן סגיאן#2#/: |
| 043 | | Gn15:04 | דנבו מן קדם ייי על | אברם | למימר לא ירת יתך דן ארום |
| 044 | | Gn14:22 | ואמר | אברם | למלכא דסדם הא זקפי' ידי |
| 045 | | Gn16:02 | אף אנה על ידה ושמע | אברם | לקלה דשרי: |
| 046 | | Gn13:01 | וסלק | אברם | ממצרים הוא ואתתיה וכל מה |
| 047 | | Gn13:18 | ופרס | אברם | משכניה ואתא ושרא במישריה |
| 048 | | Gn15:17M | הווה אברם חזי כד הוה | אברם | עבר ביני בתרייא האליין |
| 049 | | Gn12:06 | ועבר | אברם | עד אתרה שכם ועד משריה |
| 050 | | Gn17:03 | ואשתטח | אברם | על אפוי ומליל עמה ממרה |
| 051 | | Gn14:19 | יתיה ואמר בריך הוא | אברם | קדם אלהא עילאה דבמימריה |
| 052 | | Gn15:18 | ההוא#2#^ קיים ייי עם | אברם | קיים למימ' לבניך אתן ית |
| 053 | | Gn13:07 | הוון רעווי דאברם מן | אברם | רבוניהו' למימר לא תנטון |
| 054 | | Gn16:15 | הגר לאברם בן וקרא | אברם | שמה דברה {{ישמעאל}} |
| 055 | | Gn13:12 | | אברם | שרה בארעא דכנען ולט שרה |
| 056 | דאב' | Gn13:05M | /מדבר בזכוותיה | דאב'#2#/ | הוה ען ותורין |
| 057 | דאברם | Gn12:17 | על עסק שרי אתתיה | דאברם: | |
| 058 | | Gn14:13 | ואנון הוון מרי קיימא | דאברם: | |
| 059 | | Gn11:29M | נשין שמה \/דאיתתה | דאברם | שרי שמה#2#/ דאתתיה |
| 060 | | Gn15:11 | דבית ישראל בזכוותיה | דאברם | אבוהון משיזבה להון: |
| 061 | | Gn11:31 | וית שרי כלתה אתתיה | דאברם | בריה ונפקו עמהון מן אתון |
| 062 | | Gn13:07 | דבעירה דלוט רעוי | דאברם | הוון זממין בעירהון עד זמן |
| 063 | | Gn14:12 | וית ממונה בר אחוי | דאברם | ואזלו והוא הוה שרי |
| 064 | | Gn13:07 | בין רעוי דבעירא | דאברם | ובין רעוי דבעירה דלוט |
| 065 | | Gn15:11M | דעתידין משעבדה לבנוי | דאברם | וזכותא דאברם צדיקה |
| 066 | | Gn16:03 | ונסבת שרי אתת' | דאברם | ית הגר מצריתה אמתה לסוף |
| 067 | | Gn15:11 | ואשבת יתה זכותה | דאברם | כד נחת טייסא הוה שכין על |
| 068 | | Gn16:01 | ושרי אתתה | דאברם | לא הוות ילדה לה ולה אמתה |
| 069 | | Gn13:07 | מפקדים הוון רעווי | דאברם | מן אברם רבוניהו' למימר |
| 070 | | Gn15:11M | לבנוי דאברם וזכותא | דאברם | צדיקה משיזבה להון |
| 071 | | Gn16:08 | בית את אשכחה כביתיה | דאברם | ריבונך ואמרת מן קדם שרי |
| 072 | ואברם | Gn12:04 | עמה ייי ואזל עמה לוט | ואברם | בר שבעין וחמש שנין הוה |
| 073 | | Gn16:16 | | ואברם | בר תמנין ושת שנין הווה |
| 074 | ולאברם | Gn12:16 | | ולאברם | אייטב מן בגללה והוה ליה |
| 075 | לאברם | Gn16:16 | הגר ית ישמע'א#2#^ל | לאברם: | |
| 076 | | Gn12:01 | ואמר ייי | לאברם | אזל לך מן ארעך ומן |
| 077 | | Gn16:15 | וילידת הגר | לאברם | בן וקרא אברם שמה דברה |
| 078 | | Gn16:03 | דכנען ויהבת יתה | לאברם | בעלה ליה לאנתו: |
| 079 | | Gn14:21 | ואמר מלכא דסד' | לאברם | הב לי נפשתא וממונה סב לך: |
| 080 | | Gn12:18 | וקרא פרעה | לאברם | ואמר מה הי' דא דעבדת לי |
| 081 | | Gn15:17 | כל כדין אתחוי | לאברם | כד הוה עבר ביני גזרייא |
| 082 | | Gn15:13 | ואמר | לאברם | מדע תדע ארו' גיורין |
| 083 | | Gn13:14 | וממרה דייי אמר | לאברם | מן דאתפרש לוט מן לוותה |
| 084 | | Gn14:13 | ואתא משיזבא ותני | לאברם | עברייא והוא שרי במשרי |

## אגג PN

| | | | | | |
|---|---|---|---|---|---|
| 001 | אגג | Nu24:07 | מן שאול {רחם} <דחס> על | אגג | מלכיהון דעמלקיי ויתרומם |

## אדבאל PN

| | | | | | |
|---|---|---|---|---|---|
| 001 | ואדבאל | Gn25:13 | נביו«ת» וקדר | ואדבאל | ומבשם: |

## אדום PN/GN

| | | | | | |
|---|---|---|---|---|---|
| 001 | אדום | Gn25:30 | אנה בגין כדין קרא שמה | אדום: | |
| 002 | | Gn36:01 | דעשו הוא | אדום: | |
| 003 | | Gn36:08 | בטורא דגבלא עשו הוא | אדום: | |
| 004 | | Gn36:19 | ואלין רברבניהון הוא | אדום: | |
| 005 | | Gn15:12 | נפלת עלוהי דא {{היא | אדום | רשיעא דעתידא למיפל ולא |
| 006 | | Nu24:18 | ות«י»הוי | א{ר}<ד>ום | ירתו ויהווי טורא דגבלה |
| 007 | באדום | Gn36:32 | ומלך | באדום | בלע בר בעור ושמיה דקרתא |

## אדם PN

| | | | | | |
|---|---|---|---|---|---|
| 001 | אד' | Gn 3:22M | /ממריה דייי הא הוה | אד'#2#/ | קדמיה דברית יתיה יחידיי |
| 002 | אדם | Gn 2:22 | אדם לאתה ואייתי יתה לות | אדם: | |
| 003 | | Gn 9:06 | בדמו מן קדם ייי ברא ית | אדם: | |
| 004 | | Gn 3:12 | ואמר | אדם | אתתה די שוית עמי היא יהבת |
| 005 | | Gn 6:06 | מן קדם ייי ארום ברא ית | אדם | בארעא {ואריק}<ואדיין> |
| 006 | | Gn 5:01 | ביומא די ברא ייי ית | אדם | בדמו מן קדם ייי ברא יתיה: |
| 007 | | Gn 5:02 | וברך יתהון וקרה ית שמון | אדם | ביומא דברא {ד} יתהון: |
| 008 | | Gn 6:07 | ואמר ייי אשיצה ית | אדם | די ברית מעלוי אפי דארעא מן |
| 009 | | Gn 2:23 | ואמר | אדם | הדא זמנא ולא עוד תתברא אתה |
| 010 | | Gn 3:18 | ית עשבא דבאפי ברא עני | אדם | ואמר בבעו ברחמין מן קדמך |
| 011 | | Gn 2:15M | למהוי /ממריה דייי ית | אדם | ואצנע יתיה בגינתה |
| 012 | | Gn 2:15 | ונסיב ייי אלהים ית | אדם | ואשרי יתיה בגנתא דעדן |
| 013 | | Gn 3:24 | וטרד ית | אדם | ואשרי יקר שכינתיה {מן} |
| 014 | | Gn 3:08 | גנתאה למשב יומא ואמאר | אדם | ואתתה מן קדם ייי אלהים |
| 015 | | Gn 2:25 | והוו תריהון ערטלין | אדם | ואתתיה ועד כדון לא הוון |
| 016 | | Gn 2:21 | אלהים שנה עמ«י»קה על | אדם | ודמך לה ונסב חדא {עלא} |
| 017 | | Gn35:09 | למברכה לחתנה ולכלתה מן | אדם | וזוגיה ועוד אלפת יתן |
| 018 | | Gn 2:16M | למימר /ממריה דייי על | אדם | ולמימר#2#/ מן כל אילני |
| 019 | | Gn 2:22 | אלהים ית אלעא די נסב מן | אדם | לאתה ואייתי יתה לות אדם: |
| 020 | | Gn 2:18M | דייי לא שפר למהוי | אדם | לבלחודוי#2#/ אעבד ליה זוג |
| 021 | | Gn 2:19 | דשמיא ואיתי יתהון לות | אדם | למחמי מה הוא קרא ליהון וכל |
| 022 | | Gn 2:07 | בנחירוי נשמ' דחיין והוה | אדם | לנפש דחייה ממללא: |
| 023 | | Gn 5:03 | וחיה | אדם | מאה ותלתי' שנין ואולד |
| 024 | | Gn 5:04 | והוון כל יומוי חיוי | אדם | מן בתר דאולד ^ית#2# שת |
| 025 | | Gn 4:25 | וחכם | אדם | עוד ית אתתיה וילדת בר |
| 026 | | Gn 2:07 | וברא ייי אלהים ית | אדם | עפר מן אדמתא ונפח בנחירוי |
| 027 | | Gn 2:08 | מן לקדמין ושוי תמן ית | אדם | קדמיא די ברא: |
| 028 | | Gn 3:22 | ואמר ייי אלהים הא | אדם | קדמיה דברית יתיה יחידיי |
| 029 | | Dt 4:32 | יומא די ברא ייי אלהים | אדם | קדמיה על ארעא ולמן סייפי |
| 030 | | Gn 2:19 | קרא ליהון וכל מה דהוה | אדם | קרי ליה בלשן בית קדשה נפש |
| 031 | | Gn 2:20 | וקרא | אדם | שמהן לכל בעירא ולעופא |
| 032 | דאדם | Gn 5:01 | דין ספר יחוס תלדוותה | דאדם | ביומא די ברא ייי ית אדם |
| 033 | | Gn48:22 | חד יתיר על אחך לבושיה | דאדם | קדמיי נסב יתיה אברהם אבוי |
| 034 | | Gn 5:05 | והוון כל יומי חיוי | דאדם | תשע מאה ותלתין שנין ומית |
| 035 | האדם | Gn 3:12M | ואמר | אדם/האדם#2# | אתתה די שוית עמי היא |
| 036 | | Gn 2:16 | ופקיד ייי אלהים על | האדם | למימר מן כל אילני גנתה |
| 037 | | Gn 3:20 | וקרא | האדם | שמה דאיתתיה חוה ארום היא |
| 038 | ואדם | Gn 2:05 | ייי אלהים מטר על ארעא | ואדם | עד כדון לא את«ברי» למהוי |
| 039 | והאדם | Gn 4:01 | | והאדם | חכם ית חוה אתתה ועברת |
| 040 | ולאדם | Gn 3:17 | | ולאדם | אמר ארום שמעת לקלה דאתתך |
| 041 | | Gn 2:20 | ולכל חיתא דאפי ברא | ולאדם | לא אשכח ליה זוג כד נפק |
| 042 | לאדם | Gn 3:09 | וקרא ייי אלהים | לאדם | ואמר ליה הא כל עלמא דברית |
| 043 | | Gn 3:21 | ועבד ייי אלהים | לאדם | ולאתתיה לבושין דאוקר למשך |

## אדמה GN

|  |  |  | | | |
|---|---|---|---|---|---|
| 001 | אדמה | Gn18:01 | למיפך סדם ועמורה | אדמה | וצבויים ואתגלי ממרי׳ |
| 002 | | Dt29:22 | דאתהפכת סדם ועמורה | אדמה | וצבויים די הפך ממרה דייי |
| 003 | | Gn10:19 | סדו{ם}«מ»ה ועמרה | אדמה | וצבוים עד קלרהי: |
| 004 | דאדמה | Gn14:02 | דעמרה שנאב מלכא | דאדמה | ושמאבר מלכא דצבוי׳ |
| 005 | | Gn14:08 | ומלכא דעמרה ומלכא | דאדמה | ומלכא דצבוים ומלכה |

## אדרעי GN

|  |  |  | | | |
|---|---|---|---|---|---|
| 001 | אדרעת | Dt 3:10M | ואדרעה/<אדר>עת#2#/ | | קורי׳^קרוי#2#^ |
| 002 | בא׳ | Dt 3:01M | סדרי#2#/ קרבה | לאדרע׳/בא׳#2#/: | |
| 003 | באדרעא | Dt 1:04 | שרי בעשת{ה}<ר>תה | באדרעא: | |
| 004 | באדרעאי | Nu21:33M | סדרי קר׳#2#/ | לאדרע׳/באדרעאי#2#/: | |
| 005 | ואדרעה | Dt 3:10 | | ואדרעה | קורי בית מלכותה דעוג |
| 006 | לאדרעי | Nu21:33 | וכל עמיה לסדרי קרבה | לאדרעי: | |
| 007 | | Dt 3:01 | וכל עמיה לסדרי קרבה | לאדרעי: | |

## אהד PN

|  |  |  | | | |
|---|---|---|---|---|---|
| 001 | ואהד | Gn46:10 | דשמעון ימואל וימין | ואהד | ויכין וצחר ושאול ברה |
| 002 | | Ex 6:15 | דשמעון ימואל וימין | ואהד | ויכין וצחר ושאול ברה |

## אהליאב PN

|  |  |  | | | |
|---|---|---|---|---|---|
| 001 | אהליאב | Ex38:23 | ועמיה | אהליאב | בר אחיסמך מן שיבטא |
| 002 | | Ex31:06 | ואנה הא שויית עמיה ית | אהליאב | ברה דאחיסמך מן שבטא |
| 003 | ואהליאב | Ex35:34 | ולמלפא יהב בלביה הוא | ואהליאב | בר אחיסמך מן שבטה דבנוי |
| 004 | | Ex36:01 | ועבד בצלאל | ואהליאב | וכל גבר דחכים בלביה די |
| 005 | ולאהליאב | Ex36:02 | וקרא משה לבצלאל | ולאהליאב | ולכל די חכים לבה דשוי |

## אהליבמה PN

|  |  |  | | | |
|---|---|---|---|---|---|
| 001 | אהליבמה | Gn36:02 | ברת אלון חיתייא וית | אהליבמה | ברת ענה ברת צבעון |
| 002 | דאהליבמה | Gn36:18 | ואלן בניה | דאהליבמה | אתתה דעשו רבה יעוש |
| 003 | | Gn36:14 | אלין הוון בניה | דאהליבמה | ברת ענה ברת צבעון |
| 004 | | Gn36:18 | קרח אלין רברבניה | דאהליבמה | ברת ענה אתתיה דעשו: |
| 005 | ואהליבמ׳ | Gn36:05 | | ואהליבמ׳ | ילדת ית יעוש וית יעלם |

## אהרן PN

|  |  |  | | | |
|---|---|---|---|---|---|
| 001 | א׳ | Nu 4:28M | \ברה דאהרן /בר | א׳#2#/ | כהנה רבה: |
| 002 | | Nu25:11M | \ברה דאהרן /בר | א׳#2#/ | כהנה רבה חזר ית חמתיה |
| 003 | אה׳ | Nu20:29M | בני ישראל ארום מית | אה׳ | |
| 004 | | Nu 4:33M | \ברה דאהרן /בר | אה׳#2#/ | כהנה רבה: |
| 005 | | Nu 7:08M | \ברה דאהרן /בר | אה׳#2#/ | כהנה /\רבה#2#/: |
| 006 | אהרן | Ex30:07 | ית בוציניתה יסדר יתיה | אהרן: | |
| 007 | | Ex32:03 | באדניהון ואייתון לוות | אהרן: | |
| 008 | | Ex32:03M | ואייתון יתהון לוות | אהרן#2#/: | |
| 009 | | Nu20:02 | וכנשו על משה ועל | אהרן: | |
| 010 | | Ex28:01 | קדמוי בכהונתא רבתא | אהרן | נדב ואביהו אלעזר |
| 011 | | Ex 4:14 | דייי במשה ואמר הלא | אהרן | אחוך ליווי«ה» ידע אנה |
| 012 | | Ex28:01 | ואת הקרב לוותך ית | אהרן | אחוך וית בנוי עמיה |
| 013 | | Ex28:41 | ותלבש יתהון ית | אהרן | אחוך וית בנוי עמיה |
| 014 | | Lv16:02 | ייי למשה מליל עם | אהר«ן» | אחוך דלא יהווי <עליל> |
| 015 | | Nu27:13 | אוף את היך מה דאתכנש | אהרן | אחוך: |
| 016 | | Dt32:50 | עמך היך מה דאתכנש בשלם | אהרן | אחוך בהור טורא ואתכנש |
| 017 | | Nu20:29M | בכי ואמ׳ ווי לי עליך | אהרן | אחי עמוד צלותהון דבני |
| 018 | | Lv 9:21 | וית שקה דימינה אניף | אהרן | אנפו קדם ייי היך מה דפקד |
| 019 | | Nu12:10 | מצרעתה ^כתלגה ואסתכל | אהרן | במריים והא מצרעה^: |
| 020 | | Lv16:03M | כהדא מצוותה יעול | אהרן | ביומא דכיפורי לקודש׳ |
| 021 | | Ex16:02 | ישראל על משה ועל | אהרן | במדברא: |
| 022 | | Nu26:09 | קדם ייי על משה ועל | אהרן | בעצתה דקרח בזמנה די פלגו |
| 023 | | Dt 9:20 | רחמין לחוד על עסק | אהרן | בשעתה ההיא: |
| 024 | | Nu21:01 | שרי בדרומה ארום אסתלק | אהרן | גברא חסידה דבזכותיה הוון |
| 025 | | Nu17:12 | ונסב | אהרן | היך מה דמלל משה ורהט לגו |
| 026 | | Ex24:14 | די נחזור לוותכון והא | אהרן | וחור עמכון מן דאית עסק |
| 027 | | Nu12:05 | וקם לה בתרע משכנה וקרא | אהרן | ומרים ונפקו תרתיהון: |
| 028 | | Ex 6:26 | הוא | אהרן | ומשה די <אמר> ייי להון |
| 029 | | Nu 3:01M | דאהרן ודמשה /תלדוות | אהרן | ומשה#2#/ ביומא די מלל |
| 030 | | Ex32:05 | ובנה מדבח קדמוי ואכרז | אהרן | ואמר חגא קדם ייי |
| 031 | | Ex32:05M | "ואכרז ... למחר": ואכרז | אהרן | ואמר יהא רעוה דיהי נכסא |
| 032 | | Nu18:08 | ומליל ייי עם | אהרן | ואמר ואנה הא יהבית לך ית |
| 033 | | Nu16:03 | ואתכנשו על משה ועל | אהרן | ואמרין להון סגין עליכון |
| 034 | | Nu21:01M | "אסתלק": מית | אהרן | ואסתלק עמודא דעננא וארום |
| 035 | | Dt10:06 | למוסרה תמן אתכנש | אהרן | ואתקבר תמן ושמש אלעזר |
| 036 | | Nu20:29 | כל עם כנישתה ארום סאף | אהרן | ובכון ית אהרן תלתין |
| 037 | | Ex27:21 | דעל שהדותא יסדר יתיה | אהרן | ובנוי מן רמשא עד צפרא קדם |
| 038 | | Ex29:09 | ותיסר יתהון המיינין | אהרן | ובנוי ותשווי להון <....> |
| 039 | | Ex29:10 | קדם משכן זימנא ויסמך | אהרן | ובנוי ית ידיהון על ריש |
| 040 | | Ex29:15 | חד{ת}ה תסב ויסמכון | אהרן | ובנוי ית ידיהון על ראשה |
| 041 | | Ex29:19 | ית דכרא תניינא ויסמוך | אהרן | ובנוי ית ידיהון על ריש |
| 042 | | Ex29:32 | ויאכלון | אהרן | ובנוי ית בשרא דדכרא וית |
| 043 | | Ex30:19 | ויקדשון | אהרן | ובנוי מנה ית ידיהון וית |
| 044 | | Ex40:31 | ויקדשון מנה משה | אהרן | ובנוי ית ידיהון וית |
| 045 | | Lv 6:09 | ומה דמשתייר מניה יכלון | אהרן | ובנוי פטירין תתאכל בתר |
| 046 | | Lv 6:13M | ודבנוי די /קרבן | אהרן | ובנוי די#2#/ יקרבון קדם |
| 047 | | Lv 8:14 | ית תורה דחטאתה וסמך | אהרן | ובנוי ית ידיהון על ראש |
| 048 | | Lv 8:18 | ית דכרה דעלתה וסמכו | אהרן | ובנוי ית ידיהון על ראשה |
| 049 | | Lv 8:22 | דכרה דאשלמותה וסמכו | אהרן | ובנוי ית ידיהון על ריש |
| 050 | | Lv 8:31 | היך מה דפקדית למימר | אהרן | ובנוי יאכלון יתיה: |
| 051 | | Lv 8:36 | ועבד | אהרן | ובנוי ית כל פתגמיה די פקד |
| 052 | | Nu 3:38 | זימנא מן מדנחה משה | אהרן | ובנוי נטרין מטרת |
| 053 | | Nu 4:05 | וייעלון | אהרן | ובנוי במטלת משריתה ויפרקו |
| 054 | | Nu 4:15 | וישלם | אהרן | ובנוי למכסיה ית קדשיה וית |
| 055 | | Nu 4:19 | לבית קודש קדשיה | אהרן | ובנוי ייעלון וישרון יתהון |
| 056 | | Nu 4:27M | דאהרן ודיבנוי /על פם | אהרן | ובנוי#2#/ ת«י»הוי כל |
| 057 | | Ex32:01 | טורא ואיתכנשו עמה על | אהרן | ויאמרו אליו קום עשה לנו |
| 058 | | Ex 6:20 | ית | אהרן | וית משה ושני חיוי דעמרם |
| 059 | | Ex29:04 | וית | אהרן | וית בנוי תקרב לתרע משכן |
| 060 | | Ex29:44 | זימנא וית מדבחא וית | אהרן | וית בנוי אקדש למשמשא |
| 061 | | Ex30:30 | וית | אהרן | וית בנוי תרבי ותקדש יתהון |
| 062 | | Ex40:12 | ותקרב ית | אהרן | וית בנוי לתרע משכן זימנה |
| 063 | | Lv 6:02 | פקד ית | אהרן | וית בנוי למימר דא גזירת |
| 064 | | Lv 8:02 | סב ית | אהרן | וית בנוי עמה וית לבושיה |
| 065 | | Lv 8:06 | ואקרב משה ית | אהרן | וית בנוי וקדש יתהון במיא: |
| 066 | | Lv 8:30 | לבושי בנוי עמה וקדש ית | אהרן | וית לבושוי וית בנוי וית |
| 067 | | Nu 3:10 | וית | אהרן | וית בנוי תמכס ויטרון ית |
| 068 | | Nu20:25 | סב ית | אהרן | וית אלעזר ברה ואסק יתהון |
| 069 | | Nu26:59 | וילדת לעמרם ית | אהרן | וית משה וית מרים |
| 070 | | Nu17:07 | עם כנישתה על משה ועל | אהרן | וכוונו למשכן זימנה והא |
| 071 | | Ex18:12 | קודשין לשמיה דייי ואתא | אהרן | וכל חכימיא דישראל למיכל |

072 Ex34:30 וחמא אהרן וכל בני ישראל ית משה
073 Ex34:31 להון משה וחזרו לוותיה אהרן וכל רברבני בכנישתה ומלל
074 Nu15:33 קיסין לוות משה ולוות אהרן ולוות כל כנשתה דבני
075 Ex28:43 ויהוון על אהרן ועל בנוי במעיליהון למשכן
076 Ex29:21 ומן משח דרבותא ותדי על אהרן ועל לבושי ועל בנוי ועל
077 Lv 8:30 על גבי מדבחה ואדי על אהרן ועל לבושוי ועל לבושי בנוי
078 Lv 6:18 מלל עם אהרן ועם בנוי למימר דא גזירת
079 Lv10:12 ומליל משה עם אהרן ועם אלעזר ועם איתמר
080 Lv17:02 מליל עם אהרן ועם בנוי ועם כל בני
081 Lv21:24 ומליל משה עם אהרן ועם בנוי ועם כל בני
082 Lv22:02 מליל עם אהרן ועם בנוי ויזדהרון מן
083 Lv22:18 מליל עם אהרן ועם בנוי ועם כל בני
084 Nu 6:23 מליל עם אהרן ועם בנויי למימר כדן
085 Ex 6:13 ומליל ייי עם משה ועם אהרן ופקד יתהון על בני ישראל
086 Lv10:03 כל עמא איתיקר ושתק אהרן וקבל עלוהי מכלת דינה:
087 Nu 8:13 ו«ת»קים ית ליואי קדם אהרן וקדם בנוי ותניף יתהון
088 Nu 8:22 במשכן זימנא קדם אהרן וקדם בנוי היך מה די פקד
089 Nu 8:02 מליל עם אהרן ותימר ליה בסדרותך ית
090 Ex 4:30 ומליל אהרן ית כל פתגמיא די מלל ייי
091 Ex 6:23 ונסב אהרן ית אלישבע בת עמינדב
092 Ex 7:10 היך מה דפקד ייי וסלק אהרן ית חוטריה קדם פרעה וקדם
093 Ex 8:02 וארכן אהרן ית ידיה על מימיהון דמצרייי
094 Ex 8:13 ועבדו כן וארכן אהרן ית ידא בחוטרא ומחה ית
095 Ex28:12 טב לבני ישראל ויקבל אהרן ית שמהתהון קדם ייי על
096 Ex28:29 ויטעון אהרן ית שמה{ה}ת בני ישראל
097 Ex28:30 על לביה ^ויטעון אהרן ית סדר דיניהון דבני
098 Ex28:38 בית אפוי דאהרן ויטען אהרן ית חובי קדישא די יקדישו
099 Ex29:05 ית לבושיא ותלבש ית אהרן ית כתנתה וית מעילה דאפודא
100 Ex30:08 ובסדרות אהרן ית בוציניי«ה» ביני
101 Ex32:05 וחמא אהרן ית חור נביא קדמוי ודחל
102 Ex32:05M חור נביא קדמוי /וחזא אהרן ית חור נכיס קדמוי#2#/
103 Ex40:13 ותלבש אהרן ית לבושי בית קודשה^
104 Lv 9:22 וזקף אהרן ית ידוהי בצלו על עמה וברך
105 Lv16:06 ויקרב אהרן ית תורא דחטאתה דמן דידיה
106 Lv16:09 ויקרב אהרן ית צפירה די סלק עלוהי
107 Lv16:11 ויקרב אהרן ית תורה דחטאתה דמן דידיה
108 Lv16:21 ויסמוך אהרן ית ^תרתין#2#^ ידוי על
109 Nu 8:11 ויניף אהרן ית לוויי ויהוון למפלח ית
110 Nu20:26 ואשלח אהרן ית לבושוי ותלבש יתהון
111 Nu20:28 ואשלח <משה ית> אהרן ית לבושוי ואלבש יתהון ית
112 Ex38:21 על ידוי דאתמר בר אהרן כהנא ^רבה#2#^:
113 Lv13:02 למכתש צרעה ווייתי לוות אהרן כהנא {ו}או לוות חד מן
114 Nu33:38 וסלק אהרן כהנא להר טורא על פם גזירת
115 Nu 3:06 דלוי ותקם יתיה קדם אהרן כהנה ויש<מ>שון יתיה:
116 Nu 3:32 ליוויי אלעזר בר אהרן כהנה סכום נטורי מטרת
117 Nu17:02 אמר לאלעזר בר אהרן כהנה רבה וירים ית מחתיתה
118 Nu25:07 וחמה פנחס בר אלעזר בר אהרן כהנה וקם מן גו כנישתה
119 Nu14:02 ואתרעמו על משה ועל אהרן כל בני ישראל ואמרין להון
120 Ex12:50 דפקד ייי ית משה וית אהרן כן עבדו:
121 Ex32:22 ואמר אהרן למשה לא יתקף רוגזא
122 Nu12:11 ואמר אהרן למשה בבעו מנך רבוני לא
123 Ex10:08 וחזר ית משה וית אהרן לוות פרעה ואמרו להון
124 Nu17:15 וחזר אהרן לוות משה לתרע משכן זימנה
125 Lv10:08 ומליל ייי עם אהרן למימר:

126 Lv11:01 ומליל ייי עם משה ועם אהרן למימר להון:
127 Lv13:01 ומליל ייי עם משה ועם אהרן למימר:
128 Lv14:33 ייי עם משה «ועם אהרן» למימר:
129 Lv15:01 ומליל ייי עם משה ועם אהרן למימר:
130 Lv21:17 מליל עם אהרן למימר גבר גבר מן בניך
131 Nu 2:01 ומליל ייי עם משה ועם אהרן למימר:
132 Nu 4:01 ומליל ייי עם משה ועם אהרן למ«י»מר:
133 Nu 4:17 ומליל ייי עם משה ועם אהרן למימר:
134 Nu14:26 ומליל ייי עם משה ועם אהרן למימר:
135 Nu16:20 ומליל ייי עם משה ועם אהרן למימר:
136 Nu17:06 דמן בתרה על משה ועל אהרן למימר אתון קטלתון ית עם
137 Nu19:01 ומליל ייי עם משה ועם אהרן למימר:
138 Lv16:23 ויעל אהרן למשכן זימנה וישלח ית
139 Ex28:35 ויהווי על אהרן למשמשה וישתמע קליה
140 Nu20:24 יתכנש אהרן לעמיה ארום לא ייעול לארעא
141 Nu 8:03 ועבד כדן אהרן לקבל אפיה מנרתה סדר
142 Lv24:03 במשכן זמנה יסדר יתיה אהרן מן רמשה ועד צפרא קדם ייי
143 Ex 6:25 ואלעזר בר אהרן נסב לה מן בנתיה דפוטיאל
144 Lv 9:22M "וזקף ... מן דקרב": וקם אהרן על דוכנה וזקף ידוי קבל
145 Lv16:08 ויתן אהרן על תרין צפיריה עדוין עדיו
146 Lv16:21M חוביהון ויתן יתהון/אהרן#2#/ על רישיה/ראשה#2#/
147 Lv 9:08 וקרב אהרן על גבי מדבחה ו{כ}נ<כ>ס ית
148 Ex30:10 <ויכפר> אהרן עלוי על קרנתה חדא זמן
149 Lv16:03 כהדן סדרא יהוי אהרן עלל לשמשה לגו בית משריתא
150 Ex16:10 והוא כד מלל אהרן עם כל כנישתא דבני ישראל
151 Lv10:19 ומליל אהרן עם משה הא יומא הדן קרבו
152 Ex32:02 ואמר להון אהרן פכרו קדשייא דדהבא די
153 Ex16:34 ייי ית משה ואצנע יתיה אהרן קדם שהדותא למטרה:
154 Ex30:07 ויסדר עלוי אהרן קטרת בוסמנין טבין בכל צפר
155 Ex 5:20 וארעו ית משה וית אהרן קיימין לקדמותיהון
156 Nu20:29 סאף אהרן ובכון ית אהרן תלתין יומין כל בית
157 Nu20:28 ית אלעזר בריה ומית אהרן תמן בריש טורה ונחת משה
158 Nu 8:21M /ויכ#2#/ \/עליהון אהרן#1#/ למדכייה/לדכ#2#/
159 Lv 7:35M דא' דאהרן /רבוייה דא#2#/ ורבותהו/ורבורייה דב#2#
160 Ex38:21M \בר אהרן /ברה דא#2#/ כהנא ^רבה#2#^:
161 Nu 3:32M \בר אהרן /ברה דא#2#/ כהנה סכום נטורי
162 Nu17:02M \בר אהרן /בריה דא#2#/ כהנה רבה וירים ית
163 Nu25:07M אלעזר בר אהרן/ברה דא#2#/ כהנה וקם מן גו כנישתה
164 Lv 7:31M ניעה/ניאה#2#/ לאהרן/דא#2#/ ולבנוי/ודב#2#/:
165 Ex28:01 דאהרן אלעזר ואיתמר בנוי דאהרן:
166 Lv10:01 ונסבו בנוי דאהרן נדב ואביהוא גבר מחתיתיה
167 Nu 3:04 אלעזר ואיתמר בחיוי דאהרן אבוהון:
168 Nu17:21 תרין עשר חטרין וחטרה דאהרן בגו חוטריהון:
169 Lv 7:33 וית תרבה מן בנוי דאהרן דידיה תיהווי שוקה דימינה
170 Lv 8:23 אדמה ויהב על רום אדנה דאהרן דימינה ועל אליון ידיה
171 Ex20:26 ואתון כהנייא בנוי דאהרן דקיימין ומשמשין על גבי
172 Nu17:05 חילוניי די לא מן בנוי דאהרן הוא למסדרה קטרה קדם ייי
173 Lv 8:13 ואקרב משה ית בנוי דאהרן ואלבש יתהון כתנן ואסר
174 Lv10:04 בנויהי דעזיאל חביבה דאהרן ואמר להון קרבו סבו ית
175 Nu 3:01 ואילן תלדוותה דאהרן ודמשה ביומא די מלל
176 Lv 6:13 דין קרבנה דאהרן ודבנוי די יקרבון קדם ייי
177 Nu 4:27 על גזרת פמה דאהרן ודיבנוי ת«י»הוי כל
178 Lv22:04 גבר גבר מן בנוי דאהרן והוא מצרע או דייב בקדשייה
179 Ex28:38 ויהווי על בית אפוי דאהרן ויטען אהרן ית חובי קדישא

|  |  |  |  |  |  |
|---|---|---|---|---|---|
| 180 | Nu 9:06M | בנדב ואביהוא בנוי | דאהרן | ולית אפשר להון למעבד | |
| 181 | Ex29:27 | דאשל{ו}מו<ו>תא מן | דאהרן | ומן דבנוי: | |
| 182 | Lv 8:24 | וקרב ית בנוי | דאהרן | ונסב משה מן אדמה על רום | |
| 183 | Ex29:20 | ותתן על רום אודנה | דאהרן | ועל רום אודניהון דבנוי | |
| 184 | Ex29:24M | על כפי/כף#2/ ∧ידוי | דאהרן | ועל כפי#2/ ידיהון דבנוי | |
| 185 | Lv 8:27 | ית כולה על כפי ידוי | דאהרן | ועל כפי ידיהון דבנוי | |
| 186 | Ex29:09 | עלם ותשלם קרבן ידוי | דאהרן | וקרבן ידיהון דבנוי: | |
| 187 | Lv 7:35 | דא רבותא | דאהרן | ורבותהו׳ דבנוי מן קרבנוי | |
| 188 | Lv 8:12 | מן משחה דרבותה על ריש | דאהרן | ורבי יתיה למקדשה יתיה: | |
| 189 | Lv10:20 | ושמע משה ית מילוי | דאהרן | ושפר באפוי דמשה: | |
| 190 | Lv21:01 | אמר לכהנייא בנוי | דאהרן | ותמר להון על נפש דמית לא | |
| 191 | Lv 6:11 | כל דכורא בבנוי | דאהרן | ייכלון יתה קיים עלם | |
| 192 | Ex 7:12 | לחיון ובלע חוטריה | דאהרן | ית חטריהון: | |
| 193 | Ex15:20 | מרים נביאתה אחתה | דאהרן | ית תופי בידה ונפקו כל | |
| 194 | Lv 3:08 | זימנ׳ ויזרקון בנוי | דאהרן | ית דמיה על גבי מדבחה | |
| 195 | Lv 3:13 | זימנא ויזרקון בנוי | דאהרן | ית דמיה על גבי מדבחה | |
| 196 | Lv 9:09 | וקרבו בנוי | דאהרן | ית אדמה לוותה וצבע אצבעיה | |
| 197 | Lv 9:18 | דמן עמה וזמינו בנוי | דאהרן | ית אדמה לוותה וזרק יתיה | |
| 198 | Lv 1:11 | קדם ייי ויזרקון בנוי | דאהרן | כהנא ית אדמה על גבי מדבחה | |
| 199 | Lv16:01 | דמיתו תרין בנוי | דאהרן | כהנא רבה בקרבותהון קרבן | |
| 200 | Lv21:21 | דאית ביה מום מן בנוי | דאהרן | כהנא לא יקרב למקרבה לחם | |
| 201 | Nu26:01 | ול«א»<ל>עזר ברה | דאהרן | כהנא רבה למימר: | |
| 202 | Nu10:08 | ובנוי | דאהרן | כהנ{א}<י>א יתקעון | |
| 203 | Nu 4:16 | וסכומי אלעזר ברה | דאהרן | כהנה רבה משחה דאנהרותה | |
| 204 | Nu 4:28 | על דאיתמ׳ ברה | דאהרן | כהנה רבה: | |
| 205 | Nu 4:33 | על ידוי דאיתמר ברה | דאהרן | כהנה רבה: | |
| 206 | Nu 7:08 | על ידוי דאיתמר ברה | דאהרן | כהנה: | |
| 207 | Nu25:11 | פינחס בר אלעזר ברה | דאהרן | כהנה רבה חזר ית חמתיה | |
| 208 | Lv 1:05 | קדם ייי ויקרבון בנוי | דאהרן | כהניא ית דמא <...> על גבי | |
| 209 | Lv 1:07 | ויתנון בנוהי | דאהרן | כהניא אשא על גבי מדבחא | |
| 210 | Lv 1:08 | ויסדרון בנוי | דאהרן | כהניא ית פסגי׳ ית ראשה | |
| 211 | Lv 2:02 | וייתי יתה לות בנוי | דאהרן | כהניא ויקמץ מתמן מלא | |
| 212 | Lv 3:02 | זמנא ויזרקון בנוהי | דאהרן | כהניא ית אדמיה על גבי | |
| 213 | Nu 3:03 | ואלין שמהת בנוי | דאהרן | כהניה די מרבין די אשלמו | |
| 214 | Nu17:23 | והא אפרח חוטרה | דאהרן | לביתה דלוי ואפק פרחין | |
| 215 | Lv 9:12 | ית עלתה וזמינו בנוי | דאהרן | לוותיה ית אדמה וזרק יתיה | |
| 216 | Ex28:03 | ויעבדון ית לבושוי | דאהרן | למקדשא יתיה למשמשה קדמוי | |
| 217 | Lv10:16 | ועל איתמר בנוי | דאהרן | ^מה#2#^ דאשתיירו למימר: | |
| 218 | Lv 3:05 | ויסדרון יתיה בנוי | דאהרן | על גבי מדבחא על עלתה די | |
| 219 | Lv 6:07 | דמנחתה יקרבו יתה בנוי | דאהרן | קדם ייי על גבי מדבחה: | |
| 220 | Nu17:25 | למשה חזר ית חוטרה | דאהרן | קדם סהדותא למטרה לסימן | |
| 221 | Ex32:25 | על די לא שמעו למילוי | דאהרן | קנון להון שם ביש לדרי | |
| 222 | Lv 7:10 | במשח ונגיבה לכל בנוי | דאהרן | תהוי גבר כאחוי: | |
| 223 | Nu17:18 | וית שמא | דאהרן | תכתב {ר}<ע>ל חוטרה דלוי | |
| 224 | Ex28:40 | ולבנוי | דאהרן | תעבד כתונין ותעבד להון | |
| 225 | Nu 3:38M | מן מדנחה משה | אהרן/וא#2#/ | ובנוי נטרין מטרת | וא׳ |
| 226 | Nu 8:20 | ועבד משה | ואהרון | וכל כנשתה דבני ישראל | ואהרון |
| 227 | Ex 6:27 | מן מצרים הוא משה | ואהרן: | | ואהרן |
| 228 | Nu 1:03 | יתהון לחילוותהון אתה | ואהרן: | | |
| 229 | Nu16:18 | בתרע משכן זמנא ומשה | ואהרן: | | |
| 230 | Nu33:01 | על ידוי דמשה | ואהרן: | | |
| 231 | Ex24:01 | אולפן מן קדם ייי את | ואהרן | נדב ואביהוא ושבעין | |
| 232 | Ex24:09 | וסלק משה | ואהרן | נדב ואביהוא ושבעין מן | |
| 233 | Ex 7:01 | יתך רב ושליט לפרעה | ואהרן | אחוך יהווי תרגמנך: | |

|  |  |  |  |  |  |
|---|---|---|---|---|---|
| 234 | Ex 7:02 | ית כל מה די פקדת יתך | ואהרן | אחוך ימלל עם פרעה וישלח | |
| 235 | Nu20:08 | וכנש ית עם כנישתה את | ואהרן | אחוך ותמללון עם כיפה | |
| 236 | Lv10:20M | הלכתה "התעלמה" מיני | ואהרן | אחי אלף יתי׳ לי ועל | |
| 237 | Ex19:13 | יחי במתקע שופרא משה | ואהרן | אינון יהוון רשיין למיסק | |
| 238 | Nu12:01 | ומללת מרים | ואהרן | במשה על עסק אתתה כושיתה | |
| 239 | Ex 7:07 | בר תמנין שנין הוה | ואהרן | בר תמנין ותלת שנין | |
| 240 | Nu33:39 | | ואהרן | בר מאה ועשרין ותלת שנין | |
| 241 | Nu16:17 | וחמשין מחתיוון ואת | ואהרן | גבר מחתיתיה: | |
| 242 | Ex 7:06 | ועבד משה | ואהרן | היך מה דפקד ייי יתהון כדן | |
| 243 | Ex 7:20 | ועבדו כדן משה | ואהרן | היך מה דפקיד ייי וארים | |
| 244 | Ex17:10 | עם דבית עמלק ומשה | ואהרן | וחור סליקו לריש רמתא: | |
| 245 | Ex17:12 | תחותוי ויתב עליה | ואהרן | וחור הוון אחידין בידוי | |
| 246 | Gn40:12 | פרנסין מהמנין משה | ואהרן | ומרים דמתילין בסגוליא | |
| 247 | Ex 5:01 | ומן בתר כדן עלו משה | ואהרן | ואמרין לפרעה כדן אמר ייי | |
| 248 | Ex 4:29 | ואזל משה | ואהרן | וכנשו ית כל חכימיא דבני | |
| 249 | Nu13:26 | ואזלו ועלו לוות משה | ואהרן | ולוות כנישתה דבני ישראל | |
| 250 | Nu21:18 | ספריהון דישראל משה | ואהרן | ומן מדברה אתיהבת להון | |
| 251 | Nu 4:34 | וסכם משה | ואהרן | ורברבני עם כנשתה ית בנוי | |
| 252 | Nu 4:46 | כל סכומיה די סכם משה | ואהרן | ורברבני ישראל ית ליויי | |
| 253 | Nu 1:44 | סכומיה די סכם משה | ואהרן | ורברבניה דישראל תרי עשר | |
| 254 | Nu 1:17 | ונסב משה | ואהרן | ית גבריא האילן די אתפרשו | |
| 255 | Nu20:10 | וכנשו משה | ואהרן | ית קהלה קדם כיפה ואמר | |
| 256 | Nu20:26 | יתהון אלעזר ברה | ואהרן | יתכנש וימות תמן: | |
| 257 | Nu26:64 | גבר מן סכומי דמשה | ואהרן | כהנה די סכמו ית בני | |
| 258 | Ex12:28 | דפקד ייי ית משה | ואהרן | כן עבדו: | |
| 259 | Ex 7:10 | ועל משה | ואהרן | לוות פרעה ועבדו כד«ן» | |
| 260 | Ex10:03 | ואתא משה | ואהרן | לוות פרעה ואמרין ליה כדון | |
| 261 | Ex16:06 | ואמר משה | ואהרן | לכל בני ישראל ברמשא | |
| 262 | Nu16:16 | קדם ייי את «ואינון» | ואהרן | למחר: | |
| 263 | Lv 9:23 | «ואעל משה» | ואהרן | למשכן זימנא ונפקו ובריכו | |
| 264 | Nu16:11 | דאזדמנתון קדם ייי | ואהרן | מה הוא חשיב דארעמתון | |
| 265 | Ex 8:08 | ונפק משה | ואהרן | מן לוות פרעה וצלי משה | |
| 266 | Nu20:06 | ואתה משה | ואהרן | מן קדם קהלה בתרע משכן | |
| 267 | Ex11:10 | ומשה | ואהרן | עבדו ית כל נסייה האלין | |
| 268 | Nu14:05 | ואשטתח משה | ואהרן | על אפיהון קדם כנישתה דבני | |
| 269 | Nu 4:41 | זימנה די סכם משה | ואהרן | על פום גזירת ממרה דייי: | |
| 270 | Nu 3:39 | ליויי די סכם משה | {{ואהרן}} | על פם גזירת ממריה דייי | |
| 271 | Nu 4:37 | זמנה די סכם משה | ואהרן | על פם גזירת ממרה דייי | |
| 272 | Nu 4:45 | דמררי די סכם משה | ואהרן | על פם גזירת ממרה דייי | |
| 273 | Ex19:24 | ייי איזל חות ותיסק את | ואהרן | עמך וכהניא ועמא לא ידחקון | |
| 274 | Nu17:08 | ועל משה | ואהרן | קדם משכן זימנה: | |
| 275 | Ex 5:04 | דמצרים למה כען משה | ואהרן | תבטלון ית עמא מעבידתהון | |
| 276 | Dt 9:20 | | ובאהרן | רגז ממרה דייי עליכון | ובאהרן |
| 277 | Nu12:04 | בתכ{«ק»}וף למשה | ולאהרן | <...> ונפקו תלתיהון: | ולאהרן |
| 278 | Ex12:01 | ואמר ייי למשה | ולאהרן | בארעא דמצרים למימר: | |
| 279 | Nu20:23 | ואמר ייי למשה | ולאהרן | בהר טורה סמיך לתחומיהון | |
| 280 | Ex12:31 | וקרא למשה | ולאהרן | בליליא ואמר קומו פוקו | |
| 281 | Ex12:43 | ואמר ייי למשה | ולאהרן | דא גזירת אורייתא דפסחא | |
| 282 | Ex 8:04 | וקרא פרעה למשה | ולאהרן | ואמר צלון קדם ייי ויעדון | |
| 283 | Ex 8:21 | וקרא פרע׳ למשה | ולאהרן | ואמר אזלו קרבו קדם ייי | |
| 284 | Ex 9:27 | ושלח פרעה וקרא למשה | ולאהרן | ואמר להון חטית הדא זמנא | |
| 285 | Ex10:16 | פרעה למקרי למשה | ולאהרן | ואמר חטית קדם ייי | |
| 286 | Ex10:24 | וקרא פרעה למשה | ולאהרן | ואמר אזילו פלחו קדם ייי | |
| 287 | Nu20:12 | ואמר ייי למשה | ולאהרן | חלף די לא היימנתון לי | |

| | | | | | |
|---|---|---|---|---|---|
| 288 | | Ex 7:08 | ואמר ייי למשה | ולאהרן | למימר: |
| 289 | | Ex 9:08 | ואמר ייי למשה | ולאהרן | סבו לכון מלא כפיכון קטם |
| 290 | כאהרן | Gn12:03M | מברכך | כאהרן | כהנא ומל{ל}<ס>טך אלוט |
| 291 | | Gn27:29M | ומברכיך יהון בריכין | כאהרן | כהנא |
| 292 | לאהרון | Ex24:05M | לא אתייהבת כהונתא | לאהרון | ואסיקו |
| 293 | לאהרן | Ex 8:12 | ואמר ייי למשה אמר | לאהרן | <...> ית חו«ס»רך ומחי ית |
| 294 | | Ex28:02 | ותעבד לבושי קדש | לאהרן | אחוך לאיקר ולתשבחא: |
| 295 | | Ex28:04 | ויעבדון לבושי דקדש | לאהרן | אחוך ולבנוי למשמשא קדמוי |
| 296 | | Ex 4:27 | ואמר ייי | לאהרן | איזל לקדמות משה למדברא |
| 297 | | Ex16:09 | ואמר משה | לאהרן | אמר לכל כנישתא דבני |
| 298 | | Ex 8:01 | ואמר ייי למשה אמר | לאהרן | ארכן ית ידך בחוטרך על |
| 299 | | Nu18:01 | ואמר ייי | לאהרן | את ובנך ואנשי ביתך עמך |
| 300 | | Nu18:20 | ואמר ייי | לאהרן | בארעהון לא תתאחסן וחלק לא |
| 301 | | Dt33:08 | תומייא ואורייא אלבישת | לאהרן | גברא חסידה די נפית יתיה |
| 302 | | Lv10:03 | ואמר משה | לאהרן | הוא פתגמא די מליל ייי |
| 303 | | Ex39:01 | לבושי קדש{י}<ה>^ די | לאהרן | היך מה דפקד ייי ית משה: |
| 304 | | Lv10:06 | ואמר משה | לאהרן | ולאלעזר ולאיתמר בנוי |
| 305 | | Nu21:16 | היא בירא די אמר ייי | לאהרן | ולמשה כנש ית עמא ואתן |
| 306 | | Lv 2:03 | ומה דמשתייר מן מנחתה | לאהרן | ולבנוהי קדש קדשים מן |
| 307 | | Ex29:28 | ויהוי | לאהרן | ולבנוי לקיים עלם מן לוות |
| 308 | | Ex29:35 | ותעבד | לאהרן | ולבנוי כדן כל מה דפקדית |
| 309 | | Lv 2:10 | ומה דמשתייר מן מנחתה | לאהרן | ולבנוי קדש קדשים מן |
| 310 | | Lv 7:31 | קדם ייי ויהוי ניעה | לאהרן | ולבנוי: |
| 311 | | Lv 8:31 | ואמר משה | לאהרן | ולבנוי בשלו ית בשרה בתרע |
| 312 | | Lv 9:01 | יומי אשלמותה קרא משה | לאהרן | ולבנוי ולחכימי ישראל: |
| 313 | | Lv24:09 | ותיהוי | לאהרן | ולבנוי ויאכלון יתה באתר |
| 314 | | Nu 3:09 | ותתן ית ליויי | לאהרן | ולבנוי מתנה אינון יהיבין |
| 315 | | Nu 3:48 | ותתן ית כספה | לאהרן | ולבנוי פרקונייה דאשתיירו |
| 316 | | Nu 3:51 | משה ית כסף פרקוניה | לאהרן | ולבנוי על פם גזירת ממרה |
| 317 | | Nu 8:19 | ויהבית ית ליויי מתנה | לאהרן | ולבנוי מן גו בני ישראל |
| 318 | | Nu 8:19M | /ליוואי יהיבין | לאהרן#2#/ | ולבנוי מן גו בני |
| 319 | | Ex29:27M | /דאשלמותה מה מן דאית | לאהרן | ומן מה דאית לבנוי#2#/: |
| 320 | | Ex29:26 | <מן> דכרא דאשלמותא די | לאהרן | ותניף ית{הון}<יה> אנפו |
| 321 | | Ex29:29 | ולבושי קודשא די | לאהרן | יהווי לבנוי בתרוי למתרבי |
| 322 | | Ex29:29M | "די ... בהון": דאית | לאהרן | יהוון לבנוי מן בתרה |
| 323 | | Ex 4:28 | וחווי משה | לאהרן | ית כל פתגמיא דייי דשלח |
| 324 | | Nu26:60 | ואתילד | לאהרן | ית נדב וית אביהוא ית |
| 325 | | Ex31:10 | לבושי ^בית#2#^ קודשא | לאהרן | כהנא וית לבושי בנוי |
| 326 | | Ex35:19 | למשמשה ית לבושי קודשא | לאהרן | כהנא וית לבושי בנוי |
| 327 | | Ex39:41 | וית לבושי בית קודשא | לאהרן | כהנא וית לבושי{ה} בנוי |
| 328 | | Lv 7:34 | קודשיהון ויהבת יתהון | לאהרן | כהנא ולבנוי קיים עלם |
| 329 | | Nu18:28 | מניה ית אפרשותה דייי | לאהרן | כהנה: |
| 330 | | Ex39:27 | כתונה דבוץ עובד גרדיי | לאהרן | לבנ{ין}<וי>: |
| 331 | | Ex32:21 | ואמר משה | לאהרן | מה עבד לך עמא האיליין |
| 332 | | Ex 7:09 | הבו לכון סימן ותימר | לאהרן | סב ית חטרך וטלק יתיה קדם |
| 333 | | Ex 7:19 | ואמר ייי למשה אמור | לאהרן | סב חוטרך וארכן ידיך על |
| 334 | | Ex16:33 | ואמר משה | לאהרן | סב צלוחי חדא והב בגווה |
| 335 | | Lv 9:02 | ואמר | לאהרן | סב לך עגל בר תורין לחטתה |
| 336 | | Nu17:11 | ואמר | לאהרן | סב ית מחתיתה והב עלה אשא |
| 337 | | Nu17:25M | ית חוטרה | דאהרן/לאהרן#2#/ | קדם סהדותא למטרה |
| 338 | | Lv 9:07 | ואמר משה | לאהרן | קרב על גבי מדבחה וקרב |

### אובות GN

| | | | | | |
|---|---|---|---|---|---|
| 001 | באובות | Nu21:10 | בני ישראל ושרון | באובות: | |
| 002 | מאובות | Nu21:11 | ונטלו | מאובות | ושרון במגזת עבריה במדברה |

### אוולס GN

| | | | | | |
|---|---|---|---|---|---|
| 001 | דאל' | Nu34:08M | דקילקי /בתחומה | דאל' | דקלקאי#2#/: |
| 002 | לאוולס | Nu34:08 | מפ<ק>נו{ק}י דתחומה | לאוולס | דקילקי: |

### אוזל PN

| | | | | | |
|---|---|---|---|---|---|
| 001 | אוזל | Gn10:27 | וית הדורם וית | אוזל | וית דקלה: |

### אוי PN

| | | | | | |
|---|---|---|---|---|---|
| 001 | אוי | Nu31:08 | קטלו על קטליהון ית | אוי | וית רקם וית צור וית חור |

### אומר PN

| | | | | | |
|---|---|---|---|---|---|
| 001 | אומר | Gn36:15 | דעשו רבה תימן רבה | אומר | רב{ו}<ה> צפו רבה קנז: |
| 002 | ואומר | Gn36:11 | בנוי דאליפז תימן | ואומר | צפו וגעתם וקנז: |

### און GN

| | | | | | |
|---|---|---|---|---|---|
| 001 | דאון | Gn46:20 | ברת פוטיפרע רבה | דאון | ית מנשה וית אפרים: |

### און PN

| | | | | | |
|---|---|---|---|---|---|
| 001 | ואון | Nu16:01 | ואבירם בנוי דאליאב | ואון | בר פלת בנוי דראובן: |

### אונן PN

| | | | | | |
|---|---|---|---|---|---|
| 001 | אונן | Gn38:04 | וילדת בר וקרת ית שמיה | אונן: | |
| 002 | | Gn38:09 | וידע | אונן | ארום לא לשמיה יתקרון בניה |
| 003 | ואונן | Nu26:19 | ער ואונן ומית ער | ואונן | בארעא דכנען: |
| 004 | | Gn46:12 | ובנוי דיהודה ער | ואונן | ושלה ופרץ וזרח <....> |
| 005 | | Nu26:19 | בנוי דיהודה ער | ואונן | ומית ער ואונן בארעא |
| 006 | לאונן | Gn38:08 | ואמר יהודה | לאונן | עול לוות אתתיה דאחוך ויבם |

### אוסייה GN

| | | | | | |
|---|---|---|---|---|---|
| 001 | ואוסייה | Gn10:02M | ותרקא /ויתינייה | ואו{ת}<ס>ייה | ותרקי#2#/: |

### אופיר PN

| | | | | | |
|---|---|---|---|---|---|
| 001 | אופיר | Gn10:29 | וית | אופיר | וית חוילה וית {יקטן} |

### אור PN

| | | | | | |
|---|---|---|---|---|---|
| 001 | אור | Ex35:30 | ייי בשם דרבן בצלאל בן | אור | בר חור מן שבטה דבנוי |
| 002 | | Ex38:22 | ובצלאלא בן | אור | בר חור לשבטא דבנוי |

### אורי PN

| | | | | | |
|---|---|---|---|---|---|
| 001 | אורי | Ex31:02 | בשם טב דרבן בצלאל בר | אורי | בר חור מן שבטא דבנוי |

### אותסייה GN

| | | | | | |
|---|---|---|---|---|---|
| 001 | אותסייה | Gn10:03M | אפרכיותהון | אסיה/[א]ותסייה#2#/ | ובר{ב}<כ>וי |

## אזני PN

| | | | | | |
|---|---|---|---|---|---|
| 001 | דאזני | Nu26:16 | לאזני זרעייתה דבנוי | דאזני | לערי זרעייתה דבנוי |
| 002 | לאזני | Nu26:16 | זרעייתה דבנוי דאזני | לאזני | |

## אחי PN

| | | | | | |
|---|---|---|---|---|---|
| 001 | אחי | Gn46:21 | ואשבל גרא ונעמן | אחי | וראש מפים וחפים וארד: |

## אחיהוד PN

| | | | | | |
|---|---|---|---|---|---|
| 001 | אחיהוד | Nu34:27 | שבטה דבנוי דאשר רבה | אחיהוד | בר שלמי: |

## אחימן PN

| | | | | | |
|---|---|---|---|---|---|
| 001 | אחימן | Nu13:22 | כלב עד חברון ותמן | אחימן | ששי ותלמי בנוי דענק |

## אחיסמך PN

| | | | | | |
|---|---|---|---|---|---|
| 001 | אחי' | Ex31:06M | \ברה דאחיסמך /בר | אחי'#2# | מן שבטא ד{ב}ג<ב>רי דן |
| 002 | אחיסמך | Ex35:34 | בלביה הוא ואהליאב בר | אחיסמך | מן שבטה דבנוי דדן: |
| 003 | | Ex38:23 | ועמיה אהליאב בר | אחיסמך | מן שיבטא דבנוי דדן נגר |
| 004 | דאחיסמך | Ex31:06 | עמיה ית אהליאב ברה | דאחיסמך | מן שבטא ד{ב}ג<ב>רי דן |

## אחיעזר PN

| | | | | | |
|---|---|---|---|---|---|
| 001 | אחיעזר | Nu 1:12 | מן שבטה דבנוי דדן | אחיעזר | בר עמי שדי: |
| 002 | | Nu 2:25 | משרית שבטה דבנוי דדן | אחיעזר | בר עמי שדי: |
| 003 | | Nu 7:66 | רב שבטה דבנוי דדן | אחיעזר | בר עמי שדי: |
| 004 | | Nu 7:71 | רב שבטה דבנוי דדן | אחיעזר | בר עמי שדי: |
| 005 | | Nu10:25 | דהוה ממני על חילוותיה | אחיעזר | בר עמי נדב: |

## אחירם PN

| | | | | | |
|---|---|---|---|---|---|
| 001 | לאחירם | Nu26:38 | דבנוי דאשבלי | לאחירם | זרעייתה דבנוי דאחירמי: |
| 002 | דאחירמי | Nu26:38 | זרעייתה דבנוי | דאחירמי: | |

## אחירע PN

| | | | | | |
|---|---|---|---|---|---|
| 001 | אחירע | Nu 1:15 | מן שבטה דבנוי דנפתלי | אחירע | בר עינן: |
| 002 | | Nu 2:29 | דשבטה דבנוי דנפתלי | אחירע | בר עינן: |
| 003 | | Nu 7:78 | רב שבטה דבנוי דנפתלי | אחירע | בר עינן: |
| 004 | | Nu 7:83 | רב שבטה דבנוי דנפתלי | אחירע | בר עינן: |
| 005 | | Nu10:27 | שבטה דבנוי דנפתלי | אחירע | בר עינן: |

## אטד GN

| | | | | | |
|---|---|---|---|---|---|
| 001 | אטדה | Gn50:10 | ומטון עד אדר | אטדה | די בעבר ירדנא ואספדו תמן |
| 002 | | Gn50:11 | דכנען ית אבלה באדר | אטדה | ואמרין אבל תקיף הוא |

## אטרגונא GN

| | | | | | |
|---|---|---|---|---|---|
| 001 | אטרגונא | Dt 3:04M | כל תחום | טרכונה/אטרגונא#2#/ | בית מלכותה דעוג |

## אטרכונה GN

| | | | | | |
|---|---|---|---|---|---|
| 001 | אטר' | Dt 3:13M | דמנשה כל תחום | תרכונה/אטר'#2#/ | לכל בותנין לאתרה |

## איוב PN

| | | | | | |
|---|---|---|---|---|---|
| 001 | איוב | Ex 9:20M | "מן דחל ... ייי": | איוב | דהוה דחיל מן פתגמ' דייי |

## איטליא GN

| | | | | | |
|---|---|---|---|---|---|
| 001 | איטליא | Nu24:24 | עזי} לשון מן מדינת | איטליא | דהיא <....> ויצטרפון |
| 002 | איטליה | Nu24:24M | מן לברניא מן מדינת | איטליה | וישעבדון לאתוראה |
| 003 | ואיטליא' | Gn10:04 | אלס וטרסס | ואיטליא' | ודרדני': |

## אילטיאה GN

| | | | | | |
|---|---|---|---|---|---|
| 001 | אילטיאה | Gn10:04M | | ואיטליא'/אילטיאה#2#/ | ודרדני' |

## אילם GN

| | | | | | |
|---|---|---|---|---|---|
| 001 | אילם | Ex16:01 | למדברא דסין די בין | אילם | ובין סיני בחמשת עשר |
| 002 | ובאילם | Nu33:09 | מן מרה ואתון לאילם | ובאילם | תרתין עשרי פיגיין דמיין |
| 003 | לאילם | Nu33:09 | ונטלו מן מרה ואתון | לאילם | ובאילם תרתין עשרי פיגיין |
| 004 | מאילם | Nu33:10 | ונטלו | מאילם | ושרון על ימא דסוף: |

## אילת GN

| | | | | | |
|---|---|---|---|---|---|
| 001 | אילת | Dt 2:08 | בגבלה מן אורח משרה מן | אילת | ומן כרך תרנגולה וכווינן |

## איעזר PN

| | | | | | |
|---|---|---|---|---|---|
| 001 | איעזר | Nu26:30M | /אליין#2# בנוי דגלעד | איעזר | זרעיתה דבנוי דאיעזרי |
| 002 | דאיעזרי | Nu26:30M | איעזר זרעיתה דבנוי | דאיעזרי | לחלק זרעיתה דבנוי |

## איתם GN

| | | | | | |
|---|---|---|---|---|---|
| 001 | באיתם | Ex13:20 | ונטלו מסכות ושרון | באיתם | בסיפה מדברה: |
| 002 | | Nu33:06 | ונטלו מן סכות ושרון | באיתם | די בסיפי מדברה: |
| 003 | דאיתם | Nu33:08 | ועברו בגו ימא במדברה | דאיתם | ושרון במרה: |

## איתמר PN

| | | | | | |
|---|---|---|---|---|---|
| 001 | איתמר | Ex 6:23 | וית אלעזר וית | א«י»תמר: | |
| 002 | | Nu26:60 | אביהוא ית אלעזר וית | איתמר: | |
| 003 | | Lv10:12 | אהרן ועם אלעזר ועם | איתמר | בנוי דאשתיירו סבו ית |
| 004 | | Lv10:16 | ורגז על אלעזר ועל | איתמר | בנוי דאהרן ^מה#2#^ |
| 005 | דאיתמ' | Nu 4:28 | זמנה ומטרתהון על | דאיתמ' | ברה דאהרן כהנה רבה: |
| 006 | דאיתמר | Nu 4:33 | במשכן זמנה על ידוי | דאיתמר | ברה דאהרן כהנה רבה: |
| 007 | | Nu 7:08 | פולחנהון על ידוי | דאיתמר | ברה דאהרן כהנה: |
| 008 | ואיתמר | Nu 3:02 | נדב ואביהוא אלעזר | ואיתמר: | |
| 009 | | Nu 3:04 | בכהונתה רבתה אלעזר | ואיתמר | בחיוי דאהרן אבוהון: |
| 010 | | Ex28:01 | נדב ואביהו אלעזר | ואיתמר | בנוי דאהרן: |
| 011 | ולאיתמר | Lv10:06 | משה לאהרן ולאלעזר | ולאיתמר | בנוי דאשיכון לא תכסון |

## אלדד PN

| | | | | | |
|---|---|---|---|---|---|
| 001 | אלדד | Nu11:26 | ושרת עליהון רוח קודשה | אלדד | הוה מתנבא ואמר הא סלוי |
| 002 | | Nu11:26 | חכימיה מן משריתה עד | אלדד | ומדד מתנבאין במשריתה: |
| 003 | | Nu11:27 | ותני למשה ואמר | אלדד | ומדד מתנבאין במשריתה: |
| 004 | | Nu11:26M | סבייה מן גו משריתה עד | אלדד | ומידד מתנביין במשריתה |
| 005 | | Nu11:26 | גברין במשריתה שמה דחד | אלדד | ושמה דתניינה מידד ושרת |

## אלדעה PN

| | | | |
|---|---|---|---|
| 001 | ואלדעה | Gn25:04 | ועפר וחנוך ואבידע ואלדעה כל אלין בנוי קטורה: |

## אלהים DN

| | | | |
|---|---|---|---|
| 001 | אלהים | Gn 3:08 | אדם ואתתה מן קדם ייי אלהים בגווא אלני גנתה: |
| 002 | | Gn 2:08 | ונצב ייי אלהים גנא בעדן מן לקדמין ושוי |
| 003 | | Gn 3:22 | ואמר ייי אלהים הא אדם קדמיה דברית יתיה |
| 004 | | Gn 3:01 | דאפי ברה די ברא ייי אלהים ואמר לאיתתא ארום אמר ייי |
| 005 | | Gn 2:07 | וברא ייי אלהים ית אדם עפר מן אדמתא ונפח |
| 006 | | Gn 2:15 | ונסיב ייי אלהים ית אדם ואשרי יתיה בגנתא |
| 007 | | Gn 2:22 | ושכלל ייי אלהים ית אלעא די נסב מן אדם |
| 008 | | Gn 2:18 | ואמר ייי אלהים לא תקן יהוי בר נשא |
| 009 | | Dt 9:26 | ברחמין מן קדמייך ייי אלהים לא תתחבל עמך ואחסנותך די |
| 010 | | Gn 3:09 | וקרא ייי אלהים לאדם ואמר ליה הא כל עלמא |
| 011 | | Gn 3:21 | ועבד ייי אלהים לאדם ולאתתיה לבושין דאוקר |
| 012 | | Gn 3:13 | ואמר ייי אלהים לאתתא מה היא דא'די עבדית |
| 013 | | Gn 3:14 | ואמר ייי אלהים לחויה ארום עבדית דא ליט |
| 014 | | Gn 3:08 | ושמעו ית קל ממרה דייי אלהים מהלך בגו' גנתאה למשב יומא |
| 015 | | Gn 2:05 | יצמח ארום לא אמטר ייי אלהים מטר על ארעא ואדם עד כדון |
| 016 | | Gn 2:09 | ורבי ייי אלהים מן אדמתא כל אילן דיאי |
| 017 | | Gn 2:19 | וברא ייי אלהים מן אדמתא כל חיתא דאפי ברא |
| 018 | | Gn 3:23 | וטרד יתיה ייי אלהים מן גנתה דעדן למפלח ית |
| 019 | | Gn 2:16 | ופקיד ייי אלהים על האדם למימר מן כל אילני |
| 020 | | Gn 2:04 | ביומא דברא ייי שמיא וארעא: |
| 021 | | Gn 2:21 | ורמה ייי אלהים שנה עמ«י»קה על אדם ודמך |
| 022 | אלקים | Gn22:14M | ברחמין מן קדמיך ייי אלקים כד יהוון בנוי דיצחק |
| 023 | אלהים | Dt 4:32 | למן יומא די ברא ייי אלהים אדם קדמיה על ארעא ולמן |

## אלון PN

| | | | |
|---|---|---|---|
| 001 | אלון | Gn36:02 | דכנענאי ית עדה ברת אלון חיתייא וית אהליבמה ברת |
| 002 | ואלון | Gn46:14 | ובנוי דזבולון סרד ואלון ויחלאל: |
| 003 | לאלון | Nu26:26 | דבנוי דס{ד}ר<ד>י לאלון זרעייתה דבנוי דיחלאלי |

## אלוש GN

| | | | |
|---|---|---|---|
| 001 | באלוש | Nu33:13 | ונטלו מן דפקה ושרון באלוש: |
| 002 | מאלוש | Nu33:14 | ונטלו מאלוש ושרון ברפידים ולא הוה |

## אליאב PN

| | | | |
|---|---|---|---|
| 001 | אליא' | Nu10:16 | שבטה דבנוי דזבולון אליא' בר חלן: |
| 002 | אליאב | Nu26:08 | ובנוי דפלוא אליאב: |
| 003 | | Nu 1:09 | מן שבטה דבנוי דזבולון אליאב בר חילן: |
| 004 | | Nu 2:07 | משרית שבטה דזבולן~ אליאב בר חילן: |
| 005 | | Nu 7:24 | קרב שבטה דבנוי דזבולון אליאב בר חלן: |
| 006 | | Nu 7:29 | רב שבטה דבנוי דזבולון אליאב בר חלן: |
| 007 | דאליאב | Nu26:09 | ובנוי דאליאב נמואל ודתן ואבירם הוא |
| 008 | | Dt11:06 | לדתן ולאבירם בנוי דאליאב בר ראובן די פתחת ארעא |
| 009 | | Nu16:01 | ואבירם בנוי דאליאב ואון בר פלת בנוי |
| 010 | | Nu16:12 | לדתן ולאבירם בנוי דאליאב ואמרין לית אנן סלקין: |

## אלידד PN

| | | | |
|---|---|---|---|
| 001 | אלידד | Nu34:21 | ומן שבטה דבנוי דבינמן אלידד בן כסלון: |

## אלייהרק GN

| | | | |
|---|---|---|---|
| 001 | ואלייהרק | Gn10:06M | ערביא ומצרים ואלייהרק וכנען |

## אלים GN

| | | | |
|---|---|---|---|
| 001 | אלים | Ex16:01 | ונטלו מן אלים ואתון כל כנישתא דבני |
| 002 | לאלימה | Ex15:27 | ואתון לאלימה ותמן תרתין עשרין פיגין |

## אליסף PN

| | | | |
|---|---|---|---|
| 001 | אליסף | Nu 1:14 | מן שבטה דבנוי דגד אליסף בר דעואל: |
| 002 | | Nu 2:14 | משריית שבטה דבנוי דגד אליסף בר רעואל: |
| 003 | | Nu 3:24 | דשבטה דבנוי דגרשני אליסף בר לאל: |
| 004 | | Nu 7:42 | שבטה דבנוי דג{ת}<ד> אליסף בר דעואל: |
| 005 | | Nu 7:47 | שבטה דבנוי דג{ת}<ד> אליסף בר דעואל: |
| 006 | | Nu10:20 | שבטה דבנוי דג{ת}<ד> אליסף בר דעואל: |

## אליעזר PN

| | | | |
|---|---|---|---|
| 001 | אליעזר | Gn14:14M | עימיה ואיתבחר מניהון אליעזר |
| 002 | | Ex18:04 | ושמה דאחרינא אליעזר ארום מימר אלהה דאבא |
| 003 | | Gn24:59M | רבית' פדגוגתא וית אליעזר עבדא#2#/ דאברהם וית |
| 004 | ואליעזר | Gn15:02 | אזל מן עלמא בלא בנין ואליעזר בר ביתי דעל ידוי איתעבד |

## אליפז PN

| | | | |
|---|---|---|---|
| 001 | אליפז | Gn36:04 | וילידת עדה לעשו ית אליפז {אליפז} ובשמת ילדת ית |
| 002 | | Gn36:10 | אלן שמהת בנוי דעשו אליפז ברא דעדה אתתיה דעשו |
| 003 | | Gn36:04 | עדה לעשו ית אליפז {אליפז} ובשמת ילדת ית רעואל: |
| 004 | דאליפז | Gn36:11 | והוון בנוי דאליפז תימן ואומר צפו וגעתם |
| 005 | | Gn36:16 | עמלק אלין רברבנוי דאליפז בארעהון דאדומיי אלין |
| 006 | | Gn36:15 | דבנוי דעשו בנוי דאליפז בכוריה דעשו רבה תימן |
| 007 | לאליפז | Gn36:12 | ותמנע הוות לחינתה לאליפז ברה דעשו וילידת לאליפז |
| 008 | | Gn36:12 | ברה דעשו וילידת לאליפז ית עמלק אלין בנוי דעדה |

## אליצור PN

| | | | |
|---|---|---|---|
| 001 | אליצור | Nu 1:05 | מן שבטה דבנוי דראובן אליצור בר שד«י»אור: |
| 002 | | Nu 2:10 | על שבטה דבנוי דראובן אליצור בר שדיאור: |
| 003 | | Nu 7:30 | רב שבטה דבנוי דראובן אליצור בר שדיאור: |
| 004 | | Nu 7:35 | רב שבטה דבנוי דראובן אליצור בר שדיאור: |
| 005 | | Nu10:18 | שבטה דבנוי דראובן אליצור בר שדיאור: |

## אליצפן PN

| | | | |
|---|---|---|---|
| 001 | אליצפן | Nu 3:30 | בית אבה דבנוי דקהתי אליצפן בר עזיאל: |
| 002 | | Nu34:25 | דבנוי דאפרים רבה אליצפן בר פרנך: |

## אלישא PN

| | | | |
|---|---|---|---|
| 001 | אלישא | Gn10:04 | ובנוי דיון אלישא ותרשיש כתים ודודנים: |

## אלישבע PN

| | | | |
|---|---|---|---|
| 001 | אלישבע | Ex 6:23 | ונסב אהרן ית אלישבע בת עמינדב אחתיה דנחשון |

## אלישמע PN

| | | | | | |
|---|---|---|---|---|---|
| 001 | אלישמע | Nu 1:10 | הוא שבטה דבית אפרים | אלישמע | בר עמיהוד מן שבטה דבנוי |
| 002 | | Nu 2:18 | שבטה דבנוי דאפרים | אלישמע | בר עמיהוד: |
| 003 | | Nu 7:48 | רב שבטה דבנוי דאפר' | אלישמע | בר עמיהוד: |
| 004 | | Nu 7:53 | לשבטה דבנוי דאפרים | אלישמע | בר עמיהוד: |
| 005 | | Nu10:22 | שבטה דבנוי דאפרים | אלישמע | בר עמיהוד: |

## אלמודד PN

| | | | | | |
|---|---|---|---|---|---|
| 001 | אלמודד | Gn10:26 | ויקטן אולד ית | אלמודד | וית שלף וית חצר מות |

## אלס GN

| | | | | | |
|---|---|---|---|---|---|
| 001 | אלס | Gn10:04 | ושם אפרכיותהון | אלס | וטרסס ואיטליא' ודרדני': |

## אלסטרסוס GN

| | | | | | |
|---|---|---|---|---|---|
| 001 | אלסטרסוס | Gn10:04M | \אלס | וטרסס/אלסטרסוס#2#/ | ואיטליא' |

## אלסר GN

| | | | | | |
|---|---|---|---|---|---|
| 001 | דאלסר | Gn14:01 | דשנער אריוך מלכא | דאלסר | כדר לעמר מלכא דעילם |
| 002 | | Gn14:09M | ואריוך מלכא | דפונטוס/דאלסר#2#/ | ארבעה מלכין סדרו |

## אלעזר PN

| | | | | | |
|---|---|---|---|---|---|
| 001 | אלעזר | Nu 3:32 | ממני על רברבני ליוויי | אלעזר | בר אהרן כהנה סכום נטורי |
| 002 | | Nu25:07 | וחמה פנחס בר | אלעזר | בר אהרן כהנה וקם מן גו |
| 003 | | Nu 4:16 | וסכומוי | אלעזר | ברה דאהרן כהנה רבה משחה |
| 004 | | Nu20:25 | סב ית אהרן וית | אלעזר | ברה ואסק יתהון להר טורה: |
| 005 | | Nu20:26 | ית לבושוי ותלבש יתהון | אלעזר | ברה ואהרן יתכנש וימות |
| 006 | | Nu25:11 | פינחס בר | אלעזר | ברה דאהרן כהנה רבה חזר |
| 007 | | Nu20:28 | לבושוי ואלבש יתהון ית | אלעזר | בריה ומית אהרן תמן בריש |
| 008 | | Dt10:06 | אהרן ואתקבר תמן ושמש | אלעזר | בריה בכהונתה רבתה |
| 009 | | Ex28:01 | אהרן נדב ואביהוא | אלעזר | ואיתמר בנוי דאהרן: |
| 010 | | Nu 3:02 | בכורה נדב ואביהוא | אלעזר | ואיתמר: |
| 011 | | Nu 3:04 | להון ושמש בכהונתה רבתה | אלעזר | ואיתמר בחיוי דאהרן |
| 012 | | Ex 6:23 | נדב וית אביהוא וית | אלעזר | וית א«י»תמר: |
| 013 | | Nu26:60 | ית נדב וית אביהוא ית | אלעזר | וית איתמר: |
| 014 | | Nu32:28 | ופקד יתהון «משה» ית | אלעזר | וית יהושע בר נון וית |
| 015 | | Lv10:16 | משה והא אתוקד ורגז על | אלעזר | ועל איתמר בנוי דאהרן |
| 016 | | Lv10:12 | ומליל משה עם אהרן ועם | אלעזר | ועם איתמר בנוי דאשתיירו |
| 017 | | Nu17:04 | ונסב | אלעזר | כהנא ית מחתיתה דנחשה די |
| 018 | | Nu19:04 | ויסב | אלעזר | כהנא מן אדמה באיצבעי |
| 019 | | Nu27:19 | ותקים י{ד}<ת>יה קדם | אלעזר | כהנא וקדם רברבניה וקדם כל |
| 020 | | Nu27:21 | וקדם | אלעזר | כהנא יקום וישאול לה בסדר |
| 021 | | Nu27:22 | יהושע ואקים יתיה קדם | אלעזר | כהנא וקדם כל עם כנשתה: |
| 022 | | Nu31:06 | יתהון וית «פנחס בר» | אלעזר | כהנא לסדרי קרבה ומני |
| 023 | | Nu31:21 | ואמר | אלעזר | כהנא לעמא עבדי קרבא דעלו |
| 024 | | Nu34:17 | יאחסנון לכון ית ארעא | אלעזר | כהנא ויהושע בר נון: |
| 025 | | Nu27:02 | וקיימן קדם משה וקדם | אלעזר | כהנה וקדם רברבניה וקדם כל |
| 026 | | Nu31:12 | לוות משה ולוות | אלעזר | כהנה ולוות כנישתה דבני |
| 027 | דאלעזר | Nu19:03M | יכוס יתה במחמייה | דאלעזר#2#/: | |
| 028 | | Nu19:05M | קדמוי/למחמייה | דאלעזר#2#/ | ית משכ{נ}ה וית בשרה |
| 029 | ואלעזר | Ex 6:25 | | ואלעזר | בר אהרן נסב לה מן בנתיה |
| 030 | | Nu26:03 | ומליל משה | ואלעזר | כהנא יתהון במשריה דמואב |
| 031 | | Nu31:13 | ונפקו משה | ואלעזר | כהנא וכל רברבני כנישתה |
| 032 | | Nu31:31 | ועבד משה | ואלעזר | כהנא היך מה די פקד ייי |
| 033 | | Nu31:51 | ונסב משה | ואלעזר | כהנא ית דהבה מן לוותהון |
| 034 | | Nu31:54 | ונסב משה | ואלעזר | כהנא ית דהבה מן לוות |
| 035 | | Nu26:63M | /סכומוי דמשה | ואלעזר | כהנה די סכמו ית בני |
| 036 | | Nu31:26 | ובבעירה אתה | ואלעזר | כהנה וראשי אבהת כנישתה: |
| 037 | | Nu20:28 | בריש טורה ונחת משה | ואלעזר | מן טורה: |
| 038 | ולאלעזר | Nu26:01 | ואמר ייי למשה | ול«א»<ל>עזר | ברה דאהרן כהנא רבה |
| 039 | | Lv10:06 | ואמר משה לאהרן | ולאלעזר | ולאיתמר בנוי ראשיכון לא |
| 040 | | Nu32:02 | דראובן ואמרין למשה | ולאלעזר | כהנה ולרברבני עם כנישתה |
| 041 | לאלעזר | Nu17:02 | אמר | לאלעזר | בר אהרן כהנה רבה וירים |
| 042 | | Nu19:03 | ותתנון ית' | לאלעזר | כהנא ויפק יתה לבר מן |
| 043 | | Nu31:29 | פלגותהון תסבון ותתן | לאלעזר | כהנא אפרשותה דייי: |
| 044 | | Nu31:41 | ית תלש אפרשותה דייי | לאלעזר | כהנא היך מה די פקד ייי |

## אלעלה GN

| | | | | | |
|---|---|---|---|---|---|
| 001 | אלעלה | Nu32:37 | בנון ית חשבון וית | אלעלה | וית קריתים: |
| 002 | ואלעלה | Nu32:03 | ובית נמרין וחשבון | ואלעלה | וסימת ונבו ובעון: |

## אלצפן PN

| | | | | | |
|---|---|---|---|---|---|
| 001 | ואלצפן | Ex 6:22 | ובנוי דעזיאל מישאל | ואלצפן | וסתרי: |
| 002 | ולאלצפן | Lv10:04 | וקרא משה למישאל | ולאלצפן | בנויהי דעזיאל חביבה |

## אלקנה PN

| | | | | | |
|---|---|---|---|---|---|
| 001 | ואלקנה | Ex 6:24 | ובנוי דקרח אסיר | ואלקנה | ואביאסף אליין אינון |

## אמרפל PN

| | | | | | |
|---|---|---|---|---|---|
| 001 | אמרפל | Gn14:01 | והווה ביומי | אמרפל | מלכה דשנער אריוך מלכא |
| 002 | ואמרפל | Gn14:09 | ותדעל מלכהון דאמיא | ואמרפל | מלכא דבבל ואריוך מלכא |

## אנוש PN

| | | | | | |
|---|---|---|---|---|---|
| 001 | אנו' | Gn 5:10 | וחיה | אנו' | מן בתר דאולד ית קינן |
| 002 | אנוש | Gn 5:06 | וחמש שנין ואוליד ית | אנוש: | |
| 003 | | Gn 4:26 | אתיליד בר וקרא ית שמיה | אנוש | בכדין שרו בני אנשא למהוי |
| 004 | | Gn 5:07 | שת מן בתר דאולד ית | אנוש | תמני מאה ושבע שנין ובהן |
| 005 | | Gn 5:09 | וחיה | אנוש | תשעי' שנין ואולד ית |
| 006 | דאנוש | Gn 5:11 | והוון כל יומי חיוי | דאנוש | תשע מאה וחמש שנין ומית |

## אנטוכייה GN

| | | | | | |
|---|---|---|---|---|---|
| 001 | אנטוכיה | Nu13:21 | עד רחוב למעליה | אנטוכיה: | |
| 002 | אנטוכייה | Nu34:08 | תכוונון למעלני | אנטוכייה | ויהוון מפ<ק>נו{ק}י' |

## אסיה GN

| | | | | | |
|---|---|---|---|---|---|
| 001 | אסיה | Gn10:03 | ושם אפרכיותהון | אסיה | ובר{ב}<כ>וי וברבריא: |

## אסיר PN

| | | | | | |
|---|---|---|---|---|---|
| 001 | אסיר | Ex 6:24 | ובנוי דקרח | אסיר | ואלקנה ואביאסף אליין |

## אסנת PN

| | | | | | |
|---|---|---|---|---|---|
| 001 | אסנת | Gn41:45 | גליו ליה ואסב ליה ית | אסנת | ברת פוטיפרע רבה דטנס |
| 002 | | Gn41:50 | דכפנא מה די ילדת לה | אסנת | ברת פוטיפרע רבה דטנס: |

| | | | | | |
|---|---|---|---|---|---|
| 003 | | Gn46:20 | דמצרים מה דילידת ליה | אסנת | ברת פוטיפרע רבה דאון ית |

## אסתר PN

| | | | | | |
|---|---|---|---|---|---|
| 001 | ואסתר | Ex17:16 | ישיצון יתהון מרדכי | ואסתר | וייי אמר במימריה למשיציא |

## אפוד PN

| | | | | | |
|---|---|---|---|---|---|
| 001 | אפוד | Nu34:23 | דמנשה רבה חניאל בן | אפוד: | |

## אפיקירוס PN

| | | | | | |
|---|---|---|---|---|---|
| 001 | ואפיקירוס | Dt 3:14 | עד תחום גשורייה | {{ואפיקירוס}} | וקרא יתהון על שמה ית |

## אפמיה GN

| | | | | | |
|---|---|---|---|---|---|
| 001 | אפמיה | Nu34:11 | ונחת תחומה מן | אפמיה | לדפני מן מד«י» נחה |
| 002 | לאפמיה | Nu34:10 | מן טירת עינוותה | לאפמיה: | |
| 003 | לאפמייס | Nu34:10M | דיירת עיינוותה | לאפמייס#2#/: | |

## אפרים PN

| | | | | | |
|---|---|---|---|---|---|
| 001 | אפרים | Gn46:20 | דאון ית מנשה וית | אפרים: | |
| 002 | | Gn48:01 | עמיה ית מנשה וית | אפרים: | |
| 003 | | Nu 1:10 | דיוסף הוא שבטה דבית | אפרים | אלישמע בר עמיהוד מן |
| 004 | | Gn41:52 | וית שמה דתניינא קרא | אפרים | ארום תקף יתי ייי בארעא |
| 005 | | Gn48:13 | ודבר יוסף ית תריהון ית | אפרים | בימיניה מן שמאלה דישראל |
| 006 | | Gn48:05 | מצרימה לשמי אינון | אפרים | ומנשה כראובן ושמעון |
| 007 | | Nu 1:32 | דיוסף הוא שבטה דבית | אפרים | יחוסיהון לזרעייתהון |
| 008 | | Nu24:20M | יהושע בר נון מדבית | אפרים | תינין {איגחי} <אגח> בהון |
| 009 | דא' | Nu 1:10M | דהוא מן שבטה דבנוי | דא'#2#/ | אלישמע בר עמיהוד מן |
| 010 | דאפ' | Nu 1:08M | דהוא מן שבטה דבנוי | דאפ'#2#/ | נתנאל בן צוער: |
| 011 | דאפר' | Nu 7:48 | קרב רב שבטה דבנוי | דאפר' | אלישמע בר עמיהוד: |
| 012 | דאפרי' | Nu34:24 | ולשבטה דבנוי | דאפרי' | רבה קמואל בן שפטן: |
| 013 | דאפרים | Nu 2:18 | על משרית שבטה דבנוי | דאפרים | אלישמע בר עמיהוד: |
| 014 | | Nu 7:53 | גרמיה רב לשבטה דבנוי | דאפרים | אלישמע בר עמיהוד: |
| 015 | | Nu10:22 | על חילוות שבטה דבנוי | דאפרים | אלישמע בר עמיהוד: |
| 016 | | Nu13:08 | מן שבטה דבנוי | דאפרים | הושע בר נון: |
| 017 | | Nu 1:33 | סכומיהון דשבטה | דאפרים | ארבעין אלפין וחמש מאה: |
| 018 | | Dt34:02 | דנפתלי וית ארעא | דאפרים | ומנשה וית כל ארעא |
| 019 | | Dt33:17 | דהוא מן שבטה דבנוי | דאפרים | ואינון אלפיה דקטל גדעון |
| 020 | | Gn48:14 | ופשט ושוי על ראשה | דאפרים | והוא זעירא וית שמאליה על |
| 021 | | Gn48:17 | ית ימיניה על רישה | דאפרים | והוא לא שפר באפוי ואתוקף |
| 022 | | Nu26:35M | אלין/אליין#2#/בנוי | דאפרים | לזרעייתהון לשותלח |
| 023 | | Nu 2:18 | טכס משרית שבטה דבנוי | דאפרים | לחילוותהון מן מערבה |
| 024 | | Nu10:22 | משרית שבטה ד<ב>נוי | דאפרים | לחילוותהון ורבה דהוה |
| 025 | | Nu26:37 | אלין זרעייתה דבנוי | דאפרים | לסכומיהון תלתין ותרין |
| 026 | | Gn48:17 | יתה מעילוי רישה | דאפרים | על רישא דמנשה: |
| 027 | | Nu 2:24 | דמשרית שבטה דבנוי | דאפרים | עשרה רבוון תמנייה אלפין |
| 028 | | Nu34:25 | ומן שבטה דבנוי | דאפרים | רבה אליצפן בר פרנך: |
| 029 | | Nu 1:32M | דהוא מן שבטה דבנוי | דאפרים | תולדוותהון לזרעייתהון |
| 030 | ואפרים | Nu26:28 | לזרעייתהון מנשה | ואפרים: | |
| 031 | | Gn49:22 | תרין שבטין מנש«ה» | ואפרים | ויקבלון חולק ואחסנון עם |
| 032 | כאפרים | Gn48:20 | למימר ישוי יתך ייי | כאפרים | וכמנשה ושוי ית ברכתיה |
| 033 | לאפרים | Gn50:23 | וחמא יוס«ף» | לאפרים | בנין דר תליתאי אף בנוי |

## אפריקי GN

| | | | | | |
|---|---|---|---|---|---|
| 001 | אפריקי | Gn10:02 | ותירס ושם אפרכיותהון | אפריקי | וגרמניה ומדי ומקדוניא |

## אפרכשד PN

| | | | | | |
|---|---|---|---|---|---|
| 001 | אפרכשד | Gn11:13 | וחיה | אפרכשד | מן בתר דאולד ית שלח |

## אפרת GN

| | | | | | |
|---|---|---|---|---|---|
| 001 | דאפרת | Gn48:07 | וקברת יתה תמן באורחא | דאפרת | היא בית לחם: |

## אפרתה GN

| | | | | | |
|---|---|---|---|---|---|
| 001 | דאפרתה | Gn35:19 | רחל ואתקברת בארחא | דאפרתה | היא בית לחם: |
| 002 | לאפר' | Gn48:07M | בכרת ארעא למיעול | לאפר'#2#/ | וקברת יתה תמן באורחא |
| 003 | לאפרתה | Gn35:16 | עללתה דארעא למתייה | לאפרתה | וילדת רחל ואתקשיית |
| 004 | | Gn48:07 | עללתא דארעא למיתא | לאפרתה | וקברת יתה תמן באורחא |

## אצבון PN

| | | | | | |
|---|---|---|---|---|---|
| 001 | ואצבון | Gn46:16 | צפיון וחגי שוני | ואצבון | ערי וארודי ואראלי: |

## אצר PN

| | | | | | |
|---|---|---|---|---|---|
| 001 | ואצר | Gn36:21 | ודישון | ואצר | ודישן אלין רברבניה |

## אראלי PN

| | | | | | |
|---|---|---|---|---|---|
| 001 | דאראלי | Nu26:17 | זרעייתה דבנוי | דאראלי: | |
| 002 | ואראלי | Gn46:16 | ואצבון ערי וארודי | ואראלי: | |
| 003 | לאראלי | Nu26:17 | דבנוי דארודי | לאראלי | זרעייתה דבנוי דאראלי: |

## ארד PN

| | | | | | |
|---|---|---|---|---|---|
| 001 | ארד | Nu26:40 | והוון בני בלע | ארד | ונעמן זרעייתה דבנוי |
| 002 | וארד | Gn46:21 | וראש מפים וחפים | וארד: | |
| 003 | דארדי | Nu26:40 | ונעמן זרעייתה דבנוי | דארדי | לנעמן זרעייתה דבנוי |

## ארוד PN

| | | | | | |
|---|---|---|---|---|---|
| 001 | לארוד | Nu26:17 | | לארוד | זרעייתה דבנוי דארודי |

## ארודי PN

| | | | | | |
|---|---|---|---|---|---|
| 001 | דארודי | Nu26:17 | לארוד זרעייתה דבנוי | דארודי | לאראלי זרעייתה דבנוי |
| 002 | וארודי | Gn46:16 | שוני ואצבון ערי | וארודי | ואראלי: |

## אריוך PN

| | | | | | |
|---|---|---|---|---|---|
| 001 | אריוך | Gn14:01 | אמרפל מלכה דשנער | אריוך | מלכא דאלסר כדר לעמר |
| 002 | ואריוך | Gn14:09 | ואמרפל מלכא דבבל | ואריוך | מלכא דפונטוס ארבעה |

## ארם PN/GN

| | | | | | |
|---|---|---|---|---|---|
| 001 | ארם | Nu23:07 | ונטל במתל נבותה מן | ארם | דבר יתי בלק מלכיהון |
| 002 | דארם | Gn10:23 | ובנוי | דארם | עוץ וחול וגתר ומש: |
| 003 | | Gn22:21 | אחוי וית קמואל אבוי | דארם: | |
| 004 | וארם | Gn10:22 | ואשור וארפכשד ולוד | וארם: | |

## ארם נהרים GN

001 ארם נהרים Dt23:05 בר בעור חלמיא דמן ארם נהרים למלוט יתכון:

## ארן PN

001 דארן Nu 3:02 ואילן שמהת בנוי דארן בכורה נדב ואביהוא

## ארפכשד PN

001 ארפכש' Gn11:10 מאה שנין הוה ואולד ית ארפכש' תרתין שנין בתר מבולא:
002 ארפכשד Gn11:11 שם מן בתר דאולד ית ארפכשד חמש מאה שנין ובהן בשניה
003 וארפכשד Gn10:24 וארפכשד אולד ית שלח ושלח אולד
004 Gn10:22 בנוי דשם עלם ואשור וארפכשד ולוד וארם:
005 Gn11:12 וארפכשד חיה תלתין וחמש שנין

## אשבל PN

001 ואשבל Gn46:21 דבנימן בלע ובכר ואשבל גרא ונעמן אחי וראש
002 לאשבל Nu26:38 זרעייתה דבנוי דבלעי לאשבל זרעייתה דבנוי דאשבלי
003 דאשבלי Nu26:38 לאשבל זרעייתה דבנוי דאשבלי לאחירם זרעייתה דבנוי

## אשור PN

001 ואשור Gn10:22 בנוי דשם עלם ואשור וארפכשד ולוד וארם:

## אשכל PN

001 דאשכל Gn14:13 אמורי«ה» אחוי דאשכל ואחוי דענר ואנון הוון

## אשכנז PN

001 אשכנז Gn10:03 ובנוי דגמר אשכנז וריפת ותוגרמה: ושם

## אשר PN

001 אשר Gn30:13 וקראת ית שמה אשר:
002 Ex28:20 עליהון שם תלתא שבטין אשר יוסף ובנימן מאחדן דהב
003 Ex39:13 עליהון שם תלתה שבטין אשר יוסף ובנימן מקפן מאחדן
004 Dt33:25 הא עמא דבית אשר ברירין היך פרזלה וחסימין
005 Gn49:20 טוביכון דבית אשר מה תפנוקי מלכייא דבני
006 דאשר Gn46:17 ובנוי דאשר ימנה וישוה וישוי
007 Nu26:46 ושמה דברתה דאשר סרח:
008 Nu13:13 מן שבטה דבנוי דאשר סתור בר מיכאל:
009 Nu 1:13 מן שבטה דבנוי דאשר פגעיאל בר עכרן:
010 Nu 2:27 על משרית שבטה דבנוי דאשר פגעיאל בר עכרן:
011 Nu 7:72 קרבן רב שבטה דבנוי דאשר פגעיאל בר עכרן:
012 Nu10:26 ועל חילוותי שבטה דבנוי דאשר פגעיאל בר עכרן:
013 Nu 7:77 גרמיה רב שבטה דבנוי דאשר פעגיאל בר עכרן:
014 Nu 1:41 סכומיהון דשבטה דבנוי דאשר ארבעין וחד אלפין וחמש
015 Dt33:24 ולשבטה דאשר ברך משה נבייא דייי ואמר
016 Nu 2:27 סמיכין לה רבה דבנוי דאשר ורבה דהוה ממני על משרית
017 Nu 1:40 לבנוי דאשר יחוסיהון לזרעייתהון
018 Nu26:44 בנוי דאשר לזרעייתהון לימנה זרעייתה
019 Nu26:47 אלין זרעייתה דבנוי דאשר לסכומיהון חמשין ותלתה
020 Nu34:27 ומן שבטה דבנוי דאשר רבה אחיהוד בר שלמי:
021 ואשר Ex 1:04 דן ונפתלי גד ואשר:
022 Ex28:19 דן ונפתלי גד {ואשר}:
023 Dt27:13 דעיבל ראובן גד ואשר זבולן דן ונפתלי:

024 Gn35:26 דלאה גד ואשר אלין בנוי דיעקב דאתילדו <....>
025 לאשר Nu 1:13M \מן שבטה דבנוי דאשר/לאשר#2#/ פגעיאל בר עכרן:

## אשריאל PN

001 ואשריאל Nu26:31 ואשריאל זרעיתה דבנוי דאשריאלי
002 דאשריאלי Nu26:31 זרעיתה דבנוי דאשריאלי ושכם זרעייתה דבנוי

## אתור GN

001 לאתור Gn25:18 די כל קבל מצרים מעלך לאתור וקדם כל אחוי שרה:
002 אתוריה Gn 2:14 הוא דחזר ומקף מן מדנח אתוריה ונהרא רביעיא הוא נהרא

## אתם GN

001 מאתם Nu33:07 <ונטלו> מאתם ושרון בפונדקי חירתה

## אתמר PN

001 דאתמר Ex38:21 דלווי על ידוי דאתמר בר אהרן כהנא ^רבה#2#^:

## באר שבע GN

001 בבאירה דשבע Gn21:33M "בבאר שבע ...": בבאירה דשבע ואתקן בגוה מאכל ומשקה
002 בבאירא דשבע Gn46:05M וקם יעקב מן באר שבע/בבאירא דשבע#2#/ וטענו/ונטלו#2#/
003 באר שבע Gn21:31 כן קרא שמה דאתרה ההוא באר שבע ארום תמן קיימו תריהון
004 Gn46:05 וקם יעקב מן באר שבע וטענו בני ישראל ית
005 Gn28:10 יעקב בזמנא די נפק מן באר שבע למיזל לחרן:
006 Gn26:33 כדן שמה דקרא לבארה באר שבע עד זמן יומא הדין:
007 בארה דש' Gn21:31M דאתרה ההוא באר שבע/בארה דש'#2#/ ארום תמן קיימו
008 בארה דשבע Gn26:33M קרון שמ' דקרתא בארה דשבע#2#/ עד זמן יומא הדין:
009 בבאר שבע Gn22:19 ושרא אברהם בבאר שבע:
010 Gn21:33 ונצב אברהם פרדס בבאר שב«ע» ויהב בגויה מזון
011 Gn21:32 וקיימו קיים בבאר שבע וקם אבימלך ופיכל רב
012 בבארה דש' Gn21:32M וקיימו קיים בבאר שבע/בבארה דש'#2#/ וקם אבימלך
013 דבארה דשבע Gn21:14 ואזלת וטעת במדברא דבארה דשבע:
014 לבאירה דשבע Gn46:01 וכל מה דיליה ואתא לבאירה דשבע ונכס נכסין לאלה דאבוי
015 לבאר שבע Gn26:23 ואסתלק מן תמן לבאר שבע:
016 Gn22:19 ואזלו כחדא לבאר שבע ושרא אברהם בבאר שבע:
017 לבארה דשבע Gn22:19M /והלכו כחדא לבארה דשבע#2#/ ושרא אברהם
018 Gn26:23M מן תמן לבאר שבע/לבארה דשבע#2#/:
019 מבאר שבע Gn28:10 יעקב בזמנא דנפק מבאר שבע למיזל לחרן נסא קדמיא

## בארה PN

001 בארה Gn26:34 אתה ית יהודית ברת בארה חיתייה <....>:

## בבל GN

001 בבל Gn15:12 עלוהי "אימה" דא היא בבל "חשכה" דא היא מדי "גדולה"
002 Gn10:10 והווה שרוי מלכותיה ב{כ}<ב>ל הד{ם}<ס> ונציבין
003 Gn11:09 בגין כדן קרא שמה ב{כ}<ב>ל ארו' כדן ערבב ייי לשני
004 Gn15:12M ית בנוי אימתא דא היא בבל קיבלא דא היא מידי
005 דבבל Gn14:01M אמרפל מלכה דשנער/דבבל#2#/ אריוך מלכא דאלסר
006 Gn10:10 וקטיספי בארעא דבבל:
007 Gn14:09 דאמיא ואמרפל מלכא דבבל ואריוך מלכא דפונטוס
008 Gn11:02 ואשכחו בקעה בארעא דבבל ושרון תמן:

## בדד PN

001 בדד Gn36:35 חשם ומלך בתרה הדד בן בדד די קטל ית מדייני

## בוז PN

001 בוז Gn22:21 ית עוץ בוכרה וית בוז אחוי וית קמואל אבוי

## בותניין GN

001 בבותנין Dt 3:04 בית מלכותה דעוג ב{כ}<ב>ותנין:
002 Dt 3:10 בית מלכותה דעוג בבותנין:
003 Dt 4:43 דבית גדי וית דברה בבותנין לשבטה דבנוי דמנשה:
004 בותניים Nu21:33M וסליקו ארח בתנין/בותניי{ס}<ם>#2#/ ונפק עוג מלכא
005 בותניין Dt33:22 מן מבועיה דנפקין מן בותניין:
006 Dt32:14M ודכרין בני בתניי/בותניין#2#/ וגדיין עם טוב
007 Dt 3:14 יתהון על שמה ית בותנ«י»ין כופרנוי דיאיר עד יומא
008 Nu21:33M \דבותנין לקדמותהון /בותניין לקדמותן#2#/ הוא וכל
009 בותנין Dt 3:13 ושאר גלעדה וכל בותנין בית מלכותה דעוג יהבית
010 Dt 3:13 כל תחום תרכונה לכל בותנין לאתרה ההוא יתקרי ארעהון
011 Dt 3:10 מישרה וכל גלעדה וכל בותנין עד
012 בתנין Nu21:33 וכוינו וסליקו ארח בתנין ונפק עוג מלכא דבותנין
013 דבותניין Dt 3:01 ונפק עוג מלכא דבותניין לקדמותן הוא וכל עמיה
014 Nu34:15 מלכותא דעוג מלכא דבותניין מה די קטל משה נביא
015 Dt 4:47 וית ארע עוג מלכא דבותניין תרין מלכיהון דאמוריי די
016 דבותנין Dt 3:11 ארום לחוד עוג מלכא דבותנין אשתייר מן שייר גבריא
017 Dt 1:04 וית עוג מלכא דבותנין דהווה שרי בעשת{ה}<ר>תה
018 Nu21:34 חמא משה לעוג מלכא דבותנין דחל וארתת מן קדמוי ואמר
019 Dt 3:03 לחוד ית עוג מלכא דבותנין וית כל עמיה וקטלנן יתיה
020 Nu21:33 ונפק עוג מלכא דבותנין לקדמותהון הוא וכל עמיה
021 Dt29:06 דחשבון ועוג מלכא דבותנין לקדמותן לסדרי קרבה
022 דבותנן Nu34:15M "דבותניין ... עד מטי": דבותנן נפק לרפיח ולשוק מזיי עד
023 דמותנין Nu32:33 מלכותא דעוג מלכא דמותנין ארעא לקרייה בתחומה קרייה
024 דבר' Dt 3:14M על שמה ית בותנ«י»ין/דבר#2#/ כופרנוי דיאיר
025 דבותניין Dt 3:01 וסלקנן לאורח {ר}<ד>בותניין ונפק עוג מלכא

## בית אל GN

001 בית אל Gn35:15 די מלל עמיה תמן ייי בית אל:
002 Gn35:07 תמן {«ייי»} ייי בית אל ארום תמן אתגלי עלוי ייי
003 בבית אל Gn35:07M אלהא די אתגלי עלוי בבית אל ארום תמן אתגליית עלוי
004 Gn31:13 הוא אלהה דאתגלית עלך בבית אל די רבית תמן קיימא די

## בית דיבן GN

001 בית דיב' Nu22:39M דבתרין שוקה היא בית דיב#2#/:

## בית זימרא GN

001 בית זימרא Nu34:15 דברתיה וכל טרכון בית זימרא בית מלכותא דסיחון

## בית ירח GN

001 דבית ירח Nu34:15 וממדנח ימא דבית ירח נפק להון תחומא
002 לבית ירח Nu34:15 דעיון דמן מדנח לבית ירח וממדנח ימא דבית ירח

## בית ישימון GN

001 בית ישימון Nu21:20 מצטפייה מן כל קבל בית ישימון:
002 בית הישימון Nu23:28 מן {על} <כל> קבל בית הישימון:
003 דבית ישימון Nu21:20M דמצטייפה כל וקבל דבית ישימון

## בית ישימות GN

001 מיבת ישימות Nu33:49 ושרון על ירדנה מיבת ישימות עד אבל שיטין

## בית לחם GN

001 בית לחם Gn35:19 בארחא דאפרתה היא בית לחם:
002 Gn48:07 באורחא דאפרת היא בית לחם:

## בית נמרה GN

001 בית נמרה Nu32:36 וית בית נמרה וית בית רמתה קרוי תלילן

## בית נמרין GN

001 ובית נמרין Nu32:03 ודיבון» מכבר ובית נמרין וחשבון ואלעלה וסימת

## בית רמתה GN

001 בית רמתה Nu32:36 וית בית נמרה וית בית רמתה קרוי תלילן ודירין דען:

## ביתאל GN

001 ביתאל Gn35:06 די בארעא דכנען הי ביתאל הוא וכל עמא די עמיה:
002 Gn13:03 תמן משכניה בקדמיתא בין ביתאל ובין עייה:
003 Gn28:19 וקרא ית שמה דאתרא ההוא ביתאל וברם לוז הוה שמה דקרתא
004 Gn12:08 לביתאל ופרש משכנה ביתאל מן מערבה ועיה מן מדנחה
005 Gn13:03 למטלנוי מן דרומא עד ביתאל עד אתרא די פרס תמן משכניה
006 לבית אל Gn35:03 ונקום ונסק לבית אל ואבנה תמן מדבח לשמה דייי
007 לביתאל Gn35:08M ואתקברת מן תחות \לביתאל#2#/ בלוטה וקרא שמיה
008 Gn12:08 מן תמן לטורא מן מדנח לביתאל ופרש משכנה ביתאל מן
009 Gn35:01 ייי ליעקב קום סוק לביתאל ושרי תמן ובני תמן מדבח
010 Gn13:03M ביתאל /דרום עד לביתאל#2#/ עד אתרא די פרס תמן
011 מביתאל Gn35:16 ונטלו מביתאל והוו«ה» אשון עללתה

## ביתניא GN

001 וביתניא Gn10:02 ומדי ומקדוניא וביתניא ומוס«י»א ותרקא:
002 ויתינייה Gn10:02M ומוס«י»א ותרקא /ויתינייה ואו{ת}<ס>ייה ותרקי#2#

## בכר PN

001 ובכר Gn46:21 ובנוי דבנימן בלע ובכר ואשבל גרא ונעמן אחי
002 לבכר Nu26:35M דבנוי לשותלחי לבכר זרעייתה דבנוי דבכרי
003 דבכרי Nu26:35M לבכר זרעייתה דבנוי דבכרי לתחן זרעייתה דבנוי

## בלהה PN

001 בלהה Gn30:03M \אמתי בלהה על/אמהתי בלהה אזדמן#2#/ לוותה {לוותה}
002 Gn30:07 ועברת תוב וילדת בלהה אמה{ה}תה דרחל בר תניין
003 Gn29:29 ויהב לבן לרחל ברתה ית בלהה אמהתא לה לאמהה:
004 Gn30:04 ואסבת ליה ית בלהה אמהתה לאתה ועל לוותיה
005 Gn30:05 ועברת בלהה וילידת ליעקב בר
006 Gn35:22 ואזל ראובן וישכב ית בלהה ושמע ישראל והוון בנוי
007 Gn50:16 ופקידו שבטי' ית בלהה למרביתה דיוסף למימר לה

|  |  |  |  |  |  |
|---|---|---|---|---|---|
| 008 | | Gn30:03 | ואמרת הא אמתי | בלהה | על לוותה {לוותה} ותלד |
| 009 | דבלהה | Gn35:25 | ובניה | דבלהה | אמהתה <....>: |
| 010 | | Gn46:25 | אלין בנוי | דבלהה | די יהב לבן לרחל ברתיה |
| 011 | | Gn37:02 | הוה טלי מתרבי עם בנוי | דבלהה | ועם בנוי דזלפה נשוי |

## בלע PN

|  |  |  |  |  |  |
|---|---|---|---|---|---|
| 001 | בלע | Gn46:21 | ובנוי דבנימן | בלע | ובכר ואשבל גרא ונעמן |
| 002 | בלע | Nu26:40 | והוון בני | בלע | ארד ונעמן זרעייתה דבנוי |
| 003 | | Gn36:32 | ומלך באדום | בלע | בר בעור ושמיה דקרתא |
| 004 | | Gn36:33 | ומית | בלע | ומלך בתרה יובב <....>: |
| 005 | לבלע | Nu26:38 | דבנימן לזרעייתהון | לבלע | זרעייתה דבנוי דבלעי |
| 006 | דבלעי | Nu26:38 | לבלע זרעייתה דבנוי | דבלעי | לאשבל זרעייתה דבנוי |

## בלעם PN

|  |  |  |  |  |  |
|---|---|---|---|---|---|
| 001 | בלעם | Nu22:08 | ושרון רברבני מואביי עם | בלעם: | |
| 002 | | Nu24:01 | וחמה | בלעם | ארום שפר הוה מן קדם ייי |
| 003 | | Nu23:03 | יחווי ייי אתני לך ואזל | בלעם | בלב יחידי שפי למילוט ית |
| 004 | | Nu22:20 | ואתגלי מימריה דייי על | בלעם | בליליה ואמר לה אין למקרא |
| 005 | | Nu23:10 | מסגין ככוכבי שמיא אמר | בלעם | במתל נבותה אן קטלין יתיה |
| 006 | | Nu23:23 | ודדבית ישראל אמר | בלעם | במתל נבותה טוביכון צדיקיה |
| 007 | | Nu24:03 | במתל נבותה ואמר אמר | בלעם | בנוי דפעור אמר גברא |
| 008 | | Nu22:13 | וקם | בלעם | בצפרא ואמר לרברבנוי דבלק |
| 009 | | Nu22:21 | וקם | בלעם | בצפרא ושוי ית אתנתה ואזל |
| 010 | | Nu22:05 | ושלח שליחין לוות | בלעם | בר בעור פתורה חלמייה די |
| 011 | | Nu31:08 | מלכיהון דמדיינאי וית | בלעם | בר בעור קטלו בחרבה: |
| 012 | | Dt23:05 | ודי אגרו עליכון ית | בלעם | בר בעור חלמיא דמן |
| 013 | | Nu24:15 | במתל נבותיה ואמר אמר | בלעם | ברה בעור אמר גברה דיקיר |
| 014 | | Nu23:10 | ישראל בחרבה מבשר הוא | בלעם | דלית ליה חולק לעלמא דאתי |
| 015 | | Nu24:25 | וקם | בלעם | ואזל וחזר לאתרה ואף בלק |
| 016 | | Nu22:09 | ואתגלי מימריה דייי על | בלעם | ואמר מן אינון גברייה |
| 017 | | Nu22:18 | וענה | בלעם | ואמר לעבדוי דבלק אם יתן |
| 018 | | Nu23:04 | ואזדמן מימרה דייי על | בלעם | ואמר ליה ית שבעתי מדבחיה |
| 019 | | Nu23:26 | וענה | בלעם | ואמר לבלק הלא מלילית עמך |
| 020 | | Nu22:16 | ואתון לוות | בלעם | ואמרין ליה כדין אמר בלק |
| 021 | | Nu22:41 | והוה בצפרא ודבר בלק ית | בלעם | ואסק יתיה לבמתה דבעלה |
| 022 | | Nu24:10 | ותקיף רוגזה דבלק על | בלעם | וטפח בכף ידוי ואמר בלק |
| 023 | | Nu22:27 | דייי ורבעת לה תחות | בלעם | ומחת ית אתנתה בחוטרה: |
| 024 | | Nu22:07 | בידהון ואתון לוות | בלעם | ומללו עימיה מלוי דבלק: |
| 025 | | Nu22:36 | ושמע בלק ארום אתה | בלעם | ונפק לקדמותיה לארעהון |
| 026 | | Nu23:02 | ועבד בלק היך מה דמלל | בלעם | וקרב בלק ובלעם תור ודכר |
| 027 | | Nu23:30 | ועבד בלק היך מה דאמר | בלעם | וקרב תור ודבר על כל מדבח: |
| 028 | | Nu23:16 | ואזדמן מימריה דייי על | בלעם | ושוי פתגם בפמיה ואמר |
| 029 | | Nu22:23 | והלכת באפי ברא ומחת | בלעם | ית אתנתה למכוונה יתה |
| 030 | | Nu24:02 | ונטל | בלעם | ית עיינוי וחמה ית ישראל |
| 031 | | Nu22:38 | ואמר | בלעם | לבלק הא אתית לוותך כדון |
| 032 | | Nu23:01 | ואמר | בלעם | לבלק בנה לי הכה שבעה |
| 033 | | Nu23:03 | ואמר | בלעם | לבלק אתעתד על עלתך ואזל |
| 034 | | Nu23:29 | ואמר | בלעם | לבלק בנה לי הכה שבעה |
| 035 | | Nu24:12 | ואמר | בלעם | לבלק הלא להוד לשליחך די |
| 036 | | Nu22:29 | ואמר | בלעם | לאתנתה ארום שקרת בי אילו |
| 037 | | Nu22:34 | ואמר | בלעם | למלאכה דייי חטאת ארום לא |
| 038 | | Nu23:10 | ברם אן מיית ^הוא#2#^ | בלעם | מותין קשיטין לוויי תיהוי |
| 039 | | Nu22:14 | לוות בלק ואמרין סרב | בלעם | מייתי עמן: |
| 040 | | Nu22:35 | אמלל עמך יתה תמלל ואזל | בלעם | עם רברבני בלק: |
| 041 | | Nu22:39 | ואזל | בלעם | עם בלק ועלו לכרכה |
| 042 | | Nu22:10 | ואמר | בלעם | קדם ייי בלק בר צפור |
| 043 | | Nu23:28 | ודבר בלק ית | בלעם | ריש טעוותה פעור דמצפיה מן |
| 044 | | Nu22:30 | לבלעם להן את אזל | בלעם | רשיעא חסיר דעתה מה אן אנה |
| 045 | דבלעם | Nu23:05 | דייי פתגם בפומיה | דבלעם | ואמר חזור לוות בלק וכדן |
| 046 | | Dt23:06 | אלהכון למשמע ללווטוי | דבלעם | והפך ייי אלהכון לכון ית |
| 047 | | Nu22:31 | וגל' ייי ית עיינוי | דבלעם | וחמא ית מלאכה דייי קים |
| 048 | | Nu22:25 | לכותלה ודחקת ית רגלה | דבלעם | לכותלה ואוסף לממחי יתה: |
| 049 | | Nu31:16 | לבני ישראל בעצתיה | דבלעם | למשקרה שקר בשמה דייי |
| 050 | ובלעם | Ex 9:21M | לבא לפתגמוי דייי | /ובלעם | דלא שוי לביה לפתגמ' |
| 051 | | Nu23:02 | דמלל בלעם וקרב בלק | ובלעם | תור ודכר על כל מדבח: |
| 052 | כבל' | Gn27:29M | /ליטך יהון ליטין | כבל'#2#/ | בר בעור ומן דמברך יתך |
| 053 | כבלעם | Gn27:29 | דלייט יתך יהוי לייט | כבלעם | בר בעור ומן דמברך יתך |
| 054 | | Nu24:09M | יתהון יהווי לייט | כבלעם | בר פעור ודמברך יתהון |
| 055 | | Gn12:03M | ומל{ל}<ט>טך אלוט | כבלעם | רשיע{י}א |
| 056 | לב' | Nu22:05M | ושלח שליחין \לוות | בלעם/לב'#2#/ | בר בעור פתורה |
| 057 | | Nu22:07M | ואתון \לוות | בלעם/לב'#2#/ | ומללו עימיה מלוי |
| 058 | לבלעם | Nu22:35 | ואמר מלאכה דייי | לבלעם | אזל עם גברייה ולהוד ית |
| 059 | | Nu23:27 | ואמר בלק | לבלעם | אתה כען אדבר יתך לאתר |
| 060 | | Nu22:37 | ואמר בלק | לבלעם | הלא משלח{ת}<ה> שלחת לוותך |
| 061 | | Nu22:40 | בלק תורין ועאן ושלח | לבלעם | ולרברבנוי דעמיה: |
| 062 | | Nu22:12 | ואמר ממרה דייי | לבלעם | לא תזיל עמהון ולא תלוט ית |
| 063 | | Nu23:25 | ואמר בלק | לבלעם | ל<ה>וד מלוט לא תילוט |
| 064 | | Nu22:30 | ואמרת אתנתה | לבלעם | להן את אזל בלעם רשיעא |
| 065 | | Nu24:10 | בכף ידוי ואמר בלק | לבלעם | למלוט בעלי דבביי דברת יתך |
| 066 | | Nu22:28 | ייי פמה דאתנתה ואמר | לבלעם | מה עבדת לך ארום מחית יתי |
| 067 | | Nu23:11 | ואמר בלק | לבלעם | מה עבדת לי למלוט |

## בלק PN

|  |  |  |  |  |  |
|---|---|---|---|---|---|
| 001 | בלק | Nu22:35 | ואזל בלעם עם רברבני | בלק: | |
| 002 | | Nu22:36 | ושמע | בלק | ארום אתה בלעם ונפק |
| 003 | | Nu23:13 | ואמר ליה | בלק | אתא כען עמי לאתר אוחרן די |
| 004 | | Nu22:02 | וחמא | בלק | בר צפור ית כל מה די עבדו |
| 005 | | Nu22:10 | ואמר בלעם קדם ייי | בלק | בר צפור מלכהון דמואביי |
| 006 | | Nu22:16 | ואמרין ליה כדין אמר | בלק | בר צפור לא כען תתמנע מן |
| 007 | | Nu23:02 | ועבד | בלק | היך מה דמלל בלעם וקרב |
| 008 | | Nu23:30 | ועבד | בלק | היך מה דאמר בלעם וקרב תור |
| 009 | | Nu23:02 | היך מה דמלל בלעם וקרב | בלק | ובלעם תור ודכר על כל |
| 010 | | Nu22:14 | מואביי ואתון לוות | בלק | ואמרין סרב בלעם מייתי |
| 011 | | Nu23:05 | דבלעם ואמר חזור לוות | בלק | וכדן תמלל: |
| 012 | | Nu23:16 | ואמר ח{ו}<ז>ר לוות | בלק | וכדן תמלל: |
| 013 | | Nu22:39 | ואזל בלעם עם | בלק | ועלו לכרכה דמלכותה היא |
| 014 | | Nu22:15 | ואוסיף עוד | בלק | ושלח שליחין סגין |
| 015 | | Nu23:18 | ונטל במתל נבותה ואמר קום | בלק | ושמע אצת כען למלי ברה |
| 016 | | Nu24:25 | ואזל וחזר לאתרה ואף | בלק | חזר לאתריה ואקים בנתיה על |
| 017 | | Nu22:41 | והוה בצפרא ודבר | בלק | ית בלעם ואסק יתיה לבמתה |
| 018 | | Nu23:28 | ודבר | בלק | ית בלעם ריש טעוותה פעור |
| 019 | | Nu22:37 | ואמר | בלק | לבלעם הלא משלח{ת}<ה> שלחת |
| 020 | | Nu23:11 | ואמר | בלק | לבלעם מה עבדת לי למלוט |
| 021 | | Nu23:25 | ואמר | בלק | לבלעם ל<ה>וד מלוט לא |
| 022 | | Nu23:27 | ואמר | בלק | לבלעם אתה כען אדבר יתך |
| 023 | | Nu24:10 | וטפח בכף ידוי ואמר | בלק | לבלעם למלוט בעלי דבביי |
| 024 | | Nu22:18 | לעבדוי דבלק אם יתן לי | בלק | מלא ביתיה כסף ודהב לית |
| 025 | | Nu24:13 | אן יתן לי | בלק | מלא ביתיה כסף ודהב לא אכל |

| | | | | | |
|---|---|---|---|---|---|
| 026 | | Nu23:07 | נבותה מן ארם דבר יתי | בלק | מלכיהון דמואביי מסורי |
| 027 | | Nu23:17 | מואביי עימיה ואמר ליה | בלק | מן אתמלל מן קדם ייי: |
| 028 | | Nu22:40 | ונכס | בלק | תורין וען ושלח לבלעם |
| 029 | דבלק | Nu22:07 | ומללו עימיה מלוי | דבלק: | |
| 030 | | Nu22:13 | בצפרא ואמר לרברבני | דבלק | איזילו לארעכון ארום לית |
| 031 | | Nu22:18 | וענה בלעם ואמר לעבדוי | דבלק | אם יתן לי בלק מלא ביתיה |
| 032 | | Nu24:10 | ותקיף רוגזה | דבלק | על בלעם וטפח בכף ידוי |
| 033 | ובלק | Nu22:04 | ית עשבא דאפי ברא | ובלק | בר צפור הוה מלך למואביי |
| 034 | לבלק | Nu23:03 | ואמר בלעם | לבלק | אתעתד על עלתך ואזל מה |
| 035 | | Nu23:15 | ואמר | לבלק | אתעתד הכה על עלתך ואנה |
| 036 | | Nu23:01 | ואמר בלעם | לבלק | בנה לי הכה שבעה תורין |
| 037 | | Nu23:29 | ואמר בלעם | לבלק | בנה לי הכה שבעה מדבחין |
| 038 | | Nu22:38 | ואמר בלעם | לבלק | הא אתית לוותך כדון הא |
| 039 | | Nu23:26 | וענה בלעם ואמר | לבלק | הלא מלילית עמך למימר כל |
| 040 | | Nu24:12 | ואמר בלעם | לבלק | הלא להוד לשליחך די שלחת |

## בני יעקן GN

| | | | | | |
|---|---|---|---|---|---|
| 001 | בבני יעקן | Nu33:31 | ונטלו ממסרות ושרון | בבני יעקן: | |
| 002 | מבני יעקן | Nu33:32 | ונטלו | מבני יעקן | ושרון בהר הגדגדה: |

## בנימן PN

| | | | | | |
|---|---|---|---|---|---|
| 001 | בנימין | Gn35:18 | ליה בלשון בית קדשה | בנימין: | |
| 002 | | Gn42:04 | וית | בנימין | אחוי דיוסף לא שלח יעקב |
| 003 | | Gn42:36 | ואתון בעין למיסב ית | בנימין | ואנון סכימין עלוי למקמה |
| 004 | בנימן | Gn43:14 | ברי לא אוסף למתכלה על | בנימן: | |
| 005 | | Gn43:29 | ונטל עיינוי וחמא ית | בנימן | אחוי ברה דאמה ואמר הדין |
| 006 | | Gn44:18M | ארעא כל דכן בגלל | בנימן | אחונ' דהא ממנין שבטיי' |
| 007 | | Gn44:18 | ארעא כל דכן בגלל | בנימן | אחונן דהוא ממניין שבטייא |
| 008 | | Gn45:12 | חמון ועייני אחוי | בנימן | ארום בלשן בית קודשא פומיה |
| 009 | | Gn43:16 | <וחמא> יוסף עמהון ית | בנימן | ואמר למן דהוה ממני |
| 010 | | Gn43:14 | ית אחוכון חרנא וית | בנימן | ואנה היך מה דלא תכלת על |
| 011 | | Gn43:15 | נסבו בידיהון וית | בנימן | וקמו ונחתו למצרים וקמו |
| 012 | | Gn49:27 | | בנימן | שבט תקיף בתחומיה יתבניה |
| 013 | דבינמן | Nu34:21 | ומן שבטה דבנוי | דבינמן | אלידד בן כסלון: |
| 014 | דבנימין | Nu13:09 | מן שבטה דבנוי | דבנימין | פלטי בר רפוא: |
| 015 | | Nu 2:22 | ושבטה דבנוי | דבנימין | ורבה דהוה ממני על משרית |
| 016 | דבנימן | Nu 1:11 | מן שבטה דבנוי | דבנימן | אבידן בר גדעוני: |
| 017 | | Nu 2:22 | ממני על משרית שבטה | דבנימן | אבידן בר גדעוני: |
| 018 | | Nu 7:60 | קרב בר שבטה דבנוי | דבנימן | אבידן בר גדעוני: |
| 019 | | Nu 7:65 | גרמיה רב שבטה דבנוי | דבנימן | אבידן בר גדעוני: |
| 020 | | Nu10:24 | ועל "צבא" שבטה דבנוי | דבנימן | אבידן בר גידעוני: |
| 021 | | Gn44:12 | ואשתכח כלידא בטעוני' | דבנימן: | |
| 022 | | Gn45:14 | ואתרכן על צווארי | דבנימן | אחוי ובכא ובנימן בכה על |
| 023 | | Gn45:12M | \אחוי בנימן | /דבנימן | אח#2#/ ארום בלשן |
| 024 | | Gn46:21 | ובנוי | דבנימן | בלע ובכר ואשבל גרא |
| 025 | | Dt33:12 | ולשבטה | דבנימן | ברך משה נבייא דייי ואמר |
| 026 | | Nu 1:36 | לבנוי | דבנימן | יחוסיהון לזרעייתהון |
| 027 | | Nu26:38 | בנוי | דבנימן | לזרעייתהון לבלע זרעייתה |
| 028 | | Nu26:41M | אלין/אליין#2#/בנוי | דבנימן | לזרעייתהון לסכומיהון |
| 029 | | Gn43:34 | ופלג להון ורבי חולקא | דבנימן | מן חולקיהון דכולן חמשה |
| 030 | | Nu 1:37 | סכומיהון דשבטה דבנוי | דבנימן | תלתין וחמשה אלפין וארבע |
| 031 | דבנימין | Ex17:16 | דעתיד למיקם מן שבטא | דבנימין | הוא יהוי שאול בר קיש |
| 032 | ובנימין | Gn35:24 | בניה דרחל יוסף | ובנימין: | |
| 033 | ובנימן | Gn46:19 | אתתיה דיעקב יוסף | ובנימן: | |
| 034 | | Ex 1:03 | יששכר זבולן | ובנימן: | |
| 035 | | Dt27:12 | ויששכר ויוסף | ובנימן: | |
| 036 | | Gn45:14 | דבנימן אחוי ובכא | ובנימן | בכה על צואריה: |
| 037 | | Ex28:20 | שבטין אשר יוסף | ובנימן | מאחדן דהב יהוויין |
| 038 | | Ex39:13 | שבטין אשר יוסף | ובנימן | מקפן מאחדן דהב |
| 039 | ולבנימן | Gn45:22 | לכל גבר אסטולי ולבוש | ולבנימן | יהב תלת מאה סלעין דכסף |
| 040 | לבניימין | Nu 1:11M | שבטה דבנוי | דבנימן/לבניימין#2#/ | אבידן בר |

## בעון GN

| | | | | | |
|---|---|---|---|---|---|
| 001 | ובעון | Nu32:03 | ואלעלה וסימת ונבו | ובעון: | |

## בעור PN

| | | | | | |
|---|---|---|---|---|---|
| 001 | בעור | Nu24:15 | ואמר אמר בלעם ברה | בעור | אמר גברא דיקיר מן אבוי מה |
| 002 | | Gn27:29 | יהוי לייט כבלעם בר | בעור | ומן דמברך יתך יהוי מברך |
| 003 | | Gn36:32 | ומלך באדום בלע בר | בעור | ושמיה דקרתא דנהבה: |
| 004 | | Dt23:05 | עליכון ית בלעם בר | בעור | חלמיא דמן ארם נהרים |
| 005 | | Nu22:05 | שליחין לוות בלעם בר | בעור | פתורה חלמייה די על גף |
| 006 | | Nu31:08 | דמדיינאי וית בלעם בר | בעור | קטלו בחרבה: |

## בעל חנן PN

| | | | | | |
|---|---|---|---|---|---|
| 001 | בעל חנן | Gn36:38 | ומית שאול ומלך בתרה | בעל חנן | בן עכבור: |
| 002 | | Gn36:39 | ומית | בעל חנן | בר עכבור ומלך בתרה הדד |

## בעל מעון GN

| | | | | | |
|---|---|---|---|---|---|
| 001 | בעל מעון | Nu32:38 | וית נבו וית | בעל מעון | מקפן שורין רמין וית |

## בעל צפון DN

| | | | | | |
|---|---|---|---|---|---|
| 001 | בעל צפון | Ex14:03 | באורחא טרד עליהון | בעל צפון | טעותי נגדוי למדברא: |
| 002 | לבעיל צפון | Ex14:10M | ופרעה קרב נכסין/ | לבעיל צפון#2#/ | ונטלו בני ישראל ית |

**See also:** צפון *DN*

## בעלה GN

| | | | | | |
|---|---|---|---|---|---|
| 001 | דבעלה | Nu22:41 | בלעם ואסק יתיה לבמתה | דבעלה | וחמא מן תמן קצת עמא: |

## בצלאל PN

| | | | | | |
|---|---|---|---|---|---|
| 001 | בצ' | Ex35:30M | מימריה ייי וקרא בשם טב | בצ' | |
| 002 | בצלאל | Ex35:30 | חמו דמני ייי בשם דרבן | בצלאל | בן אור בר חור מן שבטה |
| 003 | | Ex31:02 | וקראת בשם טב דרבן | בצלאל | בר אורי בר חור מן שבטא |
| 004 | | Ex36:01 | ועבד | בצלאל | ואהליאב וכל גבר דחכים |
| 005 | | Ex37:01 | ועבד | בצלאל | ית ארונה אעין דשטין תרתין |
| 006 | | Nu 8:04 | ייי ית משה כדן עבד | בצלאל | ית מנרתה: |
| 007 | ובצלאלא | Ex38:22 | | ובצלאלא | בן אור בר חור לשבטא |
| 008 | לבצלאל | Ex36:02 | וקרא משה | לבצלאל | ולאהליאב ולכל די חכים |

## בצר GN

| | | | | | |
|---|---|---|---|---|---|
| 001 | בצר | Dt 4:43 | ית | בצר | במדברה בארע מישרה לשבטה |

## בקי PN

| | | | | | |
|---|---|---|---|---|---|
| 001 | בקי | Nu34:22 | ומן שבטה דבנוי דדן רבה | <בקי> | בן יגלי: |

## ברבריא GN

| | | | |
|---|---|---|---|
| 001 | וברבריא | Gn10:03 | אסיה ובר{ב}<כ>וי וברבריא: |

## בריעה PN

| | | | |
|---|---|---|---|
| 001 | דבריעה | Gn46:17 | ושרח אחתהון ובנוי דבריעה חבר ומלכיאל: |
| 002 | | Nu26:45 | לבנוי דבריעה לחבר זרעייתה דבנוי |
| 003 | דבריעיה | Nu26:44 | זרעייתה דבנוי דבר«י»עיה: |
| 004 | ובריעה | Gn46:17 | ימנה וישוה וישוי ובריעה ושרח אחתהון ובנוי |
| 005 | לבריעה | Nu26:44 | זרעייתה דבנוי דישוי לבריעה זרעייתה דבנוי |

## ברכוי GN

| | | | |
|---|---|---|---|
| 001 | וברכוי | Gn10:03 | אפרכיותהון אסיה ובר{ב}<כ>וי וברבריא: |

## ברע PN

| | | | |
|---|---|---|---|
| 001 | ברע | Gn14:02 | סדרו קרבא עם ברע מלכא דסדום ועם ברשע מלכא |

## ברשע PN

| | | | |
|---|---|---|---|
| 001 | ברשע | Gn14:02 | ברע מלכא דסדום ועם ברשע מלכא דעמרה שנאב מלכא |

## בשׂמת PN

| | | | |
|---|---|---|---|
| 001 | בשמת | Gn36:10 | דעשו {{רא}} רעואל בת בשמת אתתיה דעשו: |
| 002 | | Gn36:03 | ואת בשמת ברת ישמעאל אחתיה |
| 003 | דבשמת | Gn36:17 | דאדומיי אלין בנוי דבשמת אתתיה דעשו: |
| 004 | ובשמת | Gn36:04 | ית אליפז {אליפז} ובשמת ילדת ית רעואל: |

## בתואל PN

| | | | |
|---|---|---|---|
| 001 | בתואל | Gn22:22 | פלדש וית ידלף וית בתואל: |
| 002 | | Gn24:24 | ואמרת לה ברת בתואל אנה בר מלכה די ילדת |
| 003 | | Gn25:20 | נסב ית רבקה ברת בתואל ארמאה מן פדן אחתיה דלבן |
| 004 | | Gn28:05 | לפדן ארם לוות לבן בר בתואל ארמאה אחו«ה» דרבקה אמה |
| 005 | | Gn24:47 | לה ברת מן את ואמרת ברת בתואל בר נחור די ילדת לה מלכה |
| 006 | דבתואל | Gn28:02 | לפדן ארם לבייתיה דבתואל אבוי דאמך וסב לך מן תמן |
| 007 | ובתואל | Gn22:23 | ובתואל אוליד ית רבקה תמניא |
| 008 | | Gn24:50 | ועניין לבן ובתואל ואמרין מן קדם ייי נפק |
| 009 | לבתואל | Gn24:15 | נפקת די אתיילדת לבתואל בת מלכה אתתא דנחור |

## בתניי GN

| | | | |
|---|---|---|---|
| 001 | בתניי | Dt32:14 | טוב דפטימין ודכרין בני בתניי וגדיין עם טוב שומניהון |

## גאואל PN

| | | | |
|---|---|---|---|
| 001 | גאואל | Nu13:15 | מן שבטה דבנוי דג{ת}<ד> גאואל בר מכי: |

## גבולא GN

| | | | |
|---|---|---|---|
| 001 | בגבולא | Gn33:14M | לות רבוני לאגחא קרבה בגבולא |

## גבלה GN

| | | | |
|---|---|---|---|
| 001 | גבלא | Gn32:04 | לוות עשו אחוי לארע גבלא לתחומהון דאדומאי: |
| 002 | גבלה | Dt 1:02 | טורא דחורב אורח טור גבלה {מטי עד} <עד מטי> רקם |
| 003 | בגבלה | Dt 2:22 | לבנוי דעשו דשריין בגבלה די שיצון ית חוורנייה |
| 004 | | Dt 2:04 | בנוי דעשו דשריין בגבלה וידחלון מנכון ותזדהרון |
| 005 | | Dt 2:29 | לן בנוי דעשו דשריין בגבלה ומואביי דשריין בלחיית |
| 006 | | Dt 2:08 | ^אליין#2#^ דשריין בגבלה מן אורח משרה מן אילת ומן |
| 007 | | Dt 1:44 | דדברייתה וכתיתו יתכון בגבלה עד שיציו: |
| 008 | בגוב' | Dt 2:22M | דשריין בגבלה/בגוב#2#/ די שיצון ית |
| 009 | דגבלא | Gn36:08 | ושרא עשו בטורא דגבלא עשו הוא אדום: |
| 010 | | Gn36:09 | אבוהון דאדומיי בטורא דגבלא: |
| 011 | | Gn36:21 | לרברבניהון בארעא דגבלא: |
| 012 | | Gn36:21 | לרברבניהון בארעא דגבלא: |
| 013 | | Gn14:06 | דהוון שריין בטורא דגבלא עד דגבולא דפארן דסמיך |
| 014 | | Dt 2:12M | חוורנייה /ובטורא דגבלא שרון חוורנאה#2#/ |
| 015 | דגבלה | Dt 2:05 | לעשו יהבית ית טורא דגבלה: |
| 016 | | Dt 2:22M | דשריין בטורא דגבלה |
| 017 | | Gn36:21 | חורני' «בנוי דגבלה בארעהון דאדומיי» |
| 018 | | Dt 2:01 | משה ואקפנן ית טורא דגבלה יומין סגין: |
| 019 | | Nu24:18 | ירתו ויהווי טורא דגבלה ירתו לבעלי דבבוי וישראל |
| 020 | | Dt33:02 | ביקרי' על טורה דגבלה למתן אורית לבנוי דעשו |
| 021 | | Dt 1:02M | עד} <עד מטי> /טורא דגבלה עד די#2#/ רקם דגיעה על |
| 022 | ובגבלה | Dt 2:12 | ובגבלה שרון חוורנייה מן לקדמין |
| 023 | לגבלה | Gn33:14 | די אזל לוות רבוני לגבלה: |
| 024 | | Gn33:16 | ההוא עשו לארחה לגבלה: |

## גד PN

| | | | |
|---|---|---|---|
| 001 | גד | Gn30:11 | לאומה וקראת ית שמיה גד: |
| 002 | | Nu33:45 | מן עיין ושרון בדיבון גד: |
| 003 | | Gn35:26 | דלאה <....> גד ואשר אלין בנוי דיעקב |
| 004 | | Ex 1:04 | דן ונפתלי גד ואשר: |
| 005 | | Ex28:19 | תלתא שבטין דן ונפתלי גד {ואשר}: |
| 006 | | Dt27:13 | בטורא דעיבל ראובן גד ואשר זבולן דן ונפתלי: |
| 007 | | Nu33:46 | ונטלו מדיבון גד ושרון בעלמון דבלתימה: |
| 008 | | Gn49:19 | מן דבית גד יפקון משיריין מסכסן |
| 009 | דגד | Nu 1:14 | מן שבטה דבנוי דגד אליסף בר דעואל: |
| 010 | | Nu 2:14 | על משריית שבטה דבנוי דגד אליסף בר רעואל: |
| 011 | | Nu 7:42 | קרב רב שבטה דבנוי דג{ת}<ד> אליסף בר דעואל: |
| 012 | | Nu 7:47 | גרמיה רב שבטה דבנוי דג{ת}<ד> אליסף בר דעואל: |
| 013 | | Nu10:20 | חיילוות שבטה דבנוי דג{ת}<ד> אליסף בר דעואל: |
| 014 | | Nu13:15 | מן שבטה דבנוי דג{ת}<ד> גאואל בר מכי: |
| 015 | | Gn46:16 | ובנוי דגד צפיון וחגי שוני ואצבון |
| 016 | | Nu 1:25 | סכומיהון לשבטה דבנוי דגד ארבעין וחמשה אלפין ושית |
| 017 | | Dt33:20 | ולשבטה דגד ברך משה נביא דייי ואמר |
| 018 | | Nu32:02 | ואתון בנוי דגד ובנוי דראובן ואמרין למשה |
| 019 | | Nu32:25 | ואמרין בנוי דגד ובנוי דראובן למשה למימר |
| 020 | | Nu32:29 | משה» אן יעברון בנוי דגד ובנוי דראובן עמכון ית |
| 021 | | Nu32:31 | ועני בנוי דגד ובנוי דראובן למימ' ית מה |
| 022 | | Nu32:06 | ואמר משה לבנוי דגד ולבנוי דראובן האחיכון |
| 023 | | Nu32:33 | ויהב להון משה לבנוי דגד ולבנוי דראובן ולפלגות |
| 024 | | Dt29:07M | \דבית דגדי /דבנוי דגד#2#/ ולפלגות שבטה דבית |
| 025 | | Nu 2:14 | ושבטה דבנוי דגד ורבה דהוה ממני על משריית |
| 026 | | Nu 1:24 | לבנוי דגד יחוס«י»הון לזרעייתהון |
| 027 | | Nu32:34 | ובנון בנוי דגד ית דיבון וית עטרות וית |
| 028 | | Nu34:14 | ושבטה דבנוי דגד לבית אבהתהון ופלגות שבטה |
| 029 | | Nu26:15 | בנו דגד לזרעייתהון לצפון זרעיתה |
| 030 | | Nu26:18 | אלין זרעייתה דבנוי דגד לסכומ{ו}<י>הון ארבעין |
| 031 | | Dt33:20 | בריך מן דאפתי תחומה דגד נייח ושרי בגו קרבה היך |
| 032 | | Nu32:01 | לבנוי דראובן ולבנוי דגד תקיף לחדה וחמון ית ארע |

|  |  |  |  |
|---|---|---|---|
| 033 | וגד | Ex39:12 | שבטין דן ונפתלי וגד: |

## גדגדה PN

|  |  |  |  |
|---|---|---|---|
| 001 | גדגדה | Dt10:07 | מן תמן נטלו לגדגדה ומן גדגדה ליטבתה ארע בית נחלין |
| 002 | לגדגדה | Dt10:07 | מן תמן נטלו לגדגדה ומן גדגדה ליטבתה ארע |

## גדי PN

|  |  |  |  |
|---|---|---|---|
| 001 | גדי | Nu13:11 | דבנוי דיוסף דמנשׁ׳ גדי בר סוסי: |
| 002 | | Dt 4:43 | גרם בגלעדה לשבטה דבית גדי וית דברה בבותנין לשבטה |
| 003 | דגדי | Dt 3:12 | דראובני ולשבטה דבנוי דגדי: |
| 004 | | Dt 4:43M | מן שבטה דבנוי דגדי וית גוולן במותניין מן |
| 005 | | Dt29:07 | ראובן ולשבטה דבית דגדי ולפלגות שבטה דבית מנשי: |
| 006 | | Dt 3:16 | דבנוי דראובני ודבנוי דגדי יהבית מן גלעדה ועד נחל |

## גדיאל PN

|  |  |  |  |
|---|---|---|---|
| 001 | גדיאל | Nu13:10 | מן שבטה דבנוי דזבולן גדיאל בר סודי: |

## גדעון PN

|  |  |  |  |
|---|---|---|---|
| 001 | גדעון | Gn49:18M | "לא ...": כד חמא ית גדעון בר יואש וית שמשון בר |
| 002 | | Dt33:17 | ואינון אלפיה דקטל גדעון בר יואש מן מדייני דהוא |
| 003 | דגדעון | Gn49:18 | יעקב לא לפורקנא דגדעון בר יואש סכיית נפשי דהוא |
| 004 | גדעוני | Nu 1:11 | דבנימן אבידן בר גדעוני: |
| 005 | | Nu 2:22 | דבנימן אבידן בר גדעוני: |
| 006 | | Nu 7:60 | דבנימן אבידן בר גדעוני: |
| 007 | | Nu 7:65 | דבנימן אבידן בר גדעוני: |
| 008 | גידעוני | Nu10:24 | דבנימן אבידן בר גידעוני: |

## גוג PN

|  |  |  |  |
|---|---|---|---|
| 001 | גוג | Nu11:26 | ואמרין בסוף עקב יומיא גוג ומגוג סלקין לירושלם |
| 002 | דגוג | Nu24:20 | עמלקיי ובעקבה ביומי דגוג ומגוג אינון עתידין מסדרה |
| 003 | | Dt 4:47M | \ארע עוג /ארעא דגוג#2# מלכא דבותניין תרין |

## גוולן GN

|  |  |  |  |
|---|---|---|---|
| 001 | גוולן | Dt 4:43M | שבטה דבנוי דגדי וית גוולן במותניין מן שבטא דבנוי |

## גוני PN

|  |  |  |  |
|---|---|---|---|
| 001 | דגוני | Nu26:48 | לגוני זרעייתה דבנוי דגוני: |
| 002 | וגוני | Gn46:24 | ובנוי דנפתלי יחצאל וגוני ויצר ושלם: |
| 003 | לגוני | Nu26:48 | דבנוי דיחצאלי לגוני זרעייתה דבנוי דגוני: |

## גושן GN

|  |  |  |  |
|---|---|---|---|
| 001 | דגושן | Gn47:27 | בארעא דמצרים בארעא דגושן ואחסנו בה ותקפו וסגן |
| 002 | | Gn45:10 | ותשרי בארעא דגושן ותיהווי קריב לוותי את |

## גחם PN

|  |  |  |  |
|---|---|---|---|
| 001 | | Gn22:24 | ית טבח וית גחם וית {גחם} <תחש> וית מעכה: |
| 002 | גחם | Gn22:24 | אף היא ית טבח וית גחם וית {גחם} <תחש> וית |

## גיחון GN

|  |  |  |  |
|---|---|---|---|
| 001 | גיחון | Gn 2:13 | ושמה דנהרא תיניינא גיחון הוא דחזר ומקף ית כל ארעא |

## גיניסר GN

|  |  |  |  |
|---|---|---|---|
| 001 | דגיניסר | Dt33:23 | ייי מערב {ו}<ד>ימא דגיניסר ודרומא ירת: |
| 002 | דגינסר | Nu34:11M | וימטי סמיך לימה דגי<נ>סר מן מערבה |

## גיעה GN

|  |  |  |  |
|---|---|---|---|
| 001 | דגיעה | Dt 1:19 | יתן ומטינן עד רקם דגיעה: |
| 002 | | Nu13:26M | <לרקם> דגיעה ואחזרו יתהון וית כל עמה |
| 003 | | Nu34:04 | מן דרום לרקם דגיעה ויפוק טירת אדרייה ויעבר |
| 004 | | Nu32:08 | כד שלחת יתהון מן רקם דגיעה למיחמי ית ארעא: |
| 005 | | Dt 9:23 | דייי יתכון מן רקם דגיעה למימר עולו וירותו ית ארעא |
| 006 | | Dt 2:14 | וימיא די הלכנן מן רקם דגיעה עד זמן די עברנן ית נחלה |
| 007 | | Dt 1:02 | עד} <עד מטי> רקם דגיעה על דחטיתון וארגזתון קדמוי |

## גלגלה GN

|  |  |  |  |
|---|---|---|---|
| 001 | גלגלה | Dt11:30M | דיתבין במשרא כל וקבל גלג<לה> |
| 002 | | Dt11:30 | דשריין במשרה כל קבל גלגלה סמיך למישרי חזוזה: |

## גלעד GN/PN

|  |  |  |  |
|---|---|---|---|
| 001 | גלעד | Gn31:21M | ביומי יפתח דמן גלעד |
| 002 | | Gn31:47 | קרא ליה בלשון בית קדשא גלעד: |
| 003 | | Gn31:48 | הדין בגין כדין קרא שמה גלעד: |
| 004 | גלעד | Nu27:01 | דצלפחד בר חפר בר גלעד בר מכיר בר מנשה לזרעיית |
| 005 | | Dt 3:10M | מישרה וכל גלעדה/<גל>עד#2#/ וכל בותנין עד |
| 006 | | Nu32:01 | ארע מ<כ>ב{כ}ר וית ארע גלעד והא אתרה שפר לבית מרעי: |
| 007 | | Nu26:29 | דמכיר׳ ומכיר אולד ית גלעד לגלעד זרעייתה דבנוי |
| 008 | | Nu32:40 | ויהב משה ית גלעד למכיר בר מנשה ושרה |
| 009 | | Dt34:01 | דייי ית כל ארעא וית גלעד עד דן דקיסריון: |
| 010 | גלעדה | Gn31:21 | ושוי ית אפוי לטור גלעדה: |
| 011 | | Gn31:23 | יומין וארע יתיה בטור גלעדה: |
| 012 | | Gn31:25 | אשרי ית אחוי בטורא} גלעדה: |
| 013 | | Nu32:26 | יהויין תמן בקריי גלעדה: |
| 014 | | Dt 3:15 | ולמכיר יהבית ית גלעדה: |
| 015 | | Gn37:25 | דסרקע«ין» אתיא מן גלעדה וגמלהון טעונין שעווה וקטף |
| 016 | | Dt 3:10 | כל ק«ו»רי מישרה וכל גלעדה וכל בותנין עד |
| 017 | | Dt 3:13 | ושאר גלעדה וכל בותנין בית מלכותה |
| 018 | | Dt 3:16 | ודבנוי דגדי יהבית מן גלעדה ועד נחל ארנונה אמצע נחלה |
| 019 | | Dt 3:12 | נחל ארנונה ופלגות טור גלעדה וקרווייי יהבית לשבטה |
| 020 | | Nu32:40M | ויהב משה ית גלעד/<גל>עדה#2#/ למכיר בר מנשה |
| 021 | | Dt 2:36 | וקרתה די בנחלה ועד גלעדה לא הוות קרייה די אשתזבת |
| 022 | | Nu32:29 | ותתנון להון ית ארעא גלעדה לאחסנה: |
| 023 | בגלעדה | Dt 4:43 | ראובני וית גרם בגלעדה לשבטה דבית גדי וית דברה |
| 024 | דג׳ | Nu32:29M | ית ארעא/ארע#2#/ גלעדה/דג׳#2#/ לאחסנה: |
| 025 | דגלעד | Nu26:30M | אליין/אליין#2# בנוי דגלעד איעזר זרעייתה דבנוי |
| 026 | | Nu36:01 | שיבטייה לזרעיית בנוי דגלעד בר מכיר בר מנשה מ«ן» |
| 027 | דגלעדה | Nu32:01M | דמכיר וית ארעא דגלעדה וה{ו}א אתרא אתר דנכסין |
| 028 | דגלעדי | Nu26:29 | לגלעד זרעייתה דבנוי דגלעדי: |
| 029 | לגלעד | Nu32:39M | בר מנשה לגלעדה/<לגל>עד#2#/ וכבשו יתה וישיצון |
| 030 | | Nu26:29 | ומכיר אולד ית גלעד לגלעד זרעייתה דבנוי דגלעדי: |
| 031 | לגלעדה | Nu32:39 | בנוי דמכיר בר מנשה לגלעדה וכבשו יתה וישיצון ית |

## גמלי PN

| | | | | | |
|---|---|---|---|---|---|
| 001 | גמלי | Nu13:12 | דבנוי דדן עמיאל בר | גמלי: | |

## גמליאל PN

| | | | | | |
|---|---|---|---|---|---|
| 001 | גמ' | Nu 1:10M | גמליאל /למנשה | גמ'#2#/ | בר פדה צור: |
| 002 | גמליאל | Nu 1:10 | מן שבטה דבנוי דמנשה | גמליאל | בר פדה צור: |
| 003 | | Nu 2:20 | על משרית שבטה דמנשה | גמליאל | בר פדה צור: |
| 004 | | Nu 7:54 | רב שבטה דבנוי דמנשה | גמליאל | בר פדה צור: |
| 005 | | Nu 7:59 | רב שבטה דבנוי דמנשה | גמליאל | בר פדה צור: |
| 006 | | Nu10:23 | שבטה דבנוי דמנשה | גמליאל | בר פדה צור: |

## גמר PN

| | | | | | |
|---|---|---|---|---|---|
| 001 | גמר | Gn10:02 | בנוי דיפת | גמר | ומגוג ומדי ויון ותובל |
| 002 | דגמר | Gn10:03 | ובנוי | דגמר | אשכנז וריפת ותוגרמה: |

## גניסר PN

| | | | | | |
|---|---|---|---|---|---|
| 001 | דגניסר | Dt 3:17 | וירדנה ותחומה מן ימא | דגניסר | ועד ימא דמישרה ימא |
| 002 | | Nu34:11 | ומקף על סיפווי ימה | דגניסר | מן מד«י» נחה: |

## געתם PN

| | | | | | |
|---|---|---|---|---|---|
| 001 | געתם | Gn36:16 | רבה קרח רבה | געתם | רבה עמלק אלין רברבנוי |
| 002 | וגעתם | Gn36:11 | תימן ואומר צפו | וגעתם | וקנז: |

## גרא PN

| | | | | | |
|---|---|---|---|---|---|
| 001 | גרא | Gn46:21 | בלע ובכר ואשבל | גרא | ונעמן אחי וראש מפים |

## גריזים GN

| | | | | | |
|---|---|---|---|---|---|
| 001 | דגריזים | Dt27:12 | ית עמא על טורה | דגריזים | במעברכון ית ירדנה שמעון |
| 002 | | Dt27:15 | אפיהון כלפי טורה | דגריזים | ואמרין בריך יהווי גברא |
| 003 | | Dt11:29 | ית ברכתה על טורא | דגריזים | וית לווטייה על טורא |
| 004 | | Dt27:15 | שתה שבטין סליקו לטורה | דגריזים | ושתה שבטין סליקו לטורה |

## גרם GN

| | | | | | |
|---|---|---|---|---|---|
| 001 | גרם | Dt 4:43 | לשבטה דבית ראובני וית | גרם | בגלעדה לשבטה דבית גדי |

## גרמניה GN

| | | | | | |
|---|---|---|---|---|---|
| 001 | וגרמניה | Gn10:02 | אפרכיותהון אפריקי | וגרמניה | ומדי ומקדוניא וביתניא |

## גרר GN

| | | | | | |
|---|---|---|---|---|---|
| 001 | גרר | Gn26:26 | ואבימלך אתיה לוותיה מן | גרר | וסיעא מן רחמוי ופיכל רב |
| 002 | בגרר | Gn20:01 | ובין חלוצה ואתותב | בגרר: | |
| 003 | | Gn26:06 | ושרי יצחק | בגרר: | |
| 004 | דגרר | Gn16:05 | וקדם אבימל' מלכא | דגרר | ואמרת אחי הוא מן בגלל דלא |
| 005 | | Gn20:02 | היא ושלח אבימלך מלכא | דגרר | ודבר ית שרה: |
| 006 | | Gn26:17 | מתמן יצחק ושרה בנחלה | דגרר | ויתב תמן: |
| 007 | | Gn26:20 | ואדיינו רעויי' | דגרר | עם רעוי דיצחק למימר דינן |
| 008 | לגררה | Gn10:19 | דכנעיא מן צידון מעלך | לגררה | עד עזה מעלך |

## גררה GN

| | | | | | |
|---|---|---|---|---|---|
| 001 | לגררה | Gn26:01 | מלכאהון דפלשתא«י» | לגררה: | |

## גרשום PN

| | | | | | |
|---|---|---|---|---|---|
| 001 | גרשום | Ex 2:22 | וילדת בר וקרת ית שמה | גרשום | ארום אמר דייר ותותב אנא |
| 002 | | Ex 6:16 | בנוי דלוי ליחוסיהון | גרשום | וקהת ומררי ושנוי חיוי |
| 003 | גרשם | Ex18:03 | בנוי די שמיה דחד מנהון | גרשם | ארום אמר גיור ותותב הוינא |

## גרשון PN

| | | | | | |
|---|---|---|---|---|---|
| 001 | גרשון | Gn46:11 | ובנוי דלוי | גרשון | קהת ומררי: |
| 002 | | Nu 3:17 | בנוי דלוי בשמהתהון | גרשון | וקהת ומררי: |
| 003 | דג' | Nu 3:21M | לגרשון/לבנוי | דג'#2#/ | זרעייתה ^דשב'#2#/ |
| 004 | דגרשון | Nu 4:22 | ית ריש סכומיה דבנוי | דגרשון | אוף אינון לבית אבהתהון |
| 005 | | Nu 3:25 | ומטרת בנוי | דגרשון | במשכן זמנה משכנה ופרסה |
| 006 | | Nu10:17 | משכנה ונטלין בנוי | דגרשון | ובנוי דמררי טעני משכנה: |
| 007 | | Nu 4:41 | סכומי זרעיית דבנוי | דגרשון | כל די פלח במשכן זימנה די |
| 008 | | Nu 7:07 | תורין יהב משה לבנוי | דגרשון | כמסת פולחניהון: |
| 009 | | Ex 6:17 | בנוי | דגרשון | לבני ושמעי לזרעייתהון: |
| 010 | | Nu 4:38 | וסכומי בנוי | דגרשון | לזרעייתהון לבית אבהתהון: |
| 011 | | Nu 4:24 | דא פלחן זרעייתה דבנוי | דגרשון | למפלח ולמטעון: |
| 012 | דגרישוני | Nu 4:24M | "... ולמתעון": | דגרישוני | למיפלוח ולמיטול |
| 013 | דגרשוני | Nu 4:28 | דן פלחן זרעייתה דבנוי | דגרשוני | במשכן זמנה ומטרתהון על |
| 014 | | Nu26:57 | זרעייתה דבנוי | דגרשוני | לקהת{י} זרעייתה דבנוי |
| 015 | | Nu 4:27 | כל פלחנה דבנוי | דגרשוני | לכל מטוליהון ולכל |
| 016 | דגרשני | Nu 3:21 | אינון זרעייתה דבנוי | דגרשני: | |
| 017 | | Nu 3:24 | בית אבא דשבטה דבנוי | דגרשני | אליסף בר לאל: |
| 018 | | Nu 3:23 | זרעייתה דבנוי | דגרשני | בשפלוי דמשכנה ישרון מן |
| 019 | לגרשון | Nu 3:21 | | לגרשון | זרעייתה דבנוי דלבני |
| 020 | | Nu26:57 | לוויי לזרעייתהון | לגרשון | זרעייתה דבנוי דגרשוני |

## גשן GN

| | | | | | |
|---|---|---|---|---|---|
| 001 | בגשנה | Gn46:28 | ליה אתר בית משרוי | בגשנה | ועלו לארעא דגשן: |
| 002 | דגשן | Gn46:28 | בגשנה ועלו לארעא | דגשן: | |
| 003 | | Gn47:01 | אינון יהיבין בארעא | דגשן: | |
| 004 | | Gn47:04 | ישרון כען עבדך בארעא | דגשן: | |
| 005 | | Gn50:08 | ותוריהון שבקו בארעא | דגשן: | |
| 006 | | Gn46:34 | מן בגלל דתישרון בארעא | דגשן | ארום מרחקי ^היא#2#^ |
| 007 | | Ex 8:18 | ביומא ההוא עם ארעא | דגשן | די עמי שריין עלה די לא |
| 008 | | Ex 9:26 | לחוד בארעא | דגשן | די שרין תמן בני ישראל לא |
| 009 | | Gn47:06 | וית אחך ישרון בארעא | דגשן | ואן את ידע ואית בהון |
| 010 | לגשנה | Gn46:29 | לקדמות ישראל אבוי | לגשנה | וחמה יתיה ואתרכן על |
| 011 | לגושנא | Gn46:28M | \בגשנה ועלו | /לגושנא | ואתון#2#/ לארעא דגשן: |

## גתר PN

| | | | | | |
|---|---|---|---|---|---|
| 001 | וגתר | Gn10:23 | ובנוי דארם עוץ וחול | וגתר | ומש: |

## דבורה PN

| | | | | | |
|---|---|---|---|---|---|
| 001 | לדבורא | Gn35:09 | אורחיה דעלמא ארעת | לדבורא | מרב{עו}<ני>תא דרבק«ה» |
| 002 | לדבורה | Gn35:09M | דעלמא כד ארעת | לדבורה | מרבית' דרבק' אימיה |

## דבלתים GN

| | | | |
|---|---|---|---|
| 001 | דבלתימה | Nu33:46 | גד ושרון בעלמון דבלתימה: |
| 002 | | Nu33:47 | ונטלו מעלמון דבלתימה ושרון בטורא עברייה קדם |

## דברה PN

| | | | |
|---|---|---|---|
| 001 | דברה | Gn35:08 | ומיתת דברה מינקתה דרבקה ואתקברת |

## דברי PN

| | | | |
|---|---|---|---|
| 001 | דברי | Lv24:11 | ושמה דאתתה שלמית ברת דברי לשבטה דבנוי דדן: |

## דבשתה GN

| | | | |
|---|---|---|---|
| 001 | דבשתה | Nu32:34M | עטרות וית לחיית /דבשתה וית מכללתה וית לח#2# |

## דדן PN

| | | | |
|---|---|---|---|
| 001 | דדן | Gn25:03 | ית שבא וית דדן ובנוי דדן הוון תגרן ואמופרין וראשי |
| 002 | | Gn25:03 | ויקשן אולי' ית שבא וית דדן ובנוי דדן הוון תגרן |
| 003 | ודדן | Gn10:07 | ובנוי דרעמה שבא ודדן: |

## דודנים PN

| | | | |
|---|---|---|---|
| 001 | ודודנים | Gn10:04 | ותרשיש כתים ודודנים: ושם אפרכיותהון אלס |

## דומה PN

| | | | |
|---|---|---|---|
| 001 | ודומה | Gn25:14 | ומשמע ודומה ומשא: |

## דורא GN

| | | | |
|---|---|---|---|
| 001 | דורא | Gn38:25 | לך תלתא צדיקין בבקעת דורא חנניה מישאל ועזריה כד |

## דותינה GN

| | | | |
|---|---|---|---|
| 001 | לדותינא | Gn42:36 | דשלחת יתיה לוותכון לדותינא לית אנא <ידע> מה הוה |
| 002 | לדותינה | Gn37:17 | יתהון אמרין ניזיל לדותינה ואזל יוסף בתר אחוי וארע |

## דיבון GN

| | | | |
|---|---|---|---|
| 001 | דיבון | Nu21:30 | מן חשבון ושלטון מן דיבון וצדיין ארחתיה עד כרכה |
| 002 | | Nu21:30M | חשבון ושלטנו מן דבית דיבון |
| 003 | | Nu32:34 | ובנון בנוי דגד ית דיבון וית עטרות וית לחיית: |
| 004 | בדיבון | Nu33:45 | ונטלו מן עיין ושרון בדיבון גד: |
| 005 | ודיבון | Nu32:03 | «עטרות ודיבון» מכבר ובית נמרין |
| 006 | מדיבון | Nu33:46 | ונטלו מדיבון גד ושרון בעלמון |

## דיוקסס GN

| | | | |
|---|---|---|---|
| 001 | לדיוקסס | Nu34:15M | צפון נפק להון תחומה לדיוקסס תורנגלה |

## דינה PN

| | | | |
|---|---|---|---|
| 001 | דינא | Gn34:27M | די סאבו/סאיבו ית דינא#2#/ אחתהון: |
| 002 | דינה | Gn30:21 | ברתה נקבה וקרת ית שמה דינה: |
| 003 | | Gn44:18M | דסאיבו בגווה ית דינה אחתן דלית היא ממנין |
| 004 | | Gn34:13 | ומללו די סאב ית דינה אחתהון: |
| 005 | | Gn44:18 | דסאיבו בגווה ית דינה אחתן דלית היא ממנין שבטיא |
| 006 | | Gn34:01 | ונפקת דינה ברת לאה די ילדת ליעקב |
| 007 | | Gn34:05 | ויעקב שמע ארום סאב ית דינה ברתה ובנוי הוון עם בעירה |
| 008 | | Gn34:31M | לדינה /סניפו ית דינה#2#/ ברתיה דיעקב כלא מן כל |
| 009 | | Gn46:15 | ליעקב בפדן ארם וית דינה ברתיה כל נפשתה בנוי |
| 010 | | Gn34:25 | שמעון ולוי אחי דינה גבר חרביה ועלו לקרתא |
| 011 | | Gn34:26 | לפ<ת>גם דחרב ונסבו ית דינה מבייתה דשכם {דשכם} |
| 012 | בדינה | Gn34:31M | תב{'}<ו>ע איתעביד בדינה אחתי בגין כן עבדינן |
| 013 | | Gn34:03 | ואתרעיית נפשה בדינה ברת יעקב ורחם ית רביתא |
| 014 | לדינא | Gn34:31 | תבע עלבנה כדון אתעבד לדינא אחתן היך אתה טעיא |
| 015 | לדינה | Gn44:18 | לפתגם דחרב על די סאבו לדינה אחתן דלא הור' מתמניי' עמן |
| 016 | | Gn34:31M | ולא תבוע עלבן כן הוה לדינה ברתיה דיעקב ואמר היך |
| 017 | | Gn34:31 | צלמין}} על די סאבו לדינה ברתיה דיעקב כלא מן כל |

## דישון PN

| | | | |
|---|---|---|---|
| 001 | ודישון | Gn36:21 | ודישון ואצר ודישן אלין |

## דישן PN

| | | | |
|---|---|---|---|
| 001 | ודישן | Gn36:21 | ודישון ואצר ודישן אלין רברבניה חוורני' |

## דן PN/GN

| | | | |
|---|---|---|---|
| 001 | דן | Gn30:06 | כדין קראת{(י)} שמ«ה» דן: |
| 002 | | Dt34:01 | ית כל ארעא וית גלעד עד דן דקיסריון: |
| 003 | | Ex 1:04 | דן ונפתלי גד ואשר: |
| 004 | | Ex28:19 | עליהון שם תלתא שבטין דן ונפתלי גד {ואשר}: |
| 005 | | Ex39:12 | עליהון שם תלתה שבטין דן ונפתלי וגד: |
| 006 | | Dt27:13 | ראובן גד ואשר זבולן דן ונפתלי: |
| 007 | | Ex31:06 | מן שבטא ד{ב}ג<ב>רי דן ובלבי דכל חכימי לבי שוית |
| 008 | | Gn49:16 | מן דבית דן יקום פורקן ודיין כחדא |
| 009 | | Gn49:17 | דעתיד למיקם מן דבית דן יתקף יתגאה על כל אמיה |
| 010 | | Gn49:17M | "יהווי דן ...": דן מדמי לחווייה חרמני' דכמן |
| 011 | | Dt33:22 | משה נבייא דייי ואמר דן מדמי לגור בר אריוון וארעא |
| 012 | | Nu34:15M | די מן מדנח מער{ב}<ת> דן נפק להון תחומה לנהרה רבה |
| 013 | דדן | Nu 1:12 | מן שבטה דבנוי דדן אחיעזר בר עמי שדי: |
| 014 | | Nu 2:25 | על משרית שבטה דבנוי דדן אחיעזר בר עמי שדי: |
| 015 | | Nu 7:66 | קרב רב שבטה דבנוי דדן אחיעזר בר עמי שדי: |
| 016 | | Nu 7:71 | גרמיה רב שבטה דבנוי דדן אחיעזר בר עמי שדי: |
| 017 | | Nu10:25M | /חיילוות שבטה דבנוי דדן#2#/ אחיעזר בר עמי נדב: |
| 018 | | Gn46:23 | ובנוי דדן חשים: |
| 019 | | Nu13:12 | מן שבטה דבנוי דדן עמיאל בר גמלי: |
| 020 | | Ex35:34 | אחיסמך מן שבטה דבנוי דדן: |
| 021 | | Lv24:11 | ברת דברי לשבטה דבנוי דדן: |
| 022 | | Nu 1:39 | סכומיהון דשבטה דבנוי דדן אשתין ותרין אלפין ושבע |
| 023 | | Dt33:22 | ולשבטה דדן ברך משה נבייא דייי ואמר |
| 024 | | Nu 2:31 | דמשרית שבטה דבנוי דדן חמש עשרה ריבוון ושבעת |
| 025 | | Nu 1:38 | לבנוי דדן יחוסיהון לזרעייתהון |
| 026 | | Nu26:42M | אלין/אליין#2#/בנוי דדן לזרעייתהון לשוחם זרעייתה |
| 027 | | Nu26:42M | אלין זרעייתה דבנוי דדן לזרעייתהון: |
| 028 | | Nu 2:31M | ושית /דמשריתה דבנוי דדן מאה ושבעין וחמשה אלפין |
| 029 | | Nu10:25 | ונטל טכס משריית דבנוי דדן מכנש לכל משריתה לחילוותהון |
| 030 | | Nu 2:25 | משרית שבטה דבנוי דדן מן צפונה לחיילוותהון ורבה |
| 031 | | Ex38:23 | אחיסמך מן שיבטא דבנוי דדן נגר ואומן וצייר בתכלה |
| 032 | | Ex38:23M | דבנוי דדן /משבטה דדן#2#/ נגר ואומן וצייר בתכלה |
| 033 | | Nu34:15 | קסריון דממדנח מערבה דדן נפק להון תחומה לטור תלגא |
| 034 | | Nu34:22 | ומן שבטה דבנוי דדן רבה <בקי> בן יגלי: |

## דנהבה GN

| | | | | | |
|---|---|---|---|---|---|
| 001 | דנהבה | Gn36:32 | בר בעור ושמיה דקרתא | דנהבה: | |

## דעואל PN

| | | | | | |
|---|---|---|---|---|---|
| 001 | דעואל | Nu 1:14 | דבנוי דגד אליסף בר | דעואל: | |
| 002 | | Nu 7:42 | דג{ת}<ד> אליסף בר | דעואל: | |
| 003 | | Nu 7:47 | דג{ת}<ד> אליסף בר | דעואל: | |
| 004 | | Nu10:20 | דג{ת}<ד> אליסף בר | דעואל: | |

## דפני PN

| | | | | | |
|---|---|---|---|---|---|
| 001 | לדפני | Nu34:11 | ונחת תחומה מן אפמיה | לדפני | מן מד«י»נחה לעיינה |

## דפקה GN

| | | | | | |
|---|---|---|---|---|---|
| 001 | דפקה | Nu33:13 | ונטלו מן | דפקה | ושרון באלוש: |
| 002 | בדפקה | Nu33:12 | ממדברה דסין ושרון | בדפקה: | |

## דקלה PN

| | | | | | |
|---|---|---|---|---|---|
| 001 | דקלה | Gn10:27 | הדורם וית אוזל וית | דקלה: | |

## דקלת GN

| | | | | | |
|---|---|---|---|---|---|
| 001 | דקלת | Gn 2:14 | ושמה דנהרא תליתיא | דקלת | הוא דחזר ומקף מן מדנח |

## דרדני GN

| | | | | | |
|---|---|---|---|---|---|
| 001 | ודרדני' | Gn10:04 | וטרסס ואיטליא' | ודרדני': | |

## דרדרייא GN

| | | | | | |
|---|---|---|---|---|---|
| 001 | ודרדרייא | Gn10:04M | /אילסיאה#2#/ | ודרדני'/ודרדרייא#2#/: | |

## דרמשק GN

| | | | | | |
|---|---|---|---|---|---|
| 001 | דדרמסק | Gn14:15M | לדרמשק/עיינוותה | דדרמסק#2#/: | |
| 002 | | Nu34:15M | די מן צפון עיינוותה | דדרמסק | ומן צפון נפק להון תחומה |
| 003 | דדרמשק | Nu34:15 | עיינוות{י}יה | דדרמשק | ומצפון עיינוותיה דדרמשק |
| 004 | | Nu34:15 | ומצפון עיינוותיה | דדרמשק | נפק להון תחומא לנהרא |
| 005 | בדרמשק | Gn15:02 | איתעבד לי נסין | בדרמשק | ירית יתי: |
| 006 | לדרמשק | Gn14:15 | עד חובה די מן צפון | לדרמשק: | |

## דתן GN

| | | | | | |
|---|---|---|---|---|---|
| 001 | בדתן | Gn37:17 | בתר אחוי וארע יתהון | בדתן: | |

## דתן PN

| | | | | | |
|---|---|---|---|---|---|
| 001 | דתן | Ex16:20M | מניה גברין/גוברין | דתן | {דתן} ואבירם גברייא |
| 002 | | Ex 2:13M | גברין עבריין מתנצין | /דתן | ואביר' גברין יהודאי' |
| 003 | | Nu16:24 | למשכנה דקרח | דתן | ואבירם: |
| 004 | | Nu16:25 | וקם משה ואזל לוות | דתן | ואבירם ואזלו בתריה חכימוי |
| 005 | | Nu16:27 | מעלוי משכנה דקרח | דתן | ואבירם מן חזור חזור |
| 006 | | Nu26:09 | ודתן ואבירם הוא | דתן | ואבירם זמני כנשתה די |
| 007 | ודתן | Nu16:01 | בר קהת בר לוי {רת}<וד>תן | | ואבירם בנוי דאליאב |
| 008 | ודתן | Nu16:27 | מן חזור חזור ו{ת}<ד>תן | | ואבירם קמו להון מעתדין |
| 009 | | Nu26:09 | ובנוי דאליאב נמואל | ודתן | ואבירם הוא דתן ואבירם |
| 010 | לדתן | Ex14:03M | עתיד דיימר פרעה | לדתן | ואבירם דמשתיירין |
| 011 | | Nu16:12 | ושלח משה למקרי | לדתן | ולאבירם בנוי דאליאב |
| 012 | | Dt11:06 | ודי עבד | לדתן | ולאבירם בנוי דאליאב בר |

## ה' DN

| | | | | | |
|---|---|---|---|---|---|
| 001 | ה' | Lv11:45 | ארום אנה הוא | ה' | די אפקת יתכון פריקין מן |
| 002 | | Ex32:11 | קדם ייי אלהיה ואמר למה | ה' | יתקוף רוגזך בעמך די אפקת |

See also: DN ייי

## הבל PN

| | | | | | |
|---|---|---|---|---|---|
| 001 | הבל | Gn 4:08M | באפי ברא וקם קין על | הבל | אחוי וקטל יתיה |
| 002 | | Gn 4:08 | באפי ברא וקם קין אל | הבל | אחוי וקטל יתיה: |
| 003 | | Gn 4:09 | ואמר ייי לקין הן הוא | הבל | אחוך ואמר לית אנ{{א}}«ה» |
| 004 | | Gn 4:10 | דהון עתידין למיקום מן | הבל | אחוך צווחין עלך קדמי מן |
| 005 | | Gn 4:25 | לי «ייי» בר חורן חלף | הבל | ארו' קטל יתיה קין: |
| 006 | | Gn 4:25M | דייי זרע אוחרן חולף | הבל | די קטל יתה קין אחוי |
| 007 | | Gn 4:08 | מתפרעה מן רשיעיא עני | הבל | ואמר לקין אית דין ואית |
| 008 | | Gn 4:08 | מני לא אתקב' ברעוא: ענה | הבל | ואמר לקין מסתכל אנא די |
| 009 | | Gn 4:02 | ואוספת למלד ית אחוי ית | הבל | והוה הבל רעי ען וקין הוה |
| 010 | | Gn 4:04 | וקבל ייי ברעווא ית | הבל | וית קרבניה: |
| 011 | | Gn 4:02 | ית אחוי ית הבל והוה | הבל | רעי ען וקין הוה פלח |
| 012 | דהבל | Gn27:41M | עד זמן יקרב' "סא" | דהבל | ברם מתעכב אנא עד זמן די |
| 013 | והבל | Gn 4:04 | | והבל | אייתי אף הוא מן בכירי ענה |
| 014 | להבל | Gn 4:24M | להבל עד/ על דקטל | להבל | אחוי עד#2#/ |
| 015 | | Gn 4:08 | ואמר קין | להבל | אחוי איתה ונפק תרינן לאפי |
| 016 | | Gn27:41 | דעבד קין די קטל | להבל | בחיובי דאבוי וחזר ואוליד |
| 017 | | Gn 4:16 | לעדן והוה עד לא קטל | להבל | הוות ארעא מרבייה קודמוי |
| 018 | | Gn 4:16 | דעדן ומן דחטא וקטל | להבל | חזרת למהוי מרביה קדמו |
| 019 | | Gn 4:08 | ברעוא ענה קין ואמר | להבל | לית דין ולית דיין ולית |
| 020 | | Gn 4:08 | ברא ענה קין ואמר | להבל | מסתכל אנה דלא ברחמי' |
| 021 | | Gn 4:24 | ארום קין דקטל | להבל | שבעה דרין איתלי לי ולמך |

## הגר PN

| | | | | | |
|---|---|---|---|---|---|
| 001 | הגר | Gn16:15 | דילי<ד>ת ליה | הגר | ישמעאל: |
| 002 | | Gn16:01 | ולה אמתה מצרייא ושמה | הגר: | |
| 003 | | Gn16:08 | ואמר | הגר | אמתא דשרי מנן את אתייה |
| 004 | | Gn25:01M | "קטורה": היא | הגר | דהות קטירא ליה מלקדמין |
| 005 | | Gn25:01M | "קטורה": היא הות | הגר | דהות אסירה לה מן שירויה |
| 006 | | Gn16:04 | ועל לוות | הגר | ועברת וחמת {{ע}}ארום עברת |
| 007 | | Gn16:16 | הווה בזמנה די ילידת | הגר | ית ישמע'א#2#"ל לאברם: |
| 008 | | Gn16:15 | וילידת | הגר | לאברם בן וקרא אברם שמה |
| 009 | | Gn21:17 | מן שמיא ואמר לה מה ליך | הגר | לא תדחלין ארום שמע ייי בקל |
| 010 | | Gn25:12 | בר אברהם די ילידת | הגר | מצריתא אמתא דשרה לאברהם: |
| 011 | | Gn16:03 | שרי אתת' דאברם ית | הגר | מצריתה אמתה לסוף שנין עשר |
| 012 | דהגר | Gn16:05 | מינן ולא נצרך לבניה | דהגר | מצרייתה דהיא מבני בניהון |
| 013 | | Gn21:08 | דאתחסל ית יצחק ברה | דהגר | מצר«י»תא די ילדת |
| 014 | | Gn21:09 | וחמת שרה ית ברה | דהגר | מצריתא די ילדת לאברהם |
| 015 | להגר | Gn21:17 | דטליא וקרא מלאכא דייי | להגר | מן שמיא ואמר לה מה ליך |
| 016 | | Gn16:05 | הויינה ילדה ונסיבת | להגר | מצריתא אמתי ויהבת יתה לך |
| 017 | | Gn21:14 | לחם וזיק דמיין ויהיב | להגר | שווי על כתפה וית טליא |
| 018 | | Gn21:14M | /מזון וקרבה דמים ויהב | להגר | שויי על#2#/ כתפה וית |

## הדד PN

001 הדד Gn36:35 ומית חשם ומלך בתרה הדד בן בדד די קטל ית מדייני
002 Gn36:36 ומית הדד ומלך בתרה שמלה מן משרקה:
003 Gn36:39 בר עכבור ומלך בתרה הדד ושמה דקרתא פעו ושמה דאתתה

## הדורם PN

001 הדורם Gn10:27 וית הדורם וית אוזל וית דקלה:

## הדיף GN

001 הדייף Gn10:12M נינוה ובין הדיף/הדייף#2#/ היא קרתא רבתא:
002 הדיף Gn10:11 וית פלטיותא דקרתא וית הדיף:
003 Gn10:12 תלאסר בין נינוה ובין הדיף היא קרתא רבתא:

## הדס GN

001 הדס Gn10:10 מלכותיה ב{כ}<ב>ל הד{ם}<ס> ונציבין וקטיספי בארעא

## הומינס טוורוס GN

001 להומינס טוורוס Nu34:07 רבה תכוונון לכון להומינס טוורוס מזרח:

## הושע PN

001 הושע Nu13:08 מן שבטה דבנוי דאפרים הושע בר נון:
002 להושע Nu13:16 ארעא דכנען וקרא משה להושע בר נון יהושע:

## הלוצה GN

001 הלוצה Gn25:18 ושרון מן הנדין עד הלוצה די כל קבל מצרים מעלך

## המדאי GN

001 והמדאי Gn10:02M "ומדי ... ותרקא": והמדאי ומקדוניאה ויטינייא

## הנדין GN

001 הנדין Gn25:18 ושרון מן הנדין עד הלוצה די כל קבל

## הנדקי GN

001 הנדקי Gn25:18M ושרון מן הנדין/הנדקי#2#/ עד הלוצה די
002 דהנדקי Gn 2:11 דחזר ומקף ית כל ארעא דהנדקי דמן תמן דהבא נפק:

## הר הגדגדה GN

001 בהר הגדגדה Nu33:32 מבני יעקן ושרון בהר הגדגדה:
002 מהר הג' Nu33:33 ונטלו מהר הג' ושרון ביטב':

## הר שפר GN

001 בהר שפר Nu33:23 ונטלו מקהלת' ושרון בהר שפר:
002 מהר שפר Nu33:24 ונטלו מהר שפר ושרון בחרדה:

## הרן PN

001 הרן Gn11:26 ית אברהם ית נחו' וית הרן:
002 Gn11:29 דאתתיה דנחור מלכה ברת הרן אבוי דמלכה ואבוי דיסכה:
003 Gn11:28 ומית הרן בחיוי דתרח אבוהי בארע
004 Gn11:27 ית אברם ית נחור וית הרן והרן אוליד ית לוט:
005 והרן Gn11:27 ית נחור וית הרן והרן אוליד ית לוט:

## ויטינייא GN

001 ויטינייא Gn10:02M והמדאי ומקדוניאה ויטינייא ומוסייא ותרקי

## זבולן PN

001 זב' Nu 1:09M דבנוי דזבולן/^זב'#2#^/לזבולון#2#/ אליאב בר
002 זבולן Dt27:13 ראובן גד ואשר זבולן דן ונפתלי:
003 Gn30:20 לי שתא בנין וקראת שמה זבולן:
004 Ex28:18 שבטין יהודה יששכר זבולן:
005 Ex39:11 שבטין יהודה יששכר זבולן:
006 Dt33:18 דייי ואמר חדון דבית זבולן במיפקכון לפרגמטיכון וחדון
007 Ex 1:03 יששכר זבולן ובנימן:
008 Nu 1:31 סכומיהון לשבטה דבני זבולן חמשין ושבעה אלפין וארבע
009 Dt33:19 הא עמא דבית זבולן לטור בית מוקדשא יזדמנון
010 Gn49:13 זבולן על סייפי דימא רבה ישרי
011 דזבולון Gn46:14 ובנוי דזבולון סרד ואלון ויחלאל:
012 דזבולן Nu10:16 חיילוות שבטה דבנוי דזבולן אליא' בר חלן:
013 Nu 1:09 מן שבטה דבנוי דזבולן אליאב בר חילן:
014 Nu 2:07 ממני על משרית שבטה דזבולן~ אליאב בר חילן:
015 Nu 7:24 קרב שבטה דבנוי דזבולן אליאב בר חלן:
016 Nu 7:29 גרמיה רב שבטה דבנוי דזבולן אליאב בר חלן:
017 Nu13:10 מן שבטה דבנוי דזבולן גדיאל בר סודי:
018 Dt33:18 ולשבטה דזבולן ברך משה נבייא דייי ואמר
019 Nu 2:07 ושבטה דבנוי דזבולן ~ורבה דהוה ממני על
020 Nu 1:30 לבנוי דזבולן יחוסיהון לזרעייתהון
021 Nu26:26 בנוי דזבולן לזרעייתהון לסדר זרעיתה
022 דזבולני Nu26:27 אלין זרעייתה דבנוי דזבולנ{ן}<י> לסכומיהון אשתין אלפין
023 וזבולון Gn35:23 ויהודה ויששכר וזבולון:
024 לזבולון Nu 1:09M דבנוי דזבולן/^זב'#2#^/לזבולון#2#/ אליאב בר

## זכור PN

001 זכור Nu13:04 דבנוי דראובן שמוע בר זכור:

## זכרי PN

001 וזכרי Ex 6:21 דיצהר קרח ונפג וזכרי:

## זלפה PN

001 זלפה Gn30:09 לה מן למילד ונסבת ית זלפה אמהתה ויהבת יתה ליעקב
002 Gn30:10 וילידת זלפה אמהתה דלאה ליעקב בר:
003 Gn30:12 וילידת זלפה אמהתה דלאה בר תניין
004 Gn29:24 ויהב לבן לה ית זלפה אמתיה ללאה ברתיה לאמהה:
005 דזלפה Gn46:18 אלין בניה דזלפה די יהב לבן ללא«ה»
006 Gn37:02 בנוי דבלהה ועם בנוי דזלפה נשוי דאבוי ואייתי יוסף

## זמרגד PN

001 זמרגד Gn10:07M ובבוי דמווריטינוס זמרגד ומזג

## זמרי PN

001 זמרי Nu25:14 מה די אתקטל עם מדיניתה זמרי בן סלוא רב בית אבה דבנוי
002 דזמרי Dt33:09 לא קנה רחמין בעובדה דזמרי ארום נטרו מימר פומך

## זמרן PN

| | | | | | |
|---|---|---|---|---|---|
| 001 | זמרן | Gn25:02 | וילידת ליה ית | זמרן | וית יקשן וית מדן וית |

## זער GN

| | | | | | |
|---|---|---|---|---|---|
| 001 | זער | Gn14:02 | דקרתא דבלעת דיירי היא | זער: | |
| 002 | | Gn19:22 | כדין קרא שמה דקרתא | זער: | |
| 003 | | Dt34:03 | קרתה דעבדה תומרין היא | זער: | |
| 004 | | Gn14:08 | דבלעת דייריה היא | זער | וסדרו לקבלתהון סדרי קרבא |
| 005 | | Gn19:30 | וסלק לוט מן | זער | ושרא במערתא הוא ותרתין |
| 006 | בזער | Gn19:30 | עמיה ארום דחל למשרי | בזער | ושרה במערתא הוא ותרתין |
| 007 | לזער | Gn13:10 | דמצרים בפיריה מעלך | «לזער»: | |
| 008 | | Gn19:23 | נחת על ארעא ולוט על | לזער: | |

## זפירין GN

| | | | | | |
|---|---|---|---|---|---|
| 001 | לזפירין | Nu34:09 | ונפק תחומה | לזפירין | ויהוון מפ<ק>נו{ק}י טירת |

## זרד GN

| | | | | | |
|---|---|---|---|---|---|
| 001 | דזרד | Nu21:12 | תמן נטלו ושרון בנחלה | דזרד: | |
| 002 | | Dt 2:13 | דזרד ועברנן על נחלה | דזרד: | |
| 003 | | Dt 2:13 | קומו ועברו ית נחלה | דזרד | ועברנן על נחלה דזרד: |
| 004 | | Dt 2:14 | די עברנן ית נחלה | דזרד | תלתין ותמניא שנין עד דסף |

## זרח PN

| | | | | | |
|---|---|---|---|---|---|
| 001 | זרח | Gn38:30 | זהוריתא וקרא שמה | זרח: | |
| 002 | | Gn36:34 | ומית יובב בר | זרח | ומלך בתרה חשם מן ארעא |
| 003 | | Gn36:17 | דעשו רבה נחת רבה | זרח | רבה שמה רבה מזה אלין |
| 004 | דזרחי | Nu26:20 | לזרח זרעייתה דבנוי | דזרחי: | |
| 005 | | Nu26:13 | לזרח זרעייתה דבנוי | דזרחי | לשאול זרעייתה דבנוי |
| 006 | וזרח | Gn46:12 | ואונן ושלה ופרץ | וזרח | <....> חצרון וחמול: |
| 007 | | Gn36:13 | בניה דרעואל נחת | וזרח | שמה ומיזה <....>: |
| 008 | לזרח | Nu26:13 | | לזרח | זרעייתה דבנוי דזרחי |
| 009 | | Nu26:20 | זרעייתה דבנוי דפרצי | לזרח | זרעייתה דבנוי דזרחי: |

## חבר PN

| | | | | | |
|---|---|---|---|---|---|
| 001 | חבר | Gn46:17 | אחתהון ובנוי דבריעה | חבר | ומלכיאל: |
| 002 | דחבר | Nu26:45 | לחבר זרעייתה דבנוי | דחבר | למלכיאל זרעייתה דבנוי |
| 003 | לחבר | Nu26:45 | לבנוי דבריעה | לחבר | זרעייתה דבנוי דחבר |

## חברון GN

| | | | | | |
|---|---|---|---|---|---|
| 001 | חברון | Gn23:02 | דארבעתי אבהתא היא | חברון | בארעא דכנען ואתה אברהם |
| 002 | | Gn23:19 | די כל קובל מימרא היא | חברון | בארעא דכנען: |
| 003 | | Gn35:27 | קרתהון דגיבריא היא | חברון | דאתותב תמן אברהם ויצחק: |
| 004 | חברון | Nu13:22 | בדרומה ומטה כלב עד | חברון | ותמן אחימן ששי ותלמי |
| 005 | בחברו' | Gn13:18 | ושרא במישריה חזוה די | בחברו' | ובנה תמן מדבח בשם ממריה |
| 006 | דח' | Nu 3:27M | \דבנוי | ד«ח»ברני/דח'#2#/ | וזרעייתה דבנוי |
| 007 | דחברון | Gn37:14 | ושלח יתיה מן מישרא | דחברון | ואתא לשכם: |
| 008 | דחברוני | Nu26:58 | דלבני זרעייתה דבנוי | דחברוני | זרעייתה דבנוי דמחלי |
| 009 | דחברני | Nu 3:27 | וזרעייתה דבנוי | ד«ח»ברני | וזרעייתה דבנוי |
| 010 | וחברון | Nu 3:19 | דקהת עמרם ויצהר | וחברון | ועזיאל: |
| 011 | וחברון | Ex 6:18 | דקהת עמרם ויצהר | וחברון | ועזיאל ושני חיוי דקהת |
| 012 | | Nu13:22 | בנוי דענק ג«י»ברא | וחברון | שבע שנין אתבנית קדם |

## חגי PN

| | | | | | |
|---|---|---|---|---|---|
| 001 | דחגי | Nu26:15 | דצפוני לחגי זרעיתה | דחגי | לשוני זרעייתה דבנוי |
| 002 | וחגי | Gn46:16 | ובנוי דגד צפיון | וחגי | שוני ואצבון ערי |
| 003 | לחגי | Nu26:15 | זרעיתה דבנוי דצפוני | לחגי | זרעיתה דחגי לשוני |

## חגלה PN

| | | | | | |
|---|---|---|---|---|---|
| 001 | חגלה | Nu26:33 | דצלפחד מחלה ונעה | חגלה | מלכה ותרצה: |
| 002 | | Nu27:01 | שמהת בנתיה מחלה נעה | חגלה | מלכה ותרצה: |
| 003 | וחגלה | Nu36:11 | <והוויין> מחלה תרצה | וחגלה | ומלכה ונעה בנתיה |

## חדייב GN

| | | | | | |
|---|---|---|---|---|---|
| 001 | חדייב | Gn10:11M | קרתא וית | חדיי{ת}<ב>#2#:/ | |

## חדר PN

| | | | | | |
|---|---|---|---|---|---|
| 001 | חדר | Gn25:15 | | חדר | ותימא יתור נפיש וקדמה: |

## חובב PN

| | | | | | |
|---|---|---|---|---|---|
| 001 | לחובב | Nu10:29 | ואמר משה | לחובב | בר רעואל מדיניה חמוי |

## חובה GN

| | | | | | |
|---|---|---|---|---|---|
| 001 | חובה | Gn14:15 | יתהון ורדף יתהון עד | חובה | די מן צפון לדרמשק: |
| 002 | לחובה | Nu34:15M | נפק להון תחומה | לחובה | די מן צפון עיינוותה |

## חוה PN

| | | | | | |
|---|---|---|---|---|---|
| 001 | חוה | Gn 3:20 | וקרא האדם שמה דאיתתיה | חוה | ארום היא הוות אמהון דכל |
| 002 | | Gn 4:01 | והאדם חכם ית | חוה | אתתה ועברת וילידת ית קין |

## חווייא PN

| | | | | | |
|---|---|---|---|---|---|
| 001 | חווייא | Gn 3:20M | \חוה ארום היא | /חווייא | ארום דהיא#2#/ הוות |

## חוות GN

| | | | | | |
|---|---|---|---|---|---|
| 001 | לחוות | Nu21:15 | ואזלו להון לאתריהון | לחוות | קרתה די לא הוות בעצתהון |

## חוילה PN

| | | | | | |
|---|---|---|---|---|---|
| 001 | חוילה | Gn10:29 | וית אופיר וית | חוילה | וית {יקטן} <יובב> כל |
| 002 | וחוילה | Gn10:07 | ובנוי דכוש סבא | וחוילה | וסבתא ורעמ' וסבתכא |

## חול PN

| | | | | | |
|---|---|---|---|---|---|
| 001 | וחול | Gn10:23 | ובנוי דארם עוץ | וחול | וגתר ומש: |

## חומתה GN

| | | | | | |
|---|---|---|---|---|---|
| 001 | ולחומתה | Nu34:15M | תחומה לטור תלגה | ולחומתה | דלבנן ומן טור תלגה |
| 002 | | Nu34:15M | דלבנן ומן טור תלגה | ולחומתה | דלבנן נפק להון תחומה |

## חופם PN

| | | | | | |
|---|---|---|---|---|---|
| 001 | לחופם | Nu26:39 | דבנוי דשפופמי | לחופם | זרעייתה דבנוי דחופמי: |

## חופמי PN

| | | | |
|---|---|---|---|
| 001 | דחופמי | Nu26:39 | לחופם זרעייתה דבנוי דחופמי: |

## חור PN

| | | | |
|---|---|---|---|
| 001 | חור | Nu31:08 | וית רקם וית צור וית חור וית רבע חמישתי מלכיהון |
| 002 | | Ex38:22 | ובצלאלא בן אור בר חור לשבטא דבנוי דיהודה עבד ית |
| 003 | | Ex31:02 | דרבן בצלאל בר אורי בר חור מן שבטא דבנוי דיהודה: |
| 004 | | Ex35:30 | דרבן בצלאל בן אור בר חור מן שבטה דבנוי דיהודה: |
| 005 | | Ex32:05 | וחמא אהרן ית חור נביא קדמוי ודחל ובנה מדבח |
| 006 | | Ex32:05M | קדמוי /וחזא אהרן ית חור נכיס קדמוי#2#/ ודחל ובנה |
| 007 | וחור | Ex17:12 | ויתב עליה ואהרן וחור הוון אחידין בידוי חד מן |
| 008 | | Ex17:10 | עמלק ומשה ואהרן וחור סליקו לריש רמתא: |
| 009 | | Ex24:14 | לוותכון והא אהרן וחור עמכון מן דאית עסק דין |

## חורב GN

| | | | |
|---|---|---|---|
| 001 | חורב | Ex 3:01 | עלוי איק' שכינתה דייי חורב: |
| 002 | | Dt 1:19 | ונטלן מן חורב והלכנן ית כל מדברה רבה |
| 003 | בחו' | Dt28:69M | עמהון \בטורה דחורב/בחו'#2#/: |
| 004 | בחורב | Dt 4:10M | \בטורא דחורב בזמנה /בחורב בזמן#2#/ דאמר ייי לי |
| 005 | | Dt18:16M | אלהכון בטורא דחורב/בחורב#2#/ ביום התכנשות |
| 006 | | Ex40:20M | אבניה דאיתיהיבו ליה בחורב והוון קיימין על את |
| 007 | | Dt 1:06 | ייי אלהן מליל עמן בחורב למימר סגין לכון למישרי |
| 008 | דחורב | Ex33:06 | חקיק עליהון מן טורא דחורב: |
| 009 | | Dt 5:02 | קיים עמן קיים בטורה דחורב: |
| 010 | | Dt28:69 | די קיים עמהון בטורה דחורב: |
| 011 | | Dt 1:02 | לכון מהלכה מן טורא דחורב אורח טור גבלה {מטי עד} |
| 012 | | Dt 4:10 | קדם ייי אלהכון בטורא דחורב בזמנה דאמר ייי לי אמר |
| 013 | | Dt18:16 | ייי אלהכון בטורא דחורב ביום התכנשות קהלה למימר |
| 014 | | Dt 4:15 | מלל ייי עמכון בטורא דחורב מן גו להבי אשתה: |
| 015 | ובחרב | Dt 9:08 | ובחרב ארגזתון קדם ייי ותקף |
| 016 | לחורבא | Ex 3:01M | שכינתה דייי חורב/לחורבא#2#/: |

## חורי PN

| | | | |
|---|---|---|---|
| 001 | חורי | Nu13:05 | דשמעון שפ{ד}<ט> בר חורי: |

## חזו PN

| | | | |
|---|---|---|---|
| 001 | חזו | Gn22:22 | וית כשד וית חזו וית פלדש וית ידלף וית |

## חזוזה GN

| | | | |
|---|---|---|---|
| 001 | חזוזה | Dt11:30 | גלגלה סמיך למישרי חזוזה: |
| 002 | | Gn14:06M | עד דגבולא דפארן/חזוזה#2#/ דסמיך למדברא: |

## חילן PN

| | | | |
|---|---|---|---|
| 001 | חילן | Nu 1:09 | דזבולן אליאב בר חילן: |
| 002 | | Nu 2:07 | דזבולן~ אליאב בר חילן: |

## חירה PN

| | | | |
|---|---|---|---|
| 001 | חירה | Gn38:01 | לוות גבר עדולמיי ושמה חירה: |
| 002 | וחירה | Gn38:12 | לוות גזזי ענה הוא וחירה רחמיה עדולמיי לתמנתה: |

## חירתה PN

| | | | |
|---|---|---|---|
| 001 | חירתה | Ex14:02 | וישרון קדם פונדקי חירתה בין מגדול ובין ימא קדם |
| 002 | | Ex14:09 | סמיך לפונדקי חירתה קדם טעוותה צפון: |
| 003 | חירתא | Nu33:08 | ונטלו מן קדם פונדקי חירתא ועברו בגו ימא במדברה |
| 004 | חירתה | Nu33:07 | מאתם ושרון בפונדקי חירתה דסמיך לטעוותה צפון ושרון |

## חלוצה GN

| | | | |
|---|---|---|---|
| 001 | חלוצה | Gn16:14 | הא היא בין רקם ובין חלוצה: |
| 002 | | Gn20:01 | ושרא בין רקם ובין חלוצה ואתותב בגרר: |
| 003 | דחלוצה | Gn16:07 | על עיינה באורחא דחלו«צה»: |
| 004 | | Ex15:22 | סוף ונפקו למדברא דחלוצה והלכו ארח מהלך תלתא |

## חלן PN

| | | | |
|---|---|---|---|
| 001 | חלן | Nu 7:24 | דזבולן אליאב בר חלן: |
| 002 | | Nu 7:29 | דזבולן אליאב בר חלן: |
| 003 | | Nu10:16 | דזבולן אליא' בר חלן: |

## חלק PN

| | | | |
|---|---|---|---|
| 001 | דחלקי | Nu26:30M | לחלק זרעיתה דבנוי דחלקי: |
| 002 | לחלק | Nu26:30M | דבנוי דאיעזרי לחלק זרעיתה דבנוי דחלקי: |

## חם PN

| | | | |
|---|---|---|---|
| 001 | חם | Gn 9:22 | וחמא חם אבוהו' דכנענאי ית עריתה |
| 002 | | Gn 6:10 | נח תלתא בנין ית שם ית חם וית יפת: |
| 003 | | Gn 5:32 | ואולד נח ית שם ית חם ית יפת: |
| 004 | דחם | Gn10:06 | ובנוי דחם כוש ומצרים ופוט וכנען: |
| 005 | | Gn10:20 | אילין בנוי דחם לזרע{וי}«ייי»תהון |
| 006 | וח' | Gn 7:13 | יומא הדין על נח ושם וח' ויפת בנוי דנח ואתתיה |
| 007 | וחם | Gn 9:18 | תיבותא שם וחם ויפת הוא אבוהון דכנענאי: |
| 008 | | Gn 9:18 | די נפקו מן תיבותא שם וחם ויפת וחם הוא אבוהון |
| 009 | | Gn10:01 | תולדוות' בנוי דנח שם וחם ויפת ואתילידו להון בנין |

## חמול PN

| | | | |
|---|---|---|---|
| 001 | דחמולי | Nu26:21 | לחמול זרעייתה דבנוי דחמולי: |
| 002 | וחמול | Gn46:12 | וזרח <....> חצרון וחמול: |
| 003 | לחמול | Nu26:21 | דבנוי דחצרוני לחמול זרעייתה דבנוי דחמולי: |

## חמור PN

| | | | |
|---|---|---|---|
| 001 | חמור | Gn34:18 | דחמור ובאפוי דשכם בר חמור: |
| 002 | | Gn33:19 | משכניה מלוות בנוי די חמור אבוי דשכם במאה מרגליין: |
| 003 | | Gn34:06 | ונפק חמור אבוי דשכם לוות יעקב |
| 004 | | Gn34:13 | דיעקב ית שכם וית חמור אבוי בסגי חכמתהון ומללו |
| 005 | | Gn34:20 | ואתא חמור ושכם ברה לתרע קרתיהון |
| 006 | | Gn34:26 | וית חמור וית שכם בריה קטלו |
| 007 | | Gn34:02 | וחמא יתה שכם בר חמור חיוויה רבה דארעא ונסב יתה |
| 008 | | Gn34:31 | דלא יהוו{ן}<י> שכם בר חמור מלגלג בנפשיה ומתגאי בלביה |
| 009 | | Gn34:08 | ומלל חמור עמהון למימר שכם ברי |
| 010 | דחמור | Gn34:18 | ושפרו מיליהון באפוי דחמור ובאפוי דשכם בר חמור: |
| 011 | לחמור | Gn34:04 | ואמר שכם לחמור אבוי למימר אסב ית רביתה |
| 012 | | Gn34:24 | ושמעו לחמור ולשכם בריה כל נפקי תרע |

## חמרא PN

001 חמרא Nu16:15M לדורון דידיהון לא חמ<רא> <...> נסיבית

## חנוך PN

001 חנוך Gn 4:17 שמה דקרתה כשמיה דבריה חנוך:
002 Gn 5:18 ותרתין שנין ואוליד ית חנוך:
003 Gn 5:22 ופלח חנוך בקושטא מן קדם ייי מן בתר
004 Gn 5:24 ופלח חנוך בקושטא קדם ייי ולית ידיע
005 Nu26:05 דישראל בנוי דראובן חנוך דזרעיית{י}ה דבנוי דחנכי
006 Gn46:09 ובנוי דראובן חנוך ופלוא חצרון וכרמי:
007 Ex 6:14 דראובן בוכרי דישראל חנוך ופלוא חצרון וכרמי
008 Gn 4:17 אתתיה ועברת וילדת ית חנוך והוה בני קריה וקרא שמה
009 Gn 5:21 וחיה חנוך שתין וחמש שנין ואוליד ית
010 Gn 5:19 ירד מן בתר דאולד ית חנוך תמני מאה שנין ובהן בשני׳
011 דחנוך Gn 5:23 והוון כל יומי חיוי דחנוך תלת מאה ושתין וחמש שנין:
012 וחנוך Gn25:04 דמדין עיפה ועפר וחנוך ואבידע ואלדעה כל אלין
013 לחנוך Gn 4:18 ואתיליד לחנוך ית עירד ועירד אוליד ית

## חניאל PN

001 חניאל Nu34:23 שבטה דבנוי דמנשה רבה חניאל בן אפוד:

## חנכי PN

001 דחנכי Nu26:05 דזרעיית{י}ה דבנוי דחנכי לפלוא זרעייתה דבנוי

## חנניה PN

001 חנניה Gn38:25 צדיקין בבקעת דורא חנניה מישאל ועזריה כד נחתין

## חפים PN

001 וחפים Gn46:21 אחי וראש מפים וחפים וארד:

## חפר PN

001 חפר Nu27:01 וקרבין בנתה דצלפחד בר חפר בר גלעד בר מכיר בר מנשה
002 Nu26:33 וצלפחד בר חפר לא הוו ליה בנין ארום אלהן
003 דחפר Nu26:33M \בר חפר /בריה דחפר#2#/ לא הוו ליה בנין ארום
004 דחפרי Nu26:32 וחפר זרעייתה דבנוי דחפרי:
005 וחפר Nu26:32 זרעייתה דבנוי דשמידעי וחפר זרעייתה דבנוי דחפרי:

## חצר מות GN

001 חצר מות Gn10:26 אלמודד וית שלף וית חצר מות וית ירח:

## חצרון PN

001 חצרון Gn46:12 ופרץ וזרח <....> חצרון וחמול:
002 Gn46:09 דראובן חנוך ופלוא חצרון וכרמי:
003 Ex 6:14 דישראל חנוך ופלוא חצרון וכרמי אלין זרעתהון
004 דחצרוני Nu26:21 זרעייתה דבנוי דחצרוני לחמול זרעייתה דבנוי
005 Nu26:06 לחצרון זרעייתה דבני דחצרוני לכרמי זרעייתה דבנוי
006 לחצרון Nu26:06 {לחצרון} לחצרון זרעייתה דבני דחצרוני
007 Nu26:21 והוון בנוי דפרץ לחצרון זרעייתה דבנוי דחצרוני
008 Nu26:06 {לחצרון} לחצרון זרעייתה דבני

## חצרות GN

001 חצ' Nu11:35M נטלו עמה בחצרות/מן חצ'#2#/ והוון/ושרון#2#/
002 חצרות Nu12:16 מן צרעתה נטלו עמה מן חצרות ושרון במדברה דפארן:
003 בחצירות Nu11:35 עמה בחצרות והוון בחצירות:
004 בחצרות Nu33:17 קברי תוחמדתה ושרון בחצרות:
005 Nu11:35 תחמודתה נטלו עמה בחצרות והוון בחצירות:
006 ובחצרות Dt 1:01M וגרי בכון חיוותה ובחצרות די נפלו מן פיגריכון
007 Dt 1:01 הדין דמיכליה קליל ובחצרות נפלו פיגריכון ועל ידי
008 מחצרות Nu33:18 ונטלו מחצרות ושרון ברתמה:

## חרב GN

001 בחרב Ex17:06 מתע{דת}<תד> על טינרא בחרב ותמחי בטינרא ונפקון מינה

## חרדה GN

001 בחרדה Nu33:24 ונטלו מהר שפר ושרון בחרדה:
002 מחרדה Nu33:25 ונטלו מחרדה ושרון במקהלות:

## חרמה PN

001 חרמה Nu21:03 קריהון וקרון שמה דאתרה חרמה:

## חרן GN

001 חרן Gn29:04 מן אן אתון ואמרין מן חרן אנן:
002 Gn11:31 לארעא דכנען ומטון עד חרן ושרון תמן:
003 בחרן Gn11:32 וחמש שנין ומית תרח בחרן:
004 Gn28:10 כל יומין דהוה שרי בחרן אלין חמישיתי נסיא אתעבדו
005 Gn28:10 קדמוי ואשתכח יתיב בחרן וניסא רביעאה אבנא דהוון
006 לחרן Gn28:10 נפק מן באר שבע למיזל לחרן:
007 Gn28:10 דנפק מבאר שבע למיזל לחרן נסא קדמיא אתקצרו
008 Gn28:10 יעקב רגלוי למיזל לחרן קפצת ארעא קדמוי ואשתכח
009 מחרן Gn12:04 שנין הוה בזמנה די נפק מחרן:

## חרנה PN

001 חרנה Gn27:43 לך לוות לבן אחי חרנה:

## חשבון GN

001 חשבון Nu32:37 ובנוי דראובן בנון ית חשבון וית אלעלה וית קריתים:
002 Nu21:28M חציף הי׳ אשא נפק מן חשבון וליגיונין עבדי קרבא
003 Nu21:30 ופסקת מלכו מן חשבון ושלטון מן דיבון וצדיין
004 Nu21:30M <מן> דבית חשבון ושלטנו מן דבית דיבון
005 Nu21:28 בערין היך אשתא נפקו מן חשבון עבדי קרב כשלהביתה נפקו מן
006 Nu21:26 ארום חשבון קרתה דסיחון מלכהון
007 בחשבון Nu21:34 דאמוריי די הווה שרי בחשבון:
008 Dt 3:02 דאמוריי דהווה שרי בחשבון:
009 Nu21:25 בכל קרווי אמוריי בחשבון ובכל כופרנייה:
010 Dt 1:04 דאמוריי דהווה שרי בחשבון וית עוג מלכא דבותנין
011 Dt 4:46 דאמוריי דהווא שרי בחשבון מה די קטיל משה ובני
012 דחשבון Dt 2:24 ית סיחון מלכא דחשבון אמורייה וית ארעיה שרון
013 Dt 2:30 ולא צבא סיחון מלכא דחשבון דלא למעברה יתן בתחומיה
014 Dt29:06 ונפק סיחון מלכא דחשבון ועוג מלכא דבותנין
015 Dt 2:26 לוות סיחון מלכא דחשבון מלין דשלם למימר:
016 Dt 3:06 עבדנן לסיחון מלכא דחשבון שיצינן כל קורי
017 וחשבון Nu32:03 מכבר ובית נמרין וחשבון ואלעלה וסימת ונבו

018 לחשבון Nu21:27 מתולי מתלייה עלו לחשבון תתבני ותשתכלל קרתה

## חשים PN

001 חשים Gn46:23 ובנוי דדן חשים:

## חשם PN

001 חשם Gn36:35 ומית חשם ומלך בתרה הדד בן בדד די
002 Gn36:34 יובב בר זרח ומלך בתרה חשם מן ארעא דרומא:

## חשמונה GN

001 בחשמנה Nu33:29 ונטלו ממתקה ושרון בחשמנה:
002 מחשמונה Nu33:30 ונטלו מחשמונה ושרון במוסרות:

## חת PN

001 חת Gn10:15 ית צידון בכורא וית חת:
002 Gn23:07 בנימוס ארעא דבני חת:
003 Gn23:11M בנימוס ארעא דבני חת /ואודי {לעמיה} לעמא דארעא
004 דחת Gn23:20 מן לות בנו«י» דחת:
005 Gn49:32 ומערתא דביה מן בנוי דחת:
006 Gn27:46M דחיתאי/בנת חיתאי#2/^דחת#2/^ אן נסב \הוא#2/
007 Gn23:16 דמלל במשמעהון דבנוי דחת ארבעין מאה סלעין דכסף
008 Gn23:11M דארעא קדם בנוי דחת#2/: ומליל עמהון למימר אם
009 Gn23:10 הוי שרי בגו בנוי דחת וענה עפרון חתייה עם
010 Gn23:11 ביניכון לאחסנו דקבורה דחת וענה עפרון חתייה עם
011 Gn27:46M בנתהון \דחיתיי כאלין /דחת כאליין#2/ מן בנתהון
012 Gn23:10 אברהם במשמעהון דבנוי דחת לכל עללי תרע קרתיה למימר:
013 Gn23:11 אברהם במשמעהון דבנוי דחת לכל עללי תרע קרתיה למימר:
014 Gn23:18 לאברהם לקנין לקבל בנוי דחת לכל עללי תרע קרתיה:
015 Gn23:03 אפי מיתה ומליל עם בנוי דחת למימר:
016 Gn25:10 זכי אברהם מלוות בנוי דחת תמן אתקבר אברהם ושרה

## טבח PN

001 טבח Gn22:24 ראומה וילידת אף היא ית טבח וית גחם וית {גחם} <תחש>

## טוורוס GN

001 לטוורוס Nu34:07M לכון \להומינס טוורוס/לטוורוס#2/ מזרח:

## טוורוס מינוס GN

001 טוורוס מנוס Nu34:08 מן טוורוס מ{י}נוס תכוונון למעלני
002 בטווריס ימנוס Nu33:37M /בגו רקם#2/^בטווריס ימנוס#2^/ בסיפי ארעהון

## טניס GN

001 טנוס Nu13:22M בנייה קדם עד לא יתבני טנוס דמצ#2/:
002 Ex 1:11M תלילן לפרעה ית טנס/טנוס#2/ וית פילוסין:
003 טניס Nu13:22 שבע שנין אתבנית קדם טניס מצרים:
004 טנס Ex 1:11 קריין תלילן לפרעה ית טנס וית פילוסין:
005 דטנס Gn41:50 ברת פוטיפרע רבה דטנס:
006 Gn41:45 ברת פוטיפרע רבה דטנס ליה לאתתה ונפק יוסף בכל
007 דתנוס Gn46:20M פוטיפרע רבה דאון/דתנוס#2/ ית מנשה וית

## טרכון GN

001 טרכון Nu34:15 לקרן זווי דברתיה וכל טרכון בית זימרא בית מלכותא

## טרכונה GN

001 טר' Dt 3:14M נסב ית כל תחום תרכונה/טר'#2/ עד תחום גשורייה
002 טרכונה Dt 3:04 שיתין קריין כל תחום טרכונה בית מלכותה דעוג

## טרסס GN

001 וטרסס Gn10:04 ושם אפרכיותהון אלס וטרסס ואיטליא' ודרדני':

## יאיר PN

001 יאיר Dt 3:14 יאיר בר מנשה נסב ית כל תחום
002 דיאיר Nu32:41 וקרא יתהון כופרני דיאיר:
003 Dt 3:14 בותנ«י»ין כופרנוי דיאיר עד יומא הדן:
004 ויאיר Nu32:41 ויאיר בר מנשה אזל וכבש ית

## יבל PN

001 יבל Gn 4:20 וילידת עדה ית יבל הוא אבוהון דדרי משכנא

## יבקה GN

001 יבוק Dt 3:16M ותחומה ועד נחל יבקה/יבוק#2/ תחומיהון דבני
002 יבקא Dt 2:37 לא קרבנן כל דסמיך לנחל יבקא וקורי טורה וכל מה די פקד
003 יבקה Gn32:23 בנוי ועבר ית מעבר יבקה:
004 Nu21:24 ית ארעיה מן ארנונה עד יבקה עד תחומיהון דבני עמון
005 Dt 3:16 נחלה ותחומה ועד נחל יבקה תחומיהון דבני עמוני':

## יגאל PN

001 יגאל Nu13:07 מן שבטה דבנוי דיששכר יגאל בר יוסף:

## יגבהה PN

001 ויג' Nu32:35M דשופן וית מכוור ויג'#2/:
002 ויגבהה Nu32:35 שופן וית יעזר ויגבהה:

## יגלי PN

001 יגלי Nu34:22 דדן רבה <בקי> בן יגלי:

## ידיוקיטא GN

001 ומידיוקיטוס Nu34:15 תחומא לידיוקיטא ומידיוקיטוס תרנגיל קסריון דממדנח
002 לידיוקיטא Nu34:15 נפק להון תחומא לידיוקיטא ומידיוקיטוס תרנגיל

## ידלף PN

001 ידלף Gn22:22 וית חזו וית פלדש וית ידלף וית בתואל:

## יהודה PN/GN

001 יה' Nu 1:07M דבנוי דיהודה/^יה'#2/^/ליהודה#2/ נחשון בר
002 יהוד' Gn44:19M \ענה יהודה/אמר יהוד' בליביה#2/ ואמר דלמה דהא
003 Gn43:07 פתגמיא האליין ואמר יהוד' הא מידע הוינן ידעין ארום
004 Gn49:12M דעתיד למיקם מן דבית יהוד' עיינו' ד{ק}<כ>יין מן
005 יהודה Gn35:19M היא בית לחם \יהודה#2/:
006 יהודה Ex28:18 עליהון שם תלתא שבטין יהודה יששכר זבולן:

|  |  |  |  |  |  |
|---|---|---|---|---|---|
| 007 | | Ex39:11 | עליהון שם תלתה שבטין | יהודה | יששכר זבולון: |
| 008 | | Gn49:11 | דעתיד למיקם מן מדבית | יהודה | אסר חרציה ונפק לקרבא על |
| 009 | | Gn38:24 | מעברה בגין דזנו ואמר | יהודה | אפיקו יתה ותתוקד: |
| 010 | | Gn50:01 | דקטור«ה» תמן קאים | יהודה | אריה גוברין דאחוי ענה |
| 011 | | Gn38:06 | ונסב | יהודה | אתה לער בוכריה ושמה |
| 012 | | Gn44:19M | חשב | יהודה | בליביה ואמר דן חייליה |
| 013 | | Gn38:02 | וחמה תמן | יהודה | ברתה דגבר כנענ{ע}אי ושמיה |
| 014 | | Gn44:14 | ואתא | יהודה | ואחווי לפלטורין דיוסף |
| 015 | | Gn38:22 | וחזר לוות | יהודה | ואמר לא אשכחית יתה ולחוד |
| 016 | | Gn38:26 | וחכם | יהודה | ואמר זכאה היא תמר כלתי |
| 017 | | Gn44:19 | ואזדעזע כל פלטין ענה | יהודה | ואמר דלמה דהא גבורתא מן |
| 018 | | Gn50:01 | אריה גוברין דאחוי ענה | יהודה | ואמר לאחוי איתון נבני |
| 019 | | Gn49:10 | לא פסקין מלכין מין דבית | יהודה | ואף לא ספרין מלפי אוריה |
| 020 | | Gn38:15 | וחמה יתה | יהודה | וחשב יתה יהודה לנפקת בר |
| 021 | | Gn38:12 | אתתיה דיהודה ואנחם | יהודה | וסלק לוות גזזי ענה הוא |
| 022 | | Gn29:35 | ייי בגין כדין קראת שמה | יהודה | וקמת מן למילד: |
| 023 | | Gn44:18 | וקרב לוותיה | יהודה | זעף במלין ומדכדך בלישנא |
| 024 | | Gn38:15 | דיהודה ולא הוה | יהודה | חכם יתה: |
| 025 | | Gn38:20 | ושלח | יהודה | ית גדייה בר עזייא ביד |
| 026 | | Gn38:08 | ואמר | יהודה | לאונן עול לוות אתתיה |
| 027 | | Gn43:08 | ואמר | יהודה | לישראל אבוי שלח טליא עמי |
| 028 | | Gn38:11 | ואמר | יהודה | לתמר כלתיה תבי ארמלה |
| 029 | | Gn37:26 | ואמר | יהודה | לאחוי מה ממון אנן מתהניין |
| 030 | | Gn49:09 | מדמה אנא לך | יהודה | לגור ברי לגור בר אריוון |
| 031 | | Gn49:08 | | יהודה | לך יודוך אחך ולשמך יתקרון |
| 032 | | Gn43:03 | ואמר ליה | יהודה | למימר הא מסהד' אסהד בן |
| 033 | | Gn38:15 | יתה יהודה וחשב יתה | יהודה | לנפקת בר ארום כסיית אפין |
| 034 | | Gn44:16 | ואמר | יהודה | מה נאמר לרבוני מה נמליל |
| 035 | | Gn44:19 | כדין מן בגין כדן שרי | יהודה | ממכמך במילוי ואמר מילין |
| 036 | | Gn38:01 | והווה בשעתא ההיא ונחית | יהודה | מן לוות אחוי וסטה לוות |
| 037 | | Gn38:25 | דינא רבא הדין מיד קם | יהודה | על רגלוי ואמר בבעו מנכון |
| 038 | | Gn46:28 | וית | יהודה | שלח קדמוי לוות יוסף |
| 039 | | Gn38:23 | ואמר | יהודה | תסב לה דלא נהווי לביזיון |
| 040 | דיהו' | Ex38:22M | שב'#2#/\דבנוי | דיהודה/דיהו'#2#/ | עבד ית כל די פקד |
| 041 | דיהוד' | Gn48:07M | היא בית לחם | ∧דיהוד'#2#/: | |
| 042 | דיהודה | Nu13:06 | מן שבטה דבנוי | דיהודה | כלב בר יפנה: |
| 043 | | Nu34:19 | גברייה מן שבטה דבנוי | דיהודה | כלב בר יפונה: |
| 044 | | Nu 1:07 | מן שבטה דבנוי | דיהודה | נחשון בר עמינדב: |
| 045 | | Nu 2:03 | ורב שבטה דבנוי | דיהודה | נחשון בר עמינדב: |
| 046 | | Nu 7:17 | רב שבטה דבנוי | דיהודה | נחשון בר עמינדב: |
| 047 | | Nu10:14 | חיילוות שבטה דבנוי | דיהודה | נחשון בר עמינדב: |
| 048 | | Gn46:12 | ובנוי | דיהודה | ער ואונן ושלה ופרץ |
| 049 | | Ex31:02 | חור מן שבטא דבנוי | דיהודה: | |
| 050 | | Ex35:30 | חור מן שבטה דבנוי | דיהודה: | |
| 051 | | Nu 7:12 | מן שבטה דבנוי | דיהודה: | |
| 052 | | Gn44:19 | דסלקות גבורתיה | דיהודה | אחוי ועוד חמא דנפקין |
| 053 | | Nu10:14 | טכס מן משריה דבנוי | דיהודה | בקדמיתה לחיילוותהון ורבה |
| 054 | | Dt33:07 | נבייא דייי לשבטה | דיהודה | ואמר שמע מימריה בקל |
| 055 | | Gn38:12 | ומיתת ברת שוע אתתיה | דיהודה | ואנחם יהודה וסלק לוות |
| 056 | | Gn38:15 | אפין הוות בבייתיה | דיהודה | ולא הוה יהודה חכם יתה: |
| 057 | | Dt33:07 | שמע מימריה בקל צלותה | דיהודה | ולוות עמיה תשלם יתיה מן |
| 058 | | Dt34:02 | ומנשה וית כל ארעא | דיהודה | ועד ימה אחרייה: |
| 059 | | Gn44:19 | וארתת יוסף מן קדמוה | דיהודה | ורמז יוסף למנשה ברה |
| 060 | | Nu 1:26 | לבנוי | דיהודה | יחוסיהון לזרעייתהון |
| 061 | | Nu26:20 | והוון בנוי | דיהודה | לזרעייתהון לשלה זרעייתה |
| 062 | | Nu 2:03 | טכס משרית שבטה דבנוי | דיהודה | לחיילוותהון ורב שבטה |
| 063 | | Nu26:22 | אלין זרעייתה דבנוי | דיהודה | לסכומיכון שבעין ושתה |
| 064 | | Gn38:07 | והוה ער בכורה | דיהודה | עבד עובדין בישין קדם ייי |
| 065 | | Ex38:22 | בר חור לשבטא דבנוי | דיהודה | עבד ית כל די פקד ייי ית |
| 066 | | Nu 1:27 | סכומיהון לשבטה | דיהודה | שובעין וארבעה אלפין ושית |
| 067 | | Nu 2:09 | דמשרית שבטה דבנוי | דיהודה | תמני עשרה רבוון ואשתה |
| 068 | | Nu26:19 | בנוי | דיהודה | ער ואונן ומית ער |
| 069 | ויהודה | Ex 1:02 | ראובן שמעון לוי | ויהודה: | |
| 070 | | Gn35:23 | ראובן ושמעון ולוי | ויהודה | ויששכר וזבולון: |
| 071 | | Dt27:12 | ירדנה שמעון ולוי | ויהודה | ויששכר ויוסף ובנימן: |
| 072 | ליהודה | Nu 1:07M | דבנוי | דיהודה/^יה'#2#^/ליהודה#2#/ | נחשון בר |
| 073 | | Gn49:03 | ליוסף ברי ומלכותא | ליהודה | וכהונתא רבתא לשבטוי |
| 074 | | Gn38:24 | בתר תלתא ירחין ואתני | ליהודה | למימר זניית תמר כלתך |

## יהודית PN

|  |  |  |  |  |  |
|---|---|---|---|---|---|
| 001 | יהודית | Gn26:34 | שנין ונסב אתה ית | יהודית | ברת בארה חיתייה <....>: |

## יהושע PN

|  |  |  |  |  |  |
|---|---|---|---|---|---|
| 001 | יהושע | Nu13:16 | משה להושע בר נון | יהושע: | |
| 002 | | Ex33:11 | וחזר למשריתה ושמשיה | יהושע | בן נון טלי לא יזייע מגו |
| 003 | | Nu11:28 | וענה | יהושע | בר נון משמשה דמשה מן |
| 004 | | Nu24:20M | דבית עמלק תבר יתהון | יהושע | בר נון מדבית אפרים |
| 005 | | Nu27:18 | ואמר ייי למשה סב לך ית | יהושע | בר נון גבר דרוח קדש |
| 006 | | Nu32:28 | «משה» ית אלעזר וית | יהושע | בר נון וית ראשיה אבהת |
| 007 | | Dt 1:38 | | יהושע | בר נון דקיים משמש קדמך |
| 008 | | Dt31:23 | ופקד ית | יהושע | בר נון ואמר אתוקף |
| 009 | | Dt33:17 | אינון ריבבתה דקטל | יהושע | בר נון מן אימוראי דהוא |
| 010 | | Dt31:03 | ותרת{י}<1> יתהון | יהושע | הוא דעבר קדמיכון היך מה |
| 011 | | Ex17:10 | ועבד | יהושע | היך מה דאמר ליה משה רביה |
| 012 | | Nu27:22 | פקד ייי יתיה ודבר ית | יהושע | ואקים יתיה קדם אלעזר |
| 013 | | Dt31:14 | בשלם מן גו עלמא קרא ית | יהושע | ואתעתדו במשכן זמנא ופקד |
| 014 | | Dt 3:28 | ופקד ית | יהושע | ותוקף יתיה וזריז יתיה |
| 015 | | Ex17:13 | ושיציא | יהושע | ית עמלק וית עמיה לפתגם |
| 016 | | Ex32:17 | ושמע | יהושע | ית קלהון דעמא בייכין ואמר |
| 017 | | Dt 3:21 | וית | יהושע | פקדית בשעתה ההיא למימר |
| 018 | ויהושוע | Nu11:26M | מתכנשה מן גו עלמא | ויהושוע | בין נון דהוא שמשא מקבל |
| 019 | ויהושע | Ex17:14 | טב בספרא ושוי במשמעה | ויהושע | ארום משיציא אשיציא ית |
| 020 | | Nu11:26 | מסתלק מן גו משריתה | ויהושע | בר נון משמש נשיותיה |
| 021 | | Nu14:06 | | ויהושע | בר נון וכלב בר יפונה |
| 022 | | Nu14:30 | אלהן כלב בר יפונה | ויהושע | בר נון: |
| 023 | | Nu14:38 | | ויהושע | בר נון וכלב בר יפונה |
| 024 | | Nu26:65 | אלהן כלב בר יפונה | ויהושע | בר נון: |
| 025 | | Nu32:12 | בר יפונה קניזייה | ויהושע | בר נון ארום אשלמו בתר |
| 026 | | Nu34:17 | ית ארעא אלעזר כהנא | ויהושע | בר נון: |
| 027 | | Dt32:44 | במשמעהון דעמא הוא | ויהושע | בר נון: |
| 028 | | Dt34:09 | | ויהושע | בר נון מלא רוח דחכמה |
| 029 | | Dt31:14 | ופקד יתיה ואזל משה | ויהושע | ואתעתדו במשכן זמנא: |
| 030 | | Ex24:13 | וקם משה | ויהושע | שמשוי וסלק משה |
| 031 | ליהושע | Ex17:09 | ואמר משה | ליהושע | בחר לן גברין גיברין ופוק |
| 032 | | Dt31:07 | וקרא משה | ליהושע | ואמר ליה קדם כל ישראל |

## יהצה GN

|  |  |  |  |  |  |
|---|---|---|---|---|---|
| 001 | ליהצה | Dt 2:32 | וכל עמיה לסדרי קרבה | ליהצה: | |
| 002 | | Nu21:23 | ישראל למדברה ואתה | ליהצה | וסדרו קרבה עם ישראל: |

## יואש PN

|  |  |  |  |  |  |
|---|---|---|---|---|---|
| 001 | יואש | Gn49:18M | כד חמא ית גדעון בר | יואש | וית שמשון בר מנוח לא |
| 002 | | Dt33:17 | אלפיה דקטל גדעון בר | יואש | מן מדייניי דהוא מן שבטה |
| 003 | | Gn49:18 | לא לפורקנא דגדעון בר | יואש | סכיית נפשי דהוא פורקן שעה |

## יוב PN

|  |  |  |  |  |  |
|---|---|---|---|---|---|
| 001 | ויוב | Gn46:13 | דישׂשכר תולע ופוה | ויוב | ושמרון: |

## יובב PN

|  |  |  |  |  |  |
|---|---|---|---|---|---|
| 001 | יובב | Gn36:33 | ומית בלע ומלך בתרה | יובב | <....>: |
| 002 | | Gn36:34 | ומית | יובב | בר זרח ומלך בתרה חשם מן |
| 003 | | Gn10:29 | חוילה וית {יקטן} | <יובב> | כל אלין בנוי דיקטן: |

## יובל PN

|  |  |  |  |  |  |
|---|---|---|---|---|---|
| 001 | יובל | Gn 4:21 | ושמה דאחוי | יובל | הוא הוה אבוהון דכל תפשי |

## יוכבד PN

|  |  |  |  |  |  |
|---|---|---|---|---|---|
| 001 | יוכבד | Ex 6:20 | ונסב עמרם ית | יוכבד | ברת אחוי דאבוי לה לאתה |
| 002 | | Nu26:59 | ושמה דאתתה דעמרם | יוכבד | ברת לוי די ילדת יתה |
| 003 | | Ex 1:15M | "שפרה ... פועה": היא הוות | יוכבד | ושמה דתנייאתא פועה היא |
| 004 | | Ex 2:01M | \ית ברתא דלוי/ית | יוכבד | חביבתא ליה לאיתו#2#/: |
| 005 | ויוכבד | Ex 1:21 | נסבת כליל מלכותא | ויוכבד | נסבת כליל כהונת«ה» |

## יון GN/PN

|  |  |  |  |  |  |
|---|---|---|---|---|---|
| 001 | יון | Gn15:12 | היא מדי "גדולה" דא היא | יון | נפלת עלוהי דא {היא אדום |
| 002 | ייוון | Gn15:12M | סגיא{ת}<ה> דא היא | ייוון | נפלת עלוהי דא היא <....> |
| 003 | דיון | Gn10:04 | ובנוי | דיון | אלישא ותרשיש כתים |
| 004 | ויון | Gn10:02 | גמר ומגוג ומדי | ויון | ותובל ומשך ותירס ושם |

## יונה PN

|  |  |  |  |  |  |
|---|---|---|---|---|---|
| 001 | יונא | Dt30:13M | מעיבר לימה רבה היך | יונא | נבייא#2#/ ויסק יתה לן |
| 002 | כיונה | Dt30:13 | למימר לווי הוה לן חד | כיונה | נביא די יחות לעמקוי דימה |

## יוסף PN

|  |  |  |  |  |  |
|---|---|---|---|---|---|
| 001 | יוסף | Gn37:33 | אכלת יתה קטולין אתקטל | יוסף: | |
| 002 | | Gn40:22 | צלב היך מה דפתר להון | יוסף: | |
| 003 | | Gn43:15 | ונחתו למצרים וקמו קדם | יוסף: | |
| 004 | | Nu13:07 | דבנוי דישׂשכר יגאל בר | יוסף: | |
| 005 | | Gn37:28 | סלעין דכסף ואובילו ית | יוסף | מצרימה: |
| 006 | | Gn50:14 | וחזר | יוסף | מצרימה הוא ואחוי וכל מן |
| 007 | | Gn45:04 | לוותי וקרבו ואמר אנה | יוסף | אחוכון די זבנתון יתי |
| 008 | | Gn47:16 | ואמר | יוסף | אייתון בעירכון ואתן לכון |
| 009 | | Gn40:12 | פתרוניה דחלמא לא הוה | יוסף | אמר ופתר ליה יוסף היך מה |
| 010 | | Gn41:57 | למצרים למזבן עיבור מן | יוסף | ארום תקף כפנא בכל ארעא: |
| 011 | | Gn43:30 | ואוחי | יוסף | ארום גלו מעוי על אחוי |
| 012 | | Gn48:17 | וחמא | יוסף | ארום שוי אבוי ית ימיניה |
| 013 | | Gn46:29 | וטכס | יוסף | ארתכוי ונפק לקדמות ישראל |
| 014 | | Gn48:02 | ליעקב ואמר הא ברך | יוסף | אתי לוותך ואזדרז ישראל |
| 015 | | Gn50:22 | ושרא | יוסף | במצרים הוא ואנשי בייתיה |
| 016 | | Gn43:25 | ית דורון עד זמן דאתא | יוסף | באשון שרותא ארום שמעו |
| 017 | | Gn37:29 | ראובן לגובא והא לית | יוסף | בגו גובא ובזע ית לבושוי: |
| 018 | | Gn45:26 | ותנון ליה למימר עד כדון | יוסף | בחיין וארום הוא שליט בכל |
| 019 | | Gn45:28 | ולדא לא סכיית דעד כדון | יוסף | בחיין איזי«ל» כען |
| 020 | | Gn49:21 | מן שירויה דעד כדון | יוסף | בחיין והוא אזדרז ונחת |
| 021 | | Gn41:17 | ומליל פרעה עם | יוסף | בחלמי והא אנא קיים על גיף |
| 022 | | Gn42:18 | ואמר להון | יוסף | ביומא תליתא דא עבדו וחיון |
| 023 | | Gn50:01 | בכינוריהון בכדן אתרכן | יוסף | ^בכין#2#^ על צווריה |
| 024 | | Gn41:45 | דטנס ליה לאתתה ונפק | יוסף | בכל ארעא דמצרים: |
| 025 | | Gn47:17M | בעירהון /ופרנס יתהון | יוסף | בלח' ובכל נכסיהון#2#/ |
| 026 | | Gn50:17 | די אלהה דאבוך ובכה | יוסף | במלל יתיה עמה: |
| 027 | | Gn40:06 | ואתא לוותהון | יוסף | בצפרא וחמה יתהון והא |
| 028 | | Gn37:02 | ייחוס תולדותיה דיעקב | יוסף | בר שבע עשרה שנה הוה רעי |
| 029 | | Gn50:26 | ומית | יוסף | בר מאה ועשר שנין וחנטו |
| 030 | | Gn43:14 | היך מה דלא תכלת על | יוסף | ברי לא אוסף למתכלה על |
| 031 | | Gn45:28M | למחמי ומן דעד כדון | יוסף | ברי קיים איזיל |
| 032 | | Gn49:22 | לך למתקף מדמי אנה לך | יוסף | ברי לגפן שתילה על מבועין |
| 033 | | Gn49:22 | ברי דרבית | יוסף | ברי דרבית ותקפית ותוב הוי |
| 034 | | Gn49:22 | כל אילנייא כן כבשת | יוסף | ברי בחכמתך כל חרשיהון |
| 035 | | Gn49:22 | בחדא מנהון חס לך | יוסף | ברי ולא תליית עיינך |
| 036 | | Gn37:17 | ניזיל לדותינה ואזל | יוסף | בתר אחוי וארע יתהון |
| 037 | | Gn49:22 | לאלין ארום דין הוא | יוסף | גברא חסידא דלא אזל בתר |
| 038 | | Dt33:16 | ולגו קודקדה דגברא | ^יוסף#2#^ | דה{א}<ו>א מלך ושליט |
| 039 | | Gn40:12 | ואמר ליה | יוסף | דין פתרוניה תלתי שרביטיה |
| 040 | | Gn40:12 | שפר באפוי ואמר ליה | יוסף | דין פתרוניה תלתא שרביטא |
| 041 | | Gn40:18 | אמר באפוי ואמר ליה | יוסף | דין פתרוניה תלתא סליא |
| 042 | | Gn44:19M | "כד חמא ...": כיון דחמא | יוסף | דסלקית <...> רמז למנשה |
| 043 | | Gn42:14 | ואמר להון | יוסף | הא פתגמא די מלילת עמכון |
| 044 | | Nu36:12 | זרעיית בנוי דמנשה בר | יוסף | הוון לנשים והוות אחסנתהון |
| 045 | | Gn40:12 | הוה יוסף אמר ופתר ליה | יוסף | היך מה דהוה שפר באפוי |
| 046 | | Gn40:18 | יוסף ופת{ח}<ר> ליה | יוסף | היך מה דהוה אמר באפוי |
| 047 | | Gn40:08 | ופתר לית ליה ואמר להון | יוסף | הלא מן קדם ייי פתרוניא |
| 048 | | Gn45:03 | ואמר יוסף לאחוי אנה | יוסף | העד כען אבה בחיין ולא |
| 049 | | Gn35:24 | בניה דרחל | יוסף | ובנימין: |
| 050 | | Gn46:19 | בנוי דרחל אתתיה דיעקב | יוסף | ובנימן: |
| 051 | | Ex28:20 | שם תלתא שבטין אשר | יוסף | ובנימן מאחדן דהב יהוויין |
| 052 | | Ex39:13 | שם תלתה שבטין אשר | יוסף | ובנימן מקפן מאחדן דהב |
| 053 | | Gn47:21 | לשנה בישא עבר יתהון | יוסף | ואגלי יתהון וטלטל יתהון |
| 054 | | Nu27:01 | מנשה לזרעיית מנשה בר | יוסף | ואלין שמהת בנתיה מחלה |
| 055 | | Gn30:25 | והוה כד ילדת רחל ית | יוסף | ואמר יעקב ללבן שלח יתי |
| 056 | | Gn40:18 | וענה | יוסף | ואמר דן פתרונה דחלמא תלתי |
| 057 | | Gn48:15 | וברך ית | יוסף | ואמר ייי די הלכו אבהתי |
| 058 | | Gn50:21 | וית טפלכון ענה | יוסף | ואמר להון עשרה כוכבין |
| 059 | | Gn39:07 | דרבוני ית עיינה לוות | יוסף | ואמרת לה שמש עמי: |
| 060 | | Gn40:23 | אדכר {רב} רב מזוגיה ית | יוסף | ואנשי יתיה עד זמן דמטא |
| 061 | | Gn43:17 | ועבד גברא היך מה דאמר | יוסף | ואעל גברא ית גבריא |
| 062 | | Gn41:14 | ושלח פרעה וקרא ית | יוסף | וארהטו יתיה מן בית חבושיא |
| 063 | | Gn39:02 | והוה ייי ית | יוסף | והוה גבר מצלח בעבדא טבא |
| 064 | | Gn41:54 | כפנא למיתי כמה דאמר | יוסף | והוה כפנא בכל ארעתא ובכל |
| 065 | | Ex 1:06 | ומית | יוסף | וכל אחוי וכל דרא ההוא: |
| 066 | | Ex 1:08 | די לא ^הוה#2#^ חכם ית | יוסף | ולא הלך בנימוסוי: |
| 067 | | Gn49:26 | כליל דרבו על ריש | יוסף | ולגו קדקדא דגברא חסידא |

|  |  | | | |
|---|---|---|---|---|
| 068 | Gn42:25 | ופקיד | יוסף | ומלון ית מניהון עבור |
| 069 | Gn50:01 | דאבוי ובכא עלוי | יוסף | ונשק יתיה: |
| 070 | Gn40:18 | ופתרוניה דחלמא לא אמר | יוסף | ופת{ח}<ר> ליה יוסף |
| 071 | Gn39:21 | והוה ייי עם | יוסף | ושוי עלוי חן וחסד ושוי |
| 072 | Gn47:01 | ואתא | יוסף | ותני לפרע«ה» ואמר אבה |
| 073 | Gn44:19 | והוה כד חמא | יוסף | חביבא ויקירא דסלקות |
| 074 | Gn40:03 | בבית חבושיה אתרא די | יוסף | חביש תמן: |
| 075 | Gn37:05 | וחלם | יוסף | חלם ותני לאחוי ואוסיפו |
| 076 | Gn39:04 | ואשכח | יוסף | חן וחסד באפוי ושמש יתיה |
| 077 | Gn40:23 | שבק | יוסף | חסדא דלעל וחסדא דלרע |
| 078 | Gn39:06 | לחמא דהוה אכל והוה | יוסף | יאי ברווה ושפיר בחזיו: |
| 079 | Gn39:10 | והוה כד מללת עם | יוסף | יום בתר יום ולא שמע אליה |
| 080 | Gn37:02 | נשוי דאבוי ואייתי | יוסף | ית טבהון דאחוי ביש לוות |
| 081 | Gn41:16 | וענה | יוסף | ית פרעה למימר בר מני |
| 082 | Gn41:51 | וקרא | יוסף | ית שמה דבכורה מנשה ארום |
| 083 | Gn42:07 | וחמא | יוסף | ית אחוי וחכם יתהון ואתדבב |
| 084 | Gn42:08 | וחכם | יוסף | ית אחוי ואנון לא חכמו |
| 085 | Gn42:09 | ואדכר | יוסף | ית חלמיא די חלם להון ואמר |
| 086 | Gn47:07 | ואייתי | יוסף | ית יעקב אבוי ואקים יתיה |
| 087 | Gn47:11 | ואשרי | יוסף | ית אבוי וית אחוי <....>: |
| 088 | Gn47:14 | וכנש | יוסף | ית כל כספא דאשתכח בארעא |
| 089 | Gn47:14 | די אנון <....> ואעל | יוסף | ית כספא לפלטורין דפרעה: |
| 090 | Gn47:20 | וזבן | יוסף | ית כל ארעהון דמצראי לפרעה |
| 091 | Gn48:13 | ודבר | יוסף | ית תריהון ית אפרים |
| 092 | Gn50:01 | עלוי ונשק ליה וארבע | יוסף | ית אבוי בערס דשנדפין |
| 093 | Gn50:02 | ופקד | יוסף | ית עבדוי ית אסיא למחנט ית |
| 094 | Gn50:25 | ואשבע | יוסף | ית בני ישראל למימר מדכרה |
| 095 | Nu32:33 | ולפלגות שבטה דמנשה בר | יוסף | ית מלכותא דסיחון מלכיהון |
| 096 | Gn48:12 | ואפק | יוסף | יתהון מן דברך יתהון {ואר} |
| 097 | Gn50:15 | ואמרין מה דלמה דיסטם | יוסף | יתן ומחזרא יחזר לן ית כל |
| 098 | Gn41:56 | על כל אפי ארעא ופתח | יוסף | כל אוצריה דבהון זיבן |
| 099 | Gn50:23 | וחמא | יוס«ף» | לאפרים בנין דר תליתאי |
| 100 | Gn44:19 | מן קדמוה דיהודה ורמז | יוסף | למנשה ברה וטפח ברגליה על |
| 101 | Gn50:19 | ואמר להון | יוסף | לא תדחלון ארום מני הוא |
| 102 | Gn48:09 | ואמר | יוסף | לאבוי בני אנון די יהב לי |
| 103 | Gn48:18 | ואמר | יוסף | לאבוי לא כדן אבא ארום דין |
| 104 | Gn45:01 | קם גבר לוותיה כד אתחכם | יוסף | לאחוי: |
| 105 | Gn45:03 | ואמר | יוסף | לאחוי אנה יוסף העד כען |
| 106 | Gn45:04 | ואמר | יוסף | לאחוי קרבו כען לוותי |
| 107 | Gn46:31 | ואמר | יוסף | לאחוי ולאנשי בייתיה דאבוי |
| 108 | Gn50:24 | ואמר | יוסף | לאחוי הא אנא מית וייי |
| 109 | Gn43:26 | ועל | יוסף | לגו בייתה ואייתון לה ית |
| 110 | Gn37:23 | והוה כד אתא | יוסף | לוות אחוי ואשלחו ית |
| 111 | Gn45:27 | וחמה ית עגלתא דשלח | יוסף | למטען יתיה ונחת רוחיה |
| 112 | Gn30:24 | וקרת ית שמ«ה» | יוסף | למימר יסף ייי לי בר חורן: |
| 113 | Gn47:15 | ואתון כל מצראי לוות | יוסף | למימר הב לן לחם ולמה נמות |
| 114 | Gn47:17 | ואייתון כל מצראי לוות | יוסף | למימר הב לן לחם ויהב להון |
| 115 | Gn45:01 | ולא יכל | יוסף | למסוברא לכל מאן דהוה קיים |
| 116 | Gn50:07 | וסליק | יוסף | למקבר ית אבוי וסלקו עמיה |
| 117 | Gn46:28 | יהודה שלח קדמוי לוות | יוסף | למתקנה ליה אתר בית משרוי |
| 118 | Gn47:26 | ושוי יתה | יוסף | לסימן עד יומא הדין על |
| 119 | Gn37:28 | יוסף מן גובא וזבנא ית | יוסף | לסרקעין בעשרין סלעין דכסף |
| 120 | Gn47:23 | ^^ואמר | יוסף | לעמא הא זבנית יתכון יומא |
| 121 | Gn41:25 | ואמר | יוסף | לפרעה חלמא דפרע«ה» חד |
| 122 | Gn50:22 | דאבוי וחי«ה» | יוסף | מאה ועשר שנין: |
| 123 | Gn41:55 | לכל מצראי אזלו לוות | יוסף | מה דיימר לכון תעבדון: |
| 124 | Gn44:15 | ואמר להון | יוסף | מה עבדא הדין די עבדתון הלא |
| 125 | Gn47:17 | הב לן לחם ויהב להון | יוסף | מזון ב{ט}<ס>וסוותא ובקנין |
| 126 | Gn37:03 | וישראל הוה רחים ית | יוסף | מן כל בנוי ארום בר סיבו |
| 127 | Gn37:28 | תגרין ודלון ואפקון ית | יוסף | מן גובא וזבנא ית יוסף |
| 128 | Gn42:36 | אבוהון יתי תכלתון | יוסף | מן דשלחת יתיה לוותכון |
| 129 | Gn41:46 | פרעה מלכא דמצרים ונפק | יוסף | מן קדם פרעה ועבר בכל ארעא |
| 130 | Gn44:19 | שעתא ואתבהל וארתת | יוסף | מן קדמוה דיהודה ורמז |
| 131 | Gn50:15M | יתן ומחזרא /דנטר לן | יוסף | סנה והוא מח'#2#/ יחזר לן |
| 132 | Gn41:49 | וכנש | יוסף | עבור כחלא דימא סגין לחדא |
| 133 | Gn45:21 | בני ישראל ויהב להון | יוסף | עגלין על {על} גזרת פומיה |
| 134 | Gn50:01 | ונפל | יוסף | על אפוי דאבו«י» ובכה |
| 135 | Gn40:04 | ומני רב אספקלטוריה ית | יוסף | עליהון ושמש יתהון והוה |
| 136 | Gn50:04 | ועברו יומי בכיתיה ומליל | יוסף | עם אנשי בייתיה דפרעה |
| 137 | Gn43:16 | <וחמא> | יוסף | עמהון ית בנימן ואמר למן |
| 138 | Gn42:03 | ונחתו אחו«י» | יוסף | עשרה למז{ד}בן עבור מן |
| 139 | Gn50:21M | אמ' להון | יוסף | עשרה כוכבין והיך כוכב |
| 140 | Gn45:09 | ליה כדן אמר ברך | יוסף | שוי יתי ייי לריבון לכל |
| 141 | Nu36:05 | למימר יאות שבטה דבני | יוסף | תבעין: |

דיוסף

|  |  | | | |
|---|---|---|---|---|
| 142 | Gn43:17 | ית גבריא לפלטורין | דיוסף: | |
| 143 | Gn50:23 | אתיילדו על ברכוי | דיוסף: | |
| 144 | Gn38:25 | על דנסב«י»ת פרגודה | דיוסף | אחי ואצבעת יתיה בדמא |
| 145 | Gn50:15 | וחמון אחוי | דיוסף | ארום מית אבוהון ואמרין מה |
| 146 | Gn49:09 | בר אריוון מן קטולי | דיוסף | ברי את הויית משיזב מן |
| 147 | Dt33:13 | ולשבטה | דיוסף | ברך משה נבייא דייי ואמר |
| 148 | Gn41:45 | וקרא פרעה שמ' | דיוסף | גברא דטמירתא גליו ליה |
| 149 | Nu13:11 | מן שבטה דבנוי | דיוסף | דמנש' גדי בר סוסי: |
| 150 | Nu 1:08M | מן שבטה דבנוי | דיוסף | דהוא מן שבטה דבנוי |
| 151 | Nu 1:10M | /מן שבטה דבנוי | דיוסף | דהוא מן שבטה דבנוי |
| 152 | Nu 1:32M | מן שבטה דבנוי | דיוסף | דהוא מן שבטה דבנוי |
| 153 | Nu34:23M | מן שבטה דבנוי | דיוסף | דהוא שבטה דבנוי דמ' |
| 154 | Gn44:02 | כסף זבנה ועבד כמלתיה | דיוסף | די מליל: |
| 155 | Gn46:27 | ובנוי | דיוסף | די אתיילדו לה במצרים |
| 156 | Gn47:21M | מן בגלל {ל}<א>חו<י> | דיוסף | דלא קריין להון אכסניי |
| 157 | Gn45:27 | ומלילו עמיה ית כל מלוי | דיוסף | דמלל עמהון וחמה ית עגלתא |
| 158 | Nu 1:10 | לבנוי | דיוסף | הוא שבטה דבית אפרים |
| 159 | Nu 1:32 | לבנוי | דיוסף | הוא שבטה דבית אפרים |
| 160 | Gn50:08 | וכל אנשי בייתיה | דיוסף | ואחוי ובייתיה דאבוי לחוד |
| 161 | Gn37:32 | ושלחו ית פרגודה מצוירה | דיוסף | ואייתון לוות אבוהון |
| 162 | Gn41:42 | ויהב יתיה על ידוי | דיוסף | ואלבש יתיה {{ל}}לבושין |
| 163 | Gn48:08 | וחמא ישראל ית בנוי | דיוסף | ואמר מאן אינון אליין: |
| 164 | Gn43:18 | ארום אתעלו לפלטורין | דיוסף | ואמרין על עיסק כספא |
| 165 | Gn47:21 | מצראי מוניין לאחוי | דיוסף | ואמרין להון אכסניא |
| 166 | Nu 9:06M | גברייה דטעינו בארונה | דיוסף | ודטעינו בנדב ואביהוא |
| 167 | Gn44:14 | ואחווי לפלטורין | דיוסף | והוא כען הווה תמן ושאלו |
| 168 | Gn39:05 | דמצרי«ה» בזכותיה | דיוסף | והוה ברכתיה דייי בכל מה |
| 169 | Gn39:21M | ממרה דייי בסעדה | דיוסף | והטה לוותה חסד ושווי |
| 170 | Gn43:24 | ית גבריא לפלטורין | דיוסף | ויהב להון מיא ואסחון |
| 171 | Gn49:21 | אוניתא דחקלא מפלטורין | דיוסף | וכיון דהוא מבשר פמיה |
| 172 | Gn39:06 | מה דיליה תחות רשותא | דיוסף | ולא הו«ה» ידע מן בתריה |
| 173 | Dt33:16 | כליל דרבו על רישא | דיוסף | ולגו קודקדה דגברא |
| 174 | Nu36:01 | מ«ן» זרעיית בנוי | דיוסף | ומללו קדם משה וקדם |
| 175 | Gn43:19 | דהוה ממני על פלטורין | דיוסף | ומללון עמיה בתרע«א» |

| | | | | | |
|---|---|---|---|---|---|
| 176 | | Gn37:31 | ונסב«ו» ית פרגודא | דיוסף | ונכסו צפיר בר עזין וצבעו |
| 177 | | Gn42:06 | עמא דארעא ואתון אחוי | דיוסף | ושאלו בשלמיה כנימוס ארעא: |
| 178 | | Gn45:16 | דפרעה למימר אתון אחוי | דיוסף | ושפר באפוי דפרעה ובאפוי |
| 179 | | Gn39:22 | בית חבושיה תחות רשותא | דיוסף | ית כל חבושיה די |
| 180 | | Gn39:22M | דיוסף /בידוי | דיוסף#2#/ | ית כל חבושיה די |
| 181 | | Gn39:20 | ונסב אדוניה | דיוסף | יתיה ושוי יתיה |
| 182 | | Gn42:04 | וית בנימין אחוי | דיוסף | לא שלח יעקב עם אחוי ארום |
| 183 | | Nu26:28 | בנוי | דיוסף | לזרעייתהון מנשה ואפרים: |
| 184 | | Nu26:37 | וחמש מאוון אלין בנוי | דיוסף | לזרעייתהון: |
| 185 | | Gn50:16 | ית בלהה למרביתה | דיוסף | למימר לה אבוך פקיד |
| 186 | | Dt33:17 | כדין לית אפשר לבנוי | דיוסף | למשתעבדה ויהוון רמין |
| 187 | | Nu34:23 | ולבנוי | דיוסף | מן שבטה דבנוי דמנשה רבה |
| 188 | | Dt33:13 | היא מן קדם ייי ארעא | דיוסף | מן טוב אוצרי שמיא מן לעיל |
| 189 | | Ex13:19 | ונסב משה ית גרמוי | דיוסף | עמיה ארום משתבע«א» |
| 190 | ויוסף | Gn44:04 | נפקו ית קרתא לא ארחקו | ויוסף | אמר למן דהוה אפיטרופוס על |
| 191 | | Gn41:46 | | ויוסף | בר תלתין שנין הווה כד קם |
| 192 | | Ex 1:05 | דיעקב שבעין נפשן | ויוסף | דהוה במצרים: |
| 193 | | Gn42:06 | | ויוסף | הוא הוה שליט על ארעא והוא |
| 194 | | Gn39:01 | | ויוסף | הונחת למצרים וזבין יתיה |
| 195 | | Dt27:12 | ולוי ויהודה וישׂשכר | ויוסף | ובנימן: |
| 196 | | Gn46:04 | אסיק יתך לחוד מסוק | ויוסף | ישוי ידי«ה» על עיינך: |
| 197 | וליוסף | Gn41:50 | | וליוסף | אתיליד תרין בנין |
| 198 | ליוסף | Gn50:16M | /אמהתא דרחל למימ' | ליוסף | אבוך#2#/ פקיד קדם עד לא |
| 199 | | Gn46:30 | ואמר ישראל | ליוסף | אולי אנה מית הדא זימנא לא |
| 200 | | Gn48:03 | ואמר יעקב | ליוסף | אלה שמיא אתגלי עלי בלוז |
| 201 | | Gn45:17 | ואמר פרעה | ליוסף | אמר לאחך דא עבדו טענו ית |
| 202 | | Gn41:44 | ואמר פרעה | ליוסף | אנה פרעה בר מינך לא יפשוט |
| 203 | | Gn40:16 | ארום טבית פתר ואמר | ליוסף | אף אנה בחלמי והא תלתא |
| 204 | | Gn46:20 | ואתיליד | ליוסף | בארעא דמצרים מה דילידת |
| 205 | | Gn50:17 | כדן תימרון | ליוסף | בבעו שרי כען ושבוק |
| 206 | | Gn49:03 | ברי אתיהיבת בכורתא | ליוסף | ברי ומלכותא ליהודה |
| 207 | | Gn48:01 | פתגמא האליין ואיתמר | ליוסף | הא אבוך ביש ודבר ית תרין |
| 208 | | Gn48:21 | ואמר ישראל | ליוסף | הא אנה מיית ויהווי ייי |
| 209 | | Gn37:13 | ואמר ישראל | ליוסף | הלא אחיך רעין בשכם אתא |
| 210 | | Gn40:09 | רב מזוגיא {ל}ית חלמיה | ליוסף | ואמר ליה בחלמי והא גפן |
| 211 | | Gn47:29 | למימת וקרא לבנוי | ליוסף | ואמר ליה אן כען אשכחת חן |
| 212 | | Gn41:41 | ואמר פרעה | ליוסף | חמי דמניית יתך רב ושליט |
| 213 | | Gn47:05 | ואמר פרעה | ליוסף | למימר אבוך ואחך אתון |
| 214 | | Gn41:39 | ואמר פרעה | ליוסף | מן בתר {בתר} דאודע ייי |
| 215 | | Gn48:11 | <ואמר> ישראל | ליוסף | סבר אפיך לא סכיית למיחמי |

## יחלאל PN

| | | | | | |
|---|---|---|---|---|---|
| 001 | דיחלאלי | Nu26:26 | לאלון זרעייתה דבנוי | דיחלאלי | <ל>איחלאל זרעייתה דבנוי |
| 002 | | Nu26:26 | זרעייתה דבנוי | דיחלאלי: | |
| 003 | ויחלאל | Gn46:14 | דזבולון סרד ואלון | ויחלאל: | |

## יחצאל PN

| | | | | | |
|---|---|---|---|---|---|
| 001 | יחצאל | Gn46:24 | ובנוי דנפתלי | יחצאל | וגוני ויצר ושלם: |
| 002 | דיחצאלי | Nu26:48 | זרעייתה דבנוי | דיחצאלי | לגוני זרעייתה דבנוי |
| 003 | ליחצאל | Nu26:48 | דנפתלי לזרעייתהון | ליחצאל | זרעייתה דבנוי דיחצאלי |

## יטבתה GN

| | | | | | |
|---|---|---|---|---|---|
| 001 | ביטב' | Nu33:33 | ונטלו מהר הג' ושרון | ביטב': | |
| 002 | ליטבתה | Dt10:07 | לגדגדה ומן גדגדה | ליטבתה | ארע בית נחלין דמייה: |
| 003 | מיט' | Nu33:34 | ונטלו | מיט' | ושרון בעברונה: |

## ייי DN

| | | | | |
|---|---|---|---|---|
| 001 | ייי | Gn 4:01 | הא יתיהב לי בר מן קדם | ייי: |
| 002 | | Gn 4:03M | \לשמה דייי /קדם | ייי#2#/: |
| 003 | | Gn 5:24 | אתנגד במימר מן קדם | ייי: |
| 004 | | Gn 5:29 | די אתליטת במימר מן קדם | ייי: |
| 005 | | Gn 6:08 | אשכח חן וחסד קדם | ייי: |
| 006 | | Gn 7:05 | כל מן{ן}<ה> די פקד יתיה | ייי: |
| 007 | | Gn10:09 | כנמרוד גיבר בחטאה קדם | ייי: |
| 008 | | Gn17:23 | הדין היך מה דימליל עמה | ייי: |
| 009 | | Gn18:22 | קאם בעי רחמין מן קדם | ייי: |
| 010 | | Gn19:18 | דנבעי רחמין מן קדם | ייי: |
| 011 | | Gn19:27 | לאתרא דקם וצלי תמן קדם | ייי: |
| 012 | | Gn21:02 | סיבותה לעדנא דמליל יתה | ייי: |
| 013 | | Gn21:04 | יומין היך מה דפקד יתיה | ייי: |
| 014 | | Gn22:03 | ואזל לאתרא די אמר לה | ייי: |
| 015 | | Gn24:26M | ושבח \לשמא דייי /קדם | ייי#2#/: |
| 016 | | Gn24:51 | דריבוני היך מה דמלל | ייי: |
| 017 | | Gn25:22M | רבא בעייא ומצליי' קדם | ייי |
| 018 | | Gn25:22 | רבה למתבע רחמין מן קדם | ייי: |
| 019 | | Gn25:27M | ותבע אולפן מן קדם | ייי |
| 020 | | Gn26:12 | שערין דגנין וברך יתיה | ייי: |
| 021 | | Gn32:02 | וארעו בה מלאכין מן קדם | ייי: |
| 022 | | Gn38:07 | ייי ומית במימר מן קדם | ייי: |
| 023 | | Gn38:10 | אף הוא במימר מן קדם | ייי: |
| 024 | | Gn49:18 | ישראל לך לפורקנך סכיית | ייי: |
| 025 | | Ex 3:06M | שכינתה דייי /קדם | ייי#2#/: |
| 026 | | Ex 4:01 | ארום יאמרו לא אתגלי עלך | ייי: |
| 027 | | Ex 4:11 | או סמין ארום אלהן אנה | ייי: |
| 028 | | Ex 4:11M | אנה ייי /הלא הוא אנא | ייי#2#/: |
| 029 | | Ex 4:16 | ליה לתבע אולפן מן קדם | ייי: |
| 030 | | Ex 5:17 | אמרין ניזיל ונקריב קדם | ייי: |
| 031 | | Ex 6:02 | משה ואמר ליה אנא הוא | ייי: |
| 032 | | Ex 6:08 | <ירתו> ואחסנה אנה | ייי: |
| 033 | | Ex 7:13 | שמע להון היך מה דמלל | ייי: |
| 034 | | Ex 7:22 | שמע להון היך מה דמלל | ייי: |
| 035 | | Ex 8:04 | ית עמא ויקרבון קדם | ייי: |
| 036 | | Ex 8:11 | שמע להון היך מה דמלל | ייי: |
| 037 | | Ex 8:15 | שמע להון היך מה דמלל | ייי: |
| 038 | | Ex 8:25 | ית עמא די יקרבון קדם | ייי: |
| 039 | | Ex 8:26 | מן לוות פרעה וצלי קדם | ייי: |
| 040 | | Ex10:02 | ארום אנה ^הוא#2#^ | ייי: |
| 041 | | Ex10:18 | מן קדם פרעה וצלי קדם | ייי: |
| 042 | | Ex12:11 | מאכס פסחא הוא קדם | ייי: |
| 043 | | Ex12:12 | אעבד דינין שנין אמר | ייי: |
| 044 | | Ex13:02M | אינון/הנון כדין אמר | ייי#2#/: |
| 045 | | Ex13:06 | וביומא שביעיה חגא קדם | ייי: |
| 046 | | Ex14:10 | וצלון בני ישראל קדם | ייי: |
| 047 | | Ex16:08 | תורעמתכון ארום אלא קדם | ייי: |
| 048 | | Ex16:08M | ייי /ארום אלא מן קדם | ייי#2#/: |

049 Ex17:02 {מנ} מה אתון מנסון קדם ייי:
050 Ex17:07M ישראל ועל דנסי יתהון ייי
051 Ex18:08 באורחא ושזיב יתהון ייי:
052 Ex18:12 לחמא עם חמוי דמשה קדם ייי:
053 Ex18:15 עמא למתבע אולפן מן קדם ייי:
054 Ex18:19 ותיתי את פיתגמיא קדם ייי:
055 Ex19:07 האיליין די פקד יתיה ייי:
056 Ex19:08 ית מליהון דעמא בצלו קדם ייי:
057 Ex19:09 ית מליהו«ן» דעמא קדם ייי:
058 Ex19:22 יהוי בהון רגוז מן קדם ייי:
059 Ex23:17 אולפן קדם רבון כל עלמיא ייי:
060 Ex28:36M קדש \לשמה דייי /קדם ייי#2:/
061 Ex28:38 בתדירא לרעוא עליהון קדם ייי:
062 Ex29:23 פטירי {{מן}} «די» קדם ייי:
063 Ex29:24 ותניף יתהון אנפו קדם ייי:
064 Ex29:25 קדם ייי קרבן הוא קדם ייי:
065 Ex29:28M \לשמה דייי /קדם ייי#2:/
066 Ex30:20 למסדרה קרבנין קדם ייי:
067 Ex31:17 שביעיה הוה שבה וניח קדם ייי:
068 Ex31:18 באצבע דגבורה מן קדם ייי:
069 Ex32:30 אסוק אבעי רחמין מן קדם ייי:
070 Ex35:10 ויעבדון ית כל מה די פקד ייי:
071 Ex36:01 בית קודשא לכל מה די פקד ייי:
072 Ex39:30M דייי /דחתים קדש קדם ייי#2:/
073 Lv 1:03 יתיה לרעוה עלוי קדם ייי:
074 Lv 1:09 דמתקבל לריח דרעוא קדם ייי:
075 Lv 1:13 לריח דרעוא קדם ייי:
076 Lv 1:17 מתקבל לריח דרעוה קדם ייי:
077 Lv 2:02 מתקבל לריח דרעוה קדם ייי:
078 Lv 2:09 מתקבל ברעוה לריח קדם ייי:
079 Lv 2:11 לא תקרבון מניה קרבן קדם ייי:
080 Lv 2:16 על כל לבונתה קרבן קדם ייי:
081 Lv 3:01 מן מר׳ יקרב יתיה קדם ייי:
082 Lv 3:05 מתקבל לריח דרעוה קדם ייי:
083 Lv 3:07 קרבניה ויקרב יתיה קדם ייי:
084 Lv 3:12 קרבניה ויקרב יתיה קדם ייי:
085 Lv 4:04 דתורא ויכוס ית תורא קדם ייי:
086 Lv 4:15 ייי ויכוס ית תורא קדם ייי:
087 Lv 4:18M דבמשכן זמנא די מן קדם ייי
088 Lv 5:19 די אתחייב אשמה ייתי קדם ייי:
089 Lv 6:14 תקריב לריח דרעוה קדם ייי:
090 Lv 7:30 ניאה יתיה אנפ{ג}<ו> קדם ייי:
091 Lv 7:35 למשמשה בכהונתה רבתה קדם ייי:
092 Lv 8:27 ואניף יתהון אנפו קדם ייי:
093 Lv 9:02 שלמים מן מום וקרב קדם ייי:
094 Lv 9:05 עם כל כנשתה וקמו קדם ייי:
095 Lv 9:07 על ידיהון היך מה דפקד ייי:
096 Lv10:02 ואכלת יתהון ומיתו קדם ייי:
097 Lv10:06 ית כל יקידתה די אוקד ייי:
098 Lv10:15 לקיים עלם היך מה דפקד ייי:
099 Lv10:17 כנשתה למכפרה עליכון קדם ייי:
100 Lv10:19 הא שפר {קדם} הווה <קדם> ייי:
101 Lv14:12 ויניף יתהון אנפו קדם ייי:
102 Lv14:16 שבעה זימנין קדם ייי:
103 Lv14:18 ויכפר עלוהי כהנא קדם ייי:
104 Lv14:23 לתרע משכן זימנא קדם ייי:
105 Lv14:24 יתהון כהנא אנפו קדם ייי:
106 Lv14:27 דשמאלה שבעה זימנין קדם ייי:
107 Lv14:29 דמדכי למכפר׳ עלוי קדם ייי:
108 Lv14:31 כהנא על מן דמדכי קדם ייי:
109 Lv18:05 ויחי בהון כדן אמר ייי:
110 Lv18:06 למגלייה ערייה כדן אמר ייי:
111 Lv18:21 תפסו ית שמה דאלהכון אמר ייי:
112 Lv19:12 ית שמא דאלהכון כדן אמר ייי:
113 Lv19:14 מן אלהכון כדן אמר ייי:
114 Lv19:16M בה קשיט בדינה כדין אמר ייי
115 Lv19:16 ידע ליה זכו בדינא אמר ייי:
116 Lv19:18M דכוותכון כדין אמר ייי
117 Lv19:18 לחברכון כוותכון כדן אמר ייי:
118 Lv19:28 חקיק לא תשוון בכון אמר ייי:
119 Lv19:30 מצלין בדחל«ה» אמר ייי:
120 Lv19:32 מן קדם אלהכון אמר ייי:
121 Lv19:37 דיניי ותעבדון יתהון אמר ייי:
122 Lv20:07M אנה בממרי כדין אמר ייי#2:/
123 Lv21:12 רבותה דאלהה עלוי אמר ייי:
124 Lv22:02 אנון מקדשין <לשמי אנה> ייי:
125 Lv22:02M קדשין לשמי כדין אמ׳ ייי#2:/
126 Lv22:03 נפשה ההיא מן קדמוי אמר ייי:
127 Lv22:08 לא ייכול למסתאבה בה אמר ייי:
128 Lv22:15M דייי /דתפרשון קדם ייי#2:/
129 Lv22:22M \לשמה דייי /קדם ייי#2:/
130 Lv22:27 כשר למקרבה יתיה קדם ייי:
131 Lv22:30 מנה עד צפרא כדן אמר ייי:
132 Lv23:05 שמשתה נכיסת פסחה קדם ייי:
133 Lv23:16 מנחה מן חדתה קדם ייי:
134 Lv23:18 דמתקבל לריח דרעוה קדם ייי:
135 Lv23:25 ותקרבון קרבנין קדם ייי:
136 Lv23:27 ותקרבון קרבנין קדם ייי:
137 Lv23:34 דמטליה שבעה יומין קדם ייי:
138 Lv24:06 סדור על פתורה דכייה קדם ייי:
139 Lv24:07 ותהוי ללחם לאדכרה קדם ייי:
140 Lv25:02M דייי /שבה ונייח קדם ייי#2:/
141 Lv26:02 מצליין בדחלה אנ{י}<ה> ייי:
142 Lv26:02M ייי /כדן אמ׳ ייי#2:/
143 Lv26:45 להון לאלה פרוק אנה ייי:
144 Nu 3:10M /באשתה מצלהבה מן קדם ייי#2:/
145 Nu 3:13 בעירה לשמי יהוון אמר ייי:
146 Nu 3:45 ויהוון לשמי ליווי אנה ייי:
147 Nu 5:16 יתה כהנה ויקים יתה קדם ייי:
148 Nu 6:02 ד{ג}<נ>זירו למתנזרה קדם ייי:
149 Nu 6:08 נזירותיה קדיש יהווי קדם ייי:
150 Nu 9:10 לדרכון ויעבד פיסחה קדם ייי:
151 Nu11:03 בערת בהון אשא מן קדם ייי:
152 Nu12:02 אוף עמן מלל ושמיע קדם ייי:
153 Nu14:37 ביש על ארעא במגפתה קדם ייי:
154 Nu15:07 תקרבון לריח דרעוה קדם ייי:
155 Nu15:10 מתקבל לריח דרעוה קדם ייי:
156 Nu15:13 מתקבל לריח דרעוה קדם ייי:

| | | | | |
|---|---|---|---|---|
| 157 | Nu15:15 | כוותכון גיורה יהוי קדם | ייי: | |
| 158 | Nu16:30 | ארגיזו גברייה אליין קדם | ייי: | |
| 159 | Nu18:07M | ∧באשא משלהבה מן קדם | ייי#2#/: | |
| 160 | Nu20:03 | היך מה דמיתו אחונן קדם | ייי: | |
| 161 | Nu23:17 | בלק מן אתמלל מן קדם | ייי: | |
| 162 | Nu24:02 | עלוי רוח דקדש מן קדם | ייי: | |
| 163 | Nu26:09 | דקרח בזמנה די פלגו קדם | ייי: | |
| 164 | Nu26:61 | בקרבותהון אשא בריה קדם | ייי: | |
| 165 | Nu27:05 | משה ית סדר דיניהון קדם | ייי: | |
| 166 | Nu28:08 | מתקבל לריח דרעוה קדם | ייי: | |
| 167 | Nu28:16 | לירחא נכסת פסחא קדם | ייי: | |
| 168 | Nu30:02 | למימר דין פתגמא די פקד | ייי: | |
| 169 | Nu31:50 | רבה למכפרה על נפשתן קדם | ייי: | |
| 170 | Nu31:54 | דכרן טב לבני ישראל קדם | ייי: | |
| 171 | Nu32:07 | לארעא די יהב להון | ייי: | |
| 172 | Nu32:09 | מיעול לארעא די יהב להון | ייי: | |
| 173 | Nu32:13 | עבד מה דשני ומרחק קדם | ייי: | |
| 174 | Nu32:22 | ארעא חדה לכון אחסנה קדם | ייי: | |
| 175 | Nu33:04M | דינין שנין ∧כדן אמ' | ייי#2#/: | |
| 176 | Dt 5:16M | די פקד יתכון | ייי | |
| 177 | Dt 6:19 | היך מה די מלל | ייי: | |
| 178 | Dt 9:07 | אתרה מסרבין הוויתון קדם | ייי: | |
| 179 | Dt 9:22 | מרגזין הוויתון קדם | ייי: | |
| 180 | Dt12:25 | ארום תעבד דשפר ותקן קדם | ייי: | |
| 181 | Dt12:26 | ותייתון לאתרה די יתרעי | ייי: | |
| 182 | Dt15:02 | ארום איתקרית שמטה קדם | ייי: | |
| 183 | Dt18:06 | נפשיה לאתרא די יתרעי | ייי: | |
| 184 | Dt18:07 | דקיימין ומשמשין תמן קדם | ייי: | |
| 185 | Dt21:09 | מה דשפר ותקן קדם | ייי: | |
| 186 | Dt25:18 | דחילו דבית עמלק מן קדם | ייי: | |
| 187 | Dt31:03 | קדמיכון היך מה די מלל | ייי: | |
| 188 | Ex 4:28 | פתגמיא דייי דשלח יתיה | ייי | <....>: |
| 189 | Gn35:07 | עלוי תמן {«ייי»} | ייי | בית אל ארום תמן אתגלי |
| 190 | Gn35:15 | דאתרא די מלל עמיה תמן | ייי | בית אל: |
| 191 | Nu22:10 | ואמר בלעם קדם | ייי | בלק בר צפור מלכהון |
| 192 | Nu36:13 | וסדרי{ה} דנייה די פקד | ייי | משה על בני ישראל במישריה |
| 193 | Dt 6:13M | אלהכון תהוון <....>/ית | ייי | א' תדחלון#2#/ |
| 194 | Gn30:18 | ואמרת לאה יהב | ייי | אגרי די יהבת אמתי לבעלי |
| 195 | Dt32:27 | בעלי דבבינן ולא מן קדם | ייי | אדעבדת דא: |
| 196 | Gn24:21 | בה שתק למידע הא אן אצלח | ייי | אורחה או לא: |
| 197 | Dt24:15M | דלא יצווח עליכון קדם | ייי | אזדהרו דלא יהווי בכון |
| 198 | Gn22:08 | ואמר אברהם מן קדם | ייי | אזדמן לה אמר לעלתה ואן לא |
| 199 | Ex19:24 | ואמר ליה | ייי | איזל חות ותיסק את ואהרן |
| 200 | Ex15:25 | <משה> קדם ייי וחוי ליה | ייי | אילן ונסב מיניה מימריה |
| 201 | Nu14:28 | חי וקיים אנה במימרי אמר | ייי | אין לא היך מה דמללתון |
| 202 | Gn50:19 | דעבדתון לי הלא קדם | ייי | אינון גלייא מחשבתיהון |
| 203 | Ex32:16 | עבד דגבורה מן קדם | ייי | אינון וכתבא כתב מפרש |
| 204 | Nu11:23M | האיפשר {קדם} דקדם | ייי | אית חוסרנה |
| 205 | Nu10:29M | מן קדם | ייי | איתמר מן יומי עלמה לאיתיא |
| 206 | Gn24:48M | ושבחת קדם ייי וברכת ית | ייי | אלה' |
| 207 | Ex 4:05 | יהימנון ארום אתגלי עלך | ייי | אלה אבהתהון אלהה דאברהם |
| 208 | Nu27:16 | ימני | ייי | אלה דשליט בנשמת כל בשרא |
| 209 | Dt 1:21 | וירתו היך מה די מלל | ייי | אלה אבהתכון לכון לא תדחלון |
| 210 | Dt 6:03 | לחדה היך מה די מלל | ייי | אלה אבהתכון לכון ארע עבדה |
| 211 | Dt12:01 | למעבד בארעא די יהב | ייי | אלה אבהתכון לכון למירת יתה |
| 212 | Dt26:07 | וצלינן קדם | ייי | אלה אבהתן ושמיע קדם ייי קל |
| 213 | Dt29:17M | "בתר ... טעוותהון": קדם | ייי | אלה למיזל ולמפלח ית טעוון |
| 214 | Gn 9:26 | ואמר בריך הוא | ייי | אלהא דשם ויהווי כנען עבד |
| 215 | Gn14:22 | הא זקפי' ידי בשבועה קדם | ייי | אלהא עליא דבממריה קנה שמיא |
| 216 | Gn24:07 | | ייי | אלהא דשמיא די דבר יתי מן |
| 217 | Gn24:27 | ואמר בריך הוא | ייי | אלהא דריבוני אברהם דלא |
| 218 | Gn24:42 | בבעו ברחמין מן קדמיך | ייי | אלהא דריבוני אברהם אם |
| 219 | Gn33:20 | מדב«ח» וצלי תמן בשם | ייי | אלהא דישראל: |
| 220 | Gn24:12 | ואמר | ייי | אלהה דרבוני אברהם יזדמן |
| 221 | Gn28:13 | ייי קיים עלוי ואמר אנה | ייי | אלהה דאברהם אבוך ואלהה |
| 222 | Ex 3:15 | כדין תאמר לבני ישראל | ייי | אלהה אבהתכון אלהה דאברהם |
| 223 | Ex 3:16 | דישראל ותימר להון | ייי | אלהה אבהתכון אתגלי עלי |
| 224 | Ex 5:01 | ואמרין לפרעה כדין אמר | ייי | אלהה דישראל שלח ית עמא |
| 225 | Ex32:27 | ואמר להון כדין אמר | ייי | אלהה דישראל שוון גבר |
| 226 | Ex34:06 | דייי וצלי משה ואמר ייי | ייי | אלהה חננא ורחמנא אריך רוח |
| 227 | Ex34:23 | קדם רבון כל עלמיא | ייי | אלהה דישראל: |
| 228 | Nu12:13 | בבעו ברחמין מן קדמיך | ייי | אלהה חננה ורחמנה אסי יתה: |
| 229 | Ex 3:18 | ותימרון ליה {ליה} | ייי | אלההון דעברייה אתגלי עלינן |
| 230 | Ex 7:16 | ותימר ליה | ייי | אלההון דעבריין שלח יתי |
| 231 | Ex 9:01 | פרעה ותימר ליה כדין אמר | ייי | אלההון דיהו{י}דייי שלח ית |
| 232 | Ex 9:13 | פרעה ותימר ליה כדין אמר | ייי | אלההון דיהודייי שלח ית עמא |
| 233 | Ex10:07 | שלח ית עמא ויפלחון קדם | ייי | אלההון קדם עד לא תדע ארום |
| 234 | Ex29:46 | איקר שכינתי ביניהון אנה | ייי | אלההון: |
| 235 | Ex29:46 | וידעון ארום אנה הוא | ייי | אלההון די אפקת יתהון מארעא |
| 236 | Nu23:21 | נכריי בדבית ישראל מימר | ייי | אלההון עמהון ויבבות זיו |
| 237 | Ex 8:23 | נהלך במדברא ונקרב קדם | ייי | אלה{ו}ן היך מה דאמר לן: |
| 238 | Ex10:03 | ואמרין ליה כדון אמר | ייי | אלהון דעברייי עד אמת את |
| 239 | Dt 1:11 | | ייי | אלהי אבהתכון יוסף עליכון |
| 240 | Dt 4:05 | דינין היך מה די פקד | ייי | אלהי למעבד כדן בגו ארעא די |
| 241 | Ex32:11 | וצלי משה קדם | ייי | אלהיה ואמר למה ה' יתקוף |
| 242 | Ex32:11M | למתבוע רחמין מן קדם | ייי#2#/ | אלהיה ואמר למה ה'/כען |
| 243 | Ex34:23M | תבעין אלפין קודם | ייי | אלהיה |
| 244 | Dt17:19 | | ייי | אלהיה למסור ית כל פתגמיה |
| 245 | Ex10:16 | ולאהרן ואמר חטית קדם | ייי | אלהיכון ולכון: |
| 246 | Lv23:22 | תשבקון יתהון כדן אמר | ייי | אלהיכון: |
| 247 | Dt 1:21 | חמון דהא מסר | ייי | אלהיכון קדמ«י»כון ית |
| 248 | Gn 2:04 | באיתבריותהון ביומא דברא | ייי | אלהים שמיא וארעא: |
| 249 | Gn 2:05 | עד לא יצמח ארום לא אמטר | ייי | אלהים מטר על ארעא ואדם עד |
| 250 | Gn 2:07 | וברא | ייי | אלהים ית אדם עפר מן אדמתא |
| 251 | Gn 2:08 | ונצב | ייי | אלהים גנא בעדן מן לקדמין |
| 252 | Gn 2:09 | ורבי | ייי | אלהים מן אדמתא כל אילן |
| 253 | Gn 2:15 | ונסיב | ייי | אלהים ית אדם ואשרי יתיה |
| 254 | Gn 2:16 | ופקיד | ייי | אלהים על האדם למימר מן כל |
| 255 | Gn 2:18 | ואמר | ייי | אלהים לא תקן יהוי בר נשא |
| 256 | Gn 2:19 | וברא | ייי | אלהים מן אדמתא כל חיתא |
| 257 | Gn 2:21 | ורמה | ייי | אלהים שנה עמ«י»קה על אדם |
| 258 | Gn 2:22 | ושכלל | ייי | אלהים ית אלעא די נסב מן |
| 259 | Gn 3:01 | חייתא דאפי ברה די ברא | ייי | אלהים ואמר לאיתתא ארום אמר |
| 260 | Gn 3:08 | ואסמר אדם ואתתה מן קדם | ייי | אלהים בגוא אלני גנתה: |
| 261 | Gn 3:09 | וקרא | ייי | אלהים לאדם ואמר ליה הא כל |
| 262 | Gn 3:13 | ואמר | ייי | אלהים לאתתא מה היא דא'די |
| 263 | Gn 3:14 | ואמר | ייי | אלהים לחויה ארום עבדית דא |
| 264 | Gn 3:21 | ועבד | ייי | אלהים לאדם ולאתתיה לבושין |

|  |  |  |  |  |
|---|---|---|---|---|
| 265 | Gn 3:22 | ואמר | ייי | אלהים הא אדם קדמיה דברית |
| 266 | Gn 3:23 | וטרד יתיה | ייי | אלהים מן גנתה דעדן למפלח |
| 267 | Dt 4:32 | קדמיכון למן יומא די ברא | ייי | אלהים אדם קדמיה על ארעא |
| 268 | Dt 9:26 | בבעו ברחמין מן קדמייך | ייי | אלהים לא תתחבל עמך |
| 269 | Gn27:20 | ברי ואמר ארום זמן | ייי | אלהך קדמוי: |
| 270 | Dt 4:24 | ארום | ייי | אלהך אשא אכלה אשא הוא אלה |
| 271 | Dt 5:27 | עמן ית כל מה די ימלל | ייי | אלהך עמך ונשמע ונעבד: |
| 272 | Dt 8:05M | דמפרגל אבה ית בריה | ייי | אלהך מפרגל לך |
| 273 | Dt15:14 | מעצרתך מן מה די ברך יתך | ייי | אלהך תתן לה: |
| 274 | Dt18:14M | /לא כן יהב בחולקך | ייי | אלהך#2#/: |
| 275 | Ex 6:07 | ותדעון ארום אנה הוא | ייי | אלהכון די פרקית ואפקית |
| 276 | Ex 8:21 | ואמר אזלו קרבו קדם | ייי | אלהכון בארעא דמצרים: |
| 277 | Ex 8:24 | משלח יתכון ותקרבון קדם | ייי | אלהכון במדברא לחוד רחקה לא |
| 278 | Ex10:08 | להון איזילו פלחו קדם | {ר̇}ייי | אלהכון מן ומן אנון |
| 279 | Ex10:17 | בזמנא הדין וצלון קדם | ייי | אלהכון ויעבר מעלוי לחוד ית |
| 280 | Ex16:12 | ותידעון ארום אנה הוא | ייי | אלהכון: |
| 281 | Ex20:02 | עמי בני ישראל אנה הוא | ייי | אלהכון די פרקת ואפקת יתכון |
| 282 | Ex20:05 | תפלחון קדמיהון ארום אנה | ייי | אלהכון אלה קניי |
| 283 | Ex20:10 | שביעיא שבא וניח קדם | ייי | אלהכון לא תעבדון כל עובדה |
| 284 | Ex23:25 | ותפלחון קדם | ייי | אלהכון ויברך ית לחמכון וית |
| 285 | Ex34:24 | במיסק לכון למתחמייה קדם | ייי | אלהכון תלתא זמנין בשתא: |
| 286 | Lv11:44 | ארום אנה הוא | ייי | אלהכון ותתקדשון ותהון |
| 287 | Lv18:02 | ישראל ותימר ליהון אנה | ייי | אלהכון: |
| 288 | Lv18:04 | תטרון למהלכה בהון אנה | ייי | אלהכון: |
| 289 | Lv18:30 | תסתאבון בהון כדן אמר | ייי | אלהכון: |
| 290 | Lv19:02 | קדיש אנה בממרי כדן אמר | ייי | אלהכון: |
| 291 | Lv19:03 | קדשיי <תטרון> כדן אמר | ייי | אלהכון: |
| 292 | Lv19:04 | לא תעבדון לכון כדן אמר | ייי | אלהכון: |
| 293 | Lv19:10 | תשבקון יתהון כדן אמר | ייי | אלהכון: |
| 294 | Lv19:12M | ית שם אלהכון כדין אמר | ייי | אלהכון#2#/: |
| 295 | Lv19:25 | לכון פירי עללתה אמר | ייי | אלהכון: |
| 296 | Lv19:31 | תצבון למסתאבה בהון אמר | ייי | אלהכון: |
| 297 | Lv19:34 | בארעא דמצרים אמר | ייי | אלהכון: |
| 298 | Lv19:36 | דקשט יהוי לכון אמר | ייי | אלהכון די אפק יתכון פריקין |
| 299 | Lv19:36M | \אמר ייי /אנה הוא | ייי#2#/ | אלהכון די אפק יתכון |
| 300 | Lv20:07 | ותהוון קדישין ארום אנה | ייי | אלהכון: |
| 301 | Lv20:24 | וטעמיין כדבשא אנה | ייי | אלהכון דאפרשית יתכון מן |
| 302 | Lv23:28 | הוא לכפרה עליכון קדם | ייי | אלהכון: |
| 303 | Lv23:40 | וערבה דנחלה ותחדון קדם | ייי | אלהכון שבעה יומין: |
| 304 | Lv23:43 | מן ארעא דמצרים אנה הוא | ייי | אלהכון: |
| 305 | Lv24:22 | יהווי ארום אנה הוא | ייי | אלהכון: |
| 306 | Lv25:17 | מן אלהכון ארום אנה | ייי | אלהכון: |
| 307 | Lv25:38 | אנה | ייי | אלהכון {די} די אפקת יתכון |
| 308 | Lv25:55 | מן ארעא דמיצרים אנה | ייי | אלהכון: |
| 309 | Lv25:55M | \אנה ייי /כדן אמ' | ייי#2#/ | אלהכון: |
| 310 | Lv26:01 | למסגד קדמה ארום אנה | ייי | אלהכון: |
| 311 | Lv26:01M | סגדין עליה אנה הוא | ייי#2#/ | אלהכון: |
| 312 | Lv26:13 | אנה | ייי | אלהכון די פרקית יתכון |
| 313 | Nu10:09 | בחצוצרת' ותתדכרון קדם | ייי | אלהכון ותתפ«ר»קון מן |
| 314 | Nu10:10 | טב קדם אלהכון אנה | ייי | אלהכון: |
| 315 | Nu10:10M | \אנה ייי /כדן אמר | ייי#2#/ | אלהכון: |
| 316 | Nu15:40 | ותהוון קדישין קדם | ייי | אלהכון: |
| 317 | Nu15:41 | לאלה פרוק אנה ^הוא#2#^ | ייי | אלהכון: |
| 318 | Nu15:41M | ייי /כדן אמר | ייי#2#/ | אלהכון: |
| 319 | Dt 1:10 | | ייי | אלהכון אסגי יתכון והא אתון |
| 320 | Dt 1:30 | | ייי | אלהכון הוא באיקר שכינתיה |
| 321 | Dt 1:31 | די חמיתון די סבל יתכון | ייי | אלהכון היך מה דסביל גבר ית |
| 322 | Dt 2:07 | ארום | ייי | אלהכון גלי קדמוי הלכותכון |
| 323 | Dt 2:07 | רבה דנה ארבעין שנין | ייי | אלהכון בסעדכון לא חסרתון |
| 324 | Dt 2:30 | יתן בתחומיה ארום אקשי | ייי | אלהכון ית רוחיה ותקף ית |
| 325 | Dt 3:18 | יתכון בשעתה ההיא למימר | ייי | אלהכון יהב לכון ית ארעה |
| 326 | Dt 3:21 | חמיין ית כל מה די עבד | ייי | אלהכון לתרין מלכייה האליין |
| 327 | Dt 3:22 | לא תדחלון מנהון ארום | ייי | אלהכון הוא דעבד לכון סדר |
| 328 | Dt 4:03 | פעור <...> שיצי יתיה | ייי | אלהכון מביניכון: |
| 329 | Dt 4:10 | יומא די קמתון קדם | ייי | אלהכון בטורא דחורב בזמנה |
| 330 | Dt 4:19 | ותפלחון קדמיהון די פליג | ייי | אלהכון יתהון לכול אומייה |
| 331 | Dt 4:25 | מה דסני ומרחק קדם | ייי | אלהכון למכעס ק{{ו}}דמוי: |
| 332 | Dt 4:29 | מן {קדם} תמן <קדם> | ייי | אלהכון ותשכחון ארום תתבעון |
| 333 | Dt 4:30 | עקב יומיא ותתובון קדם | ייי | אלהכון ותשמעון בקל מימריה |
| 334 | Dt 4:31 | ארום אלה חנן ורחמן | ייי | אלהכון לא מרפי יתכון ולא |
| 335 | Dt 4:34 | ככל מה די עבד לכון | ייי | אלהכון במצרים ועייניכון |
| 336 | Dt 4:40 | תארכון יומין על ארעא די | ייי | אלהכון יהב לכון כל יומיא: |
| 337 | Dt 5:06 | עמי בני ישראל אנה הוא | ייי | אלהכון די פרקית ואפקית |
| 338 | Dt 5:09 | קדמיהון ארום אנה הוא | ייי | אלהכון אלה קניי ופורען |
| 339 | Dt 5:11M | לא תשתבעון בשם ממריה | ייי | אלהכון לשקרא |
| 340 | Dt 5:12 | היך מה די פקד יתכון | ייי | אלהכון: |
| 341 | Dt 5:14 | שביעיה שבה ונייח קדם | ייי | אלהכון לא תעבדון על עבידה |
| 342 | Dt 5:15 | דמצרים ופרק ואפק יתכון | ייי | אלהכון פריקין מן תמן בידה |
| 343 | Dt 5:15 | בגין כדן פקד יתכון | ייי | אלהכון למעבד ית יומא |
| 344 | Dt 5:16 | וית אמיה היך מה דפקד | ייי | אלהכון מן בגלל דיסגון |
| 345 | Dt 5:32 | למעבד היך מה די פקד | ייי | אלהכון יתכון לא תסטון לא |
| 346 | Dt 5:33 | בכל אורחה די פקד | ייי | אלהכון יתכון תהלכון |
| 347 | Dt 6:01 | וסדרי דינייה די פקד | ייי | אלהכון למלפה יתכון למעבד |
| 348 | Dt 6:02M | דייי /תדחלון מן קודם | ייי#2#/ | אלהכון ולמיטור/למטור#2# |
| 349 | Dt 6:10 | ארום ייעל {א} יתכון | ייי | אלהכון לארעא די קיים |
| 350 | Dt 7:01 | ארום יעל יתכון | ייי | אלהכון לארעא די אתון עללין |
| 351 | Dt 7:02 | וימסור יתהון | ייי | אלהכון קדמיכון ותקטלון |
| 352 | Dt 7:06 | ארום עם קדישין אתון קדם | ייי | אלהכון בכון אתרעי ייי |
| 353 | Dt 7:06 | ייי אלהכון בכון אתרעי | ייי | אלהכון למהוי לשמיה לעם |
| 354 | Dt 7:09 | ותדעון ארום | ייי | אלהכון הוא אלה אלה היימנה |
| 355 | Dt 7:12 | ותעבדון יתהון ויטר | ייי | אלהכון לכון ית קיימייה וית |
| 356 | Dt 7:18 | תדכרון ית מה די פרע | ייי | אלהכון מן פרעה ומן מצריי: |
| 357 | Dt 7:19 | די אפיק יתכון פריקין | ייי | אלהכון כדן יעבד ייי אלהכון |
| 358 | Dt 7:19 | ייי אלהכון כדן יעבד | ייי | אלהכון לכל אומייה די אתון |
| 359 | Dt 7:20 | ית מחות אורעיתה יגרי | ייי | אלהכון בהון עד זמן די |
| 360 | Dt 7:21 | תתברון מן קדמיהון ארום | ייי | אלהכון דאיקר שכינתיה מדברה |
| 361 | Dt 7:22 | ויטרוד | ייי | אלהכון ית אומייה האיליין |
| 362 | Dt 7:23 | וימסור יתהון | ייי | אלהכון קדמיכון ויערב{ו}ב |
| 363 | Dt 7:25 | בהון ארום סני ומרחק קדם | ייי | אלהכון הוא: |
| 364 | Dt 8:02 | כל אורחה די דבר יתכון | ייי | אלהכון דנה ארבעין שנין |
| 365 | Dt 8:05 | היך מה דרדי גבר ית בריה | ייי | אלהכון רדי יתכון: |
| 366 | Dt 8:07 | ארום | ייי | אלהכון מעל יתכון לארע טבה |
| 367 | Dt 9:03 | ותידעון יומא הדין ארום | ייי | אלהכון דאיקר שכינתיה מדברה |
| 368 | Dt 9:05 | בחוביהון דאומייה האליין | ייי | אלהכון טרד יתהון |
| 369 | Dt 9:06 | ארום לא בזכוותהון | ייי | אלהכון יהב לכון ית ארעא |
| 370 | Dt 9:16 | וחמית והא אתחייבתון קדם | ייי | אלהכון עבדתון לכון עגל |
| 371 | Dt10:09 | אחסנתיה היך מה דמלל | ייי | אלהכון עמכון: |
| 372 | Dt10:12 | ארום אלהן למידחל מן קדם | ייי | אלהכון ולמהלכה בכל ארחן |

|  |  | | | |
|---|---|---|---|---|
| 373 | Dt10:12 | אורייתא ולמפלח קדם | ייי | אלהכון בכל לבביכון ובכל |
| 374 | Dt10:12 | וכדון ישראל מה | ייי | אלהכון שאל מן לוותכון ארום |
| 375 | Dt10:14M | \הא לייי /הא קדם | ייי#2/# | אלהכון שמייא ושמי שמייא |
| 376 | Dt10:17 | ארום | ייי | אלהכון הוא <אלהא> «על כל |
| 377 | Dt10:20 | מן קדם | ייי | אלהכון תהוון דחלין וקדמוי |
| 378 | Dt10:20M | "מן קדם ... ומקיימין": קדם | ייי | אלהכון תצלון ויתיה תפלחון |
| 379 | Dt10:22 | וכדון שווי יתכון | ייי | אלהכון ככוכבי שמיא לסוגי: |
| 380 | Dt11:25 | פחדכון ודחלתכון ישווי | ייי | אלהכון על אפי כל ארעא די |
| 381 | Dt11:29 | ויהווי ארום יעיל יתכון | ייי | אלהכון לארעא די אתון עלין |
| 382 | Dt12:04 | לא תעבדון כדן קדם | ייי | אלהכון: |
| 383 | Dt12:05 | ארום אלהן לארעא די יתרעי | ייי | אלהכון מן כל שבטיכון |
| 384 | Dt12:07 | די ברך יתכון | ייי | אלהכון: |
| 385 | Dt12:07 | ותיכלון תמן קדם | ייי | אלהכון ותחדון בכל אושטות |
| 386 | Dt12:11 | ויהווי אתרא די יתרעי | ייי | אלהכון ביה למשרייה איקר |
| 387 | Dt12:12 | ותחדון קדם | ייי | אלהכון אתון ובניכון |
| 388 | Dt12:18 | יתיה באתרה די יתרעי | ייי | אלהכון בה אתון ובניכון |
| 389 | Dt12:18 | די בקורייכון ותחדון קדם | ייי | אלהכון בכל אושטות ידיכון: |
| 390 | Dt12:18 | ארום אלהן קדם | ייי | אלהכון תיכלון יתיה באתרה |
| 391 | Dt12:20 | ארום יפתה | ייי | אלהכון ית תחומיכון היך מה |
| 392 | Dt12:21 | מנכון אתרה די יתרעי | ייי | אלהכון למשרייה איקר |
| 393 | Dt12:28 | תעבדון מה דשפר ותקן קדם | ייי | אלהכון: |
| 394 | Dt12:29 | ארום ישיצי | ייי | אלהכון ית אומייה די אתון |
| 395 | Dt12:31 | לא תעבד כדן קדם | ייי | אלהכון ארום כל דמרחק קדם |
| 396 | Dt13:04 | ההוא ארום מנסי | ייי | אלהכון יתכון למדע הא אית |
| 397 | Dt13:06 | מלל מילין דשקריין קדם | ייי | אלהכון דאפק יתכון פריקין |
| 398 | Dt13:06 | מן אורחא די פקד יתכון | ייי | אל«ה»כון למהלכה בה |
| 399 | Dt13:11M | יתכון מעילווי | ייי#2/# | אלהכון דאפק/די פרק |
| 400 | Dt13:17 | וית על עדיתה גמיר קדם | ייי | אלהכון ותיהוי צדי לעולם לא |
| 401 | Dt13:19 | למיעבד מה דשפר ותקן קדם | ייי | אלהכון: |
| 402 | Dt14:01 | חביבין אתון קדם | ייי | אלהכון לא תעבדון חבורן |
| 403 | Dt14:02 | ארום עם קדישין אתון קדם | ייי | אלהכון ובכון אתרעי ייי |
| 404 | Dt14:21 | ארום עם קדישין אתון קדם | ייי | אלהכון עמי בני ישראל לא |
| 405 | Dt14:23 | ותאכלון קדם | ייי | אלהכון באתרה די יתרעי |
| 406 | Dt14:23 | דתלפון למדחל מן קדם | ייי | אלהכון כל יומיא: |
| 407 | Dt14:24 | מנכון אתרה די יתרעי | ייי | אלהכון למשרייה ייקר |
| 408 | Dt14:24 | תמן ארום יברך יתכון | ייי | אלהכון: |
| 409 | Dt14:25 | ותיזלון לאתרה די יתרעי | ייי | אלהכון בה: |
| 410 | Dt14:26 | נפשיכון ותאכלון תמן קדם | ייי | אלהכון ותחדון עמי אתון |
| 411 | Dt14:29 | מן בגלל די יברך יתכון | ייי | אלהכון בכל עובד ידיכון די |
| 412 | Dt15:06 | ארום | ייי | אלהכון ברך יתכון היך מה די |
| 413 | Dt15:10 | פתגמא הדין יברך יתכון | ייי | אל«ה»כון בכל עובדיכון |
| 414 | Dt15:14M | ייי אלהך תתן לה /יתכון | ייי | אלהכון תתנון לה#2/#: |
| 415 | Dt15:15 | דמצרים ופרק יתכון | ייי | אלהכון ובגין כדן אנה מפקד |
| 416 | Dt15:18 | שנין דיומין ויברך יתכון | ייי | אלהכון בכל מה די תעבדון: |
| 417 | Dt15:20 | קדם | ייי | אלהכון תיכלון יתיה שתה |
| 418 | Dt15:20 | שתה בשתה באתרה די יתרעי | ייי | אלהכון אתון ואנשי בתיכון: |
| 419 | Dt15:21 | ביש לא תקרבון יתיה קדם | ייי | אלהכון: |
| 420 | Dt16:01 | ירחה דאביבא אפיק יתכון | ייי | אלהכון פריקין מן ארעא |
| 421 | Dt16:01 | דאביבה ותעבדון פסחא קדם | ייי | אלהכון ארום בזמן ירחה |
| 422 | Dt16:02 | ותיכסון נכסת פסחא קדם | ייי | אלהכון עז ותורין באתרה די |
| 423 | Dt16:06 | אלהן לאתרא די יתרעי | ייי | אלהכון למשרייה איקר |
| 424 | Dt16:07 | ותיכלון באתרה די יתרעי | ייי | אלהכון ביה ותקדמון בצפרא |
| 425 | Dt16:08 | שביעיה כנישת חדוה קדם | ייי | אלהכון לא תעבדון עבידה: |
| 426 | Dt16:10 | היך מה די יברך יתכון | ייי | אלהכון: |
| 427 | Dt16:10 | דשבועיה היא עצרתה קדם | ייי | אלהכון כמסת אושטות ידיכון |
| 428 | Dt16:11 | ותחדון קדם | ייי | אלהכון אתון ובניכון |
| 429 | Dt16:11 | ביניכון באתרא די יתרעי | ייי | אלהכון למשרייה איקר |
| 430 | Dt16:15 | ייי ארום יברך יתכון | ייי | אלהכון בכל עללתכון ובכל |
| 431 | Dt16:15 | שובעת יומין תחגון קדם | ייי | אלהכון באתרה די יתרעי ייי |
| 432 | Dt16:16 | קדם רבון כל עלמיא | ייי | אלהכון באתרא די יתרעי בחגה |
| 433 | Dt16:16 | אתון רשיין למתחמיא קדם | ייי | אלהכון ריקנין מן כל מצוה: |
| 434 | Dt16:22 | קיימה די סני ורחיק קדם | ייי | אלהכון: |
| 435 | Dt17:01 | ארום מה דסני ומרחק קדם | ייי | אלהכון אינון: |
| 436 | Dt17:01 | לא תקרבון קדם | ייי | אלהכון תור ואמר די יהווי |
| 437 | Dt17:02 | יעבד מה דסני ומרחק קדם | ייי | אלהכון למעברה בקיימיה: |
| 438 | Dt17:08 | ותסקון לאתרה די יתרעי | ייי | אלהכון ביה: |
| 439 | Dt17:12 | מעתד למשמשא תמן קדם | ייי | אלהכון או לדינה ויתקטל |
| 440 | Dt18:05 | ארום בהון אתרעי | ייי | אלהכון מן כל שבטיכון למקום |
| 441 | Dt18:12 | ובגלל מרחקתה האליין | ייי | אלהכון טרד יתהון |
| 442 | Dt18:13 | תהוון בעבדה טבה עם | ייי | אלהכון: |
| 443 | Dt18:14 | לא כוותהון יהב לכון | ייי | אלהכון: |
| 444 | Dt18:15 | אחיכון כוותי יקים לכון | ייי | אלהכון למלוי תהוון שמעין: |
| 445 | Dt18:16 | ככל מה די שאלתון מן קדם | ייי | אלהכון בטורא דחורב ביום |
| 446 | Dt19:01 | ארום ישיצי | ייי | אלהכון ית אומייא דייי |
| 447 | Dt19:03 | ארעכון די יאחסן יתכון | ייי | אלהכון ויהוויין לכון למערק |
| 448 | Dt19:08 | ואין יפתי | ייי | אלהכון ית תחומיכון היך מה |
| 449 | Dt20:01 | לא תדחלון מנהון ארום | ייי | אלהכון עמכון דאפיק יתכון |
| 450 | Dt20:04 | ארום | ייי | אלהכון דאיקר שכינתיה מדברה |
| 451 | Dt20:13 | וימסר יתה | ייי | אלהכון בידיכון ותקטלון ית |
| 452 | Dt20:14 | דיהב <לכון> | ייי | אלהכון: |
| 453 | Dt20:17 | היך מה די פקד יתכון | ייי | אל<ה>כון: |
| 454 | Dt20:18 | דלא תתחייבון קדם | ייי | «א»להכון: |
| 455 | Dt21:05 | דלוי ארום בהון אתרעי | ייי | אלהכון למשמשה קדמוי |
| 456 | Dt21:10 | וימסר יתהון | ייי | אלהכון בידיכון ותשבון |
| 457 | Dt22:05 | דאתה ארום סני ומרחק קדם | ייי | אלהכון כל דעביד אלין: |
| 458 | Dt23:06 | קללה לברכה ארום רחמכון | ייי | אל«ה»כון: |
| 459 | Dt23:06 | ולא צבא | ייי | אלהכון למשמע ללווטוי |
| 460 | Dt23:06 | ללווטוי דבלעם והפך | ייי | אלהכון לכון ית קללה לברכה |
| 461 | Dt23:15 | ארום | ייי | אלהכון דאיקר שכינתיה מדברה |
| 462 | Dt23:19 | נדר ארום מרחקה קדם | ייי | אלהכון#2#~ לחוד תריהון: |
| 463 | Dt23:21 | מן בגלל די יברך יתכון | ייי | אלהכון בכל אושטות ידיכון |
| 464 | Dt23:22 | ארום מתבע יתבע יתיה | ייי | אלהכון מן לוותכון דלא |
| 465 | Dt23:22 | תפרשון פרוש דנדר קדם | ייי | אלהכון לא תשהון למשלמא |
| 466 | Dt23:24M | היך מה דתנדרתון קדם | ייי | אלהכון נדיבה היך מה די |
| 467 | Dt23:24 | היך מה דנדרתון קדם | ייי | אלהכון נדבה די מללתון |
| 468 | Dt24:09 | דכירין ית מה די עבד | ייי | אלהכון למרים באורחא בזמן |
| 469 | Dt24:13 | ולכון תיהווי זכו קדם | ייי | אל«ה»כון: |
| 470 | Dt24:18 | במצרים ופרק יתכון | ~ייי | אלהכון מן תמן בגין כדין |
| 471 | Dt24:19 | מן בגלל די יברך יתכון | ייי | אלהכון בכל עובד ידיכון: |
| 472 | Dt25:16 | ארום סני ומרחק קדם | ייי | אלהכון כל דעבד אלין כל |
| 473 | Dt25:19 | ויהווי בזמנה די יניח | ייי | אלהכון יתכון מן כל |
| 474 | Dt26:02 | ותזלון לאתרא די יתרעי | ייי | אלהכון למשרייה איקר |
| 475 | Dt26:05 | ותענון ותימרון קדם | ייי | אלהכון לבן ארמייה סבר |
| 476 | Dt26:10 | יהבת לן ייי ותצנעון קדם | ייי | אלהכון <....>: |
| 477 | Dt26:11 | בכל טובה די יהב לכון | ייי | אלהכון ולאינשי בתיכון אתון |
| 478 | Dt26:13 | ותימרון קדם | ייי | אלהכון אפרישנן ית קודשיה |
| 479 | Dt26:16 | יומא הדין | ייי | אלהכון מפקד יתכון למעבד ית |
| 480 | Dt26:19 | לן(י) שמיה לעם קדישין קדם | ייי | אלהכון היך מה די מלל: |

|  |  | | | |
|---|---|---|---|---|
| 481 | Dt27:03 | כדבשה היך מה די מלל | ייי | אלהכון לכון: |
| 482 | Dt27:05 | ותבנון מדבח קדם | ייי | אלהכון מדבח דאבנין לא |
| 483 | Dt27:06 | ותסדרון עלוי עלוון קדם | ייי | אלהכון: |
| 484 | Dt27:07 | ותיכלון תמן ותחדון קדם | ייי | אלהכון: |
| 485 | Dt27:09 | איתמניתון לאומה קדם | ייי | אלהכון: |
| 486 | Dt28:01 | יתכון יומא הדין ישוי | ייי | אלהכון רמין ומנטלין על כל |
| 487 | Dt28:11 | וישייר יתכון | ייי | אלהכון לטבתה בפירי וולד |
| 488 | Dt28:31 | לכון עבדין טבין קדם | ייי | אלהכון די ישיזיב יתכון מן |
| 489 | Dt28:47 | חלף די לא פלחתון קדם | ייי | אלהכון בחדו ובלב טב מן |
| 490 | Dt28:52 | בכל ארעכון די יהב | ייי | אלהכון לכון: |
| 491 | Dt28:53 | בניכון ובנתכון די יהב | ייי | אלהכון לכון בצער ובצוקה די |
| 492 | Dt28:58 | ודחילה הדין מן קדם | ייי | אלהכון: |
| 493 | Dt28:58M | ודחילה הדין מן קדם | ייי#2#/ | אלהכון: |
| 494 | Dt29:05 | ארום אנה ^הוא#2#^ | ייי | אלהכון: |
| 495 | Dt29:09 | כולכון יומא הדין קדם | ייי | אלהכון רישיכון שבטיכון |
| 496 | Dt30:01 | בכל אומייה די סדר יתכון | ייי | אלהכון לתמן: |
| 497 | Dt30:03 | כל אומיה די בדר יתכון | ייי | אלהכון לתמן: |
| 498 | Dt30:04 | שמיא מן תמן יכנש יתכון | ייי | אלהכון ומן תמן יסב יתכון: |
| 499 | Dt30:05 | ויעל יתכון | ייי | אלהכון לארעא די ירתו |
| 500 | Dt30:06 | ויגזר | ייי | אלהכון ית לבביכון וית לבבי |
| 501 | Dt30:07 | וישוי | ייי | אלהכון ית כל לווטייה |
| 502 | Dt30:09 | וישייר יתכון | ייי | אלהכון בכל עובד ידיכון בפרי |
| 503 | Dt30:10 | הדה ארום תחזרון קדם | ייי | אלהכון בכל לבביכון ובכל |
| 504 | Dt30:16 | ותסגון ויברך יתכון | ייי | אלהכון בארעא די אתון עללין |
| 505 | Dt31:03 | | ייי | אלהכון דאיקר שכינתיה מדברה |
| 506 | Dt31:06 | תתרעון מן קדמיהון ארום | ייי | אלהכון דאיקר שכינתיה מדברה |
| 507 | Dt31:11 | דכל ישראל למחמייה קדם | ייי | אלהכון באתרה די יתרעי תקרא |
| 508 | Dt31:12 | דילפון וידחלון מן קדם | ייי | אלהכון ויטרון למעבד ית כל |
| 509 | Dt31:13 | וילפון למדחל מן קדם | ייי | אלהכון כל יומיה די אתון |
| 510 | Gn49:02 | שמע מנן ישראל אבונן | ייי | אלהן ייי חד ענה יעקב ואמר |
| 511 | Ex 3:18 | יומין במדברא ונקרב קדם | ייי | אלהן: |
| 512 | Ex 5:03 | יומין במדברא ונקרב קדם | ייי | אלהן דלא יערע יתן במותנא |
| 513 | Ex 8:22 | נסב למקרב«א» קדם | ייי | אלהן הא אין מקרבן אנן ית |
| 514 | Ex 9:30 | דקדם אתון דחלין מן קדם | ייי | אלהן: |
| 515 | Ex10:25 | ועל{י'}<ו>ן ונקרב קדם | ייי | אלהן: |
| 516 | Ex10:26 | מנהון נסב למקרבא קדם | ייי | אלהן ואנן לית אנן ידעין |
| 517 | Dt 1:06 | | ייי | אלהן מליל עמן בחורב למימר |
| 518 | Dt 1:19 | דאמוריי היך מה פקד | ייי | אלהן יתן ומטינן עד רקם |
| 519 | Dt 1:20 | עד טורהון דאמוריי די | ייי | אלהן יהב לן: |
| 520 | Dt 1:21M | קדמ«י»כון /יהב | ייי | אלהן קדמ'#2#/ ית ארעא |
| 521 | Dt 1:41 | קרבה ככל מה די פקד יתן | ייי | אלהן ואיזדיינתון גבר ית |
| 522 | Dt 2:33 | ומסר יתיה | ייי | אלהן קדמינן וקטל{{י'}}נן |
| 523 | Dt 2:36 | אשתזבת מינן ית כלא מסר | ייי | אלהן קדמינן: |
| 524 | Dt 2:37 | טורה וכל מה די פקד | ייי | אלהן: |
| 525 | Dt 3:03 | ומסר | ייי | אלהן בידן לחוד ית עוג |
| 526 | Dt 5:02 | | ייי | אלהן קיים עמן קיים בטורה |
| 527 | Dt 5:27 | ושמע ית כל מה די יאמר | ייי | אלהן ואת תמלל עמן ית כל מה |
| 528 | Dt 6:04 | שמע מנן ישראל אבונן | ייי | אלהן ייי חד הוא יהא שמיה |
| 529 | Dt 6:20 | וסדרי דינייה די פקד | ייי | אלהן יתכון: |
| 530 | Dt 6:24 | האיליין למדחול מן קדם | ייי | אלהן למייטבה לן כל יומייא |
| 531 | Dt 6:25 | ית כל מצוותה הדה קדם | ייי | אלהן היך מה די פקד יתן: |
| 532 | Dt26:03 | ושבחין יומא הדין קדם | ייי | אלהן ארום עלינן לארעא די |
| 533 | Dt29:14 | הכה יומא הדין קדם | ייי | אלהן וית כל דרייה דעתידין |
| 534 | Dt29:28 | טמירתה גליין אינון קדם | ייי | אלהן וגלייתה לן ולבנינן עד |
| 535 | Dt29:14M | קיימין יומא הדין קדם | ייי | אלהנא וית כל דריה דהוו מן |
| 536 | Gn17:18 | ואמר אברהם קדם | ייי | אלווי ישמע«אל» יחי |
| 537 | Gn22:14M | בבעו ברחמין מן קדמיך | ייי | אלקים כד יהוון בנוי |
| 538 | Gn18:26 | ואמר | ייי | אם אשכח הא אשכח בסדם |
| 539 | Lv22:31M | הוא ייי /ארום אנה | ייי#2#/כדן | אמ' ייי#2#/ דיהב אגר |
| 540 | Ex15:02 | תושבחתן דחיל כל עלמיא | ייי | אמר בממרי והוה לן לפריק |
| 541 | Nu 6:14 | ויקרב ית קורבניה קדם | ייי | אמר בר שתה שלם מן מום חד |
| 542 | Dt 3:23M | רחמין \מן קדם ייי /קדם | ייי | אמר משה#2#/ בשעתה ההיא |
| 543 | Nu28:03 | סדר קרבנה די תקרבון קדם | ייי | אמרין בני שתהון שלמין מן |
| 544 | Gn18:03 | ואמר בבעו מן קדמך | ייי | אן כען אשכחת חן וחסד באפיך |
| 545 | Gn44:18M | דאתינא אמרת לן מן קדם | ייי | אנא דחיל וכדו את אמרת |
| 546 | Gn35:11 | ואמר ליה | ייי | אנה אלה שמיא תקף וסגי אמה |
| 547 | Gn42:18 | דא עבדו וחיון מן קדם | ייי | אנה דחיל: |
| 548 | Gn44:18 | הויית אמר לן מן קדם | ייי | אנה דחיל וכדון חזרו דינך |
| 549 | Ex 6:29 | עם משה למימר "אני" | ייי | אנה ^הוא#2#^ ייי מלל עם |
| 550 | Lv18:04M | בהון \כדן אמר | ייי#2#/ | אנה ייי אלהכון: |
| 551 | Dt 1:41 | ואמרתון לי סרחנן קדם | ייי | אנן נסוק ונסדר קרבה ככל מה |
| 552 | Gn48:11 | למיחמי והא חזי יתי | ייי | אף ית בניך: |
| 553 | Gn32:31 | ארום חמית מלאכין מן קדם | ייי | אפין כל קביל אפין ואשתיזבת |
| 554 | Ex16:06 | ברמשא ותדעון ארום | ייי | אפיק יתכון פריקין מארעא |
| 555 | Ex34:28 | תמן תבע אולפן מן קדם | ייי | ארבעין יומין וארבעין לילון |
| 556 | Dt 9:25 | בצלו ובעית רחמין מן קדם | ייי | ארבעין יומייא וית ארבעין |
| 557 | Gn 1:25 | דארעא למינהון וגלי קדם | ייי | ארו' שפר ותקין: |
| 558 | Gn 1:10 | מיא קרא יממא וגלי קדם | ייי | ארום שפ{ן}<ר> ותקן: |
| 559 | Gn 1:12 | מנה ובה למינה וגלי קדם | ייי | ארום שפר ותקן: |
| 560 | Gn 1:18 | ובין חשוכא וגלי קדם | ייי | ארום שפר ותקן: |
| 561 | Gn 1:21 | דפרח למיניה וגלי קדם | ייי | ארום שפר ותקן: |
| 562 | Gn 3:05 | ארום גלי וידיע קד' | ייי | ארום ביומא די תאכלון מינה |
| 563 | Gn 6:05 | וגלי קדם | ייי | ארום סגת בישתהון דבני אנשא |
| 564 | Gn 6:06 | והוות תהו מן קדם | ייי | ארום ברא ית אדם בארעא |
| 565 | Gn22:16 | ואמר בשם ממריה קיימת אמר | ייי | ארום חלף דעבדת ית פתגמא |
| 566 | Gn29:31 | וגלי קדם | ייי | ארום שניא הוות לאה ואמר |
| 567 | Gn29:33 | ארום {...} שמיע קדם | ייי | ארום שניא אנא ויהב לי אף |
| 568 | Ex 3:04 | וגלי קדם | ייי | ארום סטה משה למחמי וקרא |
| 569 | Ex10:11 | כען גברייא ופלחו קדם | ייי | ארום יתה אתון תבעון וטרד |
| 570 | Ex16:09 | דבני ישראל קרבו קדם | ייי | ארום שמיע קדם ייי ית |
| 571 | Ex32:29 | ידיכון יומא הדין קדם | ייי | ארום נגעתן גבר בברה ובאחוי |
| 572 | Nu14:40 | אנן וניסוק לאתרא די אמר | ייי | ארום חסינן: |
| 573 | Dt16:15 | אלהכון באתרה די יתרעי | ייי | ארום יברך יתכון ייי אלהכון |
| 574 | Dt32:19 | וגלי קדם | ייי | ארום הוה רגוז מן כעסה די |
| 575 | Ex13:17 | ית עמא ולא דבר יתהון | ייי | ארח ארעהון דפלישתיי ארום |
| 576 | Nu14:18 | | ייי | אריך רוח ורחיק רגז וקריב |
| 577 | Ex10:21 | ואמר | ייי | ארכן ידך לשמיא ויהוי חשוכא |
| 578 | Dt33:13 | מה בריכה היא מן קדם | ייי | ארעא דיוסף מן טוב אוצרי |
| 579 | Gn44:16 | נמליל ומה נזדכי מן קדם | ייי | ארעת חובתהון דעבדך הא אנן |
| 580 | Ex21:13 | לא אתכוון ליה ומן קדם | ייי | ארעת חובתה מיתי על ידוי |
| 581 | Lv10:01 | עליהון קוטרא וקריבו קדם | ייי | אשא בריה דלא פקד יתהון: |
| 582 | Gn 6:07 | ואמר | ייי | אשיצה ית אדם די ברית מעלוי |
| 583 | Lv 7:05 | על גבי מדבחה קרבן קדם | ייי | אשמה הוא: |
| 584 | Nu16:29 | על אילין לא מן קדם | ייי | אשתלח«י»ת: |
| 585 | Nu16:28 | בדא תדעון ארום מן קדם | ייי | אשתלחת למעבד ית כל עיבידה |
| 586 | Gn22:12 | ידעת ארום דחל מן קדם | ייי | את ולא מנעת ית ברך ית |
| 587 | Gn23:06 | קבל מנן רבונן רב מן קדם | ייי | את בינינן בבית שפר קברינן |
| 588 | Gn38:25 | ברחמין מן קדמיך | ייי | את הוא דעני לעיקי בשעת |

|  |  | | | |
|---|---|---|---|---|
| 589 | Ex24:01 | סוק תבע אולפן מן קדם | ייי | את ואהרן נדב ואביהוא |
| 590 | Nu 8:03 | בוציניה היך מה די פקד | ייי | את משה: |
| 591 | Nu16:16 | וכל עם כנישתך הוון קדם | ייי | את «ואינון» ואהרן למחר: |
| 592 | Dt 3:24 | ייי בבעו ברחמין מן קדמיך | ייי | את שרית למחווייה ית עבדך |
| 593 | Dt32:06 | הלא מן קדם | ייי | אתון תבעון דא אומה טפשה |
| 594 | Ex32:31M | /ברחמין מן קודמיך | ייי | אתחייבו עמא הליין#2#/ |
| 595 | Gn50:20 | חשבתון עליי בישן מן קדם | ייי | אתחשבן לטבן מן בגלל ביומא |
| 596 | Gn32:03 | או משרין דמלאכין מן קדם | ייי | אתין למשיזבא יתי מן ידי |
| 597 | Nu23:03 | לקדמותי ופתגמא די יחווי | ייי | אתני לך ואזל בלעם בלב |
| 598 | Ex15:08 | ובמימר מן קדמך | ייי | אתעבדו מיי׳ ערמן ערמן קמו |
| 599 | Nu17:03 | ארום קרבו יתהון קדם | ייי | אתקדשו ויהויין לסימן לבני |
| 600 | Dt 2:15 | ולהוד מחוון מן קדם | ייי | אתרגזית בהון למישציה יתהון |
| 601 | Ex14:31 | ית ידא תקיפתא די עבד | ייי | במצרים ודחילו עמא מן קדם |
| 602 | Gn10:08M | באר׳/בחטאה ולמרדה קדם | ייי | בא׳#2#/: |
| 603 | Dt 7:08M | פריקין ביד תקיפה ופרק | /ייי | באיד תקיפ׳ ופרק#2#/ יתכון |
| 604 | Ex12:42M | /לפורקן הוא קדם | ייי | באפקותא#2#/ דבני ישראל |
| 605 | Gn41:52 | קרא אפרים ארום תקף יתי | ייי | בארעא צערי: |
| 606 | Ex16:03 | אלוי "מי יתן" מותנו קדם | ייי | בארעא דמצרים כד הווינן |
| 607 | Nu32:32 | אנן נעבר מזיינ{י}ין קדם | ייי | בארעא דכנען ועמן ירתות |
| 608 | Lv 5:19M | /אשמה {ו}<י>יתי קדם | ייי | באשמה יתכפר לה#2#/: |
| 609 | Ex14:18 | וידעו מצרי ארום אנה | ייי | באתיקרותי בפרעה בארתכוי |
| 610 | Gn24:27 | אנא באורחא דבר יתי | ייי | בבייתיה דאחוי דרבוני: |
| 611 | Gn25:22M | למתבוע רחמין מן קדם | ייי | בבית מדרשא של שם רבה |
| 612 | Ex 4:10 | ואמר משה קדם | ייי | בבעו ברחמין מן קדמיך ייי |
| 613 | Dt 3:24 | | ייי | בבעו ברחמין מן קדמיך ייי |
| 614 | Lv27:26M | \לשמה דייי /קדם | ייי#2#/ | בבעירה לא יקדש גבר יתיה |
| 615 | Lv24:16M | יפרש \שמיה דייי /שם | ייי#2#/ | בגדפין מתקטלה יתקטל |
| 616 | Gn10:09 | הוא הוה גיבר בחטאה קדם | ייי | בגין כדין יתאמר כנמרוד |
| 617 | Gn29:35 | הדה זמנה נודי ונשבח קדם | ייי | בגין כדין קראת שמה יהודה |
| 618 | Ex 7:17 | כדן אמר | ייי | בדא תדע ארום אנה ייי הא |
| 619 | Dt29:21 | ההיא וית בישיה די יגרי | ייי | בה: |
| 620 | Nu33:04 | הוון קברין ית מה די קטל | ייי | בהון כל בכוריה ובטעוותהון |
| 621 | Lv24:12 | דיתפרש להון מן קדם | ייי | בהידין דינא מקטלין יתיה: |
| 622 | Gn30:27 | באנפיך נסיית וברך יתי | ייי | בזכותך: |
| 623 | Nu28:26 | מנחה מן חדתה קדם | ייי | בזמן {ב}<ד>חגי שבועיכון |
| 624 | Nu29:39M | אליין תקרבון קדם | ייי | בזמן חגי מועדי׳ |
| 625 | Nu12:06M | בחזיון אתגלי /נביאכון | ייי | בחזווה עלוי אתודע בחלם |
| 626 | Nu12:06 | אין יהווי ביניכון נבייה | ייי | בחזיון אתגלי עלוי ובחלמין |
| 627 | Ex31:03 | קרב דקדש מן קדם | ייי | בחכמה בסכלתנ{ן}<ו> ובדעה |
| 628 | Ex35:31 | עמה רוח דקדש מן קדם | ייי | בחכמה ובסכלתנו ובדעה ובכל |
| 629 | Dt28:28 | ימחי יתכון | ייי | בטפשותה ובס{י}מ<יי>ותה |
| 630 | Ex17:09 | די אתעבד ביה נסין קדם | ייי | בידי: |
| 631 | Ex 4:20 | אתעבד ביה ניסין מן קדם | ייי | בידי«ה»: |
| 632 | Ex20:07 | על מגן ארום לא מזכי | ייי | ביום דינא רבא ית מן די יסב |
| 633 | Dt 5:11 | על מגן ארום לא יזכי | ייי | ביום דינה רבה ית מן די יסב |
| 634 | Lv 6:13 | ודבנוי די יקרבון קדם | ייי | ביומא דירבי יתהון עשרין |
| 635 | Ex11:07 | די תדעון די יפרש | ייי | בין מצריי ובין ישראל: |
| 636 | Lv26:46 | וגזירת אוריתה די שווי | ייי | בין מימריה ובין בני ישראל |
| 637 | Ex 9:04 | ויפרש | ייי | ביני בעיריהון דמצריי וביני |
| 638 | Ex34:09 | קדמיך ייי ידבר איקרך | ייי | בינינן ארום עם קשין למקבלה |
| 639 | Ex15:17 | בית שכינה לך אתקנת | ייי | בית מוקדשך ייי תרתין ידך |
| 640 | Ex15:17M | קודשך ייי דזמנית לך | ייי | בית מקדשך ייי תרתין ידיך |
| 641 | Dt 7:07 | מן כל אומייה אתרעי | ייי | בכון ארום אתון עם קלילין |
| 642 | Dt28:20 | יגרי | ייי | בכון ית מאירתה וית שעמומא |
| 643 | Dt28:21 | «יגרי | ייי» | בכון ית מותנה עד זמן די |
| 644 | Dt28:48 | בעלי דבביכון די יגרי | ייי | בכון בכפן ובצהו ובערטליין |
| 645 | Lv23:03 | שבי ונייח הוא קדם | ייי | בכל אתר מד«ו»ריכון: |
| 646 | Dt28:64 | ויבדר יתכון | ייי | בכל אומיה מן סייפי ארעה |
| 647 | Lv 1:01 | די אתמלל עמיה מן קדם | ייי | בכן קרא דבירה למשה ומליל |
| 648 | Gn26:24 | ואתגלי עלוי | ייי | בליליא ההוא ואמר <אנה> הוא |
| 649 | Ex12:48 | דייר ויעבד פיסחא קדם | ייי | במגזר ליה כל דכורא בכדן |
| 650 | Lv 7:38 | למקרבה ית קרבניהון קדם | ייי | במדברא דסיני: |
| 651 | Nu 3:04 | בקרבותהון אשא בריה קדם | ייי | במדברה דסיני ובנין לא |
| 652 | Nu29:39 | סידרא תהוון מקרבין קדם | ייי | במועדיכון בר מן נדריכון |
| 653 | Gn 8:21 | ית קרבניה דנח ואמר | ייי | במחשבת לבה לא אוסף למלט |
| 654 | Dt 1:01 | עיגלה די עבדתון אמר | ייי | במימרה למישיצי יתכון אלולי |
| 655 | Ex18:11 | בה בפתגמא יתפרע מנהון | ייי | במימריה אמר וטמע ית |
| 656 | Nu10:29 | אזל עמן ונוטב לך ארום | ייי | במימריה אמר למיתיה טבה |
| 657 | Gn35:09M | ובכי ואת רבון כל עלמא | ייי | במכלת רחמיך טבייה |
| 658 | Dt32:12 | | ייי | בממרה אמר לבלחודהון ישרון |
| 659 | Gn35:07 | ארום תמן אתגלי עלוי | ייי | במערקיה מן קדם עשו אחוי: |
| 660 | Nu17:22 | ואצנע משה ית חוטריה קדם | ייי | במשכנה דסהדותה: |
| 661 | Gn28:20 | נדר למימר אן יהווי | ייי | בסעדי וינטר יתי באורחא די |
| 662 | Gn20:18 | ארום מטרוד טרד | ייי | בעד כל פתחי ילדה לביתה |
| 663 | Nu21:06 | בגין כדן {ב}<ג>רי | ייי | בעמא ית חויה שרפיתה ונכתו |
| 664 | Nu27:03 | עם כנשתה דאתרעמו קדם | ייי | בעצתה דקרח ארום בחובוי |
| 665 | Ex11:04 | ואמר משה כדן אמר | ייי | בפלגא דליליא ממ{ת}<ר>י |
| 666 | Nu22:38 | כל מן דעם פתגמה די ישוי | ייי | בפמי יתה אמלל: |
| 667 | Gn12:17 | וגרי | ייי | בפרעה מכתשין רברבן |
| 668 | Gn21:17 | הגר לא תדחלין ארום שמע | ייי | בקל צלותיה דטליא באתרא |
| 669 | Gn30:17 | ושמע | ייי | בקל צלותה דלאה |
| 670 | Nu21:03 | ושמע | ייי | בקל צלותהון דישראל ומסר |
| 671 | Dt 1:45 | ובכיתון קדם ייי ולא שמע | ייי | בקל בכותכון ולא אצית |
| 672 | Dt 9:19 | עליכון לשיצי יתכון ושמע | ייי | בקל צלותי אמר משה לחוד |
| 673 | Gn 4:25 | שמיה שת ארום שוי לי | «ייי» | בר חורן חלף הבל ארו׳ |
| 674 | Gn 5:01 | ייי ית אדם בדמו מן קדם | ייי | ברא יתיה: |
| 675 | Gn 9:06 | אדמיה ארום בדמו מן קדם | ייי | ברא ית אדם: |
| 676 | Ex 9:23 | אשתא בגו ארעא ואחת | ייי | ברדא על ארעא דמצרים: |
| 677 | Gn 1:27 | בדמותיה בדמו מן קדם | ייי | ברה יתיה דכר וזוגיה ברא |
| 678 | Ex14:24 | והוה בעדוני צפרא ואדיק | ייי | ברוגז על משרייותיהון |
| 679 | Gn 7:16 | דפקד ייי יתיה ואגן | ייי | ברחמוי טבייה עלוי: |
| 680 | Gn 8:01 | ואדכר | ייי | ברחמוי טביא ית נח וית |
| 681 | Gn19:29 | ייי ית קרוי משרה ואדכר | ייי | ברחמוי טביא ית אברהם ושלח |
| 682 | Gn30:22 | כתבה ומפרש ואמר ואדכר | ייי | ברחמוי טביא ית רחל ושמע |
| 683 | Ex 2:24 | ייי ית קבלתהון ואדכר | ייי | ברחמוי טבייא ית קיימא די |
| 684 | Ex 4:31 | דייי ושמעו ארום אדכר | ייי | ברחמוי טבייה ית בני ישראל |
| 685 | Dt32:36 | ארום דאין הוא | ייי | ברחמ{ין}<וי> טבייה ית |
| 686 | Ex 4:22 | ותימר לפרעה כדן אמר | ייי | ברי בוכרי ישראל: |
| 687 | Gn 4:04 | ומן שמיני«הון» וקבל | ייי | ברעווא ית הבל וית קרבניה: |
| 688 | Gn 8:21 | וקבל | ייי | ברעווה ית קרבניה דנח ואמר |
| 689 | Nu21:06M | \ברת קלא נפקת /ושלח | ייי | ברת קל#2#/ מן גו ארעא |
| 690 | Gn 4:15 | ואמר ליה | ייי | בשבועה כל דיקטול קין עד |
| 691 | Dt28:27 | ימחי יתכון | ייי | בשחנה דמצריי ובטחוריה |
| 692 | Dt28:35 | ימחי יתכון | ^ייי#2# | בשחנה בישה על ברכייה ועל |
| 693 | Ex35:30 | לבני ישראל חמו דמני | ייי | בשם דרבן בצלאל בן אור בר |
| 694 | Dt 3:23 | ובעיתי רחמין מן קדם | ייי | בשעתה ההיא למימר: |
| 695 | Ex28:29 | בית קודשא לדוכרן טב קדם | ייי | בתדירא: |
| 696 | Lv24:03 | מן רמשה ועד צפרא קדם | ייי | בתדירה קיים עלם לדריכון: |

| | | | | |
|---|---|---|---|---|
| 697 | Lv24:04 | יסדר ית בוציניה ^קדם | ייי#2#^ | בתדירה: |
| 698 | Lv24:08 | דשובתה יסדר יתה קדם | ייי | בתדירה מן לוות בני ישראל |
| 699 | Nu12:04 | ואמר | ייי | בתכ{«ק»}וף למשה ולאהרן |
| 700 | Ex29:11 | ותיכוס ית תורא קדם | ייי | בתרע משכן זימנא: |
| 701 | Lv14:11 | גברא דמדכי ויתהון קדם | ייי | בתרע משכן זמנא: |
| 702 | Nu16:17 | עליהון קטרה ותקרבון קדם | ייי | גבר מחתיתיה תרתין מאוון |
| 703 | Ex18:21 | גברי חיל דחלין מן קדם | ייי | גברין קושטנין סניין ממונא |
| 704 | Ex15:03 | | ייי | גוברא עבד קרביא ייי שמיה |
| 705 | Ex15:21 | מרים נודה ונשבח קדם | ייי | גיותנה דמתגאה על גיותניא |
| 706 | Lv 6:15 | יקרב יתה קיים עלם קדם | ייי | גמירה תסתדר: |
| 707 | Ex29:42 | בתרע משכן זימנא קדם | ייי | דאזמן לכון תמן לממללה עמך |
| 708 | Gn47:10M | ליה יהא רעווא מן קדם | ייי | דאיסקון מיא דנילוס וישקון |
| 709 | Gn32:10 | אבה ואלהה דיצחק אבה | ייי | דאמר לי חזור לארעך |
| 710 | Gn15:07 | ואמר ליה אנה | ייי | דאפקת יתך מן אתון נורהון |
| 711 | Nu35:34 | שריה בגווה ארום אנא הוא | ייי | דאשריית איקר שכינתי בגו |
| 712 | Gn12:07M | \לשם ממרי׳ דייי /קדם | ייי#2#/ | דאתגלי עלוי: |
| 713 | Gn33:10 | סבר אפי מלאכין מן קדם | ייי | דאתרעית: |
| 714 | Lv22:09M | \ייי דקדשית יתכון /הוא | ייי | דבמימריה מקדש יתהון#2#/: |
| 715 | Lv20:08M | \ייי דקדשת יתכון /הוא | ייי | דבממרי מקדש ית׳#2#/: |
| 716 | Lv21:08M | יתכון /בממרי אנה | ייי | דבממרי מקד׳ יתכון#2#/: |
| 717 | Lv21:15M | \ייי דקדשת יתהון /הוא | ייי | דבממרי מקדש יתיה#2#/: |
| 718 | Lv21:23M | \ייי דקדשת יתהון /הוא | ייי | דבממרי מקדש יתיה#2#/: |
| 719 | Gn48:15 | בקושטא אברהם ויצחק | ייי | דדבר יתי מן טליותי עד יומא |
| 720 | Ex14:25 | בני ישראל ארום דין הוא | ייי | דהוה עבד להון נצחני |
| 721 | Ex15:17M | במדור בית שכינת קודשך | ייי | דזמנית לך ייי בית מקדשך |
| 722 | Gn44:18 | דאתינא אמרת לן מן קדם | ייי | דחיל וכדו את אמרת מן פרעה |
| 723 | Gn22:14M | "ברחמין ...": את הוא | ייי | דחמי ולא אתחמי |
| 724 | Gn30:02 | אנא ואת ניזל ונבעי קדם | ייי | די «מנע» מניך פירי וולד |
| 725 | Gn48:15 | וברך ית יוסף ואמר | ייי | די הלכו אבהתי קדמוי בקושטא |
| 726 | Ex 5:02 | ואמר פרעה מן ^הוא#2#^ | ייי | די אשמע בקליה למשלחיה ית |
| 727 | Ex12:27 | ותימרון מכס פסחא הוא קדם | ייי | די פסח ויגן על בתיהון דבני |
| 728 | Ex18:10 | ואמר יתרו בריך | ייי | די שיזב יתכון מן ידיהון |
| 729 | Lv 4:07 | דקטרת בוסמנייה קדם | ייי | די במשכן זימנא וית כל דמה |
| 730 | Lv 4:18 | קרנותיה דמדבחה די קדם | ייי | די במשכ׳ זימנא וית כל אדמה |
| 731 | Lv16:01 | קרבן יתיר דלא בזמנה קדם | ייי | די לא אתפקדו ומיתו: |
| 732 | Nu32:23 | כדין הא אתחייבתון קדם | ייי | די יארעון יתכון: |
| 733 | Dt12:31 | ארום כל דמרחק קדם | ייי | די סני ורחיק עבדו |
| 734 | Nu21:15 | יתהון ורמז רבון כל עלמא | ייי | דידע מה בלבביה וגלי קדמוי |
| 735 | Lv22:31M | אנה ייי#2#/כדן אמ׳ | ייי#2#/ | דיהב אגר טב לנטרי |
| 736 | Lv22:31 | ותעבדון יתהון אנה הוא | ייי | דיהב אגר טב לנטרי מצוותה |
| 737 | Lv16:01M | יתיר \דלא בזמנה /קדם | ייי | דילא בזמנא#2#/ קדם ייי די |
| 738 | Gn 9:12 | ואמר | ייי | דין סימן קיימ׳ די אנה משוי |
| 739 | Nu33:04 | בכוריה ובטעוותהון עבד | ייי | דינין שנין: |
| 740 | Gn30:08 | רחל בצלותא די צלית קדם | ייי | דיתן לי בנין היך מה דיהב |
| 741 | Lv 2:14M | ביכורהון קדם | ייי | דכיך קלי בנורא קמ{ה}<ח> |
| 742 | Ex15:01 | למימר נודי ונשבח קדם | ייי | דכל מן דמתגאי קדמוי הוא |
| 743 | Lv 5:15 | דייי וייתי ית אשמיה קדם | ייי | דכר שלם מן מום מן ענה |
| 744 | Ex13:17 | ארום קריבה הוא ארום אמר | ייי | דלא יתבר לבהון דעמא כד |
| 745 | Ex19:24 | לא ידחקון למיסק קדם | ייי | דלא יהוי בהון רגוז: |
| 746 | Dt15:09 | תתן לה ולא יצוח עלך קדם | ייי | דלא יהווי בך חובה: |
| 747 | Dt24:15 | לך דלא יצוח עלך קדם | ייי | דלא יהווי בתרך חובה: |
| 748 | Ex 8:18 | דתדע ארום אנה הוא | ייי | דממרי שרי בגו ארעא: |
| 749 | Ex15:26 | עליכון ארום אנה הוא | ייי | דמסי יתכון: |
| 750 | Lv22:33 | לכון לאלה פרוק אנה הוא | ייי | דפרקת לאבהתכון ועתיד למפרק |
| 751 | Ex31:13 | למדע ארום אנה הוא | ייי | דקדשית יתכון: |
| 752 | Lv22:09 | ביה ארום אפיסו יתיה אנה | ייי | דקדשית יתכון: |
| 753 | Lv22:16 | ית קדשיהון ארום אנה | ייי | דקדשית יתהון: |
| 754 | Lv22:32 | בגו עמי ישראל אנה הוא | ייי | דקדשית יתכון: |
| 755 | Lv20:08 | קימי ותעבדון יתהון אנה | ייי | דקדשת יתכון: |
| 756 | Lv21:08 | לכון ארום קדיש אנה | ייי | דקדשת יתכון: |
| 757 | Lv21:15 | יפס זרעה בעמה ארום אנה | ייי | דקדשת יתהון: |
| 758 | Lv21:23 | ית בית מקדשי ארום אנה | ייי | דקדשת יתהון: |
| 759 | Ex15:06M | משבחא היא בחיילא ימינך | ייי | דרצצת ומרצצת שור |
| 760 | Gn11:06 | ואמר | ייי | הא אומה חדה ולשון חד |
| 761 | Ex 3:13 | ואמר <משה> קדם | ייי | הא אנה אזל לוות בני ישראל |
| 762 | Ex 6:30 | ואמר משה קדם | ייי | ^הא#2#^ אנה חגר ממלל |
| 763 | Ex 7:17 | ייי בדא תדע ארום אנה | ייי | הא אנה מחי בחוטרא די בידי |
| 764 | Ex33:21 | ואמר | ייי | הא אתר מזמן לוותי ותתעתד |
| 765 | Nu14:20 | ואמר | ייי | הא שרית ושבקת כמה דמללת: |
| 766 | Gn20:04M | בדינא אתקטל /קודמיך | ייי | הוא לה למיזכי בדינא {ה} |
| 767 | Gn31:50 | על בנתי לית גבר עמן חמי | ייי | הוא סהד ביני ובינך: |
| 768 | Ex 9:27 | ואמר להון חטית הדא זמנא | ייי | הוא צדיקיא ופרעה ועמא |
| 769 | Ex14:14 | אמר להון משה לא תדחלון | ייי | הוא עבד לכון נצחני קרביכון |
| 770 | Ex29:18 | לריח דרעוא קרבן קדם | ייי | הוא: |
| 771 | Ex32:16 | וכתבא כתב מפרש מן קדם | ייי | הוא חקוק על לוחיה: |
| 772 | Lv11:44M | אנה /\בממרי כדין אמר | ייי#2#/ | הוא ייי אלהכון ותתקדשון |
| 773 | Nu15:30 | ביציבייה ובגיוריה קדם | ייי | הוא מחרף ותישתצא נפשא ההוא |
| 774 | Dt 1:17 | מלך ושליט ארום דינה קדם | ייי | הוא מתבע ופתגמה די יקשי |
| 775 | Dt 4:35 | איתחויתון למידע ארום | ייי | הוא אלה לית אחרן בר מינה: |
| 776 | Dt 4:39 | ותתובון על לבבכון ארום | ייי | הוא אלה דאיקר שכינתיה שריה |
| 777 | Gn 1:02 | ורוח דרחמין מן קדם | ייי | הוה מנשבא על אפי מיא: |
| 778 | Gn38:25 | תריכון זכיין מן קדם | ייי | הוה פתגמא: |
| 779 | Ex19:19 | ממלל בקול נעים ומן קדם | ייי | הוה מתענה ליה בקל: |
| 780 | Nu12:08 | בדמויין ודמו מן קדם | ייי | הוה מסתכל ומן בגלל מה לא |
| 781 | Dt 4:21 | ומן קדם | ייי | הוה רגז עלי על מליכון |
| 782 | Gn39:03 | וחמא רבוניה ארום | ייי | הווה עמיה וכל מה דהוה עבד |
| 783 | Ex10:29 | דהוינא תבע עלך מן קדם | ייי | הוינא מצלי עלך ומחתא |
| 784 | Ex 8:15 | אצבע דגבורה מן קדם | ייי | היא ואתוקף לבה דפרעה ולא |
| 785 | Ex12:31 | ישראל ואזלו פלחו קדם | ייי | היך מה דמללתון: |
| 786 | Ex40:23 | עלוי סדור לחם אפיה קדם | ייי | היך מה די פקד ייי ית משה: |
| 787 | Ex40:25 | ואעל בוציניה קדם | ייי | היך מה דפקד ייי ית משה: |
| 788 | Lv 9:21 | אניף אהרן אנפו קדם | ייי | היך מה דפקד ^ייי ית#2#^ |
| 789 | Nu14:17 | וכדון יתקוף כען חילך | ייי | היך מה דמלילתא למ«י»מר: |
| 790 | Nu15:14 | מתקבל בלריח דרעוה קדם | ייי | היך מה די תעבדון כדן יעבד: |
| 791 | Nu20:09 | משה ית חוטרא מן קדם | ייי | היך מה די פקד יתיה: |
| 792 | Gn48:09 | בני אנון די יהב לי | ייי | הכא ואמר דבר כען יתהון |
| 793 | Nu12:02 | ואמרין להוד עם משה מלל | ייי | הלא אוף עמן מלל ושמיע קדם |
| 794 | Nu16:11 | עם כנישתך דאזדמנתון קדם | ייי | ואהרן מה הוא חשיב |
| 795 | Nu11:31 | ורוח נטל מן קדם | ייי | ואגיז סלויין מן ימא ^^ורפש |
| 796 | Gn31:42 | וית לוותי דידי גלי קדם | ייי | ואוכח ברמש«א»: |
| 797 | Gn12:04 | אברם היך מה דמלי׳ עמה | ייי | ואזל עמה לוט ואברם בר |
| 798 | Ex24:02 | ויקרב משה לבלחודוי קדם | ייי | ואינון לא יקרבון ועמא לא |
| 799 | Lv 9:24 | ונפקת אשא מן קדם | ייי | ואכלת על גבי מדבחה ית עלתה |
| 800 | Lv10:02 | ונפקת אשא מן קדם | ייי | ואכלת יתהון ומיתו קדם ייי: |
| 801 | Nu16:35 | ואשא נפקת מן קדם | ייי | ואכלת ית מאת«י»ן וחמשין |
| 802 | Nu12:13 | וצלי משה קדם | ייי | ואמ׳ בבעו ברחמין מן קדמיך |
| 803 | Gn26:02 | ואתגלי עלוי | ייי | ואמר לא תיחות מצרימה שרי |
| 804 | Ex 5:22 | וחזר משה קדם | ייי | ואמר בבעו ברחמין |

805 Ex32:31M /וחזר משה קדם ייי#2/ ואמר בבעו חטון עמא
806 Ex15:01 ית שירת תושבחתה הדה קדם ייי ואמרין למימר נודי ונשבח
807 Nu21:02M ישראל נדר לייי/קדם ייי#2/ ואמרין אן ממסור
808 Dt 9:26 וצליית ובעית קדם ייי ואמרית בבעו ברחמין
809 Gn18:27 כען שריית למלל«א» קדם ייי ואנה עפר וקטם:
810 Ex16:07 ושמיע ית תורעמתכון קדם ייי ואנן מה אנן חשיבין ארום
811 Gn20:17 וצלי אברהם קדם ייי ואסי ייי ית אבימלך וית
812 Gn30:06 ואמרת רחל דן יתי ייי ואף שמע בקלי ויהב לי בר
813 Ex 6:06 ישראל אנה ^הוא#2^ ייי ואפיק יתכון פריקין מן תחות
814 Lv20:26 קדישין ארום קדיש אנה ייי ואפרשית יתכון מן אומייה
815 Gn33:11 די אייתת לך ארום חן יתי ייי וארום אית לי כל מן דעם
816 Ex 7:20 ואהרן היך מה דפקיד ייי וארים חוטריה ומחה ית מיא
817 Lv10:19 חטאתהון וית עלתהון קדם ייי ואת מלף יתן דחטאתה חמ<י>רא
818 Ex18:12M \לשמיה דייי /מן קדם ייי#2/ ואתא אהרן וכל חכימיא
819 Nu11:02 קדם משה וצלי משה קדם ייי ואתבלעת אשתה:
820 Gn 6:11 דיירי ארעא עובדיהון קדם ייי ואתמליאת ארעא חמסין
821 Nu14:21M ותתמלא איקר /כדן אמר ייי ואתמליית יק/#2/ שכינתה
822 Ex 9:33 קרתא ופרס כף ידוי קדם ייי ואתמנעו קליא וברדא ומטר לא
823 Lv10:02M עמודא דאשתה מן קדם ייי ואתפליגת לתרין חוטין
824 Lv22:24M אלין \לשמה דייי /קדם ייי#2/ ובארעכון לא תעבדון \
825 Lv22:16M קדשיהון ארום אנה הוא ייי ובמארי מקדש יתהון
826 Ex28:35 במיעליה לבית קודשא קדם ייי ובמפקיה ולא ימות:
827 Gn22:09 ואתון לאתרה די אמר ליה ייי ובנה תמן אברהם ית מדבחא
828 Ex 4:24 יתיה מלא«כא» מן קדם ייי ובעה למקטל יתיה:
829 Dt 9:18M <ייי> כקדמיתה /מן קודם ייי ובעית רחמין/#2 ארבעין
830 Ex 9:28 מן למהוי קלי מן קדם ייי וברד ואשלח יתכון ולא
831 Gn24:48M ואקדת ואודית ושבחת קדם ייי וברכית ית ייי אלה׳
832 Nu11:01M \דייי ושמע קדם /קודם ייי וגלי קודם/#2 ייי ותקף
833 Nu17:11 ארום נפק רוגזה מן קדם ייי ^והא#2^ שרי חבלה מחבל
834 Gn28:17 ארום אתר מזומן מן קדם ייי והדן תרעא תרעא דצלו מזומן
835 Gn35:09M דקבר יתיה רבון עלמיא ייי והיא שמיה מברך לעלמיא
836 Ex14:31 ודחילו עמא מן קדם ייי והימנו בשם ממריה דייי
837 Nu15:25 אייתון ית קרבניהון קדם ייי וחובתהון קדם ייי על
838 Ex15:25 וצלי <משה> קדם ייי וחוי ליה ייי אילן ונסב
839 Ex 7:10 כד«ן» היך מה דפקד ייי וטלק אהרן ית חוטריה קדם
840 Gn16:05 איקרי באפה וכדון יתגלי ייי וידון ביני ובינך ויפרוס
841 Gn31:49 וצפיתה די אמר יתגלי ייי וידון ביני ובינך ארום נטמר
842 Nu24:16 אמר דשמע מימר מן קדם ייי וידע דיעה מן קדם עליה
843 Nu25:04 יתהון בסנהדרין קדם ייי ויהוון דיינין כל מן
844 Ex29:26 ית{הון} <יה> אנפו קדם ייי ויהוי לך לחולק:
845 Lv 7:31 ויסדר כהנא ית תרבה קדם ייי ויהוי ניעה לאהרן ולבנוי:
846 Lv10:15 ייתון למנפה אנפו קדם ייי ויהוי לך ולבניך עמך לקיים
847 Lv 1:11 דמדבחה מן צפונה קדם ייי ויזורקון בנוי דאהרן כהנא
848 Nu14:08 אם רעי הוא בן ייי וייתי יתן לארעא הדה ויתן
849 Lv 4:15 על ראשה דתורא קדם ייי ויכוס ית תורא קדם ייי:
850 Lv 4:15M ית תורא קדם ייי /קדם ייי ויכוס ית תורה קדם ייי
851 Lv17:05 משכן זמנה לוות כהנה קדם ייי ויכסון נכסת קדשין קדם ייי
852 Lv16:13 ית קטרתה על אשתה קדם ייי ויכסי תננה דקטרתה ית כפרתה
853 Lv12:07 ויקרב יתיה קדם ייי ויכפר עלה ותדכי מן מבוע
854 Lv16:18 ויפק למדבחה די קדם ייי ויכפר עלוי ויסב מן אדמה
855 Nu15:28M דאשתליית דחטת בשלו קדם ייי ויכפר עלוי וישתרי וישתבק
856 Ex 9:28 צלון קדם ייי וימנע מן למהוי קלי מן קדם
857 Lv 4:04 לתרע משכן זימנ׳ קדם ייי ויסמוך ית ידיה על ראשה
858 Nu 8:10 ותקרב ית ליוויי קדם ייי ויסמכון בני ישראל ית
859 Nu 5:30 אתתיה ויקים ית אתתא קדם ייי ויעבד לה כהנה ית כל קיימיה
860 Ex 8:25 נפק מן לוותך ונצליה קדם ייי ויעבר ית ערבובא מן פרעה
861 Nu21:07 ועליך אתרעמנן צלי קדם ייי ויעבר מעילוון ית חיויא
862 Ex 8:04 ולאהרן ואמר צלון קדם ייי ויעדון אר{ע}דעניא מני ומן
863 Nu 5:18 ויקים כהנה ית אתתה קדם ייי ויפרע ית רישא דאתתה ויתן
864 Lv27:11M ייי קרבן /קרבנה קודם ייי#2/ ויקים ית בעירה קדם
865 Nu 5:25 ויניף ית מנחתה קדם ייי ויקרב יתה על גבי מדבחה:
866 Nu 6:16 ויקרב כהנא קדם ייי ויקרב ית חטאתה וית עלתה:
867 Lv 1:05 {ו}<י>ת בר תורייה קדם ייי ויקרבון בנוי דאהרן כהניא
868 Nu14:13 ואמר משה קדם ייי וישמעון מצריי ארום אסקית
869 Lv 5:26 ויכפר עלוי כהנא קדם ייי וישתבק ליה על חדא מן כל מה
870 Lv17:09 יתיה לקרבה יתיה קדם ייי וישתיצי גברא ההוא מן גו
871 Ex 5:02 לית פרעה ידע מן הוא ייי וית ישראל לית אנה משלח:
872 Nu10:35 משה מצלי ואמר קום בבעו ייי ויתבדרון בעלי דבבך ויערקון
873 Nu11:24M דייי /<פתג>מי ייי#2/ וכנש שובעין גברין מן
874 Nu 8:21M \יתהון אנפו קדם ייי וכפר#1/ויכ׳#2/ \
875 Gn30:22 ביד רבון כל עלמ«י»א ייי ולא מסרן לא למלאכא ולא
876 Ex 1:17 ודחלו חייתא מן קדם ייי ולא עבדון היך מה דמלל
877 Ex 1:17M /ודחילו ילדתא מן קדם ייי#2/ ולא עבדון/עבדי׳#2/
878 Ex20:19 ולא יתמלל עמן מן קדם ייי ולא נמות:
879 Lv19:18M דחברך \כדין אמר ייי#2/ ולא תהוון נוקמנין ולא
880 Nu17:05 הוא למסדרה קטרה קדם ייי ולא יהוי כקרח וככנישתיה
881 Dt 1:45 וחזרתון ובכיתון קדם ייי ולא שמע ייי בקל בכותכון
882 Dt21:08 כפר לעמך ישראל די פרקת ייי ולא תשוי חובת שפיכות אדם
883 Dt24:04 אחרן ארום מרחקה הוא קדם ייי ולא תחייבון ית ארעא דייי
884 Nu15:23 דמשה מן יומא די פקד ייי ולהל לדריכון:
885 Gn 5:24 ופלח חנוך בקושטא קדם ייי ולית ידיע אן הוא <....>
886 Gn41:32 ארום אזדמן פתגמא מן קדם ייי ומוחי מן קדם ייי למעבד
887 Gn38:07 עבד עובדין בישין קדם ייי ומית במימר מן קדם ייי:
888 Lv16:12 דאשה מעלוי מדבחה מן קדם ייי ומלו חופנוי קטרת בסמנין
889 Nu32:22 ותהוון זכיין מן קדם ייי ומן ישראל ותיהוי ארעא
890 Nu32:22 ותתכבש ארעא קדם ייי ומן בתר כדן תחזרון ותהוון
891 Lv 9:04 לנכסת קדשיה למקרבה קדם ייי ומנחה פילה במשח ארום יומא
892 Nu15:24M \לשמה דייי /קדם ייי#2/ ומנחתיה ונס«ו»כוי
893 Lv22:03M \לשמה דייי /קדם ייי#2/ וסאבתיה עלוי ותשתיצי
894 Nu20:27 ועבד משה היך מה די פקד ייי וסלקו להר טורה לעיני כל עם
895 Ex14:04 מצריי ארום אנה הוא ייי ועבדו כדן:
896 Gn25:21 עקרה הוות וענה יתיה ייי ועברת רבקה אתתיה:
897 Lv 2:12 תקרבון יתהון קדם ייי ועל גבי מדבחה לא יתקבלון
898 Dt 9:10 באצבע דגבורה מן קדם ייי ועליהון הוה כתיב כל
899 Gn32:29 עם מלאכין מן קדם ייי ועם גוברין ויכלת להון:
900 Ex 1:19M והוא עני יתהון מן קדם ייי ועני יתהון דילדתן/#2/
901 Nu14:14 בחזיו אתגלית את במימרך ייי וענן איקר שכינתך הווה
902 Gn12:08M \לש׳ ממריה דייי /קדם ייי#2/ ופלח וצלי תמן בשם ממריה
903 Nu20:13 אדיינו בני ישראל קדם ייי וקדש שמה בהון:
904 Ex 1:21 דחילין חייתא מן קדם ייי וקנון להון שם טב בגו בית
905 Ex19:03 סלק למתבע אולפן מן קדם ייי וקרא ליה דבירה דייי מן
906 Ex35:30M חמון הא רבי מימריה ייי וקרא בשם טב בצ׳
907 Lv22:22 לא תקרבון אליין קדם ייי וקרבן לא תתנון מנהון
908 Gn45:08 יתי להכא ארום אלהן ייי ושוי יתיה לאבא {לא} לפרעה
909 Nu24:06M היך שמיי דמתח{ייה} ייי ושכלל לבית שכינה ליה כן
910 Gn19:13 ארום סגת קבלתהון קדם ייי ושלח יתן למשיציא יתה:
911 Nu20:16 וצלינן קדם ייי ושמע בקל צלותן ושלח
912 Gn 4:16 ונפק קין מן קדם ייי ושרא בארעא גלי ומטלטל מן

|  |  | | | |
|---|---|---|---|---|
| 913 | Ex18:23 | הדין תעבד ויפקד יתך | ייי | ותיכל למיקם ולחו«ד» כל |
| 914 | Ex18:19 | כ{מ}תבע אולפן מן קדם | ייי | ותיתי את פיתגמיא קדם ייי: |
| 915 | Nu11:01 | ובערת בהון אשא מן קדם | ייי | ותכלת בסייפי משריתה: |
| 916 | Nu23:27 | דיהוי רעווה מן קדם | ייי | ותלוט יתהון לי מן תמן: |
| 917 | Nu11:28M | בעי עלויהון מן קדם | ייי | ותפסוק נביאתהון |
| 918 | Nu16:30 | ואן ברייה חדתה יברא | ייי | ותפתח ארעא ית פמה ותבלע |
| 919 | Dt26:10 | ארעא מן מה די יהבת לן | ייי | ותצנעון קדם ייי אלהכון |
| 920 | Nu30:04 | ואתתה ארום תדר נדר קדם | ייי | ותקיים קיים בביתה דאבוה |
| 921 | Nu11:01 | במשמעה דייי ושמע קדם | ייי | ותקף רוגזה ובערת בהון אשא |
| 922 | Dt 9:08 | ובחרב ארגזתון קדם | ייי | ותקף רוגזיה דייי בכון |
| 923 | Lv 7:21 | דנכסת קודשיה מן קדם | ייי | ותשתיצי נפש' ההיא מן גוא |
| 924 | Lv 7:21M | נכיסת קודשה דאית קדם | ייי#2#/ | ותשתיצי נפש' ההיא |
| 925 | Lv 7:25 | די יקרב מנה קרבן קדם | ייי | ותשתצא נפשה די תיכול |
| 926 | Nu32:29 | כל דמזיין לחיל קרבה קדם | ייי | ותתכ{נ}<ב>ש ארעא קדמיכון |
| 927 | Gn30:20 | ואמרת לאה זבד יתי | ייי | זבידין טבין הדה זמנא יזבוד |
| 928 | Ex 9:05 | ושוי | ייי | זמן למימר מחר יעבד ייי |
| 929 | Gn49:02 | ישראל אבונן ייי אלהן | ייי | חד ענה יעקב ואמר ברוך |
| 930 | Dt 6:04 | ישראל אבונן ייי אלהן | ייי | חד הוא יהא שמיה מברך לעלמי |
| 931 | Ex33:18M | לי ית איקרך /משה קדם | ייי | חווי לי כען ית זיו |
| 932 | Lv 4:24 | די יכוס ית עלתה קדם | ייי | חטאתה היא: |
| 933 | Dt33:11 | «ברך | ייי | חיילוות שבטה דבנוי דלוי |
| 934 | Ex36:01 | גבר דחכים בלביה די שוי | ייי | חכמה וסכלתנו בהון למידע |
| 935 | Ex36:02 | ולכל די חכים לבה דשוי | ייי | חכמה בלבה כל די נדב יתיה |
| 936 | Nu 3:41 | ותפרש ית ליוויי לשמי אמר | ייי | חלף כל בוכרה דבני ישראל |
| 937 | Ex33:12 | ואמר משה קדם | ייי | חמי די את אמר לי אסק ית |
| 938 | Ex11:03 | ושוי | ייי | חניהון דעמא באפהון דמצריי |
| 939 | Lv25:04 | יהוי לארעא שמטתה קדם | ייי | חקליכון לא תזרעון וכרמיכון |
| 940 | Ex34:09 | כען אשכחת חן וחסד קדמיך | ייי | ידבר איקרך ייי בינינן ארום |
| 941 | Gn 3:05 | ותהון כמלאכין מן קדם | ייי | ידעין למפרשה בין טב לביש: |
| 942 | Ex16:29 | חמון ארום | ייי | יהב לכון שובתא בגין כדין |
| 943 | Gn 1:14 | ואמ' | ייי | יהוון נהורין ברקיעא דשמיא |
| 944 | Gn43:29 | דאמרתון לי ואמר מן קדם | ייי | יהוי מחוס עלך ברי: |
| 945 | Ex16:25 | ארום שבתא יומא הדין קדם | ייי | יומא הדין לא תשכחון יתיה |
| 946 | Gn35:07 | דאתגלי עלוי תמן | {«ייי»} | ייי בית אל ארום תמן |
| 947 | Ex34:06 | דייי וצלי משה ואמר | ייי | ייי אלהה חננא ורחמנא אריך |
| 948 | Lv20:26M | קדיש אנה ^כדן אמר | ייי#2#/ | ייי ואפרשית יתכון מן |
| 949 | Ex32:26 | ואמר מן דדחל מן קדם | ייי | ייתי לוותי ואתכנשו לוותיה |
| 950 | Nu30:06 | על נפשה לא יקום ומן קדם | ייי | ישתבק לה ארום בטל אבוה |
| 951 | Nu30:09 | קיימת על נפשה~ ומן קדם | ייי | ישתבק לה: |
| 952 | Nu30:13 | בטל{ת} יתהון ומן קדם | ייי | ישתבק לה: |
| 953 | Gn 1:04 | וגלי קדם | ייי | ית נהורא ארום טב הוא |
| 954 | Gn 1:07 | וברא | ייי | ית רקיעא ואפרש בין מיא די |
| 955 | Gn 1:21 | וברא | ייי | ית תרין תניניא רברביא וית |
| 956 | Gn 1:31 | וגלי קדם | ייי | ית כל מה דעבד והא שפר ותקן |
| 957 | Gn 5:01 | דאדם ביומא די ברא | ייי | ית אדם בדמו מן קדם ייי ברא |
| 958 | Gn 6:12 | וגלי קדם | ייי | ית ארע' והא איתחבלת ארום |
| 959 | Gn 7:09 | דכר וזוגה היך מה די פקד | ייי | ית נח: |
| 960 | Gn 9:01 | וברך | ייי | ית נח וית בנוי ואמר להון |
| 961 | Gn13:10 | בית שקה קדם עד לא שיציא | ייי | ית סדום וית עמרה כגינת' |
| 962 | Gn16:11 | ישמעל ארום שמיע קדם | ייי | ית צעריך: |
| 963 | Gn19:14 | הדין ארום מחבל | ייי | ית קרתא והוה כמגחך באפיה |
| 964 | Gn19:29 | והווה כד שיציא | ייי | ית קרוי משרה ואדכר ייי |
| 965 | Gn20:17 | וצלי אברהם קדם ייי ואסי | ייי | ית אבימלך וית אתתי«ה» |
| 966 | Gn21:17 | ושמיע | ייי | ית קליה דטליא וקרא מלאכא |
| 967 | Gn21:19 | ופקח | ייי | ית עיינה וחמת באר דמיין |
| 968 | Gn25:11 | מן בתר דמית אברהם וברך | ייי | ית יצחק ברה ויתב יצחק |
| 969 | Gn29:32 | ארום אמרת ארום גלי קדם | ייי | ית צערי ארום כדון ירחם יתי |
| 970 | Gn30:22 | טביא ית רחל ושמע | ייי | ית קל צלותה דרחל ואמר |
| 971 | Gn30:23 | וילידת בר ואמרת כנש | ייי | ית חסדיי: |
| 972 | Gn31:09 | ורוקן | ייי | ית נכסוי דאבוכון ויה«ב» |
| 973 | Gn33:05 | לך ואמר טליא די חן | ייי | ית עבדך: |
| 974 | Gn39:02 | והוה | ייי | ית יוסף והוה גבר מצלח |
| 975 | Gn39:05 | ועל כל מה דהוה ליה וברך | ייי | ית ביתיה דמצרי«ה» |
| 976 | Gn41:51 | מנשה ארום נשי יתיה | ייי | ית כל עמלי וית כל |
| 977 | Ex 2:24 | ושמיע קדם | ייי | ית קבלתהון ואדכר ייי |
| 978 | Ex 2:25 | וגלי קדם | ייי | ית שעבודהון דבני ישראל |
| 979 | Ex 7:25 | שבעת יומין מן בתר דמחה | ייי | ית מיא דנהרא ואסי יתיה: |
| 980 | Ex 9:06 | ועבד | ייי | ית פתגמא הדין מן יומא |
| 981 | Ex10:20 | ותוקף | ייי | ית לביה דפרעה ולא שלח ית |
| 982 | Ex10:27 | ותקף | ייי | ית לביה ולא צבא למשלחה |
| 983 | Ex11:10 | האלין קודם פרעה ותוקף | ייי | ית לביה דפרעה ולא שלח ית |
| 984 | Ex12:28 | בני ישראל היך מה דפקד | ייי | ית משה ואהרן כן עבדו: |
| 985 | Ex12:50 | בני ישראל היך מה דפקד | ייי | ית משה וית אהרן כן עבדו: |
| 986 | Ex12:51 | היך זמן יומא הדין אפיק | ייי | ית בני ישראל פריקין מן |
| 987 | Ex13:18 | ואקף | ייי | ית עמא ארח מדברא ימא דסוף |
| 988 | Ex14:08 | ותוקף | ייי | ית לבה דפרעה מלכא דמצרים |
| 989 | Ex14:21 | ית ידיה על ימא ודבר | ייי | ית ימא ברוח קדום תקיף כל |
| 990 | Ex14:27 | ערקון לקדמותיה ושבק | ייי | ית מצריי בגו ימא: |
| 991 | Ex15:16 | עד זמן דיעברון עמך | ייי | ית נחלי ארנונא עד דיעברון |
| 992 | Ex16:08 | בצפרא למשבע כד שמיע קדם | ייי | ית תורעמתכון דאתון מתרעמין |
| 993 | Ex16:09 | קדם ייי ארום שמיע קדם | ייי | ית תורעמתכון: |
| 994 | Ex16:34 | היך מה דפקד | ייי | ית משה ואצנע יתיה אהרן |
| 995 | Ex18:01 | ולישראל עמיה ארום אפק | ייי | ית ישראל פריקין מן |
| 996 | Ex20:01 | וממלל | ייי | ית כל שבח דיברייא האליין |
| 997 | Ex20:07M | לשקר ארום לא מזכי | ייי | ית חוביכון חייבי ביום |
| 998 | Ex20:11 | שביעיא בגין כדין ברך | ייי | ית יומא דשבתא וקדש יתיה: |
| 999 | Ex23:07M | קדמיי חייבא /מזכי | ייי | ית חייבא בשע' דינא#2#/: |
| 1000 | Ex31:17 | לעלם ארום שתה יומין ברא | ייי | ית שמיא וית ארעא וביומא |
| 1001 | Ex32:35 | ונגף | ייי | ית עמא על אשר עשו את העגל |
| 1002 | Ex34:07M | ומזכיה לא מזכי{ה} | ביום/ייי | ית חייבה ביו#2#/ דינא |
| 1003 | Ex38:22 | עבד ית כל די פקד | ייי | ית משה: |
| 1004 | Ex39:01 | די לאהרן היך מה דפקד | ייי | ית משה: |
| 1005 | Ex39:05 | ובוץ שזיר היך מה די פקד | ייי | ית משה: |
| 1006 | Ex39:07 | ישראל היך מה די פקד | ייי | ית משה: |
| 1007 | Ex39:21 | מעלוי אפודה היך מה דפקד | ייי | ית משה: |
| 1008 | Ex39:26 | למשמשה היך מה דפקד | ייי | ית משה: |
| 1009 | Ex39:29 | עובד צייר היך מה די פקד | ייי | ית משה: |
| 1010 | Ex39:31 | מן לעיל היך מה די פקד | ייי | ית משה: |
| 1011 | Ex39:32 | בני ישראל כל מה די פקד | ייי | ית משה כדין עבדו: |
| 1012 | Ex39:42 | ככל מה די פקד | ייי | ית משה כן עבדו בני ישראל |
| 1013 | Ex39:43 | עבדו יתה היך מה די פקד | ייי | ית משה כדן עבדו וברך |
| 1014 | Ex40:19 | מן לעל היך מה די פקד | ייי | ית משה: |
| 1015 | Ex40:21 | דסהדותה היך מה דפקיד | ייי | ית משה: |
| 1016 | Ex40:23 | קדם ייי היך מה די פקד | ייי | ית משה: |
| 1017 | Ex40:25 | קדם ייי היך מה דפקד | ייי | ית משה: |
| 1018 | Ex40:27 | טבין היך מה די פקד | ייי | ית משה: |
| 1019 | Ex40:29 | ית עלתה היך מה די פקד | ייי | ית משה: |
| 1020 | Ex40:32 | יתקדשון היך מה די פקד | ייי | ית משה: |

|  |  | | | |
|---|---|---|---|---|
| 1021 | Lv 3:03 | מן נכסת קדשיה קרבן קדם | ייי | ית תרבא דחפי ית כרסה וית |
| 1022 | Lv 3:14 | מניה קרבניה קרבן קדם | ייי | ית תרבה דח{כ}<פ>י ית כרסא |
| 1023 | Lv 4:06 | מן {מ}דמא שבע זמנין קדם | ייי | ית אפי פרוכתה דבית קודשה: |
| 1024 | Lv 4:17 | וידי שבעה [זמנין] קדם | ייי | ית אפי פרוכתה: |
| 1025 | Lv 7:38 | די פקד | ייי | ית משה בטורא דסיני ביומא |
| 1026 | Lv 8:09 | בית קדשה היך מה די פקד | ייי | ית משה: |
| 1027 | Lv 8:13 | כובעין היך מה די פקד | ייי | ית משה: |
| 1028 | Lv 8:17 | משריתה היך מה דפקד | ייי | ית משה: |
| 1029 | Lv 8:21 | קרבן הוא היך מה פקד | ייי | ית משה: |
| 1030 | Lv 8:29 | הוה לחולק היך מה די פקד | ייי | ית משה: |
| 1031 | Lv 9:10 | מדבחה היך מה דפקד | ייי | ית משה: |
| 1032 | Lv 9:21 | קדם ייי היך מה דפקד | ^ייי | ית#2#^ משה: |
| 1033 | Lv16:34 | בשתה ועבד היך מה די פקד | ייי | ית משה: |
| 1034 | Lv24:23 | עבדו היך מה די פקד | ייי | ית משה: |
| 1035 | Lv27:34 | אלין פקודיה די פקד | ייי | ית משה על בני ישראל |
| 1036 | Nu 1:19 | היך מה דיפקד | ייי | ית משה וסכם יתהון במדברא |
| 1037 | Nu 1:54 | ישראל ככל מה די פקד | ייי | ית משה כדן עבדו: |
| 1038 | Nu 2:33 | ישראל היך מה די פקד | ייי | ית משה: |
| 1039 | Nu 2:34 | בני ישראל כל מה די פקד | ייי | ית משה כדן שרון לטכסיהון |
| 1040 | Nu 3:51 | ממרה דייי היך מה די פקד | ייי | ית משה: |
| 1041 | Nu 5:21 | ולשבועה בגו עמך כד ישוי | ייי | ית ירכ«י»ך מסיא וית מעיך |
| 1042 | Nu 6:12 | ויתנזר קדם | ייי | ית יומי נזירותיה וייתי אמר |
| 1043 | Nu 8:04 | נגידה היא כחזוה די חזה | ייי | ית משה כדן עבד בצלאל ית |
| 1044 | Nu 8:20 | ללווי כל מה די פקד | ייי | ית משה על ליואי כדן עבדו |
| 1045 | Nu 8:22 | וקדם בנוי היך מה די פקד | ייי | ית משה על ליוויי כדן עבדו |
| 1046 | Nu 9:05 | דסיני כל מה די פקד | ייי | ית משה כדן עבדו בני |
| 1047 | Nu11:29 | דייי נביין ארום ישוי' | ייי | ית רוח קודשה עליהון: |
| 1048 | Nu14:18M | לא \מזכי ביום /<מזכי> | ייי | ית חייבה <ביום>#2#/ דינה |
| 1049 | Nu15:36 | ומית היך מה די פקד | ייי | ית משה: |
| 1050 | Nu22:31 | וגל' | ייי | ית עייניו דבלעם וחמא ית |
| 1051 | Nu24:23M | \כד ישווי ייי /די יקבע | ייי | ית כרסייה למ' וישווי#2#/ |
| 1052 | Nu26:04 | ולעיל היך מה די פקד | ייי | ית משה ובני ישראל דנפקו |
| 1053 | Nu27:11 | דדין היך מה די פקד | ייי | ית משה: |
| 1054 | Nu30:01 | ישראל כל מה די פקד | ייי | ית משה: |
| 1055 | Nu30:17 | אלין קיימיה די פקד | ייי | ית משה בין גבר לאתתיה בין |
| 1056 | Nu31:07 | על מדיין היך מה די פקד | ייי | ית משה וקטלו כל דכורא: |
| 1057 | Nu31:21 | דא גזירת אוריתה די פקד | ייי | ית משה: |
| 1058 | Nu31:31 | כהנא היך מה די פקד | ייי | ית משה: |
| 1059 | Nu31:41 | כהנא היך מה די פקד | ייי | ית משה: |
| 1060 | Nu31:47 | דייי היך מה די פקיד | ייי | ית משה: |
| 1061 | Nu34:29 | אלין די פקד | ייי | ית משה למאחסנה ית בני |
| 1062 | Nu36:10 | היך מה דפקיד | ייי | ית משה כדן עבדו בנתה |
| 1063 | Dt 1:34 | ושמע | ייי | ית קל מליכון ותקף רוגזיה |
| 1064 | Dt 5:03 | לא עם אבהתן קיים | ייי | ית קיימה הדין ארום אלהן |
| 1065 | Dt10:08 | בשעתה ההיא אפריש | ייי | ית בנוי שבטה דלוי למסבול |
| 1066 | Dt28:07 | ימסור | ייי | ית בעלי דבביכון דקיימין |
| 1067 | Dt28:24 | ישווי | ^ייי#2# | ית מטרה דארעכון אבק ועפר |
| 1068 | Dt28:59 | ויפריש | ייי | ית מחוותכון וית מחוות |
| 1069 | Dt28:69 | מילין דקיימה די פקד | ייי | ית משה למקיימה עם בני |
| 1070 | Dt29:19 | אורייתה הדין וימחוק | ייי | ית שמיה «מן תחות שמיא»: |
| 1071 | Lv 8:04 | ועבד משה היך מה דפקיד | ייי | יתה ויתכנשו עם כנשתה לתרע |
| 1072 | Nu 3:42 | וסכם משה היך מה די פקד | ייי | יתה ית כל בכור«י»ה דבני |
| 1073 | Nu10:29 | נטלין אנן לאתרה די אמר | ייי | יתה אתן לכון אזל עמן ונוטב |
| 1074 | Nu23:26 | עמך למימר כל מה די ימלל | ייי | יתה אעבד: |
| 1075 | Gn11:08 | ודרי | ייי | יתהון מן תמן על אפי כל |
| 1076 | Ex 7:06 | משה ואהרן היך מה דפקד | ייי | יתהון כדן עבדו: |
| 1077 | Lv17:05 | ויכסון נכסת קדשין קדם | ייי | יתהון: |
| 1078 | Gn 7:16 | כל בשרא עלו היך מה דפקד | ייי | יתיה ואגן ייי ברחמוי טבייה |
| 1079 | Ex34:04M | דסיני היך מה דפקד | \^ייי#2# | יתיה ונסב בידיה תרין |
| 1080 | Ex40:16 | ועבד משה כל מה דפקד | ייי | יתיה כדין עבד: |
| 1081 | Nu17:26 | ועבד משה היך מה די פקד | ייי | יתיה כדן עבד: |
| 1082 | Nu21:34 | לא עבדין בגין כדן קיים | ייי | יתיה עד זמן דחמא בניהון |
| 1083 | Nu24:13 | מן דעתי ית מה די ימליל | ייי | יתיה אמלל: |
| 1084 | Nu27:22 | ועבד משה היך מה די פקד | ייי | יתיה ודבר ית יהושע ואקים |
| 1085 | Dt 1:03 | בני ישראל כל מה די פקד | ייי | יתיה למימר להון: |
| 1086 | Nu 5:21 | ויאמר כהנה לאתתה ישווי | ייי | יתיך ללוט ולשבועה בגו עמך |
| 1087 | Gn30:30 | לך קדמיי ותקף וסגה וברך | ייי | יתך בזכוותי וכען מה אנה |
| 1088 | Gn41:39 | מן בתר {בתר} דאודע | ייי | יתך כל דא לית סכלתן וחכים |
| 1089 | Gn50:25 | ישראל למימר מדכרה ידכר | ייי | יתכון ברחמוי טבייא ותסקון |
| 1090 | Ex 3:16 | ויעקב למימר מדכרה ידכר | ייי | יתכון וית מה די עבדו לכון |
| 1091 | Ex13:03 | ארום בידא תקיפא אפיק | ייי | יתכון פריקין מן הכא ולא |
| 1092 | Ex13:19 | ישראל למימר מדכרא ידכר | ייי | יתכון ברחמוי טביה ותסקון |
| 1093 | Dt 4:27 | ויבדר | ייי | יתכון באומייה ותשתיירון עם |
| 1094 | Dt 4:27 | דמניין באומייה די יגלי | ייי | יתכון לתמן: |
| 1095 | Dt 7:08 | ארום מן רחמתה די רחם | ייי | יתכון ומן די נטר ית שבועתה |
| 1096 | Dt28:22 | ימחי | ייי | יתכון בשחפיתה «ובקדחיתה |
| 1097 | Dt28:36 | יגלי | ייי | יתכון וית מלכיכון די |
| 1098 | Dt28:68 | ויחזר | ייי | יתכון למצרים בלברנייה |
| 1099 | Nu24:11 | אמרת מוקרא איקר והא מנע | ייי | יתן מנך ית איקרא: |
| 1100 | Gn41:16 | למימר בר מני מן קדם | ייי | יתענה ית שלמא דפרעה: |
| 1101 | Ex29:41 | לריח דרעוה קרבן קדם | ייי | יתקבל: |
| 1102 | Ex19:22 | דקיימין ומשמשין קדם | ייי | יתקדשון דלא יהוי בהון רגוז |
| 1103 | Gn48:20 | ישראל למימר ישוי יתך | ייי | כאפרים וכמנשה ושוי ית |
| 1104 | Ex 7:05 | מצריי ארום אנה ^הוא#2#^ | ייי | כד אשווי ית מחת פורענתי על |
| 1105 | Ex15:18 | יאה הוא לך כליל מלכותא | ייי | כד חמון בניך ניסי פרישתך |
| 1106 | Gn 6:22 | נח כל מה דפקי' יתיה | ייי | כדין עבד: |
| 1107 | Ex 8:20 | ועבד | ייי | כדן ואתא ערברוב תקף |
| 1108 | Dt29:23M | דייי כדן עבד /עבד | ייי | כדן#2#/ לארעה הדה מה |
| 1109 | Gn22:14 | בבעו ברחמין מן קדמיך | ייי | כולא גלי וידיע קדמיך דלא |
| 1110 | Dt 9:18M | וצליית קודם | ייי | כזמנה קדמייה |
| 1111 | Ex15:21M | מרים נודה ונשבחה קדם | ייי | "כי" הוא רם על רמיא |
| 1112 | Gn21:06M | /סגי לי חדוה עבד לי | ייי#2#/ | כל דשמע יחדי עמי: |
| 1113 | Gn21:06 | חדו רבה אתעבד לי מן קדם | ייי | כל דשמע יחדי עמי: |
| 1114 | Ex13:15 | כדון אנן מקרבין קדם | ייי | כל פתחי וולדא דכרייא וכל |
| 1115 | Ex13:15 | פרעה למשלחה יתן וקטל | ייי | כל בכוריה בארעא דמצרים מן |
| 1116 | Ex31:15 | שבת שבית«ה» קדש קדם | ייי | כל די יעבד עבידה {{ותשתיצי |
| 1117 | Ex35:02 | לכון קדש שבת שבתה קדם | ייי | כל די יעבד בה עבידה יתקטל: |
| 1118 | Ex35:05M | \לשמה דייי /קודם | <ייי>#2# | כל די ידוב יתה לבה |
| 1119 | Lv27:09 | די יקרבון מנה קרבן קדם | ייי | כל מה די יפרש מינה לשמה |
| 1120 | Dt18:12 | ארום סני ומרחק קדם | ייי | כל דעבד אלין ובגלל מרחקתה |
| 1121 | Dt21:23 | ביומה ההוא ארום ליט קדם | ייי | כל דצליב ולא תסאבון ית |
| 1122 | Ex 8:09 | ועבד | ייי | כמילוי דמשה ומיתו |
| 1123 | Ex 8:27 | ועבד | ייי | כמילוי דמשה ועבר ערברובא |
| 1124 | Gn24:52 | והוה כד שמע לשמה | ייי | כנימוס ארעא: |
| 1125 | Lv23:36 | לכון ותקרבון קרבנין קדם | ייי | כניסת חדווה היא כל עבידה |
| 1126 | Ex15:10 | אשפת ברוח מן קדמיך | ייי | כסון עליהון מוי דימא נחיתו |
| 1127 | Dt 9:18 | ובעית רחמין מן קדם | <ייי> | כקדמיתה ארבעין יומין |
| 1128 | Nu 9:14 | ויעבד פסחה קדם | ייי | כקיימוי דפסח וכסדרי דינוי |

|  |  |  | |  |
|---|---|---|---|---|
| 1129 | Gn17:09 | ואמר | ייי | לאברהם ואת ית קיימי תטר |
| 1130 | Gn17:15 | ואמר | ייי | לאברהם שרי אתתך לא תקרי |
| 1131 | Gn17:19 | ואמר | ייי | לאברהם ברם הא אתתך שרה |
| 1132 | Gn18:13 | ואמר | ייי | לאברהם כען גחכת שרה |
| 1133 | Gn21:12 | ואמ«ר» | ייי | לאברהם לא יבאש באפיך על |
| 1134 | Gn28:04 | ית ארעא תותבותך דיהב | ייי | לאברהם: |
| 1135 | Gn12:01 | ואמר | ייי | לאברם איזל לך מן ארעך ומן |
| 1136 | Ex 4:27 | ואמר | ייי | לאהרן איזל לקדמות משה |
| 1137 | Nu18:01 | ואמר | ייי | לאהרן את ובנך ואנשי ביתך |
| 1138 | Nu18:20 | ואמר | ייי | לאהרן בארעהון לא תתאחסן |
| 1139 | Nu21:16 | בירה היא בירא די אמר | ייי | לאהרן ולמשה כנש ית עמא |
| 1140 | Gn31:03 | ואמר | ייי | ליעקב חזור לארע אבהתך |
| 1141 | Gn35:01 | ואמר | ייי | ליעקב קום סוק לביתאל |
| 1142 | Gn46:02 | ואמר | ייי | לישראל בחזווה די ליליא |
| 1143 | Ex18:09 | יתרו על כל טבתא די עבד | ייי | לישראל די שיזב יתהון מן |
| 1144 | Ex19:09 | ואמר | ייי | למש' הא ממרי מתגלי עלך |
| 1145 | Ex 3:14 | ואמר | ייי | למשה אהיה אשר אהיה ואמר |
| 1146 | Ex 3:15 | ואמר תוב | ייי | למשה כדין תאמר לבני |
| 1147 | Ex 4:04 | ואמר | ייי | למשה פשט ית ידך ואתיקף |
| 1148 | Ex 4:11 | ואמר | ייי | למשה מן שוי <פם> לבר נשא |
| 1149 | Ex 4:19 | ואמר | ייי | למשה במדין אזל חזור |
| 1150 | Ex 4:21 | ואמר | ייי | למשה במיזלך למחזור |
| 1151 | Ex 6:01 | ואמר | ייי | למשה כדון תחמי מה די אעבד |
| 1152 | Ex 7:01 | ואמר | ייי | למשה חמי דמניית יתך רב |
| 1153 | Ex 7:08 | ואמר | ייי | למשה ולאהרן למימר: |
| 1154 | Ex 7:14 | ואמר | ייי | למשה אתוקף לבא דפרעה סרב |
| 1155 | Ex 7:19 | ואמר | ייי | למשה אמור לאהרן סב חוטרך |
| 1156 | Ex 7:26 | ואמר | ייי | למשה עול לוות פרעה ותימר |
| 1157 | Ex 8:01 | ואמר | ייי | למשה אמר לאהרן ארכן ית |
| 1158 | Ex 8:12 | ואמר | ייי | למשה אמר לאהרן <...> ית |
| 1159 | Ex 8:16 | ואמר | ייי | למשה אקדם לצפרא ואתעתד |
| 1160 | Ex 9:01 | ואמר | ייי | למשה על לוות פרעה ותימר |
| 1161 | Ex 9:08 | ואמר | ייי | למשה ולאהרן סבו לכון מלא |
| 1162 | Ex 9:13 | ואמר | ייי | למשה אקדם בצפרא ואתעתד |
| 1163 | Ex 9:22 | ואמר | ייי | למשה ארכן ית <ידך> לשמיא |
| 1164 | Ex10:12 | ואמר | ייי | למשה ארכן ידך על ארעא |
| 1165 | Ex11:01 | ואמר | ייי | למשה עוד מכתש חד אייתי על |
| 1166 | Ex11:09 | ואמר | ייי | למשה לא יקבל מנכון פרעה |
| 1167 | Ex12:01 | ואמר | ייי | למשה ולאהרן בארעא |
| 1168 | Ex12:43 | ואמר | ייי | למשה ולאהרן דא גזירת |
| 1169 | Ex14:15 | ואמר | ייי | למשה עד אימת את קיים |
| 1170 | Ex14:26 | ואמר | ייי | למשה ארכן ית ידך על ימא |
| 1171 | Ex16:04 | ואמר | ייי | למשה הא אנה מחית לכון לחם |
| 1172 | Ex16:28 | ואמר | ייי | למשה עד אימתיי אתון |
| 1173 | Ex17:05 | ואמר | ייי | למשה עבר "לפני" עמא וסב |
| 1174 | Ex17:14 | ואמר | ייי | למשה כתב דא דוכרן טב |
| 1175 | Ex18:01 | דמשה ית כל מה דעבד | ייי | למשה ולישראל עמיה ארום |
| 1176 | Ex19:10 | ואמר | ייי | למשה איזל לוות עמא ותקדש |
| 1177 | Ex19:21 | ואמר | ייי | למשה חות אסהיד בעמא דלא |
| 1178 | Ex20:22 | ואמר | ייי | למשה כדן תימר לבני ישראל |
| 1179 | Ex24:12 | ואמר | ייי | למשה סוק לוותי לטורא והוי |
| 1180 | Ex30:34 | ואמר | ייי | למשה סב לך ראשי קטרן |
| 1181 | Ex31:12 | ואמר | ייי | למשה למימר: |
| 1182 | Ex32:09 | ואמר | ייי | למשה גלי קדמיי ית עמא |
| 1183 | Ex32:33 | ואמר | ייי | למשה מן דחטא קדמיי אמחק |
| 1184 | Ex33:05 | ואמר | ייי | למשה אמור לבני ישרא' |
| 1185 | Ex33:17 | ואמר | ייי | למשה להוד ית פתגמא הדין |
| 1186 | Ex34:01 | ואמר | ייי | למשה חצב לך תרין לוחין |
| 1187 | Ex34:27 | ואמר | ייי | למשה כתב לך ית פתגמיא |
| 1188 | Lv16:02 | ואמר | ייי | למשה מליל עם אהר«ן» |
| 1189 | Lv21:01 | ואמר | ייי | למשה אמר לכהנייא בנוי |
| 1190 | Nu 3:40 | ואמר | ייי | למשה סכום כל בוכרייה |
| 1191 | Nu 7:04 | ואמר | ייי | למשה למימר: |
| 1192 | Nu 7:11 | ואמר | ייי | למשה רב שבט חד בכל יום רב |
| 1193 | Nu11:16 | ואמר | ייי | למשה כנש לי שובעין גברין |
| 1194 | Nu11:23 | ואמר | ייי | למשה הא אית קדם ייי מחסור |
| 1195 | Nu12:14 | ואמר | ייי | למשה ואבוה נזפה נזף בה |
| 1196 | Nu14:11 | ואמ' | ייי | למשה עד אמתי ירגזון קדמי |
| 1197 | Nu15:35 | ואמר | ייי | למשה מימות ימות גברא |
| 1198 | Nu15:37 | ואמר | ייי | למשה למימר: |
| 1199 | Nu17:25 | ואמר | ייי | למשה חזר ית חוטרה דאהרן |
| 1200 | Nu20:12 | ואמר | ייי | למשה ולאהרן חלף די לא |
| 1201 | Nu20:23 | ואמר | ייי | למשה ולאהרן בהר טורה |
| 1202 | Nu21:08 | ואמר | ייי | למשה עבד לך חיוי דנחש |
| 1203 | Nu21:34 | בידהון ומן בתר כדין אמר | ייי | למשה לא תדחל מן קדמוי |
| 1204 | Nu25:04 | ואמר | ייי | למשה דבר ית כל ראשי עמא |
| 1205 | Nu26:01 | ואמר | ייי | למשה ול«א»<ל>עזר ברה |
| 1206 | Nu27:06 | ואמר | ייי | למשה למימר: |
| 1207 | Nu27:12 | ואמר | ייי | למשה סוק לטור עבריה הדין |
| 1208 | Nu27:18 | ואמר | ייי | למשה סב לך ית יהושע בר |
| 1209 | Nu31:25 | ואמר | ייי | למשה למימר: |
| 1210 | Dt31:14 | ואמר | ייי | למשה למימר ה«א» קרבו |
| 1211 | Dt31:16 | ואמר | ייי | למשה הא את מתכנש בשלם עם |
| 1212 | Gn 6:13 | ואמר | ייי | לנח קבילת כל בשרא סלקת |
| 1213 | Gn 7:01 | ואמר | ייי | לנח עול את וכל אנשי ביתך |
| 1214 | Gn 9:08 | ואמ' | ייי | לנח ולבנוהי עמה למימר: |
| 1215 | Gn 9:17 | ואמר | ייי | לנח דן סימן קימא די |
| 1216 | Gn 4:06 | ואמ' | ייי | לקין למה כען בעש לך ולמה |
| 1217 | Gn 4:09 | ואמר | ייי | לקין הן הוא הבל אחוך |
| 1218 | Gn 4:15 | דרין יתלי ליה ושוי | ייי | לקין סימן דלא יקטול יתיה |
| 1219 | Gn 3:01 | ואמר לאיתתא ארום אמר | ייי | לא תאכלון מכל אילני גנתא: |
| 1220 | Gn 3:03 | די במציעות גנתה אמר | ייי | לא תאכלון מנה ולא תקרבון |
| 1221 | Gn 3:18 | בבעו ברחמין מן קדמך | ייי | לא נתחשב כבעירא למיכ' עשבא |
| 1222 | Gn 6:03 | ואמר | ייי | לא יתדנון כל דריה דעתידין |
| 1223 | Ex 4:10 | בבעו ברחמין מן קדמיך | ייי | לא גבר מרי ממלל אנה לא מן |
| 1224 | Ex 6:03 | באלה שמיא ברם שמי תקיפא | ייי | לא אודעת להון: |
| 1225 | Nu16:15 | למשה לחדה ואמר קדם | ייי | לא תקבל ברעווה ית קרבנהון |
| 1226 | Dt31:07 | האליין לארעא די קיים | ייי | לאבהתהון «למיתן להון» |
| 1227 | Ex13:05 | וחויי ויבוסיי די קיים | ייי | לאבהתכון למתן לכון ארעא |
| 1228 | Dt 1:08 | וירתו ית ארעא דקיים | ייי | לאבהתכון לאברהם ליצחק |
| 1229 | Dt 6:18 | ית ארעא טבתה די קיים | ייי | לאבהתכון: |
| 1230 | Dt 8:01 | ותרתון ית ארעא די קיים | ייי | לאבהתכון: |
| 1231 | Dt 9:05 | למקיימה ית פתגם די קיים | ייי | לאבהתכון לאברהם ליצחק |
| 1232 | Dt11:09 | יומין על ארעא די קיים | ייי | לאבהתכון למיתן להון |
| 1233 | Dt28:11 | ארעכון על ארעא די קיים | ייי | לאבהתכון למיתן לכון: |
| 1234 | Dt30:20 | יומיכון על ארעא דקיים | ייי | לאבהתכון לאברהם ליצחק |
| 1235 | Dt26:03 | עלינן לארעא די קיים | ייי | לאבהתן למיתן לן: |
| 1236 | Dt 3:20 | עד זמן די יניח | ייי | לאחיכון כוותכון וירתון |

|  |  | | | |
|---|---|---|---|---|
| 1237 | Ex13:05 | ויהווי ארום יעל יתכון | ייי | לארעהון דכנענאיי וחתיי |
| 1238 | Ex13:11 | ויהווי ארום יעל יתכון | ייי | לארעהון דכנענאי היך מה די |
| 1239 | Ex39:43M | יהא רעווה מן קדם | ייי | לאשראה שכינתיה בעובדי |
| 1240 | Ex 9:12 | ותקף | ייי | לבא דפרעה ולא שמע להון |
| 1241 | Dt29:20 | ויפרש יתיה | ייי | לבישתה מן כל שבטיה דישראל |
| 1242 | Nu24:06 | {דמתחזי} <דמתח | ייי> | לבית שכינה לה כדן יהוון |
| 1243 | Ex22:19 | ישתיצא ארום אלהן קדם | ייי | לבלחודוי: |
| 1244 | Nu36:06 | דן פתגמא די פקד | ייי | לבנתיה {דצפל} דצלפחד |
| 1245 | Gn24:44 | אמלא היא אתתא די זמן | ייי | לברה דריבוני: |
| 1246 | Ex12:14 | טב ותחגון יתיה חגא קדם | ייי | לדריכון קיים עלם תחגון |
| 1247 | Ex30:08 | יתיה קטרת בתדירא קדם | ייי | לדריכון: |
| 1248 | Gn25:23 | ואמר | ייי | לה תרין אומין במיעיך |
| 1249 | Ex 6:26 | הוא אהרן ומשה די <אמר> | ייי | להון אפקו ית בנוי דישראל |
| 1250 | Nu26:65 | ארום אמר | ייי | להון ממת ימותון במדברה ולא |
| 1251 | Dt 2:12 | לארע תותבותהון די יהב | ייי | להון: |
| 1252 | Dt 2:14 | משריתה היך מן די קיים | ייי | להון: |
| 1253 | Gn18:01M | הווה פתגם דנבו מן קדם | ייי | לוות אברהם צדיק{י}א |
| 1254 | Nu17:24 | ית כל חוטריה מן קדם | ייי | לוות כל בני ישראל וחמון |
| 1255 | Gn13:13 | ובפלחנא נכרייה קדם | ייי | לחדה: |
| 1256 | Gn20:04 | בבעו ברחמין מן קדמך | ייי | לחוד עמם זכיי בדינא אתקטל: |
| 1257 | Ex10:24 | ואמר אזילו פלחו קדם | ייי | לחוד עניכון ותוריכון יקום |
| 1258 | Lv 4:03M | \לשמה דייי לחטאת /קדם | ייי | לחטאתה#2/: |
| 1259 | Ex 1:20 | ואייטב | ייי | לחייתה וסגון עמא ואתוקפו |
| 1260 | Nu32:20 | הדין אן תזיינון קדם | ייי | לחיל קרבה: |
| 1261 | Nu21:15M | בה<הי>א שעתה רמ{ה}<ז> | ייי | לסווריה ואקפו ראשי |
| 1262 | Nu 6:06M | דייי על נפש /קודם | ייי | לסמא נפש#2/ דמית לא |
| 1263 | Gn28:21 | בשלם לביתיה דאבה ויהווה | ייי | לי לאלה פריק: |
| 1264 | Gn30:24 | שמ«ה» יוסף למימר יוסף | ייי | לי בר חורן: |
| 1265 | Dt 1:42 | ואמר | ייי | לי אמור להון לא תסקון ולא |
| 1266 | Dt 2:02 | ואמר | ייי | לי אמר משה למימר: |
| 1267 | Dt 2:09 | ואמר | ייי | לי אמר משה לא תעיקון ית |
| 1268 | Dt 2:31 | ואמר | ייי | לי אמר משה חמי דהא שריית |
| 1269 | Dt 3:02 | ואמר | ייי | לי אמר משה לא תדחל מנה |
| 1270 | Dt 3:26 | ולא שמע בקל צלותי ואמר | ייי | לי אמר משה סגין לך לא |
| 1271 | Dt 4:10 | בטורא דחורב בזמנה דאמר | ייי | לי אמר משה כנש לי ית עמא |
| 1272 | Dt 9:10 | ויהב | ייי | לי אמר משה ית תרין לווחי |
| 1273 | Dt 9:11 | וארבעין לילוון יהב | ייי | לי אמר משה ית תרין לוחי |
| 1274 | Dt 9:12 | ואמר | ייי | לי אמר משה קום חות בופריע |
| 1275 | Dt 9:13 | ואמר | ייי | לי אמר משה למימר גלי קדמי |
| 1276 | Dt10:01 | בשעתה ההיא אמר | ייי | לי אמר משה חצוב לך תרין |
| 1277 | Dt10:11 | ואמר | ייי | לי אמר משה קום אזיל למטלן |
| 1278 | Dt18:17 | ואמר | ייי | לי משה הא שפר ותקן כל מה |
| 1279 | Dt 4:12M | \ודמו לית /מנ קדם | ייי | לית#2/ אתון חמיין ארום |
| 1280 | Gn31:16 | ודבנן וכדון מה די אמר | ייי | לך עבד: |
| 1281 | Nu18:19 | קיים מלח עלם הוא קדם | <ייי> | לך ולבנך בתרך: |
| 1282 | Gn30:22 | ומפר«ש» ואמר יפתח | ייי | לכון ית אוצרא טבא מן |
| 1283 | Ex12:25 | תיעלון לארעא די יתן | ייי | לכון היך מה דמלל {דמלל} |
| 1284 | Ex16:08 | ואמר משה כד יתן | ייי | לכון ברמשא בשר למיכל ולחם |
| 1285 | Ex16:15 | להון הוא לחמא די יהב | ייי | לכון למיכל: |
| 1286 | Nu11:18 | טב הוה לן במצרים ויתן | ייי | לכון בשר ותכלון: |
| 1287 | Dt 9:03 | בפריע היך מה די מלל | ייי | לכון: |
| 1288 | Dt12:21 | ומן עניכון די יהב | ייי | לכון היך מה די פקדית יתכון |
| 1289 | Dt28:12 | יפתח | ייי | לכון ית אוצריה טבה ית שמיא |
| 1290 | Dt28:65 | נייח לכפה דרגליכון ויתן | ייי | לכון תמן לב רוגזן וסייף |
| 1291 | Dt29:03 | ולא יהב | ייי | לכון לב למידע ועיינין |
| 1292 | Dt 3:21M | לכל מלכוותה /כן יתפרע | ייי | לכל מלכוותה האליין#2/ די |
| 1293 | Ex30:16 | ישראל לדכרן טב קדם | ייי | לכפרה על נפשתכון: |
| 1294 | Nu34:29M | /אליין שבטיה די פקד | ייי | למאחס' ית ארעא#2/ |
| 1295 | Dt32:01 | תתכלי ברם עתיד הוא | ייי | למברה שמיא {חת}<חד>תין |
| 1296 | Nu24:01 | ארום שפר הוה מן קדם | ייי | למברכה ית ישראל ולא אזל |
| 1297 | Ex 5:22 | ברחמין מן קדמי«ד» | ייי | למה כען אב{ש}א<ש>ת לעמא |
| 1298 | Nu11:11 | ואמר משה קדם | ייי | למה כען אבאשת לעבדך ולמה |
| 1299 | Dt14:02 | ייי אלהכון ובכון אתרעי | ייי | למהוי לשמיה לעם חביבין היך |
| 1300 | Dt10:10 | ולא הווה רעווה מן קדם | ייי | למחבלה יתכון: |
| 1301 | Dt30:09 | לסבן סגין ארום יחזור | ייי | למחדי עליכון לטב היך מה די |
| 1302 | Gn11:05M | דייי /וגלי קדם | ייי#2/ | למחמי ית קרתא וית מגדלא |
| 1303 | Ex16:23 | ייי שבת שבתא קדש קדם | ייי | למחר ית מה די תאפון תאפון |
| 1304 | Ex32:05 | אהרן ואמר חגא קדם | ייי | למח«ר»: |
| 1305 | Nu16:07 | ושוון עליהון קטרה קדם | ייי | למחר ויהוי גברא די יתרעי |
| 1306 | Ex16:33M | לשהדותא /לשהדותא קדם | ייי#2/ | למטרה לדריכון: |
| 1307 | Ex19:21 | בעמא דלא יזדקון קדם | ייי | למיחמיה ויפל מנהון אוכלסין |
| 1308 | Ex 6:12 | ומלל משה קדם | ייי | למימר הא בני ישראל לא |
| 1309 | Ex17:04 | וצלי משה קדם | ייי | למימר מה אעבד לעמא הדין |
| 1310 | Ex17:07 | ישראל ועל די נסון קדם | ייי | למימר הא מן קושטא איקר |
| 1311 | Ex35:04 | למימר דין פתגמא די פקד | ייי | למימר: |
| 1312 | Lv10:03 | הוא פתגמא די מליל | ייי | למימר במן דמקרב לוותי |
| 1313 | Lv17:02 | להון דן פתגמא די פקד | ייי | למימר: |
| 1314 | Nu19:02 | דא גזירת אוריתה די פקד | ייי | למימר מליל עם בני ישראל |
| 1315 | Nu27:15 | ומליל משה עם | ייי | למימר: |
| 1316 | Dt 4:34 | או ניסייה די עבד | ייי | למיעול למבחר ליה אומה מגו |
| 1317 | Nu14:16 | על דלית יכלה קדם | ייי | למיעלה ית עמא האליין לארעא |
| 1318 | Dt 9:28 | דלא הוות יוכלא מן קדם | ייי | למיעלה יתהון לארעא די מלל |
| 1319 | Dt29:19 | לא יהווי רעווה מן קדם | ייי | למישרי ולמשבק לה ארום בכדן |
| 1320 | Dt16:02 | ותורין באתרה די יתרעי | ייי | למישריה איקר שכינתיה תמן: |
| 1321 | Lv 7:36 | די פקד | ייי | למיתן להון ביומא דרבי |
| 1322 | Nu34:13 | יתה בעדיון די פקד | ייי | למיתן לתישעתי שבטייה ופלגו |
| 1323 | Nu36:02 | ורבוני אתפקד מן קדם | ייי | למיתן ית אחסנת צלפחד |
| 1324 | Nu36:02 | ואמרין ית רבוני פקד | ייי | למיתן ית ארעא באחסנה |
| 1325 | Dt 9:18 | למעבד מה דסני ומרחק קדם | ייי | למכעסה קדמוי: |
| 1326 | Dt31:29 | מה דלא שפר ותקן קדם | ייי | למכעסה יתיה בעבד ידיכון: |
| 1327 | Lv16:10 | יקים יתה לחיים קדם | ייי | למכפרה עלוי למשלחה יתיה |
| 1328 | Nu 8:12 | וית חד לעלתה קדם | ייי | למכפרה על ליוויי: |
| 1329 | Nu 8:13 | ותניף יתהון אנפו קדם | ייי% | {למכפרה על ליויי: ותקים ית |
| 1330 | Nu15:28 | בחובתה בשלותה קדם | ייי | למכפרה עלוי וישתבק לה: |
| 1331 | Dt28:13 | וישווי יתכון | ייי | למלכין ולא להדיוטין ותהוון |
| 1332 | Ex34:34 | וכד הוה משה עליל קדם | ייי | למללה עמה הוה מעבר ית |
| 1333 | Dt 5:24M | לית אפשר מן קדם | ייי | לממללא עם בר נשא ויחי |
| 1334 | Gn41:32 | מן קדם ייי ומוחי מן קדם | ייי | למעבד יתיה: |
| 1335 | Ex35:01 | אליין פתגמיא די פקד | ייי | למעבד יתהון: |
| 1336 | Ex35:29 | לכל עבידתה די פקד | ייי | למעבד על ידוי דמשה אייתון |
| 1337 | Ex36:05 | פלחנא לעבידתה די פקד | ייי | למעבד יתה: |
| 1338 | Lv 8:05 | כנשתה דן פתגמא די פקד | ייי | למעבד: |
| 1339 | Lv 8:34M | <ביומא> הדין הכדין פקד | ייי | למעבד שבעה יומין קומי |
| 1340 | Lv 8:34 | דעבד ביומא הדין פקד | ייי | למעבד למכפרה עליכון: |
| 1341 | Dt 6:24 | ופקד יתן | ייי | למעבד ית כל קיימיה האיליין |
| 1342 | Ex10:01 | ואמר | ייי | למשה עול לוות פרעה ארום |
| 1343 | Dt 9:25 | די צליית ארום אמר | ייי | למשיציה יתכון: |
| 1344 | Dt10:08 | קיימה דייי למקום קדם | ייי | למשמשה קדמוי ולמברכה בשם |

|  |  |  |  |  |
|---|---|---|---|---|
| 1345 | Nu22:19 | ואדע מה יוסיף מן קדם | ייי | למת{ל}«מ»ללה עמי: |
| 1346 | Gn26:22 | ואמר ארום כען אפתי | ייי | לן ותקפינן בארעא: |
| 1347 | Ex10:09 | ניזל ארו«ם» חגא קדם | ייי | לן: |
| 1348 | Ex13:08 | מצוותה דפטיריא עבד | ייי | לן נצחני קרבינן באפקותן |
| 1349 | Gn42:28 | למימר מה הוא דא דעבד | ייי | לנא: |
| 1350 | Nu32:27 | כל דמזיין לחיל קרבה קדם | ייי | לסדרי קרבה היך מה דרבוני |
| 1351 | Dt29:01 | חמיתון ית כל מה די עבד | ייי | לעייניכון בארעא דמצרים |
| 1352 | Nu23:23 | מה אגר טב מתקן לכון קדם | ייי | לעלמא דאתי: |
| 1353 | Ex18:08 | לחמוי ית כל מה דעבד | ייי | לפרעה ולמצריי על עסק |
| 1354 | Dt19:17 | דאית להון דינה קדם | ייי | לקדם כהנייה ודייניה די |
| 1355 | Ex16:16 | דן פתגמא די פקד | ייי | לקטו מנה גבר לפם מיכליה |
| 1356 | Lv22:29M | נכיסת הודייה קודם | ייי | לר׳ |
| 1357 | Gn45:09 | אמר ברך יוסף שוי יתי | ייי | לריבון לכל מצראי חות לוותי |
| 1358 | Nu29:08 | ותקרבון עלה קדם | ייי | לריח דרעוה תור בר תורין חד |
| 1359 | Lv23:11 | ויניף ית עומרא קדם | ייי | לרעוה עליכון מן בתר |
| 1360 | Ex16:33 | עמרא מנה ואצנע יתה קדם | ייי | לשהדותא למטרה לדריכון: |
| 1361 | Dt28:09 | יקים יתכון | ייי | לשמיה לעם קדישין היך מה די |
| 1362 | Gn11:09 | ב{כ}<ב>ל ארו׳ כדן ערבב | ייי | לשני כל דאירי ארעא ומן תמן |
| 1363 | Dt28:37 | אומייה די יגלי יתכון | ייי | לתמן: |
| 1364 | Lv 4:15M | ייי ויכוס ית תורה קדם | ייי | לתרע מש׳#2#/: |
| 1365 | Lv15:14 | בני יוון וייתי קדם | ייי | לתרע משכן זימנא ויתן יתהון |
| 1366 | Lv16:07 | צפיריה ויקים יתהון קדם | ייי | לתרע משכן זימנא: |
| 1367 | Lv17:05 | ברא וייתון יתהון קדם | ייי | לתרע משכן זמנה לוות כהנה |
| 1368 | Gn31:16 | ארום כל נכסיא די אפיק | ייי | מאבונן דידן אינון ודבנן |
| 1369 | Dt33:29 | דפרקניהו׳ קריב מן קדם | ייי | מגין סעדיכון ותריס |
| 1370 | Gn18:31 | הא כען שרית למללה קדם | ייי | מה דילמה דישתכחון תמן {תל} |
| 1371 | Gn38:10 | ובאש קדם י{ת}<יי> מה דעבד ומית אף הוא במימר | | |
| 1372 | Ex 4:02 | ואמר ליה | ייי | מה הוא ^דאן#2#^ בידך ואמר |
| 1373 | Ex15:06 | ימנך | ייי | מה הדירא היא בחילא ימינך |
| 1374 | Lv16:01M | אשה ברייה קדם | ייי | מה די לא |
| 1375 | Nu15:34 | עד זמן דיתפרש להון קדם | ייי | מה יתעבד לה: |
| 1376 | Ex 3:07 | ואמר | ייי | מחמי חמית ית צערהון דעמי |
| 1377 | Gn18:14M | פתגם לעידנא /דאית קדם | ייי | מחסור לזמנא#2#/ אחזור |
| 1378 | Nu11:23 | ייי למשה הא אית קדם | ייי | מחסור כדון תחמון אן יארע |
| 1379 | Ex32:05M | בי כחגה מן רשיעיה קדם | ייי | מחר |
| 1380 | Gn27:28 | ויתן לך | ייי | מטוב טלא דנחת מן שמיא שפר |
| 1381 | Lv27:29M | ובמבעי רחמין מן קדם | ייי | מטול דדין קטול מתחייב |
| 1382 | Ex16:32 | משה דן פתגמא די פקד | ייי | מלה עמרא מנה למטרה לדריכון |
| 1383 | Ex 6:29 | "אני" ייי אנה ^הוא#2#^ | ייי | מלל עם פרעה מלכא דמצרים |
| 1384 | Nu14:35 | אנה | ייי | מללת אין לא דא אעבד לכל |
| 1385 | Gn16:02 | לאברהם הא כען מנע יתי | ייי | מן למל{ל}<ד> עול כען לות |
| 1386 | Gn19:24 | עמרה גפרית ואשא מן קדם | ייי | מן שמיא: |
| 1387 | Ex 2:23 | וסלקת קבלתהון קדם | ייי | מן פולחנא: |
| 1388 | Ex 3:11 | ואמר משה קדם | ייי | מן אנה ארום אזל לוות פרעה |
| 1389 | Ex 9:20 | מן דחל מן קדם | ייי | מן שליטוי דפרעה ערק ית |
| 1390 | Ex15:11 | מן כוותך באילי מרומא | ייי | מן כוותך הדור בקדושה דחיל |
| 1391 | Ex18:11 | הוא לי ארום תקוף הוא | ייי | מן אלהייא ורבון על כל |
| 1392 | Lv 1:02 | יקרב מנכון קרבן קדם | ייי | מן בעירא מן תורייה ומן ענה |
| 1393 | Lv 7:29M | ית קרבניה לייי/קדם | ייי#2#/ | מן נכסת/נכיסת#2#/ |
| 1394 | Lv 8:29 | ניעה ואניף יתה אנפו קדם | ייי | מן דיכרה דא«ש»למותה |
| 1395 | Lv15:30 | ויכפר עליה כהנא קדם | ייי | מן דוב סא«ב»תה: |
| 1396 | Nu 8:11M | /ליוואי#2#/: אנפו קדם | ייי | מן בני ישראל ויהוון |
| 1397 | Nu10:36 | משה מצלי ואמר חזור כען | ייי | מן תקוף רוג{ד}<ז>ך ותוב |
| 1398 | Nu15:03 | למקרבה לריח דרעוה קדם | ייי | מן תוריה או מן ענה: |
| 1399 | Nu16:05 | כנשתה למימר בצפרה וידע | ייי | מן דמן דידה וית קדישוי |
| 1400 | Dt 9:24 | מסרבין הויתון קדם | ייי | מן יומא די חכמית יתכון: |
| 1401 | Dt33:02 | ואמר | ייי | מן סיני אתגלי למתן אוריתה |
| 1402 | Dt 6:18 | ותעבד דשפר ותקן קדם | ייי | מן בגלל דייטב לכון ותיעלון |
| 1403 | Dt 1:37 | לחוד עלי הוה רגוז מן קדם | ייי | מן בגללכון למימר להוד את |
| 1404 | Gn 5:22 | ופלח חנוך בקושטא מן קדם | ייי | מן בתר דאולד ית מתושל׳ |
| 1405 | Dt 2:21 | גיברייא ושיצי יתהון | ייי | מן קדמיהון וירתו יתהון |
| 1406 | Nu15:04 | מן דמקרב קרבניה קדם | ייי | מנחה עשרון מכלתה סלת פילה |
| 1407 | Dt 7:15 | ויעבר | ייי | מנכון כל בישין וכל |
| 1408 | Nu 9:08 | יתכון מה דתקן מן קדם | ייי | מעבד לכון: |
| 1409 | Nu 9:08M | יתכון מה דתקן מן קדם | ייי | מעבד לכון דן חד |
| 1410 | Nu14:03 | ולמה כען | ייי | מעל יתן לארעא הדה למפל |
| 1411 | Dt29:27 | ותלש יתהון | ייי | מעלוי ארעהון בתקוף רגוז |
| 1412 | Dt33:23 | רעווה ומלי ברכן מן קדם | ייי | מערב {ו}<ד>ימא דגיניסר |
| 1413 | Dt32:04 | חמית לרבון כל עלמייה | ייי | מפלג יומא ועבד יתה לארבע |
| 1414 | Gn39:03 | וכל מה דהוה עבד הוה | ייי | מצלח על ידוי: |
| 1415 | Gn39:23 | עמיה וכלמה דהוה עבד הוה | ייי | מצלח על ידוי: |
| 1416 | Nu22:13 | ארום לית רעוה מן קדם | ייי | משבק יתי אתי עמכון: |
| 1417 | Lv 1:01 | די אתמלל עמי מן קדם | ייי | משכן זמנא דקדושיה קדוש עלם |
| 1418 | Nu 7:03 | חד ואקרבו יתהון קדם | {ייי} | <מ>שכנה: |
| 1419 | Dt28:25 | ימסור יתכון | ייי | מתנגפין קדם בעלי דבביכון |
| 1420 | Lv 8:28M | דרעוה קרבן \הוא קדם | ייי | /מתקבל הוא לשמה דייי#2#/: |
| 1421 | Nu28:06 | לריח דרעווה קרבן קדם | ייי | מתקבל: |
| 1422 | Nu28:13 | עלה ריח דרעוה קרבן קדם | ייי | מתקבל: |
| 1423 | Nu29:06 | דיניהון לריח דרעוה קדם | ייי | מתקבל: |
| 1424 | Gn 1:26 | ואמר | ייי | נברא בר נש בדמותן |
| 1425 | Gn21:01 | שרה היך מה דאמ׳ ועבד | ייי | ניסין לשרה היך מה דמלל: |
| 1426 | Ex13:08M | ובשר פיסחא דין עבד | ייי | ניסין לי במפק׳ ממצרים |
| 1427 | Lv 8:26 | סלה דפטירה {מן} מן קדם | ייי | נסב חלה דפטיר חד וחלה לחם |
| 1428 | Ex19:08 | שלמא ואמרי׳ כל מה דמלל | ייי | נעבד וחזר משה ית מליהון |
| 1429 | Ex24:03 | כל פתגמיא די מליל | ייי | נעבד: |
| 1430 | Ex24:07 | ואמרין כל מה די מלל | ייי | נעבד ונשמע: |
| 1431 | Gn24:50 | ובתואל ואמרין מן קדם | ייי | נפק פתגמא לא נכל למללא |
| 1432 | Ex33:07 | כל מן דתבע אולפן מן קדם | ייי | נפק למשכן זימנא די לבר מן |
| 1433 | Gn 4:13 | ואמר קין קדם | ייי | סגין אינון חוביי למסבול |
| 1434 | Gn15:02 | בבעו ברחמין מן קדמך | ייי | סגין יהבת לי וסגין קדמך |
| 1435 | Gn28:12 | יתה והא מלאכין מן קדם | ייי | סלקין ונחתין ומסתכלין בה: |
| 1436 | Nu28:15 | תקרבון יתה לחטאתה קדם | ייי | סמיך לעלת תמידה יתקרב |
| 1437 | Nu28:24 | קרבן מתקבל ברעוה קדם | ייי | סמיך לעלת תמידה יתקרב |
| 1438 | Dt27:15 | דמו מה דסני ומרחק קדם | ייי | עבד ידי אומן ולא ישווי |
| 1439 | Ex10:26M | מה נקרבה קדם | ייי | עד מעלן תמן |
| 1440 | Ex10:26 | אנן ידעין כמה נפלח קדם | ייי | עד זמן דניעול לתמן: |
| 1441 | Nu32:21 | כל דמזיין ית ירדנה קדם | ייי | עד זמן די ישיצי ית |
| 1442 | Gn27:07 | ואיכול ואברך יתך קדם | ייי | עד לא אמות: |
| 1443 | Gn27:10 | מן בגלל די יברך יתך קדם | ייי | עד לא ימות: |
| 1444 | Dt27:15 | דמו מה דסני ומרחק קדם | ייי | עובד ידי אומן וישוי יתיה |
| 1445 | Gn15:01 | הוה פתגם דנבו מן קדם | ייי | על אבר׳ צדיקא למימר לא |
| 1446 | Gn15:04 | והא פתגם דנבו מן קדם | ייי | על אברם למימר לא ירת יתך |
| 1447 | Gn17:01 | תשעין ותשע שנין ואתגלי | {{ייי על}} | ממריה דייי על אברם |
| 1448 | Gn31:24 | ואתגלי | ייי | על לבן ארמאה בחלמא בלליא |
| 1449 | Gn35:09 | מפרש ואמר ואתגלי | ייי | על יעקב זמן תנינות |
| 1450 | Ex 3:12 | עמא ממצרים תפלחון קדם | ייי | על טורא הדין: |
| 1451 | Ex12:42 | ליליא תליתיא כד אתגלי | ייי | על מצריי בפלגות ליליא הוה |
| 1452 | Ex12:42 | ליליא קדמיא כד אתגלי | ייי | על עלמא למבריה יתיה הוה |

|  |  | | | |
|---|---|---|---|---|
| 1453 | Ex12:42 | לילי תנינא כד אתגלי | ייי | על אברם בר מאה ושרה |
| 1454 | Ex15:12 | דאתי מן יד ארכנת ימינך | ייי | על ארעא בשבועה דלית את תבע |
| 1455 | Ex28:12 | אהרן ית שמהתהון קדם | ייי | על תרתין כתפתה {דאפודה |
| 1456 | Ex32:14 | והוה תהו מן קדם | ייי | על בישתא די אמר למייתיה על |
| 1457 | Lv 5:06 | וייתי ית אשמיה קדם | ייי | על חובתיה די אתחייב נקבה |
| 1458 | Lv19:22 | עלוי בדכרה דאשמא קדם | ייי | על חובתיה די אתחייב וישתרי |
| 1459 | Lv23:20 | דבכוריה אנפ{ן}<ו> קדם | ייי | על תרין אמריה קדש יהוון |
| 1460 | Nu 6:17 | יקרב לניכסת קדשיה קדם | ייי | על סלה דפטיריה ויקרב כהנא |
| 1461 | Nu 6:21 | די ידר קרבני<ה> קדם | ייי | על נזירותיה בר מן מה די |
| 1462 | Nu15:25 | קדם ייי וחובתהון קדם | ייי | על שלותהון: |
| 1463 | Nu23:16M | מימריה דייי /ויזדמן | ייי#2#/ | על בלעם ושוי פתגם |
| 1464 | Nu26:09 | מזמני כנשתה די פלגו קדם | ייי | על משה ועל אהרן בעצתה |
| 1465 | Nu27:21 | בסדר דינהון דאוריתה קדם | ייי | על גזירת פמה יפקון ועל |
| 1466 | Gn11:09 | ארעא ומן תמן דרי יתהון | ייי | על אפי כל ארעא: |
| 1467 | Lv 6:07 | יתה בנוי דאהרן קדם | ייי | על גבי מדבחה: |
| 1468 | Lv 8:36 | ית כל פתגמיה די פקד | ייי | על ידוי דמשה: |
| 1469 | Nu 4:49 | מטוליה וסכומוי די פקד | ייי | על ידוי דמשה: |
| 1470 | Nu17:05 | וככנישתיה היך מה די מלל | ייי | על ידוי דמשה ליה: |
| 1471 | Nu27:23 | ופקד יתיה מה די מלל | ייי | על ידוי דמשה: |
| 1472 | Ex 8:08 | פרעה וצלי משה קדם | ייי | על עסק ארדעניא די שווי |
| 1473 | Gn25:21 | וצלי יצחק קדם | ייי | על עסקי רבקה אתתיה ארום |
| 1474 | Nu15:03 | ותקרבון קרבן קדם | ייי | עלה או נ{ס}כ<ס>ה לפירוש |
| 1475 | Lv23:37 | למקרבה קרבנין קדם | ייי | עלוון ומנחוון דבחין |
| 1476 | Gn19:16 | בנתיה במחוס מן קדם | ייי | עלוי ואפקו יתה ואצנעו יתיה |
| 1477 | Nu24:04 | אימר דשמע מימר מן קדם | ייי | עליה די חז{{ר}}«י»ו שדי |
| 1478 | Ex15:19 | ביבשתא בגו ימא: {וחזר | ייי | עליהון ית מוי דימא ובני |
| 1479 | Ex15:19 | ובפרשוי בימא וחזר | ייי | עליהון מוי דימא ובני |
| 1480 | Ex 5:21 | ואמרו להון יתגלי | ייי | עליכון וידון די אסבתון ית |
| 1481 | Nu15:23 | כל מה די פקד | ייי | עליכון על ידוי דמשה מן |
| 1482 | Dt28:49 | ישא | ייי | עליכון אומה מן רוחקה |
| 1483 | Dt28:61 | בספר אורייתה הדה יגרי | ייי | עליכון עד זמן די ישיצון |
| 1484 | Dt28:63 | ולמסגייה יתכון כדן יחדי | ייי | עליכון למובדה יתכון |
| 1485 | Dt28:63 | דהווה רעווה מן קדם | ייי | עליכון למייטבה יתכון |
| 1486 | Gn 8:15 | ומליל | ייי | עם נח למימר: |
| 1487 | Gn15:18 | ^ביומא ההוא#2#^ קיים | ייי | עם אברם קיים למימ' לבניך |
| 1488 | Gn21:20 | והוה | ייי | עם טליא ורבה ושרא במדברא |
| 1489 | Gn39:21 | והוה | ייי | עם יוסף ושוי עלוי חן וחסד |
| 1490 | Ex 4:30 | ית כל פתגמיא די מלל | ייי | עם משה ועבד נסייא לעיני |
| 1491 | Ex 6:02 | ומליל | ייי | עם משה ואמר ליה אנא הוא |
| 1492 | Ex 6:10 | עם בני ישראל} ומלל | ייי | עם משה למימר: |
| 1493 | Ex 6:13 | ומליל | ייי | עם משה ועם אהרן ופקד |
| 1494 | Ex 6:28 | והוה ביומא די מלל | ייי | עם משה בארעא דמצרים: |
| 1495 | Ex 6:29 | ומלל | <ייי> | עם משה למימר "אני" ייי |
| 1496 | Ex 9:12 | שמע להון היך מה די מלל | ייי | עם משה: |
| 1497 | Ex 9:35 | היך מה {דמליל} די מליל | ייי | עם משה: |
| 1498 | Ex13:01 | ומליל | ייי | עם משה למימר: |
| 1499 | Ex14:01 | ומליל | ייי | עם משה למימר: |
| 1500 | Ex16:11 | ומליל | ייי | עם משה למימר: |
| 1501 | Ex25:01 | ומליל | ייי | עם משה למימר: |
| 1502 | Ex30:11 | ומלל | ייי | עם משה למימר: |
| 1503 | Ex30:17 | ומלל | ייי | עם משה למימר: |
| 1504 | Ex30:22 | ומליל | ייי | עם משה למימר: |
| 1505 | Ex31:01 | ומלל | ייי | עם משה למימר: |
| 1506 | Ex32:07 | ומלל | ייי | עם משה אזל חות ארום חבלו |
| 1507 | Ex33:01 | ומלל | ייי | עם משה אזל סק מן הכה את |
| 1508 | Ex33:11 | ומלל | ייי | עם משה ממלל לקבל ממלל |
| 1509 | Ex40:01 | ומליל | ייי | עם משה למימר: |
| 1510 | Lv 4:01 | ומליל | ייי | עם משה למימ': |
| 1511 | Lv 5:14 | ומליל | ייי | עם משה למימר: |
| 1512 | Lv 5:20 | ומליל | ייי | עם משה למימר: |
| 1513 | Lv 6:01 | ומליל | ייי | עם משה לממ': |
| 1514 | Lv 6:12 | ומליל | ייי | עם משה למימר: |
| 1515 | Lv 6:17 | ומליל | ייי | עם משה למימר: |
| 1516 | Lv 7:22 | ומליל | ייי | עם משה למימר: |
| 1517 | Lv 7:28 | ומליל | ייי | עם משה למימר: |
| 1518 | Lv 8:01 | ומליל | ייי | עם {ל}משה למימר: |
| 1519 | Lv10:08 | ומליל | ייי | עם אהרן למימר: |
| 1520 | Lv11:01 | ומליל | ייי | עם משה ועם אהרן למימר |
| 1521 | Lv12:01 | ומליל | ייי | עם משה למימ': |
| 1522 | Lv13:01 | ומליל | ייי | עם משה ועם אהרן למימר: |
| 1523 | Lv14:01 | ומליל | ייי | עם משה למימר: |
| 1524 | Lv14:33 | ומליל | ייי | עם משה «ועם אהרן» |
| 1525 | Lv15:01 | ומליל | ייי | עם משה ועם אהרן למימר: |
| 1526 | Lv16:01 | ומליל | ייי | עם משה מן בתר דמיתו תרין |
| 1527 | Lv17:01 | ומליל | ייי | עם משה למימר: |
| 1528 | Lv18:01 | ומליל | ייי | עם משה למימר: |
| 1529 | Lv19:01 | ומליל | ייי | עם משה למימר: |
| 1530 | Lv20:01 | ומליל | ייי | עם משה למימר: |
| 1531 | Lv21:16 | ומליל | ייי | עם משה למימר: |
| 1532 | Lv22:01 | ומליל | ייי | עם משה למימר: |
| 1533 | Lv22:17 | ומליל | ייי | עם משה למימר: |
| 1534 | Lv22:26 | ומליל | ייי | עם משה למימר: |
| 1535 | Lv23:01 | ומליל | ייי | עם משה למימר: |
| 1536 | Lv23:09 | ומליל | ייי | עם משה למימר: |
| 1537 | Lv23:23 | ומליל | ייי | עם משה למימר: |
| 1538 | Lv23:26 | ומליל | ייי | עם משה למימר: |
| 1539 | Lv23:33 | ומליל | ייי | עם משה למימר: |
| 1540 | Lv24:01 | ומליל | ייי | עם משה למימר: |
| 1541 | Lv24:13 | ומליל | ייי | עם משה למימר: |
| 1542 | Lv25:01 | ומליל | ייי | עם משה ^בטורא דסיני#2#^ |
| 1543 | Lv27:01 | ומליל | ייי | עם משה למימר: |
| 1544 | Nu 1:48 | ומליל | ייי | עם משה למימר: |
| 1545 | Nu 2:01 | ומליל | ייי | עם משה ועם אהרן למימר: |
| 1546 | Nu 3:01 | ודמשה ביומא די מלל | «ייי» | עם משה בטורא דסיני: |
| 1547 | Nu 3:05 | ומליל | ייי | עם משה למימר: |
| 1548 | Nu 3:11 | ומלל | ייי | עם משה למימר: |
| 1549 | Nu 3:14 | ומליל | ייי | עם משה במדברה דסיני |
| 1550 | Nu 3:44 | ומליל | ייי | עם משה למימר: |
| 1551 | Nu 4:01 | ומליל | ייי | עם משה ועם אהרן |
| 1552 | Nu 4:17 | ומליל | ייי | עם משה ועם אהרן למימר: |
| 1553 | Nu 4:21 | ומליל | ייי | עם משה למימר: |
| 1554 | Nu 5:01 | ומליל | ייי | עם משה למימר: |
| 1555 | Nu 5:04 | משריתה היך מה די מלל | ייי | עם משה כדן עבדו בני |
| 1556 | Nu 5:05 | ומליל | ייי | עם משה למימר: |
| 1557 | Nu 5:11 | ומליל | ייי | עם משה למימר: |
| 1558 | Nu 6:01 | ומליל | ייי | עם משה למימר: |
| 1559 | Nu 6:22 | ומליל | ייי | עם משה למימר: |
| 1560 | Nu 8:01 | ומליל | ייי | עם משה למימר: |

|  |  | | | |
|---|---|---|---|---|
| 1561 | Nu 8:05 | ומלל | ייי | עם משה למימר: |
| 1562 | Nu 8:23 | ומלל | ייי | עם משה למימר: |
| 1563 | Nu 9:01 | ומלל | ייי | עם משה במדברה דסיני בשתה |
| 1564 | Nu 9:09 | ומליל | ייי | עם משה למימר: |
| 1565 | Nu10:01 | ומליל | ייי | עם משה למימר: |
| 1566 | Nu13:01 | ומליל | ייי | עם משה למימר: |
| 1567 | Nu14:26 | ומליל | ייי | עם משה ועם אהרן למימר: |
| 1568 | Nu15:01 | ומליל | ייי | עם משה למימר: |
| 1569 | Nu15:17 | ומליל | ייי | עם משה למימר: |
| 1570 | Nu15:22 | מצוותה האליין די מלל | <ייי> | עם משה: |
| 1571 | Nu15:22M | <ייי /פקד מימרה | ייי#2#/ | עם משה: |
| 1572 | Nu16:20 | ומליל | ייי | עם משה ועם אהרן למימר: |
| 1573 | Nu16:23 | ומליל | ייי | עם משה למימר: |
| 1574 | Nu17:01 | ומליל | ייי | עם משה למימר: |
| 1575 | Nu17:09 | ומליל | ייי | עם משה למימר: |
| 1576 | Nu17:16 | ומליל | ייי | עם משה למימר: |
| 1577 | Nu18:08 | ומליל | ייי | עם אהרן ואמר ואנה הא |
| 1578 | Nu18:25 | ומליל | ייי | עם משה למימר: |
| 1579 | Nu19:01 | ומליל | ייי | עם משה ועם אהרן למימר: |
| 1580 | Nu20:07 | ומליל | ייי | עם משה למימר: |
| 1581 | Nu21:14 | נסייה ^וגבורתא#2#^ דעבד | ייי | עם ישראל כד הוון קיימין |
| 1582 | Nu25:10 | ומליל | ייי | עם משה למימר: |
| 1583 | Nu25:16 | ומליל | ייי | עם משה למימר: |
| 1584 | Nu26:52 | ומליל | ייי | עם משה למימר: |
| 1585 | Nu28:01 | ומליל | ייי | עם משה למימר: |
| 1586 | Nu31:01 | ומליל | ייי | עם משה למימר: |
| 1587 | Nu32:31 | למימ' ית מה די מלל | ייי | עם עבדך כדן נעבד: |
| 1588 | Nu33:50 | ומליל | ייי | עם משה במישריה דמואב |
| 1589 | Nu34:01 | ומליל | ייי | עם משה למימר: |
| 1590 | Nu34:16 | ומליל | ייי | עם משה למימר: |
| 1591 | Nu35:01 | ומליל | ייי | עם משה במישריה דמואב |
| 1592 | Nu35:09 | ומליל | ייי | עם משה למימר: |
| 1593 | Dt 5:22 | ית דביריה האליין מלל | ייי | עם כל קהלכון בטורא מן גו |
| 1594 | Dt32:48 | ומלל | ייי | עם משה בזמן יומא הדין |
| 1595 | Dt10:11 | קום אזיל למסלן קדם | {ייי} | <עמא> ויעלון ויירתון ית |
| 1596 | Ex34:32 | יתהון ית כל מה דפקד | ייי | עמהון בטורא דסיני: |
| 1597 | Lv10:11 | ית כל קיימיה די מלל | ייי | עמהון על ידוי דמשה: |
| 1598 | Nu21:15 | ידעין נסיה וגבורתה דעבד | ייי | עמהון בנחלי <....> ומן בתר |
| 1599 | Nu22:08 | היך מה די אתמלל מן קדם | ייי | עמי ושרון רברבני מואביי עם |
| 1600 | Dt 2:17 | ומליל | ייי | עמי אמר משה למימר: |
| 1601 | Gn39:23 | מן בתרה מן בגלל דהוה | ייי | עמיה וכלמה דהוה עבד הוה |
| 1602 | Lv 1:01 | קרא דביריה למשה ומליל | ייי | עמיה מן משכן זמנא למימר: |
| 1603 | Gn21:22 | חילוותיה לאברהם למימר | ייי | עמך בכל מה דאת עבד: |
| 1604 | Gn26:28 | מחמא חמינן ארום הוה | ייי | עמך ואמרינן יהווי כען |
| 1605 | Ex18:19 | איעץ יתך עצה ויהווי | ייי | עמך הוי את לעמא כ{מ}תבע |
| 1606 | Gn48:21 | הא אנה מיית ויהווי | ייי | עמכון ויחזור יתכון לארעא |
| 1607 | Ex24:08 | ואמר הא אדם קיימא דקיים | ייי | עמכון ית כל פתגמיי' |
| 1608 | Nu14:43 | בתר מימרה דייי ולא יהוי | ייי | עמכון: |
| 1609 | Dt 1:01 | לכון כמה ניסין עבד | ייי | עמכון בני ישראל כד |
| 1610 | Dt 1:30 | קרביכון ככל מה די עבד | ייי | עמכון במצרים ועיניכון |
| 1611 | Dt 4:12 | ומליל | ייי | עמכון מן גו להבי אשתה קול |
| 1612 | Dt 4:15 | כל דמו ביומא די מלל | ייי | עמכון בטורא דחורב מן גו |
| 1613 | Dt 5:04 | ממלל לקבל ממלל מלל | ייי | עמכון בטורה מן גו להבי |
| 1614 | Dt 9:09 | לווחי קיימה די קיים | ייי | עמכון ושרית בטורה ארבעין |
| 1615 | Dt28:08 | יפקד | ייי | עמכון ית סדר ברכתה וייתון |
| 1616 | Nu10:31 | כדן דאת ידע נסיא דעבד | ייי | עמן בכל אתר {דחזינן} |
| 1617 | Nu10:32 | ויהוי טבה הוא די ייטב | ייי | עמן ונוטב לך: |
| 1618 | Gn 6:09 | בעבדה טבא הוו בדרוי קדם | ייי | פלח נח בקושטא: |
| 1619 | Nu22:28 | ופתח | ייי | פמה דאתנתה ואמר לבלעם מה |
| 1620 | Ex13:09 | ביד תקיפא אפיק יתכון | ייי | פריקין מן מצרים: |
| 1621 | Ex13:14 | ליה ביד תקיפא אפיק יתן | ייי | פריקין מן בית שעבודא: |
| 1622 | Ex13:16 | ארום ביד תקיפא אפק יתן | ייי | פריקין מן מצרים: |
| 1623 | Dt26:08 | ופרק ואפק יתן | ייי | פריקין מן מצרים בידה |
| 1624 | Gn18:14 | אית אפשר דיתכסא מן קדם | ייי | פתגם לעידנא אחזור לוותך |
| 1625 | Ex 9:05 | ייי זמן למימר מחר יעבד | ייי | פתגמייא הדין בארעא: |
| 1626 | Gn40:08 | להון יוסף הלא מן קדם | ייי | פתרוניא תנון כען לי: |
| 1627 | Gn18:20 | ואמר | ייי | קבילתהון דעמא דסדם ועמרה |
| 1628 | Nu 6:05 | יומיא די יתנזר קדם | ייי | קדיש יהווי יתרבי פרע שער |
| 1629 | Nu16:07 | ויהוי גברא די יתרעי ביה | ייי | קדישא אסגיתון לכון בנוי |
| 1630 | Lv17:04 | למקרבה יתיה קרבן קדם | ייי | קדם משכנה דייי אדם יתחשב |
| 1631 | Nu32:04 | ארעא דכבש | ייי | קדם כנישתה דישראל ארע |
| 1632 | Gn45:07 | ושלחני | ייי | קדמיכון למשויא לכון שיזבא |
| 1633 | Dt31:05 | וימסור יתהון | ייי | קדמיכון ותעבדון להון ככל |
| 1634 | Gn45:05 | הכא ארום לשיזבא שלח יתי | ייי | קדמכון: |
| 1635 | Lv 6:18 | תת{כ}נ<כ>ס חטאתה קדם | ייי | קדש קדשין הוא: |
| 1636 | Nu 6:20 | יתהון כהנא אנפו קדם | ייי | קדש אינון לכהנא על |
| 1637 | Gn28:13 | והא | ייי | קיים עלוי ואמר אנה ייי |
| 1638 | Ex27:21 | מן רמשא עד צפרא קדם | ייי | קיים עלם לדריהון מן לוות |
| 1639 | Gn38:25 | שמך קדישא ומיד שמע | ייי | קל צלותה ואמר למיכאל חות |
| 1640 | Dt26:07 | ייי אלה אבהתן ושמיע קדם | ייי | קל צלותן וגלי קדמוי ית |
| 1641 | Ex 9:29 | אפרש ית כפי ידי קדם | ייי | קלייא ותמנעון וברדא לא |
| 1642 | Gn28:13M | מלאך דרחמי מן קדם | ייי | קם מעתד מעילווי |
| 1643 | Ex34:14 | תסגדון לאלה חורן ארום | ייי | קנא שמיה אלה קניי ופורען |
| 1644 | Ex29:25 | על עלתה לריח דרעוא קדם | ייי | קרבן הוא קדם ייי: |
| 1645 | Lv27:11 | מסאב די לא יקרב מנה קדם | ייי | קרבן ויקים ית בעירה קדם |
| 1646 | Gn 8:01 | די עמה בתיבותא ועבר | ייי | רוח דרחמין על ארעא ושדכו |
| 1647 | Ex10:19 | והפך | ייי | רוח בימא תקיף לחדא וטען ית |
| 1648 | Gn31:07 | אגרי עשרה זמנין ולא יהב | ייי | רשו{י} למבאשא לי: |
| 1649 | Lv23:06 | לירחה חגא דפטיריה קדם | ייי | שבעה יומין פטירין תיכלון: |
| 1650 | Lv23:39 | דארעא תחגון יתה חגה קדם | ייי | שבעה יומין ביומא קדמייה |
| 1651 | Lv23:41 | ותחגון יתיה חגה קדם | ייי | שבעה יומין בכל שנה קיים |
| 1652 | Nu29:12 | ותחגון יתה חגה קדם | ייי | שבעה יומין: |
| 1653 | Ex16:23 | משה הוא פתגמא די מלל | ייי | שבת שבתא קדש קדם ייי למחר |
| 1654 | Nu 7:03 | ואייתון ית קרבניהון קדם | ייי | שית עגלן מזווגן ותרין עשר |
| 1655 | Gn 1:01M | דייי /בחוכמתא ברא | ייי#2#/ | שכלל/ושכלל#2#/ ית שמיא |
| 1656 | Ex 4:13 | בבעו ברחמין מן קדמיך | ייי | שלח כען ביד דן דחמי ליה |
| 1657 | Ex 7:26 | פרעה ותימר ליה כדון אמר | ייי | שלח ית עמא ויפלחון קדמיי: |
| 1658 | Ex 8:16 | נהרא ותימר ליה כדן אמר | ייי | שלח עמי ויפלחון קדמיי: |
| 1659 | Ex10:03 | אמת את מסרב למתכנעה קדם | ייי | שלח ית עמי ויפלחו קדמיי: |
| 1660 | Ex20:11 | ארום לשתא יומין ברא | ייי | שמיא וית ארעא ית ימיה וית |
| 1661 | Ex15:03 | ייי גוברא עבד קרביא | ייי | שמיה כשמיה כן גבורתיה יהא |
| 1662 | Gn35:10 | ואמר ליה | ייי | שמך יעקב ולא יתקרי שמך |
| 1663 | Gn41:38 | גבר די רוח דקדש מן קדם | ייי | שרייה עלוי: |
| 1664 | Nu27:18 | גבר דרוח קדש מן קדם | ייי | שרייה עלוי ותסמוך ית ידך |
| 1665 | Nu35:21M | קטולה הוא/קטול | <ייי#2# | תבוע/תביע#2#/ אדמה |
| 1666 | Ex15:06 | הדירא היא בחילא ימינך | ייי | תברת פרעה שנאה ובעל דבבה: |
| 1667 | Ex28:30 | ישראל על לביה~ קדם | ייי | תדירא: |
| 1668 | Lv16:30 | יתכון מן כל חוביכון קדם | ייי | תדכון: |

| | | | |
|---|---|---|---|
| 1669 | | Nu29:02 | עלה לריח דרועה קדם ייי תור בר תורין חד דכר חד |
| 1670 | | Nu29:36 | מתקבל לריח דרועה קדם ייי תור חד דכר חד אמרין בני |
| 1671 | | Ex24:05 | וקריבו נכסת קודשין קדם ייי תורין: |
| 1672 | | Nu28:11 | תקרבון עלה קדם ייי תורין בני שתהון תורין <בני |
| 1673 | | Nu28:19 | ותקרבון קרבנין עלוון קדם ייי תורין ^תרין#2#^ בני תורין |
| 1674 | | Nu28:27 | עלה לריח דרועה קדם ייי תורין בני תורין תרין ודכר |
| 1675 | | Nu29:13 | מתקבל לריח דרועה קדם ייי תורין בני תורין תלת עשר |
| 1676 | | Ex16:08M | למשב{עו}<וע> דגלי קדם ייי תורעמנתכון דאתון מתרעמין |
| 1677 | | Gn 9:27 | יפת ייי תחומא דיפת וישרי יקר |
| 1678 | | Lv 9:06M | דפקיד ייי תעבדון אע{ר}<ד>ו יצרה |
| 1679 | | Lv 9:06 | משה דן פתגמה די פקד ייי תעבדון ותתגלי עליכו' איקר |
| 1680 | | Nu24:23 | ביומיא האינון כד ישווי ייי תקוף רוגזיה למתפרעה מן |
| 1681 | | Lv 3:09 | מנכסת קדשיה קרבן קדם ייי תרב{ת}ה אליתה שלמתה לקבל |
| 1682 | | Ex15:17M | לך ייי בית מקדשך ייי תרתין ידיך שכלליין יתיה |
| 1683 | | Ex15:17 | לך אתקנת ייי בית מוקדשך ייי תרתין ידך שכללי יתיה: |
| 1684 | | Lv 7:20M | לשמה דייי /דאית קודם ייי#2#/ וסאובתיה/וסאיבתה#2#/ |
| 1685 | ייי | Gn24:40 | ואמר לי «ייי» די פלחת קדמוי בקושטא |
| 1686 | בייי | Nu20:13M | /ויתקדש שמי מייקרא בייי#2#/: |
| 1687 | דיי' | Gn 6:07M | ית אדם די ברית /ממריה דיי' אמחה ית בר נשא די ברי'#2# |
| 1688 | | Dt 9:05M | "ייי ... וליעקב": ממריה דיי' עם אברהם ועם יצ' ועם |
| 1689 | דייי | Gn 4:03 | פירי ארעא דורון לשמה דייי: |
| 1690 | | Gn 4:26 | יתהון בש' ממרה דייי: |
| 1691 | | Gn10:09M | <כ>נמרוד ומרודה דייי |
| 1692 | | Gn12:08 | וצלי תמן בשם ממריה דייי: |
| 1693 | | Gn13:04 | תמן אברם בשם ממרה דייי: |
| 1694 | | Gn13:18 | תמן מדבח בשם ממריה דייי: |
| 1695 | | Gn21:02M | די מלל עימיה ממריה דייי#2#/: |
| 1696 | | Gn22:14 | עלוי איקר שכינתיה דייי: |
| 1697 | | Gn24:26 | גברא ואודי ושבח לשמא דייי: |
| 1698 | | Gn25:11M | /עלוי יקר שכינתיה דייי#2#/: |
| 1699 | | Gn26:29 | את הוא מן כדון בריכה דייי: |
| 1700 | | Gn27:27M | די ברך יתיה ממריה דייי |
| 1701 | | Ex 3:06 | למסתכלא באיקר שכינתה דייי: |
| 1702 | | Ex 9:20M | דהוה דחיל מן פתגמ' דייי |
| 1703 | | Ex13:12 | לכון דכרייא לשמה דייי: |
| 1704 | | Ex18:05 | דתמן שריא איקר שכינתא דייי: |
| 1705 | | Ex20:21 | דתמן שרי איקר שכינתיה דייי: |
| 1706 | | Ex24:13 | עלוי איקר שכינתה דייי: |
| 1707 | | Ex28:36 | גליף חקיק קדש לשמה דייי: |
| 1708 | | Ex29:18M | מתקבל הוא לשמה דייי#2#/: |
| 1709 | | Ex29:25M | ייי /מתקבל לשמה דייי#2#/: |
| 1710 | | Ex29:28 | אפרשותכון לשמה דייי: |
| 1711 | | Ex29:41M | יתקבל /מתקבל לשמה דייי#2#/: |
| 1712 | | Ex30:10 | קדש קדשים הוא לשמה דייי: |
| 1713 | | Ex30:13 | פלגא סלעא אפרשו לשמה דייי: |
| 1714 | | Ex30:14 | ולעילא יתן אפרשו לשמה דייי: |
| 1715 | | Ex30:37 | קדש תהווי לכון לשמה דייי: |
| 1716 | | Ex34:05 | וצלי תמן בשם מימריה דייי: |
| 1717 | | Ex35:22 | אנפו{י} דדהב לשמה דייי: |
| 1718 | | Ex35:29 | בני ישראל נדבה לשמה דייי: |
| 1719 | | Ex39:30 | גליף חקיק קדיש לשמה דייי: |
| 1720 | | Lv 2:03 | קדש קדשים מן קרבנוי דייי: |
| 1721 | | Lv 2:10 | קדש קדשים מן קרבנוי דייי: |
| 1722 | | Lv 2:16M | ייי /מתקבל לשמה דייי#2#/: |
| 1723 | | Lv 3:05M | \קדם ייי /לשמה דייי#2#/: |
| 1724 | | Lv 3:11 | מדבחה לחם קרבן לשמה דייי: |
| 1725 | | Lv 3:16 | דרעוה כל תרבה לשמה דייי: |
| 1726 | | Lv 6:08 | ריח דרעוה אדכרתה לשמה דייי: |
| 1727 | | Lv 6:14M | לריח דרעוה לשמה דייי |
| 1728 | | Lv 7:11 | קודשיה די יקרב לשמה דייי: |
| 1729 | | Lv 8:28M | /מתקבל הוא לשמה דייי#2#/: |
| 1730 | | Lv 9:06 | עליכו' איקר שכינתיה דייי: |
| 1731 | | Lv 9:06M | לכון איקר שכינתה דייי |
| 1732 | | Lv17:06 | תרבה לריח דרעוה לשמה דייי: |
| 1733 | | Lv19:24 | פרי{ו} קדש פרקן לשמה דייי: |
| 1734 | | Lv22:15 | ית מה די יפרשון לשמה דייי: |
| 1735 | | Lv22:22 | על גבי מדבחה לשמה דייי: |
| 1736 | | Lv22:27M | \קדם ייי /לשמה דייי#2#/: |
| 1737 | | Lv23:05M | \קדם ייי /הוא לשמה דייי#2#/: |
| 1738 | | Lv23:12 | שלם מן מום לעלה לשמה דייי: |
| 1739 | | Lv23:17 | יתאפיין בכורייה לשמה דייי: |
| 1740 | | Lv23:25M | \קדם ייי /לשמה דייי#2#/: |
| 1741 | | Lv23:38 | די תפרשון לשמה דייי: |
| 1742 | | Lv24:07M | קרבן מתקבל לשמה דייי#2#/: |
| 1743 | | Lv25:02 | ותשמט ארעא שמטה לשמה דייי: |
| 1744 | | Lv27:02 | נדר בעלויה נפשן לשמה דייי: |
| 1745 | | Lv27:22 | חקל אחסנתיה יקדש לשמה דייי: |
| 1746 | | Lv27:23 | ביומא ההוא קדש לשמה דייי: |
| 1747 | | Lv27:28 | קדשין ^הוא#2#^ לשמה דייי: |
| 1748 | | Lv27:30 | דייי הוא קדש לשמא דייי: |
| 1749 | | Lv27:32 | עשיריה יהוי קדיש לשמה דייי: |
| 1750 | | Nu 4:41 | על פום גזירת ממרה דייי: |
| 1751 | | Nu 8:11 | למפלח ית פו{ו}לחנה דייי: |
| 1752 | | Nu12:02M | לחוד במשה מלל מימריה דייי |
| 1753 | | Nu15:08 | או לנכסת קודשין לשמה דייי: |
| 1754 | | Nu15:10M | \קדם ייי /לשמה דייי#2#/: |
| 1755 | | Nu15:13M | \קדם ייי /לשמה דייי#2#/: |
| 1756 | | Nu15:19 | תפרשון אפרשו לשמה דייי: |
| 1757 | | Nu16:03 | על קהל כנישתה דייי: |
| 1758 | | Nu16:11M | דאתרעמו על יקר שכינתה דייי |
| 1759 | | Nu17:06 | קטלתון ית עם כנישתה דייי: |
| 1760 | | Nu17:07 | איקר שכינתה דייי: |
| 1761 | | Nu18:17 | מתקבל לריח דרעוה לשמה דייי: |
| 1762 | | Nu28:06M | מתקבל /מתקבל לשמה דייי#2#/: |
| 1763 | | Nu28:07 | ניסוך חמר בחיר לשמה דייי: |
| 1764 | | Nu28:08M | קרבן מתקבל לשמה דייי#2#/: |
| 1765 | | Nu28:13M | /מתאכל#2#/ \לשמה דייי#2#/: |
| 1766 | | Nu29:06M | לריח דרעוה לשמה דייי#2#/: |
| 1767 | | Nu31:16 | והוה מגפתה בעם כנשתה דייי: |
| 1768 | | Nu31:29 | לאלעזר כהנא אפרשותה דייי: |
| 1769 | | Nu31:30 | נטרי מטרת משכנה דייי: |
| 1770 | | Nu32:12 | ארום אשלמו בתר ממרה דייי: |
| 1771 | | Dt 1:36 | למימר טב בתר מימרה דייי: |
| 1772 | | Dt 4:30 | ותשמעון בקל מימריה דייי: |
| 1773 | | Dt10:05 | די פקד יתיה ממרה דייי: |
| 1774 | | Dt12:11 | נדריכון די תדרון לשמה דייי: |
| 1775 | | Dt18:21 | די לא מלל יתיה ממרא דייי: |
| 1776 | | Dt23:02 | ודמסרס בקהל כנשתה דייי: |

|  |  | | | |
|---|---|---|---|---|
| 1777 | Dt23:03 | להון בקהל כנישתה | דייי: | |
| 1778 | Dt23:09 | להון בקהל כנישתה | דייי: | |
| 1779 | Dt33:12 | תשרי איקר שכינתיה | דייי: | |
| 1780 | Dt34:05 | על פם גזירת מימרה | דייי: | |
| 1781 | Ex 3:01 | עלוי איק׳ שכינתה | דייי | חורב: |
| 1782 | Lv17:04 | קרבן קדם ייי קדם משכנה | דייי | אדם יתחשב לגברה ההוא כילו |
| 1783 | Nu30:03 | גבר ארום ידר נדר לשמה | דייי | או ישתבע שבועה למקיימה |
| 1784 | Nu10:33 | ונטלו מטור בית מקדשה | דייי | אורח <....> מהלך תלתה יומין |
| 1785 | Nu10:33M | דייי /מן טורה | דייי#2/ | אורח <....> מהלך תלתה |
| 1786 | Gn19:24 | וממריה | דייי | אחת על סדם ועל עמרה |
| 1787 | Dt10:09 | ואחסנה עם אחוי קרבנוי | דייי | אינון אחסנתיה היך מה דמלל |
| 1788 | Dt 4:01 | ותירתון ית ארעא | דייי | אלה אבהתכון יהב לכון: |
| 1789 | Dt29:24 | על די שבקו ית קיימה | דייי | אלה אבהת{כ}הון די קיים |
| 1790 | Gn24:03 | ואשבע יתך בשם ממריה | דייי | אלהא דשמיא הוא אלהא דשליט |
| 1791 | Gn35:07M | וצלי תמן בשם ממריה | דייי | אלהא די אתגלי עלוי |
| 1792 | Gn21:33 | ופלח וצלי בשם ממרי | דייי | אלהה דעלמא: |
| 1793 | Lv 4:22 | ויעבד חדא מן כל מצוותה | דייי | אלהה דלא כשרין למתעבדה |
| 1794 | Nu22:18 | על פום גזירת מימריה | דייי | אלהי למעבד זעירה או רבתה: |
| 1795 | Ex20:07 | רבא ית מן די יסב שמה | דייי | אלהיה על מגן: |
| 1796 | Ex20:07 | יסב גבר מנכון ית שמה | דייי | אלהיה על מגן ארום לא מזכי |
| 1797 | Dt18:07 | וישמש בשם מימרה | דייי | אלהיה ככל אחוי ליוויי |
| 1798 | Ex20:07M | חד מנכון בשם ממריה | דייי | אלהיכון לשקר ארום לא מזכי |
| 1799 | Gn 3:08 | ושמעו ית קל ממרה | דייי | אלהים מהלך בגו׳ גנתאה למשב |
| 1800 | Dt 6:15 | דלא יתקוף רוגזה | דייי | אלהך בך וישיצי יתכון |
| 1801 | Ex15:26 | משמע תשמע׳ בקל ממריה | דייי | אלהכון ודשפיר באפוי תעבדון |
| 1802 | Ex20:12 | דיסגון יומיכון על ארעא | דייי | אלהכון יהב לכון: |
| 1803 | Ex23:01M | חד מנכון בש׳ ממרי׳ | דייי | אלהכון לשקר ולא תשוון |
| 1804 | Ex23:19 | לבי{ה}<ת> מוקדשא | דייי | אלהכון עמי בני ישראל לא |
| 1805 | Ex34:26 | תייתון לבית מקדשא | דייי | אלהכון עמי בני ישראל לא |
| 1806 | Dt 1:26 | על פם גזירת ממרה | דייי | אלהכון: |
| 1807 | Dt 1:32 | אתון מהיימנין בשם ממרה | דייי | אלהכון: |
| 1808 | Dt 3:20 | לחוד אינון ית ארעא | דייי | אלהכון יהב לכון בעבר ירדנה |
| 1809 | Dt 4:02 | מניה למיטר ית מצוותה | דייי | אלהכון די אנה מפקד יתכון: |
| 1810 | Dt 4:04 | אדבקתון באולפן אורייתה | דייי | אלהכון הא אתון חיין |
| 1811 | Dt 4:04M | דייי /בשם ממ<ריה | דייי>#2/ | אלהכון הא אתון חיין |
| 1812 | Dt 4:21 | למיעול לארעא «טבתה» | דייי | אלהכון יהב לכון לאחסנה: |
| 1813 | Dt 4:23 | וכל דמו די פקד מימרה | דייי | אלהכון: |
| 1814 | Dt 4:23 | תנשון ית קיים מימרה | דייי | אלהכון די קיים עמכון |
| 1815 | Dt 4:23M | מימרה דייי/קיימה | דייי#2/ | אלהכון די קיים עמכון |
| 1816 | Dt 4:29M | ייי/לאולפן אוריתא | דייי#2/ | אלהכון ותשכחון/ותארעון |
| 1817 | Dt 5:11 | אנש ^חד#2^ מנכון שמה | דייי | אלהכון על מגן ארום לא יזכי |
| 1818 | Dt 5:16 | דייטיב לכון על ארעא | דייי | אלהכון יהב לכון: |
| 1819 | Dt 6:02 | דתי{ת}<ד>חלון ית מימרה | דייי | אלהכון ולמיטור ית כל |
| 1820 | Dt 6:13 | ית איקר שכינתה | דייי | אלהכון תהוון <....> |
| 1821 | Dt 6:16 | לא תנסון ית איקר שכינתה | דייי | אלהכון היך מה דניסיתון |
| 1822 | Dt 6:17 | ית מצוותה דאורייתה | דייי | אלהכון וסהדותיה וקיימוי די |
| 1823 | Dt 7:16 | ית כל נכסי אמייה | דייי | אלהכון יהב לכון לא יחוסון |
| 1824 | Dt 8:06 | ית מצוותה דאורייתה | דייי | אלהכון למהלכה באורחתיה |
| 1825 | Dt 8:10 | ותברכון ית ממרה | דייי | אלהכון על ארעא טבתה די יהב |
| 1826 | Dt 8:14 | ית אולפן אורייתה | דייי | אלהכון דאפיק יתכון מן ארעא |
| 1827 | Dt 8:18 | ותידכרון ית מימרה | דייי | אלהכון ארום הוא די יהב |
| 1828 | Dt 8:19 | תנשון ית אולפן אורייתה | דייי | אלהכון ותזלון בתר טעוון |
| 1829 | Dt 8:20 | אין לא תשמעון בקל ממרה | דייי | אלהכון: |
| 1830 | Dt 9:04 | בזמנה די ישיצי מימרה | דייי | אלהכון יתהון מן קדמיכון |

|  |  | | | |
|---|---|---|---|---|
| 1831 | Dt 9:07 | מה דארגזתון ית מימרה | דייי | אלהכון במדברה למן יומא |
| 1832 | Dt 9:23 | על פם גזירת מימרה | דייי | אלהכון ולא הימנתון בשם |
| 1833 | Dt11:01 | ית אולפן אורייתה | דייי | אלהכון ותטר{ת}ון מטרתיה |
| 1834 | Dt11:02 | חמון ית אולפן אורייתה | דייי | אלהכון ית תוקפיה וית ידיה |
| 1835 | Dt11:12 | ארעא | דייי | אלהכון תבע יתה בתדירה |
| 1836 | Dt11:12 | תבע יתה בתדירה עיינוי | דייי | אלהכון בה מסתכלין בה מן |
| 1837 | Dt11:13 | למירחם ית אולפן אוריתה | דייי | אלהכון ולמפלח קדמוי בכל |
| 1838 | Dt11:22 | למרחם ית אולפן אורייתה | דייי | אלהכון למהלכה בכל אורחן |
| 1839 | Dt11:27 | די תשמעון למצוותה | דייי | אלהכון די אנה מפקד יתכון |
| 1840 | Dt11:28 | אין לא תשמעון למצוותה | דייי | אלהכון ^ותסטון מן ארחה |
| 1841 | Dt11:31 | למיעל למירת ית ארעא | דייי | אלהכון יהב לכון ותרתון יתה |
| 1842 | Dt12:09 | כדון לנווחתה ולאחסנותה | דייי | אלהכון יהב לכון: |
| 1843 | Dt12:10 | ית ירדנה ותשרון בארעא | דייי | אלהכון מחסן יתכון ויניח |
| 1844 | Dt12:15 | ותיכלון בשר כברכתיה | דייי | אלהכון יהב לכון בכל |
| 1845 | Dt12:27 | ישתפך על מדבחה | דייי | אלהכון ובשרה תיכלון: |
| 1846 | Dt12:27 | בשר ודם על מדבחה | דייי | אלהכון ודם נכסת קודשיכון |
| 1847 | Dt13:04 | רחמין ית אולפן אורייתה | דייי | אלהכון בכל לבבכון ובכל |
| 1848 | Dt13:05 | בתר ממרה | דייי | אלהכון תהלכון ומן קדמוי |
| 1849 | Dt13:11 | יתכון מן בתר ממרה | דייי | אלהכון דאפק יתכון פריקין |
| 1850 | Dt13:13 | בחדה מן קורייכון | דייי | אלהכון יהב לכון למשרי תמן |
| 1851 | Dt13:19 | ארום תשמעון בקל ממרה | דייי | אלהכון למיטר ית כל מצוותה |
| 1852 | Dt15:04 | יתכון ממרה דייי בארעה | דייי | אלהכון יהב לכון אחסנה |
| 1853 | Dt15:05 | משמע תשמעון בקל ממרה | דייי | אלהכון למטור למעבד ית כל |
| 1854 | Dt15:07 | מן קורייכון בארעכון | דייי | אלהכון יהב לכון לא תתוקפון |
| 1855 | Dt15:19 | דיכרייה תקדשון לשמה | דייי | אלהכון עמי בני ישראל לא |
| 1856 | Dt16:05 | פסחא בחדה מן קורייכון | דייי | אלהכון יהב לכון: |
| 1857 | Dt16:17 | אושטות ידיה כברכתה | דייי | אלהכון די יהב לכון: |
| 1858 | Dt16:18 | לכון בכל קורייכון | דייי | אלהכון יהב לכון לשבטיכון |
| 1859 | Dt16:20 | דתיחון ותירתון ית ארעא | דייי | אלהכון יהב לכון: |
| 1860 | Dt16:21 | כל אילן סמיך למדבחה | דייי | אלהכון דתעבדון לכון: |
| 1861 | Dt16:22M | כל אילן סמיך למדבחה | דייי | אלהכון די תעבדון לכון |
| 1862 | Dt17:02 | בחדה מן קורייכון | דייי | אלהכון יהב לכון גבר או אתה |
| 1863 | Dt17:14 | ארום תיעלון לארע׳ | דייי | אלהכון יהב לכון ותירתון |
| 1864 | Dt18:09 | {א}אתון עללין לארעא | דייי | אלהכון יהב לכון לא תלפון |
| 1865 | Dt19:01 | ייי אלהכון ית אומייא | דייי | אלהכון יהיב לכון ית ארעהון |
| 1866 | Dt19:02 | ל{גוו}ך בגו ארעכון | דייי | אלהכון יהב לכון למרת יתה: |
| 1867 | Dt19:09 | למרחם ית אולפן אורייתה | דייי | אלהכון ולמהלכה בוארחן |
| 1868 | Dt19:10 | אדם זכיי בגו ארעכון | דייי | אלהכון יהיב לכון לאחסנה |
| 1869 | Dt19:14 | די תאחסנון בארעכון | דייי | אלהכון יהב לכון למירת יתה: |
| 1870 | Dt20:16 | דאומייא האליין | דייי | אלהכון יהב לכון אחסנה לא |
| 1871 | Dt21:01 | ארום ישתכח קטיל בארעא | דייי | אלהכון יהב לכון למירת יתה |
| 1872 | Dt21:23 | ולא תסאבון ית ארעכון | דייי | אלהכון יהיב לכון אחסנה: |
| 1873 | Dt23:19 | ופרוק כלב לבית מוקדשה | דייי | אלהכון ^לכל נדר ארום |
| 1874 | Dt24:04 | ולא תחייבון ית ארעא | דייי | אלהכון יהב לכון אחסנה: |
| 1875 | Dt25:15 | יארכון יומיכון על ארעא | דייי | אלהכון יהיב לכון: |
| 1876 | Dt25:19 | מן חזור חזור בארעא | דייי | אלהכון יהיב לכון אחסנה |
| 1877 | Dt26:01 | ארום תיעלון לארעא | דייי | אלהכון יהב לכון אחסנה |
| 1878 | Dt26:02 | די תייתון מן ארעכון | דייי | אלהכון יהב לכון ותשוון |
| 1879 | Dt26:04 | ויצנע יתיה קדם מדבחה | דייי | אלהכון: |
| 1880 | Dt27:02 | תעברון ית ירדנה לארעא | דייי | אלהכון יהיב לכון ותקימון |
| 1881 | Dt27:03 | מן בגלל די תעלון לארעא | דייי | אלהכון יהב לכון ארע עבדין |
| 1882 | Dt27:06 | מן מום תבנון ית מדבחה | דייי | אלהכון ותסדרון עלוי עלוון |
| 1883 | Dt27:10 | ותשמעון בקל מימריה | דייי | אלהכון ותעבדון ית מצוותה |
| 1884 | Dt28:01 | משמע תשמעון בקל מימרה | דייי | אלהכון למיטר למעבד ית כל |

|  |  | | | |
|---|---|---|---|---|
| 1885 | Dt28:02 | ארום תשמעון בקל מימריה | דייי | אלהכון: |
| 1886 | Dt28:08 | ויברך יתכון בארעא | דייי | אלהכון יהב לכון: |
| 1887 | Dt28:09 | ארום תטרון ית מצוותיה | דייי | אלהכון ותהלכון באורחן |
| 1888 | Dt28:13 | ארום תשמעון למצוותה | דייי | אלהכון די אנה מפקד יתכון |
| 1889 | Dt28:15 | לא תשמעון בקל מימריה | דייי | אלהכון למיסור למיעבד ית כל |
| 1890 | Dt28:45 | לא שמעתון בקל מימרה | דייי | אלהכון למיסור מיצוותיה |
| 1891 | Dt28:62 | לא שמעתון בקל ממרה | דייי | אלהכון: |
| 1892 | Dt29:11 | למעברכון בקיימה | דייי | אלהכון ובשבועתה דייי |
| 1893 | Dt29:11 | דייי אלהכון ובשבועתה | דייי | אלהכון מקיים עמכון יומא |
| 1894 | Dt29:17 | יומא הדין מן בתר מימרה | דייי | אלהכון למיזל למפלח קדם |
| 1895 | Dt30:02 | <ל>אולפן אורייתה | דייי | אלהכון ותשמעון בקל מימריה |
| 1896 | Dt30:03 | ויקבל מימרה | דייי | אלהכון ית תותבתכון וירחם |
| 1897 | Dt30:06 | למירחם ית אולפן אוריתה | דייי | אלהכון בכל לבביכון ובכל |
| 1898 | Dt30:08 | ותשמעון בקל מימריה | דייי | אלהכון ותעבדון ית כל |
| 1899 | Dt30:10 | ארום תשמעון בקל מימרה | דייי | אלהכון למיסור מצוותה |
| 1900 | Dt30:16 | ית אולפן אורייתה | דייי | אלהכון ולמהלכה באורחן |
| 1901 | Dt30:20 | למרחום ית אולפן אוריתה | דייי | אלהכון ולמשמע בקל מימרה |
| 1902 | Dt31:26 | יתה מן סטר ארון קיימה | דייי | אלהכון ויהוי תמן לכון |
| 1903 | Dt26:14 | דמית שמענן בקל מימריה | דייי | אלה{כון}<נן> עבדנן {כ}בכל |
| 1904 | Dt 1:25 | ואמרין טבא היא ארעא | דייי | אלהן י{ת}<ה>ב לן: |
| 1905 | Dt 2:29 | ית ירדנה הדן לארעא | דייי | אלהן יהב לן: |
| 1906 | Dt 4:07 | קריב לוותיה כוות ממרה | דייי | אלהן בכל זמן דאנן מצליין |
| 1907 | Dt 5:24 | {ה}אחזי יתן מימרה | דייי | אלהן די יקריה וית תוקפיה |
| 1908 | Dt 5:25 | אנן למשמע ית קל מימרה | דייי | אלהן תוב ומייתין אנן: |
| 1909 | Dt18:16 | אוסף למשמע ית קל ממרה | דייי | אלהן וית אשתה רבתה הדה לא |
| 1910 | Dt26:18 | ומימרא | דייי | אמלך יתכון יומא הדין |
| 1911 | Dt26:17 | ית מימרה | דייי | אמלכתון עליכון יומא הדין |
| 1912 | Gn13:14 | וממרה | דייי | אמר לאברם מן דאתפרש לוט |
| 1913 | Dt31:02 | למיפוק ולמיעול וממרה | דייי | אמר לי לא תעבר ית ירדנה |
| 1914 | Dt18:02 | ליה ביני אחוי קרבנוי | דייי | אנון אחסנותיה היך מה דמלל |
| 1915 | Dt32:09 | ארום חלקה | דייי | אנון עמה בני ישראל יעקב |
| 1916 | Lv19:08 | יקבל ארום ית קרבנוי | דייי | אפס ותשתיצי נפשה מן גו |
| 1917 | Nu15:21 | אצוותכון תפרשון לשמה | דייי | אפרשו לדריכון: |
| 1918 | Nu18:24 | ישראל די יפרשון לשמה | דייי | אפרשו יהבית ללוויי אחסנה |
| 1919 | Dt21:23M | /בזיו יקר שכינתיה | דייי | אצלב ולא תס#2#/ ית |
| 1920 | Lv10:13 | דבניך היא מן קרבנוי | דייי | ארום כדן אתפקדית: |
| 1921 | Nu22:22 | ותקף רוגזה | דייי | ארום אזל הוא וא«ת»עתד |
| 1922 | Dt 5:05 | למתנייה לכון ית דבירוי | דייי | ארום דחלתון מן קדם להבי |
| 1923 | Ex10:21M | לשמיא /ואמ' מימרי' | דייי | ארעם ידך על שמיא#2#/ |
| 1924 | Lv 7:05M | ייי /מתקבל לשמה | דייי#2#/ | אשמה הוא: |
| 1925 | Nu31:39M | ואפרשותה | דייי | אשתין וחד |
| 1926 | Nu31:39 | מאוון ואפרשותהון לשמה | דייי | אשתין וחד חמרין: |
| 1927 | Ex16:10 | למדברא והא איקר שכינתה | דייי | אתגליית בעננא: |
| 1928 | Nu14:10 | באבניא ואיקר שכינתה | דייי | אתגליית במשכן זימנא על כל |
| 1929 | Gn32:03M | או דילמה דמשריין | דייי | אתיין לשיזב' יתי |
| 1930 | Dt 6:22 | ושוי מימרה | דייי | אתין וסימנין רברבין ובישין |
| 1931 | Nu25:03 | דפעור ותקף רוגזה | דייי | בישראל: |
| 1932 | Nu32:13 | ותקף רוגזה | דייי | בישראל וטלטל יתהון במדברה |
| 1933 | Ex 4:14 | ותקף רוגזא | דייי | במשה ואמר הלא אהרן אחוך |
| 1934 | Nu31:03 | על מדין למשויא נקמתה | דייי | במדין: |
| 1935 | Gn13:10 | סדום וית עמרה כגינת' | דייי | באילנא כארעא דמצרים |
| 1936 | Nu22:22 | הוא וא«ת»עתד מלאכה | דייי | בארחה למסטן לה והוא רכיב |
| 1937 | Ex 7:03M | וית נסוי#2#/^תימה | דייי#2#^/ | בארעא דמצרי: |
| 1938 | Dt29:26 | ותקיף רוגזה | דייי | בארעא ההיא למייתיה עלה ית |
| 1939 | Dt15:04 | מברכה יברך יתכון ממרה | דייי | בארעה דייי אלהכון יהב לכון |
| 1940 | Dt34:05 | ומית תמן <משה> עבדה | דייי | בארעהון דמואביי על פם |
| 1941 | Ex19:18 | עלוי איקר שכינת' | דייי | באשתא וסלק{ת} תננא כתננא |
| 1942 | Nu18:15 | בשרה די יקרבון לשמה | דייי | בבני אנשא ובבעירא דידך |
| 1943 | Lv27:26 | בוכרה די יתאפרש לשמה | דייי | בבעירה לא יקדש גבר יתיה |
| 1944 | Lv24:16 | ומן די יפרש שמיה | דייי | בגדפין מתקטלה יתקטל מרגם |
| 1945 | Gn 3:08M | בגוא אלני גנתה /ממריה | דייי | בגוא מציעות גנתה#2#/: |
| 1946 | Ex 7:17M | \ייי בדא תדע /מימריה | דייי | בהדא זמנא תדע#2#/ ארום |
| 1947 | Nu12:09 | ותקף רוגזה | דייי | בהון ואזל: |
| 1948 | Nu15:31 | ארום פתגמא | דייי | בזי וית מצוותה אפס |
| 1949 | Nu 9:07 | דלא למקרבה ית קרבנה | דייי | בזימניה בגו בני ישראל: |
| 1950 | Gn35:07M | עלוי יקר שכינתיה | דייי | בזמן דערק מן קדם עשו |
| 1951 | Ex12:42 | ומזומן הוא לפורקן לשמה | דייי | בזמן אפקותיהון דבני ישראל |
| 1952 | Lv23:04 | אילין מועדוי | דייי | {בזמניהון} יומין טבין |
| 1953 | Gn20:06 | ואמר לה ממריה | דייי | בחלמא אף אנא גלי קדמיי |
| 1954 | Gn31:11 | ואמר לי מלאכא | דייי | בחלמא יעקב ואמר הא אנא: |
| 1955 | Dt12:14 | באתרא די יתרעי ממרא | דייי | בחר מן שבטיכון תמן תקרבון |
| 1956 | Dt 3:26 | ותקף רוגזיה | דייי | בי מן בגללכון ולא שמע בקל |
| 1957 | Nu36:13M | במישריה /דפקד מימריה | דייי | בידוי דמשה לוות בני |
| 1958 | Gn 2:02 | ואשלם ממריה | דייי | ביומ' שביעיא עיבידתיה די |
| 1959 | Ex14:30 | ופרק ושיז' ממריה | דייי | ביומא ההוא ית ישראל מן |
| 1960 | Lv 7:35 | דבנוי מן קרבנוי | דייי | ביומא די אקריב יתהון |
| 1961 | Nu32:10 | ותקיף רוג«ז»א | דייי | ביומא ההוא וקיים בשבועה |
| 1962 | Gn 1:04 | הוא ואפ{שר}<רש> ממרא | דייי | בין נהורא לבין חשוכא: |
| 1963 | Ex 9:04M | "יפרש ...:" ויכסי מימריה | דייי | בין נכסיהון דישראל ובין |
| 1964 | Nu22:24 | וקם ליה מלאכה | דייי | ביני סייגי כרמיה סיג מן |
| 1965 | Ex34:09M | כען יקר שכינתיה | דייי#2#/ | בינינן ארום עם קשין/קשי |
| 1966 | Dt 7:04 | די יתקוף רוגזיה | דייי | בכון דלא ישיצי יתכון |
| 1967 | Dt 7:07M | צבא מימריה | דייי | בכון ואיתרעי בכון ארום |
| 1968 | Dt 9:08 | קדם ייי ותקף רוגזיה | דייי | בכון למשיציה יתכון: |
| 1969 | Dt11:17 | דלא יתקף רוגזה | דייי | בכון ויעצור ית שמייא ולא |
| 1970 | Gn39:05 | דיוסף והוה ברכתיה | דייי | בכל מה דהווה ליה בבייתיה |
| 1971 | Ex 9:14M | כוות/כוות ממריה | דייי#2#/ | בכל ארעא: |
| 1972 | Dt 6:05 | ית אולפן אורייתה | דייי | בכל לבבכון ובכל |
| 1973 | Ex13:17M | ארום אמר ייי/מימרי' | דייי | במחשבת דל<ב>יה#2#/ דלא |
| 1974 | Dt31:15 | ואתגלי ממרה | דייי | במשכנה בעמודה דעננה וקם לה |
| 1975 | Gn35:09M | ואיתגלי עלוי מימריה | דייי | במשרי חזווה ועוד אלפת יתן |
| 1976 | Ex 4:22M | בוכרי ישראל /מימריה | דייי | בני בוכרי הנין ישראל#2#/ |
| 1977 | Nu23:19 | דבני אנשא עובדוי | דייי | בני אנשא אמרין ולא עבדין |
| 1978 | Gn39:21M | ממרה | דייי | בסעדה דיוסף והטה לוותה |
| 1979 | Gn48:21M | \ייי עמכון /מימרי' | דייי | בסעדיכון#2#/ ויחזור יתכון |
| 1980 | Nu14:43M | \ייי עמכון /ממריה | דייי | בסעדכון#2#/: |
| 1981 | Nu14:09M | ומימר דייי /ומימריה\ | דייי | בסעדן לא תדחלון#2#/ עמן |
| 1982 | Nu21:06M | ייי /וגרי מימריה | דייי#2#/ | בעמא ית חויה שרפיתה |
| 1983 | Nu11:33M | תקוף בעמה /ותקף רוגזה | דייי | בעמה#2#/ ומחה סגין לחדה: |
| 1984 | Nu12:05 | ואיתגלי איקר שכינתיה | דייי | בעמודה דעננה וקם לה בתרע |
| 1985 | Ex34:05 | איקר שכינתי' | דייי | בעננא ואתעתד לוותיה תמן |
| 1986 | Nu11:25 | ואיתגליית איקר שכינתה | דייי | בענניא ומלל עמה ורבי מן |
| 1987 | Dt 4:03 | ית כל מה די עבד ממריה | דייי | בפלחי טעוותה פעור <...> |
| 1988 | Gn49:27 | תשרי איקר שכינתא | דייי | בצפרא יהוון כהנייא מקרבין |
| 1989 | Gn25:21M | ייי ועברת /ושמע ממרי' | דייי | בקל צלו<ת>י ועב'#2#/ |
| 1990 | Dt10:10 | לילוון ושמע קל ממרה | דייי | בקל צלותי אמר משה לחוד |
| 1991 | Gn21:17M | צלותיה דטליא /מימריה | דייי | בקלא דטלא#2#/ באתרא דהווא |
| 1992 | Dt 1:45M | בקל בכותכון /מימריה | דייי | בקלכון#2#/ ולא אצית |

|  |  |  |  |  |
|---|---|---|---|---|
| 1993 | Lv23:38M | מתנוותכון /שבי קדשוי | דייי | בר מן מת'#2#/ בר מן כל |
| 1994 | Lv23:38 | מקרבין בשובי קדשוי | דייי | בר מן מתנוותכון בר מן כל |
| 1995 | Ex 9:23M | בגו ברדא ואמטר ממרי' | דייי | ברד#2#/ על ארעא דמצרים: |
| 1996 | Dt29:22 | וצבויים די הפך ממרה | דייי | ברוגזיה ובכליתה: |
| 1997 | Gn24:01 | סאב ועל ביומיא וממריה | דייי | ברך ית אברהם בכל«א»: |
| 1998 | Gn 1:17 | ושוי יתהון איקרי' | דייי | ברקיעא שמיא למנהרא על |
| 1999 | Dt28:27M | בשחנה דמצריי /מימריה | דייי | בשוח' דמצרים#2#/ |
| 2000 | Dt 4:14 | ויתי פקד ממריה | דייי | בשעתה ההיא למלפה יתכון |
| 2001 | Lv17:06 | כהנא ית אדמה על מדבחה | דייי | בתרע משכן זמנא ויסדר תרבה |
| 2002 | Nu31:50 | וקרבנן ית קרבנה | דייי | גבר מידהווינן עללין |
| 2003 | Ex 3:07M | מחמי חמית ית /מימריה | דייי | גלי קדמי ית#2#/ צערהון |
| 2004 | Nu11:20M | די מאסתון יקר שכינתה | דייי | דאית ביניכון |
| 2005 | Dt 6:12 | תנשון ית אולפן אורייתה | דייי | דאפיק יתכון פריקין מן ארעא |
| 2006 | Gn16:13 | וצליית בשם ממריה | דייי | דאתגלו עליה את הוא אלהא |
| 2007 | Gn12:07 | תמן מדבח לשם ממרי' | דייי | דאתגלי עלוי: |
| 2008 | Gn35:01 | ובני תמן מדבח לשם ממרי | דייי | דאתגלי עלך במערקך מן קדם |
| 2009 | Gn20:13 | יתי בתר טעוותהון וממרה | דייי | דבר יתיה מן ביתה דאבה |
| 2010 | Ex35:05 | לבה ייתי ית אפרשותא | דייי | דהב וכסף ונחש: |
| 2011 | Ex14:19 | ונטל מלאכא | דייי | דהוי עתיד למהלך קדם |
| 2012 | Ex34:10 | שרי ביניהון ית עובדוי | דייי | דחילין אינון די אנה אעבד |
| 2013 | Ex14:13 | וחמון ית פורקנוי | דייי | די יעבד לכון יומא הדין |
| 2014 | Lv 4:02 | תחטא בשלוה מן כל מצותה | דייי | די לא כשרין מתעבדה ותעבד |
| 2015 | Lv 4:13M | די לא כשרין /פקודוי | דייי | די לא כשרה#2#/ למתעבדה |
| 2016 | Lv 5:17 | ותעבד חדה מן כל מצוותה | דייי | די לא כשרין למתעבדה ולא |
| 2017 | Lv23:02 | ותימר להון מועדוי | דייי | די תארעון יתהון |
| 2018 | Lv23:38 | בר מן קרבניה | דייי | די אתון מקרבין בשובי קדשוי |
| 2019 | Nu11:20 | סרבתון על פם גזרת ממרה | דייי | די אקר שכינתיה שריה |
| 2020 | Dt 1:01 | לשמיה וארון קיימא | דייי | די אעלתון בגווה וחפיתון |
| 2021 | Dt31:08 | ומימרה | דייי | די א«י»קר שכינתיה מדברה |
| 2022 | Nu18:13 | בארעהון די ייתון לשמה | דייי | דידך יהווי כל דידכי |
| 2023 | Lv23:37 | אילין מועד{ו}«י»ן | דייי | דיתארעון יתהון יומין טבין |
| 2024 | Lv 1:03 | אן עלה קרבנה לשמה | דייי | דכר שלם מן מום יקרב יתיה |
| 2025 | Lv 3:06 | לנכיסת קודשיה לשמה | דייי | דכר או נקבה שלם מן מום |
| 2026 | Lv 5:25 | וית אשמה ייתי לשמה | דייי | דכר שלם מן מום מן ענה |
| 2027 | Lv 4:27 | במעבדה חדה מן מצוותיה | דייי | דלא כשרין למתעבדה ויתחייב: |
| 2028 | Lv 8:35 | יומין ותטרון ית מטרתה | דייי | דלא תמותון ארום כדן פקדית: |
| 2029 | Nu22:13M | אתי עמכון /סרב מימריה | דייי | דלא למשבוק יתי למיתי |
| 2030 | Dt 8:11 | תנשון ית אולפן אורייתה | דייי | דלא למטור מצוותה וסדרי |
| 2031 | Gn40:23 | כתבא דכתיב בספר אוריתא | דייי | דמתילא בספר קרביא לייט |
| 2032 | Nu21:14 | ומפרש בספר אורייתה | דייי | דמתילה בספר קרבייה נסייה |
| 2033 | Ex17:15 | וצלי תמן בשם מימרי | דייי | דעבד ליה ניסין: |
| 2034 | Gn35:03 | ואבנה תמן מדבח לשמה | דייי | דענה יתי בשעת עקתי והווה |
| 2035 | Gn22:14 | אמרין בטור מקדשא | דייי | דקרב אברהם ית יצחק ברה |
| 2036 | Ex 4:28 | לאהרן ית כל פתגמיא | דייי | דשלח יתיה ייי <....>: |
| 2037 | Gn28:16 | הא מן קושטא איקר שכינה | דייי | דשריה באתרה הדין ואנה לית |
| 2038 | Gn 1:29 | ואמר אקריה | דייי | הא יהבית לכון ית כל עשביא |
| 2039 | Gn 3:22M | אלהים הא אדם /ממריה | דייי | הא הוה אד'#2#/ קדמיה |
| 2040 | Gn16:11 | ואמר לה מלאכה | דייי | הא את מתעברה וילדת בר |
| 2041 | Gn16:14M | עלוי יקר שכינתיה | דייי | הא הוא בן#2#/ רקם ובין |
| 2042 | Ex 9:27M | /חבית דסרבית על מימריה | דייי | הדה זמנא גלי#2#/ ייי הוא |
| 2043 | Ex15:18 | פומיהון כחדא ואמרין | דייי | הוא מלכותא מן קדם עלמא ועד |
| 2044 | Lv27:26 | אין תור אין אימר לשמה | דייי | הוא: |
| 2045 | Lv27:30 | מן פירי אילנה לשמה | דייי | הוא קדש לשמא דייי: |
| 2046 | Nu15:30M | גייורייה ית מימריה | דייי#2#/ | הוא מחרף ותישתצא |
| 2047 | Nu16:07M | \ייי קדישא /מימריה | דייי | הוא קדיש#2#/ אסגיתון |
| 2048 | Dt18:02M | מימריה | דייי | הוא אחסנתיה |
| 2049 | Ex13:21 | וממרי«ה» | דייי | הוה מדבר קדמיהון באיממא |
| 2050 | Nu10:34 | וענן איקר שכינתה | דייי | הוה מגן באיממה במיטלהון מן |
| 2051 | Ex 9:29 | תוב מן בגלל דתדע ארום | דייי | ה{ו}<י>א ארעא: |
| 2052 | Ex19:05M | \דידי היא כל /לשמה | דייי | היא כל#2#/ ארעא: |
| 2053 | Lv25:23M | לחלטין ארום לשמה | דייי | היא כל ארעא ארום גיורין |
| 2054 | Lv 8:21M | הוא/מתקבל הוא לשמיה | דייי#2#/ | היך מה פקד ייי ית משה: |
| 2055 | Nu 3:16 | משה על פם גזירת ממרה | דייי | היך מה דאיתפקד: |
| 2056 | Nu 3:51 | על פם גזירת ממרה | דייי | היך מה די פקד ייי ית משה: |
| 2057 | Nu31:47 | דנטרין מטרת משכנא | דייי | היך מה די פקיד ייי ית |
| 2058 | Gn21:23M | לי בשבועה בשם ממריה | דייי | הכא דלית את משקר לי בברי |
| 2059 | Gn21:23 | וכדון אשתבע לי בשמה | דייי | הכה אם תשקר בי ובברי ובבר |
| 2060 | Nu14:44 | לריש טורא וארון קיימא | דייי | ומשה לא זעו מן משריתה: |
| 2061 | Nu22:25 | וחמת אתנתה ית מלאכה | דייי | ואדחקת לכותלה ודחקת ית |
| 2062 | Dt 1:43 | על פם גזירת מימרה | דייי | ואזידתון וסליקתון לטורא: |
| 2063 | Dt32:01 | כדין קם ליה משה נבייא | דייי | ואזרז ואמר אציתו שמיה |
| 2064 | Dt18:01 | עם ישראל קורבנוי | דייי | ואחסנותיה יאכלון: |
| 2065 | Ex 7:20M | וארים חוטריה /מימריה | דייי | ואטען בחוטר'#2#/ ומחה |
| 2066 | Nu33:02 | על פם גזירת ממריה | דייי | ואילין מטלניהון למיפקנהון: |
| 2067 | Ex40:35 | אשרי עלוי איקר שכינתה | דייי | ואיקר שכינתה דייי מלא |
| 2068 | Lv10:12 | די אשתיירת מן קרבנוי | דייי | ואכלו יתה פטירין סמיך |
| 2069 | Lv23:44 | משה ית סדרי מועדוי | דייי | ואלף יתהון לבני ישראל: |
| 2070 | Gn35:09M | ובריך יתהון ממריה | דייי | ואמ' להון מימריה דייי |
| 2071 | Gn18:30 | ואמר לא כען יתקף רוגזא | דייי | ואמלל מה דילמה אם ישתכחון |
| 2072 | Gn18:32 | לא כען {א}<י>תקף רוגז' | דייי | ואמלל לחוד זמנא הדין מה |
| 2073 | Gn 1:28 | וברך יתהון איקריה | דייי | ואמר ליהון ממרה דייי תקופו |
| 2074 | Gn22:14 | אברהם וצלי בשם ממריה | דייי | ואמר בבעו ברחמין מן קדמיך |
| 2075 | Gn26:02M | ייי/יקר שכינתיה | דייי#2#/ | ואמר לא תיחות מצרימה |
| 2076 | Lv22:27M | בכין פרש משה נבייה | דייי | ואמר עמי בני ישראל תור |
| 2077 | Dt33:08 | דלוי ברך משה נביא | דייי | ואמר תומייא ואורייא אלבישת |
| 2078 | Dt33:12 | דבנימן ברך משה נבייא | דייי | ואמר רחימה דייי ישרי לרחצן |
| 2079 | Dt33:13 | דיוסף ברך משה נבייא | דייי | ואמר מה בריכה היא מן קדם |
| 2080 | Dt33:18 | דזבולן ברך משה נבייא | דייי | ואמר חדון דבית זבולן |
| 2081 | Dt33:20 | דגד ברך משה נביא | דייי | ואמר בריך מן דאפתי תחומה |
| 2082 | Dt33:22 | דדן ברך משה נבייא | דייי | ואמר דן מדמי לגור בר |
| 2083 | Dt33:23 | דנפתלי ברך משה נבייא | דייי | ואמר נפתלי שביע רעווה |
| 2084 | Dt33:24 | דאשר ברך משה נבייא | דייי | ואמר בריך מן בניא יהווי |
| 2085 | Ex 7:25M | ית מיא דנהרא /מימריה | דייי | ואסיקית נהרא#2#/ ואסי |
| 2086 | Dt 4:20 | ויתכון אפרש מימריה | דייי | ואפק יתכון מן כורה דפרזלה |
| 2087 | Ex24:04 | וכתב משה ית כל פתגמיי | דייי | ואקדם בצפרא ובנה מדבח |
| 2088 | Ex18:12 | ונכסת קודשין לשמיה | דייי | ואתא אהרן וכל חכימיא |
| 2089 | Gn15:06 | והיימן אברם בשם ממרא | דייי | ואתחשבת ליה לזכו: |
| 2090 | Nu21:05M | עמא בשם מימריה | דייי | ובמשה למ'#2#/ כען אסקתון |
| 2091 | Lv22:24 | לא תקרבון אלין לשמה | דייי | ובארעכון לא תעבדון: |
| 2092 | Gn 9:16 | קיים עלם בין מימרא | דייי | ובין כל נפש חיתה בכל בשרא |
| 2093 | Dt 5:05 | הוינה מעתד בין ממריה | דייי | וביניכון בשעתה ההיא |
| 2094 | Ex14:31 | ייי והימנו בשם ממריה | דייי | ובנבואתיה דמשה עבדיה: |
| 2095 | Gn28:17M | אילהן אתר בית מקדשא | דייי | ודין היכלא מכוון תרע |
| 2096 | Gn24:62M | עלוי יקר שכינתי' | דייי | והוא#2#/ הוה שרי בארעא |
| 2097 | Ex12:42 | על אפי תהומא וממריה | דייי | והוה נהורא ונהר וקרא יתה |
| 2098 | Ex24:11 | וחמון ית איקר שכינתה | דייי | והוון חדיין על קרבניהון |
| 2099 | Nu14:41 | על פם גזירת מימרה | דייי | והיא לא תצלח: |
| 2100 | Gn 7:16M | עלוי /די פקדת ממריה | דייי | וחס ואגן ממריה דייי |

|  |  | | | |
|---|---|---|---|---|
| 2101 | Lv27:16 | אחסנתיה יקדש גבר לשמה | דייי | ויהוי עלויה לפם זרעה זרע |
| 2102 | Lv 5:21 | תחטא ותשקר שקר בשמה | דייי | וי{ח}<כ>פר בחברה בפקדון או |
| 2103 | Lv 5:15 | ותחטא בשלו מן קדשוי | דייי | וייתי ית אשמיה קדם ייי דכר |
| 2104 | Lv 4:31 | מדבחה לריח דרעוה לשמ' | דייי | ויכפר עלוי כהנא וישתרי |
| 2105 | Lv 4:35 | על גבי מדבחה על קרבנוי | דייי | ויכפר עלוי כהנא על חובתיה |
| 2106 | Nu14:08M | /איתרעי בן מימריה | דייי | ויעל יתן#2#/ יתה לן ארע |
| 2107 | Lv27:14 | יקדש ית ביתה קדש לשמה | דייי | ויעלי יתה כהנה בין טב ובין |
| 2108 | Lv 1:14 | מן עופא עלה קרבנה לשמה | דייי | ויקרב מן שפניניה {או} או |
| 2109 | Lv 2:08 | די יתקרב מן אלין לשמה | דייי | ויקרב יתה לות כהנא ויסדר |
| 2110 | Lv16:09 | עלוהי עדוה לשם ממריה | דייי | ויקרב יתה לתטאתה: |
| 2111 | Gn40:23M | די יתרחיץ בשם ממרי' | דייי | וישווי ממרה דייי רחצניה |
| 2112 | Lv 5:21M | בשם ממריה | דייי | וישקר בחברה בפקדונה או |
| 2113 | Lv 7:25M | תיכול מן גוא /לשמיה | דייי | וישתצי נפשה ההיא מן#2#/ |
| 2114 | Ex18:16 | ואודע יתהון ית קיימוי | דייי | וית גזרת אורייתא: |
| 2115 | Ex24:03 | ותני לעמא ית כל פתגמיא | דייי | וית כל סדרי דינא וענון כל |
| 2116 | Dt10:13 | למטור ית מצוותה | דייי | וית קיימוי די אנה מפקד |
| 2117 | Dt31:09 | ית ארון דקיימייה | דייי | וית חכימייה דישראל: |
| 2118 | Gn28:22 | יהווי בית מקדשיא לשמה | דייי | וכל מה דתתן לי חד מן עשרה |
| 2119 | Ex13:12 | שרוי פתחי וולדה לשמה | דייי | וכל פתחי וולדה דבעירא די |
| 2120 | Ex35:24 | אייתון ית אפרשותה | דייי | וכל מן די אשתכח לוותיה אעי |
| 2121 | Nu11:24 | עם עמא ית כל פתגמוי | דייי | וכנש שובעין גברין מן גברי |
| 2122 | Nu 9:19 | בני ישראל ית מטרתה | דייי | ולא־ יטלון: |
| 2123 | Nu14:43 | די חזרתון בתר מימרה | דייי | ולא יהוי ייי עמכון: |
| 2124 | Nu23:19 | כמימר בני אנשא מימריה | דייי | ולא כעובדהון דבני אנשא |
| 2125 | Dt18:22 | די יימלל נבייא בשם ממרה | דייי | ולא יהווי פתגמא ולא יתי |
| 2126 | Dt31:27 | מסרבין הויתון בתר ממרה | דייי | ולהוד ארום בתר מתותי: |
| 2127 | Nu16:09 | ית פלחן משכן זימנא | דייי | ולמיקם קדם כנישתה למשמשה |
| 2128 | Nu33:38 | טורא על פם גזירת ממרה | דייי | ומית תמן בסוף ארבעין שנין |
| 2129 | Ex20:20 | עליכון איקר שכינתיה | דייי | ומן בגלל דתיהוי דחלתה דייי |
| 2130 | Nu16:03 | וביניכון שריא שכינתה | דייי | ומן בגלל מה אתון מתרברבין |
| 2131 | Lv23:18 | תרין יהוון עלה לשמה | דייי | ומנחתהון ונסכהון קרבן |
| 2132 | Nu15:24 | לריח {ניחו} דרעוה לשמה | דייי | ומנחתיה ונס«ו»כוי כסדר |
| 2133 | Gn 8:20 | ובנה נח מדבח לשם ממרה | דייי | ונסב מן כל בעירה דוכי' ומן |
| 2134 | Lv23:13 | מתקבל לריח דרעוה לשמה | דייי | ונסוכוי חמר רבעות הינה: |
| 2135 | Ex 4:27 | יתיה בטור בית מוקדשא | דייי | ונשק יתיה: |
| 2136 | Lv22:03 | בני ישראל לשמה | דייי | וסאבתיה עלוי ותשתיצי נפשה |
| 2137 | Lv 7:20 | נכסת קדשיה דמפרש לשמה | דייי | וסאובתיה עלוי ותשתיצא נפשה |
| 2138 | Gn47:31M | דאתגלי איקר שכינתי' | דייי | וסגיד ישראל |
| 2139 | Ex19:18M | מזיו יקר שכינתיה | דייי | וסלק קוטרי' היך |
| 2140 | Lv16:08 | עדיו חד לשם ממרי' | דייי | ועדיו חד לעזאזל: |
| 2141 | Nu21:05 | ומלילו עמה בתר ממרה | דייי | ועל משה אתרעמו למה כען |
| 2142 | Nu21:07 | ארום מללנן בתר ממרה | דייי | ועליך אתרעמנן צלי קדם ייי |
| 2143 | Gn12:08 | תמן מדבח לש' ממריה | דייי | ופלח וצלי תמן בשם ממריה |
| 2144 | Gn26:25 | תמן מדבח וצלי בשם ממרי | דייי | ופרס תמן משכניה וחפרו תמן |
| 2145 | Ex34:06 | ועברת איקר שכינתיה | דייי | וצלי משה ואמר ייי ייי |
| 2146 | Gn24:48 | ועקדת ואודת ושבחת לשמה | דייי | וצלי«י»ת קדם אלהה |
| 2147 | Dt29:19 | ארום בכדן יתקוף רוגזיה | דייי | וקנאתיה בגברא ההוא וידבקון |
| 2148 | Nu22:27 | וחמת אתנתה ית מלאכה | דייי | ורבעת לה תחות בלעם ומחת |
| 2149 | Ex 9:21M | דלא שוי לביה לפתגמ' | דייי#2#/ | ושבק ית עבדוי וית |
| 2150 | Ex 9:21 | די לא שוי לבא לפתגמוי | דייי | ושבק ית עבדוי וית בעיריה |
| 2151 | Ex16:07 | יתחמון איקר שכינתה | דייי | ושמיע ית תורעמתכון קדם ייי |
| 2152 | Nu11:01 | הגין ביש במשמעה | דייי | ושמע קדם ייי ותקף רוגזה |
| 2153 | Ex 4:31 | והימנו עמא בשם ממריה | דייי | ושמעו ארום אדכר ייי ברחמוי |
| 2154 | Ex17:01 | על פם גזירת מימריה | דייי | ושרון ברפידים ולא הוה |
| 2155 | Ex24:10 | וחמון ית איקר שכינתה | דייי | ותחות אפיפודן דרגלוי כעובד |
| 2156 | Ex18:23M | למיקם /יתך מימרי' | דייי | ותיכול למיקם#2#/ |
| 2157 | Nu15:39 | ית כל מצוותה | דייי | ותעבדון יתהון ולא |
| 2158 | Nu 5:06 | למשקרי שקר בשמה | דייי | ותתחוב נפשה ההוא: |
| 2159 | Dt17:10 | ההוא די יתרעי ממריה | דייי | ותתטרון למעבד כל מה די |
| 2160 | Ex 9:28M | ויפסוק קדמוי | דייי | זכאה |
| 2161 | Gn 4:25M | ארום שוי לי ממריה | דייי | זרע אוחרן חולף הבל די |
| 2162 | Lv 5:07 | גוזלין בני יון לשמה | דייי | חד לחטאת' וחד לעלתה: |
| 2163 | Nu18:26 | ותפרשון מיניה אפרשותה | דייי | חד מן עשרה ממעשרה: |
| 2164 | Gn16:09 | ואמר לה מלאכה | דייי | חזרי לוות רבונתיך ואצטערי |
| 2165 | Nu22:34 | ואמר בלעם למלאכה | דייי | חטאת ארום לא ידעת ארום את |
| 2166 | Lv 5:12 | על גבי מדבחא על קרבנוי | דייי | חטאתה היא: |
| 2167 | Ex36:01M | ליבה דיהב מימריה | דייי | חכמ' |
| 2168 | Ex36:02M | לבה די שווי מימרי' | דייי | חכמה בלבה כל די רברב לביה |
| 2169 | Ex19:11M | כל /אתגלי' מימרי' | דייי | חמיין כל#2#/ עמא על טורא |
| 2170 | Gn50:20M | לטבן /בושן ממריה | דייי | חשב יתיה לטב מק'#2#/ |
| 2171 | Dt 9:04 | דאומייה האליין מימרה | דייי | טרד יתהון מן קדמיכון: |
| 2172 | Dt11:17 | ארעא טבתה דממרא | דייי | יהב לכון: |
| 2173 | Nu18:19 | יפרשון בני ישראל לשמה | דייי | יהבית לך ולבניך ולבנתך עמך |
| 2174 | Gn 1:03 | ואמר ממ«רא» | דייי | יהוי נהור והות נהור כגזירת |
| 2175 | Gn 1:06 | ואמר ממרא | דייי | יהוי רקיעא במציעות מיא |
| 2176 | Lv27:09 | מה די יפרש מינה לשמה | דייי | יהוי קדיש: |
| 2177 | Gn20:11 | אמרית לחוד לית דחלתה | דייי | יהיבה באתרא הדין וקטלין |
| 2178 | Gn22:08M | אזדמן לה אמר /ממריה | דייי | יזדמן לה אימרא#2#/ לעלתה |
| 2179 | Gn43:29M | יהוי מחוס עלך /מימרי' | דייי | יחוס עלך#2#/ ברי: |
| 2180 | Nu 9:18 | על פ{ו}ם גזירת מימריה | דייי | יטלון בני ישראל |
| 2181 | Nu 9:20 | ועל פם גזירת מימרה | דייי | יטלון: |
| 2182 | Nu 9:23 | ועל פם גזירת מימרה | דייי | יטלון ית מטרתה דייי נטרו |
| 2183 | Dt 8:03 | דנפק מן פם גזירת ממריה | דייי | ייחי בר נשא: |
| 2184 | Ex20:11M | ברא /ושכלל מימרי' | דייי#2#/ | ייי שמיא וית ארעא ית |
| 2185 | Lv 7:29 | ית נכסת קודשוי לשמה | דייי | ייתי ית קרבניה לייי מן |
| 2186 | Nu 5:21M | עמיך כד יתן מימריה | דייי | ירכיך מסיין וית כרסיך |
| 2187 | Nu 9:18 | גזירת מ«י»מרה | דייי | ישרון כל יומין די שרי ענגה |
| 2188 | Nu 9:23 | על פם גזירת מימרה | דייי | ישרון ועל פם גזירת מימרה |
| 2189 | Dt33:12 | נבייא דייי ואמר רחימה | דייי | ישרי לרחצן עלוי יהווי מגן |
| 2190 | Gn 1:20 | ואמר ממרא | דייי | ישרצון מיא שרץ נפש דחיא |
| 2191 | Nu30:06M | /לא יקומון וממריה | דייי | ישתרי וישת'#2#/ לה ארום |
| 2192 | Nu30:13M | /אפס יתהון ומימריה | דייי | ישתרי וישת'#2#/ לה: |
| 2193 | Gn 1:16 | וברא ממרא | דייי | ית תרין נהוריא רברביא ית |
| 2194 | Gn 1:25 | וברא ממרה | דייי | ית חייתא דארעא למינה וית |
| 2195 | Gn 1:27 | וברא ממרה | דייי | ית בר נשא בדמותיה בדמו |
| 2196 | Gn 2:03 | וברך איקריה | דייי | ית יומא שביעיא וקד' יתיה |
| 2197 | Gn 2:15M | דעדן למהוי /ממריה | דייי | ית אדם ואצנע יתיה בגינתה |
| 2198 | Gn13:10M | קדם עד לא יחבל ממריה | דייי | ית |
| 2199 | Gn16:11M | קדם ייי /שמע ממריה | דייי#2#/ | ית צעריך: |
| 2200 | Gn19:29M | /בזמן דחבל מימריה | דייי#2#/ | ית קרוי'^קרי#2#^ |
| 2201 | Gn33:05M | /חס ואגון מימריה | דייי#2#/ | ית עבדך: |
| 2202 | Ex14:27M | לקדמותיהן ושנק מימרי' | דייי | ית מצריי' בגו ימא |
| 2203 | Ex20:11M | כן ברך מימרי' | דייי#2#/ | ית יומא דשבתא וקדש |
| 2204 | Ex31:17M | ייי/ושכלל מימריה | דייי#2#/ | ית שמיא וית ארעא וביומא |
| 2205 | Ex32:35M | ייי /וחבל מימריה | דייי#2#/ | ית עמא על אשר עשו את |
| 2206 | Lv 3:03M | קרבן \קדם ייי /לשמה | דייי#2#/ | ית תרבא דחפי ית/על#2#/ |
| 2207 | Nu 8:04M | ייי /חווי מימריה | דייי#2#/ | ית משה כדן עבד בצלאל |
| 2208 | Nu11:29M | ייי /יתן מימריה | דייי#2#/ | ית רוח קודשה עליהון: |

2209 Nu14:21 ותתמלא איקר שכינתה דייי ית כל ארעא:
2210 Nu22:31M עייני /ופתח מימריה דייי ית עייניה#2/ דבלעם וחמא
2211 Nu31:07M די פקד מימריה דייי#2/ ית משה וקטלו כל דכורא:
2212 Dt 5:28 ושמע מימרה דייי ית קל מליכון בזמנה דמללתון
2213 Dt11:23 ויטרוד ממרה דייי ית כל אומייא האליין
2214 Dt28:59M ויכסי מימריה דייי ית מחתה וית מחת זרעיית
2215 Dt33:01 ברכתה די ברך משה נביא דייי ית בני ישראל קדם עד לא
2216 Dt34:01 וחווי ליה מימריה דייי ית כל ארעא וית גלעד עד
2217 Dt34:09 היך מה די פקד מימריה דייי ית משה:
2218 Lv 8:04M ייי /די פקד ממריה דייי#2/ יתה ויתכנשו עם כנשתה
2219 Nu10:29M "ייי ...": מימריה דייי יתיה אתן לכון אתה עימן
2220 Dt 1:03M למימר להון /ממריה דייי יתיה עליהון#2/:
2221 Dt 9:16 מן אורחא דפקיד מימרה דייי יתכון:
2222 Dt 9:23 וכד שלח מימרה דייי יתכון מן רקם דגיעה למימר
2223 Dt28:08M באוצריכון /מימריה דייי יתכון ית ברכתה
2224 Gn 1:09 ואמר ממרה דייי יתכנשון מיא מן תחות שמיא
2225 Ex32:11M למה ה'/כען מימריה דייי#2/ יתקוף רוגזך בעמך די
2226 Nu17:28 די יקרב למקרבה למשכנה דייי יתקטל ה<ו>א ספנן הא
2227 Ex24:17 וחיזו איקר שכינתיה דייי כאשתא אכלה אשא מתכלה בריש
2228 Gn18:33 איקר שכינ«תיה» דייי כד אשלם לממללא עם אברהם
2229 Ex30:12 פרק{י}<ו>ן נפשה לשמה דייי כד תהוי מני יתהון דלא
2230 Nu21:14M כן יעבד להון <מימריה> דייי כד הנון עבר' בנ{ה}<ח>לי
2231 Dt 1:01M עבד לכון ממריה דייי כד הווי'
2232 Dt29:23 כל אומייה למה ממרה דייי כדן עבד לארעה הדה מה תקיף
2233 Nu13:03 מדברה על פם גזרת ממרה דייי כולהון גברין ראשיהון דבני
2234 Lv27:21 במפקה דיובילה קדש לשמה דייי כחקל אפרשו לכהנה תיהוי
2235 Gn21:06M חדה רבה עבד לי ממריה דייי כל דשמע בקלי {ו}<י>חדי
2236 Ex13:15M כל פתחי וולדא /לשמה דייי כל קדמי פתח וול'#2/
2237 Ex31:15M קדש \קדם ייי /לשמה דייי#2/ כל \די יעבד/דעבד#2/
2238 Ex35:05 מן לוותכון אפרשו לשמה דייי כל די ידוב יתה לבה ייתי ית
2239 Nu27:17 בשלם דלא תיהווי כנשתה דייי כעין די לית ליה רעי:
2240 Ex 8:27M \ייי כמילוי /מימרי' דייי כפיתגמי#2/ דמשה ועבר
2241 Gn22:15 וקרא מלאכה דייי לאברהם זמן תניינות מן
2242 Nu18:28 ותתנון מניה ית אפרשותה דייי לאהרן כהנה:
2243 Nu21:16M באירה די אמ' מימריה דייי#2/ לאהרן ולמשה כנש ית
2244 Nu31:41 משה ית תלש אפרשותה דייי לאלעזר כהנא היך מה די פקד
2245 Nu22:12 ואמר ממרה דייי לבלעם לא תזיל עמהון ולא
2246 Nu22:35 ואמר מלאכה דייי לבלעם אזל עם גברייה ולהוד
2247 Gn21:17 קליה דטליא וקרא מלאכא דייי להגר מן שמיא ואמר לה מה
2248 Ex 3:14M "ייי ... שלח": מימרה דייי למשה דן דאמ' לעלמ' הווי
2249 Ex 3:15M למשה כדין /מימריה דייי למשה תניינות כדין#2/
2250 Ex 4:21M במיזלך למחזור /מימריה דייי למשה כד תיזל למיזל#2/
2251 Ex19:20 ריש טורא וקרא מימריה דייי למשה מן טורא וסלק משה:
2252 Ex24:16M יומין וקרא /דבירא דייי#2/ למשה ביומא שביעיא
2253 Ex34:01M למשה חצב /מימריה דייי למשה חצוב#2/ לך תרין
2254 Gn 2:18M לבלחודוי /ממריה דייי לא שפר למהווי אדם
2255 Gn 3:01M /לחוד ארום אמ' ממריה דייי#2/ לא תאכלון מכל אילני
2256 Lv 2:11 כל מנחתה דיקרבון לשמה דייי לא תתקרב חמיע ארום כל
2257 Nu 9:13 מן גו עמה ארום קרבנה דייי לא קרב בזימניה חובוי יקבל
2258 Nu14:09 לחוד באיקר שכינתה דייי לא תמרדון ואתון לא תדחלון
2259 Nu30:03 למקיימה קיים לשמא דייי לא יבטל פתגמיה כל די יפוק
2260 Dt11:21 על <ארעא> די קיים ממרא דייי לאבהתכון למיתן לכון כיומי
2261 Gn 3:21M אלהים /וברא ממריה דייי#2/ לאדם ולאתתיה לבושין
2262 Dt31:04 ויעבד מימרה דייי להון היך מה דעבד לסיחון
2263 Nu22:08M <די'> מלל ממריה דייי לוותי ויתבו רברבני דמואב
2264 Nu 3:39 על פם גזירת ממריה דייי לזרעייתהון כל דכורה מן בר
2265 Nu11:10 בתרע משכנה ותקף רוגזה דייי לחדה ובאפוי דמשה ביש:
2266 Dt23:03 ייעול ממזר בקהל כנשתה דייי לחוד דר עשיריי לא יתחשב
2267 Dt23:04 ומואביי בקהל כנשתה דייי לחוד דר עשריי לא יתחשב
2268 Lv 4:03 תורין שלם מן מום לשמה דייי לחטאת:
2269 Lv21:06 דאלההון ארום ית קרבנוי דייי לחם אלההון אינון מקריבין
2270 Dt 5:28 דמללתון עמי ואמר מימרה דייי לי אמר משה שמעית ית קל
2271 Dt 9:19M מנכון ושמע מימריה דייי לי אמר
2272 Dt34:04 ואמר מימריה דייי לי אמר משה דא ארעא דקיימת
2273 Gn 1:10 וקרא ממרא דייי ליבשת' ארעא ולבית כנישות
2274 Ex12:42 הוא לילי פסחא לשמה דייי לילי נטיר ומזומן הוא
2275 Nu18:12 ברתהון די יפרשון לשמה דייי לך יהבית יתהון:
2276 Lv 7:14 מן כל קרבן אפרשו לשמה דייי לכהנא דזרק ית אדם נכסת
2277 Nu 5:08M לייי /דאתחזור לשמה דייי#2/ לכהנה בר מן דיכרה
2278 Ex16:15M לכון למיכל /במימרי' דייי לכון למזון#2/:
2279 Dt 3:21 האליין כדן יעבד מימרה דייי לכל מלכוותה די אתון עברין
2280 Ex30:15 סלעא למיתן ית אפרשתה דייי לכפרא על נפשתכון:
2281 Lv16:08M "עדיו ...": עדב חד לשמה דייי לכפרה על עמא ועדב חד
2282 Gn31:07M לי /שבק יתיה מימריה דייי למבאשה לי#2/:
2283 Nu20:04 ית קהל ^עם#2^ כנישתה דייי למדברה הדין לממות תמן אנן
2284 Gn24:31 ואמר עול בריכה דייי למה כען את קיים לברא והא
2285 Gn 1:01M דייי /בחוכמתא ברא ייי#2/ שכלל/ושכלל#2/ ית שמיא
2286 Gn19:13M ייי ושלח יתן /\ממריה דייי למחבלה#2/ למשיציא
2287 Dt10:10M ייי /בעא מימריה דייי#2/ למחבלה יתכון:
2288 Gn11:05 ואתגלית איקר שכינתיה דייי למחמי ית קרתא וית מגדלא
2289 Gn 1:22 וברך יתהון ממרא דייי למימר תקיפו וסגון ומלון ית
2290 Gn17:03 ומליל עמה מימרה {לממר} דייי למימר:
2291 Nu11:18 בשר ארום בכיתון במשמעה דייי למימר אלווי מן יוכל יתן
2292 Nu36:05 על פם גזירת ממרה דייי למימר יאות שבטה דבני יוסף
2293 Dt31:25 ליוויי טעני ארון קיימה דייי למימר:
2294 Dt34:11 די שלח יתיה מימריה דייי למיעבד בארעא דמצרים לפרעה
2295 Gn 2:03 עיבידתיה די ברה איקרה דייי למעבד:
2296 Gn18:19 בתרה ויטרון אורחא דייי למעבד צדקתה ודינא מן בגלל
2297 Nu24:13 על פם גזרת מימרה דייי למעבד טבא או בישא מן דעתי
2298 Nu22:26 ואוסף מלאכה דייי למעבר וקם ליה באתר דחיק די
2299 Nu18:06 מתנה אינון יהיבין לשמה דייי למפלח ית פלחן משכן זימנה:
2300 Dt10:08 למסבול ית ארון קיימה דייי למקום קדם ייי למשמשה קדמוי
2301 Dt10:15 באב<ה>תכון אתרעי ממרה דייי למרחמ«ו»ה יתהון ובחר
2302 Ex12:23 ותעבר איקר שכינתיה דייי למשיציא ית מצריי
2303 Gn 1:05 וקרא ממרא דייי לנהורא אימ' ולחשוכא קרא
2304 Ex35:21 יתיה אייתון ית אפרשותא דייי לעבידת משכן זימנא ולכל
2305 Ex19:11 תתגלי איקר שכינתא דייי לעיני כל עמא על טורא
2306 Lv22:18 לשמה {יקרבון לשמה} דייי לעלה:
2307 Dt 4:20 מן מצרים למהווי לשמה דייי לעם אחסנה כיומא הדין:
2308 Dt29:12 יתכון יומא הדין לשמה דייי לעם קדישין והוא יהווי לכון
2309 Lv22:21 יקרב נכסת קודשין לשמה דייי לפרש נדר או נסיבה בתורין
2310 Nu23:03 מה דלמא יזדמן מימריה דייי לקדמותי ופתגמא די יחווי
2311 Lv24:09 קדשין הוא לה מן קרבנוי דייי לקיים עלם:
2312 Ex29:18 מדבחא עלה הוא לשמה דייי לריח דרעוא קרבן קדם ייי
2313 Lv19:05 תכסון נכסת קדשין לשמה דייי לרעוה עליכון תיכסון יתיה:
2314 Lv22:29 <....> נכסת אודיה לשמה דייי לרעוה עליכון תכסון יתיה:
2315 Gn 1:08 וקרא ממרא דייי לרקיעא שמיא והוה רמש והוה
2316 Dt33:07 די ברך משה נבייא דייי לשבטה דיהודה ואמר שמע

| | | | | |
|---|---|---|---|---|
| 2317 | Ex30:14M | יתן אפרשה/אפרשותה | דייי#2/ | לשמה דייי: |
| 2318 | Lv19:21 | וייתי ית אשמה לשמה | דייי | לתרע משכן זימנא דכר לאשמה: |
| 2319 | Nu34:15 | דעלוי סדר נצחני קרבוי | דייי | מדעבדין ומנהרא רובא נהרא |
| 2320 | Lv 2:14 | מנחת דביכורין לשמה | דייי | מהבהב קלי בנורא גרש פריחין |
| 2321 | Ex13:17M | \ייי ארח /מימריה | דייי | מהלך#2/ ארעהון דפלישתיי |
| 2322 | Lv21:21M | יקרוב למקרבה ית קרבנה | דייי | מום ביה |
| 2323 | Nu18:28 | אוף אתון אפרשותה | דייי | מכל מעשריכון די תקבלון |
| 2324 | Ex40:35 | דייי ואיקר שכינתה | דייי | מלא משכנה: |
| 2325 | Ex40:35M | /עננה וביקר שכינתה | דייי | מלא#2/ משכנה: |
| 2326 | Ex15:25 | אילן ונסב מיניה מימריה | דייי | מלה דאוריתא וטלק לגו מיא |
| 2327 | Nu10:29M | לך ארום מימריה | דייי | מלל טב על ישראל |
| 2328 | Ex40:34 | זימנא ואיקר שכינתה | דייי | מלת ית משכנה: |
| 2329 | Dt34:10 | די חכם יתיה מימריה | דייי | ממלל כל וקבל ממלל: |
| 2330 | Gn22:11 | וקרא ליה מלאכא | דייי | מן שמיא ואמר אברהם אברהם |
| 2331 | Ex19:03 | ייי וקרא ליה דבירה | דייי | מן טורא למימר כדין תימר |
| 2332 | Ex19:17 | עמא לקדמות איקר שכינתא | דייי | מן משריתא ואתעתדו בשפלוי |
| 2333 | Lv27:28 | אפרשו די יפרש גבר לשמה | דייי | מן כל מה דלה מן בני אנשה |
| 2334 | Nu10:36M | ואמ[ר] תוו כען ממריה | דייי | מן תקוף רוגזך ובריך |
| 2335 | Nu18:29 | תפרשון ית כל אפרשותה | דייי | מן כל תרבה ית טובה מנה: |
| 2336 | Nu25:04 | בכדן יחזור תקוף רוגזה | דייי | מן ישראל: |
| 2337 | Nu31:37 | והוות אפרשותה לשמה | דייי | מן ענה שת מאוון ^ושבעין |
| 2338 | Dt 6:21M | יתן פריקין /\מימריה | דייי#2/ | מן מצרים ביד תקיפה: |
| 2339 | Dt13:18 | מן בגלל דיחזור ממרה | דייי | מן תקוף רוגזיה ויתן לכון |
| 2340 | Dt 1:37M | ייי /בי תקוף רוגזה | דייי#2/ | מן בגללכון למימר להוד |
| 2341 | Ex 3:04 | למחמי וקרא ליה ממריה | דייי | מן גו סניה ואמר ליה משה |
| 2342 | Nu31:28 | ותפרשון אפרשו לשמה | דייי | מן לות עמא עבדי קרבה |
| 2343 | Nu23:08 | אנה מזער יתהון וממריה | דייי | מסגי יתהון: |
| 2344 | Nu23:08 | לייס ^יתהון#2^ וממריה | דייי | מסגי יתהון מה אנה מזער |
| 2345 | Gn16:10 | ואמר לה מלאכה | דייי | מסגיא אסגיא ית בניך ולא |
| 2346 | Dt 8:20 | כאומייה דמימרה | דייי | מסיף מן קדמיכון כדן תסופון |
| 2347 | Dt32:30 | תקיפה שבק יתהון ומימרה | דייי | מסר יתהון ביד |
| 2348 | Gn35:13 | ואסתלקת איקר שכינתה | דייי | מעילוי באתרא די מלל עמיה: |
| 2349 | Gn17:22 | ואסתלק' איקר שכינתיה | דייי | מעלוי אברהם: |
| 2350 | Nu22:23 | וחמת אתנתה ית מלאכה | דייי | מעתד בארחה וחרבה שליפה |
| 2351 | Lv 9:04 | ארום יומא הדין ממריה | דייי | מתגלי עליכון: |
| 2352 | Lv23:20 | אמריה קדש יהוון לשמה | דייי | מתנה לכהנא יתיהבון: |
| 2353 | Lv24:16M | ודמבזה שם מימריה | דייי | מתק' |
| 2354 | Nu11:29 | לי אלווי מן יתן כל עם | דייי | נביין ארום ישור' ייי ית |
| 2355 | Nu 9:23 | דייי יטלון ית מטרתה | דייי | נטרו על פם גזירת מימרה |
| 2356 | Ex13:08M | באפקותן /לן מימרי | דייי | ניסים במפקיהון#2/ פריקין |
| 2357 | Ex14:31M | די עבד בה מימר' | דייי | נסין במצרי' והימינו |
| 2358 | Dt33:02 | כל מה «די» מלל מימרה | דייי | נעבד ונשמע ופשט ימיניה |
| 2359 | Nu34:15 | מה די קטל משה נביא | דייי | נפק לרפיון ולשוק מזיי |
| 2360 | Nu19:13 | ולא יתדי עלוי ית משכנה | דייי | סאב ותשתיצא נפשה ההיא |
| 2361 | Nu19:20 | קהלה ארום ית בית מקדשא | דייי | סאב מי אדיה לא אזרק עלוי |
| 2362 | Gn15:02M | "בבעו ... יהבת": ממריה | דייי | סגין ברכן יהב' |
| 2363 | Ex 9:05M | פתגמייא הדין /מימריה | דייי | סימנא הדין#2/ בארעא: |
| 2364 | Nu 4:49 | על פ{(ו)}ם גזירת ממרה | דייי | סכם יתהון על ידוי דמשה |
| 2365 | Lv 2:01 | תקרב קרבן מנחה לשמה | דייי | סלת יהוי קרבניה ויריק עליה |
| 2366 | Dt 1:27 | על מה דהוה ממרה | דייי | סני יתן אפק יתן מארעא |
| 2367 | Gn41:25 | חד הוא ית מה | דייי | עבד אתני לפרעה: |
| 2368 | Gn41:28 | מלילית עם פרעה ית מה | דייי | עבד אתני לפרעה: |
| 2369 | Dt33:21 | עמא בעלמא דאתי זכותה | דייי | עבד וסדרי דינוי אלף לבני |
| 2370 | Dt23:04 | יתחשב להון בקהל כנשתה | דייי | עד לעולם: |
| 2371 | Dt11:04 | ושיצי יתהון ממרה | דייי | עד זמן יומא הדין: |
| 2372 | Ex34:32M | די מלל מימריה | דייי | עימיה בטור' |
| 2373 | Gn 2:16M | על האדם למימר /ממריה | דייי | על אדם ולמימר#2/ מן כל |
| 2374 | Gn12:07 | ואתגלי ממרה | דייי | על אברם ואמר ליה לבניך |
| 2375 | Gn16:07 | וארע יתה מלאכה | דייי | על עיינה דמיא במדברא על |
| 2376 | Gn17:01 | {(ייי על)} ממריה | דייי | על אברם ואמר לה אנא אלהא |
| 2377 | Gn18:01 | וצבויים ואתגלי ממר' | דייי | על אברהם במשרי חזוה והוא |
| 2378 | Gn18:19 | מן בגלל די ייתי ממריה | דייי | על אברהם ית מה דימלל עמה: |
| 2379 | Gn20:03 | ואיתגליה מימריה | דייי | על אבימלך בחלמא בליליא |
| 2380 | Gn35:05 | ונטלו והוות דחלתא | דייי | על קרייתא די חזור חזור |
| 2381 | Ex12:23 | ויפסח ויגן מימריה | דייי | על תרע אבהתה דבני ישראל |
| 2382 | Ex12:27M | על /חס ואגן ממריה | דייי | על#2/ בתיהון דבני ישראל |
| 2383 | Ex19:20 | ואתגליית איקר שכינתא | דייי | על טורא דסיני על ריש טורא |
| 2384 | Ex19:20M | דייי /ואתגלית ממרי' | דייי#2/ | על טורא דסיני על ריש |
| 2385 | Ex20:20 | ומן בגלל דתיהוי דחלתה | דייי | על בית אפיכון ולא תיחטון: |
| 2386 | Ex24:16 | ושרת אי{י}קר שכינתיה | דייי | על טורא דסיני וכסי יתיה |
| 2387 | Ex40:38 | ארום ענן איקר שכינתא | דייי | על משכנא באיממא ואשתא |
| 2388 | Lv 9:23 | ואתגלית איקר שכינתה | דייי | על כל עמא: |
| 2389 | Nu 6:06 | כל יומי נזירותיה לשמה | דייי | על נפש דמית לא יעול: |
| 2390 | Nu16:19 | ואיתגלית איקר שכינתה | דייי | על כל עם כנישתה: |
| 2391 | Nu22:09 | ואתגלי מימריה | דייי | על בלעם ואמר מן אינון |
| 2392 | Nu22:20 | ואתגלי מימריה | דייי | על בלעם בליליה ואמר לה |
| 2393 | Nu22:32 | ואמר ליה מלאכה | דייי | על מה מחית ית אתנתך דנה |
| 2394 | Nu23:04 | ואזדמן מימרה | דייי | על בלעם ואמר ליה ית שבעתי |
| 2395 | Nu23:16 | ואזדמן מימריה | דייי | על בלעם ושוי פתגם בפמיה |
| 2396 | Nu32:14 | תוב על תקוף רוגזה | דייי | על ישראל: |
| 2397 | Nu 4:37 | על פם גזירת ממרה | דייי | על ידוי דמשה: |
| 2398 | Nu 4:45 | על פם גזירת ממרה | דייי | על ידוי דמשה: |
| 2399 | Nu 9:23 | נטרו על פם גזירת מימרה | דייי | על ידוי דמשה: |
| 2400 | Nu31:16 | דבלעם למשקרה שקר בשמה | דייי | על עסק טעוותה דפעור והוה |
| 2401 | Gn 7:16M | דייי וחס ואגן ממריה | דייי | עלוי#2/: |
| 2402 | Ex 3:02 | ואתגלי מלאכא | דייי | עלוי בשלהובי אשא מן גו |
| 2403 | Ex 3:02M | יתיה יקר שכינתיה | דייי | עלוי בשלהבן אשה |
| 2404 | Nu10:34M | שכינתה דייי /יקרה | דייי | עליה#2/ הוה מגן באיממה |
| 2405 | Nu20:06 | איקר שכינתיה | דייי | עליהון: |
| 2406 | Lv10:07 | תמותון ארום משח דרבותה | דייי | עליכון ועבדו כמלוי דמשה: |
| 2407 | Dt 9:19 | וכליתה די רגז מימרה | דייי | עליכון לשיצי יתכון ושמע |
| 2408 | Dt 9:20 | ובאהרן רגז ממרה | דייי | עליכון למישצייה יתיה |
| 2409 | Dt 9:20M | דייי /תקף רוגזה | דייי#2/ | עליכון למישצייה יתיה |
| 2410 | Dt28:49M | ייי /יגרי מימריה | דייי#2/ | עליכון אומה מן רוחקה |
| 2411 | Dt28:61M | /ישווי עליכון מימריה | דייי | {עליכון} עד זמן |
| 2412 | Nu 1:01 | ומליל ממרה | דייי | עם משה במדברה דסיני |
| 2413 | Dt 5:24 | חמינן% ארום ימלל מימרה | דייי | עם בר נשא וה{י}<ו>א חיה: |
| 2414 | Dt 2:01 | היך מה די מלל ממריה | דייי | עמי אמר משה ואקפנן ית |
| 2415 | Ex10:10 | להון יהוי כען מימריה | דייי | עמכון כד אשלח יתכון וית |
| 2416 | Dt 9:10 | כל דביריה די מלל ממרה | דייי | עמכון בטורה מן גו להבי |
| 2417 | Dt10:04 | דביריה די מלל ממריה | דייי | עמכון בטורה מן גו להבי |
| 2418 | Nu14:09 | מעילויהון ומימר | דייי | עמן לא תדחלון מנהון: |
| 2419 | Ex12:41 | הדין נפקו כל חילוותה | דייי | פריקין מן ארעא דמצריי': |
| 2420 | Nu23:05 | ושווי מימרה | דייי | פתגם בפומיה דבלעם ואמר |
| 2421 | Dt18:05 | למקום למשמשה בשם מימרה | דייי | קדישא הוא ובנוי כל יומיה: |
| 2422 | Dt 5:11 | ית מן די יסב ית שמה | דייי | קדישה על מגן: |
| 2423 | Dt 9:23 | ולא היימנתון בשם מימרה | דייי | קדישה ולא שמעתון בקל |
| 2424 | Dt21:05 | ולמברכה בשם ממריה | דייי | קדישה ועל מימר פומהון |

2425 Dt28:10 אומייה דארעא ארום שמיה דייי קדישה איתקרי עליכון
2426 Gn45:05M סגי שלח יתי ממריה דייי#2#/ קדמכון:
2427 Ex12:29M /בפלגות ליליא וממריה דייי קטל#2#/ ית כל בכוריא
2428 Ex17:13M וית עמיה לפתגם/שמת' דייי קטלא ומחיי לפתגם#2#/
2429 Ex15:25M ליה /חווי לי מימרי' דייי#2#/ קיימין וסדרי דינין ותמן
2430 Nu22:31 דבלעם וחמא ית מלאכה דייי קים מתעתד באורחה וחרביה
2431 Dt11:07 חמיין ית כל עבדוי דייי רברביה די עבד:
2432 Ex10:19M רוח בימא תקיף /ממריה דייי רוח מערב תקיף#2#/ לחדא
2433 Gn40:23M דייי וישווי ממרה דייי רחצניה
2434 Lv23:08 ותקרבון קרבנה לשמה דייי שבעה יומין ביומא קדמיה
2435 Nu31:38M ותרין /ואפרשותה דייי שובעין ותריין#2#/ תורין:
2436 Nu31:38 אלפין ואפרשותהון לשמה דייי שובעין ותרין תורין:
2437 Gn 1:01 מלקדמין בחכמה ברא דייי שכלל ית שמיא וית ארעא:
2438 Nu16:28M ייי אשתלחת /מימריה דייי שלח יתי#2#/ למעבד ית כל
2439 Nu16:29M /לא מימריה דייי שלח יתי#2#/:
2440 Gn 2:21M אלהים שנה /ואעל ממריה דייי שנה#2#/ עמ«י»קה על אדם
2441 Nu14:42 ארום לית איקר שכינתה דייי שרי עליכון דלא תתברון קדם
2442 Ex17:07 מן קושטא איקר שכינתה דייי שריא {ביניהון} בינינן אי
2443 Dt31:17 על די לית איקר שכינתה דייי שרייה בינינן ארען יתן
2444 Nu31:52 דאפרשותה די אפרשו לשמה דייי שת עשר אלפין ושבע מאה
2445 Ex13:09 מן בגלל דתיהוי אוריתא דייי תדירא בפמיכון ארום ביד
2446 Ex22:10M מומתא דייי תהוי על תרויהו'
2447 Ex22:10 שבועתא דייי תהי בין תריהון אין לא פשט
2448 Lv22:27 ומפרש בספר אוריית' דייי תור אמר או גדי ארום יתילד
2449 Dt28:25M /ישווי יתכון מימריה דייי תיבידי קדל#2#/
2450 Nu31:40 אלפין ואפרשותהון לשמה דייי תלתין ותרתין נפשן:
2451 Nu15:14M די תעבדון /לשמה דייי תעבדון#2#/ \כדן יעבד /כן
2452 Gn 1:11 ואמ' ממרא דייי תפק ארעא דתין דעשב
2453 Gn 1:24 ואמר ממריה דייי תפק ארעא נפ' דחיא למינה
2454 Nu11:33 קדם עד לא אשתצי ורוגזה דייי תקוף בעמה ומחה סגין לחדה:
2455 Gn 1:28 דייי ואמר ליהון ממרה דייי תקופו וסגון ומלון ית ארעא
2456 Gn35:09M דייי ואמ' להון מימריה דייי תקופו וסגון ומלון ית ארעא
2457 Lv 3:09M ועבד יתה /מתקבל לשמה דייי תרבה וניעה שלמה לוקבל
2458 Ex 9:01M כדין אמ' מימרי' דייי#2#/ אלההון/אלהה#2#/
2459 Ex14:24M ייי /ואודיק מימרי' דייי#2#/ ברוגז/ברגוז#2#/ על
2460 וייי Gn21:01 וייי אדכר ברחמוי טיביא ית שרה
2461 Gn18:17 וייי אמר בממריה הא מכס{ם}<ה>
2462 Ex17:16 יתהון מרדכי ואסתר וייי אמר במימריה למשיציא ית
2463 Dt17:16 למסגייה ליה סוסוון וייי במימריה אמר לכון לא תוספון
2464 Gn24:35 וייי ברך ית ריבוני לחדא ותקף
2465 Ex10:13 חוטריה על ארעא דמצרים וייי דבר רוח דקדים בארעא כל
2466 Gn24:56 ואמר להון לא תשהון יתי וייי הצל«ח» באורחי שלחו יתי
2467 Ex 9:23 משה ית חוטריה לשמיא וייי יהב קלין וברד והלכת אשתא
2468 Gn50:24 יוסף לאחוי הא אנא מית וייי מדכרה ידכר יתכון ברחמוי
2469 Gn22:01 והוה בתר פתגמיא האלין וייי נסי ית אברהם בנסיונה
2470 Ex12:29 והוה בפלגא דליליי«א» וייי קטל ית כל בכוריא בארעא
2471 Ex12:36 וייי שוי ית חניהון דעמא באפיהון
2472 כייי Ex 8:06 מן בגלל דתידע ארום לית כייי אלהן:
2473 לייי Dt10:14 הא לייי אלהכון שמייא ושמי שמייא
2474 Nu21:02 ונדרו ישראל נדר לייי ואמרין אן ממסור תמסור ית
2475 Nu 5:08 אשמה לה אשמה דמתחזר לייי לכהנה בר מן דיכרה
2476 Lv 7:29 דייי ייתי ית קרבניה לייי מן נכסת קודשוי:
2477 Dt18:05M ארום בהון/לייי#2#/ אתרע/יתרע'#2#/ ייי

## יכין PN

001 דיכיני Nu26:12 ליכין זרעייתה דבנוי דיכיני:
002 ויכין Gn46:10 ימואל וימין ואהד ויכין וצחר ושאול ברה
003 Ex 6:15 ימואל וימין ואהד ויכין וצחר ושאול ברה דכנעניתה
004 ליכין Nu26:12 זרעייתה דבנוי דימיני ליכין זרעייתה דבנוי דיכיני:

## יליל GN

001 יליל Dt32:10 בארע דמדברה ובצללתה יליל ישימון דבר יתהון ארבעין

## ימואל PN

001 ימואל Gn46:10 ובנוי דשמעון ימואל וימין ואהד ויכין וצחר
002 Ex 6:15 ובנוי דשמעון ימואל וימין ואהד ויכין וצחר

## ימיינוס GN

001 ימיינוס Nu34:08M /סורי ימיינוס#2#/ תכוונון למעלני

## ימין PN

001 דימיני Nu26:12 לימין זרעייתה דבנוי דימיני ליכין זרעייתה דבנוי
002 וימין Gn46:10 ובנוי דשמעון ימואל וימין ואהד ויכין וצחר ושאול
003 Ex 6:15 ובנוי דשמעון ימואל וימין ואהד ויכין וצחר ושאול
004 לימין Nu26:12 ^דבנוי#2#^ דנמואלי לימין זרעייתה דבנוי דימיני

## ימנה PN

001 ימנה Gn46:17 ובנוי דאשר ימנה וישוה וישוי ובריעה
002 דימנה Nu26:44 לימנה זרעייתה דבנוי דימנה לישוי זרעייתה דבנוי
003 לימנה Nu26:44 בנוי דאשר לזרעייתהון לימנה זרעייתה דבנוי דימנה

## יסכה PN

001 דיסכה Gn11:29 אבוי דמלכה ואבוי דיסכה:

## יעוש PN

001 יעוש Gn36:05 ואהליבמ' ילדת ית יעוש וית יעלם וית קרח אלין
002 Gn36:14 דעשו וילדת לעשו ית יעוש וית יעלם וית קרח:
003 Gn36:18 אתתה דעשו רבה יעוש רבה יעלם רבה קרח אלין

## יעזר PN

001 יעזר Nu32:35 וית עטרות שופן וית יעזר ויגבהה:
002 יעזר Nu21:32 ושלח משה למיללה ית יעזר וכבשו כפרניה ושיצון ית

## יעלם PN

001 יעלם Gn36:05 ילדת ית יעוש וית יעלם וית קרח אלין ^אינון#2#^
002 Gn36:14 לעשו ית יעוש וית יעלם וית קרח:
003 Gn36:18 דעשו רבה יעוש רבה יעלם רבה קרח אלין רברבניה

## יעקב PN

001 יע' Dt 9:05M עם אברהם ועם יצ' ועם יע'
002 Gn27:15M ואלבשת ליעקב/ית יע'#2#/ ברה זעירא:
003 יעקב Gn25:23M עלמין בגין קרא שמיה יעקב
004 Gn25:28 אכיל ורבקה רחמת ית יעקב:
005 Gn30:04 אמהתה לאתה ועל לוותיה יעקב:

|  |  |  |  |  |
|---|---|---|---|---|
| 006 | Gn31:22 | ביומא תליתייא ארום ערק | יעקב: | |
| 007 | Gn31:22M | ביומא תליתאה ארום ערק | יעקב | |
| 008 | Gn32:28 | מה שמך ^הוא#2#^ ואמר | יעקב: | |
| 009 | Ex 2:24 | עִם יצחק ועם | יעקב: | |
| 010 | Dt 6:10M | אברהם ועם יצחק ועם | יעקב | |
| 011 | Dt33:04 | לקהל שבטייה דבית | יעקב: | |
| 012 | Gn46:02 | בחזוה די ליליא ואמר | יעקב | יעקב ואמר: |
| 013 | Gn35:06 | ועל | יעקב | לוזה די בארעא דכנען הי |
| 014 | Gn46:26 | כל נפשתא די עלו עם | יעקב | מצרימה נפקי חלציה בר |
| 015 | Gn42:29 | ואתון לוות | יעקב | אבוהון לארעא דכנען ותנון |
| 016 | Gn42:36 | ואמר להון | יעקב | אבוהון יתי תכלתון יוסף |
| 017 | Gn45:25 | ואתו לארעא דכנען לוות | יעקב | אבוהון: |
| 018 | Gn46:05 | וסטנו בני ישראל ית | יעקב | אבוהון וית טפליהון וית |
| 019 | Dt33:28 | מעין ברכתה דברך יתהון | יעקב | אבוהון לארע עבדה עיבור |
| 020 | Gn47:07 | ואייתי יוסף ית | יעקב | אבוי ואקים יתיה קדם פרעה |
| 021 | Gn31:45 | ונסב | יעקב | אבן ואקם יתה קיימא: |
| 022 | Gn27:41 | אבלא דאבא ואקטול ית | יעקב | אח{ו}י ואנא מתקרי קטול |
| 023 | Gn36:06 | ואזל לארעא חורי מן קדם | יעקב | אחוי: |
| 024 | Gn27:41M | אבא ובכן אנא קטל ית | יעקב | אחי ואנא משתכח קטול |
| 025 | Gn29:04 | ואמר להון | «יעקב» | אחי מן אן אתון ואמרין |
| 026 | Gn32:10 | ואמר | יעקב | אלהה דאברהם אבה ואלהה |
| 027 | Dt 6:04M | מברך /\עד#2#/ /ענה | יעקב | אמ' בריך שמ'#2#/ לעלמי |
| 028 | Gn49:07 | קשיא הוות אמר אבונן | יעקב | אן שריין שמעון ולוי |
| 029 | Gn31:32 | עמי וסב לך ולא ידע | יעק«ב» | ארום רחל גנבת יתהון: |
| 030 | Gn35:10 | ולא יתקרי שמך תוב | יעקב | ארום אלהן ישראל יהוי שמך |
| 031 | Gn28:10 | כיון דאתא אבונן | יעק«ב» | ארים יתה בחדא ידא ואשקי |
| 032 | Gn25:33 | ואמר | יעקב | אשתבע לי כיומא הדין |
| 033 | Gn27:46 | בנתהון דחיתאי אן נסב | יעקב | את' מן בנתהון דחיתיי |
| 034 | Gn32:21 | ותימרון לחוד הא | יעקב | אתי בתרן ארום אמר ארעי |
| 035 | Gn29:20 | ופלח | יעקב | ברחל שבע שנין והוון |
| 036 | Ex 6:03 | על אברהם על יצחק ועל | יעקב | באלה שמיא ברם שמי תקיפא |
| 037 | Gn37:01 | ושרא | יעקב | בארעא תותבותיה דאבוי |
| 038 | Gn47:28 | וחיה | יעקב | בארעא דמצרים שבע עשרה |
| 039 | Nu24:05 | מייתייה עליכון דבית | יעקב | בזכות ב{ית}<תי> מדרשייה |
| 040 | Nu24:05 | מא יאיין משכניהון דבית | יעקב | בזכות משכניה דיתיב בהון |
| 041 | Gn28:10 | נסיא אתעבדו עם אבונן | יעקב | בזמנא די נפק מן באר שבע |
| 042 | Gn28:10 | נסין אתעבדו עם אבונן | יעקב | בזמנא דנפק מבאר שבע |
| 043 | Gn46:02M | יעקב יעקב ואמר/עני | יעקב | בלשון בית ^קדשא#2#^ |
| 044 | Gn28:18 | ואקדם | יעקב | בצפרא ונסב ית אבנא די שוי |
| 045 | Gn27:17 | וית לחמה דעבדת ביד | יעקב | ברה: |
| 046 | Gn42:01 | וחמא | יעקב | ברוח קודשא ארום אית עיבור |
| 047 | Gn31:53 | אלהה דאבוהון ואשתבע | יעקב | בתקיפה דאבוי דיצחק: |
| 048 | Ex 1:01 | די עלו למצרים עם | יעקב | גבר ואנשי בייתיה עלו: |
| 049 | Nu23:10 | למימני עולימיהון דבית | יעקב | דאיתאמר עליהון די הוון |
| 050 | Gn30:36 | תלתא יומין בינה ובין | יעקב | ויעקב רעי ית ענא דלבן |
| 051 | Gn31:25 | וערע לבן ית | יעקב | ויעקב פרס ית משכניה |
| 052 | Gn25:26 | <....> | יעקב | ויצחק בר שתין שנין הווה |
| 053 | Gn28:05 | ושלח יצחק ית | יעקב | ואזל לפדן ארם לוות לבן |
| 054 | Gn31:11 | לי מלאכא דייי בחלמא | יעקב | ואמר הא אנא: |
| 055 | Gn31:31 | וענה | יעקב | ואמר ללבן ארום דחלת ארום |
| 056 | Gn31:36 | ואדיין בלבן וענה | יעקב | ואמר ללבן מה חובתי ומה |
| 057 | Gn32:30 | ושאל | יעקב | ואמר תני כען שמך ואמר למה |
| 058 | Gn46:02 | די ליליא ואמר יעקב | יעקב | ואמר: |
| 059 | Gn49:02 | ואתכסי מניה ענֵי אבונן | יעקב | ואמר להון אברהם אבוי |
| 060 | Gn49:02 | ייי אלהן ייי חד ענה | יעקב | ואמר ברוך שמיה כבודיה |
| 061 | Dt 6:04 | דדהבה ענֵי אבונן | יעקב | ואמר להון אברהם אבוי |
| 062 | Gn49:07 | דשמעון בגו דבית | יעקב | ואסגי אחסנתיה דלוי בגו |
| 063 | Nu23:07 | אתא לוט לי ^דדבית#2#^ | יעקב | ואתא זעיר לי דבית ישראל: |
| 064 | Gn46:08 | ישראל די עלו למצרים | יעקב | ובנוי ב{ז}<ו>כריה דיעקב |
| 065 | Gn49:01 | אטרד מנה ענה אבונן | יעקב | וברך יתהון גבר לפם עבדוי |
| 066 | Nu24:05M | בית מדרשייך דבית | יעקב | ובתי כנשתך דבית ישראל |
| 067 | Dt33:10 | סדרי דינין בגו דבית | יעקב | וגזירת אוריתך לקהל שבטיה |
| 068 | Gn29:10 | דלבן אחוי דאמה וקרב | יעקב | וגלי ית אבנא מעלוי פימא |
| 069 | Gn27:36 | הא מן קושטא איתקרי שמה | יעקב | והא עקב יתי דנה תרין |
| 070 | Gn31:17 | וקם | יעקב | וטען ית בנוי וית נשוי על |
| 071 | Nu24:19 | עתיד מלך למקום מן דבית | יעקב | וישיצי מן דמתחייב מן כרכה |
| 072 | Gn46:06 | דכנען ואתון מצרימה | יעקב | וכל בנוי עמיה: |
| 073 | Gn35:10 | ואמר ליה ייי שמך | יעקב | ולא יתקרי שמך תוב יעקב |
| 074 | Nu23:21 | אנה חמי עבדי שקר בדבית | יעקב | ולא עבדי פלחן נכריי בדבית |
| 075 | Nu23:23 | חמי נטורי נחשין בדבית | יעקב | ולא קסמי קסמין בדבית |
| 076 | Dt 1:01 | עם אברהם עם יצחק ועם | יעקב | ומשכן זימנא די עבדתון |
| 077 | Nu24:05 | דשרי ביניכון דדבית | יעקב | ומשכניהון די חזור חזור לה |
| 078 | Nu24:17 | עתיד מלך למקום מן דבית | יעקב | ופרוק ושליט מן דבית |
| 079 | Gn31:04 | ושלח | יעקב | וקרא לרחל וללאה לאפי |
| 080 | Gn34:03 | נפשה בדינה ברת | יעקב | ורחם ית רביתא ומליל עם |
| 081 | Gn28:10 | תנינא אבניא דנסב אבונן | יעקב | ושוי יתהון תחות אסדי |
| 082 | Gn30:40 | ואמריא אפרש | יעקב | ושוי אפי ענה לקבל קרוחיא |
| 083 | Gn28:06 | עשו ארום ברך יצחק ית | יעקב | ושלח יתיה פדן ארם למסבה |
| 084 | Ex19:03 | למימר כדין תימר לדבית | יעקב | ותתני לשבטא דבני ישראל: |
| 085 | Ex19:03M | לנשיא דבית | יעקב | ותתני לגברי דבית ישראל |
| 086 | Gn25:31 | ואמר | יעקב | זבן כען ית בכורותך לי: |
| 087 | Gn35:09 | ואמר ואתגלי ייי על | יעקב | זמן תנינות במיתייה מן |
| 088 | Gn30:37 | ונסב לי' | יעקב | חטרא דלבן רטיב ודלוז |
| 089 | Gn31:22M | ביומא תליתאה ארום אזל | יעקב | חסידא דבזכו' הוון מיא |
| 090 | Nu23:23 | הדין יתאמר לבית | יעקב | טבתה וניחמתה דעתיד |
| 091 | Gn28:10 | כיון דארים אבונן | יעקב | ית אבנא מעלוי פומא דבארה |
| 092 | Gn29:10 | והוה כד חמה | יעקב | ית רחל ברת לבן אחוי |
| 093 | Gn29:18 | ורחם | יעקב | ית רחל ואמר אפלח קדמך |
| 094 | Gn30:41 | ענה בכירתה ושוי | יעקב | ית חוטריא קדם ענה |
| 095 | Gn31:01 | דבנוי דלבן למימר נסב | יעקב | ית כל מה דאבונן ומן |
| 096 | Gn31:02 | וחמא | יעקב | ית סבר אפוי דלבן והא לית |
| 097 | Gn31:20 | וגנב | יעקב | ית דעתא דלבן ארמאה על |
| 098 | Gn33:01 | ונטל | «יעקב» | ית עיינוי וחמא והא עשו |
| 099 | Gn35:15 | וקרא | יעקב | ית שמה דאתרא די מלל עמיה |
| 100 | Gn47:07 | יתיה קדם פרעה וברך | יעקב | ית פרעה: |
| 101 | Gn47:10 | וברך | יעקב | ית פרעה ונפק מן קדם פרעה: |
| 102 | Gn32:05 | ופקד יתהון | יעקב | {יתהון} למימר כדן תאמרון |
| 103 | Gn32:29 | ואמר לא | יעקב | יתקרי עוד שמך ארום אלהן |
| 104 | Gn32:03 | ואמר | יעקב | כד חמה יתהון דלמא מלאכין |
| 105 | Dt33:05 | ויקום מלך מן דבית | יעקב | ככנש ית ראשי עמא כחדא |
| 106 | Gn29:28 | ועבד | יעקב | כן ואשלם שבעתי יומי |
| 107 | Gn48:03 | ואמר | יעקב | ליוסף אלה שמיא אתגלי עלי |
| 108 | Gn29:21 | ואמר | יעקב | ללבן הב לי ית אתתי «ארי |
| 109 | Gn30:25 | רחל ית יוסף ואמר | יעקב | ללבן שלח יתי כען ואזיל |
| 110 | Gn27:11 | ואמר | יעקב | לרבקה אמיה הא עשו אחי |
| 111 | Gn29:11 | ונשק | יעקב | לרחל ונטל ית קליה ובכה: |
| 112 | Gn29:12 | ותני | יעקב | לרחל ארום אחוי דאביה הוא |
| 113 | Gn34:30 | ואמר | יעקב | לשמעון וללוי אבאשתון לי |

| | | | | | |
|---|---|---|---|---|---|
| 114 | | Gn30:31 | ואמר מה אתן לך ואמר | יעקב | לא תעבד לי כלום מדעם אן |
| 115 | | Gn33:10 | ואמר | יעקב | לא כען אן כען אשכחית חן |
| 116 | | Gn49:18 | אמר אבונן | יעקב | לא לפורקנא דגדעון בר |
| 117 | | Gn28:07 | ושמע | יעקב | לאבוי ולאמה ואזל |
| 118 | | Gn27:19 | ואמר | יעקב | לאביו אנה עשו בכורך עבדת |
| 119 | | Gn31:46 | ואמר | יעקב | לאחוהי כנש{י}<ו> אבנין |
| 120 | | Gn35:02 | ואמר | יעקב | לאנשי ביתיה ולכל מן דהווה |
| 121 | | Gn37:34 | ובזע | יעקב | לבושוי ושוי שקא תחתוי |
| 122 | | Gn32:25 | ואשתייר | יעקב | לבלחדוי ואתפגש מלאך |
| 123 | | Gn42:01 | מזדבן במצרים ואמר | יעקב | לבנוי למה כען תתחמון |
| 124 | | Gn49:01 | וקרא | יעקב | לבנוי ואמר להון אתכנשו |
| 125 | | Gn27:22 | וקרב | יעקב | לוות יצחק אבוי ומשש יתה |
| 126 | | Gn35:27 | ואתא | יעקב | לוות יצחק אבוי ממרא |
| 127 | | Gn32:08 | ודחל | יעקב | לחדא ועקת ליה ופלג ית עמא |
| 128 | | Gn49:21M | פתח פומי' בכנישותא | יעקב | לישנ' חלי' כדבש' |
| 129 | | Gn32:07 | וחזרו מלל{{ה}}יה לוות | יעקב | למימר מטינן לוות אחוך |
| 130 | | Gn34:06 | חמור אבוי דשכם לוות | יעקב | לממללה עמה: |
| 131 | | Gn49:33 | ואשלם | יעקב | למפקדא ית בנוי וכנש רגלוי |
| 132 | | Dt 6:04 | כיון דמטה קצה דאבונן | יעקב | למתכנש בשלם מן גו עלמא |
| 133 | | Gn47:09 | ואמר | יעקב | לפרעה יומי שני תותבותי |
| 134 | | Gn50:01M | קאמין גיברין מדבית | יעקב | מדבי' ישמאל הוון קיימין |
| 135 | | Gn47:10M | ויעדי כפנא ביומך ונפק | יעקב | מלוות |
| 136 | | Gn25:23M | דעשו ואח{ר}<ד> | יעקב | מלכותיה דלא תתחבל ולא |
| 137 | | Gn28:16 | ואתער | יעקב | מן שנתיה ואמר הא מן קושטא |
| 138 | | Gn31:24 | לה אזדהר לך לא תמלל עם | יעקב | מן טב עד ביש: |
| 139 | | Gn31:29 | אזדהר לך מן למללה עם | יעקב | מן טב ועד ביש: |
| 140 | | Gn46:05 | וקם | יעקב | מן באר שבע וטענו בני |
| 141 | | Gn49:21 | טבן דהוא בשר לאבונן | יעקב | מן שירויה דעד כדון יוסף |
| 142 | | Dt26:05 | סבר למובדה לאבונן | יעקב | מן שירויה ושיזבת יתיה מן |
| 143 | | Dt26:05M | לבן ארמייה פלח אבונן | יעקב | מן שירוייה ובעה לבן |
| 144 | | Gn30:16 | ואתא | יעקב | מן אפי ברא ברמשא ונפקת |
| 145 | | Gn25:27M | ורבקה רחימת ית | יעקב | מן בגלל דעינוות{א}<ן> |
| 146 | | Gn27:30 | והוה לחוד מפוק נפוק | יעקב | מן לוות אפי יצחק אבוי |
| 147 | | Gn49:24 | רחמין מן תקיפא דאבוי | יעקב | מן תחות אדרע גבורתיה |
| 148 | | Gn28:20 | ונדר | <יעקב> | נדר למימר אן יהווי ייי |
| 149 | | Gn31:54 | ונכס | יעקב | נכסין בטורא וקרא לאחוי |
| 150 | | Gn34:05 | בעירה באפיה ברא ושתק | יעקב | עד זמן דאתון: |
| 151 | | Dt32:09 | אנון עמה בני ישראל | יעקב | עדב אחסנתיה: |
| 152 | | Gn27:41 | ושטם {ית} עשו ית | יעקב | על ברכתא די ברך יתה אבוי |
| 153 | | Gn27:41M | /ונטר עשו סנה על | יעקב#2#/ | על ברכתא די ברך יתה |
| 154 | | Gn32:05 | לעשו כדן אמר עבדך | יעקב | עם לבן אתותבת ואשתהיית |
| 155 | | Gn42:04 | אחוי דיוסף לא שלח | יעקב | עם אחוי ארום אמר דלא יערע |
| 156 | | Gn29:17 | זקיפן בצלו בעיא למיסבא | יעקב | צדיקא ורחל הוות יאיה |
| 157 | | Gn35:09M | ית אבליה מן אבונן | יעקב | צדיקא כד איתגליון עלוי |
| 158 | | Gn35:09 | ית אבליה מן אבונן | יעקב | צדיקא אורחיה דעלמא ארעת |
| 159 | | Gn35:09M | באורחא ויתב ליה אבונן | יעקב | צווח ומיילל ומספד ובכי |
| 160 | | Gn35:20 | ואקם | יעקב | קיימא על קבורת' היא קיימת |
| 161 | | Gn49:01 | דדהבא דהוה אבונן | יעקב | רביע בגוויה מן דאתגלי לי |
| 162 | | Gn49:02 | דרגשא דדהבא דאבונן | יעקב | רביע בגוויה סברין דהווה |
| 163 | | Gn28:10 | תליתאה כיון דנטל אבונן | יעקב | רגלוי למזל לחרן קפצת |
| 164 | | Gn29:01 | ונטל | יעקב | רגלוי ואזל לארעא בני |
| 165 | | Gn32:04 | ושלח | יעקב | שליחין קדמוי {לוות} לוות |
| 166 | | Gn33:18 | ואתא | יעקב | שלם בעבדא טבא לכרכה דשכם |
| 167 | | Gn32:31 | וקרא | יעקב | שמה דאתרא ^ההוא#2#^ |

| | | | | | |
|---|---|---|---|---|---|
| 168 | | Gn25:29 | ובשל | יעקב | תבשיל דטלופחין {ואתא עשו |
| 169 | | Gn35:04 | די באדנהון וטמר יתהון | יעקב | תחות בלוטה דסמיך לשכם: |
| 170 | | Gn50:01M | קיימין שליטין מן דבית | יעקב | תמן קאים אריה ... תמן הוו |
| 171 | יעקוב | Gn31:11M | ואמר הא אנא /ענה | יעקוב | ואמ' בלשון קודשא ואמר |
| 172 | | Gn47:28M | דיעקב /יומוי די | יעקוב#2#/ | שני חיוי מאה וארבעין |
| 173 | די'ע' | Dt 6:04M | קצה \דאבונן יעקב | /די'ע' | אב#2#/ למתכנש |
| 174 | | Nu24:05M | \דבית יעקב /דבנוי | די'ע#2#/ | בזכות משכניה דיתיב |
| 175 | דיעקב | Gn37:02 | אלין ייחוס תולדותיה | דיעקב | יוסף בר שבע עשרה שנה הוה |
| 176 | | Gn46:19 | בנוי דרחל אתתיה | דיעקב | יוסף ובנימן: |
| 177 | | Gn35:23 | בניה דלאה בכורה | דיעקב | ראובן ושמעון ולוי |
| 178 | | Gn46:08 | ובנוי ב{ז}<ו>כריה | דיעקב | ראובן: |
| 179 | | Gn34:25 | ונסבו תרין בנוי | דיעקב | שמעון ולוי אחי דינה |
| 180 | | Gn34:31 | עניין תרין בנוי | דיעקב | שמעון ולוי ואמרין |
| 181 | | Gn35:05 | ולא רדפו בתר בנוי | דיעקב: | |
| 182 | | Ex 4:05 | אלהה דיצחק ואלהה | דיעקב: | |
| 183 | | Gn45:27 | למטען יתיה ונחת רוחיה | דיעקב | אבוהון: |
| 184 | | Dt 6:04 | אתון פלחין או לאלהיה | דיעקב | אבוכון אתון פלחין עניין |
| 185 | | Gn30:02 | ותקף רוגזה | דיעקב | ברחל ואמר הא מני אנון |
| 186 | | Gn32:26 | {י}<ו>קהת כף ירכיה | דיעקב | באתפגשותא עמה: |
| 187 | | Gn32:33 | ארום קרב בכף ירכיה | דיעקב | בגידא דנשיא: |
| 188 | | Gn27:22M | כד משתמע קלא | דיעקב | בצלותא לית רשו לעשו |
| 189 | | Gn29:13 | כדי שמע לבן ית שמעה | דיעקב | בר אחתה ורהט לקדמותיה |
| 190 | | Gn34:31 | {{צלמין}} לברתיה | דיעקב | ברם יאי הוא דיהוון אמרין |
| 191 | | Gn35:26 | גד ואשר אלין בנוי | דיעקב | דאתילדו לה בפדן דארם: |
| 192 | | Gn46:27 | נפשתא דאנשי בייתיה | דיעק«ב» | די עלו מצרימה שבעין: |
| 193 | | Gn27:40M | ימנעון גרמיהון בנוי | דיעקב | דלא למלעי באורית' ולא |
| 194 | | Gn28:05 | אחו«ה» דרבקה אמה | דיעקב | ועשו: |
| 195 | | Ex 3:06 | אלהה דיצחק ואלהה | דיעקב | ואטמר משה אפוי ארום דחל |
| 196 | | Gn34:31M | כן הוה לדינה ברתיה | דיעקב | ואמר היך אתה זני |
| 197 | | Gn49:02 | תרין עשר שבטוי | דיעקב | ואפיקו שבטוי דיעקב |
| 198 | | Gn31:33 | ועל לבן במשכנ«א» | דיעקב | ובמשכנא דלאה ובמשכנא |
| 199 | | Gn34:19 | אתרעיית נפשיה בברתיה | דיעקב | והוא הוה יקר מן כל |
| 200 | | Gn34:07 | למשמשה עם ברתה | דיעקב | וכדן לא הוה כשר למתעבדא: |
| 201 | | Gn27:22 | יתה ואמר הא קלה קלה | דיעקב | ומוש ידיה מוש ידוי דעשו: |
| 202 | | Ex19:03M | /לאנשי בייתיה | דיעקב#2#/ | ותתני לשבטא דבני |
| 203 | | Gn34:13 | וענון בנוי | דיעקב | ית שכם וית חמור אבוי |
| 204 | | Gn34:31M | \אחתן היך אתה /ברתיה | דיעקב | כאתה#2#/ טעיא נפקת ברא: |
| 205 | | Gn49:02 | דיעקב ואפיקו שבטוי | דיעקב | כחדא ואמרין שמע מנן |
| 206 | | Dt 6:04 | תרין עשרתי שבטוי | דיעקב | כחדה בלבה שלמה ואמרין שמע |
| 207 | | Gn46:26 | חלציה בר מנשוי דבנוי | דיעקב | כל נפשתא שתין ושית: |
| 208 | | Gn34:31 | די סאבו לדינה ברתיה | דיעקב | כלא מן כל כדין דלא |
| 209 | | Ex 3:16M | /אלהא דיצחק ואלהא | דיעקב#2#/ | למימר מדכרה ידכר ייי |
| 210 | | Gn27:40 | ויהוי כד יהוון בנוי | דיעקב | לעיין באורייתא ומנטרין |
| 211 | | Gn34:07 | ובנוי | דיעקב | עלו מן אפי ברה כדי שמעו |
| 212 | | Gn34:27 | בנוי | דיעקב | עלו על קטיליא ובזון קרתא |
| 213 | | Gn27:40 | כד ישבקון בנוי | <ד>יעקב | פקודיא ומנעין גרמיהון |
| 214 | | Ex 1:05 | כל נפשותא נפקי חלציה | דיעקב | שבעין נפשן ויוסף דהוה |
| 215 | | Ex 3:15 | אלהה דיצחק ואלהיה | דיעקב | שלחני לוותכון דן שמי לעלם |
| 216 | | Gn47:28 | שנין והוון יומין חיוי | דיעקב | שני חיוי מאה וארבעין ושבע |
| 217 | | Gn35:22 | ישראל והוון בנוי | דיעקב | תרין עשר: |
| 218 | דיעקוב | Gn47:21M | יהוו מוניין לבנוי | דיעקוב | ואמרין להון אכסנאי |
| 219 | | Gn47:29M | וקרבו יומוי | דישראל/דיעקוב#2#/ | למימת/למימות#2#/ |
| 220 | | Gn31:36M | \ותקף רוגזה | דיעקוב#2#/ | ואדיין בלבן/עם |
| 221 | ויעק' | Nu23:09 | בטווריה אברהם יצחק | ויעק' | ובזכות אמהתה צדיקתה |

|  |  |  |  |  |  |
|---|---|---|---|---|---|
| 222 | ויעקב | Gn44:18 | בארעא דמצרים כן אנה | ויעקב | אבה שליטין בארעא דכנען: |
| 223 | | Gn32:02 | | ויעקב | אזל לאורחיה וארעו בה |
| 224 | | Lv22:27 | אינון אברהם יצחק | ויעקב | בגין כדן כתיב ומפרש בספר |
| 225 | | Gn35:29 | יומין וקברו יתיה עשו | ויעקב | בנוי: |
| 226 | | Gn25:27M | ליה ועל חרבך תחיה | ויעקב | גבר שלם בעובדא טבא יתיב |
| 227 | | Nu22:30 | בנוי דאברהם דיצחק | ויעקב | דבגללהון אתברי עלמא מן |
| 228 | | Dt32:27 | לאבהתהון אברהם יצחק | ויעקב | דלא יתגברון עליהון |
| 229 | | Gn40:12 | אינון אברהם יצחק | ויעקב | דמן בני בניהון עתידין |
| 230 | | Gn25:27 | צידה גבר מרי חקלין | ויעקב | הוה גבר שלם בעבדא טבא |
| 231 | | Gn33:04M | שניו | ויעקב | הוה בכי על שעיעות צואריה |
| 232 | | Dt33:15 | בטורייא אברהם יצחק | ויעקב | ובזכות אימהתה דמתילין |
| 233 | | Ex17:12 | צדיקייא אברהם יצחק | ויעקב | ומדכר הימנות אמ(ה)התא |
| 234 | | Gn25:34 | | ויעקב | יהב לעשו לחם ותבשיל |
| 235 | | Ex 3:16 | דאברהם יצחק | ויעקב | למימר מדכרה ידכר ייי |
| 236 | | Gn33:17 | | ויעקב | נטל לסכת«ה» ובנה לה |
| 237 | | Gn31:25 | וערע לבן ית יעקב | ויעקב | פרס ית משכניה בטורא ולבן |
| 238 | | Gn31:47 | לה לבן איגר שהדותא | ויעקב | קרא ליה בלשון בית קדשא |
| 239 | | Gn30:36 | יומין בינה ובין יעקב | ויעקב | רעי ית ענא דלבן |
| 240 | | Nu21:18 | מן שרויה אברהם יצחק | ויעקב | שכלילו יתה סכלתניהון דעמא |
| 241 | | Gn34:05 | | ויעקב | שמע ארום סאב ית דינה |
| 242 | וליעקב | Gn50:24 | קיים לאברהם ליצחק | וליעקב: | |
| 243 | | Dt 9:05 | לאברהם ליצחק | וליעקב: | |
| 244 | | Dt29:12 | לאברהם ליצחק | וליעקב: | |
| 245 | | Nu32:11 | קיימת לאברהם ליצחק | וליעקב | ארום <....>: |
| 246 | | Ex 6:08 | יתה לאברהם ליצחק | וליעקב | ואתן יתיה לכון {ולתן} |
| 247 | | Dt 9:27 | לאברהם ליצחק | וליעקב | לא תסתכל לקשיותהון דעמא |
| 248 | | Ex33:01 | קיימת לאברהם ליצחק | וליעקב | למימר לברך אתן יתה: |
| 249 | | Dt34:04 | לאברהם ליצחק | וליעקב | למימר לזרעיית בניך אתן |
| 250 | | Dt 6:10 | לאברהם ליצחק | וליעקב | למיתן לכון קירוין רברבן |
| 251 | | Dt30:20 | לאברהם ליצחק | וליעקב | למיתן להון: |
| 252 | | Dt 1:08 | לאברהם ליצחק | וליעקב | למתן להון ולבניהון |
| 253 | ליעקב | Gn25:33 | לי׳ וזבין ית בכורתיה | ליעקב: | |
| 254 | | Gn30:07 | דרחל בר תניין | ליעקב: | |
| 255 | | Gn30:12 | אמהתה דלאה בר תניין | ליעקב: | |
| 256 | | Gn30:19 | וילדת בר שתיתייא | ליעקב: | |
| 257 | | Gn30:42 | לקישיא ללבן ובכיריה | ליעקב: | |
| 258 | | Gn34:31 | שמעון ולוי ואמרין | ליעקב | אבוהון לא יאה הוא דיהוון |
| 259 | | Gn38:25 | בדמא דצפירא ואמרית | ליעקב | {אבר} <אבה> אכר כען הא |
| 260 | | Gn25:30 | ואמר עשו | ליעקב | איכל יתי כען מן תבשילא |
| 261 | | Gn46:15 | בנוי דלאה די ילדת | ליעקב | בפדן ארם וית דינה ברתיה |
| 262 | | Gn31:43 | וענה לבן ואמר | ליעקב | בנתא בנתיי ובניא בניי |
| 263 | | Gn30:05 | ועברת בלהה וילידת | ליעקב | בר ˆדכר#2: |
| 264 | | Gn30:10 | זלפה אמהתה דלאה | ליעקב | בר: |
| 265 | | Gn30:17 | ועב{רי}<יר>ת וילידת | ליעקב | בר חמשיי: |
| 266 | | Gn27:06 | ורבקה אמרת | ליעקב | ברה למימר הא שמעית ית קלא |
| 267 | | Gn27:15 | בגו בייתה ואלבשת | ליעקב | ברה זעירא: |
| 268 | | Gn27:42 | ברה רבה ושלחת וקרת | ליעקב | ברה זעירא ואמרת לה הא |
| 269 | | Gn32:19 | ותאמר לעבדך | ליעקב | דורון היא ואשלחת לריבוני |
| 270 | | Gn29:15 | ואמר לבן | ליעקב | הא אחי את לית אפשר למפלח |
| 271 | | Gn31:51 | ואמר לבן | ליעקב | הא איגרא הדין והא קיימתא |
| 272 | | Gn30:01 | רחל באחת«ה» ואמרת | ליעקב | הב לי בנין ואין לא מיתה |
| 273 | | Gn48:02 | ואתני | ליעקב | ואמר הא ברך יוסף אתי |
| 274 | | Gn28:01 | וקרא יצחק | ליעקב | וברך יתה ופקד יתיה ואמר |
| 275 | | Gn27:30 | כד אשלם יצחק למברכה | ליעקב | והוה לחוד מפוק נפוק יעקב |
| 276 | | Gn30:01 | ארום לא הוות ילדה | ליעקב | וקניית רחל באחת«ה» |
| 277 | | Gn31:03 | ואמר ייי | ליעקב | חזור לארע אבהתך לתלדוותך |
| 278 | | Gn35:04 | ויהבו | ליעקב | ית כל פלחנא נכריה די |
| 279 | | Gn46:22 | אלין בנוי דרחל דילידת | ליעקב | כל נפשתא ארבעה עשרה: |
| 280 | | Gn46:25 | ברתיה וילידת ית אלין | ליעקב | כל נפשתא שבע נפשין: |
| 281 | | Gn47:08 | ואמר פרעה | ליעקב | כמה אינון יומי שני חייך: |
| 282 | | Gn30:09 | זלפה אמהתה ויהבת יתה | ליעקב | לאתה: |
| 283 | | Gn34:01 | ברת לאה די ילדת | ליעקב | למתחמייא עם בנתהון דעמא |
| 284 | | Gn31:26 | ואמר לבן | ליעקב | מה עבדת וגנבת ית דעתי: |
| 285 | | Gn35:01 | ואמר ייי | ליעקב | קום סוק לביתאל ושרי תמן |
| 286 | | Gn27:21 | ואמר יצחק | ליעקב | קרב כען ואמשש יתך ברי הא |
| 287 | | Gn46:18 | ברתיה וילדת ית אלין | ליעקב | שת עשרה נפשן: |

## יעקן PN

|  |  |  |  |  |  |
|---|---|---|---|---|---|
| 001 | דיעקן | Dt10:06 | ישראל נטלו מן בירייה | דיעקן | למוסרה תמן אתכנש אהרן |

## יפונה PN

|  |  |  |  |  |  |
|---|---|---|---|---|---|
| 001 | יפונה | Nu34:19 | דבנוי דיהודה כלב בר | יפונה: | |
| 002 | | Dt 1:36 | ארום אלהן כלב בר | יפונה | הוא יחמי יתה וליה אתן ית |
| 003 | | Nu14:30 | יתכון בה אלהן כלב בר | יפונה | ויהושע בר נון: |
| 004 | | Nu26:65 | א{ל}<ר>ום אלהן כלב בר | יפונה | ויהושע בר נון: |
| 005 | | Nu14:38 | בר נון וכלב בר | יפונה | «חיוו» מן גובריה |
| 006 | | Nu14:06 | בר נון וכלב בר | יפונה | מן יילליה דארעא בזעו |
| 007 | | Nu32:12 | אלהן כלב בר | יפונה | קניזייה ויהושע בר נון |
| 008 | יפנה | Nu13:06 | דבנוי דיהודה כלב בר | יפנה: | |

## יפת PN

|  |  |  |  |  |  |
|---|---|---|---|---|---|
| 001 | יפת | Gn 5:32 | נח ית שם ית חם ית | יפת: | |
| 002 | | Gn 6:10 | בנין ית שם ית חם וית | יפת: | |
| 003 | דיפת | Gn10:02 | בנוי | דיפת | גמר ומגוג ומדי ויון |
| 004 | | Gn 9:27 | יפת ייי תחומא | דיפת | וישרי יקר שכינתי׳ בגו |
| 005 | | Gn10:21 | דכל בני עבריא אחוי | דיפת | רבה: |
| 006 | ויפת | Gn 7:13 | הדין על נח ושם וח׳ | ויפת | בנוי דנח ואתתיה דנח |
| 007 | | Gn 9:18 | מן תיבותא שם וחם | ויפת | וחם הוא אבוהון דכנענאי: |
| 008 | | Gn10:01 | בנוי דנח שם וחם | ויפת | ואתילידו להון בנין בתר |
| 009 | | Gn 9:23 | ונסב שם | ויפת | ית אסטליתה ושוון על כתף |

## יפתח PN

|  |  |  |  |  |  |
|---|---|---|---|---|---|
| 001 | יפתח | Gn31:21M | לישראל ביומי | יפתח | דמן גלעד |

## יצהר PN

|  |  |  |  |  |  |
|---|---|---|---|---|---|
| 001 | יצהר | Nu16:01 | ופליג קרח בר | יצהר | בר קהת בר לוי |
| 002 | דיצ׳ | Nu 3:27M | וזרעיתה \דבנוי | דיצהר/דיצ׳#2/# | וזרעייתה דבנוי |
| 003 | דיצהר | Ex 6:21 | ובנוי | דיצהר | קרח ונפג וזכרי: |
| 004 | דיצהרי | Nu 3:27 | וזרעיתה דבנוי | דיצהרי | וזרעייתה דבנוי |
| 005 | ויצהר | Ex 6:18 | ובנוי דקהת עמרם | ויצהר | וחברון ועזיאל ושני׳ |
| 006 | | Nu 3:19 | ובנוי דקהת עמרם | ויצהר | וחברון ועזיאל: |

## יצחק PN

|  |  |  |  |  |  |
|---|---|---|---|---|---|
| 001 | יצ׳ | Dt 9:05M | דיי׳ עם אברהם ועם | יצ׳ | ועם יע׳ |
| 002 | יצחק | Gn21:03 | ליה די ילדת לה שרה | יצחק: | |
| 003 | | Gn21:10 | דאמתה הדה עם ברי עם | יצחק: | |

|  |  |  |  |  |  |
|---|---|---|---|---|---|
| 004 | | Gn25:19 | דאברהם אברהם אולד ית | יצחק: | |
| 005 | | Gn46:01 | ונכס נכסין לאלה דאבוי | יצחק: | |
| 006 | | Gn31:18 | בפדן ארם למיזל לוות | יצח«ק» | אבוהי לארעא דכנען: |
| 007 | | Gn27:22 | וקרב יעקב לוות | יצחק | אבוי וממשש יתה ואמר הא קלה |
| 008 | | Gn27:26 | ואמר ליה | יצחק | אבוי קרב כען ושק יתי ברי: |
| 009 | | Gn27:30 | נפוק יעקב מן לוות אפי | יצחק | אבוי ועשו אחוי על מן |
| 010 | | Gn27:32 | ואמר לה | יצחק | אבוי מן את ואמר אנה ברך |
| 011 | | Gn27:39 | וענה | יצחק | אבוי ואמר ליה הא מן טובא |
| 012 | | Gn35:27 | ואתא יעקב לוות | יצחק | אבוי ממרא קרתהון דגיבריא |
| 013 | | Lv22:27M | למקבלה סדר ברכתה מן | יצחק | אבוי ולמקמה תרי עשר |
| 014 | | Gn26:09 | אמרת אחתי היא ואמר לה | יצחק | ארי אמרית דלא אמות |
| 015 | | Gn26:06 | ושרי | יצחק | בגרר: |
| 016 | | Gn26:12 | וזרע | יצחק | בארעא ההיא ואשכח בשתא |
| 017 | | Gn25:11 | ייי ית יצחק ברה ויתב | יצחק | בבארה דאתגלי עלה קיים כל |
| 018 | | Gn25:20 | והוה | יצחק | בר ארבעין שנין כד {נסבת} |
| 019 | | Gn21:08 | רבא ביומא דאתחסל ית | יצחק | ברה דהגר מצר«י»תא די |
| 020 | | Gn22:09 | וסדר ית קיסייא ועקד ית | יצחק | ברה ושוי יתיה על ^גבי#1#^ |
| 021 | | Gn22:14 | דייי דקרב אברהם ית | יצחק | ברה ובטורא הדין |
| 022 | | Gn25:11 | אברהם וברך ייי ית | יצחק | ברה ויתב יצחק בבארה |
| 023 | | Gn22:14 | דאמרת לי למקרבא ית | יצחק | ברי למעבד יתה עפר וקטם |
| 024 | | Gn21:04 | וגזר אברהם ית | יצחק | בריה בר תמניה יומין |
| 025 | | Gn21:05 | הוה בזמנה דאתילד לה ית | יצחק | בריה: |
| 026 | | Gn22:03 | תרין עולימוהי עמיה וית | יצחק | בריה ופצע קיסין לעלה וקם |
| 027 | | Gn22:06 | ית קיסיא דעלתא ושוי על | יצחק | בריה ונסב בידי«ה» ית |
| 028 | | Gn22:10 | ית סכינא למיכוס ית | יצחק | בריה ענה יצחק ואמר |
| 029 | | Gn25:06 | דורון ושלח יתהון מעלוי | יצחק | בריה עד הווה בחיין קדמיין |
| 030 | | Gn17:21 | וית קיימי אקים עם | יצחק | די תלד לך שרה לעדנה הדן |
| 031 | | Gn22:10M | "מרומא": | יצחק | הו{ת}<ה> חמי יתהון |
| 032 | | Gn25:09 | וקברו יתיה | יצחק | ו{ו}<י>שמעל בנוי במערתא |
| 033 | | Nu23:09 | דמתילין בטוריה אברהם | יצחק | ויעק' ובזכות אמהתה |
| 034 | | Gn40:12 | אבהת עלמא אנון אברהם | יצחק | ויעקב דמן בני בניהון |
| 035 | | Ex 3:16 | עלי אלה«ה» דאברהם | יצחק | ויעקב למימר מדכרה ידכר |
| 036 | | Ex17:12 | אבהתא צדיקייא אברהם | יצחק | ויעקב ומדכר הימנות |
| 037 | | Lv22:27 | אבהת עלמא אינון אברהם | יצחק | ויעקב בגין כדן כתיב |
| 038 | | Nu21:18 | עלמא מן שרויה אברהם | יצחק | ויעקב שכלילו יתה |
| 039 | | Dt32:27 | דקיימת לאבהתהון אברהם | יצחק | ויעקב דלא יתגברון עליהון |
| 040 | | Dt33:15 | בטורייא אברהם | יצחק | ויעקב ובזכות אימהתה |
| 041 | | Gn22:02 | ית יחידך די רחמת ית | יצחק | ואזל לך לארע טור מוריה |
| 042 | | Gn26:31 | גבר לאחוי ושלח יתהון | יצחק | ואזלו מן לוותיה בשלם: |
| 043 | | Gn22:10 | ית יצחק בריה ענה | יצחק | ואמר לאברהם אבוהי אבא |
| 044 | | Gn27:37 | ואתיב | יצחק | ואמר לעשו הא רב ושליט |
| 045 | | Gn17:19 | לך בר ותקרי ית שמו | יצחק | ואקים ית קיימי עמה לקיים |
| 046 | | Gn24:64 | רבקה ית עיינה וחמת ית | יצחק | ואתרכנת מעלוי גמלא: |
| 047 | | Gn26:18 | וחזר | יצחק | וחפר ית באריתא דמיא די |
| 048 | | Gn49:31 | שרה אתתיה תמן קברו ית | יצחק | וית רבקה אתתי«ה» ותמן |
| 049 | | Gn27:01 | והווה ארום סאב {יצקח} | יצחק | וכהיין עיינו«י» מן |
| 050 | | Gn26:35 | ולא מקבלן אולפן לא מן | יצחק | ולא מן רבקה: |
| 051 | | Gn35:29 | וסאף | יצחק | ומית ואתכנש לוות עמיה סאב |
| 052 | | Gn18:01 | די שרה ילדה לה ית | יצחק | ומלאכה תניינה אשתלח |
| 053 | | Ex 6:03 | במימרי על אברהם על | יצחק | ועל יעקב באלה שמיא ברם |
| 054 | | Ex 2:24 | קיים עם אברה«ם» עם | יצחק | ועם יעקב: |
| 055 | | Dt 1:01 | אבהתכון עם אברהם עם | יצחק | ועם יעקב ומשכן זימנא די |
| 056 | | Dt 6:10M | עם אברהם ועם | יצחק | ועם יעקב |
| 057 | | Gn26:17 | ואזל מתמן | יצחק | ושרה בנחלה דגרר ויתב |
| 058 | | Gn27:33 | ואזדעזע | יצחק | זעוע רב לחדה ואמר מן כדון |
| 059 | | Gn25:28 | ורחם | יצחק | ית עשו ארום מן צידיה הוה |
| 060 | | Gn28:05 | ושלח | יצחק | ית יעקב ואזל לפדן ארם |
| 061 | | Gn28:06 | וחמ«ה» עשו ארום ברך | יצחק | ית יעקב ושלח יתיה |
| 062 | | Ex12:42 | שמיא אתמככו ונחתו וחמא | יצחק | ית שכלוליהון וכהן עיינוי |
| 063 | | Lv22:27M | שמייא מכו ונחתו וחמא | יצחק | ית שכלוליהון וכהיין |
| 064 | | Gn22:07 | ואמר | יצחק | לאברהם אבוהי ואמר אבא |
| 065 | | Gn27:21 | ואמר | יצחק | ליעקב קרב כען ואמשש יתך |
| 066 | | Gn28:01 | וקרא | יצחק | ליעקב וברך יתה ופקד יתיה |
| 067 | | Gn27:20 | ואמר | יצחק | לברה מה כען אוחת למשכחי |
| 068 | | Gn26:01 | ביומוי דאברהם ואזיל | יצחק | לוות אבימלך מלכאהון |
| 069 | | Gn27:30 | והוי כד אשלם | יצחק | למברכה ליעקב והוה לחוד |
| 070 | | Gn24:63 | ונפק | יצחק | למצלוייה באפיה ברא |
| 071 | | Gn24:67 | <ואעל יתה> | יצחק | למשכנה דשרה אמה ונסב ית |
| 072 | | Gn26:08 | על חרכא וחזא והא | יצחק | מגהך עם רבקה אתתה: |
| 073 | | Gn26:27 | ואמר {להם} להון | יצחק | מן בגלל מה אתיתון לור' |
| 074 | | Gn24:67 | לה לאתה ורחם יתה ואנחם | יצחק | מן בתר דמיתת שרה אמיה: |
| 075 | | Gn27:05 | ורבקה שומעת כד מלל | יצחק | עם עשו בריה ואזל עשו |
| 076 | | Gn25:21 | וצלי | יצחק | קדם ייי על עסקי רבקה |
| 077 | יצקח | Gn27:01 | והווה ארום סאב | {יצקח} | יצחק וכהיין עיינו«י» |
| 078 | ביצחק | Gn21:12 | לך שרה שמע בקלה ארום | ביצחק | יתקרי לך זרע דבנין: |
| 079 | דיצח' | Gn26:35M | ומררן חייהון | דיצח' | ודרבקה |
| 080 | דיצחק | Gn31:53 | יעקב בתקיפה דאבוי | דיצחק: | |
| 081 | | Gn32:10 | דאברהם אבה ואלהה | דיצחק | אבה ייי דאמר לי חזור |
| 082 | | Gn22:14 | תהווי מדכר עקדתיה | דיצחק | אבוהון ושמע בקל צלותהון |
| 083 | | Gn22:14M | מדכר להון עקידתא | דיצחק | אבוהן ושרי ושבק לחוביהון |
| 084 | | Gn28:08 | בנתהון דכנענעאי באפוי | דיצחק | אבוי: |
| 085 | | Lv22:27 | ואדכר לן עקידתיה | דיצחק | אבונן ומן בתר כדין אתבחר |
| 086 | | Gn28:13 | דאברהם אבוך ואלהה | דיצחק | ארעא «די» את דמך עלה לך |
| 087 | | Gn26:25 | וחפרו תמן עבדוי | דיצחק | באר: |
| 088 | | Gn26:19 | וחפרו עבדוי | דיצחק | בנחלה ואשכחו תמן בא<'> |
| 089 | | Gn25:19 | ואלין תולדותא | דיצחק | בריה דאברהם אברהם אולד |
| 090 | | Gn25:19M | יחוס תולדוות' | דיצחק#2#/ | בריה דאברהם אברהם |
| 091 | | Gn22:10 | דיצחק ועיינוי | דיצחק | הוויין משוטטן במלאכי |
| 092 | | Gn31:42 | אלהא דאברהם ותקיפא | דיצחק | הו{ת}<ה> לי ארום כדון |
| 093 | | Nu22:30 | בנוי דאברהם | דיצחק | ויעקב דבגללהון אתברי |
| 094 | | Ex 3:16M | \יצחק ויעקב /אלהא | דיצחק | ואלהא דיעקב#2#/ למימר |
| 095 | | Ex 3:06 | אלהה דאברהם אלהה | דיצחק | ואלהה דיעקב ואטמר משה |
| 096 | | Ex 4:05 | אלהה דאברהם אלהה | דיצחק | ואלהה דיעקב: |
| 097 | | Ex 3:15 | אלהה דאברהם אלהה | דיצחק | ואלהיה דיעקב שלחני |
| 098 | | Gn22:10 | הוויין בעיינוי | דיצחק | ועיינוי דיצחק הוויין |
| 099 | | Gn26:32 | ההוא ואתון עבדוי | דיצחק | ותניאו ליה על עסק דבאירה |
| 100 | | Gn26:20 | רעווי דגרר עם רעוי | דיצחק | למימר דינן אנן מיא וקרא |
| 101 | | Gn35:28 | והוון ימוי | דיצחק | מאה ותמנין שנין: |
| 102 | | Gn22:14M | אלקים כד יהוון בנוי | דיצחק | עלין בשעת אננקי תהווי |
| 103 | ויצחק | Gn35:27 | דאתותב תמן אברהם | ויצחק: | |
| 104 | | Gn48:22 | יתיה ליצחק אבה | ויצח«ק» | אבה יהב יתיה לעשו אחוי |
| 105 | | Gn49:02 | וכל בנוי דקטורה | ויצחק | אבה קם מיניה פסולה עשו |
| 106 | | Dt 6:04 | וכל בני{כ}<ה> דקטורה | ויצחק | אבה קם מיניה פסילה עשו |
| 107 | | Gn25:26 | יעקב <....> | ויצחק | בר שתין שנין הווה בזמנא |
| 108 | | Gn49:26 | ברכו יתי אבהתי אברהם | ויצחק | דלהון אתחמדון רברבני עלמא |
| 109 | | Ex12:42 | ברת תשעין שנין תלד | ויצחק | הוה בר תלתין ושבע שנין כד |
| 110 | | Gn24:62 | | ויצחק | הוי אתי מן בית מקדשא דשם |
| 111 | | Gn48:16 | שמי ושם אבהתי אברהם | ויצחק | ויסגון בארעא היך נוניא |

112 Gn48:15 קדמוי בקושטא אברהם ויצחק ייי דדבר יתי מן טליותי עד
113 וליצחק Gn35:12 ארעא די יהבת לאברהם וליצחק לך אתננה ולבניך מן בתרך
114 ליצחק Gn24:04 תיזיל ותיסב אתה לברי ליצחק:
115 Gn24:38 ותיסב איתה לבר«י» ליצחק:
116 Gn25:05 ית כל מה דיליה ליצחק:
117 Gn48:22 רשיעא ויהב יתיה ליצחק אבה ויצח«ק» אבה יהב
118 Gn26:16 ואמר אבימלך ליצחק אזל מן לוותן ארו«ם»
119 Lv22:27M דהא שרה ילדת ליצחק אמרה אתאבחר תניין בגין
120 Gn27:46 ואמרת רבקה ליצחק אתעיקת בחי מן קדם בנתהון
121 Gn26:09 וקרא אבימלך ליצחק ואמר לחוד הא אתתך היא
122 Gn24:14 אשקי יתה זמנת לעבדך ליצחק ובה אדע ארום עבדת חסד עם
123 Gn50:24 לארעא די קיים לאברהם ליצחק וליעקב:
124 Ex 6:08 למתן יתה לאברהם ליצחק וליעקב ואתן יתיה לכון
125 Ex33:01 די קיימת לאברהם ליצחק וליעקב למימר לברך אתן
126 Nu32:11 ארעא די קיימת לאברהם ליצחק וליעקב ארום <....>:
127 Dt 1:08 ייי לאבהתכון לאברהם ליצחק וליעקב למתן להון
128 Dt 6:10 קיים לאבהתכון לאברהם ליצחק וליעקב למיתן לכון קירוין
129 Dt 9:05 ייי לאבהתכון לאברהם ליצחק וליעקב:
130 Dt 9:27 ^לעבדיך#2#^ לאברהם ליצחק וליעקב לא תסתכל
131 Dt29:12 לאבהתכון לאברהם ליצחק וליעקב:
132 Dt30:20 ייי לאבהתכון לאברהם ליצחק וליעקב למיתן להון:
133 Dt34:04 ארעא דקיימת לאברהם ליצחק וליעקב למימר לזרעיית
134 Ex32:13 ברחמך טביה לאברהם ליצחק ולישראל עבדיך די קיימת
135 Lv22:27 לשרה דהא שרה ילדה ליצחק ומן בתר כדן אתבחר אימרא
136 Gn24:66 ותני עבדא ליצחק ית כל פתגמא {ל}<ד>עבד:

## יצר PN

001 דיצרי Nu26:49 ליצר זרעייתה דבנוי דיצרי לשלם זרעייתה דבנוי
002 ויצר Gn46:24 דנפתלי יחצאל וגוני ויצר ושלם:
003 ליצר Nu26:49 ליצר זרעייתה דבנוי דיצרי

## יקטן PN

001 יקטן Gn10:25 דיירי ארעא ושמה דאחוי יקטן:
002 Gn10:29 אופיר וית חוילה וית {יקטן} <יובב> כל אלין בנוי
003 דיקטן Gn10:29 <יובב> כל אלין בנוי דיקטן:
004 ויקטן Gn10:26 ויקטן אולד ית אלמודד וית שלף

## יקשן PN

001 יקשן Gn25:02 וילידת ליה ית זמרן וית יקשן וית מדן וית מדין וית
002 ויקשן Gn25:03 ויקשן אולי' ית שבא וית דדן

## ירד PN

001 ירד Gn 5:15 וחמ' שנין ואולד ית ירד:
002 Gn 5:18 וחיה ירד מאה ושתין ותרתין שנין
003 Gn 5:19 וחיה ירד מן בתר דאולד ית חנוך תמני
004 Gn 5:16 מהללאל מן בתר דאולד ית ירד תמני מאה ותלתין שנין ובהן
005 דירד Gn 5:20 והוון כל יומי חיוי דירד תשע מאה ושתין ותרתין שנין

## ירושלם GN

001 בירושלם Lv26:29 חטאיה דגרמו לאבהתן בירושלם למיכל בשר בניהון ובשר
002 דירושלם Gn14:18 ומלכא צדק מלכא דירושלם הוא שם רובה אפק לחם
003 לירושלם Nu11:26 גוג ומגוג סלקין לירושלם ובידוי דמלכא משיחה אינון

## ירח GN

001 ירח Gn10:26 שלף וית חצר מות וית ירח:

## יריחו GN

001 יריחו Dt34:01 ראש רמתה דאית לוקבל יריחו וחווי ליה מימריה דייי ית
002 Dt32:49 בארע' דמאב די כל קבל יריחו וחמי ית ארעא דכנען דאנה
003 דיריחו Nu26:63M דמואב דסמיך לירדנא דיריחו:
004 Nu31:12 דמואב סמיך לירדנא דיריחו:
005 Nu33:48 דמואב סמיך לירדנא דיריחו:
006 Nu36:13 דמואב סמיך לירדנה דיריחו:
007 Nu33:50 דמואב סמיך לירדנה דיריחו למ«י»מ{(י)}ר:
008 Nu26:03 דמואב סמיך לירדנא דיריחו למימר:
009 Nu35:01 דמואב סמיך לירדנה דיריחו למימר:
010 Nu34:15M מעבר יורדנה דיריחו קדמאין מן מדנחה מן מישר
011 Nu34:15 מן עבר לירדנה דיריחו קדמין מן מדנחה נפק להון
012 Dt34:03 וית מישרה בבקעתיה דיריחו קרתה דעבדה תומרין היא
013 ליריחו Nu22:01 במעבר ליר{ח}<דנ>א ליריחו:

## ישחק PN

001 ישחק Ex12:42M תלתין ושבע שנין הוה ישחק בזמן די אתק'

## ישראל PN/GN

001 י' Dt11:06M בעצתא דקורח בגו בני י'#2#/:
002 יש' Dt31:11M לקבל \כל ישראל/בני יש'#2#/ «ב»משמעהון:
003 Nu18:23M בני ישראל /ובני יש'#2#/ לא יחסנון אחסנה
004 Nu 8:19M מחבל בקרבותהון בני יש'#2#/ לבית קודשה:
005 Nu18:14M דבישראל /<אפר>שות' יש'#2#/ דידך/לך#2#/ יהווי:
006 ישרא' Ex20:02M הוה צוח ואמר עמי בני ישרא'
007 Ex39:06 גלף חקק על שמהת בני ישרא':
008 Ex16:03 ואמרין להון בני ישרא<'> אלוי "מי יתן" מותנו קדם
009 Ex33:05 ייי למשה אמור לבני ישרא' אתון עם קשין למקבלה אולפן
010 Ex14:22 ועלו בני ישרא<'> בגו ימא ביבשתא ומיא הוון
011 Ex17:16M כורסי מלכותיהון דבני ישרא' הוא שאול בר קיש והוא
012 Ex15:02M שמיר טינרא עניין בני ישרא' ואמרין אלין לאלין דן הוא
013 Ex 5:15 ואתון סרכיהון דבני ישרא' וצווחו קדם פרעה למימר למה
014 Ex20:02M וכן הוה צוח ואמר וכל ישרא' חזיין יתיה
015 Ex20:02M "וחזר וכל ישראל": וכל ישרא' חמיין יתיה ודחלן
016 Ex14:03M במצרים על עסק בני ישרא' טעוותי פעור וג
017 Ex15:01 בכדו שבח משה ובני ישרא<'> ית שירת תושבחתה הדה קדם
018 Ex23:01M ידיכר' עם חי' עמי בני ישרא' לא תהוון אזלין בתר
019 Ex23:01M עמי בני ישרא' לא ישתב' חד מנכון בשי'
020 Ex18:11 דחשיבו מצריי על ישרא' למרמא בניהון לנהר«א» בה
021 Ex15:21 ורדפו בתר עמא בני ישרא' רמא וטמע יתהון בימא
022 ישראל Gn15:12M תהדר מלכוותא לעמא בית ישראל
023 Gn35:10 שמך וקרא ית שמיה ישראל:»
024 Gn36:31 ימלך מלך לבני ישראל:
025 Gn47:31M שכינתי' דייי וסגיד ישראל
026 Gn49:07 דלוי בגו שבטה דבני ישראל:
027 Gn49:16 לה כל שבטי דבני ישראל:
028 Gn49:20 מה תפנוקי מלכייא דבני ישראל:
029 Gn49:27 מותרו קרבניה דבני ישראל:
030 Gn50:02 ית אבר' וחנטו אסיא את ישראל:
031 Ex 1:12 מצראי' מן קדם עמא בני ישראל:

|  |  |  |
|---|---|---|
| 032 | Ex 4:22M | בני בוכרי הנין ישראל#2/: |
| 033 | Ex 4:22 | כדן אמר ייי ברי בוכרי ישראל: |
| 034 | Ex 4:29 | ית כל חכימיא דבני ישראל: |
| 035 | Ex10:20 | דפרעה ולא שלח ית בני ישראל: |
| 036 | Ex11:07 | ייי בין מצריי ובין ישראל: |
| 037 | Ex13:22M | קדם עמא/בית ישראל#2/: |
| 038 | Ex15:11 | נסין ופלאין לעמך בית ישראל: |
| 039 | Ex19:03M | ותתני לגברי דבית ישראל |
| 040 | Ex19:03 | ותתני לשבטא דבני ישראל: |
| 041 | Ex19:06 | פתגמיא די תמלל עם בני ישראל: |
| 042 | Ex20:02M | קיימ׳ ואמר עמי בני ישראל |
| 043 | Ex24:04 | שבטייה דבני ישראל: |
| 044 | Ex24:09 | ושבעין מן חכימי ישראל: |
| 045 | Ex24:11M | דהוון מתמנן על בני ישראל |
| 046 | Ex24:17 | די טורא לעיני בני ישראל: |
| 047 | Ex25:22 | מה דאפקד יתך על בני ישראל: |
| 048 | Ex27:21 | לדריהון מן לוות בני ישראל: |
| 049 | Ex28:09 | ותגלף עליהון שמהת בני ישראל: |
| 050 | Ex34:27 | קיימית עמך קיים ועם ישראל: |
| 051 | Lv 7:34 | קיים עלם מן לוות בני ישראל: |
| 052 | Lv 9:01 | לאהרן ולבנוי ולחכימי ישראל: |
| 053 | Lv10:14 | מן נכסת קדשיהון דבני ישראל: |
| 054 | Lv16:17 | כל קהל כנישתה דבני ישראל: |
| 055 | Lv16:19 | יתיה מן סאובתהון דבני ישראל: |
| 056 | Lv21:24 | ועם בנוי ועם כל בני ישראל: |
| 057 | Lv23:44 | דייי ואלף יתהון לבני ישראל: |
| 058 | Lv24:10M | וגברה ישראלייה/בר ישראל#2/: |
| 059 | Lv25:33 | אחסנת{כ}<ה>ון בגו בני ישראל: |
| 060 | Lv27:34M | לאחוואותהון לוות בני ישראל |
| 061 | Nu 1:49 | לא תקבל בגו בני ישראל: |
| 062 | Nu 3:09 | יהיבין לה מן לוות בני ישראל: |
| 063 | Nu 3:41 | בוכרה דבעיריהון דבני ישראל: |
| 064 | Nu 3:42 | ית כל בכור«י»ה דבני ישראל: |
| 065 | Nu 3:46 | ליויי מן בכוריה דבני ישראל: |
| 066 | Nu 5:04 | עם משה כדן עבדו בני ישראל: |
| 067 | Nu 8:09 | ית כל כנשתה דבני ישראל: |
| 068 | Nu 8:18 | חלף כל בכוריה דבני ישראל: |
| 069 | Nu 8:20 | כדן עבדו להון בני ישראל: |
| 070 | Nu 9:05 | ית משה כדן עבדו בני ישראל: |
| 071 | Nu 9:07 | דייי בזימניה בגו בני ישראל: |
| 072 | Nu 9:17 | משכנה תמן ישרון בני ישראל: |
| 073 | Nu10:29M | מימריה דייי מלל טב על ישראל |
| 074 | Nu10:29 | למיתיה טבה ונחמן על ישראל: |
| 075 | Nu10:29M | עלמה לאיתיא טבתה על ישראל |
| 076 | Nu10:36M | ואסגי אלפייה דבני ישראל |
| 077 | Nu10:36 | רבוותה וברך אלפי דבני ישראל: |
| 078 | Nu13:24 | די לקטו מן תמן בני ישראל: |
| 079 | Nu14:05 | קדם כנישתה דבני ישראל: |
| 080 | Nu14:10 | במשכן זימנא על כל בני ישראל: |
| 081 | Nu15:33 | ולוות כל כנשתה דבני ישראל: |
| 082 | Nu17:03 | ויהויין לסימן לבני ישראל: |
| 083 | Nu18:05 | רגוז ^תוב#2^ על בני ישראל: |
| 084 | Nu18:20 | חלקך ואחסנותך בגו בני ישראל: |
| 085 | Nu20:29 | תלתין יומין כל בית ישראל: |
| 086 | Nu21:06 | עמא ומיתו עם סגין מן ישראל: |
| 087 | Nu21:15M | אלין לאלין כד יהוון ישראל |
| 088 | Nu21:23 | ליהצה וסדרו קרבה עם ישראל: |
| 089 | Nu22:03 | מואביי מן קדם בני ישראל: |
| 090 | Nu23:03 | יחידי שפי למילוט ית ישראל: |
| 091 | Nu23:07 | ואתא זעיר לי דבית ישראל: |
| 092 | Nu24:05M | יעקב ובתי כנשתך דבית ישראל |
| 093 | Nu24:05 | חזור חזור לה די דבית ישראל: |
| 094 | Nu25:04 | תקוף רוגזה דייי מן ישראל: |
| 095 | Nu25:08 | מגפתה מעילוי בני ישראל: |
| 096 | Nu25:13 | וכפר על בני ישראל: |
| 097 | Nu26:62 | להון אחסנה בגו בני ישראל: |
| 098 | Nu27:12 | ית ארעא די יהבית לבני ישראל: |
| 099 | Nu27:20 | כל כנישתה ^דבני ישראל#2^: |
| 100 | Nu32:14 | על תקוף רוגזה דייי על ישראל: |
| 101 | Nu32:28 | ראשיה אבהת שבטיה דבני ישראל: |
| 102 | Nu33:40 | בזמנה דאתון בני ישראל: |
| 103 | Nu35:34 | איקר שכינתי בגו בני ישראל: |
| 104 | Nu36:01 | ראשי אבהתה דבני ישראל: |
| 105 | Nu36:07 | שבט אבהתיה ידבקון בני ישראל: |
| 106 | Nu36:09 | ידבקון שבטיהון דבני ישראל: |
| 107 | Dt 1:38 | ארום הוא יחסן יתה ית ישראל: |
| 108 | Dt 4:44 | סדר משה קדם עמא בני ישראל: |
| 109 | Dt11:06 | ברגליהון בגו עמא בני ישראל: |
| 110 | Dt17:20 | הוא ובנוי בגו עמא בני ישראל: |
| 111 | Dt22:22 | ותבערון עבדי בישתה מן ישראל: |
| 112 | Dt23:18 | ולא גבר נפק בר מן בני ישראל: |
| 113 | Dt29:09 | וסרכיכון כל עמא בני ישראל: |
| 114 | Dt31:01 | ית דביריה האליין לכל ישראל: |
| 115 | Dt31:19 | שירתה הדה לסהדו בבני ישראל: |
| 116 | Dt31:22 | ההוא ואלף יתה ית בני ישראל: |
| 117 | Dt32:08 | למניין שבטייה דבני ישראל: |
| 118 | Dt32:45 | פתגמייא האיליין עם כל ישראל: |
| 119 | Dt32:51 | לא קדשתון יתי בגו בני ישראל: |
| 120 | Dt32:52 | לארעא די אנה יהב לבני ישראל: |
| 121 | Dt33:05 | לה כל שבטייה דבני ישראל: |
| 122 | Dt33:21 | וסדרי דינוי אלף לבני ישראל: |
| 123 | Dt34:12 | די עבד משה חמיין כל ישראל: |
| 124 | Ex 3:14M | ואמ׳ כדן תימ׳ לבני ישראל אהיה שלח |
| 125 | Dt32:09 | חלקה דייי אנון עמה בני ישראל יעקב עדב אחסנתיה: |
| 126 | Gn43:11 | ואמר להון ישראל אבוהון אן כדן גמרתון דא |
| 127 | Gn46:29 | ארתכוי ונפק לקדמות ישראל אבוי לגשנה וחמה יתיה |
| 128 | Nu24:05 | משכניה דיתיב בהון ישראל אבוכון כמה טבן ונחמן |
| 129 | Nu24:05 | דשמיש בהון ישראל אבוכון מה יאי הוא משכן |
| 130 | Gn49:02 | כחדא ואמרין שמע מנן ישראל אבונן ייי אלהן ייי חד ענה |
| 131 | Dt 6:04 | שלמה ואמרין שמע מנן ישראל אבונן ייי אלהן ייי חד הוא |
| 132 | Lv17:14 | בנפשה הוא ואמרת לבני ישראל ^אדם#2^ כל בשר{י} לא |
| 133 | Dt15:11 | ארום אין נטרין בני ישראל אולפן אוריתה ועבדין |
| 134 | Dt33:04 | אמרין בני ישראל אורייתה פקד יתן משה יהב |
| 135 | Nu 6:23 | כדן תברכון ית בני ישראל אזל משה מן שמי ואמר |
| 136 | Nu 1:16 | אבהתהון רישי אלפי דבני ישראל אינון: |
| 137 | Nu13:03 | גברין ראשיהון דבני ישראל אינון: |
| 138 | Ex39:14 | ואבניה על שמהת בני ישראל אינין תרתין עשרה על |
| 139 | Ex16:35 | ובני ישראל אכלו ית מנה ארבעין שנין |

|  |  | | | |
|---|---|---|---|---|
| 140 | Nu23:23 | מייתיה עליכון ודדבית | ישראל | אמר בלעם במתל נבותה |
| 141 | Ex 6:06 | בשבועה אמר לבני | ישראל | אנה ^הוא#2#^ ייי ואפיק |
| 142 | Ex20:02 | הוה צווח ואמר עמי בני | ישראל | אנה הוא ייי אלהכון די |
| 143 | Lv22:32 | שמי מייקר«ה» בגו עמי | ישראל | אנה הוא ייי דקדשית יתכון: |
| 144 | Dt 5:06 | הוה צוח ואמר עמי בני | ישראל | אנה הוא ייי אלהכון די |
| 145 | Ex14:20M | "ונהורא ... ליליא": | ישראל | אנהר ליליא לא קריבו משרה |
| 146 | Nu 8:16 | בכרי כל מן ולדה בני | ישראל | אפרשת יתהון לשמי: |
| 147 | Gn32:29 | עוד שמך ארום אלהן | ישראל | ארום {אתרבבת} אתרברבת עם |
| 148 | Ex14:25 | לאלין נערק מן עמא בני | ישראל | ארום דין הוא ייי דהוה עבד |
| 149 | Ex24:05M | ושדר ית בוכרי' בני | ישראל | ארום עד ההי' שעתא הוות |
| 150 | Ex29:28 | לקיים עלם מן לוות בני | ישראל | ארום אפרשו היא ואפרשו |
| 151 | Nu20:29M | בהיא שעתה היימינו בני | ישראל | ארום מית אה' |
| 152 | Nu21:01M | כל וקבל {ר}<ד>בית | ישראל | ארום מסון לאורחא די עלו |
| 153 | Nu26:62 | ארום לא אסתכמו בגו בני | ישראל | ארום לא אתיהב להון אחסנה |
| 154 | Dt32:43 | שבחו יתיה עמיה בית | ישראל | ארום עולבן ודם עבדוי |
| 155 | Nu20:19 | ואמרין ליה בני | ישראל | ארח מלכא נסוק ואין מימך |
| 156 | Nu21:01 | סלקה להון ארום מסון | ישראל | ארחה די סליקו בה ילליה |
| 157 | Nu12:16 | בסופ«י»ה דמשה הוון | ישראל | אשתין רבוון דאנון |
| 158 | Nu26:51 | אלין סכומיהון דבני | ישראל | אשתין רבוון ואלפא ושבע |
| 159 | Ex20:22 | למשה כדן תימר לבני | ישראל | אתון חמיתון ארום מן שמיא |
| 160 | Nu20:14 | כדן אמרין אחיכון | ישראל | אתון ידעתון ית כל עקיה די |
| 161 | Dt 9:01 | שמעו כען | ישראל | אתון עברין «יומא הדין» |
| 162 | Dt20:03 | ויאמר להון שמעון כען | ישראל | אתון קריבין יומא הדין |
| 163 | Dt31:07 | ואמר ליה קדם כל | ישראל | אתוקף ואזדרז ארום את תיעל |
| 164 | Nu25:06 | והא גבר מן בני | ישראל | אתי ואקרב לוות אחוי ית |
| 165 | Ex12:27 | ויגן על בתיהון דבני | ישראל | במצרים בקטלותה ית מצרים |
| 166 | Ex17:08 | וסדרו סדרי קרבא עם | ישראל | ברפידים: |
| 167 | Nu25:01 | ושרון ^בני#2#^ | ישראל | בשטים ושרי עמא למזניה עם |
| 168 | Dt 4:45 | די מלל משה עם בני | ישראל | באפקותהון פריקין מן |
| 169 | Dt 4:46 | מה די קטיל משה ובני | ישראל | באפקותהון פריקין מן |
| 170 | Gn35:22 | והוי כדי שרו«ן» | ישראל | בארעא ההיא ואזל ראובן |
| 171 | Gn47:27 | ושרון | ישראל | בארעא דמצרים בארעא |
| 172 | Nu34:29 | ית משה למאחסנה ית בני | ישראל | בארעא דכנען: |
| 173 | Dt28:69 | ית משה למקיימה עם בני | ישראל | בארעא דמואב בר מן קיימה |
| 174 | Nu21:31 | ושרון | ישראל | בארעהון דאמריי: |
| 175 | Ex13:02 | כל וולד מעייה בבני | ישראל | בבני אנשא ובבעירה לשמי |
| 176 | Nu 8:17 | לשמי כל בכוריה דבני | ישראל | בבני אנשא ובבעירה ביומא |
| 177 | Gn30:13 | רבה ישבחון יתי בנת | ישראל | בבתי כנישותא וקראת ית שמה |
| 178 | Ex14:16 | ובזע יתיה ויעלון בני | ישראל | בגו ימא ביבשתא: |
| 179 | Gn15:11 | עצן בישן על דבית | ישראל | בזכוותיה דאברם אבוהון |
| 180 | Lv23:43 | בדמות מטלין אשרית בני | ישראל | בזמן אפקותהון פריקין מן |
| 181 | Ex14:13 | ארבע כתין אתעבידו בני | ישראל | בזמנא דהוון קיימין על ימא |
| 182 | Ex28:29 | אהרן ית שמה(ה)ת בני | ישראל | בחושנה דדינה על ליביה |
| 183 | Nu23:10 | נבותה אן קטלין יתיה | ישראל | בחרבה מבשר הוא בלעם דלית |
| 184 | Lv26:46 | בין מימריה ובין בני | ישראל | בטורא דסיני על ידוי |
| 185 | Lv27:34 | פקד ייי ית משה על בני | ישראל | בטורא דסיני: |
| 186 | Ex12:06 | כל קהל כנישתא דבני | ישראל | ביני שמשותא: |
| 187 | Ex40:36 | {ו}<י>טל{יו}<ון} בני | ישראל | בכל מטל{ינ}<ני>הון: |
| 188 | Ex40:38 | ביה לעיני כל בית | ישראל | בכל מטלניהון: |
| 189 | Nu21:25 | קורייתה האליין ושרון | ישראל | בכל קרווי אמוריי בחשבון |
| 190 | Nu15:32 | והוון בני | ישראל | במדברה ואשכחו גבר מגבב |
| 191 | Nu26:64 | כהנה די סכמו ית בני | ישראל | במדברה דסיני: |
| 192 | Dt28:03 | בריכין תהוון עמי בני | ישראל | במה דאית לכון בקורייכון |
| 193 | Dt32:51 | בשם ממרי בגו בני | ישראל | במי מצותה דרקם במדברה |
| 194 | Dt28:06M | תהוון עמי בני | ישראל#2#/ | במיפקכון מן |
| 195 | Nu36:13M | בידוי דמשה לוות בני | ישראל | במישרה#2#/ דמואב סמיך |
| 196 | Nu26:63M | כהנה די סכמו ית בני | ישראל | במישריה דמואב דסמיך |
| 197 | Nu36:13 | די פקד ייי משה על בני | ישראל | במישריה דמואב סמיך |
| 198 | Nu 8:19 | למפלח ית פלחן דבני | ישראל | במשכן זמנה ולמכפירה על |
| 199 | Dt31:11 | ית אורייתה הדה לקבל כל | ישראל | «ב»משמעהון: |
| 200 | Dt28:05 | בריכון תהוון עמי בני | ישראל | בסלי ביכוריכון ובתנורי |
| 201 | Nu23:23 | ולא קסמי קסמין בדבית | ישראל | בע{(י)}דנא הדין יתאמר |
| 202 | Nu31:16 | אינון הוויין תקלה לבני | ישראל | בעצתיה דבלעם למשקרה שקר |
| 203 | Ex12:03 | {א} עם כל כנישתא דבני | ישראל | בעשרה יומין לירחא הדין |
| 204 | Dt28:04 | ובריכין תהוון עמי בני | ישראל | בפרי ולד מעיכון ובפירי |
| 205 | Nu25:11 | ולא שיציתי ית בני | ישראל | בקנאתי: |
| 206 | Ex 1:13 | ושעבידו מצרייא ית בני | ישראל | בקשיו: |
| 207 | Ex16:06 | משה ואהרן לכל בני | ישראל | ברמשא ותדעון ארום ייי |
| 208 | Nu20:12 | למקדשה שמי לעיני בני | ישראל | בשבועה בגין כדן לא תיעלון |
| 209 | Lv25:46 | תפלחן ובאחיכון בני | ישראל | גבר באחוי לא תשתעבד בה |
| 210 | Nu 1:52 | וישרון בני | ישראל | גבר על משרי{י}תה וגבר על |
| 211 | Nu 5:06 | מליל עם בני | ישראל | גבר ^אר#2#^ אתה די יעבדון |
| 212 | Nu13:02 | דכנען די אנה יהב לבני | ישראל | גבר חד לשבט אבהתהון |
| 213 | Nu36:08 | מן בגלל דירתון בני | ישראל | גבר אחסנות אבהתיה: |
| 214 | Ex20:14M | עם גיורין /דבני | ישראל | גיורי#2#/ דלא יקומון |
| 215 | Ex20:15M | עם גנבין דלא /דבני | ישראל | גנבין דלא#2#/ יקומון |
| 216 | Nu17:20 | ית תורע«ו»מהון דבני | ישראל | דאינון מתרעמין עליכון: |
| 217 | Nu23:10 | טכסי משריתה דבני | ישראל | דאתאמר עליהון יהוון מסגין |
| 218 | Dt32:19 | די אכעסו יתיה עמה בני | ישראל | דהוון חביבין עלוי היך |
| 219 | Nu20:29M | עמוד צלותהון דבני | ישראל | דהוית מכפר עליהון חד זמן |
| 220 | Ex34:17 | עמי בני | ישראל | דחלן טעוון דמתכה לא תעבד |
| 221 | Gn46:08 | ואילן שמהת בני | ישראל | די עלו למצרים יעקב |
| 222 | Gn50:01 | תרי עשר שבטיא דבני | ישראל | די נפקו מיניה כהנייא |
| 223 | Ex 1:01 | ואליין שמהת בני | ישראל | די עלו למצרים עם יעקב |
| 224 | Ex 5:14 | ולקו סרכיהון דבני | ישראל | די שוון עליהון דחקוי |
| 225 | Ex12:40 | ומשרוייהון די בני | ישראל | די שרון במצרים ארבע מאה |
| 226 | Lv17:03 | גבר גבר מבית | ישראל | די יכוס תור אמר או גדי בר |
| 227 | Nu 5:09 | לכל קדש«י»הון דבני | ישראל | די יקרבון לכהנה דידיה |
| 228 | Nu11:16 | שובעין גברין מן חכימי | ישראל | די את ידע דאינון חכימי |
| 229 | Nu14:27 | קדמי ^^ית תורעמות בני | ישראל | די אנון מתרעמין עלווי^^: |
| 230 | Nu16:34 | וכל | ישראל | די חזור חזור להון ערקו |
| 231 | Nu18:24 | ארום ית מעשרין דבני | ישראל | די יפרשון לשמה דייי אפרשו |
| 232 | Nu31:42 | ומן פלגותהון דבני | ישראל | די פלג משה מן גברייה |
| 233 | Nu33:01 | אלין מטלניהון דבני | ישראל | די נפקו פריקין מן ארעא |
| 234 | Dt21:08 | כהנייא יימרון כפר לעמך | ישראל | די פרקת ייי ולא תשוי חובת |
| 235 | Ex22:27 | עמא בני | ישראל | דייניכון לא תבזון ורבה |
| 236 | Nu32:09 | ותברו ית לבהון דבני | ישראל | דלא מיעול לארעא די יהב |
| 237 | Ex 6:05 | שמעת ית קבלתהון דבני | ישראל | דמצרייה משעבדין בהון |
| 238 | Ex15:02 | לן לפריק אמרין בני | ישראל | דן הוא אלהן ונשבחיניה אלה |
| 239 | Nu26:04 | פקד ייי ית משה ובני | ישראל | דנפקו פריקין מן ארעא |
| 240 | Dt32:03 | אנה מצלי ואתון עמי בני | ישראל | הבו איקר ותושבחה ורוממו |
| 241 | Dt17:15 | די לא מן אחוכון בר | ישראל | הוא: |
| 242 | Dt33:27 | מדברין שבטיה דבני | ישראל | הוא יטרוד בעלי דבביכון |
| 243 | Ex10:23 | תלתא יומין ולכל בני | ישראל | הוה נהור במדוריה«ון»: |
| 244 | Nu24:20M | דאגחו קרבה בדבית | ישראל | הוו דבית עמלק תבר יתהון |
| 245 | Dt25:18 | יתיה ואתון עמי בני | ישראל | הוויתון לעיין ומשלהיין |
| 246 | Ex20:08 | עמי בני | ישראל | הוון דכירי«ן» ית יומא |
| 247 | Ex20:12 | עמי בני | ישראל | הוון זהירין גבר ביקריה |

|  |  | | | |
|---|---|---|---|---|
| 248 | Nu28:02 | לריח דרעוה עמי בני | ישראל | הוון זהירין למקרבה יתיה |
| 249 | Dt24:09 | עמי בני | ישראל | הוון דכירין ית מה די עבד |
| 250 | Dt25:17 | עמי בני | ישראל | הוון דכירין ית מה די עבדו |
| 251 | Ex 9:35 | דפרעה ולא שלח ית בני | ישראל | היך מה {דמליל} די מליל |
| 252 | Ex12:28 | ואזלו ועבדו בני | ישראל | היך מה דפקד ייי ית משה |
| 253 | Ex12:50 | <ועבדו> כל בני | ישראל | היך מה דפקד ייי ית משה |
| 254 | Ex39:07 | אבנין דדוכרין לבני | ישראל | היך מה די פקד ייי ית |
| 255 | Nu 2:33 | לא איסתכמו בגו בני | ישראל | היך מה די פקד ייי ית |
| 256 | Ex12:33 | ארום אמרו אן שהין אנון | ישראל | הכה אוף שעה חדא הא כל |
| 257 | Ex14:29 | ובני | ישראל | הליכו ביבשתא בגו ימא ומיא |
| 258 | Ex15:19 | עליהון מוי דימא ובני | ישראל | הליכו ביבשתא בגו ימא: |
| 259 | Ex15:19 | ית מוי דימא ובני | ישראל | הליכו ביבשתא בגו ימא:} |
| 260 | Nu11:26M | ויהווי תקלה לבני | ישראל | ומידד הוה מתנבי ואמר |
| 261 | Dt 1:01 | די מלל משה עם כל בני | ישראל | ואוכח יתהון עד אינון |
| 262 | Ex12:31 | לחוד אתון ולחוד בני | ישראל | ואזלו פלחו קדם ייי היך מה |
| 263 | Nu25:06 | לעיני כל כנשתה דבני | ישראל | ואינון בכיין תרע משכן |
| 264 | Ex 2:25 | ייי ית שעבודהון דבני | ישראל | ואמר במימריה למפרוק יתהון: |
| 265 | Ex 3:13 | הא אנה אזל לוות בני | ישראל | ואמר להון אלה אבהתכון שלח |
| 266 | Ex35:01 | משה ית כל כנישתה דבני | ישראל | ואמר להון אליין פתגמיא די |
| 267 | Dt 5:01 | וקרא משה לכל | ישראל | ואמר להון שמעו ישראל ית |
| 268 | Dt29:01 | וקרא משה לכל | ישראל | ואמר להון אתון חמיתון ית |
| 269 | Ex16:15 | וחמון בני | ישראל | ואמרין {ואמרין} גבר לאחוי |
| 270 | Nu11:04 | וחזרו ובכון לחוד בני | ישראל | ואמרין אלווי מן ייכל יתן |
| 271 | Nu14:02 | משה ועל אהרן כל בני | ישראל | ואמרין להון כל עם כנישתה |
| 272 | Nu 6:27 | ית שמי ית ממרי על בני | ישראל | ואנה במ«י»מרי אברך |
| 273 | Lv24:23 | ומלל משה עם בני | ישראל | ואפיקו ית «מן» דחרף |
| 274 | Ex 4:31 | ברחמוי טבייה ית בני | ישראל | וארום {ושמעו ארום אדכר} |
| 275 | Nu21:01 | ענני איקרה מפקין ית | ישראל | וארום אסתלקת מרים נביאתה |
| 276 | Ex15:09 | ארדוף בתר עמא בני | ישראל | וארע יתהון שריין על גוף |
| 277 | Nu14:39 | פתגמיה האלין עם כל בני | ישראל | ואתאבלו עמא לחדה: |
| 278 | Lv24:10 | ברה דגבר מצריי בגו בני | ישראל | ואתנצון במשריתה ברה דאתתה |
| 279 | Nu 9:17 | ומן בתר כדן יטלון בני | ישראל | ובאתרה די ישרי תמן משכנה |
| 280 | Dt 1:01 | לכון אוריתה בני | ישראל | ובמישריה דמואב אתפרשת |
| 281 | Ex14:08 | דמצרים ורדף בתר בני | ישראל | ובני ישראל נפקו פריקין |
| 282 | Dt32:15 | ואכלו דבית | ישראל | ובעטו ועתרו ופחזו פגשו |
| 283 | Dt28:06 | בריכין תהוון עמי בני | ישראל | ובריכין תהוון עמי בני |
| 284 | Nu23:20 | אדברית מברך אנה ית | ישראל | וברכה לית אנה מנע מנהון: |
| 285 | Nu15:29 | יציבייה בבני | ישראל | וגיוריה דמתגיירין ביניכון |
| 286 | Dt33:02 | למתן אוריתה לעמי׳ בני | ישראל | {ו}<ד>נח ביקרי׳ על טורה |
| 287 | Gn35:05M | ונטלו והוות/בני | ישראל | והווה#2#/ דחלתא דייי על |
| 288 | Gn35:22 | וישכב ית בלהה ושמע | ישראל | והוון בנוי דיעקב |
| 289 | Ex20:02 | קיימא ואמר עמא בני | <ישראל> | וחזר ומקף על משרייותיהון |
| 290 | Ex20:03 | קיימא ואמר עמי בני | <ישראל> | וחזר ומקף על משרייתיהון |
| 291 | Dt 5:07 | על משירייתהון דבני | ישראל | וחזר ומתחקק על לווחי |
| 292 | Nu 3:38 | בית קודשה למטרת בני | ישראל | וחלוניי די יקרוב למשמשה |
| 293 | Nu17:24 | מן קדם ייי לוות כל בני | ישראל | וחמון ונסבון גבר חוטרה: |
| 294 | Ex14:20M | חשך נהורא מנהר על | ישראל | וחשוכ׳ מחשך על מצראי ולא |
| 295 | Dt19:13 | שפוכי אדמה זכייה מן | ישראל | וטב לכון: |
| 296 | Gn45:21 | ועבדו כן בני | ישראל | ויהב להון יוסף עגלין על |
| 297 | Nu17:21 | ומליל משה עם בני | ישראל | ויהבו ליה כל רברבניהון |
| 298 | Ex29:45 | שכינתי בגו בני | ישראל | ויהווי ממרי להון לאלה |
| 299 | Nu 3:12 | פתחי שירוי וולדה דבני | ישראל | ויהוון לשמי לויי: |
| 300 | Nu 8:14 | ית ליוויי מן גו בני | ישראל | ויהוון לשמי לויי: |
| 301 | Nu 8:11M | :/ אנפו קדם ייי מן בני | ישראל | ויהוון/ויהון#2#/ למפלח |

|  |  | | | |
|---|---|---|---|---|
| 302 | Ex14:02 | מליל עם בני | ישראל | ויחזרון וישרון קדם פונדקי |
| 303 | Ex14:15 | תהווי לדידך מלל עם בני | ישראל | ויטלון: |
| 304 | Nu 1:53 | רגוז על עם כנישתה דבני | ישראל | ויטרון ליווי ית מטרתה |
| 305 | Ex27:20 | ואת תפקד ית בני | ישראל | וייסבון וייתון לוותך משח |
| 306 | Lv24:02 | פקד ית בני | ישראל | וייסבון וייתון לוותך משח |
| 307 | Dt32:29 | אילו חכמו | ישראל | וילפון אורית׳ אתבוננו מה |
| 308 | Nu19:02 | ייי למימר מליל עם בני | ישראל | ויסבון וייתון לוותך תורא |
| 309 | Ex25:02 | מלל עם בני | ישראל | ויפרשון לשמי אפרשן |
| 310 | Ex28:12 | אבנין דדוכרן טב לבני | ישראל | ויקבל אהרן ית שמהתהון |
| 311 | Nu24:17 | ופרוק ושליט מן דבית | ישראל | ויקטל תקיפי מואביי וישיצי |
| 312 | Nu 5:02 | פקד ית בני | ישראל | וישלחון מן משריתה כל |
| 313 | Nu15:25 | כהנה על כל כנישתה דבני | ישראל | וישתבק להון ארום שלו הווה |
| 314 | Lv16:21 | עלוי ית כל חובהון דבני | ישראל | וית כל סרחניהון לכל |
| 315 | Nu 3:41 | ייי חלף כל בוכרה דבני | ישראל | וית בעיר«י»הון דליוויי |
| 316 | Nu 3:45 | חלף כל בכוריה דבני | ישראל | וית בעיר«י»הון דליוויי |
| 317 | Nu25:08 | ית תריהון ית גברא בר | ישראל | וית אתתה לגו מעיה ואתכלת |
| 318 | Dt26:15 | מן שמיא וברך ית עמך ית | ישראל | וית ארעא די יהבת לן |
| 319 | Gn48:02 | יוסף אתי לוותך ואזדרז | ישראל | ויתב ליה על ריש דרגשה: |
| 320 | Dt24:07 | נפשא מן אחוי מן בני | <ישראל> | ויתג{ב}<ר> בה ויזבן יתיה |
| 321 | Dt21:08 | אדם זכיי בגו עמך | ישראל | ויתכפר להון אדמה הדין: |
| 322 | Nu35:02 | פקד ית בני | ישראל | ויתנון לליוויי מן ירתות |
| 323 | Dt32:02 | כמטרה אולפני על בני | ישראל | ויתקבל כטלא עליהון ית |
| 324 | Ex29:43 | ואזדמן ממרי תמן לבני | ישראל | ויתקדש בגו איקרי: |
| 325 | Ex16:10 | עם כל כנישתא דבני | ישראל | וכווינ{ן}<ו> למדברא והא |
| 326 | Gn46:01 | ונטל | ישראל | וכל מה דיליה ואתא |
| 327 | Ex 6:09 | ומלל משה כדין עם בני | ישראל | ולא שמעו למילוי דמשה |
| 328 | Ex12:23 | דייי על תרע אבהתה דבני | ישראל | ולא יתן רשו למחבלא למיעול |
| 329 | Lv19:26 | עמי בני | ישראל | ולא תהוון נטורי נחשין ולא |
| 330 | Lv22:02 | מן קדשיהון דבני | ישראל | ולא יפסון ית שמי קדישא די |
| 331 | Nu 8:19 | זמנה ולמכפירה על בני | ישראל | ולא יהוי בבני ישראל רגוז |
| 332 | Nu 9:22 | למשרי עלוי ישרון בני | ישראל | ולא יטלון ובא«ס»תלקות |
| 333 | Nu24:01 | מן קדם ייי למברכה ית | ישראל | ולא אזל היך מה דהוה אזל |
| 334 | Dt32:12 | ישרון עמא בני | ישראל | ולא הווי ביניהון פלחי |
| 335 | Nu15:26 | וישתבק לכל כנישתה דבני | ישראל | ולגיוריה דמתגיירין |
| 336 | Nu19:10 | עד רמשה ויהווי לבני | ישראל | ולגיוריה דמתגיירין |
| 337 | Nu35:15 | לבני | ישראל | ולגיורייה ולתותביה די |
| 338 | Dt22:19 | שום ביש על בתולתה ברת | ישראל | וליה תיהווי לאתה לית הוא |
| 339 | Ex16:17 | ועבדו כדן בני | ישראל | ולקטו מן דאסגו ומן דזער: |
| 340 | Lv22:18 | גבר גבר מן דב«י»ת | ישראל | ומין גיוריה די בישראל די |
| 341 | Ex 6:10 | {ומלל משה כדין עם בני | ישראל} | ומלל ייי עם משה למימר: |
| 342 | Lv16:16 | מן סואבותיהון דבני | ישראל | ומן סרחניהון לכל חוביהון |
| 343 | Lv17:08 | תימר גבר גבר מן דבית | ישראל | ומן גיורה די יתגיירון |
| 344 | Lv17:10 | וגבר גבר מן דבית | ישראל | ומן גיוריה דמתגיירין |
| 345 | Lv17:13 | וגבר גבר מן בני | ישראל | ומן גייוריה דמתגיירין |
| 346 | Lv20:02 | תימר גבר גבר מן בני | ישראל | ומן גיורה דמתגיירין |
| 347 | Ex23:03 | עמי בני | ישראל | ומסכינא די אתחייב בדינא |
| 348 | Nu21:01M | קרבה כל וקבל דבית | ישראל | ונשב{ן}<י> מנהון שבייה |
| 349 | Ex24:05 | ושלח ית עולימיהון דבני | ישראל | וסדרו עליון וקריבו נכסת |
| 350 | Ex 1:21 | להון שם טב בגו בית | ישראל | ועבד להון בתים בייתה |
| 351 | Dt34:09 | עלוי ושמעו ליה בני | ישראל | ועבדו היך מה די פקד |
| 352 | Ex 6:13 | ופקד יתהון על בני | ישראל | ועל פרעה מלכא דמצרים |
| 353 | Ex17:07 | על דאדיינון בני | ישראל | ועל די נסון קדם ייי למימר |
| 354 | Ex17:07M | ומצותא על דאתנצון בני | ישראל | ועל דנסי יתהון ייי |
| 355 | Dt32:36 | ית דיניהון דעמיה בני | ישראל | ועל עלבון עבדוי דצדיקיה |

|  |  | | | |
|---|---|---|---|---|
| 356 | Nu 9:18 | מימריה דייי יטלון בני | ישראל | ועל פ{{ו}}ם גזירת |
| 357 | Ex34:32 | כדין קרבו כל בני | ישראל | ופקד יתהון ית כל מה דפקד |
| 358 | Gn35:21 | ונטל | ישראל | ופרס משכוניה רחיק מן |
| 359 | Nu17:17 | מליל עם בני | ישראל | וקבל מלוותהון חטר חטר |
| 360 | Ex12:42 | כתבא בני בוכרי אינון | ישראל | וקרא יתיה לילי תליתיא |
| 361 | Ex12:42M | ביריה בוכרה הנון | ישראל | וקרא יתיה לילין תנין |
| 362 | Nu36:02 | באחסנה בעדיון לבני | ישראל | ורבוני אתפקד מן קדם ייי |
| 363 | Gn40:18 | למגזר גזרן בישא על | ישראל | ורמי בניהון לנהרא ברם |
| 364 | Nu21:01 | בה ילליה וסדרו קרבה עם | ישראל | ושבון מנהון שביה: |
| 365 | Ex15:27 | כל קבל תרין עשר שבטי | ישראל | ושובעין דקלין דתמרין |
| 366 | Ex18:25 | גברין גברי חיל מן כל | ישראל | ושוי יתהון ראשין על עמא |
| 367 | Dt31:19 | הדה ואלף יתה ית בני | ישראל | ושוי יתה בפמהון מן בגלל |
| 368 | Nu 5:04 | ועבדו כדן בני | ישראל | ושלחו יתהון לבר מן משריתה |
| 369 | Nu21:10 | <ונטלו> בני | ישראל | ושרון באובות: |
| 370 | Nu22:01 | ונטלו בני | ישראל | ושרון במישרה דמואב במעבר |
| 371 | Nu33:09 | שבעתי חכימי דבני | ישראל | ושרון תמן: |
| 372 | Lv22:18 | ועם בנוי ועם כל בני | ישראל | ותאמר להון גבר גבר מן |
| 373 | Nu 8:06 | אפרש ית ליויי מן גו בני | ישראל | ותדכי יתהון: |
| 374 | Nu32:22 | זכיין מן קדם ייי ומן | ישראל | ותיהווי ארעא חדה לכון |
| 375 | Dt 6:03 | ותשמעון | ישראל | ותיטרון למעבד דייטיב לכון |
| 376 | Lv25:02 | מליל עם בני | ישראל | ותימ' להון ארום תיעלון |
| 377 | Nu15:18 | מליל עם בני | ישראל | ותימ' להון ארום במעלכון |
| 378 | Lv 1:02 | מלל עם בני | ישראל | ותימר ליהון בר נש ארום |
| 379 | Lv17:02 | ועם בנוי ועם כל בני | ישראל | ותימר להון דן פתגמא די |
| 380 | Lv18:02 | מליל עם בני | ישראל | ותימר ליהון אנה ייי |
| 381 | Lv19:02 | מליל עם כל כנשתה דבני | ישראל | ותימר ליהון קדישין תהוון |
| 382 | Lv23:02 | מלל עם בני | ישראל | ותימר להון מועדוי דייי די |
| 383 | Lv23:10 | מלל עם בני | ישראל | ותימר להון ארום תיעלון |
| 384 | Lv27:02 | מליל עם בני | ישראל | ותימר להון גבר ארום יפרש |
| 385 | Nu 5:12 | מליל עם בני | ישראל | ותימר להון גבר גבר ארום |
| 386 | Nu 6:02 | מליל עם בני | ישראל | ותימר להון גבר או אתתה |
| 387 | Nu15:02 | מליל עם בני | ישראל | ותימר להון ארום תיעלון |
| 388 | Nu15:38 | מליל עם בני | ישראל | ותימר להון ~~ויעבדון להון |
| 389 | Nu28:02 | פקד ית בני | ישראל | ותימר להון ית קרבני לחמי |
| 390 | Nu33:51 | מליל עם בני | ישראל | ותימר להון ארום אתון |
| 391 | Nu34:02 | פקד ית בני | ישראל | ותימר להון ארום אתון |
| 392 | Nu35:10 | מליל עם בני | ישראל | ותימר להון ארום אתון |
| 393 | Lv15:02 | מללו עם בני | ישראל | ותימרון להון גבר גבר ארום |
| 394 | Nu36:04 | יהווי יוב«י»לה לבני | ישראל | ותתוסף אחסנתהון על אחסנות |
| 395 | Ex30:16 | פורקניה מן לוות בני | ישראל | ותתן יתה לפלחן משכן זימנא |
| 396 | Nu18:28 | די תקבלון מן לוות בני | ישראל | ותתנון מניה ית אפרשותה |
| 397 | Ex20:02 | על לוחי קיימא וכל | ישראל | חזיין יתיה בכן הוה צווח |
| 398 | Ex20:03 | על לוחי קיימא וכל | ישראל | חזיין יתיה וכן הוון צווח |
| 399 | Ex20:02M | הוי צווח ואמר וכל | ישראל | חזין יתיה כד הוה צוח |
| 400 | Nu24:06 | לה כדן יהוון | ישראל | חיין וקיימין לעולם יאין |
| 401 | Nu 3:12 | ית לויי מן גו בני | ישראל | חלף כל בוכריה פתחי שירוי |
| 402 | Nu 8:16 | יהבין לי מן גו בני | ישראל | חלף פתחי כל וולדה בכרי כל |
| 403 | Ex35:30 | ואמר משה לבני | ישראל | חמו דמני ייי בשם דרבן |
| 404 | Ex20:17M | עם חמודין /דבני | ישראל | חמודין#2#/ דלא יקומון |
| 405 | Ex20:02 | באויר שמייא וחזר וכל | ישראל | חמיין יתיה ודחלין והוה |
| 406 | Ex20:03 | באויר שמיא וחזר וכל | ישראל | חמיין יתיה ודחלין והוה |
| 407 | Dt 5:12 | עמי בני | ישראל | טורו ית יומא דשבתה למקדשה |
| 408 | Ex14:03 | פרעה על עסק עמא דבני | ישראל | טעיין אינון באורחא טרד |
| 409 | Lv10:06 | ריגז ואחיכון כל בית | ישראל | יבכון ית כל יקידתה די |
| 410 | Ex21:31 | או בר דכר מן בני | ישראל | יגש או ברה נקבה מן בני |
| 411 | Gn35:10 | תוב יעקב ארום אלהן | ישראל | יהוי שמך וקרא ית שמיה |
| 412 | Dt27:09 | למימר אציתו ושמעו | ישראל | יומא הדין איתמניתון לאומה |
| 413 | Dt 5:16 | עמי בני | ישראל | יוקר כל אנש מנכון ית אבוי |
| 414 | Ex 3:15 | למשה כדין תאמר לבני | ישראל | ייי אלהה אבהתכון אלהה |
| 415 | Lv16:05 | ומן לוות עם כנשתה דבני | ישראל | יסב תרין צפירין דעיזין |
| 416 | Gn40:18 | וחיילותיה ישתצון ובני | ישראל | יפקון פריקין בריש גלי אף |
| 417 | Dt13:12 | וכל | ישראל | ישמעון וידחלון ולא |
| 418 | Dt21:21 | בישתה מן ביניכון וכל | ישראל | ישמעון וידחלון: |
| 419 | Gn32:33 | בגין כך לא אכלין בני | ישראל | ית ג{די}<יד>א דנשיא די על |
| 420 | Gn46:05 | מן באר שבע וטענו בני | ישראל | ית יעקב אבוהון וית |
| 421 | Gn48:08 | וחמא | ישראל | ית בנוי דיוסף ואמר מאן |
| 422 | Gn48:14 | ופשט | ישראל | ית ימינה ופשט ושווי על |
| 423 | Gn49:19 | אנון יעברון עם | ישראל | ית ירדנא ואנון יכבשון |
| 424 | Ex12:36 | ואשאלו להון ורוקנן בני | ישראל | ית מצריי מן נכסיהון: |
| 425 | Ex14:10 | ופרעה קרב ונטלו בני | ישראל | ית עייניהון והא מצריי |
| 426 | Ex14:30 | מן ידיהון דמצריי וחמון | ישראל | ית מצריי מייתין רמיין |
| 427 | Ex14:31 | וחמון | ישראל | ית ידא תקיפתא די עבד ייי |
| 428 | Ex16:31 | וקרון בני | ישראל | ית שמיה מנה והוא כזרע |
| 429 | Ex18:08 | לפרעה ולמצריי על עסק | ישראל | ית כל עקיא די ארען יתהון |
| 430 | Ex31:16 | ויטרון בני | ישראל | ית יומא דשבתא למעבד ית |
| 431 | Ex34:30 | וחמא אהרן וכל בני | ישראל | ית משה והא נהר זיו |
| 432 | Ex34:34 | והוה נפק וממלל עם בני | ישראל | ית מה דאתפקד: |
| 433 | Ex34:35 | וחמאן בני | ישראל | ית סבר אפוי דמשה {{והוה |
| 434 | Ex39:42 | ית משה כן עבדו בני | ישראל | ית כל פלחנא: |
| 435 | Lv10:11 | ולמלפא ית כל בני | ישראל | ית כל קיימיה די מלל ייי |
| 436 | Lv17:05 | מן בגלל די ייתון בני | ישראל | ית דבחהון די אנון דבחין |
| 437 | Lv22:15 | יפסון ית קדשיהון דבני | ישראל | ית מה די יפרשון לשמה |
| 438 | Nu 4:46 | משה ואהרן ורברבני | ישראל | ית ליויי לזרעייתהון |
| 439 | Nu 8:10 | קדם ייי ויסמכון בני | ישראל | ית ידיהון על לוויי: |
| 440 | Nu 9:02 | ויעבדון בני | ישראל | ית פ«י»סחה בזמניה: |
| 441 | Nu 9:19 | יומין סגין ויטרון בני | ישראל | ית מטרתה דייי ולא~~ |
| 442 | Nu18:26 | תקבלון מן לו«ו»ת בני | ישראל | ית מעשרה די יהבית לכון |
| 443 | Nu21:17 | בכן שבחו | ישראל | ית שירת תושבחתה הדה סוקי |
| 444 | Nu21:25 | ונסבו | ישראל | ית כל קורייתה האליין |
| 445 | Nu31:09 | ושבון בני | ישראל | ית נשיהון דמדיינאי וית |
| 446 | Nu31:12 | כהנה ולוות כנישתה דבני | ישראל | ית שביתה~~ וית בזתא |
| 447 | Nu31:47 | משה מן פלגותהון דבני | ישראל | ית תליש חד מן חמשין מן |
| 448 | Dt 5:01 | ישראל ואמר להון שמעו | ישראל | ית קיימיה וית סדרי דינייה |
| 449 | Dt33:02 | קדישין אמרין בני | ישראל | ית כל מה «די» מלל מימרה |
| 450 | Dt34:08 | ובכון בני | ישראל | ית משה במישרה דמואב |
| 451 | Nu21:14 | דעבד ייי עם | ישראל | כד הוון קיימין על ימא |
| 452 | Dt 1:01 | עבד ייי עמכון בני | ישראל | כד הוויתון קיימין על ימא |
| 453 | Dt33:29 | ואתון עמי בני | ישראל | כד תהוון לעיין באורייתה |
| 454 | Nu 1:54 | ועבדו בני | ישראל | ככל מה די פקד ייי ית משה |
| 455 | Ex22:17 | עמי בני | ישראל | כל חרש וחרשה לא תקיימון: |
| 456 | Ex22:21 | עמי בני | ישראל | כל ארמלה ויתמין לא |
| 457 | Ex39:32 | משכן זימנא ועבדו בני | ישראל | כל מה די פקד ייי ית משה |
| 458 | Lv17:12 | בגין כדן אמרית לבני | ישר«אל» | כל נפש מנכון לא תאכל |
| 459 | Nu 2:34 | ועבדו בני | ישראל | כל מה די פקד ייי ית משה |
| 460 | Nu20:01 | ועלו בני | ישראל | כל עם כנישתה מדברה דצין |
| 461 | Nu20:22 | ונטלו מן רקם ועלו בני | ישראל | כל כנישתה להר טורה: |
| 462 | Nu30:01 | ואמר משה לבני | ישראל | כל מה די פקד ייי ית משה: |
| 463 | Dt 1:03 | לירחא מלל משה עם בני | ישראל | כל מה די פקד ייי יתיה |

|  |  | | | |
|---|---|---|---|---|
| 464 | Dt 3:18 | תעברון קדם אחיכון בני | ישראל | כל בני חילה: |
| 465 | Dt14:11 | עמי בני | ישראל | כל צפר דדכיה תאכלון: |
| 466 | Dt14:20 | עמי בני | ישראל | כל עוף דדכי תאכלון: |
| 467 | Ex19:02 | במדברא וכוונו תמן | ישראל | כל קבל {תוש} טורא: |
| 468 | Ex21:31 | יגש או ברה נקבה מן בני | ישראל | כסדר דינא הדין יתעבד ליה: |
| 469 | Gn37:13 | ואמר | ישראל | ליוסף הלא אחיך רעיין |
| 470 | Gn46:30 | ואמר | ישראל | ליוסף אולי אנה מית הדא |
| 471 | Gn48:11 | <ואמר> | ישראל | ליוסף סבר אפיך לא סכיית |
| 472 | Gn48:21 | ואמר | ישראל | ליוסף הא אנה מיית ויהווי |
| 473 | Nu 8:20 | ואהרון וכל כנשתה דבני | ישראל | ללווי כל מה די פקד ייי |
| 474 | Nu17:27 | ואמרין בני | ישראל | ^למשה#2^ למימר הא ספינן |
| 475 | Ex 6:12 | קדם ייי למימר הא בני | ישראל | לא שמעו למילוי והיכדין |
| 476 | Ex 9:06 | דמצריי ומבעיריהון דבני | ישראל | לא מית אף לא חד: |
| 477 | Ex 9:26 | דגשן די שרין תמן בני | ישראל | לא הוה ברדא: |
| 478 | Ex11:07 | ולכל בני | ישראל | לא ינבח כלב בלשניה למן |
| 479 | Ex20:03 | הוון צווח ואמר עמי בני | ישראל | לא יהווי לך אלה אחרא |
| 480 | Ex20:07 | עמי בני | ישראל | לא יסב גבר מנכון ית שמה |
| 481 | Ex20:13 | עמי בני | ישראל | לא תהוון קטולין לא חברין |
| 482 | Ex20:14 | עמי בני | ישראל | לא תהוון גיורין לא חברין |
| 483 | Ex20:15 | עמי בני | ישראל | לא תהוון גנבין לא חברין |
| 484 | Ex20:16 | עמי בני | ישראל | לא תהוון סהדי{ן} שקר לא |
| 485 | Ex20:17 | עמי בני | ישראל | לא תהוון חמודין לא חברין |
| 486 | Ex23:02 | עמי בני | ישראל | לא תהוון אזלין בתר סוגיא |
| 487 | Ex23:06M | צריכה> בדינה/עמי בני | ישראל | לא תסטון סדר דינא |
| 488 | Ex23:19 | דייי אלהכון עמי בני | ישראל | לא תבשלון ולא תיכלון בשר |
| 489 | Ex24:11 | ולוות עולימיהון דבני | ישראל | לא פשט ידיה וחמון ית איקר |
| 490 | Ex34:26 | דייי אלהכון עמי בני | ישראל | לא תבשלון ולא תאכלון בשר |
| 491 | Lv19:11 | עמי בני | ישראל | לא תהוון גנבין לא תכפרון |
| 492 | Lv19:12M | עמי בני | ישראל | לא תומון שמי על מגן |
| 493 | Lv19:16M | בתר/עמי בני | ישראל | לא תהוון אזלין בת#2#/ |
| 494 | Nu18:23 | עלם לדריהון ובגו בני | ישראל | לא יחסנון אחסנה: |
| 495 | Nu18:24 | כדן אמרית להון בגו בני | ישראל | לא יחסנון אחסנה: |
| 496 | Nu18:32 | מניה וית קדשיהון בני | ישראל | לא תפסון ולא תמותון: |
| 497 | Dt 5:07 | הוה צווח ואמר עמי בני | ישראל | לא יהווי לכון אלה אחרן |
| 498 | Dt 5:11 | עמי בני | ישראל | לא יסב אנש ^חד#2^ מנכון |
| 499 | Dt 5:17 | עמי בני | ישראל | לא תהוון קטולין ולא חברין |
| 500 | Dt 5:18 | עמי בני | ישראל | לא תהוון גיורין ולא חברין |
| 501 | Dt 5:19 | עמי בני | ישראל | לא תהוון גנבין ולא חברין |
| 502 | Dt 5:20 | עמי בני | ישראל | לא תהוון משהדין שהדי דשקר |
| 503 | Dt 5:21 | עמי בני | ישראל | לא תהוון חמודין ולא חברין |
| 504 | Dt14:03 | עמי בני | ישראל | לא תאכלון כל מרחקה: |
| 505 | Dt14:21 | קדם ייי אלהכון עמי בני | ישראל | לא תבשלון ולא תאכלון בשר |
| 506 | Dt15:06M | ואתון עמי^בני | ישראל#2#/ | לא תצרכון למיזף |
| 507 | Dt15:19 | דייי אלהכון עמי בני | ישראל | לא תפלחון בביכורי תוריכון |
| 508 | Dt18:14 | שמעין ואתון עמי בני | ישראל | לא כוותהון יהב לכון ייי |
| 509 | Dt22:10 | עמי בני | ישראל | לא תרדון בתור ובחמר |
| 510 | Dt24:06 | עמי בני | ישראל | לא תהוון אסורי חתנין |
| 511 | Dt25:04 | עמי בני | ישראל | לא תזמון תורה בדרכיה: |
| 512 | Dt25:19 | מן תחות שמייא עמי בני | ישראל | לא תנשון הוון דכירין: |
| 513 | Dt28:12M | "עמי לא תצרכון": בני | ישראל | לא תצרכון למיזף ותשלטון |
| 514 | Dt32:49 | דכנען דאנה יהב לבני | ישראל | לאחסנה: |
| 515 | Nu22:02 | צפור ית כל מה די עבדו | ישראל | לאמריי: |
| 516 | Dt 2:12 | היך מה די עבדו | ישראל | לארע תותבותהון די יהב ייי |
| 517 | Dt31:23 | ארום את תעיל ית בני | ישראל | לארעא די קיימת להון ואנה |
| 518 | Nu 1:45 | והוון כל סכומיה דבני | ישראל | לבית אבהתהון מן בר עשרין |
| 519 | Nu 2:32 | אלין סכומיה דבני | ישראל | לבית אבהתהון סכומי משריתה |
| 520 | Nu 8:19 | רגוז בקרבותהון דבני | ישראל | לבית קודשה: |
| 521 | Nu36:08 | אחסנה מן שיבטהון דבני | ישראל | לבר מן זרעיית שבט אבהתה |
| 522 | Nu25:08 | ועל בתר גברא בר | ישראל | לגו קהלא ודקר ית תריהון |
| 523 | Ex30:16 | משכן זימנא ויהווי לבני | ישראל | לדכרן טב קדם ייי לכפרה על |
| 524 | Ex12:42 | ומזומן הוא לפורקן לכל | ישראל | לדריהון: |
| 525 | Nu 1:02 | דכל כנשתא דבני | ישראל | לזרעייתהון לבית אבהתהון |
| 526 | Nu 2:32M | /משירייתהון דבני | ישראל | לחיילוותהון#2#/ אשתין |
| 527 | Nu10:28 | אלין מטלני בני | ישראל | לחילוותהון כהדן סידרא הוו |
| 528 | Nu25:03 | ואתחברו | ישראל | לטעוותה דפעור ותקף רוגזה |
| 529 | Nu14:02M | כנישתה אלווי/ב(י)ני | ישראל | ליוויי#2#/ בארעא |
| 530 | Ex 5:02 | אשמע בקליה למשלחיה ית | ישראל | לית פרעה ידע מן הוא ייי |
| 531 | Ex 5:02 | ידע מן הוא ייי וית | ישראל | לית אנה משלח: |
| 532 | Ex23:15M | מן מצרים עמי בני | ישראל | לית אתון רשיהין |
| 533 | Dt12:17M | ^עמי בני | ישראל#2#/ | לית אתון רשיין למיכל |
| 534 | Dt14:22M | "ושתה": עמי בני | ישראל | לית אתון רשאין למעשרה מן |
| 535 | Dt16:05 | עמי בני | ישראל | לית אתון רשיין למיכס ית |
| 536 | Dt16:16 | ובחגה דמטלייה עמי בני | ישראל | לית אתון רשיין למתחמיא |
| 537 | Gn49:18 | דאמרת למיתייה לעמך בית | ישראל | לך לפורקנך סכיית ייי: |
| 538 | Nu18:08 | לכל קדשיהון דבני | ישראל | לך יהבית לרבו ולבנך לקיים |
| 539 | Nu18:11 | מתנתכון לכל אנפות בני | ישראל | לך יהבית ולבנך ולבנתך עמך |
| 540 | Nu18:06 | אחיכון לוויי מן גו בני | ישראל | לכון מתנה אינון יהיבין |
| 541 | Ex28:38 | קדישא די יקדישו בני | ישראל | לכל מתנת קדשהון ויהווי על |
| 542 | Ex16:01 | ואתון כל כנישתא דבני | ישראל | למדברא דסין די בין אילם |
| 543 | Nu13:26 | ולוות כנישתה דבני | ישראל | למדברה דפארן לרקם |
| 544 | Nu21:23 | ית כל עמיה ונפק לקדמות | ישראל | למדברה ואתה ליהצה וסדרו |
| 545 | Gn43:06 | ואמר | ישראל | למה אבישתון לי למתנייא |
| 546 | Gn42:05 | ועלו בני | ישראל | למזבן בגו עלליה ארום הוה |
| 547 | Dt31:11 | במעלהון דכל | ישראל | למחמייה קדם ייי אלהכון |
| 548 | Nu10:12 | ונטלו בני | ישראל | למטלניהון מן מדברה דסיני |
| 549 | Nu19:09 | ותיהוי לכנישתה דבני | ישראל | למטרה למי אדיא חטאת היא: |
| 550 | Gn48:20 | למימר בזכותך יתברכון | ישראל | למימר ישוי יתך ייי |
| 551 | Gn50:25 | ואשבע יוסף ית בני | ישראל | למימר מדכרה ידכר ייי |
| 552 | Ex13:19 | אשתבע ית בני | ישראל | למימר מדכרא ידכר ייי |
| 553 | Ex31:13 | ואת מלל עם בני | ישראל | למימר לחוד ית שובי קדשי |
| 554 | Ex35:04 | משה לכל כנישתא דבני | ישראל | למימר דין פתגמא די פקד |
| 555 | Lv 4:02 | מליל עם בני | ישראל | למימר נפש ארום תחטא בשלוה |
| 556 | Lv 7:23 | מליל עם בני | ישראל | למימר כל תרב תור ואמר |
| 557 | Lv 7:29 | מלל עם בני | ישראל | למימר מן דמקרב ית נכסת |
| 558 | Lv11:02 | מללו עם בני | ישראל | למימר דא חייתה די תכלון |
| 559 | Lv12:02 | מליל עם בני | ישראל | למימר אתא ארום תעבר ותלד |
| 560 | Lv23:34 | מליל עם בני | ישראל | למימר בחמשת עשר יומין |
| 561 | Nu 9:10 | מלל עם בני | ישראל | למימר גבר גבר ארום |
| 562 | Nu13:32 | די ילילו יתה קדם בני | ישראל | למימר ארעא די עברנן בה |
| 563 | Nu14:07 | לכל כנישתה דבני | ישראל | למימר ארעא די עברנן בגווה |
| 564 | Nu30:02 | עם ראשי שבטיה דבני | ישראל | למימר דין פתגמא די פקד |
| 565 | Nu34:13 | ופקד משה ית בני | ישראל | למימר דא ארעא די תתאחסנון |
| 566 | Dt27:09 | וכהנייה ליוויי עם כל | ישראל | למימר אציתו ושמעו ישראל |
| 567 | Ex30:12 | דבני | ישראל | למנייניהון ויתנון גבר |
| 568 | Nu 9:04 | ומליל משה עם בני | ישראל | למעבד פיסחה: |
| 569 | Nu 3:08 | וית ^כל#2^ מטרת בני | ישראל | למפלח ית פלחן משכנה: |
| 570 | Nu 8:19 | ולבנוי מן גו בני | ישראל | למפלח ית פלחן דבני ישראל |
| 571 | Lv 7:38 | ביומא די פקד ית בני | ישראל | למקרבה ית קרבניהון קדם |

|  |  | | | |
|---|---|---|---|---|
| 572 | Nu18:22 | ולא יקרבון תוב בני | ישראל | למשכן זימנה למקרבה למסבול |
| 573 | Ex28:01 | בנוי עמיה מן לוות בני | ישראל | למשמשא קדמוי בכהונתא רבתא |
| 574 | Gn40:18 | שעבודיא תקיפיה דעתידין | ישראל | למשתעבדא בארעא דמצרים |
| 575 | Nu36:03 | לחד מבני שבטיה דבני | ישראל | לנשים ותתמנע אחסנתהון מן |
| 576 | Dt15:01 | עמי בני | ישראל | לסוף שבע שנין דיומין |
| 577 | Ex36:03 | אפרשותה די אפרשו בני | ישראל | לעבידת פלחן בית קודשא |
| 578 | Dt32:14 | משה נבייה אין יהוון | ישראל | לעיין באוריתה ונטרין |
| 579 | Dt32:30 | כד יהוון | ישראל | לעיין באוריתה ונטרין |
| 580 | Ex 3:10 | לפרעה ותפק ית עמי בני | ישראל | לפרוקין מן מצרים: |
| 581 | Nu21:24 | ושיצי יתיה | ישראל | לפתגם דחרב וירתו ית ארעיה |
| 582 | Nu27:11 | וירת יתה ותיהווי לבני | ישראל | לקיים דרין היך מה די פקד |
| 583 | Dt33:28 | ושרון | ישראל | לרוחצן לבלחודיהון מעין |
| 584 | Lv22:03 | לקדשיה די יקדישון בני | ישראל | לשמה דייי וסאבתיה עלוי |
| 585 | Nu18:19 | קדשיה די יפרשון בני | ישראל | לשמה דייי יהבית לך ולבניך |
| 586 | Ex 7:04 | ית חיילותי ית עמי בני | ישראל | מארעא דמצרים בסדרי דינין |
| 587 | Ex 7:02 | עם פרעה וישלח ית בני | ישראל | מארעיה: |
| 588 | Nu16:02 | קדם משה וגבריה מן בני | ישראל | מאתין וחמש«י»ן רברבני |
| 589 | Ex 9:04 | ולא ימות מכל לבני | ישראל | מדעם: |
| 590 | Ex15:18 | אמרין בני | ישראל | מה יאה הוא לך כליל מלכותא |
| 591 | Dt10:12 | וכדון | ישראל | מה ייי אלהכון שאל |
| 592 | Nu21:15M | מדם קטולוהון והוו | ישראל | מהלכין על רישי טורייה |
| 593 | Ex15:22 | ואטל משה ית | ישראל | מימא סוף ונפקו למדברא |
| 594 | Nu23:21 | עבדי פלחן נכריי בדבית | ישראל | מימר ייי אלההון עמהון |
| 595 | Ex16:12 | ית תורעמתהון דבני | ישראל | מליל{י} עמהון למימר ביני |
| 596 | Nu32:07 | תתברון ית לבהון דבני | ישראל | מלמעבר לארעא די יהב להון |
| 597 | Ex17:01 | ונטלו כל כנישתא דבני | ישר«אל» | ממדברא דסין |
| 598 | Ex 2:23 | דמצרים ואתנחו בני | ישראל | מן פולחנא וצווחו וסלקת |
| 599 | Ex 3:14 | ואמר כדין תאמר לבני | ישראל | מן דאמר והוה עלמא מן |
| 600 | Ex 6:11 | דמצרים וישלח ית בני | ישראל | מן ארעיה: |
| 601 | Ex 6:13 | למפקא ית בני {ית בני} | ישראל | מן ארעא: |
| 602 | Ex 6:27 | דמצרים למפקה ית בני | ישראל | מן מצרים הוא משה |
| 603 | Ex11:10 | דפרעה ולא שלח ית בני | ישראל | מן ארע{א}יה: |
| 604 | Ex12:15 | ותשתיצי אנשא ההוא מן | ישראל | מן יומא קדמייה עד יומא |
| 605 | Ex12:37 | <ונטלו> בני | ישראל | מן פילוסין סכותה כשתין |
| 606 | Ex14:05 | דעבדנן ארום שלחנן ית | ישראל | מן למפלח קדמנן: |
| 607 | Ex14:30 | דייי ביומא ההוא ית | ישראל | מן ידיהון דמצריי וחמון |
| 608 | Lv 7:34 | קבלת מן לוות בני | ישראל | מן נכסת קודשיהון ויהבת |
| 609 | Lv15:31 | ותזהרון ית בני | ישראל | מן סאבותהון דלא ימותון |
| 610 | Lv16:34 | לקים עלם למכפר' על בני | ישראל | מן כל חוביהון חדא זמן |
| 611 | Nu 2:02 | לבית אבהתהון ישרון בני | ישראל | מן כל קבל חזור חזור למשכן |
| 612 | Nu 3:40 | כל בוכרייה דכריה דבני | ישראל | מן בר ירח ולעיל וקבל ית |
| 613 | Nu11:26 | ושבע שנין ידלקון בני | ישראל | מן מני זייניהון וחרש לא |
| 614 | Nu17:06 | כל עם כנשתה דבני | ישראל | מן יומא דמן בתרה על משה |
| 615 | Nu33:05 | ונטלו בני | ישראל | מן פילוס{ופ}ין ושרון |
| 616 | Nu36:07 | ולא תקף אחסנה לבני | ישראל | מן שבט לשבט ארום גבר |
| 617 | Dt18:06 | חדא מן קורייכון מן כל | ישראל | מן אתרא די איתותב לתמן |
| 618 | Dt27:15 | וארונה במצעה וכל | ישראל | מן הכה ומן הכה מברכין |
| 619 | Dt33:29 | טוביכון | ישראל | מן כוותכון עם דפרקניהו' |
| 620 | Nu17:05 | דכרן טב לבני | ישראל | מן בגלל די לא יקרב גבר |
| 621 | Nu31:02 | אתנקם נקמתהון דבני | ישראל | מן לוות מדייניי ובתר כדן |
| 622 | Nu35:08 | מן אחסנותהון דבני | ישראל | מן לוות שבטה דעמא סגין |
| 623 | Ex35:20 | ונפקו כל כנישתה דבני | ישראל | מן קדם משה: |
| 624 | Ex33:06 | ופרקו בני | ישראל | מני זייניהון מעילויהון |
| 625 | Ex29:28 | יהווי מן לוות בני | ישראל | מנכסת קודשיכון אפרשותכון |
| 626 | Nu20:21 | עברין בתחומה וסטון | ישראל | מעילוויהון דהוון מפקדין |
| 627 | Dt14:22 | עמי בני | ישראל | מעשרה תעשרון ית כל עללת |
| 628 | Dt15:11M | "אין .. ארעא": אין נט' | ישראל | מצוותה דאוריתא לא הווי |
| 629 | Ex28:11 | תרין אבניה על שמהת בני | ישראל | מקפן מאחדן דהב תעבד |
| 630 | Dt33:10 | אוריתך לקהל שבטיה דבני | ישראל | משוין קטרת בוסמנין טבין |
| 631 | Ex17:11 | ית ידוי בצלו הוון דבית | ישראל | מתגברין ומנצחין וכד הוה |
| 632 | Nu24:06 | מתגברין כדן יהוון | ישראל | מתגברין על בעלי דבביכון |
| 633 | Ex35:29 | דמשה אייתון בני | ישראל | נדבה לשמה דייי: |
| 634 | Nu21:02 | ונדרו | ישראל | נדר לייי ואמרין אן ממסור |
| 635 | Dt33:03 | כל כדן למחבבה עמא בני | ישראל | נחית ריבוון דמלאכין |
| 636 | Dt10:06 | ובני | ישראל | נטלו מן ברייה דיעקן |
| 637 | Nu24:08 | אינון יאכלון בני | ישראל | נכסי אמיה בעלי דבביהון |
| 638 | Ex14:08 | בתר בני ישראל ובני | ישראל | נפקו פריקין בריש גלי: |
| 639 | Gn45:28 | ואמר | ישראל | סגי טבין ונחמן סכיית |
| 640 | Ex 1:09 | ואמר לעמיה הא עמא בני | ישראל | סגין ותקיפין מנן: |
| 641 | Ex31:17 | בין ממריה ובין בני | ישראל | סימן היא שבתא לעלם ארום |
| 642 | Ex 3:09 | וכדון הא קבלתהון דבני | ישראל | סלקת לוותי ואף גלי קדמיי |
| 643 | Ex12:35 | ובני | ישראל | עבדו כמלוי דמשה ושאילו |
| 644 | Lv24:23 | יתיה באבנייה ובני | ישראל | עבדו היך מה די פקד ייי ית |
| 645 | Lv25:55 | ארום לשמי אינון בני | ישראל | עבדין עבדייי אינון די אפקת |
| 646 | Nu20:21 | אדומיי מן למשבק ית | ישראל | עברין בתחומה וסטון ישראל |
| 647 | Nu21:15 | אמרין כד יהוון בני | ישראל | עברין אנן נפקין לקבליהון |
| 648 | Nu21:15 | כד הוון | ישראל | עברין בנחלי ארנונה אטמרו |
| 649 | Nu21:23 | ולא שבק סיחון ית | ישראל | עברין בתחומה וכנש סיחון |
| 650 | Nu32:17 | נעבר מזיינין קדם בני | ישראל | עד זמן די נעל יתהון |
| 651 | Gn47:31 | ואשתבע ליה ואודי ושבח | ישראל | על ריש דרגשא: |
| 652 | Ex16:02 | כל עדת כנישתא דבני | ישראל | על משה ועל אהרן במדברא: |
| 653 | Ex28:30 | ית סדר דיניהון דבני | ישראל | על לביה~ קדם ייי תדירא: |
| 654 | Nu20:24 | לארעא די יהבית לבני | ישראל | על די סרבתון על פם גזרת |
| 655 | Nu25:11 | ית חמתיה מעילווי בני | ישראל | על דקני ית קנאתי ביניהון |
| 656 | Nu36:05 | ופקד משה ית בני | ישראל | על פם גזירת ממרה דייי |
| 657 | Nu27:21 | הוא ^וכל#2^ בני | ישראל | עמה וכל עם כנישתה: |
| 658 | Nu24:20 | אומיה דסדרו <קרבה> עם | ישראל | עמלקיי ובעקבה ביומוי |
| 659 | Nu 7:84 | יתיה מלוות רברבני דבני | ישראל | פילוון דכסף תרתי עשרי |
| 660 | Ex 3:11 | פרעה וארום אסק ית בני | ישראל | פרוקין מן מצרים: |
| 661 | Gn40:18M | פריקין /ויפקון כל | ישראל | פריקין#2/ בריש גלי אף |
| 662 | Ex 7:05 | על מצרים ואפקת ית בני | ישראל | פריקין מביניהון: |
| 663 | Ex12:42 | בזמן אפקותיהון דבני | ישראל | פריקין מן ארעא דמצרים |
| 664 | Ex12:51 | הדין אפיק ייי ית בני | ישראל | פריקין מן ארעא דמצרים על |
| 665 | Ex13:18 | בעבדא טבא סלקו בני | ישראל | פריקין מן ארעא דמצרים: |
| 666 | Ex18:01 | עמיה ארום אפק ייי ית | ישראל | פריקין מן מצרים: |
| 667 | Ex19:01 | בזמן אפיקתהון דבני | ישראל | פריקין מן ארעא דמצרים |
| 668 | Nu 1:01 | בזמן אפקותהון דבני | ישראל | פריקין מן ארעא דמצרים |
| 669 | Nu33:03 | קדמיה דפיסחא נפקו בני | ישראל | פריקין בראש גלי לעיני כל |
| 670 | Nu33:38 | בזמן אפקותהון דבני | ישראל | פריקין מן ארעא מצרים |
| 671 | Nu 9:01 | בזמן אפקותהון דבני | ישראל | פריקן מן ארעא דמצ«ר»ים |
| 672 | Nu 3:50 | מן לוות בכוריה דבני | ישראל | קבל ית כספה אלף ותלת |
| 673 | Ex14:10 | ודחלו לחדא וצלון בני | ישראל | קדם ייי: |
| 674 | Nu20:13 | דייניה די אדיינו בני | ישראל | קדם ייי וקדש שמה בהון: |
| 675 | Nu31:54 | זמנה דכרן טב לבני | ישראל | קדם ייי: |
| 676 | Dt16:16M | אולפן#2/ ^/עמי בני | ישראל#2/ | קדם רבון כל עלמיא ייי |
| 677 | Dt33:01 | משה נביא דייי ית בני | ישראל | קדם עד לא ימות: |
| 678 | Ex14:15M | ברם צלותהון \דבני | ישראל | קדמא /דעמי קדמת#2/ |
| 679 | Dt18:01 | דלוי חולק ואחסנה עם | ישראל | קורבנוי דייי ואחסנותיה |

|  |  |  |  |  |  |
|---|---|---|---|---|---|
| 680 | | Ex20:13M | עם קטולין דלא /דבני | ישראל | קטולין דלא#2#/ יקומון |
| 681 | | Nu25:14 | ושמה דגברא בר | ישראל | קטילה מה די אתקטל עם |
| 682 | | Lv 7:36 | דרבי יתהון מן לוות בני | ישראל | קיים עלם לדריהון: |
| 683 | | Lv24:08 | ייי בתדירה מן לוות בני | ישראל | קיים עלם: |
| 684 | | Dt27:14 | ויאמרון לכל עמה בני | ישראל | קל תלי: |
| 685 | | Ex16:09 | אמר לכל כנישתא דבני | ישראל | קרבו קדם ייי ארום שמיע |
| 686 | | Nu 8:19 | ישראל ולא יהוי בבני | ישראל | רגוז בקרבותהון דבני |
| 687 | | Ex15:01 | ורדפו בתר עמא בני | ישראל | רמא וטבע יתהון בימא |
| 688 | | Nu12:16M | דמרי עלמא ומשכנה וכל | ישראל | שבעה יומין |
| 689 | | Dt16:09 | עמי בני | ישראל | שובעה שבועין דיומין תמנון |
| 690 | | Nu21:21 | ושלח | ישראל | שליחין לוות סיחון |
| 691 | | Dt18:13 | עמי בני | ישראל | שלמין תהוון בעבדה טבה עם |
| 692 | | Dt 4:01 | וכדון | ישראל | שמעו לקיימיה ולסדר |
| 693 | | Ex12:33M | שעה /האנון הכה בני | ישראל | שעה#2#/ חדא הא כל מצריי |
| 694 | | Nu24:02 | ית עיינוי וחמה ית | ישראל | שר{ו}<י>ן לטכסיהון והוה |
| 695 | | Ex28:10 | חדתה {{וית שמהת בני | ישראל | ששה אשתה מן שמהתהון על |
| 696 | | Lv22:27M | דייי ואמר עמי בני | ישראל | תור או אמר |
| 697 | | Lv22:28 | עמי בני | ישראל | תורתא או רחילא לא תכסון |
| 698 | | Ex12:45 | עמי בני | ישראל | תותב בר עממין לאגירא לא |
| 699 | | Lv20:02 | ולבני | ישראל | תימר גבר גבר מן בני |
| 700 | | Ex23:14M | /\בני | ישראל#2#/ | תלתא זמנין תחוגון |
| 701 | | Ex23:17M | /\עמי בני | ישראל#2#/ | תלתא זמנין בכל שתא |
| 702 | | Ex34:23M | עמי בני | ישראל | תלתה זמנין בכל שתה יתחמי |
| 703 | | Lv 9:03 | ועם בני | ישראל | תמליל למימר סבו צפיר בר |
| 704 | | Lv24:15 | ועם בני | ישראל | תמליל למימר {גבב} גבר |
| 705 | | Ex30:31 | ועם בני | ישראל | תמלל למימר משח דרבו דקדש |
| 706 | | Nu27:08 | ועם בני | ישראל | תמלל למימר גבר ארום ימות |
| 707 | | Nu31:30 | ומן פלגותהון דבני | ישראל | תסב חד תליש מן חמשין מן |
| 708 | | Ex28:21 | יהוויין> על שמהת בני | ישראל | תרתין עשרי על שמהתהון |
| 709 | מישראל | Nu19:13 | ותשתיצא נפשה ההיא | מישראל | ארום מי אדיא לא אזרק |
| 710 | בישראל | Nu25:03 | ותקף רוגזה דייי | בישראל: | |
| 711 | | Nu26:02 | כל נפקי קרבה | בישראל: | |
| 712 | | Dt17:04 | אתעבדת מרחקתה הדה | בישראל: | |
| 713 | | Dt32:01 | נביין קמו למסהדה | בישראל | משה נבייה וישעייה |
| 714 | | Dt32:01 | קדישה קמו למסהדה | בישראל | בגין כדין קם ליה משה |
| 715 | | Dt25:10 | ויתקרי שמיה | בישראל | בייתה דשלפי סנדלה ומבטלה |
| 716 | | Lv20:02 | גיורה דמתגיירין | בישר«אל» | די יתן מן בנוי למעברה |
| 717 | | Lv22:18 | ומין גיוריה די | בישראל | די יקרב קרבניה לכל |
| 718 | | Nu32:13 | ותקף רוגזה דייי | בישראל | וטלטל יתהון במדברה |
| 719 | | Lv23:42 | שבעה יומין כל יציביה | בישראל | ישרון במטלין: |
| 720 | | Dt34:10 | ולא קם נבייא עוד | בישראל | כמשה די חכם יתיה מימריה |
| 721 | | Dt25:07 | יבמי למקמה לאחוי שם | בישראל | לא צבא למייבמה יתי: |
| 722 | | Dt22:21 | ארום עבדת מרחקתה הדה | בישראל | למזנייה בייתיה דאבוה |
| 723 | | Gn34:07 | לחדא ארום מרחקא עבד | בישראל | למשמשה עם ברתה דיעקב |
| 724 | | Nu 3:13 | כל ב{{ו}}כ«ו»ריה | בישראל | מן בני אנשא ועד בעירה |
| 725 | | Nu 1:03 | כל נפקי חיל קרבא | בישראל | תיסכמון יתהון לחילוותהון |
| 726 | | Gn50:01M | ארעית תהומ' מנה קמו | בישראל | תריסר שבטין מיני' לקרבא |
| 727 | דיש' | Dt32:09M | \בני ישראל /בנוי | דיש'#2#/ | יעקב עדב אחסנתיה: |
| 728 | | Lv 9:01M | ישראל /<ולחכי>מיה | דיש'#2#/: | |
| 729 | | Dt29:09M | כל עמא \בני | ישראל/דיש'#2#/ | |
| 730 | | Dt31:19M | ישראל /בבנוי | דיש'#2#/: | |
| 731 | | Dt32:08M | ישראל /דבנוי | דיש'#2#/ | |
| 732 | | Dt32:51M | \בני ישראל /בנוי | דיש'#2#/: | |
| 733 | | Dt33:05M | ישראל% /דבנוי | דיש'#2#/: | |
| 734 | | Dt33:04M | \בני ישראל /בנוי | דיש'#2#/ | אורייתה \פקד יתן /יהב |
| 735 | | Dt33:02M | \בני ישראל /בנוי | דיש'#2#/ | {ו}<ד>נח ביקרי' על |
| 736 | | Dt32:12M | \בני ישראל /בנוי | דיש'#2#/ | ולא הווי/יהו'#2#/ |
| 737 | | Ex19:07M | משה וקרא לחכימי | עמא/דיש'#2#/ | וסדר קדמיהון ית כל |
| 738 | | Dt32:36M | \בני ישראל /בנוי | דיש'#2#/ | ועל עלבון עבדוי |
| 739 | | Dt31:19M | \בני ישראל /בנוי | דיש'#2#/ | ושוי יתה בפמהון |
| 740 | | Nu 4:46M | ישראל /<ורברב>ניה | דיש'#2#/ | ית ליויי לזרעייתהון |
| 741 | | Dt32:49M | לבני ישראל/לבנוי | דיש'#2#/ | לאחסנה: |
| 742 | | Dt31:11M | דכל ישראל/בנוי | דיש'#2#/ | למחמייה קדם ייי אלהכון |
| 743 | | Dt33:01M | \בני ישראל /בנוי | דיש'#2#/ | קדם עד לא ימות: |
| 744 | | Nu23:10M | משריתה \דבני | ישראל/דיש'#2#/ | דאתאמר/^דית'#2#^/ |
| 745 | | Dt33:03M | \בני ישראל /בנוי | דיש'#2#/ | נחית/כוות#2#/ ריבוון |
| 746 | | Dt27:14M | לכל עמה \בני | ישראל/דיש'#2#/ | קל/בקל#2#/ תלי: |
| 747 | דישר' | Dt32:03M | \דאינון דישראל | /דישר' | דאנון#2#/ אמרין קקק |
| 748 | | Lv22:27M | בגין למדכרה זכותה | דישר' | דעקד גרמי' על גבי מדבחה |
| 749 | | Ex14:05M | עם משרייתיהון | דישר' | ועבדו על ימא |
| 750 | | Nu11:24M | עמא /חכימייה | דישר'#2#/ | ואקים יתהון חזור חזור |
| 751 | דישרא' | Ex20:17 | ולא יתחמי בכנישתהון | דישרא' | עם חמודין דלא יקומון |
| 752 | דישראל | Gn27:29 | כמשה נביא ספרון | דישראל: | |
| 753 | | Gn33:20 | תמן בשם ייי אלהא | דישראל: | |
| 754 | | Gn49:24 | מתפרנסין כל שבטיא | דישראל: | |
| 755 | | Ex17:06 | משה לעיני חכימיא | דישראל: | |
| 756 | | Ex28:21M | יוהין תרי שסתרי שבטייה | דישראל | |
| 757 | | Ex34:23 | כל עלמיא ייי אלהה | דישראל: | |
| 758 | | Nu10:04 | רברבני ראשי אלפייה | דישראל: | |
| 759 | | Nu12:12M | קצן למיעול לארעא | דישראל | |
| 760 | | Nu16:25 | ואזלו בתריה חכימוי | דישראל: | |
| 761 | | Nu24:09M | נבייא <ס>פריהון | דישראל | |
| 762 | | Dt23:18M | בני ישראל /מבנוי | דישראל#2#/: | |
| 763 | | Dt31:09 | דייי וית חכימייה | דישראל: | |
| 764 | | Ex 6:14 | בנוי דראובן בוכרי | דישראל | חנוך ופלוא חצרון |
| 765 | | Nu21:18 | בחוטריהון ספריהון | דישראל | משה ואהרן ומן מדברה |
| 766 | | Nu21:18M | /תרין סופרייה | דישראל#2#/ | משה ואהרן ומן מדברה |
| 767 | | Nu31:05 | ואתחילו מן אלפיה | דישראל | אלף מן כל שבט תרין עשר |
| 768 | | Dt32:03 | קדישה עד זמן דאינון | דישראל | אמרין קקק תלתה זימנין |
| 769 | | Nu32:04 | דכבש ייי קדם כנישתה | דישראל | ארע בית מרעי היא ולעבדיך |
| 770 | | Gn30:13M | די שבחו יתי בנתהון | דישראל | בבתי מדרשייה וקרת#2#/ |
| 771 | | Ex12:19 | נפשא ההיא מן כנישתא | דישראל | בגיורא וביציבא דארעא: |
| 772 | | Ex12:06M | /עם#2#/ \דבני | ישראל/דישראל#2#/ | ביני שמשותא: |
| 773 | | Dt32:51M | במי מצותה /בנוי | דישראל | במוי דמ'#2#/ דרקם |
| 774 | | Nu26:05 | ראובן בכוריה | דישראל | בנוי דראובן חנוך |
| 775 | | Ex12:03M | כנישתא \דבני | ישראל/דישראל#2#/ | בעשרה יומין לירחא |
| 776 | | Dt33:26 | לית כאלהא | דישראל | דאשרי איקר שכינתיה בשמיא |
| 777 | | Dt12:09M | בית נייחה ולארעא | דישראל | דמתקריי אחסנתה |
| 778 | | Nu 7:02M | הנון רברבני | דישראל | הנון דקיימין וממנין על |
| 779 | | Ex12:21 | וקרא משה לכל חכמיה | דישראל | ואמר להון אתמנון וסבו |
| 780 | | Gn34:31 | אמרין בכנישתיהון | דישראל | ובבית מדרשהון ערלין |
| 781 | | Dt 1:01M | דלא תיעלון לארעא | דישראל | ובגין מנתה דאמרתון דנפ' |
| 782 | | Ex 9:04M | דייי בין נכסיהון | דישראל | ובין נכסיהון דמצראי ולא |
| 783 | | Ex14:20 | וביני משרייתיהון | דישראל | והוה ענגא חשוך ופלגא |
| 784 | | Ex24:11M | דייי /אלהא | דישראל#2#/ | והוון חדיין על |
| 785 | | Gn15:11M | מסאבא למיבז נכסיהון | דישראל | והות זכותא דאברהם מגנא |
| 786 | | Ex20:02 | ומקף על משרייותיהון | דישראל | וחזר ומתחקק על לוחי |
| 787 | | Ex20:03 | ומקף על משרייתיהון | דישראל | וחזר ומתחקק על לוחי |

|  |  |  |  |  |  |
|---|---|---|---|---|---|
| 788 | | Dt 5:06 | ומקף על משיריתהון | דישראל | וחזור ומ{חת}<תח>קק על |
| 789 | | Ex17:05 | וסב עמך מן חכימייא | דישרא«ל» | וחטרא די מחית בה ית |
| 790 | | Gn48:13 | בימיניה מן שמאלה | דישראל | וית מנשה בשמאליה מן |
| 791 | | Ex 9:04 | וביני בעיריהון | דישראל | ולא ימות מכל לבני ישראל |
| 792 | | Dt23:18 | נפקת בר מן בנתהון | דישראל | ולא גבר נפק בר מן בני |
| 793 | | Nu21:03 | ושמע ייי בקל צלותהון | דישראל | ומסר בידיהון ית כנעניי |
| 794 | | Gn48:13 | בשמאליה מן ימיניה | דישראל | וקרב לוותיה: |
| 795 | | Nu33:09 | תרי עשרתי שבטיה | דישראל | ושבעין דקלין דתמרין |
| 796 | | Ex15:27 | שבעין <סביא> סנהדרין | דישראל | ושרון תמן על מיא: |
| 797 | | Ex24:10M | דייי /אלהא | דישראל#2#/ | ותחות אפיפודן |
| 798 | | Ex 3:16 | אזל ותכנש ית חכימיא | דישראל | ותימר להון ייי אלהה |
| 799 | | Ex24:01 | ושבעין חכימיא | דישראל | ותצלון מן רחיק: |
| 800 | | Gn49:21 | מבשר פמיה בכנישתיהון | דישראל | חלבא ודיבשא נפק משפותיה: |
| 801 | | Nu 1:20 | בנוי דראובן בכורא | דישראל | יחוסיהון לזרעייתהון |
| 802 | | Ex21:09M | דבנתה/דבנתהון | דישראל#2#/ | יעבד לה: |
| 803 | | Ex12:47 | כל כנישתא | דישראל | יעבדון פיסחא: |
| 804 | | Lv 4:13 | ואין כל כנשת' | דישראל | ישתאלון ויתכסי פתגם מן |
| 805 | | Dt27:01 | ופקד משה וחכימייה | דישראל | ית עמא למימר טורו ית כל |
| 806 | | Dt31:30 | במשמעהון דכל קהלה | דישראל | ית מלי שירתה הדה עד זמן |
| 807 | | Ex 5:19 | וחמון סרכי בנוי | דישראל | יתהון בביש למימר לא |
| 808 | | Nu16:09 | מנכון ארום אפרש אלה | דישראל | יתכון מן כנשתה דישראל |
| 809 | | Gn48:10 | ועייני | דישראל | כהון משיבה ולא הוה יכיל |
| 810 | | Dt29:20 | לבישתה מן כל שבטיה | דישראל | ככל לווטיה קיימה דכתיבין |
| 811 | | Nu18:21 | הא יהבית כל מעשר | דישראל | לאחסנה חלף פלחניהון די |
| 812 | | Ex 3:18 | ותיתי את וחכימיה | דישראל | לוות מלכא דמצרים |
| 813 | | Nu13:26M | /קהל כנישתה | דישראל#2#/ | למדברה דפארן לרקם |
| 814 | | Ex18:12 | אהרן וכל חכימיא | דישראל | למיכל לחמא עם חמוי דמשה |
| 815 | | Gn47:29 | וקרבו יומי | דישראל | למימת וקרא לבנוי ליוסף |
| 816 | | Ex12:42 | מגנא על בכוריהון | דישראל | למקיימא מה דאמר כתבא בני |
| 817 | | Nu16:09 | יתכון מן כנשתה | דישראל | למקרבה יתכון לוותיה |
| 818 | | Ex 6:26 | להון אפקו ית בנוי | דישראל | מן ארעא דמצרים על |
| 819 | | Ex14:19 | למהלך קדם משריתיהון | דישראל | מן קדמיהון וקם ליה |
| 820 | | Nu24:06M | כן יהויין כנישתהון | דישראל | מפיקין חכימין ומלפי |
| 821 | | Dt33:10M | ישראל/דבנוי | דישראל#2#/ | משוין קטרת בוסמנין |
| 822 | | Nu11:26M | עתיד משה ספרהון | דישראל | מתכנשה מן גו עלמא |
| 823 | | Nu21:18M | יתה /\סונהדרין | דישראל#2#/ | סכלתניהון דעמא |
| 824 | | Ex 9:07 | לא מית מן בעיריהון | דישראל | עד לא חד ואתוקף ליבא |
| 825 | | Ex20:13 | ולא יתחמי בכנישתיהון | דישראל | עם קטולין דלא יקומון |
| 826 | | Ex20:14 | ולא יתחמי בכנישתהון | דישראל | עם גיורין דלא יקומון |
| 827 | | Ex20:15 | ולא יתחמי בכנישתהון | דישראל | עם גנבין דלא יקומון |
| 828 | | Ex20:16 | ולא יתחמי בכנישתהון | דישראל | עם סהדי שיקרא דלא יקומון |
| 829 | | Dt 5:17 | ולא יתחמי בכנישתהון | דישראל | עם קטולין דלא יקומון |
| 830 | | Dt 5:19 | ולא יתחמי בכנישתהון | דישראל | עם גנבין דלא יקומון |
| 831 | | Dt33:21 | משה נבייא סופריהון | דישראל | קבור ויהווי היך מה דהוה |
| 832 | | Nu25:05 | ואמר משה לדיניה | דישראל | קט«ו»לו גבר אנשי עמיה |
| 833 | | Nu 7:02M | רברבנ/רברבי#2#/\ | דישראל | ראשי בית אבהתהון אנון |
| 834 | | Dt 5:20M | ולא יתחמי בכנישתהון | דישראל | שהדין דשקר דלא יקומון |
| 835 | | Ex32:27 | כדין אמר ייי אלהה | דישראל | שוון גבר חרביה על ירכיה |
| 836 | | Ex 5:01 | כדן אמר ייי אלהה | דישראל | שלח ית עמא ויחגון |
| 837 | | Dt32:37 | אומיה למימר אן אלהא | דישראל | תקיפה דאתרחצו ביה: |
| 838 | | Ex 1:07 | ובנוי | דישראל | תקפו ואתילדו וסגון: |
| 839 | | Nu 1:44 | משה ואהרן ורברבניה | דישראל | תרי עשר גברין גבר ראש |
| 840 | | Gn49:28 | כל אלין שבטיא | דישראל | תרין עשר ודא ברכתא די |
| 841 | | Nu31:04 | אלף מן כל שבטיהון | דישראל | תשלחון לחיל קרבה: |
| 842 | דבישראל | Gn49:15 | ארום טב הוה וית ארעא | דישראל | ארום שמינן פר«ה» |
| 843 | | Nu18:14 | כל אפרשו | דבישראל | דידך יהוי: |
| 844 | וישראל | Nu11:30 | למשריתה הוא וחכימיה | וישראל: | |
| 845 | | Gn37:03 | | וישראל | הוה רחים ית יוסף מן כל |
| 846 | | Nu24:18 | ירתו לבעלי דבבוי | וישראל | יצלחון בנכסין סגין: |
| 847 | ולישראל | Ex32:13 | סביה לאברהם ליצחק | ולישראל | עבדיך די קיימת להון בשם |
| 848 | | Ex18:01 | כל מה דעבד ייי למשה | ולישראל | עמיה ארום אפק ייי ית |
| 849 | לישראל | Gn43:08 | ואמר יהודה | לישראל | אבוי שלח טליא עמי ונקום |
| 850 | | Gn46:02 | ואמר ייי | לישראל | בחזוה די ליליא ואמר |
| 851 | | Gn31:21M | ש{ה}<יז>ב{י}<ו>תא | לישראל | ביומי יפתח דמן גלעד |
| 852 | | Ex18:09 | כל טבתא די עבד ייי | לישראל | די שיזב יתהון מן ידיהון |
| 853 | | Ex14:20 | מחשך למצרייה ונהורא | לישראל | כל ליליא ולא קרבו אליין |
| 854 | | Nu11:26 | סלק מן ימא ויהוי | לישראל | לתקלה ומידד הוה מתנבא |
| 855 | מיש' | Ex12:42M | ונירי פרזלא ישתיצון | מיש' | |
| 856 | מישראל | Ex12:15M | וישתצי נפשא ההיא | מישראל | |
| 857 | | Dt25:06 | מיתה ולא יתמחק שמיה | מישראל: | |
| 858 | | Dt17:12 | ותבערון עבדי בישתא | מישראל: | |

## ישבק PN

|  |  |  |  |  |  |
|---|---|---|---|---|---|
| 001 | ישבק | Gn25:02 | וית מדן וית מדין וית | ישבק | וית שוח: |

## ישוב PN

|  |  |  |  |  |  |
|---|---|---|---|---|---|
| 001 | דישובי | Nu26:24 | לישוב זרעיתה דבנוי | דישובי | לשמרון זרעייתה דבנוי |
| 002 | לישוב | Nu26:24 | | לישוב | זרעיתה דבנוי דישובי |

## ישוה PN

|  |  |  |  |  |  |
|---|---|---|---|---|---|
| 001 | וישוה | Gn46:17 | ובנוי דאשר ימנה | וישוה | וישוי ובריעה ושרח |

## ישוי PN

|  |  |  |  |  |  |
|---|---|---|---|---|---|
| 001 | דישוי | Nu26:44 | לישוי זרעייתה דבנוי | דישוי | לבריעה זרעייתה דבנוי |
| 002 | וישוי | Gn46:17 | דאשר ימנה וישוה | וישוי | ובריעה ושרח אחתהון |
| 003 | לישוי | Nu26:44 | זרעייתה דבנוי דימנה | לישוי | זרעייתה דבנוי דישוי |

## ישימון GN

|  |  |  |  |  |  |
|---|---|---|---|---|---|
| 001 | ישימון | Dt32:10 | דמדברה ובצללתה יליל | ישימון | דבר יתהון ארבעין שנין |

## ישמעאל PN

|  |  |  |  |  |  |
|---|---|---|---|---|---|
| 001 | ישמאל | Gn50:01M | מדבית יעקב מדבי' | ישמאל | הוון קיימין אריה |
| 002 | ישמעאל | Gn16:15 | דילי<ד>ת ליה הגר | ישמעאל: | |
| 003 | | Gn16:11M | ותיקרי שמה | ישמעל/<ישמ>עאל#2#/ | ארום שמיע קדם |
| 004 | | Gn36:03 | ואת בשמת ברת | ישמעאל | אחתיה דנביות: |
| 005 | | Gn17:23 | ונסב אברהם ית | ישמעאל | ברה וית כל תרבבת ביתה |
| 006 | | Gn28:09 | ונסב ית מחל«ת» ברת | ישמעאל | בריה דאברהם אחתה |
| 007 | | Gn16:15 | וקרא אברם שמה דברה | {{ישמעאל}} | דילי<ד>ת ליה הגר |
| 008 | | Dt 6:04 | דאבה קם מיניה פסילה | ישמעאל | וכל בני{כ}<ה> דקטורה |
| 009 | | Gn17:18 | קדם ייי אלווי | ישמע«אל» | יחי קד{מך}^מיך#2#^: |
| 010 | | Gn16:16 | די ילידת הגר ית | ישמע^א#2#^ל | לאברם: |
| 011 | | Gn17:20M | צלותך הא /ועל עסק | ישמעאל | שמעית בקלך הא#2#/ ברכת |
| 012 | ישמעל | Gn16:11 | וילדת בר ותיקרי שמה | ישמעל | ארום שמיע קדם ייי ית |
| 013 | | Gn21:11 | באפוי דאברהם על עסק | ישמעל | ברה: |
| 014 | | Gn49:02 | דאבה קם מניה פסול | ישמעל | וכל בנוי דקטורה ויצחק |
| 015 | | Gn28:09 | ואזל עשו לוות | ישמעל | ונסב ית מחל«ת» ברת |

|  |  |  | | | |
|---|---|---|---|---|---|
| 016 | דישמעאל | Gn25:13 | לתולדותהון בכורה | דישמעאל | נביו«ת» וקדר ואדבאל |
| 017 | | Gn25:13 | ואלין שמהת בנוי | דישמעאל | בשמתיהון לתולדתהון |
| 018 | | Dt33:02 | וכיוון דאשכחו בנוי | דישמעאל | דכתיב בגווה לא תהוון |
| 019 | | Gn25:16 | אלין אנון בנוי | דישמעאל | ואלין שמהתהון בכופרניהון |
| 020 | | Dt33:02 | על טורא דפראן לבנוי | דישמעאל | וכיוון דאשכחו בנוי |
| 021 | | Gn25:17 | ואלין שני חיוי | דישמעאל | מאה ותלתין ושבע שנין וסף |
| 022 | | Dt33:03 | בנוי דעשו ולא בנוי | דישמעאל | מקבלין אוריתה אלא כל כדן |
| 023 | דישמעל | Gn25:12 | ואלין תלדותא | דישמעל | בר אברהם די ילידת הגר |
| 024 | | Gn27:29 | לך מלכוותא כל בנוי | דישמעל | הווי רב ושליט על אחך כל |
| 025 | | Gn50:01 | ושולטנן מן בנוי | דישמעל | קיימין תמן שולטנין מן |
| 026 | וישמעאל | Gn17:25 | | וישמעאל | בריה בר תלת עשרה שנין |
| 027 | | Gn17:26 | גזר אברהם בשר ערלתה | וישמעאל | בריה: |
| 028 | | Gn18:10 | הוות שמעה בתרע משכנא | וישמעאל | הווה קיים מצית מן בתרה: |
| 029 | וישמעל | Gn25:09 | וקברו יתיה יצחק | ו{ו}<י>שמעל | בנוי במערתא כפילא |
| 030 | | Gn49:26 | עלמא מן שרויה עשו | וישמעל | יתין כל ברכתא האליין |
| 031 | ולישמעאל | Gn17:20 | | ולישמעאל | שמעית לקל צלותך הא ברכת |

## ישעיה PN

|  |  |  | | | |
|---|---|---|---|---|---|
| 001 | ישעיה | Dt32:01 | בליין לעלמא דאתי וכן | ישעיה | נבייא פירש ואמר טולו |
| 002 | | Dt32:01 | אציתו ולארעא שמעו ברם | ישעיה | נבייה דקם מן בתרה בגין |
| 003 | וישעייה | Dt32:01 | בישראל משה נבייה | וישעייה | נבייא משה בגין דהווה |

## יששכר PN

|  |  |  | | | |
|---|---|---|---|---|---|
| 001 | יש׳ | Nu26:25M | דבנוי דיששכר/זרעיית | יש׳#2#/ | לסכומיהון אשתין וארבעה |
| 002 | ישש׳ | Nu 2:05M | ורב שבטה דבנוי | דיששכר/ישש׳#2#/ | נתנאל בר צוער: |
| 003 | יששכר | Ex 1:03 | | יששכר | זבולן ובנימן: |
| 004 | | Ex28:18 | שם תלתא שבטין יהודה | יששכר | זבולן: |
| 005 | | Ex39:11 | שם תלתה שבטין יהודה | יששכר | זבולן: |
| 006 | | Gn30:18 | אמתי לבעלי וקראת שמיה | יששכר: | |
| 007 | | Dt33:18 | לפרגמטיכון וחדון דבית | יששכר | במייתבכון בבתי מדרשיכון: |
| 008 | | Nu 1:28 | לבנוי | יששכר | יחוסיהון לבית אבהתהון |
| 009 | | Gn49:14 | | יששכר | שבט תקיף רביע ביני תרין |
| 010 | דישכר | Nu 7:18 | קרב רב שבטה דבנוי | דישכר | נתנאל בר צוער: |
| 011 | דיששכר | Nu13:07 | מן שבטה דבנוי | דיששכר | יגאל בר יוסף: |
| 012 | | Nu 1:08 | מן שבטה דבנוי | דיששכר | נתנאל בן צוער: |
| 013 | | Nu 2:05 | ורב שבטה דבנוי | דיששכר | נתנאל בר צוער: |
| 014 | | Nu 7:23 | גרמיה רב שבטה דבנוי | דיששכר | נתנאל בר צוער: |
| 015 | | Nu10:15 | חיילוות שבטה דבנוי | דיששכר | נתנאל {צ}<ב>ר צוער: |
| 016 | | Gn46:13 | ובנוי | דיששכר | תולע ופוה ויוב |
| 017 | | Nu 2:05 | סמיכין לה שבטה דבנוי | דיששכר | ורב שבטה דבנוי דיששכר |
| 018 | | Nu 1:29 | לשבטה דבנוי | דיששכר | חמשין וארבעה אלפים וארבע |
| 019 | | Nu26:23 | בנוי | דיששכר | לזרעייתהון תולע זרעייתה |
| 020 | | Nu26:25 | אלין זרעיתה דבנוי | דיששכר | לסכומיהון אשתין וארבעה |
| 021 | | Nu34:26 | ומן שבטה דבנוי | דיששכר | רבה פלטיאל בר עזן: |
| 022 | ויששכר | Gn35:23 | ולוי ויהודה | ויששכר | וזבולון: |
| 023 | | Dt27:12 | שמעון ולוי ויהודה | ויששכר | ויוסף ובנימן: |
| 024 | ליששכר | Nu 1:08M | שבטה דבנוי דיששכר | /ליששכר | מן שבטה דבנוי דיוסף |

## יתור PN

|  |  |  | | | |
|---|---|---|---|---|---|
| 001 | יתור | Gn25:15 | חדר ותימא | יתור | נפיש וקדמה: |

## יתרו PN

|  |  |  | | | |
|---|---|---|---|---|---|
| 001 | יתרו | Ex18:06 | ואמר למשה אנה חמ«ו»ך | יתרו | אתי לוותך ואתתך ותרין |
| 002 | | Ex18:10 | ואמר | יתרו | בריך ייי די שיזב יתכון מן |
| 003 | | Ex 4:18M | ליתרו/לוות | יתרו#2#/ | חמוי ואמר ליה איזל כען |
| 004 | | Ex18:02 | ונסב | יתרו | חמוי דמשה ית צפורה אתתא |
| 005 | | Ex18:05 | ואת«א» | יתרו | חמוי דמשה ובנוי ואתתיה |
| 006 | | Ex18:12 | ונסב | יתרו | חמוי דמשה עלוון ונכסת |
| 007 | | Ex 4:18 | כען אינון בחיין ואמר | יתרו | למשה אזל בשלם: |
| 008 | | Ex18:09 | וחדה | יתרו | על כל טבתא די עבד ייי |
| 009 | | Ex18:01 | ושמע | יתרו | רבה דמדין חמוי דמשה ית |
| 010 | ליתרו | Ex 4:18 | ואזל משה ותב | ליתרו | חמוי ואמר ליה איזל כען |

## יתת PN

|  |  |  | | | |
|---|---|---|---|---|---|
| 001 | יתת | Gn36:40 | תמנע רבה עלוה רבה | יתת: | |

## כדר לעמר PN

|  |  |  | | | |
|---|---|---|---|---|---|
| 001 | כדר לעומר | Gn14:05 | שנין אתא | כדר לעומר | ומלכיא דהוו עמה וקטילו |
| 002 | כדר לעמ׳ | Gn14:17 | די חזר מן דקטל ית | כדר לעמ׳ | וית מלכייא דהון עמיה |
| 003 | כדר לעמר | Gn14:04 | שינין פלחו קדם | כדר לעמר | ובתלת עשרי שנין מרדו |
| 004 | | Gn14:09 | ית | כדר לעמר | מלכ׳ דעילם ותדעל |
| 005 | | Gn14:01 | אריוך מלכא דאלסר | כדר לעמר | מלכא דעילם ותדעל |

## כוש PN/GN

|  |  |  | | | |
|---|---|---|---|---|---|
| 001 | כוש | Gn10:06 | ובנוי דחם | כוש | ומצרים ופוט וכנען: |
| 002 | דכוש | Gn 2:13 | דחזר ומקף ית כל ארעא | דכוש: | |
| 003 | | Gn10:07 | ובנוי | דכוש | סבא וחוילה וסבתא |
| 004 | וכוש | Gn10:08 | | וכוש | אולד ית נמרוד הוא שרי |

## כזבי PN

|  |  |  | | | |
|---|---|---|---|---|---|
| 001 | כזבי | Nu25:15 | קטילתה מידיניתה | כזבי | ברת צור ריש אומין |
| 002 | | Nu25:18 | טעותה דפעור ועל עסק | כזבי | ברת רבה דמדין אחתהון מה |

## כלב PN

|  |  |  | | | |
|---|---|---|---|---|---|
| 001 | כלב | Nu13:06 | מן שבטה דבנוי דיהודה | כלב | בר יפנה: |
| 002 | | Nu14:30 | למשריה יתכון בה אלהן | כלב | בר יפונה ויהושע בר נון: |
| 003 | | Nu26:65 | גבר א{ל}<ר>ום אלהן | כלב | בר יפונה ויהושע בר נון: |
| 004 | | Nu32:12 | אלהן | כלב | בר יפונה קניזייה ויהושע |
| 005 | | Nu34:19 | מן שבטה דבנוי דיהודה | כלב | בר יפונה: |
| 006 | | Dt 1:36 | ארום אלהן | כלב | בר יפונה הוא יחמי יתה |
| 007 | | Nu14:24 | ועבדי | כלב | חלף די הוות רוח דקדש עמה |
| 008 | | Nu13:30 | ושתק | כלב | ית עמה קדם משה ואמר מסוק |
| 009 | | Nu13:22 | וסליקו בדרומה ומטה | כלב | עד חברון ותמן אחימן ששי |
| 010 | וכלב | Nu14:06 | ויהושע בר נון | וכלב | בר יפונה מן ייללייה |
| 011 | | Nu14:38 | ויהושע בר נון | וכלב | בר יפונה «חיוו» מן |

## כמוש DN

|  |  |  | | | |
|---|---|---|---|---|---|
| 001 | כמוש | Nu21:29 | מדבחין קדם טעוותה | כמוש | מסר בניהון שלילן בקולריא |

## כנען GN/PN

|  |  |  | | | |
|---|---|---|---|---|---|
| 001 | כנען | Gn 9:27M | במדרשי׳ דשם והי | כנען | מש׳ להון |
| 002 | | Gn 9:25 | ואמר ל{{ו}}«י»ט יהווי | כנען | עבד משתעב׳ יהווי לאחוי: |

|  |  |  |  |  |  |
|---|---|---|---|---|---|
| 003 | | Gn 9:26 | ייי אלהא דשם ויהווי | כנען | עבד משתעבד להון: |
| 004 | | Gn 9:27 | בגו משכוני דשם ויהווי | כנען | עבד משתעבד להון: |
| 005 | דכנען | Gn12:05 | דכנען ואתון לארעא | דכנען: | |
| 006 | | Gn23:19 | היא חברון בארעא | דכנען: | |
| 007 | | Gn31:18 | אבוהי לארעא | דכנען: | |
| 008 | | Gn36:05 | די אתילדו ליה בארעא | דכנען: | |
| 009 | | Gn37:01 | תותבותיה דאבוי בארעא | דכנען: | |
| 010 | | Gn42:05 | ארום הוה כפנא בארעא | דכנען: | |
| 011 | | Gn42:32 | דן עם אבונן בארעא | דכנען: | |
| 012 | | Gn44:18 | אבה שליטין בארעא | דכנען: | |
| 013 | | Gn45:17 | ואזלו עולו לארעא | דכנען: | |
| 014 | | Ex15:15 | כל דיירי דארעא | דכנען: | |
| 015 | | Ex16:35 | מיעליהון לסייפי ארעא | דכנען: | |
| 016 | | Nu26:19 | ער ואונן בארעא | דכנען: | |
| 017 | | Nu32:30 | ביניכון בארעא | דכנען: | |
| 018 | | Nu33:51 | עברין ית ירדנה לארעא | דכנען: | |
| 019 | | Nu34:29 | ית בני ישראל בארעא | דכנען: | |
| 020 | | Nu35:10 | עברין ית ירדנה לארעא | דכנען: | |
| 021 | | Gn46:31 | דאבא די בארע«א» | דכנען | אתון לוותי: |
| 022 | | Gn48:07 | מיתת קדמ' רחל בארעא | דכנען | בארחא באשון עללתא דארעא |
| 023 | | Nu33:40 | הוה שרי בדרומ' בארעא | דכנען | בזמנה דאתון בני ישראל: |
| 024 | | Gn33:18 | לכרכה דשכם די בארעא | דכנען | במיתייא מפדן ארם ושרא |
| 025 | | Gn47:14 | בארעא דמצרים ובארעא | דכנען | בעיבורה די אנון <....> |
| 026 | | Nu34:02 | על{(י)}ל«י»ן לארעא | דכנען | דא ארעא די תיפול לכון |
| 027 | | Dt32:49 | יריחו וחמי ית ארעא | דכנען | דאנה יהב לבני ישראל |
| 028 | | Gn49:30 | כפלא די כל קבל ממרא | דכנען | די זבן אברהם ית חקלה |
| 029 | | Lv14:34 | ארום תעלון לארעא | דכנען | די אנה יהב לכון אחסנה |
| 030 | | Lv18:03 | וכעובדי דיירי ארעא | דכנען | די אנה מעל יתכון לתמן לא |
| 031 | | Nu13:02 | גברין ויללון ית ארעא | דכנען | די אנה יהב לבני ישראל |
| 032 | | Gn35:06 | יעקב לוזה די בארעא | דכנען | הי ביתאל הוא וכל עמא די |
| 033 | | Gn44:18 | אנן כוותך בארעא | דכנען | היך מה דאת ופרעה רבך |
| 034 | | Gn13:12 | אברם שרה בארעא | דכנען | ולט שרה בקרי משרה ופרס |
| 035 | | Gn36:06 | קניינוי די קנה בארעא | דכנען | ואזל לארעא חורי מן קדם |
| 036 | | Nu13:17 | משה למיללה ית ארעא | דכנען | ואמר להון משה סוקו |
| 037 | | Gn23:02 | היא חברון בארעא | דכנען | ואתה אברהם למספדא לשרה |
| 038 | | Gn12:05 | גיירו ונפק למזל לארעא | דכנען | ואתון לארעא דכנען: |
| 039 | | Gn46:06 | די קנון בארעא | דכנען | ואתון מצרימה יעקב וכל |
| 040 | | Gn47:15 | ארעא דמצרים ומן ארעא | דכנען | ואתון כל מצראי לוות יוסף |
| 041 | | Gn48:03 | אתגלי עלי בלוז בארעא | דכנען | וברך יתי: |
| 042 | | Gn42:13 | בנוי דגבר חד בארעא | דכנען | והא זעירא עם אבונן יומא |
| 043 | | Gn47:01 | אתון מן ארעא | דכנען | והא אינון יהיבין בארעא |
| 044 | | Gn44:08 | לוותך בקדמיתא מן ארעא | דכנען | והיך כדין נגנב מן ביתה |
| 045 | | Gn16:03 | די שרא אברם בארעא | דכנען | ויהבת יתה לאברם בעלה ליה |
| 046 | | Gn47:04 | לחדא ואישתלחון בארעא | דכנען | וכדון ישרון כען עבדך |
| 047 | | Gn11:31 | דכשדאי למיזל לארעא | דכנען | ומטון עד חרן ושרן תמן: |
| 048 | | Gn49:19M | יחסנון יתהון ית ארעא | דכנען | ומן בתר כן יחזרון בשלם |
| 049 | | Dt 1:01 | דפראן למיללה ית ארעא | דכנען | ועל עסק מנה די אמרתון |
| 050 | | Nu32:32 | קדם ייי בארעא | דכנען | ועמן ירתות אחסנותן מן עבר |
| 051 | | Gn50:13 | יתיה בנוי לארעא | דכנען | וקברו יתיה במערת חקל |
| 052 | | Nu13:16 | משה למיללה ית ארעא | דכנען | וקרא משה להושע בר נון |
| 053 | | Gn42:29 | יעקב אבוהון לארעא | דכנען | ותנון לה ית כל מה די יערע |
| 054 | | Gn50:11 | וחמון דיירי ארעא | דכנען | ית אבלה באדר אטדה ואמרין |
| 055 | | Ex 6:04 | למתן להון ית ארעא | דכנען | ית ארעא תותבותיהון די |
| 056 | | Gn17:08 | תותבותך ית כל ארעא | דכנען | לאחסנת עילם ואהוי בממרי |
| 057 | | Gn45:25 | ממצרים ואתו לארעא | דכנען | לוות יעקב אבוהון: |
| 058 | | Gn42:07 | ואמרין מן ארעא | דכנען | למזבן מזון: |
| 059 | | Nu34:02 | לכון לאחסנו ארעא | דכנען | לתחומ': |
| 060 | | Gn47:13 | ארעא דמצרים וארעא | דכנען | מן קדם כפנא: |
| 061 | | Nu35:14 | קוריאן תתנון בארעא | דכנען | קריוא יהוויי לכון: |
| 062 | | Gn50:05 | די חפרת לי בארעא | דכנען | תמן תקבר יתי וכדון אסוק |
| 063 | וכנען | Gn10:06 | כוש ומצרים ופוט | וכנען: | |
| 064 | | Gn10:06M | ומצרים ואלייהרק | וכנען | |
| 065 | | Gn10:15 | | וכנען | אול' ית צידון בכורא וית |

## כנרת GN

|  |  |  |  |  |  |
|---|---|---|---|---|---|
| 001 | כנרת | Nu34:15M | דאימוראי ומן | כנרת | כרך מלכותהון דאימוראי |
| 002 | לכנרת | Nu34:15 | מדנחה נפק להון תחומה | לכנרת | כרך מלכיהון דאמוריי נפק |
| 003 | | Nu34:15M | דמלחא נפק להון תחומה | לכנרת | כרך דמלכותהון דאימוראי |

## כסלון PN

|  |  |  |  |  |  |
|---|---|---|---|---|---|
| 001 | כסלון | Nu34:21 | דבינמן אלידד בן | כסלון: | |

## כרמי PN

|  |  |  |  |  |  |
|---|---|---|---|---|---|
| 001 | דכרמי | Nu26:06 | זרעייתה דבנוי | ד{מ}<כ>רמי: | |
| 002 | וכרמי | Gn46:09 | חנוך ופלוא חצרון | וכרמי: | |
| 003 | | Ex 6:14 | חנוך ופלוא חצרון | וכרמי | אליין זרעתהון דבנוי |
| 004 | לכרמי | Nu26:06 | זרעייתה דבני דחצרוני | לכרמי | זרעייתה דבנוי ד{מ}<כ>רמי: |

## כשד PN

|  |  |  |  |  |  |
|---|---|---|---|---|---|
| 001 | כשד | Gn22:22 | וית | כשד | וית חזו וית פלדש וית |

## כתים PN

|  |  |  |  |  |  |
|---|---|---|---|---|---|
| 001 | כתים | Gn10:04 | דיון אלישא ותרשיש | כתים | ודודנים: ושם אפרכיותהון |

## לאה PN

|  |  |  |  |  |  |
|---|---|---|---|---|---|
| 001 | לא' | Gn29:25 | והוה בצפרא והא ה«י»א | לא' | ואמר ללבן מה היא דעבדת לי |
| 002 | לאה | Gn49:31 | ותמן קברית ית | לאה: | |
| 003 | | Gn30:14 | ברא ואייתי יתהון לוות | לאה | אמיה ואמרת רחל ללאה הבי |
| 004 | | Gn30:09 | וחמת | לאה | ארום קמת לה מן למילד ונסבת |
| 005 | | Gn30:11 | ואמרת | לאה | את{(ו)}א גדה טבא דעתיד |
| 006 | | Gn29:23 | והוה ברמשא ונסב ית | לאה | ברתה ואייתי יתה לוותה ועל |
| 007 | | Gn34:01 | ונפקת דינה ברת | לאה | די ילדת ליעקב למתחמייא עם |
| 008 | | Gn29:31 | קדם ייי ארום שניא הוות | לאה | ואמר במימר«י»ה למיתן לי |
| 009 | | Gn33:07 | וקרבת לחוד | לאה | ובנהה ושאל«ין» בשלמיה |
| 010 | | Gn33:02 | וית בניהון קדמיין וית | לאה | ובניה אחריין <....>: |
| 011 | | Gn29:32 | ועברת | לאה | וילדת בר וקראת שמיה ראובן |
| 012 | | Gn30:19 | ועברת תוב | לאה | וילדת בר שתיתייא ליעקב: |
| 013 | | Gn33:01 | רגלין ופלג ית טליא על | לאה | ועל רחל ועל תרתין לחינתה: |
| 014 | | Gn29:16 | בנן שמא {דרבא} דרבתא | לאה | ושמה דזעירתא רחל: |
| 015 | | Gn30:20 | ואמרת | לאה | זבד יתי ייי זבידין טבין |
| 016 | | Gn30:18 | ואמרת | לאה | יהב ייי אגרי די יהבת אמתי |
| 017 | | Gn30:16 | מן אפי ברא ברמשא ונפקת | לאה | לקדמותיה ואמרת לה לוותי |
| 018 | | Gn29:31M | הוות לאה/לא הות | לאה | רחימא באפי בעלה#2/ ואמר |
| 019 | | Gn30:13 | ואמרת | לאה | תשבחה רבה ישבחון יתי בנת |
| 020 | דלאה | Gn35:26 | <....> | דלאה | גד ואשר אלין בנוי |
| 021 | | Gn35:23 | בניה | דלאה | בכורה דיעקב ראובן |

|  |  |  | | | |
|---|---|---|---|---|---|
| 022 | | Gn30:12 | וילידת זלפה אמהתה | דלאה | בר תניין ליעקב: |
| 023 | | Gn34:01M | "ברת ... ילדת": ברתא | דלאה | דאיתילידת |
| 024 | | Gn46:15 | אלין בנוי | דלאה | די ילדת ליעקב בפדן ארם |
| 025 | | Gn29:17 | ועיני | דלאה | הוויין זקיפן בצלו בעיא |
| 026 | | Gn29:28M | שבעתי יומי משתותא | דא/דלאה#2#/ | ואסיב לה ית רחל ברתה |
| 027 | | Gn31:33 | דיעקב ובמשכנא | דלאה | ובמשכנא דתרתין לחינת«א» |
| 028 | | Gn30:17 | ושמע ייי בקל צלותה | דלאה | ועב{רי}<יר>ת וילידת |
| 029 | | Gn31:33 | אשכח ונפק מן משכנא | דלאה | ועל למשכנא דרחל: |
| 030 | | Gn30:10 | וילידת זלפה אמהתה | דלאה | ליעקב בר: |
| 031 | ולאה | Dt33:15 | שרה רבקה רחל | ולאה: | |
| 032 | | Nu23:09 | שרה רבקה רחל | ולאה | הא עמא האליין שריין |
| 033 | | Gn31:14 | וענה רחל | ולאה | ואמרין לה הא עד כדון אית |
| 034 | | Gn49:26M | שרה רבקה רחל | ולאה | יתיין |
| 035 | | Ex17:12 | שרה רבקה רחל | ולאה | עד מטמעי שמשא: |
| 036 | וללאה | Gn31:04 | ושלח יעקב וקרא לרחל | וללאה | לאפי ברא לוות ענה: |
| 037 | ללאה | Gn30:08M | לאחתי לחוד /די יהב | ללאה | אחתי ולחוד#2#/ אשתמעת |
| 038 | | Gn29:24 | לה ית זלפה אמתיה | ללאה | ברתיה לאמהה: |
| 039 | | Gn46:18 | דזלפה די יהב לבן | ללא«ה» | ברתיה וילדת ית אלין |
| 040 | | Gn30:14 | לאה אמיה ואמרת רחל | ללאה | הבי כען לי מן יברוחי |
| 041 | | Gn29:22 | עצה דרמיו למסבה יתה | ללאה | חלף רחל: |
| 042 | מלאה | Gn29:30 | רחל ורחם אף ית רחל | מלאה | ופלח עמיה עוד תוב שבע |

## לאיחלאל PN

|  |  |  | | | |
|---|---|---|---|---|---|
| 001 | לאיחלאל | Nu26:26 | דבנוי דיחלאלי | <ל>איחלאל | זרעייתה דבנוי דיחלאלי: |

## לאל PN

|  |  |  | | | |
|---|---|---|---|---|---|
| 001 | לאל | Nu 3:24 | דגרשני אליסף בר | לאל: | |

## לבן PN

|  |  |  | | | |
|---|---|---|---|---|---|
| 001 | לבן | Gn28:02M | \בנתיה דלבן /מבנת | לבן#2#/ | אחוי דאמך: |
| 002 | | Gn29:10 | חמה יעקב ית רחל ברת | לבן | אחוי דאמה וית ענה דלבן |
| 003 | | Gn27:43 | וקום אזל{{ך}} לך לוות | לבן | אחי חרנה: |
| 004 | | Gn31:47 | וקרא לה | לבן | איגר שהדותא ויעקב קרא ליה |
| 005 | | Gn31:48 | ואמר | לבן | איגרא הדין סהד ביני ובינך |
| 006 | | Gn30:27 | ואמר ליה | לבן | אן כען אשכחית חן וחסד |
| 007 | | Gn31:24 | ואתגלי ייי על | לבן | ארמאה בחלמא בליליא ואמר לה |
| 008 | | Dt26:05M | יעקב מן שירווייה ובעה | לבן | ארמייה למקטול יתיה וערק |
| 009 | | Dt26:05M | "... ואתותב": עם | לבן | ארמייה פלח אבונן יעקב מן |
| 010 | | Dt26:05 | ותימרון קדם ייי אלהכון | לבן | ארמייה סבר למובדה לאבונן |
| 011 | | Gn32:05 | כדן אמר עבדך יעקב עם | לבן | אתותבת ואשתהיית כדון: |
| 012 | | Gn31:33 | ועל | לבן | במשכנ«א» דיעקב ובמשכנא |
| 013 | | Gn32:01 | ואקדם | לבן | בצפרא ונשק לבנוי ולבנתיה |
| 014 | | Gn28:05 | ואזל לפדן ארם לוות | לבן | בר בתואל ארמאה אחו«ה» |
| 015 | | Gn29:05 | להון חכימין אתון ית | לבן | בר נחור ואמרין חכימין |
| 016 | | Dt 6:04 | פלחין או דלמה לטעוות | לבן | ^דהו׳#2#^ דאמה פלח אתון |
| 017 | | Gn30:34 | ואמר | לבן | הא טאבות אלוי יהוי כמליך: |
| 018 | | Gn24:50 | ועניין | לבן | ובתואל ואמרין מן קדם ייי |
| 019 | | Gn29:22 | עמה דאתרא ועבד שירו ענה | לבן | ואמר להון הא שבע שנין גברא |
| 020 | | Gn31:43 | וענה | לבן | ואמר ליעקב בנתא בנתיי |
| 021 | | Gn31:36M | ואדיין בלבן/עם | לבן#2#/ | וענה יעקב ואמר ללבן |
| 022 | | Gn24:29 | ולרבקה {אחוי} ושמה | לבן | ורהט לבן לוות גברא לברה |
| 023 | | Gn29:13 | והוי כדי שמע | לבן | ית שמעה דיעקב בר אחתה |
| 024 | | Gn29:22 | וכנש | לבן | ית כל עמה דאתרא ועבד שירו |
| 025 | | Gn31:25 | וערע | לבן | ית יעקב ויעקב פרס ית |
| 026 | | Gn31:34 | ויתבת עליהון ופשפש | לבן | ית כל משכנה ולא אשכח: |
| 027 | | Gn31:35 | ארח {ב}<כ>נשיא לי ופשפש | לבן | ית כל משכנא ולא אשכח ית |
| 028 | | Gn29:15 | ואמר | לבן | ליעקב הא אחי את לית אפשר |
| 029 | | Gn31:26 | ואמר | לבן | ליעקב מה עבדת וגנבת ית |
| 030 | | Gn31:51 | ואמר | לבן | ליעקב הא איגרא הדין והא |
| 031 | | Gn46:18 | אלין בניה דזלפה די יהב | לבן | ללא«ה» ברתיה וילדת ית |
| 032 | | Gn29:29 | ויהב | לבן | לרחל ברתה ית בלהה אמהתא |
| 033 | | Gn46:25 | אלין בנוי דבלהה די יהב | לבן | לרחל ברתיה וילידת ית אלין |
| 034 | | Gn29:26 | ואמר | לבן | לא כשר למעבד כדן בארענא |
| 035 | | Gn32:01 | וברך יתהון ואזל וחזר | לבן | לאתריה: |
| 036 | | Gn29:24 | ויהב | לבן | לה ית זלפה אמתיה ללאה |
| 037 | | Gn24:29 | {אחוי} ושמה לבן ורהט | לבן | לוות גברא לברה לעיינה: |
| 038 | | Gn29:14 | ואמר ליה | לבן | לחוד היך קריב בשרי את ושרי |
| 039 | | Gn29:19 | ואמר | לבן | תקן מסבה יתה לך מן למסבה |
| 040 | בלבן | Gn31:36 | ואדיין | בלבן | וענה יעקב ואמר ללבן מה |
| 041 | דלבן | Gn30:40 | קרוחיא וכל לחוש בעניה | דלבן | <....>: |
| 042 | | Gn32:03M | יתי או דלמה דמשריתיה | דלבן | אחוה דאמה אתיין מן בתרי |
| 043 | | Gn28:02 | מן תמן אתה מן בנתיה | דלבן | אחוי דאמך: |
| 044 | | Gn28:10 | בחדא ידא ואשקי ית ענא | דלבן | אחוי דאמה וניסא חמישאה |
| 045 | | Gn29:10 | אחוי דאמה וית ענה | דלבן | אחוי דאמה וקרב יעקב וגלי |
| 046 | | Gn29:10 | דבארה ואשקי ית ענה | דלבן | אחוי דאמה: |
| 047 | | Gn32:03 | יתהון דלמא מלאכין מן | דלבן | אחוי דאמה אינון דחזר |
| 048 | | Gn25:20 | ארמאה מן פדן אחתיה | דלבן | ארמאה ליה לאיתה: |
| 049 | | Gn31:20 | וגנב יעקב ית דעתא | דלבן | ארמאה על דלא תני לה ארום |
| 050 | | Gn30:36 | ויעקב רעי ית ענא | דלבן | דאשתיירת: |
| 051 | | Gn27:29 | ושאלין בשלמך כל בנוי | דלבן | דהוא אחוי דאמך מ{ה}<ך> |
| 052 | | Gn31:02 | וחמא יעקב ית סבר אפוי | דלבן | והא לית אינון שיפין |
| 053 | | Gn31:01 | ושמע ית מלוי דבנוי | דלבן | למימר נסב יעקב ית כל מה |
| 054 | | Gn31:22 | והוה כיון דאזלו רעוי | דלבן | למשקיה ענה מן בארה ולא |
| 055 | | Gn31:12 | גלי קדמיי ית כל מה | דלבן | עבד לך: |
| 056 | ולבן | Gn31:19 | | ולבן | אזל למגזז ית ענה וגנבת |
| 057 | | Gn31:25 | פרס ית משכניה בטורא | ולבן | אשרי ית אחוי בטורא {ולבן |
| 058 | | Gn31:25 | אשרי ית אחוי בטורא | {ולבן | אשרי ית אחוי בטורא} |
| 059 | וללבן | Gn29:16 | | וללבן | תרת«י»ן בנן שמא {דרבא} |
| 060 | ללבן | Gn31:31 | וענה יעקב ואמר | ללבן | ארום דחלת ארום אמרת לא |
| 061 | | Gn31:22 | ולא טפת בכדן אתני | ללבן | ביומא תליתייא ארום ערק |
| 062 | | Gn31:22M | "והוה כיון ...": ואתני | ללבן | ביומא תליתאה ארום ערק |
| 063 | | Gn29:21 | ואמר יעקב | ללבן | הב לי ית אתתי «ארי |
| 064 | | Gn30:42 | ליה ען סגין לקישיא | ללבן | ובכיריה ליעקב: |
| 065 | | Gn29:13 | יתה לגו בייתיה ותני | ללבן | ית כל פתגמ<י>א האילין: |
| 066 | | Gn29:25 | והא ה«י»א לא׳ ואמר | ללבן | מה היא דעבדת לי הלא ברחל |
| 067 | | Gn31:36 | בלבן וענה יעקב ואמר | ללבן | מה חובתי ומה סרחני ארום |
| 068 | | Gn30:25 | ית יוסף ואמר יעקב | ללבן | שלח יתי כען ואזיל |

## לבנה GN

|  |  |  | | | |
|---|---|---|---|---|---|
| 001 | בלבנה | Nu33:20 | ונטלו מרמן פרץ ושרון | בלבנה: | |
| 002 | מלב׳ | Nu33:21 | ונטלו | מלב׳ | ושרון ברסה: |

## לבנן GN

|  |  |  | | | |
|---|---|---|---|---|---|
| 001 | לבנון | Nu34:15 | תחומה לטור תלגא לתחומה | לבנון | דמצפון עיינוות{{י}}יה |
| 002 | דלבנן | Nu34:15M | לטור תלגה ולחומתה | דלבנן | ומן טור תלגה ולחומתה |
| 003 | | Nu34:15M | טור תלגה ולחומתה | דלבנן | נפק להון תחומה לחובה די |

## לוד PN

| | | | |
|---|---|---|---|
| 001 | ולוד | Gn10:22 | עלם ואשור וארפכשד ולוד וארם: |

## לוז GN

| | | | |
|---|---|---|---|
| 001 | לוז | Gn28:19 | דאתרא ההוא ביתאל וברם לוז הוה שמה דקרתא בקדמיתא: |
| 002 | לוזה | Gn35:06 | ועל יעקב לוזה די בארעא דכנען הי ביתאל |
| 003 | בלוז | Gn48:03 | אלה שמיא אתגלי עלי בלוז בארעא דכנען וברך יתי: |

## לוט PN

| | | | |
|---|---|---|---|
| 001 | לוט | Gn11:27 | וית הרן והרן אולד ית לוט: |
| 002 | | Gn19:29 | ית קרייתא די שרא בהון לוט: |
| 003 | | Gn11:31 | תרח ית אברם בריה וית לוט בר ברה וית שרי כלתה אתתיה |
| 004 | | Gn12:05 | אברם ית שרי אתתיה וית לוט בר אחוי וית כל ממונהון |
| 005 | | Gn14:14 | ושמע אברם ארום אשתבי לוט בר אחוי וזאין ית עלמוי |
| 006 | | Gn14:16 | וחזר ית כל ממונה ואף ית לוט בר אחוי וממונה חזר ואף ית |
| 007 | | Gn14:16M | סגולה ולחוד ית לוט בריה דאחוי וסגולה חזר |
| 008 | | Gn12:04 | דמלי' עמה ייי ואזל עמה לוט ואברם בר שבעין וחמש שנין |
| 009 | | Gn14:12 | ונסבו ית לוט וית ממונה בר אחוי דאברם |
| 010 | | Gn19:14 | ונפק לוט ומלל עם חתנוי נסבי בנתיה |
| 011 | | Gn19:01 | דסדם ו{ת}<ח>מא יתהון לוט ורהט לקדמותהון ושאיל |
| 012 | | Gn13:10 | ונטל לוט ית עייני וחזא ית כל מישר |
| 013 | | Gn13:11 | ובחר ליה לוט ית כל מישר ירדנ' ונטל לוט |
| 014 | | Gn19:18 | ואמר לוט להון אמתינו כען קליל זעיר |
| 015 | | Gn19:10 | ית ידיהון ואעילו ית לוט לוותהון לביתה וית תרעא |
| 016 | | Gn19:30 | וסלק לוט מן זער ושרא במערתא הוא |
| 017 | | Gn18:02M | הוה אזל למישזבא ית לוט מן גוא הפוכתא |
| 018 | | Gn19:29 | טביא ית אברהם ושלח ית לוט מן גוא הפכתא כדי הפך ית |
| 019 | | Gn13:14 | אמר לאברם מן דאתפרש לוט מן לוותה טול כען עיניך |
| 020 | | Gn13:11 | ית כל מישר ירדנ' ונטל לוט מן לקדמין ואתפרשו גבר |
| 021 | בלוט | Gn19:09 | מנהון ודחקו בגובריא בלוט לחדה וקרבו למתבר תרעא: |
| 022 | | Gn19:15 | שחרא ואתוקפו מלאכיא בלוט למימר קום דבר ית אתתך וית |
| 023 | דלוט | Dt 2:09 | ירתו ארום לבנוי דלוט יהבית ית לחיית ירתו: |
| 024 | | Dt 2:19 | לכון ירתו ארום לבנוי דלוט יהבית יתה ירתו: |
| 025 | | Gn13:07 | מטין לבית: ורעוי דלוט לא הוון זממין בעירהון אלא |
| 026 | | Gn19:26 | ועל דהות אתתה דלוט מן בנתהון דסדומיא אסתכלת |
| 027 | | Gn19:36 | ועברין תרתין בנתיה דלוט מן אבוהון: |
| 028 | | Gn19:26M | ואתתה דלוט על דהות מן עמה דסדם |
| 029 | | Gn13:07 | ובין רעוי דבעירה דלוט רעוי דאברם הוון זממין |
| 030 | ולוט | Gn19:01 | מלאכיה לסדם ברמשא ולוט הוה יתיב בתרעא דסדם |
| 031 | | Gn19:23 | שמשא נחת על ארעא ולוט על לזער: |
| 032 | | Gn13:01 | וכל מה דהוה ליה ולוט עמה לדרומה: |
| 033 | ולט | Gn13:12 | אברם שרה בארעא דכנען ולט שרה בקרי משרה ופרס משכניה |
| 034 | ללוט | Gn13:05 | ולחוד ללוט דהוה אזל עם אברם הוה ען |
| 035 | | Gn19:05 | וקרון ללוט ואמרין ליה אן אנון גובריא |
| 036 | | Gn13:08 | ואמר אבר' ללוט לא כען יהוון דיינין ביני |
| 037 | | Gn18:01 | תניינה אשתלח למשיזבה ללוט מגו הפכתא ומלאכה תליתאה |
| 038 | | Gn19:12 | ואמרין גבריא ללוט מן כדון מה אית לך הכה |

## לוטן PN

| | | | |
|---|---|---|---|
| 001 | לוטן | Gn36:20 | חורניה דייריה דארעא לוטן ושובל וצבעון וענה: |

## לוי PN

| | | | |
|---|---|---|---|
| 001 | לווי | Nu 8:14 | בני ישראל ויהוון לשמי לווי: |
| 002 | ולי | Gn29:34 | בגין כדן קרא שמיה ול{ו}<י>: |
| 003 | לוי | Nu16:01 | בר יצהר בר קהת בר לוי {רת}<וד>תן ואבירם בנוי |
| 004 | | Ex28:17 | שבטין ראובן שמעון לוי: |
| 005 | | Ex39:10 | שבטין ראובן שמעון לוי: |
| 006 | | Dt31:09M | לכהניה בני \שבטה דלוי/לוי#2#/ דטענין ית ארון |
| 007 | | Nu26:59 | דאתתה דעמרם יוכבד ברת לוי די ילדת יתה ללוי במצרים |
| 008 | | Ex 1:02 | ראובן שמעון לוי ויהודה: |
| 009 | | Nu 3:18 | ואלין שמהת בני לוי לזרעייתהון לבני ושמעי: |
| 010 | דלווי | Ex38:21 | פמיה דמשה פלח<נ>יון דלווי על ידוי דאתמר בר אהרן |
| 011 | דלוי | Gn46:11 | ובנוי דלוי גרשון קהת ומררי: |
| 012 | | Gn49:03 | וכהונתא רבתא לשבטוי דלוי: |
| 013 | | Ex 2:01 | דלוי ונסב ית ברתא דלוי: |
| 014 | | Ex32:26 | לוותיה כל שבטי דלוי: |
| 015 | | Nu16:07 | אסגיתון לכון בנוי דלוי: |
| 016 | | Nu16:08 | <לקרח> שמעו כען בנוי דלוי: |
| 017 | | Nu17:18 | תכתב {ר}<ע>ל חוטרה דלוי ארום חטר לריש |
| 018 | | Dt21:05 | ויקרבון כהנייה בנוי דלוי ארום בהון אתרעי ייי |
| 019 | | Gn49:07 | יעקב ואסגי אחסנתיה דלוי בגו שבטה דבני ישראל: |
| 020 | | Dt33:08 | ולשבטה דלוי ברך משה נביא דייי ואמר |
| 021 | | Nu 3:17 | והוון אלין בנוי דלוי בשמהתהון גרשון וקהת |
| 022 | | Dt31:09 | יתה לכהניה בני שבטה דלוי דטענין ית ארון דקיימיה |
| 023 | | Nu18:21 | ולבנוי דלוי הא יהבית כל מעשר דישראל |
| 024 | | Nu17:23 | חוטרה דאהרן לביתה דלוי ואפק פרחין ואנץ נצין וגמר |
| 025 | | Ex 2:01 | ואזל גברא מביתה דלוי ונסב ית ברתא דלוי: |
| 026 | | Ex 2:01M | /גבר ליואי משבט' דלוי#2#/ ונסב ית ברתא דלוי |
| 027 | | Dt33:11 | חיילוות שבטה דבנוי דלוי וקרבן ידוי תקבל» ברעווה |
| 028 | | Nu 3:06 | אקרב ית שבטה דלוי ותקם יתיה קדם אהרן כהנה |
| 029 | | Dt18:01 | לליוויי כל בני שבטה דלוי חולק ואחסנה עם ישראל |
| 030 | | Dt10:09 | כדין לא הווה לשבטה דלוי חלק ואחסנה עם אחוי קרבנוי |
| 031 | | Ex32:28 | ועבדו בנוי דלוי כמלוי דמשה ונפל מן עמא |
| 032 | | Ex32:28M | דלוי /בני שבטה דלוי#2#/ כמלוי דמשה ונפל מן |
| 033 | | Nu 1:49 | לחוד ית שבטה דלוי לא תסכום וית ריש סכומיהון |
| 034 | | Dt33:09 | דאמיר על שבטה דלוי לאבוי ולאימיה לא נסב אפין |
| 035 | | Nu 3:15 | סכום ית בנוי דלוי לבית אבהתהון לזרעייתהון |
| 036 | | Nu 3:20 | אלין אינון זרעייתהון דלוי לבית אבהתהון: |
| 037 | | Nu 4:02 | דקהת מן גו דבנוי דלוי לזרעייתהון לבית אבהתהון: |
| 038 | | Nu26:57M | סכומי לוי/דלוי#2#/ לזרעייתהון לגרשון |
| 039 | | Ex 6:16 | ^הנ'#2#^ שמהת בנוי דלוי ליחוסיהון גרשום וקהת |
| 040 | | Ex 6:19 | זרעיותיהון דבנוי דלוי ליחוסיהון: |
| 041 | | Dt10:08 | ייי ית בנוי שבטה דלוי למסבול ית ארון קיימה דייי |
| 042 | | Ex 6:16 | ומררי ושנוי חייוי דלוי מאה ותלתין ושבע שנין: |
| 043 | | Nu16:10 | וית כל אחיכון בנוי דלוי עימך ואתון בעיין למיסב |
| 044 | | Nu18:02 | ואוף ית אחך שבטה דלוי שבטה דאבוך אקרב לוותך |
| 045 | דלווי | Nu26:58 | אלין זרעייתה דבנוי דלווי זרעייתה דבנוי דלבני |
| 046 | ולוי | Gn34:25 | בנוי דיעקב שמעון ולוי אחי דינה גבר חרביה ועלו |
| 047 | | Gn49:05 | <שמעון ולוי> אחין תלימין מרי זיינה |
| 048 | | Gn44:18 | עבדו תרין אחיי שמעון ולוי בכרכא דשכם דהוו בשלווה |
| 049 | | Gn44:18 | מן חילהון דשמעון ולוי בשבועתא אם אשלוף סייפי מן |
| 050 | | Gn44:18M | מן חיליהון דשמעון ולוי בשבועתא אם אשלוף סייפי |
| 051 | | Gn35:23 | דיעקב ראובן ושמעון ולוי ויהודה ויששכר וזבולון: |
| 052 | | Dt27:12 | ית ירדנא שמעון ולוי ויהודה ויששכר ויוסף |
| 053 | | Gn34:31 | בנוי דיעקב שמעון ולוי ואמרין ליעקב אבוהון לא |
| 054 | | Gn49:07 | יעקב אן שריין שמעון ולוי כחדא לית אומה ומלכה |

| | | | | | |
|---|---|---|---|---|---|
| 055 | | Gn49:07 | כד עלו לגוויה שמעון | ולוי | למחרבה יתה ברוגזיהון ארום |
| 056 | | Gn44:18M | לך מה דעבדו שמעון | ולוי | תרין אחיי בכרכה דשכם |
| 057 | | Gn44:18 | לך מה דעבדו שמעון | ולוי | תרין אחיי בכרכה דשכם |
| 058 | וללוי | Gn34:30 | ואמר יעקב לשמעון | וללוי | אבאשתון לי למיסבא שמי ביש |
| 059 | ללווי | Nu 8:20 | וכל כנשתה דבני ישראל | ללווי | כל מה די פקד ייי ית משה |
| 060 | ללוי | Nu26:59 | ברת לוי די ילדת יתה | ללוי | במצרים וילדת לעמרם ית |

## לחית GN

| | | | | | |
|---|---|---|---|---|---|
| 001 | לח' | Nu32:34M | ויית מכללתה ויית | לח#2#/: | |
| 002 | לחות | Nu21:28 | מן קרתא דסיחון שיצון | לחות | מואביי {{קטילו כומריה}} |
| 003 | לחית | Nu32:34 | דיבון ויית עטרות ויית | לחית: | |
| 004 | | Dt 2:18 | תחומיהון דמואביי ית | לחית: | |
| 005 | | Dt 2:36 | מן | לחית | די על נחל ארנונה וקרתה |
| 006 | | Dt 3:12 | ירתינן בשעתה ההיא מן | לחית | די על גיף נחל ארנונה |
| 007 | | Dt 2:09 | לבנוי דלוט יהבית ית | לחית | ירתו: |
| 008 | | Nu21:28M | שיצון \לחות מואביי | /לחית | מואבא#2#/ {{קטילו |
| 009 | | Nu21:28M | נפקו מן קרתה דס' | לחית | מואבאי |
| 010 | בלחית | Dt 2:29 | ומואביי דשריין | בלחית | עד זמן די נעבר ית ירדנה |
| 011 | ולחית | Nu21:15M | נחלייה מן אדמהון | ולחית | קרתה |
| 012 | | Nu21:15M | נסיה בנחלי ארנון | ולחית | קרתה |
| 013 | מלחית | Dt 4:48 | | מלחית | די על גיף נחיל ארנונה |

## למך PN

| | | | | | |
|---|---|---|---|---|---|
| 001 | למך | Gn 4:18 | ומתושאל אולד ית | למך: | |
| 002 | | Gn 5:25 | ותמנין שנין ואולד ית | למך: | |
| 003 | | Gn 4:23 | ואמר | למך | לתרתין נשוהי עדה וצלה |
| 004 | | Gn 5:28 | וחיה | למך | מאה ותמנין ותרתין שנין |
| 005 | | Gn 5:30 | וחיה | למך | מן בתר דאולד' ית נח חמש |
| 006 | | Gn 5:26 | מתושלח מן בתר דאולד ית | למך | שבע מא' ותמנין ותרתין שנין |
| 007 | | Gn 4:19 | ונסב ליה | למך | תרתין נשין שמה דחדה מינהון |
| 008 | דלמך | Gn 4:23 | וצלה שמעו בקלי נשוהי | דלמך | א{נ}<צ>יתן למימריה דפומי |
| 009 | | Gn 5:31 | והוון כל יומי | דלמך | שבע מאה ושבעין ושבע שנין |
| 010 | ולמך | Gn 4:24 | שבעה דרין איתלי לי | ולמך | בר ברה די לא קטל בדינא |

## מבצר PN

| | | | | | |
|---|---|---|---|---|---|
| 001 | מבצר | Gn36:42 | רבה קנז רבה תימן רבה | מבצר: | |

## מבשם PN

| | | | | | |
|---|---|---|---|---|---|
| 001 | ומבשם | Gn25:13 | וקדר ואדבאל | ומבשם: | |

## מגדול GN

| | | | | | |
|---|---|---|---|---|---|
| 001 | מגדול | Nu33:07 | צפון ושרון קדם | מגדול: | |
| 002 | | Ex14:02 | קדם פונדקי חירתה בין | מגדול | ובין ימא קדם טעותה צפון |

## מגדיאל PN

| | | | | | |
|---|---|---|---|---|---|
| 001 | מגדיאל | Gn36:43 | רבה | מגדיאל | רבה עירם אלין |

## מגוג PN

| | | | | | |
|---|---|---|---|---|---|
| 001 | ומגוג | Nu24:20 | ובעקבה ביומי דגוג | ומגוג | אינון עתידין מסדרה |
| 002 | | Gn10:02 | בנוי דיפת גמר | ומגוג | ומדי ויון ותובל ומשך |
| 003 | | Nu11:26 | בסוף עקב יומיא גוג | ומגוג | סלקין לירושלם ובידוי |

## מדד PN

| | | | | | |
|---|---|---|---|---|---|
| 001 | ומדד | Nu11:26 | מן משריתה עד אלדד | ומדד | מתנבאין במשריתה: |
| 002 | | Nu11:27 | ותני למשה ואמר אלדד | ומדד | מתנבאין במשריתה: |

## מדי GN

| | | | | | |
|---|---|---|---|---|---|
| 001 | מדי | Gn15:12 | היא בבל "חשכה" דא היא | מדי | "גדולה" דא היא יון נפלת |
| 002 | מידי | Gn15:12M | היא בבל קיבלא דא היא | מידי | סגיא{ת}<ה> דא היא ייוון |
| 003 | ומדי | Gn10:02 | בנוי דיפת גמר ומגוג | ומדי | ויון ותובל ומשך ותירס |
| 004 | | Gn10:02 | אפריקי וגרמניה | ומדי | ומקדוניא וביתניא |

## מדין GN/PN

| | | | | | |
|---|---|---|---|---|---|
| 001 | מדיין | Nu31:07 | ואזדיינו על | מדיין | היך מה די פקד ייי ית משה |
| 002 | מדין | Gn25:02 | ויית יקשן ויית מדן ויית | מדין | ויית ישבק ויית שוח: |
| 003 | | Nu31:03 | לחיל קרבה ויהוון על | מדין | למשויא נקמתה דייי במדין: |
| 004 | במדין | Nu31:03 | למשויא נקמתה דייי | במדין: | |
| 005 | | Ex 4:19 | ואמר ייי למשה | במדין | אזל חזור למצרים ארום |
| 006 | | Nu25:15 | ריש אומין לבית אבה | במדין | הוא: |
| 007 | | Ex10:29M | די הווינא יהיב | במדין | לא מן סוף דהוה לך רחמין |
| 008 | | Ex10:29 | הווינא עד דאנא יתיב | במדין | למימר ארום מיתו כל גברייא |
| 009 | דמדין | Nu25:18 | ועל עסק כזבי ברת רבה | דמדין | אחתהון מה די אתקטלת ביום |
| 010 | | Ex 2:15 | פרעה ושרה בארעא | דמדין | ויתב לה על בארה: |
| 011 | | Ex18:01 | ושמע יתרו רבה | דמדין | חמוי דמשה ית כל מה דעבד |
| 012 | | Gn25:04 | ובנוי | דמדין | עיפה ועפר וחנוך |
| 013 | | Ex 2:16 | ולרבה | דמדין | שבע בנן ואתין ודלין |

## מדן PN

| | | | | | |
|---|---|---|---|---|---|
| 001 | מדן | Gn25:02 | ית זמרן ויית יקשן ויית | מדן | ויית מדין ויית ישבק ויית |

## מהיטבאל PN

| | | | | | |
|---|---|---|---|---|---|
| 001 | מהיטבאל | Gn36:39 | דקרתא פעו ושמה דאתתה | מהיטבאל | ברתיה דגברא סרד«א» |

## מהללאל PN

| | | | | | |
|---|---|---|---|---|---|
| 001 | מהללאל | Gn 5:12 | שבעין שנין ואולד ית | מהללאל: | |
| 002 | | Gn 5:16 | וחיה | מהללאל | מן בתר דאולד ית ירד |
| 003 | | Gn 5:15 | וחיה | מהללאל | שתין וחמ' שנין ואולד ית |
| 004 | | Gn 5:13 | קינן מן בתר דאולד ית | מהללאל | תמני מאה וארבעין שנין |
| 005 | דמהללאל | Gn 5:17 | והוון כל יומי חיוי | דמהללאל | תמני מאה ותשעין וחמש |

## מואב GN/PN

| | | | | | |
|---|---|---|---|---|---|
| 001 | מואב | Gn19:37 | וילידת רבתא בר וקרת שמה | מואב | הוא אבי אבוהון דמואביה |
| 002 | | Nu23:17M | עלתה ורברבני | מואביי/<מו>אב#2#/ | עימיה ואמר ליה |
| 003 | מואביי | Dt 2:09 | אמר משה לא תעיקון ית | מואביי | ולא תסדרון לקבליהון סדרי |
| 004 | מואב | Nu22:08M | ושרון רברבני | מואביי/מואב#2#/ | עם בלעם: |
| 005 | | Ex15:15M | "מואביי ... דארעא" | מואב | רתית אחזת יתהון אמסון |
| 006 | דמואב | Dt32:49 | הדין הר נבו די בארע' | דמואב | די כל קבל יריחו וחמי ית |
| 007 | | Dt34:01 | וסלק משה מן משרה | דמואב | לטורה דנבו ראש רמתה דאית |
| 008 | דמואב | Nu33:49 | אבל שיטין במישריה | דמואב: | |
| 009 | | Dt 2:08 | ועברינן ארח מדברה | דמואב: | |
| 010 | | Dt 1:01 | בני ישראל ובמישריה | דמואב | אתפרשת לכון כמה ניסין עבד |
| 011 | | Nu22:01 | ישראל ושרון במישרה | דמואב | במעבר ליר{ח}<דנ>א |
| 012 | | Dt28:69 | עם בני ישראל בארעה | דמואב | בר מן קיימה די קיים עמהון |
| 013 | | Nu22:36M | לקרתא | דמואב | דאית כל וקביל ארנונה |

014 Nu26:63M בני ישראל במישריה דמואב דסמיך לירדנא דיריחו:
015 Nu26:03 כהנא יתהון במשריה דמואב סמיך לירדנא דיריחו
016 Nu31:12 בזתא למשריתא במישריה דמואב סמיך לירדנא דיריחו:
017 Nu33:48 עברייה ושרון במישריה דמואב סמיך לירדנא דיריחו:
018 Nu33:50 ייי עם משה במישריה דמואב סמיך לירדנה דיריחו
019 Nu35:01 ייי עם משה במישריה דמואב סמיך לירדנה דיריחו
020 Nu36:13 על בני ישראל במישריה דמואב סמיך לירדנה דיריחו:
021 Nu22:08M לוותי ויתבו רברבני דמואב עם
022 Dt34:08 ישראל ית משה במישרה דמואב תלתין יומין ואשלימו יומי

## מורייטינוס PN

001 דמורייטינוס Gn10:07M וזינגאי ובנוי דמורייטינוס זמרגד ומזג

## מוסיא GN

001 ומוסיא Gn10:02 ומקדוניא וביתניא ומוס«י»א ותרקא:
002 ומוסייא Gn10:02M ומקדוניאה ויטינייא ומוסייא ותרקי

## מוסרה GN

001 למוסרה Dt10:06 נטלו מן בירייה דיעקן למוסרה תמן אתכנש אהרן ואתקבר

## מוסרות GN

001 במוסרות Nu33:30 ונטלו מחשמונה ושרון במוסרות:

## מוריה GN

001 מוריה Gn22:02 יצחק ואזל לך לארע טור מוריה וקרב יתה תמן לעלה על חד

## מושי PN

001 דמר' Nu 3:33M וזרעייתה \דבנוי דמושי/דמר'#2# אלין אינון זרעייתה
002 דמושי Nu 3:33 דמחלי וזרעייתה דבנוי דמושי אלין אינון זרעייתה דבנוי
003 Nu26:58 דמחלי זרעייתה דבנוי דמושי זרעייתה דבנוי דקרחי
004 ומושי Ex 6:19 ובנוי דמררי מחלי ומושי אלין אינון זרעיותיהון
005 Nu 3:20 לזרעייתהון מחלי ומושי אלין אינון זרעייתהון

## מותניין GN

001 במותניין Dt 4:43M דגדי וית גולן במותניין מן שבטא דבנוי דמנשה

## מזג PN

001 ומזג Gn10:07M דמורייטינוס זמרגד ומזג

## מזה PN

001 מזה Gn36:17 רבה זרח רבה שמה רבה מזה אלין רברבנוי דרעואל

## מזיי GN

001 מזיי Nu34:15M נפק לרפיח ולשוק מזיי עד מטי
002 מזיי Nu34:15 דייי נפק לרפיון ולשוק מזיי ולמערת עין גדי עד מטי

## מחויאל PN

001 מחויאל Gn 4:18 עירד ועירד אוליד ית מחויאל ומחויאל אוליד ית מתושאל
002 ומחויאל Gn 4:18 אוליד ית מחויאל ומחויאל אוליד ית מתושאל ומתושאל

## מחלה PN

001 מחלה Nu27:01 יוסף ואלין שמהת בנתיה מחלה נעה חגלה מלכה ותרצה:
002 Nu36:11 <והוויין> מחלה תרצה וחגלה ומלכה ונעה
003 Nu26:33 בנן ושום בנתיה דצלפחד מחלה ונעה חגלה מלכה ותרצה:

## מחלי PN

001 מחלי Ex 6:19 ובנוי דמררי מחלי ומושי אלין אינון
002 Nu 3:20 ובנוי דמררי לזרעייתהון מחלי ומושי אלין אינון
003 דמחלי Nu 3:33 למררי זרעייתה דבנוי דמחלי וזרעייתה דבנוי דמושי
004 Nu 3:33M זרעייתה \דבנוי דמחלי/דמחלי'#2#/ וזרעייתה דבנוי
005 Nu26:58 זרעייתה דבנוי דמחלי זרעייתה דבנוי דמושי

## מחלת PN

001 מחלת Gn28:09 לוות ישמעל ונסב ית מחל«ת» ברת ישמעאל בריה

## מחנים GN

001 מחנים Gn32:03 קרא שמיה דאתרא ההוא מחנים:

## מידבא GN

001 למידבא Nu21:30 דנפחיה דסמיך למי{ת}«ד»בא:

## מידד PN

001 מידד Nu11:26 לחד אלדד ושמה דתניינה מידד ושרת עליהון רוח קודשה
002 ומידד Nu11:26 ויהוי לישראל לתקלה ומידד הוה מתנבא ואמר הא משה
003 Nu11:26M תקלה לבני ישראל ומידד הוה מתנבי ואמר עתיד משה
004 Nu11:26M משריתה עד אלדד ומידד מתנביין במשריתה

## מיזה PN

001 ומיזה Gn36:13 נחת וזרח שמה ומיזה <....>:

## מיכאל PN

001 מיכאל Nu13:13 דבנוי דאשר סתור בר מיכאל:
002 למיכאל Gn38:25 ייי קל צלותה ואמר למיכאל חות הב יתהון לה תלתא

## מישא GN

001 מישא Gn10:30 והוה משרוייהו' מן מישא מעלך לספריא טורי מדנחה:

## מישאל PN

001 מישאל Ex 6:22 ובנוי דעזיאל מישאל ואלצפן וסתרי:
002 Gn38:25 בבקעת דורא חנניה מישאל ועזריה כד נחתין בנורא
003 למישאל Lv10:04 וקרא משה למישאל ולאלצפן בנויהי דעזיאל

## מכבר GN

001 מכבר Nu32:03 «עטרות ודיבון» מכבר ובית נמרין וחשבון
002 Nu32:01 לחדה וחמון ית ארע מ<כ>ב{כ}ר וית ארע גלעד והא אתרה

## מכוור GN

001 מכוור Nu32:35M /מכללתה דשופן וית מכוור ויג'#2#/:
002 Nu21:32M משה למייללה ית יעזר/מכוור#2#/ וכבשו/וכבושו#2#/

## מכי PN

|  |  |  |  |  |  |
|---|---|---|---|---|---|
| 001 | מכי | Nu13:15 | דג{ת}<ד> גאואל בר | מכי: | |

## מכיר PN/GN

|  |  |  |  |  |  |
|---|---|---|---|---|---|
| 001 | מכיר | Nu27:01 | בר חפר בר גלעד בר | מכיר | בר מנשה לזרעיית מנשה בר |
| 002 | | Nu36:01 | לזרעיית בנוי דגלעד בר | מכיר | בר מנשה מ«ן» זרעיית |
| 003 | דמכיר | Gn50:23 | דר תליתאי אף בנוי | דמכיר | בר מנשה אתיילדו על ברכוי |
| 004 | | Nu32:39 | ואזלו בנוי | דמכיר | בר מנשה לגלעדה וכבשו |
| 005 | | Nu32:01M | שפר לבית מרעי/ארעא | דמכיר | וית ארעא דגלעדה וה(ו)א |
| 006 | דמכיר' | Nu26:29 | זרעייתה דבנוי | דמכיר' | ומכיר אולד ית גלעד |
| 007 | ומכיר | Nu26:29 | דבנוי דמכיר' | ומכיר | אולד ית גלעד לגלעד |
| 008 | ולמכיר | Dt 3:15 | | ולמכיר | יהבית ית גלעדה: |
| 009 | למכיר | Nu32:40 | ויהב משה ית גלעד | למכיר | בר מנשה ושרה בגווה: |
| 010 | | Nu26:29 | בנוי דמנשה | למכיר | זרעייתה דבנוי דמכיר' |

## מלחה PN

|  |  |  |  |  |  |
|---|---|---|---|---|---|
| 001 | דמילחה | Dt 3:17 | ועד ימא דמישרה ימא | דמ«י»לחה | שפוע בית רמתה מין |

## מלכא צדק PN

|  |  |  |  |  |  |
|---|---|---|---|---|---|
| 001 | ומלכא צדק | Gn14:18 | | ומלכא צדק | מלכא דירושלם הוא שם |

## מלכה PN

|  |  |  |  |  |  |
|---|---|---|---|---|---|
| 001 | מלכא | Gn22:20 | לאברהם למימר הא ילדת | מלכא | אף היא בנין לנחור אחוך: |
| 002 | מלכה | Gn24:15 | די אתיילדת לבתואל בת | מלכה | אתתא דנחור אחוי דאברהם |
| 003 | | Gn11:29 | נשין שמה דאתתיה דנחור | מלכה | ברת הרן אבוי דמלכה |
| 004 | | Gn24:24 | לה ברת בתואל אנה בר | מלכה | די ילדת לנחור: |
| 005 | | Nu26:33 | מחלה ונעה חגלה | מלכה | ותרצה: |
| 006 | | Nu27:01 | בנתיה מחלה נעה חגלה | מלכה | ותרצה: |
| 007 | | Gn24:47 | בר נחור די ילדת לה | מלכה | ושוית קדשה על בית אפיה |
| 008 | | Gn22:23 | תמניא אלין ילד«ת» | מלכה | לנחור אחוי דאברהם: |
| 009 | דמלכה | Gn11:29 | מלכה ברת הרן אבוי | דמלכה | ואבוי דיסכה: |
| 010 | ומלכה | Nu36:11 | מחלה תרצה וחגלה | ומלכה | ונעה בנתיה דצלפחד לבנוי |

## מלכיאל PN

|  |  |  |  |  |  |
|---|---|---|---|---|---|
| 001 | דמלכיאלי | Nu26:45 | זרעייתה דבנוי | דמלכיאלי: | |
| 002 | ומלכיאל | Gn46:17 | ובנוי דבריעה חבר | ומלכיאל: | |
| 003 | למלכיאל | Nu26:45 | זרעייתה דבנוי דחבר | למלכיאל | זרעייתה דבנוי דמלכיאלי: |

## ממרא PN/GN

|  |  |  |  |  |  |
|---|---|---|---|---|---|
| 001 | ממ' | Gn23:17M | מימרא/דאית כלוקבל | ממ'#2#/ | חקלא ומערתא דביה וכל |
| 002 | ממרא | Gn49:30 | די בחקל כפלא די כל קבל | ממרא | דכנען די זבן אברהם ית |
| 003 | מימרא | Gn25:09 | צחר חתיה די כל קובל | מימרא: | |
| 004 | | Gn23:19 | חקל כפילא די כל קובל | מימרא | היא חברון בארעא דכנען: |
| 005 | | Gn23:17 | די בכפילה די קדם | מימרא | חקלא ומערתא דביה וכל |
| 006 | ממרא | Gn50:13 | עפרון חתייה קדם | ממרא: | |
| 007 | | Gn35:27 | יעקב לוות יצחק אבוי | ממרא | קרתהון דגיבריא היא חברון |
| 008 | ממריה | Gn50:13M | /דאית כלוקביל | ממריה#2#/: | |
| 009 | דממר' | Gn14:13 | והוא שרי במשרי חזוה | דממר' | אמורי«ה» אחוי דאשכל |
| 010 | וממרא | Gn14:24 | אזלו עמי ענר ושכל | וממרא | אנון יסבון חלקי«הון»: |

## מנוח PN

|  |  |  |  |  |  |
|---|---|---|---|---|---|
| 001 | מנוח | Gn49:17 | לאחורי הוא שמשון בר | מנוח | דאמתיה על בעלי דבבו«י» |
| 002 | | Gn49:18M | יואש וית שמשון בר | מנוח | לא אנה מסכי דפורקניה |
| 003 | | Gn49:18 | ולא לפורקניה דשמשן בר | מנוח | סכיית נפשי דהוא פורקן |

## מנשה PN

|  |  |  |  |  |  |
|---|---|---|---|---|---|
| 001 | מנ' | Nu32:33M | \שבטה דמנשה/<שב>ט | מנ'#2#/ | בר יוסף ית מלכותא |
| 002 | מנשה | Nu32:41 | ויאיר בר | מנשה | אזל וכבש ית כפרניהון וקרא |
| 003 | | Gn41:51 | יוסף ית שמה דבכורה | מנשה | ארום נשי יתיה ייי ית כל |
| 004 | | Gn50:23 | אף בנוי דמכיר בר | מנשה | אתיילדו על ברכוי דיוסף: |
| 005 | | Nu27:01 | מכיר בר מנשה לזרעיית | מנשה | בר יוסף ואלין שמהת בנתיה |
| 006 | | Gn48:13 | מן שמאלה דישראל וית | מנשה | בשמאליה מן ימיניה דישראל |
| 007 | | Gn48:14 | שלחף ית ידו«י» ארום | מנשה | הוה בכורה: |
| 008 | | Gn49:22 | יקום מנך תרין שבטין | מנש«ה» | ואפרים ויקבלון חולק |
| 009 | | Nu26:28 | בנוי דיוסף לזרעייתהון | מנשה | ואפרים: |
| 010 | | Gn46:20 | פוטיפרע רבה דאון ית | מנשה | וית אפרים: |
| 011 | | Gn48:01 | ית תרין בנוהי עמיה ית | מנשה | וית אפרים: |
| 012 | | Nu32:40 | ית גלעד למכיר בר | מנשה | ושרה בגווה: |
| 013 | | Nu32:39 | ואזלו בנוי דמכיר בר | מנשה | לגלעדה וכבשו יתה וישיצון |
| 014 | | Nu27:01 | בר גלעד בר מכיר בר | מנשה | לזרעיית מנשה בר יוסף |
| 015 | | Nu36:01 | דגלעד בר מכיר בר | מנשה | מ«ן» זרעיית בנוי דיוסף |
| 016 | | Dt 3:14 | יאיר בר | מנשה | נסב ית כל תחום תרכונה עד |
| 017 | | Gn42:23 | היך תרגומן הוה <....> | מנשה | קיים ביניהו«ן»: |
| 018 | מנשי | Dt29:07 | ולפלגות שבטה דבית | מנשי: | |
| 019 | דמ' | Nu34:23M | דהוא שבטה דבנוי | דמ' | |
| 020 | דמנש' | Nu13:11 | מן שבטה דבנוי דיוסף | דמנש' | גדי בר סוסי: |
| 021 | דמנשה | Nu 1:10 | עמיהוד מן שבטה דבנוי | דמנשה | גמליאל בר פדה צור: |
| 022 | | Nu 2:20 | ממני על משרית שבטה | דמנשה | גמליאל בר פדה צור: |
| 023 | | Nu 7:54 | קרבן רב שבטה דבנוי | דמנשה | גמליאל בר פדה צור: |
| 024 | | Nu 7:59 | גרמיה רב שבטה דבנוי | דמנשה | גמליאל בר פדה צור: |
| 025 | | Nu10:23 | ועל חילוות שבטה דבנוי | דמנשה | גמליאל בר פדה צור: |
| 026 | | Gn48:17 | רישה דאפרים על רישא | דמנשה: | |
| 027 | | Gn48:20 | ושוי ית ברכתיה | דמנשה: | |
| 028 | | Nu13:11M | מן שבטה דבנוי | דמנשה#2#/: | |
| 029 | | Dt 4:43M | מן שבטא דבנוי | דמנשה | |
| 030 | | Dt 4:43 | בבותנין לשבטה דבנוי | דמנשה: | |
| 031 | | Dt29:07M | מנשי/שבט בנוי | דמנשה#2#/: | |
| 032 | | Dt33:17 | דהוא מן שבטה דבנוי | דמנשה: | |
| 033 | | Nu32:33 | דראובן ולפלגות שבטה | דמנשה | בר יוסף ית מלכותא |
| 034 | | Nu36:12 | מן זרעיית בנוי | דמנשה | בר יוסף הוון לנשים והוות |
| 035 | | Nu 2:20 | ודסמיכין עלוי שבטה | דמנשה | ורבה דהוה ממני על משרית |
| 036 | | Nu 1:34 | לבנוי | דמנשה | יחוסיהון לזרעייתהון |
| 037 | | Dt 3:13 | יהבית לפלגות שבטה | דמנשה | כל תחום תרכונה לכל |
| 038 | | Nu26:29 | בנוי | דמנשה | למכיר זרעייתה דבנוי |
| 039 | | Nu26:34 | אלין זרעייתה דבנוי | דמנשה | סכומיהון חמשין ותרין |
| 040 | | Nu34:14 | ופלגות שבטה | דמנשה | קבלו אחסנתהון: |
| 041 | | Nu34:15 | שבטייה ופלגות שבטה | דמנשה | קבלו אחסנתהון מן עבר |
| 042 | | Nu34:23 | דיוסף מן שבטה דבנוי | דמנשה | רבה חניאל בן אפוד: |
| 043 | | Gn48:14 | וית שמאליה על רישיה | דמנשה | שלחף ית ידו«י» ארום |
| 044 | | Nu 1:35 | סכומיהון דשבטה דבנוי | דמנשה | תלתין ותרין אלפין ותרין |
| 045 | ומנשה | Dt34:02 | וית ארעא דאפרים | ומנשה | וית כל ארעא דיהודה ועד |
| 046 | | Gn48:05 | לשמי אינון אפרים | ומנשה | כראובן ושמעון יהוון |
| 047 | וכמנשה | Gn48:20 | ישוי יתך ייי כאפרים | וכמנשה | ושוי ית ברכתיה דמנשה: |
| 048 | למנשה | Nu 1:10M | דמנשה גמליאל | /למנשה | גמ'#2#/ בר פדה צור: |

049 Gn44:19M דסלקית <...> רמז למנשה
050 Gn44:19 דיהודה ורמז יוסף למנשה ברה וטפח ברגליה על פלטין

## מסיי PN

001 מסיי Nu34:04 אדרייה ויעבר בתחום שוק מסיי בקסם:

## מסרות GN

001 ממסרות Nu33:31 ונטלו ממסרות ושרון בבני יעקן:

## מעכה PN

001 מעכה Gn22:24 וית {גחם} <תחש> וית מעכה:

## מפים PN

001 מפים Gn46:21 גרא ונעמן אחי וראש מפים וחפים וארד:

## מצרים GN

001 מצרי' Dt 4:46 באפקותהון פריקין מן מצרי':
002 Gn40:18M הוא פרעה מלכא מצרי' גזר גזירין בישין
003 מצריים Gn47:30 אבהתי ותסב יתי מן מצריים ותקבר יתי בקבורותיהון
004 מצרים Gn42:03 עשרה למז{ד} בן עבור מן מצרים:
005 Ex 3:10 בני ישראל לפרוקין מן מצרים:
006 Ex 3:11 בני ישראל פרוקין מן מצרים:
007 Ex10:07 ארום מישתייציא היא מצרים:
008 Ex11:04 ממ{ת}<ר>י מתגלי בגו מצרים:
009 Ex12:30M לא הוה ביה מית <מן> מצרים
010 Ex13:08 באפקותן פריקין מן מצרים:
011 Ex13:09 יתכון ייי פריקין מן מצרים:
012 Ex13:16 אפק יתן ייי פריקין מן מצרים:
013 Ex14:11 לנא למפקה יתן מן מצרים:
014 Ex18:01 ית ישראל פריקין מן מצרים:
015 Ex34:18 נפקתון פריקין מן מצרים:
016 Nu11:20M <את אפקת> יתן מן מצרים#2#/:
017 Nu13:22 שנין אתבנית קדם טניס מצרים:
018 Dt 4:37 בתוקפיה בחיילה רבה מן מצרים:
019 Dt 4:45 באפקותהון פריקין מן מצרים:
020 Dt16:06 אפקותהון פריקין מן מצרים:
021 Dt24:09 אפקותכון פריקין מן מצרים:
022 Dt25:17 אפקותכון פריקין מן מצרים:
023 Gn46:03 דאבוך לא תדחל מיחות מצרים ארום לאומה רבה אישוי יתך
024 Ex32:11M דמצרים בחיל«ך» /מן מצרים בחיילך#2#/ רבה ובאדרעך
025 Dt 6:21 ואפק יתן פריקין מן מצרים ביד תקיפה:
026 Dt 9:26 פרקת בתוקפך די אפקת מן מצרים ביד תקיפה:
027 Dt26:08 ואפק יתן ייי פריקין מן מצרים בידה תקיפה ובאדרע מנטלה
028 Gn50:11 בגין כן קרא שמה אבל מצרים די בעבר ירדנה:
029 Ex 1:08 וקם מלך חדת על מצרים די לא ^הוה#2#^ חכם ית
030 Ex12:30M "בית ... מיתין": בייתי מן מצרים די לא הוה ביה מית <מן>
031 Ex 6:27 למפקה ית בני ישראל מן מצרים הוא משה ואהרן:
032 Ex 7:05 ית מחת פורענתי על מצרים ואפקת ית בני ישראל
033 Ex11:07M די יפרש ייי בין מצרי'/מצרים#2# ובין ישראל:
034 Dt23:05 אפקותכון פריקין מן מצרים ודי אגרו עליכון ית בלעם
035 Nu20:16 וש«י»ז{{ו}}ב יתן מן מצרים והא אנן ברקם קרתה דבסיפי
036 Nu22:05 הא עם סגין נפקו מן מצרים והא כסון ית חזווה דארעא
037 Ex12:27 במצרים בקטלותה ית מצרים וית בתינן שזיב ועקדו עמא
038 Nu22:11 הא עם סגין נפקו מן מצרים וכסון ית חזווה דארעא
039 Ex12:39 חמע ארום אטרדו מן מצרים ולא יכלו למסוברא ואף
040 Dt 7:18M /לפ'#2#/ \ומן מצרי'/מצרים#2#^/ \ולכל מצ'#2#/
041 Gn47:21M טלטילינון מן סוף תחום מצרים ועד סופיה וית עמא דהוון
042 Nu14:19 סובלת לעמא האליין מן מצרים ועד כדון:
043 Ex14:23 ורדפו מצרים ועלו בתריהון כל סוסוות
044 Ex12:39 חמיעה דדהון דאפיקו מן מצרים חוררן דפטירין קדם עד לא
045 Gn45:09M ייי לריבון לכל מצרא'/מצרים#2#/ חות לוותי ולא
046 Dt 4:20 מן כורה דפרזלה מן מצרים למהווי לשמה דייי לעם
047 Ex32:12 למה כען יימרון מצרים למימר לבשתהון אפק
048 Nu20:05 ולמה כען אסקתון יתן מן מצרים למיעל יתן לאתרה בישה הדין
049 Nu21:05 למה כען אסקתון יתן מן מצרים למקטלה יתן במדברא ארום
050 Dt11:03 משבחתה די עבד בגו מצרים לפרעה מלכא דמצרים ולכל
051 Ex13:14M \מן בית שעבודא /מצרים\ מן בית שעבודי#2#/:
052 Nu32:11 יחמון גבריה די סלקו מן מצרים מן בר עשרין שנין ולעיל ית
053 Gn25:18 עד הלוצה די כל קבל מצרים מעלך לאתור וקדם כל אחוי
054 Dt 9:12 די אפקת פריקין מן מצרים סטון בפריע מן ארחה דפקדית
055 Dt16:01M בלליא ועבד לכון נסין /מצרים/ עבד לכון ניסין בליליה
056 Ex14:26 על ימא ויחזרון מיא על מצרים על ארתכיהון ועל פרשיהון:
057 Ex23:15M "ממצרים ... ריקם": מן מצרים עמי בני ישראל לית אתון
058 Nu24:08 די אפק יתהון פריקין מן מצרים תקפה ותושבחתה
059 Nu21:06M אפקית עמי פריקין מן מצרים#2#/ ואחתת/את#2#/ להון מנא
060 מצרימה Gn46:06 בארעא דכנען ואתון מצרימה יעקב וכל בנוי עמיה:
061 Gn37:28 דכסף ואובילו ית יוסף מצרימה:
062 Gn45:04 אחוכון די זבנתון יתי מצרימה:
063 Gn46:07 וכל זרעיה אחתו עמיה מצרימה:
064 Gn50:14 וחזר יוסף מצרימה הוא ואחוי וכל מן דסלק
065 Gn12:11M למיער' למצרים/<מצר>ימה#2#/ ואמר לשרי אתתה
066 Gn46:04 אנה אחות עמך מצרימה ואנה בממרי אסיק יתך לחוד
067 Gn12:14 והוה כד על אברם מצרימה וחמון מצריה ית אתתיה
068 Nu20:15 ונחתו אבהתן מצרימה ושרינן במצרים יומין
069 Gn48:05 עד מייתיי לוותיך מצרימה לשמי אינון אפרים ומנשה
070 Gn46:26 נפשתא די עלו עם יעקב מצרימה נפקי חלציה בר מנשוי
071 Gn46:27 דיעק«ב» די עלו מצרימה שבעין:
072 Gn26:02 ייי ואמר לא תיחות מצרימה שרי בארעא די אמר לך:
073 במצ' Ex 3:07M דעמי דבמצרים/דאית במצ'#2#/ וית קבלתהון
074 במצרי' Ex14:31M בה מימרי' דייי נסין במצרי' והימינו
075 Gn45:13 לאבא ית כל אקרי במצרי' וית כל מה דחמיתון ותוחון
076 במצרים Gn41:53 שני שבענא די הוין במצרים:
077 Gn47:29 וטבו לא כען תקבר יתי במצרים:
078 Gn50:26 ושוון יתיה בארונא במצרים:
079 Ex 1:05 נפשן ויוסף דהווה במצרים:
080 Ex 3:16M עבדו מתעבד לכון במצרים#2#/:
081 Ex12:40 בני ישראל די שרון במצרים ארבע מאה ותלתין שנין:
082 Ex12:30 והות צווו{ת}חת רבה במצרים ארום לא הוה תמן בית די
083 Dt 6:22 רברבין ובישין במצרים בפרעה ובכל אנשי בייתיה
084 Ex12:27 בתיהון דבני ישראל במצרים בקטלותה ית מצרים וית
085 Ex14:11 דלית קברין במצרים דברת יתן למקטלה יתן
086 Gn50:22 ושרא יוסף במצרים הוא ואנשי בייתיה דאבוי
087 Ex 4:18 ואחזור לוות אחי די במצרים ואחמי העד כען אינון
088 Gn42:01 ארום אית עיבור מזדבן במצרים ואמר יעקב לבנוי למה כען
089 Ex 7:04 ית מחית פורענתי במצרים ואפק ית חיילותי ית עמי
090 Ex 7:05M פורענתי \על מצרים/במצרים#2#/ ואפקת ית בני

|  |  |  |  |
|---|---|---|---|
| 091 | | Nu14:22 | פר«י»שתי די עבדית במצרים ובמדברה ונסון יתה דנה |
| 092 | | Ex14:31 | תקיפתא די עבד ייי במצרים ודחילו עמא מן קדם ייי |
| 093 | | Ex14:25 | עד אינון יהיבין} במצרים והו' עתיד למעבד להון |
| 094 | | Ex14:25 | עד אינון יהיבין במצרים והוא עתיד למעבד להון |
| 095 | | Nu12:12 | כד הוינא משתעבדין במצרים וחזרין ומטרפין במדבר' |
| 096 | | Nu26:59 | די ילדת יתה ללוי במצרים וילדת לעמרם ית אהרן |
| 097 | | Nu11:18 | בשר ארום טב הוה לן במצרים ויתן ייי לכון בשר |
| 098 | | Dt10:22 | נפשן נחתון אבהתכון במצרים וכדון שווי יתכון ייי |
| 099 | | Gn41:36 | שני כפנא די יהוויין במצרים ולא תשתיצי ארעא בכפנא: |
| 100 | | Dt 4:34 | עבד לכון ייי אלהכון במצרים ועייניכון חמיין: |
| 101 | | Dt 1:30 | מה די עבד ייי עמכון במצרים ועיניכון חמיין: |
| 102 | | Dt 6:21 | משעבדין הוינן לפרעה במצרים ופרק ואפק יתן פריקין מן |
| 103 | | Dt24:18 | משעבדין הוויתון במצרים ופרק יתכון ^ייי אלהכון |
| 104 | | Gn42:02 | ארו«ם» עיבור מזדבן במצרים חותו לתמן וזבונן לן מתמן |
| 105 | | Nu20:15 | אבהתן מצרימה ושרינן במצרים יומין סגין ואבאשו לן |
| 106 | | Ex14:12 | דן פתגמא דמללנן עמך במצרים למימר ארפי מינן ונפלח |
| 107 | | Ex 9:18 | לחדא די לא הוי כוותה במצרים למן יומא דאזדמנת ועד |
| 108 | | Nu11:05 | נוניה דהוינן אכלין במצרים מגן ית קישואיה וית |
| 109 | | Ex14:03M | ואבירם דמשתיירין במצרים על עסק בני ישרא' |
| 110 | | Gn46:27 | דיוסף די אתיילדו לה במצרים תרתין נפשן כל נפשתא |
| 111 | במצרימה | Nu20:15M | ושרינן במצרים/במצרימה#2/ יומין סגין ואבאשו |
| 112 | דמיצרים | Lv25:55 | יתהון פריקין מן ארעא דמיצרים אנה ייי אלהכון: |
| 113 | דמצ' | Nu13:22M | יתבני טנוס דמצ#2/: |
| 114 | דמצרי' | Gn44:18M | די נעבד כל ארעיה דמצרי' |
| 115 | דמצרי' | Gn41:46 | פרעה ועבר בכל ארעא דמצרי': |
| 116 | | Gn41:48 | שנייה דיהוון בארעא דמצרי' ושוי מזון בקרויא מזון |
| 117 | | Lv25:42 | פריקין מן ארעא דמצרי' לא יזדבנון כנימוסי |
| 118 | דמצריי' | Ex12:41 | דייי פריקין מן ארעא דמצריי': |
| 119 | דמצריים | Ex14:07M | רתכיהון דמצריים וגברין ממניין |
| 120 | | Gn47:20M | דמצראי /ארעא דמצריים#2/ לפרעה ארום זבנו מצראי |
| 121 | | Gn47:21M | "סיפא": סיפא תחום' דמצריים עד תחומא סיפא מן בגלל |
| 122 | דמצרים | Gn21:21 | אימיה איתה מן ארעא דמצרים: |
| 123 | | Gn41:29 | שבע תקף בכל ארעא דמצרים: |
| 124 | | Gn41:33 | וישוי יתיה על ארעא דמצרים: |
| 125 | | Gn41:41 | רב ושליט על כל ארעא דמצרים: |
| 126 | | Gn41:43 | רב ושליט על כל ארעא דמצרים: |
| 127 | | Gn41:44 | למרכב סוסא בכל ארעא דמצרים: |
| 128 | | Gn41:45 | ונפק יוסף בכל ארעא דמצרים: |
| 129 | | Gn41:56 | ותקף כפנא בארעא דמצרים: |
| 130 | | Gn45:08 | ושליט בכל ארעא דמצרים: |
| 131 | | Gn50:07 | דפרעה אפיטרופוי ארעא דמצרים: |
| 132 | | Ex 6:28 | ייי עם משה בארעא דמצרים: |
| 133 | | Ex 7:21 | והות אדמה בכל ארעא דמצרים: |
| 134 | | Ex 8:01 | ית ארדעניא על ארעא דמצרים: |
| 135 | | Ex 8:02 | וחפון ית ארעא דמצרים: |
| 136 | | Ex 8:03 | ית ארדעניא על ארעא דמצרים: |
| 137 | | Ex 8:12 | לכלמין בכל ארעא דמצרים: |
| 138 | | Ex 8:13 | הוון כלמין בכל ארעא דמצרים: |
| 139 | | Ex 8:21 | קדם ייי אלהכון בארעא דמצרים: |
| 140 | | Ex 9:09 | עבד שלפוקין בכל ארעא דמצרים: |
| 141 | | Ex 9:22 | עשבא באפי ברא בארעא דמצרים: |
| 142 | | Ex 9:23 | ייי ברדא על ארעא דמצרים: |
| 143 | | Ex11:09 | נסי פרישתי בארע«א» דמצרים: |
| 144 | | Ex12:13 | כל בכוריא בארעא דמצרים: |
| 145 | | Ex13:18 | פריקין מן ארעא דמצרים: |
| 146 | | Ex16:01 | לאפקותהון מארעא דמצרים: |
| 147 | | Ex16:06 | יתכון פריקין מארעא דמצרים: |
| 148 | | Ex16:32 | יתכון פריקין מן ארעא דמצרים: |
| 149 | | Ex22:20 | הוויתון בארעא דמצרים: |
| 150 | | Ex23:09 | גיורין הויתון בארעא דמצרים: |
| 151 | | Ex32:07 | אפיקת פריקין מן ארעא דמצרים: |
| 152 | | Lv19:36 | יתכון פריקין מן ארעא דמצרים: |
| 153 | | Nu11:20 | כען נפקינן מן ארעא דמצרים: |
| 154 | | Nu26:04 | דנפקו פריקין מן ארעא דמצרים: |
| 155 | | Dt 7:08 | ומן ידוי דפרעה מלכא דמצרים: |
| 156 | | Dt10:19 | גיורין הוויתון בארעא דמצרים: |
| 157 | | Dt20:01 | יתכון פריקין מן ארעא דמצרים: |
| 158 | | Dt29:24 | יתהון פריקין מן ארעא דמצרים: |
| 159 | | Nu14:02 | בארעא מי{ן}<י>תינן דמצרים או במדברה הדין אלווי |
| 160 | | Lv19:34 | גיורין הוויתון בארעא דמצרים אמר ייי אלהכון: |
| 161 | | Lv23:43 | פריקין מן ארעא דמצרים אנה הוא ייי אלהכון: |
| 162 | | Nu 8:17 | כל בכוריה בארעא דמצרים «אקדשית» יתהון לשמי: |
| 163 | | Nu 3:13 | קטלת כל בוכריה בארעא דמצרים אקדשת לשמי כל |
| 164 | | Ex14:05 | ואתני למלכא דמצרים ארום ערקו עמא ואתהפך לבה |
| 165 | | Ex 8:20 | שליטוי ובכל ארעא דמצרים אתחבלת ארע«א» מן קדם |
| 166 | | Ex11:03 | משה תקיף לחדא בארעא דמצרים באפיה שליטוי דפרעה ובאפי |
| 167 | | Gn47:27 | ושרון ישראל בארעא דמצרים בארעא דגושן ואחסנו בה |
| 168 | | Ex10:12 | ארכן ידך על ארעא דמצרים בגובא ויסק על ארעא |
| 169 | | Dt24:22 | הוויתון בארעא דמצרים בגין כדין אנה מפקד יתכון |
| 170 | | Ex32:11 | אפקת פריקין מן ארעא דמצרים בחיל«ך» רבה ובאדרעך |
| 171 | | Gn40:18 | למשתעבדא בארעא דמצרים בטינא ובליבני ובכל פלחין |
| 172 | | Nu 9:01 | פריקן מן ארעא דמצ«ר»ים בירחא קדמיא למימר: |
| 173 | | Nu33:38 | פריקין מן ארעא דמצרים בירחא חמישיה בחד לירחא: |
| 174 | | Gn41:19 | כוותיהון בכל ארעא דמצרים בישן: |
| 175 | | Ex12:12 | ואעבר בממרי בארעא דמצרים בלילי פסחא הדין ואקטל כל |
| 176 | | Dt16:01 | פריקין מן ארעא דמצרים בלליא ועבד לכון נסין |
| 177 | | Ex 7:04 | עמי בני ישראל מארעא דמצרים בסדרי דינין רברבין: |
| 178 | | Gn13:10 | דייי באילנא כארעא דמצרים בפיריה מעלך «לזער»: |
| 179 | | Ex 7:19 | ויהוי אדמה בכל ארעא דמצרים בקיסיא ובאבניא: |
| 180 | | Ex12:42 | פריקין מן ארעא דמצרים ברם ארבעה לילוון אינון |
| 181 | | Gn41:34 | מן חמשה דעללתה דארעא דמצרים בשבעתי שני שבעה: |
| 182 | | Gn40:05 | ורב נחתומיא די למלכא דמצרים דהוון חבושין בבית חבושין |
| 183 | | Ex 3:09 | גלי קדמיי ית דוחקיה דמצרים דחקין יתהון: |
| 184 | | Ex11:06 | צווחתה רבה בכל ארעא דמצרים די כוותה לא הוות וכוותה |
| 185 | | Lv18:03 | כעובדי דיירי דארעא דמצרים די שריתון בגווה לא |
| 186 | | Nu23:22 | דאפיק יתהון מן ארעא דמצרים די תוקפא ותושבחתה |
| 187 | | Gn41:54 | בכל ארעתא ובכל ארעא דמצרים הוה לחמא: |
| 188 | | Dt11:10 | למירת יתה לא כארעא דמצרים היא די נפקתון מן תמן די |
| 189 | | Ex19:01 | פריקין מן ארעא דמצרים היך זמן יומא הדין עלו |
| 190 | | Nu21:06 | מזונך אסקת עמי מארעא דמצרים ואחתת להון מנא מן שמייא |
| 191 | | Gn47:13 | ואשתלהון דיירי ארעא דמצרים וארעא דכנען מן קדם |
| 192 | | Ex 2:23 | האינון ומית מלכא דמצרים ואתנחו בני ישראל מן |
| 193 | | Gn45:26 | הוא שליט בכל ארעא דמצרים ואתפלג לביה ארום לא הימן |
| 194 | | Gn47:14 | כל כספא דאשתכח בארעא דמצרים ובארעא דכנען בעיבורה די |
| 195 | | Dt28:27M | /מימריה דייי בשוח' דמצרים#2/ ובטחוריה ובחרבנה |
| 196 | | Dt13:06 | יתכון פריקין מן ארעא דמצרים ודי פ«ר»ק יתכון מן |
| 197 | | Gn49:26 | דרב ושליט על ארעא דמצרים וזהיר ביקירא דאבוי |
| 198 | | Dt33:16 | מלך ושליט בארעא דמצרים וזהיר באיקרהון דאחוי: |

|  |  |  | |
|---|---|---|---|
| 199 | Ex 9:09 | לאבק על כל ארע«א» דמצרים ויהווי על בני אינשא ועל | |
| 200 | Gn41:34 | אפיטרופין בכל ארעא דמצרים ויהוון מפקין חד מן חמשה | |
| 201 | Ex10:21 | ויהוי חשוכא על ארעא דמצרים ויהוי ממשמש בחשוכא: | |
| 202 | Ex10:13 | ית חוטריה על ארעא דמצרים וייי דבר רוח דקדים בארעא | |
| 203 | Ex10:12 | בגובא ויסק על ארעא דמצרים ויכול ית כל עשבא וארעא | |
| 204 | Gn47:10M | וישקון ית כל ארעא דמצרים ויעדי כפנא ביומך ונפק | |
| 205 | Gn41:30 | ותתנשי כל שבעה בארעא דמצרים וישיצא כפנא ית ארעא: | |
| 206 | Ex 6:11 | עול מלל עם פרעה מלכא דמצרים וישלח ית בני ישראל מן | |
| 207 | Dt29:15 | ית מה די שרינן בארעא דמצרים וית מה די עברנן ביני | |
| 208 | Dt11:03 | מצרים לפרעה מלכא דמצרים ולכל ארעי{א}<ה>: | |
| 209 | Gn47:15 | ושלם כספא מן ארעא דמצרים ומן ארעא דכנען ואתון כל | |
| 210 | Ex 4:20 | על חמרא וחזר לארעא דמצרים ונסב משה ית חוטרא די | |
| 211 | Gn41:46 | כד קם קדם פרעה מלכא דמצרים ונפק יוסף מן קדם פרעה | |
| 212 | Gn47:21 | מן סייפי דארעא דמצרים ועד סייפיה דלא יהוון | |
| 213 | Gn45:23 | חמרין טעונין מן טובא דמצרים ועשר אתנין טעונין עבור | |
| 214 | Gn40:12 | בשעבודא דארעא דמצרים ועתידין למתפרקא על ידי | |
| 215 | Dt 5:15 | משעבדין הויתון בארעא דמצרים ופרק ואפק יתכון ייי | |
| 216 | Dt15:15 | הוויתון בארעא דמצרים ופרק יתכון ייי אלהכון | |
| 217 | Gn41:55 | וכפנת כל ארעא דמצרים וצווחו עמא קדם פרעה | |
| 218 | Gn16:05 | דארעא קדם פרעה מלכא דמצרים וקדם אבימל' מלכא דגרר | |
| 219 | Ex 1:17 | דמלל עמהון מלכא דמצרים וקיימון ית טליא: | |
| 220 | Gn40:01 | לרבוניהון למלכא דמצרים%{(ורב נחתומייא)}: | |
| 221 | Gn40:01 | ורב מזוגייא דמלכא דמצרים ורב נחתומייא לרבוניהון | |
| 222 | Ex14:08 | ית לבה דפרעה מלכא דמצרים ורדף בתר בני ישראל ובני | |
| 223 | Ex10:14 | וסלק גובא על כל ארעא דמצרים ושרא בכל תחומיהון | |
| 224 | Ex12:17 | פרוקין מן ארעא דמצרים ותטרון ית יומא הדין | |
| 225 | Dt16:12 | הוויתון בארעא דמצרים ותטרון ותעבדון ית קיימיה | |
| 226 | Gn45:18 | לכון ית טובא דארעא דמצרים ותיכלון ית טובא דארעא: | |
| 227 | Ex 3:18 | דישראל לוות מלכא דמצרים ותימרון ליה {ליה} ייי | |
| 228 | Ex 6:29 | ייי מלל עם פרעה מלכא דמצרים ית כל מה די אנה | |
| 229 | Ex 9:25 | ושיציא ברדא בכל ארעא דמצרים ית כל מה דהוה באפי ברא | |
| 230 | Ex16:03 | מותנו קדם ייי בארעא דמצרים כד הווינן יתיבין על | |
| 231 | Dt16:03 | פריקין מן ארעא דמצרים כל יומי חייכון: | |
| 232 | Gn44:18 | רבך שליטין בארעא דמצרים כן אנה ויעקב אבה שליטין | |
| 233 | Ex33:01 | אסקת פריקין מן ארעא דמצרים לארעא די קיימת לאברהם | |
| 234 | Ex 1:15 | ואמר מלכא דמצרים לחייתא עברייתא די שמה | |
| 235 | Ex 1:18 | וקרא מלכא דמצרים לחייתא ואמר להון מן בגלל | |
| 236 | Nu33:01 | נפקו פריקין מן ארעא דמצרים לחילוותהון על ידוי דמשה | |
| 237 | Ex32:01 | די אסק יתן מן ארעא דמצרים לית אנן ידעין מה הווה | |
| 238 | Ex32:23 | די אפק יתן מן ארעא דמצרים לית אנן ידעין מה הוה | |
| 239 | Gn45:20 | טובא דכל ארעא דמצרים לכון הוא: | |
| 240 | Ex 5:12 | ואבדרון עמא בכל ארעא דמצרים למגבא קש לתבן: | |
| 241 | Ex 5:04 | ואמר להון מלכא דמצרים למה כען משה ואהרן | |
| 242 | Lv11:45 | יתכון פריקין מן ארעא דמצרים למהוי {למהווי} לכון לאלה | |
| 243 | Lv22:33 | יתכון פריקין מן ארעא דמצרים למיהוי במימרי לכון לאלה | |
| 244 | Lv25:38 | למיתן לכון ית ארעא דמצרים למיהוי ממרי לכון לאלה | |
| 245 | Nu15:41 | ואפקת יתכון מן ארעא דמצרים למיהוי לכון לאלה פרוק | |
| 246 | Ex 3:19 | ישבו«ק» יתכון מלכא דמצרים למיזל ולא מן ידא דהיא | |
| 247 | Ex12:01 | למשה ולאהרן בארעא דמצרים למימר: | |
| 248 | Nu 1:01 | פריקין מן ארעא דמצרים למימר: | |
| 249 | Lv25:38 | יתכון פריקין מן ארעא דמצרים למיתן לכון ית ארעא | |
| 250 | Dt 1:27 | יתן אפק יתן מארעא דמצרים לממסר יתן בידיהון | |
| 251 | Ex 6:13 | ישראל ועל פרעה מלכא דמצרים למפקא ית בני {ית בני} | |
| 252 | Ex 6:27 | דממללין עם פרעה מלכא דמצרים למפקה ית בני ישראל מן | |
| 253 | Ex29:46 | די אפקת יתהון מארעא דמצרים למשריה איקר שכינתי | |
| 254 | Lv26:45 | יתהון פריקין מן ארעא דמצרים לעיני אומייה למיהווי | |
| 255 | Dt29:01 | ייי לעייניכון בארעא דמצרים לפרעה ולכל שולטנוי ולכל | |
| 256 | Dt34:11 | דייי למיעבד בארעא דמצרים לפרעה ולכל עבדוי ולכל | |
| 257 | Gn46:20 | ואתיליד ליוסף בארעא דמצרים מה דילידת ליה אסנת ברת | |
| 258 | Ex 9:24 | כוותיה בכל ארעא דמצרי«ם» מן זמנא די הות אומה | |
| 259 | Ex11:05 | כל בכוריה בארעא דמצרים מן בכורא דפרעה דהוה עתיד | |
| 260 | Ex12:12 | כל בכוריה בארעא דמצרים מן בני אנשא ועד בעירא | |
| 261 | Ex12:29 | ית כל בכוריא בארעא דמצרים מן בכורא דפרעה דהוי עתיד | |
| 262 | Ex13:15 | ייי כל בכוריה בארעא דמצרים מן בכוריה בני אנשא ועד | |
| 263 | Ex20:02 | יתכון פריקין מן ארעא דמצרים מן בית עבדי: | |
| 264 | Lv26:13 | יתכון פריקין מן ארעא דמצרים מן למיהוי להון עבדין | |
| 265 | Dt 5:06 | יתכון פריקין מן ארעה דמצרים מן בית שעבוד עבדיה: | |
| 266 | Dt 6:12 | יתכון פריקין מן ארעא דמצרים מן בית שעבוד עבדייה: | |
| 267 | Dt 8:14 | דאפיק יתכון מן ארעא דמצרים מן בית שעבוד עבדייה: | |
| 268 | Dt13:11 | יתכון פריקין מן ארעא דמצרים מן בית שעבוד עבדייה: | |
| 269 | Gn49:23 | קרצוהי קדם פרעה מלכא דמצרים מן בגלל למחתי מן רבותא | |
| 270 | Dt16:03 | פריקין מן ארעא דמצרים מן בגלל דתדכרון ית יומא | |
| 271 | Gn13:10M | ... מעלך": "כארץ" דמצרים מעלך | |
| 272 | Gn45:19 | סיבו לכון מן ארעא דמצרים עגלן לטפליכון ולנשיכון | |
| 273 | Gn15:18 | ית ארעא הדא מנילוס דמצרים עד נהרא רבה נהרה פרת: | |
| 274 | Gn48:05 | דאתילדו לך בארעא דמצרים עד מייתוי לוותיך מצרימה | |
| 275 | Dt 9:07 | פריקין מן ארעא דמצרים עד מיעלכון עד אתרה | |
| 276 | Ex 6:26 | בנוי דישראל מן ארעא דמצרים על חילותיהון: | |
| 277 | Ex 9:22 | ויהוי ברדא בכל ארעא דמצרים על בני אנשא ועל בעירה | |
| 278 | Ex12:51 | פריקין מן ארעא דמצרים על חיילוותיהון: | |
| 279 | Gn44:18 | עד זמן דנעבד כל ארעא דמצרים צדי מן דיור מנך אנה משרי | |
| 280 | Gn47:06 | ארעא דמצרים קדמיך היא בבית שפר ארעא | |
| 281 | Gn44:18M | דימלו כל ארעא דמצרים קטילין | |
| 282 | Gn44:18 | די ימלי כל ארעא דמצרים קטילין לית אנה מחזר יתה | |
| 283 | Gn47:28 | וחיה יעקב בארעא דמצרים שבע עשרה שנין והוון | |
| 284 | Ex10:22 | חשוך דקבל בכל ארעא דמצרים תלתא יומין: | |
| 285 | Ex10:14 | ושרא בכל תחומיהון דמצרים תקיף לחדא קודמוי לא הוה | |
| 286 | Nu34:05M | לקסם לנילוס דמצרי/דמצרים#2/ ויהוון/ויהווי#2/ | |
| 287 | Ex 3:07 | חמית ית צערהון דעמי דבמצרים וית קבלתהון שמעית מן | דבמצרים |
| 288 | Gn10:13 | ומצרים אולד ית לודיא וית ענמיה | ומצרים |
| 289 | Gn10:06M | אפרכייותהון ערביא ומצרים ואלייהרק וכנען | |
| 290 | Gn10:06 | ובנוי דחם כוש ומצרים ופוט וכנען: | |
| 291 | Dt10:22M | אבהתכון במצרים/למ'#2/ וכדון/וכדו#2/ שווי | למ' |
| 292 | Dt26:05M | יתיה וערק ונחת למצריימה | למצריימה |
| 293 | Gn46:06M | /ואתן#2/ מצרימה/למצרים#2/ יעקב וכל בנוי | למצרים |
| 294 | Gn46:08 | בני ישראל די עלו למצרים יעקב ובנוי ב{ז}<ו>כריה | |
| 295 | Gn37:25 | ולסום אזלין לנחתה למצרים: | |
| 296 | Gn46:07M | /אעיל#2/ עמיה מצרימה/למצרים#2/: | |
| 297 | Ex13:17 | סדרי קרבא ויחזרון למצרים: | |
| 298 | Nu14:03 | לבזה הלא טב לן חזרנן למצרים: | |
| 299 | Nu14:04 | מלך ונחז«ו»רו למצרים: | |
| 300 | Ex14:13 | דהוות אמרה נחזור למצרים אמר להון משה לא תדחלון | |
| 301 | Gn46:03M | מצרים /למיחת למצרים#2/ ארום לאומה רבה אישוי | |
| 302 | Ex 4:19 | במדין אזל חזור למצרים ארום מיתו כל גובריא | |
| 303 | Dt28:68 | ויחזר ייי יתכון למצרים בלברנייה ובאלפייה באורחה | |
| 304 | Gn49:21 | והוא אזדרז ונחת למצרים בשעתא זעירת ואייתי | |
| 305 | Gn50:14M | וחזר יוסף מצרימה/למצרים#2/ הוא ואחוי וכל מן | |
| 306 | Gn12:11 | והוה כדי קרב למיעו' למצרים ואמר לשרי אתתה הא כען | |

|  |  |  |  |  |  |
|---|---|---|---|---|---|
| 307 | | Dt26:05 | יתיה מן ידיה ונחת | למצרים | ואתותב תמן בעם זעיר |
| 308 | | Gn39:01 | ויוסף הונחת | למצרים | וזבין יתיה פוטיפר שליטא |
| 309 | | Ex14:13 | וחדא הוות אמרה נחזור | למצרים | וחדה הוות אמרה נסדר |
| 310 | | Gn12:14M | /כוון דעל אברם | למצרים#2#/ | וחמון מצריה ית אתתיה |
| 311 | | Gn43:15 | בנימן וקמו ונחתו | למצרים | וקמו קדם יוסף: |
| 312 | | Gn41:56 | כל אוצריה דבהון וזבן | למצרים | ותקף כפנא בארעא דמצרים: |
| 313 | | Ex 4:21 | למשה במיזלך למחזור | למצרים | חמי כל נסי די שוית בידך |
| 314 | | Gn41:57 | וכל דיירי ארעא עלו | למצרים | למזבן עיבור מן יוסף |
| 315 | | Gn12:10 | בארע׳ ונחת אברם | למצרים | למתותבה תמן ארום תקף |
| 316 | | Gn46:26M | עלו עם יעקב | מצרימה/למצרים#2#/ | נפקי חלציה |
| 317 | | Ex 1:01 | בני ישראל די עלו | למצרים | עם יעקב גבר |
| 318 | | Gn46:27M | די עלו | מצרימה/למצרים#2#/ | שבעין: |
| 319 | למצריסה | Dt17:16 | ולא יחזור ית עמא | למצריסה | מן בגלל למסגייה ליה |
| 320 | למצרימה | Nu14:04M | ונחז«ו»רו | למצרים/למצרימה#2#/: | |
| 321 | ממצרי׳ | Gn43:02 | ית עיבורא די אייתון | ממצרי׳ | ואמר להון אבוהון חזורו |
| 322 | ממצרים | Ex13:08M | ייי ניסין לי במפק׳ | ממצרים | |
| 323 | | Gn13:01 | וסלק אברם | ממצרים | הוא ואתתיה וכל מה דהוה |
| 324 | | Gn45:25 | וסלקו | ממצרים | ואתו לארעא דכנען לוות |
| 325 | | Ex23:15 | בה נפקתון פריקין | ממצרים | ולא תתחמון קדמיי ריקם: |
| 326 | | Ex17:03 | ליה למה כען אסקת יתן | ממצרים | למקטלה יתן וית בנינן וית |
| 327 | | Ex13:03 | הדין דנפקתון פריקין | ממצרים | מן בית שעבודא ארום בידא |
| 328 | | Ex 3:12 | יתך באפקותך ית עמא | ממצרים | תפלחון קדם ייי על טורא |

## מקדוניא GN

|  |  |  |  |  |  |
|---|---|---|---|---|---|
| 001 | ומקדוניא | Gn10:02 | וגרמניה ומדי | ומקדוניא | וביתניא ומוס«י»א |
| 002 | ומקדוניאה | Gn10:02M | "... ותרקא": והמדאי | ומקדוניאה | ויטינייא ומוסייא ותרקי |

## מקהלות GN

|  |  |  |  |  |  |
|---|---|---|---|---|---|
| 001 | ממקהלות | Nu33:26 | ונטלו | ממקהלות | ושרון בתחת: |
| 002 | במקהלות | Nu33:25 | ונטלו מחרדה ושרון | במקהלות: | |

## מרדכי PN

|  |  |  |  |  |  |
|---|---|---|---|---|---|
| 001 | מרדכי | Ex17:16 | בהון ישיצון יתהון | מרדכי | ואסתר וייי אמר במימריה |

## מרה GN

|  |  |  |  |  |  |
|---|---|---|---|---|---|
| 001 | מרה | Ex15:23 | אינון בגין כדן קרא שמה | מרה: | |
| 002 | | Ex15:23 | ולא יכלו למשתי מיא מן | מרה | ארום מרירין אינון בגין כדן |
| 003 | | Nu33:09 | ונטלו מן | מרה | ואתון לאילם ובאילם |
| 004 | במרה | Nu33:08 | במדברה דאיתם ושרון | במרה: | |
| 005 | למרתא | Ex15:23 | ואתו | למרתא | ולא יכלו למשתי מיא מן |

## מרים PN

|  |  |  |  |  |  |
|---|---|---|---|---|---|
| 001 | מרים | Ex 1:15M | פועה היא הוות | מרים | |
| 002 | | Nu12:15 | נטלו עד זמן די תאתסית | מרים: | |
| 003 | | Nu26:59 | ית אהרן וית משה וית | מרים | אחתהון: |
| 004 | | Nu12:12M | מית וולדה במיעה הלא | מרים | אחתן איצט ערת עימנה |
| 005 | | Nu12:12M | "כדין ... וכיון": כן הוות | מרים | אחתן מטרפה עמן במדברה |
| 006 | | Nu12:12M | לא כדון תיהווי | מרים | אחתן כאיתתה מעברה |
| 007 | | Nu12:01 | ומללת | מרים | ואהרן במשה על עסק אתתה |
| 008 | | Nu20:01 | עמה ברקם ומיתה תמן | מרים | ואתקברת תמן: |
| 009 | | Nu12:16M | ומן בגלל דאימתינת | מרים | למשה על נהרה שעה חדה |
| 010 | | Nu12:15 | ואטרדת | מרים | לבר מן משריתה שבעה יומין |
| 011 | | Nu12:12 | לא כען תיהוי | מרים | מסאבה באהילה כמיתייה והא |
| 012 | | Nu12:10 | סטת מעלוי משכנה והא | מרים | מצרעתה ^^כתלגה ואסתכל |
| 013 | | Ex15:20 | ונסבת | מרים | נביאתה אחתה דאהרן ית |
| 014 | | Nu12:16 | אתריהון עד זמן דאתסיאת | מרים | נביאתה מן צרעתה נטלו עמה |
| 015 | | Nu21:01 | ית ישראל וארום אסתלקת | מרים | נביאתה דבזכותה הוות בירה |
| 016 | | Nu21:01M | דעננא וארום <מיתת> | מרים | נביאתה ואתגנזת באירה עני |
| 017 | | Nu12:16 | אוף על גב דאתחייבת | מרים | נבייתה למצטרעה אית אולפן |
| 018 | | Ex15:21 | וענת להון | מרים | נודה ונשבח קדם ייי גיותנה |
| 019 | | Ex15:21M | והוו מענ׳ לה׳ | מרים | נודה ונשבחה קדם ייי "כי" |
| 020 | | Ex 1:21 | וביתא דכהונתה רבתה | מרים | נסבת כליל מלכותא ויוכבד |
| 021 | | Nu12:16 | אגר סגיא לפם דקמת לה | מרים | על גיף נהרא למידע מה |
| 022 | במריים | Nu12:10 | ^^כתלגה ואסתכל אהרן | במריים | והא מצרעה^^: |
| 023 | ומרים | Gn40:12 | מהמנין משה ואהרן | ומרים | דמתילין בסגוליא ודי אמרת |
| 024 | | Nu12:05 | בתרע משכנה וקרא אהרן | ומרים | ונפקו תרתיהון: |
| 025 | למרים | Dt24:09 | מה די עבד ייי אלהכון | למרים | באורחא בזמן אפקותכון |

## מרישה GN

|  |  |  |  |  |  |
|---|---|---|---|---|---|
| 001 | מרישה | Nu22:39 | לכרכה דמלכותה היא | מרישה: | |

## מררי PN

|  |  |  |  |  |  |
|---|---|---|---|---|---|
| 001 | דמ׳ | Nu 3:33M | הינון זרעייתיה | דמ׳#2#/: | |
| 002 | דמררי | Ex 6:19 | ובנוי | דמררי | מחלי ומושי אלין אינון |
| 003 | | Nu 3:35 | בית אבא זרעייתה דבנוי | דמררי | צוריאל בר אביחיל על |
| 004 | | Nu 3:33 | אינון זרעייתה דבנוי | דמררי: | |
| 005 | | Nu26:57 | למררי זרעייתה דבנוי | דמררי: | |
| 006 | | Nu 4:45 | סכומי זרעייתה דבנוי | דמררי | די סכם משה ואהרן על פם |
| 007 | | Nu10:17 | בנוי דגרשון ובנוי | דמררי | טעני משכנה: |
| 008 | | Nu 7:08 | תוריה יהב משה לבנוי | דמררי | כמסת פולחנהון על ידוי |
| 009 | | Nu 3:20 | ובנוי | דמררי | לזרעייתהון מחלי ומושי |
| 010 | | Nu 4:29 | בנוי | דמררי | לזרעייתהון לבית אבהתהון |
| 011 | | Nu 4:42 | וסכומי זרעייתיה דבנוי | דמררי | לזרעייתהון לבית אבהתהון: |
| 012 | | Nu 3:36 | וסכום מטרת בנוי | דמררי | ליווחוי דמשכנה ונגרוי |
| 013 | | Nu 4:33 | פלחנ{ה} זרעייתה דבנוי | דמררי | לכל פלחנהון במשכן זמנה על |
| 014 | ומררי | Gn46:11 | דלוי גרשון קהת | ומררי: | |
| 015 | | Nu 3:17 | גרשון וקהת | ומררי: | |
| 016 | | Ex 6:16 | גרשום וקהת | ומררי | ושנוי חיוי דלוי מאה |
| 017 | למררי | Nu 3:33 | | למררי | זרעייתה דבנוי דמחלי |
| 018 | | Nu26:57 | זרעייתה דבנוי דקהתי | למררי | זרעייתה דבנוי דמררי: |

## מש PN

|  |  |  |  |  |  |
|---|---|---|---|---|---|
| 001 | ומש | Gn10:23 | עוץ וחול וגתר | ומש: | |

## משא PN

|  |  |  |  |  |  |
|---|---|---|---|---|---|
| 001 | ומשא | Gn25:14 | ומשמע ודומה | ומשא: | |

## משה PN

|  |  |  |  |  |  |
|---|---|---|---|---|---|
| 001 | מש׳ | Nu12:07 | כוות כל נביאה הוא עבדי | מש׳ | בכל עולמי דבריית מהימן הוא: |
| 002 | משה | Ex 9:12 | היך מה די מלל ייי עם | משה: | |
| 003 | | Ex 9:35 | {דמליל} די מליל ייי עם | משה: | |
| 004 | | Ex16:20 | ואסרח ורגז עליהון | משה: | |
| 005 | | Ex19:20 | למשה מן טורא וסלק | משה: | |
| 006 | | Ex33:09 | בתרע משכנה ומלל עם | משה: | |

| | | |
|---|---|---|
| 007 | Ex35:20 | דבני ישראל מן קדם משה: |
| 008 | Ex38:22 | ית כל די פקד ייי ית משה: |
| 009 | Ex39:01 | היך מה דפקד ייי ית משה: |
| 010 | Ex39:05 | היך מה די פקד ייי ית משה: |
| 011 | Ex39:07 | היך מה די פקד ייי ית משה: |
| 012 | Ex39:21 | היך מה דפקד ייי ית משה: |
| 013 | Ex39:26 | היך מה דפקד ייי ית משה: |
| 014 | Ex39:29 | היך מה די פקד ייי ית משה: |
| 015 | Ex39:31 | היך מה די פקד ייי ית משה: |
| 016 | Ex40:19 | היך מה די פקד ייי ית משה: |
| 017 | Ex40:21 | היך מה דפקיד ייי ית משה: |
| 018 | Ex40:23 | היך מה די פקד ייי ית משה: |
| 019 | Ex40:25 | ייי היך מה דפקד ייי ית משה: |
| 020 | Ex40:27 | היך מה די פקד ייי ית משה: |
| 021 | Ex40:29 | היך מה די פקד ייי ית משה: |
| 022 | Ex40:32 | היך מה די פקד ייי ית משה: |
| 023 | Lv 8:09 | היך מה די פקד ייי ית משה: |
| 024 | Lv 8:13 | היך מה די פקד ייי ית משה: |
| 025 | Lv 8:17 | היך מה דפקד ייי ית משה: |
| 026 | Lv 8:21 | הוא היך מה פקד ייי ית משה: |
| 027 | Lv 8:29 | היך מה די פקד ייי ית משה: |
| 028 | Lv 9:10 | היך מה דפקד ייי ית משה: |
| 029 | Lv 9:21 | דפקד ^ייי ית#2#^ משה: |
| 030 | Lv10:05 | משריתה היך מה דמלל משה: |
| 031 | Lv16:34 | היך מה די פקד ייי ית משה: |
| 032 | Lv24:23 | היך מה די פקד ייי ית משה: |
| 033 | Nu 2:33 | היך מה די פקד ייי ית משה: |
| 034 | Nu 3:51 | היך מה די פקד ייי ית משה: |
| 035 | Nu 7:89M | דבירה ממלל עמיה/עם משה#2#/. |
| 036 | Nu 8:03 | היך מה די פקד ייי את משה: |
| 037 | Nu15:22 | האליין די מלל <ייי> עם משה: |
| 038 | Nu15:36 | היך מה די פקד ייי ית משה: |
| 039 | Nu27:11 | היך מה די פקד ייי ית משה: |
| 040 | Nu30:01 | כל מה די פקד ייי ית משה: |
| 041 | Nu31:21 | אוריתה די פקד ייי ית משה: |
| 042 | Nu31:31 | היך מה די פקד ייי ית משה: |
| 043 | Nu31:41 | היך מה די פקד ייי ית משה: |
| 044 | Nu31:47 | היך מה די פקיד ייי ית משה: |
| 045 | Dt 5:22 | ויהב יתהון לי אמר משה: |
| 046 | Dt10:04 | קהלא ויהב יתהון לי אמר משה: |
| 047 | Dt34:09 | די פקד מימריה דייי ית משה: |
| 048 | Ex40:31 | ויקדשון מנה משה אהרן ובנוי ית ידיהון וית |
| 049 | Nu 3:38 | קדם משכן זימנא מן מדנחה משה אהרן ובנוי נטרין מטרת |
| 050 | Ex 3:04 | מן גו סניה ואמר ליה משה משה ענה משה בלשון |
| 051 | Nu21:34M | ואמר /כ<י>וו{י}ן דחמה משה עוג ^רשיעה#2#^ זע ואירתת |
| 052 | Dt 3:02M | כיוון דחמה משה עוג רשיעא זע ואירתת |
| 053 | Ex32:07 | ומלל ייי עם משה אזל חות ארום חבלו עמך די |
| 054 | Ex33:01 | ומלל ייי עם משה אזל סק מן הכה את ועמא די |
| 055 | Ex16:25 | ואמר משה אכלו יתיה יומא דין ארום |
| 056 | Nu31:06 | ושלח יתהון משה אלף מן כל שבט לחיל קרבה |
| 057 | Nu32:20 | ואמר להון משה אם תעבדון ית פתגמה הדין אן |
| 058 | Nu32:29 | «ואמר להון משה» אן יעברון בנוי דגד ובנוי |
| 059 | Ex 3:03 | ואמר משה אסטי כען ואחמי ית חזיא רבא |
| 060 | Ex 3:06 | ואלהה דיעקב ואסמר משה אפוי ארום דחל מן למסתכלא |
| 061 | Ex32:29 | ואמר משה אשלימו קרב{ו}<ן> ידיכון |
| 062 | Nu11:21 | ואמר משה אשתין רבוון רגליין גברין |
| 063 | Nu21:05 | עמה בתר ממרה דייי ועל משה אתרעמו למה כען אסקתון יתן |
| 064 | Ex 6:28 | והוה ביומא די מלל ייי עם משה בארעא דמצרים: |
| 065 | Ex24:18 | ואתא משה בגו ענגא וסלק לטורא והוה |
| 066 | Dt32:01 | נבייה וישעייה נבייא משה בגין דהוה קריב לשמיא ורחיק |
| 067 | Nu16:28 | ואמר משה בדא תדעון ארום מן קדם ייי |
| 068 | Dt32:48 | ומלל ייי עם משה בזמן יומא הדין למימר: |
| 069 | Ex24:18 | ענגא וסלק לטורא והוה משה בטורא ארבעין יומין וארבעין |
| 070 | Lv 7:38 | די פקד ייי ית משה בטורא דסיני ביומא די פקד |
| 071 | Lv25:01 | ומליל ייי עם משה ^בטורא דסיני#2#^ למימר: |
| 072 | Nu 3:01 | ביומא די מלל «ייי» עם משה בטורא דסיני: |
| 073 | Nu30:17 | קיימיה די פקד ייי ית משה בין גבר לאתתיה בין אב |
| 074 | Nu17:13M | וקם ליה /\משה#2#/ ביני מיתיה בעי רחמין |
| 075 | Nu12:07M | דברית מהימן הוא /עבדי משה בכל קומיטטון דידי היימן |
| 076 | Lv 1:01 | מדבחה וית כל מנוי חשב משה בליביה ואמר טורה דסיני |
| 077 | Dt32:01 | בשלם מן גו עלמא חשב משה בליביה ואמר ווי כען עלי |
| 078 | Ex 3:04 | ואמר ליה משה משה ענה משה בלשון בית קודשא ואמר הנני: |
| 079 | Nu 1:01 | ומליל ממרה דייי עם משה במדברה דסיני במשכן זמנא |
| 080 | Nu 3:14 | ומליל ייי עם משה במדברה דסיני למימר: |
| 081 | Nu 9:01 | ומלל ייי עם משה במדברה דסיני בשתה תנינתא |
| 082 | Dt34:08 | ובכון בני ישראל ית משה במישרה דמואב תלתין יומין |
| 083 | Nu33:50 | ומליל ייי עם משה במישריה דמואב סמיך לירדנה |
| 084 | Nu35:01 | ומליל ייי עם משה במישריה דמואב סמיך לירדנה |
| 085 | Ex 9:29 | ואמר ליה משה במפקי ית קרתא אפרש ית כפי |
| 086 | Dt31:30 | ומלל משה במשמעהון דכל קהלה דישראל |
| 087 | Ex10:09 | ואמר משה בעולמינן ובסבינן ניזל |
| 088 | Ex34:04 | דאבנין כקדמיי ואקדם משה בצפרא וסלק לטורא דסיני |
| 089 | Ex 2:12M | "להכא ... בחלא": משה ברוח קודשא בתרין עלמיא |
| 090 | Dt 3:23M | ייי /קדם ייי אמר משה#2#/ בשעתה ההיא למימר: |
| 091 | Nu 9:08 | מן ארבעה דינין דקמו קדם משה בתרין מנהון הוה משה זריז |
| 092 | Nu27:05 | מן ארבעה דינין דקמו קדם משה בתרין מנהון הוה משה זריז |
| 093 | Ex32:26 | וקם ליה משה בתרע משריתה ואמר מן דדחל |
| 094 | Ex32:01 | נקרא ולא מתרגם ארום דן משה גברא די אסק יתן מן ארעא |
| 095 | Ex18:25 | ובחר משה גברין גברי חיל מן כל |
| 096 | Dt34:04 | ואמר מימריה דייי לי אמר משה דא ארעא דקיימת לאברהם |
| 097 | Ex32:23 | ילכו לפנינו ארום דין משה די אפק יתן מן ארעא דמצרים |
| 098 | Nu 9:08 | לדייניה דקי«י»מין בתר משה די הווין זריזין בדיני |
| 099 | Nu27:05M | דקיימין בתריה/בתר משה#2#/ די הוון זריזין בדיניה |
| 100 | Nu15:34 | לדייניה דקיימין בתר משה די הוון זריזין בדיני ממונא |
| 101 | Lv24:12 | לדייניה דקיימין בתר משה דיהוון זריזין בדיני ממונה |
| 102 | Dt32:03 | תלתה זימנין מנהון ילף משה דלא למדכרה ית שמה קדיש' |
| 103 | Ex31:02 | חמי משה דמנית וקראת בשם טב דרבן |
| 104 | Ex16:32 | ואמר משה דן פתגמא די פקד ייי מלה |
| 105 | Lv 9:06 | ואמ' משה דן פתגמה די פקד ייי תעבדון |
| 106 | Gn35:09M | יתן למיקבר מיתיא מרבנא משה דקבר יתיה רבון עלמיא ייי |
| 107 | Ex 8:25 | ואמר משה הא אנא נפק מן לוותך ונצליה |
| 108 | Lv10:19 | ומליל אהרן עם משה הא יומא הדן קרבו ית |
| 109 | Nu11:29 | ואמר ליה משה הא מקנא את לי אלווי מן יתן |
| 110 | Nu31:15 | ואמר להון משה הא קיימתון כל נקבה: |
| 111 | Dt18:17 | ואמר ייי לי משה הא שפר ותקן כל מה די |
| 112 | Ex16:23 | ואמר {ואמר} משה הוא פתגמא די מלל ייי שבת |
| 113 | Ex19:19 | דשיפורא אזל ותקף לחדא משה הוה ממלל בקול נעים ומן קדם |
| 114 | Lv 8:04 | ועבד משה היך מה דפקיד ייי יתה |

|  |  |  |  |  |
|---|---|---|---|---|
| 115 | Nu 3:42 | וסכם | משה | היך מה די פקד ייי יתה ית |
| 116 | Nu17:26 | ועבד | משה | היך מה די פקד ייי יתיה כדן |
| 117 | Nu20:27 | ועבד | משה | היך מה די פקד ייי וסלקו |
| 118 | Nu27:22 | ועבד | משה | היך מה די פקד ייי יתיה |
| 119 | Nu 8:20 | ועבד | משה | ואהרן וכל כנשתה דבני |
| 120 | Gn40:12 | תלתא פרנסין מהמנין | משה | ואהרן ומרים דמתילין |
| 121 | Ex 4:29 | ואזל | משה | ואהרן וכנשו ית כל חכימיא |
| 122 | Ex 5:01 | ומן בתר כדן עלו | משה | ואהרן ואמרין לפרעה כדן |
| 123 | Ex 5:04 | מלכא דמצרים למה כען | משה | ואהרן תבטלון ית עמא |
| 124 | Ex 6:27 | ישראל מן מצרים הוא | משה | ואהרן: |
| 125 | Ex 7:06 | ועבד | משה | ואהרן היך מה דפקד ייי |
| 126 | Ex 7:10 | ועל | משה | ואהרן לוות פרעה ועבדו |
| 127 | Ex 7:20 | ועבדו כדן | משה | ואהרן היך מה דפקיד ייי |
| 128 | Ex 8:08 | ונפק | משה | ואהרן מן לוות פרעה וצלי |
| 129 | Ex10:03 | ואתא | משה | ואהרן לוות פרעה ואמרין |
| 130 | Ex12:28 | היך מה דפקד ייי ית | משה | ואהרן כן עבדו: |
| 131 | Ex16:06 | ואמר | משה | ואהרן לכל בני ישראל |
| 132 | Ex19:13 | גבר לא יחי במתקע שופרא | משה | ואהרן אינון יהון רשיין |
| 133 | Ex24:09 | וסלק | משה | ואהרן נדב ואביהוא |
| 134 | Lv 9:23 | «ואעל | משה» | ואהרן למשכן זימנא ונפקו |
| 135 | Nu 1:17 | ונסב | משה | ואהרן ית גבריא האילן די |
| 136 | Nu 1:44 | אילין סכומיה די סכם | משה | ואהרן ורברבניה דישראל |
| 137 | Nu 3:39 | כל סכומי ליוויי די סכם | משה | {{ואהרן}} על פם גזירת |
| 138 | Nu 4:34 | וסכם | משה | ואהרן ורברבני עם כנשתה ית |
| 139 | Nu 4:37 | פלח במשכן זמנה די סכם | משה | ואהרן על פם גזירת ממרה |
| 140 | Nu 4:41 | פלח במשכן זימנה די סכם | משה | ואהרן על פום גזירת ממרה |
| 141 | Nu 4:45 | דבנוי דמררי די סכם | משה | ואהרן על פם גזירת ממרה |
| 142 | Nu 4:46 | כל סכומיה די סכם | משה | ואהרן ורברבני ישראל ית |
| 143 | Nu13:26 | ואזלו ועלו לוות | משה | ואהרן ולוות כנישתה דבני |
| 144 | Nu14:05 | ואשטתח | משה | ואהרן על אפיהון קדם |
| 145 | Nu17:08 | ועל | משה | ואהרן קדם משכן זימנה: |
| 146 | Nu20:06 | ואתה | משה | ואהרן מן קדם קהלה בתרע |
| 147 | Nu20:10 | וכנשו | משה | ואהרן ית קהלה קדם כיפה |
| 148 | Nu21:18 | ספריהון דישראל | משה | ואהרן ומן מדברה אתיהבת |
| 149 | Nu20:28 | תמן בריש טורה ונחת | משה | ואלעזר מן טורה: |
| 150 | Nu26:03 | ומליל | משה | ואלעזר כהנא יתהון במשריה |
| 151 | Nu31:13 | ונפקו | משה | ואלעזר כהנא וכל רברבני |
| 152 | Nu31:31 | ועבד | משה | ואלעזר כהנא היך מה די פקד |
| 153 | Nu31:51 | ונסב | משה | ואלעזר כהנא ית דהבה |
| 154 | Nu31:54 | ונסב | משה | ואלעזר כהנא ית דהבה |
| 155 | Ex24:13 | וקם | משה | ויהושע שמשוי וסלק משה |
| 156 | Dt31:14 | זמנא ופקד יתיה ואזל | משה | ויהושע ואתעתדו במשכן |
| 157 | Nu16:25 | וקם | משה | ואזל לוות דתן ואבירם |
| 158 | Ex 2:14 | דקטלת ית מצריה ודחל | משה | ואמר הא כען אתידע פתגמא: |
| 159 | Ex 4:01 | וענה | משה | ואמר ואין לא יהימנון לי |
| 160 | Ex 6:02 | ומליל ייי עם | משה | ואמר ליה אנא הוא ייי: |
| 161 | Ex16:15 | הוא ארום לא הון ידעין | משה | ואמר משה להון הוא לחמא די |
| 162 | Ex34:06 | איקר שכינתיה דייי וצלי | משה | ואמר ייי ייי אלהה חננא |
| 163 | Ex39:43 | כדן עבדו וברך יתהון | משה | ואמר להון תשרי שכינתה בעבד |
| 164 | Nu13:30 | ושתק כלב ית עמה קדם | משה | ואמר מסוק ניסוק ונירת יתה |
| 165 | Dt 1:01 | יהיבין בעבר ירדנה עני | משה | ואמר להון הלא במדברה |
| 166 | Ex17:02 | ואדינו עמא עם | משה | ואמרין הב לן מיין ונשתי |
| 167 | Ex17:03 | למייא ואתרעמו עמא עם | משה | ואמרין ליה למה כען אסקת |
| 168 | Nu21:07M | ואתון עמא למשה/לוות | משה#2#/ | ואמרין חטינן ארום מללנן |
| 169 | Ex 2:10 | והוה לה לבר וקרת שמה | משה | ואמרת ארום מן מיא שזבת |
| 170 | Ex16:34 | היך מה דפקד ייי ית | משה | ואצנע יתיה אהרן קדם |
| 171 | Dt 2:01 | מלל ממריה דייי עמי אמר | משה | ואקפנן ית טורא דגבלה |
| 172 | Nu16:04 | ושמע | משה | ואשתטח על אפוי: |
| 173 | Ex15:01 | בכדו שבח | משה | ובני ישרא<'> ית שירת |
| 174 | Nu26:04 | היך מה די פקד ייי ית | משה | ובני ישראל דנפקו פריקין |
| 175 | Dt 4:46 | שרי בחשבון מה די קטיל | משה | ובני ישראל באפקותהון |
| 176 | Nu16:02 | וקמו קדם | משה | וגבריא מן בני ישראל מאתין |
| 177 | Ex34:30 | אהרן וכל בני ישראל ית | משה | והא נהר זיו איקרהון דאפוי |
| 178 | Lv10:16 | וית צפירה דחטא' מתבע תבע | משה | והא אתוקד ורגז על אלעזר |
| 179 | Ex34:31 | וקרא להון | משה | וחזרו לוותיה אהרן וכל |
| 180 | Dt27:01 | ופקד | משה | וחכימייה דישראל ית עמא |
| 181 | Ex 5:20 | וארעו ית | משה | וית אהרן קיימין |
| 182 | Ex10:08 | וחזר ית | משה | וית אהרן לוות פרעה ואמרו |
| 183 | Ex12:50 | היך מה דפקד ייי ית | משה | וית אהרן כן עבדו: |
| 184 | Ex18:26 | פתגמא קשיא ייתון לוות | משה | וית פתגמ' זעירא ידונון |
| 185 | Nu26:59 | לעמרם ית אהרן וית | משה | וית מרים אחתהון: |
| 186 | Dt27:09 | ומליל | משה | וכהנייה ליוויי עם כל |
| 187 | Ex16:24 | עד צפרא היך מה דפקד | משה | ולא אסרח ורמה לא הוות |
| 188 | Nu15:33 | יתיה מגבב קיסין לוות | משה | ולוות אהרן ולוות כל כנשתה |
| 189 | Nu31:12 | ^^ואייתון לוות | משה | ולוות אלעזר כהנה ולוות |
| 190 | Nu11:24 | ונפק | משה | ומלל עם עמא ית כל פתגמוי |
| 191 | Dt31:01 | ואזל | משה | ומלל ית דביריה האליין לכל |
| 192 | Dt32:44 | ואתה | משה | ומלל ית ^כל#2#^ שבח שירתה |
| 193 | Ex 4:03 | לארעא והוי לחוי וערק | משה | ומן קדמוי: |
| 194 | Ex 2:11 | ביום<'>א האינון ורבה | משה | ונפק לוות אחוי וחמא |
| 195 | Lv24:12 | מן ארבעה דינין דקמו קדם | משה | וסכם יתכון בדעתיה דלעיל |
| 196 | Nu 1:19 | היך מה די פקד ייי ית | משה | וסכם יתהון במדברא דסיני: |
| 197 | Ex 4:30 | כל פתגמיא די מלל ייי עם | משה | ועבד נסייא לעיני עמא: |
| 198 | Ex36:06 | ופקד | משה | ועברן כרוז במשריתה למימר |
| 199 | Ex16:02 | כנישתא דבני ישראל על | משה | ועל אהרן במדברא: |
| 200 | Nu14:02 | ואתרעמו על | משה | ועל אהרן כל בני ישראל |
| 201 | Nu16:03 | ואתכנשו על | משה | ועל אהרן ואמרין להון סגין |
| 202 | Nu17:06 | מן יומא דמן בתרה על | משה | ועל אהרן למימר אתון |
| 203 | Nu17:07 | באתכנשות עם כנישתה על | משה | ועל אהרן וכוונו למשכן |
| 204 | Nu20:02 | לעם כנישתה וכנשו על | משה | ועל אהרן: |
| 205 | Nu26:09 | די פלגו קדם ייי על | משה | ועל אהרן בעצתה דקרח |
| 206 | Ex 6:13 | ומליל ייי עם | משה | ועם אהרן ופקד יתהון על |
| 207 | Lv11:01 | ומליל ייי עם | משה | ועם אהרן למימר להון: |
| 208 | Lv13:01 | ומליל ייי עם | משה | ועם אהרן למימר: |
| 209 | Lv14:33 | ומליל ייי עם | משה | «ועם אהרן» למימר: |
| 210 | Lv15:01 | ומליל ייי עם | משה | ועם אהרן למימר: |
| 211 | Nu 2:01 | ומליל ייי עם | משה | ועם אהרן למימר: |
| 212 | Nu 4:01 | ומליל ייי עם | משה | ועם אהרן למ«י»מר: |
| 213 | Nu 4:17 | ומליל ייי עם | משה | ועם אהרן למימר: |
| 214 | Nu14:26 | ומליל ייי עם | משה | ועם אהרן למימר: |
| 215 | Nu16:20 | ומליל ייי עם | משה | ועם אהרן למימר: |
| 216 | Nu19:01 | ומליל ייי עם | משה | ועם אהרן למימר: |
| 217 | Ex34:08 | ואוחי | משה | ועקד לארעא ואודי ושבח: |
| 218 | Ex 2:15 | הדין ובעה למקטל ית | משה | וערק משה מן קדם פרעה ושרה |
| 219 | Nu11:02 | וצו«ו»חו עמה קדם | משה | וצלי משה קדם ייי ואתבלעת |
| 220 | Nu27:02 | וקיימן קדם | משה | וקדם אלעזר כהנה וקדם |
| 221 | Nu36:01 | בנוי דיוסף ומללו קדם | משה | וקדם רברבני ראשי אבהתה |
| 222 | Nu31:07 | היך מה די פקד ייי ית | משה | וקטלו כל דכורא: |

|  |  |  |
|---|---|---|
| 223 | Ex19:07 | ואתא משה וקרא לחכימי עמא וסדר |
| 224 | Nu17:12 | ונסב אהרן היך מה דמלל משה ורהט לגו קהלא והא שרי |
| 225 | Ex 2:17 | רעייא וטרדו יתהון וקם משה ושזיב יתהון ואשקי ית |
| 226 | Lv24:11 | וחרף ואייתון יתיה לוות משה ושמה דאתתה שלמית ברת |
| 227 | Ex 6:20 | ית אהרן וית משה ושני חייו דעמרם מאה |
| 228 | Lv10:20M | קבל עלה אגר סגי ושמע משה ושפר פתגמי באפוי |
| 229 | Ex 4:18 | ואזל משה ותב ליתרו חמוי ואמר ליה |
| 230 | Ex24:03 | ואתא משה ותני לעמא ית כל פתגמיא |
| 231 | Nu10:36M | וכד הווה ארונה שרי הוה משה זקיף ידוי בצלו ואמ[ר] תוו |
| 232 | Ex17:11 | והוה כד הוה משה זקף ית ידוי בצלו הוון דבית |
| 233 | Lv24:12 | דלעיל בתרין מנהון הוה משה זריז ובתרין מנהון הוה משה |
| 234 | Lv24:12 | ובדין בנתה דצלפחד הוה משה זריז מן בגלל דהווה דיניהון |
| 235 | Nu 9:08 | משה בתרין מנהון הוה משה זריז ובתרין מנהון הוה משה |
| 236 | Nu 9:08 | ובדין בנתיה דצלפחד הוה משה זריז מן בגלל דהוון דיניהון |
| 237 | Nu15:34 | רבן בתרין מנהון הוה משה זריז ובתרין מנהון הוה משה |
| 238 | Nu15:34M | בנתיה דצלפחד הוה משה זריז מן בגלל דהוון |
| 239 | Nu15:34 | ובתרין בנתה דצלפחד הוה משה זריז מן בגלל דהוה דיניהון |
| 240 | Nu27:05 | משה בתרין מנהון הוה משה זריז ובתרין מנהון הוה משה |
| 241 | Nu21:09M | ועבד^ משה חוי דנחש ויהב יתה על אתר |
| 242 | Dt 2:31 | ואמר ייי לי אמר משה חמי דהא שריית למימסר קדמך |
| 243 | Dt34:12 | חזווייה רברבייה די עבד משה חמיין כל ישראל: |
| 244 | Dt10:01 | ההיא אמר ייי לי אמר משה חצוב לך תרין לוחין דאבנין |
| 245 | Dt33:04 | ישראל אורייתה פקד יתן משה יהב יתה ירתו ואחסנה לקהל |
| 246 | Ex 4:20 | ונסב משה ית אתתיה וית בנוי וארכב |
| 247 | Ex 4:20 | וחזר לארעא דמצרים ונסב משה ית חוטרא די אתעבד ביה |
| 248 | Ex 9:23 | וארכן משה ית חוטריה לשמיא וייי יהב |
| 249 | Ex10:13 | וארכן משה ית חוטריה על ארעא דמצרים |
| 250 | Ex10:22 | וארכן משה ית ידא לשמיא והוה חשוך |
| 251 | Ex13:19 | ונסב משה ית גרמוי דיוסף עמיה ארום |
| 252 | Ex14:21 | וארכן משה ית ידיה על ימא ודבר ייי ית |
| 253 | Ex14:27 | וארכן משה ית ידיה על ימא ואתחזר ימא |
| 254 | Ex15:22 | ואטל משה ית ישראל מימא סוף ונפקו |
| 255 | Ex18:27 | ושלח משה ית חמוי ואזל ליה לארעיה: |
| 256 | Ex19:08 | מה דמלל ייי נעבד וחזר משה ית מליהון דעמא בצלו קדם |
| 257 | Ex19:09 | עבדי יהמנון לעלם ותני משה ית מליהו«ן» דעמא קדם |
| 258 | Ex19:17 | ואפיק משה ית עמא לקדמות איקר שכינתא |
| 259 | Ex24:04 | וכתב משה ית כל פתגמי דייי ואקדם |
| 260 | Ex24:08 | ונסב משה ית אדמה וזרק על עמא ואמר |
| 261 | Ex32:25 | וחמא משה ית עמא ארום פריעין אינון |
| 262 | Ex34:35M | משה מחזר /ואחזר משה#2# ית סודרה על אפוי עד |
| 263 | Ex35:01 | וכנש משה ית כל כנישתה דבני ישראל |
| 264 | Ex36:03 | ונסבו מן קדם משה ית כל אפרשותה די אפרשו בני |
| 265 | Ex39:33 | ואייתון ^ית משכנה לוות משה#2#^ ית משכנה וית כל מנוי |
| 266 | Ex39:43 | וחמא משה ית כל עבידתיה והא עבדו יתה |
| 267 | Ex40:02M | בחד לירחא תקים/אקים משה#2#/ ית משכנה משכן זימנא: |
| 268 | Ex40:17 | תנייתא בחד לירחא אקים משה ית משכנה: |
| 269 | Ex40:18 | ואקים משה ית משכנה ויהיב ית חומרוי |
| 270 | Ex40:20M | "ונסב... לגו ארונה": ונסב משה ית תרין לוחי אבניה |
| 271 | Ex40:33 | ית פרס תרע דרתה ושלם משה ית עבדתה: |
| 272 | Lv 8:06 | ואקרב משה ית אהרן וית בנוי וקדש |
| 273 | Lv 8:10 | ונסב משה ית משחה דרבותה ורבי ית |
| 274 | Lv 8:13 | ואקרב משה ית בנוי דאהרן ואלבש יתהון |
| 275 | Lv 8:15 | ונכס ונסב משה ית אדמה ויהב על קרנתיה |
| 276 | Lv 8:19 | ונכס וזרק משה ית אדמה על גבי מדבח' |
| 277 | Lv 8:20 | וית דכרה פסג לפסגוי וסדר משה ית ראשה וית פסגיה וית |
| 278 | Lv 8:21 | וית רגלה שזג במיא וסדר משה ית כל דכרה על גבי מדבחה |
| 279 | Lv 8:24 | רגליהו' דימינה וזרק משה ית אדמה על גבי מדבחא |
| 280 | Lv 8:29 | ונסב משה ית ניעה ואניף יתה אנפו קדם |
| 281 | Lv10:20 | ושמע משה ית מילוי דאהרן ושפר באפוי |
| 282 | Lv23:44 | ומליל משה ית סדרי מועדוי דייי ואלף |
| 283 | Nu 3:49 | ונסב משה ית כסף פרקוניה מן מה |
| 284 | Nu 3:51 | ויהב משה ית כסף פרקוניה לאהרן |
| 285 | Nu 7:06 | ונסב משה ית עגלתה וית תוריה ויהב |
| 286 | Nu 9:15 | וביומא דאקים משה ית משכנה כסי ענגה ית משכנא |
| 287 | Nu11:10 | ושמע משה ית קלהון דעמה בכיין |
| 288 | Nu14:39 | ומליל משה ית פתגמיה האלין עם כל בני |
| 289 | Nu17:22 | ואצנע משה ית חוטריה קדם ייי במשכנה |
| 290 | Nu17:24 | ואפק משה ית כל חוטריה מן קדם ייי |
| 291 | Nu20:09 | ונסב משה ית חוטרא מן קדם ייי היך מה |
| 292 | Nu20:11 | וארים משה ית חוטרה ומחה ית כיפה |
| 293 | Nu20:28 | ואשלח <משה ית> אהרן ית לבושוי ואלבש |
| 294 | Nu27:05 | רבהון אמר לא שמעית וקרב משה ית סדר דיניהון קדם ייי: |
| 295 | Nu31:41 | ויהב משה ית תלש אפרשותה דייי |
| 296 | Nu32:28 | ופקד יתהון «משה» ית אלעזר וית יהושע בר |
| 297 | Nu32:40 | ויהב משה ית גלעד למכיר בר מנשה |
| 298 | Nu33:02 | וכתב משה ית מפקניהון למטלניהון |
| 299 | Nu34:13 | ופקד משה ית בני ישראל למימר דא |
| 300 | Nu36:05 | ופקד משה ית בני ישראל על פם גזירת |
| 301 | Dt 9:10 | ויהב ייי לי אמר משה ית תרין לווחי אבנייה |
| 302 | Dt 9:11 | לילוון יהב ייי לי אמר משה ית תרין לוחי אבנייה לוחי |
| 303 | Dt27:11 | ופקד משה ית עמא ביומא ההוא למימר: |
| 304 | Dt31:09 | וכתב משה ית אוריתה הדה ויהב יתה |
| 305 | Dt31:22 | וכתב משה ית שבח שירתה הדה ביומא |
| 306 | Dt31:25 | ופקד משה ית ליוויי סעני ארון קיימה |
| 307 | Dt34:09 | מלא רוח דחכמה ארום סמך משה ית ידוי עלוי ושמעו ליה בני |
| 308 | Lv 8:28 | וקבל משה יתהון מעילוי כפי ידיהון |
| 309 | Dt31:10 | ופקד משה יתהון למימר לסוף שבע שנין |
| 310 | Ex16:08 | ואמר משה כד יתן ייי לכון ברמשא בשר |
| 311 | Ex 6:09 | ומלל משה כדין עם בני ישראל ולא |
| 312 | Ex 6:10 | {ומלל משה כדין עם בני ישראל} ומלל |
| 313 | Ex39:32 | כל מה די פקד ייי ית משה כדין עבדו: |
| 314 | Ex11:04 | ואמר משה כדן אמר ייי בפלגא דליליא |
| 315 | Ex39:43 | היך מה די פקד ייי ית משה כדן עבדו וברך יתהון משה |
| 316 | Nu 1:54 | ככל מה די פקד ייי ית משה כדן עבדו: |
| 317 | Nu 2:34 | כל מה די פקד ייי ית משה כדן שרון לטכסיהון וכן נטלו |
| 318 | Nu 5:04 | היך מה די מלל ייי עם משה כדן עבדו בני ישראל: |
| 319 | Nu 8:04 | היא כחזווה די חזה ייי ית משה כדן עבד בצלאל ית מנרתה: |
| 320 | Nu 9:05 | כל מה די פקד ייי ית משה כדן עבדו בני ישראל: |
| 321 | Nu36:10 | היך מה דפקיד ייי ית משה כדן עבדו בנתה דצלפחד: |
| 322 | Ex40:16 | ועבד משה כל מה דפקד ייי יתיה כדין |
| 323 | Ex39:42 | ככל מה די פקד ייי ית משה כן עבדו בני ישראל ית כל |
| 324 | Dt 4:10 | בזמנה דאמר ייי לי אמר משה כנש לי ית עמא ואשמע יתהון |
| 325 | Ex 4:28 | וחווי משה לאהרן ית כל פתגמיא דייי |
| 326 | Ex16:09 | ואמר משה לאהרן אמר לכל כנישתא דבני |
| 327 | Ex16:33 | ואמר משה לאהרן סב צלוחי חדא והב |
| 328 | Ex32:21 | ואמר משה לאהרן מה עבד לך עמא |
| 329 | Lv 8:31 | ואמר משה לאהרן ולבנוי בשלו ית בשרה |
| 330 | Lv 9:01 | שבעתי יומי אשלמותה קרא משה לאהרן ולבנוי ולחכימי |

|  |  | | | |
|---|---|---|---|---|
| 331 | Lv 9:07 | ואמר | משה | לאהרן קרב על גבי מדבחה |
| 332 | Lv10:03 | ואמר | משה | לאהרן הוא פתגמא די מליל |
| 333 | Lv10:06 | ואמר | משה | לאהרן ולאלעזר ולאיתמר |
| 334 | Ex36:02 | וקרא | משה | לבצלאל ולאהליאב ולכל די |
| 335 | Nu13:16 | ית ארעא דכנען וקרא | משה | להושע בר נון יהושע: |
| 336 | Nu10:29 | ואמר | משה | לחובב בר רעואל מדיניה |
| 337 | Ex17:09 | ואמר | משה | ליהושע בחר לן גברין |
| 338 | Dt31:07 | וקרא | משה | ליהושע ואמר ליה קדם כל |
| 339 | Lv10:04 | וקרא | משה | למישאל ולאלצפן בנויהי |
| 340 | Nu21:34 | והוה כד חמא | משה | לעוג מלכא דבותנין דחל |
| 341 | Nu16:16 | ואמר | משה | לקרח את וכל עם כנישתך |
| 342 | Ex 8:22 | ואמר | משה | לא תקן למעבד כדן ארום |
| 343 | Ex14:13 | אמרה נפול לימא אמר להון | משה | לא תדחלון אתע<ת>דו וחמון |
| 344 | Ex14:13 | נחזור למצרים אמר להון | משה | לא תדחלון ארום היך מה |
| 345 | Ex14:14 | ונערבב יתהון אמר להון | משה | לא תדחלון קומן שתוקו |
| 346 | Ex14:14 | סדרי קרבא אמר להון | משה | לא תדחלון ייי הוא עבד לכון |
| 347 | Nu 7:09 | ולבנוי דקהת לא יהב | משה | לא מן עגלתה ולא מן תוריה |
| 348 | Nu27:05M | ובאליין#2#/ אמר | ∧משה#2#/ | לא שמעית במסאבין דלא |
| 349 | Dt 2:09 | ואמר ייי לי אמר | משה | לא תעיקון ית מואביי ולא |
| 350 | Dt 3:02 | ואמר ייי לי אמר | משה | לא תדחל מנה ארום בידך |
| 351 | Nu14:12M | יתך לאומא /ואימני יתך | משה | לאומ#2#/ רבה ותקיפה |
| 352 | Ex32:10M | לאומה#2#/ /ואימני יתך | משה | לאומייה#2#/ רבה ותקיפא |
| 353 | Nu 7:01 | והוה ביומא דאשלם | משה | ל{א}«מ»קמה ית משכנה ורבי |
| 354 | Ex24:02 | ויקרב | משה | לבלחודוי קדם ייי ואינון לא |
| 355 | Nu 7:07 | וית ארבעה תורין יהב | משה | לבנוי דגרשון כמסת |
| 356 | Nu 7:08 | וית תמניה תוריה יהב | משה | לבנוי דמררי כמסת פולחנהון |
| 357 | Nu32:06 | ואמר | משה | לבנוי דגד ולבנוי דראובן |
| 358 | Nu32:33 | ויהב להון | משה | לבנוי דגד ולבנוי דראובן |
| 359 | Ex35:30 | ואמר | משה | לבני ישראל חמו דמני ייי |
| 360 | Nu30:01 | ואמר | משה | לבני ישראל כל מה די פקד |
| 361 | Nu25:05 | ואמר | משה | לדיניה דישראל קט«ו»לו |
| 362 | Ex16:15 | לא הון ידעין משה ואמר | משה | להון הוא לחמא די יהב ייי |
| 363 | Ex16:19 | ואמר | משה | להון גבר לא ישייר מנה עד |
| 364 | Ex10:25 | ואמר | משה | לחוד את תתן בידן נכסין |
| 365 | Dt 9:19 | ושמע ייי בקל צלותי אמר | משה | לחוד בזמנה ההוא: |
| 366 | Dt10:10 | ממרה דייי בקל צלותי אמר | משה | לחוד בזמנה ההיא ולא הווה |
| 367 | Ex18:08 | ותני | משה | לחמוי ית כל מה דעבד ייי |
| 368 | Ex18:15 | ואמר | משה | לחמוי ארום אתון לוותי עמא |
| 369 | Ex24:13 | משה ויהושע שמשוי וסלק | משה | לסור«א» דאתגליית עלוי |
| 370 | Ex24:15 | וסלק | משה | לטורא וכסי ענגא ית |
| 371 | Ex10:29 | ואמר | משה | ליה יאות וקושטא מללת מבשר |
| 372 | Nu16:08 | ואמר | משה | {לכון} <לקרח> שמעו כען |
| 373 | Ex12:21 | וקרא | משה | לכל חכמיה דישראל ואמר |
| 374 | Ex35:04 | ואמר | משה | לכל כנישתא דבני ישראל |
| 375 | Dt 5:01 | וקרא | משה | לכל ישראל ואמר להון שמעו |
| 376 | Dt29:01 | וקרא | משה | לכל ישראל ואמר להון אתון |
| 377 | Nu34:29 | אלין די פקד ייי ית | משה | למאחסנה ית בני ישראל |
| 378 | Ex 4:27 | ייי לאהרן איזל לקדמות | משה | למדברא ואזל וארע יתיה בטור |
| 379 | Ex18:05 | דמשה ובנוי ואתתיה לוות | משה | למדברא דהוא שרי תמן דתמן |
| 380 | Ex18:13 | מן יומא דבתר«ה» ויתב | משה | למדן ית עמא וקמו עמא קדם |
| 381 | Nu14:41 | ואמר | משה | למה כען אתון מעברין על פם |
| 382 | Lv24:12M | דעתידין למקום בתר | משה | למהוון מתינין בדיני נפשתה |
| 383 | Nu 9:08M | דעתיד למקום בתר | משה | למהוון זריזין בדיני ממונה |
| 384 | Nu15:34M | דעתידין למקום בתר | משה | למהוון מתינין בדיני{ה} |
| 385 | Ex 3:04 | וגלי קדם ייי ארום סטה | משה | למחמי וקרא ליה ממריה דייי |
| 386 | Ex32:01 | וחמון עמא ארום אשתהי | משה | למיחת מן טורא ואיתכנשו עמה |
| 387 | Nu13:16 | אלין שמהת גבריה די שלח | משה | למיללה ית ארעא דכנען |
| 388 | Nu13:17 | ושלח יתהון | משה | למיללה ית ארעא דכנען |
| 389 | Nu21:32 | ושלח | משה | למיללה ית יעזר וכבשו |
| 390 | Lv 4:01 | ומליל ייי עם | משה | למימ': |
| 391 | Lv12:01 | ומליל ייי עם | משה | למימ': |
| 392 | Ex 6:10 | בני ישראל} ומלל ייי עם | משה | למימר: |
| 393 | Ex 6:29 | ומלל <ייי> עם | משה | למימר "אני" ייי אנה |
| 394 | Ex13:01 | ומליל ייי עם | משה | למימר: |
| 395 | Ex14:01 | ומליל ייי עם | משה | למימר: |
| 396 | Ex15:24 | ואתרעמו עמא על | משה | למימר מה הן אנן שתיין: |
| 397 | Ex16:11 | ומליל ייי עם | משה | למימר: |
| 398 | Ex25:01 | ומליל ייי עם | משה | למימר: |
| 399 | Ex30:11 | ומלל ייי עם | משה | למימר: |
| 400 | Ex30:17 | ומלל ייי עם | משה | למימר: |
| 401 | Ex30:22 | ומליל ייי עם | משה | למימר: |
| 402 | Ex31:01 | ומלל ייי עם | משה | למימר: |
| 403 | Ex40:01 | ומליל ייי עם | משה | למימר: |
| 404 | Lv 5:14 | ומליל ייי עם | משה | למימר: |
| 405 | Lv 5:20 | ומליל ייי עם | משה | למימר: |
| 406 | Lv 6:12 | ומליל ייי עם | משה | למימר: |
| 407 | Lv 6:17 | ומליל ייי עם | משה | למימר: |
| 408 | Lv 7:22 | ומליל ייי עם | משה | למימר: |
| 409 | Lv 7:28 | ומליל ייי עם | משה | למימר: |
| 410 | Lv 8:01 | ומליל ייי עם | {ל}משה | למימר: |
| 411 | Lv14:01 | ומליל ייי עם | משה | למימר: |
| 412 | Lv17:01 | ומליל ייי עם | משה | למימר: |
| 413 | Lv18:01 | ומליל ייי עם | משה | למימר: |
| 414 | Lv19:01 | ומליל ייי עם | משה | למימר: |
| 415 | Lv20:01 | ומליל ייי עם | משה | למימר: |
| 416 | Lv21:16 | ומליל ייי עם | משה | למימר: |
| 417 | Lv22:01 | ומליל ייי עם | משה | למימר: |
| 418 | Lv22:17 | ומליל ייי עם | משה | למימר: |
| 419 | Lv22:26 | ומליל ייי עם | משה | למימר: |
| 420 | Lv23:01 | ומליל ייי עם | משה | למימר: |
| 421 | Lv23:09 | ומליל ייי עם | משה | למימר: |
| 422 | Lv23:23 | ומליל ייי עם | משה | למימר: |
| 423 | Lv23:26 | ומליל ייי עם | משה | למימר: |
| 424 | Lv23:33 | ומליל ייי עם | משה | למימר: |
| 425 | Lv24:01 | ומליל ייי עם | משה | למימר: |
| 426 | Lv24:13 | ומליל ייי עם | משה | למימר: |
| 427 | Lv27:01 | ומליל ייי עם | משה | למימר: |
| 428 | Nu 1:48 | ומליל ייי עם | משה | למימר: |
| 429 | Nu 3:05 | ומליל ייי עם | משה | למימר: |
| 430 | Nu 3:11 | ומלל ייי עם | משה | למימר: |
| 431 | Nu 3:44 | ומליל ייי עם | משה | למימר: |
| 432 | Nu 4:21 | ומליל ייי עם | משה | למימר: |
| 433 | Nu 5:01 | ומליל ייי עם | משה | למימר: |
| 434 | Nu 5:05 | ומליל ייי עם | משה | למימר: |
| 435 | Nu 5:11 | ומליל ייי עם | משה | למימר: |
| 436 | Nu 6:01 | ומליל ייי עם | משה | למימר: |
| 437 | Nu 6:22 | ומליל ייי עם | משה | למימר: |
| 438 | Nu 8:01 | ומליל ייי עם | משה | למימר: |

|  |  | | | |
|---|---|---|---|---|
| 439 | Nu 8:23 | ומליל ייי עם | משה | למימר: |
| 440 | Nu 9:09 | ומליל ייי עם | משה | למימר: |
| 441 | Nu10:01 | ומליל ייי עם | משה | למימר: |
| 442 | Nu13:01 | ומליל ייי עם | משה | למימר: |
| 443 | Nu15:01 | ומליל ייי עם | משה | למימר: |
| 444 | Nu15:17 | ומליל ייי עם | משה | למימר: |
| 445 | Nu16:23 | ומליל ייי עם | משה | למימר: |
| 446 | Nu17:01 | ומליל ייי עם | משה | למימר: |
| 447 | Nu17:09 | ומליל ייי עם | משה | למימר: |
| 448 | Nu17:16 | ומליל ייי עם | משה | למימר: |
| 449 | Nu18:25 | ומליל ייי עם | משה | למימר: |
| 450 | Nu20:07 | ומליל ייי עם | משה | למימר: |
| 451 | Nu25:10 | ומליל ייי עם | משה | למימר: |
| 452 | Nu25:16 | ומליל ייי עם | משה | למימר: |
| 453 | Nu26:52 | ומליל ייי עם | משה | למימר: |
| 454 | Nu28:01 | ומליל ייי עם | משה | למימר: |
| 455 | Nu31:01 | ומליל ייי עם | משה | למימר: |
| 456 | Nu34:01 | ומליל ייי עם | משה | למימר: |
| 457 | Nu34:16 | ומליל ייי עם | משה | למימר: |
| 458 | Nu35:09 | ומליל ייי עם | משה | למימר: |
| 459 | Dt 2:02 | ואמר ייי לי אמר | משה | למימר: |
| 460 | Dt 2:17 | ומליל ייי עמי אמר | משה | למימר: |
| 461 | Dt 9:13 | ואמר ייי לי אמר | משה | למימר גלי קדמי ית קשיותהון |
| 462 | Ex40:35 | ולא יכל | משה | למיעל למשכני זימנא ארום |
| 463 | Dt31:24 | והוה כד אשלם | משה | למכתב ית ˆכל#2ˆ מילי |
| 464 | Dt32:45 | ואשלם | משה | למללה ית כל פתגמייא |
| 465 | Lv 6:01 | ומליל ייי עם | משה | לממ': |
| 466 | Nu 8:05 | ומלל ייי עם | משה | לממר: |
| 467 | Dt 1:05 | בארעהון דמואביי שרי | משה | למפרשה ית ספר אורייתה הדה |
| 468 | Dt28:69 | דקיימה די פקד ייי ית | משה | למקיימה עם בני ישראל |
| 469 | Lv 1:01 | והוה כד אשלם | משה | למקמה ית משכנה ורבי יתיה |
| 470 | Nu16:12 | ושלח | משה | למקרי לדתן ולאבירם בנוי |
| 471 | Nu14:36 | וגובריה די שלח | משה | למ(ר)«ייי»ללה ית ארעא |
| 472 | Ex33:08M | ויהוי כד יפוק | משה | למשכנה הוון קיימין כל עמא |
| 473 | Nu17:23 | והוה מן יומא דבתרה ועל | משה | למשכנה דסהדותה והא אפרחת |
| 474 | Ex 2:21 | ושרי | משה | למשרי לוות גברא ואסב ליה |
| 475 | Nu11:30 | ואתכנש | משה | למשריתה הוא וחכימיה |
| 476 | Ex32:11M | משה קדם ייי /ושרי | משה | למתבוע רחמין מן קדם |
| 477 | Ex17:06 | וישתון עמא ועבד כדין | משה | לעיני חכימיא דישראל: |
| 478 | Nu25:06 | אחוי ית מדיניתה לעיני | משה | לעיני כל כנשתה דבני ישראל |
| 479 | Lv 8:05 | ואמר | משה | לעם כנשתה דן פתגמא די פקד |
| 480 | Ex13:03 | ואמר | משה | לעמא הוון דכירין יומא הדין |
| 481 | Ex20:20 | ואמר | משה | לעמא לא תדחלון ארום |
| 482 | Ex32:30 | והוה מן יומא דבתרה ואמר | משה | לעמא אתון חטיתון חובין |
| 483 | Ex 8:05 | ואמר | משה | לפרעה הב לי סימן ואתרחיץ |
| 484 | Ex10:29 | בכוריה דפרעה ישרי: ואמר | משה | לפרעה יאות מן קוש«טא» |
| 485 | Ex18:07 | ונפק | משה | לקדמות חמוי ושאל בשלמיה |
| 486 | Ex18:24 | ושמע | משה | לקלה דחמוי ועבד כל מה |
| 487 | Ex 9:08 | קסם דאתון ויזרוק יתיה | משה | לשמיא קדם פרעה: |
| 488 | Ex 9:10 | וקמו קדם פרעה וזרק יתיה | משה | לשמיא והוה שיחנא עבד |
| 489 | Ex33:09 | והוה כד הוה עליל | משה | לתרע משכנה נחת עמודא דעננא |
| 490 | Lv 9:05 | ונסבו ית מה דפקד | משה | לתרע משכן זימנה וקריבו עם |
| 491 | Nu17:15 | וחזר אהרן לוות | משה | לתרע משכן זימנה ומגפתה |
| 492 | Ex17:15 | ובנה | משה | מדבח וצלי תמן בשם מימרי |
| 493 | Ex17:02 | לן מיין ונשתי ואמר להון | משה | מה אתון מדיינין עמי {מנ} |
| 494 | Ex34:35 | דאפוי דמשה והוה | משה | מחזר ית סודרה על אפוי עד |
| 495 | Ex34:35 | סבר אפוי דמשה {{והוה | משה | מחזר}} ארום נהר זיו |
| 496 | Nu12:02 | ואמרין להוד עם | משה | מלל ייי הלא אוף עמן מלל |
| 497 | Ex33:11 | ומלל ייי עם | משה | ממלל לקבל ממלל היך מה |
| 498 | Nu 9:08 | זריז ובתרין מנהון הוה | משה | ממתין במסאבין דלא יכלו |
| 499 | Nu 9:08 | שמה קדישה בגדפין הוה | משה | ממתין מן בגלל דהוה דהוון |
| 500 | Ex18:13 | ית עמא וקמו עמא קדם | משה | מן צפרא עד רמשא: |
| 501 | Ex19:14 | ונחת | משה | מן טורא לוות עמא וקדש ית |
| 502 | Ex19:25 | ונחת | משה | מן טורא לוות עמא ואמר להון |
| 503 | Ex32:15 | וכוין ונחת | משה | מן טורא ותרין לוחי בידי |
| 504 | Ex34:29 | והוה כד נחת | משה | מן טורא דסיני ותרין |
| 505 | Ex34:33 | ואשלם | משה | מן למללה עמהון ויהב על |
| 506 | Lv 8:23 | ונכס ונסיב | משה | מן אדמה ויהב על רום אדנה |
| 507 | Lv 8:24 | וקרב ית בנוי דאהרן ונסב | משה | מן אדמה על רום אדניהון |
| 508 | Lv 8:30 | ונסב | משה | מן משחה דרבותה ומן אדמ' די |
| 509 | Nu 6:23 | ית בני ישראל אזל | משה | מן שמי ואמר להון: |
| 510 | Nu31:42 | דבני ישראל די פלג | משה | מן גברייה דאתחילו: |
| 511 | Nu31:47 | ונסב | משה | מן פלגותהון דבני ישראל ית |
| 512 | Dt 5:30 | אזל | משה | מן שמי ואמור להון חזורו |
| 513 | Dt34:01 | וסלק | משה | מן משרה דמאב לטורה דנבו |
| 514 | Lv16:01 | ומליל ייי עם | משה | מן בתר דמיתו תרין בנוי |
| 515 | Ex 8:26 | ונפק | משה | מן לוות פרעה וצלי קדם ייי: |
| 516 | Ex 9:33 | ונפק | משה | מן לוות פרעה ית קרתא ופרס |
| 517 | Ex 2:15 | ובעה למקטל ית משה וערק | משה | מן קדם פרעה ושרה בארעא |
| 518 | Ex 9:11 | ולא יכלו חרשיא למיקם קדם | משה | מן קדם שיחנא ארום הווה |
| 519 | Nu11:28 | מן רוביותיה ואמ' ריבוני | משה | מנע מנהון רוח קודשה: |
| 520 | Nu10:35 | כד נטל ארונה ואמר והוה | משה | מצלי ואמר קום בבעו ייי |
| 521 | Nu10:36 | וכד הוה שרי הוה | משה | מצלי ואמר חזור כען ייי מן |
| 522 | Lv24:12M | דחליל שובתה בזידנו הוה | משה | מתי{י}ן מן בגלל דהוה |
| 523 | Lv24:12 | זריז ובתרין מנהון הוה | משה | מתין באליין ובאילין אמר לא |
| 524 | Lv24:12 | שמיה קדישה בגדפין הוה | משה | מתין מן בגלל דהוון דיניהון |
| 525 | Nu15:34M | שמא קדישא בגדפין הווה | משה | מתין מן בגלל דהווה |
| 526 | Nu15:34 | זריז ובתרין מנהון הוה | משה | מתין ובאלין ובאלין אמר לא |
| 527 | Nu15:34 | שמה קדישה בגדפין הוה | משה | מתין מן בגלל דהוון דיני |
| 528 | Nu27:05 | זריז ובתרין מנהון הוה | משה | מתין ובאילין ובאילין אמר |
| 529 | Nu27:05 | שמה קדישה בגדפין הווה | משה | מתין מן בגלל דהוון דיניהון |
| 530 | Nu11:26 | הוה מתנבא ואמר הא | משה | נביא מסתלק מן גו משריתה |
| 531 | Nu34:15 | דבותניין מה די קטל | משה | נביא דייי נפק לרפיון |
| 532 | Dt33:01 | ודא ברכתה די ברך | משה | נביא דייי ית בני ישראל |
| 533 | Dt33:08 | ולשבטה דלוי ברך | משה | נביא דייי ואמר תומייא |
| 534 | Dt33:20 | ולשבטה דגד ברך | משה | נביא דייי ואמר בריך מן |
| 535 | Dt30:12M | מן יסק לן לשמיא היך | משה | נבייא |
| 536 | Dt32:01 | בגין כדין קם ליה | משה | נבייא דייי ואזרז ואמר |
| 537 | Dt32:03 | עלי עשב כי שם לכן אמר | משה | נבייא ארום בשמה קדישא אנה |
| 538 | Dt32:04 | אמר | משה | נבייא אנה חמית לרבון כל |
| 539 | Dt33:07 | ודא ברכתה די ברך | משה | נבייא דייי לשבטה דיהודה |
| 540 | Dt33:12 | ולשבטה דבנימן ברך | משה | נבייא דייי ואמר רחימה דייי |
| 541 | Dt33:13 | ולשבטה דיוסף ברך | משה | נבייא דייי ואמר מה בריכה |
| 542 | Dt33:18 | ולשבטה דזבולן ברך | משה | נבייא דייי ואמר חדון דבית |
| 543 | Dt33:21 | טבן ומרגליין ארום תמן | משה | נבייא ספריהון דישראל |
| 544 | Dt33:22 | ולשבטה דדן ברך | משה | נבייא דייי ואמר דן מדמי |
| 545 | Dt33:23 | ולשבטה דנפתלי ברך | משה | נבייא דייי ואמר נפתלי |
| 546 | Dt33:24 | ולשבטה דאשר ברך | משה | נבייא דייי ואמר בריך מן |

|  |  |  |  |  |  |
|---|---|---|---|---|---|
| 547 | | Lv22:27M | לשמך הא בכין פרש | משה | נבייה דייי ואמר עמי בני |
| 548 | | Dt32:01 | קמו למסהדה בישראל | משה | נבייה וישעייה נבייא משה |
| 549 | | Dt32:03 | אמר | משה | נבייה לרשיעיה וויי להון |
| 550 | | Dt32:14 | טוב שומניהון דחטייא אמר | משה | נבייה אין יהוון ישראל |
| 551 | | Nu20:29M | "ארום סאף אהרן ... ובכון": | משה | נחת מן ראש טורא מאנוי |
| 552 | | Ex33:08 | והוה כד הוה | משה | נפק למשכנה קיימין כל עמא |
| 553 | | Dt 3:26 | צלותי ואמר ייי לי אמר | משה | סגין לך לא תוסף למללה קדמי |
| 554 | | Nu13:17 | ארעא דכנען ואמר להון | משה | סוקו ב{ר}<ד>א לדרומה |
| 555 | | Nu31:48 | וקרבו לוות | משה | סכומיה דהוון ממנין על |
| 556 | | Nu11:26M | הוה מתנבי ואמר עתיד | משה | ספרהון דישראל מתכנשה |
| 557 | | Dt34:05 | ומית תמן | <משה> | עבדה דייי בארעהון דמואביי |
| 558 | | Ex19:09 | במללותי עמך ואף בנבואתך | משה | עבדי יהמנון לעלם ותני משה |
| 559 | | Ex33:08 | משכניה ומסתכלין בתר | משה | עד דהוה עליל למשכניה: |
| 560 | | Lv27:34 | פקודיה די פקד ייי ית | משה | על בני ישראל בטורא |
| 561 | | Nu 8:20 | כל מה די פקד ייי ית | משה | על ליווי כדן עבדו להון בני |
| 562 | | Nu 8:22 | היך מה די פקד ייי ית | משה | על ליוויי כדן עבדו להון: |
| 563 | | Nu21:07 | מעילוון ית חיויא וצלי | משה | על ידיהון דעמא: |
| 564 | | Nu31:14 | ורגז | משה | על סכומוי חילוותה רברבני |
| 565 | | Nu36:13 | דנייה די פקד ייי | משה | על בני ישראל במישריה |
| 566 | | Lv 8:16 | וית תרביהון וסדר | משה | על גבי מדבחה: |
| 567 | | Nu 3:16 | וסכם יתהון | משה | על פם גזירת ממרה דייי |
| 568 | | Ex34:34 | וכד הוה | משה | עליל קדם ייי למללה עמה הוה |
| 569 | | Nu 7:89 | וכד הוה | משה | עלל למשכן זימנא לממללה |
| 570 | | Lv10:12 | ומליל | משה | עם אהרן ועם אלעזר ועם |
| 571 | | Lv21:24 | ומליל | משה | עם אהרן ועם בנוי ועם כל |
| 572 | | Lv24:23 | ומלל | משה | עם בני ישראל ואפיקו ית |
| 573 | | Nu 9:04 | ומליל | משה | עם בני ישראל למעבד פיסחה: |
| 574 | | Nu17:21 | ומליל | משה | עם בני ישראל ויהבו ליה כל |
| 575 | | Nu27:15 | ומליל | משה | עם ייי למימר: |
| 576 | | Nu30:02 | ומליל | משה | עם ראשי שבטיה דבני ישראל |
| 577 | | Nu31:03 | ומליל | משה | עם עמא למימ׳ אזדיינו |
| 578 | | Dt 1:01 | אלין פתגמייה די מלל | משה | עם כל בני ישראל ואוכח |
| 579 | | Dt 1:03 | ירחין בחד יום לירחא מלל | משה | עם בני ישראל כל מה די פקד |
| 580 | | Dt 4:45 | וסדרי{ה} דינייה די מלל | משה | עם בני ישראל באפקותהון |
| 581 | | Ex34:31 | וכל רברבני בכנישתה ומלל | משה | עמהון: |
| 582 | | Ex 3:04 | סניה ואמר ליה משה | משה | ענה משה בלשון בית קודשא |
| 583 | | Nu12:03 | וגברא | משה | ענוון לחדה מן כל בני אנשא |
| 584 | | Ex24:06 | ונסב | משה | פלגא דדמא ושוי בספלא ופלגא |
| 585 | | Nu10:35M | כד הווה ארונה נטל הוה | משה | קאים ידוי בצלו ואמר קום |
| 586 | | Ex 3:11 | ואמר | משה | קדם ייי מן אנה ארום אזל |
| 587 | | Ex 3:13 | ואמר | <משה> | קדם ייי הא אנה אזל לוות |
| 588 | | Ex 4:10 | ואמר | משה | קדם ייי בבעו ברחמין |
| 589 | | Ex 5:22 | וחזר | משה | קדם ייי ואמר בבעו ברחמין |
| 590 | | Ex 6:12 | ומלל | משה | קדם ייי למימר הא בני |
| 591 | | Ex 6:30 | ואמר | משה | קדם ייי ^הא#2#^ אנה חגר |
| 592 | | Ex 8:08 | מן לוות פרעה וצלי | משה | קדם ייי על עסק ארדעניא די |
| 593 | | Ex15:25 | וצלי | <משה> | קדם ייי וחוי ליה ייי אילן |
| 594 | | Ex17:04 | וצלי | משה | קדם ייי למימר מה אעבד לעמא |
| 595 | | Ex32:11 | וצלי | משה | קדם ייי אלהיה ואמר למה ה׳ |
| 596 | | Ex32:31M | /וחזר | משה | קדם ייי#2#/ ואמר בבעו |
| 597 | | Ex33:12 | ואמר | משה | קדם ייי חמי די את אמר לי |
| 598 | | Ex33:18M | \חווי כען לי ית איקרך | /משה | קדם ייי חווי לי כען ית |
| 599 | | Nu11:02 | עמה קדם משה וצלי | משה | קדם ייי ואתבלעת אשתה: |
| 600 | | Nu11:11 | ואמר | משה | קדם ייי למה כען אבאשת |
| 601 | | Nu12:13 | וצלי | משה | קדם ייי ואמ׳ בבעו ברחמין |
| 602 | | Nu14:13 | ואמר | משה | קדם ייי וישמעון מצריי ארום |
| 603 | | Dt 4:44 | ודן גזירת אורייתה די סדר | משה | קדם עמא בני ישראל: |
| 604 | | Dt 9:12 | ואמר ייי לי אמר | משה | קום חות בופריע מן הכה ארום |
| 605 | | Dt10:11 | ואמר ייי לי אמר | משה | קום אזיל למטלן קדם {ייי} |
| 606 | | Nu 9:08M | <ואמר> | משה | קומו כען ואשמע יתכון מה |
| 607 | | Nu 9:08 | אמר לא שמעתה ואמר להון | משה | קומו כען ואשמע יתכון מה |
| 608 | | Lv21:12 | דאלהה ארום כליל | משה | רבותה דאלהה עלוי אמר ייי: |
| 609 | | Ex17:10 | יהושע היך מה דאמר ליה | משה | רביה למסדרא סדרי קרבא עם |
| 610 | | Lv24:12M | למימר לא שמעין ברם | משה | רבן אמר לא שמע׳ |
| 611 | | Nu 9:08M | די עלו לקדם | משה | רבן בתריין מנ׳ |
| 612 | | Nu 9:08M | למימר לא שמעינן ברם | משה | רבן אמ׳ |
| 613 | | Nu15:34M | למימר לא שמעינן ברם | משה | רבן אמר לא שמעית ואצנעו׳ |
| 614 | | Nu15:34 | מן ארבעה דינין דקמו קדם | משה | רבן בתרין מנהון הוה משה |
| 615 | | Nu31:50M | מן בית תדיהן חס לן | משה | רבן לא אסתכל חד מנן בחדה |
| 616 | | Nu20:14 | ושלח | משה | שליחין מן רקם לוות |
| 617 | | Nu11:03 | וקרא | משה | שמה דאתרה ההוא בית יקידתה |
| 618 | | Dt 5:28 | ואמר מימרה דייי לי אמר | משה | שמעית ית קל מליהון דעמא |
| 619 | | Dt 4:41 | בכ{ו}<י>ן יפריש | משה | <תלת> קרי שזבו בעבר ירדנה |
| 620 | | Ex11:03 | באפהון דמצריי לחוד גברא | משה | תקיף לחדא בארעא דמצרים |
| 621 | במשה | Nu12:08 | דחלתון לממללה בעבדי | במשה: | |
| 622 | | Ex 4:14 | ותקף רוגזא דייי | במשה | ואמר הלא אהרן אחוך |
| 623 | | Nu12:02M | הלא לחוד | במשה | מלל מימריה דייי |
| 624 | | Nu12:01 | ומללת מרים ואהרן | במשה | על עסק אתתה כושיתה די נסב |
| 625 | דמש׳ | Dt34:08 | יומי בכיתה אבלה | דמש׳: | |
| 626 | דמשה | Lv 8:36 | די פקד ייי על ידוי | דמשה: | |
| 627 | | Lv10:07 | עליכון ועבדו כמלוי | דמשה: | |
| 628 | | Lv10:11 | מלל ייי עמהון על ידוי | דמשה: | |
| 629 | | Lv10:20 | דאהרן ושפר באפוי | דמשה: | |
| 630 | | Lv26:46 | בטורא דסיני על ידוי | דמשה: | |
| 631 | | Nu 4:37 | ממרה דייי על ידוי | דמשה: | |
| 632 | | Nu 4:45 | ממרה דייי על ידוי | דמשה: | |
| 633 | | Nu 4:49 | די פקד ייי על ידוי | דמשה: | |
| 634 | | Nu 9:23 | מימרה דייי על ידוי | דמשה: | |
| 635 | | Nu10:13 | גזירת מימר׳ בידה | דמשה: | |
| 636 | | Nu10:13M | דמשה /על ידוי | דמשה#2#/: | |
| 637 | | Nu27:23 | מה די מלל ייי על ידוי | דמשה: | |
| 638 | | Ex35:29 | פקד ייי למעבד על ידוי | דמשה | אייתון בני ישראל נדבה |
| 639 | | Nu12:01 | הות ציפורה אתתה | דמשה | אלא היך מה דכושיה שני |
| 640 | | Nu11:10 | דייי לחדה ובאפוי | דמשה | ביש: |
| 641 | | Ex34:29 | לוחי{ה} סהדותא בידוי | דמשה | במחתה מן טורא ומשה לא |
| 642 | | Nu 4:49 | סכם יתהון על ידוי | דמשה | גבר גבר על פלחניה ועל |
| 643 | | Nu12:16 | מה יהווי בסופ«י»ה | דמשה | הוון ישראל אשתין רבוון |
| 644 | | Ex17:12 | וידוי | דמשה | הויין זקיפן בצלו ונסבו |
| 645 | | Nu26:64 | לא הוה גבר מן סכומוי | דמשה | ואהרן כהנה די סכמו ית |
| 646 | | Nu33:01 | לחילוותהון על ידוי | דמשה | ואהרן: |
| 647 | | Nu26:63M | אלין/אליין#2#/סכומוי | דמשה | ואלעזר כהנה די סכמו ית |
| 648 | | Ex18:05 | ואת«א» יתרו חמוי | דמשה | ובנוי ואתתיה לוות משה |
| 649 | | Ex34:30 | נהר זיו איקרהון דאפוי | דמשה | ודחלו מלמקרב לוותיה: |
| 650 | | Ex34:35 | נהר זיו איקרהון דאפוי | דמשה | והוה משה מחזר ית סודרה |
| 651 | | Ex34:35 | ישראל ית סבר אפוי | דמשה | {{והוה משה מחזר}} ארום |
| 652 | | Ex32:19 | ומחלות ותקף רוגזה | דמשה | וטלק מן ידוי ית לוחיא |
| 653 | | Ex 8:09 | ועבד ייי כמילוי | דמשה | ומיתו ערדענייא מן ביתי |
| 654 | | Ex32:28 | ועבדו בנוי דלוי כמלוי | דמשה | ונפל מן עמא ביומא ההוא |

|  |  |  |  |  |  |
|---|---|---|---|---|---|
| 655 | | Ex 8:27 | ועבד ייי כמילוי | דמשה | ועבר ערברובא מפרעה ומן |
| 656 | | Ex12:35 | ובני ישראל עבדו כמלוי | דמשה | ושאילו מן מצריי מנין דכסף |
| 657 | | Ex17:12 | מן דא סט' והויין ידוי | דמשה | זקיפן בצלו מדכרא הימנות |
| 658 | | Nu12:01 | כדין הות ציפורה אתתה | דמשה | יאיה בריוה ושפירה בחיזוה |
| 659 | | Ex18:01 | יתרו רבה דמדין חמוי | דמשה | ית כל מה דעבד ייי למשה |
| 660 | | Ex18:02 | ונסב יתרו חמוי | דמשה | ית צפורה אתתא דמשה |
| 661 | | Ex18:14 | וחמא חמוי | דמשה | ית כל מה דהוה עבד |
| 662 | | Nu36:13M | מימריה דייי בידוי | דמשה | לוות בני ישראל |
| 663 | | Ex18:17 | ואמר חמוי | דמשה | ליה לא תקין פתגמא די את |
| 664 | | Nu17:05 | די מלל ייי על ידוי | דמשה | ליה: |
| 665 | | Nu 7:89M | למשכן /ו{מ}ב<מ>עלה | דמשה | למשכן#2/ זימנא לממללה |
| 666 | | Ex33:09M | נחת /ויהווי כמיעליה | דמשה | למשכנה הוון נחת#2/ |
| 667 | | Nu11:28 | יהושע בר נון משמשה | דמשה | מן רוביותיה ואמ' ריבוני |
| 668 | | Nu15:23 | ייי עליכון על ידוי | דמשה | מן יומא די פקד ייי ולהל |
| 669 | | Ex18:02 | דמשה ית צפורה אתתא | דמשה | מן בתר דשבק יתה: |
| 670 | | Ex 6:09 | ולא שמעו למילוי | דמשה | מקפדות רוח ומפולחן קשה: |
| 671 | | Dt32:01 | כיוון דמטה קצה | דמשה | נבייא למתכנשה בשלם מן גו |
| 672 | | Nu10:29 | בר רעואל מדיניה חמוי | דמשה | נטלין אנן לאתרה די אמר |
| 673 | | Ex14:31 | ממריה דייי ובנבואתיה | דמשה | עבדיה: |
| 674 | | Ex18:12 | ונסב יתרו חמוי | דמשה | עלוון ונכסת קודשין לשמיה |
| 675 | | Ex38:21M | אתפקד על מימר פומה | דמשה | פלחן ליוואי#2/ על ידוי |
| 676 | | Ex38:21 | דאסתכם על גזרת פמיה | דמשה | פלח<נ>ין דלווי על ידוי |
| 677 | | Ex18:12 | למיכל לחמא עם חמוי | דמשה | קדם ייי: |
| 678 | | Ex34:34M | משה עליל /ובמעלה | דמשה#2/ | קדם ייי לממללה |
| 679 | | Lv24:12 | למ{מ}י<מ>ר לא שמעינן | דמשה | רבהון אמר לא שמעית ואצנעו |
| 680 | | Nu26:11M | ואזלו בתר אולפנה | דמשה | רבהון לא מיתו במותנה ולא |
| 681 | | Nu27:05 | בהתין למימר לא שמענן | דמשה | רבהון אמר לא שמעית וקרב |
| 682 | | Nu 9:08 | בהתין למימר לא שמענן | דמשה | רבן אמר לא שמעתה ואמר |
| 683 | | Nu15:34 | למימר לא שמענן | דמשה | רבן ואמ' לא שמעת ואצנעו |
| 684 | ומשה | Nu 3:01M | /תלדוות אהרן | ומשה#2/ | ביומא די מלל «ייי» |
| 685 | | Ex 7:07 | | ומשה | בר תמנין שנין הוה ואהרן |
| 686 | | Dt34:07 | | ומשה | בר מאה ועשרין שנין בזמנה |
| 687 | | Ex 6:26 | הוא אהרן | ומשה | די <אמר> ייי להון אפקו ית |
| 688 | | Ex 3:01 | | ומש«ה» | הווה רעי ית ענה <....> |
| 689 | | Ex11:10 | | ומשה | ואהרן עבדו ית כל נסייה |
| 690 | | Ex17:10 | קרבא עם דבית עמלק | ומשה | ואהרן וחור סליקו לריש |
| 691 | | Nu16:18 | וקמו בתרע משכן זמנא | ומשה | ואהרן: |
| 692 | | Ex12:42 | ודרי רשיעא ישתיצון | ומשה | יסוק מן גו מדברא <....> |
| 693 | | Ex34:29 | דמשה במחתה מן טורא | ומשה | לא הוה ידע ארום נהר זיו |
| 694 | | Nu14:44 | טורא וארון קיימא דייי | ומשה | לא זעו מן משריתה: |
| 695 | | Ex33:07 | | ומשה | נסב ית משכנא ופרס יתיה |
| 696 | | Ex19:03 | | ומשה | סלק למתבע אולפן מן קדם |
| 697 | | Ex20:21 | וקם עמא מן רחיק | ומשה | קרב לערפלא דתמן שרי איקר |
| 698 | ובמשה | Nu21:05M | עמא בשם מימריה דייי | ובמשה | למ#2/ כען אסקתון יתן |
| 699 | ודמשה | Nu 3:01 | ואילן תלדוותה דאהרן | ודמשה | ביומא די מלל «ייי» עם |
| 700 | ולמשה | Ex24:01 | | ולמשה | אמר סוק תבע אולפן מן קדם |
| 701 | | Nu21:16 | די אמר ייי לאהרן | ולמשה | כנש ית עמא ואתן להון |
| 702 | כמשה | Dt34:10 | קם נבייא עוד בישראל | כמשה | די חכם יתיה מימריה דייי |
| 703 | | Gn27:29 | דמברך יתך יהוי מברך | כמשה | נביא ספרון דישראל: |
| 704 | | Nu24:09M | יתהון יהווי בריך | <כ>משה | נבייא <ס>פריהון דישראל |
| 705 | | Dt30:12 | למימר לווי הוה לן חד | כמשה | נבייא די יסוק לשמיא ויסב |
| 706 | למושה | Ex 6:09M | דמשה מקפדות | /למושה | מן כפיתות#2/ רוח |
| 707 | למש' | Ex19:09 | ואמר ייי | למש' | הא ממרי מתגלי עלך בתקפא |
| 708 | | Nu31:49 | ואמרין | למש' | עבדך קבילו ית סכום עמא |

|  |  |  |  |  |  |
|---|---|---|---|---|---|
| 709 | למשה | Ex 2:21 | ליה ית צפורה ברתיה | למשה: | |
| 710 | | Ex16:22 | רברבני כנישתא ותנון | למשה: | |
| 711 | | Ex 3:14 | ואמר ייי | למשה | אהיה אשר אהיה ואמר כדין |
| 712 | | Ex 4:18 | בחיין ואמר יתרו | למשה | אזיל בשלם: |
| 713 | | Ex19:10 | ואמר ייי | למשה | איזל לוות עמא ותקדש יתהון |
| 714 | | Ex 7:19 | ואמר ייי | למשה | אמור לאהרן סב חוטרך |
| 715 | | Ex33:05 | ואמר ייי | למשה | אמור לבני ישרא' אתון עם |
| 716 | | Ex 8:01 | ואמר ייי | למשה | אמר לאהרן ארכן ית ידך |
| 717 | | Ex 8:12 | ואמר ייי | למשה | אמר לאהרן <...> ית |
| 718 | | Lv21:01 | ואמר ייי | למשה | אמר לכהנייא בנוי דאהרן |
| 719 | | Ex18:06 | ואמר | למשה | אנה חמ«ו»ך יתרו אתי |
| 720 | | Nu 9:07M | גבריא האינון | ליה/למשה#2/ | אנן מסאבין בטמא |
| 721 | | Ex 8:16 | ואמר ייי | למשה | אקדם לצפרא ואתעתד קדם |
| 722 | | Ex 9:13 | ואמר ייי | למשה | אקדם בצפרא ואתעתד קדם |
| 723 | | Ex 9:22 | ואמר ייי | למשה | ארכן ית <ידך> לשמיא ויהוי |
| 724 | | Ex10:12 | ואמר ייי | למשה | ארכן ידך על ארעא דמצרים |
| 725 | | Ex14:26 | ואמר ייי | למשה | ארכן ית ידך על ימא |
| 726 | | Ex 7:14 | ואמר ייי | למשה | אתוקף לבא דפרעה סרב מן |
| 727 | | Ex 4:19 | ואמר ייי | למשה | במדין אזל חזור למצרים |
| 728 | | Nu12:11 | ואמר אהרן | למשה | בבעו מנך רבוני לא כען |
| 729 | | Ex30:13M | שיעורא דסילעה איתחמי | למשה | בטורה דסיני היך דינרא |
| 730 | | Ex24:16M | \למשה ביומא שביעיא | /למשה | ביומ' שבעייה על טורא#2/ |
| 731 | | Ex24:16 | עננא שיתא יומין וקרא | למשה | ביומא שביעיא מן גו עננא: |
| 732 | | Ex 4:21 | ואמר ייי | למשה | במיזלך למחזור למצרים חמי |
| 733 | | Ex32:09 | ואמר ייי | למשה | גלי קדמיי ית עמא האליין |
| 734 | | Nu25:04 | ואמר ייי | למשה | דבר ית כל ראשי עמא ואקים |
| 735 | | Ex 3:14M | מימרה דייי | למשה | דן דאמ' לעלמ' הווי והווה |
| 736 | | Ex14:11 | ואמרין | למשה | הא מן בל{ו}<י> דלית קברין |
| 737 | | Ex16:04 | ואמר ייי | למשה | הא אנה מחית לכון לחם מן |
| 738 | | Nu11:23 | ואמר ייי | למשה | הא אית קדם ייי מחסור כדון |
| 739 | | Dt31:16 | ואמר ייי | למשה | הא את מתכנש בשלם עם אבהתך |
| 740 | | Lv 8:29 | מן דיכרה דא«ש»למותה | למשה | הוה לחולק היך מה די פקד |
| 741 | | Nu12:14 | ואמר ייי | למשה | ואבוה נזפה נזף בה בדינה |
| 742 | | Nu11:27 | וזריז סל«י»ה ותני | למשה | ואמר אלדד ומדד מתנבאין |
| 743 | | Nu21:07 | ואתון עמא | למשה | ואמרין חטינן ארום מללנן |
| 744 | | Ex 7:08 | ואמר ייי | למשה | ולאהרן למימר: |
| 745 | | Ex 8:04 | וקרא פרעה | למשה | ולאהרן ואמר צלון קדם ייי |
| 746 | | Ex 8:21 | וקרא פרע' | למשה | ולאהרן ואמר אזלו קרבו |
| 747 | | Ex 9:08 | ואמר ייי | למשה | ולאהרן סבו לכון מלא |
| 748 | | Ex 9:27 | ושלח פרעה וקרא | למשה | ולאהרן ואמר להון חטית |
| 749 | | Ex10:16 | ואוחי פרעה למקרי | למשה | ולאהרן ואמר חטית קדם ייי |
| 750 | | Ex10:24 | וקרא פרעה | למשה | ולאהרן ואמר אזילו פלחו |
| 751 | | Ex12:01 | ואמר ייי | למשה | ולאהרן בארעא דמצרים |
| 752 | | Ex12:31 | וקרא | למשה | ולאהרן בליליא ואמר קומו |
| 753 | | Ex12:43 | ואמר ייי | למשה | ולאהרן דא גזירת אורייתא |
| 754 | | Nu12:04 | ואמר ייי בתכ{«ק»}וף | למשה | ולאהרן <....> ונפקו |
| 755 | | Nu20:12 | ואמר ייי | למשה | ולאהרן חלף די לא |
| 756 | | Nu20:23 | ואמר ייי | למשה | ולאהרן בהר טורה סמיך |
| 757 | | Nu26:01 | ואמר ייי | למשה | ול«א»<ל>עזר ברה דאהרן |
| 758 | | Nu32:02 | ובנוי דראובן ואמרין | למשה | ולאלעזר כהנה ולרברבני עם |
| 759 | | Ex18:01 | ית כל מה דעבד ייי | למשה | ולישראל עמיה ארום אפק |
| 760 | | Lv 1:01 | ייי בכן קרא דבירה | למשה | ומליל ייי עמיה מן משכן |
| 761 | | Ex16:20 | ולא שמעו | למשה | ושיירו מניה גברין עד צפרא |
| 762 | | Ex19:21 | ואמר ייי | למשה | חות אסהיד בעמא דלא ידחקון |

|  |  |  |  |  |
|---|---|---|---|---|
| 763 | Nu17:25 | ואמר ייי | למשה | חזר ית חוטרה דאהרן קדם |
| 764 | Ex 7:01 | ואמר ייי | למשה | חמי דמניית יתך רב ושליט |
| 765 | Ex34:01 | ואמר ייי | למשה | חצב לך תרין לוחין דאבנין |
| 766 | Ex34:01M | חצב /מימריה דייי | למשה | חצוב#2#/ לך תרין לוחין |
| 767 | Ex 4:21M | למחזור /מימריה דייי | למשה | כד תיזל למיזל#2#/ |
| 768 | Ex31:18 | ויהב | למשה | כד אשלם למללה עמיה בטור׳ |
| 769 | Ex 6:01 | ואמר ייי | למשה | כדון תחמי מה די אעבד |
| 770 | Ex 3:15 | ואמר תוב ייי | למשה | כדין תאמר לבני ישראל ייי |
| 771 | Ex20:22 | ואמר ייי | למשה | כדן תימר לבני ישראל אתון |
| 772 | Nu11:16 | ואמר ייי | למשה | כנש לי שובעין גברין מן |
| 773 | Ex17:14 | ואמר ייי | למשה | כתב דא דוכרן טב בספרא |
| 774 | Ex34:27 | ואמר ייי | למשה | כתב לך ית פתגמיא האליין |
| 775 | Ex11:09 | ואמר ייי | למשה | לא יקבל מנכון פרעה |
| 776 | Ex32:22 | ואמר אהרן | למשה | לא יתקף רוגזא |
| 777 | Nu21:34 | ומן בתר כדין אמר ייי | למשה | לא תדחל מן קדמוי ארום |
| 778 | Ex33:17 | ואמר ייי | למשה | להוד ית פתגמא הדין די |
| 779 | Nu16:15 | ובאיש | למשה | לחדה ואמר קדם ייי לא תקבל |
| 780 | Ex31:12 | ואמר ייי | למשה | למימר: |
| 781 | Ex36:05 | ואמרין | למשה | למימר מסגין עמא למייתה |
| 782 | Nu 7:04 | ואמר ייי | למשה | למימר: |
| 783 | Nu15:37 | ואמר ייי | למשה | למימר: |
| 784 | Nu17:27 | ואמרין בני ישראל | ^למשה#2#^ | למימר הא ספינן אשתיצינן |
| 785 | Nu27:06 | ואמר ייי | למשה | למימר: |
| 786 | Nu31:25 | ואמר ייי | למשה | למימר: |
| 787 | Nu32:25 | דגד ובני דראובן | למשה | למימר עבדך יעבדון היך מה |
| 788 | Dt31:14 | ואמר ייי | למשה | למימר ה«א» קרבו יומי |
| 789 | Nu15:35 | ואמר ייי | למשה | מימות ימות גברא ירגמון |
| 790 | Lv16:02 | ואמר ייי | למשה | מליל עם אהר«ן» אחוך |
| 791 | Ex20:19 | ואמרין | למשה | מלל את עמן ונשמע ולא |
| 792 | Ex 4:11 | ואמר ייי | למשה | מן שוי <פם> לבר נשא או מן |
| 793 | Ex19:20 | טורא וקרא מימריה דייי | למשה | מן טורא וסלק משה: |
| 794 | Ex32:33 | ואמר ייי | למשה | מן דחטא קדמיי אמחק יתיה |
| 795 | Ex30:34 | ואמר ייי | למשה | סב לך ראשי קטרן בסמנין |
| 796 | Nu27:18 | ואמר ייי | למשה | סב לך ית יהושע בר נון |
| 797 | Ex24:12 | ואמר ייי | למשה | סוק לוותי לטורא והוי תמן |
| 798 | Nu27:12 | ואמר ייי | למשה | סוק לטור עבריה הדין ותחמי |
| 799 | Nu 3:40 | ואמר ייי | למשה | סכום כל בוכריה דכריה |
| 800 | Nu21:08 | ואמר ייי | למשה | עבד לך חיוי דנחש ושוי יתי׳ |
| 801 | Ex17:05 | ואמר ייי | למשה | עבר "לפני" עמא וסב עמך מן |
| 802 | Ex14:15 | ואמר ייי | למשה | עד אימת את קיים תהווי |
| 803 | Ex16:28 | ואמר ייי | למשה | עד אימתיי אתון מסרבין |
| 804 | Nu14:11 | ואמ׳ ייי | למשה | עד אמתי ירגזון קדמי עמא |
| 805 | Ex11:01 | ואמר ייי | למשה | עוד מכתש חד אייתי על פרעה |
| 806 | Ex 7:26 | ואמר ייי | למשה | עול לוות פרעה ותימר ליה |
| 807 | Ex 9:01 | ואמר ייי | למשה | על לוות פרעה ותימר ליה |
| 808 | Nu12:16M | דאימתינת מרים | למשה | על נהרה שעה חדה אמתינת |
| 809 | Ex 4:04 | ואמר ייי | למשה | פשט ית ידך ואתיקף בקוטניה |
| 810 | Ex32:17 | דעמא בייבין ואמר | למשה | קל סדרי קרבא במשריתא: |
| 811 | Nu 7:11 | ואמר ייי | למשה | רב שבט חד בכל יום רב שבט |
| 812 | Ex 3:15M | כדין /מימריה דייי | למשה | תניינות כדין#2#/ תאמר |
| 813 | Ex10:01 | ואמר ייי | למשה | עול לוות פרעה ארום אנה |

## משך PN

|  |  |  |  |  |  |
|---|---|---|---|---|---|
| 001 | ומשך | Gn10:02 | ומדי ויון ותובל | ומשך | ותירס ושם אפרכיותהון |

## משמע PN

|  |  |  |  |  |  |
|---|---|---|---|---|---|
| 001 | ומשמע | Gn25:14 | | ומשמע | ודומה ומשא: |

## משנה PN

|  |  |  |  |  |  |
|---|---|---|---|---|---|
| 001 | משנה | Ex36:16M | לחוד קובל שיתה סידורי | משנה | |

## משרקה GN

|  |  |  |  |  |  |
|---|---|---|---|---|---|
| 001 | משרקה | Gn36:36 | ומלך בתרה שמלה מן | משרקה: | |

## מתושאל PN

|  |  |  |  |  |  |
|---|---|---|---|---|---|
| 001 | מתושאל | Gn 4:18 | ומחויאל אולד ית | מתושאל | ומתושאל אולד ית למך: |
| 002 | ומתושאל | Gn 4:18 | אולד ית מתושאל | ומתושאל | אולד ית למך: |

## מתושלח PN

|  |  |  |  |  |  |
|---|---|---|---|---|---|
| 001 | מתושל׳ | Gn 5:22 | ייי מן בתר דאולד ית | מתושל׳ | תלת מאה שנין ובהן בשנייה |
| 002 | מתושלח | Gn 5:21 | וחמש שנין ואוליד ית | מתושלח: | |
| 003 | | Gn 5:25 | וחיה | מתושלח | מא׳ ותמנין שנין ואולד ית |
| 004 | | Gn 5:26 | וחיה | מתושלח | מן בתר דאולד ית למך שבע |
| 005 | דמתושלח | Gn 7:10 | לסוף שבעת יומי אבלא | דמתושלח | ומוי דמבולא הוון על |
| 006 | | Gn 5:27 | והוון כל יומי חיוי | דמתושלח | תשע מאה ושתין ותשע שנין |

## מתקה GN

|  |  |  |  |  |  |
|---|---|---|---|---|---|
| 001 | ממתקה | Nu33:29 | ונטלו | ממתקה | ושרון בחשמנה: |
| 002 | במתקה | Nu33:28 | ונטלו מתרח ושרון | במתקה: | |

## נבו GN

|  |  |  |  |  |  |
|---|---|---|---|---|---|
| 001 | נבו | Nu33:47 | ושרון בטורא עברייה קדם | נבו: | |
| 002 | | Dt32:49 | סוק לטור עברייה הדין הר | נבו | די בארע׳ דמאב די כל קבל |
| 003 | | Nu32:38 | וית | נבו | וית בעל מעון מקפן שורין |
| 004 | דנבו | Dt34:01 | מן משרה דמאב לטורה | דנבו | ראש רמתה דאית לוקבל |
| 005 | ונבו | Nu32:03 | ואלעלה וסימת | ונבו | ובעון: |

## נבח GN

|  |  |  |  |  |  |
|---|---|---|---|---|---|
| 001 | נבח | Nu32:42 | וית כופרניה וקרא לה | נבח | בשמה: |

## נבח PN

|  |  |  |  |  |  |
|---|---|---|---|---|---|
| 001 | ונבח | Nu32:42 | | ונבח | אזל וכבש ית קנת וית |

## נביות PN

|  |  |  |  |  |  |
|---|---|---|---|---|---|
| 001 | נביות | Gn25:13 | בכורה דישמעאל | נביו«ת» | וקדר ואדבאל ומבשם: |
| 002 | דנביות | Gn36:03 | ברת ישמעאל אחתיה | דנביות: | |
| 003 | | Gn28:09 | בריה דאברהם אחתה | דנביות | על נשוי לה לאתה: |

## נדב PN

|  |  |  |  |  |  |
|---|---|---|---|---|---|
| 001 | נדב | Ex28:01 | בכהונתא רבתא אהרן | נדב | ואביהו אלעזר ואיתמר |
| 002 | | Ex24:01 | מן קדם ייי את ואהרן | נדב | ואביהוא ושבעין חכימיא |
| 003 | | Ex24:09 | וסלק משה ואהרן | נדב | ואביהוא ושבעין מן חכימי |

| | | | | | |
|---|---|---|---|---|---|
| 004 | | Lv10:01 | ונסבו בנוי דאהרן | נדב | ואביהוא גבר מחתיתיה ויהבו |
| 005 | | Lv10:19 | הדין {ו}<ד>מיתו תרין | נדב | ואביהוא ואנה אבל עליהון |
| 006 | | Nu 3:02 | שמהת בנוי דארן בכורה | נדב | ואביהוא אלעזר ואיתמר: |
| 007 | | Nu 3:04 | ומית | נדב | ואביהוא בקרבותהון אשא |
| 008 | | Nu26:61 | ומית | נדב | ואביהוא בקרבותהון אשא |
| 009 | | Ex 6:23 | ליה לאתה וילדת ליה ית | נדב | וית אביהוא וית אלעזר וית |
| 010 | | Nu26:60 | ואתילד לאהרן ית | נדב | וית אביהוא ית אלעזר וית |
| 011 | בנדב | Nu 9:06M | דיוסף ודטעינו | בנדב | ואביהוא בנוי דאהרן |
| 012 | ולנדב | Ex24:11M | "ולוות ... ישראל": | ולנדב | ואביהו עולמייא שפיריא |

## נהרים GN

| | | | | | |
|---|---|---|---|---|---|
| 001 | נהרים | Gn24:10 | עמיה וקם ואזל לארעא | נהרים | לקרתא דנחור: |

## נון PN

| | | | | | |
|---|---|---|---|---|---|
| 001 | נון | Nu13:16 | וקרא משה להושע בר | נון | יהושע: |
| 002 | | Nu13:08 | דבנוי דאפרים הושע בר | נון: | |
| 003 | | Nu14:30 | בר יפונה ויהושע בר | נון: | |
| 004 | | Nu26:65 | בר יפונה ויהושע בר | נון: | |
| 005 | | Nu34:17 | אלעזר כהנא ויהושע בר | נון: | |
| 006 | | Dt32:44 | דעמא הוא ויהושע בר | נון: | |
| 007 | | Nu32:12 | קניזייה ויהושע בר | נון | ארום אשלמו בתר ממרה דייי: |
| 008 | | Nu27:18 | סב לך ית יהושע בר | נון | גבר דרוח קדש מן קדם ייי |
| 009 | | Nu11:26M | עלמא ויהושע בין | נון | דהוא שמשא מקבל נביתה |
| 010 | | Dt 1:38 | יהושע בר | נון | דקיים משמש קדמך הוא ייעול |
| 011 | | Nu14:06 | ויהושע בר | נון | וכלב בר יפונה מן יילליה |
| 012 | | Nu14:38 | ויהושע בר | נון | וכלב בר יפונה «חיוו» |
| 013 | | Dt31:23 | ופקד ית יהושע בר | נון | ואמר אתוקף וא«ז»דרז ארום |
| 014 | | Nu32:28 | ית אלעזר וית יהושע בר | נון | וית ראשיה אבהת שבטיה דבני |
| 015 | | Ex33:11 | ושמשיה יהושע בן | נון | טלי לא יזייע מגו משריתא: |
| 016 | | Nu24:20M | תבר יתהון יהושע בר | נון | מדבית אפרים תינין |
| 017 | | Dt34:09 | ויהושע בר | נון | מלא רוח דחכמה ארום סמך |
| 018 | | Dt33:17 | ריבבתה דקטל יהושע בר | נון | מן אימוראי דהוא מן שבטה |
| 019 | | Nu11:26 | מן גו משריתה ויהושע בר | נון | משמש נשיותיה בתריה |
| 020 | | Nu11:28 | וענה יהושע בר | נון | משמשה דמשה מן רוביותיה |

## נח PN

| | | | | | |
|---|---|---|---|---|---|
| 001 | נח | Gn 6:09M | דנח /תלדוות | נח#2#/ | נח גבר צדיק שלם בעבדה |
| 002 | | Gn 7:09 | היך מה די פקד ייי ית | נח: | |
| 003 | | Gn 8:11 | דזי' קטים בפומה וידע | נח | ארום קלו מיא מעלוי ארעא: |
| 004 | | Gn 6:09 | הוו בדרוי קדם ייי פלח | נח | בקושטא: |
| 005 | | Gn 5:32 | והוה | נח | בר חמש מאה שנין ואולד נח |
| 006 | | Gn 9:28 | וחיה | נח | בתר מבולא תלת מאה |
| 007 | | Gn 6:09 | אילין יחוס תלדוותיה דנח | נח | גבר צדיק שלם בעבדה טבא הוו |
| 008 | | Gn 9:20 | ושרי | נח | גבר צדיקא למפלח בארעא ונצב |
| 009 | | Gn 9:18 | והוון בני | נח | די נפקו מן תיבותא שם וחם |
| 010 | | Gn 7:13 | בזמן יומא הדין על | נח | ושם וח' ויפת בנוי דנח |
| 011 | | Gn 7:07 | ועל | נח | ובנוהי ואתתיה ונשי בנוהי |
| 012 | | Gn 8:18 | ונפק | נח | ובנוי ואתתיה ונשי בנוי |
| 013 | | Gn 8:01 | ואדכר ייי ברחמוי טביא ית | נח | וית בנוהי וית כל חייתה וית |
| 014 | | Gn 9:01 | וברך ייי ית | נח | וית בנוי ואמר להון תקופו |
| 015 | | Gn 7:23 | מן ארעא ואשתיר לחוד | נח | ומן דהוה עמיה בתיבותה: |
| 016 | | Gn 5:30 | למך מן בתר דאול' ית | נח | חמש מאה ותשעין וחמש שנין |
| 017 | | Gn 5:32 | בר חמש מאה שנין ואולד | נח | ית שם ית חם ית יפת: |

| | | | | | |
|---|---|---|---|---|---|
| 018 | | Gn 8:06 | לסוף ארבעין יומין ופתח | נח | ית תרעא דתיבותא די עבד: |
| 019 | | Gn 8:13 | מיא מעלוי ארעא ועבר | נח | ית חפייה דתיבותא וחמא והא |
| 020 | | Gn 6:22 | ועבד | נח | כל מה דפקי' יתיה ייי כדין |
| 021 | | Gn 7:05 | ועבד | נח | כל מ{ן}<ה> די פקד יתיה |
| 022 | | Gn 5:29 | וקר' ית שמיה | נח | למימר דן ינחם יתן מן |
| 023 | | Gn 8:15 | ומליל ייי עם | נח | למימר: |
| 024 | | Gn 7:09 | תרין תרין עלו עם | נח | לתיבותא דכר וזוגה היך מה |
| 025 | | Gn 7:15 | ועלו עם | נח | לתיבותא תרין תרין מן כל |
| 026 | | Gn 8:20 | ובנה | נח | מדבח לשם ממרה דייי ונסב מן |
| 027 | | Gn 9:24 | ואתעיר | נח | מן חמריה וידע ית מה דעבד |
| 028 | | Gn 6:10 | ואולד | נח | תלתא בנין ית שם ית חם |
| 029 | דנח | Gn 6:09 | אילין יחוס תלדוותיה | דנח | נח גבר צדיק שלם בעבדה טבא |
| 030 | | Gn10:01 | ואלין תולדוות' בנוי | דנח | שם וחם ויפת ואתילידו |
| 031 | | Gn 7:11 | שית מאה שנין לחיוהי | דנח | ביר{ת}<ח>ה תניינא |
| 032 | | Gn 8:21 | ייי ברעווה ית קרבניה | דנח | ואמר ייי במחשבת לבה לא |
| 033 | | Gn 7:13 | ושם וח' ויפת בנוי | דנח | ואתתיה דנח ותלתי נשי |
| 034 | | Gn 9:19 | תלתא אינון אלין בנוי | דנח | ומאלין איתמלית כל ארעא: |
| 035 | | Gn 7:13 | ויפת בנוי דנח ואתתיה | דנח | ותלתי נשי בנוהי עמהו' |
| 036 | | Gn10:32 | אילין זרעית בנוי | דנח | לתל<ד>וותהון באומיהון ומן |
| 037 | | Gn 9:29 | והוון כל יומי חיוי | דנח | תשע מא' וחמשין שנין ומית |
| 038 | ונח | Gn 7:06 | | ונח | בר שית מאה שנין הווה |
| 039 | | Gn 6:08 | | ונח | על דלא הוה בדרה צדיק |
| 040 | לנח | Gn 9:17 | ואמר ייי | לנח | דן סימן קימא די קיימית בין |
| 041 | | Gn 9:08 | ואמ' ייי | לנח | ולבנוהי עמה למימר: |
| 042 | | Gn 7:01 | ואמר ייי | לנח | עול את וכל אנשי ביתך |
| 043 | | Gn 6:13 | ואמר ייי | לנח | קבילת כל בשרא סלקת קדמוי |

## נחבי PN

| | | | | | |
|---|---|---|---|---|---|
| 001 | נחבי | Nu13:14 | מן שבטה דבנוי דנפתלי | נחבי | בר ופסי: |

## נחור PN

| | | | | | |
|---|---|---|---|---|---|
| 001 | נחו' | Gn11:26 | ואולד ית אברהם ית | נחו' | וית הרן: |
| 002 | נחור | Gn11:22 | תלתין שנין ואולד ית | נחור: | |
| 003 | | Gn24:47 | את ואמרת ברת בתואל בר | נחור | די ילדת לה מלכה ושוית |
| 004 | | Gn29:05 | חכימין אתון ית לבן בר | נחור | ואמרין חכימין אנ#2#»: |
| 005 | | Gn11:27 | תרח אולד ית אברם ית | נחור | וית הרן והרן אולד ית |
| 006 | | Gn11:25 | וחיה | נחור | מן בתר דאולד ית תרח מאה |
| 007 | | Gn11:24M | וחיה | /\נחור#2#/ | עשרין ותשע שנין ואול' |
| 008 | | Gn11:23 | שרוג מן בתר דאולד ית | נחור | תרתין מאוון שנין ובהן |
| 009 | דנחור | Gn11:29 | להון נשין שמה דאתתיה | דנחור | מלכה ברת הרן אבוי |
| 010 | | Gn24:10 | לארעא נהרים לקרתא | דנחור: | |
| 011 | | Gn21:07 | מן ייזיל ותני בבייתיה | דנחור | אחוי דאברהם אייניקת בנין |
| 012 | | Gn24:15 | לבתואל בת מלכה אתתא | דנחור | אחוי דאברהם וקולתה על |
| 013 | | Gn31:53 | אלהא דאברהם ואלהא | דנחור | ידינון בינינן אלהה |
| 014 | ונחור | Gn11:29 | ונסב אברם | ונחור | להון נשין שמה דאתתיה |
| 015 | לנחור | Gn24:24 | אנה בר מלכה די ילדת | לנחור: | |
| 016 | | Gn22:23 | אלין ילד«ת» מלכה | לנחור | אחוי דאברהם: |
| 017 | | Gn22:20 | מלכא אף היא בנין | לנחור | אחוך: |

## נחשון PN

| | | | | | |
|---|---|---|---|---|---|
| 001 | נחשון | Nu 1:07 | מן שבטה דבנוי דיהודה | נחשון | בר עמינדב: |
| 002 | | Nu 2:03 | ורב שבטה דבנוי דיהודה | נחשון | בר עמינדב: |
| 003 | | Nu 7:12 | ביומא קדמיה ית קרבניה | נחשון | בר עמינדב מן שבטה דבנוי |

|  |  |  |  |  |  |
|---|---|---|---|---|---|
| 004 | | Nu 7:17 | רב שבטה דבנוי דיהודה | נחשון | בר עמינדב: |
| 005 | | Nu10:14 | שבטה דבנוי דיהודה | נחשון | בר עמינדב: |
| 006 | דנחשון | Ex 6:23 | בת עמינדב אחתיה | דנחשון | ליה לאתה וילדת ליה ית |

## נחת PN

|  |  |  |  |  |  |
|---|---|---|---|---|---|
| 001 | נחת | Gn36:13 | ואלין בניה דרעואל | נחת | וזרח שמה ומיזה <....>: |
| 002 | | Gn36:17 | בר«ה» דעשו רבה | נחת | רבה זרח רבה שמה רבה מזה |

## נינוה GN

|  |  |  |  |  |  |
|---|---|---|---|---|---|
| 001 | נינוה | Gn10:12 | וית תלאסר בין | נינוה | ובין הדיף היא קרתא רבתא: |
| 002 | | Gn10:11 | נפק אתוריא ובנה ית | נינוה | וית פלטיותא דקרתא וית |

## נמואל PN

|  |  |  |  |  |  |
|---|---|---|---|---|---|
| 001 | נמואל | Nu26:09 | ובנוי דאליאב | נמואל | ודתן ואבירם הוא דתן |
| 002 | דנמואלי | Nu26:12 | זרעיתה ^דבנוי#2^ | דנמואלי | לימין זרעייתה דבנוי |
| 003 | לנמואל | Nu26:12 | דשמעון לזרעייתהון | לנמואל | זרעיתה ^דבנוי#2^ |

## נמרוד PN

|  |  |  |  |  |  |
|---|---|---|---|---|---|
| 001 | נמרוד | Gn10:08 | וכוש אולד ית | נמרוד | הוא שרי למהוי גיבר בארע': |
| 002 | דנמרוד | Gn48:22 | אבוי דאבה מן ידוי | דנמרוד | רשיעא ויהב יתיה ליצחק |
| 003 | כנמרוד | Gn10:09 | ייי בגין כדין יתאמר | כנמרוד | גיבר בחטאה קדם ייי: |
| 004 | | Gn10:09M | לא הוה גיבר בחטאה | <כ>נמרוד | ומרודה דייי |

## נעה PN

|  |  |  |  |  |  |
|---|---|---|---|---|---|
| 001 | נעה | Nu27:01 | ואלין שמהת בנתיה מחלה | נעה | חגלה מלכה ותרצה: |
| 002 | ונעה | Nu26:33 | בנתיה דצלפחד מחלה | ונעה | חגלה מלכה ותרצה: |
| 003 | | Nu36:11 | תרצה וחגלה ומלכה | ונעה | בנתיה דצלפחד לבנוי דאחוי |

## נעמה PN

|  |  |  |  |  |  |
|---|---|---|---|---|---|
| 001 | נעמה | Gn 4:22 | ואחתה דתובל קין הות | נעמה | בדיה קיניין וזמרין: |

## נעמן PN

|  |  |  |  |  |  |
|---|---|---|---|---|---|
| 001 | דנעמי | Nu26:40 | לנעמן זרעייתה דבנוי | דנעמי: | |
| 002 | דנעמן | Nu26:40M | זרעייתה דבנוי | דנעמי'/<דנע>מן#2#/: | |
| 003 | ונעמן | Gn46:21 | בלע ובכר ואשבל גרא | ונעמן | אחי וראש מפים וחפים |
| 004 | | Nu26:40 | והוון בני בלע ארד | ונעמן | זרעייתה דבנוי דארדי |
| 005 | לנעמן | Nu26:40 | זרעייתה דבנוי דארדי | לנעמן | זרעייתה דבנוי דנעמי: |

## נפג PN

|  |  |  |  |  |  |
|---|---|---|---|---|---|
| 001 | ונפג | Ex 6:21 | ובנוי דיצהר קרח | ונפג | וזכרי: |

## נפיש PN

|  |  |  |  |  |  |
|---|---|---|---|---|---|
| 001 | נפיש | Gn25:15 | חדר ותימא יתור | נפיש | וקדמה: |

## נפתלי PN/GN

|  |  |  |  |  |  |
|---|---|---|---|---|---|
| 001 | נפתלי | Gn30:08 | לחוד אשתמעת וקראת שמה | נפתלי: | |
| 002 | | Gn49:21 | | נפתלי | אזגד קליל מבשר בשורן טבן |
| 003 | | Dt33:23 | משה נבייא דייי ואמר | נפתלי | שביע רעווה ומלי ברכן |
| 004 | דנפתלי | Nu 1:15 | מן שבטה דבנוי | דנפתלי | אחירע בר עינן: |
| 005 | | Nu 2:29 | על משרית דשבטה דבנוי | דנפתלי | אחירע בר עינן: |
| 006 | | Nu 7:78 | קרב רב שבטה דבנוי | דנפתלי | אחירע בר עינן: |
| 007 | | Nu 7:83 | גרמיה רב שבטה דבנוי | דנפתלי | אחירע בר עינן: |
| 008 | | Nu10:27 | ועל חילוות שבטה דבנוי | דנפתלי | אחירע בר עינן: |
| 009 | | Gn46:24 | ובנוי | דנפתלי | יחצאל וגוני ויצר |
| 010 | | Nu13:14 | מן שבטה דבנוי | דנפתלי | נחבי בר ופסי: |
| 011 | | Dt33:23 | ולשבטה | דנפתלי | ברך משה נבייא דייי ואמר |
| 012 | | Nu 2:29 | ושבטה | דנפתלי | ורבה דהוה ממני על משרית |
| 013 | | Dt34:02 | וית כל ארעא | דנפתלי | וית ארעא דאפרים ומנשה |
| 014 | | Nu 1:43 | סכומיהון דשבטה דבנוי | דנפתלי | חמשין ותלתה אלפין וארבע |
| 015 | | Nu 1:42 | לבנוי | דנפתלי | יחוסיהון לזרעייתהון |
| 016 | | Nu26:48 | בנוי | דנפתלי | לזרעייתהון ליחצאל |
| 017 | | Nu26:50 | אילין זרעייתה דבנוי | דנפתלי | לזרעייתהון וסכומיהון |
| 018 | | Nu34:28 | ומן שבטה דבנוי | דנפתלי | רבה פדהאל בר עמיהוד: |
| 019 | ונפתלי | Ex 1:04 | דן | ונפתלי | גד ואשר: |
| 020 | | Ex28:19 | שם תלתא שבטין דן | ונפתלי | גד {ואשר}: |
| 021 | | Dt27:13 | גד ואשר זבולן דן | ונפתלי: | |
| 022 | | Ex39:12 | שם תלתה שבטין דן | ונפתלי | וגד: |

## נציבין GN

|  |  |  |  |  |  |
|---|---|---|---|---|---|
| 001 | ונציבין | Gn10:10 | ב{כ}<ב>ל הד{ם}<ס> | ונציבין | וקטיספי בארעא דבבל: |

## נתנאל PN

|  |  |  |  |  |  |
|---|---|---|---|---|---|
| 001 | נתנאל | Nu 1:08 | מן שבטה דבנוי דישכר | נתנאל | בן צוער: |
| 002 | | Nu 2:05 | ורב שבטה דבנוי דישכר | נתנאל | בר צוער: |
| 003 | | Nu 7:18 | רב שבטה דבנוי דישכר | נתנאל | בר צוער: |
| 004 | | Nu 7:23 | רב שבטה דבנוי דישכר | נתנאל | בר צוער: |
| 005 | | Nu10:15 | שבטה דבנוי דישכר | נתנאל | {צ}<ב>ר צוער: |

## סבא PN

|  |  |  |  |  |  |
|---|---|---|---|---|---|
| 001 | סבא | Gn10:07 | ובנוי דכוש | סבא | וחוילה וסבתא ורעמ' |

## סבתא PN

|  |  |  |  |  |  |
|---|---|---|---|---|---|
| 001 | וסבתא | Gn10:07 | דכוש סבא וחוילה | וסבתא | ורעמ' וסבתכא ובנוי |

## סבתכא PN

|  |  |  |  |  |  |
|---|---|---|---|---|---|
| 001 | וסבתכא | Gn10:07 | וסבתא ורעמ' | וסבתכא | ובנוי דרעמה שבא ודדן: |

## סדום GN

|  |  |  |  |  |  |
|---|---|---|---|---|---|
| 001 | סד' | Gn18:16M | סדום/ואדיקו כל קבל | סד'#2#/ | ואברהם אזל/הווה אזל#2# |
| 002 | סדום | Gn13:12 | משרה ופרס משכניה עד | סדום: | |
| 003 | | Gn18:16 | גובריה ודיקו כלפי | סדום | ואברהם אזל עמהון למלוויה |
| 004 | | Gn19:28M | עמרה וכלפי /כלוקבל | סדום | ועמורה כלוקבל#2#/ ארעא |
| 005 | | Gn18:02M | הוה אזל למהפך ית | סדום | וחד מניהון הוה אזל |
| 006 | | Gn13:10 | קדם עד לא שיציא ייי ית | סדום | וית עמרה כגינת' דייי |
| 007 | סדומה | Gn10:19 | עד עזה מעלך | סדו{ם}{«מ»ה | ועמרה אדמה וצבוים |
| 008 | סדם | Gn18:01 | תליתאה אשתלח למיפך | סדם | ועמורה אדמה וצבויים |
| 009 | | Dt29:22 | מן דעשב היך מה דאתהפכת | סדם | ועמורה אדמה וצבויים די |
| 010 | | Gn18:20M | דעמא דסדם /קבילת | סדם#2#/ | ועמרה ארום סגת |
| 011 | | Gn19:28 | ואדיק כלפי | סדם | וכלפי עמרה וכלפי ארעא |
| 012 | | Gn19:24 | וממריה דייי אחת על | סדם | ועל עמרה גפרית ואשא |
| 013 | בסדום | Gn14:12 | ואזלו והוא הוה שרי | בסדום: | |
| 014 | בסדם | Gn18:26 | ייי אם אשכח הא אשכח | בסדם | חמשין זכיין בגו קרתא |

015 דסד' Gn14:21 ואמר מלכא דסד' לאברם הב לי נפשתא וממונה
016 דסדום Gn14:02 סדרו קרבא עם ברע מלכא דסדום ועם ברשע מלכא דעמרה
017 Gn14:17 ונפק מלכא דסדום לקדמותיה מן בתר די חזר מן
018 דסדם Gn19:26M דלוט על דהות מן עמה דסדם אסתכלת מן בתרה למחמי מה
019 Gn19:04 דמכו ועמא דקרתא עמא דסדם אקיפו על ביתיה מן
020 Gn13:13 ועמה דסדם בישין גבר לחבריה וחייבין
021 Gn18:17 עבד אנה הואיל וכרכה דסדם במתנתה דיהבת לה בדינה הוא
022 Gn14:22 ואמר אברם למלכא דסדם הא זקפי' ידי בשבועה קדם
023 Gn18:20 ואמר ייי קבילתהון דעמא דסדם ועמרה ארום סגת וחובתהון
024 Gn14:10 מליין חמר וערקו מלכא דסדם ודעמרה ונפלו תמן ומה
025 Gn14:11 ונסבו ית כל ממונהון דסדם ודעמרה וית כל מזוניהון
026 Dt32:32 לעבדיהון {ל}<ד>עמא דסדם ומחשבתהון מדמיין
027 Gn14:08 ונפק מלכא דסדם ומלכא דעמרה ומלכא דאדמה
028 Gn19:01 ולוט הוה יתיב בתרעא דסדם ו{ת}<ח>מא יתהון לוט ורהט
029 לסדם Gn19:01 ועלו תרין מלאכיה לסדם ברמשא ולוט הוה יתיב
030 Gn18:22 וכיוונו מן גבריא ואזלו לסדם ואברהם עד כען הוה קאם
031 לסדמה Gn18:22M ואזלו לסדם/לסדמה#2#/ ואברהם עד כען הוה

## סודי PN

001 סודי Nu13:10 דזבולן גדיאל בר סודי:

## סוכות GN

001 סכות Nu33:06 ונטלו מן סכות ושרון באיתם די בסיפי
002 בסוכות Nu33:05 פילוס{ופ}ין ושרון בסוכות:
003 בסכת Ex14:12M מן למקטליה יתן במדברא/בסכת#2#/:
004 לסוכותה Ex12:37M \סכותה כשתין /לסוכותה כאישתין#2#/ רבבוון
005 לסכתה Gn33:17 ויעקב נטל לסכת«ה» ובנה לה בית ולבעירה עבד

## סוסי PN

001 סוסי Nu13:11 דיוסף דמנש' גדי בר סוסי:

## סוף GN

001 סוף Nu33:10M על \ימא דסוף /ים סוף#2#/:
002 Ex15:22 ואטל משה ית ישראל מימא סוף ונפקו למדברא דחלוצה והלכו
003 Ex15:22M \מימא סוף /מן ים סוף#2#/ ונפקו למדברא/לארעא#2#/
004 דסוף Ex14:25 קרביהון} אוף על ימא דסוף:
005 Ex15:01 רמא וטבע יתהון בימא דסוף:
006 Ex15:04 רמא וטמע יתהון בימא דסוף:
007 Ex15:21 רמא וטמע יתהון בימא דסוף:
008 Ex18:11M וטמע ריתיכיהון בימ' דסוף
009 Ex18:11 וטמע ית ארתכיהון בימא דסוף:
010 Nu14:25 לכון למדברה ארח ימה דסוף:
011 Nu33:10 מאילם ושרון על ימא דסוף:
012 Dt 1:40 וטולו למדברה אורח ימה דסוף:
013 Dt 1:01 הוויתון קיימין על ימא דסוף אתבזע קדמיכון ימא ואתעבד
014 Dt 2:01 במדברה ארח ימה דסוף היך מה די מלל ממריה דייי
015 Nu21:14 כד הוון קיימין על ימא דסוף וגבורתה דעבד עמהון כד
016 Ex13:18 ית עמא ארח מדברא ימא דסוף ומזיינין בעבדא טבא סלקו
017 Dt 1:01 על ימא וסרבתון על ימא דסוף ועל עסק יליליה די שלחתון
018 Nu33:11 ונטלו מימא דסוף ושרון במדברה דסין:
019 Ex14:13 דהוון קיימין על ימא דסוף חדא הוות אמרה נפל לימא
020 Ex10:19 ית גובא ואקלע יתה ימא דסוף לא אשתייר גוב חד בכל
021 Nu21:04 מן הר טורא ארח ימה דסוף למקפה ית ארעהון דאדומיי
022 Ex23:31 ית תחומיכון מן ימא דסוף עד ימ{א}הון דפלישתאי ומן
023 Dt11:04 די אציף ית מוי דימה דסוף על אפיהון בזמנה די רדפו

## סיאון GN

001 דסיאון Dt 4:48 ארנונה ועד טורה דסיאון הוא טור תלגה:

## סיחון PN

001 סיחון Nu21:29 למלכיהון דאמוריי סיחון:
002 Dt 2:31 שריית לממסר קדמך ית סיחון וית ארעיה שרון למירת
003 Nu21:23 עברין בתחומה וכנש סיחון ית כל עמיה ונפק לקדמות
004 Dt 2:32 ונפק סיחון לקדמותן הוא וכל עמיה
005 Dt 2:24 דהא מסרית בידיכון ית סיחון מלכא דחשבון אמורייה וית
006 Dt 2:26 מן מדברה דקדמות לוות סיחון מלכא דחשבון מלין דשלם
007 Dt 2:30 ולא צבא סיחון מלכא דחשבון דלא למעברה
008 Dt29:06 ואתיתון לאתרה הדין ונפק סיחון מלכא דחשבון ועוג מלכא
009 Dt 4:46 לטעוותה דפעור בארע סיחון מלכהון דאמוריי דהווא שרי
010 Nu21:21 ושלח ישראל שליחין לוות סיחון מלכיהון דאמוריי למימר:
011 סיחן Nu21:23 ולא שבק סיחן ית ישראל עברין בתחומה
012 דס' Nu21:28M גהינם נפקו מן קרתה דס' לחיית מואבאי
013 דסיחון Nu21:27 תתבני ותשתכלל קרתה דסיחון:
014 Nu21:26 ארום חשבון קרתה דסיחון מלכהון דאמוריי הוות והוא
015 Nu34:15 בית מלכותא דסיחון מלכותא דאמוריי ובית
016 Nu32:33 בר יוסף ית מלכותא דסיחון מלכיהון דאמוריי
017 Nu21:28 נפקו מן קרתא דסיחון שיצון לחוות מואביי
018 לס' Nu21:21M שליחין \לוות סיחון/לס'#2#/ מלכיהון דאמוריי
019 לסיחון Dt31:04 להון היך מה דעבד לסיחון ולעוג מלכיהון
020 Dt 3:06 היך מה די עבדנן לסיחון מלכא דחשבון שיצינן כל
021 Dt 3:02 ליה היך מה די עבדת לסיחון מלכהון דאמוריי דהווה שרי
022 Nu21:34 ליה היך מה דעבדת לסיחון מלכיהון דאימוריי די הווה

## סימת GN

001 וסימת Nu32:03 וחשבון ואלעלה וסימת ונבו ובעון:

## סין GN

001 דסין Nu33:11 דסוף ושרון במדברה דסין:
002 Ex16:01 דבני ישראל למדברא דסין די בין אילם ובין סיני
003 Ex17:01 ישר«אל» ממדברא דסין ו{א}<מ>טלניהון על פם
004 Nu33:12 ונטלו ממדברה דסין ושרון בדפקה:

## סיני GN

001 סיני Dt33:02 ואמר ייי מן סיני אתגלי למתן אוריתה לעמי'
002 Ex16:01 די בין אילם ובין סיני בחמשת עשר יומין לירחא
003 דסיני Ex19:01 יומא הדין עלו למדברא דסיני:
004 Ex19:11 לעיני כל עמא על טורא דסיני:
005 Ex34:32 דפקד ייי עמהון בטורא דסיני:
006 Lv 7:38 קדם ייי במדברא דסיני:
007 Lv27:34 על בני ישראל בטורא דסיני:
008 Nu 1:19 וסכם יתהון במדברא דסיני:
009 Nu 3:01 עם משה בטורא דסיני:
010 Nu26:64 ית בני ישראל במדברה דסיני:
011 Nu33:15 ושרון במדברה דסיני:
012 Dt 1:01 הלא במדברה ובטורא דסיני איתיהיבת לכון אוריתה בני

|  |  |  |  |  |  |
|---|---|---|---|---|---|
| 013 | | Ex19:23 | עמא למיסק לטורא | דסיני | ארום את אסהדת בן למימר |
| 014 | | Lv 7:38 | פקד ייי ית משה בטורא | דסיני | ביומא די פקד ית בני |
| 015 | | Nu 1:01 | דייי עם משה במדברה | דסיני | במשכן זמנא בחד לירחא |
| 016 | | Nu 9:01 | ייי עם משה במדברה | דסיני | בשתה תנינתא בזמן אפקותהון |
| 017 | | Lv 1:01 | משה בליביה ואמר טורה | דסיני | דהוה קדושי' קדוש שעה חדה |
| 018 | | Ex19:18 | וטורא | דסיני | הו«ה» תנן כוליה מן בגלל |
| 019 | | Ex30:13M | איתחמי למשה בטורה | דסיני | היך דינרא דאשה והיכדין |
| 020 | | Ex34:04 | משה בצפרא וסלק לטורא | דסיני | היך מה דפקד יתיה ונסב |
| 021 | | Nu 3:04 | בריה קדם ייי במדברה | דסיני | ובנין לא הווה להון ושמש |
| 022 | | Ex24:16 | שכינתיה דייי על טורא | דסיני | וכסי יתיה ענגא שיתא יומין |
| 023 | | Dt33:02 | חזר ואתגלי על טורה | דסיני | ועימיה ר«י» בוון דמלאכין |
| 024 | | Nu10:12 | למטלניהון מן מדברה | דסיני | ושרה ענגא במדברה דפראן: |
| 025 | | Ex19:02 | רפידים ואתון למדברא | דסיני | ושרון במדברא וכוונו תמן |
| 026 | | Nu33:16 | ונטלו ממדברה | דסיני | ושרון בקברי שאלי שאלתה: |
| 027 | | Ex34:29 | כד נחת משה מן טורא | דסיני | ותרין לוחי{ה} סהדותא |
| 028 | | Ex34:02 | ותסק בצפרא לטורא | דסיני | ותתעתד לוותי תמן על ראש |
| 029 | | Nu 9:05 | ביני שמשתה במדברה | דסיני | כל מה די פקד ייי ית משה |
| 030 | | Lv25:01 | ייי עם משה ^בטורא | דסיני#2^ | למימר: |
| 031 | | Nu 3:14 | ייי עם משה במדברה | דסיני | למימר: |
| 032 | | Nu28:06 | דאתקרבת על טורא | דסיני | לריח דרעווה קרבן קדם ייי |
| 033 | | Ex19:20 | שכינתא דייי על טורא | דסיני | על ריש טורא וקרא מימריה |
| 034 | | Lv26:46 | ובין בני ישראל בטורא | דסיני | על ידוי דמשה: |
| 035 | | Ex31:18 | אשלם למללה עמיה בטור' | דסיני | תרין לווחין סהדותא לווחין |

## סיריון GN

|  |  |  |  |  |  |
|---|---|---|---|---|---|
| 001 | סיריון | Dt 3:09M | פירוי ואמוריי הוון | /סיריון | ואימוראי ה#2/ קריין |

## סכות GN

|  |  |  |  |  |  |
|---|---|---|---|---|---|
| 001 | סכות | Gn33:17 | כדין קרא שמה דאתרא | סכות: | |
| 002 | סכותה | Ex12:37 | בני ישראל מן פילוסין | סכותה | כשתין רבבוון דגברין |
| 003 | מסכות | Ex13:20 | ונטלו | מסכות | ושרון באיתם בסיפה מדברה: |

## סלוא PN

|  |  |  |  |  |  |
|---|---|---|---|---|---|
| 001 | סלוא | Nu25:14 | עם מדיניתה זמרי בן | סלוא | רב בית אבה דבנוי |

## סליוקיה GN

|  |  |  |  |  |  |
|---|---|---|---|---|---|
| 001 | סליוקיה | Dt 3:10 | וכל בותנין עד | ס{{י}}ליוק{{י}}«י»ה | ואדרעה קורי |

## סרד PN

|  |  |  |  |  |  |
|---|---|---|---|---|---|
| 001 | סרד | Gn46:14 | ובנוי דזבולון | סרד | ואלון ויחלאל: |
| 002 | דסרדי | Nu26:26 | לסדר זרעיתה דבנוי | דס{ד}ר<ד>י | לאלון זרעייתה דבנוי |

## סרח PN

|  |  |  |  |  |  |
|---|---|---|---|---|---|
| 001 | סרח | Nu26:46 | ושמה דברתה דאשר | סרח: | |

## סתור PN

|  |  |  |  |  |  |
|---|---|---|---|---|---|
| 001 | סתור | Nu13:13 | מן שבטה דבנוי דאשר | סתור | בר מיכאל: |

## סתרי PN

|  |  |  |  |  |  |
|---|---|---|---|---|---|
| 001 | וסתרי | Ex 6:22 | מישאל ואלצפן | וסתרי: | |

## עבר PN

|  |  |  |  |  |  |
|---|---|---|---|---|---|
| 001 | עבר | Gn10:24 | ית שלח ושלח אולד ית | עבר: | |
| 002 | | Gn11:14 | תלתין שנין ואולד ית | עבר: | |
| 003 | | Gn11:15 | שלח מן בתר דאולד ית | עבר | ארבע מאה ותלת שנין ובהן |
| 004 | | Gn11:17 | וחיה | עבר | מן בתר דאולד ית פלג ארבע |
| 005 | | Gn11:16 | וחיה | עבר | תלתין וארבע שנין ואולד ית |
| 006 | ועבר | Gn25:27M | בבית מדרשא דשם | ועבר | ותבע אולפן מן קדם ייי |
| 007 | ולעבר | Gn10:25 | | ולעבר | אתילד תרין בנין שמה דחד |

## עברונה GN

|  |  |  |  |  |  |
|---|---|---|---|---|---|
| 001 | בעברונה | Nu33:34 | ונטלו מיט' ושרון | בעברונה: | |
| 002 | מעברו' | Nu33:35 | ונטלו | מעברו' | «ושרון» בכרך תרנוגלה: |

## עברייה PN

|  |  |  |  |  |  |
|---|---|---|---|---|---|
| 001 | עברייה | Dt32:49 | סוק לטור | עברייה | הדין הר נבו די בארע' |

## עדה PN

|  |  |  |  |  |  |
|---|---|---|---|---|---|
| 001 | עדה | Gn36:02 | מן בנתהון דכנענאי ית | עדה | ברת אלון חיתייא וית |
| 002 | | Gn 4:23 | ואמר למך לתרתין נשוהי | עדה | וצלה שמעו בקלי נשוהי |
| 003 | | Gn 4:19 | נשין שמה דחדה מינהון | עדה | ושמה דתינייתא צלה: |
| 004 | | Gn 4:20 | וילידת | עדה | ית יבל הוא אבוהון דדרי |
| 005 | | Gn36:04 | וילידת | עדה | לעשו ית אליפז {אליפז} |
| 006 | דעדה | Gn36:16 | דאדומיי אלין בניה | דעדה: | |
| 007 | | Gn36:10 | בנוי דעשו אליפז ברא | דעדה | אתתיה דעשו {{רא}} רעואל |
| 008 | | Gn36:12 | ית עמלק אלין בנוי | דעדה | אתתיה דעשו: |

## עדן GN

|  |  |  |  |  |  |
|---|---|---|---|---|---|
| 001 | עדן | Gn 2:10 | ונהר הוה נפק מן | עדן | למשקייה ית גנתא ומן תמן |
| 002 | | Gn 3:24 | ברא אוריתא אתקן גנת | עדן | לצדיקיא וגהינם לרשיעיא |
| 003 | | Gn 3:24 | וגהינם לרשיעיא אתקן גנת | עדן | לצדיקיא דייכלון ויתפרנקון |
| 004 | בעדן | Gn 2:08 | ונצב ייי אלהים גנא | בעדן | מן לקדמין ושוי תמן ית אדם |
| 005 | דעדן | Gn27:27M | די נציבא בחקלא | דעדן | |
| 006 | | Gn 4:16M | ושרה מן מדנחה | דעדן#2/ | והוה עד לא קטל להבל |
| 007 | | Gn 4:16 | קודמוי היך פירי גנתא | דעדן | ומן דחטא וקטל להבל חזרת |
| 008 | | Gn 2:15 | אדם ואשרי יתיה בגנתא | דעדן | למהוי פלח באורית' ולמטור |
| 009 | | Gn 3:23 | ייי אלהים מן גנתה | דעדן | למפלח ית ארעא די אתברי מן |
| 010 | | Gn49:01 | דרשיעיא ושלוותה | דעדן | מה היא כחדא מתכנשין |
| 011 | | Gn 3:24 | מלקדמין מן מדנ' לגנתה | דעדן | מן בני תרין כרוביה |
| 012 | | Gn 3:22 | ניטרו' יתיה מן גנתה | דעדן | קדם עד לא יפשוט ידיה ויסב |
| 013 | לעדן | Gn 4:16 | גלי ומטלטל מן מדנח | לעדן | והוה עד לא קטל להבל הוות |

## עובל PN

|  |  |  |  |  |  |
|---|---|---|---|---|---|
| 001 | עובל | Gn10:28 | וית | עובל | וית אבימאל וית שבא: |

## עוג PN

|  |  |  |  |  |  |
|---|---|---|---|---|---|
| 001 | עוג | Nu21:34 | ואמר הלא דין הוא | עוג | דהוה מחסד לאברהם ושרה |
| 002 | | Nu21:34M | הוא עוג דהוה מחסד /דן | עוג | דחסד#2/ לאברהם/לאבהתן |
| 003 | | Nu21:33 | וסליקו ארח בתנין ונפק | עוג | מלכא דבותנין לקדמותהון |

004 Dt 1:04 דהווה שרי בחשבון וית עוג מלכא דבותנין דהווה שרי
005 Dt 3:01 {ר}<ד>בותניין ונפק עוג מלכא דבותניין לקדמותן הוא
006 Dt 3:03 ייי אלהן בידן לחוד ית עוג מלכא דבותנין וית כל עמיה
007 Dt 3:11 ארום לחוד עוג מלכא דבותנין אשתייר מן
008 Dt 4:47 וירתו ית ארעיה וית ארע עוג מלכא דבותניין תרין
009 Dt 1:04 בתר די קטל ית עוג מלכיהון דאמוריי דהווה שרי
010 Dt 3:02M אמ׳ הלא הוא דן עוג רשיעא דהווה מחסר לאבהתן
011 Dt 3:02M כיוון דחמה משה עוג רשיעא זע ואירתת מן קודמיה
012 Nu21:34M /כ<י>וו{י}ן דחמה משה עוג ^רשיעה#2#^ זע וארתת
013 דעוג Dt 3:10 קורי בית מלכותה דעוג בבותנין:
014 Dt 3:04 טרכונה בית מלכותה דעוג ב{כ}<ב>ותנין:
015 Dt 3:13 בותנין בית מלכותה דעוג יהבית לפלגות שבטה דמנשה
016 Nu32:33 וית מלכותא דעוג מלכא דמותנין ארעא לקרייה
017 Nu34:15 דאמוריי ובית מלכותא דעוג מלכא דבותניין מה די קטל
018 ועוג Dt29:06 סיחון מלכא דחשבון ועוג מלכא דבותנין לקדמותן
019 ולעוג Dt31:04 היך מה דעבד לסיחון ולעוג מלכיהון דא{ומ}<מו>ריי
020 לעוג Nu21:34 והוה כד חמא משה לעוג מלכא דבותנין דחל וארתת

## עוית GN

001 עוית Gn36:35 דמואבאי ושמה דקרתיה עוית:

## עוץ PN

001 עוץ Gn22:21 ית עוץ בוכרה וית בוז אחוי וית
002 Gn10:23 ובנוי דארם עוץ וחול וגתר ומש:

## עזאזל PN

001 לעזאזל Lv16:08 ממרי דייי ועדיו חד לעזאזל:
002 Lv16:26 ומן דמשלח ית צפירה לעזאזל יחוור לבושוי ויסחי ית
003 Lv16:10 די סלק עלוי עדוה לעזאזל יקים יתה לחיים קדם ייי
004 Lv16:10 עלוי למשלחה יתיה לעזאזל למדברה:
005 לעזזל Lv16:08M חד למפטור למדבר צוק לעזזל

## עזה GN

001 עזה Gn10:19 צידון מעלך לגררה עד עזה מעלך סדו{ם}<מ>ה
002 Dt 2:23 דשרון בכופרנייה עד עזה קפוטקייה די נפקו מן

## עזיאל PN

001 עזיאל Nu 3:30 דקהתי אליצפן בר עזיאל:
002 דעזיאל Ex 6:22 ובנוי דעזיאל מישאל ואלצפן וסתרי:
003 Lv10:04 ולאלצפן בנוהי דעזיאל חביבה דאהרן ואמר להון
004 דער׳ Nu 3:27M \דבנוי דעזיאל/דער#2#/ אלין אינון זרעייתה
005 דעזיאלי Nu 3:27 וזרעייתה דבנוי דעזיאלי אלין אינון זרעייתה דבנוי
006 ועזיאל Nu 3:19 עמרם ויצהר וחברון ועזיאל:
007 Ex 6:18 עמרם ויצהר וחברון ועזיאל ושני חיוי דקהת מאה

## עזן PN

001 עזן Nu34:26 דיששכר רבה פלטיאל בר עזן:

## עזריה PN

001 ועזריה Gn38:25 דורא חנניה מישאל ועזריה כד נחתין בנורא יקידתא

## עטרות GN

001 עטרות Nu32:35 וית עטרות שופן וית יעזר ויגבהה:
002 Nu32:03 «עטרות ודיבון» מכבר
003 Nu32:34 דגד ית דיבון וית עטרות וית לחיית:

## עיבל GN

001 דעיבל Dt27:13 על לווטייה בטורא דעיבל ראובן גד ואשר זבולן
002 Dt11:29 וית לווטייה על טורא דעיבל:
003 Dt27:15 אפיהון כלפי טורה דעיבל ואמרין ליט יהווי גברא די
004 Dt27:15M שבטין קמו על טורה דעיבל וארונה וכהנייה וליוואי
005 Dt27:15 שבטין סליקו לטורה דעיבל וכהנייה וארונה במצעה וכל
006 Dt27:04 יתכון יומא הדין בטורא דעיבל ותשוען יתהון בגירא:

## עיה GN

001 עייה Gn13:03 בין ביתאל ובין עייה:
002 ועיה Gn12:08 משכנה ביתאל מן מערבה ועיה מן מדנחה ובנא תמן מדבח

## עיון GN

001 דעיון Nu34:15 נפק להון תחומה לכרכא דעיון דמן מדנח לבית ירח וממדנח

## עיין GN

001 עיין Nu33:45 ונטלו מן עיין ושרון בדיבון גד:

## עיינה PN

001 לעיינה Nu34:11 לדפני מן מד«י»נחה לעיינה ונחת תחומה ומקף על

## עילם GN

001 דעילם Gn14:01 דאלסר כדר לעמר מלכא דעילם ותדעל מלכ{{א}}«ה»ון
002 Gn14:09 ית כדר לעמר מלכ׳ דעילם ותדעל מלכהון דאמיא

## עין גדי GN

001 עין גדי Nu34:15 ולשוק מזיי ולמערת עין גדי עד מטי ספר ימא
002 בעין גדי Gn14:07 אמורי׳ דהוון שריין בעין גדי תמריא:

## עינן PN

001 עינן Nu 1:15 דנפתלי אחירע בר עינן:
002 Nu 2:29 דנפתלי אחירע בר עינן:
003 Nu 7:78 דנפתלי אחירע בר עינן:
004 Nu 7:83 דנפתלי אחירע בר עינן:
005 Nu10:27 דנפתלי אחירע בר עינן:

## עיפה PN

001 עיפה Gn25:04 ובנוי דמדין עיפה ועפר וחנוך ואבידע

## עירד PN

001 עירד Gn 4:18 ואתיליד לחנוך ית עירד ועירד אוליד ית מחויאל
002 ועירד Gn 4:18 לחנוך ית עירד ועירד אוליד ית מחויאל ומחויאל

## עירם PN

001 עירם Gn36:43 רבה מגדיאל רבה **עירם** אלין רברבני{(י)} אדומיי

## עכבור PN

001 עכבור Gn36:38 ומלך בתרה בעל חנן בן **עכבור**:
002 Gn36:39 ומית בעל חנן בר **עכבור** ומלך בתרה הדד ושמה דקרתא

## עכרן PN

001 עכרן Nu 1:13 דבנוי דאשר פגעיאל בר **עכרן**:
002 Nu 2:27 דבנוי דאשר פגעיאל בר **עכרן**:
003 Nu 7:72 דבנוי דאשר פגעיאל בר **עכרן**:
004 Nu 7:77 דבנוי דאשר פעגיאל בר **עכרן**:
005 Nu10:26 דבנוי דאשר פגעיאל בר **עכרן**:

## עלוה PN

001 עלוה Gn36:40 בשמתיהון רבה תמנע רבה **עלוה** רבה יתת:

## עלם PN

001 עלם Gn10:22 בנוי דשם **עלם** ואשור וארפכשד ולוד

## עלמון GN

001 בעלמון Nu33:46 מדיבון גד ושרון **בעלמון** דבלתימה:
002 מעלמון Nu33:47 ונטלו **מעלמון** דבלתימה ושרון בטורא

## עמון PN

001 עמון Nu21:24 יבקה עד תחומיהון דבני **עמון** ארום תקיף ^הווה#2#^

## עמורה GN

001 עמרה Gn19:24 דייי אחת על סדם ועל **עמרה** גפרית ואשא מן קדם ייי מן
002 Gn19:28 ואדיק כלפי סדם וכלפי **עמרה** וכלפי ארעא משרה וחמה והא
003 Gn13:10 שיציא ייי ית סדום וית **עמרה** כגינת' דייי באילנא כארעא
004 דעמורה Dt32:32 למחשבתהון דעמא **דעמורה** עבדיהון עבדין בישין
005 דעמרה Gn14:02 דסדום ועם ברשע מלכא **דעמרה** שנאב מלכא דאדמה ושמאבר
006 Gn14:08 ונפק מלכא דסדם ומלכא **דעמרה** ומלכא דאדמה ומלכא
007 ועמורה Gn18:01 אשתלח למיפך סדם **ועמורה** אדמה וצבויים ואתגלי
008 Dt29:22 היך מה דאתהפכת סדם **ועמורה** אדמה וצבויים די הפך
009 Gn19:28M וכלפי /כלוקבל סדום **ועמורה** כלוקבל#2#/ ארעא משרה
010 ועמרה Gn10:19 מעלך סדו{{ם}}«מ»ה **ועמרה** אדמה וצבוים עד קלרהי:
011 Gn18:20 קבילתהון דעמא דסדם **ועמרה** ארום סגת וחובתהון ארום
012 ודעמרה Gn14:11 ית כל ממונהון דסדם **ודעמרה** וית כל מזוניהון ואזלו:
013 Gn14:10 חמר וערקו מלכא דסדם **ודעמרה** ונפלו תמן ומה

## עמי שדי PN

001 עמי שדי Nu 1:12 דדן אחיעזר בר **עמי שדי**:
002 Nu 2:25 דדן אחיעזר בר **עמי שדי**:
003 Nu 7:66 דדן אחיעזר בר **עמי שדי**:
004 Nu 7:71 דדן אחיעזר בר **עמי שדי**:

## עמיאל PN

001 עמיאל Nu13:12 מן שבטה דבנוי דדן **עמיאל** בר גמלי:

## עמיהוד PN

001 עמיהוד Nu 2:18 דאפרים אלישמע בר **עמיהוד**:
002 Nu 7:48 דאפר' אלישמע בר **עמיהוד**:
003 Nu 7:53 דאפרים אלישמע בר **עמיהוד**:
004 Nu10:22 דאפרים אלישמע בר **עמיהוד**:
005 Nu34:20 דשמעו' שמואל בר **עמיהוד**:
006 Nu34:28 דנפתלי רבה פדהאל בר **עמיהוד**:
007 Nu 1:10 אפרים אלישמע בר **עמיהוד** מן שבטה דבנוי דמנשה

## עמינדב PN

001 עמי נדב Nu10:25 חילוותיה אחיעזר בר **עמי נדב**:
002 עמינדב Nu 1:07 דיהודה נחשון בר **עמינדב**:
003 Nu 2:03 דיהודה נחשון בר **עמינדב**:
004 Nu 7:17 דיהודה נחשון בר **עמינדב**:
005 Nu10:14 דיהודה נחשון בר **עמינדב**:
006 Ex 6:23 אהרן ית אלישבע בת **עמינדב** אחתיה דנחשון ליה לאתה
007 Nu 7:12 ית קרבניה נחשון בר **עמינדב** מן שבטה דבנוי דיהודה:

## עמלק PN

001 עמלק Ex17:16M בר קיש והוא דבי' **עמלק**
002 Gn36:12 וילידת לאליפז ית **עמלק** אלין בנוי דעדה אתתיה
003 Gn36:16 רבה קרח רבה געתם רבה **עמלק** אלין רברבנוי דאליפז
004 Dt25:17 מה די עבדו לכון דבית **עמלק** באורחא בזמן אפקותכון
005 Ex17:10 סדרי קרבא עם דבית **עמלק** ומשה ואהרן וחור סליקו
006 Ex17:16 הוא יסדר קרבא עם בית **עמלק** ויקטול מלכין עם שלטונין
007 Ex17:16M עמלק /לוקבל דבי' **עמלק#2#/** ויקטול מלכין עם
008 Ex17:13 ושיציא יהושע ית **עמלק** וית עמיה לפתגם דחרב:
009 Ex17:08 ואתון דבני **עמלק** וסדרו סדרי קרבא עם ישראל
010 Ex17:09 וסדר סדרי קרבא עם דבית **עמלק** למחר הא אנה קיים מעתד על
011 Dt25:18 ולא דחילו דבית **עמלק** מן קדם ייי:
012 Ex17:11 מן למצלייה הוון דבית **עמלק** מתגברין ונפלין בחרבא:
013 Dt25:18 פלט ית«י»ה ודבית **עמלק** קטלין יתיה ואתון עמי בני
014 Nu24:20M בדבית ישראל הוו דבית **עמלק** תבר יתהון יהושע בר נון
015 דעמלק Ex17:16 למשיציא ית דוכרנא **דעמלק** לדרי דרין:
016 Ex17:14 אשיציא ית דכרניה **דעמלק** מן תחות שמיא:
017 Dt25:19 תשיצון ית דוכרנייה **דעמלק** מן תחות שמייא עמי בני

## עמרם PN

001 עמרם Nu26:58 דקרחי וקהת אולד ית **עמרם**:
002 Ex 6:18 ובנוי דקהת **עמרם** ויצהר וחברון ועזיאל
003 Nu 3:19 ובנוי דקהת **עמרם** ויצהר וחברון ועזיאל:
004 Ex 6:20 ונסב **עמרם** ית יוכבד ברת אחוי דאבוי
005 דעמרם Nu26:59 ושמה דאתתה **דעמרם** יוכבד ברת לוי די ילדת
006 Ex 6:20 וית משה ושני חיוי **דעמרם** מאה ותלתין ושבע שנין:
007 דעמ' Nu 3:27M זרעייתה \דבנוי **דעמרמי/דעמ'#2#/** וזרעיתה דבנוי
008 דעמרמי Nu 3:27 דקהת זרעייתה דבנוי **דעמרמי** וזרעיתה דבנוי דיצהרי
009 לעמרם Nu26:59 ללוי במצרים וילדת **לעמרם** ית אהרן וית משה וית

## ענה PN

| | | | | | |
|---|---|---|---|---|---|
| 001 | ענה | Gn36:18 | רברבניה דאהליבמה ברת | ענה | אתתיה דעשו: |
| 002 | | Gn36:02 | חיתייא וית אהליבמה ברת | ענה | ברת צבעון חיוייה: |
| 003 | | Gn36:14 | הוון בניה דאהליבמה ברת | ענה | ברת צבעון אתתיה דעשו |
| 004 | וענה | Gn36:20 | לוטן ושובל וצבעון | וענה: | |

## ענק PN

| | | | | | |
|---|---|---|---|---|---|
| 001 | דענק | Dt 1:28 | שמיא ולחוד בנוי | דענק | גוברא חמינן תמן: |
| 002 | | Dt 2:10 | וסגין ותקיפין כבנוי | דענק | גוברייה: |
| 003 | | Dt 2:11 | אוף אנון כבנוי | דענק | גובריה ומואביי הוון |
| 004 | | Nu13:22 | ששי ותלמי בנוי | דענק | ג«י»ברא וחברון שבע |
| 005 | | Nu13:28 | רברבן לחדה ואוף בנוי | דענק | גיברה חמינן תמן: |
| 006 | | Dt 9:02 | יכיל למיקם קדם בנוי | דענק | גיבריה: |
| 007 | | Dt 9:02 | עם רברבין ותקיפין בנוי | דענק | גיבריה די אתון חכמתון |
| 008 | | Dt 2:21 | וסגין ותקיפין כבנוי | דענק | גיברייא ושיצי יתהון ייי |
| 009 | | Nu13:33 | ית גיברי«י»ה בנוי | דענק | מן גיבריה והוונן באפנה |

## ענר PN

| | | | | | |
|---|---|---|---|---|---|
| 001 | ענר | Gn14:24 | דגובריא די אזלו עמי | ענר | ושכל וממרא אנון יסבון |
| 002 | דענר | Gn14:13 | אחוי דאשכל ואחוי | דענר | ואנון הוון מרי קיימא |

## עפר PN

| | | | | | |
|---|---|---|---|---|---|
| 001 | ועפר | Gn25:04 | ובנוי דמדין עיפה | ועפר | וחנוך ואבידע ואלדעה כל |

## עפרון PN

| | | | | | |
|---|---|---|---|---|---|
| 001 | עפרון | Gn23:08 | קבילו מני ובעון לי מן | עפרון | בר צוחר: |
| 002 | | Gn23:11 | קבילו מני ובעון לי מן | עפרון | בר צוחר: ויזבן לי ית |
| 003 | | Nu13:28M | דענק גיברה /<בני> | עפרון | גברה#2#/ חמינן תמן: |
| 004 | | Nu13:22M | דענק ג«י»ברא /בני | עפרון | גיברא#2#/ וחברון שבע |
| 005 | | Gn23:10 | שרי בגו בנוי דחת וענה | עפרון | חתייה עם אברהם במשמעהון |
| 006 | | Gn23:11 | דקבורה דחת וענה | עפרון | חתייה עם אברהם במשמעהון |
| 007 | | Gn49:30 | אברהם ית חקלה מן לוות | עפרון | חתייה לאחסנו דקבורה: |
| 008 | | Gn50:13 | לאחסנא דקבורה מן לוות | עפרון | חתייה קדם ממרא: |
| 009 | | Gn23:14 | וענה | עפרון | ית אברהם למימר ליה: |
| 010 | דעפרו' | Gn25:09 | במערתא כפילא בחקלא | דעפרו' | בן צחר חתיה די כל קובל |
| 011 | דעפרון | Gn23:17 | וקמת חקלת | דעפרון | די בכפילה די קדם מימרא |
| 012 | | Gn49:29 | במערת«א» דבחקלא | דעפרון | חתי<'>: |
| 013 | ועפרון | Gn23:10 | | ועפרון | הוי שרי בגו בנוי דחת |
| 014 | | Gn23:11M | /לאחסנת קבר#2#: | ועפרון | הוי שרי בגו בנוי |
| 015 | לע' | Gn23:08M | עפרון /ופייסו עליה | לע'#2#/ | בר צוחר: |
| 016 | לעפרון | Gn23:16 | ושמע אברהם | לעפרון | ותקל אברם ^לעפרון#2#^ |
| 017 | | Gn23:16 | לעפרון ותקל אברם | ^לעפרון#2#^ | ית כספא דמלל במשמעהון |

## עקרבית GN

| | | | | | |
|---|---|---|---|---|---|
| 001 | עקרבית | Dt 2:08M | משרה מן אילת | \עקרבית#2#/ | ומן כרך תרנגולה |

## ער PN

| | | | | | |
|---|---|---|---|---|---|
| 001 | ער | Gn38:03 | וילדת בר וקרת ית שמיה | ער: | |
| 002 | | Gn38:07 | והוה | ער | בכורה דיהודה עבד עובדין |
| 003 | | Gn46:12 | ובנוי דיהודה | ער | ואונן ושלה ופרץ וזרח |
| 004 | | Nu26:19 | בנוי דיהודה | ער | ואונן ומית ער ואונן |
| 005 | | Nu26:19 | דיהודה ער ואונן ומית | ער | ואונן בארעא דכנען: |

| | | | | | |
|---|---|---|---|---|---|
| 006 | לער | Gn38:06 | ונסב יהודה אתה | לער | בוכריה ושמה תמר: |

## ערביא PN

| | | | | | |
|---|---|---|---|---|---|
| 001 | ערביא | Gn10:06M | ושום אפרכייותהון | ערביא | ומצרים ואלייהרק וכנען |

## ערד PN

| | | | | | |
|---|---|---|---|---|---|
| 001 | דערד | Nu33:40 | ושמע כנענא' מלכא | דערד | ארום הוא הוה שרי בדרום' |
| 002 | | Nu21:01 | ושמע כנענאה מלכא | דערד | דהוה שרי בדרומה ארום |

## ערי PN

| | | | | | |
|---|---|---|---|---|---|
| 001 | ערי | Gn46:16 | וחגי שוני ואצבון | ערי | וארודי ואראלי: |
| 002 | דערי | Nu26:16 | לערי זרעייתה דבנוי | דערי: | |
| 003 | לערי | Nu26:16 | זרעייתה דבנוי דאזני | לערי | זרעייתה דבנוי דערי: |

## ערן PN

| | | | | | |
|---|---|---|---|---|---|
| 001 | דערני | Nu26:36 | לערן זרעייתה דבנוי | דערני: | |
| 002 | לערן | Nu26:36 | ואלין בנוי דשותלח | לערן | זרעייתה דבנוי דערני: |

## ערר GN

| | | | | | |
|---|---|---|---|---|---|
| 001 | דערר | Gn20:02M | מלכא \דגרר ודבר ית | /דערר | ונסב ית#2#/ שרה: |

## עשו PN

| | | | | | |
|---|---|---|---|---|---|
| 001 | עשו | Gn35:07M | דייי בזמן דערק מן קדם | עשו | |
| 002 | | Gn36:43 | לארעא תותבותיהון הוא | עשו | אבוהון דאדומיי: |
| 003 | | Gn27:21 | ברי הא את הוא דין ברי | עשו | או לא: |
| 004 | | Gn32:04 | קדמוי {לוות} לוות | עשו | אחוי לארע גבלא לתחומהון |
| 005 | | Gn32:18 | למימר ארום יערע יתך | עשו | אחוי וישאלונך למימר מן את |
| 006 | | Gn35:07 | עלוי ייי במערקיה מן קדם | עשו | אחוי: |
| 007 | | Gn49:02 | אבה קם מיניה פסולה | עשו | אחוי ואנה דחיל דלא {דלא} |
| 008 | | Gn27:06 | ית קלא דאבוך ממלל עם | עשו | אחוך למימר: |
| 009 | | Gn27:42 | ברה זעירא ואמרת לה הא | עשו | אחוך מתחשב עלך למקטל יתך: |
| 010 | | Gn35:01 | עלך במערקך מן קדם | עשו | אחוך: |
| 011 | | Gn27:11 | יעקב לרבקה אמיה הא | עשו | אחי גבר שערין ואנה גבר |
| 012 | | Dt 6:04 | אבה קם מיניה פסילה | עשו | אחי דלמה לטעוות דהוה אבוי |
| 013 | | Gn33:09 | ואמר | עשו | אית לי סגין אחי יתקיים לך |
| 014 | | Gn25:28 | ורחם יצחק ית | עשו | ארום מן צידיה הוה אכיל |
| 015 | | Gn28:06 | וחמ«ה» | עשו | ארום ברך יצחק ית יעקב |
| 016 | | Gn28:08 | וחמה | עשו | ארום בישן אנון בנתהון |
| 017 | | Gn33:15 | ואמר | עשו | אשבוק כען עמך מן עמא די |
| 018 | | Gn33:01 | ית עייני וחמא והא | עשו | את' ועמה ארבע מאה דגוברין |
| 019 | | Gn32:20 | כפתגמא הדין תמללון עם | עשו | בזמניה די תארעון יתה: |
| 020 | | Gn36:08 | ושרא | עשו | בטורא דגבלא עשו הוא |
| 021 | | Gn27:19 | ואמר יעקב לאביו אנה | עשו | בכורך עבדת היך מה דמללת |
| 022 | | Gn27:41 | די ברך יתה אבוי ואמר | עשו | בלבא לית אנא עבד היך מה |
| 023 | | Gn26:34 | והוה | עשו | בר ארבעין שנין ונסב אתה ית |
| 024 | | Gn27:01 | מן למחמי וקרא ית | עשו | בריה רבא ואמר ליה ברי ואמר |
| 025 | | Gn27:05 | שומעת כד מלל יצחק עם | עשו | בריה ואזל עשו לאפיה ארעא |
| 026 | | Gn25:27 | ורבו טליא והוה | עשו | גבר ידע צידה גבר מרי חקלין |
| 027 | | Gn25:27M | וסגיעו עולמייא והוה | עשו | גבר נחוש ירכן ומר הוא |
| 028 | | Gn25:32 | ואמר | עשו | הא אנה אזל לממת ולמה כען |
| 029 | | Gn36:08 | ושרא עשו בטורא דגבלא | עשו | הוא אדום: |
| 030 | | Gn33:04M | "ובכו": | עשו | הוה בכי עד דק{ר}<ה>ין |

| | | | | | |
|---|---|---|---|---|---|
| 031 | | Gn35:29 | ושבע יומין וקברו יתיה | עשו | ויעקב בנוי: |
| 032 | | Gn49:26 | רברבני עלמא מן שרויה | עשו | וישמעאל יתין כל ברכתא |
| 033 | | Gn27:24 | ואמר את הוא דן ברי | עשו | ואמר אנה: |
| 034 | | Gn32:07 | מטינן לוות אחוך לוות | עשו | והא הוא אתא לקדמותך וארבע |
| 035 | | Gn25:34 | ושתה וקם ואזל ליה ובזי | עשו | ית בכורותיה ועל תחיית |
| 036 | | Gn27:34 | כד שמע | עשו | ית מלוי דאבוי וצוח צווחה |
| 037 | | Gn27:41 | ושטם {ית} | עשו | ית יעקב על ברכתא די ברך |
| 038 | | Gn36:06 | ונסב | עשו | ית נשוי וית בנוי וית בנתיה |
| 039 | | Gn25:30 | ואמר | עשו | ליעקב איכל יתי כען מן |
| 040 | | Gn27:38 | ואמר | עשו | לאבוהי הא ברכה חדא אית לך |
| 041 | | Gn27:05 | יצחק עם עשו בריה ואזל | עשו | לאפיה ארעא למצוד ציד |
| 042 | | Gn33:16 | וחזר ביומא ההוא | עשו | לארחה לגבלה: |
| 043 | | Gn28:09 | ואזל | עשו | לוות ישמעל ונסב ית |
| 044 | | Gn32:09 | ואמר אן ייתי | עשו | לחדא משריתא ויקטו«ל» |
| 045 | | Gn33:04 | ורהט | עשו | לקדמותה וגפף יתיה ואתרכן |
| 046 | | Gn25:29 | תבשיל דטלופחין {ואתא | עשו | מן} ואתא עשו מן אפי ברא |
| 047 | | Gn25:29 | {ואתא עשו מן} ואתא | עשו | מן אפי ברא והוא משלהי: |
| 048 | | Gn36:02 | | עשו | נסב ית נשוי מן בנתהון |
| 049 | | Gn27:41M | עשו ית יעקב /ונטר | עשו | סנה על יעקב#2#/ על ברכתא |
| 050 | | Gn27:01M | ליה ברי \ואמר ליה | /עשו | ענה ואמ'#2#/ הא אנה: |
| 051 | | Gn27:38 | ברך יתי אף אנה אבא ונטל | עשו | קליה ובכה: |
| 052 | | Gn36:10M | \אתתיה דעשו /אתת | עשו#2#/ | {{רא}} רעואל בת בשמת |
| 053 | | Gn50:01M | קיימין גיברין מן דבית | עשו | תמן קיימין שליטין מן דבית |
| 054 | | Gn50:01M | תמן הוון קיימין מדבית | עשו | תמן הוו קאמין גיברין |
| 055 | עשיו | Gn27:32 | את ואמר אנה ברך בוכרא | עשיו: | |
| 056 | דע' | Dt 2:05M | דרגלה ארום ירתו | לעשו/דע'#2#/ | יהבית ית טורא |
| 057 | דעשו | Gn36:10 | אלן שמהת בנוי | דעשו | אליפז ברא דעדה אתתיה |
| 058 | | Gn27:22M | שלטין ביה ידוי | דעשו | |
| 059 | | Gn27:22 | ומוש ידיה מוש ידוי | דעשו: | |
| 060 | | Gn36:10 | רעואל בת בשמת אתתיה | דעשו: | |
| 061 | | Gn36:12 | אלין בנוי דעדה אתתיה | דעשו: | |
| 062 | | Gn36:17 | בנוי דבשמת אתתיה | דעשו: | |
| 063 | | Gn36:18 | ברת ענה אתתיה | דעשו: | |
| 064 | | Gn36:09 | ואלין יחוס «תלדוותא» | דעשו | אבוהון דאדומיי בטורא |
| 065 | | Gn27:23 | ארום הוון ידוי כידוי | דעשו | אחוי שערניין וברך יתיה: |
| 066 | | Gn48:22 | נסבת יתיה מן ידוי | דעשו | אחוי לא בחרבי ולא בקשתי |
| 067 | | Gn32:03 | למרדף בתרי {או משרין | דעשו | אחי אינון דהוא אתי |
| 068 | | Gn32:03 | או משרין דמלאכין | דעשו | אחי אינון דהוא אתי לקדמ' |
| 069 | | Gn32:03M | יתהון דלמא דמשירייתא | דעשו | אחי אתיין לקדמותי |
| 070 | | Dt 2:08 | מן לוות אחונן בנוי | דעשו | ˆאליין#2#ˆ דשריין בגבלה |
| 071 | | Gn32:12 | מן ידוי דאחי מן ידוי | דעשו | ארום דחל אנא מנה דלא ייתי |
| 072 | | Gn36:15 | «אלין» רברבני דבנוי | דעשו | בנוי דאליפז בכוריה דעשו |
| 073 | | Gn27:15 | ונסבת רבקה ית לבושוי | דעשו | ברה רבה משבחיין דהווה בגו |
| 074 | | Gn27:42 | ואתני לרבקה ית מלוי | דעשו | ברה רבה ושלחת וקרת ליעקב |
| 075 | | Gn36:05 | אלין ˆאינון#2#ˆ בנוי | דעשו | די אתילדו ליה בארעא |
| 076 | | Dt 2:04 | בתחום אחיכון בנוי | דעשו | דשריין בגבלה וידחלון |
| 077 | | Dt 2:22 | היך מה די עבד לבנוי | דעשו | דשריין בגבלה די שיצון ית |
| 078 | | Dt 2:29 | היך מה די עבדו לן בנוי | דעשו | דשריין בגבלה ומואביי |
| 079 | | Gn36:01 | יחוס תולדוותיה{ון} | דעשו | הוא אדום: |
| 080 | | Gn29:17M | דלא תסוק במזליה | דעשו | ורחל |
| 081 | | Gn25:23M | מן בגלל דבסוף מלכותא | דעשו | ואח{ר}<ד> יעקב |
| 082 | | Gn36:19 | אלין בנוי | דעשו | ואלין רברבניהון הוא |
| 083 | | Gn36:14 | ענה ברת צבעון אתתיה | דעשו | וילדת לעשו ית יעוש וית |
| 084 | | Gn36:12 | לחינתה לאליפז ברה | דעשו | וילידת לאליפז ית עמלק |
| 085 | | Dt33:02 | למתן אורית לבנוי | דעשו | וכיוון די אשכחו כתיב |
| 086 | | Dt33:03 | וידוע קדמוי דלא בנוי | דעשו | ולא בנוי דישמעאל מקבלין |
| 087 | | Dt 2:12 | מן לקדמין ובנוי | דעשו | ירתו יתהון ושיצון יתהון |
| 088 | | Gn27:29 | קדמך אומיא כל בנוי | דעשו | ישתעבדון לך מלכוותא כל |
| 089 | | Gn36:40 | ואלין שמהת רברבני | דעשו | לזרעיתהון לאתריהון |
| 090 | | Gn50:01 | תמן שולטנין מן בנוי | דעשו | קיימין תמן שולטנין מן |
| 091 | | Gn36:10 | ברא דעדה אתתיה | דעשו | {{רא}} רעואל בת בשמת |
| 092 | | Gn36:15 | בנוי דאליפז בכוריה | דעשו | רבה תימן רבה אומר |
| 093 | | Gn36:17 | בנוי דרעואל בר«ה» | דעשו | רבה נחת רבה זרח רבה |
| 094 | | Gn36:18 | בניה דאהליבמה אתתה | דעשו | רבה יעוש רבה יעלם רבה |
| 095 | ועשו | Gn28:05 | דרבקה אמה דיעקב | ועשו: | |
| 096 | | Gn27:30 | אפי יצחק אבוי | ועשו | אחוי על מן ציידיה: |
| 097 | לעשו | Gn32:14 | מה דאיתי בידי דורון | לעשו | אחוי: |
| 098 | | Gn48:22 | אבה יהב יתיה | לעשו | אחוי ואנה נסבת יתיה מן |
| 099 | | Gn27:36M | לי חדא ברכה /אשתבק | לעשו | ברכה#2#/: |
| 100 | | Gn27:37 | ואתיב יצחק ואמר | לעשו | הא רב ושליט שויתי יתה לך |
| 101 | | Gn32:19 | היא ואשלחת לריבוני | לעשו | והא אף מן בתרן: |
| 102 | | Dt 2:05 | כפה דרגלה ארום ירתו | לעשו | יהבית ית טורא דגבלה: |
| 103 | | Gn36:04 | וילידת עדה | לעשו | ית אליפז {אליפז} ובשמת |
| 104 | | Gn36:14 | אתתיה דעשו וילדת | לעשו | ית יעוש וית יעלם וית |
| 105 | | Gn32:05 | כדן תאמרון לרבוני | לעשו | כדן אמר עבדך יעקב עם |
| 106 | | Gn25:34 | ויעקב יהב | לעשו | לחם ותבשיל דטלופחין ואכל |
| 107 | | Gn27:22M | בצלותא לית רשו | לעשו | למנזקיה וכד מתרשל בפתגמי |

## עשק GN

| | | | | | |
|---|---|---|---|---|---|
| 001 | עשק | Gn26:20 | אנן מיא וקרא שמה דבארה | עשק | ארום אתעשקו עמיה: |

## עשתרתא GN

| | | | | | |
|---|---|---|---|---|---|
| 001 | בעשתרתא | Gn14:05 | וקטילו ית גיבראייה | בעשתרתא | דקרנים וית זיותניה |
| 002 | בעשתרתה | Dt 1:04 | דהווה שרי | בעשת{ה}<ר>תה | באדרעא: |

## פארן GN

| | | | | | |
|---|---|---|---|---|---|
| 001 | דפארן | Nu12:16 | חצרות ושרון במדברה | דפארן: | |
| 002 | | Gn14:06 | דגבלא עד דגבולא | דפארן | דסמיך למדברא: |
| 003 | | Gn21:21 | ושרא במדברא | דפארן | ונסבת ליה אימיה איתה מן |
| 004 | | Nu13:26 | דבני ישראל למדברה | דפארן | לרקם ואיתיבו יתהון פתגם |
| 005 | | Dt33:02M | "למתן ... דפראן": לטורה | דפארן | למתן אורייתה |

## פגעיאל PN

| | | | | | |
|---|---|---|---|---|---|
| 001 | פגעיאל | Nu 1:13 | מן שבטה דבנוי דאשר | פגעיאל | בר עכרן: |
| 002 | | Nu 2:27 | שבטה דבנוי דאשר | פגעיאל | בר עכרן: |
| 003 | | Nu 7:72 | רב שבטה דבנוי דאשר | פגעיאל | בר עכרן: |
| 004 | | Nu10:26 | שבטה דבנוי דאשר | פגעיאל | בר עכרן: |

## פדה צור PN

| | | | | | |
|---|---|---|---|---|---|
| 001 | פדה צור | Nu 1:10 | דמנשה גמליאל בר | פדה צור: | |
| 002 | | Nu 2:20 | דמנשה גמליאל בר | פדה צור: | |
| 003 | | Nu 7:54 | דמנשה גמליאל בר | פדה צור: | |
| 004 | | Nu 7:59 | דמנשה גמליאל בר | פדה צור: | |
| 005 | | Nu10:23 | דמנשה גמליאל בר | פדה צור: | |

## פדהאל PN

| | | | |
|---|---|---|---|
| 001 | פדהאל | Nu34:28 | שבטה דבנוי דנפתלי רבה פדהאל בר עמיהוד: |

## פדן ארם GN

| | | | |
|---|---|---|---|
| 001 | פדן | Gn25:20 | ברת בתואל ארמאה מן פדן אחתיה דלבן ארמאה ליה |
| 002 | פדן ארם | Gn35:09M | עלוי במתייה מן פדן ארם אורחיה דעלמא כד ארעת |
| 003 | | Gn35:09 | זמן תנינות במיתייה מן פדן ארם וברך יתיה: |
| 004 | | Gn28:06 | ית יעקב ושלח יתיה פדן ארם למסבה ליה מן תמן אתה כד |
| 005 | בפדן ארם | Gn46:15 | די ילדת ליעקב בפדן ארם וית דינה ברתיה כל |
| 006 | | Gn31:18 | וקניינוי די קנה בפדן ארם למיזל לוות יצח«ק» |
| 007 | בפדן דארם | Gn35:26 | דיעקב דאתילדו לה בפדן דארם: |
| 008 | לפדן ארם | Gn28:07 | לאבוי ולאמה ואזל לפדן ארם: |
| 009 | | Gn28:02 | קום אזל לפדן ארם לבייתיה דבתואל אבוי |
| 010 | | Gn28:05 | יצחק ית יעקב ואזל לפדן ארם לוות לבן בר בתואל |
| 011 | לפדנה ארם | Gn28:07M | ולאמה ואזל לפדן ארם/לפדנה#2#/: |
| 012 | | Gn28:05M | ית יעקב ואזל לפדן ארם/לפדנה#2#/ לוות לבן בר |
| 013 | | Gn28:06M | ושלח יתיה פדן ארם/לפדנה#2#/ למסבה/למיסב#2#/ |
| 014 | מפדן ארם | Gn33:18 | דכנען במיתייא מפדן ארם ושרא קדם קרתא: |
| 015 | מפדן דארם | Gn48:07 | ואנה במייתוי מפדן דארם מיתת קדמ' רחל בארעא |

## פוה PN

| | | | |
|---|---|---|---|
| 001 | ופוה | Gn46:13 | ובנוי דיששכר תולע ופוה ויוב ושמרון: |
| 002 | לפוה | Nu26:23 | זרעייתה דבנוי דתולעי לפוה זרעייתה דבנוי דפוני: |

## פוט PN

| | | | |
|---|---|---|---|
| 001 | ופוט | Gn10:06 | דחם כוש ומצרים ופוט וכנען: |

## פוטיאל PN

| | | | |
|---|---|---|---|
| 001 | דפוטיאל | Ex 6:25 | נסב לה מן בנתיה דפוטיאל ליה לאתה וילידת ליה ית |

## פוטיפר PN

| | | | |
|---|---|---|---|
| 001 | פוטיפר | Gn39:01 | למצרים וזבין יתיה פוטיפר שליטא דפרעה רב אספקלטריה |
| 002 | לפוטיפר | Gn37:36 | זבינו יתיה למצראי לפוטיפר שליטא דפרעה רב |

## פוטיפרע PN

| | | | |
|---|---|---|---|
| 001 | פוטיפרע | Gn41:45 | ואסב ליה ית אסנת ברת פוטיפרע רבה דטנס ליה לאתתה ונפק |
| 002 | | Gn41:50 | די ילדת לה אסנת ברת פוטיפרע רבה דטנס: |
| 003 | | Gn46:20 | דילידת ליה אסנת ברת פוטיפרע רבה דאון ית מנשה וית |

## פונון GN

| | | | |
|---|---|---|---|
| 001 | בפונון | Nu33:42 | מן צלמונה ושרון בפונון: |
| 002 | מפונון | Nu33:43 | ונטלו מפונון ושרון באבות: |

## פונטוס GN

| | | | |
|---|---|---|---|
| 001 | דפונטוס | Gn14:01M | אריוך מלכא דאלסר/דפונטוס#2#/ כדר לעמר מלכא |
| 002 | | Gn10:10M | בארעא דבבל/דפונטוס#2#/: |
| 003 | | Gn14:09 | דבבל ואריוך מלכא דפונטוס ארבעה מלכין סדרו קרבא |
| 004 | | Gn11:02M | בקעה בארעא דבבל/דפונטוס#2#/ ושרון תמן: |

## פוני PN

| | | | |
|---|---|---|---|
| 001 | דפוני | Nu26:23 | לפוה זרעייתה דבנוי דפוני: |

## פועה PN

| | | | |
|---|---|---|---|
| 001 | פועה | Ex 1:15 | שפרה ושמה דתנייתא פועה: |
| 002 | | Ex 1:15M | יוכבד ושמה דתנייאתא פועה היא הוות מרים |

## פיכל PN

| | | | |
|---|---|---|---|
| 001 | ופיכל | Gn21:22 | ההיא ואמר אבימלך ופיכל רב חילוותיה לאברהם למימר |
| 002 | | Gn21:32 | בבאר שבע וקם אבימלך ופיכל רב חילוותה וחזרו לארעהון |
| 003 | | Gn26:26 | גרר וסיעא מן רחמוי ופיכל רב חיילותיה: |

## פילוסין GN

| | | | |
|---|---|---|---|
| 001 | פילוסין | Ex 1:11 | לפרעה ית טנס וית פילוסין: |
| 002 | | Ex12:37 | <ונטלו> בני ישראל מן פילוסין סכותה כשתין רבבוון |
| 003 | | Nu33:03 | ונטלו מן פילוסין בירחא קדמיה בחמש עשר |
| 004 | | Nu33:05 | ונטלו בני ישראל מן פילוס{ופ}ין ושרון בסוכות: |

## פינחס PN

| | | | |
|---|---|---|---|
| 001 | פינחס | Ex 6:25 | ליה לאתה וילידת ליה ית פינחס אליין רישי{ה} אבהת לוויה |
| 002 | | Nu25:11 | פינחס בר אלעזר ברה דאהרן כהנה |
| 003 | פנחס | Nu25:07 | וחמה פנחס בר אלעזר בר אהרן כהנה |
| 004 | | Nu31:06 | לחיל קרבה יתהון וית «פנחס בר» אלעזר כהנא לסדרי |

## פישון PN

| | | | |
|---|---|---|---|
| 001 | פישון | Gn 2:11 | שמה דחד מינהון פישון הוא דחזר ומקף ית כל ארעא |

## פלג PN

| | | | |
|---|---|---|---|
| 001 | פלג | Gn11:16 | וארבע שנין ואולד ית פלג: |
| 002 | | Gn11:17 | עבר מן בתר דאולד ית פלג ארבע מאה ותלתין שנין ובהן |
| 003 | | Gn10:25 | תרין בנין שמה דחד מנהון פלג ארום ביומוי אתפלגו דיירי |
| 004 | | Gn11:19 | וחיה פלג מן בתר דאולד רעו תרתין |
| 005 | | Gn11:18 | וחיה פלג תלתין שנין ואולד ית רעו: |

## פלדש PN

| | | | |
|---|---|---|---|
| 001 | פלדש | Gn22:22 | וית כשד וית חזו וית פלדש וית ידלף וית בתואל: |

## פלוא PN

| | | | |
|---|---|---|---|
| 001 | דפלוא | Nu26:08 | ובנוי דפלוא אליאב: |
| 002 | ופלוא | Gn46:09 | ובנוי דראובן חנוך ופלוא חצרון וכרמי: |
| 003 | | Ex 6:14 | בוכרי דישראל חנוך ופלוא חצרון וכרמי אליין |
| 004 | לפלוא | Nu26:05 | דבנוי דחנכי לפלוא זרעייתה דבנוי דפלואי: |

## פלואי PN

| | | | |
|---|---|---|---|
| 001 | דפלואי | Nu26:05 | לפלוא זרעייתה דבנוי דפלואי: |

## פלטי PN

| | | | |
|---|---|---|---|
| 001 | פלטי | Nu13:09 | מן שבטה דבנוי דבנימין פלטי בר רפוא: |

### פלטיאל PN

001 פלטיאל *Nu34:26* דבנוי דיששכר רבה פלטיאל בר עזן:

### פלשת GN

001 דפלשת *Ex15:14* אחדת לדיירי דארעא דפלשת:

### פלת PN

001 פלת *Nu16:01* בנוי דאליאב ואון בר פלת בנוי דראובן:

### פניאל GN

001 פניאל *Gn32:31* שמה דאתרא ^ההוא#2#^ פניאל ארום חמית מלאכין מן קדם
002 *Gn32:32* ליה שמשא כד עבר ית פניאל והוא הווה מטלע על ירכיה:

### פסי PN

001 ופסי *Nu13:14* דנפתלי נחבי בר ופסי:

### פעגיאל PN

001 פעגיאל *Nu 7:77* רב שבטה דבנוי דאשר פעגיאל בר עכרן:

### פעו GN

001 פעו *Gn36:39* בתרה הדד ושמה דקרתא פעו ושמה דאתתה מהיטבאל ברתיה

### פעור DN

001 פעור *Nu25:18* מגפתה על עסק טעותה פעור:
002 *Dt 3:29* די אדבקנן לפלחי טעוותה פעור:
003 *Dt 4:03* ממריה דייי בפלחי טעוותה פעור <...> שיצי יתיה ייי אלהכון
004 *Nu23:28* ית בלעם ריש טעוותה פעור דמצפיה מן {על} <כל> קבל
005 *Ex14:03M* בני ישרא' טעוותי פעור וג אחין{ר}<ד>ין הנון בארעא
006 *Nu22:41M* דבעלה וחמא /<ל>טעוותה פעור וחמ#2#/ מן תמן מן קצת
007 *Dt34:06* דמואביי כל וקבל טעותה פעור ולא חכם גבר ית קבורתיה
008 דפעור *Nu25:05* דאתחברן לפלחי טעוותה דפעור:
009 *Dt 4:46* בחלתה דסמיך לטעוותה דפעור בארע סיחון מלכהון
010 *Nu31:16* דייי על עסק טעוותה דפעור והוה מגפתה בעם כנשתה
011 *Nu25:18* לכון על עסק טעותה דפעור ועל עסק כזבי ברת רבה
012 *Nu25:03* ואתחברו ישראל לטעוותה דפעור ותקף רוגזה דייי בישראל:

### פעור PN

001 פעור *Nu24:09M* לייט כבלעם בר פעור ודמברך יתהון יהווי בריך
002 דפעור *Nu24:03* ואמר אמר בלעם בנוי דפעור אמר גברא דיקיר מן אבוי מה

### פראן GN

001 דפראן *Nu10:12* ושרה ענגא במדברה דפראן:
002 *Dt33:02* למתן אוריתה על טורא דפראן לבנוי דישמעאל וכיוון
003 *Dt 1:01* די שלחתון מן מדברה דפראן למיללה ית ארעא דכנען

### פרכווי GN

001 ופרכווי *Gn10:03M* ובר{ב}<כ>ו'ופרכווי#2#/ וברבריא:

### פרנך PN

001 פרנך *Nu34:25* דאפרים רבה אליצפן בר פרנך:

### פרץ PN

001 פרץ *Gn38:29* למתקף ברי וקרא שמיה פרץ:
002 דפרץ *Nu26:21* והוון בנוי דפרץ לחצרון זרעייתה דבנוי
003 דפרצי *Nu26:20* לפרץ זרעייתה דבנוי דפרצי לזרח זרעייתה דבנוי
004 ופרץ *Gn46:12* ער ואונן ושלה ופרץ וזרח <....> חצרון
005 לפרץ *Nu26:20* זרעייתה דבנוי דשלני לפרץ זרעייתה דבנוי דפרצי

### צבויים GN

001 דצבוי' *Gn14:02* דאדמה ושמאבר מלכא דצבוי' ומלכא דקרתא דבלעת דיירי
002 דצבוים *Gn14:08* ומלכא דאדמה ומלכא דצבוים ומלכה דקרת<ה> דבלעת
003 וצבויים *Dt29:22* סדם ועמורה אדמה וצבויים די הפך ממרה דייי ברוגזיה
004 *Gn18:01* סדם ועמורה אדמה וצבויים ואתגלי ממרי' דייי על
005 וצבוים *Gn10:19* ועמרה אדמה וצבוים עד קלרהי:

### צבעון PN

001 צבעון *Gn36:14* דאהליבמה ברת ענה ברת צבעון אתתיה דעשו וילדת לעשו
002 *Gn36:02* אהליבמה ברת ענה ברת צבעון חיוייה:
003 וצבעון *Gn36:20* דארעא לוטן ושובל וצבעון וענה:

### צוחר PN

001 צוחר *Gn23:08* ובעון לי מן עפרון בר צוחר:
002 *Gn23:11* ובעון לי מן עפרון בר צוחר: ויזבן לי ית מערת כפילה די

### צוער PN

001 צוער *Nu 1:08* דיששכר נתנאל בן צוער:
002 *Nu 2:05* דיששכר נתנאל בר צוער:
003 *Nu 7:18* דבנוי דיששכר נתנאל בר צוער:
004 *Nu 7:23* דיששכר נתנאל בר צוער:
005 *Nu10:15* דיששכר נתנאל {צ}<ב>ר צוער:

### צור PN

001 צור *Nu31:08* ית אוי וית רקם וית צור וית חור וית רבע חמישתי
002 *Nu25:15* מידיניתה כזבי ברת צור ריש אומין לבית אבה במדין

### צורי שדי PN

001 צורי שדי *Nu 1:06* דשמעון שלמיאל בר צורי שדי:
002 *Nu 2:12* דשמעון שלמיאל בר צורי שדי:
003 *Nu 7:36* דשמעון שלמיאל בר צורי שדי:
004 *Nu 7:41* דשמעון שלמיאל בר צורי שדי:
005 *Nu10:19* דשמעון שלמיאל בר צורי שדי:

### צוריאל PN

001 צוריאל *Nu 3:35* זרעייתה דבנוי דמררי צוריאל בר אביחיל על סטרוי

### צחר PN

001 צחר *Gn25:09* כפילא בחקלא דעפרו' בן צחר חתיה די כל קובל מימרא:
002 וצחר *Gn46:10* וימין ואהד ויכין וצחר ושאול ברה דכנעניתה:
003 *Ex 6:15* וימין ואהד ויכין וצחר ושאול ברה דכנעניתה אליין

## צידון GN/PN

001 צידון Gn10:15 וכנען אול׳ ית צידון בכורא וית חת:
002 Gn10:19 והוה תחומהון דכנעיא מן צידון מעלך לגררה עד עזה מעלך
003 ציידן Gn49:13 ותחומה יהוי מטי עד ציידן:

## ציון GN

001 ציון Dt 3:25M "טורא ... קודשה": טור ציון טב הדין וית מקדשא

## צין GN

001 דצין Nu27:14 מי דייני רקם מדברא דצין:
002 Nu20:01 כל עם כנישתה מדברה דצין בירחה קדמאה ושרון עמה
003 Nu27:14 גזרת מימרי במדברה דצין במי דייני עם כנישתה
004 Nu33:36 תרנוגלה ושרון במדברה דצין היא רקם:
005 Nu13:21 ית ארעא מן מדברה דצין עד רחוב למעליה אנטוכיה:
006 Nu34:03 מן דרומה מן מדברה דצין עד תחומיהון דאדומיי
007 Dt32:51 מצותה דרקם במדברה דצין על די לא קדשתון יתי בגו

## ציפורה PN

001 ציפורה Nu12:01 והלו אתה כושיה הות ציפורה אתתה דמשה אלא היך מה
002 Nu12:01 מן כל ברייתה כדין הות ציפורה אתתה דמשה יאיה בריוה

## צלה PN

001 צלה Gn 4:19 עדה ושמה דתינייתא צלה:
002 וצלה Gn 4:22 אף היא ילדת ית תובל קין וצלה
003 Gn 4:23 לתרתין נשוהי עדה וצלה שמעו בקלי נשוהי דלמך

## צלמונה GN

001 צלמונה Nu33:42 ונטלו מן צלמונה ושרון בפונון:
002 בצלמונה Nu33:41 מהור טורא ושרון בצלמונה:

## צלפחד PN

001 צלפחד Nu36:02 ייי למיתן ית אחסנת צלפחד אחונן לבנתיה:
002 דצלפחד Nu26:33 אלהן בנן ושום בנתיה דצלפחד מחלה ונעה חגלה מלכה
003 Nu36:10 משה כדן עבדו בנתה דצלפחד:
004 Nu27:01 וקרבין בנתה דצלפחד בר חפר בר גלעד בר
005 Lv24:12 פיסחה ובדין בנתה דצלפחד הוה משה זריז מן בגלל
006 Nu 9:08 בזמנה ובדין בנתיה דצלפחד הוה משה זריז מן בגלל
007 Nu15:34M וב{ג}<ד>ין בנתיה דצלפחד הוה משה זריז מן בגלל
008 Nu15:34 בזמנה ובתרין בנתה דצלפחד הוה משה זריז מן בגלל
009 Nu27:05 ובתרין בנתיה דצלפחד הוה זריז מן בגלל דהוון
010 Nu36:11 ומלכה ונעה בנתיה דצלפחד לבנוי דאחוי דאבוהון
011 Nu36:06 ייי לבנתיה {דצפל} דצלפחד למימ׳ למן דשפר באפהון
012 Nu27:07 כדין בנתיה דצלפחד מלילו מתן תתן להון ירתו
013 וצלפחד Nu26:33 וצלפחד בר חפר לא הוו ליה בנין

## צפו PN

001 צפו Gn36:11 דאליפז תימן ואומר צפו וגעתם וקנז:
002 Gn36:15 רבה אומר רב{ו}<ה> צפו רבה קנז:

## צפון DN

001 צפון Ex14:09 חירתה קדם טעוותה צפון:
002 Nu33:07M /דאית על אפי טעוותה צפון#2#/ ושרון קדם/כל וקבל#2#/
003 Nu33:07 חירתה דסמיך לטעוותה צפון ושרון קדם מגדול:
004 Ex14:02 ובין ימא קדם טעוותה צפון מכוונין תשרון על ימא:

בעל צפון *DN* **See also:**

## צפון PN

001 דצפוני Nu26:15 לצפון זרעיתה דבנוי דצפוני לחגי זרעיתה דחגי
002 לצפון Nu26:15 בנו דגד לזרעייתהון לצפון זרעיתה דבנוי דצפוני

## צפור PN

001 צפור Nu22:04 עשבה דאפי ברא ובלק בר צפור הוה מלך למואביי בשעתה
002 Nu22:02 וחמא בלק בר צפור ית כל מה די עבדו ישראל
003 Nu22:16 ליה כדין אמר בלק בר צפור לא כען תתמנע מן מייתי
004 Nu22:10 בלעם קדם ייי בלק בר צפור מלכהון דמואביי שלח לוותי:
005 דצפור Nu23:18 אצת כען למלי ברה דצפור:

## צפורה PN

001 צפורה Ex18:02 יתרו חמוי דמשה ית צפורה אתתא דמשה מן בתר דשבק
002 Ex 2:21 לוות גברא ואסב ליה ית צפורה ברתיה למשה:
003 צפרה Ex 4:26 מיניה מלאכא בכדן שבחת צפרה ואמרת מה חביב דם
004 Ex 4:25 ונסבת צפרה סנרא וגזרת ית ערלתא דברא

## צפיון PN

001 צפיון Gn46:16 ובנוי דגד צפיון וחגי שוני ואצבון ערי

## קדמה PN

001 וקדמה Gn25:15 ותימא יתור נפיש וקדמה:

## קדמות PN

001 דקדמות Dt 2:26 שלוחין מן מדברה דקדמות לוות סיחון מלכא דחשבון

## קדר PN

001 וקדר Gn25:13 דישמעאל נביו«ת» וקדר ואדבאל ומבשם:

## קהלתה GN

001 בקהלתה Nu33:22 ונטלו מרסה <ושרון> בקהלתה:
002 מקהלת׳ Nu33:23 ונטלו מקהלת׳ ושרון בהר שפר:

## קהת PN

001 קהת Nu16:01 ופליג קרח בר יצהר בר קהת בר לוי {רת}<וד>תן
002 Gn46:11 ובנוי דלוי גרשון קהת ומררי:
003 Nu 4:15M מטלני בנוי דקהת/קהת#2#/ במשכן/מש#2#/ זימנה:
004 דקהת Ex 6:18 ובנוי דקהת עמרם ויצהר וחברון
005 Nu 3:19 ובנוי דקהת עמרם ויצהר וחברון
006 Nu 4:04 דן פולחנה דבנוי דקהת במשכן זימנא
007 Nu 4:15 אלין מטלני בנוי דקהת במשכן זימנה:
008 Nu 3:27 ולבנוי דקהת זרעייתה דבנוי דעמרמי
009 Nu 3:29 זרעיתה דבנוי דקהת ישרון על שיפולוי דמשכנה
010 Nu 7:09 ולבנוי דקהת לא יהב משה לא מן עגלתה

011 Nu 4:15 כדן ייעלון בנוי דקהת למטען במשכן ולא יקרבנון
012 Ex 6:18 ועזיאל ושני חיוי דקהת מאה ותלתין ותלת שנין:
013 Nu 4:02 קבל ית סכומיהון דבנוי דקהת מן גו דבנוי דלוי
014 וקהת Nu26:58 זרעייתה דבנוי דקרחי וקהת אולד ית עמרם:
015 Ex 6:16 ליחוסיהון גרשום וקהת ומררי ושנוי חיוי דלוי
016 Nu 3:17 דלוי בשמהתהון גרשון וקהת ומררי:
017 ולקהת Nu 3:27M \ולבנוי דקהת/ולקהת#2# זרעייתה דבנוי
018 לקהת Nu26:57 דבנוי דגרשוני לקהת{י} זרעייתה דבנוי דקהתי

## קוורדום PN

001 קוורדום Gn 8:04M /בירחא על טורי קוורדום#2#:/

## קטורה PN

001 קטורה Gn25:01 אברהם ונסב אתה ושמה קטורה:
002 Gn25:04 ואלדעה כל אלין בנוי קטורה:
003 דקטור' Gn27:29 ושליט על אחך כל בניה דקטור' ויהוון מקדמין ושאלין
004 דקטורה Gn49:02 ישמעל וכל בנוי דקטורה ויצחק אבה קם מיניה
005 Dt 6:04 וכל בני{כ}<ה> דקטורה ויצחק אבה קם מיניה
006 Gn50:01 שולטנין מן בנוי דקטור«ה» תמן קאים יהודה אריה

## קטיספי GN

001 וקטיספי Gn10:10 הד{מ}<ס> ונציבין וקטיספי בארעא דבבל:

## קילקי GN

001 דקילקי Nu34:08 דתחומה לאוולס דקילקי:

## קין PN

001 קין Gn 4:08M תרינן באפי ברא וקם קין על הבל אחוי וקטל יתיה
002 קין Gn 4:25 חלף הבל ארי' קטל יתיה קין:
003 Gn 4:22 אף היא ילדת ית תובל קין אומן בכל אומנות נחשא
004 Gn 4:25M חולף הבל די קטל יתה קין אחוי
005 Gn 4:08 מדיינין באפי ברא וקם קין אל הבל אחוי וקטל יתיה:
006 Gn 4:12 לך גלי ומטלטל תיהוי קין בארעא:
007 Gn 4:14 אפשר לי למטמרה ויהוי קין גלי ומטלטל בארעא ויהוי כל
008 Gn27:41 לית אנא עבד היך מה דעבד קין די קטל להבל בחיובי דאבוי
009 Gn 4:24 ארום קין דקטל להבל שבעה דרין איתלי
010 Gn 4:22 ופרזלא ואחתה דתובל קין הות נעמה בדיה קיניין
011 Gn 4:08 תריהון באפי ברא ענה קין ואמר להבל מסתכל אנה דלא
012 Gn 4:08 לא אתקביל ברעוא ענה קין ואמר להבל לית דין ולית
013 Gn 4:01 אתתה ועברת וילידת ית קין ואמרת הא יתיהב לי בר מן
014 Gn 4:17 וחכם קין ית אתתיה ועברת וילדת ית
015 Gn 4:08 ואמר קין להבל אחוי איתה ונפק תרינן
016 Gn 4:03 והוה לסוף יומין ואייתי קין מן פירי ארעא דורון לשמה
017 Gn 4:11 וכדון ליט תהווי קין מן ארעא די פתחת ית
018 Gn 4:16 ונפק קין מן קדם ייי ושרא בארעא גלי
019 Gn 4:15 ייי בשבועה כל דיקטול קין עד שובעה דרין יתלי ליה
020 Gn 4:13 ואמר קין קדם ייי סגין אינון חוביי
021 וקין Gn 4:02 הבל והוה הבל רעי ען וקין הוה פלח בארעא:
022 ולקין Gn 4:05 ולקין ולקרבניה לא קבל ברעווא
023 לקין Gn 4:08 רשיעיא עני הבל ואמר לקין אית דין ואית דיין ואית
024 Gn 4:09 ואמר ייי לקין הן הוא הבל אחוך ואמר לית
025 Gn 4:05 לא קבל ברעווא ובאש לקין לחדה ואישתני זיווהון
026 Gn 4:06 ואמ' ייי לקין למה כען בעש לך ולמה כען
027 Gn 4:08 ברעוא: ענה הבל ואמר לקין מסתכל אנא די ברחמין
028 Gn 4:15 יתלי ליה ושוי ייי לקין סימן דלא יקטול יתיה כל מן

## קינן PN

001 קינן Gn 5:09 תשעי' שנין ואולד ית קינן:
002 Gn 5:13 וחיה קינן מן בתר דאולד ית מהללאל
003 Gn 5:12 וחיה קינן שבעין שנין ואולד ית
004 Gn 5:10 אנר' מן בתר דאולד ית קינן תמני מאה וחמש עשר' שנין
005 דקינן Gn 5:14 והוה כל יומי חיוי דקינן תשע מאה ועשר שנין ומית

## קיסריון GN

001 קיסריון Gn14:14 עשר ורדף בתריהון עד קיסריון:
002 קסריון Nu34:15 ומידיקיסוס תרנגיל קסריון דממדנח מערבה דדן נפק
003 דקיסריון Dt34:01 וית גלעד עד דן דקיסריון:
004 Nu34:15M תורנגלה דקיס{ס}רי{י}<ו>ן די מן מדנח

## קיש PN

001 קיש Ex17:16 הוא יהוי שאול בר קיש הוא יסדר קרבא עם בית עמלק
002 Nu24:20M בהון קרבה שאול בר קיש וגמר יתהון ברם סופיהון
003 Ex17:16M ישרא' הוא שאול בר קיש והוא דבי' עמלק

## קלרא GN

001 בקלרא Dt 2:32M לסדרי קרבה ליהצה/בקלרא#2#:/

## קלרהי GN

001 קלרהי Gn10:19 אדמה וצבוים עד קלרהי:

## קמואל PN

001 קמואל Gn22:21 וית בוז אחוי וית קמואל אבוי דארם:
002 Nu34:24 דבנוי דאפרי' רבה קמואל בן שפטן:

## קנז PN

001 קנז Gn36:15 רב{ו}<ה> צפו רבה קנז:
002 Gn36:42 רבה קנז רבה תימן רבה מבצר:
003 וקנז Gn36:11 ואומר צפו וגעתם וקנז:

## קנת GN

001 קנת Nu32:42 ונבח אזל וכבש ית קנת וית כופרניה וקרא לה נבח

## קסם GN

001 בקסם Nu34:04 ויעבר בתחום שוק מסיי בקסם:
002 לקסם Nu34:05 ומקף תחומה מן לקסם לנילוס דמצריי ויהוון

## קפדוקייה GN

001 קפדוקייה Dt 2:23M /בכרכייה קפדוקייה#2# שיצון יתהון ושרון
002 קפודקייא Dt 2:23 די נפקו מן קפו{קד}<דק>ייא שיצון יתהון ושרון

## קרדון PN

|  |  |  |  |  |  |
|---|---|---|---|---|---|
| 001 | קרדון | Gn 8:04 | יומין לירחא על טורי | קרדון: | |

## קרח PN

|  |  |  |  |  |  |
|---|---|---|---|---|---|
| 001 | קרח | Gn36:14 | ית יעוש וית יעלם וית | קרח: | |
| 002 | | Nu16:01M | עיצה בישתה ואיתקוטסו | קרח | |
| 003 | | Gn36:05 | ית יעוש וית יעלם וית | קרח | אלין ^אינון#2#^ בנוי דעשו |
| 004 | | Gn36:18 | רבה יעוש רבה יעלם רבה | קרח | אלין רברבניה דאהליבמה ברת |
| 005 | | Nu26:10 | ית פמה ובלעת יתהון וית | קרח | בזמנה דמיתו עם כנישתה כד |
| 006 | | Nu16:01 | ופליג | קרח | בר יצהר בר קהת בר לוי |
| 007 | | Nu16:01M | /ונסיב עיצה ופלג | קרח#2#/ | בר יצהר בר קהת בר |
| 008 | | Ex 6:21 | ובנוי דיצהר | קרח | ונפג וזכרי: |
| 009 | | Nu16:32 | וית כל ^ברייתה דהון עם | קרח | וית כל#2#^ מה דלהון: |
| 010 | | Nu16:06 | דא עבידו סבו לכון מחתיין | קרח | וכל ^עם#2#^ כנישתיה: |
| 011 | | Nu16:11M | לכן בשבועה את | קרח | וכל עמא דכנשתך אליין |
| 012 | | Nu16:05 | ומליל עם | קרח | ועם כל כנשתה למימר בצפרה |
| 013 | | Nu16:19 | וכנש עליהון | קרח | ית כל עם כנישתה לתרע משכן |
| 014 | | Gn36:16 | רבה | קרח | רבה געתם רבה עמלק אלין |
| 015 | דק' | Nu16:32M | דאית בעצתיה | דק#2#/ | וית כל#2#^ מה דלהון |
| 016 | דקורח | Dt11:06M | /ברייתא דאית בעצתא | דקורח | בגו בני י#2#/: |
| 017 | דקרח | Ex 6:24 | ובנוי | דקרח | אסיר ואלקנה ואביאסף |
| 018 | | Nu16:24 | מן חזור חזור למשכנה | דקרח | דתן ואבירם: |
| 019 | | Nu16:27 | ואסתלקו מעלוי משכנה | דקרח | דתן ואבירם מן חזור חזור |
| 020 | | Ex 6:24 | זרעייותיהון דבנו' | דקרח: | |
| 021 | | Nu17:14 | בר מן דהוון על עצתה | דקרח: | |
| 022 | | Nu26:11M | דילא הוון בעצתה | דאבוהון/דקרח | אבוהון#2#/ לא מיתו: |
| 023 | | Nu27:03 | דאתרעמו קדם ייי בעצתה | דקרח | ארום בחובוי מית ובנין |
| 024 | | Nu26:09 | משה ועל אהרן בעצתה | דקרח | בזמנה די פלגו קדם ייי: |
| 025 | | Nu26:11 | ובנוי | דקרח | על דילא הוון בעצתה |
| 026 | כקרח | Nu17:05 | קדם ייי ולא יהווי | כקרח | וככנישתיה היך מה די מלל |
| 027 | לקרח | Nu16:16 | ואמר משה | לקרח | את וכל עם כנישתך הוון קדם |
| 028 | | Nu16:08 | ואמר משה {לכון} | <לקרח> | שמעו כען בנוי דלוי: |

## קרחי PN

|  |  |  |  |  |  |
|---|---|---|---|---|---|
| 001 | דקרחי | Nu26:58 | דמושי זרעייתה דבנוי | דקרחי | וקהת אוליד ית עמרם: |

## קריתים GN

|  |  |  |  |  |  |
|---|---|---|---|---|---|
| 001 | קריתים | Nu32:37 | חשבון וית אלעלה וית | קריתים: | |

## קרנים GN

|  |  |  |  |  |  |
|---|---|---|---|---|---|
| 001 | דקרנים | Gn14:05 | ית גיברייה בעשתרתא | דקרנים | וית זיותניה דבהון וית |

## ראובן PN

|  |  |  |  |  |  |
|---|---|---|---|---|---|
| 001 | ראובן | Gn46:08 | ב{ז}<1>כריה דיעקב | ראובן: | |
| 002 | | Dt27:13 | לווטייה בטורא דעיבל | ראובן | גד ואשר זבולן דן |
| 003 | | Ex 1:02 | | ראובן | שמעון לוי ויהודה: |
| 004 | | Ex28:17 | עליהון שם תלתא שבטין | ראובן | שמעון לוי: |
| 005 | | Ex39:10 | עלייהון שם תלתא שבטין | ראובן | שמעון לוי: |
| 006 | | Gn29:32 | וילדת בר וקראת שמיה | ראובן | ארום אמרת ארום גלי קדם |
| 007 | | Gn49:03 | | ראובן | בוכרי את חיילי ושרוי צערי |
| 008 | | Gn30:14 | ואזל | ראובן | ביומי חצדא דחסיא ואשכח |
| 009 | | Nu26:05 | | ראובן | בכוריה דישראל בנוי |
| 010 | | Dt33:06 | יחי | ראובן | בעלמא הדין ולא ימות |
| 011 | | Gn49:03 | הוויין חמיין על דחסית | ראובן | ברי אתיהיבת בכורתא ליוסף |
| 012 | | Gn49:04 | מן קדמיהון כדן אתרעת | ראובן | ברי בחכמתך ומן עבדיך |
| 013 | | Gn49:04 | מדמי אנה לך | ראובן | ברי לגנה זעירא דעלו בגווי |
| 014 | | Dt11:06 | בנוי דאליאב בר | ראובן | די פתחת ארעא ית פמה ובלעת |
| 015 | | Gn35:23 | בניה דלאה בכורה דיעקב | ראובן | ושמעון ולוי ויהודה |
| 016 | | Gn35:22 | ישראל בארעא ההיא ואזל | ראובן | וישכב ית בלהה ושמע |
| 017 | | Dt29:07 | יתה לאחסנה לשבטה דבית | ראובן | ולשבטה דבית דגדי ולפלגות |
| 018 | | Gn37:21 | ושמע | ראובן | ושזיב יתיה מן ידיהון ואמר |
| 019 | | Gn42:22 | וענה | ראובן | יתהון למימר לא תחטון הלא |
| 020 | | Gn37:22 | ואמר להון | ראובן | לא תשפכון אדם זכיי טלקו |
| 021 | | Gn42:37 | ואמר | ראובן | לאבוי למימר ית תרין בניי |
| 022 | | Gn37:29 | וחזר | ראובן | לגובא והא לית יוסף בגו |
| 023 | ראובני | Dt 4:43 | בארע מישרה לשבטה דבית | ראובני | וית גרם בגלעדה לשבטה |
| 024 | | Nu34:14M | שבטה דבנוי | דראובן/<ראוב>נ#2#/ | לבית אבהתהון |
| 025 | דראובן | Nu 1:05 | עמכון מן שבטה דבנוי | דראובן | אליצור בר שד«י»אור: |
| 026 | | Nu 2:10 | ממני על שבטה דבנוי | דראובן | אליצור בר שדיאור: |
| 027 | | Nu 7:30 | קרב רב שבטה דבנוי | דראובן | אליצור בר שדיאור: |
| 028 | | Nu 7:35 | גרמיה רב שבטה דבנוי | דראובן | אליצור בר שדיאור: |
| 029 | | Nu10:18 | חיילוותיה שבטה דבנוי | דראובן | אליצור בר שדיאור: |
| 030 | | Gn46:09 | ובנוי | דראובן | חנוך ופלוא חצרון |
| 031 | | Nu26:05 | בכוריה דישראל בנוי | דראובן | חנוך דזרעיית{י}ה דבנוי |
| 032 | | Nu13:04 | מן שבטה דבנוי | דראובן | שמוע בר זכור: |
| 033 | | Ex 6:14 | אליין זרעתהון דבנוי | דראובן: | |
| 034 | | Nu16:01 | ואון בר פלת בנוי | דראובן: | |
| 035 | | Nu 1:21 | סכומיהון לשבטה דבנוי | דראובן | ארבעין ושתה אלפין וחמש |
| 036 | | Ex 6:14 | בית אבהתהון בנוי | דראובן | בוכרי דישראל חנוך |
| 037 | | Nu 1:20 | והוון בנוי | דראובן | בכורא דישראל יחוסיהון |
| 038 | | Nu32:37 | ובנוי | דראובן | בנון ית חשבון וית |
| 039 | | Nu 2:10 | טקס משרית שבטה דבנוי | דראובן | דרומה לחיילוותהון ורבה |
| 040 | | Nu32:06 | לבנוי דגד ולבנוי | דראובן | האחיכון יעלון לסדרי קרבא |
| 041 | | Nu32:02 | ואתון בנוי דגד ובנוי | דראובן | ואמרין למשה ולאלעזר |
| 042 | | Nu26:07 | אליין זרעייתה דבנוי | דראובן | והוון סכומיהון ארבעין |
| 043 | | Nu32:01 | סגין הוה לבנוי | דראובן | ולבנוי דגד תקיף לחדה |
| 044 | | Nu32:33 | לבנוי דגד ולבנוי | דראובן | ולפלגות שבטה דמנשה בר |
| 045 | | Nu 2:16 | דמשרית שבטה דבנוי | דראובן | חמש עשרה רבוון אלף וארבע |
| 046 | | Nu32:25 | בנוי דגד ובנוי | דראובן | למשה למימר עבדך יעבדון |
| 047 | | Nu34:14 | ארום נסבו שבטה דבנוי | דראובן | לבית אבהתהון ושבטה דבנוי |
| 048 | | Nu10:18 | טכס משרית שבטה דבנוי | דראובן | לחילוותהון ורבה דהוה |
| 049 | | Nu32:31 | ועני בנוי דגד ובנוי | דראובן | למימ' ית מה די מלל ייי |
| 050 | | Nu32:29 | בנוי דגד ובנוי | דראובן | עמכון ית ירדנה כל דמזיין |
| 051 | דראובני | Dt 3:16 | ולשבטה דבנוי | דראובני | ודבנוי דגדי יהבית מן |
| 052 | | Dt 3:12 | יהבית לשבטה דבנוי | דראובני | ולשבטה דבנוי דגדי: |
| 053 | | Dt 4:43M | /מן שבטה דבנוי | דראובני#2#/ | וית גרם בגלעדה |
| 054 | | Dt29:07M | ראובן /דבנוי | דראובני#2#/ | ולשבטה דבית דגדי |
| 055 | כראובן | Gn48:05 | אינון אפרים ומנשה | כראובן | ושמעון יהוון לשמי: |

## ראומה PN

|  |  |  |  |  |  |
|---|---|---|---|---|---|
| 001 | ראומה | Gn22:24 | ולחינתיה ושמה | ראומה | וילידת אף היא ית טבח וית |

## ראש PN

|  |  |  |  |  |  |
|---|---|---|---|---|---|
| 001 | וראש | Gn46:21 | גרא ונעמן אחי | וראש | מפים וחפים וארד: |

## רבע PN

| |  |  |  |  |  |
|---|---|---|---|---|---|
| רבע | 001 | Nu31:08 | ויתּ צור ויתּ חור ויתּ | רבע | חמישתי מלכיהון דמדיינאי |

## רבקה PN

| |  |  |  |  |  |
|---|---|---|---|---|---|
| רבקה | 001 | Gn49:26M | דמתילין בגלמתא שרה | רבקה | רחל ולאה יתיין |
| | 002 | Ex17:12 | {צדיקייא} צדיקתה שרה | רבקה | רחל ולאה עד מטמעי שמשא: |
| | 003 | Nu23:09 | דמתילין בגלמתה שרה | רבקה | רחל ולאה הא עמא האליין |
| | 004 | Dt33:15 | דמתילין בגלמתה שרה | רבקה | רחל ולאה: |
| | 005 | Gn26:35 | לא מן יצחק ולא מן | רבקה: | |
| | 006 | Gn24:30M | דש"#2/ ית מילי | דרבקה/רבקה#2/ | אחתה למימר כדין מלל |
| | 007 | Gn24:59 | ושלחו ית | רבקה | אחתהון וית מיינקתה וית |
| | 008 | Gn26:07 | יתיה עמא דארעא על | רבקה | ארום שפירת היא לחדה: |
| | 009 | Gn26:08 | וחזא והא יצחק מגהך עם | רבקה | אתתה: |
| | 010 | Gn25:21 | וענה יתיה ייי ועברת | רבקה | אתתיה: |
| | 011 | Gn25:21 | יצחק קדם ייי על עסקי | רבקה | אתתיה ארום עקרה הוות וענה |
| | 012 | Gn49:31 | תמן קברו ית יצחק וית | רבקה | אתתי«ה» ותמן קברית ית |
| | 013 | Gn25:20 | שנין כד {נסבת} נסב ית | רבקה | ברת בתואל ארמאה מן פדן |
| | 014 | Gn29:12 | דאביה הוא וארום בר | רבקה | הוא ורהטת ותניית לאבוהי: |
| | 015 | Gn24:61 | בתר גברא ונסב עבדא ית | רבקה | ואזל: |
| | 016 | Gn24:60 | ובריכו ית | רבקה | ואמרין לה ברם עד כדון |
| | 017 | Gn24:67 | דשרה אמה ונסב ית | רבקה | והות לה לאתה ורחם יתה |
| | 018 | Gn24:61 | וקמת | רבקה | ורביתה ורכבין על |
| | 019 | Gn24:64 | ונטלת | רבקה | ית עיינה וחמת ית יצחק |
| | 020 | Gn27:15 | ונסבת | רבקה | ית לבושי דעשו ברה רבה |
| | 021 | Gn27:46 | ואמרת | רבקה | ליצחק אתעיקת בחי מן קדם |
| | 022 | Gn24:15 | אשלם לממללא והא | רבקה | נפקת די אתיילדת לבתואל |
| | 023 | Gn24:45 | לממללה עם לבי והא | רבקה | נפקת וקולתה על כתפה ונחתת |
| | 024 | Gn24:51 | הא | רבקה | קדמיך דבר ואזל ותהוי אתא |
| | 025 | Gn22:23 | ובתואל אוליד ית | רבקה | תמניא אלין ילד«ת» מלכה |
| דרבקה | 026 | Gn24:30 | וכדי שמע ית מילי | דרבקה | אחתה למימר כדין מלל עמי |
| | 027 | Gn28:05 | בתואל ארמאה אחו«ה» | דרבקה | אמה דיעקב ועשו: |
| | 028 | Gn35:09 | מרב{ען}<נ>תא | דרבק«ה» | אמיה ומיתת רחל עלוי |
| | 029 | Gn35:08 | ומיתת דברה מינקתה | דרבקה | ואתקברת מן תחות בלוטה |
| דרבק' | 030 | Gn35:09M | ארעת לדבורה מרבית' | דרבק' | אימיה ומיתת עלוי רחל |
| ורבקה | 031 | Gn27:06 | | ורבקה | אמרת ליעקב ברה למימר הא |
| | 032 | Gn25:27M | הוה טעים ליה בפימיה | ורבקה | רחימת ית יעקב מן בגלל |
| | 033 | Gn25:28 | מן צידיה הוה אכיל | ורבקה | רחמת ית יעקב: |
| | 034 | Gn27:05 | | ורבקה | שומעת כד מלל יצחק עם |
| ודרבקה | 035 | Gn26:35M | ומררן חייהון דיצח' | ודרבקה | |
| ולרבקה | 036 | Gn24:29 | | ולרבקה | {אחוי} ושמה לבן ורהט |
| לרבקה | 037 | Gn27:11 | ואמר יעקב | לרבקה | אמיה הא עשו אחי גבר |
| | 038 | Gn24:58 | וקראן | לרבקה | ואמרן לה הא תזלין עם גברא |
| | 039 | Gn24:53 | דדהב ולבושין ויהב | לרבקה | ודורון יהב לאחיה ולאמה: |
| | 040 | Gn27:42 | ואתני | לרבקה | ית מלוי דעשו ברה רבה |

## רבת GN

| |  |  |  |  |  |
|---|---|---|---|---|---|
| ברבת | 001 | Dt 3:11M | דבני עמוניי /באפרכיו | ברבת | בני עמונא#2/ תשע אמין |
| | 002 | Dt 3:11 | דפרזל הלא היא יהיבא | ברבת | דבני עמוניי תשע אמין ארכה |

## רחוב GN

| |  |  |  |  |  |
|---|---|---|---|---|---|
| רחוב | 001 | Nu13:21 | ארעא מן מדברה דצין עד | רחוב | למעליה אנטוכיה: |

## רחובות GN

| |  |  |  |  |  |
|---|---|---|---|---|---|
| רחובות | 001 | Gn26:22 | אדינו עליה וקרא שמה | רחובות | ואמר ארום כען אפתי ייי |

## רחל PN

| |  |  |  |  |  |
|---|---|---|---|---|---|
| רחל | 001 | Gn29:16 | לאה ושמה דזעירתא | רחל: | |
| | 002 | Gn29:22 | למסבה יתה ללאה חלף | רחל: | |
| | 003 | Gn30:01 | וחמת | רחל | ארום לא הוות ילדה ליעקב |
| | 004 | Gn44:27 | ארום תרין בנין ילידת לי | רחל | אתתי: |
| | 005 | Gn35:09M | דרבק' אימיה ומיתת עלוי | רחל | בעורחא ויתב ליה אבונן |
| | 006 | Gn30:01 | הוות ילדה ליעקב וקניית | רחל | באחת«ה» ואמרת ליעקב הב |
| | 007 | Gn48:07 | מפדן דארם מיתת קדמ' | רחל | בארעא דכנען בארחא באשון |
| | 008 | Gn30:15 | ית יברוחי דברי ואמרת | רחל | בגין כדין ישמש עמ«י»ך |
| | 009 | Gn30:08 | ואמרת | רחל | בצלותא די צלית קדם ייי |
| | 010 | Gn29:10 | והוה כד חמה יעקב ית | רחל | ברת לבן אחוי דאמה וית ענה |
| | 011 | Gn29:28 | משתותא דא ואסיב לה ית | רחל | ברתה לה לאתה: |
| | 012 | Gn29:06 | שלם ליה ואמרין שלם והא | רחל | ברתיה אתייא עם ענה: |
| | 013 | Gn31:32 | ולא ידע יעק«ב» ארום | רחל | גנבת יתהון: |
| | 014 | Gn30:06 | ואמרת | רחל | דן יתי ייי ואף שמע בקלי |
| | 015 | Gn31:14 | וענה | רחל | ולאה ואמרין לה הא עד כדון |
| | 016 | Gn49:26M | בגלמתא שרה רבקה | רחל | ולאה יתיין |
| | 017 | Ex17:12 | צדיקתה שרה רבקה | רחל | ולאה עד מטמעי שמשא: |
| | 018 | Nu23:09 | בגלמתה שרה רבקה | רחל | ולאה הא עמא האליין שריין |
| | 019 | Dt33:15 | בגלמתה שרה רבקה | רחל | ולאה: |
| | 020 | Gn29:18 | ורחם יעקב ית | רחל | ואמר אפלח קדמך שבע שנין |
| | 021 | Gn35:19 | ומיתת | רחל | ואתקברת בארחא דאפרתה היא |
| | 022 | Gn35:16 | למתייה לאפרתה וילדת | רחל | ואתקשיית במילדה: |
| | 023 | Gn33:01 | ית טליא על לאה ועל | רחל | ועל תרתין לחינתה: |
| | 024 | Gn29:30 | ועל אף לוות | רחל | ורחם אף ית רחל מלאה ופלח |
| | 025 | Gn29:30M | רחל /ואזדמן לחוד ית | רחל#2/ | ורחם אף/לחוד#2/ ית |
| | 026 | Gn30:22 | ייי ברחמוי טביא ית | רחל | ושמע ייי ית קל צלותה דרחל |
| | 027 | Gn30:25 | והוה כד ילדת | רחל | ית יוסף ואמר יעקב ללבן |
| | 028 | Gn31:19 | אזל למגזז ית ענה וגנבת | רחל | ית צלמייה די לאבוה: |
| | 029 | Gn30:14 | לוות לאה אמיה ואמרת | רחל | ללאה הבי כען לי מן יברוחי |
| | 030 | Gn29:30 | אף לוות רחל ורחם אף ית | רחל | מלאה ופלח עמיה עוד תוב |
| | 031 | Gn35:09 | דרבק«ה» אמיה ומיתת | רחל | עלוי באורחיה ויתב ליה צווח |
| ברחל | 032 | Gn29:18 | אפלח קדמך שבע שנין | ברחל | ברתך זעירתא: |
| | 033 | Gn30:02 | ותקף רוגזה דיעקב | ברחל | ואמר הא מני אנון פרי וולד |
| | 034 | Gn29:25 | מה היא דעבדת לי הלא | ברחל | פלחת עמך ולמה כען רמית |
| | 035 | Gn29:20 | ופלח יעקב | ברחל | שבע שנין והוון באפוי |
| דרחל | 036 | Gn35:24 | בניה | דרחל | יוסף ובנימין: |
| | 037 | Gn31:33 | דלאה ועל למשכנא | דרחל: | |
| | 038 | Gn46:19 | בנוי | דרחל | אתתיה דיעקב יוסף |
| | 039 | Gn46:19M | \בנוי דרחל /בנה | דרחל#2/ | אתתיה דיעקב יוסף |
| | 040 | Gn30:07 | וילדת בלהה אמהת{ה}תה | דרחל | בר תניין ליעקב: |
| | 041 | Gn46:22 | אלין בנוי | דרחל | דילידת ליעקב כל נפשתא |
| | 042 | Gn30:22 | ושמע ייי ית קל צלותה | דרחל | ואמר במימריה למיתן לה |
| | 043 | Gn50:16M | למימר לה אבוך /אמהתא | דרחל | למימ' ליוסף אבוך#2/ |
| | 044 | Gn35:20 | היא קיימת קבורתא | דרחל | עד זמן יומא הדין: |
| ורחל | 045 | Gn29:17M | תסוק במזליה דעשו | ורחל | |
| | 046 | Gn29:09 | עד כען הווה ממלל עמהון | ורחל | אתת עם ענה די לאבוהי ארום |
| | 047 | Gn29:17 | למיסבא יעקב צדיקא | ורחל | הוות יאיה בריבוו{ד}<ת>ה |
| | 048 | Gn29:31 | למיתן לי בנין | ורחל | הוות עקרה: |
| | 049 | Gn31:34 | | ורחל | נסבת ית {{טעותא}} ושוית |
| לרחל | 050 | Gn29:12 | ותני יעקב | לרחל | ארום אחוי דאביה הוא וארום |

051 Gn29:29 ויהב לבן לרחל ברתיה ית בלהה אמהתא לה
052 Gn46:25 דבלהה די יהב לבן לרחל ברתיה וילידת ית אלין
053 Gn31:04 ושלח יעקב וקרא לרחל וללאה לאפי ברא לוות ענה:
054 Gn29:11 ונשק יעקב לרחל ונטל ית קליה ובכה:

## ריפת PN

001 וריפת Gn10:03 ובנוי דגמר אשכנז וריפת ותוגרמה: ושם אפרכיותהון

## רמן פרץ GN

001 רמן פרץ Nu33:20M ונטלו מרמן פרץ/מן רמן< פרץ>#2/ ושרון בלבנה:
002 ברמן פרץ Nu33:19 ונטלו מרתמה ושרון ברמן פרץ:
003 מרמן פרץ Nu33:20 ונטלו מרמן פרץ ושרון בלבנה:

## רסה GN

001 ברסה Nu33:21 ונטלו מלב' ושרון ברסה:
002 מרסה Nu33:22 ונטלו מרסה <ושרון> בקהלתה:

## רעו PN

001 רעו Gn11:18 תלתין שנין ואולד ית רעו:
002 Gn11:21 וחי' רעו מן בתר דאולד ית שרוג
003 Gn11:20 וחיה רעו תלתין ותרתין שנין ואולד ית
004 Gn11:19 וחיה פלג מן בתר דאולד רעו תרתין מאון ותשע שנין ובהן

## רעואל PN

001 רעואל Gn36:04 ובשמת ילדת ית רעואל:
002 Nu 2:14 דבנוי דגד אליסף בר רעואל:
003 Ex 2:18 ואתיין לוות רעואל אבוהון ואמר {בגלל מן}
004 Gn36:10 אתתיה דעשו {{רא}} רעואל בת בשמת אתתיה דעשו:
005 Nu10:29 ואמר משה לחובב בר רעואל מדיניה חמוי דמשה נטלין
006 דרעואל Gn36:13 ואלין בניה דרעואל נחת וזרח שמה ומיזה
007 Gn36:17 מזה אלין רברבנוי דרעואל בארעהון דאדומיי אלין
008 Gn36:17 ואלין בנוי דרעואל בר«ה» דעשו רבה נחת

## רעמה PN

001 דרעמה Gn10:07 ורעמ' וסבתכא ובנוי דרעמה שבא ודדן:
002 ורעמ' Gn10:07 סבא וחוילה וסבתא ורעמ' וסבתכא ובנוי דרעמה שבא

## רפוא PN

001 רפוא Nu13:09 דבנימין פלטי בר רפוא:

## רפידים GN

001 רפידים Ex19:02 ונטלו מן רפידים ואתון למדברא דסיני
002 ברפידים Ex17:08 סדרי קרבא עם ישראל ברפידים:
003 Ex17:01 מימריה דייי ושרון ברפידים ולא הוה להון מיא דשתון
004 Nu33:14 ונטלו מאלוש ושרון ברפידים ולא הוה תמן מין לעמא
005 מרפידים Nu33:15 ונטלו מרפידים ושרון במדברה דסיני:

## רפיון GN

001 לרפיון Nu34:15 משה נביא דייי נפק לרפיון ולשוק מזיי ולמערת

## רפיח GN

001 לרפי' Nu34:15M נביא דייי נפק לרפיון/לרפי'#2/ ולשוק מזיי ולמערת
002 לרפיח Nu34:15M דבותנן נפק לרפיח ולשוק מזיי עד מטי

## רקם GN

001 רקם Nu33:36 ושרון במדברה דצין היא רקם:
002 Nu33:37M טורא /בגו רקם#2/^בטוורים ימנוס#2/^ בסיפי ארעהון
003 Nu32:08 כד שלחת יתהון מן רקם דגיעה למיחמי ית ארעא:
004 Dt 1:02 גבלה {מטי עד} <עד מטי> רקם דגיעה על דחסיתון וארגזתון
005 Dt 1:19 ייי אלהן יתן ומטינן עד רקם דגיעה:
006 Dt 2:14 וימיא די הלכנן מן רקם דגיעה עד זמן די עברנן ית
007 Dt 9:23 שלח מימרה דייי יתכון מן רקם דגיעה למימר עולו ויריתו
008 Gn16:14 כל עלמייא הא היא בין רקם ובין חלוצה:
009 Gn20:01 לארעא דרומא ושרא בין רקם ובין חלוצה ואתותב בגרר:
010 Nu31:08 על קטליהון ית אוי וית רקם וית צור וית חור וית רבע
011 Nu20:22 ונטלו מן רקם ועלו בני ישראל כל כנישתה
012 Gn14:07 וחזרו ועלו לעין דינא היא רקם וקטלו ית כל תחומהון
013 Nu20:14 ושלח משה שליחין מן רקם לוות מלכיהון {{דאדמיי}}
014 Nu27:14 מיא אינון מי דייני רקם מדברא דצין:
015 ברקם Nu20:01 בירחה קדמאה ושרון עמה ברקם ומיתה תמן מרים ואתקברת
016 Dt 1:46 ושריתון ברקם יומין סגין כיומיא די
017 Nu20:16 יתן מן מצרים והא אנן ברקם קרתה דבסיפי תחומך:
018 דרקם Dt32:51 בני ישראל במי מצותה דרקם במדברה דצין על די לא
019 Nu33:37 ונטלו ממדברה דרקם ושרון בהר טורא בסיפי
020 לרקם Nu34:04 מפ<ק>נו{ק}י מן דרום לרקם דגיעה ויפוק סירת אדרייה
021 Nu13:26 ישראל למדברה דפארן לרקם ואיתיבו יתהון פתגם ולכל

## רתמה GN

001 ברתמה Nu33:18 ונטלו מחצרות ושרון ברתמה:
002 מרתמה Nu33:19 ונטלו מרתמה ושרון ברמן פרץ:

## שטנה GN

001 שטנה Gn26:21 ואדינו אף עלה וקרא שמה שטנה:

## שרה PN

001 שרה Gn21:03 דאתיליד ליה די ילדת לה שרה יצחק:
002 Gn49:26M אמהתא דמתילין בגלמתא שרה רבקה רחל ולאה יתיין
003 Ex17:12 {צדיקייא} צדיקתה שרה רבקה רחל ולאה עד מטמעי
004 Nu23:09 צדיקתה דמתילין בגלמתה שרה רבקה רחל ולאה הא עמא
005 Dt33:15 אימהתה דמתילין בגלמתה שרה רבקה רחל ולאה:
006 Gn20:02 מלכא דגרר ודבר ית שרה:
007 Gn24:67 יצחק מן בתר דמיתת שרה אמיה:
008 Gn21:07 דאברהם אייניקת בנין שרה ארום ילדת ליה בר לאשון
009 Gn21:07M עתידה היא למיינקה בנין שרה ארום ילדית ליה ברא לסבותא
010 Gn20:18 לביתה דאבימלך על עסק שרה אתתה דאברהם:
011 Gn20:11 הדין וקטלין יתי על עסק שרה אתתי:
012 Gn20:02 ואמר אברהם על עסק שרה אתתיה אחתי{{ה}} היא ושלח
013 Gn20:14 ויהב לאברהם וחזי לה ית שרה אתתיה:
014 Gn23:19 קבר אברהם ית שרה אתתיה במערתי חקל כפילא די
015 Gn24:36 וילדת שרה אתתיה דריבוני בר לריבוני
016 Gn49:31 תמן קברו ית אברהם וית שרה אתתיה תמן קברו ית יצחק
017 Gn17:19M \הא אתתך שרה ילדת לך /שרה/ אתתך תילד לך#2/ בר
018 Gn18:09 ואמרין ליה אן היא שרה אתתך ואמר הא היא במשכנא:

|  |  |  |  |
|---|---|---|---|
| 019 | | Gn18:12 | ותמהת שרה בלבה למימר בתר דסאבית אפשר |
| 020 | | Gn23:02 | ומיתת שרה בקרתהון דארבעתי אבהתא היא |
| 021 | | Gn18:02M | הוה אזל למבשרא ית שרה דילדה בר דכר וחד מניהון |
| 022 | | Gn17:17 | אפשר לי למולדה בנין ואן שרה הא ברת תשעין שנין אפשר לה |
| 023 | | Gn21:01 | אדכר ברחמוי טיביא ית שרה היך מה דאמ' ועבד ייי ניסין |
| 024 | | Gn18:06 | אברהם ואזיל למשכנא לות שרה ואמר אוחי וסבי תלת סאין |
| 025 | | Dt 3:02M | מחסר לאבהתן אברהם שרה ואמר להון אתון מדמין |
| 026 | | Gn21:06 | ואמרת שרה חדו רבה אתעבד לי מן קדם |
| 027 | | Gn18:01 | לאבו«נן» אברהם די שרה ילדה לה ית יצחק ומלאכה |
| 028 | | Lv22:27 | אתבש«ר» לשרה דהא שרה ילדה ליצחק ומן בתר כדן |
| 029 | | Gn17:19 | ייי לאברהם ברם הא אתתך שרה ילדת לך בר ותקרי ית שמו |
| 030 | | Lv22:27M | וזכה למתבשרה דהא שרה ילדת ליצחק אמרה אתבחר |
| 031 | | Gn21:09 | וחמת שרה ית ברה דהגר מצריתא די |
| 032 | | Gn21:02 | ועברת וילדת שרה לאברהם בר לאשון סיבותה |
| 033 | | Gn18:13 | ייי לאברהם כען גחכת שרה למימר הא מן קושטא אלד ואנה |
| 034 | | Gn18:15 | וכדבת שרה למימר לא גח<כ>ת ארום דחלא |
| 035 | | Gn17:21 | אקים עם יצחק די תלד לך שרה לעדנה הדן בשתה אחרי«תה»: |
| 036 | | Gn17:15 | תקרי ית שמה שרי ארום שרה שמה: |
| 037 | | Gn21:12 | ועל אמתך כל מה דתימר לך שרה שמע בקלה ארום ביצחק יתקרי |
| 038 | דשרה | Gn23:01 | ושבע שנין שני חייה דשרה: |
| 039 | | Gn24:67 | יתה> יצחק למשכנה דשרה אמה ונסב ית רבקה והות לה |
| 040 | | Gn25:12 | הגר מצריתא אמתא דשרה לאברהם: |
| 041 | | Gn23:01 | והוון חייה דשרה מאה ועשרין ושבע שנין שני |
| 042 | ושרה | Gn25:10 | דחת תמן אתקבר אברהם ושרה אתתיה: |
| 043 | | Ex12:42 | ייי על אברם בר מאה ושרה אתתיה ברת תשעין שנין |
| 044 | | Ex12:42 | בר מאה שנין אולד ושרה אתתיה ברת תשעין שנין תלד |
| 045 | | Gn18:10 | בר דכר לשרה אתתך ושר{ת}<ה> הוות שמעה בתרע משכנא |
| 046 | | Nu21:34 | דהוה מחסד לאברהם ושרה ואמר להון אברהם ושרה |
| 047 | | Nu21:34 | ואמר להון אברהם ושרה מדמיין לאלנין יאין קיימין |
| 048 | | Gn18:11 | ואברהם ושרה סאיבו ועלו ביומיא אתמנע |
| 049 | ולשרה | Gn20:16 | ולשרה אמר הא יהבית אלף דסלעין |
| 050 | | Gn18:14 | אחזור לוותך בשעתא הדא ולשרה בר דכר: |
| 051 | לשרה | Gn18:11 | אתמנע מן למהווי לשרה אורח {כנס} כנשיא: |
| 052 | | Gn18:10 | בשעתא הדא והא בר דכר לשרה אתתך ושר{ת}<ה> הוות שמעה |
| 053 | | Lv22:27 | ומן יד אתבש«ר» לשרה דהא שרה ילדה ליצחק |
| 054 | | Gn21:01 | דאמ' ועבד ייי ניסין לשרה היך מה דמלל: |
| 055 | | Gn23:02 | ואתה אברהם למספדא לשרה ולמבכי עלה: |

## שׂרי PN

|  |  |  |  |
|---|---|---|---|
| 001 | שרי | Gn17:15 | אתתך לא תקרי ית שמה שרי ארום שרה שמה: |
| 002 | | Gn16:03 | ונסבת שרי אתת' דאברם ית הגר מצריתה |
| 003 | | Gn12:05 | ונסב אברם ית שרי אתתיה וית לוט בר אחוי וית |
| 004 | | Gn12:17 | ובאנשי בייתיה על עסק שרי אתתיה דאברם: |
| 005 | | Gn17:15 | ואמר ייי לאברהם שרי אתתך לא תקרי ית שמה שרי |
| 006 | | Gn16:06 | וצ{רע}<ער>ת יתה שר{ה}«י» וערקת מן קדמה: |
| 007 | | Gn11:31 | וית לוט בר ברה וית שרי כלתה אתתיה דאברם בריה |
| 008 | | Gn16:02 | ואמר שרי לאברהם הא כען מנע יתי ייי |
| 009 | | Gn16:05 | ואמרת שרי לות אברם דיני ועל בני |
| 010 | | Gn11:30 | והוות שרי עקרה לית לה בנין: |
| 011 | | Gn16:13 | עלי מן בתר דאתגלי על שרי רבונתי: |
| 012 | | Gn16:08 | ריבונך ואמרת מן קדם שרי ריבונ«תי» אנה ערקה: |
| 013 | | Gn11:29M | שמה/\דאיתתה דאברם שרי שמה#2#/ דאתתיה דנחור |
| 014 | דשרי | Gn16:02 | ושמע אברם לקלה דשרי: |
| 015 | | Gn16:08M | "אמתא ... אתייה": אמהתה דשרי מן הן אתייא |
| 016 | | Gn16:08 | ואמר הגר אמתא דשרי מנן את אתייה ולאן את אזלה |
| 017 | ושרי | Gn16:01 | ושרי אתתה דאברם לא הוות ילדה |
| 018 | לשרי | Gn12:11 | למיער' למצרים ואמר לשרי אתתה הא כען ידע אנא ארום |
| 019 | | Gn16:06 | ואמר אברם לשרי הא אמתיך בידך עבדי לה מה |

## שאול PN

|  |  |  |  |
|---|---|---|---|
| 001 | שאול | Ex17:16M | דבני ישרא' הוא שאול בר קיש והוא דבי' עמלק |
| 002 | | Ex17:16 | שבטא דבנימין הוא יהוי שאול בר קיש הוא יסדר קרבא עם |
| 003 | | Nu24:20M | בהון קרבה <אגח> שאול בר קיש וגמר יתהון ברם |
| 004 | | Gn36:38 | ומית שאול ומלך בתרה בעל חנן בן |
| 005 | | Gn36:37 | ומית שמלה ומלך בתרה שאול מן ביני נהריי«א»: |
| 006 | | Nu24:07 | באומין סגין יתקף מן שאול {רחם} <דחס> על אגג |
| 007 | דשאולי | Nu26:13 | לשאול זרעייתה דבנוי דשאולי: |
| 008 | ושאול | Gn46:10 | ואהד ויכין וצחר ושאול ברה דכנעניתה: |
| 009 | | Ex 6:15 | ואהד ויכין וצחר ושאול ברה דכנעניתה אליין אנון |
| 010 | לשאול | Nu26:13 | זרעייתה דבנוי דזרחי לשאול זרעייתה דבנוי דשאולי: |

## שבא PN

|  |  |  |  |
|---|---|---|---|
| 001 | שבא | Gn10:28 | עובל וית אבימאל וית שבא: |
| 002 | | Gn10:07 | וסבתכא ובנוי דרעמה שבא וודדן: |
| 003 | | Gn25:03 | ויקשן אולי' ית שבא וית דדן ובנוי דדן הוון |

## שבם GN

|  |  |  |  |
|---|---|---|---|
| 001 | ושבם | Nu32:03M | וחשבון ואלעלה וסימת/ושבם#2#/ ונבו ובעון: |

## שבמה GN

|  |  |  |  |
|---|---|---|---|
| 001 | שבמה | Nu32:38 | מקפן שורין רמין וית שבמה וקרון בשמהן ית שמהת |

## שדי DN

|  |  |  |  |
|---|---|---|---|
| 001 | שדי | Nu24:16 | דיעה מן קדם עליה וחזיו שדי הוה חזי וכד הוה בעי הווה |
| 002 | | Nu24:04 | עליה די חז{{ר}}«י»ו שדי הוה חז' וכד הוה חזי הוה |

## שדיאור PN

|  |  |  |  |
|---|---|---|---|
| 001 | שדיאור | Nu 1:05 | דראובן אליצור בר שד«י»אור: |
| 002 | | Nu 2:10 | דראובן אליצור בר שדיאור: |
| 003 | | Nu 7:30 | דראובן אליצור בר שדיאור: |
| 004 | | Nu 7:35 | דראובן אליצור בר שדיאור: |
| 005 | | Nu10:18 | דראובן אליצור בר שדיאור: |

## שובל PN

|  |  |  |  |
|---|---|---|---|
| 001 | ושובל | Gn36:20 | דיירה דארעא לוטן ושובל וצבעון וענה: |

## שוח PN

|  |  |  |  |
|---|---|---|---|
| 001 | שוח | Gn25:02 | מדין וית ישבק וית שוח: |

## שוחם PN

|  |  |  |  |
|---|---|---|---|
| 001 | דשוחם | Nu26:43M | זרעייתהון דשוחם |
| 002 | לשוחם | Nu26:42M | /בנוי דדן לזרעייתהון לשוחם זרעייתה דבנוי דשוחמי |

## שוחמי PN

001 דשוחמי Nu26:42M זרעייתה דבנוי דשוחמי אלין זרעייתה דבנוי דדן
002 Nu26:43 כל זרעייתה דבנוי דשוחמי לסכומיהון אשתין וארבעה

## שוני PN

001 שוני Gn46:16 ובנוי דגד צפיון וחגי שוני ואצבון ערי וארודי
002 דשוני Nu26:15 לשוני זרעייתה דבנוי דשוני:
003 לשוני Nu26:15 לחגי זרעיתה דחגי לשוני זרעייתה דבנוי דשוני:

## שוע PN

001 שוע Gn38:12 וסגין יומייא ומיתת ברת שוע אתתיה דיהודה ואנחם יהודה
002 Gn38:02 דגבר כנענ{ע}אי ושמיה שוע ונסב יתה ועל לוות«ה:»

## שופן PN

001 שופן Nu32:35 וית עטרות שופן וית יעזר ויגבהה:
002 דשופן Nu32:35M ויגבהה /מכללתה דשופן וית מכוור ויג׳#2#/:

## שותלח PN

001 דשותלח Nu26:36 ואלין בנוי דשותלח לערן זרעייתה דבנוי
002 לשותלח Nu26:35M דאפרים לזרעייתהון לשותלח זרעיתה דבנוי לשותלחי
003 לשותלחי Nu26:35M זרעיתה דבנוי לשותלחי לבכר זרעייתה דבנוי

## שטים GN

001 בשטים Nu25:01 ושרון ־בני#2#־ ישראל בשטים ושרי עמא למזניה עם בנתהון

## שכל PN

001 ושכל Gn14:24 די אזלו עמי ענר ושכל וממרא אנון יסבון

## שכם GN

001 שכם Gn35:04M לשכם /דאית כלוקבל שכם#2#/:
002 Gn33:18M דשכם די בארעא /קרתה שכם דאית בארעה#2#/ דכנען
003 Gn12:06 ועבר אברם עד אתרה שכם ועד משריה חווה וכנעניא עד
004 Gn49:07M דשכם /לייט בעלי שכם#2#/ כד עלו לגוויה שמעון
005 בשכם Gn37:12 למרע ית ענא דאבוהון בשכם:
006 Gn37:13 ליוסף הלא אחיך רעין בשכם אתא ואשלח יתך לוותהון
007 דשכם Gn44:18 שמעון ולוי בכרכא דשכם דהוו בשלווה ועלו בגווה
008 Gn33:18 שלם בעבדא טבא לכרכה דשכם די בארעא דכנען במיתייא
009 Gn44:18M תרין אחיי בכרכה דשכם דעלו בגווה וקטלה בה כל
010 Gn44:18 ולוי תרין אחיי בכרכה דשכם דעלו בגווה וקטלו בה כל
011 Gn49:07 ליט הוה כרכה דשכם כד עלו לגוויה שמעון
012 Gn49:06 נפשי בכנישתיהון לכרכה דשכם למחרבה יתה לא חסו על
013 לשכם Gn35:04 תחות בלוטה דסמיך לשכם:
014 Gn37:14 מן מישרא דחברון ואתא לשכם:

## שכם PN

001 שכם Gn34:02 וחמא יתה שכם בר חמור חיוויה רבה דארעא
002 Gn34:31 כל כדין דלא יהוו{ן}<״> שכם בר חמור מלגלג בנפשיה
003 Gn34:08 ומלל חמור עמהון למימר שכם ברי אתרעיית נפשה בברתכון
004 Gn34:26 וית חמור וית שכם בריה קטלו לפ<ת>גם דחרב
005 Gn48:22 לך חולק חד יתיר על אחיך שכם דנסבית בזכוותי ובעובדיי
006 Gn34:13 וענון בנוי דיעקב ית שכם וית חמור אבוי בסגי
007 Gn34:04 ואמר שכם לחמור אבוי למימר אסב ית
008 Gn34:11 ואמר שכם לאבוה ולאחיה אשכח חן וחסד
009 דשכם Gn33:19 בנוי די חמור אבוי דשכם במאה מרגליין:
010 Gn34:18 באפוי דחמור ובאפוי דשכם בר חמור:
011 Gn34:26 ונסבו ית דינה מבייתיה דשכם {דשכם} ונפקו:
012 Gn34:26 דינה מבייתה דשכם {דשכם} ונפקו:
013 Gn34:06 ונפק חמור אבוי דשכם לוות יעקב לממללה עמה:
014 דשכמי Nu26:31 ושכם זרעייתה דבנוי דשכמי:
015 ושכם Gn34:20 ואתא חמור ושכם ברה לתרע קרתיהון ומלילו
016 Nu26:31 דבנוי דאשריאלי ושכם זרעייתה דבנוי דשכמי:
017 ולשכם Gn34:24 ושמעו לחמור ולשכם בריה כל נפקי תרע קרתיה

## שלה PN

001 שלה Gn38:11 דאבוך עד זמן דיתרבי שלה ברי ארום אמר דלא ימות לחוד
002 Gn38:05 וילדת בר וקרת ית שמה שלה והוה דפסקת מן דילדת יתיה:
003 Gn38:14 ארום חמת ארום רבה שלה והיא לא אתנס«י»בת ליה
004 ושלה Gn46:12 דיהודה ער ואונן ושלה ופרץ וזרח <....> חצרון
005 לשלה Gn38:26 בגין כך לא אסבת יתה לשלה ברי ולא אוסף תוב למחכם
006 Nu26:20 דיהודה לזרעייתהון לשלה זרעייתה דבנוי דשלני

## שלח PN

001 שלח Gn11:12 וחמש שנין ואולד ית שלח:
002 Gn11:13 אפרכשד מן בתר דאולד ית שלח ארבע מאה ותלתין שני׳ ובהן
003 Gn10:24 וארפכשד אולד ית שלח ושלח אולד ית עבר:
004 Gn11:15 וחיה שלח מן בתר דאולד ית עבר ארבע
005 ושלח Gn10:24 וארפכשד אולד ית שלח ושלח אולד ית עבר:
006 Gn11:14 ושלח חיה תלתין שנין ואולד ית

## שלם PN

001 שלמי Nu34:27 דאשר רבה אחיהוד בר שלמי:
002 דשלמי Nu26:49 לשלם זרעייתה דבנוי דשלמי:
003 ושלם Gn46:24 יחצאל וגוני ויצר ושלם:
004 לשלם Nu26:49 זרעייתה דבנוי דיצרי לשלם זרעייתה דבנוי דשלמי:

## שלמי ⇐ שלם

## שלמיאל PN

001 שלמיאל Nu 1:06 מן שבטה דבנוי דשמעון שלמיאל בר צורי שדי:
002 Nu 2:12 שבטה דבנוי דשמעון שלמיאל בר צורי שדי:
003 Nu 7:36 רב שבטה דבנוי דשמעון שלמיאל בר צורי שדי:
004 Nu 7:41 גרמיה רב שבטה דשמעון שלמיאל בר צורי שדי:
005 Nu10:19 שבטה דבנוי דשמעון שלמיאל בר צורי שדי:

## שלמית PN

001 שלמית Lv24:11 לוות משה ושמה דאתתה שלמית ברת דברי לשבטה דבנוי

## שלני PN

001 דשלני Nu26:20 לשלה זרעייתה דבנוי דשלני לפרץ זרעייתה דבנוי

## שלף PN

| | | | | | |
|---|---|---|---|---|---|
| 001 | שלף | Gn10:26 | אולד ית אלמודד וית | שלף | וית חצר מות וית ירח: |

## שם PN

| | | | | | |
|---|---|---|---|---|---|
| 001 | שם | Gn11:10M | דשם /תלדוות | שם#2#/ | שם בר מאה שנין הוה |
| 002 | | Gn11:10 | יחוס תלדו«תה» דשם | שם | בר מאה שנין הוה ואולד ית |
| 003 | | Gn 9:18 | נח די נפקו מן תיבותא | שם | וחם ויפת וחם הוא אבוהון |
| 004 | | Gn10:01 | ואלין תולדוות׳ בנוי דנח | שם | וחם ויפת ואתילידו להון |
| 005 | | Gn 9:23 | ונסב | שם | ויפת ית אסטליתה ושוון על |
| 006 | | Gn 5:32 | מאה שנין ואולד נח ית | שם | ית חם ית יפת: |
| 007 | | Gn 6:10 | ואולד נח תלתא בנין ית | שם | ית חם וית יפת: |
| 008 | | Gn11:11 | וחיה | שם | מן בתר דאולד ית ארפכשד |
| 009 | | Gn25:22M | ייי בבית מדרשא של | שם | רבה |
| 010 | | Gn14:18 | מלכא דירושלם הוא | שם | רובה אפק לחם וחמר והוא הוה |
| 011 | דשם | Gn10:22 | בנוי | דשם | עלם ואשור וארפכשד ולוד |
| 012 | | Gn11:10 | יחוס תלדו«תה» | דשם | שם בר מאה שנין הוה ואולד |
| 013 | | Gn25:27M | יתיב ומשמש בבית מדרשא | דשם | ועבר ותבע אולפן מן קדם |
| 014 | | Gn 9:27M | בנוי ישרון במדרשי׳ | דשם | והי כנען מש׳ להון |
| 015 | | Gn 9:26 | ואמר בריך הוא ייי אלהא | דשם | ויהווי כנען עבד משתעבד |
| 016 | | Gn 9:27 | יקר שכינתי׳ בגו משכוני | דשם | ויהווי כנען עבד משתעבד |
| 017 | | Gn10:31 | אלין בנוהי | דשם | לזרעיתהון ללשניהון בארעהון |
| 018 | | Gn25:22M | ואזל{י}ת לבית מדרשא | דשם | רבא בעייא ומצליי׳ קדם ייי |
| 019 | | Gn 9:27M | ויהווי /בבית מדרשוי | דשם | רבה ויהווי#2#/ כנען עבד |
| 020 | | Gn24:62 | הוי אתי מן בית מקדשא | דשם | רבה לבארה דאתגלי עלי קיים |
| 021 | | Gn25:22 | בנין ואזלת לבית מדרשא | דשם | רבה למתבע רחמין מן קדם |
| 022 | ושם | Gn 7:13 | בזמן יומא הדין על נח | ושם | וח׳ ויפת בנוי דנח |
| 023 | ולשם | Gn10:21 | | ולשם | אתילד אף הוא אבוהון דכל |

## שמאבר PN

| | | | | | |
|---|---|---|---|---|---|
| 001 | ושמאבר | Gn14:02 | שנאב מלכא דאדמה | ושמאבר | מלכא דצבוי׳ ומלכא דקרתא |

## שמה PN

| | | | | | |
|---|---|---|---|---|---|
| 001 | שמה | Nu20:13 | בני ישראל קדם ייי וקדש | שמה | בהון: |
| 002 | | Gn36:13 | בניה דרעואל נחת וזרח | שמה | ומיזה <....>: |
| 003 | | Gn36:17 | רבה נחת רבה זרח רבה | שמה | רבה מזה אלין רברבנוי |

## שמואל PN

| | | | | | |
|---|---|---|---|---|---|
| 001 | שמואל | Nu34:20 | ומן שבטה דבנוי דשמע׳ | שמואל | בר עמיהוד: |

## שמוע PN

| | | | | | |
|---|---|---|---|---|---|
| 001 | שמוע | Nu13:04 | מן שבטה דבנוי דראובן | שמוע | בר זכור: |

## שמידע PN

| | | | | | |
|---|---|---|---|---|---|
| 001 | ושמידע | Nu26:32 | | ושמידע | זרעיתה דבנוי דשמידעי |

## שמידעי PN

| | | | | | |
|---|---|---|---|---|---|
| 001 | דשמידעי | Nu26:32 | ושמידע זרעיתה דבנוי | דשמידעי | וחפר זרעיתה דבנוי |

## שמלה PN

| | | | | | |
|---|---|---|---|---|---|
| 001 | שמלה | Gn36:37 | ומית | שמלה | ומלך בתרה שאול מן ביני |
| 002 | | Gn36:36 | ומית הדד ומלך בתרה | שמלה | מן משרקה: |

## שמעון PN

| | | | | | |
|---|---|---|---|---|---|
| 001 | שמעון | Ex 1:02 | ראובן | שמעון | לוי ויהודה: |
| 002 | | Ex28:17 | שם תלתא שבטין ראובן | שמעון | לוי: |
| 003 | | Ex39:10 | שם תלתא שבטין ראובן | שמעון | לוי: |
| 004 | | Gn29:33 | אף ית דין וקראת שמיה | שמעון: | |
| 005 | | Gn43:23 | ואפק לוותהון ית | שמעון: | |
| 006 | | Gn34:25 | ונסבו תרין בנוי דיעקב | שמעון | ולוי אחי דינה גבר חרביה |
| 007 | | Gn34:31 | עניין תרין בנוי דיעקב | שמעון | ולוי ואמרין ליעקב |
| 008 | | Gn44:18 | לך מה עבדו תרין אחיי | שמעון | ולוי בכרכא דשכם דהוו |
| 009 | | Gn44:18M | לא אשתמע לך מה דעבדו | שמעון | ולוי תרין אחיי בכרכה |
| 010 | | Gn44:18 | לא אשתמע לך מה דעבדו | שמעון | ולוי תרין אחיי בכרכה |
| 011 | | Gn49:05 | | <שמעון | ולוי> אחין תלימין מרי |
| 012 | | Gn49:07 | דשכם כד עלו לגווה | שמעון | ולוי למחרבה יתה |
| 013 | | Gn49:07 | אבונן יעקב אן שריין | שמעון | ולוי כחדא לית אומה ומלכה |
| 014 | | Dt27:12 | במעברכון ית ירדנה | שמעון | ולוי ויהודה וישכר |
| 015 | | Gn42:24 | ונסב מן לוותהון ית | שמעון | וחבש יתיה קדמיהון: |
| 016 | דשמע׳ | Nu34:20 | ומן שבטה דבנוי | דשמע׳ | שמואל בר עמיהוד: |
| 017 | דשמעון | Gn46:10 | ובנוי | דשמעון | ימואל וימין ואהד |
| 018 | | Ex 6:15 | ובנוי | דשמעון | ימואל וימין ואהד |
| 019 | | Nu 1:06 | מן שבטה דבנוי | דשמעון | שלמיאל בר צורי שדי: |
| 020 | | Nu 2:12 | על משרית שבטה דבנוי | דשמעון | שלמיאל בר צורי שדי: |
| 021 | | Nu 7:36 | קרב רב שבטה דבנוי | דשמעון | שלמיאל בר צורי שדי: |
| 022 | | Nu 7:41 | נכסי גרמיה רב שבטה | דשמעון | שלמיאל בר צורי שדי: |
| 023 | | Nu10:19 | חיילוות שבטה דבנוי | דשמעון | שלמיאל בר צורי שדי: |
| 024 | | Nu13:05 | מן שבטה דבנוי | דשמעון | שפ{ד}<ט> בר חורי: |
| 025 | | Ex 6:15 | זרעיתיהון דבנוי | דשמעון: | |
| 026 | | Gn49:07 | לקבליהון אפלג חולקיה | דשמעון | בגו דבית יעקב ואסגי |
| 027 | | Gn44:18 | חילי תקיף מן חילהון | דשמעון | ולוי בשבועתא אם אשלוף |
| 028 | | Gn44:18M | תקיף מן חיליהון | דשמעון | ולוי בשבועתא אם אשלוף |
| 029 | | Nu 2:12 | ליה שבטה דבנוי | דשמעון | ורבה דהוה ממני על משרית |
| 030 | | Nu 1:23 | סכומיכון לשבטה דבנוי | דשמעון | חמשין ותשעה אלפין ותלת |
| 031 | | Nu 1:22 | לבנוי | דשמעון | יחוסיהון לזרעייתהון |
| 032 | | Nu26:12 | בנוי | דשמעון | לזרעייתהון לנמואל |
| 033 | דשמעוני | Nu25:14 | רב בית אבה דבנוי | דשמעוני: | |
| 034 | | Nu26:14 | אלין זרעיתה | דשמעוני | עשרין ותרין אלפין ותרתין |
| 035 | ושמעון | Gn35:23 | בכורה דיעקב ראובן | ושמעון | ולוי ויהודה וישכר |
| 036 | | Gn48:05 | ומנשה כראובן | ושמעון | יהוון לשמי: |
| 037 | לשמע׳ | Nu 1:06M | מן שבטה דבנוי | דשמעון/לשמע#2#/ | שלמיאל בר |
| 038 | לשמעון | Gn34:30 | ואמר יעקב | לשמעון | וללוי אבאשתון לי למיסבא |

## שמעי PN

| | | | | | |
|---|---|---|---|---|---|
| 001 | דשמעי | Nu 3:21 | דלבני וזרעייתה דבנוי | דשמעי | אלין אינון זרעייתה דבנוי |
| 002 | ושמעי | Nu 3:18 | לוי לזרעייתהון לבני | ושמעי: | |
| 003 | | Ex 6:17 | בנוי דגרשון לבני | ושמעי | לזרעייתהון: |

## שמרון PN

| | | | | | |
|---|---|---|---|---|---|
| 001 | ושמרון | Gn46:13 | תולע ופוה ויוב | ושמרון: | |
| 002 | לשמרון | Nu26:24 | זרעיתה דבנוי דישובי | לשמרון | זרעייתה דבנוי דשמרוני: |

## שמרוני PN
001 דשמרוני Nu26:24 זרעייתה דבנוי דשמרוני:

## שמשון PN
001 שמשון Gn49:17 רכבה ומתהפך לאחורי הוא שמשון בר מנוח דאמתיה על
002 Gn49:18M גדעון בר יואש ית שמשון בר מנוח לא אנה מסכי
003 דשמשון Gn49:18M לא לפורקנא דגדעון/דשמשון#2#/ בר יואש סכיית
004 דשמשון Gn49:18 שעה ולא לפורקניה דשמשון בר מנוח סכיית נפשי דהוא

## שנאב PN
001 שנאב Gn14:02 ועם ברשע מלכא דעמרה שנאב מלכא דאדמה ושמאבר מלכא

## שניר PN
001 שניר Dt 3:09 הוון קריין יתיה שניר:

## שנער GN
001 דשנער Gn14:01 ביומי אמרפל מלכה דשנער אריוך מלכא דאלסר

## שעיר PN
001 דשעיר Gn36:20 אלין בנוי דשעיר חורניה דיריה דארעא

## שפופם PN
001 לשפופם Nu26:39 לשפופם זרעייתה דבנוי דשפופמי

## שפופמי PN
001 דשפופמי Nu26:39 לשפופם זרעייתה דבנוי דשפופמי לחופם זרעייתה דבנוי

## שפט PN
001 שפט Nu13:05 מן שבטה דבנוי דשמעון שפ{ד}<ט> בר חורי:

## שפטן PN
001 שפטן Nu34:24 דאפרי' רבה קמואל בן שפטן:

## שפרה PN
001 שפרה Ex 1:15 די שמה דחדא מנהון שפרה ושמה דתנייתא פועה:

## שרוג PN
001 שרוג Gn11:20 ותרתין שנין ואולד ית שרוג:
002 Gn11:23 וחיה שרוג מן בתר דאולד ית נחור
003 Gn11:22 וחיה שרוג תלתין שנין ואולד ית
004 Gn11:21 רעו מן בתר דאולד ית שרוג תרתין מאוון ושבע שנין

## שרח PN
001 ושרח Gn46:17 וישוה וישוי ובריעה ושרח אחתהון ובנוי דבריעה חבר

## שריאל PN
001 שריאל Gn32:25 לבלחודוי ואתפגש מלאך שריאל בדמות גבר וגפף עמיה

## ששי PN
001 ששי Nu13:22 עד חברון ותמן אחימן ששי ותלמי בנוי דענק

## שת PN
001 שת Gn 5:03 כד נפק בה וקרא ית שמה שת:
002 Gn 4:25 וילדת בר וקרא' ית שמיה שת ארום שוי לי «ייי» בר
003 Gn27:41 דאבוי וחזר ואוליד ית שת וקרא ית שמיה על שמיה הא
004 Gn 5:06 וחיה שת מאה וחמש שנין ואוליד ית
005 Gn 5:07 וחיה שת מן בתר דאולד ית אנוש תמני
006 Gn 5:04 מן בתר דאולד ^ית#2#^ שת תמני מאה שנין ובהן בשניה
007 דשת Nu24:17 מואביי וישיצי כל בנוי דשת וירוקן מרי נכסייה:
008 Gn 5:08 והוון כל יומוי חיוי דשת תשע מאה ותרתין עשרה שנין
009 ולשת Gn 4:26 ולשת אף הוא אתיליד בר וקרא ית

## תדעל PN
001 ותדעל Gn14:01 כדר לעמר מלכא דעילם ותדעל מלכ{א}}«ה»ון דאומיא:
002 Gn14:09 כדר לעמר מלכ' דעילם ותדעל מלכהון דאמיא ואמרפל מלכא

## תובל PN
001 תובל Gn 4:22 וצלה אף היא ילדת ית תובל קין אומן בכל אומנות נחשא
002 דתובל Gn 4:22 נחשא ופרזלא ואחתה דתובל קין הות נעמה בדיה
003 ותובל Gn10:02 ומגוג ומדי ויון ותובל ומשך ותירס ושם

## תוגרמה PN
001 ותוגרמה Gn10:03 דגמר אשכנז וריפת ותוגרמה: ושם אפרכיותהון אסיה

## תולע PN
001 תולע Gn46:13 ובנוי דיששכר תולע ופוה ויוב ושמרון:
002 Nu26:23 בנוי דיששכר לזרעייתהון תולע זרעייתה דבנוי דתולעי
003 דתולעי Nu26:23 תולע זרעייתה דבנוי דתולעי לפוה זרעייתה דבנוי

## תחן PN
001 דתחני Nu26:35M לתחן זרעייתה דבנוי דתחני:
002 לתחן Nu26:35M זרעייתה דבנוי דבכרי לתחן זרעייתה דבנוי דתחני:

## תחש PN
001 תחש Gn22:24 וית גחם וית {גחם} <תחש> וית מעכה:

## תחת GN
001 בתחת Nu33:26 ונטלו ממקהלות ושרון בתחת:
002 מת' Nu33:27 ונטלו מת' ושרון בתרח:

## תימא PN
001 ותימא Gn25:15 חדר ותימא יתור נפיש וקדמה:

## תימן PN
001 תימן Gn36:11 והוון בנוי דאליפז תימן ואומר צפו וגעתם וקנז:
002 Gn36:15 בכוריה דעשו רבה תימן רבה אומר רב{ו}<ה> צפו
003 Gn36:42 רבה קנז רבה תימן רבה מבצר:

## תירס PN

|  |  |  |  |  |  |
|---|---|---|---|---|---|
| 001 | ותירס | Gn10:02 | ויון ותובל ומשך | ותירס | ושם אפרכיותהון אפריקי |

## תלאסר GN

|  |  |  |  |  |  |
|---|---|---|---|---|---|
| 001 | תלאסר | Gn10:12 | וית | תלאסר | בין נינוה ובין הדיף היא |

## תלמי PN

|  |  |  |  |  |  |
|---|---|---|---|---|---|
| 001 | ותלמי | Nu13:22 | ותמן אחימן ששי | ותלמי | בנוי דענק ג«י»ברא |

## תמנע PN

|  |  |  |  |  |  |
|---|---|---|---|---|---|
| 001 | תמנע | Gn36:40 | לאתריהון בשמתיהון רבה | תמנע | רבה עלוה רבה יתת: |
| 002 | ותמנע | Gn36:12 | | ותמנע | הוות לחינתה לאליפז ברה |

## תמנתה GN

|  |  |  |  |  |  |
|---|---|---|---|---|---|
| 001 | תמנתה | Gn38:14 | אורחתה די על ארח | תמנתה | ארום חמת ארום רבה שלה |
| 002 | לתמנתה | Gn38:12 | וחירה רחמיה עדולמיי | לתמנתה: | |
| 003 | | Gn38:13 | למימר הא חמוך סלק | לתמנתה | למגז ענה: |

## תמר PN

|  |  |  |  |  |  |
|---|---|---|---|---|---|
| 001 | תמר | Gn38:06 | אתה לער בוכריה ושמה | תמר: | |
| 002 | | Gn38:11 | לחוד הוא כאחוי ואזלת | תמר | ויתבת לה בבייתה דאבוה: |
| 003 | | Gn38:25 | אנה מעברה וזכאה היא | תמר | כלתי מיני היא מעברה חס לה |
| 004 | | Gn38:25 | מיני היא מעברה חס לה | תמר | כלתי לית היא מעברא בנין |
| 005 | | Gn38:26 | יהודה ואמר זכאה היא | תמר | כלתי בגין כך לא אסבת יתה |
| 006 | | Gn38:24 | ליהודה למימר זניית | תמר | כלתך ולחוד הא היא מעברה |
| 007 | | Gn38:25 | | תמר | נפקת למתוקדה בנורא ובעת |
| 008 | דתמר | Gn49:09 | הויית משיזב מן דינה | דתמר | ברי את הויי' זכיי נייח |
| 009 | לתמר | Gn38:11 | ואמר יהודה | לתמר | כלתיה תבי ארמלה בבייתיה |
| 010 | | Gn38:13 | ואתניה | לתמר | למימר הא חמוך סלק לתמנתה |

## תרח GN

|  |  |  |  |  |  |
|---|---|---|---|---|---|
| 001 | בתרח | Nu33:27 | ונטלו מת' ושרון | בתרח: | |
| 002 | מתרח | Nu33:28 | ונטלו | מתרח | ושרון במתקה: |

## תרח PN

|  |  |  |  |  |  |
|---|---|---|---|---|---|
| 001 | תרח | Gn11:24 | ותשע שנין ואול' ית | תרח: | |
| 002 | | Gn11:27 | ואלין תל«ד»וותיה דתרח | תרח | אולד ית אברם ית נחור וית |
| 003 | | Gn11:32 | מאוון וחמש שנין ומית | תרח | בחרן: |
| 004 | | Gn11:31 | ונסב | תרח | ית אברם בריה וית לוט בר |
| 005 | | Gn11:25 | נחור מן בתר דאולד ית | תרח | מאה ותשע עשרה שנין ובהין |
| 006 | | Gn11:26 | וחיה | תרח | שבעין שנין ואולד ית אברהם |
| 007 | דתרח | Gn11:27 | ואלין תל«ד»וותיה | דתרח | תרח אולד ית אברם ית |
| 008 | | Gn11:28 | ומית הרן בחיוי | דתרח | אבוהי בארע תלדוותיה באתון |
| 009 | | Gn11:32 | והוון יומי חוי | דתרח | מאוון וחמש שנין ומית תרח |

## תרכונה GN

|  |  |  |  |  |  |
|---|---|---|---|---|---|
| 001 | תרכונה | Dt 3:13 | שבטה דמנשה כל תחום | תרכונה | לכל בותנין לאתרה ההוא |
| 002 | | Dt 3:14 | מנשה נסב ית כל תחום | תרכונה | עד תחום גשורייה |

## תרצה PN

|  |  |  |  |  |  |
|---|---|---|---|---|---|
| 001 | תרצה | Nu36:11 | <והויין> מחלה | תרצה | וחגלה ומלכה ונעה בנתיה |
| 002 | ותרצה | Nu26:33 | ונעה חגלה מלכה | ותרצה: | |
| 003 | | Nu27:01 | נעה חגלה מלכה | ותרצה: | |

## תרקי GN

|  |  |  |  |  |  |
|---|---|---|---|---|---|
| 001 | ותרקא | Gn10:02 | וביתניא ומוס«י»א | ותרקא: | |
| 002 | ותרקי | Gn10:02M | ואו{ת}<ס>ייה | ותרקי#2#/: | |
| 003 | | Gn10:02M | ויטינייא ומוסייא | ותרקי | |

## תרשיש PN

|  |  |  |  |  |  |
|---|---|---|---|---|---|
| 001 | ותרשיש | Gn10:04 | ובנוי דיון אלישא | ותרשיש | כתים ודודנים: ושם |

# PART THREE

# HEBREW CONTEXTS

# HEBREW CONTEXTS

**אב** *n.* **father**

| | | | | | |
|---|---|---|---|---|---|
| 001 | אבוך | Gn49:04 | כי עלית משכבי | אבוך | אז חללת יצועי עלה: |

**אבה** *vb.* **to desire**

| | | | | | |
|---|---|---|---|---|---|
| 001 | אבא qal | Dt25:07M | לאחוי שם בישראל לא | אבא | יבמי |

**אהרן** PN **Aaron**

| | | | | | |
|---|---|---|---|---|---|
| 001 | אהרן | Ex32:35 | עשו את העגל אשר עשה | אהרן: | |

**אור** *vb.* **to shine**

| | | | | | |
|---|---|---|---|---|---|
| 001 | יאר hifil | Nu 6:25 | | יאר | ייי פניו אליך ויחנך: |

**אז** *adv.* **then**

| | | | | | |
|---|---|---|---|---|---|
| 001 | אז | Gn49:04 | כי עלית משכבי אבוך | אז | חללת יצועי עלה: |

**אזן** *vb.* **to listen**

| | | | | | |
|---|---|---|---|---|---|
| 001 | האזינו hifil | Dt32:03 | אתין וכן הוא מפרש ואמר | האזינו | השמים ואדברה ותש׳ הארץ |

**אח** *n.* **brother**

| | | | | | |
|---|---|---|---|---|---|
| 001 | לאחיו | Dt25:07M | מאן יבמי להקים | לאח{ו}י<ו> | שם בישראל לא אבא יבמי |

**אימה** *n.* **fear**

| | | | | | |
|---|---|---|---|---|---|
| 001 | אימה | Gn15:12 | מלכוון קיימא עלוהי | אימה | דא היא בבל חשכה דא היא |
| 002 | | Gn15:12M | למקום ומשעבדה בבנוי | אימה | חשכה |

**אל** *prep.* **to**

| | | | | | |
|---|---|---|---|---|---|
| 001 | אלי | Ex32:23 | ויאמרו | אלי | עשה לנו אלהים אשר ילכו |
| 002 | אליו | Ex32:01 | עמה על אהרן ויאמרו | אליו | קום עשה לנו אלהים אשר ילכו |
| 003 | אליך | Nu 6:25 | יאר ייי פניו | אליך | ויחנך: |
| 004 | | Nu 6:26 | ישא ייי פניו | אליך | וישם לך שלום: |

**אלה** *pron.* **these**

| | | | | | |
|---|---|---|---|---|---|
| 001 | אלה | Ex32:04 | ויעשהו עגל מסכה ויאמרו | אלה | אלהיך ישראל אשר העלוך |
| 002 | | Ex32:08 | לו ויזבחו לו ויאמרו | אלה | אלהיך ישראל אשר העלוך |

**אלהים** *n.* **God**

| | | | | | |
|---|---|---|---|---|---|
| 001 | אלהי | Ex32:31 | חובין רברבין ויעשו להם | אלהי | זהב: |
| 002 | אלהיך | Ex32:04 | עגל מסכה ויאמרו אלה | אלהיך | ישראל אשר העלוך מארץ |
| 003 | | Ex32:08 | ויזבחו לו ויאמרו אלה | אלהיך | ישראל אשר העלוך מארץ |
| 004 | אלהים | Ex32:01 | אליו קום עשה לנו | אלהים | אשר ילכו לפנינו נקרא ולא |
| 005 | | Ex32:23 | ויאמרו אלי עשה לנו | אלהים | אשר ילכו לפנינו ארום דין |

**אמר** *vb.* **to say**

| | | | | | |
|---|---|---|---|---|---|
| 001 | ויאמרו qal | Ex32:04 | בטופסא ויעשהו עגל מסכה | ויאמרו | אלה אלהיך ישראל אשר |
| 002 | | Ex32:08 | וישתחוו לו ויזבחו לו | ויאמרו | אלה אלהיך ישראל אשר |
| 003 | | Ex32:23 | | ויאמרו | אלי עשה לנו אלהים אשר |
| 004 | | Ex32:01 | ויתכנשו עמה על אהרן | ויאמרו | אליו קום עשה לנו אלהים |

**אמר** *n.* **speech**

| | | | | | |
|---|---|---|---|---|---|
| 001 | אמרי | Dt32:03 | השמים ואדברה ותש׳ הארץ | אמרי | פי יערף כמטר לקחי תזל כטל |

**אמרה** *n.* **speech**

| | | | | | |
|---|---|---|---|---|---|
| 001 | אמרתי | Dt32:03 | יערף כמטר לקחי תזל כטל | אמרתי | כשעירים עלי דשא וכרביבים |

**אני** *pron.* **I**

| | | | | | |
|---|---|---|---|---|---|
| 001 | אני | Ex 6:29 | עם משה למימר <ייי> | אני | ייי אנה ^הוא#2^# ייי מלל |

**ארץ** *n.* **land**

| | | | | | |
|---|---|---|---|---|---|
| 001 | הארץ | Dt32:03 | השמים ואדברה ותש׳ | הארץ | אמרי פי יערף כמטר לקחי תזל |
| 002 | כארץ | Gn13:10M | דייי ... מעלך: | כארץ | דמצרים מעלך |
| 003 | מארץ | Ex32:04 | אלהיך ישראל אשר העלוך | מארץ | מצרים: |
| 004 | | Ex32:08 | אלהיך ישראל אשר העלוך | מארץ | מצרים: |

**אש** *n.* **fire**

| | | | | | |
|---|---|---|---|---|---|
| 001 | באש | Ex32:20 | את העגל אשר עשו וישרף | באש | ויטחן עד אשר דק ויזר על |
| 002 | | Ex32:24 | והבו יתיה לי{ה} ואשלכהו | באש | ויצא העגל הזה: |

**אשר** *pron.* **relative pronoun**

| | | | | | |
|---|---|---|---|---|---|
| 001 | אשר | Ex 3:14 | ואמר ייי למשה אהיה | אשר | אהיה ואמר כדין תאמר לבני |
| 002 | | Ex32:20 | עשו וישרף באש ויטחן עד | אשר | דק ויזר על פני המים וישק |
| 003 | | Ex32:04 | ויאמרו אלה אלהיך ישראל | אשר | העלוך מארץ מצרים: |
| 004 | | Ex32:08 | ויאמרו אלה אלהיך ישראל | אשר | העלוך מארץ מצרים: |
| 005 | | Ex32:01 | אליו קום עשה לנו אלהים | אשר | ילכו לפנינו נקרא ולא מתרגם |
| 006 | | Ex32:23 | ויאמרו אלי עשה לנו אלהים | אשר | ילכו לפנינו ארום דין משה |
| 007 | | Ex32:35 | עמא על אשר עשו את העגל | אשר | עשה אהרן: |
| 008 | | Ex32:20 | ויקח את העגל | אשר | עשו וישרף באש ויטחן עד אשר |
| 009 | | Ex32:35 | ונגף ייי ית עמא על | אשר | עשו את העגל אשר עשה אהרן: |

**את** *prep.* **accusative particle**

| | | | | | |
|---|---|---|---|---|---|
| 001 | את | Ex32:20 | דק ויזר על פני המים וישק | את | בני ישראל: |
| 002 | | Ex32:19 | כדי קריב למשריתה וירא | את | העגל ומחלות ותקף רוגזה |
| 003 | | Ex32:20 | ויקח | את | העגל אשר עשו וישרף באש |
| 004 | | Ex32:35 | ייי ית עמא על אשר עשו | את | העגל אשר עשה אהרן: |

**ב־** *prep.* **in**

| | | | | | |
|---|---|---|---|---|---|
| 001 | בישראל | Dt25:07M | יבמי להקים לאחוי שם | בישראל | לא אבא יבמי |
| 002 | באש | Ex32:20 | את העגל אשר עשו וישרף | באש | ויטחן עד אשר דק ויזר על |
| 003 | | Ex32:24 | והבו יתיה לי{ה} ואשלכהו | באש | ויצא העגל הזה: |
| 004 | ובשילייתה | Dt28:57 | | ובשילייתה | היוצת מבין רגליה ובבניה |

**בין** *prep.* **between, among**

| | | | | | |
|---|---|---|---|---|---|
| 001 | מבין | Dt28:57 | ובשילייתה היוצת | מבין | רגליה ובבניה די תוליד ארום |

**בן** *n.* **son**

| | | | | | |
|---|---|---|---|---|---|
| 001 | בני ישראל | Ex32:20 | על פני המים וישק את | בני ישראל: | |

### ברך vb. to bless

| | | | | | |
|---|---|---|---|---|---|
| 001 | יברכך piel | Nu 6:24 | | יברכך | ייי וישמרך: |

### גבור חיל n. hero

| | | | | | |
|---|---|---|---|---|---|
| 001 | גבורי חיל p abs | Ex17:09M | לן גברין | גיברין/גבורי חיל#2#/ | \ופוק וסדר /ונפק |

### גדול adj. big

| | | | | | |
|---|---|---|---|---|---|
| 001 | גדולה | Gn15:12 | חשכה דא היא מדי | גדולה | דא היא יון נפלת עלוהי |

### דבר vb. to speak

| | | | | | |
|---|---|---|---|---|---|
| 001 | ואדברה piel | Dt32:03 | מפרש ואמר האזינו השמים | ואדברה | ותש׳ הארץ אמרי פי יערף |

### דור n. generation

| | | | | | |
|---|---|---|---|---|---|
| 001 | לדורת | Gn 9:12M | ארעא /דחיא דאית עמכון | לדורת | עולם#2#/: |

### דק adj. fine

| | | | | | |
|---|---|---|---|---|---|
| 001 | דק | Ex32:20 | וישרף באש ויטחן עד אשר | דק | ויזר על פני המים וישק את |

### דשא n. vegetation

| | | | | | |
|---|---|---|---|---|---|
| 001 | דשא | Dt32:03 | כטל אמרתי כשעירים עלי | דשא | וכרביבים עלי עשב כי שם לכן |

### היה vb. to be

| | | | | | |
|---|---|---|---|---|---|
| 001 | אהיה qal | Ex 3:14 | ואמר ייי למשה | אהיה | אשר אהיה ואמר כדין תאמר |
| 002 | | Ex 3:14 | ואמר ייי למשה אהיה אשר | אהיה | ואמר כדין תאמר לבני ישראל |
| 003 | | Ex 4:12 | וכדון אזל ואנה עם ממרי | אהיה | עם ממלל פמך ואלף יתך ית די |
| 004 | | Ex 3:14M | כדן תימ׳ לבני ישראל | אהיה | שלח |

### הלך vb. to go

| | | | | | |
|---|---|---|---|---|---|
| 001 | ילכו qal | Ex32:01 | קום עשה לנו אלהים אשר | ילכו | לפנינו נקרא ולא מתרגם ארום |
| 002 | | Ex32:23 | אלי עשה לנו אלהים אשר | ילכו | לפנינו ארום דין משה די |

### זבח vb. to slaughter

| | | | | | |
|---|---|---|---|---|---|
| 001 | ויזבחו qal | Ex32:08 | עגל מסכה וישתחוו לו | ויזבחו | לו ויאמרו אלה אלהיך |

### זה pron. this

| | | | | | |
|---|---|---|---|---|---|
| 001 | הזה | Ex32:24 | ואשלכהו באש ויצא העגל | | הזה: |

### זהב n. gold

| | | | | | |
|---|---|---|---|---|---|
| 001 | זהב | Ex32:31 | רברבין ויעשו להם אלהי | | זהב: |

### זרה vb. to scatter

| | | | | | |
|---|---|---|---|---|---|
| 001 | ויזר qal | Ex32:20 | באש ויטחן עד אשר דק | ויזר | על פני המים וישק את |

### חלל vb. to desecrate

| | | | | | |
|---|---|---|---|---|---|
| 001 | חללת piel | Gn49:04 | עלית משכבי אבוך אז | חללת | יצועי עלה: |

### חנן vb. to favor

| | | | | | |
|---|---|---|---|---|---|
| 001 | ויחנך qal | Nu 6:25 | יאר ייי פניו אליך | | ויחנך: |

### חשכה n. darkness

| | | | | | |
|---|---|---|---|---|---|
| 001 | חשכה | Gn15:12M | ומשעבדה בבנוי אימה | חשכה | |
| 002 | | Gn15:12 | אימה דא היא בבל | חשכה | דא היא מדי גדולה דא |

### טחן vb. to grind

| | | | | | |
|---|---|---|---|---|---|
| 001 | ויטחן qal | Ex32:20 | העגל אשר עשו וישרף באש | ויטחן | עד אשר דק ויזר על פני |

### טל n. dew

| | | | | | |
|---|---|---|---|---|---|
| 001 | כטל | Dt32:03 | פי יערף כמטר לקחי תזל | כטל | אמרתי כשעירים עלי דשא |

### יבם n. brother-in-law

| | | | | | |
|---|---|---|---|---|---|
| 001 | יבמי | Dt25:07M | שם בישראל לא אבא | יבמי | |
| 002 | | Dt25:07M | סרב ... יתי׳: מאן | יבמי | להקים לאחוי שם בישראל לא |

### ייי DN abbreviation for the Tetragram

| | | | | | |
|---|---|---|---|---|---|
| 001 | ייי | Nu 6:24 | יברכך | ייי | וישמרך: |
| 002 | | Nu 6:25 | יאר | ייי | פניו אליך ויחנך: |
| 003 | | Nu 6:26 | ישא | ייי | פניו אליך וישם לך שלום: |

### יצא vb. to go out

| | | | | | |
|---|---|---|---|---|---|
| 001 | היוצת qal | Dt28:57 | ובשלייתה | היוצת | מבין רגליה ובבניה די |
| 002 | ויצא | Ex32:24 | יתיה לי{ה} ואשלכהו באש | ויצא | העגל הזה: |

### יצוע n. couch

| | | | | | |
|---|---|---|---|---|---|
| 001 | יצועי | Gn49:04 | עלית משכבי אבוך אז חללת | יצועי | עלה: |

### ישראל PN Israel

| | | | | | |
|---|---|---|---|---|---|
| 001 | ישראל | Ex32:20 | על פני המים וישק את בני | | ישראל: |
| 002 | | Ex32:04 | מסכה ויאמרו אלה אלהיך | ישראל | אשר העלוך מארץ מצרים: |
| 003 | | Ex32:08 | לו ויאמרו אלה אלהיך | ישראל | אשר העלוך מארץ מצרים: |
| 004 | בישראל | Dt25:07M | יבמי להקים לאחוי שם | בישראל | לא אבא יבמי |

### כ־ prep. like

| | | | | | |
|---|---|---|---|---|---|
| 001 | כארץ | Gn13:10M | דייי ... מעלך: | כארץ | דמצרים מעלך |
| 002 | כטל | Dt32:03 | פי יערף כמטר לקחי תזל | כטל | אמרתי כשעירים עלי דשא |
| 003 | כמטר | Dt32:03 | ותש׳ הארץ אמרי פי יערף | כמטר | לקחי תזל כטל אמרתי כשעירים |
| 004 | כשעירים | Dt32:03 | לקחי תזל כטל אמרתי | כשעירים | עלי דשא וכרביבים עלי עשב |
| 005 | וכרביבים | Dt32:03 | אמרתי כשעירים עלי דשא | וכרביבים | עלי עשב כי שם לכן אמר |

### כי conj. because, for

| | | | | | |
|---|---|---|---|---|---|
| 001 | כי | Ex15:21M | נודה ונשבחה קדם ייי | כי | הוא רם על רמיא |
| 002 | | Gn49:04 | | כי | עלית משכבי אבוך אז חללת |
| 003 | | Dt32:03 | עלי דשא וכרביבים עלי עשב | כי | שם לכן אמר משה נבייא ארום |

### to, for *prep.* ל-

|  |  |  |  |  |  |
|---|---|---|---|---|---|
| 001 | להם | Ex32:31 | חובין רברבין ויעשו | להם | אלהי זהב: |
| 002 | | Ex32:08 | ארחא די פקדת יתהון עשו | להם | עגל מסכה וישתחוו לו ויזבחו |
| 003 | לו | Ex32:08 | מסכה וישתחוו לו ויזבחו | לו | ויאמרו אלה אלהיך ישראל אשר |
| 004 | | Ex32:08 | עשו להם עגל מסכה וישתחוו | לו | ויזבחו לו ויאמרו אלה אלהיך |
| 005 | לך | Nu 6:26 | ישא ייי פניו אליך וישם | לך | שלום: |
| 006 | לנו | Ex32:01 | ויאמרו אליו קום עשה | לנו | אלהים אשר ילכו לפנינו נקרא |
| 007 | | Ex32:23 | ויאמרו אלי עשה | לנו | אלהים אשר ילכו לפנינו ארום |

### no, not *adv.* לא

|  |  |  |  |  |  |
|---|---|---|---|---|---|
| 001 | לא | Dt25:07M | להקים לאחוי שם בישראל | לא | אבא יבמי |
| 002 | ולא | Ex32:01 | אשר ילכו לפנינו נקרא | ולא | מתרגם ארום דן משה גברא די |

### before *prep.* לפני

|  |  |  |  |  |  |
|---|---|---|---|---|---|
| 001 | לפני | Ex17:05 | ואמר ייי למשה עבר | לפני | עמא וסב עמך מן חכימייא |
| 002 | לפנינו | Ex32:23 | עשה לנו אלהים אשר ילכו | לפנינו | ארום דין משה די אפק יתן |
| 003 | | Ex32:01 | עשה לנו אלהים אשר ילכו | לפנינו | נקרא ולא מתרגם ארום דן |

### to take *vb.* לקח

|  |  |  |  |  |  |
|---|---|---|---|---|---|
| 001 | ויקח qal | Ex32:20 | | ויקח | את העגל אשר עשו וישרף באש |

### lesson *n.* לקח

|  |  |  |  |  |  |
|---|---|---|---|---|---|
| 001 | לקחי | Dt32:03 | הארץ אמרי פי יערף כמטר | לקחי | תזל כטל אמרתי כשעירים עלי |

### from *prep.* מ-

|  |  |  |  |  |  |
|---|---|---|---|---|---|
| 001 | מארץ | Ex32:04 | אלהיך ישראל אשר העלוך | מארץ | מצרים: |
| 002 | | Ex32:08 | אלהיך ישראל אשר העלוך | מארץ | מצרים: |
| 003 | מבין | Dt28:57 | ובשילייתה היוצת | מבין | רגליה ובבניה די תוליד ארום |

### to refuse *vb.* מאן

|  |  |  |  |  |  |
|---|---|---|---|---|---|
| 001 | מאן piel | Dt25:07M | סרב ... יתי: | מאן | יבמי להקים לאחוי שם |

### dance *n.* מחלוה

|  |  |  |  |  |  |
|---|---|---|---|---|---|
| 001 | ומחלות | Ex32:19 | למשריתה וירא את העגל | ומחלות | ותקף רוגזה דמשה וטלק מן |

### rain *n.* מטר

|  |  |  |  |  |  |
|---|---|---|---|---|---|
| 001 | כמטר | Dt32:03 | ותש׳ הארץ אמרי פי יערף | כמטר | לקחי תזל כטל אמרתי כשעירים |

### who *pron.* מי

|  |  |  |  |  |  |
|---|---|---|---|---|---|
| 001 | מי יתין | Dt 5:29M | לווי ... להון: אלווי | מי יתין | יהווי לבה טבה הדין |
| 002 | מי יתן | Ex16:03 | בני ישרא<׳> אלוי | מי יתן | מותנו קדם ייי בארעא |

### water *n.* מים

|  |  |  |  |  |  |
|---|---|---|---|---|---|
| 001 | המים | Ex32:20 | עד אשר דק ויזר על פני | המים | וישק את בני ישראל: |

### molten image *n.* מסכה

|  |  |  |  |  |  |
|---|---|---|---|---|---|
| 001 | מסכה | Ex32:04 | יתה בטופסא ויעשהו עגל | מסכה | ויאמרו אלה אלהיך ישראל |
| 002 | | Ex32:08 | פקדת יתהון עשו להם עגל | מסכה | וישתחוו לו ויזבחו לו |

### Egypt GN מצרים

|  |  |  |  |  |  |
|---|---|---|---|---|---|
| 001 | מצרים | Ex32:04 | ישראל אשר העלוך מארץ | מצרים: | |
| 002 | | Ex32:08 | ישראל אשר העלוך מארץ | מצרים: | |

### bed *n.* משכב

|  |  |  |  |  |  |
|---|---|---|---|---|---|
| 001 | משכבי | Gn49:04 | כי עלית | משכבי | אבוך אז חללת יצועי עלה: |

### to drop *vb.* נזל

|  |  |  |  |  |  |
|---|---|---|---|---|---|
| 001 | תזל qal | Dt32:03 | אמרי פי יערף כמטר לקחי | תזל | כטל אמרתי כשעירים עלי דשא |

### to stretch *vb.* נטה

|  |  |  |  |  |  |
|---|---|---|---|---|---|
| 001 | והטה hifil | Gn39:21M | דייי בסעדה דיוסף | והטה | לוותה חסד ושווי חסדא |

### pleasantness *n.* ניחוח

|  |  |  |  |  |  |
|---|---|---|---|---|---|
| 001 | ניחוח | Nu15:24 | בר תורין חד לעלה לריח | {ניחוח} | דרעוה לשמה דייי ומנחתיה |

### to lift up *vb.* נשא

|  |  |  |  |  |  |
|---|---|---|---|---|---|
| 001 | ישא qal | Nu 6:26 | | ישא | ייי פניו אליך וישם לך |

### to give *vb.* נתן

|  |  |  |  |  |  |
|---|---|---|---|---|---|
| 001 | מי יתין qal | Dt 5:29M | לווי ... להון: אלווי | מי יתין | יהווי לבה טבה הדין |
| 002 | מי יתן | Ex16:03 | בני ישרא<׳> אלוי | מי יתן | מותנו קדם ייי בארעא |

### lamb(?) *n.* סא

|  |  |  |  |  |  |
|---|---|---|---|---|---|
| 001 | סא | Gn27:41M | ארום ממתן עד זמן יקרב׳ | סא | דהבל ברם מתעכב אנא |

### calf *n.* עגל

|  |  |  |  |  |  |
|---|---|---|---|---|---|
| 001 | עגל | Ex32:04 | ורמה יתה בטופסא ויעשהו | עגל | מסכה ויאמרו אלה אלהיך |
| 002 | | Ex32:08 | די פקדת יתהון עשו להם | עגל | מסכה וישתחוו לו ויזבחו לו |
| 003 | העגל | Ex32:20 | ויקח את | העגל | אשר עשו וישרף באש ויטחן עד |
| 004 | | Ex32:35 | ית עמא על אשר עשו את | העגל | אשר עשה אהרן: |
| 005 | | Ex32:24 | לי{ה} ואשלכהו באש ויצא | העגל | הזה: |
| 006 | | Ex32:19 | קריב למשריתה וירא את | העגל | ומחלות ותקף רוגזה דמשה |

### until *prep.* עד

|  |  |  |  |  |  |
|---|---|---|---|---|---|
| 001 | עד | Ex32:20 | אשר עשו וישרף באש ויטחן | עד | אשר דק ויזר על פני המים |

### eternity *n.* עולם

|  |  |  |  |  |  |
|---|---|---|---|---|---|
| 001 | עולם | Gn 9:12M | דאית עמכון לדורת | עולם#2#/: | |

### upon *prep.* על

|  |  |  |  |  |  |
|---|---|---|---|---|---|
| 001 | על | Ex32:35 | ונגף ייי ית עמא | על | אשר עשו את העגל אשר עשה |
| 002 | | Ex32:20 | באש ויטחן עד אשר דק ויזר | על | פני המים וישק את בני ישראל: |

### to ascend *vb.* עלה

|  |  |  |  |  |  |
|---|---|---|---|---|---|
| 001 | עלה qal | Gn49:04 | אבוך אז חללת יצועי | עלה: | |
| 002 | עלית | Gn49:04 | כי | עלית | משכבי אבוך אז חללת יצועי |
| 003 | העלוך hifil | Ex32:08 | אלה אלהיך ישראל אשר | העלוך | מארץ מצרים: |
| 004 | העלוך | Ex32:04 | אלה אלהיך ישראל אשר | העלוך | מארץ מצרים: |

**עלי** *prep.* **upon**

001 עלי Dt32:03 תזל כטל אמרתי כשעירים עלי דשא וכרביבים עלי עשב כי שם
002 Dt32:03 עלי דשא וכרביבים עלי עשב כי שם לכן אמר משה

**עלם** *vb.* **to disappear**

001 התעלמה hitp. Lv10:20M במשריתה ואמר הלכתה התעלמה מיני ואהרן אחי אלף

**ערף** *vb.* **to drip**

001 יערף qal Dt32:03 ותש׳ הארץ אמרי פי יערף כמטר לקחי תזל כטל אמרתי

**עשב** *n.* **grass**

001 עשב Dt32:03 עלי דשא וכרביבים עלי עשב כי שם לכן אמר משה נבייא

**עשה** *vb.* **to do, to make**

001 עשה qal Ex32:35 על אשר עשו את העגל אשר עשה אהרן:
002 Ex32:01 אהרן ויאמרו אליו קום עשה לנו אלהים אשר ילכו לפנינו
003 Ex32:23 ויאמרו אלי עשה לנו אלהים אשר ילכו לפנינו
004 עשו Ex32:35 ונגף ייי ית עמא על אשר עשו את העגל אשר עשה אהרן:
005 Ex32:20 ויקח את העגל אשר עשו וישרף באש ויטחן עד אשר דק
006 Ex32:08 מן ארחא די פקדת יתהון עשו להם עגל מסכה וישתחוו לו
007 ויעשהו Ex32:04 ידיהון ורמה יתה בטופסא ויעשהו עגל מסכה ויאמרו אלה אלהיך
008 ויעשו Ex32:31 האליין חובין רברבין ויעשו להם אלהי זהב:

**פה** *n.* **mouth**

001 פי Dt32:03 ואדברה ותש׳ הארץ אמרי פי יערף כמטר לקחי תזל כטל

**פנים** *n.* **face**

001 פני Ex32:20 ויטחן עד אשר דק ויזר על פני המים וישק את בני ישראל:
002 פניו Nu 6:25 יאר ייי פניו אליך ויחנך:
003 Nu 6:26 ישא ייי פניו אליך וישם לך שלום:

**צבא** *n.* **army**

001 צבא Nu10:24 ועל צבא שבטה דבנוי דבנימן אבידן

**צרוך** *adj.* **needy**

001 הצרוכה Ex23:06 לא תסטי דינא {הצרוכה} <די צריכה> בדינה:

**קום** *vb.* **to rise**

001 קום qal Ex32:01 על אהרן ויאמרו אליו קום עשה לנו אלהים אשר ילכו
002 להקים Dt25:07M סרב ... יתי: מאן יבמי להקים לאחוי שם בישראל לא אבא

**קקק** *n.* **thricefold sanctification**

001 קקק Dt32:03 דאינון דישראל אמרין קקק תלתה זימנין מנהון ילף משה

**קרא** *vb.* **to call**

001 נקרא nifal Ex32:01 אלהים אשר ילכו לפנינו נקרא ולא מתרגם ארום דן משה

**ראה** *vb.* **to see**

001 וירא qal Ex32:19 והוה כדי קריב למשריתה וירא את העגל ומחלות ותקף רוגזה

**רביבים** *n.* **showers**

001 וכרביבים Dt32:03 אמרתי כשעירים עלי דשא וכרביבים עלי עשב כי שם לכן אמר

**רגל** *n.* **foot**

001 רגליה Dt28:57 ובשילייתה היוצת מבין רגליה ובבניה די תוליד ארום תאכל

**ריב** *n.* **dispute**

001 ריב Dt21:05M פומהון יהווי כל דין/ריב#2#/ וכל מכתש/מצו#2#/:

**שום** *vb.* **to put**

001 וישם qal Nu 6:26 ישא ייי פניו אליך וישם לך שלום:

**שעירים** *n.* **showers**

001 כשעירים Dt32:03 לקחי תזל כטל אמרתי כשעירים עלי דשא וכרביבים עלי עשב

**שרף** *vb.* **to burn**

001 וישרף qal Ex32:20 ויקח את העגל אשר עשו וישרף באש ויטחן עד אשר דק ויזר

**שחוה** *vb.* **to bow down**

001 וישתחוו hitp. Ex32:08 עשו להם עגל מסכה וישתחוו לו ויזבחו לו ויאמרו אלה

**שילייה** *n.* **afterbirth**

001 ובשילייתה Dt28:57 ובשילייתה היוצת מבין רגליה ובבניה

**שכבה** *n.* **lying**

001 שכבת Lv15:18M גבר עמה \תשמיש דזרע /שכבת זרעא#2#/ וישזגון במיא
002 שכבת Lv15:32M מיניה \תשמיש דזרע /שכבת זרע דתשמיש#2#/ למסתאבה

**של** *prep.* **of**

001 של Gn25:22M מן קדם ייי בבית מדרשא של שם רבה

**שלום** *n.* **peace**

001 שלום Nu 6:26 ייי פניו אליך וישם לך שלום:

**שלך** *vb.* **to throw**

001 ואשלכהו hifil Ex32:24 יתיה והבו יתיה לי{ה} ואשלכהו באש ויצא העגל הזה:

**שם** *n.* **name**

001 שם Dt25:07M מאן יבמי להקים לאחוי שם בישראל לא אבא יבמי
002 Dt32:03 דשא וכרביבים עלי עשב כי שם לכן אמר משה נבייא ארום

**שמים** *n.* **heaven**

001 השמים Dt32:03 הוא מפרש ואמר האזינו השמים ואדברה ותש׳ הארץ אמרי פי

**to hear** *vb.* **שמע**

*001* qal **ותש'** *Dt32:03* **האזינו השמים ואדברה ותש' הארץ אמרי פי יערף כמטר**

**to guard** *vb.* **שמר**

*001* qal **וישמרך** *Nu 6:24* **יברכך ייי וישמרך:**

**to water** *vb.* **שקה**

*001* hifil **וישק** *Ex32:20* **אשר דק ויזר על פני המים וישק את בני ישראל:**

**to translate** *vb.* **תרגם**

*001* quad **מתרגם** *Ex32:01* **ילכו לפנינו נקרא ולא מתרגם ארום דן משה גברא די אסק**

# INDEX OF DJPA REFERENCES

ארום conj. ………… ארום conj.
ארון n. ………… ארון n.
74
ארוסה n. ………… ארוסה n.
ארז n. ………… ארז n.
ארי n. ………… ארי n.
אריו n. ………… אריו n.
אריס n. ………… אריס n.
[ארי] conj. ………… [ארי] conj.
75
אריח n. ………… אריח n.
אריך adj. ………… אריך adj.
אריכו n. ………… אריכו n.
ארך vb. ………… ארך vb.
ארכה n. ………… ארכה n.
76
ארמיי adj. ………… ארמיי adj.
ארמלה n. ………… ארמלה n.
ארמלו n. ………… ארמלו n.
ארנב n. ………… ארנב n.
ארנבה n. ………… ארנבה n.
ארס vb. ………… ארס vb.
ארע n. ………… ארע n.
77
ארע vb. ………… ארע vb.
ארעיי adj. ………… ארעיי adj.
78
ארתוסיי adj. ………… ארתוסיי adj.
ארתך n. ………… ארתך n.
אשדו (v.)n. ………… אשדו (v.)n.
אשון n. ………… אשון n.
אשוריי adj. ………… אשוריי adj.
אשכה n. ………… אשכה n.
אשלמה n. ………… אשלמה n.
אשלמו n. ………… אשלמו (v.)n.
אשלמו v.n. ………… אשלמו (v.)n.
אשם n. ………… אשם n.
את n. ………… את n.
79
אשרה n. ………… אשרה n.
את pron. ………… את pron.
אתון n. ………… אתון n.
אתון pron. ………… אתון pron.
אתוריי adj. ………… אתוריי adj.
80
אתי vb. ………… אתי vb.
81
אתייקרו v.n. ………… אתייקרו (v.)n.
אתכנשו v.n. ………… אתכנשו (v.)n.
אתמל adv. ………… אתמל adv.
אתן n. ………… אתן n.
אתנה n. ………… אתנה n.
אתפגשו v.n. ………… אתפגשו (v.)n.
אתר n. ………… אתר n.
83
באחרייתה adv. ………… באחרייתה adv.
באמצע prep. ………… באמצע prep.
באפי prep. ………… באפי prep.
באש vb. ………… באש vb.
בבה n. ………… בבה n.
בבהילו adv. ………… בבהילו adv.
־ב prep. ………… ־ב prep.
84
בבעו interj. ………… בבעו interj.
בגו prep. ………… בגו prep.
בגין prep. ………… בגין prep.
בגין conj. ………… בגין conj.
85
בגלל prep. ………… בגלל prep.
בגלל conj. ………… בגלל conj.
בדוק n. ………… בדוק n.
בדי vb. ………… בדי vb.
בדיפלה adv. ………… בדיפלה adv.
בדלח n. ………… בדלח n.
בדק n. ………… בדק n.
בדק vb. ………… בדק vb.
86
בדר vb. ………… בדר vb.
בהי vb. ………… בהי adj.
בהיימנו adv. ………… בהיימנו adv.
בהל vb. ………… בהל vb.
בהקי n. ………… בהקי n.
בהת vb. ………… בהת vb.
בהתה n. ………… בהתה n.
87
בוטנה n. ………… בוטנה n.
בוך vb. ………… בוך vb.
בוכרה n. ………… בוכרה n.
בוע n. ………… בוע n.
בוץ n. ………… בוץ n.
88
בוצין n. ………… בוצין n.
בור vb. ………… בור vb.
בוש n. ………… בוש n.
בות n. ………… בות n.
בות vb. ………… בות vb.
89
בזז vb. ………… בזז vb.
בזי vb. ………… בזי vb.
בזידנו adv. ………… בזידנו adv.
בזיון n. ………… בזיון n.
בזיך n. ………… בזיך n.
בזמן ד־ conj. ………… בזמן ד־ conj.
90
בזמן prep. ………… בזמן prep.
בזע vb. ………… בזע vb.
בחיר adj. ………… בחיר adj.
בחר vb. ………… בחר vb.
91
בטומרה adv. ………… בטומרה adv.
בטיח n. ………… בטיח n.
בטיל adj. ………… בטיל adj.
בטל vb. ………… בטל vb.
בטלון n. ………… בטלון n.
ביבני n. ………… ביבני n.
92
ביד prep. ………… ביד prep.
בידין n. ………… בידין n.
ביזה n. ………… בזה n.
ביי n. ………… ביי n.
בית אב n. ………… בית אב n.
בית אבתותה n. ………… אבתו n.
93
בית אולפן n. ………… בית אולפן n.
בית אחסנו n. ………… בית אחסנו n.
בית אפין n. ………… בית אפין n.
בית בהתה n. ………… בית בהתה n.
בית גידין n. ………… בית גידין n.
בית דבוק n. ………… בית דבוק n.
בית דין n. ………… בית דין n.
בית זרע n. ………… בית זרע n.
בית חבוש n. ………… בית חבוש n.
בית חבושי n. ………… בית חבושי n.
בית יקידה n. ………… בית יקידה n.
בית כנישה n. ………… בית כנישה n.
94
בית מדור n. ………… בית מדור n.
בית מדמוך n. ………… בית מדמוך n.
בית מדרש n. ………… בית מדרש n.
בית מלכו n. ………… בית מלכו n.
בית מנוחה n. ………… בית מנוחה n.
בית מקדש n. ………… בית מקדש n.
בית מרעי n. ………… בית מרעי n.
בית משקוי n. ………… בית משקוי n.
בית משרוי n. ………… בית משרוי n.
בית משרי n. ………… בית משרי n.
בית נהור n. ………… בית נהור n.
בית סגדו n. ………… בית סגדו n.
95
בית נחלין n. ………… בית נחלין n.
בית צלו n. ………… בית צלו n.
בית קבורה n. ………… בית קבורה n.
בית קודש n. ………… בית קודש n.
בית קוטנין n. ………… בית קוטנין n.
בית רמה n. ………… בית רמה n.
בית שכינה n. ………… בית שכינה n.
בית שעבוד n. ………… בית שעבוד n.
בית שפיכו n. ………… בית שפיכו n.
בית שפר n. ………… בית שפר n.
בית שקי n. ………… בית שקי n.
בית תדיין n. ………… בית תדיין n.
בית תותבו n. ………… בית תותבו n.
96
בייר adj. ………… בייר adj.
ביכורין n. ………… ביכורין n.
בימס n. ………… בימס n.
בין vb. ………… בין vb.
בינה n. ………… בינה n.
ביעה n. ………… ביעה n.
97
ביצה n. ………… ביצה n.
ביר n. ………… בר n.
98
בר גוו n. ………… בני גוו n.
בר דיריי n. ………… בר דיריי n.
ברביי n. ………… בר בי n.
99
בר זוג n. ………… בר זוג n.
בר זרע n. ………… בר זרע n.
100
בר נצצה n. ………… נצץ n.
ברנש n. ………… ברנש n.
101
ביר #2 n. ………… ביר #2 n.
בר עממין n. ………… בר עממין n.
102
בירול n. ………… בירול n.
ביש adj. ………… ביש adj.
בישה n. ………… בישה n.
בישו n. ………… בישו n.
בכדן adv. ………… בכדן adv.
בכו n. ………… בכו n.
בכור n. ………… בכור n.
בכי vb. ………… בכי vb.
103
בכורה n. ………… בכורה n.
בכורו n. ………… בכורו n.
בכי n. ………… בכי n.
בכייה n. ………… בכייה n.
בכיפלה adv. ………… בכיפלה adv.
בכיר adj. ………… בכיר adj.
בכן adv. ………… בכן adv.
בכר vb. ………… בכר vb.
בלא prep. ………… בלא prep.
104
בלוס n. ………… בלוס n.
בלחודי prep. ………… בלחודי prep.
בלחודי prep. ………… לבלחודי־ prep.
בלי vb. ………… בלי vb.
בליעה n. ………… בליעה (v.)n.
בלע vb. ………… בלע vb.
105
במה n. ………… במה n.
במיצעה adv. ………… במיצעה adv.
בן prep. ………… בין prep.
106
בני vb. ………… בני vb.
בסים adj. ………… בסים adj.
בסיס n. ………… בסיס n.
בסם n. ………… בסם n.
107
בעט vb. ………… בעט vb.
בעי vb. ………… בעי vb.
[בעד] prep. ………… [בעד] prep.

חנן vb. ........ חנן vb.
חס ל־ interj. ........ חס ל־ interj.
חסד n. ........ חסד n.
210
חסד vb. ........ חסד vb.
חסי adj. ........ חסי adj.
חסיד n. ........ חסיד n.
חסים adj. ........ חסים adj.
חסים adj. ........ חסין adj.
חסיר adj. ........ חסיר adj.
חסך vb. ........ חסך vb.
חסל vb. ........ חסל vb.
211
חסף n. ........ חסף n.
חסר vb. ........ חסר vb.
חסרון n. ........ חסרון n.
חפי adj. ........ חפי adj.
חפי vb. ........ חפי vb.
212
חפיי n. ........ חפיי #2 n.
חפן n. ........ חופן n.
חפר vb. ........ חפר vb.
חצב vb. ........ חצב vb.
חצד n. ........ חצד (v.)n.
213
חצד vb. ........ חצד vb.
חצד v.n. ........ חצד (v.)n.
חצוצרה n. ........ חצוצרה n.
חציף adj. ........ חציף adj.
חצר n. ........ חצר כבדה n.
214
חקל n. ........ חקל n.
חקק vb. ........ חקק vb.
חקר vb. ........ חקר vb.
חרב n. ........ חרב n.
חרבן #2 n. ........ חרבן #2 n.
חרד vb. ........ חרד vb.
חרדון n. ........ חרדון n.
215
חרב vb. ........ חרב vb.
חרך n. ........ חרך n.
חרם n. ........ חרם n.
חרם vb. ........ חרם vb.
חרמן n. ........ חרמן n.
חרמן n. ........ עורמן n.

חרספי n. ........ חרספי n.
חרף n. ........ חרף n.
חרף vb. ........ חרף vb.
חרפד n. ........ חרפד n.
חרפד n. ........ ערפד n.
חרץ n. ........ חרץ n.
חרצן n. ........ חרצן n.
216
חרר vb. ........ חרר vb.
חרש n. ........ חרש n.
חרש #2 n. ........ חרש #2 n.
חרש #3 n. ........ חרש #3 n.
חרשה n. ........ חרשה n.
חרשין n. ........ חרשין n.
חשב vb. ........ חשב vb.
חשבה n. ........ חשבה n.
חשד vb. ........ חשד vb.
217
חשוך n. ........ חשוך n.
חשיב adj. ........ חשיב adj.
חשך vb. ........ חשך vb.
חשיך adj. ........ חשיך adj.
218
חתורה n. ........ חתורה n.
חתם vb. ........ חתם vb.
חתן n. ........ חתן n.
חתנה n. ........ חתנה n.
219
טב adj. ........ טב adj.
טב n. ........ טב n.
טבאות adv. ........ טבאות adv.
טבאית adv. ........ טבאית adv.
טבה n. ........ טבה n.
טבו n. ........ טבו n.
220
טבז n. ........ טבז n.
טבי n. ........ טבי n.
טבלה n. ........ טבלה n.
טבע n. ........ טבע n.
טבע #2 vb. ........ טבע #2 vb.
221
טהר n. ........ טהר n.
טוב n. ........ טוב n.
טוב vb. ........ טוב vb.
טוטלי n. ........ טוטלי n.

טוס vb. ........ טוס vb.
טוף vb. ........ טוף vb.
222
טור n. ........ טור n.
טורחה n. ........ טורחה n.
טוש vb. ........ טוש vb.
טחור n. ........ טחור n.
טחן vb. ........ טחן vb.
טיבו n. ........ טיבו n.
223
טייל vb. ........ טייל vb.
טייס n. ........ טייס n.
טייר vb. ........ טייר vb.
טימי n. ........ טימי n.
טין n. ........ טין n.
224
טינר n. ........ טינר n.
טירה n. ........ טירה n.
טכס n. ........ טכס n.
טכס vb. ........ טכס vb.
טל n. ........ טל n.
טל #2 n. ........ טל #2 n.
טלום n. ........ טלום n.
טלופח n. ........ טלופח n.
225
טלטל vb. ........ טלטל vb.
טלי n. ........ טלי n.
טליו n. ........ טליו n.
טלייה n. ........ טליה n.
טלית n. ........ טלית n.
טלל vb. ........ טלל vb.
טלם vb. ........ טלם vb.
טלע vb. ........ טלע vb.
226
טלף n. ........ טלף n.
טלף vb. ........ טלף vb.
טלק vb. ........ טלק vb.
טמא n.m. ........ טמא adj.
טמירה n. ........ טמירה n.
טמע vb. ........ טמע vb.
227
טמר vb. ........ טמר vb.
טנף vb. ........ טנף vb.
טס n. ........ טס n.
טעו n. ........ טעו n.

טעו vb. ........ טעו vb.
טעווה n. ........ טעווה n.
טעון n. ........ טעון n.
טעי vb. ........ טעי vb.
228
טעים adj. ........ טעים adj.
טעם n. ........ טעם n.
טעם vb. ........ טעם vb.
טען vb. ........ טען vb.
229
טפח n. ........ טפח n.
טפח vb. ........ טפח vb.
טפי vb. ........ טפי vb.
טפל n. ........ טפל n.
230
טפס n. ........ טפס n.
טפר n. ........ טפר n.
טפש adj. ........ טפש adj.
טפשו n. ........ טפשו n.
טרב vb. ........ טרב vb.
טרד vb. ........ טרד vb.
231
טרחו n. ........ טרחו n.
טרף n. ........ טרף n.
232
טרף vb. ........ טרף vb.
טרף #2 vb. ........ טרף #2 vb.
233
יאות adv. ........ יאות adv.
יאי adj. ........ יאי adj.
יבב vb. ........ יבב vb.
יבבו n. ........ יבבו n.
יבד vb. ........ יבד vb.
יבוסיי adj. ........ יבוסיי adj.
ייבום n. ........ יבום n.
234
יבידה n. ........ יבידה n.
יביש adj. ........ יביש adj.
יבל vb. ........ יבל vb.
יבם n. ........ יבם n.
יבם vb. ........ יבם vb.
יבמה n. ........ יבמה n.
יברוח n. ........ יברוח n.
יבש vb. ........ יבש vb.
יבשה n. ........ יבשה n.

יד n. ........ יד n.
235
ידי vb. ........ ידי vb.
ידע vb. ........ ידע vb.
יהב vb. ........ יהב vb.
236
יהודיי adj. ........ יהודיי adj.
237
יהיב adj. ........ יהיב adj.
יובל n. ........ יובל n.
יוון n. ........ יוון n.
יוכלה n. ........ יוכלה n.
יום n. ........ יום n.
238
יום טב n. ........ יום טב n.
יזף vb. ........ יזף vb.
יחד vb. ........ יחד vb.
יחי vb. ........ יחי vb.
יחיד n. ........ יחיד n.
יחידי adj. ........ יחידי adj.
239
[יין] n. ........ [יין] n.
יחם vb. ........ יחם vb.
יחמו n. ........ יחמו n.
יחמור n. ........ יחמור n.
יחס vb. ........ יחס vb.
יחף vb. ........ יחף vb.
יטב vb. ........ יטב vb.
ייחוס n. ........ יחוס n.
ייסורין n. ........ יסורין n.
240
יכח vb. ........ יכח vb.
יכל vb. ........ יכל vb.
ילד vb. ........ ילד vb.
241
ילדה n. ........ ילדה n.
ילדה #2 n. ........ ילדה #2 n.
ילדו n. ........ ילדו n.
יליל n. ........ יליל n.
ילל vb. ........ ילל vb.
ילל #2 vb. ........ ילל #2 vb.
ילף vb. ........ ילף vb.
242
ים n. ........ ים n.
ימי vb. ........ ימי vb.

להוד adv. ........ להוד adv.
להון־ prep. ........ להון־ prep.
להט vb. ........ להט vb.
278
להל adv. ........ להל adv.
להל adv. ........ להלן adv.
להן adv. ........ לאן adv.
לובדק n. ........ לוודק n.
לוביי adj. ........ לוביי adj.
לוג n. ........ לוג n.
לודיי adj. ........ לודיי adj.
לווט n. ........ לווט n.
לווי n. ........ לווי n.
לווי conj. ........ אלווי conj.
לווי conj. ........ לווי conj.
279
לוולי vb. ........ לוולי vb.
לוות prep. ........ לוות prep.
לוז n. ........ לוז n.
לוח n. ........ לוח n.
לוט vb. ........ לוט vb.
לוי vb. ........ לוי vb.
280
לולב n. ........ לולב n.
לוקבל prep. ........ לקבל prep.
לוש vb. ........ לוש vb.
לחדה adv. ........ לחדה adv.
לחוש adj. ........ לחוש adj.
לחי n. ........ לחי n.
לחים n. ........ לחם n.
281
לחינה n. ........ לחינה n.
לחך vb. ........ לחך vb.
לחלוטין adv. ........ לחלוטין adv.
לטום n. ........ לטום n.
ליבה n. ........ ליבה n.
ליבלוב n. ........ ליבלוב n.
ליבנה n. ........ לבנה n.
ליגיון n. ........ ליגיון n.
ליוויי n. ........ ליוויי n.
282
לייש n. ........ ליש n.
לילי n. ........ לילי n.
ליסטיס n. ........ ליסטיס n.
לישן n. ........ לשן n.
283
לית vb. ........ לית vb.
284
למברה ל־ prep. ..... למברה ל־ prep.
למה adv. ........ למה adv.
למפד n. ........ למפד n.
לעו n. ........ לעו n.
לעי vb. ........ לעי vb.
לעיל adv. ........ לעיל adv.
285
לעיל מן prep. ........ לעיל מן prep.
לעלם adv. ........ לעלם adv.
לעני n. ........ לעני n.
לפד n. ........ לפד n.
לפם prep. ........ לפם prep.
לפם conj. ........ לפם conj.
לפף vb. ........ לפף vb.
לפתגם prep. ........ לפתגם prep.
לקדמות prep. ........ לקדמות prep.
לקודם prep. ........ לקדם prep.
286
לקט n. ........ לקט n.
לקט vb. ........ לקט vb.
לקט #2 n. ........ לקט #2 (v.)n.
לקי vb. ........ לקי vb.
לקיש adj. ........ לקיש adj.
287
לקשו v.n. ........ לקישו n.
לרגל prep. ........ לרגל prep.
לריקנו adv. ........ לריקנו adv.
לרע adv. ........ לרע adv.
לשם n. ........ לשם n.
לשם prep. ........ לשם prep.
לשן vb. ........ לשן vb.
288
מאה num. ........ מאה num.
מאחדה n. ........ מאחדה n.
מאירה n. ........ מאירה n.
מאלל n. ........ מאלל n.
מאן n. ........ מאן n.
289
מאס vb. ........ מאס vb.
מבדר n. ........ מבדר n.
מבול n. ........ מבול n.
מבוע n. ........ מבוע n.
מבסם n. ........ מבסם n.
מגדל n. ........ מגדל n.
מגדנין n. ........ מגד n.
290
מגזה n. ........ מגזה n.
מגין n. ........ מגין n.
מגיר n. ........ מגיר n.
מגירה n. ........ מגירה n.
מגל n. ........ מגל n.
291
מגן adv. ........ מגן adv.
מגפה n. ........ מגפה n.
מגר vb. ........ מגר vb.
מגרופי n. ........ מגרופי n.
מדבח n. ........ מדבח n.
מדבר n. ........ מדבר n.
מדוכה n. ........ מדוכה n.
מדור n. ........ מדור n.
מדייניי adj. ........ מדייניי adj.
מדינה n. ........ מדינה n.
292
מדמוך n. ........ מדמוך n.
מדמך v.n. ........ מדמך (v.)n.
מדנח n. ........ מדנח n.
מדנחיי adj. ........ מדנחיי adj.
מדרס n. ........ מדרס n.
מדרש n. ........ מדרש n.
מה conj. ........ מה conj.
293
מה pron. ........ מה pron.
294
מה דיל־ n. ........ מה דיל־ n.
מהיימן adj. ........ מהימן adj.
מהלך n. ........ מהלך n.
מהר n. ........ מוהר n.
מואביי adj. ........ מואביי adj.
מודע vb. ........ אשתמודע vb.
מוזנין n. ........ מוזנין n.
295
מוט vb. ........ מוט vb.
מולה n. ........ מולה n.
מום n. ........ מום n.
מומי n. ........ מומי n.
מועד n. ........ מועד n.
296
מור n. ........ מור n.
מורוון n. ........ מורוון n.
מוריי adj. ........ מוריי adj.
מורכי n. ........ מורכי n.
מוש n. ........ מוש n.
מוש vb. ........ מוש vb.
מות n. ........ מות n.
297
מות vb. ........ מות vb.
מותב n. ........ מותב n.
מותן n. ........ מותן n.
מותר n. ........ מותר n.
מזג vb. ........ מזג vb.
298
מזוג n. ........ מזוג n.
מזוזי n. ........ מזוזי n.
מזון n. ........ מזון n.
מזופה n. ........ מזופה n.
מזיק n. ........ מזיק n.
מזל n. ........ מזל n.
מזמן adj. ........ מזמן adj.
299
מזרק n. ........ מזרק n.
מזרקה n. ........ מזרקה n.
מחבל n. ........ מחבל n.
מחבלן n. ........ מחבלן n.
מחה n. ........ מחה n.
מחוז n. ........ מחוז n.
מחוס n. ........ מחוס n.
300
מחזי n. ........ מחזי n.
מחי vb. ........ מחי vb.
מחילה #2 n. ........ מחילה #2 n.
מחלוקה n. ........ מחלוקה n.
מחמי n. ........ מחמי (v.)n.
מחסור n. ........ מחסור n.
301
[מטול] prep. ........ [מטול] prep.
מטול conj. ........ [מטול] conj.
מחק vb. ........ מחק vb.
מחר n. ........ למחר adv.
מחר adv. ........ מחר adv.
מחרף n. ........ מחרף n.
מחשבה n. ........ מחשבה n.
מחתי n. ........ מחתי n.
מטול n. ........ מטול n.
302
מטי vb. ........ מטי vb.
מטלה n. ........ מטלה n.
303
מטלטל adj. ........ מטלטל adj.
מטלן n. ........ מטלן n.
מטמע n. ........ מטמע (v.)n.
מטר n. ........ מטר n.
מטר vb. ........ מטר vb.
מטר #2 n. ........ מטר #2 n.
מטרד n. ........ מטרד n.
מטרה n. ........ מטרה n.
מידעם n. ........ מנדעם n.
304
[מיטה] n. ........ [מיטה] n.
מיין n. ........ מיין n.
מיינוק n. ........ מיינוק n.
מיינקה n. ........ מיינקה n.
מייתב v.n. ........ מייתב v.n.
מיכל n. ........ מיכל n.
305
מילה n. ........ מילה n.
מילפפון n. ........ מלפפון n.
מימר n. ........ מימר n.
מין n. ........ מין n.
306
מיסב n. ........ מיסב (v.)n.
מיסק v.n. ........ מסק #2 (v.)n.
מיסרה n. ........ מיסרה n.
מיסת n. ........ מיסת n.
מישר n. ........ מישר n.
מית n. ........ מית n.
307
מיתה n. ........ מיתה n.
מיתו n. ........ מיתו n.
מכיך adj. ........ מכיך adj.
מכך vb. ........ מכך vb.
מכלה n. ........ מכלה n.
308
מכללה n. ........ מכללה n.
מכנסין n. ........ מכנסין n.
מכס n. ........ מכס (v.)n.
מכתש n. ........ מכתש n.
מלא n. ........ מלא n.

340
נבע vb. ........ נבע vb.
נגב vb. ........ נגב vb.
נגד n. ........ נגד n.
נגד vb. ........ נגד vb.
נגה n. ........ נוגה n.
341
נגע vb. ........ נגע vb.
נגף vb. ........ נגף vb.
נגר טור n. ........ נגר טור n.
נגר n. ........ נגר n.
נגר #2 n. ........ נגר #2 n.
נגרו n. ........ נגרו n.
נגש vb. ........ נגש vb.
נגשן n. ........ נגשן n.
נדב vb. ........ נדב vb.
נדד vb. ........ נדד vb.
נדה n. ........ נדה n.
נדי vb. ........ נדי vb.
342
נדל n. ........ נדל n.
נדר n. ........ נדר n.
נדר vb. ........ נדר vb.
נהור n. ........ נהור n.
343
נהם vb. ........ נהם vb.
נהר n. ........ נהר n.
נהר vb. ........ נהר vb.
344
נוחה n. ........ נווחה n.
נוח vb. ........ נוח vb.
נוט vb. ........ נוט vb.
נוטרן n. ........ נוטרן n.
נוכריי adj. ........ נוכריי adj.
נון n. ........ נון n.
345
נוף vb. ........ נוף vb.
נוקמן n. ........ נקמן n.
נור n. ........ נור n.
נזיר n. ........ נזיר #2 n.
נזירו n. ........ נזירו n.
נזל adj. ........ נזל adj.
נזף vb. ........ נזף vb.
נזפה n. ........ נזפה n.
נזק vb. ........ נזק vb.

346
נזר vb. ........ נזר vb.
נחיל n. ........ נחיל n.
נחיר n. ........ נחיר n.
נחם vb. ........ נחם vb.
נחמה n. ........ נחמה n.
נחמו n. ........ נחמו n.
נחש n. ........ נחש n.
נחש #3 n. ........ נחש #3 n.
נחשירכן n. ........ נחשירכן n.
נחת vb. ........ נחת vb.
347
נחתום n. ........ נחתום n.
348
נטור n. ........ נטור n.
נטי vb. ........ נטי vb.
נטל vb. ........ נטל vb.
נטלו v.n. ........ נטלו v.n.
נטר vb. ........ נטר vb.
349
נידבה n. ........ נדבה n.
נייח n. ........ נייח n.
נימוס n. ........ נימוס n.
ניסוך n. ........ ניסוך n.
ניסיון n. ........ נסיון n.
350
ניסין n. ........ ניסין n.
ניסן n. ........ ניסן n.
ניע n. ........ ניע n.
ניר n. ........ ניר n.
נישמה n. ........ נשמה n.
נכוס n. ........ נכוס n.
351
נכיסה n. ........ נכיסה n.
נכס vb. ........ נכס vb.
נכסין n. ........ נכסין n.
נכר vb. ........ נכר vb.
נכת vb. ........ נכת vb.
352
נמור adj. ........ נמור adj.
ננס n. ........ ננס n.
נס n. ........ נס n.
נסב vb. ........ נסב vb.
353
נסח vb. ........ נסע vb.

354
נסי #2 vb. ........ נסי #2 vb.
נסיבה n. ........ נסיבה n.
נסיס adj. ........ נסיס adj.
נסך n. ........ נסך n.
נסך #2 vb. ........ נסך #2 vb.
נעים adj. ........ נעים adj.
נעל n. ........ נעל n.
נעמי n. ........ נעמי n.
355
נפח n. ........ נפח n.
נפח vb. ........ נפח vb.
נפט n. ........ נפט n.
נפי vb. ........ נפי vb.
נפיל #2 n. ........ נפיל #2 n.
נפיש n. ........ נפש n.
356
נפל vb. ........ נפל vb.
נפק vb. ........ נפק vb.
358
נפקת בר n. ........ נפקת בר n.
נפתוחיי adj. ........ נפתוחיי adj.
נץ n. ........ נץ n.
נצב vb. ........ נצב vb.
נצבה n. ........ נצבה n.
359
נצח vb. ........ נצח vb.
נצחן n. ........ נצחן n.
נצי vb. ........ נצי vb.
נצץ vb. ........ נצץ vb.
נקבה n. ........ נקבה n.
360
נקי adj. ........ נקי adj.
נקם vb. ........ נקם vb.
נקמה n. ........ נקמה n.
נקף vb. ........ נקף vb.
נקף #2 vb. ........ נקף #2 vb.
361
נקר vb. ........ נקר vb.
נקרה n. ........ נקרה n.
נשב vb. ........ נשב vb.
נשי n. ........ נשי n.
נשי vb. ........ נשי vb.
נשף vb. ........ נשף vb.
362
[נשׂא] vb. ........ [נשׂא] vb.
נשק vb. ........ נשק vb.
נשר n. ........ נשר n.
נשׂיו n. ........ נשׂיו n.
נתוק adj. ........ נתיק adj.
נתך vb. ........ נתך vb.
נתן vb. ........ נתן vb.
נתק n. ........ נתק n.
363
נתר vb. ........ נתר vb.
364
סאב vb. ........ סאב vb.
סאב #2 vb. ........ סאב #2 vb.
סאבו v.n. ........ סאבו v.n.
סאבי n. ........ סאבי n.
סאה n. ........ סאה n.
סאובה n. ........ סאובה n.
סאיבו n. ........ סאיבו n.
365
סבל vb. ........ סבל vb.
סבר n. ........ סבר n.
366
סבר vb. ........ סבר vb.
סבר #2 n. ........ סבר #2 n.
סבר #2 n. ........ סבר אפין n.
סגד vb. ........ סגד vb.
367
סגדה n. ........ סגדה n.
סגול n. ........ סגול n.
סגול #2 n. ........ סגול #2 n.
סגולה n. ........ סגולה n.
סגי vb. ........ סגי vb.
סגין adv. ........ סגי adj./adv.
368
סגל vb. ........ סגל vb.
סגר vb. ........ סגר vb.
סדומיי adj. ........ סדומיי adj.
סדק vb. ........ סדק vb.
סדר n. ........ סדר n.
369
סדר vb. ........ סדר vb.
סדרו v.n. ........ סדרו v.n.
סהר n. ........ סהר n.
סואבה n. ........ סואבה n.
סובב n. ........ סובב n.

סובר vb. ........ סובר vb.
סוגי n. ........ סוגי n.
370
סודר n. ........ סודר n.
סוט vb. ........ סוט vb.
סוכלתן adj. ........ סוכלתן adj.
סוכלתנו n. ........ סוכלתנו n.
סולם n. ........ סלם n.
סולת n. ........ סלת n.
סומק adj. ........ סומק adj.
371
סוסי n. ........ סוסי n.
סוף n. ........ סוף n.
סוף vb. ........ סוף vb.
372
סורבן adj. ........ סורבן adj.
סחי vb. ........ סחי vb.
סחן vb. ........ סחן vb.
סחר vb. ........ סחר vb.
סטי vb. ........ סטי vb.
373
סטם vb. ........ סטם vb.
סטן n. ........ סטן n.
סטר n. ........ סטר n.
סיבו n. ........ סיבו n.
סידור n. ........ סידור n.
סידורין n. ........ סידורין n.
סייג n. ........ סייג n.
סיים vb. ........ [סיים #3] vb.
374
סייף n. ........ סייף n.
סייף #2 n. ........ סייף #2 n.
סיכה n. ........ סכה n.
סיכו n. ........ סיכו n.
375
סימה n. ........ סימה n.
סימן n. ........ סימן n.
376
סינירייי adj. ........ סינירייי adj.
סיעה n. ........ סיעה n.
סיפווה n. ........ ספווה n.
סיקור n. ........ סיקור n.
סירה n. ........ סירה n.
סכוי n. ........ סכוי n.

ענני n. ... ענני n.
ענף n. ... ענף n.
עסיק n. ... עסק n.
414
עסק vb. ... עסק vb.
עפר n. ... עפר n.
עצורה n. ... עצורה n.
עצי n. ... עצי n.
עצי vb. ... עצי vb.
415
עצר vb. ... עצר vb.
עצרתה n. ... עצרתה n.
עקב vb. ... עקב vb.
עקד vb. ... עקד vb.
2# עקד vb. ... 2# עקד vb.
עקה n. ... עקה n.
416
עקיב n. ... עקב n.
עקידה n. ... עקידה n.
עקיל n. ... עקיל n.
עקמן adj. ... עקמן adj.
עקף vb. ... עקף vb.
עקר n. ... עקר n.
עקר vb. ... עקר vb.
417
עקרב n. ... עקרב n.
עקרה n. ... עקרה n.
2# עקרה n. ... 2# עקרה n.
ערב n. ... ערב n.
ערב vb. ... ערב vb.
2# ערב vb. ... 2# ערב vb.
3# ערב vb. ... 3# ערב vb.
418
ערבב vb. ... ערבב vb.
ערבה n. ... ערבה n.
ערבוב n. ... ערבוב n.
ערבון n. ... ערבון n.
ערברוב n. ... ערברוב n.
ערד n. ... ערד n.
ערוב n. ... ערוב n.
419
ערטליו n. ... ערטליו n.
ערטיליי n. ... ערטליי adj.
עריה n. ... ערייה n.
עריך n. ... עריך n.

עריסה n. ... עריסה n.
ערל n. ... ערל n.
420
ערלה n. ... ערלה n.
ערס n. ... ערס n.
ערע vb. ... ערע vb.
ערפל n. ... ערפל n.
ערק vb. ... ערק vb.
421
ערקיי adj. ... ערקיי adj.
ערר n. ... ערר n.
עשק vb. ... עשק vb.
עשב n. ... עשב n.
עשיריי num. ... עשיריי num.
עשר num. ... עשר num.
עשר num. ... עשרין num.
עשר vb. ... עשר vb.
422
עשרון n. ... עשרון n.
עתד vb. ... עתד vb.
עתיד adj. ... עתיד adj.
עתיק adj. ... עתיק adj.
עתיר adj. ... עתיר adj.
עתק vb. ... עתק vb.
עתר vb. ... עתר vb.
424
פגג vb. ... פגג vb.
פגר vb. ... פגר vb.
פגר n. ... פגר n.
425
פגש vb. ... פגש vb.
פדי vb. ... פדי vb.
פדע n. ... פדע n.
426
פול vb. ... פול vb.
פולימרך n. ... פולימרך n.
פולמוס n. ... פולמוס n.
פונדק n. ... פונדק n.
פורען adj. ... פורען adj.
427
פורענה n. ... פורענה n.
פורענו n. ... פורענו n.
פורקן n. ... פורקן n.
פחד vb. ... פחד vb.
פחד n. ... פחד n.

פחוש adj. ... פחוש adj.
פחז vb. ... פחז vb.
428
פחיתה n. ... פחיתה n.
429
פטים adj. ... פטים n.
פטיר n. ... פטיר n.
פטירבולי n. ... פטירבולי n.
פטם vb. ... פטם vb.
פטר vb. ... פטר vb.
פטרון n. ... פטרון n.
פיגי n. ... פיגי n.
430
פידגוג n. ... פידגוג n.
פיטום n. ... 2# פטום n.
פיילי n. ... פיילי n.
431
פילוג n. ... פילוג n.
פילוסיי adj. ... פילוסיי adj.
פילי n. ... פילי n.
432
פיקדון n. ... פקדון n.
פיקוד n. ... פיקוד n.
פירוג n. ... פירוג n.
פירוכיין n. ... פירוכיין n.
פירוש n. ... פירוש n.
433
פיתה n. ... פיתה n.
פכר vb. ... פכר vb.
434
פלג vb. ... פלג vb.
פלגו n. ... פלגו n.
פלגו n. ... [פלוגה] n.
פלח n. ... פלח n.
435
פלח vb. ... פלח vb.
4# פלח n. ... 4# פלח n.
פלחן n. ... פלחן n.
2# פלחן n. ... 2# פלחן n.
פלט vb. ... פלט vb.
פלטורין n. ... פלטורין n.
פלטיה n. ... פלטיה n.
פלטין n. ... פלטין n.
436
פלי n. ... פלי n.

פליג n. ... פלג n.
פליטה n. ... פליטה n.
פליית חיווייה n. ... פליית חיווייה n.
פלישתיי adj. ... פלישתיי adj.
437
פלקה n. ... פלקה n.
פם n. ... פם n.
438
פני vb. ... פני vb.
פסג n. ... פסג n.
439
פסג vb. ... פסג vb.
פסול n. ... פסול n.
פסח vb. ... פסח vb.
פסח n. ... פסח n.
440
פסיד n. ... פסיד n.
פסייני n. ... פסייני n.
פסיל adj. ... פסיל adj.
פסיע adj. ... פסיע adj.
פסל vb. ... פסל vb.
פסס vb. ... פסס vb.
441
פספס vb. ... פספס vb.
פסק vb. ... פסק vb.
פעל n. ... פעל n.
442
פצל vb. ... פצל vb.
פצע vb. ... פצע vb.
פקד vb. ... פקד vb.
443
פקח vb. ... פקח vb.
פקיח n. ... פקיח n.
פרג vb. ... פרג vb.
פרגוד n. ... פרגוד n.
444
פרגל vb. ... פרגל vb.
פרגמטייה n. ... פרגמטייה n.
פרדס n. ... פרדס n.
פרה ורבה n. ... פרה ורבה n.
445
פרוירין n. ... פרוירין n.
פרוכה n. ... פרוכה n.
פרוק n. ... פרוק n.
פרזל n. ... פרזל n.

פרח n. ... פרח n.
446
פרח vb. ... פרח vb.
פרט n. ... פרט n.
פרי n. ... פרי n.
447
פריזיי adj. ... פריזיי adj.
פרישן n. ... פרישה n.
פרך vb. ... פרך vb.
פרכס vb. ... פרכס vb.
448
פרן vb. ... פרן vb.
פרן n. ... פרן n.
פרנוס n. ... פרנוס n.
פרנוק n. ... פרנוק n.
פרנס vb. ... פרנס vb.
פרנס n. ... פרנס n.
פרנסה n. ... פרנסה n.
פרנק vb. ... פרנק vb.
פרס n. ... פרס n.
449
פרס vb. ... פרס vb.
פרסה n. ... פרסה n.
פרסי vb. ... פרסי vb.
פרסם vb. ... פרסם vb.
פרע vb. ... פרע vb.
2# פרע vb. ... 2# פרע vb.
450
פרף n. ... פורפין n.
פרפר vb. ... פרפר vb.
פרק vb. ... פרק vb.
451
פרקון n. ... פרקון n.
פרש vb. ... פרש vb.
פרש n. ... פרש n.
452
פרשה n. ... פרשה n.
פרשו v.n. ... פרשו v.n.
453
פשט vb. ... פשט vb.
פשך n. ... פשך n.
פשפש vb. ... פשפש vb.
454
פשר vb. ... פשר vb.
פתגם n. ... פתגם n.

קלף n. ........ קלף n.
קלף vb. ........ קלף vb.
קלפה n. ........ קלפה n.
קלק vb. ........ קלק vb.
קלקל vb. ........ קלקל vb.
496
קלש n. ........ קלש n.
קמה n. ........ קמה n.
קמח n. ........ קמח n.
קמץ n. ........ קמץ n.
קמץ vb. ........ קמץ vb.
קן n. ........ קן n.
קנאן adj. ........ קנאן adj.
קנה n. ........ קנה n.
497
2# קנה n. ........ קנאה n.
קני vb. ........ קני vb.
2# קני vb. ........ 2# קני vb.
קניזיי adj. ........ קניזיי adj.
קניי adj. ........ קניי adj.
קניין n. ........ קניין n.
קנמון n. ........ קנמון n.
קנס n. ........ קנס n.
498
קנס vb. ........ קנס vb.
קנקל n. ........ קנקל n.
קסטרה n. ........ קסטרה n.
קסיטר n. ........ קסיטר n.
קסם n. ........ קסם n.
499
קסם vb. ........ קסם vb.
2# קסם n. ........ 2# קסם n.
קסקסה n. ........ קסקסה n.
קפודקיי adj. ........ קפודקיי adj.
קפח vb. ........ קפח vb.
קפי vb. ........ קפי vb.
קפידה n. ........ קפידה n.
500
קפץ vb. ........ קפץ vb.
2# קפץ vb. ........ 2# קפץ vb.
קץ n. ........ קץ n.
קצוץ n. ........ קצוץ n.
501
קצי n. ........ קצי n.
קצי vb. ........ קצי vb.

קציעה n. ........ קציעה n.
קציץ n. ........ קציץ n.
קצץ vb. ........ קצץ vb.
קצר vb. ........ קצר vb.
קק n. ........ קק n.
502
קקבטון n. ........ קקבטון n.
קרב n. ........ קרב n.
קרב vb. ........ קרב vb.
503
קרבה n. ........ קרבה n.
קרבו v.n. ........ קרבו v.n.
קרוח adj. ........ קרוח adj.
504
קרחה n. ........ קרחה n.
קרי n. ........ קרי n.
קרי vb. ........ קרי vb.
3# קרי n. ........ 3# קרי n.
505
קריב adj. ........ קריב adj.
קריבו n. ........ קריבו n.
קרייה n. ........ קרייה n.
506
קריצה n. ........ קריצה n.
קריר adj. ........ קריר adj.
קרן n. ........ קרן n.
קרסול n. ........ קרסול n.
קרסם vb. ........ קרסם vb.
507
קרץ n. ........ קרצין n.
קרר vb. ........ קרר vb.
קש n. ........ קש n.
קשוט n. ........ קשוט n.
508
קשוט n. ........ מן קושטא adv.
קשוט n. ........ מן קושטין adv.
קשט vb. ........ קשט vb.
קשי adj. ........ קשי adj.
קשי vb. ........ קשי vb.
509
קשיו n. ........ קשיו n.
קשיט adj. ........ קשיט adj.
קשיטו n. ........ קשיטו n.
קשת n. ........ קשת n.
קשווה n. ........ קשווה n.

510
ראש n. ........ ראש n.
511
רב adj. n. ........ רב adj.
רב adj. n. ........ רב n.
512
רב חיילוותה n. ........ רב חיל n.
513
רבו n. ........ רבו n.
רבו num. ........ רבו num.
2# רבו n. ........ 2# רבו n.
רבון n. ........ רבון n.
רבונה n. ........ רבונה n.
רבי n. ........ רבי n.
4# רבי n. ........ 4# רבי n.
514
רבי vb. ........ רבי vb.
2# רבי vb. ........ 2# רבי vb.
3# רבי n. ........ 3# רבי n.
רביו n. ........ רביו n.
רביעה n. ........ רביעה n.
רביעיי num. ........ רביעיי num.
רבנו n. ........ רבנו n.
רבע vb. ........ רבע vb.
515
2# רבע vb. ........ 2# רבע vb.
רבעו n. ........ רבעו n.
רברב vb. ........ רברב vb.
רגוז n. ........ רגוז n.
רגז vb. ........ רגז vb.
516
רגל n. ........ רגל n.
רגליי n. ........ רגליי adj.
רגם vb. ........ רגם vb.
רגע n. ........ רגע n.
רגף vb. ........ רגף vb.
רדד vb. ........ רדד vb.
517
רדי vb. ........ רדי vb.
2# רדי vb. ........ רדי vb.
רדי n. ........ רדי n.
רדיד n. ........ רדיד n.
רדף vb. ........ רדף vb.
רהט vb. ........ רהט vb.
רוב n. ........ רוב n.

518
רוגזן adj. ........ רוגזן adj.
רוח vb. ........ רוח vb.
רוח n. ........ רוח n.
רוחצה n. ........ רוחצה n.
רוחצן n. ........ רוחצן n.
רוחקה n. ........ רוחקה n.
519
רוטב n. ........ רוטב n.
רוי vb. ........ רוי vb.
רום vb. ........ רום vb.
רום vb. ........ רומם vb.
רום n. ........ רום n.
520
רומם n. ........ רומם n.
רוממו n. ........ רוממו n.
רוקן vb. ........ רוקן vb.
רושם n. ........ רושם n.
רז n. ........ רז n.
רחוב n. ........ רחוב n.
רחי n. ........ רחי n.
רחיל n. ........ רחיל n.
רחים n. ........ רחים adj.
רחיק adj. ........ רחיק adj.
521
רחיש n. ........ רחש n.
רחם vb. ........ רחם vb.
רחם n. ........ רחם n.
רחמה n. ........ רחמה n.
רחמין n. ........ רחמין n.
522
רחמן n./adj. ........ רחמן n./adj.
רחף vb. ........ רחף vb.
רחץ vb. ........ רחץ vb.
רחק vb. ........ רחק vb.
רחש vb. ........ רחש vb.
רטב vb. ........ רטב vb.
רטיב adj. ........ רטיב adj.
רטש vb. ........ רטש vb.
ריבוי n. ........ ריבוי n.
523
רידווה n. ........ רידווה n.
ריו n. ........ ריו n.
ריח vb. ........ ריח vb.
ריח n. ........ ריח n.

ריחוק n. ........ ריחוק n.
ריחן n. ........ ריחן n.
רימה n. ........ רימה n.
רימן n. ........ רימן n.
ריסוק n. ........ 2# רסוק n.
ריק vb. ........ ריק vb.
ריקן adj. ........ ריקן adj.
524
רכב vb. ........ רכב vb.
רכב n. ........ רכב n.
2# רכב n. ........ 2# רכב n.
רכיך adj. ........ רכיך adj.
525
רכן vb. ........ רכן vb.
רם adj. ........ רם adj.
רמה n. ........ רמה n.
רמון n. ........ רמון n.
רמז vb. ........ רמז vb.
רמח n. ........ רמח n.
רמי vb. ........ רמי vb.
526
2# רמי vb. ........ 2# רמי vb.
רמיו n. ........ רמיו n.
רמיי n. ........ רמיי n.
רמס vb. ........ רמס vb.
רמס n. ........ רמס n.
רמש n. ........ רמש n.
527
רסיסין n. ........ רסיסין n.
רסק vb. ........ רסק vb.
רעווה n. ........ רעווה n.
רעי vb. ........ רעי vb.
רעי n. ........ רעי n.
2# רעי vb. ........ 2# רעי vb.
2# רעי n. ........ 2# רעי n.
528
רעייה n. ........ רעייה n.
רעם vb. ........ רעם vb.
רעע vb. ........ רעע vb.
רפוס n. ........ רפוס n.
רפי adj. ........ רפי adj.
רפי vb. ........ רפי vb.
רפש vb. ........ רפש vb.
רצועה n. ........ רצועה n.

564
שפל vb. ..................... שפל vb.
שפלה n. ..................... שפלה n.
שפלין n. ..................... שפלין n.
שפנין n. ..................... שפנין n.
שפע vb. ..................... שפע vb.
שפר n. ..................... שפר n.
שפר vb. ..................... שפר vb.
שקוף n. ..................... שקוף n.
שקי n. ..................... שקי n.
שקי vb. ..................... שקי vb.
565
שקע vb. ..................... שקע vb.
שקעה n. ..................... שקעה n.
שקץ n. ..................... שקץ n.
שקץ vb. ..................... שקץ vb.
שקר n. ..................... שקר n.
566
שקר vb. ..................... שקר vb.
שרב n. ..................... שרב n.
שרביט n. ..................... שרביט n.
שרגג vb. ..................... שרגג vb.
שרוי n. ..................... שרוי n.
שרי n. ..................... שרי n.
שרי vb. ..................... שרי vb.
568
שרץ n. ..................... שרץ n.
שרץ vb. ..................... שרץ vb.
שרקרק n. ..................... שרקרק n.
שרש n. ..................... שרש n.
ששי n. ..................... ששי n.
שת num. ..................... שת num.
שת num. ..................... שתין num.
שת עשר num. ..................... שת עשר num.
569
שתי n. ..................... שתי n.
שתי vb. ..................... שתי vb.
שתיתיי num. ..................... שתיתיי num.
שתל vb. ..................... שתל vb.
שתק vb. ..................... שתק vb.
570
שׂבע n. ..................... שׂבע n.
שׂבע vb. ..................... שׂבע vb.
שׂבען n. ..................... שׂבען n.
שׂהד vb. ..................... סהד vb.

שׂהדה n. ..................... סהדה n.
שׂהדו n. ..................... סהדו n.
571
[שׂעיר] n. ..................... [שׂעיר] n.
שׂהיד n. ..................... סהד n.
שׂומה n. ..................... שׂומה v.n.
שׂיבה n. ..................... שׂיבה n.
שׂמאל n. ..................... שׂמאל n.
שׂנא n. ..................... שׂנא n.
שׂנה n. ..................... סנאה n.
שׂער n. ..................... שׂער n.
572
שׂערה n. ..................... שׂערה n.
שׂערן adj. ..................... שׂערן adj.
שׂערניי adj. ..................... שׂערניי adj.
שׂפמה n. ..................... שׂפמה n.
שׂק n. ..................... שׂק n.
שׂרט vb. ..................... שׂרט vb.
שׂרטה n. ..................... שׂרטה n.
שׂרף adj. ..................... שׂרף adj.
573
שׂרף n. ..................... שׂרף n.
574
תאוב n. ..................... תאוב n.
תאם vb. ..................... תאם vb.
תבוע n. ..................... תבוע n.
תביר adj. ..................... תביר adj.
תבן n. ..................... תבן n.
תבע vb. ..................... תבע vb.
575
תבר vb. ..................... תבר vb.
תבר n. ..................... תבר n.
תבשיל n. ..................... תבשיל n.
תגר vb. ..................... תגר vb.
תגר n. ..................... תגר n.
תד n. ..................... תד n.
576
תדיר adj. ..................... תדיר adj.
תהו n. ..................... תהו n.
תהום n. ..................... תהום n.
תהי vb. ..................... תהי adj.
תהפכן n. ..................... תהפכן n.
תוב vb. ..................... תוב vb.
תוב adv. ..................... תוב adv.
תוב adv. ..................... תובן adv.

577
תוגרה n. ..................... תוגרה n.
תוחמדה n. ..................... תוחמדה n.
תוחמדה n. ..................... תחמודה n.
תוחמדו n. ..................... תוחמדו n.
תוחמדן adj. ..................... תוחמדן adj.
תולעה n. ..................... תולעה n.
תום n. ..................... תום n.
תומיין n. ..................... תום #2 n.
תומין n. ..................... תומין n.
תומרה n. ..................... תומרה n.
578
תוף n. ..................... תוף n.
תופין n. ..................... תופין n.
תוקלה n. ..................... תוקלה n.
תוקפה n. ..................... תוקפה n.
תוקפה n. ..................... תקוף n.
תור n. ..................... תור n.
תורגמן n. ..................... תורגמן n.
תורה n. ..................... תורה n.
תורעמה n. ..................... תורעמה n.
תורעמנו n. ..................... תורעמנו n.
תושבחה n. ..................... תושבחה n.
579
תותב n. ..................... תותב n.
תותבה n. ..................... תותבה n.
תותבו n. ..................... תותבו n.
תחום n. ..................... תחום n.
תחות prep. ..................... תחות prep.
תחייה n. ..................... תחייה n.
תחם vb. ..................... תחם vb.
580
תיבו n. ..................... תיבו n.
תייש n. ..................... תייש n.
תינה n. ..................... תינה n.
תינוי n. ..................... תנוי n.
581
תיק n. ..................... תיק n.
תכל vb. ..................... תכל vb.
תכלה n. ..................... תכלה n.
תכסי n. ..................... תכסי n.
תכריכין n. ..................... תכריכין n.
תכשיט n. ..................... תכשיט n.
תל n. ..................... תל n.
תלג n. ..................... תלג n.

582
תלדו n. ..................... תלדו n.
תלי adj. ..................... תלי adj.
תלי vb. ..................... תלי vb.
תליל adj. ..................... תליל adj.
תלים n. ..................... תלים n.
תליש n. ..................... תליש n.
תליתיי num. ..................... תליתיי num.
תלת עשר num. ..................... תלת עשר num.
583
תלמיד n. ..................... תלמיד n.
תלע vb. ..................... תלע vb.
תלש vb. ..................... תלש vb.
תלת vb. ..................... תלת vb.
תלת num. ..................... תלת num.
תלת num. ..................... תלתין num.
2# תלת num. ..................... תלת #2 num.
תלתו num. ..................... תלתו num.
584
תמה vb. ..................... תמה vb.
תמיד n. ..................... תמיד n.
תמים adj. ..................... תמים adj.
תמימו n. ..................... תמימו n.
תמיניי num. ..................... תמיניי num.
תמן adv. ..................... תמן adv.
תמני num. ..................... תמני num.
תמני num. ..................... תמנין num.
תמני עשר num. ..................... תמני עשר num.
585
תנור n. ..................... תנור n.
תני vb. ..................... תני vb.
586
תניי n. ..................... תניי n.
תניין num. ..................... תניין num.
587
תניינות adv. ..................... תניינות adv.
תנין n. ..................... תנין n.
תנן vb. ..................... תנן vb.
תנן n. ..................... תנן n.
588
תפי n. ..................... תפי n.
תפילה n. ..................... תפילה n.
תפנוקין n. ..................... תפנוקין n.
תפניק n. ..................... תפניק (v.)n.
תפס vb. ..................... תפס vb.

תקומה n. ..................... תקומה n.
589
תקוף n. ..................... תקוף n.
תקיעה n. ..................... תקיעה n.
תקיף adj. ..................... תקיף adj.
תקל vb. ..................... תקל vb.
2# תקל vb. ..................... 2# תקל vb.
תקן vb. ..................... תקן vb.
590
תקנה n. ..................... תקנה n.
תקע vb. ..................... תקע vb.
תקף vb. ..................... תקף vb.
תרב n. ..................... תרב n.
תרבו n. ..................... תרבו n.
591
תרגם vb. ..................... תרגם vb.
תרוג n. ..................... תרוג n.
תרוכין n. ..................... תרוכין n.
תריין num. ..................... תריין num.
592
תרין עשר num. ..................... תרין עשר num.
תריס n. ..................... תריס n.
תרך vb. ..................... תרך vb.
תרנגל n. ..................... תרנגל n.
תרע n. ..................... תרע n.
593
תרע vb. ..................... תרע vb.
תשיעיי num. ..................... תשיעיי num.
תשלום n. ..................... תשלומין n.
תשמיש n. ..................... תשמיש n.
תשע num. ..................... תשע num.
תשע num. ..................... תשעין num.
594
תשע עשר num. ..................... תשע עשר num.
תשרי n. ..................... תשרי n.
תתובה n. ..................... תתובה n.
822
רפש vb. ..................... רפש vb.

## Entries Without Parallel in *DJPA*

[אגב] prep.
אוי adv.
[איהוא] pron.
איך adv.
[אל] prep.
[אלה] pron.
אמן interj.
את prep.
בביש adv.
[בהו] n.
בזיז n.
[בזר] vb.
בית תורף n.
בעלה n.
4# ברי vb.
גוון n.
[גלשלשה] n.
[2# דבר] vb.
דבר n.
2# דבר n.
ה־ interj.
הוץ n.
הזייה (v.)n.
היך זמן prep.
הכנה adv.
2# הלך (v.)n.
2# הן adv.
הנני interj.
[2# הר] n.
[זהב] n.
זוזתניי adj.
זעיף adj.
זקיף adj.
חוד adv.
חזי n.
חמציי adj.
טובה n.
טעון adj.
יבלי n.
ידוע n.
ימיני adj.
כבושה n.
כזוריי adj.
כיאור n.
כמות־ prep.
כמסת prep.
לבלחוד adv.
2# לבן n.
לוויקיי adj.
[לכן] adv.
לפי vb.
לקדמין adv.
מ־ prep.
מד־ conj.
[מזרח] n.
מיקר adj.
מכנש n.
מן בתר adv.
מן גו adv.
מן חזור חזור adv.
מסמך n.
מעל prep.
מפלחן n.
מצוב n.
מציעית adv.
מרדני n.
מרטיוניי adj.
נביאה n.
נגו n.
נזיר n.
2# נל n.
סאיבין n.
סבב vb.
סוריי adj.
סטן vb.
סטר vb.
סיניי adj.
סכיניי adj.
סערתיין n.
סרהבן adj.
עז adj.
[2# עמד] vb.
ערוה n.
עריק adj.
[פילגש] n.
פנטסכיניי adj.
פניפוליטיי adj.
2# פרע n.
פרעה n.
[צבב] n.
3# ציד n.
צרי vb.
3# קבל vb.
קדמיין adv.
קומי n.
קטב vb.
2# קטל n.
קלקיי adj.
קצף vb.
רחצון n.
2# רחש vb.
[ריר] n.
רישעה n.
שערתן adj.
שדף vb.
2# שלוח n.
שמת n.
שרנק vb.
תדמי n.
תולדה n.
2# תום n.
תמה n.
תעב vb.
תקין adj.